HANDBOOK OF MECHANICAL DESIGN

# 《机械设计手册》第六版卷目

# 机械设计手册

第六版

第 5 卷

主编单位　中国有色工程设计研究总院
主　　编　成大先
副 主 编　王德夫　姬奎生　韩学铨
　　　　　姜　勇　李长顺　王雄耀
　　　　　虞培清　成　杰　谢京耀

HANDBOOK OF MECHANICAL DESIGN

化学工业出版社
·北　京·

《机械设计手册》第六版共5卷，涵盖了机械常规设计的所有内容。其中第1卷包括一般设计资料，机械制图、极限与配合、形状和位置公差及表面结构，常用机械工程材料，机构，机械产品结构设计；第2卷包括连接与紧固，轴及其连接，轴承，起重运输机械零部件，操作件、小五金及管件；第3卷包括润滑与密封，弹簧，螺旋传动、摩擦轮传动，带、链传动，齿轮传动；第4卷包括多点啮合柔性传动，减速器、变速器，常用电机、电器及电动（液）推杆与升降机，机械振动的控制及利用，机架设计；第5卷包括液压传动，液压控制，气压传动等。

《机械设计手册》第六版是在总结前五版的成功经验，考虑广大读者的使用习惯及对《机械设计手册》提出新要求的基础上进行编写的。《机械设计手册》保持了前五版的风格、特色和品位：突出实用性，从机械设计人员的角度考虑，合理安排内容取舍和编排体系；强调准确性，数据、资料主要来自标准、规范和其他权威资料，设计方法、公式、参数选用经过长期实践检验，设计举例来自工程实践；反映先进性，增加了许多适合我国国情、具有广阔应用前景的新材料、新方法、新技术、新工艺，采用了新标准和规范，广泛收集了具有先进水平并实现标准化的新产品；突出了实用、便查的特点。《机械设计手册》可作为机械设计人员和有关工程技术人员的工具书，也可供高等院校有关专业师生参考使用。

**图书在版编目（CIP）数据**

机械设计手册. 第5卷/成大先主编. —6版. —北京：化学工业出版社，2016.3（2024.5重印）
ISBN 978-7-122-26047-5

Ⅰ.①机… Ⅱ.①成… Ⅲ.①机械设计-技术手册 Ⅳ.①TH122-62

中国版本图书馆CIP数据核字（2016）第011795号

责任编辑：周国庆 张兴辉 王 烨 贾 娜
责任校对：宋 玮 王 静　　装帧设计：尹琳琳

出版发行：化学工业出版社（北京市东城区青年湖南街13号 邮政编码100011）
印 装：三河市航远印刷有限公司
787mm×1092mm 1/16 印张115½ 字数4129千字
1969年6月第1版 2024年5月北京第6版第44次印刷

购书咨询：010-64518888　　售后服务：010-64518899
网 址：http://www.cip.com.cn
凡购买本书，如有缺损质量问题，本社销售中心负责调换。

**定 价：180.00元**　
京化广临字2016——03号

## 撰稿人员

成大先　中国有色工程设计研究总院
王德夫　中国有色工程设计研究总院
刘世参　《中国表面工程》杂志、装甲兵工程学院
姬奎生　中国有色工程设计研究总院
韩学铨　北京石油化工工程公司
余梦生　北京科技大学
高淑之　北京化工大学
柯蕊珍　中国有色工程设计研究总院
杨　青　西北农林科技大学
刘志杰　西北农林科技大学
王欣玲　机械科学研究院
陶兆荣　中国有色工程设计研究总院
孙东辉　中国有色工程设计研究总院
李福君　中国有色工程设计研究总院
阮忠唐　西安理工大学
熊绮华　西安理工大学
雷淑存　西安理工大学
田惠民　西安理工大学
殷鸿樑　上海工业大学
齐维浩　西安理工大学
曹惟庆　西安理工大学
吴宗泽　清华大学
关天池　中国有色工程设计研究总院
房庆久　中国有色工程设计研究总院
李建平　北京航空航天大学
李安民　机械科学研究院
李维荣　机械科学研究院
丁宝平　机械科学研究院
梁全贵　中国有色工程设计研究总院
王淑兰　中国有色工程设计研究总院
林基明　中国有色工程设计研究总院
王孝先　中国有色工程设计研究总院
童祖楹　上海交通大学
刘清廉　中国有色工程设计研究总院
许文元　天津工程机械研究所
孙永旭　北京古德机电技术研究所
丘大谋　西安交通大学
诸文俊　西安交通大学
徐　华　西安交通大学
谢振宇　南京航空航天大学
陈应斗　中国有色工程设计研究总院
张奇芳　沈阳铝镁设计研究院
安　剑　大连华锐重工集团股份有限公司
迟国东　大连华锐重工集团股份有限公司
杨明亮　太原科技大学
邹舜卿　中国有色工程设计研究总院
邓述慈　西安理工大学
周凤香　中国有色工程设计研究总院
朴树寰　中国有色工程设计研究总院
杜子英　中国有色工程设计研究总院
汪德涛　广州机床研究所
朱　炎　中国航宇救生装置公司
王鸿翔　中国有色工程设计研究总院
郭　永　山西省自动化研究所
厉海祥　武汉理工大学
欧阳志喜　宁波双林汽车部件股份有限公司
段慧文　中国有色工程设计研究总院
姜　勇　中国有色工程设计研究总院
徐永年　郑州机械研究所
梁桂明　河南科技大学
张光辉　重庆大学
罗文军　重庆大学
沙树明　中国有色工程设计研究总院
谢佩娟　太原理工大学
余　铭　无锡市万向联轴器有限公司
陈祖元　广东工业大学
陈仕贤　北京航空航天大学
郑自求　四川理工学院
贺元成　泸州职业技术学院
季泉生　济南钢铁集团

方　正　中国重型机械研究院
马敬勋　济南钢铁集团
冯彦宾　四川理工学院
袁　林　四川理工学院
孙夏明　北方工业大学
黄吉平　宁波市镇海减变速机制造有限公司
陈宗源　中冶集团重庆钢铁设计研究院
张　翌　北京太富力传动机器有限责任公司
陈　涛　大连华锐重工集团股份有限公司
于天龙　大连华锐重工集团股份有限公司
李志雄　大连华锐重工集团股份有限公司
刘　军　大连华锐重工集团股份有限公司
蔡学熙　连云港化工矿山设计研究院
姚光义　连云港化工矿山设计研究院
沈益新　连云港化工矿山设计研究院
钱亦清　连云港化工矿山设计研究院
于　琴　连云港化工矿山设计研究院
蔡学坚　邢台地区经济委员会
虞培清　浙江长城减速机有限公司
项建忠　浙江通力减速机有限公司
阮劲松　宝鸡市广环机床责任有限公司
纪盛青　东北大学
黄效国　北京科技大学
陈新华　北京科技大学
李长顺　中国有色工程设计研究总院
申连生　中冶迈克液压有限责任公司
刘秀利　中国有色工程设计研究总院
宋天民　北京钢铁设计研究总院
周　堉　中冶京城工程技术有限公司
崔桂芝　北方工业大学
佟　新　中国有色工程设计研究总院
禤有雄　天津大学
林少芬　集美大学
卢长耿　厦门海德科液压机械设备有限公司
容同生　厦门海德科液压机械设备有限公司
张　伟　厦门海德科液压机械设备有限公司
吴根茂　浙江大学
魏建华　浙江大学
吴晓雷　浙江大学
钟荣龙　厦门厦顺铝箔有限公司
黄　畲　北京科技大学
王雄耀　费斯托（FESTO）（中国）有限公司
彭光正　北京理工大学
张百海　北京理工大学
王　涛　北京理工大学
陈金兵　北京理工大学
包　钢　哈尔滨工业大学
蒋友谅　北京理工大学
史习先　中国有色工程设计研究总院

## 审稿人员

| | | | | | | | |
|---|---|---|---|---|---|---|---|
| 刘世参 | 成大先 | 王德夫 | 郭可谦 | 汪德涛 | 方　正 | 朱　炎 | 李钊刚 |
| 姜　勇 | 陈谌闻 | 饶振纲 | 季泉生 | 洪允楣 | 王　正 | 詹茂盛 | 姬奎生 |
| 张红兵 | 卢长耿 | 郭长生 | 徐文灿 | | | | |

HANDBOOK OF MECHANICAL DESIGN

# 第六版前言

Sixth Edition Preface

《机械设计手册》自 1969 年第一版出版发行以来，已经修订了五次，累计销售量 130 万套，成为新中国成立以来，在国内影响力最强、销售量最大的机械设计工具书。作为国家级的重点科技图书，《机械设计手册》多次获得国家和省部级奖励。其中，1978 年获全国科学大会科技成果奖，1983 年获化工部优秀科技图书奖，1995 年获全国优秀科技图书二等奖，1999 年获全国化工科技进步二等奖，2002 年获石油和化学工业优秀科技图书一等奖，2003 年获中国石油和化学工业科技进步二等奖。1986~2015 年，多次被评为全国优秀畅销书。

与时俱进、开拓创新，实现实用性、可靠性和创新性的最佳结合，协助广大机械设计人员开发出更好更新的产品，适应市场和生产需要，提高市场竞争力和国际竞争力，这是《机械设计手册》一贯坚持、不懈努力的最高宗旨。

《机械设计手册》（以下简称《手册》）第五版出版发行至今已有 8 年的时间，在这期间，我们进行了广泛的调查研究，多次邀请机械方面的专家、学者座谈，倾听他们对第六版修订的建议，并深入设计院所、工厂和矿山的第一线，向广大设计工作者了解《手册》的应用情况和意见，及时发现、收集生产实践中出现的新经验和新问题，多方位、多渠道跟踪、收集国内外涌现出来的新技术、新产品，改进和丰富《手册》的内容，使《手册》更具鲜活力，以最大限度地提高广大机械设计人员自主创新的能力，适应建设创新型国家的需要。

《手册》第六版的具体修订情况如下。

一、在提高产品开发、创新设计方面

1. 新增第 5 篇“机械产品结构设计”，提出了常用机械产品结构设计的 12 条常用准则，供产品设计人员参考。

2. 第 1 篇“一般设计资料”增加了机械产品设计的巧（新）例与错例等内容。

3. 第 11 篇“润滑与密封”增加了稀油润滑装置的设计计算内容，以适应润滑新产品开发、设计的需要。

4. 第 15 篇“齿轮传动”进一步完善了符合 ISO 国际最新标准的渐开线圆柱齿轮设计，非零变位锥齿轮设计，点线啮合传动设计，多点啮合柔性传动设计等内容，例如增加了符合 ISO 标准的渐开线齿轮几何计算及算例，更新了齿轮精度等。

5. 第 23 篇“气压传动”增加了模块化电/气混合驱动技术、气动系统节能等内容。

二、在为新产品开发、老产品改造创新，提供新型元器件和新材料方面

1. 介绍了相关节能技术及产品，例如增加了气动系统的节能技术和产品、节能电机等。

2. 各篇介绍了许多新型的机械零部件，包括一些新型的联轴器、离合器、制动器、带减速器的电机、起重运输零部件、液压元件和辅件、气动元件等，这些产品均具有技术先进、节能等特点。

3. 新材料方面，增加或完善了铜及铜合金、铝及铝合金、钛及钛合金、镁及镁合金等内容，这些合金材料由于具有优良的力学性能、物理性能以及材料回收率高等优点，目前广泛应用于航天、航空、高铁、计算机、通信元件、电子产品、纺织和印刷等行业。

三、在贯彻推广标准化工作方面

1. 所有产品、材料和工艺均采用新标准资料，如材料、各种机械零部件、液压和气动元件等全部更新了技术标准和产品。

2. 为满足机械产品通用化、国际化的需要，遵照立足国家标准、面向国际标准的原则来收录内容，如第 15 篇“齿轮传动”更新并完善了符合 ISO 标准的渐开线齿轮设计等。

《机械设计手册》第六版是在前几版的基础上重新编写而成的。借《机械设计手册》第六版出版之际，再次向参加每版编写的单位和个人表示衷心的感谢！同时也感谢给我们提供大力支持和热忱帮助的单位和各界朋友们！

由于笔者水平有限，调研工作不够全面，修订中难免存在疏漏和缺点，恳请广大读者继续给予批评指正。

编　者

# 目录
CONTENTS

## 第21篇 液压传动



HANDBOOK OF MECHANICAL DESIGN

## 第 4 章 液压工作介质 ………… 21-99



## 第 5 章 液压泵和液压马达 ………… 21-122

## 第 6 章 液压缸 …… 21-281



## 第 7 章 液压控制阀 …… 21-390



HANDBOOK OF MECHANICAL DESIGN

HANDBOOK OF MECHANICAL DESIGN

# 第 22 篇　液压控制



HANDBOOK OF MECHANICAL DESIGN

## 第2章 液压控制概述 …… 22-54



## 第3章 液压控制元件、液压动力元件、伺服阀 …… 22-59

# 第23篇 气压传动



HANDBOOK OF MECHANICAL DESIGN

## 第 3 章 压缩空气净化处理装置 ········· 23-57



## 第 4 章 气动执行元件及产品 ············ 23-82



HANDBOOK OF MECHANICAL DESIGN

HANDBOOK OF MECHANICAL DESIGN

HANDBOOK OF MECHANICAL DESIGN

HANDBOOK OF MECHANICAL DESIGN

机械设计手册

第六版

第5卷

HANDBOOK OF MECHANICAL DESIGN

# 第21篇 液压传动

主要撰稿 姬奎生 申连生 刘秀利 李长顺 宋天民
黄效国 崔桂芝

审稿 申连生 姬奎生

21

# 第 1 章　基础标准及液压流体力学常用公式

## 1　基础标准

### 1.1　流体传动系统及元件的公称压力系列（摘自 GB/T 2346—2003）

表 21-1-1　　MPa

| | | | | |
|---|---|---|---|---|
| 0.01 | 0.1 | 1.0 | 10.0 | 100 |
| | | | 12.5 | |
| 0.016 | 0.16 | 1.6 | 16.0 | |
| | (0.2) | | 20.0 | |
| 0.025 | 0.25 | 2.5 | 25.0 | |
| | | | 31.5 | |
| 0.04 | 0.4 | 4.0 | 40.0 | |
| | | | 50.0 | |
| 0.063 | 0.63 | 6.3 | 63.0 | |
| | (0.8) | (8.0) | 80.0 | |

注：1. 括号内公称压力值为非优先选用值。

2. 公称压力超出 100MPa 时，应按 GB/T 321—2005《优先数和优先数系》中 R10 数系选用。

### 1.2　液压泵及马达公称排量系列（摘自 GB/T 2347—1980）

表 21-1-2　　mL/r

| | | | | |
|---|---|---|---|---|
| 0.1 | 1.0 | 10 | 100 | 1000 |
| | | | (112) | (1120) |
| | 1.25 | 12.5 | 125 | 1250 |
| | | (14) | (140) | (1400) |
| 0.16 | 1.6 | 16 | 160 | 1600 |
| | | (18) | (180) | (1800) |
| | 2.0 | 20 | 200 | 2000 |
| | | (22.4) | (224) | (2240) |
| 0.25 | 2.5 | 25 | 250 | 2500 |
| | | (28) | (280) | (2800) |
| | 3.15 | 31.5 | 315 | 3150 |
| | | (35.5) | (355) | (3550) |
| 0.4 | 4.0 | 40 | 400 | 4000 |
| | | (45) | (450) | (4500) |
| | 5.0 | 50 | 500 | 5000 |
| | | (56) | (560) | (5600) |
| 0.63 | 6.3 | 63 | 630 | 6300 |
| | | (71) | (710) | (7100) |
| | 8.0 | 80 | 800 | 8000 |
| | | (90) | (900) | (9000) |

注：1. 括号内公称排量值为非优先选用值。

2. 公称排量超出 9000mL/r 时，应按 GB/T 321—2005《优先数和优先数系》中 R10 数系选用。

## 1.3 液压缸、气缸内径及活塞杆外径系列（摘自 GB/T 2348—1993）

（1）液压缸、气缸的缸筒内径尺寸系列

**表 21-1-3** mm

| | | | |
|---|---|---|---|
| 8 | 40 | 125 | (280) |
| 10 | 50 | (140) | 320 |
| 12 | 63 | 160 | (360) |
| 16 | 80 | (180) | 400 |
| 20 | (90) | 200 | (450) |
| 25 | 100 | (220) | 500 |
| 32 | (110) | 250 | |

注：括号内数值为非优先选用值。

（2）液压缸、气缸的活塞杆外径尺寸系列

**表 21-1-4** mm

| | | | | |
|---|---|---|---|---|
| 4 | 18 | 45 | 110 | 280 |
| 5 | 20 | 50 | 125 | 320 |
| 6 | 22 | 56 | 140 | 360 |
| 8 | 25 | 63 | 160 | |
| 10 | 28 | 70 | 180 | |
| 12 | 32 | 80 | 200 | |
| 14 | 36 | 90 | 220 | |
| 16 | 40 | 100 | 250 | |

注：超出本系列 360mm 的活塞杆外径尺寸应按 GB/T 321—2005《优先数和优先数系》中 R20 数系选用。

## 1.4 液压缸、气缸活塞行程系列（摘自 GB/T 2349—1980）

液压缸、气缸活塞行程参数依优先次序按表 21-1-5~表 21-1-7 选用。

**表 21-1-5** mm

| | | | | | | | | | |
|---|---|---|---|---|---|---|---|---|---|
| 25 | 50 | 80 | 100 | 125 | 160 | 200 | 250 | 320 | 400 |
| 500 | 630 | 800 | 1000 | 1250 | 1600 | 2000 | 2500 | 3200 | 4000 |

**表 21-1-6** mm

| | | | | | | | | | |
|---|---|---|---|---|---|---|---|---|---|
| 40 | 63 | 90 | 110 | 140 | 180 | 220 | 280 | 360 | 450 |
| 550 | 700 | 900 | 1100 | 1400 | 1800 | 2200 | 2800 | 3600 | |

**表 21-1-7** mm

| | | | | | | | | | |
|---|---|---|---|---|---|---|---|---|---|
| 240 | 260 | 300 | 340 | 380 | 420 | 480 | 530 | 600 | 650 |
| 750 | 850 | 950 | 1050 | 1200 | 1300 | 1500 | 1700 | 1900 | 2100 |
| 2400 | 2600 | 3000 | 3400 | 3800 | | | | | |

缸活塞行程大于 4000mm 时，按 GB/T 321—2005《优先数和优先数系》中 R10 数系选用；如不能满足要求时，允许按 R40 数系选用。

## 1.5 液压元件的油口螺纹连接尺寸（摘自 GB/T 2878. 1—2011）

**表 21-1-8** mm

| | | | | |
|---|---|---|---|---|
| | M8×1 | M10×1 | M12×1.5 | M14×1.5 |
| M16×1.5 | M18×1.5 | M20×1.5 | M22×1.5 | M27×2 |
| M30×2 | M33×2 | M42×2 | M48×2 | M60×2 |

## 1.6 液压泵站油箱公称容量系列（摘自 JB/T 7938—2010）

**表 21-1-9** L

| | | | |
|---|---|---|---|
| | | | 1250 |
| | 16 | 160 | 1600 |
| | | | 2000 |
| 2.5 | 25 | 250 | 2500 |
| | | 315 | 3150 |
| 4.0 | 40 | 400 | 4000 |
| | | 500 | 5000 |
| 6.3 | 63 | 630 | 6300 |
| | | 800 | |
| 10 | 100 | 1000 | |

注：油箱公称容量超出 6300L 时，应按 GB/T 321—2005《优先数和优先数系》中 R10 数系选用。

## 1.7 液压气动系统用硬管外径和软管内径（摘自 GB/T 2351—2005）

**表 21-1-10** mm

| | |
|---|---|
| 硬管外径 | 4,5,6,8,10,12,(14),16,(18),20,(22),25,(28),32,(34),38①,40,(42),50 |
| 软管内径 | 2.5,3.2,5,6.3,8,10,12.5,16,19②,20,(22)②,25,31.5,38②,40,50,51② |

① 适用于某些法兰式连接。

② 仅用于液压系统。

注：括号内数值为非优先选用值。

## 1.8 液压阀油口的标识（摘自 GB/T 17490—1998）

**表 21-1-11** 液压阀油口的标识规则

| 主油口数 | | 2 | | 3 | 4 |
|---|---|---|---|---|---|
| 阀的类型 | | 溢流阀 | 其他阀 | 流量控制阀 | 方向控制阀和功能块 |
| 主油口 | 进油口 | P | P | P | P |
| | 第 1 出油口 | — | A | A | A |
| | 第 2 出油口 | — | — | — | B |
| | 回油箱油口 | T | — | T | T |
| 辅助油口 | 第 1 液控油口 | — | X | — | X |
| | 第 2 液控油口 | — | — | — | Y |
| | 液控油口(低压) | V | V | V | — |
| | 泄油口 | L | L | L | L |
| | 取样点油口 | M | M | M | M |

注：1. 本表格不适用于 GB/T 8100—2006、GB/T 8098—2003 和 GB/T 8101—2002 中标准化的元件。

2. 主级或先导级的电磁铁应用与依靠它们的动作而有压力的油口相一致的标识。

# 2 液压气动图形符号（摘自 GB/T 786.1—2009）

图形符号由符号要素和功能要素构成，其规定见表 21-1-12~表 21-1-14。

## 2.1 图形符号

表 21-1-12

| 类别 | 名称 | 符号 | 用途或符号解释 |
|---|---|---|---|
| 符号要素 | 实线 |  | 工作管路<br>控制供给管路<br>回油管路<br>电气线路 |
| 符号要素 | 虚线 | 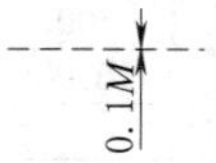 | 控制管路<br>泄油管路或放气管路<br>过滤器<br>过渡位置 |
| 符号要素 | 点划线 | 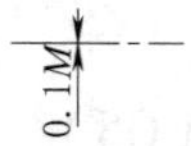 | 组合元件框线 |
| 符号要素 | 双线 | 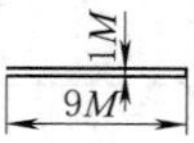 | 机械连接的轴、操纵杆、活塞杆等 |
| 符号要素 | 大圆 |  | 一般能量转换元件（泵、马达、压缩机） |
| 符号要素 | 中圆 |  | 测量仪表 |
| 功能要素 | 实心正三角形 |  | 液压力作用方向 |
| 功能要素 | 空心正三角形 | 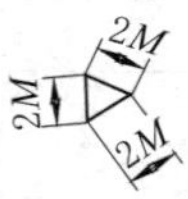 | 气动力作用方向<br>注：包括排气 |
| 功能要素 | 直箭头 | 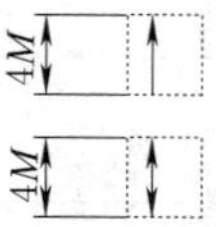 | 直流运动、流体流过阀的通路和方向 |
| 功能要素 | 长斜箭头 | 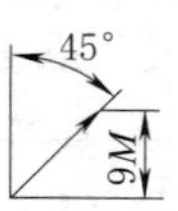 | 可调性符号（可调节的泵、弹簧、电磁铁等） |

| 名称 | 符号 | 用途或符号解释 |
|---|---|---|
| 小圆 | 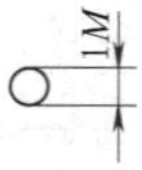 | 单向元件<br>旋转接头<br>机械铰链滚轮 |
| 圆点 | 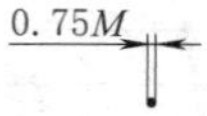 | 管路连接点、滚轮轴 |
| 半圆 | 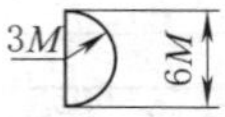 | 限定旋转角度的马达或泵 |
| 正方形 | 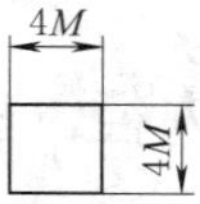 | 控制元件<br>除电动机外的原动机 |
| 正方形 | 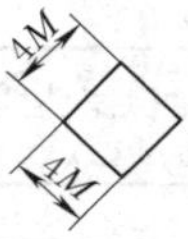 | 调节器件（过滤器、分离器、油雾器和热交换器等） |
| 正方形 | 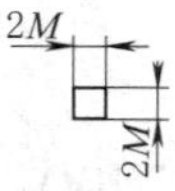 | 蓄能器重锤 |
| 弧线箭头 | 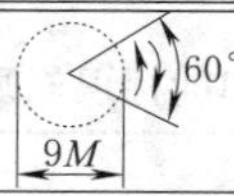 | 旋转运动方向指示 |
| 其他 | 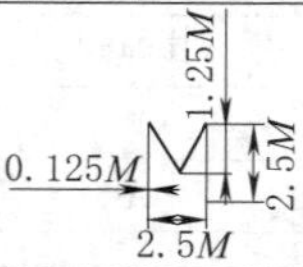 | *M* 表示马达 |
| 其他 | 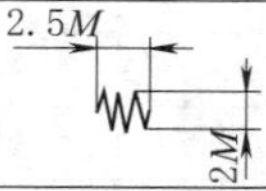 | 控制元件：弹簧 |
| 其他 | 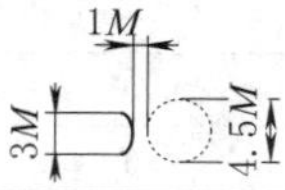 | 节流通道 |
| 其他 | 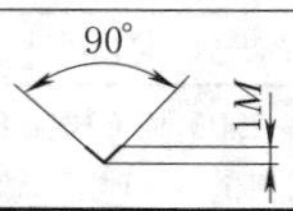 | 单向阀简化符号的阀座 |

| 名称 | 符号 | 用途或符号解释 |
|---|---|---|
| 长方形 | 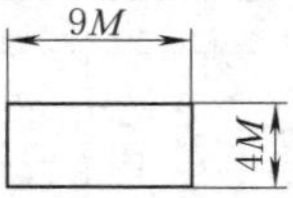 | 缸、阀 |
| 长方形 | 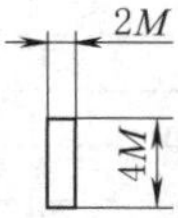 | 活塞 |
| 长方形 | 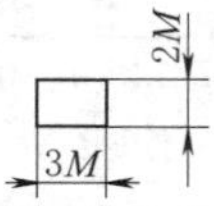 | 某种控制方法 |
| 长方形 | 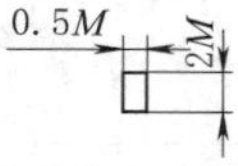 | 执行器中的缓冲器 |
| 半矩形 | 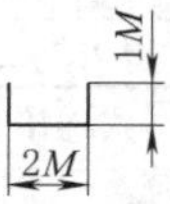 | 油箱 |
| 囊形 | 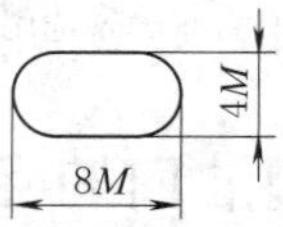 | 压力油箱<br>气罐<br>蓄能器<br>辅助气瓶 |
| 其他 | 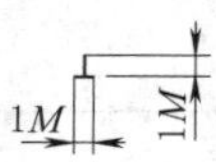 | 封闭油、气路或油、气口 |
| 其他 | 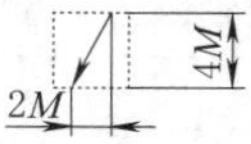 | 流过阀的路径和方向 |
| 其他 | 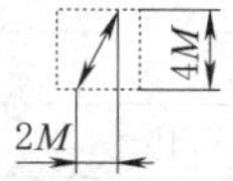 | 流过阀的路径和方向 |
| 其他 |  | 温度指示或温度控制 |
| 其他 |  | 电气符号 |

续表

| 类别 | 名称 | 符号 | 用途或符号解释 |
|---|---|---|---|
| 管路、管路连接口和接头 | 管路 | | 连接管路 |
| | | | 交叉管路 |
| | | | 柔性管路 |
| | 放气装置 | | 连续放气 |
| | | | 间断放气 |
| | 放气装置 | | 单向放气 |
| | 排气口 | | 不带连接措施 |
| | | | 带连接措施 |
| | 快换接头 | | 不带单向阀 |
| | 快换接头 | | 带单向阀 |
| | 旋转接头 | | 单通路 |
| | | | 三通路 |
| 控制机构和控制方法 | 杆 | 注:箭头可省略 | 直线运动 |
| | 轴 | 注:箭头可省略 | 旋转运动 |
| | 定位装置 | | |
| | 锁定装置 | | 注:×开锁的控制方法符号表示在矩形内 |
| | 弹跳机构 | | |
| | 人力控制 | | 不指明控制方式时的一般符号 |
| | | | 按钮式 |
| | | | 拉钮式 |
| | | | 按-拉式 |
| | | | 手柄式 |
| | 人力控制 | 注:单向控制 | 踏板式 |
| | | 注:双向控制 | 双向踏板式 |
| | 机械控制 | | 顶杆式 |
| | | | 可变行程控制式 |
| | | | 弹簧控制式 |
| | | 注:两个方向操纵 | 滚轮式 |
| | | 注:仅在一个方向上操纵,箭头可省略 | 单向滚轮式 |
| | 直线运动电气控制 | | 电磁铁或力矩马达等 |
| | | 注:电气引线可省略 | 单作用电磁铁 |
| | | | 双作用电磁铁 |
| | | | 单作用可调电磁操纵器(比例电磁铁、力马达等) |
| | 直线运动电气控制 | | 双作用可调电磁操纵器(力矩马达) |
| | 旋转运动电气控制 | M | 电动机 |
| | 直接压力控制 | | 加压或卸压控制 |
| | | 2 1 注:如有必要,可将面积比表示在相应的长方形中 | 差动控制 |
| | | 45° 注:控制通路在元件内部 | 内部压力控制 |
| | | 注:控制通路在元件外部 | 外部压力控制 |
| | 先导控制(间接压力控制) 加压控制 | 注:内部压力控制 | 气压先导控制 |
| | | 注:外部压力控制 | 液压先导控制 |

续表

| 类别 | 名称 | 符号 | 用途或符号解释 |
| --- | --- | --- | --- |
| 控制机构和控制方法 | 先导控制（间接压力控制）加压控制 | 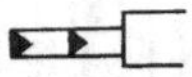 注：内部压力控制内部泄油 | 液压二级先导控制 |
| | | 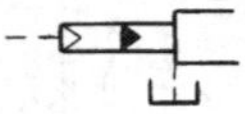 注：气压外部压力控制，液压内部压力控制，外部泄油 | 气压-液压先导控制 |
| | | 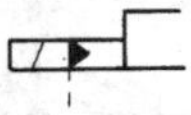 注：单作用电磁铁一次控制，液压外部压力控制，内部泄油 | 电磁-液压先导控制 |
| | | 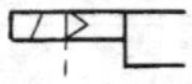 注：单作用电磁铁一次控制，气压外部压力控制 | 电磁-气压先导控制 |
| | 先导控制（间接压力控制）卸压控制 |  注：内部压力控制，内部泄油 | 液压先导控制 |
| | | 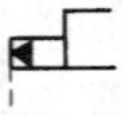 注：内部压力控制，带遥控泄放口 | 液压先导控制 |
| | | 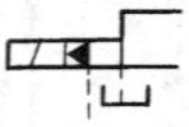 注：单作用电磁铁一次控制，外部压力控制，外部泄油 | 电磁-液压先导控制 |
| | | 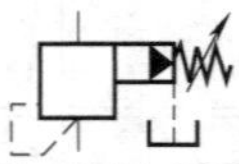 注：带压力调节弹簧，外部泄油，带遥控泄放口 | 先导型压力控制阀 |
| | 先导控制（间接压力控制）卸压控制 | 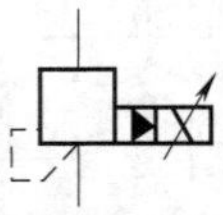 注：单作用比例电磁操纵器，内部泄油 | 先导型比例电磁式压力控制阀 |
| | 反馈 外反馈 | 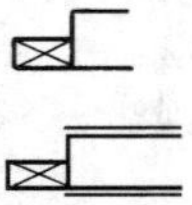 注：电位器、差动变压器等位置检测器 | 一般符号 电反馈 |
| | 反馈 内反馈 | 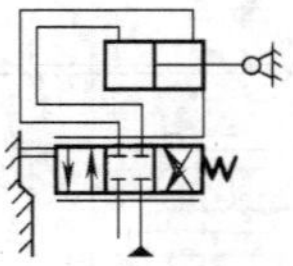 | 机械反馈 随动阀仿形控制回路 |

| 类别 | 名称 | 符号 | 用途或符号解释 |
| --- | --- | --- | --- |
| 泵和马达 | 液压泵 | 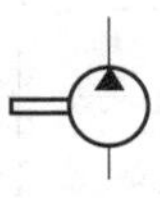 | 一般符号 |
| | 单向定量液压泵 | 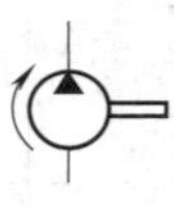 | 单向旋转，单向流动，定排量 |
| | 双向定量液压泵 | 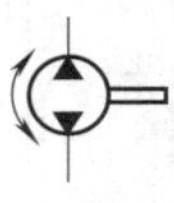 | 双向旋转，双向流动，定排量 |
| | 单向变量液压泵 |  | 单向旋转，单向流动，变排量 |
| | 双向变量液压泵 |  | 双向旋转，双向流动，变排量 |
| | 液压马达 | 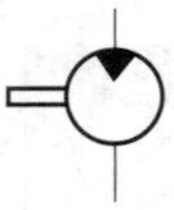 | 一般符号 |
| | 单向定量液压马达 | 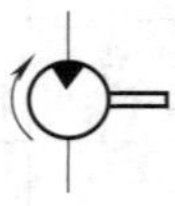 | 单向旋转，单向流动，定排量 |
| | 双向定量液压马达 | 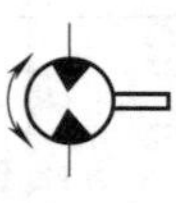 | 双向旋转，双向流动，定排量 |
| | 单向变量液压马达 |  | 单向旋转，单向流动，变排量 |
| | 双向变量液压马达 |  | 双向旋转，双向流动，变排量 |
| | 摆动马达 | 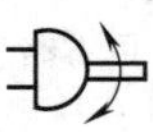 | 双向摆动，定角度 |
| | 定量液压泵-马达 | 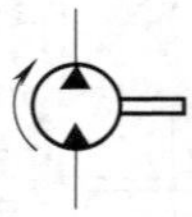 | 单向旋转，单向流动，定排量 |
| | 变量液压泵-马达 | 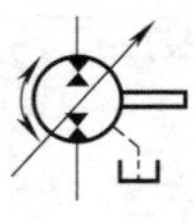 | 双向旋转，双向流动，变排量，外部泄油 |
| | 液压整体式传动装置 | 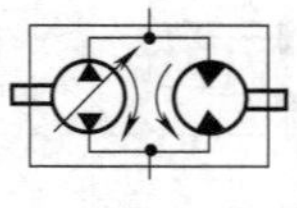 | 单向旋转，变排量泵，定排量马达 |

续表

| | 名称 | 符号 | 用途或符号解释 | 名称 | 符号 | 用途或符号解释 | 名称 | 符号 | 用途或符号解释 |
|---|---|---|---|---|---|---|---|---|---|
| 单作用缸 | 单活塞杆液压缸 | 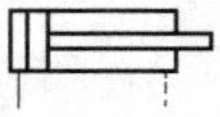 | | 双活塞杆缸 | 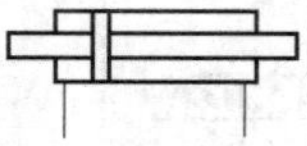 | | 伸缩缸 | 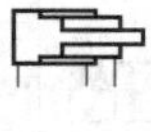 | |
| | 单活塞杆液压缸 | 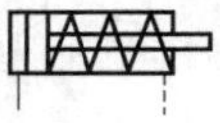 | 带弹簧复位 | 不可调单向缓冲缸 | 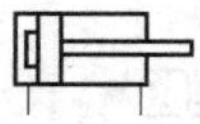 | | 气-液转换器 | 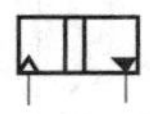 | |
| | 柱塞缸 | 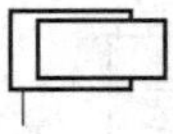 | | 可调单向缓冲缸 | 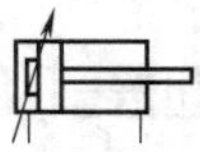 | | | 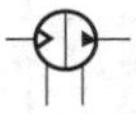 | |
| | 伸缩缸 | 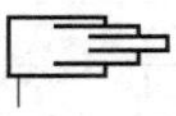 | | 不可调双向缓冲缸 | 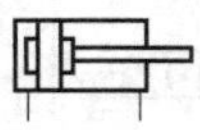 | | 增压器 | 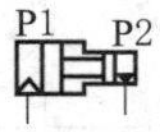 | |
| 双作用缸 | 单活塞杆缸 | 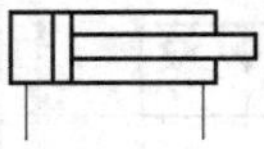 | | 可调双向缓冲缸 | 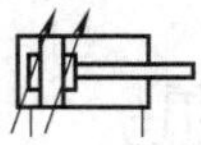 | | | 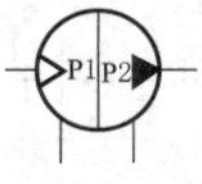 | |
| 蓄能器 | 囊式 |  | 一般符号 注:垂直绘制,不表示载荷形式 | 蓄能器 |  | 重锤式 注:垂直绘制 | 辅助气瓶 |  | 注:垂直绘制 |
| | 活塞式 |  | 注:垂直绘制 | |  | 弹簧式 | 气罐 |  | |
| 动力源 | 液压源、气压源 | 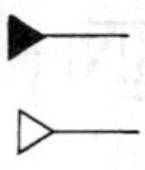 | 一般符号 | 电动机 | 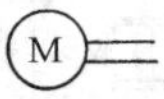 | | 原动机 | 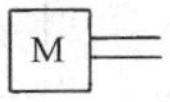 | 注:电动机除外 |
| 方向控制阀 | 二位二通电磁阀 | 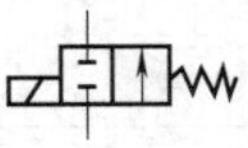<br>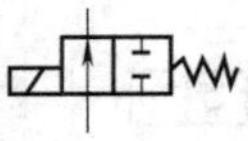 | 常开<br>常闭 | 二位三通电磁阀 | 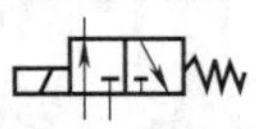<br>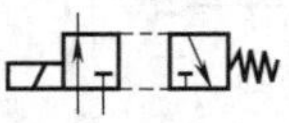 | | 二位四通电磁阀 | 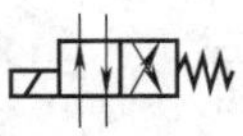 | |
| | 二位二通手动阀 | 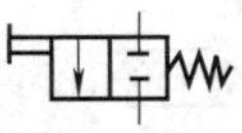 | 常闭 | 二位三通电磁球阀 | 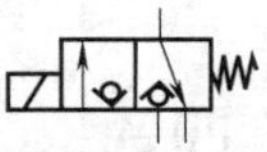<br> | | 二位五通电磁阀 |  | |

续表

| | 名称 | 符号 | 用途或符号解释 |
|---|---|---|---|
| 方向控制阀 | 三位三通电磁阀 | 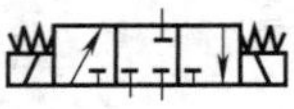 | |
| | 三位四通电磁阀 |  | |
| | 三位四通换向阀中位滑阀机能 |  | |
| | |  | |
| | |  | |
| | |  | |
| | |  | |
| | |  | |
| | |  | |
| | |  | |
| | |  | |
| | |  | |
| | |  | |
| | |  | |

| 名称 | 符号 | 用途或符号解释 |
|---|---|---|
| 三位五通电磁阀 | 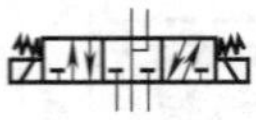 | |
| 三位六通手动阀 |  | |
| 三位四通电液阀 | 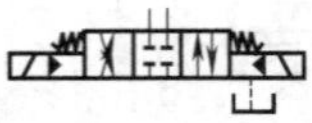 | 内控外泄 |
| | 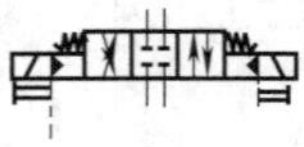 | 外控内泄（带手动应急控制装置） |
| 二位四通比例阀 |  | |
| 三位四通比例阀 | 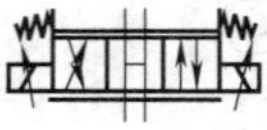 | 带负遮盖中间位置（节流型） |
| | 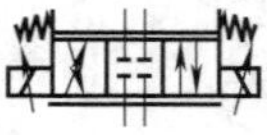 | 带正遮盖中间位置（节流型） |
| 伺服阀 |  | 典型例 |
| 四通电液伺服阀 | 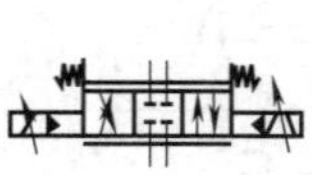 | 二级 |
| | 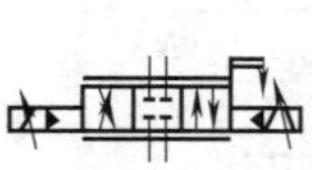 | 带电反馈三级 |

| 名称 | 符号 | 用途或符号解释 |
|---|---|---|
| 单向阀 | 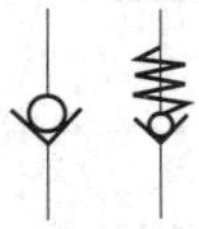 | 简化符号<br>弹簧可省略 |
| 液控单向阀 | 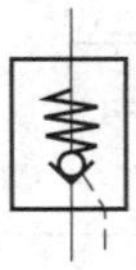 | |
| 双液控单向阀 | 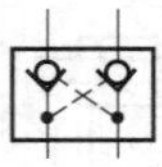 | 液压锁 |
| 或门型梭阀 | 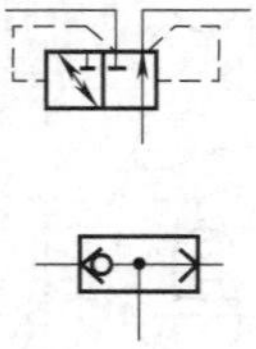 | |
| 与门型梭阀 | 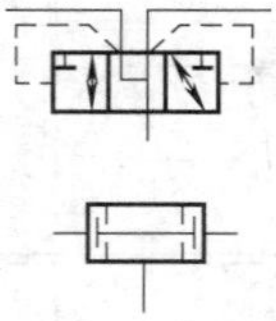 | |
| 快速排气阀 | 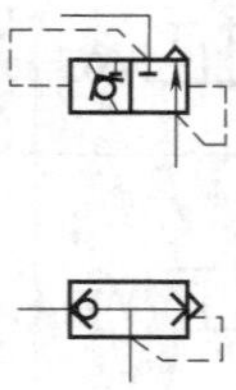 | |

续表

| 名称 | | | 符号 |
|---|---|---|---|
| 压力控制阀 | 溢流阀 | 直动型溢流阀 | 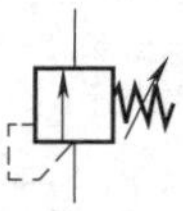 |
| | | 先导型溢流阀 | 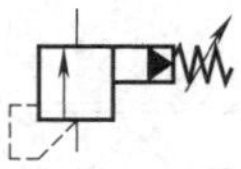 |
| | | 先导型电磁溢流阀 | 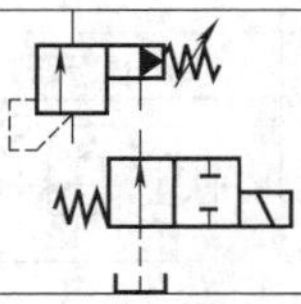 |
| | | 先导型比例电磁溢流阀 | 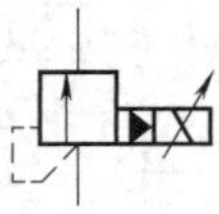 |
| | | 卸荷溢流阀 | 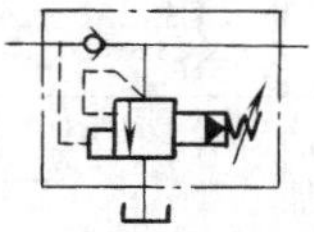 |
| | | 双向溢流阀 | 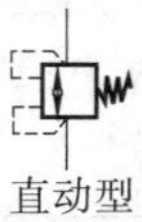 直动型 |
| 流量控制阀 | 节流阀 | 可调节流阀 | 详细符号 简化符号 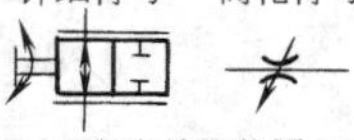 无完全关闭位置 |
| | | 不可调节流阀 |  |
| | | 可调单向节流阀 | 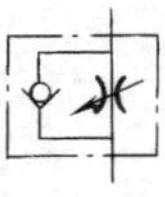 |
| | | 截止阀 | 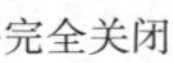 有一完全关闭位置 |
| | 减压阀 | 一般符号或直动型减压阀 | 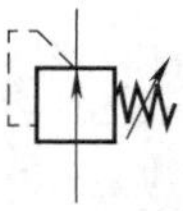 |
| | | 先导型减压阀 | 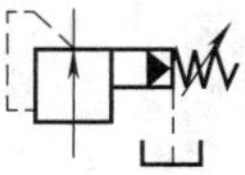 |
| | | 溢流减压阀 | 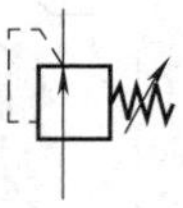 |
| | | 先导型比例电磁式溢流减压阀 | 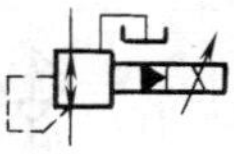 |
| | | 定比减压阀 | 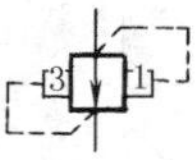 液压比为1/3 |
| | | 定差减压阀 | 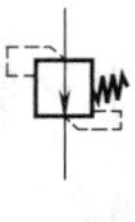 |
| | 节流阀 | 滚轮控制可调节流阀(减速阀) | 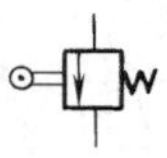 |
| | | 带消声器的节流阀 | 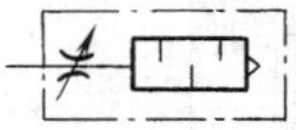 |
| | 调速阀 | 一般符号 | 详细符号 简化符号 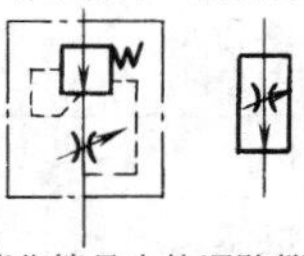 简化符号中的通路箭头表示压力补偿 |
| | 顺序阀 | 一般符号或直动型顺序阀 | 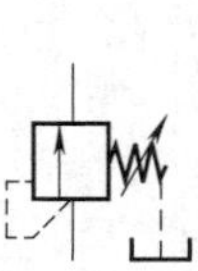 |
| | | 先导型顺序阀 | 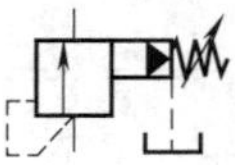 |
| | | 平衡阀(单向顺序阀) | 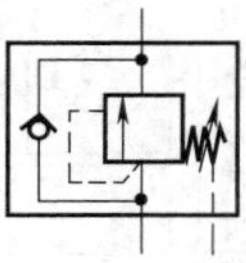 |
| | 卸荷阀 | 一般符号或直动型卸荷阀 |  |
| | 制动阀 | | 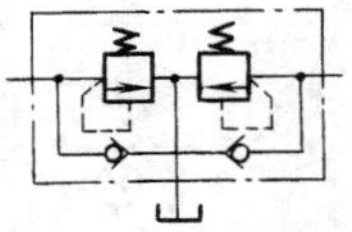 |
| | 调速阀 | 带温度补偿的调速阀 | 详细符号 简化符号 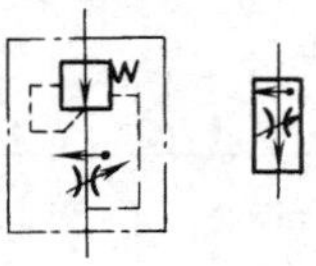 |
| | | 旁通型调速阀 | 详细符号 简化符号 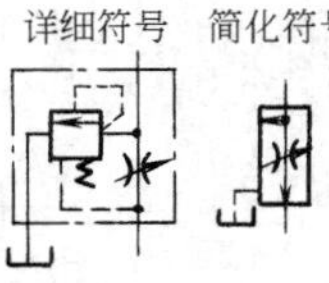 |

续表

| 名称 | | | 符号 |
|---|---|---|---|
| 流量控制阀 | 调速阀 | 单向调速阀 | 简化符号 |
| 流体的贮存和调节 | 油箱 | 通大气式油箱 | 管端在液面以上 |
| | | | 管端在液面以下，带空气滤清器 |
| | | | 管端连于油箱底 |
| | | | 局部泄油或回油 |
| | | 密封式油箱 | 用作加压油箱或密闭油箱，三条管路 |
| | 过滤器 | | 一般符号 |
| | | | 带磁性滤芯 |
| | | | 带污染指示器 |
| 辅助元器件 | 压力检测器 | 压力指示器 | |
| | | 压力计 | |
| | | 压差计 | |
| | | 脉冲计数器 | n<br>带电输出信号 |
| | | | 带气动输出信号 |

| 名称 | | 符号 |
|---|---|---|
| 分流阀 | | |
| 集流阀 | | |
| 分水排水器 | | 人工排出 |
| | | 自动排出 |
| 空气过滤器 | | 人工排出 |
| | | 自动排出 |
| 除油器 | | 人工排出 |
| | | 自动排出 |
| 液面计 | | |
| 温度计 | | |
| 流量检测器 | 检流计（液流指示器） | |
| | 流量计 | |
| | 累计流量计 | |
| 转速仪 | | |
| 转矩仪 | | |

| 名称 | | 符号 |
|---|---|---|
| 分流集流阀 | | |
| 空气干燥器 | | |
| 油雾器 | | |
| 气源调节装置 | | 详细符号<br>简化符号<br>简化符号中垂直箭头表示分离器 |
| 热交换器 | 冷却器 | 一般符号 |
| | | 带冷却剂管路指示 |
| | 加热器 | |
| | 温度调节器 | |
| 其他元器件 | 压力继电器 | 详细符号 一般符号 |
| | 行程开关 | 详细符号 一般符号 |
| | 模拟传感器 | 气动 |
| | 消声器 | 气动 |
| | 报警器 | 气动 |

注：模数尺寸 $M=2.5$mm。

## 2.2 控制机构、能量控制和调节元件符号绘制规则

**表 21-1-13　　控制机构、能量控制和调节元件符号绘制规则**

| 符号种类 | 符号绘制规则 | 示例 |
| --- | --- | --- |
| 单一控制机构符号 | 阀的控制机构符号可以绘制在长方形端部的任意位置上 |  |
| | 表示可调节元件的可调节箭头可以延长或转折，与控制机构符号相连 | 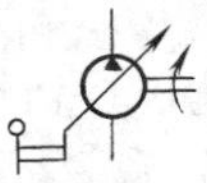 |
| | 双向控制的控制机构符号，原则上只需绘制一个(图 a)<br>在双作用电磁铁控制符号中，当必须表示电信号和阀位置关系时，不采用双作用电磁铁符号(图 b)，而采用两个单作用电磁铁符号(图 c) | 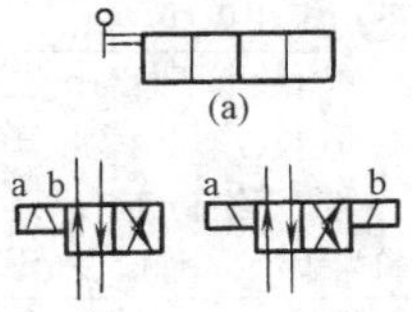 |
| 复合控制机构符号 | 单一控制方向的控制符号绘制在被控制符号要素的邻接处 | 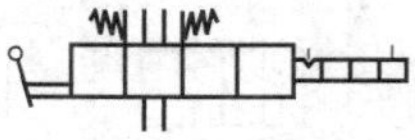 |
| | 三位或三位以上阀的中间位置控制符号绘制在该长方形内边框线向上或向下的延长线上 | |
| | 在不被错解时，三位阀的中间位置的控制符号也可以绘制在长方形的端线上 |  |
| | 压力对中时，可以将功能要素的正三角形绘制在长方形端线上 | 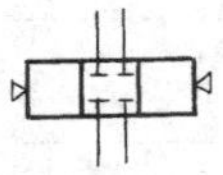 |
| | 先导控制(间接压力控制)元件中的内部控制管路和内部泄油管路，在简化符号中通常可省略 | 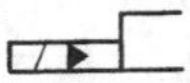 |
| | 先导控制(间接压力控制)元件中的单一外部控制管路和外部泄油管路仅绘制在简化符号的一端；任何附加的控制管路和泄油管路绘制在另一端；元件符号，必须绘制出所有的外部连接口 | 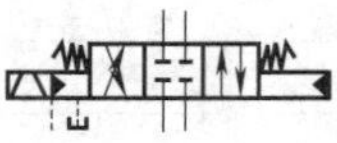 |
| | 选择控制的控制符号并列绘制，必要时，也可绘制在相应长方形边框线的延长线上 | 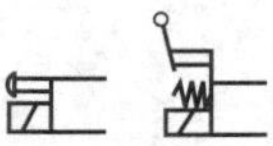 |
| | 顺序控制的控制符号按顺序依次排列 | 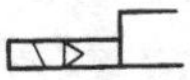 |
| 能量控制和调节元件符号 | 能量控制和调节元件符号由一个长方形(包括正方形，下同)或相互邻接的几个长方形构成 | 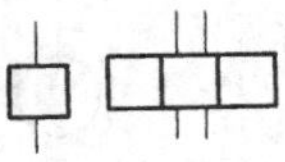 |
| | 流动通路、连接点、单向及节流等功能符号，除另有规定者外，均绘制在相应的主符号中 | 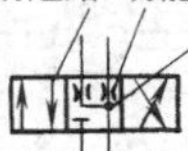 |

续表

| 符号种类 | 符号绘制规则 | 示例 |
|---|---|---|
| 能量控制和调节元件符号 | 外部连接口,以一定间隔与长方形相交,两通阀的外部连接口绘制在长方形中间 | 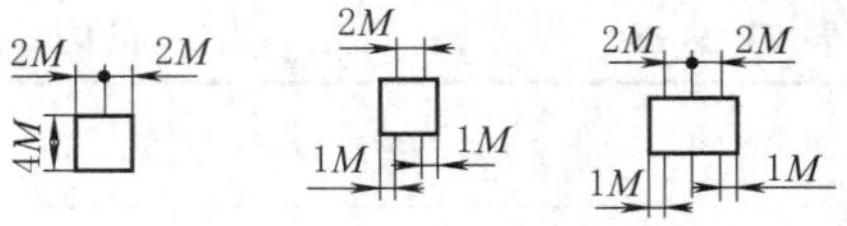 |
| | 泄油管路符号绘制在长方形的顶角处<br>注:旋转式能量转换元件的泄油管路符号绘制在与主管路符号成 45°的方向,与主符号相交 | 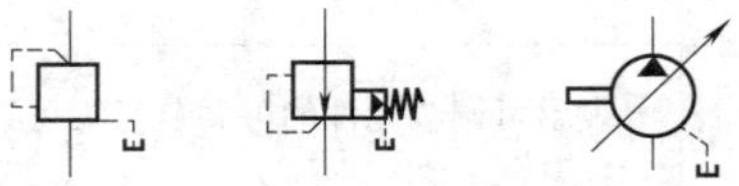 |
| | 过渡位置的绘制,把相邻动作位置的长方形拉开,其间上下边框用虚线 |  |
| | 具有数个不同动作位置及节流程度连续变化的中间位置的阀,在长方形上下外侧画上平行线来表示<br>为便于绘制,具有两个不同动作位置的阀,可用下表的一般符号表示。其间,表示流动方向的箭头应绘制在符号中 | 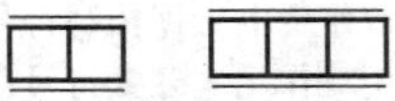 |

| 名称 | 详细符号 | 简化符号 | 名称 | 详细符号 | 简化符号 | 名称 | 详细符号 | 简化符号 |
|---|---|---|---|---|---|---|---|---|
| 二通阀(常闭可变节流) | 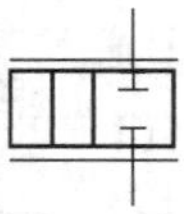 | 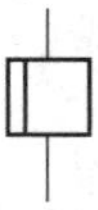 | 二通阀(常开可变节流) | 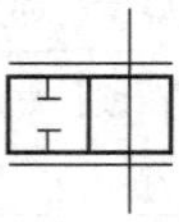 | 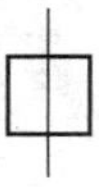 | 三通阀(常开可变节流) | 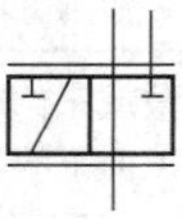 | 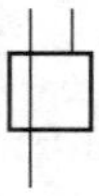 |

**表 21-1-14　　旋转式能量转换元件的标注规则与符号示例**

| 项目 | 标注规则 |
|---|---|
| 旋转方向 | 旋转方向用从功率输入指向功率输出的围绕主符号的同心箭头表示<br>双向旋转的元件仅需标注其中一个旋转方向,通轴式元件应选定一端 |
| 泵的旋转方向 | 泵的旋转方向用从传动轴指向输出管路的箭头表示 |
| 马达的旋转方向 | 马达的旋转方向用从输入管路指向传动轴的箭头表示 |
| 泵-马达的旋转方向 | 泵-马达的旋转方向的规定与"泵的旋转方向"的规定相同 |
| 控制位置 | 控制位置用位置指示线及其上的标注来表示 |
| 控制位置指示线 | 控制位置指示线为垂直于可调节箭头的一根直线,其交点即为元件的静止位置 |
| 控制位置标注 | 控制位置标注用 M、Φ、N 表示:Φ表示零排量位置;M 和 N 表示最大排量的极限控制位置 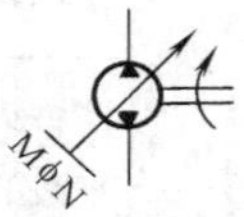 |
| 旋转方向和控制位置关系 | 旋转方向和控制位置关系必须表示时,控制位置的标注表示在同心箭头的顶端附近两个旋转方向的控制特性不同时,在旋转方向的箭头顶端附近分别表示出不同特性的标注 |

| | 名称 | 符号 | 说明 | 名称 | 符号 | 说明 |
|---|---|---|---|---|---|---|
| 符号示例 | 定量液压马达 | 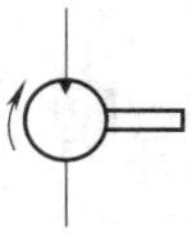 | 单向旋转,不指示和流动方向有关的旋转方向箭头 | 定量液压泵或马达 | 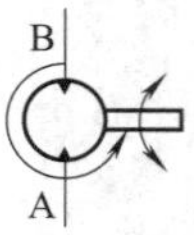<br>可逆式旋转马达 | 双向旋转,双出轴,输入轴左向旋转时,B 口为输出口<br>B 口为输入口时,输出轴左向旋转 |
| | 定量液压泵或马达 | 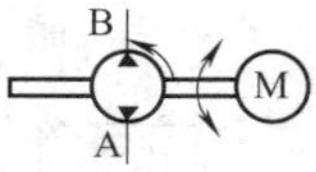<br>可逆式旋转泵 | 双向旋转,双出轴,输入轴左向旋转时,B 口为输出口<br>B 口为输入口时,输出轴左向旋转 | 变量液压泵 | 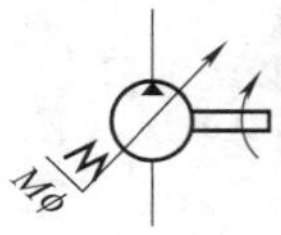 | 单向旋转,不指示和流动方向有关的旋转方向箭头 |

续表

| | 名称 | 符号 | 说明 | 名称 | 符号 | 说明 |
|---|---|---|---|---|---|---|
| 符号示例 | 变量液压马达 | 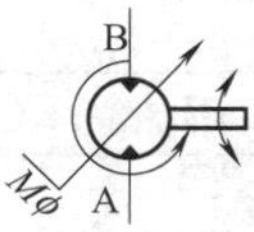 | 双向旋转<br>B 口为输入口时，输出轴左向旋转 | 定量液压泵-马达 | 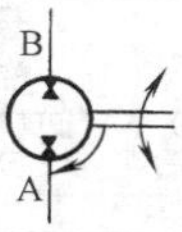 | 双向旋转<br>泵功能时，输入轴右向旋转，A 口为输出口 |
| | 变量液压泵 | 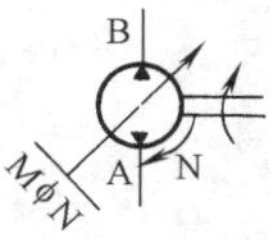 | 单向旋转<br>向控制位置 N 方向操作时，A 口为输出口 | 变量液压泵-马达 | 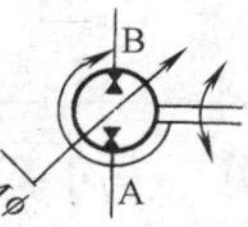 | 双向旋转<br>泵功能时，输入轴右向旋转，B 口为输出口 |
| | 变量液压泵或液压马达 可逆式旋转液压泵 | 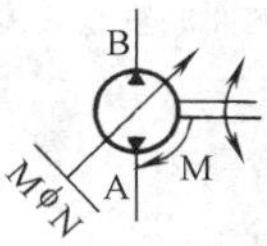 | 双向旋转<br>输入轴右向旋转时，A 口为输出口，变量机构在控制位置 M 处 | 变量液压泵-马达 | 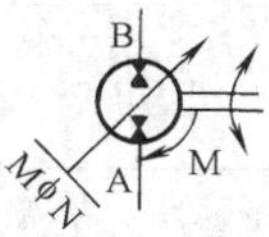 | 单向旋转<br>泵功能时，输入轴右向旋转，A 口为输出口，变量机构在控制位置 M 处 |
| | 变量液压泵或液压马达 可逆式旋转液压马达 | 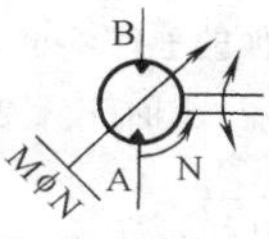 | A 口为入口时，输出轴向左旋转，变量机构在控制位置 N 处 | 变量可逆式旋转泵-马达 | 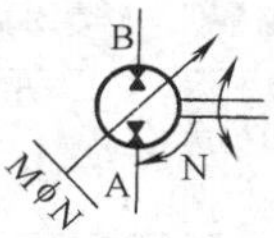 | 双向旋转<br>泵功能时，输入轴右向旋转，A 口为输出口，变量机构在控制位置 N 处 |
| | | | | 定量/变量可逆式旋转泵 | 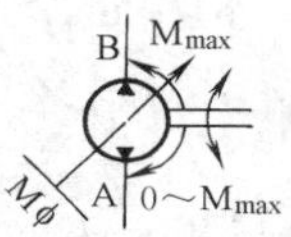 | 双向旋转<br>输入轴右向旋转时，A 口为输入口，为变量液压泵功能；左向旋转时，为最大排量的定量泵 |

# 3 液压流体力学常用公式

## 3.1 流体主要物理性质公式

表 21-1-15

| 项目 | 公式 | 单位 | 符号意义 |
|---|---|---|---|
| 重力 | $G=mg$ | N | $m$——质量，kg<br>$g$——重力加速度，$m/s^2$<br>$V$——流体体积，$m^3$<br>$p$——绝对压力，Pa<br>$T$——热力学温度，K<br>$R$——气体常数，N·m/(kg·K)；不同气体 $R$ 值不同，空气 $R=287$ N·m/(kg·K)<br>$k$——绝热指数；不同气体 $k$ 值不同，空气 $k=1.4$<br>$\Delta V/V$——体积变化率<br>$\Delta p$——压力差，Pa<br>$\Delta t$——温度的增值，℃<br>$\mu$——动力黏度，Pa·s |
| 密度 | $\rho=\frac{m}{V}$ | $kg/m^3$ | |
| 理想气体状态方程 | $\frac{p}{\rho}=RT$ | | |
| 等温过程 | $\frac{p}{\rho}=$常数 | | |
| 绝热过程 | $\frac{p}{\rho^k}=$常数 | | |
| 流体体积压缩系数 | $\beta_p=\frac{\Delta V/V}{\Delta p}$ | $m^2/N$ | |
| 流体体积弹性模量 | $E_0=\frac{1}{\beta_p}$ | $N/m^2$ | |
| 流体温度膨胀系数 | $\beta_t=\frac{\Delta V/V}{\Delta t}$ | $℃^{-1}$ | |
| 运动黏度系数 | $\nu=\frac{\mu}{\rho}$ | $m^2/s$ | |

## 3.2 流体静力学公式

**表 21-1-16**

| 项　目 | 公　　式 | 单位 | 符　号　意　义 |
|---|---|---|---|
| 压强或压力 | $p=\frac{F}{A}$ | Pa | $F$——总压力,N<br>$A$——有效断面积,$m^2$<br>$p_M$——绝对压力,Pa<br>$p_a$——大气压力,Pa<br>$h$——液柱高,m<br>$p_1,p_2$——同一种流体中任意两点的压力,Pa<br>$h_G$——平面的形心距液面的垂直高度,m<br>$A_0$——平板的面积,$m^2$<br>$P_x$——总压力的水平分量,N<br>$P_z$——总压力的垂直分量,N<br>$A_x$——曲面在 $x$ 方向投影面积,$m^2$<br>$h_{Gx}$——$A_x$ 的形心距液面的垂直高度,m<br>$V_p$——通过曲面周边向液面作无数垂直线而形成的体积,$m^3$<br>$\theta$——总压力与 $x$ 轴夹角,(°) |
| 相对压力 | $p_r=p_M-p_a$ | Pa | |
| 真空度 | $p_B=p_a-p_M$ | Pa | |
| 静力学基本方程 | $p_2=p_1+\rho gh$<br>使用条件:连续均一流体 | Pa | |
| 流体对平面的作用力 | $P_0=\rho gh_GA_0$ | N | |
| 流体对曲面的作用力 | $P=\sqrt{P_x^2+P_z^2}$<br>$P_x=\rho gh_{Gx}A_x$<br>$P_z=\rho gV_p$<br>$\tan\theta=\frac{P_z}{P_x}$ | N<br>N<br>N | |

注:$A_0$ 按淹没部分的面积计算。

## 3.3 流体动力学公式

**表 21-1-17**

| 项　目 | 公　　式 | 符　号　意　义 |
|---|---|---|
| 连续性方程 | $v_1A_1=v_2A_2=$常数<br>$Q_1=Q_2=Q$<br>使用条件:①稳定流;②流体是不可压缩的 | $A_1,A_2$——任意两断面面积,$m^2$<br>$v_1,v_2$——任意两断面平均流速,m/s<br>$Q_1,Q_2$——通过任意两断面的流量,$m^3/s$<br>$Z_1,Z_2$——断面中心距基准面的垂直高度,m<br>$\alpha$——动能修正系数,一般工程计算可取 $\alpha_1=\alpha_2\approx1$<br>$h_w$——总流断面 $A_1$ 及 $A_2$ 之间单位重力流体的平均能量损失,m<br>$H_0$——单位重力流体从流体机械获得的能量($H_0$ 为"+"),或单位重力流体供给流体机械的能量($H_0$ 为"-"),m<br>$\Sigma F$——作用于流体段上的所有外力,N |
| 理想流体伯努利方程 | $Z_1+\frac{p_1}{\rho g}+\frac{v_1^2}{2g}=Z_2+\frac{p_2}{\rho g}+\frac{v_2^2}{2g}$<br>$Z+\frac{p}{\rho g}+\frac{v^2}{2g}=$常数<br>使用条件:①质量力只有重力;②理想流体;③稳定流动 | |
| 实际流体总流的伯努利方程 | $Z_1+\frac{p_1}{\rho g}+\frac{\alpha_1v_1^2}{2g}=Z_2+\frac{p_2}{\rho g}+\frac{\alpha_2v_2^2}{2g}+h_w$<br>使用条件:①质量力只有重力;②稳定流动;③不可压缩流体;④缓变流;⑤流量为常数 | |
| 系统中有流体机械的伯努利方程 | $Z_1+\frac{p_1}{\rho g}+\frac{\alpha_1v_1^2}{2g}\pm H_0=Z_2+\frac{p_2}{\rho g}+\frac{\alpha_2v_2^2}{2g}+h_w$<br>使用条件:①质量力只有重力;②稳定流动;③不可压缩流体;④缓变流;⑤流量为常数 | |
| 稳定流的动量方程 | $\Sigma F=\rho Q(v_2-v_1)$ | |

## 3.4 雷诺数、流态、压力损失公式

**表 21-1-18　　雷诺数、流态、压力损失计算公式**

| 项　目 | 公　式 | 符　号　意　义 |
|---|---|---|
| 雷诺数 | $Re=\frac{vd}{\nu}$ | $v$——管内平均流速,m/s<br>$d$——圆管内径,m<br>$\nu$——流体的运动黏度,$m^2/s$<br>$Re_{(L)}$——临界雷诺数:圆形光滑管,$Re_{(L)}=2000\sim2300$;橡胶管,$Re_{(L)}=1600\sim2000$<br>$\lambda$——沿程阻力系数,它是 $Re$ 和相对粗糙度 $\varepsilon/d$ 的函数,可按表 21-1-19 的公式计算,或从图 21-1-1 中直接查得,管壁的绝对粗糙度 $\varepsilon$ 见表 21-1-20<br>$l$——圆管的长度,m<br>$\rho$——流体的密度,$kg/m^3$<br>$\zeta$——局部阻力系数,各种情况的局部阻力系数见表 21-1-21～表 21-1-28 |
| 层流 | $Re<Re_{(L)}$ | |
| 紊流 | $Re>Re_{(L)}$ | |
| 沿程压力损失 | $\Delta p_f=\lambda\frac{l}{d}\times\frac{\rho v^2}{2}$ | |
| 局部压力损失 | $\Delta p_r=\zeta\frac{\rho v^2}{2}$ | |
| 管路总压力损失 | $\Delta p=\sum\lambda_i\frac{l_i}{d_i}\times\frac{\rho v_i^2}{2}+\sum\zeta_i\frac{\rho v_i^2}{2}$ | |

**表 21-1-19　　圆管的沿程阻力系数 λ 的计算公式**

| 流动区域 | | 雷诺数范围 | | λ 计算公式 |
|---|---|---|---|---|
| 层　流 | | $Re<2320$ | | $\lambda=\frac{64}{Re}$ |
| 紊流 | 水力光滑管区 | $Re<22\left(\frac{d}{\varepsilon}\right)^{8/7}$ | $3000<Re<10^5$ | $\lambda=0.3164Re^{-0.25}$ |
| | | | $10^5\leqslant Re<10^8$ | $\lambda=\frac{0.308}{(0.842-\lg Re)^2}$ |
| | 水力粗糙管区 | $22\left(\frac{d}{\varepsilon}\right)^{8/7}\leqslant Re\leqslant597\left(\frac{d}{\varepsilon}\right)^{9/8}$ | | $\lambda=\left[1.14-2\lg\left(\frac{\varepsilon}{d}+\frac{21.25}{Re^{0.9}}\right)\right]^{-2}$ |
| | 阻力平方区 | $Re>597\left(\frac{d}{\varepsilon}\right)^{9/8}$ | | $\lambda=0.11\left(\frac{\varepsilon}{d}\right)^{0.25}$ |

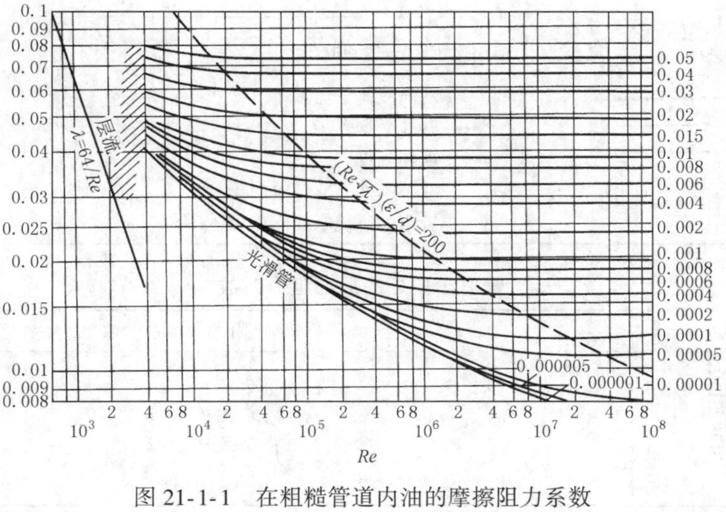


图 21-1-1　在粗糙管道内油的摩擦阻力系数

**表 21-1-20　各种新管内壁绝对粗糙度 $\varepsilon$**　mm

| 材　料 | 管内壁状态 | 绝对粗糙度 $\varepsilon$ | 材　料 | 管内壁状态 | 绝对粗糙度 $\varepsilon$ |
|---|---|---|---|---|---|
| 铜 | 冷拔铜管、黄铜管 | 0.0015~0.01 | 铸　铁 | 铸铁管 | 0.05 |
| 铝 | 冷拔铝管、铝合金管 | 0.0015~0.06 | 塑　料 | 光滑塑料管<br>$d=100$mm 的波纹管<br>$d\geqslant200$mm 的波纹管 | 0.0015~0.01<br>5~8<br>15~30 |
| 钢 | 冷拔无缝钢管<br>热拉无缝钢管<br>轧制无缝钢管<br>镀锌钢管<br>波纹管 | 0.01~0.03<br>0.05~0.1<br>0.05~0.1<br>0.12~0.15<br>0.75~7.5 | 橡　胶 | 光滑橡胶管<br>含有加强钢丝的胶管 | 0.006~0.07<br>0.3~4 |

**表 21-1-21　管道入口处的局部阻力系数**

| 入口型式 | | 局部阻力系数 $\zeta$ |
|---|---|---|
| 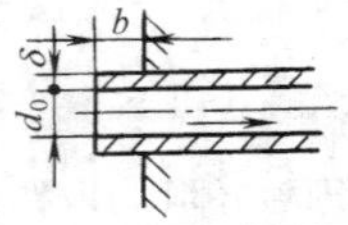 | 入口处为尖角凸边<br>$Re>10^4$ | 当 $\delta/d_0<0.05$ 及 $b/d_0\leqslant0.5$ 时，$\zeta=1$<br>当 $\delta/d_0\geqslant0.05$ 及 $b/d_0<0.5$ 时，$\zeta=0.5$ |

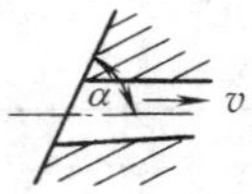

入口处为尖角 $Re>10^4$

| $\alpha/(°)$ | 20 | 30 | 45 | 60 | 70 | 80 | 90 |
|---|---|---|---|---|---|---|---|
| $\zeta$ | 0.96 | 0.91 | 0.81 | 0.7 | 0.63 | 0.56 | 0.5 |

一般垂直入口，$\alpha=90°$

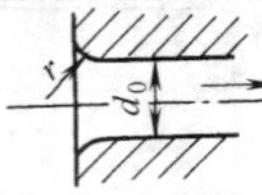

入口处为圆角

| $r/d_0$ | 0.12 | 0.16 |
|---|---|---|
| $\zeta$ | 0.1 | 0.06 |

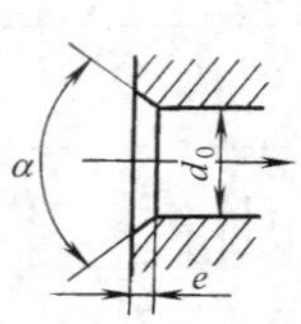

入口处为倒角 $Re>10^4$（$\alpha=60°$时最佳）

| $\alpha/(°)$ | $e/d_0$ = 0.025 | 0.050 | 0.075 | 0.10 | 0.15 | 0.60 |
|---|---|---|---|---|---|---|
| | $\zeta$ | | | | | |
| 30 | 0.43 | 0.36 | 0.30 | 0.25 | 0.20 | 0.13 |
| 60 | 0.40 | 0.30 | 0.23 | 0.18 | 0.15 | 0.12 |
| 90 | 0.41 | 0.33 | 0.28 | 0.25 | 0.23 | 0.21 |
| 120 | 0.43 | 0.38 | 0.35 | 0.33 | 0.31 | 0.29 |

带丝网的进口

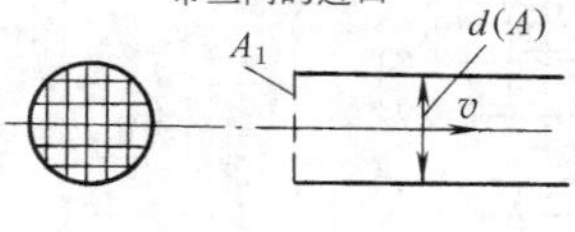


| $A_1/A$ | 1 | 0.8 | 0.7 | 0.5 | 0.4 | 0.3 | 0.2 | 0.1 |
|---|---|---|---|---|---|---|---|---|
| $\zeta$ | 1 | 1.1 | 1.2 | 2 | 3.2 | 6.2 | 15 | 80 |

适用于 $Re=\dfrac{v\delta}{\nu}\geqslant400$

$v$——网前液体平均流速

$\delta$——网孔平均孔径

$\nu$——液体黏度

$A_1$——丝网眼孔有效过流面积

$A$——管道的过流断面面积

**表 21-1-22　管道出口处的局部阻力系数**

| 出口型式 | 局部阻力系数 $\zeta$ |
|---|---|
| 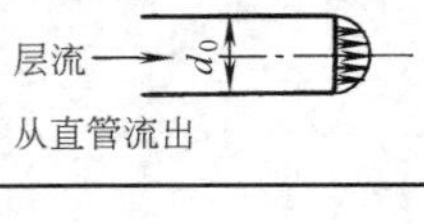  从直管流出 | 紊流时，$\zeta=1$<br>层流时，$\zeta=2$ |

续表

| 出口型式 | 局部阻力系数 ζ | | | | | | | | | | | |
|---|---|---|---|---|---|---|---|---|---|---|---|---|
| 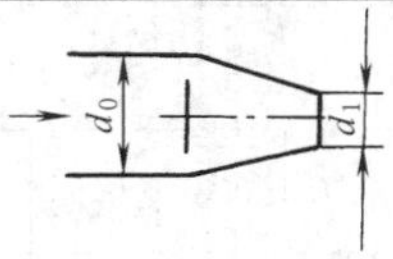从锥形喷嘴流出，$Re>2\times10^3$ | $\zeta=1.05(d_0/d_1)^4$ | | | | | | | | | | | |
| | $d_0/d_1$ | 1.05 | 1.1 | 1.2 | 1.4 | 1.6 | 1.8 | 2.0 | 2.2 | 2.4 | 2.6 | 2.8 | 3.0 |
| | ζ | 1.28 | 1.54 | 2.18 | 4.03 | 6.88 | 11.0 | 16.8 | 24.6 | 34.8 | 48.0 | 64.5 | 85.0 |

| 出口型式 | $l/d_0$ | α/(°) | | | | | | | | | |
|---|---|---|---|---|---|---|---|---|---|---|---|
| | | 2 | 4 | 6 | 8 | 10 | 12 | 16 | 20 | 24 | 30 |
| | | ζ | | | | | | | | | |
| 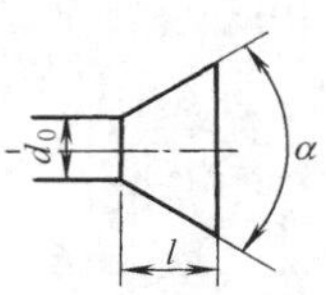从锥形扩口管流出，$Re>2\times10^3$ | 1 | 1.30 | 1.15 | 1.03 | 0.90 | 0.80 | 0.73 | 0.59 | 0.55 | 0.55 | 0.58 |
| | 2 | 1.14 | 0.91 | 0.73 | 0.60 | 0.52 | 0.46 | 0.39 | 0.42 | 0.49 | 0.62 |
| | 4 | 0.86 | 0.57 | 0.42 | 0.34 | 0.29 | 0.27 | 0.29 | 0.47 | 0.59 | 0.66 |
| | 6 | 0.49 | 0.34 | 0.25 | 0.22 | 0.20 | 0.22 | 0.29 | 0.38 | 0.50 | 0.67 |
| | 10 | 0.40 | 0.20 | 0.15 | 0.14 | 0.16 | 0.18 | 0.26 | 0.35 | 0.45 | 0.60 |

| 出口型式 | $r/d_0$ | $l/d_0$ | | | | | | | |
|---|---|---|---|---|---|---|---|---|---|
| | | 0 | 0.5 | 1.0 | 1.5 | 2.0 | 3.0 | 6.0 | 12.0 |
| | | ζ′ | | | | | | | |
| 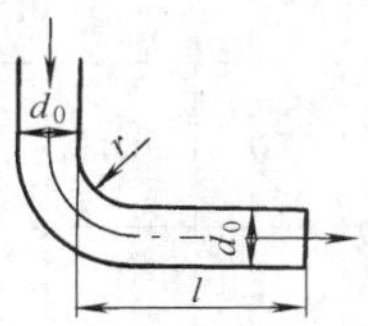从90°弯管中流出，$Re>2\times10^3$<br>$\zeta=\zeta'+\lambda\dfrac{l}{d_0}$ | 0 | 2.95 | 3.13 | 3.23 | 3.00 | 2.72 | 2.40 | 2.10 | 2.00 |
| | 0.2 | 2.15 | 2.15 | 2.08 | 1.84 | 1.70 | 1.60 | 1.52 | 1.48 |
| | 0.5 | 1.80 | 1.54 | 1.43 | 1.36 | 1.32 | 1.26 | 1.19 | 1.19 |
| | 1.0 | 1.46 | 1.19 | 1.11 | 1.09 | 1.09 | 1.09 | 1.09 | 1.09 |
| | 2.0 | 1.19 | 1.10 | 1.06 | 1.04 | 1.04 | 1.04 | 1.04 | 1.04 |

| 出口型式 | | | | | | | | | | |
|---|---|---|---|---|---|---|---|---|---|---|
| 经栅栏的出口<br>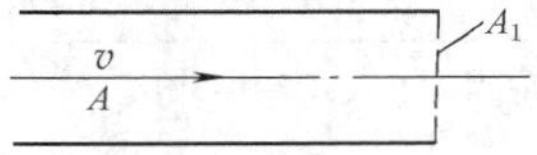 | $A_1/A$ | 0.9 | 0.8 | 0.7 | 0.6 | 0.5 | 0.4 | 0.3 | 0.2 | 0.1 |
| | ζ | 1.9 | 3.0 | 4.2 | 6.2 | 9.0 | 15 | 35 | 70 | 82.9 |

**表 21-1-23　　管道扩大处的局部阻力系数**

| 管道扩大型式 | α/(°) | $d_1/d_0$ | | | | | |
|---|---|---|---|---|---|---|---|
| | | 1.2 | 1.5 | 2.0 | 3.0 | 4.0 | 5.0 |
| | | ζ | | | | | |
| 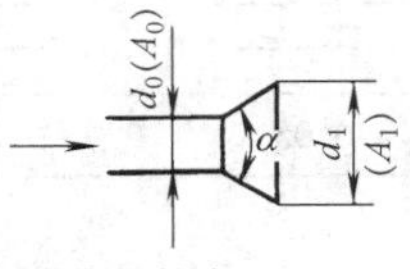当 α=180°，为突然扩大<br>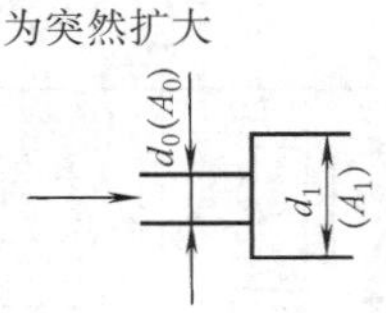 | 5 | 0.02 | 0.04 | 0.08 | 0.11 | 0.11 | 0.11 |
| | 10 | 0.02 | 0.05 | 0.09 | 0.15 | 0.16 | 0.16 |
| | 20 | 0.04 | 0.12 | 0.25 | 0.34 | 0.37 | 0.38 |
| | 30 | 0.06 | 0.22 | 0.45 | 0.55 | 0.57 | 0.58 |
| | 45 | 0.07 | 0.30 | 0.62 | 0.72 | 0.75 | 0.76 |
| | 60 | | 0.36 | 0.68 | 0.81 | 0.83 | 0.84 |
| | 90 | | 0.34 | 0.63 | 0.82 | 0.88 | 0.89 |
| | 120 | | 0.32 | 0.60 | 0.82 | 0.88 | 0.89 |
| | 180 | | 0.30 | 0.56 | 0.82 | 0.88 | 0.89 |
| | 表中未计摩擦损失，其值按下列公式决定：<br>$\zeta_{摩擦}=\dfrac{\lambda}{8\sin\dfrac{\alpha}{2}}\left[1-\left(\dfrac{A_0}{A_1}\right)^2\right]$<br>$A_0$，$A_1$——管道相应于内径 $d_0$、$d_1$ 的通过面积 | | | | | | |

**表 21-1-24　　管道缩小处的局部阻力系数**

| 管道缩小型式 | 局部阻力系数 $\zeta$ |
|---|---|
| 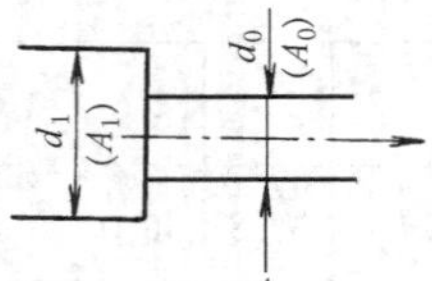 $Re>10^4$ | $\zeta=0.5\left(1-\frac{A_0}{A_1}\right)$ |
| 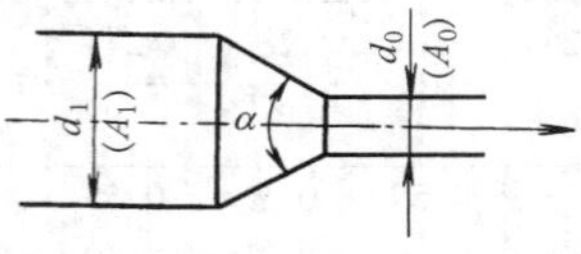 $Re>10^4$ | $\zeta=\zeta'\left(1-\frac{A_0}{A_1}\right)$<br>$\zeta'$——按表 21-1-21 第 4 项管道“入口处为倒角”的 $\zeta$ 值<br>$A_0, A_1$——管道相应于内径 $d_0$、$d_1$ 的通过面积 |



| $A_0/A_1$ | 0.1 | 0.2 | 0.3 | 0.4 | 0.5 | 0.6 | 0.7 | 0.8 | 0.9 | 1.0 |
|---|---|---|---|---|---|---|---|---|---|---|
| $\zeta$ | 0.45 | 0.4 | 0.35 | 0.3 | 0.25 | 0.2 | 0.15 | 0.1 | 0.05 | 0 |

**表 21-1-25　　弯管的局部阻力系数**

| 弯管型式 | 局部阻力系数 $\zeta$ |
|---|---|
| 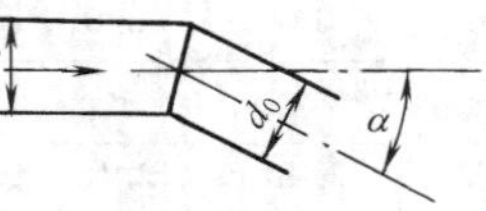 折管 | 见下表 |
| 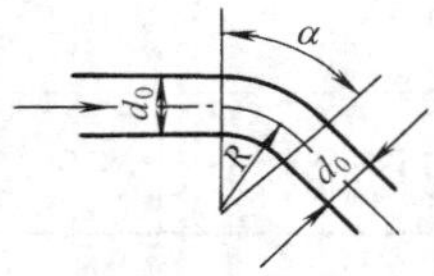 光滑管壁的均匀弯管 | $\zeta=\zeta'\frac{\alpha}{90°}$ |



折管：

| $\alpha$/(°) | 10 | 20 | 30 | 40 | 50 | 60 | 70 | 80 | 90 |
|---|---|---|---|---|---|---|---|---|---|
| $\zeta$ | 0.04 | 0.1 | 0.17 | 0.27 | 0.4 | 0.55 | 0.7 | 0.9 | 1.12 |

光滑管壁的均匀弯管：

| $d_0/(2R)$ | 0.1 | 0.2 | 0.3 | 0.4 | 0.5 |
|---|---|---|---|---|---|
| $\zeta'$ | 0.13 | 0.14 | 0.16 | 0.21 | 0.29 |

注：1. 对于粗糙管壁的铸造弯头，当紊流时，$\zeta'$数值应当较上表大 3~4.5 倍。
2. 两个弯管相连的情况：

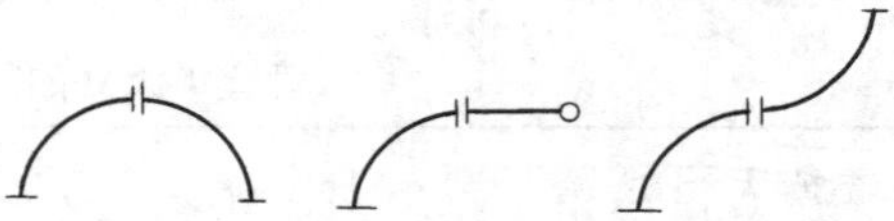

$\zeta=2\zeta_{90°}$　　$\zeta=3\zeta_{90°}$　　$\zeta=4\zeta_{90°}$

**表 21-1-26　　分支管的局部阻力系数**

| 型式及流向 |  | 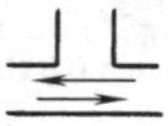 |  |  |  |  |
|---|---|---|---|---|---|---|
| $\zeta$ | 1.3 | 0.1 | 0.5 | 3 | 0.05 | 0.15 |

注：根据上表可以组合成各种分流或合流情况。

**表 21-1-27　　交贯钻孔通道的局部阻力系数**

| 钻孔型式 | 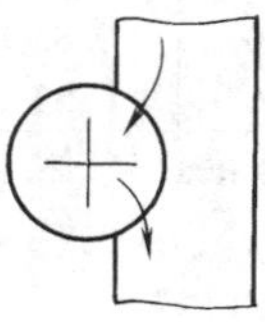 | 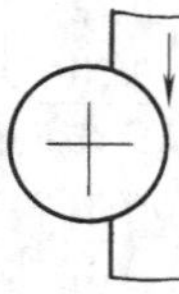 |  | 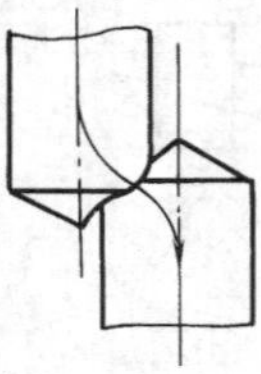 | 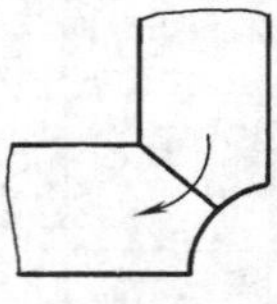 |
|---|---|---|---|---|---|
| $\zeta$ | 0.6~0.9 | 0.15 | 0.8 | 0.5 | 1.1 |

**表 21-1-28　阀口的局部阻力系数**

<table>
<tr><th>图　　示</th><th>几 何 参 数</th><th>局部阻力系数 $\zeta$</th></tr>
<tr><td>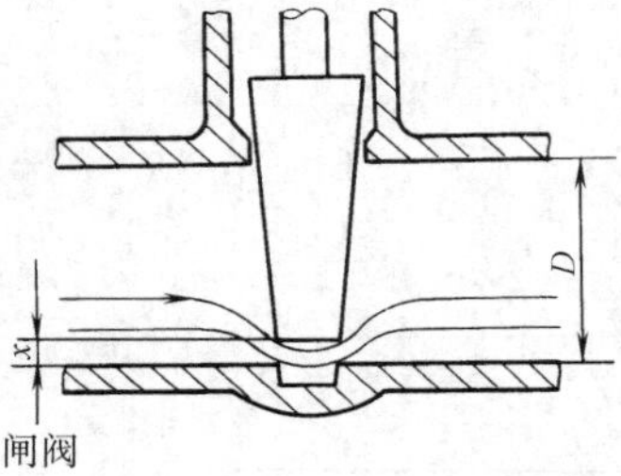<br>闸阀</td><td>$x$——阀的开度</td><td><table><tr><td>$x/D$</td><td>1</td><td>0.9</td><td>0.8</td><td>0.7</td><td>0.6</td><td>0.5</td><td>0.4</td><td>0.3</td><td>0.2</td><td>0.1</td></tr><tr><td>$\zeta$</td><td>1.3</td><td>1.6</td><td>2</td><td>3</td><td>4.5</td><td>6.2</td><td>10</td><td>20</td><td>50</td><td>200</td></tr></table></td></tr>
<tr><td>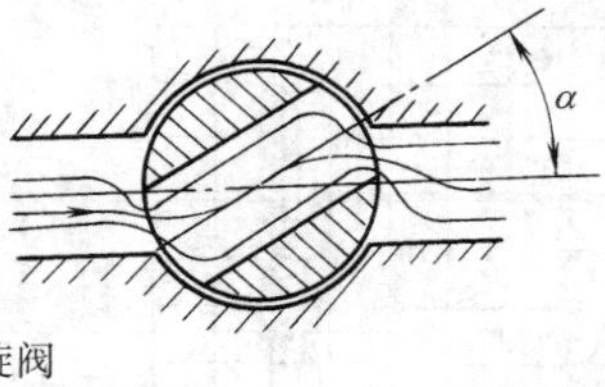<br>旋阀</td><td>$\alpha$——阀口旋转角</td><td><table><tr><td>$\alpha$ /(°)</td><td>0</td><td>10</td><td>20</td><td>30</td><td>40</td><td>50</td><td>60</td><td>70</td><td>75</td></tr><tr><td>$\zeta$</td><td>0</td><td>0.3</td><td>1.6</td><td>5.5</td><td>18</td><td>54</td><td>210</td><td>1000</td><td>∞</td></tr></table></td></tr>
<tr><td>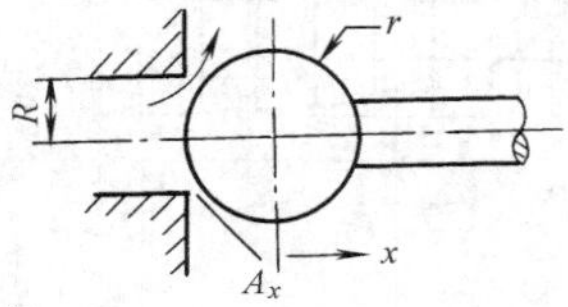<br>球阀</td><td>$A_x\approx 1.5R\pi x$<br>$\chi\approx 4\pi R$<br>$\chi$——阀口的湿周</td><td>$\zeta=0.5+0.15\left(\frac{A}{A_x}\right)^2$</td></tr>
<tr><td>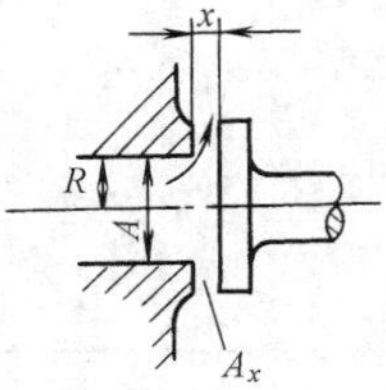<br>平底阀</td><td>$A=\pi R^2$<br>$\chi=4\pi R$<br>$A_x=2\pi Rx$</td><td>$\zeta=1.3+0.2\left(\frac{A}{A_x}\right)^2$</td></tr>
<tr><td>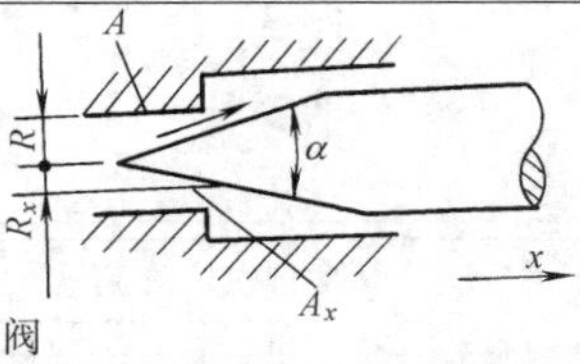<br>针阀</td><td>$A_x=\pi\left(2Rx\tan\frac{\alpha}{2}-x^2\tan^2\frac{\alpha}{2}\right)$<br>$\chi=2\pi\left(2R-x\tan\frac{\alpha}{2}\right)$</td><td>$\zeta=0.5+0.15\left(\frac{A}{A_x}\right)^2$</td></tr>
<tr><td>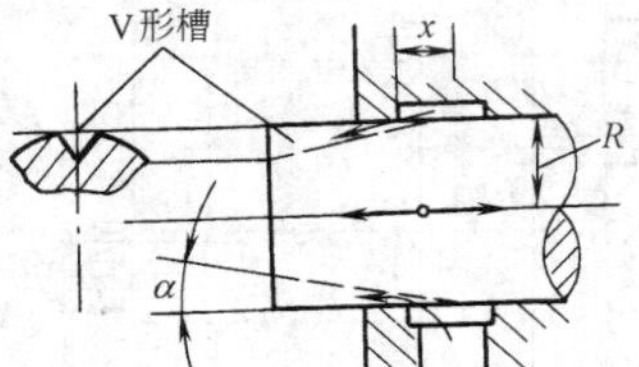<br>锥形槽阀</td><td>$A_x=n\frac{\pi}{6}x^2\tan^2\alpha$<br>$n$——槽数</td><td>当　$Re<150$ 时<br>$\zeta\approx\frac{400}{Re}$<br>当　$Re=150\sim2000$ 时<br>$\zeta\approx\frac{10}{Re^{0.25}}$</td></tr>
<tr><td>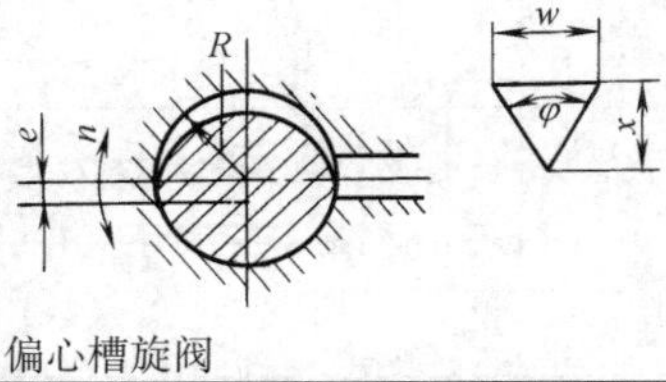<br>偏心槽旋阀</td><td>$A_x=\frac{wx}{2}$<br>$w$——槽宽</td><td>当　$Re<150$ 时<br>$\zeta\approx\frac{400}{Re}$<br>当　$Re=150\sim2000$ 时<br>$\zeta\approx\frac{10}{Re^{0.25}}$</td></tr>
</table>

续表

| 图　　示 | 几　何　参　数 | 局部阻力系数ζ |
|---|---|---|
| 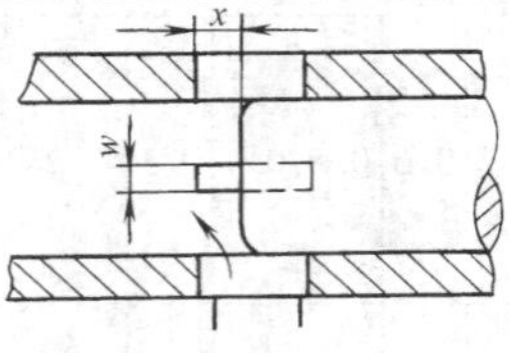 滑移槽阀 | $A_x = nwx$<br>$\chi = 2n(w+x)$<br>$n$——槽数 | 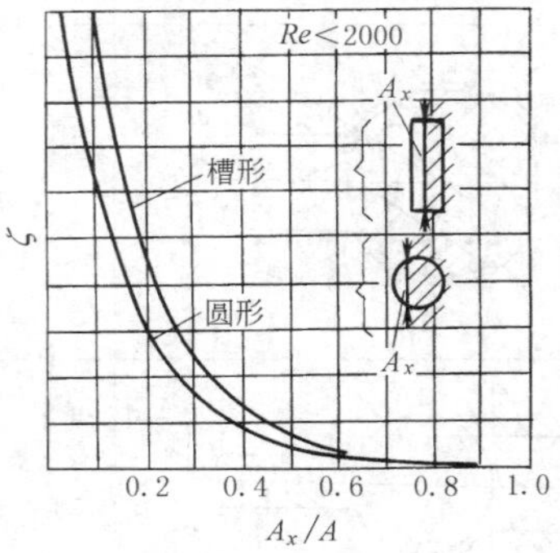 |
| 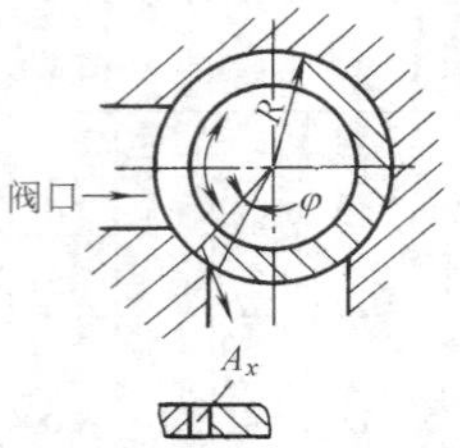 旋转槽阀 | $A_x = Rw\varphi$<br>$\chi = 2(w+R\varphi)$<br>$w$——槽宽<br>$\varphi$——旋转角度 | |
| 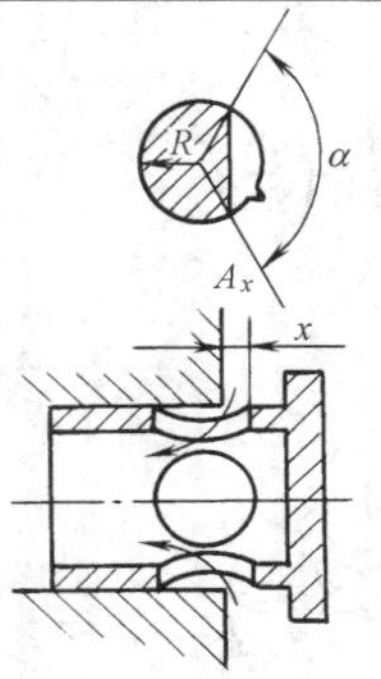 弓形口阀 | $A_x = nR^2\arccos\frac{R-x}{R} - (R-x)\sqrt{2Rx-x^2}$<br>$\chi = R\left(\alpha + 2\sin\frac{\alpha}{2}\right)$<br>$n$——阀孔数 | |

## 3.5　小孔流量公式

表 21-1-29

| 项　　目 | 薄壁节流小孔流量 | 薄壁小孔自由出流流量 | 阻尼长孔流量 | 管嘴自由出流流量 |
|---|---|---|---|---|
| 简　　图 | 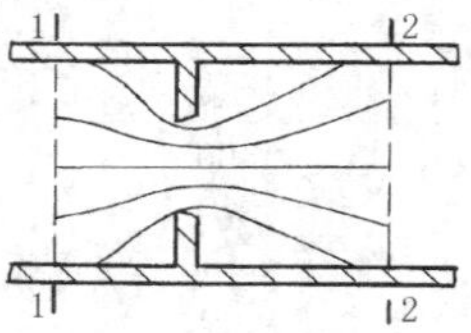 | 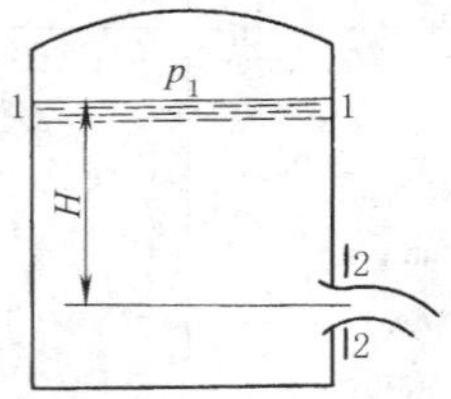 | 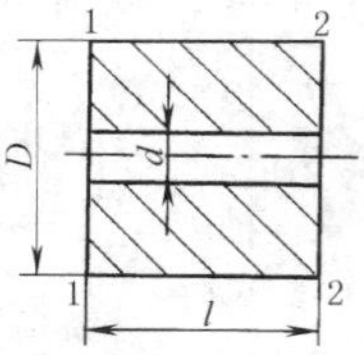 | 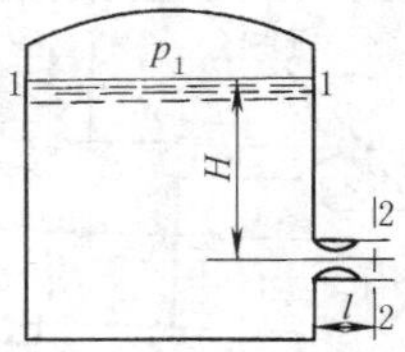 |
| 流量公式 | $Q = C_dA_0\sqrt{\frac{2\Delta p}{\rho}}$ | $Q = C_dA_0\sqrt{2\left(gH + \frac{\Delta p}{\rho}\right)}$ | $Q = C_qA_0\sqrt{\frac{2\Delta p}{\rho}}$ | $Q = C_qA_0\sqrt{2\left(gH + \frac{\Delta p}{\rho}\right)}$ |
| 公式使用条件 | $\frac{l}{d} \leqslant 0.5$ | $\frac{l}{d} \leqslant 0.5$ | $l = (2\sim3)d$ | $l = (2\sim4)d$ |

符号意义：$Q$——小孔流量，$m^3/s$；$C_d$——薄壁小孔流量系数，对于紊流，$C_d = 0.60\sim0.61$；$C_q$——长孔及管嘴流量系数，$C_q = 0.82$；$A_0$——孔口面积，$m^2$；$\rho$——流体的密度，$kg/m^3$；$H$——孔口距液面的高度，m；$g$——重力加速度，$m/s^2$；$\Delta p$——压力差，Pa，$\Delta p = p_1 - p_2$；$l$——孔的长度，m；$d$——孔的直径，m

## 3.6 平行平板间的缝隙流公式

**表 21-1-30**

| 项目 | 两固定平板间的压差流 | 下板固定，上板匀速平移的剪切流 | 上板匀速顺移的压差、剪切合成流 | 上板匀速逆移的压差、剪切合成流 |
|---|---|---|---|---|
| 简　图 | 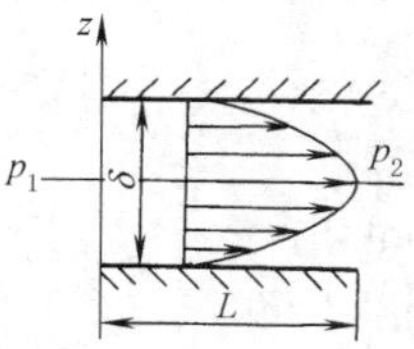 | 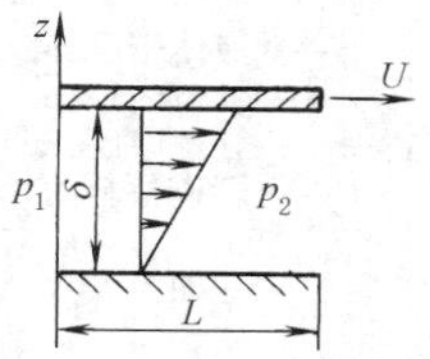 | 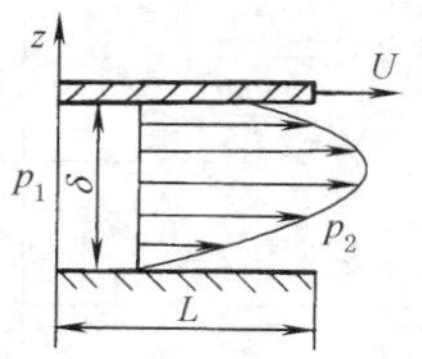 | 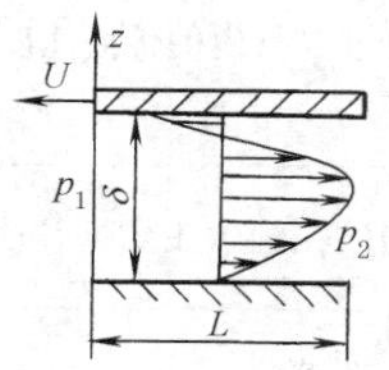 |
| 流速 $u/\text{m}\cdot\text{s}^{-1}$ | $u=\dfrac{\Delta p}{2\mu L}(\delta z-z^2)$ | $u=\dfrac{Uz}{\delta}$ | $u=\dfrac{\Delta p}{2\mu L}(\delta z-z^2)+\dfrac{Uz}{\delta}$ | $u=\dfrac{\Delta p}{2\mu L}(\delta z-z^2)-\dfrac{Uz}{\delta}$ |
| 流量 $Q/\text{m}^3\cdot\text{s}^{-1}$ | $Q=\dfrac{\Delta pB\delta^3}{12\mu L}$ | $Q=\dfrac{UB\delta}{2}$ | $Q=\dfrac{\Delta pB\delta^3}{12\mu L}+\dfrac{UB\delta}{2}$ | $Q=\dfrac{\Delta pB\delta^3}{12\mu L}-\dfrac{UB\delta}{2}$ |

符号意义：$L$——缝隙长度，m；$B$——缝隙垂直图面的宽度，m；$\delta$——缝隙量，m，$\delta \ll L$，$\delta \ll B$；$\mu$——动力黏度，Pa·s；$\Delta p$——压力差，Pa，$\Delta p=p_1-p_2$；$U$——上板平移速度，m/s；$z$——流体质点的纵坐标，m

## 3.7 环形缝隙流公式

**表 21-1-31**

| 项目 | 同心环形缝隙 | 偏心环形缝隙 | 最大偏心环形缝隙 |
|---|---|---|---|
| 简　图 | 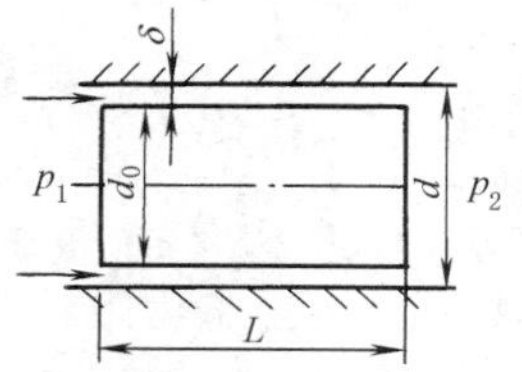 | 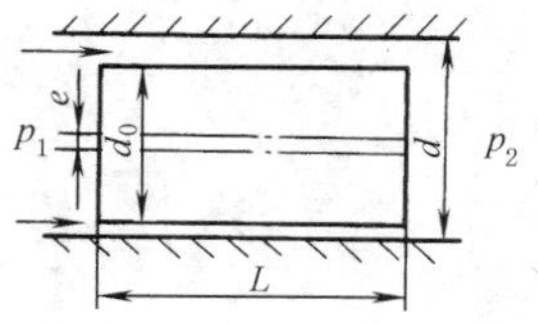 | 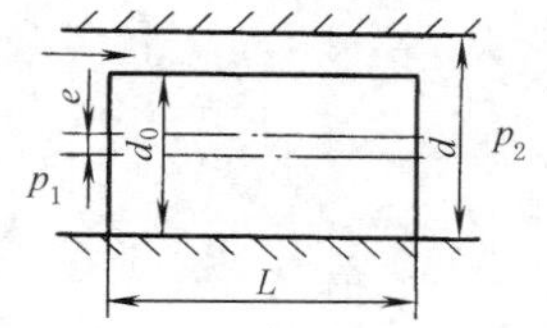 |
| 流量 $Q/\text{m}^3\cdot\text{s}^{-1}$ | $Q=\dfrac{\pi d\delta^3}{12\mu L}\Delta p$ | $Q=\dfrac{\pi d\delta^3}{12\mu L}(1+1.5\varepsilon^2)\Delta p$ | $Q=2.5\dfrac{\pi d\delta^3}{12\mu L}\Delta p$ |
| 压力差 $\Delta p$/MPa | $\Delta p=\dfrac{12\mu LQ}{\pi d\delta^3}$ | $\Delta p=\dfrac{12\mu LQ}{\pi d\delta^3(1+1.5\varepsilon^2)}$ | $\Delta p=\dfrac{4.8\mu LQ}{\pi d\delta^3}$ |

符号意义：$d$——孔直径，m；$d_0$——轴直径，m；$\delta$——缝隙量，m，$\delta=\dfrac{d-d_0}{2}$；$e$——偏心距，m；$\varepsilon$——$\varepsilon=\dfrac{e}{\delta}$；其余符号的意义同表21-1-30

## 3.8 液压冲击公式

（1）迅速关闭或打开液流通道时产生的液压冲击计算公式

**表 21-1-32**

| 项　　目 | 公　　式 | 单位 | 符　号　意　义 |
|---|---|---|---|
| 冲击波在管内的传播速度 | $a=\dfrac{\sqrt{\dfrac{E_0}{\rho}}}{\sqrt{1+\dfrac{E_0 d}{E\delta}}}$ | m/s | $E_0$——液体体积弹性模量，Pa，对石油基液压油，$E_0=1.67\times10^9$ Pa<br>$\rho$——液体密度，kg/m$^3$<br>$d$——管道内径，m<br>$\delta$——管壁厚度，m<br>$E$——管道材料的弹性模量，Pa<br>钢　$E\approx2.1\times10^{11}$ Pa<br>紫铜　$E\approx1.2\times10^{11}$ Pa<br>黄铜　$E\approx1\times10^{11}$ Pa<br>橡胶　$E\approx(2\sim6)\times10^6$ Pa<br>铝合金　$E\approx7.2\times10^{10}$ Pa<br>$l$——管道长度，m<br>$t$——关闭或打开液流通道时间，s<br>$v_1$——管内原流速，m/s<br>$v_2$——关闭或打开液流通道后的管内流速，m/s |
| 冲击波在管内往复所需时间 | $T=\dfrac{2l}{a}$ | s | |
| 直接冲击 | $t<T$ | s | |
| 直接冲击时管内压力增大值 | $\Delta p=a\rho(v_1-v_2)$ | Pa | |
| 间接冲击 | $t>T$ | s | |
| 间接冲击时管内压力增大值 | $\Delta p=a\rho(v_1-v_2)\dfrac{T}{t}$ | Pa | |

（2）急剧改变液压缸运动速度时由于液体及运动部件的惯性作用而引起的压力冲击公式

**表 21-1-33**

| | |
|---|---|
| 惯性作用冲击压力公式 | $\Delta p=\left(\sum l_i\rho\dfrac{A}{A_i}+\dfrac{m}{A}\right)\dfrac{\Delta v}{t}$ |
| 符号意义 | $\Delta p$——冲击时压力增大值，Pa<br>$l_i$——第 $i$ 段管道的长度，m<br>$\rho$——液体密度，kg/m$^3$<br>$A_i$——第 $i$ 段管道的截面积，m$^2$<br>$A$——液压缸活塞面积，m$^2$<br>$m$——活塞及连动部件的质量，kg<br>$\Delta v$——活塞速度变化量，m/s<br>$t$——活塞速度变化 $\Delta v$ 所需的时间，s |

# 第 2 章　液压系统设计

## 1　概　述

### 1.1　液压系统的组成和型式

为实现某种规定功能，由液压元件构成的组合，称为液压回路。液压回路按给定的用途和要求组成的整体，称为液压系统。液压系统通常由三个功能部分和辅助装置组成，见表 21-2-1。液压系统按液流循环方式分，有开式和闭式两种，见表 21-2-2。

**表 21-2-1**　　**液压系统的组成**

| 动力部分 | 控制部分 | 执行部分 | 辅助装置 |
|---|---|---|---|
| 液压泵<br>用以将机械能转换为液体压力能；有时也将蓄能器作为紧急或辅助动力源 | 各类压力、流量、方向等控制阀<br>用以实现对执行元件的运动速度、方向、作用力等的控制，也用于实现过载保护、程序控制等 | 液压缸、液压马达等<br>用以将液体压力能转换为机械能 | 管路、蓄能器、过滤器、油箱、冷却器、加热器、压力表、流量计等 |

**表 21-2-2**　　**液压系统的型式**

| 型　式 | 开　式 | 闭　式 |
|---|---|---|
| 图　示 | 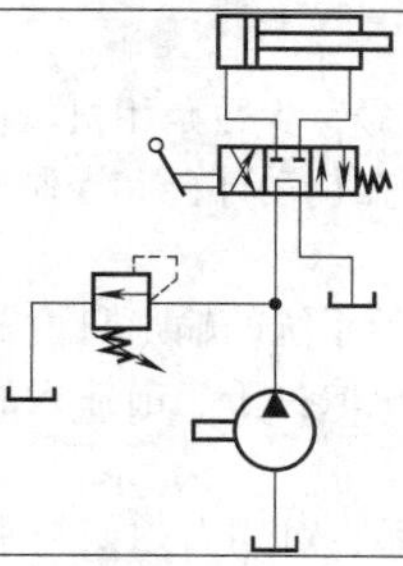 | 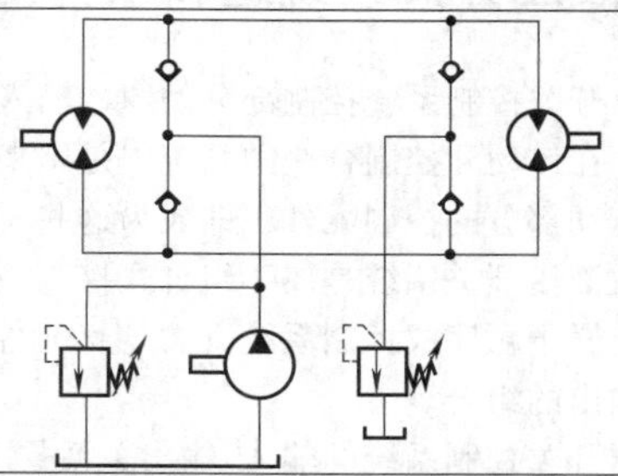 |
| 特　点 | 泵从油箱吸油输入管路，油完成工作后排回油箱，优点是结构简单，散热、澄清条件好，应用较普遍。缺点是油箱体积较大，空气与油接触的机会多，容易渗入 | 泵的吸、排油口直接与液压执行元件的进、出油口相连，形成一个闭合循环。为了补偿泄漏损失，通常需要一个辅助补偿油泵和油箱。这种系统的优点是油箱的体积很小，结构紧凑，空气进入油液的机会少。缺点是系统结构复杂，散热条件较差，并要求有较高的过滤精度，故应用较少 |

### 1.2　液压系统的类型和特点

**表 21-2-3**

| 液压系统的类型 | | 特　　点 |
|---|---|---|
| 按主要用途分 | 液压传动系统 | 以传递动力为主 |
| | 液压控制系统 | 注重信息传递，以达到液压执行元件运动参数（如行程速度、位移量或位置、转速或转角）的准确控制为主 |

续表

| 液压系统的类型 | | 特点 |
|---|---|---|
| 按控制方法分 | 开关控制系统 | 系统由标准的或专用的开关式液压元件组成，执行元件运动参数的控制精度较低 |
| | 伺服控制系统 | 传动部分或控制部分采用液压伺服机构的系统，执行元件的运动参数能够精确控制 |
| | 比例控制系统 | 传动部分或控制部分采用电液比例元件的系统，从控制功能看，它介于伺服控制系统和开关控制系统之间，但从结构组成和性能特点看，它更接近于伺服控制系统 |
| | 数字控制系统 | 控制部分采用电液数字控制阀的系统，数字控制阀与伺服阀或比例阀相比，具有结构简单、价廉、抗污染能力强、稳定性与重复性好、功耗小等优点，在微机实时控制的电液系统中，它部分取代了比例阀或伺服阀工作，为计算机在液压领域中的应用开辟了新的方向 |

注：液压传动系统和液压控制系统在作用原理上通常是相同的，在具体结构上也多半是合在一起的，目前广泛使用的液压传动系统是属于传动与控制合在一起的开关控制系统。

## 1.3 液压传动与控制的优缺点

（1）优点

① 同其他传动方式比较，传动功率相同，液压传动装置的重量轻，体积紧凑。

② 可实现无级变速，调速范围大。

③ 运动件的惯性小，能够频繁迅速换向；传动工作平稳；系统容易实现缓冲吸振，并能自动防止过载。

④ 与电气配合，容易实现动作和操作自动化；与微电子技术和计算机配合，能实现各种自动控制工作。

⑤ 元件已基本上系列化、通用化和标准化，利于 CAD 技术的应用，提高工效，降低成本。

（2）缺点

① 容易产生泄漏，污染环境。

② 因有泄漏和弹性变形大，不易做到精确的定比传动。

③ 系统内混入空气，会引起爬行、噪声和振动。

④ 适用的环境温度比机械传动小。

⑤ 故障诊断与排除要求较高技术。

## 1.4 液压开关系统逻辑设计法

液压开关控制系统控制部分的原始输入，绝大多数是使用电信号，少数是用机械信号或气动信号。控制部分的输出，在传动和控制合一的系统中是用来操纵系统的执行元件；在传动部分和控制部分分开的系统中，则是用来操纵传动部分的控制元件，即成为这些元件的输入。

多数液压开关系统是属于组合式控制系统（无记忆元件），这种系统的输出只由输入的组合决定。少数液压开关系统属于顺序式控制系统（含记忆元件），这种系统的输出不仅取决于当前输入的组合，还取决于当前输入和先前输出的组合。

液压开关控制系统的输入-输出关系是一组逻辑事件的因果关系，可用布尔函数来表述。借助布尔函数进行系统设计的方法，称为逻辑设计法。用逻辑设计法进行液压开关系统的设计，要从挑选元件、建立输入-输出布尔函数开始，经过逻辑运算、实体转化、外形整理、提出各种可行的方案，然后再经评比、抉择，最后完成。因为布尔函数可以用多种方式表达，所以液压开关控制系统的逻辑设计法也有多种，见表 21-2-4。

**表 21-2-4　　液压开关控制系统逻辑设计法**

| 设计方法名称 | 输入-输出布尔函数表达方式 | 设计方法的特点 |
|---|---|---|
| 运算法 | 布尔代数方程组 | 繁琐、工作量大 |
| 列表法 | 卡诺-魏其表(简称 K-V 表) | 简单、方便，但必须对每种可能的方案逐一求解后才能评出最佳结构，工作量较大 |
| 图解法 | “总调度阀”图形 | 清晰、直观，但分解、整理费时 |
| 矩阵法 | 布尔矩阵 | 简明、运算方便，能直接地找出各种分解型式的最佳方案，为应用 CAD 打下基础 |

## 1.5 液压CAD的应用

沿用至今的经验设计法，主要是凭借局部经验、零星资料，靠手工进行粗略的计算和绘图。设计出的产品，往往需要经过大量的样机试验和反复修改才能满足性能要求，费时、费力、费资源。应用CAD能大大提高设计质量和进度，并使设计师摆脱单调乏味的计算、绘图，以便从事更高的有创造性的工作。液压CAD的主要功能见表21-2-5。

**表21-2-5　　液压CAD主要功能**

| 功能项目 | 主要内容 |
|---|---|
| 绘制液压系统原理图 | 从利用基本绘图软件预先建立的液压图形库调用少数标准元件和基本模块,就可以迅速绘出能满足各种不同需要的液压原理图 |
| 常规计算和信息存储 | 用预先编好的有关专用软件,完成元件结构方案或液压系统原理图确定之后需要进行的各种常规计算。设计者还可以将与工作有关的各种信息,如材料性能、元件规格、经验数据等,输入计算机组成公用数据库,供随时检索使用 |
| 自动绘制零、部件图 | 许多绘图软件能够自动按比例绘图和标注尺寸,并能按"菜单"定点、划线、作圆、注字和生成剖面线,还能进行放大、缩小、移动、转动和拷贝等 |
| 液压集成块的辅助设计和校验 | 利用CAD不仅可以自动绘制液压集成块的图样,还能逐一检查块中复杂孔系的连通关系和间隔壁厚,打印出校验结果 |
| 有限元分析和动态仿真 | 将设计对象的各种可能工况输入计算机,运用CAD系统进行应力和流场的有限元分析,评选出最优方案,并预测其可靠性和压力范围,无需在试验室内进行大量的样机试验和分析。运用动态仿真程序,还可预测元件和系统的动态特性,这些都是提高产品质量的可靠保证 |

## 1.6 可靠性设计

(1) 基本概念

**表21-2-6**

| 概念名称 | 定义 | 表达式 |
|---|---|---|
| 可靠性 | 指产品、系统在规定条件下和规定时间内完成规定功能的能力 | — |
| 可靠度 | 指产品在规定的条件下和规定的时间内,完成规定功能的概率。它是时间的函数,记作$R(t)$ | 设$N$个产品从$t=0$时刻开始工作,到时刻$t$失效的总个数为$n(t)$,当$N$足够大时,可靠度表达式为 $R(t)=\dfrac{N-n(t)}{N}$ |
| 失效率 | 指产品工作到$t$时刻后的单位时间内发生失效的概率,记作$\lambda(t)$ | 设有$N$个产品,从$t=0$时刻开始工作,到时刻$t$时的失效数为$n(t)$,即$t$时刻的残存产品数为$N-n(t)$,若在$(t,t+\Delta t)$间隔内,有$\Delta n(t)$个产品失效,在时刻$t$的失效率为 $\lambda(t)=\dfrac{n(t+\Delta t)-n(t)}{[N-n(t)]\Delta t}=\dfrac{\Delta n(t)}{[N-n(t)]\Delta t}$ |

(2) 液压元件失效率

**表21-2-7**

| 名称 | 失效次数/$10^6$h | | | 名称 | 失效次数/$10^6$h | | |
|---|---|---|---|---|---|---|---|
| | 上限 | 平均 | 下限 | | 上限 | 平均 | 下限 |
| 蓄能器 | 19.3 | 7.2 | 0.4 | 溢流阀 | 14.1 | 5.7 | 3.27 |
| 电动机驱动液压泵 | 27.4 | 13.5 | 2.9 | 电磁阀 | 19.7 | 11.0 | 2.27 |
| 压力控制阀 | 5.54 | 2.14 | 0.7 | 单向阀 | 8.1 | 5.0 | 2.12 |

续表

| 名　称 | 失效次数/$10^6$h | | | 名　称 | 失效次数/$10^6$h | | |
|---|---|---|---|---|---|---|---|
| | 上　限 | 平　均 | 下　限 | | 上　限 | 平　均 | 下　限 |
| 流量控制阀 | 19.8 | 8.5 | 1.68 | 管接头 | 2.01 | 0.03 | 0.012 |
| 液压缸 | 0.12 | 0.008 | 0.005 | 压力表 | 7.8 | 4.0 | 0.135 |
| 油箱 | 2.52 | 1.5 | 0.48 | 电动机 | 0.58 | 0.3 | 0.11 |
| 滤油器 | 0.8 | 0.3 | 0.045 | 弹簧 | 0.022 | 0.012 | 0.001 |
| O 形密封圈 | 0.03 | 0.02 | 0.01 | | | | |

（3）液压系统可靠性预测的步骤和方法

① 根据设计方案所确定的元件类型，汇集元件失效率 $\lambda$。

② 根据设计方案和产品的使用环境条件，乘以降额因子 $K_1$、环境因子 $K_2$ 及任务时间 $T$，得到元件应用失效率 $K_1K_2T\lambda$。

③ 根据部件可靠性结构模型，求出部件失效率。

④ 根据回路和系统的可靠性结构模型求出系统的失效率。

⑤ 将预测的系统失效率与设计方案所要求的失效率进行比较，如果满足要求且经费可行，则预测可以结束，否则应进行以下工作。

⑥ 提出改变设计方案建议，如通过元件应用分析，改变采用元件类型，改变降额因子或者改变可靠性结构模型等。可以改变某一项，也可同时改变多项，视情况而定。

⑦ 改变后再重复上述步骤，直到满足要求为止。

（4）可靠性设计

**表 21-2-8**

| 可靠性设计项目 | 含　义 | 方法或措施 |
|---|---|---|
| 强度可靠性设计 | ①假设零部件在设计中的参量都是随机变量,并可求得合成的失效应力分布 $f(x_1)$;②假设零部件的强度参量和使强度降低的因素也都是随机变量,并可求得合成的失效强度分布 $f(x_s)$。根据这两个假设并应用概率统计方法,将应力分布和强度分布连接起来进行可靠性设计 | 当函数 $f(x_1)$ 和 $f(x_s)$ 为已知时,应用下面任何一式就可以计算出零部件的可靠度 $R$<br>$R=\int_{-\infty}^{+\infty}f(x_1)\left[\int_{x_1}^{+\infty}f(x_s)\mathrm{d}x_s\right]\mathrm{d}x_1$　或<br>$R=\int_{-\infty}^{+\infty}f(x_s)\left[\int_{x_s}^{+\infty}f(x_1)\mathrm{d}x_1\right]\mathrm{d}x_s$ |
| 液压系统储备设计 | 为确实保证完成系统的功能而附加一些元件、部件和设备,以此做到即使其中之一发生故障,而整个系统并无故障。这样的系统和设计,称为储备系统和储备设计(又称余度设计) | 储备设计方法大体可分以下两类<br>① 工作储备:将几个回路并联起来而且同时工作,这样,只要不是所有回路都发生故障,系统就不会发生故障<br>② 非工作储备:一个或几个回路在工作,另一个或几个回路处于空运转(或不运转)等待状态,一旦工作的回路出现故障,空运转的(或不运转的)等待回路立即接替故障回路,使系统继续工作 |
| 降额设计 | 降额是指液压元件使用时的工作压力比其额定压力低,这样能够提高可靠度和延长使用寿命 | 降额要适当,过多会造成液压设备的体积和重量增加 |
| 集成化设计 | 减少管路、管接头,导致失效的环节相应减少,液压系统的可靠性自然提高 | 液压系统尽量采用板式、叠加式和块式集成,并使其标准化 |
| 人-机设计 | 设计时,把人的特性放在与机械完全相同的地位上一起考虑,使设计出的机器对操作者说来是宜人的,不容易因人引起故障,其可靠性就提高 | ①尽可能设计出人在操作该机时最省力和不容易发生差错的相应结构<br>②设备的版面设计和环境的布置要符合人的要求<br>③有适当的监控仪表,系统或机器有隐患或故障时及时提供信号 |

# 2 液压系统设计

液压系统是液压设备的一个组成部分，它与主机的关系密切，两者的设计通常需要同时进行。其设计要求，一般是必须从实际出发，重视调查研究，注意吸取国内外先进技术，力求做到设计出的系统重量轻、体积小、效率高、工作可靠、结构简单、操作和维护保养方便、经济性好。设计步骤大致如下。

## 2.1 明确设计要求

① 主机用途、操作过程、周期时间、工作特点、性能指标和作业环境的要求。

② 液压系统必须完成的动作，运动形式，执行元件的载荷特性、行程和对速度的要求。

③ 动作的顺序、控制精度、自动化程度和联锁要求。

④ 防尘、防寒、防爆、噪声控制要求。

⑤ 效率、成本、经济性和可靠性要求等。

设计要求是进行液压系统设计的原始依据，通常是在主机的设计任务书或协议书中一同列出。

## 2.2 确定液压执行元件

液压执行元件的类型、数量、安装位置及与主机的连接关系等，对主机的设计有很大影响，所以，在考虑液压设备的总体方案时，确定液压执行元件和确定主机整体结构布局是同时进行的。液压执行元件的选择可参考表 21-2-9。

表 21-2-9　　常用液压执行元件的类型、特点和应用

| 类型 | | 特点 | 应用 | 可选用或需设计 |
|---|---|---|---|---|
| 柱塞缸 | 单出杆 | 结构简单，制造容易；靠自重或外力回程 | 液压机、千斤顶，小缸用于定位和夹紧 | 选用或自行设计 |
| | 双出杆 | 结构简单，杆在两处有导向，可做得细长 | 液压机、注塑机动梁回程缸 | 自行设计 |
| 活塞缸 | 双出杆 | 两杆直径相等，往返速度和出力相同；两杆直径不等，往返速度和出力不同 | 磨床；往返速度相同或不同的机构 | 选用或自行设计 |
| | 单出杆 | 一般连接，往返方向的速度和出力不同；差动连接，可以实现快进；$d=0.71D$，差动连接，往返速度和出力相同 | 各类机械 | 选用，非产品型号缸自行设计 |
| 复合增速缸 | | 可获得多种出力和速度，结构紧凑，制造较难 | 液压机、注塑机、数控机床换刀机构 | 自行设计 |
| 复合增压缸 | | 体积小，出力大，行程小 | 模具成型挤压机、金属成型压印机、六面顶 | 选用或自行设计 |
| 多级液压缸 | | 行程是缸长的数倍，节省安装空间 | 汽车车厢举倾缸、起重机臂伸缩缸 | 选用 |
| 叶片式摆动缸 | | 单叶片式转角小于 360°；双叶片式转角小于 180°。体积小，密封较难 | 机床夹具、流水线转向调头装置、装载机翻斗 | 选用 |
| 活塞齿杆液压缸 | | 转角 0°~360°，或 720°。密封简单可靠，工作压力高，扭矩大 | 船舶舵机、大扭矩往复回转机构 | 选用 |
| 齿轮马达 | | 转速高，扭矩小，结构简单，价廉 | 钻床、风扇传动 | 选用 |
| 摆线齿轮马达 | | 速度中等，扭矩范围宽，结构简单，价廉 | 塑料机械、煤矿机械、挖掘机行走机械 | 选用 |
| 曲杆马达 | | 直径小，扭矩大。视定子材料，可用矿油、清水或含细颗粒介质 | 食品机械、化工机械、凿井设备 | 有专用产品 |
| 叶片马达 | | 转速高，扭矩小，转动惯量小，动作灵敏，脉动小，噪声低 | 磨床回转工作台、机床操纵机构，多作用大排量用于船舶锚机 | 选用 |
| 球塞马达 | | 速度中等，扭矩较大，轴向尺寸小 | 塑料机械、行走机械 | 选用 |
| 轴向柱塞马达 | | 速度大，可变速，扭矩中等，低速平稳性好 | 起重机、绞车、铲车、内燃机车、数控机床 | 选用 |
| 内曲线径向马达 | | 扭矩很大，转速低，低速平稳性很好 | 挖掘机、拖拉机、冶金机械、起重机、采煤机牵引部件 | 选用 |

注：执行元件的选择由主机的动作要求、载荷轻重和布置空间条件确定。

## 2.3 绘制液压系统工况图

在设计技术任务书阐明的主机规格中，通常能够直接知道作用于液压执行元件的载荷，但若主机的载荷是经过机械传动关系作用到液压执行元件上时，则需要经过计算才能明确。进行新机型液压系统设计，其载荷往往需要由样机实测、同类设备参数类比或通过理论分析得出。当用理论分析确定液压执行元件的载荷时，必须仔细考虑其所有可能组成项目，如工作载荷、惯性载荷、弹性载荷、摩擦载荷、重力载荷和背压载荷等。

根据设计要求提供的情况，对液压系统作进一步的工况分析，查明每个液压执行元件在工作循环各阶段中的速度和载荷变化规律，就可绘制液压系统有关工况图（表 21-2-10）。

**表 21-2-10**

| 内　　容 | 工况图名称 | | |
|---|---|---|---|
| | 动作线图(位移、转角图) | 速　度　图 | 载　荷　图 |
| 函数式 | $S,\varphi=f(t)$ | $v,n=f(t)$ | $F,\tau=f(t)$ |
| 式中参数的意义 | $S$:液压缸行程<br>$\varphi$:摆动缸或液压马达转角 | $v$:液压缸行程速度<br>$n$:液压马达转速 | $F$:液压缸的载荷(力)<br>$\tau$:液压马达的工作扭矩 |
| | $t$:时间;$t=0\sim T$,$T$ 为工作循环周期时间 | | |
| 工况图示例 | 图 21-2-1a | 图 21-2-1b | 图 21-2-1c |

## 2.4 确定系统工作压力

系统工作压力由设备类型、载荷大小、结构要求和技术水平而定。系统工作压力高、省材料、结构紧凑、重量轻是液压系统的发展方向，并同时要妥善处理治漏、噪声控制和可靠性问题，具体选择可参见表 21-2-11。

**表 21-2-11**　　**各类设备常用的工作压力**

| 设备类型 | 压力范围/MPa | 压力等级 | 说　明 | 设备类型 | 压力范围/MPa | 压力等级 | 说　明 |
|---|---|---|---|---|---|---|---|
| 机床、压铸机、汽车 | <7 | 低压 | 低噪声、高可靠性系统 | 油压机、冶金机械、挖掘机、重型机械 | 21~31.5 | 高压 | 空间有限、响应速度高、大功率下降低成本 |
| 农业机械、工矿车辆、注塑机、船用机械、搬运机械、工程机械、冶金机械 | 7~21 | 中压 | 一般系统 | 金刚石压机、耐压试验机、飞机、液压机具 | >31.5 | 超高压 | 追求大作用力、减轻重量 |

## 2.5 确定执行元件的控制和调速方案

根据已定的液压执行元件、速度图或动作线图，选择适当的方向控制、速度换接、差动连接回路，以实现对执行元件的控制。需要无级调速或无级变速时，参考表 21-2-12 选择方案，再从本篇第 3 章查出相应的回路组成。有级变速比无级调速使用方便，适用于速度控制精度不高，但要求速度能够预置，以及在动作循环过程中有多种速度自动变换的场合，回路组成和特点见表 21-2-13。完成以上的选择后，所需液压泵的类型就可基本确定。

**表 21-2-12**　　**无级调速和变速的种类、特点和应用**

| 种　　类 | | | 特　　性 | 特点及应用 |
|---|---|---|---|---|
| 无级调速 | 容积调速 | 手动变量泵-液压缸 | 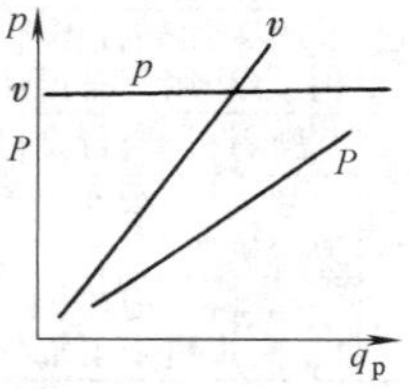 | 系统简单,压力恒定,一般不能在工作中进行调节,效率高,适用于各种场合,应用最广 |

续表

| 种类 | | | 特性 | 特点及应用 |
|---|---|---|---|---|
| 无级调速 | 容积调速 | 变量泵-定量马达 | 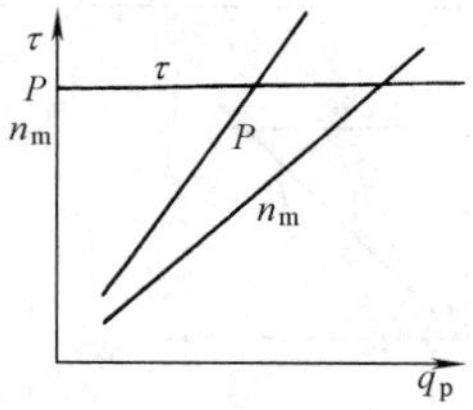 | 输出扭矩恒定，调速范围大，元件泄漏对速度刚性影响大，效率高，适用于大功率场合 |
| | | 定量泵-变量马达 | 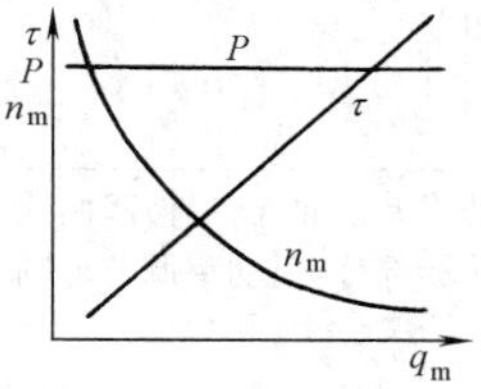 | 输出功率恒定，调速范围小，元件泄漏对速度刚性影响大，效率高，适用于大功率场合 |
| | | 变量泵-变量马达 | 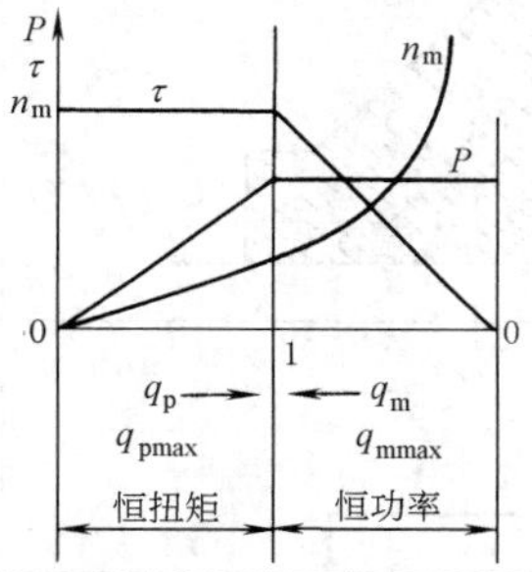 | 输出特性综合了上面两种马达调速回路的特性，调速范围大，但结构复杂，价格贵，适用于大功率场合 |
| | 节流调速 | 定量泵-进油节流调速 | 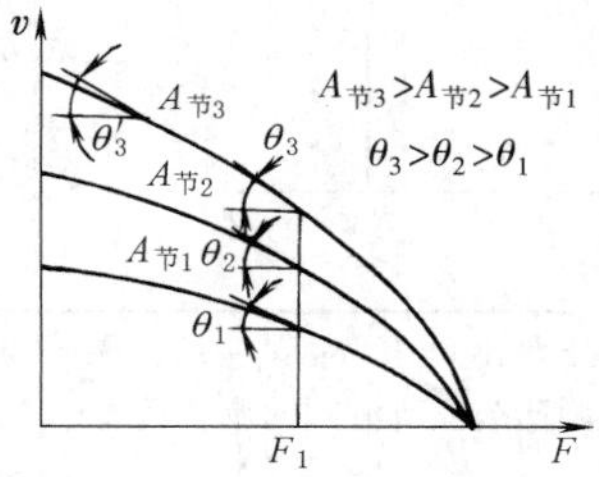 | 结构简单，价廉，调速范围大，效率中等，不能承受负值载荷，适用于中等功率场合 |
| | | 定量泵-回油节流调速 | | 结构简单，价廉，调速范围大，效率低，适用于低速小功率的场合 |
| | | 定量泵-旁路节流调速 | 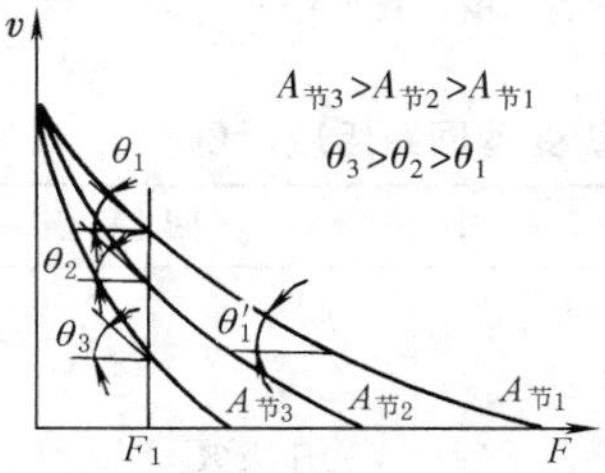 | 结构简单，价廉，调速范围小，效率高，不能承受负值载荷，适用于高速中等功率场合 |
| | 容积-节流调速 | 限压式变量泵-进油（或回油）节流调速 | 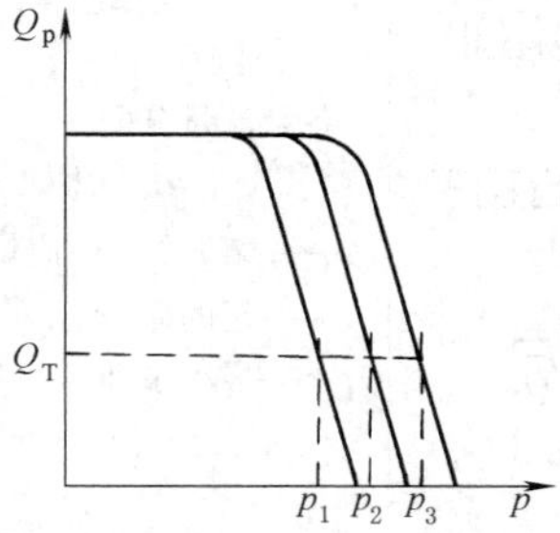 | 调速范围大，效率较高，价格较贵，适用于中、小功率场合，不宜长期在低速下工作 |

续表

| 种类 | | 特性 | 特点及应用 |
|---|---|---|---|
| 无级调速 | 伺服变量泵-定量执行元件 | 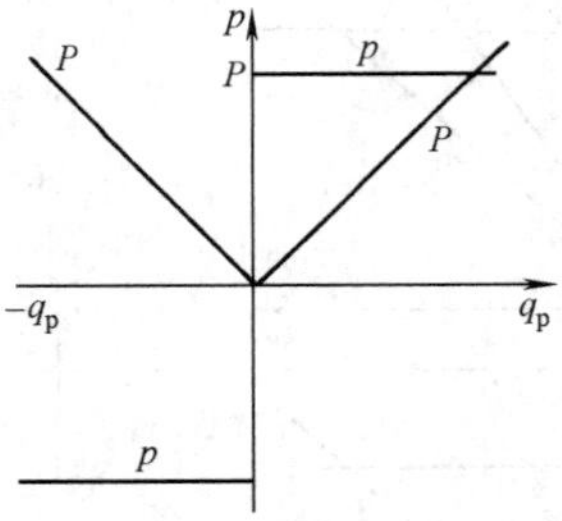 | 泵的输出压力恒定,用于随动或工作进行中变速的场合 |
| | 恒功率变量泵-液压缸 | *GFED*:恒功率调节曲线,近似双曲线<br>阴影部分:恒功率调节范围<br>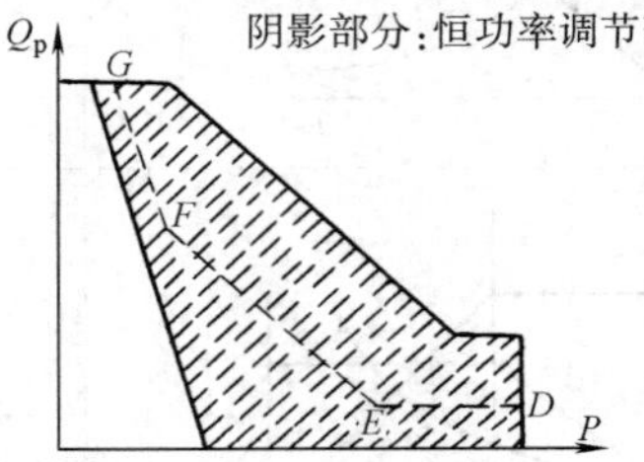 | 泵的输出流量随压力自动减小,适用于快慢速自动转换的场合和节能系统 |
| 无级变速 | 恒压变量泵-液压缸 | 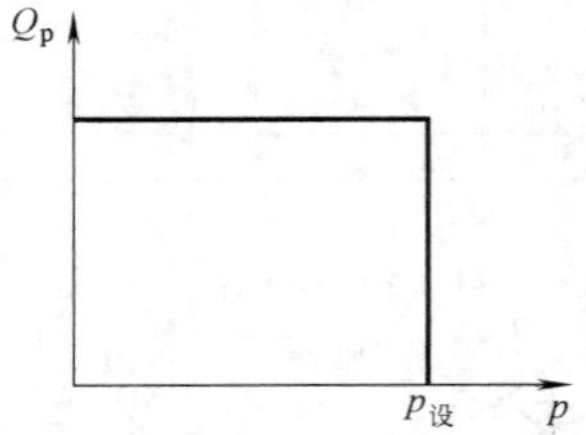 | 泵的压力达到设定值输出流量为零,自动防止系统过载 |

注:$P$—输出功率;$\tau$—液压马达输出扭矩;$p$—液压泵出口压力;$q_p$—液压泵排量;$q_m$—液压马达排量;$n_m$—液压马达转速;$v$—液压缸运动速度;$Q_p$—液压泵输出流量;$Q_T$—调速阀或节流阀的调节流量;$A_{节}$—节流口的通流面积;$F$—载荷;$\theta$—速度负载特性曲线某点处切线的倾角,以$T$表示回路的速度刚度,则$T=-\frac{1}{\tan\theta}$,即$\theta$越小,回路的速度刚度越大。

**表 21-2-13　有级变速回路组成示例**

| 变速方式 | 回路组成 | 回路参数 | 回路特点 |
|---|---|---|---|
| 多泵并联换接变速 | 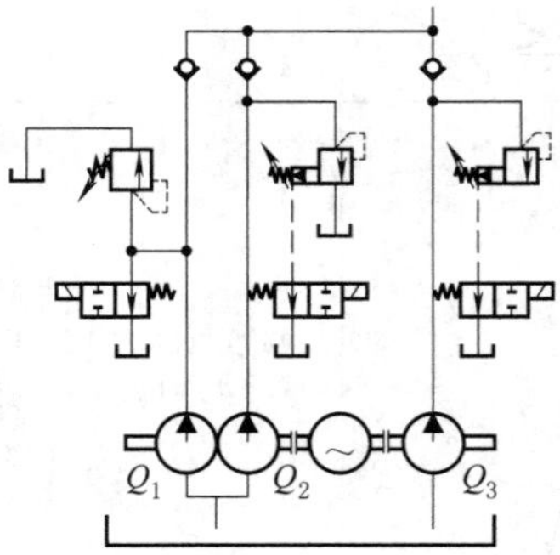 | 变速级数:<br>$Z=2^N-1$<br>$N$——泵数<br>各泵流量分配:<br>$Q_i=2^{i-1}Q_1$<br>$Q_i$——第$i$个泵的流量<br>$i$——泵的序号<br>$Q_1$——最小泵即第一个泵的流量 | 属容积式变速,效率高,变速级数少,价格较高 |

续表

| 变速方式 | 回路组成 | 回路参数 | 回路特点 |
| --- | --- | --- | --- |
| 并联泵并联流量控制阀换接变速 | 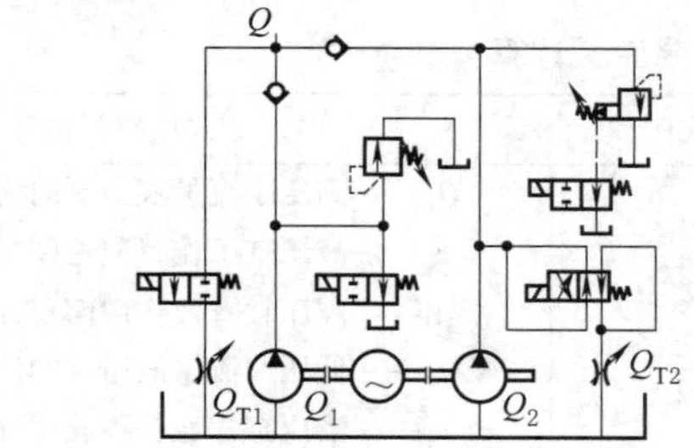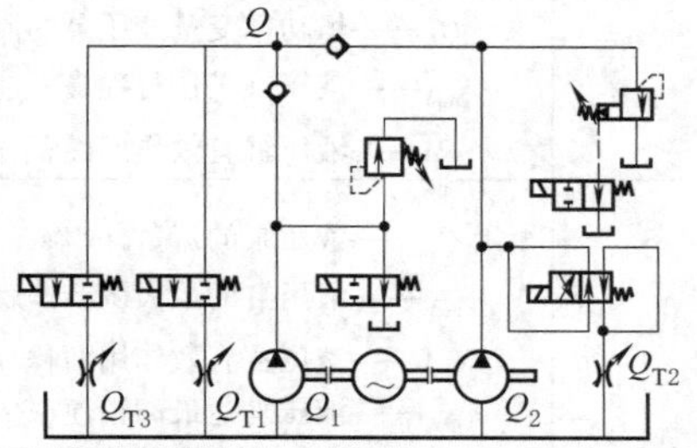 | 设 $Q_1$、$Q_2$ 分别为泵 1、泵 2 的流量，$Q_1+Q_2=Q$，$Q_{T1}$、$Q_{T2}$、$Q_{T3}$ 为流量控制阀 1、阀 2、阀 3 的设定流量，则：<br>①当 $Q_1=20\%Q$<br>$Q_2=80\%Q$<br>$Q_{T1}=10\%Q$<br>$Q_{T2}=40\%Q$ 时<br>变速级数 $Z=10$<br>②当 $Q_1=20\%Q$<br>$Q_2=80\%Q$<br>$Q_{T1}=5\%Q$<br>$Q_{T2}=10\%Q$<br>$Q_{T3}=40\%Q$ 时<br>变速级数 $Z=20$ | 组成回路容易，变速级数多，有节流损失，效率较低，但高于无级节流调速，价格较低 |

## 2.6 草拟液压系统原理图

液压系统原理图由液压系统图、工艺循环顺序动作图表和元件明细表三部分组成。

(1) 拟定液压系统图的注意事项

① 不许有多余元件，使用的元件和电磁铁数量越少越好。

② 注意元件间的联锁关系，防止相互影响产生误动作。

③ 系统各主要部位的压力能够随时检测；压力表数目要少。

④ 按国家标准规定，元件符号按常态工况绘出，非标准元件用简练的结构示意图表达。

(2) 拟定工艺循环顺序动作图表的注意事项

① 液压执行元件的每个动作成分，如始动、每次换速、运动结束等，按一个工艺循环的工艺顺序列出。

② 在每个动作成分的对应栏内，写出该动作成分开始执行的发信元件代号。同时，在表上标出发信元件所发出的信号是指令几号电磁铁或机控元件（如行程减速阀、机动滑阀）处于什么工作状态——得电或失电、油路通或断。

③ 液压系统有多种工艺循环时，原则上是一种工艺循环一个表，但若能表达清楚又不会误解，也可适当合并。

(3) 编制元件明细表的注意事项

习惯上将电动机与液压元件一同编号，并填入元件明细表；非标准液压缸不和液压元件一同编号，不填入元件明细表。

## 2.7 计算执行元件主要参数

根据液压系统载荷图和已确定的系统工作压力，计算：活塞缸的内径、活塞杆直径，柱塞缸的柱塞、柱塞杆直径，计算方法见本篇第 6 章；液压马达的排量，计算方法见本篇第 5 章。计算时用到回油背压的数据，见表 21-2-14。

**表 21-2-14　　执行元件的回油背压**

| 系统类型 | 背压/MPa | 系统类型 | 背压/MPa |
| --- | --- | --- | --- |
| 回油路上有节流阀的调速系统 | 0.2~0.5 | 采用辅助泵补油的闭式回路 | 1.0~1.5 |
| 回油路上有背压阀或调速阀的系统 | 0.5~1.5 | 回油路较短且直通油箱 | 约 0 |

## 2.8 选择液压泵

**表 21-2-15** **液压泵流量计算**

| 系统类型 | 液压泵流量计算式 | 式中符号的意义 |
|---|---|---|
| 高低压泵组合供油系统 | $Q_g=v_gA$<br>$Q_d=(v_k-v_g)A$ | $Q_g$——高压小流量液压泵的流量，$m^3/s$<br>$v_g$——液压缸工作行程速度，m/s<br>$A$——液压缸有效作用面积，$m^2$<br>$Q_d$——低压大流量液压泵的流量，$m^3/s$<br>$v_k$——液压缸快速行程速度，m/s |
| 恒功率变量液压泵供油系统 | $Q_h \geqslant 6.6v_{gmin}A$ | $Q_h$——恒功率变量液压泵的流量，$m^3/s$<br>$v_{gmin}$——液压缸工作行程最低速度，m/s<br>$A$——液压缸有效作用面积，$m^2$ |
| 流量控制阀无级节流调速系统 | $Q_p \geqslant v_{max}A+Q_y$<br>或 $Q_p \geqslant n_{max}q_m+Q_y$ | $Q_p$——液压泵的流量，$m^3/s$<br>$v_{max}$——液压缸的最大调节速度，m/s<br>$A$——液压缸有效作用面积，$m^2$<br>$n_{max}$——液压马达最高转速，r/s<br>$q_m$——液压马达排量，$m^3/r$<br>$Q_y$——溢流阀最小溢流流量，$Q_y=0.5\times10^{-4}m^3/s$ |
| 有级变速系统 | $\sum_{i=1}^{N} Q_i=v_{max}A$<br>或 $\sum_{i=1}^{N} Q_i=n_{max}q_m$ | $N$——有级变速回路用泵数<br>$\sum_{i=1}^{N} Q_i$——$N$个泵流量总和，$m^3/s$<br>$Q_i$——第$i$个泵的流量，$m^3/s$<br>其余符号的意义同无级节流调速系统 |
| 一般系统 | $Q_p=K(\sum Q_s)_{max}$ | $Q_p$——液压泵的流量，$m^3/s$<br>$Q_s$——同时动作执行元件的瞬时流量，$m^3/s$<br>$K$——系统泄漏系数，$K=1.1\sim1.3$ |
| 蓄能器辅助供油系统 | $Q_p=\frac{K}{T}\sum_{i=1}^{Z} V_i$ | $Q_p$——液压泵的流量，$m^3/s$<br>$T$——工作循环周期时间，s<br>$Z$——工作周期中需要系统供液进行工作的执行元件数<br>$V_i$——第$i$个执行元件在周期中的耗油量，$m^3$<br>$K$——系统泄漏系数，$K=1.1\sim1.2$ |
| 电液动换向阀控制油系统 | $Q_p=\frac{\pi K}{4}\sum_{i=1}^{Z} d_i^2 l_i/t$ | $Q_p$——液压泵的流量，$m^3/s$<br>$K$——裕度系数，$K=1.25\sim1.35$<br>$Z$——同时动作的电液动换向阀数<br>$d_i$——第$i$个换向阀的主阀芯直径，m<br>$l_i$——第$i$个换向阀的主阀芯换向行程，m<br>$t$——换向阀的换向时间，$t=0.07\sim0.20$s |

注：1. 根据算出的流量和系统工作压力选择液压泵。选择时，泵的额定流量应与计算所需流量相当，不要超过太多，但泵的额定压力可以比系统工作压力高25%，或更高些。

2. 电液动换向阀控制油系统的工作压力一般为1.5~2.0MPa。对于3~4个中等流量电液动换向阀（阀芯直径$d=32$mm）同时动作的系统，一般选用额定压力2.5MPa、额定流量20L/min的齿轮泵作控制油源。同时动作数未必是系统上电液动换向阀的总数。系统上有流量较大的电液动换向阀（阀芯直径$d=50\sim80$mm）时，控制油系统的需用流量要按表上公式校核或算出。

## 2.9 选择液压控制元件

根据液压系统原理图提供的情况，审查图上各阀在各种工况下达到的最高工作压力和最大流量，以此选择阀的额定压力和额定流量。一般情况下，阀的实际压力和流量应与额定值相接近，但必要时允许实际流量超过额定流量 20%。有的电液换向阀有时会出现高压下换向停留时间稍长不能复位的现象，因此，用于有可靠性要求的系统时，其压力以降额（由 32MPa 降至 20~25MPa）使用为宜，或选用液压强制对中的电液换向阀。

单出杆活塞缸的两个腔有效作用面积不相等，当泵供油使活塞内缩时，活塞腔的排油流量比泵的供油流量大得多，通过阀的最大流量往往在这种情况下出现，复合增速缸和其他等效组合方案也有相同情况，所以在检查各阀的最大通过流量时要特别注意。此外，选择流量控制阀时，其最小稳定流量应能满足执行元件最低工作速度的要求，即

$$Q_{\mathrm{vmin}} \leqslant v_{\mathrm{gmin}} A \tag{21-2-1}$$

或

$$Q_{\mathrm{vmin}} \leqslant n_{\mathrm{mmin}} q_{\mathrm{m}} \tag{21-2-2}$$

式中 $Q_{\mathrm{vmin}}$——流量控制阀的最小稳定流量，$m^3/s$；

$v_{\mathrm{gmin}}$——液压缸最低工作速度，m/s；

$A$——液压缸有效工作面积，$m^2$；

$n_{\mathrm{mmin}}$——液压马达最低工作转速，r/s；

$q_{\mathrm{m}}$——液压马达排量，$m^3/r$。

## 2.10 选择电动机

在泵的规格表中，一般同时给出额定工况（额定压力、转速、排量或流量）下泵的驱动功率，可按此直接选择电动机。也可按液压泵的实际使用情况，用式(21-2-3) 计算其驱动功率。

$$P=\frac{\psi p_{\mathrm{N}} Q_{\mathrm{N}}}{10^3 \eta_{\mathrm{p}}}\ (\mathrm{kW}) \tag{21-2-3}$$

式中 $p_{\mathrm{N}}$——液压泵的额定压力，Pa；

$Q_{\mathrm{N}}$——液压泵的额定流量，$m^3/s$；

$\eta_{\mathrm{p}}$——液压泵的总效率，从规格表中查出；

$\psi$——转换系数，一般液压泵，$\psi = p_{\max}/p_{\mathrm{N}}$；恒功率变量液压泵，$\psi = 0.4$；限压式变量叶片泵，$\psi=0.85p_{\max}/p_{\mathrm{N}}$；

$p_{\max}$——液压泵实际使用的最大工作压力，Pa。

驱动功率也可采用式(21-2-4) 或式(21-2-5) 计算。

$$P=\frac{\psi p_{\mathrm{N}} Q_{\mathrm{N}}}{60 \eta_{\mathrm{p}}}\ (\mathrm{kW}) \tag{21-2-4}$$

式中 $p_{\mathrm{N}}$——液压泵的额定压力，MPa；

$Q_{\mathrm{N}}$——液压泵的额定流量，L/min。

$\eta_{\mathrm{p}}$、$\psi$ 同式(21-2-3)。

$$P=\frac{\psi p_{\mathrm{N}} Q_{\mathrm{N}}}{600 \eta_{\mathrm{p}}}\ (\mathrm{kW}) \tag{21-2-5}$$

式中 $p_{\mathrm{N}}$——液压泵的额定压力，bar（1bar=0.1MPa）。

$Q_{\mathrm{N}}$ 同式(21-2-4)，$\eta_{\mathrm{p}}$、$\psi$ 同式(21-2-3)。

根据算出的驱动功率和泵的额定转速选择电动机的规格。通常，允许电动机短时间在超载 25%的状态下工作。

若液压泵在工作循环周期各阶段所需的输入功率差别较大，则应首先按式(21-2-6) 计算循环周期的等值功率。

$$\overline{P}=\sqrt{\frac{\sum_{i=1}^{N} P_i^2 t_i}{\sum_{i=1}^{N} t_i}}\ (\mathrm{kW}) \tag{21-2-6}$$

式中　$N$——工作循环阶段的总数；

$P_i$——循环周期中第 $i$ 阶段所需的功率，kW；

$t_i$——第 $i$ 阶段持续的时间，s。

若所需功率最大的阶段持续时间较短，而且经检验电动机的超载量在允许范围之内，则按等值功率 $\overline{P}$ 选择电动机。否则按最大功率选择电动机。

## 2.11　选择、计算液压辅助件

液压辅助件包括蓄能器、过滤器、油箱和管件等，其选择与计算方法详见本篇第 8 章有关部分。

## 2.12　验算液压系统性能

液压系统的参数有许多是由估计或经验确定的，其设计水平需通过性能的验算来评判。验算项目主要有压力损失、温升和液压冲击等。

（1）验算压力损失

管路系统上的压力损失由管路的沿程损失 $\sum\Delta p_T$、管件局部损失 $\sum\Delta p_j$ 和控制元件的压力损失 $\sum\Delta p_v$ 三部分组成。

$$\Delta p=\sum\Delta p_T+\sum\Delta p_j+\sum\Delta p_v\ (\text{MPa}) \tag{21-2-7}$$

$\Delta p_T$ 和 $\Delta p_j$ 值的计算见本篇第 1 章 3.4 雷诺数、流态、压力损失公式。$\Delta p_v$ 值可从元件样本中查出，当流经阀的实际流量 $Q$ 与阀的额定流量 $Q_N$ 不同时，$\Delta p_v$ 值按式(21-2-8) 近似算出。

$$\Delta p_v=\Delta p_{vN}\left(\frac{Q}{Q_N}\right)^2\ (\text{MPa}) \tag{21-2-8}$$

式中　$\Delta p_{vN}$——查到的阀在额定压力和流量下的压力损失值。

计算压力损失时，通常是把回油路上的各项压力损失折算到进油路上一起计算，以此算得的总压力损失若比原估计值大，但泵的工作压力还有调节余地时，将泵出口处溢流阀的压力适当调高即可。否则，就需修改有关元件的参数（如适当加大液压缸直径或液压马达排量），重新进行设计计算。

（2）验算温升

液流经液压泵、液压执行元件、溢流阀或其他阀及管路的功率损失都将转化为热量，使工作介质温度升高。系统的散热主要通过油箱表面和管道表面。若详细进行液压系统的发热及散热计算较麻烦。通常液压系统在单位时间内的发热功率 $P_H$，可以由液压泵的总输入功率 $P_p$ 和执行元件的有效功率 $P_e$ 概略算出。

$$P_H=P_p-P_e\ (\text{kW}) \tag{21-2-9}$$

液压系统在一个动作循环内的平均发热量 $\overline{P_H}$ 可按它在各个工作阶段内的发热量 $P_{Hi}$ 估算。

$$\overline{P_H}=\frac{\sum P_{Hi}t_i}{T}\ (\text{kW}) \tag{21-2-10}$$

式中　$T$——循环周期时间，s；

$t_i$——各个工作阶段所经历的时间，s。

系统中的热量全部由油箱表面散发时，在热平衡状态下油液达到的温度计算见本篇第 8 章油箱及其附件部分。在一般情况下，可进行以下简化计算。

① 在系统的发热量中，可以只考虑液压泵及溢流阀的发热。

② 在系统的散热量中，可以只考虑油箱的散热（在没有设置冷却器时）。

③ 在系统的贮存热量中，可以只考虑工作介质及油箱温升所需的热量。

在液压传动系统中，工作介质温度一般不应超过 70℃。因此在进行发热计算时，工作介质最高温度（即温升加上环境温度）不应超过 65℃。如果计算温度较高，就必须采取增大油箱散热面积或增加冷却器等措施。

各种机械的液压系统油温允许值见表 21-2-16。

（3）验算液压冲击

按本篇第 1 章 3.8 液压冲击公式验算。

表 21-2-16　液压系统油温允许值　℃

| 机械类型 | 正常工作温度 | 允许最高温度 | 机械类型 | 正常工作温度 | 允许最高温度 |
|---|---|---|---|---|---|
| 机床 | 30~55 | 55~65 | 机车车辆 | 40~60 | 70~80 |
| 数控机床 | 30~50 | 55~65 | 船舶 | 30~60 | 80~90 |
| 粗加工机械、液压机 | 40~70 | 60~90 | 冶金机械 | 50~80 | 70~90 |
| 工程机械、矿山机械 | 50~80 | 70~90 | | | |

液压冲击常引起系统振动，过大的冲击压力与管路内的原压力叠加可能破坏管路和元件。对此，可以考虑采用带缓冲装置的液压缸或在系统上设置减速回路，以及在系统上安装吸收液压冲击的蓄能器等。

## 2.13　绘制工作图、编写技术文件

经过必要的计算、验算、修改、补充和完善后，便可进行施工设计，绘制泵站、阀站和专用元件图，编写技术文件等。

## 2.14　液压系统设计计算举例

### 2.14.1　ZS-500 型塑料注射成型液压机液压系统设计

（1）设计要求

① 主机用途及规格如下。

本机用于热熔性塑料注射成型。一次注射量最大 500g。

② 要求主机完成的工艺过程如下。

塑料粒从料斗底孔进入注射-预塑加热筒，螺杆旋转，将料粒推向前端的注射口，沿途被筒外电加热器加热逐渐熔化成黏稠流体，同时螺杆在物料的反作用力作用下后退，触及行程开关后停止转动。

合模缸事前将模具闭合锁紧，然后注射座带动注射加热筒前移，直至注射口在模具的浇口窝中贴紧，贴紧力达到设定的数值时，注射缸推动螺杆挤压熔化的物料注射入模具的型腔，经过保压、延时冷却（在此时间螺杆又转动输送和加热新物料），然后开模，顶出制件，完成一个工艺循环。

注射座的动作有每次注射后退回和不退回两种，由制件的工艺要求决定。

③ 系统设计技术参数如下。

表 21-2-17

| 参数名称 | 代号 | 数值 | 参数名称 | 代号 | 数值 |
|---|---|---|---|---|---|
| 最大锁模力/kN | $F_{SO}$ | 4000 | 顶出行程/mm | $S_D$ | 100 |
| 最大脱模力/kN | $F_{TO}$ | 135 | 速度参考值/m·s$^{-1}$ | | |
| 最大贴模力/kN | $F_{TY}$ | 87 | 合模缸慢速闭模速度 | $v_8$ | 0.02 |
| 最大顶出力/kN | $F_D$ | 35 | 合模缸快速闭模速度 | $v_1$ | 0.11 |
| 最大注射压力/MPa | $p_{Zmax}$ | 116.4 | 合模缸慢速脱模速度 | $v_7$ | 0.03 |
| 最大保压压力/MPa | $p_{Bmax}$ | $0.84P_{Zmax}$ | 合模缸快速启模速度 | $v_9$ | 0.16 |
| 注射螺杆直径/mm | $d_L$ | 65 | 注射缸注射行程速度(最大) | $v_{3max}$ | 0.065 |
| 螺杆最大工作扭矩/N·m | $\tau_{max}$ | 1100 | 注射座前移速度 | $v_2$ | 0.125 |
| 螺杆最大工作转速/r·min$^{-1}$ | $n_{Lmax}$ | 93 | 注射座后移速度 | $v_6$ | 0.1 |
| 螺杆最大注射行程/mm | $S_L$ | 200 | 顶出缸顶出速度 | $v_4$ | 0.14 |
| 合模缸最大行程/mm | $S_{Hm}$ | 450 | 顶出缸回程速度 | $v_5$ | 0.18 |
| 注射座最大行程/mm | $S_{ZZ}$ | 280 | | | |

④ 系统设计的其他要求如下。

主要包括：注射速度和螺杆转速要求 10 级可调，而且可预置；螺杆的注射压力，以及预塑过程后退的背压，要能调节；系统要能实现点动、半自动、全自动操作；为确保安全，合模缸在安全门关好后才能动作。

（2）总体规划、确定液压执行元件

**表 21-2-18**

| 机构名称 | 常用方案 | 优　点 | 缺　点 | 采用方案 |
|---|---|---|---|---|
| 合模机构 | 复合增速缸 | ①整机结构紧凑，构件少<br>②无需动梁闭合量调节机构 | ①复合缸结构复杂，加工制造难度大<br>②需设计充液阀；泵的流量大，液压系统复杂<br>③行程速度低，生产效率低 | |
| | 活塞缸-连杆传动 | ①在行程的近末端将液压缸的出力放大，液压缸的缸径可以很小<br>②空行程速度高，生产效率高<br>③泵的流量小，液压系统简单 | ①连杆构件多，尺寸链多<br>②需要动梁合闭量调节机构，结构复杂 | ✓ |
| 注射螺杆旋转机构 | 定量液压马达或电动机-变速箱 | ①旋转运动从螺杆侧面通过齿轮、花键带动，螺杆后端可布置注射缸<br>②液压系统简单 | 机械结构复杂，体积大 | |
| | 轴向柱塞式定量液压马达 | 液压马达在螺杆后端直接驱动，结构简单、紧凑 | 需要有级变速回路，液压系统较复杂 | ✓ |
| 注射机构 | 不等径双出杆活塞缸一个① | 装于螺杆后端直接推动螺杆，结构紧凑 | 影响螺杆旋转机构的布置，机械结构复杂，体积大 | |
| | 等径双出杆活塞缸两个 | 活塞杆置于螺杆两旁，同时作为注射座的承重、导向件，免用导轨 | 活塞杆粗、长，费材料，其安装位置对操作稍有影响 | ✓ |
| 注射座移动机构 | 活塞缸 | 最简单 | 装于注射座下方，装拆不便 | ✓ |
| 顶出机构 | 机械打料 | 装置简单 | 顶出力不能控制，有刚性冲击 | |
| | 活塞缸 | 能够自动防止过载 | 结构稍为复杂 | ✓ |

① 小直径的出杆用以显示缸内活塞的位置。在它的上面安装行程开关的碰块，以控制注射行程和动作。

（3）绘制系统工况图

① 明确工艺循环作用于各执行元件的载荷。

**表 21-2-19**

| 元件名称 | 载荷名称 | 载荷计算式 | 单位 | 说　明 |
|---|---|---|---|---|
| 合模缸 | 锁模行程载荷 $F_1$ | $F_1=\dfrac{F_{SO}}{18.6l_1/l+1}=\dfrac{4000}{18.6\times0.79+1}=255$ | kN | $F_{SO}$——锁模力，见表 21-2-17<br>$l_1$，$l$——连杆长，见图 21-2-2，$l_1/l=0.79$ |
| | 脱模行程载荷 $F_2$ | $F_2=F_{TO}=135$ | kN | $F_{TO}$——脱模力，见表 21-2-17 |
| | 空程闭模载荷 $F_3$ | $F_3=0.13F_1=0.13\times255=33.2$ | kN | 系数 0.13 为统计资料值 |
| | 空程启模载荷 $F_4$ | $F_4=F_3=33.2$ | kN | |
| 注射座移动缸 | 最大贴模载荷 $F_9$ | $F_9=F_{TY}=87$ | kN | $F_{TY}$——贴模力，见表 21-2-17 |
| | 前移行程载荷 $F_{10}$ | $F_{10}=0.14F_{TY}=0.14\times87=12.2$ | kN | 系数 0.14 为统计资料值 |
| | 后移行程载荷 $F_{11}$ | $F_{11}=F_{10}=12.2$ | kN | |
| 注射缸 | 最大注射载荷 $F_5$ | $F_5=\dfrac{\pi}{4}d_L^2p_{Zmax}$<br>$=\dfrac{\pi}{4}0.065^2\times116.4\times10^3=386$ | kN | $d_L$——注射螺杆直径<br>$p_{Zmax}$——最大注射压力，见表 21-2-17 |
| | 最大保压载荷 $F_6$ | $F_6=\dfrac{\pi}{4}d_L^2p_{Bmax}=\dfrac{\pi}{4}d_L^2\times0.84p_{Zmax}$<br>$=0.84\times386=324$ | kN | $p_{Bmax}$——最大保压压力，见表21-2-17 |

续表

| 元件名称 | 载荷名称 | 载荷计算式 | 单位 | 说 明 |
|---|---|---|---|---|
| 顶出缸 | 顶出载荷 | $F_7=F_D=35$ | kN | $F_D$——顶出力，见表 21-2-17 |
| | 回程载荷 | $F_8=0.1F_D=0.1\times35=3.5$ | kN | 系数 0.1 为统计资料值 |
| 液压马达 | 最大工作扭矩 | $\tau_{max}=1100$ | N · m | 见表 21-2-17 |

② 绘制系统工况图：按设计要求和注射座固定的注塑工艺过程绘制的工艺循环动作线图见图 21-2-1a，图中 $S_i$、$\varphi$ 分别表示行程和转角，各电气或液压发信元件符号的意义见表21-2-20的表注；按表21-2-17的速度参数制

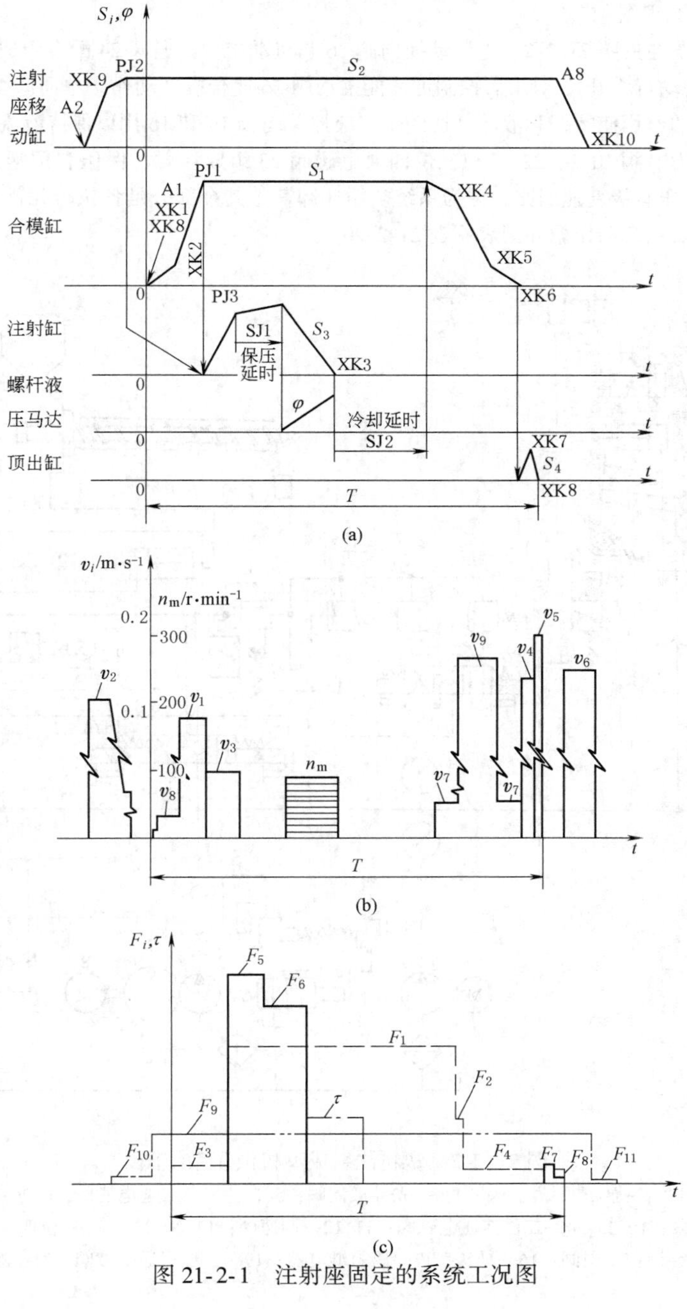


图 21-2-1 注射座固定的系统工况图

作的速度图见图21-2-1b，图中的 $n_m$ 表示油马达的转速，$v_i$ 表示液压缸的行程速度；载荷图见图 21-2-1c，图中 $F_i$、$\tau$ 分别表示力和扭矩。

（4）确定系统工作压力

据统计资料，公称注射量 250~500g 的注塑机，工作压力范围为 7~21MPa，其中，21MPa 占 23%，14MPa 占 40%~57%，故本机液压系统的工作压力采用 14MPa。

（5）确定液压执行元件的控制和调速方案

根据设计要求，注射速度和注射螺杆的转速不仅要可调，还要能够预选，所以采用液压有级变速回路。这与确定螺杆旋转机构驱动元件时所作的选择取得一致。不过在具体设计时，要使有级变速回路能够同时满足注射和螺杆旋转两者的调速要求。

（6）草拟液压系统原理图

初步拟定的液压系统图见图 21-2-2。电液动换向阀 26 与机动二位四通阀 24 配合组成安全操作回路，安全门关闭到位压下阀 24 和触动行程开关 XK1 后控制油才能推动阀 26 使合模缸动作。单向阀 27 用以防止注射和保压时物料通过螺杆螺旋面的作用使螺杆和液压马达倒转。液控单向阀 19 和 16 用以保持液流切换后合模缸的锁模力和注射座压紧后的贴紧力。阀 10-2、22-※和三位四通电磁阀 23 组成注射、保压和预塑的压力控制回路。件号 4~14 中的泵、阀组成液压有级变速回路，并为系统空循环卸荷。其余部分是各执行元件的方向控制回路和电液动换向阀的控制油回路。系统动作循环图表见表 21-2-20。

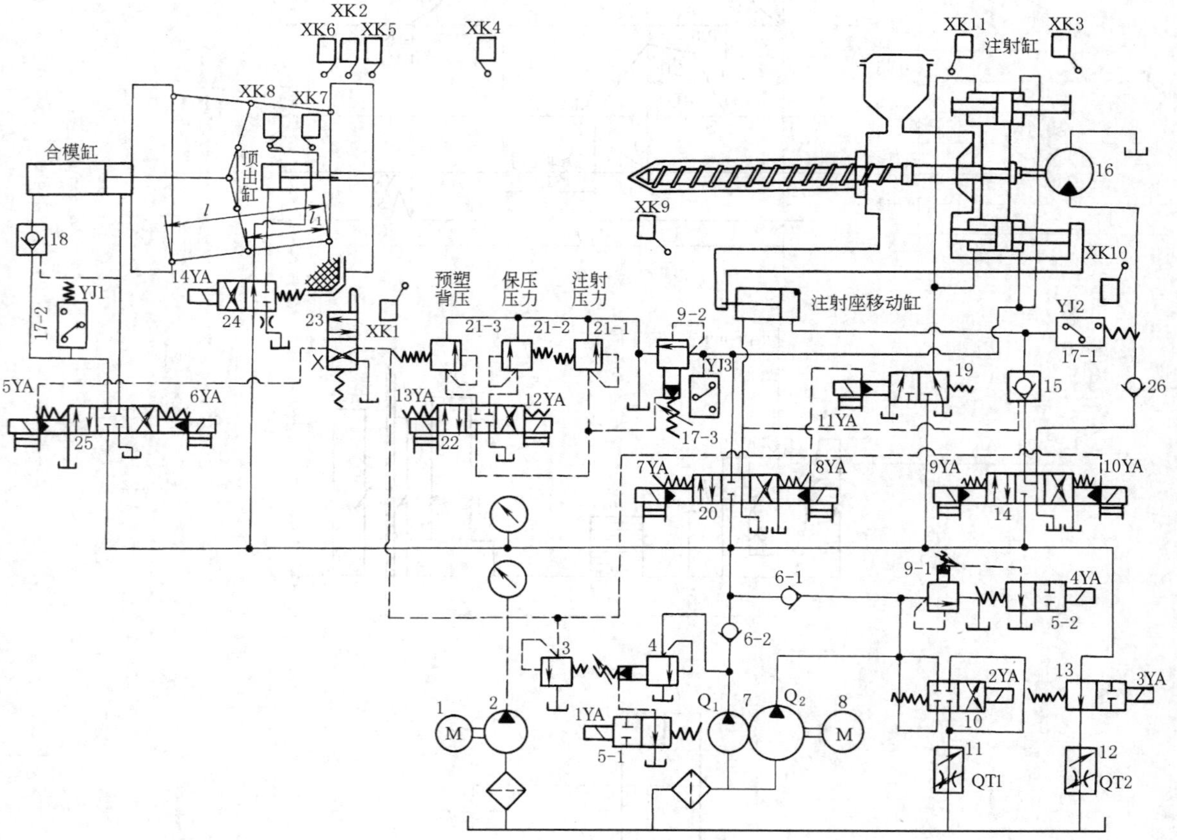


图 21-2-2 塑料注射成型机液压系统图

1,8—电机；2—泵；3—溢流阀；4,9—先导溢流阀；5,13—二位二通电磁阀；6,26—单向阀；7—双联泵；10,23,24—二位四通电磁阀；11,12—调速阀；14,20,22,25—三位四通电液阀；15,18—液控单向阀；16—马达；17—压力继电器；19—二位三通电液阀；21—顺序阀

**表 21-2-20　　ZS-500 注塑机点动、半自动、全自动工作循环图表**

<table>
<tr><th colspan="2" rowspan="2">动作名称</th><th colspan="3">发信元件</th><th colspan="14">电　磁　铁　YA</th><th colspan="2">电动机</th><th rowspan="2">供给流量/%</th></tr>
<tr><th>点动</th><th>半自动</th><th>全自动</th><th>1</th><th>2</th><th>3</th><th>4</th><th>5</th><th>6</th><th>7</th><th>8</th><th>9</th><th>10</th><th>11</th><th>12</th><th>13</th><th>14</th><th>$D_1$</th><th>$D_2$</th></tr>
<tr><td colspan="2">启动</td><td colspan="3">QA</td><td></td><td></td><td></td><td></td><td></td><td></td><td></td><td></td><td></td><td></td><td></td><td></td><td></td><td></td><td>+</td><td>+</td><td>0</td></tr>
<tr><td colspan="2">慢速闭模</td><td rowspan="2">A1</td><td>XK1</td><td>XK1<br>XK8</td><td>+</td><td></td><td></td><td></td><td>+</td><td></td><td></td><td></td><td></td><td></td><td></td><td></td><td></td><td></td><td>+</td><td>+</td><td>20</td></tr>
<tr><td>快速</td><td>闭模<br>锁模</td><td>XK2</td><td>XK2</td><td>+</td><td></td><td></td><td>+</td><td>+</td><td></td><td></td><td></td><td></td><td></td><td></td><td></td><td></td><td></td><td>+</td><td>+</td><td>100</td></tr>
<tr><td colspan="2">注射</td><td>A3</td><td>YJ1<br>YJ2</td><td>YJ1<br>YJ2</td><td>⊕</td><td>⊕</td><td>⊕</td><td>⊕</td><td>+</td><td></td><td>+</td><td></td><td>+</td><td></td><td></td><td></td><td></td><td></td><td>+</td><td>+</td><td>10~100</td></tr>
<tr><td colspan="2">保压</td><td>A4</td><td>YJ3</td><td>YJ3</td><td>+</td><td></td><td></td><td></td><td>+</td><td></td><td>+</td><td></td><td>+</td><td></td><td></td><td>+</td><td></td><td></td><td>+</td><td>+</td><td>0</td></tr>
<tr><td colspan="2">预塑</td><td>A5</td><td>SJ1</td><td>SJ1</td><td>⊕</td><td>⊕</td><td>⊕</td><td>⊕</td><td>+</td><td></td><td>+</td><td></td><td></td><td>+</td><td></td><td></td><td>+</td><td></td><td>+</td><td>+</td><td>10~100</td></tr>
<tr><td colspan="2">冷却</td><td></td><td>XK3</td><td>XK3</td><td></td><td></td><td></td><td></td><td></td><td></td><td></td><td></td><td></td><td></td><td></td><td></td><td></td><td></td><td>+</td><td>+</td><td>0</td></tr>
<tr><td colspan="2">慢速脱模</td><td rowspan="3">A6</td><td>SJ2</td><td>SJ2</td><td>+</td><td></td><td></td><td></td><td></td><td>+</td><td></td><td></td><td></td><td></td><td></td><td></td><td></td><td></td><td>+</td><td>+</td><td>20</td></tr>
<tr><td colspan="2">快速启模</td><td>XK4</td><td>XK4</td><td>+</td><td></td><td></td><td>+</td><td></td><td>+</td><td></td><td></td><td></td><td></td><td></td><td></td><td></td><td></td><td>+</td><td>+</td><td>100</td></tr>
<tr><td colspan="2">减速启模</td><td>XK5</td><td>XK5</td><td>+</td><td></td><td></td><td></td><td></td><td>+</td><td></td><td></td><td></td><td></td><td></td><td></td><td></td><td></td><td>+</td><td>+</td><td>20</td></tr>
<tr><td colspan="2">顶出</td><td rowspan="2">A7</td><td>XK6</td><td>XK6</td><td>+</td><td></td><td></td><td></td><td></td><td></td><td></td><td></td><td></td><td></td><td></td><td></td><td></td><td>+</td><td>+</td><td>+</td><td>20</td></tr>
<tr><td colspan="2">顶出退回</td><td>XK7</td><td>XK7</td><td>+</td><td></td><td></td><td></td><td></td><td></td><td></td><td></td><td></td><td></td><td></td><td></td><td></td><td></td><td>+</td><td>+</td><td>20</td></tr>
<tr><td colspan="2">结束循环</td><td></td><td>XK8</td><td>XK1<br>⊖</td><td></td><td></td><td></td><td></td><td></td><td></td><td></td><td></td><td></td><td></td><td></td><td></td><td></td><td></td><td>+</td><td>+</td><td>0</td></tr>
<tr><td colspan="2">总停</td><td colspan="3">TA</td><td></td><td></td><td></td><td></td><td></td><td></td><td></td><td></td><td></td><td></td><td></td><td></td><td></td><td></td><td></td><td></td><td></td></tr>
<tr><td colspan="2">注射座快速前移</td><td rowspan="2">A2</td><td>YJ1</td><td>YJ1</td><td></td><td></td><td></td><td>+</td><td>+</td><td></td><td></td><td></td><td>+</td><td></td><td></td><td></td><td></td><td></td><td>+</td><td>+</td><td>80</td></tr>
<tr><td colspan="2">注射座慢速前移</td><td>XK9</td><td>XK9</td><td>+</td><td></td><td></td><td></td><td>+</td><td></td><td></td><td></td><td>+</td><td></td><td></td><td></td><td></td><td></td><td>+</td><td>+</td><td>20</td></tr>
<tr><td colspan="2">注射座退回</td><td rowspan="2">A8</td><td>XK3</td><td>XK3</td><td></td><td>+</td><td></td><td>+</td><td></td><td></td><td></td><td>+</td><td></td><td></td><td></td><td></td><td></td><td></td><td>+</td><td>+</td><td>40</td></tr>
<tr><td colspan="2">注射座退回到位</td><td>XK11</td><td>XK11</td><td></td><td></td><td></td><td></td><td></td><td></td><td></td><td></td><td></td><td></td><td></td><td></td><td></td><td></td><td>+</td><td>+</td><td>0</td></tr>
<tr><td colspan="2">螺杆退回</td><td>A9</td><td></td><td></td><td>+</td><td></td><td></td><td></td><td></td><td></td><td></td><td></td><td></td><td></td><td>+</td><td></td><td></td><td></td><td>+</td><td>+</td><td>20</td></tr>
</table>

注：1. QA、TA 分别表示启动和停止按钮；A※表示动作按钮；PJ※表示压力继电器；SJ※表示时间继电器；XK※表示行程开关。

2. XK1⊖：表示打开安全门。

3. ⊕表示电磁铁的吸合状况由速度预选开关确定。各挡速度电磁铁的吸合状况见表 21-2-26。

4. +表示电磁铁通电。

（7）计算执行元件主要参数

**表 21-2-21**

<table>
<tr><th rowspan="6">计算液压缸内径 $D_i$</th><th>项　目</th><th>公　式</th><th colspan="4">式中符号的意义和参数值</th></tr>
<tr><td>$D_i$ 的计算公式（$i$ 代表的缸名：$i=1$，合模缸；$i=2$，注射座移动缸；$i=3$，注射缸；$i=4$，顶出缸）</td><td>$D_i=2\sqrt{\dfrac{F_n}{\pi p\eta_g}}\ (i=1,2,4)$<br>$D_i=\sqrt{\dfrac{2F_n}{\pi p\eta_g}+d_i^2}\ (i=3)$</td><td colspan="4">$i$——缸名的下标编号<br>$j$——液压缸无杆腔、有杆腔的下标编号，见本表 $A_{ij}$，$j=1$，无杆腔；$j=2$，有杆腔<br>$F_n$——液压缸的载荷；$n$ 代表载荷名称的下标编号，见表 21-2-19<br>$\eta_g$——液压缸效率，$\eta_g=0.95$<br>$d_3$——注射缸的活塞杆直径，由承重量及强度、刚度的要求决定，$d_3=0.07$m</td></tr>
<tr><td>计算的缸径 $D_i$（所用的载荷 $F_n$）</td><td>$D_i$ 计算式</td><td>$D_i$ 的标准值/m</td><td>选取的速比 $\varphi_i$</td><td>按 $D_i$、$\varphi_i$ 查表所得的活塞杆直径 $d_i$/m</td><td>$d_i$ 的标准值/m</td></tr>
<tr><td>合模缸内径 $D_1$（$F_1$）</td><td>$D_1=2\times\sqrt{\dfrac{255\times10^3}{\pi\times14\times10^6\times0.95}}=0.156$m</td><td>0.16</td><td>1.46</td><td>0.09</td><td>0.09</td></tr>
<tr><td>注射座移动缸内径 $D_2$（$F_9$）</td><td>$D_2=2\times\sqrt{\dfrac{87\times10^3}{\pi\times14\times10^6\times0.95}}=0.091$m</td><td>0.1</td><td>1.46</td><td>0.055</td><td>0.056</td></tr>
<tr><td>注射缸内径 $D_3$（$F_5$）</td><td>$D_3=\sqrt{\dfrac{2\times386\times10^3}{\pi\times14\times10^6\times0.95}+0.07^2}=0.153$m</td><td>0.16</td><td>1</td><td>—</td><td>0.07</td></tr>
<tr><td></td><td>顶出缸内径 $D_4$（$F_7$）</td><td>$D_4=2\times\sqrt{\dfrac{35\times10^3}{\pi\times14\times10^6\times0.95}}=0.058$m</td><td>0.063</td><td>1.25</td><td>0.028</td><td>0.028</td></tr>
</table>

续表

| | 项目 | 验算式 | 验算结果 |
|---|---|---|---|
| 验算 | 合模缸最大回程启模力 $F_H$ | $F_H=\frac{\pi}{4}(D_1^2-d_1^2)p\eta_g$ <br> $=\frac{\pi}{4}(0.16^2-0.09^2)\times14\times10^3\times0.95$ <br> $=183kN$ | $F_H=183kN>F_{TO}=135kN$,符合要求。$F_{TO}$为脱模力,见表21-2-17 |
| 计算各缸有效作用面积 $A_{ij}^*$ | 项目 | 计算式 | 面积$A_{ij}$计算值/m² |
| | 各缸无杆腔作用面积$A_{i1}$ | $A_{i1}=\frac{\pi}{4}D_i^2(i=1,2,4)$ | $i=1,2,4$ <br> $A_{i1}=0.02,0.0079,0.0031$ |
| | 各缸有杆腔作用面积$A_{i2}$ | $A_{i2}=\frac{\pi}{4}(D_i^2-d_i^2)(i=1,2,4)$ <br> $A_{i2}=\frac{\pi}{2}(D_i^2-d_i^2)$($i=3$,$A_{32}$为两个缸同方向作用面积之和) | $i=1,2,3,4$ <br> $A_{i2}=0.0137,0.0054,0.0325,0.0025$ |

(8) 计算液压泵的流量及选择液压泵、验算行程速度或转速

① 计算系统各执行元件最大需用流量:

**表 21-2-22**

| 项目 | | 流量计算式 | 式中符号的意义 |
|---|---|---|---|
| 计算液压缸最大需用流量$Q_{gi}$ | $Q_{gi}$计算公式 | $Q_{gi}=6v_iA_{ij}\times10^4$ | $i,j$——下标编号,见表21-2-21 <br> $v_i$——液压缸活塞杆外伸速度,m/s,其值见表21-2-17 <br> $A_{ij}$——液压缸有效作用面积,m²,其值见表21-2-21 |
| | 合模缸闭合 | $Q_{g1}=6\times0.11\times0.02\times10^4=132L\cdot min^{-1}(i=1,j=1)$ | |
| | 注射座移动缸前移 | $Q_{g2}=6\times0.125\times0.0079\times10^4=58.5L\cdot min^{-1}(i=2,j=1)$ | |
| | 注射缸注射 | $Q_{g3}=6\times0.065\times0.0325\times10^4=126.8L\cdot min^{-1}(i=3,j=2)$ | |
| | 顶出缸顶出 | $Q_{g4}=6\times0.14\times0.0031\times10^4=26L\cdot min^{-1}(i=4,j=1)$ | |
| 计算液压马达在系统最大工作压力下所需流量$Q_{mmax}$ | | $Q_{mmax}=\frac{2\pi n_{Lmax}\tau_{max}}{p\eta_m\times10^{-3}}$ <br> $=\frac{2\pi\times93\times1100}{14\times10^6\times0.85\times10^{-3}}$ <br> $=54L\cdot min^{-1}$ | $n_{Lmax}$——注射螺杆最大转速,$n_{Lmax}$=93r/min <br> $\tau_{max}$——注射螺杆最大工作扭矩,$\tau_{max}=1100N\cdot m$ <br> $p$——系统最大工作压力,$p=14MPa$ <br> $\eta_m$——液压马达效率,$\eta_m=0.85$ |

由表21-2-22可知,系统最大所需流量为$Q_{max}=Q_{g1}=132L/min$。

② 按有级变速回路的构成原理计算系统大、小泵的排量:

**表 21-2-23**

| 项目 | 计算式 | 单位 | 式中符号的意义 |
|---|---|---|---|
| 大泵流量$Q_1$ | $Q_1=Q_{max}\times80\%=132\times80\%=106$ | L/min | $Q_{max}$——系统最大所需流量,$Q_{max}=132L/min$ <br> $n_D$——驱动泵的电动机工作转速,$n_D$=1470r/min |
| 小泵流量$Q_2$ | $Q_2=Q_{max}\times20\%=132\times20\%=26.4$ | L/min | |
| 大泵排量$q_1$ | $q_1=\frac{Q_1}{n_D}\times10^3=\frac{106}{1470}\times10^3=72$ | mL/r | |
| 小泵排量$q_2$ | $q_2=\frac{Q_2}{n_D}\times10^3=\frac{26.4}{1470}\times10^3=18$ | mL/r | |

③ 按$q_1$、$q_2$选择液压泵:选用PV2R13-76/19型双联叶片泵一台,其技术参数见表21-2-24。

**表 21-2-24**

| 项　目 | 理论排量/$mL \cdot r^{-1}$ | 工作压力/MPa | $n_D=1470r/min$ 时的理论流量/$L \cdot min^{-1}$ |
|---|---|---|---|
| 大泵 | $q_{p1}=76.4$ | 14 | $Q_{p1}=q_{p1}n_D=76.4\times1470\times10^{-3}=112.3$ |
| 小泵 | $q_{p2}=19.1$ | 16 | $Q_{p2}=q_{p2}n_D=19.1\times1470\times10^{-3}=28.1$ |
| 两泵总流量 $Q_p$ | — | — | $Q_p=Q_{p1}+Q_{p2}=112.3+28.1=140.4$ |

注：$n_D$ 为驱动泵的电动机的工作转速。

④ 调速阀的调整流量：组成有级变速回路，调速阀 12 的调整流量为

$$Q_{T1}=Q_p\times40\%=140.4\times40\%=56.2L/min$$

调速阀 13 的调整流量为

$$Q_{T2}=Q_p\times10\%=140.4\times10\%=14L/min$$

⑤ 计算液压马达排量、选择型号规格：

**表 21-2-25**

| | | | | | |
|---|---|---|---|---|---|
| 计算液压马达理论排量 $q_m$/$L \cdot r^{-1}$ | | $q_m=\dfrac{Q_p\eta_{pv}\eta_{mv}}{n_{Lmax}}=\dfrac{140.4\times0.9\times0.92}{93}=1.25$ | | $Q_p$——两泵理论流量之和，$Q_p=140.4L/min$<br>$\eta_{pv}$——液压泵容积效率，$\eta_{pv}=0.9$<br>$\eta_{mv}$——液压马达容积效率，$\eta_{mv}=0.92$<br>$n_{Lmax}$——螺杆最大转速，$n_{Lmax}=93r/min$ | |
| 所选液压马达 | 型号 | 1QJM12-1.25 型球塞式液压马达 | | | | 
| | 主要参数 | 理论排量 $q_m$/$L \cdot r^{-1}$ | 工作压力/MPa | 最大工作压力/MPa | 转速范围/$r \cdot min^{-1}$ | 最大输出扭矩/N·m |
| | | 1.25 | 10 | 16 | 4~160 | 2705 |
| | 最大使用工作压力 $p_s$/MPa | $p_s=\dfrac{2\pi\tau_{max}}{q_m\eta_{mm}}=\dfrac{2\pi\times1100}{1.25\times10^{-3}\times0.92\times10^6}=6.0$ | | $\tau_{max}$——螺杆最大扭矩，$\tau_{max}=1100N\cdot m$<br>$q_m$——所选液压马达理论排量，$m^3/r$<br>$\eta_{mm}$——液压马达机械效率，$\eta_{mm}=0.92$ | | |

⑥ 计算液压马达转速和注射缸注射速度：

**表 21-2-26**　　L/min

| | | | | | | | | | | | | |
|---|---|---|---|---|---|---|---|---|---|---|---|---|
| 系统流量变换 | 主系统双泵总理论流量 $Q_p$ | | $Q_p=Q_{p1}+Q_{p2}=140.4$　（$Q_{p1}=112.3$；$Q_{p2}=28.1$） | | | | | | | | | |
| | 各挡流量/$L \cdot min^{-1}$ | 挡 | $Q_1$ | $Q_2$ | $Q_3$ | $Q_4$ | $Q_5$ | $Q_6$ | $Q_7$ | $Q_8$ | $Q_9$ | $Q_{10}$ |
| | | $Q_k/Q_p$ | 10% | 20% | 30% | 40% | 50% | 60% | 70% | 80% | 90% | 100% |
| | | $Q_k(k=1,2,\cdots,10)$ | 14 | 28.1 | 42.1 | 56.2 | 70.2 | 84.2 | 98.3 | 112.3 | 126.4 | 140.4 |
| | | $Q_k$ 计算式 | $Q_k=10kQ_p/100$ | | | | | | | | | |
| | 电磁铁工况 | 1YA | + | + | | | + | + | | | + | + |
| | | 2YA | | | + | + | + | + | | | | |
| | | 3YA | + | | + | | + | | + | | + | |
| | | 4YA | | | + | + | + | + | + | + | + | + |
| | $Q_{TS}/Q_p$（$Q_{TS}$ 为节流损失流量） | | 10% | 0 | 50% | 40% | 50% | 40% | 10% | 0 | 10% | 0 |
| 液压马达转速变换 | 各挡转速 $n_k$/$r \cdot min^{-1}$ | | 9.3 | 18.6 | 27.9 | 37.2 | 46.5 | 55.8 | 65.1 | 74.4 | 83.7 | 93 |
| | $n_k$ 计算式 | | $n_k=\dfrac{Q_k}{q_m}\eta_{pv}\eta_{mv}$　（$q_m=1.25L/r$；$\eta_{pv}=0.9$；$\eta_{mv}=0.92$） | | | | | | | | | |

续表

| | | | | | | | | | | | |
|---|---|---|---|---|---|---|---|---|---|---|---|
| 注射缸注射速度变换 | 各挡速度 $v_k$/m·s$^{-1}$ | 0.006 | 0.013 | 0.019 | 0.026 | 0.032 | 0.039 | 0.045 | 0.052 | 0.058 | 0.065 |
| | $v_k$ 计算式 | $v_k=\dfrac{Q_k\eta_{pv}}{6A_{32}\times10^4}$（注射缸有效作用面积 $A_{32}$ 见表 21-2-21；$\eta_{pv}=0.9$） | | | | | | | | | |

注：+表示电磁铁通电。

从表 21-2-26 中看出，液压马达转速 $n_{10}=93$r/min 和 $n_5=46.5$r/min 时消耗流量（100%$Q_p$）和功率最大，但转速为 $n_5$ 时节流损失占 50%$Q_p$，系统效率最低，所以，估算电动机功率和验算系统温升时按 $n_5$ 挡转速计算。同理，注射缸用 $v_5$ 挡速度计算。

（9）计算工作循环系统的流量、工作压力和循环周期时间并绘制系统的流量、压力循环图

系统的流量和工作压力的计算见表 21-2-27 的第 1~4 栏；工作周期的计算见表 21-2-27 的第 5~7 栏。系统的流量、压力循环图见图 21-2-3 和图 21-2-4。

**表 21-2-27**

| 项目 | 1 | | 2 | 3 | | | | | 4 | 5 |
|---|---|---|---|---|---|---|---|---|---|---|
| | 工作泵①理论输出流量 $Q_{pg}$/L·min$^{-1}$ | | 油路压力损失 $\sum\Delta p$/MPa | 工作泵出口压力 $p_p$/MPa | | | | | 工作泵实际输出流量 $Q_{pa}$/L·min$^{-1}$ | 液压缸运动速度 $v$/m·s$^{-1}$ |
| | $Q_{p1}=112.3$<br>$Q_{p2}=28.1$ | | | 驱动液压缸：$p_p=\dfrac{F_n}{A_{ij}\eta_{gm}}\times10^3+\sum\Delta p$，机械效率 $\eta_{gm}=0.95$<br>驱动液压马达：$p_p=\dfrac{2\pi\tau_{max}}{q_m\eta_{mm}}\times10^3+\sum\Delta p$③ | | | | | $Q_{pa}=Q_{p1}\left(1-\dfrac{0.1p_p}{14}\right)+Q_{p2}\left(1-\dfrac{0.1p_p}{16}\right)$④ | $v=\dfrac{Q_{pa}\times10^{-4}}{6A_{ij}}$ |
| | | | | 载荷 $F_n$/kN | | 有效作用面积 $A_{ij}$②/m$^2$ | | $p_p$ 值 | | |
| | $Q_{pg}=$ | $Q_{pg}$ 值 | | $F_n=$ | $F_n$ 值 | $A_{ij}=$ | $A_{ij}$ 值 | | | |
| 慢速闭模 | $Q_{p2}$ | 28.1 | 0.26 | $F_3$ | 33.2 | $A_{11}$ | 0.02 | 2 | 27.7 | 0.023 |
| 快速闭模 | $Q_{p1}+Q_{p2}$ | 140.4 | 0.6 | $F_3$ | 33.2 | $A_{11}$ | 0.02 | 2.3 | 138.2 | 0.115 |
| 快速锁模 | $Q_{p1}+Q_{p2}$ | 140.4 | 0.6 | $F_1$ | 255 | $A_{11}$ | 0.02 | 14 | 126.4 | 0.105 |
| 注射 | $Q_{p1}+Q_{p2}$ | 140.4 | 0.6 | $F_5$ | 386 | $A_{32}$ | 0.0325 | 13.1 | 127.6 | $v_5=0.032$⑤ |
| 保压 | $Q_{p2}$ | 28.1 | 0 | $F_6$ | 324 | $A_{32}$ | 0.0325 | 10.5 | 26.2 | ≈0 |
| 预塑 | $Q_{p1}+Q_{p2}$ | 140.4 | 0.4 | [$\tau_{max}=1100$N·m；$q_m=1.25$L/r；$\eta_{mm}=0.92$] | | | | 6.4 | 134.1 | ($n_5=46.5$⑤ r/min) |
| 冷却 | 0 | 0 | 0 | 0 | 0 | 0 | 0 | 0 | 0 | 0 |
| 慢速脱模 | $Q_{p2}$ | 28.1 | 0.3 | $F_2$ | 135 | $A_{12}$ | 0.0137 | 10.6 | 26.2 | 0.032 |
| 快速启模 | $Q_{p1}+Q_{p2}$ | 140.4 | 1.4 | $F_4$ | 33.2 | $A_{12}$ | 0.0137 | 4 | 136.5 | 0.166 |
| 减速启模 | $Q_{p2}$ | 28.1 | 0.3 | $F_4$ | 33.2 | $A_{12}$ | 0.0137 | 2.9 | 27.6 | 0.034 |
| 顶出制件 | $Q_{p2}$ | 28.1 | 0.6 | $F_7$ | 35 | $A_{41}$ | 0.0031 | 12.4 | 25.9 | 0.139 |
| 顶出回程 | $Q_{p2}$ | 28.1 | 0.9 | $F_8$ | 3.5 | $A_{42}$ | 0.0025 | 2.4 | 27.7 | 0.185 |

| 项目 | 6 | 7 | 8 | | 9 | | | 10 | 11 | 12 | 13 |
|---|---|---|---|---|---|---|---|---|---|---|---|
| | 液压缸动作行程 $S$/m | 动作持续时间 $t\left(=\dfrac{S}{v}\right)$/s | 工作泵输入功率 $P_1=\dfrac{p_pQ_{pa}}{6\times10^7\eta_p}$kW，$\eta_p$ 为液压泵效率 | | 卸荷泵输入功率 $P_2=\dfrac{p_xQ_{px}}{6\times10^7\eta_x}$kW，卸荷压力 $p_x=0.3$MPa，泵效率 $\eta_x=0.3$ | | | 电动机输出功率 $P(=P_1+P_2)$/kW | $P^2t$/kW$^2$·s | 系统输入功 $E_1(=Pt)$/kJ | 执行元件有效功 $E_2(=F_nS)$/kJ |
| | | | | | 总卸荷流量 $Q_{px}$/L·min$^{-1}$ | | $P_2$ 值 | | | | |
| | | | $\eta_p$ 值 | $P_1$ 值 | $Q_{px}=$ | $Q_{px}$ 值 | | | | | |
| 慢速闭模 | 0.02 | 0.9 | 0.55 | 1.65 | $Q_{p1}$ | 112.3 | 1.87 | 3.5 | 11 | 3.2 | 0.66 |
| 快速闭模 | 0.32 | 2.8 | 0.55 | 9.6 | — | — | — | 9.6 | 258 | 26.9 | 10.6 |
| 快速锁模 | 0.11 | 1 | 0.8 | 36.8 | — | — | — | 36.8 | 1354 | 36.8 | 28.1 |
| 注射 | 0.2 | 6 | 0.8 | 34.8 | — | — | — | 34.8 | 7266 | 208.8 | 77.2 |
| 保压 | 0.002 | 16⑥ | 0.8 | 5.7 | $Q_{p1}$ | 112.3 | 1.87 | 7.6 | 924 | 121.6 | 0.65 |

续表

| 项目 | 6 | 7 | 8 | | 9 | | | 10 | 11 | 12 | 13 |
|---|---|---|---|---|---|---|---|---|---|---|---|
| 项　目 | 6 | 7 | 8 | | 9 | | | 10 | 11 | 12 | 13 |
| | 液压缸动作行程 $S$ /m | 动作持续时间 $t(=\frac{S}{v})$/s | 工作泵输入功率 $P_1=\frac{p_p Q_{pa}}{6\times10^7\eta_p}$kW $\eta_p$ 为液压泵效率 | | 卸荷泵输入功率 $P_2=\frac{p_x Q_{px}}{6\times10^7\eta_x}$kW 卸荷压力 $p_x=0.3$MPa 泵效率 $\eta_x=0.3$ | | | 电动机输出功率 $P(=P_1+P_2)$ /kW | $P^2t$ /kW$^2$·s | 系统输入功 $E_1(=Pt)$ /kJ | 执行元件有效功 $E_2(=F_nS)$ /kJ |
| | | | $\eta_p$ 值 | $P_1$ 值 | 总卸荷流量 $Q_{px}$/L·min$^{-1}$ $Q_{px}=$ | $Q_{px}$ 值 | $P_2$ 值 | | | | |
| 预塑 | — | 15 | 0.75 | 19 | $(E_2=2\pi\tau_{max}n_5\frac{t}{60}=80.3)$ | | | 19 | 5415 | 285 | 80.3（见左式） |
| 冷却 | 0 | 30⑥ | 0 | 0 | $Q_{p1}+Q_{p2}$ | 140.4 | 2.34 | 2.3 | 158 | 69 | 0 |
| 慢速脱模 | 0.03 | 0.9 | 0.8 | 5.8 | $Q_{p1}$ | 112.3 | 1.87 | 7.7 | 47 | 6.2 | 4.1 |
| 快速启模 | 0.4 | 2.4 | 0.55 | 16.1 | — | — | — | 16.1 | 622 | 38.6 | 13.3 |
| 减速启模 | 0.02 | 0.6 | 0.55 | 2.4 | $Q_{p1}$ | 112.3 | 1.87 | 4.3 | 11 | 2.6 | 0.66 |
| 顶出制件 | 0.1 | 0.7 | 0.8 | 6.7 | $Q_{p1}$ | 112.3 | 1.87 | 8.6 | 52 | 6 | 3.5 |
| 顶出回程 | 0.1 | 0.5 | 0.55 | 2 | $Q_{p1}$ | 112.3 | 1.87 | 3.9 | 8 | 2 | 0.35 |
| Σ | | 76.8 | | | | | | | 16126 | 806.7 | 219.43 |

①“工作泵”指正在向系统输送压力油，供执行元件动作的泵。若该泵处在空循环吸排油状态，则称“卸荷泵”。

② 面积 $A_{ij}$ 的下标编码的意义，所代表的面积及面积值，见表 21-2-21。

③ 式中有关参数的数值见表中［　］内所列；$\eta_{mm}$ 为液压马达的机械效率。

④ 此式是以泵的容积效率按线性规律变化和额定压力下其容积效率为 $\eta_{pv}=0.9$ 为基础导出的。系数 0.1 是 $1-\eta_{pv}=1-0.9$ 的得数。

⑤ 选用 $v_5$ 和 $n_5$ 计算是因为在此工况下系统耗费功率最大而效率最低。

⑥ 非计算所得数值。

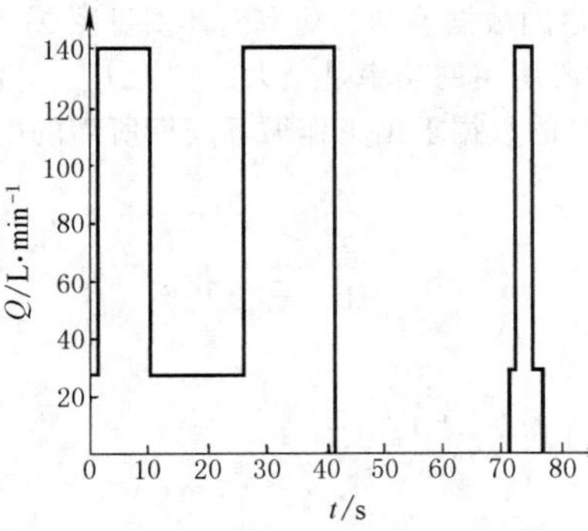


图 21-2-3　工作周期系统流量循环图

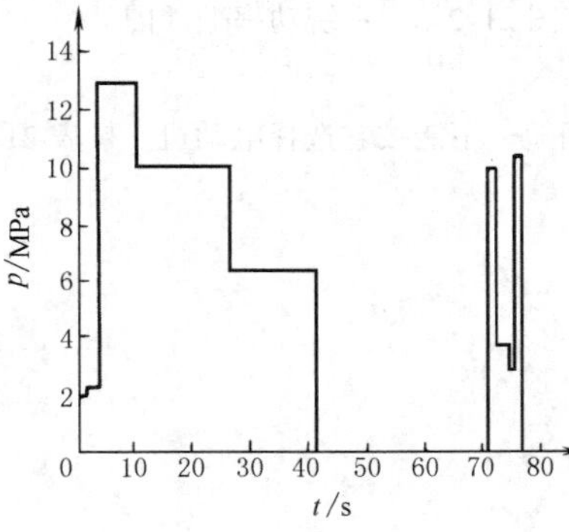


图 21-2-4　工作周期系统压力循环图

（10）选择控制元件

流经换向阀 26 的最大流量是合模缸快速启模时的排油流量：

$$Q_{vmax}=(Q_{p1}+Q_{p2})\frac{A_{11}}{A_{12}}=(112.3+28.1)\times\frac{0.02}{0.0137}=205\text{L/min}$$

流经换向阀 25 的最大流量是顶出缸回程时的排油流量：

$$Q_{vmax}=Q_{p2}\frac{A_{41}}{A_{42}}=28.1\times\frac{0.0031}{0.0025}=35\text{L/min}$$

表 21-2-28

| 件号 | 名　称 | 型　号 | 规　格 | | 最大使用流量 |
|---|---|---|---|---|---|
| | | | 压力/MPa | 流量/$L\cdot min^{-1}$ | /$L\cdot min^{-1}$ |
| 4 | 先导式溢流阀 | YF-B10C | 14 | 40 | 28.1 |
| 10-1 | 先导式溢流阀 | YF-B20C | 14 | 100 | 112.3 |
| 10-2 | 先导式溢流阀 | YF-B20C | 14 | 100 | 140.4 |
| 6 | 单向阀 | DF-B10$K_1$ | 35 | 30 | 28.1 |
| 7-1 | 单向阀 | DF-B20$K_1$ | 35 | 100 | 112.3 |
| 7-2 | 单向阀 | DF-B20$K_1$ | 35 | 100 | 112.3 |
| 27 | 单向阀 | DF-B20$K_1$ | 35 | 100 | 140.4 |
| 14 | 电磁换向阀 | 23DO-B8C | 14 | 22 | 14 |
| 11 | 电磁换向阀 | 24DO-B10H | 21 | 30 | 56.2 |
| 25 | 电磁换向阀 | 24DO-B10H | 21 | 30 | 35 |
| 23 | 电磁换向阀 | 34DO-B6C | 14 | 7 | <7 |
| 26 | 电液动换向阀 | 34DYO-B32H-T | 21 | 190 | 205 |
| 21 | 电液动换向阀 | 34DYJ-B32H-T | 21 | 190 | 140.4 |
| 15 | 电液动换向阀 | 34DYY-B32H-T | 21 | 190 | 140.4 |
| 20 | 电液动换向阀 | 24DYO-B32H-T | 21 | 190 | 140.4 |
| 16 | 液控单向阀 | 4CG2-O6A | 21 | 114 | 112.3 |
| 19 | 液控单向阀 | DFY-B32H | 21 | 170 | 205 |

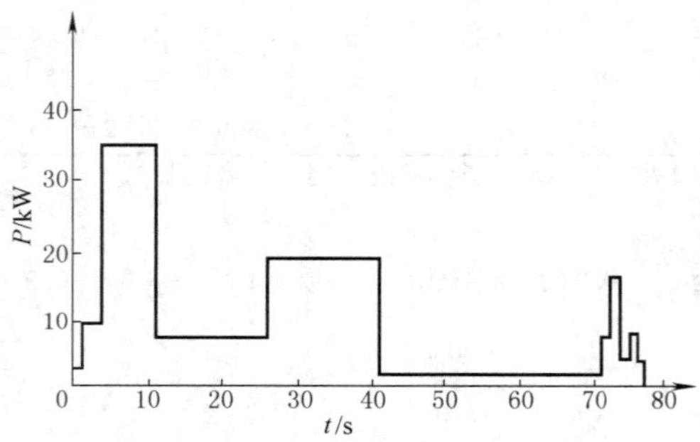


图 21-2-5　系统功率循环图

换向阀 11 的最大通过流量是 $Q_{p1}+Q_{p2}$ 的 40%，即 56.2L/min，选用公称流量为 30L/min 的二位四通换向阀，将其四个通路分成两组并联成为二通换向阀（图 21-2-2），通流能力便增加一倍，满足 56L/min 的需要。

本系统选择的主要控制元件的型号、规格见表 21-2-28。因为有的阀的压力规格没有 14MPa 这个压力级，故选用时向较高的压力挡选取。

（11）计算系统工作循环的输入功率、绘制功率循环图并选择电动机

系统工作循环主系统输入功率的计算见表 21-2-27 的第8~10 栏。根据第 10 栏的数据绘制的功率循环图见图 21-2-5。在工作循环中锁模阶段所用的功率是最大的，为 $P_{max}=36.8kW$，但持续时间短，不能按它选择电动机。按表 21-2-27 第 11 栏和第 7 栏的数据求出工作循环周期所需的电动机等值功率为

$$\overline{P}=\sqrt{\frac{\sum P^2t}{\sum t}}=\sqrt{\frac{16126}{76.8}}=14.5kW$$

而
$$\frac{P_{max}}{\overline{P}}=\frac{36.8}{14.5}=2.54$$

此比值过大，也不能按等值功率选择电动机，应按最大功率除以系数 $k$ 选取，系数 $k=1.5\sim2$，本机取 $k=1.7$，求得电动机的功率为

$$P_{D1}=\frac{P_{max}}{k}=\frac{36.8}{1.7}=21.6kW$$

选取 Y180L-4 型电动机，额定功率 22kW。

电液动换向阀控制油系统的工作压力为 $p_k=1.5MPa$，流量为 $Q_k=20L/min$，泵的效率为 $\eta=0.84$，所需电动机的功率为

$$P_{D2}=\frac{p_kQ_k}{6\times10^7\eta}=\frac{1.5\times10^6\times20}{6\times10^7\times0.84}=0.6kW$$

选取 Y802-4 型电动机、额定功率 0. 75kW。

（12）液压辅件

① 计算油箱容积：油箱有效容积 $V_0$ 按三个泵每分钟流量之和的 4 倍计算，即

$$
\begin{aligned}
V_0 &= 4(Q_{p1}+Q_{p2}+Q_k)\\
&= 4\times(112.3+28.1+20)\\
&= 642\text{L}
\end{aligned}
$$

本机的机身是由钢板焊成的箱体，可以利用它兼作油箱。油箱部分的长、宽、高尺寸为 $a\times b\times c = 2.5\text{m}\times 1.1\text{m}\times 0.32\text{m}$，油面高度为

$$
\begin{aligned}
h &= \frac{V_0}{ab}\\
&= \frac{642}{2.5\times 1.1\times 10^3} = 0.233\text{m}
\end{aligned}
$$

油面高与油箱高之比为

$$
\frac{h}{c} = \frac{0.233}{0.32} = 0.73
$$

② 计算油管直径、选择管子：系统上一般管路的通径按所连接元件的通径选取，现只计算主系统两泵流量汇合的管子，取管内许用流速为 $v_p = 4\text{m/s}$，管的内径为

$$
\begin{aligned}
d &= 1.13\sqrt{\frac{Q_{p1}+Q_{p2}}{6v_p\times 10^4}}\\
&= 1.13\times\sqrt{\frac{112.3+28.1}{6\times 4\times 10^4}} = 0.027\text{m}
\end{aligned}
$$

按标准规格选取管子为 $\phi$32mm×3mm，材料为 20 钢，供货状态为冷加工/软（R），$\sigma_b = 451\text{MPa}$，安全系数 $n=6$，验算管子的壁厚为

$$
\delta = \frac{pd}{2\sigma_p} = \frac{pd}{\dfrac{2\sigma_b}{n}} = \frac{14\times 10^6\times 0.027}{2\times\dfrac{451\times 10^6}{6}} = 0.0025\text{m}
$$

壁厚的选取值大于验算值。

（13）验算系统性能

① 验算系统压力损失。

a. 系统中最长的管路，泵至注射缸管路的压力损失：两泵汇流段的管子，内径 $d=0.027\text{m}$，长 $l_3 = 6.8\text{m}$，通过流量 $Q_{p1}+Q_{p2} = 140.4\text{L/min} = 0.00234\text{m}^3/\text{s}$，工作介质为 YA-N32 普通液压油，工作温度下的黏度 $\nu = 27.5\text{mm}^2/\text{s}$，密度 $\rho = 900\text{kg/m}^3$，管内流速为

$$
v = \frac{Q_{p1}+Q_{p2}}{\dfrac{\pi}{4}d^2} = \frac{0.00234}{\dfrac{\pi}{4}\times 0.027^2} = 4.1\text{m/s}
$$

雷诺数为

$$
Re = \frac{vd}{\nu} = \frac{4.1\times 0.027}{27.5\times 10^{-6}} = 4025
$$

因 $3000<Re<10^5$，故沿程阻力系数为 $\lambda = \dfrac{0.3164}{Re^{0.25}}$，则沿程压力损失为

$$
\begin{aligned}
\sum\Delta p_{T3} &= \lambda\,\frac{l_3}{d}\times\frac{v^2}{2}\rho = \frac{0.3164}{4025^{0.25}}\times\frac{6.8}{0.027}\times\frac{4.1^2}{2}\times\frac{900}{10^6}\\
&= 0.08\text{MPa}
\end{aligned}
$$

泵出口至汇流点的管长小，沿程压力损失不计。

额定流量下有关阀的局部压力损失：单向阀和液控单向阀为 0.2MPa；电液动换向阀为 0.3MPa。管接头、弯头、相贯孔等的局部压力损失很小，不计。

按此，双泵输出最大流量时，大泵到注射缸的局部压力损失为

$$\begin{aligned}\sum \Delta p_{j3} &= \Delta p_{7\text{-}1}+\Delta p_{21}+\Delta p_{(20)}\\ &=0.2\times\left(\frac{112.3}{100}\right)^2+0.3\times\left(\frac{140.4}{190}\right)^2+\frac{0.3}{\varphi_3}\times\left(\frac{140.4}{190\varphi_3}\right)^2\\ &=0.58\text{MPa}\end{aligned}$$

式中 $\Delta p$ 的下标是该阀在系统图中的编号，带（ ）者是表示该阀处在回油路，其压力损失是折算到进油路上的损失，即 $\Delta p_{(20)}=\frac{A_{32}}{A_{31}}\Delta p_{20}=\frac{1}{\varphi_3}\Delta p_{20}$。$\varphi_3$ 为注射缸的速比，$\varphi_3=1$。式中各阀的额定流量及使用流量见表21-2-28。

故大泵出口至注射缸的总压力损失为

$$\begin{aligned}\sum \Delta p_3 &= \sum \Delta p_{T3}+\sum \Delta p_{j3}\\ &=0.08+0.58=0.66\text{MPa}\end{aligned}$$

b. 合模缸快速启模时的压力损失：通至合模缸的汇流管的内径与前者相同，但管长为 $l_1=3.8$m，系统两泵输出最大流量，汇流管的沿程压力损失为

$$\sum \Delta p_{T1}=\frac{l_1}{l_3}\Delta p_{T3}=\frac{3.8}{6.8}\times 0.08=0.04\text{MPa}$$

大泵出口至合模缸的局部压力损失为

$$\begin{aligned}\sum \Delta p_{j3} &= \Delta p_{7\text{-}1}+\Delta p_{26}+\Delta p_{(19)}+\Delta p_{(26)}\\ &=0.2\times\left(\frac{112.3}{100}\right)^2+0.3\times\left(\frac{140.4}{190}\right)^2+0.2\varphi_1\times\left(\frac{140.4\varphi_1}{170}\right)^2+0.3\varphi_1\times\left(\frac{140.4\varphi_1}{190}\right)^2\\ &=1.35\text{MPa}\end{aligned}$$

$\varphi_1$ 为合模缸的速比，$\varphi_1=1.46$。

快速启模时大泵至合模缸的总的压力损失为

$$\begin{aligned}\sum \Delta p_1 &= \sum \Delta p_{T1}+\sum \Delta p_{j1}\\ &=0.04+1.35=1.4\text{MPa}\end{aligned}$$

以上算得的 $\sum\Delta p_1$、$\sum\Delta p_3$ 值与表 21-2-27 中所列的对应值很接近，因此，无需更正表中参数。

② 验算系统温升。

a. 系统的发热功率：主系统的发热功率为

$$P_{H1}=P-P_e(\text{kW})$$

式中 $P$——工作循环输入主系统的平均功率，$P=\frac{\sum E_1}{\sum t}$；

$P_e$——执行元件的平均有效功率，$P_e=\frac{\sum E_2}{\sum t}$。

从表 21-2-27 的第 7、12、13 栏中查得 $\sum t$、$\sum E_1$、$\sum E_2$ 值代入，得

$$P_{H1}=\frac{\sum E_1-\sum E_2}{\sum t}=\frac{806.7-219.43}{76.8}=7.65\text{kW}$$

控制油系统的输入功率为 0.6kW，该功率几乎全部转变为发热功率 $P_{H2}$，所以系统的总发热功率为

$$P_H=P_{H1}+P_{H2}=7.65+0.6=8.25\text{kW}$$

b. 验算温升：油箱的散热面积为

$$\begin{aligned}A_S &= 2ac+2bc+ab\\ &=2\times2.5\times0.32+2\times1.1\times0.32+2.5\times1.1=5.1\text{m}^2\end{aligned}$$

系统的热量全部由 $A_S$ 散发时，在平衡状态下油液达到的温度为

$$\theta=\theta_R+\frac{P_H}{k_S A_S}\ (℃)$$

式中　$\theta_R$——环境温度，$\theta_R=20℃$；

$k_S$——散热系数，$k_S=15\times10^{-3}$kW/(m$^2$·℃)。

所以

$$\theta=20+\frac{8.25}{15\times10^{-3}\times5.1}=127.8℃$$

$\theta$超过表21-2-16列出的允许值，即系统需装设冷却器。

③ 冷却器的选择与计算：注塑机工作时模具和螺杆根部需用循环水冷却，所以冷却器也选用水冷式。需用冷却器的换热面积为

$$A=\frac{P_H-P_{HS}}{K\Delta t_m}\ (m^2)$$

式中　$P_{HS}$——油箱散热功率，kW；

$K$——冷却器传热系数，kW/(m$^2$·℃)；

$\Delta t_m$——平均温度差，℃。

$$P_{HS}=k_S A_S \Delta\theta\ (kW)$$

$\Delta\theta$是允许温升，$\Delta\theta=35℃$，故

$$P_{HS}=15\times10^{-3}\times5.1\times35=2.68kW$$

$$\Delta t_m=\frac{T_1+T_2}{2}-\frac{t_1+t_2}{2}\ (℃)$$

油进入冷却器的温度$T_1=60℃$，流出时的温度$T_2=50℃$，冷却水进入冷却器的温度$t_1=25℃$，流出时的温度$t_2=30℃$，则

$$\Delta t_m=\frac{60+50}{2}-\frac{25+30}{2}=27.5℃$$

由手册或样本中查出，$K=350\times10^{-3}$kW/(m$^2$·℃)，所以

$$A=\frac{8.25-2.68}{350\times10^{-3}\times27.5}=0.58m^2$$

冷却器在使用过程中换热面上会有沉积和附着物影响换热效率，因此实际选用的换热面积应比计算值大30%，即取

$$A=1.3\times0.58=0.75m^2$$

按此面积选用2LQFW-A 0.8F型多管式冷却器一台，换热面积为0.8m$^2$。配管时，系统中各执行元件的回油和各溢流阀的溢出油都要通过冷却器回到油箱。调速阀的出油不经过冷却器直接进入油箱，以免背压影响调速精度。

## 2.14.2　80MN水压机下料机械手液压系统设计

（1）设计要求

① 设备工况及要求如下。

水压机下料机械手服务于80MN水压机，它的任务是将已压制成型的重型热工件取出，放到规定的工作线上。该设备为直角坐标式机械手，它位于水压机的一侧，环境较为恶劣，温度较高，灰尘较多。

② 设备工作程序如下。

启动机械手（该设备像小车，以下简称小车）沿轨道前进到水压机侧的工作位置，液压定位缸定位锁紧。当工件成型后发出信号，小车的一级和二级移动缸前进（即机械手伸进水压机内），此时手张开，到预定位置后，升降缸下降（手下降），到位后，夹紧缸工作，夹紧工件（手夹紧），然后升起（升降缸工作），到预定位置后，一、二级移动缸返回（手退回）到预定位置，升降缸下降（手下降），到预定位置，夹紧缸松开，把工件放在小车的回转台上后再升起（手上升），而后回转缸工作，把工件送到预定的工作线上由吊车取走。

③ 控制与联锁要求如下。

a. 所有动作要求顺序控制，部分回路选用远程电控调速和调压。

b. 手放工件的位置控制精度±1mm。

c. 手的动作要与水压机配合，只有在水压机工作完成并升起后，机械手方可进入取料。

④ 执行元件工艺参数见表21-2-29。

**表 21-2-29**

| 缸号 | 名 称 | 数 量 | 最大行程 /mm | 最大速度 /mm·s$^{-1}$ | 最大载荷 /N | 控制精度 /mm |
|---|---|---|---|---|---|---|
| 1# | 一级移动缸 | 2 | 1100 | 380 | 2×10000 | ±1 |
| 2# | 二级移动缸 | 2 | 1100 | 380 | 2×10000 | ±1 |
| 3# | 升降缸 | 1 | 200 | 220 | 80000 | |
| 4# | 平衡缸 | 1 | 200 | 220 | 50000 | |
| 5# | 回转缸 | 1 | 500 | 200 | 30000 | |
| 6# | 夹紧缸 | 2 | 100 | 100 | 2×20000 | |
| 7# | 定位缸 | 4 | 250 | 25 | 4×20000 | |
| 8# | 脱模缸 | 2 | 200 | 100 | 2×110000 | |

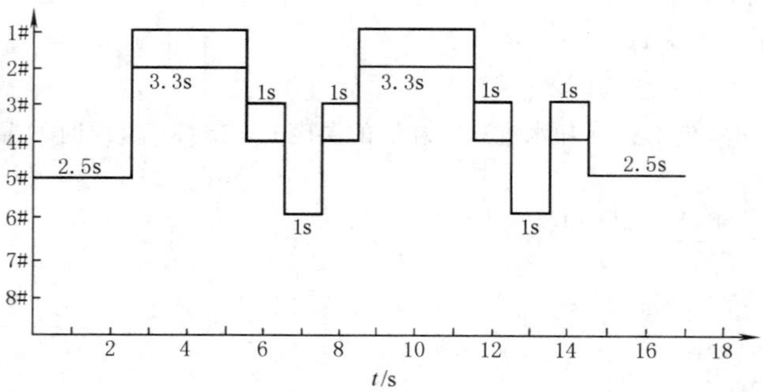

图 21-2-6

⑤ 工作循环时间顺序图如图21-2-6所示。

（2）执行机构的选择

机械手平移放料的位置控制精度取决于移动缸速度调节和定位方式及移动缸的加减速度，回转缸的加减速也需控制，故选用比例控制，而升降缸和平衡缸的压力需要互相匹配和远程调控，因而也选用比例控制，其他则选用普通液压控制。

① 移动缸选用四通比例方向阀控制的油缸，可供系统使用的压力为

$$p=p_s-\Delta p_v\ (\text{MPa})$$

式中 $p_s$——泵供油压力，MPa；

$\Delta p_v$——管道压力损失，MPa。

经验表明若$p$作如下分配时，油缸的参数确定是合理的，$\frac{1}{3}p$用于推动负载，$\frac{1}{3}p$用于加速，$\frac{1}{3}p$用于运动速度。为保证$\frac{1}{3}p$用于负载，应当只有$\frac{1}{2}(p_s-\Delta p_v-p_{ST})$（$p_{ST}$为油缸稳态压力，MPa）用于减速，否则在从匀速到减速的过渡过程中，比例阀阀口过流断面的变化就太大，而难以准确地达到$\frac{1}{3}p$用于负载。

加减速时液压缸作用面积$A$按下式计算：

$$A\geqslant\frac{2mv/t_s+F_{ST}+F_\phi}{100(p_s-\Delta p_v)}\ (\text{cm}^2)$$

式中 $F_{ST}$——液压缸稳态负载，N；

$F_\phi$——液压缸摩擦力，N；

$m$——液压缸运动部分质量，kg；

$v$——液压缸速度，m/s；

$t_s$——希望的加速时间，s。

本例中，预选供油压力$p_s=8\text{MPa}$，$m=10000\text{kg}$，$F_{ST}=10000\text{N}$，$\Delta p_v=1\text{MPa}$，$v=0.38\text{m/s}$，$F_\phi$忽略，$t_s=0.6\text{s}$，则

$$A \geqslant \frac{2 \times \frac{10000 \times 0.38}{0.6} + 10000}{100 \times (8-1)} = 32.38\text{cm}^2$$

在匀速及稳态负载作用下缸作用面积 $A$ 按下式计算：

$$A \geqslant \frac{F_{ST}}{100(p_s - \Delta p_v - \Delta p_{阀})} \ (\text{cm}^2)$$

式中　$\Delta p_{阀}$——比例阀的压降。

取 $\Delta p_{阀}=1\text{MPa}$，则

$$A \geqslant \frac{10000}{100 \times (8-1-1)} = 16.67\text{cm}^2$$

由液压缸计算面积，结合设备状态查标准缸径，最后确定为 $\phi$80mm/$\phi$45mm。

② 其他缸根据设备的状态进行选择：升降缸 $\phi$100mm/$\phi$56mm，平衡缸 $\phi$80mm/$\phi$56mm，回转缸 $\phi$80mm/$\phi$45mm，定位缸 $\phi$80mm/$\phi$45mm，夹紧缸 $\phi$63mm/$\phi$35mm，脱模缸 $\phi$110mm/$\phi$63mm。

（3）计算各执行机构的压力和耗油量

**表 21-2-30**

| 名　称 | 数量 | 活塞直径/mm | 活塞杆直径/mm | 活塞腔面积/$\text{cm}^2$ | 活塞杆腔面积/$\text{cm}^2$ | 活塞腔容积/$\text{dm}^3$ | 活塞杆腔容积/$\text{dm}^3$ | 最大流量/$\text{L}\cdot\text{min}^{-1}$ | 油缸压力/MPa |
|---|---|---|---|---|---|---|---|---|---|
| 一级移动缸 | 2 | 80 | 45 | 50.27 | 34.36 | 5.53 | 3.78 | 115/230 | 2 |
| 二级移动缸 | 2 | 80 | 45 | 50.27 | 34.36 | 5.53 | 3.78 | 115/230 | 2 |
| 升降缸 | 1 | 100 | 56 | 78.54 | 53.91 | 1.57 | 1.08 | 104 | 10.2 |
| 平衡缸 | 1 | 80 | 56 | 50.27 | 25.64 | 1.01 | 0.51 | 66.4 | 9.95 |
| 回转缸 | 1 | 80 | 45 | 50.27 | 34.36 | 2.51 | 1.72 | 60.3 | 6 |
| 夹紧缸 | 2 | 63 | 35 | 31.17 | 21.55 | 0.31 | 0.22 | 18.7/37.4 | 6.4 |
| 定位缸 | 4 | 80 | 45 | 50.27 | 34.36 | 1.26 | 0.86 | 7.56/30.2 | 2 |
| 脱模缸 | 2 | 110 | 63 | 95.03 | 63.86 | 1.9 | 1.28 | 57/114 | 9 |

（4）绘制各执行机构流量-时间循环图

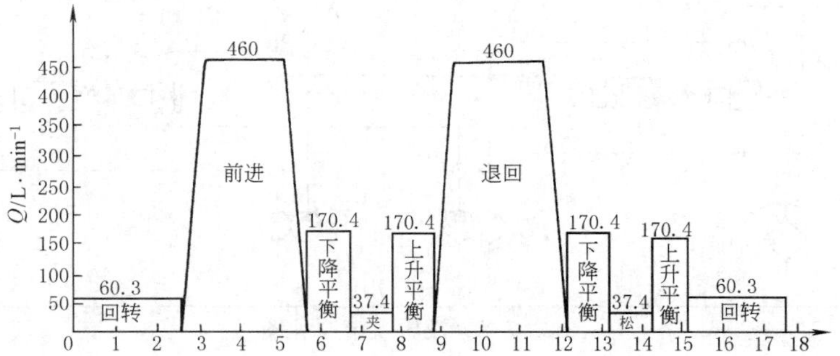


图 21-2-7

（5）草拟液压系统原理图

液压系统原理图如图 21-2-8 所示。

（6）液压泵站的设计与计算

① 工作压力的确定：根据执行机构的工作压力状况，液压泵站的压力宜分为二级。

a. 低压系统——用于移动缸：

$$p_1 = p_{1\max} + \sum \Delta p_1$$

式中　$p_{1\max}$——执行机构的最大工作压力，MPa；

$\sum \Delta p_1$——系统总压力损失，MPa。

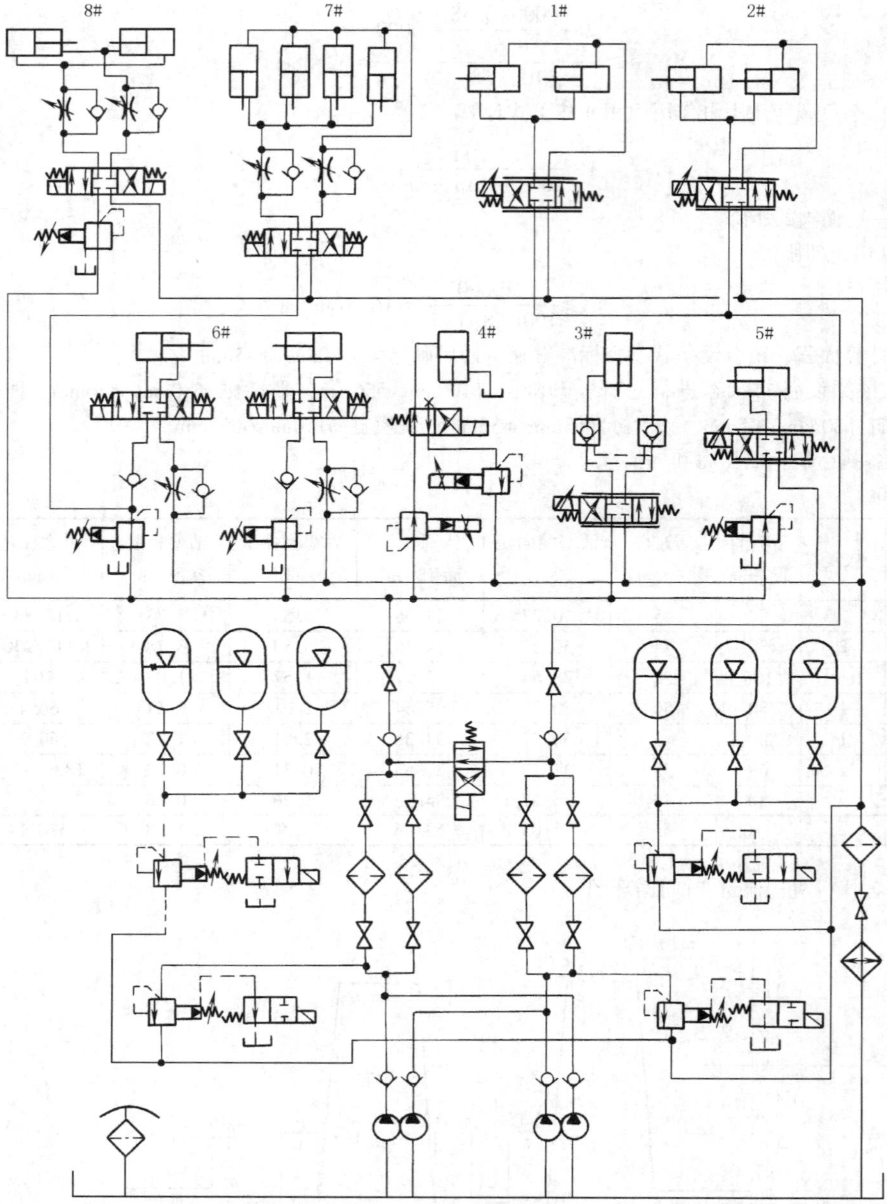


图 21-2-8 液压系统原理图

$$p_{1\max}=\frac{F_{ST}}{A}=\frac{10000}{50.27\times10^{-4}\times10^{6}}=2\text{MPa}$$

取$\sum\Delta p_1=0.4$MPa，则$p_1=2+0.4=2.4$MPa，考虑储备量取8MPa。

b. 高压系统——用于其他执行机构：

$$p_2=p_{2\max}+\sum\Delta p_2$$

式中 $\sum\Delta p_2$——系统总压力损失，MPa；

$p_{2\max}$——升降缸压力。

$p_{2\max}=10.2$MPa，取$\sum\Delta p_2=1$MPa，则$p_2=10.2+1=11.2$MPa，考虑储备量取16MPa。

② 流量的确定：按平均流量选择，参见图21-2-7。

a. 低压系统：因为此系统仅为移动缸动作，所以平均流量$Q_1=\frac{460}{2}=230$L/min，考虑系统的泄漏取$Q_1=1.1\times$

230=253L/min。

b. 高压系统：因其他缸动作时夹紧缸不动作，故平均流量 $Q_2=(170.4-37.4)/2=66.5$L/min，考虑系统的泄漏取 $Q_2=1.2\times66.5=79.8$L/min。

根据平均流量及工作状态，选用双级泵较合适。低压系统流量大，使用双泵供油则经济些。查样本选双级叶片泵：$p_1=8$MPa，$Q_{V1}=168$L/min；$p_2=16$MPa，$Q_{V2}=100$L/min。对低压系统 $Q_V=Q_{V1}+Q_{V2}=100+168=268$L/min>253L/min，对高压系统 $Q_V=Q_{V2}=100$L/min>79.8L/min。

③ 蓄能器参数的确定与验算。

a. 蓄能器压力的确定：对低压回路，选气囊式蓄能器，按绝热状态考虑，最低压力 $p_1=p+\sum\Delta p_{max}=5$MPa，最高压力 $p_2=(1.1\sim1.25)p_1=1.25\times5=6.25$MPa，充气压力 $p_0=(0.7\sim0.9)p_1=0.8\times5=4$MPa；对高压回路，最低压力 $p_1=13$MPa，最高压力 $p_2=1.1\times13=14.3$MPa，充气压力 $p_0=0.8\times13=10.4$MPa。

b. 蓄能器容量的确定：对低压回路，从流量-时间循环图中可知，尖峰流量在移动缸工作期间，为满足移动缸要求，最大负载时泵工作时间 $t=3.5$s，缸耗油量 4×5.53=22.12L，漏损系数 1.2，则蓄能器工作容积 $V_{\beta1}=22.12\times1.2-3.5\times(100+168)/60=10.91$L，蓄能器总容积 $V_{01}=V_{\beta1}/\{4^{0.7143}\times[(1/5)^{0.7143}-(1/6.25)^{0.7143}]\}=10.91/0.1256=86.9$L，选择标准皮蓄能器 3×40=120L；对高压回路，从流量-时间循环图中可知，尖峰流量在脱模缸工作期间，为满足脱模缸要求，最大负载时泵工作时间 $t=0$s，缸耗油量 2×1.9=3.8L，漏损系数 1.2，则蓄能器工作容积 $V_{\beta2}=3.8\times1.2=4.56$L，蓄能器工作总容积 $V_{02}=V_{\beta2}/\{10.4^{0.7143}\times[(1/13)^{0.7143}-(1/14.3)^{0.7143}]\}=4.56/0.0561=81.3$L，选择标准皮蓄能器 3×40=120L。

④ 蓄能器补液验算。

a. 蓄能器工作制度：由压力继电器控制蓄能器的补液工作，即当蓄能器工作油液减少到一定程度时，压力则降到最低压力，压力继电器发出信号，启动泵，使之给蓄能器补液。

b. 选定的蓄能器工作容积：低压回路 $V_{\beta1}=V_0p_0^{0.7143}[(1/p_1)^{0.7143}-(1/p_2)^{0.7143}]=120\times0.1256=15.07$L，高压回路 $V_{\beta2}=120\times0.0561=6.332$L，蓄能器工作容积验算见表 21-2-31。

**表 21-2-31**

| 工序名称 | 缸数 | 油缸总耗油量/L | 油缸工作时间/s | 高压泵供油量/L | 低压泵供油量/L | 进高压蓄能器油量/L | 进低压蓄能器油量/L | 高压蓄能器累计油量/L | 低压蓄能器累计油量/L | 备　注 |
|---|---|---|---|---|---|---|---|---|---|---|
| 准备工序 | | | | 5.01<br>(1.67×3) | 15.4<br>(2.8×5.5) | +5.01 | +15.4 | +5.01 | +15.4 | 高低压泵工作 |
| 脱模 | 2 | 3.8<br>(1.9×2) | 2 | 0 | 0 | -3.8 | 0 | +1.21 | +15.4 | 高低压泵循环 |
| 脱模复位 | 2 | 2.56<br>(1.28×2) | 2 | 3.34<br>(1.67×2) | 0 | +0.78 | 0 | +1.99 | +15.4 | 高压泵工作 |
| 夹钳夹紧 | 2 | 0.44<br>(0.22×2) | 1 | 1.67 | 0 | +1.23 | 0 | +3.22 | +15.4 | 高压泵工作 |
| 移动缸进 | 4 | 22.12<br>(5.53×4) | 3.5 | 5.845<br>(1.67×3.5) | 9.8<br>(2.8×3.5) | 0 | -6.475 | +3.22 | +8.925 | 双泵同在低压下工作 |
| 夹钳松开 | 2 | 0.62<br>(0.31×2) | 1 | 1.67 | 2.8 | +1.05 | +2.8 | +4.27 | +11.725 | 双泵在各自压力下工作 |
| 升降缸降 | 1<br>1 | 2.58<br>(1.57+1.01) | 1 | 1.67 | 2.8 | -0.91 | +2.8 | +3.36 | +14.525 | 双泵在各自压力下工作 |
| 夹钳夹紧 | 2 | 0.44<br>(0.22×2) | 1 | 1.67 | 0 | +1.23 | 0 | +4.59 | +14.525 | 高压泵工作 |
| 升降缸升 | 1<br>1 | 1.59<br>(1.08+0.51) | 1 | 1.67 | 0 | +0.08 | 0 | +4.67 | +14.525 | 高压泵工作 |
| 移动缸退 | 4 | 15.12<br>(3.78×4) | 3.5 | 0 | 9.8<br>(2.8×3.5) | 0 | -5.32 | +4.67 | +9.205 | 低压泵工作 |

续表

| 工序名称 | 缸数 | 油缸总耗油量/L | 油缸工作时间/s | 高压泵供油量/L | 低压泵供油量/L | 进高压蓄能器油量/L | 进低压蓄能器油量/L | 高压蓄能器累计油量/L | 低压蓄能器累计油量/L | 备　注 |
|---|---|---|---|---|---|---|---|---|---|---|
| 升降缸降 | 1<br>1 | 2.58<br>(1.57+1.01) | 1 | 0 | 2.8 | −2.58 | +2.8 | +2.09 | +12.005 | 低压泵工作 |
| 夹钳松开 | 2 | 0.62<br>(0.31×2) | 1 | 1.67 | 2.8 | +1.05 | +2.8 | +3.14 | +14.805 | 双泵在各自压力下工作 |
| 升降缸升 | 1<br>1 | 1.59<br>(1.08+0.51) | 1 | 1.67 | 0 | +0.08 | 0 | +3.22 | +14.805 | 高压泵工作 |
| 回转 | 1 | 1.72 | 2.5 | 4.175<br>(1.67×2.5) | 0 | +2.455 | 0 | +5.675 | +14.805 | 高压泵工作 |
| 回转复位 | 1 | 2.51 | 2.5 | 3.34<br>(1.67×2) | 0 | +0.83 | 0 | +6.505 | +14.805 | 高压泵工作 |

结论：在整个工作周期中，在尖峰流量工作时，蓄能器与泵同时供油，能满足执行机构的流量要求；同时在整个工作周期中，双泵均可给蓄能器补足液，因而上述设计是合理的。

在整个工作循环中，高压小泵基本上都在工作，除供给执行机构油外，还能满足高压蓄能器补液要求；低压大泵则只需工作一段时间就可满足低压蓄能器补液要求。消耗合理，节省电能。

⑤ 驱动电动机的功率计算：在整个工作循环周期内，把泵最大耗能量作为电动机的选择功率。

a. 双泵在各自压力下工作时的功率：

$$P_1=\frac{Q_1p_1}{60\eta}=\frac{168\times6.25}{60\times0.8}=21.9\text{kW}$$

$$P_2=\frac{Q_2p_2}{60\eta}=\frac{100\times14.3}{60\times0.8}=29.8\text{kW}$$

$$P=P_1+P_2=51.7\text{kW}$$

b. 双泵在低压下工作时的功率：

$$P=\frac{(Q_1+Q_2)p_1}{60\eta}=\frac{(100+168)\times6.25}{60\times0.8}=34.9\text{kW}$$

从上述计算中选择最大值，作为电动机的功率，选择电动机：$P=55\text{kW}$，$n=1000\text{r/min}$。

⑥ 油箱容积的确定：根据经验确定 $V=11Q=11\times268=2948\text{L}\approx3\text{m}^3$。

⑦ 冷却器和加热器的选择：根据现场状况，液压站在热车间工作，不需要加热器，但需考虑加冷却器，因而需计算系统热平衡。

a. 系统发热量计算如下。

泵动力损失产生的热量为

$$H_1=860P(1-\eta)=860\times55\times(1-0.8)$$
$$=9460\text{kcal}^{❶}/\text{h}$$

执行元件发热忽略。

溢流阀溢流产生的热量为

$$H_2=1.41PQ=14.1\times(8\times168+13\times100)$$
$$=37280\text{kcal/h}$$

❶ 1kcal=4.1868kJ。

其他阀产生的热量为

$$H_3 = 14.1\Delta pQ$$

各执行元件只有移动缸和升降缸压力损失大，其他阀压力损失都不及它们大，故只计算它们的发热量。

移动缸 $\Delta p = 2\text{MPa}$，$Q = 460\times2 = 920\text{L/min}$，则 $H_3 = 14.1\times920 = 12972\text{kcal/h}$；升降平衡缸 $\Delta p = 2\text{MPa}$，$Q = (104+66.4)\times2 = 340.8\text{L/min}$，则 $H_3 = 14.1\times340.8 = 4805\text{kcal/h}$。

两者不同时工作，取大值，$H_3 = 12972\text{kcal/h}$。

流经管道产生的热量为

$$H_4 = (0.03\sim0.05)P\times860 = 0.04\times55\times860 = 1892\text{kcal/h}$$

系统总发热量为

$$H = H_1 + H_2 + H_3 + H_4 = 9460 + 37280 + 12972 + 1892 = 61604\text{kcal/h}$$

b. 系统的散热量计算如下。

油箱的散热量为

$$H_{k1} = K_1 A(t_1 - t_2)$$

式中 $A$——油箱散热面积，$\text{m}^2$；

$K_1$——散热系数，$\text{kcal/(m}^2\cdot\text{h}\cdot℃)$；

$t_1$，$t_2$——油进、出口温度，℃。

$A = 0.065\sqrt[3]{V} = 0.065\times\sqrt[3]{9}\times10^2 = 13.5\text{m}^2$，$K_1 = 13\text{kcal/(m}^2\cdot\text{h}\cdot℃)$，$t_1 - t_2 = 55-35 = 20℃$，则 $H_{k1} = 13\times13.5\times20 = 3510\text{kcal/h}$。

根据系统的热平衡 $H = H_{k1} + H_{k2}$，则冷却器的散热量 $H_{k2}$ 为

$$H_{k2} = H - H_{k1} = 61604 - 3510 = 58094\text{kcal/h}$$

c. 冷却器散热面积计算如下。

$$A_k = \frac{H_{k2}}{K\Delta t_\mu}$$

式中 $A_k$——冷却器散热面积，$\text{m}^2$；

$K$——板式冷却器散热系数，$K = 450\text{kcal/(m}^2\cdot\text{h}\cdot℃)$。

$$\Delta t_\mu = \frac{t_{油1} + t_{油2}}{2} - \frac{t_{水1} + t_{水2}}{2}$$

式中 $t_{油1}$，$t_{油2}$——油的进、出口温度，$t_{油1} = 55℃$，$t_{油2} = 48℃$；

$t_{水1}$，$t_{水2}$——水的进、出口温度，$t_{水1} = 25℃$，$t_{水2} = 30℃$。

$\Delta t_\mu = 51.5-27.5 = 24℃$，则 $A_k = 58094/(450\times24) = 5.4\text{m}^2$，选板式冷却器 $6\text{m}^2$。

⑧ 过滤器的选择：系统中选用比例元件，而且设备要求故障率低，所以选过滤精度为 10μm 的过滤器。压油过滤器，通流量 250L/min；回油过滤器，通流量 630L/min。

⑨ 液压控制阀的选择。

a. 普通液压阀的选择：根据流量与压力选择阀的规格。本系统最高压力为 21MPa，为便于维修更换，均选用此挡压力。再根据执行机构的通流量查样本选择阀的通径。如脱模缸的换向阀，压力 $p = 21\text{MPa}$，流量 $Q = 114\text{L/min}$，查样本选 PG5V-7-2C-T-VMUH7-24 的板式三位四通电液阀。

b. 比例方向阀的选择：选择移动缸的比例方向阀。系统最高压力 $p = 21\text{MPa}$，通过比例阀的流量 $Q_x = 230\text{L/min}$，通过该阀的压降 $\Delta p = 1\text{MPa}$，根据公式：

$$Q_x = Q_p\sqrt{\frac{\Delta p_x}{\Delta p_p}}$$

式中　$Q_p$——基准流量，L/min；

$\Delta p_p$——基准流量下的压降，MPa，查样本；

$\Delta p_x$——所需压降，MPa；

$Q_x$——通过该阀的流量，L/min。

得 $Q_p=\frac{230}{\sqrt{\frac{1}{0.5}}}=163\text{L/min}$，查样本选额定流量的阀，即 KFDG5V-7-200N。

# 第3章 液压基本回路

液压基本回路是用于实现液体压力、流量及方向等控制的典型回路，它由有关液压元件组成。现代液压传动系统虽然越来越复杂，但仍然是由一些基本回路组成的。因此，掌握基本回路的构成、特点及作用原理，是设计液压传动系统的基础。

## 1 压力控制回路

压力控制回路是控制回路压力，使之完成特定功能的回路。压力控制回路种类很多，如液压泵的输出压力控制有恒压、多级、无级连续压力控制及控制压力上下限等回路。在设计液压系统、选择液压基本回路时，一定要根据设计要求、方案特点、适用场合等认真考虑。当载荷变化较大时，应考虑多级压力控制回路；在一个工作循环的某一段时间内执行元件停止工作不需要液压能时，则考虑卸荷回路；当某支路需要稳定的低于动力油源压力时，应考虑减压回路；在有升降运动部件的液压系统中，应考虑平衡回路；当惯性较大的运动部件停止、容易产生冲击时，应考虑缓冲或制动回路等。即使在同一种压力控制基本回路中，也要结合具体要求仔细研究，才能选择出最佳方案。例如，选择卸荷回路时，不但要考虑重复加载的频繁程度，还要考虑功率损失、温升、流量和压力的瞬时变化等因素。在压力不高、功率较小、工作间歇较长的系统中，可采用液压泵停止运转的卸荷回路，即构成高效率的液压回路。对于大功率液压系统，可采用改变泵排量的卸荷回路；对频繁地重复加载的工况，可采用换向阀卸荷回路或卸荷阀与蓄能器组成的卸荷回路等。

### 1.1 调压回路

液压系统中压力必须与载荷相适应，才能既满足工作要求又减少动力损耗，这就要通过调压回路来实现。调压回路是指控制整个液压系统或系统局部的油液压力，使之保持恒定或限制其最高值的回路。

表 21-3-1 调压回路

| 类别 | | 回路 | 特点 |
| --- | --- | --- | --- |
| 用溢流阀的调压回路 | 远程调压回路 | 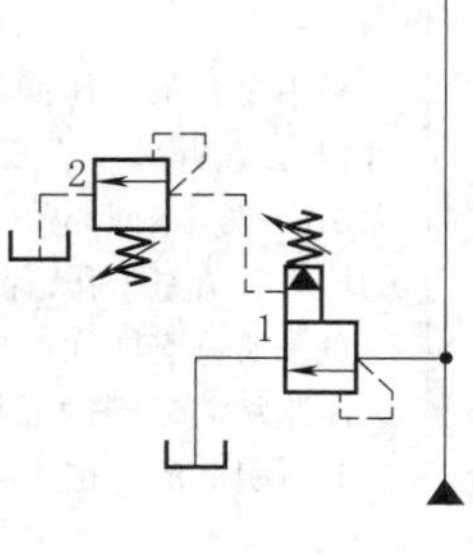 | 系统的压力可由与先导式溢流阀1的遥控口相连通的远程调压阀2进行远程调节。远程调压阀2的调整压力应小于溢流阀1的调整压力，否则阀2不起作用 |

续表

| 类别 | | 回路 | 特点 |
|---|---|---|---|
| 用溢流阀的调压回路 | 远程调压回路 | 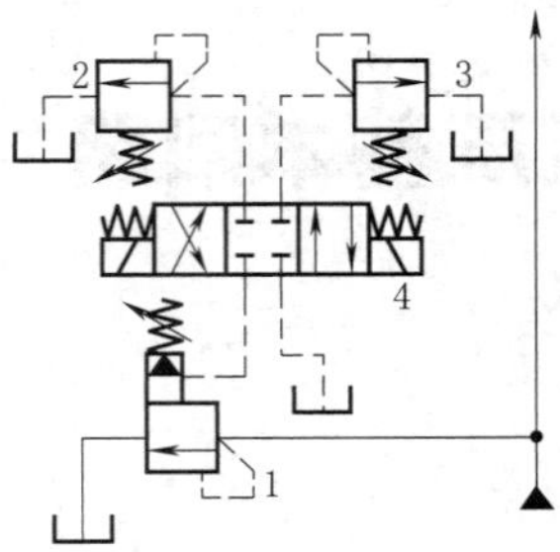 | 用三个溢流阀(1、2、3)进行遥控连接,使系统有三种不同压力调定值。主溢流阀1的遥控口接入一个三位四通换向阀4,操纵换向阀使其处于不同工作位置,可使液压系统得到不同的压力 |
| | | 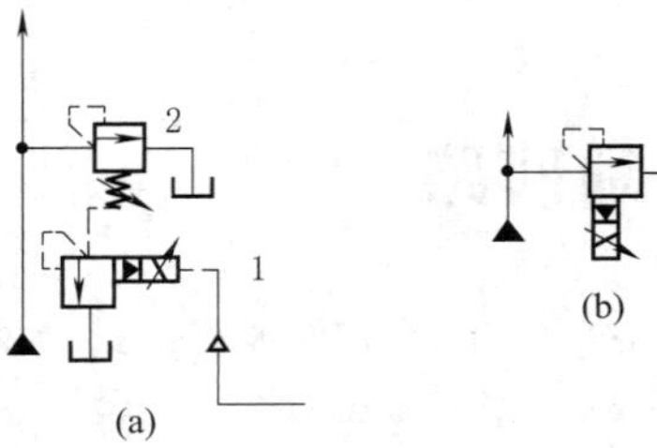(a) (b) | 远程调压回路适用于载荷变化较大的液压系统,随着外载荷的不断变化,实现自动控制调节系统的压力<br>图a是将比例先导压力阀1与溢流阀2的遥控口相连接,实现无级调压。其特点是只用一个小型的比例先导阀,实现连续控制和远距离控制,但由于受到主阀性能限制和增加了控制管路,所以控制性能较差,适用于大流量控制<br>图b是采用比例溢流阀,由于减少了控制管路,因此控制性能较好。与普通溢流阀比较,比例溢流阀的调压范围广,压力冲击小<br>注:电压控制因信号衰减,电缆一般不超过10m |
| | 比例调压回路 | 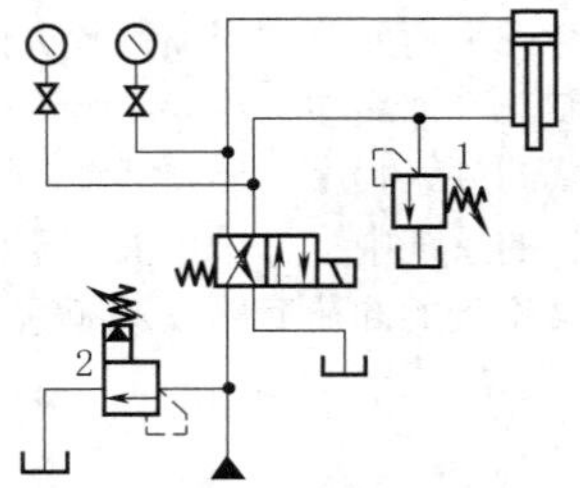 | 调整溢流阀1,使系统刚好维持活塞上升到终点时,不因自重而下降保持的压力。可减小从溢流阀2溢流发热,节省动力消耗 |
| 用变量泵的调压回路 | | 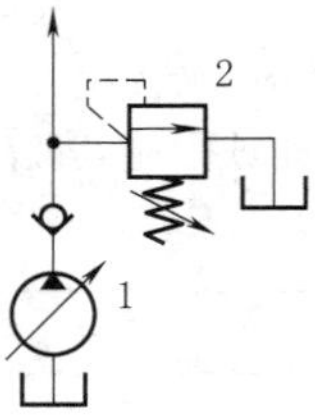 | 采用非限压式变量泵1时,系统的最高压力由安全阀2限定,安全阀一般采用直动型溢流阀为好;当采用限压式变量泵时,系统的最高压力由泵调节,其值为泵处于无流量输出时的压力值 |
| 用复合泵的调压回路 | | 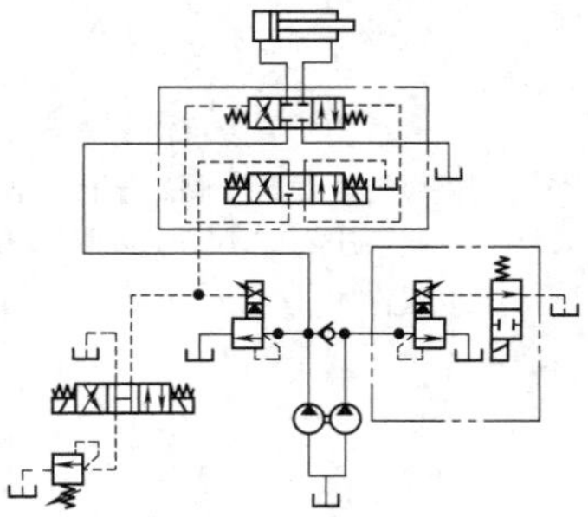 | 采用复合泵调压回路时,泵的容量必须与工作要求相适应,并减少在低速驱动时因流量过大而产生无用的热。本回路采用电气控制,能按要求以不同的压力和流量工作,保持较高的效率,具有压力补偿变量泵所具有的优点。回油路中电液动换向阀的操纵油路从溢流阀的遥控口引出,避免了主换向阀切换时所引起的冲击 |

续表

| 类 别 | 回 路 | 特 点 |
| --- | --- | --- |
| 用插装阀组成的调压回路 | 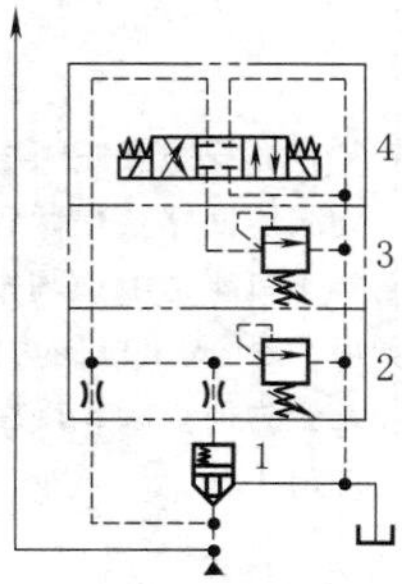 | 本回路由插装阀 1、带有调压阀的控制盖板 2、可叠加的调压阀 3 和三位四通阀 4 组成,具有高低压选择和卸荷控制功能。插装阀组成的调压回路适用于大流量的液压系统 |
| | 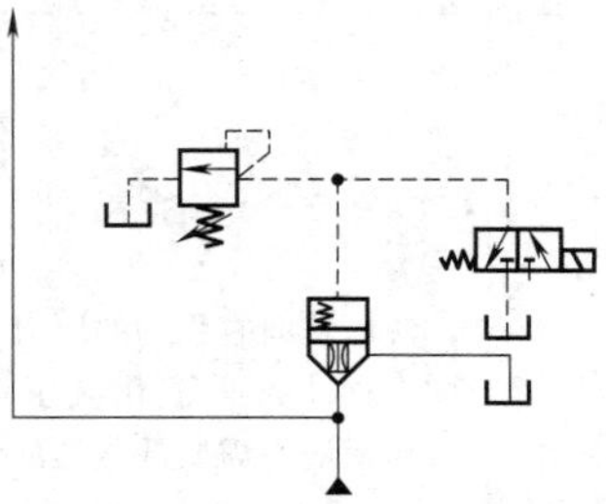 | 采用插装阀组成的一级调压系统,插装阀采用具有阻尼小孔结构的组件。溢流阀用于调节系统的输出压力,二位三通电磁阀用于系统卸荷。此回路适合于大流量系统 |

## 1.2 减压回路

减压回路的作用在于使系统中部分油路得到比油源供油压力低的稳定压力。当泵供油源高压时，回路中某局部工作系统或执行元件需要低压，便可采用减压回路。

**表 21-3-2　　减压回路**

| 类 别 | 回 路 | 特 点 |
| --- | --- | --- |
| 单级减压回路 | 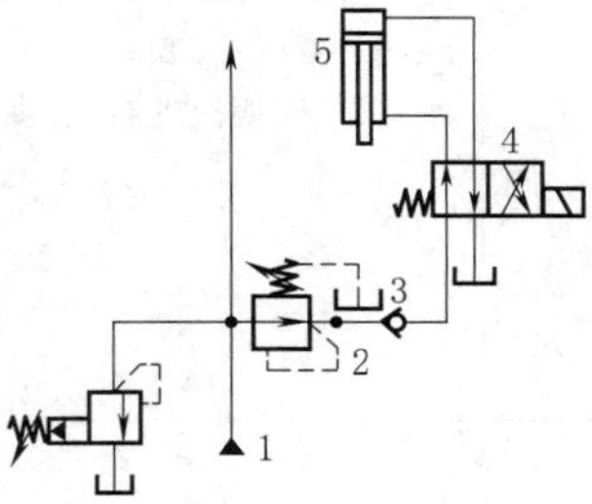 | 液压泵 1 除了供给主工作回路的压力油外,还经过减压阀 2、单向阀 3 及换向阀 4 进入工作液压缸 5。根据工作所需力的大小,可用减压阀来调节 |
| | 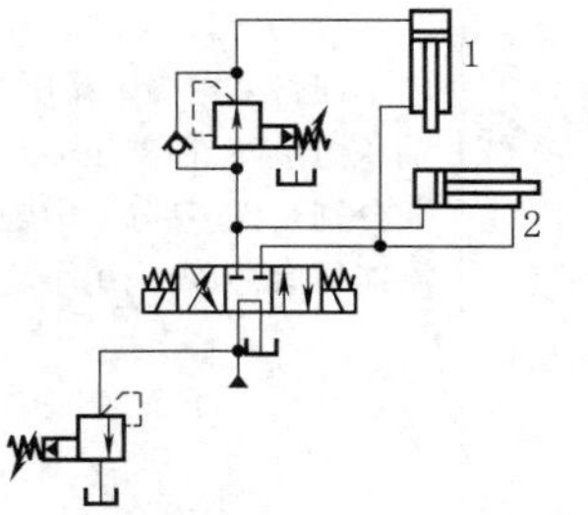 | 进入液压缸 2 的油压由溢流阀调定;进入液压缸 1 的油压由单向减压阀调节。采用单向减压阀是为了在缸 1 活塞向上移动时,使油液经单向减压阀中的单向阀流回油箱。减压阀在进行减压工作时,有一定的泄漏,在设计时,应该考虑这部分流量损失 |

续表

| 类别 | 回路 | 特点 |
|---|---|---|
| 二级减压回路 | 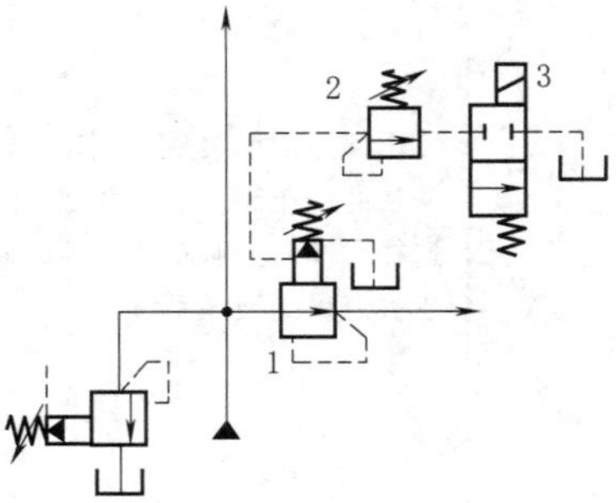 | 在先导式减压阀1遥控油路上接入远程调压阀2使减压回路获得两种预定的压力。图示位置，减压阀出口压力由该阀本身调定；当二位二通阀3切换后，减压阀出口压力改为由阀2调定的另一个较低的压力值。阀3接在阀2之后，可以使压力转换时冲击小些 |
| | 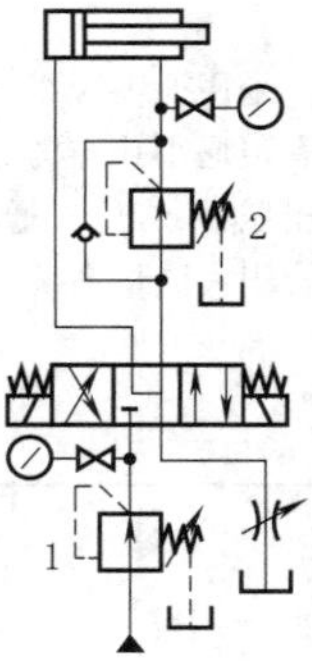 | 液压缸向右移动的压力，由减压阀1调定；液压缸向左移动的压力，由减压阀2调定。该回路适用于液压系统中需要低压的部分回路 |
| 多级减压回路 | 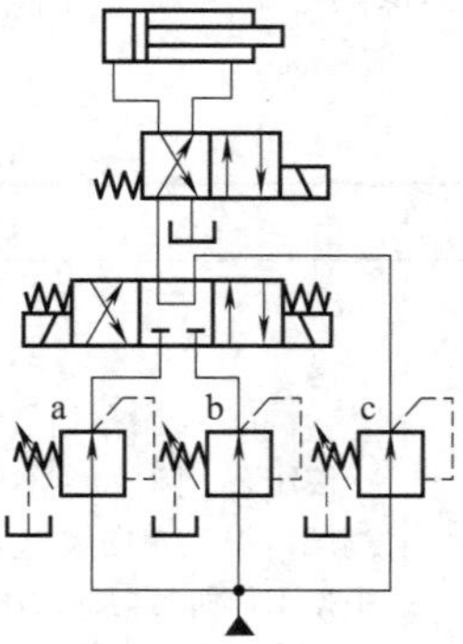 | 本回路用减压阀并联，由三位四通换向阀进行转换，可使液压缸得到不同的压力。图示位置时，供油经阀c减压；三位阀切换到左位时，供油由阀b减压；三位阀切换到右位，供油由阀a减压 |
| | 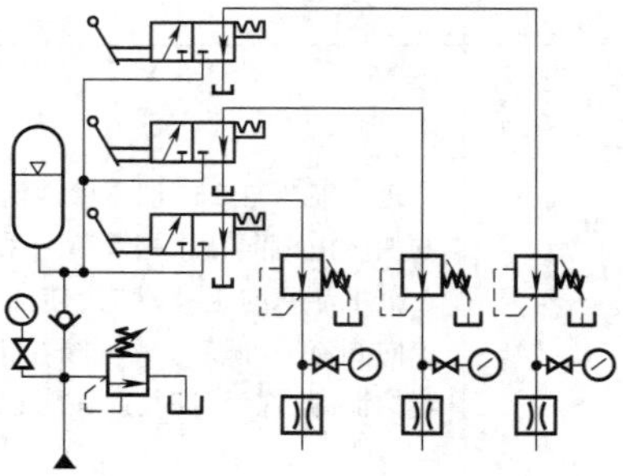 | 本回路采用多个减压阀并联组成减压回路。泵供油压力最高，在高压油路上依次并联减压阀，根据需要分别获得多路减压支路，各支路互不干扰。采用蓄能器后，只需采用小流量的泵即可 |

续表

| 类 别 | 回 路 | 特 点 |
|---|---|---|
| 无级减压回路 | 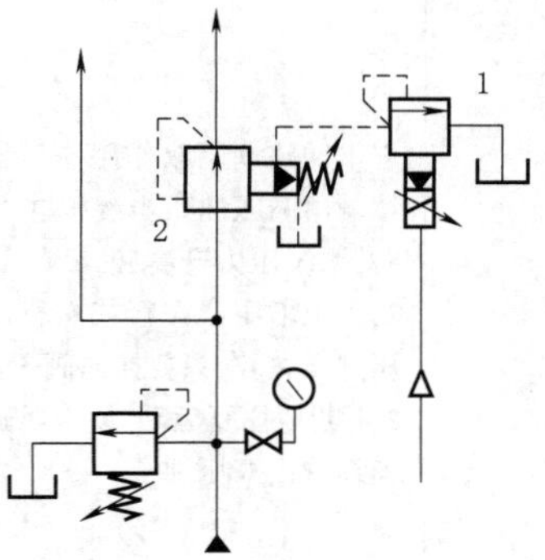 | 用比例先导压力阀 1 接在减压阀 2 的遥控口上，使分支油路实现连续无级减压。该回路只需采用小规格的比例先导压力阀即可实现遥控无级减压 |
| | 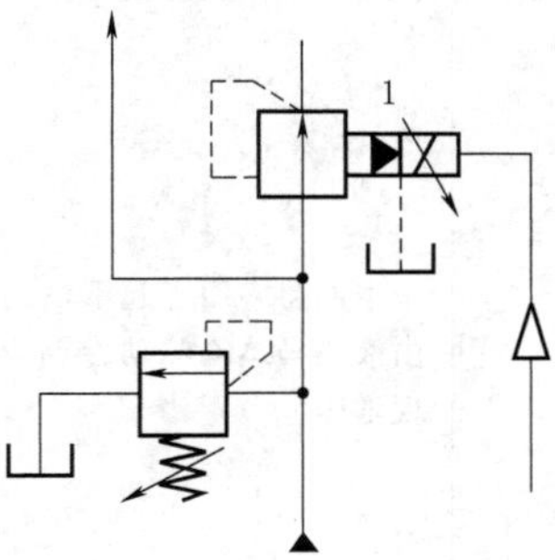 | 用比例减压阀组成减压回路。调节输入比例减压阀 1 的电流，即可使分支油路无级减压，并易实现遥控 |

## 1.3 增压回路

增压回路用来提高系统中局部油路中的油压，它能使局部压力远高于油源的工作压力。采用增压回路比选用高压大流量液压泵要经济得多。

**表 21-3-3　　增压回路**

| 类 别 | 回 路 | 特 点 |
|---|---|---|
| 用增压器的增压回路 | 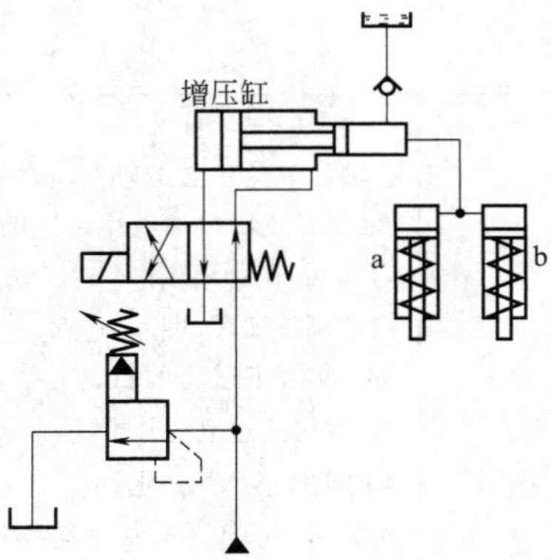 | 本回路用增压液压缸进行增压，工作液压缸 a、b 靠弹簧力返回，充油装置用来补充高压回路漏损。在气液并用的系统中可用气液增压器，以压缩空气为动力获得高压 |

续表

| 类　别 | 回　　路 | 特　　点 |
|---|---|---|
| 用增压器的增压回路 | 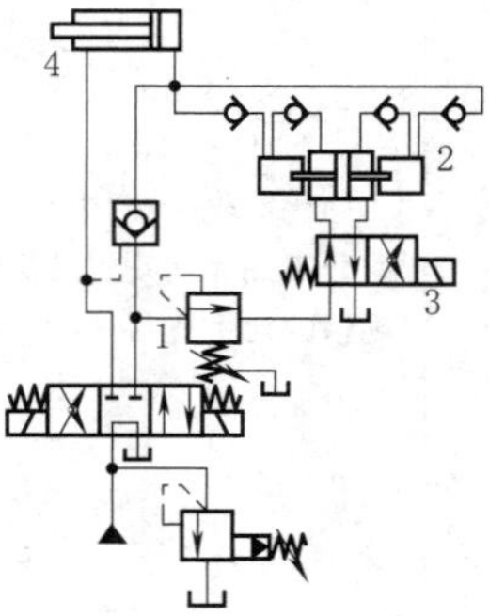 | 本回路利用双作用增压器实现双向增压，保证连续输出高压油。当液压缸 4 活塞左行遇到较大载荷时，系统压力升高，油经顺序阀 1 进入双作用增压器 2，无论增压器左行或右行，均能输出高压油液至液压缸 4 右腔，只要换向阀 3 不断切换，就能使增压器 2 不断地往复运动，使液压缸 4 活塞左行较长的行程连续输出高压油 |
| 用液压泵的增压回路 | 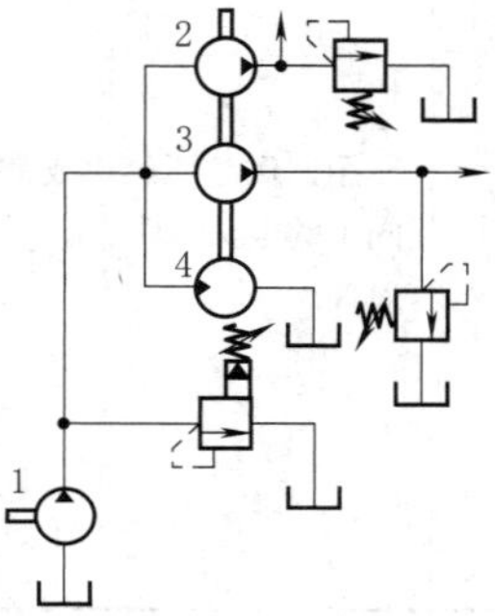 | 本回路多用于起重机的液压系统。液压泵 2 和 3 由液压马达 4 驱动，泵 1 与泵 2 或泵 3 串联，从而实现增压 |
| | 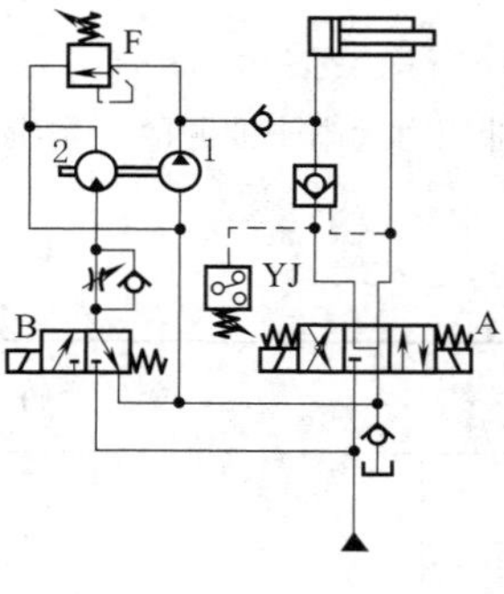 | 液压马达 2 与高压泵 1 的轴刚性连接，当阀 A 在右位时，活塞向右移动，压力上升到继电器 YJ 调节压力时，B 通电，压力油使液压马达 2 带动泵 1 旋转，泵 1 向液压缸连续输出高压油（最高压力由阀 F 限制）。若马达供油压力为 $p_0$，则泵输出压力为 $p_1=\alpha p_0$，$\alpha$ 为马达与泵排量之比，即 $\alpha=q_2/q_1$，调速阀用来调节活塞的速度。若马达 2 采用变量马达，则可通过改变其排量 $q_2$ 来改变增压压力 $p_1$ |
| 用液压马达的增压回路 | 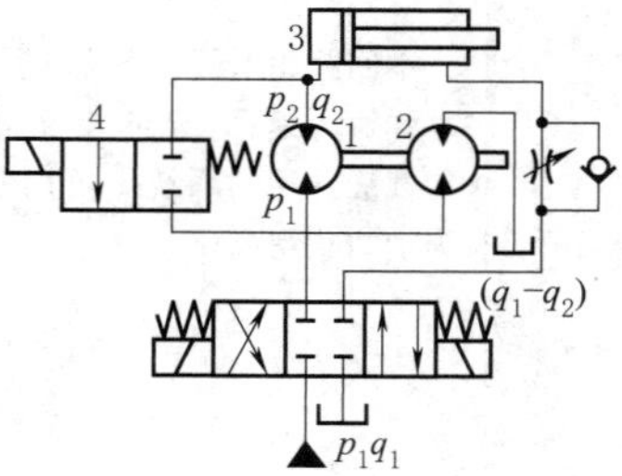 | 液压马达 1、2 的轴为刚性连接，马达 2 出口通油箱，马达 1 出口通液压缸 3 的左腔。若马达进口压力为 $p_1$，则马达 1 出口压力 $p_2=(1+\alpha)p_1$，$\alpha$ 为两马达的排量之比，即 $\alpha=q_2/q_1$。例如，若 $\alpha=2$，则 $p_2=3p_1$，实现了增压的目的。当马达 2 采用变量马达时，则可通过改变其排量 $q_2$ 来改变增压压力 $p_2$。阀 4 用来使活塞快速退回。本回路适用于现有液压泵不能实现的而又需要连续高压的场合 |

## 1.4 保压回路

有些机械要求在工作循环的某一阶段内保持规定的压力，为此，需要采用保压回路。保压回路应满足保压时间、压力稳定、工作可靠性及经济性等多方面的要求。

**表 21-3-4** 保压回路

| 类别 | | 回路 | 特点 |
|---|---|---|---|
| | 用定量泵的保压回路 | 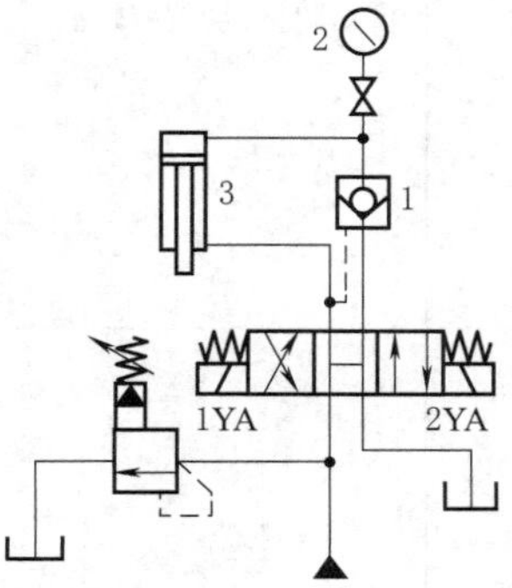 | 采用液控单向阀 1 和电接点式压力表 2 实现自动补油的保压回路。电接点式压力表控制压力变化范围。当压力上升到调定压力时，上触点接通，换向阀 1YA 断电，泵卸荷，液压缸 3 由单向阀 1 保压。当压力下降到下触点调定压力时，1YA 通电，泵开始供油，使压力上升，直到上触点调定值。为了防止电接点压力表冲坏，应装有缓冲装置。本回路适用于保压时间长、压力稳定性要求不高的场合 |
| 用液压泵的保压回路 | 用辅助泵的保压回路 | 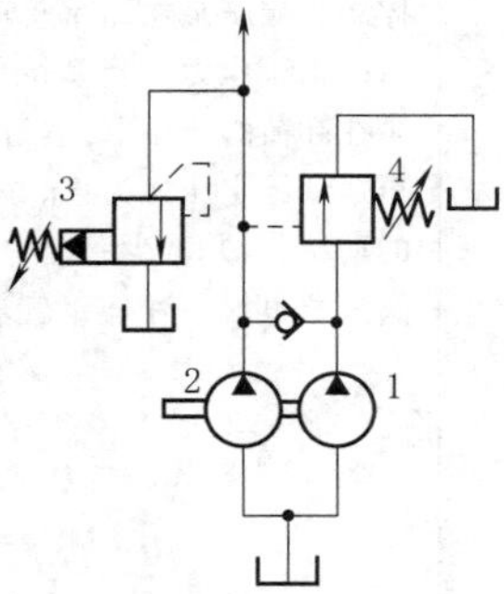 | 本回路为机械中常用的辅助泵保压回路。当系统压力较低时，低压大泵 1 和高压小泵 2 同时供油；当系统压力升高到卸荷阀 4 的调定压力时，泵 1 卸荷，泵 2 供油保持溢流阀 3 调定值。由于保压状态下液压缸只需微量位移，仅用小泵供给，便可减少系统发热，节省能耗 |
| | | 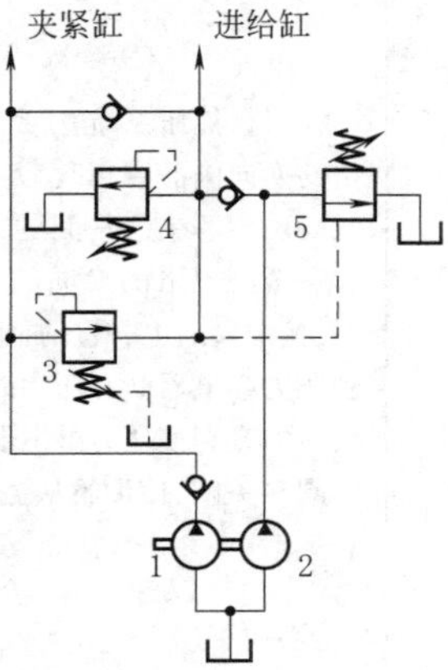 | 在夹紧装置回路中，夹紧缸移动时，小泵 1 和大泵 2 同时供油。夹紧后，小泵 1 压力升高，打开顺序阀 3，使夹紧缸夹紧并保压。此后进给缸快进，泵 1 和 2 同时供油。慢进时，油压升至阀 5 所调压力，阀 5 打开，泵 2 卸荷，泵 1 单独供油，供油压力由阀 4 调节 |

续表

| 类别 | | 回路 | 特点 |
| --- | --- | --- | --- |
| 用液压泵的保压回路 | 用压力补偿变量泵的保压回路 | 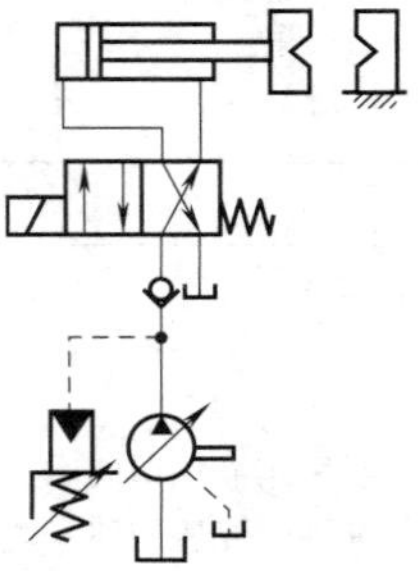 | 采用压力补偿变量泵可以长期保持液压缸的压力。当液压缸中压力升高后，液压泵的输出油量自动减到补偿泄漏所需的流量，并能随泄漏量的变化自动调整，且效率较高 |
| 用蓄能器的保压回路 | | 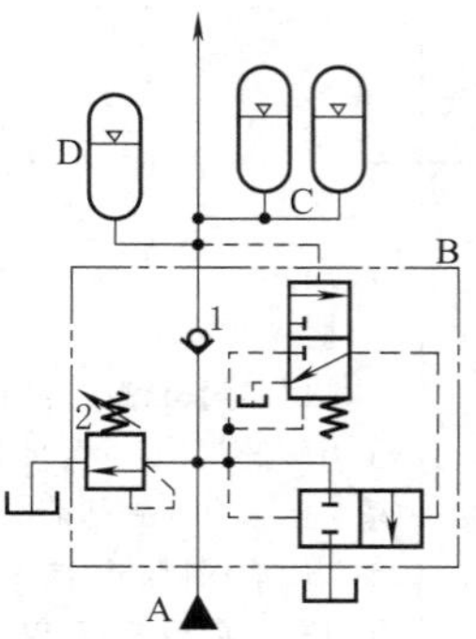 | 液压泵卸荷时，蓄能器作为能源使液压系统实现保压。液压泵A输出的油液流入卸荷腔，同时经单向阀进入液压系统。液压泵的最高压力由溢流阀2控制。液压泵在卸荷期间，由蓄能器C来补偿泄漏，保持系统压力。当系统压力下降到一定值时，液压泵在卸荷阀作用下，重新经单向阀1向系统供油，直至达到给定压力为止。为了降低自动卸荷阀B及泵的动载荷，并减少系统中压力波动，在泵与自动卸荷阀B之间装一小容量气液蓄能器D |
| | | 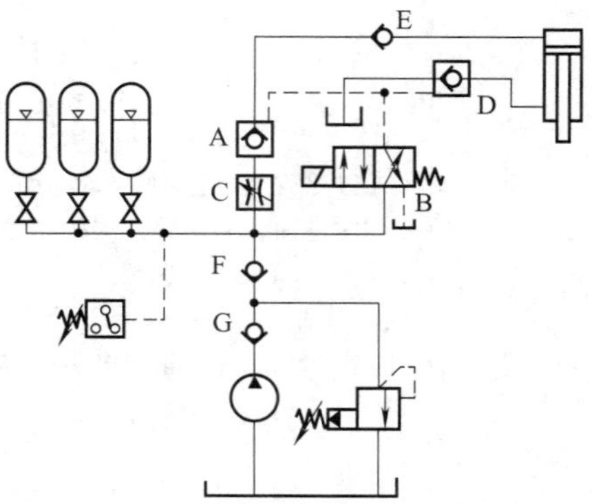 | 大流量液压系统用蓄能器保压时，往往由于大规格的换向阀泄漏量比较大，使蓄能器保压时间大为减少。为解决这一问题，如图示采用液控单向阀A和一个小规格的换向阀B，其泄漏量低得多。保压时，换向阀通电，液压缸上腔保压。当蓄能器压力降到压力继电器断开压力时，泵运转供油给蓄能器，直至压力升高使压力继电器接通压力，泵停止运转，单向阀F关闭，使油不从溢流阀泄漏 |

续表

| 类　别 | 回　　路 | 特　　点 |
|---|---|---|
| 用蓄能器和液控单向阀的保压回路 | 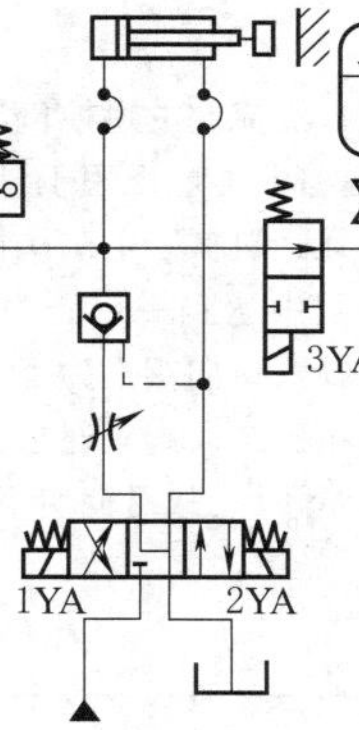 | 压紧工件动作:换向阀 2YA 通电,液压缸压紧工件,同时向蓄能器充压,达到一定压力后,2YA 断电,液控单向阀和蓄能器共同作用,保持液压缸的压紧力<br>放松工件动作:换向阀 1YA 通电,同时 3YA 通电,液控单向阀打开,液压缸缩回,蓄能器回路切断保持压力<br>本回路保压时间长、压力稳定、压力保持可靠 |

## 1.5　卸荷回路

当执行元件工作间歇（或停止工作）时，不需要液压能，应自动将泵源排油直通油箱，组成卸荷回路，使液压泵处于无载荷运转状态，以便达到减少动力消耗和降低系统发热的目的。

**表 21-3-5**　　**卸荷回路**

| 类　别 | 回　　路 | 特　　点 |
|---|---|---|
| 用换向阀的卸荷回路 | 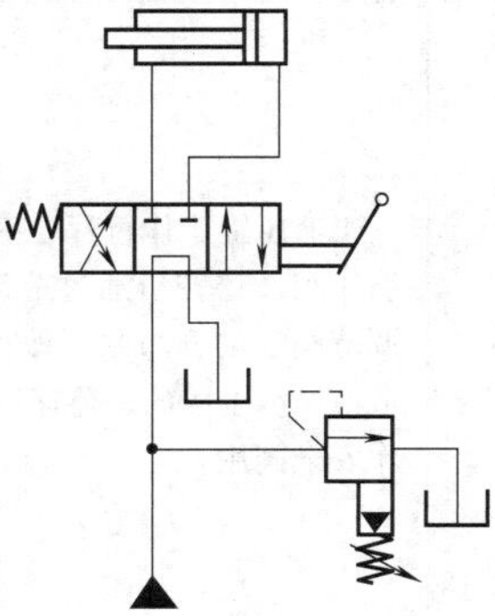 | 本回路结构简单,一般适用于流量较小的系统中。对于压力较高、流量较大(大于 3.5MPa、40L/min)的系统,回路将会产生冲击<br>图中所示为用三位四通 M 型换向阀进行卸荷的回路。换向阀也可用 H 型、K 型,均能达到卸荷目的。本回路不适用于一泵驱动多个液压缸的多支路场合<br>本回路一般采用电液动换向阀以减少液压冲击 |
| | 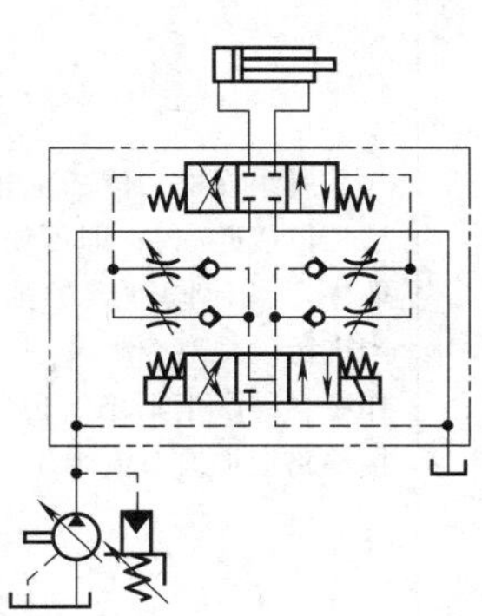 | 本回路为采用电液动换向阀组成的卸荷回路。通过调节控制油路中的节流阀,控制阀芯移动的速度,使阀口缓慢打开,避免液压缸突然卸压,因而实现较平稳卸压 |

续表

| 类别 | 回路 | 特点 |
|---|---|---|
| 用溢流阀的卸荷回路 | 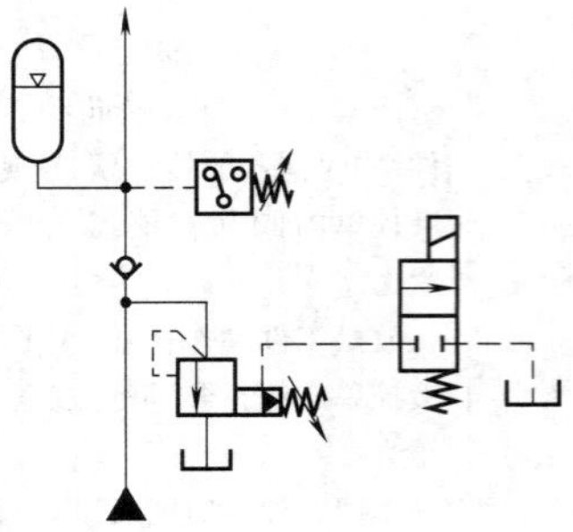 | 溢流阀的遥控口与电磁二通阀连接。由于使用电磁阀,能广泛用于自动控制系统中,用于一般机械和锻造机械。电磁阀由回路中的压力继电器控制,回路中达到一定压力时,电磁二通阀打开,使油泵卸荷。单向阀是为了在油泵卸荷时保持回路的压力。电磁二通阀只通过溢流阀遥控口排出的油流,其流量不大,故可使用小规格的二通阀 |
| | 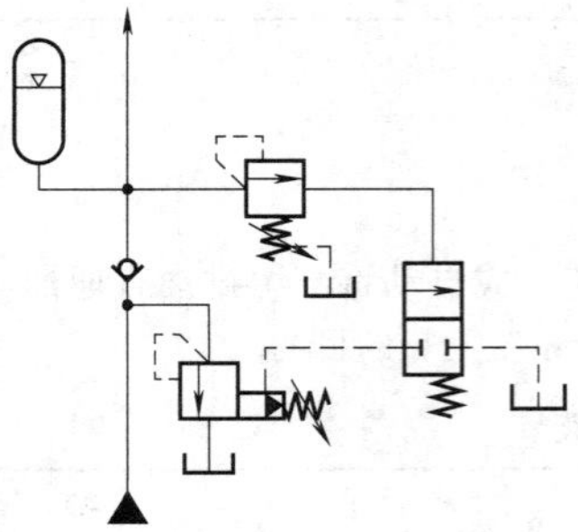 | 本回路与上述回路相似,不同的是使用顺序阀来操纵液动二通阀,控制回路的压力。由于溢流阀安装了控制管路,增加了控制腔的容积,将会产生动作不稳定现象,为此,可在其管路中加设阻尼器,以改善其性能 |
| | 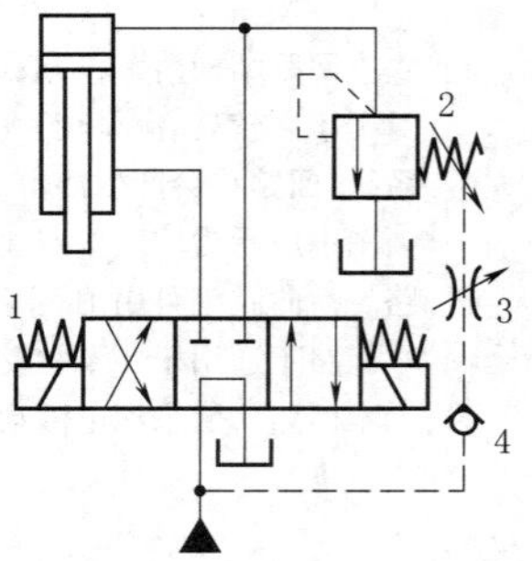 | 当液压缸工作行程结束时,换向阀 1 切换到中位,溢流阀 2 遥控口通过节流阀 3 与单向阀 4 通油箱。调节阀 3 的开口量可改变阀 2 的开启速度,也可调节液压缸上腔的卸荷速度。溢流阀 2 在回路中同时作安全阀用 |
| | 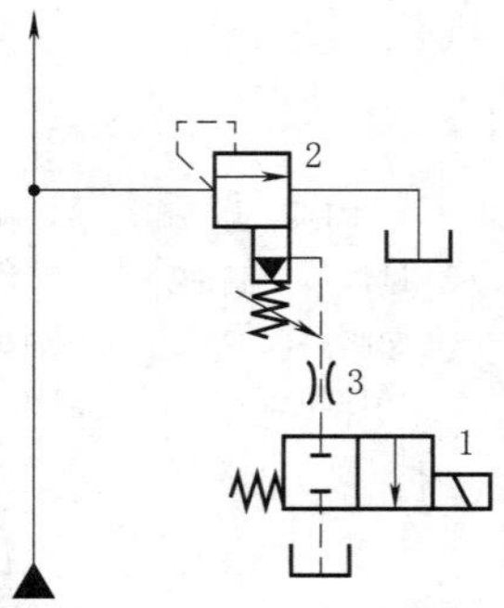 | 采用小规格二位二通电磁阀 1,将先导式溢流阀 2 遥控口接通油箱,即可使泵卸荷。卸荷压力的大小取决于溢流阀弹簧的强弱,一般为 0.2~0.4MPa。当进行远距离控制时,由于阀 2 的控制容积增大,工作中容易产生不稳定现象。为解决这一问题,在连接油路上加设节流阀 3 |

续表



| 类　别 | 回　　　路 | 特　　　点 |
|---|---|---|
| 用溢流阀的卸荷回路 | 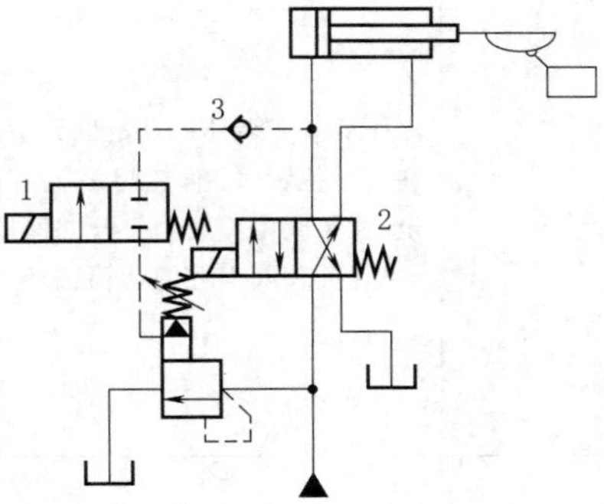 | 在换向阀2断电,压力油推动液压缸活塞左移到达终点时,压住微动开关,使换向阀1通电,泵排油通过溢流阀卸荷。电磁换向阀2通电,活塞向右移动,而电磁换向阀1断电。单向阀3的作用是压力推进活塞前进时阀关闭,减少换向阀的泄漏影响 |
| | 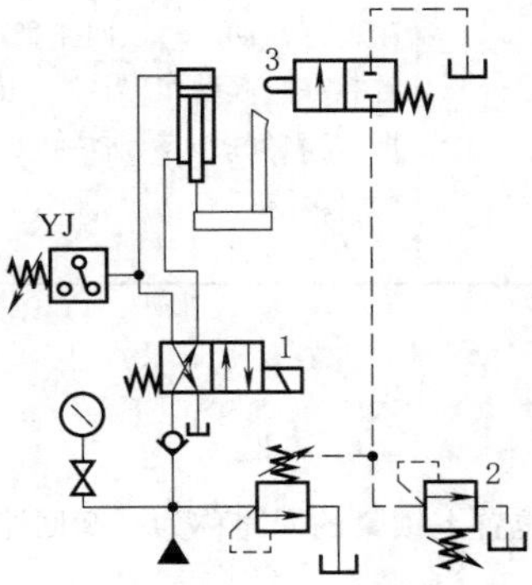 | 本回路为小型压机上用溢流阀卸荷的回路。当阀1通电,活塞下降压住工件后,液压缸内压力升高,达到继电器调定压力时,阀1断电,活塞返回。当撞块推动换向阀3后,泵卸荷。泵的压力由阀2调节,加压压力由继电器调节 |
| 用泵的卸荷回路 | 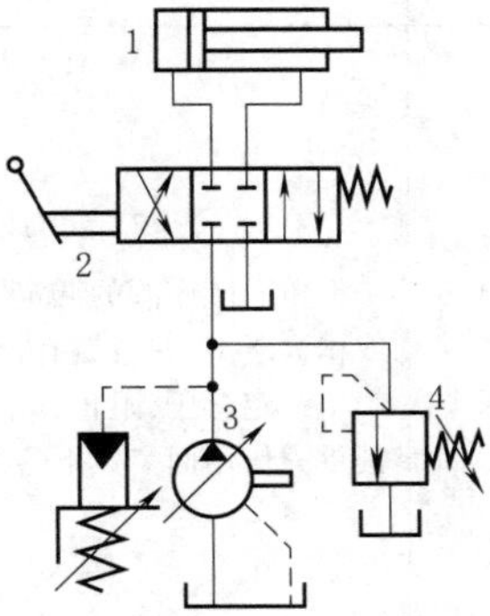 | 本回路为压力补偿变量泵卸荷回路。在液压缸1处于端部停止运动或者换向阀2处于中位时,泵3的排油压力升高到补偿装置动作所需的压力,这时泵3的流量便减到接近于零,即实现泵的卸荷。此时,泵的流量用于补充系统的泄漏量。安全阀4是为了防止补偿装置失灵而设置的 |
| | 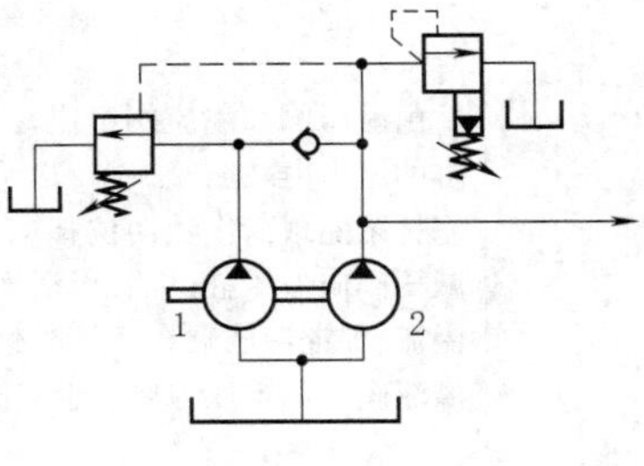 | 本回路是使用复合泵的卸荷回路。在液压缸需要大流量和高速工作时,两泵同时向回路送油。当液压缸运行至接触工件时,油压升高,使卸荷阀打开,则低压大流量泵1无载荷运转,只由高压小油泵2向回路供油 |

续表

| 类 别 | 回 路 | 特 点 |
|---|---|---|
| 用二通插装阀的卸荷回路 | 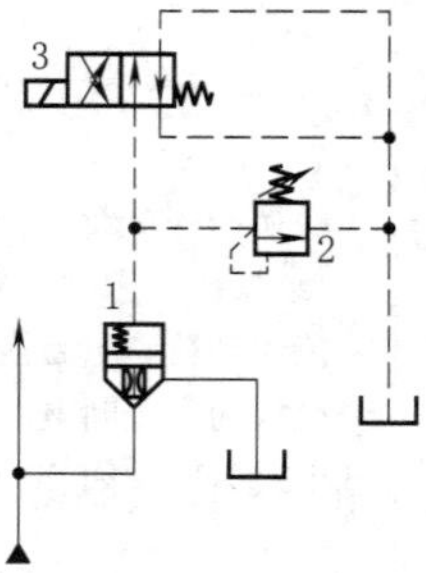 | 用插装阀调压卸荷的回路适用于大流量液压系统。在图示位置时,插装阀 1 上腔的压力由溢流阀 2 调定,插装阀由差动力打开并保持恒压。当换向阀 3 通电后,插装阀上腔通油箱,插装阀打开使泵卸荷 |
| 多缸系统的卸荷回路 | 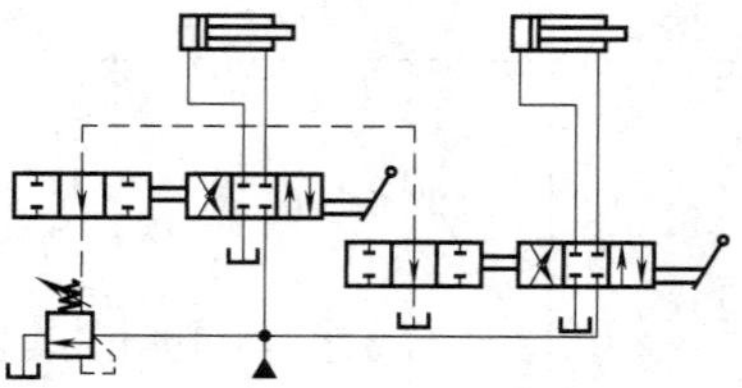 | 由一个液压泵向两个以上液压缸供油,形成多缸系统的卸荷回路。该回路把四通换向阀和二通换向阀连接在一起动作,当各液压缸的换向阀都在中间位置时,泵就处于无载荷运转状态 |

## 1.6 平衡回路

在下降机构中，用以防止下降工况超速，并能在任何位置上锁紧的回路称为平衡回路。

**表 21-3-6** 平衡回路

| 类 别 | 回 路 | 特 点 |
|---|---|---|
| 用顺序阀的平衡回路 | 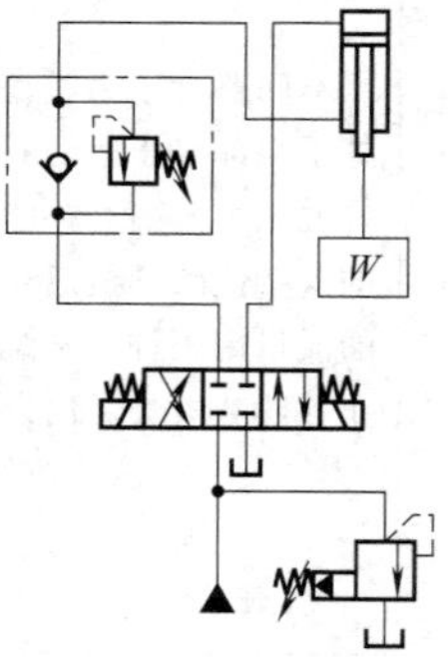 | 将单向顺序阀的调定压力调整到与重物 $W$ 相平衡或稍大于 $W$,并设置在承重液压缸下行的回油路上,产生一定背压,阻止其下降或使其缓慢下降,避免因其重力作用而突然下落 |
| 减压平衡回路 | 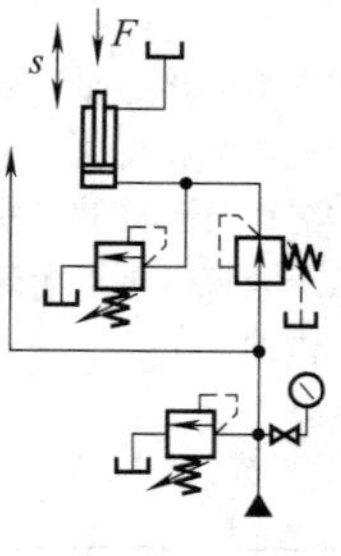 | 由减压阀和溢流阀组成减压平衡回路。进入液压缸的压力由减压阀调节,以平衡载荷 $F$,液压缸的活塞杆跟随载荷作随动位移 $s$,当活塞杆向上移动时,减压阀向液压缸供油,当活塞杆向下移动时,溢流阀溢流,保证液压缸在任何时候都保持对载荷的平衡。溢流阀的调定压力要大于减压阀的调定压力 |

续表

| 类　别 | 回　　路 | 特　　点 |
| --- | --- | --- |
| 用单向节流阀的平衡回路 | 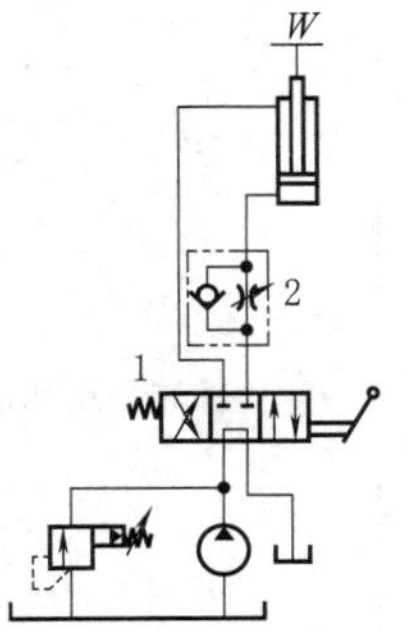 | 本回路是用单向节流阀2和换向阀1组成的平衡回路。液压缸活塞杆上的外载荷W下降。当换向阀处于右位时，回油路上的节流阀处于调速状态。适当调节单向节流阀2节流口，就可防止超速下降。换向阀处于中位时，液压缸进出口被封死，活塞即停住。但这种回路受载荷大小影响，使下降速度不稳定。如将阀2用单向调速阀代替，效果明显提高。这种平衡回路常用于对速度稳定性及锁紧要求不高、功率不大或功率虽然较大但工作不频繁的定量泵油路中，如用于货轮仓口盖的启闭、铲车的升降、电梯及升降平台的升降等液压系统中 |
| 用单向节流阀和液控单向阀的平衡回路 | 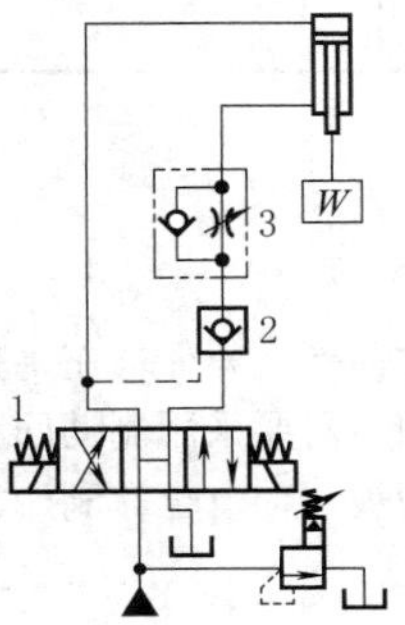 | 本回路是用单向节流阀限速、液控单向阀锁紧的平衡回路。油缸活塞下降时，单向节流阀3处于节流限速工作状态；当泵突然停止转动或阀1突然停在中位时，油缸下腔油压力升高，单向阀2关闭，使液压缸下腔不能回油，从而使机构锁住。该回路锁紧性能好 |
| 用平衡阀的平衡回路 | 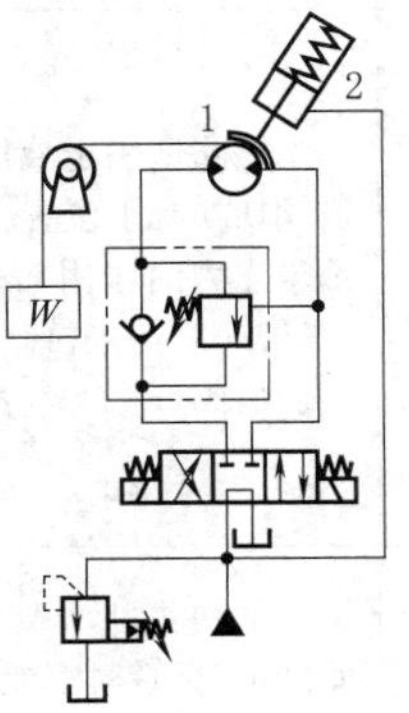 | 本回路为起升机构的平衡回路。它适用于功率较大、外载荷变化而又要求下降速度平稳、容易控制和锁紧时间要求较长的机构中，如汽车起重机、高空作业车的起升变幅及臂架伸缩等重力下降机构的液压回路中。但在液压马达1为执行元件的平衡回路中，由于液压马达的泄漏，无论采用哪种平衡回路，重力下降机构长时间锁紧或严格不动是不可能的，因此，必须设置制动器2，以防液压马达失去控制，出现事故 |
|  | 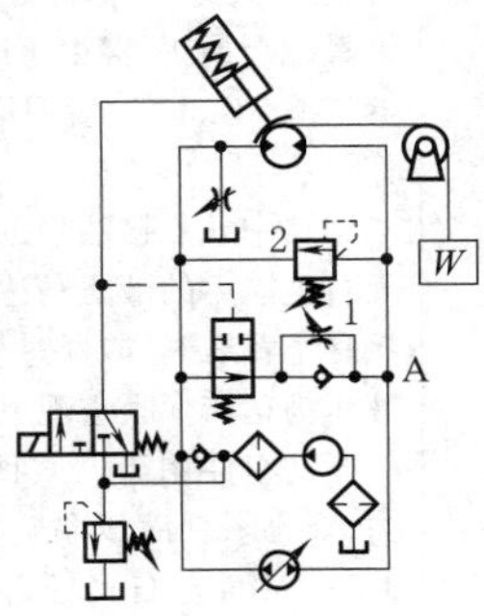 | 本回路适用于液压泵由电动机驱动的重力下降机构中。它对重力下降机构的下降速度实现比较可靠的锁紧、方便的控制，并可回收重力载荷下降时储存在回路中的能量。在制动器失控时，马达在重物作用下被拖动旋转，由于泵的变量机构在零位，马达排油经阀1流入左腔，故A管中油液呈高压状态，从而可防止重物加速下降。溢流阀2呈常闭状态，用以防止系统过载，又能防止重物制动时系统产生冲击 |

续表

| 类　别 | 回　　路 | 特　　点 |
|---|---|---|
| 用平衡阀的平衡回路 | 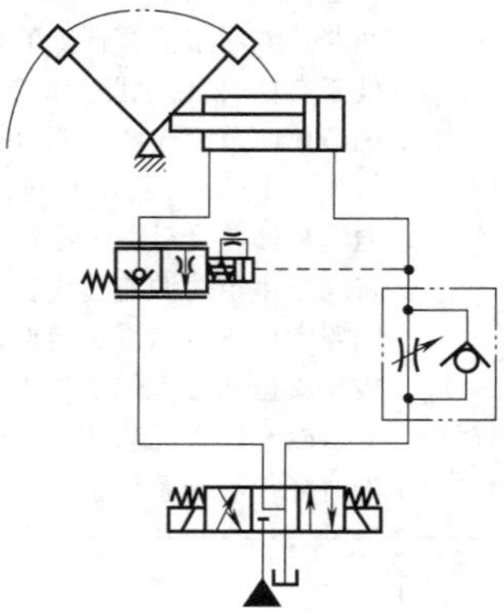 | 流量控制采用调速阀,在正负载荷时运行速度平稳 |

## 1.7　制动回路

在液压马达带动部件运动的液压系统中，由于运动部件具有惯性，要使液压马达由运动状态迅速停止，只靠液压泵卸荷或停止向系统供油仍然难以实现，为了解决这一问题，需要采用制动回路。制动回路是利用溢流阀等元件在液压马达的回油路上产生背压，使液压马达受到阻力矩而被制动。也有利用液压制动器产生摩擦阻力矩使液压马达制动的回路。

**表 21-3-7**　　**制动回路**

| 类　别 | 回　　路 | 特　　点 |
|---|---|---|
| 用顺序阀的制动回路 | 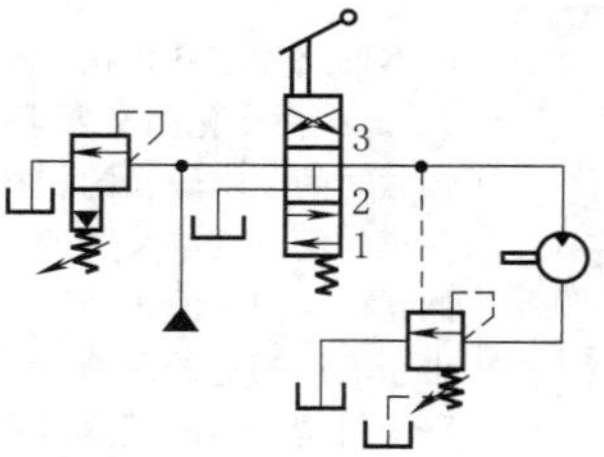 | 本回路适用于液压马达产生负载荷时的工况。四通阀切换到1位置,当液压马达为正载荷时,顺序阀由于压力油作用而被打开;但当液压马达为负载荷时,液压马达入口侧的油压降低,顺序阀起制动作用。如四通阀处于2位置,液压马达停止 |
| 用制动组件的制动回路 | 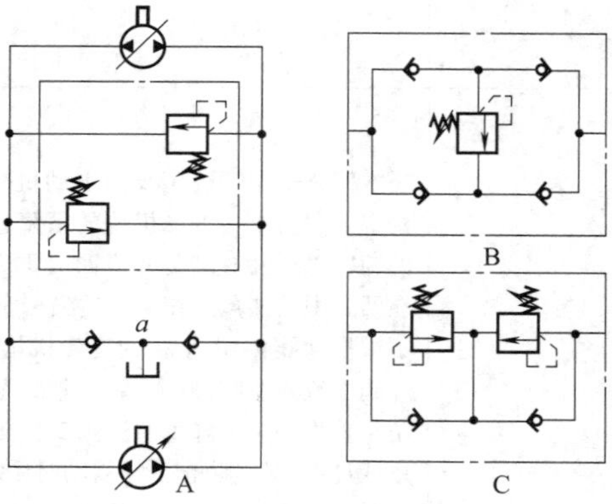 | 采用制动组件A、B或C组成的制动回路,在执行元件正、反转时都能实现制动作用<br>当主油路压力超过溢流阀调定压力时,溢流阀被打开,在液压系统中起安全阀作用。减速时变量泵的排油量减至最小,但由于载荷的惯性作用使马达转为泵的工况,出口产生高压,此时溢流阀起缓冲和制动作用<br>回路中 $a$ 点接油箱,通过单向阀从油箱补油。对于无自吸能力的液压马达,应在 $a$ 点通油箱的油路上串接一个背压阀,或通过辅助油泵进行补油,从而避免液压马达产生吸空现象<br>制动组件用于开式回路时,组件内溢流阀调定压力,要比限制液压泵输出压力的溢流阀的调定值高0.5~1MPa左右 |

续表

<table>
<tr><th>类别</th><th>回路</th><th>特点</th></tr>
<tr><td rowspan="3">用溢流阀的制动回路</td><td>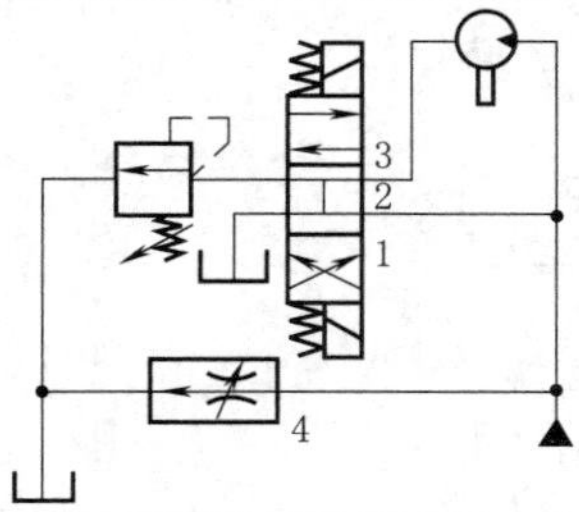</td><td>回路中换向阀处在 1 位时，液压马达运转；处于 2 位时，液压马达在惯性作用下转动并逐渐减速到停止转动；处于 3 位时，液压马达回油路被溢流阀所阻，于是回油路压力升高，直至打开溢流阀，液压马达便在背压等于溢流阀调定压力阻力的作用下被制动。用节流阀 4 代替溢流阀产生的制动背压也可实现制动</td></tr>
<tr><td>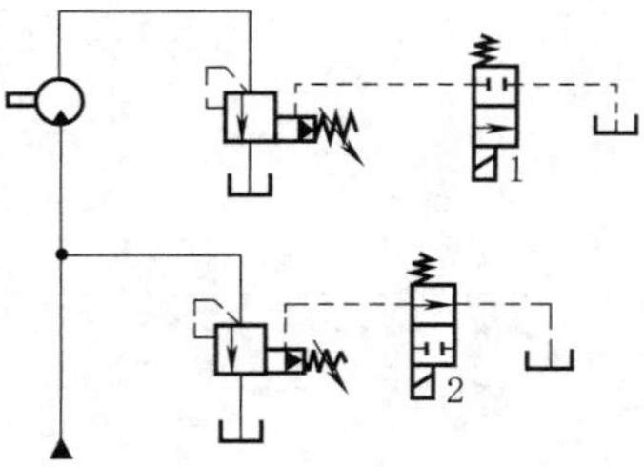</td><td>本回路为用液控溢流阀的制动回路。以两个电磁阀分别操纵两个溢流阀的遥控口，电磁阀 1 用于减速或制动，电磁阀 2 用于加速或液压泵卸荷</td></tr>
<tr><td>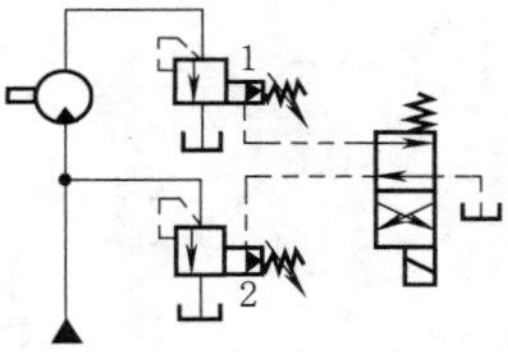</td><td>本回路采用一个电磁阀控制两个溢流阀的遥控口。图示位置为电磁阀断电，溢流阀 2 的遥控口直接通油箱，液压泵卸荷，而溢流阀 1 的遥控口堵塞，此时液压马达被制动。当电磁阀通电，阀 1 遥控口通油箱，阀 2 遥控口堵塞，使液压马达运转</td></tr>
</table>

# 2　速度控制回路

在液压传动系统中，各机构的运动速度要求各不相同，而液压能源往往是共用的，要解决各执行元件不同的速度要求，就要采取速度控制回路。其主要控制方式是阀控和液压泵（或液压马达）控制。

## 2.1　调速回路

根据液压系统的工作压力、流量、功率的大小及系统对温升、工作平稳性等要求，选择调速回路。调速回路主要通过节流调速、容积调速及两者兼有的联合调速方法实现。

### 2.1.1　节流调速回路

节流调速系统装置简单，并能获得较大的调速范围，但系统中节流损失大，效率低，容易引起油液发热，因此节流调速回路只适用于小功率（一般为 2~5kW ）及中低压（一般在 6.5MPa 以下）场合，或系统功率较大但节流工作时间短的情况。

根据节流元件安放在油路上的位置不同，分为进口节流调速、出口节流调速、旁路节流调速及双向节流调速。节流调速回路，无论采用进口、出口或旁路节流调速，都是通过改变节流口的大小来控制进入执行元件的流量，这样就要产生能量损失。旁路节流回路，外载荷的压力就是泵的工作压力，外载荷变化，泵输出功率也变化，所以旁路节流调速回路的效率高于进口、出口节流调速回路，但旁路节流调速回路因为低速不稳定，其调速比也就比较小。出口节流调速由于在回油路上有节流背压，工作平稳，在负的载荷下仍可工作，而进口和旁路节流调速背压为零，工作稳定性差。

**表 21-3-8　　节流调速回路**

| 类　别 | 回　　　路 | 特　　点 |
| --- | --- | --- |
| 进口、出口节流调速回路 | 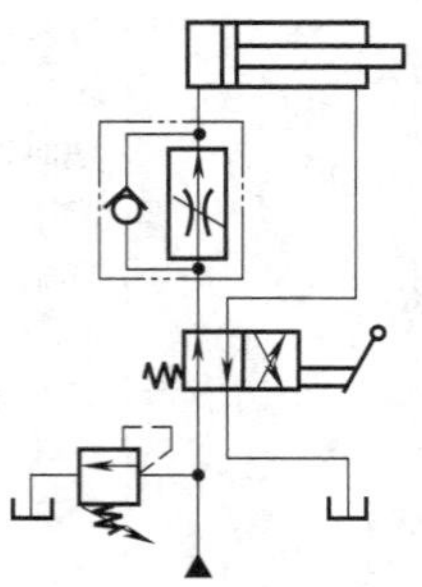 | 本回路将调速阀装在进油回路中，适用于以正载荷操作的液压缸。液压泵的余油经过溢流阀排出，液压泵以溢流阀设定压力工作。这种回路效率低，油液易发热，但调速范围大，适用于轻载低速工况。应用调速阀比节流阀调速稳定性好，因此，在对速度稳定性要求较高的场合一般选用调速阀 |
| | 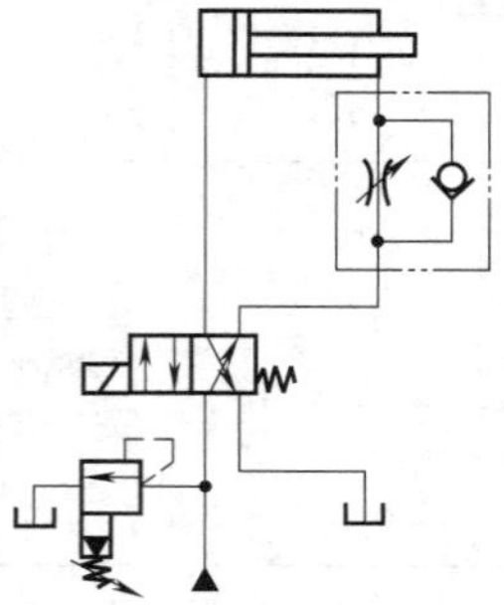 | 本回路将调速阀装在回油路中，适用于工作执行元件产生负载荷或载荷突然减小的情况。液压泵的输出压力为溢流阀的调定压力，与载荷无关，效率较低，但它可产生背压，以抑制负载荷产生，防止突进，动作比较平稳，应用较多 |
| | 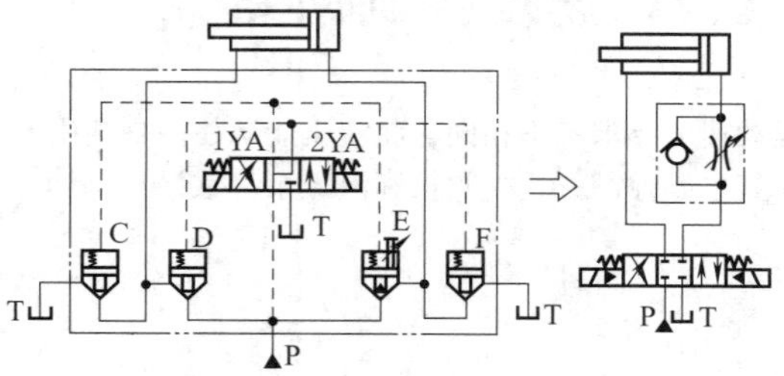 | 本回路是用二通插装阀装在进油路上的节流调速回路。在插装阀内装有挡块，限制阀芯的行程，以形成节流口。调节插装阀 E 的挡块位置可以实现调节活塞移动速度。本回路适用于大流量液压系统 |
| | 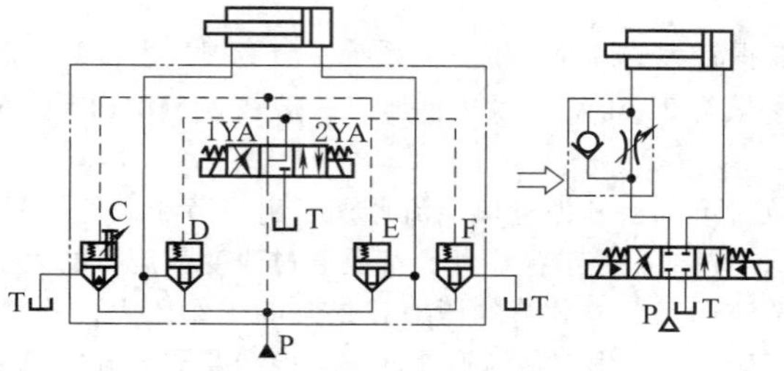 | 本回路是将二通插装阀装在回油路上的节流调速回路。作用原理同上。当液压缸左腔背压超过油源压力时，液压缸左腔的油可通过阀 C 作用在阀 D 的上端，把阀芯压紧在阀座上，防止液压缸左腔的油经阀 D 漏到 P 口。本回路适用于大流量液压系统 |

续表

| 类 别 | 回 路 | 特 点 |
|---|---|---|
| | 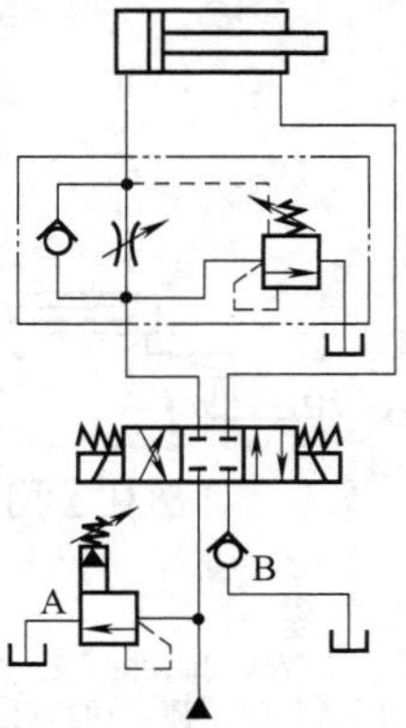 | 本回路采用溢流节流阀在进油路调速，流入液压缸的流量由节流阀调节，多余的油液经定差溢流阀流回油箱，节流阀前压差恒定，故活塞速度不受载荷变化的影响，但性能不如调速阀。泵的工作压力随载荷而变，因此，效率较高，适用于功率较大的液压系统 |
| 进口、出口节流调速回路 | 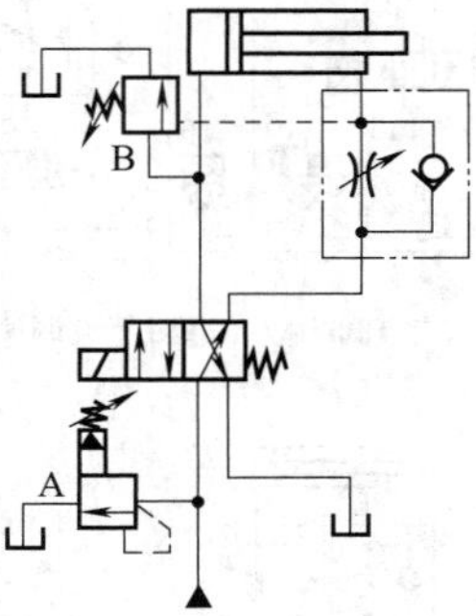 | 本回路采用单向节流阀和外控溢流阀在回油路调速。活塞向右移动，当载荷较小时，液压缸右腔的压力较大，阀B开口量增大；液压缸左腔压力减小，并与载荷相适应。当载荷增大时，液压缸右腔的压力减小，阀B开口量减小，液压缸左腔压力随着增大，并与载荷相适应。在该回路中，泵的压力随着载荷而变化，效率较高，载荷特性好 |
| | 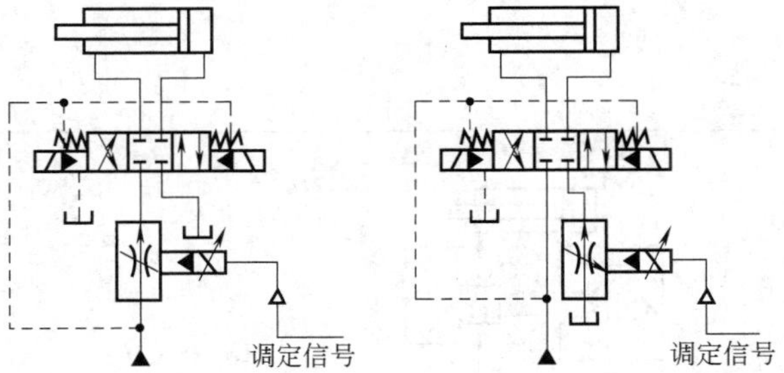(a) (b) | 图a所示回路是用比例流量阀装在进油路上的调速回路。本回路适用于复杂的流量控制，使回路简化，并避免速度换接时的冲击<br>图b所示回路是将比例流量阀装在回油路上的调速回路，特点与图a相同。用比例流量阀调速连续性自动化控制容易，一般称为自动调速回路 |

续表

| 类 别 | 回 路 | 特 点 |
| --- | --- | --- |
| 进口、出口节流调速回路 | 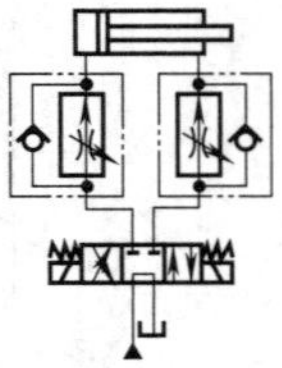<br>(a) 双向进口节流调速回路<br>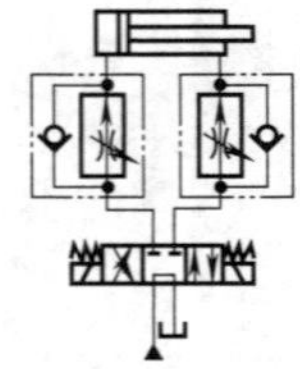<br>(b) 双向出口节流调速回路<br>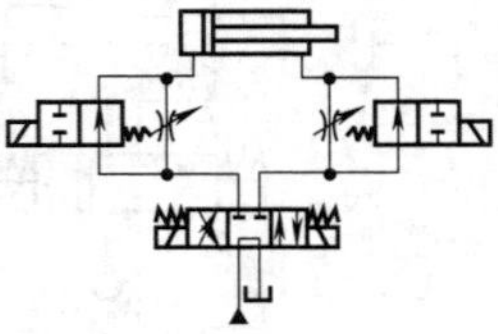<br>(c) 双向进口或双向出口节流调速均可的回路<br>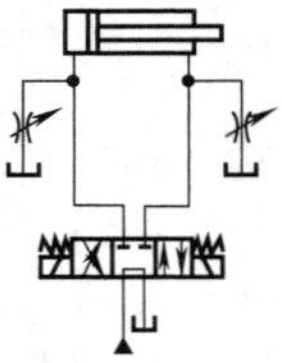<br>(d) 双向旁路调速回路<br>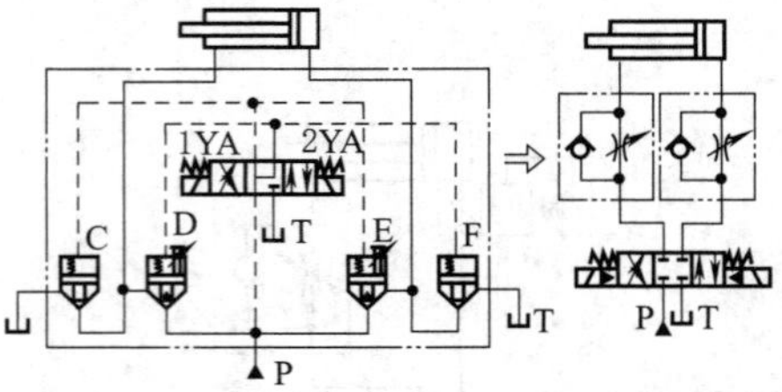<br><br>(e) 采用嵌入式锥阀的双向进口节流调速回路<br>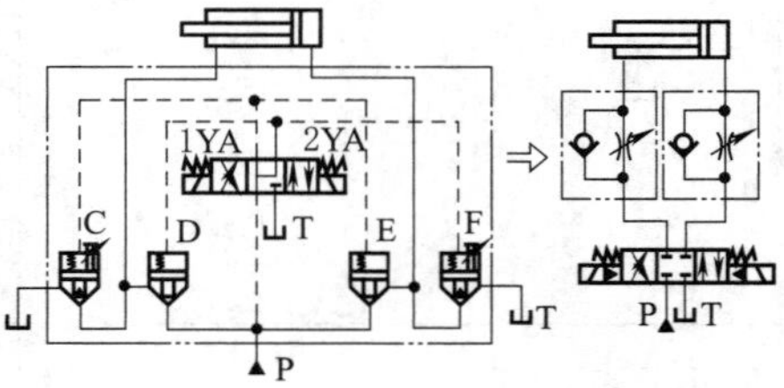<br><br>(f) 采用嵌入式锥阀的双向出口节流调整回路<br>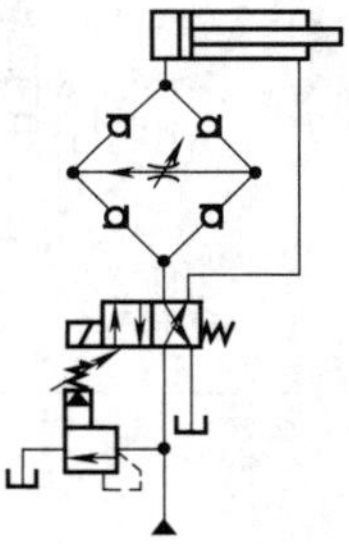<br>(g) 双向调速器 | 图 a~图 f 所示的各回路为执行元件往返速度都可以调节的回路。调节节流阀或调速阀，可满足执行元件往返速度的要求<br>图 e、图 f 所示的调速回路适用于大流量液压系统<br>图 g 所示为用一个调速回路和四个单向阀组成的调速器实现双向节流调速。四个单向阀的作用是保证油液均能沿同一方向流经调速阀，保证调速阀中的定差减压阀起压力补偿作用。由于调速阀对同一个油腔进行节流，因此，即使是单杆式的液压缸，也能实现活塞的往返速度相等 |
| | 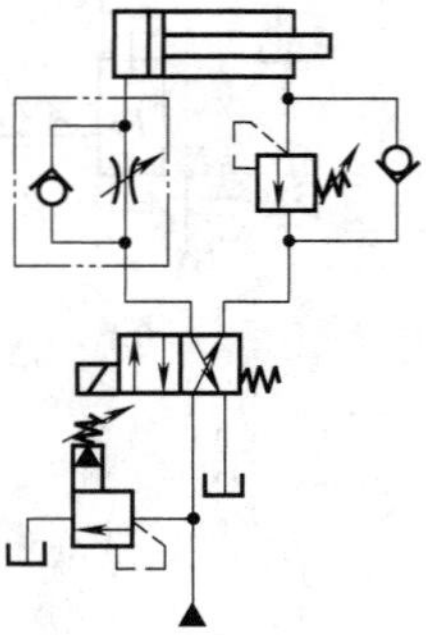 | 在进口节流回路的回油路中增加一个背压阀，液压缸的有杆腔形成一定背压。当液压缸出现负载荷时，进油腔压力不会出现负压，使液压缸运动平稳。背压阀使系统增加了附加压力，要求供油压力相应提高，增加能耗 |

续表

| 类别 | 回路 | 特点 |
| --- | --- | --- |
| 进口、出口节流调速回路 | 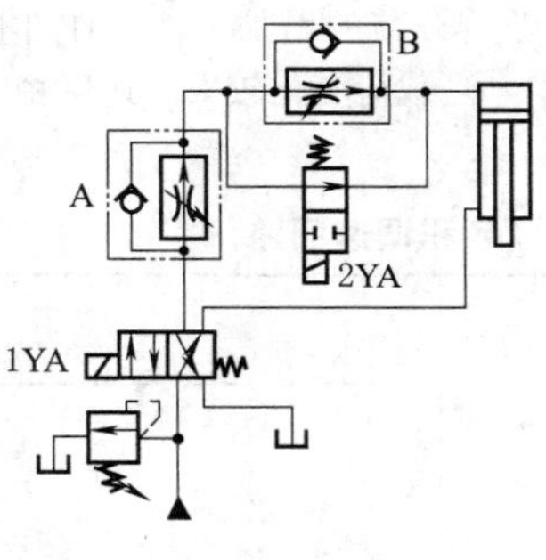 | 本回路是将两个调速阀串联配置，实现液压缸的运动在两种速度之间切换。1YA 通电液压缸以调速阀 A 调定的速度运行；当 1YA 和 2YA 通电，液压缸以调速阀 B 调定的速度运行。该回路中，调速阀 A 的调定流量应大于调速阀 B 的调定流量 |
| 旁路节流调速回路 | 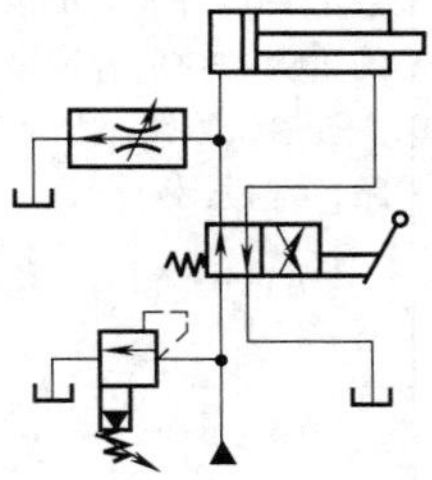 | 本回路中余油直接由节流阀排入油箱，液压泵的压力随载荷而变，其安全阀仅在油压超出安全压力时才打开，所以效率较高 |
| | 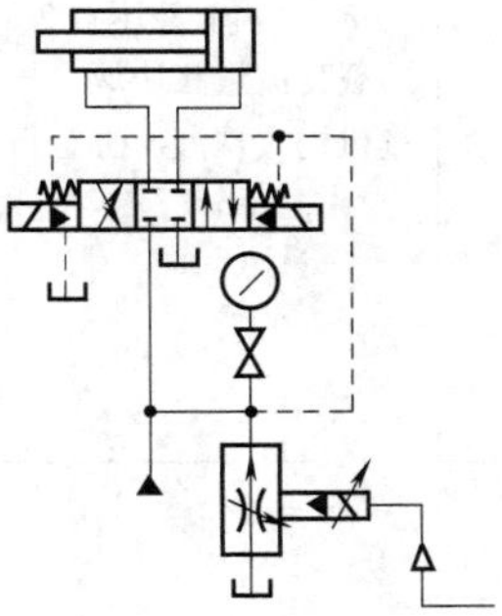 | 本回路为用比例调速阀进行调速的旁路调速回路。可实现连续调速，并可遥控。对较复杂的流量控制，采用比例调速阀调速可以简化回路和避免速度换接时的冲击 |

## 2.1.2 容积调速回路

液压传动系统中，为了达到液压泵输出流量与负载元件流量相一致而无溢流损失的目的，往往采取改变液压泵或改变液压马达（同时改变）的有效工作容积进行调速。这种调速回路称为容积调速回路。这类回路无节流和溢流能量损失，所以系统不易发热，效率较高，在功率较大的液压传动系统中得到广泛应用，但液压装置要求制造精度高，结构较复杂，造价较高。

容积调速回路有变量泵-定量马达（或液压缸）、定量泵-变量马达、变量泵-变量马达回路。若按油路的循环形式可分为开式调速回路和闭式调速回路。在变量泵-定量马达的液压回路中，用变量泵调速，变量机构可通过零点实现换向。因此，多采用闭式回路。在定量泵-变量马达的液压回路中，用变量马达调速。液压马达在排量很小时不能正常运转，变量机构不能通过零点。为此，只能采用开式回路。在变量泵-变量马达回路中，可用变量泵换向和调速，以变量马达作为辅助调速，多数采用闭式回路。

大功率的变量泵和变量马达或调节性能要求较高时，则采用手动伺服或电动伺服调节。在变量泵-定量马达、定量泵-变量马达回路中，可分别采用恒功率变量泵和恒功率变量马达实现恒功率调节。

变量泵-定量马达、液压缸容积调速回路，随着载荷的增加，使工作部件产生进给速度不稳定状况。因此，这类回路，只适用于载荷变化不大的液压系统中。当载荷变化较大、速度稳定性要求又高时，可采用容积节流调速回路。

**表 21-3-9　　容积调速回路**

| 类别 | 回路 | 特点 |
| --- | --- | --- |
| 变量泵-定量马达调速回路 | 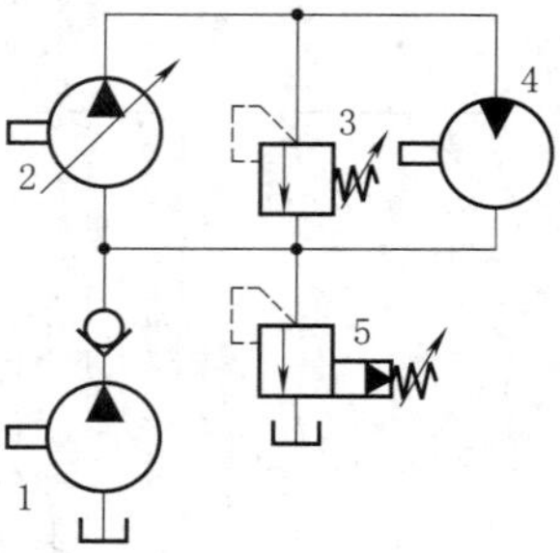 | 本回路是由单向变量泵和单向定量马达组成的容积调速回路。改变变量泵2的流量，可以调节液压马达4的转速。在高压管路上装有安全阀3，防止回路过载。在低压管路上装有一小容量的补油泵1，用以补充变量泵和定量马达的泄漏，泵的流量一般为主泵2的20%~30%，补油泵向变量泵供油，以改变变量泵的特性和防止空气渗入管路。泵1工作压力由溢流阀5调整。本回路为闭式油路，结构紧凑 |
| 变量泵-液压缸调速回路 | 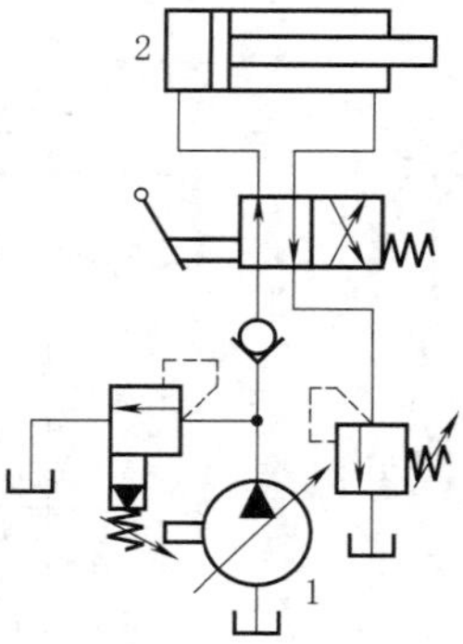 | 本回路为变量泵-液压缸组成的容积调速回路。改变变量泵1的流量，可调节液压缸2的运动速度。变量泵1的输出流量与液压缸的载荷流量相协调。根据液压缸运动速度的要求，调节变量泵的变量机构实现液压缸运行工况 |
| 定量泵-变量马达调速回路 | 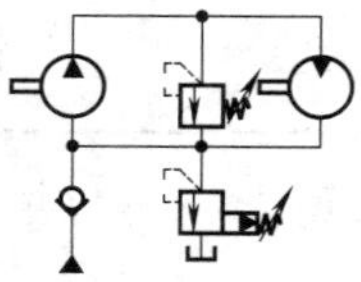<br>(a)<br>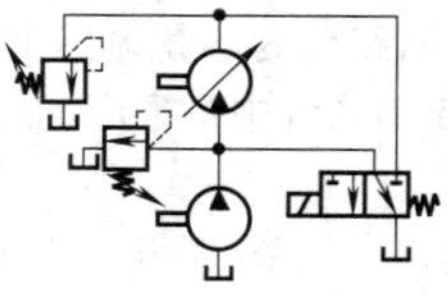<br>(b) | 本回路为定量泵-变量马达组成的容积调速回路。图a所示为闭式油路，图b所示为开式油路<br>泵出口为定压力、定流量，当调节变量马达时，其排量增大，转矩成正比增大而转速成正比减小，功率输出为恒值。因此，这类回路又称为恒功率回路。该回路适用于卷扬机、起重运输机械上，可使原动机保持在恒功率的高效率点工作，从而能最大限度地利用原动机的功率，达到节省能源的目的<br>闭式调速回路，需一个小型液压泵作为补油泵，以补充主油泵和马达的泄漏 |

续表

| 类　别 | 回　　路 | 特　　点 |
| --- | --- | --- |
| 变量泵-变量马达调速回路 | 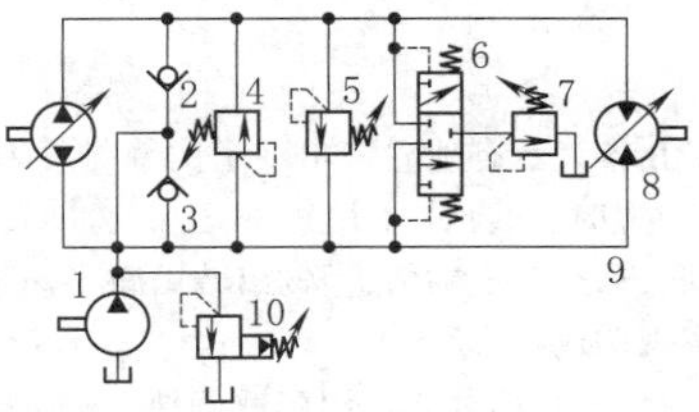 | 本回路为双向变量泵与双向变量马达组成的容积调速回路。变量泵可以正反向供油,变量马达可以正反向旋转<br>当压力油从上管路进入马达8,推动其转动时,下管路9是低压管路。溢流阀5防止过载,此时阀4不起作用。补油泵1供的低压油推开阀3向管路9供油,另一单向阀2在高压油作用下关闭。当上管路和下管路压差大于一定数值时,滑阀阀芯被下移,使低压溢流阀7和低压管路9接通,以便将回路中一部分热油从低压溢流阀7排出,与补油泵供给的冷油交换。当高、低压管路的压差很小时,滑阀6处于中位,此时,补油泵供给的多余油从低压溢流阀10流回油箱。溢流阀10调整压力应略大于溢流阀7的调整压力,以保证阀6动作所需的压差,使低压管路的热油排出,新的冷油又能进入低压管路而不至于从溢流阀10流掉<br>当液压泵反向供油时,上管路是低压管路,下管路是高压管路,液压马达8反转,其元件工作原理同上<br>在变量泵-变量马达调速回路中,可用变量泵换向、调速,而以变量马达辅助调速,多采用闭式回路。在小功率变量泵-变量马达调速回路中多用手动调节;大功率的变量泵-变量马达或要求调节性能较高时,则用手动伺服或电动伺服调节 |
| 改变泵组连接调速回路 | 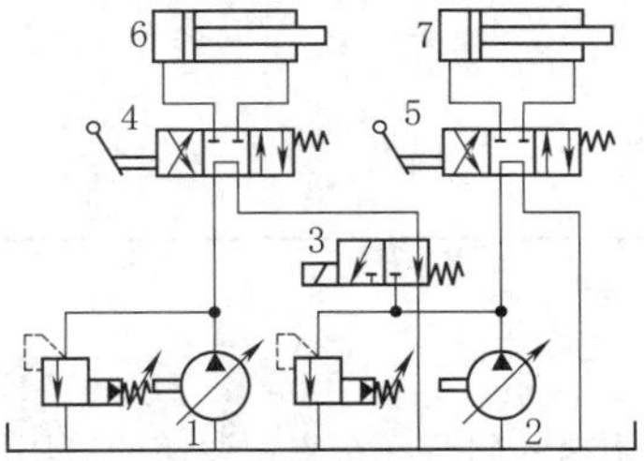<br>(a)<br>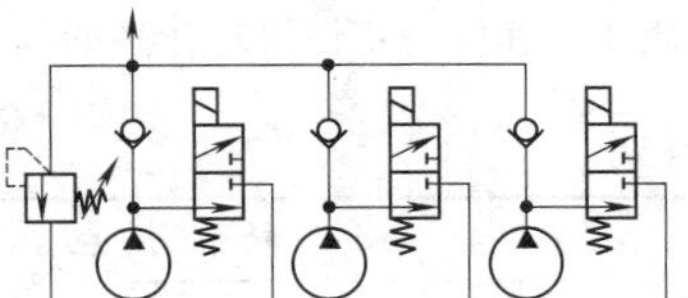<br>(b) | 图a所示回路采用换向阀改变泵组连接,实现有级调速。泵1、2分别通过阀4、5向缸6、7供油,此时为低速状态;若阀3的电磁铁通电,阀4处于中位,则泵1、2合流,共同向液压缸7供油,此时为高速工况<br>图b所示为由三个泵构成的调速回路。改变各换向阀的通断电状态,即可达到调速的目的。各泵出口的单向阀防止三泵之间干扰 |
| 改变马达组连接调速回路 | 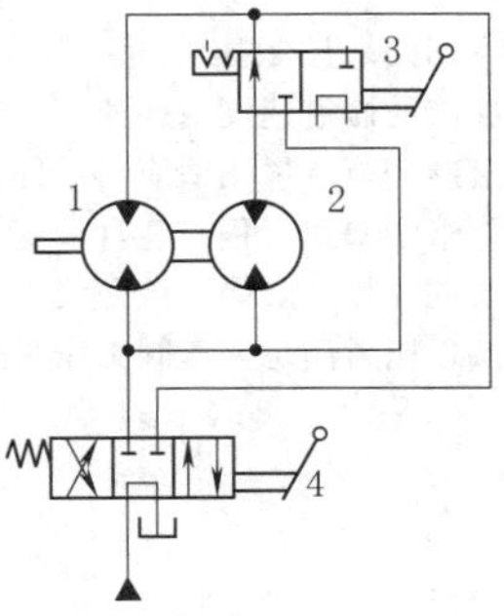 | 本回路为改变马达组连接的调速回路。当换向阀4处于右位,两马达并联,低速旋转,转矩大;阀3处于右位时,马达2自成回路,马达组高速旋转,转矩小 |

续表

| 类别 | 回路 | 特点 |
|---|---|---|
| 双速内曲线马达调速回路 | 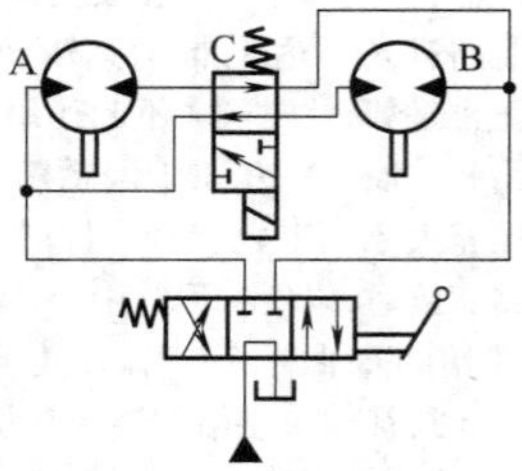<br>(a)<br>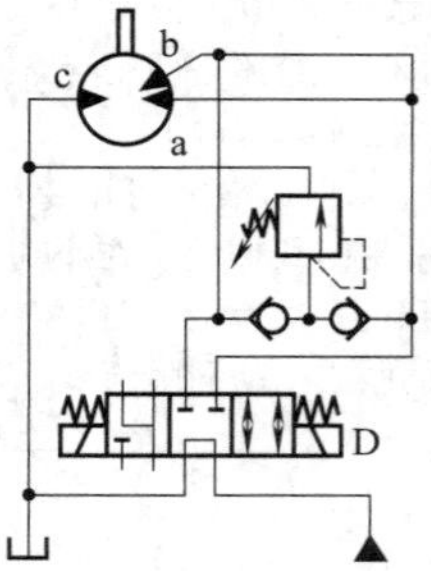<br>(b) | 图a中,A、B各表示有独立进出油道的双排柱塞马达中的一排。阀C处图示位置时,两排柱塞并联,马达低速旋转;当阀C通电时两排柱塞串联,马达转速加倍,但输出转矩减半。若A、B是两个马达,则同理实现调速<br>图b所示为改变马达有效作用次数调速。a、b、c为三组配油口。当阀D处左位时,a、b同时进油,c组回油,马达全排量,故转速较低;当阀D处右位时,c、b两组回油,故作用次数减半,从而排量减半,马达转速提高一倍,输出转矩也减半 |

## 2.1.3 容积节流调速回路

容积节流调速回路,是由调速阀或节流阀与变量泵配合进行调速的回路。在容积调速的液压回路中,存在着与节流调速回路相类似的弱点,即执行元件(液压缸或液压马达)的速度随载荷的变化而变化。但采用变量泵与节流阀或调速阀相配合,就可以提高其速度的稳定性,从而适用于对速度稳定性要求较高的场合。

表 21-3-10　容积节流调速回路

| 类别 | 回路 | 特点 |
|---|---|---|
| 用变量泵和调速阀的调速回路 | 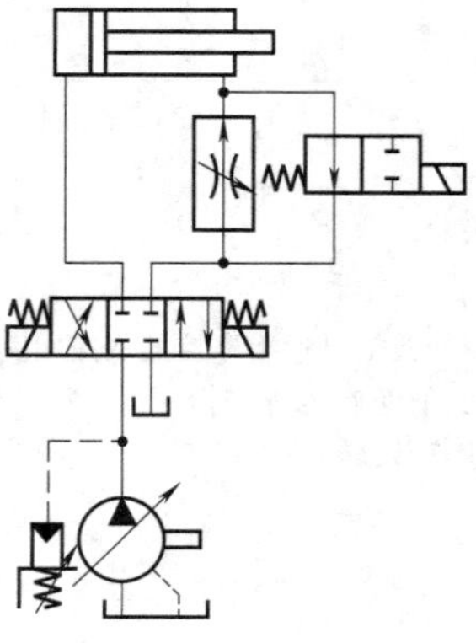 | 本回路采用限压变量叶片泵与调速阀联合调速。液压缸的慢进速度由调速阀调节,变量泵的供油量与调速阀调节流量相适应,且泵的供油压力和流量在工作进给和快速行程时能自动变换,以减少功率消耗和系统的发热。要保证该回路正常工作,必须使液压泵的工作压力满足调速阀工作时所需的压力降 |

续表

| 类　别 | 回　　路 | 特　　点 |
| --- | --- | --- |
| 用变量泵和节流阀的调速回路 | 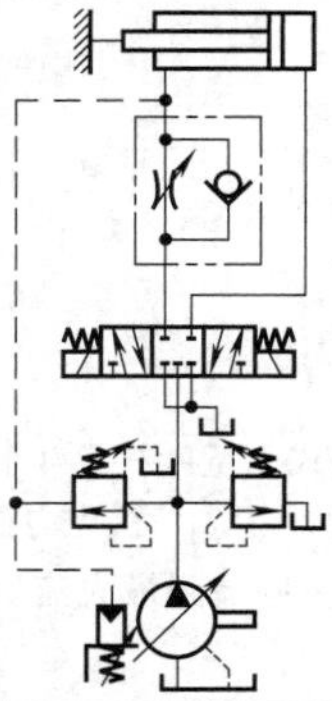 | 本回路采用压力补偿泵与节流阀联合调速。变量泵的变量机构与节流阀的油口相连。液压缸向右为工作行程,油口压力随着节流阀开口量小而增加,泵的流量也自动减小,并与通过节流阀的流量相适应。如果快进时,油口压力趋于零,则泵的流量最大。泵输出压力随载荷而变化,泵的流量基本上与载荷无关 |

## 2.1.4　节能调速回路

节流调速回路效率较低，大量的能量转为热能，促使液压系统油液发热。本节介绍的压力适应回路、流量适应回路、功率适应回路等效率较高的节能回路，可作为回路设计时的参考。

**表 21-3-11　　节能调速回路**

| 类　别 | 回　　路 | 特　　点 |
| --- | --- | --- |
| 压力适应回路 | 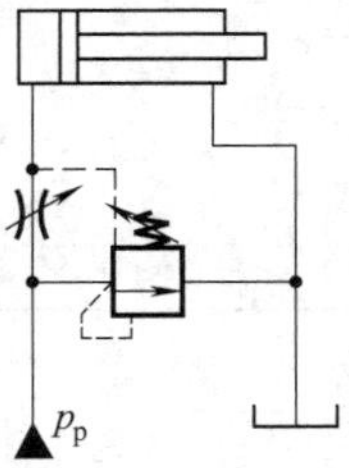  | 液压泵的工作压力 $p_p$ 能随外载荷而变化,即 $p_p$ 能与外载荷相适应,使原动机的功率能随外载荷的减小而减小。回路中采用定差溢流阀,它能使节流阀前后的压差保持常数($\Delta p = 0.2 \sim 0.7$MPa)。此类调速回路的效率一般比节流调速回路效率提高 10%左右 |
| | 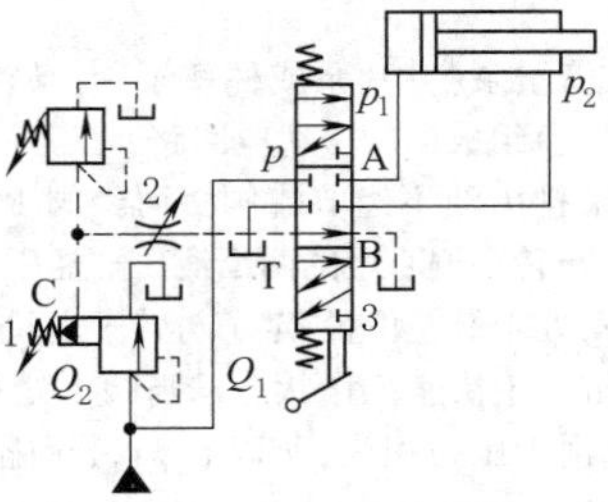  | 本回路采用机动比例方向阀 3,当处中位时,定差溢流阀 1 的 C 口与油箱相通,液压泵卸荷。当阀 3 换向,阀 1 控制管路随之换向,与阀 1 流出侧管路相通,C 口与阀 3 工作油口( A 或 B )相通。此时,阀 1 的阀芯就成为带有节流功能的比例方向阀的压力补偿阀,使比例方向阀工作油口压差为一定值。通过该阀的流量 $Q_1$ 仅与阀口开度成比例,而与载荷压力变化无关<br>由于载荷压力反馈作用,液压泵的压力自动与载荷压力相适应,始终保持比载荷压力高一恒定值,实现压力适应状态。节流阀 2 起载荷压力反馈阻尼作用,使液压泵随载荷压力变化的速率不至于过快 |
| 用液压缸和蓄能器的节能回路 | 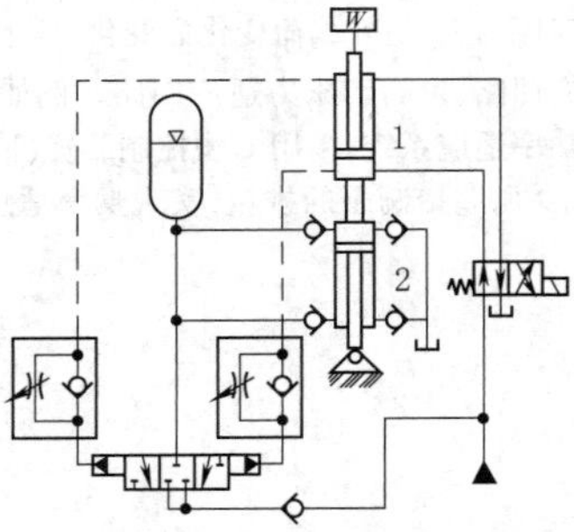  | 本回路为采用液压缸与蓄能器组成的节能回路。液压缸 1 为主动油缸,驱动大质量载荷运动。在液压缸 1 启动和制动时,会产生很大的冲击。本回路采用了缓冲液压缸与蓄能器,既解决了回路的液压冲击,又能将冲击能量储存利用。图中液压缸 1 为动力液压缸,液压缸 2 为缓冲液压缸,两缸筒成串联刚性连接,缓冲液压缸的活塞杆铰接于基础上<br>当动力液压缸启动上升时,启动冲击压力传到缓冲液压缸无杆腔,无杆腔内压力升高,将液压油经单向阀充入蓄能器,存储压力能。当动力液压缸制动时,蓄能器也起到存储压力能的作用。同理,动力液压缸启动下降和制动时,蓄能器仍起到存储压力能的作用<br>蓄能器内的压力能经过液控阀回补到动力源得到利用。液控阀由动力液压缸内的压力控制。由于单向节流阀的作用,液控阀的启动要迟于冲击压力,这样起到缓冲、控制加减速和利用冲击能的作用 |

续表

<table>
<tr><th>类 别</th><th>回 路</th><th>特 点</th></tr>
<tr><td>流量适应回路</td><td>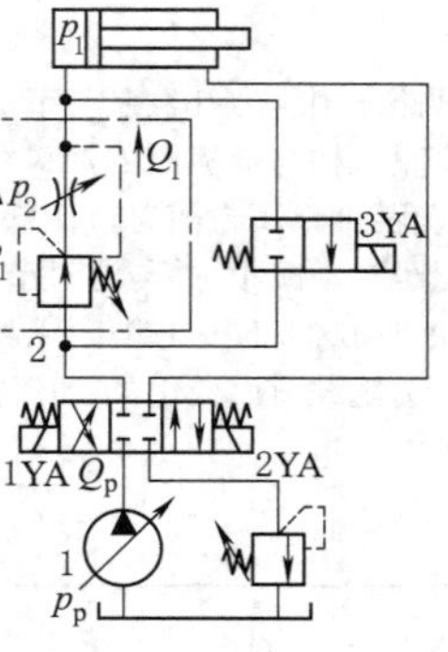

(a)
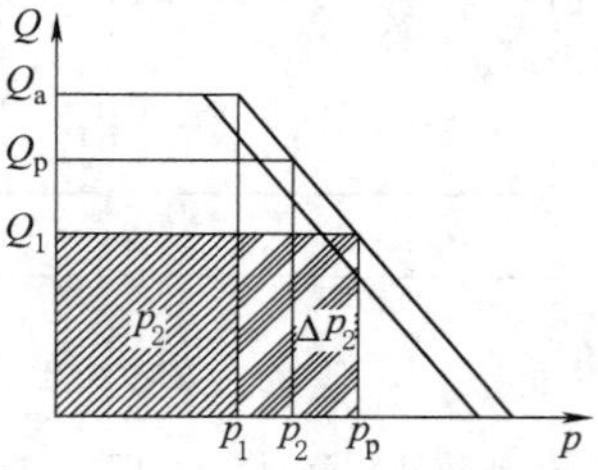

(b)</td><td>本回路为由限压式变量叶片泵 1 和调速阀 2 组成的流量适应回路。当泵的工作压力 $p_p$ 小于 $p_1$ 时，令电磁阀 2YA、3YA 通电，液压缸快进，快进速度由泵的流量调节到最大流量 $Q_a$ 决定。同样，当 1YA、3YA 通电时，液压缸快退<br><br>通过调节阀 2 中的节流阀，再调节泵的调压螺钉，可调节工作推进状态。随着泵的工作压力升高，偏心距自动减小，流量减小，直至与 $Q_1$ 相等为止，即称之为流量适应，系统效益较高<br><br>由图 b 可知，该系统有用功率为 $p_2$，经阀 2 的节流损失为 $\Delta p_2$，若调压螺钉拧得太紧，会使节流损失 $\Delta p_2$ 增大，这是不利的<br><br>本回路不适于外载荷变化较大，且经常在轻载下工作的系统。此时，应改用功率适应回路</td></tr>
<tr><td>功率适应回路</td><td>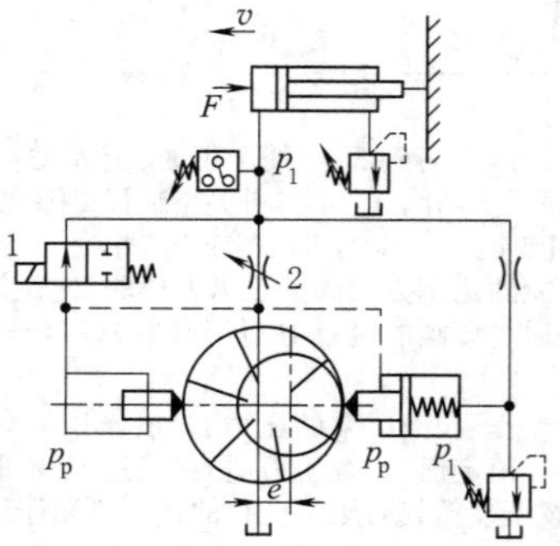

(a)
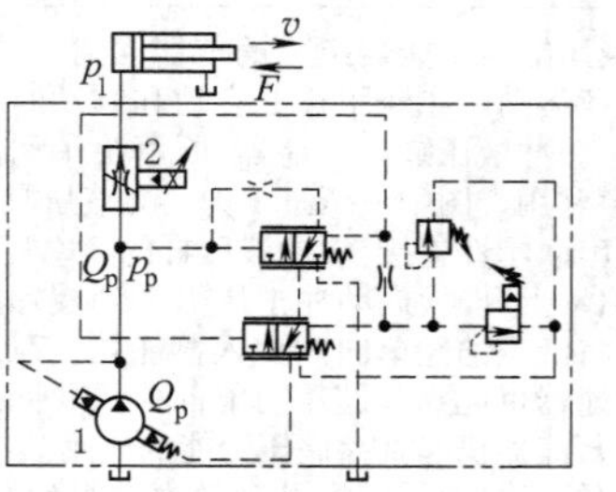

(b)</td><td>本回路为由压差式变量泵（叶片泵或柱塞泵）与节流阀（安装位置可在进油路上或回油路上）组成的功率适应回路<br><br>图 a 所示位置时，泵排出油不经节流阀 2 而经阀 1 左位进液压缸左腔，此时，控制泵定子与转子偏心距的两个液压缸油压相等，液压泵的定子在弹簧力的作用下，处于最左位置，定子与转子之间偏心距 $e$ 最大，泵的流量也最大，液压缸处于快速工作状态。当阀 1 处右位时，泵排油经节流阀 2 进入油缸。由于压力损失，所以 $p_p > p_1$，压缩弹簧，定子右移，偏心距变小，泵流量减小，液压缸处于慢速运行。为了可靠地控制转子与定子间距离，节流阀进、出口压差一般为 0.3～0.4MPa<br><br>本回路在泵的出口压力 $p_p$ 随外载荷变化而变化，属于功率适应回路，其效率高于流量适应回路，也高于压力适应回路。例如，图 b 所示为由载荷敏感泵组成的功率适应系统，采用 F 型控制装置（除泵 1、阀 2 的其余部分）通过节流阀 2 压差控制泵的排量，实现功率适应控制。该系统的效率高达 85%</td></tr>
</table>

续表

| 类　别 | 回　　路 | 特　　点 |
|---|---|---|
| 功率适应回路 | 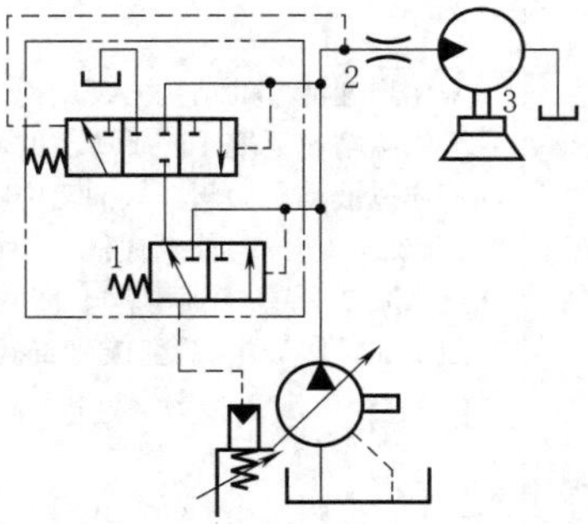 | 本回路为功率适应回路应用实例。件3为清扫道路尘埃旋转刷,由液压马达带动。为了保证驱动液压泵原动机转速发生变化时,液压泵输出给马达的流量不变,实现旋转刷转速不变的目的,在回路中设置一个功率适应阀1,用来保证固定节流孔2前后压差一定 |
| 用蓄能器的节能回路 | 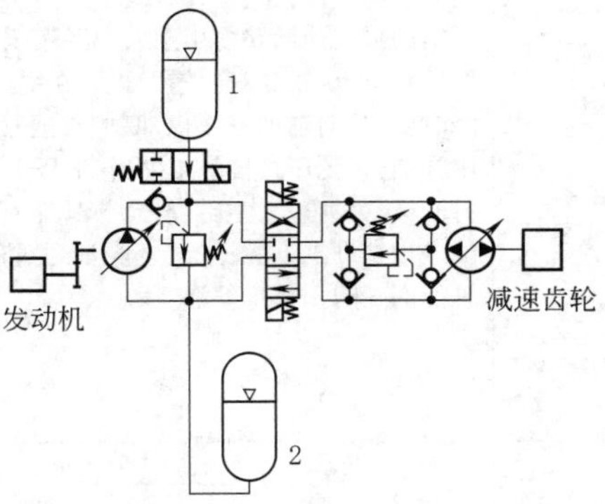 | 本回路为用蓄能器在行走机械闭式传动系统中实现节能的回路。高压蓄能器1装在回路的高压侧,用于蓄能。低压蓄能器2装在液压泵入口,用于补油,并保证油路具有一定背压。当车辆启动时,蓄能器储存的能量与发动机带动泵输出的能量共同使车辆加速;在正常运行载荷阻力增大时,蓄能器供给能量,反之储存能量;在车辆减速制动时减小液压泵摆角并将液压马达的摆角通过零点向其反向调节,液压马达在惯性带动下呈现泵工况运转,将制动能量回馈到高压侧由蓄能器蓄能,在需要的时候又能输出,使发动机在高效区工作,因此节省能量 |

## 2.2 增速回路

增速回路是指在不增加液压泵流量的前提下，使执行元件运行速度增加的回路。通常采用差动缸、增速缸、自重充液、蓄能器等方法实现。

**表 21-3-12**　　　　**增速回路**

| 类　别 | 回　　路 | 特　　点 |
|---|---|---|
| 差动缸增速回路 | 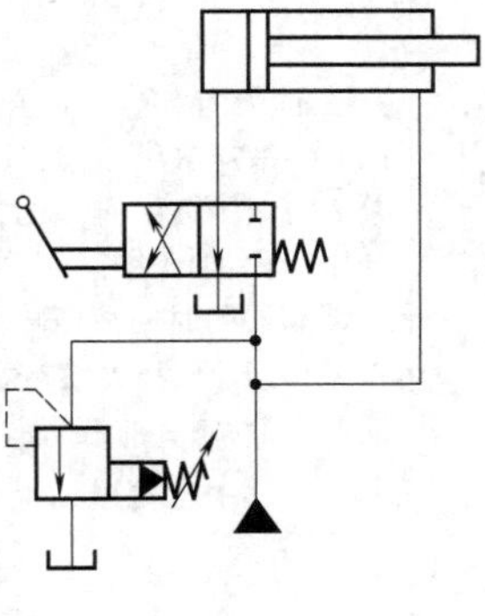 | 液压缸由有杆腔和无杆腔构成。两腔受压面积不等,其面积比值即为速度变化的倍数。图示当换向阀换到左位时,液压缸呈差动连接,泵输出的油液和液压缸返回的油液合流进入液压缸无杆腔,活塞实现快速运动。该回路在设计应用时,一定要考虑有杆腔反力作用 |

续表

| 类　别 | 回　　路 | 特　　点 |
| --- | --- | --- |
| 增速缸增速回路 | 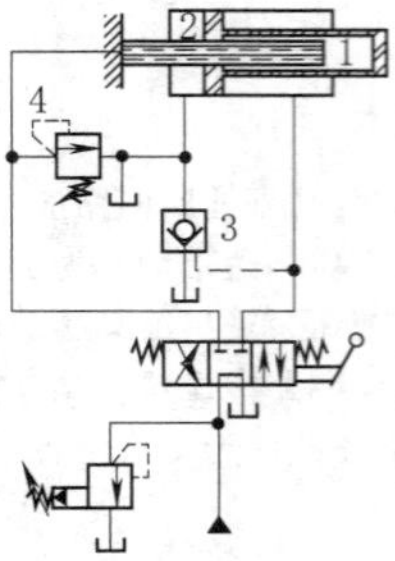 | 采用增速活塞的结构实现增速。活塞快速右行时，泵只供给增速活塞小腔 1 所需的油液，大腔 2 所需的油液通过液动单向阀 3 从油箱中吸取；当外载荷增加时，系统压力升高，使顺序阀 4 打开，阀 3 关闭，压力油进大腔 2，活塞慢速移动。回程时，压力油打开阀 3，腔 2 油排回油箱，活塞快速回程 |
| 辅助缸增速回路 | 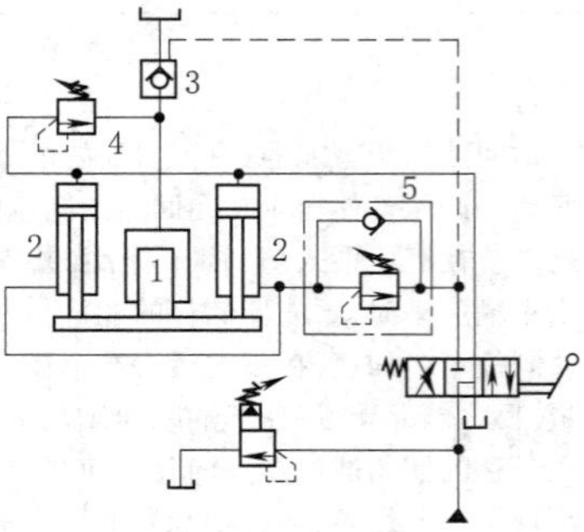 | 辅助缸增速回路多用于大中型液压机中，为了减少泵的容量，设置成对的辅助缸。在主缸 1 活塞快速下降时，泵只向辅助缸 2 供油，主缸通过阀 3 从充油箱中补油，直到压板接触工件后，油压上升，顺序阀 4 被打开，压力油进入主缸，转为慢速下行。回程时压力油进入辅助缸下腔，主缸上腔油通过阀 3 回充油箱。平衡阀 5 防止自重下滑 |
| 蓄能器增速回路 | 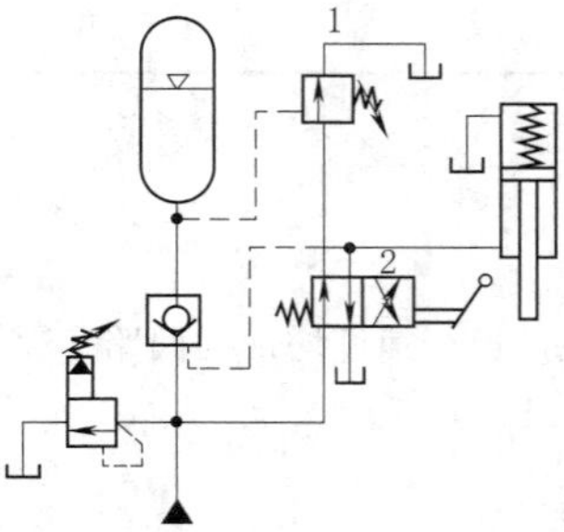 | 液压泵通过单向阀向蓄能器充液直至压力升高到调压阀 1 调定压力后，泵通过调压阀 1 卸荷。四通阀处 2 位时，单向阀打开，泵和蓄能器同时向液压缸下侧供油，推动活塞上升 |
| | 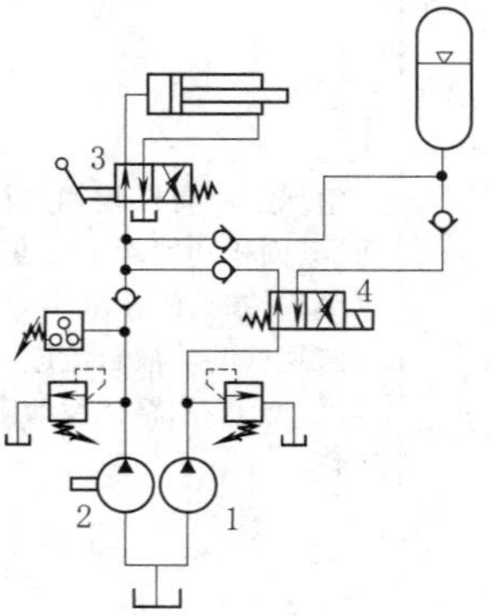 | 图示位置时泵 1（低压泵）、泵 2（高压泵）和蓄能器同时向液压缸供油，此时为快速行程；阀 4 切至右位，泵 2 向液压缸供油，泵 1 向蓄能器充液，此时为慢速加压行程；加压结束，阀 3 至右位、阀 4 至左位，泵 1、2 与蓄能器同时向液压缸供油，活塞快速退回，退到终点，压力升高，压力继电器动作，阀 4 通电，泵 1 向蓄能器充液，泵 2 油液从溢流阀回油箱 |

续表

| 类别 | 回路 | 特点 |
|---|---|---|
| 自动补油增速回路 | 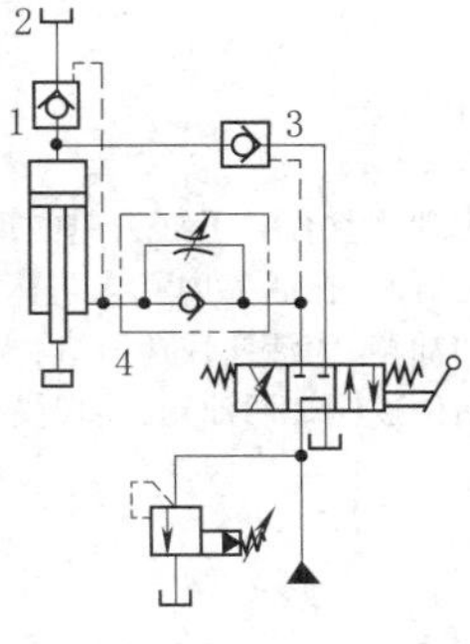 | 本回路常用于运动部件较大的液压机中。换向阀处左位，活塞下行，由于自重快速下降（下降速度由阀4控制），上腔需油如超过泵供油量，阀1打开，自动补油。当运动部件接触工件时，载荷增加，阀1被关闭，缸上腔只有泵供油，此时为低速行程。回程时，换向阀处右位，压力油进入液压缸下腔，同时打开阀1、3，液压缸上腔油回充油箱2 |

## 2.3 减速回路

减速回路是使执行元件由泵供给全流量的速度平缓地降低，以达到实际运行速度要求的回路。

**表 21-3-13　减速回路**

| 类别 | 回路 | 特点 |
|---|---|---|
| 用行程阀的减速回路 | 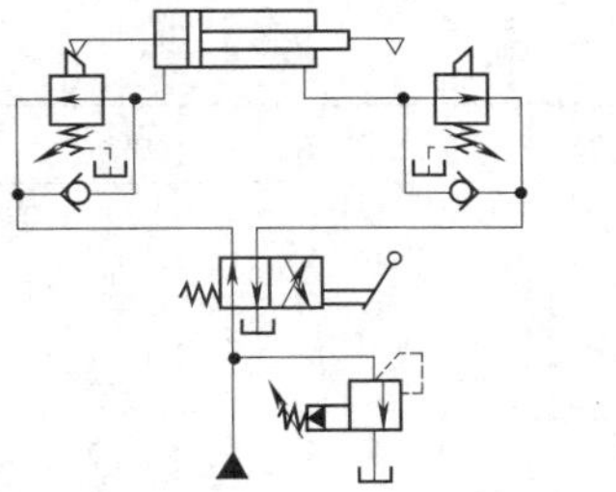 | 在液压缸两侧接入行程阀，通过活塞杆上的凸轮进行操作，在每次行程接近终端时，进行排油控制，使其逐渐减速，平缓停止 |
|  | 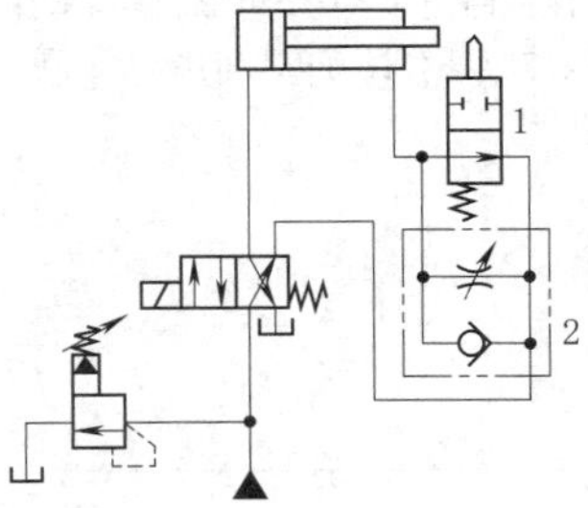 | 本回路为采用行程阀的减速回路。在液压缸回油路上接入行程阀1和单向调速阀2，活塞右行时，快速运行；当挡块碰到阀1凸轮后，压下行程阀，液压缸回油只能通过调速阀2回油箱，此时为慢速行进。回程时，液压油通过单向阀进入右腔，快速退回 |
| 用比例调速阀的减速回路 | 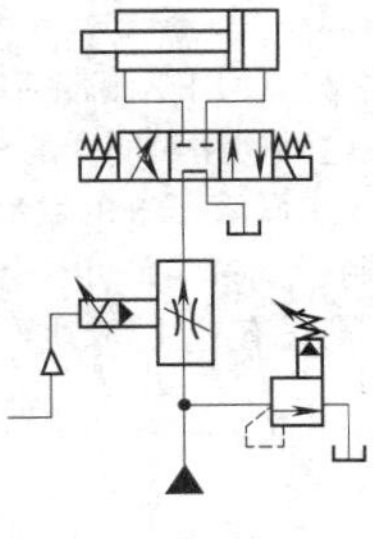 | 本回路为用比例调速阀组成的减速回路，通过比例调速阀控制活塞减速。根据减速行程的要求，通过发信装置，使输入比例阀的电流减小，比例阀的开口量随之减小，活塞运行的速度也减小。这种减速回路，速度变换平稳，且适于远程控制 |

续表

| 类别 | 回路 | 特点 |
|---|---|---|
| 用复合缸和单向调速阀的减速回路 | 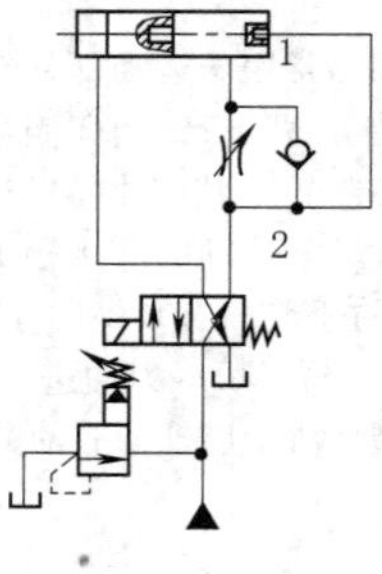 | 本回路为利用复合液压缸和单向调速阀的减速回路。当复合液压缸活塞右行时,在活塞内孔未进入凸台1之前,回油通过凸台1油孔直接回油箱,为活塞快速行进;当活塞内孔插入凸台1后,油液只能经单向调速阀2回油箱,实现慢速进给 |

## 2.4 同步回路

有两个或多个液压执行元件的液压系统中，在要求执行元件以相同的位移或相同的速度（或固定的速度比）同步运行时，就要用同步回路。在同步回路的设计中，必须注意到执行元件名义上要求的流量，还受到载荷不均衡、摩擦阻力不相等、泄漏量有差别、制造上有差异等种种因素影响。为了弥补它们在流量上造成的变化，应采取必要的措施。

**表 21-3-14　　同步回路**

| 类别 | 回路 | 特点 |
|---|---|---|
| 机械连接同步回路 | 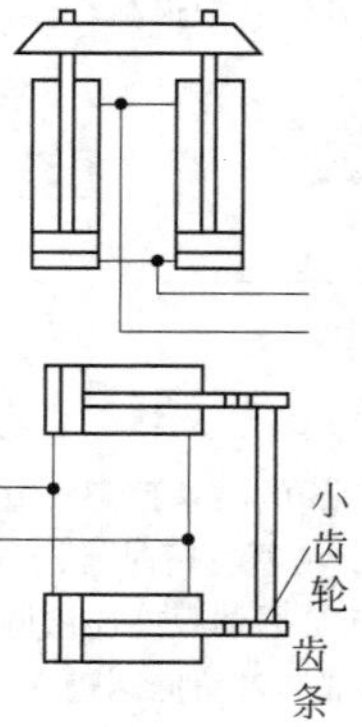 | 液压缸机械连接方式同步回路,采用刚性梁、齿条、齿轮等将液压缸连接起来。该回路简单,工作可靠,但只适用于两缸载荷相差不大的场合,连接件应具有良好的导向结构和刚性,否则,会出现卡死现象 |
| 串联同步回路 | 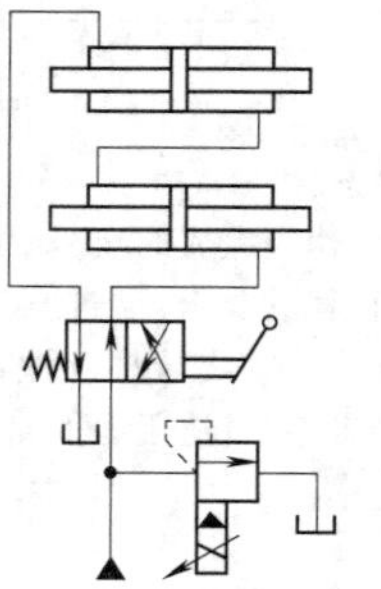 | 串联油缸同步回路必须使用双侧带活塞杆的油缸或串联的两缸有效工作面积相等。这种回路对同样的载荷来讲,需要的油路压力增加,其增加的倍数为串联液压缸的数目。这种回路简单,能适应较大的偏载,但由于制造上的误差、内部泄漏及混入空气等因素将影响同步性。因此一般设有补油、放油等设施 |

续表

| 类别 | 回路 | 特点 |
| --- | --- | --- |
| 串联同步回路 | 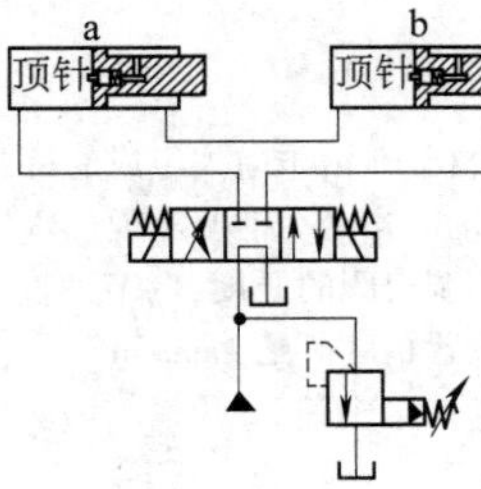<br>(a)<br>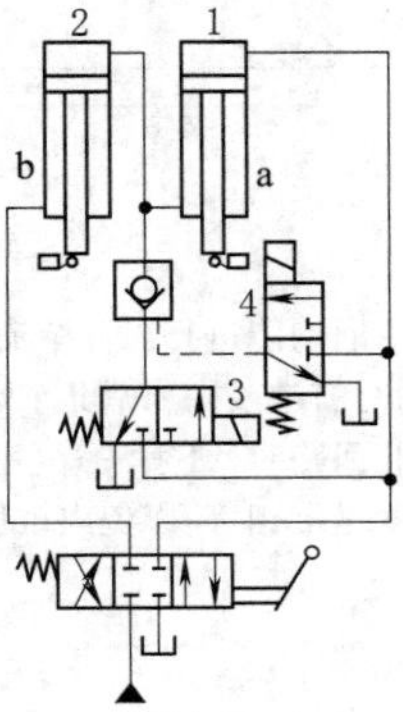<br>(b) | 本回路为带有补油装置的串联液压缸同步回路。<br>图a所示加简易补油设施。液压缸a腔与b腔有效工作面积相等，为了消除因泄漏或其他原因产生积累误差，在活塞内设置双作用单向阀的简单补油装置。当每一往复行程产生误差时，如其中一缸的活塞先到左端，缸底顶针顶开单向阀，使另一缸的活塞相继到达油缸端部<br>图b是单侧带杆的液压缸串联，缸1有活塞杆油腔a与缸2的无活塞杆油腔b的受压面积相等。每次循环中，如缸1或缸2先到底部，则限位开关作用使电磁换向阀3或4励磁，进行油的补偿，向a、b腔内补入或放出部分油液，使两个液压缸活塞完成全部行程 |
| 用节流阀的同步回路 | 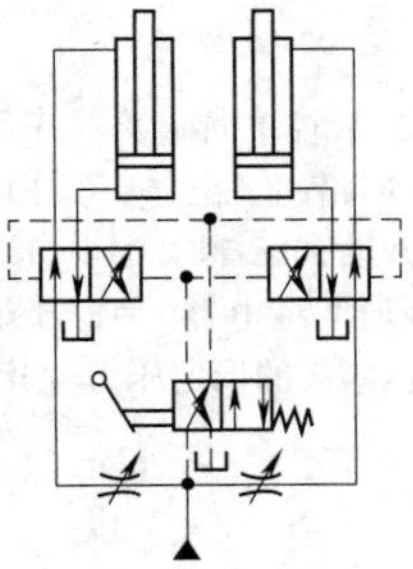 | 本回路主要采用节流阀控制工作液压缸，结构简单，造价低廉，但由于载荷、泄漏与阻力不同等因素影响，其同步精度一般低于4%~5%。两个节流阀安装在两只液压缸的进油路上，实现双向同步（活塞往返速度不等） |
| | 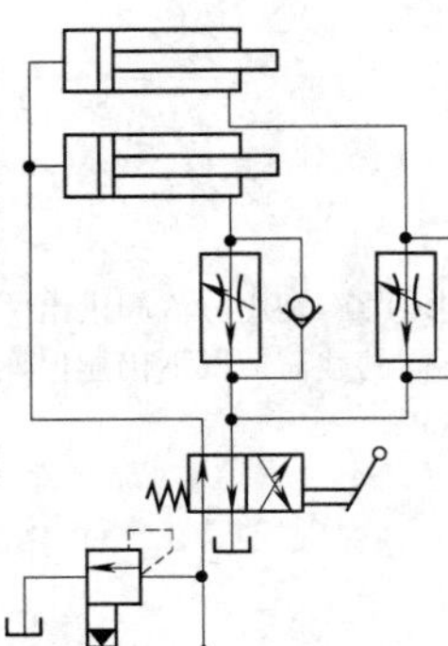 | 该回路采用两个调速阀，实现两个液压缸单向同步。两个调速阀装在回油路上，使液压缸活塞右移时同步。该回路也可应用于多缸同步，但同步精度受调速阀性能和油温的影响，一般同步误差在5%~10%左右。系统效率较低 |

续表

| 类别 | 回路 | 特点 |
|---|---|---|
| 用节流阀的同步回路 | 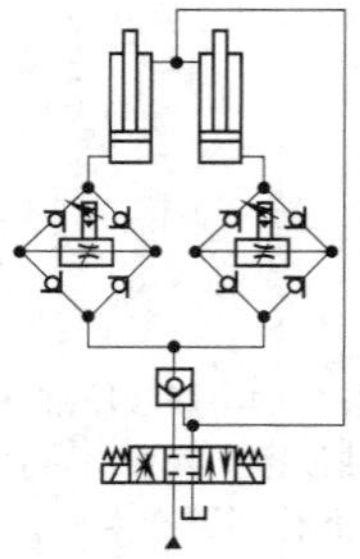 | 用比例调速阀各自装在由单向阀组成的桥式节流油路中，分别控制两个液压缸的运动。当两个活塞出现位置误差时，检测装置就会发出信号，调节比例调速阀的开度，调节速度使其同步。这种回路的同步精度较高，位置精度可达1mm/m |
| | 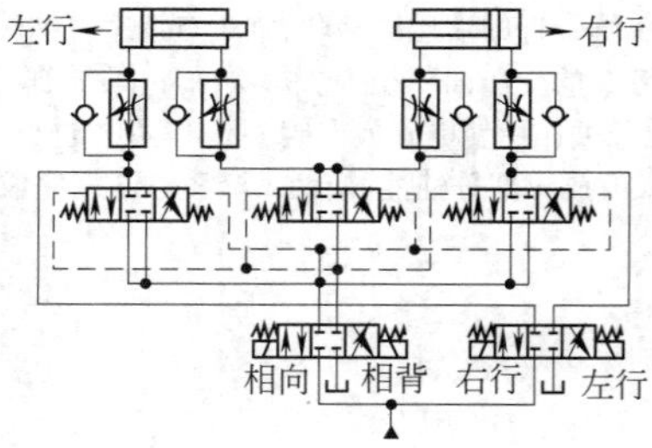 | 该回路为液压缸双向均能进行出油节流的同步回路，可以分别调整，两液压缸可以同时前进或同时后退，两液压缸活塞也可实现反向同步动作。应用此回路时，必须注意各换向阀要同时切换，液压缸操作回路管线长度尽量相等，以免出现压力差异的影响 |
| | 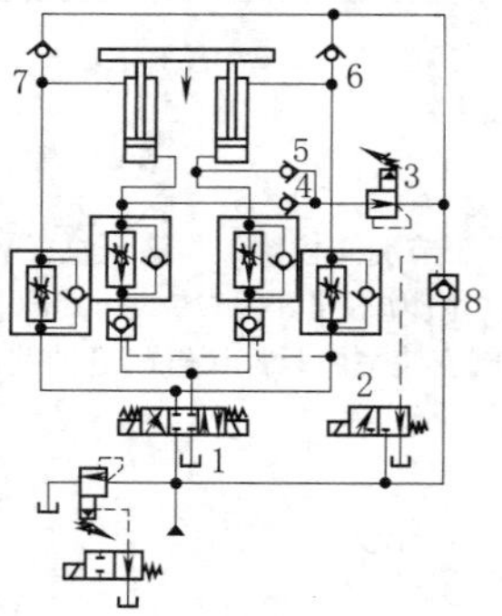 | 该回路由换向阀2，液控单向阀8，减压阀3及单向阀4、5、6、7构成预压回路，以防止回路的不稳定。预压回路及流量调节阀组成同步回路。当液压泵开动，电磁阀2通电，使电磁阀1后的管路预压。其后压力继电器（或时间继电器）使阀1通电及阀2断电，液压缸开始工作。图中减压阀3的调定压力，按活塞两侧的面积差而定 |
| 用分流（同步）阀的同步回路 | 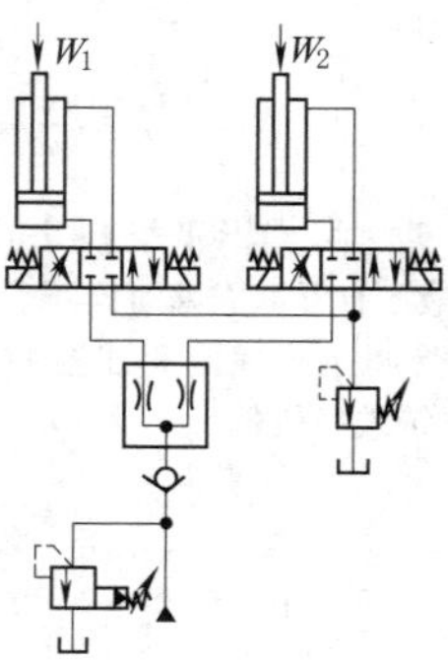 | 使用分流阀的同步回路，是用分流阀供给两个液压缸或两个液压马达，在它们承受不同的载荷情况下仍能保证其执行元件同步。其同步精度约为2%～5% |

续表

| 类　别 | 回　　路 | 特　　点 |
|---|---|---|
| 用分流(同步)阀的同步回路 | 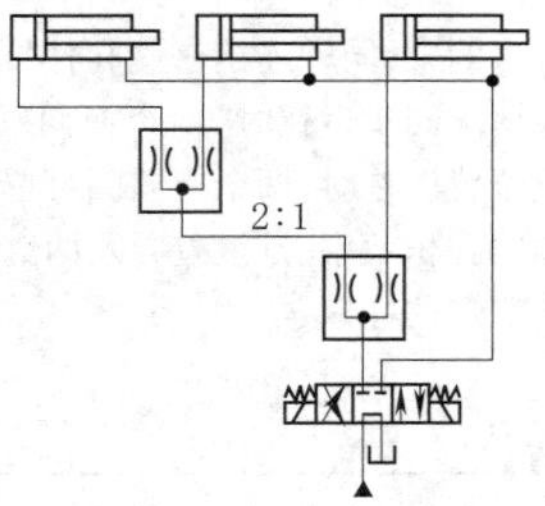 | 该回路用两个分流阀实现三个液压缸同步。第一级为比例分流阀,分流比为2∶1,第二级为等量分流阀。采用分流阀同步回路,阀上压降一般达0.8~1.2MPa,因此,它不适用于低压系统 |
| 用同步缸的同步回路 | 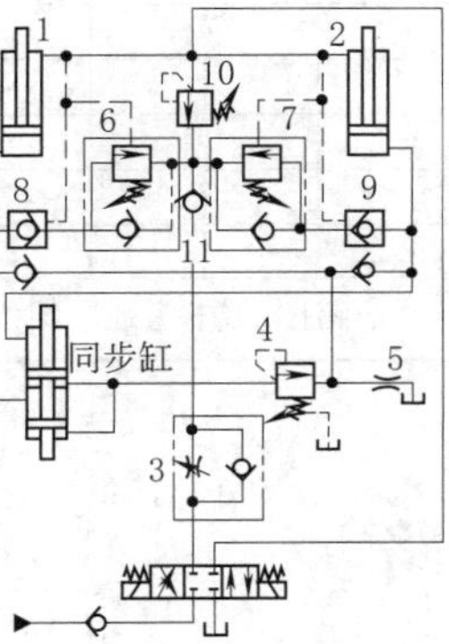 | 本回路为采用同步缸和补油装置的同步回路。同步提升机构,上升时压力油经同步缸将等量油送入提升缸1、2,同步缸是同一活塞杆串联有两个相同的活塞,在两个相同缸体内移动的液压缸。用节流阀3控制提升缸下行的速度。其他元件的作用是为了消除因泄漏而影响同步精度。其补偿作用为:<br>①提升时,当缸1、2或同步缸中一缸先到终点时,压力上升,顺序阀4打开,压力油进入缸1或2使其完成行程。阀4关闭时,由于其内部泄漏,使压力油流入系统内,将破坏缸1、2的平衡,所以装上一个流量稍大于阀4漏损量的节流阀5<br>②下降时,三个缸因有泄漏,当其中一缸先到底部时,压力增高,压力油使平衡阀6和7及液控单向阀8和9打开,此时,缸1、2的排油可不经同步缸而排出,以完成其行程。阀8和9是为了防止阀6和7漏损而引起缸1、2的不平衡<br>③同步缸的补油。为了保证提升时,缸1、2确实紧固地处于顶端位置,两提升缸必须比同步缸先到达顶端。因此,下行时,三个缸都要完全返回底部,这由阀10与阀11来执行,在下行时缸1、2已到达底部,这时回路压力升高,阀10打开,使油经过阀6、7、8和9进入同步缸,以完成其行程 |
| 用泵或马达的同步回路 | 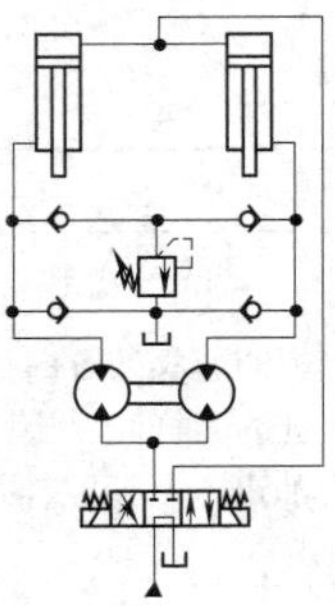<br>(a)<br>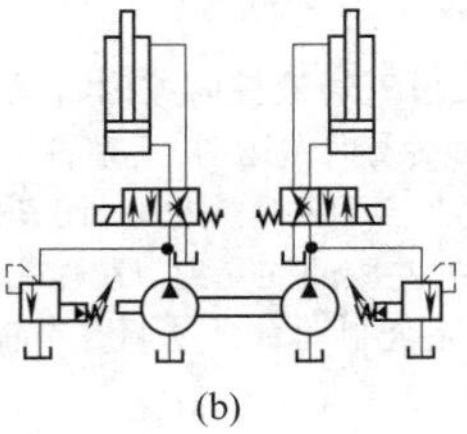<br>(b) | 图a所示回路用两个等排量的液压马达同轴连接,输出相同流量的油分别供给两个有效工作面积相等的液压缸,实现同步运行。为了消除液压缸在行程终点产生的误差,设置单向阀和溢流阀组成的交叉溢流补油回路。并联液压马达同步回路,其同步精度比流量控制阀的同步回路要高,但造价较贵。适用于大载荷、大容量液压系统<br>图b所示回路用两个等排量液压泵向两个有效工作面积相等的液压缸供油,与图a工作原理和特点类似 |

续表

<table>
<tr><th>类别</th><th>回路</th><th>特点</th></tr>
<tr><td>用泵或马达的同步回路</td><td>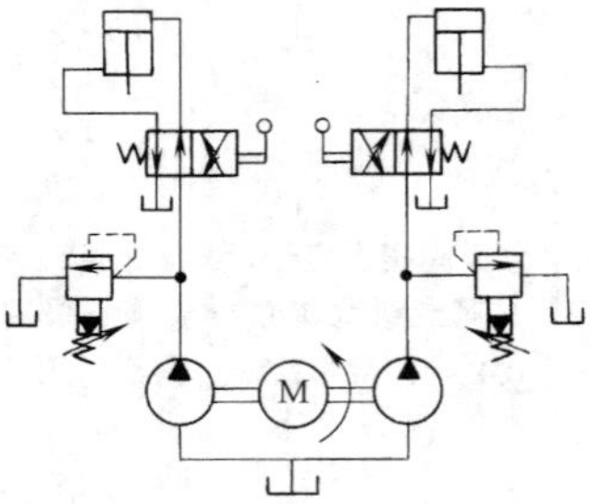
</td><td>采用两个等排量的泵，同轴连接，分别向两个液压缸供油，实现两缸同步运行。在要求同步运行时，两个换向阀应同时动作；在需要排除液压缸终点位置误差时，两个换向阀可单独动作。本回路的精度取决于两个泵的容积效率、排量差异及两缸载荷不同等因素。一般采用容积效率稳定的柱塞泵</td></tr>
<tr><td>用串联油缸的同步回路</td><td>双锥头开卷机液压系统<br>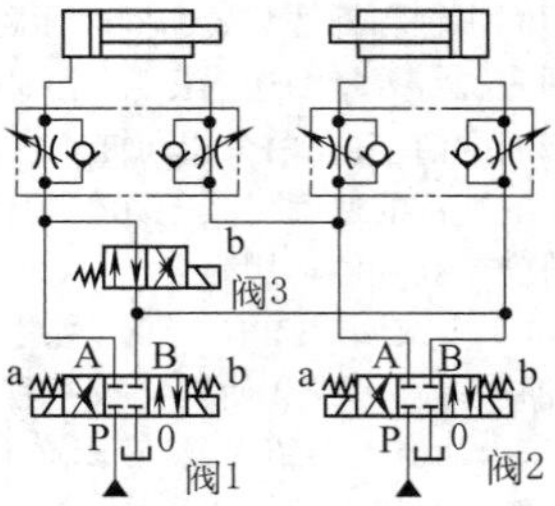
</td><td>电气控制表
<table>
<tr><th rowspan="2">机械动作</th><th colspan="2">阀 1</th><th colspan="2">阀 2</th><th colspan="2">阀 3</th></tr>
<tr><th>a</th><th>b</th><th>a</th><th>b</th><th>a</th><th>b</th></tr>
<tr><td>双缸同步左移</td><td>a</td><td></td><td></td><td></td><td></td><td>b</td></tr>
<tr><td>双缸同步右移</td><td></td><td>b</td><td></td><td></td><td></td><td>b</td></tr>
<tr><td>双缸相向移动</td><td></td><td></td><td>a</td><td></td><td></td><td></td></tr>
<tr><td>双缸相背移动</td><td></td><td></td><td></td><td>b</td><td></td><td></td></tr>
<tr><td>右缸单独左移</td><td></td><td></td><td>a</td><td></td><td></td><td>b</td></tr>
<tr><td>右缸单独右移</td><td></td><td></td><td></td><td>b</td><td></td><td>b</td></tr>
<tr><td>停止</td><td></td><td></td><td></td><td></td><td></td><td></td></tr>
</table>
注：空白格不通电，标注 a 或 b 为通电阀位</td></tr>
</table>

# 3　方向控制回路

在液压传动系统中执行元件的启动、停止或改变运动方向均采用控制进入执行元件的液流通断或改变方向来实现。实现方向控制的基本方法有阀控、泵控、执行元件控制。阀控主要是采用方向控制阀分配液压系统中的能量；泵控是采用双向定量泵和双向变量泵改变液流的方向和流量；执行元件控制是采用双向液压马达改变液流方向。

**表 21-3-15**　　方向控制回路

<table>
<tr><th>类别</th><th>回路</th><th>特点</th></tr>
<tr><td rowspan="2">用阀控制的方向回路</td><td>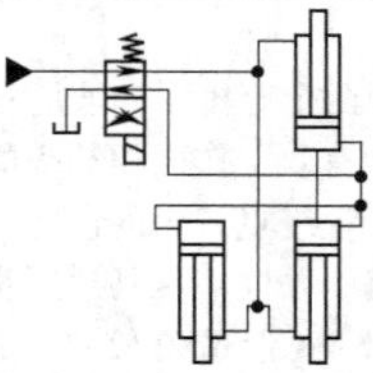</td><td>本回路为用二位四通阀的方向控制回路。电磁阀通电，压力油进入三个液压缸的无杆腔，推动活塞。当电磁阀断电时（如图示位置），压力油进入有杆腔，活塞反向运动</td></tr>
<tr><td>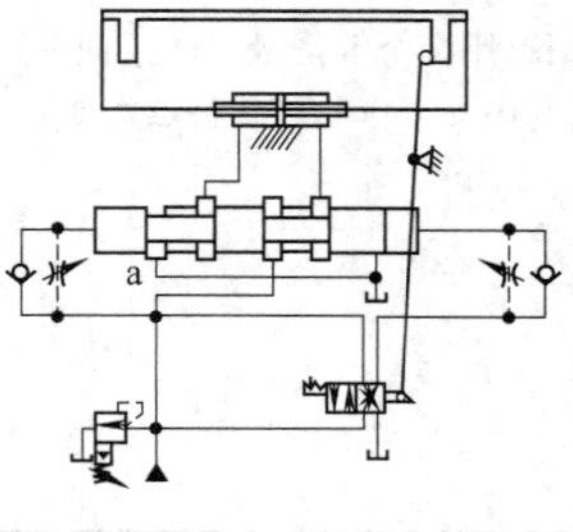
</td><td>本回路为二位五通液控阀按时自动换向的方向控制回路。在图示位置时活塞向左运动，活塞杆上的凸块碰上挡铁，先导阀换位，压力油进入液控阀左端，使其阀芯向右移动。阀口 a 逐渐关小，活塞左腔回油受到节制作用，当 a 全部关闭时，回油被封死，活塞完全制动。通过调整节流阀可以调节被制动的时间</td></tr>
</table>

续表

| 类别 | 回路 | 特点 |
| --- | --- | --- |
| 用阀控制的方向回路 | 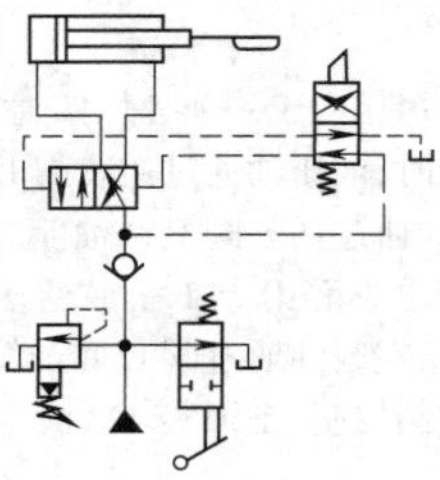 | 本回路为用行程阀和液控阀换向的方向控制回路。用行程阀作先导阀，由固定在活塞部件上的凸轮控制动作，从而使液控阀控制油路方向改变，实现活塞运动换向 |
| | 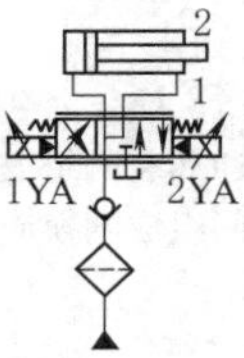 | 本回路为用比例电液阀换向的方向控制回路。用比例电液阀1控制液压缸2的运动方向和速度，改变比例电液阀电磁铁的通电、断电状态，就可改变液压缸的运动方向，改变输入比例电液阀电磁铁的电流大小，就可改变液压缸的运行速度。本回路比常规阀组成的同功能换向回路平稳，无冲击，工作可靠 |
| | 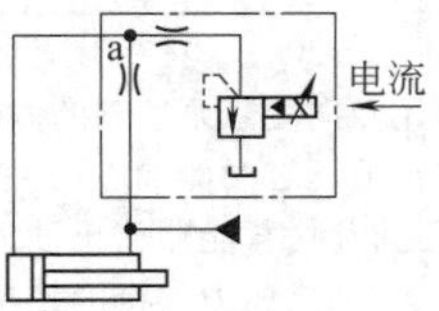 | 本回路采用比例压力换向阀，控制活塞的运动方向和速度。当比例阀输入电流最小时，a处压力最低，活塞左移；当比例阀输入电流最大时，a处压力几乎与进油压力相等，此时，活塞右移；当比例阀输入的电流在其最小至最大之间时，可控制活塞运动速度和方向的变化 |
| | 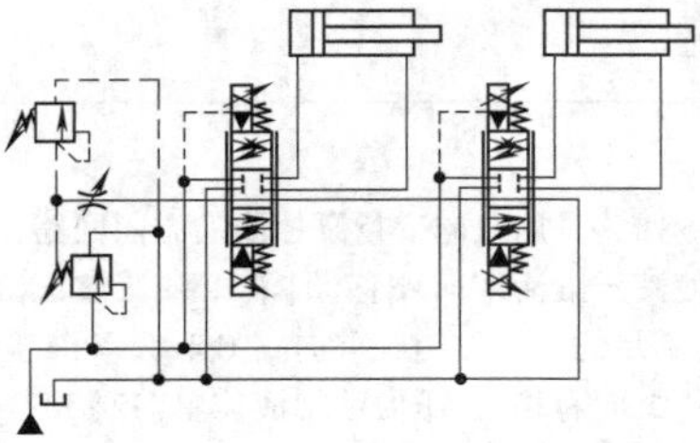 | 本回路采用定差溢流阀作为压力补偿装置的比例电液方向流量复合阀。该回路既可改变速度的大小，又能控制方向，而且效率高，启动、停止时无冲击，易于实现遥控 |
| | 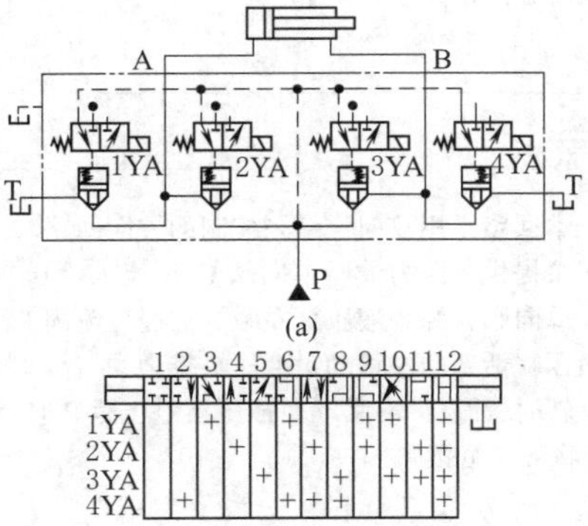(a) (b) | 本回路为用二通插装阀组成的方向控制回路。它通过四个小流量的二位三通电磁阀各控制一个锥阀。当电磁阀按不同组合通电时，可以组成多种机能的切换回路。本回路适用于大流量系统。根据需要采用电磁阀的数目 |

续表

| 类 别 | 回 路 | 特 点 |
|---|---|---|
| 用阀控制的方向回路 | 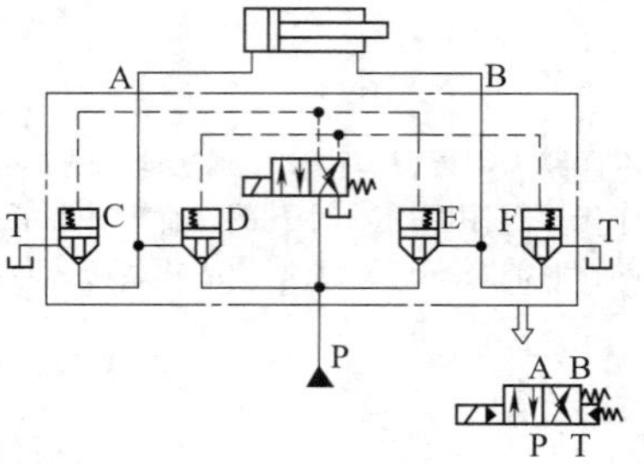  | 本回路采用相当于一个二位四通阀的插装阀控制方向。当电磁阀通电时,液压油通过插装阀 D 流入液压缸左腔,活塞右移,左腔的油通过插装阀 F 回油箱。当电磁阀断电时,插装阀 C 与 E 上腔通油箱、D 与 F 上腔通压力油,压力油由阀 E 流入液压缸右腔,左腔油通过阀 C 回油箱,活塞左移。本回路只需小规格电磁阀控制,是可实现大流量控制的系统 |
| | 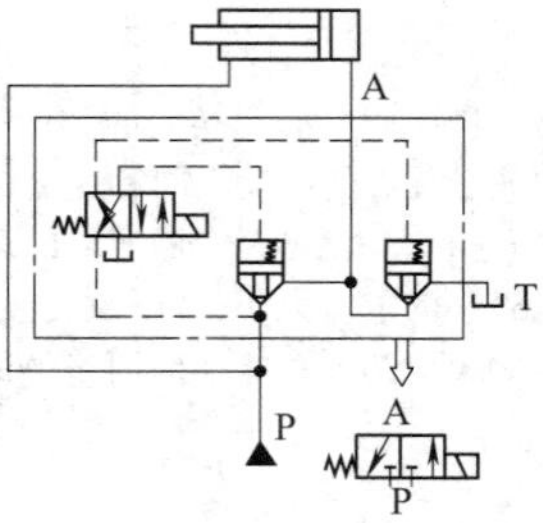  | 本回路是由二通插装阀组成的方向控制回路,作用于一个二位三通电液换向阀组成的换向回路 |
| 用泵控制的方向回路 | 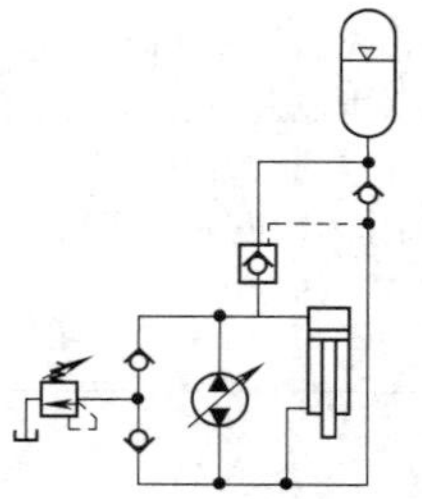 | 本回路是用双向变量泵控制的方向回路,为了补偿在闭式液压回路中单杆液压缸两侧油腔的油量差,采用了一个蓄能器。当活塞向下运行时,蓄能器放出油液以补偿泵吸油量的不足。当活塞向上运行时,压力油将液控单向阀打开,使液压缸上腔多余的回油流入蓄能器 |
| | 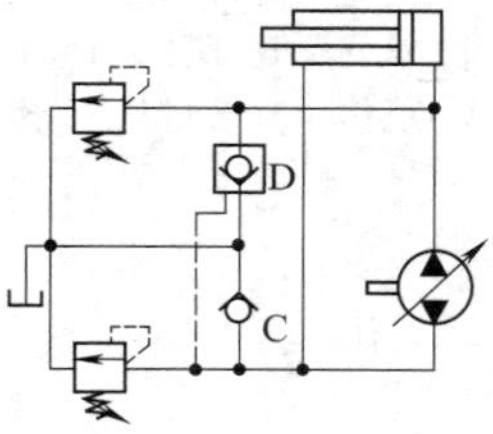  | 本回路是用双向变量泵控制的方向回路。液压泵正转时,供油使液压缸活塞向左移动,液压泵从液压缸左腔吸油输入右腔,不足的油从油箱经单向阀 C 吸入。液压泵反转时,供油使液压缸向右移动,压力油把液控单向阀 D 打开,液压缸右腔的回油,除了泵吸入外,多余的油经阀 D 流回油箱。活塞往复运动的速度由变量泵调节 |
| | 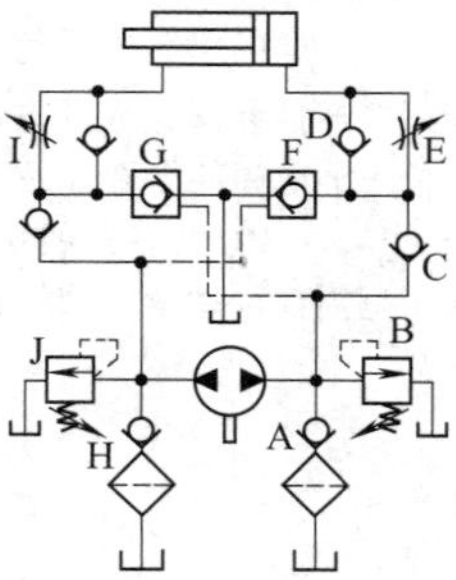  | 本回路是用双向定量泵控制的方向回路。液压泵正转时,液压泵提供的压力油经单向阀 C、D 流入液压缸右腔,同时将液控单向阀打开。液压缸左腔的油经节流阀 I 和阀 G 流回油箱,液压缸活塞向左移动。液压缸推力由溢流阀 B 调节。液压泵反转时,活塞向右移动。液压泵停止运转时,液控单向阀 G 和 F 将液压缸锁紧 |

续表

| 类别 | 回路 | 特点 |
|---|---|---|
| 用多路换向阀控制的方向回路 | 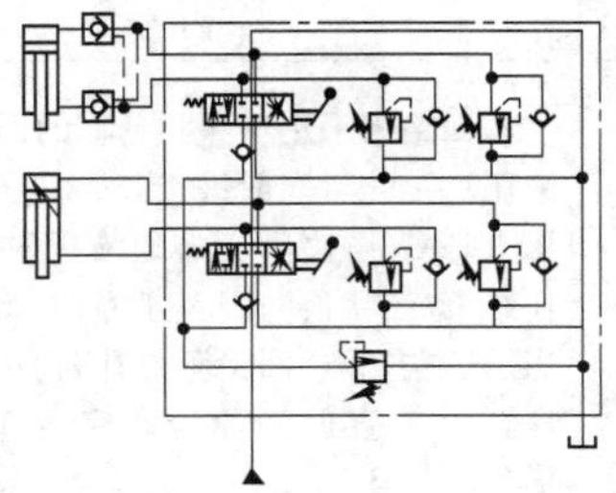 | 本回路是采用多路换向阀组成的并联换向回路。它是由多个换向阀及单向阀、压力阀组成的多路组合阀,具有结构紧凑、流量特性好、一阀多能、不易泄漏等优点。各换向阀可独立操作,也可联动操作。联动操作时,载荷小的执行元件先动作 |
| | 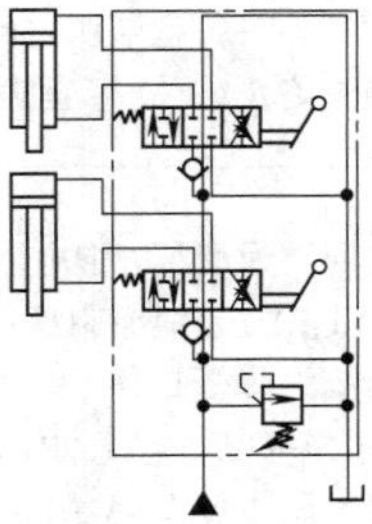 | 本回路为采用多路换向阀组成的串联换向回路,各换向阀进油路串联。上游阀不在中位时,下游阀的进油口被切断。这种组合阀总是只有一个阀在工作,实现了阀之间的互锁。上游阀在进行微动调节时,下游阀仍能进行执行元件的动作操作 |
| 薄板卷取机方向回路 | 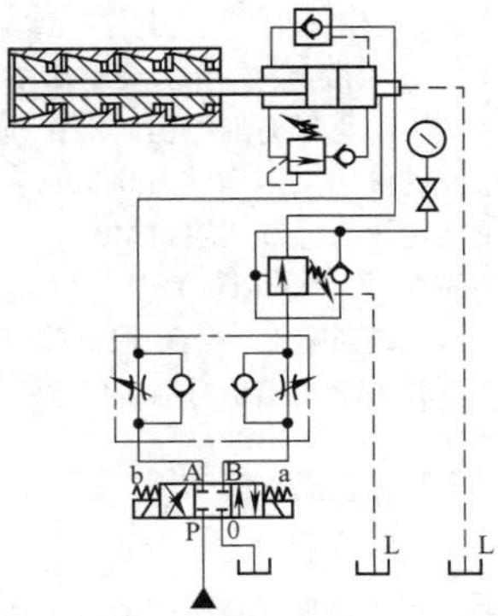 | 在带钢厚度不大于 0.25mm 时,采用图示减压阀;其他厚度带钢,去掉减压阀<br>在回转接头上设置安全阀,主要用于生产大张力带钢时防止产生斜契粘连现象 |

# 4 其他液压回路

本节介绍的回路为压力控制、速度控制和方向控制以外的其他功能回路。

## 4.1 顺序动作回路

顺序动作回路是实现多个执行元件依次动作的回路。按其控制的方法不同可分为压力控制、行程控制和时间控制。

压力控制顺序动作回路是用油路中压力的差别自动控制多个执行元件先后动作的回路。压力控制顺序动作回路对于多个执行元件要求顺序动作，有时在给定的最高工作压力范围内难以安排各调定压力。对于顺序动作要求严格或多执行元件的液压系统，采用行程控制回路实现顺序动作更为合适。

行程控制顺序动作回路是在液压缸移动一段规定行程后，由机械机构或电气元件作用，改变液流方向，使另一液压缸移动的回路。

时间控制顺序动作回路是采用延时阀、时间继电器等延时元件，使多个液压缸按时间先后完成动作的回路。

**表 21-3-16　　顺序动作回路**

| 类别 | 回路 | 特点 |
| --- | --- | --- |
| 压力控制顺序动作回路 | 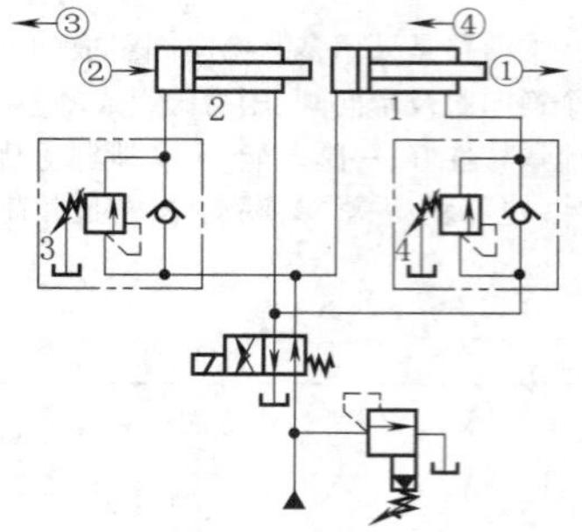 | 本回路为采用顺序阀动作的回路。换向阀右位时，液压缸1的活塞前进，当活塞杆接触工件后，回路中压力升高，顺序阀3接通液压缸2，其活塞右行。工作结束后，将换向阀置于左位，此时，缸2活塞先退，当退至左端点，回路压力升高，从而打开顺序阀4，液压缸1活塞退回原位。完成①—②—③—④顺序动作<br>用顺序阀的顺序动作回路中，顺序阀的调定压力必须大于前一行程液压缸的最高工作压力，否则前一行程尚未终止，下一行程就开始动作 |
| 压力控制顺序动作回路 | 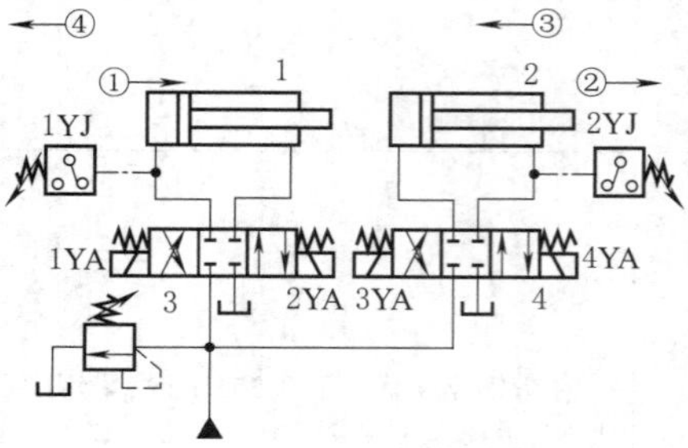 | 本回路为用压力继电器控制的顺序回路。压力继电器1YJ、2YJ分别控制换向阀4YA和1YA，2YA通电，液压缸1活塞右移；当活塞行至终点，回路中压力升高，压力继电器1YJ动作，使4YA通电，液压缸2活塞右移。返回时，2YA、4YA断电，3YA通电，液压缸2活塞先退；当其退至终点，回路压力升高，压力继电器2YJ动作，使1YA通电，液压缸1活塞退回。全部循环按①—②—③—④的顺序动作完成<br>为防止压力继电器误动作，它的调定压力应比先动作的液压缸工作压力高出0.3~0.5MPa，比溢流阀的调定压力低0.3~0.5MPa。为了提高顺序动作的可靠性，可以采用压力与行程控制相结合的方式，即在活塞终点安装一个行程开关，只有在压力继电器和行程开关都发出信号时，才能使换向阀动作 |
| 压力控制顺序动作回路 | 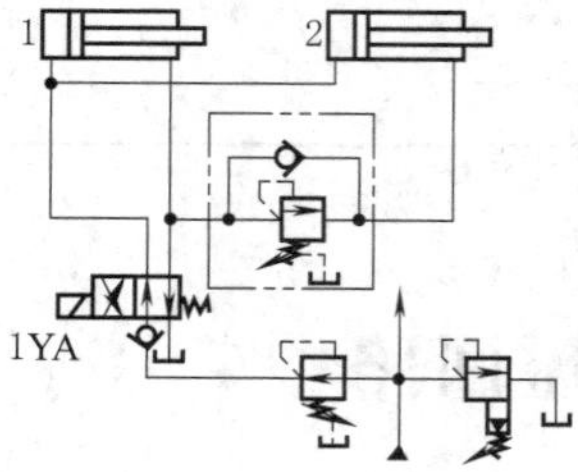 | 本回路为用减压阀和顺序阀组成的定位夹紧回路。1YA通电，液压缸1先动作，夹紧工件定位；定位后，液压缸1停止动作，回路压力上升，顺序阀打开，液压缸2动作夹紧工件。调节减压阀的输出压力控制夹紧力的大小，同时保持夹紧力的稳定 |
| 压力控制顺序动作回路 | 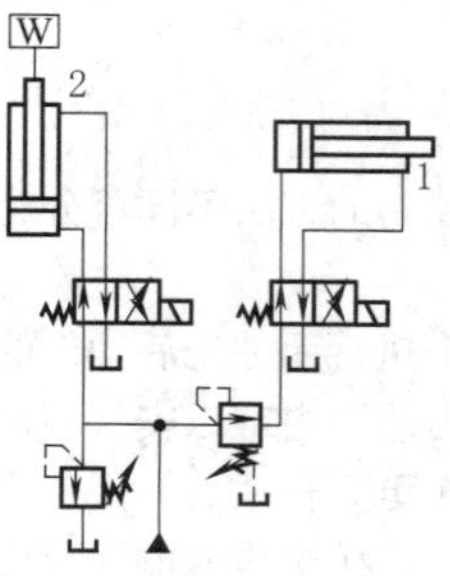 | 本回路中，液压缸2先动作，驱动载荷上行，液压缸2到位后，回路压力上升，顺序阀打开，液压缸1动作。此回路载荷大的液压缸先动作，载荷小的液压缸后动作；在液压缸1动作时，顺序阀起到对回路的保压作用 |

续表

| 类别 | 回路 | 特点 |
| --- | --- | --- |
| 行程控制顺序动作回路 | 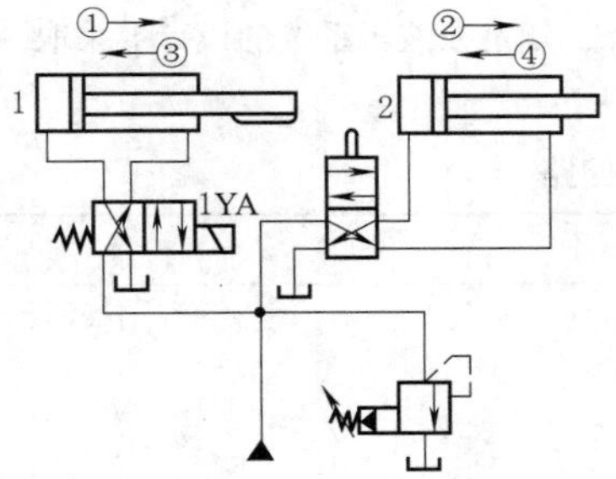 | 本回路为采用行程阀控制的顺序动作回路。根据需要将行程阀装在指定的位置上。当1YA通电、液压缸1活塞右移，直到其碰块压下行程阀触头后，液压缸2活塞开始右移；当电磁阀复位后，缸1活塞先退回，直至脱开行程阀2触头后，缸2的活塞才退回。动作顺序按①—②—③—④完成。该回路工作可靠，但改变动作顺序比较困难 |
| | 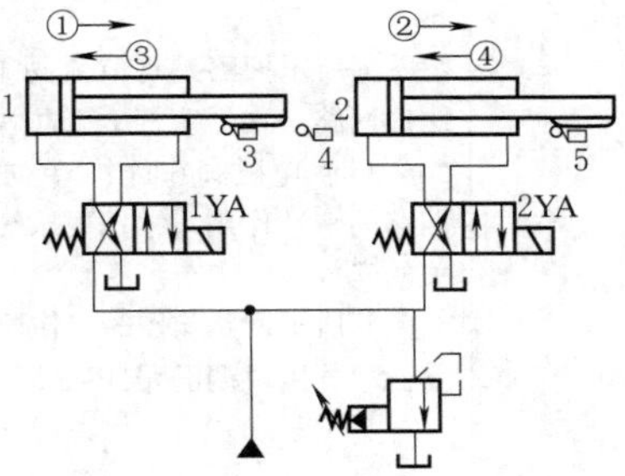 | 本回路为采用电气行程开关控制的顺序动作回路。1YA通电，液压缸1活塞右行；当触动行程开关4后，2YA通电，液压缸2活塞右行；直至行程终点触动行程开关5，使1YA断电，缸1活塞向左退回，当退至触动行程开关3时，使2YA断电，缸2活塞向左退回。这样完成①—②—③—④全部顺序动作循环，活塞均回原位。本回路利用电气行程开关控制顺序动作，调整行程和改变其动作顺序方便；利用电气实现互锁，使顺序动作可靠，因此应用较广泛。在机床刀架的液压系统中应用很常见 |
| | 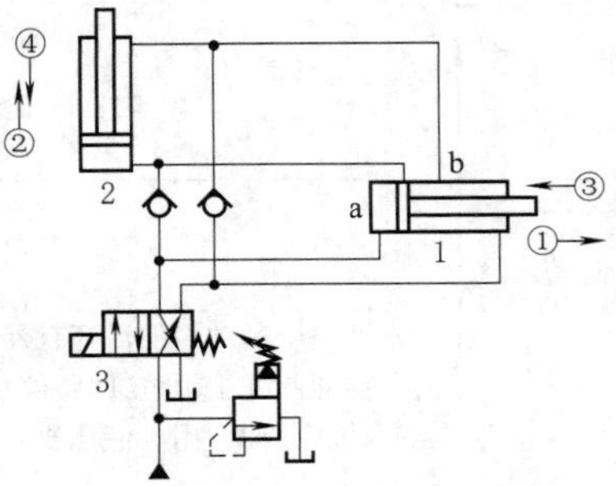 | 本回路为采用顺序缸的顺序动作回路。电磁阀3通电，顺序缸1活塞先行，油口a开，缸2活塞上升；电磁阀3断电，缸1活塞先退回，油口b打开，缸2退回，完成①—②—③—④顺序动作。本回路适用于完成固定顺序和位置情况下的顺序动作，而改变其动作顺序和行程位置是较难的。又由于顺序缸不宜用密封圈，故只适用于低压系统 |
| 时间控制顺序动作回路 | 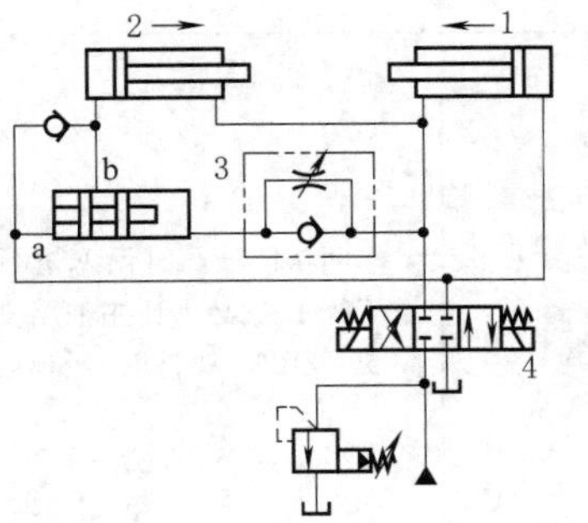 | 本回路为采用延时阀实现液压缸1、2工作行程的顺序动作回路。当阀4处左位，液压缸1活塞左移，压力油同时进入延时阀3。由于节流阀的节流作用，延时阀滑阀缓慢右移，延续一定时间后，油口a、b接通，油液进入液压缸2，使其活塞右移。通过调节节流阀开度，即可调节液压缸1和缸2的先后动作时间差。因为节流阀的流量受载荷和温度的影响，不能保持恒定，所以用节流阀难以准确地实现时间控制；一般与行程控制方式配合使用 |

## 4.2 缓冲回路

执行元件所带动的工作机构如果速度较高或质量较大，若突然停止或换向时，会产生很大的冲击和振动。为了减少或消除冲击，除了对液压元件本身采取一些措施外，就是在液压系统的设计上采取一些办法实现缓冲，这种回路为缓冲回路。

表 21-3-17　　　　缓冲回路

| 类别 | 回路 | 特点 |
|---|---|---|
| 用节流阀的缓冲回路 | 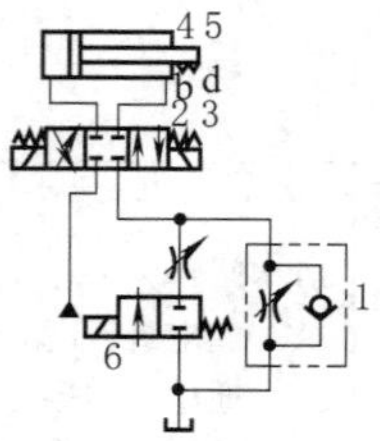(a)<br>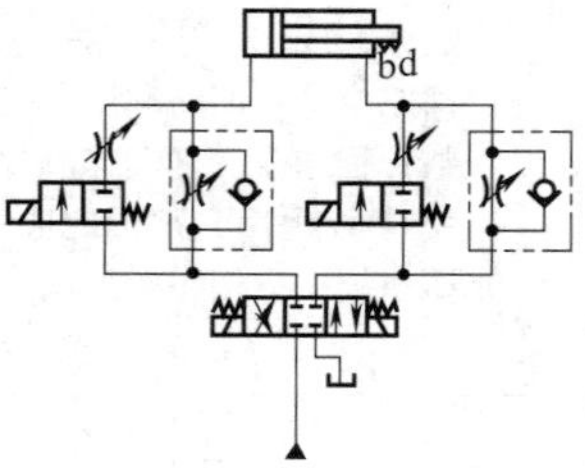(b) | 图 a 所示回路是将节流阀 1 安装在出油口的节流缓冲回路。在活塞杆上有凸块 4 或 5，碰到行程开关 2 或 3 时，电磁阀 6 断电，单向节流阀开始节流，实现回路的缓冲作用。根据要求缓冲的位置，调整行程开关的安放<br>图 b 所示回路与图 a 工作原理相同，但该回路为往复行程分别可调的缓冲回路 |
| 用溢流阀的缓冲回路 | 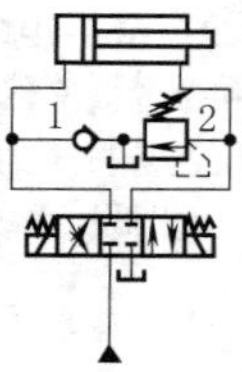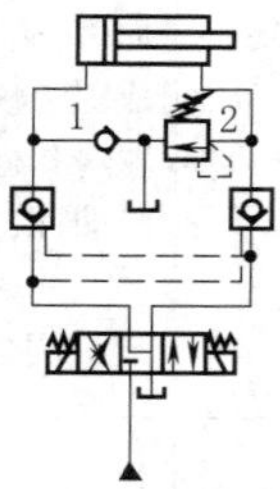 | 本回路中运动中的活塞有外力及移动部件惯性，要使其换向阀处于中位，回路停止工作，此时，溢流阀 2 起制动和缓冲作用。液压缸左腔经单向阀 1 从油箱补油 |
| | 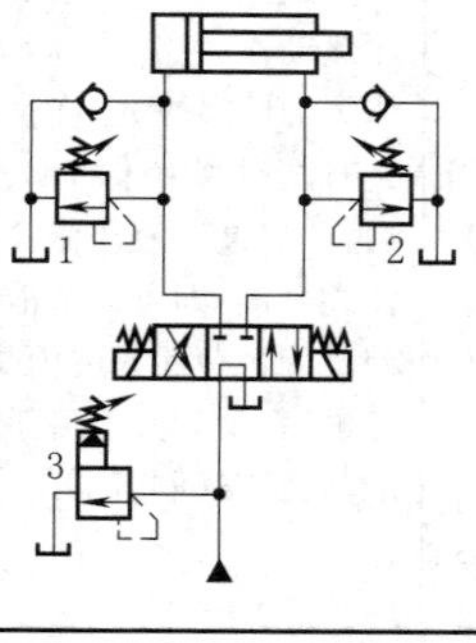 | 本回路使液压缸活塞进行双向缓冲。作为缓冲的溢流阀 1、2，必须比主油路中的溢流阀 3 的调定压力高 5%～10%，缓冲时，经单向阀由油箱补油 |

续表

| 类 别 | 回 路 | 特 点 |
|---|---|---|
| 用电液阀的缓冲回路 | 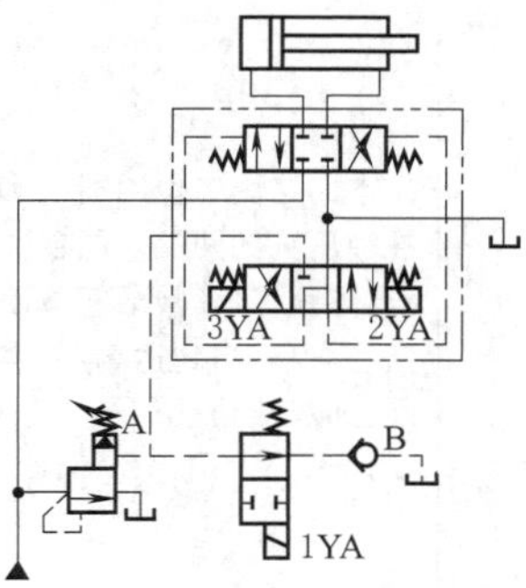 | 如图示位置,液压缸不工作。当1YA和2YA通电,从溢流阀遥控口来的控制油被引入液动换向阀的左端。在压力升到0.3~0.5MPa时,换向阀逐渐被切换到左位,压力油进入液压缸的左腔,推动活塞右移;当要求活塞向左返回时,使1YA和3YA通电即可。本回路的特点是换向阀在低压下逐渐切换,液压缸工作压力逐渐上升,不工作时卸荷,可以防止发热和冲击,适用于大功率液压系统 |
| 用蓄能器的缓冲回路 | 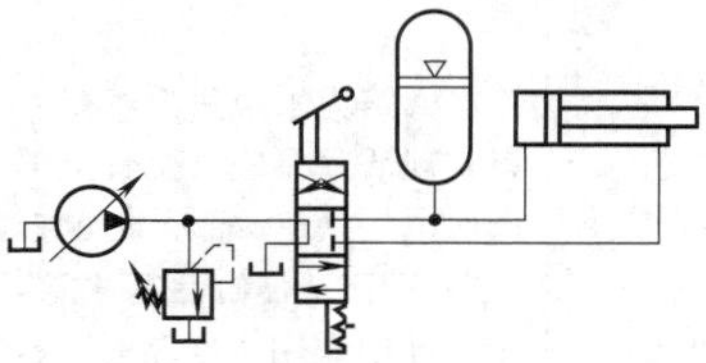 | 本回路为用蓄能器减少冲击的缓冲回路。将蓄能器安装在液压缸的端部,在活塞杆带动载荷运行近于端部要停止时,油液压力升高,此时由蓄能器吸收,减少冲击,实现缓冲 |
| 用液压缸的缓冲回路 | 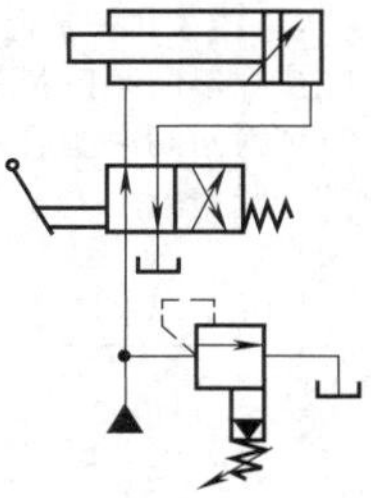 | 由缓冲液压缸组成的缓冲回路,对液压回路没有特殊的要求,缓冲动作可靠,但对缓冲液压缸的行程设计要求严格,不容易变换,适合于缓冲行程位置固定的工作场合,故限制了适用的范围。其缓冲效果由缓冲液压缸的缓冲装置调整 |

## 4.3 锁紧回路

锁紧回路是使执行元件停止工作时，将其锁紧在要求的位置上的回路。

**表 21-3-18** **锁紧回路**

| 类 别 | 回 路 | 特 点 |
|---|---|---|
| 用单向阀的锁紧回路 | 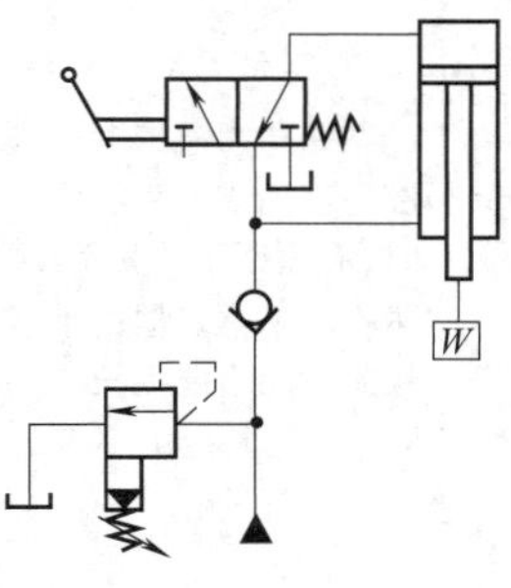 | 本回路采用一个单向阀,使液压缸活塞锁紧在行程的终点。单向阀的作用是防止重物因自重下落,也防止外载荷变化时活塞移动。本回路只能实现在液压缸一端锁紧 |

续表

| 类别 | 回路 | 特点 |
| --- | --- | --- |
| 用单向阀的锁紧回路 | 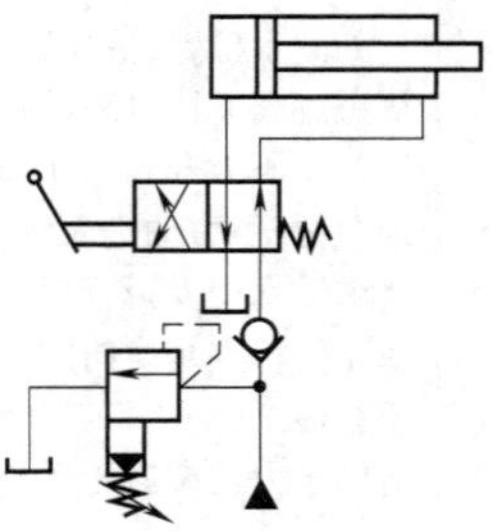 | 本回路用二位四通阀和单向阀使液压缸活塞锁紧在液压缸的两端。图示位置时,液压缸活塞左移至终点,停止工作时,活塞被锁紧;同理,换向阀至左位时,活塞右移,当到达端点,停止工作时,活塞被锁紧在右端,即双端锁紧 |
| | 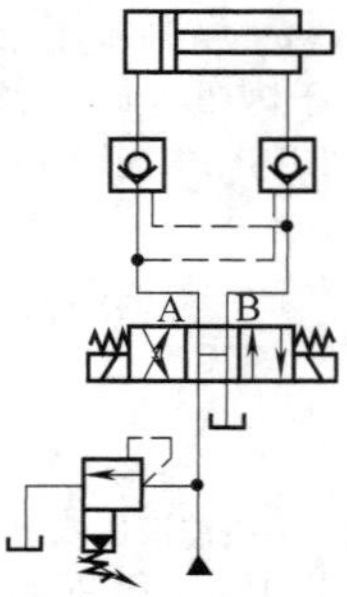 | 本回路为采用两个液控单向阀组成的联锁回路,可以实现活塞在任意位置上的锁紧。只有在电磁换向阀通电切换时,压力油向液压缸供给,液控单向阀被反向打开,液压缸活塞才能运动。此回路锁紧精度高<br>设计中应用本回路时,为了保证可靠的锁紧,其换向阀应该采用 H 型或 Y 型。这样当换向阀处于中位时,A、B 两油口直通油箱,液控单向阀才能立即关闭,活塞停止运动并被锁紧。否则(如采用 E 型阀),往往因单向阀控制腔压力油被封闭而不能立即关闭,直到换向阀内泄后才使液控单向阀关闭,这样就影响其锁紧精度 |
| 用换向阀的锁紧回路 | 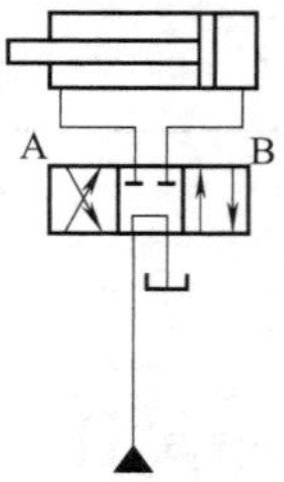 | 本回路是双向锁紧回路。但是由于滑阀有一定的泄漏,因此在使用这种回路进行锁紧时,在需要较长时间且精度要求较高的系统中是不适当的 |
| 用液控顺序阀的锁紧回路 | 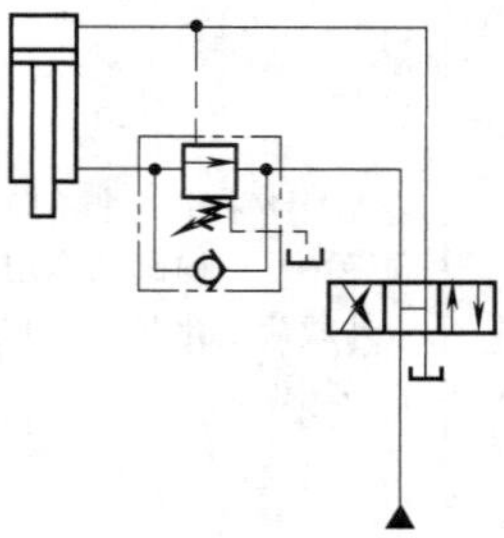 | 本回路为液控顺序阀单向锁紧回路。当液压缸上腔不进油或上腔油压低于液控顺序阀所调定的压力时,液控顺序阀关闭,液压缸下腔不能回油,活塞被锁紧不能下落。但由于液控顺序阀有一定泄漏,因此,锁紧时间不能太长 |

续表

| 类别 | 回路 | 特点 |
|---|---|---|
| 用液控顺序阀的锁紧回路 | 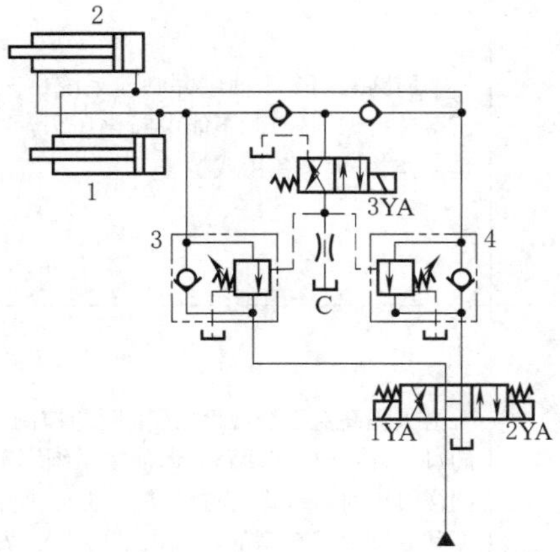 | 本回路为液控顺序阀双向锁紧回路。当2YA、3YA通电时,压力油将阀3、4打开,液压缸1活塞左移,液压缸2活塞右移。停车时,2YA断电,3YA通电,阀3遥控腔油经C回油箱,阀3逐渐关闭。当需要失效保护措施时,将3YA断电,阀3与4迅速关闭,将液压缸锁紧 |

## 4.4 油源回路

油源回路是液压系统中提供一定压力和流量传动介质的动力源回路。在设计油源时要考虑压力的稳定性、流量的均匀性、系统工作的可靠性、传动介质的温度、污染度以及节能等因素，针对不同的执行元件功能的要求，综合上述各因素，考虑油源装置中各种元件的合理配置，达到既能满足液压系统各项功能的要求，又不因配置不必要的元件和回路而造成投资成本的提高和浪费。油源结构有多种形式，表21-3-19列出了一些常用油源的组合形式。

以变量泵为主的油源主要考虑节省能源的因素，故在相关的节能回路和容积调速回路中作了介绍，利用油泵及其他元件可组成具有特定功能的回路。应依据液压系统功能的要求，参考相应的回路，进行油源的原理设计。

**表21-3-19　　油源回路**

| 类别 | 回路 | 特点 |
|---|---|---|
| 单定量泵供油回路 | 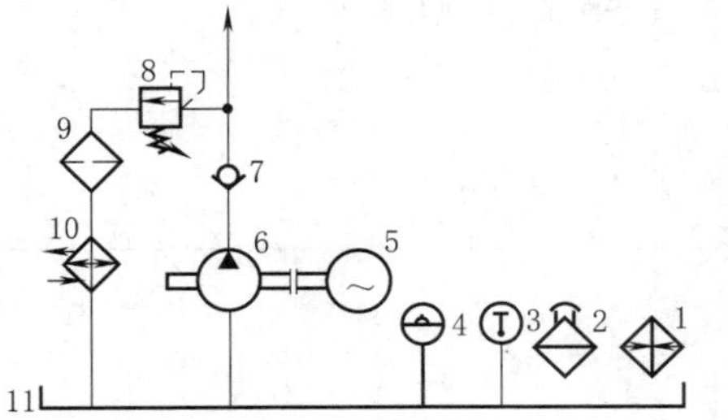 | 单定量泵回路用于对液压系统可靠性要求不高或者流量变动量不大的场合,溢流阀用于设定泵站的输出压力<br>该图也表述了液压油站的基本组成。图中:1—加热器;2—空气过滤器;3—温度计;4—液位计;5—电动机;6—液压泵;7—单向阀;8—溢流阀;9—过滤器;10—冷却器;11—油箱。其中加热器、冷却器可以根据系统发热、环境温度、系统的工作性质决定取舍 |
| 多定量泵供油回路 | 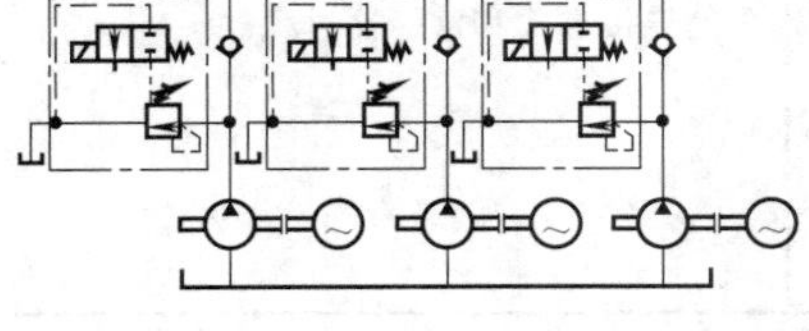 | 本回路采用多个油泵并联向系统供压力油。该回路用于要求液压系统可靠性较高的设备和场合,采用数台泵工作一台备用的工作方式,当系统流量变化较大时也可以采用,当系统需要流量小时,一部分泵工作,其余泵卸荷,当需要大流量时,泵全部工作,达到节省能源的目的 |

续表

| 类别 | 回路 | 特点 |
|---|---|---|
| 多定量泵供油回路 | 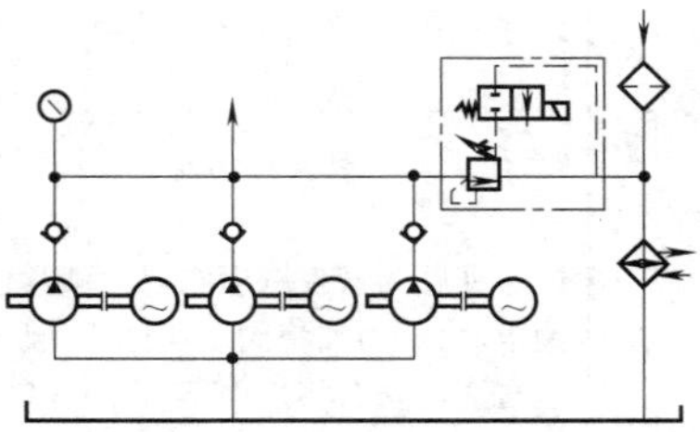 | 本回路采用多个油泵并联向系统供压力油。用于要求液压系统可靠性较高,不能中断供压力油的设备和场合,数台泵工作,一台泵备用或检修 |
| 定量泵辅助循环泵供油回路 | 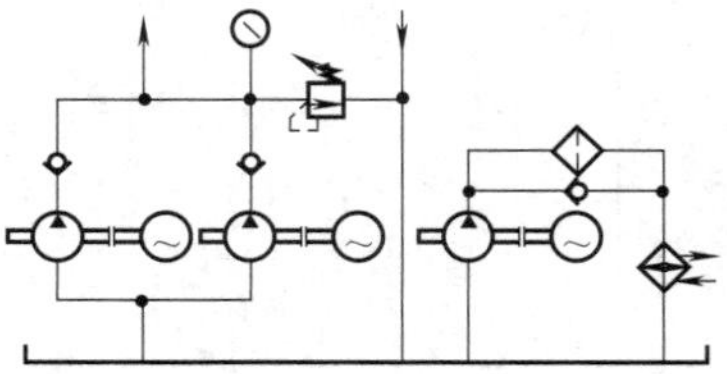 | 为了提高对系统温度、污染度的控制,该油站采用了独立的过滤、冷却循环回路。即使主系统不工作,采用这种结构,同样可以对系统进行过滤和冷却,主要用于对液压油的污染度和温度要求较高的场合 |
| 压力油箱供油回路 | 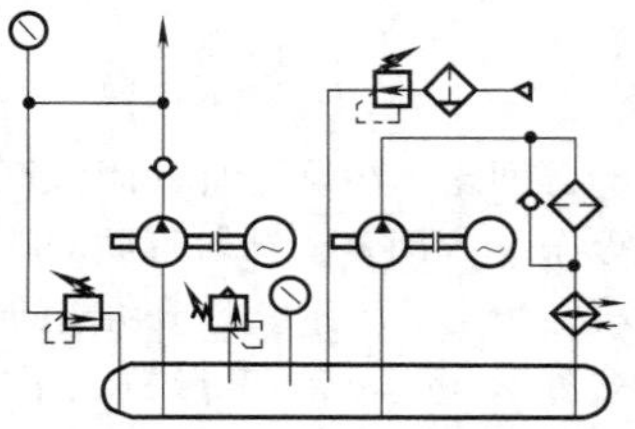 | 本回路用于水下作业或者环境条件恶劣的场合。油箱采用全封闭式设计,由充气装置向油箱提供过滤的压力空气,使箱内压力大于环境压力,防止传动介质被污染。充气压力根据环境条件确定 |
| 主辅泵供油回路 | 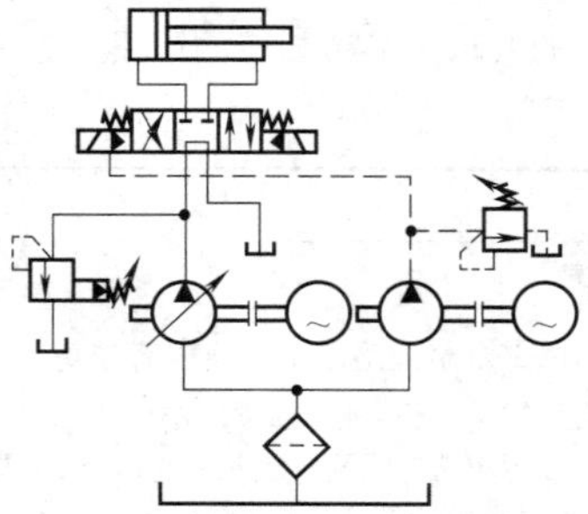 | 本回路采用两油泵向系统供压力油。主泵为高压、大流量恒功率变量泵。辅助泵为低压、小流量定量泵,该泵主要用于向系统提供控制压力油 |
| 设有蓄能器的供油回路 | 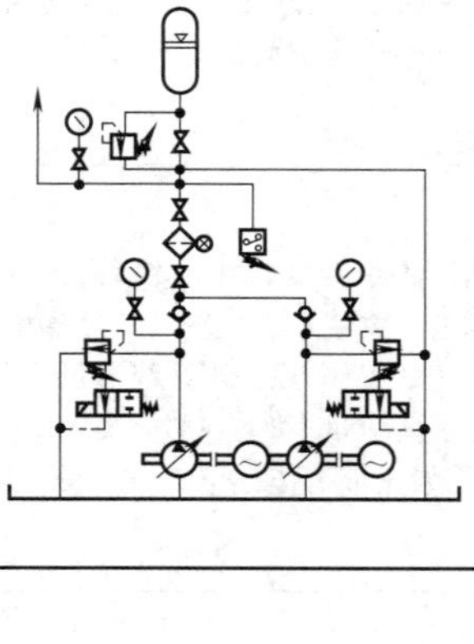 | 供油回路采用蓄能器作为辅助油源,起到节省能源的作用,降低油泵投资成本,同时还起到吸收压力冲击、减少流量脉动、短时大流量供油的作用。回路采用蓄能器,要注意与泵的连接方式和蓄能器过载保护 |

# 第4章 液压工作介质

## 1 液压工作介质的类别、组别、产品符号和命名（摘自 GB/T 7631.1—2008、GB/T 7631.2—2003）

表 21-4-1

| 类别 | 组别 | 应用场合 | 更具体应用 | 产品符号 L- | 组成和特性 | 备注 | 产品的命名 |
|---|---|---|---|---|---|---|---|
| L | H | 液压系统（流体静压系统） | 用于要求使用环境可接受液压液的场合 | HH | 无抑制剂的精制矿油 | | ① 产品名称的一般形式<br>类 - 品种 数字<br>② 产品名称的举例<br>例 1：<br>L - HM 32<br>数字（根据 GB/T 3141—1994 标准规定的黏度等级）<br>品种（具有防锈、抗氧和抗磨性的精制矿油，H 为 L 类产品所属的组别，其应用场合为液压系统）<br>类别（润滑剂和有关产品）<br>例 2：<br>L - HFDR 46<br>数字（根据 GB/T 3141—1994 标准规定的黏度等级）<br>品种（磷酸酯无水合成液，H 为 L 类产品所属的组别，其应用场合为液压系统）<br>类别（润滑剂和有关产品） |
| | | | | HL | 精制矿油，并改善其防锈和抗氧性 | | |
| | | | | HM | HL 油，并改善其抗磨性 | 典型应用为有高载荷部件的一般液压系统 | |
| | | | | HR | HL 油，并改善其黏温性 | | |
| | | | | HV | HM 油，并改善其黏温性 | 典型应用为建筑和船舶设备 | |
| | | | | HS | 无特定难燃性的合成液 | 特殊性能 | |
| | | | | HETG | 甘油三酸酯 | 每个品种的基础液的最小含量应不少于 70%（质量分数）<br>典型应用为一般液压系统（可移动式） | |
| | | | | HEPG | 聚乙二醇 | | |
| | | | | HEES | 合成酯 | | |
| | | | | HEPR | 聚 α 烯烃和相关烃类产品 | | |
| | | | 液压导轨系统 | HG | HM 油，并具有抗黏-滑性 | 这种液体具有多种用途，但并非在所有液压应用中皆有效。典型应用为液压和滑动轴承导轨润滑系统合用的机床，在低速下使振动或间断滑动（黏-滑）减为最小 | |

续表

| 类别 | 组别 | 应用场合 | 更具体应用 | 产品符号L- | 组成和特性 | 备注 | 产品的命名 |
|---|---|---|---|---|---|---|---|
| L | H | 液压系统（流体静压系统） | 用于使用难燃液压液的场合 | HFAE | 水包油型乳化液 | 通常含水量大于80%（质量分数） | |
| | | | | HFAS | 化学水溶液 | 通常含水量大于80%（质量分数） | |
| | | | | HFB | 油包水乳化液 | | |
| | | | | HFC | 含聚合物水溶液① | 通常含水量大于35%（质量分数） | |
| | | | | HFDR | 磷酸酯无水合成液② | 通常含水量小于4%（质量分数） | |
| | | | | HFDU | 脂肪酸酯合成液③ | 5%（质量分数） | |
| | | 液压系统（流体动力系统） | 自动传动系统 | HA | | 与这些应用有关的分类尚未进行详细地研究，以后可以增加 | |
| | | | 偶合器和变矩器 | HN | | | |

① 由水、乙二醇及特种高分子聚合物组成，无毒易生物降解。应注意材料的适应性。

② 磷酸酯采用三芳基磷酸酯配以防腐剂及抗氧化剂，与含水介质不相容。

③ 脂肪酸酯是由有机酯（天然酯和合成酯）和抗氧化剂、防腐剂，抗金属活化剂、消泡剂以及抗乳化剂组成。具有无毒、黏度-压力特性好和材料相容性好等优点。

注：1. 液压工作介质有液压油和液压液两类，根据GB/T 498—1987《石油产品及润滑剂的总分类》和GB/T 7631.1—2008《润滑剂和有关产品（L类）的分类——第1部分：总分组》的规定，将其归入“润滑剂和有关产品（L类）”和该类的“H组（液压系统）”。本分类标准系等效采用ISO 6743/0—1981《润滑剂、工业润滑油和有关产品（L类）的分类——第0部分：总分组》和等同采用ISO 6743-4：1999《润滑剂、工业用油和相关产品（L类）的分类第4部分：H组（液压系统）》（英文版）而制定的。

2. 本类产品的类别名称和组别符号分别用英文字母“L”和“H”表示。分组原则系根据产品的应用场合。

3. 本分类暂不包括汽车刹车液和航空液压液。

4. H组的详细分类根据符合本组产品品种的主要应用场合和相应产品的不同组成来确定。

5. 每个品种由一组字母组成的符号表示，它构成一个编码，编码的第一个字母（H）表示产品所属的组别，后面的字母单独存在时本身无含义。

6. 每个品种的符号中可以附有按GB/T 3141—1994《工业液体润滑剂ISO黏度分类》规定的黏度等级。

# 2　液压油黏度分类

黏度是液压油（液）划分牌号的依据。液压油（液）属于工业液体润滑剂的（H）组，其黏度分类按GB/T 3141—1994《工业液体润滑剂ISO黏度分类》进行。此分类法系等效采用ISO 3448—1992编制的。标称黏度等级用40℃时的运动黏度中心值表示，单位为$mm^2/s$，并以此表示液压油（液）的牌号。对于某一黏度等级，其黏度范围距中心值的允许偏差为±10%，相邻黏度等级间的中心黏度值相差50%。液压油（液）常用的黏度等级，或称牌号，为10号至100号，主要集中在15号至68号。具体黏度等级分类见表21-4-2。

**表21-4-2**　　**工业液体润滑剂ISO黏度分类**（摘自GB/T 3141—1994）

| ISO黏度等级 | | 2 | 3 | 5 | 7 | 10 | 15 | 22 | 32 | 46 | 68 |
|---|---|---|---|---|---|---|---|---|---|---|---|
| 中间点运动黏度(40℃)/$mm^2 \cdot s^{-1}$ | | 2.2 | 3.2 | 4.6 | 6.8 | 10 | 15 | 22 | 32 | 46 | 68 |
| 运动黏度范围(40℃)/$mm^2 \cdot s^{-1}$ | 最小 | 1.98 | 2.88 | 4.14 | 6.12 | 9.0 | 13.5 | 19.8 | 28.8 | 41.4 | 61.2 |
| | 最大 | 2.42 | 3.52 | 5.06 | 7.48 | 11.0 | 16.5 | 24.2 | 35.2 | 50.6 | 74.8 |
| ISO黏度等级 | | 100 | 150 | 220 | 320 | 460 | 680 | 1000 | 1500 | 2200 | 3200 |
| 中间点运动黏度(40℃)/$mm^2 \cdot s^{-1}$ | | 100 | 150 | 220 | 320 | 460 | 680 | 1000 | 1500 | 2200 | 3200 |
| 运动黏度范围(40℃)/$mm^2 \cdot s^{-1}$ | 最小 | 90.0 | 135 | 198 | 288 | 414 | 612 | 900 | 1350 | 1980 | 2880 |
| | 最大 | 110 | 165 | 242 | 352 | 506 | 748 | 1100 | 1650 | 2420 | 3520 |

# 3 对液压工作介质的主要要求

表 21-4-3

| 要求 | 说明 |
|---|---|
| 黏度合适，随温度的变化小 | 工作介质黏度是根据液压系统中重要液压元件的油膜承载能力确定的，故应在保证承载能力的条件下，选择合适的介质黏度。工作介质的黏度太大，系统的压力损失大，效率降低，而且泵的吸油状况恶化，容易产生空穴和汽蚀作用，使泵运转困难。黏度太小，则系统泄漏太多，容积损失增加，系统效率亦低，并使系统的刚性变差。此外，季节改变，以及机器在启动前后和正常运转的过程中，工作介质的温度会发生变化，因此，为了使液压系统能够正常和稳定地工作，要求工作介质的黏度随温度的变化要小 |
| 润滑性良好 | 工作介质对液压系统中的各运动部件起润滑作用，以降低摩擦和减少磨损，保证系统能够长时间正常工作。近来，液压系统和元件正朝高性能化方向发展，许多摩擦部件处于边界润滑状态，所以，要求液压工作介质具有良好的润滑性 |
| 抗氧化 | 工作介质与空气接触会产生氧化变质，高温、高压和某些物质（如铜、锌、铝等）会加速氧化过程。氧化后介质的酸值增加，腐蚀性增强，而且氧化生成的黏稠物会堵塞元件的孔隙，影响系统的正常工作，因此，要求工作介质具有良好的抗氧化性 |
| 剪切安定性好 | 工作介质在经过泵、阀和微孔元器件时，要经受剧烈的剪切。这种机械作用会使介质产生两种形式的黏度变化，即在高剪切速度下的暂时性黏度损失和聚合型增黏剂分子破坏后造成的永久性黏度下降。在高速、高压时这种情况尤为严重。黏度降低到一定程度后就不能够继续使用，因此，要求工作介质的剪切安定性好 |
| 防锈和不腐蚀金属 | 液压系统中许多金属零件长期与工作介质接触，其表面在溶解于介质中的水分和空气的作用下会发生锈蚀，使精度和表面质量受到破坏。锈蚀颗粒在系统中循环，还会引起元件加速磨损和系统故障。同时，也不允许介质自身对金属零件有腐蚀作用，或会缓慢分解产生酸等腐蚀性物质。所以，要求液压工作介质具有良好的保护金属、防止生锈和不腐蚀金属的性能 |
| 同密封材料相容 | 工作介质必须同元件上的密封材料相容，不引起溶胀、软化或硬化，否则，密封会失效，产生泄漏，使系统压力下降，工作不正常 |
| 消泡和抗泡沫性好 | 混入和溶于工作介质的空气，常以气泡（直径大于1.0mm）和雾沫空气（直径小于0.5mm）两种形式析出，即起泡。起泡的介质使系统的压力降低，润滑条件恶化，动作刚性下降，并引起系统产生异常噪声、振动和汽蚀。此外，空气泡和雾沫空气的表面积大，同介质接触使氧化加速，所以，要求工作介质具有良好的消泡和抗泡沫性 |
| 抗乳化性好 | 水可能从不同途径混入工作介质。含水的液压油工作时受剧烈搅动，极易乳化，乳化使油液劣化变质和生成沉淀物，妨碍冷却器的导热，阻滞管道和阀门，降低润滑性及腐蚀金属，所以，要求工作介质具有良好的抗乳化性 |
| 清洁度符合要求 | 工作介质中的机械杂质会堵塞液压元件通路，引起系统故障。机械杂质又会使液压元件加速磨损，影响设备正常工作，加大生产成本。各种液压系统工作介质都应符合相应清洁度的要求 |
| 其他 | 良好的化学稳定性、低温流动性、难燃性，以及无毒、无臭，在工作压力下，具有充分的不可压缩性 |

# 4 常用液压工作介质的组成、特性和应用

表 21-4-4

| 产品符号 | 黏度等级 | 组成、特性和主要应用介绍 | 相当、相近和可代用产品 |
|---|---|---|---|
| （或产品名称） | | | |
| L-HH | 15、22、32、46、68、100、150 | 本产品为不加添加剂或加有少量抗氧剂的精制矿油。产品质量比全损耗系统用油（L-AN 油）高，抗氧和防锈性比汽轮机油差。用于低压或简单机具的液压系统。无本品时可选用 L-HL 油 | L-HL |
| L-HL | 15、22、32、46、68、100 | 原油经常减压蒸馏所得馏分油，再经溶剂脱蜡、精制、白土或加氢精制所得中性油，加入抗氧、防锈、抗泡等添加剂调和而成。具有良好的防锈及抗氧化安定性，使用寿命较机械油长一倍以上，并有较好的空气释放性、抗泡性、分水性及橡胶密封相容性。主要应用于机床和其他设备的低压齿轮泵系统。适用环境温度为 0℃ 以上，最高使用温度为 80℃。无本产品时可用 L-HM 油等 | L-FC<br>L-TSA<br>L-HM |
| L-HM | 15、22、32、46、68、100、150 | 由深度精制矿油加入抗氧、防锈、抗磨、抗泡等添加剂调和而成。产品具有良好的抗磨性，在中、高压条件下能使摩擦面具有一定的油膜强度，降低摩擦和磨损；有良好的润滑性、防锈性及抗氧化安定性，与丁腈橡胶有良好的相容性。适用于各种液压泵的中、高压液压系统。适用环境温度为-10~40℃。对油有低温性能要求或无本产品时，可选用 L-HV 和 L-HS 油 | L-HV<br>L-HS |
| L-HV | 15、22、32、46、68、100、150 | 本产品为在 L-HM 油基础上改善其黏温性的润滑油。适用于环境温度变化较大和工作条件恶劣（指野外工程和远洋船舶等）的低、中、高压液压系统。对油有更好的低温性能要求或无本产品时，可选用 L-HS 油。本产品黏度指数大于 170 时还可用于数控液压系统 | L-HS |
| L-HR | 15、32、46 | 本产品为在 L-HL 油基础上改善其黏温性的润滑油。适用于环境温度变化较大和工作条件恶劣（野外工程、远洋船舶）的低压液压系统以及有青铜或银部件的液压系统 | |
| L-HS | 10、15、22、32、46 | 本产品为无特定难燃性的合成液，目前暂考虑为合成烃油。加有抗氧、防锈、抗磨剂和黏温性能改进剂，应用同 L-HV 油，但低温黏度更小，更适用于严寒区，也可全国四季通用 | |
| L-HG | 32、68 | 本产品为在 L-HM 油基础上改善其黏-滑性的润滑油，具有良好的黏-滑特性，是液压和导轨润滑合用系统的专用油 | |
| L-HFAE | 7、10、15、22、32 | 本产品为水包油型（O/W）乳化液，也是一种乳化型高水基液，通常含水量在 80%以上，低温性、黏温性和润滑性差，但难燃性好，价格便宜。适用于煤矿液压支架静压液压系统和其他不要求回收废液，不要求有良好润滑性，但要求有良好难燃性液体的液压系统或机械部位。使用温度为 5~50℃ | |
| L-HFAS | 7、10、15、22、32 | 本产品为水的化学溶液，是一种含有化学品添加剂的高水基液，通常为呈透明状的真溶液。低温性、黏温性和润滑性差，但难燃性好，价格便宜。适用于需要难燃液的低压液压系统和金属加工等机械。使用温度为 5~50℃ | |

GB/T 7631.2—2003 体系液压油（液）

续表

| | 产品符号（或产品名称） | 黏度等级 | 组成、特性和主要应用介绍 | 相当、相近和可代用产品 |
|---|---|---|---|---|
| GB/T 7631.2—2003 体系液压油（液） | L-HFB | 22、32、46、68、100 | 本产品为油包水型(W/O)乳化液，常含油60%以上，其余为水和添加剂，低温性差，难燃性比L-HFDR液差。适用于冶金、煤矿等行业的中压和高压、高温和易燃场合的液压系统。使用温度为5~50℃ | |
| | L-HFC | 15、22、32、46、68、100 | 本产品通常为含乙二醇或其他聚合物的水溶液，低温性、黏温性和对橡胶适应性好。它的难燃性好，但比L-HFDR液差。适用于冶金和煤矿等行业的低压和中压液压系统。使用温度为-20~50℃ | WG-38<br>WG-46 |
| | L-HFDR | 15、22、32、46、68、100 | 本产品通常为无水的各种磷酸酯作基础油加入各种添加剂而制得，难燃性较好，但黏温性和低温性较差，对丁腈橡胶和氯丁橡胶的适应性不好。适用于冶金、火力发电、燃气轮机等高温高压下操作的液压系统。使用温度为-20~100℃ | 4613-1<br>4614<br>HP-38<br>HP-46 |
| | L-HFDU | 15、22、32、46、68、100 | 本产品通常为无水的各种有机酯作为基础油，加入各种添加剂制得，难燃性好，黏度-压力特性和低温流动性好，无毒、有较好的防锈性和抗腐蚀性，油泵使用寿命极好，并具有再生性和非常好的材料适用性 | |
| 专用液压油（液） | 10号航空液压油 | | 10号航空液压油以深度精制的轻质石油馏分油为基础油，加有8%~9%的T601增黏剂、0.5%的T501抗氧防胶剂、0.007%的苏丹Ⅳ染料。具有良好的黏温特性，凝点低，低温性能和抗氧化安定性好，不易生成酸性物质和胶膜，油液高度清洁，应用于飞机的液压系统和起落架、减振器、减摆器等，也应用于大型舰船的武器和通信设备，如雷达、导弹发射架和火炮的液压系统等。寒区作业的工程机械，有的规定冬季使用航空液压油，如日本的加藤挖掘机等 | |
| | 合成锭子油 | | 合成锭子油是由含烯烃的轻质石油馏分，经三氯化铝催化叠合等工艺制得的合成润滑油，再经白土精制并加添加剂调和而成。此品种低温性能好，相对密度大，黏度范围宽，质量稳定，安定性好，长期贮存不易变质，适用于低温系统和普通液压油不能胜任的系统 | |
| | 炮用液压油 | | 炮用液压油由原油经常压蒸馏、尿素脱蜡、白土精制所得的润滑油馏分作基础油，添加增黏剂、防锈剂、抗氧剂调和制成，呈浅黄色透明液体，具有良好的抗氧、防锈及黏温性能，凝点很低，可南北四季适用。用作各种炮、重型火炮液压系统工作介质 | |
| | 机动车辆制动液 | | 机动车辆制动液应用于机动车辆液压制动系统。合成机动车辆制动液由各种类型制动液基础液（合成液，如醇醚类、季戊四醇类、烷氧基硅醚类、双酯类、硅酮类）加抗氧化、抗腐蚀、抗磨损和防锈等添加剂制成。标准GB 12981—2003《机动车辆制动液》按机动车辆安全使用要求，规定有HZY3、HZY4、HZY5三种产品，它们分别对应国际通用产品DOT3、DOT4、DOT5或DOT5.1 | |

# 5 液压工作介质的添加剂

表 21-4-5 添加剂的作用、成分和用量

| 添加剂种类 | | 作用 | 主要化合物及代号 | 添加量(质量)/% |
|---|---|---|---|---|
| 改善物理性质的添加剂 | 油性剂 | 大多是一些表面活性物质，能吸附在金属表面上形成边界润滑层，防止金属直接接触 | 硫化鲸鱼油(T401)<br>硫化棉籽油(T404) | 2<br>1~2 |
| | 抗磨剂 | 在摩擦面上形成二次化合物保护膜，减少磨损，或在高温条件下分解出活性元素与金属表面起化学反应，生成低剪切强度的金属化合物薄膜，防止烧结和擦伤 | 氟化石蜡(T301)<br>二聚酸加磷酸酯(T306)<br>二烷基二硫代磷酸锌(T202) | 5~10 |
| | 增黏剂 | 改善液压油的黏温特性和提高黏度指数。大多是具有线状结构的高分子聚合物，分子量比基础油分子大数十倍至数百倍，故增加了内摩擦，使黏度增大。低温时，聚合物卷曲成紧密小球状，对低温黏度影响小。高温时聚合物舒展开，增加黏度，可改善黏温特性 | 聚正丁基乙烯基醚(T601)<br>聚甲基丙烯酸酯(T602) | 2~8<br>0.5 |
| | 抗泡剂 | 降低表面张力，使气泡能迅速地逸出油面，以消除气泡 | 二甲基硅油、金属皂、脂肪酸等 | 0.0005~0.005 |
| | 降凝剂 | 防止低温下基础油石蜡形成网状结晶，使凝点下降，保持油品的流动性 | 烷基萘(T801) | 0.5~1.5 |
| 改善化学性质的添加剂 | 抗氧抗腐剂 | 一是它本身比油品中绝大多数成分更易被氧化，从而保护油品免受氧化；二是在金属表面生成络合物薄膜，隔绝其与氧及其他腐蚀性物质的接触，防止金属对油氧化的催化作用和油对金属的腐蚀作用 | 二烷基二硫代磷酸锌(T202)<br>硫磷化烯烃钙盐(T201) | 0.4~2 |
| | 抗氧防胶剂 | 与游离活性基团或过氧化物反应生成安定性物质，以延缓或中断油品的氧化反应速度 | 2,6-二叔丁基对甲酚(T501) | 0.4~2 |
| | 防锈剂 | 一般都是极性化合物，它被吸附在与腐蚀介质接触的金属表面上，形成憎水性的吸附膜。一些易挥发的防锈剂还能进入蒸汽相，吸附到金属表面，起气相防锈作用 | 石油磺酸钠(T701)<br>十七烯基咪唑啉的十二烯基丁二酸盐(T703) | 0.01~1.0 |
| | 防霉菌剂 | 防止和抑制乳化油液发生霉菌 | 酚类化合物、甲醛化合物、水杨酸、酰基苯胺 | 0.02~0.1 |

# 6 液压工作介质的其他物理特性

## 6.1 密度

单位容积液压介质的质量称为密度。常温下各种液压介质的密度见表 21-4-6。

表 21-4-6 液压介质的密度 $g/cm^3$

| 介质种类 | 一般矿物液压油 | HFA 系列水包油乳化液 | HFB 系列油包水乳化液 | HFC 系列水-乙二醇液压液 | 磷酸酯液压液 | 脂肪酸酯液压液 | 纯水 |
|---|---|---|---|---|---|---|---|
| 密度值 | 0.85~0.95 | 0.99~1.0 | 0.91~0.96 | 1.03~1.08 | 1.12~1.2 | 0.90~0.93 | 1.0 |

## 6.2 可压缩性和膨胀性

表 21-4-7

| 物理代号 | 定义及计算公式 | 说明 | 符号意义 |
|---|---|---|---|
| 体积压缩系数 $K$ | 液压、介质的体积压缩系数用来表示可压缩性的大小，其定义式为<br>$K=-\dfrac{\Delta V/V_0}{\Delta p}$ | 对于未混有空气的矿物油型液压油，其体积压缩系数 $K=(5\sim7)\times10^{-10}m^2/N$<br>显然，液压介质的体积压缩系数很小，因而，工程上可认为液压介质是不可压缩的。然而，在高压液压系统中，或研究系统动特性及计算远距离操纵的液压机构时，必须考虑工作介质压缩性的影响 | $\Delta V$——液压介质的体积变化量，$m^3$<br>$V_0$——常温下的液压介质初始体积，$m^3$<br>$\Delta p$——压力变化量，Pa |
| 液压介质的体积弹性模量 $E$ | 液压介质体积压缩系数的倒数称为体积弹性模量，用 $E$ 表示<br>$E=1/K$ | 对于未混入空气的矿物油型液压油，其值为 $E=1.4\sim2GPa$；油包水型乳化液，$E=2.3GPa$；水-乙二醇液压液，$E=3.45GPa$ | $K$——体积压缩系数 |
| 含气液压介质的体积弹性模量 | 考虑含气液压介质中空气是等温变化时公式为：<br>$E'=\left[\dfrac{\dfrac{V_{f0}}{V_{a0}}+\dfrac{p_0}{p}}{\dfrac{V_{f0}}{V_{a0}}+\dfrac{Ep_0}{p^2}}\right]E$<br>或<br>$E'=\left[\dfrac{\dfrac{1-x_0}{x_0}+\dfrac{p_0}{p}}{\dfrac{1-x_0}{x_0}+\dfrac{Ep_0}{p^2}}\right]E$ | 液压系统中所用的液压介质，均混有一定的空气。液压介质混入空气后，会显著地降低介质的体积弹性模量，当空气是等温变化时，其值可由下式给出 | $E'$——液压介质中混入空气时的体积弹性模量，Pa<br>$E$——液压介质的体积弹性模量，Pa<br>$V_{f0}$——1 大气压下液压介质的体积，$m^3$<br>$V_{a0}$——1 大气压下混入液压介质中的空气体积，$m^3$<br>$p_0$——绝对大气压力，Pa<br>$p$——系统绝对压力，Pa<br>$x_0$——1 大气压下，空气体积的混入比<br>$x_0=V_{a0}/(V_{a0}+V_{f0})$ |
| 液压介质的热膨胀性 | 热膨胀率 $\alpha$<br>$\alpha=\dfrac{\Delta V/V_0}{\Delta t}$ | 液压介质的体积随温度变化而变化的性质称为热膨胀性 | $\Delta V$——液压介质的体积变化量，$m^3$<br>$V_0$——常温下的液压介质初始体积，$m^3$<br>$\Delta t$——相对于常温的温度变化，℃ |

# 7　液压工作介质的质量指标

## 7.1　液压油（摘自 GB 11118.1—2011）

表 21-4-8　　液压油（L-HL，L-HM 和 L-HG）质量指标

| 项目 | 质量指标 | | | | | | | | | | | | | | | | | | | | | 试验方法 |
|---|---|---|---|---|---|---|---|---|---|---|---|---|---|---|---|---|---|---|---|---|---|---|
| | L-HL | | | | | | | L-HM 高压 | | | | L-HM 普通 | | | | | | L-HG | | | | |
| 黏度等级（GB/T 3141） | 15 | 22 | 32 | 46 | 68 | 100 | 150 | 32 | 46 | 68 | 100 | 22 | 32 | 46 | 68 | 100 | 150 | 32 | 46 | 68 | 100 | |
| 密度(20℃)①/(kg/m³) | 报告 | | | | | | | 报告 | | | | 报告 | | | | | | 报告 | | | | GB/T 1884 和 GB/T 1885 |
| 色度/号 | 报告 | | | | | | | 报告 | | | | 报告 | | | | | | 报告 | | | | GB/T 6540 |
| 外观 | 透明 | | | | | | | 透明 | | | | 透明 | | | | | | 透明 | | | | 目测 |
| 闪点/℃ 开口　不低于 | 140 | 165 | 175 | 185 | 195 | 205 | 215 | 175 | 185 | 195 | 205 | 165 | 175 | 185 | 195 | 205 | 215 | 175 | 185 | 195 | 205 | GB/T 3536 |
| 运动黏度/(mm²/s) 40℃ | 13.5~16.5 | 19.8~24.2 | 28.8~35.2 | 41.4~50.6 | 61.2~74.8 | 90~110 | 135~165 | 28.8~35.2 | 41.4~50.6 | 61.2~74.8 | 90~110 | 19.8~24.2 | 28.8~35.2 | 41.4~50.6 | 61.2~74.8 | 90~110 | 135~165 | 28.8~35.2 | 41.4~50.6 | 61.2~74.8 | 90~110 | GB/T 265 |
| 0℃　不大于 | 140 | 300 | 420 | 780 | 1400 | 2560 | — | — | — | — | — | 300 | 420 | 780 | 1400 | 2560 | — | — | — | — | — | |
| 黏度指数② 不小于 | 80 | | | | | | | 95 | | | | 85 | | | | | | 90 | | | | GB/T 1995 |
| 倾点③/℃ 不高于 | -12 | -9 | -6 | -6 | -6 | -6 | -6 | -15 | -9 | -9 | -9 | -15 | -15 | -9 | -9 | -9 | -9 | -6 | -6 | -6 | -6 | GB/T 3535 |
| 酸值④（以 KOH 计）/(mg/g) | 报告 | | | | | | | 报告 | | | | 报告 | | | | | | 报告 | | | | GB/T 4945 |
| 水分（质量分数）/% 不大于 | 痕迹 | | | | | | | 痕迹 | | | | 痕迹 | | | | | | 痕迹 | | | | GB/T 260 |
| 机械杂质 | 无 | | | | | | | 无 | | | | 无 | | | | | | 无 | | | | GB/T 511 |
| 清洁度 | ⑤ | | | | | | | ⑤ | | | | ⑤ | | | | | | ⑤ | | | | DL/T 432 和 GB/T 14039 |
| 铜片腐蚀(100℃,3h)/级 不大于 | 1 | | | | | | | 1 | | | | 1 | | | | | | 1 | | | | GB/T 5096 |
| 泡沫性(泡沫倾向/泡沫稳定性)/(mL/mL) 程序Ⅰ(24℃) 不大于 | 150/0 | | | | | | | 150/0 | | | | 150/0 | | | | | | 150/0 | | | | GB/T 12579 |
| 程序Ⅱ(93.5℃) 不大于 | 75/0 | | | | | | | 75/0 | | | | 75/0 | | | | | | 75/0 | | | | |
| 程序Ⅲ(后 24℃) 不大于 | 150/0 | | | | | | | 150/0 | | | | 150/0 | | | | | | 150/0 | | | | |
| 密封适应性指数 不大于 | 14 | 12 | 10 | 9 | 7 | 6 | 报告 | 12 | 10 | 8 | 报告 | 13 | 12 | 10 | 8 | 报告 | 报告 | 报告 | | | | SH/T 0305 |
| 抗乳化性(浮化液到 3mL 的时间)/min 54℃　不大于 | 30 | 30 | 30 | 30 | 30 | — | — | 30 | 30 | 30 | — | 30 | 30 | 30 | 30 | — | — | 报告 | | | — | GB/T 7305 |
| 82℃　不大于 | — | — | — | — | — | 30 | 30 | — | — | — | 30 | — | — | — | — | 30 | 30 | — | | | 报告 | |

① 测定方法也包括用 SH/T 0604。
② 测定方法也包括用 GB/T 2541，结果有争议时，以 GB/T 1995 为仲裁方法。
③ 用户有特殊要求时，可与生产单位协商。
④ 测定方法也包括用 GB/T 264。
⑤ 由供需双方协商确定。也包括用 NAS 1638 分级。

**表 21-4-9** **液压油（L-HV 和 L-HS）质量指标**

| 项目 | 质量指标 | | | | | | | | | | | | 试验方法 |
|---|---|---|---|---|---|---|---|---|---|---|---|---|---|
| | L-HV 低温 | | | | | | | L-HS 超低温 | | | | | |
| 黏度等级(GB/T 3141) | 10 | 15 | 22 | 32 | 46 | 68 | 100 | 10 | 15 | 22 | 32 | 46 | |
| 密度[①](20℃)/(kg/m³) | 报告 | | | | | | | 报告 | | | | | GB/T 1884 和<br>GB/T 1885 |
| 色度/号 | 报告 | | | | | | | 报告 | | | | | GB/T 6540 |
| 外观 | 透明 | | | | | | | 透明 | | | | | 目测 |
| 闪点/℃<br>开口　不低于<br>闭口　不低于 | <br>—<br>100 | <br>125<br>— | <br>175<br>— | <br>175<br>— | <br>180<br>— | <br>180<br>— | <br>190<br>— | <br>—<br>100 | <br>125<br>— | <br>175<br>— | <br>175<br>— | <br>180<br>— | GB/T 3536<br>GB/T 261 |
| 运动黏度(40℃)/(mm²/s) | 9.00~11.0 | 13.5~16.5 | 19.8~24.2 | 28.8~35.2 | 41.4~50.6 | 61.2~74.8 | 90~110 | 9.00~11.0 | 13.5~16.5 | 19.8~24.2 | 28.8~35.2 | 41.4~50.6 | GB/T 265 |
| 运动黏度 1500mm²/s 时的温度/℃　不高于 | -33 | -30 | -24 | -18 | -12 | -6 | 0 | -39 | -36 | -30 | 24 | -18 | GB/T 265 |
| 黏度指数[②]　不小于 | 130 | 130 | 140 | 140 | 140 | 140 | 140 | 130 | 130 | 150 | 150 | 150 | GB/T 1995 |
| 倾点[③]/℃　不高于 | -39 | -36 | -36 | -33 | -33 | -30 | -21 | -45 | -45 | -45 | -45 | -39 | GB/T 3535 |
| 酸值[④](以 KOH 计)/(mg/g) | 报告 | | | | | | | 报告 | | | | | GB/T 4945 |
| 水分(质量分数)/% 不大于 | 痕迹 | | | | | | | 痕迹 | | | | | GB/T 260 |
| 机械杂质 | 无 | | | | | | | 无 | | | | | GB/T 511 |
| 清洁度 | ⑤ | | | | | | | ⑤ | | | | | DL/T 432 和<br>GB/T 14039 |
| 铜片腐蚀(100℃,3h)/级　不大于 | 1 | | | | | | | 1 | | | | | GB/T 5096 |
| 硫酸盐灰分/% | 报告 | | | | | | | 报告 | | | | | GB/T 2433 |
| 液相锈蚀(24h) | 无锈 | | | | | | | 无锈 | | | | | GB/T 11143<br>（B 法） |
| 泡沫性(泡沫倾向/泡沫稳定性)/(mL/mL)<br>程序Ⅰ(24℃)　不大于<br>程序Ⅱ(93.5℃)　不大于<br>程序Ⅲ(后 24℃)　不大于 | <br>150/0<br>75/0<br>150/0 | | | | | | | <br>150/0<br>75/0<br>150/0 | | | | | GB/T 12579 |
| 空气释放值(50℃)/min　不大于 | 5 | 5 | 6 | 8 | 10 | 12 | 15 | 5 | 5 | 6 | 8 | 10 | SH/T 0308 |
| 抗乳化性(乳化液到 3mL 的时间)/min<br>54℃　不大于<br>82℃　不大于 | <br>30<br>— | <br>30<br>— | <br>30<br>— | <br>30<br>— | <br>30<br>— | <br>30<br>— | <br>—<br>30 | <br>30<br>— | | | | | GB/T 7305 |
| 剪切安定性(250 次循环后,40℃运动黏度下降率)/%　不大于 | 10 | | | | | | | 10 | | | | | SH/T 0103 |
| 密封适应性指数　不大于 | 报告 | 16 | 14 | 13 | 11 | 10 | 10 | 报告 | 16 | 14 | 13 | 11 | SH/T 0305 |
| 氧化安定性<br>1500h 后总酸值(以 KOH 计)[⑥]/(mg/g)不大于<br>1000h 后油泥/mg | <br>—<br>— | <br>—<br>— | <br>2.0<br>报告 | | | | | <br>—<br>— | <br>—<br>— | <br>2.0<br>报告 | | | GB/T 12581<br>SH/T 0565 |

续表

| 项目 | 质量指标 | | | | | | | | | | | | 试验方法 |
|---|---|---|---|---|---|---|---|---|---|---|---|---|---|
| | L-HV 低温 | | | | | | | L-HS 超低温 | | | | | |
| 黏度等级(GB/T 3141) | 10 | 15 | 22 | 32 | 46 | 68 | 100 | 10 | 15 | 22 | 32 | 46 | |
| 旋转氧弹(150℃)/min | 报告 | 报告 | 报告 | | | | | 报告 | 报告 | 报告 | | | SH/T 0193 |
| 抗磨性 齿轮机试验⑦/失效级 不小于 | — | — | — | 10 | 10 | 10 | 10 | — | — | — | 10 | 10 | SH/T 0306 |
| 抗磨性 磨斑直径(392N,60min,75℃,1200r/min)/mm | 报告 | | | | | | | 报告 | | | | | SH/T 0189 |
| 抗磨性 双泵(T6H20C)试验⑦<br>叶片和柱销总失重/mg 不大于<br>柱塞总失重/mg 不大于 | —<br>— | —<br>— | —<br>— | 15<br>300 | | | | —<br>— | —<br>— | —<br>— | 15<br>300 | | |
| 水解安定性<br>铜片失重/(mg/cm²) 不大于<br>水层总酸度(以 KOH 计)/mg 不大于<br>铜片外观 | 0.2<br>4.0<br>未出现灰、黑色 | | | | | | | 0.2<br>4.0<br>未出现灰、黑色 | | | | | SH/T 0301 |
| 热稳定性(135℃,168h)<br>铜棒失重/(mg/200mL) 不大于<br>钢棒失重/(mg/200mL)<br>总沉渣重/(mg/100mL) 不大于<br>40℃运动黏度变化/%<br>酸值变化率/%<br>铜棒外观 | 10<br>报告<br>100<br>报告<br>报告<br>报告 | | | | | | | 10<br>报告<br>100<br>报告<br>报告<br>报告 | | | | | SH/T 0209 |
| 钢棒外观 | 不变色 | | | | | | | 不变色 | | | | | |
| 过滤性/s<br>无水 不大于<br>2%水⑧ 不大于 | 600<br>600 | | | | | | | 600<br>600 | | | | | SH/T 0210 |

① 测定方法也包括用 SH/T 0604。

② 测定方法也包括用 GB/T 2541。结果有争议时，以 GB/T 1995 为仲裁方法。

③ 用户有特殊要求时，可与生产单位协商。

④ 测定方法也包括用 GB/T 264。

⑤ 由供需双方协商确定。也包括用 NAS 1638 分级。

⑥ 黏度等级为 10 和 15 的油不测定，但所含抗氧剂类型和量应与产品定型黏度等级为 22 的试验油样相同。

⑦ 在产品定型时，允许只对 L-HV 32 油进行齿轮机试验和双泵试验，其他各黏度等级所含功能剂类型和量应与产品定型时黏度等级为 32 的试验油样相同。

⑧ 有水时的过滤时间不超过无水时的过滤时间的两倍。

## 7.2 专用液压油（液）

**表 21-4-10　　10 号和 12 号航空液压油技术性能**（摘自 SH 0358—2005）

| 项　　目 | | | 质量指标 | | 试验方法 |
|---|---|---|---|---|---|
| | | | 10 号 | 12 号 | |
| 外观 | | | 红色透明液体 | | 目　测 |
| 运动黏度/$mm^2 \cdot s^{-1}$ | 50℃ | 不小于 | 10 | 12 | GB/T 265 |
| | -50℃ | 不大于 | 1250 | — | |
| 初馏点/℃ | | 不低于 | 210 | 230 | GB/T 6536 |
| 酸值/mg(KOH)·$g^{-1}$ | | 不大于 | 0.05 | 0.05 | GB/T 264① |
| 闪点(开口)/℃ | | 不低于 | 92 | 100 | GB/T 267 |
| 凝点/℃ | | 不高于 | -70 | -60 | GB/T 510 |
| 水分/mg·$kg^{-1}$ | | 不大于 | 60 | — | GB/T 11133 |
| 机械杂质/% | | | 无 | 无 | GB/T 511 |
| 水溶性酸或碱 | | | 无 | 无 | GB/T 259 |
| 油膜质量(65℃±1℃,4h) | | | 合格 | — | ② |
| 低温稳定性(-60℃±1℃,72h) | | | 合格 | 合格 | 另有规定 |
| 超声波剪切(40℃运动黏度下降率)/% | | 不大于 | 16 | 20 | SH/T 0505 |
| 氧化安全性(140℃,60h) | 氧化后运动黏度/$mm^2 \cdot s^{-1}$ | | | | SH/T 0208 |
| | 50℃ | 不小于 | 9 | 变化率 | |
| | -50℃ | 不大于 | 1500 | -5%至+12% | |
| | 氧化后酸值/mg(KOH)·$g^{-1}$ | 不大于 | 0.15 | 0.3 | GB/T 264 |
| | 腐蚀度/mg·$cm^{-2}$ | | | | SH/T 0208 |
| | 钢片 | 不大于 | ±0.1 | ±0.1 | |
| | 铜片 | 不大于 | ±0.15 | ±0.2 | |
| | 铝片 | 不大于 | ±0.15 | ±0.1 | |
| | 镁片 | 不大于 | ±0.1 | ±0.2 | |
| 密度(20℃)/kg·$m^{-3}$ | | 不大于 | 850 | 800~900 | GB/T 1884 及 GB/T 1885 |
| 铜片腐蚀(70℃±2℃,24h)/级 | | 不大于 | 2 | — | GB/T 5096 |

① 用 95%乙醇（分析纯）抽提，取 0.1%溴麝香草酚蓝作指示剂。

② 油膜质量的测定：将清洁的玻璃片浸入试油中取出，垂直地放在恒温器中干燥，在 65℃±1℃下保持 4h，然后在15~25℃下冷却 30~45min，观察在整个表面上油膜不得呈现硬的黏滞状。

**表 21-4-11　　舰用液压油技术性能**（摘自 GJB 1085—1991）

| 项　　目 | | | 质量指标 | 试验方法 |
|---|---|---|---|---|
| 运动黏度(40℃)/$mm^2 \cdot s^{-1}$ | | | 28.8~35.2 | GB/T 265 |
| 黏度指数 | | 不小于 | 130 | GB/T 2541 |
| 倾点/℃ | | 不高于 | -23 | GB/T 3535 |
| 闪点(开口)/℃ | | 不低于 | 145 | GB/T 3536 |
| 液相锈蚀试验(合成海水) | | | 无锈 | GB/T 11143 |
| 腐蚀试验(铜片 100℃,3 h)/级 | | 不大于 | 1 | GB/T 5096 |
| 密封适应性指数(100℃,24 h) | | | 报告 | SH/T 0305 |
| 空气释放值(50℃)/min | | | 报告 | SH/T 0308 |
| 泡沫性(泡沫倾向/泡沫稳定性)/mL·$mL^{-1}$ | 24℃ | 不大于 | 60/0 | GB/T 12579 |
| | 93.5℃ | 不大于 | 100/0 | |
| | 后 24℃ | 不大于 | 60/0 | |
| 抗乳化性(40-37-3mL,54℃)/min | | 不大于 | 30 | GB/T 7305 |

续表

| 项目 | | | 质量指标 | 试验方法 |
|---|---|---|---|---|
| 抗磨性 | 叶片泵试验(100h,总失重)/mg | 不大于 | 150 | SH/T 0307 |
| | 最大无卡咬载荷/N | | 报告 | GB/T 3142 |
| 氧化安定性[酸值达2.0mg(KOH)/g的时间]/h | | 不小于 | 1000 | GB/T 12581 |
| 水解安定性 | 铜片失重/mg·$cm^{-2}$ | 不大于 | 0.5 | SH/T 0301 |
| | 铜片外观 | | 无灰、黑色 | |
| | 水层总酸度/mg(KOH)·$g^{-1}$ | 不大于 | 6.0 | |
| 剪切安定性(40℃运动黏度变化率)/% | | 不大于 | 15 | SH/T 0505 |
| 中和值/mg(KOH)·$g^{-1}$ | | 不大于 | 0.3 | GB/T 4945 |
| 水分/% | | | 无 | GB/T 260 |
| 机械杂质/% | | | 无 | GB/T 511 |
| 水溶性酸(pH值) | | | 报告 | GB/T 259 |
| 外观 | | | 透明 | 目测 |
| 密度(20℃)/kg·$cm^{-3}$ | | | 报告 | GB/T 1884 |

注：叶片泵试验、氧化安定性为保证项目，每年测一次。

**表21-4-12　炮用液压油**（摘自Q/SH 018·4401）、**合成锭子油**（摘自SH/T 0111）、**13号机械油**（摘自SH/T 0360）**质量指标**

| 项目 | | | 质量指标 | | | 试验方法 |
|---|---|---|---|---|---|---|
| | | | 炮用液压油 | 合成锭子油 | 13号机械油(专用锭子油) | |
| 运动黏度/$mm^2·s^{-1}$ | 50℃ | 不小于 | 9.0 | 12.0~14.0 | 12.4~14.0 | GB/T 265 |
| | 20℃ | 不大于 | — | 49 | 49 | |
| | -40℃ | 不大于 | 1400 | — | — | |
| 闪点/℃ | 闭口 | 不低于 | 110 | — | — | GB/T 261 |
| | 开口 | 不低于 | — | 163 | 163 | GB/T 267 |
| 机械杂质/% | | 不大于 | — | 无 | 无 | GB/T 511 |
| 水分/% | | | 无 | 无 | 无 | SH/T 0257 |
| 凝点/℃ | | 不高于 | -60 | -45 | -45 | GB/T 510 |
| 灰分/% | | 不大于 | 0.025 | 0.005 | 0.005 | GB/T 508 |
| 水溶性酸或碱 | | | — | 无 | 无 | GB/T 259 |
| 酸值/mg(KOH)·$g^{-1}$ | | 不大于 | 0.5~1.3 | 0.07 | 0.07 | GB/T 264 |
| 腐蚀(100℃,3h) | T3铜片 | | 合格 | — | — | SH/T 0195 |
| | 40、50钢片 | | 合格 | 合格 | 合格 | SH/T 0195、SH/T 0328① |
| 液相锈蚀(蒸馏水) | | | 无锈 | — | — | GB/T 11143 |
| 低温稳定性 | | | 合格 | — | — | 另有规定 |
| 密度(20℃)/g·$cm^{-3}$ | | | — | 0.888~0.896 | 0.888~0.896 | GB/T 1884或GB/T 1885 |

① 腐蚀试验时以40或50钢片两块置于试料中6h，然后取出悬于空气中6h，如此重复试验三遍。

**表 21-4-13　　机动车辆制动液的技术要求和试验方法（摘自 GB 2981—2012）**

| 项目 | | 质量指标 | | | | 试验方法 |
|---|---|---|---|---|---|---|
| | | HZY3 | HZY4 | HZY5 | HZY6 | |
| 外观 | | 清亮透明、无悬浮物、杂质及沉淀 | | | | 目测 |
| 运动黏度/$mm^2 \cdot s^{-1}$ | | | | | | |
| -40℃ | 不大于 | 1500 | 1500 | 900 | 750 | GB/T 265 |
| 100℃ | 不小于 | 1.5 | 1.5 | 1.5 | 1.5 | |
| 平衡回流沸点(ERBP)/℃ | 不低于 | 205 | 230 | 260 | 250 | SH/T 0430 |
| 湿平衡回流沸点(WERBP)/℃ | 不低于 | 140 | 155 | 180 | 165 | 附录 C① |
| pH 值 | | 7.0~11.5 | | | | 附录 D |
| 液体稳定性(ERBP 变化)/℃ | | | | | | 附录 E |
| 高温稳定性(185℃±2℃,120min±5min) | | ±5 | | | | |
| 化学稳定性 | | ±5 | | | | |
| 腐蚀性(100℃±2℃,120h±2h) | | | | | | 附录 F |
| 试验后金属片质量变化/(mg/cm²) | | | | | | |
| 镀锡铁皮 | | -0.2~+0.2 | | | | |
| 钢 | | -0.2~+0.2 | | | | |
| 铸铁 | | -0.2~+0.2 | | | | |
| 铝 | | -0.1~+0.1 | | | | |
| 黄铜 | | -0.4~+0.4 | | | | |
| 紫铜 | | -0.4~+0.4 | | | | |
| 锌 | | -0.4~+0.4 | | | | |
| 试验后金属片外观 | | 无肉眼可见坑蚀和表面粗糙不平,允许脱色或色斑 | | | | |
| 试验后试液性能 | | | | | | |
| 外观 | | 无凝胶,在金属表面无黏附物 | | | | |
| pH 值 | | 7.0~11.5 | | | | |
| 沉淀物(体积分数)/% | 不大于 | 0.10 | | | | |
| 试验后橡胶皮碗状态 | | | | | | |
| 外观 | | 表面不发粘,无炭黑析出 | | | | |
| 硬度降低值 | 不大于 | 15 | | | | |
| 根径增值/mm | 不大于 | 1.4 | | | | |
| 体积增加值/% | 不大于 | 16 | | | | |
| 低温流动性和外观(-40℃±2℃,144h±2h) | | | | | | 附录 G |
| 外观 | | 清亮透明均匀 | | | | |
| 气泡上浮至液面的时间/s | 不大于 | 10 | | | | |
| 沉淀物(-50℃±2℃,6h±0.2h) | | 无 | | | | |
| 外观 | | 清亮透明均匀 | | | | |
| 气泡上浮至液面的时间/s | 不大于 | 35 | | | | |
| 沉淀 | | 无 | | | | |
| 蒸发性能(100℃±2℃,168h±2h) | | | | | | 附录 H① |
| 蒸发损失/% | 不大于 | 80 | | | | |
| 残余物性质 | | 用指尖摩擦沉淀中不含有颗粒性砂粒和磨蚀物 | | | | |
| 残余物倾点/℃ | 不高于 | -5 | | | | |
| 容水性(22h±2h,-40℃) | | | | | | 附录 I |
| 外观 | | 清亮透明均匀 | | | | |
| 气泡上浮至液面时间/s | 不大于 | 10 | | | | |
| 沉淀 | | 无 | | | | |
| 60℃ | | | | | | |
| 外观 | | 清亮透明均匀 | | | | |
| 沉淀量(体积分数)/% | 不大于 | 0.05 | | | | |

续表

| 项目 | | 质量指标 | | | | 试验方法 |
|---|---|---|---|---|---|---|
| | | HZY3 | HZY4 | HZY5 | HZY6 | |
| 液体相容性(−40℃±2℃,22h±2h)<br>外观<br>沉淀<br>60℃±2℃<br>外观<br>沉淀量(体积分数)/% | <br><br><br><br><br>不大于 | <br>清亮透明均匀<br>无<br><br>清亮透明均匀<br>0.05 | | | | 附录 I |
| 抗氧化性(70℃±2℃,168h±2h)<br>金属片外观<br>金属片质量变化/mg·cm$^{-2}$<br>铝<br>铸铁 | | <br>无可见坑蚀和点蚀,允许痕量胶质沉积,允许试片脱色<br><br>−0.05~+0.05<br>−0.3~+0.3 | | | | 附录 J |
| 橡胶适应性(120℃±2℃,70h±2h)<br>丁苯橡胶(SBR)皮碗<br>根径增值/mm<br>硬度降低值/IRHD<br>体积增加值/%<br>外观<br>三元乙丙橡胶(EPDM)试件<br>硬度降低值/IRHD<br>体积增加值/%<br>外观 | <br><br><br>不大于<br><br><br><br>不大于<br><br> | <br><br>0.15~1.40<br>15<br>1~16<br>不发粘,无鼓泡,不析出炭黑<br><br>15<br>0~10<br>不发粘,无鼓泡,不析出炭黑 | | | | 附录 K |

① 测试结果出现争议时，本标准推荐以 A 法的测试结果为准。

注：1. 试验方法见本标准附录，各附录未编入。

2. 本标准适用于与丁苯橡胶（SBR）或三元乙丙橡胶（EPDM）制作的密封件相接触，以非石油基原料为基础液，并加入多种添加剂制成的机动车辆制动液。

3. 本产品对眼睛及皮肤有刺激作用，一旦接触用清水冲洗；本产品对油漆有侵蚀作用。

## 7.3 难燃液压液

（1）L-HFAE 液压液（水包油乳化液、高水基液压液）

**表 21-4-14　煤矿低浓度通用乳化油（MDT 乳化油）技术性能**（摘自 Q/320500 STH 209—2003）

| 项　目 | | | 质量指标 | 试验方法 |
|---|---|---|---|---|
| 外观 | | | 红棕色透明液体 | 目测 |
| 运动黏度(40℃)/mm$^2$·s$^{-1}$ | | 不大于 | 100 | GB/T 265 |
| 闪点(开口)/℃ | | 不低于 | 110 | GB/T 3536 |
| 凝点/℃ | | 不高于 | −5 | GB/T 510 |
| 冻融试验(5个循环) | | | 恢复原状 | MT 76—2011 |
| 5%乳化液的 pH 值 | | | 7.5~9.0 | MT 76—2011 |
| 乳化液稳定性 | 恒温稳定性(5%,70℃,168h) | | 无沉淀物,无油析出,皂量小于 0.1% | MT 76—2011 |
| | 常温稳定性(3%,室温,168h) | | 无沉淀物,无皂析出 | |
| 防锈性 | 铸铁(5%,室温,24h) | | 无锈 | MT 76—2011 |
| | 盐水试验(2%,60℃,24h)<br>45 钢和 62 铜 | | 无锈,无色变 | |

注：1. 本品主要用作煤矿液压支架、液压电炉系统的传动液，也可用作其他液压系统的传动液。

2. 一般使用浓度为 3%，也可根据水质硬度的变化，适当调节乳化液浓度。

3. 不要和其他乳化油混用；稀释时应将乳化油加入水中。

表 21-4-15　　液压电炉系统用乳化油技术性能（摘自 Q/320500 STH 211—2000）

| 项目 | | 质量指标 1号乳化油 | 质量指标 2号乳化油 | 试验方法 |
|---|---|---|---|---|
| 外观(15~35℃) | | 棕红色至深褐色均匀油状液体 | | 目测 |
| pH 值(浓度 5%) | | 7.5~9.0 | 8.0~9.5 | SH/T 0365 附录 A |
| 稳定性 | 恒温(70℃,5%,168h) | 无沉淀物,无油析出,析皂量≤0.1% | — | Q/320500 STH209 附录 C |
| | 恒温(70℃,3%,24h) | — | 无沉淀物,无油析出,析皂量≤0.1% | |
| | 常温(5%,168h) | 无沉淀物,无析皂 | — | |
| | 常温(5%,24h) | — | 无沉淀物,无析皂 | |
| 防锈性 | 铸铁(室温,24h) | 无锈 | | SH/T 0365 附录 B |
| | 盐水试验(45 钢,H62 铜,60℃,25h) | 无锈,无色变 | | Q/320500STH 209 附录 D |

注：1. 一般使用浓度为 3%，也可根据水质硬度的变化，适当调节乳化液浓度。

2. 不要和其他液压电炉油混用；稀释时应将乳化油加入水中。

表 21-4-16　　高水基液压液质量指标

| 项目 | | 好富顿公司 120-B① | | Sunsol HWBF EH-3-10② | | 好富顿公司 142 液压液③ | | Plurasafe P1210④ | 好富顿公司 1630 液压液⑤ | 好富顿公司 250 液压液③ |
|---|---|---|---|---|---|---|---|---|---|---|
| 液品 | | 浓缩液 | 5%的溶液 | 原液 | 10 倍稀释液 | 浓缩液 | 5%浓度液体 | 稀释液 | | |
| 液型 | | | 水溶液 | | | | 微乳化液 | 增黏溶液 | 增黏 | 微乳化增黏 |
| 外观 | | 深蓝色 | 浅蓝透明 | | 乳白色 | 深蓝色 | 半透明蓝色 | 透明天蓝色 | 半透明琥珀色 | |
| 运动黏度 /$mm^2 \cdot s^{-1}$ | 37.8℃ | | | | | | 28SUS | 50.1 | 280SUS | 200SUS |
| | 40℃ | ≤65 | ≤1.8 | | 0.8 | | | | | |
| 密度(15.6℃)/$kg \cdot m^{-3}$ | | 1015 | 1004 | 990 | 1000 | | 1004 | 1001 | 1000 | 986 |
| pH 值 | | 9.9 | 9.5 | 8 | 8 | 9.8~10.2 | 9.4~10.0 | 10.4 | 10 | 9.8 |
| 倾点/℃ | | -3 | 0 | | | -2.8 | 0 | (凝点)1 | 0 | |
| 冰点/℃ | | -6 | -1 | | | | | | | |
| 闪点/℃ | | 无 | 无 | | 无 | 无 | 无 | | 无 | 无 |
| 燃点/℃ | | 无 | 无 | 无 | 无 | 无 | 无 | | 无 | 无 |
| 折射率 $n_D^{20℃}$ | | | | | 1.3388 | | | | | |

① 适用工作压力:7MPa;美国好富顿公司生产。

② 美国 SUN OIL 公司生产。

③ 适用工作压力:14MPa;美国好富顿公司生产。

④ 美国 BASF 公司生产。

⑤ 适用工作压力:21MPa;美国好富顿公司生产。

（2）L-HFB 液压液（油包水乳化液）

表 21-4-17　　WOE-80 油包水型乳化液压液技术性能

| 项目 | | 质量指标 | 试验方法 |
|---|---|---|---|
| 含水量/% | 不小于 | 40 | GB/T 260 |
| 运动黏度(40℃)/$mm^2 \cdot s^{-1}$ | | 60~100 | GB/T 265 |
| 密度(20℃)/$g \cdot cm^{-3}$ | | 0.918~0.948 | GB/T 1884,GB/T 2540 |
| 凝点/℃ | 不高于 | -20 | GB/T 510 |
| 锈蚀试验(A 法) | | 无锈 | GB/T 11143 |
| 腐蚀试验(铜片,50℃,3 h)/级 | 不大于 | 1 | GB/T 5096 |

续表

| 项目 | | 质量指标 | 试验方法 |
|---|---|---|---|
| pH值 | | 8~10 | GB/T 7304 |
| 泡沫性(泡沫倾向/泡沫稳定性,24℃)/mL·mL$^{-1}$ | 不大于 | 50/0 | GB/T 12579 |
| 热稳定性(85℃,48h)(游离水)/% | 不大于 | 1.0 | SH/T 0568 |
| 冻融稳定性(游离水)/% | 不大于 | 10 | SH/T 0569 |
| 最大无卡咬载荷 $P_B$/N | 不小于 | 392 | GB/T 3142 |
| 磨斑直径(296N)/mm | 不大于 | 1.0 | SH/T 0189 |
| 热歧管抗燃试验(704℃) | | 通过 | SH/T 0567 |

(3) L-HFC液压液(水-乙二醇液压液)

**表21-4-18　　水-乙二醇难燃液压液技术性能**

| 项目 | | 质量指标 | | | 试验方法③ |
|---|---|---|---|---|---|
| | | WG-38 | WG-46 | HS-620① | |
| 运动黏度(40℃)/mm$^2$·s$^{-1}$ | | 35~40 | 41~51 | 43(37.8℃)<br>200SUS(100℉) | GB/T 265 |
| 黏度指数 | 不小于 | 140 | 140 | 154 | GB/T 2541 |
| pH值 | | 9.1~11.0 | 9.1~11.0 | 8~10 | GB/T 7304 |
| 凝点/℃ | 不高于 | -50 | -50 | -54(流动点)② | GB/T 510 |
| 密度(20℃)/g·cm$^{-3}$ | | 1.0~1.1 | 1.0~1.1 | 1.074 | GB/T 1884 |
| 气相锈蚀 | | 无锈 | 无锈 | | 另有规定 |
| 液相锈蚀(A法) | | 无锈 | 无锈 | | GB/T 11143 |
| 腐蚀试验(铜片,100℃,3h)/级 | 不大于 | 1 | 1 | | GB/T 5096 |
| 最大无卡咬载荷 $P_B$/N | 不小于 | 686 | 686 | | GB/T 3142 |
| 磨斑直径(296N)/mm | 不大于 | 0.60 | 0.60 | | SH/T 0189 |
| 热歧管抗燃试验(704℃) | | 通过 | 通过 | | SH/T 0567 |

① 为美国好富顿公司生产的好富顿水-乙二醇液压液。
② 指在不搅拌情况下将液体冷却时能够流动的最低温度,通常用比被试液凝固点高2.5℃的温度来表示。
③ 各标准不适用于HS-620。

(4) L-HFDR液压液(磷酸酯液压液)

**表21-4-19　　磷酸酯难燃液压液技术性能**

| 项目 | | 质量指标 | | | 试验方法② |
|---|---|---|---|---|---|
| | | L-HFDR32 | L-HFDR46 | Houghton① safe 1120 | |
| 运动黏度(40℃)/mm$^2$·s$^{-1}$ | | 28.8~35.2 | 41.4~50.6 | 230SUS 100℉<br>44SUS 210℉ | GB/T 265 |
| 密度(20℃)/g·cm$^{-3}$ | | 1.125~1.165 | 1.125~1.165 | 60/60 ℉ 1.130 | GB/T 1884 |
| 倾点/℃ | 不高于 | -17.5 | -29 | | GB/T 3535 |
| 闪点(开口)/℃ | 不低于 | 220 | 263 | 485 ℉ | GB/T 267 |
| 酸值/mg(KOH)·g$^{-1}$ | 不大于 | 0.1 | 0.1 | | GB/T 264 |
| 水分 | 不大于 | $500\times10^{-6}$ | $500\times10^{-6}$ | | SH/T 0246 |
| 腐蚀试验(铜片,100℃,3 h)/级 | 不大于 | 1 | 1 | | GB/T 5096 |
| 污染度(NAS)/级 | 不大于 | 6 | 6 | | FS791B 30092 |
| 泡沫性(泡沫倾向/泡沫稳定性,24℃)/mL·mL$^{-1}$ | 不大于 | 50/10 | 50/10 | | GB/T 12579 |
| 热稳定性(170℃,12h) | | 合格 | 合格 | | SH/T 0560 |
| 最大无卡咬载荷 $P_B$/N | | 报告 | 报告 | | GB/T 3142 |
| 磨斑直径(396N)/mm | | 报告 | 报告 | | SH/T 0189 |
| 含氯量 | 不大于 | $50\times10^{-6}$ | $50\times10^{-6}$ | | 电量法 |
| 热歧管抗燃试验(704℃) | | 通过 | 通过 | | SH/T 0567 |

① 为美国好富顿公司生产的好富顿磷酸酯液压液。
② 各标准不适用于Houghton safe 1120。

**表 21-4-20** **几种磷酸酯液压液技术性能**

| 项目 | | 质量指标 4613-1 | 4614 | HP-38 | HP-46 | 试验方法 |
|---|---|---|---|---|---|---|
| 运动黏度/$mm^2 \cdot s^{-1}$ | 100℃ | 3.78 | 4.66 | 4.98 | 5.42 | CB/T 265 |
| | 50℃ | 14.71 | 22.14 | 24.25 | 28.94 | |
| | 40℃ | — | — | 39.0 | 46.0 | |
| | 0℃ | 474.1 | 1395 | — | — | |
| 倾点/℃ | | -34 | -30 | -32 | -29 | CB/T 3535 |
| 酸值/mg(KOH)·$g^{-1}$ | | 中性 | 0.04 | 中性 | 中性 | CB/T 264 |
| 相对密度 $d_4^{20}$ | | 1.1530 | 1.1470 | 1.1363 | 1.1424 | GB/T 1884 |
| 闪点(开杯)/℃ | | 240 | 245 | 251 | 263 | GB/T 3536 |
| 四球磨损磨迹直径 | $d_{60min}^{98N}$/mm | 0.35 | 0.34 | 0.57 | 0.50 | SH/T 0189 |
| | $d_{60min}^{392N}$/mm | 0.69 | 0.51 | 0.65 | 0.58 | |
| 最大无卡咬载荷 $P_B$/N | | 539 | 539 | 539 | 539 | GB/T 3142 |
| 动态蒸发(90℃,6.5h)/% | | 0.11 | 0.28 | — | — | 另有规定 |
| 超声波剪切50℃黏度变化/% | | -0.4 | 0 | 0 | 0 | SH/T 0505 |
| 氧化腐蚀试验(120℃,72h,25mL/min)空气 | 50℃运动黏度/$mm^2 \cdot s^{-1}$ | | | | | Q/SY 2601 |
| | 氧化前 | 14.71 | 22.14 | 24.25 | 28.94 | |
| | 氧化后 | 14.62 | 22.39 | 24.05 | 28.92 | |
| | 酸值/mg(KOH)·$g^{-1}$ | | | | | |
| | 氧化前 | 中性 | 0.04 | 中性 | 0.06 | |
| | 氧化后 | 中性 | 0.04 | 0.03 | 中性 | |
| | 金属腐蚀/mg·$cm^{-2}$ | | | | | |
| | 钢 | 无 | 无 | 无 | 无 | |
| | 铜 | 无 | 无 | 无 | 无 | |
| | 铝 | — | — | — | — | |
| | 镁 | 无 | 无 | 无 | 无 | |

（5）4632酯型难燃液压液

**表 21-4-21** **4632酯型难燃液压液技术性能**（摘自 Q/SH 037.182—1987）

| 项目 | | | 质量指标 | | | | 试验方法 |
|---|---|---|---|---|---|---|---|
| 黏度等级(按 GB/T 3141) | | | 32 | 46 | 68 | 100 | — |
| 外观 | | | 浅黄色透明液体 | | | | 目测 |
| 运动黏度/$mm^2 \cdot s^{-1}$ | 100℃ | 不小于 | 7.0 | 9.0 | 11.0 | 13.0 | GB/T 265 |
| | 40℃ | | 28.8~35.2 | 41.4~50.6 | 61.2~74.8 | 90~110 | |
| 黏度指数 | | 不小于 | 180 | | | | GB/T 1995 |
| 闪点(开口)/℃ | | 不低于 | 270 | | | | GB/T 267 |
| 燃点/℃ | | 不低于 | 300 | | 310 | | GB/T 267 |
| 凝点/℃ | | 不高于 | -26 | | | | GB/T 510 |
| 中和值/mg(KOH)·$g^{-1}$ | | 不大于 | 4.0 | | | | GB/T 7304 |
| 机械杂质/% | | | 无 | | | | GB/T 511 |
| 液相锈蚀试验(蒸馏水) | | | 无锈 | | | | GB/T 11143 |
| 铜片腐蚀(50℃,3h)/级 | | 不大于 | 1b | | | | GB/T 5096 |
| 空气释放值(50℃)/min | | 不大于 | 10 | | 15 | | SH/T 0308 |
| 抗乳化性(40-37-3mL,54℃)/min | | 不大于 | 30 | | | | GB/T 7305 |
| 泡沫性(泡沫倾向/泡沫稳定性)/mL·$mL^{-1}$ | 24℃ | 不大于 | 100/0 | | | | GB/T 12579 |
| | 93℃ | 不大于 | 100/0 | | | | |
| | 后24℃ | 不大于 | 100/0 | | | | |
| 歧管着火试验 | | | 通过 | | | | SH/T 0567 |

注：1. 本品属可生物降解的环保型液压液，适用于接近明火或环保要求严格的各种高压柱塞泵、齿轮泵、叶片泵等液压系统。
2. 不宜与其他类型液压油混用。

(6) 脂肪酸酯 888-46 技术性能及典型特征

**表 21-4-22**

1. 具有良好的润滑性能,可直接作为工业润滑剂
2. 具有良好的热稳定性,可用于温度较高或温度较低的液压系统
3. 具有很好的液压元件相容性。超越了矿物油的综合性能液压系统设计的通用性很强,被广泛应用于轻工、重工、航空航天领域
4. 具有无毒、无污染、生物降解性极高的环保型液压系统工作介质,是一种可以替代其他工作液的产品
5. 具有良好的抗压缩性,在液压系统中能量的传递迅速、稳定、准确
6. 具有良好的脱气性,解决了矿物油介质运转过程中产生大量气泡,不易消失,对液压系统工作产生不利影响
7. 与其他矿物油完全相容,但不宜与其他液压油混用

| 项目 | 指标 |
|---|---|
| 外观 | 黄色至琥珀色液体 |
| 运动黏度(ASTM D445)<br>At0℃<br>At20℃<br>At40℃<br>At100℃ | <br>349mm$^2$/s 或 cSt<br>116mm$^2$/s 或 cSt<br>49. 7mm$^2$/s 或 cSt<br>9. 7mm$^2$/s 或 cSt |
| 黏度指数(ASTM D2270) | 185 |
| 密度(15℃时)(ASTM D1298) | 0. 92g/cm$^3$ |
| 酸值(ASTM D974) | 2. 0mg KOH/g |
| 倾点(SATM D97) | <-30℃(<-22℉) |
| 消泡性(25℃时)<br>(ASTM D892) Sequence I | 50-0/mL |
| 防腐蚀性<br>ISO 4404-2<br>ASTM D665 A<br>ASTM D130 | <br>通过<br>通过<br>1a 级 |
| 闪点(ASTM D92) | 300℃(572℉) |
| 燃点(ASTM D92) | 360℃(680℉) |
| 自燃点(DIN 51794) | >400℃(>752℉) |
| 脱气性(ASTM D3427) | 7min |
| 抗燃性(FM 认证) | 通过 FM 认证 |
| 泵试验(ASTM D2882) | <5mg 磨损 |
| 齿轮润滑(DIN 51354-2) | >12FZG 承载级 |
| 抗乳化性(ASTM D1401) | 41-39-0(30)/ |

## 7.4 液力传动油(液)

**表 21-4-23　　　6 号液力传动油、4608 合成液力传动液质量指标**

| 项　目 | | 质量指标<br>6 号液力传动油<br>[Q/SH 018·44-03-86(94)] | 质量指标<br>4608 合成液力传动液<br>(Q/SH 037.072) | 试验方法 |
|---|---|---|---|---|
| 运动黏度/mm$^2$·s$^{-1}$ | 100℃ | 5~7 | 7~8 | GB/T 265 |
| 运动黏度/mm$^2$·s$^{-1}$ | 40℃ | — | 报告 | GB/T 265 |
| 运动黏度/mm$^2$·s$^{-1}$ | -20℃ | — | 报告 | GB/T 265 |
| 黏度指数 | 不小于 | — | 165 | GB/T 1995 |
| 运动黏度比($\nu_{50℃}/\nu_{100℃}$) | 不大于 | 4. 2 | — | GB/T 265 |
| 闪点(开口)/℃ | 不低于 | 160 | 220 | GB/T 267 |
| 凝点/℃ | 不高于 | -30 | -50 | GB/T 510 |
| 中和值/mg(KOH)·g$^{-1}$ | 不大于 | — | 0. 4 | GB/T 7304 |
| 水分/% | | 痕迹 | — | GB/T 260 |
| 铜片腐蚀(100℃,3h) | | 合格 | 不大于 16 级 | SH/T 0195,GB/T 5096 |
| 剪切安定性(40℃运动黏度下降率)/% | | — | 报告 | SH/T 0505 |
| 机械杂质/% | 不大于 | 0. 01 | — | GB/T 511 |

续表

| 项目 | | 质量指标 | | 试验方法 |
|---|---|---|---|---|
| | | 6 号液力传动油<br>[Q/SH 018·44-03-86(94)] | 4608 合成液力传动液<br>(Q/SH 037.072) | |
| 最大无卡咬载荷/N | | 报告 | — | GB/T 3142 |
| 磨斑直径(30min,294N)/mm | | 报告 | — | SH/T 0189 |
| 泡沫性(泡沫倾向/泡沫稳定性)/mL·mL$^{-1}$ | 24℃ | 报告 | — | GB/T 12579 |
| | 93℃ | 报告 | 报告 | |
| | 后 24℃ | 报告 | — | |

注：6 号液力传动油主要用于内燃机车及载重矿车、工程机械等的液力传动系统；4608 合成液力传动液适用于轿车、卡车及其他工程车液力传动系统和转向系统，也适用于各类工程机械设备的液压系统和齿轮传动系统。

# 8 液压工作介质的选择

**表 21-4-24** 选择液压工作介质应考虑的因素

| 项目 | 考虑因素 |
|---|---|
| 液压工作介质品种的选择 | ①液压系统所处的工作环境:液压设备是在室内或户外作业,还是在寒区或温暖的地带工作,周围有无明火或高温热源,对防火安全、保持环境清洁、防止污染等有无特殊要求<br>②液压系统的工况:液压泵的类型,系统的工作温度和工作压力,设备结构或动作的精密程度,系统的运转时间,工作特点,元件使用的金属、密封件和涂料的性质等<br>③液压工作介质方面的情况:货源、质量、理化指标、性能、使用特点、适用范围,以及对系统和元件材料的相容性(见表 21-4-28)等<br>④经济性:考虑液压工作介质的价格,更换周期,维护使用是否方便,对设备寿命的影响等<br>⑤液压工作介质品种的选择,参考表 21-4-4 |
| 液压工作介质黏度的选择 | ①意义:对多数液压工作介质来说,黏度选择就是介质牌号的选择,黏度选择适当,不仅可提高液压系统的工作效率、灵敏度和可靠性,还可以减少温升,降低磨损,从而延长系统元件的使用寿命<br>②选择依据:液压系统的元件中,液压泵的载荷最重,所以,介质黏度的选择,通常是以满足液压泵的要求来确定,见表 21-4-26<br>③修正:对执行机构运动速度较高的系统,工作介质的黏度要适当选小些,以提高动作的灵敏度,减少流动阻力和系统发热 |

**表 21-4-25** 液压油（液）种类的选择

| 种类 | | 矿物油 | 水包油乳化液 | 油包水乳化液 | 水-乙二醇液压液 | 磷酸酯液压液 | 脂肪酸酯 |
|---|---|---|---|---|---|---|---|
| 主要用途 | | 用于不接近高温热源和明火源的液压系统<br>按不同品种,用于低、中、高压装置 | 含水型难燃液压液,用于操作简便的中、低压装置 | | | 用于高压装置,具有复杂线路的装置,具有精密控制伺服机构的装置,高温下操作的装置和维护管理难的装置 | 用于高压装置,具有复杂油路的配套装置具有精密控制伺服,比例机构控制装置。高温下可使用,适用范围很广和维护管理难的现场 |
| | | | 用于泄漏量大,润滑性要求不高的静压平衡油压装置 | 用于泄漏量较大,要求有一定润滑性的单纯油压装置 | 用于运行复杂的油压装置,要求换油期长的装置和室内低温条件下工作的装置 | | |
| 油泵类型 | 叶片泵 | 可用 | 不能用 | 可用 | 可用 | 可用 | 可用 |
| | 齿轮泵 | 可用 | 不能用 | 可用(最好是滑动轴承) | 可用(最好是滑动轴承) | 可用 | 可用 |
| | 柱塞泵 | 可用 | 不能用 | | 可用(最好是滑动轴承) | 可用 | 可用 |
| | 螺杆泵 | 可用 | 不能用 | | | 可用 | 可用 |
| | 往复活塞泵 | 可用 | 不能用 | 可用 | 可用 | 可用 | 可用 |

续表

| 种类 | | 矿物油 | 水包油乳化液 | 油包水乳化液 | 水-乙二醇液压液 | 磷酸酯液压液 | 脂肪酸酯 |
|---|---|---|---|---|---|---|---|
| 选择中的其他参考事项 | 装置部件材料,密封衬垫材料 | 可用丙烯腈橡胶,丙烯酯橡胶,氯丁橡胶,丁腈橡胶,硅橡胶,氟橡胶等,不能用天然橡胶和丁基橡胶 | 无特别要求,对于密封衬垫材料无特别限制<br>不能用纸、皮革、软木、合成纤维等,对丁基橡胶也有影响 | 不宜用铜、锌与矿物油相同,但不能用纸、皮革、软木、合成纤维等 | 不宜用锌、银、镉、铜<br>可用天然橡胶、氯丁橡胶、丁腈橡胶、丁基橡胶、硅橡胶和氟橡胶等,不能用纸、皮革、软木、合成纤维等 | 最好不用铜<br>可用乙丙基或丁基橡胶,硅橡胶、氟橡胶和聚四氟乙烯等<br>不能用矿物油所用的材料,某些塑料也不可用 | 可用丙烯腈橡胶,丙烯脂橡胶氯丁橡胶,丁腈橡胶,硅橡胶,氟橡胶等,不能用天然橡胶和丁基橡胶 |
| | 涂料 | 无特殊要求 | 最好不用 | 最不能用 | 某些油漆不适用,一般用于矿物油的涂料都不适用。可用环氧树脂乙烯基涂料 | 能溶解大部分油漆和绝缘材料,故最好不用。可用聚环氧型和聚脲型涂料 | 一般无特殊要求,但注意与含锌类油漆是不相容的 |
| 相对价格比 | | 中~高 | 最低 | 中~高 | 高 | 最高 | 较高 |

**表 21-4-26　　工作介质黏度选择（供参考）**

| 液压设备类型 | | | 工作温度下适宜运动黏度范围和最佳运动黏度/$mm^2 \cdot s^{-1}$ | | | 推荐选用运动黏度(37.8℃)/$mm^2 \cdot s^{-1}$ | | 适用工作介质品种及黏度等级 |
|---|---|---|---|---|---|---|---|---|
| | | | 最低 | 最佳 | 最高 | 工作温度/℃ 5~40 | 工作温度/℃ 40~85 | |
| 液压泵 | 叶片泵 | <7MPa | 20 | 25 | 400~800 | 30~49 | 43~77 | HM 油:32、46、68 |
| 液压泵 | 叶片泵 | >7MPa | 20 | 25 | 400~800 | 54~70 | 65~95 | HM 油:46、68、100 |
| 液压泵 | 齿轮泵 | | 16~25 | 70~250 | 850 | 30~70 | 110~154 | HL 油(中、高压用 HM):32、46、68、100、150 |
| 液压泵 | 柱塞泵 | 轴向 | 12 | 20 | 200 | 30~70 | 110~220 | HL 油(高压用 HM):32、46、68、100、150 |
| 液压泵 | 柱塞泵 | 径向 | 16 | 30 | 500 | 30~70 | 110~200 | HL 油(高压用 HM):32、46、68、100、150 |
| 液压泵 | 螺杆泵 | | 7~25 | 75 | 500~4000 | 30~50 | 40~80 | HL 油:32、46、68 |
| 液压泵 | 电液脉冲马达 | | 17 | 25~40 | 60~120 | | | |
| 机床 | 普通① | | 10 | | 500 | | | |
| 机床 | 精密① | | 10 | | 500 | | | |
| 机床 | 数控② | | 17 | | 60 | | | |

① 允许系统工作温度：0~55℃。
② 允许系统工作温度：15~60℃。

**表 21-4-27　　按环境、工作压力和温度选择液压油（液）**

| 环境 | 压力<7MPa 温度<50℃ | 压力 7~14MPa 温度<50℃ | 压力 7~14MPa 温度 50~80℃ | 压力>14MPa 温度 80~100℃ |
|---|---|---|---|---|
| 室内<br>固定液压设备 | HL | HL 或 HM | HM | HM |
| 寒天<br>寒区或严寒区 | HR | HV 或 HS | HV 或 HS | HV 或 HS |
| 地下<br>水上 | HL | HL 或 HM | HM | HM |
| 高温热源<br>明火附近 | HFAE<br>HFAS | HFB<br>HFC | HFDR | HFDR |

表 21-4-28　　液压工作介质与常用材料的相容性

| 材料名称 | | 石油基液压油 | 高水基液压液 | 油包水乳化液 | 水-乙二醇液压液 | 磷酸酯液压液 | 脂肪酸酯 |
|---|---|---|---|---|---|---|---|
| 金属 | 铁 | 相容 | 相容 | 相容 | 相容 | 相容 | 相容 |
| | 铜、黄铜 | 相容 | 相容 | 相容 | 相容 | 相容 | 相容 |
| | 青铜 | 不相容 | 相容 | 相容 | 勉强 | 相容 | 相容 |
| | 铝 | 相容 | 不相容 | 相容 | 不相容 | 相容 | 相容 |
| | 锌、镉 | 相容 | 不相容 | 相容 | 不相容 | 相容 | 不相容 |
| | 镍、锡 | 相容 | 相容 | 相容 | 相容 | 相容 | 相容 |
| | 铅 | 相容 | 相容 | 不相容 | 不相容 | 相容 | 不相容 |
| | 镁 | 相容 | 不相容 | 不相容 | 不相容 | 相容 | 相容 |
| 橡胶 | 天然橡胶 | 不相容 | 相容 | 不相容 | 相容 | 不相容 | 不相容 |
| | 氯丁橡胶 | 相容 | 相容 | 相容 | 相容 | 不相容 | 相容 |
| | 丁腈橡胶 | 相容 | 相容 | 相容 | 相容 | 不相容 | 相容 |
| | 丁基橡胶 | 不相容 | 不相容 | 不相容 | 相容 | 相容 | 不相容 |
| | 乙丙橡胶 | 不相容 | 相容 | 不相容 | 相容 | 相容 | 不相容 |
| | 聚氨酯橡胶 | 相容 | 不相容 | 不相容 | 不相容 | 不相容 | 相容 |
| | 硅橡胶 | 相容 | 相容 | 相容 | 相容 | 相容 | 相容 |
| | 氟橡胶 | 相容 | 相容 | 相容 | 相容 | 相容 | 相容 |
| | 丁苯橡胶 | 不相容 | 不相容 | 不相容 | 相容 | 不相容 | 不相容 |
| | 聚硫橡胶 | 相容 | 勉强 | 勉强 | 相容 | 勉强 | 相容 |
| | 聚丙烯酸酯橡胶 | 勉强 | 不相容 | 不相容 | 不相容 | 不相容 | 勉强 |
| | 氟磺化聚乙烯橡胶 | 勉强 | 勉强 | 勉强 | 相容 | 不相容 | 勉强 |
| 塑料 | 丙烯酸塑料(包括有机玻璃) | 相容 | 相容 | 相容 | 相容 | 不相容 | 相容 |
| | 苯乙烯塑料 | 相容 | 相容 | 相容 | 相容 | 不相容 | 相容 |
| | 环氧塑料 | 相容 | 相容 | 相容 | 相容 | 相容 | 相容 |
| | 酚型塑料 | 相容 | 相容 | 相容 | 相容 | 相容 | 相容 |
| | 硅酮塑料 | 相容 | 相容 | 相容 | 相容 | 相容 | 相容 |
| | 聚氟乙烯塑料 | 相容 | 相容 | 相容 | 相容 | 不相容 | 相容 |
| | 尼龙 | 相容 | 相容 | 相容 | 相容 | 相容 | 相容 |
| | 聚丙烯塑料 | 相容 | 相容 | 相容 | 相容 | 相容 | 相容 |
| | 聚四氟乙烯塑料 | 相容 | 相容 | 相容 | 相容 | 相容 | 相容 |
| 涂料和漆 | 普通耐油工业涂料 | 相容 | 不相容 | 不相容 | 不相容 | 不相容 | 相容 |
| | 环氧型 | 相容 | 相容 | 相容 | 相容 | 相容 | 相容 |
| | 酚型 | 相容 | 相容 | 相容 | 相容 | 相容 | 相容 |
| | 搪瓷 | 相容 | 相容 | 相容 | 相容 | 相容 | 相容 |
| 其他材料 | 皮革 | 相容 | 不相容 | 不相容 | 不相容 | 不相容 | 相容 |
| | 纸、软木 | 相容 | 不相容 | 不相容 | 不相容 | — | 相容 |
| | 合成纤维 | — | 不相容 | 不相容 | 不相容 | — | — |

# 9　液压工作介质的使用要点

液压系统的液压工作介质中存在各种各样的污染物，它是造成液压系统使用故障的主要原因，通过实践分析其中最主要的污染物是固体颗粒，此外还有水、气、及有害的化学物质。造成污染物及污染原因主要有以下几个方面。

1）新油，由于液压介质本身生产制造过程中产生，或在储藏、运输过程中和在液压介质在向液压系统输入过程中产生的。

2）液压系统中残留的，主要指液压系统中的液压元件、液压附件和组装过程中残留的金属铁屑、清洁化纤、清洁溶剂等。

3）液压系统使用过程中由外界侵入的污染物。例如在油箱在呼吸气体过程中带入的空气中的颗粒物，液压缸外露活塞杆由于往复运动由外界环境侵入液压系统的污染物以及在维修人员工作过程中带入的污染物等。

4）液压系统使用过程中内部生成的污染物。其主要是指液压系统中的液压元件使用磨损及腐蚀，以及液压介质长期使用中油液氧化分解产生的化合物，或者由于液压介质使用档造成污染物的堆积。

表 21-4-29　　液压工作介质的日常维护、更换及安全事项

| 使用要点 | 内 容 或 措 施 |
|---|---|
| 日常维护 | ①保持环境整洁,正确操作,防止水分、杂物或空气混入<br>②含水型液压液的使用温度不要超过规定值,以免水分过度蒸发。要定期检查和补充水分,否则,其理化性质会发生变化,影响使用,甚至失去难燃性,成为可燃液体<br>③对磷酸酯液压液要特别注意防止进水,以免发生水解变质 |
| 及时更换 | 液压工作介质在使用过程中会逐渐老化变质,达到一定程度要及时更换。为了确保液压系统正常运转,应参照相应的标准进行介质检测。当运行中的液压油已超出规定的技术要求时,则已达到了换油期,应及时更换工作介质。确定是否更换的方法有三种:<br>①定期更换法:每种工作介质都有一定的使用寿命,到期更换。设备正常运转,日常正确维护,一般采用此法<br>②经验判断更换法:按介质颜色、气味、透明或浑浊度、有无沉淀物等,对比新介质或凭经验确定是否更换<br>③化验确定更换法:介质老化变质,其理化指标有变化,定期对介质取样化验,对比表 21-4-27～表 21-4-29 所列指标确定是否更换,这是一种客观和科学的方法 |
| 安全事项 | ①使用液压油要注意防火安全<br>②磷酸酯有极强的脱脂能力,会使触及的皮肤干裂。误触后应立即用流水、肥皂清洗 |

表 21-4-30　　液压工作介质的更换指标

| 项　　目 | 石油基液压油 | | 油包水乳化液 | 水-乙二醇液压液 | 磷酸酯液压液 |
|---|---|---|---|---|---|
| | 一般机械 | 精密机械 | | | |
| 运动黏度变化率(40℃)/% | ±15 | ±10 | ±20① | ±(15～20)① | ±20 |
| 酸值增加/mg(KOH)·$g^{-1}$ | 0.5 | 0.25～0.5 | | | 0.4～1.0 |
| 碱度变化/% | | | −15② | −15② | |
| 水分/% | 0.2 | 0.1 | ±5③ | ±(5～9)③ | 0.5 |
| 污物含量/mg·$(100mL)^{-1}$ | 40 | 10 | | | 15 |
| 腐蚀性试验 | 不合格 | 不合格 | 不合格 | 不合格 | 不合格 |
| 颜色 | 变化大 | 有变化 | | | ASTM4.5 级 |

① 黏度减到此值，换液；增到此值，补充纯水（软水）。

② 达此值补充适量添加剂。

③ 水分增加到此值，换液；减少到此值，补充纯水（软水）。

表 21-4-31　　L-HL 液压油换油指标（摘自 SH/T 0476—1992）

| 项　　目 | | 换 油 指 标 | 试 验 方 法 |
|---|---|---|---|
| 外观 | | 不透明或浑浊 | 目测 |
| 40℃运动黏度变化率/% | 超过 | ±10 | 本标准 3.2 条 |
| 色度变化(比新油)/号 | 等于或大于 | 3 | GB/T 6540 |
| 酸值/mg(KOH)·$g^{-1}$ | 大于 | 0.3 | GB/T 264 |
| 水分/% | 大于 | 0.1 | GB/T 260 |
| 机械杂质/% | 大于 | 0.1 | GB/T 511 |
| 铜片腐蚀(100℃, 3h)/级 | 等于或大于 | 2 | GB/T 5096 |

注：设备技术状况正常，液压油中有一项指标达到换油指标时应更换新油。

**表 21-4-32　L-HM 液压油换油指标**（摘自 NB/SH/T 0599—2013）

| 项　目 | | 换油指标 | 试验方法 |
| --- | --- | --- | --- |
| 40℃运动黏度变化率/% | 超过 | ±10 | GB/T 265 及本标准 3.2 条 |
| 水分/% | 大于 | 0.1 | GB/T 260 |
| 色度增加(比新油)/号 | 大于 | 2 | GB/T 6540 |
| 酸值<br>增加/mg(KOH)/·$g^{-1}$ | 大于 | 0.3 | GB/T 264、GB/T 7304 |
| 正戊烷不溶物①/% | 大于 | 0.1 | GB/T 8926A 法 |
| 铜片腐蚀(100℃,3h)/级 | 大于 | 2a | GB/T 5096 |

① 允许采用 GB/T 511 方法，使用 60~90℃石油醚作溶剂，测定试样机械杂质。

注：设备技术状况正常，液压油中有一项指标达到换油指标时应更换新油。

# 第5章 液压泵和液压马达

液压泵和液压马达都是能量转换装置。液压泵向系统提供具有一定压力和流量的液体，把机械能转换成液体的压力能。液压马达正相反，它是液压系统中的执行元件，把液体的压力能转换成机械能。

## 1 液压泵和液压马达的分类与工作原理

表 21-5-1 液压泵分类（按结构特点分）与工作原理

| 类别 | | 简图和工作原理 | 类别 | | 简图和工作原理 |
|---|---|---|---|---|---|
| 齿轮泵 | 外啮合齿轮泵 | 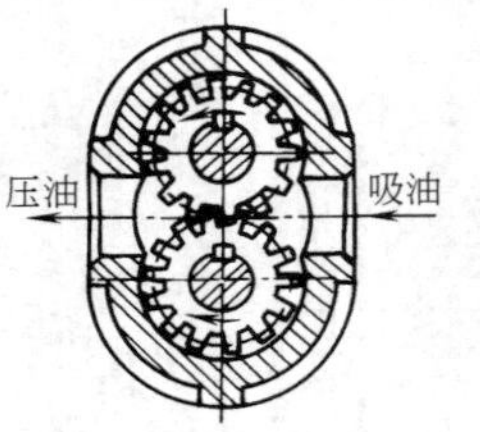<br>在密封壳体内的一对啮合齿轮，以啮合点沿齿宽方向的接触线将其吸油腔和压油腔分开，在其旋转时，齿轮脱开啮合的一侧形成局部真空，将油液吸入，而齿轮另一侧进入啮合，齿槽容积变小，油液被压出 | 叶片泵 | 单作用叶片泵、双作用叶片泵、凸轮转子式叶片泵 | 容积变化元件：叶片、转子、定子圈<br>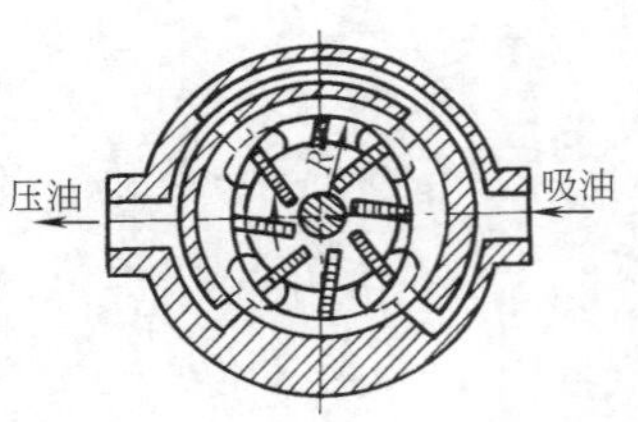<br>叶片泵的转子旋转时，嵌于转子槽内的叶片沿着定子内廓曲线伸出或缩入，使两相邻叶片之间所包容的容积不断变化。当叶片伸出，所包容的容积增加时，形成局部真空，吸入油液；当叶片缩入，所包容的容积减小时，油液压出。转子转一周，容积变化循环一次，称为单作用叶片泵；容积变化循环两次，则称为双作用叶片泵 |
| | 内啮合齿轮泵 | 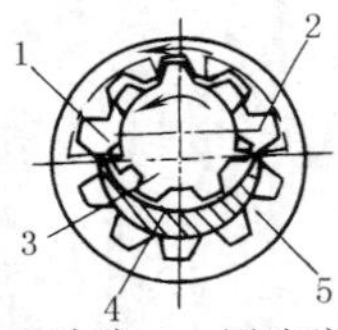<br>1—吸油腔；2—压油腔；3—主动齿轮；4—月形件；5—从动齿轮<br>主动齿轮按图示方向旋转时，从动齿轮随之同向旋转，在齿轮脱开处形成真空吸油，而齿轮进入啮合处，油液被挤出，输到工作管路中去<br>月形件（隔板）的作用是隔开吸油腔和排油腔 | | | |
| | 摆线内啮合齿轮泵 | 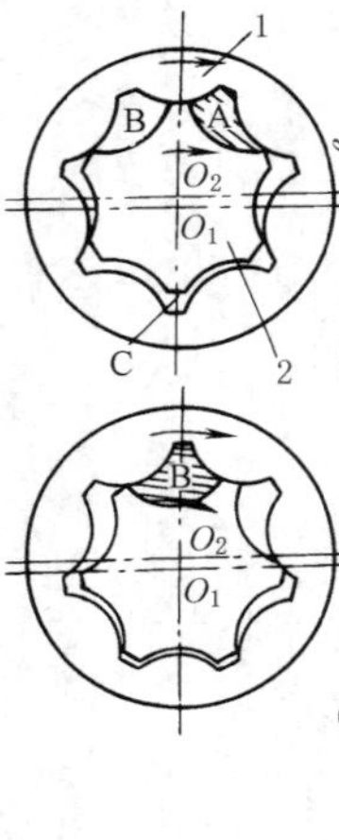<br>(a)<br>(b)<br>具有摆线共轭齿形的外转子1和内转子2之间有偏心矩$e$，内转子绕中心$O_1$顺时针转动时，带动外转子绕中心$O_2$同向旋转，此时B容腔逐渐增大形成真空，与其相通的配油盘槽进油，形成吸油过程。当内、外转子转至图b位置时，B容腔为最大，而A容腔随转子转动逐渐缩小，同时与配油盘出油口相通，形成排油过程。当A容腔转到图a中C处时，封闭容积最小，压油过程结束。继而又是吸油过程。这样，内、外转子异速同向绕各自中心$O_1$、$O_2$转动，使内、外转子所围成的容腔不断发生容积变化，形成吸、排油过程 | 柱塞泵 | 轴向柱塞泵（分斜轴式、直轴式） | 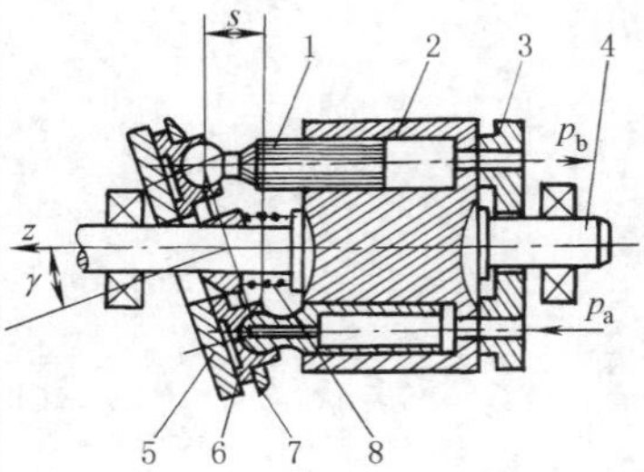<br>1—柱塞；2—缸体；3—配油盘；4—传动轴；5—斜盘；6—滑靴；7—同程盘；8—中心弹簧<br>柱塞的头部安装有滑靴，它始终贴住斜盘平面运动。当缸体带动柱塞旋转时，柱塞在柱塞腔内作直线往复运动。柱塞伸出，腔容积增大，腔内吸入油液，称吸油过程。随着缸体旋转，柱塞缩回，腔容积减小，油液通过排油窗排出，称排油过程。缸每转一周，各柱塞腔有半周吸油，半周排油，缸不断旋转，实现连续地吸油和排油 |

续表

| 类别 | | 简图和工作原理 | 类别 | 简图和工作原理 |
|---|---|---|---|---|
| 柱塞泵 | 径向柱塞泵 | 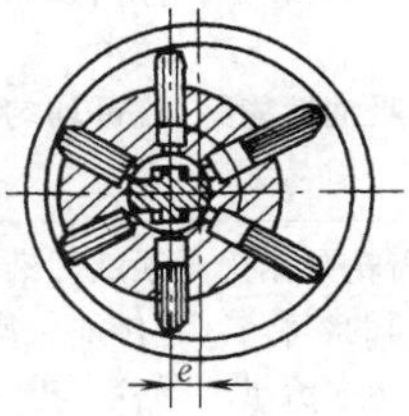当每个柱塞在转子套内伸出及缩入时，产生容积变化。转子旋转时，由于转子与定子圈存在有偏心 $e$，所以柱塞在沿定子圈内圆滑动的同时，柱塞伸出或缩入。伸出时容积增大，形成局部真空，将油液吸入；缩入时容积减小，将油液压出。其吸油及压油腔由输油轴（配流轴）上的配流槽隔开 | 螺杆泵 | 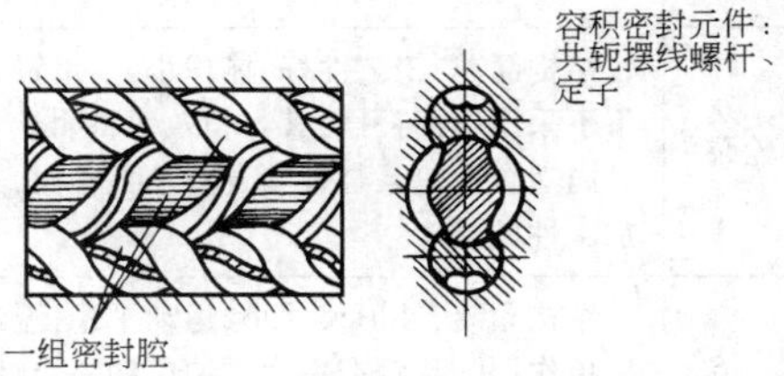三杆螺杆泵由于三根螺杆具有特殊的形状，在它们互相接触处形成严密的密封，再加上螺杆有适当的头数和导程，定子（泵体或套筒）与螺杆的接触处有适当的长度和适当的径向间隙，因而使螺杆的凹槽形成一些密闭的容积。当螺杆转动时，这些容积便沿轴向移动——从吸入室沿轴线向压出室移动。这样，在吸入室方面充满螺杆凹槽的油液，在螺杆稍微转动以后便与吸入室隔绝，形成一封闭容积，在螺杆螺纹的作用下被推动沿轴线方向向前移动至压出腔，再通过压力油管输送到液压系统中去。如同螺母在转动螺杆上的走动情况一样，油液在螺杆泵内是做匀速直线运动的（设螺杆做匀速转动），而且这些油液彼此间没有相对运动，即无搅动地移动，不能变量 |

注：1. 液压泵按流量变化分类有定量泵和变量泵两大类。
2. 液压泵与液压马达在结构上类似，除了一些特殊要求外，两者使用是可逆的，因此，对液压马达不进行详细介绍。

# 2　液压泵和液压马达的选用

液压泵和液压马达的应用范围很广，总体归纳为两大类：一类为固定设备用液压装置，如各类机床、液压机、轧钢机、注塑机等；另一类为移动设备用液压装置，如起重机、各种工程机械、汽车、飞机、矿山机械等。两类液压装置所处环境和要求对液压泵和液压马达的选用有较大差异（表 21-5-2），需要结合使用装置要求和系统的工况来选择液压泵和液压马达。液压泵（马达）有：齿轮泵（马达）、叶片泵（马达）、柱塞泵（马达）、螺杆泵（马达）等，其各自特点见表 21-5-3。

液压泵的主要技术参数有压力、排量、转速、效率等（表 21-5-4）。为了保证系统正常运转和使用寿命，一般在固定设备中，正常工作压力为泵的额定压力的 80%左右；要求工作可靠性较高的系统或移动的设备，系统正常工作压力为泵的额定压力的 60%～70%。

液压马达的主要技术参数有转矩、转速、压力、排量、效率等（见表 21-5-5）。液压马达要根据运转工况进行选择，对于低速运转工况，除了用低速马达之外，也可用高速马达加减速装置。

液压系统中选用液压泵（马达）的主要参数计算公式见表 21-5-6。

**表 21-5-2　　两类不同液压装置的主要区别**

| 项　目 | 固　定　设　备　用 | 移　动　设　备　用 |
|---|---|---|
| 原动机类型 | 原动机多为电机，驱动转速较稳定，且多为 960～2800r/min | 原动机多为内燃机，驱动转速变化范围较大，一般为 500～4000r/min |
| 工作压力 | 多采用中压范围，为 7～21MPa，个别可达 25～32MPa | 多采用中高压范围，为 14～35MPa，个别高达 40MPa |
| 工作温度 | 环境温度较稳定，液压装置工作温度约为 50～70℃ | 环境温度变化范围大，液压装置工作温度约为 -20～110℃ |
| 工作环境 | 工作环境较清洁 | 工作环境较脏、尘埃多 |
| 噪声 | 因在室内工作，要求噪声低，应不超过 80dB | 因在室外工作，噪声较大，允许达 90dB |
| 空间布置 | 空间布置尺寸较宽裕，利于维修、保养 | 空间布置尺寸紧凑，不利于维修、保养 |

表 21-5-3　液压泵和液压马达的主要特点及应用

| 类型 | 特点及应用 |
| --- | --- |
| 齿轮泵 | 结构简单,工艺性好,体积小,重量轻,维护方便,使用寿命长,但工作压力较低,流量脉动和压力脉动较大,如高压下不采用端面补偿,其容积效率将明显下降<br>内啮合齿轮泵与外啮合齿轮泵相比,其优点是结构更紧凑、体积小、吸油性能好、流量均匀性较好,但结构较复杂,加工性较差 |
| 叶片泵 | 结构紧凑,外形尺寸小,运动平稳,流量均匀,噪声小,寿命长,但与齿轮泵相比对油液污染较敏感,结构较复杂<br>单作用叶片泵有一个排油口和一个吸油口,转子旋转一周,每两片间的容积各吸、排油一次,若在结构上把转子和定子的偏心距做成可变的,就是变量叶片泵。单作用叶片泵适用于低压大流量的场合<br>双作用叶片泵转子每转一周,叶片在槽内往复运动两次,完成两次吸油和排油。由于它有两个吸油区和两个排油区,相对转子中心对称分布,所以作用在转子上的作用力相互平衡,流量比较均匀 |
| 柱塞泵 | 精度高,密封性能好,工作压力高,因此得到广泛应用。但它结构比较复杂,制造精度高,价格贵,对油液污染敏感<br>轴向柱塞泵是柱塞平行缸体轴线,沿轴向运动;径向柱塞泵的柱塞垂直于配油轴,沿径向运动,这两类泵均可作为液压马达用 |
| 螺杆泵 | 螺杆泵实质上是一种齿轮泵,其特点是结构简单,重量轻;流量及压力的脉动小,输送均匀,无紊流,无搅动,很少产生气泡;工作可靠,噪声小,运转平稳性比齿轮泵和叶片泵高,容积效率高,吸入扬程高。其加工较难,不能改变流量。适用于机床或精密机械的液压传动系统。一般应用两螺杆或三螺杆泵,有立式及卧式两种安装方式。一般船用螺杆泵用立式安装 |
| 齿轮马达 | 与齿轮泵具有相同的特点,另外其制造容易,但输出的转矩和转速脉动性较大;当转速高于 1000r/min 时,其转矩脉动受到抑制,因此,齿轮马达适用于高转速低转矩情况下 |
| 叶片马达 | 结构紧凑,外形尺寸小,运动平稳,噪声小,负载转矩较小 |
| 轴向柱塞马达 | 结构紧凑,径向尺寸小,转动惯量小,转速高,耐高压,易于变量,能用多种方式自动调节流量,适用范围广 |
| 球塞式马达 | 负载转矩大,径向尺寸大,适合于速度中等工况 |
| 内曲线马达 | 负载转矩大,转速低,平稳性好 |

表 21-5-4　各类液压泵的主要技术参数

| 类型 | | | 压力/MPa | 排量/mL·r$^{-1}$ | 转速/r·min$^{-1}$ | 最大功率/kW | 容积效率/% | 总效率/% | 最高自吸能力/kPa | 流量脉动/% |
| --- | --- | --- | --- | --- | --- | --- | --- | --- | --- | --- |
| 齿轮泵 | 外啮合 | | ≤25 | 0.5~650 | 300~7000 | 120 | 70~95 | 63~87 | 50 | 11~27 |
| | 内啮合 | 楔块式 | ≤30 | 0.8~300 | 1500~2000 | 350 | ≤96 | ≤90 | 40 | 1~3 |
| | | 摆线转子式 | 1.6~16 | 2.5~150 | 1000~4500 | 120 | 80~90 | 65~80 | 40 | ≤3 |
| 螺杆泵 | | | 2.5~10 | 25~1500 | 1000~3000 | 390 | 70~95 | 70~85 | 63.5 | <1 |
| 叶片泵 | 单作用 | | ≤6.3 | 1~320 | 500~2000 | 300 | 85~92 | 64~81 | 33.5 | ≤1 |
| | 双作用 | | 6.3~32 | 0.5~480 | 500~4000 | 320 | 80~94 | 65~82 | 33.5 | ≤1 |
| 柱塞泵 | 轴向 | 直轴端面配流 | ≤10 | 0.2~560 | 600~2200 | 730 | 88~93 | 81~88 | 16.5 | 1~5 |
| | | 斜轴端面配流 | ≤40 | 0.2~3600 | 600~1800 | 260 | 88~93 | 81~88 | 16.5 | 1~5 |
| | | 阀配流 | ≤70 | ≤420 | ≤1800 | 750 | 90~95 | 83~88 | 16.5 | <14 |
| | 径向轴配流 | | 10~20 | 20~720 | 700~1800 | 250 | 80~90 | 81~83 | 16.5 | <2 |
| | 卧式轴配流 | | ≤40 | 1~250 | 200~2200 | 260 | 90~95 | 83~88 | 16.5 | ≤14 |

**表 21-5-5　各类低速液压马达的主要技术参数**

| 结构型式 | | 压力/MPa 额定 | 压力/MPa 最高 | 转速/r·min⁻¹ 最低 | 转速/r·min⁻¹ 最高 | 容积效率/% | 机械效率/% | 总效率/% |
|---|---|---|---|---|---|---|---|---|
| 单作用 | 曲柄连杆式 | 20.5 | 24 | 5~10 | 200 | 96.8 | 93 | 90 |
| | 静力平衡式 | 17 | 28 | 2 | 275 | 95 | 95 | 90 |
| | 双斜盘式 | 20.5 | 24 | 5~10 | 200 | 95 | 96 | 91.2 |
| 多作用 | 内曲线柱塞传力 | 13.5 | 20.5 | 0.5 | 120 | 95 | 95 | 90 |
| | 内曲线横梁传力 | 29.0 | 39.0 | 0.5 | 75 | 95 | 95 | 90 |
| | 内曲线环塞式 | 13.5 | 20.5 | 1 | 600 | 95 | 95 | 90 |
| | 摆线式 | 20 | 28 | 30 | 950 | 95 | 80 | 76 |
| | 双凸轮盘式 | 12~16 | 20~25 | 5~10 | 200~300 | — | — | 85~90 |

**表 21-5-6　液压泵和液压马达的主要参数及计算公式**

| 参数名称 | | 单位 | 液压泵 | 液压马达 |
|---|---|---|---|---|
| 排量、流量 | 排量 $q_0$ | $m^3/r$ | 每转一转，由其密封腔内几何尺寸变化计算而得的排出液体的体积 | |
| | 理论流量 $Q_0$ | $m^3/s$ | 泵单位时间内由密封腔内几何尺寸变化计算而得的排出液体的体积 $Q_0=\frac{1}{60}q_0n$ | 在单位时间内为形成指定转速，液压马达封闭腔容积变化所需要的流量 $Q_0=\frac{1}{60}q_0n$ |
| | 实际流量 $Q$ | $m^3/s$ | 泵工作时出口处流量 $Q=\frac{1}{60}q_0n\eta_v$ | 马达进口处流量 $Q=\frac{1}{60}q_0n\frac{1}{\eta_v}$ |
| 压力 | 额定压力 | Pa | 在正常工作条件下，按试验标准规定能连续运转的最高压力 | |
| | 最高压力 $p_{max}$ | Pa | 按试验标准规定允许短暂运行的最高压力 | |
| | 工作压力 $p$ | Pa | 工作时的压力 | |
| 转速 | 额定转速 $n$ | r/min | 在额定压力下，能连续长时间正常运转的最高转速 | |
| | 最高转速 | r/min | 在额定压力下，超过额定转速而允许短暂运行的最大转速 | |
| | 最低转速 | r/min | 正常运转所允许的最低转速 | 同左（马达不出现爬行现象） |
| 功率 | 输入功率 $P_i$ | W | 驱动泵轴的机械功率 $P_i=pQ/\eta$ | 马达入口处输出的液压功率 $P_i=pQ$ |
| | 输出功率 $P_0$ | W | 泵输出的液压功率，其值为泵实际输出的实际流量和压力的乘积 $P_0=pQ$ | 马达输出轴上输出的机械功率 $P_0=pQ\eta$ |
| | 机械功率 | W | $P_i=\frac{\pi}{30}Tn$ | $P_0=\frac{\pi}{30}Tn$ |
| | | | $T$——压力为 $p$ 时泵的输入转矩或马达的输出转矩，N·m | |
| 转矩 | 理论转矩 | N·m | | 液体压力作用于液压马达转子形成的转矩 |
| | 实际转矩 | N·m | 液压泵输入转矩 $T_i$ $T_i=\frac{1}{2\pi}pq_0\frac{1}{\eta_m}$ | 液压马达轴输出的转矩 $T_0$ $T_0=\frac{1}{2\pi}pq_0\eta_m$ |

续表

| 参数名称 | | 单位 | 液压泵 | 液压马达 |
|---|---|---|---|---|
| 效率 | 容积效率 $\eta_v$ | | 泵的实际输出流量与理论流量的比值 $\eta_v=Q/Q_0$ | 马达的理论流量与实际流量的比值 $\eta_v=Q_0/Q$ |
| | 机械效率 $\eta_m$ | | 泵理论转矩(由压力作用于转子产生的液压转矩)与泵轴上实际输出转矩之比 $\eta_m=\dfrac{pq_0}{2\pi T_i}$ | 马达的实际转矩与理论转矩之比值 $\eta_m=\dfrac{2\pi T_0}{pq_0}$ |
| | 总效率 $\eta$ | | 泵的输出功率与输入功率之比 $\eta=\eta_v\eta_m$ | 马达输出的机械功率与输入的液压功率之比 $\eta=\eta_v\eta_m$ |
| 单位换算式① | $q_0$ | mL/r | $Q=10^{-3}q_0n\eta_v$<br>$P_i=\dfrac{pQ}{60\eta}$ | $Q=10^{-3}q_0n/\eta_v$<br>$T_0=\dfrac{1}{2\pi}pq_0\eta_m$ |
| | $n$ | r/min | | |
| | $Q$ | L/min | | |
| | $p$ | MPa | | |
| | $P_i$ | kW | | |
| | $T_0$ | N·m | | |

① 因为在介绍的产品中现仍使用 $q_0$(mL/r)、$Q$(L/min)、$p$(MPa)，为方便读者，故增加此栏。

# 3 液压泵产品及选用指南

## 3.1 齿轮泵

齿轮泵部分产品技术参数见表 21-5-7。

选择齿轮泵参数时，其额定压力应为液压系统安全阀开启压力的 1.1~1.5 倍；多联泵的第一联泵应比第二联泵能承受较高的负荷（压力×流量），多联泵总负荷不能超过泵轴伸所能承受的转矩；在室内和对环境噪声有要求的情况下，注意选用对噪声有控制的产品。

泵的自吸能力要求不低于 16kPa，一般要求泵的吸油高度不得大于 0.5m，在进油管较长的管路系统中进油管径要适当加大，以免造成流动阻力太大吸油不足，影响泵的工作性能。

**表 21-5-7　　齿轮泵部分产品技术参数**

| 类别 | 型号 | 排量 /mL·r$^{-1}$ | 压力/MPa | | 转速/r·min$^{-1}$ | | 容积效率 /% | 生产厂 |
|---|---|---|---|---|---|---|---|---|
| | | | 额定 | 最高 | 额定 | 最高 | | |
| 外啮合齿轮泵 | CB | 32、50、100 | 10 | 12.5 | 1450 | 1650 | ≥90 | 四川长江液压件有限责任公司<br>合肥长源液压股份有限公司 |
| | CBB | 6、10、14 | 14 | 17.5 | 2000 | 3000 | ≥90 | 长治液压有限公司 |
| | CB-B | 2.5~125 | 2.5 | — | 1450 | — | ≥70~95 | 阜新液压件有限公司<br>四川长江液压件有限责任公司 |
| | CB-C | 10~32 | 10 | 14 | 1800 | 2400 | ≥90 | — |
| | CB-D | 32~70 | | | | | | |
| | CB-$F_A$ | 10~32 | 14 | 17.5 | 1800 | 2400 | ≥90 | 榆次液压有限公司 |
| | CB-$F_C$ | 10~40 | 16 | 20 | 2000 | 3000 | ≥90 | |
| | CB-$F_D$ | 10~40 | 20 | 25 | 2000 | 3000 | ≥90 | |
| | CBG | 16~160 | 12.5 | 20 | 2000 | 2500 | ≥91 | 四川长江液压件有限责任公司<br>阜新液压件有限公司 |

续表

| 类别 | 型号 | 排量/$mL \cdot r^{-1}$ | 压力/MPa | | 转速/$r \cdot min^{-1}$ | | 容积效率/% | 生产厂 |
|---|---|---|---|---|---|---|---|---|
| | | | 额定 | 最高 | 额定 | 最高 | | |
| 外啮合齿轮泵 | CB-L | 40~200 | 16 | 20 | 2000 | 2500 | ≥90 | 四川长江液压件有限责任公司 |
| | CB-Q | 20~63 | 20 | 25 | 2500 | 3000 | ≥91~92 | 合肥长源液压股份有限公司<br>阜新液压件有限公司 |
| | CB※-E | 4~125 | 16 | 20 | 2000 | 3000 | ≥91~93 | |
| | CB※-F | 4~20 | 20 | 25 | 2000 | 3000 | ≥90 | |
| | FLCB-D | 25~63 | 10 | 12.5 | 2000 | 2500 | — | — |
| | HLCB-D | 10~20 | 10 | 12.5 | 2500 | 3000 | — | |
| | P※ | 15~200 | 23 | 28 | 2400 | — | — | 泊姆克(天津)液压有限公司 |
| 外啮合单级齿轮泵 | G30 | 58~161 | 14~23 | — | — | 2200~3000 | ≥90 | 四川长江液压件有限责任公司 |
| | BBXQ | 12、16 | 3、5 | 6 | 1500 | 2000 | ≥90 | 上海机床厂有限公司 |
| | GPA | 1.76~63.6 | 10 | — | 2000~3000 | — | ≥90 | |
| | CB-Y | 10.18~100.7 | 20 | 25 | 2500 | 3000 | ≥90 | 四川长江液压件有限责任公司 |
| | $CB-H_B$ | 51.76~101.5 | 16 | 20 | 1800 | 2400 | ≥91~92 | 榆次液压有限公司 |
| | CBF-E | 10~140 | 16 | 20 | 2500 | 3000 | ≥90~95 | 阜新液压件有限公司 |
| | CBF-F | 10~100 | 20 | 25 | 2000 | 2500 | ≥90~95 | |
| | CBQ-F5 | 20~63 | 20 | 25 | 2500 | 3000 | ≥92~96 | |
| | CBZ2 | 32~100.6 | 16~25 | 20~31.5 | 2000 | 2500 | ≥94 | — |
| | GB300 | 6~14 | 14~16 | 17.5~20 | 2000 | 3000 | ≥90 | — |
| | GBN-E | 16~63 | 16 | 20 | 2000 | 2500 | ≥91~93 | |
| 外啮合双联齿轮泵 | CBG2 | 40.6/40.6~140.3/140.3 | 16 | 20 | 2000 | 3000 | ≥91 | 四川长江液压件有限责任公司<br>阜新液压件有限公司 |
| | CBG3 | 126.4/126.4~200.9/200.9 | 12.5~16 | 16~20 | 2000 | 2200 | ≥91 | |
| | CBY | 10.18/10.18~100.7/100.7 | 20 | 25 | 2000 | 3000 | ≥90 | — |
| | CBQL | 20/20~63/32 | 16~20 | 20~25 | — | 3000 | ≥90 | 合肥长源液压股份有限公司 |
| | CBZ | 32.1/32.1~80/(80~250) | 25 | 31.5 | 2000 | 2500 | ≥94 | — |
| | CBF-F | 50/10~100/40 | 20 | 25 | 2000 | 2500 | ≥90~93 | 阜新液压件有限公司 |
| 内啮合齿轮泵 | NB | 10~250 | 25 | 32 | 1500~2000 | 3000 | ≥83 | 上海航空发动机制造有限公司 |
| | BB-B | 4~125 | 2.5 | — | 1500 | — | ≥80~90 | 上海机床厂有限公司 |

### 3.1.1 CB 型齿轮泵

该泵采用铝合金壳体和浮动轴套等结构，具有重量轻，能长期保持较高容积效率等特点。适用于工程机械、运输机械、矿山机械及农业机械等液压系统。

型号意义：

CB-□
齿轮泵 — CB
排量(mL/r) — □

表 21-5-8 **技术参数**

| 型　号 | 排量 /mL·r$^{-1}$ | 压力/MPa 额定 | 压力/MPa 最高 | 转速/r·min$^{-1}$ 额定 | 转速/r·min$^{-1}$ 最高 | 容积效率 /% | 驱动功率 /kW | 质量 /kg |
|---|---|---|---|---|---|---|---|---|
| CB-32 | 32.5 | 10 | 12.5 | 1450 | 1650 | ≥90 | 8.7 | 6.4 |
| CB-50(48) | 48.7 | | | | | | 13.1(11.5) | 7 |
| CB-100(98) | 99.45 | | | | | | 27.1 | 18.3 |

表 21-5-9 **外形尺寸** mm

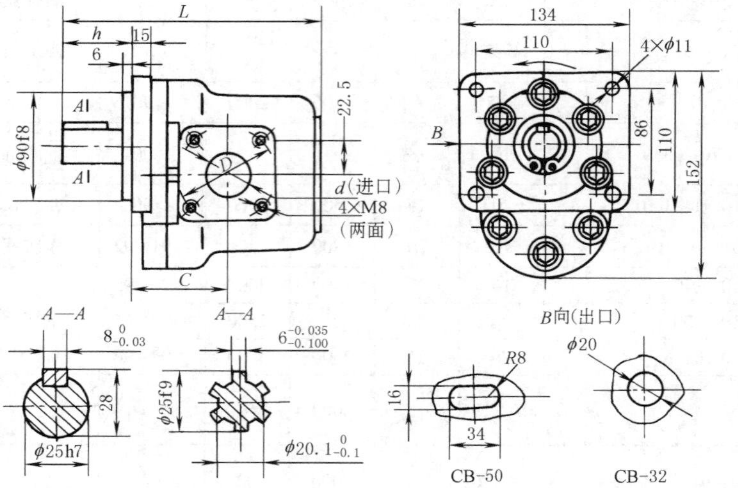


CB-32、CB-50型

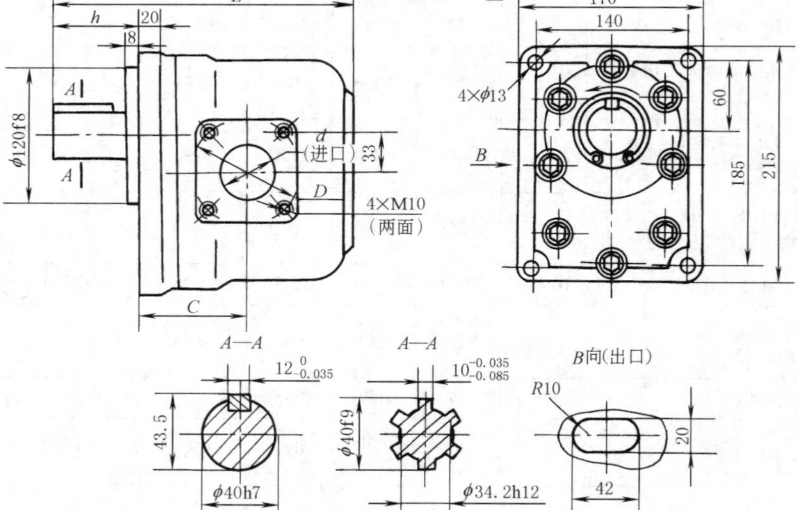


CB-100型

| 型　号 | $L$ | $C$ | $D$ | $d$ | $h$ |
|---|---|---|---|---|---|
| CB-32 | 186 | 68.5 | φ65±0.2 | φ28 | 48 |
| CB-50(48) | 200 | 74 | φ76±0.4 | φ34 | 51 |
| CB-100(98) | 261 | 98 | φ95 | φ46 | 68 |

### 3.1.2　CB-F 型齿轮泵

本系列外啮合齿轮泵采用铝合金压铸成型泵体，径向密封采用齿顶扫镗，轴向密封采用浮动压力平衡侧板，因而达到了高效率。该泵具有体积小、重量轻、效率高、性能好、工作可靠、价格低等特点，单向运转，旋向可根据用户需要提供。由于该泵具有上述特点，因此可广泛用于工作条件恶劣的工程机械、矿山机械、起重运输机械、建筑机械、石油机械、农业机械以及其他压力加工设备中。

型号意义：

CB-□ □-□ □ □-□-□

- 齿轮泵
- 系列号：$F_C$ 系列　压力级 16MPa；$F_D$ 系列　压力级 20MPa
- 主参数：公称排量(mL/r)
- 轴伸型式：1— 平键；2— 渐开线花键；3— 矩形花键
- 安装方式：S— 矩形法兰；F— 菱形法兰
- 止口尺寸：85—$\phi$85f8；90—$\phi$90f8；100—$\phi$100f8
- 连接型式：L— 螺纹连接；F— 法兰连接
- 旋向：不注 — 右旋；X— 左旋

**表 21-5-10**　**技术参数**

| 型　号 | 理论排量 /mL·r$^{-1}$ | 压力/MPa | | 转速/r·min$^{-1}$ | | | 容积效率 /% | 总效率 /% | 驱动功率(额定工况下)/kW | 质量 /kg |
|---|---|---|---|---|---|---|---|---|---|---|
| | | 额定 | 最高 | 额定 | 最高 | 最低 | | | | |
| CB-$F_C$10 | 10.44 | 16 | 20 | 2000 | 2500(允许用户长期使用) | 600 | ≥90 | ≥81 | 6.4 | 7.85 |
| CB-$F_C$16 | 16.01 | | | | | | | | 9.9 | |
| CB-$F_C$20 | 20.19 | | | | | | ≥91 | ≥82 | 12.4 | |
| CB-$F_C$25 | 25.06 | | | | | | | | 15.36 | |
| CB-$F_C$31.5 | 32.02 | | | | | | | | 19.6 | |
| CB-$F_C$40 | 40.00 | | | | | | | | 24.8 | 8.85 |
| CB-$F_D$10 | 10.44 | 20 | 25 | 2000 | 3000(允许用户长期使用) | 600 | ≥90 | ≥81 | 8 | |
| CB-$F_D$16 | 16.01 | | | | | | | | 12.3 | |
| CB-$F_D$20 | 20.19 | | | | | | ≥91 | ≥82 | 15.5 | |
| CB-$F_D$25 | 25.06 | | | | | | | | 19.2 | |
| CB-$F_D$31.5 | 32.02 | | | | | | | | 24.5 | |
| CB-$F_D$40 | 40.38 | | | | | | | | 31 | |

注：1. 表中最高压力为峰值压力，每次持续时间不得超过 3min。

2. 容积效率、总效率为油温 50℃±5℃额定工况时的数值。

**表 21-5-11**　**外形尺寸**　mm

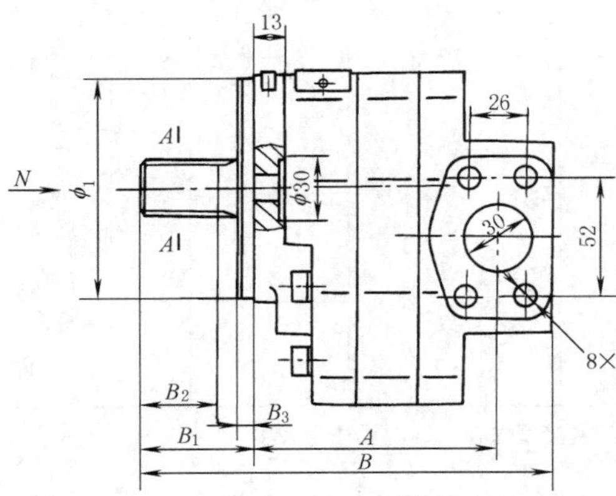


CB-$F_C$、CB-$F_D$ 法兰连接型

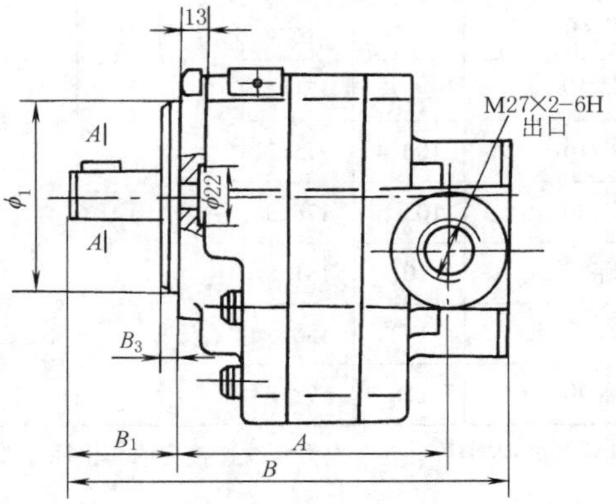


CB-$F_C$、CB-$F_D$ 螺纹连接型

续表

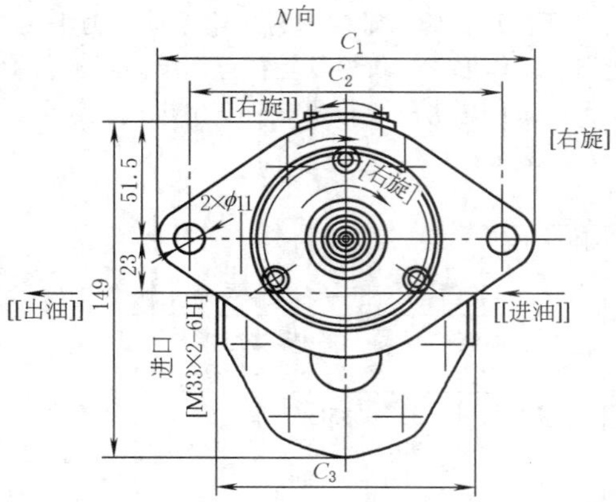


**渐开线花键参数**(GB/T 3478.1—1995)

| | |
|---|---|
| 模数 | 1.75 |
| 齿数 | 13 |
| 分度圆压力角 | 30° |
| 公差等级 | 5h |
| 配件号 | CB-$F_D$-05 |

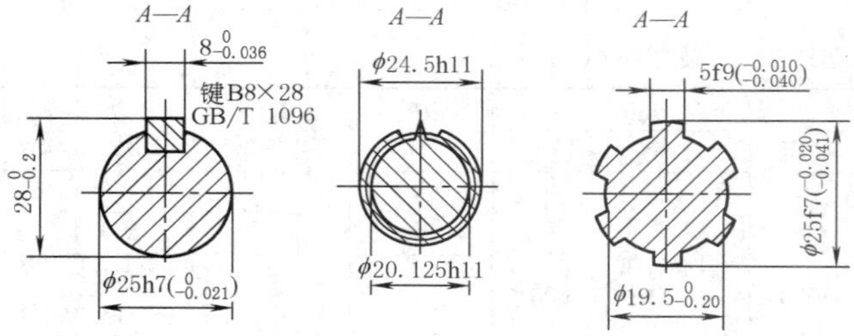


EXT13Z×1.75m×30P×5h

CB-$F_D$型轴伸

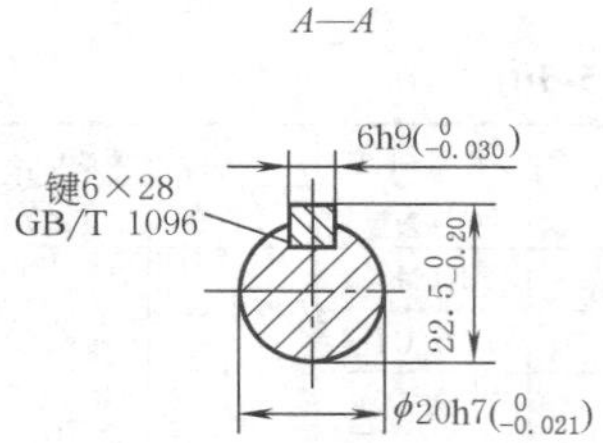


CB-$F_C$型轴伸

| 型号 | $A$ | $B$ | $C_1$ | $C_2$ | 螺纹连接 | | | | | 法兰连接 | | | | |
|---|---|---|---|---|---|---|---|---|---|---|---|---|---|---|
| | | | | | $B_1$ | $B_2$ | $B_3$ | $C_3$ | $\phi_1$ | $B_1$ | $B_2$ | $B_3$ | $C_3$ | $\phi_1$ |
| CB-$F_C$10 | 97 | 168 | 155 | 130 | 46 | — | 6.5 | 110 | $85^{-0.036}_{-0.090}$ | 50 | 35 | 7 | 120 | 100h7 |
| CB-$F_C$16 | 101 | 172 | | | | | | | | | | | | |
| CB-$F_C$20 | 104 | 175 | | | | | | | | | | | | |
| CB-$F_C$25 | 107 | 178 | | | | | | | | | | | | |
| CB-$F_C$31.5 | 112 | 183 | | | | | | | | | | | | |
| CB-$F_C$40 | 118 | 189 | | | | | | | | | | | | |
| CB-$F_D$10 | 96.4 | 171.2 | | | 50 | 25 | 7 | 110 | 100h7 | 50 | 25 | 7 | 120 | 100h7 |
| CB-$F_D$16 | 100.4 | 175.2 | | | | | | | | | | | | |
| CB-$F_D$20 | 103.5 | 178.3 | | | | | | | | | | | | |
| CB-$F_D$25 | 107 | 181.8 | | | | | | | | | | | | |
| CB-$F_D$31.5 | 112 | 186.8 | | | | | | | | | | | | |
| CB-$F_D$40 | 118 | 192.8 | | | | | | | | | | | | |

注：N向视图中 [　] 内为螺纹连接型内容，[[　]] 内为法兰连接型内容，其他尺寸为共用。

2CB-$F_A$、2CB-$F_C$ 双联齿轮泵由两个单级齿轮泵组成，可以组合获得多种流量。此类型双联泵具有一个进油口、两个出油口。双联齿轮泵能达到给液压传动系统分别供油的目的，并可以节约能源。

型号意义：

2CB-□ □/□-F L-$Y_1$ □

- 双联齿轮泵
- 系列号：$F_A$ 系列　压力级 14MPa；$F_C$ 系列　压力级 16MPa
- 主参数：后泵排量(mL/r)
- 主参数：前泵排量(mL/r)
- 安装方式：法兰安装
- 连接型式：螺纹连接
- 设计编号
- 旋向：不注 — 右旋；X— 左旋

**表 21-5-12　　技术参数**

| 型号 | 压力/MPa | | 转速/r·min$^{-1}$ | | 排量/mL·r$^{-1}$ | 驱动功率/kW | | | 质量/kg |
|---|---|---|---|---|---|---|---|---|---|
| | 额定 | 最高 | 额定 | 最高 | | 6.3MPa 1800r/min | 10MPa 1800r/min | 14MPa 1800r/min | |
| 2CB-$F_A$10/10-FL | 14 | 17.5 | 1800 | 2400 | 11.27/11.27 | 2.13/2.13 | 3.38/3.38 | 4.73/4.73 | 12.7 |
| 2CB-$F_A$18/10-FL | | | | | 18.32/11.27 | 3.46/2.13 | 5.5/3.38 | 7.7/4.73 | 13.1 |
| 2CB-$F_A$25/10-FL | | | | | 25.36/11.27 | 4.8/2.13 | 7.62/3.38 | 10.7/4.73 | 13.5 |
| 2CB-$F_A$32/10-FL | | | | | 32.41/11.27 | 6.13/2.13 | 9.73/3.38 | 13.6/4.73 | 13.9 |
| 2CB-$F_A$18/18-FL | | | | | 18.32/18.32 | 3.46/3.46 | 5.5/5.5 | 7.7/7.7 | 13.5 |
| 2CB-$F_A$25/18-FL | | | | | 25.36/18.32 | 4.8/3.46 | 7.62/5.5 | 10.7/7.7 | 13.9 |

| 型号 | 压力/MPa | | 转速/r·min$^{-1}$ | | | 理论排量/mL·r$^{-1}$ | 容积效率/% | 总效率/% | 驱动功率(额定工况下)/kW |
|---|---|---|---|---|---|---|---|---|---|
| | 额定 | 最高 | 最低 | 额定 | 最高 | | | | |
| 2CB-$F_C$10/10-FL | 16 | 20 | 600 | 2500 | 3000 | 10.44/10.44 | 90/90 | ≥81 | 13 |
| 2CB-$F_C$16/10-FL | | | | | | 16.01/10.44 | 90/90 | ≥81 | 16 |
| 2CB-$F_C$16/16-FL | | | | | | 16.01/16.01 | 90/90 | ≥81 | 19 |
| 2CB-$F_C$25/10-FL | | | | 2000 | | 25.06/10.44 | 91/90 | ≥82 | 22 |
| 2CB-$F_C$31.5/10-FL | | | | | | 32.02/10.44 | 91/90 | ≥82 | 26 |
| 2CB-$F_C$20/10-FL | | | | | | 20.19/10.44 | 91/90 | ≥82 | 20 |
| 2CB-$F_C$20/16-FL | | | | | | 20.19/16.01 | 91/90 | ≥82 | 22 |
| 2CB-$F_C$25/16-FL | | | | | | 25.06/16.01 | 91/90 | ≥82 | 25 |
| 2CB-$F_C$20/20-FL | | | | | | 20.19/20.19 | 91/91 | ≥82 | 25 |
| 2CB-$F_C$25/20-FL | | | | | | 25.06/20.19 | 91/91 | ≥82 | 28 |

注：表中最高压力和最高转数为使用中短暂时间内允许的最高峰，每次持续时间不宜超过 3min。

**表 21-5-13　　外形尺寸**　　mm

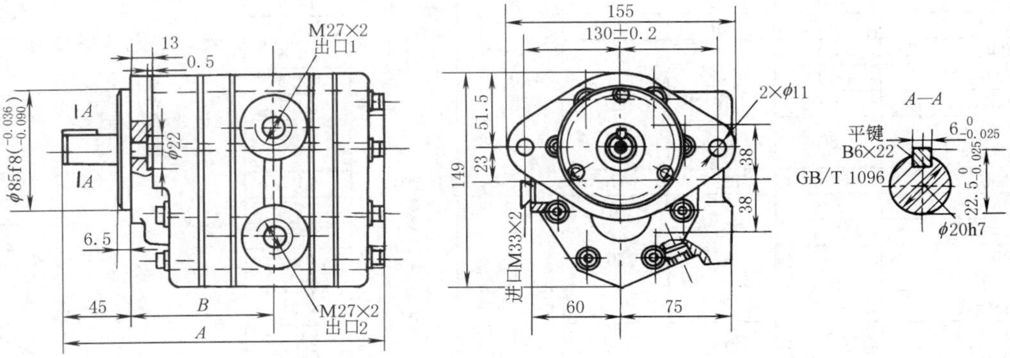

续表

| 型　　号 | 2CB-$F_A$10/10 | 2CB-$F_A$18/10 | 2CB-$F_A$25/10 | 2CB-$F_A$32/10 | 2CB-$F_A$18/18 | 2CB-$F_A$25/18 |
|---|---|---|---|---|---|---|
| *A* | 210 | 215 | 220 | 225 | 220 | 225 |
| *B* | 87 | 92 | 97 | 102 | 92 | 97 |

| 型　　号 | 2CB-$F_C$ 10/10 | 2CB-$F_C$ 16/10 | 2CB-$F_C$ 20/10 | 2CB-$F_C$ 25/10 | 2CB-$F_C$ 31. 5/10 | 2CB-$F_C$ 16/16 | 2CB-$F_C$ 20/16 | 2CB-$F_C$ 25/16 | 2CB-$F_C$ 20/20 | 2CB-$F_C$ 25/20 |
|---|---|---|---|---|---|---|---|---|---|---|
| *A* | 207 | 211 | 214 | 218 | 223 | 215 | 218 | 222 | 221 | 225 |
| *B* | 91 | 95 | 98 | 102 | 107 | 95 | 98 | 102 | 98 | 102 |

## 3. 1. 3　CBG 型齿轮泵

型号意义：

单泵　　CB　G　2　080 - □　□

- CB：齿轮泵
- G：系列代号
- 2：组别
- 080：公称排量(mL/r)
- 第一个□：轴伸型式：H— 矩形外花键
  K— 渐开线外花键
  P— 圆柱形轴伸
- 第二个□：旋转方向(从轴头方向看)：省略 — 顺时针
  X— 逆时针

双联泵　　CB　G　2100 / 2063 - □　□

- CB：齿轮泵
- G：系列代号
- 2100：前泵组别和公称排量
- 2063：后泵组别和公称排量
- 第一个□：轴伸型式：H— 矩形外花键
  K— 渐开线外花键
  P— 圆柱形轴伸
- 第二个□：旋转方向(从轴头方向看)：省略 — 顺时针
  X— 逆时针

齿轮马达将 CB 改为 CM 即可，其他型号标记同齿轮泵。

**表 21-5-14　　　　技术参数**

| 型　号 | 公称排量 /mL·$r^{-1}$ | 压力/MPa | | 转速/r·$min^{-1}$ | | 额定功率 /kW | 容积效率 /% | 总效率 /% | 质量 /kg |
|---|---|---|---|---|---|---|---|---|---|
| | | 额定 | 最高 | 额定 | 最高 | | | | |
| CBGF1018 | 18 | 16 | 20 | 2000 | 3000 | 11. 5 | 泵≥91<br>马达≥85 | 泵≥82<br>马达≥76 | 11. 9 |
| CBGF1025 | 25 | | | | | 15. 9 | | | 12. 9 |
| CBGF1032 | 32 | | | | 2500 | 20. 4 | | | 13. 8 |
| CBGF1040 | 40 | 14 | 17. 5 | | | 22. 3 | | | 14. 8 |
| CBGF1050 | 50 | 12. 5 | 16 | | | 24. 9 | | | 16. 1 |
| CBG1016 | 16 | 16 | 20 | | 3000 | 10. 2 | | | |
| CBG1025 | 25 | | | | | 15. 9 | | | |
| CBG1032 | 32 | | | | | 20. 4 | | | |
| CBG1040 | 40 | 12. 5 | 16 | | 2500 | 19. 9 | | | |
| CBG1050 | 50 | 10 | 12. 5 | | | 19. 9 | | | |
| CBG2040 | 40 | 16 | 20 | | | 29. 5 | | | 21. 5 |
| CBG2050 | 50 | | | | | 32. 3 | | | 22. 5 |
| CBG2063 | 63 | | | | | 40. 7 | | | 23. 2 |
| CBG2080<br>CBG2080-A | 80 | | | | | 51. 6 | | | 24. 9 |
| CBG2100 | 100 | 12. 5 | 16 | | | 50. 4 | | | 35. 5 |
| CBG125 | 125 | 16 | 20 | | | 73. 4 | | | 39. 5 |
| CBG3140 | 140 | | | | | 81. 5 | | | 41 |
| CBG160<br>CBG3160<br>CBG3160-A | 160 | | | | | 93. 6 | | | 42. 5 |
| CBG3180 | 180 | 12. 5 | 16 | | | 83. 4 | | | 44 |
| CBG3200 | 200 | | | | | 93 | | | 45. 5 |

注：CBG 型双联齿轮泵中各单泵的技术参数与表 21-5-14 相同。

**表 21-5-15** 外形尺寸 mm

## CBGF1型

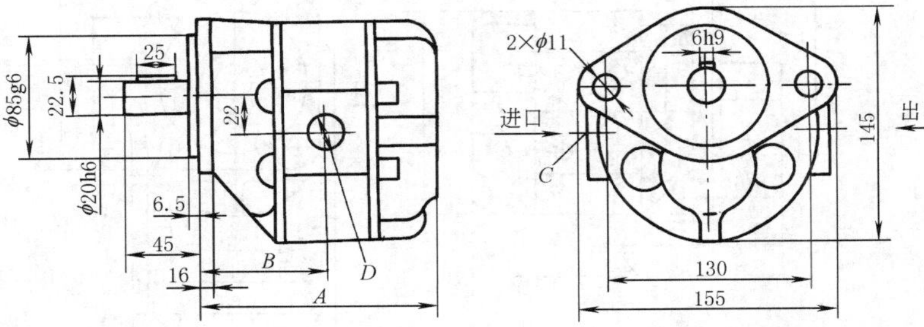


说明:图示为顺时针旋转泵,逆时针旋转时进、出口位置与图示相反

| 型　　号 | A | B | C(进口) | D(出口) |
|---|---|---|---|---|
| CBGF1018 | 148.5 | 79 | M22×1.5 | M18×1.5 |
| CBGF1025 | 155.5 | 82.5 | M27×2 | M22×1.5 |
| CBGF1032 | 161.5 | 85.5 | M33×2 | M27×2 |
| CBGF1040 | 168.5 | 89 | | |
| CBGF1050 | 177.5 | 93.5 | | |

## CBG1型

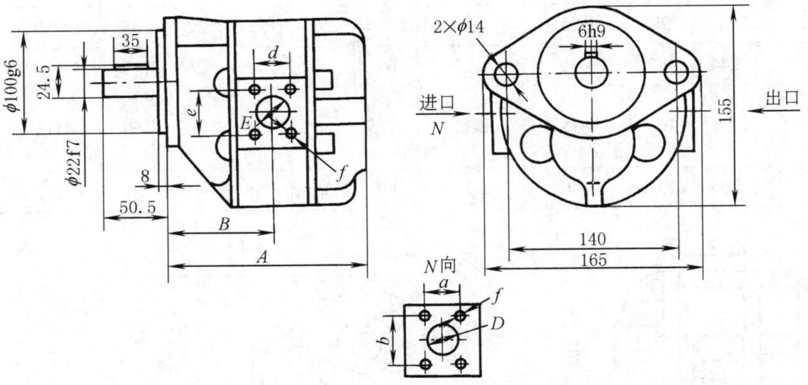


说明:图示为顺时针旋转泵,逆时针旋转时进、出口位置与图示相反

| 型　　号 | A | B | D(进口) | E(出口) | a | b | d | e | f |
|---|---|---|---|---|---|---|---|---|---|
| CBG1016 | 143.5 | 71 | ϕ18 | ϕ14 | 22 | 48 | 22 | 48 | M8 深 22 |
| CBG1025 | 152 | 75 | ϕ20 | ϕ16 | | | | | |
| CBG1032 | 158 | 78 | ϕ22 | ϕ18 | 26 | 52 | | | M10 深 25 |
| CBG1040 | 165 | 81.5 | ϕ24 | ϕ20 | | | | | |
| CBG1050 | 174 | 86 | ϕ28 | ϕ24 | | | 26 | 52 | |

续表

CBG2 型

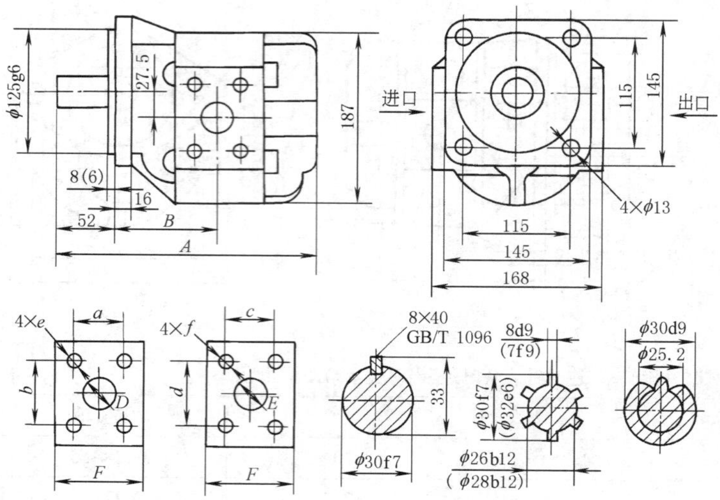


说明:1. 轴伸花键有效长 32(30)。渐开线花键参数:模数为 2mm,齿数为 14,压力角为 30°

2. 图示为顺时针旋转泵,逆时针旋转时进、出口位置与图示相反

3. 图中括号内尺寸用于 CBG2080-A(该泵旋向为逆时针)

| 型　　号 | A | B | D(进口) | E(出口) | F | a | b | c | d | e | f |
|---|---|---|---|---|---|---|---|---|---|---|---|
| CBG2040 | 231 | 95.5 | φ20 | φ20 | 55 | 22 | 48 | 22 | 48 | M8 深 20 | M8 深 20 |
| CBG2050 | 236.5 | 98 | φ25 | φ20 | 60.5 | 26 | 52 | 22 | 48 | M10 深 20 | M8 深 20 |
| CBG2063 | 244 | 102 | φ32 | φ25 | 68 | 30 | 60 | 26 | 52 | M10 深 20 | M10 深 20 |
| CBG2080<br>CBG2080-A | 253.5 | 107 | φ35 | φ32 | 77.5 | 36 | 70 | 30 | 60 | M12 深 20 | M10 深 20 |
| CBG2100 | 265 | 112.5 | φ40 | φ32 | 89 | 36 | 70 | 30 | 60 | M12 深 20 | M10 深 20 |

CBG3 型

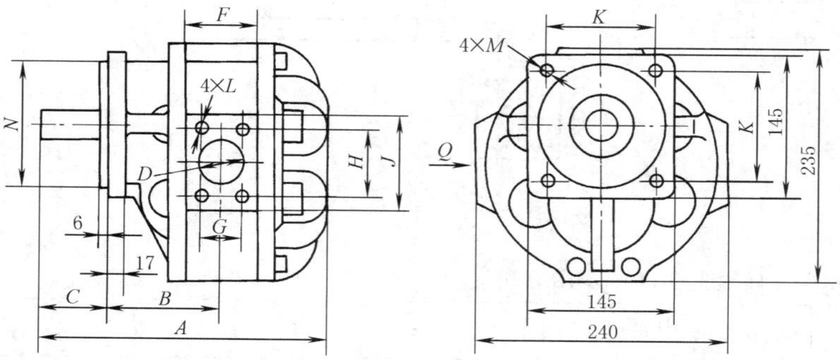


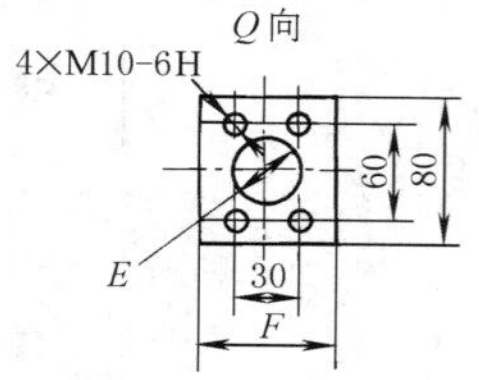


| 型　　号 | 轴头花键型式尺寸 | 花键有效长度 |
|---|---|---|
| CBG125 | 6×28d9×34b12×7d10 | 38 |
| CBG160 | | 44 |
| CBG3140 | 6×28f9×32b12×8d9 | 44 |
| CBG3160 | | |
| CBG3160-A | EXT14Z×12/24DP×30R×6f | 40 |

续表

CBG3型

说明：图示为逆时针旋转泵，顺时针旋转时进、出口位置与图示相反

| 型号 | | A | B | F | E | D | C | N | M | H | G | K | J | L |
|---|---|---|---|---|---|---|---|---|---|---|---|---|---|---|
| 厦门型 | CBG125 | 274 | 109 | 62 | φ32 | φ35 | 63 | φ125g6 | φ13.5 | 60 | 30 | 115 | 95 | M10 |
| | CBG160 | 288 | 113 | 70 | | | 69 | | | | | | 80 | |
| 柳州型 | CBG3140 | 279.5 | 112 | 68 | φ35 | φ38 | 62.5 | | | 70 | 36 | | 95 | M12 |
| | CBG3160 | 285.5 | 115 | 74 | | φ44 | | | | | | | | |
| | CBG3160-A | 278 | 114 | | | | 56 | $\phi127_{-0.051}^{0}$ | φ14.5 | | | 114.5 | | |

CBGF1型双联泵（一进两出）

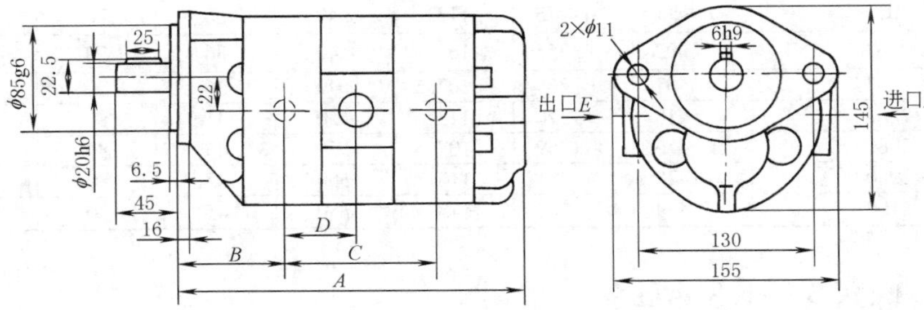


说明：图示为逆时针旋转双联泵，顺时针旋转双联泵进、出口位置与图示相反

| 型号 | A | B | C | D | E(出口) 前泵 | E(出口) 后泵 | F(进口) |
|---|---|---|---|---|---|---|---|
| CBGF1018/1018 | 274 | 80 | 124 | 62 | M18×1.5 | M18×1.5 | M33×2 |
| CBGF1025/1025 | 288 | 83.5 | 131 | 65.5 | M22×1.5 | M22×1.5 | |
| CBGF1032/1032 | 300 | 86.5 | 137 | 68.5 | M27×2 | M27×2 | M42×2 |
| CBGF1025/1018 | 281 | 82 | 127.5 | 65.5 | M22×1.5 | M18×1.5 | M33×2 |
| CBGF1032/1018 | 284 | 85 | 130.5 | 68.5 | M27×2 | | |
| CBGF1040/1018 | 291 | 88.5 | 134 | 72 | | | |
| CBGF1050/1018 | 300 | 93 | 138.5 | 76.5 | | | M42×2 |
| CBGF1032/1025 | 291 | 85 | 134 | 68.5 | | M22×1.5 | M33×2 |
| CBGF1040/1025 | 298 | 88.5 | 137.5 | 72 | | | M42×2 |

CBG2型双联泵（一进两出）

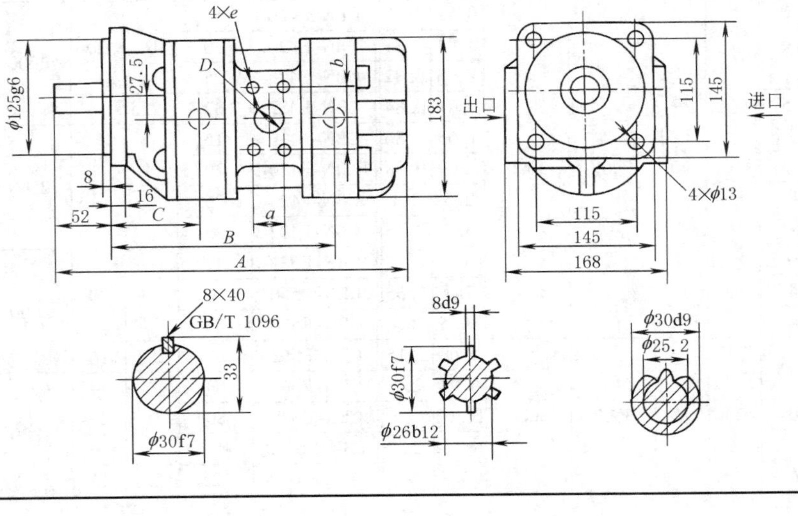

续表

CBG2型双联泵（一进两出）

说明：1. 轴伸花键有效长 32
2. 图示为逆时针旋转双联泵，顺时针旋转双联泵进、出口位置与图示相反
3. 两个出口和单泵出口尺寸相同

| 型　号 | *A* | *B* | *C* | *D* | *a* | *b* | *e* |
|---|---|---|---|---|---|---|---|
| CBG2040/2040 | 372 | 236 | 96 | $\phi$32 | 30 | 60 | M10 深 17 |
| CBG2050/2040 | 377 | 242 | 99 | $\phi$32 | 30 | 60 | M10 深 17 |
| CBG2063/2040 | 384 | 249 | 103 | $\phi$35 | 36 | 70 | M12 深 20 |
| CBG2080/2040 | 394 | 258 | 107.5 | $\phi$40 | 36 | 70 | M12 深 20 |
| CBG2100/2040 | 406 | 270 | 113 | $\phi$40 | 36 | 70 | M12 深 20 |
| CBG2050/2050 | 383 | 244 | 99 | $\phi$35 | 36 | 70 | M12 深 20 |
| CBG2063/2050 | 390 | 252 | 103 | $\phi$40 | 36 | 70 | M12 深 20 |
| CBG2080/2050 | 400 | 261 | 107.5 | $\phi$40 | 36 | 70 | M12 深 20 |
| CBG2100/2050 | 411 | 273 | 113 | $\phi$40 | 36 | 70 | M12 深 20 |
| CBG2063/2063 | 397 | 255 | 103 | $\phi$40 | 36 | 70 | M12 深 20 |
| CBG2080/2063 | 407 | 265 | 107.5 | $\phi$40 | 36 | 70 | M12 深 20 |
| CBG2100/2063 | 418 | 276 | 113 | $\phi$50 | 45 | 80 | M12 深 20 |
| CBG2080/2080 | 416 | 269 | 107.5 | $\phi$50 | 45 | 80 | M12 深 20 |
| CBG2100/2080 | 428 | 281 | 113 | $\phi$50 | 45 | 80 | M12 深 20 |
| CBG2100/2100 | 439 | 287 | 113 | $\phi$50 | 45 | 80 | M12 深 20 |

## 3.1.4 CB※-E、CB※-F 型齿轮泵

该系列产品是一种中、高压，中、小排量的齿轮泵，结构简单、体积小、重量轻，适用于汽车、拖拉机、船舶、工程机械等液压系统。

型号意义：

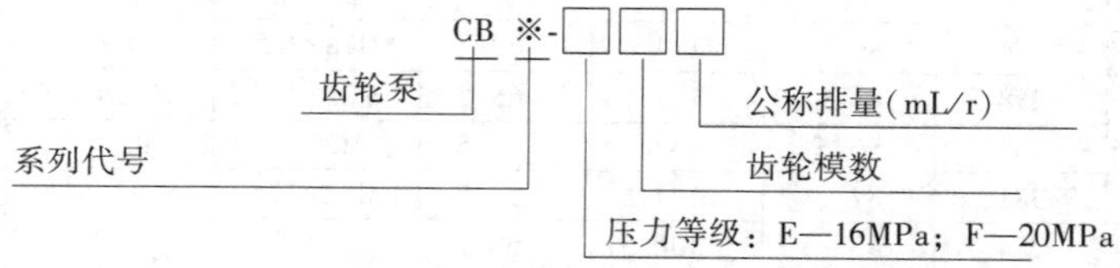


**表 21-5-16　　技术参数**

| 型　号 | 公称排量/mL·r$^{-1}$ | 额定压力/MPa | 最高压力/MPa | 额定转速/r·min$^{-1}$ | 最高转速/r·min$^{-1}$ | 驱动功率/kW | 质量/kg |
|---|---|---|---|---|---|---|---|
| CB-E1.5 1.0 | 1.0 | 16 | 20 | 2000 | 3000 | 0.52 | 0.8 |
| CB-E1.5 1.6 | 1.6 | | | | | 0.84 | 0.81 |
| CB-E1.5 2.0 | 2.0 | | | | | 1.05 | 0.82 |
| CB-E1.5 2.5 | 2.5 | | | | | 1.31 | 0.84 |
| CB-E1.5 3.15 | 3.15 | | | | | 1.65 | 0.86 |
| CB-E1.5 4.0 | 4.0 | | | | | 2.09 | 0.88 |
| CBN-E304 | 4 | | | | | 2.5 | 2.1 |
| CBN-E306 | 6 | | | | | 3.7 | 2.15 |
| CBN-E310 | 10 | | | | | 6.2 | 2.25 |
| CBN-E314 | 14 | | | | | 7.7 | 2.35 |
| CBN-E316 | 16 | | | | | 10.5 | 2.4 |
| CBN-F304 | 4 | 20 | 25 | 3000 | 3600 | 4.68 | 2.15 |
| CBN-F306 | 6 | | | | | 6.94 | 2.2 |
| CBN-F310 | 10 | | | | | 11.63 | 2.3 |
| CBN-F314 | 14 | | | | | 14.44 | 2.4 |
| CBN-F316 | 16 | | | | | 16.3 | 2.45 |

| 型　号 | 公称排量/mL·r$^{-1}$ | 额定压力/MPa | 最高压力/MPa | 额定转速/r·min$^{-1}$ | 最高转速/r·min$^{-1}$ | 驱动功率/kW | 质量/kg |
|---|---|---|---|---|---|---|---|
| CBN-E416 | 16 | 16 | 20 | 2000 | 2500 | 10.5 | 4.15 |
| CBN-E420 | 20 | | | | | 13.1 | 4.3 |
| CBN-E425 | 25 | | | | | 16.4 | 4.45 |
| CBN-E432 | 32 | 12.5 | 16 | | | 21 | 4.75 |
| CBN-F416 | 16 | 20 | 25 | 2500 | 3000 | 16.4 | 4.15 |
| CBN-F420 | 20 | | | | | 20.46 | 4.3 |
| CBN-F425 | 25 | | | | | 25.6 | 4.45 |
| CBN-F432 | 32 | | | | | 21 | 4.75 |
| CBN-E532 | 32 | 16 | 20 | 2000 | 2500 | 20.5 | 5.4 |
| CBN-E540 | 40 | | | | | 25 | 5.6 |
| CBN-E550 | 50 | | | | | 31 | 6.2 |
| CBN-E563 | 63 | 12.5 | 16 | | | 31.5 | 6.6 |
| CBN-E663 | 63 | 16 | 20 | 1800 | 2500 | 37 | 13.3 |
| CBN-E680 | 80 | | | | | 47 | 15.1 |
| CBN-E6100 | 100 | | | | | 59 | 17.5 |
| CBN-E6125 | 125 | 12.5 | 16 | | | 58 | 21 |

**表 21-5-17** 外形尺寸 mm

**CBN-E(F)300 型**

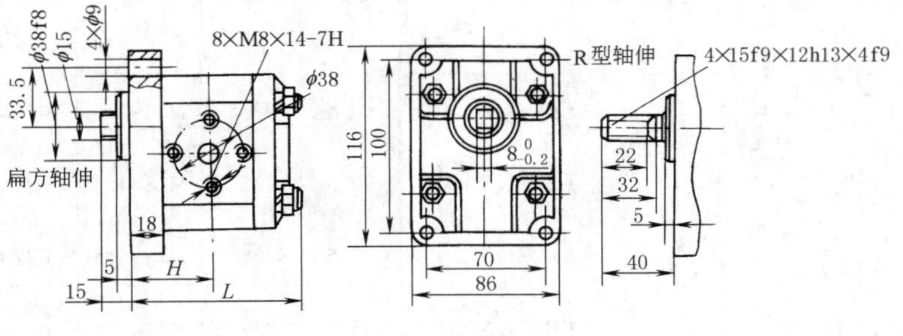


| 型号 | 进油口 | 出油口 | H | L |
|---|---|---|---|---|
| CBN-E(F)304 | φ14 | φ10 | 43 | 92 |
| CBN-E(F)306 | φ14 | φ10 | 45 | 97 |
| CBN-E(F)310 | φ18 | φ14 | 48 | 102 |
| CBN-E(F)314 | φ18 | φ14 | 51 | 107 |
| CBN-E(F)316 | φ18 | φ14 | 53 | 112 |

**CBN-E(F)400 型**

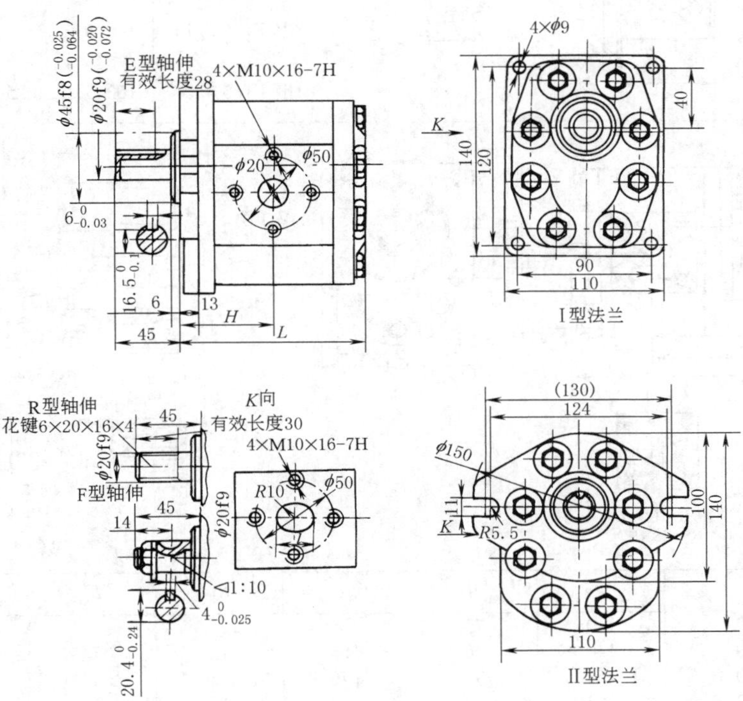


| 型号 | L | H | 型号 | L | H |
|---|---|---|---|---|---|
| CBN-E(F)416 | 114 | 57 | CBN-E(F)425 | 123 | 61.5 |
| CBN-E(F)420 | 118 | 58 | CBN-E(F)432 | 130 | 65 |

**CB-E1.5 型**

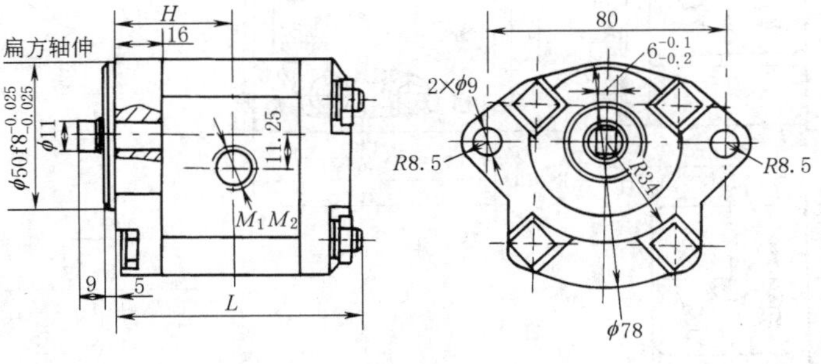

续表

CB-E1.5 型

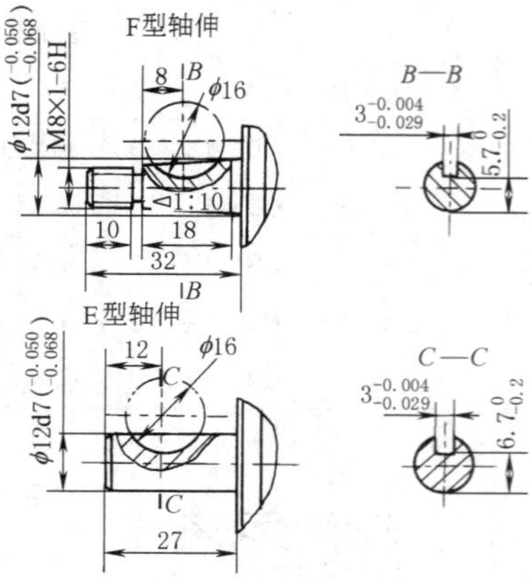


| 型　号 | L | H | $M_1$ | $M_2$ |
|---|---|---|---|---|
| CB-E1. 5 1. 0 | 90. 5 | 33. 5 | M18×1. 5 | M22×1. 5 |
| CB-E1. 5 1. 6 | 90. 5 | 35 | M18×1. 5 | M22×1. 5 |
| CB-E1. 5 2. 0 | 95. 5 | 36 | M18×1. 5 | M22×1. 5 |
| CB-E1. 5 2. 5 | 95. 5 | 37 | M18×1. 5 | M22×1. 5 |
| CB-E1. 5 3. 15 | 100. 5 | 38. 5 | M18×1. 5 | M22×1. 5 |
| CB-E1. 5 4. 0 | 100. 5 | 40. 5 | M18×1. 5 | M22×1. 5 |

CBN-E500 型

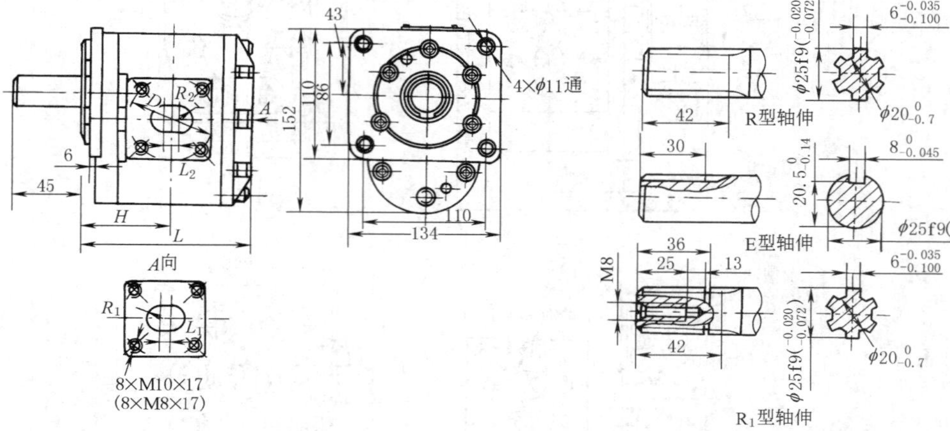


| 型　号 | L | H | D | $R_1$ | $L_1$ | $R_2$ | $L_2$ |
|---|---|---|---|---|---|---|---|
| CBN-E532 | 140 | 73 | ϕ65 | 12. 5 | 0 | 12. 5 | 0 |
| CBN-E540 | 146 | 76 | ϕ65 | 15 | 0 | 8 | 14 |
| CBN-E550 | 153 | 79. 5 | ϕ76 | 15 | 5 | 8 | 16 |
| CBN-E563 | 162 | 84 | ϕ76 | 15 | 5 | 8 | 16 |

CBN-E600 型

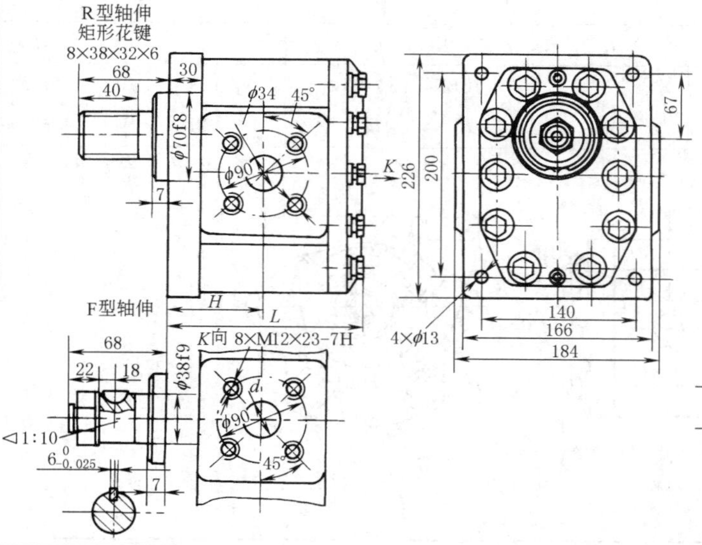


| 型　号 | H | L | d |
|---|---|---|---|
| CBN-E663 | 91. 5 | 181 | ϕ36 |
| CBN-E680 | 94 | 188 | ϕ36 |
| CBN-E6100 | 98 | 196 | 40×40 方形 |
| CBN-E6125 | 113 | 206 | 40×40 方形 |

续表

CBF-E(10~40)、CBF-F(10~40) 型

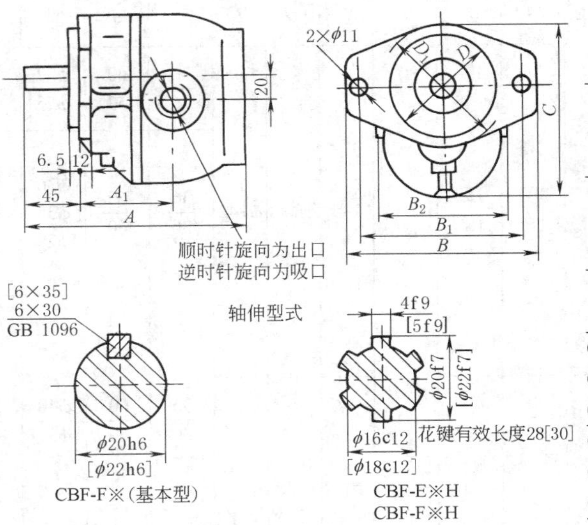


[ ]内为 CBF-F 型数据

| 型号 | $A$ | $A_1$ | 吸口径 | 出口径 | CBF-E※型号的主要尺寸 |
|---|---|---|---|---|---|
| CBF-E10<br>CBF-E10H<br>CBF-F10 | 162.5 | 69.5 | M22×1.5 | M18×1.5 | $B=155$<br>$B_1=130$<br>$B_2=104$<br>$D=85f8$<br>$D_1=102$<br>$C=141$ |
| CBF-E16<br>CBF-E16H<br>CBF-F16 | 168 | 73 | M27×2 | M22×1.5 | |
| CBF-E18<br>CBF-E18H | 170 | 72 | M27×2 | M22×1.5 | |
| CBF-E25<br>CBF-F25H<br>CBF-F25 | 177 | 75 | M33×2 | M27×2 | 左列 CBF-F 型号的主要尺寸 |
| CBF-E32<br>CBF-E32H<br>CBF-F32 | 183.5 | 81.5 | M33×2 | M27×2 | $B=165$<br>$B_1=140$<br>$B_2=104$<br>$D=100f8$<br>$D_1=112$<br>$C=146$ |
| CBF-E40<br>CBF-E40H<br>CBF-F40 | 189.5 | 89.5 | M33×2 | M27×2 | |

CBF-E(50~140)、CBF-F(50~140) 型

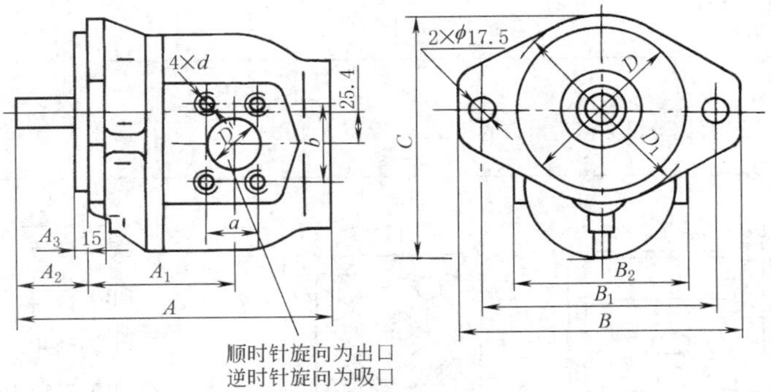


轴伸型式

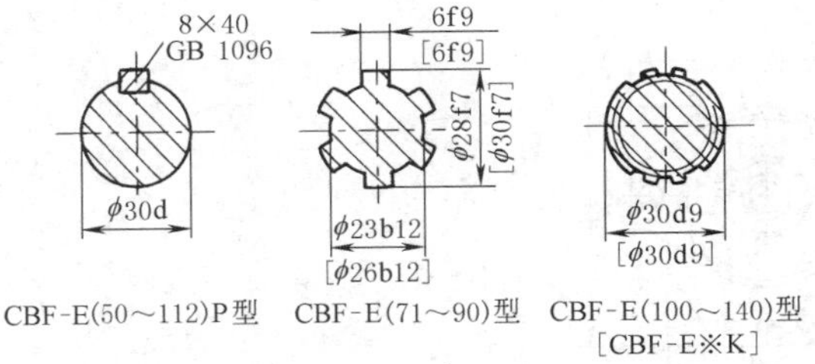


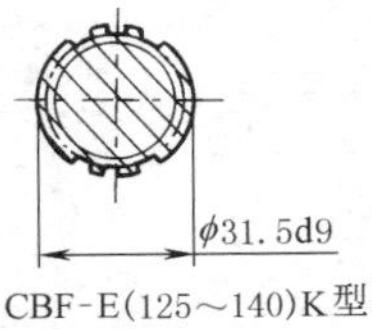


轴伸花键有效长度 32[35]

| 渐开线花键参数 | |
|---|---|
| 模数 | 2 |
| 齿数 | 14 |
| 分度圆直径 | 28 |
| 压力角 | 30° |

| 渐开线花键参数 | |
|---|---|
| 径节($DP$) | 12 |
| 齿数 | 14 |
| 分度圆直径 | 29.63 |
| 压力角 | 30° |

续表

CBF-E(50~140)、CBF-F(50~140) 型

| 型号 | | A | | $A_1$ | $A_2$ | $A_3$ | B | $B_1$ | $B_2$ | C | D | $D_1$ | a | b | D' | d |
|---|---|---|---|---|---|---|---|---|---|---|---|---|---|---|---|---|
| CBF-E50P | (-F) | 212 | [211.5] | 91 | 56 | 8<br>[7] | 200<br>[215] | 160<br>[180] | 146<br>[150] | 185 | φ80f8 | φ142 | 30/26 | 60/52 | φ32/φ25 | M10/M8 |
| CBF-E63P | (-F) | 217 | [216.5] | 96 | | | | | | | | | | | | |
| CBF-E71 | (-F) | 221 | [220] | 94 | | | | | | | | | 36/36 | 60/60 | φ36[φ35]/φ28 | M10/M10 |
| CBF-E71P | | | | | | | | | | | | | | | | |
| CBF-E80 | (-F) | 225 | [224] | 98 | | | | | | | | | | | | |
| CBF-E80P | | | | | | | | | | | | | | | | |
| CBF-E90 | (-F) | 229 | [228] | 102 | | | | | | | | | 36/36 | 60/60 | φ40/φ32 | M10/M10 |
| CBF-E90P | | | | | | | | | | | | | | | | |
| CBF-E100 | (-F) | 232 | [233] | 107 | | 6.5 | 215 | 180 | | 189 | φ127f8 | φ150 | | | | |
| CBF-E100P | | 234 | | | | | | | | | | | | | | |
| CBF-E112 | | 237 | | 112 | | | | | | | | | | | | |
| CBF-E112P | | 239 | | | | | | | | | | | | | | |
| CBF-E125 | | 243 | | 110 | 55 | | | | 133 | | | | 43/30 | 78/59 | φ50/φ35 | M12/M10 |
| CBF-E125K | | | | | | | | | | | | | | | | |
| CBF-E140 | | 252 | | 119 | | | | | | | | | | | | |
| CBF-E140K | | | | | | | | | | | | | | | | |

说明：1. [ ]内尺寸为 CBF-F 型的数值
2. 分子数值为吸口的，分母数值为出口的

CBQ-F500 型

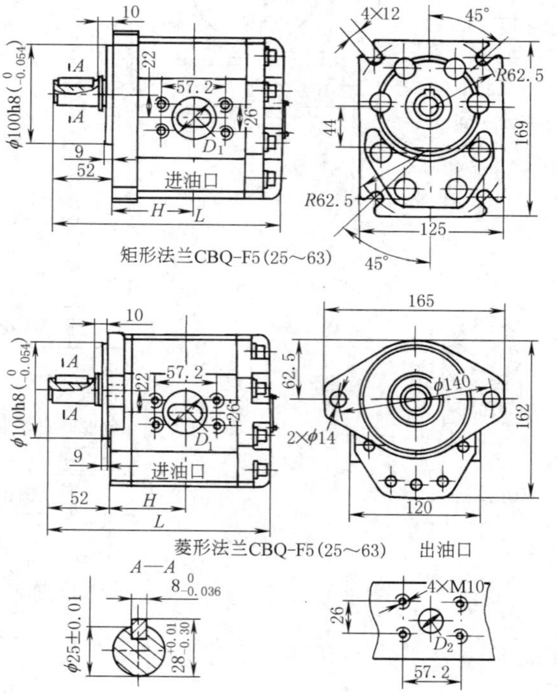


矩形法兰CBQ-F5(25~63)

菱形法兰CBQ-F5(25~63)　　出油口

| 型号 | L | H | $D_1$ | $D_2$ |
|---|---|---|---|---|
| CBQ-F525 | 190 | 67 | 25 | 20 |
| CBQ-F532 | 195 | 69.5 | 30 | |
| CBQ-F540 | 200 | 72 | 35 | 25 |
| CBQ-F550 | 207 | 75.5 | 40 | |
| CBQ-F563 | 216 | 80 | | |

### 3.1.5 三联齿轮泵

（1）CBKP、CBPa、CBP 型三联齿轮泵

型号意义：

CBKP ※※ / ※※ / ※※ - B F ※ ※

- CBKP —— 产品代号
- 第一个 ※※ —— 前泵公称排量(mL/r)
- 第二个 ※※ —— 中泵公称排量(mL/r)
- 第三个 ※※ —— 后泵公称排量(mL/r)
- B —— 安装型式：B—方形法兰
- F —— 油口型式：F—法兰连接
- ※ —— 轴伸型式：P—平键；ϕ—SEA花键；H—矩形花键；X—渐开线花键
- ※ —— 旋向：L—左旋(逆时针)；R—右旋，(顺时针)(省略)

**表 21-5-18　技术参数及外形尺寸**　mm

CBKP型（两进油口）

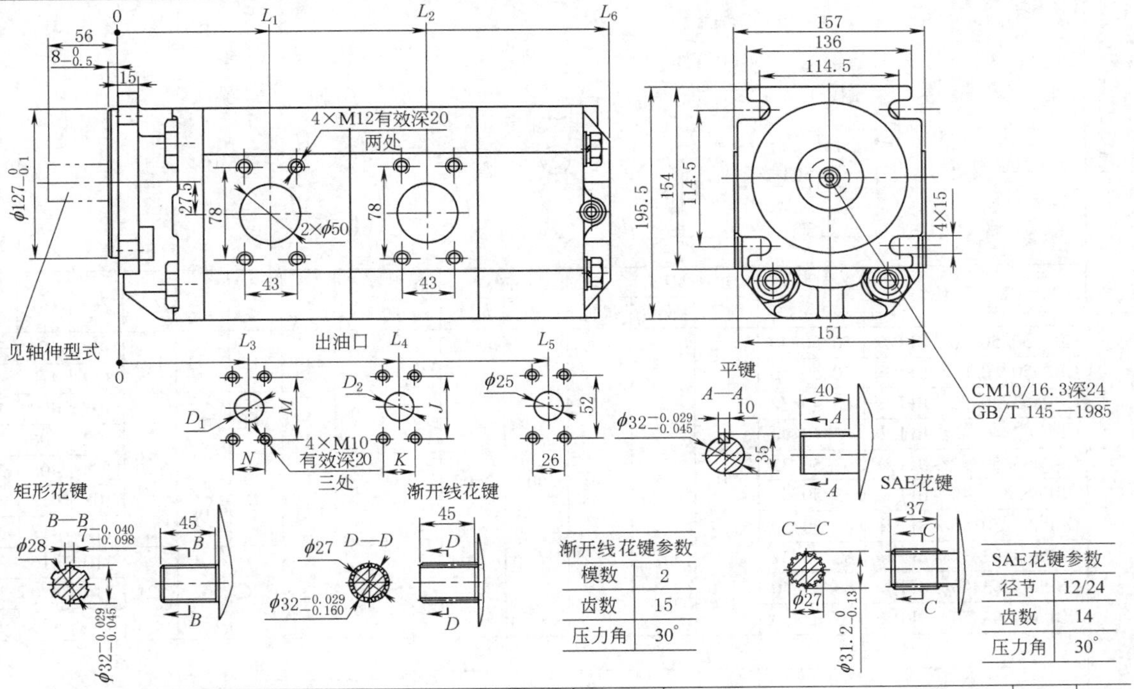


渐开线花键参数

| | |
|---|---|
| 模数 | 2 |
| 齿数 | 15 |
| 压力角 | 30° |

SAE花键参数

| | |
|---|---|
| 径节 | 12/24 |
| 齿数 | 14 |
| 压力角 | 30° |

| 型号 | 公称排量 /mL·r$^{-1}$ | 压力/MPa 额定 | 压力/MPa 最高 | 转速/r·min$^{-1}$ 最低 | 转速/r·min$^{-1}$ 额定 | 转速/r·min$^{-1}$ 最高 | 容积效率/% | 进油口 $L_1$ | 进油口 $L_2$ | 出油口 $L_3$ | 出油口 $L_4$ | 出油口 $L_5$ | 出油口 $D_1$ | 出油口 $M\times N$ | 出油口 $D_2$ | 出油口 $J\times K$ | $L_6$ | 质量/kg |
|---|---|---|---|---|---|---|---|---|---|---|---|---|---|---|---|---|---|---|
| CBKP50/50/40-BF※※ | 50/50/40 | 20 | 25 | 500 | 2000 | 2500 | ≥90 | 119 | 239.5 | 100 | 220.5 | 345 | ϕ25 | 52×26 | ϕ25 | 52×26 | 404.5 | 32.7 |
| CBKP63/40/32-BF※※ | 63/40/32 | | | | | | | 125 | 241 | 106 | 224 | 346 | | | | | 401.5 | 32.3 |
| CBKP63/50/32-BF※※ | 63/50/32 | | | | | | | | 245 | | 226 | 350.5 | | | | | 406.5 | 33 |
| CBKP63/63/32-BF※※ | 63/63/32 | | | | | | | | 251 | | 232 | 356 | | | | | 412 | 34 |
| CBKP63/63/40-BF※※ | 63/63/40 | | | | | | | | | | | | | | | | 415.5 | 34.5 |
| CBKP80/50/32-BF※※ | 80/50/32 | | | | | | | 128 | 254 | 110 | 235 | 359.5 | ϕ32 | 60×30 | | | 415.5 | 34.5 |
| CBKP80/50/50-BF※※ | 80/50/50 | | | | | | | | | | | | | | | | 424 | 34.9 |
| CBKP80/63/32-BF※※ | 80/63/32 | | | | | | | | 260 | | 241 | 365 | | | | | 421 | 35.1 |
| CBKP80/63/40-BF※※ | 80/63/40 | | | | | | | | | | | | | | | | 424.5 | 35.8 |
| CBKP80/80/32-BF※※ | 80/80/32 | | | | | | | | 263 | | 245 | 374 | | | ϕ32 | 60×30 | 430 | 37.2 |
| CBKP80/80/40-BF※※ | 80/80/40 | | | | | | | | | | | | | | | | 433.5 | 37.7 |
| CBKP100/63/40-BF※※ | 100/63/40 | | | | | | | | 269 | 120 | 250 | | | | ϕ25 | 52×26 | 434.5 | 37.4 |
| CBKP100/63/50-BF※※ | 100/63/50 | | | | | | | | | | | | | | | | 439.5 | 38.2 |
| CBKP100/80/32-BF※※ | 100/80/32 | | | | | | | | 272 | | 254 | 383 | | | ϕ32 | 60×30 | 440 | 38.5 |
| CBKP100/80/40-BF※※ | 100/80/40 | | | | | | | | | | | | | | | | 443.5 | 39 |
| CBKP100/80/63-BF※※ | 100/80/63 | | | | | | | | | | | | | | | | 454 | 41.5 |

续表

CBPa型(两进油口)

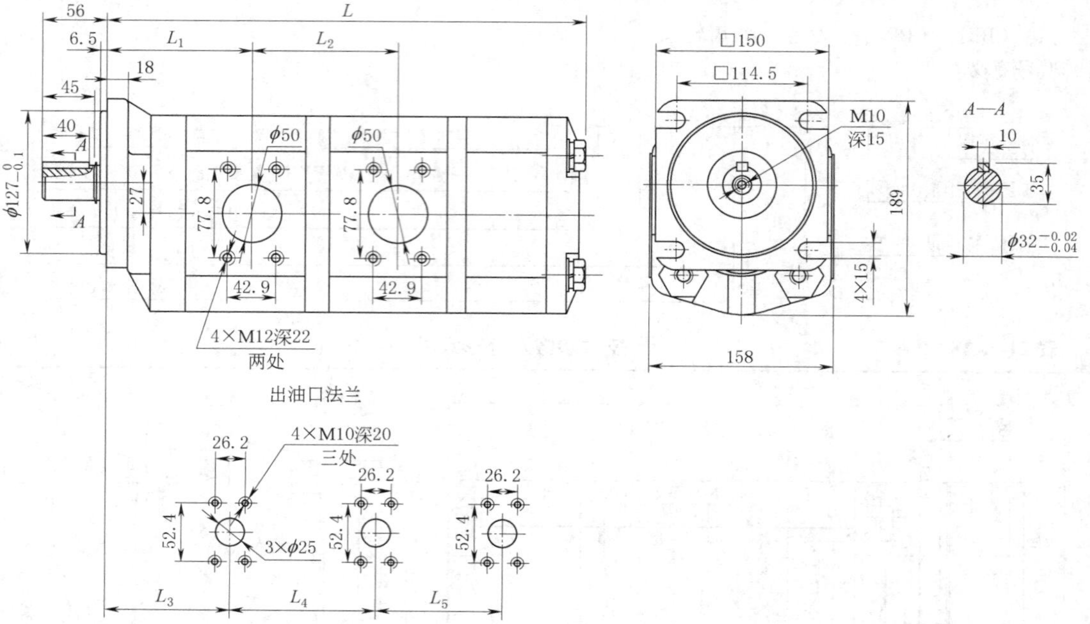


| 型号 | 公称排量/mL·r$^{-1}$ | 压力/MPa 额定 | 压力/MPa 最高 | 转速/r·min$^{-1}$ 最低 | 转速/r·min$^{-1}$ 额定 | 转速/r·min$^{-1}$ 最高 | 容积效率/% | $L_1$ | $L_2$ | $L_3$ | $L_4$ | $L_5$ | $L$ | 质量/kg |
|---|---|---|---|---|---|---|---|---|---|---|---|---|---|---|
| CBPa50/50/40/-BFP※ | 50/50/40 | 20 | 25 | 600 | 2000 | 2500 | ≥92 | 114 | 118 | 103 | 116 | 108 | 404 | 31.3 |
| CBPa50/50/50/-BFP※ | 50/50/50 | | | | | | | | | | | 112 | 410 | 32 |
| CBPa63/40/32/-BFP※ | 63/40/32 | | | | | | | 125 | 111 | 108 | 119 | 107 | 402 | 31 |
| CBPa63/40/40/-BFP※ | 63/40/40 | | | | | | | | | | | 102 | 406 | 32 |
| CBPa63/50/32/-BFP※ | 63/50/32 | | | | | | ≥93 | | 115 | | | 113 | 408 | 32.1 |
| CBPa63/50/40/-BFP※ | 63/50/40 | | | | | | | | | | | 108 | 412 | 32 |
| CBPa63/50/50/-BFP※ | 63/50/50 | | | | | | | | | | | 112 | 418 | 32.5 |
| CBPa63/63/32/-BFP※ | 63/63/32 | | | | | | | | 126 | | 121 | 110 | 416 | 32.3 |
| CBPa63/63/40/-BFP※ | 63/63/40 | | | | | | | | | | | 114 | 420 | 32.7 |
| CBPa63/63/50/-BFP※ | 63/63/50 | | | | | | | | | | | 118 | 426 | 33.2 |

CBP型(三进油口)

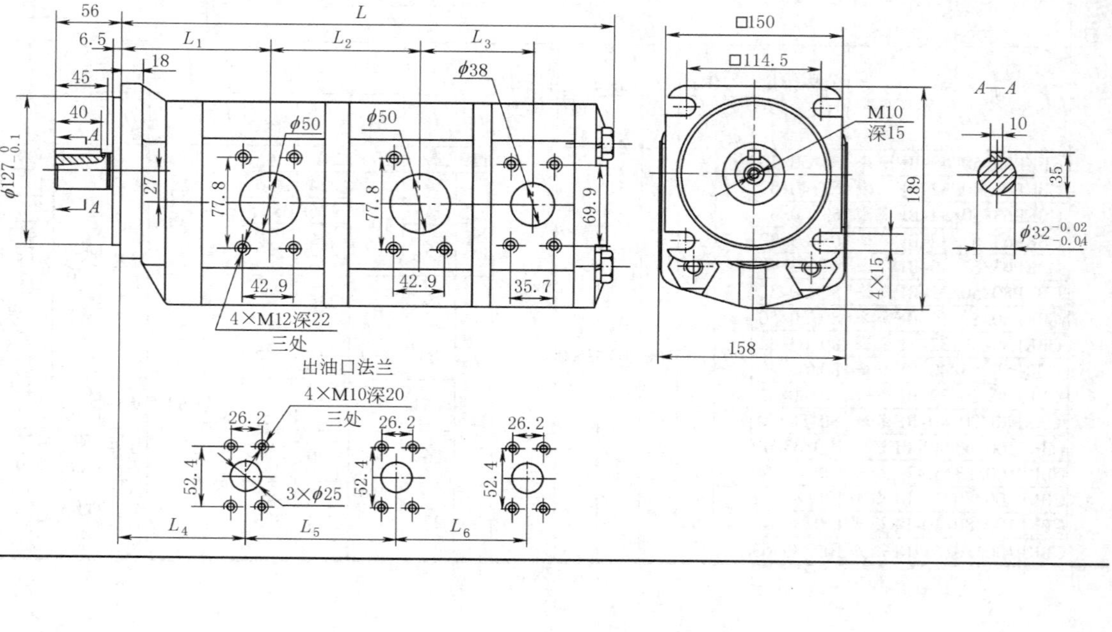

续表

CBP型(三进油口)

| 型号 | 公称排量 /mL·r⁻¹ | 压力/MPa 额定 | 压力/MPa 最高 | 转速/r·min⁻¹ 最低 | 转速/r·min⁻¹ 额定 | 转速/r·min⁻¹ 最高 | 容积效率 /% | $L_1$ | $L_2$ | $L_3$ | $L_4$ | $L_5$ | $L_6$ | $L$ | 质量 /kg |
|---|---|---|---|---|---|---|---|---|---|---|---|---|---|---|---|
| CBP50/50/40-BFP※ | 50/50/40 | 20 | 25 | 600 | 2000 | 2500 | ≥92 | 114 | 118 | 109 | 103 | 116 | 113 | 424 | 31.3 |
| CBP50/50/50-BFP※ | 50/50/50 | | | | | | | | | 107 | | | 112 | 430 | 32 |
| CBP63/40/32-BFP※ | 63/40/32 | | | | | | | 125 | 116 | 105 | 108 | 119 | 102 | 422 | 31 |
| CBP63/40/40-BFP※ | 63/40/40 | | | | | | | | | 107 | | | 107 | 426 | 32 |
| CBP63/50/32-BFP※ | 63/50/32 | | | | | | ≥93 | | 120 | 104 | | | 112 | 428 | 32.1 |
| CBP63/50/40-BFP※ | 63/50/40 | | | | | | | | | 109 | | | 113 | 432 | 32 |
| CBP63/50/50-BFP※ | 63/50/50 | | | | | | | | | 107 | | | 112 | 438 | 32.5 |
| CBP63/63/32-BFP※ | 63/63/32 | | | | | | | | 126 | 109 | | 121 | 114 | 436 | 32.3 |
| CBP63/63/40-BFP※ | 63/63/40 | | | | | | | | | 111 | | | 119 | 440 | 32.7 |
| CBP63/63/50-BFP※ | 63/63/50 | | | | | | | | | 109 | | | 118 | 446 | 33.2 |

（2）CBTSL、CBWSL、CBWY 型三联齿轮泵

型号意义：

CBTSL - F 3 ※※/F 3 ※※/F 3 ※※ - A F ϕ ※

- CBTSL：产品代号
- F：压力等级：F—20MPa；E—16MPa
- 3：齿轮模数(3mm)
- 第一个※※：前泵公称排量(mL/r)
- 第二个※※：中泵公称排量(mL/r)
- 第三个※※：后泵公称排量(mL/r)
- A：安装型式：A—菱形法兰；T—特殊法兰
- F：油口型式：F—法兰连接
- ϕ：轴伸型式：ϕ—SAE 花键；Z—半圆键
- ※：旋向：L—左旋（逆时针）；R—右旋（顺时针）（省略）

**表 21-5-19　技术参数及外形尺寸**　mm

CBTSL 型

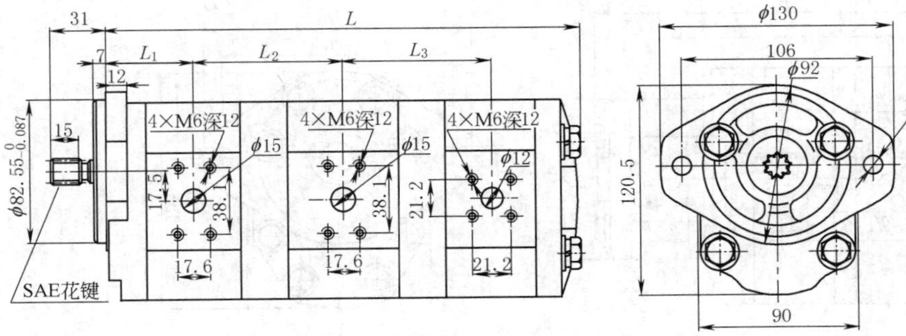


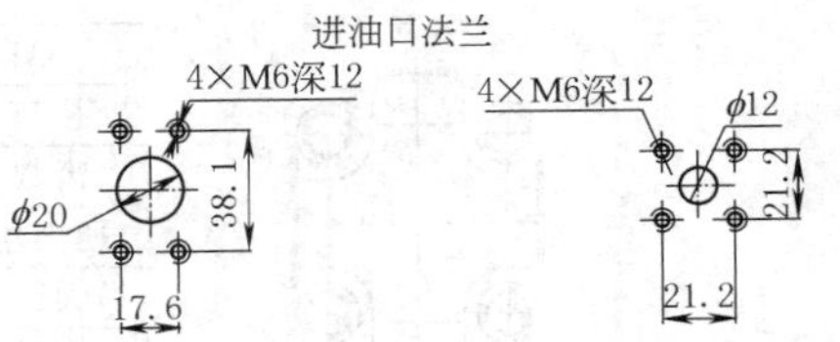


| SAE 花键参数 | |
|---|---|
| 径节 | 16/32 |
| 齿数 | 9 |
| 压力角 | 30° |
| 大径 | $15.45_{-0.127}^{0}$ |
| 小径 | 12.28 |

| 型号 | 公称排量 /mL·r⁻¹ | 压力/MPa 额定 | 压力/MPa 最高 | 转速/r·min⁻¹ 最低 | 转速/r·min⁻¹ 额定 | 转速/r·min⁻¹ 最高 | 容积效率(前泵/中泵/后泵)/%≥ | $L_1$ | $L_2$ | $L_3$ | $L$ | 质量 /kg |
|---|---|---|---|---|---|---|---|---|---|---|---|---|
| CBTSL-F308/F308/F303-AFϕ※ | 8/8/3 | 20 | 25 | 800 | 2500 | 3000 | 90/90/85 | 48.75 | 77.5 | 72.25 | 246 | 6.8 |
| CBTSL-F310/F310/F305-AFϕ※ | 10/10/5 | | | | | | 90/90/90 | 50 | 78 | 74.25 | 253 | 7.3 |

续表

CBWSL 型

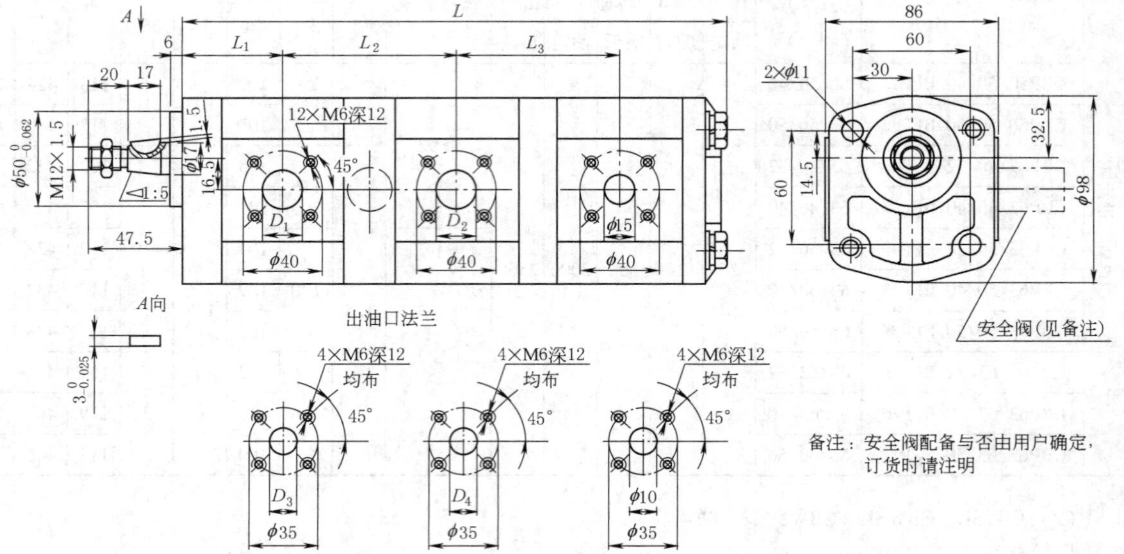


备注：安全阀配备与否由用户确定，订货时请注明

| 型　　号 | 公称排量/mL·r$^{-1}$ | 压力/MPa | | 转速/r·min$^{-1}$ | | | 容积效率/% | $D_1$ | $D_2$ | $D_3$ | $D_4$ | $L_1$ | $L_2$ | $L_3$ | $L$ | 质量/kg |
|---|---|---|---|---|---|---|---|---|---|---|---|---|---|---|---|---|
| | | 额定 | 最高 | 最低 | 额定 | 最高 | | | | | | | | | | |
| CBWSL-E320/E310/E306-TFZ※ | 20/10/6 | 16 | 20 | 800 | 2500 | 3000 | ≥90 | 20 | 18 | 16 | 14 | 58.5 | 94.5 | 77 | 281 | 7.1 |
| CBWSL-E320/E308/E308-TFZ※ | 20/8/8 | | | | | | | | 14 | | 10 | | 93.25 | 77.5 | 282 | 7.1 |
| CBWSL-E320/E308/E306-TFZ※ | 20/8/6 | | | | | | | | | | | | | 75.75 | 278.5 | 7 |
| CBWSL-E316/E316/E306-TFZ※ | 16/16/6 | | | | | | | 18 | 18 | 14 | 14 | 55 | 96 | 82 | 284 | 7.2 |
| CBWSL-E316/E310/E310-TFZ※ | 16/10/10 | | | | | | | | | | | | 91 | 80 | 280 | 7.1 |
| CBWSL-E316/E310/E306-TFZ※ | 16/10/6 | | | | | | | | | | | | | 77 | 274 | 6.9 |
| CBWSL-E310/E316/E308-TFZ※ | 10/16/8 | | | | | | | | | | | 50 | 91 | 83.75 | 277.5 | 7 |
| CBWSL-E310/E316/E306-TFZ※ | 10/16/6 | | | | | | | | | | | | | 82 | 274 | 6.9 |

CBWY 型

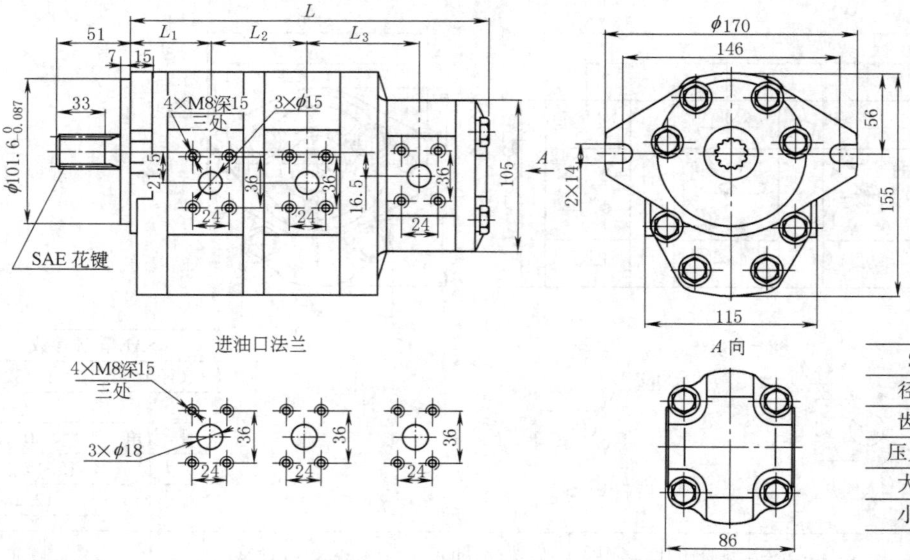


| SAE 花键参数 | |
|---|---|
| 径节 | 16/32 |
| 齿数 | 13 |
| 压力角 | 30° |
| 大径 | $21.81_{-0.13}^{\ 0}$ |
| 小径 | 18.63 |

| 型　　号 | 公称排量/mL·r$^{-1}$ | 压力/MPa | | 转速/r·min$^{-1}$ | | | 容积效率(前泵/中泵/后泵)/%≥ | $L_1$ | $L_2$ | $L_3$ | $L$ | 质量/kg |
|---|---|---|---|---|---|---|---|---|---|---|---|---|
| | | 额定 | 最高 | 最低 | 额定 | 最高 | | | | | | |
| CBWY-F409/F409/F304-AF$\phi$※ | 9/9/4 | 20 | 25 | 800 | 2500 | 3000 | 92/92/90 | 52 | 64 | 75.75 | 236.5 | 9.3 |
| CBWY-F411/F411/F305-AF$\phi$※ | 11/11/5 | | | | | | | 54 | 64 | 77.25 | 242 | 9.6 |

### 3.1.6 P7600、P5100、P3100、P197、P257 型高压齿轮泵（马达）

该系列泵（马达）属高压齿轮泵（马达），产品采用了先进的压力平衡结构和经过特殊表面处理的侧板结构，耐压抗磨性强，采用专门设计的特殊油泵轴承，更适合重载冲击等苛刻条件件，具有体积小、噪声低、压力高、排量大、性能好、寿命长等特点。各种规格的单泵（马达）可组成双泵（马达）、多联泵（马达），并提供泵阀一体的复合泵，广泛应用于各种工程机械、装载机、推土机、压路机、挖掘机、起重机等。

型号意义：

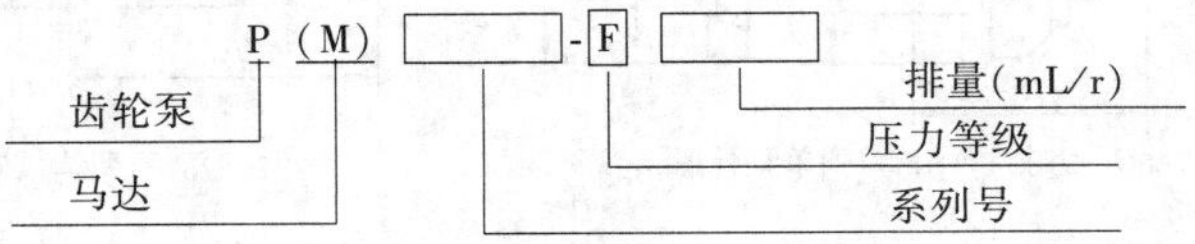


表 21-5-20　　技术参数

| 系列 | 型号 | 排量/mL·r⁻¹ | 齿宽/in | 压力/MPa 额定 | 压力/MPa 最高 | 工作转速/r·min⁻¹ | 输入功率/kW | 质量/kg |
|---|---|---|---|---|---|---|---|---|
| | P7600-F63 | 63 | 1 | | | | 69.36 | 31.6 |
| | P7600-F80 | 80 | 1¼ | | | | 86 | 32.6 |
| | P7600-F100 | 100 | 1½ | | | | 109.9 | 33.4 |
| | P7600-F112 | 112 | 1¾ | | | | 123.2 | 34.8 |
| | P7600-F125 | 125 | 2 | | | | 141 | 36.1 |
| 7600 | P7600-F140 | 140 | 2⅛ | | | | 154 | 36.8 |
| | P7600-F150 | 150 | 2¼ | | | | 160 | 37.4 |
| | P7600-F160 | 160 | 2½ | | | | 176 | 38.7 |
| | P7600-F180 | 180 | 2¾ | | | | 198 | 39.6 |
| | P7600-F200 | 200 | 3 | | | | 220 | 40.5 |
| | P5100-F20 | 20 | 1/2 | | | | 22.5 | 14.5 |
| | P5100-F32 | 32 | 3/4 | | | | 36 | 16.1 |
| | P5100-F40 | 40 | 1 | 23 | 28 | | 44 | 17.6 |
| | P5100-F50 | 50 | 1¼ | | | | 55 | 19.6 |
| 5100 | P5100-F63 | 63 | 1½ | | | | 69.4 | 20.2 |
| | P5100-F80 | 80 | 2 | | | | 86 | 21.6 |
| | P5100-F90 | 90 | 2¼ | | | | 99 | 22.4 |
| | P5100-F100 | 100 | 2½ | | | | 109.9 | 23.3 |
| | P3100-F15 | 15 | 1/2 | | | | 16.5 | 13.1 |
| | P3100-F20 | 20 | 3/4 | | | 2400 | 22 | 13.7 |
| | P3100-F32 | 32 | 1 | | | | 35.2 | 14.3 |
| 3100 | P3100-F40 | 40 | 1¼ | | | | 44 | 14.9 |
| | P3100-F50 | 50 | 1½ | | | | 55 | 15.5 |
| | P3100-F55 | 55 | 1¾ | | | | 62 | 15.95 |
| | P3100-F63 | 63 | 2 | | | | 69.4 | 16.4 |
| | P197-G15 | 15 | 1/2 | | | | 23.1 | 13.1 |
| | P197-G20 | 20 | 3/4 | | | | 32.9 | 13.7 |
| | P197-G32 | 32 | 1 | | | | 46.3 | 14.3 |
| 197 | P197-G40 | 40 | 1¼ | 28 | | | 55.6 | 14.9 |
| | P197-G50 | 50 | 1½ | | | | 65.9 | 15.5 |
| | P197-G63 | 63 | 2 | | | | 88.8 | 16.4 |
| | P257-H20 | 20 | 1/2 | | | | 35.2 | 15.6 |
| | P257-H32 | 32 | 3/4 | | | | 49 | 16.8 |
| | P257-H40 | 40 | 1 | | | | 68.4 | 17.6 |
| | P257-H50 | 50 | 1¼ | | | | 82 | 19.6 |
| 257 | P257-H63 | 63 | 1½ | 31.5 | | | 98.25 | 20.2 |
| | P257-H80 | 80 | 2 | | | | 119.9 | 21.6 |
| | P257-H90 | 90 | 2¼ | | | | 127.5 | 22.4 |
| | P257-H100 | 100 | 2½ | | | | 134.3 | 23.3 |

注：1in＝25.4mm，下同。

**表 21-5-21　　外形尺寸　　mm**

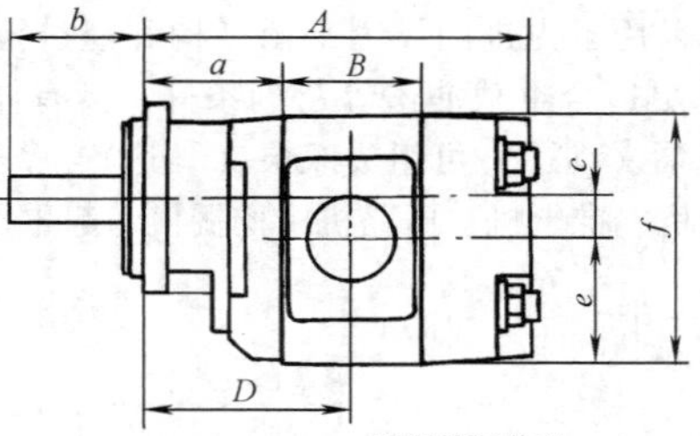


7600、5100、3100系列单泵外形

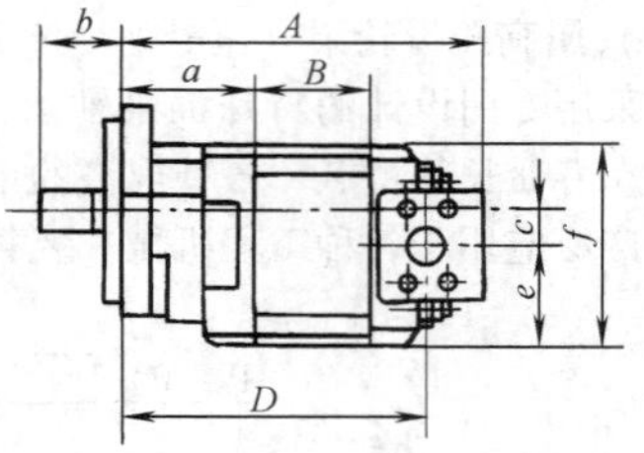


197、257系列单泵外形

| 型号 | | $a$ | $A$ | $B$ | $b$ | $c$ | $e$ | $f$ | $D$ |
|---|---|---|---|---|---|---|---|---|---|
| P7600 | F63 | 95.25 | 196.85 | 50.8 | 56 | 31.75 | 101.6 | 203.2 | 120.65 |
| | F80 | | 203.2 | 57.15 | | | | | 123.83 |
| | F100 | | 209.55 | 63.50 | | | | | 127 |
| | F112 | | 215.9 | 69.85 | | | | | 130.18 |
| | F125 | | 222.25 | 76.20 | | | | | 133.35 |
| | F140 | | 225.43 | 79.38 | | | | | 134.94 |
| | F150 | | 228.6 | 82.55 | | | | | 136.53 |
| | F160 | | 234.95 | 88.90 | | | | | 139.7 |
| | F180 | | 241.3 | 95.25 | | | | | 142.88 |
| | F200 | | 247.65 | 101.60 | | | | | 146.05 |
| P5100 | F40 | 85.85 | 174.7 | 44.40 | 56 | 25.4 | 79.25 | 158.75 | 108.05 |
| | F50 | | 181.05 | 50.75 | | | | | 111.23 |
| | F63 | | 187.4 | 57.10 | | | | | 114.4 |
| | F80 | | 200.1 | 69.80 | | | | | 120.75 |
| | F90 | | 206.45 | 76.15 | | | | | 123.93 |
| | F100 | | 212.8 | 82.50 | | | | | 127.1 |
| P3100 | F15 | 74.68 | 150.88 | 31.70 | 42 | 22.35 | 70.61 | 139.7 | 90.35 |
| | F20 | | 157.23 | 38.05 | | | | | 93.53 |

| 型号 | | $a$ | $A$ | $B$ | $b$ | $c$ | $e$ | $f$ | $D$ |
|---|---|---|---|---|---|---|---|---|---|
| P3100 | F32 | 74.68 | 163.58 | 44.4 | 42 | 22.35 | 70.61 | 139.7 | 96.7 |
| | F40 | | 169.93 | 50.75 | | | | | 99.88 |
| | F50 | | 176.28 | 57.1 | | | | | 103.05 |
| | F63 | | 188.98 | 69.8 | | | | | 109.4 |
| P197 | G15 | 74.68 | 164.34 | 25.4 | 42 | 22.35 | 71.88 | 143.76 | 133.35 |
| | G20 | | 170.69 | 31.75 | | | | | 139.7 |
| | G32 | | 177.04 | 38.1 | | | | | 146.05 |
| | G40 | | 183.39 | 44.45 | | | | | 152.4 |
| | G50 | | 189.39 | 50.8 | | | | | 158.75 |
| | G63 | | 202.44 | 63.5 | | | | | 171.45 |
| P257 | H20 | 88.7 | 190.3 | 25.4 | 56 | 25.4 | 72.18 | 144.37 | 152.15 |
| | H32 | | 196.65 | 31.75 | | | | | 158.5 |
| | H40 | | 203 | 38.1 | | | | | 164.85 |
| | H50 | | 209.35 | 44.45 | | | | | 171.2 |
| | H63 | | 215.7 | 50.8 | | | | | 177.55 |
| | H80 | | 228.4 | 63.5 | | | | | 190.25 |
| | H90 | | 234.75 | 69.85 | | | | | 196.6 |
| | H100 | | 241.1 | 76.2 | | | | | 202.95 |

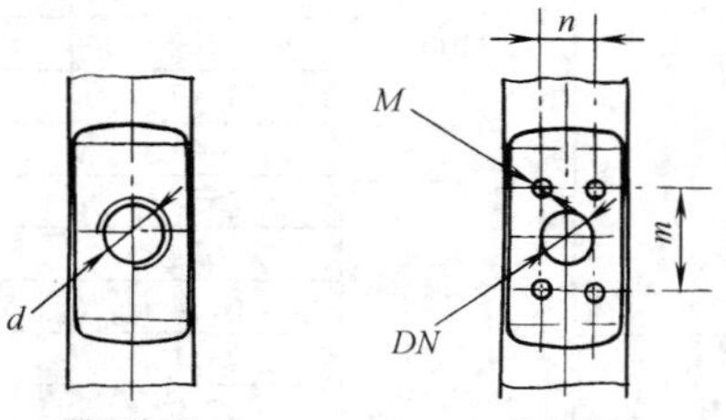


螺纹连接　　法兰连接

进、出油口型式（根据用户需要选定）

| $DN$ | $m$+0.1 | $n$+0.1 | $M$ | $d$(NPT) /in |
|---|---|---|---|---|
| 13 | 38.1 | 17.5 | M8 | 1/2 |
| 19 | 47.6 | 22.3 | M10 | 3/4 |
| 25 | 52.4 | 26.2 | M10 | 1 |
| 32 | 58.7 | 30.2 | M10 | 1¼ |
| 38 | 69.9 | 35.7 | M12 | 1½ |
| 51 | 77.8 | 42.92 | M12 | 2 |
| 64 | 88.9 | 50.8 | M12 | 2½ |

前盖及轴伸型式（根据用户需要选定）

| 系　列 | 7600 | 5100 | 3100 | 197 | 257 |
|---|---|---|---|---|---|
| 前盖型式 | a、b、c、d | e、f、g、h | f、g、h、i、j | e、f、g、h | e、f、g、h |
| 轴伸型式 | Ⅲ、Ⅳ、Ⅴ、Ⅶ | Ⅲ、Ⅳ、Ⅴ、Ⅵ、Ⅶ | Ⅰ、Ⅱ、Ⅴ、Ⅵ | Ⅰ、Ⅱ、Ⅵ、Ⅶ | Ⅰ、Ⅱ、Ⅳ、Ⅶ |

续表

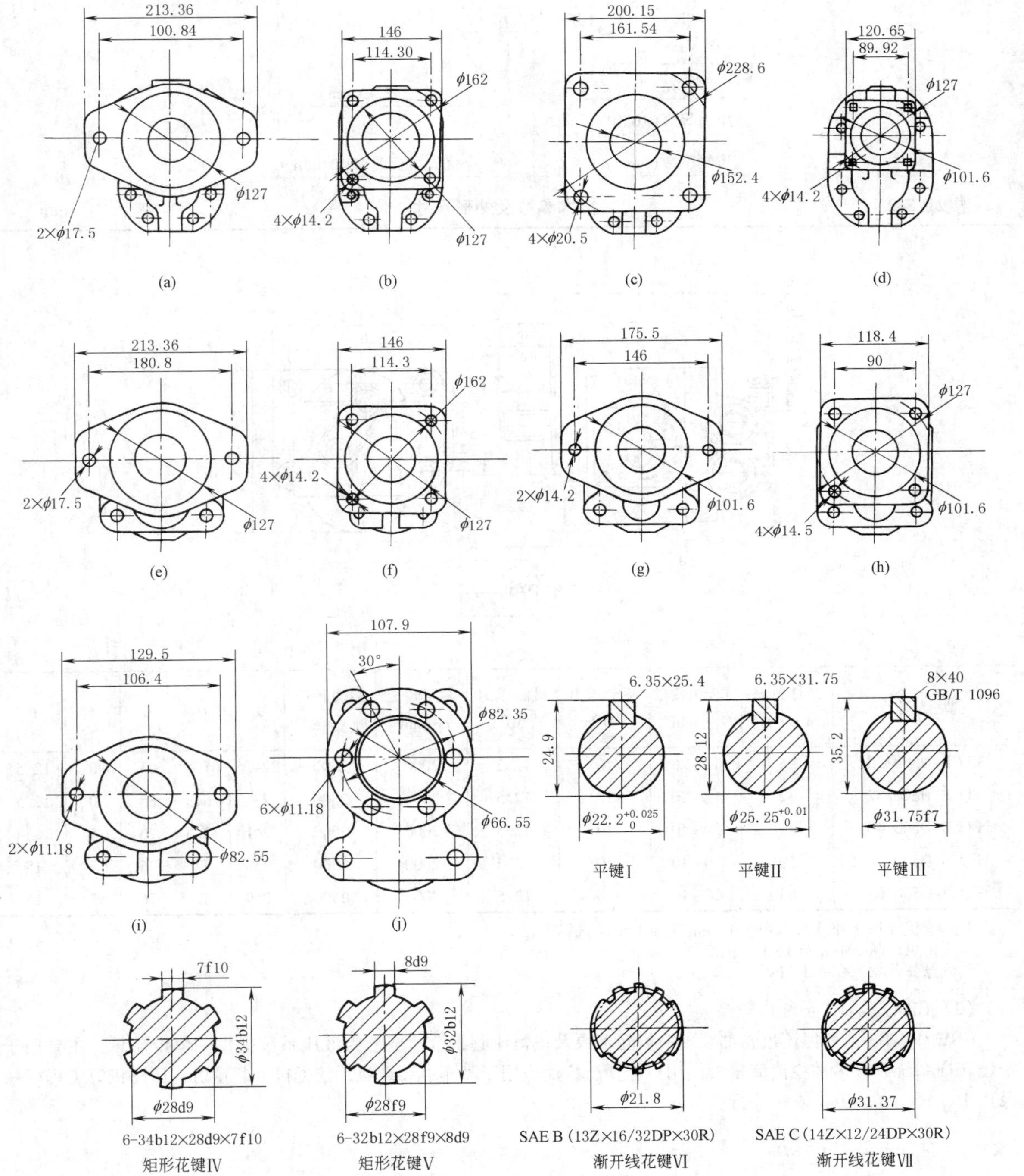


## 3.1.7 恒流齿轮泵

（1）FLCB-D500/※※单稳分流泵

该系列泵属于液压动力转向系统和液压操纵控制系统的混合动力泵，既能满足液压动力转向系统恒流输出的特殊要求，又能满足操纵控制作业动力的要求，是行走机械及车辆采用静液压动力转向或液压助力转向的配套产品。

型号意义：

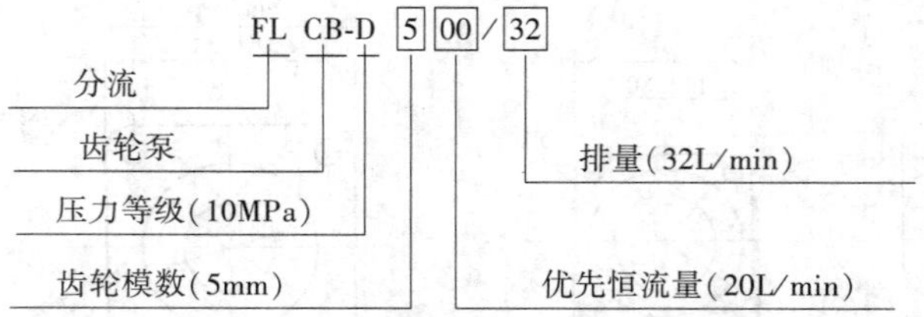


**表 21-5-22** **技术参数及外形尺寸** mm

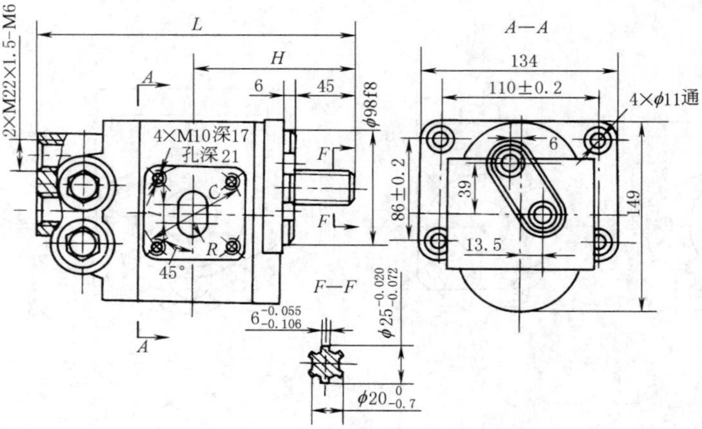


| 型　号 | 公称排量 /mL·r$^{-1}$ | 优先恒流量 /L·min$^{-1}$ | 额定压力 /MPa | 最高压力 /MPa | 额定转速 /r·min$^{-1}$ | 最高转速 /r·min$^{-1}$ | $L$ | $H$ | $C$ | $l$ | $R$ |
|---|---|---|---|---|---|---|---|---|---|---|---|
| FLCB-D500/25 | 25 | 12~20 | 10 | 12.5 | 2000 | 2500 | 224.5 | 61.5 | 65 | 0 | 12.5 |
| FLCB-D500/32 | 32 | 12~20 | 10 | 12.5 | 2000 | 2500 | 231 | 64 | 65 | 0 | 12.5 |
| FLCB-D500/40 | 40 | 20~40 | 10 | 12.5 | 2000 | 2500 | 241 | 72.5 | 76 | 5 | 15 |
| FLCB-D500/50 | 50 | 20~40 | 10 | 12.5 | 2000 | 2500 | 250 | 77 | 76 | 5 | 15 |
| FLCB-D500/63 | 63 | 20~40 | 10 | 12.5 | 2000 | 2500 | 259 | 82 | 76 | 5 | 15 |

注：1. 优先输出流量可以由 12L/min 至 40L/min 选择。
2. 压力可以从 5MPa 至 16MPa 调节。
3. 流量变化率 $\delta$ 在±15%内。

（2）CBW/F$_B$-E3 恒流齿轮泵

CBW/F$_B$-E3 系列恒流齿轮油泵由一齿轮油泵及一恒流阀组合而成，为液压系统提供一恒定流量，主要用于液压转向系统，有多种稳流流量可供用户选择，广泛应用于叉车、装载机、挖掘机、起重机、压路机等工程机械及矿山、轻工、环卫、农机等行业。

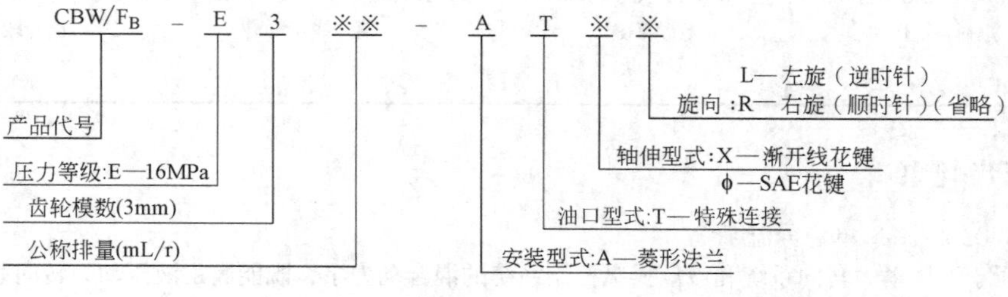

表 21-5-23　　　　技术参数及外形尺寸　　　　mm

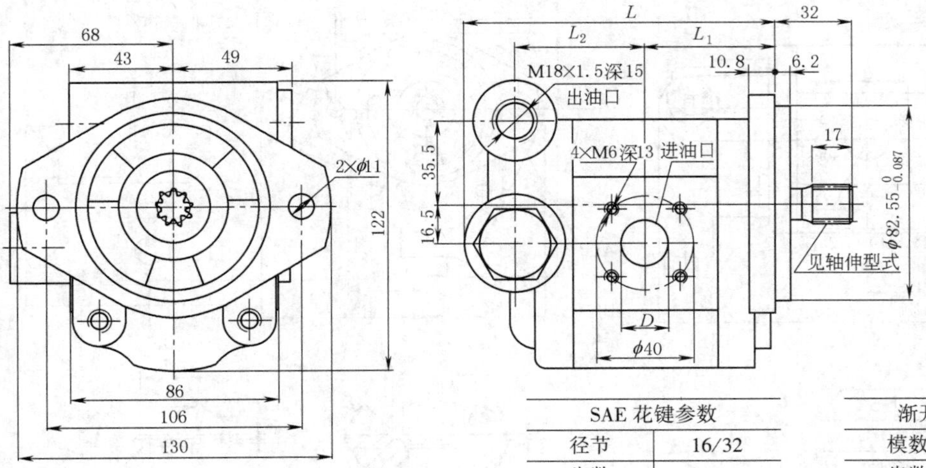


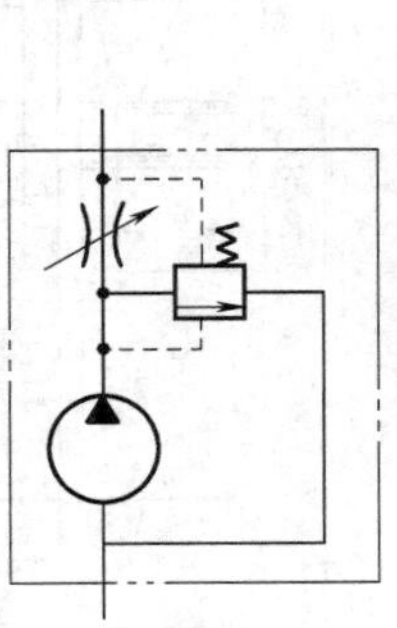


| SAE 花键参数 | |
|---|---|
| 径节 | 16/32 |
| 齿数 | 9 |
| 压力角 | 30° |
| 大径 | $15.45_{-0.127}^{0}$ |
| 小径 | 12.28 |

| 渐开线花键参数 | |
|---|---|
| 模数 | 1 |
| 齿数 | 16 |
| 压力角 | 30° |
| 大径 | $17_{-0.04}^{-0.02}$ |
| 小径 | 14.5 |

| 型　号 | 公称排量 /mL·r$^{-1}$ | 压力/MPa 额定 | 压力/MPa 最高 | 转速/r·min$^{-1}$ 最低 | 转速/r·min$^{-1}$ 额定 | 转速/r·min$^{-1}$ 最高 | 恒定流量 A/L·min$^{-1}$ | D | $L_1$ | $L_2$ | L | 质量 /kg |
|---|---|---|---|---|---|---|---|---|---|---|---|---|
| CBW/F$_B$-E306-AT※※ | 6 | 16 | 20 | 1350 | 2000 | 2500 | 6.7~8.6 | 14 | 50.5 | 50.5 | 122 | 4.3 |
| CBW/F$_B$-E308-AT※※ | 8 | | | | | | 9~11.5 | | 52.25 | 52.25 | 125.5 | 4.4 |
| CBW/F$_B$-E310-AT※※ | 10 | | | | | | 11.7~15 | 18 | 53.5 | 53.5 | 128 | 4.5 |
| CBW/F$_B$-E314-AT※※ | 14 | | | | | | 16.2~20.7 | | 56.5 | 56.5 | 134 | 4.7 |
| CBW/F$_B$-E316-AT※※ | 16 | | | | | | 18.9~24.2 | 20 | 58.5 | 58.5 | 138 | 4.8 |
| CBW/F$_B$-E320-AT※※ | 20 | | | | | | 23.4~29.9 | | 62 | 62 | 145 | 5 |

## 3.1.8 复合齿轮泵

CBW/F$_A$-E4 系列复合齿轮油泵由一齿轮油泵与一单稳分流阀组合而成，为液压系统提供一主油路油流及另一稳定油流，有多种分流流量供用户选择，广泛应用于叉车、装载机、挖掘机、起重机、压路机等工程机械及矿山、轻工、环卫、农机等行业。

CBWS/F-D3 系列复合双向齿轮油泵由一双向旋转齿轮油泵和一组合阀块组合而成，组合阀块由梭形阀、安全阀、单向阀及液控单向阀组成，具有结构紧凑、性能优良、压力损失小等特点，主要用于液控阀门、液控推杆等闭式液压系统，为油缸提供双向稳定油流。

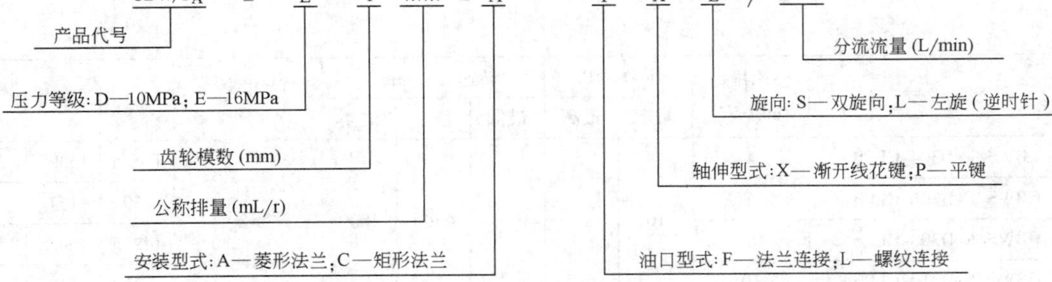

**表 21-5-24　　技术参数及外形尺寸**　　mm

**CBW/F$_A$型**

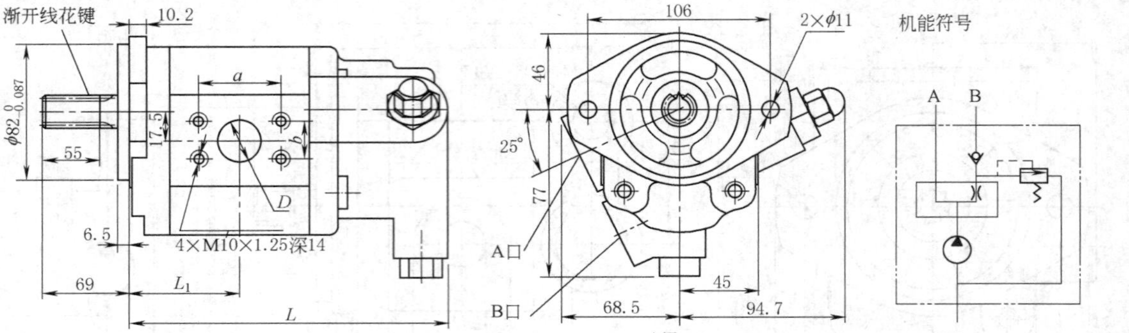


渐开线花键参数

| | |
|---|---|
| 模数 | 1.5 |
| 齿数 | 10 |
| 压力角 | 20° |
| 大径 | 17.7$_{-0.127}^{0}$ |
| 小径 | 14.4 |

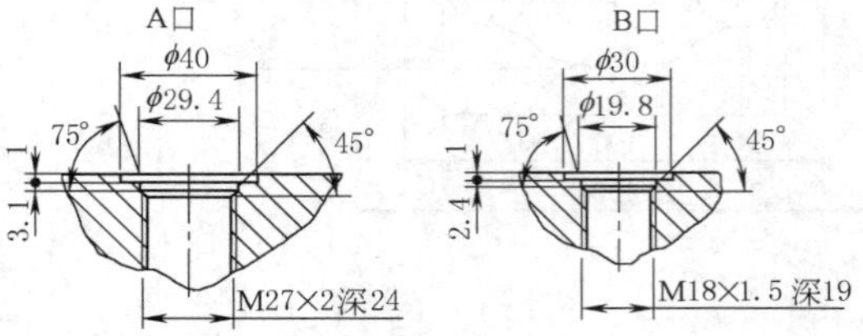


备注：B口分流流量由用户订货时选定

| 型　号 | 公称排量 /mL·r$^{-1}$ | 压力/MPa 额定 | 压力/MPa 最高 | 转速/r·min$^{-1}$ 最低 | 转速/r·min$^{-1}$ 额定 | 转速/r·min$^{-1}$ 最高 | B口分流流量 /L·min$^{-1}$ | $L_1$ | $L$ | $a$ | $b$ | $D$ | 质量 /kg |
|---|---|---|---|---|---|---|---|---|---|---|---|---|---|
| CBW/F$_A$-E425-AFXL/※※ | 25 | 16 | 20 | 600 | 2500 | 3000 | 8,10,12,14,16 | 65.8 | 188 | 52.4 | 26.2 | 26 | 7.0 |
| CBW/F$_A$-E432-AFXL/※※ | 32 | | | | | | | 69.5 | 195.5 | | | | 7.3 |
| CBW/F$_A$-E440-AFXL/※※ | 40 | | | | | | | 74 | 204.5 | 57.2 | 26 | 30 | 7.6 |

**CBWS/F型**

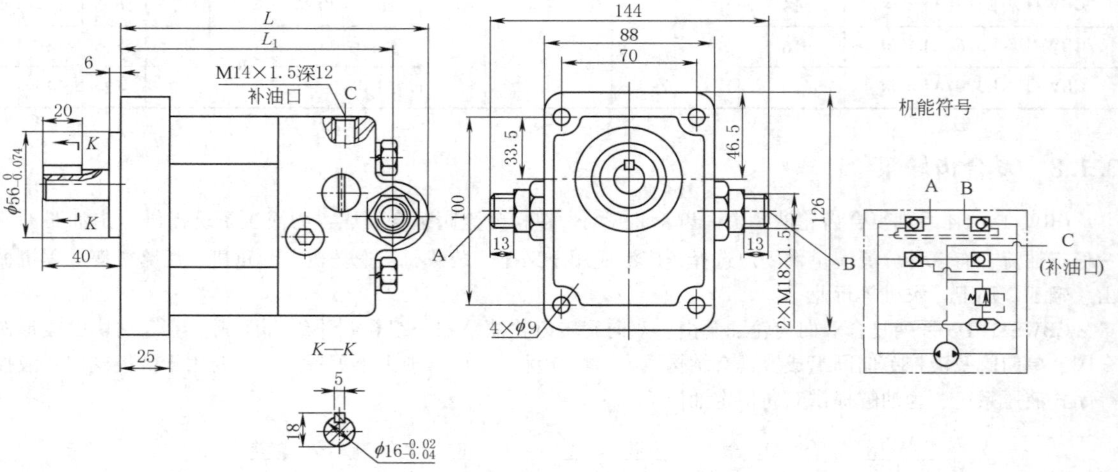


| 型　号 | 公称排量 /mL·r$^{-1}$ | 压力/MPa 额定 | 压力/MPa 最高 | 转速/r·min$^{-1}$ 最低 | 转速/r·min$^{-1}$ 额定 | 转速/r·min$^{-1}$ 最高 | 容积效率 /% | $L_1$ | $L$ | 质量 /kg |
|---|---|---|---|---|---|---|---|---|---|---|
| CBWS/F-D304-CLPS | 4 | 10 | 12 | 800 | 1500 | 1800 | ≥80 | 135.5 | 153.5 | 5.5 |
| CBWS/F-D306-CLPS | 6 | | | | | | | 139 | 157 | 5.6 |
| CBWS/F-D308-CLPS | 8 | | | | | | | 142.5 | 160.5 | 5.7 |
| CBWS/F-D310-CLPS | 10 | | | | | | | 145 | 163 | 5.8 |

## 3.2 叶片泵产品及选用指南

叶片泵具有噪声低、寿命长的优点，但抗污染能力差，加工工艺复杂，精度要求高，价格也较高。若系统的过滤条件较好，油箱的密封性也好，则可选择寿命较长的叶片泵，正常使用的叶片泵工作寿命可达10000h以上。从节能的角度考虑可选用变量泵，采用双联或三联泵。叶片泵的使用要点如下。

① 为提高泵（马达）的性能，延长使用寿命，推荐使用抗磨液压油，黏度范围 $17\sim38mm^2/s$（$2.5\sim5°E$），推荐使用 $24mm^2/s$。

② 油液应保持清洁，系统过滤精度不低于 25μm。为防止吸入污物和杂质，在吸油口外应另置过滤精度为 70～150μm 的滤油器。

③ 安装泵时，泵轴线与原动机轴线同轴度应保证在 0.1mm 以内，且泵轴与原动机轴之间应采用挠性连接。泵轴不得承受径向力。

④ 泵吸油口距油面高度不得大于 500mm。吸油管道必须严格密封，防止漏气。

⑤ 注意泵轴转向。

叶片泵部分产品的技术参数见表 21-5-25。

**表 21-5-25　叶片泵部分产品技术参数**

<table>
<tr><th>类　别</th><th>型　号</th><th>排量/mL·r<sup>-1</sup></th><th>压力/MPa</th><th>转速/r·min<sup>-1</sup></th><th>生　产　厂</th></tr>
<tr><td rowspan="13">定量叶片泵</td><td>YB₁</td><td>2.5～100<br>2.5/2.5～100/100</td><td>6.3</td><td>960～1450</td><td>阜新液压件有限公司<br>榆次液压有限公司</td></tr>
<tr><td rowspan="2">YB</td><td>6.4～200</td><td>7</td><td>1000～2000</td><td rowspan="2">榆次液压有限公司<br>大连液压件有限公司</td></tr>
<tr><td>10～114</td><td>10.5</td><td>1500</td></tr>
<tr><td>YB-D</td><td>6.3～100</td><td>10</td><td>600～2000</td><td>—</td></tr>
<tr><td>YB-E</td><td>6～80<br>10/32～50/100</td><td>16</td><td>600～1500</td><td>广东广液实业股份有限公司</td></tr>
<tr><td>YB₁-E</td><td>10～100</td><td>16</td><td>600～1800</td><td>广东广液实业股份有限公司</td></tr>
<tr><td>YB₂-E</td><td>10～200</td><td>16</td><td>600～2000</td><td>榆次液压有限公司</td></tr>
<tr><td>PFE<br>PV2R</td><td>5～250<br>6/26～116/250</td><td>14～21</td><td>600～1800</td><td>阜新液压件有限公司</td></tr>
<tr><td>T6</td><td>10～214</td><td>24.5～28</td><td>600～1800</td><td>—</td></tr>
<tr><td>YB-※</td><td>10～114</td><td>10.5</td><td>600～2000</td><td>榆次液压有限公司</td></tr>
<tr><td>Y2B</td><td>6～200</td><td>14</td><td>600～1200</td><td rowspan="3">大连液压件有限公司<br>榆次液压有限公司</td></tr>
<tr><td>YYB</td><td>6/6～194/113</td><td>7</td><td>600～2000</td></tr>
<tr></tr>
<tr><td rowspan="5">变量叶片泵</td><td>YBN</td><td>20,40</td><td>7</td><td>600～1800</td></tr>
<tr><td>YBX</td><td>16,25,40</td><td>6.3</td><td>600～1500</td><td rowspan="2">阜新液压件有限公司<br>邵阳液压有限公司</td></tr>
<tr><td>YBP</td><td>10～63</td><td>6.3～10</td><td>600～1500</td></tr>
<tr><td>YBP-E</td><td>20～125</td><td>16</td><td>1000～1500</td><td>广东广液实业股份有限公司</td></tr>
<tr><td>V4</td><td>20～50</td><td>16</td><td>1450</td><td>大连液压件有限公司</td></tr>
</table>

### 3.2.1 YB 型、$YB_1$ 型叶片泵

YB 型泵是我国第一代国产叶片泵第 5 次改型产品，具有结构简单、性能稳定、排量范围大、压力流量脉动小、噪声低、寿命长等一系列优点，广泛用于机床设备和其他中低压液压传动系统中。

YB-$Y_2$ 型、$YB_1$ 型均为 YB 型的改进型。

型号意义：

YB-[A] [6] [B]-[D] [T]-[F] [L]-[ ]

设计号

连接型式：L— 螺纹连接；F— 法兰连接

安装方式：F— 法兰安装；J— 脚架安装

油口位置（从后盖看）：T— 出油口与进油口同侧
V— 出油口自进油口逆时针转 90°
U— 出油口在进油口对侧
W— 出油口自进油口顺时针转 90°

结构代号

系列号：A—6 ~ 36mL/r
B—48 ~ 113mL/r
C—129 ~ 194mL/r

主参数几何排量（mL/r）

压力分级：B—2 ~ 8MPa
C—8 ~ 16MPa

旋向：D— 顺时针；S— 逆时针

（1）YB 型叶片泵

**表 21-5-26　　主要技术参数**

<table>
<tr><th rowspan="2">型　号</th><th rowspan="2">理论排量 /mL · r<sup>-1</sup></th><th rowspan="2">额定压力 /MPa</th><th rowspan="2">输出流量 /L · min<sup>-1</sup></th><th rowspan="2">驱动功率 /kW</th><th colspan="3">转速/r · min<sup>-1</sup></th><th colspan="2">质量/kg</th><th colspan="2">油口尺寸</th></tr>
<tr><th>额定</th><th>最低</th><th>最高</th><th>脚架安装</th><th>法兰安装</th><th>进口</th><th>出口</th></tr>
<tr><td>YB-A6B</td><td>6.5</td><td rowspan="15">7</td><td>4.0</td><td>1.0</td><td rowspan="15">1000</td><td>800</td><td rowspan="3">2000</td><td rowspan="6">10</td><td rowspan="6">9</td><td rowspan="6">$R_c1$</td><td rowspan="6">$R_c3/4$</td></tr>
<tr><td>YB-A9B</td><td>9.1</td><td>6.9</td><td>1.3</td><td rowspan="14">600</td></tr>
<tr><td>YB-A14B</td><td>14.5</td><td>11.9</td><td>2.1</td></tr>
<tr><td>YB-A16B</td><td>16.3</td><td>13.7</td><td>2.4</td><td rowspan="2">1800</td></tr>
<tr><td>YB-A26B</td><td>26.1</td><td>22.5</td><td>3.8</td></tr>
<tr><td>YB-A36B</td><td>35.9</td><td>30.9</td><td>5.2</td><td>1500</td></tr>
<tr><td>YB-B48B</td><td>48.3</td><td>42.7</td><td>6.9</td><td rowspan="3">1500</td><td rowspan="5">25</td><td rowspan="5">25</td><td rowspan="5">$R_c1½$</td><td rowspan="5">$R_c1¼$</td></tr>
<tr><td>YB-B60B</td><td>61.0</td><td>53.9</td><td>8.7</td></tr>
<tr><td>YB-B74B</td><td>74.8</td><td>66.1</td><td>10.7</td></tr>
<tr><td>YB-B92B</td><td>93.5</td><td>83.5</td><td>13.4</td><td rowspan="6">1200</td></tr>
<tr><td>YB-B113B</td><td>115.4</td><td>102.8</td><td>16.5</td></tr>
<tr><td>YB-C129B</td><td>133.9</td><td>119.3</td><td>19.2</td><td rowspan="4">114</td><td rowspan="4">110</td><td rowspan="4">$R_c2$</td><td rowspan="4">$R_c1½$</td></tr>
<tr><td>YB-C148B</td><td>153.0</td><td>136.3</td><td>21.9</td></tr>
<tr><td>YB-C171B</td><td>176.9</td><td>157.6</td><td>25.3</td></tr>
<tr><td>YB-C194B</td><td>200.9</td><td>179.0</td><td>28.8</td></tr>
</table>

注：输出流量、驱动功率均为额定工况下保证值。

**表 21-5-27** 外形尺寸 mm

| | | |
|---|---|---|
| YB-A※B型 | 脚架安装式 | 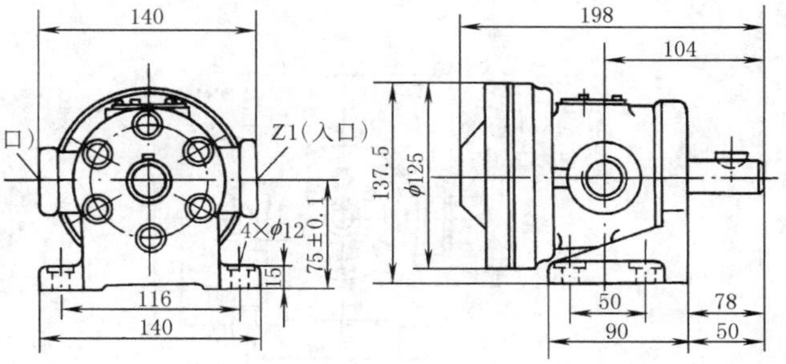 |
| | 法兰安装式 | 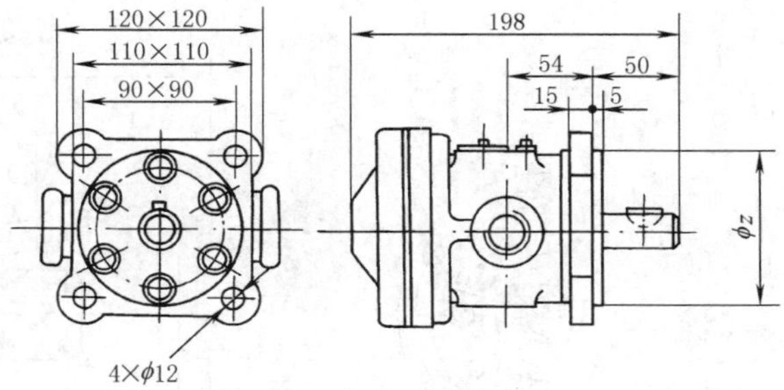 |
| YB-B※B型 | 脚架安装式 | 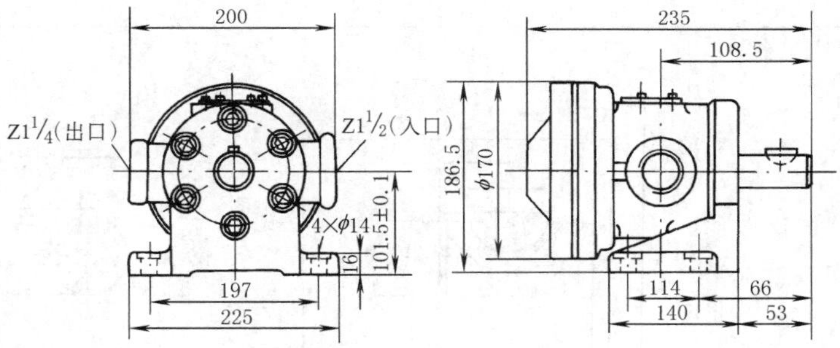 |
| | 法兰安装式 | 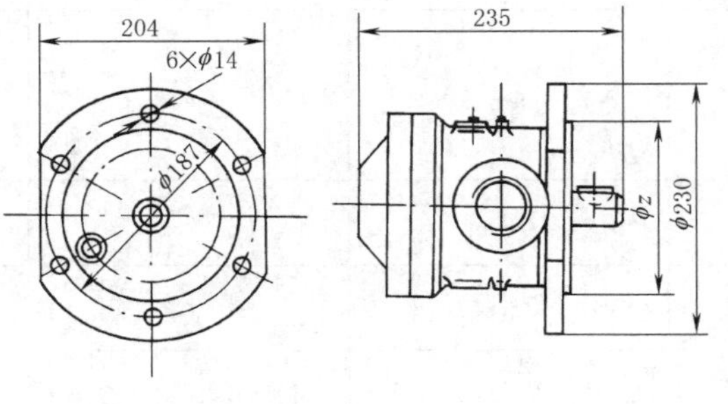 |

续表

**YB-C※B型**

脚架安装式

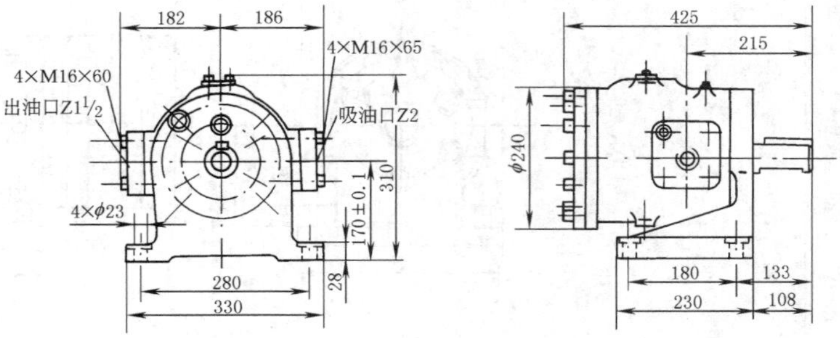


法兰安装式

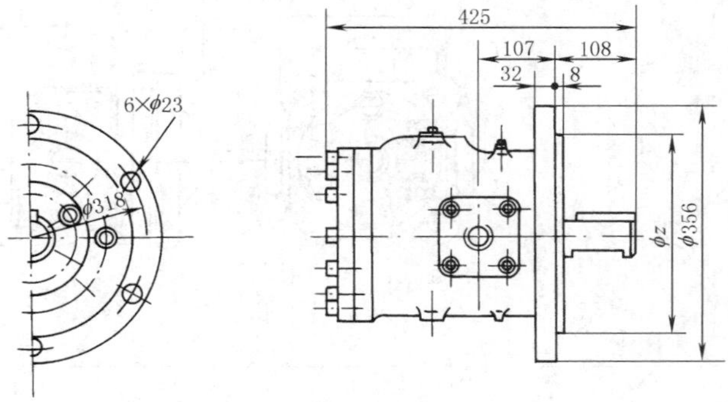


**轴伸尺寸**

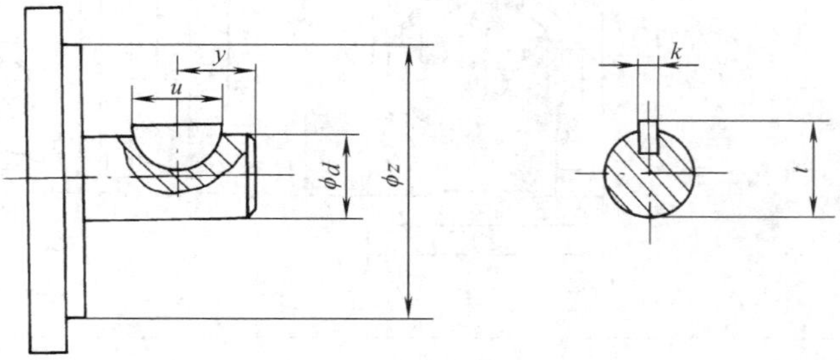


| 型　　号 | $\phi d$ | $k$ | $t$ | $u$ | $y$ | $\phi z$ |
|---|---|---|---|---|---|---|
| YB-A※B | $22_{-0.021}^{0}$ | $5_{-0.022}^{-0.010}$ | 24 | 21 | 20 | $96_{-0.035}^{0}$ |
| YB-B※B | $30_{-0.021}^{0}$ | $7_{-0.027}^{-0.013}$ | 33 | 25 | 25 | $160_{-0.040}^{0}$ |
| YB-C※B | $50_{-0.025}^{0}$ | $12_{-0.027}^{0}$ | 53.5 | 85 | — | $280_{-0.054}^{0}$ |

注：需要其他类型的轴伸时，请与生产厂联系。

（2）YB-※-$Y_2$ 型叶片泵

**表 21-5-28　　主要性能参数与外形尺寸**　　mm

| | 型号 | 理论排量 /mL·$r^{-1}$ | 额定压力 /MPa | 输出流量 /L·$min^{-1}$ | 驱动功率 /kW | 转速/r·$min^{-1}$ 额定 | 转速 最低 | 转速 最高 | 质量/kg 脚架安装 | 质量/kg 法兰安装 | 油口尺寸 进口 | 油口尺寸 出口 |
|---|---|---|---|---|---|---|---|---|---|---|---|---|
| 主要性能参数 | YB-A6B-$Y_2$ | 6.5 | 7 | 4.0 | 1.0 | 1000 | 800 | 2000 | 8 | 6.4 | Z1 | Z3/4 |
| | YB-A9B-$Y_2$ | 9.1 | | 6.9 | 1.3 | | 600 | | | | | |
| | YB-A14B-$Y_2$ | 14.5 | | 11.9 | 2.1 | | | | | | | |
| | YB-A16B-$Y_2$ | 16.3 | | 13.7 | 2.4 | | | 1800 | | | | |
| | YB-A26B-$Y_2$ | 26.1 | | 22.5 | 3.8 | | | | | | | |
| | YB-A36B-$Y_2$ | 35.9 | | 30.9 | 5.2 | | | 1500 | | | | |

外形尺寸

法兰安装式

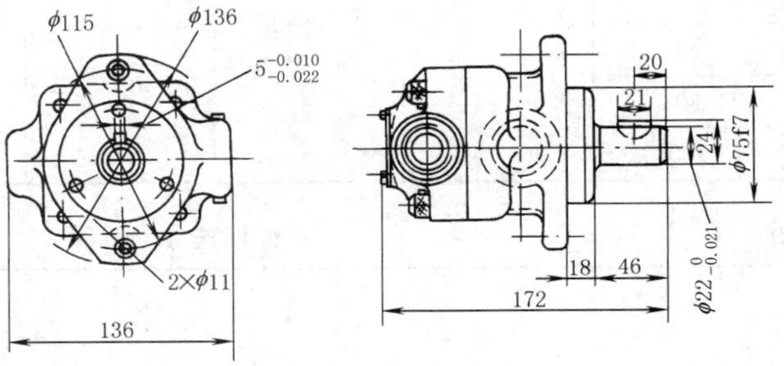


脚架安装式

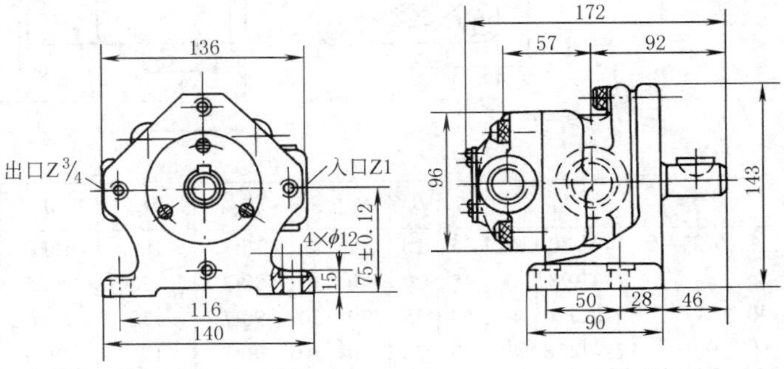


注：输出流量、驱动功率均为额定工况下保证值。

（3）$YB_1$ 型中、低压单级叶片泵

型号意义：

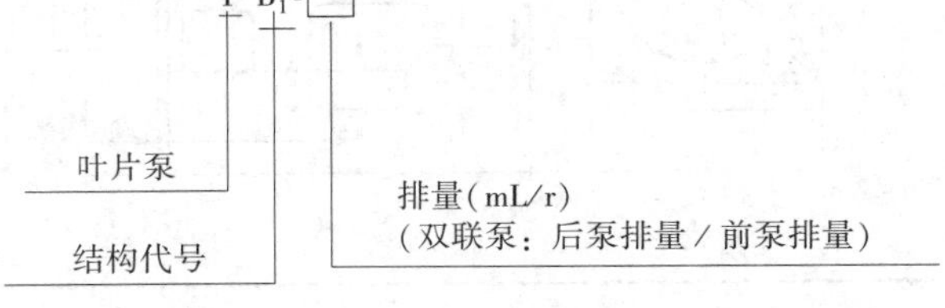

表 21-5-29 技术参数

| 型　号 | 排量/mL·r$^{-1}$ | 额定压力/MPa | 转速/r·min$^{-1}$ | 容积效率/% | 总效率/% | 驱动功率/kW | 质量/kg |
|---|---|---|---|---|---|---|---|
| $YB_1$-2.5 | 2.5 | 6.3 | 1450 | ≥80 | ≥80 | 0.6 | 5.3 |
| $YB_1$-4 | 4 | | | | | 0.8 | |
| $YB_1$-6.3 | 6 | | | | | 1.5 | |
| $YB_1$-10 | 10 | | | | | 2.2 | |
| $YB_1$-12 | 12 | | 960 | ≥90 | | 2 | 8.7 |
| $YB_1$-16 | 16 | | | | | 2.2 | |
| $YB_1$-25 | 25 | | | | | 4 | |
| $YB_1$-32 | 32 | | | | | 5 | 16 |
| $YB_1$-40 | 40 | | | | | 5.5 | |
| $YB_1$-50 | 50 | | | | | 7.5 | |
| $YB_1$-63 | 63 | | | | | 10 | 20 |
| $YB_1$-80 | 80 | | | | | 12 | |
| $YB_1$-100 | 100 | | | | | 13 | |

表 21-5-30 外形尺寸 mm

$YB_1$型单级

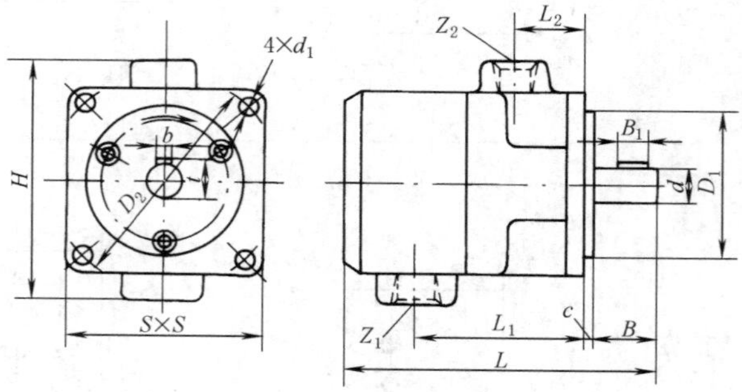


| 型　号 | $L$ | $L_1$ | $L_2$ | $B$ | $B_1$ | $H$ | $S$ | $D_1$ | $D_2$ | $d$ | $d_1$ | $c$ | $t$ | $b$ | $Z_1$ | $Z_2$ |
|---|---|---|---|---|---|---|---|---|---|---|---|---|---|---|---|---|
| $YB_1$-2.5、4、6.3、10 | 149 | 80 | 36 | 36 | 16 | 114 | 90 | 75f7 | 100 | 15h6 | 9 | 5 | 17 | 5 | Z3/8 | Z1/4 |
| $YB_1$-16、25 | 184 | 98 | 38 | 45 | 20 | 140 | 110 | 90f7 | 128 | 20h6 | 11 | 5 | 22 | 5 | Z1 | Z3/4 |
| $YB_1$-32、40、50 | 210 | 110 | 45 | 50 | 25 | 170 | 130 | 90f7 | 150 | 25h6 | 13 | 5 | 28 | 8 | Z1 | Z1 |
| $YB_1$-63、80、100 | 224 | 118 | 49 | 50 | 30 | 200 | 150 | 90f7 | 175 | 30h6 | 13 | 5 | 33 | 8 | Z1¼ | Z1 |

$YB_1$型双级

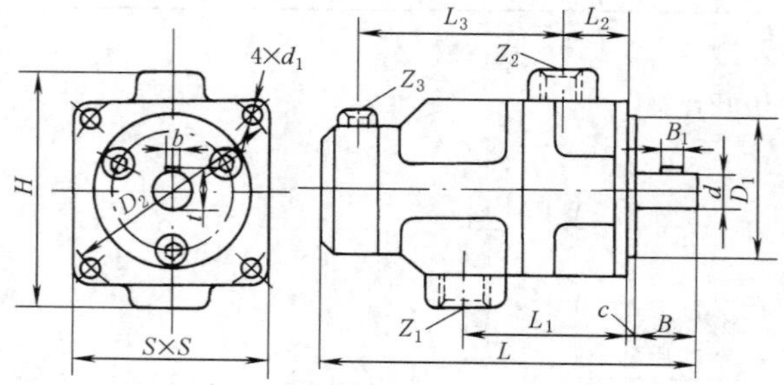

续表

| 型　号 | $L$ | $L_1$ | $L_2$ | $L_3$ | $B$ | $B_1$ | $H$ | $S$ | $D_1$ | $D_2$ | $d$ | $d_1$ | $c$ | $t$ | $b$ | $Z_1$ | $Z_2$ | $Z_3$ |
|---|---|---|---|---|---|---|---|---|---|---|---|---|---|---|---|---|---|---|
| $YB_1$-2.5~10/2.5~10 | 218 | 98 | 36 | 128 | 36 | 19 | 119 | 90 | 75f7 | 100 | 15h6 | 9 | 5 | 17 | 5 | Z3/4 | Z1/4 | Z1/4 |
| $YB_1$-2.5~10/16~25 | 248 | 105 | 38 | 136 | 45 | 19 | 142 | 110 | 90f7 | 128 | 20h6 | 11 | 5 | 22 | 5 | Z1 | Z3/4 | Z1/4 |
| $YB_1$-2.5~10/32~50 | 278 | 119 | 45 | 166 | 50 | 30 | 175 | 130 | 90f7 | 150 | 25h6 | 13 | 5 | 28 | 8 | Z1¼ | Z1 | Z1/4 |
| $YB_1$-2.5~10/63~100 | 303 | 150 | 49 | 178 | 50 | 30 | 200 | 150 | 90f7 | 175 | 30h6 | 13 | 5 | 33 | 8 | Z1½ | Z1 | Z1/4 |
| $YB_1$-16~25/16~25 | 276 | 122 | 38 | 166 | 45 | 19 | 142 | 110 | 90f7 | 128 | 20h6 | 11 | 5 | 22 | 5 | Z1 | Z3/4 | Z3/4 |
| $YB_1$-16~25/32~50 | 304 | 121 | 45 | 183 | 50 | 30 | 175 | 130 | 90f7 | 150 | 25h6 | 13 | 5 | 28 | 8 | Z1¼ | Z1 | Z3/4 |
| $YB_1$-16~25/63~100 | 320 | 144 | 49 | 194 | 50 | 30 | 205 | 150 | 90f7 | 175 | 30h6 | 13 | 5 | 33 | 8 | Z1½ | Z1 | Z3/4 |
| $YB_1$-32~50/32~50 | 316 | 139 | 45 | 190 | 50 | 30 | 175 | 130 | 90f7 | 150 | 25h6 | 13 | 5 | 28 | 8 | Z1¼ | Z1 | Z1 |
| $YB_1$-32~50/63~100 | 337 | 128 | 49 | 207 | 50 | 30 | 205 | 150 | 90f7 | 175 | 30h6 | 13 | 5 | 33 | 8 | Z2 | Z1 | Z1 |
| $YB_1$-63~100/63~100 | 348 | 158 | 49 | 218 | 50 | 30 | 205 | 150 | 90f7 | 175 | 30h6 | 13 | 5 | 33 | 8 | Z2 | Z1 | Z1 |

### 3.2.2 YB-※车辆用叶片泵

YB型车辆用泵内部零件用螺钉装配成一个组合体，使得装配与维修更加容易。泵内装有一个浮动式配流盘，可自动补偿轴向间隙。关键零件选用优质合金钢并经氮化处理，可进一步提高零件加工精度，因此，压力、效率较一般叶片泵为高。该型泵结构紧凑，压力流量脉动少，对冲击载荷的适应性好，安装连接符合ISO标准，可广泛用于起重运输车辆、工程机械及其他行走式机械，也可用于一般工业设备的液压系统。

型号意义：

YB-A 16 C-D T-F F-10

结构代号

系列号：A— 10 ~ 32mL/r
B— 48 ~ 114mL/r

几何排量(mL/r)

压力分级：C—8 ~ 16MPa

旋向：D— 顺时针；S— 逆时针

设计号

连接型式：F— 法兰连接

安装方式：F— 法兰安装；J— 脚架安装

油口位置(从后盖看)：T— 出油口与进油口同侧
V— 出油口自进油口逆时针转90°
U— 出油口在进油口对侧
W— 出油口自进油口顺时针转90°

表 21-5-31　　主要技术参数

| 型　号 | 理论排量 /mL·r$^{-1}$ | 额定压力 /MPa | 输出流量 /L·min$^{-1}$ | 驱动功率 /kW | 转速/r·min$^{-1}$ | | | 质量/kg | | 油口尺寸 | |
|---|---|---|---|---|---|---|---|---|---|---|---|
| | | | | | 额定 | 最低 | 最高 | 法兰安装 | 脚架安装 | 进口 | 出口 |
| YB-A10C | 10.4 | 10.5 | 13.1 | 3.4 | 1500 | 600 | 2000 | 12.3 | 15.1 | Z1¼ | Z¾ |
| YB-A16C | 16.2 | | 21.6 | 5.2 | | | | | | | |
| YB-A20C | 21.6 | | 28.9 | 7.0 | | | | | | | |
| YB-A25C | 24.6 | | 32.9 | 8.0 | | | | | | | |
| YB-A30C | 30.0 | | 40.6 | 9.7 | | | | | | | |
| YB-A32C | 32.0 | | 43.4 | 10.3 | | | | | | | |
| YB-B48C | 48.3 | | 64.2 | 15.6 | | | | 30 | 36 | Z2 | Z1¼ |
| YB-B58C | 58.3 | | 78.0 | 18.8 | | | | | | | |
| YB-B75C | 75.0 | | 100.3 | 24.2 | | | | | | | |
| YB-B92C | 92.5 | | 125.4 | 29.8 | | | | | | | |
| YB-B114C | 114.2 | | 154.8 | 36.8 | | | | | | | |

注：输出流量、驱动功率均为额定工况下保证值。

**表 21-5-32** 外形尺寸 mm

法兰安装式

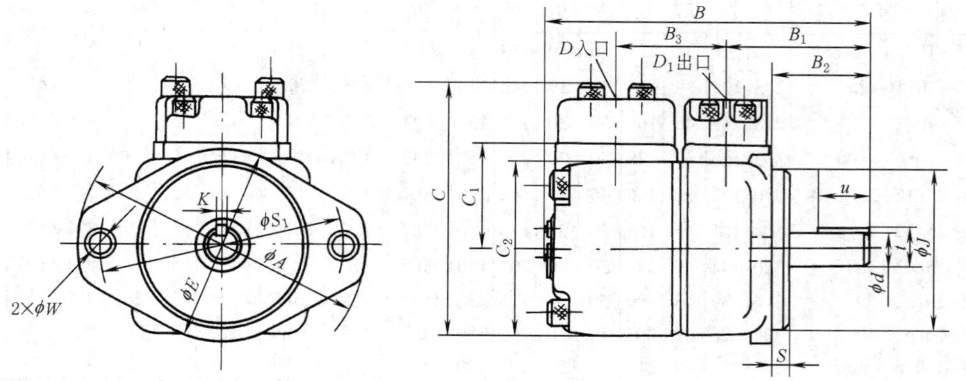


| 型号 | $\phi A$ | $B$ | $B_1$ | $B_2$ | $B_3$ | $C$ | $C_1$ | $C_2$ | $D$ | $D_1$ |
|---|---|---|---|---|---|---|---|---|---|---|
| YB-A※C | 174 | 192 | 87 | 59 | 67 | 157 | 65 | 110×110 | Z1¼ | Z¾ |
| YB-B※C | 213 | 262 | 112 | 73 | 88 | 202.5 | 85 | 155×155 | Z2 | Z1¼ |

| 型号 | $S$ | $\phi S_1$ | $t$ | $u$ | $\phi W$ | $\phi E$ | $\phi d$ | $\phi J$ | $K$ |
|---|---|---|---|---|---|---|---|---|---|
| YB-A※C | 9.5 | 146 | 24.5 | 32 | 14 | 120 | $22.22_{-0.033}^{0}$ | $101.6_{-0.075}^{-0.040}$ | $4.76_{-0.018}^{0}$ |
| YB-B※C | 9.5 | 181 | 34.5 | 38 | 18 | 148 | $31.75_{-0.038}^{0}$ | $127_{-0.090}^{-0.050}$ | $7.94_{-0.022}^{0}$ |

脚架安装式

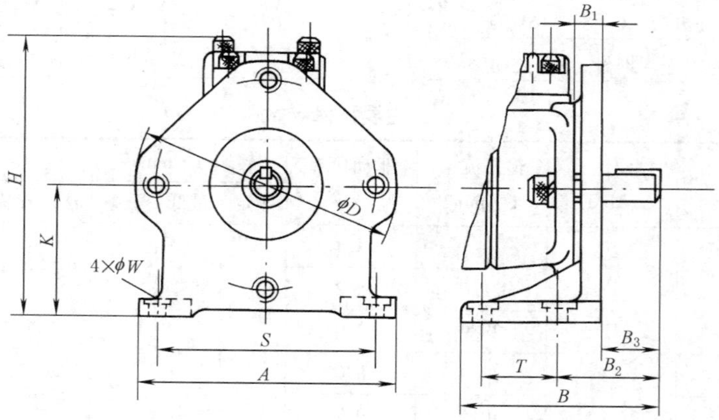


备注：轴、键尺寸见法兰安装型式

| 型号 | $A$ | $B$ | $B_1$ | $B_2$ | $B_3$ | $\phi D$ | $S$ | $T$ | $\phi W$ | $H$ | $K$ |
|---|---|---|---|---|---|---|---|---|---|---|---|
| YB2-A | 172 | 137.5 | 17.5 | 74 | 41.5 | 174 | 146 | 50.8 | 11 | 194.1 | 92.1 |
| YB2-B | 265 | 185 | 19 | 92 | 54 | 213 | 235 | 76.2 | 18 | 234.5 | 109.5 |

### 3.2.3 PFE 系列柱销式叶片泵

PFE 系列叶片泵有单泵和双联泵两种。其排量范围为 5~250mL/r，额定压力为 21~30MPa，转速范围为600~2800r/min，采用偏心柱销式叶片结构，具有压力高、流量大、体积小、运转平稳、噪声低、效率高等优点。

**表 21-5-33　　型号意义**

| PFE 系列定量叶片泵 | 系列号 | 单泵或双联泵大排量侧几何排量/mL·r$^{-1}$ | 双联泵小排量侧几何排量/mL·r$^{-1}$ | 轴伸型式 | 旋向（从轴端看） | 油口位置 | 适用流体记号 |
|---|---|---|---|---|---|---|---|
| PFE 单泵系列 | 21 | 5、6、8、10、12、16 | — | 1—圆柱形轴伸（标准型）<br>2—圆柱形轴伸（ISO/DIS 3019）<br>3—圆柱形轴伸（大扭矩型）<br>5—花键轴伸 | D：顺时针<br>S：逆时针 | 进口与出口共有 T（标准）、V、U、W 4组位置关系 | 无记号：石油基<br>水-乙二醇/<br>PF：磷酸酯 |
| | 31 | 16、22、28、36、44 | — | | | | |
| | 41 | 29、37、45、56、70、85 | — | | | | |
| | 51 | 90、110、129、150 | — | | | | |
| | 61 | 160、180、200、224 | — | | | | |
| | 22 | 8、10、12 | — | | | | |
| | 32 | 22、28、36 | — | | | | |
| | 42 | 45、56、70 | — | | | | |
| | 52 | 90、110、129 | — | | | | |
| PFED 双联泵系列 | 4131 | 29、37、45、56、70、85 | 16、22、28、36、44 | 1—圆柱形轴伸（标准型）<br>2—圆柱形轴伸（ISO/DIS 3019）<br>3—圆柱形轴伸（大扭矩型）<br>5—花键轴伸<br>6—花键轴伸 | D：顺时针<br>S：逆时针 | 进口与两个出口共有 TO（标准）、VG 等 32 组位置关系 | |
| | 5141 | 90、110、129、150 | 29、37、45、56、70、85 | | | | |

**表 21-5-34　　单泵 PFE-※1 系列技术参数**

| 型　号 | 排量/mL·r$^{-1}$ | 额定压力/MPa | 输出流量/L·min$^{-1}$ | 驱动功率/kW | 转速范围/r·min$^{-1}$ | 质量/kg | 油口通径/in | |
|---|---|---|---|---|---|---|---|---|
| | | | | | | | 进口 | 出口 |
| PFE-21005 | 5.0 | 21 | 4.8 | 3.5 | 900~3000 | 6 | $\frac{3}{4}$ | $\frac{1}{2}$ |
| PFE-21006 | 6.3 | | 5.8 | 4 | | | | |
| PFE-21008 | 8.0 | | 7.8 | 5.5 | | | | |
| PFE-21010 | 10.0 | | 9.7 | 6.5 | | | | |
| PFE-21012 | 12.5 | | 12.2 | 8 | | | | |
| PFE-21016 | 16.0 | | 15.6 | 10 | | | | |
| PFE-31016 | 16.5 | 21 | 16 | 6.5 | 800~2800 | 9 | 1¼ | $\frac{3}{4}$ |
| PFE-31022 | 21.6 | | 23 | 10 | | | | |
| PFE-31028 | 28.1 | | 33 | 14 | | | | |
| PFE-31036 | 35.6 | | 43 | 18 | | | | |
| PFE-31044 | 43.7 | | 55 | 23 | | | | |
| PFE-41029 | 29.3 | 21 | 34 | 14 | 700~2500 | 14 | 1½ | 1 |
| PFE-41037 | 36.6 | | 45 | 18 | | | | |
| PFE-41045 | 45.0 | | 57 | 23 | | | | |
| PFE-41056 | 55.8 | | 72 | 30 | | | | |
| PFE-41070 | 69.9 | | 91 | 37 | | | | |
| PFE-41085 | 85.3 | | 114 | 47 | 700~2000 | | | |

续表

| 型　　号 | 排量 /mL·L$^{-1}$ | 额定压力 /MPa | 输出流量 /L·min$^{-1}$ | 驱动功率 /kW | 转速范围 /r·min$^{-1}$ | 质量 /kg | 油口通径/in 进口 | 油口通径/in 出口 |
|---|---|---|---|---|---|---|---|---|
| PFE-51090 | 90.0 | 21 | 114 | 47 | 600~2200 | 25.5 | 2 | 1¼ |
| PFE-51110 | 109.6 | | 141 | 58 | | | | |
| PFE-51129 | 129.2 | | 168 | 69 | | | | |
| PFE-51150 | 150.2 | | 197 | 80 | 600~1800 | | | |
| ※PFE-61160 | 160 | 21 | 211 | 94 | 600~1800 | | 2½ | 1½ |
| ※PFE-61180 | 180 | | 237 | 106 | | | | |
| ※PFE-61200 | 200 | | 264 | 117 | | | | |
| ※PFE-61224 | 224 | | 295 | 131 | | | | |

注：1″=1in=25.4mm，下同。

**表 21-5-35　　单泵 PFE-※2 系列技术参数**

| 型　　号 | 排量 /mL·r$^{-1}$ | 额定压力 /MPa | 输出流量 /L·min$^{-1}$ | 驱动功率 /kW | 转速范围 /r·min$^{-1}$ | 质量 /kg | 油口通径/in 进口 | 油口通径/in 出口 |
|---|---|---|---|---|---|---|---|---|
| PFE-32022 | 21.6 | 30 | 20 | 15 | 1200~2500 | 9 | 1¼ | $\frac{3}{4}$ |
| PFE-32028 | 28.1 | | 30 | 21 | | | | |
| PFE-32036 | 35.6 | | 40 | 27 | | | | |
| PFE-42045 | 45.0 | 28 | 56 | 31 | 1000~2200 | 14 | 1½ | 1 |
| PFE-42056 | 55.8 | | 70 | 40 | | | | |
| PFE-42070 | 69.9 | 25 | 90 | 47 | | | | |
| PFE-52090 | 90.0 | | 111 | 57 | 1000~2000 | 25.5 | 2 | 1¼ |
| PFE-52110 | 109.6 | | 138 | 69 | | | | |
| PFE-52129 | 129.2 | | 163 | 81 | | | | |

**表 21-5-36　　单泵外形尺寸**　　mm

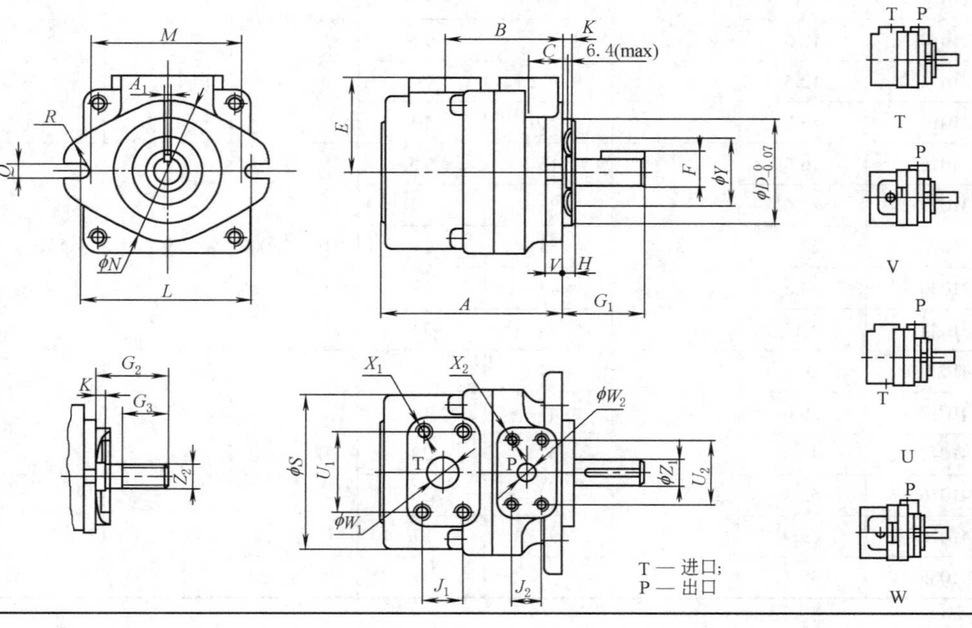

续表

| 型　　号 | $A$ | $B$ | $C$ | $\phi D$ | $E$ | $H$ | $L$ | $M$ | $\phi N$ | $Q$ | $R$ |
|---|---|---|---|---|---|---|---|---|---|---|---|
| PFE-21 | 105 | 69 | 20 | 63 | 57 | 7 | 100 | — | 84 | 9 | — |
| PFE-31/32 | 135 | 98.5 | 27.5 | 82.5 | 70 | 6.4 | 106 | 73 | 95 | 11.1 | 28.5 |
| PFE-41/42 | 159.5 | 121 | 38 | 101.6 | 76.2 | 9.7 | 146 | 107 | 120 | 14.3 | 34 |
| PFE-51/52 | 181 | 125 | 38 | 127 | 82.6 | 12.7 | 181 | 143.5 | 148 | 17.5 | 35 |
| PFE-61 | 200 | 144 | 40 | 152.4 | 98 | 12.7 | 229 | — | 188 | 22 | — |

| 型　　号 | $\phi S$ | $U_1$ | $U_2$ | $V$ | $\phi W_1$ | $\phi W_2$ | $J_1$ | $J_2$ | $X_1$ | $X_2$ | $\phi Y$ |
|---|---|---|---|---|---|---|---|---|---|---|---|
| PFE-21 | 92 | 47.6 | 38.1 | 10 | 19 | 11 | 22.2 | 17.5 | M10×17 | M8×15 | 40 |
| PFE-31/32 | 114 | 58.7 | 47.6 | 10 | 32 | 19 | 30.2 | 22.2 | M10×20 | M10×17 | 47 |
| PFE-41/42 | 134 | 70 | 52.4 | 13 | 38 | 25 | 35.7 | 26.2 | M12×20 | M10×17 | 76 |
| PFE-51/52 | 158 | 77.8 | 58.7 | 15 | 51 | 32 | 42.9 | 30.2 | M12×20 | M10×20 | 76 |
| PFE-61 | 185 | 89 | 70 | 18 | 63.5 | 38 | 50.8 | 35.7 | M12×22 | M12×22 | 100 |

| 型号 | 1 型轴(标准) | | | | | 2 型轴 | | | | | 3 型轴 | | | | | 5 型轴 | | | |
|---|---|---|---|---|---|---|---|---|---|---|---|---|---|---|---|---|---|---|---|
| | $\phi Z_1$ | $G_1$ | $A_1$ | $F$ | $K$ | $\phi Z_1$ | $G_1$ | $A_1$ | $F$ | $K$ | $\phi Z_1$ | $G_1$ | $A_1$ | $F$ | $K$ | $Z_2$ | $G_2$ | $G_3$ | $K$ |
| PFE-21 | 15.88<br>15.85 | 48 | 4.00<br>3.98 | 17.37<br>17.27 | 8 | — | — | — | — | — | — | — | — | — | — | — | — | — | — |
| PFE-31/32 | 19.05<br>19.00 | 55.6 | 4.76<br>4.75 | 21.11<br>20.94 | 8 | — | — | — | — | — | 22.22<br>22.20 | 55.6 | 4.76<br>4.75 | 24.54<br>24.41 | 8 | 9T<br>16/32 DP | 32 | 19.5 | 8 |
| PFE-41/42 | 22.22<br>22.20 | 59 | 4.76<br>4.75 | 24.54<br>24.41 | 11.4 | 22.22<br>22.20 | 71 | 6.36<br>6.35 | 25.07<br>25.03 | 8 | 25.38<br>25.36 | 78 | 6.36<br>6.35 | 28.30<br>28.10 | 11.4 | 13T<br>16/32 DP | 41 | 28 | 8 |
| PFE-51/52 | 31.75<br>31.70 | 73 | 7.95<br>7.94 | 35.33<br>35.07 | 13.9 | 31.75<br>31.70 | 84 | 7.95<br>7.94 | 35.33<br>35.07 | 8 | 34.90<br>34.88 | 84 | 7.95<br>7.94 | 38.58<br>38.46 | 13.9 | 14T<br>12/24 DP | 56 | 42 | 8 |
| PFE-61 | 38.10<br>38.05 | 91 | 9.56<br>9.53 | 42.40<br>42.14 | 8 | — | — | — | — | — | — | — | — | — | — | — | — | — | — |

**表 21-5-37　　PFED 系列（4131）技术参数**

| 型　　号 | 理论排量 /mL·r⁻¹ | | 额定压力 /MPa | | 输出流量 /L·min⁻¹ | | 驱动功率 /kW | | 转速范围 /r·min⁻¹ | 质量 /kg | 油口通径/in | | |
|---|---|---|---|---|---|---|---|---|---|---|---|---|---|
| | 前泵 | 后泵 | 前泵 | 后泵 | 前泵 | 后泵 | 前泵 | 后泵 | | | 进口 | 前泵出口 | 后泵出口 |
| PFED-4131029/016 | 29.3 | 16.5 | 21 | 21 | 34 | 16 | 14 | 6.5 | 800~2500 | 24.5 | 2½ | 1 | $\frac{3}{4}$ |
| PFED-4131029/022 | | 21.6 | | | | 23 | | 10 | | | | | |
| PFED-4131029/028 | | 28.1 | | | | 33 | | 14 | | | | | |
| PFED-4131037/016 | 36.6 | 16.5 | | | 45 | 16 | 18 | 6.5 | | | | | |
| PFED-4131037/022 | | 21.6 | | | | 23 | | 10 | | | | | |
| PFED-4131037/028 | | 28.1 | | | | 33 | | 14 | | | | | |
| PFED-4131037/036 | | 35.6 | | | | 43 | | 18 | | | | | |
| PFED-4131045/016 | 45.0 | 16.5 | | | 57 | 16 | 24 | 6.5 | | | | | |
| PFED-4131045/022 | | 21.6 | | | | 23 | | 10 | | | | | |
| PFED-4131045/028 | | 28.1 | | | | 33 | | 14 | | | | | |
| PFED-4131045/036 | | 35.6 | | | | 43 | | 18 | | | | | |
| PFED-4131045/044 | | 43.7 | | | | 55 | | 23 | | | | | |

续表

| 型号 | 理论排量/mL·r⁻¹ | | 额定压力/MPa | | 输出流量/L·min⁻¹ | | 驱动功率/kW | | 转速范围/r·min⁻¹ | 质量/kg | 油口通径/in | | |
|---|---|---|---|---|---|---|---|---|---|---|---|---|---|
| | 前泵 | 后泵 | 前泵 | 后泵 | 前泵 | 后泵 | 前泵 | 后泵 | | | 进口 | 前泵出口 | 后泵出口 |
| PFED-4131056/016 | | 16.5 | | | | 16 | | 6.5 | | | | | |
| PFED-4131056/022 | | 21.6 | | | | 23 | | 10 | | | | | |
| PFED-4131056/028 | 55.8 | 28.1 | | | 72 | 33 | 30 | 14 | | | | | |
| PFED-4131056/036 | | 35.6 | | | | 43 | | 18 | | | | | |
| PFED-4131056/044 | | 43.7 | | | | 55 | | 23 | 800~2500 | | | | |
| PFED-4131070/016 | | 16.5 | | | | 16 | | 6.5 | | | | | |
| PFED-4131070/022 | | 21.6 | | | | 23 | | 10 | | | | | |
| PFED-4131070/028 | 69.9 | 28.1 | 21 | 21 | 91 | 33 | 37 | 14 | | 24.5 | 2½ | 1 | $\frac{3}{4}$ |
| PFED-4131070/036 | | 35.6 | | | | 43 | | 18 | | | | | |
| PFED-4131070/044 | | 43.7 | | | | 55 | | 23 | | | | | |
| PFED-4131085/016 | | 16.5 | | | | 16 | | 6.5 | | | | | |
| PFED-4131085/022 | | 21.6 | | | | 23 | | 10 | | | | | |
| PFED-4131085/028 | 85.3 | 28.1 | | | 114 | 33 | 46 | 14 | 800~2000 | | | | |
| PFED-4131085/036 | | 35.6 | | | | 43 | | 18 | | | | | |
| PFED-4131085/044 | | 43.7 | | | | 55 | | 23 | | | | | |

注：1. 表中的输出流量和驱动功率均为 $n=1500\text{r/min}$、$p=p_n$（额定压力）工况下保证值。

2. 前泵指轴端（大排量侧）泵，后泵指盖端（小排量侧）泵。

**表 21-5-38　　PFED 系列（5141）技术参数**

| 型号 | 理论排量/mL·r⁻¹ | | 额定压力/MPa | | 输出流量/L·min⁻¹ | | 驱动功率/kW | | 转速范围/r·min⁻¹ | 质量/kg | 油口通径/in | | |
|---|---|---|---|---|---|---|---|---|---|---|---|---|---|
| | 前泵 | 后泵 | 前泵 | 后泵 | 前泵 | 后泵 | 前泵 | 后泵 | | | 进口 | 前泵出口 | 后泵出口 |
| PFED-5141090/029 | | 29.3 | | | | 34 | | 14 | | | | | |
| PFED-5141090/037 | | 36.6 | | | | 45 | | 18 | | | | | |
| PFED-5141090/045 | 90.0 | 45.0 | | | 114 | 57 | 48 | 24 | | | | | |
| PFED-5141090/056 | | 55.8 | | | | 72 | | 30 | | | | | |
| PFED-5141090/070 | | 69.9 | | | | 91 | | 37 | | | | | |
| PFED-5141090/085 | | 85.3 | | | | 114 | | 46 | | | | | |
| PFED-5141110/029 | | 29.3 | | | | 34 | | 14 | | | | | |
| PFED-5141110/037 | | 36.6 | 21 | 21 | | 45 | | 18 | 700~2000 | 36 | 3 | 1¼ | 1 |
| PFED-5141110/045 | 109.6 | 45.0 | | | 141 | 57 | 58 | 24 | | | | | |
| PFED-5141110/056 | | 55.8 | | | | 72 | | 30 | | | | | |
| PFED-5141110/070 | | 69.9 | | | | 91 | | 37 | | | | | |
| PFED-5141110/085 | | 85.3 | | | | 114 | | 46 | | | | | |
| PFED-5141129/029 | | 29.3 | | | | 34 | | 14 | | | | | |
| PFED-5141129/037 | 129.2 | 36.6 | | | 168 | 45 | 69 | 18 | | | | | |
| PFED-5141129/045 | | 45.0 | | | | 57 | | 24 | | | | | |

续表

| 型号 | 理论排量 /mL·r⁻¹ | | 额定压力 /MPa | | 输出流量 /L·min⁻¹ | | 驱动功率 /kW | | 转速范围 /r·min⁻¹ | 质量 /kg | 油口通径/in | | |
|---|---|---|---|---|---|---|---|---|---|---|---|---|---|
| | 前泵 | 后泵 | 前泵 | 后泵 | 前泵 | 后泵 | 前泵 | 后泵 | | | 进口 | 前泵出口 | 后泵出口 |
| PFED-5141129/056 | 129.2 | 55.8 | 21 | 21 | 168 | 72 | 69 | 30 | 700~2000 | 36 | 3 | $1\frac{1}{4}$ | 1 |
| PFED-5141129/070 | | 69.9 | | | | 91 | | 37 | | | | | |
| PFED-5141129/085 | | 85.3 | | | | 114 | | 46 | | | | | |
| PFED-5141150/029 | 150.2 | 29.3 | | | 197 | 34 | 80 | 14 | 700~1800 | | | | |
| PFED-5141150/037 | | 36.6 | | | | 45 | | 18 | | | | | |
| PFED-5141150/045 | | 45.0 | | | | 57 | | 24 | | | | | |
| PFED-5141150/056 | | 55.8 | | | | 72 | | 30 | | | | | |
| PFED-5141150/070 | | 69.9 | | | | 91 | | 37 | | | | | |
| PFED-5141150/085 | | 85.3 | | | | 114 | | 46 | | | | | |

注：1. 表中的输出流量和驱动功率均为 $n=1500\text{r/min}$、$p=p_n$（额定压力）工况下保证值。

2. 前泵指轴端（大排量侧）泵，后泵指盖端（小排量侧）泵。

**表 21-5-39** 双联泵外形尺寸

PFED-4131

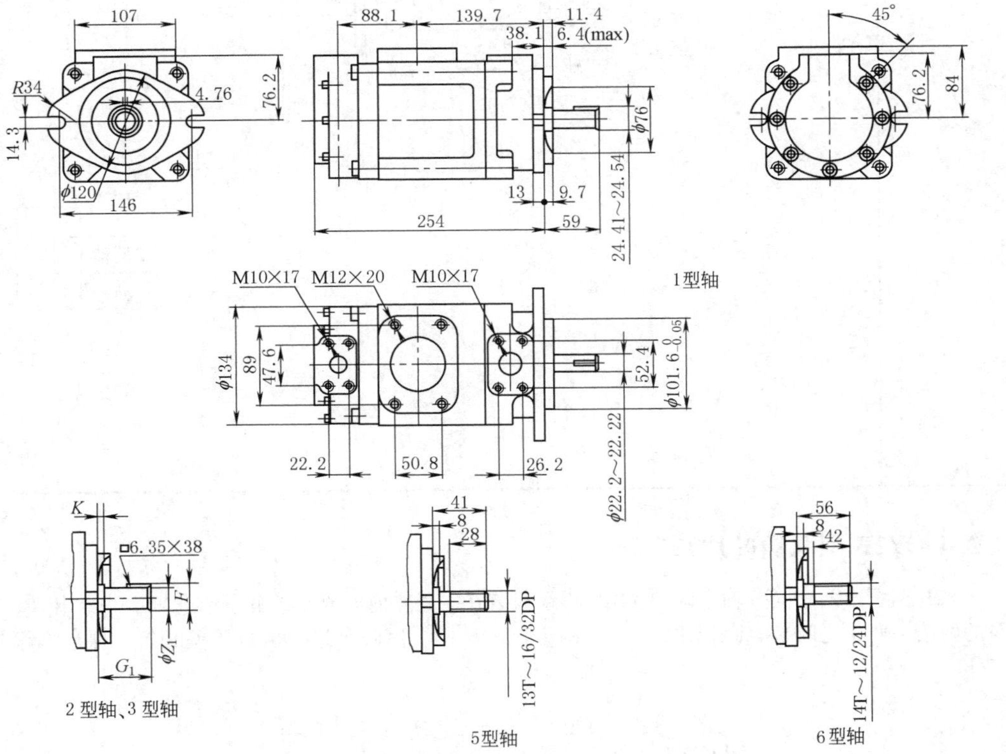


| | $\phi Z_1$ | $G_1$ | $F$ | $K$ |
|---|---|---|---|---|
| 2型轴 | 22.22<br>22.20 | 71 | 25.07<br>25.03 | 8 |
| 3型轴 | 25.38<br>25.35 | 78 | 28.30<br>28.10 | 11.4 |

续表

PFED-5141

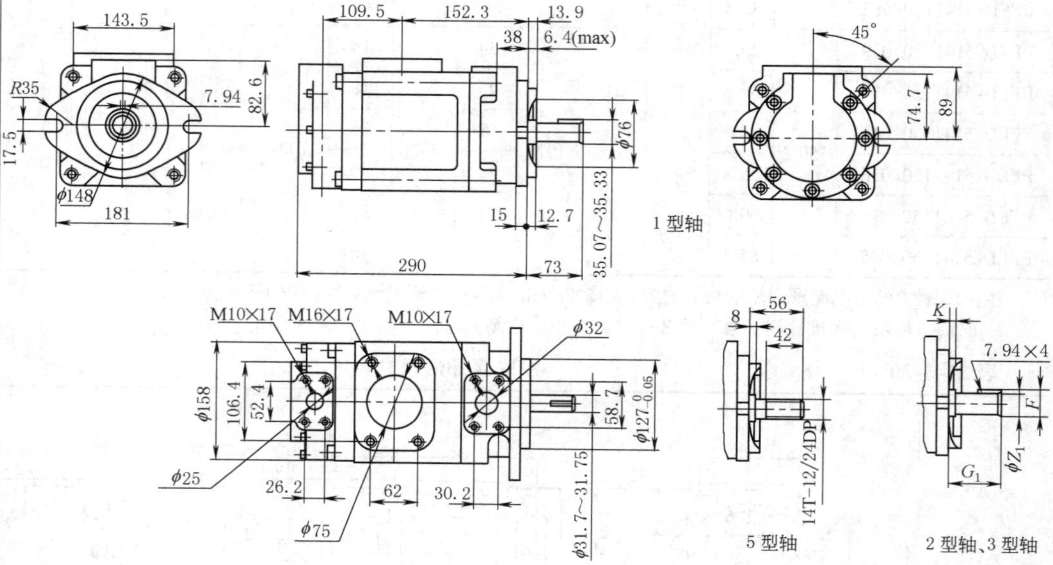


| | $\phi Z_1$ | $G_1$ | $F$ | $K$ |
|---|---|---|---|---|
| 2型轴 | 31.75<br>31.70 | 84 | 35.07<br>35.03 | 8 |
| 3型轴 | 34.90<br>34.88 | 84 | 38.58<br>38.46 | 13.9 |

### 3.2.4 Y2B 型双级叶片泵

Y2B 型泵由两个同一轴驱动的 YB 型单泵组装在一壳体内而成，具有一个进口、一个出口。其额定压力为单泵的两倍。两泵之间装有面积比为 1∶2 的定比减压阀，使两泵进、出口压差相等，保证两泵均在允许负荷下工作。

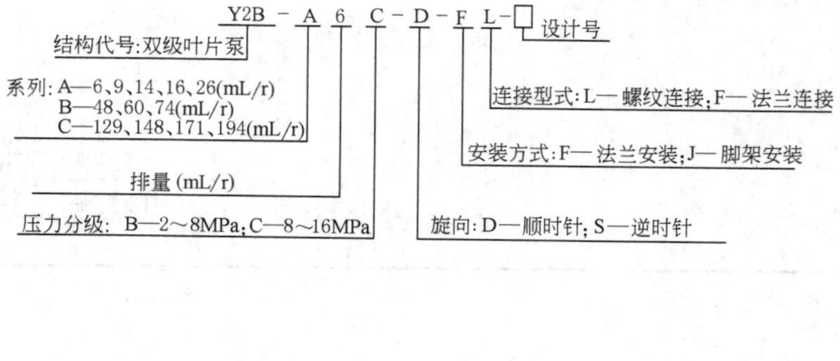

**表 21-5-40** 主要技术参数

主要技术参数

| 型号 | 理论排量/mL·r$^{-1}$ | 额定压力/MPa | 输出流量/L·min$^{-1}$ | 驱动功率/kW | 转速/r·min$^{-1}$ 额定 | 最低 | 最高 | 质量/kg 脚架安装 | 法兰安装 | 油口尺寸 进口 | 出口 |
|---|---|---|---|---|---|---|---|---|---|---|---|
| Y2B-A6C | 6.5 | 14 | 2.7 | 2.4 | 1000 | 800 | 1800 | 31 | 30 | Z1 | Z3/4 |
| Y2B-A9C | 9.1 | | 3.8 | 2.9 | | 600 | | | | | |
| Y2B-A14C | 14.5 | | 8.2 | 4.1 | | | | | | | |
| Y2B-A16C | 16.3 | | 10.1 | 4.5 | | | | | | | |
| Y2B-A26C | 26.1 | | 18.6 | 6.7 | | | 1500 | | | | |
| Y2B-B48C | 48.3 | | 35.0 | 14.2 | | | 1200 | 71 | 68 | Z1½ | Z1¼ |
| Y2B-B60C | 61.0 | | 47.0 | 16.9 | | | | | | | |
| Y2B-B74C | 74.8 | | 57.6 | 20.6 | | | | | | | |
| Y2B-C129C | 133.9 | | 103.2 | 39.5 | | | | 190 | 170 | Z2 | Z1½ |
| Y2B-C148C | 153.0 | | 117.9 | 44.9 | | | | | | | |
| Y2B-C171C | 176.9 | | 136.4 | 49.6 | | | | | | | |
| Y2B-C194C | 200.9 | | 159.5 | 55.0 | | | | | | | |

注：输出流量、驱动功率均为额定工况下保证值。

**表 21-5-41** 外形尺寸 mm

脚架安装式

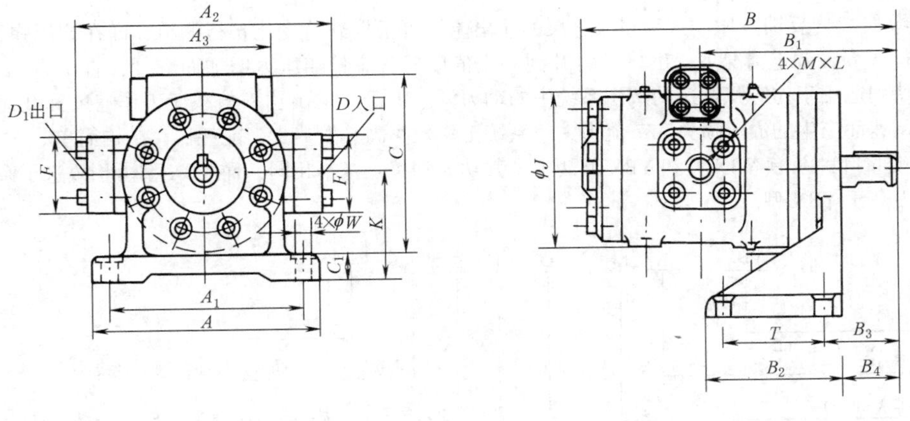


备注：轴键尺寸见法兰安装式

| 型号 | $A$ | $A_1$ | $A_2$ | $A_3$ | $B$ | $B_1$ | $B_2$ | $B_3$ | $B_4$ | $C$ | $C_1$ | $D$ | $D_1$ | $F$ 入口 | $F$ 出口 | $\phi J$ | $K$ | $T$ | $\phi W$ | $M\times L$ 入口 | $M\times L$ 出口 |
|---|---|---|---|---|---|---|---|---|---|---|---|---|---|---|---|---|---|---|---|---|---|
| Y2B-A※C | 210 | 180 | 248 | 156 | 286 | 182 | 120 | 20 | 5 | 208 | 20 | Z1 | Z3/4 | 79×79 | 60×60 | 127 | 108 | 90 | 14 | 12×45 | 10×40 |
| Y2B-B※C | 275 | 235 | 316 | 176 | 382 | 239 | 165 | 35 | 15 | 262 | 23 | Z1½ | Z1¼ | 105×105 | 80×80 | 193 | 133 | 125 | 18 | 16×60 | 12×50 |
| Y2B-C※C | 375 | 324 | 408 | 224 | 519 | 345 | 250 | 130 | 105 | 383 | 32 | Z2 | Z1½ | 105×105 | 105×105 | 252 | 210 | 200 | 23 | 16×65 | 16×60 |

续表

法兰安装式

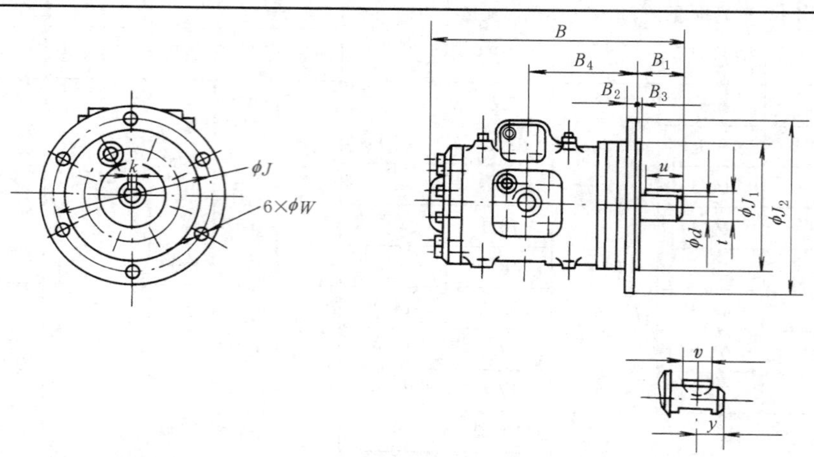


备注：其他尺寸见脚架安装式

| 型　号 | $B$ | $B_1$ | $B_2$ | $B_3$ | $B_4$ | $\phi J$ | $\phi J_1$ | $\phi J_2$ | $t$ | $u$ | $\phi W$ | $y$ | $v$ | $\phi d$ | $k$ |
|---|---|---|---|---|---|---|---|---|---|---|---|---|---|---|---|
| Y2B-A※C | 286 | 57 | 16 | 6 | 125 | 190 | $160_{-0.040}^{0}$ | 230 | 28 | — | 18 | 25 | 25 | $25_{-0.021}^{0}$ | $7_{-0.027}^{-0.013}$ |
| Y2B-B※C | 382 | 75 | 22 | 5 | 164 | 241 | $203_{-0.047}^{0}$ | 280 | 41.5 | 55 | 18 | — | — | $38_{-0.025}^{0}$ | $10_{-0.022}^{0}$ |
| Y2B-C※C | 519 | 109 | 32 | 8 | 236 | 318 | $280_{-0.054}^{0}$ | 356 | 53.5 | 85 | 23 | — | — | $50_{-0.025}^{0}$ | $12_{-0.027}^{0}$ |

## 3.2.5　YB※型变量叶片泵

YB※型泵属“内反馈”限压式变量泵。泵的输出流量可根据载荷变化自行调节，即在调压弹簧的压力（可根据需要自行调节）调定情况下，出口压力升到一定值以后，流量随压力增加而减少，直至为零。根据这一特性，该型泵特别适用于作容积调速的液压系统中的动力源。由于其输出功率与载荷工作速度和载荷大小相适应，故没有节流调速而产生的溢流损失和节流损失，系统工作效率高、发热少、能耗低、结构简单。

YB※型变量叶片泵有 YBN 型和 YBX 型两种，其功能和特点基本相同，而 YBX 型由于改进了泵的部分结构，使其额定压力高于 YBN 型。

型号意义：

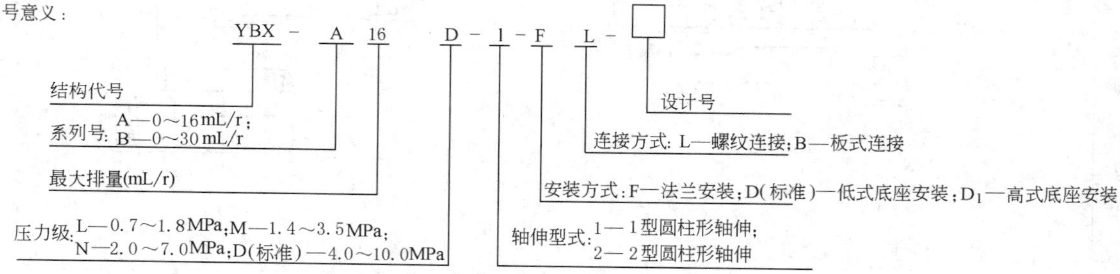


**表 21-5-42**　　**主要技术参数**

| 型　号 | 最大排量 /mL·r⁻¹ | 压力调节范围 /MPa | 转速/r·min⁻¹ 额定 | 转速 最低 | 转速 最高 | 驱动功率 /kW | 质量/kg 安装方式 F | D | $D_1$ |
|---|---|---|---|---|---|---|---|---|---|
| YBX-A※L | 16 | 0.7～1.8 | 1500 | 600 | 2000 | 0.9 | 7 | — | — |
| YBX-A※M | | 1.4～3.5 | | | | 1.8 | | | |
| YBX-A※N | | 2.0～7.0 | | | | 3.5 | | | |
| YBX-A※D | | 4.0～10.0 | | | | 4.9 | | | |

续表

| 型　　号 | 最大排量 /mL·r$^{-1}$ | 压力调节范围 /MPa | 转　速/r·min$^{-1}$ | | | 驱动功率 /kW | 质　量/kg 安装方式 | | |
|---|---|---|---|---|---|---|---|---|---|
| | | | 额　定 | 最　低 | 最　高 | | F | D | $D_1$ |
| YBX-B※L | 30 | 0.7～1.8 | 1500 | 600 | 1800 | 1.7 | — | 30 | 32 |
| YBX-B※M | | 1.4～3.5 | | | | 3.2 | | | |
| YBX-B※N | 25 | 2.0～7.0 | | | | 5.4 | | | |
| YBX-B※D | | 4.0～10.0 | | | | 7.7 | | | |

注：驱动功率指在 1500r/min、最大调节压力及最大排量工况下的保证值。

**表 21-5-43**　　　　**外形尺寸**　　　　mm

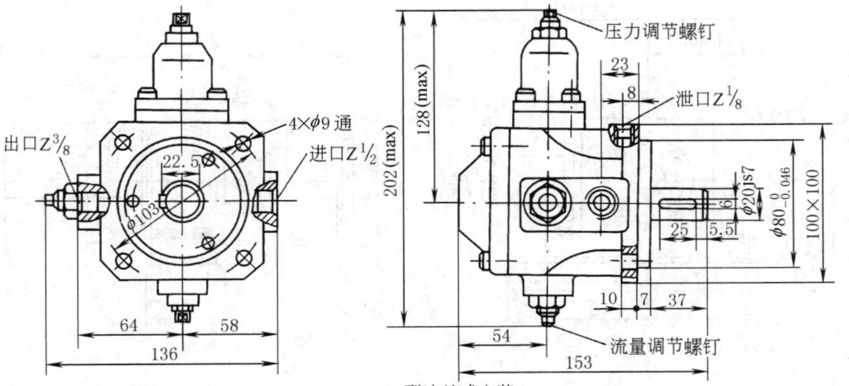


YBX-A 型法兰式安装

备注：法兰安装只有 1 型轴伸型式

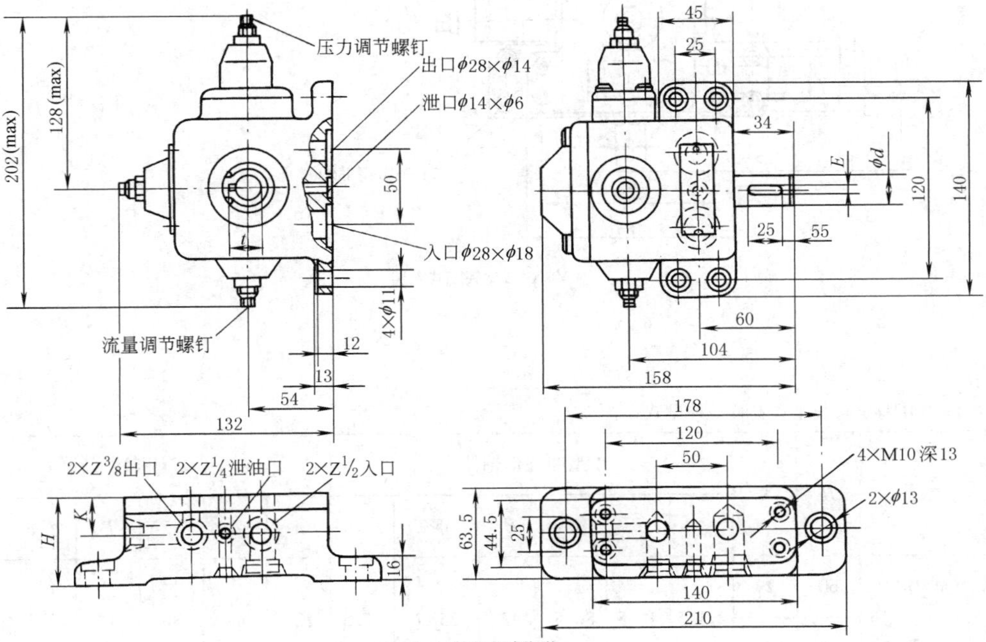


YBX-A 型底座式安装

续表

| 型　号 | H | K | 1型圆柱形轴伸 | | | 2型圆柱形轴伸 | | |
|---|---|---|---|---|---|---|---|---|
| | | | E | ϕd | t | E | ϕd | t |
| YBX-A※※※-DB | 61 | 26 | 6h9 | 20js7 | 22.5 | $5_{-0.03}^{0}$ | $19_{-0.021}^{0}$ | 21 |
| YBX-A※※※-$D_1$B | 81 | 40 | | | | | | |

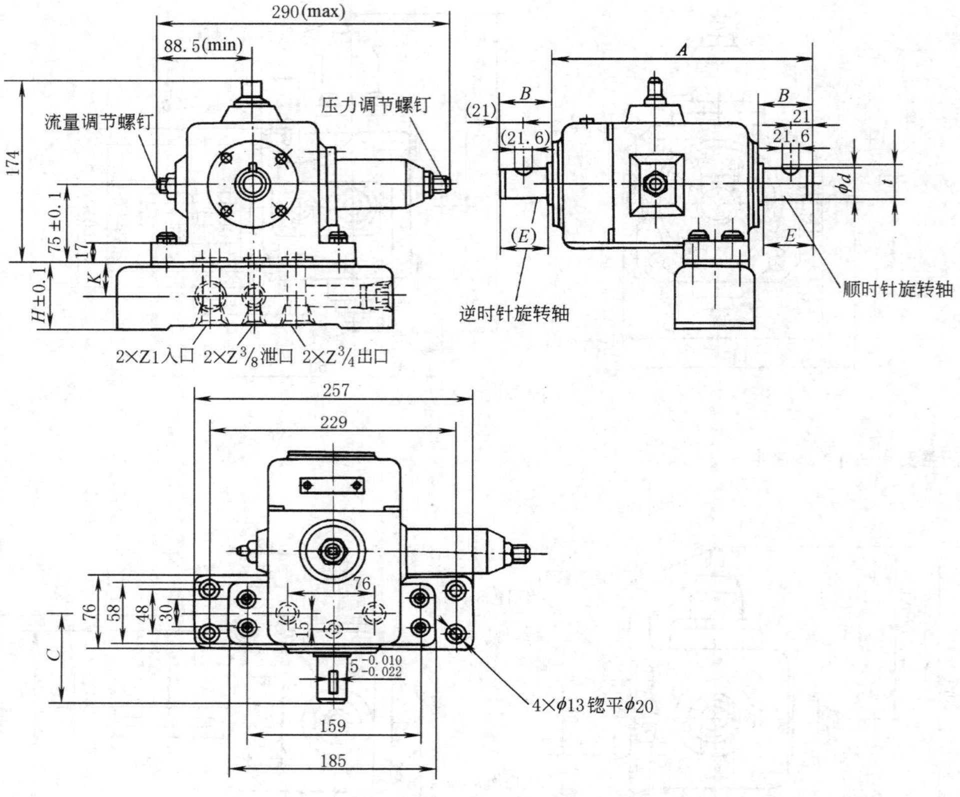


YBX-B型底座式安装

备注：YBX-B型只有底座式安装一种型式

| 型　号 | H | K | 1型圆柱形轴伸 | | | | | | 2型圆柱形轴伸 | | | | | |
|---|---|---|---|---|---|---|---|---|---|---|---|---|---|---|
| | | | A | B | C | E | ϕd | t | A | B | C | E | ϕd | t |
| YBX-B※※※-DB | 60 | 29 | 231.5 | 42.5 | 80.5 | 42 | 25js7 | 27.5 | 237 | 48 | 86 | 47 | $25.4_{-0.021}^{0}$ | 27.4 |
| YBX-B※※※-$D_1$B | 85 | 36.5 | | | | | | | | | | | | |

## 3.3 柱塞泵（马达）产品及选用指南

轴向柱塞泵（马达）产品选用重点考虑以下五个方面。

（1）基型的选择

斜轴式轴向柱塞泵（马达）有各种结构类型，如斜轴泵有定量泵和变量泵，斜轴马达有定量马达和变量马达，变量泵中有单向变量泵和双向变量泵，以及变量双泵等。

如果液压系统的功率较小，对变量要求不太重要，为了降低成本可以选择定量泵（马达）。如果使用功率较大，为了满足工作机构的需要和节能，则应选择变量泵（马达）。

通常变量泵与定量马达组成的容积调速系统为恒转矩系统，调速范围取决于泵的变量范围。定量泵与变量马达组成的系统为恒功率系统，调速范围取决于马达的变量范围。变量泵与变量马达组成的系统，其转矩和功率均可变，调速范围最大。因此，应根据系统的需要选用定量泵（马达）或变量泵（马达）。

对于闭式液压系统需要双向变量时，应选用双向变量泵，如 A4V、A2V、ZB 系列等。对于开式系统，只需单向变量，可选用单向变量泵。

定量泵（马达）有 A2F 系列，变量泵有 A7V 系列、A4V 系列、A10V 系列和变量双泵 A8V 系列，变量马达有 A6V 系列。

（2）参数的选择

斜轴式轴向柱塞泵（马达）具有较高的性能参数，如性能参数中规定额定压力为 35MPa，最高压力为 40MPa，并规定了各种排量、各种规格的最高转速。在实际使用中不应采用压力和转速的最高值，应该有一定的裕量。特别是最高压力与最高转速不能同时使用，这样可以延长液压泵（马达）及整个液压系统的使用寿命。

应正确选择泵的进口压力和马达的出口压力。在开式系统中，泵的进口压力不得低于 0.08MPa（绝对压力），在闭式系统中，补油压力应为 0.2~0.6MPa。如果允许马达有较高的出口压力，则马达可以在串联工况下使用，但制造厂规定马达进口与出口压力之和不得超过 63MPa。

要特别注意壳体内的泄油压力。因为壳体内的泄油压力取决于轴头油封所能允许的最高压力，壳体泄油压力对于 A2F 和 A6V 系列为 0.2MPa（绝对压力），过高的泄油压力将导致轴头油封的早期损坏，甚至漏油。

斜轴式轴向柱塞泵（马达）的转速应严格按照产品的性能参数表中规定的数据使用，不得超过最高转速值。一旦超过会造成泵的吸空、马达的超速，也会引起振动、发热、噪声，甚至损坏。

（3）变量方式的选择

选择变量泵（马达）时，选择哪种变量方式是一个很重要的问题。为此，要分析工作机械的工作情况，如出力的大小、速度的变化、控制方式的选择等。

恒功率变量泵是常用的一种变量方式，在负载压力较小时能输出较大的流量，可以使工作机械得到较高的运行速度。当负载压力较大时，它能自动地输出较小的流量，使工作机械获得较小的运行速度，而保持输出功率不变。

恒压变量在工作时能使系统压力始终保持不变而流量自动调节。它在输出流量为零时仍可保持压力不变。

上面两种变量方式是由泵的本身控制实现的。如果需要由人来随意进行变量时，可选用液控变量（HD）、比例电控变量（EP）、手动变量（MA）等。

（4）安装方式

斜轴式轴向柱塞泵可以安装在油箱内部或油箱外部。

当泵安装在油箱内部时，泵的吸油口必须始终低于油箱内的最低油面，保证液压油始终能注满泵体内部，防止空气进入泵体产生吸空。当使用 A2F、A7V、A8V 泵时，如果将泵置于油箱内部，则要注意打开泄油口。

当泵安装在油箱外部时，泵的吸油口最好低于油箱的出油口，以便油液靠自重能自动充满泵体。也允许泵的吸油口高于油箱的出油口，但要保证吸油口压力不得低于 0.08MPa。

当使用 A2F 定量泵（马达）和 A6V 变量马达时，如驱动轴向上，要避免在停止工作时，壳体里的油自动流出，即泄油管的最高点要高于泵（马达）的最高密封位置，否则将从轴头的骨架式密封圈进气而使泵芯锈蚀。泄油管的尺寸要足够大，保证壳体内的泄油压力不超过 0.2MPa（绝对压力）。

（5）其他问题

① 从轴头方向看，泵有右转和左转之分。要根据工作机械的整体布置来选择。马达一般选择正反转均可。

② 轴伸有平键和花键之分，一般泵可以使用平键和花键，而马达最好使用花键。花键有德标（DIN 5480）和国标（GB 3478.1）花键之分，两种花键不能通用。

③ 油口连接有法兰连接和螺纹连接两种，一般小排量的用螺纹连接，多数为法兰连接。

④ 在 A7V 和 A8V 变量泵中限位装置有两种：一种是机械行程限位；另一种是液压行程限位，它是在恒功率变量和恒压变量方式的基础上再加一个液控装置，可以人为地改变排量的大小，满足工况的需要。

径向柱塞式液压马达选用时要考虑以下五个方面。

（1）效率

对于功率较大（10kW 以上）的传动装置，选型时首先要考虑效率问题。因为选用高效率的产品不仅可以节能，还有利于降低液压系统的油温，同时，也提高了系统的工作稳定性。高效率的产品摩擦损失小，相应地提高了产品的寿命。一般来讲，端面配流和柱塞处采用塑料活塞环密封，以及柱塞和缸体之间无侧向力的结构，具有较高的容积效率和液压机械效率。

（2）启动转矩和低速稳定性

对大多数机械来讲，启动时的负载最大。因为这时一方面要克服传动装置的惯性，另一方面又要克服静摩擦力。因此，衡量马达性能时启动转矩也是一个重要指标。选用时，一般是按照所需的启动转矩来初步选定型号和规格，同时，马达的启动性能好坏与马达的低速稳定性又是密切相关的。也就是说，启动效率高的马达其低速稳定性也好。对于许多机械来讲，低速稳定性也是一个重要指标，而启动效率和低速稳定性一般又与马达的容积效率和液压机械效率有密切的关系。通常，容积效率和液压机械效率高的产品，其低速稳定性和启动性能也好。

（3）寿命

主机对传动部件的寿命一般都有要求。如何合理地选型以保证所需的寿命，是必须考虑的问题。对于要求工作压力较低、工作寿命不长或每天工作时间较短的用户，可以选用外形尺寸较小、重量较轻和体积较小的型号规格。这样在保证寿命的基础上，马达不但轻和小，而且价格便宜。而对于要求工作压力较高、寿命长、输出轴轴承受较大径向力和每天频繁工作的用户，就需要选用规格较大的、外形尺寸也较大的马达，这样价格就会较高。

（4）速度调节比

对不少主机来讲，马达工作中需要调节转速，转速调节中最高转速与最低转速之比称为速度调节比。这个指标也很重要。如果马达在很低的转速下（如 1r/min，甚至更低）能平稳运转，而高速时也能高效可靠地工作，那么，这种马达的适用范围就相当大了。目前，优质马达的速度调节比可达 1000 以上。

（5）噪声

随着环境意识的提高，对为主机配套的马达，噪声要求也日益增强了。同一类型的马达，其噪声除马达本身的运转噪声外，还与马达安装机架的刚度、使用时的工作压力和工作转速等有关。安装刚性好、压力低和转速小，马达的噪声就小，反之，则噪声就大。

在考虑了以上五个问题以后，应根据各种类型马达的产品样本来确定马达的类型和规格。

在选择马达规格时，配套主机应提供以下技术资料。

① 马达的工作负载特性。此特性即从启动到正常工作，直到停止的整个工作循环中，马达的负载转矩和工作转速的情况。最好以时间为横坐标、转矩和转速为纵坐标，给出负载特性曲线，由此来确定马达实际工作时的尖峰转矩和长期连续工作的转矩数值，以及相关的最高转速和长期工作的转速。

② 主机上原动机和液压泵的相关参数。在有些主机上，向马达供油的液压泵和驱动该泵的内燃机或电机已确定下来，此时，需传递的功率也就已经明确，供给马达的流量、系统的工作压力和最高压力受到供油液压泵的限制。

有了以上的技术资料，应先计算出所需马达的排量，在产品性能参数表中找出相近的规格。然后按尖峰转矩和连续工作转矩计算出尖峰压力和连续工作压力，如果计算值在该马达性能参数范围内，则上述选择是合理的。

下一步应再按功率公式验算一下功率够不够。

一般情况下实际选用的连续工作压力应比样本中推荐的额定压力低 20%~25%，这有利于提高使用寿命和工作可靠性。尖峰转矩出现在启动瞬间时，最高压力可以选用样本中提供的最高压力的 80%，有 20%的储备比较理想。

最后，按选定的型号规格，参照生产厂提供的资料，对实际使用工况下，液压马达可能有的寿命进行评估或验算，以确定上述选型是否能满足主机要求。如果寿命不够，则必须选用规格更大一些的产品。

柱塞泵产品技术参数概览见表 21-5-44。

表 21-5-44　　柱塞泵产品技术参数概览

| 类别 | | 型　号 | 排量 /mL·r$^{-1}$ | 压力 /MPa | 转速 /r·min$^{-1}$ | 变 量 方 式 | 生 产 厂 |
|---|---|---|---|---|---|---|---|
| 轴向柱塞泵 | 斜盘式轴向柱塞泵 | ※CY14-1B | 2.5~400 | 31.5 | 1000~3000 | 有定量、手动、伺服、液控变量、恒功率、恒压、电动、比例等 | 启东高压油泵有限公司<br>邵阳液压有限公司<br>天津市天高液压件有限公司 |
| | | XB※ | 9.5~227 | 28 | 1500~4000 | 有定量、手动伺服、液控、恒压、恒功率等 | 上海电气液压气动有限公司液压泵厂 |
| | | PVB※ | 10.55~61.6 | 21 | 1000~1800 | 有恒压、手轮、手柄等 | 邵阳液压有限公司 |
| | | TDXB | 31.8~97.5 | 31.5 | 1500~1800 | 有定量、手动、恒功率、恒压、电液比例、负载敏感等 | — |
| | | CY-Y | 10~250 | | 1000~1500 | 有定量、手动、恒压、恒功率等 | 邵阳液压有限公司 |
| | | A4V | 40~500 | 31.5 | 1000~1500 | 有恒压、恒功率、液控、电动、电液比例、负载敏感等 | 宁波恒力液压股份有限公司 |
| | | A10V | 18~140 | 28 | 1000~1500 | 有恒压、恒功率等 | 宁波恒力液压股份有限公司 |
| | 斜轴式轴向柱塞泵 | A7V | 20~500 | 35 | 1200~4100 | 有恒功率、液控、恒压、手动等 | 北京华德液压泵分公司<br>贵州力源液压公司 |
| | | A2F | 9.4~500 | | 1200~5000 | 定量泵 | |
| | | A8V | 28.1~107 | | 1685~3800 | 有总功率控制、恒压手动变量 | 北京华德液压泵分公司<br>上海电气液压气动有限公司液压泵厂 |
| | | Z※B | 106.7~481.4 | 16 | 970~1450 | 有定量、恒功率、手动伺服等 | — |
| | | ZB※-H※ | 915 | 32 | 1000 | — | |
| | | A2V | 28.1~225 | | 4750 | — | 上海电气液压气动有限公司液压泵厂 |
| 径向柱塞泵 | | JB-G | 57~121 | 25 | 1000 | — | |
| | | JB-H | 17.6~35.5 | 31.5 | | | |
| | | BFW01 | 26.6 | 20 | 1500 | — | 天津市天高液压件有限公司 |
| | | BFW01A | 16.7 | 40 | | | |
| | | JB※ | 16~80 | 20~31.5 | 1800 | — | 临夏液压有限责任公司 |
| | | JBP | 10~250 | 32 | 1500 | — | 兰州华世泵业科技股份有限公司 |

## 3.3.1　※CY14-1B 型斜盘式轴向柱塞泵

※CY14-1B 型轴向柱塞泵由主体部分和变量机构两大部分组成。四种变量操纵方式的轴向柱塞泵的主体部分是相同的，仅变量机构不同。

① 伺服变量采用泵本身输出的高压油控制变量机构，可以用手动或机械等方式操纵伺服机构，以达到变量的目的。其倾斜盘可倾斜±γ。泵的输出油流可换向。

② 压力补偿变量采用双弹簧控制泵的流量和压力特性，使两者近似地按恒功率关系变化。

③ 手动变量采用手轮调节泵的流量，泵的输出油流不可换向。

④ 定量倾斜盘固定，没有变量机构。

这里着重介绍压力补偿变量泵的工作原理，如图 21-5-1 所示。从泵打出的高压油由通道 a、b、c，再经单向阀 3 进入变量机构的下腔 d，并由此经通道 e 分别进入通道 f、h。当弹簧 4、5 的向下推力大于由通道 f 进入控制差动活塞 2 下端的压力油所产生的向上推力时，h 通道打开，

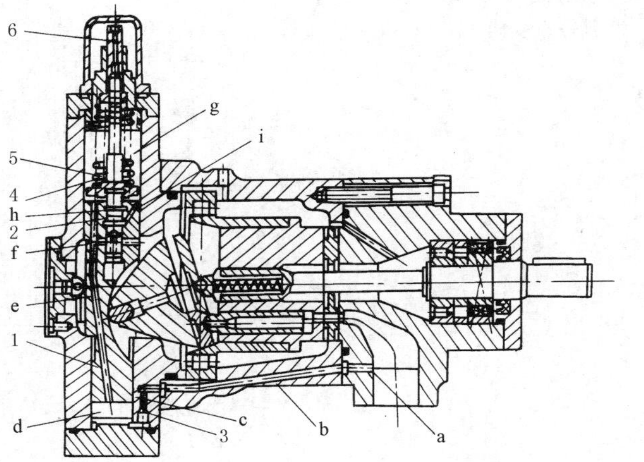


图 21-5-1　YCY14-1B 型压力补偿变量轴向柱塞泵工作原理

则高压油经 h 通道进入上腔 g，推动变量差动活塞 1 向下运动，使得 $\gamma$ 增大，泵的输出流量增加。当泵的压力升高，使得控制差动活塞 2 下端的向上推力大于弹簧 4、5 的向下推力时，则控制差动活塞向上运动，h 通道关闭，使 g 腔的油经通道 i 卸压，变量差动活塞 1 向上运动，倾斜角 $\gamma$ 减小，泵的输出流量减小。图 21-5-2 的阴影线部分是压力补偿泵的特性调节范围。$\overline{AB}$的斜率是由外弹簧 4 的刚度决定的，$\overline{GE}$的斜率是由外弹簧 4 和内弹簧 5 的合成刚度决定的，$\overline{ED}$的长短是由调节螺杆 6 调节的位置（限制 $\gamma$）决定的。使用者只要根据自己要求的特性转换点（$G'F'E'D'$）的压力和流量值，在调节范围内采用作平行线的方法，即可求出所要求的特性。

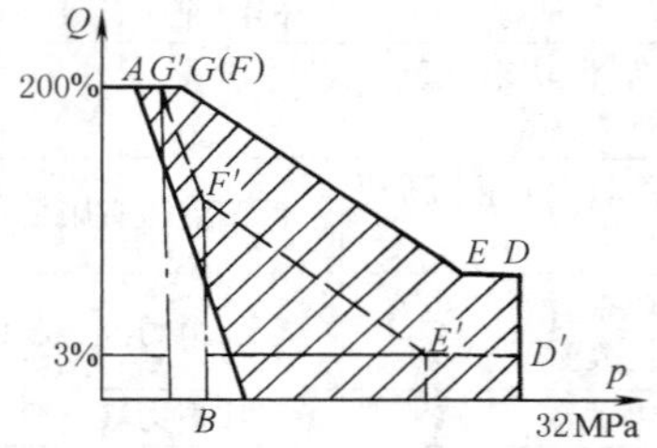


图 21-5-2　YCY14-1B 型压力补偿变量泵特性调节范围

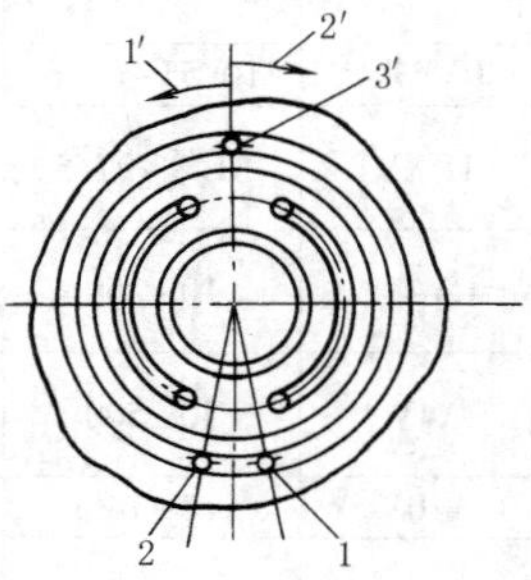


图 21-5-3　配油盘的安装

油泵推荐采用黏度为 3~6°E 的液压油或透平油，正常工作油温为 20~60℃。为了保持油液清洁，在油箱里的吸、排油管的隔挡之间需装 100~200 目的滤油网。最好在液压系统中装有磁性滤油器或其他滤油器。

油泵具有自吸能力，可以安装在油箱上面，吸油高度小于 500mm。禁止在吸油管道上安装滤油器。为防止吸真空，也可以采用压力补油。本泵也适合于安装在油箱里面。

泵和电机之间用弹性联轴器相连接，两轴应力求同心；严禁用带轮或齿轮直接装在泵的传动轴上；泵和电机的公共基础或底座应具有足够的刚度。

如果需要改变油泵出厂时的旋转方向或作油马达使用时，需特别注意泵中配油盘的安装，如图 21-5-3 所示。

① 泵若按箭头 1′或 2′的方向旋转（面对泵伸出的轴端看，以下同），则定位销必须插在对应的销孔 1 或2 内。

② 如果把泵作为油马达使用时，则定位销永远插在销孔 3′内。

泵在启动前必须通过回油口向泵体内灌满洁净的工作油液。

本系列轴向柱塞泵是一种靠倾斜盘变量的高压泵，采用配油盘配油，缸体旋转，滑靴和变量之间、配油盘和缸体之间采用了液压静力平衡结构，具有结构简单、体积小、重量轻、效率高、自吸能力强等特点，适用于机床、锻压、冶金及工程机械、矿山机械和船舶等液压传动系统中。本系列轴向柱塞泵技术特性见表 21-5-45，外形尺寸见表 21-5-46、表 21-5-47。

型号意义：

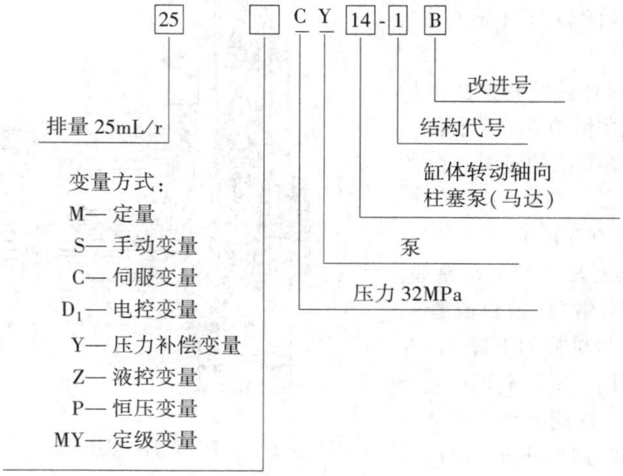

表 21-5-45　　技术参数

| 型号 | 排量/mL·r$^{-1}$ | 额定压力/MPa | 额定转速/r·min$^{-1}$ | 驱动功率/kW | 容积效率/% | 质量/kg |
|---|---|---|---|---|---|---|
| 2.5MCY14-1B | 2.5 | 32 | 3000 | 6 | ≥92 | 4.5 |
| 10MCY14-1B | 10 | | 1500 | 10 | | 16 |
| 10SCY14-1B | | | | | | 19 |
| 10CCY14-1B | | | | | | 22 |
| 10YCY14-1B | | | | | | 24 |
| 25MCY14-1B | 25 | | | 24.6 | | 27 |
| 25SCY14-1B | | | | | | 34 |
| 25CCY14-1B | | | | | | 34 |
| 25YCY14-1B | | | | | | 36 |
| 25ZCY14-1B | | | | | | 34 |
| 25MYCY14-1B | | | | | | 36 |
| 63MCY14-1B | 63 | | | 59.2 | | 56 |
| 63SCY14-1B | | | | | | 65 |
| 63CCY14-1B | | | | | | 70 |
| 63YCY14-1B | | | | | | 71 |
| 63ZCY14-1B | | | | | | 68 |
| 63MYCY14-1B | | | | | | 60 |
| 160MCY14-1B | 160 | | 1000 | 94.5 | | 140 |
| 160SCY14-1B | | | | | | 155 |
| 160CCY14-1B | | | | | | 158 |
| 160YCY14-1B | | | | | | 160 |
| 160ZCY14-1B | | | | | | 155 |
| 250MCY14-1B | 250 | | | 148 | | 210 |
| 250SCY14-1B | | | | | | 240 |
| 250CCY14-1B | | | | | | 245 |
| 250YCY14-1B | | | | | | 255 |
| 250ZCY14-1B | | | | | | 245 |
| 400SCY14-1B | 400 | | | 250 | | |
| 400YCY14-1B | | | | | | |

**表 21-5-46　　※CY14-1B 型轴向柱塞泵外形尺寸**　　mm

MCY14-1B型

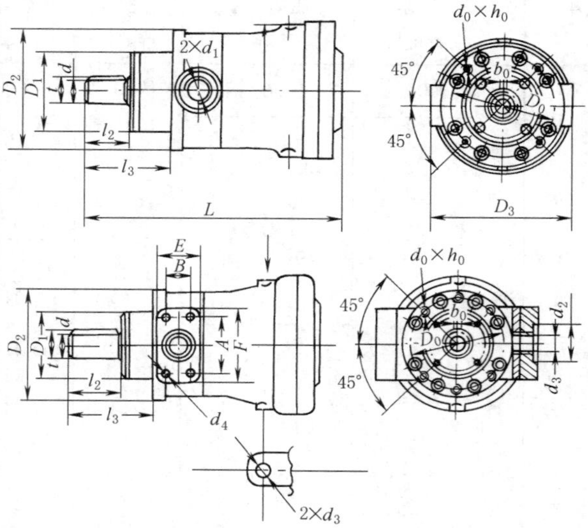


| 型　号 | $d$ (h6) | $d_1$ |
|---|---|---|
| 2. 5MCY14-1B | 14 | M18×1. 5 |
| 10MCY14-1B | 25 | M22×1. 5 |
| 25MCY14-1B | 30 | M33×2 |
| 63MCY14-1B | 40 | M42×2 |

| 型号 | $d_3$ | $D_0$ | $D_1$ (f9) | $D_2$ | $D_3$ |
|---|---|---|---|---|---|
| 2. 5MCY14-1B | M10×1 | 80 | 52 | | 92 |
| 10MCY14-1B | M14×1. 5 | 100 | 75 | 125 | 150 |
| 25MCY14-1B | M14×1. 5 | 125 | 100 | 150 | 170 |
| 63MCY14-1B | M18×1. 5 | 155 | 120 | 190 | 225 |

| 型号 | $l_2$ | $l_3$ | $b_0$ (h8) | $t$ | $L$ | $d_0\times h_0$ |
|---|---|---|---|---|---|---|
| 2. 5MCY14-1B | 26 | 63 | 5 | 16 | 171 | M8×20 |
| 10MCY14-1B | 41 | 86 | 8 | 27. 5[28] | 253 | M10×25 |
| 25MCY14-1B | 54 | 104 | 8 | 32. 5 | 308 | M10×25 |
| 63MCY14-1B | 62 | 122 | 12 | 42. 5 | 390 | M12×25 |

| 型　号 | $d$ (h6) | $d_1$ | $d_2$ | $d_3$ | $d_4$ | $D_0$ | $D_1$ (f9) | $D_2$ | $D_3$ | $l_2$ | $l_3$ | $A$ | $B$ | $E$ | $F$ | $b_0$ (h8) | $t$ | $L$ | $d_0\times h_0$ |
|---|---|---|---|---|---|---|---|---|---|---|---|---|---|---|---|---|---|---|---|
| 160MCY14-1B | 55 | 50 | 64 | M22×1. 5 | M20 | 198 | 150 | 240 | 300 | 110 | 180 | 120 | 50 | 90 | 160 | 16 | 58. 5 | 525 | M16×35 |
| 250MCY14-1B | 60 | 55 | 76 | M22×1. 5 | M30 | 230 | 180 | 280 | 360 | 112 | 210 | 125 | 55 | 110 | 180 | 16(18) | 63. 5 | 670 | M20×45 |

SCY14-1B型

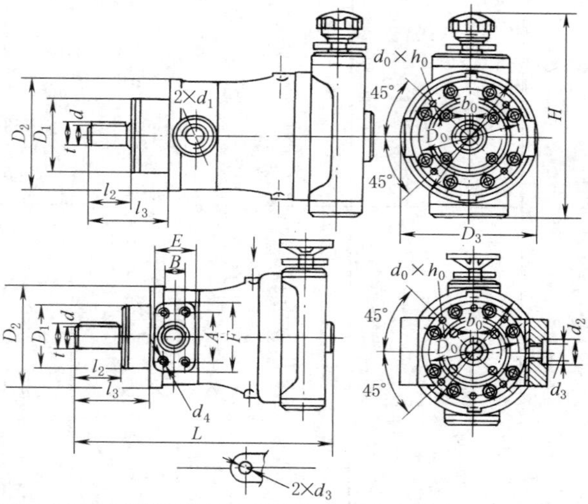


| 型　号 | $d$ (h6) | $d_1$ | $d_3$ |
|---|---|---|---|
| 10SCY14-1B | 25 | M22×1. 5 | M14×1. 5 |
| 25SCY14-1B | 30 | M33×2 | M14×1. 5 |
| 63SCY14-1B | 40 | M42×2 | M18×1. 5 |

| 型号 | $D_0$ | $D_1$ (f9) | $D_2$ | $D_3$ | $l_2$ | $l_3$ |
|---|---|---|---|---|---|---|
| 10SCY14-1B | 100 | 75 | 125 | 150 | 41 | 86 |
| 25SCY14-1B | 125 | 100 | 150 | 170 | 54 | 104 |
| 63SCY14-1B | 155 | 120 | 190 | 225 | 62 | 122 |

| 型号 | $H$ | $b_0$ (h8) | $t$ | $L$ | $d_0\times h_0$ |
|---|---|---|---|---|---|
| 10SCY14-1B | 231 | 8 | 27. 5[28] | 295 | M10×25 |
| 25SCY14-1B | 266 | 8 | 32. 5 | 362 | M10×25 |
| 63SCY14-1B | 315 | 12 | 42. 5 | 438 | M12×25 |

| 型　号 | $d$ (h6) | $d_1$ | $d_2$ | $d_3$ | $d_4$ | $D_0$ | $D_1$ (f9) | $D_2$ | $D_3$ | $l_2$ |
|---|---|---|---|---|---|---|---|---|---|---|
| 160SCY14-1B | 55 | 50 | 64 | M22×1. 5 | M20 | 103 | 150 | 240 | 300 | 110 |
| 250SCY14-1B | 60 | 55 | 76 | M22×1. 5 | M30 | 230 | 180 | 280 | 360 | 112 |

| 型　号 | $l_3$ | $A$ | $B$ | $E$ | $F$ | $H$ | $b_0$ (h8) | $t$ | $L$ | $d_0\times h_0$ |
|---|---|---|---|---|---|---|---|---|---|---|
| 160SCY14-1B | 180 | 120 | 50 | 90 | 160 | 405 | 16 | 58. 5 | 585 | M16×35 |
| 250SCY14-1B | 212 | 125 | 55 | 110 | 180 | 456 | 16(18) | 63. 5 | 670 | M20×45 |

续表

YCY14-1B型

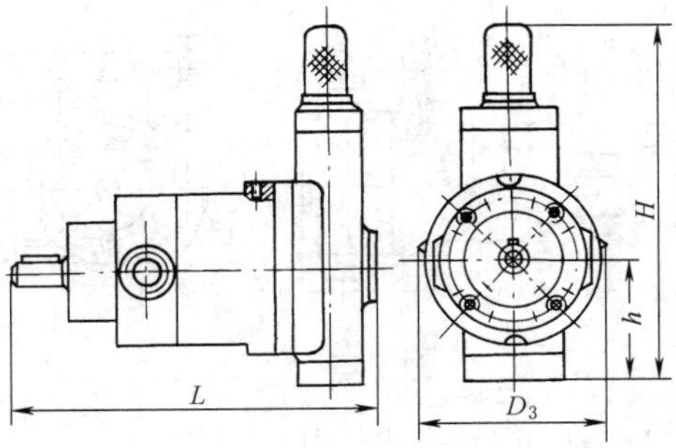


| 型　　号 | $D_3$ | $H$ | $h$ | $L$ |
|---|---|---|---|---|
| 10YCY14-1B | 175 | 302 | 109 | 299 |
| 25YCY14-1B | 195 | 337[366] | 136 | 362 |
| 63YCY14-1B | 250 | 368[417] | 157 | 439 |
| 160YCY14-1B | 322 | 460[470] | 191 | 585 |
| 250YCY14-1B | 382 | 571 | 236 | 691 |

备注:其他尺寸与 MCY14-1B 型相同

CCY14-1B型

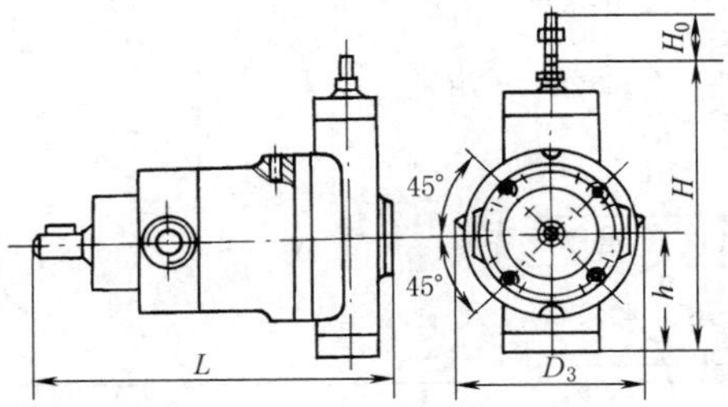


| 型　　号 | $D_3$ | $H$ | $H_0$ | $h$ | $L$ |
|---|---|---|---|---|---|
| 10CCY14-1B | 175 | 247 | 27[23.4] | 103 | 299 |
| 25CCY14-1B | 195 | 305[311] | 36.4[34.6] | 123[141] | 362 |
| 63CCY14-1B | 250 | 337[372] | 43.4[41.4] | 138[157] | 439[441] |
| 160CCY14-1B | 322 | 307[417] | 45[42.8] | 178[182] | 585[596] |
| 250CCY14-1B | 382 | 452 | 60 | 208 | 691 |

备注:其他尺寸与 MCY14-1B 型相同

ZCY14-1B型

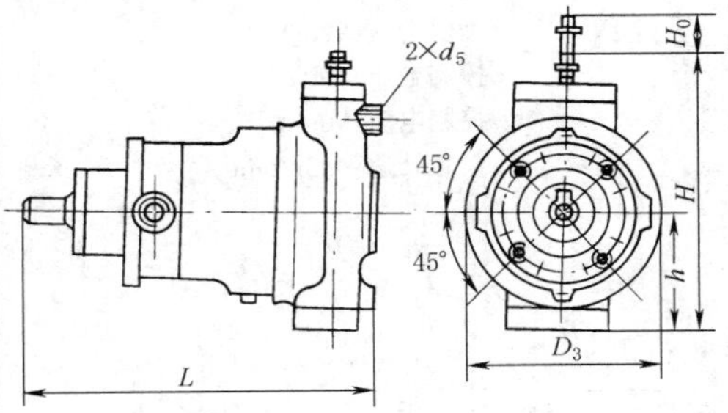


| 型　　号 | $D_3$ | $H$ | $H_0$ | $h$ | $L$ | $d_5$ |
|---|---|---|---|---|---|---|
| 25ZCY14-1B | 172 | 283 | 34.6 | 123 | 362 | M18×1.5 |
| 63ZCY14-1B | 200 | 315 | 41.4 | 143 | 446 | M18×1.5 |
| 160ZCY14-1B | 340 | 421 | 45 | 184 | 594 | M18×1.5 |
| 250ZCY14-1B | 420 | 478 | 58.6 | 208 | 690 | M22×1.5 |

备注:其他尺寸与 MCY14-1B 型相同

10PCY14-1B、25PCY14-1B 型

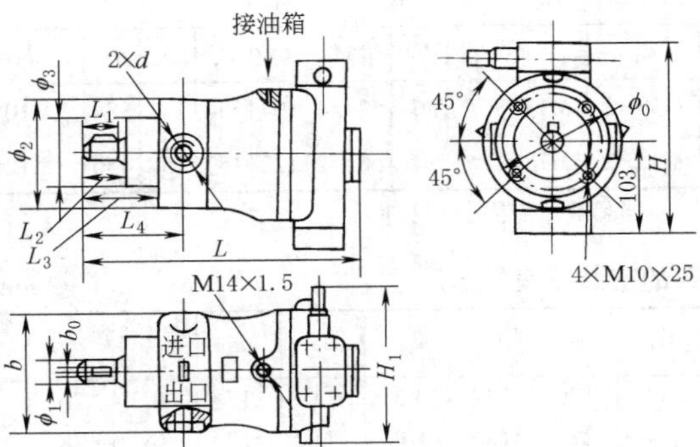


| 型　　号 | $L$ | $L_1$ | $L_2$ | $L_3$ | $L_4$ | $b_0$ |
|---|---|---|---|---|---|---|
| 10PCY14-1B | 299 | 40 | 41 | 86 | 109 | 8 |
| 25PCY14-1B | 363 | 52 | 54 | 104 | 134 | 8 |

| 型号 | $b$ | $\phi_0$ | $\phi_1$ | $\phi_2$ | $\phi_3$ | $H$ | $H_1$ |
|---|---|---|---|---|---|---|---|
| 10PCY14-1B | 142 | 100 | 25 | 125 | 75 | 230 | 238 |
| 25PCY14-1B | 172 | 125 | 30 | 150 | 100 | 258 | 240 |

| 型号 | $d$ | 管道尺寸($d_{外}\times d_{内}$) | |
|---|---|---|---|
| | | 进　口 | 出　口 |
| 10PCY14-1B | M22×1.5 | 22×16 | 18×13 |
| 25PCY14-1B | M33×2 | 34×24 | 28×20 |

续表

63PCY14-1B、160PCY14-1B型

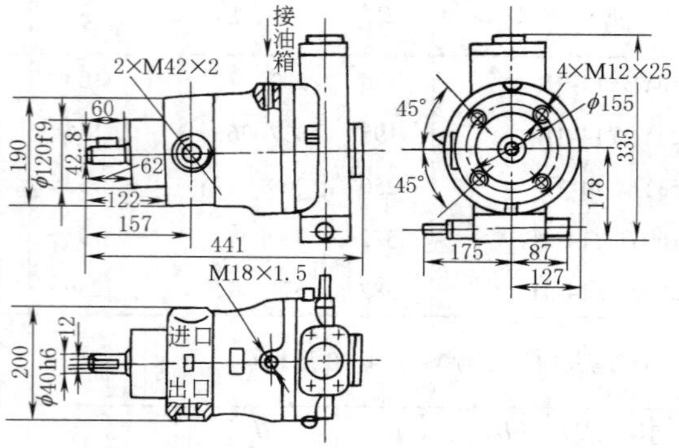


63PCY14-1B

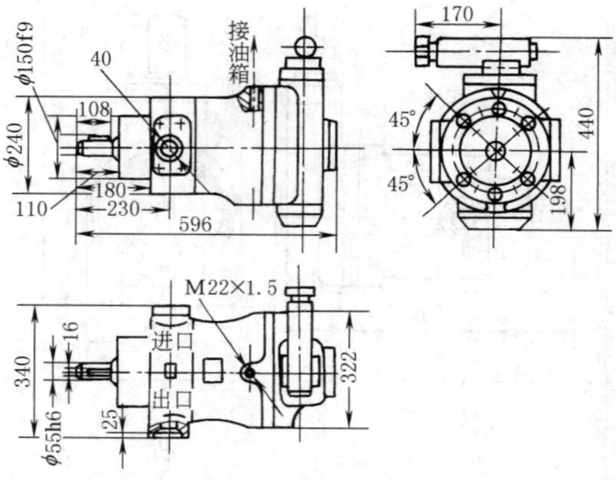


160PCY14-1B

推荐使用管道尺寸($d_{外}\times d_{内}$)

| 泵的型号 | 进口 | 出口 | 泵的型号 | 进口 | 出口 |
|---|---|---|---|---|---|
| 63PCY 14-1B | 42×30 | 34×24 | 160PCY 14-1B | 50×38 | 42×30 |

25DCY14-1B、63DCY14-1B型

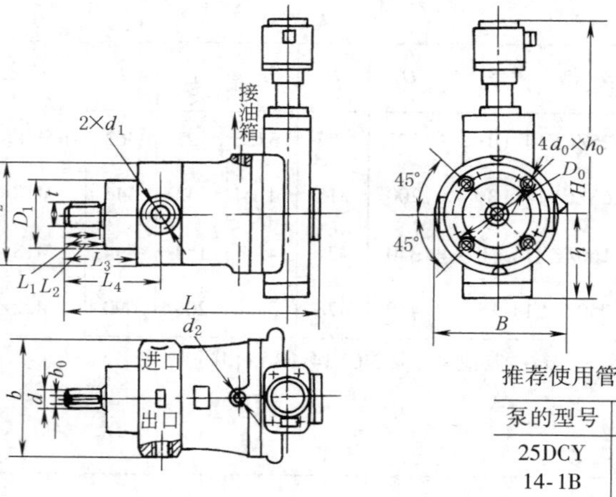


电机(可逆)

型号:ND-4.5

励磁电压:127V

励磁电流:90mA

控制电压:190V

控制电流:90mA

空载转速:4.5r/min

推荐使用管道尺寸($d_{外}\times d_{内}$)

| 泵的型号 | 进口 | 出口 |
|---|---|---|
| 25DCY 14-1B | 34×24 | 28×20 |
| 63DCY 14-1B | 42×30 | 34×24 |

| 型　号 | $B$ | $b$ | $b_0$ | $t$ | $D_1$ | $D_2$ | $D_0$ | $d$ | $d_1$ | $d_2$ | $L$ | $L_1$ | $L_2$ | $L_3$ | $L_4$ | $h$ | $H$ | $d_0\times h_0$ |
|---|---|---|---|---|---|---|---|---|---|---|---|---|---|---|---|---|---|---|
| 25DCY14-1B | 195 | 172 | 8 | 32.5 | 100f9 | 150 | 125 | 30h6 | M33×2 | M14×1.5 | 363 | 52 | 54 | 104 | 134 | 141 | 384 | M10×25 |
| 63DCY14-1B | 259 | 200 | 12 | 42.8 | 120f9 | 190 | 155 | 40h6 | M42×2 | M18×1.5 | 441 | 60 | 62 | 122 | 157 | 157 | 450 | M12×25 |

注：表列数值（　）内为启东高压油泵有限公司数据，[　] 为邵阳液压有限公司数据。

**表 21-5-47　　※CY14-1B 型轴向柱塞泵的安装支座外形尺寸**

mm

| 型　号 | $a$ | $a_0$ | $a_1$ | $a_2$ | $a_3$ | $a_4$ | $b$ | $b_0$ | $b_1$ | $d_1$ | $d_2$ | $d_3$ | $d_4$ | $D$ |
|---|---|---|---|---|---|---|---|---|---|---|---|---|---|---|
| 10※CY14-1B | 150 | 114 | 90 | 36 | 11 | 30 | 176 | 140 | 92 | 11 | 17 | 12 | 26 | 130 |
| 25※CY14-1B | 180 | 140 | 100 | 40 | 11 | 34 | 220 | 180 | 108 | 11 | 17 | 14 | 28 | 170 |
| 63※CY14-1B | 244 | 200 | 140 | 50 | 13 | 44 | 264 | 250 | 160 | 13 | 20 | 18 | 36 | 210 |
| 160※CY14-1B | 366 | 300 | 200 | 50 | 17 | 50 | 340 | 280 | 190 | 17 | 26 | 26 | 50 | 250 |
| 250※CY14-1B | 420 | 300 | 200 | 80 | 24 | 75 | 380 | 320 | 200 | 21 | 31 | 26 | 50 | 290 |

续表

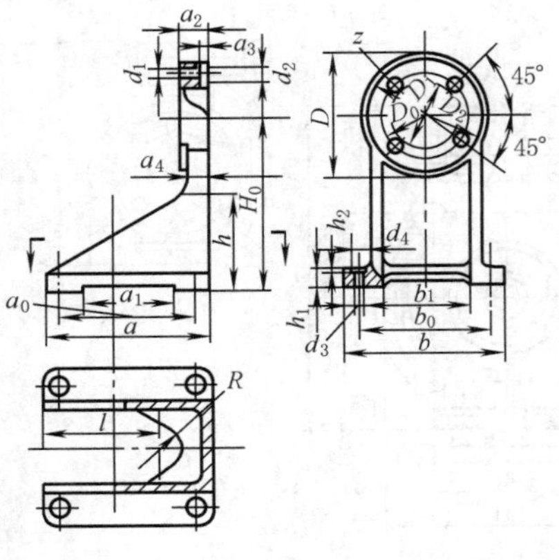

| 型号 | $D_0$ | $D_1$ | $D_2$ | $h$ | | | $h_1$ | $h_2$ | $H_0$ | | | $l$ | $R$ | 孔数 $z$ |
|---|---|---|---|---|---|---|---|---|---|---|---|---|---|---|
| 10※CY14-1B | 100 | 75H9 | 125 | 54 | 64 | 92 | 20 | 1 | 112 | 132 | 160 | 90 | 25 | 4 |
| 25※CY14-1B | 125 | 100H9 | 160 | 60<br>147 | 82 | 102 | 25 | | 132<br>225 | 160 | 180 | 110 | 35 | |
| 63※CY14-1B | 155 | 120H9 | 200 | 60<br>130 | 80 | 110 | 30 | | 160<br>250 | 180 | 225 | 155 | 40 | |
| 160※CY14-1B | 193 | 150H9 | 240 | 90<br>216 | 110 | 131 | 40 | 2 | 225<br>375 | 250 | 280 | 252 | 50 | 6 |
| 250※CY14-1B | 230 | 180H9 | 280 | 90<br>205 | 110<br>280 | 110 | 40 | | 225<br>375 | 250<br>450 | 280 | 252 | 50 | |

## 3.3.2 ZB 系列非通轴泵（马达）

型号意义：

Z B P - F 40

- Z：结构 斜盘式轴向柱塞
- B：类别：B—泵；M—马达
- P：控制方式：D—定量；P—恒压；SC—手动伺服；N—恒功率；Y—液控
- F：压力级：F—21MPa；省略—14MPa
- 40：规格：9.5—9.5mL/r；40—40mL/r；75—75mL/r；160—160mL/r；227—227mL/r

表 21-5-48 技术参数与外形尺寸 mm

| 规格 | | 9.5 | 40 | 75 | 160 | 227 |
|---|---|---|---|---|---|---|
| 公称排量/mL·r$^{-1}$ | | 9.5 | 40 | 75 | 160 | 227 |
| 压力 | 额定 $p_n$/MPa | 21 | | | | 14 |
| | 最高 $p_{max}$/MPa | 28 | | | | 24 |
| 转速 | 额定（自吸工况）$n_n$/r·min$^{-1}$ | 1500 | | | | 1000 |
| | 最高（供油工况）$n_{max}$/r·min$^{-1}$ | 3000 | 2500 | 2000 | 2000 | 1500 |
| 理论转矩（在 $p_n$ 时）/N·m | | 31.7 | 133.6 | 250.4 | 534.2 | 505.3 |
| 理论功率（在 1000r/min、$p_n$ 时）/kW | | 3.32 | 14.0 | 26.2 | 56.0 | 53.0 |

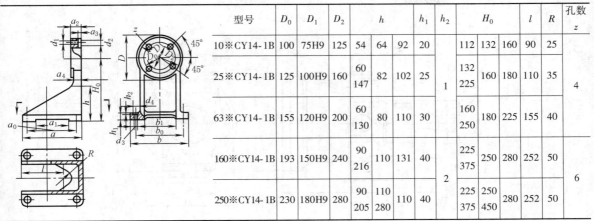

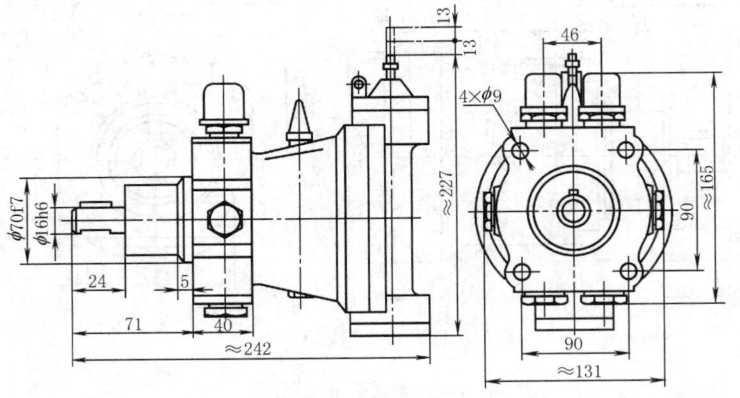

ZBSC-F9.5 手动伺服泵

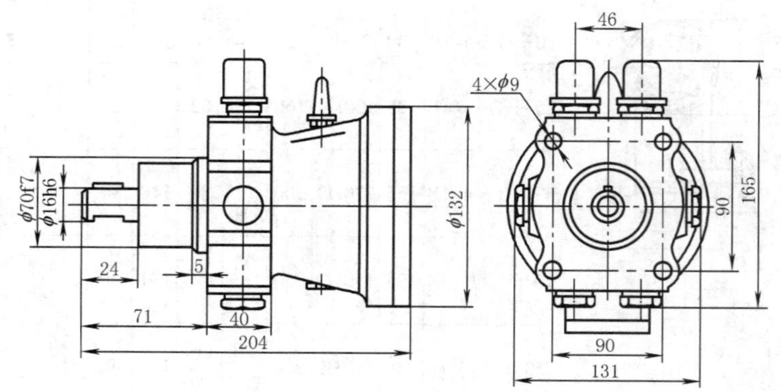


ZBD(ZM)-F9.5 定量泵(马达)

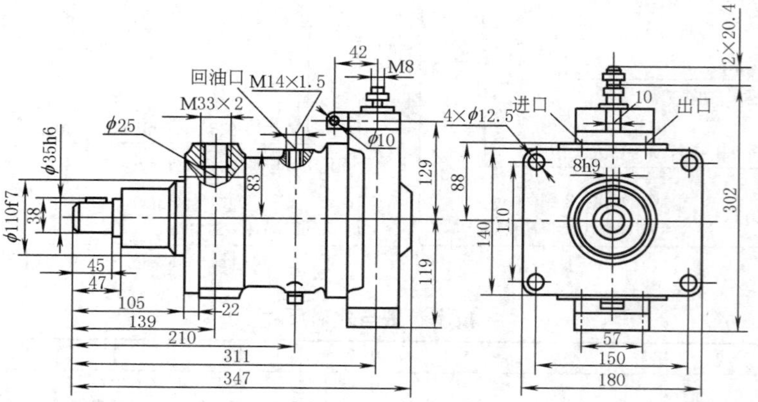


ZBSC-F40 手动伺服泵

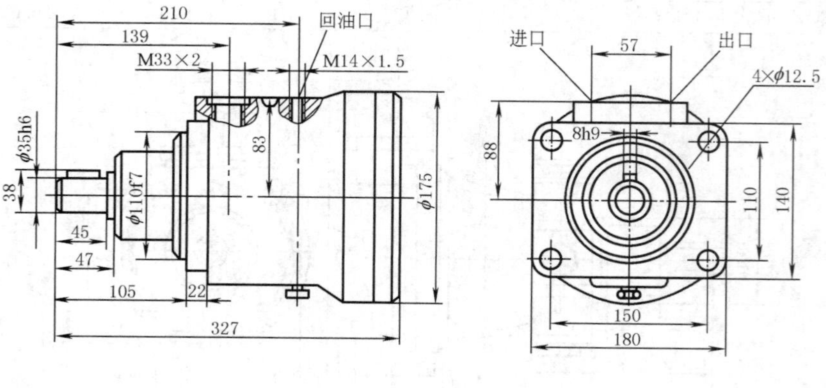


ZBD(ZM)-F40 定量泵(马达)

续表

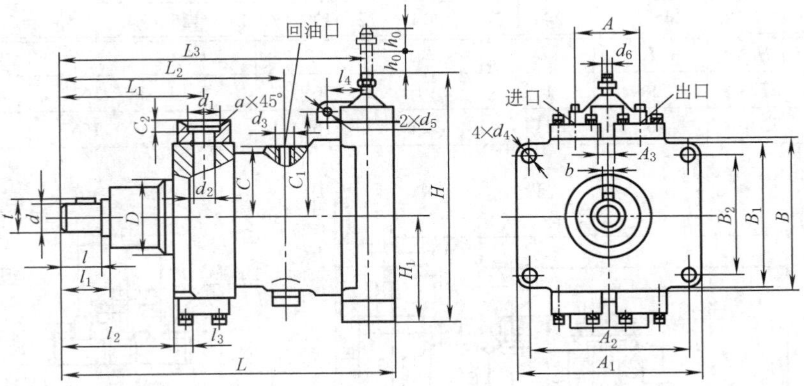


ZBSC-F75、ZBSC-F160 手动伺服泵

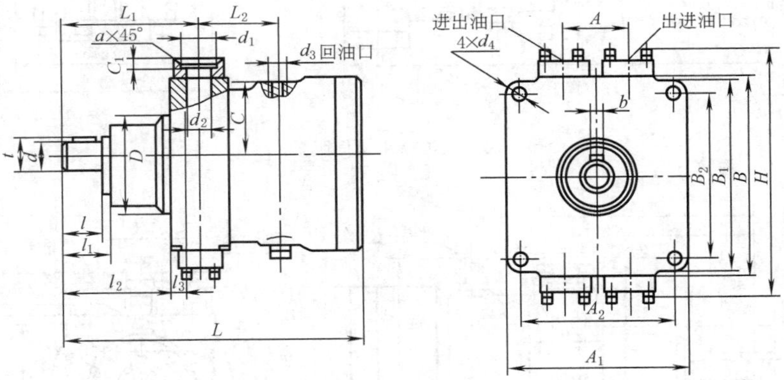


ZBD(ZM)-F75、ZBD(ZM)-F160 定量泵(马达)

| 型 号 | $A$ | $A_1$ | $A_2$ | $A_3$ | $B$ | $B_1$ | $B_2$ | $b$ | $C$ | $C_1$ | $C_2$ | $D$ (h6) | $d$ (h8) | $d_1$ | $d_2$ | $d_3$ |
|---|---|---|---|---|---|---|---|---|---|---|---|---|---|---|---|---|
| ZBSC-F75 | 74 | 224 | 188 | 12 | 200 | 200 | 140 | 10 | 104.5 | 142.5 | 8 | 110 | 45 | 44 | 34 | M22×1.5 |
| ZBSC-F160 | 100 | 285 | 245 | 14 | 246 | 240 | 200 | 12 | 129.5 | 169 | 12 | 125 | 48 | 53 | 38 | M27×2 |

| 型 号 | $d_4$ | $d_5$ (h9) | $d_6$ | $H$ | $H_1$ | $a$ | $h_0$ | $L$ | $L_1$ | $L_2$ | $L_3$ | $l$ | $l_1$ | $l_2$ | $l_3$ | $l_4$ | $t$ |
|---|---|---|---|---|---|---|---|---|---|---|---|---|---|---|---|---|---|
| ZBSC-F75 | 17 | 12 | M8 | 338 | 145 | 3 | 23.5 | 440 | 199 | 290 | 398.5 | 65 | 71 | 162 | 24 | 50 | 48.5 |
| ZBSC-F160 | 21 | 14 | M8 | 403 | 175 | 4 | 28 | 506 | 214 | 338 | 468 | 65 | 68 | 166 | 28 | 58 | 51.5 |

续表

| 型号 | $A$ | $A_1$ | $A_2$ | $a$ | $B$ | $B_1$ | $B_2$ | $b$ | $C$ | $C_1$ | $D$ (h6) | $d$ (h8) | $d_1$ | $d_2$ | $d_3$ | $d_4$ |
|---|---|---|---|---|---|---|---|---|---|---|---|---|---|---|---|---|
| ZBD(ZM)-F75 | 74 | 224 | 188 | 3 | 200 | 200 | 140 | 10 | 104.5 | 8 | 110 | 45 | 44 | 34 | M22×1.5 | 17 |
| ZBD(ZM)-F160 | 100 | 285 | 245 | 4 | 246 | 240 | 200 | 12 | 129.5 | 12 | 125 | 48 | 53 | 38 | M27×2 | 21 |

| 型号 | $H$ | $L$ | $L_1$ | $L_2$ | $l$ | $l_1$ | $l_2$ | $l_3$ | $t$ |
|---|---|---|---|---|---|---|---|---|---|
| ZBD(ZM)-F75 | 272 | 398 | 199 | 91 | 65 | 71 | 162 | 24 | 48.5 |
| ZBD(ZM)-F160 | 334 | 468 | 214 | 124 | 65 | 68 | 166 | 28 | 51.5 |

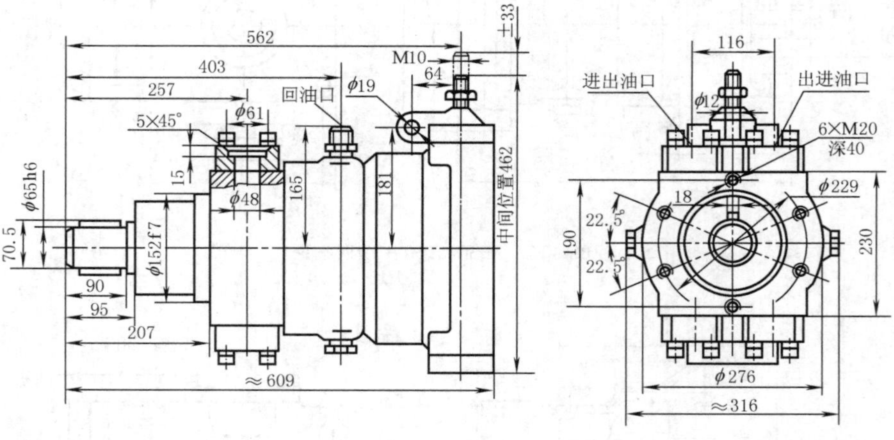


ZBSC-227 手动伺服泵

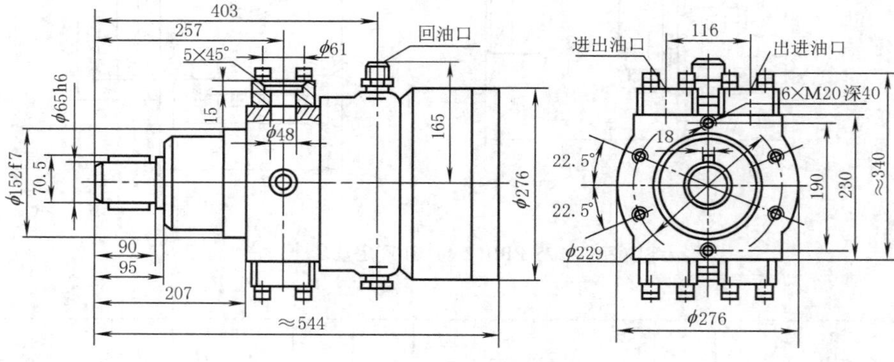


ZBD(ZM)-227 定量泵(马达)

ZB※-H※型柱塞泵为无铰式斜轴轴向柱塞泵。它采用了双金属缸体、滚动成型柱塞副、成对向心推力球轴承，使泵结构简化，压力和寿命提高。它具有压力高、流量大、耐冲击、耐振动等特点，适用于航空、船舶、矿山、冶金等机械的液压传动系统。

型号意义：

ZB ※-H □

- ZB — 斜轴式轴向柱塞泵
- ※ — 变量方式：S— 手动随动；N— 恒功率控制
- H — 压力级：32MPa
- □ — 排量(mL/r)

**表 21-5-49** **ZB※-H※型柱塞泵技术性能**

| 型号 | 变量型式 | 排量/mL·r$^{-1}$ | 摆角/(°) 最小 | 摆角/(°) 最大 | 转速/r·min$^{-1}$ 0.5MPa压力供油 | 转速/r·min$^{-1}$ 自吸 | 压力/MPa 额定 | 压力/MPa 最高 | 额定功率①/kW | 容积效率/% | 总效率/% | 质量/kg |
|---|---|---|---|---|---|---|---|---|---|---|---|---|
| ZBN-H355 | 恒功率控制 | 355 | 0 | ±26.5 | 1000 | | 32 | 40 | 22~110 | 95 | 92 | 370 |
| ZBS-H500 | 手动启动 | 500 | 0 | ±36.5 | 1000 | | 32 | 40 | 278.27 | 95 | 92 | 537 |
| ZBS-H915 | 手动启动 | 915 | 0 | ±25 | | 875 | 32 | | 487 | 95 | 92 | 1010 |

① 在额定压力、最大摆角、转速为875r/min时的功率。

**表 21-5-50** **ZB※-H※型柱塞泵外形尺寸** mm

ZBN-H355型

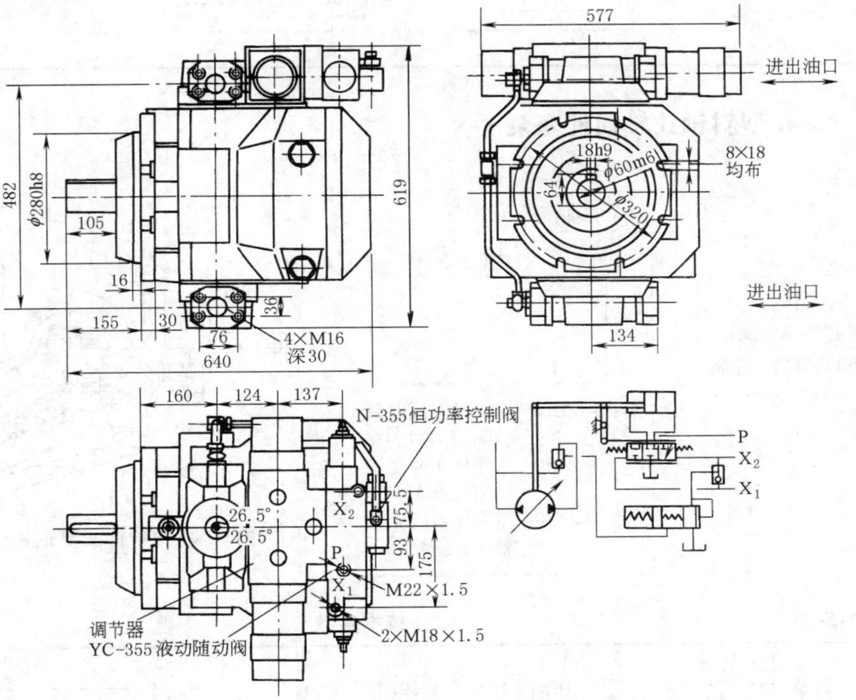


ZBS-H500型

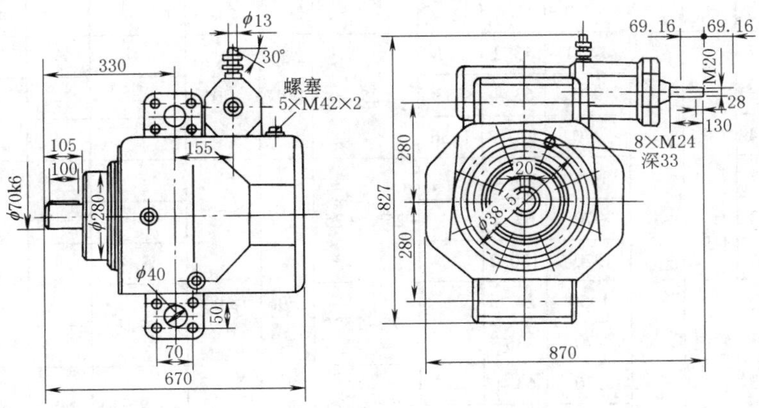

续表

| | |
|---|---|
| ZBS-H915型 | 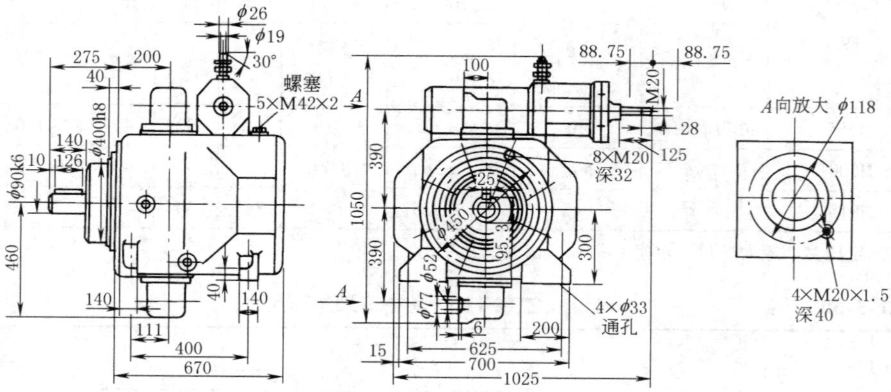 |



## 3.3.3 Z※B 型斜轴式轴向柱塞泵

型号意义：

1 Z※B 7 40

变量方式：
1— 手动随动
5— 恒功率控制
（流量和功率可调）
7— 液压随动恒功率控制

柱塞直径

柱塞数

名称：ZDB— 定量轴向柱塞泵（可作马达用）
ZKB— 带壳体单向变量轴向柱塞泵
ZXB— 带壳体双向变量轴向柱塞泵

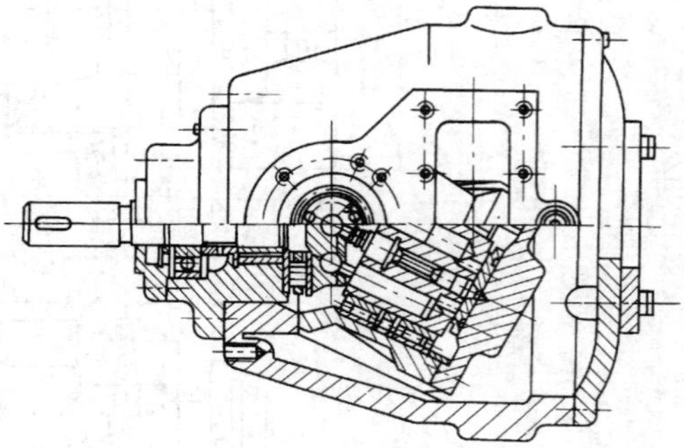

图 21-5-4 Z※B 型斜轴式轴向柱塞泵结构

表 21-5-51 **技术参数**

| 型号 | 排量 /mL·r$^{-1}$ | 压力/MPa | | 转速 /r·min$^{-1}$ | 驱动功率 /kW | 转矩 /N·m | 缸体(与轴夹角)摆角范围 | 容积效率 /% | 总效率 /% | 恒功率压力范围 /MPa | 控制油泵 | | 操纵油泵 | | 质量 /kg |
|---|---|---|---|---|---|---|---|---|---|---|---|---|---|---|---|
| | | 额定 | 最大 | | | | | | | | 压力 /MPa | 流量 /L·min$^{-1}$ | 压力 /MPa | 流量 /L·min$^{-1}$ | |
| ZDB725 | 106.7 | 16 | 25 | 1450 | 43.2 | 251 | 25° | ≥97 | 90 | | | | | | 72.5 |
| ZDB732 | 234.3 | | | 970 | 63.4 | 553 | | | | | | | | | 102 |
| ZDB740 | 481.4 | | | 970 | 130.2 | 1136 | | | | | | | | | 320 |
| 1ZXB725 | 106.7 | | | 1450 | 43.2 | | -25°~+25° | ≥96 | ≥90 | | | | ≥2.5 | 9 | 177 |
| 1ZXB732 | 234.3 | | | 970 | 63.4 | | | | | | | | ≥2.5 | 50 | 269.7 |
| 1ZXB740 | 481.4 | | | 970 | 130.2 | | | | | | | | ≥2.5 | 50 | 600.6 |
| 5ZKB725 | 106.7 | | | 1450 | 24.5 | | 7°~25° | | | 9~21 | | | | | 188.8 |
| 5ZKB732 | 234.3 | | | 970 | 36 | | | | | | | | | | 270 |
| 7ZXB732 | 234.3 | | | 970 | 63.4 | | -25°~+25° | | | 15.8~30 | >4.5 | 4~10 | ≥2.5 | 9 | 322.6 |
| 7ZXB740 | 481.4 | | | 970 | 130.2 | | | | | | | | ≥3 | 50 | 667 |

**表 21-5-52　　　　　外形尺寸　　　　　mm**

ZDB型

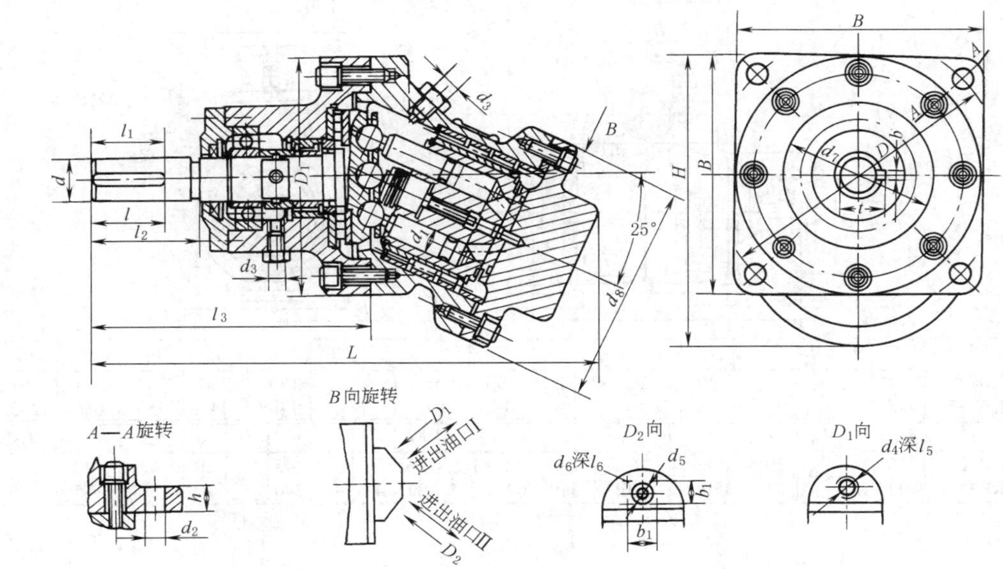


| 型　号 | $d$ | $d_1$ | $d_2$ | $d_3$ | $d_4$ | $d_5$ | $d_6$ | $d_7$ | $d_8$ | $D$ | $D_1$ | $H$ |
|---|---|---|---|---|---|---|---|---|---|---|---|---|
| ZDB725 | 40h6 | 25 | 21 | M16×1.5 | M36×2 | | | 140 | 218 | 290 | 252f7 | 295 |
| ZDB732 | 45h6 | 32 | 25 | M16×1.5 | M48×2 | | | 150 | 260 | 355 | 300f7 | 350 |
| ZDB740 | 65h6 | 40 | 38 | M33×1.5 | | 42 | M16 | 200 | 330 | 480 | 410f7 | 470 |

| 型　号 | $h$ | $B$ | $b$ | $L$ | $l$ | $l_1$ | $l_2$ | $l_3$ | $l_5$ | $l_6$ | $b_1$ | $t$ |
|---|---|---|---|---|---|---|---|---|---|---|---|---|
| ZDB725 | 30 | 252 | 12h8 | 495 | 50 | 55 | 110 | 283 | 30 | | | 42.8 |
| ZDB732 | 35 | 300 | 14h8 | 580 | 50 | 55 | 110 | 320 | 45 | | | 49 |
| ZDB740 | 40 | 410 | 18h8 | 687 | 90 | 95 | 140 | 392 | | 25 | 65 | 70.5 |

1ZXB型

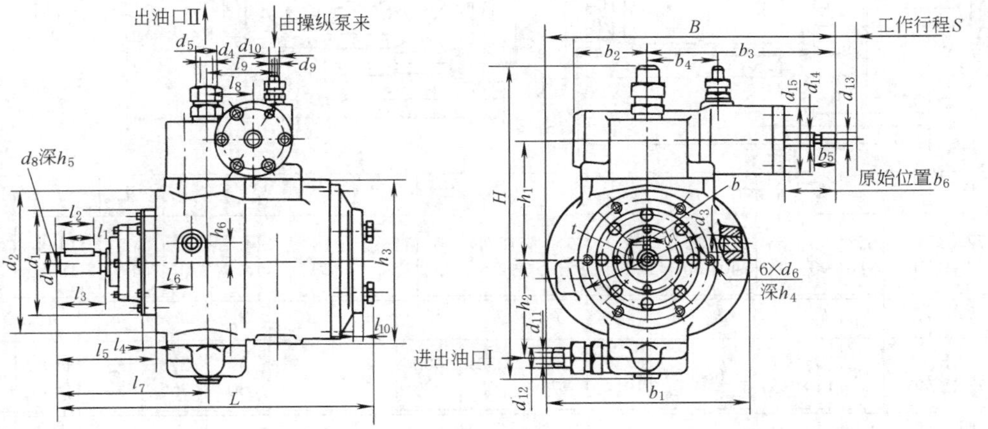


| 型号 | $L$ | $l_1$ | $l_2$ | $l_3$ | $l_4$ | $l_5$ | $l_6$ | $l_7$ | $l_8$ | $l_9$ | $l_{10}$ | $B$ | $b$ | $b_1$ | $b_2$ | $b_3$ | $b_4$ | $b_5$ | $b_6$ | $H$ | $h_1$ | $h_2$ | $h_3$ |
|---|---|---|---|---|---|---|---|---|---|---|---|---|---|---|---|---|---|---|---|---|---|---|---|
| 1ZXB725 | 578 | 50 | 55 | 110 | 20 | 192 | 60 | 283 | 90 | 125 | 15 | 548 | 12h8 | 370 | 358 | 130 | 105 | 38 | 130 | 597 | 236 | 193 | 332 |
| 1ZXB732 | 658 | 50 | 55 | 110 | 25 | 203 | 75 | 318 | 100 | 135 | 18 | 570 | 14h8 | 440 | 350 | 150 | 105 | 38 | 130 | 680 | 270 | 232 | 400 |
| 1ZXB740 | 816 | 90 | 95 | 140 | 36 | 242 | 85 | 392 | 155 | 215 | 20 | 765.5 | 18h8 | 590 | 475 | 190 | 140 | 42 | 150 | 800 | 345 | 300 | 500 |

| 型　号 | $h_4$ | $h_5$ | $h_6$ | $d$ | $d_1$ | $d_2$ | $d_3$ | $d_4$ | $d_5$ | $d_6$ | $d_7$ | $d_8$ | $d_9$ | $d_{10}$ | $d_{11}$ | $d_{12}$ | $d_{13}$ | $d_{14}$ | $d_{15}$ | $t$ |
|---|---|---|---|---|---|---|---|---|---|---|---|---|---|---|---|---|---|---|---|---|
| 1ZXB725 | 38 | 40 | 30 | 40h6 | 210f7 | 280 | M20×1.5 | 26 | 38 | M16 | 245 | M16 | 13 | 20 | 26 | 38 | M16 | 20 | 120 | 42.8 |
| 1ZXB732 | 45 | 40 | 40 | 45h6 | 240f7 | 340 | M27×1.5 | 33 | 47 | M24 | 290 | M16 | 13 | 20 | 33 | 47 | M16 | 20 | 120 | 49 |
| 1ZXB740 | 56 | 40 | 50 | 65h6 | 340f7 | 430 | M33×1.5 | 45 | 60 | M30 | 380 | M16 | 13 | 20 | 45 | 60 | M20 | 24 | 185 | 70.5 |

续表

5ZKB型

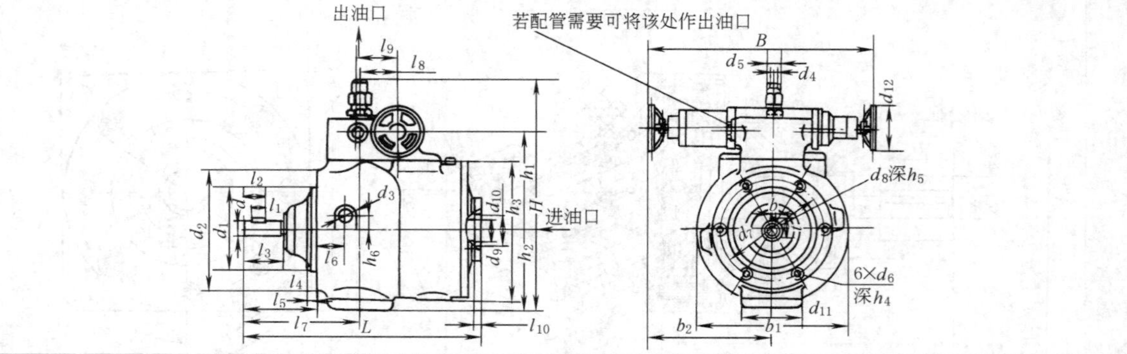


| 型号 | $L$ | $l_1$ | $l_2$ | $l_3$ | $l_4$ | $l_5$ | $l_6$ | $l_7$ | $l_8$ | $l_9$ | $l_{10}$ | $B$ | $b$ | $b_1$ | $b_2$ | $H$ | $h_1$ | $h_2$ |
|---|---|---|---|---|---|---|---|---|---|---|---|---|---|---|---|---|---|---|
| 5ZKB725 | 578 | 50 | 55 | 110 | 20 | 192 | 60 | 283 | 90 | 100 | 15 | 628 | 12h8 | 370 | 343 | 571 | 251 | 189 |
| 5ZKB732 | 660 | | | | 25 | 203 | 75 | 318 | 100 | 110 | 18 | | 14h8 | 440 | 350 | 656 | 285 | 230 |

| 型号 | $h_3$ | $h_4$ | $h_5$ | $h_6$ | $d$ | $d_1$ | $d_2$ | $d_3$ | $d_4$ | $d_5$ | $d_6$ | $d_7$ | $d_8$ | $d_9$ | $d_{10}$ | $d_{11}$ | $d_{12}$ | $t$ |
|---|---|---|---|---|---|---|---|---|---|---|---|---|---|---|---|---|---|---|
| 5ZKB725 | 332 | 38 | 40 | 30 | 40h6 | 210f7 | 280 | M20×1.5 | 26 | 38 | M16 | 245 | M16 | 60 | 78 | 140 | 150 | 42.8 |
| 5ZKB732 | 400 | 45 | | 40 | 45h6 | 240f7 | 340 | M27×1.5 | 33 | 47 | M24 | 290 | | 70 | | 175 | | 49 |

7ZXB型

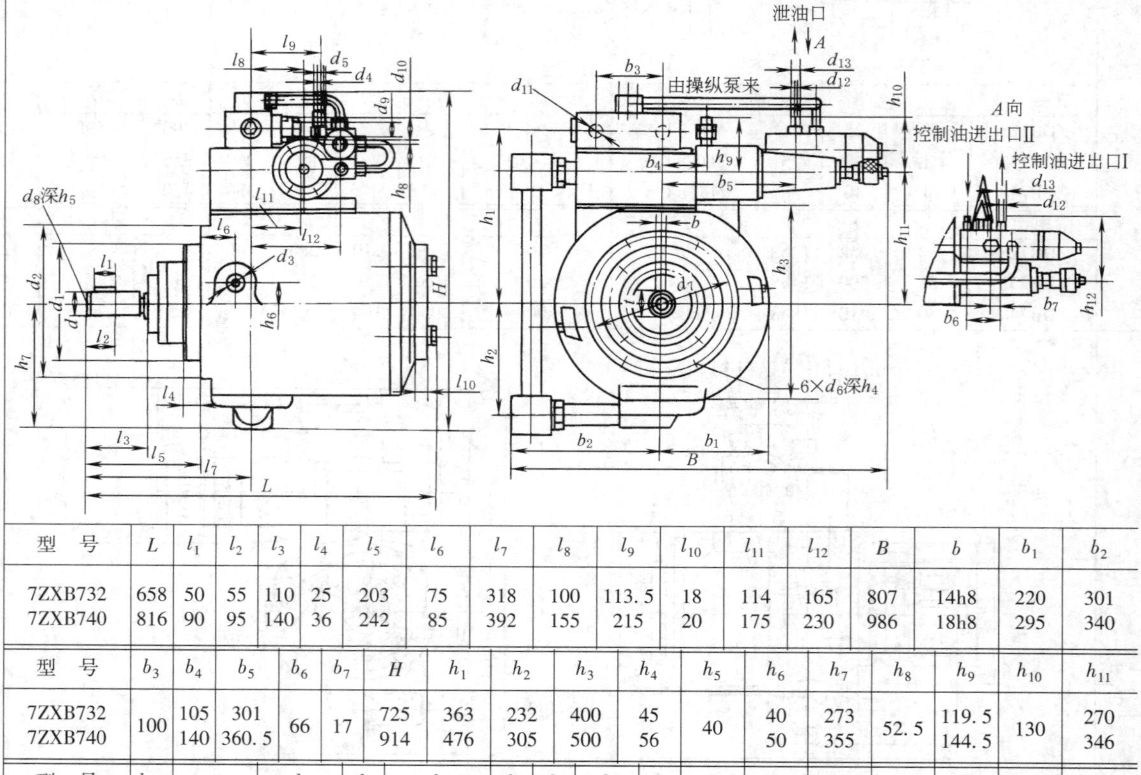


| 型号 | $L$ | $l_1$ | $l_2$ | $l_3$ | $l_4$ | $l_5$ | $l_6$ | $l_7$ | $l_8$ | $l_9$ | $l_{10}$ | $l_{11}$ | $l_{12}$ | $B$ | $b$ | $b_1$ | $b_2$ |
|---|---|---|---|---|---|---|---|---|---|---|---|---|---|---|---|---|---|
| 7ZXB732 | 658 | 50 | 55 | 110 | 25 | 203 | 75 | 318 | 100 | 113.5 | 18 | 114 | 165 | 807 | 14h8 | 220 | 301 |
| 7ZXB740 | 816 | 90 | 95 | 140 | 36 | 242 | 85 | 392 | 155 | 215 | 20 | 175 | 230 | 986 | 18h8 | 295 | 340 |

| 型号 | $b_3$ | $b_4$ | $b_5$ | $b_6$ | $b_7$ | $H$ | $h_1$ | $h_2$ | $h_3$ | $h_4$ | $h_5$ | $h_6$ | $h_7$ | $h_8$ | $h_9$ | $h_{10}$ | $h_{11}$ |
|---|---|---|---|---|---|---|---|---|---|---|---|---|---|---|---|---|---|
| 7ZXB732 | 100 | 105 | 301 | 66 | 17 | 725 | 363 | 232 | 400 | 45 | 40 | 40 | 273 | 52.5 | 119.5 | 130 | 270 |
| 7ZXB740 | | 140 | 360.5 | | | 914 | 476 | 305 | 500 | 56 | | 50 | 355 | | 144.5 | | 346 |

| 型号 | $h_{12}$ | $d$ | $d_1$ | $d_2$ | $d_3$ | $d_4$ | $d_5$ | $d_6$ | $d_7$ | $d_8$ | $d_9$ | $d_{10}$ | $d_{11}$ | $d_{12}$ | $d_{13}$ | $t$ |
|---|---|---|---|---|---|---|---|---|---|---|---|---|---|---|---|---|
| 7ZXB732 | 145 | 45h6 | 240f7 | 340 | M27×1.5 | 13 | 20 | M24 | 290 | M16 | 33 | 48 | 32 | 6 | 12 | 49 |
| 7ZXB740 | 155 | 65h6 | 340f7 | 430 | M33×1.5 | | | M30 | 380 | | 45 | 60 | — | | | 70.5 |

### 3.3.4　A※V、A※F型斜轴式轴向柱塞泵（马达）

A※V斜轴式轴向柱塞泵（马达）的结构特点为：采用大压力角向心推力串联轴承组，主轴与缸体间通过连杆柱塞副中的连杆传递运动，采用双金属缸体，中心轴和球面配油盘使缸体自行定心，拨销带动配油盘在后盖弧形轨道上滑动改变缸体摆角实现变量。它与斜盘式轴向柱塞泵相比，具有柱塞侧向力小、缸体摆角较大、配油盘分布圆直径小、转速高、自吸能力强、耐冲击性能好、效率高、易于实现多种变量方式等优点。

(1) A7V 型斜轴式轴向变量柱塞泵

型号意义：

A7V □ □ □ □ □ □ □

A7V 型斜轴式轴向变量柱塞泵

排量(mL/r)

变量方式：LV— 恒功率变量
DR— 恒压变量
EP— 电控变量
MA— 手动变量
HD— 液控变量
SC— 刹车变量
NC— 数字变量
LVS— 恒功率负荷传感变量
DRS— 恒压负荷传感变量

结构型式：1— 第一种结构
5— 第五种结构

转向(由轴端看)：R— 顺时针
L— 逆时针

轴伸结构：P— 平键
S— 花键(国标)
Z— 花键(德标)

油口连接：F— 法兰
G— 螺纹

行程限位：O— 没有
M— 机械(用于 LV 和 DR)
H— 液压(仅用于 LV)

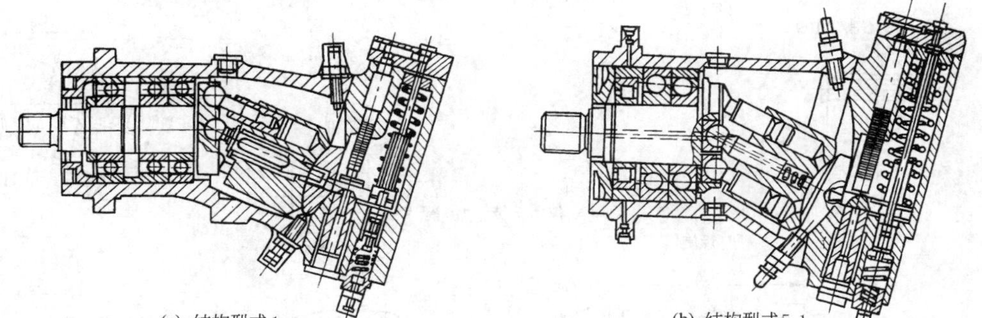

(a) 结构型式 1 规格 20～160

(b) 结构型式 5.1 规格 250～500

图 21-5-5 A7V 型斜轴式轴向变量柱塞泵结构

注：1. 结构型式 1 的特点是：高性能的旋转组件及球面配油盘，可实现自动对中，低转速，高效率；驱动轴能承受径向载荷；寿命长；低噪声级。

2. 结构型式 5.1 的特点是：具有提高技术数据后的新型高性能旋转组件及经过考验的球面配油盘；结构紧凑。

表 21-5-53 技术参数

| 型号 | 压力/MPa | | 排量/mL·r$^{-1}$ | | 最高转速/r·min$^{-1}$ | | 流量 (1450r/min) /L·min$^{-1}$ | 功率 (35MPa) /kW | 转矩 (35MPa) /N·m | 质量 /kg |
|---|---|---|---|---|---|---|---|---|---|---|
| | 额定 | 最高 | 最大 | 最小 | 吸口压力 0.1MPa | 吸口压力 0.15MPa | | | | |
| A7V20 | | | 20.5 | 0 | 4100 | 4750 | 28.8 | 17 | 114 | 19 |
| A7V28 | | | 28.1 | 8.1 | 3000 | 3600 | 39.5 | 24 | 156 | |
| A7V40 | | | 40.1 | 0 | 3400 | 3750 | 56.4 | 34 | 223 | 28 |
| A7V55 | | | 54.8 | 15.8 | 2500 | 3000 | 77.1 | 46 | 305 | |
| A7V58 | | | 58.8 | 0 | 3000 | 3350 | 82.3 | 50 | 326 | 44 |
| A7V80 | | | 80 | 23.1 | 2240 | 2750 | 112.5 | 68 | 446 | |
| A7V78 | 35 | 40 | 78 | 0 | 2700 | 3000 | 109.7 | 66 | 431 | 53 |
| A7V107 | | | 107 | 30.8 | 2000 | 2450 | 150.5 | 91 | 594 | |
| A7V117 | | | 117 | 0 | 2360 | 2650 | 164.6 | 99 | 651 | 76 |
| A7V160 | | | 160 | 46.2 | 1750 | 2100 | 235 | 135 | 889 | |
| A7V250 | | | 250 | 0 | 1500 | 1850 | — | — | 1391 | 105 |
| A7V355 | | | 355 | 0 | 1320 | 1650 | — | — | 1975 | 165 |
| A7V500 | | | 500 | 0 | 1200 | 1500 | — | — | 2782 | 245 |

**表 21-5-54** 外形尺寸 mm

A7V20～160 LV：恒功率变量

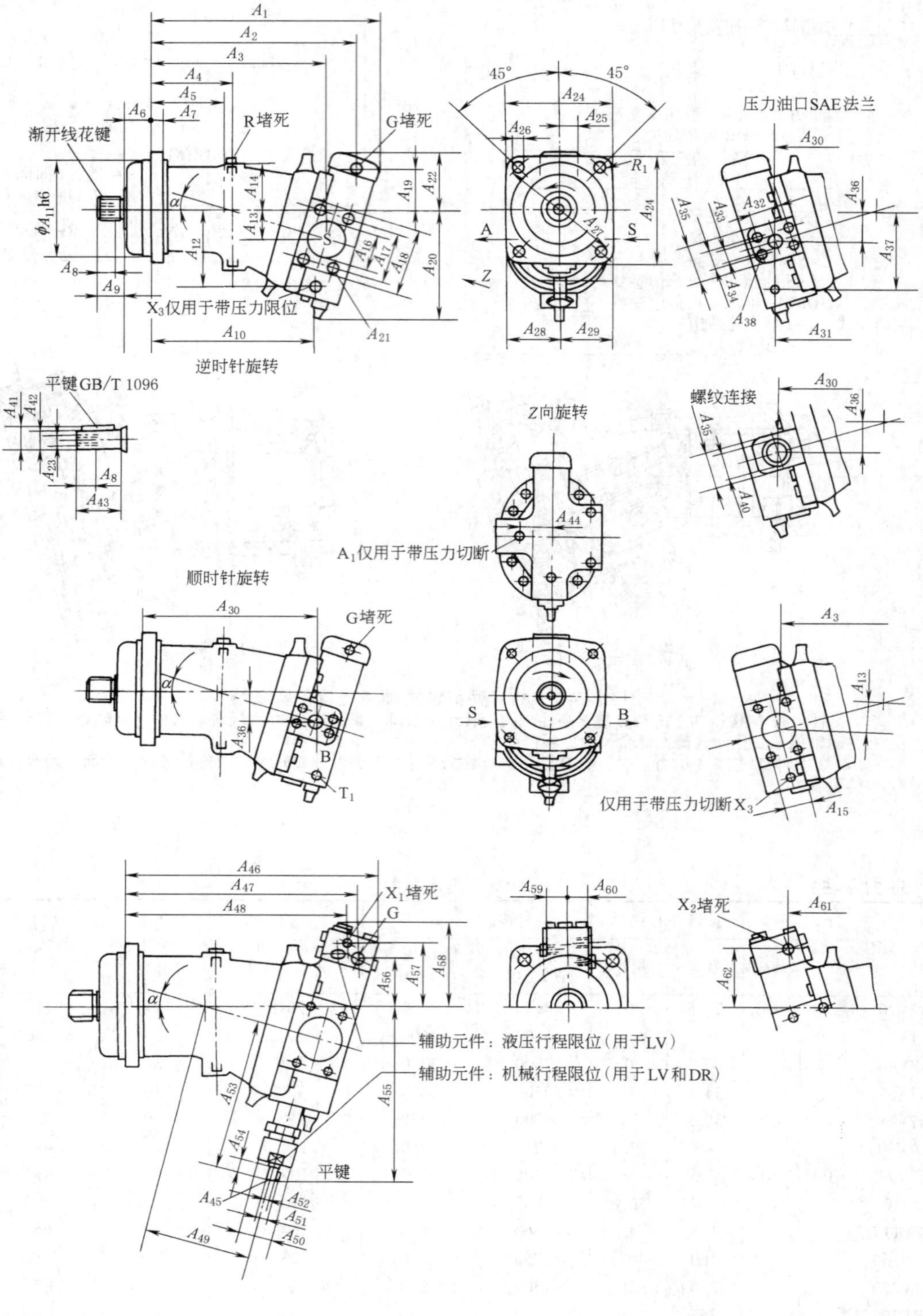

续表

| 规格 | α | $A_1$ | $A_2$ | $A_3$ | $A_4$ | $A_5$ | $A_6$ | $A_7$ | $A_8$ | $A_9$ | $A_{10}$ | $A_{11}$ | $A_{12}$ | $A_{13}$ | $A_{14}$ | $A_{15}$ | $A_{16}$ | $A_{17}$ | $A_{18}$ |
|---|---|---|---|---|---|---|---|---|---|---|---|---|---|---|---|---|---|---|---|
| 20 | 9° | 251 | 221 | 199 | 107 | 75 | 25 | 15 | 19 | 43 | 160 | 100 | 85 | 20 | 52 | 35.7 | 38 | 60.0 | 94 |
| 28 | 16° | 260 | 232 | 195 |  |  |  |  |  |  | 140 |  | 95 | 34 | 50 |  |  |  |  |
| 40 | 9° | 317 | 287 | 255 | 123 | 108 | 32 | 20 | 28 | 35 | 244 | 125 | — | 23 | 63 | 42.9 | 50 | 77.8 | 102 |
| 55 | 16° | 327 | 296 | 251 | 128 |  |  |  |  |  | — |  | 106 | 41 |  |  |  |  |  |
| 58 | 9° | 374 | 337 | 304 | 152 | 137 |  | 23 |  | 40 | 295 | 140 | — | 26.5 | 77 | 50.8 | 63 | 83.9 | 115 |
| 80 | 16° | 385 | 347 | 300 |  |  |  |  |  |  | — |  | 113 | 48 |  |  |  |  |  |
| 78 | 9° | 381 |  | 310 | 145 | 130 | 40 | 25 |  | 45 | 298 | 160 | — | 29 | 80 |  |  |  |  |
| 107 | 16° | 393 | 358 | 305 |  |  |  |  |  |  | — |  | 130 | 50 |  |  |  |  |  |
| 117 | 9° | 443 | 402 | 364 | 214 | 156 |  | 28 | 36 | 50 | 350 | 180 | — | 33 | 93 | 61.9 | 75 | 106.4 | 135 |
| 160 | 16° | 454 | 414 | 359 | 213 |  |  |  |  |  | — |  | — | 58 | 88 |  |  |  |  |

| 规格 | $A_{19}$ | $A_{20}$ | $A_{21}$ | $A_{22}$ | $A_{23}$ | $A_{24}$ | $A_{25}$ | $A_{26}$ | $A_{27}$ | $A_{28}$ | $A_{29}$ | $A_{30}$ | $A_{31}$ | $A_{32}$ | $A_{33}$ | $A_{34}$ | $A_{35}$ | $A_{36}$ | $A_{37}$ | $A_{38}$ |
|---|---|---|---|---|---|---|---|---|---|---|---|---|---|---|---|---|---|---|---|---|
| 20 | 78 | 132 | M12 | 95 | M8 | 118 | 23.5 | 11 | 125 | 58 | 58 | 193 | — | 50.8 | 19 | 23.8 | 46 | 19 | — | M10 |
| 28 | 59 | 145 |  | 80 |  |  |  |  |  |  |  | 189 |  |  |  |  |  | 33 |  |  |
| 40 | 87 | 166 |  | 109 | M12 | 150 | 29 | 13.5 | 160 | 71 | 81 | 253 | 261 |  |  |  | 53 | 23 | 98 |  |
| 55 | 64 | 182 |  | 91 |  |  |  |  |  |  |  | 249 | — |  |  |  |  | 40 | — |  |
| 58 | 93 | 168 |  | 133 |  | 165 | 33 |  | 180 | 86 | 92 | 301 | 313 | 57.2 | 25 | 27.8 | 64 | 26 | 109 | M12 |
| 80 | 68 | 194 |  | — |  |  |  |  |  |  |  | 297 | — |  |  |  |  | 47 | — |  |
| 78 | 101 | 180 |  | 120 |  | 190 |  | 17.5 | 200 | 89 | 93 | 306 | 318 |  |  |  |  | 28 | 119 |  |
| 107 | 73 | 200 |  | 98 |  |  |  |  |  |  |  | 301 | — |  |  |  |  | 49 | — |  |
| 117 | 114 | 195 | M16 | 137 | M16 | 210 | 34 |  | 224 | 104 | 113 | 359 | 369 | 66.7 | 32 | 31.8 | 70 | 32 | 136 | M14 |
| 160 | 83 | 222 |  | 112 |  |  |  |  |  |  |  | 354 | — |  |  |  |  | 57 | — |  |

| 规格 | $A_{40}$ | $A_{41}$ | $A_{42}$ | $A_{43}$ | $A_{44}$ | $A_{45}$ | $A_{46}$ | $A_{47}$ | $A_{48}$ | $A_{49}$ | $A_{50}$ | $A_{51}$ | $A_{52}$ | $A_{53}$ | $A_{54}$ | $A_{55}$ | $A_{56}$ | $A_{57}$ |
|---|---|---|---|---|---|---|---|---|---|---|---|---|---|---|---|---|---|---|
| 20 | M27×2 | 27.9 | 25 | 50 | 38 | M3 | 257 | 226 | 230 | 108 | 42 | 8.8 | 8 | 161 | 14 | 176 | 77 | 104 |
| 28 |  |  |  |  |  |  | 269 | 234 | 242 |  |  |  |  |  |  | 186 | 58 | 84 |
| 40 | M33×2 | 32.9 | 30 | 60 | 40 | M4 | 323 | 290 | 279 | 134 | — | 11.2 | 10 | 184 | 16 | 204 | 85 | 117 |
| 55 |  |  |  |  |  |  | 337 | 299 | 292 |  |  |  |  |  |  | 215 | 62 | 98 |
| 58 | M42×2 | 38 | 35 | 70 | 62 | M5 | 378 | 344 | 330 | 155.5 | 52 | 18 | 16 | 228 | 24 | 251 | 91 | 116 |
| 80 |  |  |  |  |  |  | 391 | 354 | 343 |  |  |  |  |  |  | 265 | 65 | 91 |
| 78 |  | 43.1 | 40 | 80 | 55 |  | 385 | 352 | 338 | 169 |  |  |  | 236 |  | 261 | 99 | 124 |
| 107 |  |  |  |  |  |  | 400 | 363 | 351 |  |  |  |  |  |  | 276 | 71 | 97 |
| 117 | M48×2 | 48.5 | 45 | 90 | 65 |  | 445 | 408 | 354 | 192 | 65 |  |  | 266 |  | 294 | 111 | 137 |
| 160 |  |  |  |  |  |  | 461 | 420 | 399 |  |  |  |  |  |  | 310 | 79 | 108 |

续表

| 规格 | $A_{58}$ | $A_{59}$ | $A_{60}$ | $A_{61}$ | $A_{62}$ | 平键 GB/T 1096 | | 花键 GB/T 3478.1 | $R_1$ | 油口 R | 油口 $A_1$、$X_3$ |
|---|---|---|---|---|---|---|---|---|---|---|---|
| 20 | 129 | 35 | 30 | 228 | 92 | 2×10 | 8×40 | EXT18Z×1.25m×30R×5f | 12 | M16×1.5 | M12×1.5 |
| 28 | 114 | | | 238 | 73 | | | | | | |
| 40 | 147 | 30 | | 276 | 104 | 3×10 | 8×50 | EXT14Z×2m×30R×5f | 16 | | |
| 55 | 128 | | | 288 | 83 | | | | | | |
| 58 | 142 | 33 | 33 | 328 | 104 | 5×16 | 10×56 | EXT16Z×2m×30R×5f | | M18×1.5 | M18×1.5 |
| 80 | 120 | | | 339 | 80 | | | | | | |
| 78 | 150 | | | 336 | 112 | | 12×63 | EXT18Z×2m×30R×5f | 20 | | |
| 107 | 126 | | | 348 | 86 | | | | | | |
| 117 | 164 | 34 | 34 | 382 | 125 | | 14×70 | EXT21Z×2m×30R×5f | | M22×1.5 | M20×1.5 |
| 160 | 137 | | | 396 | 96 | | | | | | |

DR:恒压变量　　标准型　　　　遥控

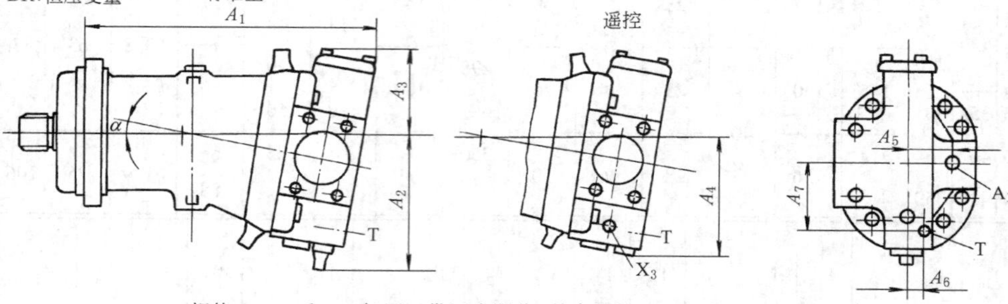


规格 20，$A_1$ 和 $X_3$ 仅用于带压力限位；其余规格，$A_1$ 和 $X_3$ 用于遥控

| 规格 | α | $A_1$ | $A_2$ | $A_3$ | $A_4$ | $A_5$ | $A_6$ | $A_7$ |
|---|---|---|---|---|---|---|---|---|
| 20 | 9° | 251 | 134 | 95 | 106 | 38 | — | — |
| 40 | | 315 | 166 | 107 | 127 | 40 | 14 | 53 |
| 58 | | 372 | 160 | | 138 | 62 | 15 | 69 |
| 78 | 9° | 380 | 180 | 114 | 147 | 60 | 14 | 70 |
| 117 | | 441 | 199 | 132 | 165 | 65 | | 83 |

EP:电控比例变量

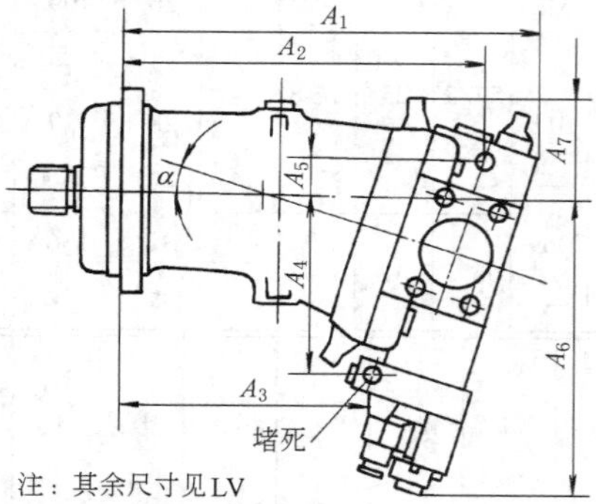


注：其余尺寸见LV

| 规格 | α | $A_1$ | $A_2$ | $A_3$ | $A_4$ | $A_5$ | $A_6$ | $A_7$ |
|---|---|---|---|---|---|---|---|---|
| 20 | 9° | 248 | 182 | 144 | 113 | 54 | 216 | 75 |
| 28 | 16° | 252 | 188 | 130 | 121 | 41 | 229 | 75 |
| 40 | 9° | 312 | 267 | 201 | 130 | 49 | 234 | 110 |
| 55 | 16° | 318 | 271 | 184 | 140 | 29 | 249 | 84 |
| 58 | 9° | 367 | 320 | 249 | 141 | 52 | 245 | 111 |
| 80 | 16° | 373 | 325 | 231 | 154 | 29 | 264 | 105 |
| 78 | 9° | 374 | 325 | 254 | 153 | 55 | 257 | 122 |
| 107 | 16° | 381 | 330 | 234 | 167 | 31 | 227 | 106 |
| 117 | 9° | 434 | 381 | 294 | 172 | 64 | 279 | 132 |
| 160 | 16° | 442 | 387 | 272 | 187 | 36 | 298 | 114 |

MA:手控变量
手轮朝下

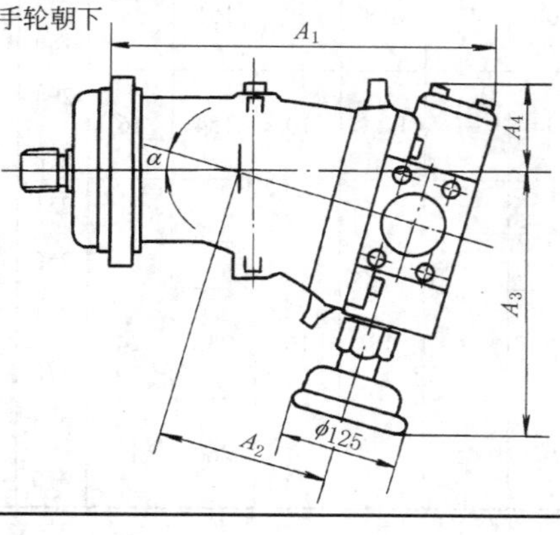


| 规格 | α | $A_1$ | $A_2$ | $A_3$ | $A_4$ |
|---|---|---|---|---|---|
| 20 | 9° | 251 | 108 | 175 | 95 |
| 28 | 16° | 260 | 108 | 190 | 80 |
| 40 | 9° | 315 | 134 | 197 | 107 |
| 55 | 16° | 323 | 134 | 215 | 89 |
| 58 | 9° | 372 | 155.5 | 215 | 107 |
| 80 | 16° | 380 | 155.5 | 235 | 86 |
| 78 | 9° | 380 | 169 | 246 | 114 |
| 107 | 16° | 390 | 169 | 270 | 92 |
| 117 | 9° | 441 | 192 | 261 | 132 |
| 160 | 16° | 450 | 192 | 285 | 107 |

续表

手轮朝上

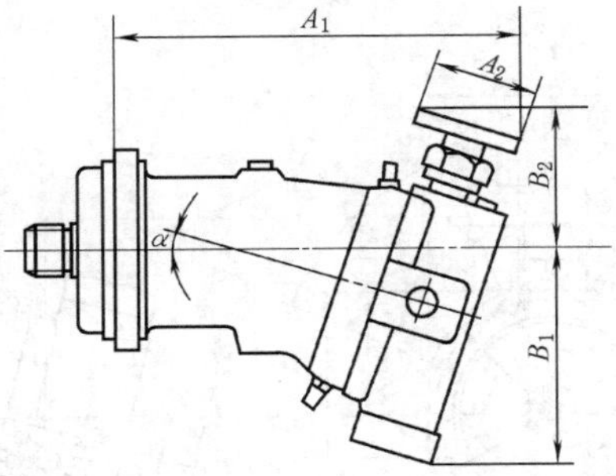


| 规格 | α | $A_1$ | $A_2$ | $B_1$ | $B_2$ |
|---|---|---|---|---|---|
| 20 | 9° | — | — | — | — |
| 28 | 16° | — | — | — | — |
| 40 | 9° | 317 | 100 | 175 | 132.5 |
| 58 | 9° | — | — | — | — |
| 80 | 16° | — | — | — | — |
| 78 | 9° | 315 | 100 | 180 | 157.5 |
| 107 | 16° | 383 | 100 | 270.5 | 132.5 |
| 117 | 9° | — | — | — | — |
| 160 | 16° | 445 | 100 | 225 | 143 |
| 250 | 26.5° | 584 | 120 | 320 | 230 |

NC：数字变量

| 规格 | α | $A_1$ | $B_1$ | $B_2$ |
|---|---|---|---|---|
| 107 | 16° | 419 | 225.5 | 224.5 |

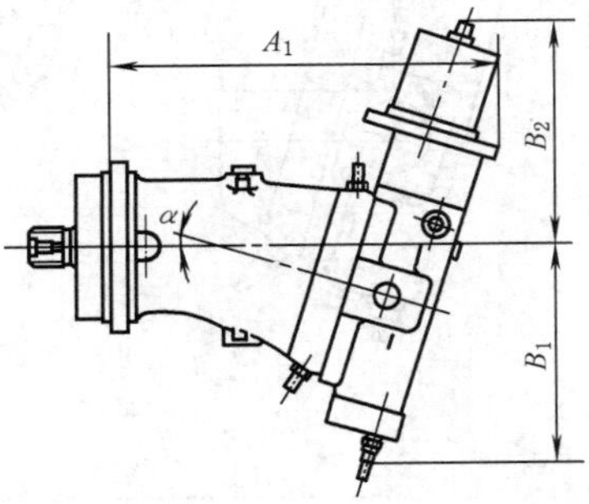


LVS：恒功率负荷传感变量

| 规格 | α | $A_1$ | $B_1$ | $B_2$ |
|---|---|---|---|---|
| 117 | 9° | 443 | 215 | 137 |

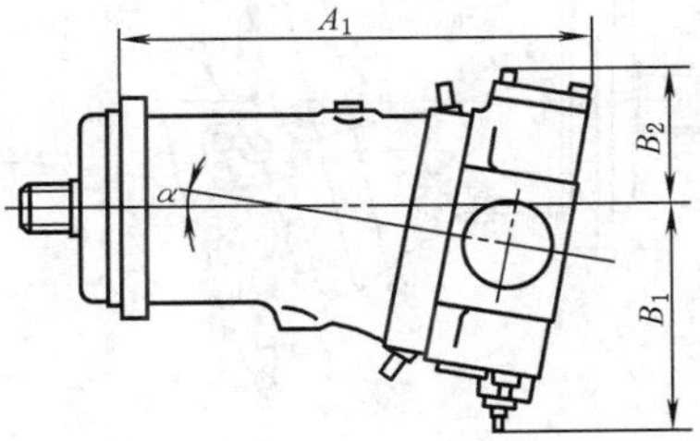


DRS：恒压负荷传感变量

| 规格 | α | $A_1$ | $B_1$ | $B_2$ |
|---|---|---|---|---|
| 117 | 9° | 441 | 214 | 132 |

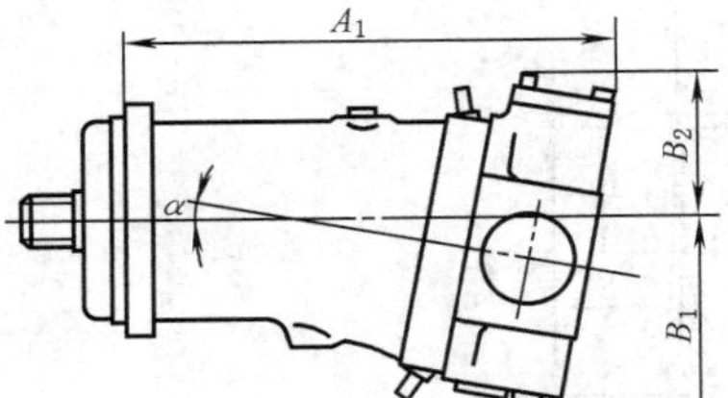


SC：刹车变量

| 规格 | α | $A_1$ | $B_1$ | $B_2$ |
|---|---|---|---|---|
| 160 | 16° | 441 | 230 | 98 |

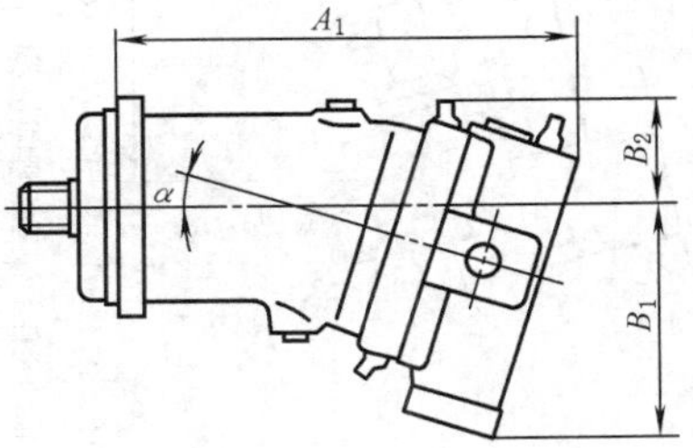

续表

A7V250～500　LV:恒功率变量

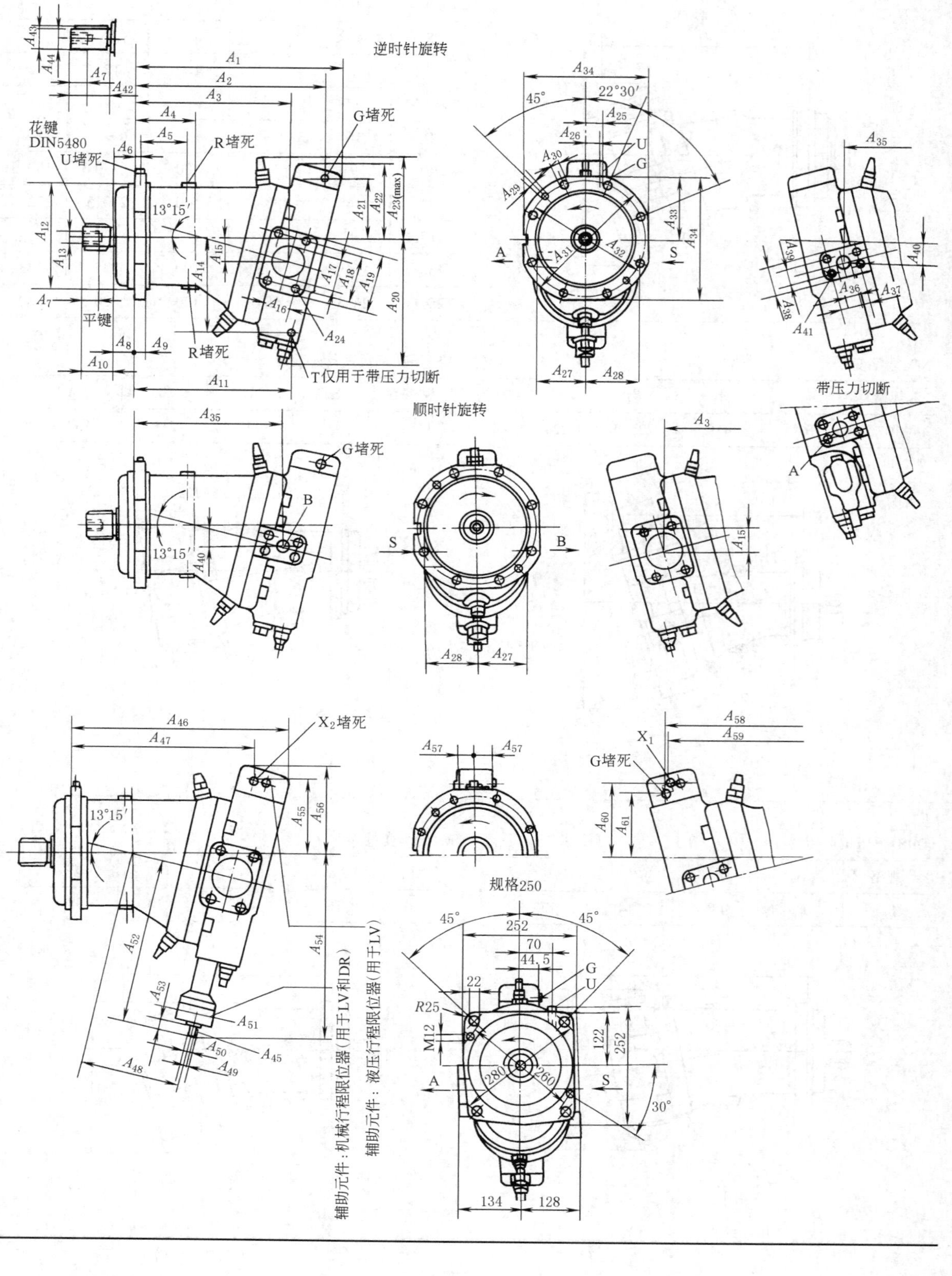

续表

| 规格 | $A_1$ | $A_2$ | $A_3$ | $A_4$ | $A_5$ | $A_6$ | $A_7$ | $A_8$ | $A_9$ | $A_{10}$ | $A_{11}$ | $A_{12}$ | $A_{13}$ | $A_{14}$ | $A_{15}$ | $A_{16}$ | $A_{17}$ | $A_{18}$ | $A_{19}$ |
|---|---|---|---|---|---|---|---|---|---|---|---|---|---|---|---|---|---|---|---|
| 250 | 491 | 450 | 364 | 134 | 120 | 13 | 36 | 50 | 25 | 58 | 371 | 224 | M16 | 223 | 54 | 77.8 | 100 | 130.2 | 180 |
| 355 | 552 | 511 | 412 | 160 | 142 |  | 42 |  | 28 | 82 | 427 | 280 | M20 | 240 | 59 |  |  |  | 162 |
| 500 | 615 | 563 | 465 | 194 | 175 | 15 |  |  | 30 |  | 464 | 315 |  | 252 | 68 | 92.1 | 125 | 152.4 | 185 |

| 规格 | $A_{20}$ | $A_{21}$ | $A_{22}$ | $A_{23}$ | $A_{24}$ | $A_{25}$ | $A_{26}$ | $A_{27}$ | $A_{28}$ | $A_{29}$ | $A_{30}$ | $A_{31}$ | $A_{32}$ | $A_{33}$ | $A_{34}$ | $A_{35}$ | $A_{36}$ | $A_{37}$ | $A_{38}$ | $A_{39}$ |
|---|---|---|---|---|---|---|---|---|---|---|---|---|---|---|---|---|---|---|---|---|
| 250 | 296 | 145 | 179 | 198 | M16 | 44.5 | 20 | 134 | 128 | M12 | 22 | — | 280 | 122 | 252 | 354 | 32 | 66.7 | 95 | 31.8 |
| 355 | 328 | 157 | 194 | 206 |  | 48.5 | 35 | 130 | 140 | M16 | 18 | 360 | 320 | 166 | 335 | 407 | 40 | 79.4 | 80 | 36.6 |
| 500 | 343 | 194 | 230 | — |  | 53 |  | 144 | 150 | M20 | 22 | 400 | 360 | 186 | 373 | 446 |  |  |  | 36.5 |

| 规格 | $A_{40}$ | $A_{41}$ | $A_{42}$ | $A_{43}$ | $A_{44}$ | $A_{45}$ | $A_{46}$ | $A_{47}$ | $A_{48}$ | $A_{49}$ | $A_{50}$ | $A_{51}$ | $A_{52}$ | $A_{53}$ | $A_{54}$ | $A_{55}$ | $A_{56}$ | $A_{57}$ | $A_{58}$ | $A_{59}$ |
|---|---|---|---|---|---|---|---|---|---|---|---|---|---|---|---|---|---|---|---|---|
| 250 | 51 | M14 | 82 | 53.5 | 50 | 5×16 | 498 | 411 | 223 | 18 | 16 | 90 | 366 | 24 | 407 | 175 | 210 | 44.5 | 450 | 433 |
| 355 | 58 | M16 | 105 | 64 | 60 |  | 562 | 470 | 252 |  |  |  | 397 |  | 444 | 187 | 225 | 48.5 | 511 | 492 |
| 500 | 64 |  |  | 74.5 | 70 | 6×16 | 617 | 559 | 513 | 20.5 | 18 | 100 | 418 | 22 | 471 | 215 | 240 | 53 | — | 535 |

| 规格 | $A_{60}$ | $A_{61}$ | 平键 | 花键 DIN 5480 | 油口 G | 油口 $X_1$ | 油口 $X_2$ | 油口 R | 油口 U |
|---|---|---|---|---|---|---|---|---|---|
| 250 | 169 | 145 | 14×80 | W50×2×24×9g | M14×1.5 | M14×1.5 | M14×1.5 | M22×1.5 | M14×1.5 |
| 355 | 182 | 157 | 18×100 | W60×2×28×9g | M16×1.5 | M16×1.5 | M16×1.5 | M33×1.5 |  |
| 500 | 210 | — | 20×100 | W70×3×22×9g |  |  |  |  | M18×1.5 |

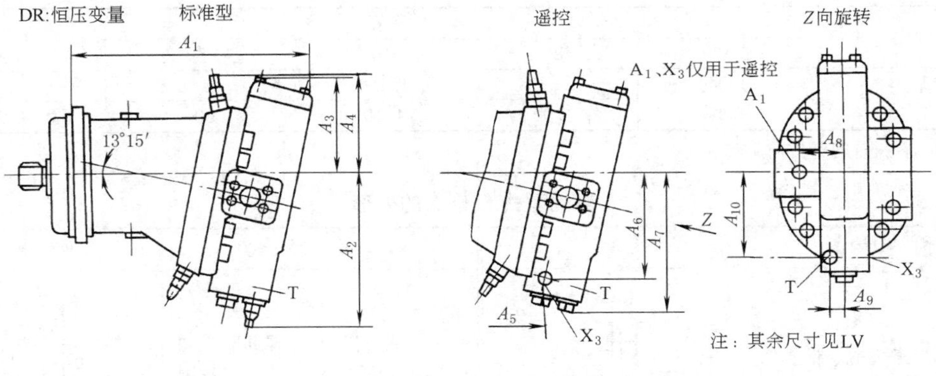


| 规格 | $A_1$ | $A_2$ | $A_3$ | $A_4$ | $A_5$ | $A_6$ | $A_7$ | $A_8$ | $A_9$ | $A_{10}$ |
|---|---|---|---|---|---|---|---|---|---|---|
| 250 | 489 | 296 | 173 | 198 | 314 | 211 | 272 | 84 | 28 | 165 |
| 355 | 552 | 328 | 194 | 206 | 366 | 228 | 306 | 85 | 32 | 175 |
| 500 | 610 | 343 | 221 | — | 417 | 241 | — | 84 | 38 | 180 |

注：1. A，B—工作油口；S—吸油口；G—遥控压力口（总功率控制口）；$X_1$—先导压力口；$X_2$—遥控压力口；$A_1$，$X_3$—遥控阀油口；T，$T_1$—先导油回油口；R—排气口；U—冲洗口。

2. 生产厂：北京华德液压泵分公司。

（2）A8V型斜轴式轴向变量柱塞双泵

A8V型斜轴式轴向变量柱塞双泵由两个排量相同的轴向柱塞泵、减速齿轮、总功率调节器组成。两个泵装在一个壳体内通过同一驱动轴传动。总功率控制器是一个压力先导控制装置，该装置随外载荷的改变而连续地改变两个连在一起的泵的摆角和相应的行程容积。摆角 α 在 7°～25°之间变动。当外载荷增大时系统压力也增加，这时摆角变小，流量也减小，因而使泵输出的功率在一定转速下保持恒定。

A8V型斜轴式轴向变量柱塞双泵具有压力高、体积小、重量轻、寿命长、易于保养等特点，适用于工程机械及其他机械上，如应用在挖掘机、推土机等双泵变量开式液压系统中。

型号意义：

A8V □ □ □ □ □ □ □ □ □

- A8V型斜轴式轴向变量柱塞双泵
- 规格(单泵)：28, 55, 58, 80, 107, 125, 160
- 变量方式：SR—总功率变量
  DM—恒压手动变量
- 结构型式：LLC— 分功率交叉变量1.1, 1.2, 2, 3, 4, 5
  (见表21-5-57)
- 转向：R—顺时针
  L—逆时针
- 系列：1
- 速比：0, 1, 2, 3, 4, 5(见表21-5-55)
- 吸油口连接：1—法兰连接
- 出油口连接：F— 法兰(SAE)
  G— 螺纹(仅用于A8V28)
- 行程限位：1—固定；2— 液控；
  3—机械
  2, 3不用于规格28

**表 21-5-55　　A8V 变量双泵速比 *i*（=驱动转速/泵转速）**

| 规　格 | 代　号 | | | | | |
|---|---|---|---|---|---|---|
| | 0 | 1 | 2 | 3 | 4 | 5 |
| 28 | — | 0.73 | 0.85 | — | — | — |
| 55 | 1.00 | 0.75 | 0.93 | 1.17 | 0.85 | 1.05 |
| 58 | — | 0.87 | 1.06 | — | 0.81 | — |
| 80 | 1.00 | 0.87 | 1.06 | 1.35 | — | 1.18 |
| 107 | 1.00 | 0.85 | 1.08 | 1.23 | — | — |
| 125 | 1.00 | — | — | — | — | — |
| 160 | 1.00 | — | — | — | — | — |

## 辅助驱动速比

**表 21-5-56　　A8V（1.1~1.2）辅助驱动速比**

| 结　构 | 规　格 | | | | |
|---|---|---|---|---|---|
| | 55 | 80 | 107 | 125 | 160 |
| 1.1 | 1.244 | 1.333 | 1.256 | | |
| 1.2 | 1.00 | 1.00 | 1.00 | 1.00 | 1.00 |

注：从轴端看，顺时针方向旋转。

**表 21-5-57　　结构型式 1.1~5 的外形**

| 结　构　型　式 | 外　形　图 | 结　构　型　式 | 外　形　图 |
|---|---|---|---|
| 1.1 不带减速齿轮、带辅助驱动 | 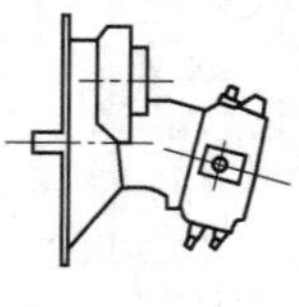 | 3 带减速齿轮、带辅助驱动和安装定量泵 A2F 23.28(带花键轴)的联轴器 | 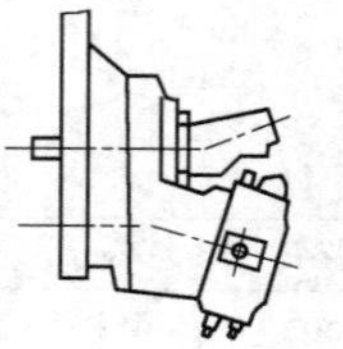 |
| 1.2 不带减速齿轮、带辅助驱动 | 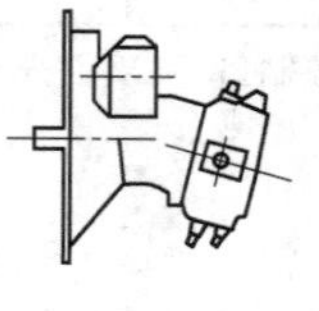 | 4 带减速齿轮、带辅助驱动、可安装齿轮泵(带锥轴和螺钉固定)的联轴器 | 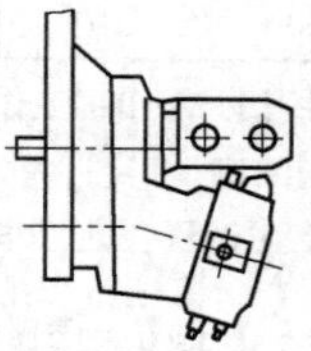 |
| 2 带减速齿轮、不带辅助驱动 | 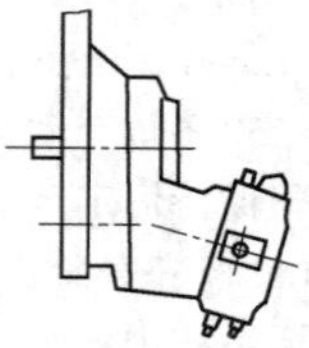 | 5 带减速齿轮、带辅助驱动、有盖板 | 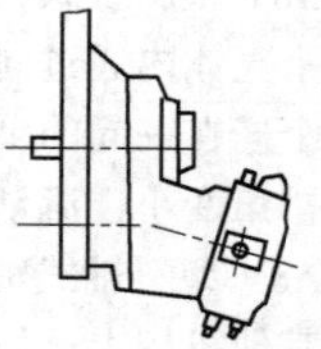 |

**表 21-5-58　技术参数**

| 规格 | 单侧泵排量 $V_{gmax}$ /mL·r$^{-1}$ | 分动箱齿轮速比 $i=\frac{n_A}{n_p}$ | 当吸油口S绝对压力为 $p$ 及排量为 $V_{gmax}$ 时的最大传动转速 $n_{Amax}$/r·min$^{-1}$ | | | 双泵最大流量 $q_{vmax}$（考虑3%的容积损失）/L·min$^{-1}$ | | | 双泵驱动功率 $P$/kW | | | 惯性矩 $J$ /kg·m$^2$ | 质量 /kg |
|---|---|---|---|---|---|---|---|---|---|---|---|---|---|
| | | | $p$=0.09MPa $n_{0.09}$ | $p$=0.1MPa $n_{0.1}$ | $p$=0.15MPa $n_{0.15}$ | $n_{0.09}$ | $n_{0.1}$ | $n_{0.15}$ | $n_{0.09}$ | $n_{0.1}$ | $n_{0.15}$ | | |
| 28 | 28.1 | 0.729<br>0.860 | 2040<br>2410 | 2185<br>2580 | 2350<br>2770 | 2×76 | 2×82 | 2×88 | 46 | 49 | 53 | 0.014020<br>0.009351 | 54 |
| 55 | 54.8 | 1.000 | 2360 | 2500 | 2640 | 2×125 | 2×133 | 2×140 | 75 | 80 | 84 | 0.012475 | 100 |
| | | 0.745<br>0.837<br>0.9318<br>1.051<br>1.1714 | 1760<br>1975<br>2200<br>2480<br>2765 | 1860<br>2090<br>2330<br>2625<br>2930 | 1965<br>2210<br>2460<br>2775<br>3090 | 2×125 | 2×133 | 2×140 | 75 | 80 | 84 | 0.03743<br>0.02818<br>0.02175<br>0.01639<br>0.012977 | |
| 58 | 58.8 | 0.8125<br>0.8667<br>1.054 | 2315<br>2470<br>3000 | 2435<br>2600<br>3160 | 2720<br>2900<br>3530 | 2×165 | 2×174 | 2×194 | | | | 0.06189<br>0.05590<br>0.03579 | 130 |
| 80 | 80 | 1.000 | 2120 | 2240 | 2370 | 2×164 | 2×174 | 2×184 | 99 | 105 | 111 | 0.02680 | 130 |
| | | 0.8666<br>1.054<br>1.181<br>1.3448 | 1840<br>2235<br>2505<br>2850 | 1940<br>2360<br>2645<br>3010 | 2055<br>2500<br>2800<br>3185 | 2×164 | 2×174 | 2×184 | 99 | 105 | 111 | 0.05590<br>0.03579<br>0.02797<br>0.02137 | |
| 107 | 107 | 1.000 | 1900 | 2000 | 2135 | 2×197 | 2×208 | 2×222 | 119 | 125 | 133 | 0.03625 | 165 |
| | | 0.8431<br>1.075<br>1.2285 | 1600<br>2040<br>2335 | 1685<br>2150<br>2455 | 1800<br>2295<br>2625 | 2×197 | 2×208 | 2×222 | 119 | 125 | 133 | 0.08257<br>0.047012<br>0.035353 | |
| 125 | 125 | 1.000 | 1900 | 2000 | 2135 | 2×230 | 2×242 | 2×258 | 139 | 146 | 156 | 0.055 | 180 |
| 160 | 160 | 1.000 | 1750 | 1900 | 2100 | 2×271 | 2×284 | 2×325 | 164 | 178 | 196 | 0.064 | 200 |

注：1. 表中单侧泵排量为 $\alpha=25°$ 时的排量。

2. 速比中 $n_A$ 为主轴的输入转速，$n_p$ 为泵的转速。

3. $n_{0.09}$、$n_{0.1}$、$n_{0.15}$ 分别为泵的吸油口绝对压力在0.09MPa、0.1MPa、0.15MPa时的最高允许转速。

4. 表中所列数值未考虑液压机械效率、容积效率，数值经过圆整。

**表 21-5-59** 外形尺寸 mm

规格 55、80 和 107

结构 1.1

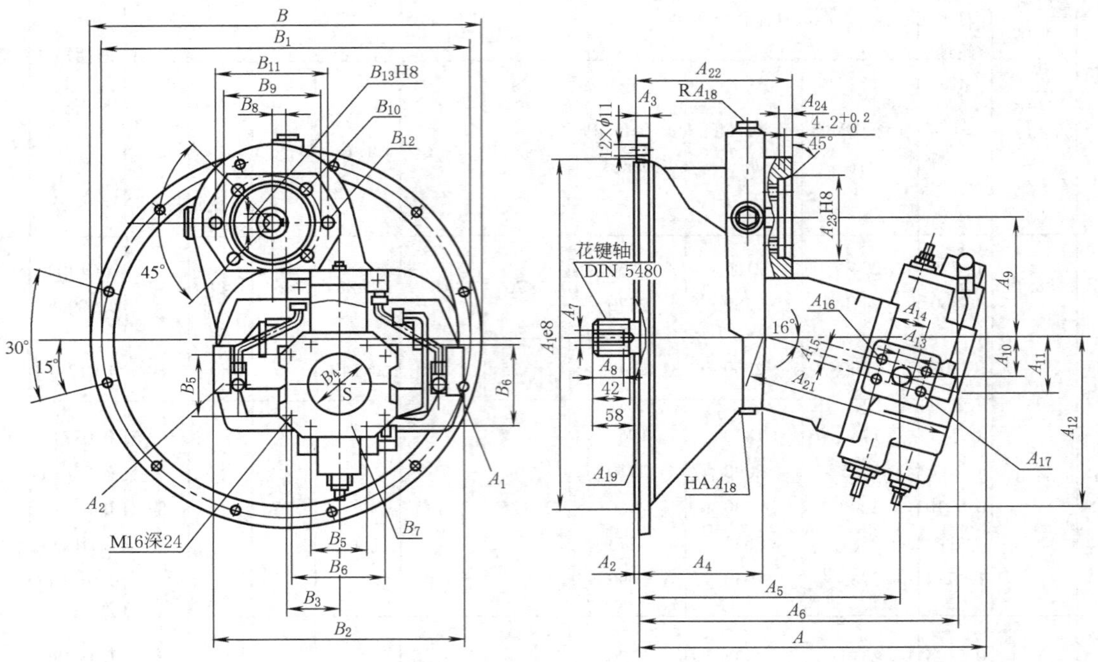


$A_1$,$A_2$—工作油口;S—吸油油口;R—排气口(堵死);HA—泄油口(堵死)

| 规格 | $A$ | $A_1$ | $A_2$ | $A_3$ | $A_4$ | $A_5$ | $A_6$ | $A_7$ | $A_8$ | $A_9$ | $A_{10}$ | $A_{11}$ | $A_{12}$ | $A_{13}$ | $A_{14}$ | $A_{15}$ | $A_{16}$ | $A_{17}$ |
|---|---|---|---|---|---|---|---|---|---|---|---|---|---|---|---|---|---|---|
| 55 | 361 | 361.95 | 5 | 12 | 130 | 273 | 331 | M12 | 28 | 92 | 41 | 57.6 | 179.5 | 20 | 50.8 | 23.8 | M10 深 17 | 法兰 SAE3/4 42MPa |
| 80 | 418 | 409.575 | 6 | 12 | 144 | 310 | 383 | M16 | 36 | 107.3 | 47.2 | 68.5 | 214.3 | 25 | 57.2 | 27.8 | M12 深 17 | 法兰 SAE1 42MPa |
| 107 | 443 | 447.7 | 6 | 16 | 157 | 385 | 407 | M16 | 36 | 115.6 | 51 | 71.6 | 216.3 | 25 | 57.2 | 27.8 | M12 深 18 | 法兰 SAE1 42MPa |

| 规格 | $A_{18}$ | $A_{19}$ | $A_{21}$ | $A_{22}$ | $A_{23}$ | $A_{24}$ | $B$ | $B_1$ | $B_2$ | $B_3$ | $B_4$ | $B_5$ | $B_6$ | $B_7$ | $B_8$ | $B_9$ |
|---|---|---|---|---|---|---|---|---|---|---|---|---|---|---|---|---|
| 55 | M18×1.5 | 法兰 SAE4 | 209 | 66.5 | 80 | 11.5 | 407 | 381 | 270 | 54.25 | 76 | 61.9 | 106.4 | 法兰 SAE3 3.5MPa | | |
| 80 | M22×1.5 | 法兰 SAE3 | 248.5 | 180 | 100 | 12 | 456 | 428.625 | 290 | 60.5 | 102 | 77.8 | 130.2 | 法兰 SAE4 3.5MPa | 20 | 125 |
| 107 | M22×1.5 | 法兰 SAE2 | 260 | 192 | 100 | 12 | 495 | 466.7 | 320 | 67 | 102 | 77.8 | 130.2 | 法兰 SAE4 3.5MPa | 20 | 125 |

| 规格 | $B_{10}$ | $B_{11}$ | $B_{12}$ | $B_{13}$ | 平键 GB/T 1096 | 花键 DIN 5480 | 质量/kg |
|---|---|---|---|---|---|---|---|
| 55 | | 109 | M10 深 16 | 18 | 6×25 | W40×2×18×9g | 72 |
| 80 | M10 深 16 | 140 | M14 深 20 | 25 | 8×15 | W45×2×21×9g | 100 |
| 107 | M10 深 16 | 140 | M14 深 20 | 25 | 8×15 | W50×2×24×9g | 135 |

续表

规格 55、80、107、125 和 160

结构 1.2

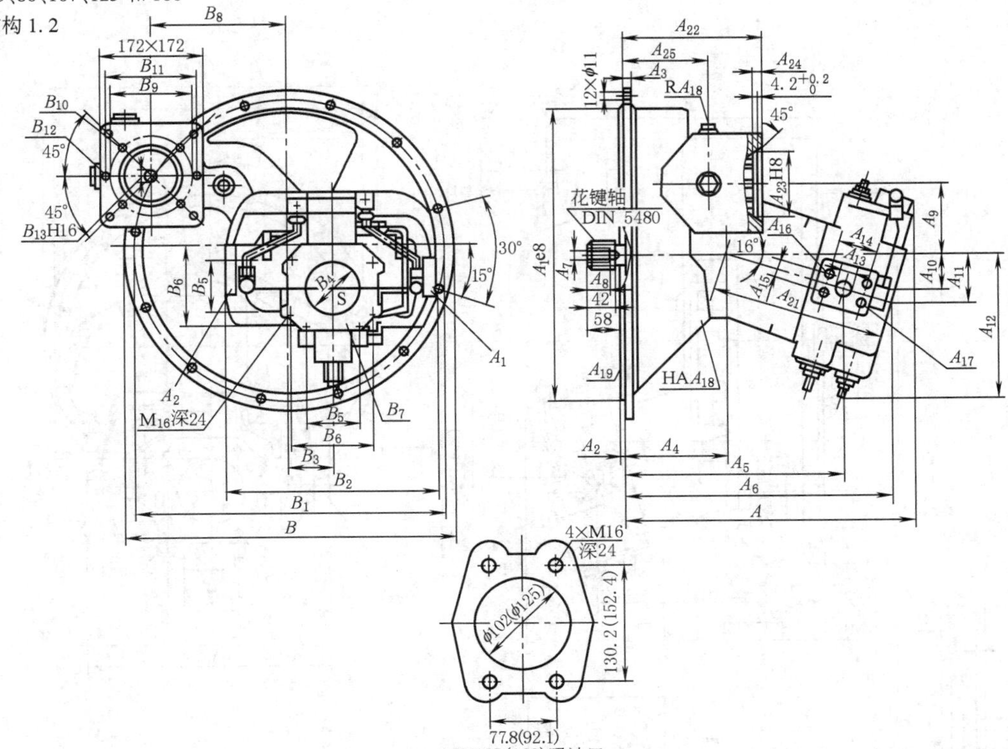


A8V125(160)吸油口

$A_1$,$A_2$—工作油口;S—吸油口;R—排气口(堵死);HA—泄油口(堵死)

| 规格 | $A$ | $A_1$ | $A_2$ | $A_3$ | $A_4$ | $A_5$ | $A_6$ | $A_7$ | $A_8$ | $A_9$ | $A_{10}$ | $A_{11}$ | $A_{12}$ | $A_{13}$ | $A_{14}$ | $A_{15}$ | $A_{16}$ | $A_{17}$ |
|---|---|---|---|---|---|---|---|---|---|---|---|---|---|---|---|---|---|---|
| 55 | 361 | 361.95 | 5 | 12 | 130 | 273 | 331 | M12 | 28 | 92 | 41 | 57.6 | 179.5 | 20 | 50.8 | 23.8 | M10 深 17 | 法兰 SAE3/4 42MPa |
| 80 | 418 | 409.575 | 6 | 12 | 144 | 310 | 383 | M16 | 36 | 107.3 | 47.2 | 68.5 | 214.3 | 25 | 57.2 | 27.8 | M12 深 17 | 法兰 SAE1/4 42MPa |
| 107 | 443 | 447.7 | 6 | 16 | 157 | 385 | 407 | M16 | 36 | 115.6 | 51 | 71.6 | 216.3 | 25 | 57.2 | 27.8 | M12 深 18 | 法兰 SAE1/4 42MPa |
| 125 | 426 | 447.7 | 6 | 16 | 157 | 307.7 | 354.4 | M16 | 36 | 272 | 47.5 | 62.2 | 222 | 25 | 57.2 | 27.8 | M12 深 18 | 法兰 SAE1 42MPa |
| 160 | 542 | 511.2 | 6 | 20 | 221 | 421 | 473 | M20 | 42 | 224 | 57 | 72 | 257 | 32 | 31.8 | 66.7 | M14 深 19 | 法兰 SAE1/4 42MPa |

| 规格 | $A_{18}$ | $A_{19}$ | $A_{21}$ | $A_{22}$ | $A_{23}$ | $A_{24}$ | $A_{25}$ | $B$ | $B_1$ | $B_2$ | $B_3$ | $B_4$ | $B_5$ | $B_6$ | $B_7$ |
|---|---|---|---|---|---|---|---|---|---|---|---|---|---|---|---|
| 55 | M18×1.5 | 法兰 SAE4 | | | | | | 407 | 381 | 270 | 54.25 | 76 | 61.9 | 106.4 | 法兰 SAE3 3.5MPa |
| 80 | M22×1.5 | 法兰 SAE3 | 240.5 | 211 | 100 | 12 | 127 | 456 | 428.625 | 290 | 60.5 | 102 | 77.8 | 103.2 | 法兰 SAE4 3.5MPa |
| 107 | M22×1.5 | 法兰 SAE2 | 260 | 214 | 100 | 12 | 137 | 495 | 466.7 | 320 | 67 | 102 | 77.8 | 130.2 | 法兰 SAE4 3.5MPa |
| 125 | M22×1.5 | 法兰 SAE2 | 157 | 214 | 100 | 12 | 137 | 495 | 466.7 | 320 | 67 | 102 | | | 法兰 SAE4 3.5MPa |
| 160 | M22×1.5 | 法兰 SAE1 | 208 | 280 | 110 | 25 | | 555 | 530.2 | 384 | 85.5 | 125 | | | 法兰 SAE5 3.5MPa |

| 规格 | $B_8$ | $B_9$ | $B_{10}$ | $B_{11}$ | $B_{12}$ | $B_{13}$ | 平键 GB/T 1096 | 花键 DIN 5480 | 质量/kg |
|---|---|---|---|---|---|---|---|---|---|
| 55 | | | | | | | | W40×2×18×9g | 80 |
| 80 | 175 | 125 | M10 深 16 | 140 | M14 深 20 | 25 | 8×36 | W45×2×21×9g | 110 |
| 107 | 198.5 | 125 | M10 深 16 | 140 | M14 深 20 | 25 | 8×45 | W50×2×24×9g | 145 |
| 125 | 198.5 | 125 | M10 深 16 | 140 | M14 深 20 | 25 | 8×45 | W50×2×24×9g | 180 |
| 160 | 202.8 | 138 | M10 深 16 | 160 | M14 深 20 | 25 | 8×45 | W60×2×28×9g | 200 |

续表

规格 55、80 和 107

结构 2~5

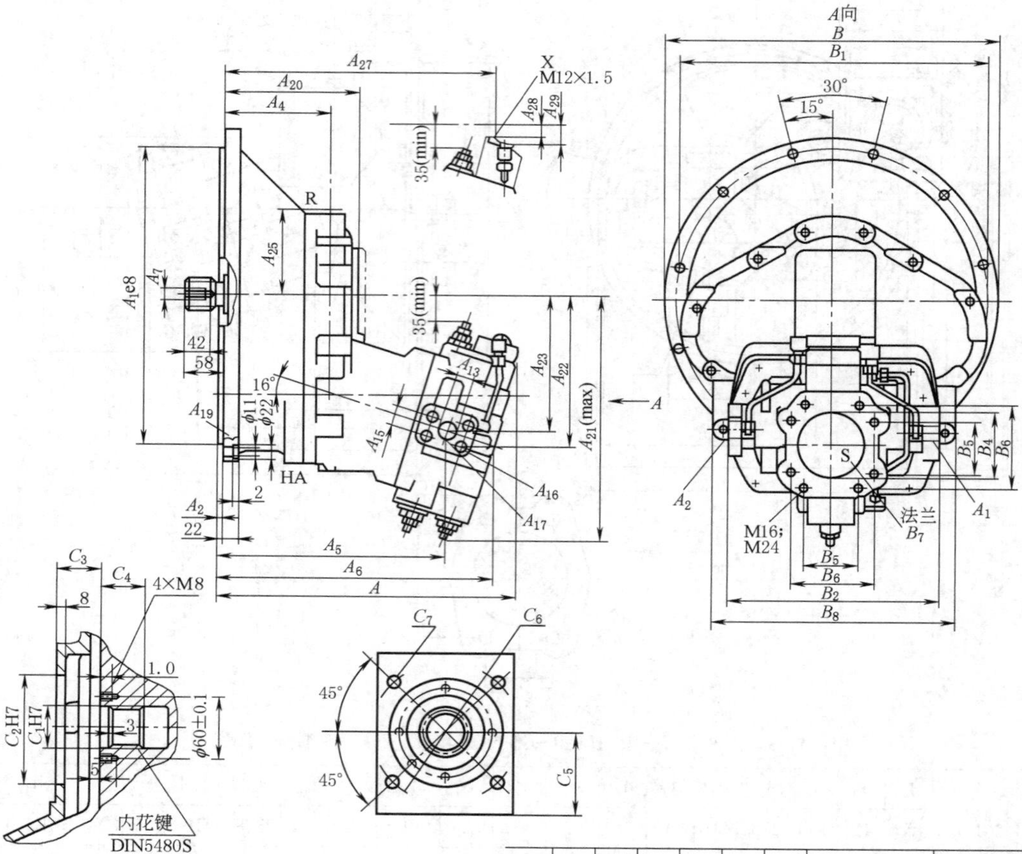


$A_1$,$A_2$—工作油口;S—吸油口;R—排气口(堵死);HA—泄油口(堵死);X—先导口

| 规格 | $C_1$ | $C_2$ | $C_3$ | $C_4$ | $C_5$ | $C_6$ | $C_7$ | 内花键 DIN 5480 |
|---|---|---|---|---|---|---|---|---|
| 55 | 34 | 80 | 42.5 | 33 | 55 | 100 | M8 深 17 | N30×2×14×9H |
| 80 | 40 | 105 | 42.5 | 41 | 60 | 125 | M10 深 12.5 | N35×2×16×9H |
| 107 | 40 | 105 | 42 | 41 | 62 | 125 | M10 深 12.5 | N35×2×16×9H |

| 规格 | $A$ | $A_1$ | $A_2$ | $A_4$ | $A_5$ | $A_6$ | $A_7$ | $A_{13}$ | $A_{15}$ | $A_{16}$ | $A_{17}$法兰 | $A_{19}$法兰 | $A_{20}$ | $A_{21}$ |
|---|---|---|---|---|---|---|---|---|---|---|---|---|---|---|
| 55 | 361 | 361.95 | 5 | 130 | 273 | 331 | M12 | 20 | 23.8 | M10 深 17 | SAE3/4 42MPa | SAE4 | 176 | 312 |
| 80 | 418 | 409.575 | 6 | 144 | 310 | 383 | M16 | 25 | 27.8 | M12 深 17 | SAE 42MPa | SAE3 | 191 | 344 |
| 107 | 443 | 447.7 | 6 | 157 | 335 | 407 | M16 | 25 | 27.8 | M12 深 17 | SAE1 42MPa | SAE2 | 204 | 360 |

| 规格 | $A_{22}$ | $A_{23}$ | $A_{25}$ | $A_{27}$ | $A_{28}$ | $A_{29}$ | $B$ | $B_1$ | $B_2$ | $B_4$ | $B_5$ | $B_6$ | $B_7$ 法兰 | $B_8$ | 花键 DIN 5480 | 质量/kg |
|---|---|---|---|---|---|---|---|---|---|---|---|---|---|---|---|---|
| 55 | 181 | 164.3 | 115 | 322 | 6 | 8 | 407 | 381 | 270 | 76 | 61.9 | 106.4 | SAE3 3.5MPa | 320 | W40×2×18×9g | 100 |
| 80 | 198.2 | 177.5 | 115 | 382 | 7 | 12.5 | 456 | 428.6 | 290 | 102 | 77.8 | 130.2 | SAE4 3.5MPa | 340 | W45×2×21×9g | 130 |
| 107 | 215.3 | 194.7 | 128 | 406 | 21.5 | 27 | 495 | 466.7 | 320 | 102 | 77.8 | 130.2 | SAE4 3.5MPa | 360 | W50×2×24×9g | 165 |

续表

规格 28

结构 2~5

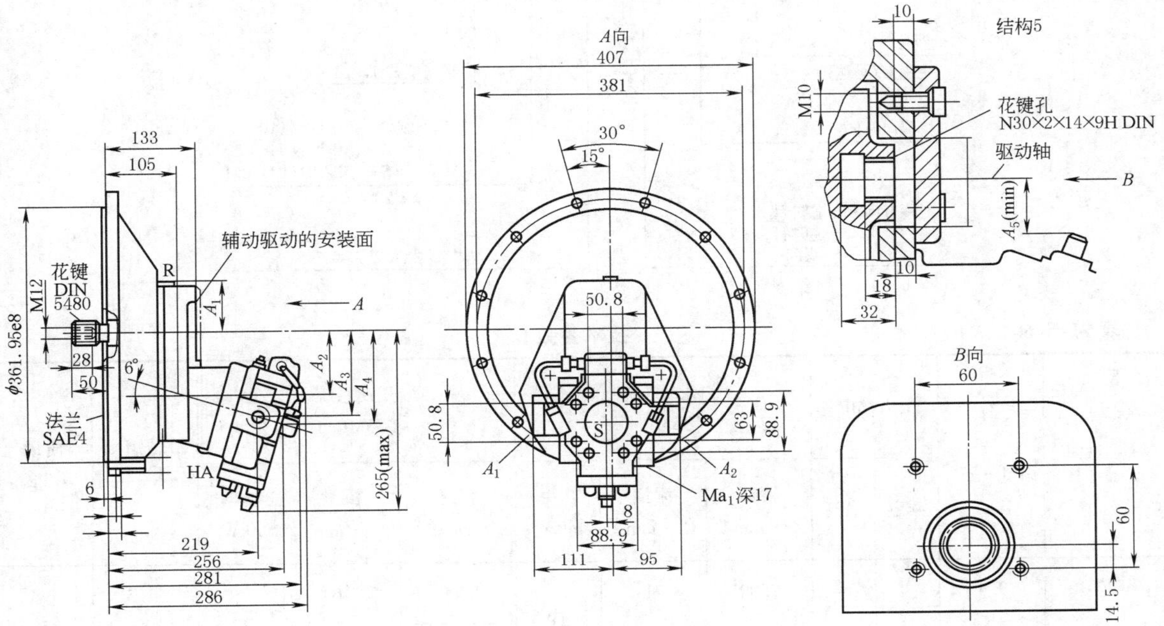


| 速比 | $A_1$ | $A_2$ | $A_3$ | $A_4$ | $A_5$ | 质量/kg |
|---|---|---|---|---|---|---|
| 1 | 83 | 100 | 133 | 143 | 42 | 54 |
| 2 | 73.5 | 91 | 124 | 134 | 33 | 54 |

$A_1$,$A_2$—工作油口 M33×2;S—吸油口 SAE2½ 21MPa;R—排气口 M14×1.5(堵死);HA—泄油口 M14×1.5(堵死)

规格 58

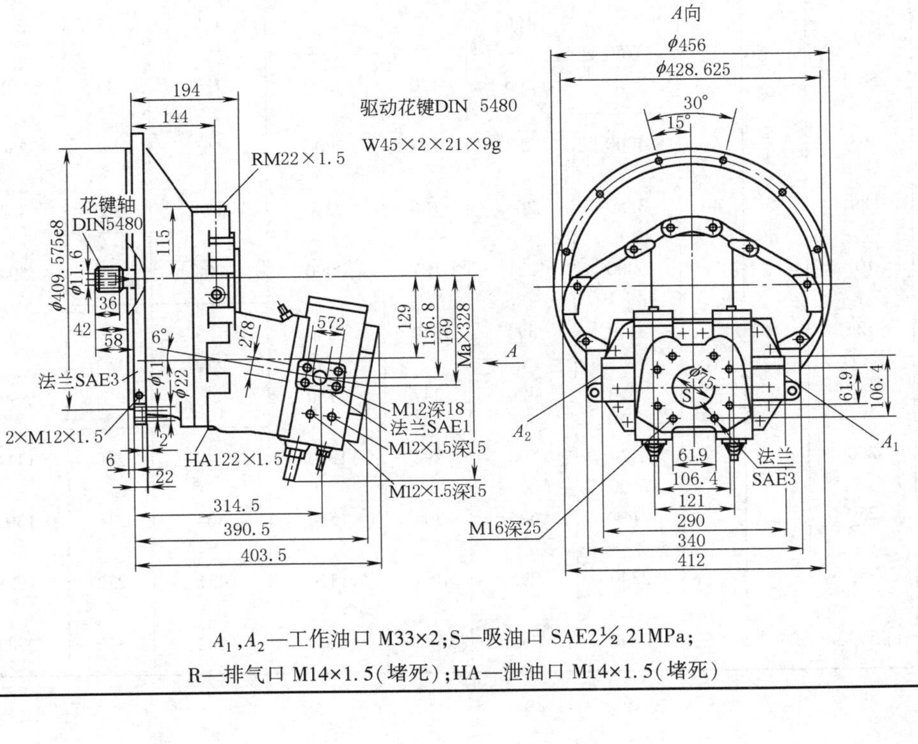


$A_1$,$A_2$—工作油口 M33×2;S—吸油口 SAE2½ 21MPa;

R—排气口 M14×1.5(堵死);HA—泄油口 M14×1.5(堵死)

（3）A2F 型斜轴式轴向定量柱塞泵

型号意义：

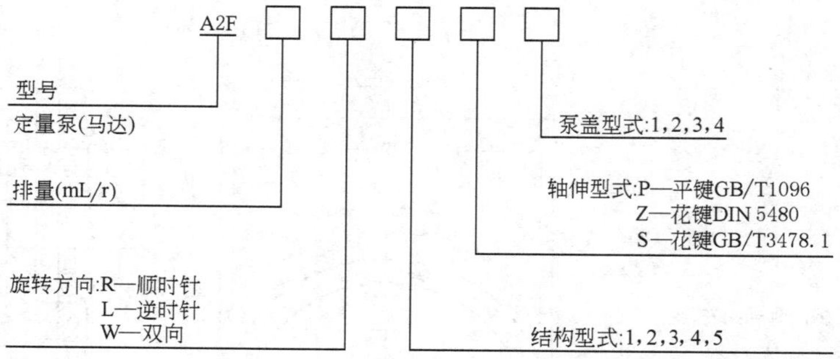


表 21-5-60 技术参数

| 型　号 | 排量 /mL·r⁻¹ | 压力/MPa | | 闭式系统（35MPa） | | | 开式系统（35MPa） | | | 转矩 /N·m | 质量 /kg |
|---|---|---|---|---|---|---|---|---|---|---|---|
| | | 额定 | 最高 | 转速 /r·min⁻¹ | 流量 /L·min⁻¹ | 功率 /kW | 转速 /r·min⁻¹ | 流量 /L·min⁻¹ | 功率 /kW | | |
| A2F10 | 9.4 | 35 | 40 | 7500 | 71 | 41 | 5000 | 46 | 27 | 52.5 | 5 |
| A2F12 | 11.6 | | | 6000 | 70 | | 4000 | 45 | | 64.5 | |
| A2F23 | 22.7 | | | 5600 | 127 | 74 | | 88 | 53 | 126 | 12 |
| A2F28 | 28.1 | | | 4750 | 133 | 78 | 3000 | 82 | 49 | 156 | |
| A2F45 | 44.3 | | | 3750 | 166 | 97 | | 129 | 75 | 247 | 23 |
| A2F55 | 54.8 | | | | 206 | 120 | 2500 | 133 | 80 | 305 | |
| A2F63 | 63 | | | 4000 | 252 | 147 | 2700 | 165 | 99 | 350 | 33 |
| A2F80 | 80 | | | 3350 | 268 | 156 | 2240 | 174 | 105 | 446 | |
| A2F107 | 107 | | | 3000 | 321 | 187 | 2000 | 208 | 125 | 594 | 44 |
| A2F125 | 125 | | | 3150 | 394 | 230 | 2240 | 272 | 163 | 693 | 63 |
| A2F160 | 160 | | | 2650 | 424 | 247 | 1750 | | | 889 | |
| A2F200 | 200 | | | 2500 | 500 | 292 | 1800 | 349 | 210 | 1114 | 88 |
| A2F250 | 250 | | | | 625 | 365 | 1500 | 364 | 218 | 1393 | |
| A2F355 | 355 | | | 2240 | 795 | 464 | 1320 | 455 | 273 | 1978 | 138 |
| A2F500 | 500 | | | 2000 | 1000 | 583 | 1200 | 582 | 350 | 2785 | 185 |

**表 21-5-61　外形尺寸**　mm

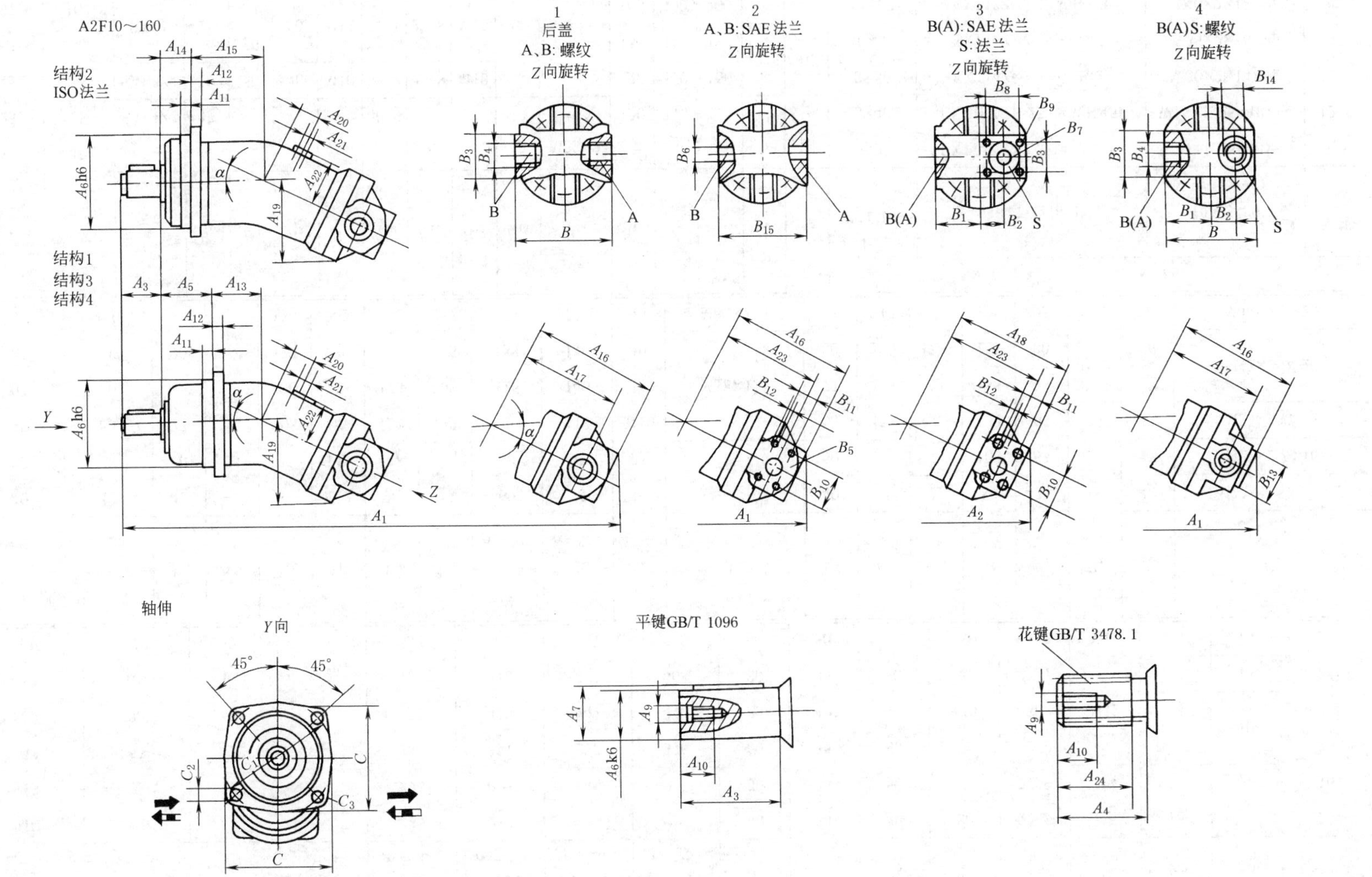

续表

| 规格 α=20° | 规格 α=25° | 结构型式 | 后盖型式 | $A_1$ α=20° | $A_1$ α=25° | $A_2$ α=20° | $A_2$ α=25° | $A_3$ | $A_4$ | $A_5$ | $A_6$ | $A_7$ | $A_9$ | $A_{10}$ | $A_{11}$ | $A_{12}$ |
|---|---|---|---|---|---|---|---|---|---|---|---|---|---|---|---|---|
| 10 | 12 | 4 | 1、4 | 235 | 232 | — | — | 40 | 34 | 40 | 80 | 22.5 | M6 | 16 | 8 | 12.5 |
| 23 | 28 | 2.3 | | 296 | 293 | | | 50 | 34 | 50 | 100 | 27.9 | M8 | 19 | | 16 |
| 45 | 55 | 1.2 | 1、2、3 | 384 | 381 | 378 | 376 | 60 | 35 | 63 | 125 | 32.9 | M12 | 28 | 10 | 20 |
| 63 | 80 | 2 | | 452 | 450 | 447 | 444 | 70 | 40 | — | 140 | 38 | | | | 23 |
| 87 | 107 | 1.2 | | 480 | 476 | 473 | 468 | 80 | 45 | 80 | 160 | 43.1 | | | 12 | 25 |
| 125 | 160 | 2 | | 552 | 547 | 547 | 540 | 90 | 50 | — | 180 | 48.5 | M16 | 36 | 10 | 28 |

| 规格 α=20° | 规格 α=25° | $A_{13}$ | $A_{14}$ | $A_{15}$ | $A_{16}$ | $A_{17}$ | $A_{18}$ | $A_{19}$ α=20° | $A_{19}$ α=25° | $A_{20}$ | $A_{21}$ | $A_{22}$ | $A_{23}$ | $A_{24}$ | $B$ | $B_1$ | $B_2$ | $B_3$ | $B_4$ |
|---|---|---|---|---|---|---|---|---|---|---|---|---|---|---|---|---|---|---|---|
| 10 | 12 | 42 | — | — | 112 | 90 | — | 69 | 75 | 10 | M12×1.5 | 40 | — | 22 | 89 | 42.5 | 18 | 40 | M22×1.5 深 14 |
| 23 | 28 | 50 | 25 | 75 | 145 | 118 | | 88 | 95 | 25 | M16×1.5 | 50 | | 28 | 100 | 53 | 25 | 47 | M27×2 深 16 |
| 45 | 55 | 77 | 32 | 108 | 183 | 150 | 178 | 110 | 118 | 31.5 | M18×1.5 | 63 | 151 | | 132 | 63 | 29 | 53 | M33×2 深 18 |
| 63 | 80 | — | | 130 | 213 | 173 | 208 | 126 | 140 | 36 | | 77 | 173 | 33 | 156 | 75 | 35.5 | 63 | M42×2 深 20 |
| 87 | 107 | 90 | 40 | 137 | 230 | 190 | 225 | 138 | 149 | 40 | | 80 | 190 | 37.5 | 165 | 80 | | 66 | |
| 125 | 160 | — | | 156 | 262 | 212 | 257 | 159 | 173.5 | 45 | M22×1.5 | 93 | 212 | 42.5 | 195 | 95 | 42.2 | 70 | M48×2 深 20 |

| 规格 α=20° | 规格 α=25° | $B_5$ 法兰 | $B_6$ | $B_7$ | $B_8$ | $B_9$ | $B_{10}$ | $B_{11}$ | $B_{12}$ | $B_{13}$ | $B_{14}$ | $B_{15}$ | $C$ | $C_1$ | $C_2$ | $C_3$ | 平键 GB/T 1096 | 花键 GB/T 3478.1 | 花键 DIN 5480 | 质量 /kg |
|---|---|---|---|---|---|---|---|---|---|---|---|---|---|---|---|---|---|---|---|---|
| 10 | 12 | — | — | — | — | — | — | — | — | 42 | M33×2 | — | 95 | 100 | 9 | 10 | 6×32 | EXT14Z×1.25m×30R×5f | W20×1.25×14×9g | 5.5 |
| 23 | 28 | SAE1/2 | 13 | | | | 40.5 | | | 53 | M42×2 | 120 | 118 | 125 | 11 | 12 | 8×40 | EXT18Z×1.25m×30R×5f | W25×1.25×18×9g | 12.5 |
| 45 | 55 | SAE3/4 | 19 | 50 | 48 | M10 | 50.8 | 23.8 | M10 | — | — | 126 | 150 | 160 | 13.5 | 16 | 8×50 | EXT14Z×2m×30R×5f | W30×2×14×9g | 23 |
| 63 | 80 | SAE1 | 25 | 56 | 60 | M12 | 57.1 | 27.8 | M12 | | | 156 | 165 | 180 | | | 10×56 | EXT16Z×2m×30R×5f | W35×2×16×9g | 33 |
| 87 | 107 | | | 63 | | | | | | | | 160 | 190 | 200 | 17.5 | 20 | 12×63 | EXT18Z×2m×30R×5f | W40×2×18×9g | 42 |
| 125 | 160 | SAE1¼ | 32 | 70 | 75 | M16 | 66.7 | 31.8 | M14 | | | 190 | 210 | 224 | | | 14×70 | EXT21Z×2m×30R×5f | W45×2×21×9g | 63 |

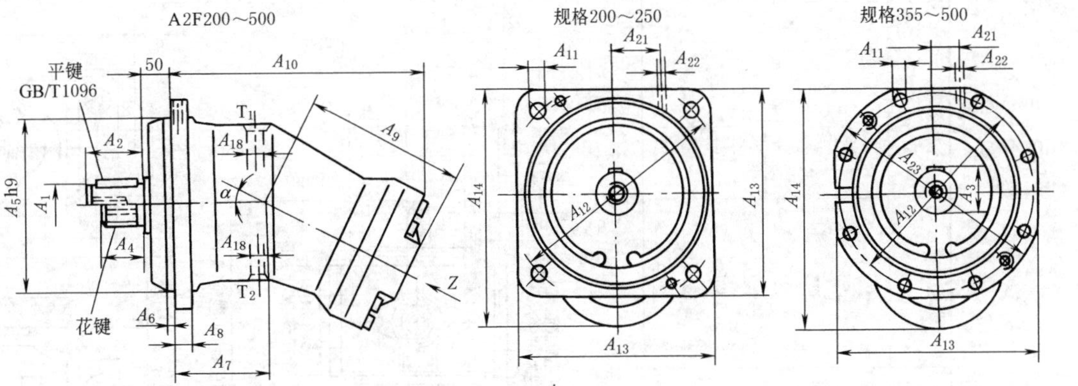


Z向

后盖

用于马达工况、用于泵工况1(闭式回路)

后盖

用于泵工况 2(开式回路)

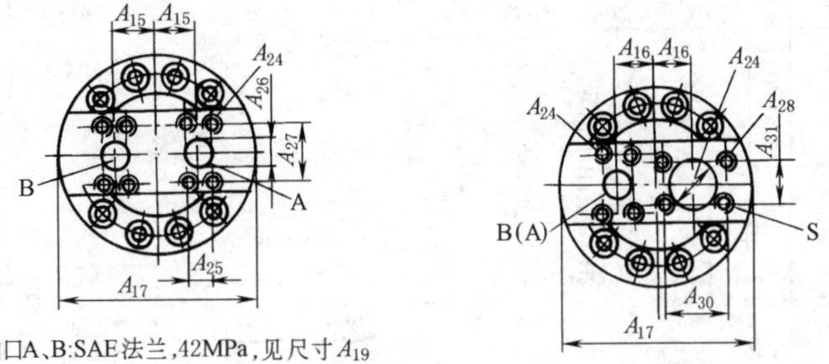


油口A、B:SAE法兰,42MPa,见尺寸$A_{19}$

油口B(A):SAE法兰,42MPa,见尺寸$A_{19}$

油口S:SAE法兰,见尺寸$A_{20}$

规格200～355,17.5MPa

规格500,14MPa

| 规格 | α | $A_1$ | $A_2$ | $A_3$ | $A_4$ | $A_5$ | $A_6$ | $A_7$ | $A_8$ | $A_9$ | $A_{10}$ | $A_{11}$ | $A_{12}$ | $A_{13}$ | $A_{14}$ | $A_{15}$ | $A_{16}$ | $A_{17}$ |
|---|---|---|---|---|---|---|---|---|---|---|---|---|---|---|---|---|---|---|
| 200 | 21° | 50k6 | 82 | 53.5 | 58 | 224 | 50 | 134 | 25 | 232 | 368 | 22 | 280 | 252 | 300 | 55 | 45 | 216 |
| 250 | 26.5° | | | | | | | | | | 370 | | | | 314 | | | |
| 355 | | 60m6 | 105 | 64 | 82 | 280 | | 160 | 28 | 260 | 422 | 18 | 320 | 335 | 380 | 60 | 50 | 245 |
| 500 | | 70m6 | | 74.5 | | 315 | | 175 | 30 | 283 | 462 | 22 | 360 | 375 | 420 | 65 | 55 | 270 |

| 规格 | $A_{18}$ | $A_{21}$ | $A_{22}$ | $A_{23}$ | $A_{24}$ | $A_{25}$ | $A_{26}$ | $A_{27}$ | $A_{28}$ | $A_{30}$ | $A_{31}$ | 平键 | 花键 | 质量/kg |
|---|---|---|---|---|---|---|---|---|---|---|---|---|---|---|
| 200 | M22×1.5 | 70 | M14×1.5 | — | M14 | 31.8 | 32 | 66.7 | M12 | 88.9 | 50.8 | 14×80 | W50×2×24×9g | 88 |
| 250 | | | | | | | | | | | | | | |
| 355 | M33×2 | 85 | | 360 | M16 | 36.6 | 40 | 79.4 | | | | 18×100 | W60×2×28×9g | 138 |
| 500 | | | M18×1.5 | 400 | | | | | M16 | 106.4 | 62 | 20×100 | W70×3×22×9g | 185 |

### 3.3.5 JB-※型径向柱塞定量泵

JB-※型泵属于直列式径向柱塞定量泵，不改变进出油方向作正反转（除 4JB-H125 型外）。只能作泵使用，不能作马达使用。该泵为阀式配油，具有各个独立输出口，各输出油源，既可单独使用，也可合并使用。该泵具有耐振动、耐冲击、有一定自吸能力、对工作油液的过滤精度要求不太高等特点，适用于工程机械、起重运输机械、轧机和锻压设备等液压系统中。

型号意义：

JB-[G] [57]
- 排量(mL/r)
- 压力级：G—25MPa
  H—32MPa
- 径向柱塞泵

表 21-5-62 技术参数及外形尺寸

| 型号 | 排量/mL·r$^{-1}$ | 压力/MPa 额定 | 压力/MPa 最高 | 转速/r·min$^{-1}$ 额定 | 转速/r·min$^{-1}$ 最高 | 驱动功率/kW | 容积效率/% | 质量/kg |
|---|---|---|---|---|---|---|---|---|
| JB-G57 | 57 | 25 | 32 | | 1500 | 45 | ≥95 | 105 |
| JB-G73 | 73 | | | | | 55 | | 140 |
| JB-G100 | 100 | | | | | 75 | | 180 |
| JB-G121 | 121 | | | | 1800 | 110 | | 250 |
| 4JB-H125 | 128 | 32 | 40 | 1800 | 2400 | 140 | ≥88 | |
| JB-H18 | 17.6 | | | 1000 | | 11.36 | ≥90 | |
| JB-H30 | 29.4 | | | | | 18.9 | | |
| JB-H35.5 | 35.5 | | | | | 22.9 | | |

JB-G57、JB-G73型

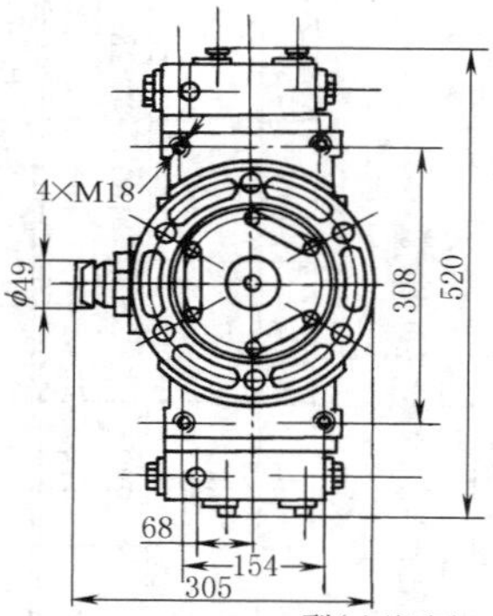


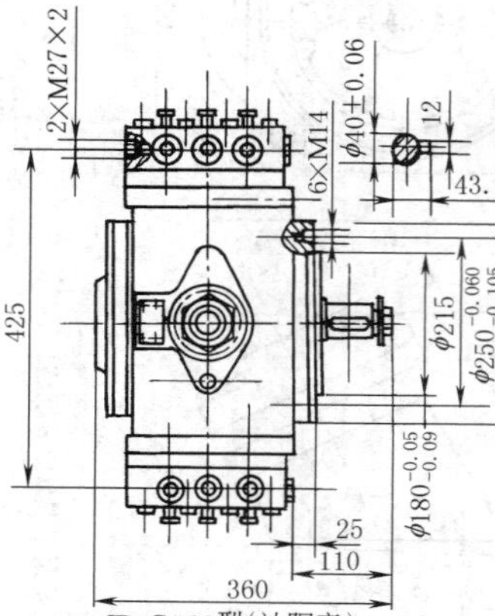


JB-G 100型(上海产)

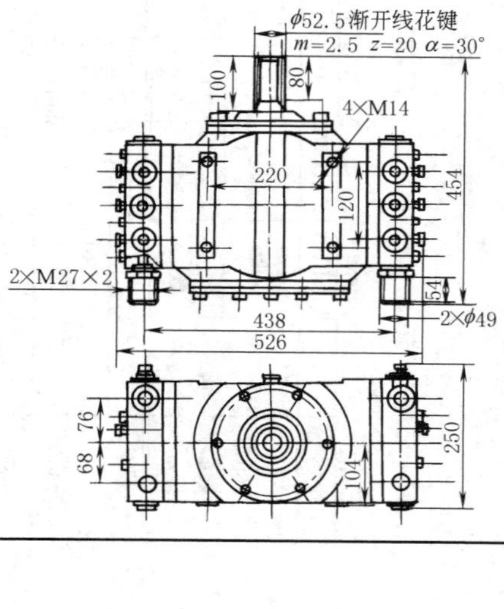


JB-G 100型(沈阳产)

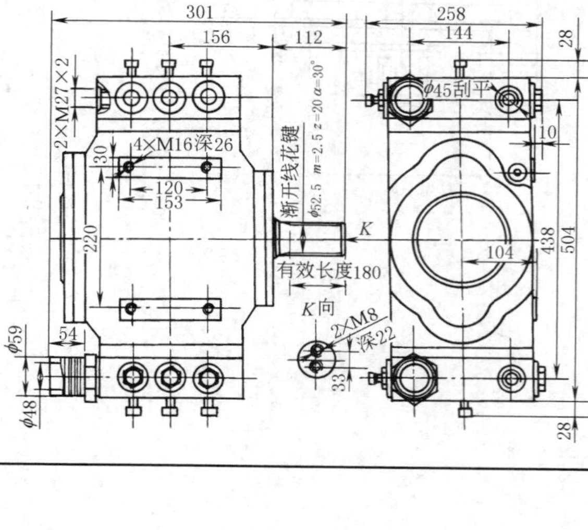

续表

JB-G121型

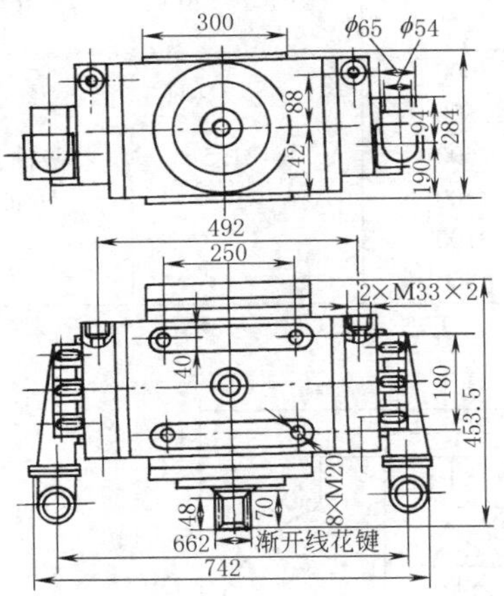


JB-H18、JB-H30、JB-H35.5 型

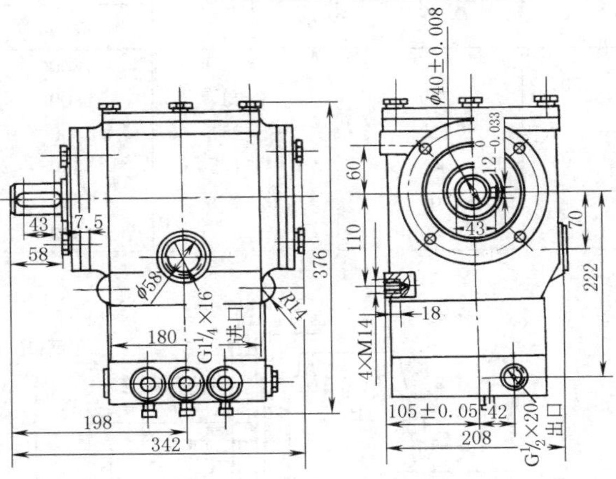


4JB-H125 型

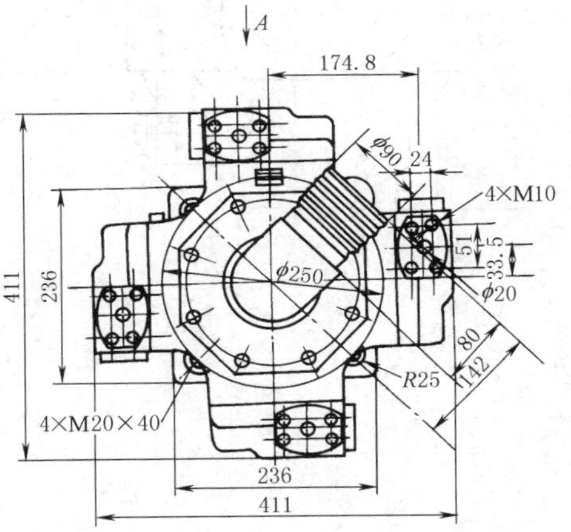


A向

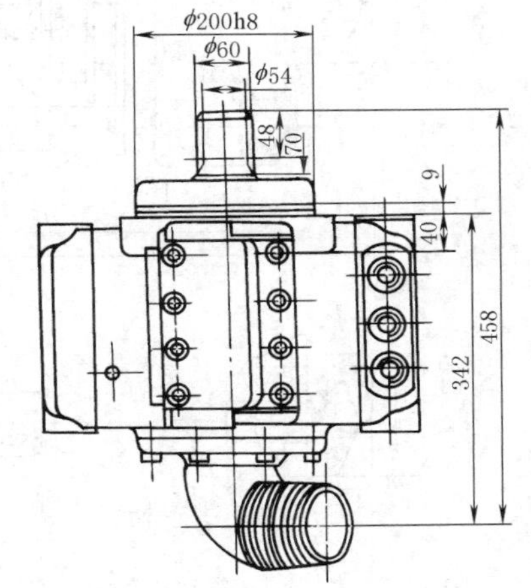


渐开线花键：$Z=22$，$m=2.5$，$\alpha=20°$，$n=4$，公法线长度为 $27.97_{-0.118}^{-0.061}$，移距系数为 0.8

## 3.3.6 JB※型径向变量柱塞泵

JB※型径向柱塞泵的主要摩擦副采用了静压技术，有多种变量控制方式，具有工作压力高、寿命长、耐冲击、噪声低、响应快、抗污染能力强、自吸性能好等特点。有单联、双联、三联及与齿轮泵连接等多种连接型式，主要用于矿山、冶金、起重、轻工机械等液压系统中。

型号意义：

□ JB ※-□ □ □-□

- 联数：略 — 单联；2— 双联；3— 三联
- 径向柱塞泵
- 变量方式：SP— 手动恒压变量；UYP— 液压远程恒压变量；DBF— 电液比例负载敏感变量；JX— 机械行程变量；DBP— 电液比例恒压变量；SF— 手动负载敏感变量；SC— 手动伺服变量；N— 恒功率变量
- 压力：F—20MPa；G—25MPa；H—31.5MPa
- 排量(mL/r)
- 进出油口连接：ZF— 重型法兰(耐压 42MPa)；QF— 轻型法兰(耐压 21MPa)
- 轴伸：K— 花键；略 — 平键

**表 21-5-63　　技术参数及外形尺寸**　　mm

| 规　格 | 排量/mL·r$^{-1}$ | 压力/MPa | 转速/r·min$^{-1}$ | | 调压范围/MPa | 过滤精度/μm |
|---|---|---|---|---|---|---|
| | | | 最佳 | 最高 | | |
| 16 | 16 | F:20<br>G:25<br>H:31.5<br>最大:35 | 1800 | 3000 | 3~31.5 | 吸油:100<br>回油:30 |
| 19 | 19 | | 1800 | 2500 | | |
| 32 | 32 | | 1800 | 2500 | | |
| 45 | 45 | | 1800 | 1800 | | |
| 63 | 63 | | 1800 | 2100 | | |
| 80 | 80 | | 1800 | 1800 | | |

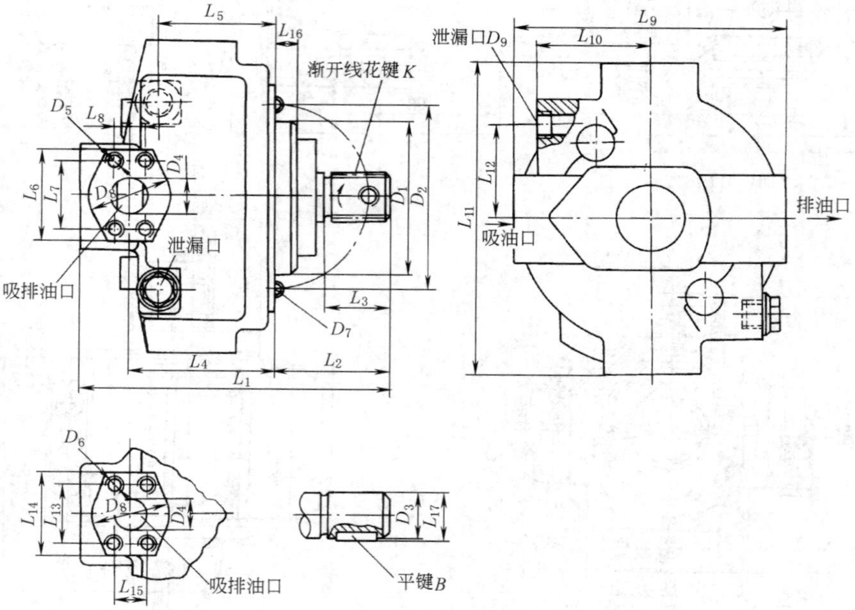


| 排量/mL·r$^{-1}$ | $L_1$ | $L_2$ | $L_3$ | $L_4$ | $L_5$ | $L_6$ | $L_7$ | $L_8$ | $L_9$ | $L_{10}$ | $L_{11}$ |
|---|---|---|---|---|---|---|---|---|---|---|---|
| 16 和 19 | 200 | 71 | 42 | 84 | 72 | 71 | 47.6±0.20 | 22.2±0.20 | 181 | 85 | 217 |
| 32 和 45 | 242 | 83 | 58 | 106 | 84 | 80 | | | 225 | 90 | 257 |
| 63 和 80 | 301 | 116 | 64 | 140 | 108 | 80 | 58.74±0.25 | 30.16±0.20 | 272 | 110 | 330 |

| 排量/mL·r$^{-1}$ | $L_{12}$ | $L_{13}$ | $L_{14}$ | $L_{15}$ | $L_{16}$ | $L_{17}$ | $D_1$ | $D_2$ | $D_3$ | $D_4$ |
|---|---|---|---|---|---|---|---|---|---|---|
| 16 和 19 | 56 | 50.8±0.25 | 71 | 23.9±0.20 | 7 | 28 | 100h8 | 125±0.15 | 25js7 | 20 |
| 32 和 45 | 78 | 52.4±0.25 | 71 | 26.2±0.25 | 8 | 35 | 100h8 | 125±0.15 | 32k7 | 26 |
| 63 和 80 | 90 | 57.2±0.25 | 80 | 27.8±0.25 | 13 | 48.5 | $160_{-0.106}^{-0.043}$ | 200±0.15 | 45k7 | 26 |

| 排量 /mL·r$^{-1}$ | $D_5$ | $D_6$ | $D_7$ | $D_8$ | $D_9$ | $B$ 平键 | $K$ 渐开线花键 |
|---|---|---|---|---|---|---|---|
| 16 和 19 | M10 深 16 | M10 深 16 | M10 深 15 | 60 | M18×1.5 深 13 | 8×30 | |
| 32 和 45 | | M10 深 21 | M10 深 20 | 60 | M22×1.5 深 14 | 10×45 | |
| 63 和 80 | M12 深 21 | M12 深 21 | M16 深 20 | 72 | M27×1.5 深 16 | 14×56 | EXT21Z×2m×30P×65 |

### 3.3.7 JBP 径向柱塞泵

JBP 径向柱塞泵为机电控制式变量泵，采用新的静压平衡技术与新材料技术，克服了转子抱轴和滑靴与定子摩擦副的胶合现象。该系列产品具有工作压力高、噪声低、寿命长、抗冲击能力强等特点，并具有多种高效节能的控制方式，主要控制形式有恒压控制、电液控制、恒功率控制、伺服控制等。该产品适用于矿山机械、化工机械、冶金机械等中高压液压系统。

型号意义：

□ JBP 250 A H P O F-K L-O

联数：略—单数；2—双联

径向柱塞泵

排量(mL/r)

流体方向：A—单向；B—双向

压力等级：H—31.5MPa；C—20 ~ 25MPa

控制方式：P—恒压控制；BE—电液比例控制；DC—伺服控制；N—恒功率控制；PV—液压远程恒压控制

系统型式：O—开式系统；C—闭式系统

油口连接：F—法兰连接；M—螺纹连接

轴伸：K—花键；G—平键

转向(从轴端看)：R—顺时针；L—逆时针

辅助元件：O—没有

**表 21-5-64　技术参数及外形尺寸**　mm

| | 项目 | | | | | | | | | | | | | |
|---|---|---|---|---|---|---|---|---|---|---|---|---|---|---|
| 单联泵 | 公称排量/mL·r$^{-1}$ | 10 | 16 | 25 | 40 | 50 | 58 | 65 | 80 | 90 | 125 | 160 | 180 | 250 |
| | 额定转速/r·min$^{-1}$ | 1500 | 1500 | 1500 | 1500 | 1500 | 1500 | 1500 | 1500 | 1500 | 1500 | 1500 | 1500 | 1500 |
| | 最高转速/r·min$^{-1}$ | 2500 | 2500 | 2000 | 2000 | 2000 | 2000 | 2000 | 1800 | 1800 | 1800 | 1800 | 1800 | 1800 |
| | 额定压力/MPa | 32 | 32 | 32 | 32 | 32 | 32 | 32 | 32 | 32 | 32 | 32 | 32 | 32 |
| | 噪声级/dB | 70 | 70 | 71 | 72 | 72 | 74 | 74 | 74 | 75 | 78 | 78 | 80 | 84 |

| | 项目 | | | | | | | | | | |
|---|---|---|---|---|---|---|---|---|---|---|---|
| 双联泵 | 公称排量/mL·r$^{-1}$ | 65/25 | 65/32 | 90/25 | 125/25 | 160/25 | 250/25 | 80/58 | 90/58 | 160/58 | 250/58 |
| | 额定转速/r·min$^{-1}$ | 1500 | 1500 | 1500 | 1500 | 1500 | 1500 | 1500 | 1500 | 1500 | 1500 |
| | 最高转速/r·min$^{-1}$ | 2000 | 2000 | 1800 | 1800 | 1800 | 1800 | 1800 | 1800 | 1800 | 1800 |
| | 最高压力/MPa | 32/10 | 32/10 | 32/10 | 32/10 | 28/10 | 28/10 | 32/10 | 32/10 | 28/8 | 28/8 |
| | 噪声级/dB | 74 | 75 | 76 | 77 | 78 | 81 | 76 | 76 | 79 | 84 |

续表

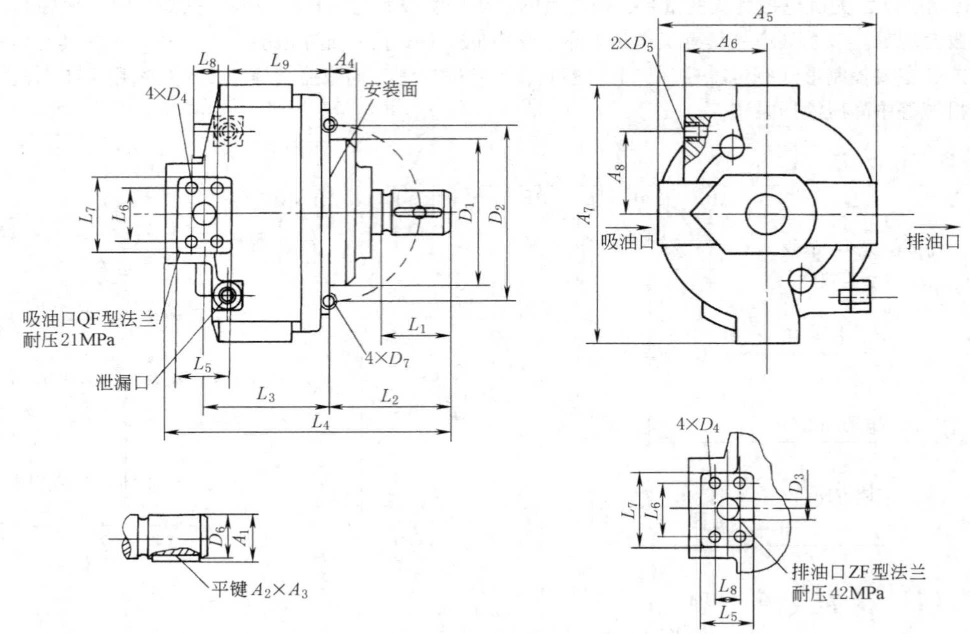


| 公称排量 /mL·r$^{-1}$ | $L_1$ | $L_2$ | $L_3$ | $L_4$ | $L_5$ | $L_6$ | $L_7$ | $L_8$ | $L_9$ | $D_1$ | $D_2$ | $D_3$ |
|---|---|---|---|---|---|---|---|---|---|---|---|---|
| 25 | 61.5 | 97.2 | 119 | 245.2 | 60 | 53 | 72 | 28 | 80 | 100 | 125 | 26 |
| 50 | 54 | 100.5 | 119.5 | 258 | 60 | 53 | 71 | 28 | 85.5 | 140 | 168 | 36 |
| 65 | 54 | 114.3 | 143.3 | 340 | 74 | 59 | 83 | 30 | 128.7 | 160 | 200 | 36 |
| 80 | 54 | 112.6 | 171.7 | 336.3 | 74 | 58 | 83 | 47 | 126.7 | 160 | 200 | 36 |
| 160 | 94 | 117.5 | 239 | 412.5 | 105 | 67(排)<br>106.5(吸) | 136 | 44(排)<br>62(吸) | 55 | 160 | 200 | 50 |
| 180 | 94 | 117.5 | 239 | 412.5 | 105 | 67(排)<br>106.5(吸) | 136 | 32(排)<br>62(吸) | 55 | 160 | 200 | 32(排)<br>75(吸) |
| 250 | 90 | 131 | 266.5 | 457 | 114 | 96 | 137 | 44 | 204 | 200 | 250 | 52 |

| 公称排量 /mL·r$^{-1}$ | $D_4$ | $D_5$ | $D_6$ | $D_7$ | $A_1$ | $A_2$ | $A_3$ | $A_4$ | $A_5$ | $A_6$ | $A_7$ | $A_8$ |
|---|---|---|---|---|---|---|---|---|---|---|---|---|
| 25 | M10 深 16 | M20×1.5 深 15 | 30 | M10 深 28 | 33 | 8 | 50 | 25.7 | 210 | 85 | 248 | 65 |
| 50 | M10 深 16 | M22×1.5 深 20 | 40 | M10 深 18 | 43 | 10 | 45 | 10 | 253 | 110 | 294 | 82 |
| 65 | M12 深 16 | M27×2 深 20 | 45 | M16 深 20 | 48.5 | 14 | 56 | 13 | 272 | 110 | 330 | 82 |
| 80 | M12 深 25 | M27×2 深 25 | 45 | M16 深 20 | 48.5 | 14 | 56 | 13 | 277 | 119 | 339 | 91 |
| 160 | M18 深 20 | M33×2 深 20 | 63 | M18 深 20 | 67 | 18 | 90 | 20 | 359 | 178 | 449 | |
| 180 | M18 深 20 | M33×2 深 20 | 50 | M18 深 20 | 53.5 | 14 | 90 | 20 | 359 | 178 | 449 | |
| 250 | M20 深 35 | M42×2 深 30 | 70 | M20 深 25 | 74.5 | 20 | 75 | 11.7 | 435 | 172 | 518.8 | 131 |

注：1. 如需花键轴请单独说明。

2. 如需串联泵请单独说明。

3. 生产厂：兰州华世泵业科技股份有限公司（原兰州永新科技股份有限公司）。

### 3.3.8 A4VSO 系列斜盘轴向柱塞泵

A4VSO 系列斜盘轴向柱塞泵广泛应用于开路中液压传动装置，通过调节斜盘角度，流量与输入传动速度和排量成正比，可对输出流量进行无级调节。

A4VSO 系列斜盘轴向柱塞泵，采用模块化设计，具有出色的吸油特性和快速的响应时间，设计结构紧凑、重量轻，具有低噪声等级，通过选用长寿命、高精度轴承以及静压平衡滑靴，使得该泵具有长久的使用寿命。

型号意义：

| | | | | | | | | | | | | | | | |
|---|---|---|---|---|---|---|---|---|---|---|---|---|---|---|---|
| | A4VS | | O | | | / | | | - | | | | | | |

液压油/型号

| | 40 | 71 | 125 | 180 | 250 | 355 | 500 | 750 | 1000 | |
|---|---|---|---|---|---|---|---|---|---|---|
| 矿物油和HFD油液(无代码) | ● | ● | ● | ● | ● | ● | ● | ● | ● | |
| HFA,HFB和HFC油液 | ● | ● | – | – | – | – | ● | – | – | E |
| 适用于使用HFC特殊性能型号运行<br>请参阅RC 92053(HFA和HFB,请参阅RC 90223) | | | ● | ● | ● | ● | | | | |
| 高速型号 | – | – | – | – | ● | ● | ● | – | – | H |

轴向柱塞单元

| | |
|---|---|
| 斜盘设计，可变排量 | A4VS |

辅助泵(叶轮)

| | 40 | 71 | 125 | 180 | 250 | 355 | 500 | 750 | 1000 | |
|---|---|---|---|---|---|---|---|---|---|---|
| 无辅助泵(无分类编号) | ● | ● | ● | ● | ● | ● | ● | ● | ● | |
| 带辅助泵(叶轮)<br>仅带油路板25(维修口连接) | – | – | – | – | – | – | – | ● | – | L |

运行类型

| | |
|---|---|
| 泵，开路 | O |

| 规格 | 40 | 71 | 125 | 180 | 250 | 355 | 500 | 750 | 1000 |
|---|---|---|---|---|---|---|---|---|---|
| 排量$V_{g最大}$/cm³ | 40 | 71 | 125 | 180 | 250 | 355 | 500 | 750 | 1000 |

控制设备

| | | | 40 | 71 | 125 | 180 | 250 | 355 | 500 | 750 | 1000 | |
|---|---|---|---|---|---|---|---|---|---|---|---|---|
| 压力控制 | (RC 92060) | DR | ● | ● | ● | ● | ● | ● | ● | ● | ● | DR.. |
| 并行操作压力控制 | (RC 92060) | DP | ● | ● | ● | ● | ● | ● | ● | ● | ● | DP.. |
| 流量控制 | (RC 92060) | FR | ● | ● | ● | ● | ● | ● | – | – | – | FR.. |
| 压力和流量控制 | (RC 92060) | DFR | ● | ● | ● | ● | ● | ● | – | – | – | DFR.. |
| 双曲线功率控制 | (RC 92064) | LR | ● | ● | ● | ● | ● | ● | ● | ● | ● | LR.. |
| 手动控制 | (RC 92072) | MA | ● | ● | ● | ● | ● | ● | ● | – | – | MA.. |
| 电动机控制 | (RC 92072) | EM | ● | ● | ● | ● | ● | ● | ● | – | – | EM.. |
| 液压控制，控制体积相关 | | HM | ● | ● | ● | ● | ● | ● | ● | ● | ● | HM.. |
| 通过伺服/比例阀进行的液压控制 | (RC 92076) | HS | ● | ● | ● | ● | ● | ● | ● | ● | ● | HS.. |
| 电动控制 | | EO | ● | ● | ● | ● | ● | ● | ● | ● | ● | EO.. |
| 液压控制，先导压力相关 | (RC 92080) | HD | ●2 | ●2 | ● | ● | ● | ● | ● | ● | ● | HD.. |
| 辅助速度控制 | (RC 92056) | DS1 | ● | ● | ● | ● | ● | ● | ● | ● | ○ | DS1.. |
| 电动-液压控制系统DFE1<br>系统解决方案SYHDFEE | (RC 92088)<br>(RC 30035) | | ● | ● | ● | ● | ● | ● | – | – | – | DFE1.. |

系列

| 40 | 71 | 125 | 180 | 250 | 355 | 500 | 750 | 1000 | |
|---|---|---|---|---|---|---|---|---|---|
| ● | ● | – | – | – | – | – | – | – | 10(11) |
| – | – | ● | ● | ● | ● | ● | ● | ● | 30 |

旋转方向

| | | |
|---|---|---|
| 从轴端上查看 | 右侧 | R |
| | 左侧 | L |

密封件

| | 40 | 71 | 125 | 180 | 250 | 355 | 500 | 750 | 1000 | |
|---|---|---|---|---|---|---|---|---|---|---|
| NBR（丁腈橡胶），<br>轴密封件FKM(氟橡胶) | ● | ● | ● | ● | ● | ● | ● | ● | ● | P |
| FKM（氟橡胶)/适于使用HFD运行 | ● | ● | ● | ● | ● | ● | ● | ● | ● | V |
| HFC特殊性能型号请参阅RC 92053 | – | – | ● | ● | ● | ● | – | – | – | F |

轴端

| | |
|---|---|
| 符合DIN 6885的平键轴 | P |
| 符合DIN 5480的花键轴 | Z |

安装法兰

| | | 40 | 71 | 125 | 180 | 250 | 355 | 500 | 750 | 1000 | |
|---|---|---|---|---|---|---|---|---|---|---|---|
| 类似于ISO 3019－2(公制) | 4孔 | ● | ● | ● | ● | ● | ● | – | – | – | B |
| | 8孔 | – | – | – | – | – | – | ● | ● | ● | H |

维修管路连接

| | 40 | 71 | 125 | 180 | 250 | 355 | 500 | 750 | 1000 | |
|---|---|---|---|---|---|---|---|---|---|---|
| 油口B和S：侧向偏移90°的SAE法兰，公制固定螺钉 | ● | ● | ● | ● | ● | ● | – | – | – | 13 |
| 油口B和S：侧向偏移90°的SAE法兰，公制固定螺钉<br>2.压力油口$B_1$与B相对-交付时已使用管口盖板封闭 | ● | ● | ● | ● | ● | ● | ● | ● | ● | 25 |

通轴传动

| | 40 | 71 | 125 | 180 | 250 | 355 | 500 | 750 | 1000 | |
|---|---|---|---|---|---|---|---|---|---|---|
| 不带辅助泵，不带通轴传动 | ● | ● | ● | ● | ● | ● | ● | ● | ● | N00 |
| 带通轴传动，用于安装轴向柱塞单元，齿轮或径向柱塞泵 | ● | ● | – | – | – | – | ● | ● | ● | K... |
| 通用通轴传动，可调整 | – | – | ● | ● | ● | ● | – | – | – | U... |

过滤(仅用于HS和DS控制)

| | |
|---|---|
| 无过滤器 | N |
| 叠加阀板过滤器(用于HS和DS控制，请参阅RC 92076和RC 92056) | Z |

**表 21-5-65** **技术参数**

值表(理论值,不考虑有效位和误差;经四舍五入的值)

| 规格 | | | 40 | 71 | 125 | 180 | 250/H | 355/H | 500/H | 750 | 750<br>带叶轮 | 1000 |
|---|---|---|---|---|---|---|---|---|---|---|---|---|
| 排量 | | $V_{g最大}/cm^3$ | 40 | 71 | 125 | 180 | 250/<br>250 | 355/<br>355 | 500/<br>500 | 750 | 750 | 1000 |
| 速度<br>在 $V_{gmax时最大}$ | | $n_{0最大}/(r/min^{-1})$ | 2600 | 2200 | 1800 | 1800 | 1500/<br>1900 | 1500/<br>1700 | 1320/<br>1500 | 1200 | 1500 | 1000 |
| 在 $V_g \leqslant V_{gmax时最大}$<br>(速度极限) | | $n_{o最大允许}/(r/min^{-1})$ | 3200 | 2700 | 2200 | 2100 | 1800/<br>2100 | 1700/<br>1900 | 1600/<br>1800 | 1500 | 1500 | 1200 |
| 流量<br>在 $n_o$ 最大时 | | $q_{vo最大}/(L/min)$ | 104 | 156 | 225 | 324 | 375/<br>475 | 533/<br>604 | 660/<br>750 | 900 | 1125 | 1000 |
| 当 $n_E=1500r/min$ 时 | | $q_{VE最大}/(L/min)$ | 60 | 107 | 186 | 270 | 375 | 533 | 581 | 770 | 1125 | — |
| 功率 $\Delta p=350bar$<br>在 $n_o$ 最大时 | | $P_{o最大}/kW$ | 61 | 91 | 131 | 189 | 219/<br>277 | 311/<br>352 | 385/<br>437 | 525 | 656 | 583 |
| 当 $n_E=1500r/min$ 时 | | $P_{E最大}/kW$ | 35 | 62 | 109 | 158 | 219 | 311 | 339 | 449 | 656 | — |
| 扭矩<br>在 $V_{gmax时}$ | $\Delta p=350bar$ | $T_{最大}/N \cdot m$ | 223 | 395 | 696 | 1002 | 1391 | 1976 | 2783 | 4174 | 4174 | 5565 |
| | $\Delta p=100bar$ | $T/N \cdot m$ | 64 | 113 | 199 | 286 | 398 | 564 | 795 | 1193 | 1193 | 1590 |
| 转动刚度 | 轴端 $P$ | $c/(kN \cdot m/r)$ | 80 | 146 | 260 | 328 | 527 | 800 | 1145 | 1860 | 1860 | 2730 |
| | 轴端 $Z$ | $c/(kN \cdot m/r)$ | 77 | 146 | 263 | 332 | 543 | 770 | 1136 | 1812 | 1812 | 2845 |
| 面积矩<br>惯性矩 | | $J_{TW}/kg \cdot m^2$ | 0.0049 | 0.0121 | 0.03 | 0.055 | 0.0959 | 0.19 | 0.3325 | 0.66 | 0.66 | 1.20 |
| 最大角加速度 | | $\alpha/(r/s^2)$ | 17000 | 11000 | 8000 | 6800 | 4800 | 3600 | 2800 | 2000 | 2000 | 1450 |
| 箱体容量 | | $V/L$ | 2 | 2.5 | 5 | 4 | 10 | 8 | 14 | 19 | 22 | 27 |
| 质量(含压力控制设备)近似值 | | $m/kg$ | 39 | 53 | 88 | 102 | 184 | 207 | 320 | 460 | 490 | 605 |

传动轴上的允许径向力和轴向力

| 规格 | | 40 | 71 | 125 | 180 | 250 | 355 | 500 | 750 | 1000 |
|---|---|---|---|---|---|---|---|---|---|---|
| 最大径向力<br>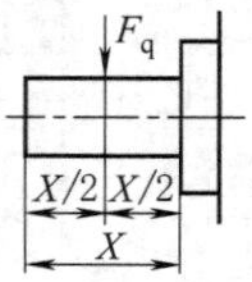 | 在 $X/2$ 处, $F_{q最大}/N$ | 1000 | 1200 | 1600 | 2000 | 2000 | 2200 | 2500 | 3000 | 3500 |
| 最大轴向力<br>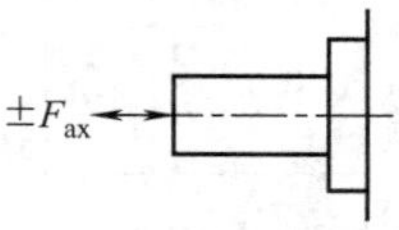 | $\pm F_{轴向最大}/N$ | 600 | 800 | 1000 | 1400 | 1800 | 2000 | 2000 | 2200 | 2200 |

注:1. 生产厂家:博世力士乐、宁波恒力液压股份有限公司、佛山科达液压有限公司。

2. 各生产厂家的性能指标、外形连接尺寸略有不同,选用时可查询各生产厂家。

**表 21-5-66　　外形尺寸**　　mm

公称规格 40

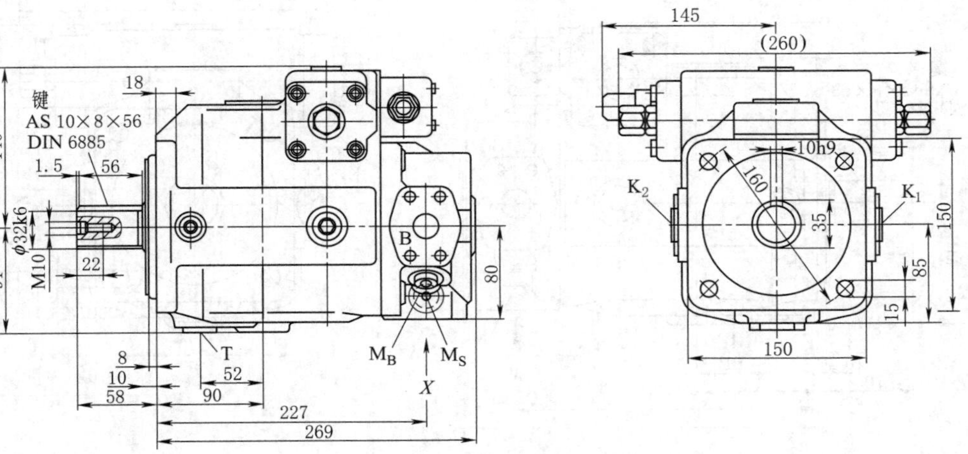


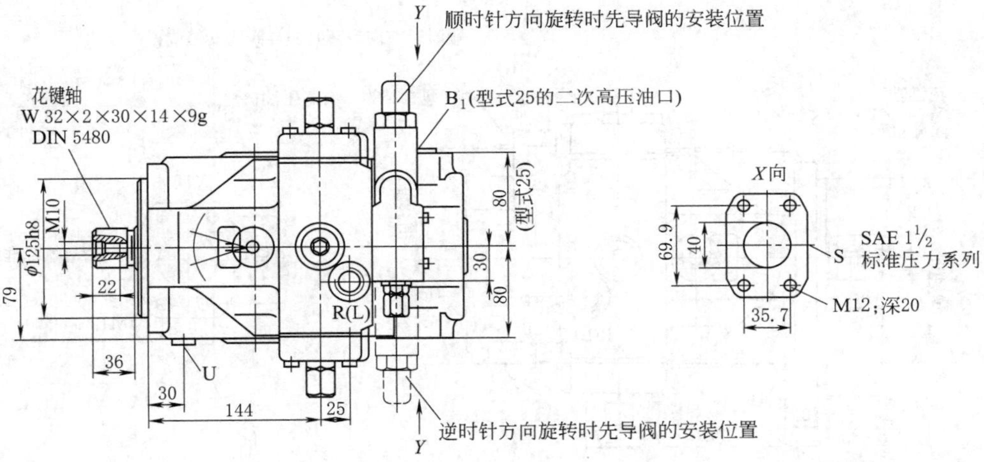


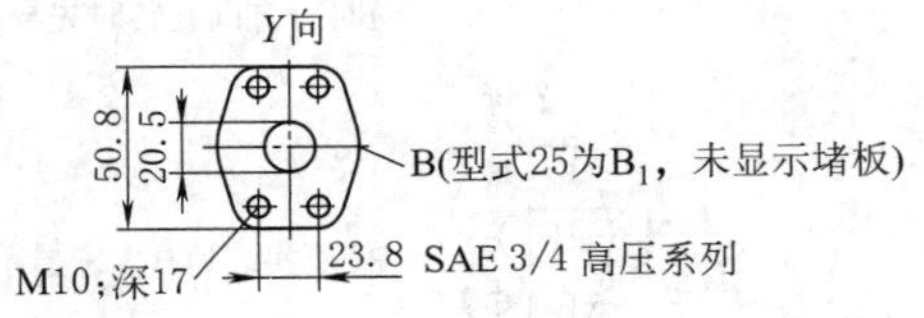


型式 13 的油口

| | | |
|---|---|---|
| B | 压力油口 | SAE 3/4(高压系列) |
| $B_1$ | 辅助油口 | M22×1.5;深 14(堵住) |

型式 25 的油口

| | | |
|---|---|---|
| B | 压力油口 | SAE 3/4(高压系列) |
| $B_1$ | 二次压力油口 | SAE 3/4(高压系列) |

油口

| | | |
|---|---|---|
| S | 吸油口 | SAE 1 ½(标准系列) |
| $K_1$,$K_2$ | 冲洗油口 | M22×1.5;深 14(堵住) |
| T | 泄油口 | M22×1.5;深 14(堵住) |
| $M_B$,$M_S$ | 测压口 | M14×1.5;深 12(堵住) |
| R(L) | 注油和排气口 | M22×1.5; |
| | 精确位置参见控制装置的单独数据表 | |
| (堵住) | | |
| U | 冲洗油口 | M14×1.5;深 12(堵住) |

公称规格 71

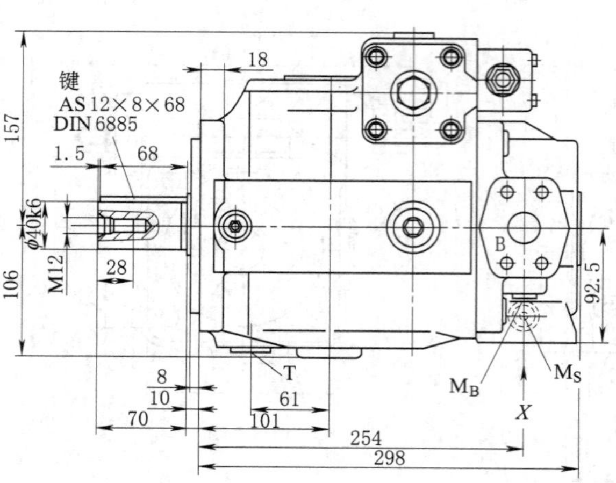


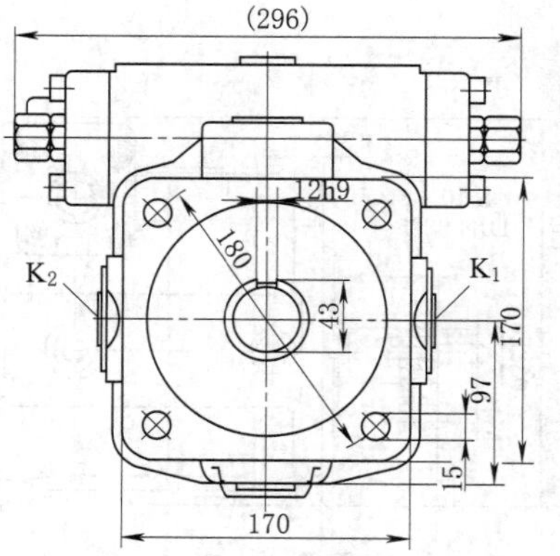


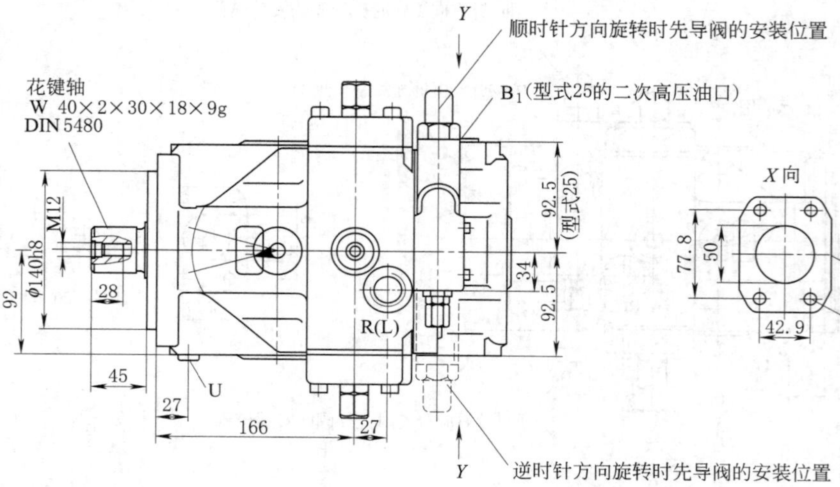


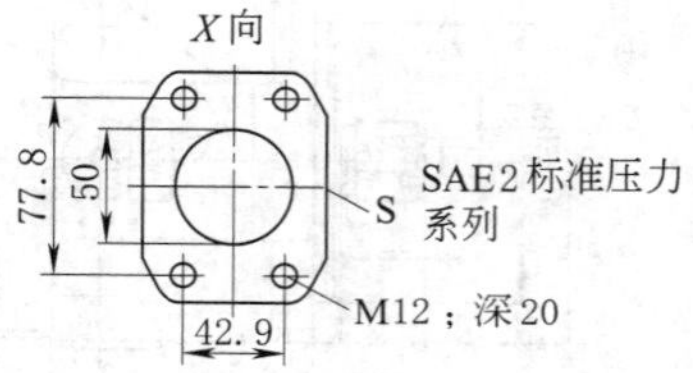


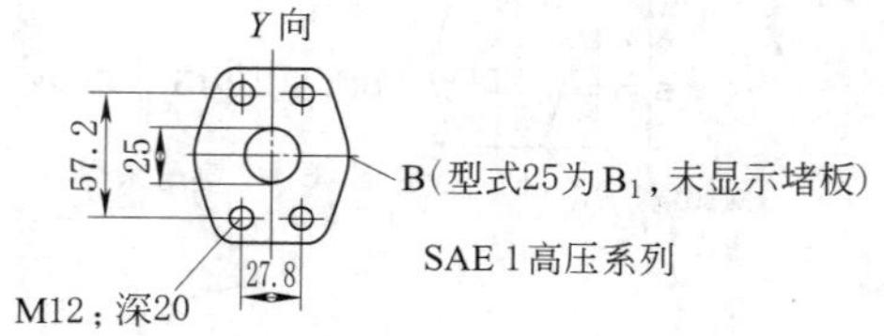


型式 13 的油口

| | | |
|---|---|---|
| B | 压力油口 | SAE 1(高压系列) |
| B$_1$ | 辅助油口 | M27×2;深 16(堵住) |

型式 25 的油口

| | | |
|---|---|---|
| B | 压力油口 | SAE 1(高压系列) |
| B$_1$ | 二次压力油口 | SAE 1(高压系列)(堵住) |

油口

| | | |
|---|---|---|
| S | 吸油口 | SAE 2(标准系列) |
| K$_1$,K$_2$ | 冲洗油口 | M27×2;深 16(堵住) |
| T | 泄油口 | M27×2;深 16(堵住) |
| M$_B$,M$_S$ | 测压口 | M14×1.5;深 12(堵住) |
| R(L) | 注油和排气口 | M27×2;精确位置参见控制装置的单独数据表 |
| U | 冲洗油口 | M14×1.5;深 12(堵住) |

公称规格 125

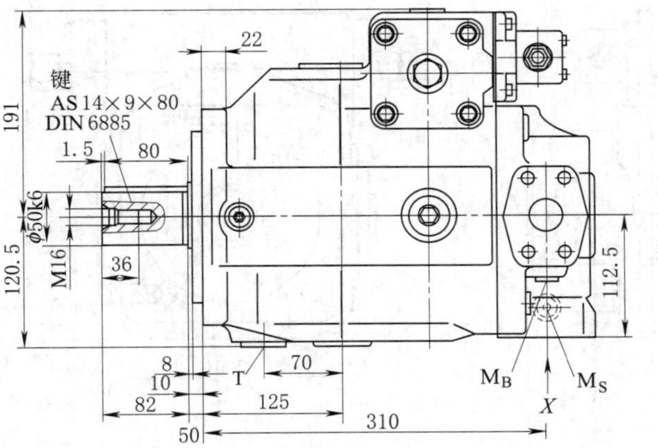


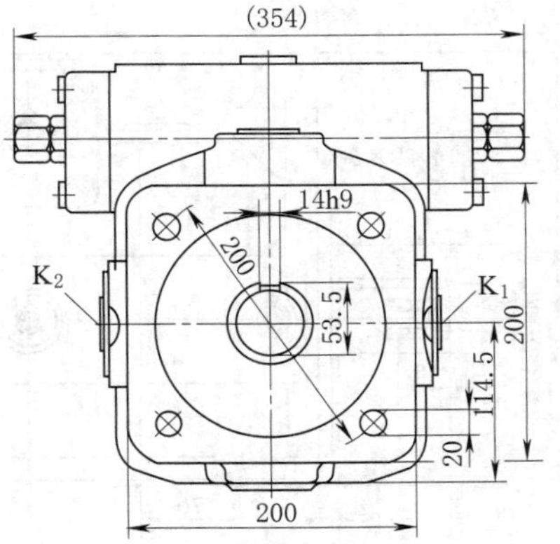


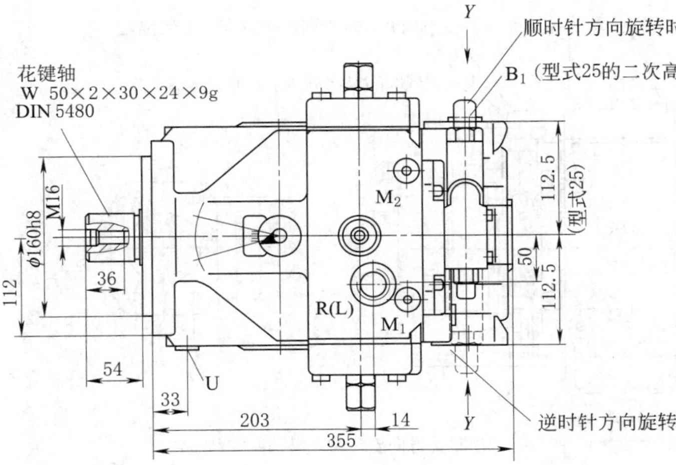


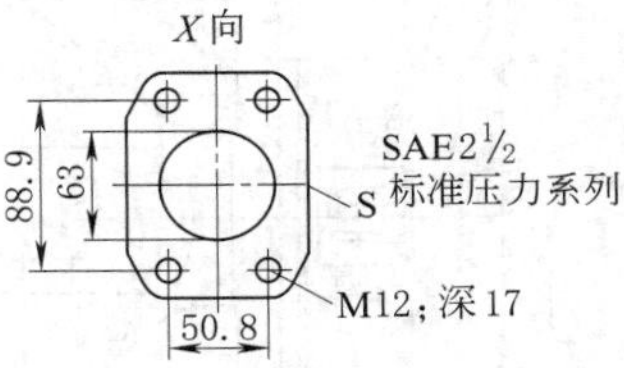


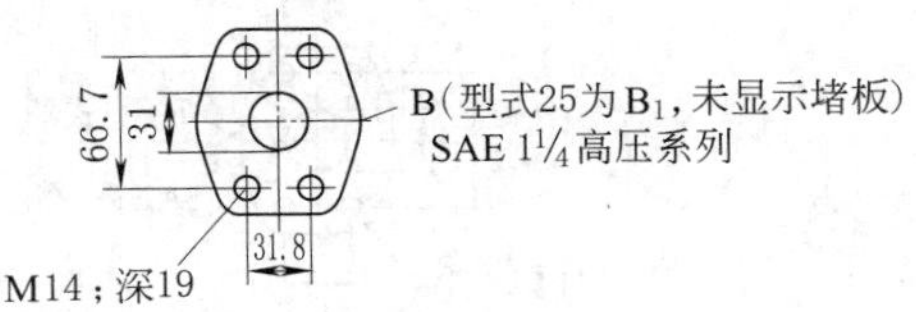


型式 13 的油口

| | | |
|---|---|---|
| B | 压力油口 | SAE 1 ¼(高压系列) |
| $B_1$ | 辅助油口 | M33×2；深 18(堵住) |

型式 25 的油口

| | | |
|---|---|---|
| B | 压力油口 | SAE 1 ¼(高压系列) |
| $B_1$ | 二次压力油口 | SAE 1 ¼(高压系列)(堵住) |

油口

| | | |
|---|---|---|
| S | 吸油口 | SAE 2 ½(标准系列) |
| $K_1$,$K_2$ | 冲洗油口 | M33×2；深 18(堵住) |
| T | 泄油口 | M33×2；深 18(堵住) |
| $M_B$,$M_S$ | 测压口 | M14×1.5；深 12(堵住) |
| R(L) | 注油和排气口 | M33×2；精确位置参见控制装置的单独数据表 |
| U | 冲洗油口 | M14×1.5；深 12(堵住) |
| $M_1$,$M_2$ | 用于调节压力的测压口仅适用于系列 3 | M14×1.5(堵住) |

续表

公称规格 180

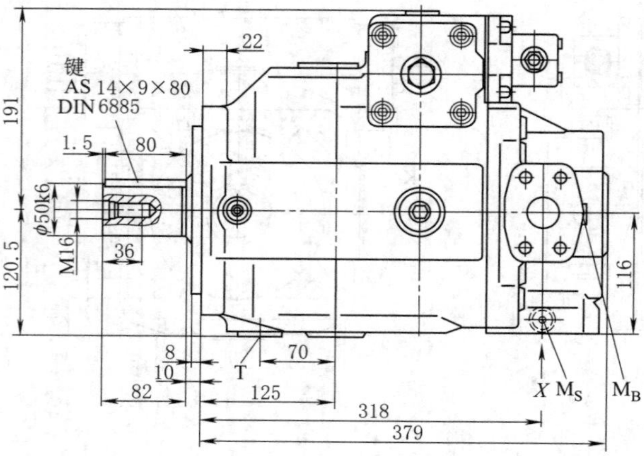


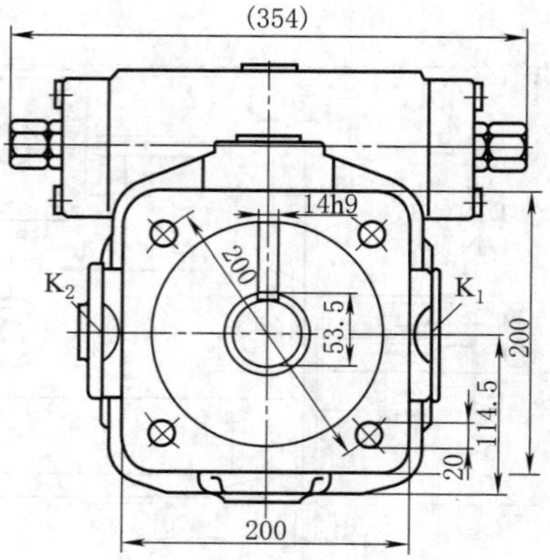


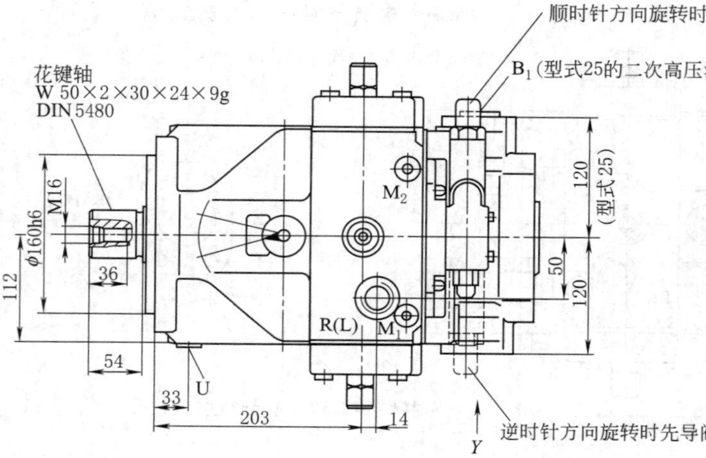


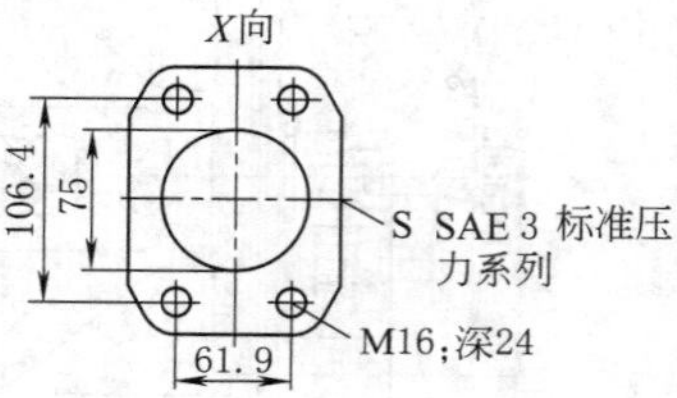


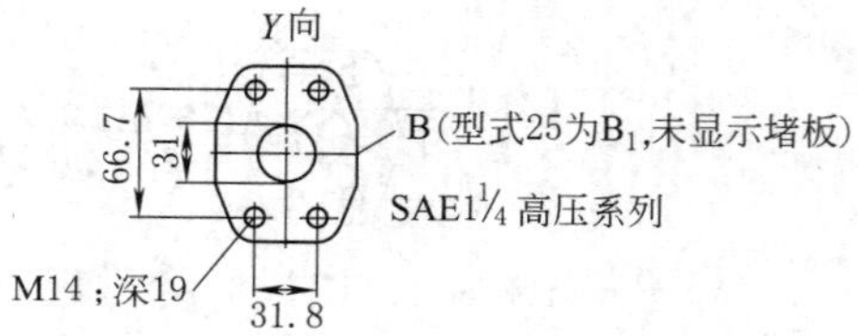


型式 13 的油口

| | | |
|---|---|---|
| B | 压力油口 | SAE 1¼(高压系列) |
| $B_1$ | 辅助油口 | M33×2;深 18(堵住) |

型式 25 的油口

| | | |
|---|---|---|
| B | 压力油口 | SAE 1¼(高压系列) |
| $B_1$ | 二次压力油口 | SAE 1¼(高压系列)(堵住) |

油口

| | | |
|---|---|---|
| S | 吸油口 | SAE 3(标准系列) |
| $K_1$,$K_2$ | 冲洗油口 | M33×2;深 18(堵住) |
| T | 泄油口 | M33×2;深 18(堵住) |
| $M_B$,$M_S$ | 测压口 | M14×1.5;深 12(堵住) |
| R(L) | 注油和排气口<br>精确位置参见控制装置的单独数据表 | M33×2; |
| U | 冲洗油口 | M14×1.5;深 12(堵住) |
| $M_1$,$M_2$ | 用于调节压力的测压口仅适用于系列 3 | M14×1.5(堵住) |

续表

公称规格 250

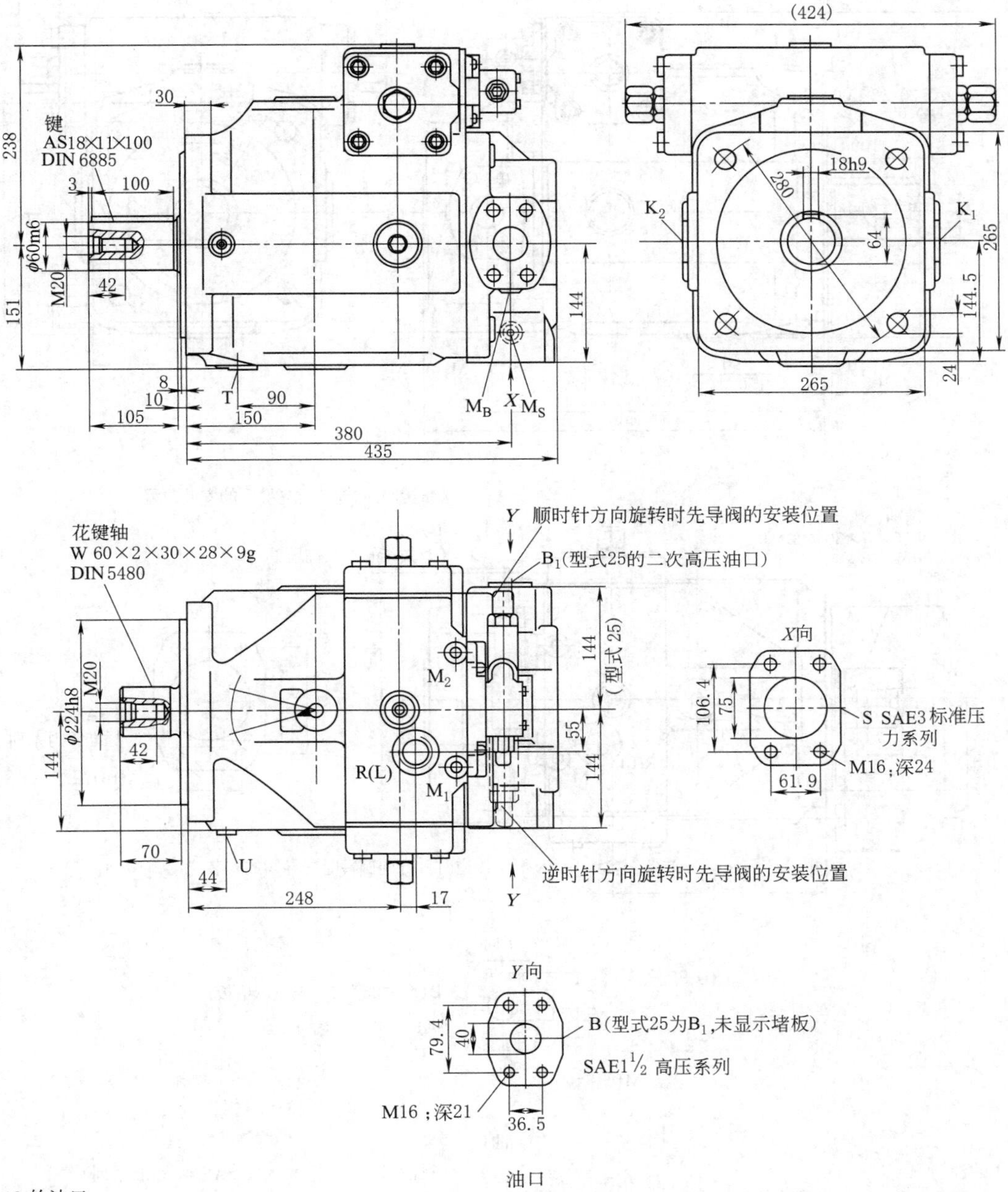


型式 13 的油口

| | | |
|---|---|---|
| B | 压力油口 | SAE 1 ½(高压系列) |
| $B_1$ | 辅助油口 | M42×2;深 20(堵住) |

型式 25 的油口

| | | |
|---|---|---|
| B | 压力油口 | SAE 1 ½(高压系列) |
| $B_1$ | 二次压力油口 | SAE 1 ½(高压系列)(堵住) |

油口

| | | |
|---|---|---|
| S | 吸油口 | SAE 3(标准系列) |
| $K_1$,$K_2$ | 冲洗油口 | M42×2;深 20(堵住) |
| T | 泄油口 | M42×2;深 20(堵住) |
| $M_B$,$M_S$ | 测压口 | M14×1.5;深 12(堵住) |
| R(L) | 注油和排气口 | M42×2;<br>精确位置参见控制装置的单独数据表 |
| U | 冲洗油口 | M14×1.5;深 12(堵住) |
| $M_1$,$M_2$ | 用于调节压力的测压口 | M18×1.5(堵住) |

续表

公称规格 355

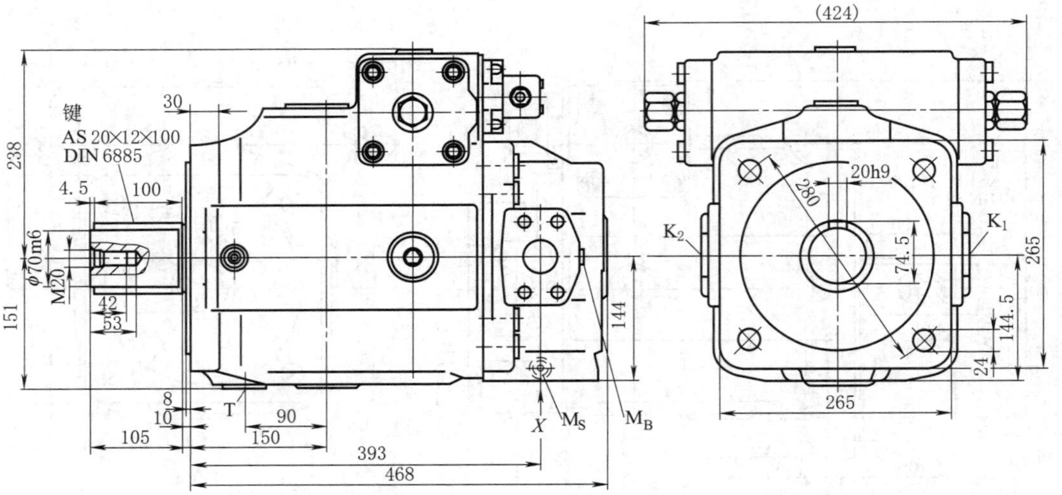


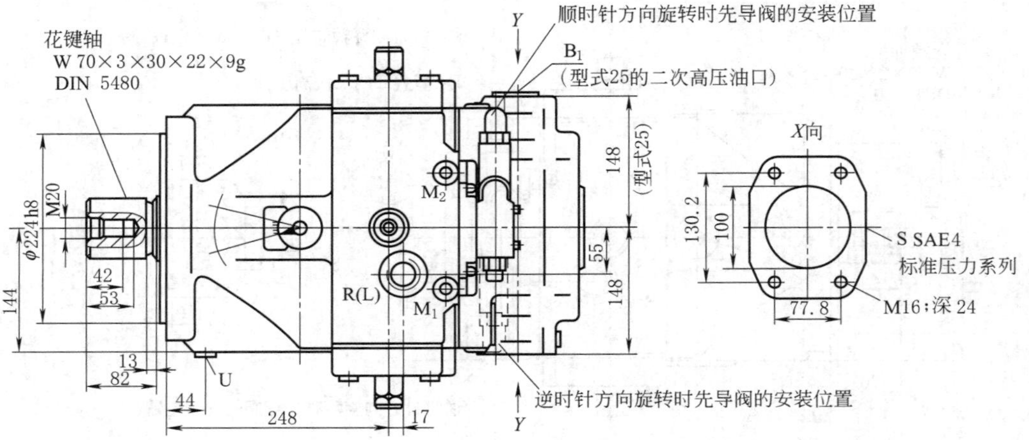


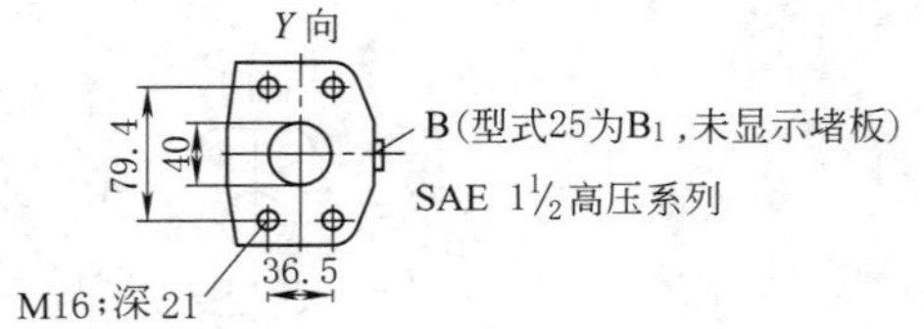


型式 13 的油口

| | | |
|---|---|---|
| B | 压力油口 | SAE 1 ½(高压系列) |
| $B_1$ | 辅助油口 | M42×2;深 20(堵住) |

型式 25 的油口

| | | |
|---|---|---|
| B | 压力油口 | SAE 1 ½(高压系列) |
| $B_1$ | 二次压力油口 | SAE 1 ½(高压系列)(堵住) |

油口

| | | |
|---|---|---|
| S | 吸油口 | SAE 4(标准系列) |
| $K_1$,$K_2$ | 冲洗油口 | M42×2;深 20(堵住) |
| T | 泄油口 | M42×2;深 20(堵住) |
| $M_B$,$M_S$ | 测压口 | M14×1.5;深 12(堵住) |
| R(L) | 注油和排气口 | M42×2;精确位置参见控制装置的单独数据表 |
| U | 冲洗油口 | M18×1.5;深 12(堵住) |
| $M_1$,$M_2$ | 用于调节压力的测压口仅适用于系列 3 | M18×1.5(堵住) |

公称规格 500

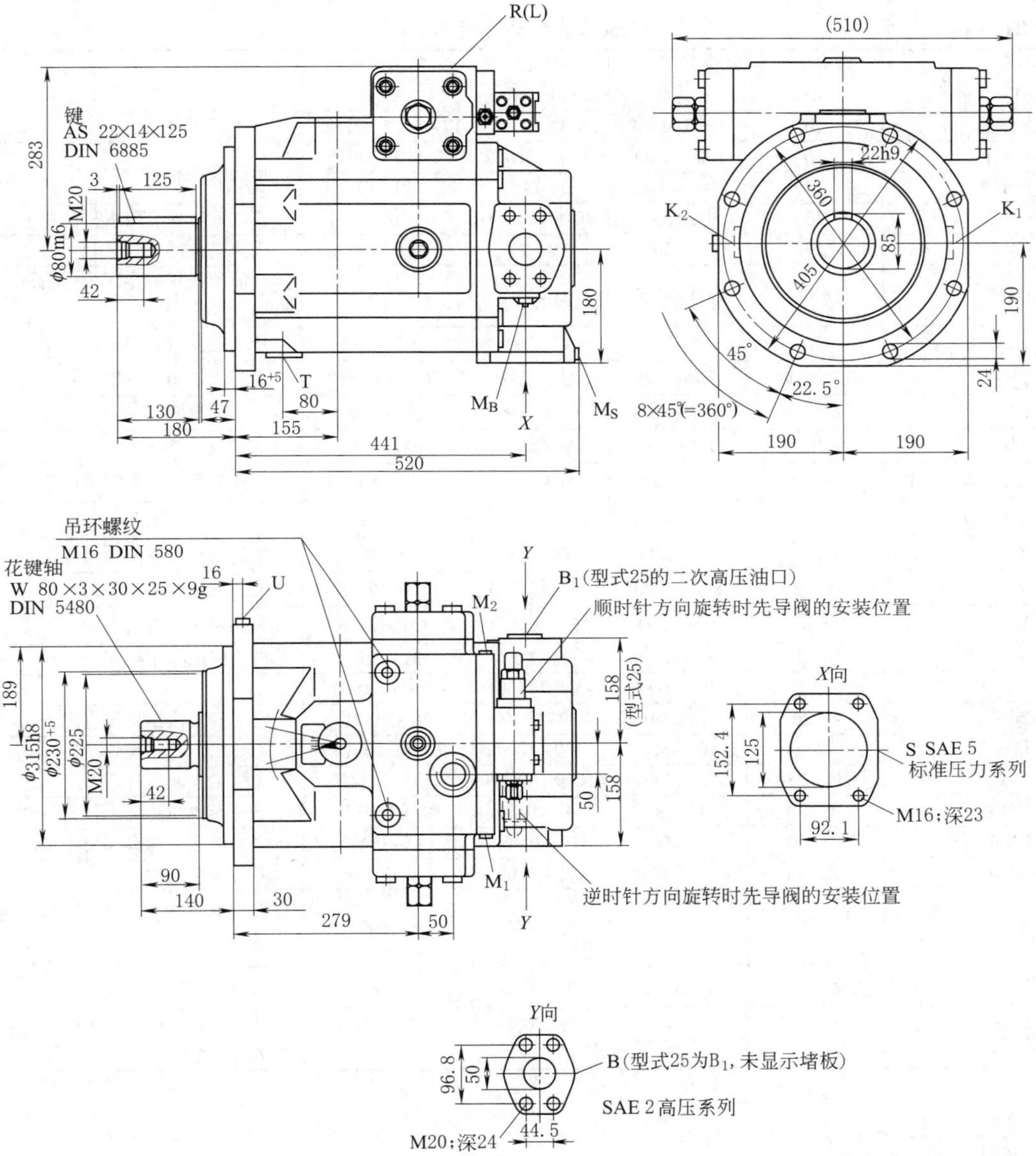


型式 13 的油口

| | | |
|---|---|---|
| B | 压力油口 | SAE 2(高压系列) |
| $B_1$ | 辅助油口 | M48×2;深 20(堵住) |

型式 25 的油口

| | | |
|---|---|---|
| B | 压力油口 | SAE 2(高压系列) |
| $B_1$ | 二次压力油口 | SAE 2(高压系列)(堵住) |

油口

| | | |
|---|---|---|
| S | 吸油口 | SAE 5(标准系列) |
| $K_1$,$K_2$ | 冲洗油口 | M48×2;深 22(堵住) |
| T | 泄油口 | M48×2;深 22(堵住) |
| $M_B$,$M_S$ | 测压口 | M18×1.5;深 12(堵住) |
| R(L) | 注油和排气口 | M48×2;<br>精确位置参见控制装置的单独数据表 |
| U | 冲洗油口 | M18×1.5;深 12(堵住) |
| $M_1$,$M_2$ | 用于调节压力的测压口 | M18×1.5(堵住) |

# 4 液压马达产品

表 21-5-67 液压马达产品的技术参数

| 类型 | 型　号 | 额定压力 /MPa | 转速 /r·min⁻¹ | 排量 /mL·r⁻¹ | 输出转矩 /N·m | 生　产　厂 |
|---|---|---|---|---|---|---|
| 齿轮马达 | CM-C、(D) | 10 | 1800~2400 | 10~32(32~70) | 17~52(53~112) | 四平液压件厂 |
| | CM-E | 10 | 1900~2400 | 70~210 | 110~339 | 榆次液压有限公司 |
| | CM-F | 14 | 1900~2400 | 11~40 | 20~70 | |
| | CMG | 16 | 500~2500 | 40.6~161.1 | 101.0~402.1 | 长江液压件有限责任公司 |
| | CM4 | 20 | 150~2000 | 40~63 | 115~180 | 天津机械厂 |
| | GM5 | 16~25 | 500~4000 | 5~25 | 17~64 | 天津液压机械集团公司、长江液压件有限责任公司 |
| | CMG4 | 16 | 150~2000 | 40~100 | 94~228 | 阜新液压件有限公司 |
| | BM-E | 11.5~14 | 125~320 | 312~797 | 630~1260 | 上海飞机制造有限公司 |
| | CMZ | 12.5~20 | 150~2000 | 32.1~100 | 102~256 | 济南液压泵厂 |
| | BM※ | 10 | 125~400 | 80~600 | 100~750 | 南京液压件三厂 |
| | BMS、BMT、BMV | 10~16 | 10~800 | 80~800 | 175~590 | 镇江液压件厂有限责任公司 |
| 叶片马达 | YM | 6 | 100~2000 | 16.3~93.6 | 11~72 | 榆次液压有限公司 |
| | YM-F-E | 16 | 200~1200 | 100~200 | 215~490 | 阜新液压件有限公司 |
| | M | 15.5 | 100~4000 | 31.5~317.1 | 77.5~883.7 | 大连液压件有限公司 |
| | M2 | 5.5 | 50~2200 | 23.9~35.9 | 16.2~24.5 | 大连液压件有限公司 |
| 柱塞马达 | B | 16~20 | 50~3600 | 10~95 | 31~258 | 自美国威格士公司引进 |
| | 2JM-F | 20 | 100~600 | 500~4400 | 1560~12810 | |
| | JM | 8~20 | 3~1250 | 20~8000 | 26~23521 | 昆山金发液压机械有限公司 |
| | 1JM-F | 20 | 100~500 | 200~4000 | 68.6~16010 | |
| | NJM | 16~25 | 12~100 | 1000~40000 | 3310~114480 | 沈阳工程液压件厂 |
| | QJM | 10~20 | 1~800 | 64~10150 | 95~15333 | 宁波液压马达有限公司 |
| | QKM | 10~20 | 1~600 | 317~10150 | 840~10490 | 宁波液压马达有限公司 |
| | DMQ | 20~40 | 3~150 | 125~8160 | 800~25000 | 淮阴永丰机械厂 |
| | A6V | 35 | | 8~500 | 45~2604 | 贵州力源液压公司、北京华德液压集团 |
| 摆动马达 | YMD | 14 | 0°~270° | 30~7000 | 71~20000 | 无锡江宁机械厂 |
| | YMS | 14 | 0°~90° | 60~7000 | 142~20000 | 温州鹿城长征液压机械厂、温州市低噪声液压泵厂 |

## 4.1 齿轮液压马达

### 4.1.1 CM 系列齿轮马达

型号意义：

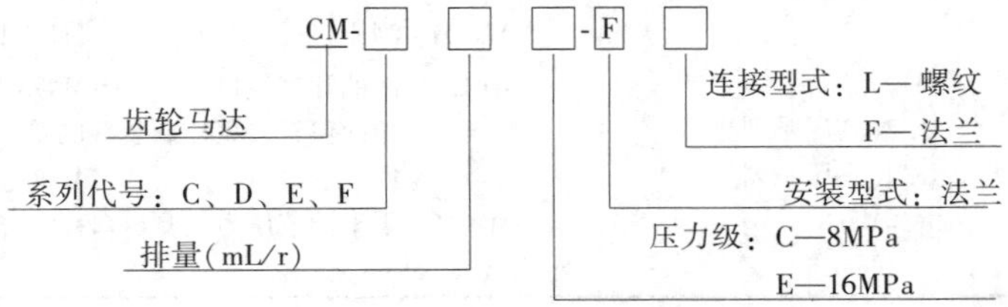

**表 21-5-68** 技术参数

| 型号 | 排量/mL·r⁻¹ | 压力/MPa 额定 | 压力/MPa 最高 | 转速/r·min⁻¹ 额定 | 转速/r·min⁻¹ 最高 | 转矩(10MPa时)/N·m | 型号 | 排量/mL·r⁻¹ | 压力/MPa 额定 | 压力/MPa 最高 | 转速/r·min⁻¹ 额定 | 转速/r·min⁻¹ 最高 | 转矩(10MPa时)/N·m |
|---|---|---|---|---|---|---|---|---|---|---|---|---|---|
| CM-C10C | 10.9 | 10 | 14 | 1800 | 2400 | 17.4 | CM-E105C | 105.5 | 10 | 14 | 1900 | 2400 | 167.5 |
| CM-C18C | 18.2 | | | | | 29 | CM-E140C | 141.6 | | | | | 225 |
| CM-C25C | 25.5 | | | | | 40.5 | CM-E175C | 177.7 | | | | | 282.2 |
| CM-C32C | 32.8 | | | | | 52.1 | CM-E210C | 213.8 | | | | | 339 |
| CM-D32C | 33.6 | | | | | 53.5 | CM-F10C | 11.3 | 14 | 17.5 | | | 17.9 |
| CM-D45C | 46.1 | | | | | 73.4 | CM-F18C | 18.3 | | | | | 29.2 |
| CM-D57C | 58.4 | | | | | 92.9 | CM-F25C | 25.4 | | | | | 40.4 |
| CM-D70C | 70.8 | | | | | 112.7 | CM-F32C | 32.4 | | | | | 51.6 |
| CM-E70C | 69.4 | | | | | 110.2 | CM-F40C | 39.5 | | | | | 63 |

**表 21-5-69** 外形尺寸 mm

CM-C10C~C32C

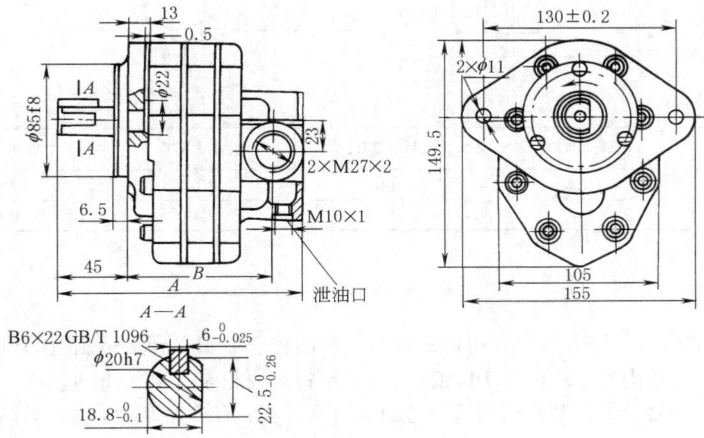


| 型号 | CM-C10C | CM-C18C | CM-C25C | CM-C32C |
|---|---|---|---|---|
| A | 156.5 | 161.5 | 166.5 | 171.5 |
| B | 90.5 | 95.5 | 100.5 | 105.5 |

CM-D32C~D70C

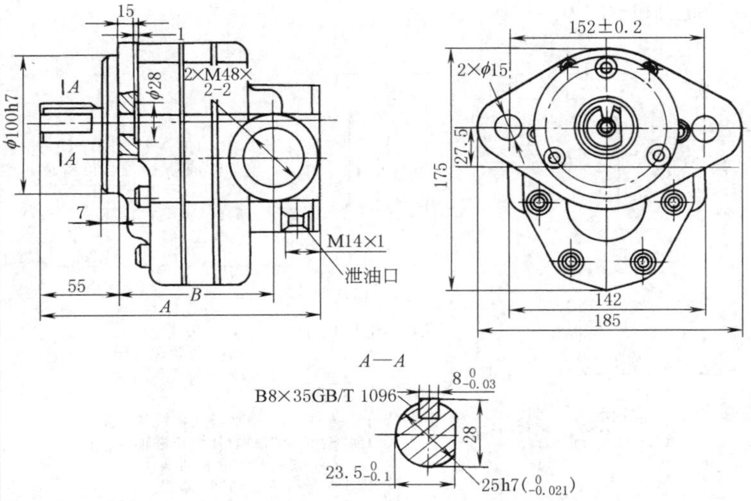


| 型号 | CM-D32C | CM-D45C | CM-D57C | CM-D70C |
|---|---|---|---|---|
| A | 209 | 216 | 223 | 230 |
| B | 121 | 128 | 135 | 142 |

续表

CM-E70C～E210C

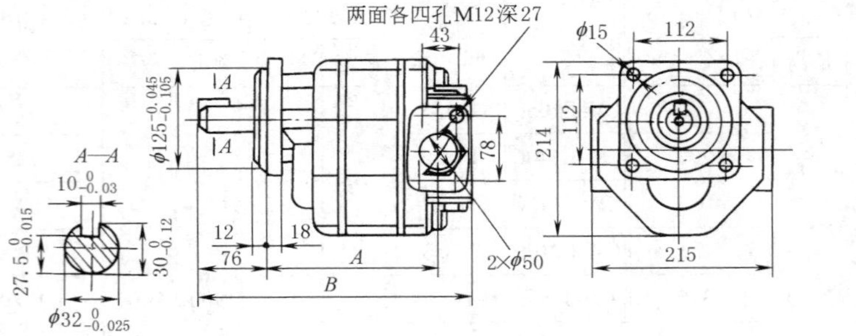


| 型号 | CM-E70C | CM-E105C | CM-E140C | CM-E175C | CM-E210C |
|---|---|---|---|---|---|
| *A* | 164.4 | 177.4 | 190.4 | 203.4 | 216.4 |
| *B* | 280.7 | 293.7 | 306.7 | 319.7 | 332.7 |

CM-F10C～F40C

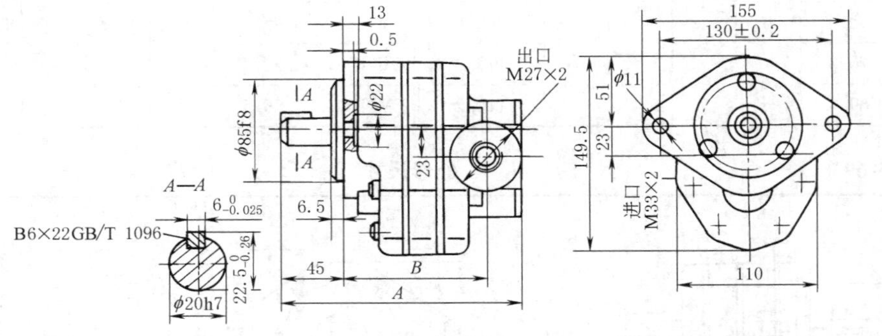


| 型　　号 | CM-F10C | CM-F18C | CM-F25C | CM-F32C | CM-F40C |
|---|---|---|---|---|---|
| *A* | 159 | 164 | 169 | 174 | 179 |
| *B* | 89 | 94 | 99 | 104 | 109 |

### 4.1.2 CM5 系列齿轮马达

GM5 系列高压齿轮马达为三片式结构，主要由铝合金制造的前盖、中间体、后盖，合金钢制造的齿轮和铝合金制造的压力板等零部件组成。前、后盖内各压装两个 DU 轴承，DU 材料使齿轮泵提高了寿命。压力板是径向和轴向压力补偿的主要元件，可以减轻轴承载荷和自动调节齿轮轴向间隙，从而有效地提高了齿轮马达的性能指标和工作可靠性。

GM5 系列齿轮马达有单旋向不带前轴承、双旋向不带前轴承和单旋向带前轴承、双旋向带前轴承四种结构型式，其中带前轴承的马达可以承受径向力和轴向力。

型号意义：

GM 5-□-□ □ □ □-20-□ □

齿轮马达

结构型式

排量

| | | | | |
|---|---|---|---|---|
| 公称排量/mL·r$^{-1}$ | 5 | 6 | 8 | 10 |
| 理论排量/mL·r$^{-1}$ | 5.2 | 6.4 | 8.1 | 10.0 |
| 公称排量/mL·r$^{-1}$ | 12 | 16 | 20 | 25 |
| 理论排量/mL·r$^{-1}$ | 12.6 | 15.9 | 19.9 | 25.0 |

安装法兰：A—SAE“A”型法兰
1—GB/T 2353.1“A”型法兰

传动轴支承：F—带前轴承
省略—不带前轴承

轴伸型式：13—SAE“A”型平键圆柱轴伸，$\phi$19.05
15—SAE“A”型渐开线花键轴伸，径节 16/32，9 齿（仅适用于不带前轴承马达）
E13—平键圆柱轴伸，$\phi$18
H15—渐开线花键轴伸，EXT12Z×1.5m×30P×5d，GB/T 3478.1（仅适用不带前轴承马达）

进、出油口连接型式：F—法兰连接
S—公制螺纹连接
R—管螺纹连接

设计编号

旋转方向（从轴端看）：R—右旋
L—左旋
省略—双旋向

标准标志：CH—符合国标 GB 连接
省略—符合英制 SAE 连接

表 21-5-70　　　　技术参数及外形尺寸　　　　mm

| 项目 | 型号 | 理论排量 /mL·r$^{-1}$ | 额定压力/MPa | | 公称转速 /r·min$^{-1}$ | | 最低转速 /r·min$^{-1}$ | | 理论转矩(额定压力)/N·m | | 质量/kg | |
|---|---|---|---|---|---|---|---|---|---|---|---|---|
| | | | 单旋向 | 双旋向 | 单旋向 | 双旋向 | 单旋向 | 双旋向 | 单旋向 | 双旋向 | 带前轴承 | 不带前轴承 |
| 技术参数 | GM5-5 | 5.2 | 20 | 20 | 4000 | 4000 | 900 | 800 | 17 | 17 | 2.6 | 1.9 |
| | GM5-6 | 6.4 | 25 | 21 | 4000 | 4000 | 1000 | 700 | 25 | 21 | 2.7 | 2.0 |
| | GM5-8 | 8.1 | 25 | 21 | 4000 | 4000 | 1000 | 650 | 32 | 27 | 2.8 | 2.1 |
| | GM5-10 | 10.0 | 25 | 21 | 4000 | 4000 | 900 | 600 | 40 | 33 | 2.9 | 2.2 |
| | GM5-12 | 12.6 | 25 | 21 | 3600 | 3600 | 900 | 550 | 50 | 42 | 3.0 | 2.3 |
| | GM5-16 | 15.9 | 25 | 21 | 3300 | 3300 | 900 | 500 | 63 | 53 | 3.1 | 2.4 |
| | GM5-20 | 19.9 | 20 | 20 | 3100 | 3100 | 750 | 500 | 63 | 63 | 3.2 | 2.5 |
| | GM5-25 | 25.0 | 16 | 16 | 2800 | 3000 | 600 | 500 | 64 | 64 | 3.4 | 2.7 |

外形尺寸

带前轴承

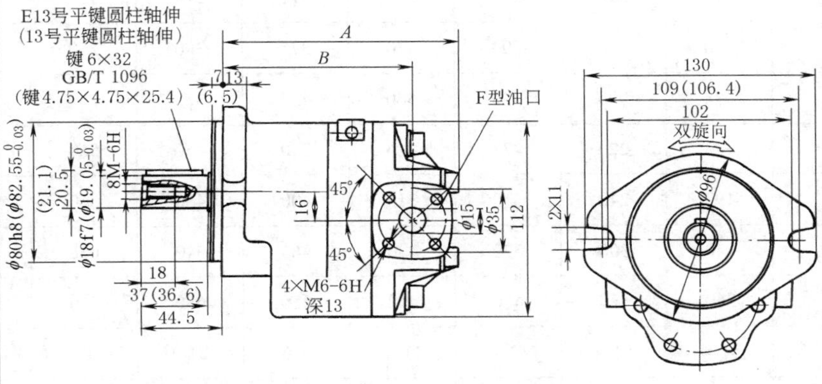


| 型号 | GM5-5 | GM5-6 | GM5-8 |
|---|---|---|---|
| A | 112.0 | 114.0 | 116.5 |
| B | 87.0 | 89.0 | 91.5 |

| 型号 | GM5-10 | GM5-12 | GM5-16 |
|---|---|---|---|
| A | 119.5 | 123.5 | 128.5 |
| B | 94.5 | 98.5 | 103.5 |

| 型号 | GM5-20 | GM5-25 |
|---|---|---|
| A | 134.5 | 142.5 |
| B | 109.5 | 117.5 |

不带前轴承

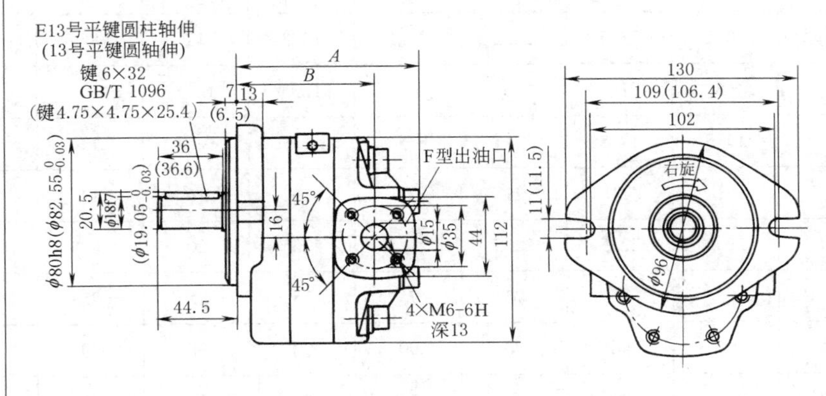


| 型号 | GM5-5 | GM5-6 | GM5-8 |
|---|---|---|---|
| A | 84.0 | 86.0 | 88.5 |
| B | 59.0 | 61.0 | 63.5 |

| 型号 | GM5-10 | GM5-12 | GM5-16 |
|---|---|---|---|
| A | 91.5 | 95.5 | 100.5 |
| B | 66.5 | 70.5 | 75.5 |

| 型号 | GM5-20 | GM5-25 |
|---|---|---|
| A | 106.5 | 114.5 |
| B | 81.5 | 89.5 |

### 4.1.3 BMS、BMT、BMV 系列摆线液压马达

BMS、BMT、BMV 系列摆线液压马达是一种端面配流结构液压马达，使用镶柱式转定子副，具有工作压力高、输出转矩大、工作寿命长等特点。

该系列马达采用圆锥滚子轴承结构，承受轴向、径向负荷能力强，使马达可直接驱动工作机构，使用范围扩大。

该系列马达可串联或并联使用，串联或并联使用时背压超过 2MPa 必须用外泄油口泄压，最好将外泄油口与油箱直接相通。

表 21-5-71　　马达产品系列技术参数一览

| 配流型式 | 型　号 | 排量 /mL·r⁻¹ | 最大工作压力 /MPa | 转速范围 /r·min⁻¹ | 最大输出功率 /kW |
|---|---|---|---|---|---|
| 端面配流 | BMS | 80~375 | 22.5 | 30~800 | 20 |
| | BMT | 160~800 | 24 | 30~705 | 35 |
| | BMV | 315~800 | 28 | 10~446 | 43 |

（1）BMS 系列摆线液压马达

表 21-5-72　　技术参数

| 项　目 | | 型号 BMS 80 | BMS 100 | BMS 125 | BMS 160 | BMS 200 | BMS 250 | BMS 315 | BMS 375 |
|---|---|---|---|---|---|---|---|---|---|
| 排量/mL·r⁻¹ | | 80.6 | 100.8 | 125 | 157.2 | 200 | 252 | 314.5 | 370 |
| 转速/r·min⁻¹ | 额定 | 675 | 540 | 432 | 337 | 270 | 216 | 171 | 145 |
| | 连续 | 800 | 748 | 600 | 470 | 375 | 300 | 240 | 200 |
| | 断续 | 988 | 900 | 720 | 560 | 450 | 360 | 280 | 240 |
| 转矩/N·m | 额定 | 175 | 220 | 273 | 316 | 340 | 450 | 560 | 576 |
| | 连续 | 190 | 240 | 310 | 316 | 400 | 450 | 560 | 576 |
| | 断续 | 240 | 300 | 370 | 430 | 466 | 540 | 658 | 700 |
| | 峰值 | 260 | 320 | 400 | 472 | 650 | 690 | 740 | 840 |
| 输出功率/kW | 额定 | 12.4 | 12.4 | 12.4 | 11.2 | 9.6 | 10.2 | 10 | 8.6 |
| | 连续 | 15.9 | 18.8 | 19.5 | 15.6 | 15.7 | 14.1 | 14.1 | 11.8 |
| | 断续 | 20.1 | 23.5 | 23.2 | 21.2 | 18.3 | 17 | 18.9 | 17 |
| 工作压差/MPa | 额定 | 16 | 16 | 16 | 15 | 12.5 | 12.5 | 12 | 10 |
| | 连续 | 17.5 | 17.5 | 17.5 | 15 | 14 | 12.5 | 12 | 10 |
| | 断续 | 21 | 21 | 21 | 21 | 16 | 16 | 14 | 12 |
| | 峰值 | 22.5 | 22.5 | 22.5 | 22.5 | 22.5 | 20 | 18.5 | 14 |
| 流量/L·min⁻¹ | 连续 | 65 | 75 | 75 | 75 | 75 | 75 | 75 | 75 |
| | 断续 | 80 | 90 | 90 | 90 | 90 | 90 | 90 | 90 |
| 进油压力/MPa | 额定 | 21 | 21 | 21 | 21 | 21 | 21 | 21 | 21 |
| | 连续 | 25 | 25 | 25 | 25 | 25 | 25 | 25 | 25 |
| | 断续 | 30 | 30 | 30 | 30 | 30 | 30 | 30 | 30 |
| 质量/kg | | 9.8 | 10 | 10.3 | 10.7 | 11.1 | 11.6 | 12.3 | 12.6 |

注：1. 额定转速、转矩是指在额定流量、压力下的输出值。
2. 连续值是指该排量马达可以连续工作的最大值。
3. 断续值是指该排量马达在 1min 内工作 6s 的最大值。
4. 峰值是指该排量马达在 1min 内工作 0.6s 的最大值。

**表 21-5-73**　　外形尺寸　　mm

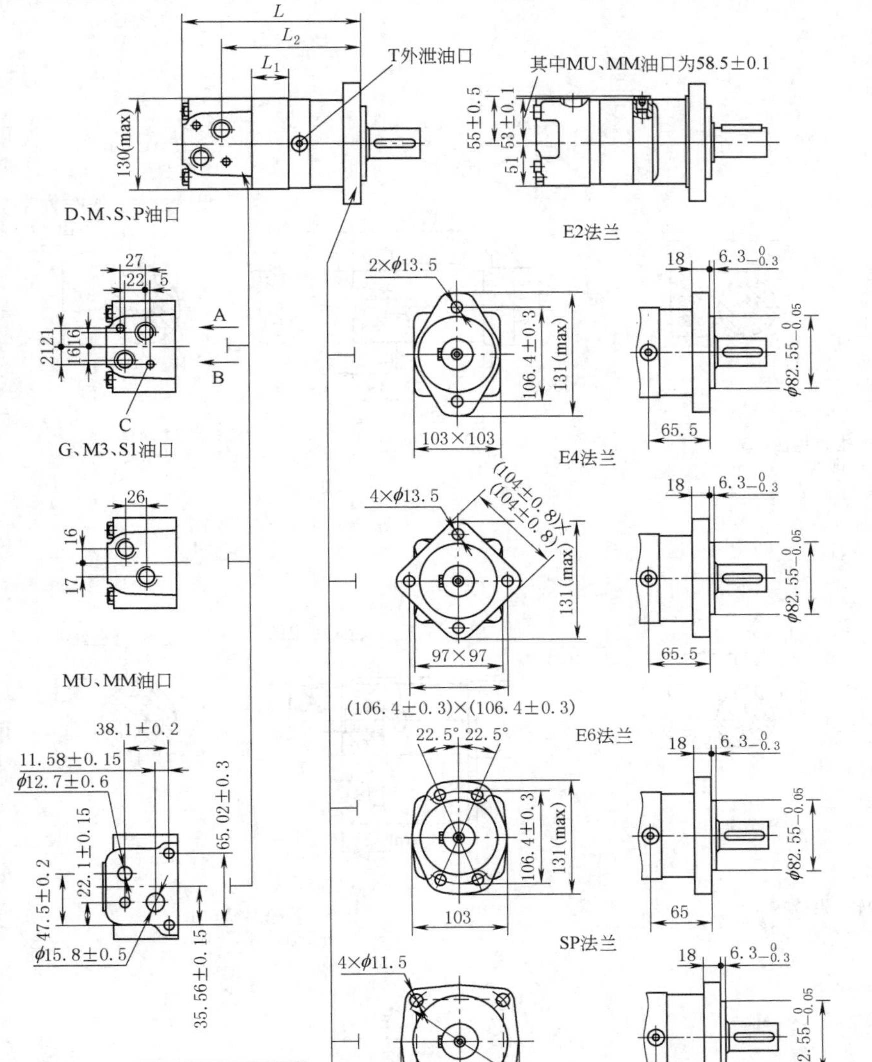


| 型号 | $L$ | $L_1$ | $L_2$ |
|---|---|---|---|
| BMS80 | 167 | 16 | 123.2 |
| BMS100 | 171 | 20 | 127.2 |
| BMS125 | 176 | 25 | 132.2 |
| BMS160 | 182 | 31.5 | 138.7 |
| BMS200 | 191 | 40 | 147.2 |
| BMS250 | 201 | 50 | 157.2 |
| BMS315 | 213 | 62 | 169.2 |
| BMS375 | 225 | 74 | 181.2 |

| 型　号 | $L$ | $L_1$ | $L_2$ |
|---|---|---|---|
| BMSW80 | 129.4 | 16 | 86 |
| BMSW100 | 133.4 | 20 | 90 |
| BMSW125 | 138.4 | 25 | 95 |
| BMSW160 | 144.9 | 31.5 | 101.5 |
| BMSW200 | 153.4 | 40 | 110 |
| BMSW250 | 163.4 | 50 | 120 |
| BMSW315 | 175.4 | 62 | 132 |
| BMSW375 | 187.4 | 74 | 144 |

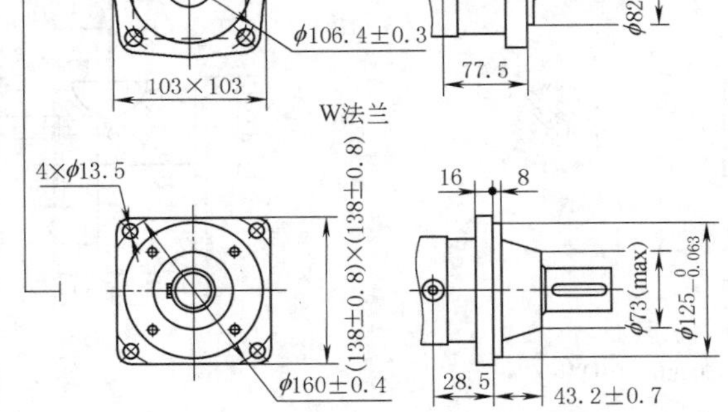


| 连接型式 | 代号 | | | | | | |
|---|---|---|---|---|---|---|---|
| | D | M | S | P | G | M3 | S1(深) |
| P(A,B) | G1/2 深 18 | M22×1.5 深 18 | 7/8-14O-ring 深 18 | 1/2-14NPTF 深 15 | G1/2 深 18 | M22×1.5 深 18 | 7/8-14O-ring |
| T | G1/4 深 12 | M14×1.5 深 12 | 7/16-20UNF 深 12 | 7/16-20UNF 深 12 | G1/4 深 12 | M14×1.5 深 12 | 7/16-20UNF |
| C | 2×M10 深 13 | 2×M10 深 13 | 2⅜-16UNC 深 13 | 2⅜-16UNC 深 13 | — | — | — |

**表 21-5-74　　轴伸连接尺寸　　mm**

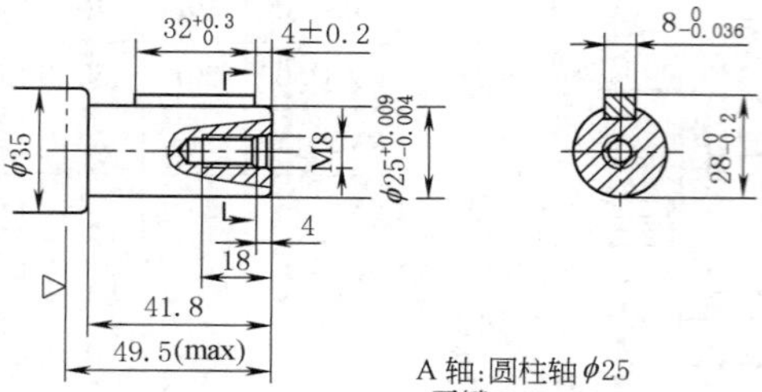


A 轴:圆柱轴φ25
平键8×7×32

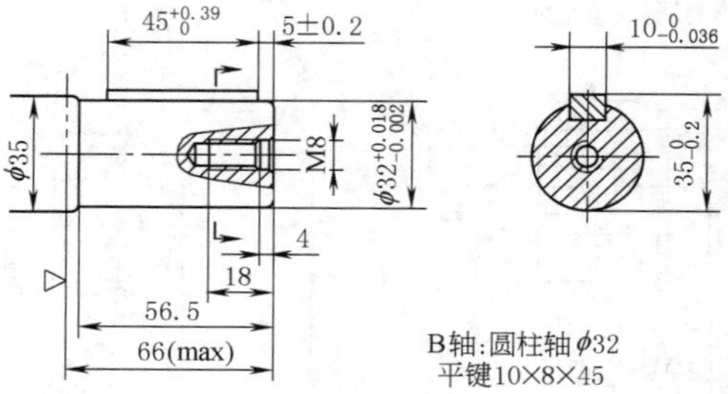


B轴:圆柱轴φ32
平键10×8×45

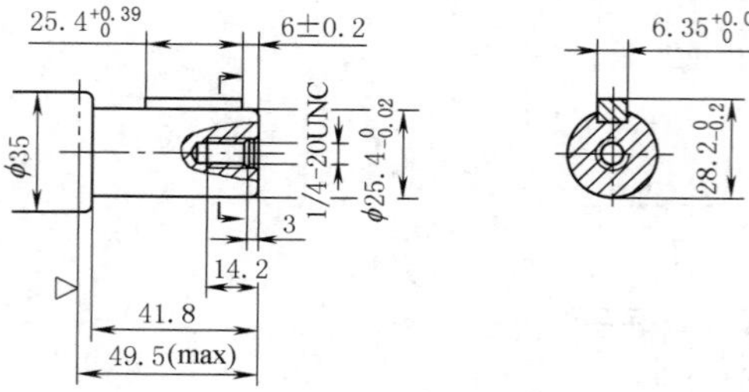


D轴:圆柱轴φ25.4
平键6.35×6.35×25.4

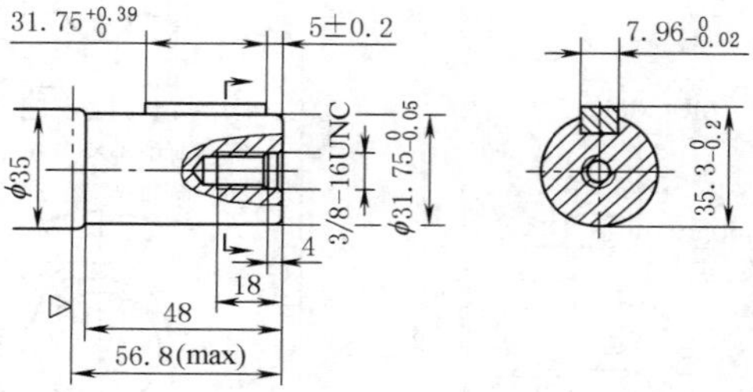


G轴:圆柱轴φ31.75
平键7.96×7.96×31.75

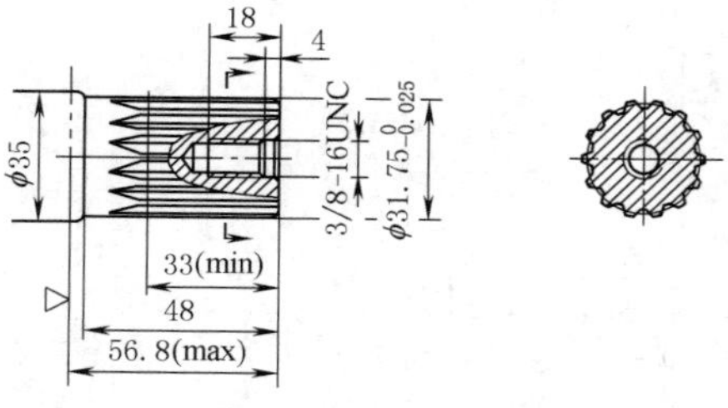


F 轴:花键14-DP12/24

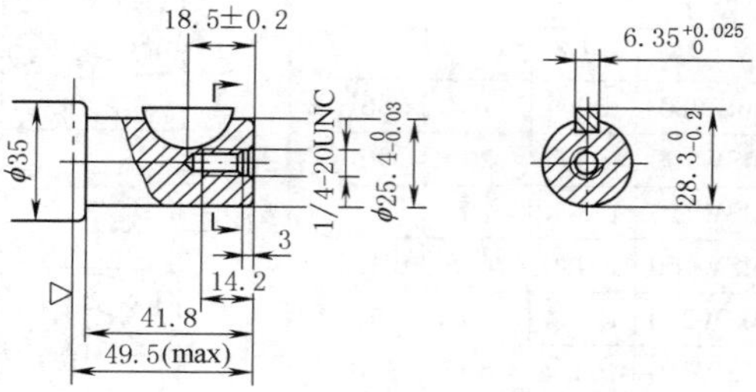


K 轴: 圆柱轴 φ25.4
半圆键φ25.4×6.35

续表

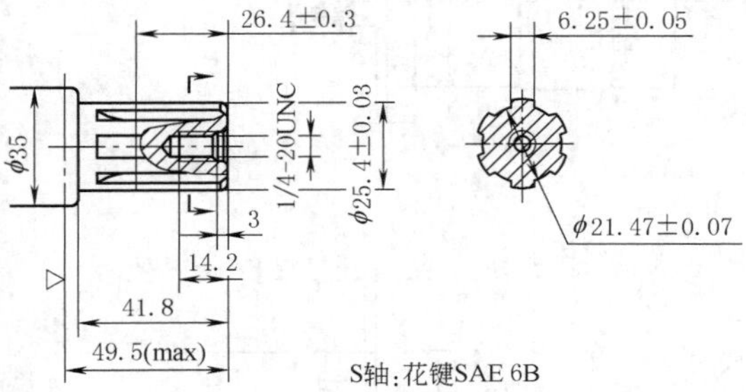


S轴：花键SAE 6B

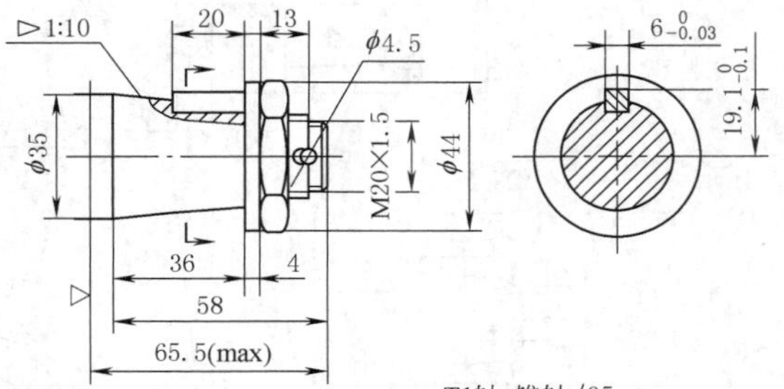


T1轴：锥轴φ35
平键：B6×6×20

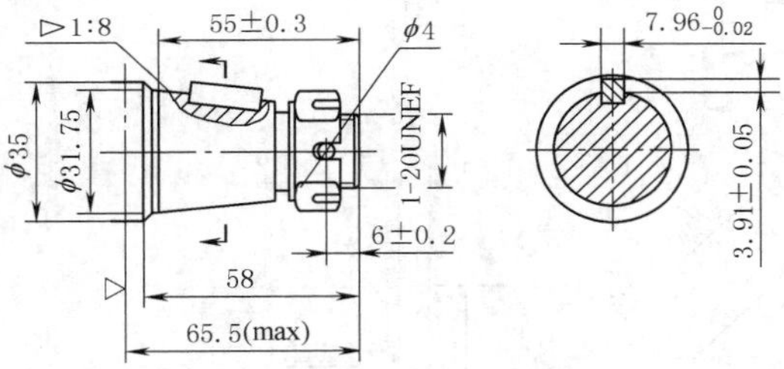


T3轴：锥轴φ31.75
平键7.96×7.96×31.75
螺母拧紧力矩220N·m±10N·m

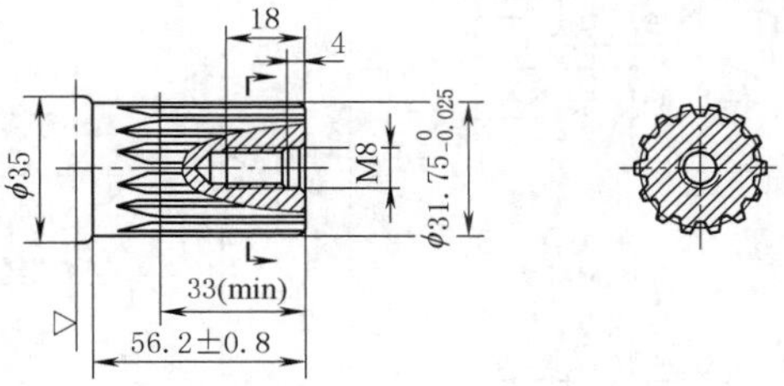


FD轴：花键14-DP12/24

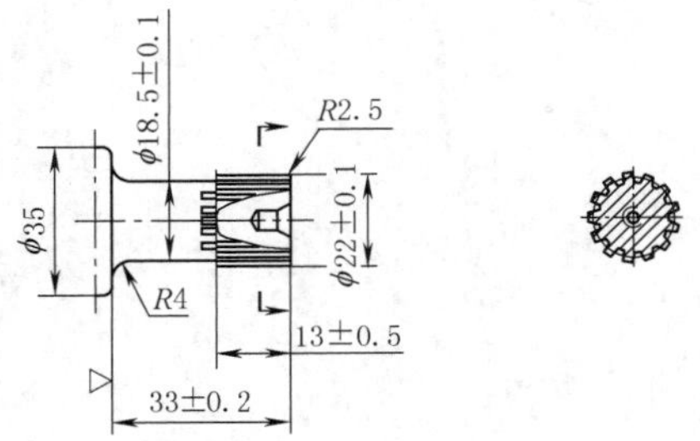


I轴：花键14-DP12/24

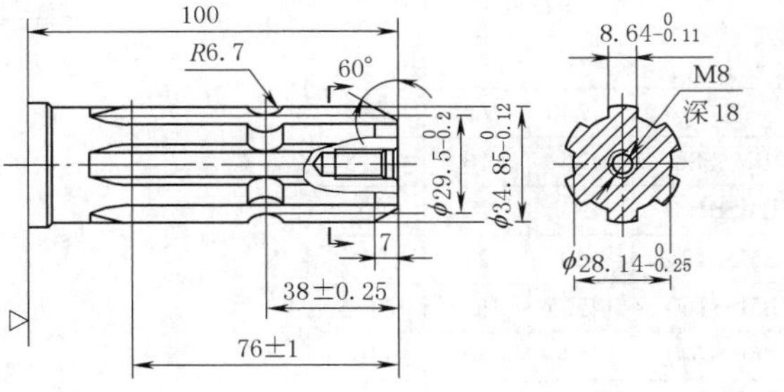


SL轴：花键6×34.85×28.14×8.64

注："▷"为马达安装面。

表 21-5-75　　**BMSS 外形尺寸**　　mm

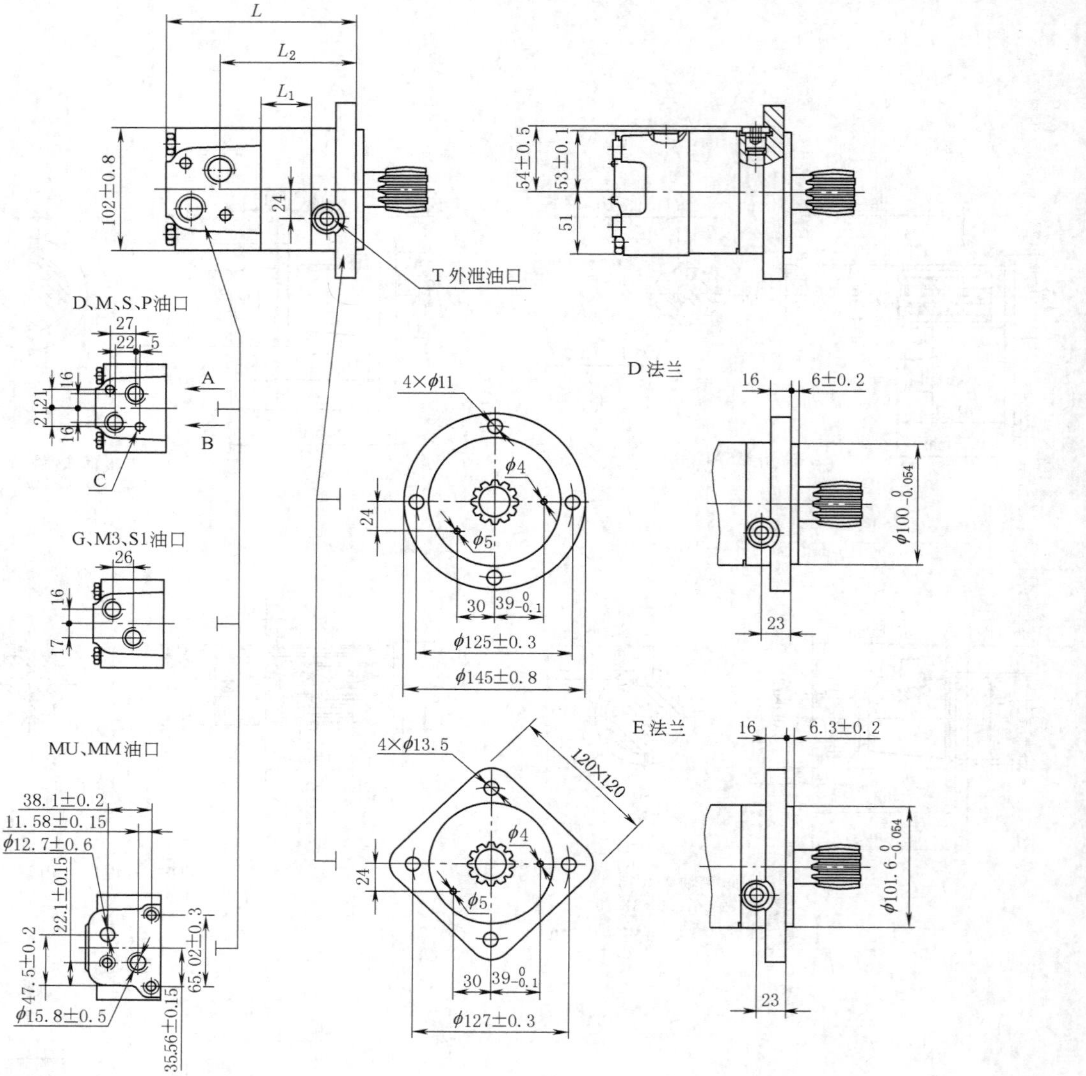


| 型号 | $L$ | $L_1$ | $L_2$ |
|---|---|---|---|
| BMSS80 | 125 | 16 | 82.5 |
| BMSS100 | 134 | 20 | 90 |
| BMSS125 | 139 | 25 | 95 |
| BMSS160 | 145.5 | 31.5 | 101.5 |
| BMSS200 | 154 | 40 | 110 |
| BMSS250 | 164 | 50 | 120 |
| BMSS315 | 176 | 62 | 132 |
| BMSS375 | 188 | 74 | 144 |

| 连接型式 | 代号 | | | | | | |
|---|---|---|---|---|---|---|---|
| | D | M | S | P | G(深) | M3 | S1(深) |
| P(A,B) | G1/2 深 18 | M22×1.5 深 18 | 7/8-14O-ring 深 18 | 1/2-14NPTF 深 15 | G1/2(18) | M22×1.5 深 18 | 7/8-14O-ring |
| T | G1/4 深 12 | M14×1.5 深 12 | 7/16-20UNF 深 12 | 7/16-20UNF 深 12 | G1/4(12) | M14×1.5 深 12 | 7/16-20UNF |
| C | 2×M10 深 13 | 2×M10 深 13 | 2⅜-16UNC 深 13 | 2⅜-16UNC 深 13 | — | — | — |

续表

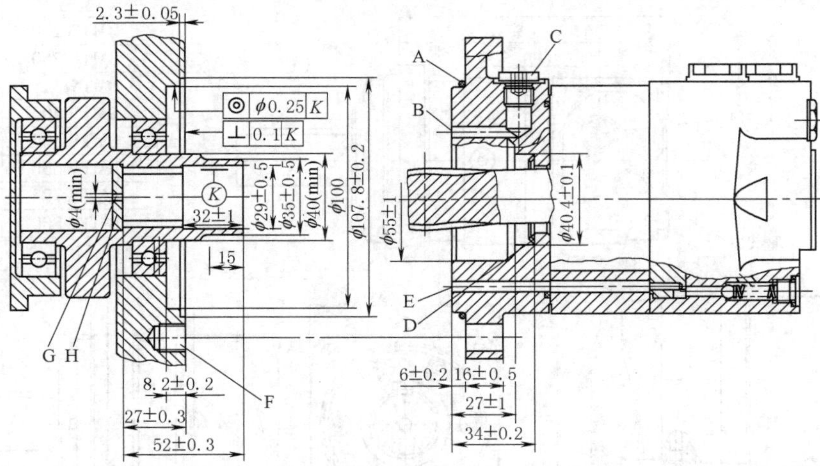


A—O 形圈：100×3；B—外泄油通道；C—泄油口连接深 12；D—锥形密封圈；E—内泄油通道；F—连接深 15；G—回油孔；H—硬化挡板

用户内花键孔参数表

| 齿侧配合 | | 数值 |
|---|---|---|
| 齿数 | $Z$ | 12 |
| 径节 | $DP$ | 12/24 |
| 压力角 | $\alpha$ | 30° |
| 分度圆 | $D$ | $\phi25.4$ |
| 大径 | $D_{ei}$ | $\phi28_{-0.1}^{0}$ |
| 小径 | $D_{ii}$ | $\phi23_{0}^{+0.033}$ |
| 齿槽宽 | $E$ | 4.308±0.02 |

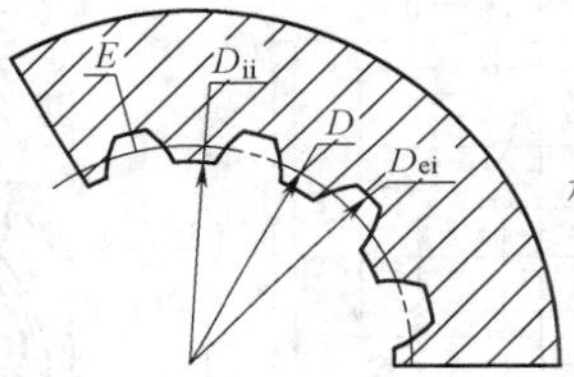


材料硬度 62HRC±2HRC

渗层深 0.7±0.2

（2）BMT 系列摆线液压马达

**表 21-5-76** **技术参数**

| 项目 | | BMT160 | BMT200 | BMT250 | BMT315 | BMT400 | BMT500 | BMT630 | BMT800 |
|---|---|---|---|---|---|---|---|---|---|
| 排量/mL·r$^{-1}$ | | 161.1 | 201.4 | 251.8 | 326.3 | 410.9 | 523.6 | 629.1 | 801.8 |
| 转速/r·min$^{-1}$ | 额定 | 470 | 475 | 381 | 294 | 228 | 183 | 150 | 121 |
| | 连续 | 614 | 615 | 495 | 380 | 302 | 237 | 196 | 154 |
| | 断续 | 770 | 743 | 592 | 458 | 364 | 284 | 233 | 185 |
| 转矩/N·m | 额定 | 379 | 471 | 582 | 758 | 896 | 1063 | 1156 | 1207 |
| | 连续 | 471 | 589 | 727 | 962 | 1095 | 1245 | 1318 | 1464 |
| | 断续 | 573 | 718 | 888 | 1154 | 1269 | 1409 | 1498 | 1520 |
| | 峰值 | 669 | 838 | 1036 | 1346.3 | 1450.3 | 1643.8 | 1618.8 | 1665 |
| 输出功率/kW | 额定 | 18.7 | 23.4 | 23.2 | 23.3 | 21.4 | 20.4 | 18.2 | 15.3 |
| | 连续 | 27.7 | 34.9 | 34.5 | 34.9 | 31.2 | 28.8 | 25.3 | 22.2 |
| | 断续 | 32 | 40 | 40 | 40 | 35 | 35 | 27.5 | 26.8 |
| 工作压差/MPa | 额定 | 16 | 16 | 16 | 16 | 15 | 14 | 12 | 10.5 |
| | 连续 | 20 | 20 | 20 | 20 | 18 | 16 | 14 | 12.5 |
| | 断续 | 24 | 24 | 24 | 24 | 21 | 18 | 16 | 13 |
| | 峰值 | 28 | 28 | 28 | 28 | 24 | 21 | 19 | 16 |
| 流量/L·min$^{-1}$ | 额定 | 80 | 100 | 100 | 100 | 100 | 100 | 100 | 100 |
| | 连续 | 100 | 125 | 125 | 125 | 125 | 125 | 125 | 125 |
| | 断续 | 125 | 150 | 150 | 150 | 150 | 150 | 150 | 150 |
| 允许进油压力/MPa | 额定 | 21 | 21 | 21 | 21 | 21 | 21 | 21 | 21 |
| | 连续 | 21 | 21 | 21 | 21 | 21 | 21 | 21 | 21 |
| | 断续 | 25 | 25 | 25 | 25 | 25 | 25 | 25 | 25 |
| | 峰值 | 30 | 30 | 30 | 30 | 30 | 30 | 30 | 30 |
| 质量/kg | | 20 | 21 | 21 | 21 | 23 | 24 | 25 | 26 |

注：1. 额定转速、转矩是指在额定流量、压力下的输出值。
2. 连续值是指该排量马达可以连续工作的最大值。
3. 断续值是指该排量马达在 1min 内工作 6s 的最大值。
4. 峰值是指该排量马达在 1min 内工作 0.6s 的最大值。

**表 21-5-77　　外形尺寸**　　mm

| 型号 | $L$ | $L_1$ | $L_2$ |
|---|---|---|---|
| BMTW230 | 147 | 19 | 96 |
| BMTW250 | 149 | 21 | 98 |
| BMTW315 | 155 | 27 | 104 |
| BMTW400 | 161 | 34 | 111 |
| BMTW500 | 170 | 42 | 119 |
| BMTW630 | 182 | 54 | 131 |
| BMTW725 | 186 | 58 | 135 |
| BMTW800 | 193 | 65 | 142 |

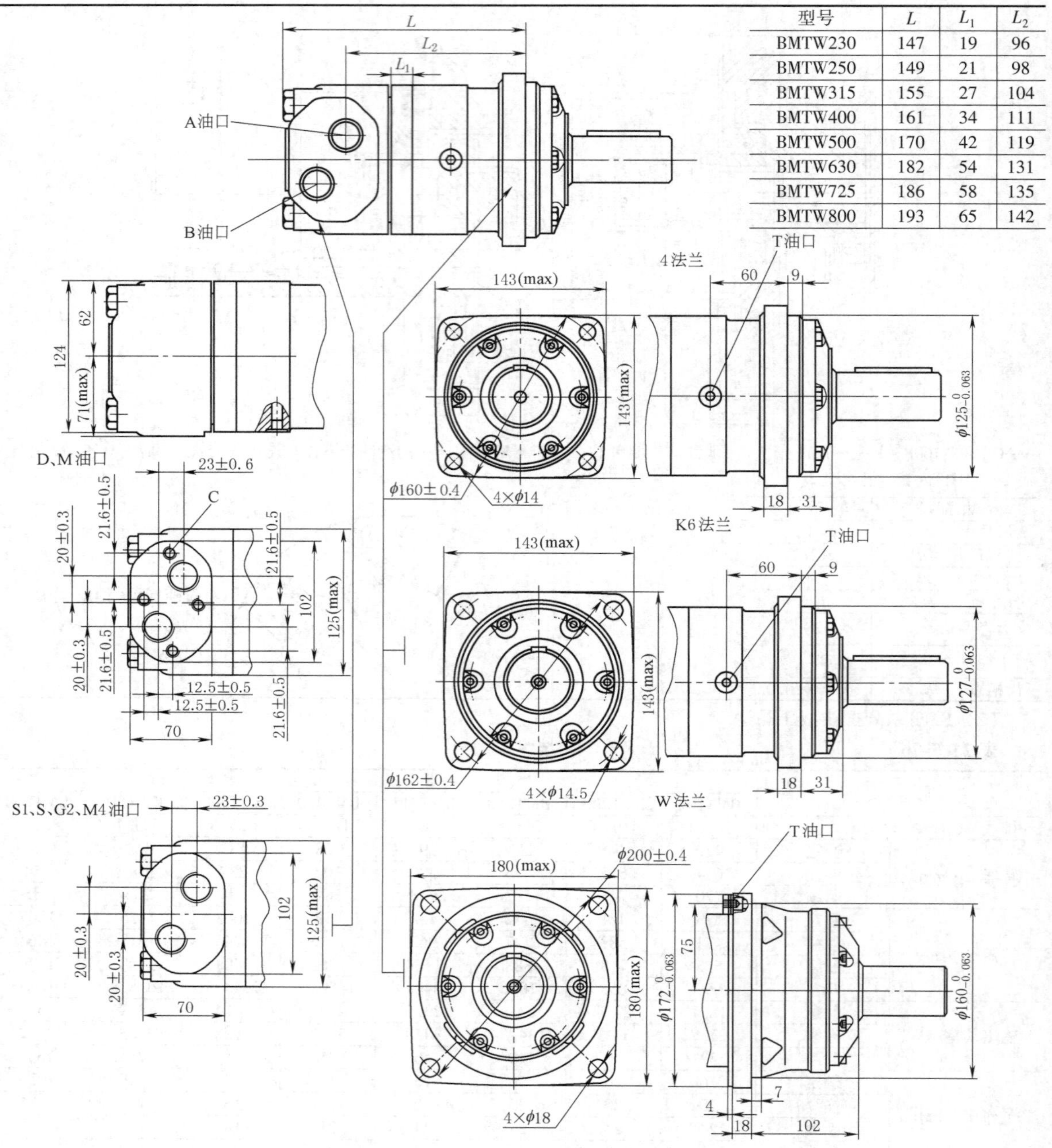


| 型号 | $L$ | $L_1$ | $L_2$ |
|---|---|---|---|
| BMT230 | 213 | 19 | 161.5 |
| BMT250 | 215 | 21 | 163.5 |
| BMT315 | 221 | 27 | 169.5 |
| BMT400 | 228 | 34 | 176.5 |
| BMT500 | 236 | 42 | 184.5 |
| BMT630 | 248 | 54 | 196.5 |
| BMT725 | 252 | 58 | 200.5 |
| BMT800 | 259 | 65 | 207.5 |

| 连接型式 | 代号 | | | | | |
|---|---|---|---|---|---|---|
| | D | M | S | G2 | M4 | S1 |
| P(A,B) | G3/4 深 18 | M27×2 深 18 | 1 1/16-12UN 深 18 | G3/4 深 18 | M27×2 深 18 | 1 1/16-12UN 深 18 |
| T | G1/4 深 12 | M14×1.5 深 12 | 9/16-18UNF 深 12 | G1/4 深 12 | M14×1.5 深 12 | 7/16-20UNF 深 12 |
| C | 4×M10 深 10 | 4×M10 深 10 | — | — | — | — |

表 21-5-78　　　　轴伸连接尺寸　　　　mm

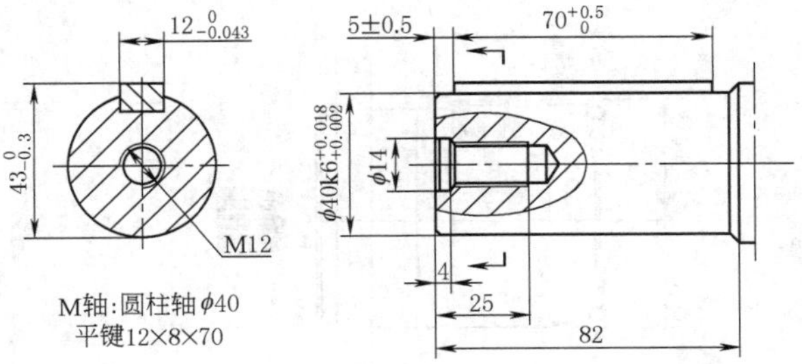


M轴:圆柱轴φ40
平键12×8×70

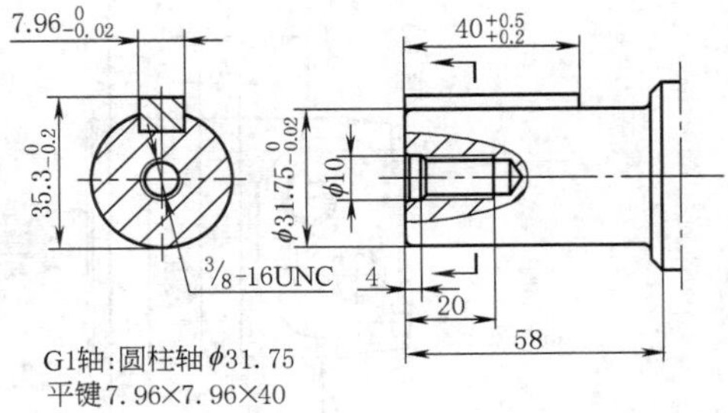


G1轴:圆柱轴φ31.75
平键7.96×7.96×40

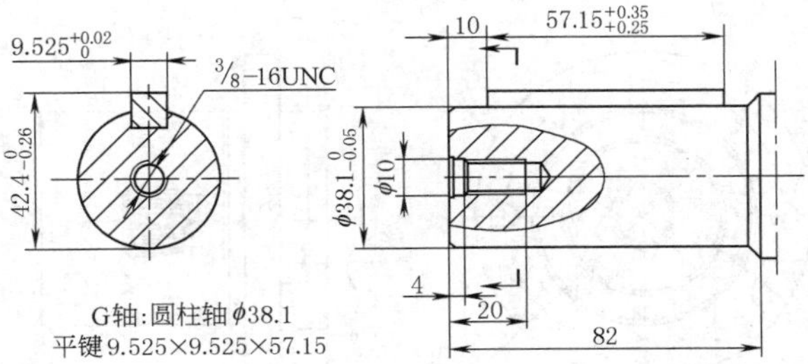


G轴:圆柱轴φ38.1
平键9.525×9.525×57.15

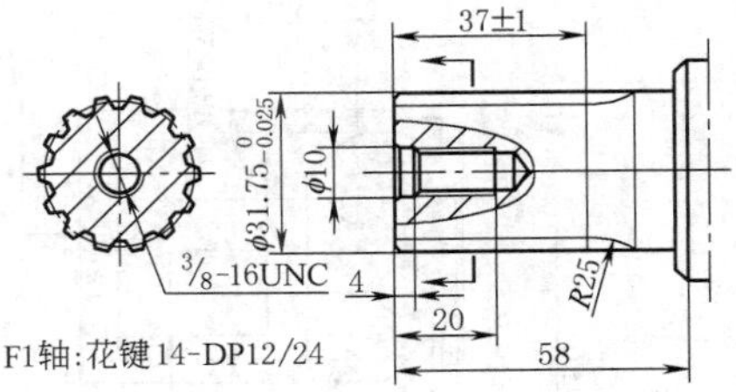


F1轴:花键14-DP12/24

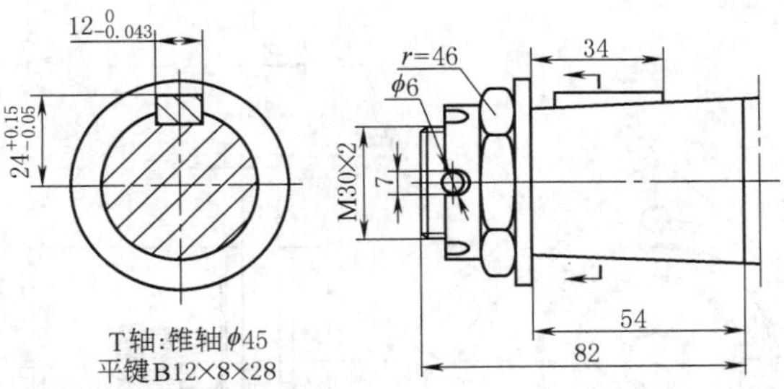


T轴:锥轴φ45
平键B12×8×28
螺母拧紧力矩:500N·m±10N·m

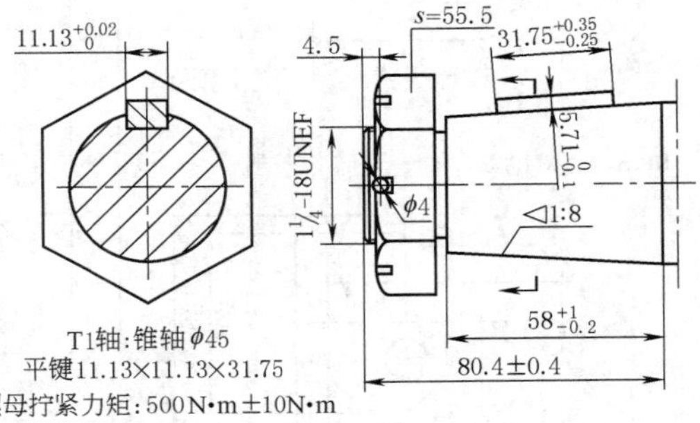


T1轴:锥轴φ45
平键11.13×11.13×31.75
螺母拧紧力矩:500N·m±10N·m

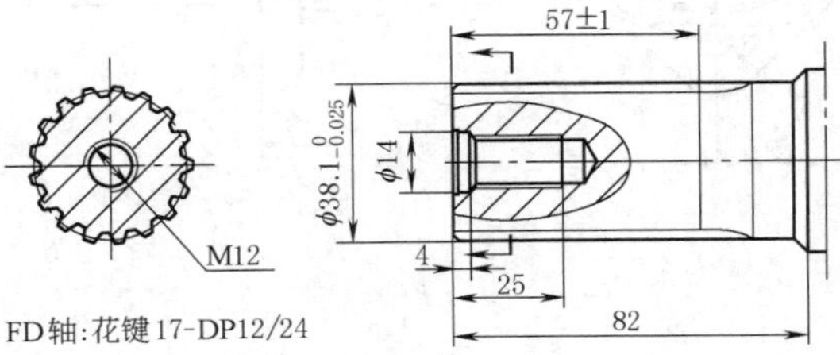


FD轴:花键17-DP12/24

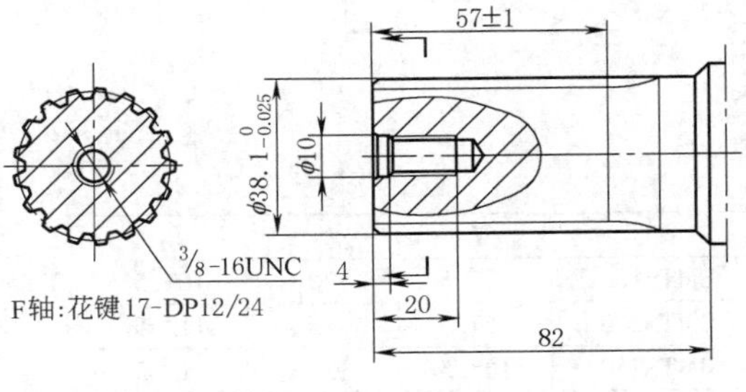


F轴:花键17-DP12/24

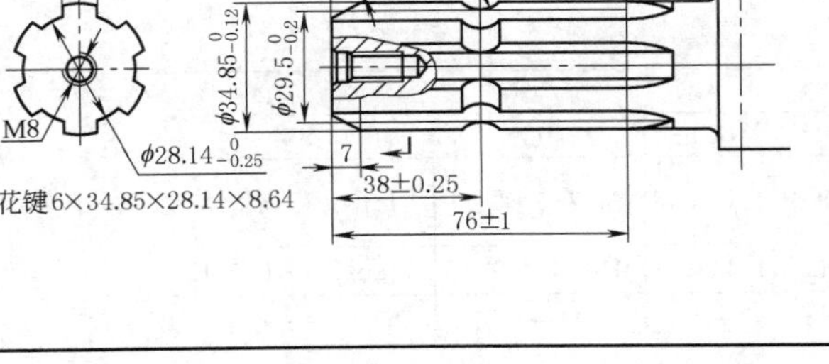


SL轴:花键6×34.85×28.14×8.64

**表 21-5-79　　BMTS 外形尺寸**　　mm

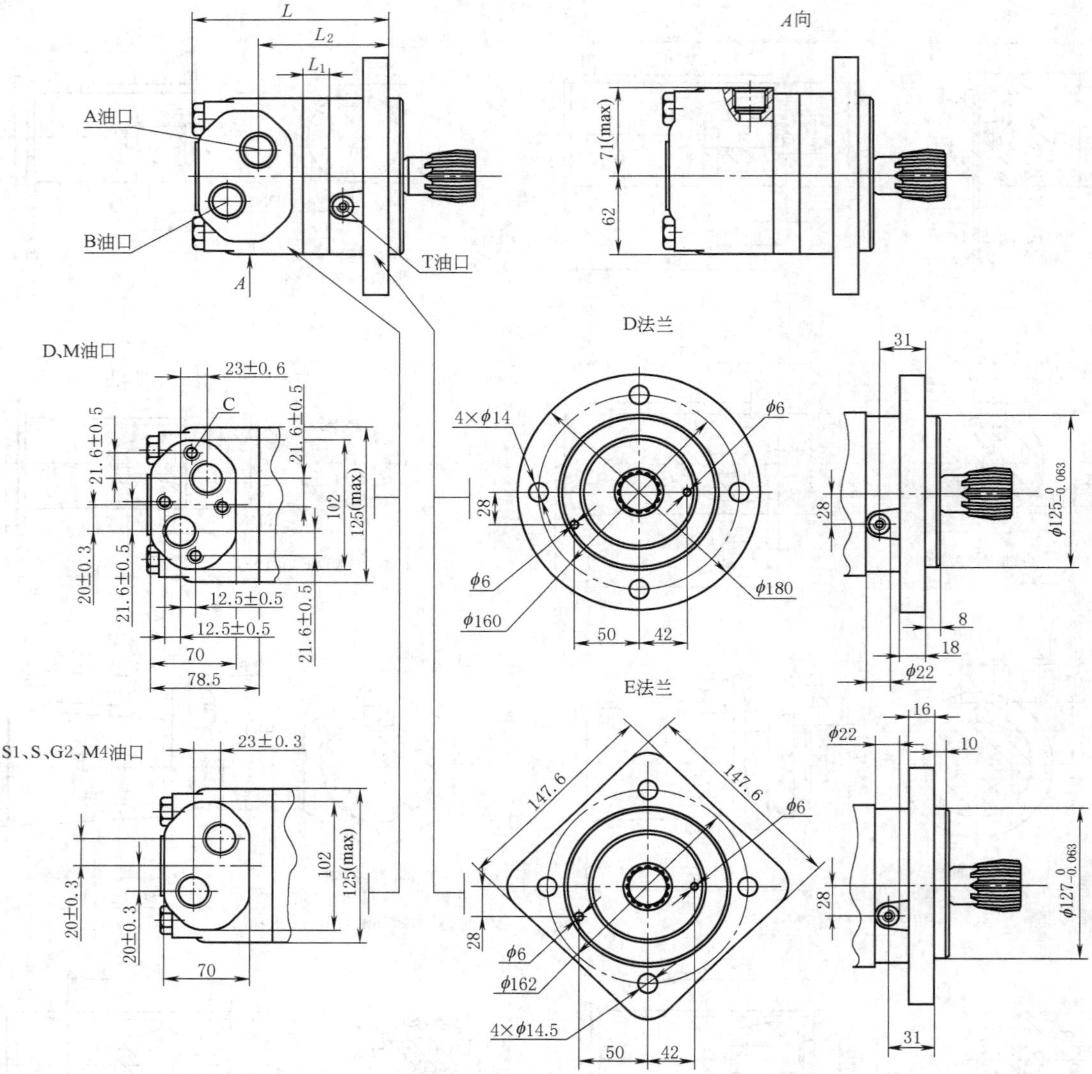


| 型号 | $L$ | $L_1$ | $L_2$ |
|---|---|---|---|
| BMTS160 | 157.5 | 20 | 107.5 |
| BMTS200 | 162.5 | 25 | 112.5 |
| BMTS250 | 168.5 | 31 | 118.5 |
| BMTS315 | 17.5 | 40 | 127.5 |
| BMTS400 | 187.5 | 50 | 137.5 |
| BMTS500 | 200 | 62.5 | 150 |

| 连接型式 | 代号 | | | | | |
|---|---|---|---|---|---|---|
| | D | M | S | G2 | M4 | S1 |
| P(A,B) | G3/4 深 18 | M27×2 深 18 | 1 1/16-12UN 深 18 | G3/4 深 18 | M27×2 深 18 | 1 1/16-12UN 深 18 |
| T | G1/4 深 12 | M14×1.5 深 12 | 9/16-18UNF 深 12 | G1/4 深 12 | M14×1.5 深 12 | 7/16-20UNF 深 12 |
| C | 4×M10 深 10 | 4×M10 深 10 | — | — | — | — |

续表

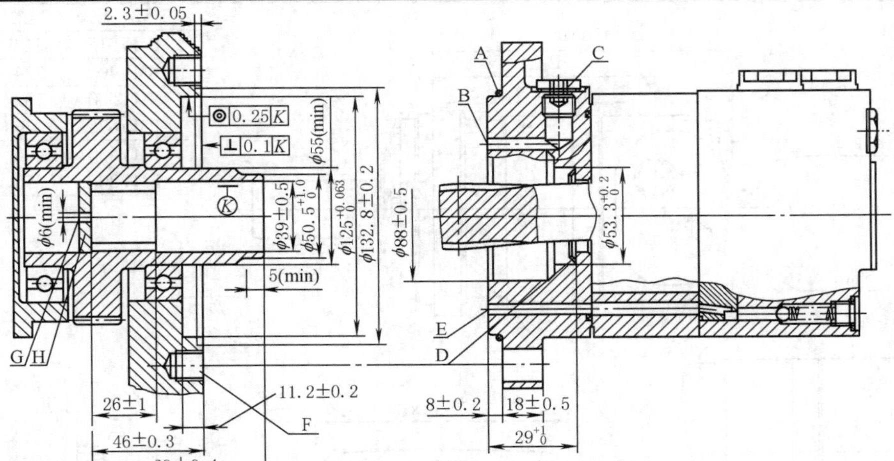


A—O 形圈：125×3；B—外泄油通道；C—泄油口连接深 12；D—锥形密封圈；E—内泄油通道；F—连接深 18；G—回油孔；H—硬化挡板

用户内花键孔参数表

| 齿 侧 配 合 | | 数 值 |
|---|---|---|
| 齿数 | $Z$ | 12 |
| 径节 | $DP$ | 12/24 |
| 压力角 | $\alpha$ | 30° |
| 分度圆 | $D$ | $\phi$33.8656 |
| 大径 | $D_{ei}$ | $\phi38.4^{+0.25}_{0}$ |
| 小径 | $D_{ii}$ | $\phi32.15^{+0.04}_{0}$ |
| 齿槽宽 | $E$ | 4.516±0.037 |

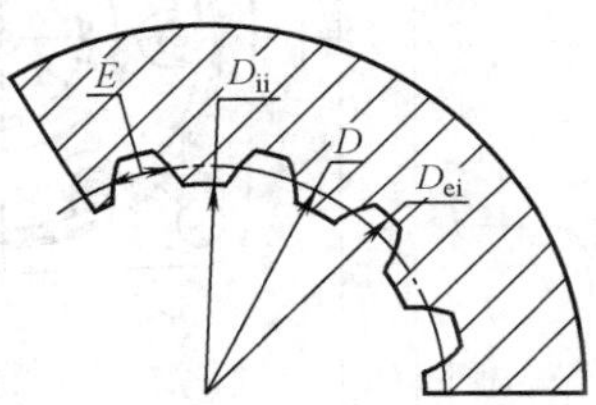


材料硬度 (62±2)HRC
渗层深 0.7±0.2

(3) BMV 系列摆线液压马达

**表 21-5-80** **技术参数**

| 项 目 | | 类 型 | | | | |
|---|---|---|---|---|---|---|
| | | BMV315 | BMV400 | BMV500 | BMV630 | BMV800 |
| 排量/mL·r$^{-1}$ | | 333 | 419 | 518 | 666 | 801 |
| 转速/r·min$^{-1}$ | 额定 | 335 | 270 | 215 | 170 | 140 |
| | 连续 | 446 | 354 | 386 | 223 | 185 |
| | 断续 | 649 | 526 | 425 | 331 | 275 |
| 转矩/N·m | 额定 | 730 | 1020 | 1210 | 1422 | 1590 |
| | 连续 | 925 | 1220 | 1450 | 1640 | 1810 |
| | 断续 | 1100 | 1439 | 1780 | 2000 | 2110 |
| | 峰值 | 1349 | 1700 | 2121 | 2338 | 2470 |
| 输出功率/kW | 额定 | 25.6 | 28.8 | 27.2 | 25.3 | 23.3 |
| | 连续 | 43 | 45.2 | 58.6 | 38.3 | 35.1 |
| | 断续 | 52 | 52 | 52 | 46 | 40 |
| 工作压差/MPa | 额定 | 16 | 16 | 16 | 16 | 14 |
| | 连续 | 20 | 20 | 20 | 18 | 16 |
| | 断续 | 24 | 24 | 24 | 21 | 18 |
| | 峰值 | 28 | 28 | 28 | 24 | 21 |
| 流量/L·min$^{-1}$ | 额定 | 110 | 110 | 110 | 110 | 110 |
| | 连续 | 150 | 150 | 150 | 150 | 150 |
| | 断续 | 225 | 225 | 225 | 225 | 225 |
| 允许进油压力/MPa | 额定 | 21 | 21 | 21 | 21 | 21 |
| | 连续 | 21 | 21 | 21 | 21 | 21 |
| | 断续 | 25 | 25 | 25 | 25 | 25 |
| | 峰值 | 30 | 30 | 30 | 30 | 30 |
| 质量/kg | | 31.8 | 32.6 | 33.5 | 34.9 | 36.5 |

注：1. 额定转速、转矩是指在额定流量、压力下的输出值。
2. 连续值是指该排量马达可以连续工作的最大值。
3. 断续值是指该排量马达在 1min 内工作 6s 的最大值。
4. 峰值是指该排量马达在 1min 内工作 0.6s 的最大值。

**表 21-5-81　　外形尺寸**

mm

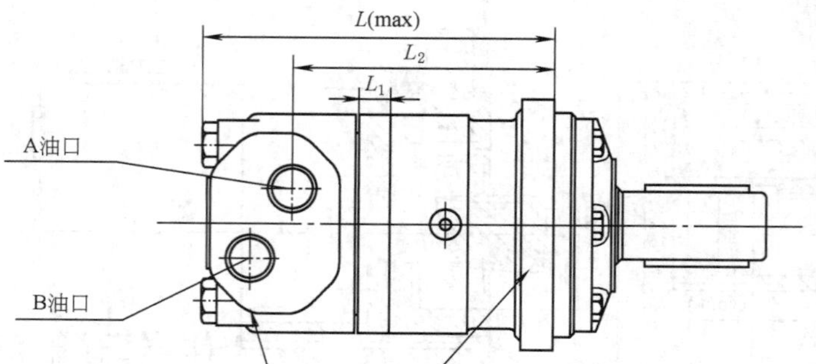


| 型　号 | $L$ | $L_1$ | $L_2$ |
|---|---|---|---|
| BMV315 | 217 | 27 | 161.5 |
| BMV400 | 224 | 34 | 168.5 |
| BMV500 | 232 | 42 | 176.5 |
| BMV625 | 240 | 50 | 184.5 |
| BMV630 | 244 | 54 | 188.5 |
| BMV800 | 255 | 65 | 199.5 |

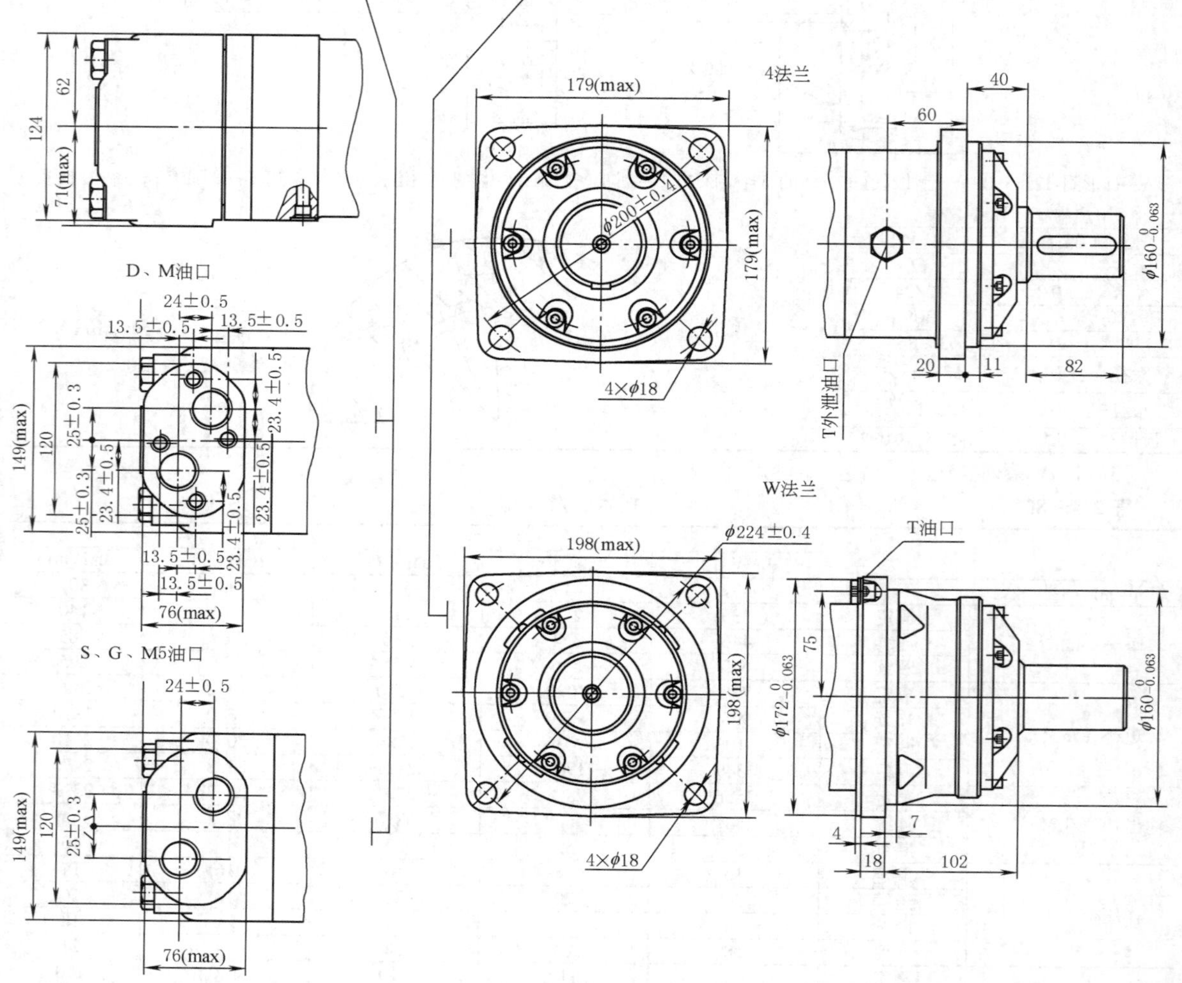


| 型号 | $L$ | $L_1$ | $L_2$ |
|---|---|---|---|
| BMVW315 | 148.5 | 27 | 93.5 |
| BMVW400 | 155.5 | 34 | 100.5 |
| BMVW500 | 163.5 | 42 | 108.5 |
| BMVW625 | 171.5 | 50 | 116.5 |
| BMVW630 | 175.5 | 54 | 120.5 |
| BMVW800 | 186.5 | 65 | 131.5 |

| 连接型式 | 代号 | | | | |
|---|---|---|---|---|---|
| | D | M | S | G | M5 |
| P(A,B) | G1 深 18 | M33×2 深 18 | 1 5/16-12UN 深 18 | G1 深 18 | M23×2 深 18 |
| T | G1/4 深 12 | M14×1.5 深 12 | 9/16-18UNF 深 12 | G1/4 深 12 | M14×1.5 深 12 |
| C | 4×M12 深 10 | 4×M12 深 10 | — | — | — |

**表 21-5-82** **轴伸连接尺寸** mm

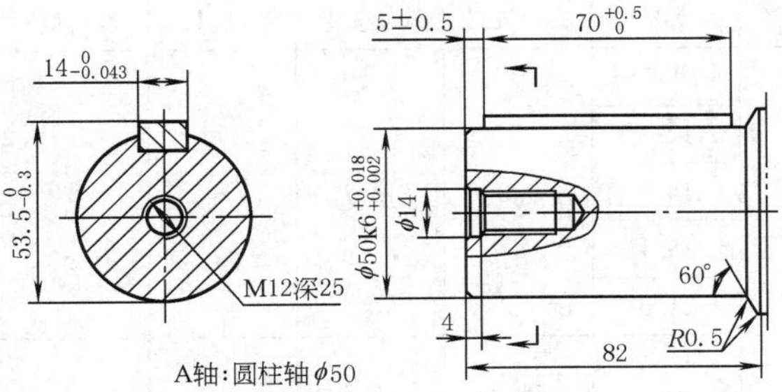


A轴:圆柱轴φ50
平键 14×9×70

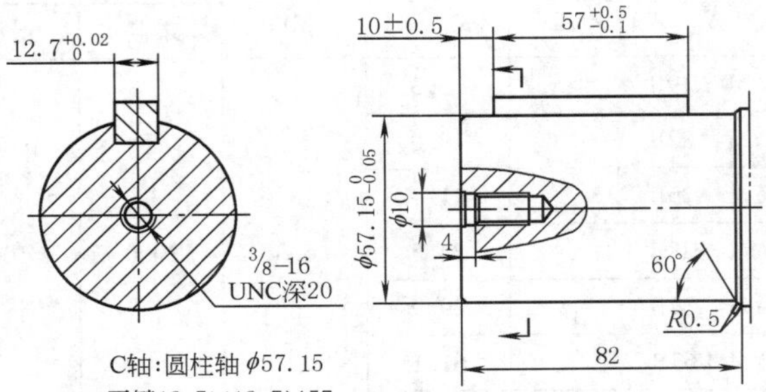


C轴:圆柱轴φ57.15
平键12.7×12.7×57

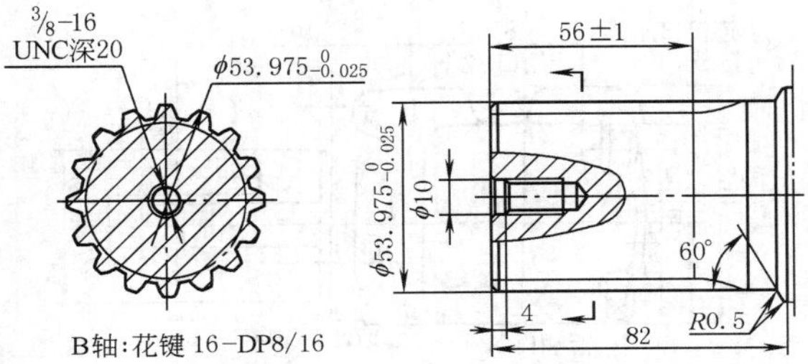


B轴:花键 16-DP8/16

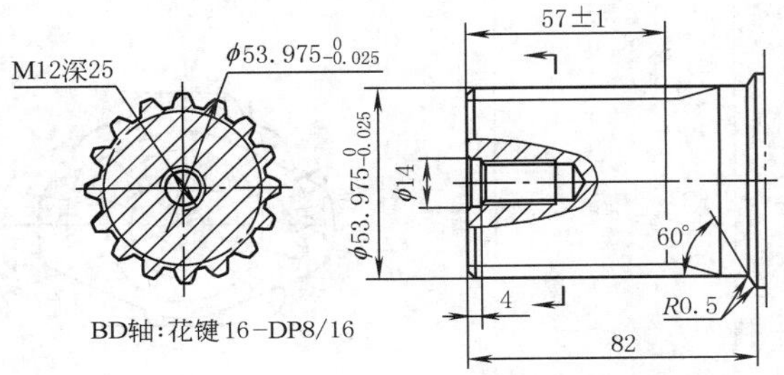


BD轴:花键 16-DP8/16

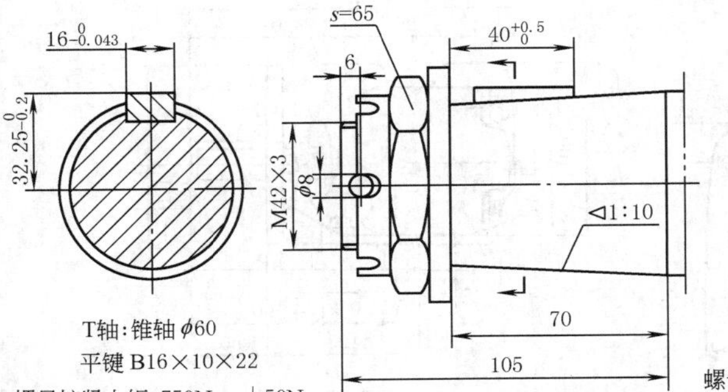


T轴:锥轴φ60
平键 B16×10×22
螺母拧紧力矩:750N·m±50N·m

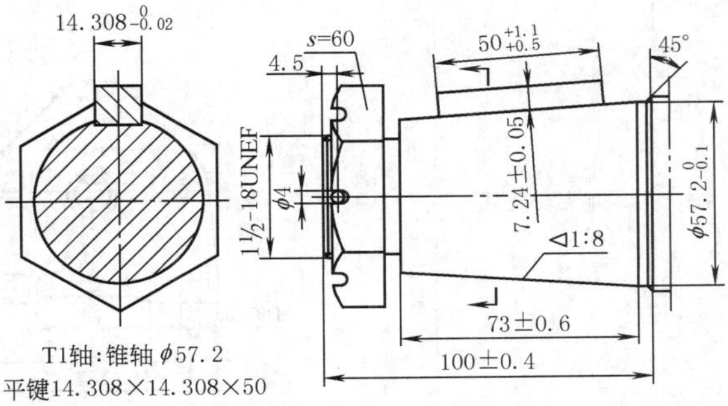


T1轴:锥轴φ57.2
平键14.308×14.308×50
螺母拧紧力矩:750N·m±50N·m

## 4.2 叶片液压马达

(1) YM 型叶片马达

**表 21-5-83** **型号意义**

| YM | A | 25 | B | T | J | L | 10 |
|---|---|---|---|---|---|---|---|
| 结构代号 | 系列号 | 几何排量/mL·r$^{-1}$ | 压力分级/MPa | 油口位置 | 安装方式 | 连接型式 | 设计号 |
| YM 型叶片马达 | A | 19、22、25、28、32 | 2~8 | T(标准):两油口方向相同 | F:法兰安装 | L:螺纹连接 | 10 |
| | B | 67、102 | | V:两油口方向相反 | J:脚架安装 | F:法兰连接 | |

表 21-5-84　　　　技术参数及外形尺寸　　　　mm

| 型号 | 理论排量 /mL·r⁻¹ | 额定压力 /MPa | 转速/r·min⁻¹ | | 输出转矩 /N·m | 质量/kg | | 油口尺寸(Z)/in | |
|---|---|---|---|---|---|---|---|---|---|
| | | | 最高 | 最低 | | 法兰安装 | 脚架安装 | 进口 | 出口 |
| YM-A19B | 16.3 | 6.3 | 2000 | 100 | 9.7 | 9.8 | 12.7 | $^3/_4$ | $^3/_4$ |
| YM-A22B | 19.0 | | | | 12.3 | | | | |
| YM-A25B | 21.7 | | | | 14.3 | | | | |
| YM-A28B | 24.5 | | | | 16.1 | | | | |
| YM-A32B | 29.9 | | | | 21.6 | | | | |
| YM-B67B | 61.1 | | | | 43.1 | 25.2 | 31.5 | 1 | 1 |
| YM-B102B | 93.6 | | | | 66.9 | | | | |

YM-A型

法兰安装式

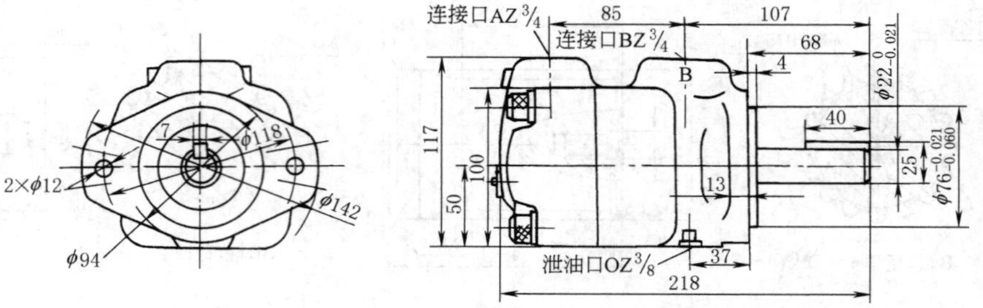


脚架安装式

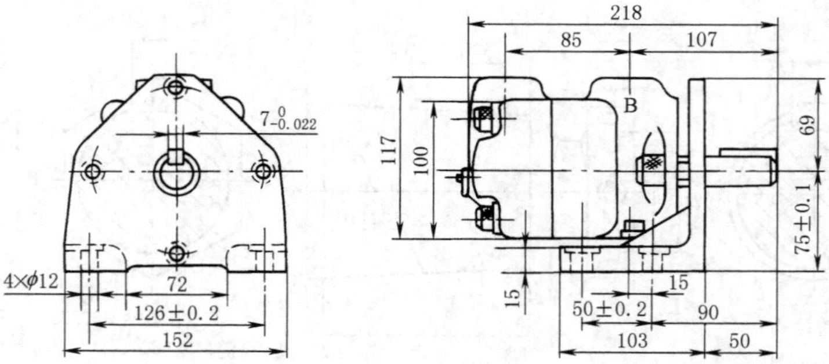


YM-B型

法兰安装式

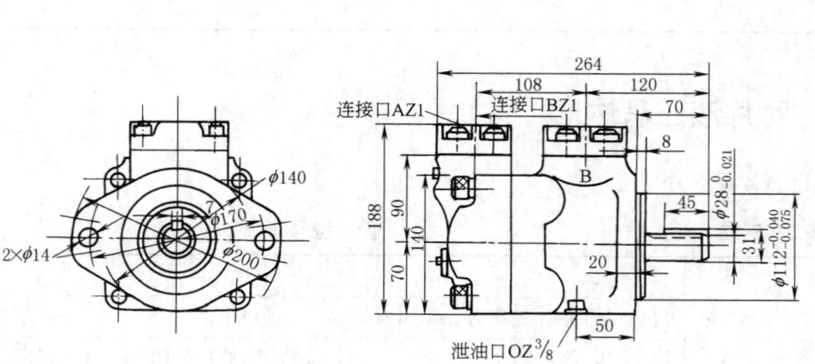

续表

| | | |
|---|---|---|
| YM-B型 | 脚架安装式 | 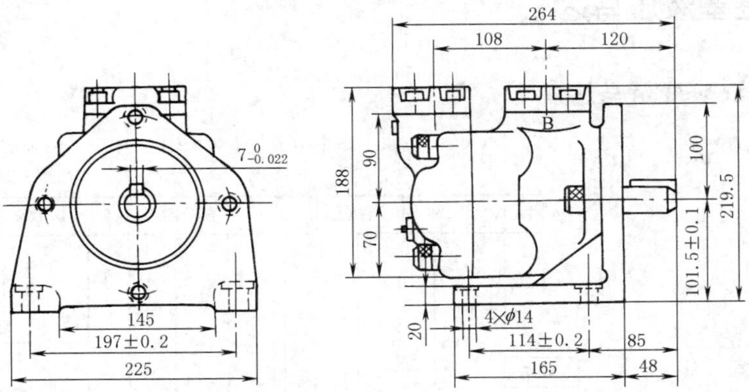 |



注：1. 输出转矩指在 6.3MPa 压力下的保证值。

2. 1in＝25.4mm。

（2）YM-F-E 型叶片马达

型号意义：

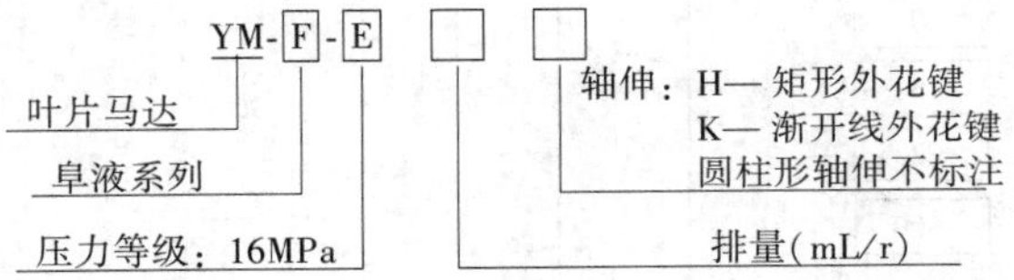



表 21-5-85　　技术参数及外形尺寸　　mm

| | 排量/mL·r$^{-1}$ | 压力/MPa | | 转数/r·min$^{-1}$ | | 额定转矩 /N·m | 容积效率 /% | 总效率 /% |
|---|---|---|---|---|---|---|---|---|
| | | 额定 | 最高 | 最低 | 最高 | | | |
| 技术参数 | YM-F-E125 | 16 | 20 | 200 | 1200 | 284 | 88 | 78 |
| | YM-F-E160 | 16 | 20 | 200 | 1200 | 363 | 89 | 79 |
| | YM-F-E200 | 16 | 20 | 200 | 1200 | 461 | 90 | 80 |
| 外形尺寸 | 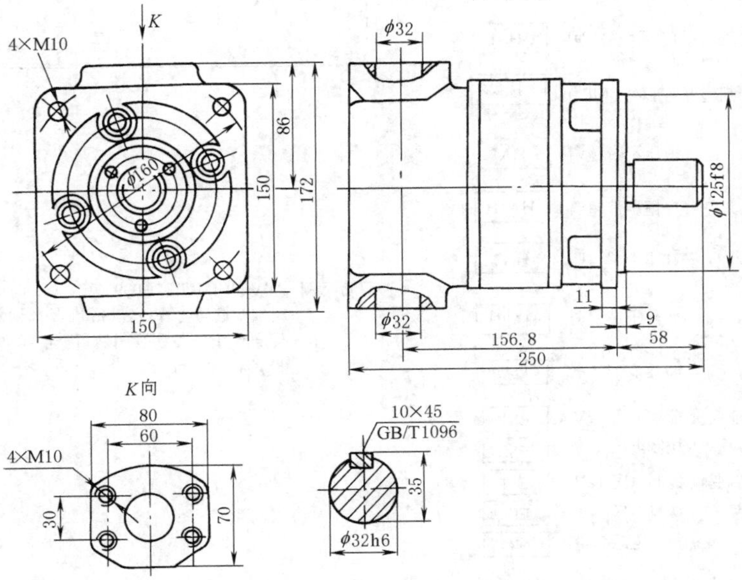 | | | | | | | |

第21篇

## 4.3 柱塞液压马达

### 4.3.1 A6V 变量马达

型号意义：

| | | | | | | | | |
|---|---|---|---|---|---|---|---|---|
| A6V | 80 | HA2 | 2 | F | Z | 2 | — | 039 |

马达型号
- 变量马达 A6V

规格（排量$V_{gmin}$～$V_{gmax}$）
- 8.1～28.1mL/r 28
- 15.8～54.8mL/r 55
- 23～80mL/r 80
- 30.8～107mL/r 107
- 46～160mL/r 160
- 64.8～225mL/r 225
- 137～500mL/r 500

变量方式
- 液控变量 控制压差（$\Delta p$=1MPa） HD1
- 带恒压控制（$\Delta p$=1MPa） HD1D
- 控制压差（$\Delta p$=2.5MPa） HD2
- 带恒压控制（$\Delta p$=2.5MPa） HD2D
- 液控双速变量 控制起点（0.2～2MPa） HS1
- 控制起点（0.5～5MPa） HS2
- 高压自动变量 恒压不带超调 HA1
- 恒压带超调 HA1H
- 升压不带超调 HA2
- 升压带超调 HA2H
- 转速液控变量 DA
- 电控双速变量 控制电压 12V ES1
- 控制电压 24V ES2
- 电控比例变量 控制电压 12V EP1
- 控制电压 24V EP2
- 扭矩变量 MO
- 手动变量 MA

最小排量设定值
- 例：$V_{gmin}$=39mL/r 039

起重机系列产品专用（带单向节流阀）
- —

装配方式
- 解释见变量说明及元件尺寸 1、2

轴伸
- 平键 GB/T 1096—2003 P
- 花键 DIN 5480 Z
- 花键 GB/T 3478.1—2008 S

油口连接
- SAE 法兰，侧面 F
- 螺纹连接，侧面 G

结构型式
- 结构 2，规格 28～225 2
- 结构 1，规格 500 1

订货示例：A6V80HD12FZ2-039

斜轴变量马达 A6V，规格 8.0，液控变量，$\Delta p$=1MPa，结构 2，侧面 SAE 法兰连接，德标花键，第 2 种装配方式，最小排量 $V_{gmin}$=39mL/r

**表 21-5-86** 技术参数

| 规格 | | 28 | 55 | 80 | 107 | 160 | 225 | 500 |
|---|---|---|---|---|---|---|---|---|
| HD 液控变量 | | • | • | • | • | • | • | • |
| HD1D 液控恒压变量 | | | • | | • | | | |
| HS 液控(双速)变量 | | • | • | • | • | • | • | • |
| HA 高压自动变量 | | • | • | • | • | • | • | |
| DA 转速液控变量 | | • | • | • | • | • | | |
| ES 电控(双速)变量 | | • | • | • | • | • | | |
| EP 电控(比例)变量 | | • | • | • | • | • | | |
| MO 扭矩变量 | | • | • | • | • | • | • | |
| MA 手动变量 | | | | | | | | |
| 排量/$mL \cdot r^{-1}$ | $V_{gmax}$ | 28.1 | 54.8 | 80 | 107 | 160 | 225 | 500 |
| | $V_{gmin}$ | 8.1 | 15.8 | 23 | 30.8 | 46 | 64.8 | 137 |
| 最大允许流量 $Q_{gmax}$/$L \cdot min^{-1}$ | | 133 | 206 | 268 | 321 | 424 | 530 | 950 |
| 最高转速(在 $Q_{max}$ 下)$n_{max}$ /$r \cdot min^{-1}$ | 在 $V_{gmax}$ | 4750 | 3750 | 3350 | 3000 | 2650 | 2360 | 1900 |
| | 在 $V_g<V_{gmax}$ | 6250 | 5000 | 4500 | 4000 | 3500 | 3100 | 2500 |
| 转矩常数 $M_x$/$N \cdot m \cdot MPa^{-1}$ | 在 $V_{gmax}$ | 4.463 | 8.701 | 12.75 | 16.97 | 25.41 | 35.71 | 79.577 |
| | 在 $V_{gmin}$ | 1.285 | 2.511 | 3.73 | 4.9 | 7.35 | 10.3 | 21.804 |
| 最大转矩(在 $\Delta p=35MPa$) $M_{max}$/$N \cdot m$ | 在 $V_{gmax}$ | 156 | 304 | 446 | 594 | 889 | 1250 | 2782 |
| | 在 $V_{gmin}$ | 45 | 88 | 130 | 171 | 257 | 360 | 763 |
| 最大输出功率(在 35MPa 和 $Q_{max}$ 下)/kW | | 78 | 120 | 156 | 187 | 247 | 309 | 507 |
| 惯性矩/$kg \cdot m^2$ | | 0.0017 | 0.0052 | 0.0109 | 0.0167 | 0.0322 | 0.0532 | |
| 质量/kg | | 18 | 27 | 39 | 52 | 74 | 103 | 223 |

注：表中"•"表示有规格产品。

**表 21-5-87** 外形尺寸 mm

规格 28~225
HD、HS 变量
装配方式 2

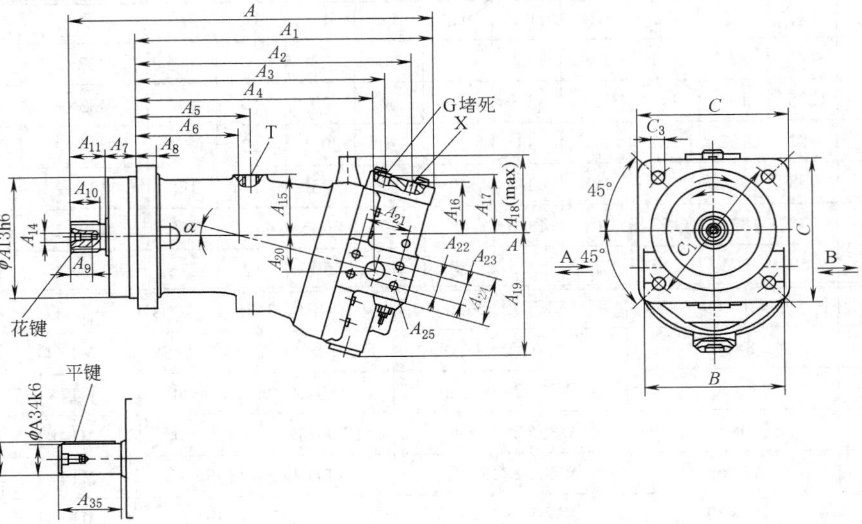


SAE 法兰连接(压力油口)

续表

螺纹连接(压力油口)

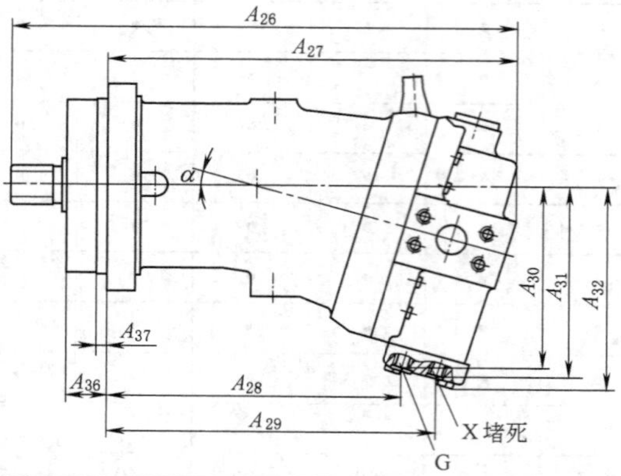


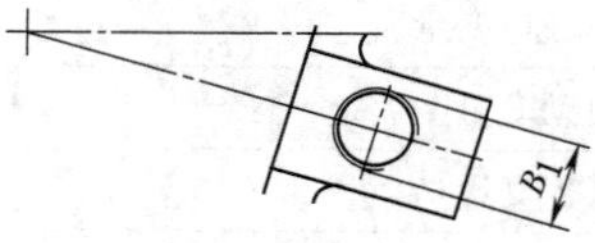


| 规 格 | $A$ | $A_1$ | $A_2$ | $A_3$ | $A_4$ | $A_5$ | $A_6$ | $A_7$ | $A_8$ | $A_9$ | $A_{10}$ | $A_{11}$ | $A_{13}$ | $A_{14}$ | $A_{15}$ |
|---|---|---|---|---|---|---|---|---|---|---|---|---|---|---|---|
| 28 | 317 | 249 | 230 | 206 | 189 | 107 | 75 | 25 | 16 | 19 | 28 | 43 | 100 | M8 | 50 |
| 55 | 379 | 312 | 291 | 264 | 249 | 123 | 108 | 32 | 20 | 28 | 28 | 35 | 125 | M12 | 63 |
| 80 | 440 | 368 | 345 | 316 | 297 | 152 | 137 | 32 | 23 | 28 | 33 | 40 | 140 | M12 | 71 |
| 107 | 463 | 378 | 356 | 326 | 301 | 145 | 130 | 40 | 25 | 28 | 37.5 | 45 | 160 | M12 | 80 |
| 160 | 530 | 440 | 412 | 377 | 354 | 213 | 156 | 40 | 28 | 36 | 42.5 | 50 | 180 | M16 | 88 |
| 225 | 573 | 468 | 441 | 405 | 375 | 222 | 162 | 50 | 32 | 36 | 43.5 | 55 | 200 | M16 | 96 |

| 规格 | $A_{16}$ | $A_{17}$ | $A_{18}$ | $A_{19}$ | $A_{20}$ | $A_{21}$ | $A_{22}$ | $A_{23}$ | $A_{24}$ | $A_{25}$ | $A_{26}$ | $A_{27}$ | $A_{28}$ |
|---|---|---|---|---|---|---|---|---|---|---|---|---|---|
| 28 | 57 | 64 | 81 | 110 | 33 | 50.8 | 20 | 23.8 | 45 | M10 深 17 | 298 | 230 | 152 |
| 55 | 52 | 60 | 84 | 132 | 40 | 50.8 | 20 | 23.8 | 53 | M10 深 17 | 368 | 301 | 208 |
| 80 | 59 | 68 | 99 | 150 | 46 | 57.2 | 25 | 27.8 | 64 | M12 深 18 | 425 | 353 | 252 |
| 107 | 63 | 71 | 104 | 162 | 49 | 57.2 | 25 | 27.8 | 64 | M12 深 18 | 442 | 357 | 259 |
| 160 | 66 | 77 | 108 | 182 | 57 | 66.7 | 32 | 31.8 | 70 | M14 深 19 | 513 | 423 | 302. 5 |
| 225 | 74 | 85 | 121 | 199 | 61 | 66.7 | 32 | 31.8 | 70 | M14 深 21 | 546 | 441 | 324 |

| 规格 | $A_{29}$ | $A_{30}$ | $A_{31}$ | $A_{32}$ | $A_{33}$ | $A_{34}$ | $A_{35}$ | $A_{36}$ | $A_{37}$ | $B$ | $B_1$ | $C$ | $C_1$ | $C_3$ |
|---|---|---|---|---|---|---|---|---|---|---|---|---|---|---|
| 28 | 176 | 124 | 131 | 139 | 27. 9 | 25 | 50 | 23 | 8 | 116 | M27×2 | 118 | 125 | 11 |
| 55 | 235 | 133 | 141 | 153 | 32. 9 | 30 | 60 | 29 | 10 | 142 | M33×2 | 150 | 160 | 13. 5 |
| 80 | 282 | 152 | 161 | 177 | 38 | 35 | 70 | 29. 5 | 10 | 172 | M42×2 | 165 | 180 | 13. 5 |
| 107 | 288 | 164 | 173 | 188 | 43. 1 | 40 | 80 | 35 | 10 | 178 | M42×2 | 190 | 200 | 17. 5 |
| 160 | 338 | 182. 5 | 193 | 201 | 48. 5 | 45 | 90 | 36. 5 | 11. 5 | 208 | M48×2 | 210 | 224 | 17. 5 |
| 225 | 359 | 201 | 211 | 219 | 53. 5 | 50 | 100 | 50 | 12 | 226 | M48×2 | 236 | 250 | 22 |

| 规格 | 平键 GB/T 1096—2003 | 花键 DIN 5480 | 花键 GB/T 3478. 1—2008 | G | X |
|---|---|---|---|---|---|
| 28 | 8×50 | W25×1. 25×18×9g | EXT18Z×1. 25m×30R×5f | M12×1. 5 | M14×1. 5 |
| 55 | 8×50 | W30×2×14×9g | EXT14Z×2m×30R×5f | M14×1. 5 | M14×1. 5 |
| 80 | 10×56 | W35×2×16×9g | EXT16Z×2m×30R×5f | M14×1. 5 | M14×1. 5 |
| 107 | 12×63 | W40×2×18×9g | EXT18Z×2m×30R×5f | M14×1. 5 | M14×1. 5 |
| 160 | 14×70 | W45×2×21×9g | EXT21Z×2m×30R×5f | M14×1. 5 | M14×1. 5 |
| 225 | 14×80 | W50×2×24×9g | EXT24Z×2m×30R×5f | M14×1. 5 | M14×1. 5 |

续表

DA 变量装配方式 2

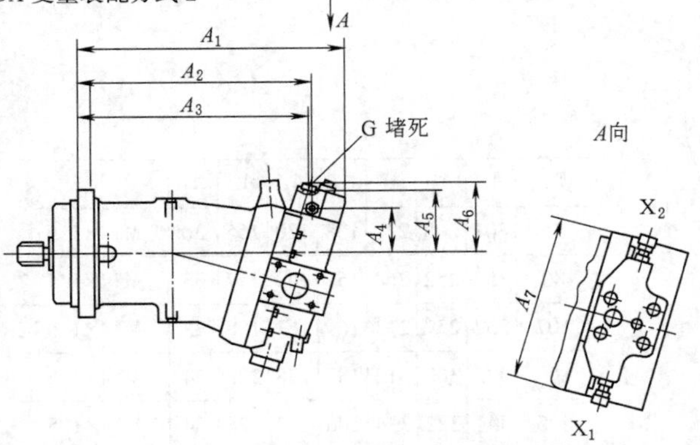


| 规格 | $A_1$ | $A_2$ | $A_3$ | $A_4$ | $A_5$ | $A_6$ | $A_7$ | $X_1$、$X_2$ |
|---|---|---|---|---|---|---|---|---|
| 28 | 253 | 212 | 209 | 53 | 73 | 81 | 144 | M14×1.5 |
| 55 | 317 | 272 | 268 | 49 | 70 | 77 | 146 | M14×1.5 |
| 80 | 371 | 326 | 322 | 56 | 77 | 83 | 152 | M14×1.5 |
| 107 | 380 | 336 | 332 | 59 | 81 | 88 | 152 | M14×1.5 |
| 160 | 442 | 387 | 383 | 65 | 86 | 94 | 158 | M14×1.5 |
| 225 | 471 | 416 | 411 | 73 | 95 | 103 | 158 | M14×1.5 |

其余尺寸见 HD/HA

EP 变量

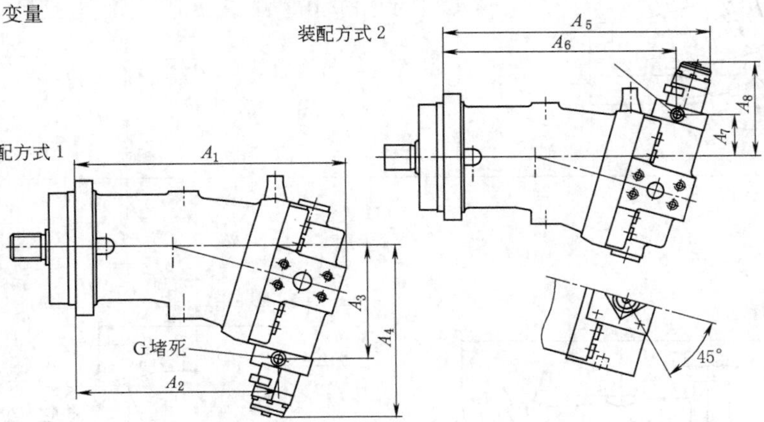


| 规格 | $A_1$ | $A_2$ | $A_3$ | $A_4$ | $A_5$ | $A_6$ | $A_7$ | $A_8$ |
|---|---|---|---|---|---|---|---|---|
| 28 | 230 | 164 | 119 | 204 | 266 | 212 | 53 | 131 |
| 55 | 301 | 233 | 129 | 213 | 334 | 274 | 48 | 124 |
| 80 | 353 | 267 | 148 | 240 | 392 | 326 | 56 | 137 |
| 107 | 357 | 269.5 | 160 | 254 | 393 | 333 | 61.5 | 144 |
| 160 | 423 | 313 | 177 | 265 | 452 | 386 | 70 | 139 |
| 255 | 441 | 334 | 196 | 284 | 481 | 414 | 74.5 | 147 |

其余尺寸见 HD/HA

MA 变量

装配方式 1

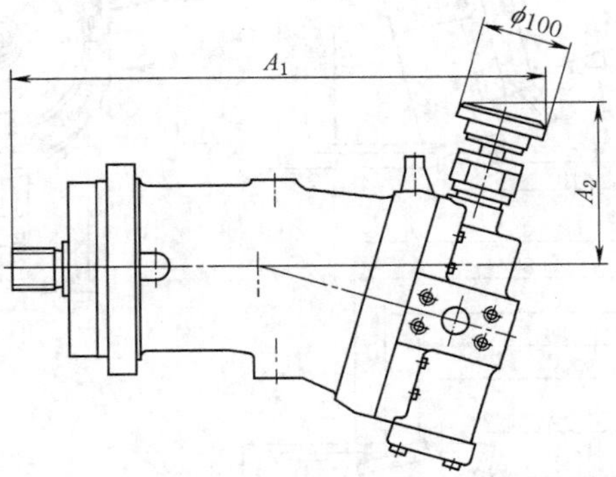


| 规格 | $A_1$ | $A_2$ |
|---|---|---|
| 28 | 269 | 128 |
| 55 | 329 | 134 |
| 80 | 381 | 138 |
| 107 | 390 | 137 |
| 160 | 441 | 149 |
| 225 | 470 | 155 |

其余尺寸见 HD/HA

HD1D 变量

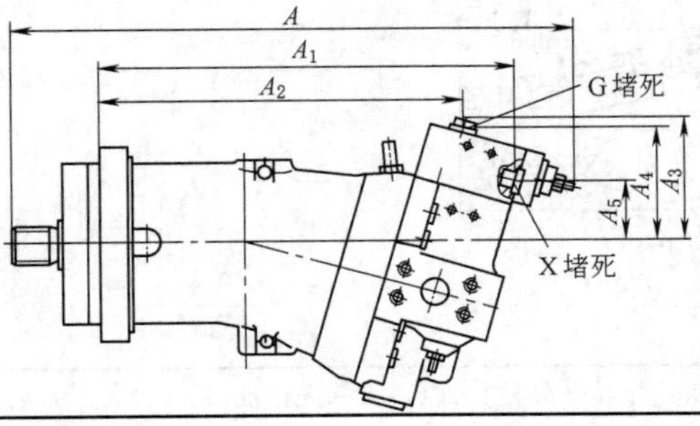


| 规格 | A | $A_1$ | $A_2$ | $A_3$ | $A_4$ | $A_5$ |
|---|---|---|---|---|---|---|
| 55 | 422 | 311 | 273 | 96 | 89 | 46 |
| 107 | 496 | 376.5 | 335.5 | 108 | 100 | 56 |

续表

MO 变量
装配方式 1

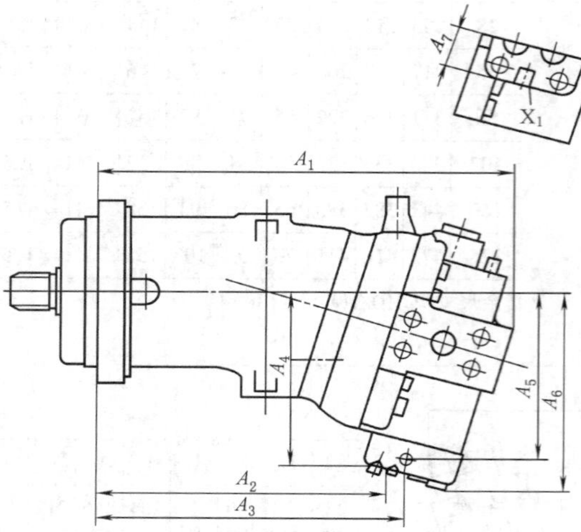


| 规格 | $A_1$ | $A_2$ | $A_3$ | $A_4$ | $A_5$ | $A_6$ | $A_7$ | $X_1$ |
|---|---|---|---|---|---|---|---|---|
| 55 | 301 | 208 | 224 | 138 | 130 | 155 | 30 | M14×1.5 |
| 80 | 353 | 252 | 268 | 157 | 149 | 177 | 33 | M14×1.5 |
| 107 | 357 | 257 | 273 | 169 | 161 | 188 | 33 | M14×1.5 |
| 160 | 423 | 300 | 312 | 187 | 178 | 206 | 34 | M14×1.5 |
| 225 | 441 | 322 | 334 | 206 | 197 | 225 | 34 | M14×1.5 |

其余尺寸见 HD/HA

规格　500
HA 变量
装配方式 1

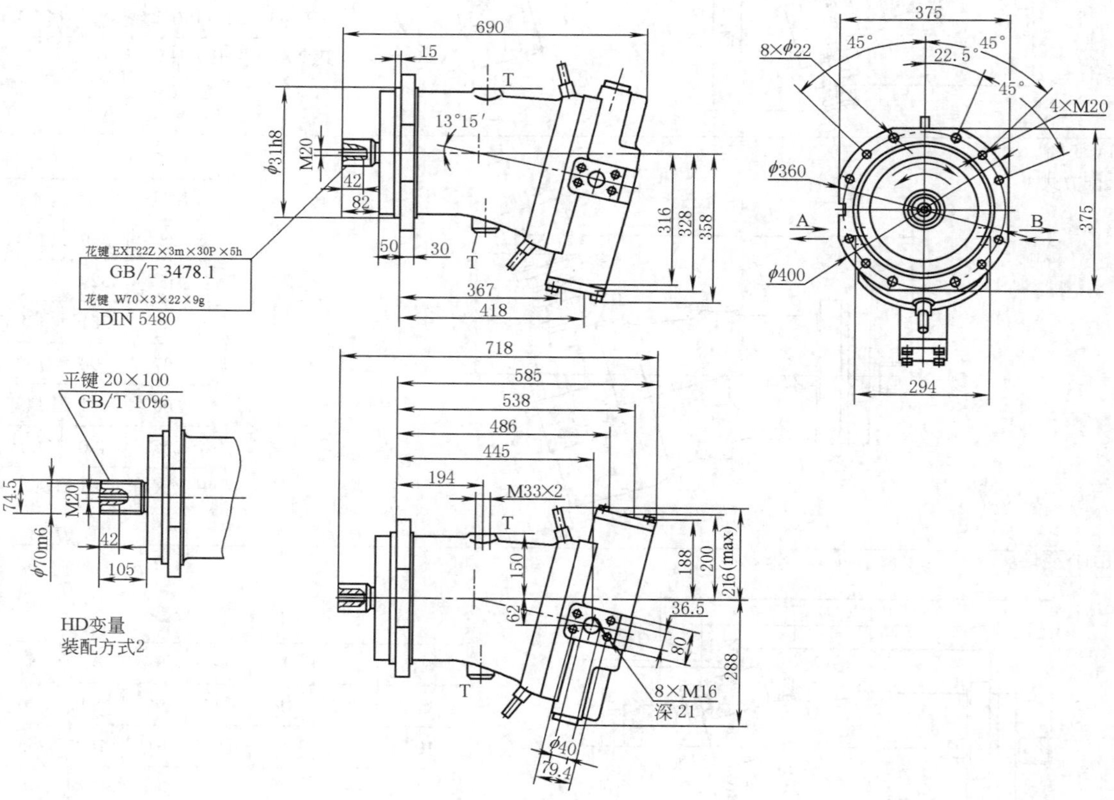


HD变量
装配方式2

注：A，B—工作油口；G—多元件同步控制和遥控压力油口；X—先导（外控）油口；T—壳体油口。

### 4.3.2 A6VG 变量马达

型号意义：

| A6V | G | 107 | HA1 | 6 | F | Z | 2 | 21.8 |
|---|---|---|---|---|---|---|---|---|

**马达型号**
- 变量马达 A6V

**改进型** G

**规格(排量 $V_{gmin}$～$V_{gmax}$)**
- 21.8～107mL/r 107
- 21.8～125mL/r 125

**变量方式**
- 高压自动变量
  - 恒压不带超调 HA1
  - 恒压带超调 HA1H
- 液控变量
  - 升压不带超调($\Delta p$=10MPa) HA2
  - 升压带超调($\Delta p$=10MPa) HA2H
  - 控制压差($\Delta p$=1MPa) HD1
  - 控制压差($\Delta p$=2.5MPa) HD2
  - 带恒压控制($\Delta p$=1MPa) HD1D
- 手动变量 MA

**结构型式**
- 结构6，规格107、125 6

**油口连接**
- SAE法兰，侧面 F
- 螺纹连接，侧面 G

**轴伸**
- 平键GB/T 1096—2003 P
- 花键DIN 5480 Z
- 花键GB/T 3478.1—2008 S

**装配方式**
- 解释见变量说明及元件尺寸 1
- 2

**最小排量设定值**
- 例 $V_{gmin}$=21.8mL/r 218

订货示例：A6VG，107HD1.6.F.Z.2.21.8

斜轴变量马达 A6VG，规格 107，液控变量，$\Delta p$=1MPa，结构 6，侧面 SAE 法兰连接，德标花键，第 2 种装配方式，最小排量 $V_{gmin}$=21.8mL/r

**表 21-5-88　技术参数**

| 规格 | | 107 | 125 |
|---|---|---|---|
| HD 液控变量 | | • | • |
| HA 高压自动变量 | | • | • |
| MA 手动变量 | | • | • |
| 排量/mL·r$^{-1}$ | $V_{gmax}$ | 107 | 125 |
| | $V_{gmin}$ | 21.8 | 21.8 |
| 最大允许流量 $Q_{gmax}$/L·min$^{-1}$ | | 342 | 400 |
| 最高转速(在 $Q_{max}$ 下) $n_{max}$/r·min$^{-1}$ | 在 $V_{gmax}$ | 3200 | 3200 |
| | 在 $V_g<V_{gmax}$ | 4200 | 4200 |
| 转矩常数 $M_x$/N·m·MPa$^{-1}$ | 在 $V_{gmax}$ | 1.7 | 1.7 |
| | 在 $V_{gmin}$ | 0.35 | 0.34 |
| 最大转矩(在 $\Delta p$=35MPa) $M_{max}$/N·m | 在 $V_{gmax}$ | 594 | 696 |
| | 在 $V_{gmin}$ | 171 | 201 |
| 最大输出功率(在 35MPa 和 $Q_{max}$ 下)/kW | | 187 | 199 |
| 惯性矩/kg·m$^2$ | | 0.0127 | 0.0127 |
| 质量/kg | | 46.5 | 46.5 |

注：表中“•”表示有规格产品。

（1）HD1D 液控恒压变量（图 21-5-6）

恒压控制是在 HD 功能基础上增加的。如果系统压力由于负载转矩或由于马达摆角减小而升高，则达到恒压控制的设定值时，马达摆到较大的摆角。由于增大排量和减小压力，控制偏差消失。通过增大排量，马达在恒压下产生较大转矩。通过在油口 G2 处施加一压力信号可得到第二个恒压设定压力。如起升和下降，该信号需在2~5MPa 之间。恒压控制阀的设定范围为 8~40MPa。

标准型：按第 2 种装配方式供货

控制起点在 $V_{gmax}$（最大转矩、最低转速）

控制起点在 $V_{gmin}$（最小转矩、最高转速）

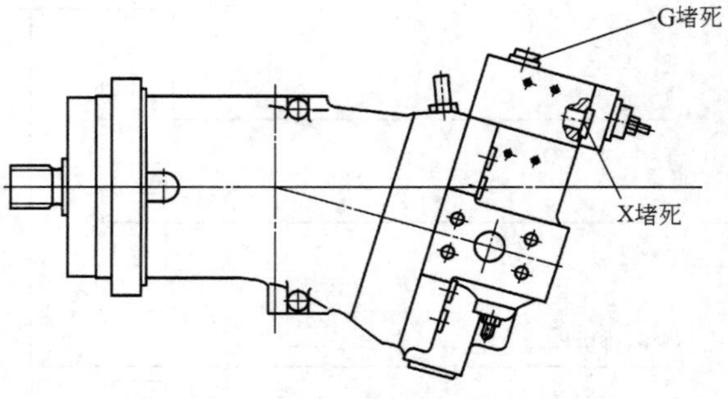

图 21-5-6　HD1D 液控恒压变量

（2）HA 高压自动变量（图 21-5-7）

按工作压力自动控制马达排量

标准型：按第 1 种装配方式供货

控制起点在 $V_{gmin}$（最小转矩、最高转速）

控制终点在 $V_{gmax}$（最大转矩、最低转速）

此种变量方式，当 A 口或 B 口的内部工作压力达到设定值时，马达由最小排量 $V_{gmin}$ 向最大排量 $V_{gmax}$ 转变。控制起点在 8~35MPa 间转变。

有两种方式供选用：

HA1——在控制范围内，工作压力保持恒定，$\Delta p=1$MPa，从 $V_{gmin}$ 变至 $V_{gmax}$ 时，压力升高约为 1MPa；

HA2——在控制范围内，工作压力保持恒定，$\Delta p=10$MPa，从 $V_{gmin}$ 变至 $V_{gmax}$ 时，压力升高约为 10MPa。

HA 变量可在 X 口进行外控（即带有超调），在这种情况下，变量机构的压力设定值（工作压力）按每 0.1MPa 先导（外控）压力下降 1.6MPa 的比率降低。例如：变量机构起始变量压力设定值为 30MPa，先导压力（X 口）0MPa 时变量起点在 30MPa，先导压力（X 口）1MPa 时变量起点在 14MPa（30MPa−10×1.6MPa=14MPa）。

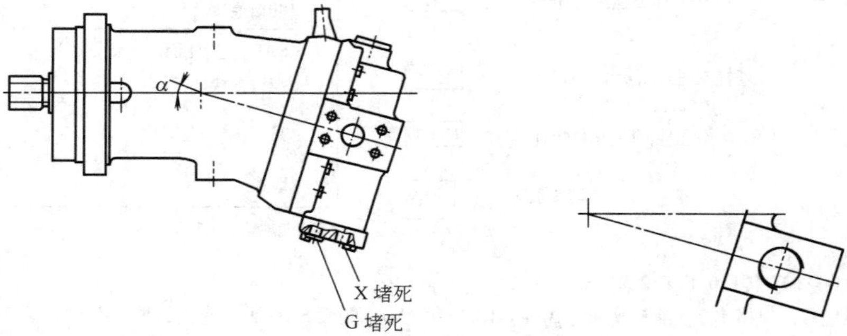

图 21-5-7　HA 高压自动变量

带有超调的 HA 变量有两种方法供选用：

HA1H——在控制范围内，工作压力保持恒定，$\Delta p=1$MPa；

HA2H——在控制范围内，工作压力保持恒定，$\Delta p=10$MPa。

如果控制仅需要达到最大排量，则允许先导压力最高为 5MPa。外控口 X 处的供油量约 0.5L/min。

（3）MA 手动变量（图 21-5-8）

通过手轮驱动螺杆以调节马达的排量。

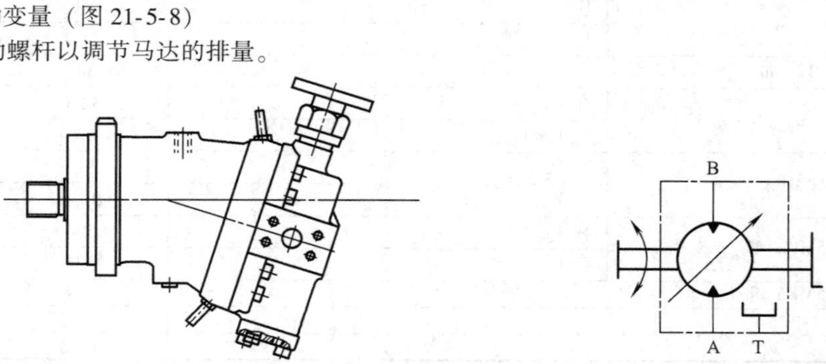

图 21-5-8　MA 手动变量

**表 21-5-89** 外形尺寸 mm

规格 107、125

HA 高压自动变量

装配方式 1

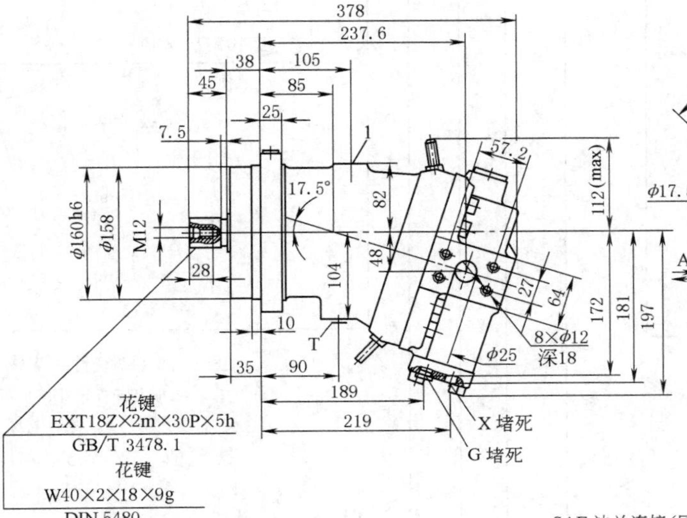


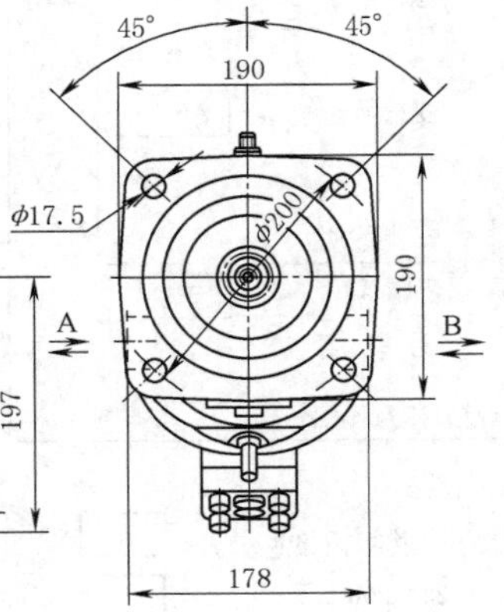


SAE 法兰连接(压力油口)

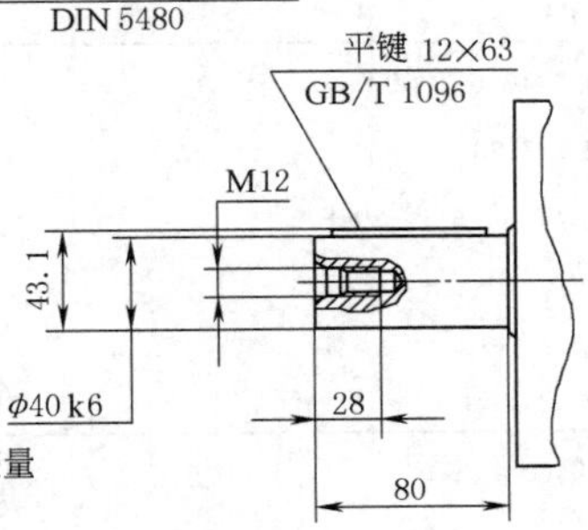


HD液控变量

装配方式2

螺纹连接(压力油口)

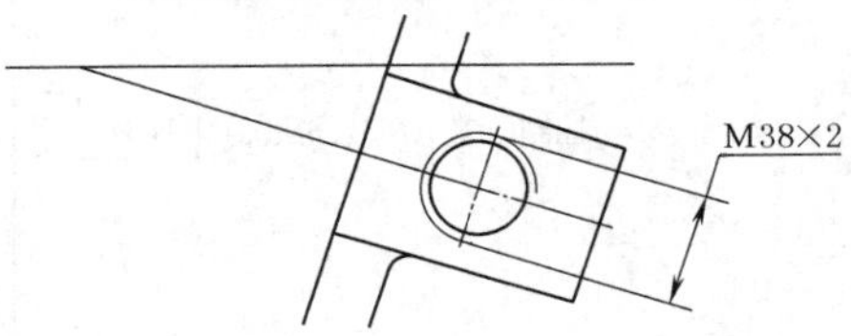


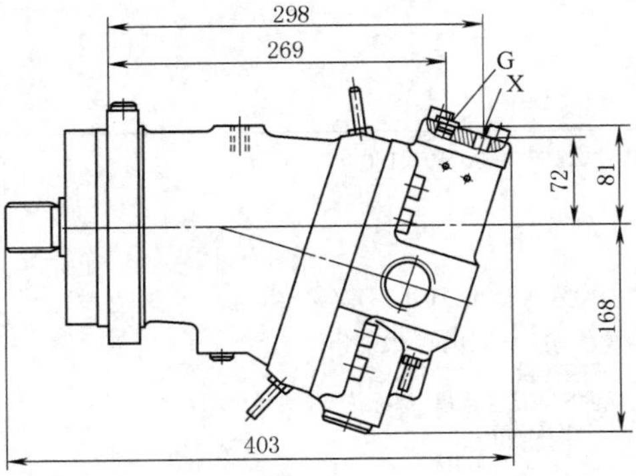


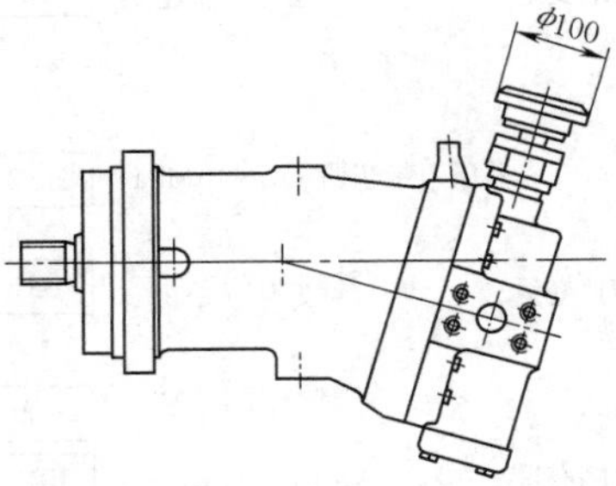


MA变量

装配方式1

其余尺寸见HD/HA

注：A，B—工作油口；G—多元件同步控制和遥控压力油口；X—先导（外控）油口；T—壳体油口。

### 4.3.3 A6VE 内藏式变量马达

型号意义：

| A6V | E | 80 | HA1 | 2 | F | Z | 1 | 039 |
|---|---|---|---|---|---|---|---|---|

**马达型号**

变量马达 A6V

**安装型式**

内藏式E E

**规格(排量$V_{gmin}$～$V_{gmax}$)**

| | |
|---|---|
| 15.8～54.8mL/r | 55 |
| 23～80mL/r | 80 |
| 30.8～107mL/r | 107 |
| 46～160mL/r | 160 |

**变量方式**

| | | |
|---|---|---|
| 液控变量 | 控制压差 $\Delta p$=1MPa | HD1 |
| | 控制压差 $\Delta p$=2.5MPa | HD2 |
| 高压自动变量 | 恒压不带超调 | HA1 |
| | 升压不带超调 ($\Delta p$=10MPa) | HA2 |
| 电控双速变量 | 控制电压12V | ES1 |
| | 控制电压24V | ES2 |
| 电控比例变量 | 控制电压12V | EP1 |
| | 控制电压24V | EP2 |
| 手动变量 | | MA |

**结构型式 Series**

结构2，规格55、80、107、160 2

**油口连接**

SAE 法兰，侧面 F

螺纹连接，侧面 G

**轴伸**

| | |
|---|---|
| 平键 GB/T 1096—2003 | P |
| 花键 DIN 5480 | Z |
| 花键 GB/T 3478.1—2008 | S |

**装配方式**

解释见变量说明及元件尺寸 1 2

**最小排量设定值**

例：

$V_{gmin}$=39mL/r 039

$V_{gmin}$=54mL/r 054

订货示例：A6V E.80.HDI.2.F.Z.2.039

斜轴变量马达A6V，内藏式E，规格80，液控变量，$\Delta p$=1MPa，结构2，侧面SAE法兰连接，德标花键，第2种装配方式，最小排量$V_{gmin}$=39mL/r

**表 21-5-90** **技术参数** mm

| 规格 | | 55 | 80 | 107 | 160 |
|---|---|---|---|---|---|
| 最大排量 $V_{max}$/mL · $r^{-1}$ | $V_{gmax}$ | 54.8 | 80 | 107 | 160 |
| | $V_{gmin}$ | 15.8 | 23 | 30.8 | 46 |
| 最大允许流量 $Q_{gmax}$/L · $min^{-1}$ | | 206 | 268 | 321 | 424 |
| 最高转速(在 $Q_{max}$ 下) $n_{max}$/r · $min^{-1}$ | 在 $V_{gmin}$ 时 | 3750 | 3350 | 3000 | 2650 |
| | 在 $V_{gmax}$ 时 | 5000 | 4500 | 4000 | 3500 |
| 转矩常数 $M_x$/N · m · $MPa^{-1}$ | 在 $V_{gmax}$ 时 | 8.701 | 12.75 | 16.97 | 25.41 |
| | 在 $V_{gmin}$ 时 | 2.511 | 3.73 | 4.9 | 7.35 |
| 最大转矩(在 $\Delta p$=35MPa) $M_{max}$/N · m | 在 $V_{gmax}$ 时 | 304 | 446 | 594 | 889 |
| | 在 $V_{gmin}$ 时 | 88 | 130 | 171 | 257 |
| 最大输出功率(在 35MPa 和 $Q_{max}$ 下)/kW | | 120 | 156 | 187 | 247 |
| 惯性矩/kg · $m^2$ | | 0.0042 | 0.008 | 0.0127 | 0.0253 |
| 质量/kg | | 26 | 34 | 45 | 64 |

规格 160

HA 高压自动变量

装配方式 1

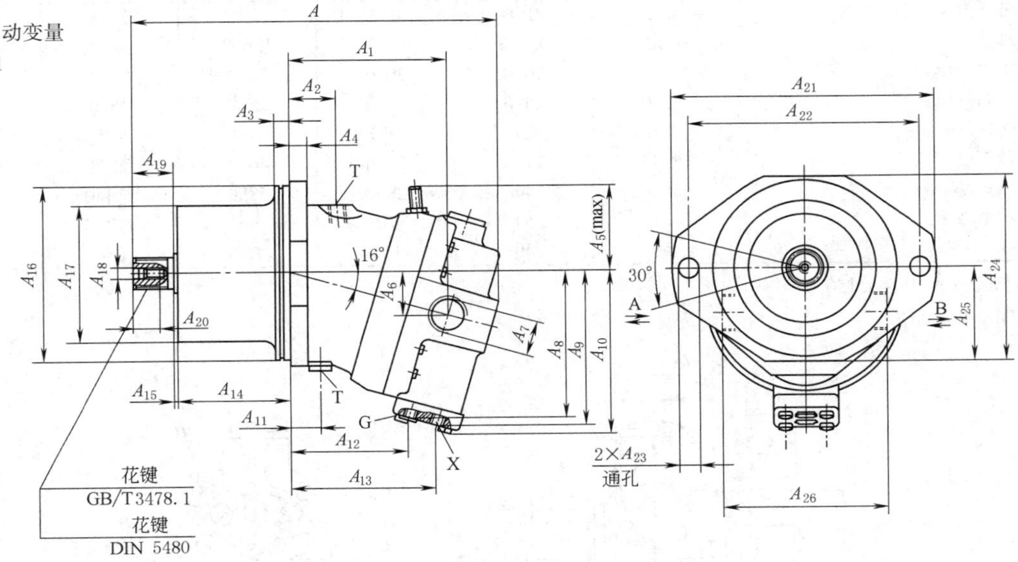


HD液控变量

装配方式2

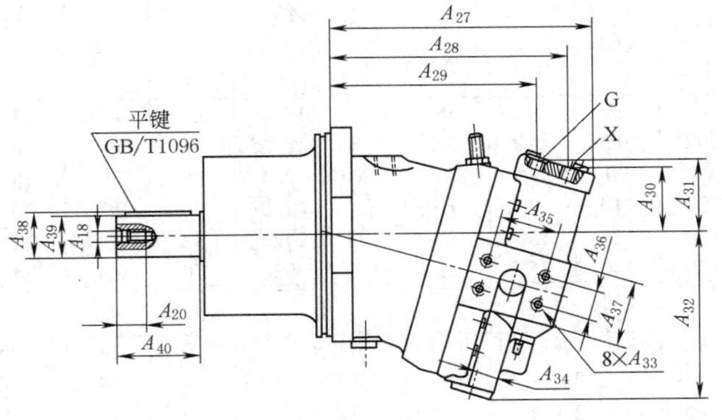


注：A，B—工作油口；G—多元件同步控制和遥控压力油口，M14×1.5；X—先导油口，M22×1.5；T—壳体油口，M14×1.5。

## 4.3.4 ※JM、JM※系列曲轴连杆式径向柱塞液压马达

(1) 1JM 系列液压马达

1JM 系列产品系 1JMD 型液压马达的改进型，采用了静压平衡结构，提高了工作压力和转速范围，改善了低速稳定性，适用于工程运输、注塑、船舶、锻压、石油化工等机械的液压系统中。

型号意义：

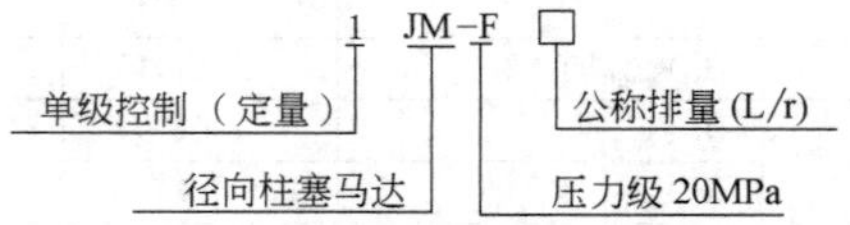


表 21-5-91　　技术参数及外形尺寸　　mm

| 名　　称 | 1JM-F 0.200 | 1JM-F 0.400 | 1JM-F 0.800 | 1JM-F 1.600 | 1JM-F 3.150 | 1JM-F 4.000 |
|---|---|---|---|---|---|---|
| 公称排量/L·r$^{-1}$ | 0.2 | 0.4 | 0.8 | 1.6 | 3.15 | 4.0 |
| 理论排量/L·r$^{-1}$ | 0.189 | 0.393 | 0.779 | 1.608 | 3.14 | 4.346 |
| 额定压力/MPa | 20.0 | 20.0 | 20.0 | 20.0 | 20.0 | 20.0 |
| 最高压力/MPa | 25.0 | 25.0 | 25.0 | 25.0 | 25.0 | 25.0 |
| 额定转速/r·min$^{-1}$ | 500 | 450 | 300 | 200 | 125 | 100 |
| 额定转矩/N·m | 5.49 | 11.7 | 22.6 | 46.8 | 91.5 | 128.1 |
| 最大转矩/N·m | 68.6 | 1460 | 2830 | 5850 | 11440 | 16010 |
| 额定功率/kW | 28 | 54 | 70 | 96 | 117.5 | 131.5 |
| 质量/kg | 50 | 59 | 112 | 152 | 280 | 415 |

1JM-F（0.200~3.150）型

1JM-F4.000 型

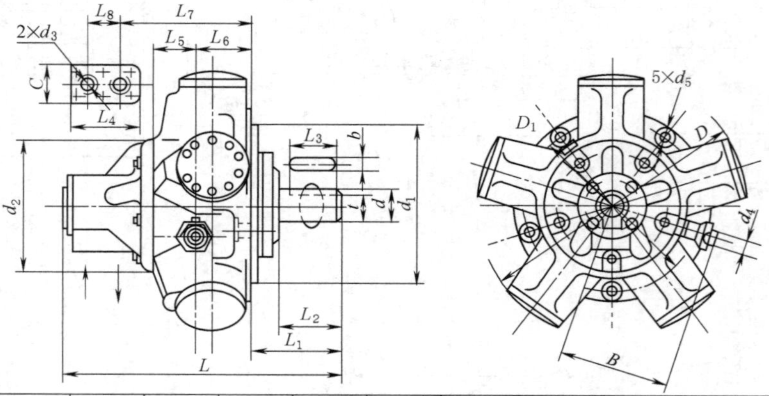


| 型　　号 | $L$ | $L_1$ | $L_2$ | $L_3$ | $L_4$ | $L_5$ | $L_6$ | $L_7$ | $L_8$ | $B$ | $b$ | $C$ |
|---|---|---|---|---|---|---|---|---|---|---|---|---|
| 1JM-F0.200 | 330 | 50 | 43 | 40 | 102 | 58 | 90 | 199.5 | 42 | 142 | 12 | 52 |
| 1JM-F0.400 | 423 | 143 | 102 | 90 | 112 | 65.5 | 55 | 184.5 | 44 | 154 | 16 | 52 |
| 1JM-F0.800 | 465 | 136 | 98 | 90 | 115 | 76 | 80 | 234 | 45 | 185 | 18 | 67 |
| 1JM-F1.600 | 520 | 173.5 | 120 | 110 | 120 | 77.5 | 96 | 242 | 60 | 201 | 20 | 67 |
| 1JM-F3.150 | 630 | 181 | 150 | 125 | 130 | 85 | 135 | 242.5 | 52 | 238 | 24 | 76 |
| 1JM-F4.000 | 650 | 190 | 150 | 140 | 152 | 92 | 140 | 330 | 70 | 270 | 24 | 76 |

| 型　　号 | $D$ | $D_1$ | $d$ | $d_1$ | $d_2$ | $d_3$ | $d_4$ | $d_5$ | $t$ |
|---|---|---|---|---|---|---|---|---|---|
| 1JM-F0.200 | 290 | 216 | 40h6 | 178h8 | 150 | M22×1.5 | 14 | 14 | $35.5_{-0.17}^{0}$ |
| 1JM-F0.400 | 367 | 260 | 55h6 | 240h8 | 185 | M27×1.5 | 16 | 14 | $48.5_{-0.17}^{0}$ |
| 1JM-F0.800 | 440 | 300 | 65h6 | 260h8 | 215 | M33×1.5 | 16 | 17 | $57.9_{-0.2}^{0}$ |
| 1JM-F1.600 | 520 | 360 | 75h6 | 330h8 | 250 | M33×1.5 | 16 | 21 | $68_{-0.2}^{0}$ |
| 1JM-F3.150 | 664 | 420 | 85h6 | 380h8 | 260 | M36×1.5 | 18 | 22 | $76_{-0.2}^{0}$ |
| 1JM-F4.000 | 700 | 500 | 90h6 | 450h8 | 310 | M36×1.5 | 18 | 20 | $83_{-0.23}^{0}$ |

（2）2JM 系列液压马达

2JM 系列是在 1JM 型马达基础上发展起来的，采用了分体组装可调式结构——曲轴的偏心量可调，使液压马达具有两种预定的排量值（即两种转速值）。当采用手动控制变量时，马达在载荷运转下，用 2s 左右的时间，进行两种排量的变换；采用恒压自动控制变量时，马达能有效地实现恒功率调速；若排量为零时，马达可作为自由轮使用。该系列液压马达适用于行走机械、牵引绞车、搅拌装置、恒张力装置、钻孔设备等液压系统中。

型号意义：

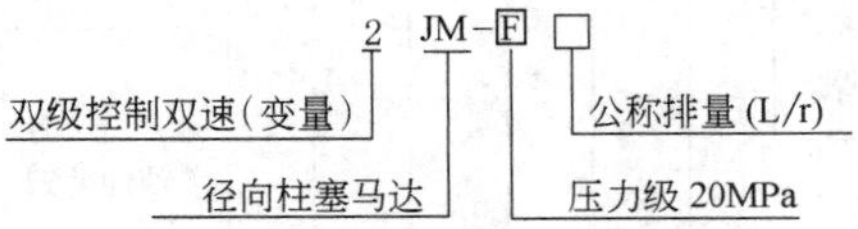


**表 21-5-92　　技术参数及外形尺寸**　　mm

| 型号 | 2JM-F1.6 | 2JM-F3.2 | 2JM-F4.0 |
|---|---|---|---|
| 公称排量(大排量/小排量)/L·r$^{-1}$ | 1.61/0.5 | 3.2/1.0 | 4.0/1.25 |
| 理论排量(大排量/小排量)/L·r$^{-1}$ | 1.608/0.536 | 3.14/0.98 | 4.396/1.373 |
| 额定压力/MPa | 20.0 | 20.0 | 20.0 |
| 最高压力/MPa | 25.0 | 25.0 | 25.0 |
| 额定转速/r·min$^{-1}$ | 200/600 | 125/400 | 100/320 |
| 额定转矩/N·m | 4680/1560 | 9150/2860 | 12810/4000 |
| 最大转矩/N·m | 5850/1950 | 11440/3575 | 16010/5000 |
| 额定功率/kW | 96 | 117.5 | 131.5 |
| 速比 | 1∶3 | 1∶3.2 | 1∶3.2 |
| 质量/kg | 166 | 295 | 435 |

| 型　号 | 尺　寸 | | | | | | | | | | | | 连接法兰 | |
|---|---|---|---|---|---|---|---|---|---|---|---|---|---|---|
| | *R* | *B* | *C* | *D* | *E* | *F* | *G* | *H* | *K* | *L* | *M* | *S* | *d* | *ϕ* |
| 2JM-F1.6 | 570 | 520 | 233 | 250 | 330 | 173 | 75 | 120 | M12×1 | 60 | M33×1.5 | 116 | 5×ϕ21 | 360 |
| 2JM-F3.2 | 680 | 664 | 275 | 260 | 380 | 185 | 85 | 140 | M12×1 | 52 | M36×1.5 | 118 | 5×ϕ21 | 420 |
| 2JM-F4.0 | 700 | 700 | 278 | 310 | 450 | 190 | 90 | 150 | M12×1 | 70 | M36×1.5 | 140 | 5×ϕ21 | 500 |

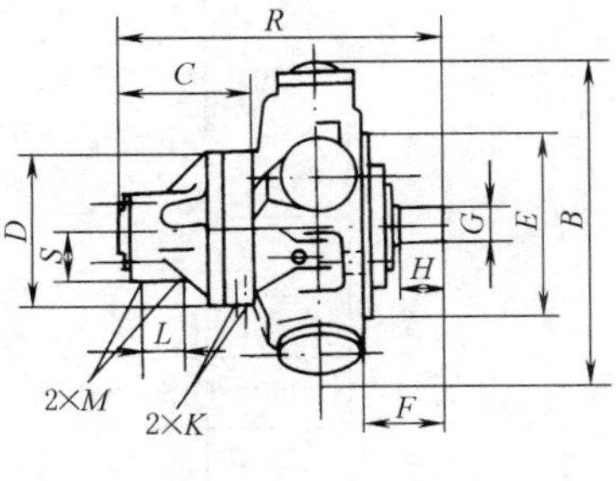


| | 型　号 | 平键 *b*×*h* |
|---|---|---|
| 轴伸平键尺寸 | 2JM-F1.6 | 20×110 |
| | 2JM-F3.2 | 24×125 |
| | 2JM-F4.0 | 24×140 |

(3) JM※系列径向柱塞液压马达

型号意义：

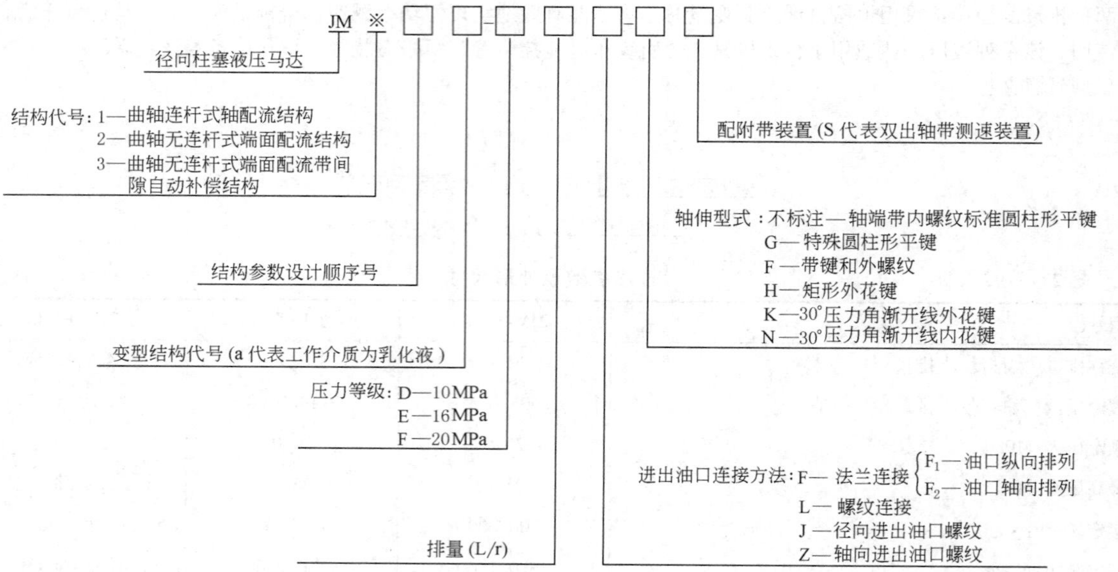


**表 21-5-93　　技术参数**

| 型　　号 | 排量 /mL·r$^{-1}$ | 压力/MPa | | 转速/r·min$^{-1}$ | | 效率/% | | 有效转矩/N·m | | 质量 /kg |
|---|---|---|---|---|---|---|---|---|---|---|
| | | 额定 | 最高 | 额定 | 范围 | 容积效率 | 总效率 | 额定 | 最大 | |
| JM10-F0.16$F_1$ | 163 | 20 | 25 | 500 | 18~630 | ≥92 | ≥83 | 468 | 585 | 50 |
| JM10-F0.18$F_1$ | 182 | | | | | | | 523 | 653 | |
| JM10-F0.2$F_1$ | 201 | | | | | | | 578 | 723 | |
| JM10L-F0.2 | | | | | | | | 578 | 723 | |
| JM10-F0.224$F_1$ | 222 | | | 400 | 18~500 | | | 638 | 797 | |
| JM10-F0.25$F_1$ | 249 | | | | | | | 715 | 894 | |
| JM11-F0.315$F_1$ | 314 | | | 320 | 18~400 | | | 902 | 1127 | 75 |
| JM11-F0.355$F_1$ | 353 | | | | | | | 1014 | 1267 | |
| JM11-F0.4$F_1$ | 393 | | | | | | | 1128 | 1411 | |
| JM11-F0.45 | 442 | | | | | | | 1270 | 1587 | |
| JM11-F0.5$F_1$ | 493 | | | 250 | | | | 1424 | 1780 | |
| JM11-F0.56$F_1$ | 554 | | | | | | | 1591 | 1989 | |
| JM12-F0.63$F_2$ | 623 | | | 250 | 15~320 | ≥92 | ≥84 | 1812 | 2264 | 115 |
| JM12-F0.71$F_2$ | 717 | | | 200 | 15~250 | | | 2084 | 2605 | |
| JM12-F0.8$F_2$ | 779 | | | | | | | 2265 | 2831 | |
| JM12L-F0.8$F_2$ | | | | | | | | | | |
| JM12-F0.9$F_2$ | 873 | | | | | | | 2537 | 3172 | |
| JM12-E1.0$F_2$ | 1104 | 16 | 20 | | | | | 2567 | 3209 | |
| JM12-E1.25$F_2$ | 1237 | | | | | | | 2876 | 3595 | |

续表

| 型号 | 排量/mL·$r^{-1}$ | 压力/MPa | | 转速/r·$min^{-1}$ | | 效率/% | | 有效转矩/N·m | | 质量/kg |
|---|---|---|---|---|---|---|---|---|---|---|
| | | 额定 | 最高 | 额定 | 范围 | 容积效率 | 总效率 | 额定 | 最大 | |
| JM13-F1.25$F_1$ | 1257 | 20 | 25 | 200 | 12~250 | ≥92 | ≥84 | 3653 | 4543 | 160 |
| JM13-F1.4$F_1$ | 1427 | | | | | | | 4147 | 5184 | |
| JM13-F1.6$F_1$ | 1608 | | | | | | | 4653 | 5816 | |
| JM13-F1.6 | 1608 | | | | | | | 4653 | 5816 | |
| JM13-F1.8$F_1$ | 1816 | | | | | | | 5278 | 6598 | |
| JM13-F2.0$F_1$ | 2014 | | | 160 | 12~200 | | | 5853 | 7317 | |
| JM14-F2.24$F_1$ | 2278 | | | 100 | 10~175 | ≥91 | ≥84 | 6693 | 8367 | 320 |
| JM14-F2.5$F_1$ | 2513 | | | | | | | 7384 | 9270 | |
| JM14-F2.8$F_1$ | 2827 | | | | | | | 8216 | 10270 | |
| JM14-F3.15$F_1$ | 3181 | | | | 10~125 | | | 9346 | 11689 | |
| JM14-F3.55$F_1$ | 3530 | | | | | | | 10372 | 12965 | |
| JM15-E5.6 | 5645 | 16 | 20 | 63 | 8~75 | | | 13269 | 16586 | 520 |
| JM15-E6.3 | 6381 | | | | | | | 14999 | 18749 | |
| JM15-E7.1 | 7116 | | | | | | | 16727 | 20909 | |
| JM15-E8.0 | 8005 | | | 50 | 3~60 | | | 18817 | 23521 | |
| JM16-F4.0$F_1$ | 3958 | 20 | 25 | 100 | 8~125 | | | 11630 | 14537 | 420 |
| JM16-F4.5$F_1$ | 4453 | | | | | | | 13084 | 16355 | |
| JM16-F5.0 | 5278 | | | | | | | 15508 | 19385 | 480 |
| JM21-D0.02 | 20.2 | 10 | 12.5 | 1000 | 20~1500 | ≥92 | ≥74 | 26 | 33 | 16 |
| JM21-D0.0315 | 36.5 | | | | 30~1250 | | | 47 | 59 | |
| JM21a-D0.0315 | | 8 | 10 | 850 | 50~1000 | ≥88 | ≥70 | 37 | 46 | |
| JM22-D0.05 | 49.3 | 10 | 12.5 | 750 | 25~1250 | ≥92 | ≥74 | 64 | 80 | 19 |
| JM22-D0.063 | 73 | | | | 25~1000 | | | 100 | 125 | |
| JM22a-D0.063 | | 8 | 10 | 650 | 40~800 | ≥88 | ≥70 | 74 | 93 | |
| JM23-D0.09 | 110 | 10 | 12.5 | 600 | 25~750 | ≥92 | ≥74 | 150 | 180 | 22 |
| JM23a-D0.09 | | 8 | 10 | 500 | 40~600 | ≥88 | ≥70 | 111 | 139 | |
| JM31-E0.08 | 81 | 16 | 20 | 750 | 25~1000 | ≥91 | ≥78 | 177 | 221 | 40 |
| JM31-E0.125 | 126 | | | 630 | 25~800 | | | 275 | 344 | |
| JM33-E0.16 | 161 | | | 750 | 25~1000 | | | 352 | 439 | 58 |
| JM33-E0.25 | 251 | | | 500 | 25~600 | | | 548 | 685 | |

**表 21-5-94** 外形尺寸 mm

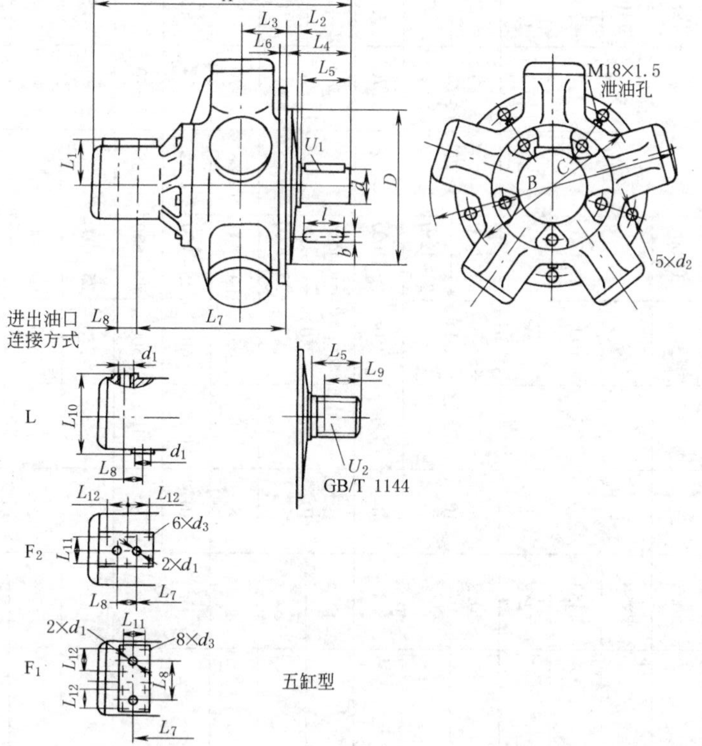


五缸型

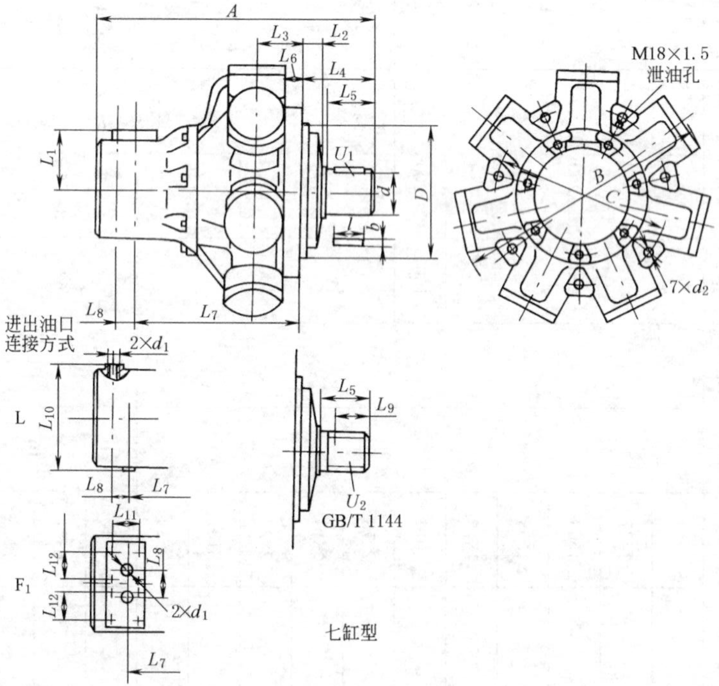


七缸型

JM1 型径向柱塞马达外形尺寸

续表

| 型号 | A | B | C | D | d | $d_1$ | $d_2$ | $d_3$ | 轴伸 $U_1(b×l)$ | 轴伸 $U_2$ (GB/T 1144) | $L_1$ | $L_2$ | $L_3$ | $L_4$ | $L_5$ | $L_6$ | $L_7$ | $L_8$ | $L_9$ | $L_{10}$ | $L_{11}$ | $L_{12}$ |
|---|---|---|---|---|---|---|---|---|---|---|---|---|---|---|---|---|---|---|---|---|---|---|
| JM10-F0. 16F$_1$ | | | | | | | | | | | | | | | | | | | | | | |
| JM10-F0. 18F$_1$ | | | 230 | 204h8 | | ϕ22 | | M12×1. 6 | | | 78 | 34 | | | | | 213 | 75 | | — | 51 | 51 |
| JM10-F0. 2F$_1$ | | | | | | | | | | | | | | | | | | | | | | |
| JM10L-F0. 2 | 287 | 328 | 235 | 205h8 | 40g6 | M33×2 | 5×ϕ14 | — | A12×60 | 6×40×35×10 | — | 37 | 42 | 108 | 65 | 18 | 194. 5 | 37 | 45 | 138 | — | — |
| JM10-F0. 224F$_1$ | | | 230 | 204h8 | | ϕ22 | | M12×1. 6 | | | 78 | 34 | | | | | 213 | 75 | | — | 51 | 51 |
| JM10-F0. 25F$_1$ | | | | | | | | | | | | | | | | | | | | | | |
| JM11-F0. 315F$_1$ | | | | | | | | | | | | | | | | | | | | | | |
| JM11-F0. 355F$_1$ | | | | | | ϕ22 | | M12×1. 6 | | | 78 | | | | | | 266 | 75 | | — | 51 | 51 |
| JM11-F0. 4F$_1$ | | | | | | | | | | | | | | | | | | | | | | |
| JM11-F0. 45 | 338 | 408 | 260 | 180h6 | 55m7 | M33×2 | 5×ϕ18 | — | A18×90 | 8×54×46×9 | — | 27 | 75 | 132 | 100 | 35 | 243. 5 | 37 | 73 | 138 | — | — |
| JM11-F0. 5F$_1$ | | | | | | ϕ22 | | M12×1. 6 | | | 78 | | | | | | 266 | 75 | | — | 51 | 51 |
| JM11-F0. 56F$_1$ | | | | | | | | | | | | | | | | | | | | | | |
| JM12-F0. 63F$_2$ | | | | | | | | | | | | | | | | | | | | | | |
| JM12-F0. 71F$_2$ | | | 300 | 250h8 | 63m7 | | 5×ϕ22 | | A18×90 | 8×60×52×10 | | | | 145 | 105 | | | | 75 | | | |
| JM12-F0. 8F$_2$ | 344 | | | | | ϕ26（加连接板为M33×2） | | | | | 80（加连接板为105） | | 66 | | | 30 | | | | | | |
| JM12L-F0. 8F$_2$ | | 480 | 295 | 260h8 | 60f7 | | 5×ϕ18 | M10 深 20 | A18×85 | 6×60×54×14 | | 37 | | 128 | 88 | | 241. 5 | 50 | 68 | — | 50 | 45 |
| JM12-F0. 9F$_2$ | | | | | | | | | | | | | | | | | | | | | | |
| JM12-E1. 0F$_2$ | | | 300 | 250h8 | 63m7 | | 5×ϕ22 | | A18×90 | 8×60×52×10 | | | | 145 | 105 | | | | 75 | | | |
| JM12-E1. 25F$_2$ | 348 | | | | | | | | | | | | 70 | | | 34 | | | | | | |
| JM13-F1. 25F$_1$ | | | | | | | | | | | | | | | | | | | | | | |
| JM13-F1. 4F$_1$ | 401 | 573 | 360 | 320h8 | 75m7 | ϕ28 | 5×ϕ22 | M12 深 20 | A22×100（双键） | 6×75×65×16 | 85 | 39 | 80 | 148 | 109 | 34 | 324 | 75 | 84 | — | 51 | 51 |
| JM13-F1. 6F$_1$ | | | | | | | | | | | | | | | | | | | | | | |

续表

| 型号 | $A$ | $B$ | $C$ | $D$ | $d$ | $d_1$ | $d_2$ | $d_3$ | 轴伸 $U_1(b\times l)$ | 轴伸 $U_2$ (GB/T 1144) | $L_1$ | $L_2$ | $L_3$ | $L_4$ | $L_5$ | $L_6$ | $L_7$ | $L_8$ | $L_9$ | $L_{10}$ | $L_{11}$ | $L_{12}$ |
|---|---|---|---|---|---|---|---|---|---|---|---|---|---|---|---|---|---|---|---|---|---|---|
| JM13-F1.6 | 377 | 573 | 360 | 330h8 | 75m7 | M42×2 | 5×$\phi$22 | M12 深 20 | A22×100（双键） | 6×75×65×16 | — | 39 | 80 | 148 | 109 | 34 | 288 | 30 | 84 | 164 | — | — |
| JM13-F1.8$F_1$ | 401 |  |  | 320h8 | 80m7 | $\phi$28 |  |  | A24×150 | 10×82×72×12 | 85 |  |  | 198 | 平键 159 花键 125 |  | 324 | 75 | 100 | — | 51 | 51 |
| JM13-F2.0$F_1$ |  |  |  |  |  |  |  |  |  |  |  |  |  |  |  |  |  |  |  |  |  |  |
| JM14-F2.24$F_1$ | 445 | 660 | 420 | 380h8 | 90g7 | $\phi$30 | 5×$\phi$22 | M12 深 20 | C25×170 | 6×90×80×20 | 100 | 30 | 110 | 235 | 平键 180 花键 130 | 38 | 376 | 75 | 100 | — | 51 | 51 |
| JM14-F2.5$F_1$ |  |  |  |  |  |  |  |  |  |  |  |  |  |  |  |  |  |  |  |  |  |  |
| JM14-F2.8$F_1$ |  |  |  |  |  |  |  |  |  |  |  | 50 |  |  |  |  |  |  |  |  |  |  |
| JM14-F3.15$F_1$ |  |  |  |  |  |  |  |  |  |  |  |  |  |  |  |  |  |  |  |  |  |  |
| JM14-F3.55$F_1$ |  |  |  |  |  |  |  |  |  |  |  |  |  |  |  |  |  |  |  |  |  |  |
| JM15-E5.6 | 490 | 825 | 580 | 500h8 | 120g7 | M48×2 | 5×$\phi$33 | 4×M16 深 30 | A32×180 | 10×120×112×18 | — | 54 | 120 | 245 | 190 | 50 | 395 | — | 150 | 250（有连接板为340） | 100 | — |
| JM15-E6.3 |  |  |  |  |  |  |  |  |  |  |  |  |  |  |  |  |  |  |  |  |  |  |
| JM15-E7.1 |  |  |  |  |  |  |  |  |  |  |  |  |  |  |  |  |  |  |  |  |  |  |
| JM15-E8.0 |  |  |  |  |  |  |  |  |  |  |  |  |  |  |  |  |  |  |  |  |  |  |
| JM16-F4.0$F_1$ | 450 | 692 | 520.7 | 457h8 | 100m7 | $\phi$32 | 7×$\phi$22 | M12 深 25 | C28×170 | — | 95 | 36 | 120 | 210 | 170 | 40 | 358 | 82 | — | — | 60 | 30 |
| JM16-F4.5$F_1$ |  |  |  |  |  |  |  |  |  |  |  |  |  |  |  |  |  |  |  |  |  |  |
| JM16-F5.0 | 516 | 740 |  |  | 110m7 | G1/2 |  | 4×M20 深 25 | A28×200（双键） |  | — | 30 | 150 | 242 | 210 | 52 | 445 | — |  | 220 | 130 | — |

续表

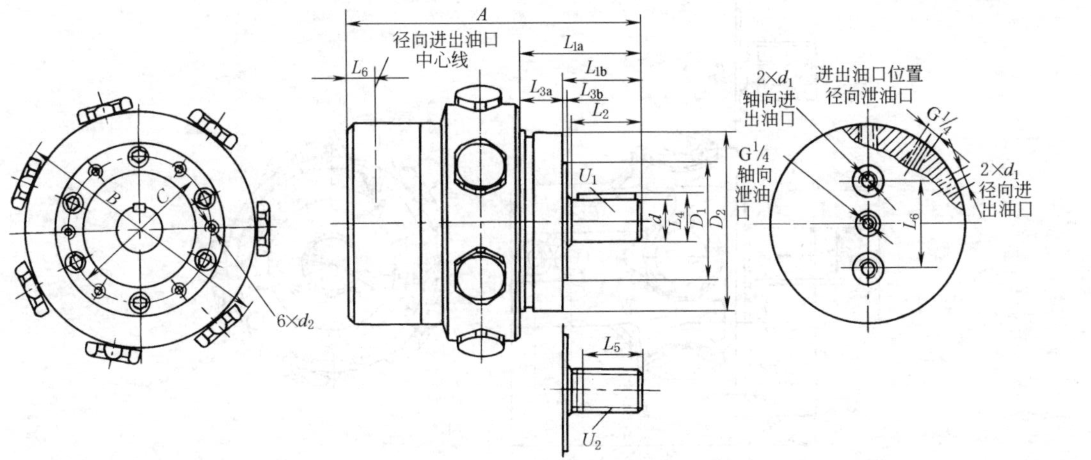


JM21 型径向柱塞马达外形尺寸(单排缸)

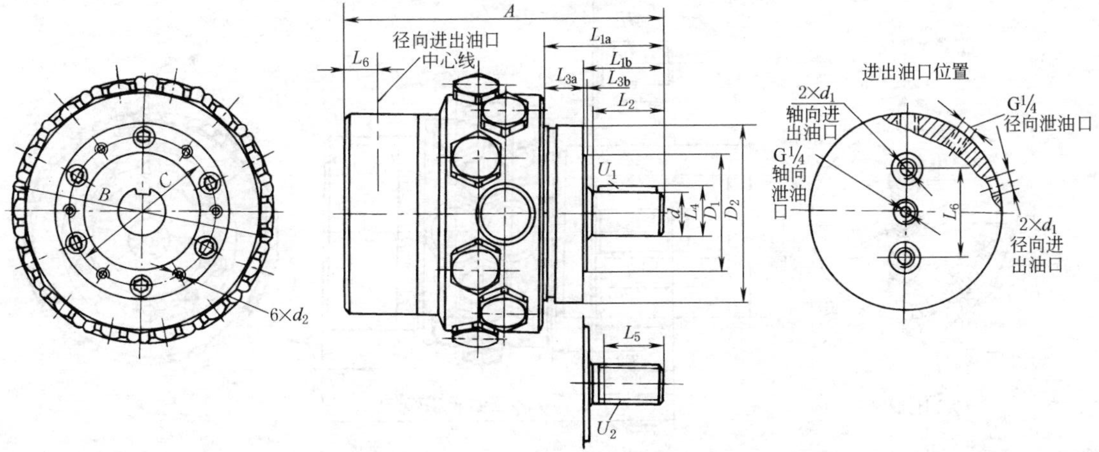


JM22 型径向柱塞马达外形尺寸(双排缸)

续表

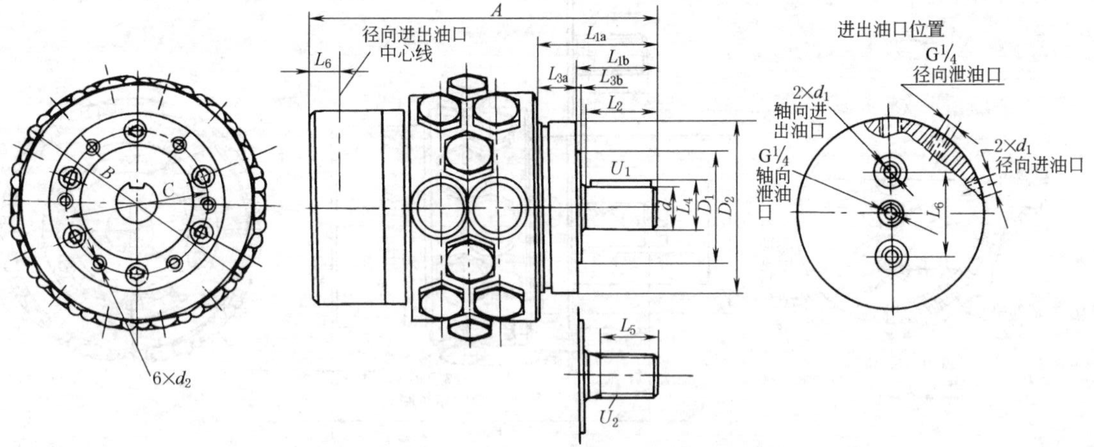


JM23 型径向柱塞马达外形尺寸(三排缸)

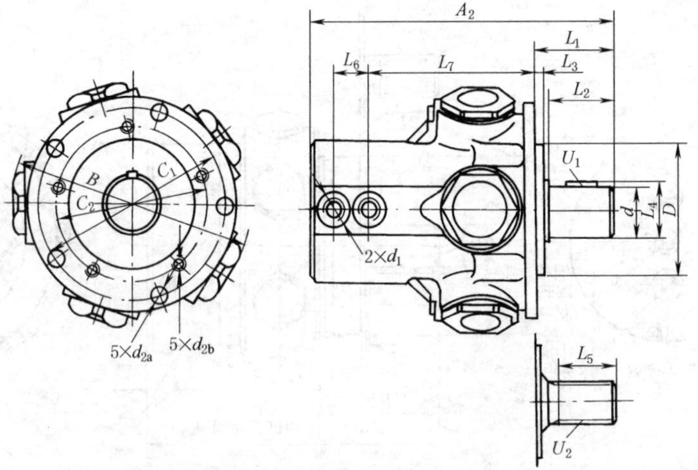


JM31 型径向柱塞马达外形尺寸(单排缸)

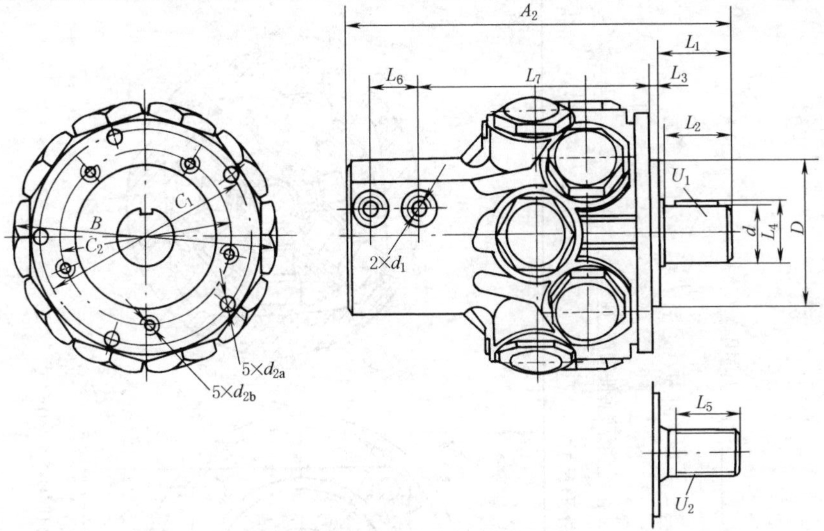


JM33 型径向柱塞马达外形尺寸(三排缸)

| 型号 | A① | | B | C② | | D② | | d | $d_1$ | $d_2$ | | 轴伸③ | | $L_1$ | | $L_2$④ | | $L_3$ | | $L_4$ | $L_5$ | $L_6$ | $L_7$ |
|---|---|---|---|---|---|---|---|---|---|---|---|---|---|---|---|---|---|---|---|---|---|---|---|
| | $A_1$ | $A_2$ | | $C_1$ | $C_2$ | $D_1$ | $D_2$ | | | $d_{2a}$ | $d_{2b}$ | $U_1$ | $U_2$ | $L_{1a}$ | $L_{1b}$ | $L_{2a}$ | $L_{2b}$ | $L_{3a}$ | $L_{3b}$ | | | | |
| JM21-D0.02 | | | | | | | | | | | | | | | | | | | | | | | |
| JM21-D0.0315 | 202 | 189 | | | | | | | | | | | | | | | | | | | | | |
| JM21a-D0.0315 | | | | | | | | | | | | | | | | | | | | | | | |
| JM22-D0.05 | | | | | | | | | | | | | | | | | | | | | | | |
| JM22-D0.063 | 222 | 209 | 178 | 100 | | 80h6 | 129h6 | 30js7 | G1/2 | M8 | | A8×45 | 6×30×26×6 | 78 | 56 | 50 | 50 | 22 | 4 | 33 | 35 | 26 | — |
| JM22a-D0.063 | | | | | | | | | | | | | | | | | | | | | | | |
| JM23-D0.09 | 242 | 229 | | | | | | | | | | | | | | | | | | | | | |
| JM23a-D0.09 | | | | | | | | | | | | | | | | | | | | | | | |
| JM31-E0.08 | — | 337 | 245 | | | | | 40k7 | | | | A12×56 | 6×38×32×6 (W40×2×18×7h) | 67 | | 65 | 55 | | | 43 | 30 (30) | | 152 |
| JM31-E0.125 | | | | 200 | 160 | 140 | | | G1 | $\phi$11 | M12 | | | | | | | 11 | | | | 54 | |
| JM33-E0.16 | — | 391 | 248 | | | | | 50k7 | | | | A16×63 | 8×48×42×8 (W50×2×24×7h) | 77 | | 75 | 65 | | | 54 | 45 (38) | | 196 |
| JM33-E0.25 | | | | | | | | | | | | | | | | | | | | | | | |

① A 栏中 $A_1$ 为径向进油尺寸，$A_2$ 为轴向进油尺寸。
② C、D 为止口安装用尺寸，$C_1$、$C_2$ 和 $D_1$、$D_2$ 可根据实际使用。
③ 花键规格按 GB/T 1144 标准，括号内为 DIN 5480 标准。
④ $L_2$ 栏中 $L_{2a}$ 为平键轴伸尺寸，$L_{2b}$ 为花键轴伸尺寸。

### 4.3.5 DMQ 系列径向柱塞马达

DMQ 系列液压马达为等接触应力、低速大转矩液压马达。它可正反两个方向旋转，技术参数不变，进出油口可互换，并用两台相同型号的液压马达组成双输出轴的液压马达驱动器。该系列马达压力高、转矩大、噪声低、效率高。其工作原理见表 21-5-95 中图。马达工作时，压力油由入口进入，经过配油盘 C 分配至四个配油孔内，在图示位置时，与缸体 B 的 1 号、3 号、5 号配油孔连通，压力油进入对应的缸体缸孔，推动 1 号、3 号、5 号活塞组件沿着滚道环 A 的轨道 0°~45°上作升程运动，活塞组件对轨道产生作用力，而轨道对活塞组件产生反作用力，该反作用力的切向分力又作用于缸体 B，由此驱动缸体旋转产生转矩，通过传动轴输出。活塞组件 1 号在升程工作至 45°时，进油结束，当进入 45°~90°时，缸体缸孔 1 号与配油盘 C 的回油孔（低压腔）接通，开始进入轨道的回程运动，至 90°时，活塞组件 1 号回程工作结束。至此，活塞组件 1 号的一个作用（升、回程）全部结束，再进入下一个作用。其余活塞组件工作类推。回油路线：低压油经配油盘 C 的回油孔、马达出口流至油箱。

型号意义：

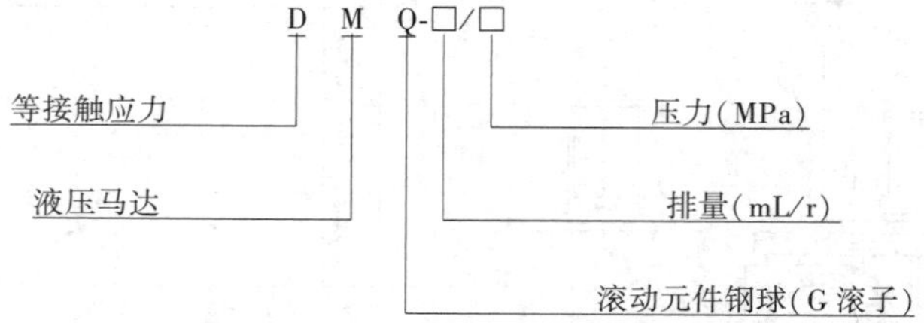


**表 21-5-95　　技术参数及外形尺寸**　　mm

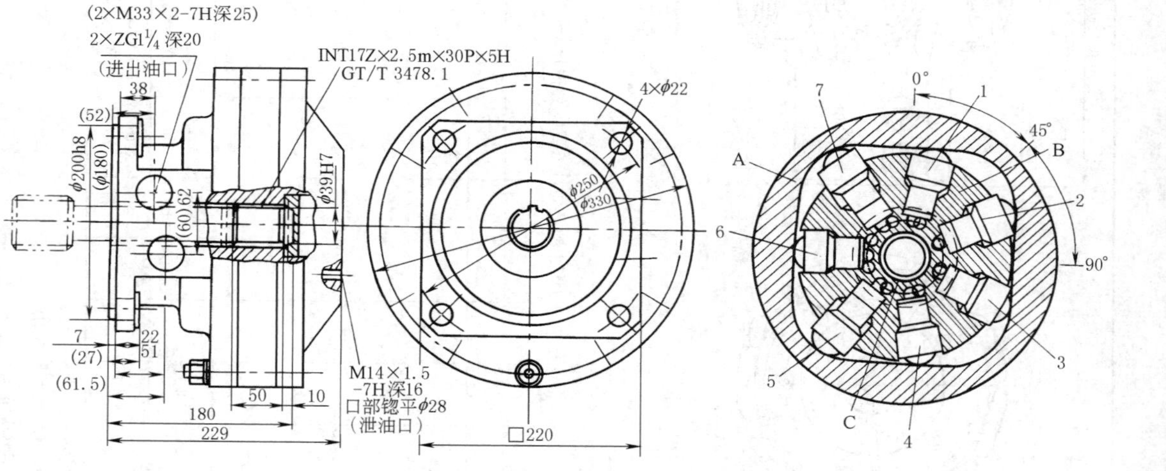


DMQ-1000/20(括号内为 DMQ-500/40 尺寸)

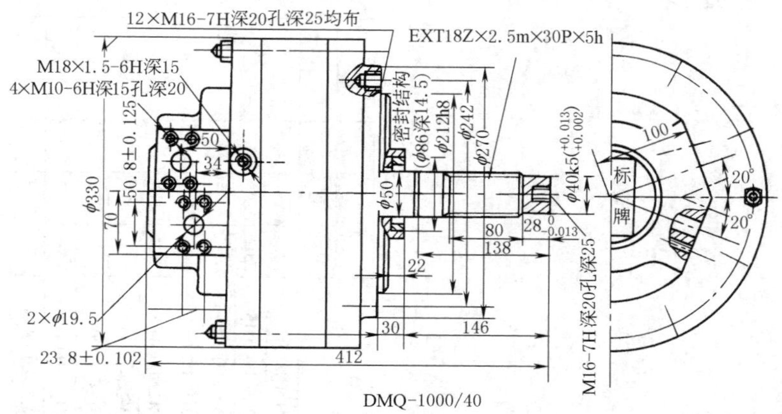


DMQ-1000/40

续表

| 型　号 | 排量 /mL·r$^{-1}$ | 最高压力 /MPa | 最大转矩 /N·m | 转速 /r·min$^{-1}$ | 型　号 | 排量 /mL·r$^{-1}$ | 最高压力 /MPa | 最大转矩 /N·m | 转速 /r·min$^{-1}$ |
|---|---|---|---|---|---|---|---|---|---|
| DMQ-125/40 | 125 | 40 | 800 | 3~150 | DMQ-200/25 | 203 | 25 | 800 | 3~150 |
| DMQ-250/40 | 250 | | 1600 | | DMQ-400/25 | 391 | | 1600 | |
| DMQ-500/40 | 500 | | 3150 | | DMQ-800/25 | 826 | | 3150 | |
| DMQ-1000/40 | 1000 | | 6300 | | DMQ-1600/25 | 1494 | | 6300 | |
| DMQ-2000/40 | 2000 | | 12500 | | DMQ-3150/25 | 3240 | | 12500 | |
| DMQ-4000/40 | 4000 | | 25000 | | DMQ-6300/25 | 6612 | | 25000 | |
| DMQ-160/31.5 | 160 | 31.5 | 800 | | DMQ-250/20 | 264 | 20 | 800 | |
| DMQ-315/31.5 | 315 | | 1600 | | DMQ-500/20 | 510 | | 1600 | |
| DMQ-630/31.5 | 630 | | 3150 | | DMQ-1000/20 | 1020 | | 3150 | |
| DMQ-1250/31.5 | 1250 | | 6300 | | DMQ-2000/20 | 1960 | | 6300 | |
| DMQ-2500/31.5 | 2624 | | 12500 | | DMQ-4000/20 | 4231 | | 12500 | |
| DMQ-5000/31.5 | 5224 | | 25000 | | DMQ-8000/20 | 8163 | | 25000 | |

## 4.3.6 NJM 型内曲线径向柱塞马达

NJM 型内曲线马达是多作用横梁传动径向柱塞低速大转矩马达。它具有结构紧凑、效率高、转矩大、低速稳定性好等优点，一般不需要经过变速装置而直接传递转矩。NJM 型内曲线马达广泛用于工程、矿山、起重、运输、船舶、冶金等机械设备的液压系统中。

型号意义：

□ NJM-□ □

略—单速
2—双速

内曲线马达

压力级：E—16MPa
F—20MPa
G—25MPa

排量(L/r)

表 21-5-96　　技术参数

| 型　号 | 排量 /L·r$^{-1}$ | 压力/MPa 额定 | 压力/MPa 最大 | 最高转速 /r·min$^{-1}$ | 转矩/N·m 额定 | 转矩/N·m 最大 | 质量 /kg |
|---|---|---|---|---|---|---|---|
| NJM-G1 | 1 | 25 | 32 | 100 | 3310 | 4579 | 160 |
| NJM-G1.25 | 1.25 | 25 | 32 | 100 | 4471 | 5724 | 230 |
| NJM-G2 | 2 | 25 | 32 | 63(80) | 7155 | 9158 | 230 |
| NJM-G2.5 | 2.5 | 25 | 32 | 80 | 8720 | 11448 | 290 |
| NJM-G2.84 | 2.84 | 25 | 32 | 50 | 10160 | 13005 | 219 |
| 2NJM-G4 | 2/4 | 25 | 32 | 63/40 | 7155/14310 | 9158/18316 | 425 |
| NJM-G4 | 4 | 25 | 32 | 40 | 14310 | 18316 | 425 |
| NJM-G6.3 | 6.3 | 25 | 32 | 40 | | 28849 | 524 |
| NJM-F10 | 9.97 | 20 | 25 | 25 | | 35775 | 638 |
| NJM-G3.15 | 3.15 | 25 | 32 | 63 | | 15706 | 291 |
| 2NJM-G3.15 | 1.58/3.15 | 25 | 32 | 120/63 | | 7853/15706 | 297 |
| NJM-E10W | 9.98 | 16 | 20 | 20 | | 28620 | |
| NJM-F12.5 | 12.5 | 20 | 25 | 20 | | 44719 | |
| NJM-E12.5W | 12.5 | 16 | 25 | 20 | | 35775 | |
| NJM-E40 | 40 | 16 | 25 | 12 | | 114480 | |

**表 21-5-97** 外形尺寸 mm

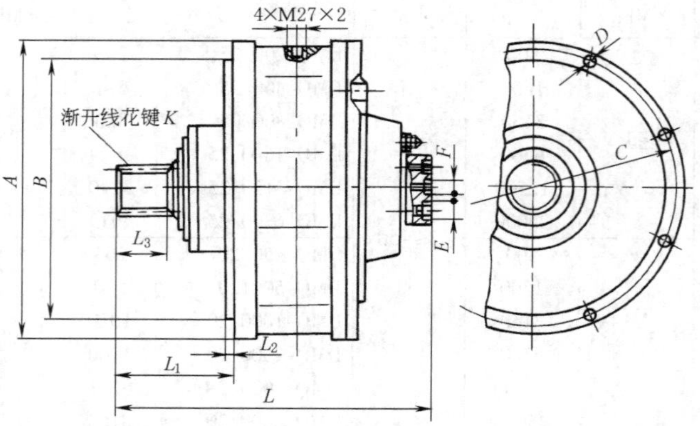


NJM-G（1.25、2、2.84、6.3、3.15）型、2NJM-G（4、3.15）型
液压马达外形尺寸（上海液压泵厂生产）

| 型　号 | $A$ | $B$ | $C$ | $D$ | $E$ | $F$ | $L$ | $L_1$ | $L_2$ | $L_3$ | $K$ |
|---|---|---|---|---|---|---|---|---|---|---|---|
| NJM-G1.25 | 460 | $400^{-0.08}_{-0.14}$ | 430 | 8×$\phi$20 | M27×2 | — | 418 | 167 | 8 | 75 | EXT28Z×2.5m×20P×5h |
| NJM-G2 | 560 | $480^{-0.08}_{-0.14}$ | 524 | 8×$\phi$21 | M27×2 | — | 475 | 200 | 8 | 85 | EXT38Z×2.5m×20P×5h |
| NJM-G2.84 | 466 | 380h8 | 426 | 8×$\phi$18 | M22×1.5 | — | 449 | 174 | | 72 | EXT24Z×3m×30R×5h |
| 2NJM-G4 | 560 | $480^{-0.08}_{-0.14}$ | 524 | 8×$\phi$21 | M35×2 | M14×1.5 | 564 | 200 | 8 | 78 | EXT38Z×2.5m×20P×5h |
| NJM-G6.3 | 600 | 480f7 | 560 | 6×$\phi$26 | M42×2 | — | 570 | 219 | 8 | 100 | EXT40Z×3m×30P×5h |
| NJM-G3.15 | 530 | $400^{-0.08}_{-0.14}$ | 493 | 6×$\phi$22 | M27×2 | — | 517 | 185 | 6 | 78 | EXT32Z×3m×30P×5h |
| 2NJM-G3.15 | 530 | $400^{-0.08}_{-0.14}$ | 493 | 6×$\phi$22 | M27×2 | M14×1.5 | 540 | 185 | 6 | 70 | EXT24Z×3m×30P×5h |

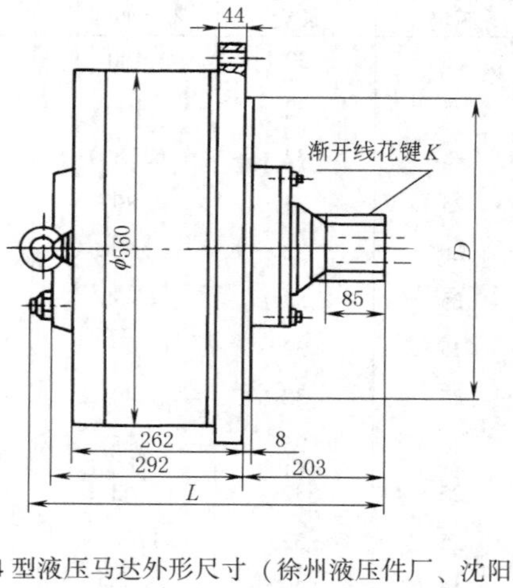


NJM-G4 型、2NJM-G4 型液压马达外形尺寸（徐州液压件厂、沈阳工程液压件厂生产）

| 型　　号 | $L$ | $D$ | $K$ |
|---|---|---|---|
| NJM-G4 | 526 | 420f9 | EXT58Z×2.5m×20P×5h |
| 2NJM-G4 | 550 | 480f9 | EXT38Z×2.5m×20P×5h |

续表

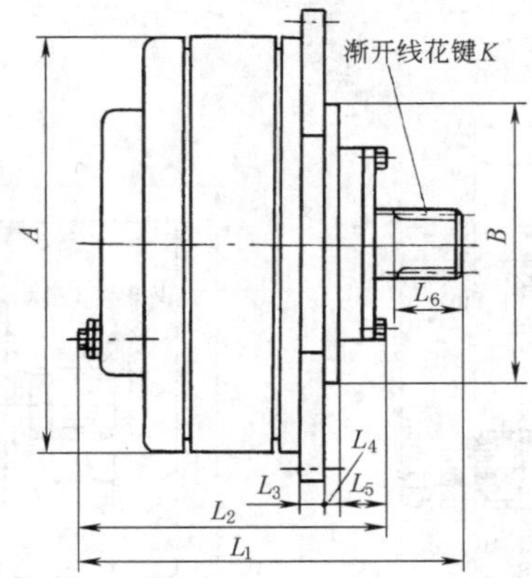


NJM-G(2、2.5)型液压马达外形尺寸(徐州液压件厂生产)

| 型　　号 | $A$ | $B$ | $L_1$ | $L_2$ | $L_3$ | $L_4$ | $L_5$ | $L_6$ | $K$ |
|---|---|---|---|---|---|---|---|---|---|
| NJM-G2 | 485 | $400^{-0.02}_{-0.10}$ | 465 | 365 | 30 | 10 | 48 | 80 | EXT25Z×2.5m×30P×5h |
| NJM-G2.5 | 560 | $480^{-0.10}_{-0.25}$ | 430 | 330 | 34 | 8 | 60 | 85 | EXT38Z×2.5m×30P×5h |

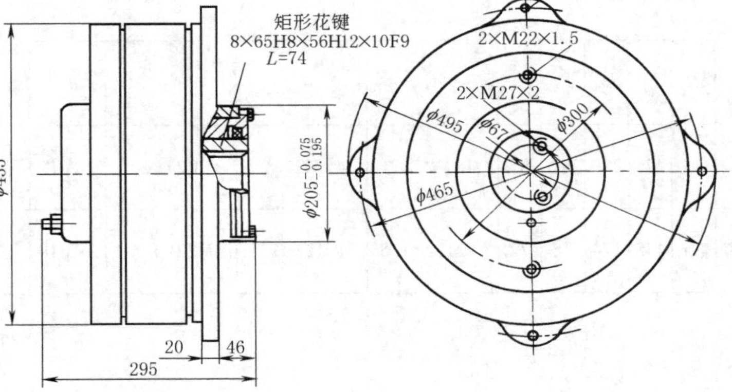


NJM-G1 型液压马达外形尺寸(徐州液压件厂生产)

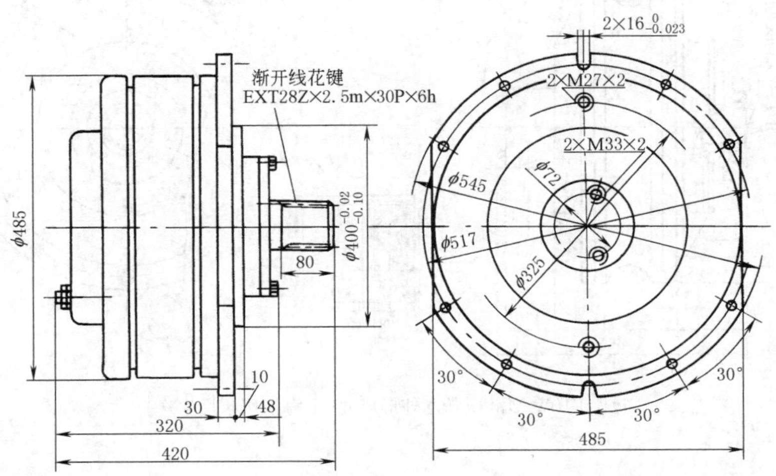


NJM-G1.25 型液压马达外形尺寸(徐州液压件厂生产)

续表

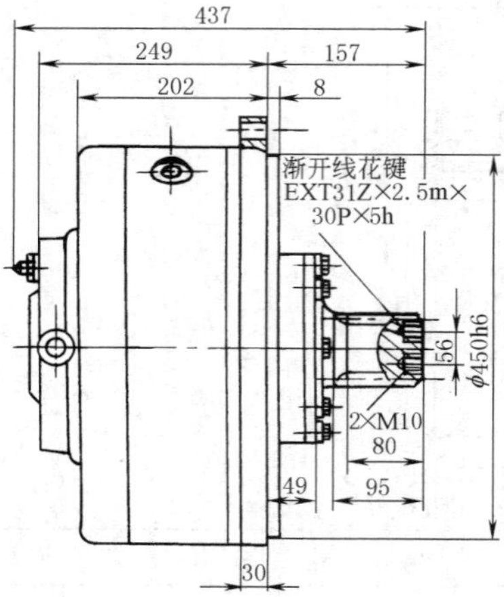


NJM-G1.25 型液压马达外形尺寸
（沈阳工程液压件厂生产）

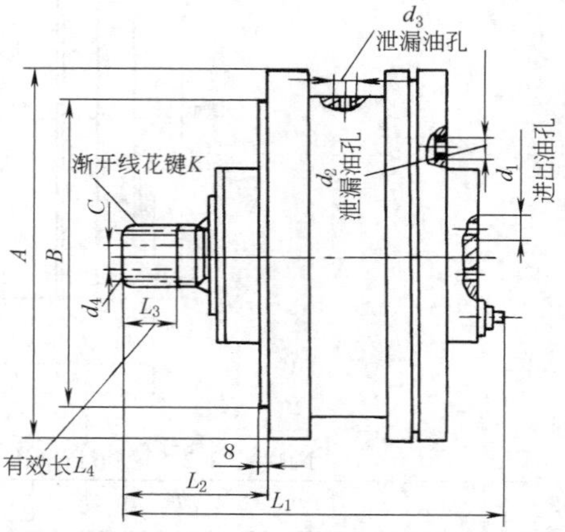


NJM-G（2、2.84）型液压马达外形尺寸
（沈阳工程液压件厂生产）

| 型　号 | $A$ | $B$ | $C$ | $L_1$ | $L_2$ | $L_3$ | $L_4$ | $d_1$ | $d_2$ | $d_3$ | $d_4$ | $K$ |
|---|---|---|---|---|---|---|---|---|---|---|---|---|
| NJM-G2 | 560 | $480^{-0.08}_{-0.14}$ | 35 | 475 | 200 | 116 | 85 | 4×M27×2 | 4×M27×2 | M27×2 | 2×M12 | EXT38Z×2.5m×30R×6h |
| NJM-G2.84 | 462 | $380^{-0.08}_{-0.14}$ | 35 | 448 | 174 | 103 | 72 | 2×M22×1.5 | 2×M22×1.5 | M22×1.5 | 2×M10 | EXT24Z×3m×30R×6h |

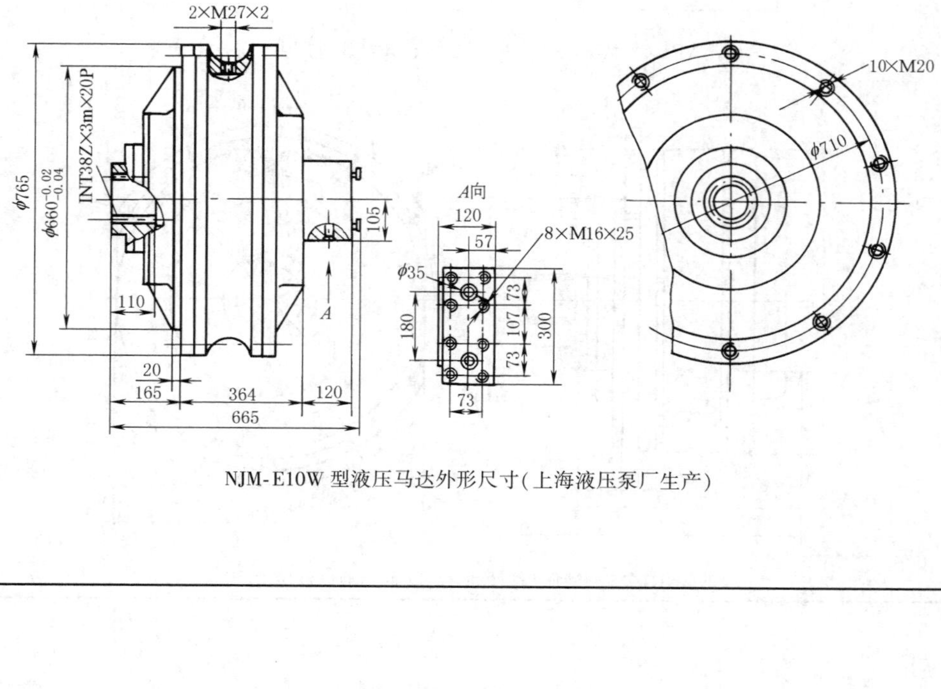


NJM-E10W 型液压马达外形尺寸（上海液压泵厂生产）

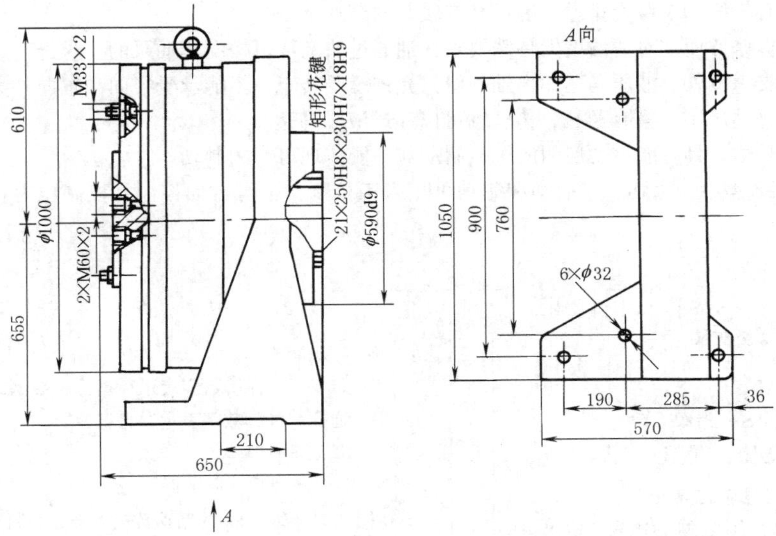


NJM-E40 型液压马达外形尺寸(上海液压泵厂生产)

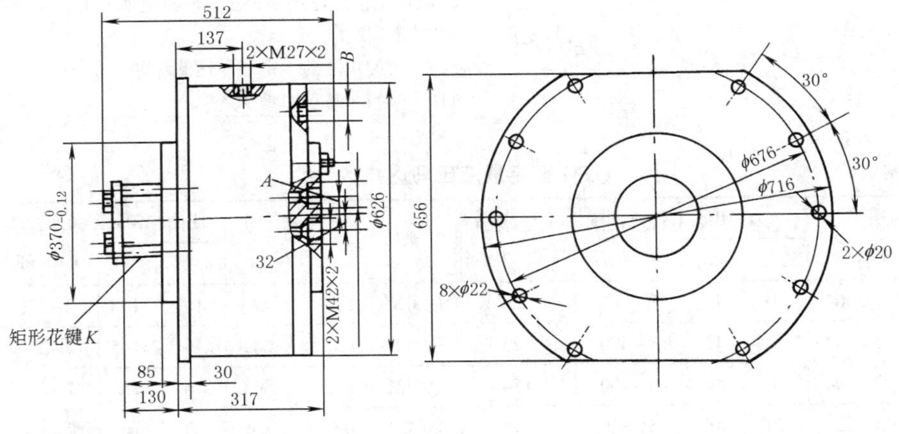


NJM-F(10、12.5)型液压马达外形尺寸(上海电气液压气动有限公司液压泵厂生产)

| 型　号 | A | B | K |
|---|---|---|---|
| NJM-F10 | 45 | M16×1.5 | 10×145f7×160f5×22f9 |
| NJM-F12.5 | 43 | M18×1.5 | 10×145f7×160f5×22f9 |

## 4.3.7 QJM 型、QKM 型液压马达

QJM 型液压马达有以下主要特点。

① 该型马达的滚动体用一只钢球代替了一般内曲线液压马达所用的两只以上滚轮和横梁，因而结构简单、工作可靠，体积、重量显著减小。

② 运动副惯量小，钢球结实可靠，故该型马达可以在较高转速和冲击载荷下连续工作。

③ 摩擦副少，配油轴与转子内力平衡，球塞副通过自润滑复合材料制成的球垫传力，并具有静压平衡和良好的润滑条件，采用可自动补偿磨损的软性塑料活塞环密封高压油，因而具有较高的机械效率和容积效率，能在很低的转速下稳定运转，启动转矩较大。

④ 因结构具有的特点，该型马达所需回油背压较低，一般需 0.3~0.8MPa，转速越高，背压应越大。

⑤ 因配油轴与定子刚性连接，故该型马达进出油管允许用钢管连接。

⑥ 该型马达具有二级和三级变排量，因而具有较大的调速范围。

⑦ 结构简单，拆修方便，对清洁度无特殊要求，油的过滤精度可按配套油泵的要求选定。

⑧ 除壳转和带支承型外，液压马达的出轴一般只允许承受转矩，不能承受径向和轴向外力。

⑨ 带 T 型液压马达，中心具有通孔，传动轴可以穿过液压马达。

⑩ 带 S 型液压马达，具有能自动启闭的机械制动器，能实现可靠的制动。

⑪ 带 Se 型和 SeZ 型液压马达，其启动和制动可用人工控制，也可自动控制，控制压力较低，制动转矩大，操作方便可靠。

型号意义：

□ □ QJM □-□ □

1— 定量；2—2 级变量；3—3 级变量

变量控制方式：FS— 滑阀手动；LS— 螺杆手动；略 — 液控

径向球塞轴转液压马达（壳转液压马达用 QKM 表示）

基型编号（相同基型主要外形尺寸和主要零件相同）

排量（L/r）

略 — 标准型

Z— 带支承，注脚数字表示种类，Ze※ 表示轴承外置式

T— 通孔，注脚数字表示通孔直径

B— 带通油板

S，$S_2$— 带自控式制动器

（同基型马达中 $S_2$ 的制动转矩大于 S 的制动转矩）

Se— 带外控式制动器矩形花键孔输出

SeZ— 带外控式制动器平键轴输出

SeZH— 带外控式制动器矩形花键轴输出

F— 带阀组

A— 花键尺寸与本系列马达的花键尺寸不同

D— 壳转马达单出轴

**表 21-5-98　　QJM 型定量液压马达技术参数**

| 型号 | 排量 /L·r$^{-1}$ | 压力/MPa | | 转速范围 /r·min$^{-1}$ | 额定输出转矩/N·m | 型号 | 排量 /L·r$^{-1}$ | 压力/MPa | | 转速范围 /r·min$^{-1}$ | 额定输出转矩/N·m |
|---|---|---|---|---|---|---|---|---|---|---|---|
| | | 额定 | 尖峰 | | | | | 额定 | 尖峰 | | |
| 1QJM001-0.063 | 0.064 | 10 | 16 | 8~800 | 95 | 1QJM21-0.5 | 0.496 | 16 | 31.5 | 2~320 | 1175 |
| 1QJM001-0.08 | 0.083 | 10 | 16 | 8~500 | 123 | 1QJM21-0.63 | 0.664 | 16 | 31.5 | 2~250 | 1572 |
| 1QJM001-0.1 | 0.104 | 10 | 16 | 8~400 | 154 | 1QJM21-0.8 | 0.808 | 16 | 25 | 2~200 | 1913 |
| 1QJM002-0.2 | 0.2 | 10 | 16 | 5~320 | 295 | 1QJM21-1.0 | 1.01 | 10 | 16 | 2~160 | 1495 |
| 1QJM01-0.063 | 0.064 | 16 | 25 | 8~600 | 149 | 1QJM21-1.25 | 1.354 | 10 | 16 | 2~125 | 2004 |
| 1QJM01-0.1 | 0.1 | 10 | 16 | 8~400 | 148 | 1QJM21-1.6 | 1.65 | 10 | 16 | 2~100 | 2442 |
| 1QJM01-0.16 | 0.163 | 10 | 16 | 8~350 | 241 | 1QJM12-1.0 | 1.0 | 10 | 16 | 4~200 | 1480 |
| 1QJM01-0.2 | 0.203 | 10 | 16 | 8~320 | 300 | 1QJM12-1.25 | 1.33 | 10 | 16 | 4~160 | 1968 |
| 1QJM02-0.32 | 0.346 | 10 | 16 | 5~320 | 483 | 1QJM31-0.8 | 0.808 | 20 | 31.5 | 2~250 | 2392 |
| 1QJM02-0.4 | 0.406 | 10 | 16 | 5~320 | 600 | 1QJM31-1.0 | 1.06 | 16 | 25 | 1~200 | 2510 |
| 1QJM11-0.32 | 0.339 | 10 | 16 | 5~500 | 468 | 1QJM31-1.6 | 1.65 | 10 | 16 | 1~125 | 2440 |
| 1QJM1A1-0.4 | 0.404 | 10 | 16 | 5~400 | 598 | 1QJM32-0.63 | 0.635 | 20 | 31.5 | 1~500 | 1880 |
| 1QJM11-0.5 | 0.496 | 10 | 16 | 5~320 | 734 | 1QJM32-0.8 | 0.808 | 20 | 31.5 | 1~400 | 2368 |
| 1QJM11-0.63 | 0.664 | 10 | 16 | 4~250 | 983 | 1QJM32-1.0 | 1.06 | 20 | 31.5 | 1~400 | 3138 |
| 1QJM1A1-0.63 | 0.664 | 10 | 16 | 4~250 | 983 | 1QJM32-1.25 | 1.295 | 20 | 31.5 | 2~320 | 3833 |
| 1QJM21-0.4 | 0.404 | 16 | 31.5 | 2~400 | 957 | 1QJM32-1.6 | 1.649 | 20 | 31.5 | 2~250 | 4881 |

续表

| 型　号 | 排　量 /L·r⁻¹ | 压力/MPa | | 转速范围 /r·min⁻¹ | 额定输出转矩/N·m | 型　号 | 排　量 /L·r⁻¹ | 压力/MPa | | 转速范围 /r·min⁻¹ | 额定输出转矩/N·m |
|---|---|---|---|---|---|---|---|---|---|---|---|
| | | 额定 | 尖峰 | | | | | 额定 | 尖峰 | | |
| 1QJM32-2.0 | 2.03 | 16 | 25 | 2~200 | 4807 | 1QJM52-3.2 | 3.24 | 20 | 31.5 | 1~250 | 9590 |
| 1QJM32-2.5 | 2.71 | 10 | 16 | 1~160 | 4011 | 1QJM52-4.0 | 4.0 | 16 | 25 | 1~200 | 9472 |
| 1QJM32-3.2 | 3.3 | 10 | 16 | 1~125 | 4884 | 1QJM52-5.0 | 5.23 | 10 | 16 | 1~160 | 7740 |
| 1QJM32-4.0 | 4.0 | 10 | 16 | 1~100 | 5920 | 1QJM52-6.3 | 6.36 | 10 | 16 | 1~125 | 9413 |
| 1QJM42-2.0 | 2.11 | 20 | 31.5 | 1~320 | 6246 | 1QJM62-4.0 | 4.0 | 20 | 31.5 | 0.5~200 | 11840 |
| 1QJM42-2.5 | 2.56 | 20 | 31.5 | 1~250 | 7578 | 1QJM62-5.0 | 5.18 | 20 | 31.5 | 0.5~160 | 15333 |
| 1QJM42-3.2 | 3.24 | 16 | 25 | 1~200 | 7672 | 1QJM62-6.3 | 6.27 | 16 | 25 | 0.5~125 | 14847 |
| 1QJM42-4.0 | 4.0 | 10 | 16 | 1~160 | 5920 | 1QJM62-8 | 7.85 | 10 | 16 | 0.5~100 | 11618 |
| 1QJM42-4.5 | 4.6 | 10 | 16 | 1~125 | 6808 | 1QJM62-10 | 10.15 | 10 | 16 | 0.5~80 | 15022 |
| 1QJM52-2.5 | 2.67 | 20 | 31.5 | 1~320 | 7903 | | | | | | |

注：1. 各型带支承和带阀组液压马达的技术参数与表中对应的标准型液压马达技术参数相同。

2. 1QJM322 马达的技术参数与表中 1QJM32 相同。

3. 1QJM432 马达的技术参数与表中 1QJM42 相同。

**表 21-5-99　　QJM 型变量液压马达技术参数**

| 型　号 | 排　量 /L·r⁻¹ | 压力/MPa | | 转速范围 /r·min⁻¹ | 额定输出转矩 /N·m | 型　号 | 排　量 /L·r⁻¹ | 压力/MPa | | 转速范围 /r·min⁻¹ | 额定输出转矩 /N·m |
|---|---|---|---|---|---|---|---|---|---|---|---|
| | | 额定 | 尖峰 | | | | | 额定 | 尖峰 | | |
| 2QJM02-0.4 | 0.406,0.203 | 10 | 16 | 5~320 | 600 | 2QJM32-2.5 | 2.71,1.355 | 10 | 16 | 1~160 | 4011 |
| 2QJM11-0.4 | 0.404,0.202 | 10 | 16 | 5~630 | 598 | 2QJM32-3.2 | 3.3,1.65 | 10 | 16 | 1~125 | 4884 |
| 2QJM11-0.5 | 0.496,0.248 | 10 | 16 | 5~400 | 734 | 2QJM42-2.0 | 2.11,1.055 | 20 | 31.5 | 1~320 | 6246 |
| 2QJM11-0.63 | 0.664,0.332 | 10 | 16 | 5~320 | 983 | 2QJM42-2.5 | 2.56,1.28 | 20 | 31.5 | 1~250 | 7578 |
| 2QJM21-0.32 | 0.317,0.159 | 16 | 31.5 | 2~630 | 751 | 2QJM42-3.2 | 3.24,1.62 | 10 | 16 | 1~200 | 4850 |
| 2QJM21-0.5 | 0.496,0.248 | 16 | 31.5 | 2~400 | 1175 | 2QJM42-4.0 | 4.0,2.0 | 10 | 16 | 1~200 | 5920 |
| 2QJM21-0.63 | 0.664,0.332 | 16 | 31.5 | 2~320 | 1572 | 2QJM52-2.5 | 2.67,1.335 | 20 | 31.5 | 1~320 | 7903 |
| 2QJM21-1.0 | 1.01,0.505 | 10 | 16 | 2~250 | 1495 | 2QJM52-3.2 | 3.24,1.62 | 20 | 31.5 | 1~250 | 9590 |
| 2QJM21-1.25 | 1.354,0.677 | 10 | 16 | 2~200 | 2004 | 2QJM52-4.0 | 4.0,2.0 | 16 | 25 | 1~200 | 9472 |
| 2QJM31-0.8 | 0.808,0.404 | 20 | 31.5 | 2~250 | 2392 | 2QJM52-5.0 | 5.23,2.615 | 10 | 16 | 1~160 | 7740 |
| 2QJM31-1.0 | 1.06,0.53 | 16 | 25 | 1~200 | 2510 | 2QJM52-6.3 | 6.36,3.18 | 10 | 16 | 1~125 | 9413 |
| 2QJM31-1.6 | 1.65,0.825 | 10 | 16 | 1~125 | 2442 | 2QJM62-4.0 | 4.0,2.0 | 20 | 31.5 | 0.5~200 | 11840 |
| 2QJM32-0.63 | 0.635,0.318 | 20 | 31.5 | 1~500 | 1880 | 2QJM62-5.0 | 5.18,2.59 | 20 | 31.5 | 0.5~160 | 15333 |
| 2QJM32-1.0 | 1.06,0.53 | 20 | 31.5 | 1~400 | 3138 | 2QJM62-6.3 | 6.27,3.135 | 16 | 25 | 0.5~125 | 14847 |
| 2QJM32-1.25 | 1.295,0.648 | 20 | 31.5 | 2~320 | 3833 | 2QJM62-8.0 | 7.85,3.925 | 10 | 16 | 0.5~100 | 11618 |
| 2QJM32-1.6 | 1.649,0.825 | 20 | 31.5 | 2~250 | 4881 | 2QJM62-10 | 10.15,5.075 | 10 | 16 | 0.5~80 | 15022 |
| 2QJM32-1.6/0.4 | 1.6,0.4 | 20 | 31.5 | 2~250 | 4736 | 3QJM32-1.25 | 1.295,0.648,0.324 | 20 | 31.5 | 1~320 | 3833 |
| 2QJM32-2.0 | 2.03,1.015 | 16 | 25 | 2~200 | 4807 | 3QJM32-1.6 | 1.649,0.825,0.413 | 20 | 31.5 | 2~250 | 4881 |

注：各型带支承和带阀组变量液压马达的技术参数与表中对应的变量液压马达技术参数相同。

第 21 篇

**表 21-5-100　　QJM 型自控式带制动器液压马达技术参数**

| 型　号 | 排量 /L·r$^{-1}$ | 压力/MPa 额定 | 尖峰 | 转速范围 /r·min$^{-1}$ | 额定输出转矩 /N·m | 制动器开启压力 /MPa | 制动器制动转矩 /N·m |
|---|---|---|---|---|---|---|---|
| 1QJM11-0.32S | 0.317 | 10 | 16 | 5~500 | 468 | 4~6 | 400~600 |
| 1QJM11-0.40S | 0.404 | 10 | 16 | 5~400 | 598 | 3~5 | |
| 1QJM11-0.50S | 0.496 | 10 | 16 | 5~320 | 734 | | |
| 1QJM11-0.63S | 0.664 | 10 | 16 | 4~250 | 983 | | |
| 1QJM11-0.40S | 0.404 | 10 | 16 | 5~400 | 598 | | |
| 1QJM11-0.50S | 0.496 | 10 | 16 | 5~320 | 734 | | |
| 1QJM11-0.63S | 0.664 | 10 | 16 | 5~200 | 983 | | |
| 1QJM21-0.32S | 0.317 | 16 | 31.5 | 2~500 | 751 | 4~6 | 1000~1400 |
| 1QJM21-0.40S | 0.404 | 16 | 31.5 | 2~400 | 957 | | |
| 1QJM21-0.50S | 0.496 | 16 | 31.5 | 2~320 | 1175 | | |
| 1QJM21-0.63S | 0.664 | 16 | 31.5 | 2~250 | 1572 | | |
| 1QJM21-0.8S | 0.808 | 16 | 25 | 2~200 | 1913 | | |
| 1QJM21-1.0S | 1.01 | 10 | 16 | 2~160 | 1495 | 3~5 | |
| 1QJM21-1.25S | 1.354 | 10 | 16 | 2~125 | 2004 | | |
| 1QJM21-1.6S | 1.65 | 10 | 12.5 | 2~100 | 2442 | | |
| 2QJM21-0.32S | 0.317,0.159 | 16 | 31.5 | 2~600 | 751 | 4~7 | |
| 2QJM21-0.40S | 0.404,0.202 | 16 | 31.5 | 2~500 | 957 | | |
| 2QJM21-0.50S | 0.496,0.248 | 16 | 31.5 | 2~400 | 1175 | | |
| 2QJM21-0.63S | 0.664,0.332 | 16 | 31.5 | 2~320 | 1572 | | |
| 2QJM21-0.8S | 0.808,0.404 | 16 | 25 | 2~200 | 1913 | | |
| 2QJM21-1.0S | 1.01,0.505 | 10 | 16 | 2~250 | 1495 | 3~5 | |
| 2QJM21-1.25S | 1.354,0.677 | 10 | 16 | 2~200 | 2004 | | |
| 2QJM21-1.6S | 1.65,0.825 | 10 | 16 | 2~100 | 2442 | | |
| $\frac{1}{2}$QJM32-0.63S | 0.635<br>0.635,0.318 | 20 | 31.5 | 3~500 | 1880 | 4~7 | 2500 |
| $\frac{1}{2}$QJM32-0.8S | 0.808<br>0.808,0.404 | 20 | 31.5 | 3~400 | 2368 | | |
| $\frac{1}{2}$QJM32-1.0S | 1.06<br>1.06,0.53 | 20 | 31.5 | 2~400 | 3138 | | |
| $\frac{1}{2}$QJM32-1.25S | 1.295<br>1.295,0.648 | 20 | 31.5 | 2~320 | 3833 | 3~5 | |
| $\frac{1}{2}$QJM32-1.6S | 1.649<br>1.649,0.825 | 20 | 31.5 | 2~250 | 4881 | | |
| $\frac{1}{2}$QJM32-2.0S | 2.03<br>2.03,1.02 | 16 | 25 | 2~200 | 4807 | | |
| $\frac{1}{2}$QJM32-2.5S | 2.71<br>2.71,1.36 | 10 | 16 | 1~160 | 4011 | | |
| $\frac{1}{2}$QJM32-3.2S | 3.3<br>3.3,1.65 | 10 | 16 | 1~125 | 4884 | | |

续表

| 型　号 | 排量 /L·r$^{-1}$ | 压力/MPa | | 转速范围 /r·min$^{-1}$ | 额定输出转矩 /N·m | 制动器开启压力 /MPa | 制动器制动转矩 /N·m |
|---|---|---|---|---|---|---|---|
| | | 额定 | 尖峰 | | | | |
| $\frac{1}{2}$QJM32-4. 0S | 4. 0<br>4. 0, 2. 0 | 10 | 16 | 1～100 | 5920 | 3～5 | 4000 |
| $\frac{1}{2}$QJM32-0. 63$S_2$ | 0. 635<br>0. 635, 0. 318 | 20 | 31. 5 | 3～500 | 1880 | 4～7 | |
| $\frac{1}{2}$QJM32-0. 8$S_2$ | 0. 808<br>0. 808, 0. 404 | 20 | 31. 5 | 3～400 | 2368 | | |
| $\frac{1}{2}$QJM32-1. 0$S_2$ | 0. 993<br>0. 993, 0. 497 | 20 | 31. 5 | 2～400 | 3138 | | |
| $\frac{1}{2}$QJM32-1. 25$S_2$ | 1. 295<br>1. 295, 0. 648 | 20 | 31. 5 | 2～320 | 3833 | 3～5 | |
| $\frac{1}{2}$QJM32-1. 6$S_2$ | 1. 649<br>1. 649, 0. 825 | 20 | 31. 5 | 2～250 | 4881 | | |
| $\frac{1}{2}$QJM32-2. 0$S_2$ | 2. 03<br>2. 03, 1. 015 | 16 | 25 | 2～200 | 4807 | | |
| $\frac{1}{2}$QJM32-2. 5$S_2$ | 2. 71<br>2. 71, 1. 355 | 10 | 16 | 1～160 | 4011 | | |
| $\frac{1}{2}$QJM32-3. 2$S_2$ | 3. 3<br>3. 3, 1. 65 | 10 | 16 | 1～125 | 4884 | | |
| $\frac{1}{2}$QJM32-4. 0$S_2$ | 4. 0<br>4. 0, 2. 0 | 10 | 16 | 1～100 | 5920 | | |
| $\frac{1}{2}$QJM42-2. 0S | 2. 11<br>2. 11, 1. 055 | 20 | 31. 5 | 1～320 | 6246 | 4～7 | 5000 |
| $\frac{1}{2}$QJM42-2. 5S | 2. 56<br>2. 56, 1. 28 | 20 | 31. 5 | 1～250 | 7578 | | |
| $\frac{1}{2}$QJM42-3. 2S | 3. 28<br>3. 28, 1. 64 | 10 | 16 | 1～200 | 4884 | 4～6 | |
| $\frac{1}{2}$QJM42-4. 0S | 4. 0<br>4. 0, 2. 0 | 10 | 16 | 1～160 | 5920 | 3～5 | |
| $\frac{1}{2}$QJM42-4. 5S | 4. 56<br>4. 56, 2. 28 | 10 | 16 | 1～125 | 6808 | | |
| $\frac{1}{2}$QJM52-2. 5S | 2. 67<br>2. 67, 1. 355 | 20 | 31. 5 | 1～320 | 7903 | 4～7 | 6000 |
| $\frac{1}{2}$QJM52-3. 2S | 3. 24<br>3. 24, 1. 62 | 20 | 31. 5 | 1～250 | 9590 | | |
| $\frac{1}{2}$QJM52-4. 0S | 4. 0<br>4. 0, 2. 0 | 16 | 25 | 1～200 | 9472 | 4～6 | |
| $\frac{1}{2}$QJM52-5. 0S | 5. 23<br>5. 23, 2. 615 | 16 | 16 | 1～160 | 7740 | 3～5 | |
| $\frac{1}{2}$QJM52-6. 3S | 6. 36<br>6. 36, 3. 18 | 16 | 16 | 1～125 | 9413 | | |
| 1QJM31-0. 63SZ | 0. 66 | 20 | 31. 5 | 1～320 | 1954 | 4～7 | 1800 |
| 1QJM31-1. 0SZ | 1. 06 | 16 | 25 | 1～200 | 2510 | 4～6 | |
| 1QJM31-1. 25SZ | 1. 36 | 10 | 16 | 1～160 | 2013 | 3～5 | |
| 1QJM31-1. 6SZ | 1. 65 | 10 | 16 | 1～125 | 2442 | | |

续表

| 型　号 | 排量 /L·r$^{-1}$ | 压力/MPa | | 转速范围 /r·min$^{-1}$ | 额定输出转矩 /N·m | 制动器开启压力 /MPa | 制动器制动转矩 /N·m |
|---|---|---|---|---|---|---|---|
| | | 额定 | 尖峰 | | | | |
| $\frac{1}{2}$QJM32-0. 63SZ | 0. 635<br>0. 635,0. 318 | 20 | 31. 5 | 3~500 | 1880 | 4~7 | 2500 |
| $\frac{1}{2}$QJM32-0. 8SZ | 0. 808<br>0. 808,0. 404 | 20 | 31. 5 | 3~400 | 2368 | | |
| $\frac{1}{2}$QJM32-1. 0SZ | 1. 06<br>1. 06,0. 53 | 20 | 31. 5 | 2~400 | 3138 | | |
| $\frac{1}{2}$QJM32-1. 25SZ | 1. 295<br>1. 295,0. 648 | 20 | 31. 5 | 2~320 | 3833 | 3~5 | |
| $\frac{1}{2}$QJM32-1. 6SZ | 1. 649<br>1. 649,0. 825 | 20 | 31. 5 | 2~250 | 4881 | | |
| $\frac{1}{2}$QJM32-2. 0SZ | 2. 03<br>2. 03,1. 015 | 16 | 25 | 2~200 | 4807 | | |
| $\frac{1}{2}$QJM32-2. 5SZ | 2. 71<br>2. 71,1. 355 | 10 | 16 | 1~160 | 4011 | | |
| $\frac{1}{2}$QJM32-3. 2SZ | 3. 3<br>3. 3,1. 65 | 10 | 16 | 1~125 | 4884 | | |
| $\frac{1}{2}$QJM32-4. 0SZ | 4. 0<br>4. 0,2. 0 | 10 | 16 | 1~100 | 5920 | | |

**表 21-5-101　　外形尺寸**　　mm

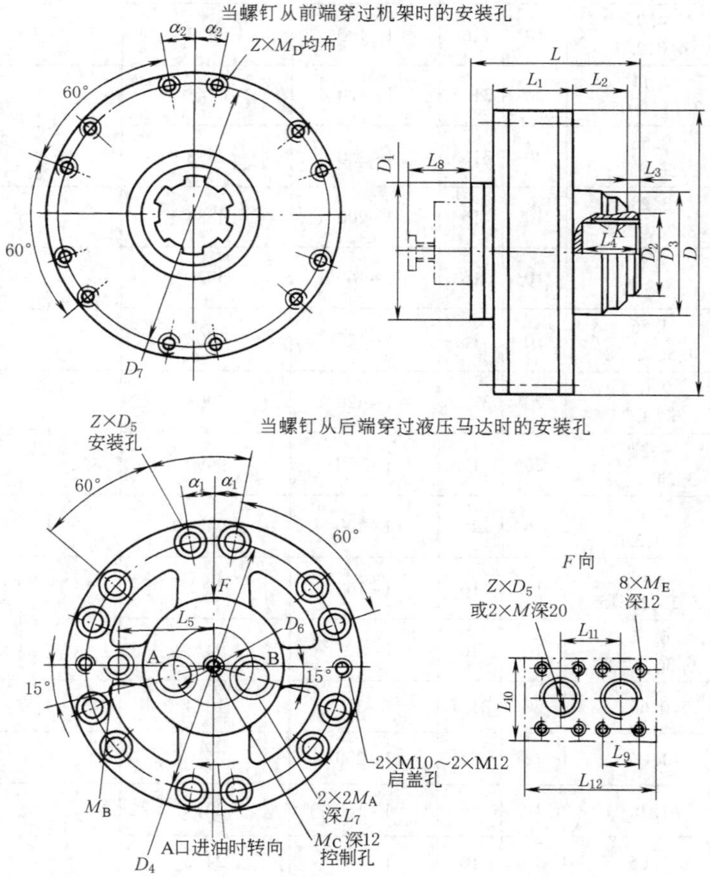

续表

| 型　号 | $L$ | $L_1$ | $L_2$ | $L_3$ | $L_4$ | $L_5$ | $L_7$ | $L_8$ | $L_9$ | $L_{10}$ | $L_{11}$ | $L_{12}$ | $D$ | $D_1$ | $D_2$ | $D_3$ | $D_4$ |
|---|---|---|---|---|---|---|---|---|---|---|---|---|---|---|---|---|---|
| 1QJM001-※※ | 101 | 58 | 38 | 5 | 20 | 43 | 20 | 37 | — | 37 | 35±0.3 | 63 | ϕ140 | — | ϕ60 | ϕ110g6 | ϕ128±0.3 |
| 1QJM01-※※ | 130 | 80 | 38 | 3 | 30 | 62 | 20 | — | — | — | — | — | ϕ180 | ϕ100 | ϕ70 | ϕ130g7 | ϕ165±0.3 |
| 1QJM02-※※ | 152 | 102 | 38 | 3 | 30 | 62 | 20 | — | — | — | — | — | ϕ180 | ϕ100 | ϕ70 | ϕ130g7 | ϕ165±0.3 |
| $^{1}_{2}$QJM11-※※ | 132 | 82 | 33 | 3 | 32 | 87 | 20 | — | — | — | — | — | ϕ240 | ϕ150 | ϕ100 | ϕ160g7 | ϕ220±0.3 |
| 1QJM1A1-※※ | 132 | 82 | 24.5 | 11.5 | 38 | 87 | 20 | — | — | — | — | — | ϕ240 | ϕ150 | ϕ60h8 | ϕ200g7 | ϕ220±0.3 |
| $^{1}_{2}$QJM12-※※ | 165 | 115 | 33 | 3 | 32 | 87 | 20 | — | — | — | — | — | ϕ240 | ϕ150 | ϕ100 | ϕ160g7 | ϕ220±0.3 |
| $^{1}_{2}$QJM21-※※ | 168 | 98 | 29 | 14 | 38 | — | 20 | — | — | — | — | — | ϕ300 | ϕ150 | ϕ110 | ϕ160g7 | ϕ283±0.3 |
| 2LSQJM21-※※ | | | | | | | | 110 | — | 48 | 58 | 150 | | | | | |
| $^{1}_{2}$QJM32-※※ | 213 | 138 | 43 | 10 | 55 | 115 | 20 | — | — | — | — | — | ϕ320 | ϕ165 | ϕ120 | ϕ170g7 | ϕ299±0.3 |
| 2LSQJM32-※※ | | | | | | | | 95 | — | 48 | 70 | 165 | | | | | |
| $^{1}_{2}$QJM42-※※ | 209 | 160 | 16 | 12 | 35 | 124 | 22 | — | — | — | — | — | ϕ350 | ϕ190 | ϕ140 | ϕ200g7 | ϕ320±0.3 |
| 2LSQJM42-※※ | | | | | | | | 151 | 73 | 108 | 104 | 204 | | | | | |
| 1QJM42-※※A | 200 | 153 | 23 | 5 | 35 | 124 | 22 | — | — | — | — | — | ϕ340 | ϕ190 | ϕ120 | ϕ170g7 | ϕ320±0.3 |
| $^{1}_{2}$QJM31-※※ | 181.5 | 100 | 42.5 | 14 | 55 | 115 | 20 | — | — | — | — | — | ϕ320 | ϕ165 | ϕ120 | ϕ170g7 | ϕ299±0.3 |
| $^{1}_{2}$QJM52-※※ | 237 | 175 | 20 | 16 | 45 | 135 | 24 | — | — | — | — | — | ϕ420 | ϕ220 | ϕ160 | ϕ315g7 | ϕ360±0.3 |
| 2LSQJM52-※※ | | | | | | | | 144 | 73 | 101 | 105 | 205 | | | | | |
| $^{1}_{2}$QJM62-※※ | 264 | 162 | 24 | 16 | 45 | 167.5 | 24 | — | — | — | — | — | ϕ485 | ϕ255 | ϕ170 | ϕ395g7 | ϕ435±0.3 |
| 2LSQJM62-※※ | | | | | | | | 144 | 73 | 101 | 123 | 255 | | | | | |
| $^{1}_{2}$QJM11-※$S_1$ | 146.5 | 97 | 20 | 11.5 | 28 | 87 | 20 | — | — | — | — | — | ϕ240 | ϕ150 | ϕ100 | ϕ160g7 | ϕ220±0.3 |
| $^{1}_{2}$QJM21-※$S_1$ | 168 | 117 | 17 | 7 | 31 | 100 | 20 | — | — | — | — | — | ϕ304 | ϕ150 | ϕ100 | ϕ160g7 | ϕ220±0.3 |
| $^{1}_{2}$QJM21-※$S_2$ | 184 | 127 | 12 | 13 | 32 | 100 | 20 | — | — | — | — | — | ϕ304 | ϕ150 | ϕ110 | ϕ160g7 | ϕ283±0.3 |
| $^{1}_{2}$QJM32-※S | 231 | 140 | 58 | 3 | 55 | 115 | 20 | — | — | — | — | — | ϕ320 | ϕ165 | ϕ170 | ϕ280g7 | ϕ299±0.3 |
| $^{1}_{2}$QJM32-※$S_2$ | 252 | 167.5 | | | | | | | | | | | | | | | |
| $^{1}_{2}$QJM42-※S | 229 | 187 | 16 | 3 | 35 | 124 | 22 | — | — | — | — | — | ϕ350 | ϕ190 | ϕ140h8 | ϕ200g7 | ϕ320±0.3 |
| $^{1}_{2}$QJM52-※S | 266 | 178 | 56 | 3 | 55 | 135 | 24 | — | — | — | — | — | ϕ420 | ϕ220 | ϕ160 | ϕ315g7 | ϕ360±0.3 |
| $^{1}_{2}$QJM11-※$S_2$ | 156 | 103 | 25 | 10 | 28 | 87 | 20 | — | — | — | — | — | ϕ240 | ϕ150 | ϕ100 | ϕ160g7 | ϕ220±0.3 |

续表

| 型　号 | $Z\times D_5$ | $D_6$ | $D_7$ | $M_A$ | $M_B$ | $M_C$ | $Z\times M_D$ | $M_E$ | $\alpha_1$ | $\alpha_2$ | $\frac{K}{\text{对花键轴要求}}$ | 质量/kg |
|---|---|---|---|---|---|---|---|---|---|---|---|---|
| 1QJM001-※※ | 12×$\phi$6.5 | — | — | — | M16×1.5 | — | — | — | 10° | 10° | $6\times\frac{48H11\times42H11\times12D9}{48b12\times42b12\times12d9}$ | 7 |
| 1QJM01-※※ | 12×$\phi$9 | $\phi$58 | — | M27×2 | M12×1.5 | — | — | — | 10° | — | $6\times\frac{48H11\times42H11\times12D9}{48b12\times42b12\times12d9}$ | 15 |
| 1QJM02-※※ | 12×$\phi$9 | $\phi$58 | — | M27×2 | M12×1.5 | — | — | — | 10° | — | $6\times\frac{48H11\times42H11\times12D9}{48b12\times42b12\times12d9}$ | 24 |
| $^{1}_{2}$QJM11-※※ | 12×$\phi$11 | $\phi$69 | — | M33×2 | M16×1.5 | M12×1.5 | — | — | 10° | — | $6\times\frac{70H11\times62H11\times16D9}{70b12\times62b12\times16d9}$ | 28 |
| 1QJM1A1-※※ | 12×$\phi$11 | $\phi$69 | — | M33×2 | M16×1.5 | — | — | — | 10° | — | $8\times\frac{42H11\times36H11\times7D9}{42b12\times36b12\times7d9}$ | 28 |
| $^{1}_{2}$QJM12-※※ | 12×$\phi$11 | $\phi$69 | — | M33×2 | M16×1.5 | M12×1.5 | — | — | 10° | — | $6\times\frac{90H11\times80H11\times20D9}{90b12\times80b12\times20d9}$ | 39 |
| $^{1}_{2}$QJM21-※※ | 12×$\phi$11 | $\phi$69 | — | M33×2 | M22×1.5 | — | — | — | 10° | — | $6\times\frac{90H11\times80H11\times20D9}{90b12\times80b12\times20d9}$ | 50 |
| 2LSQJM21-※※ | | | | | | M12×1.5 | | | | | | |
| $^{1}_{2}$QJM32-※※ | 12×$\phi$13 | $\phi$79 | — | M33×2 | M22×1.5 | — | — | — | 10° | — | $10\times\frac{98H11\times92H11\times14D9}{98b12\times92b12\times14d9}$ | 70 |
| 2LSQJM32-※※ | | | | | | M12×1.5 | | | | | | 78 |
| $^{1}_{2}$QJM42-※※ | 12×$\phi$13 | $\phi$100 | — | M42×2 | M22×1.5 | — | — | — | 10° | — | $10\times\frac{112H11\times102H11\times16D9}{112b12\times102b12\times16d9}$ | 90 |
| 2LSQJM42-※※ | | | | | | M16×1.5 | | M16 | | | | 100 |
| 1QJM42-※※A | 12×$\phi$13 | $\phi$100 | — | M42×2 | M22×1.5 | — | — | — | 10° | — | $10\times\frac{98H11\times92H11\times14D9}{98b12\times92b12\times14d9}$ | 90 |
| $^{1}_{2}$QJM31-※※ | 12×$\phi$13 | $\phi$79 | — | M33×2 | M22×1.5 | M12×1.5 | — | — | 10° | — | $10\times\frac{98H11\times92H11\times14D9}{98b12\times92b12\times14d9}$ | 60 |
| $^{1}_{2}$QJM52-※※ | 6×$\phi$22 | $\phi$110 | $\phi$360±0.3 | M48×2 | M22×1.5 | — | — | — | 6° | — | $10\times\frac{120H11\times112H11\times18D9}{120b12\times112b12\times18d9}$ | 150 |
| 2LSQJM52-※※ | | | | | | M12×1.5 | | M16 | | | | 160 |
| $^{1}_{2}$QJM62-※※ | 6×$\phi$22 | $\phi$128 | $\phi$435±0.3 | M48×2 | 2×M22×1.5 | — | — | — | 6° | — | $10\times\frac{120H11\times112H11\times18D9}{120b12\times112b12\times18d9}$ | 200 |
| 2LSQJM62-※※ | | | | | | M12×1.5 | | M16 | | | | 212 |
| $^{1}_{2}$QJM11-※$S_1$ | 12×$\phi$11 | $\phi$69 | — | M33×2 | M16×1.5 | M12×1.5 | — | — | 10° | — | $6\times\frac{70H11\times62H11\times16D9}{70b12\times62b12\times16d9}$ | 35 |
| $^{1}_{2}$QJM21-※$S_1$ | 12×$\phi$11 | $\phi$69 | — | M33×2 | M22×1.5 | M12×1.5 | — | — | 10° | — | $6\times\frac{90H11\times80H11\times20D9}{90b12\times80b12\times20d9}$ | 53 |
| $^{1}_{2}$QJM21-※$S_2$ | 12×$\phi$11 | $\phi$69 | — | M33×2 | M22×1.5 | M12×1.5 | — | — | 10° | — | $6\times\frac{90H11\times80H11\times20D9}{90b12\times80b12\times20d9}$ | 55 |
| $^{1}_{2}$QJM32-※S | 12×$\phi$13 | $\phi$79 | — | M33×2 | M22×1.5 | — | — | — | 10° | — | $10\times\frac{98H11\times92H11\times14D9}{98b12\times92b12\times14d9}$ | 86 |
| $^{1}_{2}$QJM32-※$S_2$ | | | | | | M12×1.5 | | | | | | |
| $^{1}_{2}$QJM42-※S | 12×$\phi$13 | $\phi$100 | $\phi$320±0.3 | M42×2 | M22×1.5 | M12×1.5 | 6×M12 | — | 10° | 10° | $10\times\frac{112H11\times102H11\times16D9}{112b12\times102b12\times16d9}$ | 108 |
| $^{1}_{2}$QJM52-※S | 10×$\phi$22 | $\phi$110 | $\phi$360±0.3 | M48×2 | M22×1.5 | M12×1.5 | — | — | 6° | — | $10\times\frac{120H11\times112H11\times18D9}{120b12\times112b12\times18d9}$ | 167 |
| $^{1}_{2}$QJM11-※$S_2$ | 12×$\phi$11 | $\phi$69 | — | M33×2 | M16×1.5 | M12×1.5 | — | — | 10° | — | $6\times\frac{70H11\times62H11\times16D9}{70b11\times62b11\times16d9}$ | 35 |

注：1QJM12-※※A 输出轴花键为 $6\times\frac{70H11\times62H11\times16D9}{70b11\times62b11\times16d9}$，其余尺寸皆与 1QJM12-※※相同。

**表 21-5-102　　外形尺寸　　mm**

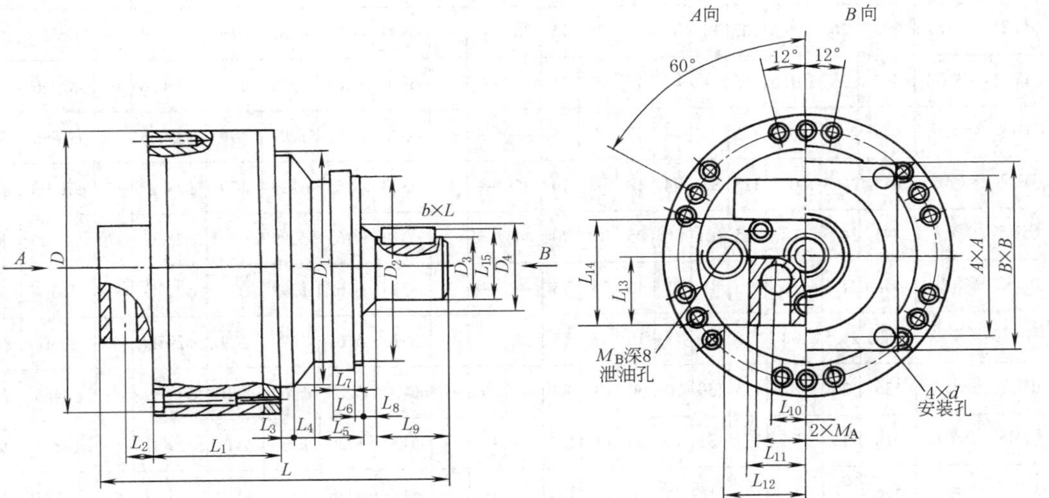


(a)

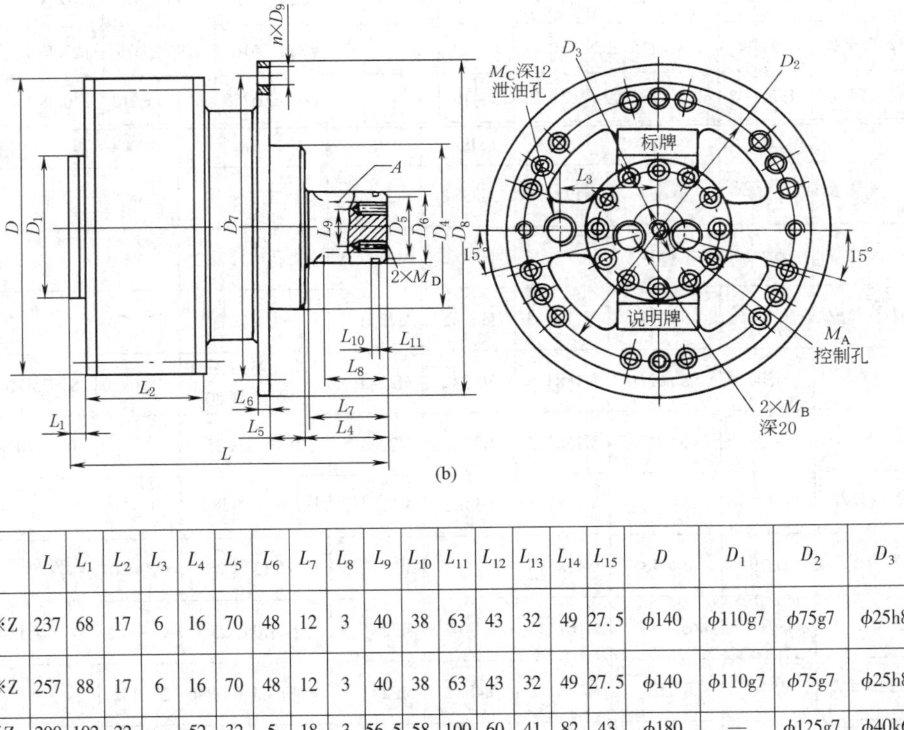


(b)

| | 型号 | $L$ | $L_1$ | $L_2$ | $L_3$ | $L_4$ | $L_5$ | $L_6$ | $L_7$ | $L_8$ | $L_9$ | $L_{10}$ | $L_{11}$ | $L_{12}$ | $L_{13}$ | $L_{14}$ | $L_{15}$ | $D$ | $D_1$ | $D_2$ | $D_3$ | $D_4$ |
|---|---|---|---|---|---|---|---|---|---|---|---|---|---|---|---|---|---|---|---|---|---|---|
| 图a | 1QJM001-※※Z | 237 | 68 | 17 | 6 | 16 | 70 | 48 | 12 | 3 | 40 | 38 | 63 | 43 | 32 | 49 | 27.5 | ϕ140 | ϕ110g7 | ϕ75g7 | ϕ25h8 | ϕ35H7、ϕ35K6 |
| | 1QJM002-※※Z | 257 | 88 | 17 | 6 | 16 | 70 | 48 | 12 | 3 | 40 | 38 | 63 | 43 | 32 | 49 | 27.5 | ϕ140 | ϕ110g7 | ϕ75g7 | ϕ25h8 | ϕ35H7、ϕ35K6 |
| | 1QJM02-※※Z | 290 | 102 | 22 | — | 52 | 32 | 5 | 18 | 3 | 56.5 | 58 | 100 | 60 | 41 | 82 | 43 | ϕ180 | — | ϕ125g7 | ϕ40k6 | — |
| | 1QJM11-※※Z | 353 | 82 | — | — | — | — | 5 | 20 | — | 74 | — | — | — | — | — | — | ϕ240 | — | — | — | — |
| | 1QJM12-※※Z | 472 | 123 | 40 | — | — | — | 10 | 20 | 30 | 82 | 70 | 150 | 87 | 40 | 65 | 54 | ϕ240 | — | ϕ160h7 | ϕ50h7 | ϕ60 |

| | 型号 | $d$ | $M_A$ | $M_B$ | $A×A$ | $B×B$ | $b×L$ | 花键 | 质量/kg |
|---|---|---|---|---|---|---|---|---|---|
| 图a | 1QJM001-※※Z | ϕ11 | M18×1.5 | M16×1.5 | 70×70 | 90×90 | 8×36 | — | 10 |
| | 1QJM002-※※Z | ϕ11 | M18×1.5 | M16×1.5 | 70×70 | 90×90 | 8×36 | — | 12 |
| | 1QJM02-※※Z | ϕ13 | G3/4 | M12×1.5 | — | 140×140 | 12×45 | — | 24 |
| | 1QJM11-※※Z | ϕ22 | — | — | — | — | 18×60 | — | — |
| | 1QJM12-※※Z | ϕ18 | G1 | M16×1.5 | 141.5×141.5 | 178×178 | 14×72 | — | — |

续表

| | 型号 | $L$ | $L_1$ | $L_2$ | $L_3$ | $L_4$ | $L_5$ | $L_6$ | $L_7$ | $L_8$ | $L_9$ | $L_{10}$ | $L_{11}$ | $D$ | $D_1$ | $D_2$ | $D_3$ | $D_4$ | $D_5$ | $D_6$ | $D_7$ |
|---|---|---|---|---|---|---|---|---|---|---|---|---|---|---|---|---|---|---|---|---|---|
| 图b | $^{1}_{2}$QJM21-※※$Z_3$ | 328 | 26 | 99 | 100 | 81 | 45 | 16 | 78 | 75 | 38 | — | — | ϕ300 | ϕ150 | ϕ283 | ϕ69 | ϕ295f9 | — | ϕ65f2 | ϕ335 |
| | 1QJM31-※※SZ | 402 | 26 | 102.5 | 115 | 78 | 44 | 18 | 77 | 75 | — | — | — | ϕ320 | ϕ165 | ϕ299 | ϕ79 | ϕ230g6 | — | ϕ70h6 | ϕ270±0.3 |
| | $^{1}_{2}$QJM32-※※SZ | 453 | 26.5 | 140.5 | 115 | 78 | 44 | 18 | 77 | 75 | — | — | — | ϕ320 | ϕ165 | ϕ299 | ϕ79 | ϕ230g6 | — | ϕ70h6 | ϕ270±0.3 |
| | $^{1}_{2}$QJM32-※※SZH | 473 | 26.5 | 140.5 | 115 | 98 | 44 | 18 | 97 | 70 | 35 | — | — | ϕ320 | ϕ165 | ϕ299 | ϕ79 | ϕ230g6 | — | ϕ70d11 | ϕ270±0.3 |
| | $^{1}_{2}$QJM32-※※Z | 395 | 24.5 | 144 | 115 | 101 | 30 | 25 | 101 | 70 | 40 | 2.65 | 3 | ϕ320 | ϕ165 | ϕ299 | ϕ79 | ϕ250f7 | ϕ79 | ϕ82b11 | ϕ300±0.3 |
| | $^{1}_{2}$QJM32-※※$Ze_3$ | 446 | 24.5 | 138 | 115 | 81 | 55 | 16 | 78 | 75 | — | — | — | ϕ320 | ϕ165 | ϕ299 | ϕ79 | ϕ215f9 | — | ϕ65f7 | ϕ335±0.3 |
| | $^{1}_{2}$QJM32-※※$Z_3$ | 363.5 | 24.5 | 138 | 115 | 81 | 55 | 16 | 78 | 75 | 38 | — | — | ϕ320 | ϕ165 | ϕ299 | ϕ79 | ϕ295f9 | — | ϕ65f7 | ϕ335±0.3 |
| | $^{1}_{2}$QJM52-※※$SZ_4$ | 636 | 27 | 282 | 135 | 150 | 10 | 30 | 105 | 80 | 40 | — | — | ϕ420 | ϕ220 | ϕ360 | ϕ110 | ϕ381f9 | — | ϕ84h5 | ϕ419±0.2 |
| | $^{1}_{2}$QJM52-※※Z | 516 | 27 | 176 | 135 | 131 | 10 | 30 | 131 | 131 | — | — | — | ϕ420 | ϕ220 | ϕ360 | ϕ110 | ϕ290f7 | — | ϕ78h7 | ϕ340±0.3 |
| | $^{1}_{2}$QJM52-※※SZ | 596 | 27 | 282 | 135 | 115 | 25 | 30 | 106 | 103 | — | — | — | ϕ420 | ϕ220 | ϕ360 | ϕ110 | ϕ250f7 | — | ϕ100h9 | ϕ300±0.3 |
| | $^{1}_{2}$QJM32-※※$Z_4$ | 383 | 24.5 | 138 | 115 | 105 | 24 | 25 | 90 | 88 | 35 | — | — | ϕ320 | ϕ165 | ϕ299 | ϕ79 | ϕ260f8 | — | $\phi65_{-0.1}^{0}$ | ϕ380±0.3 |
| | $^{1}_{2}$QJM32-※※$Z_6$ | 490 | 24.5 | 138 | 115 | 103 | 44 | 18 | 97 | 85 | 35 | — | — | ϕ320 | ϕ165 | ϕ299 | ϕ79 | ϕ230f6 | — | ϕ72d11 | ϕ270±0.3 |
| | 2QJM62-※※Z | 487 | 42 | 162 | 330 | 157 | 5 | 20 | 155 | 152 | — | — | — | ϕ485 | ϕ255 | ϕ435 | ϕ110 | ϕ400f8 | — | ϕ101.55 | ϕ490 |

| | 型号 | $D_8$ | $n\times D_9$ | $M_A$ | $M_B$ | $M_C$ | $M_D$ | 平键 $A$ | 花键 $A$ | 质量/kg |
|---|---|---|---|---|---|---|---|---|---|---|
| 图b | $^{1}_{2}$QJM21-※※$Z_3$ | ϕ379 | 6×ϕ18 | M12×1.5 | M33×2 | M22×1.5 | 2×M12 深 20 | C18×70 | — | 75 |
| | 1QJM31-※※SZ | ϕ300 | 8×ϕ17 | — | M33×2 | M22×1.5 | 中央孔 M12 深 25 | C20×70 | — | 105 |
| | $^{1}_{2}$QJM32-※※SZ | ϕ300 | 8×ϕ17 | M12×1.5 | M33×2 | M22×1.5 | 中央孔 M12 深 25 | C20×70 | — | 120 |
| | $^{1}_{2}$QJM32-※※SZH | ϕ300 | 8×ϕ17 | M16×1.5 | M33×2 | M22×1.5 | 中央孔 M16 深 40<br>2×M10 深 20 | — | 8d×72d11×62d11×12f8 | 132 |
| | $^{1}_{2}$QJM32-※※Z | ϕ335 | 7×ϕ18 均布 | M16×1.5 | M33×2 | M22×1.5 | 2×M12 深 25 | — | 10d×82b11×72b12×12f9 | 106 |
| | $^{1}_{2}$QJM32-※※$Ze_3$ | ϕ379 | 6×ϕ18 | M12×1.5 | M33×2 | M22×1.5 | 中央孔 M12 深 25 | C18×70 | — | 140 |
| | $^{1}_{2}$QJM32-※※$Z_3$ | ϕ379 | 6×ϕ18 | M12×1.5 | M33×2 | M22×1.5 | 2×M12 深 25 | C20×70 | — | 108 |
| | $^{1}_{2}$QJM52-※※$SZ_4$ | ϕ450±0.3 | 5×ϕ22 均布 | M16×1.5 | M48×2 | M22×1.5 | 4×M10 深 25 | — | 渐开线花键 | 190 |
| | $^{1}_{2}$QJM52-※※Z | ϕ370 | 8×ϕ20 | M16×1.5 | M48×2 | M22×1.5 | 中央孔 M16 深 40 | 22×132 | — | 190 |
| | $^{1}_{2}$QJM52-※※SZ | ϕ355 | 12×ϕ17 | M16×1.5 | M48×2 | M22×1.5 | 中央孔 M16 深 40 | C32×103 | — | 190 |
| | $^{1}_{2}$QJM32-※※$Z_4$ | — | 5×ϕ22 均布 | M12×1.5 | M33×2 | M22×1.5 | 中央孔 M16 深 40<br>2×M10 深 20 | — | 渐开线花键 | 106 |
| | $^{1}_{2}$QJM32-※※$Z_6$ | ϕ300 | 8×ϕ17 | M12×1.5 | M33×2 | M22×1.5 | 中央孔 M16 深 40<br>2×M10 深 20 | — | 8d×72d11×62d11×12f8 | 106 |
| | 2QJM62-※※Z | ϕ530 | 8×ϕ22 | M16×1.5 | M48×2 | M22×1.5 | — | 150×25.4 | — | 240 |

注：渐开线花键输出轴各项参数可向厂方索取。

**表 21-5-103　QJM 带外控式制动器液压马达技术参数**

| 型　　号 | 排量/L·r$^{-1}$ | 压力/MPa | | 转速范围 /r·min$^{-1}$ | 额定输出转矩 /N·m | 制动器开启压力 /MPa | 制动器制动转矩 /N·m |
|---|---|---|---|---|---|---|---|
| | | 额定 | 尖峰 | | | | |
| 1QJM12-0.8Se | 0.808 | 10 | 16 | 4~250 | 1076 | | |
| 1QJM12-1.0Se | 0.993 | 10 | 16 | 4~200 | 1332 | 1.3≤*p*≤6.3 | ≥1800 |
| 1QJM12-1.25Se | 1.328 | 10 | 16 | 4~160 | 1771 | | |
| $\frac{1}{2}$QJM21-0.32Se | 0.317<br>0.317,0.159 | 16 | 31.5 | 2~500 | 751 | | |
| $\frac{1}{2}$QJM21-0.40Se | 0.404<br>0.404,0.202 | 16 | 31.5 | 2~400 | 957 | | |
| $\frac{1}{2}$QJM21-0.50Se | 0.496<br>0.496,0.248 | 16 | 31.5 | 2~320 | 1175 | | |
| $\frac{1}{2}$QJM21-0.63Se | 0.664<br>0.664,0.332 | 12 | 31.5 | 2~250 | 1572 | | |
| $\frac{1}{2}$QJM21-0.8Se | 0.808<br>0.808,0.404 | 16 | 25 | 2~200 | 1913 | | ≥2500 |
| $\frac{1}{2}$QJM21-1.0Se | 1.01<br>1.01,0.505 | 10 | 16 | 2~160 | 1495 | | |
| $\frac{1}{2}$QJM21-1.25Se | 1.354<br>1.354,0.677 | 10 | 16 | 2~125 | 2004 | | |
| $\frac{1}{2}$QJM21-1.6Se | 1.65<br>1.65,0.825 | 10 | 12.5 | 2~100 | 2442 | | |
| $\frac{1}{2}$QJM32-0.63Se | 0.635<br>0.635,0.318 | 20 | 31.5 | 3~500 | 1880 | 2.5≤*p*≤6.3 | |
| $\frac{1}{2}$QJM32-0.8Se | 0.808<br>0.808,0.404 | 20 | 31.5 | 3~400 | 2368 | | |
| $\frac{1}{2}$QJM32-1.0Se | 0.993<br>0.993,0.497 | 20 | 31.5 | 2~400 | 3138 | | |
| $\frac{1}{2}$QJM32-1.25Se | 1.328<br>1.328,0.664 | 20 | 31.5 | 2~320 | 3883 | | |
| $\frac{1}{2}$QJM32-1.6Se | 1.616<br>1.616,0.808 | 20 | 31.5 | 2~250 | 4881 | | ≥6000 |
| $\frac{1}{2}$QJM32-2.0Se | 2.03<br>2.03,1.015 | 16 | 25 | 2~200 | 4807 | | |
| $\frac{1}{2}$QJM32-2.5Se | 2.71<br>2.71,1.355 | 10 | 16 | 1~160 | 4011 | | |
| $\frac{1}{2}$QJM32-3.2Se | 3.3<br>3.3,1.65 | 10 | 16 | 1~125 | 4884 | | |
| $\frac{1}{2}$QJM32-4.0Se | 4.0<br>4.0,2.0 | 10 | 16 | 1~100 | 5920 | | |
| $\frac{1}{2}$QJM42-2.0Se | 2.11<br>2.11,1.055 | 20 | 31.5 | 1~320 | 6246 | | |
| $\frac{1}{2}$QJM42-2.5Se | 2.56<br>2.56,1.28 | 20 | 31.5 | 1~250 | 7578 | | |
| $\frac{1}{2}$QJM42-3.2Se | 3.3<br>3.3,1.65 | 10 | 16 | 1~200 | 4884 | 2.1≤*p*≤6.3 | ≥9000 |
| $\frac{1}{2}$QJM42-4.0Se | 4.0<br>4.0,2.0 | 10 | 16 | 1~160 | 5920 | | |
| $\frac{1}{2}$QJM42-4.5Se | 4.56<br>4.56,2.28 | 10 | 16 | 1~125 | 6808 | | |
| $\frac{1}{2}$QJM52-2.5Se | 2.67<br>2.67,1.335 | 20 | 31.5 | 1~320 | 7903 | | |
| $\frac{1}{2}$QJM52-3.2Se | 3.24<br>3.24,1.62 | 20 | 31.5 | 1~250 | 9590 | | |
| $\frac{1}{2}$QJM52-4.0Se | 4.0<br>4.0,2.0 | 16 | 25 | 1~200 | 9472 | 2.2≤*p*≤6.3 | ≥10000 |
| $\frac{1}{2}$QJM52-5.0Se | 5.23<br>5.23,2.615 | 10 | 16 | 1~160 | 7740 | | |
| $\frac{1}{2}$QJM52-6.3Se | 6.36<br>6.36,3.18 | 10 | 16 | 1~125 | 9413 | | |

续表

| 型号 | 排量/L·r$^{-1}$ | 压力/MPa | | 转速范围/r·min$^{-1}$ | 额定输出转矩/N·m | 制动器开启压力/MPa | 制动器制动转矩/N·m |
|---|---|---|---|---|---|---|---|
| | | 额定 | 尖峰 | | | | |
| 1QJM12-0.8SeZ<br>1QJM12-0.8SeZH | 0.808 | 10 | 16 | 4~200<br>4~250 | 1076 | 3≤$p$≤6.3<br>1.3≤$p$≤6.3 | ≥1800 |
| 1QJM12-1.0Se<br>1QJM12-1.0SeZH | 0.993 | 10 | 16 | 4~200<br>5~150 | 1332 | 3≤$p$≤6.3<br>1.3≤$p$≤6.3 | |
| 1QJM12-1.25SeZ<br>1QJM12-1.25SeZH | 1.328 | 10 | 16 | 4~160<br>5~120 | 1771 | 3≤$p$≤6.3<br>1.3≤$p$≤6.3 | |
| $^{1}_{2}$QJM21-0.32SeZ | 0.317<br>0.317,0.1585 | 16 | 31.5 | 2~500 | 751 | 2.5≤$p$≤6.3 | ≥2500 |
| $^{1}_{2}$QJM21-0.4SeZ | 0.404<br>0.404,0.202 | 16 | 31.5 | 2~400 | 957 | | |
| $^{1}_{2}$QJM21-0.5SeZ | 0.496<br>0.496,0.248 | 16 | 31.5 | 2~320 | 1175 | | |
| $^{1}_{2}$QJM21-0.63SeZ | 0.664<br>0.664,0.332 | 16 | 31.5 | 2~250 | 1572 | | |
| $^{1}_{2}$QJM21-0.8SeZ | 0.808<br>0.808,0.404 | 16 | 25 | 2~200 | 1913 | | |
| $^{1}_{2}$QJM21-1.0SeZ | 1.01<br>1.01,0.505 | 10 | 16 | 2~160 | 1495 | | |
| $^{1}_{2}$QJM21-1.25SeZ | 1.354<br>1.354,0.677 | 10 | 16 | 2~125 | 2004 | | |
| $^{1}_{2}$QJM21-1.6SeZ | 1.65<br>1.65,0.825 | 10 | 12.5 | 2~100 | 2442 | | |
| $^{1}_{2}$QJM32-0.63SeZ<br>$^{1}_{2}$QJM32-0.63SeZH | 0.635<br>0.635,0.318 | 20 | 31.5 | 3~500 | 1880 | | ≥1600 |
| $^{1}_{2}$QJM32-0.8SeZ<br>$^{1}_{2}$QJM32-0.8SeZH | 0.808<br>0.808,0.404 | 20 | 31.5 | 3~400 | 2368 | | |
| $^{1}_{2}$QJM32-1.0SeZ<br>$^{1}_{2}$QJM32-1.0SeZH | 0.993<br>0.993,0.497 | 20 | 31.5 | 2~400 | 3138 | | |
| $^{1}_{2}$QJM32-1.25SeZ<br>$^{1}_{2}$QJM32-1.25SeZH | 1.328<br>1.328,0.664 | 20 | 31.5 | 2~320 | 3833 | | |
| $^{1}_{2}$QJM32-1.6SeZ<br>$^{1}_{2}$QJM32-1.6SeZH | 1.616<br>1.616,0.808 | 20 | 31.5 | 2~250 | 4881 | | |
| $^{1}_{2}$QJM32-2.0SeZ<br>$^{1}_{2}$QJM32-2.0SeZH | 2.03<br>2.03,1.015 | 16 | 25 | 2~200 | 4807 | | |
| $^{1}_{2}$QJM32-2.5SeZ<br>$^{1}_{2}$QJM32-2.5SeZH | 2.71<br>2.71,1.355 | 10 | 16 | 1~160 | 4011 | | |
| $^{1}_{2}$QJM32-3.2SeZ<br>$^{1}_{2}$QJM32-3.2SeZH | 3.3<br>3.3,1.65 | 10 | 16 | 1~125 | 4884 | | |
| $^{1}_{2}$QJM32-4.0SeZ<br>$^{1}_{2}$QJM32-4.0SeZH | 4.0<br>4.0,2.0 | 10 | 16 | 1~100 | 5920 | | |
| $^{1}_{2}$QJM42-2.0SeZ<br>$^{1}_{2}$QJM42-2.0SeZH | 2.11<br>2.11,1.055 | 20 | 31.5 | 1~320 | 6246 | 2≤$p$≤6.3 | ≥9000 |
| $^{1}_{2}$QJM42-2.5SeZ<br>$^{1}_{2}$QJM42-2.5SeZH | 2.56<br>2.56,1.28 | 20 | 31.5 | 1~250 | 7578 | | |
| $^{1}_{2}$QJM42-3.2SeZ<br>$^{1}_{2}$QJM42-3.2SeZH | 3.28<br>3.28,1.64 | 10 | 16 | 1~200 | 4884 | | |
| $^{1}_{2}$QJM42-4.0SeZ<br>$^{1}_{2}$QJM42-4.0SeZH | 4.0<br>4.0,2.0 | 10 | 16 | 1~160 | 5920 | | |
| $^{1}_{2}$QJM42-4.5SeZ<br>$^{1}_{2}$QJM42-4.5SeZH | 4.56<br>4.56,2.28 | 10 | 16 | 1~125 | 6808 | | |
| $^{1}_{2}$QJM52-2.5SeZ<br>$^{1}_{2}$QJM52-2.5SeZH | 2.67<br>2.67,1.335 | 20 | 31.5 | 1~320 | 7903 | 2.2≤$p$≤6.3 | ≥10000 |
| $^{1}_{2}$QJM52-3.2SeZ<br>$^{1}_{2}$QJM52-3.2SeZH | 3.24<br>3.24,1.62 | 20 | 31.5 | 1~250 | 9590 | | |
| $^{1}_{2}$QJM52-4.0SeZ<br>$^{1}_{2}$QJM52-4.0SeZH | 4.0<br>4.0,2.0 | 16 | 25 | 1~200 | 9472 | | |
| $^{1}_{2}$QJM52-5.0SeZ<br>$^{1}_{2}$QJM52-5.0SeZH | 5.23<br>5.23,2.615 | 10 | 16 | 1~160 | 7740 | | |
| $^{1}_{2}$QJM52-6.3SeZ<br>$^{1}_{2}$QJM52-6.3SeZH | 6.36<br>6.36,3.18 | 10 | 16 | 1~125 | 9413 | | |

**表 21-5-104　　外形尺寸　　mm**

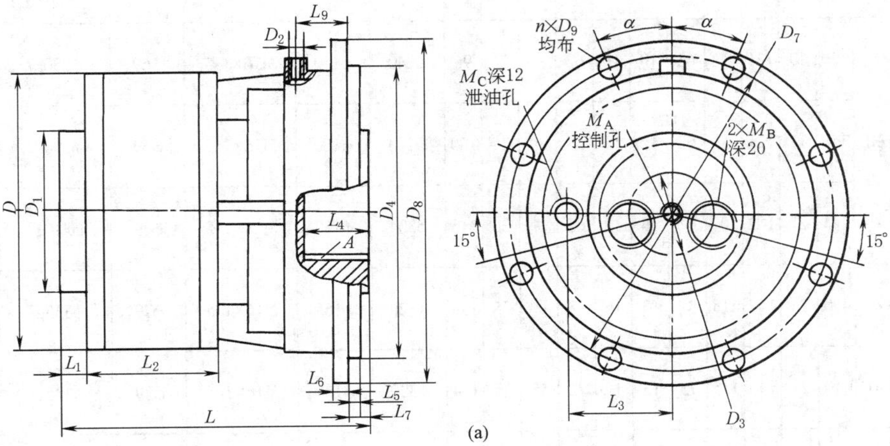


(a)

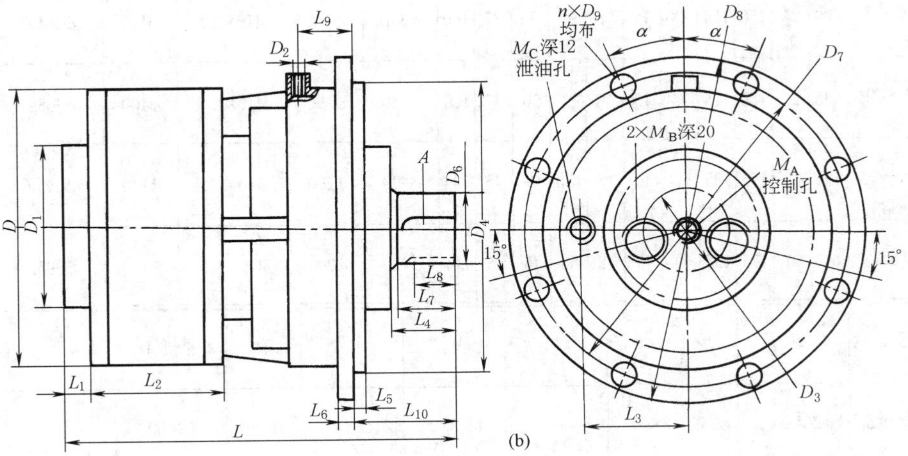


(b)

| | 型　号 | $L$ | $L_1$ | $L_2$ | $L_3$ | $L_4$ | $L_5$ | $L_6$ | $L_7$ | $L_9$ | $D$ | $D_1$ | $D_2$ | $D_3$ | $D_4$ |
|---|---|---|---|---|---|---|---|---|---|---|---|---|---|---|---|
| 图 a | 1QJM12-※Se | 228 | 17 | 121 | 87 | 60 | 12 | 13 | 25 | 33 | $\phi$240 | $\phi$150 | M16×1.5 | $\phi$69 | $\phi$290g7 |
| | $^{1}_{2}$QJM21-※Se | 245 | 27 | 102 | 100 | 60 | 16 | 16 | 24 | 36 | $\phi$304 | $\phi$150 | M18×1.5 | $\phi$69 | $\phi$310g7 |
| | $^{1}_{2}$QJM32-※Se | 285 | 24 | 140 | 115 | 55 | 13 | 16 | 19 | 35 | $\phi$320 | $\phi$165 | M16×1.5 | $\phi$79 | $\phi$335g7 |
| | $^{1}_{2}$QJM42-※Se | 278 | 21 | 160 | 124 | 35 | 15 | 18 | 22 | 45 | $\phi$350 | $\phi$190 | M16×1.5 | $\phi$100 | $\phi$395f6 |
| | $^{1}_{2}$QJM52-※Se | 318 | 27 | 175 | 135 | 45 | 17 | 18 | 22 | 45 | $\phi$420 | $\phi$200 | M16×1.5 | $\phi$110 | $\phi$395f6 |

| | 型　号 | $D_7$ | $D_8$ | $n\times D_9$ | $M_A$ | $M_B$ | $M_C$ | $\alpha$ | 花键 $A$ |
|---|---|---|---|---|---|---|---|---|---|
| 图 a | 1QJM12-※Se | $\phi$307±0.2 | $\phi$327 | 8×$\phi$11 | — | M33×2 | M16×1.5 | 22.5° | 6D×90H11×80H11×20D9 |
| | 1QJM21-※Se | $\phi$330±0.2 | $\phi$360 | 8×$\phi$13 | M12×1.5 | M33×2 | M22×1.5 | 22.5° | 6D×90H11×80H11×20D9 |
| | $^{1}_{2}$QJM32-※Se | $\phi$354±0.2 | $\phi$380 | 8×$\phi$13 | M12×1.5 | M33×2 | M22×1.5 | 15° | 10D×98H11×92H11×14D9 |
| | $^{1}_{2}$QJM42-※Se | $\phi$418±0.2 | $\phi$445 | 12×$\phi$17 | M16×1.5 | M42×2 | M22×1.5 | 15° | 10D×112H11×102H11×16D9 |
| | $^{1}_{2}$QJM52-※Se | $\phi$418±0.2 | $\phi$445 | 12×$\phi$17 | M16×1.5 | M48×2 | M22×1.5 | 15° | 10D×120H11×112H11×18D9 |

续表

| | 型　号 | L | $L_1$ | $L_2$ | $L_3$ | $L_4$ | $L_5$ | $L_6$ | $L_7$ | $L_8$ | $L_9$ | $L_{10}$ | D | $D_1$ | $D_2$ | $D_3$ | $D_4$ | $D_6$ |
|---|---|---|---|---|---|---|---|---|---|---|---|---|---|---|---|---|---|---|
| 图b | 1QJM12-※SeZ | 350 | 17 | 121 | 87 | 66 | 10 | 13 | 62 | — | 24 | 96 | ϕ240 | ϕ150 | M16×1.5 | ϕ69 | ϕ250g7 | ϕ60h7 |
| | 1QJM12-※SeZH | 370 | 17 | 121 | 87 | 62 | 12 | 13 | 58 | 39 | 24 | 100 | ϕ240 | ϕ150 | M16×1.5 | ϕ69 | ϕ290g7 | — |
| | $^{1}_{2}$QJM21-※SeZ | 444 | 27 | 102 | 100 | 67 | 16 | 16 | 65 | — | 36 | 113 | ϕ304 | ϕ150 | M18×1.5 | ϕ69 | ϕ310g7 | ϕ70h7 |
| | $^{1}_{2}$QJM32-※SeZ | 450 | 24 | 140 | 115 | 81 | 13 | 16 | 78 | — | 35 | 136 | ϕ320 | ϕ165 | M16×1.5 | ϕ79 | ϕ335g7 | ϕ70h7 |
| | $^{1}_{2}$QJM32-※SeZH | 410 | 24 | 140 | 115 | 75 | 13 | 16 | 72 | 55 | 35 | 114 | ϕ320 | ϕ165 | M16×1.5 | ϕ79 | ϕ335g7 | — |
| | $^{1}_{2}$QJM42-※SeZ | 490 | 21 | 160 | 124 | 100 | 15 | 18 | 95 | — | 37 | 160 | ϕ350 | ϕ190 | M16×1.5 | ϕ100 | ϕ365g7 | ϕ75h7 |
| | $^{1}_{2}$QJM42-※SeZH | 456 | 21 | 160 | 124 | 75 | 15 | 18 | 71 | 50 | 37 | 120 | ϕ350 | ϕ190 | M16×1.5 | ϕ100 | ϕ365g7 | — |
| | $^{1}_{2}$QJM52-※SeZ | 532 | 27 | 175 | 135 | 141 | 17 | 18 | 136 | — | 45 | 184 | ϕ420 | ϕ200 | M16×1.5 | ϕ110 | ϕ395f6 | ϕ78h7 |
| | $^{1}_{2}$QJM52-※SeZH | 462 | 27 | 175 | 135 | 71 | 17 | 18 | 66 | 45 | 45 | 114 | ϕ420 | ϕ200 | M16×1.5 | ϕ110 | ϕ395f6 | — |

| | 型　号 | $D_7$ | $D_8$ | $n\times D_9$ | $M_A$ | $M_B$ | $M_C$ | α | 平键 A | 花键 A |
|---|---|---|---|---|---|---|---|---|---|---|
| 图b | 1QJM12-※SeZ | ϕ265±0.2 | ϕ285 | 8×ϕ11 | — | M33×2 | M16×1.5 | 22.5° | 18×60 | — |
| | 1QJM12-※SeZH | ϕ307±0.2 | ϕ327 | 8×ϕ11 | — | M33×2 | M16×1.5 | 22.5° | — | 6d×90b12×80b12×20d9 |
| | $^{1}_{2}$QJM21-※SeZ | ϕ330±0.2 | ϕ360 | 8×ϕ13 | M12×1.5 | M33×2 | M22×1.5 | 22.5° | 20×60 | — |
| | $^{1}_{2}$QJM32-※SeZ | ϕ354±0.2 | ϕ380 | 12×ϕ13 | M12×1.5 | M33×2 | M22×1.5 | 15° | C20×70 | — |
| | $^{1}_{2}$QJM32-※SeZH | ϕ354±0.2 | ϕ380 | 12×ϕ13 | M12×1.5 | M33×2 | M22×1.5 | 15° | — | 10d×98b12×92b12×14d9 |
| | $^{1}_{2}$QJM42-※SeZ | ϕ398±0.2 | ϕ430 | 12×ϕ17 | M16×1.5 | M42×2 | M22×1.5 | 15° | C22×90 | — |
| | $^{1}_{2}$QJM42-※SeZH | ϕ398±0.2 | ϕ430 | 12×ϕ17 | M16×1.5 | M42×2 | M22×1.5 | 15° | — | 10d×112b12×102b12×16d9 |
| | $^{1}_{2}$QJM52-※SeZ | ϕ418±0.2 | ϕ445 | 12×ϕ17 | M16×1.5 | M48×2 | M22×1.5 | 15° | C22×132 | — |
| | $^{1}_{2}$QJM52-※SeZH | ϕ418±0.2 | ϕ445 | 12×ϕ17 | M16×1.5 | M48×2 | M22×1.5 | 15° | — | 10d×120b12×112b12×18d9 |

**表 21-5-105　　外形尺寸及技术参数**

3QJM32-※※型液压马达

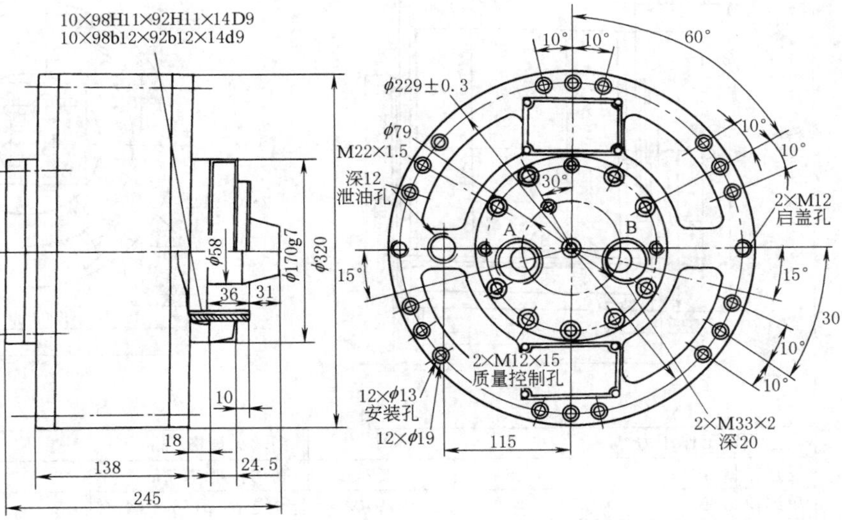


SYJ12-1250型液压绞车

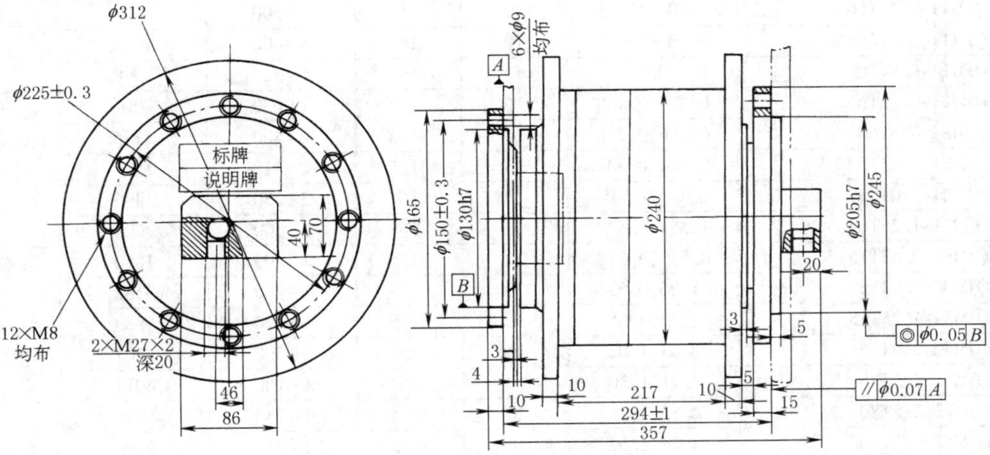


| | | | | | | | |
|---|---|---|---|---|---|---|---|
| 排量/$L \cdot r^{-1}$ | 1.25 | 单绳额定压力/N | 12500 | 钢丝绳卷绕层数 | 3 | 制动开启压力/MPa | 3.5 |
| 额定压力/MPa | 10 | 单绳速度/$m \cdot min^{-1}$ | 31 | 钢丝绳规格/mm | (1+6+12+18) 6×37ϕ8.7 | 质量/kg | 66 |
| 最大压力/MPa | 16 | 卷筒规格/mm | 240×217 | 制动转矩/N·m | 2000 | | |

续表

SYJ32-3000型液压绞车

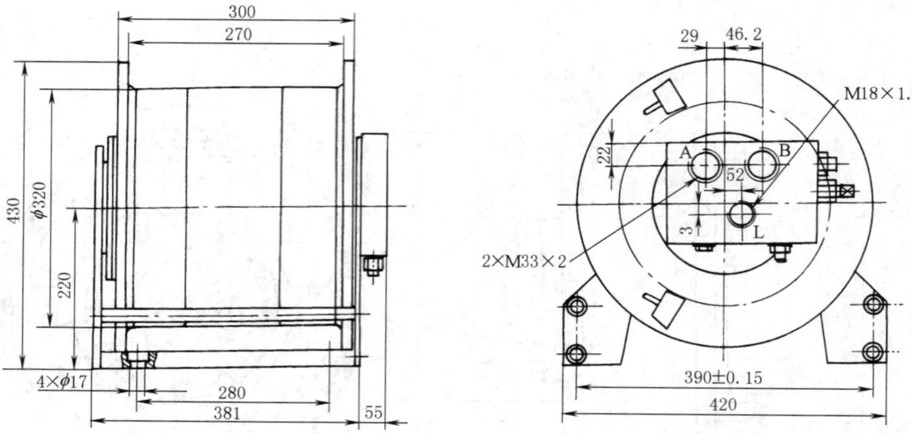


| | | | |
|---|---|---|---|
| 马达额定工作压力/MPa | 10 | 钢丝绳规格/mm | $\phi$13~15 |
| 马达排量/L·r$^{-1}$ | 3.2 | 制动转矩/N·m | ≥6000 |
| 单绳拉力/N | ≤29400 | 容绳量($\phi$15mm 钢丝绳)/m | 50 |
| 单绳速度/m·min$^{-1}$ | 6~30 | | |

**表 21-5-106　QJM 型通孔液压马达技术参数**

| 型　号 | 排量 /L·r$^{-1}$ | 压力/MPa | | 转速范围 /r·min$^{-1}$ | 额定输出转矩 /N·m | 通孔直径 /mm | 质量 /kg |
|---|---|---|---|---|---|---|---|
| | | 额定 | 尖峰 | | | | |
| 1QJM01-0.1T40 | 0.1 | 10 | 16 | 8~800 | 148 | 40 | 15 |
| 1QJM01-0.16T40 | 0.163 | 10 | 16 | 8~630 | 241 | | |
| 1QJM01-0.2T40 | 0.203 | 10 | 16 | 8~500 | 300 | | |
| 1QJM11-0.32T50 | 0.317 | 10 | 16 | 5~500 | 469 | 50 | 26 |
| 1QJM11-0.4T50 | 0.404 | 10 | 16 | 5~400 | 498 | | |
| 1QJM11-0.5T50 | 0.5 | 10 | 16 | 5~320 | 734 | | |
| 2QJM21-0.32T65 | 0.317,0.159 | 16 | 31.5 | 2~630 | 751 | 65 | 64 |
| 2QJM21-0.5T65 | 0.496,0.248 | 16 | 31.5 | 2~400 | 1175 | | |
| 2QJM21-0.63T65 | 0.664,0.332 | 16 | 31.5 | 2~320 | 1572 | | |
| 2QJM21-1.0T65 | 1.01,0.505 | 10 | 16 | 2~250 | 1495 | | |
| 2QJM21-1.25T65 | 1.354,0.677 | 10 | 16 | 2~200 | 2004 | | |
| 2QJM32-0.63T75 | 0.635,0.318 | 20 | 31.5 | 1~500 | 1880 | 75 | 88 |
| 2QJM32-1.0T75 | 1.06,0.53 | 20 | 31.5 | 1~400 | 3138 | | |
| 2QJM32-1.25T75 | 1.30,0.65 | 20 | 31.5 | 2~320 | 3833 | | |
| 2QJM32-2.0T75 | 2.03,1.02 | 16 | 25 | 2~200 | 4807 | | |
| 2QJM32-2.5T75 | 2.71,1.36 | 10 | 16 | 1~160 | 4011 | | |
| 2QJM42-2.5T80 | 2.56,1.28 | 20 | 31.5 | 1~250 | 7578 | 80 | — |
| 2QJM52-3.2T80 | 3.24,1.62 | 20 | 31.5 | 1~250 | 9590 | | |
| 2QJM52-4.0T80 | 4.0,2.0 | 16 | 25 | 1~200 | 9472 | | |
| 2QJM52-5.0T80 | 5.23,2.615 | 10 | 16 | 1~160 | 7740 | | |
| 2QJM52-6.3T80 | 6.36,3.18 | 10 | 16 | 1~100 | 9413 | | |
| 1QJM62-4.0T125 | 4.0 | 20 | 31.5 | 0.5~200 | 11840 | 125 | — |
| 1QJM62-5.0T125 | 5.18 | 20 | 31.5 | 0.5~160 | 15333 | | |
| 1QJM62-6.3T125 | 6.27 | 16 | 25 | 1.5~125 | 14847 | | |
| 1QJM62-8.0T125 | 7.85 | 10 | 16 | 0.5~100 | 11618 | | |
| 1QJM62-10T125 | 10.15 | 10 | 16 | 0.5~80 | 15022 | | |

**表 21-5-107** 外形尺寸 mm

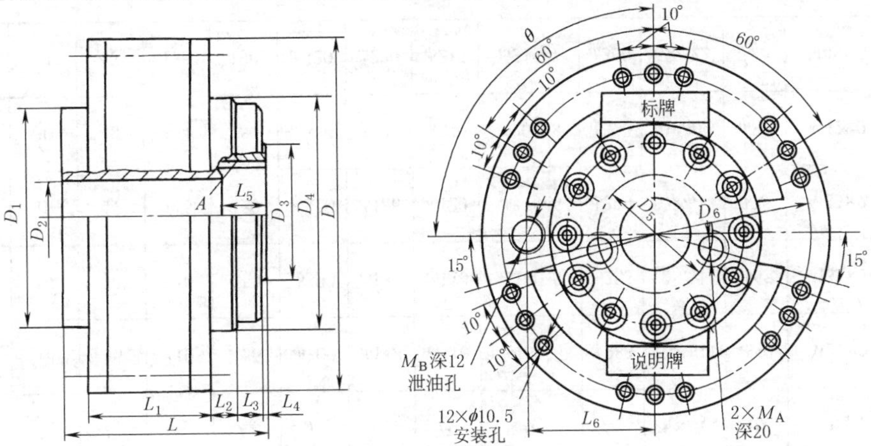


1QJM01、1QJM11 型马达外形安装尺寸

| 型号 | $L$ | $L_1$ | $L_2$ | $L_3$ | $L_4$ | $L_5$ | $L_6$ | $\theta$ | $D$ | $D_1$ | $D_2$ | $D_3$ | $D_4$ | $D_5$ | $D_6$ | $M_A$ | $M_B$ | $A$ 对花键轴的要求 |
|---|---|---|---|---|---|---|---|---|---|---|---|---|---|---|---|---|---|---|
| 1QJM01-※T40 | 130 | 79 | 15 | 23 | 3 | 30 | 53 | 180° | ϕ180 | ϕ130 | ϕ40 | ϕ110 | ϕ130g6 | ϕ70 | ϕ165 | M22×1.5 | M12×1.5 | $6\times\frac{48H11\times42H11\times12D9}{48b12\times42b12\times12d9}$ |
| 1QJM11-※T50 | 132 | 82 | 16 | 17 | 3 | 28 | 87 | 90° | ϕ240 | ϕ150 | ϕ50 | ϕ150 | ϕ160g6 | ϕ80 | ϕ220 | M22×1.5 | M16×1.5 | $6\times\frac{70H11\times62H11\times16D9}{70b12\times62b12\times16d9}$ |

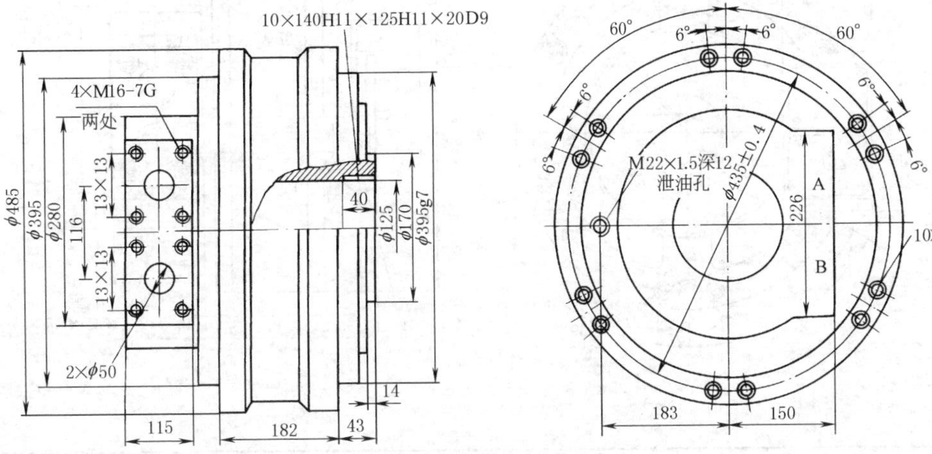


1QJM 62 型马达外形安装尺寸

续表

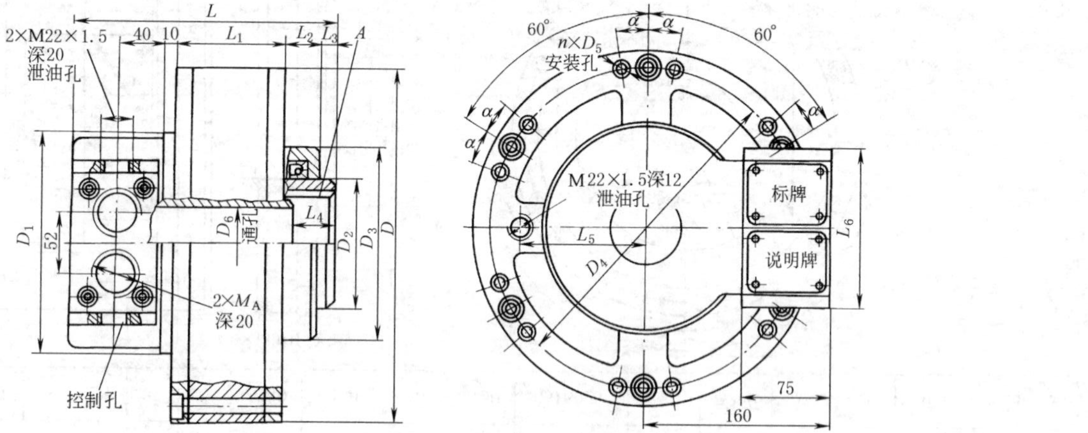


2QJM21、2QJM32、2QJM42、2QJM52 型马达外形安装尺寸

| 型　号 | $L$ | $L_1$ | $L_2$ | $L_3$ | $L_4$ | $L_5$ | $L_6$ | $D$ | $D_1$ | $D_2$ | $D_3$ | $D_4$ | $n\times D_5$ | $D_6$ | $M_A$ | α | $\frac{A}{\text{对花键轴的要求}}$ |
|---|---|---|---|---|---|---|---|---|---|---|---|---|---|---|---|---|---|
| 2QJM21-※T50 | 230 | 98 | 29 | 14 | 36 | 110 | 156 | $\phi$300 | $\phi$148 | $\phi$110 | $\phi$160g6 | $\phi$283 | 10×$\phi$11 | $\phi$50 | M27×2 | 10° | $6\times\frac{90H11\times80H11\times20D9}{90b12\times80b12\times20d9}$ |
| 2QJM21-※T65 | 230 | 98 | 29 | 14 | 36 | 110 | 150 | $\phi$300 | $\phi$186 | $\phi$110 | $\phi$160g6 | $\phi$283 | 10×$\phi$11 | $\phi$65 | M33×2 | 10° | $10\times\frac{98H11\times92H11\times14D9}{98b12\times92b12\times14d9}$ |
| 2QJM32-※T75 | 273 | 138 | 43 | 10 | 47 | 115 | 150 | $\phi$320 | $\phi$186 | $\phi$120 | $\phi$170g6 | $\phi$299 | 10×$\phi$13 | $\phi$75 | M33×2 | 10° | $10\times\frac{98H11\times92H11\times14D9}{98b12\times92b12\times14d9}$ |
| 2QJM42-25T80 | 292 | 160 | 16 | 30 | 40 | 124 | 150 | $\phi$350 | $\phi$190 | $\phi$140 | $\phi$200h8 | $\phi$320 | 10×$\phi$13 | $\phi$80 | M42×2 | 10° | $10\times\frac{112H11\times102H11\times16D9}{112b11\times102d11\times16d9}$ |
| 2QJM52-2.5T80 | 367 | 175 | 20 | 34 | 45 | 135 | 190 | $\phi$420 | $\phi$220 | $\phi$215 | $\phi$315g7 | $\phi$360 | 6×$\phi$22 | $\phi$80 | M48×2 | 6° | $10\times\frac{120H11\times112H11\times18D9}{120d11\times112d11\times18d9}$ |

备注：2QJM52-2.5T80 马达控制口和泄油口与图中所示对调

**表 21-5-108　　QKM 型壳转液压马达技术参数**

| 型号 | | 排量/L·r⁻¹ | 压力/MPa | | 转速范围/r·min⁻¹ | 额定输出转矩/N·m | 质量/kg |
|---|---|---|---|---|---|---|---|
| | | | 额定 | 尖峰 | | | |
| 1QKM11-0.32 | 1QKM11-0.32D | 0.317 | 16 | 25 | 5~630 | 751 | — |
| 1QKM11-0.4 | 1QKM11-0.4D | 0.404 | 10 | 16 | 5~400 | 598 | |
| 1QKM11-0.5 | 1QKM11-0.5D | 0.496 | 10 | 16 | 5~320 | 734 | |
| 1QKM11-0.63 | 1QKM11-0.63D | 0.664 | 10 | 16 | 4~250 | 983 | |
| 1QKM32-2.5 | 1QKM32-2.5D | 2.56 | 10 | 16 | 1~160 | 4011 | |
| 1QKM32-3.2 | 1QKM32-3.2D | 3.24 | 10 | 16 | 1~125 | 4884 | |
| 1QKM32-4.0 | 1QKM32-4.0D | 4.0 | 10 | 16 | 1~100 | 5920 | |
| 1QKM42-3.2 | 1QKM42-3.2D | 3.28 | 10 | 16 | 1~200 | 4884 | 129 |
| 1QKM42-4.0 | 1QKM42-4.0D | 4.0 | 10 | 16 | 1~160 | 5920 | |
| 1QKM42-4.5 | 1QKM42-4.5D | 4.56 | 10 | 16 | 1~125 | 6808 | |
| 1QKM52-5.0 | 1QKM52-5.0D | 5.237 | 10 | 16 | 1~160 | 7740 | 194 |
| 1QKM52-6.3 | 1QKM52-6.3D | 6.36 | 10 | 16 | 1~125 | 9413 | |
| 1QKM62-4.0 | — | 4.0 | 20 | 31.5 | 0.5~200 | 11840 | 250 |
| 1QKM62-5.0 | — | 5.18 | 20 | 31.5 | 0.5~160 | 15333 | |
| 1QKM62-6.3 | — | 6.27 | 16 | 25 | 0.5~125 | 14840 | |
| 1QKM62-8.0 | — | 7.85 | 10 | 16 | 0.5~100 | 11618 | |
| 1QKM62-10 | — | 10.15 | 10 | 16 | 0.5~80 | 15022 | |

注：带“D”型号表示单出轴，不带“D”型号表示双出轴，单出轴时外形 $L_3=0$。

**表 21-5-109　　QKM 型液压马达外形尺寸**　　mm

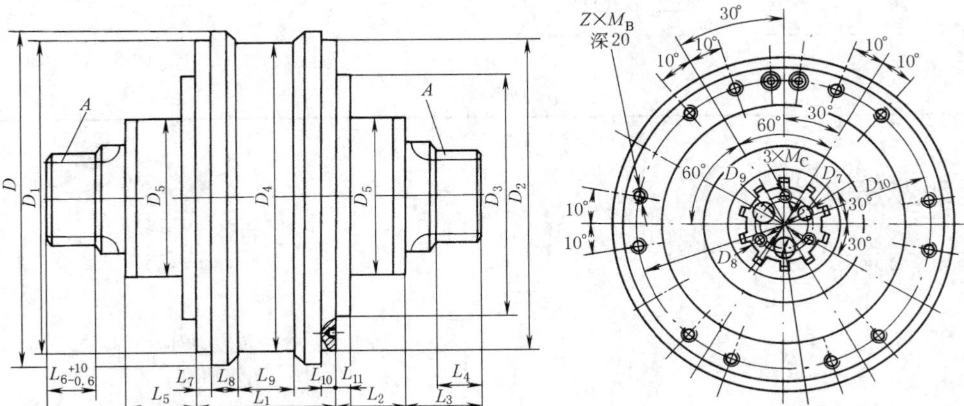


QKM32、QKM42、QKM52、QKM62 型

| 型号 | L | $L_1$ | $L_2$ | $L_3$ | $L_4$ | $L_5$ | $L_6$ | $L_7$ | $L_8$ | $L_9$ | $L_{10}$ | $L_{11}$ | D | $D_1$ | $D_2$ | $D_3$ | $D_4$ | $D_5$ | $D_6$ |
|---|---|---|---|---|---|---|---|---|---|---|---|---|---|---|---|---|---|---|---|
| 1QKM32-※ | 510 | 146 | 83 | 99 | 58 | 83 | 58 | — | — | 33 | — | 18 | ϕ320 | — | — | ϕ280f8 | — | ϕ178 | ϕ25 |
| 1QKM42-※ | 548 | 154 | 65 | 131 | 60 | 65 | 60 | — | 80 | 36 | — | 24 | ϕ376f7 | — | — | ϕ214 | ϕ340 | ϕ182 | ϕ28 |
| $^{1}_{2}$QKM52-※ | 548 | 174 | 91 | 96 | 60 | 91 | 60 | 20 | 80 | 35 | 20 | 20 | ϕ430 | ϕ400e8 | ϕ400e8 | ϕ315 | ϕ398 | ϕ205 | ϕ29 |
| $^{1}_{2}$QKM62-※ | 665 | 175 | 120 | 125 | 100 | 120 | 100 | — | 79 | 45 | — | 53 | ϕ485 | — | — | ϕ397g7 | ϕ465 | ϕ262 | ϕ32 |

续表

| 型　号 | $D_7$ | $D_8$ | $D_9$ | $D_{10}$ | $Z\times M_B$ | $M_C$ | $A$ |
|---|---|---|---|---|---|---|---|
| 1QKM32-※ | ϕ16 | ϕ60±0.3 | ϕ43±0.2 | ϕ299±0.3 | 12×M12 | M16 | 6×90b12×80b12×20d9 |
| 1QKM42-※ | ϕ18 | ϕ68±0.3 | ϕ50±0.4 | ϕ346±0.3 | 9×M16 | M16 | 10×98b12×92b12×14d9 |
| $^{1}_{2}$QKM52-※ | ϕ16.5 | ϕ68±0.3 | ϕ50±0.4 | ϕ370±0.3 | 12×M16 | M16 | 10×98b12×92b12×14d9 |
| $^{1}_{2}$QKM62-※ | ϕ20 | ϕ68±0.3 | ϕ50±0.4 | ϕ435±0.3 | 11×M20 | M16 | 10×112b12×102b12×16d9 |

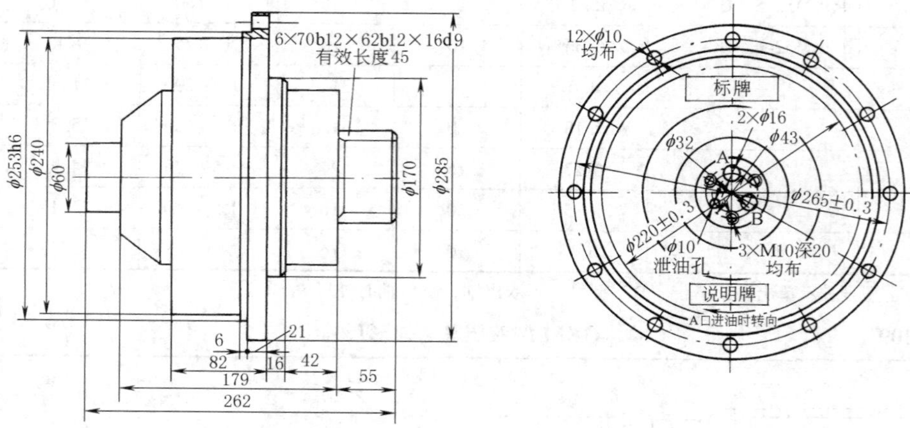


QKM11 型

## 4.4 摆动液压马达

摆动马达型号意义：

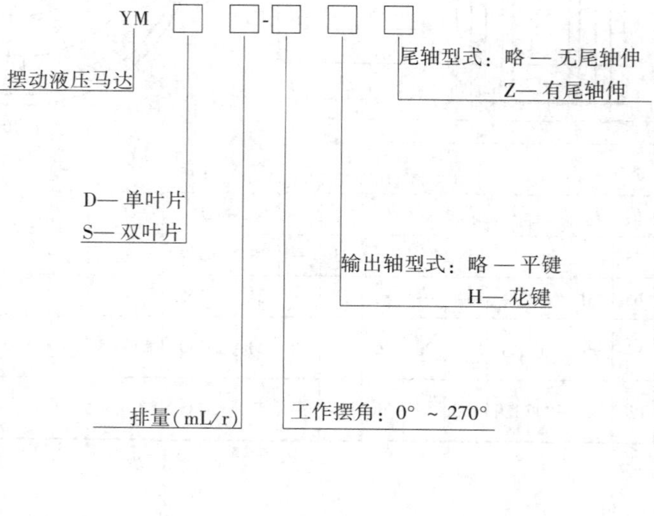

**表 21-5-110　　　　技术参数**

| 型　号 | 摆角/(°) | 额定压力/MPa | 额定理论转矩/N·m | 排量/mL·$r^{-1}$ | 内泄漏量/mL·$min^{-1}$ | | 额定理论启动转矩/N·m | 质量/kg |
|---|---|---|---|---|---|---|---|---|
| | | | | | 摆角 90° | 摆角 270° | | |
| YMD30 | 90<br>180<br>270 | 14 | 71 | 30 | 300 | 315 | 24 | 5.3 |
| YMD60 | | | 137 | 60 | 390 | 410 | 46 | 6 |
| YMD120 | | | 269 | 120 | 410 | 430 | 96 | 11 |
| YMD200 | | | 445 | 200 | 430 | 450 | 162 | 21 |
| YMD300 | | | 667 | 300 | 450 | 470 | 243 | 23 |
| YMD500 | | | 1116 | 500 | 480 | 500 | 404 | 40 |
| YMD700 | | | 1578 | 700 | 620 | 650 | 571 | 44 |
| YMD1000 | | | 2247 | 1000 | 690 | 720 | 894 | 75 |
| YMD1600 | | | 3360 | 1600 | 780 | 820 | 1400 | 70 |
| YMD2000 | | | 4686 | 2000 | 950 | 990 | 1973 | 85 |
| YMD4000 | | | 9100 | 4000 | 1160 | 1220 | 3570 | 100 |
| YMD7000 | | | 20000 | 7000 | 1280 | 1340 | 6570 | 120 |
| YMS60 | 90<br>(最大) | 14<br>(进出油口压力) | 142 | 60 | 480 | | 48 | 5.3 |
| YMS120 | | | 282 | 120 | 530 | | 104 | 10 |
| YMS200 | | | 488 | 200 | 570 | | 167 | 20 |
| YMS300 | | | 732 | 300 | 700 | | 251 | 22 |
| YMS450 | | | 1031 | 450 | 700 | | 379 | 38 |
| YMS600 | | | 1363 | 600 | 800 | | 501 | 41 |
| YMS800 | | | 1814 | 800 | 850 | | 722 | 68 |
| YMS1000 | | | 2268 | 1000 | 1070 | | 883 | 71 |
| YMS1600 | | | 3360 | 1600 | 1090 | | 1410 | 80 |
| YMS2000 | | | 4686 | 2000 | 1150 | | 1770 | 85 |
| YMS4000 | | | 9096 | 4000 | 1220 | | 3530 | 101 |
| YMS7000 | | | 20000 | 7000 | 1250 | | 6180 | 121 |

**表 21-5-111　　　　外形尺寸**　　　　mm

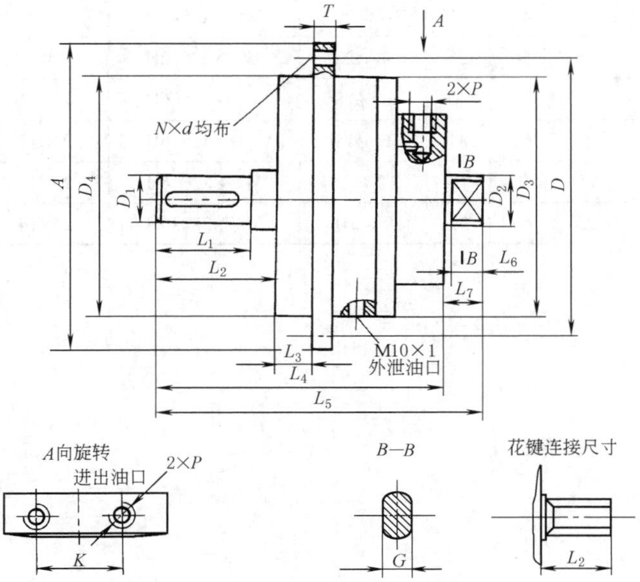

续表

| 型号 | $A$ | $D$ (h3) | $D_1$ | $D_2$ | $D_3$ | $D_4$ | $L_1$ | $L_2$ | $L_3$ | 90° | | 180° | 270° |
|---|---|---|---|---|---|---|---|---|---|---|---|---|---|
| | | | | | | | | | | $L_4$ | $L_5$ | $L_4$ | $L_5$ |
| YMD-30 | 125×125 | $\phi$125 | $\phi$20 | $\phi$20 | $\phi$100 | $\phi$100 | 36 | 46 | 15 | — | — | 116 | 132 |
| YMD-60 | 125×125 | $\phi$125 | $\phi$20 | $\phi$20 | $\phi$100 | $\phi$100 | 36 | 46 | 15 | 116 | 132 | 130 | 145 |
| YMD-120 | 150×150 | $\phi$160 | $\phi$25 | $\phi$25 | $\phi$130 | $\phi$125 | 42 | 52 | 15 | 137 | 153 | 149 | 165 |
| YMD-200 | 190×190 | $\phi$200 | $\phi$32 | $\phi$32 | $\phi$168 | $\phi$160 | 58 | 68 | 18 | 169 | 190 | 177 | 198 |
| YMD-300 | 190×190 | $\phi$200 | $\phi$32 | $\phi$32 | $\phi$168 | $\phi$160 | 58 | 68 | 18 | 179 | 200 | 191 | 202 |
| YMD-500 | 236×236 | $\phi$250 | $\phi$40 | $\phi$40 | $\phi$206 | $\phi$200 | 82 | 92 | 20 | 228 | 254 | 238 | 264 |
| YMD-700 | 236×236 | $\phi$250 | $\phi$40 | $\phi$40 | $\phi$206 | $\phi$200 | 82 | 92 | 20 | 238 | 264 | 255 | 287 |
| YMD-1000 | 301×301 | $\phi$315 | $\phi$50 | $\phi$50 | $\phi$260 | $\phi$250 | 82 | 92 | 25 | 247 | 278 | 268 | 299 |
| YMD-1600 | $\phi$300 | $\phi$260 | $\phi$65 | $\phi$65 | $\phi$232 | $\phi$220 | 82 | 102 | 20 | 302 | 332 | 302 | 332 |
| YMD-2000 | $\phi$320 | $\phi$280 | $\phi$71 | $\phi$71 | $\phi$244 | $\phi$225 | 105 | 108 | 20 | 302 | 332 | 302 | 332 |
| YMD-4000 | $\phi$320 | $\phi$282 | $\phi$90 | $\phi$90 | $\phi$252 | $\phi$225 | 140 | 161 | 21 | 402 | 442 | 402 | 442 |
| YMD-7000 | $\phi$360 | $\phi$330 | $\phi$90 | $\phi$90 | $\phi$300 | $\phi$300 | 140 | 161 | 21 | 402 | 442 | 402 | 442 |

| 型号 | $L_6$ | $L_7$ | $T$ | $K$ | $G$ | $N$×$d$ | $P$(油口) | 与输出轴的连接方式 | |
|---|---|---|---|---|---|---|---|---|---|
| | | | | | | | | 平键 GB/T 1096 | 花键 GB/T 1144 |
| YMD-30 | 12 | 16 | 15 | 23 | 14 | 4×$\phi$11 | M10×1.0-6H | 6×6 | 6×16×20×4 |
| YMD-60 | 12 | 16 | 15 | 23 | 14 | 4×$\phi$11 | M10×1.0-6H | 6×6 | 6×16×20×4 |
| YMD-120 | 12 | 16 | 15 | 30 | 14 | 4×$\phi$14 | M10×1.0-6H | 8×7 | 6×21×25×5 |
| YMD-200 | 16 | 21 | 18 | 39 | 21 | 4×$\phi$18 | M14×1.5-6H | 10×8 | 6×28×32×7 |
| YMD-300 | 16 | 21 | 18 | 39 | 21 | 4×$\phi$18 | M14×1.5-6H | 10×8 | 6×28×32×7 |
| YMD-500 | 20 | 26 | 20 | 48 | 21 | 4×$\phi$22 | M18×1.5-6H | 12×8 | 8×36×40×7 |
| YMD-700 | 20 | 26 | 20 | 48 | 21 | 4×$\phi$22 | M18×1.5-6H | 12×8 | 8×36×40×7 |
| YMD-1000 | 25 | 31 | 25 | 58 | 26 | 4×$\phi$26 | M22×1.5-6H | 14×9 | 8×46×50×9 |
| YMD-1600 | 30 | 34 | 25 | 60 | 30 | 6×$\phi$18 | M18×1.5-6H | 18×11 | 8×56×65×10 |
| YMD-2000 | 30 | 34 | 25 | 60 | 34 | 6×$\phi$18 | M18×1.5-6H | 20×12 | 8×62×72×12 |
| YMD-4000 | 34 | 40 | 25 | 60 | 45 | 12×$\phi$18 | M27×2.0-6H | 25×14 | 10×82×92×12 |
| YMD-7000 | 34 | 40 | 25 | 60 | 55 | 16×$\phi$18 | M27×2.0-6H | 25×14 | 10×82×92×12 |

# 第6章 液压缸

液压缸在液压系统中的作用是将液压能转变为机械能，使机械实现往复直线运动或摆动运动。

## 1 液压缸的分类

表 21-6-1

| 名称 | | | | 简图 | 符号 | 说明 |
|---|---|---|---|---|---|---|
| 推力液压缸 | 单作用液压缸 | 活塞液压缸 | |  | 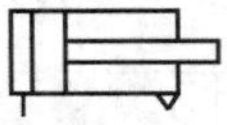 | 活塞仅单向运动，由外力使活塞反向运动 |
| | | 柱塞液压缸 | | 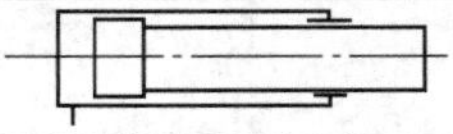 | 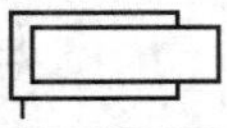 | 柱塞仅单向运动，由外力使柱塞反向运动 |
| | | 伸缩式套筒液压缸 | | 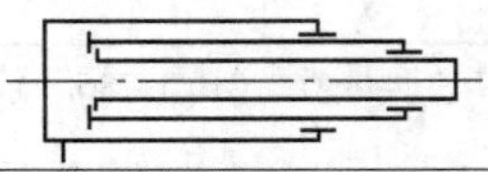 | 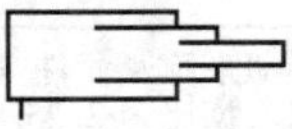 | 有多个互相联动的活塞液压缸，其短缸筒可实现长行程。由外力使活塞返回 |
| | 双作用液压缸 | 单活塞杆 | 不带缓冲液压缸 | 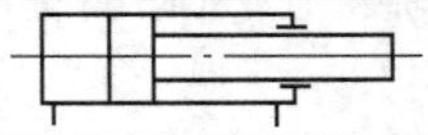 | 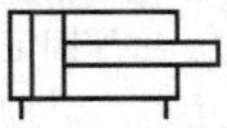 | 活塞双向运动，活塞在行程终了时无缓冲 |
| | | | 带不可调双向缓冲液压缸 | | 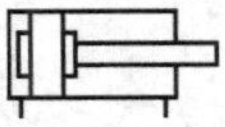 | 活塞在行程终了时缓冲 |
| | | | 带可调双向缓冲液压缸 | | 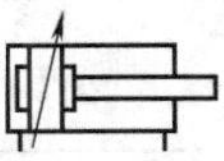 | 活塞在行程终了时缓冲，缓冲可调节 |
| | | | 差动液压缸 |  | 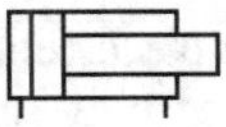 | 活塞两端的面积差较大，使液压缸往复的作用力和速度差较大 |
| | | 双活塞杆 | 等速、等行程液压缸 | 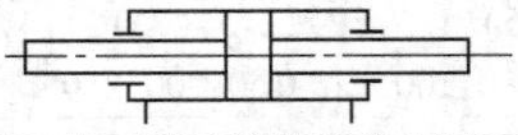 | 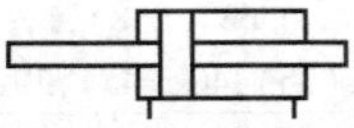 | 活塞左右移动速度和行程均相等 |
| | | | 双向液压缸 | 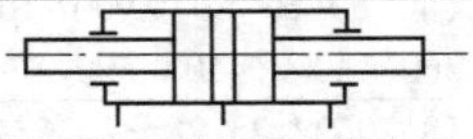 | 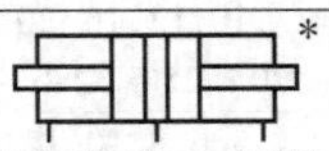 | 两个活塞同时向相反方向运动 |
| | | 伸缩式套筒液压缸 | | 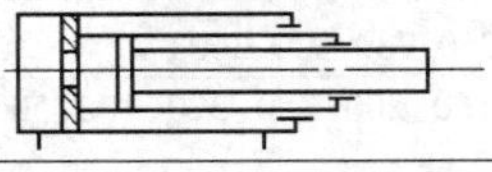 | 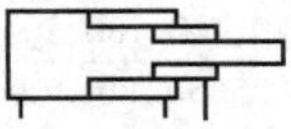 | 有多个互相联动的活塞液压缸，其短缸筒可实现长行程。活塞可双向运动 |
| | 组合液压缸 | 弹簧复位液压缸 | | 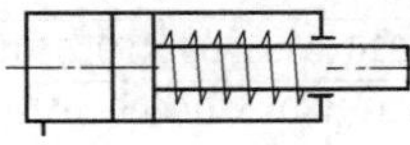 | 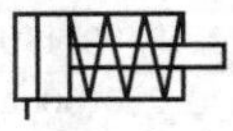 | 活塞单向运动，由弹簧使活塞复位 |
| | | 串联液压缸 | | 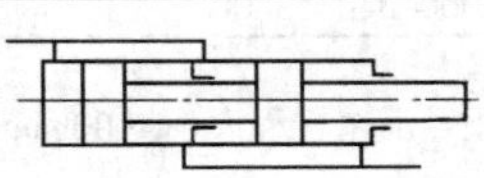 | 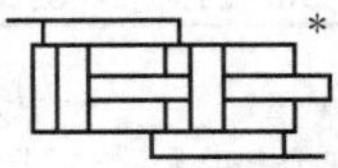 | 当液压缸直径受限制，而长度不受限制时，用以获得大的推力 |

续表

| 名称 | | | 简图 | 符号 | 说明 | |
|---|---|---|---|---|---|---|
| 推力液压缸 | 组合液压缸 | 增压液压缸（增压器） | 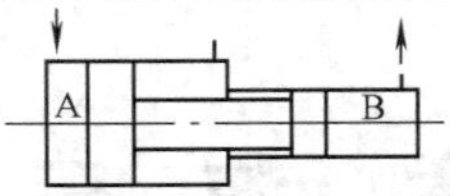 | 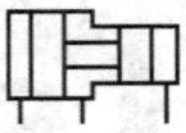 | 由两个不同的压力室A和B组成，以提高B室中液体的压力 | |
| | | 多位液压缸 | 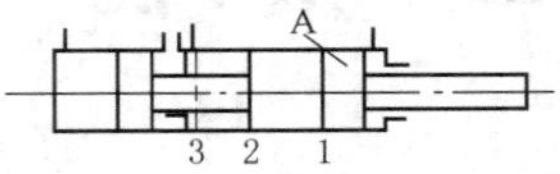 | 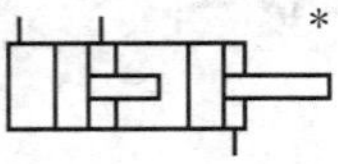 * | 活塞A有三个位置 | |
| | | 齿条传动活塞液压缸 | 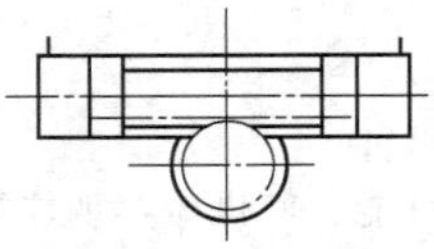 | 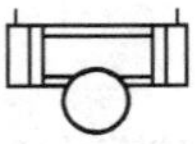 * | 活塞经齿条带动小齿轮产生回转运动 | |
| | | 齿条传动柱塞液压缸 | 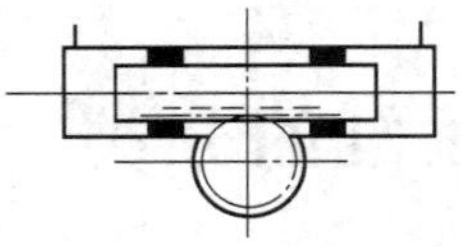 | 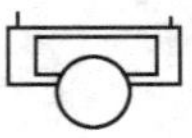 * | 柱塞经齿条带动小齿轮产生回转运动 | |
| 摆动液压缸 | 单叶片摆动液压缸 | | 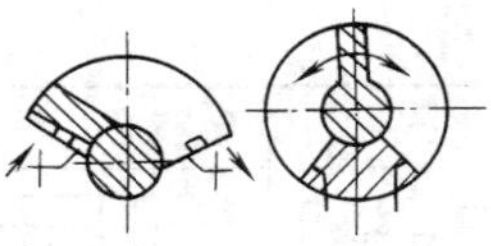 |  | 摆动液压缸也叫摆动油马达。把液压能变为回转运动机械能 | 出轴只能作小于360°的摆动运动 |
| | 双叶片摆动液压缸 | | 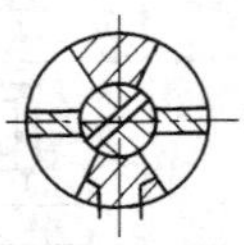 | | | 出轴只能作小于180°的摆动运动 |

注：1. 表中液压缸符号见流体传动系统及元件图形符号和回路图（GB/T 786.1）。带＊者标准中未规定，仅供参考。
2. 液压缸符号在制图时，一般取长宽比为2.25∶1。
3. 液压缸活塞杆上附有撞块时，可按简单机构图画出，与表示活塞杆的线条连在一起。
4. 液压缸缸体或活塞杆固定不动时，可加固定符号表示。

# 2 液压缸的主要参数

**表21-6-2**

| 名称 | | 数值 |
|---|---|---|
| 流体传动系统及元件公称压力系列①（GB/T 2346—2003）/MPa | | 0.001，0.0016，0.0025，0.004，0.0063，0.01，0.016，0.025，0.04，0.063，0.1，(0.125)，0.16，(0.2)，0.25，(0.315)，0.4，(0.5)<br>0.63，(0.8)，1，(1.25)，1.6，(2)，2.5，(3.15)，4，(5)，6.3，(8)，10，12.5，16，20，25，31.5，(35)，40，(45)，50，63，80，100，125，160，200，250 |
| 液压缸内径系列①（GB/T 2348—1993）/mm | | 8、10、12、16、20、25、32、40、50、63、80、(90)、100、(110)、125、(140)、160、(180)、200、(220)、250、(280)、320、(360)、400、(450)、500 |
| 活塞杆直径系列（GB/T 2348—1993）/mm | | 4、5、6、8、10、12、14、16、18、20、22、25、28、32、36、40、45、50、56、63、70、80、90、100、110、125、140、160、180、200、220、250、280、320、360 |
| 活塞行程系列②（GB/T 2349—1980）/mm | 第一系列 | 25、50、80、100、125、160、200、250、320、400、500、630、800、1000、1250、1600、2000、2500、3200、4000 |
| | 第二系列 | 40、63、90、110、140、180、220、280、360、450、550、700、900、1100、1400、1800、2200、2800、3600 |
| | 第三系列 | 240、260、300、340、380、420、480、530、600、650、750、850、950、1050、1200、1300、1500、1700、1900、2100、2400、2600、3000、3400、3800 |

① 括号内尺寸为非优先选用者。
② 活塞行程参数依优先次序按表第一、二、三系列选用。活塞行程大于4000mm时，按GB/T 321《优先数和优先数系》中R10数系选用。如不能满足时，允许按R40数系选用。

# 3 液压缸主要技术性能参数的计算

**表 21-6-3**

<table>
<tr><th>参数</th><th>计算公式</th><th>说明</th></tr>
<tr><td>压力 $p$</td><td>油液作用在单位面积上的压强<br>$$p=\frac{F}{A}\ (\mathrm{Pa})$$<br>从上式可知,压力 $p$ 是由载荷 $F$ 的存在而产生的。在同一个活塞的有效工作面积上,载荷越大,克服载荷所需要的压力就越大。如果活塞的有效工作面积一定,油液压力越大,活塞产生的作用力就越大<br>公称压力(额定压力)$PN$,是液压缸能用以长期工作的压力,应符合 GB/T 2346 的规定,右表压力分级仅供参考<br>最高允许压力 $p_{max}$,也是动态试验压力,是液压缸在瞬间所能承受的极限压力。各国规范通常规定为<br>$$p_{max}\leqslant 1.5PN\ (\mathrm{MPa})$$<br>耐压试验压力 $p_r$,是检查液压缸质量时所需承受的试验压力,即在此压力下不出现变形、裂缝或破裂。各国规范多数规定为<br>$$p_r\leqslant 1.5PN$$<br>军品规范则规定为<br>$$p_r=(2\sim2.5)PN$$</td><td>$F$——作用在活塞上的载荷,N<br>$A$——活塞的有效工作面积,$m^2$<br>在液压系统中,为便于选择液压元件和管路的设计,将压力分为下列等级<br>液压缸压力分级 MPa<table><tr><th>级别</th><th>额定压力</th></tr><tr><td>低压</td><td>0~2.5</td></tr><tr><td>中压</td><td>>2.5~10</td></tr><tr><td>中高压</td><td>>10~16</td></tr><tr><td>高压</td><td>>16~31.5</td></tr><tr><td>超高压</td><td>>31.5</td></tr></table></td></tr>
<tr><td>流量 $Q$</td><td>单位时间内油液通过缸筒有效截面的体积<br>$$Q=\frac{V}{t}\ (\mathrm{L/min})$$<br>由于 $V=vAt\times10^3\ (\mathrm{L})$<br>则 $Q=vA\times10^3=\frac{\pi}{4}D^2v\times10^3\ (\mathrm{L/min})$<br>对于单活塞杆液压缸<br>活塞杆伸出 $Q=\frac{\pi}{4\eta_v}D^2v\times10^3\ (\mathrm{L/min})$<br>活塞杆缩回 $Q=\frac{\pi}{4\eta_v}(D^2-d^2)v\times10^3\ (\mathrm{L/min})$<br>活塞杆差动伸出 $Q=\frac{\pi}{4\eta_v}d^2v\times10^3\ (\mathrm{L/min})$</td><td rowspan="2">$V$——液压缸活塞一次行程中所消耗的油液体积,L<br>$t$——液压缸活塞一次行程所需时间,min<br>$D$——液压缸内径,m<br>$d$——活塞杆直径,m<br>$v$——活塞杆运动速度,m/min<br>$\eta_v$——液压缸容积效率,当活塞密封为弹性密封材料时 $\eta_v=1$,当活塞密封为金属环时 $\eta_v=0.98$<br>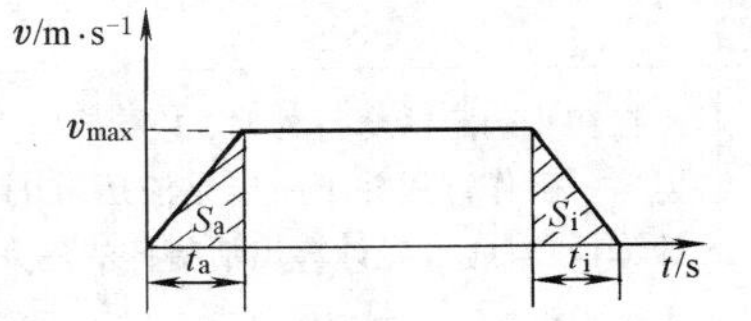</td></tr>
<tr><td>活塞的运动速度 $v$</td><td>单位时间内压力油液推动活塞(或柱塞)移动的距离<br>$$v=\frac{Q}{A}\times10^{-3}\ (\mathrm{m/min})$$<br>活塞杆伸出 $v=\frac{4Q\eta_v}{\pi D^2}\times10^{-3}\ (\mathrm{m/min})$<br>活塞杆缩回 $v=\frac{4Q\eta_v}{\pi(D^2-d^2)}\times10^{-3}\ (\mathrm{m/min})$<br>当 $Q$=常数时,$v$=常数。但实际上,活塞在行程两端各有一个加、减速阶段,如右图所示,故上述公式中计算的数值均为活塞的最高运动速度<br>活塞的最高运动速度 $v_{max}$ 受到活塞和活塞杆密封圈以及行程末端缓冲机构所能承受的动能的限制<br>活塞的最低运动速度 $v_{min}$ 受活塞与活塞密封件摩擦力和加工精度的影响,不能太低,以免产生爬行,一般 $v_{min}$>0.1~0.2m/min</td></tr>
</table>

续表

| 参数 | 计算公式 | 说明 |
|---|---|---|
| 两腔面积比 $\varphi$ | 单活塞杆液压缸两腔面积比，即活塞往复运动时的速度之比<br>$$\varphi=\frac{v_2}{v_1}=\frac{A_1}{A_2}=\frac{\frac{\pi}{4}D^2}{\frac{\pi}{4}(D^2-d^2)}=\frac{D^2}{D^2-d^2}$$<br>计算面积比主要是为了确定活塞杆的直径和要否设置缓冲装置。面积比不宜过大或过小，以免产生过大的背压或造成因活塞杆太细导致稳定性不好。两腔面积比应符合 JB/T 7939 的规定，也可参考下表选定 | $v_1$——活塞杆的伸出速度，m/min<br>$v_2$——活塞杆的缩回速度，m/min<br>$D$——液压缸活塞直径，m<br>$d$——活塞杆直径，m |

| 公称压力/MPa | ≤10 | 12.5~20 | >20 |
|---|---|---|---|
| $\varphi$ | 1.32 | 1.4~2 | 2 |

| 参数 | 计算公式 | 说明 |
|---|---|---|
| 行程时间 $t$ | 活塞在缸体内完成全部行程所需要的时间<br>$$t=\frac{60V}{Q}\ (\mathrm{s})$$<br>活塞杆伸出 $t=\frac{15\pi D^2S}{Q}\times10^3\ (\mathrm{s})$<br>活塞杆缩回 $t=\frac{15\pi(D^2-d^2)S}{Q}\times10^3\ (\mathrm{s})$<br>上述时间的计算公式只适用于长行程或活塞速度较低的情况，对于短行程、高速度时的行程时间（缓冲段除外），除与流量有关，还与负载、惯量、阻力等有直接关系。可参见有关文献 | $V$——液压缸容积，L，$V=AS\times10^3$<br>$S$——活塞行程，m<br>$Q$——流量，L/min<br>$D$——缸筒内径，m<br>$d$——活塞杆直径，m |
| 活塞的理论推力 $F_1$ 和拉力 $F_2$ | 油液作用在活塞上的液压力，对于双作用单活塞杆液压缸来讲，活塞受力如下图所示<br>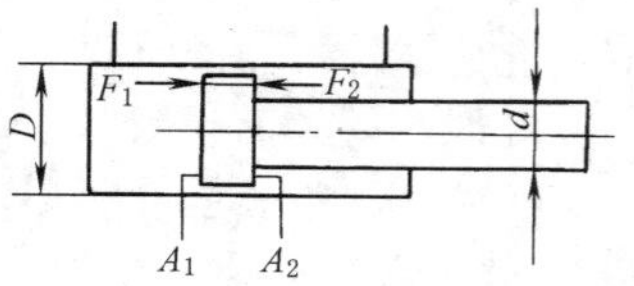<br><br>活塞杆伸出时的理论推力 $F_1$ 为<br>$$F_1=A_1p\times10^6=\frac{\pi}{4}D^2p\times10^6\ (\mathrm{N})$$<br>活塞杆缩回时的理论拉力 $F_2$ 为<br>$$F_2=A_2p\times10^6=\frac{\pi}{4}(D^2-d^2)p\times10^6\ (\mathrm{N})$$<br>当活塞差动前进（即活塞的两侧同时进压力相同的油液）时的理论推力为<br>$$F_3=(A_1-A_2)p\times10^6=\frac{\pi}{4}d^2p\times10^6\ (\mathrm{N})$$ | $A_1$——活塞无杆侧有效面积，$\mathrm{m}^2$<br>$A_2$——活塞有杆侧有效面积，$\mathrm{m}^2$<br>$p$——供油压力（工作油压），MPa<br>$D$——活塞直径（液压缸内径），m<br>$d$——活塞杆直径，m |
| 活塞的最大允许行程 $S$ | 在初步确定活塞行程时，主要是按实际工作需要的长度来考虑，但这一工作行程并不一定是液压缸的稳定性所允许的行程。为了计算行程，应首先计算出活塞杆的最大允许长度 $L_k$。因活塞杆一般为细长杆，当 $L_k\geqslant(10\sim15)d$ 时，由欧拉公式推导出<br>$$L_k=\sqrt{\frac{\pi^2EI}{F_k}}\ (\mathrm{mm})$$<br>将右列数据代入并简化后<br>$$L_k\approx320\frac{d^2}{\sqrt{F_k}}\ (\mathrm{mm})$$ | $F_k$——活塞杆弯曲失稳临界压缩力，N，$F_k\geqslant Fn_k$<br>$F$——活塞杆纵向压缩力，N<br>$n_k$——安全系数，通常 $n_k=3.5\sim6$<br>$E$——材料的弹性模量，钢材 $E=2.1\times10^5$ MPa<br>$I$——活塞杆横截面惯性矩，$\mathrm{mm}^4$，圆截面 $I=\frac{\pi d^4}{64}=0.049d^4$<br>$d$——活塞杆直径，mm |

续表

| 参数 | 计算公式 | 说明 |
|---|---|---|
| 活塞的最大允许行程 $S$ | 对于各种安装导向条件的液压缸,活塞杆计算长度<br>$$L=\sqrt{n}L_k$$<br>为了计算方便,可将 $F_k$ 用液压缸工作压力 $p$ 和液压缸直径 $D$ 表示。根据液压缸的各种安装型式和欧拉公式所确定的活塞杆计算长度及导出的允许行程计算公式见表 21-6-4<br>一般情况下,活塞杆的纵向压缩力 $F$(或 $p$、$D$)是已知量,根据上面公式即可大概地求出活塞杆的最大允许行程。然而,这样确定的行程很可能与设计的活塞杆直径矛盾,达不到稳定性要求,这时,就应该对活塞杆的直径进行修正。修正了活塞杆直径后,再核算稳定性是否满足要求,满足要求了再按实际工作行程选取与其相近似的标准行程 | $n$——液压缸末端条件系数(安装及导向系数),见表 21-6-4<br>标准行程参见表 21-6-2 |
| 液压缸的功 $W$ 和功率 $N$ | 液压缸所做的功<br>$$W=FS\ \text{(J)}$$<br>功率 $N=\dfrac{W}{t}=\dfrac{FS}{t}=F\dfrac{S}{t}=Fv\ \text{(W)}$<br>由于 $F=pA$,$v=Q/A$,代入上式得<br>$$N=Fv=pA\frac{Q}{A}=pQ\ \text{(W)}$$<br>即液压缸的功率等于压力与流量的乘积 | $F$——液压缸的载荷(推力或拉力),N<br>$S$——活塞行程,m<br>$t$——活塞运动时间,s<br>$v$——活塞运动速度,m/s<br>$p$——工作压力,Pa<br>$Q$——输入流量,$m^3/s$ |
| 液压缸的总效率 $\eta_t$ | 液压缸的总效率由以下效率组成:<br>① 机械效率 $\eta_m$,由活塞及活塞杆密封处的摩擦阻力所造成的摩擦损失,在额定压力下,通常可取 $\eta_m=0.9\sim0.95$<br>② 容积效率 $\eta_v$,由各密封件泄漏所造成,通常取活塞密封为弹性材料时 $\eta_v=1$,活塞密封为金属环时 $\eta_v=0.98$<br>③ 作用力效率 $\eta_d$,由排出口背压所产生的反向作用力造成<br>活塞杆伸出时 $\eta_d=\dfrac{p_1A_1-p_2A_2}{p_1A_1}$<br>活塞杆缩回时 $\eta_d=\dfrac{p_2A_2-p_1A_1}{p_2A_2}$<br>当排油直接回油箱时 $\eta_d=1$<br>液压缸的总效率 $\eta_t$ 为<br>$$\eta_t=\eta_m\eta_v\eta_d$$ | $p_1$——当活塞杆伸出时为进油压力,当活塞杆缩回时为排油压力,MPa<br>$p_2$——当活塞杆伸出时为排油压力,当活塞杆缩回时为进油压力,MPa |
| 活塞作用力 $F$ | 液压缸工作时,活塞作用力 $F$ 计算如下:<br>$$F=F_a+F_b+F_c\pm F_d\ \text{(N)}$$<br>式中 $F_a$——外载荷阻力(包括外摩擦阻力)<br>$F_b$——回油阻力,当油无阻碍回油箱时 $F_b\approx0$,当回油有阻力(背压)时,$F_b$ 则为作用在活塞承压面上的液压阻力<br>$F_c$——密封圈摩擦阻力,N,$F_c=f\Delta p\pi(Db_Dk_D+db_dk_d)\times10^6$<br>$F_d$——活塞在启动、制动时的惯性力 | $f$——密封件的摩擦因数,按不同润滑条件,可取 $f\approx0.05\sim0.2$<br>$\Delta p$——密封件两侧的压力差,MPa<br>$D$,$d$——液压缸内径与活塞杆直径,m<br>$b_D$,$b_d$——活塞及活塞杆密封件宽度,m<br>$k_D$,$k_d$——活塞及活塞杆密封件的摩擦修正系数,O 形密封圈 $k\approx0.15$,带唇边密封圈 $k\approx0.25$,压紧型密封圈 $k\approx0.2$ |

**表 21-6-4　　允许行程 $S$ 与计算长度 $L$ 的计算公式**

| 欧拉载荷条件（末端条件） | 图　示 | 液压缸安装型式 | 最大允许长度 $L_k$ | 计算长度 $L$ | 允许行程 $S$ |
|---|---|---|---|---|---|
| 两端铰接，刚性导向 $n=1$ | 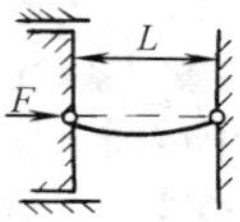 | 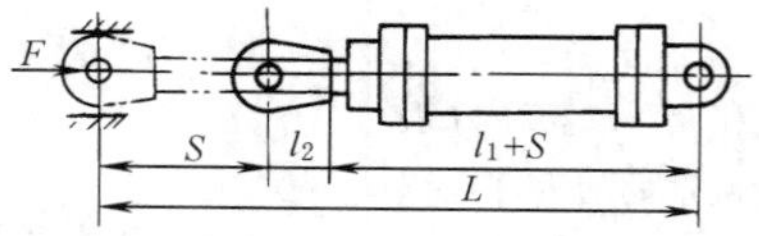 | $L_k=\frac{192.4d^2}{D\sqrt{p}}$（安全系数 $n_k=3.5$ 时）<br>$L_k$——最大计算长度，mm<br>$D$——液压缸内径，mm<br>$d$——活塞杆直径，mm<br>$p$——工作压力，MPa | $L=L_k$ | $S=\frac{1}{2}(L-l_1-l_2)$ |
| | | 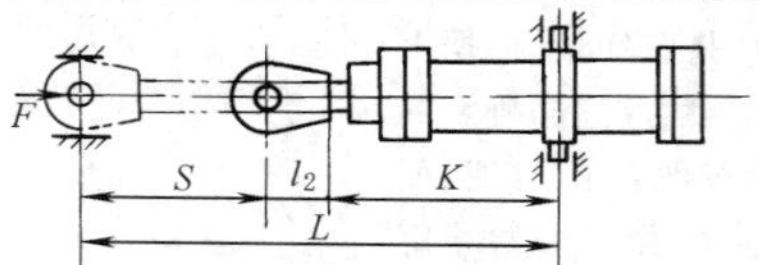 | | | $S=L-l_2-K$ |
| 一端铰接，刚性导向，一端刚性固定 $n=2$ | 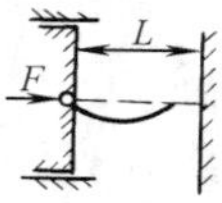 | 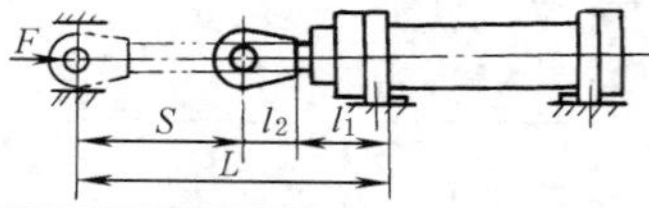 | | $L=\sqrt{2}L_k$ | $S=L-l_1-l_2$ |
| | | 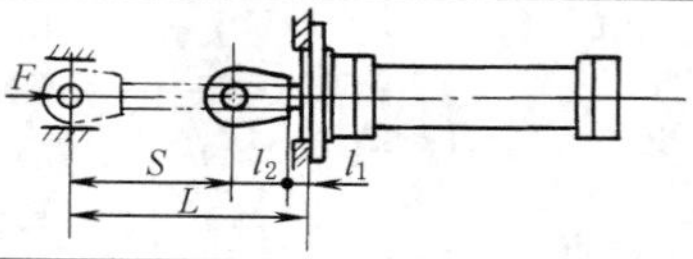 | | | $S=L-l_1-l_2$ |
| | | 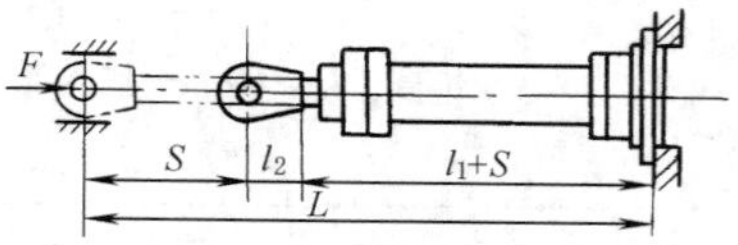 | | | $S=\frac{1}{2}(L-l_1-l_2)$ |
| 两端刚性固定，刚性导向 $n=4$ | 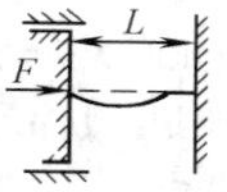 | 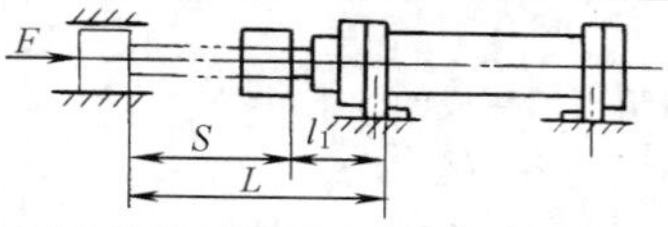 | | $L=2L_k$ | $S=L-l_1$ |
| | | 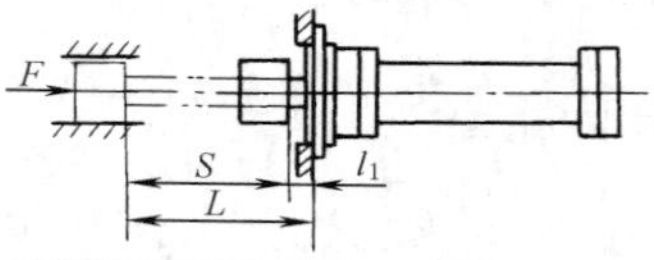 | | | $S=L-l_1$ |
| | | 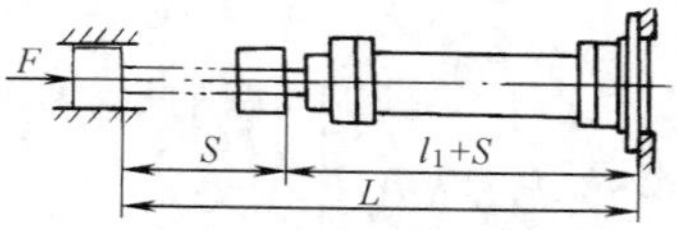 | | | $S=\frac{1}{2}(L-l_1)$ |
| 一端刚性固定，一端自由 $n=\frac{1}{4}$ | 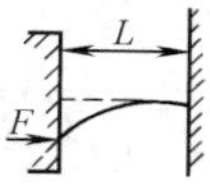 | 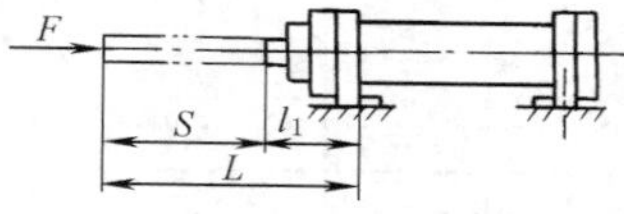 | | $L=\frac{L_k}{2}$ | $S=L-l_1$ |
| | | 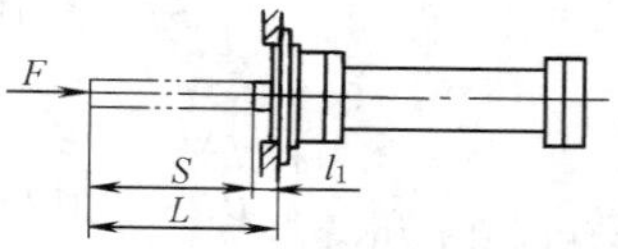 | | | $S=L-l_1$ |
| | | 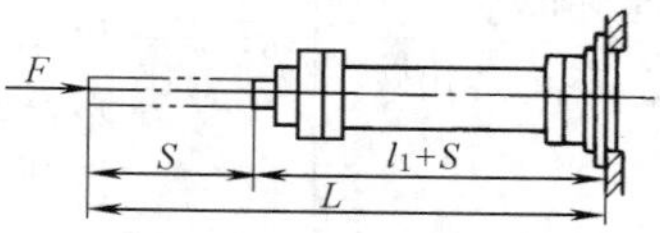 | | | $S=\frac{1}{2}(L-l_1)$ |

# 4　通用液压缸的典型结构

通用液压缸用途较广，适用于机床、车辆、重型机械、自动控制等的液压传动，已有国家标准和国际标准规定其安装尺寸。

**表 21-6-5**　　　　端盖与缸筒连接方式

| 名称 | 结　　构 | 特　　点 |
|---|---|---|
| 拉杆型液压缸 | 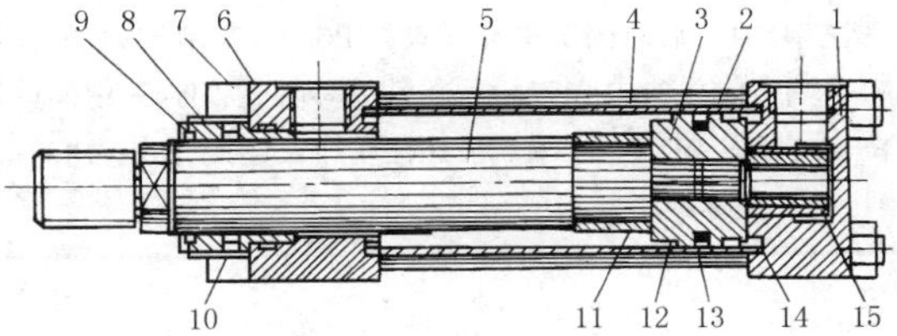<br>1—后端盖；2—拉杆；3—活塞；4—缸筒；5—活塞杆；6—前端盖；7—压盖；8—活塞杆密封座；9—防尘圈；10—活塞杆密封圈；11—前缓冲柱塞；12—支承环；13—活塞密封；14—缸筒密封；15—后缓冲柱塞<br>两端盖和缸筒多采用四根拉杆连接，两端盖为正方形或长方形 | 结构简单，制造和安装均较方便，缸筒为用内径经过珩磨的无缝钢管半成品，按行程要求的长度切割。端盖与活塞均为通用件。但受行程长度、缸内径和额定工作压力的限制。当行程即拉杆长度过长时，安装时容易偏歪，致使缸筒端部泄漏。缸筒内径过大或额定工作压力过高时，由于径向尺寸布置和拆装问题，拉杆直径尺寸受到限制，致使拉杆的拉应力可能超过屈服极限。通常用于行程不大于 1.5m、缸内径不大于 250mm、额定压力不大于 20MPa（个别系列可达 25MPa）的场合 |
| 焊接型液压缸 | 缸体有杆侧的端盖与缸筒之间为内外螺纹连接及内外卡环、卡圈连接，而后端盖与缸筒常采用焊接连接<br>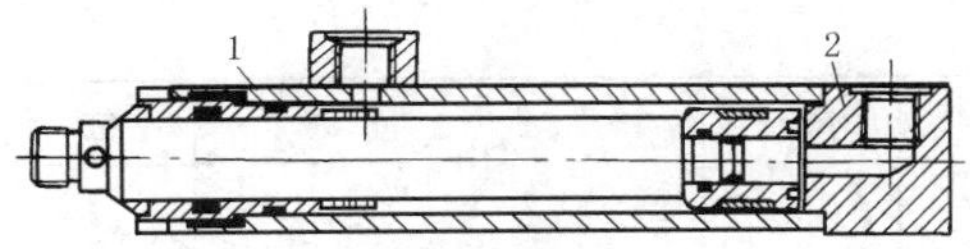<br>1—前端盖；2—后端盖 | 暴露在外面的零件较少，外表光洁，外形尺寸小，能承受一定的冲击负载和恶劣的外界环境条件。但由于前端盖螺纹强度和预紧时端盖对操作的限制，不能用于过大的缸内径和较高的工作压力，常用于缸内径不大于 200mm、额定压力不大于 25MPa 的场合，多用于车辆、船舶和矿业等机械上 |
| 法兰型液压缸 | 缸体的两个端盖均用法兰螺钉（栓）连接的结构如图 a 所示；缸底为焊接而缸前盖用法兰连接的结构如图 b 所示<br>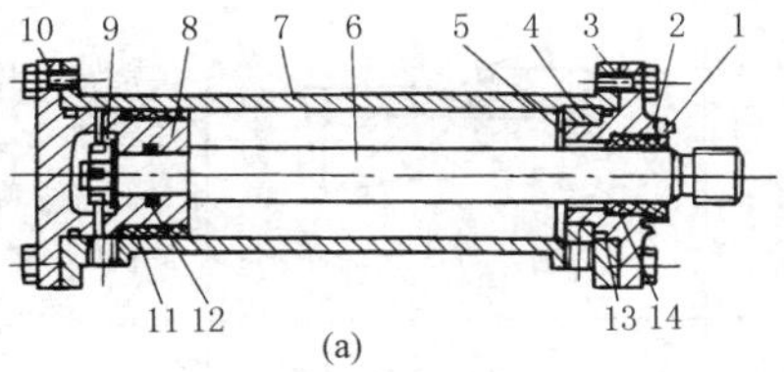<br>(a)<br>1—防尘圈；2—密封压盖；3—法兰螺钉；4—前端盖；5—导向套；6—活塞杆；7—缸筒；8—活塞；9—螺母；10—后端盖；11—活塞密封；12—密封圈；13—缸筒密封；14—活塞杆密封<br>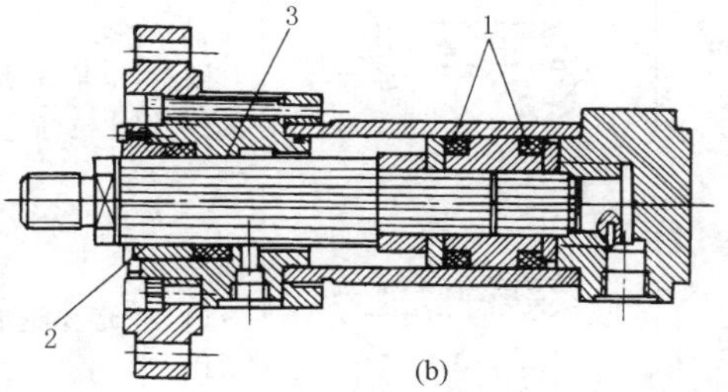<br>(b)<br>1—V 形密封圈；2—活塞杆直径小于或等于 100mm 时的导向段；3—活塞杆直径大于 100mm 时的导向段<br>这类缸外形尺寸较大，适用于大、中型液压缸，缸内径通常大于 100mm，额定压力为 25～40MPa，能承受较大的冲击负荷和恶劣的外界环境条件，属重型缸，多用于重型机械、冶金机械等 | |

注：液压缸气缸安装尺寸和安装型式代号（GB/T 9094—2006/ISO 6099：2001）规定了 64 种安装型式，目前应用较广的有三种，详见下表：

| 国际标准 | 液压缸类型 | 工作压力/MPa | 安装型式的标识代号 | 代号字母含义 |
|---|---|---|---|---|
| ISO 6020/1 | 单活塞杆（中型系列） | 16 | MF1，MF2，MF3，MF4，MP3，MP4，MP5，MP6，MT1，MT2 | M—安装　R—螺栓端<br>D—双活塞杆　S—脚架<br>E—前端盖或后端盖　T—耳轴<br>F—可拆式法兰　P—耳环<br>X—双头螺栓或加长连接杆 |
| ISO 6020/2 | 单活塞杆（小型系列） | 16 | ME5，ME6，MP1，MP3，MP5，MS2，MT1，MT2，MT4，MX1，MX2，MX3 | |
| ISO 6022 | 单活塞杆 | 25 | MF3，MF4，MP3，MP4，MP5，MP6，MT4 | |

备注：表中标识代号意义如下。端盖类：ME5—矩形前盖式；ME6—矩形后盖式。法兰类：MF1—前端矩形法兰式；MF2—后端矩形法兰式；MF3—前端圆法兰式；MF4—后端圆法兰式。耳环类：MP1—后端固定双耳环式；MP3—后端固定单耳环式；MP4—后端可拆单耳环式；MP5—带关节轴承，后端固定单耳环式；MP6—带关节轴承，后端可拆单耳环式。底座类：MS2—侧面脚架式。耳轴类：MT1—前端整体耳轴式；MT2—后端整体耳轴式；MT4—中间固定或可调耳轴式。螺栓螺孔类：MX1—两端双头螺柱或加长连接杆式；MX2—后端双头螺柱或加长连接杆式；MX3—前端双头螺柱或加长连接杆式。有关安装尺寸可查阅表中所列有关标准

# 5　液压缸主要零部件设计

## 5.1　缸筒

（1）缸筒与缸盖的连接

常用的缸体结构有八类，表 21-6-6 列举了采用较多的 16 种结构，通常根据缸筒与缸盖的连接型式选用，而连接型式又取决于额定压力、用途和使用环境等因素。

表 21-6-6

| 连接型式 | 结构 | 优缺点 | 连接型式 | 结构 | 优缺点 |
|---|---|---|---|---|---|
| 法兰连接 | ①<br>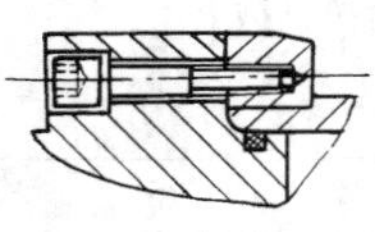 | 优点：结构较简单；易加工，易装卸<br>缺点：重量比螺纹连接的大，但比拉杆连接的小；外径较大<br>①、② 缸筒为钢管，端部焊法兰<br>③ 缸筒为钢管，端部镦粗<br>④ 缸筒为锻件或铸件 | 外螺纹连接 | ⑤<br>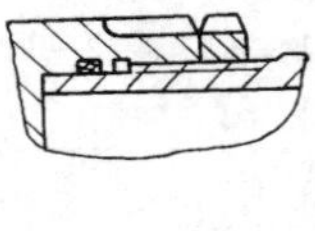 | 优点：重量较轻；外径较小<br>缺点：端部结构复杂；装卸时要用专门的工具；拧端部时，有可能把密封圈拧扭，如图⑤、⑦所示 |
| | ②<br>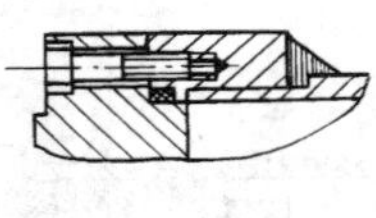 | | | ⑥<br>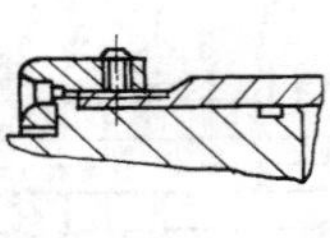 | |
| | ③<br>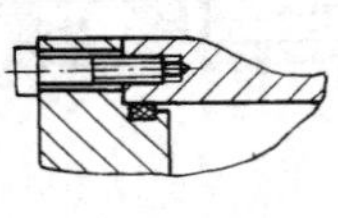 | | 内螺纹连接 | ⑦<br>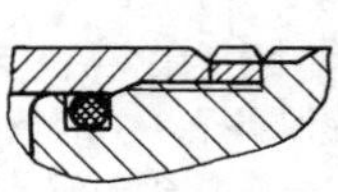 | |
| | ④<br>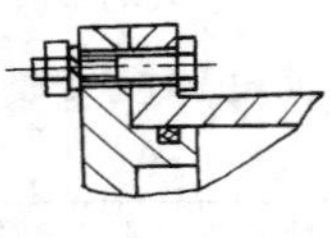 | | | ⑧<br>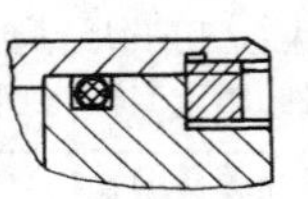 | |

续表

| 连接型式 | 结构 | 优缺点 | 连接型式 | 结构 | 优缺点 |
|---|---|---|---|---|---|
| 外半环连接 | ⑨ 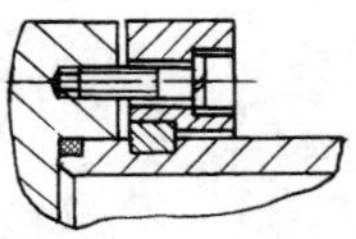 | 优点：重量比拉杆连接的轻<br>缺点：缸筒外径要加工；半环槽削弱了缸筒，相应地要加厚缸筒壁厚 | 拉杆连接 | ⑬ 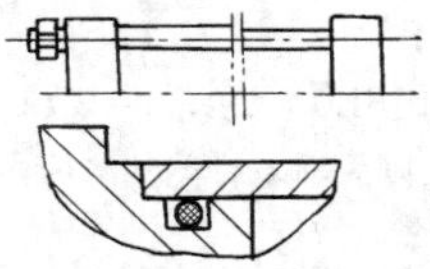 | 优点：缸筒最易加工；最易装卸；结构通用性大<br>缺点：重量较重，外形尺寸较大 |
| | ⑩ 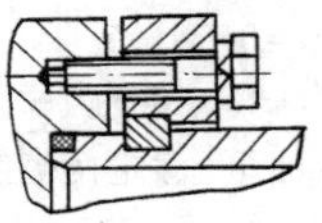 | | | ⑭ 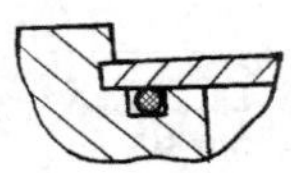 | |
| 内半环连接 | ⑪ 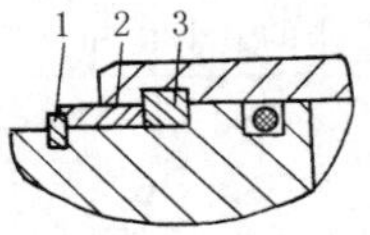  1—弹簧圈；2—轴套；3—半环 | 优点：结构紧凑，重量轻<br>缺点：安装时，端部进入缸筒较深，密封圈有可能被进油孔边缘擦伤 | 焊接 | ⑮ 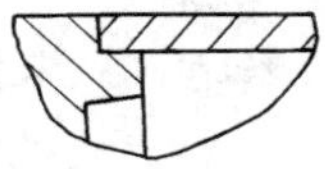 | 优点：结构简单，尺寸小<br>缺点：缸筒有可能变形 |
| | ⑫ 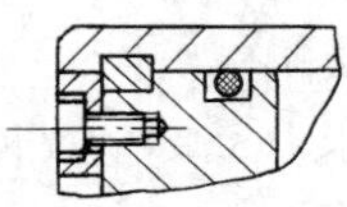 | | 钢丝连接 | ⑯ 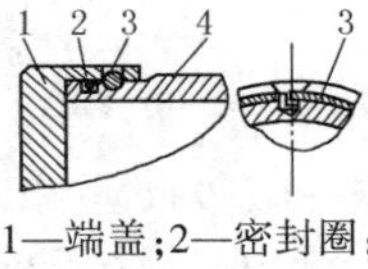  1—端盖；2—密封圈；3—钢丝；4—缸筒 | 优点：结构简单，重量轻，尺寸小 |

（2）对缸筒的要求

① 有足够的强度，能长期承受最高工作压力及短期动态试验压力而不致产生永久变形。

② 有足够的刚度，能承受活塞侧向力和安装的反作用力而不致产生弯曲。

③ 内表面在活塞密封件及导向环的摩擦力作用下，能长期工作而磨损少，尺寸公差等级和形位公差等级足以保证活塞密封件的密封性。

④ 需要焊接的缸筒还要求有良好的可焊性，以便在焊上法兰或管接头后不至于产生裂纹或过大的变形。

总之，缸筒是液压缸的主要零件，它与缸盖、缸底、油口等零件构成密封的容腔，用以容纳压力油液，同时它还是活塞的运动“轨道”。设计液压缸缸筒时，应该正确确定各部分的尺寸，保证液压缸有足够的输出力、运动速度和有效行程，同时还必须具有一定的强度，能足以承受液压力、负载力和意外的冲击力；缸筒的内表面应具有合适的尺寸公差等级、表面粗糙度和形位公差等级，以保证液压缸的密封性、运动平稳性和耐用性。

（3）缸筒计算

按 JB/T 11718—2013 液压缸缸筒技术条件规定，制造缸筒的材料应根据液压缸的参数、用途和毛坯的来源等选择，常用材料如下：

优质碳素结构钢牌号：20，30，35，45，20Mn，25Mn；

合金结构钢牌号：27SiMn，30CrMo；

低合金高强度结构钢牌号：Q345；

不锈钢牌号：12Cr18Ni9。

完全用机加工制成的缸筒，其力学性能应不低于所用材料的标准规定的力学性能要求。

冷拔加工的缸筒受材料和加工工艺的影响，其材料力学性能由供需双方商定。

大型液压缸缸筒材料按 JB/T 11588—2013 大型液压油缸规定，材料的力学性能屈服强度应不低于 280MPa。

(4) 缸筒计算

**表 21-6-7**

<table>
<tr><th>项目</th><th>计 算 公 式</th><th>说 明</th></tr>
<tr>
<td>缸筒内径</td>
<td>当液压缸的理论作用力 $F$(包括推力 $F_1$ 和拉力 $F_2$)及供油压力 $p$ 为已知时,则无活塞杆侧的缸筒内径为<br>$$D=\sqrt{\frac{4F_1}{\pi p}}\times10^{-3}\ (\mathrm{m})$$<br>有活塞杆侧缸筒内径为<br>$$D=\sqrt{\frac{4F_2}{\pi p\times10^6}+d^2}\ (\mathrm{m})$$<br>液压缸的理论作用力按下式确定<br>$$F=\frac{F_0}{\psi\eta_t}\ (\mathrm{N})$$<br>当 $Q_v$ 及 $v$ 为已知时,则缸筒内径(未考虑容积效率 $\eta_v$)按无活塞杆侧为<br>$$D=\sqrt{\frac{4}{\pi}\times\frac{Q_v}{v_1}}\ (\mathrm{m})$$<br>按有活塞杆侧为<br>$$D=\sqrt{\frac{4Q_v}{\pi v_2}+d^2}\ (\mathrm{m})$$<br>最后将以上各式所求得的 $D$ 值进行比较,选择其中最大者,圆整到标准值(见表 21-6-2 和表 21-6-8)</td>
<td rowspan="3">$d$——活塞杆直径,m(表 21-6-16)<br>$p$——供油压力,MPa<br>$F_1,F_2$——液压缸的理论推力和拉力,N<br>$F_0$——活塞杆上的实际作用力,N<br>$\psi$——负载率,一般取 $\psi=0.5\sim0.7$<br>$\eta_t$——液压缸的总效率(表 21-6-3)<br>$Q_v$——液压缸的体积供油量(假定两侧的供油量相同,即 $Q_{v1}=Q_{v2}$),$\mathrm{m^3/s}$<br>$v_1,v_2$——活塞杆伸出及缩回时的速度,m/s<br>$\delta_0$——缸筒材料强度要求的最小值,m<br>$c_1$——缸筒外径公差余量,m<br>$c_2$——腐蚀余量,m<br>$D$——缸筒内径,m<br>$D_1$——缸筒外径,m<br>$p_{max}$——缸筒内最高工作压力,MPa<br>$\sigma_p$——缸筒材料的许用应力,MPa,$\sigma_p=\frac{\sigma_b}{n}$<br>$\sigma_b$——缸筒材料的抗拉强度,MPa<br>$n$——安全系数,通常取 $n=5$,最好是按下表进行选取<br><br>液压缸的安全系数<br>
<table>
<tr><th rowspan="2">材料名称</th><th rowspan="2">静载荷</th><th colspan="2">交变载荷</th><th rowspan="2">冲击载荷</th></tr>
<tr><th>不对称</th><th>对称</th></tr>
<tr><td>钢、锻铁</td><td>3</td><td>5</td><td>8</td><td>12</td></tr>
</table>
<br>$\sigma_s$——缸筒材料屈服点,MPa<br>$p_{rL}$——缸筒发生完全塑性变形的压力,MPa,$p_{rL}\leqslant 2.3\sigma_s\lg\frac{D_1}{D}$<br>$p_r$——缸筒耐压试验压力,MPa<br>$E$——缸筒材料弹性模量,MPa<br>$\nu$——缸筒材料泊松比,钢材 $\nu=0.3$<br>实际上,当 $\delta/D>0.2$ 时,材料使用不够经济,应改用高屈服强度的材料<br>国内外工厂实际采用的缸筒外径 $D_1$ 见表 21-6-9,供设计时参考</td>
</tr>
<tr>
<td>缸筒壁厚</td>
<td>缸筒壁厚为<br>$$\delta=\delta_0+c_1+c_2$$<br>关于 $\delta_0$ 的值,可按下列情况分别进行计算:<br>当 $\delta/D\leqslant0.08$ 时,可用薄壁缸筒的实用公式<br>$$\delta_0\geqslant\frac{p_{max}D}{2\sigma_p}\ (\mathrm{m})$$<br>当 $\delta/D=0.08\sim0.3$ 时<br>$$\delta_0\geqslant\frac{p_{max}D}{2.3\sigma_p-3p_{max}}\ (\mathrm{m})$$<br>当 $\delta/D\geqslant0.3$ 时<br>$$\delta_0\geqslant\frac{D}{2}\left(\sqrt{\frac{\sigma_p+0.4p_{max}}{\sigma_p-1.3p_{max}}}-1\right)\ (\mathrm{m})$$<br>或 $$\delta_0\geqslant\frac{D}{2}\left(\sqrt{\frac{\sigma_p}{\sigma_p-\sqrt{3}p_{max}}}-1\right)\ (\mathrm{m})$$</td>
</tr>
<tr>
<td>缸筒壁厚验算</td>
<td>对最终采用的缸筒壁厚应进行四方面的验算<br>额定压力 $PN$ 应低于一定极限值,以保证工作安全<br>$$PN\leqslant0.35\frac{\sigma_s(D_1^2-D^2)}{D_1^2}\ (\mathrm{MPa})$$<br>或 $$PN\leqslant0.5\frac{\sigma_s(D_1^2-D^2)}{\sqrt{3D_1^4+D^4}}\ (\mathrm{MPa})$$</td>
</tr>
</table>

续表

| 项目 | 计算公式 | 说明 |
| --- | --- | --- |
| 缸筒壁厚验算 | 同时额定压力也应与完全塑性变形压力有一定的比例范围,以避免塑性变形的发生,即<br>$PN\leqslant(0.35\sim0.42)p_{rL}$ (MPa)<br>此外,尚需验算缸筒径向变形 $\Delta D$ 应处在允许范围内<br>$\Delta D=\dfrac{Dp_r}{E}\left(\dfrac{D_1^2+D^2}{D_1^2-D^2}+\nu\right)$ (m)<br>变形量 $\Delta D$ 不应超过密封圈允许范围<br>最后,还应验算缸筒的爆裂压力 $p_E$<br>$p_E=2.3\sigma_b\lg\dfrac{D_1}{D}$ (MPa)<br>也可用费帕尔(FAUPEL)公式<br>$p_E=2.65\sigma_b\left(2-\dfrac{\sigma_b}{\sigma}\right)\lg\dfrac{D_1}{D}$ (MPa)<br>计算的 $p_E$ 值应远超过耐压试验压力 $p_r$,即 $p_E\gg p_r$ | |
| 缸筒底部厚度 | 缸筒底部为平面时,其厚度 $\delta_1$ 可以按照四周嵌住的圆盘强度公式进行近似的计算<br>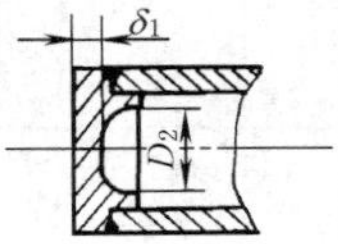<br><br>$\delta_1\geqslant0.433D_2\sqrt{\dfrac{p}{\sigma_p}}$ (m)<br>缸筒底部为拱形时(如图中所示 $R\geqslant0.8D$、$r\geqslant0.125D$),其厚度用下式计算<br>$\delta_1=\dfrac{pD_0}{4\sigma_p}\beta$ (m)<br>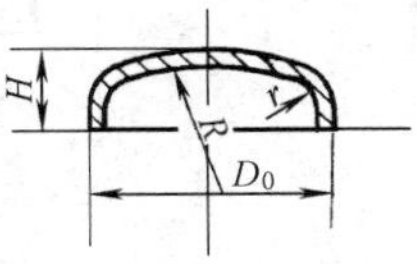<br> | $p$——筒内最大工作压力,MPa<br>$\sigma_p$——筒底材料许用应力,MPa,其选用方法与上述缸筒厚度计算相同<br>$D_2$——计算厚度外直径,m<br>$\beta$——系数,当 $H/D_0=0.2\sim0.3$ 时,取 $\beta=1.6\sim2.5$<br>$D_0$——缸底外径,m |
| 缸筒头部法兰厚度 | $h=\sqrt{\dfrac{4Fb}{\pi(r_a-d_L)\sigma_p}}\times10^{-3}$ (m)<br>如不考虑螺孔($d_L$),则为<br>$h=\sqrt{\dfrac{4Fb}{\pi r_a\sigma_p}}\times10^{-3}$ (m) | $F$——法兰在缸筒最大内压下所承受的轴向压力,N<br>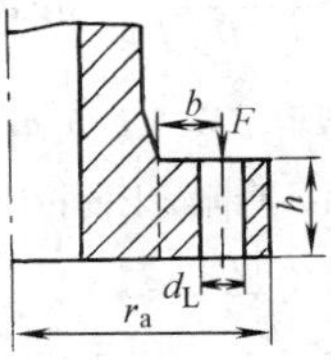<br><br>缸筒头部法兰厚度 |
| 缸筒螺纹连接部分 | 缸筒与端部用螺纹连接时,缸筒螺纹处的强度计算如下:<br>螺纹处的拉应力<br>$\sigma=\dfrac{KF}{\dfrac{\pi}{4}(d_1^2-D^2)}\times10^{-6}$ (MPa)<br>螺纹处的切应力<br>$\tau=\dfrac{K_1KFd_0}{0.2(d_1^3-D^3)}\times10^{-6}$ (MPa)<br>合成应力<br>$\sigma_n=\sqrt{\sigma^2+3\tau^2}\leqslant\sigma_p$<br>许用应力<br>$\sigma_p=\dfrac{\sigma_s}{n_0}$ | $F$——缸筒端部承受的最大推力,N<br>$D$——缸筒内径,m<br>$d_0$——螺纹外径,m<br>$d_1$——螺纹底径,m<br>$K$——拧紧螺纹的系数,不变载荷取 $K=1.25\sim1.5$,变载荷取 $K=2.5\sim4$<br>$K_1$——螺纹连接的摩擦因数,$K_1=0.07\sim0.2$,平均取 $K_1=0.12$<br>$\sigma_s$——缸筒材料的屈服点,MPa<br>$n_0$——安全系数,取 $n_0=1.2\sim2.5$<br>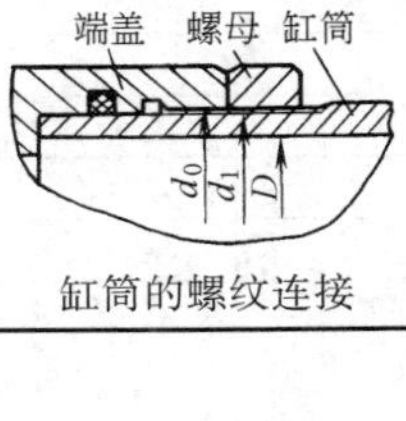<br><br>缸筒的螺纹连接 |

续表

| 项目 | 计 算 公 式 | 说 明 |
|---|---|---|
| 缸筒法兰连接螺栓 | 缸筒与端部用法兰连接或拉杆连接时，如图 a 所示。螺栓或拉杆的强度计算如下：<br>螺纹处的拉应力<br>$\sigma=\dfrac{KF}{\dfrac{\pi}{4}d_1^2 z}\times10^{-6}$ (MPa)<br>螺纹处的切应力<br>$\tau=\dfrac{K_1 KFd_0}{0.2d_1^3 z}\times10^{-6}$ (MPa)<br>合成应力<br>$\sigma_n=\sqrt{\sigma^2+3\tau^2}\approx1.3\sigma\leqslant\sigma_p$<br>如采用长拉杆连接，当行程超过缸筒内径 20 倍($S>20D$)时，为防止拉杆偏移，需加装中接圈或中支承块，焊接或用螺钉固定在缸筒外壁中部上，如图 b、图 c 所示 | $z$ ——螺栓或拉杆的数量<br>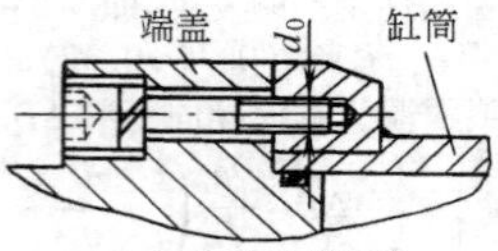<br>(a)缸筒的法兰连接<br>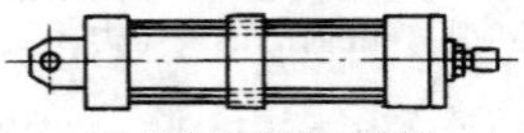<br>(b)长拉杆螺栓中接圈<br><br>(c)中支承块 |
| 缸筒卡环连接 | 缸筒与端部用卡环连接时，卡环的强度计算如下：<br>卡环的切应力($A$—$A$ 断面处)<br>$\tau=\dfrac{p\dfrac{\pi D_1^2}{4}}{\pi D_1 l}=\dfrac{pD_1}{4l}$ (MPa)<br>卡环侧面的挤压应力($ab$ 侧面上)<br>$\sigma_c=\dfrac{p\dfrac{\pi D_1^2}{4}}{\dfrac{\pi D_1^2}{4}-\dfrac{\pi(D_1-2h_2)^2}{4}}=\dfrac{pD_1^2}{4h_2D_1-4h_2^2}$<br>$=\dfrac{pD_1^2}{h(2D_1-h)}$ (MPa)<br>卡环尺寸一般取 $h=\delta,l=h,h_1=h_2=\dfrac{h}{2}$<br>验算缸筒在 $A$—$A$ 断面上的拉应力<br>$\sigma=\dfrac{p\dfrac{\pi D_1^2}{4}}{\dfrac{\pi[(D_1-h)^2-D^2]}{4}}=\dfrac{pD_1^2}{(D_1-h)^2-D^2}$ (MPa) | 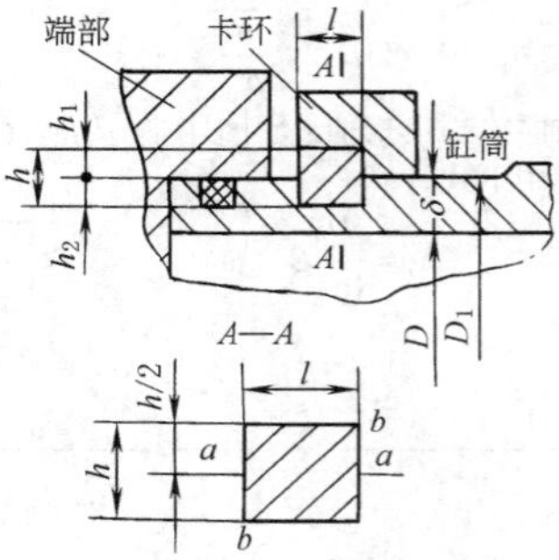<br>缸筒的卡环连接<br><br>$p$——缸内最大工作压力，MPa<br>$D_1$——缸筒外径，m<br>$d_1$——焊缝底径，m<br>$F$——缸内最大推力，N<br>$\eta$——焊接效率，取 $\eta=0.7$<br>$\sigma_b$——焊条材料的抗拉强度，MPa<br>$n$——安全系数，参照缸筒壁的安全系数选取 |
| 缸筒与端部焊接 | 缸筒与端部用焊接连接时，其焊缝应力计算如下：<br>$\sigma=\dfrac{F}{\dfrac{\pi}{4}(D_1^2-d_1^2)\eta}\times10^{-6}\leqslant\dfrac{\sigma_b}{n}$ (MPa) | 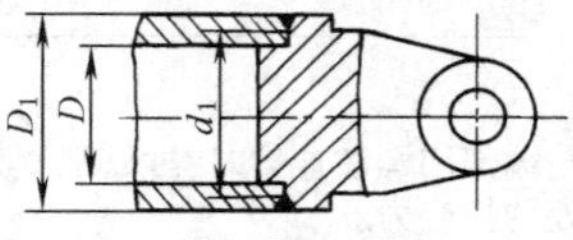<br>缸筒的焊接连接 |

(5) 缸径和缸筒壁厚

缸径尺寸应优先选用表 21-6-8 推荐值。

**表 21-6-8** **缸径推荐尺寸** mm

| 缸径 $D$ | | | |
|---|---|---|---|
| 25 | 90 | 180 | 360 |
| 32 | 100 | 200 | 400 |
| 40 | 110 | 220 | 450 |
| 50 | 125 | 250 | 500 |
| 63 | 140 | 280 | |
| 80 | 160 | 320 | |

缸筒壁厚设计计算公式参见表21-6-7。应根据计算结果，在保证具有足够的安全裕量的前提下，优先选用表21-6-9中最接近的推荐值。

**表21-6-9　　缸筒推荐壁厚**　　mm

| 缸径 | 缸筒壁厚 | 缸径 | 缸筒壁厚 |
|---|---|---|---|
| 25~70 | 4、5.5、6、7.5、8、10 | >250~320 | 15、17.5、20、22.5、25、28.5 |
| >70~120 | 5、6.5、7、8、10、11、13.5、14 | >320~400 | 15、18.5、22.5、25.5、28.5、30、35、38.5 |
| >120~180 | 7.5、9、10.5、12.5、13.5、15、17、19 | >400~500 | 20、25、28.5、30、35、40、45 |
| >180~250 | 10、12.5、15、17.5、20、22.5、25 | | |

（6）缸筒制造加工要求

① 缸径尺寸公差宜采用H8、H9和H10三个等级。表面粗糙度 $Ra$ 值一般为0.1~0.4μm。

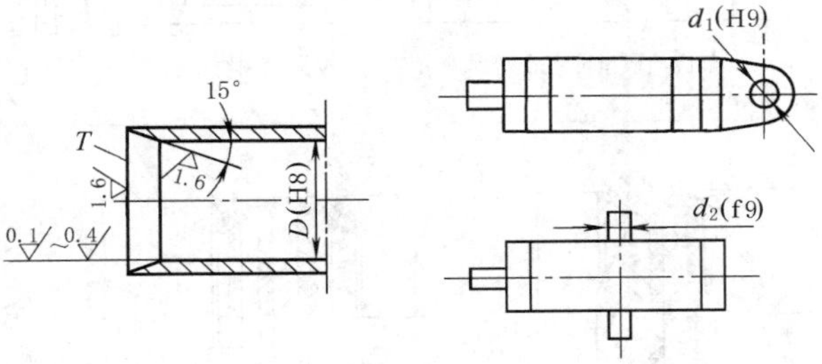


图21-6-1　缸筒加工要求

缸筒外径允许偏差应不超过外径公称尺寸的±0.5%。

② 缸筒壁厚允许偏差、内孔圆度和轴线直线度等，应符合JB/T 11718—2013和JB/T 11588—2013的规定。

③ 缸筒端面 $T$ 对内径的垂直度公差在直径100mm上不大于0.04mm。

④ 当缸筒为尾部和中部耳轴型时：孔 $d_1$ 的轴线对缸径 $D$ 轴线的偏移不大于0.03mm；孔 $d_1$ 的轴线对缸径 $D$ 轴线的垂直度公差在100mm长度上不大于0.1mm；轴径 $d_2$ 对缸径 $D$ 轴线的垂直度公差在100mm长度上不大于0.1mm。

⑤ 热处理：调质，硬度241~285HB。

此外，通往油口、排气阀孔的内孔口必须倒角，不允许有飞边、毛刺，以免划伤密封件。为便于装配和不损坏密封件，缸筒内孔口应倒角15°。需要在缸筒上焊接法兰、油口、排气阀座时，均必须在半精加工以前进行，以免精加工后焊接而引起内孔变形。如欲防止腐蚀生锈和提高使用寿命，在缸筒内表面可以镀铬，再进行研磨或抛光，在缸筒外表面涂耐油油漆。

## 5.2　活塞

由于活塞在液体压力的作用下沿缸筒往复滑动，因此，它与缸筒的配合应适当，既不能过紧，也不能间隙过大。配合过紧，不仅使最低启动压力增大，降低机械效率，而且容易损坏缸筒和活塞的滑动配合表面；间隙过大，会引起液压缸内部泄漏，降低容积效率，使液压缸达不到要求的设计性能。

液压力的大小与活塞的有效工作面积有关，活塞直径应与缸筒内径一致。设计活塞时，主要任务就是确定活塞的结构型式。

（1）活塞结构型式

根据密封装置型式来选用活塞结构型式（密封装置则按工作条件选定）。通常分为整体活塞和组合活塞两类。

整体活塞在活塞圆周上开沟槽，安置密封圈，结构简单，但给活塞的加工带来困难，密封圈安装时也容易拉伤和扭曲。组合活塞结构多样，主要由密封型式决定。组合活塞大多数可以多次拆装，密封件使用寿命长。随着耐磨的导向环的大量使用，多数密封圈与导向环联合使用，大大降低了活塞的加工成本。

**表 21-6-10　　活塞结构型式**

| | |
|---|---|
| 整体活塞 | 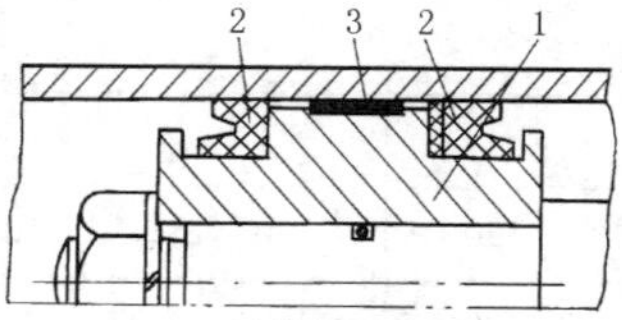  唇形密封圈密封　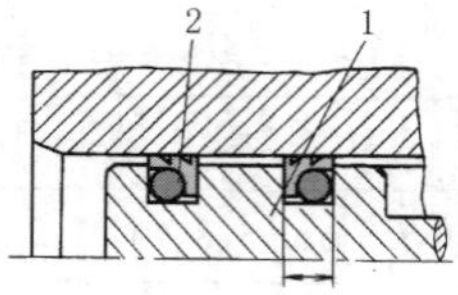  车氏组合密封　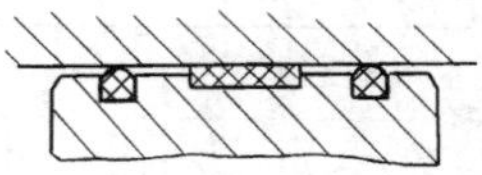 O形密封圈密封 |
| 组合活塞 | 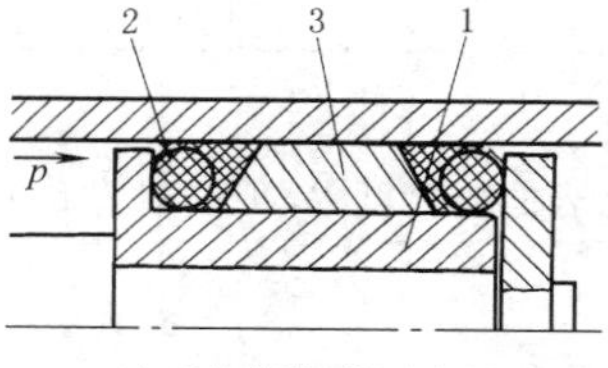  车氏角形滑环组合密封　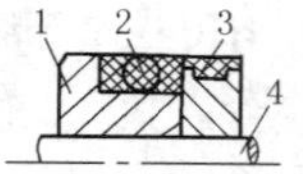  V形密封圈密封　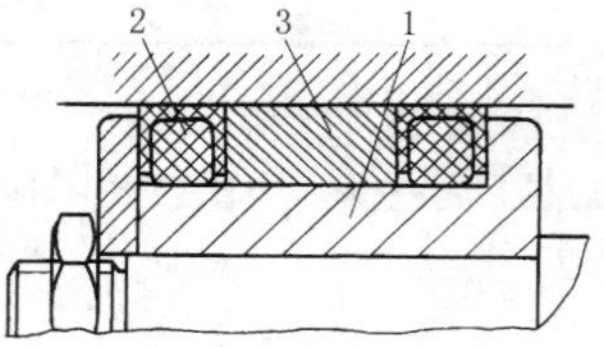  车氏C形滑环密封 |
| 无活塞(整套密封件代替活塞) | 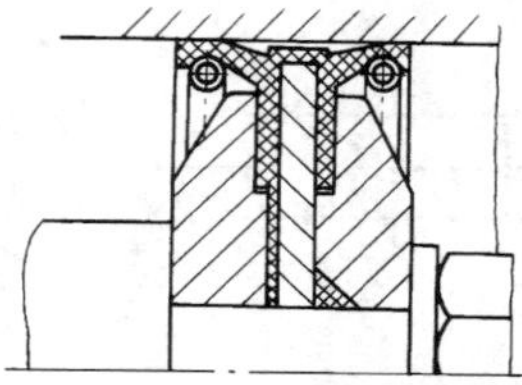 带支承板整体密封　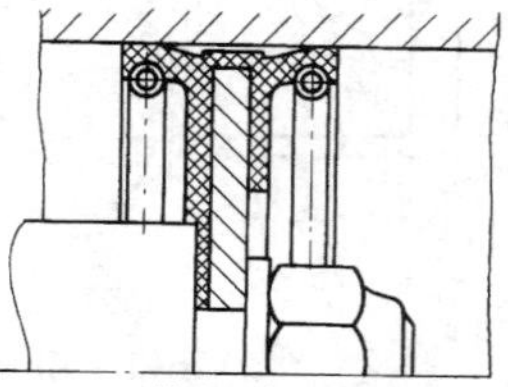 不带支承板密封　适用于 2.5MPa 以下液压油密封,结构简单,更换容易 |

注：1—活塞；2—密封装置；3—导向套；4—活塞杆。

(2) 活塞与活塞杆连接型式

活塞与活塞杆连接有多种型式，所有型式均需有锁紧措施，以防止工作时由于往复运动而松开。同时在活塞与活塞杆之间需设置静密封。

**表 21-6-11　　常用活塞与活塞杆连接型式**

| | | |
|---|---|---|
| 卡环型 | 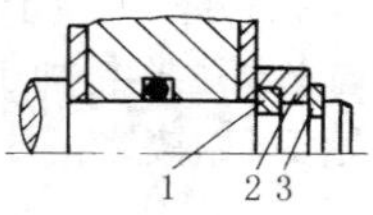  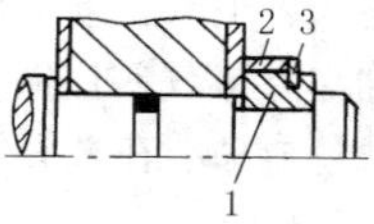  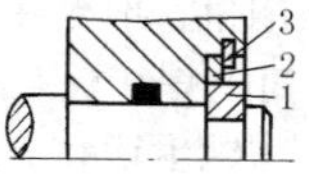  | 两半卡环卡入卡环槽后会松脱,需套上卡环帽,再装上弹性挡圈。装拆方便,低速时使用广泛。注意,不应使弹性挡圈承受大的轴向力 |
| 轴套型 | 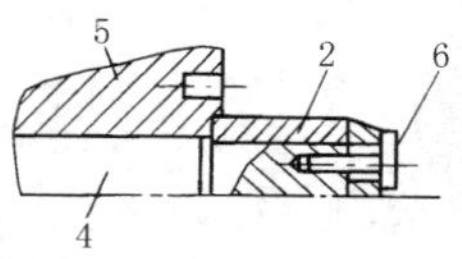  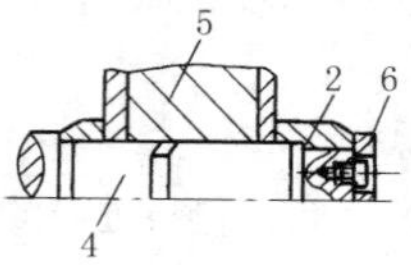  | 螺钉固定式不便于设计缓冲柱塞,活塞杆缩回撞击缸底时,螺钉易损坏,所以螺钉头不宜凸出活塞端面 |
| 螺母型 | 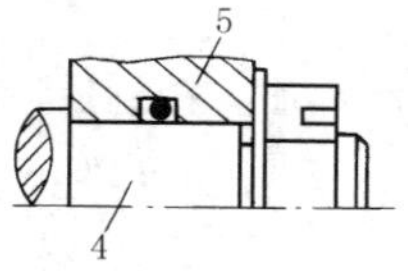  | |
| 锁紧螺母型 | 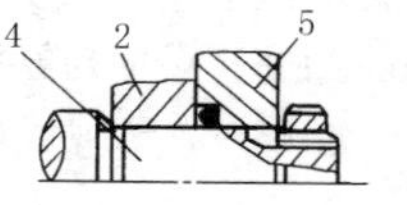  | |
| 焊接型 | 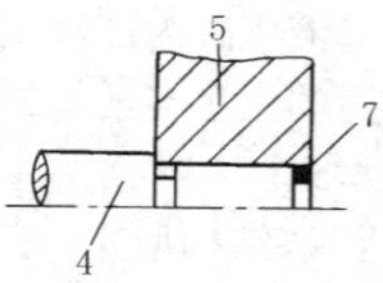  | |

注：1—卡环；2—轴套；3—弹性挡圈；4—活塞杆；5—活塞；6—螺钉；7—钎焊点。

(3) 活塞密封结构

活塞的密封型式与活塞的结构有关，可根据液压缸的不同作用和不同工作压力来选择。

**表 21-6-12　　常用活塞密封结构**

| | | | |
|---|---|---|---|
| 密封圈密封 | O 形密封圈 | 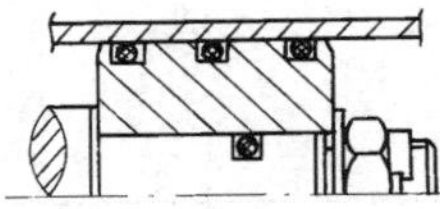 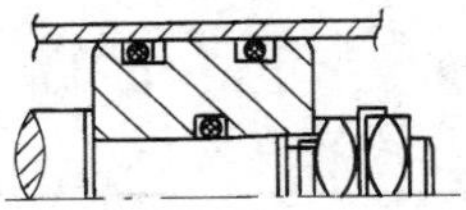 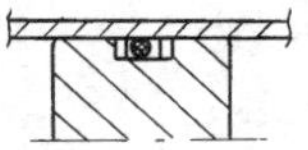 | |
| | Y 形密封圈 | 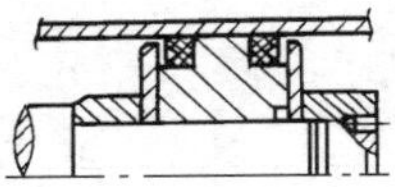 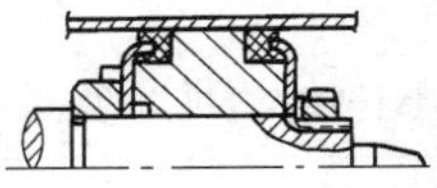 | $Y_x$ 形密封圈 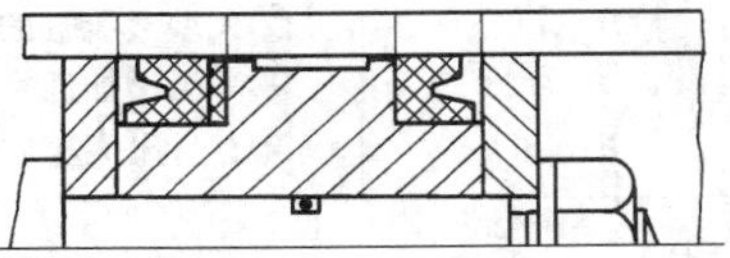 |
| | V 形密封圈 | 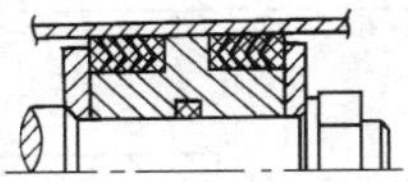 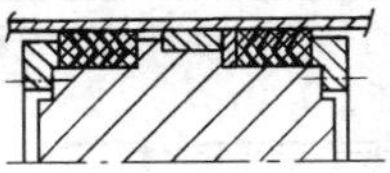 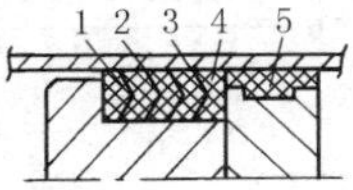 | 1,4,5—尼龙环(尼龙 1010)；2,3—橡胶密封圈 |
| | 车氏组合密封 | 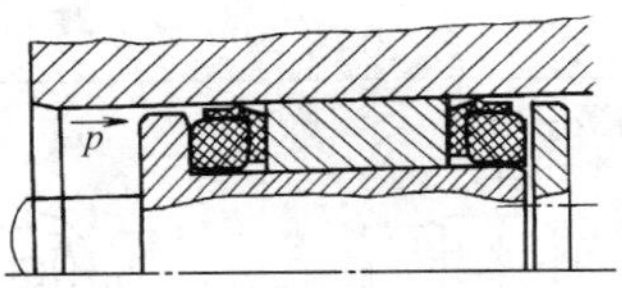 齿形滑环式 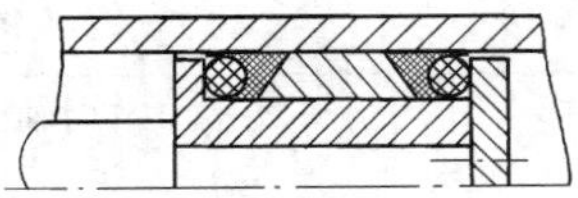 脚形滑环式 | 增强四氟材料制作的滑环及 O 形圈组合,结构简单,摩擦阻力小,密封性能好,多次拆卸可重复使用 |
| 活塞环密封 | | 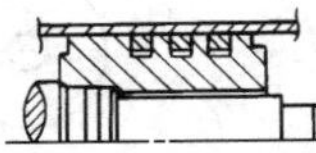 | 使用活塞环密封,摩擦阻力小,耐磨,寿命长,适用于高温、高速工况,但是活塞环制造工艺复杂,内部泄漏较大,密封效果差,对于内泄漏要求较严的液压缸不宜采用 |
| 间隙密封 | | 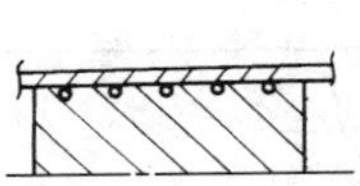 | 这种密封不用密封件,在活塞上开出几个小沟槽,完全依靠活塞与缸筒间的精密配合保证密封效果。因此,它与缸筒的尺寸公差等级、形位公差等级要求很高,表面粗糙度值小,一般均需配研。这种活塞多用于精度高、直径小、速度低的液压缸。对于需要通过孔、槽的活塞采用这种结构有独特的优点,因为它没有容易刮伤的密封件,不会因密封件的损坏而发生泄漏 |

(4) 活塞材料

无导向环活塞：高强度铸铁 HT200～HT300 或球墨铸铁。

有导向环活塞：优质碳素钢 20、35 及 45，有的在外径套尼龙或聚四氟乙烯+玻璃纤维和聚三氟氯乙烯材料制成的支承环，装配式活塞外环可用锡青铜。

还有用铝合金作为活塞材料。

(5) 活塞尺寸及加工公差

活塞宽度一般为活塞外径的 0.6～1.0 倍，但也要根据密封件的型式、数量和安装导向环的沟槽尺寸而定。有时，可以结合中隔圈的布置确定活塞宽度。

活塞外径的配合一般采用 f9，外径对内孔的同轴度公差不大于 0.02mm，端面与轴线的垂直度公差不大于 0.04mm/100mm，外表面的圆度和圆柱度公差一般不大于外径公差之半，表面粗糙度视结构型式不同而异。

## 5.3 活塞杆

（1）结构

**表 21-6-13**

| | | |
|---|---|---|
| 杆体 | 实心杆 | 一般情况多用 |
| | 空心杆 | 多在以下情况采用<br>①缸筒运动的液压缸，用来导通油路<br>②大型液压缸的活塞杆（或柱塞杆）为了减轻重量<br>③为了增加活塞杆的抗弯能力<br>④$d/D$ 比值较大或杆心需装有如位置传感器等机构的情况 |
| 杆内端 | 见表 21-6-11 | |
| 杆外端 | 活塞杆（或柱塞杆）的外端头部与载荷的拖动机构相连接，为了避免活塞杆在工作中产生偏心承载力，适应液压缸的安装要求，提高其作用效率，应根据载荷的具体情况，选择适当的杆头连接型式 | |
| | 缸工作时轴线固定不动的多采用<br>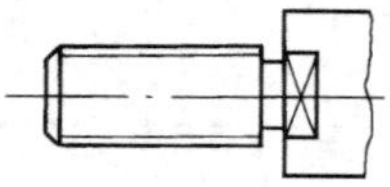 小螺栓头<br>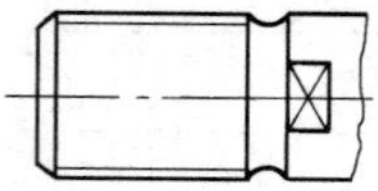 大螺栓头<br>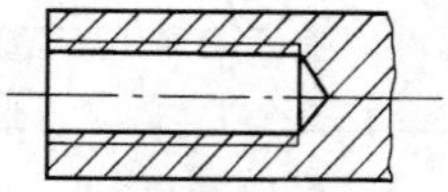 螺孔头 | |
| | 缸工作时轴线摆动的多采用<br>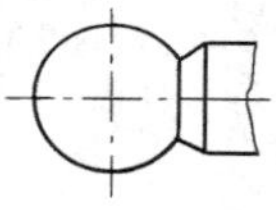 小球头<br>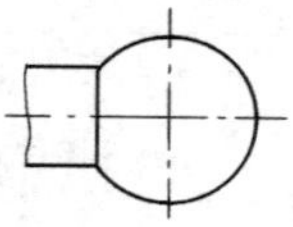 大球头<br>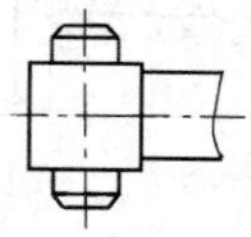 轴销<br>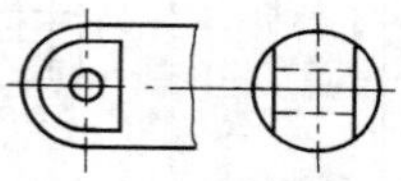 光杆耳环<br>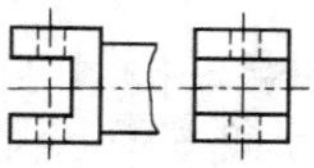 方形双耳环<br>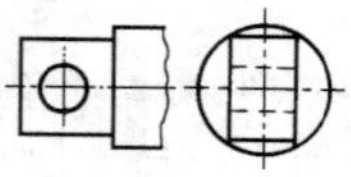 方形单耳环<br>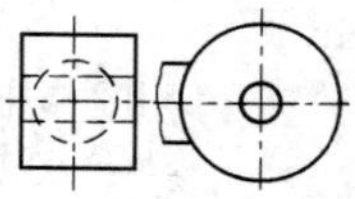 圆耳环<br>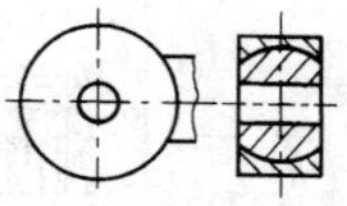 球铰单耳环 | |

**表 21-6-14** **活塞杆螺纹尺寸系列**（摘自 GB/T 2350—1980） mm

| 螺纹直径与螺距 $D\times t$ | 螺纹长度 $L$ | | 螺纹直径与螺距 $D\times t$ | 螺纹长度 $L$ | | 螺纹直径与螺距 $D\times t$ | 螺纹长度 $L$ | | 说明 |
|---|---|---|---|---|---|---|---|---|---|
| | 短型 | 长型 | | 短型 | 长型 | | 短型 | 长型 | |
| M10×1.25 | 14 | 22 | M33×2 | 45 | 66 | M110×3 | 112 | — | 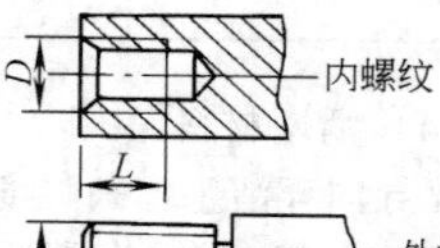<br>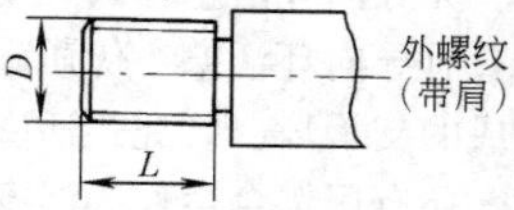<br>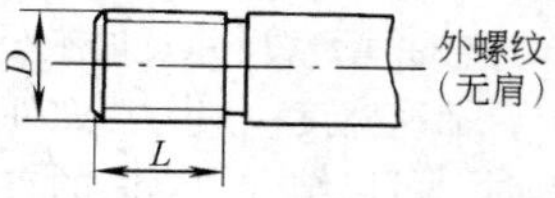 |
| M12×1.25 | 16 | 24 | M36×2 | 50 | 72 | M125×4 | 125 | — | |
| M14×1.5 | 18 | 28 | M42×2 | 56 | 84 | M140×4 | 140 | — | |
| M16×1.5 | 22 | 32 | M48×2 | 63 | 96 | M160×4 | 160 | — | |
| M18×1.5 | 25 | 36 | M56×2 | 75 | 112 | M180×4 | 180 | — | |
| M20×1.5 | 28 | 40 | M64×3 | 85 | 128 | M200×4 | 200 | — | |
| M22×1.5 | 30 | 44 | M72×3 | 85 | 128 | M220×4 | 220 | — | |
| M24×2 | 32 | 48 | M80×3 | 95 | 140 | M250×6 | 250 | — | |
| M27×2 | 36 | 54 | M90×3 | 106 | 140 | M280×6 | 280 | — | |
| M30×2 | 40 | 60 | M100×3 | 112 | — | | | | |

注：1. $L$ 对内螺纹是指最小尺寸，对外螺纹是指最大尺寸。

2. 当需要用锁紧螺母时，采用长型螺纹长度。

（2）活塞杆的材料和技术要求

**表 21-6-15**

| | | | | | | | | | | | | |
|---|---|---|---|---|---|---|---|---|---|---|---|---|
| 材料选择 | 一般用中碳钢(如 45 钢)调质处理；对只承受推力的单作用活塞杆和柱塞，不必进行调质处理。对活塞杆通常要求淬火，淬火深度一般为 0.5~1mm，或活塞杆直径每毫米淬深 0.03mm | | | | | | | | | | | |
| 常用材料力学性能 | 材 料 | $\sigma_b$/MPa ≥ | $\sigma_s$/MPa ≥ | $\delta_5$/% > | 热处理 | 表面处理 | 材 料 | $\sigma_b$/MPa ≥ | $\sigma_s$/MPa ≥ | $\sigma_5$/% > | 热处理 | 表面处理 |
| | 35 | 520 | 310 | 15 | 调质 | 镀铬 20~30μm | 35CrMo | 1000 | 850 | 12 | 调质 | 镀铬 20~30μm |
| | 45 | 600 | 340 | 13 | 调质 | | 1Cr18Ni9 | 520 | 205 | 45 | 淬火 | |

活塞杆要在导向套中滑动，杆外径公差一般采用 f7~f9。太紧了，摩擦力大；太松了，容易引起卡滞现象和单边磨损。其圆度和圆柱度公差不大于直径公差之半。安装活塞的轴颈与外圆的同轴度公差不大于 0.01mm，可保证活塞杆外圆与活塞外圆的同轴度，避免活塞与缸筒、活塞杆与导向套的卡滞现象。安装活塞的轴肩端面与活塞杆轴线的垂直度公差不大于 0.04mm/100mm，以保证活塞安装时不产生歪斜。

活塞杆的外圆粗糙度 *Ra* 值一般为 0.1~0.3μm。太光滑了，表面形成不了油膜，反而不利于润滑。为了提高耐磨性和防锈性，活塞杆表面需进行镀铬处理，镀层厚 0.03~0.05mm，并进行抛光或磨削加工。对于工作条件恶劣、碰撞机会较多的情况，工作表面需先经高频淬火后再镀铬。用于低载荷（如低速度、低工作压力）和良好环境条件时，可不进行表面处理。

活塞杆内端的卡环槽、螺纹和缓冲柱塞也要保证与轴线的同心，特别是缓冲柱塞，最好与活塞杆做成一体。卡环槽取动配合公差，螺纹则取较紧的配合。

（3）活塞杆的计算

**表 21-6-16**

| 项目 | 计 算 公 式 | 说 明 |
|---|---|---|
| 活塞杆直径计算 | 活塞杆是液压缸传递力的重要零件，它承受拉力、压力、弯曲力和振动冲击等多种作用力，必须有足够的强度和刚度<br>对于双作用单边活塞杆液压缸，其活塞杆直径 $d$ 可根据两腔面积比 $\varphi$ 来确定：<br>$d=D\sqrt{\frac{\varphi-1}{\varphi}}$ (m) | $D$——缸筒内径，m<br>$\varphi$——两腔面积比，按 JB/T 7939—2010 选取<br>下表是根据缸径、速比确定的 $d$ 值 |

| 缸筒内径 $D$/mm | 两腔面积比 $\varphi\approx$ 2.00 | 1.60 | 1.40 | 1.32 | 1.25 | 缸筒内径 $D$/mm | 两腔面积比 $\varphi\approx$ 2.00 | 1.60 | 1.40 | 1.32 | 1.25 |
|---|---|---|---|---|---|---|---|---|---|---|---|
| | $d$/mm | | | | | | $d$/mm | | | | |
| 40 | 28 | 25 | 22 | 20 | 18 | 150 | 105 | 90 | 85 | 75 | 70 |
| 50 | 36 | 32 | 28 | 25 | 22 | 160 | 110 | 100 | 90 | 80 | 70 |
| 63 | 45 | 40 | 36 | 32 | 28 | 180 | 125 | 110 | 100 | 90 | 80 |
| 80 | 56 | 50 | 45 | 40 | 36 | 200 | 140 | 125 | 110 | 100 | 90 |
| 90 | 63 | 56 | 50 | 45 | 40 | 220 | 160 | 140 | 125 | 110 | 100 |
| 100 | 70 | 63 | 56 | 50 | 45 | 250 | 180 | 160 | 140 | 125 | 110 |
| 110 | 80 | 70 | 63 | 56 | 50 | 280 | 200 | 180 | 160 | 140 | 125 |
| 125 | 90 | 80 | 70 | 63 | 56 | 320 | 220 | 200 | 180 | 160 | 140 |
| 140 | 100 | 90 | 80 | 70 | 63 | 360 | 250 | 220 | 200 | 180 | 160 |

| 项目 | 计 算 公 式 | 说 明 |
|---|---|---|
| 活塞杆直径计算 | 如果对液压缸无速比要求，可根据液压缸的推力和拉力确定，参照上表确定 $D$、$d$ 值；也可按下式初步选取 $d$ 值：<br>$d=\left(\frac{1}{3}\sim\frac{1}{5}\right)D$ (m)<br>如果活塞杆长度小于或等于 10 倍的缸径 $D$，不能确定速比时，可按下式计算：<br>实心杆 $d=\sqrt{\frac{4F_1}{\pi\sigma_p}}\times10^{-3}$ (m)<br>空心杆 $d=\sqrt{\frac{4\times10^{-6}F_1}{\pi\sigma_p}+d_1^2}$ (m) | $F_1$——液压缸的推力，N<br>$\sigma_p$——材料的许用应力，MPa，$\sigma_p=\frac{\sigma_s}{n}$<br>$d_1$——活塞杆空心直径，m<br>计算出活塞杆直径后，应该按表 21-6-2 的尺寸系列进行圆整并校核其稳定性 |

续表

| 项目 | 计 算 公 式 | 说 明 |
| --- | --- | --- |
| 活塞杆强度计算 | 活塞杆在稳定工况下，如果只受轴向推力或拉力，可以近似地用直杆承受拉压载荷的简单强度计算公式进行计算：<br>$\sigma=\dfrac{F\times10^{-6}}{\dfrac{\pi}{4}d^2}\leqslant\sigma_p$ （MPa）<br>如果液压缸工作时，活塞杆所承受的弯曲力矩不可忽略时（如偏心载荷等），则可按下式计算活塞杆的应力：<br>$\sigma=\left(\dfrac{F}{A_d}+\dfrac{M}{W}\right)\times10^{-6}\leqslant\sigma_p$<br>活塞杆一般均有螺纹、退刀槽等，这些部位往往是活塞杆上的危险截面，也要进行计算。危险截面处的合成应力应满足：<br>$\sigma_n\approx1.8\dfrac{F_2}{d_2^2}\leqslant\sigma_p$ （MPa）<br>对于活塞杆上有卡环槽的断面，除计算拉应力外，还要计算校核卡环对槽壁的挤压应力<br>$\sigma=\dfrac{4F_2\times10^{-6}}{\pi[d_1^2-(d_3+2c)^2]}\leqslant\sigma_{pp}$ | $F$——活塞杆的作用力，N<br>$d$——活塞杆直径，m<br>$\sigma_p$——材料的许用应力，无缝钢管 $\sigma_p=100\sim110$MPa，中碳钢（调质）$\sigma_p=400$MPa<br>$A_d$——活塞杆断面积，$m^2$<br>$W$——活塞杆断面模数，$m^3$<br>$M$——活塞杆所承受的弯曲力矩，N·m，如果活塞杆仅受轴向偏心载荷 $F$ 时，则 $M=FY_{max}$，其中 $Y_{max}$ 为 $F$ 作用线至活塞杆轴心线最大挠度处的垂直距离<br>$F_2$——活塞杆的拉力，N<br>$d_2$——危险截面的直径，m<br>$d_1$——卡环槽处外圆直径，m<br>$d_3$——卡环槽处内圆直径，m<br>$c$——卡环挤压面倒角，m<br>$\sigma_{pp}$——材料的许用挤压应力，MPa |
| 活塞杆弯曲稳定性验算 | 当液压缸支承长度 $L_B\geqslant(10\sim15)d$ 时，需验算活塞杆弯曲稳定性。液压缸弯曲示意如图 a、图 b 所示，图中 $L_B$ 以 m 计<br>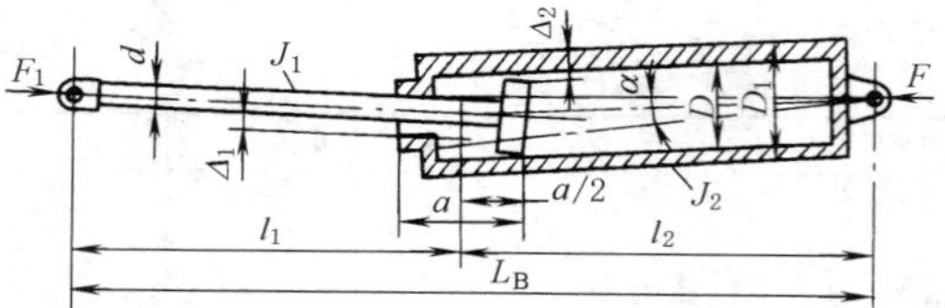<br><br>(a)<br>① 若受力 $F_1$ 完全在轴线上，主要是按下式验算：<br>$F_1\leqslant F_k/n_k$<br>$F_k=\dfrac{\pi^2E_1I\times10^6}{K^2L_B^2}$ （N）<br>其中 $E_1=\dfrac{E}{(1+a)(1+b)}=1.80\times10^5$MPa<br>圆截面：$I=\dfrac{\pi d^4}{64}=0.049d^4$ （$m^4$） | 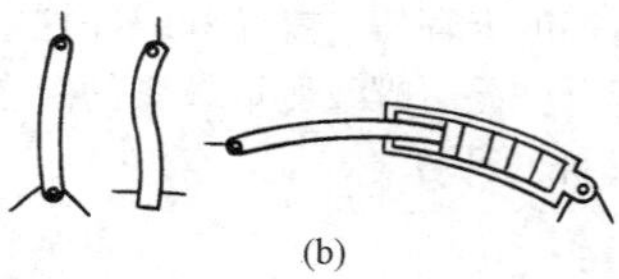<br>(b)<br>$F_k$——活塞杆弯曲失稳临界压缩力，N<br>$n_k$——安全系数，通常取 $n_k\approx3.5\sim6$<br>$K$——液压缸安装及导向系数，见表 21-6-17<br>$E_1$——实际弹性模量，MPa<br>$a$——材料组织缺陷系数，钢材一般取 $a\approx1/12$<br>$b$——活塞杆截面不均匀系数，一般取 $b\approx1/13$<br>$E$——材料的弹性模量，钢材 $E=2.10\times10^5$，MPa<br>$I$——活塞杆横截面惯性矩，$m^4$<br>$A_d$——活塞杆截面面积，$m^2$<br>$e$——受力偏心量，m<br>$\sigma_s$——活塞杆材料屈服点，MPa<br>$S$——行程，m<br>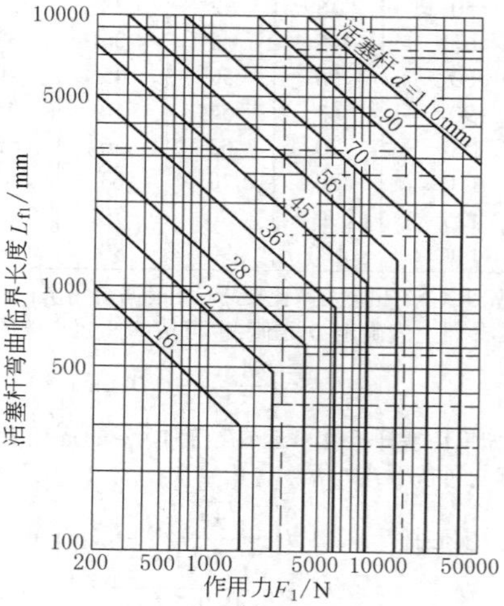<br><br>(c) |
| | ② 若受力 $F_1$ 偏心时，推力与支承的反作用力不完全处在轴线上，可用下式验算：<br>$F_k=\dfrac{\sigma_sA_d\times10^6}{1+\dfrac{8}{d}e\sec\beta}$ （N）<br>其中 $\beta=a_0\sqrt{\dfrac{F_kL_B^2}{EI\times10^6}}$<br>一端固定，另一端自由 $a_0=1$；两端球铰 $a_0=0.5$；两端固定 $a_0=0.25$；一端固定，另一端球铰 $a_0=0.35$ | |
| | ③ 实用验算法：<br>活塞杆弯曲计算长度 $L_f$ 为<br>$L_f=KS$ （m）<br>如已知作用力 $F_1$ 和活塞杆直径 $d$，从图 c 可得活塞杆弯曲临界长度 $L_{f1}$。如 $L_f<L_{f1}$，则活塞杆弯曲稳定性良好<br>如已知 $L_{f1}$、$F_1$，从图 c 可得 $d$ 的最小值 | |

表 21-6-17　　液压缸安装及导向系数 *K*

| 安装型式 | 活塞杆外端 | 安装示意图 | *K* |
|---|---|---|---|
| 前端法兰 | 刚性固定,有导向 | 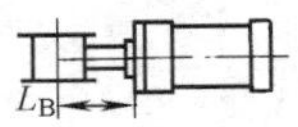 | 0.5 |
| 前端法兰 | 前耳环,有导向 | 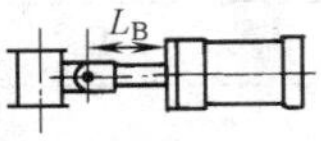 | 0.7 |
| 前端法兰 | 支承,无导向 | 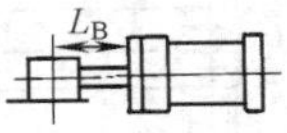 | 2 |
| 后端法兰 | 刚性固定,有导向 | 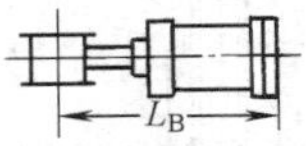 | 1 |
| 后端法兰 | 前耳环,有导向 | 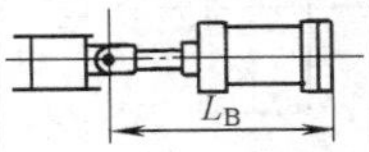 | 1.5 |
| 后端法兰 | 支承,无导向 | 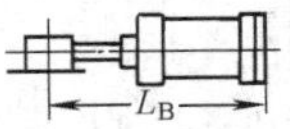 | 4 |
| 前端耳轴 | 前耳环,有导向 | 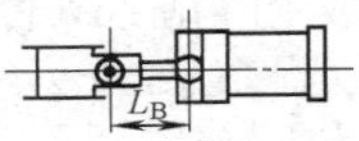 | 1 |
| 前端耳轴 | 前耳环,无导向 | 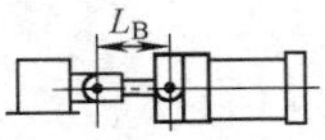 | 2 |
| 中间耳轴 | 榫头,有导向 | 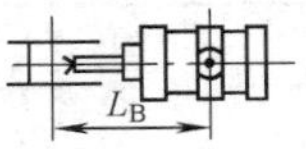 | 1.5 |
| 中间耳轴 | 前耳环,有导向 | 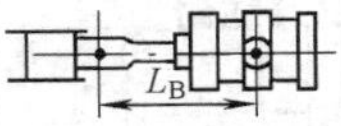 | 1.5 |
| 中间耳轴 | 螺纹,有导向 | 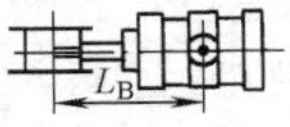 | 1 |
| 中间耳轴 | 榫头或螺纹,无导向 | 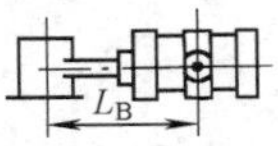 | 3 |
| 后耳环 | 榫头,有导向 | 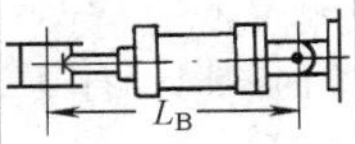 | 2 |
| 后耳环 | 前耳环,有导向 | 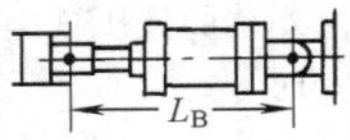 | 2 |
| 后耳环 | 螺纹,有导向 | 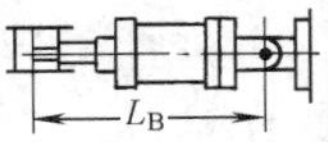 | 1.5 |
| 后耳环 | 榫头或螺纹,无导向 | 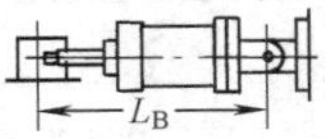 | 4 |
| 脚架 | 榫头,有导向 | 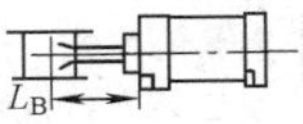 | 0.7 |
| 脚架 | 前耳环,有导向 | 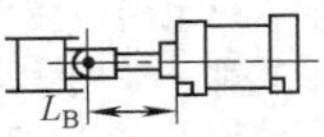 | 0.7 |
| 脚架 | 螺纹,有导向 | 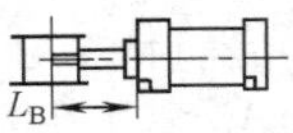 | 0.5 |
| 脚架 | 榫头或螺纹,无导向 | 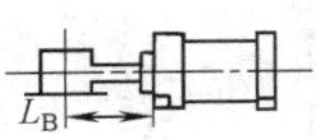 | 2 |

## 5.4　活塞杆的导向套、密封装置和防尘圈

活塞杆导向套装在液压缸的有杆侧端盖内，用以对活塞杆进行导向，内装有密封装置以保证缸筒有杆腔的密封。外侧装有防尘圈，以防止活塞杆在后退时把杂质、灰尘及水分带到密封装置处，损坏密封装置。当导向套采用非耐磨材料时，其内圈还可装设导向环，用作活塞杆的导向。导向套的典型结构型式有轴套式和端盖式两种。

(1) 导向套的结构

表 21-6-18　　导向套典型结构型式

| 类别 | 结　构 | 特　点 |
|---|---|---|
| 端盖式 | 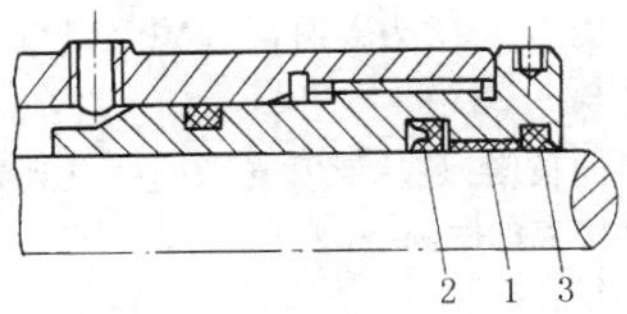 1—非金属材料导向套;2—组合密封;3—防尘圈 | 前端盖采用球墨铸铁或青铜制成。其内孔对活塞杆导向<br>成本高<br>适用于低压、低速、小行程液压缸 |
| 端盖式加导向环 | 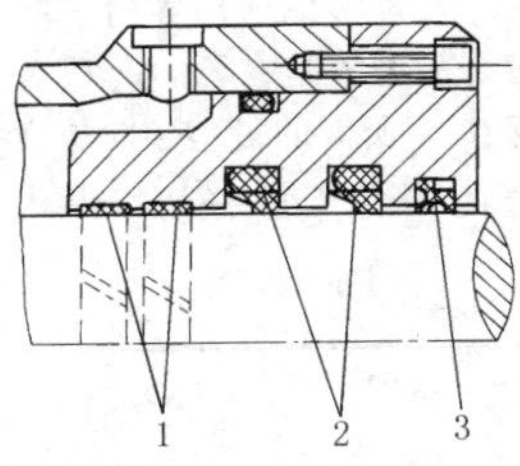 1—非金属材料导向环;2—组合式密封;3—防尘圈 | 非金属材料制作的导向环,价格便宜,更换方便,摩擦阻力小,低速启动不爬行<br>多用于工程机械且行程较长的液压缸中 |
| 轴套式 | 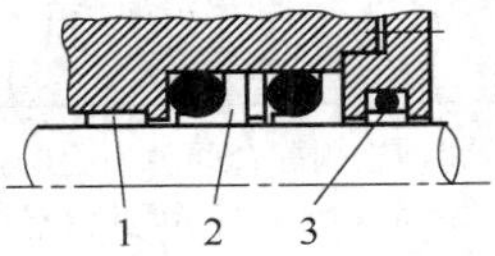 1—金属材料导向套;2—车氏组合密封;3—防尘圈 | 摩擦阻力大,一般采用青铜材料制作<br>适用于重载低速的液压缸中 |
| 轴套式 | 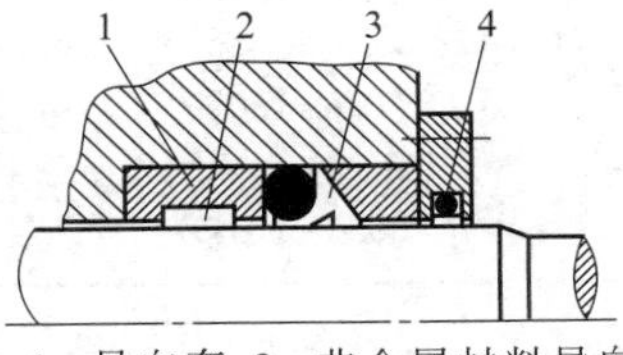 1—导向套;2—非金属材料导向环;3—车氏组合密封件;4—防尘圈 | 导向环的使用降低了导向套加工的成本<br>该结构增加了活塞杆的稳定性,但也增加了长度<br>适用于有侧向负载且行程较长的液压缸中 |

（2）导向套的材料

金属导向套一般采用摩擦因数小、耐磨性好的青铜材料制作，非金属导向套可以用尼龙、聚四氟乙烯+玻璃纤维和聚三氟氯乙烯材料制作。端盖式直接导向型的导向套材料用青铜、灰铸铁、球墨铸铁、氧化铸铁等制作。

（3）导向套长度的确定

**表 21-6-19**

| 项目 | 计算公式 | 说明 |
|---|---|---|
| 导向套尺寸配置 | 导向套的主要尺寸是支承长度，通常按活塞杆直径、导向套的型式、导向套材料的承压能力、可能遇到的最大侧向负载等因素来考虑。通常可采用两段导向段，每段宽度一般约为 $d/3$，两段的线间距离取 $2d/3$，如图 a 所示<br>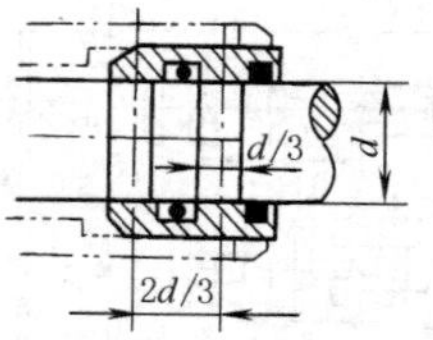<br><br>(a) 活塞杆导向套尺寸配置 | 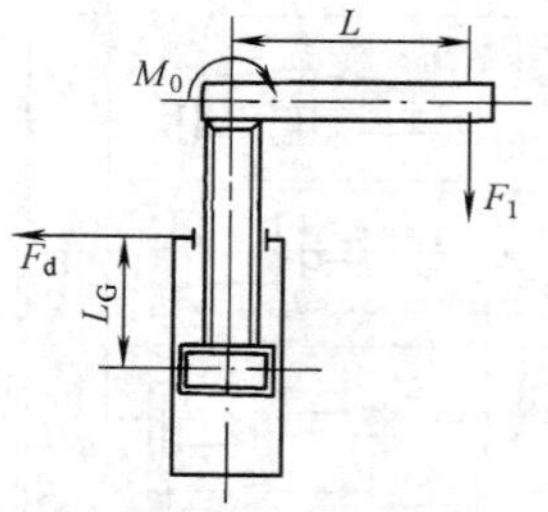<br><br>(b) 活塞杆导向套受力示意 |
| 受力分析 | 导向套的受力情况，应根据液压缸的安装方式、结构、有无负载导向装置以及负载作用情况等的不同进行具体分析<br>① 图 b 所示为最简单的受力情况，垂直安装的液压缸，无负载导向装置，受偏心轴向载荷 $F_1$ 作用时<br>$M_0=F_1L$ （N·m）<br>$F_d=K_1\dfrac{M_0}{L_G}$ （N）<br>② 对于其他受力情况（如非垂直安装的液压缸，则在 $M_0$ 内还要考虑液压缸的重力作用），求出必须由导向套所承受的力矩 $M_0$ 后，即可利用下式求出导向套受到的支承压应力 $p_d$<br>$p_d=\dfrac{F_d}{db}\times10^{-6}$ （MPa）<br>图 c 所示结构 $b=\dfrac{2}{3}d$ （m）<br>支承压应力应在导向材料允许范围内<br>导向套总长度不应过大，特别是高速缸，以避免摩擦力过大 | $F_d$——导向套承受的载荷，N<br>$M_0$——外力作用于活塞上的力矩，N·m<br>$F_1$——作用于活塞杆上的偏心载荷，N<br>$K_1$——安装系数，通常取 $1<K_1\leqslant2$<br>$L$——载荷作用的偏心距，m<br>$L_G$——活塞与导向套间距，m，当活塞向上推，行程末端为最不利位置时，取 $L_G\approx D+\dfrac{d}{2}$<br>$D,d$——活塞及活塞杆外径，m<br>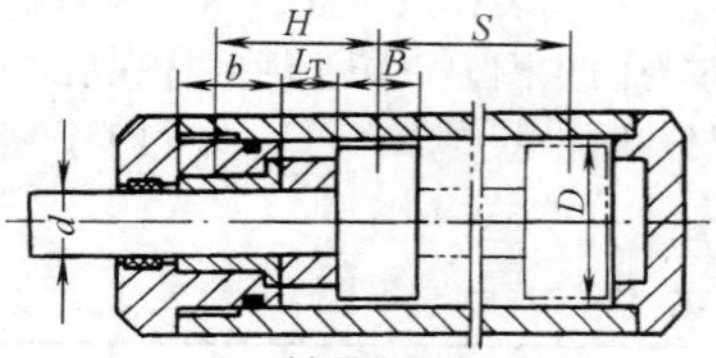<br><br>(c) 导向长度<br>$b$——导向套宽度，m<br>$p_d$——支承压应力，通常为青铜 $p_d<8$MPa，纤维增强聚四氟乙烯 $p_d<3$MPa |
| 最小导向长度 | 导向长度过短，将使缸因配合间隙引起的初始挠度增大，影响液压缸的工作性能和稳定性，因此，设计必须保证缸有一定的最小导向长度，一般缸的最小导向长度应满足<br>$H\geqslant\dfrac{S}{20}+\dfrac{D}{2}$ （m）<br>导向套滑动面的长度 $A$，在缸径小于或等于 80mm 时，取<br>$A=(0.6\sim1.0)D$<br>当缸径大于 80mm 时，取<br>$A=(0.6\sim1.0)d$<br>活塞宽度取<br>$B=(0.6\sim1.0)D$ | $H$——最小导向长度，是从活塞支承面中点到导向套滑动面中点的距离<br>$D$——缸筒内径，m<br>$S$——最大工作行程，m<br>$B$——活塞宽度，m<br>为了保证最小导向长度，过多地增加导向长度 $b$ 和活塞宽度 $B$ 是不合适的，较好的办法是在导向套和活塞之间装一中隔圈，中隔圈长度 $L_T$ 由所需的最小导向长度决定。采用中隔圈不仅能保证最小导向长度，还可以提高导向套和活塞的通用性 |

（4）加工要求

导向套内孔与活塞杆外圆的配合多为 H8/f7～H9/f9。外圆与内孔的同轴度公差不大于 0.03mm，圆度和圆柱度公差不大于直径公差之半，内孔中的环形油槽和直油槽要浅而宽，以保证良好的润滑。

## 5.5 中隔圈

在长行程液压缸内，由于安装方式及负载的导向条件，可能使活塞杆导向套受到过大的侧向力而导致严重磨损，因此在长行程液压缸内需在活塞与有杆侧端盖之间安装一个中隔圈（也称限位圈），使活塞杆在全部外伸时仍能有足够的支承长度，其结构见表 21-6-20。活塞杆在缸内支承长度 $L_G$（见表 21-6-19 图 b）的最小值应满足下式：

$$L_G \geqslant D+\frac{d}{2}\ (\mathrm{m})$$

（1）中隔圈的结构

**表 21-6-20**

| 结　构　图 | 应　用　场　合 |
|---|---|
| 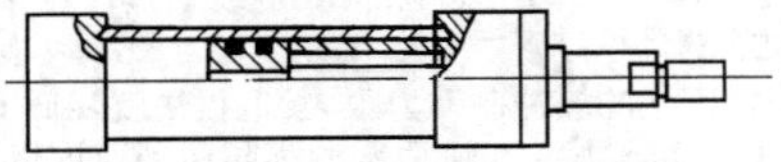 | 用于无缓冲液压缸 |
| 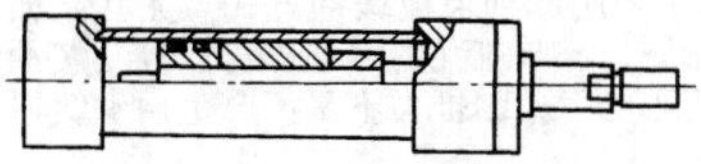 | 用于有缓冲液压缸 |
| 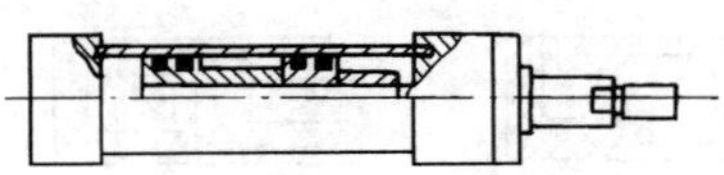 | 用于特长行程液压缸，增加一个活塞，把中隔圈放在两活塞之间，因此中隔圈的当量长度为中隔圈实际长度加第二活塞的长度 |

（2）中隔圈长度的确定

各生产厂按各自生产的液压缸结构、间隙等因素和试验结果来确定中隔圈长度 $L_T$。下列两例可作为参考。

① 当行程长度 $S$ 超过缸筒内径 $D$ 的 8 倍时，可装一个 $L_T=100$mm 的中隔圈；超过部分每增加 700mm，中隔圈的长度 $L_T$ 即增加 100mm，依此类推。

② 当 1000mm<$S$<2500mm 时，需安装中隔圈的长度如下：$S=1001\sim1500$mm，$L_T=50$mm；$S=1501\sim2000$mm，$L_T=100$mm；$S=2001\sim2500$mm，$L_T=150$mm。

## 5.6 缓冲装置

液压缸的活塞杆（或柱塞杆）具有一定的质量，在液压力的驱动下运动时具有很大的动量。在它们的行程终端，当杆头进入液压缸的端盖和缸底部分时，会引起机械碰撞，产生很大的冲击压力和噪声。采用缓冲装置，就是为了避免这种机械碰撞，但冲击压力仍然存在，大约是额定工作压力的 2 倍，这必然会严重影响液压缸和整个液压系统的强度及正常工作。缓冲装置可以防止和减少液压缸活塞及活塞杆等运动部件在运动时对缸底或端盖的冲击，在它们的行程终端实现速度的递减，直至为零。

缓冲装置的工作原理是使缸筒低压腔内油液（全部或部分）通过节流把动能转换为热能，热能则由循环的油液带到液压缸外。如图 21-6-2 所示，质量为 $m$ 的活塞和活塞杆以速度 $v$ 运动，当缓冲柱塞 1 进入缓冲腔 2 时，就在被遮断的 2 腔内产生压力 $p_c$，液压缸运动部分的动能被 2 腔内的液体吸收，从而达到缓冲的目的。

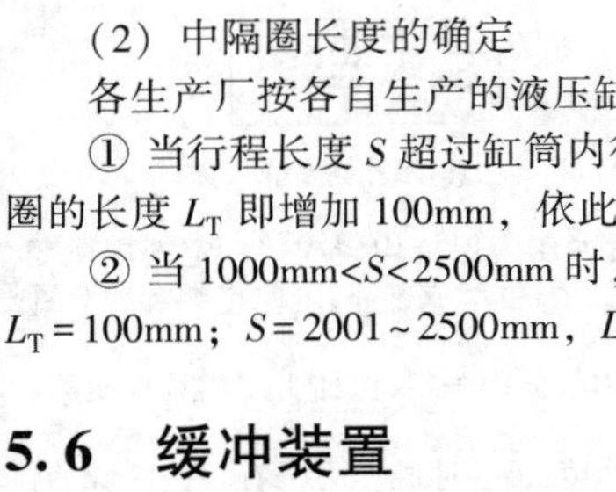


图 21-6-2　缓冲原理

液压缸活塞运动速度在 0.1m/s 以下时，不必采用缓冲装置；在 0.2m/s 以上时，必须设置缓冲装置。

（1）一般技术要求

① 缓冲装置应能以较短的缓冲行程 $l_0$ 吸收最大的动能。

② 缓冲过程中尽量避免出现压力脉冲及过高的缓冲腔压力峰值，使压力的变化为渐变过程。

③ 缓冲腔内峰值压力 $p_{cmax} \leqslant 1.5p_i$（$p_i$ 为供油压力）。

④ 动能转变为热能使油液温度上升时，油液的最高温度不应超过密封件的允许极限。

(2) 缓冲装置的结构

**表 21-6-21**

| 结构 | 简 图 与 说 明 |
|---|---|
| 恒节流型缓冲装置 | 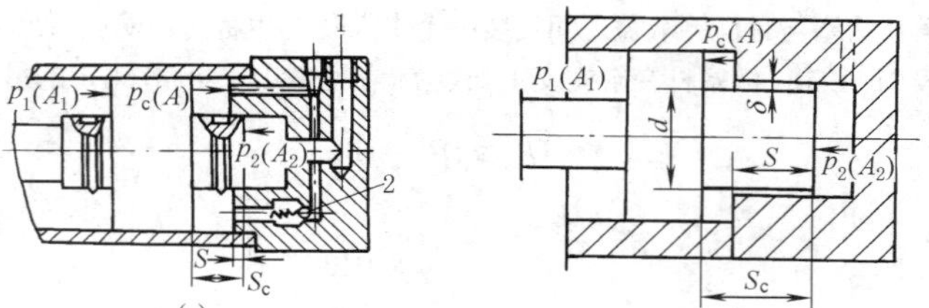(a) (b)<br>缓冲柱塞为圆柱形，当进入节流区时，油液被活塞挤压而通过缓冲柱塞周围的环形间隙(图 b)或通过缓冲节流阀(图 a)而流出，活塞 $A$ 侧腔内的压力上升到高于 $A_1$ 侧腔内的工作压力，使活塞部件减速<br>此类缓冲装置在缓冲过程中，由于其节流面积不变，故在缓冲开始时，产生的缓冲制动力很大，但很快就降低下来，最后不起什么作用，缓冲效果很差。但是在一般系列化的成品液压缸中，由于事先无法知道活塞的实际运动速度以及运动部分的质量和载荷等，因此为了使结构简单，便于设计，降低制造成本，仍多采用此种节流缓冲方式。尤其是如图 a 所示那样，采用缓冲节流阀 1 进行节流的缓冲装置，可根据液压缸实际负载情况，调节节流孔的大小即可以控制缓冲腔内缓冲压力的大小，同时当活塞反向运动时，高压油从单向阀 2 进入液压缸内，活塞也不会因推力不足而产生启动缓慢或困难等现象(除自调节流型外，一般缓冲机构常需装有此种返行程快速供油阀) |
| 变节流型缓冲装置 | (a) 抛物线型 (b) 铣槽型 (c) 梯阶型 (d) 圆锥型<br>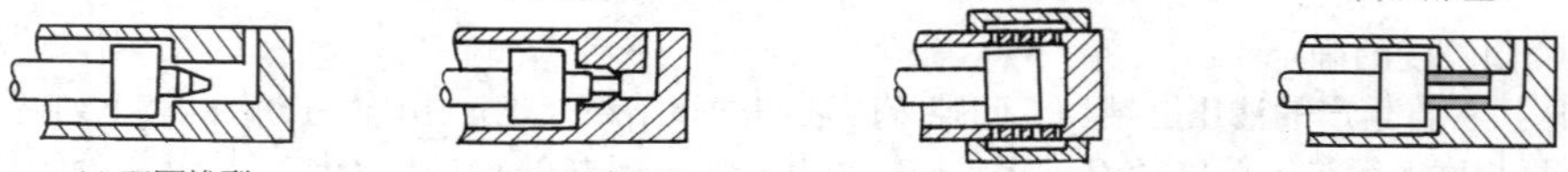(e) 双圆锥型 (f) 两级缓冲型 (g) 多孔缸筒型 (h) 多孔柱塞型<br>变节流缓冲装置在缓冲过程中通流面积随缓冲过程的变化而变化，缓冲腔内的缓冲压力保持均匀或按一定的规律变化，能取得满意的缓冲效果，但只能适应一定的工作负载和运动情况，其结构也比较复杂，生产成本高，因此这类缓冲装置多用在专用液压缸上<br>图 a 为抛物线柱塞，凹抛物线形缓冲柱塞最理想，可达到恒减速度，而且缓冲腔压力较低而平坦，但加工需用数控机床，成本高<br>图 b~图 f 等形状都是从加工方便出发，尽量接近于凹抛物线，降低缓冲腔压力的峰值，但缓冲腔压力仍有轻微的脉冲，这对于有高精度要求的场合(如高精度机床的进给)仍有不利之处<br>图 g、图 h 为多孔缸筒或多孔柱塞型，可适当布置每排小孔的数量和各排之间的距离，使节流面积更接近于理想抛物线。这种形式的加工可用普通机床进行，缓冲腔压力基本接近理想曲线 |

(3) 缓冲装置的计算

缓冲装置计算中，假设油液是不可压缩的；节流系数 $C_4$ 是恒定的；流动是紊流；缓冲过程中，供油压力不变；密封件摩擦阻力相对于惯性力很小，可略去不计。

**表 21-6-22**

| 项目 | 计 算 公 式 | 说 明 |
|---|---|---|
| 缓冲压力的一般计算式 | 在缓冲制动情况下，液压缸活塞(见表 21-6-21 图 a、图 b)的运动方程式为<br>$$A_1p_1\times10^6-A_2p_2\times10^6\pm R-Ap_c\times10^6=\frac{G\mathrm{d}v}{g\mathrm{d}t}=-\frac{G}{g}a$$<br>在一般情况下，排油压力 $p_2\approx0$，由此可得<br>$$p_c=\frac{A_1p_1+\left(\frac{G}{g}a\pm R\right)\times10^{-6}}{A}$$ (MPa) | $p_c$——缓冲腔内的缓冲压力，MPa<br>$A$——缓冲压力在活塞上的有效作用面积，$m^2$<br>$p_1$——液压油的工作压力，MPa<br>$A_1$——工作腔活塞的有效作用面积，$m^2$<br>$R$——折算到活塞上的一切外部载荷，包括重力及液压缸内外摩擦阻力在内，N，其作用方向与活塞的运动方向一致者取"+"号，反之则取"-"号(因此摩擦阻力取"-"号)<br>$G$——折算到活塞上的一切有关运动部分的重力，N<br>$g$——重力加速度，$g=9.81\mathrm{m/s^2}$<br>$a$——活塞的减速度，$\mathrm{m/s^2}$ |

续表

| 项目 | 计 算 公 式 | 说 明 |
| --- | --- | --- |
| 恒节流型缓冲机构计算 | 对采用缓冲节流阀进行节流的缓冲机构（表 21-6-21 图 a），在上式中代入平均减速度 $a_m=v_0^2/2S_c$，即得平均缓冲压力：<br>$$p_{cm}=\frac{A_1p_1S_c+\left(\frac{1}{2}\times\frac{G}{g}v_0^2\pm RS_c\right)\times10^{-6}}{AS_c}\ \text{(MPa)}$$<br>最高缓冲压力发生在活塞刚进入缓冲区一瞬时内，假定此时的减速度（最大减速度）$a_0=2a_m=v_0^2/S_c$，将其代入上式中，即得最高缓冲压力：<br>$$p_{cmax}=\frac{A_1p_1S_c+\left(\frac{G}{g}v_0^2\pm RS_c\right)\times10^{-6}}{AS_c}\ \text{(MPa)}$$<br>上式为 $p_{cmax}$ 的近似计算公式，$p_{cmax}$ 值的大小可通过调节缓冲节流阀的节流面积大小来调定，其值不应超过液压缸的最大允许压力 $p_{max}$（见表 21-6-3）<br>当采用环形节流缝隙的缓冲机构（表 21-6-21 图 b）时，环形缝隙高度 $\delta$ 可按下列近似公式计算，即<br>$$\delta=\sqrt[3]{\frac{12q_{vm}\mu S_c}{p_{cm}d_m\pi}}\times10^{-2}\ \text{(m)}$$<br>将 $q_{vm}$ 及 $d_m$ 加以转化后，上式可改写为<br>$$\delta=\sqrt[3]{\frac{6Av_0\mu S_c}{p_{cm}d\pi}}\times10^{-2}\ \text{(m)}$$ | $S_c$——活塞的缓冲行程，m<br>$v_0$——活塞在缓冲开始时的速度，m/s<br>$q_{vm}$——从缝隙中流过的平均体积流量，$m^3/s$，$q_{vm}=AS_c/t_c$<br>$t_c$——缓冲时间，s，$t_c=v_0/a_m$<br>$a_m$——活塞的平均减速度，$m/s^2$<br>$\mu$——液压油的动力黏度，Pa · s<br>$d_m$——环形缝隙的平均直径（中径），m；可取 $d_m\approx d$<br>$d$——缓冲柱塞直径，m<br>$p_{cm}$——平均缓冲压力，MPa<br>因 $a_m=v_0^2/2S_c$，故 $t_c=2S_c/v_0$，则 $q_{vm}=Av_0/2$ |
| 变节流型缓冲机构计算 | 恒减速缓冲机构计算：理想的缓冲机构在缓冲过程中，最好保持缓冲压力不变，活塞的减速度为常数，即<br>$$a=a_m=\frac{v_0^2}{2S_c}\ (m/s^2)$$<br>缓冲压力为<br>$$p_c=p_{cm}=\frac{A_1p_1S_c+\left(\frac{G}{2g}v_0^2\pm RS_c\right)\times10^{-6}}{AS_c}\ \text{(MPa)}$$<br>缓冲时间为<br>$$t_c=\frac{2S_c}{v_0}$$<br>瞬时节流面积为<br>$$A_i=\frac{A\sqrt{\gamma}}{C_d\sqrt{2g\Delta p\times10^6}}v=\frac{Av_0\sqrt{\gamma}}{C_d\sqrt{2g\Delta p\times10^6}}\times\frac{\sqrt{S_c-S}}{\sqrt{S_c}}\ (m^2)$$<br>或 $$A_i=K\sqrt{S_c-S}$$<br>$$K=\frac{Av_0\sqrt{\gamma}}{C_d\sqrt{2gS_c\Delta p}}\times10^{-3}$$ | $S$——活塞在缓冲过程中的瞬时缓冲位移，m<br>$A_i$——相应于 $S$ 应有的节流面积，$m^2$<br>$C_d$——流量系数，一般取 0.7~0.8<br>$\Delta p$——节流孔前后的压力差，MPa，$\Delta p=p_{cm}-p_1$，一般情况 $p_2\approx0$<br>$\gamma$——油的重度，$N/m^3$ |

经以上计算后，尚需考虑以下因素调整缓冲装置尺寸：缓冲间隙 $\delta$ 不能过小（浮动节流圈可例外），以免在活塞导向环磨损后，缓冲柱塞可能碰撞端盖，通常 $\delta\geqslant0.10\sim0.12$mm；缓冲行程长度 $S_c$ 不可过长，以免外形尺寸过大。

## 5.7 排气阀

排气阀的结构型式见表 21-6-23。排气阀的位置要合理，水平安装的液压缸，其位置应设在缸体两腔端部的上方；垂直安装的液压缸，应设在端盖的上方，均应与压力腔相通，以便安装后调试前排除液压缸内的空气。由于空气比油轻，总是向上浮动，不会让空气有积存的残留死角。如果排气阀设置不当或者没有设置，压力油进入液压缸后，缸内仍会存有空气。由于空气具有压缩性和滞后扩张性，会造成液压缸和整个液压系统在工作中的颤振和爬行，影响液压缸的正常工作。例如，液压导轨磨床在加工过程中，如果工作台进给液压缸内存有空气，就会引起工作台进给时的颤振和爬行，这不仅会影响被加工表面的粗糙度和形位公差等级，而且会损坏砂轮和磨头等机构；这种现象如果发生在炼钢转炉的倾倒装置液压缸中，将会引起钢水的动荡泼出，这是十分危险的。为了避免这种现象的发生，除了防止空气进入液压系统外，必须在液压缸上安设排气阀。因为液压缸是液压系统的最后执行元件，会直接反映出残留空气的危害。

**表 21-6-23　　排气阀的结构型式**

| | 结构图 | 说明 |
|---|---|---|
| 整体排气阀 | 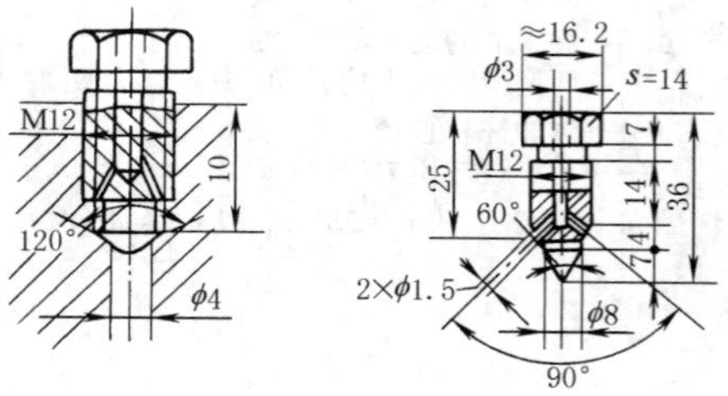<br>(a) | 阀体与阀针合为一体，用螺纹与缸筒或缸盖连接，靠头部锥面起密封作用。排气时，拧松螺纹，缸内空气从锥面间隙中挤出，并经斜孔排出缸外<br>这种排气阀简单、方便，但螺纹与锥面密封处同轴度要求较高，否则拧紧排气阀后不能密封，会造成外泄漏<br>阀的材料用 35 或 45 碳素钢，锥部热处理硬度 38~44HRC<br>整体排气阀的实际结构尺寸如图 a 所示 |
| 组合排气阀 | 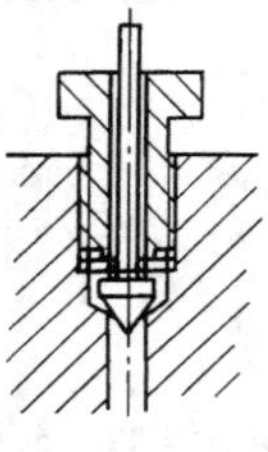<br>(b)<br>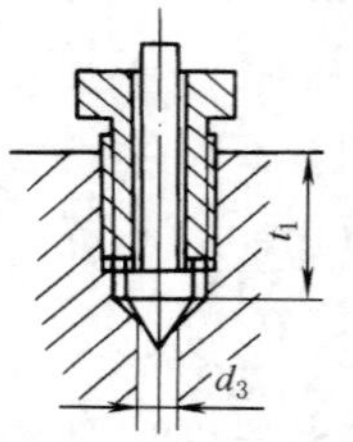<br>(c) | 阀体与阀针为两个不同零件，拧松阀体螺纹后，锥阀在压力的推动下脱离密封面而排出空气<br>阀体材料用 30 或 45 碳素钢，锥阀用不锈钢 3Cr13，锥部热处理硬度 38~44HRC |

## 5.8　油口

油口包括油口孔和油口连接螺纹。液压缸的进、出油口可布置在端盖或缸筒上。

油口孔大多属于薄壁孔（指孔的长度与直径之比 $l/d\geqslant0.5$ 的孔）。通过薄壁孔的流量按下式计算：

$$Q=CA\sqrt{\frac{2}{\rho}(p_1-p_2)}=CA\sqrt{\frac{2}{\rho}\Delta p}\quad(\mathrm{m^3/s})$$

式中　$C$——流量系数，接头处大孔与小孔之比大于 7 时 $C=0.6\sim0.62$，小于 7 时 $C=0.7\sim0.8$；

$A$——油孔的截面积，$\mathrm{m^2}$；

$\rho$——液压油的密度，$\mathrm{kg/m^3}$；

$p_1$——油孔前腔压力，Pa；

$p_2$——油孔后腔压力，Pa；

$\Delta p$——油孔前、后腔压力差，Pa。

$C$、$\rho$ 是常量，对流量影响最大的因素是油孔的面积 $A$。根据上式可以求出孔的直径，以满足流量的需要，从而保证液压缸正常工作的运动速度。

液压缸螺纹油口的尺寸和要求应符合 GB/T 2878.1《液压传动连接　带米制螺纹和 O 形圈密封的油口和螺柱

端 第1部分：油口》规定，见表21-6-24。

**油口**

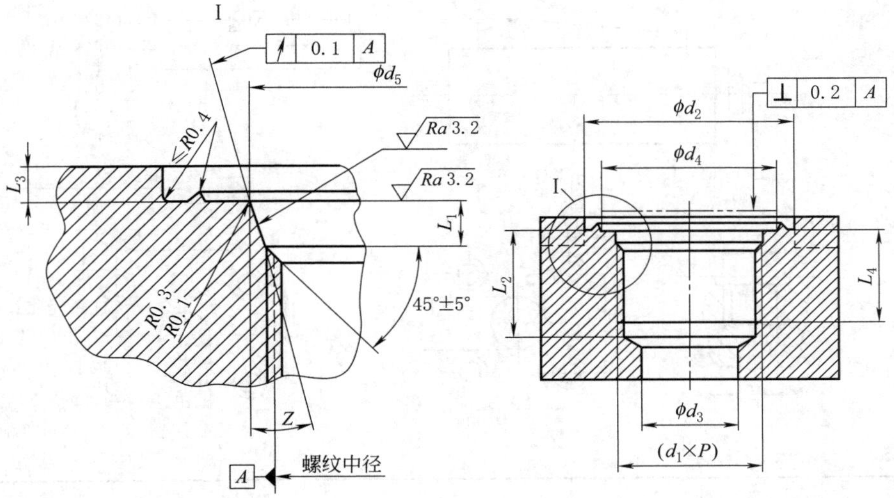


**表 21-6-24**

mm

| 螺纹① ($d_1 \times P$) | $d_2$ 宽的④ min | $d_2$ 窄的⑤ min | $d_3$② 参考 | $d_4$ | $d_5$ $^{+0.1}_{0}$ | $L_1$ $^{+0.4}_{0}$ | $L_2$③ min | $L_3$ max | $L_4$ min | $Z$ /(°) ±1° |
|---|---|---|---|---|---|---|---|---|---|---|
| M8×1 | 17 | 14 | 3 | 12.5 | 9.1 | 1.6 | 11.5 | 1 | 10 | 12 |
| M10×1 | 20 | 16 | 4.5 | 14.5 | 11.1 | 1.6 | 11.5 | 1 | 10 | 12 |
| M12×1.5 | 23 | 19 | 6 | 17.5 | 13.8 | 2.4 | 14 | 1.5 | 11.5 | 15 |
| M14×1.5⑥ | 25 | 21 | 7.5 | 19.5 | 15.8 | 2.4 | 14 | 1.5 | 11.5 | 15 |
| M16×1.5 | 28 | 24 | 9 | 22.5 | 17.8 | 2.4 | 15.5 | 1.5 | 13 | 15 |
| M18×1.5 | 30 | 26 | 11 | 24.5 | 19.8 | 2.4 | 17 | 2 | 14.5 | 15 |
| M20×1.5⑦ | 33 | 29 | — | 27.5 | 21.8 | 2.4 | — | 2 | 14.5 | 15 |
| M22×1.5 | 33 | 29 | 14 | 27.5 | 23.8 | 2.4 | 18 | 2 | 15.5 | 15 |
| M27×2 | 40 | 34 | 18 | 32.5 | 29.4 | 3.1 | 22 | 2 | 19 | 15 |
| M30×2 | 44 | 38 | 21 | 36.5 | 32.4 | 3.1 | 22 | 2 | 19 | 15 |
| M33×2 | 49 | 43 | 23 | 41.5 | 35.4 | 3.1 | 22 | 2.5 | 19 | 15 |
| M42×2 | 58 | 52 | 30 | 50.5 | 44.4 | 3.1 | 22.5 | 2.5 | 19.5 | 15 |
| M48×2 | 63 | 57 | 36 | 55.5 | 50.4 | 3.1 | 25 | 2.5 | 22 | 15 |
| M60×2 | 74 | 67 | 44 | 65.5 | 62.4 | 3.1 | 27.5 | 2.5 | 24.5 | 15 |

① 符合ISO 261，公差等级按照ISO 965-1的6H。钻头按照ISO 2306的6H等级。

② 仅供参考。连接孔可以要求不同的尺寸。

③ 此攻螺纹底孔深度需使用平底丝锥才能加工出规定的全螺纹长度。在使用标准丝锥时，应相应增加攻螺纹底孔深度，采用其他方式加工螺纹时，应保证表中螺纹和沉孔深度。

④ 带凸环标识的孔口平面直径。

⑤ 没有凸环标识的孔口平面直径。

⑥ 测试用油口首选。

⑦ 仅适用于插装阀阀孔（参见ISO 7789）。

符合本部分的油口在结构尺寸允许的情况下，宜采用符合GB/T 2878.1—2011标准中可选择的油口标识，见该标准中图2和表2的凸环标识。

不同压力系列的单杆液压缸油口安装尺寸见表 21-6-25（供参考）。

## 单杆液压缸油口安装尺寸

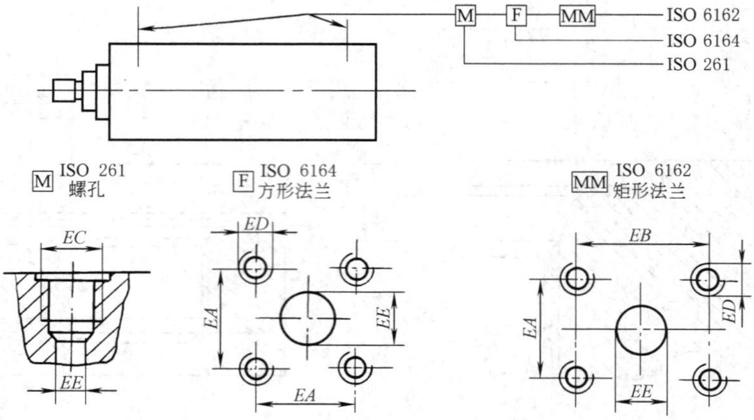


**表 21-6-25**

mm

| 系列 | 缸内径 *D* | 进、出油口 *EC* | 缸内径 *D* | 进、出油口 *EC* | 缸内径 *D* | 进、出油口 *EC* | 缸内径 *D* | 进、出油口 *EC* |
|---|---|---|---|---|---|---|---|---|
| 16MPa 小型系列（ISO 8138） | 25<br>32<br>40 | M14×1.5<br>M14×1.5<br>M18×1.5 | 50<br>63<br>80 | M22×1.5<br>M22×1.5<br>M27×2 | 100<br>125 | M27×2<br>M27×2 | 160<br>200 | M33×2<br>M42×2 |

| 系列 | 缸内径 *D* | *EC* | *EE*（最小） | 方形法兰名义规格 *DN* | *EE* $\left(\begin{smallmatrix}0\\-1.5\end{smallmatrix}\right)$ | *EA* ±0.25 | *ED* | 矩形法兰名义规格 *DN* | *EE* $\left(\begin{smallmatrix}0\\-1.5\end{smallmatrix}\right)$ | *EA* ±0.25 | *EB* ±0.25 | *ED* |
|---|---|---|---|---|---|---|---|---|---|---|---|---|
| 16MPa 中型系列（ISO 8136） | 25 | M14×1.5 | 6 | | | | | | | | | |
| | 32 | M18×1.5 | 10 | | | | | | | | | |
| | 40 50 | M22×1.5 | 12 | | | | | | | | | |
| | 63 80 | M27×2 | 16 | 15 | 15 | 29.7 | M8×1.25 | 13 | 13 | 17.5 | 38.1 | M8×1.25 |
| | 100 125 | M33×2 | 20 | 20 | 20 | 35.3 | M8×1.25 | 19 | 19 | 22.2 | 47.6 | M10×1.5 |
| | 160 200 | M42×2 | 25 | 25 | 25 | 43.8 | M10×1.5 | 25 | 25 | 26.2 | 52.4 | M10×1.5 |
| | 250 320 | M50×2 | 32 | 32 | 32 | 51.6 | M12×1.75 | 32 | 32 | 30.2 | 58.7 | M12×1.75 |
| | 400 500 | M60×2 | 38 | 38 | 38 | 60 | M14×2 | 38 | 38 | 35.7 | 69.9 | M14×2 |
| 25MPa 系列（ISO 8137） | 50 | M22×1.5 | 12 | | | | | | | | | |
| | 63 80 | M27×2 | 16 | 15 | 15 | 29.7 | M8×1.25 | 19 | 19 | 22.2 | 47.6 | M10×1.5 |
| | 100 125 | M33×2 | 20 | 20 | 20 | 35.3 | M8×1.25 | 19 | 19 | 22.2 | 47.6 | M10×1.5 |
| | 160 200 | M42×2 | 25 | 25 | 25 | 43.8 | M10×1.5 | 25 | 25 | 26.2 | 52.4 | M10×1.5 |
| | 250 320 | M50×2 | 32 | 32 | 32 | 51.6 | M12×1.75 | 32 | 32 | 30.2 | 58.7 | M12×1.75 |
| | 400 500 | M60×2 | 38 | 38 | 38 | 60 | M14×2 | 38 | 38 | 36.5 | 79.4 | M16×2 |

## 5.9 单向阀

表 21-6-26

| 单向阀结构 | 说明 |
|---|---|
| 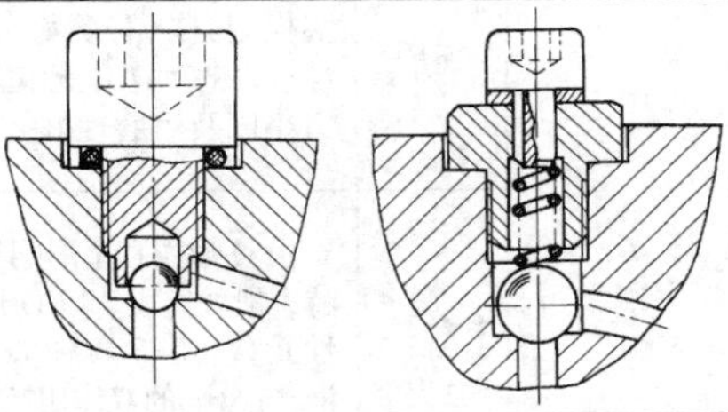 | 带缓冲装置的液压缸需装有单向阀与缓冲装置成组使用。活塞正向运动,在启动时,进入液压缸的压力油流经单向阀推动活塞运动,解决了活塞不会因推力不足而产生启动缓慢或困难的现象。反之,活塞反向运动,当活塞进入缓冲区时,单向阀封闭,缓冲腔内油液经缓冲调节阀(节流阀或环形缝隙)使缓冲压力上升活塞减速制动,达到缓冲的要求 |

## 5.10 密封件、防尘圈的选用

① 宝色霞板（Busak-Sharaban）公司的密封件、防尘圈见表 21-6-27、表 21-6-28。

② 车氏组合密封见本手册第 3 卷润滑与密封篇。

表 21-6-27 活塞和活塞杆的密封件

| 名称 | 密封部位 | 截面形状 | 密封功能 | 直径范围/mm | 工作范围 压力/MPa | 温度/℃ | 速度/m·s$^{-1}$ | 特点 |
|---|---|---|---|---|---|---|---|---|
| O形密封圈加挡圈 | 活塞、活塞杆 | 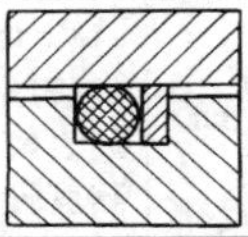 | 单作用 | | ≤40 | -30~100 | ≤0.5 | O形圈加挡圈，以防O形圈被挤入间隙中 |
| | | 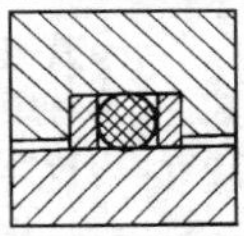 | 双作用 | | | | | |
| O形密封圈加弧形挡圈 | | 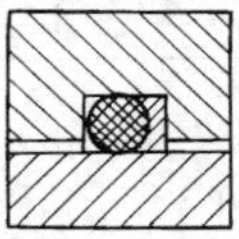 | 单作用 | | ≤250 | -60~200 | | 挡圈的一侧加工成弧形，以更好地和O形圈相适应，且在很高的脉动压力作用下保持其形状不变 |
| | | 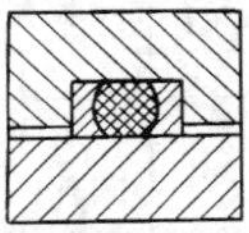 | | | | | | |
| 特康双三角密封圈 | | 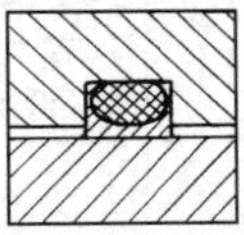 | 双作用 | 4~2500 | ≤35 | -54~200 | ≤15 | 安装沟槽与O形圈相同，有良好的摩擦特性，无爬行启动和优异的运行性能 |
| 星形密封圈加挡圈 | | 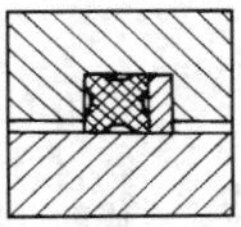 | 单作用 | | ≤80 | -60~200 | ≤0.5 | 星形密封圈有四个唇口，在往复运动时，不会扭曲，比O形密封圈具有更有效的密封性以及更低的摩擦 |
| | | 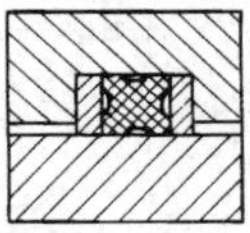 | 双作用 | | | | | |

续表

| 名称 | 密封部位 | 截面形状 | 密封功能 | 直径范围/mm | 工作范围 | | | 特点 |
|---|---|---|---|---|---|---|---|---|
| | | | | | 压力/MPa | 温度/℃ | 速度/m·s$^{-1}$ | |
| T形特康格来圈 | 活塞、活塞杆 |  | 双作用 | 8~2500 | ≤80 | -54~200 | ≤15 | 格来圈截面形状改善了泄漏控制且具有更好的抗挤出性。摩擦力小,无爬行,启动力小以及耐磨性好 |
| 特康AQ封 | 活塞 | 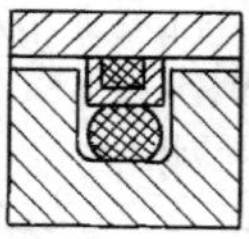 | 双作用 | 16~700 | ≤40 | -54~200 | ≤2 | 由O形圈和星形圈另加一个特康滑块组成。以O形圈为弹性元件,用于两种介质间,如液/气分隔的双作用密封 |
| S形特康AQ封 | 活塞 | 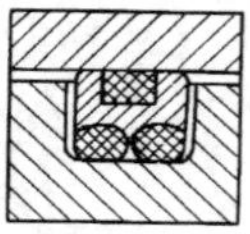 | 双作用 | 40~700 | ≤60 | -54~200 | ≤3 | 与特康AQ封不同处,用两个O形圈作弹性元件,改善了密封性能 |
| K形特康斯特封 | 活塞、活塞杆 | 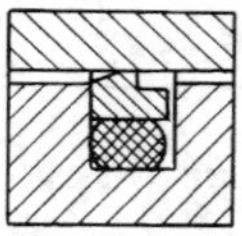 | 单作用 | 8~2500 | ≤80 | -54~200 | ≤15 | 以O形密封圈为弹性元件,另加特康斯特封组成单作用密封,摩擦力小,无爬行,启动力小且耐磨性好 |
| 佐康威士密封圈 | 活塞 | 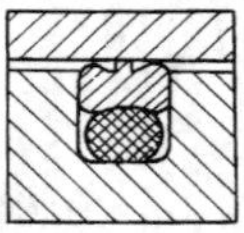 | 双作用 | 16~250 | ≤25 | -35~80 | ≤0.8 | 以O形圈为弹性元件,另加佐康威士圈组成双作用密封。密封效果好。抗扯裂及耐磨性好 |
| 佐康雷姆封 | 活塞杆 |  | 单作用 | 8~1500 | ≤25 | -30~100 | ≤5 | 其截面形状使其具有和K形特康斯特封极为相似的压力特性,因而有良好的密封效果。它主要与K型特康斯特封串联使用 |
| D-A-S组合密封圈 | 活塞 | 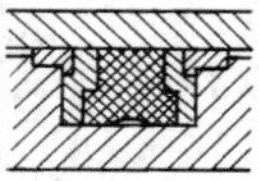 | 双作用 | 20~250 | ≤35 | -30~100 | ≤0.5 | 由一个弹性齿状密封圈、两个挡圈和两个导向环组成。安装在一个沟槽内 |
| CST特康密封圈 | 活塞 | 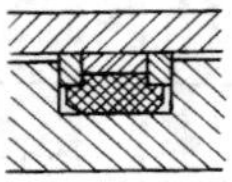 | 双作用 | 50~320 | ≤50 | -54~120 | ≤1.5 | 由T形弹性元件、特康密封圈和两个挡圈组成。安装在一个沟槽内,其几何形状使其具有全面的稳定性,高密封性能,低摩擦力,使用寿命长 |
| U形密封圈 | 活塞杆 | 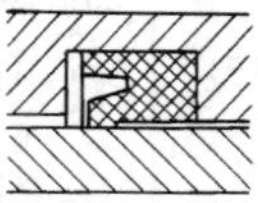 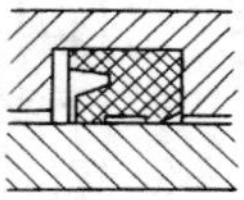 | 单作用 | 6~185 | ≤40 | -30~100 | ≤0.5 | 有单唇和双唇两种截面形状,材料为聚氨酯。双唇间形成的油膜,降低摩擦力及提高耐磨性 |

续表

| 名称 | 密封部位 | 截面形状 | 密封功能 | 直径范围/mm | 工作范围 | | | 特点 |
|---|---|---|---|---|---|---|---|---|
| | | | | | 压力/MPa | 温度/℃ | 速度/$m \cdot s^{-1}$ | |
| M2型泛塞密封特康 | 活塞、活塞杆 | 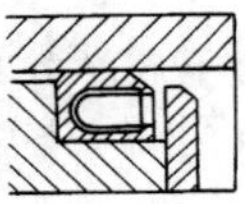 | 单作用 | 6~2500 | ≤45 | -70~260 | ≤15 | U形的特康密封圈内装不锈钢簧片，为单作用密封元件。在低压和零压时，由金属弹簧提供初始密封力，当系统压力升高时，主要密封力由系统压力形成，从而保证由零压到高压时都能可靠密封 |
| W形泛塞密封特康 | | 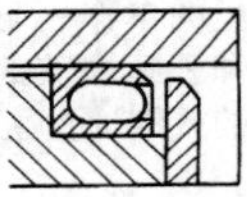 | | | ≤20 | -70~230 | | U形的特康密封圈内装螺旋形弹簧，为单作用密封元件。用在摩擦力必须保持在很窄的公差范围内，如有压力开关的场合 |
| 洁净型泛塞密封特康 | 活塞 | 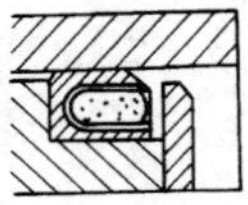 | | | ≤45 | -70~260 | | U形的特康密封圈内装不锈钢簧片，U形簧片的空腔用有机硅充填，以清除细菌的生长，且便于清洗。主要用在食品、医药工业 |

**表 21-6-28　活塞杆的防尘圈**

| 名称 | 截面形状 | 作用 | 直径范围/mm | 工作范围 | | 特点 |
|---|---|---|---|---|---|---|
| | | | | 温度/℃ | 速度/$m \cdot s^{-1}$ | |
| 2型特康防尘圈（埃落特） | 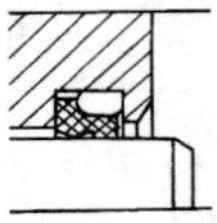 | 密封、防尘 | 6~1000 | -54~200 | ≤15 | 以O形圈为弹性元件和特康的双唇防尘圈组成。O形圈使防尘唇紧贴在滑动表面，起到极好的刮尘作用。如与K形特康斯特封和佐康雷姆封串联使用，双唇防尘圈的密封唇起到了辅助密封作用 |
| 5型特康防尘圈（埃落特） |  | | 20~2500 | | | 截面形状与2型特康防尘圈稍有所不同。其密封和防尘作用与2型相同。2型用于机床或轻型液压缸，而5型主要用于行走机械或中型液压缸 |
| DA17型防尘圈 | 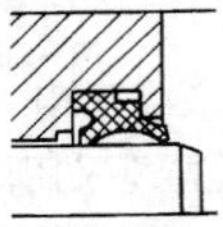 | | 10~440 | -30~110 | ≤1 | 材料为丁腈橡胶。有密封唇和防尘唇的双作用防尘圈，如与K型特康斯特封和佐康雷姆封串联使用，除防尘作用外，又起到了辅助密封作用 |
| DA22型防尘圈 | 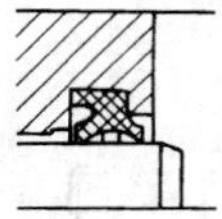 | | 5~180 | -35~100 | | 材料为聚氨酯，与DA17型防尘圈一样具有密封和防尘的双作用 |
| ASW型防尘圈 |  | 防尘 | 8~125 | | | 材料为聚氨酯，有一个防尘唇和一个改善在沟槽中定位的支承边。有良好的耐磨性和抗扯裂性 |
| SA型防尘圈 |  | | 6~270 | -3~110 | | 材料为丁腈橡胶，带金属骨架的防尘圈 |

续表

| 名称 | 截面形状 | 作用 | 直径范围/mm | 工作范围 | | 特点 |
|---|---|---|---|---|---|---|
| | | | | 温度/℃ | 速度/m·s$^{-1}$ | |
| A型防尘圈 |  | 防尘 | 6~390 | -30~110 | ≤1 | 材料为丁腈橡胶,在外表面上具有梳子形截面的密封表面,保证了它在沟槽中的可靠定位 |
| 金属防尘圈 |  | | 12~220 | -40~120 | | 包在钢壳里的单作用防尘圈。由一片极薄的黄铜防尘唇和丁腈橡胶的擦净唇组成。可从杆上除去干燥的或结冰的泥浆、沥青、冰和其他污染物 |

# 6 液压缸的设计选用说明

以下介绍设计或选用液压缸结构时一些必须考虑的问题和采用的方法，供参考。

（1）液压缸主要参数的选定

公称压力 $PN$ 一般取决于整个液压系统，因此液压缸的主要参数就是缸筒内径 $D$ 和活塞杆直径 $d$。此两数值按照表 21-6-8 和表 21-6-16 所示的方法确定后，最后必须选用符合国家标准 GB/T 2348 的数值（见表 21-6-2），这样才便于选用标准密封件和附件。

（2）使用工况及安装条件

① 工作中有剧烈冲击时，液压缸的缸筒、端盖不能用脆性的材料，如铸铁。

② 排气阀需装在液压缸油液空腔的最高点，以便排除空气。

③ 采用长行程液压缸时，需综合考虑选用足够刚度的活塞杆和安装中隔圈（见表 21-6-20）。

④ 当工作环境污染严重，有较多的灰尘、砂、水分等杂质时，需采用活塞杆防护套。

⑤ 安装方式与负载导向会直接影响活塞杆的弯曲稳定性，具体要求如下。

a. 耳环安装：作用力处在一平面内，如耳环带有球铰，则可在±4°圆锥角内变向。

b. 耳轴安装：作用力处在一平面内，通常较多采用的是前端耳轴和中间耳轴，后端耳轴只用于小型短行程液压缸，因其支承长度较大，影响活塞弯曲稳定性。

c. 法兰安装：作用力与支承中心处在同一轴线上，法兰与支承座的连接应使法兰面承受作用力，而不应使固定螺钉承受拉力，例如前端法兰安装，如作用力是推力，应采用图 21-6-3a 所示型式，避免采用图 21-6-3b 所示型式，如作用力是拉力，则反之，后端法兰安装，如作用力是推力，应采用图 21-6-4a 所示型式，避免采用 21-6-4b 所示型式，如作用力是拉力，则反之。

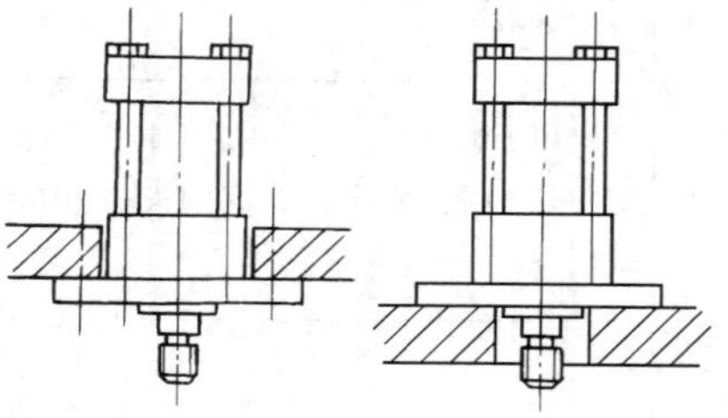

(a) (b)

图 21-6-3 前端法兰安装方式

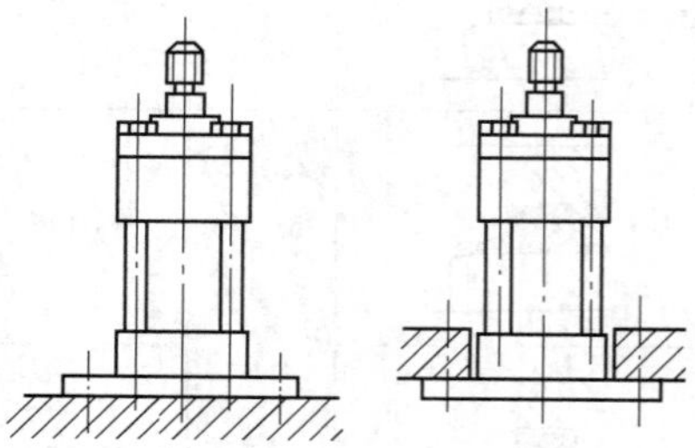

(a) (b)

图 21-6-4 后端法兰安装方式

d. 脚架安装：如图 21-6-5 所示，前端底座需用定位螺钉或定位销，后端底座则用较松螺孔，以允许液压缸受热时，缸筒能伸长，当液压缸的轴线较高，离开支承面的距离 $H$（见图 21-6-5b）较大时，底座螺钉及底座刚性应能承受倾覆力矩 $FH$ 的作用。

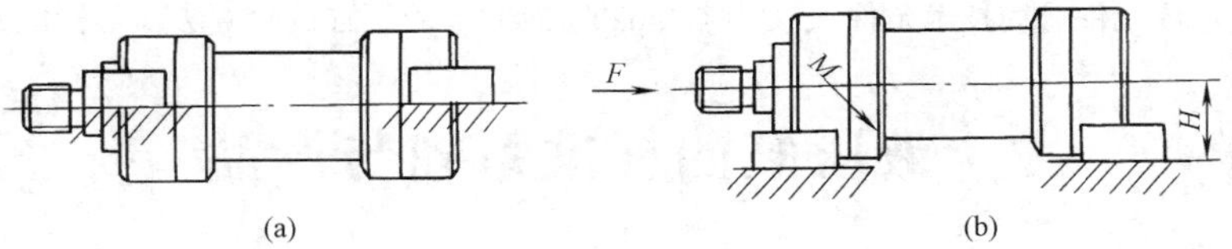


图 21-6-5　底座安装受力情况

e. 负载导向：液压缸活塞不应承受侧向负载力，否则，必然使活塞杆直径过大，导向套长度过长，因此通常对负载加装导向装置，按不同的负载类型，推荐以下安装方式和导向条件，见表 21-6-29。

**表 21-6-29　负载与安装方式的对应关系**

| 负载类型 | 推荐安装方式 | 作用力承受情况 | 负载导向要求 | 负载类型 | 推荐安装方式 | 作用力承受情况 | 负载导向要求 |
|---|---|---|---|---|---|---|---|
| 重型 | 法兰安装 | 作用力与支承中心在同一轴线上 | 导　向 | 中型 | 耳环安装 | 作用力与支承中心在同一轴线上 | 导　向 |
| | 耳轴安装 | | 导　向 | | 法兰安装 | | 导　向 |
| | 脚架安装 | 作用力与支承中心不在同一轴线上 | 导　向 | | 耳轴安装 | | 导　向 |
| | 后球铰 | 作用力与支承中心在同一轴线上 | 不要求导向 | 轻型 | 耳环安装 | 作用力与支承中心在同一轴线上 | 可不导向 |

（3）缓冲机构的选用

一般认为普通液压缸在工作压力大于 10MPa、活塞速度大于 0.1m/s 时，应采用缓冲装置或其他缓冲办法。这只是一个参考条件，主要取决于具体情况和液压缸的用途等。例如，要求速度变化缓慢的液压缸，当活塞速度大于或等于 0.05~0.12m/s 时，也应采用缓冲装置。

对缸外制动机构，当 $v_m \geqslant 1\sim4.5$m/s 时，缸内缓冲机构不可能吸收全部动能，需在缸外加装制动机构，如下所述。

① 外部加装行程开关。当开始进入缓冲阶段时，开关即切断供油，使液压能等于零，但仍可能形成压力脉冲。

② 在活塞杆与负载之间加装减振器。

③ 在液压缸出口加装液控节流阀。

此外，可按工作过程对活塞线速度变化的要求，确定缓冲机构的型式，如下所述。

① 减速过渡过程要求十分柔和，如砂型操作、易碎物品托盘操作、精密磨床进给等，宜选用近似恒减速型缓冲机构，如多孔缸筒型或多孔柱塞型以及自调节流型。

② 减速过程允许微量脉冲，如普通机床、粗轧机等，可采用铣槽型、阶梯型缓冲机构。

③ 减速过程允许承受一定的脉冲，可采用圆锥型或双圆锥型，甚至圆柱型柱塞的缓冲机构。

（4）密封装置的选用

有关密封方面的详细内容，请参阅本手册第 3 卷第 11 篇“润滑与密封”。为了方便，在选用液压缸的密封装置时，可直接参照表 21-6-27 和表 21-6-28 选用合适的密封圈与防尘圈。

（5）工作介质的选用

按照环境温度可初步选定如下工作介质。

① 在常温（-20~60℃）下工作的液压缸，一般采用石油型液压油。

② 在高温（>60℃）下工作的液压缸，需采用难燃液及特殊结构液压缸。

不同结构的液压缸，对工作介质的黏度和过滤精度有以下不同要求。

① 工作介质黏度要求：大部分生产厂要求其生产的液压缸所用的工作介质黏度范围为 12~280mm²/s，个别生产厂（如意大利的 ATOS 公司）允许 2.8~380mm²/s。

② 工作介质过滤精度要求：用一般弹性物密封件的液压缸为 20~25μm；伺服液压缸为 10μm；用活塞环的液压缸为 200μm。

（6）液压缸装配、试验及检验

单、双作用液压缸的设计、装配质量、试验方法及检验规则应按 JB/T 10205—2010《液压缸》，并配合使用 GB/T 7935—2005《液压元件通用技术条件》、GB/T 15622—2005《液压缸试验方法》等标准。

# 7 液压缸的标准系列与产品

**表 21-6-30　　液压缸部分产品技术参数和生产厂**

| 类　别 | 型　号 | 缸径（活塞直径）/mm | 速度比 | 工作压力/MPa | 生　产　厂 |
|---|---|---|---|---|---|
| 工程用液压缸 | HSG | 40~250 | 2、1.46、1.33 | 16 | 武汉华冶油缸有限公司<br>长江液压件有限责任公司<br>榆次液压有限公司<br>韶关液压件有限公司<br>北京中冶迈克液压有限公司<br>北京索普液压机电有限公司<br>优瑞纳斯液压机械有限公司<br>焦作华科液压机械制造有限公司<br>抚顺天宝重工液压机械制造有限公司 |
| 车辆用液压缸 | DG | 40~200 | 1.46 | 16 | 榆次液压有限公司<br>武汉华冶油缸有限公司<br>焦作华科液压机械制造有限公司<br>优瑞纳斯液压机械有限公司 |
| 冶金设备用液压缸 | UY<br>（JB/ZQ 4181） | 40~400 | 2 | 10~25 | 优瑞纳斯液压机械有限公司<br>榆次液压有限公司<br>武汉华冶油缸有限公司<br>北京中冶迈克液压有限公司<br>焦作华科液压机械制造有限公司<br>抚顺天宝重工液压机械制造有限公司 |
| 重载液压缸 | CD/CG 250 | 40~320 | 2、1.6、1.4 | 25 | 韶关液压件有限公司<br>武汉华冶油缸有限公司<br>榆次液压有限公司<br>北京中冶迈克液压有限公司<br>焦作华科液压机械制造有限公司<br>北京索普液压机电有限公司<br>优瑞纳斯液压机械有限公司<br>抚顺天宝重工液压机械制造有限公司 |
| | CD/CG 350 | | | 35 | |
| | C25<br>D25 | 40~400 | | 25 | 无锡市长江液压缸厂<br>优瑞纳斯液压机械有限公司<br>焦作华科液压机械制造有限公司<br>抚顺天宝重工液压机械制造有限公司 |
| | CDH2/CGH2<br>（RD/E/C 17334） | 50~500 | 2、1.6 | | 博世力士乐（常州）有限公司<br>榆次液压有限公司<br>焦作华科液压机械制造有限公司 |
| 轻型拉杆式液压缸 | WHY01 | 32~250 | 1.4、1.25 | 7、14 | 武汉华冶油缸有限公司<br>北京索普液压机电有限公司<br>焦作华科液压机械制造有限公司 |
| 多级液压缸 | UDZ<br>（UDH） | 柱塞直径组合<br>28/45（二级）~<br>60/75/95/120/<br>150（五级） | — | 16 | 优瑞纳斯液压机械有限公司<br>焦作华科液压机械制造有限公司 |
| 齿轮齿条摆动液压缸 | UB<br>（JB/ZQ 4713） | 40~200 | — | | |
| | UBZ | 100~320 | | 21 | |
| 同步分配器液压缸 | UF<br>UFT | 80~400 | — | ≤25 | |

## 7.1 工程用液压缸

HSG 型工程用液压缸是双作用单活塞杆缸，主要用于各种工程机械、起重机械及矿山机械等的液压传动。

(1) 型号意义

HSG•□-D/d•E-□□□□-□•□

工程用双作用单活塞杆液压缸

缸盖连接方式：L—外螺纹连接
K—内卡键连接
F—法兰连接

D—液压缸内径(mm)；d—活塞杆外径(mm)

压力等级：E—16MPa

液压缸安装方式

| 编号 | 安装方式 | 备注 |
|---|---|---|
| 1 | 缸盖耳环带衬套 | |
| 2 | 缸盖耳环带关节轴承 | |
| 3 | 耳轴 | 用于 $D>\phi80$mm |
| 4 | 端部法兰 | |
| 5 | 中部法兰 | |

安装距(mm)

行程(mm)

油口连接型式：1—内螺纹
2—法兰

缓冲型式

| 编号 | 缓冲型式 | 备注 |
|---|---|---|
| 0 | 不带缓冲 | 用于 $D=\phi40$mm，$\phi50$mm，$\phi63$mm |
| 1 | 两端带缓冲 | |
| 2 | 缸盖带缓冲 | 速度比 $\varphi=2$，只此一种 |
| 3 | 杆头端带缓冲 | |

活塞杆连接方式

| 编号 | 连接方式 | 备 注 |
|---|---|---|
| 1 | 杆端外螺纹 | |
| 2 | 杆端内螺纹 | 用于 $D\geqslant\phi63$mm |
| 3 | 杆端外螺纹杆头耳环带关节轴承 | |
| 4 | 杆端内螺纹杆头耳环带衬套 | 用于 $D\geqslant\phi63$mm |
| 5 | 杆端外螺纹杆头耳环装关节轴承 | |
| 6 | 杆端内螺纹杆头耳环装关节轴承 | 用于 $D\geqslant\phi63$mm |
| 7 | 整体式活塞杆耳环带衬套 | |
| 8 | 整体式活塞杆耳环装关节轴承 | 用于 $\phi80\text{mm}\leqslant D\leqslant\phi220$mm |
| 9 | 杆端为光孔 | |

(2) 技术性能

**表 21-6-31　HSG 型工程用液压缸技术参数**

| 缸径/mm | 活塞杆直径/mm 速度比 $\varphi$ | | | 额定工作压力 16MPa | | | | 最大行程/mm 速度比 $\varphi$ | | |
|---|---|---|---|---|---|---|---|---|---|---|
| | | | | 推力/N | 拉力/N 速度比 $\varphi$ | | | | | |
| | 1.33 | 1.46 | 2 | | 1.33 | 1.46 | 2 | 1.33 | 1.46 | 2 |
| 40 | 20 | 22 | 25* | 20100 | 15080 | 14020 | 12250 | 320 | 400 | 480 |
| 50 | 25 | 28 | 32* | 31420 | 23560 | 21560 | 18550 | 400 | 500 | 600 |
| 63 | 32 | 35 | 45 | 49880 | 37010 | 34480 | 24430 | 500 | 630 | 750 |
| 80 | 40 | 45 | 55 | 80430 | 60320 | 54980 | 42410 | 640 | 800 | 950 |
| 90 | 45 | 50 | 63 | 101790 | 76340 | 70370 | 51910 | 720 | 900 | 1080 |
| 100 | 50 | 55 | 70 | 125660 | 94250 | 87650 | 64090 | 800 | 1000 | 1200 |
| 110 | 55 | 63 | 80 | 152050 | 114040 | 102180 | 71630 | 880 | 1100 | 1320 |
| 125 | 63 | 70 | 90 | 196350 | 146470 | 134770 | 94560 | 1000 | 1250 | 1500 |
| 140 | 70 | 80 | 100 | 246300 | 184730 | 165880 | 120640 | 1120 | 1400 | 1680 |
| 150 | 75 | 85 | 105 | 282740 | 212060 | 191950 | 144200 | 1200 | 1500 | 1800 |
| 160 | 80 | 90 | 110 | 321700 | 241270 | 219910 | 169650 | 1280 | 1600 | 1900 |
| 180 | 90 | 100 | 125 | 407150 | 305360 | 281490 | 210800 | 1450 | 1800 | 2150 |
| 200 | 100 | 110 | 140 | 502660 | 376990 | 350600 | 256350 | 1600 | 2000 | 2400 |
| 220 | 110 | 125 | 160 | 608210 | 456160 | 411860 | 286510 | 1760 | 2200 | 2640 |
| 250 | 125 | 140 | 180 | 785400 | 589050 | 539100 | 378250 | 2000 | 2500 | 3000 |

注：1. 带 * 者速度比为 1.7。

2. 表中数值为参考值，准确值以样本为准。

（3）典型产品外形尺寸

① 耳环连接

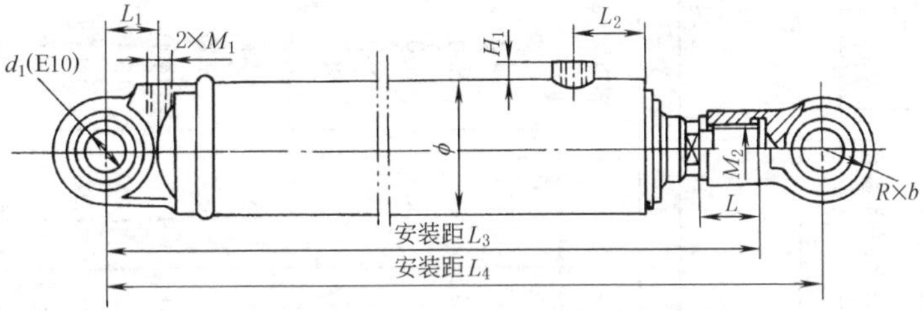


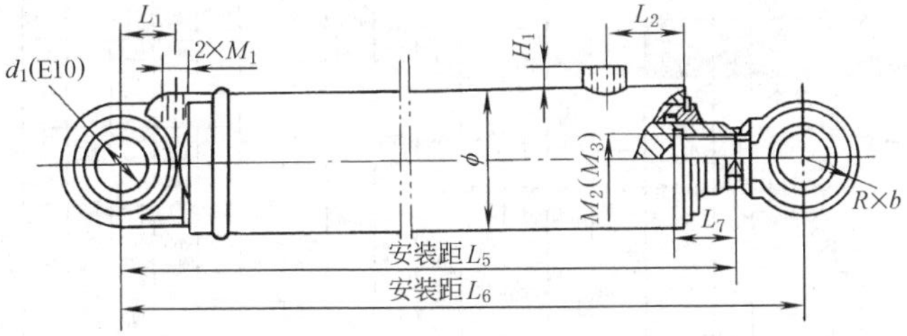


表 21-6-32　　mm

| 缸径 | 尺寸代号 | | | | | | | | | | | | | |
|---|---|---|---|---|---|---|---|---|---|---|---|---|---|---|
| | $L_1$ | $L_2$ | $L_3$ | $L_4$ | $L_5$ | $L_6$ | $L_7$ | $L$ | $\phi$ | $H_1$ | $d_1$ | $M_1$ | $M_2$ | $M_3$ | $R\times b$ |
| 40 | 30 | | 225+S | 255+S | | 218+S | | 30 | 57 | | 20 | M14×1.5 | M16×1.5 | | 25×25 |
| 50 | 40 | 65 | 243+S | 280+S | | 240+S | | 35 | 68 | 15 | 30 | M18×1.5 | M22×1.5 | | 35×35 |
| 63 | | | 258+S | 295+S | 218+S | 270+S | 35 | 40 | 83 | | | | M27×1.5 | M24×1.5 | |
| 80 | | 75<br>65# | 300+S | 347+S | 255+S | 317+S | 40 | | 102 | | | | M33×1.5 | M30×1.5 | |
| 90 | 50 | 66<br>76* | 305+S<br>325+S* | 357+S<br>377+S* | 260+S<br>280+S* | 312+S<br>332+S* | 50 | 45 | 114 | 18 | 40 | M22×1.5 | M36×2 | M33×1.5 | 45×45 |
| 100 | | 72<br>82* | 340+S<br>360+S* | 402+S<br>422+S* | 290+S<br>310+S* | 357+S<br>377+S* | 55 | 50 | 127 | | | | M42×2 | M36×2 | |
| 110 | 60 | 77<br>87* | 360+S<br>380+S* | 422+S<br>442+S* | 305+S<br>325+S* | 372+S<br>392+S* | 60 | 55 | 140 | | 50 | | M48×2 | M42×2 | 60×60 |
| 125 | | 78 | 370+S | 452+S | 310+S | 377+S | 65 | 60 | 152 | 20 | | M27×2 | M52×2 | M48×2 | |
| 140 | 70 | 85<br>95* | 405+S<br>425+S* | 498+S<br>518+S* | 340+S<br>360+S* | 418+S<br>438+S* | 70 | 65 | 168 | | | | M60×2 | M52×2 | |
| 150 | 75 | 92<br>102* | 420+S<br>440+S* | 513+S<br>533+S* | 350+S<br>370+S* | 428+S<br>448+S* | 75 | 70 | 180 | | 60 | | M64×2 | M56×2 | 70×70 |
| 160 | 70 | 100 | 435+S | 533+S | 360+S | 438+S | 80 | 75 | 194 | 22 | | M33×2 | M68×2 | M60×2 | |

续表

| 缸径 | 尺寸代号 | | | | | | | | | | | | | | |
|---|---|---|---|---|---|---|---|---|---|---|---|---|---|---|---|
| | $L_1$ | $L_2$ | $L_3$ | $L_4$ | $L_5$ | $L_6$ | $L_7$ | $L$ | $\phi$ | $H_1$ | $d_1$ | $M_1$ | $M_2$ | $M_3$ | $R\times b$ |
| 180 | 89 | 107 | 480+S | 588+S | 395+S | 483+S | 90 | 85 | 219 | 24 | 70 | M42×2 | M76×3 | M68×2 | 80×80 |
| 200 | 100 | 110 | 510+S | 628+S | 415+S | 513+S | 100 | 95 | 245 | | 80 | | M85×3 | M76×2 | 95×90 |
| 220 | 110 | 120 | 560+S | 690+S | 455+S | 565+S | 110 | 105 | 273 | 25 | 90 | | M95×3 | M85×3 | 105×100 |
| 250 | 122 | 135 | 614+S | 754+S | 499+S | 624+S | 120 | 115 | 299 | | 100 | | M105×3 | M95×3 | 120×110 |

注：1. S 为行程。

2. 带＊者仅为速度比 $\varphi=2$ 时的尺寸；带#者仅为 $\phi$80mm 缸卡键式尺寸。

3. $M_2$ 用于速度比 $\varphi=1.46$ 和 2；$M_3$ 仅用于速度比 $\varphi=1.33$。

4. 表中尺寸代号对所有安装方式尺寸代号通用。

5. 本表数据取自武汉油缸厂的产品样本，若用其他厂的产品，应与有关厂联系。

6. 生产厂：武汉华冶油缸有限公司、长江液压件有限责任公司、榆次液压有限公司、韶关液压件有限公司、北京索普液压机电有限公司。
焦作华科液压机械制造有限公司、天津优瑞纳斯液压有限公司、扬州江都永坚有限公司、抚顺天宝重工液压制造有限公司、北京中冶迈克液压有限公司。

② 耳轴连接

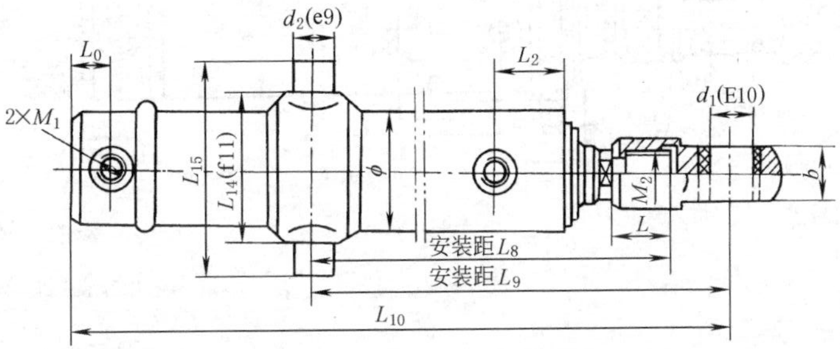


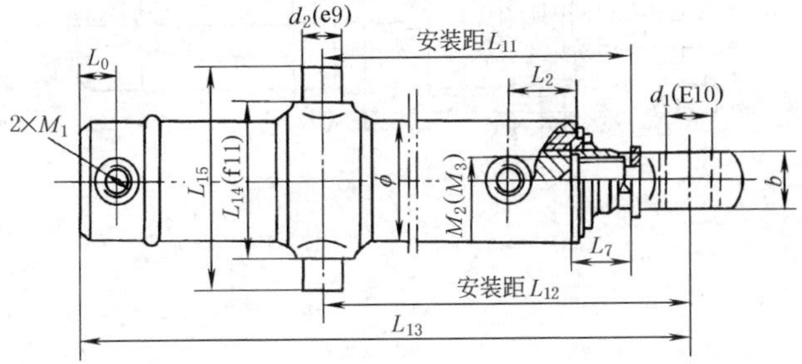


**表 21-6-33**

mm

| 尺寸代号 | 缸径 | | | | | | | | | | | |
|---|---|---|---|---|---|---|---|---|---|---|---|---|
| | 80 | 90 | 100 | 110 | 125 | 140 | 150 | 160 | 180 | 200 | 220 | 250 |
| $L_0$ | 25 | | 30 | | | 35 | | | 42 | 40 | 53 | 55 |
| $L_8$ | >215<br><160+S | >225<br><165+S | >250<br><170+S | >260<br><190+S | >255<br><200+S | >290<br><210+S | >305<br><225+S | >310<br><240+S | >345<br><255+S | >365<br><265+S | >395<br><285+S | >430<br><315+S |
| $L_9$ | >260<br><205+S | >275<br><215+S | >310<br><230+S | >320<br><250+S | >335<br><280+S | >385<br><305+S | >400<br><320+S | >410<br><340+S | >455<br><365+S | >485<br><385+S | >525<br><415+S | >570<br><455+S |
| $L_{10}$ | 322+S | 332+S<br>352+S＊ | 372+S<br>392+S＊ | 392+S<br>412+S＊ | 422+S | 463+S<br>483+S＊ | 478+S<br>498+S＊ | 498+S | 548+S | 578+S | 633+S | 687+S |
| $L_{11}$ | >170<br><115+S | >180<br><120+S | >200<br><120+S | >205<br><135+S | >195<br><140+S | >225<br><145+S | >235<br><155+S | >235<br><165+S | >260<br><170+S | >270<br><170+S | >290<br><180+S | >315<br><200+S |

续表

| 尺寸代号 | 缸径 | | | | | | | | | | | |
|---|---|---|---|---|---|---|---|---|---|---|---|---|
| | 80 | 90 | 100 | 110 | 125 | 140 | 150 | 160 | 180 | 200 | 220 | 250 |
| $L_{12}$ | >230<br><175+$S$ | >230<br><170+$S$ | >265<br><185+$S$ | >270<br><200+$S$ | >260<br><205+$S$ | >305<br><225+$S$ | >315<br><235+$S$ | >315<br><245+$S$ | >350<br><260+$S$ | >370<br><220+$S$ | >400<br><290+$S$ | >440<br><325+$S$ |
| $L_{13}$ | 292+$S$ | 287+$S$<br>307+$S^*$ | 327+$S$<br>347+$S^*$ | 342+$S$<br>362+$S^*$ | 347+$S$ | 383+$S$<br>403+$S^*$ | 393+$S$<br>413+$S^*$ | 403+$S$ | 443+$S$ | 463+$S$ | 508+$S$ | 557+$S$ |
| $L_{14}$ | 125 | 140 | 155 | 170 | 185 | 200 | 215 | 230 | 255 | 285 | 320 | 350 |
| $L_{15}$ | 185 | 200 | 230 | 245 | 260 | 290 | 305 | 320 | 360 | 405 | 455 | 500 |
| $d_2$ | 40 | 40 | 50 | 50 | 50 | 60 | 60 | 60 | 70 | 80 | 90 | 100 |
| $A$ | 55 | 60 | 80 | 70 | 55 | 80 | 80 | 70 | 90 | 100 | 100 | 105 |

注：1. 同表 21-6-32 注 1~6。
2. 图中其他尺寸代号见表 21-6-32。
3. 耳轴连接的行程不得小于表中 $A$ 值。

③ 端部法兰连接

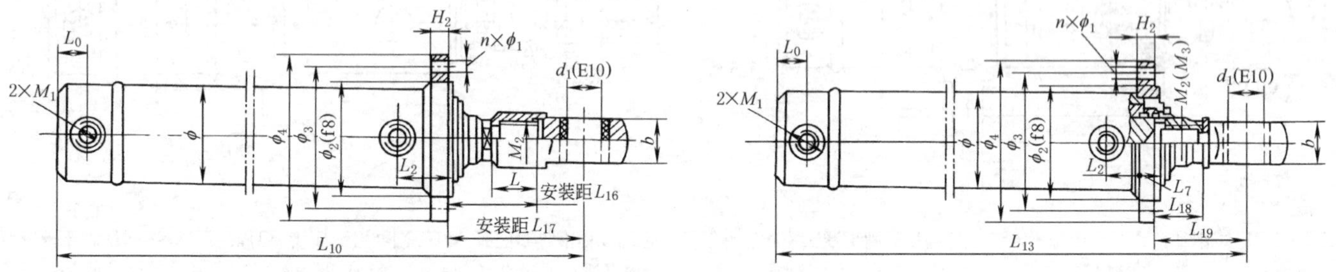


表 21-6-34

mm

| 尺寸代号 | 缸径 | | | | | | | | | | | |
|---|---|---|---|---|---|---|---|---|---|---|---|---|
| | 80 | 90 | 100 | 110 | 125 | 140 | 150 | 160 | 180 | 200 | 220 | 250 |
| $L_{16}$ | 81 | 82<br>92* | 88<br>98* | 95<br>105* | 98 | 108<br>118* | 114<br>124* | 119 | 130 | 143 | 156 | 171 |
| $L_{17}$ | 128 | 134<br>144* | 150<br>160* | 157<br>167* | 180 | 201<br>211* | 207<br>217* | 217 | 238 | 261 | 285 | 311 |
| $L_{18}$ | 36 | 37<br>47* | 38<br>48* | 40<br>50* | 38 | 43<br>53* | 44<br>54* | 44 | 45 | 48 | 51 | 56 |
| $L_{19}$ | 98 | 89<br>99* | 105<br>115* | 107<br>117* | 105 | 121<br>131* | 122<br>132* | 122 | 133 | 146 | 160 | 181 |
| $H_2$ | 20 | 20 | 20 | 22 | 22 | 24 | 26 | 28 | 30 | 32 | 34 | 36 |

续表

| 尺寸代号 | 缸径 | | | | | | | | | | | |
|---|---|---|---|---|---|---|---|---|---|---|---|---|
| | 80 | 90 | 100 | 110 | 125 | 140 | 150 | 160 | 180 | 200 | 220 | 250 |
| $n \times \phi_1$ | 8×$\phi$13.5 | 8×$\phi$15.5 | 8×$\phi$18 | 8×$\phi$18 | 10×$\phi$18 | 10×$\phi$20 | 10×$\phi$22 | 10×$\phi$22 | 10×$\phi$24 | 10×$\phi$26 | 10×$\phi$29 | 12×$\phi$32 |
| $\phi_2$ | 115 | 130 | 145 | 160 | 175 | 190 | 205 | 220 | 245 | 275 | 305 | 330 |
| $\phi_3$ | 145 | 160 | 180 | 195 | 210 | 225 | 245 | 260 | 285 | 320 | 355 | 390 |
| $\phi_4$ | 175 | 190 | 210 | 225 | 240 | 260 | 285 | 300 | 325 | 365 | 405 | 450 |

注：1. 同表 21-6-32 注 2~6。

2. 图中其他尺寸代号的数值见表 21-6-32 和表 21-6-33。

④ 中部法兰连接

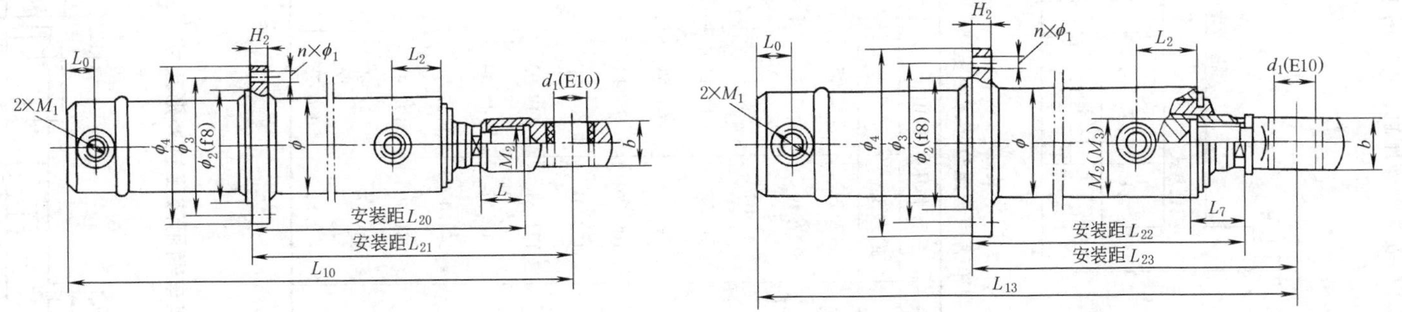


**表 21-6-35** mm

| 尺寸代号 | 缸径 | | | | | | | | | | | |
|---|---|---|---|---|---|---|---|---|---|---|---|---|
| | 80 | 90 | 100 | 110 | 125 | 140 | 150 | 160 | 180 | 200 | 220 | 250 |
| $L_{20}$ | >200<br><190+$S$ | >210<br><195+$S$ | >230<br><210+$S$ | >240<br><220+$S$ | >235<br><240+$S$ | >265<br><250+$S$ | >285<br><265+$S$ | >290<br><280+$S$ | >320<br><300+$S$ | >340<br><315+$S$ | >365<br><340+$S$ | >395<br><375+$S$ |
| $L_{21}$ | >245<br><235+$S$ | >260<br><245+$S$ | >290<br><270+$S$ | >300<br><285+$S$ | >315<br><320+$S$ | >360<br><345+$S$ | >380<br><360+$S$ | >390<br><380+$S$ | >430<br><410+$S$ | >460<br><435+$S$ | >495<br><470+$S$ | >535<br><515+$S$ |
| $L_{22}$ | >155<br><145+$S$ | >165<br><150+$S$ | >180<br><160+$S$ | >185<br><170+$S$ | >175<br><180+$S$ | >200<br><185+$S$ | >215<br><195+$S$ | >215<br><205+$S$ | >235<br><215+$S$ | >245<br><220+$S$ | >260<br><235+$S$ | >280<br><260+$S$ |
| $L_{23}$ | >215<br><205+$S$ | >215<br><200+$S$ | >245<br><225+$S$ | >250<br><235+$S$ | >240<br><245+$S$ | >280<br><265+$S$ | >295<br><275+$S$ | >295<br><285+$S$ | >325<br><305+$S$ | >345<br><320+$S$ | >370<br><345+$S$ | >405<br><385+$S$ |

注：1. 同表 21-6-32 注 1~注 6。

2. 图中其他尺寸代号的数值见表 21-6-32~表 21-6-34。

3. 中部法兰连接的行程不得小于表 21-6-33 中的 $A$ 值。

第 21 篇

## 7.2 车辆用液压缸

DG 型车辆用液压缸是双作用单活塞杆、耳环安装型液压缸，主要用于车辆、运输机械及矿山机械等的液压传动。

（1）型号意义

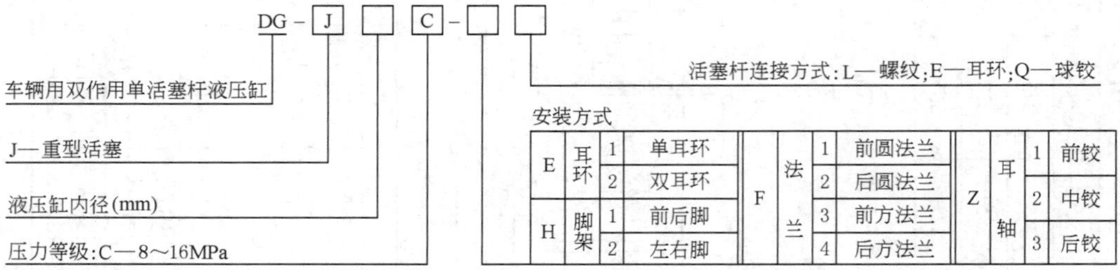


（2）技术性能

**表 21-6-36　　DG 型车辆用液压缸技术参数**

| 缸径 /mm | 活塞杆直径 /mm | 活塞面积/cm² | | 工作压力 14MPa | | 工作压力 16MPa | | 行程 /mm |
|---|---|---|---|---|---|---|---|---|
| | | 无杆腔 | 有杆腔 | 推力/kN | 拉力/kN | 推力/kN | 拉力/kN | |
| 40 | 22 | 12.57 | 8.77 | 17.59 | 12.27 | 20.11 | 14.02 | 1200 |
| 50 | 28 | 19.63 | 13.48 | 27.49 | 18.87 | 31.42 | 21.56 | 1200 |
| 63 | 35 | 31.17 | 21.55 | 43.64 | 30.17 | 49.88 | 34.48 | 1600 |
| 80 | 45 | 50.27 | 34.36 | 70.37 | 48.11 | 80.42 | 54.98 | 1600 |
| 90 | 50 | 63.62 | 43.98 | 89.06 | 61.58 | 101.79 | 70.37 | 2000 |
| 100 | 56 | 78.54 | 53.91 | 109.96 | 75.47 | 125.66 | 86.26 | 2000 |
| 110 | 63 | 95.03 | 63.86 | 133.05 | 89.41 | 152.05 | 102.18 | 2000 |
| 125 | 70 | 122.72 | 84.23 | 171.81 | 117.93 | 196.35 | 134.77 | 2000 |
| 140 | 80 | 153.94 | 103.67 | 215.51 | 145.14 | 246.30 | 165.88 | 2000 |
| 150 | 85 | 176.71 | 119.97 | 247.40 | 167.96 | 282.74 | 191.95 | 2000 |
| 160 | 90 | 201.06 | 137.44 | 281.49 | 192.42 | 321.70 | 219.91 | 2000 |
| 180 | 100 | 254.47 | 175.93 | 356.26 | 246.30 | 407.15 | 281.49 | 2000 |
| 200 | 110 | 314.16 | 219.13 | 439.82 | 306.78 | 502.65 | 350.60 | 2000 |

注：选用行程应经活塞杆弯曲稳定性计算。

（3）典型产品外形尺寸

**DG 型车辆用液压缸外形尺寸**

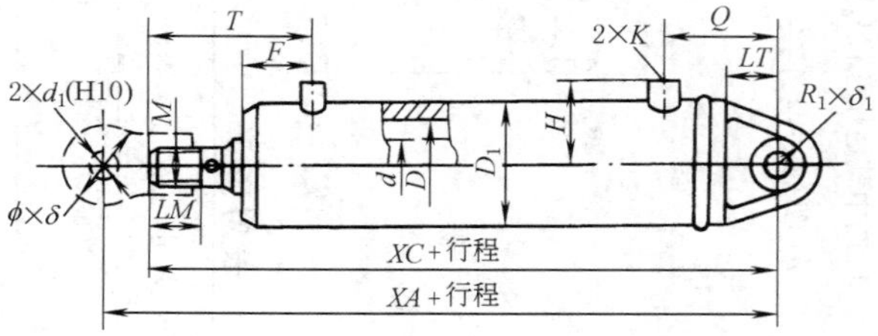

表 21-6-37 mm

| $D$ | $D_1$ | $K$ | $M$ | $LM$ | $d_1$ | $\phi\times\delta_{-0.5}^{-0.2}$（厚） | $R_1\times\delta_{1\,-0.5}^{\;-0.1}$（厚） | $XC$ | $XA$ | $F$ | $H$ | $Q$ | $LT$ | $T$ |
|---|---|---|---|---|---|---|---|---|---|---|---|---|---|---|
| 40 | 60 | 3/8 | M20×1.5 | 29 | 16 | 45×37.5 | 20×22 | 200 | 226 | 43 | 45 | 59 | 27 | 88 |
| 50 | 70 | 3/8 | M24×1.5 | 34 | 20 | 56×45 | 25×28 | 242 | 276 | 52 | 50 | 66 | 32 | 104 |
| 63 | 83 | 1/2 | M30×1.5 | 36 | 31.5 | 71×60 | 35.5×40 | 274 | 317 | 59 | 61.5 | 79 | 40 | 114 |
| 80 | 102 | 1/2 | M39×1.5 | 42 | 40 | 90×75 | 42.5×50 | 306 | 359 | 57 | 71 | 94 | 50 | 121 |
| 90 | 114 | 1/2 | M39×1.5 | 42 | 40 | 90×75 | 45×45 | 345 | 396 | 70 | 77 | 101 | 50 | 142 |
| 100 | 127 | 3/4 | M48×1.5 | 62 | 50 | 112×95 | 53×63 | 369 | 427 | 66 | 87.5 | 111 | 60 | 154 |
| 110 | 140 | 3/4 | M48×1.5 | 62 | 50 | 112×95 | 55×75 | 407 | 462 | 83 | 94 | 129 | 65 | 173 |
| 125 | 152 | 3/4 | M64×2 | 70 | 63 | 140×118 | 67×80 | 421 | 496 | 70 | 100 | 136 | 75 | 166 |
| 140 | 168 | 3/4 | M64×2 | 70 | 63 | 140×118 | 65×80 | 449 | 522 | 93 | 109 | 147 | 75 | 193 |
| 150 | 180 | 1 | M80×2 | 80 | 71 | 170×135 | 75×80 | 481 | 566 | 78 | 115 | 169 | 95 | 185 |
| 160 | 194 | 1 | M80×2 | 80 | 71 | 170×135 | 75×85 | 520 | 603 | 113 | 122 | 169 | 95 | 223 |
| 180 | 219 | 1¼ | M90×2 | 88 | 90 | 176×160 | 80×90 | 597 | 687 | 149 | 139.5 | 173 | 95 | 269 |
| 200 | 245 | 1¼ | M90×2 | 95 | 100 | 210×160 | 122×100 | 687 | 777 | 165 | 152.5 | 237 | 95 | 295 |

注：1. 表中 $K$ 为圆锥管螺纹 NPT。

2. 本表数值取自榆次液压有限公司。其他厂的产品数值，应与有关厂联系。

3. 生产厂：榆次液压有限公司、武汉华冶油缸有限公司、焦作华科液压机械制造有限公司、抚顺天宝重工液压制造有限公司、天津优瑞纳斯液压机械有限公司。

## 7.3 冶金设备用液压缸

UY 型液压缸为重型机械企业标准产品，标准号 JB/ZQ 4181—2006。

该型液压缸为冶金及重型机械专门设计，属于重负荷液压缸，工作可靠，耐冲击，耐污染，适用于高温、高压、环境恶劣的场合，广泛用于冶炼、铸轧、船舶、航天、交通及电力等设备上。

（1）型号意义

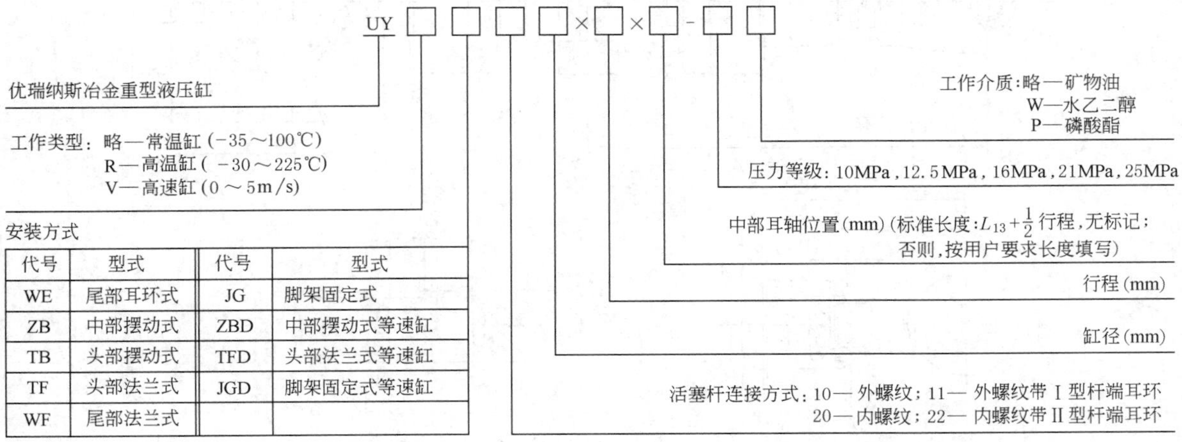


| 代号 | 型式 | 代号 | 型式 |
|---|---|---|---|
| WE | 尾部耳环式 | JG | 脚架固定式 |
| ZB | 中部摆动式 | ZBD | 中部摆动式等速缸 |
| TB | 头部摆动式 | TFD | 头部法兰式等速缸 |
| TF | 头部法兰式 | JGD | 脚架固定式等速缸 |
| WF | 尾部法兰式 | | |

（2）技术性能

**表 21-6-38　　UY 系列液压缸技术参数**

| （液压缸直径/活塞杆直径）/mm | 活塞面积 /$cm^2$ | 杆端承压面积 /$cm^2$ | 工作压力/MPa | | | | | | | | | |
|---|---|---|---|---|---|---|---|---|---|---|---|---|
| | | | 10 | | 12.5 | | 16 | | 21 | | 25 | |
| | | | 推力/kN | 拉力/kN | 推力/kN | 拉力/kN | 推力/kN | 拉力/kN | 推力/kN | 拉力/kN | 推力/kN | 拉力/kN |
| 40/28 | 12.57 | 6.41 | 12.57 | 6.41 | 15.71 | 8.01 | 20.11 | 10.25 | 26.39 | 13.46 | 31.42 | 16.02 |
| 50/36 | 19.63 | 9.46 | 19.63 | 9.46 | 24.54 | 11.82 | 31.42 | 15.13 | 41.23 | 19.86 | 49.09 | 23.64 |
| 63/45 | 31.17 | 15.27 | 31.17 | 15.27 | 38.97 | 19.09 | 49.88 | 24.43 | 65.46 | 32.06 | 77.93 | 38.17 |
| 80/56 | 50.27 | 25.64 | 50.27 | 25.64 | 62.83 | 32.04 | 80.42 | 41.02 | 105.56 | 53.83 | 125.66 | 64.09 |
| 100/70 | 78.54 | 40.06 | 78.54 | 40.06 | 98.17 | 50.07 | 125.66 | 64.09 | 164.93 | 84.12 | 196.35 | 100.14 |
| 125/90 | 127.72 | 59.10 | 122.72 | 59.10 | 153.40 | 73.88 | 196.35 | 94.56 | 257.71 | 124.11 | 306.80 | 147.75 |
| 140/100 | 153.94 | 75.40 | 153.94 | 75.40 | 192.42 | 94.25 | 246.30 | 120.64 | 323.27 | 158.34 | 384.85 | 188.50 |
| 160/110 | 201.06 | 106.03 | 201.06 | 106.03 | 251.33 | 132.54 | 321.70 | 169.65 | 422.23 | 222.66 | 502.65 | 265.07 |
| 180/125 | 254.47 | 131.75 | 254.47 | 131.75 | 318.09 | 164.69 | 407.15 | 210.80 | 534.38 | 276.68 | 636.17 | 329.38 |
| 200/140 | 314.16 | 160.22 | 314.16 | 160.22 | 392.70 | 200.28 | 502.67 | 256.35 | 659.73 | 336.46 | 785.40 | 400.55 |
| 220/160 | 380.13 | 179.07 | 380.13 | 179.07 | 475.17 | 223.84 | 608.21 | 286.51 | 798.28 | 376.05 | 950.33 | 447.68 |
| 250/180 | 490.87 | 236.40 | 490.87 | 236.40 | 613.59 | 295.51 | 785.40 | 378.25 | 1030.84 | 496.45 | 1227.18 | 591.01 |
| 280/200 | 615.75 | 301.59 | 615.75 | 301.59 | 769.69 | 376.99 | 985.20 | 482.55 | 1293.08 | 633.35 | 1539.38 | 753.98 |
| 320/220 | 804.25 | 424.12 | 804.25 | 424.12 | 1005.31 | 530.14 | 1286.80 | 678.58 | 1688.92 | 890.64 | 2010.62 | 1060.29 |
| 360/250 | 1017.88 | 527.00 | 1017.88 | 527.00 | 1272.35 | 658.75 | 1628.60 | 843.20 | 2137.54 | 1106.70 | 2544.69 | 1317.51 |
| 400/280 | 1256.64 | 640.88 | 1256.64 | 640.88 | 1570.80 | 801.11 | 2010.62 | 1025.42 | 2638.94 | 1345.86 | 3141.59 | 1602.21 |

注：生产厂有优瑞纳斯液压机械有限公司、武汉华冶油缸有限公司、榆次液压有限公司、北京中冶迈克液压有限公司、焦作华科液压机械制造有限公司、抚顺天宝重工液压制造有限公司。

（3）外形尺寸

**中部摆动式（ZB）液压缸外形尺寸**

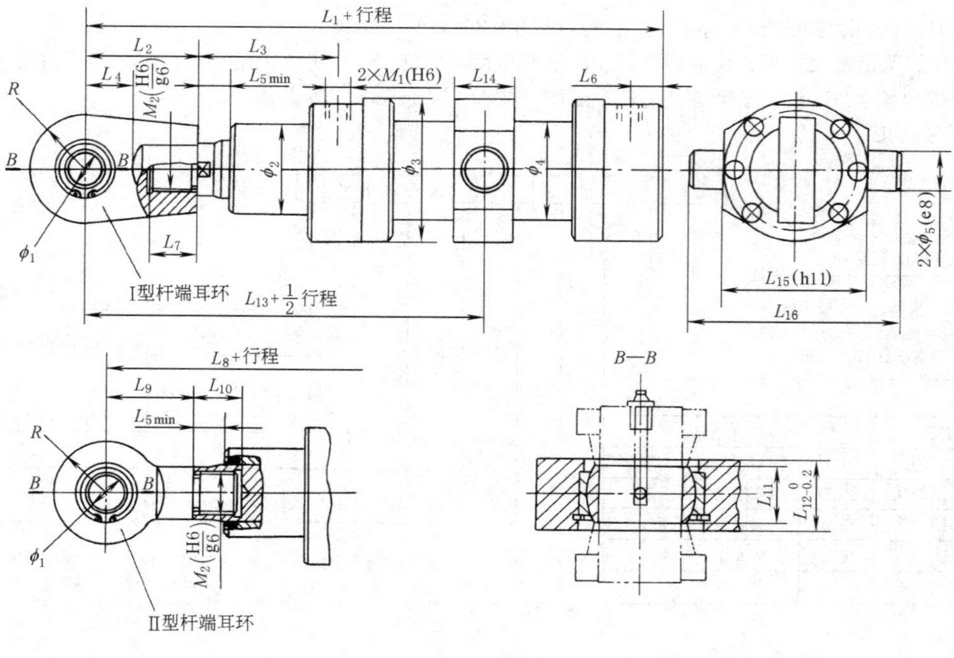

表 21-6-39

mm

| 缸径 | 杆径 | $\phi_1$ | $\phi_2$ | $\phi_3$ | $\phi_4$ | $\phi_5$ | $R$ | $M_1$ | $M_2$ | $L_1$ | $L_2$ | $L_3$ | $L_4$ | $L_5$ | $L_6$ | $L_7$ | $L_8$ | $L_9$ | $L_{10}$ | $L_{11}$ | $L_{12}$ | $L_{13}$ | $L_{14}$ | $L_{15}$ | $L_{16}$ |
|---|---|---|---|---|---|---|---|---|---|---|---|---|---|---|---|---|---|---|---|---|---|---|---|---|---|
| 40 | 28 | 25 | 58 | 90 | 58 | 25 | 30 | M22×1.5 | M18×2 | 345 | 65 | 127 | 30 | 28 | 32 | 30 | 310 | 30 | 32 | 20 | 27 | 251.5 | 30 | 95 | 135 |
| 50 | 36 | 30 | 70 | 108 | 70 | 30 | 40 | M22×1.5 | M24×2 | 387 | 80 | 137 | 35 | 32 | 39 | 40 | 347 | 40 | 42 | 22 | 30 | 281 | 35 | 115 | 165 |
| 63 | 45 | 35 | 80 | 126 | 83 | 35 | 46 | M27×1.5 | M30×2 | 430 | 95 | 145 | 40 | 33 | 45 | 50 | 382 | 47 | 52 | 25 | 35 | 309 | 40 | 135 | 195 |
| 80 | 56 | 40 | 100 | 148 | 108 | 40 | 55 | M27×2 | M39×3 | 466 | 115 | 164 | 50 | 37 | 45 | 58 | 420 | 55 | 62 | 28 | 37 | 343.5 | 45 | 155 | 225 |
| 100 | 70 | 50 | 120 | 176 | 127 | 50 | 65 | M33×2 | M50×3 | 560 | 140 | 170 | 60 | 40 | 63 | 70 | 490 | 70 | 73 | 35 | 44 | 403.5 | 55 | 180 | 260 |
| 125 | 90 | 60 | 150 | 220 | 159 | 60 | 82 | M42×2 | M64×3 | 628 | 160 | 215.5 | 70 | 48 | 55 | 80 | 556 | 76 | 83 | 44 | 55 | 455.5 | 65 | 225 | 325 |
| 140 | 100 | 70 | 167 | 246 | 178 | 70 | 92 | M42×2 | M80×3 | 700 | 185 | 235 | 85 | 48 | 75 | 86 | 600 | 85 | 93 | 49 | 62 | 498 | 75 | 250 | 370 |
| 160 | 110 | 80 | 190 | 272 | 194 | 80 | 105 | M48×2 | M90×3 | 760 | 210 | 251.5 | 100 | 51 | 58 | 100 | 644 | 94 | 103 | 55 | 66 | 543 | 90 | 275 | 415 |
| 180 | 125 | 90 | 210 | 300 | 219 | 90 | 120 | M48×2 | M100×3 | 840 | 250 | 263 | 110 | 51 | 80 | 120 | 710 | 120 | 125 | 60 | 72 | 603 | 100 | 310 | 470 |
| 200 | 140 | 100 | 230 | 330 | 245 | 100 | 130 | M48×2 | M110×4 | 910 | 280 | 281 | 120 | 56 | 75 | 140 | 770 | 140 | 145 | 70 | 80 | 653 | 110 | 350 | 530 |
| 220 | 160 | 110 | 255 | 365 | 270 | 120 | 145 | M48×2 | M120×4 | 990 | 310 | 306 | 130 | 57 | 105 | 160 | 832 | 152 | 165 | 70 | 80 | 706 | 130 | 390 | 590 |
| 250 | 180 | 120 | 295 | 410 | 299 | 140 | 165 | M48×2 | M140×4 | 1135 | 360 | 377 | 150 | 65 | 85 | 180 | 965 | 190 | 185 | 85 | 95 | 820 | 150 | 440 | 660 |
| 280 | 200 | 140 | 318 | 462 | 325 | 170 | 185 | M48×2 | M160×4 | 1215 | 400 | 385 | 170 | 65 | 138 | 200 | 1010 | 195 | 205 | 90 | 100 | 872.5 | 180 | 500 | 760 |
| 320 | 220 | 160 | 390 | 525 | 375 | 200 | 220 | M48×2 | M180×4 | 1320 | 460 | 408 | 200 | 65 | 120 | 220 | 1088 | 228 | 225 | 105 | 120 | 952.5 | 210 | 570 | 870 |
| 360 | 250 | 180 | 404 | 560 | 420 | 200 | 250 | M48×2 | M200×4 | 1377 | 480 | 390 | 220 | 65 | 135 | 240 | 1085 | 220 | 245 | 105 | 120 | 988.5 | 220 | 580 | 920 |
| 400 | 280 | 200 | 469 | 625 | 470 | 200 | 280 | M48×2 | M220×4 | 1447 | 520 | 415 | 240 | 65 | 140 | 260 | 1119 | 234 | 265 | 110 | 130 | 986 | 220 | 640 | 1040 |

## 尾部耳环式（WE）液压缸外形尺寸

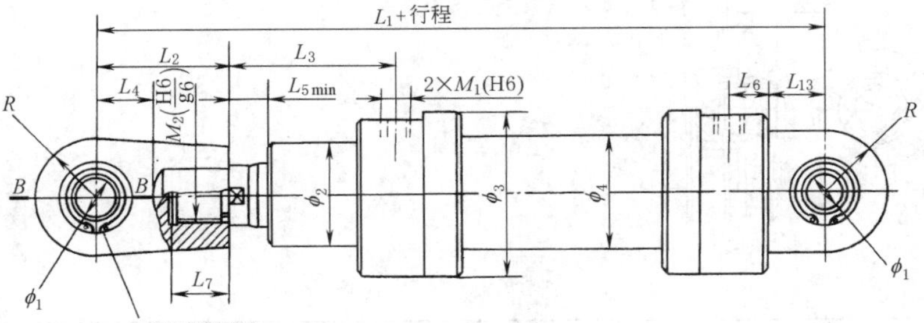


表 21-6-40

mm

| 缸径 | 40 | 50 | 63 | 80 | 100 | 125 | 140 | 160 | 180 | 200 | 220 | 250 | 280 | 320 | 360 | 400 |
|---|---|---|---|---|---|---|---|---|---|---|---|---|---|---|---|---|
| 杆径 | 28 | 36 | 45 | 56 | 70 | 90 | 100 | 110 | 125 | 140 | 160 | 180 | 200 | 220 | 250 | 280 |
| $L_1$ | 370 | 417 | 465 | 525 | 615 | 700 | 775 | 850 | 940 | 1020 | 1110 | 1275 | 1375 | 1510 | 1560 | 1655 |
| $L_6$ | 27 | 34 | 40 | 54 | 58 | 57.5 | 65 | 48 | 70 | 65 | 95 | 75 | 128 | 120 | 88 | 88 |
| $L_8$ | 335 | 377 | 417 | 465 | 545 | 616 | 675 | 734 | 810 | 880 | 952 | 1105 | 1170 | 1278 | 1270 | 1339 |
| $L_{13}$ | 30 | 35 | 40 | 50 | 60 | 70 | 85 | 100 | 110 | 120 | 130 | 150 | 170 | 200 | 230 | 260 |

注：Ⅱ型杆端耳环图、*B*—*B* 断面图以及其他尺寸代号数值与中部摆动式（ZB）液压缸相同，见表 21-6-39。

## 头部摆动式（TB）液压缸外形尺寸

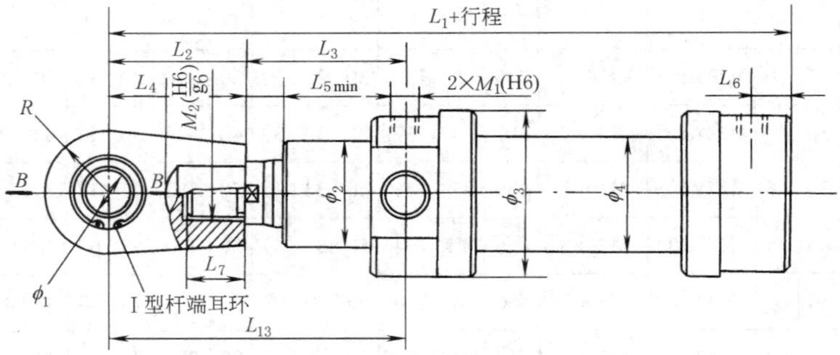


表 21-6-41

mm

| 缸径 | 40 | 50 | 63 | 80 | 100 | 125 | 140 | 160 | 180 | 200 | 220 | 250 | 280 | 320 | 360 | 400 |
|---|---|---|---|---|---|---|---|---|---|---|---|---|---|---|---|---|
| 杆径 | 28 | 36 | 45 | 56 | 70 | 90 | 100 | 110 | 125 | 140 | 160 | 180 | 200 | 220 | 250 | 280 |
| $L_{13}$ | 190 | 212 | 233 | 262 | 310 | 343 | 373 | 406 | 456 | 491 | 527 | 615 | 655 | 715 | 767 | 827 |

注：Ⅱ型杆端耳环图、*B—B* 断面图、左视图以及其他尺寸代号数值与中部摆动式（ZB）液压缸相同，见表 21-6-39。

## 头部法兰式（TF）液压缸外形尺寸

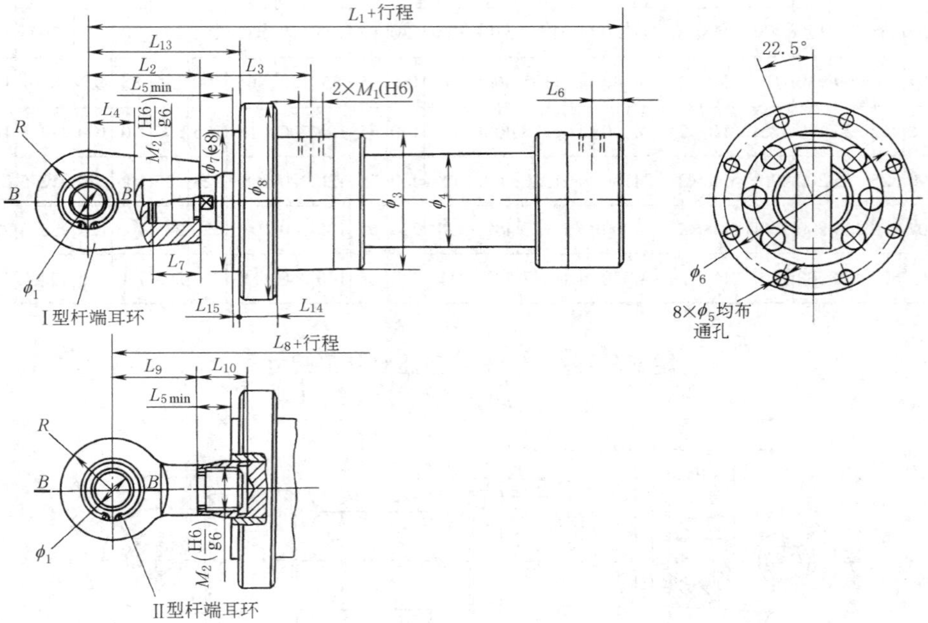


表 21-6-42

mm

| 缸径 | 40 | 50 | 63 | 80 | 100 | 125 | 140 | 160 | 180 | 200 | 220 | 250 | 280 | 320 | 360 | 400 |
|---|---|---|---|---|---|---|---|---|---|---|---|---|---|---|---|---|
| 杆径 | 28 | 36 | 45 | 56 | 70 | 90 | 100 | 110 | 125 | 140 | 160 | 180 | 200 | 220 | 250 | 280 |
| $\phi_5$ | 8.4 | 10.5 | 13 | 15 | 17 | 21 | 23 | 25 | 28 | 31 | 37 | 37 | 43 | 50 | 50 | 52 |
| $\phi_6$ | 110 | 135 | 155 | 180 | 215 | 260 | 290 | 330 | 365 | 400 | 450 | 500 | 570 | 650 | 650 | 730 |
| $\phi_7$ | 90 | 110 | 130 | 150 | 180 | 220 | 245 | 280 | 310 | 340 | 380 | 430 | 480 | 550 | 560 | 640 |
| $\phi_8$ | 130 | 160 | 180 | 210 | 250 | 300 | 335 | 380 | 420 | 460 | 520 | 570 | 660 | 750 | 780 | 820 |
| $L_{13}$ | 98 | 117 | 133 | 157 | 185 | 218 | 243 | 271 | 311 | 346 | 377 | 435 | 475 | 535 | 555 | 595 |
| $L_{14}$ | 30 | 35 | 40 | 45 | 50 | 55 | 60 | 70 | 80 | 90 | 100 | 110 | 120 | 130 | 130 | 150 |
| $L_{15}$ | 5 | 5 | 5 | 5 | 5 | 10 | 10 | 10 | 10 | 10 | 10 | 10 | 10 | 10 | 10 | 10 |

注：*B—B* 断面图及其他尺寸代号数值与中部摆动式（ZB）液压缸相同，见表 21-6-39。

## 中部摆动式等速（ZBD）液压缸外形尺寸

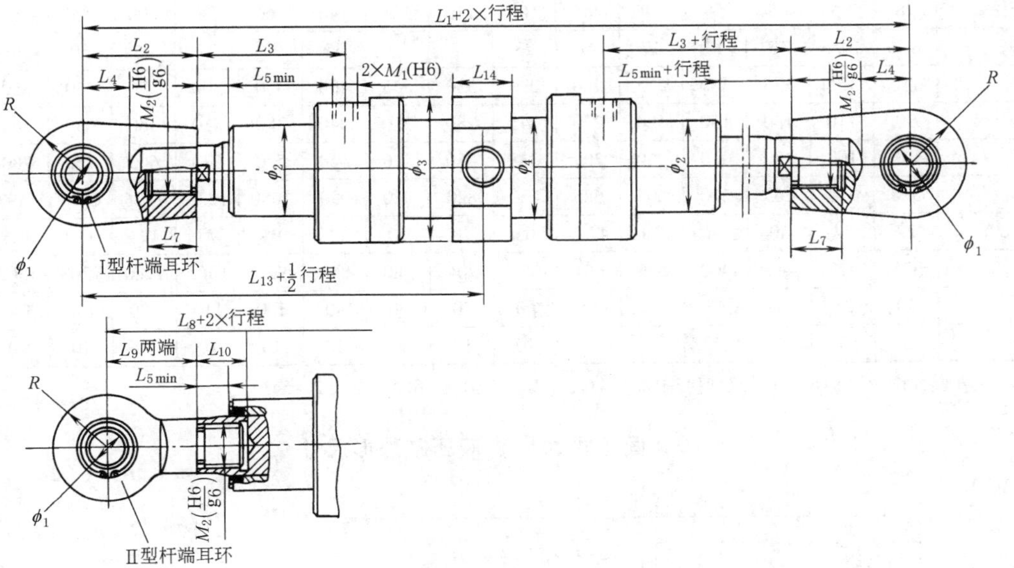


**表 21-6-43**

mm

| 缸径 | 40 | 50 | 63 | 80 | 100 | 125 | 140 | 160 | 180 | 200 | 220 | 250 | 280 | 320 | 360 | 400 |
|---|---|---|---|---|---|---|---|---|---|---|---|---|---|---|---|---|
| 杆径 | 28 | 36 | 45 | 56 | 70 | 90 | 100 | 110 | 125 | 140 | 160 | 180 | 200 | 220 | 250 | 280 |
| $L_1$ | 503 | 562 | 618 | 687 | 807 | 911 | 996 | 1086 | 1206 | 1306 | 1412 | 1640 | 1745 | 1905 | 1977 | 2092 |
| $L_8$ | 433 | 482 | 522 | 567 | 667 | 743 | 796 | 854 | 946 | 1026 | 1096 | 1300 | 1335 | 1441 | 1457 | 1520 |

注：左视图及其他尺寸代号数值与中部摆动式（ZB）液压缸相同，见表 21-6-39。

## 尾部法兰式（WF）液压缸外形尺寸

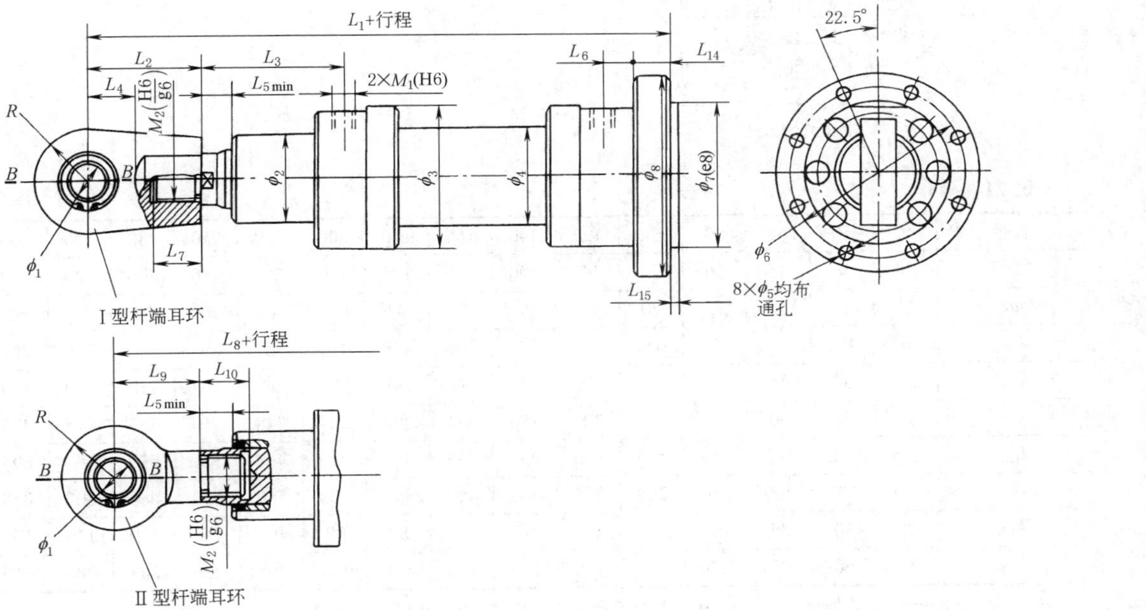

**表 21-6-44**

mm

| 缸径 | 40 | 50 | 63 | 80 | 100 | 125 | 140 | 160 | 180 | 200 | 220 | 250 | 280 | 320 | 360 | 400 |
|---|---|---|---|---|---|---|---|---|---|---|---|---|---|---|---|---|
| 杆径 | 28 | 36 | 45 | 56 | 70 | 90 | 100 | 110 | 125 | 140 | 160 | 180 | 200 | 220 | 250 | 280 |
| $\phi_5$ | 8.4 | 10.5 | 13 | 15 | 17 | 21 | 23 | 25 | 28 | 31 | 37 | 37 | 43 | 50 | 50 | 52 |
| $\phi_6$ | 110 | 135 | 155 | 180 | 215 | 260 | 290 | 330 | 365 | 400 | 450 | 500 | 570 | 650 | 650 | 730 |
| $\phi_7$ | 90 | 110 | 130 | 150 | 180 | 220 | 245 | 280 | 310 | 340 | 380 | 430 | 480 | 550 | 560 | 640 |
| $\phi_8$ | 130 | 160 | 180 | 210 | 250 | 300 | 335 | 380 | 420 | 460 | 520 | 570 | 660 | 750 | 780 | 820 |
| $L_1$ | 370 | 417 | 465 | 520 | 605 | 685 | 750 | 820 | 910 | 990 | 1080 | 1235 | 1325 | 1500 | 1497 | 1587 |
| $L_6$ | 27 | 34 | 40 | 54 | 58 | 47.5 | 65 | 48 | 70 | 65 | 95 | 75 | 128 | 170 | 125 | 130 |
| $L_8$ | 335 | 377 | 417 | 460 | 535 | 601 | 650 | 704 | 780 | 850 | 922 | 1065 | 1120 | 1268 | 1302 | 1366 |
| $L_{14}$ | 30 | 35 | 40 | 45 | 50 | 55 | 60 | 70 | 80 | 90 | 100 | 110 | 120 | 130 | 130 | 150 |
| $L_{15}$ | 5 | 5 | 5 | 5 | 5 | 10 | 10 | 10 | 10 | 10 | 10 | 10 | 10 | 10 | 10 | 10 |

注：*B*—*B* 断面图及其他尺寸代号数值与中部摆动式（ZB）液压缸相同，见表 21-6-39。

## 脚架固定式（JG）液压缸外形尺寸

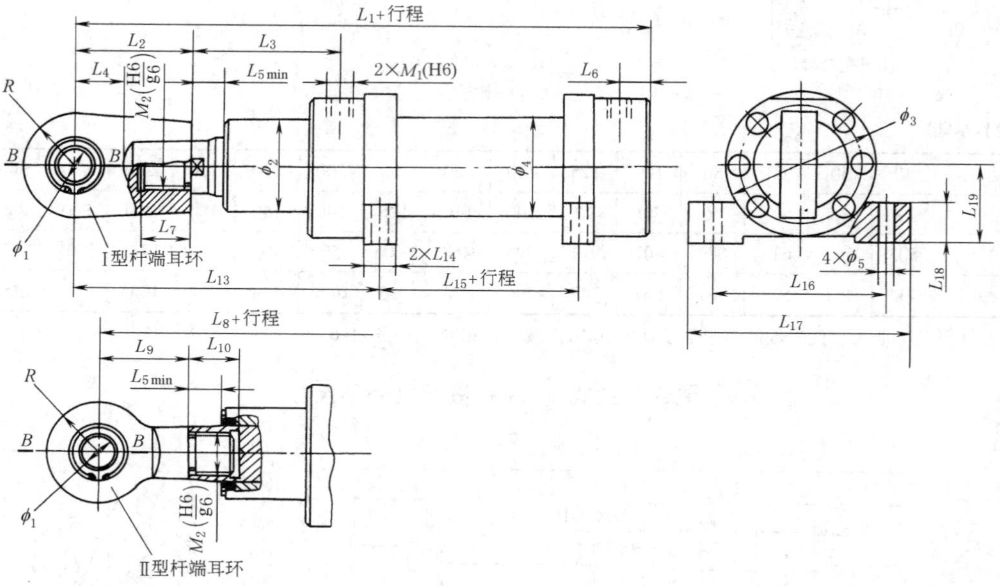


**表 21-6-45**

mm

| 缸径 | 40 | 50 | 63 | 80 | 100 | 125 | 140 | 160 | 180 | 200 | 220 | 250 | 280 | 320 | 360 | 400 |
|---|---|---|---|---|---|---|---|---|---|---|---|---|---|---|---|---|
| 杆径 | 28 | 36 | 45 | 56 | 70 | 90 | 100 | 110 | 125 | 140 | 160 | 180 | 200 | 220 | 250 | 280 |
| $\phi_5$ | 11 | 13.5 | 15.5 | 17.5 | 20 | 24 | 26 | 30 | 33 | 39 | 45 | 52 | 52 | 62 | 62 | 70 |
| $L_{13}$ | 226.5 | 252 | 282.5 | 320 | 367.5 | 343 | 373 | 406 | 456 | 491 | 527 | 615 | 655 | 715 | 767 | 827 |
| $L_{14}$ | 25 | 30 | 35 | 40 | 45 | 55 | 60 | 65 | 70 | 80 | 90 | 100 | 110 | 120 | 120 | 130 |
| $L_{15}$ | 52 | 61 | 60 | 60 | 72 | 225 | 250 | 274 | 294 | 324 | 348 | 410 | 435 | 475 | 475 | 485 |
| $L_{16}$ | 115 | 140 | 160 | 185 | 215 | 260 | 295 | 335 | 370 | 410 | 460 | 520 | 570 | 660 | 695 | 750 |
| $L_{17}$ | 145 | 175 | 200 | 230 | 265 | 315 | 355 | 400 | 445 | 500 | 560 | 630 | 680 | 800 | 835 | 870 |
| $L_{18}$ | 25 | 30 | 35 | 40 | 50 | 60 | 65 | 70 | 80 | 90 | 100 | 110 | 120 | 140 | 150 | 160 |
| $L_{19}$ | 50 | 60 | 70 | 80 | 95 | 115 | 130 | 145 | 160 | 175 | 195 | 220 | 245 | 280 | 310 | 340 |

注：*B*—*B* 断面图及其他尺寸代号数值与中部摆动式（ZB）液压缸相同，见表 21-6-39。

## 头部法兰式等速（TFD）液压缸外形尺寸

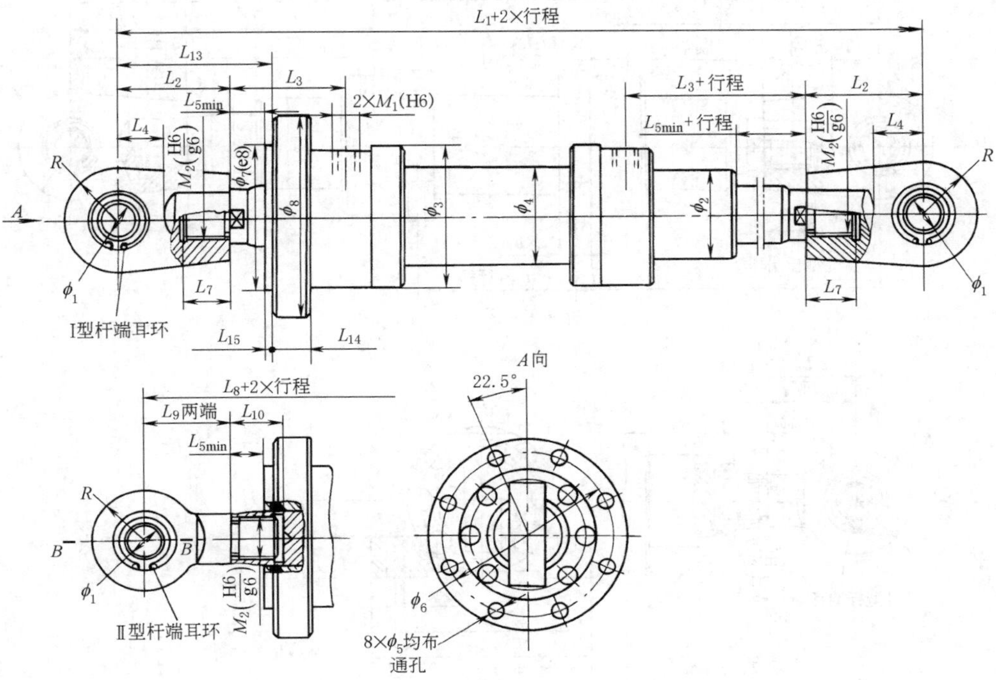


**表 21-6-46**　　mm

| 缸径 | 40 | 50 | 63 | 80 | 100 | 125 | 140 | 160 | 180 | 200 | 220 | 250 | 280 | 320 | 360 | 400 |
|---|---|---|---|---|---|---|---|---|---|---|---|---|---|---|---|---|
| 杆径 | 28 | 36 | 45 | 56 | 70 | 90 | 100 | 110 | 125 | 140 | 160 | 180 | 200 | 220 | 250 | 280 |
| $\phi_5$ | 8.4 | 10.5 | 13 | 15 | 17 | 21 | 23 | 25 | 28 | 31 | 37 | 37 | 43 | 50 | 50 | 52 |
| $\phi_6$ | 110 | 135 | 155 | 180 | 215 | 260 | 290 | 330 | 365 | 400 | 450 | 500 | 570 | 650 | 650 | 730 |
| $\phi_7$ | 90 | 110 | 130 | 150 | 180 | 220 | 245 | 280 | 310 | 340 | 380 | 430 | 480 | 550 | 560 | 640 |
| $\phi_8$ | 130 | 160 | 180 | 210 | 250 | 300 | 335 | 380 | 420 | 460 | 520 | 570 | 660 | 750 | 780 | 820 |
| $L_1$ | 503 | 562 | 618 | 687 | 807 | 911 | 996 | 1086 | 1206 | 1306 | 1412 | 1640 | 1745 | 1905 | 1977 | 2092 |
| $L_8$ | 433 | 482 | 522 | 567 | 667 | 743 | 796 | 854 | 946 | 1026 | 1096 | 1300 | 1335 | 1441 | 1457 | 1520 |
| $L_{13}$ | 98 | 117 | 133 | 157 | 185 | 218 | 243 | 271 | 311 | 346 | 377 | 435 | 475 | 535 | 555 | 595 |
| $L_{14}$ | 30 | 35 | 40 | 45 | 50 | 55 | 60 | 70 | 80 | 90 | 100 | 110 | 120 | 130 | 130 | 150 |
| $L_{15}$ | 5 | 5 | 5 | 5 | 5 | 10 | 10 | 10 | 10 | 10 | 10 | 10 | 10 | 10 | 10 | 10 |

注：*B*—*B* 断面图及其他尺寸代号数值与中部摆动式（ZB）液压缸相同，见表 21-6-39。

## 脚架固定式等速（JGD）液压缸外形尺寸

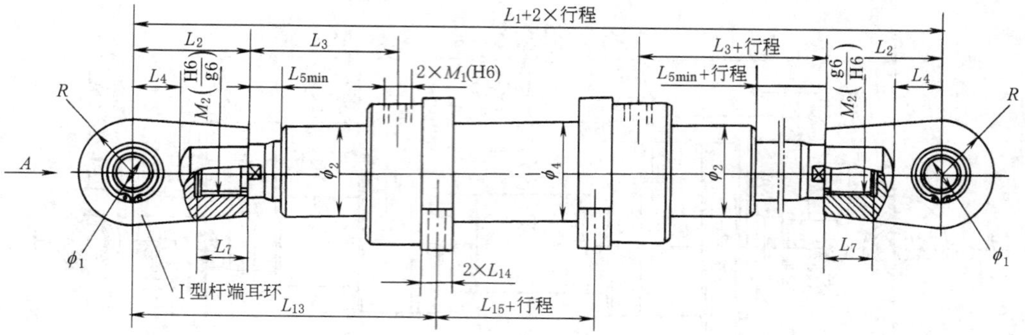


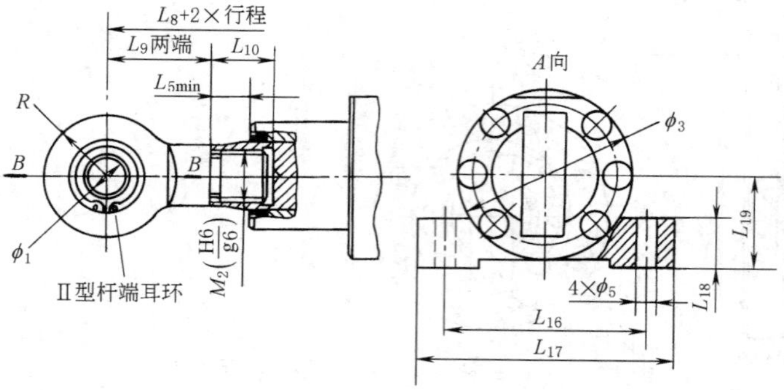


表 21-6-47

mm

| 缸径 | 40 | 50 | 63 | 80 | 100 | 125 | 140 | 160 | 180 | 200 | 220 | 250 | 280 | 320 | 360 | 400 |
|---|---|---|---|---|---|---|---|---|---|---|---|---|---|---|---|---|
| 杆径 | 28 | 36 | 45 | 56 | 70 | 90 | 100 | 110 | 125 | 140 | 160 | 180 | 200 | 220 | 250 | 280 |
| $\phi_5$ | 11 | 13.5 | 15.5 | 17.5 | 20 | 24 | 26 | 30 | 33 | 39 | 45 | 52 | 52 | 62 | 62 | 70 |
| $L_1$ | 505 | 565 | 625 | 700 | 807 | 911 | 996 | 1086 | 1206 | 1306 | 1402 | 1640 | 1745 | 1905 | 2009 | 2139 |
| $L_8$ | 433 | 482 | 522 | 567 | 667 | 743 | 796 | 854 | 946 | 1026 | 1096 | 1300 | 1335 | 1441 | 1457 | 1520 |
| $L_{13}$ | 226.5 | 252 | 282.5 | 320 | 367.5 | 343 | 373 | 406 | 456 | 491 | 527 | 615 | 655 | 715 | 767 | 827 |
| $L_{14}$ | 25 | 30 | 35 | 40 | 45 | 55 | 60 | 65 | 70 | 80 | 90 | 100 | 110 | 120 | 120 | 130 |
| $L_{15}$ | 52 | 61 | 60 | 60 | 72 | 225 | 250 | 274 | 294 | 324 | 348 | 410 | 435 | 475 | 475 | 485 |
| $L_{16}$ | 115 | 140 | 160 | 185 | 215 | 260 | 295 | 335 | 370 | 410 | 460 | 520 | 570 | 660 | 695 | 750 |
| $L_{17}$ | 145 | 175 | 200 | 230 | 265 | 315 | 355 | 400 | 445 | 500 | 560 | 630 | 680 | 800 | 835 | 870 |
| $L_{18}$ | 25 | 30 | 35 | 40 | 50 | 60 | 65 | 70 | 80 | 90 | 100 | 110 | 120 | 140 | 150 | 160 |
| $L_{19}$ | 50 | 60 | 70 | 80 | 95 | 115 | 130 | 145 | 160 | 175 | 195 | 220 | 245 | 280 | 310 | 340 |

注：$B$—$B$ 断面图及其他尺寸代号数值与中部摆动式（ZB）液压缸相同，见表 21-6-39。

（4）液压缸的允许行程和最大可行行程

表 21-6-48

**ZB 型**

| 液压缸内径 /mm | 活塞杆直径 /mm | 允许行程 S/mm 100bar 0° | 100bar 45° | 100bar 90° | 160bar 0° | 160bar 45° | 160bar 90° | 250bar 0° | 250bar 45° | 250bar 90° | 最大可行行程 /mm |
|---|---|---|---|---|---|---|---|---|---|---|---|
| 40 | 22<br>28 | 340<br>590 | 345<br>605 | 365<br>665 | 250<br>470 | 225<br>480 | 260<br>500 | 130<br>365 | 135<br>370 | 145<br>375 | 2000 |
| 50 | 28<br>36 | 460<br>790 | 470<br>815 | 495<br>910 | 350<br>645 | 355<br>655 | 365<br>690 | 245<br>510 | 250<br>515 | 260<br>525 | |
| 63 | 36<br>45 | 610<br>965 | 625<br>1000 | 675<br>1140 | 475<br>800 | 485<br>815 | 500<br>870 | 360<br>635 | 365<br>645 | 370<br>665 | |
| 80 | 45<br>56 | 770<br>1190 | 790<br>1235 | 850<br>1410 | 605<br>990 | 615<br>1010 | 635<br>1080 | 440<br>795 | 455<br>805 | 475<br>830 | |
| 100 | 56<br>70 | 930<br>1430 | 955<br>1490 | 1060<br>1770 | 745<br>1210 | 755<br>1240 | 795<br>1360 | 490<br>985 | 510<br>1000 | 595<br>1045 | 3000 |
| 125 | 70<br>90 | 1185<br>1885 | 1225<br>1970 | 1360<br>2390 | 960<br>1620 | 980<br>1665 | 1030<br>1850 | 640<br>1340 | 670<br>1360 | 780<br>1430 | |
| 140 | 90<br>100 | 1675<br>2020 | 1710<br>2115 | 2060<br>2610 | 1410<br>1735 | 1415<br>1790 | 1575<br>2010 | 1140<br>1440 | 1155<br>1465 | 1205<br>1555 | |
| 160 | 100<br>110 | 1805<br>2140 | 1880<br>2240 | 2210<br>2740 | 1510<br>1830 | 1550<br>1885 | 1680<br>2100 | 1215<br>1505 | 1230<br>1535 | 1285<br>1620 | |
| 180 | 110<br>125 | 1925<br>2420 | 2005<br>2540 | 2360<br>3000 | 1605<br>2080 | 1650<br>2150 | 1790<br>2420 | 1290<br>1720 | 1310<br>1755 | 1360<br>1865 | |
| 200 | 125<br>140 | 2130<br>2610 | 2230<br>2750 | 2690<br>3000 | 1790<br>2250 | 1840<br>2330 | 2040<br>2670 | 1440<br>1865 | 1465<br>1910 | 1540<br>2050 | |
| 220 | 140<br>160 | 2490<br>3000 | 2510<br>3170 | 3150<br>4230 | 2050<br>2640 | 2120<br>2750 | 2400<br>3260 | 1685<br>2240 | 1720<br>2310 | 1835<br>2530 | 6000 |
| 250 | 160<br>180 | 2750<br>3350 | 2900<br>3540 | 3660<br>4750 | 2380<br>2960 | 2460<br>3090 | 2810<br>3670 | 1970<br>2520 | 2020<br>2600 | 2610<br>2850 | |
| 280 | 180<br>200 | 3040<br>3620 | 3210<br>3840 | 4140<br>5210 | 2640<br>3210 | 2750<br>3360 | 3170<br>4040 | 2210<br>2750 | 2260<br>2830 | 2440<br>3140 | |
| 320 | 200<br>220 | 3210<br>3770 | 3390<br>4000 | 4410<br>5450 | 2790<br>3340 | 2900<br>3490 | 3380<br>4200 | 2320<br>2850 | 2380<br>2930 | 2580<br>3250 | |

安装位置

0°

45°

90°

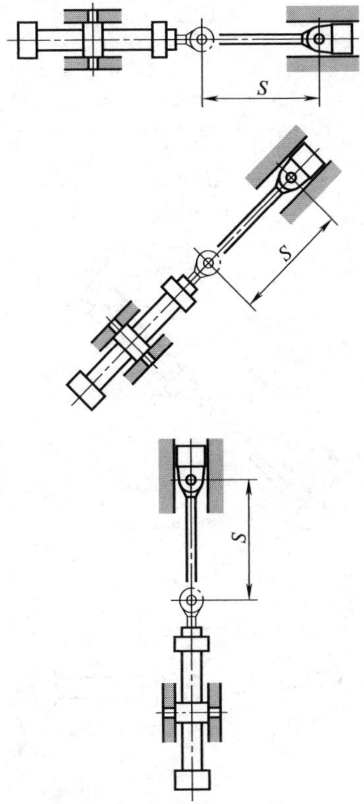

表 21-6-49

**WE 型**

| 液压缸内径 /mm | 活塞杆直径 /mm | 允许行程 S/mm | | | | | | | | | 最大可行行程 /mm |
|---|---|---|---|---|---|---|---|---|---|---|---|
| | | 100bar | | | 160bar | | | 250bar | | | |
| | | 0° | 45° | 90° | 0° | 45° | 90° | 0° | 45° | 90° | |
| 40 | 22<br>28 | 195<br>385 | 200<br>400 | 215<br>445 | 130<br>295 | 135<br>300 | 140<br>320 | 40<br>215 | 45<br>220 | 55<br>225 | 2000 |
| 50 | 28<br>36 | 285<br>535 | 295<br>555 | 310<br>625 | 205<br>425 | 210<br>430 | 215<br>460 | 120<br>320 | 130<br>325 | 135<br>335 | |
| 63 | 36<br>45 | 390<br>655 | 400<br>685 | 440<br>790 | 290<br>530 | 295<br>545 | 305<br>585 | 200<br>410 | 205<br>415 | 210<br>430 | |
| 80 | 45<br>56 | 500<br>815 | 515<br>850 | 560<br>980 | 375<br>665 | 385<br>680 | 400<br>735 | 240<br>520 | 260<br>525 | 280<br>545 | |
| 100 | 56<br>70 | 610<br>985 | 630<br>1030 | 705<br>1240 | 470<br>820 | 480<br>845 | 505<br>930 | 280<br>650 | 295<br>660 | 355<br>695 | 3000 |
| 125 | 70<br>90 | 770<br>1295 | 800<br>1360 | 900<br>1670 | 600<br>1095 | 615<br>1130 | 650<br>1265 | 360<br>885 | 380<br>900 | 465<br>955 | |
| 140 | 90<br>100 | 1145<br>1400 | 1200<br>1475 | 1430<br>1840 | 945<br>1190 | 970<br>1230 | 1070<br>1390 | 740<br>965 | 755<br>985 | 790<br>1050 | |
| 160 | 100<br>110 | 1230<br>1480 | 1285<br>1555 | 1530<br>1930 | 1010<br>1250 | 1040<br>1290 | 1140<br>1455 | 790<br>1005 | 800<br>1030 | 840<br>1090 | |
| 180 | 110<br>125 | 1305<br>1675 | 1365<br>1765 | 1630<br>2210 | 1065<br>1420 | 1095<br>1470 | 1200<br>1670 | 825<br>1150 | 840<br>1175 | 880<br>1260 | |
| 200 | 125<br>140 | 1500<br>1865 | 1580<br>1965 | 1930<br>2520 | 1240<br>1590 | 1290<br>1660 | 1430<br>1910 | 985<br>1305 | 1005<br>1340 | 1060<br>1440 | |
| 220 | 140<br>160 | 1620<br>2075 | 1710<br>2200 | 2180<br>3000 | 1360<br>1810 | 1415<br>1890 | 1630<br>2280 | 1090<br>1510 | 1120<br>1560 | 1200<br>1730 | 6000 |
| 250 | 160<br>180 | 1885<br>2330 | 1990<br>2475 | 2570<br>3370 | 1600<br>2040 | 1670<br>2135 | 1930<br>2570 | 1300<br>1710 | 1330<br>1770 | 1440<br>1960 | |
| 280 | 180<br>200 | 2075<br>2510 | 2200<br>2670 | 2900<br>3700 | 1775<br>2200 | 1880<br>2310 | 2170<br>2820 | 1450<br>1850 | 1490<br>1920 | 1620<br>2140 | |
| 320 | 200<br>220 | 2170<br>2590 | 2300<br>2760 | 3070<br>3850 | 1850<br>2260 | 1940<br>2380 | 2290<br>2920 | 1500<br>1890 | 1550<br>1960 | 1700<br>2200 | |

安装位置

0°

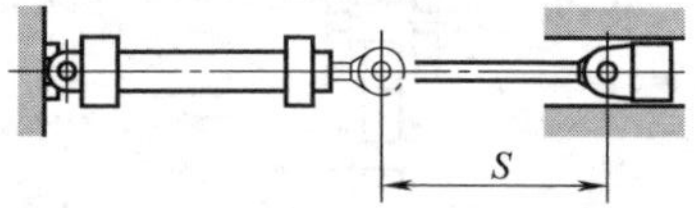


45°

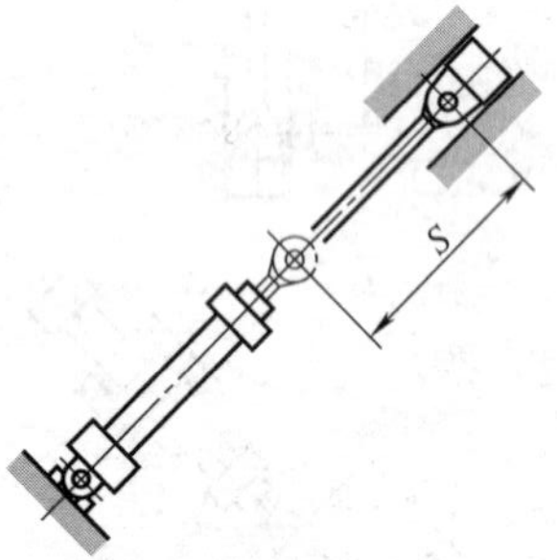


90°

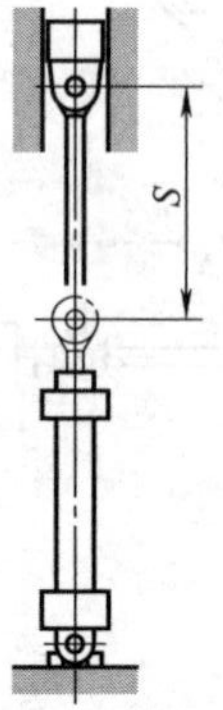

表 21-6-50

**TF 型**

| 液压缸内径/mm | 活塞杆直径/mm | 允许行程 S/mm | | | | | | | | | 最大可行行程/mm |
|---|---|---|---|---|---|---|---|---|---|---|---|
| | | 100bar | | | 160bar | | | 250bar | | | |
| | | 0° | 45° | 90° | 0° | 45° | 90° | 0° | 45° | 90° | |
| 40 | 22<br>28 | 895<br>1400 | 915<br>1415 | 980<br>1630 | 730<br>1180 | 735<br>1205 | 760<br>1275 | 440<br>970 | 450<br>980 | 510<br>1010 | 2000 |
| 50 | 28<br>36 | 1180<br>1780 | 1200<br>1855 | 1280<br>2160 | 955<br>1530 | 965<br>1570 | 995<br>1695 | 700<br>1275 | 730<br>1290 | 780<br>1340 | |
| 63 | 36<br>45 | 1520<br>2000 | 1560<br>2000 | 1690<br>2000 | 1250<br>1875 | 1270<br>1925 | 1315<br>2000 | 1010<br>1570 | 1015<br>1595 | 1035<br>1670 | |
| 80 | 45<br>56 | 1855<br>2000 | 1905<br>2000 | 2000<br>2000 | 1540<br>2000 | 1560<br>2000 | 1630<br>2000 | 1140<br>1910 | 1180<br>1940 | 1280<br>2000 | |
| 100 | 56<br>70 | 2250<br>3000 | 2320<br>3000 | 2500<br>3000 | 1880<br>2770 | 1910<br>2860 | 2010<br>3000 | 1300<br>2360 | 1360<br>2400 | 1580<br>2550 | 3000 |
| 125 | 70<br>90 | 2760<br>3000 | 2860<br>3000 | 3000<br>3000 | 2330<br>3000 | 2375<br>3000 | 2520<br>3000 | 1580<br>3000 | 1680<br>3000 | 1990<br>3000 | |
| 140 | 90<br>100 | 3000<br>3000 | 3000<br>3000 | 3000<br>3000 | 3000<br>3000 | 3000<br>3000 | 3000<br>3000 | 2770<br>3000 | 2820<br>3000 | 2980<br>3000 | |
| 160 | 100<br>110 | 3000<br>3000 | 3000<br>3000 | 3000<br>3000 | 3000<br>3000 | 3000<br>3000 | 3000<br>3000 | 2980<br>3000 | 3000<br>3000 | 3000<br>3000 | |
| 180 | 110<br>125 | 3000<br>3000 | 3000<br>3000 | 3000<br>3000 | 3000<br>3000 | 3000<br>3000 | 3000<br>3000 | 3000<br>3000 | 3000<br>3000 | 3000<br>3000 | |
| 200 | 125<br>140 | 3000<br>3000 | 3000<br>3000 | 3000<br>3000 | 3000<br>3000 | 3000<br>3000 | 3000<br>3000 | 3000<br>3000 | 3000<br>3000 | 3000<br>3000 | |
| 220 | 140<br>160 | 5400<br>6000 | 5680<br>6000 | 6000<br>6000 | 4800<br>5820 | 4980<br>6000 | 5780<br>6000 | 4120<br>5150 | 4220<br>5330 | 4560<br>6000 | 6000 |
| 250 | 160<br>180 | 6000<br>6000 | 6000<br>6000 | 6000<br>6000 | 5450<br>6000 | 5660<br>6000 | 6000<br>6000 | 4720<br>5730 | 4840<br>5920 | 5290<br>6000 | |
| 280 | 180<br>200 | 6000<br>6000 | 6000<br>6000 | 6000<br>6000 | 6000<br>6000 | 6000<br>6000 | 6000<br>6000 | 5270<br>6000 | 5420<br>6000 | 5970<br>6000 | |
| 320 | 200<br>220 | 6000<br>6000 | 6000<br>6000 | 6000<br>6000 | 6000<br>6000 | 6000<br>6000 | 6000<br>6000 | 5540<br>6000 | 5780<br>6000 | 6000<br>6000 | |

安装位置

0°

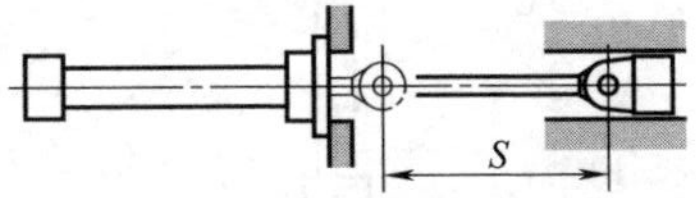


45°

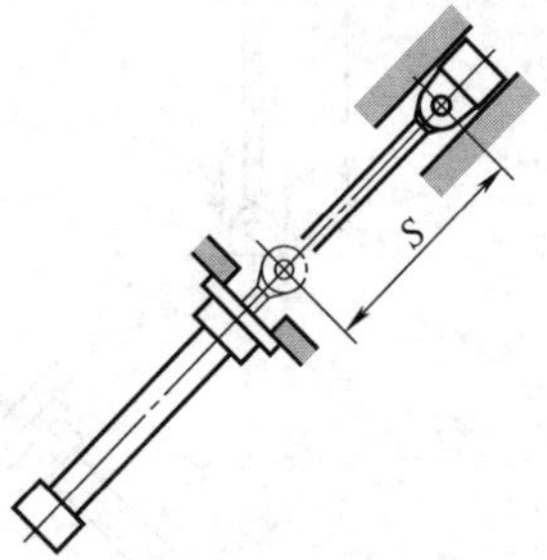


90°

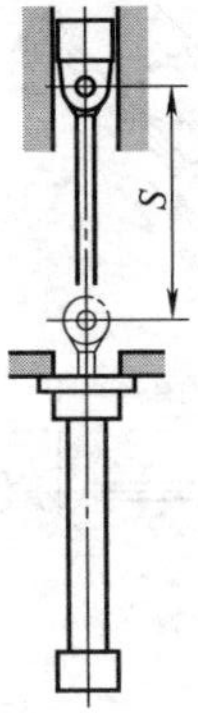

表 21-6-51

**WF 型**

| 液压缸内径 /mm | 活塞杆直径 /mm | 允许行程 S/mm | | | | | | | | | 最大可行行程 /mm |
|---|---|---|---|---|---|---|---|---|---|---|---|
| | | 100bar | | | 160bar | | | 250bar | | | |
| | | 0° | 45° | 90° | 0° | 45° | 90° | 0° | 45° | 90° | |
| 40 | 22 | 325 | 340 | 370 | 245 | 250 | 260 | 105 | 110 | 140 | 2000 |
| | 28 | 565 | 590 | 695 | 465 | 475 | 520 | 365 | 370 | 385 | |
| 50 | 28 | 455 | 470 | 515 | 350 | 360 | 375 | 220 | 230 | 265 | |
| | 36 | 770 | 805 | 960 | 640 | 660 | 725 | 515 | 525 | 550 | |
| 63 | 36 | 600 | 620 | 710 | 475 | 490 | 520 | 350 | 370 | 380 | |
| | 45 | 930 | 975 | 1210 | 790 | 820 | 920 | 645 | 660 | 700 | |
| 80 | 45 | 760 | 785 | 895 | 610 | 625 | 670 | 395 | 420 | 495 | |
| | 56 | 1150 | 1210 | 1495 | 985 | 1020 | 1145 | 810 | 825 | 875 | |
| 100 | 56 | 905 | 945 | 1120 | 745 | 765 | 835 | 420 | 460 | 620 | 3000 |
| | 70 | 1370 | 1445 | 1880 | 1190 | 1235 | 1440 | 995 | 1020 | 1100 | |
| 125 | 70 | 1175 | 1225 | 1460 | 980 | 1010 | 1105 | 580 | 620 | 835 | |
| | 90 | 1815 | 1920 | 2560 | 1600 | 1670 | 1980 | 1365 | 1400 | 1540 | |
| 140 | 90 | 1600 | 1695 | 2190 | 1390 | 1440 | 1670 | 1150 | 1180 | 1275 | |
| | 100 | 1915 | 2030 | 2770 | 1695 | 1770 | 2130 | 1440 | 1490 | 1650 | |
| 160 | 100 | 1730 | 1825 | 2350 | 1490 | 1550 | 1790 | 1235 | 1265 | 1365 | |
| | 110 | 2030 | 2155 | 2910 | 1790 | 1870 | 2240 | 1520 | 1565 | 1720 | |
| 180 | 110 | 1850 | 1950 | 2510 | 1590 | 1655 | 1900 | 1310 | 1340 | 1450 | |
| | 125 | 2295 | 2440 | 3000 | 2030 | 2130 | 2570 | 1730 | 1785 | 1980 | |
| 200 | 125 | 2110 | 2230 | 2270 | 1835 | 1910 | 2250 | 1530 | 1575 | 1720 | |
| | 140 | 2540 | 2700 | 3000 | 2265 | 2380 | 2930 | 1945 | 2010 | 2260 | |
| 220 | 140 | 2250 | 2400 | 3350 | 1990 | 2090 | 2550 | 1685 | 1740 | 1950 | 6000 |
| | 160 | 2800 | 2990 | 4500 | 2530 | 2680 | 3480 | 2220 | 2310 | 2700 | |
| 250 | 160 | 2615 | 2780 | 3900 | 2320 | 2435 | 3000 | 1980 | 2050 | 2300 | |
| | 180 | 3140 | 3360 | 5050 | 2850 | 3010 | 3910 | 2500 | 2610 | 3050 | |
| 280 | 180 | 2850 | 3050 | 4400 | 2550 | 2680 | 3370 | 2190 | 2270 | 2600 | |
| | 200 | 3370 | 3610 | 5550 | 3070 | 3250 | 4300 | 2700 | 2820 | 3330 | |
| 320 | 200 | 3000 | 3210 | 4700 | 2680 | 2830 | 3590 | 2100 | 2390 | 2750 | |
| | 220 | 3500 | 3750 | 5800 | 3180 | 3370 | 4480 | 2790 | 2920 | 3460 | |

安装位置

0°

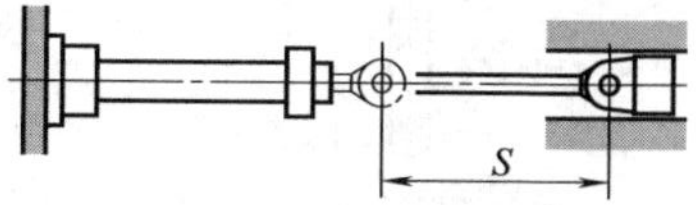


45°

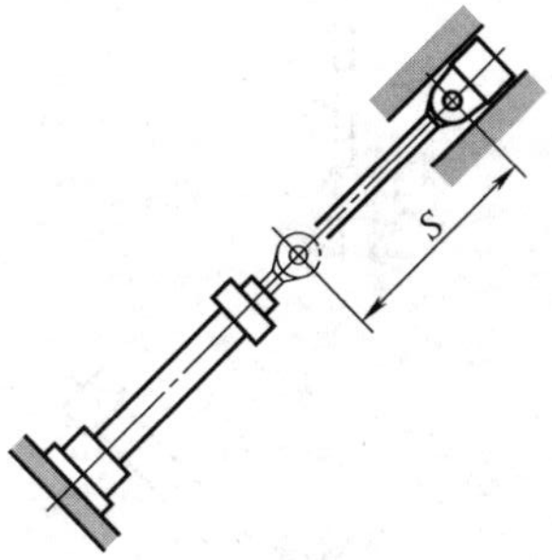


90°

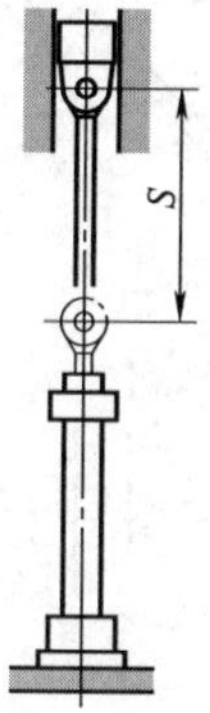

**表 21-6-52** **JG 型**

| 液压缸内径 /mm | 活塞杆直径 /mm | 允许行程 S/mm | | | | | | | | | 最大可行行程 /mm |
|---|---|---|---|---|---|---|---|---|---|---|---|
| | | 100bar | | | 160bar | | | 250bar | | | |
| | | 0° | 45° | 90° | 0° | 45° | 90° | 0° | 45° | 90° | |
| 40 | 22<br>28 | 825<br>1305 | 840<br>1350 | 885<br>1535 | 645<br>1085 | 650<br>1110 | 665<br>1180 | 370<br>875 | 375<br>885 | 410<br>910 | 2000 |
| 50 | 28<br>36 | 1075<br>1680 | 1100<br>1750 | 1175<br>2000 | 855<br>1430 | 865<br>1465 | 890<br>1590 | 610<br>1175 | 625<br>1190 | 675<br>1240 | |
| 63 | 36<br>45 | 1405<br>2000 | 1440<br>2000 | 1570<br>2000 | 1135<br>1760 | 1155<br>1810 | 1200<br>1990 | 895<br>1460 | 900<br>1480 | 920<br>1555 | |
| 80 | 45<br>56 | 1730<br>2000 | 1780<br>2000 | 1960<br>2000 | 1410<br>2000 | 1435<br>2000 | 1500<br>2000 | 1000<br>1785 | 1050<br>1820 | 1155<br>1920 | |
| 100 | 56<br>70 | 2110<br>3000 | 2180<br>3000 | 2440<br>3000 | 1740<br>2620 | 1770<br>2710 | 1870<br>3000 | 1140<br>2210 | 1220<br>2260 | 1440<br>2400 | 3000 |
| 125 | 70<br>90 | 2600<br>3000 | 2695<br>3000 | 3000<br>3000 | 2170<br>3000 | 2210<br>3000 | 2360<br>3000 | 1400<br>2890 | 1480<br>2970 | 1820<br>3000 | |
| 140 | 90<br>100 | 3000<br>3000 | 3000<br>3000 | 3000<br>3000 | 3000<br>3000 | 3000<br>3000 | 3000<br>3000 | 2585<br>3000 | 2635<br>3000 | 2800<br>3000 | |
| 160 | 100<br>110 | 3000<br>3000 | 3000<br>3000 | 3000<br>3000 | 3000<br>3000 | 3000<br>3000 | 3000<br>3000 | 2760<br>3000 | 2810<br>3000 | 2990<br>3000 | |
| 180 | 110<br>125 | 3000<br>3000 | 3000<br>3000 | 3000<br>3000 | 3000<br>3000 | 3000<br>3000 | 3000<br>3000 | 2940<br>3000 | 3000<br>3000 | 3000<br>3000 | |
| 200 | 125<br>140 | 3000<br>3000 | 3000<br>3000 | 3000<br>3000 | 3000<br>3000 | 3000<br>3000 | 3000<br>3000 | 3000<br>3000 | 3000<br>3000 | 3000<br>3000 | |
| 220 | 140<br>160 | 5090<br>6000 | 5370<br>6000 | 6000<br>6000 | 4490<br>5510 | 4670<br>5800 | 5470<br>6000 | 3820<br>4850 | 3910<br>5020 | 4260<br>5750 | 6000 |
| 250 | 160<br>180 | 5790<br>6000 | 6000<br>6000 | 6000<br>6000 | 5150<br>6000 | 5370<br>6000 | 6000<br>6000 | 4420<br>5420 | 4540<br>5630 | 4990<br>6000 | |
| 280 | 180<br>200 | 6000<br>6000 | 6000<br>6000 | 6000<br>6000 | 5700<br>6000 | 5960<br>6000 | 6000<br>6000 | 4930<br>6000 | 5070<br>6000 | 5630<br>6000 | |
| 320 | 200<br>220 | 6000<br>6000 | 6000<br>6000 | 6000<br>6000 | 6000<br>6000 | 6000<br>6000 | 6000<br>6000 | 5200<br>6000 | 5400<br>6000 | 6000<br>6000 | |

安装位置

0°

45°

90°

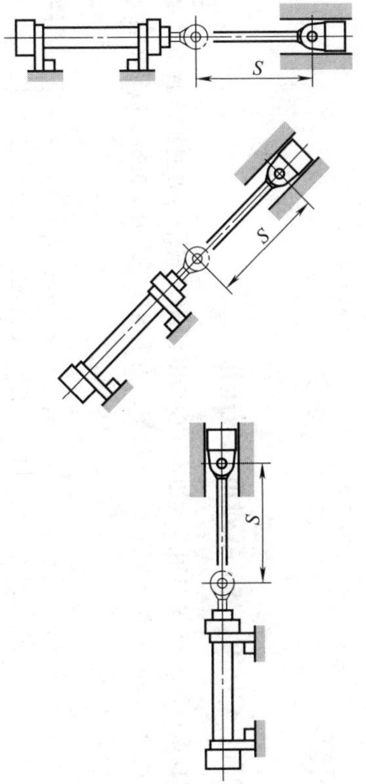

第21篇

## 7.4 重载液压缸

### 7.4.1 CD/CG250、CD/CG350系列重载液压缸

重载液压缸分CD型单活塞杆双作用差动缸和CG型双活塞杆双作用等速缸两种。其安装型式和尺寸符合ISO 3320标准，特别适合于环境恶劣、重载的工作状态，用于钢铁、铸造及机械制造等场合。

（1）型号意义

□□□□/-□□ 10 /□□□□□□□

液压缸类型
CD—差动缸
CG—等速缸

系列 250—25MPa
350—35MPa

安装型式
A—缸底衬套耳环
B—缸底球铰耳环
C—缸头法兰
D—缸底法兰
E—中间耳轴
F—切向底座

| 系列 250 | 系列 350 | 活塞直径/mm | 活塞杆直径/mm | 面积比 $\varphi$ | 活塞直径/活塞杆径 |
|---|---|---|---|---|---|
| ✓ | | 40 | 20 | 1.3 | 40/20 |
| ✓ | ✓ | | 28 | 2 | 40/28 |
| ✓ | | 50 | 28 | 1.4 | 50/28 |
| ✓ | ✓ | | 36 | 2 | 50/36 |
| ✓ | | 63 | 36 | 1.4 | 63/36 |
| ✓ | ✓ | | 45 | 2 | 63/45 |
| ✓ | | 80 | 45 | 1.4 | 80/45 |
| ✓ | ✓ | | 56 | 2 | 80/56 |
| ✓ | | 100 | 56 | 1.4 | 100/56 |
| ✓ | ✓ | | 70 | 2 | 100/70 |
| ✓ | | 125 | 70 | 1.4 | 125/70 |
| ✓ | ✓ | | 90 | 2 | 125/90 |
| ✓ | | 140 | 90 | 1.6 | 140/90 |
| ✓ | ✓ | | 100 | 2 | 140/100 |
| ✓ | | 160 | 100 | 1.6 | 160/100 |
| ✓ | ✓ | | 110 | 2 | 160/110 |
| ✓ | | 180 | 110 | 1.6 | 180/110 |
| ✓ | ✓ | | 125 | 2 | 180/125 |
| ✓ | | 200 | 125 | 1.6 | 200/125 |
| ✓ | ✓ | | 140 | 2 | 200/140 |
| ✓ | | 220 | 140 | 1.6 | 220/140 |
| ✓ | ✓ | | 160 | 2 | 220/160 |
| ✓ | | 250 | 160 | 1.6 | 250/160 |
| ✓ | ✓ | | 180 | 2 | 250/180 |
| ✓ | | 280 | 180 | 1.6 | 280/180 |
| ✓ | ✓ | | 200 | 2 | 280/200 |
| ✓ | | 320 | 200 | 1.6 | 320/200 |
| ✓ | ✓ | | 220 | 2 | 320/220 |

行程长度(mm)

缸头、缸底连接方式
A—两端均以螺纹连接
B②—缸头以螺纹连接，缸底焊接

10—10系列（10～19系列安装尺寸相同）

油口
01—英制BSP圆柱管螺纹
02—公制管螺纹

活塞杆材料
C—45钢，表面镀硬铬
H①—50钢，表面淬火，镀硬铬
L—1Cr17Ni2，表面镀硬铬

活塞杆螺纹
G—适用于耳环GA、GAK及SA的螺纹
A—适用于耳环GAS的螺纹

端部缓冲
U—无
D—有

液压介质
M—矿物油，采用丁腈橡胶密封件
V—磷酸酯，采用氟橡胶密封件

密封结构型式
T—滑动环组合密封
A—V形密封圈组

更进一步的说明

① 仅适合于活塞杆直径不大于100mm。
② 仅适合于活塞杆直径不大于100mm。

标记示例：

缸径 100mm，活塞杆直径 70mm，缸后盖球铰耳环安装，额定压力 25MPa，行程 500mm，缸头、缸底均以螺纹连接，活塞杆螺纹为 G 型，油口连接为公制管螺纹，活塞杆材料为 45 钢表面镀铬，端部无缓冲，液压油介质为矿物油，密封结构为 V 形密封圈组的重载液压缸的标记为

CD250B100/70—500A10/02CGUMA

（2）技术参数

**表 21-6-53　　CD/CG 重载液压缸技术参数**

| 缸径/mm | 杆径/mm | 速度比 φ | 推力/kN | | | | | | 拉力/kN | | | |
|---|---|---|---|---|---|---|---|---|---|---|---|---|
| | | | 25MPa | | | 35MPa | | | 25MPa | | 35MPa | |
| | | | 非差动 | 差动 CD | 等速 CG | 非差动 | 差动 CD | 等速 CG | 差动 CD | 等速 CG | 差动 CD | 等速 CG |
| 40 | 20*<br>28 | 1.3<br>2 | 31.4 | 15.4 | 21.9<br>16 | 44 | 21.56 | 22.44 | 16.02 | 21.9<br>16 | 22.44 | 22.44 |
| 50 | 28*<br>36 | 1.4<br>2 | 49.1 | 25.45 | 33.67<br>23.62 | 68.72 | 35.63 | 33.07 | 23.62 | 33.67<br>23.62 | 33.07 | 33.07 |
| 63 | 36*<br>45 | 1.4<br>2 | 77.9 | 39.75 | 52.5<br>38.15 | 109.1 | 55.65 | 53.44 | 38.17 | 52.5<br>38.15 | 53.44 | 53.44 |
| 80 | 45*<br>56 | 1.4<br>2 | 125.65 | 61.57 | 85.9<br>64.1 | 175.9 | 86.2 | 89.7 | 64.1 | 85.9<br>64.1 | 89.7 | 89.7 |
| 100 | 56*<br>70 | 1.4<br>2 | 196.35 | 96.2 | 134.75<br>100.15 | 274.9 | 134.68 | 140.2 | 100.15 | 134.75<br>100.15 | 140.2 | 140.2 |
| 125 | 70*<br>90 | 1.4<br>2 | 306.75 | 159.05 | 210.5<br>147.75 | 429.5 | 222.69 | 206.8 | 147.75 | 210.5<br>147.75 | 206.8 | 206.8 |
| 140 | 90*<br>100 | 1.6<br>2 | 384.75 | 196.35 | 225.8<br>188.5 | 538.7 | 274.89 | 263.9 | 188.5 | 225.8<br>188.5 | 263.9 | 263.9 |
| 160 | 100*<br>110 | 1.6<br>2 | 502.5 | 237.57 | 306.3<br>265 | 703.5 | 332.6 | 371 | 265 | 306.3<br>265 | 371 | 371 |
| 180 | 110*<br>125 | 1.6<br>2 | 636.17 | 306.8 | 398.6<br>329.38 | 890.6 | 429.52 | 461.1 | 329.38 | 398.6<br>329.38 | 461.1 | 461.1 |
| 200 | 125*<br>140 | 1.6<br>2 | 785.25 | 384.85 | 478.6<br>400.55 | 1099 | 538.79 | 560.7 | 400.55 | 478.6<br>400.55 | 560.7 | 560.7 |
| 220 | 140*<br>160 | 1.6<br>2 | 950.33 | 502.65 | 565.48<br>447.5 | 1330 | 703.7 | 626.5 | 447.5 | 565.48<br>447.5 | 626.5 | 626.5 |
| 250 | 160*<br>180 | 1.6<br>2 | 1227.2 | 636.17 | 724.53<br>591 | 1715 | 890.64 | 829.4 | 591 | 724.53<br>591 | 829.4 | 829.4 |
| 280 | 180*<br>200 | 1.6<br>2 | 1539.4 | 785.4 | 903.2<br>754 | 2155 | 1099.56 | 1055.5 | 754 | 903.2<br>754 | 1055.5 | 1055.5 |
| 320 | 200*<br>220 | 1.6<br>2 | 2010.6 | 950.32 | 1225.2<br>1060.3 | 2814.8 | 1330.45 | 1484.4 | 1060.3 | 1225.2<br>1060.3 | 1484.4 | 1484.4 |

注：1. 带＊号活塞杆径无 35MPa 液压缸。

2. 生产厂：韶关液压件有限公司、武汉华冶油缸有限公司、北京中冶迈克液压有限公司、榆次液压有限公司、北京索普液压机电有限公司、焦作华科液压机械制造有限公司、抚顺天宝重工液压制造有限公司。优瑞纳斯液压机械有限公司、扬州江都永坚有限公司。

表 21-6-54　**CD/CG 重载液压缸全长公差与最大行程**　mm

<table>
<tr><td rowspan="2">全长公差</td><td>L+行程=安装长度</td><td colspan="2">0~499</td><td colspan="2">500~1249</td><td>1250~3149</td><td>3150~8000</td></tr>
<tr><td>许用偏差</td><td colspan="2">±1.5</td><td colspan="2">±2</td><td>±3</td><td>±5</td></tr>
<tr><td rowspan="2">最大行程</td><td>液压缸内径</td><td>40</td><td>50</td><td>63</td><td>80</td><td>90~125</td><td>140~320</td></tr>
<tr><td>可达到的最大行程</td><td>2000</td><td>3000</td><td>4000</td><td>6000</td><td>8000</td><td>10000</td></tr>
</table>

注：根据欧拉公式，杆在铰接结构、刚性导向载荷下，安全系数为 3.5，对于各种安装方式、各种缸径在不同工作压力时，活塞杆在弯曲应力（压缩载荷）作用下的许用行程，详见产品样本。

表 21-6-55　**缸头与缸筒螺纹连接时 CD250、CD350 系列螺钉紧固力矩**

| 系列 | 活塞直径/mm | 40 | 50 | 63 | 80 | 100 | 125 | 140 | 160 | 180 | 200 | 220 | 250 | 280 | 320 |
|---|---|---|---|---|---|---|---|---|---|---|---|---|---|---|---|
| CD 250 | 头部和底部/N·m | 20 | 40 | 100 | 100 | 250 | 490 | 490 | 1260 | 1260 | 1710 | 1710 | 2310 | 2970 | 2970 |
| | 密封盖/N·m | — | — | — | — | — | 30 | 30/60 | 60 | 60 | 60 | 250 | 250 | 250 | 250 |
| CD 350 | 头部和底部/N·m | 30 | 60 | 100 | 250 | 490 | 850 | 1260 | 1260 | 1710 | 2310 | 2310 | 3390 | 3850 | 4770 |
| | 密封盖/N·m | — | — | — | — | — | 60 | 100 | 100 | 250 | 250 | 250 | 250 | 250 | 250 |

表 21-6-56　**重载液压缸安装方式与产品**

| 型　号 | 安装方式代号 | | | | | |
|---|---|---|---|---|---|---|
| | A | B | C | D | E | F |
| | 缸底衬套耳环 | 缸底球铰耳环 | 缸头法兰 | 缸底法兰 | 中间耳轴 | 切向底座 |
| CD250 | ○ | ○ | ○ | ○ | ○ | ○ |
| CG250 | | | ○ | | ○ | ○ |
| CD350 | ○ | ○ | ○ | ○ | ○ | ○ |
| CG350 | | | ○ | | ○ | ○ |

注：“○”表示该安装方式有产品。

（3）CD/CG 重载液压缸外形尺寸

## CD250A、CD250B 差动重载液压缸

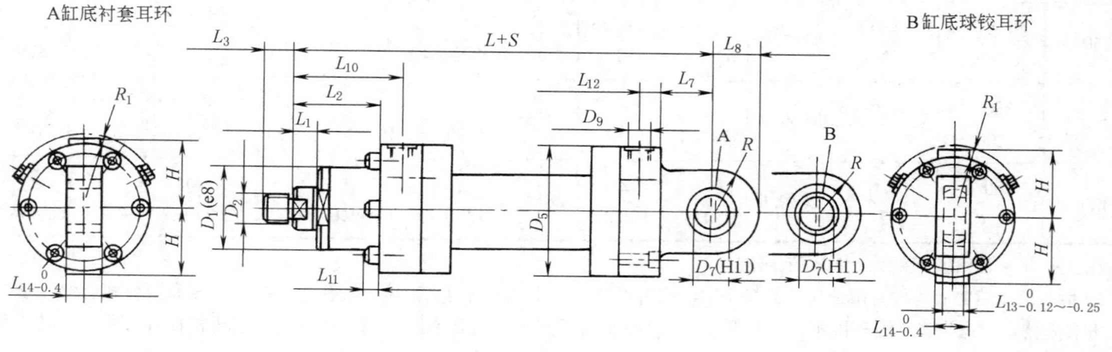

**表 21-6-57**

mm

| 项目 | | | 40 | 50 | 63 | 80 | 100 | 125 | 140 | 160 | 180 | 200 | 220 | 250 | 280 | 320 |
|---|---|---|---|---|---|---|---|---|---|---|---|---|---|---|---|---|
| 活塞直径 | | | 40 | 50 | 63 | 80 | 100 | 125 | 140 | 160 | 180 | 200 | 220 | 250 | 280 | 320 |
| 活塞杆直径 | | | 20/28 | 28/36 | 36/45 | 45/56 | 56/70 | 70/90 | 90/100 | 100/110 | 110/125 | 125/140 | 140/160 | 160/180 | 180/200 | 200/220 |
| $D_1$ | | | 55 | 68 | 75 | 95 | 115 | 135 | 155 | 180 | 200 | 215 | 245 | 280 | 305 | 340 |
| CD250A、CD250B | $D_2$ | A | M18×2 | M24×2 | M30×2 | M39×3 | M50×3 | M64×3 | M80×3 | M90×3 | M100×3 | M110×4 | M120×4 | M120×4 | M150×4 | M160×4 |
| | | G | M16×1.5 | M22×1.5 | M28×1.5 | M35×1.5 | M45×1.5 | M58×1.5 | M65×1.5 | M80×2 | M100×2 | M110×2 | M120×3 | M120×3 | M130×3 | — |
| | $D_5$ | | 85 | 105 | 120 | 135 | 165 | 200 | 220 | 265 | 290 | 310 | 355 | 395 | 430 | 490 |
| | $D_7$ | | 25 | 30 | 35 | 40 | 50 | 60 | 70 | 80 | 90 | 100 | 110 | 110 | 120 | 140 |
| | $D_9$ | 01 | 1/2″BSP | 1/2″BSP | 3/4″BSP | 3/4″BSP | 1″BSP | 1¼″BSP | 1¼″BSP | 1½″BSP | 1½″BSP | 1½″BSP | 1½″BSP | 1½″BSP | 1½″BSP | 1½″BSP |
| | | 02 | M22×1.5 | M22×1.5 | M27×2 | M27×2 | M33×2 | M42×2 | M42×2 | M48×2 | M48×2 | M48×2 | M48×2 | M48×2 | M48×2 | M48×2 |
| | $L$ | | 252 | 265 | 302 | 330 | 385 | 447 | 490 | 550 | 610 | 645 | 750 | 789 | 884 | 980 |
| | $L_1$ | | 17 | 21 | 25 | 15.5 | 33 | 32 | 37/33 | 40 | 40/37 | 40 | 25 | 25 | 35 | 40 |
| | $L_2$ | | 54 | 58 | 67 | 65 | 85 | 97 | 105 | 120 | 130 | 135 | 155 | 165 | 170 | 195 |
| | $L_3$ | A | 30 | 35 | 45 | 55 | 75 | 95 | 110 | 120 | 140 | 150 | 160 | 160 | 190 | 200 |
| | | G | 16 | 22 | 28 | 35 | 45 | 58 | 65 | 80 | 100 | 110 | 120 | 120 | 130 | — |
| | $L_7$(A10/B10) | | 32.5/— | 37.5/— | 45/— | 52.5/50 | 60/— | 70/— | 75/— | 85/— | 90/— | 115/— | 125/— | 140/— | 150/— | 175/— |
| | $L_8$ | | 27.5 | 32.5 | 40 | 50 | 62.5 | 70 | 82 | 95 | 113 | 125 | 142.5 | 160 | 180 | 200 |
| | $L_{10}$ | | 76 | 80 | 89.5 | 86 | 112.5 | 132 | 145 | 160 | 175 | 180 | 225 | 235 | 270 | 295 |
| | $L_{11}$ | | 8 | 10 | 12 | 12 | 16 | — | — | — | — | — | — | — | — | — |
| | $L_{12}$ | | 20.5 | 20.5 | 22.5 | 32.5 | 32.5 | 35 | 40 | 40 | 55 | 40 | 70 | 70 | 99 | 100 |
| | $L_{14}$ | | 23 | 28 | 30 | 35 | 40 | 50 | 55 | 60 | 65 | 70 | 80 | 80 | 90 | 110 |
| | $H$ | | 45 | 55 | 63 | 70 | 82.5 | 103 | 112.5 | 132.5 | 147.5 | 157.5 | 180 | 200 | 220 | 250 |
| | $R$ | | 27.5 | 32.5 | 40 | 50 | 62.5 | 65 | 77 | 88 | 103 | 115 | 132.5 | 150 | 170 | 190 |
| | $R_1$(A10/B10) | | 7/16 | 2/14 | 2/9 | 1.5/5 | —/11.5 | 4/— | — | 27.5/— | 18/— | 20/— | — | — | — | — |
| CD250B | $L_{13}$ | | 20 | 22 | 25 | 28 | 35 | 44 | 49 | 55 | 60 | 70 | 70 | 70 | 85 | 90 |
| CD250A CD250B | 系数 $X$ | | 5 | 7.5 | 13 | 18 | 34 | 76 | 99 | 163 | 229 | 275 | 417 | 571 | 712 | 1096 |
| | 系数 $Y$ | | 0.011/0.015 | 0.015/0.019 | 0.020/0.024 | 0.030/0.039 | 0.050/0.060 | 0.078/0.092 | 0.105/0.122 | 0.136/0.156 | 0.170/0.192 | 0.220/0.246 | 0.262/0.299 | 0.346/0.387 | 0.387/0.434 | 0.510/0.562 |
| | 质量 $m$/kg | | $m=X+Y\times$行程 (mm) | | | | | | | | | | | | | |

注：1. A10 型用螺纹连接缸底，适用于所有尺寸的缸径。

2. B10 型用焊接缸底，仅用于小于或等于 100mm 的缸径。

3. 缸头外侧采用密封盖，仅用于大于或等于 125mm 的缸径。

4. 缸头外侧采用活塞杆导向套，仅用于小于或等于 100mm 的缸径。

5. 缸头、缸底与缸筒螺纹连接时，若缸径小于或等于 100mm，螺钉头均露在法兰外；若缸径大于 100mm，螺钉头凹入缸底法兰内。

6. 单向节流阀和排气阀与水平线夹角 $\theta$：对 CD350 系列，缸径小于或等于 200mm，$\theta=30°$；缸径大于或等于 220mm，$\theta=45°$；对 CD250 系列，除缸径为 320mm，$\theta=45°$外，其余均为 30°。

7. $S$ 为行程。

## CD250C、CD250D 差动重载液压缸

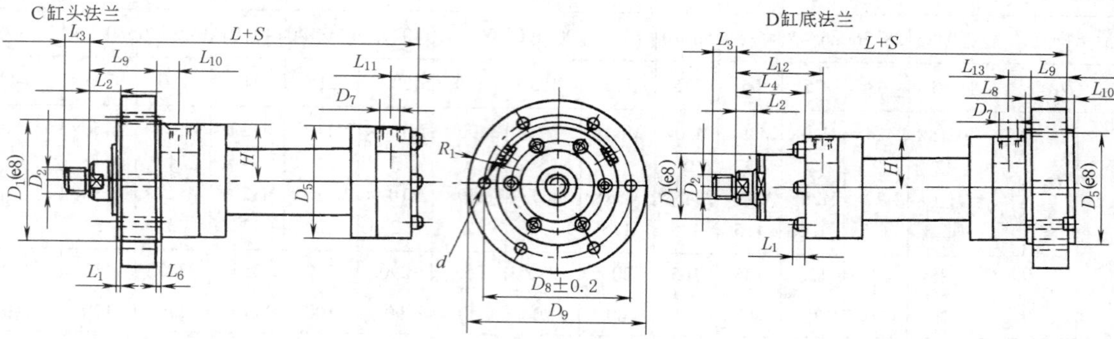


表 21-6-58

mm

| 活塞直径 | | | 40 | 50 | 63 | 80 | 100 | 125 | 140 | 160 | 180 | 200 | 220 | 250 | 280 | 320 |
|---|---|---|---|---|---|---|---|---|---|---|---|---|---|---|---|---|
| 活塞杆直径 | | | 20/28 | 28/36 | 36/45 | 45/56 | 56/70 | 70/90 | 90/100 | 100/110 | 110/125 | 125/140 | 140/160 | 160/180 | 180/200 | 200/220 |
| CD 250C、CD 250D、CG 250C | $D_2$ | A | M18×2 | M24×2 | M30×2 | M39×3 | M50×3 | M64×3 | M80×3 | M90×3 | M100×3 | M110×4 | M120×4 | M120×4 | M150×4 | M160×4 |
| | | G | M16×1.5 | M22×1.5 | M28×1.5 | M35×1.5 | M45×1.5 | M58×1.5 | M65×1.5 | M80×2 | M100×2 | M110×2 | M120×3 | M120×3 | M130×3 | — |
| | $D_7$ | 01 | 1/2″ BSP | 1/2″ BSP | 3/4″ BSP | 3/4″ BSP | 1″ BSP | 1¼″ BSP | 1¼″ BSP | 1½″ BSP | 1½″ BSP | 1½″ BSP | 1½″ BSP | 1½″ BSP | 1½″ BSP | 1½″ BSP |
| | | 02 | M22×1.5 | M22×1.5 | M27×2 | M27×2 | M33×2 | M42×2 | M42×2 | M48×2 | M48×2 | M48×2 | M48×2 | M48×2 | M48×2 | M48×2 |
| | $D_8$ | | 108 | 130 | 155 | 170 | 205 | 245 | 265 | 325 | 360 | 375 | 430 | 485 | 520 | 600 |
| | $D_9$ | | 130 | 160 | 185 | 200 | 245 | 295 | 315 | 385 | 420 | 445 | 490 | 555 | 590 | 680 |
| | $L_3$ | A | 30 | 35 | 45 | 55 | 75 | 95 | 110 | 120 | 140 | 150 | 160 | 160 | 190 | 200 |
| | | G | 16 | 22 | 28 | 35 | 45 | 58 | 65 | 80 | 100 | 110 | 120 | 120 | 130 | — |
| | $d$ | | 9.5 | 11.5 | 14 | 14 | 18 | 22 | 22 | 28 | 30 | 33 | 33 | 39 | 39 | 45 |
| | $R_1$(A10/B10) | | 7/16 | 2/14 | 2/9 | 1.5/5 | —/11.5 | 4/— | — | 27.5/— | 18/— | 20/— | — | — | — | — |
| | $H$ | | 45 | 55 | 63 | 70 | 82.5 | 103 | 112.5 | 132.5 | 147.5 | 157.5 | 180 | 200 | 220 | 250 |
| CG 250C、CD 250C | $D_1$ | | 90 | 110 | 130 | 145 | 175 | 210 | 230 | 275 | 300 | 320 | 370 | 415 | 450 | 510 |
| | $D_5$ | | 85 | 105 | 120 | 135 | 165 | 200 | 220 | 265 | 290 | 310 | 355 | 395 | 430 | 490 |
| | $L$ | | 268 | 278 | 324 | 325 | 405 | 474 | 520 | 585 | 635 | 665 | 780 | 814 | 905 | 1000 |
| | $L_1$,$L_6$ | | 5 | 5 | 5 | 5 | 5 | $L_1$5,$L_6$10 | 10 | 10 | 10 | 10 | 10 | 10 | 10 | 10 |
| | $L_2$ | | 19 | 23 | 27 | 25 | 35 | 37 | 45 | 50 | 50 | 50 | 60 | 70 | 65 | 65 |
| | $L_9$ | | 49 | 53 | 62 | 60 | 80 | 87 | 95 | 110 | 120 | 125 | 145 | 155 | 160 | 185 |
| | $L_{10}$ | | 27 | 27 | 27.5 | 26 | 32.5 | 45 | 50 | 50 | 55 | 55 | 80 | 80 | 110 | 110 |
| | $L_{11}$ | | 27 | 27 | 27.5 | 30 | 32.5 | 35 | 45 | 50 | 55 | 45 | 80 | 80 | 109 | 110 |
| CD 250D | $D_1$ | | 55 | 68 | 75 | 95 | 115 | 135 | 155 | 180 | 200 | 215 | 245 | 280 | 305 | 340 |
| | $D_5$ | | 90 | 110 | 130 | 145 | 175 | 210 | 230 | 275 | 300 | 320 | 370 | 415 | 450 | 510 |
| | $L$ | | 256 | 264 | 297 | 315 | 375 | 432 | 475 | 535 | 585 | 615 | 720 | 744 | 839 | 935 |
| | $L_1$ | | 8 | 10 | 12 | 12 | 16 | — | — | — | — | — | — | — | — | — |
| | $L_2$ | | 17 | 21 | 25 | 15.5 | 33 | 32 | 37/33 | 40 | 40/37 | 40 | 25 | 25 | 35 | 40 |
| | $L_4$ | | 54 | 58 | 67 | 65 | 85 | 97 | 105 | 120 | 130 | 135 | 155 | 165 | 170 | 195 |
| | $L_8$,$L_{10}$ | | 5 | 5 | 5 | 10 | 10 | 10 | 10 | 10 | 10 | 10 | 10 | 10 | 10 | 10 |
| | $L_9$ | | 30 | 30 | 35 | 35 | 45 | 50 | 50 | 60 | 70 | 75 | 85 | 85 | 95 | 120 |
| | $L_{12}$ | | 76 | 80 | 89.5 | 86 | 112.5 | 132 | 145 | 160 | 175 | 180 | 225 | 235 | 270 | 295 |
| | $L_{13}$ | | 27 | 27 | 27.5 | 35 | 37.5 | 40 | 50 | 50 | 55 | 50 | 80 | 80 | 109 | 110 |
| CD 250C | 系数 $X$ | | 8 | 12 | 20 | 23 | 41 | 95 | 120 | 212 | 273 | 334 | 485 | 643 | 784 | 1096 |
| CD 250D | 系数 $X$ | | 9 | 13 | 22 | 26 | 48 | 95 | 120 | 212 | 273 | 334 | 485 | 643 | 784 | 1263 |
| CD 250C CD 250D | 系数 $Y$ | | 0.011/0.015 | 0.015/0.019 | 0.020/0.024 | 0.030/0.039 | 0.050/0.060 | 0.078/0.092 | 0.105/0.122 | 0.136/0.156 | 0.170/0.192 | 0.220/0.246 | 0.262/0.299 | 0.346/0.387 | 0.387/0.434 | 0.510/0.562 |
| | 质量 $m$/kg | | $m=X+Y\times$行程(mm) | | | | | | | | | | | | | |

注：见表 21-6-57 注。

## CD250E 差动重载液压缸

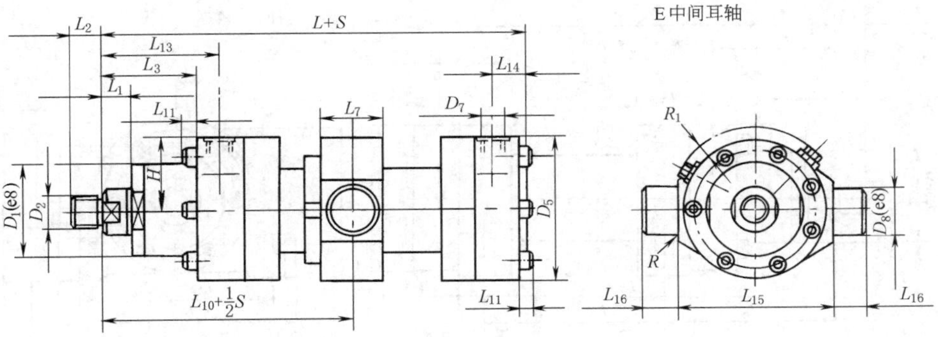


表 21-6-59 mm

| 活塞直径 | 40 | 50 | 63 | 80 | 100 | 125 | 140 | 160 | 180 | 200 | 220 | 250 | 280 | 320 |
|---|---|---|---|---|---|---|---|---|---|---|---|---|---|---|
| 活塞杆直径 | 20/28 | 28/36 | 36/45 | 45/56 | 56/70 | 70/90 | 90/100 | 100/110 | 110/125 | 125/140 | 140/160 | 160/180 | 180/200 | 200/220 |
| $D_1$ | 55 | 68 | 75 | 95 | 115 | 135 | 155 | 180 | 200 | 215 | 245 | 280 | 305 | 340 |
| $D_2$ A | M18×2 | M24×2 | M30×2 | M39×3 | M50×3 | M64×3 | M80×3 | M90×3 | M100×3 | M110×4 | M120×4 | M120×4 | M150×4 | M160×4 |
| $D_2$ G | M16×1.5 | M22×1.5 | M28×1.5 | M35×1.5 | M45×1.5 | M58×1.5 | M65×1.5 | M80×2 | M100×2 | M110×2 | M120×3 | M120×3 | M130×3 | — |
| $D_5$ | 85 | 105 | 120 | 135 | 165 | 200 | 220 | 265 | 290 | 310 | 355 | 395 | 430 | 490 |
| $D_7$ 01 | 1/2″ BSP | 1/2″ BSP | 3/4″ BSP | 3/4″ BSP | 1″ BSP | 1¼″ BSP | 1¼″ BSP | 1½″ BSP | 1½″ BSP | 1½″ BSP | 1½″ BSP | 1½″ BSP | 1½″ BSP | 1½″ BSP |
| $D_7$ 02 | M22×1.5 | M22×1.5 | M27×2 | M27×2 | M33×2 | M42×2 | M42×2 | M48×2 | M48×2 | M48×2 | M48×2 | M48×2 | M48×2 | M48×2 |
| $D_8$ | 30 | 30 | 35 | 40 | 50 | 60 | 65 | 75 | 85 | 90 | 100 | 110 | 130 | 160 |
| $L$ | 268 | 278 | 324 | 325 | 405 | 474 | 520 | 585 | 635 | 665 | 780 | 814 | 905 | 1000 |
| $L_1$ | 17 | 21 | 25 | 15.5 | 33 | 32 | 37/33 | 40 | 40/37 | 40 | 25 | 25 | 35 | 40 |
| $L_2$ A | 30 | 35 | 45 | 55 | 75 | 95 | 110 | 120 | 140 | 150 | 160 | 160 | 190 | 200 |
| $L_2$ G | 16 | 22 | 28 | 35 | 45 | 58 | 65 | 80 | 100 | 110 | 120 | 120 | 130 | — |
| $L_3$ | 54 | 58 | 67 | 65 | 85 | 97 | 105 | 120 | 130 | 135 | 155 | 165 | 170 | 195 |
| $L_7$ | 35 | 35 | 40 | 45 | 55 | 65 | 70 | 80 | 95 | 95 | 110 | 125 | 145 | 175 |
| $L_{10}$(中间) | 136 | 143.5 | 162 | 170 | 201 | 237 | 260 | 292.5 | 317.5 | 332.5 | 390 | 407 | 452 | 500 |
| $L_{11}$ | 8 | 10 | 12 | 12 | 16 | — | — | — | — | — | — | — | — | — |
| $L_{13}$ | 76 | 80 | 89.5 | 86 | 112.5 | 132 | 145 | 160 | 175 | 180 | 225 | 235 | 270 | 295 |
| $L_{14}$ | 27 | 27 | 27.5 | 30 | 32.5 | 35 | 45 | 50 | 55 | 45 | 80 | 80 | 109 | 110 |
| $L_{15}$ | $95_{-0.2}^{0}$ | $115_{-0.2}^{0}$ | $130_{-0.2}^{0}$ | $145_{-0.2}^{0}$ | $175_{-0.2}^{0}$ | $210_{-0.5}^{0}$ | $230_{-0.5}^{0}$ | $275_{-0.5}^{0}$ | $300_{-0.5}^{0}$ | $320_{-0.5}^{0}$ | $370_{-0.5}^{0}$ | $410_{-0.5}^{0}$ | $450_{-0.5}^{0}$ | $510_{-0.5}^{0}$ |
| $L_{16}$ | 20 | 20 | 20 | 25 | 30 | 40 | 42.5 | 52.5 | 55 | 55 | 60 | 65 | 70 | 90 |
| $R$ | 1.6 | 1.6 | 2 | 2 | 2 | 2.5 | 2.5 | 2.5 | 2.5 | 2.5 | 2.5 | 2.5 | 2.5 | 2.5 |
| 系数 $X$ | 7 | 10 | 17.5 | 20 | 35 | 81 | 104 | 165 | 248 | 282 | 444 | 591 | 745 | 1138 |
| 系数 $Y$ | 0.011/0.015 | 0.015/0.019 | 0.020/0.024 | 0.030/0.039 | 0.050/0.060 | 0.078/0.092 | 0.105/0.122 | 0.136/0.156 | 0.170/0.192 | 0.220/0.246 | 0.262/0.299 | 0.346/0.387 | 0.387/0.434 | 0.510/0.562 |
| 质量 $m$/kg | $m=X+Y\times$行程(mm) | | | | | | | | | | | | | |

注：1. $H$、$R_1$ 与 CD250C 缸头法兰安装的液压缸相同。

2. 见表 21-6-57 注。

## CD250F 差动重载液压缸

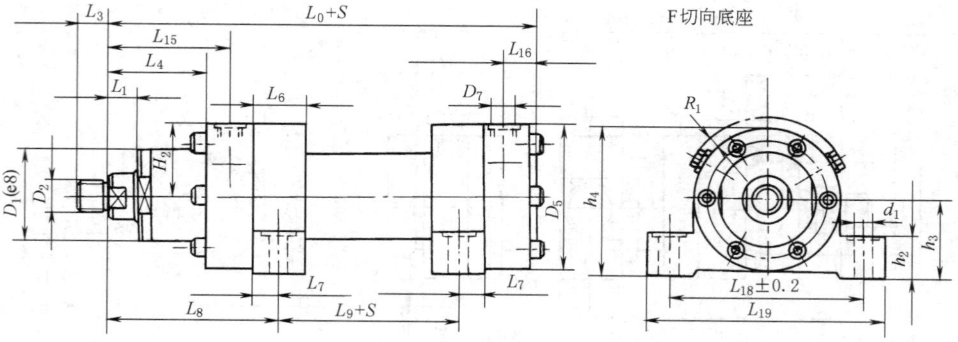


**表 21-6-60**

mm

| 活塞直径 | | 40 | 50 | 63 | 80 | 100 | 125 | 140 | 160 | 180 | 200 | 220 | 250 | 280 | 320 |
|---|---|---|---|---|---|---|---|---|---|---|---|---|---|---|---|
| 活塞杆直径 | | 20/28 | 28/36 | 36/45 | 45/56 | 56/70 | 70/90 | 90/100 | 100/110 | 110/125 | 125/140 | 140/160 | 160/180 | 180/200 | 200/220 |
| $D_1$ | | 55 | 68 | 75 | 95 | 115 | 135 | 155 | 180 | 200 | 215 | 245 | 280 | 305 | 340 |
| $D_2$ | A | M18×2 | M24×2 | M30×2 | M39×3 | M50×3 | M64×3 | M80×3 | M90×3 | M100×3 | M110×4 | M120×4 | M120×4 | M150×4 | M160×4 |
| | G | M16×1.5 | M22×1.5 | M28×1.5 | M35×1.5 | M45×1.5 | M58×1.5 | M65×1.5 | M80×2 | M100×2 | M110×2 | M120×3 | M120×3 | M130×3 | — |
| $D_5$ | | 85 | 105 | 120 | 135 | 165 | 200 | 220 | 265 | 290 | 310 | 355 | 395 | 430 | 490 |
| $D_7$ | 01 | 1/2″ BSP | 1/2″ BSP | 3/4″ BSP | 3/4″ BSP | 1″ BSP | 1¼″ BSP | 1¼″ BSP | 1½″ BSP | 1½″ BSP | 1½″ BSP | 1½″ BSP | 1½″ BSP | 1½″ BSP | 1½″ BSP |
| | 02 | M22×1.5 | M22×1.5 | M27×2 | M27×2 | M33×2 | M42×2 | M42×2 | M48×2 | M48×2 | M48×2 | M48×2 | M48×2 | M48×2 | M48×2 |
| $L_0$ | | 226 | 234 | 262 | 275 | 325 | 377 | 420 | 475 | 515 | 535 | 635 | 659 | 744 | 815 |
| $L_1$ | | 17 | 21 | 25 | 15.5 | 33 | 32 | 37/33 | 40 | 40/37 | 40 | 25 | 25 | 35 | 40 |
| $L_3$ | A | 30 | 35 | 45 | 55 | 75 | 95 | 110 | 120 | 140 | 150 | 160 | 160 | 190 | 200 |
| | G | 16 | 22 | 28 | 35 | 45 | 58 | 65 | 80 | 100 | 110 | 120 | 120 | 130 | — |
| $L_4$ | | 54 | 58 | 67 | 65 | 85 | 97 | 105 | 120 | 130 | 135 | 155 | 165 | 170 | 195 |
| $L_6$ | | 30 | 35 | 40 | 55 | 65 | 60 | 65 | 75 | 80 | 90 | 94 | 100 | 110 | 120 |
| $L_7$ | | 12.5 | 12.5 | 15 | 27.5 | 25 | 30 | 32.5 | 37.5 | 40 | 45 | 47 | 50 | 55 | 60 |
| $L_8$ | | 106.5 | 110.5 | 127 | 135 | 165 | 192 | 207.5 | 232.5 | 250 | 260 | 307 | 320 | 370 | 400 |
| $L_9$ | | 55 | 57 | 70 | 55 | 75 | 90 | 105 | 120 | 135 | 145 | 166 | 174 | 165 | 200 |
| $L_{15}$ | | 76 | 80 | 89.5 | 86 | 112.5 | 132 | 145 | 160 | 175 | 180 | 225 | 235 | 270 | 295 |
| $L_{16}$ | | 27 | 27 | 27.5 | 30 | 32.5 | 35 | 45 | 50 | 55 | 45 | 80 | 80 | 109 | 110 |
| $L_{18}$ | | 110 | 130 | 150 | 170 | 205 | 255 | 280 | 330 | 360 | 385 | 445 | 500 | 530 | 610 |
| $L_{19}$ | | 135 | 155 | 180 | 210 | 250 | 305 | 340 | 400 | 440 | 465 | 530 | 600 | 630 | 730 |
| $d_1$ | | 11 | 11 | 14 | 18 | 22 | 25 | 28 | 31 | 37 | 37 | 45 | 52 | 52 | 62 |
| $h_2$ | | 26 | 31 | 37 | 42 | 52 | 60 | 65 | 70 | 80 | 85 | 95 | 110 | 125 | 140 |
| $h_3$ | | 45 | 55 | 65 | 70 | 85 | 105 | 115 | 135 | 150 | 160 | 185 | 205 | 225 | 255 |
| $h_4$ | | 90 | 110 | 128 | 140 | 167.5 | 208 | 227.5 | 267.5 | 297.5 | 317.5 | 365 | 405 | 445 | 505 |
| 系数 $X$ | | 7 | 10 | 17.5 | 20 | 35 | 85 | 111 | 184 | 285 | 302 | 510 | 589 | 816 | 1171 |
| 系数 $Y$ | | 0.011/0.015 | 0.015/0.019 | 0.020/0.024 | 0.030/0.039 | 0.050/0.060 | 0.078/0.092 | 0.105/0.122 | 0.136/0.156 | 0.170/0.192 | 0.220/0.246 | 0.262/0.299 | 0.346/0.387 | 0.387/0.434 | 0.510/0.562 |
| 质量 $m$/kg | | $m=X+Y\times$行程(mm) | | | | | | | | | | | | | |

注：1. $H_2$ 和 $R_1$ 与 CD250C 缸头法兰安装的液压缸的 $H$、$R_1$ 相同。

2. 见表 21-6-57 注。

## CD350A、CD350B 差动重载液压缸

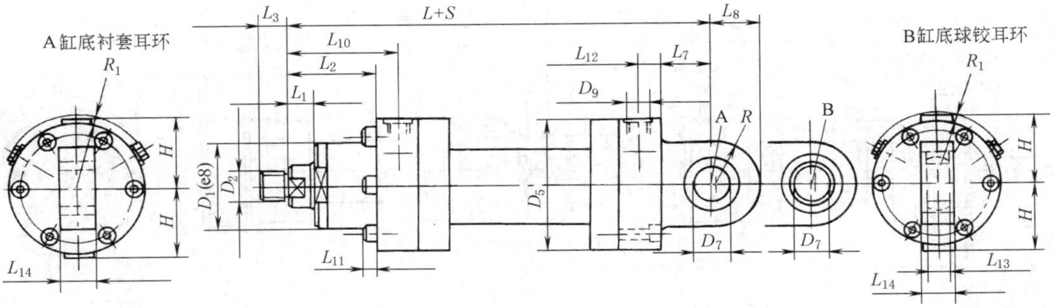


表 21-6-61

mm

| | | | | | | | | | | | | | | | | |
|---|---|---|---|---|---|---|---|---|---|---|---|---|---|---|---|---|
| 活塞直径 | | | 40 | 50 | 63 | 80 | 100 | 125 | 140 | 160 | 180 | 200 | 220 | 250 | 280 | 320 |
| 活塞杆直径 | | | 28 | 36 | 45 | 56 | 70 | 90 | 100 | 110 | 125 | 140 | 160 | 180 | 200 | 220 |
| CD 350A、CD 350B | $D_1$ | | 58 | 70 | 88 | 100 | 120 | 150 | 170 | 190 | 220 | 230 | 260 | 290 | 330 | 340 |
| | $D_2$ | A | M24×2 | M30×2 | M39×2 | M50×3 | M64×3 | M80×3 | M90×3 | M100×3 | M110×4 | M120×4 | M120×4 | M150×4 | M160×4 | M180×4 |
| | | G | M22×1.5 | M28×1.5 | M35×1.5 | M45×1.5 | M58×1.5 | M65×1.5 | M80×2 | M100×2 | M110×2 | M120×3 | M120×3 | M130×3 | — | — |
| | $D_5$ | | 90 | 110 | 145 | 156 | 190 | 235 | 270 | 290 | 325 | 350 | 390 | 440 | 460 | 490 |
| | $D_7$ | | $30_{-0.010}^{0}$ | $35_{-0.012}^{0}$ | $40_{-0.012}^{0}$ | $50_{-0.012}^{0}$ | $60_{-0.015}^{0}$ | $70_{-0.015}^{0}$ | $80_{-0.015}^{0}$ | $90_{-0.020}^{0}$ | $100_{-0.020}^{0}$ | $110_{-0.020}^{0}$ | $110_{-0.020}^{0}$ | $120_{-0.020}^{0}$ | $140_{-0.025}^{0}$ | $160_{-0.025}^{0}$ |
| | $D_9$ | 01 | 1/2″ BSP | 1/2″ BSP | 3/4″ BSP | 3/4″ BSP | 1″ BSP | 1¼″ BSP | 1¼″ BSP | 1½″ BSP | 1½″ BSP | 1½″ BSP | 1½″ BSP | 1½″ BSP | 1½″ BSP | 1½″ BSP |
| | | 02 | M22×1.5 | M22×1.5 | M27×2 | M27×2 | M33×2 | M42×2 | M42×2 | M48×2 | M48×2 | M48×2 | M48×2 | M48×2 | M48×2 | M48×2 |
| | $L$ | | 268 | 280 | 330 | 355 | 390 | 495 | 530 | 600 | 665 | 710 | 760 | 825 | 895 | 965 |
| | $L_1$ | | 18 | 18 | 18 | 18 | 18 | 20 | 20 | 30 | 30 | 26 | 18 | 16 | 30 | 45 |
| | $L_2$ | | 63 | 65 | 65 | 75 | 80 | 100 | 110 | 130 | 145 | 155 | 165 | 175 | 190 | 205 |
| | $L_3$ | A | 35 | 45 | 55 | 75 | 95 | 110 | 120 | 140 | 150 | 160 | 160 | 190 | 200 | 220 |
| | | G | 22 | 28 | 35 | 45 | 58 | 65 | 80 | 100 | 110 | 120 | 120 | 130 | — | — |
| | $L_7$ | | 35 | 43 | 50/57.5 | 55 | 65 | 75 | 80 | 90 | 105 | 115 | 115 | 140 | 170 | 200 |
| | $L_8$ | | 34 | 41 | 50 | 63 | 70 | 82 | 95 | 113 | 125 | 142.5 | 142.5 | 180 | 200 | 250 |
| | $L_{10}$ | | 88 | 90 | 100 | 111 | 112.5 | 145 | 160 | 187.5 | 205 | 215 | 225 | 245 | 265 | 275 |
| | $L_{11}$ | | 8 | 10 | 12 | 16 | 20 | — | — | — | — | — | — | — | — | — |
| | $L_{12}$ | | 20 | 25 | 35/27.5 | 30 | 32.5 | 45 | 50 | 57.5 | 60 | 55 | 55 | 60 | 85 | 70 |
| | $L_{14}$ | | $28_{-0.4}^{0}$ | $30_{-0.4}^{0}$ | $35_{-0.4}^{0}$ | $40_{-0.4}^{0}$ | $50_{-0.4}^{0}$ | $55_{-0.4}^{0}$ | $60_{-0.4}^{0}$ | $65_{-0.4}^{0}$ | $70_{-0.4}^{0}$ | $80_{-0.4}^{0}$ | $80_{-0.4}^{0}$ | $90_{-0.4}^{0}$ | $100_{-0.4}^{0}$ | $110_{-0.4}^{0}$ |
| | $H$ | | — | — | 74 | 78 | 97.5 | 118 | 137.5 | 147.5 | 162.5 | 177.5 | 197.5 | 222.5 | 232 | 250 |
| | $R$ | | 32 | 39 | 47 | 58 | 65 | 77 | 88 | 103 | 115 | 132.5 | 132.5 | 170 | 190 | 240 |
| | $R_1$ | | 5/6 | —/4 | —/12.5 | —/7 | —/10 | — | — | 15/— | 10/— | 2/— | — | — | — | — |
| | 系数 $X$ | | 12 | 18 | 46 | 54 | 83 | 164 | 246 | 338 | 369 | 554 | 700 | 901 | 1077 | 1458 |
| | 系数 $Y$ | | 0.010 | 0.016 | 0.029 | 0.051 | 0.076 | 0.116 | 0.163 | 0.213 | 0.264 | 0.317 | 0.418 | 0.541 | 0.584 | 0.685 |
| | 质量 $m$/kg | | $m=X+Y\times$行程(mm) | | | | | | | | | | | | | |
| CD350B | $L_{13}$ | | $22_{-0.12}^{0}$ | $25_{-0.12}^{0}$ | $28_{-0.12}^{0}$ | $35_{-0.12}^{0}$ | $44_{-0.15}^{0}$ | $49_{-0.15}^{0}$ | $55_{-0.15}^{0}$ | $60_{-0.2}^{0}$ | $70_{-0.2}^{0}$ | $70_{-0.2}^{0}$ | $70_{-0.2}^{0}$ | $85_{-0.2}^{0}$ | $90_{-0.25}^{0}$ | $105_{-0.25}^{0}$ |

注：见表 21-6-57 注。

## CD350C、CD350D 差动重载液压缸

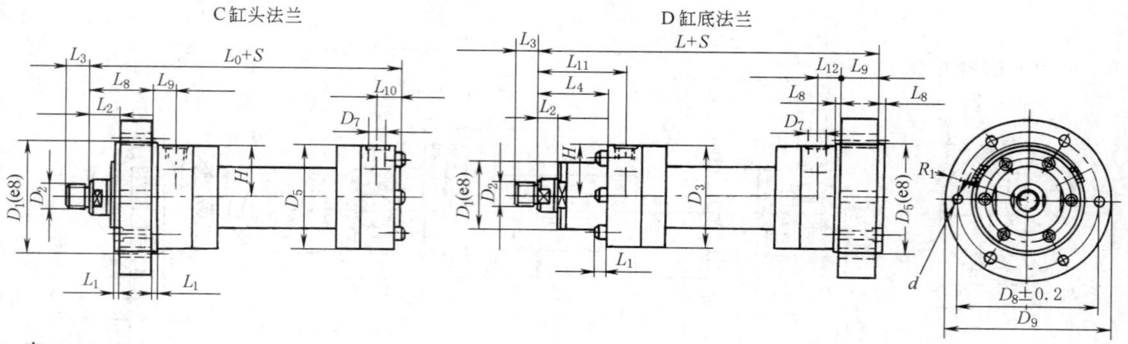


表 21-6-62

mm

| 活塞直径 | | | 40 | 50 | 63 | 80 | 100 | 125 | 140 | 160 | 180 | 200 | 220 | 250 | 280 | 320 |
|---|---|---|---|---|---|---|---|---|---|---|---|---|---|---|---|---|
| 活塞杆直径 | | | 28 | 36 | 45 | 56 | 70 | 90 | 100 | 110 | 125 | 140 | 160 | 180 | 200 | 220 |
| CG350C、CD350C、CD350D | $D_2$ | A | M24×2 | M30×2 | M39×3 | M50×3 | M64×3 | M80×3 | M90×3 | M100×3 | M110×4 | M120×4 | M120×4 | M150×4 | M160×4 | M180×4 |
| | | G | M22×1.5 | M28×1.5 | M35×1.5 | M45×1.5 | M58×1.5 | M65×1.5 | M80×2 | M100×2 | M110×2 | M120×3 | M120×3 | M130×3 | — | — |
| | $D_7$ | 01 | 1/2″ BSP | 1/2″ BSP | 3/4″ BSP | 3/4″ BSP | 1″ BSP | 1¼″ BSP | 1¼″ BSP | 1½″ BSP | 1½″ BSP | 1½″ BSP | 1½″ BSP | 1½″ BSP | 1½″ BSP | 1½″ BSP |
| | | 02 | M22×1.5 | M22×1.5 | M27×2 | M27×2 | M33×2 | M42×2 | M42×2 | M48×2 | M48×2 | M48×2 | M48×2 | M48×2 | M48×2 | M48×2 |
| | $D_8$ | | 120±0.2 | 140±0.2 | 180±0.2 | 195±0.2 | 230±0.2 | 290±0.2 | 330±0.2 | 360±0.2 | 400±0.2 | 430±0.2 | 475±0.2 | 530±0.2 | 550±0.2 | 590±0.2 |
| | $D_9$ | | 145 | 165 | 210 | 230 | 270 | 335 | 380 | 420 | 470 | 500 | 550 | 610 | 630 | 670 |
| | $L_3$ | A | 35 | 45 | 55 | 75 | 95 | 110 | 120 | 140 | 150 | 160 | 160 | 190 | 200 | 220 |
| | | G | 22 | 28 | 35 | 45 | 58 | 65 | 80 | 100 | 110 | 120 | 120 | 130 | — | — |
| | $d$ | | 13 | 13 | 18 | 18 | 22 | 26 | 28 | 28 | 34 | 34 | 37 | 45 | 45 | 45 |
| | $R_1$ | | 5/6 | —/4 | —/12.5 | —/7 | —/10 | — | — | 15/— | 10/— | 2/— | — | — | — | — |
| | $H$ | | 45 | 55 | 74 | 78 | 97.5 | 118 | 137.5 | 147.5 | 162.5 | 177.5 | 197.5 | 222.5 | 232 | 250 |
| CG350C、CD350C | $D_1$ | | 95 | 115 | 150 | 160 | 200 | 245 | 280 | 300 | 335 | 360 | 400 | 450 | 470 | 510 |
| | $D_5$ | | 90 | 110 | 145 | 156 | 190 | 235 | 270 | 290 | 325 | 350 | 390 | 440 | 460 | 490 |
| | $L_0$ | | 238 | 237 | 285 | 305 | 330 | 425 | 457 | 515 | 565 | 600 | 655 | 695 | 735 | 775 |
| | $L_1$ | | 5 | 5 | 5 | 5 | 5 | 5 | 10 | 10 | 10 | 10 | 10 | 10 | 10 | 10 |
| | $L_2$ | | 23 | 20 | 20 | 20 | 20 | 25 | 30 | 40 | 40 | 40 | 40 | 40 | 50 | 55 |
| | $L_8$ | | 58 | 60 | 60 | 70 | 75 | 95 | 100 | 120 | 135 | 145 | 155 | 165 | 180 | 195 |
| | $L_9$ | | 30 | 30 | 40 | 41 | 37.5 | 50 | 60 | 67.5 | 70 | 70 | 70 | 80 | 85 | 80 |
| | $L_{10}$ | | 25 | 25 | 32.5 | 35 | 37.5 | 50 | 57 | 62.5 | 65 | 60 | 65 | 70 | 85 | 80 |
| CD350D | $D_1$ | | 58 | 70 | 88 | 100 | 120 | 150 | 170 | 190 | 220 | 230 | 260 | 290 | 330 | 340 |
| | $D_3$ | | 90±2.3 | 110±2.3 | 145±2.5 | 156±2.5 | 190±2.7 | 235±2.7 | 270±2.9 | 290±2.9 | 325±3.1 | 350±3.1 | 390±3.1 | 440±3.3 | 460±3.3 | 490±3.3 |
| | $D_5$ | | 95 | 115 | 150 | 160 | 200 | 245 | 280 | 300 | 335 | 360 | 400 | 450 | 470 | 510 |
| | $L$ | | 273 | 277 | 325 | 355 | 385 | 495 | 532 | 600 | 665 | 710 | 770 | 820 | 865 | 915 |
| | $L_1$ | | 8 | 10 | 12 | 16 | 20 | — | — | — | — | — | — | — | — | — |
| | $L_2$ | | 18 | 18 | 18 | 18 | 18 | 20 | 20 | 30 | 30 | 26 | 18 | 16 | 30 | 45 |
| | $L_4$ | | 63 | 65 | 65 | 75 | 80 | 100 | 110 | 130 | 145 | 155 | 165 | 175 | 190 | 205 |
| | $L_8$ | | 5 | 5 | 5 | 5 | 5 | 5 | 10 | 10 | 10 | 10 | 10 | 10 | 10 | 10 |
| | $L_9$ | | 35 | 40 | 40 | 50 | 55 | 70 | 70 | 80 | 95 | 105 | 115 | 125 | 130 | 140 |
| | $L_{11}$ | | 88 | 90 | 100 | 111 | 112.5 | 145 | 160 | 187.5 | 205 | 215 | 225 | 245 | 265 | 275 |
| | $L_{12}$ | | 25 | 25 | 32.5/45 | 35 | 37.5 | 50 | 62 | 67.5 | 65 | 65 | 65 | 70 | 85 | 80 |
| CD350C | 系数 $X$ | | 9 | 14 | 32 | 41 | 63 | 122 | 190 | 252 | 286 | 420 | 552 | 699 | 959 | 1309 |
| CD350D | 系数 $X$ | | 12 | 18 | 46 | 54 | 83 | 164 | 246 | 338 | 369 | 554 | 700 | 901 | 1077 | 1458 |
| CD350C、CD350D | 系数 $Y$ | | 0.010 | 0.016 | 0.029 | 0.051 | 0.076 | 0.116 | 0.163 | 0.213 | 0.264 | 0.317 | 0.418 | 0.541 | 0.584 | 0.685 |
| | 质量 $m$ /kg | | $m=X+Y\times$行程(mm) | | | | | | | | | | | | | |

注：见表 21-6-57 注。

## CD350E 差动重载液压缸

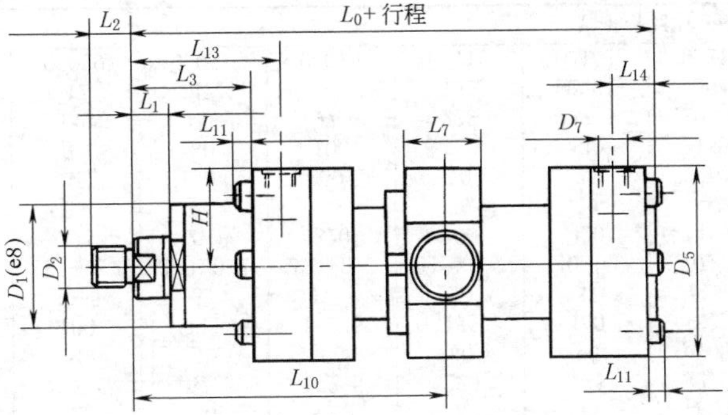


E中间耳轴

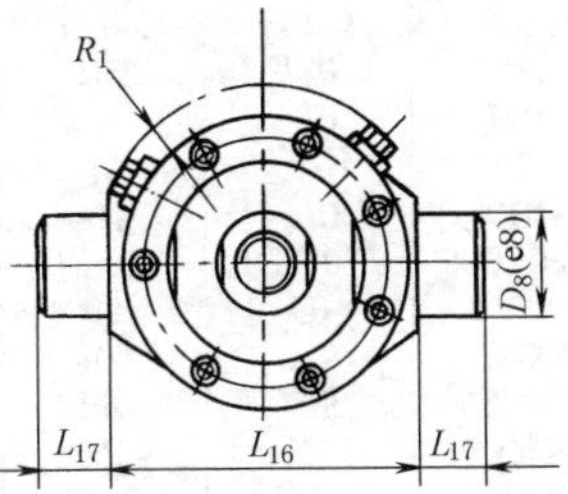


表 21-6-63

mm

| 活塞直径 | | 40 | 50 | 63 | 80 | 100 | 125 | 140 | 160 | 180 | 200 | 220 | 250 | 280 | 320 |
|---|---|---|---|---|---|---|---|---|---|---|---|---|---|---|---|
| 活塞杆直径 | | 28 | 36 | 45 | 56 | 70 | 90 | 100 | 110 | 125 | 140 | 160 | 180 | 200 | 220 |
| $D_1$ | | 58 | 70 | 88 | 100 | 120 | 150 | 170 | 190 | 220 | 230 | 260 | 290 | 330 | 340 |
| $D_2$ | A | M24×2 | M30×2 | M39×3 | M50×3 | M64×3 | M80×3 | M90×3 | M100×3 | M110×4 | M120×4 | M120×4 | M150×4 | M160×4 | M180×4 |
| | G | M22×1.5 | M28×1.5 | M35×1.5 | M45×1.5 | M58×1.5 | M65×1.5 | M80×2 | M100×2 | M110×2 | M120×3 | M120×3 | M130×3 | — | — |
| $D_5$ | | 90 | 110 | 145 | 156 | 190 | 235 | 270 | 290 | 325 | 350 | 390 | 440 | 460 | 490 |
| $D_7$ | 01 | 1/2"BSP | 1/2"BSP | 3/4"BSP | 3/4"BSP | 1"BSP | 1¼"BSP | 1¼"BSP | 1½"BSP | 1½"BSP | 1½"BSP | 1½"BSP | 1½"BSP | 1½"BSP | 1½"BSP |
| | 02 | M22×1.5 | M22×1.5 | M27×2 | M27×2 | M33×2 | M42×2 | M42×2 | M48×2 | M48×2 | M48×2 | M48×2 | M48×2 | M48×2 | M48×2 |
| $D_8$ | | 40 | 40 | 45 | 55 | 60 | 75 | 85 | 95 | 110 | 120 | 130 | 140 | 170 | 200 |
| $L_0$ | | 238 | 237 | 285 | 305 | 330 | 425 | 457 | 515 | 565 | 600 | 655 | 695 | 735 | 775 |
| $L_1$ | | 18 | 18 | 18 | 18 | 18 | 20 | 20 | 30 | 30 | 26 | 18 | 16 | 30 | 45 |
| $L_2$ | A | 35 | 45 | 55 | 75 | 95 | 110 | 120 | 140 | 150 | 160 | 160 | 190 | 200 | 220 |
| | G | 22 | 28 | 35 | 45 | 58 | 65 | 80 | 100 | 110 | 120 | 120 | 130 | — | — |
| $L_3$ | | 63 | 65 | 65 | 75 | 80 | 100 | 110 | 130 | 145 | 155 | 165 | 175 | 190 | 205 |
| $L_7$ | | 50 | 50 | 50 | 60 | 65 | 80 | 90 | 100 | 115 | 125 | 135 | 145 | 180 | 210 |
| $L_{10}$ | 中间 | 145+$S$/2 | 151+$S$/2 | 172.5+$S$/2 | 187.5+$S$/2 | 202+$S$/2 | 260+$S$/2 | 280+$S$/2 | 320+$S$/2 | 352.5+$S$/2 | 375+$S$/2 | 405+$S$/2 | 430+$S$/2 | 457.5+$S$/2 | 485+$S$/2 |
| | 最小 | 170 | 178 | 187.5 | 202.5 | 224.5 | 272 | 295 | 337.5 | 402.5 | 387.5 | 465 | 505 | 535 | 640 |
| | 最大 | 139+$S$ | 133+$S$ | 167.5+$S$ | 182.5+$S$ | 192.5+$S$ | 260+$S$ | 280+$S$ | 317.5+$S$ | 317.5+$S$ | 377.5+$S$ | 345+$S$ | 355+$S$ | 380+$S$ | 330+$S$ |
| $L_{11}$ | | 8 | 10 | 12 | 16 | 20 | — | — | — | — | — | — | — | — | — |
| $L_{13}$ | | 88 | 90 | 100 | 111 | 112.5 | 145 | 160 | 187.5 | 205 | 215 | 225 | 245 | 265 | 275 |
| $L_{14}$ | | 25 | 25 | 32.5 | 35 | 37.5 | 50 | 57 | 62.5 | 65 | 60 | 65 | 70 | 85 | 80 |
| $L_{16}$ | | $95_{-0.2}^{0}$ | $120_{-0.2}^{0}$ | $150_{-0.2}^{0}$ | $160_{-0.2}^{0}$ | $200_{-0.2}^{0}$ | $245_{-0.5}^{0}$ | $280_{-0.5}^{0}$ | $300_{-0.5}^{0}$ | $335_{-0.5}^{0}$ | $360_{-0.5}^{0}$ | $400_{-0.5}^{0}$ | $450_{-0.5}^{0}$ | $480_{-0.5}^{0}$ | $500_{-0.5}^{0}$ |
| $L_{17}$ | | 30 | 30 | 35 | 50 | 55 | 60 | 70 | 80 | 90 | 100 | 100 | 100 | 125 | 150 |
| $H$ | | 45 | 55 | 74 | 78 | 97.5 | 118 | 137.5 | 147.5 | 163 | 177.5 | 197.5 | 222.5 | 232 | 250 |
| $R_1$ | | 5/6 | —/4 | —/12.5 | —/7 | —/10 | — | — | 15/— | 10/— | 2/— | — | — | — | — |
| 系数 $X$ | | 11 | 16 | 34 | 43 | 67 | 133 | 213 | 278 | 312 | 468 | 598 | 775 | 1015 | 1362 |
| 系数 $Y$ | | 0.010 | 0.016 | 0.029 | 0.051 | 0.076 | 0.116 | 0.163 | 0.213 | 0.264 | 0.317 | 0.418 | 0.541 | 0.584 | 0.685 |
| 质量 $m$/kg | | $X$+$Y$×行程(mm) | | | | | | | | | | | | | |

注：见表 21-6-57 注。

## CD350F 差动重载液压缸

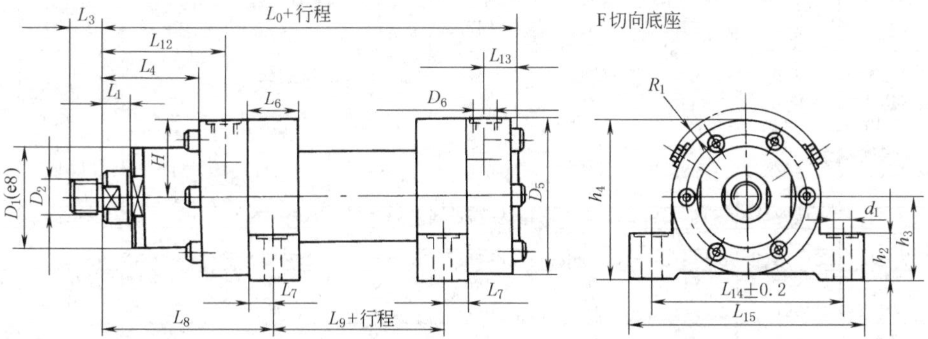


**表 21-6-64**

mm

| 活塞直径 | | 40 | 50 | 63 | 80 | 100 | 125 | 140 | 160 | 180 | 200 | 220 | 250 | 280 | 320 |
|---|---|---|---|---|---|---|---|---|---|---|---|---|---|---|---|
| 活塞杆直径 | | 28 | 36 | 45 | 56 | 70 | 90 | 100 | 110 | 125 | 140 | 160 | 180 | 200 | 220 |
| $D_1$ | | 58 | 70 | 88 | 100 | 120 | 150 | 170 | 190 | 220 | 230 | 260 | 290 | 330 | 340 |
| $D_2$ | A | M24×2 | M30×2 | M39×3 | M50×3 | M64×3 | M80×3 | M90×3 | M100×3 | M110×4 | M120×4 | M120×4 | M150×4 | M160×4 | M180×4 |
| | G | M22×1. 5 | M28×1. 5 | M35×1. 5 | M45×1. 5 | M58×1. 5 | M65×1. 5 | M80×2 | M100×2 | M110×2 | M120×3 | M120×3 | M130×3 | — | — |
| $D_5$ | | 90 | 110 | 145 | 156 | 190 | 235 | 270 | 290 | 325 | 350 | 390 | 440 | 460 | 490 |
| $D_6$ | 01 | 1/2BSP | 1/2BSP | 3/4BSP | 3/4BSP | 1BSP | 1¼BSP | 1¼BSP | 1½BSP | 1½BSP | 1½BSP | 1½BSP | 1½BSP | 1½BSP | 1½BSP |
| | 02 | M22×1. 5 | M22×1. 5 | M27×2 | M27×2 | M33×2 | M42×2 | M42×2 | M48×2 | M48×2 | M48×2 | M48×2 | M48×2 | M48×2 | M48×2 |
| $L_0$ | | 238 | 237 | 285 | 305 | 330 | 425 | 457 | 515 | 565 | 600 | 655 | 695 | 735 | 775 |
| $L_1$ | | 18 | 18 | 18 | 18 | 18 | 20 | 20 | 30 | 30 | 26 | 18 | 16 | 30 | 45 |
| $L_3$ | A | 35 | 45 | 55 | 75 | 95 | 110 | 120 | 140 | 150 | 160 | 160 | 190 | 200 | 220 |
| | G | 22 | 28 | 35 | 45 | 58 | 65 | 80 | 100 | 110 | 120 | 120 | 130 | — | — |
| $L_4$ | | 63 | 65 | 65 | 75 | 80 | 100 | 110 | 130 | 145 | 155 | 165 | 175 | 190 | 205 |
| $L_6$ | | 30 | 40 | 50 | 60 | 65 | 80 | 90 | 95 | 115 | 125 | 135 | 145 | 160 | 170 |
| $L_7$ | | 15 | 20 | 25 | 30 | 32. 5 | 40 | 45 | 47. 5 | 57. 5 | 62. 5 | 67. 5 | 72. 5 | 80 | 85 |
| $L_8$ | | 123 | 130 | 147. 5 | 162. 5 | 172. 5 | 220 | 235 | 270 | 297. 5 | 312. 5 | 337. 5 | 362. 5 | 385 | 410 |
| $L_9$ | | 55 | 42 | 50 | 50 | 60 | 80 | 90 | 100 | 110 | 125 | 135 | 135 | 145 | 150 |
| $L_{12}$ | | 88 | 90 | 100 | 111 | 112. 5 | 145 | 160 | 187. 5 | 205 | 215 | 225 | 245 | 265 | 275 |
| $L_{13}$ | | 25 | 25 | 32. 5 | 35 | 37. 5 | 50 | 57 | 62. 5 | 65 | 60 | 65 | 70 | 85 | 80 |
| $L_{14}$ | | 120±0. 2 | 150±0. 2 | 185±0. 2 | 210±0. 2 | 250±0. 2 | 310±0. 2 | 340±0. 2 | 370±0. 2 | 415±0. 2 | 460±0. 2 | 500±0. 2 | 550±0. 2 | 600±0. 2 | 650±0. 2 |
| $L_{15}$ | | 145 | 185 | 235 | 270 | 320 | 390 | 420 | 450 | 515 | 570 | 610 | 660 | 720 | 780 |
| $d_1$ | | 17 | 21 | 24 | 26 | 33 | 39 | 39 | 42 | 45 | 48 | 48 | 52 | 62 | 74 |
| $h_2$ | | 30 | 35 | 45 | 50 | 60 | 70 | 75 | 87 | 95 | 110 | 110 | 120 | 140 | 160 |
| $h_3$ | | 50 | 65 | 75 | 80 | 100 | 120 | 140 | 150 | 165 | 180 | 200 | 225 | 235 | 255 |
| $h_4$ | | — | — | 149 | 158 | 197. 5 | 238 | 227. 5 | 297. 5 | 327. 5 | 357. 5 | 397. 5 | 447. 5 | 467 | 505 |
| 系数 $X$ | | 11 | 17 | 37 | 47 | 73 | 132 | 208 | 304 | 357 | 499 | 665 | 814 | 1069 | 1304 |
| 系数 $Y$ | | 0. 010 | 0. 016 | 0. 029 | 0. 051 | 0. 076 | 0. 116 | 0. 163 | 0. 213 | 0. 264 | 0. 317 | 0. 418 | 0. 541 | 0. 584 | 0. 685 |
| 质量 $m$/kg | | $X+Y$×行程(mm) | | | | | | | | | | | | | |

注：1. 见表 21-6-57 注。
2. 其他尺寸见表 21-6-57。

**表 21-6-65　　CG250、CG350 重载液压缸油口尺寸和活塞杆长度**　　mm

| 安装型式 | CG250、CG350 | CG250 | CG350 |
|---|---|---|---|
| F 切向底座 | 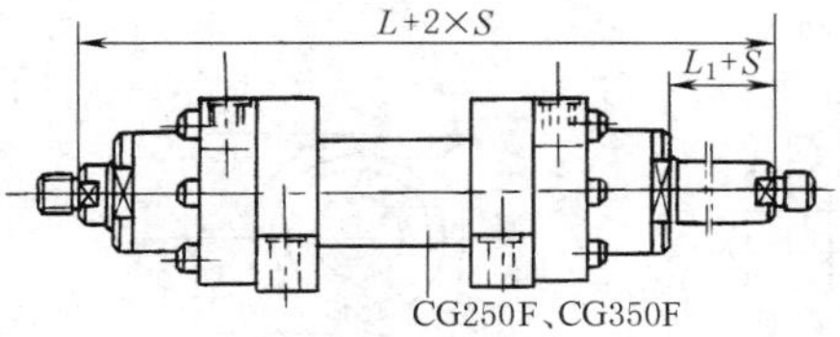 CG250F、CG350F | 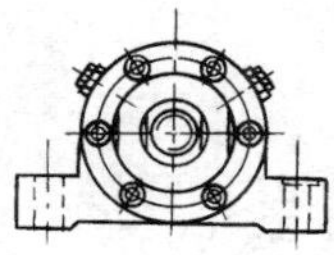 | 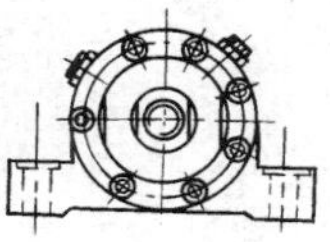 |
| E 中间耳轴 | 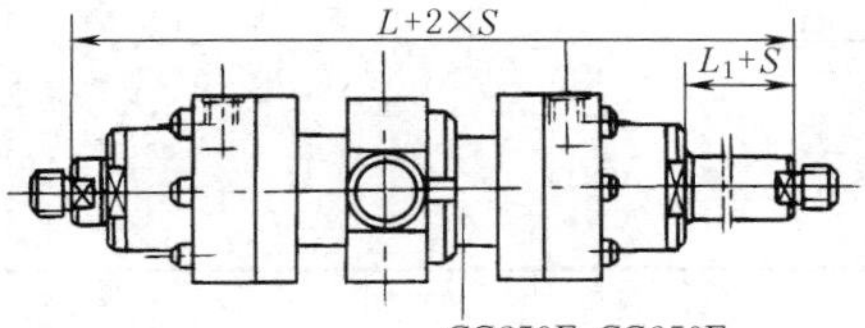 CG250E、CG350E | 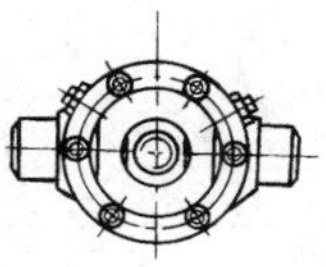 | 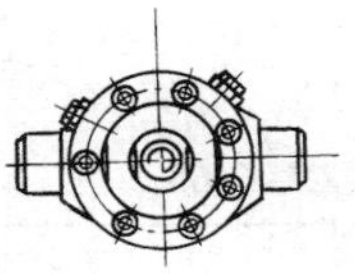 |
| C 缸头法兰 | 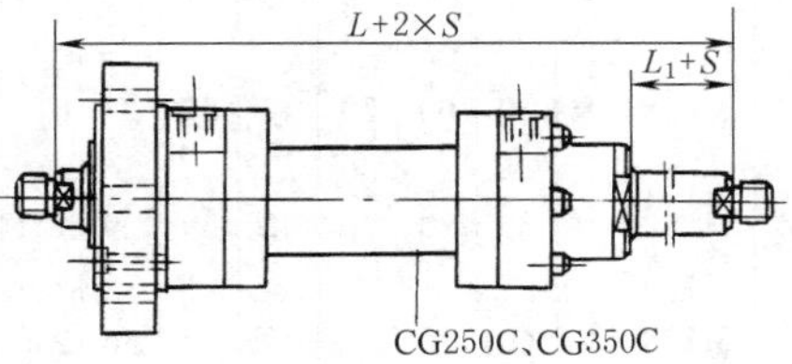 CG250C、CG350C | 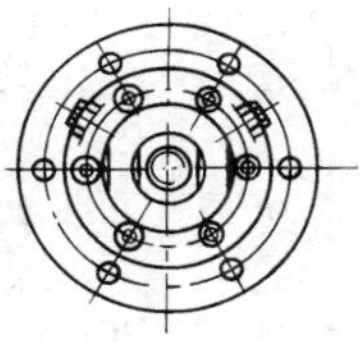 | 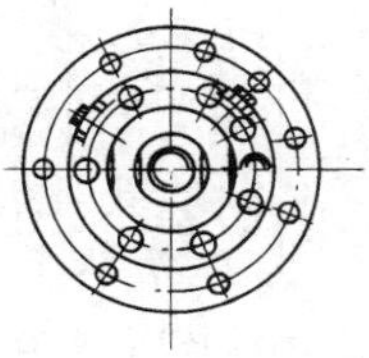 |

| 油口连接螺纹尺寸 | | | CG250 | | | | | CG350 | | | | |
|---|---|---|---|---|---|---|---|---|---|---|---|---|
| 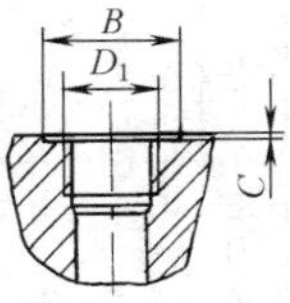 | $D_1$ | 02 | M22×1.5 | M27×2 | M33×2 | M42×2 | M48×2 | M22×1.5 | M27×2 | M33×2 | M42×2 | M48×2 |
| | | 01 | G1/2 | G3/4 | G1 | G1¼ | G1½ | G1/2 | G3/4 | G1 | G1¼ | G1½ |
| | $B$ | | 34 | 42 | 47 | 58 | 65 | 40 | 42 | 47 | 58 | 65 |
| | $C$ | | 1 | 1 | 1 | 1 | 1 | 5 | 4 | 1 | 1 | 1 |

| 活塞直径 | | 40 | 50 | 63 | 80 | 100 | 125 | 140 | 160 | 180 | 200 | 220 | 250 | 280 | 320 |
|---|---|---|---|---|---|---|---|---|---|---|---|---|---|---|---|
| CG250 | $L$ | 268 | 278 | 324 | 325 | 405 | 474 | 520 | 585 | 635 | 665 | 780 | 814 | 905 | 1000 |
| | $L_1$ | 17 | 21 | 25 | 15.5 | 33 | 32 | 37/33 | 40 | 40/37 | 40 | 25 | 25 | 35 | 40 |
| CG350 | $L$ | 301 | 302 | 345 | 375 | 405 | 520 | 560 | 640 | 705 | 750 | 810 | 860 | 915 | 970 |
| | $L_1$ | 18 | 18 | 18 | 18 | 18 | 20 | 20 | 30 | 30 | 26 | 18 | 16 | 30 | 45 |

（4）CD/CG 重载液压缸活塞杆端耳环类型及参数

## GA 型球铰耳环、SA 型衬套耳环

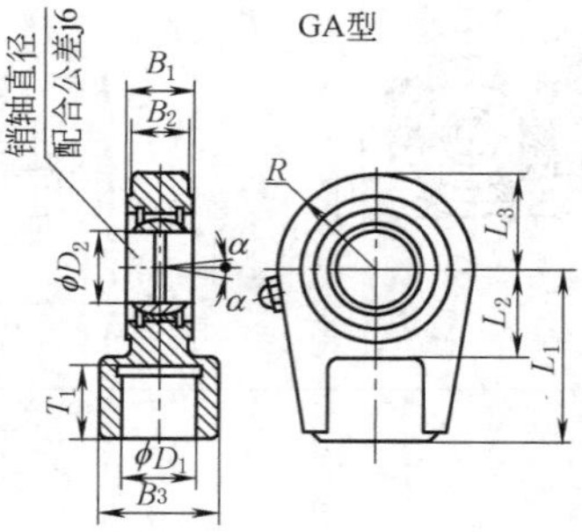


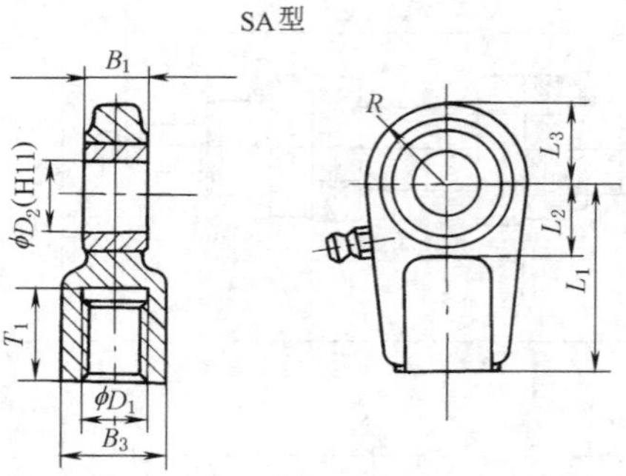


表 21-6-66

mm

| CD250 CG250 活塞直径 | CD350 CG350 活塞直径 | 型号 | 件号 | 型号 | 件号 | $B_{1\,-0.4}^{\,0}$ | $B_3$ | $D_1$ | $D_2$ | $L_1$ | $L_2$ | $L_3$ | $R$ | $T_1$ | 质量/kg | $\alpha$ | $B_{2\,-0.2}^{\,0}$ |
|---|---|---|---|---|---|---|---|---|---|---|---|---|---|---|---|---|---|
| | | | | | | GA、SA | | | | | | | | | | GA | |
| 40 | | GA 16 | 303125 | SA 16 | 303150 | 23 | 28 | M16×1.5 | 25 | 50 | 25 | 30 | 28 | 17 | 0.4 | 8° | 20 |
| 50 | 40 | GA 22 | 303126 | SA 22 | 303151 | 28 | 34 | M22×1.5 | 30 | 60 | 30 | 34 | 32 | 23 | 0.7 | 7° | 22 |
| 63 | 50 | GA 28 | 303127 | SA 28 | 303152 | 30 | 44 | M28×1.5 | 35 | 70 | 40 | 42 | 39 | 29 | 1.1 | 7° | 25 |
| 80 | 63 | GA 35 | 303128 | SA 35 | 303153 | 35 | 55 | M35×1.5 | 40 | 85 | 45 | 50 | 47 | 36 | 2.0 | 7° | 28 |
| 100 | 80 | GA 45 | 303129 | SA 45 | 303154 | 40 | 70 | M45×1.5 | 50 | 105 | 55 | 63 | 58 | 46 | 3.3 | 7° | 35 |
| 125 | 100 | GA 58 | 303130 | SA 58 | 303155 | 50 | 87 | M58×1.5 | 60 | 130 | 65 | 70 | 65 | 59 | 5.5 | 7° | 44 |
| 140 | 125 | GA 65 | 303131 | SA 65 | 303156 | 55 | 93 | M65×1.5 | 70 | 150 | 75 | 82 | 77 | 66 | 8.6 | 6° | 49 |
| 160 | 140 | GA 80 | 303132 | SA 80 | 303157 | 60 | 125 | M80×2 | 80 | 170 | 80 | 95 | 88 | 81 | 12.2 | 6° | 55 |
| 180 | 160 | GA 100 | 303133 | SA 100 | 303158 | 65 | 143 | M100×2 | 90 | 210 | 90 | 113 | 103 | 101 | 21.5 | 6° | 60 |
| 200 | 180 | GA 110 | 303134 | SA 110 | 303159 | 70 | 153 | M110×2 | 100 | 235 | 105 | 125 | 115 | 111 | 27.5 | 7° | 70 |
| 220 | 200 | GA 120 | 303135 | SA 120 | 303160 | 80 | 176 | M120×3 | 110 | 265 | 115 | 142.5 | 132.5 | 125 | 40.7 | 7° | 70 |
| 250 | 220 | GA 120 | 303135 | SA 120 | 303160 | 80 | 176 | M120×3 | 110 | 265 | 115 | 142.5 | 132.5 | 125 | 40.7 | 7° | 70 |
| 280 | 250 | GA 130 | 303136 | SA 130 | 303161 | 90 | 188 | M130×3 | 120 | 310 | 140 | 180 | 170 | 135 | 76.4 | 6° | 85 |
| 320 | 280 | — | — | — | — | — | — | — | — | — | — | — | — | — | — | — | — |
| | 320 | — | — | — | — | — | — | — | — | — | — | — | — | — | — | — | — |

表 21-6-67　　　　GAK 型球铰耳环（带锁紧螺钉）　　　　mm

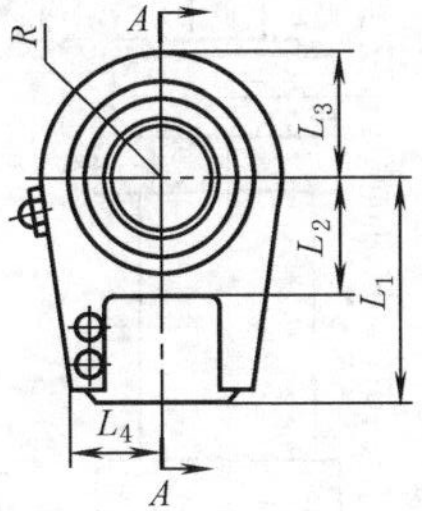


| CD250 CG250 活塞直径 | CD350 CG350 活塞直径 | 型号 | 件号 | $B_{1-0.4}^{\ 0}$ | $B_{2-0.2}^{\ 0}$ | $B_3$ | $D_1$ | $D_2$ | $L_1$ | $L_2$ | $L_3$ | $L_4$ | $R$ | $T_1$ | CD250、CG250 锁紧螺钉 螺钉 | CD250、CG250 锁紧螺钉 力矩 /N·m | CD250、CG250 α | CD350、CG350 锁紧螺钉 螺钉 | CD350、CG350 锁紧螺钉 力矩 /N·m | CD350、CG350 α | 质量 /kg |
|---|---|---|---|---|---|---|---|---|---|---|---|---|---|---|---|---|---|---|---|---|---|
| 40 | | GAK 16 | 303162 | 23 | 20 | 28 | M16×1.5 | 25 | 50 | 25 | 30 | 20 | 28 | 17 | M6×16 | 9 | 8° | | | | 0.4 |
| 50 | 40 | GAK 22 | 303163 | 28 | 22 | 34 | M22×1.5 | 30 | 60 | 30 | 34 | 22 | 32 | 23 | M8×20 | 20 | 7° | M8×20 | 20 | 7° | 0.7 |
| 63 | 50 | GAK 28 | 303164 | 30 | 25 | 44 | M28×1.5 | 35 | 70 | 40 | 42 | 27 | 39 | 29 | M8×20 | 20 | 7° | M10×25 | 40 | 7° | 1.1 |
| 80 | 63 | GAK 35 | 303165 | 35 | 28 | 55 | M35×1.5 | 40 | 85 | 45 | 50 | 35 | 47 | 36 | M10×30 | 40 | 7° | M12×30 | 80 | 7° | 2.0 |
| 100 | 80 | GAK 45 | 303166 | 40 | 35 | 70 | M45×1.5 | 50 | 105 | 55 | 63 | 42 | 58 | 46 | M12×35 | 80 | 7° | M12×30 | 80 | 7° | 3.3 |
| 125 | 100 | GAK 58 | 303167 | 50 | 44 | 87 | M58×1.5 | 60 | 130 | 65 | 70 | 54 | 65 | 59 | M16×50 | 160 | 7° | M16×40 | 160 | 7° | 5.5 |
| 140 | 125 | GAK 65 | 303168 | 55 | 49 | 93 | M65×1.5 | 70 | 150 | 75 | 82 | 57 | 77 | 66 | M16×50 | 160 | 6° | M16×40 | 160 | 6° | 8.6 |
| 160 | 140 | GAK 80 | 303169 | 60 | 55 | 125 | M80×2 | 80 | 170 | 80 | 95 | 66 | 88 | 81 | M16×50 | 160 | 6° | M20×50 | 300 | 6° | 12.2 |
| 180 | 160 | GAK100 | — | 65 | 60 | 143 | M100×2 | 90 | 210 | 90 | 113 | 76 | 103 | 101 | M16×60 | 160 | 6° | M20×50 | 300 | 5° | 21.5 |
| 200 | 180 | GAK110 | — | 70 | 70 | 153 | M110×2 | 100 | 235 | 105 | 125 | 85 | 115 | 111 | M20×60 | 300 | 7° | M20×50 | 300 | 7° | 27.5 |
| 220 | 200 | GAK120 | — | 80 | 70 | 176 | M120×3 | 110 | 265 | 115 | 142.5 | 96 | 132.5 | 125 | M24×70 | 500 | 7° | M24×60 | 500 | 6° | 40.7 |
| 250 | 220 | GAK120 | — | 80 | 70 | 176 | M120×3 | 110 | 265 | 115 | 142.5 | 96 | 132.5 | 125 | M24×70 | 500 | 7° | M24×60 | 500 | 6° | 40.7 |
| 280 | 250 | GAK130 | — | 90 | 85 | 188 | M130×3 | 120 | 310 | 140 | 180 | 102 | 170 | 135 | M24×80 | 500 | 6° | M30×80 | 1000 | 6° | 76.4 |
| 320 | 280 | — | — | — | — | — | — | — | — | — | — | — | — | — | — | — | — | — | — | — | — |
| | 320 | — | — | — | — | — | — | — | — | — | — | — | — | — | — | — | — | — | — | — | — |

表 21-6-68　　　　GAS 型球铰耳环（带锁紧螺钉）　　　　mm

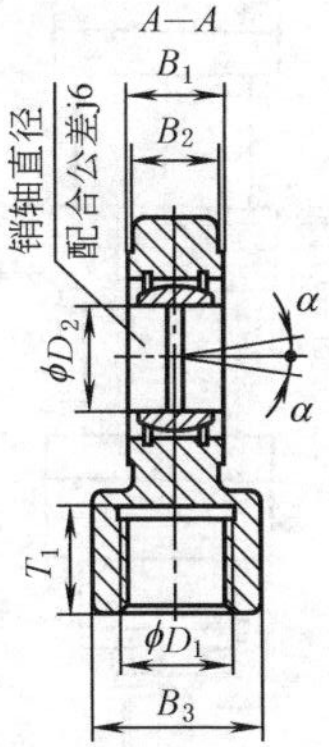


| CD250 CG250 活塞直径 | CD350 CG350 活塞直径 | 型号 | 件号 | $B_{1-0.4}^{\ 0}$ | $B_{2-0.2}^{\ 0}$ | $B_3$ | $D_1$ | $D_2$ | $L_1$ | $L_2$ | $L_3$ | $L_4$ | $R$ | $T_1$ | 锁紧螺钉 螺钉 | 锁紧螺钉 力矩 /N·m | α | 质量 /kg |
|---|---|---|---|---|---|---|---|---|---|---|---|---|---|---|---|---|---|---|
| 40 | | GAS 25 | 303137 | 23 | 20 | 28 | M18×2 | 25 | 65 | 25 | 30 | 24 | 28 | 30 | M8×20 | 20 | 8° | 0.7 |
| 50 | 40 | GAS 30 | 303138 | 28 | 22 | 34 | M24×2 | 30 | 75 | 30 | 34 | 27 | 32 | 35 | M8×20 | 20 | 7° | 1.0 |
| 63 | 50 | GAS 35 | 303139 | 30 | 25 | 44 | M30×2 | 35 | 90 | 40 | 42 | 33 | 39 | 45 | M10×25 | 40 | 7° | 1.3 |
| 80 | 63 | GAS 40 | 303140 | 35 | 28 | 55 | M39×3 | 40 | 105 | 45 | 50 | 39 | 47 | 55 | M12×30 | 80 | 7° | 2.4 |
| 100 | 80 | GAS 50 | 303141 | 40 | 35 | 70 | M50×3 | 50 | 135 | 55 | 63 | 45 | 58 | 75 | M12×30 | 80 | 7° | 4.1 |
| 125 | 100 | GAS 60 | 303142 | 50 | 44 | 87 | M64×3 | 60 | 170 | 65 | 70 | 59 | 65 | 95 | M16×40 | 160 | 7° | 6.5 |
| 140 | 125 | GAS 70 | 303143 | 55 | 49 | 105 | M80×3 | 70 | 195 | 75 | 83 | 65 | 77 | 110 | M16×40 | 160 | 6° | 9.5 |
| 160 | 140 | GAS 80 | 303144 | 60 | 55 | 125 | M90×3 | 80 | 210 | 80 | 95 | 76 | 88 | 120 | M20×50 | 300 | 6° | 16 |
| 180 | 160 | GAS 90 | 303145 | 65 | 60 | 150 | M100×3 | 90 | 250 | 90 | 113 | 81 | 103 | 140 | M20×50 | 300 | 5° | 28 |
| 200 | 180 | GAS 100 | 303146 | 70 | 70 | 170 | M110×4 | 100 | 275 | 105 | 125 | 86 | 115 | 150 | M20×50 | 300 | 7° | 34 |
| 220 | 200 | GAS 110 | 303147 | 80 | 70 | 180 | M120×4 | 110 | 300 | 115 | 142.5 | 97 | 132.5 | 160 | M24×60 | 500 | 6° | 44 |
| 250 | 220 | GAS 110 | 303147 | 80 | 70 | 180 | M120×4 | 110 | 300 | 115 | 142.5 | 97 | 132.5 | 160 | M24×60 | 500 | 6° | 44 |
| 280 | 250 | GAS 120 | 303148 | 90 | 85 | 210 | M150×4 | 120 | 360 | 140 | 180 | 112 | 170 | 190 | M24×60 | 500 | 6° | 75 |
| 320 | 280 | GAS 140 | — | 110 | 90 | 230 | M160×4 | 140 | 420 | 185 | 200 | 123 | 190 | 200 | M30×80 | 1000 | 7° | 160 |
| | 320 | GAS 160 | 303149 | 110 | 105 | 260 | M180×4 | 160 | 460 | 200 | 250 | 138 | 240 | 220 | M30×80 | 1000 | 8° | 235 |

### 7.4.2 带位移传感器的 CD/CG250 系列液压缸

由武汉油缸厂在重载液压缸基础上设计、研制的带位移传感器的液压缸，可以在所选用的行程范围内，在任意位置输出精确的控制信号，是可以在各种生产线上进行程序控制的液压缸。

（1）型号意义

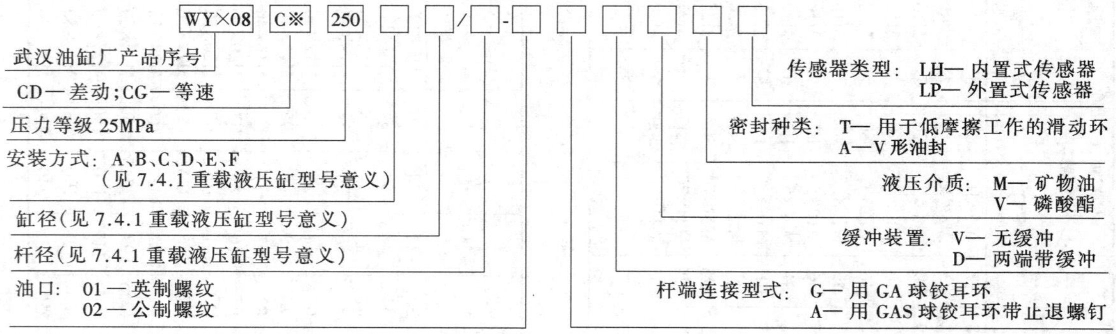


（2）技术参数

表 21-6-69

| | | | | | | | |
|---|---|---|---|---|---|---|---|
| 额定压力 | 25MPa | 使用温度 | -20~80℃ | 非线性 | 0.05mm | 重复性 | 0.002mm |
| 最高工作压力 | 37.5MPa | 最大速度 | 1m/s | 滞后 | <0.02mm | 电源 | 24VDC |
| 最低启动压力 | <0.2MPa | 工作介质 | 矿物油、水-乙二醇等 | 输出 | 测量电路的脉冲时间 | | |
| 传感器性能 | | | | 安装位置 | 任意 | | |
| 测量范围 | 25~3650mm | 分辨率 | 0.1mm | 接头选型 | D60 接头 | | |

（3）行程及产品质量

**带位移传感器 CD、CG 液压缸的许用行程**

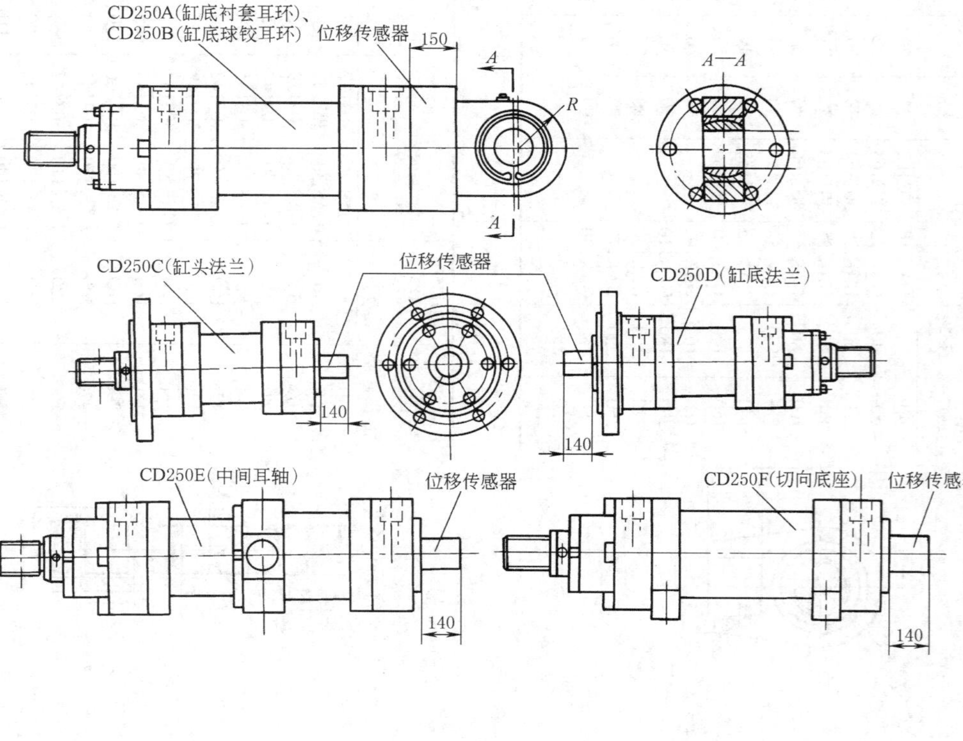

**表 21-6-70**

mm

| 安装方式 | 活塞杆直径 | 缸径 | | | | | | | | | | | | | |
|---|---|---|---|---|---|---|---|---|---|---|---|---|---|---|---|
| | | 40 | 50 | 63 | 80 | 100 | 125 | 140 | 160 | 180 | 200 | 220 | 250 | 280 | 320 |
| 150(装传感器尺寸) | | | | | | | | | | | | | | | |
| A、B 型缸底耳环 | A | 40 | 140 | 210 | 280 | 360 | 465 | 795 | 840 | 885 | 1065 | 1205 | 1445 | 1630 | 1710 |
| | B | 225 | 335 | 435 | 545 | 695 | 960 | 1055 | 1095 | 1260 | 1445 | 1730 | 1965 | 2150 | 2215 |
| 140(装传感器尺寸) | | | | | | | | | | | | | | | |
| C 型缸头法兰 | A | 445 | 740 | 990 | 1235 | 1520 | 1915 | 2905 | 3120 | 3330 | 3890 | 4440 | 5155 | 5825 | 6205 |
| | B | 965 | 1295 | 1615 | 1990 | 2480 | 3310 | 3640 | 3835 | 4390 | 4975 | 5920 | 6630 | 7305 | 7635 |
| D 型缸底法兰 | A | 120 | 265 | 375 | 505 | 610 | 785 | 1260 | 1350 | 1430 | 1700 | 1930 | 2280 | 2575 | 2730 |
| | B | 380 | 545 | 690 | 885 | 1095 | 1480 | 1630 | 1705 | 1965 | 2240 | 2675 | 3020 | 3310 | 3445 |
| E 型中间耳轴 | A | 445 | 740 | 990 | 1235 | 1520 | 1915 | 2905 | 3120 | 3330 | 3890 | 4440 | 5155 | 5825 | 6205 |
| | B | 965 | 1295 | 1615 | 1990 | 2480 | 3310 | 3640 | 3835 | 4390 | 4975 | 5920 | 6630 | 7305 | 7635 |
| F 型切向底座 | A | 135 | 265 | 375 | 480 | 600 | 760 | 1210 | 1295 | 1370 | 1625 | 1850 | 2180 | 2460 | 2600 |
| | B | 380 | 530 | 670 | 835 | 1050 | 1415 | 1560 | 1630 | 1875 | 2135 | 2550 | 2875 | 3155 | 3270 |

注：A、B 表示活塞杆的两种不同的直径。

**表 21-6-71** **产品质量 $m=X+Y\times$行程** kg

| 安装方式 | 系数 | | 缸径 | | | | | | | | | | | | | |
|---|---|---|---|---|---|---|---|---|---|---|---|---|---|---|---|---|
| | | | 40 | 50 | 63 | 80 | 100 | 125 | 140 | 160 | 180 | 200 | 220 | 250 | 280 | 320 |
| A、B 型 | $X$ | | 5 | 7.5 | 13 | 18 | 34 | 76 | 99 | 163 | 229 | 275 | 417 | 571 | 712 | 1096 |
| | $Y$ | A | 0.011 | 0.015 | 0.020 | 0.030 | 0.050 | 0.078 | 0.105 | 0.136 | 0.170 | 0.220 | 0.262 | 0.346 | 0.387 | 0.510 |
| | | B | 0.015 | 0.019 | 0.024 | 0.039 | 0.060 | 0.092 | 0.122 | 0.156 | 0.192 | 0.246 | 0.299 | 0.387 | 0.434 | 0.562 |
| C、D 型 | $X$ | | 9 | 13 | 22 | 26 | 48 | 95 | 120 | 212 | 273 | 334 | 485 | 643 | 784 | 1263 |
| | $Y$ | A | 0.011 | 0.015 | 0.020 | 0.030 | 0.050 | 0.078 | 0.105 | 0.136 | 0.170 | 0.220 | 0.262 | 0.346 | 0.387 | 0.510 |
| | | B | 0.015 | 0.019 | 0.024 | 0.039 | 0.060 | 0.092 | 0.122 | 0.156 | 0.192 | 0.246 | 0.299 | 0.387 | 0.434 | 0.562 |
| E 型 | $X$ | | 8 | 11 | 20 | 23 | 40 | 90 | 122 | 187 | 275 | 322 | 501 | 658 | 845 | 1274 |
| | $Y$ | A | 0.013 | 0.019 | 0.028 | 0.042 | 0.069 | 0.108 | 0.155 | 0.197 | 0.244 | 0.316 | 0.383 | 0.507 | 0.587 | 0.757 |
| | | B | 0.010 | 0.027 | 0.036 | 0.058 | 0.090 | 0.142 | 0.183 | 0.230 | 0.288 | 0.366 | 0.457 | 0.587 | 0.680 | 0.860 |
| F 型 | $X$ | | 7 | 10 | 17.5 | 20 | 35 | 85 | 111 | 184 | 285 | 302 | 510 | 589 | 816 | 1171 |
| | $Y$ | A | 0.011 | 0.015 | 0.020 | 0.030 | 0.050 | 0.078 | 0.105 | 0.136 | 0.170 | 0.220 | 0.262 | 0.346 | 0.387 | 0.510 |
| | | B | 0.015 | 0.019 | 0.024 | 0.039 | 0.060 | 0.092 | 0.122 | 0.156 | 0.192 | 0.246 | 0.299 | 0.387 | 0.434 | 0.562 |

注：行程的单位以 mm 计。

## 7.4.3 C25、D25 系列高压重型液压缸

本系列共有 16 个缸径规格，各有 2×8 个装配方式，组成 256 个品种。液压缸为双作用单活塞型式，分差动缸和等速缸，带（或不带）可调缓冲，可配防护罩。C25、D25 系列全部可配置接近开关，C25 系列缸径 $D$=50~400mm 均可配置内置式位移传感器。基本性能参数符合国家标准和 ISO 标准，安装方式和尺寸符合德国钢厂标准，与 REXROTH 公司的“CD250、CG250”、意大利 FOSSA 公司的“DINTYPE200/250”系列一致，也与英国 ELRAM 公司的“Series 250K”系列基本一致。适用于冶金、矿山、起重、运输、船舶、锻压、铸造、机床、煤炭、石油、化工、军工等工业部门。

本系列液压缸由无锡市长江液压缸厂、焦作华科液压机械制造有限公司、抚顺天宝重工液压机械制造有限公司、优瑞纳斯液压机械有限公司制造。

（1）型号意义

□ 25 □ □ □ □ / - □ □ □ - □

C—差动缸；D—等速缸

最大工作压力25MPa

装配方式：WE—尾部耳环式
TF—头部法兰式
WF—尾部法兰式
ZB—中部摆轴式
JG—脚架固定式

K—带高压接近开关；N—带内置式位移传感器

内置式位移传感器编号（见表21-6-71）

内置式位移传感器输出代号（见表21-6-71）

| 缸径*D*/杆径*d* | 缸径*D*/杆径*d* | 缸径*D*/杆径*d* | 缸径*D*/杆径*d* |
|---|---|---|---|
| 40/22 | 100/56 | 180/110 | 280/180 |
| 40/28 | 100/70 | 180/125 | 280/200 |
| 50/28 | 125/70 | 200/125 | 320/200 |
| 50/36 | 125/90 | 200/140 | 320/220 |
| 63/36 | 140/90 | 220/140 | 360/220 |
| 63/45 | 140/100 | 220/160 | 360/250 |
| 80/45 | 160/100 | 250/160 | 400/250 |
| 80/56 | 160/110 | 250/180 | 400/280 |

| 特殊要求 | | 标记 |
|---|---|---|
| 密封件全部为进口件 | | H |
| 油口位置（面对缸头） | | 下、左、右、左上、右上、左下、右下 |
| 外表颜色 | | 红、黄…… |
| 杆端加长 | | T(mm) |
| ZB型摆轴位置 | | K(mm) |
| 介质：水-乙二醇 | | W |
| 不要缓冲（面对图示） | 左不 | L |
| | 右不 | R |
| | 左右不 | N |
| 活塞杆材质1Cr17Ni2 | | S |
| 特殊装配 | | 附简图订货 |
| 其他 | | |

杆端型式

| | Ⅰ | Ⅱ | Ⅲ① | ⅠA | ⅡB | ⅢC① | ①可加扁螺母或垫圈进行适量调整 |
|---|---|---|---|---|---|---|---|
| 差动缸 | ISO标准螺纹 | DIN短型螺纹 | DIN加强型螺纹 | Ⅰ、Ⅱ、Ⅲ型螺纹分别带扁头 | | | |
| 等速缸 | | | | ⅠA*i* | ⅡB*i* | Ⅲ①C*i* | |
| | | | | *i*=1，带一个扁头 | | | |
| | | | | *i*=2，带两个扁头 | | | |

| 油口 | |
|---|---|
| | M—ISO公制螺纹 |
| | G—BSP英制标准（圆柱管螺纹） |

行程*S*(mm)（填入具体数字）

标记示例：

**例1** 差动缸，中部摆轴式，$D/d=100/70$，行程 $S=1000$mm，摆轴至杆端距离500mm，油口为公制螺纹，杆端型式ⅠA，杆端加长200mm，活塞杆材质1Cr17Ni2，标记为

液压缸 C25ZB100/70-1000MIA-K500 T200 S

**例2** 等速缸，头部法兰式，两端带高压接近开关，$D/d=140/100$，行程 $S=800$mm，油口为圆柱管螺纹，杆端型式ⅡB2（带两个扁头），油口在下，介质为水-乙二醇，标记为

液压缸 D25TFK140/100-800GⅡB2-下 W

**例3** 差动缸，脚架固定式，带内置式位移传感器（编号4），输出代号A2（输出电流为0~20mA），$D/d=180/125$，行程 $S=600$mm，油口为公制螺纹，杆端型式ⅢC，标记为

液压缸 C25JGN4（A2）180/125-600MⅢC

标记中无特殊要求时，按以下情况供货：介质为矿物油；油口在上方（当液压缸两端带高压接近开关时，面对缸头，油口在右或右下位置）；两端缓冲；国产密封件（当液压缸带内置式位移传感器时，采用进口密封件）；外表果绿色；活塞杆材质为45钢；ZB型液压缸的摆轴位于中间位置。

（2）技术规格

1）技术性能

**表21-6-72**

| | | 液压缸全长公差/mm | |
|---|---|---|---|
| 最大工作压力*p*/MPa | 25（矿物油），20（水-乙二醇） | 装配长度=固定长度+行程 | 允许偏差 |
| 静态试验压力 $p_s$/MPa | 37.5（矿物油），30（水-乙二醇） | | |
| 适应介质 | 矿物油、水-乙二醇或其他介质 | 0~500 | ±1.5 |
| 工作温度/℃ | -20~80 | 501~1250 | ±2 |
| 介质黏度/$mm^2 \cdot s^{-1}$ | 运动黏度2.8~380 | 1251~3150 | ±3 |
| 最高运行速度/$m \cdot s^{-1}$ | 0.5 | 3151~8000 | ±5 |

2）基本参数

**表 21-6-73**

| 液压缸内径 | 活塞杆直径 | 面积比 | 活塞面积 | 活塞杆面积 | 环形面积 | 使用工作压力/MPa | | | | | | | | | |
|---|---|---|---|---|---|---|---|---|---|---|---|---|---|---|---|
| | | | | | | 5 | | 10 | | 15 | | 20 | | 25 | |
| | | | | | | 推力 $F_1$/kN,拉力 $F_2$/kN | | | | | | | | | |
| $D$ /mm | $d$ /mm | $\varphi=\frac{A}{A_2}$ | $A$ /cm² | $A_1$ /cm² | $A_2$ /cm² | $F_1$ | $F_2$ | $F_1$ | $F_2$ | $F_1$ | $F_2$ | $F_1$ | $F_2$ | $F_1$ | $F_2$ |
| 40 | 22<br>28 | 1.4<br>2 | 12.57 | 3.80<br>6.16 | 8.77<br>6.41 | 6.28 | 4.38<br>3.20 | 12.56 | 8.76<br>6.40 | 18.84 | 13.14<br>9.60 | 25.12 | 17.52<br>12.80 | 31.42 | 21.90<br>16.00 |
| 50 | 28<br>36 | 1.4<br>2 | 19.63 | 6.16<br>10.18 | 13.47<br>9.45 | 9.82 | 6.74<br>4.73 | 19.64 | 13.48<br>9.46 | 29.46 | 20.22<br>14.19 | 39.28 | 26.96<br>18.92 | 49.10 | 33.70<br>23.65 |
| 63 | 36<br>45 | 1.4<br>2 | 31.17 | 10.18<br>15.90 | 20.99<br>15.27 | 15.58 | 10.50<br>7.63 | 31.17 | 21.00<br>15.26 | 46.75 | 31.50<br>22.89 | 62.34 | 42.00<br>30.52 | 77.90 | 52.50<br>38.15 |
| 80 | 45<br>56 | 1.4<br>2 | 50.26 | 15.90<br>24.63 | 34.36<br>25.63 | 25.13 | 17.18<br>12.82 | 50.27 | 34.36<br>25.64 | 75.40 | 51.54<br>38.46 | 100.54 | 68.72<br>51.28 | 125.65 | 85.90<br>64.10 |
| 100 | 56<br>70 | 1.4<br>2 | 78.54 | 24.63<br>38.48 | 53.91<br>40.06 | 39.27 | 26.95<br>20.03 | 78.54 | 53.90<br>40.06 | 117.81 | 80.85<br>60.09 | 157.08 | 107.80<br>80.12 | 196.35 | 134.75<br>100.15 |
| 125 | 70<br>90 | 1.4<br>2 | 122.72 | 38.48<br>63.62 | 84.24<br>59.10 | 61.35 | 42.10<br>29.55 | 122.70 | 84.20<br>59.10 | 184.05 | 126.30<br>88.65 | 245.40 | 168.40<br>118.20 | 306.75 | 210.50<br>147.75 |
| 140 | 90<br>100 | 1.6<br>2 | 153.94 | 63.62<br>78.54 | 90.32<br>75.40 | 76.95 | 45.15<br>37.70 | 153.90 | 90.30<br>75.40 | 230.85 | 135.45<br>113.10 | 307.80 | 180.60<br>150.80 | 384.75 | 225.80<br>188.50 |
| 160 | 100<br>110 | 1.6<br>2 | 201.06 | 78.54<br>95.03 | 122.52<br>106.03 | 100.50 | 61.25<br>53.00 | 201.00 | 122.50<br>106.00 | 301.05 | 183.75<br>159.00 | 402.00 | 245.00<br>212.00 | 502.50 | 306.30<br>265.00 |
| 180 | 110<br>125 | 1.6<br>2 | 254.47 | 95.03<br>122.72 | 159.44<br>131.75 | 127.23 | 79.70<br>65.87 | 254.47 | 159.40<br>131.75 | 381.70 | 239.10<br>197.60 | 508.94 | 318.86<br>263.50 | 636.17 | 398.60<br>329.38 |
| 200 | 125<br>140 | 1.6<br>2 | 314.16 | 122.72<br>153.94 | 191.44<br>160.22 | 157.05 | 95.70<br>80.10 | 314.16 | 191.40<br>160.20 | 471.15 | 287.10<br>240.30 | 628.20 | 382.80<br>320.40 | 785.25 | 478.60<br>400.55 |
| 220 | 140<br>160 | 1.6<br>2 | 380.13 | 153.94<br>201.06 | 226.19<br>179.07 | 190.00 | 113.00<br>89.53 | 380.10 | 226.20<br>179.00 | 570.20 | 339.00<br>268.60 | 760.26 | 452.38<br>358.14 | 950.33 | 565.48<br>447.68 |
| 250 | 160<br>180 | 1.6<br>2 | 490.87 | 201.06<br>254.47 | 289.81<br>236.40 | 245.40 | 144.90<br>118.20 | 490.87 | 289.80<br>236.40 | 736.30 | 434.70<br>354.60 | 981.70 | 579.60<br>472.80 | 1227.20 | 724.53<br>591.00 |
| 280 | 180<br>200 | 1.6<br>2 | 615.75 | 254.47<br>314.16 | 361.28<br>301.59 | 307.80 | 180.60<br>150.80 | 615.75 | 361.30<br>301.60 | 923.63 | 541.90<br>452.40 | 1231.50 | 722.56<br>603.20 | 1539.40 | 903.20<br>754.00 |
| 320 | 200<br>220 | 1.6<br>2 | 804.25 | 314.16<br>380.13 | 490.09<br>424.12 | 402.10 | 245.00<br>212.00 | 804.25 | 490.00<br>424.00 | 1206.40 | 735.10<br>636.20 | 1608.50 | 980.20<br>848.20 | 2010.60 | 1225.20<br>1060.30 |
| 360 | 220<br>250 | 1.6<br>2 | 1017.88 | 380.13<br>490.87 | 637.75<br>527.01 | 508.90 | 318.90<br>263.50 | 1017.90 | 637.80<br>527.00 | 1526.80 | 956.60<br>790.50 | 2035.80 | 1275.50<br>1054.00 | 2544.70 | 1594.40<br>1317.50 |
| 400 | 250<br>280 | 1.6<br>2 | 1256.64 | 490.87<br>615.75 | 765.77<br>640.89 | 628.30 | 382.90<br>320.40 | 1256.60 | 765.80<br>640.90 | 1885.00 | 1148.70<br>961.30 | 2513.30 | 1531.50<br>1281.80 | 3141.60 | 1914.40<br>1602.20 |

3）行程选择

**表 21-6-74** 优先行程系列（GB/T 2349） mm

| | | | | | | | | | | | | |
|---|---|---|---|---|---|---|---|---|---|---|---|---|
| 25 | 40 | 50 | 63 | 80 | 90 | 100 | 110 | 125 | 140 | 160 | 180 | 200 |
| 220 | 240 | 250 | 260 | 280 | 300 | 320 | 350 | 360 | 380 | 400 | 420 | 450 |
| 480 | 500 | 530 | 550 | 600 | 630 | 650 | 700 | 750 | 800 | 850 | 900 | 950 |
| 1000 | 1050 | 1100 | 1200 | 1250 | 1300 | 1400 | 1500 | 1600 | 1700 | 1800 | 1900 | 2000 |
| 2100 | 2200 | 2400 | 2500 | 2600 | 2800 | 3000 | 3200 | 3400 | 3600 | 3800 | 4000 | … |

注：活塞行程应首先按本表选择，或根据实际需要自行确定。选择的行程要进行稳定性计算，计算方法是按实际压缩载荷验算，一般情况可直接查表 21-6-85～表 21-6-89。

4）带接近开关的液压缸

在普通型C25、D25系列高压重型液压缸（缸径 $D$=40～400mm 均可）的两端极限位置上，设置抗高压型电感式接近开关，可使装置紧凑，安装调整方便，省去运动机构上设计和安装极限开关的繁琐环节，可为设计和安装调整提供很大的方便。接近开关的技术特性见表21-6-75。

**表21-6-75　　接近开关的技术特性**

| 项　目 | 参　数 | 项　目 | 参　数 |
|---|---|---|---|
| 动作距离 $S_n$ | 2mm | 过载脱扣 | ≥220mA |
| 允许压力(静态/动态) | 50MPa/35MPa | 接通延时 | ≤8ms |
| 电源电压(工作电压) | 10～30VDC | 瞬时保护 | 2kV,1ms,1kΩ |
| 波峰电压 $V_{pp}$(余波) | ≤10% | 开关频率 | 2000Hz |
| 空载电流 | ≤7.5mA | 开关滞后 | 3%～15% |
| 输出状态 | NO<br>pnp | 温度误差 | ±10% |
| 连续负载电流 | ≤200mA | 重复精度 | ≤2% |
| 电压降 | ≤1.8V | 防护等级(DIN 40050) | IP67 |
| 极性保护 | 有 | 温度范围 | -25～70℃ |
| 断线保护 | 有 | 固定转矩 | 25N·m |
| 短路保护 | 有 | 接线方式 | conproxDC |

当液压缸带接近开关时，液压缸的油口位置就不在正上方，而在右方或右下方（面对缸头）的位置，也可按用户要求供货。

5）带内置式位移传感器的液压缸

在C25系列高压重型液压缸（缸径 $D$=50～400mm）上可配置内置式位移传感器，以实现对液压缸高速、精确的自动控制。

位移传感器是利用磁致伸缩的原理进行工作的，当运动的磁铁磁场和传感器内波导管电流脉冲所产生的磁场相交时便产生一个接一个连续不断的应变脉冲，从而感测出活塞的运动位置（或运动速度）。由于传感器元件都是非接触的，连续不断的感测过程不会对传感器造成任何磨损。可用于高温、高压、高振荡和高冲击的工作环境。

根据不同功用，位移传感器有多种输出选择，详见表21-6-76。

**表21-6-76　　位移传感器的技术特性**

| 传感器系列 | 位移传感器Ⅲ型 | | | 位移传感器L型 | |
|---|---|---|---|---|---|
| 编号 | 1 | 2 | 3 | 4 | 5 |
| 输出方式 | 模　拟 | SSI | CANbus总线 | 模　拟 | 数　字 |
| 测量数据 | 位置,速度 | 位置 | 位置,速度 | 位置 | 位置 |
| 测量范围 | RH外壳:25～7620mm | RH外壳:25～7620mm | RH外壳:25～7620mm | 25～2540mm | 25～7620mm |
| 分辨率 | 16位D/A或0.025mm | 标准5μm(最高2μm) | 标准5μm(最高2μm) | 无限(取决于控制器D/A与电源波动) | 0.1mm(最高0.006mm,需MK292卡) |
| 非线性度 | 满量程的±0.01%或±0.05mm(以较高者为准) | | | 满量程的±0.02%或±0.05mm(以较高者为准) | |
| 重复精度 | 满量程的±0.001%或±2μm(以较高者为准) | | | 满量程的±0.001%或±0.002mm(以较高者为准) | |

续表

| 传感器系列 | 位移传感器Ⅲ型 | | | 位移传感器 L 型 | |
|---|---|---|---|---|---|
| 编号 | 1 | 2 | 3 | 4 | 5 |
| 滞后 | <0.004mm | <0.004mm | <0.004mm | <0.02mm | <0.02mm |
| 输出（代号=……） | V01=0~10V<br>V11=10~0V<br>A01=4~20mA<br>A11=20~4mA<br>A21=0~20mA<br>A31=20~0mA | SB=SSI,二进制<br>(24位或25位)<br>SG=SSI,格雷码<br>(24位或25位) | C=CAN 总线协议<br>CAN 2.0A | V0=0~10V 或 10~0V<br>A0=4~20mA<br>A1=20~4mA<br>A2=0~20mA<br>A3=20~0mA | R0=RS422<br>(开始/停止)<br>D=PWM 脉宽调制 |
| 速度输出 | 0.1~10m/s | 不适用 | 0.1~10m/s | 不适用 | 不适用 |
| 电源 | $24VDC^{+20}_{-15}\%$ | $24VDC^{+20}_{-15}\%$ | $24VDC^{+20}_{-15}\%$ | 13.5~26.4VDC±10%(适用于行程 $S\leqslant1520mm$)<br>24VDC±10%(适用于行程 $S>1520mm$) | |
| 用电量 | 100mA | 100mA | 100mA | 120mA | 100mA |
| 工作温度 | -40~75℃ | -40~75℃ | -40~75℃ | -40~70℃ | -40~70℃ |
| 可调范围 | 100%可调零点及满量程 | 不适用 | 不适用 | 5%可调零点及满量程 | 5%可调零点及满量程 |
| 更新时间 | 一般≤1ms(按量程变化) | 一般≤1ms(按量程变化) | 一般≤1ms(按量程变化) | ≤3ms | ≤3ms |
| 工作压力 | 静态:5000psi<br>峰值:10000psi | 静态:5000psi<br>峰值:10000psi | 静态:5000psi<br>峰值:10000psi | 静态:5000psi<br>峰值:10000psi | 静态:5000psi<br>峰值:10000psi |
| 接头选型 | RGO 金属接头(7 针) | RGO 金属接头(7 针) | RGO 金属接头(7 针) | RG 金属接头(7 针) | RG 金属接头(7 针) |
| 其他产品 | 位移传感器Ⅲ型中还有 DeviceNet 总线和 Profibus-DP 总线两种输出方式,如用户需要另行商议 | | | | |

注：1. 位移传感器 L 型系列供一般应用，Ⅲ型系列则为高精度、高性能的智能型传感器，其分辨率、重复精度和滞后性等都高于前者，价格也比较高。

2. 位移传感器的配套产品有：MK292 数字输出板；AOM 模拟输出板块（标准盒子型或插板式）；AK288 模拟输出卡；TDU 数字显示表；TLS 可编程限位开关；SSI-1016 串联同步界面卡等输出界面产品。如用户需要，可一并订货。

3. 外置式位移传感器，如用户需要另行商定。

4. 1psi=6894.76Pa。

（3）外形尺寸

**C25WE、C25WEK、C25WENi 型**

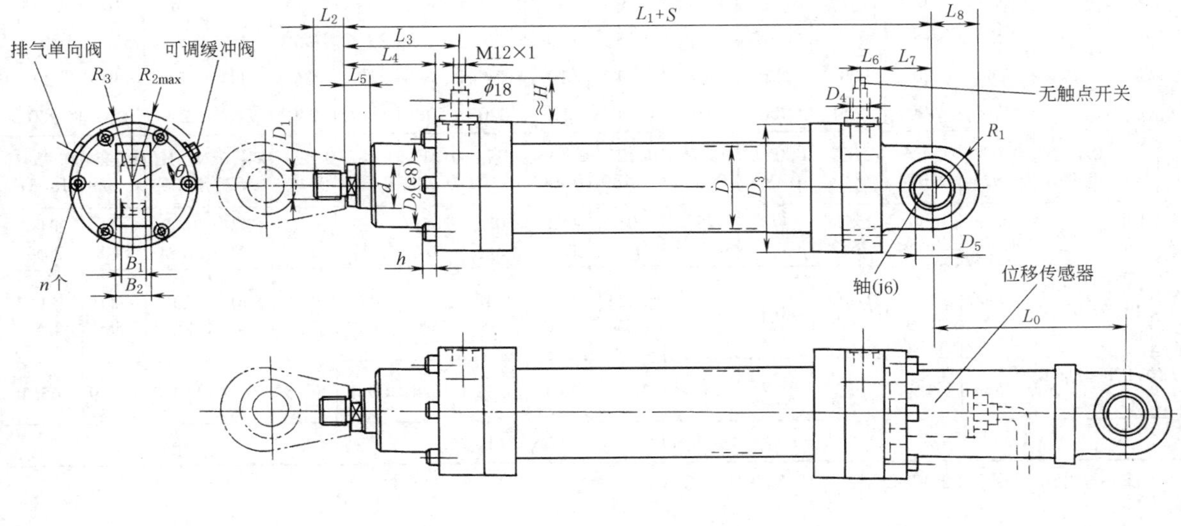

表 21-6-77

mm

| D | 40 | 50 | 63 | 80 | 100 | 125 | 140 | 160 | 180 | 200 | 220 | 250 | 280 | 320 | 360 | 400 |
|---|---|---|---|---|---|---|---|---|---|---|---|---|---|---|---|---|
| d | 22/28 | 28/36 | 36/45 | 45/56 | 56/70 | 70/90 | 90/100 | 100/110 | 110/125 | 125/140 | 140/160 | 160/180 | 180/200 | 200/220 | 220/250 | 250/280 |
| L(缓冲长度) | 20 | 20 | 25 | 30 | 35 | 50 | 50 | 55 | 65 | 70 | 80 | 90 | 90 | 100 | 110 | 120 |
| $D_1$ Ⅰ型 | M16×1.5 | M22×1.5 | M30×2 | M36×2 | M48×2 | M56×2 | M72×3 | M80×3 | M100×3 | M110×3 | M125×4 | M125×4 | M140×4 | M160×4 | M180×4 | M200×4 |
| $D_1$ Ⅱ型 | M16×1.5 | M22×1.5 | M28×1.5 | M35×1.5 | M45×1.5 | M58×1.5 | M65×1.5 | M80×2 | M100×2 | M110×2 | M120×3 | M120×3 | M130×3 | — | — | — |
| $D_1$ Ⅲ型 | M18×2 | M24×2 | M30×2 | M39×3 | M50×3 | M64×3 | M80×3 | M90×3 | M100×3 | M110×4 | M120×4 | M120×4 | M150×4 | M160×4 | M180×4 | M200×4 |
| $D_2$ | 50 | 64 | 75 | 95 | 115 | 135 | 155 | 180 | 200 | 215 | 245 | 280 | 305 | 350 | 400 | 450 |
| $D_3$ | 80 | 100 | 120 | 140 | 170 | 205 | 225 | 265 | 290 | 315 | 355 | 400 | 440 | 500 | 550 | 620 |
| $D_4$ 公制 | M18×1.5 | M22×1.5 | M27×2 | M27×2 | M33×2 | M42×2 | M42×2 | M42×2 | M50×2 | M50×2 | M50×2 | M50×2 | M50×2 | M50×2 | M60×2 | M60×2 |
| $D_4$ 英制 | G3/8 | G1/2 | G3/4 | G3/4 | G1 | G1¼ | G1¼ | G1¼ | G1½ | G1½ | G1½ | G1½ | G1½ | G1½ | G2 | G2 |
| $D_5$ | 25 | 30 | 35 | 40 | 50 | 60 | 70 | 80 | 90 | 100 | 110 | 110 | 120 | 140 | 160 | 180 |
| $L_1$ | 252 | 265 | 302 | 330 | 385 | 447 | 490 | 550 | 610 | 645 | 750 | 789 | 884 | 980 | 1080 | 1190 |
| $L_2$ Ⅰ型 | 22 | 30 | 40 | 50 | 63 | 75 | 85 | 95 | 112 | 112 | 125 | 125 | 140 | 160 | 180 | 200 |
| $L_2$ Ⅱ型 | 16 | 22 | 28 | 35 | 45 | 58 | 65 | 80 | 100 | 110 | 120 | 120 | 130 | — | — | — |
| $L_2$ Ⅲ型 | 30 | 35 | 45 | 55 | 75 | 95 | 110 | 120 | 140 | 150 | 160 | 160 | 190 | 200 | 220 | 260 |
| $L_3$ | 76 | 80 | 89.5 | 87.5 | 112.5 | 129.5 | 142.5 | 160 | 175 | 180 | 220 | 230 | 260 | 295 | 320 | 360 |
| $L_4$ | 54 | 58 | 67 | 65 | 85 | 97 | 105 | 120 | 130 | 135 | 155 | 165 | 170 | 195 | 210 | 230 |
| $L_5$ | 17 | 20 | 20 | 20 | 30 | 30 | 30 | 35 | 35 | 40 | 40 | 40 | 40 | 40 | 50 | 50 |
| $L_6$ | 23 | 23 | 22.5 | 32.5 | 27.5 | 32.5 | 37.5 | 40 | 50 | 50 | 65 | 65 | 90 | 100 | 110 | 130 |
| $L_7$ | 35 | 40 | 45 | 60 | 65 | 70 | 75 | 85 | 95 | 105 | 125 | 140 | 150 | 175 | 200 | 220 |
| $L_8$ | 28 | 32.5 | 40 | 50 | 62.5 | 70 | 82 | 95 | 113 | 125 | 142.5 | 160 | 180 | 200 | 230 | 260 |
| $R_1$ | 28 | 32.5 | 40 | 50 | 62.5 | 65 | 77 | 88 | 103 | 115 | 132.5 | 150 | 170 | 190 | 215 | 245 |
| $R_2$ | 56.5 | 61 | 75.5 | 81.5 | 99 | 113 | 133 | 149 | 172.5 | 182.5 | 210 | 230 | 261 | 287 | 330 | 360 |
| $R_3$ | 53 | 57.5 | 70.5 | 76.5 | 81 | 107 | 123 | 139 | 158.5 | 168.5 | 192 | 212 | 239 | 265 | 302 | 332 |
| $B_1$ | 20 | 22 | 25 | 28 | 35 | 44 | 49 | 55 | 60 | 70 | 70 | 70 | 85 | 90 | 105 | 105 |
| $B_2$ | 23 | 28 | 30 | 35 | 40 | 50 | 55 | 60 | 65 | 70 | 80 | 80 | 90 | 110 | 120 | 130 |
| $\theta$ | 30° | 30° | 30° | 30° | 30° | 30° | 45° | 45° | 45° | 45° | 45° | 45° | 45° | 45° | 54° | 54° |
| $n$ | 6 | 6 | 6 | 6 | 6 | 6 | 8 | 8 | 8 | 8 | 8 | 8 | 8 | 8 | 10 | 10 |
| $h$ | 10 | 12.5 | 15 | 15 | 20 | 25 | 25 | 30 | 30 | 37.5 | 37.5 | 45 | 45 | 52.5 | 52.5 | 60 |
| $H$ | 29 | 28 | 28 | 29 | 31 | 29 | 34 | 29 | 34 | 39 | 39 | 36 | 39 | 39 | 39 | 39 |
| $L_0$ | — | 190 | 190 | 200 | 200 | 210 | 210 | 220 | 220 | 230 | 230 | 240 | 240 | 250 | 250 | 260 |
| Δ/kg·mm$^{-1}$ | 0.013/0.016 | 0.02/0.023 | 0.026/0.034 | 0.037/0.05 | 0.057/0.068 | 0.076/0.096 | 0.127/0.139 | 0.136/0.149 | 0.171/0.192 | 0.219/0.244 | 0.282/0.319 | 0.424/0.466 | 0.476/0.523 | 0.612/0.663 | 0.743/0.829 | 0.934/1.031 |
| J/kg Ⅰ、Ⅱ、Ⅲ | 6.5/6.6 | 10.5/10.6 | 16.6/16.9 | 25.1/25.3 | 44/45 | 75/76 | 101/102 | 152/153 | 208/209 | 265/267 | 402/404 | 536/539 | 752/756 | 1085/1088 | 1440/1448 | 2048/2055 |
| J/kg ⅠA、ⅡB、ⅢC | 7.3/7.4 | 11.4/11.6 | 18.0/18.3 | 27.5/27.7 | 48/49 | 83/84 | 112/113 | 169/170 | 234/235 | 295/298 | 448/450 | 583/586 | 840/844 | 1204/1207 | 1580/1588 | 2234/2241 |
| F(WENi 附加)/kg | | 2.8 | 3.9 | 6.0 | 9.7 | 14.4 | 19.0 | 28.6 | 35.2 | 46.8 | 60.1 | 86.5 | 102.0 | 149.0 | 184.9 | 265.1 |

液压缸质量：$Q\approx J+\Delta S+F$(kg)

注：尺寸 $H$ 只用于 C25WEK 型；尺寸 $L_0$ 只用于 C25WENi 型。

## C25TF、C25TFK、C25TFNi 和 C25WF、C25WFK、C25WFNi 型

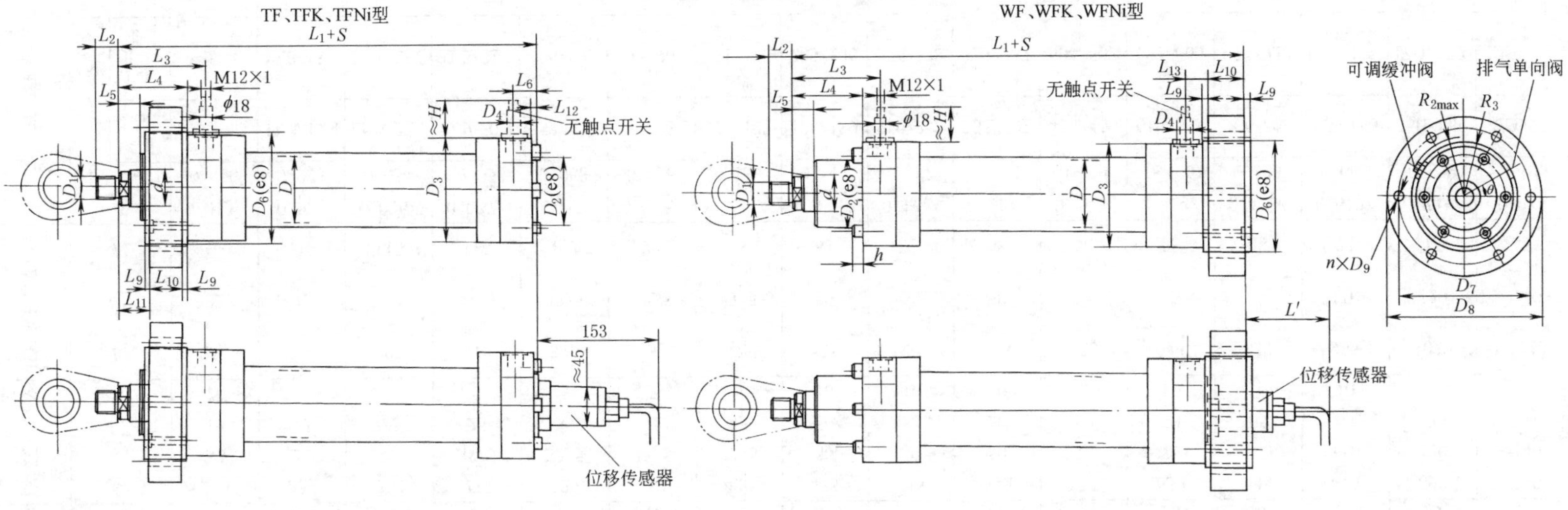


表 21-6-78

mm

| TF、WF | | | | | | | | | | | | | | | | | |
|---|---|---|---|---|---|---|---|---|---|---|---|---|---|---|---|---|---|
| | $D$ | | 40 | 50 | 63 | 80 | 100 | 125 | 140 | 160 | 180 | 200 | 220 | 250 | 280 | 320 | 360 | 400 |
| | $d$ | | 22/28 | 28/36 | 36/45 | 45/56 | 56/70 | 70/90 | 90/100 | 100/110 | 110/125 | 125/140 | 140/160 | 160/180 | 180/200 | 200/220 | 220/250 | 250/280 |
| | $L$(缓冲长度) | | 20 | 20 | 25 | 30 | 35 | 50 | 50 | 55 | 65 | 70 | 80 | 90 | 90 | 100 | 110 | 120 |
| | $D_1$ | Ⅰ型 | M16×1.5 | M22×1.5 | M30×2 | M36×2 | M48×2 | M56×2 | M72×3 | M80×3 | M100×3 | M110×3 | M125×4 | M125×4 | M140×4 | M160×4 | M180×4 | M200×4 |
| | | Ⅱ型 | M16×1.5 | M22×1.5 | M28×1.5 | M35×1.5 | M45×1.5 | M58×1.5 | M65×1.5 | M80×2 | M100×2 | M110×2 | M120×3 | M120×3 | M130×3 | — | — | — |
| | | Ⅲ型 | M18×2 | M24×2 | M30×2 | M39×3 | M50×3 | M64×3 | M80×3 | M90×3 | M100×3 | M110×4 | M120×4 | M120×4 | M150×4 | M160×4 | M180×4 | M200×4 |
| | $D_2$ | | 50 | 64 | 75 | 95 | 115 | 135 | 155 | 180 | 200 | 215 | 245 | 280 | 305 | 350 | 400 | 450 |
| | $D_3$ | | 80 | 100 | 120 | 140 | 170 | 205 | 225 | 265 | 290 | 315 | 355 | 400 | 440 | 500 | 550 | 620 |
| | $D_4$ | 公制 | M18×1.5 | M22×1.5 | M27×2 | M27×2 | M33×2 | M42×2 | M42×2 | M42×2 | M50×2 | M50×2 | M50×2 | M50×2 | M50×2 | M50×2 | M60×2 | M60×2 |
| | | 英制 | G3/8 | G1/2 | G3/4 | G3/4 | G1 | G1¼ | G1¼ | G1¼ | G1½ | G1½ | G1½ | G1½ | G1½ | G1½ | G2 | G2 |
| | $D_6$ | | 90 | 110 | 130 | 145 | 175 | 210 | 230 | 275 | 300 | 320 | 370 | 415 | 450 | 510 | 570 | 640 |
| | $D_7$ | | 108 | 130 | 155 | 170 | 205 | 245 | 265 | 325 | 360 | 375 | 430 | 485 | 520 | 600 | 660 | 740 |
| | $D_8$ | | 130 | 160 | 185 | 200 | 245 | 295 | 315 | 385 | 420 | 445 | 490 | 555 | 590 | 680 | 740 | 830 |
| | $D_9$ | | 9.5 | 11.5 | 14 | 14 | 18 | 22 | 22 | 26 | 26 | 33 | 33 | 39 | 39 | 45 | 45 | 52 |

续表

| 型式 | 参数 | | 40 | 50 | 63 | 80 | 100 | 125 | 140 | 160 | 180 | 200 | 220 | 250 | 280 | 320 | 360 | 400 |
|---|---|---|---|---|---|---|---|---|---|---|---|---|---|---|---|---|---|---|
| | $D$ | | 40 | 50 | 63 | 80 | 100 | 125 | 140 | 160 | 180 | 200 | 220 | 250 | 280 | 320 | 360 | 400 |
| TF、WF | $L_2$ | Ⅰ型 | 22 | 30 | 40 | 50 | 63 | 75 | 85 | 95 | 112 | 112 | 125 | 125 | 140 | 160 | 180 | 200 |
| TF、WF | $L_2$ | Ⅱ型 | 16 | 22 | 28 | 35 | 45 | 58 | 65 | 80 | 100 | 110 | 120 | 120 | 130 | — | — | — |
| TF、WF | $L_2$ | Ⅲ型 | 30 | 35 | 45 | 55 | 75 | 95 | 110 | 120 | 140 | 150 | 160 | 160 | 190 | 200 | 220 | 260 |
| TF、WF | $L_3$ | | 76 | 80 | 89.5 | 87.5 | 112.5 | 129.5 | 142.5 | 160 | 175 | 180 | 220 | 230 | 260 | 295 | 320 | 360 |
| TF、WF | $L_4$ | | 54 | 58 | 67 | 65 | 85 | 97 | 105 | 120 | 130 | 135 | 155 | 165 | 170 | 195 | 210 | 230 |
| TF、WF | $L_5$ | | 17 | 20 | 20 | 20 | 30 | 30 | 30 | 35 | 35 | 40 | 40 | 40 | 40 | 40 | 50 | 50 |
| TF、WF | $L_9$ | | 5 | 5 | 5 | 5 | 5 | 5 | 10 | 10 | 10 | 10 | 10 | 10 | 10 | 10 | 10 | 10 |
| TF、WF | $L_{10}$ | | 30 | 30 | 35 | 35 | 45 | 50 | 50 | 60 | 70 | 75 | 85 | 85 | 95 | 120 | 130 | 140 |
| TF、WF | $R_2$ | | 56.5 | 61 | 75.5 | 81.5 | 99 | 113 | 133 | 149 | 172.5 | 182.5 | 210 | 230 | 261 | 287 | 330 | 360 |
| TF、WF | $R_3$ | | 53 | 57.5 | 70.5 | 76.5 | 81 | 107 | 123 | 139 | 158.5 | 168.5 | 192 | 212 | 239 | 265 | 302 | 332 |
| TF、WF | $\theta$ | | 30° | 30° | 30° | 30° | 30° | 30° | 45° | 45° | 45° | 45° | 45° | 45° | 45° | 45° | 54° | 54° |
| TF、WF | $n$ | | 6 | 6 | 6 | 6 | 6 | 6 | 8 | 8 | 8 | 8 | 8 | 8 | 8 | 8 | 10 | 10 |
| TF、WF | $h$ | | 10 | 12.5 | 15 | 15 | 20 | 25 | 25 | 30 | 30 | 37.5 | 37.5 | 45 | 45 | 52.5 | 52.5 | 60 |
| TF、WF | $H$ | | 29 | 28 | 28 | 29 | 31 | 29 | 34 | 29 | 34 | 39 | 39 | 36 | 39 | 39 | 39 | 39 |
| TF、TFK、TFNi | $L_1$ | | 226 | 234 | 262 | 275 | 325 | 382 | 420 | 475 | 515 | 540 | 635 | 659 | 744 | 815 | 890 | 980 |
| TF、TFK、TFNi | $L_6$ | | 32 | 32 | 27.5 | 37.5 | 32.5 | 37.5 | 42.5 | 50 | 50 | 50 | 75 | 75 | 100 | 110 | 120 | 140 |
| TF、TFK、TFNi | $L_{11}$ | | 19 | 23 | 27 | 25 | 35 | 42 | 45 | 50 | 50 | 50 | 60 | 70 | 65 | 65 | 70 | 80 |
| TF、TFK、TFNi | $L_{12}$ | | 5 | 5 | 5 | 5 | 5 | 5 | 5 | 10 | 10 | 10 | 10 | 10 | 10 | 10 | 10 | 10 |
| WF、WFK、WFNi | $L_1$ | | 256 | 264 | 297 | 310 | 370 | 432 | 475 | 535 | 585 | 615 | 720 | 744 | 839 | 935 | 1020 | 1120 |
| WF、WFK、WFNi | $L_{13}$ | | 32 | 32 | 27.5 | 37.5 | 32.5 | 37.5 | 47.5 | 50 | 50 | 50 | 75 | 75 | 100 | 110 | 120 | 140 |
| WF、WFK、WFNi | $L'$ | | — | 118 | 113 | 113 | 103 | 98 | 88 | 83 | 73 | 68 | 58 | 58 | 48 | 23 | 13 | 3 |
| TF、WF | $\Delta$ /kg·mm$^{-1}$ | | 0.013/0.016 | 0.02/0.023 | 0.026/0.034 | 0.037/0.05 | 0.057/0.068 | 0.076/0.096 | 0.127/0.139 | 0.136/0.149 | 0.171/0.192 | 0.219/0.244 | 0.282/0.319 | 0.424/0.466 | 0.476/0.523 | 0.612/0.663 | 0.743/0.829 | 0.934/1.031 |
| TF、WF | $J$ /kg | Ⅰ、Ⅱ、Ⅲ | 9.2/9.3 | 14.3/14.4 | 21.9/22.1 | 29.9/30.1 | 52/53 | 87/88 | 121/122 | 188/189 | 250/252 | 305/307 | 458/460 | 610/613 | 836/840 | 1230/1233 | 1611/1619 | 2270/2277 |
| TF、WF | $J$ /kg | ⅠA、ⅡB、ⅢC | 9.9/10 | 15.3/15.4 | 23.3/23.5 | 32.3/32.5 | 56/57 | 95/96 | 131/132 | 205/206 | 276/278 | 335/337 | 504/507 | 657/660 | 924/928 | 1349/1352 | 1751/1759 | 2459/2464 |
| TF、WF | 液压缸质量：$Q\approx J+\Delta S$(kg) | | | | | | | | | | | | | | | | | |

注：尺寸 $H$ 只用于 C25TFK 和 C25WFK 型；尺寸 $L'$ 只用于 C25WFNi 型；尺寸 153 只用于 C25TFNi 型。

## C25ZB、C25ZBK、C25ZBNi 型

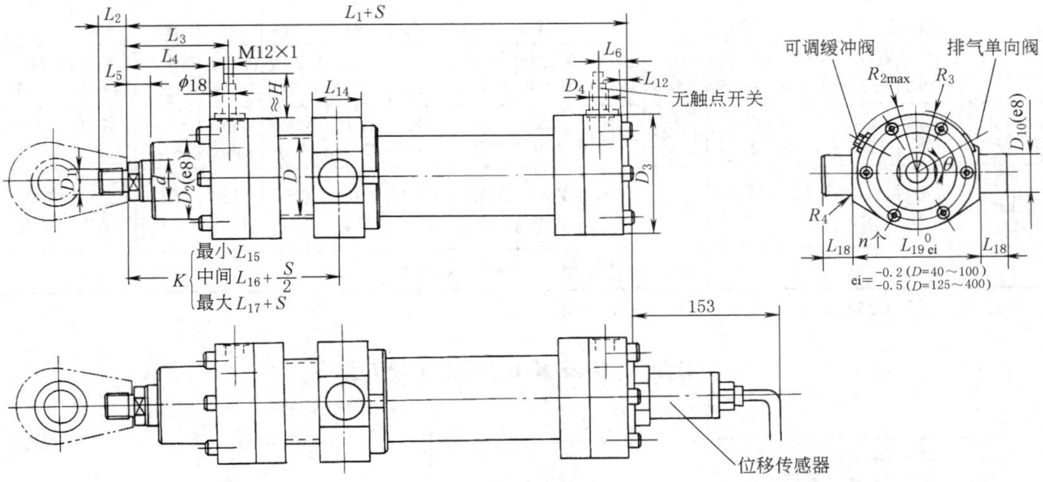


**表 21-6-79**

mm

| | | | | | | | | | | | | | | | | | |
|---|---|---|---|---|---|---|---|---|---|---|---|---|---|---|---|---|---|
| $D$ | | 40 | 50 | 63 | 80 | 100 | 125 | 140 | 160 | 180 | 200 | 220 | 250 | 280 | 320 | 360 | 400 |
| $d$ | | 22/28 | 28/36 | 36/45 | 45/56 | 56/70 | 70/90 | 90/100 | 100/110 | 110/125 | 125/140 | 140/160 | 160/180 | 180/200 | 200/220 | 220/250 | 250/280 |
| $S_{min}$ | | 20 | 20 | 20 | 30 | 30 | 30 | 30 | 30 | 30 | 30 | 50 | 80 | 120 | 150 | 180 | 200 |
| $L$(缓冲长度) | | 20 | 20 | 25 | 30 | 35 | 50 | 50 | 55 | 65 | 70 | 80 | 90 | 90 | 100 | 110 | 120 |
| $D_1$ | Ⅰ型 | M16×1.5 | M22×1.5 | M30×2 | M36×2 | M48×2 | M56×2 | M72×3 | M80×3 | M100×3 | M110×3 | M125×4 | M125×4 | M140×4 | M160×4 | M180×4 | M200×4 |
| | Ⅱ型 | M16×1.5 | M22×1.5 | M28×1.5 | M35×1.5 | M45×1.5 | M58×1.5 | M65×1.5 | M80×2 | M100×2 | M110×2 | M120×3 | M120×3 | M130×3 | — | — | — |
| | Ⅲ型 | M18×2 | M24×2 | M30×2 | M39×3 | M50×3 | M64×3 | M80×3 | M90×3 | M100×3 | M110×4 | M120×4 | M120×4 | M150×4 | M160×4 | M180×4 | M200×4 |
| $D_2$ | | 50 | 64 | 75 | 95 | 115 | 135 | 155 | 180 | 200 | 215 | 245 | 280 | 305 | 350 | 400 | 450 |
| $D_3$ | | 80 | 100 | 120 | 140 | 170 | 205 | 225 | 265 | 290 | 315 | 355 | 400 | 440 | 500 | 550 | 620 |
| $D_4$ | 公制 | M18×1.5 | M22×1.5 | M27×2 | M27×2 | M33×2 | M42×2 | M42×2 | M42×2 | M50×2 | M50×2 | M50×2 | M50×2 | M50×2 | M50×2 | M60×2 | M60×2 |
| | 英制 | G3/8 | G1/2 | G3/4 | G3/4 | G1 | G1¼ | G1¼ | G1¼ | G1½ | G1½ | G1½ | G1½ | G1½ | G1½ | G2 | G2 |
| $D_{10}$ | | 30 | 30 | 35 | 40 | 50 | 60 | 65 | 75 | 85 | 90 | 100 | 110 | 130 | 160 | 180 | 200 |
| $L_1$ | | 226 | 234 | 262 | 275 | 325 | 382 | 420 | 475 | 515 | 540 | 635 | 659 | 744 | 815 | 890 | 980 |
| $L_2$ | Ⅰ型 | 22 | 30 | 40 | 50 | 63 | 75 | 85 | 95 | 112 | 112 | 125 | 125 | 140 | 160 | 180 | 200 |
| | Ⅱ型 | 16 | 22 | 28 | 35 | 45 | 58 | 65 | 80 | 100 | 110 | 120 | 120 | 130 | — | — | — |
| | Ⅲ型 | 30 | 35 | 45 | 55 | 75 | 95 | 110 | 120 | 140 | 150 | 160 | 160 | 190 | 200 | 220 | 260 |
| $L_3$ | | 76 | 80 | 89.5 | 87.5 | 112.5 | 129.5 | 142.5 | 160 | 175 | 180 | 220 | 230 | 260 | 295 | 320 | 360 |
| $L_4$ | | 54 | 58 | 67 | 65 | 85 | 97 | 105 | 120 | 130 | 135 | 155 | 165 | 170 | 195 | 210 | 230 |
| $L_5$ | | 17 | 20 | 20 | 20 | 30 | 30 | 30 | 35 | 35 | 40 | 40 | 40 | 40 | 40 | 50 | 50 |
| $L_6$ | | 32 | 32 | 27.5 | 37.5 | 32.5 | 37.5 | 42.5 | 50 | 50 | 50 | 75 | 75 | 100 | 110 | 120 | 140 |
| $L_{12}$ | | 5 | 5 | 5 | 5 | 5 | 5 | 5 | 10 | 10 | 10 | 10 | 10 | 10 | 10 | 10 | 10 |
| $L_{14}$ | | 35 | 35 | 40 | 45 | 55 | 65 | 70 | 80 | 95 | 100 | 110 | 125 | 145 | 175 | 200 | 220 |
| $L_{15}$ | | 135 | 140 | 160 | 160 | 205 | 235 | 255 | 285 | 315 | 325 | 390 | 420 | 480 | 540 | 595 | 655 |
| $L_{16}$ | | 134 | 139 | 162 | 162.5 | 202.5 | 237 | 260 | 292.5 | 317.5 | 332.5 | 390 | 407 | 452 | 500 | 545 | 600 |
| $L_{17}$ | | 125 | 130 | 150 | 150 | 185 | 220 | 250 | 280 | 290 | 315 | 360 | 360 | 390 | 420 | 450 | 495 |
| $L_{18}$ | | 20 | 20 | 20 | 25 | 30 | 40 | 42.5 | 52.5 | 55 | 55 | 60 | 65 | 70 | 90 | 100 | 110 |
| $L_{19}$ | | 95 | 115 | 130 | 145 | 175 | 210 | 230 | 275 | 300 | 320 | 370 | 410 | 450 | 510 | 560 | 630 |
| $R_2$ | | 56.5 | 61 | 75.5 | 81.5 | 99 | 113 | 133 | 149 | 172.5 | 182.5 | 210 | 230 | 261 | 287 | 330 | 360 |
| $R_3$ | | 53 | 57.5 | 70.5 | 76.5 | 81 | 107 | 123 | 139 | 158.5 | 168.5 | 192 | 212 | 239 | 265 | 302 | 332 |
| $R_4$ | | 1.5 | 1.5 | 2 | 2 | 2 | 2.5 | 2.5 | 2.5 | 2.5 | 2.5 | 2.5 | 2.5 | 2.5 | 2.5 | 4 | 4 |

续表

| θ<br>n<br>H | | 30°<br>6<br>29 | 30°<br>6<br>28 | 30°<br>6<br>28 | 30°<br>6<br>29 | 30°<br>6<br>31 | 30°<br>6<br>29 | 45°<br>8<br>34 | 45°<br>8<br>29 | 45°<br>8<br>34 | 45°<br>8<br>39 | 45°<br>8<br>39 | 45°<br>8<br>36 | 45°<br>8<br>39 | 45°<br>8<br>39 | 54°<br>10<br>39 | 54°<br>10<br>39 |
|---|---|---|---|---|---|---|---|---|---|---|---|---|---|---|---|---|---|
| $\Delta$/kg·mm$^{-1}$ | | 0.013/<br>0.016 | 0.02/<br>0.023 | 0.026/<br>0.034 | 0.037/<br>0.05 | 0.057/<br>0.068 | 0.076/<br>0.096 | 0.127/<br>0.139 | 0.136/<br>0.149 | 0.171/<br>0.192 | 0.219/<br>0.244 | 0.282/<br>0.319 | 0.424/<br>0.466 | 0.476/<br>0.523 | 0.612/<br>0.663 | 0.743/<br>0.629 | 0.934/<br>1.031 |
| J/kg | Ⅰ、Ⅱ、Ⅲ | 7.7/<br>7.8 | 12.4/<br>12.5 | 18.7/<br>19.0 | 27.2/<br>27.4 | 47/48 | 80/81 | 108/<br>109 | 171/<br>172 | 228/<br>230 | 280/<br>282 | 428/<br>430 | 585/<br>588 | 810/<br>814 | 1177/<br>1180 | 1562/<br>1570 | 2224/<br>2231 |
| | ⅠA、ⅡB、ⅢC | 8.4/<br>8.5 | 13.4/<br>13.5 | 20.2/<br>20.4 | 29.6/<br>29.8 | 51/52 | 88/89 | 118/<br>119 | 188/<br>189 | 255/<br>257 | 310/<br>312 | 475/<br>477 | 632/<br>635 | 898/<br>902 | 1296/<br>1299 | 1702/<br>1710 | 2412/<br>2419 |
| 液压缸质量：$Q \approx J+\Delta S$(kg) | | | | | | | | | | | | | | | | | |

注：尺寸 H 只用于 C25ZBK 型；尺寸 153 只用于 C25ZBNi 型。

## C25JG、C25JGK、C25JGNi 型

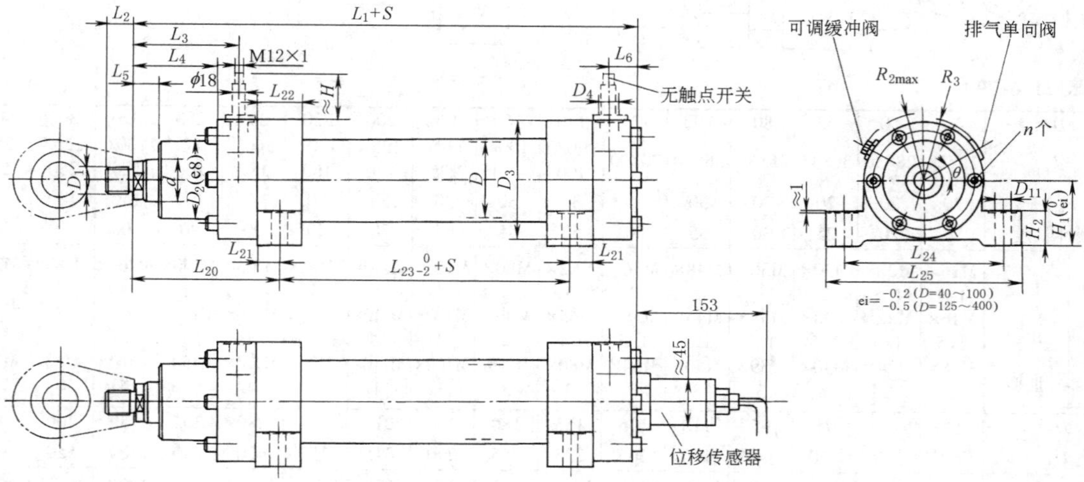


**表 21-6-80**

mm

| D | | 40 | 50 | 63 | 80 | 100 | 125 | 140 | 160 | 180 | 200 | 220 | 250 | 280 | 320 | 360 | 400 |
|---|---|---|---|---|---|---|---|---|---|---|---|---|---|---|---|---|---|
| d | | 22/28 | 28/36 | 36/45 | 45/56 | 56/70 | 70/90 | 90/<br>100 | 100/<br>110 | 110/<br>125 | 125/<br>140 | 140/<br>160 | 160/<br>180 | 180/<br>200 | 200/<br>220 | 220/<br>250 | 250/<br>280 |
| L(缓冲长度) | | 20 | 20 | 25 | 30 | 35 | 50 | 50 | 55 | 65 | 70 | 80 | 90 | 90 | 100 | 110 | 120 |
| $D_1$ | Ⅰ型 | M16×<br>1.5 | M22×<br>1.5 | M30×<br>2 | M36×<br>2 | M48×<br>2 | M56×<br>2 | M72×<br>3 | M80×<br>3 | M100×<br>3 | M110×<br>3 | M125×<br>4 | M125×<br>4 | M140×<br>4 | M160×<br>4 | M180×<br>4 | M200×<br>4 |
| | Ⅱ型 | M16×<br>1.5 | M22×<br>1.5 | M28×<br>1.5 | M35×<br>1.5 | M45×<br>1.5 | M58×<br>1.5 | M65×<br>1.5 | M80×<br>2 | M100×<br>2 | M110×<br>2 | M120×<br>3 | M120×<br>3 | M130×<br>3 | — | — | — |
| | Ⅲ型 | M18×<br>2 | M24×<br>2 | M30×<br>2 | M39×<br>3 | M50×<br>3 | M64×<br>3 | M80×<br>3 | M90×<br>3 | M100×<br>3 | M110×<br>4 | M120×<br>4 | M120×<br>4 | M150×<br>4 | M160×<br>4 | M180×<br>4 | M200×<br>4 |
| $D_2$ | | 50 | 64 | 75 | 95 | 115 | 135 | 155 | 180 | 200 | 215 | 245 | 280 | 305 | 350 | 400 | 450 |
| $D_3$ | | 80 | 100 | 120 | 140 | 170 | 205 | 225 | 265 | 290 | 315 | 355 | 400 | 440 | 500 | 550 | 620 |
| $D_4$ | 公制 | M18×<br>1.5 | M22×<br>1.5 | M27×<br>2 | M27×<br>2 | M33×<br>2 | M42×<br>2 | M42×<br>2 | M42×<br>2 | M50×<br>2 | M50×<br>2 | M50×<br>2 | M50×<br>2 | M50×<br>2 | M50×<br>2 | M60×<br>2 | M60×<br>2 |
| | 英制 | G3/8 | G1/2 | G3/4 | G3/4 | G1 | G1¼ | G1¼ | G1¼ | G1½ | G1½ | G1½ | G1½ | G1½ | G1½ | G2 | G2 |
| $D_{11}$ | | 11.5 | 11.5 | 14 | 18 | 22 | 26 | 30 | 33 | 39 | 39 | 45 | 52 | 52 | 62 | 62 | 70 |
| $L_1$ | | 226 | 234 | 262 | 275 | 325 | 382 | 420 | 475 | 515 | 540 | 635 | 659 | 744 | 815 | 890 | 980 |
| $L_2$ | Ⅰ型 | 22 | 30 | 40 | 50 | 63 | 75 | 85 | 95 | 112 | 112 | 125 | 125 | 140 | 160 | 180 | 200 |
| | Ⅱ型 | 16 | 22 | 28 | 35 | 45 | 58 | 65 | 80 | 100 | 110 | 120 | 120 | 130 | — | — | — |
| | Ⅲ型 | 30 | 35 | 45 | 55 | 75 | 95 | 110 | 120 | 140 | 150 | 160 | 160 | 190 | 200 | 220 | 260 |

续表

| D | | 40 | 50 | 63 | 80 | 100 | 125 | 140 | 160 | 180 | 200 | 220 | 250 | 280 | 320 | 360 | 400 |
|---|---|---|---|---|---|---|---|---|---|---|---|---|---|---|---|---|---|
| $L_3$ | | 76 | 80 | 89. 5 | 87. 5 | 112. 5 | 129. 5 | 142. 5 | 160 | 175 | 180 | 220 | 230 | 260 | 295 | 320 | 360 |
| $L_4$ | | 54 | 58 | 67 | 65 | 85 | 97 | 105 | 120 | 130 | 135 | 155 | 165 | 170 | 195 | 210 | 230 |
| $L_5$ | | 17 | 20 | 20 | 20 | 30 | 30 | 30 | 35 | 35 | 40 | 40 | 40 | 40 | 40 | 50 | 50 |
| $L_6$ | | 32 | 32 | 27. 5 | 37. 5 | 32. 5 | 37. 5 | 42. 5 | 50 | 50 | 50 | 75 | 75 | 100 | 110 | 120 | 140 |
| $L_{20}$ | | 106. 5 | 110. 5 | 127 | 135 | 165 | 192 | 207. 5 | 232. 5 | 250 | 260 | 307 | 320 | 369. 5 | 400 | 435 | 480 |
| $L_{21}$ | | 12. 5 | 12. 5 | 15 | 25 | 25 | 30 | 32. 5 | 37. 5 | 40 | 45 | 47 | 50 | 64. 5 | 60 | 65 | 70 |
| $L_{22}$ | | 30 | 35 | 40 | 50 | 55 | 60 | 65 | 75 | 80 | 90 | 94 | 100 | 120 | 120 | 130 | 140 |
| $L_{23}$ | | 55 | 57 | 70 | 55 | 75 | 90 | 105 | 120 | 135 | 145 | 166 | 174 | 165 | 200 | 220 | 240 |
| $L_{24}$ | | 110 | 130 | 150 | 170 | 205 | 255 | 280 | 330 | 360 | 385 | 445 | 500 | 530 | 610 | 660 | 750 |
| $L_{25}$ | | 135 | 155 | 180 | 210 | 250 | 305 | 340 | 400 | 440 | 465 | 530 | 600 | 630 | 730 | 780 | 880 |
| $H_1$ | | 45 | 55 | 65 | 70 | 85 | 105 | 115 | 135 | 150 | 160 | 185 | 205 | 225 | 255 | 280 | 320 |
| $H_2$ | | 26 | 31 | 37 | 42 | 52 | 60 | 65 | 70 | 80 | 85 | 95 | 110 | 125 | 140 | 150 | 170 |
| $R_2$ | | 56. 5 | 61 | 75. 5 | 81. 5 | 99 | 113 | 133 | 149 | 172. 5 | 182. 5 | 210 | 230 | 261 | 287 | 330 | 360 |
| $R_3$ | | 53 | 57. 5 | 70. 5 | 76. 5 | 81 | 107 | 123 | 139 | 158. 5 | 168. 5 | 192 | 212 | 239 | 265 | 302 | 332 |
| $\theta$ | | 30° | 30° | 30° | 30° | 30° | 30° | 45° | 45° | 45° | 45° | 45° | 45° | 45° | 45° | 54° | 54° |
| $n$ | | 6 | 6 | 6 | 6 | 6 | 6 | 8 | 8 | 8 | 8 | 8 | 8 | 8 | 8 | 10 | 10 |
| $H$ | | 29 | 28 | 28 | 29 | 31 | 29 | 34 | 29 | 34 | 39 | 39 | 36 | 39 | 39 | 39 | 39 |
| $\Delta$/kg · mm$^{-1}$ | | 0. 013/0. 016 | 0. 02/0. 023 | 0. 026/0. 034 | 0. 037/0. 05 | 0. 057/0. 068 | 0. 076/0. 096 | 0. 127/0. 139 | 0. 136/0. 149 | 0. 171/0. 192 | 0. 219/0. 244 | 0. 282/0. 319 | 0. 424/0. 466 | 0. 476/0. 523 | 0. 612/0. 663 | 0. 743/0. 829 | 0. 934/1. 031 |
| $J$/kg | Ⅰ、Ⅱ、Ⅲ | 7. 7/7. 8 | 12. 9/13. 0 | 19. 7/20. 0 | 29. 7/29. 8 | 49/50 | 86/87 | 118/119 | 176/177 | 233/235 | 297/299 | 430/432 | 570/573 | 787/791 | 1125/1128 | 1500/1508 | 2102/2109 |
| | ⅠA、ⅡB、ⅢC | 8. 4/8. 5 | 13. 9/14. 0 | 21. 1/21. 4 | 32. 1/32. 3 | 53/54 | 94/95 | 128/129 | 193/194 | 260/262 | 327/329 | 477/479 | 618/621 | 875/879 | 1244/1247 | 1640/1648 | 2289/2296 |
| 液压缸质量：$Q \approx J + \Delta S$(kg) | | | | | | | | | | | | | | | | | |

注：尺寸 $H$ 只用于 C25JGK 型；尺寸 153 只用于 C25JGNi 型。

**表 21-6-81**

D25JG、D25JGK 型

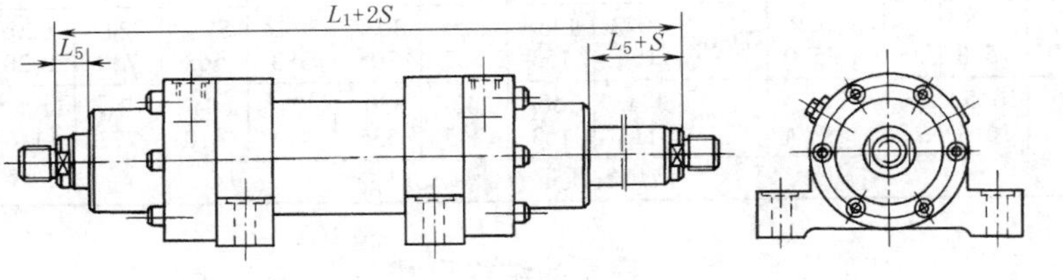


其余外形尺寸见C25JG型(表21-6-80)

D25ZB、D25ZBK 型

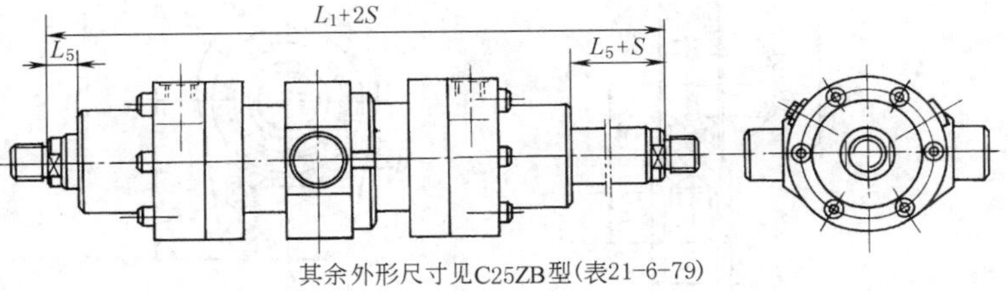


其余外形尺寸见C25ZB型(表21-6-79)

续表

D25TF、D25TFK 型

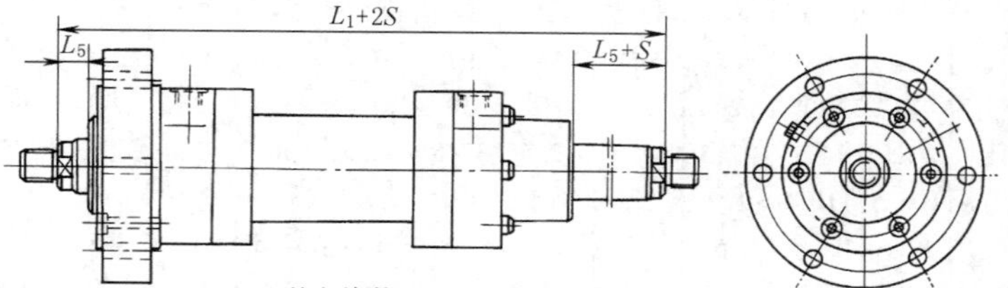


其余外形尺寸见C25TF型(表21-6-78)

mm

| D(缸体内径) | 40 | 50 | 63 | 80 | 100 | 125 | 140 | 160 | 180 | 200 | 220 | 250 | 280 | 320 | 360 | 400 |
|---|---|---|---|---|---|---|---|---|---|---|---|---|---|---|---|---|
| $L_1$ | 268 | 278 | 324 | 325 | 405 | 474 | 520 | 585 | 635 | 665 | 780 | 814 | 904 | 1000 | 1090 | 1200 |
| $L_5$ | 17 | 20 | 20 | 20 | 30 | 30 | 30 | 35 | 40 | 40 | 40 | 40 | 40 | 40 | 50 | 50 |

**表 21-6-82　　D25 系列液压缸质量**

| | | D/mm | 40 | 50 | 63 | 80 | 100 | 125 | 140 | 160 | 180 | 200 | 220 | 250 | 280 | 320 | 360 | 400 |
|---|---|---|---|---|---|---|---|---|---|---|---|---|---|---|---|---|---|---|
| | | d/mm | 22/28 | 28/36 | 36/45 | 45/56 | 56/70 | 70/90 | 90/100 | 100/110 | 110/125 | 125/140 | 140/160 | 160/180 | 180/200 | 200/220 | 220/250 | 250/280 |
| | | Δ/kg · mm$^{-1}$ | 0.015/0.02 | 0.023/0.029 | 0.031/0.04 | 0.044/0.063 | 0.076/0.098 | 0.106/0.146 | 0.176/0.201 | 0.192/0.218 | 0.245/0.289 | 0.315/0.365 | 0.403/0.477 | 0.582/0.666 | 0.676/0.77 | 0.858/0.962 | 1.037/1.212 | 1.317/1.511 |
| JG型 | J/kg | Ⅰ、Ⅱ、Ⅲ | 7.7/7.9 | 12.9/13.2 | 21.5/22.2 | 31.6/32.6 | 55/56 | 94/96 | 131/139 | 196/198 | 262/267 | 335/343 | 482/488 | 639/645 | 884/892 | 1262/1271 | 1705/1746 | 2339/2359 |
| | | ⅠA1、ⅡB1、ⅢC1 | 8.4/8.6 | 13.9/14.2 | 22.9/23.6 | 34.0/35.0 | 59/60 | 102/104 | 142/149 | 213/215 | 288/293 | 365/374 | 529/535 | 686/692 | 972/980 | 1381/1390 | 1845/1886 | 2526/2545 |
| | | ⅠA2、ⅡB2、ⅢC2 | 9.1/9.3 | 14.9/15.2 | 24.4/25.1 | 36.4/37.4 | 63/64 | 110/112 | 153/160 | 230/232 | 314/319 | 395/405 | 576/582 | 733/739 | 1060/1068 | 1500/1509 | 1985/2026 | 2712/2731 |
| ZB型 | J/kg | Ⅰ、Ⅱ、Ⅲ | 7.7/7.9 | 12.5/12.7 | 20.5/21.2 | 28.8/29.9 | 53/54 | 88/90 | 125/132 | 190/193 | 254/260 | 318/326 | 479/485 | 653/639 | 905/913 | 1314/1323 | 1767/1808 | 2461/2480 |
| | | ⅠA1、ⅡB1、ⅢC1 | 8.4/8.6 | 13.5/13.7 | 21.9/22.7 | 31.2/32.3 | 57/58 | 96/98 | 134/141 | 208/210 | 281/286 | 348/357 | 526/532 | 700/706 | 993/1001 | 1433/1442 | 1907/1948 | 2648/2667 |
| | | ⅠA2、ⅡB2、ⅢC2 | 9.1/9.3 | 14.5/14.7 | 23.4/24.2 | 33.6/34.7 | 61/62 | 104/106 | 144/151 | 225/228 | 307/312 | 378/387 | 573/579 | 747/753 | 1081/1089 | 1552/1561 | 2047/2088 | 2834/2853 |
| TF型 | J/kg | Ⅰ、Ⅱ、Ⅲ | 9.2/9.4 | 14.5/14.8 | 23.6/24.5 | 31.5/32.6 | 59/60 | 95/97 | 136/143 | 208/210 | 277/282 | 344/352 | 510/516 | 677/683 | 932/940 | 1367/1376 | 1816/1857 | 2507/2526 |
| | | ⅠA1、ⅡB1、ⅢC1 | 9.9/10.1 | 15.5/15.8 | 25.1/25.8 | 33.9/35.0 | 63/64 | 103/105 | 146/153 | 225/227 | 303/305 | 374/383 | 557/563 | 724/730 | 1020/1028 | 1486/1495 | 1956/1997 | 2694/2713 |
| | | ⅠA2、ⅡB2、ⅢC2 | 10.6/10.8 | 16.5/16.8 | 26.5/27.2 | 36.3/37.4 | 67/68 | 111/113 | 156/163 | 243/245 | 330/335 | 404/414 | 604/610 | 771/777 | 1108/1116 | 1605/1614 | 2096/2137 | 2880/2899 |

液压缸质量 $Q \approx J+\Delta S$(kg)

## 扁头的结构尺寸

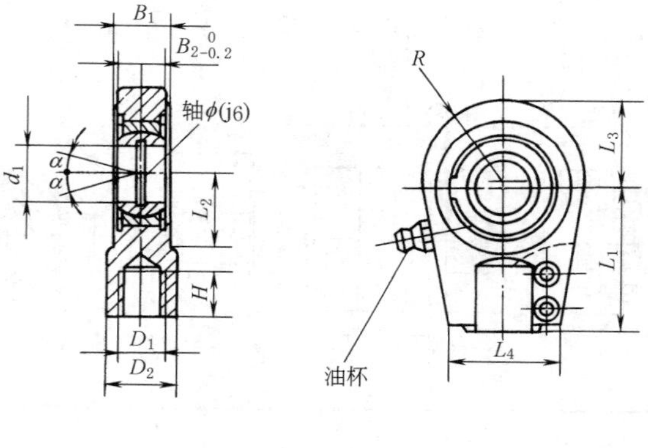

**表 21-6-83** mm

| 缸体内径 $D$ | | 40 | 50 | 63 | 80 | 100 | 125 | 140 | 160 | 180 | 200 | 220 | 250 | 280 | 320 | 360 | 400 |
|---|---|---|---|---|---|---|---|---|---|---|---|---|---|---|---|---|---|
| $d_1$ | | 25 | 30 | 35 | 40 | 50 | 60 | 70 | 80 | 90 | 100 | 110 | 110 | 120 | 140 | 160 | 180 |
| $D_1$ | A 型 | M16×1.5 | M22×1.5 | M30×2 | M36×2 | M48×2 | M56×2 | M72×3 | M80×3 | M100×3 | M110×3 | M125×4 | M125×4 | M140×4 | M160×4 | M180×4 | M200×4 |
| | B 型 | M16×1.5 | M22×1.5 | M28×1.5 | M35×1.5 | M45×1.5 | M58×1.5 | M65×1.5 | M80×2 | M100×2 | M110×2 | M120×3 | M120×3 | M130×3 | | | |
| | C 型 | M18×2 | M24×2 | M30×2 | M39×3 | M50×3 | M64×3 | M80×3 | M90×3 | M100×3 | M110×4 | M120×4 | M120×4 | M150×4 | M160×4 | M180×4 | M200×4 |
| $D_2$ | | 28 | 35 | 44 | 55 | 70 | 90 | 105 | 125 | 150 | 170 | 180 | 180 | 210 | 230 | 260 | 280 |
| $H$ | A 型 | 23 | 31 | 41 | 51 | 64 | 76 | 86 | 96 | 113 | 113 | 126 | 126 | 141 | 165 | 185 | 205 |
| | B 型 | 17 | 23 | 29 | 36 | 46 | 59 | 66 | 81 | 101 | 111 | 121 | 121 | 131 | | | |
| | C 型 | 31 | 36 | 46 | 56 | 76 | 96 | 111 | 121 | 141 | 151 | 161 | 161 | 191 | 205 | 225 | 265 |
| $B_1$ | | 23 | 28 | 30 | 35 | 40 | 50 | 55 | 60 | 65 | 70 | 80 | 80 | 90 | 110 | 120 | 130 |
| $B_2$ | | 20 | 22 | 25 | 30 | 35 | 45 | 50 | 55 | 60 | 65 | 70 | 70 | 85 | 90 | 105 | 105 |
| $L_1$ | A 型 | 55 | 70 | 85 | 100 | 125 | 150 | 170 | 185 | 220 | 235 | 265 | 265 | 310 | 370 | 420 | 480 |
| | B 型 | 50 | 60 | 70 | 85 | 105 | 130 | 150 | 170 | 210 | 235 | 265 | 265 | 310 | | | |
| | C 型 | 65 | 75 | 90 | 105 | 135 | 170 | 195 | 210 | 250 | 275 | 300 | 300 | 360 | 420 | 460 | 520 |
| $L_2$ | | 27 | 33 | 38 | 45 | 55 | 65 | 75 | 80 | 90 | 105 | 115 | 115 | 140 | 160 | 180 | 200 |
| $L_3$ | | 30 | 34 | 42 | 50 | 63 | 70 | 83 | 95 | 113 | 125 | 142.5 | 142.5 | 180 | 200 | 230 | 260 |
| $L_4$ | A 型 | 44 | 50 | 60 | 74 | 86 | 112 | 120 | 140 | 160 | 170 | 192 | 192 | 210 | 250 | 280 | 310 |
| | B 型 | 40 | 44 | 54 | 70 | 84 | 108 | 114 | 132 | 152 | 170 | 192 | 192 | 204 | | | |
| | C 型 | 48 | 54 | 66 | 78 | 90 | 118 | 130 | 152 | 162 | 172 | 194 | 194 | 230 | 250 | 280 | 310 |
| $R$ | | 28 | 32 | 39 | 47 | 58 | 65 | 77 | 88 | 103 | 115 | 132.5 | 132.5 | 170 | 190 | 215 | 245 |
| $\alpha$ | | 6° | 6° | 6° | 6° | 6° | 6° | 6° | 6° | 6° | 6° | 6° | 6° | 6° | 6° | 6° | 6° |
| 螺钉紧固力矩/N·m | | 9 | 20 | 40 | 80 | 80 | 160 | 160 | 300 | 300 | 300 | 500 | 500 | 500 | 1000 | 1000 | 1800 |

注：1. 表中 A、B、C 型扁头可分别与活塞杆端为Ⅰ、Ⅱ、Ⅲ型螺纹相配。

2. 当选用 C 型扁头时，可在扁头与活塞杆端螺纹连接处加扁螺母进行适量调整。

## 液压缸端部支座型式（供设计参考，图中尺寸详见样本）

Ⅰ型

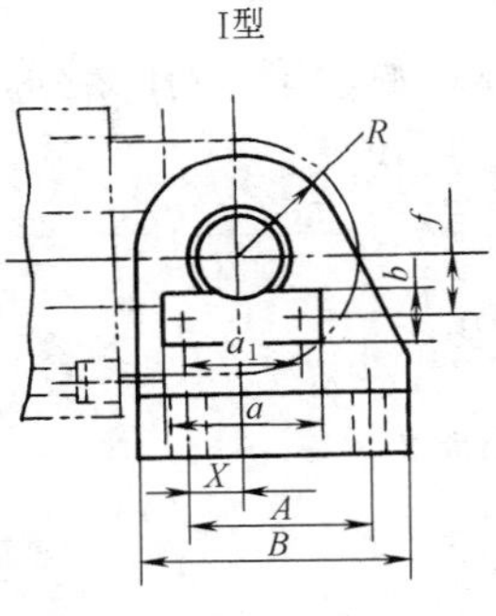

Ⅱ型

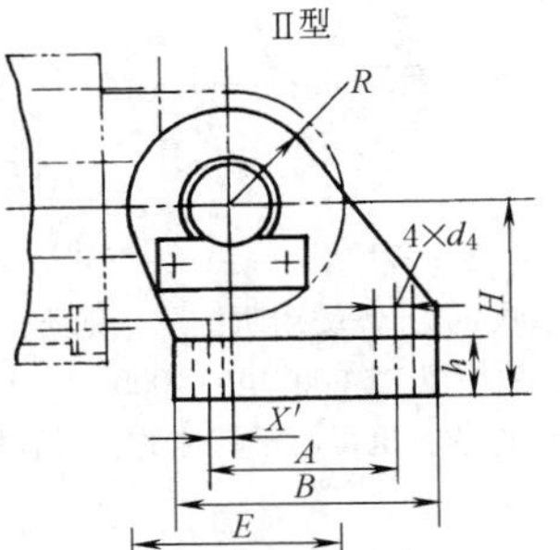

Ⅲ型

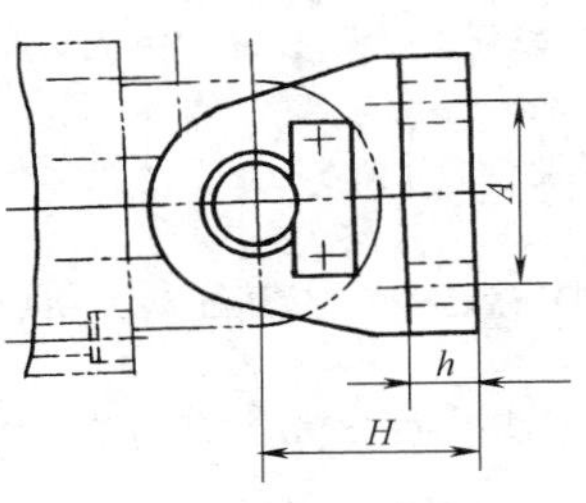

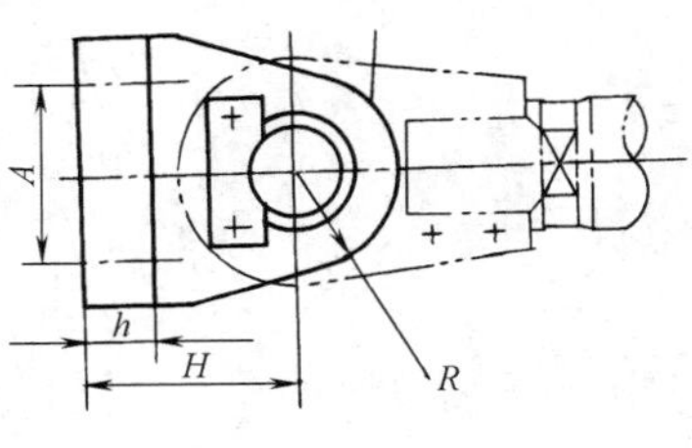

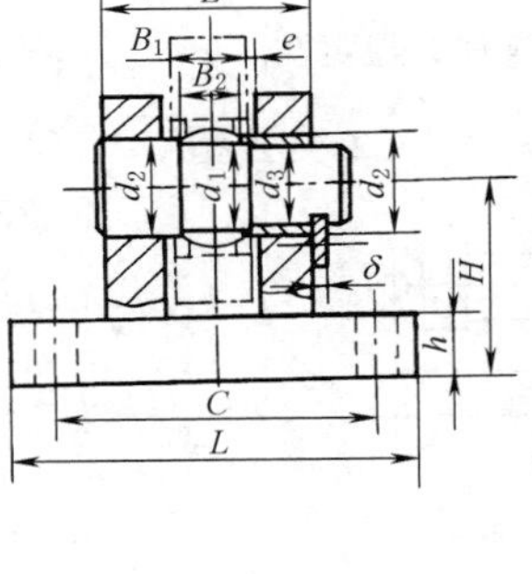

说 明

1. 销轴端部要否油杯（JB/T 7940.1）由设计者确定。
2. 为防止支座的紧固螺栓受剪力，可采取键、锥销和挡块等措施，本图未示出。
3. $X'$尺寸由设计者按需确定。

### 防护罩的结构尺寸

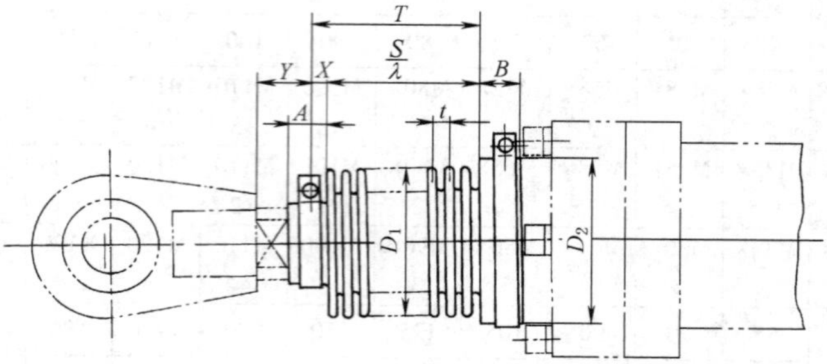


表 21-6-84

mm

| 液压缸内径 $D$ | 活塞杆直径 $d$ | $D_1$ | $D_2$ | $A$ | $B$ | $X$ | $Y$ | $T$ | $\lambda$ | 固有质量 $J$/kg | 递增质量 $\Delta$/kg·mm$^{-1}$ | 液压缸内径 $D$ | 活塞杆直径 $d$ | $D_1$ | $D_2$ | $A$ | $B$ | $X$ | $Y$ | $T$ | $\lambda$ | 固有质量 $J$/kg | 递增质量 $\Delta$/kg·mm$^{-1}$ |
|---|---|---|---|---|---|---|---|---|---|---|---|---|---|---|---|---|---|---|---|---|---|---|---|
| 40 | 22 | 50 | 50 | 12 | 20 | 10 | 17 | 3.6 | 4 | 0.05 | 0.0014 | 180 | 110 | 170 | 200 | 20 | 40 | 20 | 35 | 5.6 | 6 | 0.47 | 0.0047 |
| | 28 | 60 | 50 | | | | | | | 0.05 | 0.0017 | | 125 | 185 | 200 | | | | | | | 0.48 | 0.0051 |
| 50 | 28 | 60 | 64 | | | | 20 | | | 0.06 | 0.0017 | 200 | 125 | 185 | 215 | | | | 40 | | | 0.50 | 0.0051 |
| | 36 | 70 | 64 | | | | | | | 0.06 | 0.0020 | | 140 | 200 | 215 | | | | | | | 0.51 | 0.0055 |
| 63 | 36 | 70 | 75 | | | | | | | 0.07 | 0.0020 | 220 | 140 | 200 | 245 | | | | | | | 0.56 | 0.0055 |
| | 45 | 80 | 75 | | | | | | | 0.07 | 0.0023 | | 160 | 220 | 245 | | | | | | | 0.59 | 0.0061 |
| 80 | 45 | 80 | 95 | | | | | | | 0.08 | 0.0023 | 250 | 160 | 220 | 280 | | | | | | | 0.66 | 0.0061 |
| | 56 | 100 | 95 | | | | | | | 0.09 | 0.0029 | | 180 | 250 | 280 | | | | | | | 0.69 | 0.0088 |
| 100 | 56 | 100 | 115 | 15 | 30 | 15 | 30 | 4.4 | 5 | 0.17 | 0.0029 | 280 | 180 | 250 | 305 | | | | | 7 | | 0.79 | 0.0088 |
| | 70 | 120 | 115 | | | | | | | 0.17 | 0.0035 | | 200 | 270 | 305 | | | | | | | 0.79 | 0.0095 |
| 125 | 70 | 120 | 135 | | | | | | | 0.20 | 0.0035 | 320 | 200 | 270 | 350 | | | | | | | 0.89 | 0.0095 |
| | 90 | 140 | 135 | | | | | | | 0.20 | 0.0042 | | 220 | 290 | 350 | | | | | | | 0.90 | 0.0102 |
| 140 | 90 | 140 | 155 | | | | | | | 0.23 | 0.0042 | 360 | 220 | 290 | 400 | | | | | | | 1.03 | 0.0102 |
| | 100 | 150 | 155 | | | | | | | 0.23 | 0.0046 | | 250 | 320 | 400 | | | | | | | 1.03 | 0.0114 |
| 160 | 100 | 150 | 180 | | | | 35 | | | 0.26 | 0.0046 | 400 | 250 | 320 | 450 | | | | | | | 1.17 | 0.0114 |
| | 110 | 170 | 180 | | | | | | | 0.28 | 0.0051 | | 280 | 360 | 450 | | | | | | | 1.17 | 0.0129 |

注：1. 用途是防尘、防水、防蒸气、防酸碱。

2. 主体材质：氯丁橡胶，耐热 130℃。

3. $S$—液压缸行程，mm；$Y$—无防护罩时杆端外露长度，mm；$T$—杆端加长，mm，$T=S/\lambda+X$（圆整）；$t$—防护罩全压缩时的节距，mm。

4. 质量 $Q$ 的计算方法：

$$Q=J+\Delta S\ (\text{kg})$$

5. 型号标记示例：液压缸 $D/d=200/140$，$S=1000$mm，需配用防护罩，则所选防护罩标记为

防护罩 FZ 200/140-1000

这种防护罩是专为 C25、D25 系列高压重型液压缸设计的，也可用于其他场合，有特殊要求另行商议。

（4）液压缸的最大允许行程

液压缸在最大允许行程范围内使用，可确保其稳定性。

### C25WE 型

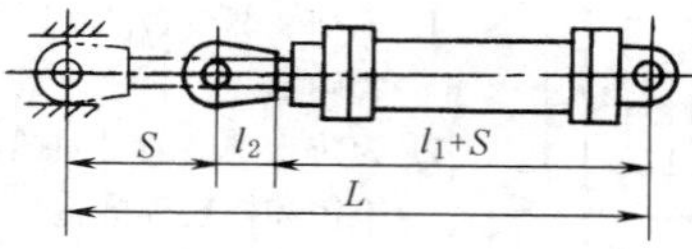


$L=L_k$（$L_k$ 见表 21-6-4）

$S=\frac{1}{2}(L-l_1-l_2)$

表 21-6-85

| 液压缸内径 $D$ /mm | 活塞杆直径 $d$ /mm | 工作压力 $p$/MPa 5 | 10 | 15 | 20 | 25 | 液压缸内径 $D$ /mm | 活塞杆直径 $d$ /mm | 工作压力 $p$/MPa 5 | 10 | 15 | 20 | 25 |
|---|---|---|---|---|---|---|---|---|---|---|---|---|---|
| | | 最大允许行程 $S$/mm | | | | | | | 最大允许行程 $S$/mm | | | | |
| 40 | 22 | 360 | 205 | 140 | 100 | 70 | 180 | 110 | 2475 | 1630 | 1255 | 1030 | 880 |
| | 28 | 680 | 435 | 325 | 260 | 215 | | 125 | 3320 | 2225 | 1740 | 1450 | 1255 |
| 50 | 28 | 500 | 305 | 215 | 165 | 130 | 200 | 125 | 2920 | 1935 | 1500 | 1240 | 1065 |
| | 36 | 940 | 615 | 470 | 385 | 325 | | 140 | 3775 | 2540 | 1995 | 1670 | 1445 |
| 63 | 36 | 690 | 430 | 315 | 245 | 200 | 220 | 140 | 3325 | 2200 | 1705 | 1410 | 1205 |
| | 45 | 1185 | 780 | 600 | 495 | 425 | | 160 | 4500 | 3030 | 2380 | 1995 | 1730 |
| 80 | 45 | 870 | 550 | 410 | 325 | 270 | 250 | 160 | 3880 | 2590 | 2015 | 1675 | 1445 |
| | 56 | 1470 | 975 | 755 | 625 | 535 | | 180 | 5050 | 3415 | 2690 | 2260 | 1965 |
| 100 | 56 | 1095 | 700 | 525 | 420 | 350 | 280 | 180 | 4380 | 2925 | 2275 | 1890 | 1630 |
| | 70 | 1855 | 1235 | 960 | 800 | 685 | | 200 | 5550 | 3750 | 2950 | 2475 | 2150 |
| 125 | 70 | 1390 | 895 | 675 | 545 | 455 | 320 | 200 | 4700 | 3130 | 2430 | 2015 | 1730 |
| | 90 | 2490 | 1670 | 1310 | 1095 | 950 | | 220 | 5830 | 3925 | 3080 | 2580 | 2235 |
| 140 | 90 | 2160 | 1430 | 1105 | 915 | 785 | 360 | 220 | 5035 | 3340 | 2590 | 2140 | 1835 |
| | 100 | 2745 | 1845 | 1445 | 1205 | 1045 | | 250 | 6720 | 4530 | 3560 | 2985 | 2590 |
| 160 | 100 | 2320 | 1530 | 1185 | 975 | 835 | 400 | 250 | 5900 | 3530 | 3055 | 2535 | 2180 |
| | 110 | 2885 | 1930 | 1510 | 1260 | 1085 | | 280 | 7605 | 5135 | 4045 | 3390 | 2945 |

## C25TF 型

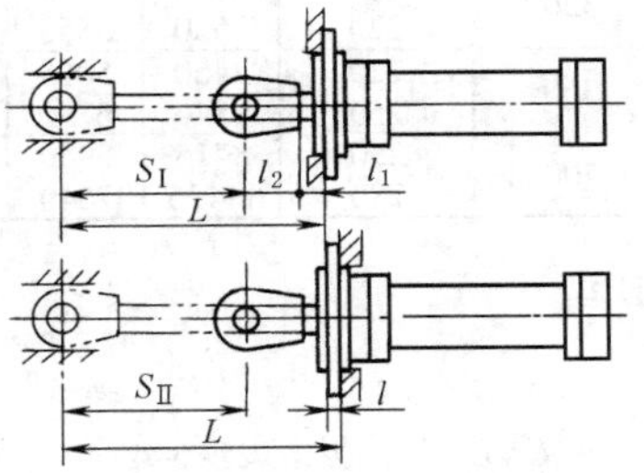


$L=\sqrt{2}L_k$（$L_k$ 见表 21-6-4）

$S_{Ⅰ}=L-l_1-l_2$

$S_{Ⅱ}=S_{Ⅰ}-l$

表 21-6-86

| 液压缸内径 $D$ /mm | 活塞杆直径 $d$ /mm | 工作压力 $p$/MPa 5 | 10 | 15 | 20 | 25 | 液压缸内径 $D$ /mm | 活塞杆直径 $d$ /mm | 工作压力 $p$/MPa 5 | 10 | 15 | 20 | 25 |
|---|---|---|---|---|---|---|---|---|---|---|---|---|---|
| | | 最大允许行程 $S_{Ⅰ}$/mm | | | | | | | 最大允许行程 $S_{Ⅰ}$/mm | | | | |
| 40 | 22 | 1400 | 965 | 775 | 665 | 585 | 180 | 110 | 7910 | 5515 | 4455 | 3820 | 3390 |
| | 28 | 2310 | 1610 | 1305 | 1120 | 995 | | 125 | 10295 | 7200 | 5830 | 5010 | 4455 |
| 50 | 28 | 1815 | 1255 | 1010 | 860 | 760 | 200 | 125 | 9220 | 6440 | 5205 | 4470 | 3965 |
| | 36 | 3060 | 2140 | 1730 | 1485 | 1320 | | 140 | 11640 | 8150 | 6600 | 5680 | 5050 |
| 63 | 36 | 2390 | 1660 | 1335 | 1140 | 1010 | 220 | 140 | 10515 | 7340 | 5935 | 5095 | 4525 |
| | 45 | 3800 | 2655 | 2145 | 1845 | 1635 | | 160 | 13835 | 9690 | 7850 | 6755 | 6010 |
| 80 | 45 | 2960 | 2050 | 1650 | 1420 | 1250 | 250 | 160 | 12125 | 8475 | 6860 | 5895 | 5240 |
| | 56 | 4650 | 3250 | 2630 | 2260 | 2010 | | 180 | 15435 | 10815 | 8770 | 7550 | 6720 |
| 100 | 56 | 3655 | 2540 | 2045 | 1750 | 1545 | 280 | 180 | 13705 | 9580 | 7755 | 6665 | 5920 |
| | 70 | 5805 | 4055 | 3280 | 2820 | 2505 | | 200 | 17010 | 11915 | 9660 | 8315 | 7400 |
| 125 | 70 | 4585 | 3185 | 2565 | 2200 | 1945 | 320 | 200 | 14775 | 10320 | 8345 | 7170 | 6365 |
| | 90 | 7700 | 5390 | 4365 | 3755 | 3340 | | 220 | 17970 | 12580 | 10190 | 8765 | 7795 |
| 140 | 90 | 6825 | 4765 | 3850 | 3305 | 2935 | 360 | 220 | 15870 | 11080 | 8955 | 7690 | 6825 |
| | 100 | 8475 | 5930 | 4805 | 4130 | 3675 | | 250 | 20635 | 14450 | 11705 | 10070 | 8955 |
| 160 | 100 | 7370 | 5145 | 4155 | 3570 | 3165 | 400 | 250 | 18455 | 12885 | 10420 | 8945 | 7940 |
| | 110 | 8970 | 6275 | 5080 | 4365 | 3880 | | 280 | 23290 | 16305 | 13210 | 11365 | 10105 |

## C25WF 型

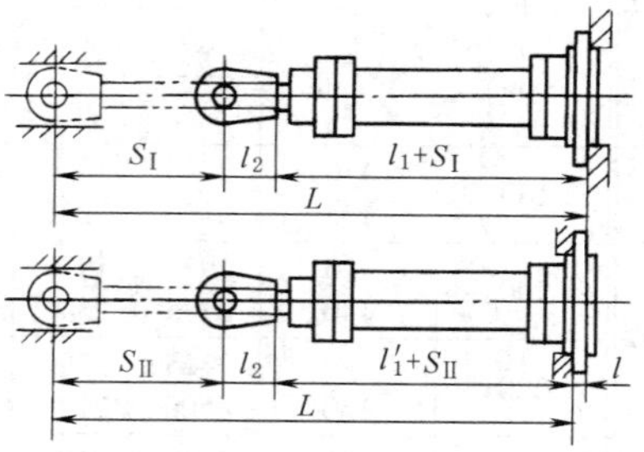


$L=\sqrt{2}L_k$（$L_k$ 见表 21-6-4）

$$S_{\rm I}=\frac{1}{2}(L-l_1-l_2)$$

$$S_{\rm II}=S_{\rm I}+\frac{l}{2}$$

表 21-6-87

| 液压缸内径 D /mm | 活塞杆直径 d /mm | 工作压力 p/MPa 5 | 10 | 15 | 20 | 25 |
|---|---|---|---|---|---|---|
| | | 最大允许行程 $S_{\rm I}$ /mm | | | | |
| 40 | 22 | 580 | 365 | 270 | 215 | 175 |
| | 28 | 1040 | 690 | 535 | 440 | 380 |
| 50 | 28 | 790 | 510 | 385 | 310 | 260 |
| | 36 | 1410 | 950 | 745 | 620 | 540 |
| 63 | 36 | 1060 | 695 | 530 | 435 | 370 |
| | 45 | 1765 | 1190 | 940 | 785 | 685 |
| 80 | 45 | 1335 | 880 | 680 | 565 | 480 |
| | 56 | 2180 | 1480 | 1170 | 985 | 860 |
| 100 | 56 | 1660 | 1100 | 850 | 705 | 605 |
| | 70 | 2730 | 1860 | 1470 | 1240 | 1085 |
| 125 | 70 | 2095 | 1395 | 1085 | 900 | 775 |
| | 90 | 3650 | 2495 | 1985 | 1680 | 1470 |
| 140 | 90 | 3200 | 2165 | 1710 | 1440 | 1250 |
| | 100 | 4025 | 2750 | 2185 | 1850 | 1620 |
| 160 | 100 | 3445 | 2330 | 1835 | 1540 | 1340 |
| | 110 | 4240 | 2895 | 2295 | 1940 | 1700 |
| 180 | 110 | 3690 | 2490 | 1960 | 1640 | 1425 |
| | 125 | 4880 | 3330 | 2645 | 2240 | 1960 |
| 200 | 125 | 4330 | 2940 | 2320 | 1955 | 1705 |
| | 140 | 5540 | 3795 | 3020 | 2560 | 2245 |
| 220 | 140 | 4930 | 3340 | 2635 | 2220 | 1930 |
| | 160 | 6590 | 4515 | 3595 | 3045 | 2675 |
| 250 | 160 | 5725 | 3900 | 3090 | 2610 | 2280 |
| | 180 | 7380 | 5070 | 4050 | 3440 | 3020 |
| 280 | 180 | 6465 | 4405 | 3490 | 2945 | 2575 |
| | 200 | 8115 | 5570 | 4445 | 3770 | 3310 |
| 320 | 200 | 6955 | 4725 | 3740 | 3150 | 2750 |
| | 220 | 8550 | 5855 | 4660 | 3950 | 3465 |
| 360 | 220 | 7460 | 5065 | 4000 | 3370 | 2940 |
| | 250 | 9840 | 6750 | 5380 | 4560 | 4005 |
| 400 | 250 | 8715 | 5930 | 4700 | 3965 | 3460 |
| | 280 | 11135 | 7640 | 6095 | 5170 | 4545 |

## C25ZB 型

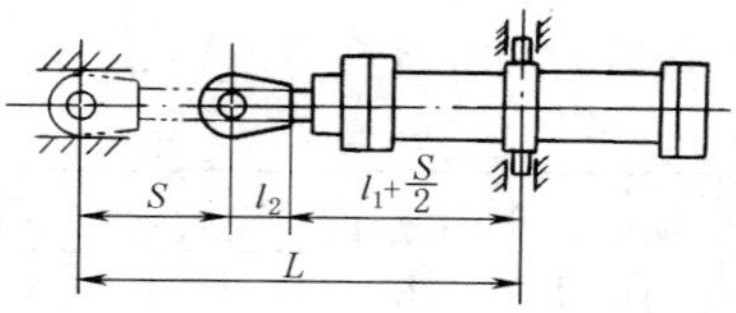


$L=L_k$（$L_k$ 见表 21-6-4）

$$S=\frac{2}{3}(L-l_1-l_2)$$

表 21-6-88

| 液压缸内径 D /mm | 活塞杆直径 d /mm | 工作压力 p/MPa 5 | 10 | 15 | 20 | 25 |
|---|---|---|---|---|---|---|
| | | 最大允许行程(摆轴在中间时)S/mm | | | | |
| 40 | 22 | 565 | 365 | 275 | 220 | 185 |
| | 28 | 995 | 665 | 520 | 435 | 375 |
| 50 | 28 | 760 | 495 | 380 | 310 | 260 |
| | 36 | 1345 | 910 | 715 | 600 | 525 |
| 63 | 36 | 1015 | 670 | 515 | 425 | 365 |
| | 45 | 1680 | 1140 | 900 | 760 | 660 |
| 80 | 45 | 1275 | 850 | 660 | 550 | 470 |
| | 56 | 2070 | 1410 | 1120 | 945 | 830 |
| 100 | 56 | 1585 | 1055 | 820 | 685 | 590 |
| | 70 | 2595 | 1770 | 1405 | 1190 | 1040 |
| 125 | 70 | 1990 | 1335 | 1040 | 865 | 950 |
| | 90 | 3460 | 2370 | 1890 | 1600 | 1405 |
| 140 | 90 | 3035 | 2060 | 1630 | 1375 | 1200 |
| | 100 | 3815 | 2610 | 2080 | 1765 | 1545 |
| 160 | 100 | 3270 | 2220 | 1750 | 1475 | 1285 |
| | 110 | 4020 | 2750 | 2190 | 1850 | 1620 |
| 180 | 110 | 3500 | 2370 | 1870 | 1570 | 1365 |
| | 125 | 4625 | 3165 | 2520 | 2135 | 1870 |
| 200 | 125 | 4105 | 2790 | 2210 | 1865 | 1625 |
| | 140 | 5245 | 3600 | 2870 | 2435 | 2135 |
| 220 | 140 | 4675 | 3180 | 2515 | 2120 | 1850 |
| | 160 | 6240 | 4285 | 3420 | 2900 | 2550 |
| 250 | 160 | 5430 | 3705 | 2945 | 2490 | 2180 |
| | 180 | 6990 | 4810 | 3845 | 3270 | 2880 |
| 280 | 180 | 6135 | 4190 | 3325 | 2810 | 2460 |
| | 200 | 7690 | 5290 | 4225 | 3590 | 3160 |
| 320 | 200 | 6595 | 4490 | 3560 | 3005 | 2630 |
| | 220 | 8100 | 5560 | 4430 | 3760 | 3300 |
| 360 | 220 | 7070 | 4810 | 3810 | 3210 | 2805 |
| | 250 | 9315 | 6400 | 5105 | 4335 | 3810 |
| 400 | 250 | 8250 | 5625 | 4460 | 3770 | 3295 |
| | 280 | 10530 | 7235 | 5780 | 4910 | 4315 |

**C25JG 型**

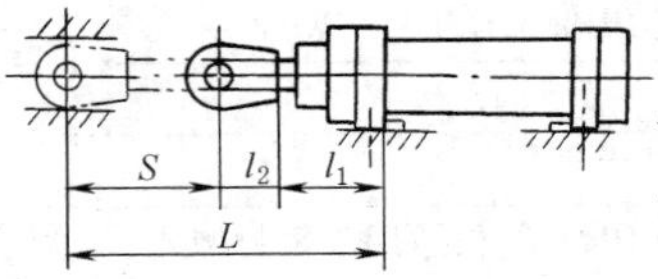


$L=\sqrt{2}L_k$（$L_k$ 见表 21-6-4）

$S=L-l_1-l_2$

表 21-6-89

| 液压缸内径 $D$ /mm | 活塞杆直径 $d$ /mm | 工作压力 $p$/MPa 5 | 10 | 15 | 20 | 25 | 液压缸内径 $D$ /mm | 活塞杆直径 $d$ /mm | 工作压力 $p$/MPa 5 | 10 | 15 | 20 | 25 |
|---|---|---|---|---|---|---|---|---|---|---|---|---|---|
| | | 最大允许行程 $S$/mm | | | | | | | 最大允许行程 $S$/mm | | | | |
| 40 | 22 | 1295 | 860 | 670 | 560 | 480 | 180 | 110 | 7670 | 5275 | 4215 | 3580 | 3150 |
| | 28 | 2205 | 1505 | 1200 | 1015 | 890 | | 125 | 10055 | 6960 | 5590 | 4770 | 4215 |
| 50 | 28 | 1705 | 1145 | 900 | 750 | 650 | 200 | 125 | 8970 | 6190 | 4955 | 4220 | 3715 |
| | 36 | 2950 | 2030 | 1620 | 1375 | 1210 | | 140 | 11390 | 7900 | 6350 | 5430 | 4800 |
| 63 | 36 | 2265 | 1535 | 1210 | 1015 | 885 | 220 | 140 | 10220 | 7045 | 5640 | 4800 | 4230 |
| | 45 | 3675 | 2530 | 2020 | 1720 | 1510 | | 160 | 13540 | 9395 | 7555 | 6460 | 5715 |
| 80 | 45 | 2820 | 1915 | 1515 | 1280 | 1115 | 250 | 160 | 11825 | 8175 | 6560 | 5595 | 4940 |
| | 56 | 4510 | 3110 | 2490 | 2125 | 1870 | | 180 | 15135 | 10515 | 8470 | 7250 | 6420 |
| 100 | 56 | 3485 | 2370 | 1875 | 1580 | 1375 | 280 | 180 | 13345 | 9220 | 7395 | 6305 | 5560 |
| | 70 | 5635 | 3885 | 3110 | 2650 | 2335 | | 200 | 16650 | 11555 | 9300 | 7955 | 7040 |
| 125 | 70 | 4400 | 3000 | 2380 | 2015 | 1760 | 320 | 200 | 14380 | 9925 | 7950 | 6775 | 5970 |
| | 90 | 7515 | 5205 | 4180 | 3570 | 3155 | | 220 | 17575 | 12185 | 9795 | 8370 | 7400 |
| 140 | 90 | 6630 | 4570 | 3655 | 3110 | 2740 | 360 | 220 | 15505 | 10715 | 8590 | 7325 | 6460 |
| | 100 | 8280 | 5735 | 4610 | 3935 | 3480 | | 250 | 20270 | 14085 | 11340 | 9710 | 8590 |
| 160 | 100 | 7150 | 4925 | 3935 | 3350 | 2945 | 400 | 250 | 18065 | 12495 | 10030 | 8555 | 7550 |
| | 110 | 8750 | 6055 | 4860 | 4145 | 3660 | | 280 | 22900 | 15915 | 12820 | 10975 | 9715 |

### 7.4.4 CDH2/CGH2 系列液压缸

CDH2 系列单活塞杆液压缸和 CGH2 系列双活塞杆液压缸的公称压力均为 25MPa，活塞直径 $\phi$50~500mm，行程可至 6m。CDH2 液压缸有缸底平吊环、缸底铰接吊环、缸底圆法兰、缸头圆法兰、中间耳轴、底座等多种安装方式；CGH2 液压缸只有后三种安装方式。活塞杆表面镀硬铬或陶瓷涂层。密封型式可根据液压油液的种类和要求的摩擦因数不同进行选择。另外，还可根据需要选择位置测量、模拟或数字输出、耳轴位置或活塞杆延长等。

CDH2/CGH2（RD/E/C17334/01·96）液压缸由博世力士乐（常州）有限公司生产。CDH2/CGH2 系列液压缸外形尺寸见生产厂产品样本，技术参数见表 21-6-102、表 21-6-103。

表 21-6-90　　**技术性能**

| | | | | |
|---|---|---|---|---|
| 工作压力 | | CDH2/CGH2 系列 | 公称压力 25MPa<br>静压检验压力 37.5MPa | 工作压力大于公称压力时请询问 |
| 安装位置 | | 任意 | | |
| 活塞速度 | | 0.5m/s(取决于连接油口尺寸大小) | | |
| 工作介质 | 品种 | 矿物油按 DIN 51524(HL,HLP);磷酸酯(HFD-R,仅适用于密封型式“C”,-20~50℃);HFA(5~55℃);水-乙二醇 HFC | | |
| | 温度 | -20~80℃ | | |
| | 运动黏度 | 2.8~380$mm^2/s$ | | |
| | 清洁度 | 液压油最大允许清洁度按 NAS 1638 等级 10。建议采用最低过滤比为 $\beta_{10}$>75 的过滤网 | | |
| 产品标准 | | 液压缸的安装连接尺寸和安装方式符合 DIN 25333、ISO 6022 和 CETOP RP 73H 的标准 | | |
| 产品检验 | | 每个液压缸都按照力士乐标准进行检验 | | |

表 21-6-91　　**CDH2/CGH2 液压缸的力、面积、流量**

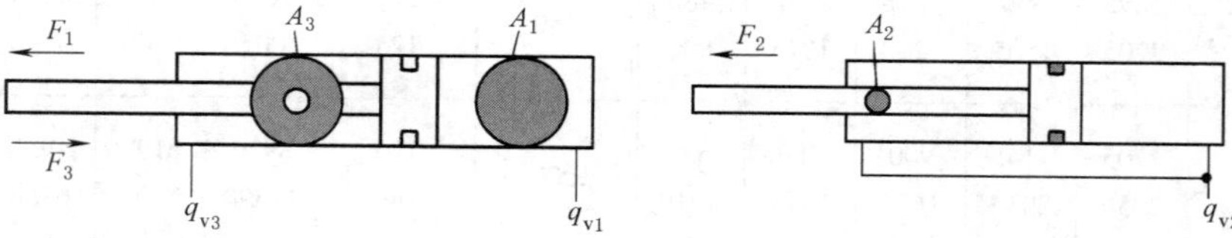


| 活塞直径 AL /mm | 活塞杆直径 MM /mm | 面积比 j ($A_1/A_3$) | 面积 | | | 在25MPa时的力① | | | 在0.1m/s②时的流量 | | |
|---|---|---|---|---|---|---|---|---|---|---|---|
| | | | 活塞 | 活塞杆 | 环形 | 推力 | 差动 | 拉力 | 杆伸出 | 杆差动伸出 | 杆缩回 |
| | | | $A_1$ /$cm^2$ | $A_2$ /$cm^2$ | $A_3$ /$cm^2$ | $F_1$ /kN | $F_2$ /kN | $F_3$ /kN | $q_{v1}$ /$L·min^{-1}$ | $q_{v2}$ /$L·min^{-1}$ | $q_{v3}$ /$L·min^{-1}$ |
| 50 | 32<br>36 | 1.69<br>2.08 | 19.63 | 8.04<br>10.18 | 11.59<br>9.45 | 49.10 | 20.12<br>25.45 | 28.98<br>23.65 | 11.8 | 4.8<br>6.1 | 7.0<br>5.7 |
| 63 | 40<br>45 | 1.67<br>2.04 | 31.17 | 12.56<br>15.90 | 18.61<br>15.27 | 77.90 | 31.38<br>39.75 | 46.52<br>38.15 | 18.7 | 7.5<br>9.5 | 11.2<br>9.2 |
| 80 | 50<br>56 | 1.64<br>1.96 | 50.26 | 19.63<br>24.63 | 30.63<br>25.63 | 125.65 | 49.07<br>61.55 | 76.58<br>64.10 | 30.2 | 11.8<br>14.8 | 18.4<br>15.4 |
| 100 | 63<br>70 | 1.66<br>1.96 | 78.54 | 31.16<br>38.48 | 47.38<br>40.06 | 196.35 | 77.93<br>96.20 | 118.42<br>100.15 | 47.1 | 18.7<br>23.1 | 28.4<br>24.0 |
| 125 | 80<br>90 | 1.69<br>2.08 | 122.72 | 50.24<br>63.62 | 72.48<br>59.10 | 306.75 | 125.62<br>159.05 | 181.13<br>147.70 | 73.6 | 30.14<br>38.2 | 43.46<br>35.4 |
| 140 | 90<br>100 | 1.70<br>2.04 | 153.94 | 63.62<br>78.54 | 90.32<br>75.40 | 384.75 | 159.05<br>196.35 | 225.70<br>188.40 | 92.4 | 38.2<br>47.1 | 54.2<br>45.3 |
| 160 | 100<br>110 | 1.64<br>1.90 | 201.06 | 78.54<br>95.06 | 122.50<br>106.00 | 502.50 | 196.35<br>237.65 | 306.15<br>264.85 | 120.6 | 47.1<br>57.0 | 73.5<br>63.6 |
| 180 | 110<br>125 | 1.60<br>1.93 | 254.47 | 95.06<br>122.72 | 159.43<br>131.75 | 636.17 | 237.65<br>306.80 | 398.52<br>329.37 | 152.7 | 57.0<br>73.6 | 95.7<br>79.1 |
| 200 | 125<br>140 | 1.64<br>1.96 | 314.16 | 122.72<br>153.96 | 191.44<br>160.20 | 785.25 | 306.80<br>384.90 | 478.45<br>400.35 | 188.5 | 73.6<br>92.4 | 114.9<br>96.1 |
| 250 | 160<br>180 | 1.72<br>2.11 | 499.8 | 201.0<br>254.4 | 289.8<br>236.4 | 1227.2 | 502.7<br>636.2 | 724.5<br>590.0 | 294.5 | 120.7<br>152.7 | 173.8<br>141.8 |
| 320 | 200<br>220 | 1.64<br>1.90 | 804.2 | 314.1<br>380.1 | 490.1<br>424.2 | 2010.6 | 785.4<br>950.3 | 1225.2<br>1060.3 | 482.5 | 188.5<br>228.1 | 294.0<br>254.4 |
| 400 | 250<br>280 | 1.64<br>1.96 | 1256.6 | 490.8<br>615.7 | 765.8<br>640.9 | 3141.6 | 1227.2<br>1539.4 | 1914.4<br>1602.2 | 754.0 | 294.6<br>369.5 | 459.4<br>384.5 |
| 500 | 320<br>360 | 1.69<br>2.08 | 1963.4 | 804.2<br>1017.8 | 1159.2<br>945.6 | 4908.7 | 2010.6<br>2544.7 | 2898.1<br>2364.0 | 1178.0 | 482.5<br>610.8 | 695.5<br>567.2 |

① 理论力数值（不考虑效率）。

② 活塞运动速度。

## 7.5 轻型拉杆式液压缸

轻型拉杆式液压缸，缸筒采用无缝钢管，根据工作压力不同，选择不同壁厚的钢管，其内径加工精度高，重量轻，结构紧凑，安装方式多样，且易于变换，低速性能好，具有稳定的缓冲性能。额定工作压力 7～14MPa。广泛应用在机床、轻工、纺织、塑料加工、农业等机械设备上。

（1）型号意义

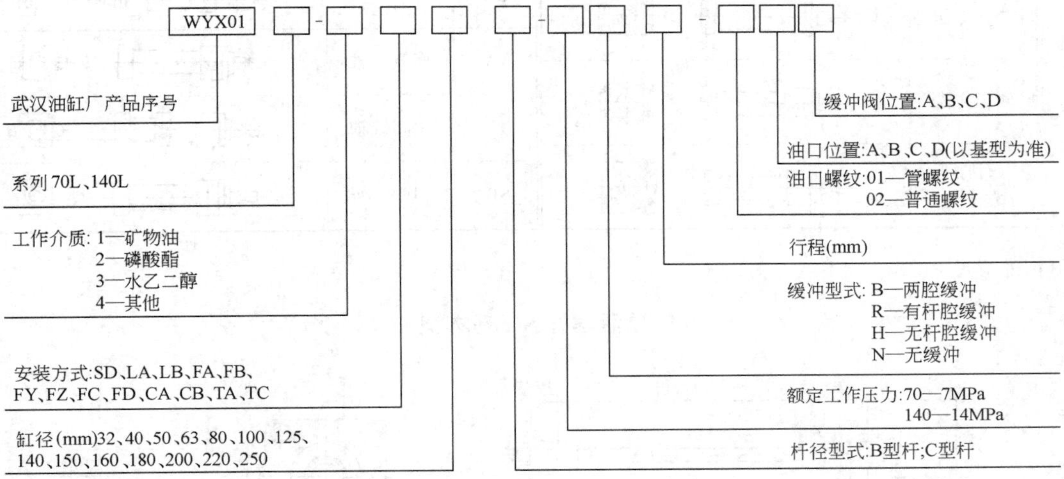


（2）技术参数

**表 21-6-92　　拉杆式液压缸性能参数**

| | | | | | | | | | | | | | | | | |
|---|---|---|---|---|---|---|---|---|---|---|---|---|---|---|---|---|
| 额定工作压力/MPa | | | 7 | | | | | | | 14 | | | | | | |
| 最高允许压力/MPa | | | 10.5 | | | | | | | 21 | | | | | | |
| 耐压力/MPa | | | 10.5 | | | | | | | 21 | | | | | | |
| 最低启动压力/MPa | | | ≤0.3 | | | | | | | | | | | | | |
| 允许最高工作速度/m·s$^{-1}$ | | | 0.5 | | | | | | | | | | | | | |
| 使用温度/℃ | | | -10～80 | | | | | | | | | | | | | |
| 缸径/mm | | | 32 | 40 | 50 | 63 | 80 | 100 | 125 | 140 | 150 | 160 | 180 | 200 | 220 | 250 |
| 活塞杆直径/mm | 强力型(B) | | 18 | 22 | 28 | 35 | 45 | 55 | 70 | 80 | 85 | 90 | 100 | 112 | 125 | 140 |
| | 标准型(C) | | — | 18 | 22 | 28 | 35 | 45 | 55 | 63 | 65 | 70 | 80 | 90 | 100 | 112 |
| 推力/kN | 14MPa | | 11.06 | 17.50 | 27.44 | 43.54 | 70.28 | 109.90 | 171.78 | 214.20 | 247.38 | 281.40 | 356.16 | 439.74 | 551.60 | 687.12 |
| | 7MPa | | 5.63 | 8.75 | 13.72 | 21.77 | 35.14 | 54.94 | 85.89 | 107.10 | 123.69 | 140.70 | 178.08 | 219.87 | 275.80 | 343.56 |
| 拉力/kN | 14MPa | 强力型(B) | 7.70 | 12.04 | 18.76 | 29.54 | 48.16 | 75.46 | 116.34 | 145.04 | 167.86 | 192.36 | 246.26 | 301.84 | 360.20 | 471.66 |
| | | 标准型(C) | — | 14.00 | 21.84 | 35.00 | 56.42 | 87.64 | 137.20 | 171.78 | 197.96 | 225.96 | 285.88 | 350.70 | 441.70 | 549.22 |
| | 7MPa | 强力型(B) | 3.85 | 6.02 | 9.38 | 14.77 | 24.08 | 37.73 | 58.17 | 72.52 | 83.93 | 96.18 | 123.13 | 150.92 | 180.10 | 235.83 |
| | | 标准型(C) | — | 7.00 | 10.92 | 17.52 | 28.21 | 43.82 | 68.60 | 85.89 | 98.98 | 112.98 | 142.94 | 175.35 | 220.85 | 274.61 |

注：1. 表中推力、拉力为理论值，实际值应乘以油缸效率，约 0.8。
2. 生产厂：武汉华冶油缸有限公司、北京索普液压机电有限公司、焦作华科液压机械制造有限公司、扬州江都永坚有限公司。
3. 武汉华冶油缸有限公司还生产带接近开关的拉杆式液压缸，其外形及安装尺寸可查阅生产厂产品样本。

表 21-6-93 安装方式

| 安装方式 | | 简图 | 安装方式 | | 简图 |
|---|---|---|---|---|---|
| LA | 切向地脚 | 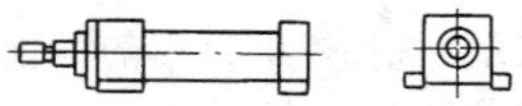 | FD | 底侧方法兰 | 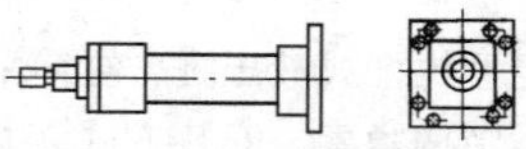 |
| LB | 轴向地脚 | 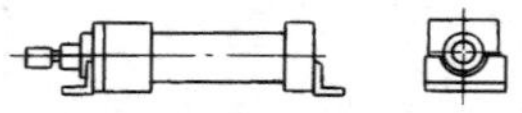 | CA | 底侧单耳环 | 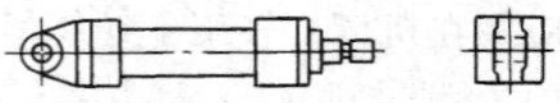 |
| FA FY | 杆侧长方法兰 | 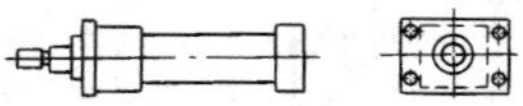 | CB | 底侧双耳环 | 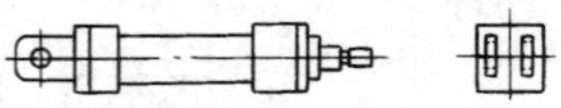 |
| FB FZ | 底侧长方法兰 | 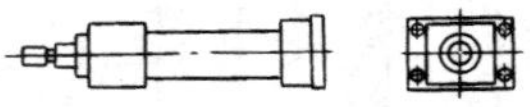 | TA | 杆侧铰轴 | 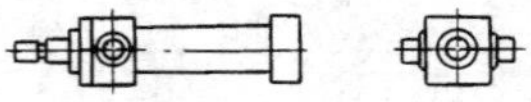 |
| FC | 杆侧方法兰 | 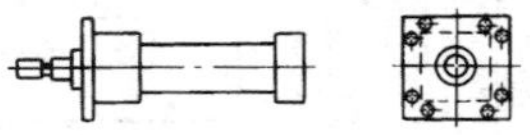 | TC | 中间铰轴 | 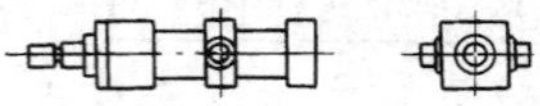 |
| | | | SD | 基本型 | 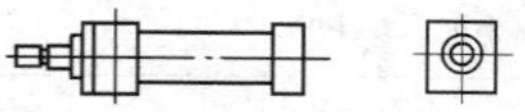 |

（3）外形尺寸

## 单活塞杆 SD 基本型

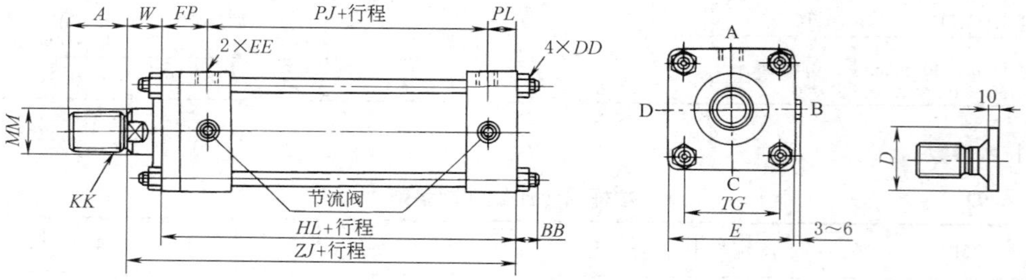


表 21-6-94

mm

| 缸径 | B 型杆 | | | C 型杆 | | | BB | DD | E | EE | | FP | HL | PJ | PL | TG | W | ZJ | D |
|---|---|---|---|---|---|---|---|---|---|---|---|---|---|---|---|---|---|---|---|
| | MM | KK | A | MM | KK | A | | | | 01 | 02 | | | | | | | | |
| 32 | 18 | M16×1.5 | 25 | — | — | — | 11 | M10×1.25 | 58 | $R_c3/8$ | M14×1.5 | 38 | 141 | 90 | 13 | 40 | 30 | 171 | 34 |
| 40 | 22 | M20×1.5 | 30 | 18 | M16×1.5 | 25 | 11 | M10×1.25 | 65 | $R_c3/8$ | M14×1.5 | 38 | 141 | 90 | 13 | 46 | 30 | 171 | 40 |
| 50 | 28 | M24×1.5 | 35 | 22 | M20×1.5 | 30 | 11 | M10×1.25 | 76 | $R_c1/2$ | M18×1.5 | 42 | 155 | 98 | 15 | 54 | 30 | 185 | 46 |
| 63 | 35 | M30×1.5 | 45 | 28 | M24×1.5 | 35 | 13 | M20×1.25 | 90 | $R_c1/2$ | M18×1.5 | 46 | 163 | 102 | 15 | 65 | 35 | 198 | 55 |
| 80 | 45 | M39×1.5 | 60 | 35 | M30×1.5 | 45 | 16 | M16×1.5 | 110 | $R_c3/4$ | M22×1.5 | 56 | 184 | 110 | 18 | 81 | 35 | 219 | 65 |
| 100 | 55 | M48×1.5 | 75 | 45 | M39×1.5 | 60 | 18 | M18×1.5 | 135 | $R_c3/4$ | M27×2 | 58 | 192 | 116 | 18 | 102 | 40 | 232 | 80 |
| 125 | 70 | M64×2 | 95 | 55 | M48×1.5 | 75 | 21 | M22×1.5 | 165 | $R_c1$ | M27×2 | 67 | 220 | 130 | 23 | 122 | 45 | 265 | 95 |
| 140 | 80 | M72×2 | 110 | 63 | M56×2 | 80 | 22 | M24×1.5 | 185 | $R_c1$ | M27×2 | 69 | 230 | 138 | 23 | 138 | 50 | 280 | 105 |
| 150 | 85 | M76×2 | 115 | 65 | M60×2 | 85 | 25 | M27×1.5 | 196 | $R_c1$ | M33×2 | 71 | 240 | 146 | 23 | 150 | 50 | 290 | 110 |
| 160 | 90 | M80×2 | 120 | 70 | M64×2 | 95 | 25 | M27×1.5 | 210 | $R_c1$ | M33×2 | 74 | 253 | 156 | 23 | 160 | 55 | 308 | 115 |
| 180 | 100 | M95×2 | 140 | 80 | M72×2 | 110 | 27 | M30×1.5 | 235 | $R_c1\frac{1}{4}$ | M42×2 | 75 | 275 | 172 | 28 | 182 | 55 | 330 | 125 |
| 200 | 112 | M100×2 | 150 | 90 | M80×2 | 120 | 29 | M33×1.5 | 262 | $R_c1\frac{1}{2}$ | M42×2 | 85 | 301 | 184 | 32 | 200 | 55 | 356 | 140 |
| 220 | 125 | M120×2 | 180 | 100 | M95×2 | 140 | 34 | M39×1.5 | 292 | $R_c1\frac{1}{2}$ | M42×2 | 89 | 305 | 184 | 32 | 225 | 60 | 365 | 150 |
| 250 | 140 | M130×2 | 195 | 112 | M100×2 | 150 | 37 | M42×1.5 | 325 | $R_c2$ | M42×2 | 106 | 346 | 200 | 40 | 250 | 65 | 411 | 170 |

## 带 防 护 罩

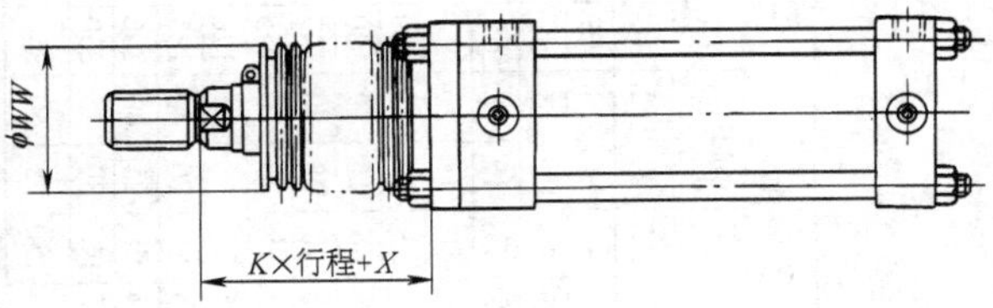


| 缸径/mm | 金属罩 K | 缸径/mm | 革制品或帆布罩 K |
|---|---|---|---|
| 32 | 1/3 | 32 | 1/2 |
| 40、50 | 1/3.5 | 40、50 | 1/2.5 |
| 63～100 | 1/4 | 63～100 | 1/3 |
| 125～200 | 1/5 | 125、140 | 1/3.5 |
| 224、250 | 1/6 | 150～200 | 1/4 |
| | | 224、250 | 1/4.5 |

**表 21-6-95**

mm

| 缸径 | | 32 | 40 | 50 | 63 | 80 | 100 | 125 | 140 | 150 | 160 | 180 | 200 | 220 | 250 |
|---|---|---|---|---|---|---|---|---|---|---|---|---|---|---|---|
| *X* | B | 45 | 45 | 45 | 55 | 55 | 55 | 65 | 65 | 65 | 65 | 65 | 65 | 80 | 80 |
| | C | | | | | | | | | | | | | | |
| *WW* | B | 40 | 50 | 63 | 71 | 80 | 100 | 125 | 125 | 140 | 140 | 160 | 180 | 180 | 200 |
| | C | — | 50 | 50 | 63 | 71 | 80 | 100 | 125 | 125 | 125 | 125 | 140 | 160 | 180 |

注：其他可参照基本型式。特殊要求可与生产厂联系。

## 双活塞杆 SD 基本型

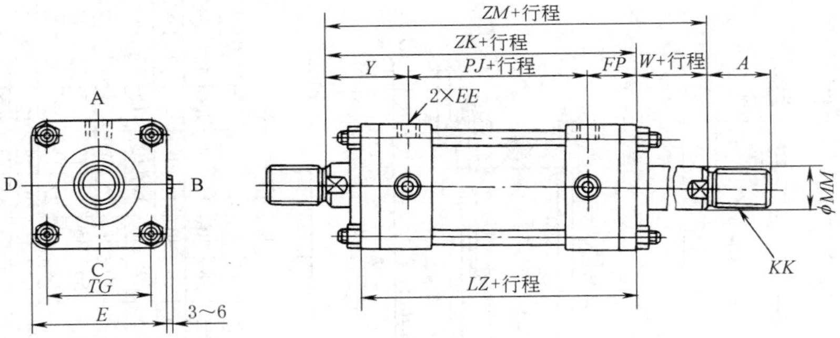


**表 21-6-96**

mm

| 缸径 | B 型杆 | | | C 型杆 | | | *E* | *EE* | | *FP* | *LZ* | *PJ* | *TG* | *Y* | *W* | *ZK* | *ZM* |
|---|---|---|---|---|---|---|---|---|---|---|---|---|---|---|---|---|---|
| | *A* | *KK* | *MM* | *A* | *KK* | *MM* | | 01 | 02 | | | | | | | | |
| 32 | 25 | M16×1.5 | 18 | — | — | — | 58 | $R_c$3/8 | M14×1.5 | 38 | 166 | 90 | 40 | 68 | 30 | 196 | 226 |
| 40 | 30 | M20×1.5 | 22 | 25 | M16×1.5 | 18 | 65 | $R_c$3/8 | M14×1.5 | 38 | 166 | 90 | 45 | 68 | 30 | 196 | 226 |
| 50 | 35 | M24×1.5 | 28 | 30 | M20×1.5 | 22 | 76 | $R_c$1/2 | M18×1.5 | 42 | 182 | 98 | 54 | 72 | 30 | 212 | 242 |
| 63 | 45 | M30×1.5 | 35 | 35 | M24×1.5 | 28 | 90 | $R_c$1/2 | M18×1.5 | 46 | 194 | 102 | 65 | 81 | 35 | 229 | 264 |
| 80 | 60 | M39×1.5 | 45 | 45 | M30×1.5 | 35 | 110 | $R_c$3/4 | M22×1.5 | 56 | 222 | 110 | 81 | 91 | 35 | 257 | 292 |
| 100 | 75 | M48×1.5 | 55 | 60 | M39×1.5 | 45 | 135 | $R_c$3/4 | M27×2 | 58 | 232 | 116 | 102 | 98 | 40 | 272 | 312 |
| 125 | 95 | M64×2 | 70 | 75 | M48×1.5 | 55 | 165 | $R_c$1 | M27×2 | 67 | 264 | 130 | 122 | 112 | 45 | 309 | 354 |
| 140 | 110 | M72×2 | 80 | 80 | M56×2 | 63 | 185 | $R_c$1 | M27×2 | 69 | 276 | 138 | 138 | 119 | 50 | 326 | 376 |
| 150 | 115 | M76×2 | 85 | 85 | M60×2 | 65 | 196 | $R_c$1 | M33×2 | 71 | 288 | 146 | 150 | 121 | 50 | 338 | 388 |
| 160 | 120 | M80×2 | 90 | 95 | M64×2 | 70 | 210 | $R_c$1 | M33×2 | 74 | 304 | 156 | 160 | 129 | 55 | 359 | 414 |

注：1. 其他安装方式的尺寸可参照基本型式。

2. 缸径超过 160mm 时，要与生产厂联系。

## LA（切向地脚型）、LB（轴向地脚型）

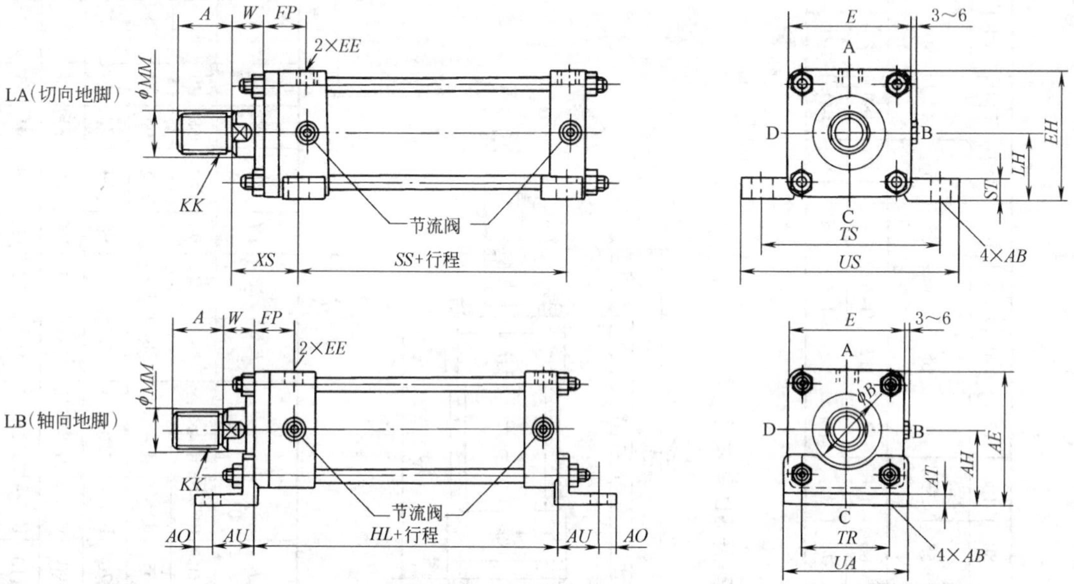


表 21-6-97

mm

| 缸径 | B 型杆 | | | C 型杆 | | | E | EE | | FP | W | AB | LA | | | | | | | LB | | | | | | | |
|---|---|---|---|---|---|---|---|---|---|---|---|---|---|---|---|---|---|---|---|---|---|---|---|---|---|---|---|
| | A | KK | MM | A | KK | MM | | 01 | 02 | | | | SS | TS | ST | US | EH | LH | XS | AE | AH | AU | AT | AO | TR | HL | UA |
| 32 | 25 | M16×1.5 | 18 | — | — | — | 58 | $R_c$3/8 | M14×1.5 | 38 | 30 | 11 | 98 | 88 | 12 | 109 | 63 | 35±0.15 | 57 | 68 | 40±0.15 | 32 | 8 | 13 | 40 | 141 | 62 |
| 40 | 30 | M20×1.5 | 22 | 25 | M16×1.5 | 18 | 65 | $R_c$3/8 | M14×1.5 | 38 | 30 | 11 | 98 | 95 | 14 | 118 | 70 | 37.5±0.15 | 57 | 75.5 | 43±0.15 | 32 | 8 | 13 | 46 | 141 | 69 |
| 50 | 35 | M24×1.5 | 28 | 30 | M20×1.5 | 22 | 76 | $R_c$1/2 | M18×1.5 | 42 | 30 | 14 | 108 | 115 | 17 | 145 | 82.5 | 45±0.15 | 60 | 87.5 | 50±0.15 | 35 | 8 | 15 | 58 | 155 | 85 |
| 63 | 45 | M30×1.5 | 35 | 35 | M24×1.5 | 28 | 90 | $R_c$1/2 | M18×1.5 | 46 | 35 | 18 | 106 | 132 | 19 | 165 | 95 | 50±0.15 | 71 | 105 | 60±0.15 | 42 | 10 | 18 | 65 | 163 | 98 |
| 80 | 60 | M39×1.5 | 45 | 45 | M30×1.5 | 35 | 110 | $R_c$3/4 | M22×1.5 | 56 | 35 | 18 | 124 | 155 | 25 | 190 | 115 | 60±0.25 | 74 | 127 | 72±0.25 | 50 | 12 | 20 | 87 | 184 | 118 |
| 100 | 75 | M48×1.5 | 55 | 60 | M39×1.5 | 45 | 135 | $R_c$3/4 | M27×2 | 58 | 40 | 22 | 122 | 190 | 27 | 230 | 138.5 | 71±0.25 | 85 | 152.5 | 85±0.25 | 55 | 12 | 23 | 109 | 192 | 150 |
| 125 | 95 | M64×2 | 70 | 75 | M48×1.5 | 56 | 165 | $R_c$1 | M27×2 | 67 | 45 | 26 | 136 | 224 | 32 | 272 | 167.5 | 85±0.25 | 99 | 187.5 | 105±0.25 | 66 | 15 | 29 | 130 | 220 | 175 |
| 140 | 110 | M72×2 | 80 | 80 | M56×2 | 63 | 185 | $R_c$1 | M27×2 | 69 | 50 | 26 | 144 | 250 | 35 | 300 | 187.5 | 95±0.25 | 106 | 207.5 | 115±0.25 | 70 | 18 | 30 | 145 | 230 | 195 |
| 150 | 115 | M76×2 | 85 | 85 | M60×2 | 65 | 196 | $R_c$1 | M33×2 | 71 | 50 | 30 | 146 | 270 | 37 | 320 | 204 | 106±0.25 | 111 | 221 | 123±0.25 | 75 | 18 | 30 | 155 | 240 | 210 |
| 160 | 120 | M80×2 | 90 | 95 | M64×2 | 70 | 210 | $R_c$1 | M33×2 | 74 | 55 | 33 | 150 | 285 | 42 | 345 | 217 | 112±0.25 | 122 | 237 | 132±0.25 | 75 | 18 | 35 | 170 | 253 | 225 |
| 180 | 140 | M95×2 | 100 | 110 | M72×2 | 80 | 235 | $R_c$1¼ | M42×2 | 75 | 55 | 33 | 172 | 315 | 47 | 375 | 242.5 | 125±0.25 | 123 | 265.5 | 148±0.25 | 85 | 20 | 40 | 185 | 275 | 243 |
| 200 | 150 | M100×2 | 112 | 120 | M80×2 | 90 | 262 | $R_c$1½ | M42×2 | 85 | 55 | 36 | 186 | 355 | 52 | 425 | 271 | 140±0.25 | 131 | 296 | 165±0.25 | 98 | 25 | 40 | 206 | 301 | 272 |
| 220 | 180 | M120×2 | 125 | 140 | M95×2 | 100 | 292 | $R_c$1½ | M42×2 | 89 | 60 | 42 | 186 | 395 | 52 | 475 | 296 | 150±0.25 | 140 | 331 | 185±0.25 | 115 | 30 | 45 | 230 | 305 | 310 |
| 250 | 195 | M130×2 | 140 | 150 | M100×2 | 112 | 325 | $R_c$2 | M42×2 | 106 | 65 | 45 | 206 | 425 | 57 | 515 | 332.5 | 170±0.25 | 158 | 370.5 | 208±0.25 | 130 | 35 | 50 | 250 | 346 | 335 |

## CA（单耳环）、CB（双耳环）

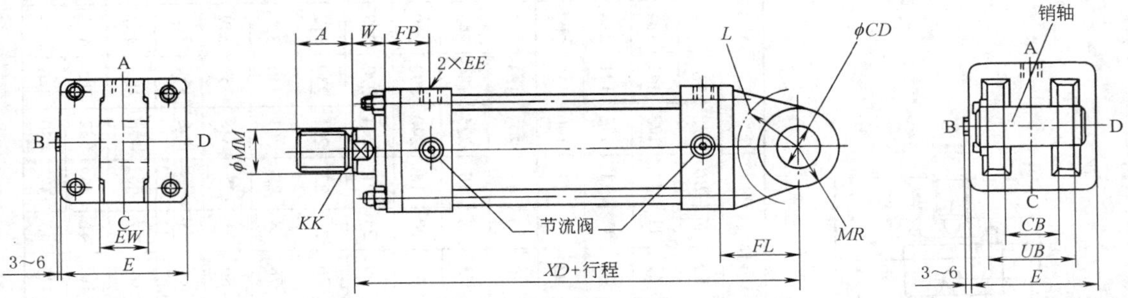


表 21-6-98

mm

| 缸径 | B型杆 | | | C型杆 | | | CD (H9) | E | EE | | EW | FP | FL | L | MR | XD | CB | W | UB |
|---|---|---|---|---|---|---|---|---|---|---|---|---|---|---|---|---|---|---|---|
| | A | KK | MM | A | KK | MM | | | 01 | 02 | | | | | | | | | |
| 32 | 25 | M16×1.5 | 18 | — | — | — | 16 | 58 | $R_c$3/8 | M14×1.5 | $25^{-0.1}_{-0.4}$ | 38 | 38 | 20 | 16 | 209 | $25^{+0.4}_{+0.1}$ | 30 | 50 |
| 40 | 30 | M20×1.5 | 22 | 25 | M16×1.5 | 18 | 16 | 65 | $R_c$3/8 | M14×1.5 | $25^{-0.1}_{-0.4}$ | 38 | 38 | 20 | 16 | 209 | $25^{+0.4}_{+0.1}$ | 30 | 50 |
| 50 | 35 | M24×1.5 | 28 | 30 | M20×1.5 | 22 | 20 | 76 | $R_c$1/2 | M18×1.5 | $31.5^{-0.1}_{-0.4}$ | 42 | 45 | 25 | 20 | 230 | $31.5^{+0.4}_{+0.1}$ | 30 | 63.5 |
| 63 | 45 | M30×1.5 | 35 | 35 | M24×1.5 | 28 | 31.5 | 90 | $R_c$1/2 | M18×1.5 | $40^{-0.1}_{-0.4}$ | 46 | 63 | 46 | 31.5 | 261 | $40^{+0.4}_{+0.1}$ | 35 | 80 |
| 80 | 60 | M39×1.5 | 45 | 45 | M30×1.5 | 35 | 31.5 | 110 | $R_c$3/4 | M22×1.5 | $40^{-0.1}_{-0.4}$ | 56 | 72 | 52 | 31.5 | 291 | $40^{+0.4}_{+0.1}$ | 35 | 80 |
| 100 | 75 | M48×1.5 | 55 | 60 | M39×1.5 | 45 | 40 | 135 | $R_c$3/4 | M27×2 | $50^{-0.1}_{-0.4}$ | 58 | 84 | 62 | 40 | 316 | $50^{+0.4}_{+0.1}$ | 40 | 100 |
| 125 | 95 | M64×2 | 70 | 75 | M48×1.5 | 55 | 50 | 165 | $R_c$1 | M27×2 | $63^{-0.1}_{-0.6}$ | 67 | 100 | 73 | 50 | 365 | $63^{+0.6}_{+0.1}$ | 45 | 126 |
| 140 | 110 | M72×2 | 80 | 80 | M56×2 | 63 | 63 | 185 | $R_c$1 | M27×2 | $80^{-0.1}_{-0.6}$ | 69 | 120 | 91 | 63 | 400 | $80^{+0.6}_{+0.1}$ | 50 | 160 |
| 150 | 115 | M76×2 | 85 | 85 | M60×2 | 65 | 63 | 196 | $R_c$1 | M33×2 | $80^{-0.1}_{-0.6}$ | 71 | 122 | 91 | 63 | 412 | $80^{+0.6}_{+0.1}$ | 50 | 160 |
| 160 | 120 | M80×2 | 90 | 95 | M64×2 | 70 | 71 | 210 | $R_c$1 | M33×2 | $80^{-0.1}_{-0.6}$ | 74 | 137 | 103 | 71 | 445 | $80^{+0.6}_{+0.1}$ | 55 | 160 |
| 180 | 140 | M95×2 | 100 | 110 | M72×2 | 80 | 80 | 235 | $R_c$1¼ | M42×2 | $100^{-0.1}_{-0.6}$ | 75 | 150 | 100 | 80 | 480 | $100^{+0.6}_{+0.1}$ | 55 | 200 |
| 200 | 150 | M100×2 | 112 | 120 | M80×2 | 90 | 90 | 262 | $R_c$1½ | M42×2 | $125^{-0.1}_{-0.6}$ | 85 | 170 | 115 | 90 | 526 | $125^{+0.6}_{+0.1}$ | 55 | 251 |
| 220 | 180 | M120×2 | 125 | 140 | M95×2 | 100 | 100 | 292 | $R_c$1½ | M42×2 | $125^{-0.1}_{-0.6}$ | 89 | 185 | 125 | 100 | 550 | $125^{+0.6}_{+0.1}$ | 60 | 251 |
| 250 | 195 | M130×2 | 140 | 150 | M100×2 | 112 | 100 | 325 | $R_c$2 | M42×2 | $125^{-0.1}_{-0.6}$ | 106 | 185 | 125 | 100 | 596 | $125^{+0.6}_{+0.1}$ | 65 | 251 |

**FA、FY（杆侧长方法兰）、FB、FZ（底侧长方法兰）**

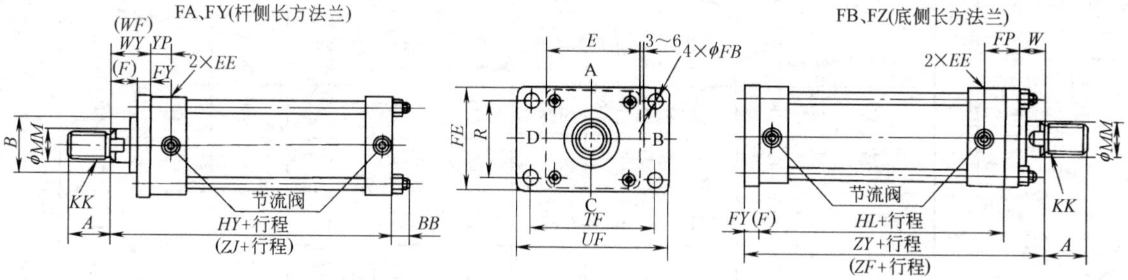


表 21-6-99

mm

| 缸径 | B型杆 | | | | C型杆 | | | | E | EE | | FP | W | YP | TF | UF | FB | FE | R | FA、FB | | | | | FY、FZ | | | | |
|---|---|---|---|---|---|---|---|---|---|---|---|---|---|---|---|---|---|---|---|---|---|---|---|---|---|---|---|---|---|
| | A | B | KK | MM | A | B | KK | MM | | 01 | 02 | | | | | | | | | ZJ | ZF | WF | F | BB | HY | HL | ZY | WY | FY |
| 32 | 25 | 34 | M16×1.5 | 18 | — | 34 | — | — | 58 | $R_c$3/8 | M14×1.5 | 38 | 30 | 27 | 88 | 109 | 11 | 62 | 40 | 171 | 182 | 41 | 11 | 11 | 173 | 141 | 184 | 43 | 13 |
| 40 | 30 | 40 | M20×1.5 | 22 | 25 | 40 | M16×1.5 | 18 | 65 | $R_c$3/8 | M14×1.5 | 38 | 30 | 27 | 95 | 118 | 11 | 69 | 46 | 171 | 182 | 41 | 11 | 11 | 173 | 141 | 184 | 43 | 13 |
| 50 | 35 | 46 | M24×1.5 | 28 | 30 | 46 | M20×1.5 | 22 | 76 | $R_c$1/2 | M18×1.5 | 42 | 30 | 29 | 115 | 145 | 14 | 85 | 58 | 185 | 198 | 43 | 13 | 11 | 190 | 155 | 203 | 48 | 18 |
| 63 | 45 | 55 | M30×1.5 | 35 | 35 | 55 | M24×1.5 | 28 | 90 | $R_c$1/2 | M18×1.5 | 46 | 35 | 31 | 132 | 165 | 18 | 98 | 65 | 198 | 213 | 50 | 15 | 13 | 203 | 163 | 218 | 55 | 20 |
| 80 | 60 | 65 | M39×1.5 | 45 | 45 | 65 | M30×1.5 | 35 | 110 | $R_c$3/4 | M22×1.5 | 56 | 35 | 38 | 155 | 190 | 18 | 118 | 87 | 219 | 237 | 53 | 18 | 16 | 225 | 184 | 243 | 59 | 24 |
| 100 | 75 | 80 | M48×1.5 | 55 | 60 | 80 | M39×1.5 | 45 | 135 | $R_c$3/4 | M27×2 | 58 | 40 | 38 | 190 | 230 | 22 | 150 | 109 | 232 | 252 | 60 | 20 | 18 | 240 | 192 | 260 | 68 | 28 |
| 125 | 95 | 95 | M64×2 | 70 | 75 | 95 | M48×1.5 | 55 | 165 | $R_c$1 | M27×2 | 67 | 45 | 43 | 224 | 272 | 26 | 175 | 130 | 265 | 289 | 69 | 24 | 21 | 274 | 220 | 298 | 78 | 33 |
| 140 | 110 | 105 | M72×2 | 80 | 80 | 105 | M56×2 | 63 | 185 | $R_c$1 | M27×2 | 69 | 50 | 43 | 250 | 300 | 26 | 195 | 145 | 280 | 306 | 76 | 26 | 22 | 291 | 230 | 317 | 87 | 37 |
| 150 | 115 | 110 | M76×2 | 85 | 85 | 110 | M60×2 | 65 | 196 | $R_c$1 | M33×2 | 71 | 50 | 43 | 270 | 320 | 30 | 210 | 155 | 290 | 318 | 78 | 28 | 25 | 301 | 240 | 329 | 89 | 39 |
| 160 | 120 | 115 | M80×2 | 90 | 95 | 115 | M64×2 | 70 | 210 | $R_c$1 | M33×2 | 74 | 55 | 43 | 285 | 345 | 33 | 225 | 170 | 308 | 339 | 86 | 31 | 25 | 318 | 253 | 349 | 96 | 41 |
| 180 | 140 | 125 | M95×2 | 100 | 110 | 125 | M72×2 | 80 | 235 | $R_c$1¼ | M42×2 | 75 | 55 | 42 | 315 | 375 | 33 | 243 | 185 | 330 | 363 | 88 | 33 | 27 | 343 | 275 | 376 | 101 | 46 |
| 200 | 150 | 140 | M100×2 | 112 | 120 | 140 | M80×2 | 90 | 262 | $R_c$1½ | M42×2 | 85 | 55 | 48 | 355 | 425 | 36 | 272 | 206 | 356 | 393 | 92 | 37 | 29 | 370 | 301 | 407 | 106 | 51 |
| 220 | 180 | 150 | M120×2 | 125 | 140 | 150 | M95×2 | 100 | 292 | $R_c$1½ | M42×2 | 89 | 60 | 48 | 395 | 475 | 42 | 310 | 230 | 365 | 406 | 101 | 41 | 34 | 382 | 305 | 423 | 118 | 58 |
| 250 | 195 | 170 | M130×2 | 140 | 150 | 170 | M100×2 | 112 | 325 | $R_c$2 | M42×2 | 106 | 65 | 60 | 425 | 515 | 45 | 335 | 250 | 411 | 457 | 111 | 46 | 37 | 430 | 346 | 476 | 130 | 65 |

注：FA、FB 仅限用于 7MPa；FY、FZ 仅限用于 14MPa。

## FC（杆侧方法兰）、FD（底侧方法兰）

FC(杆侧方法兰)

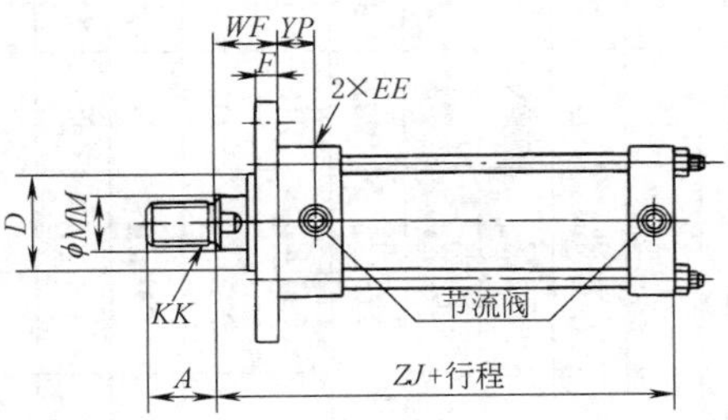


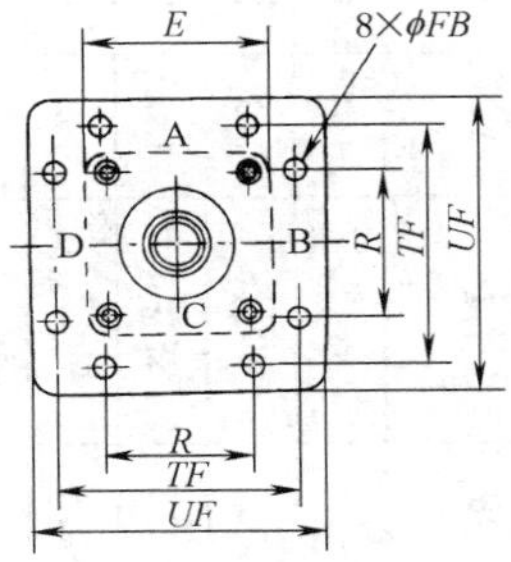


FD(底侧方法兰)

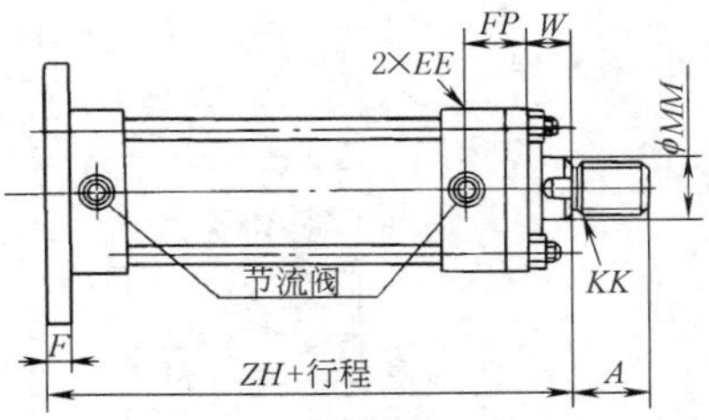


**表 21-6-100**

mm

| 缸径 | B型杆 | | | C型杆 | | | E | EE | | FP | ZJ | TF | FB | UF | YP | R | WF | W | F | ZH | D |
|---|---|---|---|---|---|---|---|---|---|---|---|---|---|---|---|---|---|---|---|---|---|
| | A | KK | MM | A | KK | MM | | 01 | 02 | | | | | | | | | | | | |
| 32 | 25 | M16×1.5 | 18 | — | — | — | 58 | $R_c$3/8 | M14×1.5 | 38 | 171 | 88 | 11 | 109 | 27 | 40 | 41 | 30 | 11 | 182 | 34 |
| 40 | 30 | M20×1.5 | 22 | 25 | M16×1.5 | 18 | 65 | $R_c$3/8 | M14×1.5 | 38 | 171 | 95 | 11 | 118 | 27 | 46 | 41 | 30 | 11 | 182 | 40 |
| 50 | 35 | M24×1.5 | 28 | 30 | M20×1.5 | 22 | 76 | $R_c$1/2 | M18×1.5 | 42 | 185 | 115 | 14 | 145 | 29 | 58 | 43 | 30 | 13 | 198 | 46 |
| 63 | 45 | M30×1.5 | 35 | 35 | M24×1.5 | 28 | 90 | $R_c$1/2 | M18×1.5 | 46 | 198 | 132 | 18 | 165 | 31 | 65 | 50 | 35 | 15 | 213 | 55 |
| 80 | 60 | M39×1.5 | 45 | 45 | M30×1.5 | 35 | 110 | $R_c$3/4 | M22×1.5 | 56 | 219 | 155 | 18 | 190 | 38 | 87 | 53 | 35 | 18 | 237 | 65 |
| 100 | 75 | M48×1.5 | 55 | 60 | M39×1.5 | 45 | 135 | $R_c$3/4 | M27×2 | 58 | 232 | 190 | 22 | 230 | 38 | 109 | 60 | 40 | 20 | 252 | 80 |
| 125 | 95 | M64×2 | 70 | 75 | M48×1.5 | 55 | 165 | $R_c$1 | M27×2 | 67 | 265 | 224 | 26 | 272 | 43 | 130 | 69 | 45 | 24 | 289 | 95 |
| 140 | 110 | M72×2 | 80 | 80 | M56×2 | 63 | 185 | $R_c$1 | M27×2 | 69 | 280 | 250 | 26 | 300 | 43 | 145 | 76 | 50 | 26 | 306 | 105 |
| 150 | 115 | M76×2 | 85 | 85 | M60×2 | 65 | 196 | $R_c$1 | M33×2 | 71 | 290 | 270 | 30 | 320 | 43 | 155 | 78 | 50 | 28 | 318 | 110 |
| 160 | 120 | M80×2 | 90 | 95 | M64×2 | 70 | 210 | $R_c$1 | M33×2 | 74 | 308 | 285 | 33 | 345 | 43 | 170 | 86 | 55 | 31 | 339 | 115 |
| 180 | 140 | M95×2 | 100 | 110 | M72×2 | 80 | 235 | $R_c1\frac{1}{4}$ | M42×2 | 75 | 330 | 315 | 33 | 375 | 42 | 185 | 88 | 55 | 33 | 363 | 125 |
| 200 | 150 | M100×2 | 112 | 120 | M80×2 | 90 | 262 | $R_c1\frac{1}{2}$ | M42×2 | 85 | 356 | 355 | 36 | 425 | 48 | 206 | 92 | 55 | 37 | 393 | 140 |
| 220 | 180 | M120×2 | 125 | 140 | M95×2 | 100 | 292 | $R_c1\frac{1}{2}$ | M42×2 | 89 | 365 | 395 | 42 | 475 | 48 | 230 | 101 | 60 | 41 | 406 | 150 |
| 250 | 195 | M130×2 | 140 | 150 | M100×2 | 112 | 325 | $R_c$2 | M42×2 | 106 | 411 | 425 | 45 | 515 | 60 | 250 | 111 | 65 | 46 | 457 | 170 |

## TA（杆侧铰轴）、TC（中间铰轴）

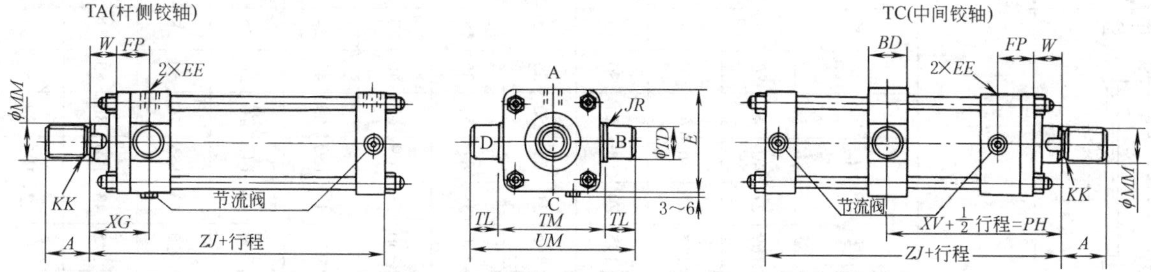


表 21-6-101

mm

| 缸径 | B 型杆 | | | C 型杆 | | | TD (e9) | E | EE | | PH (最小) | BD | TL | UM | JR | TM | XV | ZJ | XG |
|---|---|---|---|---|---|---|---|---|---|---|---|---|---|---|---|---|---|---|---|
| | A | KK | MM | A | KK | MM | | | 01 | 02 | | | | | | | | | |
| 32 | 25 | M16×1.5 | 18 | — | — | — | 20 | 58 | $R_c3/8$ | M14×1.5 | 105 | 28 | 20 | 98 | 2 | $58_{-0.3}^{0}$ | 113 | 171 | 62 |
| 40 | 30 | M20×1.5 | 22 | 25 | M16×1.5 | 18 | 20 | 65 | $R_c3/8$ | M14×1.5 | 105 | 28 | 20 | 109 | 2 | $69_{-0.3}^{0}$ | 113 | 171 | 62 |
| 50 | 35 | M24×1.5 | 28 | 30 | M20×1.5 | 22 | 25 | 76 | $R_c1/2$ | M18×1.5 | 113.5 | 33 | 25 | 135 | 2.5 | $85_{-0.35}^{0}$ | 121 | 185 | 66 |
| 63 | 45 | M30×1.5 | 35 | 35 | M24×1.5 | 28 | 31.5 | 90 | $R_c1/2$ | M18×1.5 | 127.5 | 43 | 31.5 | 161 | 2.5 | $98_{-0.35}^{0}$ | 132 | 198 | 74 |
| 80 | 60 | M39×1.5 | 45 | 45 | M30×1.5 | 35 | 31.5 | 110 | $R_c3/4$ | M22×1.5 | 140.5 | 43 | 31.5 | 181 | 2.5 | $118_{-0.35}^{0}$ | 146 | 219 | 82 |
| 100 | 75 | M48×1.5 | 55 | 60 | M39×1.5 | 45 | 40 | 135 | $R_c3/4$ | M27×2 | 152.5 | 53 | 40 | 225 | 3 | $145_{-0.4}^{0}$ | 156 | 232 | 89 |
| 125 | 95 | M64×2 | 70 | 75 | M48×1.5 | 55 | 50 | 165 | $R_c1$ | M27×2 | 174 | 58 | 50 | 275 | 3 | $175_{-0.4}^{0}$ | 177 | 265 | 103 |
| 140 | 110 | M72×2 | 80 | 80 | M56×2 | 63 | 63 | 185 | $R_c1$ | M27×2 | 191 | 78 | 63 | 321 | 4 | $195_{-0.46}^{0}$ | 188 | 280 | 112 |
| 150 | 115 | M76×2 | 85 | 85 | M60×2 | 65 | 63 | 196 | $R_c1$ | M33×2 | 193 | 78 | 63 | 332 | 4 | $206_{-0.46}^{0}$ | 194 | 290 | 112 |
| 160 | 120 | M80×2 | 90 | 95 | M64×2 | 70 | 71 | 210 | $R_c1$ | M33×2 | 211 | 88 | 71 | 360 | 4 | $218_{-0.46}^{0}$ | 207 | 308 | 126 |
| 180 | 140 | M95×2 | 100 | 110 | M72×2 | 80 | 80 | 235 | $R_c1\frac{1}{4}$ | M42×2 | 225 | 98 | 80 | 403 | 4 | $243_{-0.46}^{0}$ | 216 | 330 | — |
| 200 | 150 | M100×2 | 112 | 120 | M80×2 | 90 | 90 | 262 | $R_c1\frac{1}{2}$ | M42×2 | 244 | 108 | 90 | 452 | 5 | $272_{-0.52}^{0}$ | 232 | 356 | — |
| 220 | 180 | M120×2 | 125 | 140 | M95×2 | 100 | 100 | 292 | $R_c1\frac{1}{2}$ | M42×2 | 257.5 | 117 | 100 | 500 | 5 | $300_{-0.52}^{0}$ | 241 | 365 | — |
| 250 | 195 | M130×2 | 140 | 150 | M100×2 | 112 | 100 | 325 | $R_c2$ | M42×2 | 287.5 | 117 | 100 | 535 | 5 | $335_{-0.57}^{0}$ | 271 | 411 | — |

注：其他尺寸见基本型。

## 单耳环、双耳环端部零件

单耳环端部零件

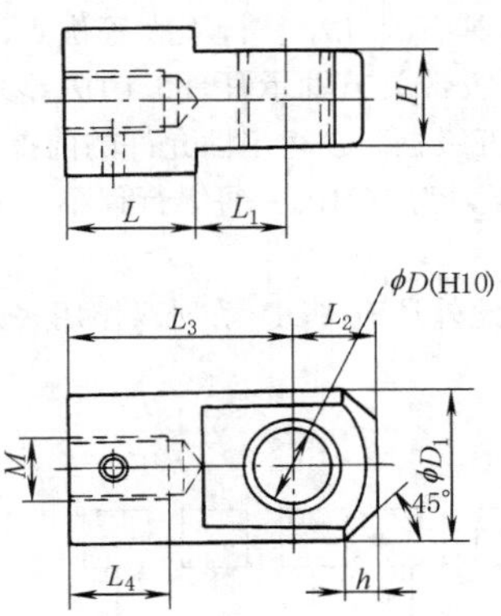


双耳环端部零件

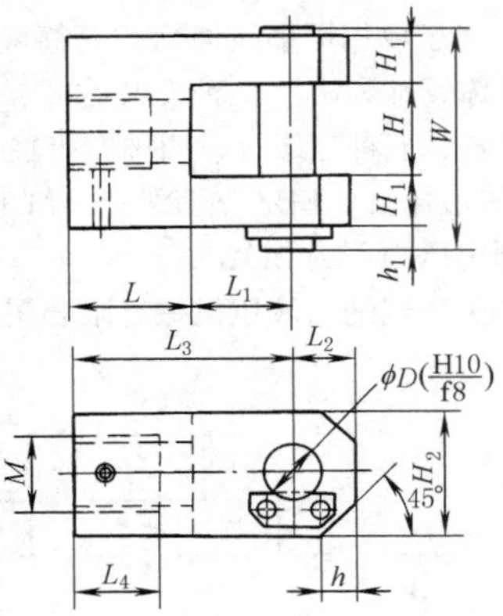


**表 21-6-102**

mm

| 单、双耳环 | | | 单耳环 | | | | | | | | | 双耳环 | | | | | | | | | | | | 端部零件质量/kg | |
|---|---|---|---|---|---|---|---|---|---|---|---|---|---|---|---|---|---|---|---|---|---|---|---|---|---|
| 缸径 | 杆标记 | M | $L_4$ | $L_3$ | $L_1$ | D | $D_1$ | $L_2$ | H | h | L | $L_4$ | $L_3$ | $L_1$ | D | $H_2$ | $L_2$ | $H_1$ | H | $h_1$ | W | h | L | 单耳环 | 双耳环 |
| 32 | B | M16×1.5 | 34 | 60 | 23 | 16 | 39 | 20 | $25^{-0.1}_{-0.4}$ | 8 | 37 | 33 | 60 | 27 | 16 | 32 | 16 | 12.5 | $25^{+0.4}_{+0.1}$ | 12 | 68 | 4 | 33 | 0.5 | 0.6 |
| 40 | B | M20×1.5 | 39 | 60 | 23 | 16 | 39 | 20 | $25^{-0.1}_{-0.4}$ | 8 | 37 | 33 | 60 | 27 | 16 | 32 | 16 | 12.5 | $25^{+0.4}_{+0.1}$ | 12 | 68 | 4 | 33 | 0.5 | 0.6 |
| | C | M16×1.5 | 34 | | | | | | | | | 33 | | | | | | | | | | | | | |
| 50 | B | M24×1.5 | 44 | 70 | 28 | 20 | 49 | 25 | $31.5^{-0.1}_{-0.4}$ | 10 | 42 | 38 | 70 | 32 | 20 | 40 | 20 | 16 | $31.5^{+0.4}_{+0.1}$ | 12 | 80 | 10 | 38 | 0.9 | 1.0 |
| | C | M20×1.5 | 39 | | | | | | | | | 38 | | | | | | | | | | | | 0.9 | 1.1 |
| 63 | B | M30×1.5 | 50 | 115 | 43 | 31.5 | 62 | 35 | $40^{-0.1}_{-0.4}$ | 15 | 72 | 50 | 115 | 50 | 31.5 | 60 | 30 | 20 | $40^{+0.4}_{+0.1}$ | 12 | 98 | 12 | 65 | 2.4 | 3.4 |
| | C | M24×1.5 | 44 | | | | | | | | | 40 | | | | | | | | | | | | 2.5 | 3.5 |
| 80 | B | M39×1.5 | 65 | 115 | 43 | 31.5 | 62 | 35 | $40^{-0.1}_{-0.4}$ | 15 | 72 | 65 | 115 | 50 | 31.5 | 60 | 30 | 20 | $40^{+0.4}_{+0.1}$ | 12 | 98 | 12 | 65 | 2.1 | 3.1 |
| | C | M30×1.5 | 50 | | | | | | | | | 50 | | | | | | | | | | | | 2.4 | 3.4 |
| 100 | B | M48×1.5 | 80 | 145 | 55 | 40 | 79 | 40 | $50^{-0.1}_{-0.4}$ | 20 | 90 | 85 | 145 | 60 | 40 | 80 | 40 | 25 | $50^{+0.4}_{+0.1}$ | 18 | 125 | 15 | 85 | 4.2 | 7.0 |
| | C | M39×1.5 | 65 | | | | | | | | | 65 | | | | | | | | | | | | 4.8 | 7.5 |
| 125 | B | M64×2.0 | 100 | 180 | 65 | 50 | 100 | 50 | $63^{-0.1}_{-0.4}$ | 25 | 115 | 100 | 180 | 70 | 50 | 100 | 50 | 31.5 | $63^{+0.4}_{+0.1}$ | 18 | 150 | 20 | 110 | 8.4 | 13.4 |
| | C | M48×1.5 | 80 | | | | | | | | | 80 | | | | | | | | | | | | 9.8 | 14.8 |
| 140 | B | M72×2.0 | 115 | 225 | 85 | 63 | 130 | 65 | $80^{-0.1}_{-0.6}$ | 30 | 140 | 115 | 225 | 90 | 63 | 120 | 65 | 40 | $80^{+0.6}_{+0.1}$ | 18 | 185 | 25 | 135 | 19.0 | 26.4 |
| | C | M56×2.0 | 85 | | | | | | | | | 85 | | | | | | | | | | | | 21.1 | 28.5 |
| 150 | B | M76×2.0 | 120 | 225 | 85 | 63 | 130 | 65 | $80^{-0.1}_{-0.6}$ | 30 | 140 | 120 | 225 | 90 | 63 | 120 | 65 | 40 | $80^{+0.6}_{+0.1}$ | 18 | 185 | 25 | 135 | 16.8 | 24.2 |
| | C | M60×2.0 | 90 | | | | | | | | | 90 | | | | | | | | | | | | 19.7 | 27.1 |
| 160 | B | M80×2.0 | 125 | 240 | 90 | 71 | 140 | 70 | $80^{-0.1}_{-0.6}$ | 35 | 150 | 125 | 240 | 100 | 71 | 140 | 70 | 40 | $80^{+0.6}_{+0.1}$ | 18 | 185 | 30 | 140 | 22.4 | 32.1 |
| | C | M64×2.0 | 100 | | | | | | | | | 100 | | | | | | | | | | | | 24.8 | 34.5 |

## 7.6 多级液压缸

UDZ 型多级液压缸属于单作用多级伸缩式套筒液压缸，具有尺寸小、行程大等优点。UDZ 型多级液压缸有缸底关节轴承耳环、缸体铰轴和法兰三种安装方式，缸头首级带关节轴承耳环。UDZ 型多级液压缸有七种柱塞直径，可组成六种二级缸、五种三级缸、四种四级缸和三种五级缸。在稳定性允许的前提下，生产厂可提供行程超过 20m 的 UDZ 型多级液压缸。UDZ 型多级液压缸的额定压力为 16MPa；每级行程小于或等于 500mm 的短行程 UDZ 型多级液压缸，额定压力可为 21MPa。

UDZ 型多级液压缸由优瑞纳斯液压机械有限公司生产，此外还有 UDH 系列双作用多级液压缸产品，详见该公司产品样本。

（1）型号意义

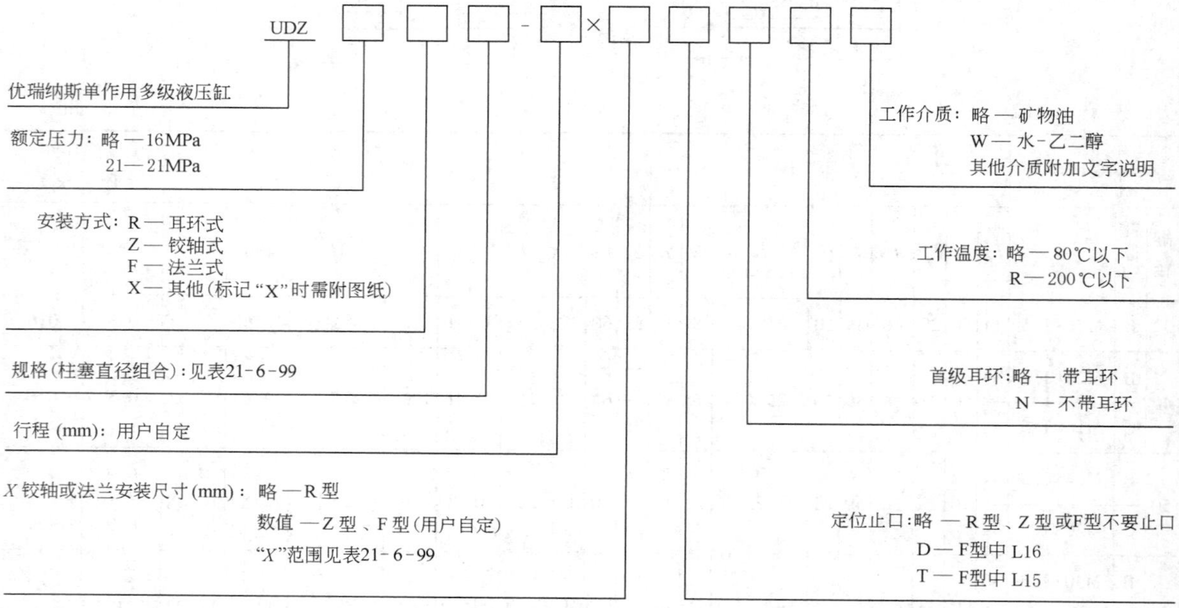


标记示例：五级缸，系列压力 16MPa，需要推力 20kN，行程 5000mm，法兰式安装，缸底侧止口定位，$X$= 150mm，首级带耳环，常温，工作介质为矿物油，标记为

UDZF 45/60/75/95/120-5000×150D

（2）技术参数及应用

① 技术参数

**表 21-6-103**

| 柱塞直径 $\phi$/mm | 28 | 45 | 60 | 75 | 95 | 120 | 150 |
|---|---|---|---|---|---|---|---|
| 1MPa 压力时推力/kN | 0.615 | 1.59 | 2.827 | 4.418 | 7.088 | 11.31 | 17.67 |
| 16MPa 压力时推力/kN | 9.85 | 25.45 | 45.24 | 70.69 | 113.4 | 181 | 282.7 |
| 21MPa 压力时推力/kN | 12.93 | 33.4 | 59.38 | 92.78 | 148.8 | 237.5 | 371.1 |

② 选用方法

a. 工作压力：UDZ 型多级液压缸额定压力 16MPa（出厂测试压力 24MPa），用户系统压力应调定在 16MPa 范围内，每级行程小于或等于 500mm 的短行程 UDZ 型多级液压缸，额定压力可达 21MPa，但在订货型号上必须标明。

b. 确定 UDZ 型多级液压缸缸径。若需要全行程输出恒定的推力，则首级（直径最小的一级）柱塞在提供的介质压力时产生的推力一定要大于所需要的恒定推力。例如，需要的恒定推力是 30kN，系统压力是 12MPa，这时选用的首级柱塞直径为 56. 4mm，此时应选用规格中相近的 $\phi60$ 首级缸。如果系统压力是 16MPa，就可以根据表 21-6-115 直接选用 $\phi60$ 首级缸。若需要的推力是变量，则应绘制变量力与行程曲线图和 UDZ 型多级液压缸行程推力曲线图，作出最佳缸径选择。由于 UDZ 型多级液压缸是单作用柱塞缸，所以回程时必须依靠重力载荷或其他外力驱动。UDZ 型多级液压缸最低启动压力小于或等于 0. 3MPa，由此可计算出每一柱塞缸的最小回程力。

c. 确定 UDZ 型多级液压缸级数。在 UDZ 型多级液压缸缸径确定后，根据所需 UDZ 型多级液压缸的行程和最大允许闭合尺寸，可确定 UDZ 型多级液压缸级数。例如，选用 R 型安装方式时，所需行程为 5000mm，首级柱塞直径为 45mm，两耳环中心距最大允许为 1800mm，先设想 UDZ 型多级液压缸为三级，此时查表 21-6-99 得 $L_3=303+S/3$，$L_{17}=105$mm，$L_3+L_{17}=303+5000/3+105=2074$mm>1800mm，三级缸不符合使用要求，因此再选用四级缸，查表 $L_3=315+S/4$，$L_{17}=130$mm，$L_3+L_{17}=315+5000/4+130=1695$mm<1800mm，四级缸符合使用要求。

d. 确定 Z 型、F 型 UZD 型多级液压缸的 $X$ 尺寸。Z 型缸铰轴和 F 型缸法兰的位置可按需要确定，但是 $X$ 尺寸不得超出表 21-6-116 中规定的范围，即铰轴和法兰不能超出缸体两端。

e. 确定 F 型 UDZ 型多级液压缸的定位止口。法兰止口 $\phi5$（e8）是为精确定位缸体轴心设置的。法兰两侧的两个定位止口，只需选择一个即可，大多数情况下常选用 L16（D），在无需精确定位缸体轴心的场合，也可不选用定位止口。

f. UDZ 型多级液压缸使用时严禁承受侧向力；长行程 UDZ 型多级液压缸不宜水平使用。如需要以上两种工况的多级缸，请向生产厂订购特殊设计的产品。

g. UDZ 型多级液压缸的工作介质：标准 UDZ 型多级液压缸使用清洁的矿物油（NAS7～9 级）作为工作介质，如使用水-乙二醇、乳化液等含水介质，应在订货时加 W 标识。其他如磷酸酯及酸、碱性介质等应用文字说明。

h. UDZ 型多级液压缸的工作温度：标准 UDZ 型多级液压缸工作温度范围为−15～80℃，高温 UDZ 型多级液压缸工作温度范围为−10～200℃。

③ 柱塞运动速度与顺序

由于 UDZ 型多级液压缸由多种直径柱塞缸组成，因此在系统流量恒定时，每级缸的速度不同。在举升负载过程中，正常情况下先是大直径柱塞先伸出，且速度较慢；大柱塞行程终了时，下一级大柱塞再伸出，且速度会变快；最小直径柱塞最后伸出，但其运行速度最快。当在外力作用下缩回时，先是最小直径柱塞缩回，速度最快；然后依次缩回；最大直径柱塞最后缩回，速度也最慢。对 UDZ 型多级液压缸的速度要求，一般是规定全行程需用时间，或某一级的运行速度。

（3）外形尺寸

**缸底关节轴承耳环式 UDZR**

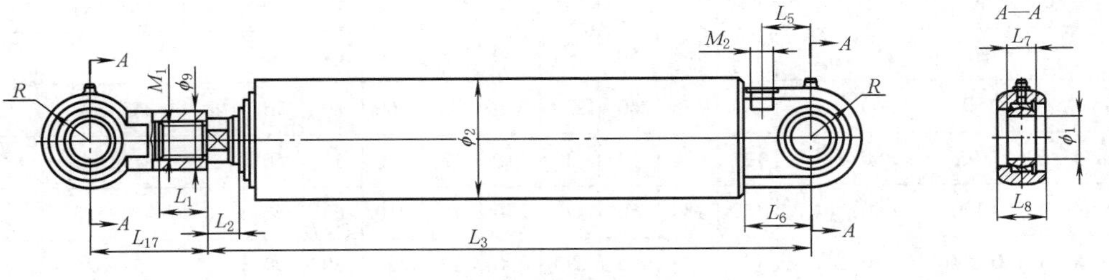


**缸体铰轴式 UDZR**

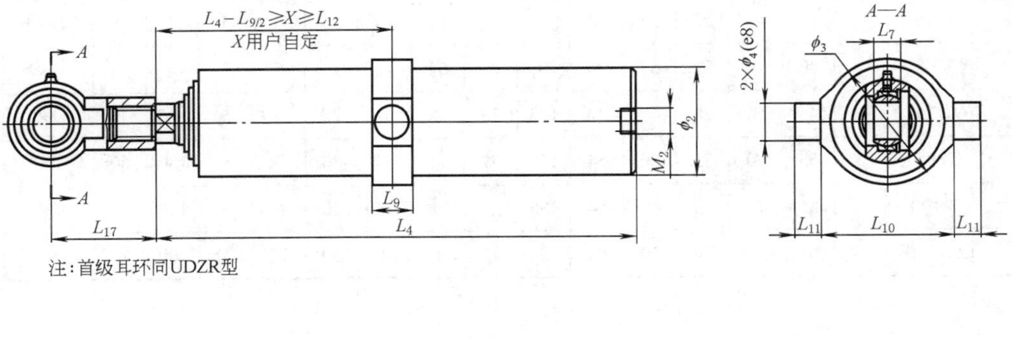


注：首级耳环同UDZR型

## 缸体法兰式 UDZF

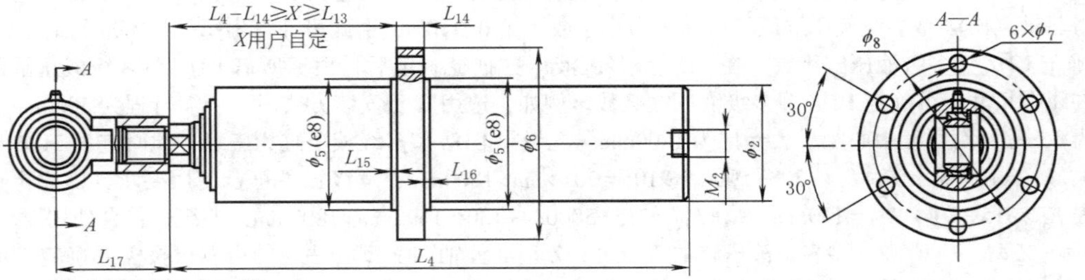


注：首级耳环同UDZR型

表 21-6-104

mm

| | 规格 | $\phi_1$ | $\phi_2$ | $\phi_3$ | $\phi_4$ | $\phi_5$ | $\phi_6$ | $\phi_7$ | $\phi_8$ | $\phi_9$ | $L_1$ | $L_2$ | $L_3$ | $L_4$ |
|---|---|---|---|---|---|---|---|---|---|---|---|---|---|---|
| 二级缸 | 28/45 | $30_{-0.010}^{\ 0}$ | 70 | 80 | 30 | 76 | 120 | 11 | 98 | 35 | 30 | 18 | 279+S/2 | 231+S/2 |
| | 45/60 | $30_{-0.010}^{\ 0}$ | 83 | 100 | 30 | 90 | 140 | 13 | 115 | 45 | 35 | 20 | 284+S/2 | 234+S/2 |
| | 60/75 | $40_{-0.012}^{\ 0}$ | 108 | 120 | 40 | 115 | 175 | 15 | 145 | 60 | 45 | 20 | 299+S/2 | 241+S/2 |
| | 75/95 | $50_{-0.012}^{\ 0}$ | 127 | 150 | 50 | 145 | 210 | 15 | 180 | 72 | 50 | 20 | 307+S/2 | 245+S/2 |
| | 95/120 | $50_{-0.012}^{\ 0}$ | 152 | 185 | 50 | 175 | 240 | 18 | 210 | 90 | 60 | 20 | 328+S/2 | 253+S/2 |
| | 120/150 | $60_{-0.015}^{\ 0}$ | 194 | 235 | 60 | 220 | 300 | 22 | 260 | 110 | 75 | 20 | 345+S/2 | 262+S/2 |
| 三级缸 | 28/45/60 | $30_{-0.010}^{\ 0}$ | 83 | 100 | 30 | 90 | 140 | 13 | 115 | 35 | 35 | 18 | 288+S/3 | 238+S/3 |
| | 45/60/75 | $40_{-0.012}^{\ 0}$ | 108 | 120 | 40 | 115 | 175 | 15 | 145 | 48 | 45 | 20 | 303+S/3 | 245+S/3 |
| | 60/75/95 | $50_{-0.012}^{\ 0}$ | 127 | 150 | 50 | 145 | 210 | 15 | 180 | 60 | 50 | 20 | 311+S/3 | 249+S/3 |
| | 75/95/120 | $50_{-0.012}^{\ 0}$ | 152 | 185 | 50 | 175 | 240 | 18 | 210 | 90 | 60 | 20 | 332+S/3 | 257+S/3 |
| | 95/120/150 | $60_{-0.015}^{\ 0}$ | 194 | 235 | 60 | 220 | 300 | 22 | 260 | 90 | 75 | 20 | 349+S/3 | 266+S/3 |
| 四级缸 | 28/45/60/75 | $40_{-0.012}^{\ 0}$ | 108 | 120 | 40 | 115 | 175 | 15 | 145 | 48 | 45 | 18 | 307+S/4 | 249+S/4 |
| | 45/60/75/95 | $50_{-0.012}^{\ 0}$ | 127 | 150 | 50 | 145 | 210 | 15 | 180 | 52 | 50 | 20 | 315+S/4 | 253+S/4 |
| | 60/75/95/120 | $50_{-0.012}^{\ 0}$ | 152 | 185 | 50 | 175 | 240 | 18 | 210 | 68 | 60 | 20 | 336+S/4 | 261+S/4 |
| | 75/95/120/150 | $60_{-0.015}^{\ 0}$ | 194 | 235 | 60 | 220 | 300 | 22 | 260 | 80 | 75 | 20 | 353+S/4 | 270+S/4 |
| 五级缸 | 28/45/60/75/95 | $50_{-0.012}^{\ 0}$ | 127 | 150 | 50 | 145 | 210 | 15 | 180 | 52 | 50 | 18 | 319+S/5 | 257+S/5 |
| | 45/60/75/95/120 | $50_{-0.012}^{\ 0}$ | 152 | 185 | 50 | 175 | 240 | 18 | 210 | 68 | 60 | 20 | 340+S/5 | 265+S/5 |
| | 60/75/95/120/150 | $60_{-0.015}^{\ 0}$ | 194 | 235 | 60 | 220 | 300 | 22 | 260 | 80 | 70 | 20 | 357+S/5 | 274+S/5 |

| | 规格 | $L_5$ | $L_6$ | $L_7$ | $L_8$ | $L_9$ | $L_{10}$ | $L_{11}$ | $L_{12}$ | $L_{13}$ | $L_{14}$ | $L_{15}$ | $L_{16}$ | $L_{17}$ | R | $M_1$ | $M_2$ |
|---|---|---|---|---|---|---|---|---|---|---|---|---|---|---|---|---|---|
| 二级缸 | 28/45 | 35 | 40 | 22 | 35 | 34 | 80 | 25 | 61 | 49 | 20 | 5 | 5 | 60 | 35 | 22×1.5 | 18×1.5 |
| | 45/60 | 40 | 40 | 22 | 35 | 34 | 100 | 27 | 64 | 49 | 25 | 5 | 5 | 65 | 35 | 35×2 | 22×1.5 |
| | 60/75 | 45 | 55 | 28 | 45 | 44 | 125 | 30 | 68 | 54 | 25 | 5 | 5 | 105 | 45 | 42×2 | 22×1.5 |
| | 75/95 | 55 | 70 | 35 | 60 | 54 | 155 | 37 | 71 | 54 | 30 | 5 | 5 | 130 | 60 | 52×2 | 27×2 |
| | 95/120 | 55 | 70 | 35 | 60 | 54 | 185 | 37 | 76 | 54 | 40 | 5 | 5 | 140 | 60 | 68×2 | 27×2 |
| | 120/150 | 65 | 80 | 44 | 70 | 64 | 230 | 45 | 89 | 56 | 50 | 10 | 10 | 160 | 70 | 85×3 | 33×2 |

续表

| 规格 | | $L_5$ | $L_6$ | $L_7$ | $L_8$ | $L_9$ | $L_{10}$ | $L_{11}$ | $L_{12}$ | $L_{13}$ | $L_{14}$ | $L_{15}$ | $L_{16}$ | $L_{17}$ | $R$ | $M_1$ | $M_2$ |
|---|---|---|---|---|---|---|---|---|---|---|---|---|---|---|---|---|---|
| 三级缸 | 28/45/60 | 40 | 40 | 22 | 35 | 34 | 100 | 27 | 72 | 57 | 25 | 5 | 5 | 65 | 35 | 24×1.5 | 22×1.5 |
| | 45/60/75 | 45 | 55 | 28 | 45 | 44 | 125 | 30 | 76 | 57 | 25 | 5 | 5 | 105 | 45 | 33×2 | 22×1.5 |
| | 60/75/95 | 55 | 70 | 35 | 60 | 54 | 155 | 37 | 79 | 62 | 30 | 5 | 5 | 130 | 60 | 42×2 | 27×2 |
| | 75/95/120 | 55 | 70 | 35 | 60 | 54 | 185 | 37 | 89 | 62 | 40 | 5 | 5 | 140 | 60 | 68×2 | 27×2 |
| | 95/120/150 | 65 | 80 | 44 | 70 | 64 | 230 | 45 | 97 | 64 | 50 | 10 | 10 | 160 | 70 | 68×2 | 33×2 |
| 四级缸 | 28/45/60/75 | 45 | 55 | 28 | 45 | 44 | 125 | 30 | 84 | 65 | 25 | 5 | 5 | 105 | 45 | 24×1.5 | 22×1.5 |
| | 45/60/75/95 | 55 | 70 | 35 | 60 | 54 | 155 | 37 | 87 | 65 | 30 | 5 | 5 | 130 | 60 | 36×2 | 27×2 |
| | 60/75/95/120 | 55 | 70 | 35 | 60 | 54 | 185 | 37 | 92 | 70 | 40 | 5 | 5 | 140 | 60 | 48×2 | 27×2 |
| | 75/95/120/150 | 65 | 80 | 44 | 70 | 64 | 230 | 45 | 105 | 70 | 50 | 10 | 10 | 160 | 70 | 60×2 | 33×2 |
| 五级缸 | 28/45/60/75/95 | 55 | 70 | 35 | 60 | 54 | 155 | 37 | 95 | 73 | 30 | 5 | 5 | 130 | 60 | 24×1.5 | 27×2 |
| | 45/60/75/95/120 | 55 | 70 | 35 | 60 | 54 | 185 | 37 | 100 | 73 | 40 | 5 | 5 | 140 | 60 | 36×2 | 27×2 |
| | 60/75/95/120/150 | 65 | 80 | 44 | 70 | 64 | 230 | 45 | 113 | 78 | 50 | 10 | 10 | 160 | 70 | 48×2 | 33×2 |

## 7.7 齿条齿轮摆动液压缸

### 7.7.1 UB 型齿条齿轮摆动液压缸

UB 型摆动液压缸为重型机械企业标准产品，标准号 JB/ZQ 4713—2006。

UB 型摆动液压缸是将液压能转换为机械能，实现往复摆动的执行元件。它是带齿轮齿条机构的组合液压缸。往复直线运动的活塞-齿条带动齿轮正反向回转，并输出转矩。

UB 型摆动液压缸公称压力 16MPa，有单齿条和双齿条两种结构型式；有法兰式和脚架式两种安装方式；有轴和孔两种输出方式。

带液压动力包的 UB 型摆动液压缸由含电动机、泵、阀和油箱的微型液压油源与 UB 型摆动液压缸组合而成，具有结构紧凑、体积小、重量轻等特点，适用于只装备单个 UB 型摆动液压缸或装备数量不多 UB 型摆动液压缸的场合。

UB 型摆动液压缸生产厂：优瑞纳斯液压机械有限公司、扬州江都永坚有限公司。

(1) 型号意义

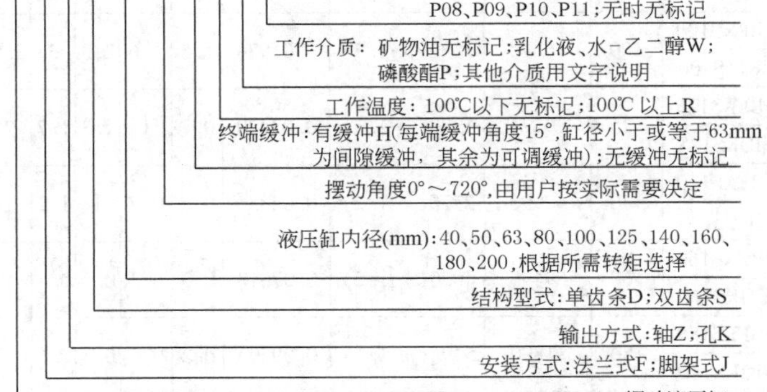


标记示例：法兰连接，轴输出，双齿条结构，转矩 8818N·m，摆动角度 368°，带终端缓冲和带 P05 液压动力包的 UB 型摆动液压缸，标记为

UBFZS80-368°HP05

（2）技术规格

**表 21-6-105**

| 结构特点 | 连接方式 | 型号 轴输出 | 型号 孔输出 | 缸径/mm | 转矩（$p$为16MPa时）/N·m | 转矩计算式（$p$为工作压力）/N·m | 每度转角用油量/L·(°)$^{-1}$ | P01 | P02 | P03 | P04 | P05 | P06 | P07 | P08 | P09 | P10 | P11 |
|---|---|---|---|---|---|---|---|---|---|---|---|---|---|---|---|---|---|---|
| 单齿条 | 法兰 | UBFZD40 | UBFKD40 | 40 | 798 | 55($p$−1.5) | 0.00097 | 26 | 34 | 48 | 60 | 72 | 86 | 98 | 120 | 140 | 172 | 240 |
| | 脚架 | UBJZD40 | UBJKD40 | | | | | | | | | | | | | | | |
| | 法兰 | UBFZD50 | UBFKD50 | 50 | 1421 | 98($p$−1.5) | 0.00171 | 15 | 19 | 27 | 34 | 41 | 49 | 55 | 68 | 80 | 97 | 136 |
| | 脚架 | UBJZD50 | UBJKD50 | | | | | | | | | | | | | | | |
| | 法兰 | UBFZD63 | UBFKD63 | 63 | 2480 | 171($p$−1.5) | 0.00299 | 8 | 11 | 16 | 20 | 23 | 28 | 32 | 39 | 46 | 56 | 78 |
| | 脚架 | UBJZD63 | UBJKD63 | | | | | | | | | | | | | | | |
| | 法兰 | UBFZD80 | UBFKD80 | 80 | 4409 | 302($p$−1.4) | 0.00526 | 4.8 | 6 | 9 | 11 | 13 | 16 | 18 | 22 | 26 | 31 | 44 |
| | 脚架 | UBJZD80 | UBJKD80 | | | | | | | | | | | | | | | |
| | 法兰 | UBFZD100 | UBFKD100 | 100 | 8320 | 566($p$−1.3) | 0.00987 | 2.5 | 3 | 4.7 | 5.9 | 7 | 8.4 | 9.6 | 11 | 14 | 17 | 23 |
| | 脚架 | UBJZD100 | UBJKD100 | | | | | | | | | | | | | | | |
| | 法兰 | UBFZD125 | UBFKD125 | 125 | 14612 | 994($p$−1.3) | 0.01735 | 1.4 | 2 | 2.7 | 3.3 | 4 | 4.8 | 5.5 | 6.7 | 7.9 | 9.6 | 13 |
| | 脚架 | UBJZD125 | UBJKD125 | | | | | | | | | | | | | | | |
| | 法兰 | UBFZD140 | UBFKD140 | 140 | 20498 | 1385($p$−1.2) | 0.02418 | 1 | 1.4 | 1.9 | 2.4 | 2.9 | 3.4 | 3.9 | 4.8 | 5.6 | 6.9 | 9.6 |
| | 脚架 | UBJZD140 | UBJKD140 | | | | | | | | | | | | | | | |
| | 法兰 | UBFZD160 | UBFKD160 | 160 | 29748 | 2010($p$−1.2) | 0.03509 | 0.7 | 0.9 | 1.3 | 1.7 | 2 | 2.4 | 2.7 | 3.3 | 3.9 | 4.7 | 6.6 |
| | 脚架 | UBJZD160 | UBJKD160 | | | | | | | | | | | | | | | |
| | 法兰 | UBFZD180 | UBFKD180 | 180 | 40945 | 2748($p$−1.1) | 0.04797 | 0.5 | 0.7 | 1 | 1.2 | 1.5 | 1.7 | 2 | 2.4 | 2.8 | 3.5 | 4.9 |
| | 脚架 | UBJZD180 | UBJKD180 | | | | | | | | | | | | | | | |
| | 法兰 | UBFZD200 | UBFKD200 | 200 | 59370 | 3958($p$−1.0) | 0.06909 | 0.3 | 0.5 | 0.6 | 0.8 | 1 | 1.2 | 1.4 | 1.6 | 2 | 2.4 | 3.2 |
| | 脚架 | UBJZD200 | UBJKD200 | | | | | | | | | | | | | | | |
| 双齿条 | 法兰 | UBFZS40 | UBFKS40 | 40 | 1595 | 110($p$−1.5) | 0.00193 | 13 | 17 | 24 | 30 | 36 | 43 | 49 | 60 | 70 | 81 | 120 |
| | 脚架 | UBJZS40 | UBJKS40 | | | | | | | | | | | | | | | |
| | 法兰 | UBFZS50 | UBFKS50 | 50 | 2842 | 196($p$−1.5) | 0.00343 | 7.5 | 9.5 | 14 | 17 | 20 | 24 | 23 | 34 | 40 | 49 | 68 |
| | 脚架 | UBJZS50 | UBJKS50 | | | | | | | | | | | | | | | |
| | 法兰 | UBFZS63 | UBFKS63 | 63 | 4959 | 342($p$−1.5) | 0.00598 | 4 | 5.5 | 8 | 10 | 12 | 14 | 16 | 19 | 23 | 28 | 39 |
| | 脚架 | UBJZS63 | UBJKS63 | | | | | | | | | | | | | | | |
| | 法兰 | UBFZS80 | UBFKS80 | 80 | 8818 | 604($p$−1.4) | 0.01053 | 2.4 | 3 | 4.5 | 5.5 | 6.5 | 8 | 9 | 11 | 13 | 16 | 22 |
| | 脚架 | UBJZS80 | UBJKS80 | | | | | | | | | | | | | | | |
| | 法兰 | UBFZS100 | UBFKS100 | 100 | 16640 | 1132($p$−1.3) | 0.01974 | 1.3 | 1.6 | 2.3 | 3 | 3.5 | 4.2 | 4.8 | 5.9 | 7 | 8.4 | 12 |
| | 脚架 | UBJZS100 | UBJKS100 | | | | | | | | | | | | | | | |
| | 法兰 | UBFZS125 | UBFKS125 | 125 | 29224 | 1988($p$−1.3) | 0.03470 | 0.7 | 1 | 1.3 | 1.7 | 2 | 2.4 | 2.7 | 3.8 | 3.9 | 4.8 | 6.7 |
| | 脚架 | UBJZS125 | UBJKS125 | | | | | | | | | | | | | | | |
| | 法兰 | UBFZS140 | UBFKS140 | 140 | 40996 | 2770($p$−1.2) | 0.04836 | 0.5 | 0.7 | 1 | 1.2 | 1.4 | 1.7 | 2 | 2.4 | 2.8 | 3.4 | 4.8 |
| | 脚架 | UBJZS140 | UBJKS140 | | | | | | | | | | | | | | | |
| | 法兰 | UBFZS160 | UBFKS160 | 160 | 59496 | 4020($p$−1.2) | 0.07018 | 0.3 | 0.5 | 0.7 | 0.8 | 1 | 1.2 | 1.3 | 1.6 | 1.9 | 2.3 | 3.3 |
| | 脚架 | UBJZS160 | UBJKS160 | | | | | | | | | | | | | | | |
| | 法兰 | UBFZS180 | UBFKS180 | 180 | 81890 | 5496($p$−1.1) | 0.09593 | 0.2 | 0.3 | 0.5 | 0.6 | 0.7 | 0.8 | 1 | 1.2 | 1.4 | 1.7 | 2.4 |
| | 脚架 | UBJZS180 | UBJKS180 | | | | | | | | | | | | | | | |
| | 法兰 | UBFZS200 | UBFKS200 | 200 | 118740 | 7916($p$−1.0) | 0.13817 | 0.1 | 0.2 | 0.3 | 0.4 | 0.5 | 0.6 | 0.7 | 0.8 | 1 | 1.2 | 1.6 |
| | 脚架 | UBJZS200 | UBJKS200 | | | | | | | | | | | | | | | |
| 液压动力包电动机（380V，50Hz）功率/kW | | | | | | | | 0.55 | 0.75 | 1.1 | 1.5 | 1.5 | 2 | 2 | 2.2 | 3 | 4 | 4 |

注：P01～P11 列为带液压动力包的摆动速度（无缓冲时）/(°)·s$^{-1}$。

注：液压缸工作环境温度−50～260℃，液压缸的启动压力小于或等于1.5MPa。

(3) 外形及安装尺寸

## UBFZD 法兰式轴输出单齿条型

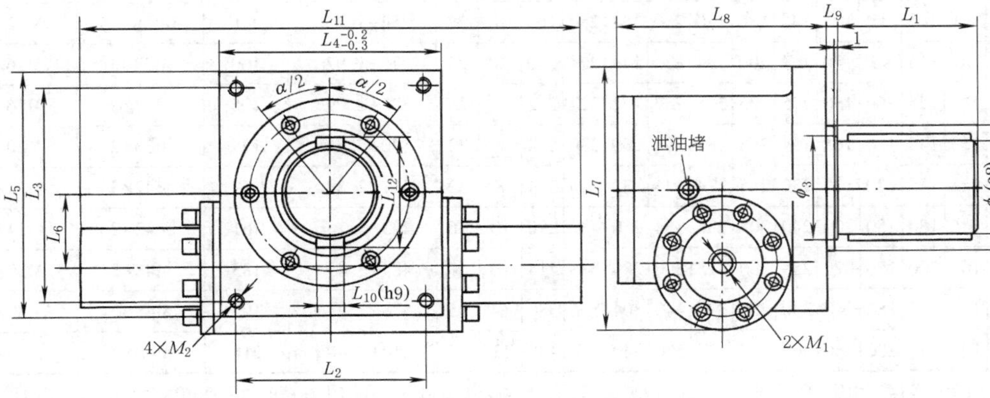


**表 21-6-106**

mm

| 型　号 | $\phi_1$ | $\phi_2$ | $\phi_3$ | $L_1$ | $L_2$ | $L_3$ | $L_4$ | $L_5$ | $L_6$ | $L_7$ | $L_8$ | $L_9$ | $L_{10}$ | $L_{11}$ | $L_{12}$ | $M_1$ | $M_2$×孔深 |
|---|---|---|---|---|---|---|---|---|---|---|---|---|---|---|---|---|---|
| UBFZD40 | 70 | 95 | 75 | 105 | 140 | 160 | 164 | 184 | 55 | 197 | 154 | 6 | 20 | 233+1.54α | 79 | M22×1.5 | M12×20 |
| UBFZD50 | 80 | 105 | 85 | 125 | 146 | 185 | 170 | 210 | 66 | 231 | 163 | 6 | 22 | 254+1.75α | 90 | M22×1.5 | M12×20 |
| UBFZD63 | 90 | 115 | 95 | 140 | 164 | 200 | 194 | 232 | 72 | 253 | 190 | 6 | 25 | 275+1.92α | 100 | M27×2 | M16×25 |
| UBFZD80 | 95 | 125 | 100 | 150 | 175 | 225 | 205 | 257 | 86 | 292 | 212 | 8 | 25 | 328+2.09α | 105 | M27×2 | M16×25 |
| UBFZD100 | 115 | 145 | 120 | 165 | 194 | 265 | 234 | 306 | 100 | 343 | 244 | 8 | 32 | 370+2.51α | 129 | M33×2 | M20×30 |
| UBFZD125 | 125 | 155 | 130 | 170 | 230 | 285 | 274 | 334 | 116 | 390 | 284 | 8 | 32 | 417+2.83α | 139 | M42×2 | M24×35 |
| UBFZD140 | 145 | 180 | 150 | 200 | 240 | 305 | 286 | 354 | 125 | 418 | 290 | 10 | 36 | 423+3.14α | 161 | M42×2 | M24×35 |
| UBFZD160 | 165 | 200 | 170 | 220 | 255 | 330 | 315 | 390 | 140 | 464 | 314 | 10 | 40 | 484+3.49α | 183 | M48×2 | M30×45 |
| UBFZD180 | 175 | 220 | 180 | 240 | 330 | 380 | 390 | 440 | 152 | 518 | 380 | 12 | 45 | 578+3.77α | 195 | M48×2 | M30×45 |
| UBFZD200 | 195 | 240 | 200 | 260 | 365 | 440 | 425 | 500 | 170 | 578 | 438 | 12 | 45 | 610+4.40α | 215 | M48×2 | M30×45 |

注：1. α 为摆动角度，由客户按要求决定（0°~720°范围内，摆角公差 α±1°）。如需更高精度或需摆角微调，请在订货时说明。

2. 视图上双平键位置表示此位置的双平键轴可向左右各转动二分之一摆角。

## UBFZS 法兰式轴输出双齿条型

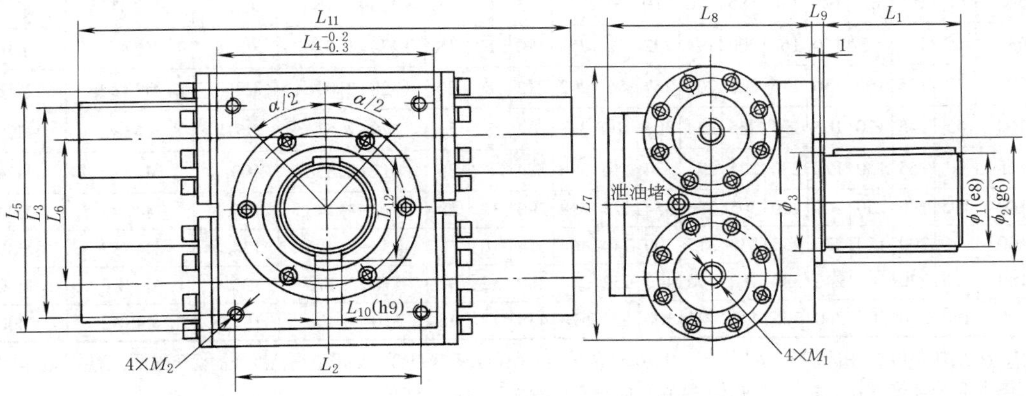

**表 21-6-107**

mm

| 型　号 | $\phi_1$ | $\phi_2$ | $\phi_3$ | $L_1$ | $L_2$ | $L_3$ | $L_4$ | $L_5$ | $L_6$ | $L_7$ | $L_8$ | $L_9$ | $L_{10}$ | $L_{11}$ | $L_{12}$ | $M_1$ | $M_2$×孔深 |
|---|---|---|---|---|---|---|---|---|---|---|---|---|---|---|---|---|---|
| UBFZS40 | 70 | 95 | 75 | 105 | 140 | 160 | 164 | 184 | 110 | 210 | 154 | 6 | 20 | 233+1.54$\alpha$ | 79 | M22×1.5 | M12×20 |
| UBFZS50 | 80 | 105 | 85 | 125 | 146 | 185 | 170 | 210 | 132 | 252 | 163 | 6 | 22 | 254+1.75$\alpha$ | 90 | M22×1.5 | M12×20 |
| UBFZS63 | 90 | 115 | 95 | 140 | 164 | 200 | 194 | 232 | 144 | 274 | 190 | 6 | 25 | 275+1.92$\alpha$ | 100 | M27×2 | M16×25 |
| UBFZS80 | 95 | 125 | 100 | 150 | 175 | 225 | 205 | 257 | 172 | 327 | 212 | 8 | 25 | 328+2.09$\alpha$ | 105 | M27×2 | M16×25 |
| UBFZS100 | 115 | 145 | 120 | 165 | 194 | 265 | 234 | 306 | 200 | 380 | 244 | 8 | 32 | 370+2.51$\alpha$ | 129 | M33×2 | M20×30 |
| UBFZS125 | 125 | 155 | 130 | 170 | 230 | 285 | 274 | 334 | 232 | 446 | 284 | 8 | 32 | 417+2.83$\alpha$ | 139 | M42×2 | M24×35 |
| UBFZS140 | 145 | 180 | 150 | 200 | 240 | 305 | 286 | 354 | 250 | 482 | 290 | 10 | 36 | 423+3.14$\alpha$ | 161 | M42×2 | M24×35 |
| UBFZS160 | 165 | 200 | 170 | 220 | 255 | 330 | 315 | 390 | 280 | 538 | 314 | 10 | 40 | 484+3.49$\alpha$ | 183 | M48×2 | M30×45 |
| UBFZS180 | 175 | 220 | 180 | 240 | 330 | 380 | 390 | 440 | 304 | 596 | 380 | 12 | 45 | 578+3.77$\alpha$ | 195 | M48×2 | M30×45 |
| UBFZS200 | 195 | 240 | 200 | 260 | 365 | 440 | 425 | 500 | 340 | 656 | 438 | 12 | 45 | 610+4.40$\alpha$ | 215 | M48×2 | M30×45 |

注：1. $\alpha$ 为摆动角度，由客户按要求决定（0°~720°范围内，摆角公差 $\alpha$±1°）。如需更高精度或需摆角微调，请在订货时说明。
2. 视图上双平键位置表示此位置的双平键轴可向左右各转动二分之一摆角。

## UBFKD 法兰式孔输出单齿条型

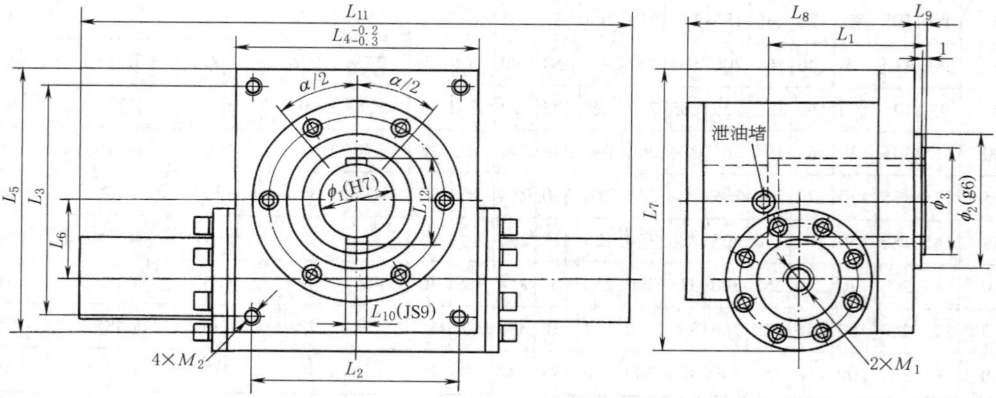


**表 21-6-108**

mm

| 型　号 | $\phi_1$ | $\phi_2$ | $\phi_3$ | $L_1$ | $L_2$ | $L_3$ | $L_4$ | $L_5$ | $L_6$ | $L_7$ | $L_8$ | $L_9$ | $L_{10}$ | $L_{11}$ | $L_{12}$ | $M_1$ | $M_2$×孔深 |
|---|---|---|---|---|---|---|---|---|---|---|---|---|---|---|---|---|---|
| UBFKD40 | 50 | 95 | 75 | 105 | 140 | 160 | 164 | 184 | 55 | 197 | 154 | 6 | 14 | 233+1.54$\alpha$ | 57.6 | M22×1.5 | M12×20 |
| UBFKD50 | 60 | 105 | 85 | 125 | 146 | 185 | 170 | 210 | 66 | 231 | 163 | 6 | 18 | 254+1.75$\alpha$ | 68.8 | M22×1.5 | M12×20 |
| UBFKD63 | 65 | 115 | 95 | 140 | 164 | 200 | 194 | 232 | 72 | 253 | 190 | 6 | 18 | 275+1.92$\alpha$ | 73.8 | M27×2 | M16×25 |
| UBFKD80 | 70 | 125 | 100 | 150 | 175 | 225 | 205 | 257 | 86 | 292 | 212 | 8 | 20 | 328+2.09$\alpha$ | 79.8 | M27×2 | M16×25 |
| UBFKD100 | 85 | 145 | 120 | 165 | 194 | 265 | 234 | 306 | 100 | 343 | 244 | 8 | 22 | 370+2.51$\alpha$ | 95.8 | M33×2 | M20×30 |
| UBFKD125 | 90 | 155 | 130 | 170 | 230 | 285 | 274 | 334 | 116 | 390 | 284 | 8 | 25 | 417+2.83$\alpha$ | 100.8 | M42×2 | M24×35 |
| UBFKD140 | 105 | 180 | 150 | 200 | 240 | 305 | 286 | 354 | 125 | 418 | 290 | 10 | 28 | 423+3.14$\alpha$ | 117.8 | M42×2 | M24×35 |
| UBFKD160 | 120 | 200 | 170 | 220 | 255 | 330 | 315 | 390 | 140 | 464 | 314 | 10 | 32 | 484+3.49$\alpha$ | 134.8 | M48×2 | M30×45 |
| UBFKD180 | 125 | 220 | 180 | 240 | 330 | 380 | 390 | 440 | 152 | 518 | 380 | 12 | 32 | 578+3.77$\alpha$ | 139.8 | M48×2 | M30×45 |
| UBFKD200 | 140 | 240 | 200 | 260 | 365 | 440 | 425 | 500 | 170 | 578 | 438 | 12 | 36 | 610+4.40$\alpha$ | 156.8 | M48×2 | M30×45 |

注：1. $\alpha$ 为摆动角度，由客户按要求决定（0°~720°范围内，摆角公差 $\alpha$±1°）。如需更高精度或需摆角微调，请在订货时说明。
2. 视图上双平键位置表示此位置的双平键孔可向左右各转动二分之一摆角。

## UBFKS 法兰式孔输出双齿条型

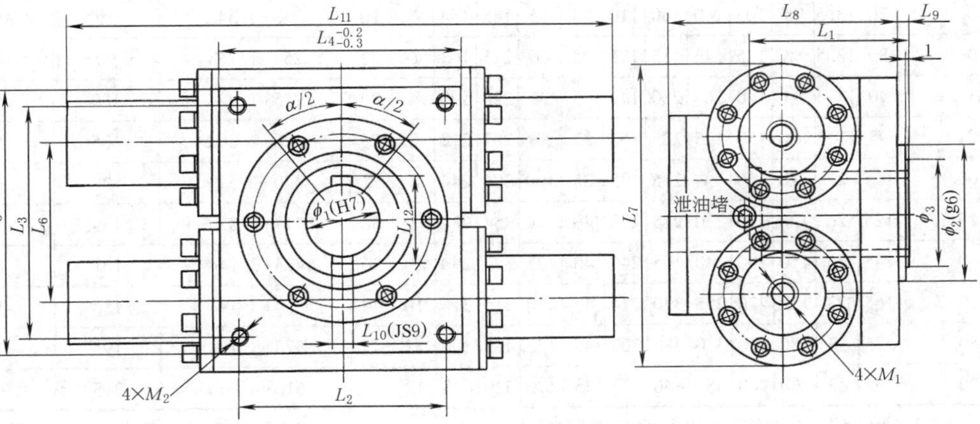


表 21-6-109 mm

| 型　号 | $\phi_1$ | $\phi_2$ | $\phi_3$ | $L_1$ | $L_2$ | $L_3$ | $L_4$ | $L_5$ | $L_6$ | $L_7$ | $L_8$ | $L_9$ | $L_{10}$ | $L_{11}$ | $L_{12}$ | $M_1$ | $M_2$×孔深 |
|---|---|---|---|---|---|---|---|---|---|---|---|---|---|---|---|---|---|
| UBFKS40 | 50 | 95 | 75 | 105 | 140 | 160 | 164 | 184 | 110 | 210 | 154 | 6 | 14 | $233+1.54\alpha$ | 57.6 | M22×1.5 | M12×20 |
| UBFKS50 | 60 | 105 | 85 | 125 | 146 | 185 | 170 | 210 | 132 | 252 | 163 | 6 | 18 | $254+1.75\alpha$ | 68.8 | M22×1.5 | M12×20 |
| UBFKS63 | 65 | 115 | 95 | 140 | 164 | 200 | 194 | 232 | 144 | 274 | 190 | 6 | 18 | $275+1.92\alpha$ | 73.8 | M27×2 | M16×25 |
| UBFKS80 | 70 | 125 | 100 | 150 | 175 | 225 | 205 | 257 | 172 | 327 | 212 | 8 | 20 | $328+2.09\alpha$ | 79.8 | M27×2 | M16×25 |
| UBFKS100 | 85 | 145 | 120 | 165 | 194 | 265 | 234 | 306 | 200 | 380 | 244 | 8 | 22 | $370+2.51\alpha$ | 95.8 | M33×2 | M20×30 |
| UBFKS125 | 90 | 155 | 130 | 170 | 230 | 285 | 274 | 334 | 232 | 446 | 284 | 8 | 25 | $417+2.83\alpha$ | 100.8 | M42×2 | M24×35 |
| UBFKS140 | 105 | 180 | 150 | 200 | 240 | 305 | 286 | 354 | 250 | 482 | 290 | 10 | 28 | $423+3.14\alpha$ | 117.8 | M42×2 | M24×35 |
| UBFKS160 | 120 | 200 | 170 | 220 | 255 | 330 | 315 | 390 | 280 | 538 | 314 | 10 | 32 | $484+3.49\alpha$ | 134.8 | M48×2 | M30×45 |
| UBFKS180 | 125 | 220 | 180 | 240 | 330 | 380 | 390 | 440 | 304 | 596 | 380 | 12 | 32 | $578+3.77\alpha$ | 139.8 | M48×2 | M30×45 |
| UBFKS200 | 140 | 240 | 200 | 260 | 365 | 440 | 425 | 500 | 340 | 656 | 438 | 12 | 36 | $610+4.40\alpha$ | 156.8 | M48×2 | M30×45 |

注：1. $\alpha$ 为摆动角度，由客户按要求决定（0°~720°范围内，摆角公差 $\alpha\pm1°$）。如需更高精度或需摆角微调，请在订货时说明。

2. 视图上双平键位置表示此位置的双平键孔可向左右各转动二分之一摆角。

## UBJZD 脚架式轴输出单齿条型

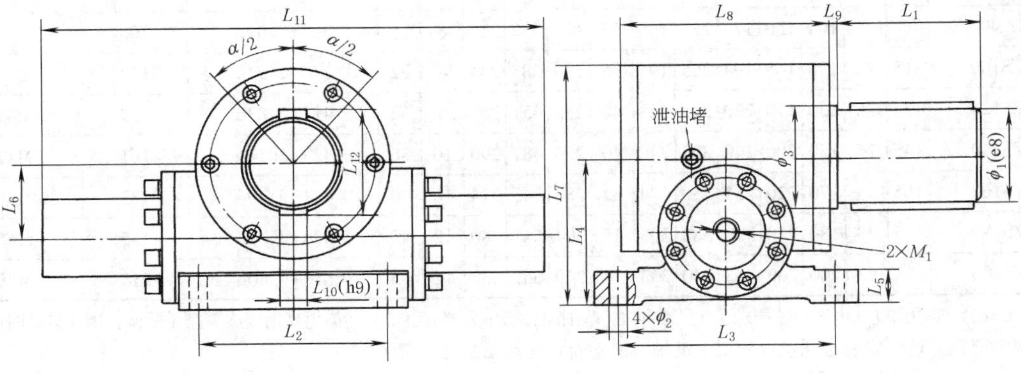

表 21-6-110 mm

| 型 号 | $\phi_1$ | $\phi_2$ | $\phi_3$ | $L_1$ | $L_2$ | $L_3$ | $L_4$ | $L_5$ | $L_6$ | $L_7$ | $L_8$ | $L_9$ | $L_{10}$ | $L_{11}$ | $L_{12}$ | $M_1$ |
|---|---|---|---|---|---|---|---|---|---|---|---|---|---|---|---|---|
| UBJZD40 | 70 | 13.5 | 75 | 105 | 140 | 160 | 110 | 25 | 55 | 188 | 154 | 6 | 20 | 233+1.54$\alpha$ | 79 | M22×1.5 |
| UBJZD50 | 80 | 13.5 | 85 | 125 | 146 | 185 | 131 | 25 | 66 | 215 | 163 | 6 | 22 | 254+1.75$\alpha$ | 90 | M22×1.5 |
| UBJZD63 | 90 | 17.5 | 95 | 140 | 164 | 200 | 142 | 35 | 72 | 236 | 190 | 6 | 25 | 275+1.92$\alpha$ | 100 | M27×2 |
| UBJZD80 | 95 | 17.5 | 100 | 150 | 175 | 225 | 168 | 35 | 86 | 267 | 212 | 8 | 25 | 328+2.09$\alpha$ | 105 | M27×2 |
| UBJZD100 | 115 | 22 | 120 | 165 | 194 | 265 | 195 | 35 | 100 | 306 | 244 | 8 | 32 | 370+2.51$\alpha$ | 129 | M33×2 |
| UBJZD125 | 125 | 26 | 130 | 170 | 230 | 285 | 228 | 40 | 116 | 354 | 284 | 8 | 32 | 417+2.83$\alpha$ | 139 | M42×2 |
| UBJZD140 | 145 | 26 | 150 | 200 | 240 | 305 | 246 | 40 | 125 | 377 | 290 | 10 | 36 | 423+3.14$\alpha$ | 161 | M42×2 |
| UBJZD160 | 165 | 33 | 170 | 220 | 255 | 330 | 274 | 45 | 140 | 415 | 314 | 10 | 40 | 484+3.49$\alpha$ | 183 | M48×2 |
| UBJZD180 | 175 | 33 | 180 | 240 | 330 | 380 | 303 | 45 | 152 | 475 | 380 | 12 | 45 | 578+3.77$\alpha$ | 195 | M48×2 |
| UBJZD200 | 195 | 33 | 200 | 260 | 365 | 440 | 333 | 45 | 170 | 520 | 438 | 12 | 45 | 610+4.40$\alpha$ | 215 | M48×2 |

注：1. $\alpha$ 为摆动角度，由客户按要求决定（0°~720°范围内，摆角公差 $\alpha$±1°）。如需更高精度或需摆角微调，请在订货时说明。

2. 视图上双平键位置表示此位置的双平键轴可向左右各转动二分之一摆角。

## UBJZS 脚架式轴输出双齿条型

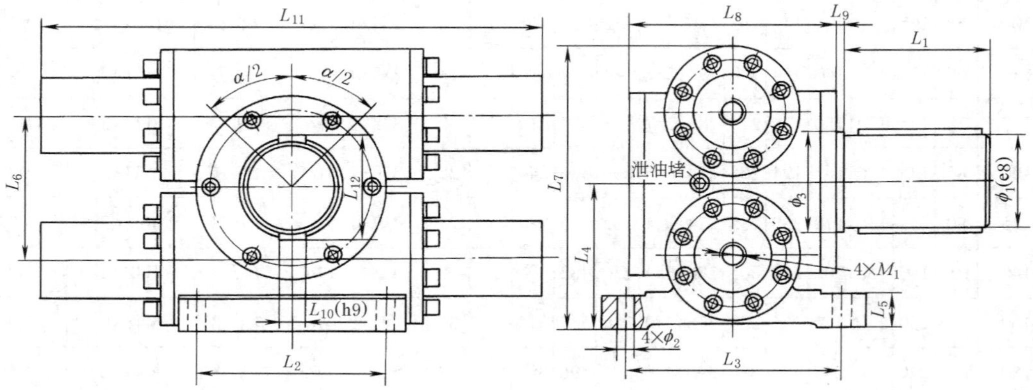


表 21-6-111 mm

| 型 号 | $\phi_1$ | $\phi_2$ | $\phi_3$ | $L_1$ | $L_2$ | $L_3$ | $L_4$ | $L_5$ | $L_6$ | $L_7$ | $L_8$ | $L_9$ | $L_{10}$ | $L_{11}$ | $L_{12}$ | $M_1$ |
|---|---|---|---|---|---|---|---|---|---|---|---|---|---|---|---|---|
| UBJZS40 | 70 | 13.5 | 75 | 105 | 140 | 160 | 110 | 25 | 110 | 215 | 154 | 6 | 20 | 233+1.54$\alpha$ | 79 | M22×1.5 |
| UBJZS50 | 80 | 13.5 | 85 | 125 | 146 | 185 | 131 | 25 | 132 | 257 | 163 | 6 | 22 | 254+1.75$\alpha$ | 90 | M22×1.5 |
| UBJZS63 | 90 | 17.5 | 95 | 140 | 164 | 200 | 142 | 35 | 144 | 279 | 190 | 6 | 25 | 275+1.92$\alpha$ | 100 | M27×2 |
| UBJZS80 | 95 | 17.5 | 100 | 150 | 175 | 225 | 168 | 35 | 172 | 332 | 212 | 8 | 25 | 328+2.09$\alpha$ | 105 | M27×2 |
| UBJZS100 | 115 | 22 | 120 | 165 | 194 | 265 | 195 | 35 | 200 | 385 | 244 | 8 | 32 | 370+2.51$\alpha$ | 129 | M33×2 |
| UBJZS125 | 125 | 26 | 130 | 170 | 230 | 285 | 228 | 40 | 232 | 451 | 284 | 8 | 32 | 417+2.83$\alpha$ | 139 | M42×2 |
| UBJZS140 | 145 | 26 | 150 | 200 | 240 | 305 | 246 | 40 | 250 | 487 | 290 | 10 | 36 | 423+3.14$\alpha$ | 161 | M42×2 |
| UBJZS160 | 165 | 33 | 170 | 220 | 255 | 330 | 274 | 45 | 280 | 543 | 314 | 10 | 40 | 484+3.49$\alpha$ | 183 | M48×2 |
| UBJZS180 | 175 | 33 | 180 | 240 | 330 | 380 | 303 | 45 | 304 | 601 | 380 | 12 | 45 | 578+3.77$\alpha$ | 195 | M48×2 |
| UBJZS200 | 195 | 33 | 200 | 260 | 365 | 440 | 333 | 45 | 340 | 661 | 438 | 12 | 45 | 610+4.40$\alpha$ | 215 | M48×2 |

注：1. $\alpha$ 为摆动角度，由客户按要求决定（0°~720°范围内，摆角公差 $\alpha$±1°）。如需更高精度或需摆角微调，请在订货时说明。

2. 视图上双平键位置表示此位置的双平键轴可向左右各转动二分之一摆角。

## UBJKD 脚架式孔输出单齿条型

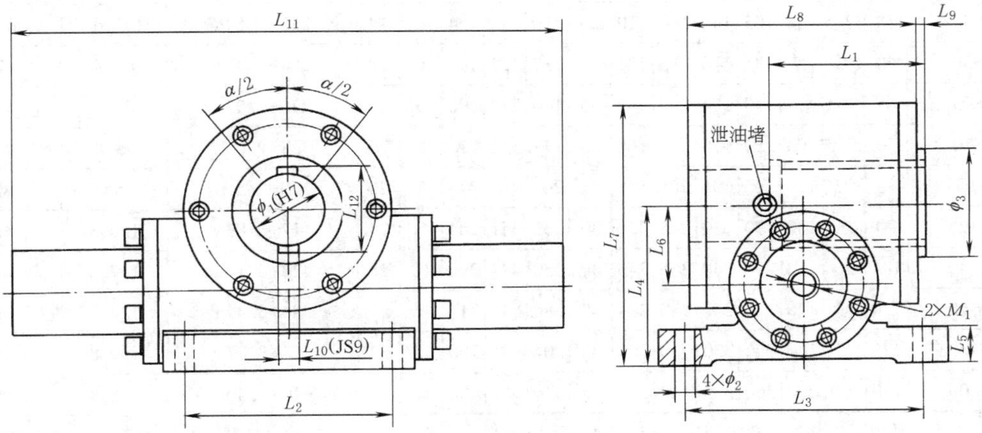


表 21-6-112

mm

| 型　号 | $\phi_1$ | $\phi_2$ | $\phi_3$ | $L_1$ | $L_2$ | $L_3$ | $L_4$ | $L_5$ | $L_6$ | $L_7$ | $L_8$ | $L_9$ | $L_{10}$ | $L_{11}$ | $L_{12}$ | $M_1$ |
|---|---|---|---|---|---|---|---|---|---|---|---|---|---|---|---|---|
| UBJKD40 | 50 | 13. 5 | 75 | 105 | 140 | 160 | 110 | 25 | 55 | 188 | 154 | 6 | 14 | $233+1.54\alpha$ | 57. 6 | M22×1. 5 |
| UBJKD50 | 60 | 13. 5 | 85 | 125 | 146 | 185 | 131 | 25 | 66 | 215 | 163 | 6 | 18 | $254+1.75\alpha$ | 68. 8 | M22×1. 5 |
| UBJKD63 | 65 | 17. 5 | 95 | 140 | 164 | 200 | 142 | 35 | 72 | 236 | 190 | 6 | 18 | $275+1.92\alpha$ | 73. 8 | M27×2 |
| UBJKD80 | 70 | 17. 5 | 100 | 150 | 175 | 225 | 168 | 35 | 86 | 267 | 212 | 8 | 20 | $328+2.09\alpha$ | 79. 8 | M27×2 |
| UBJKD100 | 85 | 22 | 120 | 165 | 194 | 265 | 195 | 35 | 100 | 306 | 244 | 8 | 22 | $370+2.51\alpha$ | 95. 8 | M33×2 |
| UBJKD125 | 90 | 26 | 130 | 170 | 230 | 285 | 228 | 40 | 116 | 354 | 284 | 8 | 25 | $417+2.83\alpha$ | 100. 8 | M42×2 |
| UBJKD140 | 105 | 26 | 150 | 200 | 240 | 305 | 246 | 40 | 125 | 377 | 290 | 10 | 28 | $423+3.14\alpha$ | 117. 8 | M42×2 |
| UBJKD160 | 120 | 33 | 170 | 220 | 255 | 330 | 274 | 45 | 140 | 415 | 314 | 10 | 32 | $484+3.49\alpha$ | 134. 8 | M48×2 |
| UBJKD180 | 125 | 33 | 180 | 240 | 330 | 380 | 303 | 45 | 152 | 475 | 380 | 12 | 32 | $578+3.77\alpha$ | 139. 8 | M48×2 |
| UBJKD200 | 140 | 33 | 200 | 260 | 365 | 440 | 333 | 45 | 170 | 520 | 438 | 12 | 36 | $610+4.40\alpha$ | 156. 8 | M48×2 |

注：1. $\alpha$ 为摆动角度，由客户按要求决定（0°~720°范围内，摆角公差 $\alpha\pm1°$）。如需更高精度或需摆角微调，请在订货时说明。

2. 视图上双平键位置表示此位置的双平键孔可向左右各转动二分之一摆角。

## UBJKS 脚架式孔输出双齿条型

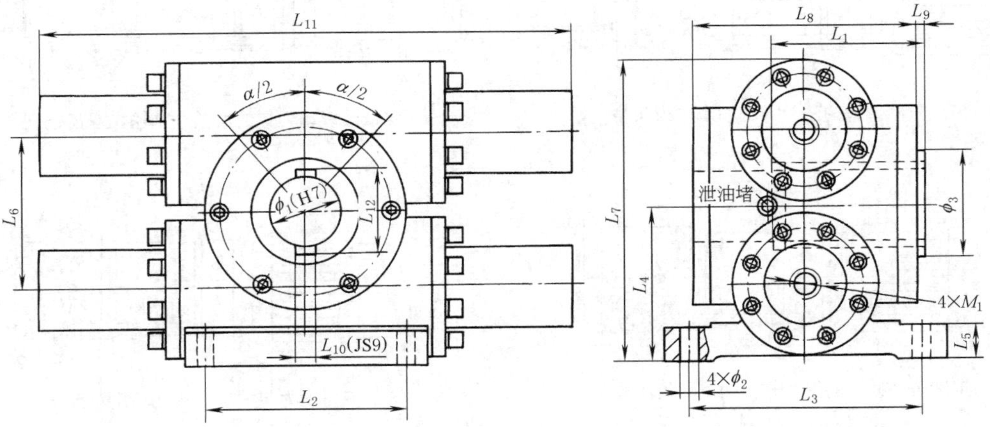

表 21-6-113

mm

| 型号 | $\phi_1$ | $\phi_2$ | $\phi_3$ | $L_1$ | $L_2$ | $L_3$ | $L_4$ | $L_5$ | $L_6$ | $L_7$ | $L_8$ | $L_9$ | $L_{10}$ | $L_{11}$ | $L_{12}$ | $M_1$ |
|---|---|---|---|---|---|---|---|---|---|---|---|---|---|---|---|---|
| UBJKS40 | 50 | 13.5 | 75 | 105 | 140 | 160 | 110 | 25 | 110 | 215 | 154 | 6 | 14 | $233+1.54\alpha$ | 57.6 | M22×1.5 |
| UBJKS50 | 60 | 13.5 | 85 | 125 | 146 | 185 | 131 | 25 | 132 | 257 | 163 | 6 | 18 | $254+1.75\alpha$ | 68.8 | M22×1.5 |
| UBJKS63 | 65 | 17.5 | 95 | 140 | 164 | 200 | 142 | 35 | 144 | 279 | 190 | 6 | 18 | $275+1.92\alpha$ | 73.8 | M27×2 |
| UBJKS80 | 70 | 17.5 | 100 | 150 | 175 | 225 | 168 | 35 | 172 | 332 | 212 | 8 | 20 | $328+2.09\alpha$ | 79.8 | M27×2 |
| UBJKS100 | 85 | 22 | 120 | 165 | 194 | 265 | 195 | 35 | 200 | 385 | 244 | 8 | 22 | $370+2.51\alpha$ | 95.8 | M33×2 |
| UBJKS125 | 90 | 26 | 130 | 170 | 230 | 285 | 228 | 40 | 232 | 451 | 284 | 8 | 25 | $417+2.83\alpha$ | 100.8 | M42×2 |
| UBJKS140 | 105 | 26 | 150 | 200 | 240 | 305 | 246 | 40 | 250 | 487 | 290 | 10 | 28 | $423+3.14\alpha$ | 117.8 | M42×2 |
| UBJKS160 | 120 | 33 | 170 | 220 | 255 | 330 | 274 | 45 | 280 | 543 | 314 | 10 | 32 | $484+3.49\alpha$ | 134.8 | M48×2 |
| UBJKS180 | 125 | 33 | 180 | 240 | 330 | 380 | 303 | 45 | 304 | 601 | 380 | 12 | 32 | $578+3.77\alpha$ | 139.8 | M48×2 |
| UBJKS200 | 140 | 33 | 200 | 260 | 365 | 440 | 333 | 45 | 340 | 661 | 438 | 12 | 36 | $610+4.40\alpha$ | 156.8 | M48×2 |

注：1. $\alpha$ 为摆动角度，由客户按要求决定（0°~720°范围内，摆角公差 $\alpha\pm1°$）。如需更高精度或需摆角微调，请在订货时说明。

2. 视图上双平键位置表示此位置的双平键孔可向左右各转动二分之一摆角。

表 21-6-114　**UB 型摆动液压缸质量**

| 液压缸内径 /mm | 齿条数 | 摆动 90°质量 /kg | 每增加 90°增加质量 /kg | 液压缸内径 /mm | 齿条数 | 摆动 90°质量 /kg | 每增加 90°增加质量 /kg |
|---|---|---|---|---|---|---|---|
| 40 | D | 32 | 2.5 | 125 | D | 200 | 27.8 |
| | S | 51 | 5 | | S | 320 | 55.6 |
| 50 | D | 45 | 3.5 | 140 | D | 260 | 38.2 |
| | S | 72 | 7 | | S | 420 | 76.4 |
| 63 | D | 70 | 5.2 | 160 | D | 355 | 48.1 |
| | S | 115 | 10.4 | | S | 570 | 96.2 |
| 80 | D | 90 | 8.4 | 180 | D | 500 | 66.5 |
| | S | 145 | 16.8 | | S | 800 | 133 |
| 100 | D | 140 | 15.6 | 200 | D | 680 | 97.3 |
| | S | 225 | 31.2 | | S | 1090 | 194.6 |

表 21-6-115　**带液压动力包的 UB 型摆动液压缸结构外形**

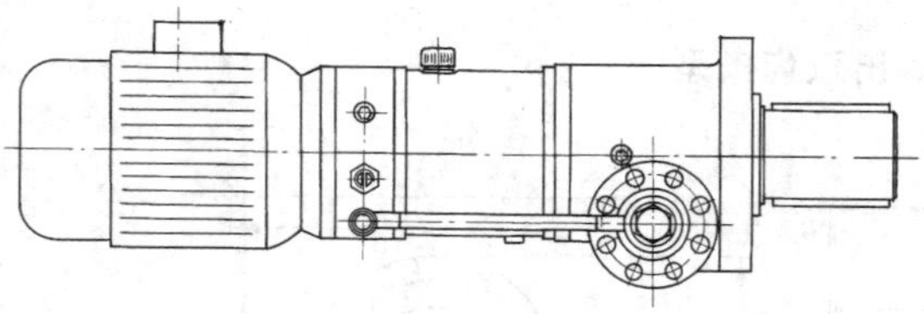

带液压动力包的法兰式轴输出单齿条型

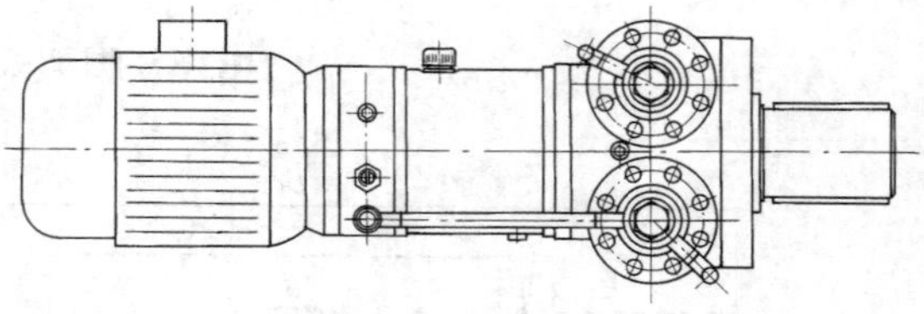

带液压动力包的法兰式轴输出双齿条型

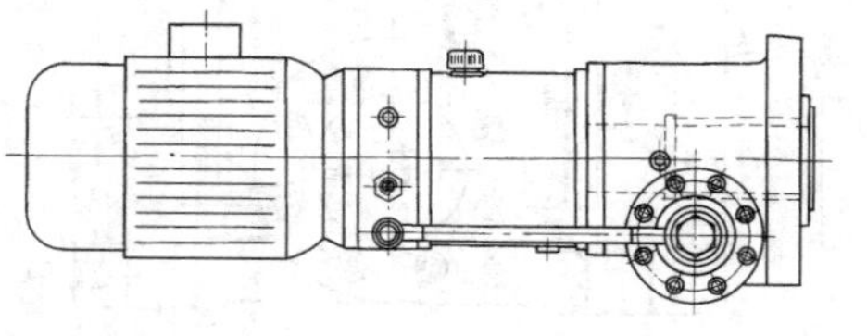

带液压动力包的法兰式孔输出单齿条型

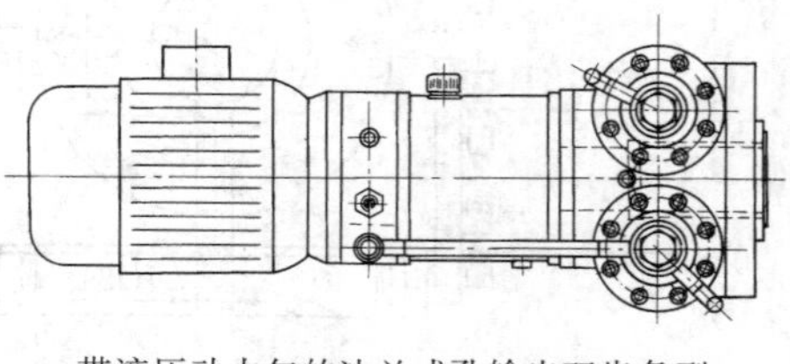

带液压动力包的法兰式孔输出双齿条型

续表

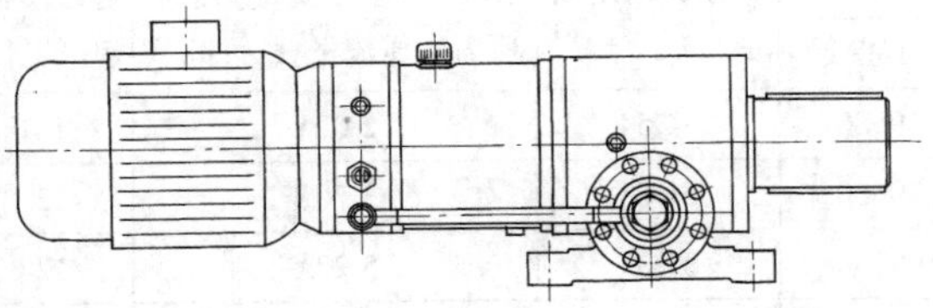

带液压动力包的脚架式轴输出单齿条型

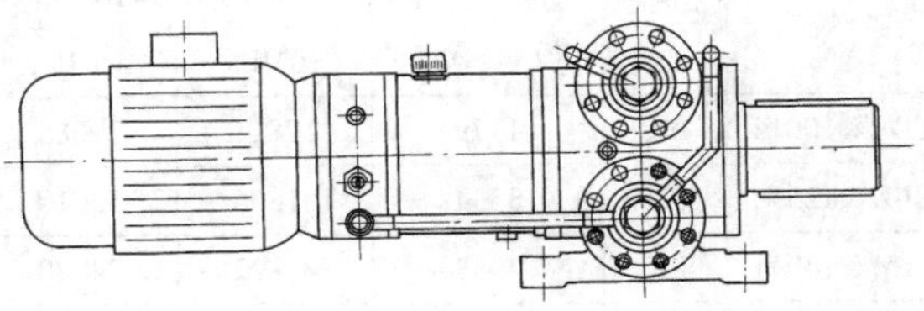

带液压动力包的脚架式轴输出双齿条型

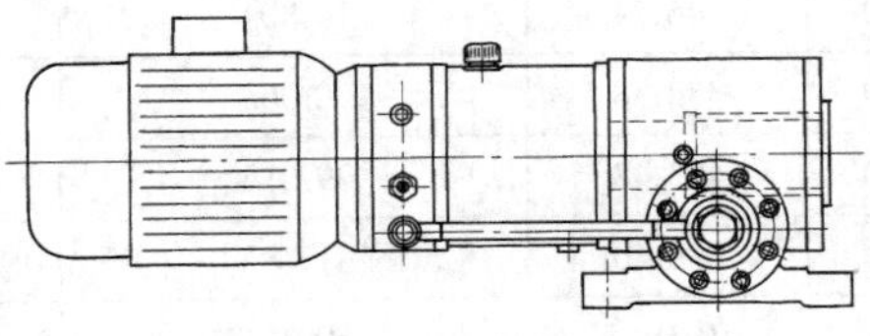

带液压动力包的脚架式孔输出单齿条型

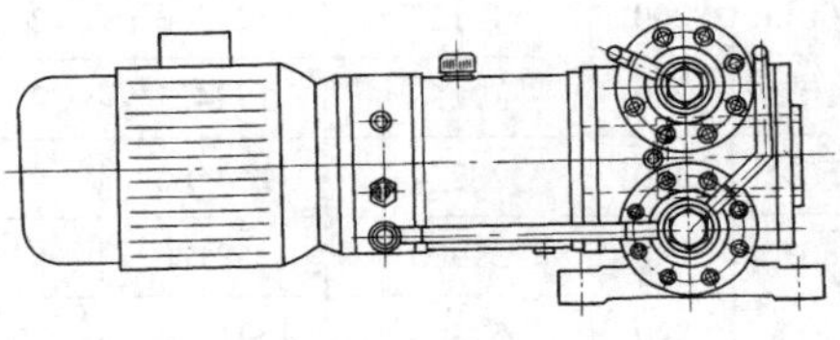

带液压动力包的脚架式孔输出双齿条型

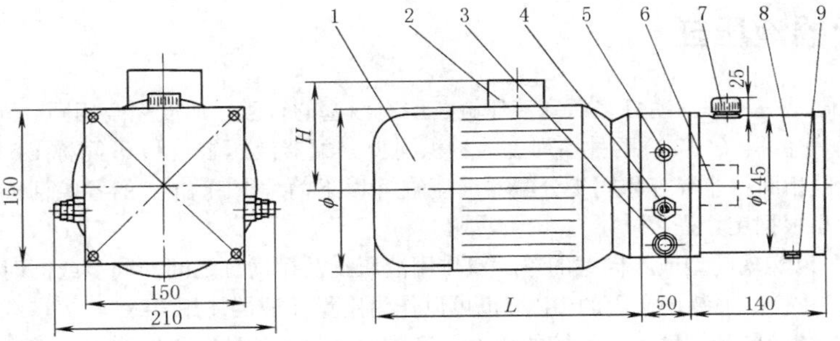


1—电动机；2—接线盒；3—油口；4—溢流阀；5—单向阀；6—液压泵；7—加油口；8—油箱；9—泄油堵

液压动力包工作环境温度应不高于80℃。改变电动机的相位，可实现UB型摆动液压缸的往复摆动。分别调节液压动力包上的两只溢流阀，还可实现UB型摆动液压缸正反向旋转具有不同的输出转矩

| 液压动力包型号 | | P01 | P02 | P03 | P04 | P05 | P06 | P07 | P08 | P09 | P10 | P11 |
|---|---|---|---|---|---|---|---|---|---|---|---|---|
| 流量/L·min$^{-1}$ | | 1.5 | 2 | 2.8 | 3.5 | 4.2 | 5 | 5.7 | 7 | 8.2 | 10 | 14 |
| 三相交流电动机 | 功率/kW | 0.55 | 0.75 | 1.1 | 1.5 | | 2 | | 2.2 | 3 | 4 | |
| | 转速/r·min$^{-1}$ | 1400 | | | | | | | 1420 | | 1440 | |
| | $\phi$/mm | 165 | 165 | 180 | 180 | | 180 | | 220 | 220 | 240 | |
| | $H$/mm | 120 | 120 | 130 | 130 | | 130 | | 180 | 180 | 190 | |
| | $L$/mm | 275 | 275 | 280 | 305 | | 310 | | 370 | 370 | 380 | |
| 质量/kg | | 27 | 28 | 32 | 35 | | 40 | | 48 | 52 | 83 | |

注：UB型摆动液压缸本体部分尺寸见前面相应各型尺寸表。

### 7.7.2 UBZ重型齿条齿轮摆动液压缸

UBZ重型齿条齿轮摆动液压缸是优瑞纳斯液压机械有限公司为冶金及重型机械行业新开发的系列产品。UBZ重型齿条齿轮摆动液压缸为四液压缸四活塞双柱塞齿条搓动齿轮轴的摆动机构。其最高工作压力21MPa，最大输出转矩1158120N·m。

UBZ重型齿条齿轮摆动液压缸有吊耳、法兰和脚架三种安装方式，10个缸径和0°~360°的任意摆动角度。技术规格见表21-6-111。

表 21-6-116　　**UBZ 重型齿条齿轮摆动液压缸技术规格**

| 型号规格 | 缸径 /mm | 转矩系数 $K$ /N·m·$MPa^{-1}$ | 常用压力时输出转矩/N·m | | | 每度转角用油量/mL·$(°)^{-1}$ | $X$[(°)·$s^{-1}$]摆动速度时所需介质流量/L·$min^{-1}$ | 终端缓冲角度/(°) |
|---|---|---|---|---|---|---|---|---|
| | | | 10MPa | 16MPa | 21MPa | | | |
| UBZ※100※ | 100 | 1979 | 17811 | 29685 | 39580 | 34.54 | 2.07$X$ | 12 |
| UBZ※125※ | 125 | 3534 | 31806 | 53010 | 70680 | 61.68 | 3.70$X$ | 12 |
| UBZ※140※ | 140 | 4988 | 44892 | 74820 | 99760 | 87.05 | 5.22$X$ | 12 |
| UBZ※160※ | 160 | 7238 | 65142 | 108570 | 144760 | 126.33 | 7.58$X$ | 12 |
| UBZ※180※ | 180 | 10077 | 90693 | 151155 | 201540 | 175.88 | 10.55$X$ | 12 |
| UBZ※200※ | 200 | 14137 | 127233 | 212055 | 282740 | 246.74 | 14.80$X$ | 12 |
| UBZ※220※ | 220 | 19158 | 172422 | 287370 | 383160 | 334.38 | 20.06$X$ | 12 |
| UBZ※250※ | 250 | 28274 | 254466 | 424110 | 565480 | 493.48 | 29.61$X$ | 12 |
| UBZ※280※ | 280 | 39900 | 359100 | 598500 | 798000 | 696.40 | 41.78$X$ | 12 |
| UBZ※320※ | 320 | 57906 | 521154 | 868590 | 1158120 | 1010.65 | 60.64$X$ | 12 |

注：当工作压力为 $p$（MPa）时，输出转矩为 $K(p-1)$（N·m）。外形及安装尺寸可查阅生产厂产品样本。

## 7.8　同步分配器液压缸

同步分配器液压缸是一种单活塞杆多活塞液压缸，所有活塞的行程、速度完全相同。同步分配器液压缸产品有等容积（UF）和非等容积（UFT）两种系列。等容积同步分配器液压缸（以下简称 UF 缸）的所有活塞直径相同，因此各腔排量也相同；非等容积同步分配器液压缸（以下简称 UFT 缸）的各腔活塞直径不同，因此各腔排量也不同（排量大小根据用户需要）。

UF 缸和 UFT 缸可以实现同型或不同型的单、双作用液压缸及摆动缸之间的同步或同时完成动作（各液压缸从启动到停止的时间相同）。加装单向阀的 UF 缸也可以作为定量注液器使用。

UF 缸和 UFT 缸系统的同步精度不受系统的压力、流量和载荷等各种因素影响。从理论上讲同步分配器液压缸是可以实现完全同步的一种分配器，该功能是调速阀、分流集流阀或同步马达不能实现的。由于原则上不存在同步误差，因此在要求同步的各只液压缸上无需使用各种传感器，并进行检测、比较、跟踪，也无需采用价格较高的伺服或比例控制系统。当然若要求同步的数只液压缸，还同时有速度、力、位置等参数的伺服或比例控制要求，这时可采用一只内置或外置传感器的 UF 缸。UF 缸和 UFT 缸不适用于内泄漏量较大的液压缸的同步控制。

UF 缸和 UFT 缸由优瑞纳斯液压机械有限公司生产。该公司可提供包括同步分配器液压缸和液压系统在内的全套同步液压装置。

（1）型号意义

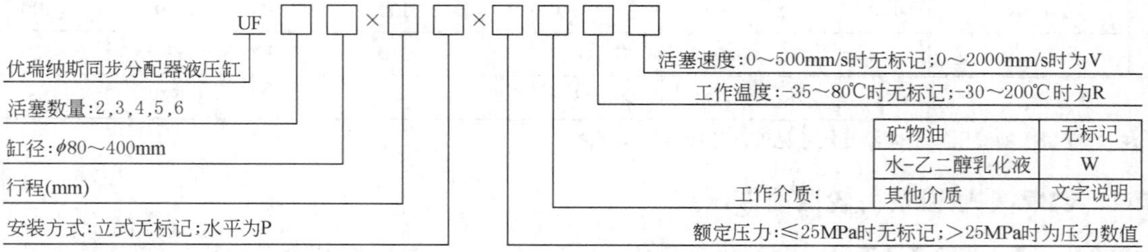


标记示例：

活塞数量 4，缸径 $\phi$125mm，行程 395mm，立式安装，额定压力 28MPa，工作介质为矿物油，介质温度 50℃，活塞速度 100mm/s 的同步分配器液压缸，标记为

UF4$\phi$125×395×28

（2）技术性能及应用

① 技术性能

**表 21-6-117**

| | |
|---|---|
| 压　　力 | 工作压力 0~25MPa，启动压力不大于 0.3MPa，耐压试验压力 32MPa |
| 工作介质 | 矿物油，特殊 UF 缸可使用水、水-乙二醇乳化液、磷酸酯以及各种弱酸、碱介质 |
| 工作温度 | 常规缸 -35~80℃，高温缸 -30~220℃ |
| 活塞速度 | 常规缸不大于 500mm/s，高速缸不大于 2000mm/s |
| 排　　量 | 双活塞 UF 缸最大排量为 2×240L，四活塞 UF 缸最大排量为 4×120L |

注：由于 UF 缸是多活塞串联，因此 UF 缸的行程（尤其是多缸同步时）不宜太长。

② UF 缸的选用方法

a. 计算 UF 缸的行程：UF 缸活塞行程是有同步要求的液压缸工作容积与 UF 缸环形面积之比。

**例 1**　柱塞直径 $\phi$80mm、行程 1000mm 的柱塞缸的容积，或者是缸径 $\phi$80mm、杆径 $\phi$45mm、行程 1000mm 的活塞缸无杆腔的容积均为：$(80/20)^2\times\pi\times(1000/10)=1600\pi\ cm^3$，如选用缸径 $\phi$125mm 的 UF 缸，则 UF 缸的行程应为 $[1600\pi/(32.81\pi)]\times10\approx488$mm，如选用缸径 $\phi$140mm 的 UF 缸，则 UF 缸的行程应为 $[1600\pi/(39.08\pi)]\times10\approx409$mm。

**例 2**　缸径 $\phi$100mm，杆径 $\phi$70mm，行程 1000mm 的活塞缸的有杆腔容积为 $[(100/20)^2-(70/20)^2]\times\pi\times(1000/10)=1275\pi\ cm^3$，如选用缸径 $\phi$125mm 的 UF 缸，则 UF 缸行程为 $[1275\pi/(32.81\pi)]\times10\approx389$mm。

b. 为防止由于计算误差、制造误差以及管路容积损失等造成的容积亏损，一般情况下，UF 缸的实际行程比计算行程要大 3~20mm。因此，例 1 中当选用 UF125 缸时，行程可加大到 495mm，当选用 UF140 缸时，行程可加大到 415mm；例 2 中 UF125 缸的行程可加大到 395mm。UF 缸实际行程加长后还可避免每次行程终端的撞击，延长其使用寿命。

③ UF 缸的安装

为节省空间及延长使用寿命，UF 缸采用垂直安装，安装法兰的基础必须安全可靠。确需水平放置的 UF 缸，应尽量保持水平，较长较重的 UF 缸应多增加几个支承点，并牢牢固定，防止换向产生的冲击窜动。水平放置的 UF 缸不提供缸底安装法兰，可根据用户要求提供安装支座。

④ 应用 UF 缸的同步回路

由 UF 缸组成的同步回路有许多种，下面仅举两个常用的例子。

**例 1**　四只单作用柱塞缸的同步回路（图 21-6-6）

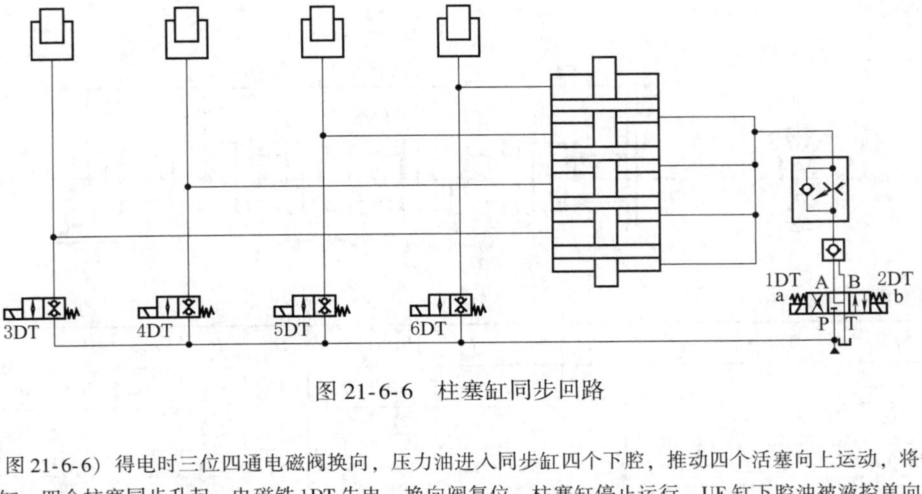


图 21-6-6　柱塞缸同步回路

当 1DT（图 21-6-6）得电时三位四通电磁阀换向，压力油进入同步缸四个下腔，推动四个活塞向上运动，将等量介质分别输入四个柱塞缸，四个柱塞同步升起。电磁铁 1DT 失电，换向阀复位，柱塞缸停止运行。UF 缸下腔油被液控单向阀锁定，柱塞不会下降。2DT 得电，换向阀换向，液控单向阀打开，由载荷形成的压力使 UF 缸活塞向下运动，介质经节流阀节流后回油箱，四个柱塞同步下降。为防意外，每个柱塞缸都安装了一个补油两位两通阀，该阀必须为无泄漏阀。该阀由安装在柱塞缸上升终端前（具体数值根据同步误差要求确定）的行程或接近开关操纵。例如，当要求同步精度不低于2mm时，则在柱塞缸行程终端前1.5mm处各安装一个行程开关，当有的缸已到达行程终点，而有的缸尚未触动行程开关时，便由系统发出声光报警并使两通阀电磁铁得电，两通阀换向，压力油直接进入该液压缸，使其达到行程终点。当出现报警信号时应及时排除故障，故障可能由以下原因造成：管路、接头外泄漏；柱塞缸外泄漏；补油阀内、外泄漏；UF缸内、外泄漏。

**例2** 四只双作用活塞缸的同步回路（图21-6-7）

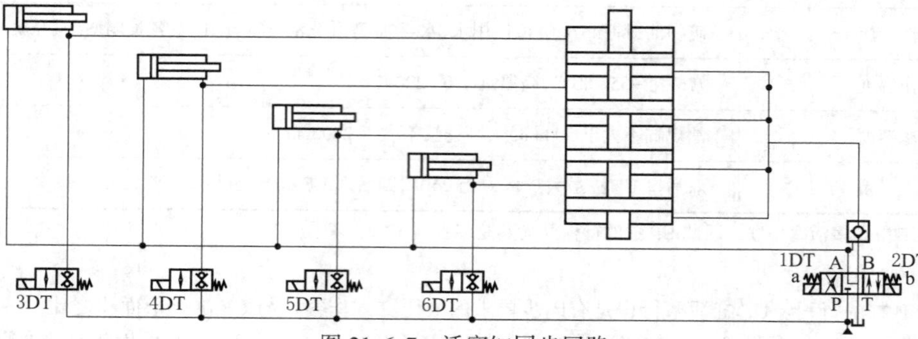


图21-6-7 活塞缸同步回路

活塞缸有杆腔、无杆腔都可以与UF缸相连，由用户任选。一般应选择容积小、工作压力低的一腔与UF缸相连。1DT（图21-6-7）得电，换向阀换向，压力油进入活塞缸无杆腔，活塞运动将有杆腔介质输入UF缸四个上腔，推动UF缸活塞向下运动。由于各腔环形截面积相等，因此当活塞运动时，其输出、输入的压力介质的流量、体积完全相同。UF缸下腔油液经液控单向阀返回油箱，而活塞缸四活塞杆同步伸出。1DT失电，换向阀复中位，液控单向阀将所有液压缸锁定。2DT得电，压力油进入UF缸下腔，推动活塞，将上腔油输入活塞缸有杆腔，活塞杆同步缩回。补油操作与柱塞缸基本相同，只是行程开关应放在活塞杆全部缩回的终端位置前。

⑤ UF缸的使用注意事项

由于UF缸是容积同步缸，任何泄漏都将影响其同步效果，因此必须做到以下几点。

a. 所有缸、补油阀、管路、接头等不得有泄漏。

b. 所有缸以及管路内部所有气体必须排净。UF缸的金属密封螺塞排气后必须旋紧。

c. 压力介质应经过过滤，清洁度在NAS 1638-9级或ISO 4406-19/15级以内。

d. 工作压力不得超过额定压力。

e. 安装基础要牢固可靠。

f. 一旦发出同步误差报警应及时检查修复。

g. 高压长管路应尽量减小其胀缩量。

（3）外形尺寸

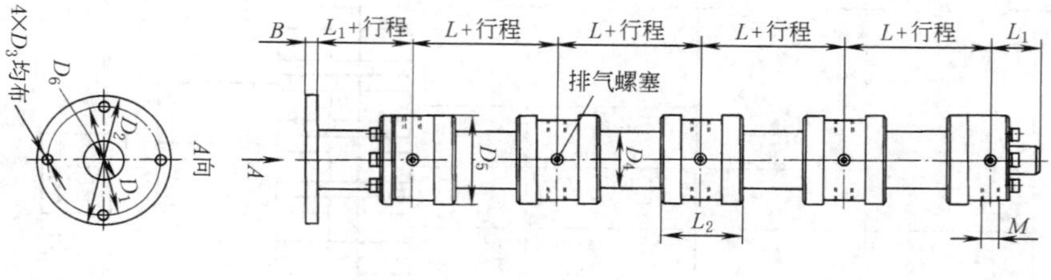


表21-6-118

mm

| 缸径 | 杆径 | 环形面积/$cm^2$ | $L$ | $L_1$ | $L_2$ | $D_1$ | $D_2$ | $D_3$ | $D_4$ | $D_5$ | $D_6$ | $B$ | $M$ |
|---|---|---|---|---|---|---|---|---|---|---|---|---|---|
| 80 | 40 | $12\pi$ | 154 | 50 | 104 | 180 | 210 | 17 | 108 | 152 | 50 | 16 | M27×2 |
| 100 | 40 | $21\pi$ | 187 | 60 | 125 | 215 | 250 | 17 | 127 | 176 | 50 | 16 | M33×2 |
| 125 | 50 | $32.81\pi$ | 227 | 65 | 145 | 260 | 300 | 17 | 159 | 220 | 60 | 16 | M42×2 |
| 140 | 63 | $39.08\pi$ | 231 | 65 | 155 | 290 | 335 | 17 | 178 | 246 | 70 | 16 | M42×2 |
| 160 | 70 | $51.75\pi$ | 242 | 70 | 176 | 330 | 380 | 17 | 194 | 272 | 80 | 16 | M48×2 |

续表

| 缸径 | 杆径 | 环形面积/$cm^2$ | $L$ | $L_1$ | $L_2$ | $D_1$ | $D_2$ | $D_3$ | $D_4$ | $D_5$ | $D_6$ | $B$ | $M$ |
|---|---|---|---|---|---|---|---|---|---|---|---|---|---|
| 180 | 70 | 68.75π | 262 | 70 | 186 | 365 | 420 | 17 | 219 | 300 | 80 | 16 | M48×2 |
| 200 | 90 | 79.75π | 262 | 75 | 196 | 400 | 460 | 22 | 245 | 330 | 100 | 20 | M48×2 |
| 220 | 100 | 96π | 262 | 75 | 216 | 450 | 520 | 22 | 270 | 365 | 110 | 20 | M48×2 |
| 250 | 110 | 126π | 296 | 80 | 236 | 500 | 570 | 22 | 299 | 410 | 120 | 20 | M48×2 |
| 280 | 125 | 156.94π | 306 | 80 | 256 | 570 | 660 | 22 | 325 | 462 | 130 | 20 | M48×2 |
| 320 | 140 | 207π | 326 | 80 | 256 | 650 | 750 | 22 | 375 | 525 | 150 | 20 | M48×2 |
| 360 | 160 | 260π | 356 | 80 | 276 | 650 | 780 | 22 | 420 | 560 | 170 | 20 | M48×2 |
| 400 | 160 | 336π | 406 | 80 | 276 | 730 | 820 | 22 | 470 | 625 | 170 | 20 | M48×2 |

# 第 7 章　液压控制阀

## 1　液压控制阀的类型、结构原理及应用

### 1.1　液压控制阀的类型

表 21-7-1

| 类别 | | 型号及图形符号 | 工作压力范围/MPa | 额定流量/L·min$^{-1}$ | 主要用途 |
|---|---|---|---|---|---|
| 压力控制阀 | 溢流阀 | 直动型溢流阀 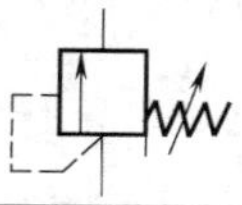 | 0.5~63 | 2~350 | (1)作定压阀，保持系统压力的恒定<br>(2)作安全阀，保证系统安全<br>(3)使系统卸荷，节省能量消耗<br>(4)远程调压阀用于系统高、低压力的多级控制 |
| | | 先导型溢流阀 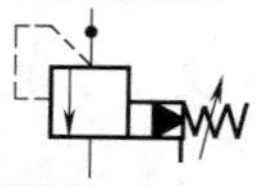 | 0.3~35 | 40~1250 | |
| | | 卸荷溢流阀 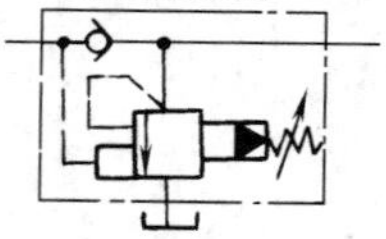 | 0.6~32 | 40~250 | |
| | | 电磁溢流阀 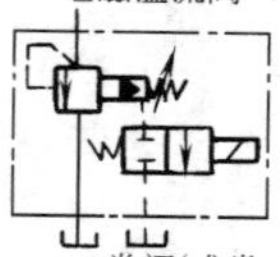 常闭(或常开) | 0.3~35 | 100~600 | |
| | 减压阀 | 先导型减压阀 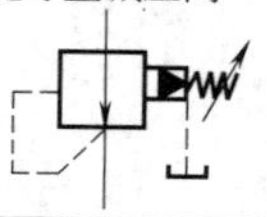 | 6.3~35 | 20~300 | 用于将出口压力调节到低于进口压力，并能自动保持出口压力的恒定 |
| | | 单向减压阀 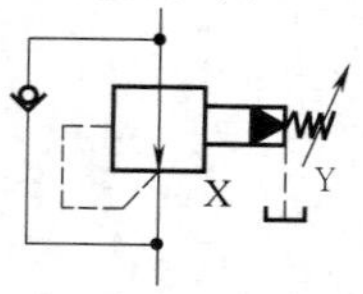  | 6.3~21 | 20~300 | |
| 压力控制阀 | 溢流减压阀 | 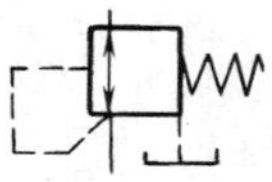 | 6.3 | 25~63 | 主要用于机械设备配重平衡系统中，兼有溢流阀和减压阀的功能 |
| | 顺序阀 | 直动型顺序阀 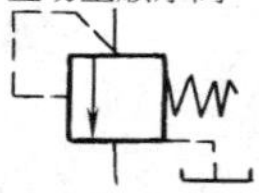 | 1~21 | 50~250 | 利用油路本身的压力控制执行元件顺序动作，以实现油路的自动控制<br>若将阀的出口直接连通油箱，可作卸荷阀使用<br>单向顺序阀又称平衡阀，用以防止执行机构因其自重而自行下滑，起平衡支承作用<br>改变阀上下盖的方位，可组成七种不同功用的阀 |
| | | 直动型单向顺序阀 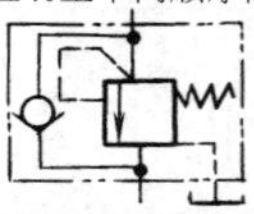 | 1~21 | 50~250 | |
| | | 先导型顺序阀 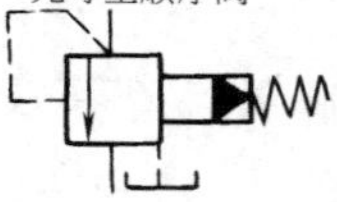 | 0.5~31.5 | 20~500 | |
| | | 先导型单向顺序阀 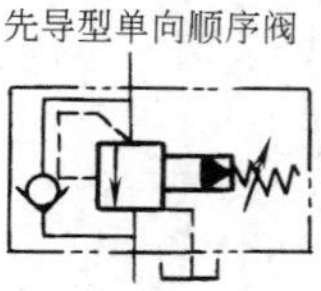 | 6.3~31.5 | 20~500 | |
| | 平衡阀 | 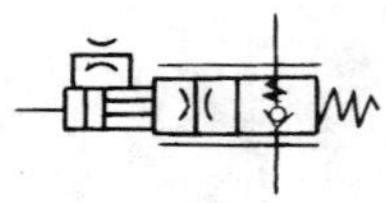 | 31.5 | 80~560 | 用在起重液压系统中，使执行元件速度稳定。在管路损坏或制动失灵时，可防止重物下落 |

续表

| 类别 | | 型号及图形符号 | 工作压力范围/MPa | 额定流量/L·min$^{-1}$ | 主要用途 |
|---|---|---|---|---|---|
| 压力控制阀 | 载荷相关背压阀 | 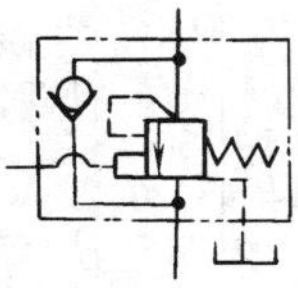 | 6.3~10 | 25~63 | 可使背压随载荷变化而变化。利用此阀可组成一个载荷增大,背压自动降低,反之载荷减小,背压增加的系统,运动平稳,系统效率高 |
| | 压力继电器 | 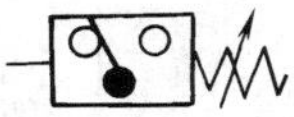 | 10~50 | — | 将油压信号转换为电气信号。有的型号能发出高、低压力两个控制信号 |
| 流量控制阀 | 节流阀 | 节流阀  | 14~31.5 | 2~400 | 通过改变节流口的大小来控制油液的流量,以改变执行元件的速度 |
| | | 单向节流阀 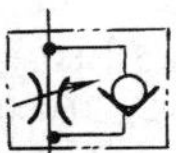 双单向 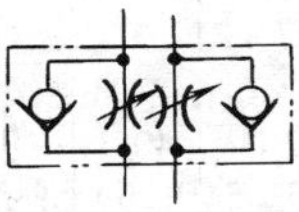 | 14~31.5 | 3~400 | |
| | 调速阀 | 调速阀  | 6.3~31.5 | 0.015~50 | 能准确地调节和稳定油路的流量,以改变执行元件的速度<br>单向调速阀可以使执行元件获得正反两方向不同的速度 |
| | | 单向调速阀 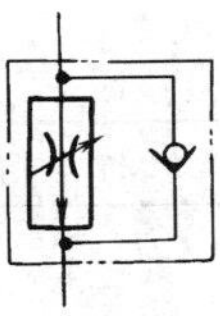 | | | |
| | | 电磁调速阀 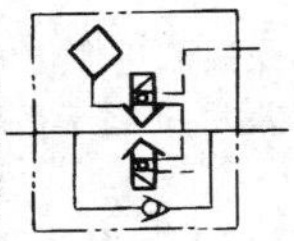 | 21~31.5 | 10~240 | 调节量可通过遥控传感器变成电信号或使用传感电位计进行控制 |
| | | 流向调整板 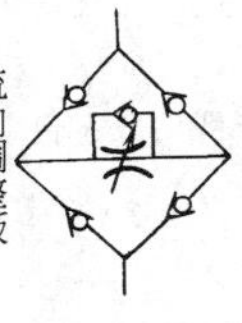 | 21~31.5 | 15~160 | 必须同2FRM、2FRW型叠加一同使用,这样调速阀可以在两个方向上起稳定流量的作用 |

| 类别 | | 型号及图形符号 | 工作压力范围/MPa | 额定流量/L·min$^{-1}$ | 主要用途 |
|---|---|---|---|---|---|
| 流量控制阀 | 行程控制阀 | 单向行程节流阀 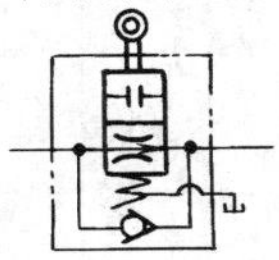 | 20 | 100 | 可依靠碰块或凸轮来自动调节执行元件的速度。液流反向流动时,经单向阀迅速通过,执行元件快速运动 |
| | | 单向行程调整阀 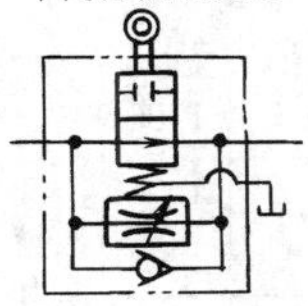 | 20 | 0.07~50 | |
| | 分流集流阀 | 分流阀 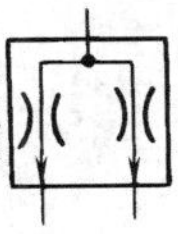 | 31.5 | 40~100 | 用于控制同一系统中的2~4个执行元件同步运行 |
| | | 单向分流阀 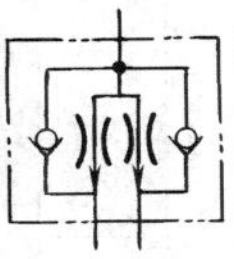 | | | |
| | | 分流集流阀 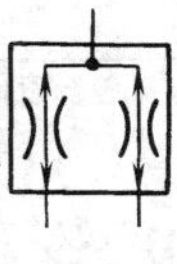 | 20~31.5 | 2.5~330 | |
| 方向控制阀 | 单向阀 | 单向阀  | 16~31.5 | 10~1250 | 用于液压系统中使油流从一个方向通过,而不能反向流动 |
| | | 液控单向阀 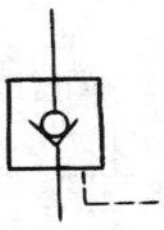 | 16~31.5 | 40~1250 | 可利用控制油压开启单向阀,使油流在两个方向上自由流动 |
| | 换向阀 | 电磁换向阀 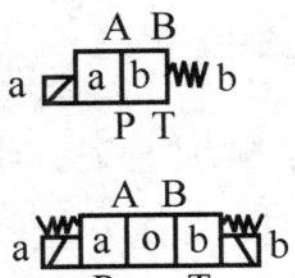 | 16~35 | 6~120 | 是实现液压油流的沟通、切断和换向,以及压力卸载和顺序动作控制的阀门 |

续表

| 类别 | | 型号及图形符号 | 工作压力范围/MPa | 额定流量/L·min$^{-1}$ | 主要用途 |
|---|---|---|---|---|---|
| 方向控制阀 | 换向阀 | 液动换向阀 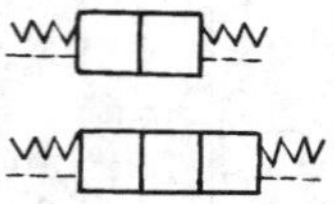 | 31.5 | 6~300 | 是实现液压油流的沟通、切断和换向,以及压力卸载和顺序动作控制的阀门 |
| | | 电液换向阀 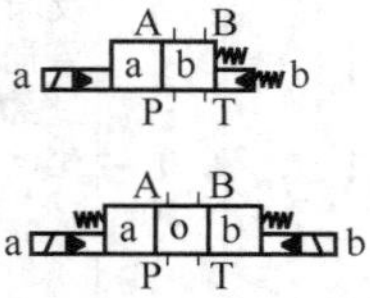 | 6.3~35 | 300~1100 | |
| | | 机动换向阀 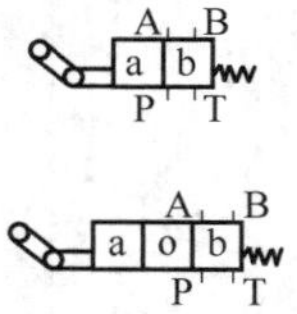 | 31.5 | 30~100 | |
| | | 手动换向阀 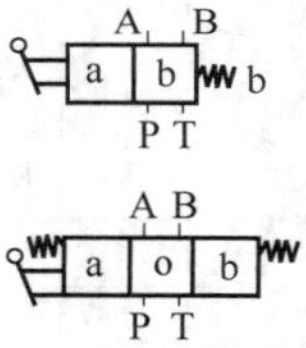 | 35 | 20~500 | |
| 方向控制阀 | 换向阀 | 多路换向阀 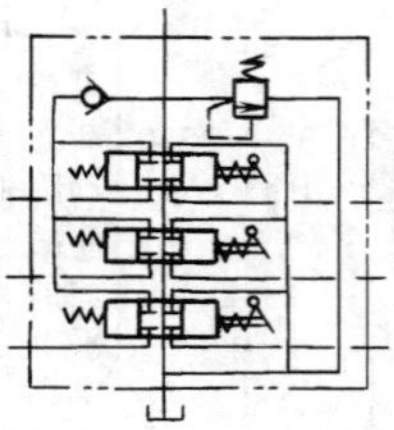 | 10.5~14 | 30~130 | 是手动控制换向阀门的组合。以进行多个工作机构(液压缸、液压马达)的集中控制 |
| | 压力表开关 |  | 16~34.5 | — | 切断或接通压力表和油路的连接 |
| 二通插装阀 | | 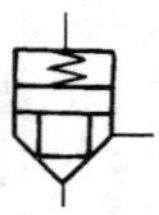 | 31.5~42 | 80~16000 | 用于大流量、较复杂或高水基介质的液压系统中,进行压力、流量、方向控制 |
| 截止阀 | |  | 20~31.5 | 40~1200 | 切断或接通油路 |

注：电液伺服阀、电液比例阀编入第 22 篇内。

## 1.2 液压控制阀的结构原理和应用

表 21-7-2

| 分类 | | 组成与结构 | 工作原理 | 特点 |
|---|---|---|---|---|
| 溢流阀 | 直动型溢流阀 | 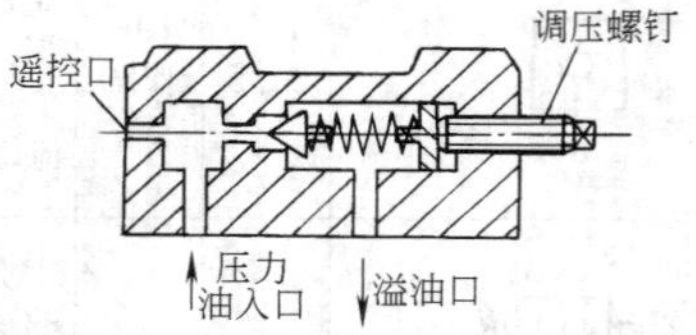图中所示为锥阀座阀芯结构,此外还有球阀座结构及滑阀座结构 | 如左图当系统中压力低于弹簧调定压力时,阀不起作用,当系统中压力超过弹簧所调整的压力时,锥阀被打开,油经溢油口回油箱。这种溢流阀称为直接动作式溢流阀。其压力可以进行一定程度的调节 | 压力受溢流量变化的影响较大,调压偏差大,不适于在高压、大流量下工作<br>阻力小,动作比较灵敏,压力超调量较小,宜在需要缓冲、制动等场合下使用<br>结构简单,成本低 |

续表

| 分类 | | 组成与结构 | 工作原理 | 特点 |
|---|---|---|---|---|
| 溢流阀 | 先导型溢流阀 | 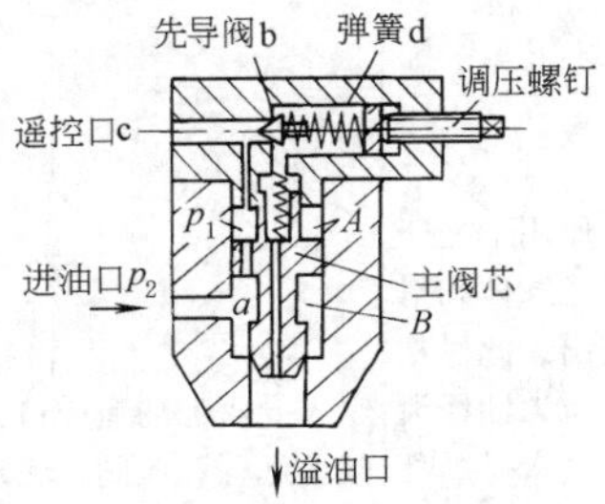<br><br>上图所示为芯平衡活塞式（三节同心式）溢流阀，由主阀和先导阀两部分组成<br>单向阀式（二节同心式）溢流阀结构，如下图<br>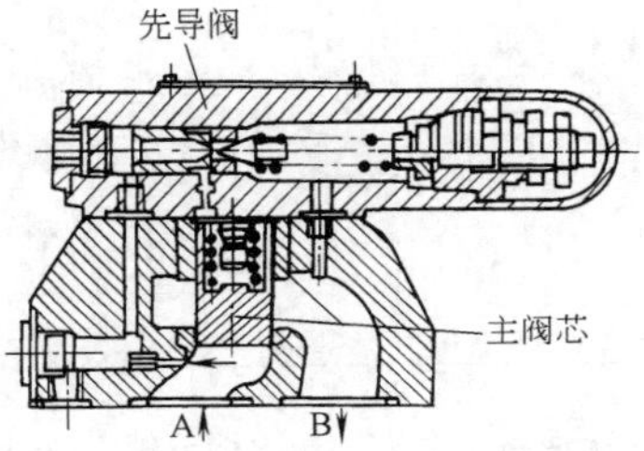<br> | 如图设进油压力为 $p_2$，通过阻尼孔后，压力为 $p_1$，$p_2$ 作用面积为 $a$，$p_1$ 作用面积为 $A$，主阀弹簧力为 $F$。当系统中压力 $p_2$ 低于弹簧 d 调定压力时，即 $Ap_1$ 小于弹簧 d 的作用力，先导阀 b 未打开，此时，$p_1=p_2$，$Ap_1+F>ap_2$，阀不溢流。当系统中压力 $p_2$，也即 $p_1$ 大于或等于弹簧 d 的压力时，先导阀 b 打开，压力油通过主阀轴向的阻尼孔流入油箱。由于阻尼孔的作用，此时 $p_1<p_2$，$Ap_1+F<ap_2$，主阀向上提起，油从溢流口流回油箱 | 调整弹簧 d 的压力，即可调整溢流阀的溢流压力<br>平衡活塞式溢流阀的压力滞后现象小，振动也较直接动作式小，能够正常操作和无载荷操作，如果加工精度高，则稳定性较好，但超调（启动时的最高压力超过所需的调整压力）幅度大，动作迟缓。加工精度要求高，成本高<br>单向阀式溢流阀的工艺性好，加工、装配精度容易保证，结构简单。主阀为单向阀结构，过流面积大，流量大，阀的启闭特性好。阀性能稳定，噪声小 |

应用：

（1）作为安全阀防止液压系统过载　溢流阀用于防止系统过载时，此阀是常闭的，如图 a。当阀前压力不超过某一预调的极限时，此阀关闭不溢油。当阀前压力超过此极限值时，阀立即打开，油即流回油箱或低压回路，因而可防止液压系统过载。通常安全阀多用于带变量泵的系统，其所控制的过载压力，一般比系统的工作压力高 8%～10%

（2）作为溢流阀使液压系统中压力保持恒定　在定量泵系统中，与节流元件及负载并联，如图 b。此时阀是常开的，常溢油，随着工作机构需油量的不同，阀门的溢油量时大时小，以调节及平衡进入液压系统中的油量，使液压系统中的压力保持恒定。但由于溢流部分损耗功率，故一般只应用于小功率带定量泵的系统中。溢流阀的调整压力，应等于系统的工作压力

（3）远程调压　将远程调压阀的进油口和溢流阀的遥控口（卸荷口）连接，在主溢流阀的设定压力范围内，实现远程调压，如图 c

（4）作卸荷阀　用换向阀将溢流阀的遥控口（卸荷口）和油箱连接，可以使油路卸荷，如图 d

（5）高低压多级控制　用换向阀将溢流阀的遥控口（卸荷口）和几个远程调压阀连接时，即可实现高低压的多级控制

（6）作顺序阀用　将溢流阀顶盖加工出一个泄油口，而堵死主阀与顶盖相连的轴向孔，如图 e，并将主阀溢油口作为二次压力出油口，即可作顺序阀用

（7）卸荷溢流阀　一般常用于泵、蓄能器系统中，如图 f。泵在正常工作时，向蓄能器供油，当蓄能器中油压达到需要压力时，通过系统压力，操纵溢流阀，使泵卸荷，系统就由蓄能器供油而照常工作；当蓄能器油压下降时，溢流阀关闭，油泵继续向蓄能器供油，从而保证系统的正常工作

（8）作制动阀　对执行机构进行缓冲、制动

（9）作加载阀和背压阀

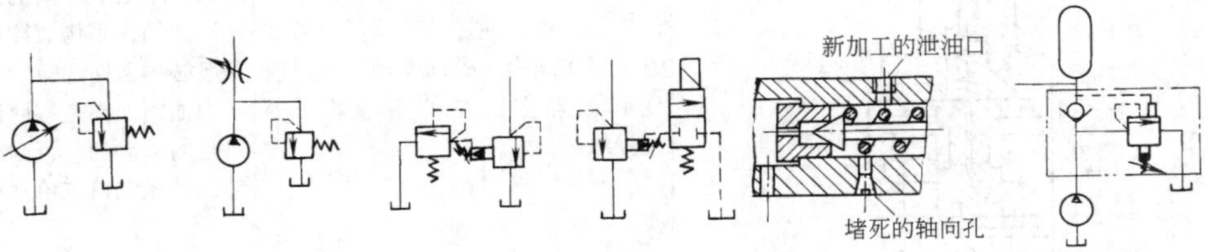


(a)　(b)　(c)　(d)　(e)　(f)

续表

| 分类 | | 组成与结构 | 工作原理 | 特点 |
|---|---|---|---|---|
| 减压阀 | 减压阀 | 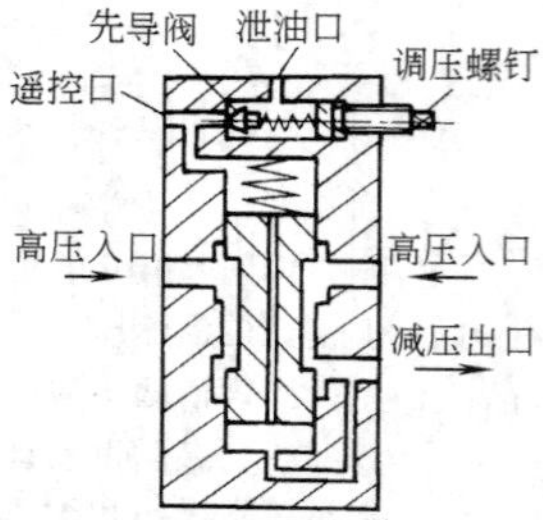<br>图中所示为先导型减压阀，主阀为滑阀式。还有的主阀为单向阀式结构 | 如左图，滑阀在弹簧作用下处于下部位置，油流从入口经阀体和滑阀的开口部分由出口流出，此时从出口侧也有一部分二次压力油经滑阀端部和中间阻尼小孔进入操纵部分。当出口压力超过设定压力时，打开先导阀，油从泄油口流入油箱，滑阀上部油腔油压降低，滑阀向上移动，减小阀体和滑阀的开口度，从而降低出口压力至新的平衡位置，先导阀关闭，自动保证出口压力一定 | 先导阀上的遥控口，需要时可以接上远程调压阀，实现远程调压<br>单向减压阀，由减压阀和单向元件组成，其作用与减压阀相同。但反向油流由单向元件自由通过，不受减压阀的限制，如左下图 |
| | 单向减压阀 | 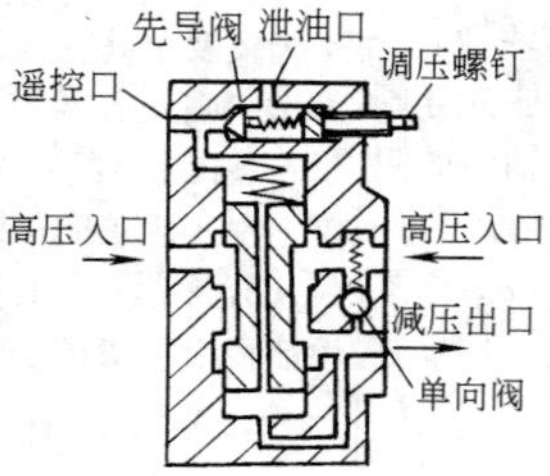 | | |
| | 应用：<br>（1）减压阀是一种使阀门出口压力（二次油路压力）低于进口压力（一次油路压力）的压力调节阀。一般减压阀均为定压式，减压阀的阀孔缝隙随进口压力变化而自行调节，因此能自动保证阀的出口压力为恒定<br>（2）减压阀也可以作为稳定油路工作压力的调节装置，使油路压力不受油源压力变化及其他阀门工作时压力波动的影响<br>（3）减压阀根据不同需要将液压系统区分成不同压力的油路，例如控制机构的控制油路或其他辅助油路，以使不同的执行机构产生不同的工作力<br>（4）减压阀在节流调速的系统中及操作滑阀的油路中广泛应用。减压阀常和节流阀串联在一起，用以保证节流阀前后压力差为恒定，流过节流阀的油量不随载荷而变化<br>（5）应用时，减压阀的泄油口必须直接接回油箱，并保证泄油路畅通。如果泄油孔有背压时，会影响减压阀及单向减压阀的正常工作 | | | |
| 顺序阀 | 顺序阀 | 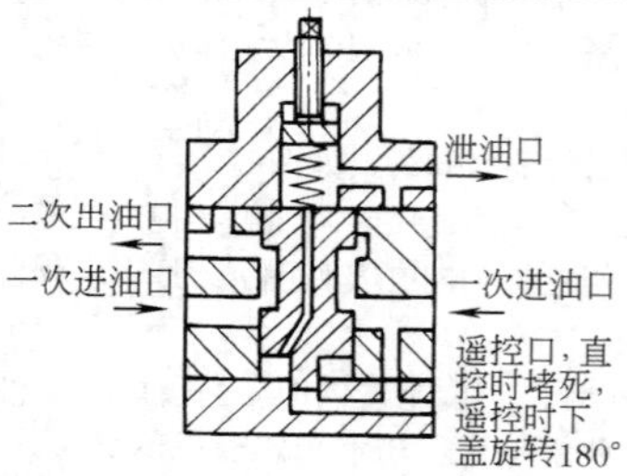<br>图中所示为直动型，还有先导型 | 如左图，当顺序阀的滑阀下端活塞所受的油压力大于上端弹簧的作用力时，滑阀就上升，顺序阀打开，油由下部孔进入，上部孔流出<br>各种形式的顺序阀进油口都在下边，其操作方式有直控操纵和遥控操纵两种，泄油方式有内部泄油和外部泄油两种。部分顺序阀的结构设计上，可以通过改变阀门上盖的方位来实现内、外部泄油，通过改变底盖的方位来实现直控、遥控操纵 | 遥控（液动）顺序阀与直控顺序阀的不同点，在于直控顺序阀可以直接利用进口油路的压力来控制滑阀的开启，而遥控（液动）顺序阀则必须由控制油路的油压来控制（即所谓远程压力控制）滑阀的开启，在远程压力未达到顺序阀所预调的压力以前，此阀关闭<br>如将遥控顺序阀的二次压力油路通回油箱，则构成卸荷阀。泄油口一般必须通回油箱，因此阀的二次压力油路如果是接回油箱的，便可以是内部泄油，否则必须是外部泄油，其泄油口应单独接回油箱 |
| | 单向顺序阀 | 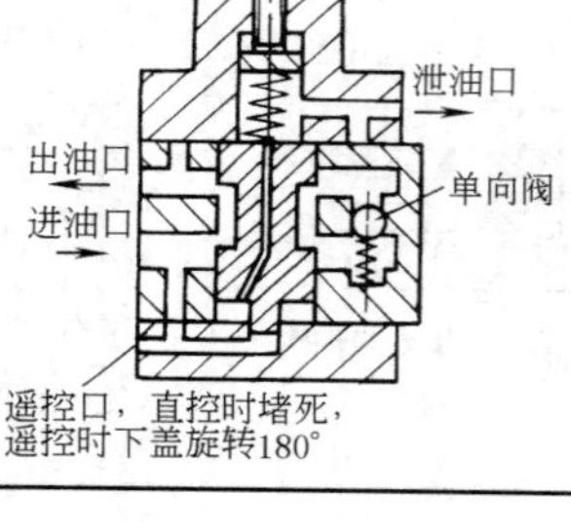 | | |

续表

| 分类 | 组成与结构 | 工作原理 | 特点 |
| --- | --- | --- | --- |
| 顺序阀 | 应用：<br>顺序阀是利用油路的压力来控制油缸或油马达顺序动作，以实现油路系统的自动控制。在进口油路的压力没有达到顺序阀所预调的压力以前，此阀关闭；当达到后，阀门开启，油液进入二次压力油路，使下一级元件动作。其与溢流阀的区别，在于它通过阀门的阻力损失接近于零<br>顺序阀内部装有单向元件时，称为单向顺序阀，它可使油液自由地反向通过，不受顺序阀的限制，在需要反向的油路上使用单向顺序阀较多<br>（1）控制油缸或油马达顺序动作　直控顺序阀或直控单向顺序阀可用来控制油缸或油马达顺序动作，如图 a。当油缸的左端进油时，油缸“Ⅰ”先向右行到终点，油路的压力增高，使顺序阀 a 打开，油缸“Ⅱ”即开始向右行，反之亦然，其动作顺序如图中 1、2、3、4 所示。如果图中的单向阀与顺序阀在一个阀体中，便是单向顺序阀<br>（2）作普通溢流阀用　将直控顺序阀的二次压力油路接回油箱，即成为普通起安全作用的溢流阀<br>（3）作卸荷阀用　如图 b，作蓄能器系统泵的自动卸荷用<br>（4）作平衡阀用　用来防止油缸及工作机构由于本身重量而自行下滑，图 c<br>遥控顺序阀及遥控单向顺序阀，其应用原理与直控相似，不过控制阀门的开启不是由主油路的压力操纵，而是由另外的控制油路来操纵<br>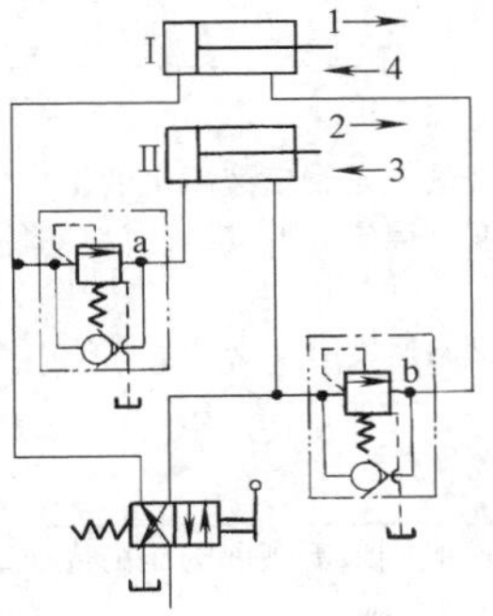(a)<br>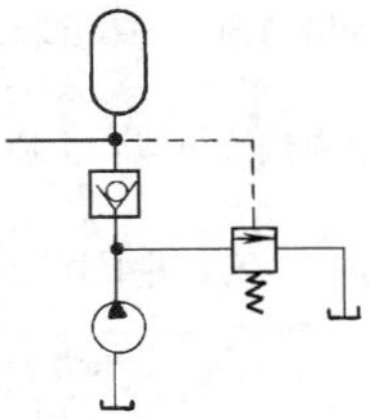(b)<br>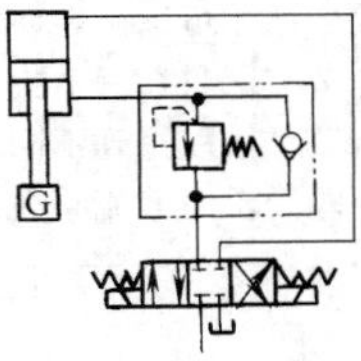(c) | | |
| 压力继电器 | 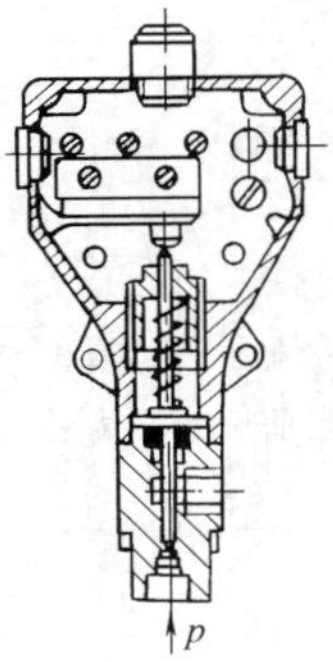一般分滑阀式（柱塞式）、弹簧管式、膜片式和波纹管式四种结构型式<br>图中所示为单触点柱塞式 | 滑阀式结构原理如左图，压力油作用在压力继电器底部的柱塞上，当液压系统中的压力升高到预调数值时，液压力克服弹簧力，推动柱塞上移，此时柱塞顶部压下微动开关的控制电路的触头，将液压信号转换为电气信号，使电气元件（如电磁阀、电机、电磁溢流阀和时间继电器等）动作，从而实现自动程序控制和安全作用 | |
| | 应用：<br>（1）在压力达到设定值时，使油路自动释压或反向运动（通过电磁阀控制）<br>（2）在规定范围内若大于调定压力，则启动或停止液压泵电动机<br>（3）在规定压力下，使电磁阀顺序动作<br>（4）作为压力的警号或信号、安全装置或用以停止机器<br>（5）油压机中启动增压器<br>（6）启动时间继电器<br>（7）在主油路压力降落时，停止其辅助装置<br>（8）PF 型压力继电器可作为两个高低压力间的差压控制装置 | | |

续表

| 分类 | | 组成与结构 | 工作原理 | 特点 |
|---|---|---|---|---|
| 节流阀 | 节流阀 | 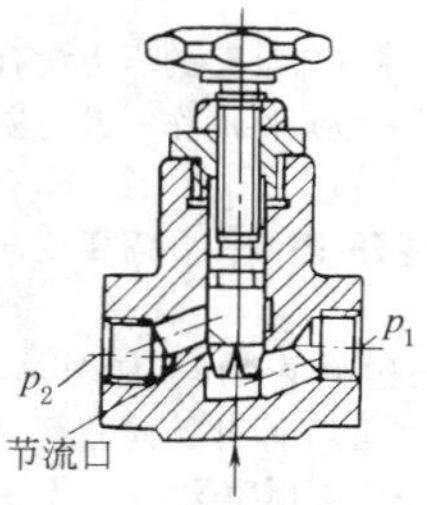<br>由节流口和调节节流口大小的装置组成 | 左图属于轴向三角槽式节流结构。当调整调节手轮或旋转调节套时，阀芯做轴向移动，节流开口大小改变，从而调节流量 | 结构简单、制造和维护方便<br>使用节流阀调节流量是有条件的，即在定量泵系统中，节流阀必须与溢流阀等并联，以补偿节流阀的流量变化<br>这种阀一般没有压力、温度补偿装置 |
| | 单向节流阀 | 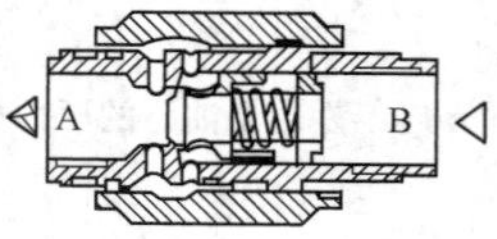 | 单向节流阀由单向阀与节流阀组合而成。适用于液流在一个方向上可以控制流量，当液流反向流动时，单向阀被开启 | 节流阀只适用于载荷变化不大或对速度稳定性要求不高的液压系统中 |
| | | 应用：<br>节流阀是简易的流量控制阀，它的主要用途是接在压力油路中，调节通过的流量，以改变液压机的工作速度。这种阀门没有压力补偿及温度补偿装置，不能自动补偿载荷及油黏度变化时所造成的速度不稳定，但其结构简单紧凑，故障少，一般油路中应用可以满足要求<br>单向节流阀只在一个方向起调速作用，反向液流可以自由通过，若要求调节反向速度时，必须另接入一个节流阀，通过分别调节，可以得到不同的往复速度<br>节流阀及单向节流阀在回路上的应用方法一般有，进口节流、出口节流和旁路节流三种 | | |
| 调速阀 | 调速阀 | 由定差减压阀与节流阀串联组成<br>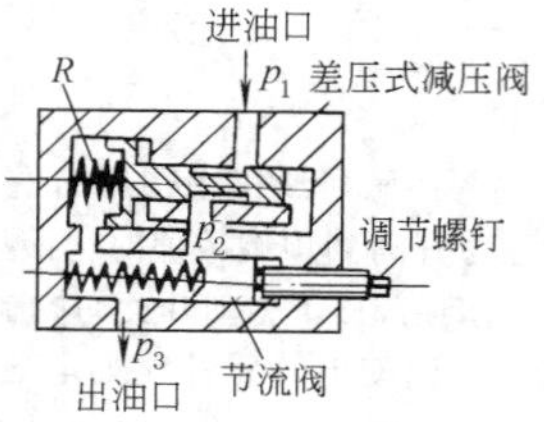 | 压力为 $p_1$ 的压力油液经滑阀到节流阀前的压力为 $p_2$，节流阀后的压力为 $p_3$，设滑阀端面积为 $a$，则<br>作用于滑阀右端的力　$F_1=ap_2$<br>作用于滑阀左端的力　$F_2=ap_3+R$<br>式中　$R$——弹簧力<br>当滑阀平衡时，$F_1=F_2$，即 $ap_2=ap_3+R$<br>$p_2-p_3=\frac{R}{a}$<br>当 $p_3$ 值增加时，则 $F_2>F_1$，使滑阀向右移动，开口增大，压力降减小，使 $p_2$ 增高，保持 $p_2-p_3$ 为一定值。此处，压力补偿装置，就是使 $p_1$ 和 $p_3$ 的变化，不至于影响到节流阀前后的压力差，保证通过节流阀的流量为恒定 | |
| | 单向调速阀 | 由单向阀和调速阀组成。压力油从 A 腔进入阀后，先经减压阀减压，再由节流阀节流，由 B 腔流出调速阀，反向油液经开启的单向阀从 B 腔到 A 腔流出调速阀<br>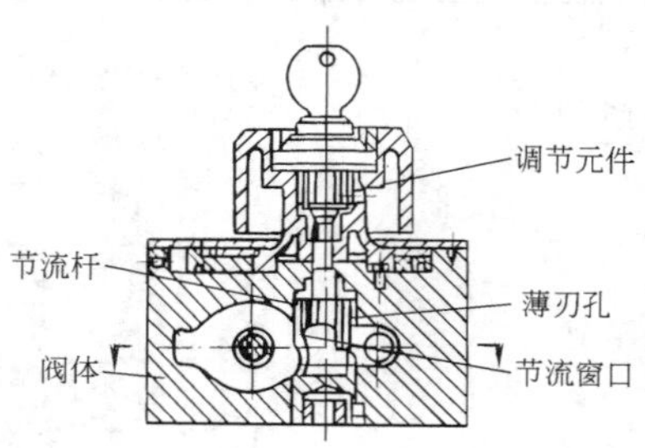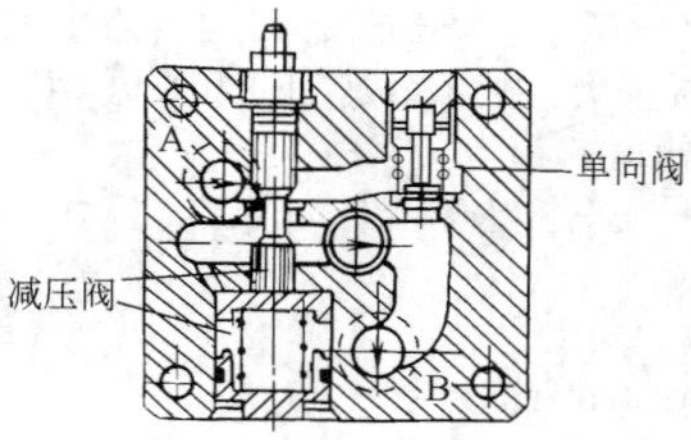 | | 节流窗口设计成薄刃状，流量受油的黏度变化的影响小<br>左图阀中的减压阀无弹簧端处装有行程调节器，经调整可以防止阀突然投入工作时出现的流量跳跃现象<br>当此阀与整流板叠加时，可以实现同一回路的双向流量控制 |

续表

<table>
<tr><th colspan="2">分类</th><th>组成与结构</th><th>工作原理</th><th>特点</th></tr>
<tr><td colspan="2">调速阀</td><td colspan="3">应用：<br>调速阀在定量泵液压系统中与溢流阀配合组成进油、回油或旁路节流调速回路。还可组成同一执行元件往复运动的双向节流调速回路和容积节流调速回路<br>调速阀适用于执行元件载荷变化大，而运动速度稳定性又要求较高的液压系统</td></tr>
<tr><td rowspan="3">行程控制阀</td><td>单向行程节流阀</td><td colspan="3" rowspan="2">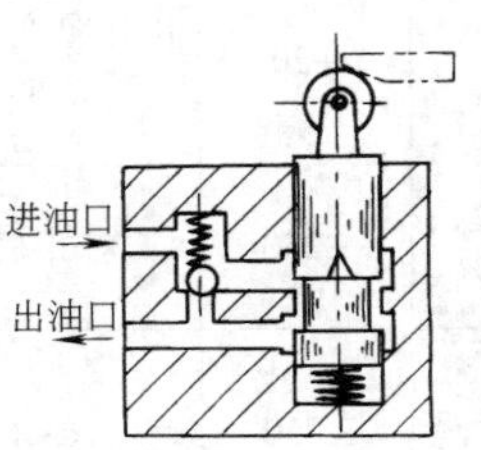<br>单向行程节流阀原理<br>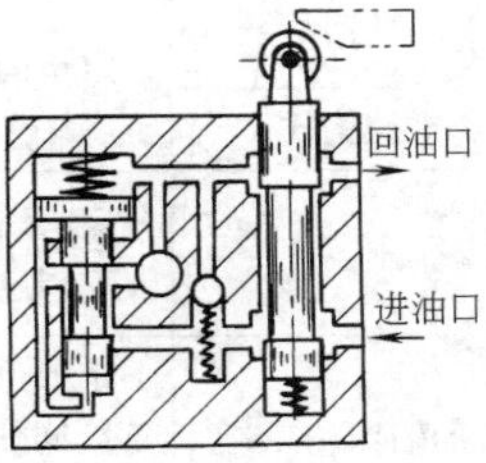<br>单向行程调速阀原理</td></tr>
<tr><td>单向行程调速阀</td></tr>
<tr><td colspan="4">应用：<br>行程控制阀串联在液压缸的回路中，用来自动限制液压缸的行程和运动速度，避免冲击以达到精确定位。液压缸或工作机构在行进到规定位置时，工作机构上的控制凸块将行程控制阀逐步关闭，使液压缸在终点前逐渐减速停止（行程节流阀）或改变进入液压缸的油量，使速度降低（行程调速阀）<br>单向行程控制阀使回程油液能自由通过</td></tr>
<tr><td rowspan="4">分流集流阀</td><td>分流阀</td><td rowspan="3">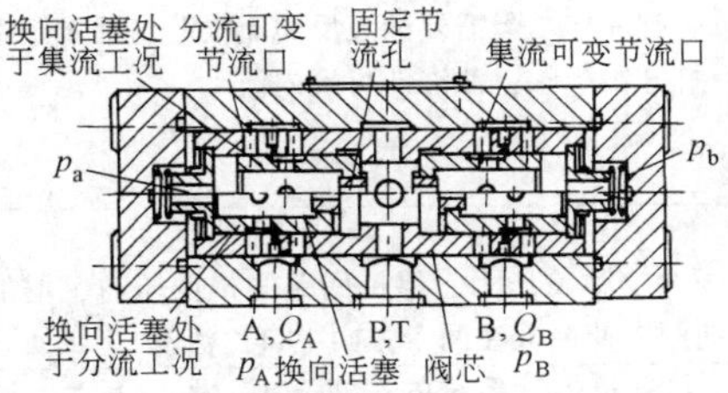<br>换向活塞式分流-集流阀的结构原理图如上图中所示。根据液流方向，可分为分流阀、集流阀和分流集流阀；根据结构和工作原理，可分为换向活塞式、挂钩式、可调式和自调式</td><td rowspan="3">分流集流阀是利用载荷压力反馈的原理，来补偿因载荷压力变化而引起流量变化的一种流量控制阀。但它只控制流量的分配，而不控制流量的大小<br>左图阀分流时，因 $p>p_a$（或 $p_b$），此压力差将换向活塞分开处于分流工况。当外载荷相同，即 $p_A=p_B$ 时，$p_a$ 也就等于 $p_b$，阀芯处于中间对称位置，节流孔前后压差相等（即 $p-p_a=p-p_b$），故 $Q_A=Q_B$。当外载荷不相同时，如 $p_A$ 增加，引起 $p_a$ 瞬时增加，由于 $p_a>p_b$，阀芯右移，于是左边分流节流口开大，右边分流节流口关小，这样使 $p_a$ 又减小，使 $p_b$ 增加，直到 $p_a=p_b$ 时，阀芯停在一个新的位置上，使得 $p-p_a$ 又等于 $p-p_b$，$Q_A$ 又等于 $Q_B$，仍能保证执行元件同步。集流时，因$p-p_a$（或 $p_b$），两个换向活塞合拢处于集流工况，其等量控制的原理与分流时相同</td><td rowspan="3">分流集流阀的压力损失比较大，故不适用于低压系统<br>分流集流阀在动态时不能保证速度同步精度，故不适用于载荷压力变化频繁或换向工作频繁的系统<br>分流集流阀内部各节流孔相通，当执行元件在行程中需要停止时，为了防止执行元件因载荷不同而相互窜油，应在油路上接入液控单向阀</td></tr>
<tr><td>集流阀</td></tr>
<tr><td>分流集流阀</td></tr>
<tr><td colspan="4">应用：<br>分流集流阀在液压系统中可以保证2~4个执行元件在运动时的速度同步<br>使用分流集流阀应注意正确选用阀的型号和规格，以保证适宜的同步精度。安装时应保持阀芯轴线在水平位置，切忌阀芯轴线垂直安装，否则会降低同步精度。串联连接时，系统的同步精度误差一般为串联的各分流集流阀速度同步误差的叠加值；并联连接时，速度同步误差一般为其平均值</td></tr>
</table>

续表

| 分类 | 组成与结构 | 工作原理 | 特点 |
| --- | --- | --- | --- |

**分流集流阀**

分流集流阀性能比较

| 分类 | | 适应系统类型 | 允许流量变化范围/% | 压力损失/MPa | 同步精度稳定性 |
| --- | --- | --- | --- | --- | --- |
| 固定式分流集流阀 | 换向活塞式 | 定量同步系统 | ±20 | 随流量变化一般0.8~1 | 随流量变化不稳定 |
| | 挂钩式 | | | | |
| 可调式分流集流阀 | | 定量同步系统；人工调定变量系统 | ±250 | 6~12 | 人工调定后稳定 |
| 自调式分流集流阀 | | 定量同步系统；变量同步系统；调速同步系统 | ±250 | 6~12 | 稳定 |

注：固定比例式分流集流阀、自调比例式分流集流阀、分流阀和单向分流阀等的选用，也可参考此表

**单向阀**

**单向阀**

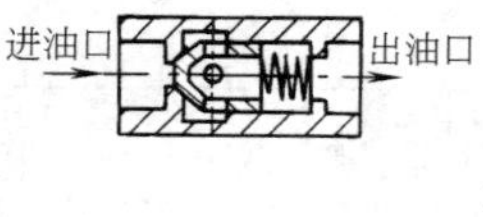


直通式

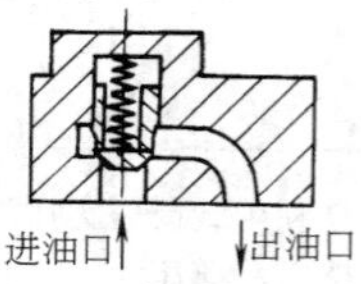


直角式

单向阀有直通式和直角式两种，结构及工作原理如左图。直通式结构简单，成本低，体积小，但容易产生振动，噪声大，在同样流量下，它的阻抗比直角式大，更换弹簧不方便

**液压操纵单向阀**

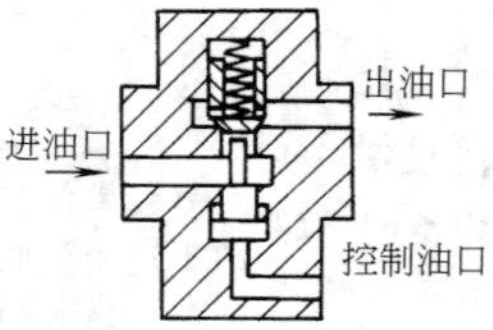


是由上部锥形阀和下部活塞所组成，在正常油液的通路时，不接通控制油，与一般直角式单向阀一样。当需要油液反向流动时，活塞下部接通控制油，使阀杆上升，打开锥形阀，油液即可反向流动

应用：

单向阀用于液压系统中防止油液反向流动。也可作背压阀用，但必须改变弹簧压力，保持回路的最低压力，增加工作机构的运动平稳性。液控单向阀与单向阀相同，但可利用控制油开启单向阀，使油液在两个方向上自由流动

**换向阀**

**电磁换向阀**

电磁换向阀是实现油路的换向、顺序动作及卸荷的液压控制阀，是通过电气系统的按钮开关、限位开关、压力继电器、可编程控制器以及其他元件发出的电信号控制的

电磁换向阀的电磁铁有交流、直流和交流本整型三种，又分干式和湿式。直流电磁换向阀的优点是换向频率高，换向特性好，工作可靠度高，对低电压、短时超电压、超载和机械卡住反应不敏感。交流电磁换向阀（非本整型）的优点是动作时间短，电气控制线路简单，不需特殊的触头保护；缺点是换向冲击大，启动电流大，线圈比直流的易损坏。湿式电磁铁具有良好的散热性能，工作噪声也小。无论干式或湿式电磁铁，直流的使用寿命总要比交流的长

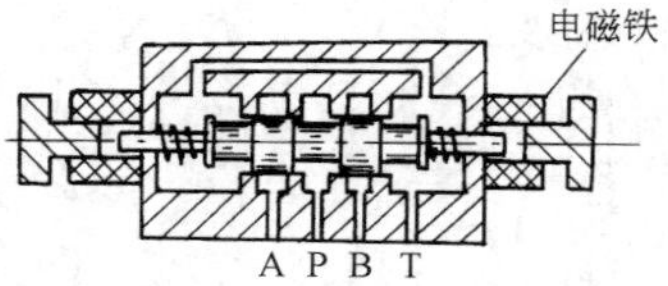


图中所示为滑阀阀芯，它借助于电磁铁吸力直接被推动到不同的工作位置上。还有以钢球作为阀芯的，电磁铁通过杠杆推动球阀，使其推力放大3~4倍，以适应高的工作压力，允许背压也高，适宜在高压、高水基介质的系统中使用

电磁换向阀电源电压有多种等级，直流的常用24V、交流的常用220V。对电源要求如下：

（1）直流电磁铁对电源要求

1）稳压源、蓄电池或桥式全波整流装置等电源装置只要容量满足要求都能使直流电磁铁可靠地工作

2）在桥式全波整流装置的输出端，不需并联滤波电容。因直流电磁铁的线圈本身就带有电感性质，而容量不足的滤波电容反而会造成电磁铁输入电压的下降

续表

<table>
<tr><th colspan="2">分类</th><th>组成与结构</th><th>工作原理</th><th>特　点</th></tr>
<tr><td rowspan="6">换向阀</td><td>电磁换向阀</td><td colspan="3">3）电磁铁通断的开关应安装在直流输出端，以免切断电源时整流电路成为电磁铁线圈的放电回路，延长电磁铁的释放时间<br>4）为保护开关触点，用户往往在直流电磁铁线圈两端并接放电二极管，此法会延长电磁铁释放时间，在要求释放时间短的场合，可并接与输入电压相匹配的压敏电阻<br>（2）交流电磁铁对电源要求<br>1）电源电压要求尽量稳定。由于交流电磁铁的吸力与电源电压的平方成正比，电压增高10%，吸力增大21%。电压下降10%，吸力减小19%<br>2）由于交流电磁铁的吸力和电源频率的平方成正比，而涡流损耗又与电源频率的平方成正比，因此50Hz、60Hz的阀用电磁铁尽管额定电压一致，也不能互换使用<br>3）由于交流电磁铁启动电流大于吸持电流，在选择电源容量、特别是在选择控制变压器容量时，必须考虑这一因素</td></tr>
<tr><td>液动换向阀</td><td>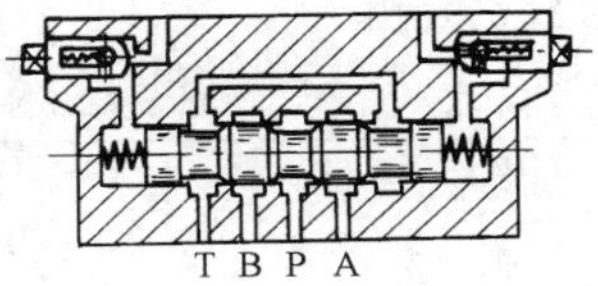</td><td colspan="2">液动换向阀是利用控制油路改变滑阀位置的换向阀<br>可调式液动换向阀是在阀体上装有单向节流元件，以调节控制油路的油量，来调节换向时间</td></tr>
<tr><td>电液换向阀</td><td>由电磁换向阀和液动换向阀组成<br>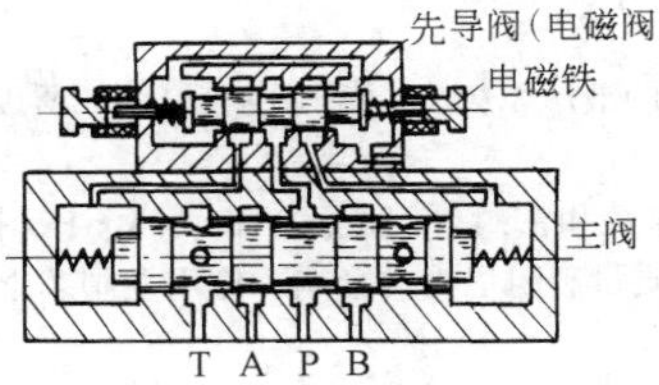</td><td colspan="2">电液换向阀由电磁阀起先导控制作用，液动换向阀进行油路换向、卸荷及顺序动作<br>电液换向阀的换向快慢，可用控制油路中的节流阀（阻尼器）来调节，以避免液压系统的换向冲击。一般适用于流量较大的液压系统中，使用电源要求与电磁换向阀相同</td></tr>
<tr><td>机动换向阀</td><td>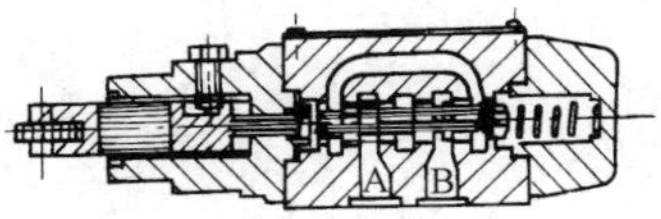</td><td colspan="2">是利用机械的挡块或凸轮压住或离开行程滑阀的滚轮，以改变滑阀的位置，来控制油流方向<br>一般为二位的或三位的，并有各种不同的通路数</td></tr>
<tr><td>手动换向阀</td><td>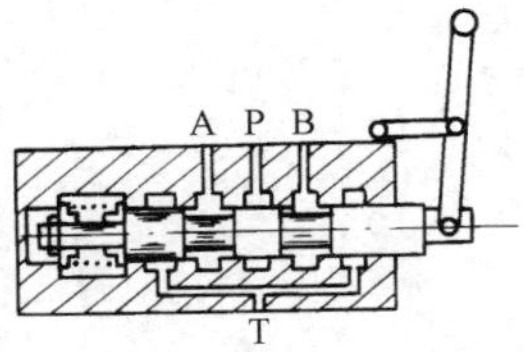</td><td colspan="2">是用手动杠杆操纵的方向控制阀。手动换向阀分为自动复位及弹跳机构定位。左图为弹簧复位式</td></tr>
<tr><td>多路换向阀</td><td>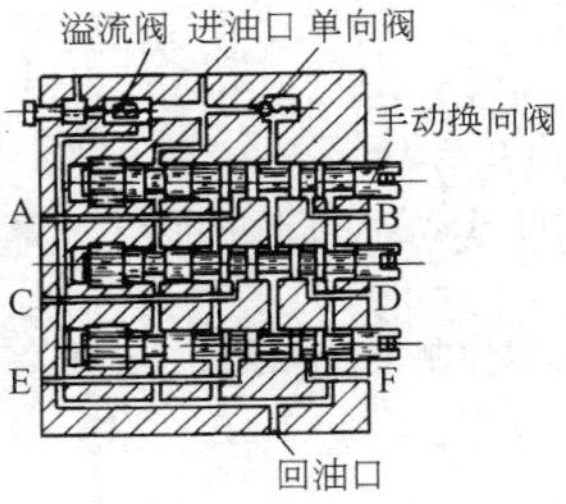</td><td colspan="2">多路换向阀集中式手动换向阀的组合，阀由2~5个三位六通手动换向阀、溢流阀、单向阀组成。有螺纹连接的公共进油口和回油口，各个控制阀有两个工作油孔以连接液压缸或液压马达。阀门分为自动复位式及弹跳定位式<br>根据用途的不同，阀在中间位置时，主油路有中间全封闭式、压力口封闭式及B腔常闭式等，中间位置时压力油短路卸荷。各个阀组成串联式油路时阀必须顺序操作</td></tr>
</table>

续表

<table>
<tr><th>分类</th><th>组成与结构</th><th>工作原理</th><th>特　点</th></tr>
<tr><td>换向阀</td><td colspan="3">应用：<br>主要用于起重运输车辆、工程机械及其他行走机械。用以进行多个工作机构的集中控制<br>滑阀机能：是指换向滑阀在中间位置或原始位置时，阀中各油口的连通型式。滑阀机能有很多种，常见的三位四通换向阀的滑阀机能有 O、H、Y、K、M、X、P、J、C、N、U 等。采用不同滑阀机能会直接影响执行元件的工作状态，正确选择滑阀机能是十分重要的。引进国外技术生产的产品，其滑阀机能与国内产品有所不同，选用时应注意查阅产品说明书</td></tr>
<tr><td>压力表开关</td><td colspan="3">压力表开关是小型的截止阀，主要用于切断或接通压力表和油路的连接。通过开关起阻尼作用，减轻压力表急剧跳动，防止损坏。也可作为一般截止阀应用。压力表开关，按其所能测量的测量点的数目，可分为一点的及多点的。多点压力表开关可以使压力表和液压系统 1~6 个被测油路相通，分别测量 1~6 点的压力</td></tr>
<tr><td>二通插装阀</td><td colspan="3">二通插装阀由插装元件、控制盖板、先导控制元件和插装块体四个部分组成。<br>适用于流量大于 160L/min 的液压系统或高压力、较复杂、采用高水基工作液的液压系统<br>采用二通插装阀可以显著地减小液压控制阀组的外形尺寸和重量<br>由于二通插装阀组成的系统中使用电磁铁数量比普通液压控制阀组成的液压系统多，控制也较复杂，所以二通插装阀不适合小流量、动作简单的液压系统<br>下图所示为方向控制用插装元件，又称主阀组件，由阀芯、阀套、弹簧和密封件组成。油口为 A、B，控制口为 C。压力油分别作用在阀芯的三个控制面 $A_A$、$A_B$、$A_C$ 上。如果忽略阀芯的质量和阻尼力的影响，作用在阀芯上的力平衡关系式为<br>$$P_t+F_s+p_CA_C-p_BA_B-p_AA_A=0$$<br>式中　$P_t$——作用在阀芯上的弹簧力，N；<br>$F_s$——阀口液流产生的稳态液动力，N；<br>$p_C$——控制口 C 的压力，Pa；<br>$p_B$——工作油口 B 的压力，Pa；<br>$p_A$——工作油口 A 的压力，Pa；<br>$A_A$、$A_B$、$A_C$——三个控制面的面积，$m^2$<br>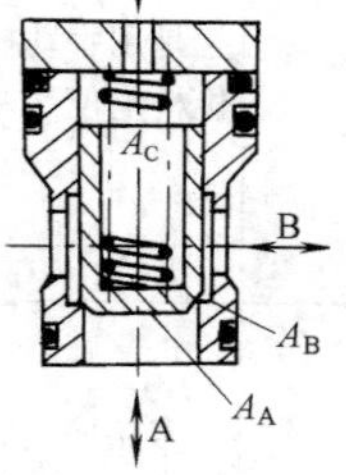<br><br>当控制口 C 接油箱卸荷时，若 $p_A>p_B$，液流由 A 至 B；若 $p_A<p_B$，液流由 B 至 A<br>当控制口 C 接压力油时，若 $p_C\geqslant p_A$、$p_C\geqslant p_B$，则油口 A、B 不通。由此可知，它实际上相当于一个液控二位二通阀<br>压力、流量控制用插装元件的阀芯和左图结构有所不同<br>插装元件插装在阀体或集成块中，通过阀芯的启闭和开启量的大小，可以控制主回路液流的通断、压力高低和流量大小</td></tr>
</table>

# 2　中、高压系列液压阀

## 2.1　D型直动式溢流阀、遥控溢流阀

D型直动式溢流阀用于防止系统压力过载和保持系统压力恒定；遥控溢流阀主要用于先导型溢流阀的远程压力调节。

型号意义：

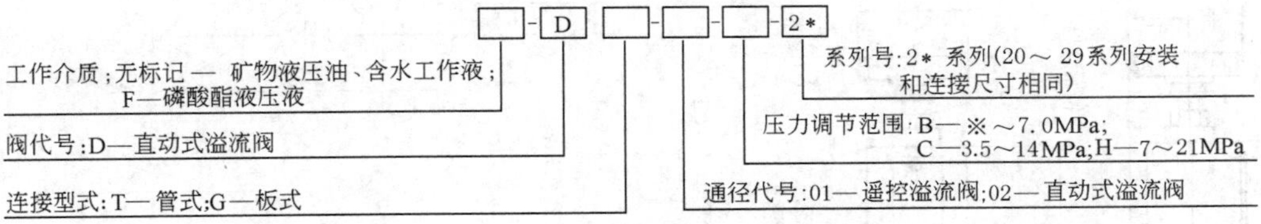


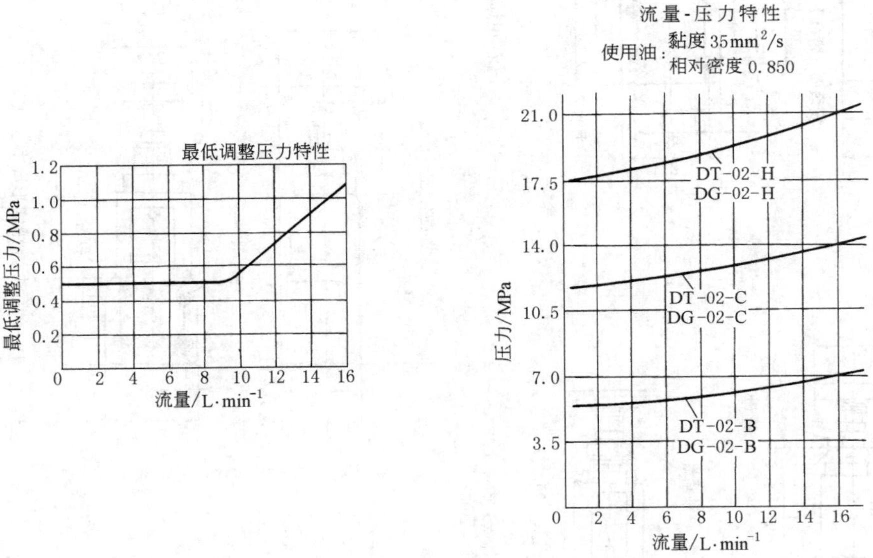


图21-7-1　D型直动式溢流阀特性曲线

表21-7-3　　技术规格

| 名　称 | 通　径 /in | 型　号 | 最大工作压力 /MPa | 最大流量 /L·min$^{-1}$ | 调压范围 /MPa | 质　量 /kg |
|---|---|---|---|---|---|---|
| 遥控溢流阀 | 1/8 | DT-01-22<br>DG-01-22 | 25 | 2 | 0.5~2.5 | 1.6<br>1.4 |
| 直动式溢流阀 | 1/4 | DT-02-＊-22<br>DG-02-＊-22 | 21 | 16 | B：0.5~7.0<br>C：3.5~14.0<br>H：7.0~21 | 1.5<br>1.5 |

注：生产厂为榆次油研液压有限公司。

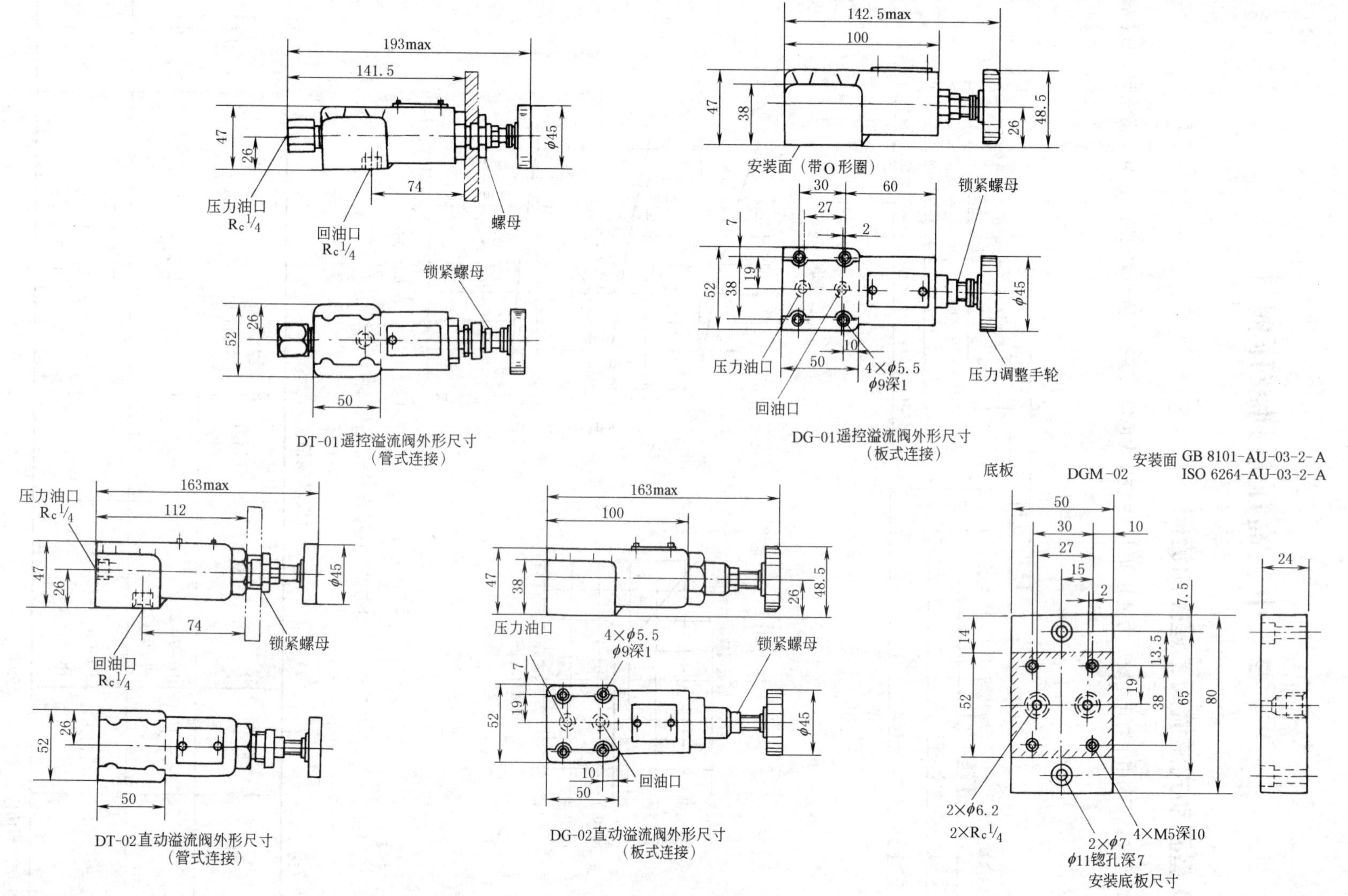


图 21-7-2 D 型遥控溢流阀、直动溢流阀外形及安装底板尺寸

## 2.2 B 型先导溢流阀

B 型先导式溢流阀用于防止系统压力过载和保持系统压力恒定。

型号意义：

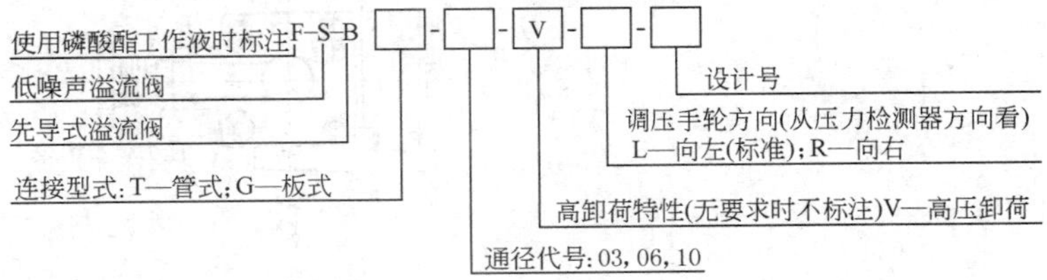


表 21-7-4 技术规格

| 名称 | 公称通径/in | 型号 | 调压范围/MPa | 最大流量/L·min$^{-1}$ | 质量/kg |
|---|---|---|---|---|---|
| 先导式溢流阀 | 3/8 | BT-03-※-32 | ※~25.0 | 100 | 5.0 |
| | | BG-03-※-32 | | | 4.7 |
| | 3/4 | BT-06-※-32 | | 200 | 5.0 |
| | | BG-06-※-32 | | | 5.6 |
| | 1¼ | BT-10-※-32 | | 400 | 8.5 |
| | | BG-10-※-32 | | | 8.7 |
| 低噪声溢流阀 | 3/8 | S-BG-03-※-※-40 | ※~25.0 | 100 | 4.1 |
| | 3/4 | S-BG-06-※-※-40 | | 200 | 5.0 |
| | 1¼ | S-BG-10-※-40 | | 400 | 10.5 |

注：生产厂为榆次油研液压公司。

**BT 型先导溢流阀外形尺寸**

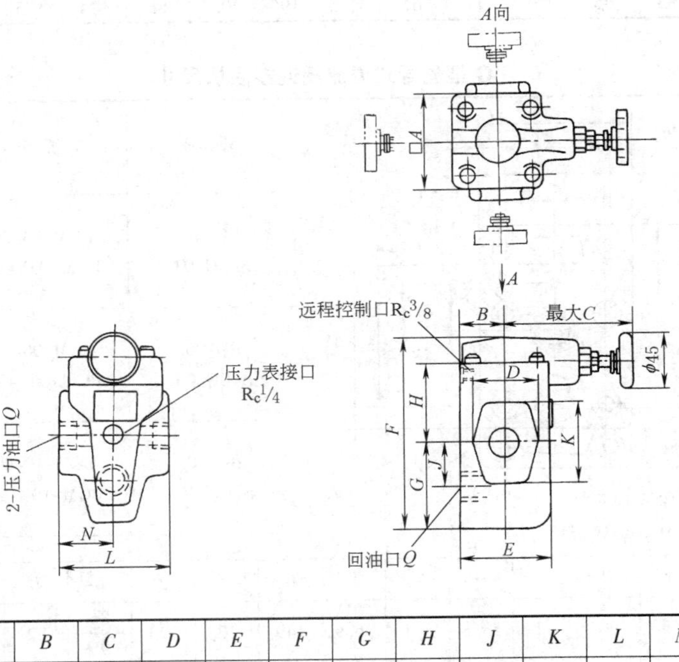


表 21-7-5 mm

| 型号 | A | B | C | D | E | F | G | H | J | K | L | N | Q |
|---|---|---|---|---|---|---|---|---|---|---|---|---|---|
| BT-03 | 75 | 40 | 105 | 52 | 78 | 150.5 | 68.5 | 62 | 36 | 65 | 90 | 45 | Rc⅜ |
| BT-06 | | | | | | | | | | | | | Rc¾ |
| BT-10 | 85 | 50 | 101 | 80 | 96 | 183 | 89 | 74 | 49 | 80 | 120 | 60 | Rc 1¼ |

## BG 型先导溢流阀外形尺寸

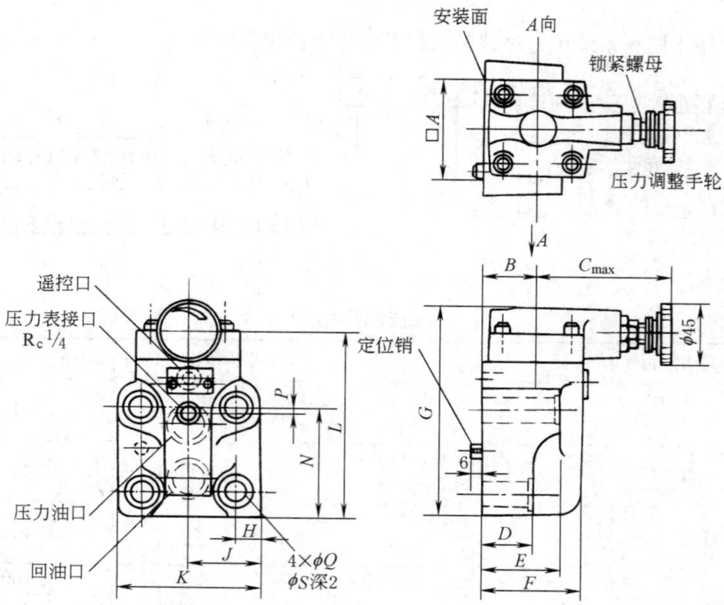


表 21-7-6

mm

| 型　　号 | A | B | $C_{max}$ | D | E | F | G | H | J | K | L | N | P | Q | S |
|---|---|---|---|---|---|---|---|---|---|---|---|---|---|---|---|
| BG-03 | 75 | 40 | 105 | 57 | 78 | 78 | 137 | 14. 1 | 41 | 82 | 117 | 77 | 22 | 13. 5 | 21 |
| BG-06 | 75 | 40 | 105 | 40 | 60 | 78 | 161 | 17 | 52 | 104 | 141 | 83. 5 | 4. 5 | 17. 5 | 26 |
| BG-10 | 85 | 45 | 101 | 47 | 67 | 87. 5 | 195 | 20. 7 | 62 | 124 | 175 | 110 | 6 | 21. 5 | 32 |

表 21-7-7　　**BG 型先导式溢流阀连接底板尺寸**

mm

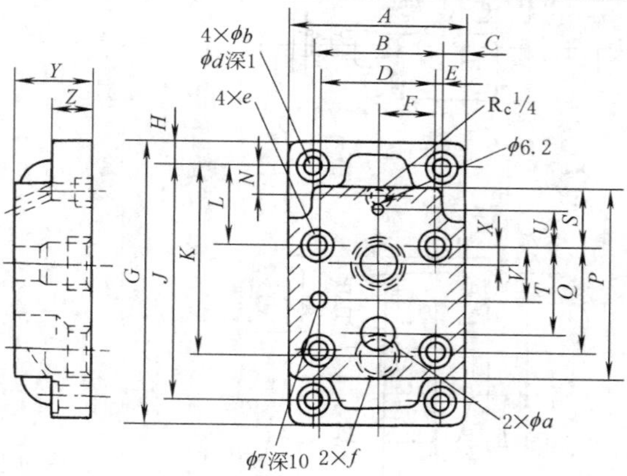


BGM 安装底板尺寸

| 阀型号 | 底板型号 | 连接口 | 质量/kg |
|---|---|---|---|
| BG-03<br>S-BG-03 | BGM-03-20<br>BGM-03X-20 | $R_c\,3/8$<br>$R_c\,1/2$ | 2. 4<br>3. 1 |
| BG-06<br>S-BG-06 | BGM-06-20<br>BGM-06X-20 | $R_c\,3/4$<br>$R_c\,1$ | 4. 7<br>5. 7 |
| BG-10<br>S-BG-10 | BGM-10-20<br>BGM-10X-20 | $R_c\,1\frac{1}{4}$<br>$R_c\,1\frac{1}{2}$ | 8. 4<br>10. 3 |

| 型　　号 | A | B | C | D | E | F | G | H | J | K | L | N | P | Q |
|---|---|---|---|---|---|---|---|---|---|---|---|---|---|---|
| BGM-03 | 86 | 60 | 13 | 53. 8 | 3. 1 | 26. 9 | 149 | 13 | 123 | 86 | 32 | 26 | 97 | 53. 8 |
| BGM-03X | | | | | | | | | | 95 | | 21 | | |
| BGM-06 | 108 | 78 | 15 | 70 | 4 | 35 | 180 | 15 | 150 | 106. 5 | 51 | 27. 2 | 121 | 66. 7 |
| BGM-06X | | | | | | | | | | 119 | | 18 | | |
| BGM-10 | 126 | 94 | 16 | 82. 6 | 5. 7 | 41. 3 | 227 | 16 | 195 | 138. 2 | 62 | 30. 2 | 154 | 88. 9 |
| BGM-10X | | | | | | | | | | 158 | | 17 | | |

续表

| 型　号 | $S$ | $T$ | $U$ | $V$ | $X$ | $Y$ | $Z$ | $a$ | $b$ | $d$ | $e$ | $f$ |
|---|---|---|---|---|---|---|---|---|---|---|---|---|
| BGM-03 | 19 | 47.4 | 0 | 22 | 22 | 32 | 20 | 14.5 | 11 | 17.5 | M12　深 20 | $R_c\frac{3}{8}$ |
| BGM-03X | | | | | | 40 | | | | | | $R_c\frac{1}{2}$ |
| BGM-06 | 37 | 55.5 | 23.8 | 33.4 | 11 | 40 | 25 | 23 | 13.5 | 21 | M16　深 25 | $R_c\frac{3}{4}$ |
| BGM-06X | | | | | | 50 | | | | | | $R_c 1$ |
| BGM-10 | 42 | 76.2 | 31.8 | 44.5 | 12.7 | 50 | 32 | 28 | 17.5 | 26 | M20　深 28 | $R_c 1\frac{1}{4}$ |
| BGM-10X | | | | | | 63 | | | | | | $R_c 1\frac{1}{2}$ |

**表 21-7-8　　　　S-BG 型溢流阀外形尺寸**　　　　mm

型号：S-BG-$\frac{03}{06}$-※-※-40、S-BG-10-※-40

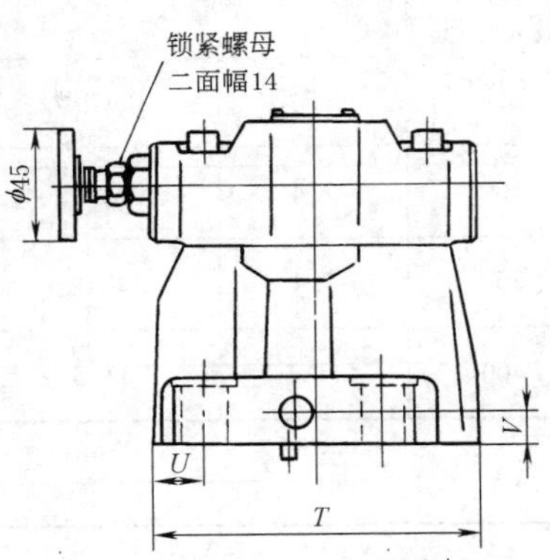


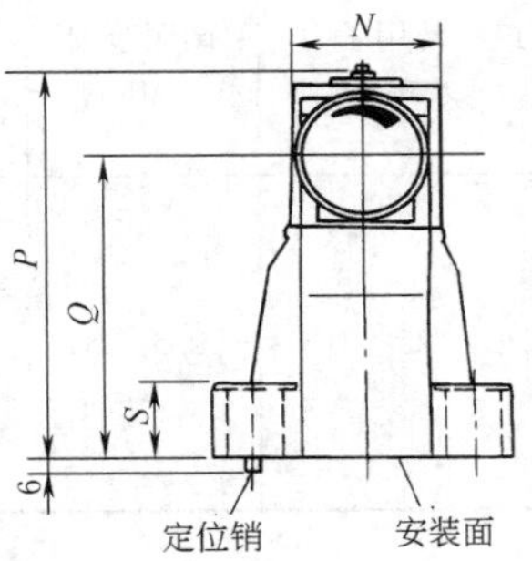


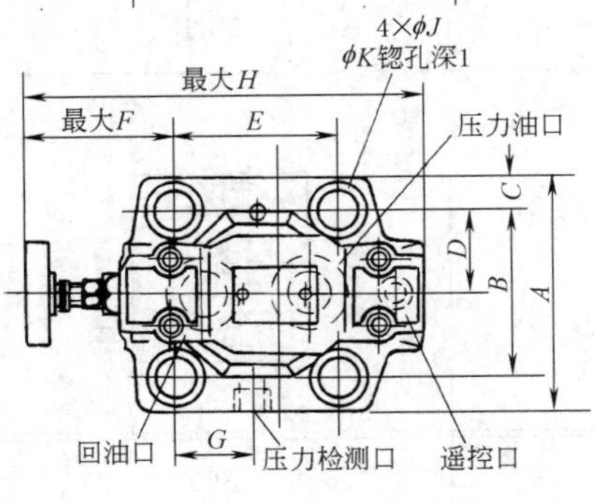


$R_c\frac{1}{4}$

手轮右向

S-BG-$\frac{03}{06}$-※-R-40

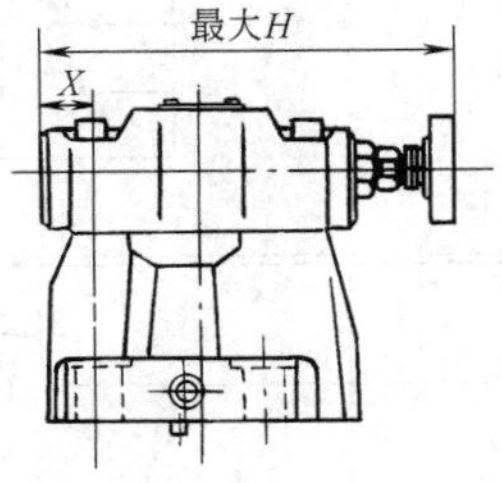


其余尺寸请参照手轮左向图

| 型　号 | $A$ | $B$ | $C$ | $D$ |
|---|---|---|---|---|
| S-BG-03 | 76 | 53.8 | 11.1 | 26.9 |
| S-BG-06 | 98 | 70 | 14 | 35 |
| S-BG-10 | 120 | 82.6 | 18.7 | 41.3 |
| 型号 | $E$ | $F$ | $G$ | $H$ |
| S-BG-03 | 53.8 | 73.6 | 26.9 | 163.5 |
| S-BG-06 | 66.7 | 58.8 | 33.7 | 163.5 |
| S-BG-10 | 88.9 | 46.1 | 44.9 | 180 |
| 型　号 | $J$ | $K$ | $N$ | $P$ |
| S-BG-03 | 13.5 | 21 | 50 | 130 |
| S-BG-06 | 17.5 | 26 | 50 | 130 |
| S-BG-10 | 21.5 | 32 | 65 | 167 |
| 型　号 | $Q$ | $S$ | $T$ | $U$ |
| S-BG-03 | 103 | 21.5 | 106 | 26.1 |
| S-BG-06 | 103 | 26 | 122 | 19.3 |
| S-BG-10 | 135 | 33.5 | 155 | 21.1 |
| 型　号 | $V$ | $X$ | | |
| S-BG-03 | 13 | 36.1 | | |
| S-BG-06 | 13 | 21.3 | | |
| S-BG-10 | 18 | — | | |

安装面符合下面的 ISO 标准

S-BG-03：ISO 6264-AR-06-2-A

S-BG-06：ISO 6264-AS-08-2-A

S-BG-10：ISO 6264-AT-10-2-A

## 2.3　电磁溢流阀

电磁溢流阀由溢流阀和电磁换向阀组合而成。通过对电磁换向阀电气控制，可使液压泵及系统卸荷或保持调定压力。也可配用遥控溢流阀，可使系统得到双压或三压控制。

型号意义：

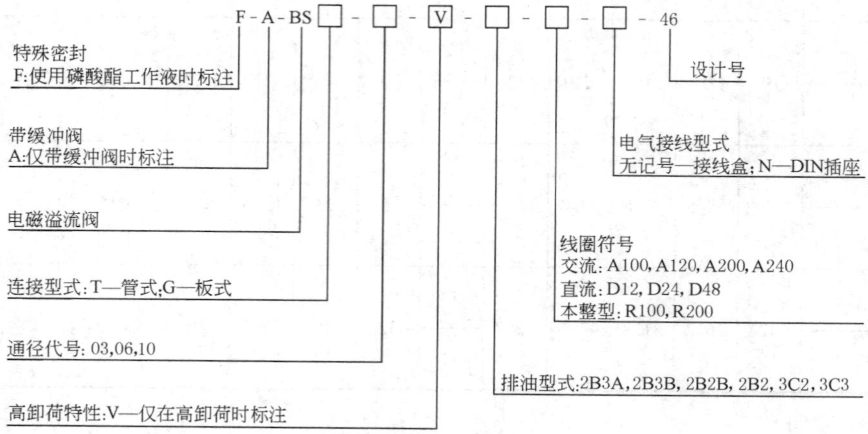


表 21-7-9　　**技术规格**

| 型号 |  | 最高使用压力/MPa | 调压范围/MPa | 最大流量/L·min⁻¹ | 质量/kg |  |
|---|---|---|---|---|---|---|
| 管式连接 | 板式连接 |  |  |  | BST 型 | BSG 型 |
| BST-03-※-※-※-※-46 | BSG-03-※-※-※-※-46 | 25 | 0.5~25 | 100 | 7.4 | 7.1 |
| BST-06-※-※-※-※-46 | BSG-06-※-※-※-※-46 |  |  | 200 | 7.4 | 8.0 |
| BST-10-※-※-※-※-46 | BSG-10-※-※-※-※-46 |  |  | 400 | 11.1 | 11.3 |

表 21-7-10　　**排油型式**

| 排油型式 | 2B3A | 2B3B | 2B2B |
|---|---|---|---|
| 液压符号 | 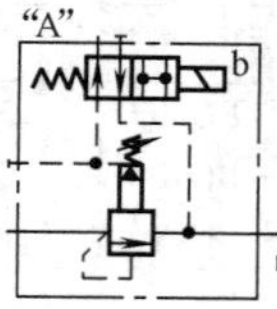 | 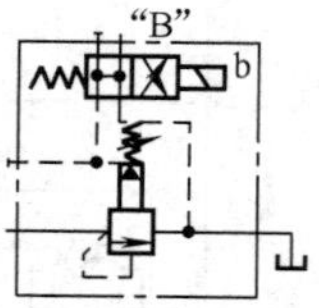 | 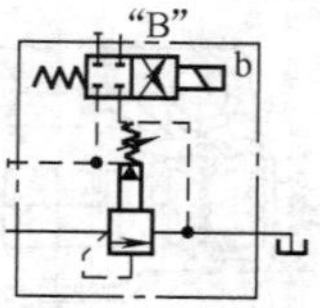 |
| 排油型式 | 2B2 | 3C2 | 3C3 |
| 液压符号 | 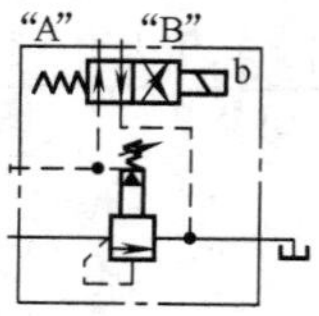 | 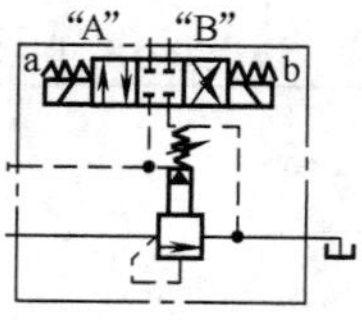 | 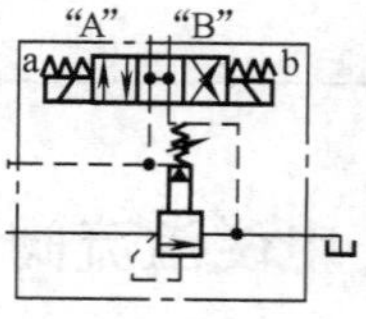 |

## 外形尺寸

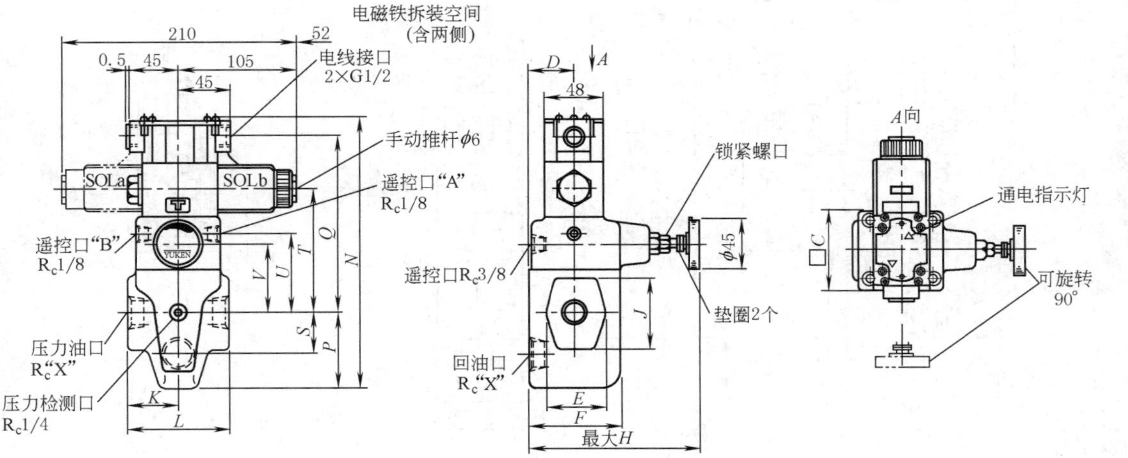


**表 21-7-11** mm

| 型号 | C | D | E | F | H | J | K | L | N | P | Q | S | T | U | V | X |
|---|---|---|---|---|---|---|---|---|---|---|---|---|---|---|---|---|
| BST-03 | 75 | 40 | 52 | 78 | 145 | 65 | 45 | 90 | 240.8 | 68.5 | 154 | 36 | 107 | 69 | 62 | 3/8 |
| BST-06 | | | | | | | | | | | | | | | | 3/4 |
| BST-10 | 85 | 50 | 80 | 96 | 151 | 80 | 60 | 120 | 273.3 | 89 | 166 | 49 | 119 | 81 | 74 | 1¼ |

注：电磁换向阀的详细尺寸请参照电磁换向阀 DSG-01。

**表 21-7-12** mm

带 缓 冲 阀

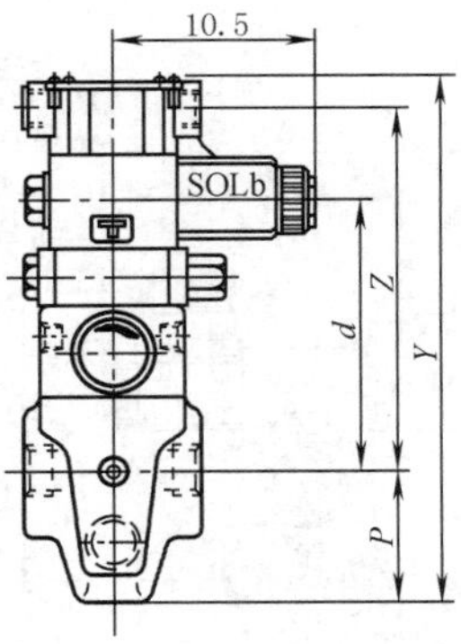


| 型号 | Y | Z | d |
|---|---|---|---|
| A-BST-03 | 270.8 | 185 | 137 |
| A-BST-06 | | | |
| A-BST-10 | 303.3 | 197 | 149 |

其他尺寸参照 BST-03,06,10。

DIN 插座式电磁铁(可选择)BST-06-※-※-※-N（03 / 06 / 10）

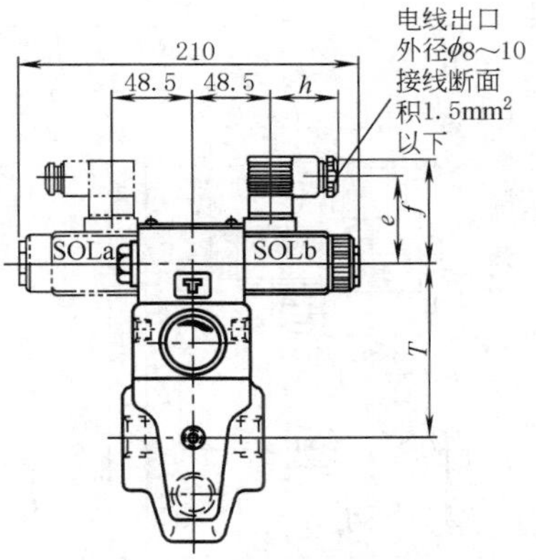


| 名称 | 线圈符号 | e | f | h |
|---|---|---|---|---|
| 交流电磁铁 | A※ | 53 | 65 | 39 |
| 直流电磁铁 | D※ | 64 | 76 | 39 |
| 交直变换型电磁铁 | R※ | 57.2 | 79 | 53 |

其他尺寸参照 BST-03,06,10。

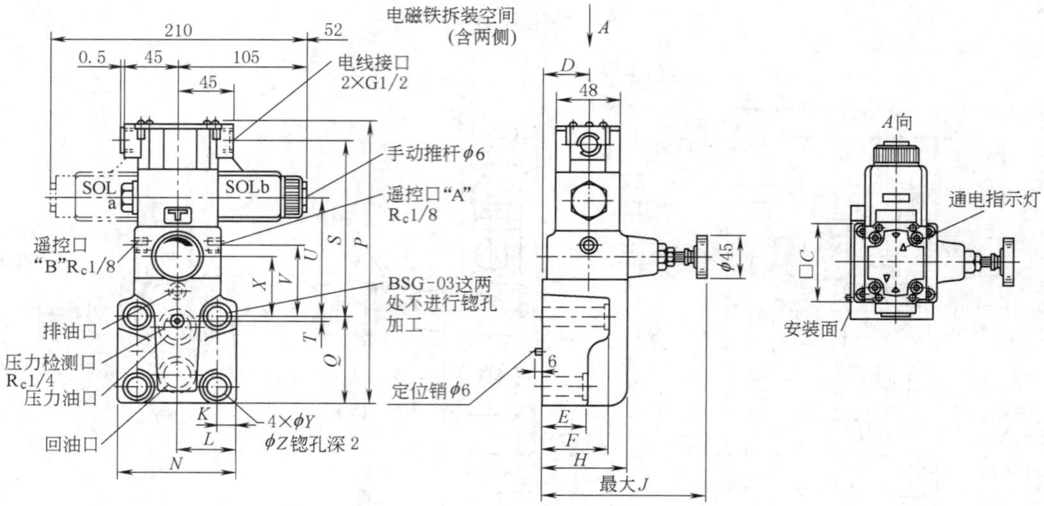


安装面 BSG-03:与 ISO 6264-AR-06-2A 一致

安装面 BSG-06:与 ISO 6264-AS-08-2A 一致

安装面 BSG-10:与 ISO 6264-AT-10-2A 一致

**表 21-7-13**

mm

| 型号 | *C* | *D* | *E* | *F* | *H* | *J* | *K* | *L* | *N* | *P* | *Q* | *S* | *T* | *U* | *V* | *X* | *Y* | *Z* |
|---|---|---|---|---|---|---|---|---|---|---|---|---|---|---|---|---|---|---|
| BSG-03 | 75 | 40 | 57 | 78 | 78 | 145 | 14.1 | 41 | 82 | 225.8 | 77 | 130.5 | 22 | 83.5 | 47 | 40 | 13.5 | 21 |
| BSG-06 | 75 | 40 | 40 | 60 | 78 | 145 | 17 | 52 | 104 | 249.8 | 83.5 | 148 | 4.5 | 101 | 64.5 | 57.5 | 17.5 | 26 |
| BSG-10 | 85 | 45 | 47 | 67 | 84 | 146 | 20.7 | 62 | 124 | 283.8 | 110 | 155.5 | 6 | 108.5 | 72 | 65 | 21.5 | 32 |

**表 21-7-14**

mm

带 缓 冲 阀

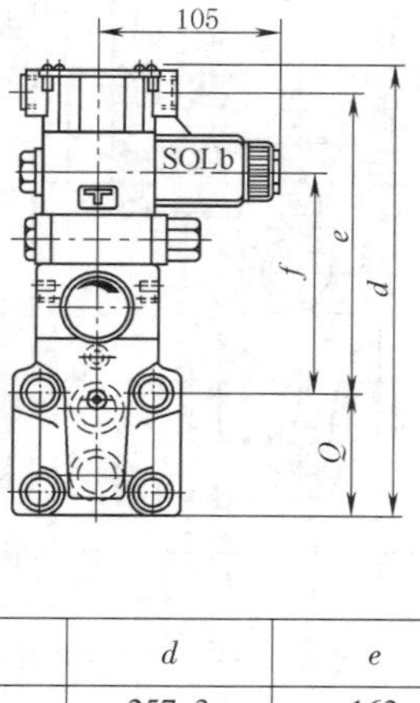


DIN 插座式电磁铁(可选择)BSG-03/06/10-※-※-※-N

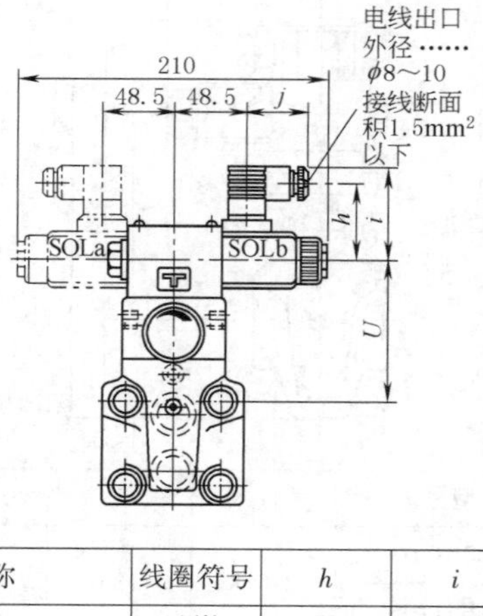


| 型号 | *d* | *e* | *f* | 名称 | 线圈符号 | *h* | *i* | *j* |
|---|---|---|---|---|---|---|---|---|
| A-BSG-03 | 257.3 | 163 | 115 | 交流电磁铁 | A※ | 53 | 65 | 39 |
| A-BSG-06 | 281.3 | 180.5 | 132.5 | 直流电磁铁 | D※ | 64 | 76 | 39 |
| A-BSG-10 | 315.3 | 188 | 140 | 交直流变换型电磁铁 | R※ | 57.2 | 79 | 53 |

注:其他尺寸参照 BSG-03,06,10。

## 2.4 低噪声电磁溢流阀

低噪声电磁溢流阀由低噪声溢流阀和电磁换向阀组成。功能与本章2.3节的电磁溢流阀相同，可使系统保持调定压力或系统卸荷。

型号意义：

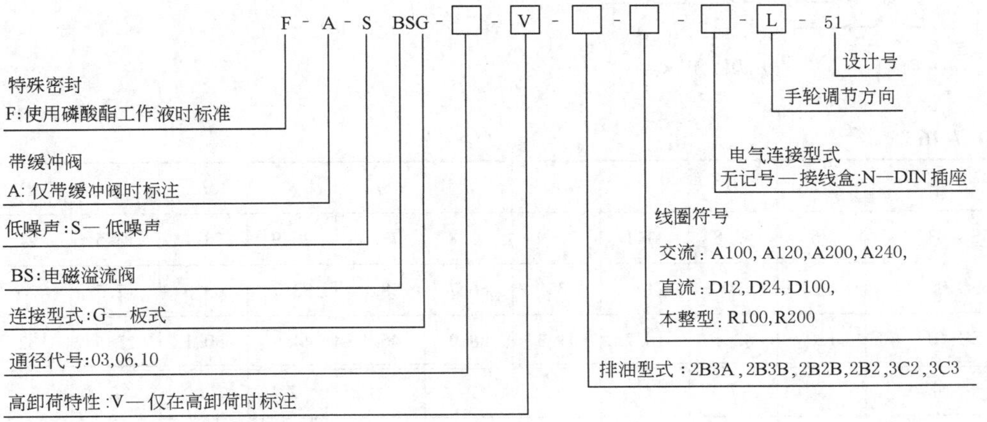


**表 21-7-15　　技术规格**

| 型号 | 最高使用压力 /MPa | 压力调整范围 /MPa | 最大流量 /L·min$^{-1}$ | 质量/kg |
|---|---|---|---|---|
| S-BSG-03,-51 | 25.0 | 0.5~25.0 | 100 | 6.3 |
| S-BSG-06,51 | | | 200 | 7.2 |
| S-BSG-10,-51 | | | 400 | 12.7 |

### 外 形 尺 寸

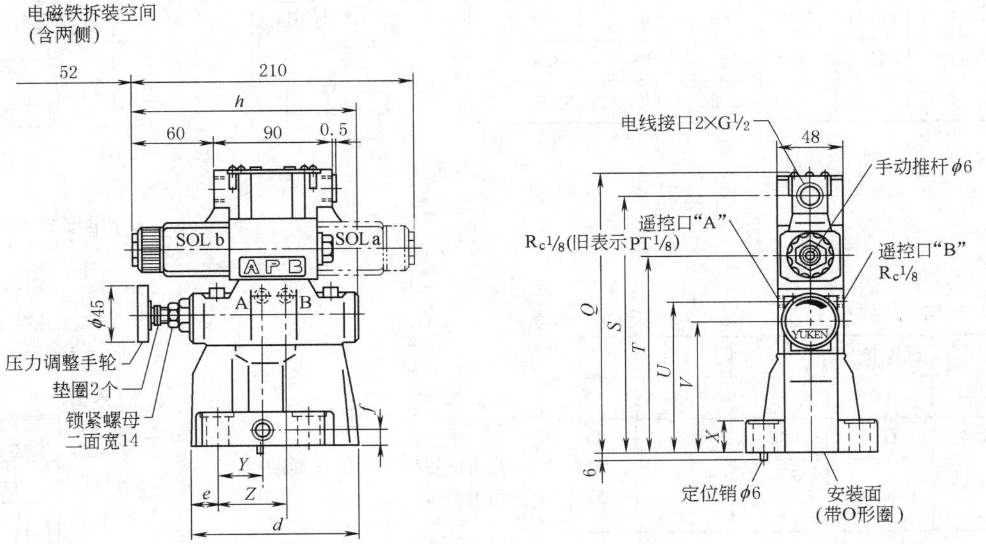

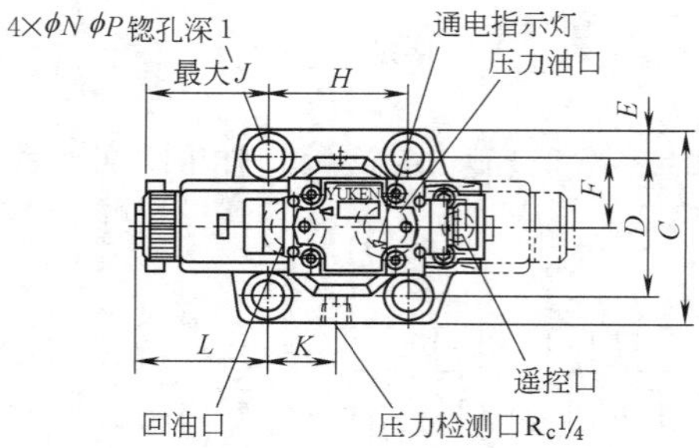


安装面 S-BSG-03 与 ISO 6264-AR-06-2-A 一致
安装面 S-BSG-06 与 ISO 6264-AS-08-2-A 一致
安装面 S-BSG-10 与 ISO 6264-AT-10-2-A 一致

**表 21-7-16**

mm

| 型　号 | *C* | *D* | *E* | *F* | *H* | *J* | *K* | *L* | *N* | *P* | *Q* |
|---|---|---|---|---|---|---|---|---|---|---|---|
| S-BSG-03 | 76 | 53.8 | 11.1 | 26.9 | 53.8 | 73.6 | 26.9 | 78.1 | 13.5 | 21 | 218.3 |
| S-BSG-06 | 98 | 70 | 14 | 35 | 66.7 | 58.8 | 33.7 | 63.3 | 17.5 | 26 | 218.3 |
| S-BSG-10 | 120 | 82.6 | 18.7 | 41.3 | 88.9 | 46.1 | 44.9 | 50.1 | 21.5 | 32 | 253.3 |

| 型　号 | *S* | *T* | *U* | *V* | *X* | *Y* | *Z* | *d* | *e* | *f* | *h* |
|---|---|---|---|---|---|---|---|---|---|---|---|
| S-BSG-03 | 200 | 153 | 117 | 103 | 21.5 | 17.1 | 36.6 | 106 | 26.1 | 13 | 168 |
| S-BSG-06 | 200 | 153 | 117 | 103 | 26 | 31.9 | 51.4 | 122 | 19.3 | 13 | 168 |
| S-BSG-10 | 235 | 188 | 149 | 135 | 33.5 | 45.1 | 64.6 | 155 | 21.1 | 18 | 168.8 |

**手轮右向型**

S-BSG-03/06-※-※-※-※-R

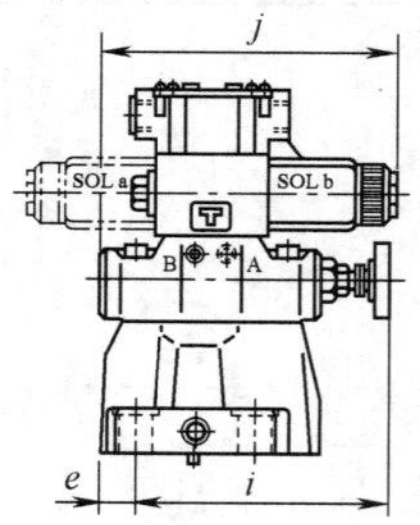


**带缓冲阀**（可选择）

A-S-BSG-03/06/10

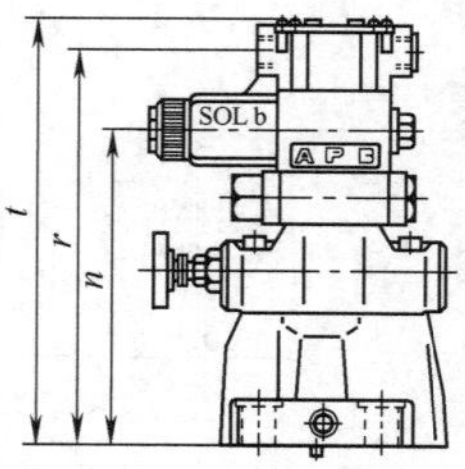


**表 21-7-17**

mm

| 型　号 | *i* | *j* | *n* | *r* | *t* |
|---|---|---|---|---|---|
| S-BSG-03 | 127.4 | 168 | 183 | 230 | 248.3 |
| S-BSG-06 | 142.2 | 168 | 183 | 230 | 248.3 |
| S-BSG-10 | — | — | 218 | 265 | 283.3 |

**DIN插座式电磁铁**
（可选择）

S-BSG-03/06/10-※-※-※-N

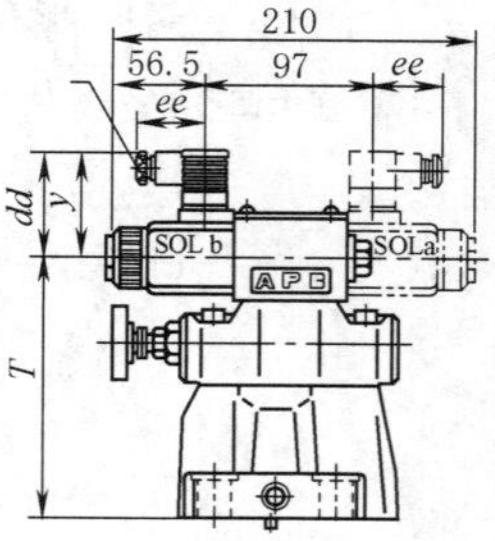


**表 21-7-18**

mm

| 名　称 | 线圈符号 | *y* | *dd* | *ee* |
|---|---|---|---|---|
| 交流电磁铁 | A※ | 53 | 65 | 39 |
| 直流电磁铁 | D※ | 64 | 76 | 39 |
| 交直变换型电磁铁 | R※ | 57.2 | 79 | 53 |

注：其他尺寸参照上图。

电线出口外径 $\phi 8 \sim 10$ 接线断面积 1.5mm$^2$ 以下

## 2.5 H 型压力控制阀和 HC 型压力控制阀

本元件是可以内控和外控的具有压力缓冲功能的直动型压力控制阀。通过不同组装，可作为低压溢流阀、顺序阀、卸荷阀、单向顺序阀、平衡阀使用。

型号意义：

F-H※-□-□-□-□-□-22

- 使用磷酸酯工作液时标注（F）
- 系列号：H- H 型压力控制阀；HC- HC 型压力控制阀
- 连接型式：T— 管式；G— 板式
- 通径代号：03、06、10
- 调压范围/MPa：L—0.25 ~ 0.45；M—0.45 ~ 0.9；N—0.9 ~ 1.8；A—1.8 ~ 3.5；B—3.5 ~ 7；C—7 ~ 14
- 阀控制型式：1— 内部先导，内部泄油；2— 内部先导，外部泄油；3— 外部先导，外部泄油；4— 外部先导，内部泄油
- 辅助先导口：P— 反带辅助先导口时标注
- 设计号（22）

注：带辅助先导口是需用低于调定压力的外控先导压力使阀动作时用。

**表 21-7-19** **技术规格**

| 通径代号 | 通径/mm | 最大工作压力/MPa | 最大流量/$L \cdot min^{-1}$ | 质量/kg | | | |
|---|---|---|---|---|---|---|---|
| | | | | HT | HG | HCT | HCG |
| 03 | 10 | 21 | 50 | 3.7 | 4.0 | 4.1 | 4.8 |
| 06 | 20 | | 125 | 6.2 | 6.1 | 7.1 | 7.4 |
| 10 | 30 | | 250 | 12.0 | 11.0 | 13.8 | 13.8 |

注：生产厂为榆次油研液压公司。

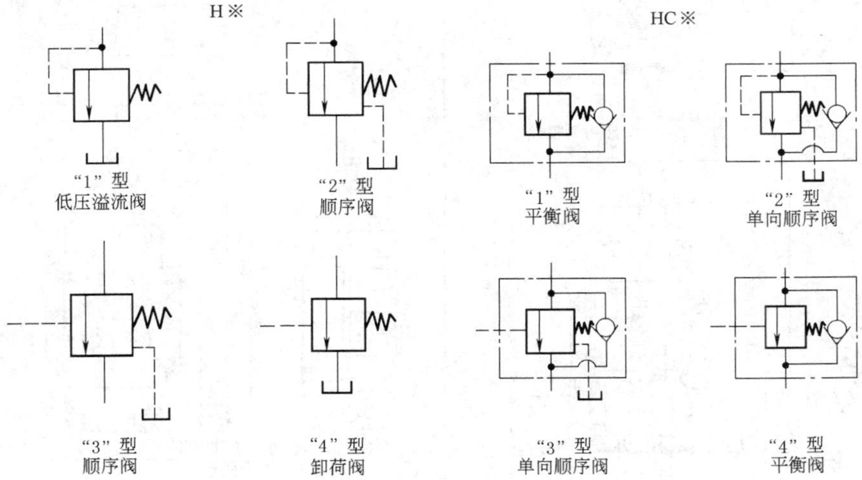


图 21-7-3 图形符号

## H（C）T 型压力控制阀外形尺寸

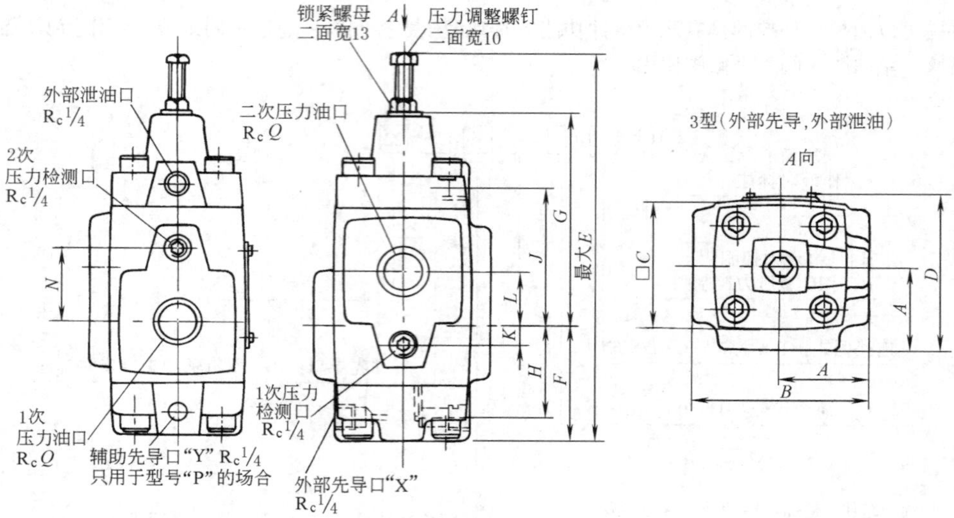


**表 21-7-20**

mm

| 型　号 | A | B | C | D | E | F | G | H | J | K | L | N | Q |
|---|---|---|---|---|---|---|---|---|---|---|---|---|---|
| H(C)T-03 | 41 | 82 | 60 | 74(96) | 191 | 57 | 106 | 43 | 70 | 0 | 28 | 28 | 3/8 |
| H(C)T-06 | 48 | 96 | 73 | 87(116) | 221 | 64.5 | 123.5 | 50.5 | 80.5 | 9 | 33 | 42 | 3/4 |
| H(C)T-10 | 66 | 132 | 86 | 112(152) | 272 | 84 | 149 | 66 | 98 | 12 | 40 | 52 | 1/4 |

注：表中带括号的尺寸为 HC 型阀的尺寸。

**表 21-7-21**　　**H（C）G 型顺序阀外形尺寸**

mm

H(C)G-03、06 3 型(外部先导,外部泄油)

安装面 H(C)G-03 与 ISO 5781-AG-06-2-A 一致

安装面 H(C)G-06 与 ISO 5781-AH-08-2-A 一致

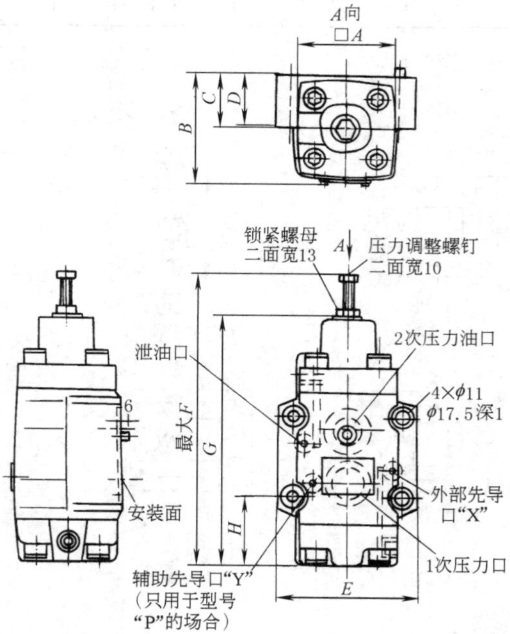


H(C)G-10 3 型(外部先导,外部泄油)

安装面与 ISO 5781-AJ-10-2-A 一致

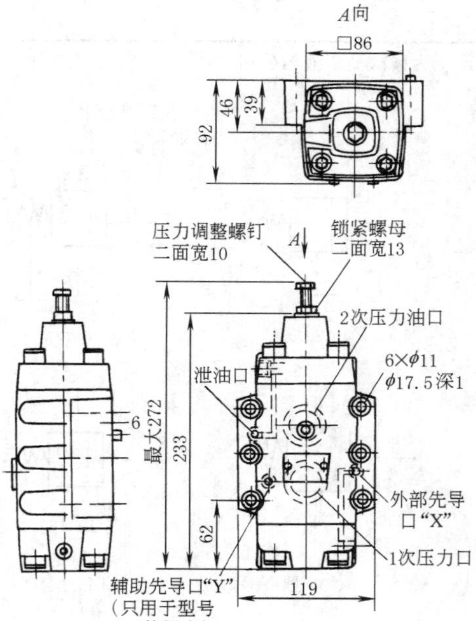

续表

| 型　号 | A | B | C | D | E | F | G | H | 型号 | A | B |
|---|---|---|---|---|---|---|---|---|---|---|---|
| H(C)G-03 | 60 | 67(90) | 35 | 39(59) | 89 | 191 | 163 | 49.6 | HG-10 | 92 | 39 |
| H(C)G-06 | 73 | 79(103) | 40 | 39(69) | 102 | 221 | 188 | 51 | HCG-10 | 132 | 79 |

**表 21-7-22　　安装底板型号**

| 型　号 | 底板型号 | 连接口 | 质量/kg | 型　号 | 底板型号 | 连接口 | 质量/kg |
|---|---|---|---|---|---|---|---|
| H(C)G-03-※※-22 | HGM-03-20 | $R_c$ 3/8 | 1.6 | H(C)G-06-※※-P-22 | HGM-06-P-20 | $R_c$ 3/4 | 2.4 |
| | HGM-03X-20 | $R_c$ 1/2 | | | HGM-06X-P-20 | $R_c$ 1 | 3.0 |
| H(C)G-03-※※-22 | HGM-03-P-20 | $R_c$ 3/8 | 2.0 | H(C)G-10-※※-22 | HGM-10-20 | $R_c$ 1¼ | 4.8 |
| | HGM-03X-P-20 | $R_c$ 1/2 | | | HGM-10X-20 | $R_c$ 1½ | 5.7 |
| H(C)G-06-※※-22 | HGM-06-20 | $R_c$ 3/4 | 2.4 | H(C)G-10-※※-P-22 | HGM-10-P-20 | $R_c$ 1¼ | 4.8 |
| | HGM-06X-20 | $R_c$ 1 | 3.0 | | HGM-10X-P-20 | $R_c$ 1½ | 5.7 |

注：使用底板时，请按表中型号订货。

**表 21-7-23　　HGM-03 型安装底板尺寸**　　mm

| 底板型号 | 连接口 | A | B | C | D | E | F | G |
|---|---|---|---|---|---|---|---|---|
| HGM-03-20 | $R_c$ 3/8 | 61 | 21 | 40.9 | — | 35 | 9.6 | 32 |
| HGM-03X-20 | $R_c$ 1/2 | | | | | | | |
| HGM-03-P-20 | $R_c$ 3/8 | 69.5 | 12.5 | 53.5 | 28.5 | 35 | 11.5 | 36 |
| HGM-03X-P-20 | $R_c$ 1/2 | 67.5 | 14.5 | | | 41 | | |

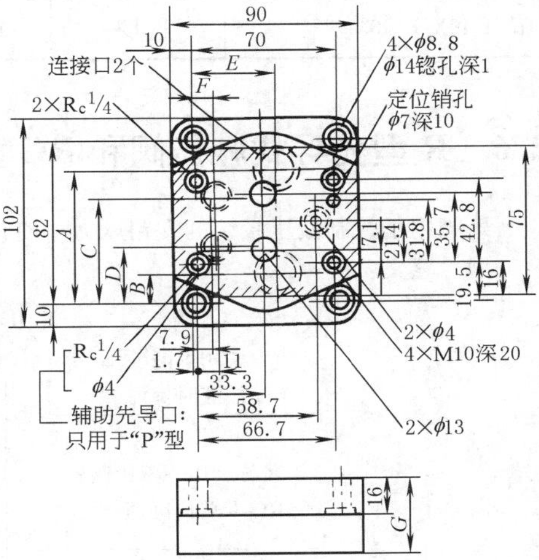


## HGM-06、10 型安装底板尺寸

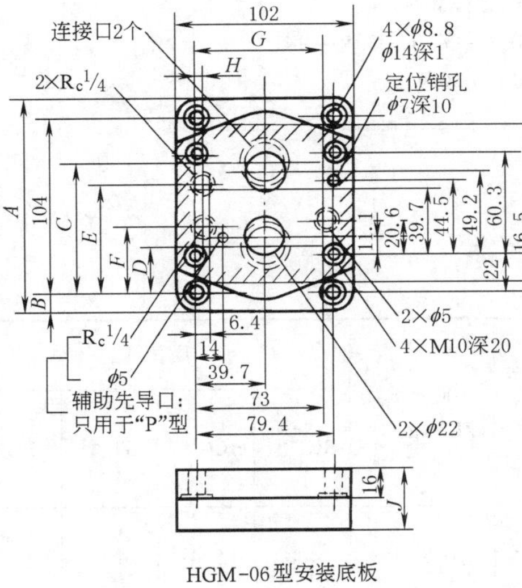


HGM-06 型安装底板

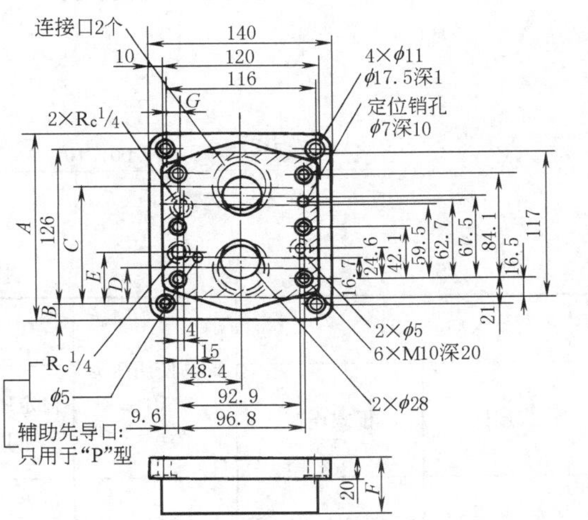


HGM-10 型安装底板

表 21-7-24

mm

| 底板型号 | 连接口 | *A* | *B* | *C* | *D* | *E* | *F* | *G* | *H* | *J* |
|---|---|---|---|---|---|---|---|---|---|---|
| HGM-06-20 | $R_c\frac{3}{4}$ | 124 | 10 | 77 | 27 | 61.7 | — | 73 | 6.4 | 36 |
| HGM-06X-20 | $R_c1$ | 136 | 16 | 82.3 | 22 | 61.7 | — | 73 | 6.4 | 45 |
| HGM-06-P-20 | $R_c\frac{3}{4}$ | 124 | 10 | 77 | 27 | 64 | 39 | 73 | 3 | 36 |
| HGM-06X-P-20 | $R_c1$ | 136 | 16 | 82.3 | 22 | 64 | 39 | 75 | 3 | 45 |

| 底板型号 | 连接口 | *A* | *B* | *C* | *D* | *E* | *F* | *G* |
|---|---|---|---|---|---|---|---|---|
| HGM-10-20 | $R_c1\frac{1}{4}$ | 155 | 12 | 96 | 30 | — | 45 | 13.6 |
| HGM-10X-20 | $R_c1\frac{1}{2}$ | 177 | 25.5 | 104 | 22 | — | 50 | 13.6 |
| HGM-10-P-20 | $R_c1\frac{1}{4}$ | 150 | 12 | 96 | 30 | 43 | 45 | 9.6 |
| HGM-10X-P-20 | $R_c1\frac{1}{2}$ | 177 | 25.5 | 104 | 22 | 43 | 50 | 9.6 |

## 2.6 R 型先导式减压阀和 RC 型单向减压阀

该阀用于控制液压系统的支路压力，使其低于主回路压力。主回路压力变化时，它能使支路压力保持恒定。

型号意义：

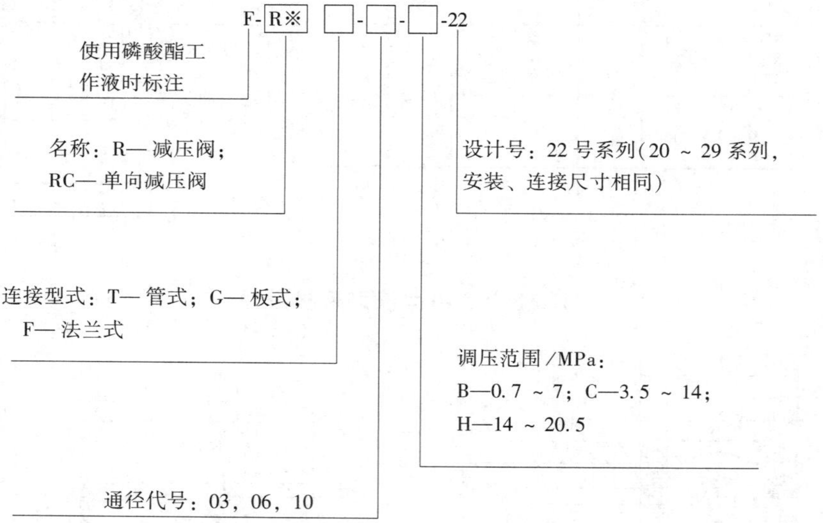


表 21-7-25

**技术规格**

| 型号 | | 最高使用压力/MPa | 最大流量 | | 泄油量/L·min$^{-1}$ | 质量/kg | | | |
|---|---|---|---|---|---|---|---|---|---|
| 管式连接 | 板式连接 | | 设定压力/MPa | 最大流量/L·min$^{-1}$ | | RCT 型 | RCG 型 | RT 型 | RG 型 |
| R(C)T-03-※-22 | R(C)G-03-※-22 | 21.0 | 0.7~1.0 | 40 | 0.8~1 | 4.8 | 5.4 | 4.3 | 4.5 |
| | | | 1.0~20.5 | 50 | | | | | |

续表

| 型号 | | 最高使用压力/MPa | 最大流量 | | 泄油量/L·min$^{-1}$ | 质量/kg | | | |
|---|---|---|---|---|---|---|---|---|---|
| 管式连接 | 板式连接 | | 设定压力/MPa | 最大流量/L·min$^{-1}$ | | RCT 型 | RCG 型 | RT 型 | RG 型 |
| R(C)T-06-※-22 | R(C)G-06-※-22 | 21.0 | 0.7~1.0 | 50 | 0.8~1.1 | 7.8 | 8.1 | 6.9 | 6.8 |
| | | | 1.0~1.5 | 100 | | | | | |
| | | | 1.5~20.5 | 125 | | | | | |
| R(C)T-10-※-22 | R(C)G-10-※-22 | 21.0 | 0.7~1.0 | 130 | 1.2~1.5 | 13.8 | 13.8 | 12.0 | 11.0 |
| | | | 1.0~1.5 | 180 | | | | | |
| | | | 1.5~10.5 | 220 | | | | | |
| | | | 10.5~20.5 | 250 | | | | | |

注：1. 最大流量是指一次压力在 21.0MPa 时的值。

2. 泄油量又称先导流量，是一次油口压力与 2 次油口压力的压力差为 20.5MPa 时的值。

3. 生产厂为榆次油研液压有限公司。

**表 21-7-26　　外形尺寸**　　mm

R(C)T-03 型

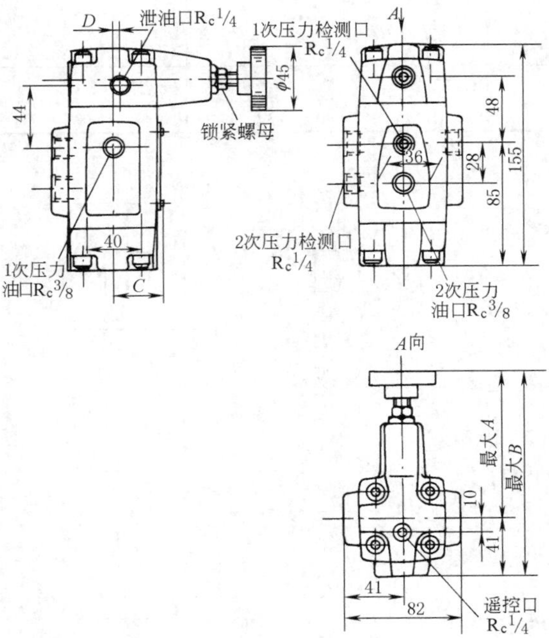


| 型号 | A | B | C | D |
|---|---|---|---|---|
| RT-03 | 106 | 147 | 32 | 4 |
| RCT-03 | 107 | 148 | 55 | 5 |

R(C)T-06/10 型

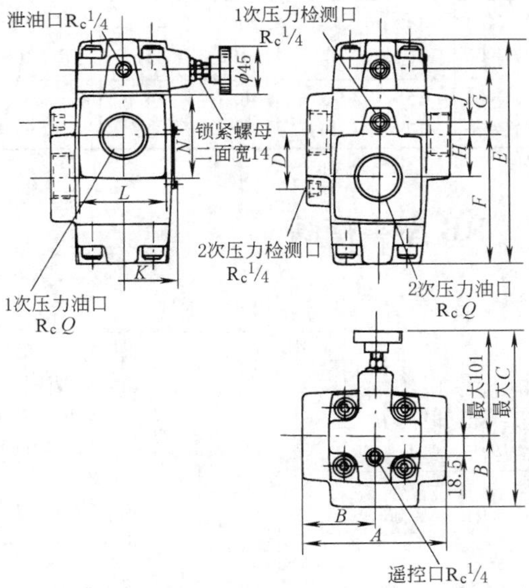


| 型号 | A | B | C | D | E | F | G |
|---|---|---|---|---|---|---|---|
| R(C)T-06 | 96 | 48 | 149 | 42 | 179 | 97.5 | 53.5 |
| R(C)T-10 | 132 | 66 | 167 | 52 | 216 | 124 | 64 |

| 型号 | H | J | K | L | N | Q |
|---|---|---|---|---|---|---|
| R(C)T-06 | 33 | 9 | 39(68) | 65 | 60 | ¾ |
| R(C)T-10 | 40 | 12 | 46(86) | 79 | 79 | 1¼ |

续表

| R(C)G-03,06 型 | R(C)G-10 型 |
|---|---|
| 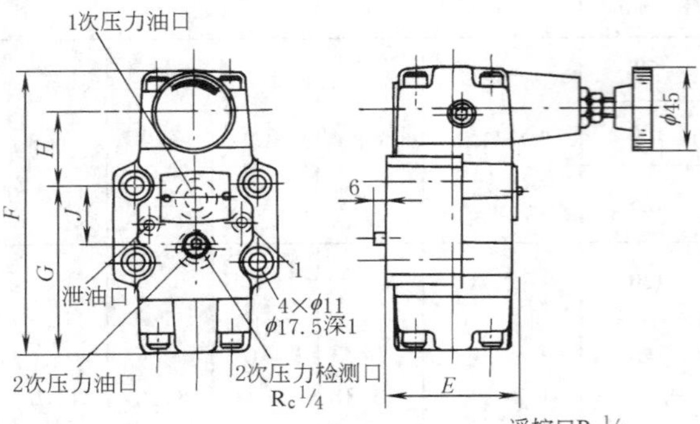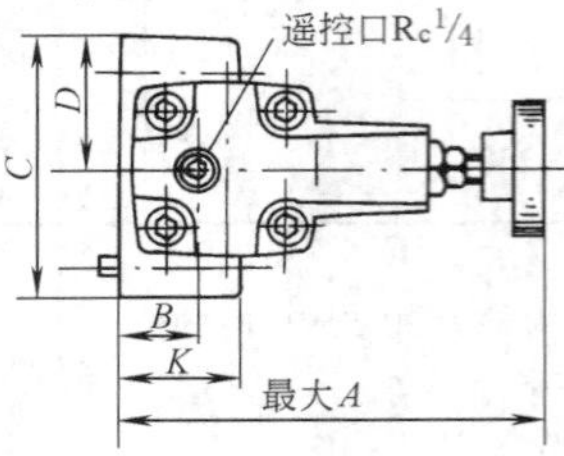 安装面:ISO 5781-AG-06-2-A<br>ISO 5781-AH-08-2-A<br>1—这个油口是为了使阀体与H型压力阀通用而加工的,本阀并不使用 | 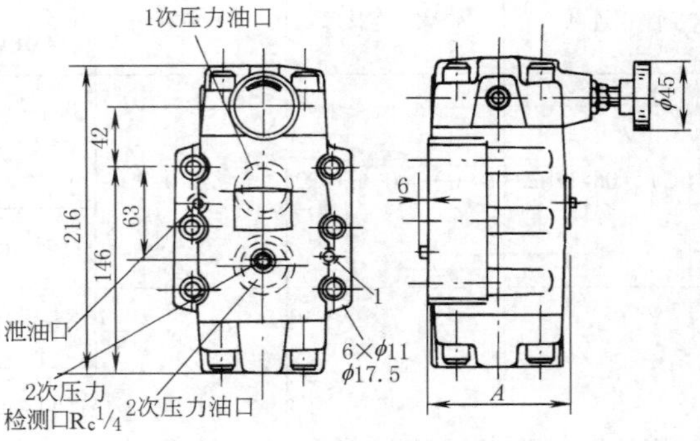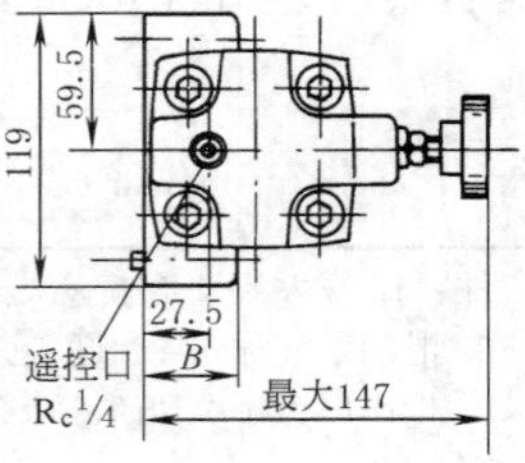 1—这个油口是为了使阀体与H型压力阀通用而加工的,本阀并不使用<br>安装面:ISO 5781-AJ-10-2-A |



| 型号 | A | B | C | D | E |
|---|---|---|---|---|---|
| R(C)G-03 | 142 | 25 | 89 | 44.5 | 67(90) |
| R(C)G-06 | 141 | 21.5 | 102 | 51 | 79(108) |
| R(C)G-03 | 155 | 92.4 | 40.6 | 34.9 | 59 |
| R(C)G-06 | 179 | 111 | 40 | 48 | 69 |

| 型　号 | A | B |
|---|---|---|
| RG-10 | 92 | 39 |
| RCG-10 | 132 | 79 |

## 2.7　RB 型平衡阀

型号意义:

□ RB □-□-□-1※

- 工作介质:F—磷酸酯液;无标记—矿物液压油、高水基液
- 名称:RB—平衡阀
- 连接型式:G—板式
- 通径代号:03—DN10
- 泄油方式:无标记—内泄;R—外泄
- 系列号:1※—1※系列(10~19系列安装、连接尺寸相同)

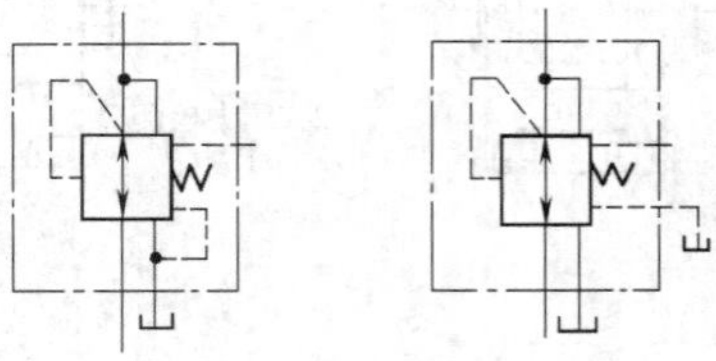

内泄型　　外泄型

图形符号

表 21-7-27　　**技术规格**

| 通径代号 | 通径 /mm | 最大工作压力 /MPa | 压力调节范围 /MPa | 最大流量 /L·min⁻¹ | 溢流流量 /L·min⁻¹ | 质量 /kg |
|---|---|---|---|---|---|---|
| 03 | 10(3/8″) | 14 | 0.6~13.5 | 50 | 50 | 4.2 |

注:生产厂为榆次油研液压公司。

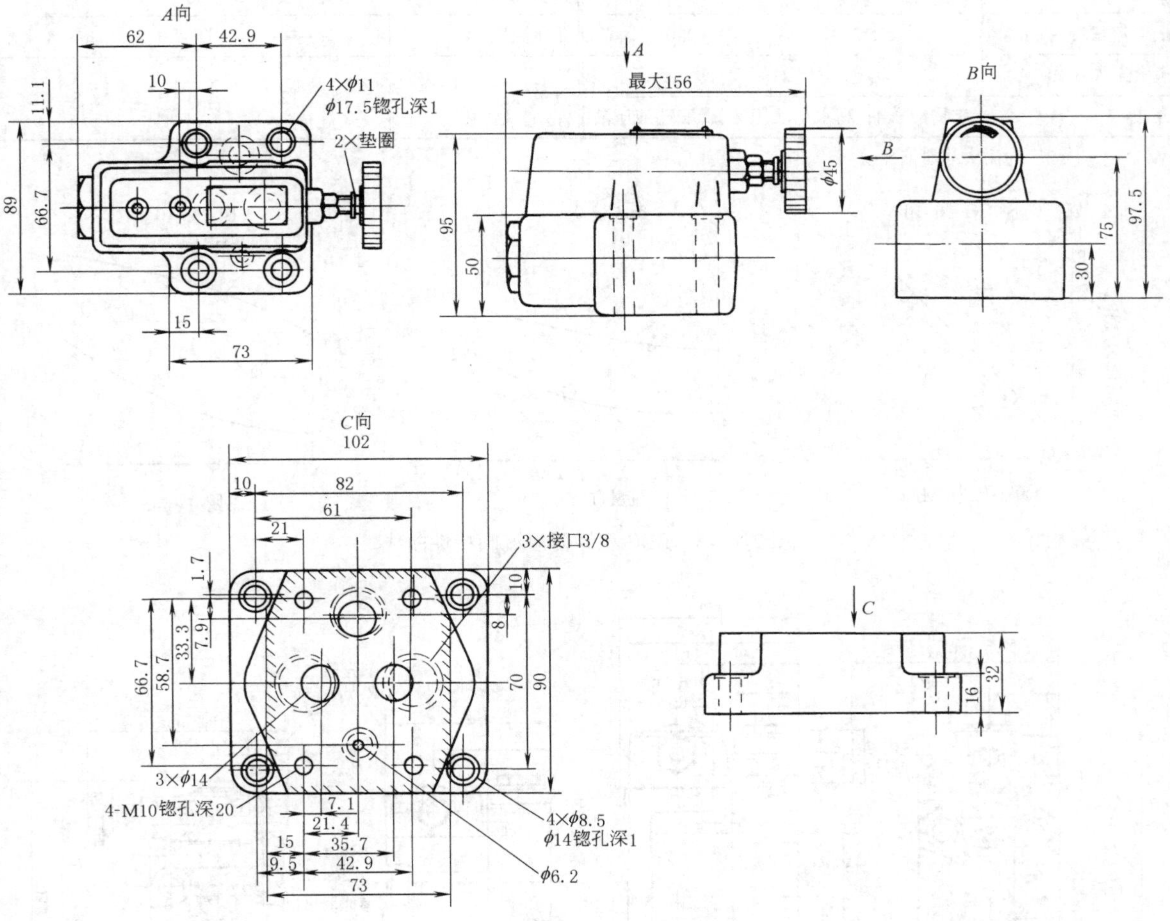


图 21-7-4　平衡阀外形及连接尺寸

## 2.8　BUC 型卸荷溢流阀

该阀用于带蓄能器的液压系统，使液压泵自动卸荷或加载，也可用于高低压复合的液压系统，使液压泵在最小载荷下工作。

型号意义：

□-BUC □-□-□ □-□

工作介质：无标记—矿物液压油，高水基液压液；F—磷酸酯液压液

名称：卸荷溢流阀

连接型式：G—板式

通径代号：06、10

调压范围：B—2.5 ~ 7MPa；C—3.5 ~ 14MPa；H—7 ~ 21MPa

卸荷特性：无标记—低压卸荷；V—高压卸荷

设计号：30—30 系列，用于 *DN*25（30 ~ 39 系列连接、安装尺寸相同）；20—20 系列，用于 *DN*30（20 ~ 29 系列连接、安装尺寸相同）

**表 21-7-28　　技术规格**

| 通径/mm | 25 | 30 | 介质黏度/$m^2 \cdot s^{-1}$ | $(15\sim400)\times10^{-6}$ | |
|---|---|---|---|---|---|
| 最大流量/$L \cdot min^{-1}$ | 125 | 250 | 介质温度/℃ | $-15\sim70$ | |
| 最大工作压力/MPa | 21 | | 质量/kg | 12 | 21.5 |
| 介质 | 矿物液压油、高水基液压液、磷酸酯液压液 | | | | |

注：生产厂为榆次油研液压公司。

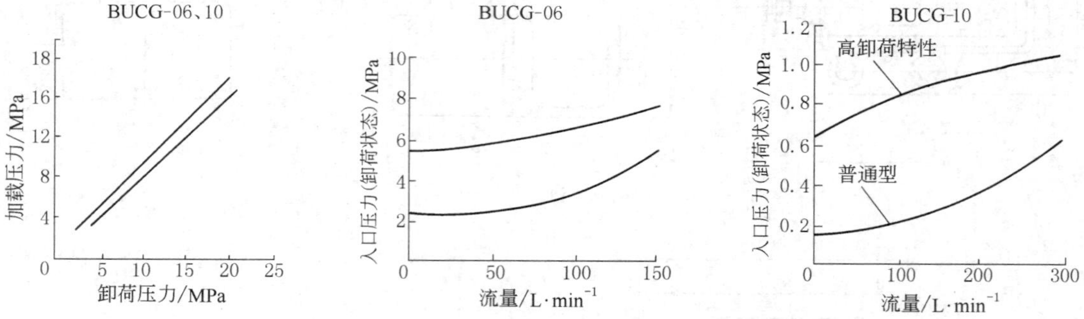


图 21-7-5　BUC 型卸荷溢流阀特性曲线

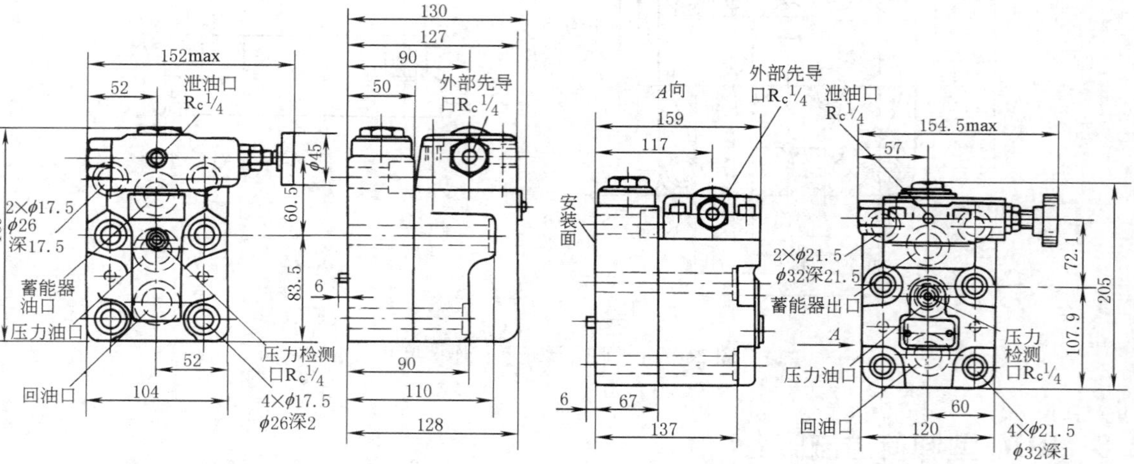


(a) BUCG-06型卸荷溢流阀　　(b) BUCG-10型卸荷溢流阀

图 21-7-6　BUC 型卸荷溢流阀外形尺寸

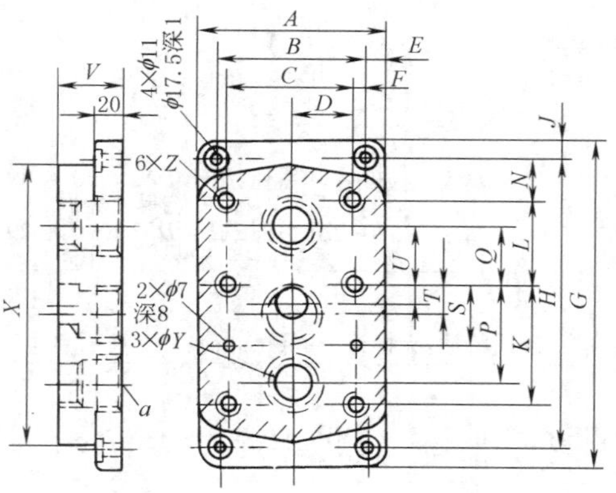


**表 21-7-29　　安装底板型号**

| 型　　号 | 底板型号 | 连接口 | 质量/kg |
|---|---|---|---|
| BUCG-06 | BUCGM-06-20 | $R_c$ ¾ | 4.4 |
| BUCG-10 | BUCGM-10-20 | $R_c$ 1¼ | 7.2 |

注：使用底板时，请按上述型号订货。

**表 21-7-30** 安装底板尺寸 mm

| 型号 | A | B | C | D | E | F | G | H | J | K | L | N | P | Q | S | T | U | V | X | Y | Z | a |
|---|---|---|---|---|---|---|---|---|---|---|---|---|---|---|---|---|---|---|---|---|---|---|
| BUCGM-06 | 102 | 78 | 70 | 35 | 12 | 4 | 192 | 168 | 12 | 66.7 | 46 | 27.5 | 55.5 | 33.5 | 33.3 | 11 | 11 | 40 | 145 | 23 | M16 | $R_c$¾ |
| BUCGM-10 | 120 | 92 | 82.5 | 41.3 | 14 | 4.7 | 232 | 204 | 14 | 88.9 | 51 | 32 | 76.2 | 38 | 44.5 | 19 | 12.7 | 45 | 190 | 28 | M20 | $R_c$1¼ |

## 2.9 F(C)G 型流量控制阀

F 型流量控制阀由定差减压阀和节流阀串联组成，具有压力补偿及良好的温度补偿性能。FC 型流量控制阀由调速阀与单向阀并联组成，油流能反向回流。

（1）型号意义

F-FC G - 01 - 8 - N - 11

- 使用磷酸酯工作液时标注
- 系列号：F— 流量控制阀；FC— 带单向阀的流量控制阀
- 连接型式：G— 板式
- 通径代号：01、02、03、06、10
- 最大调整流量/L·min⁻¹：4、8、30、125、250、500
- 仅在使用压力补偿阀芯开度调整机构时标注
- 设计号：11、30

**表 21-7-31** 技术规格

| 型号 | 最大调整流量/L·min$^{-1}$ | 最小调整流量/L·min$^{-1}$ | 最高使用压力/MPa | 质量/kg |
|---|---|---|---|---|
| FG/FCG-01-4/8-※-11 | 4，8 | 0.02(0.04) | 14.0 | 1.3 |
| FG/FCG-02-30-※-30 | 30 | 0.05 | 21.0 | 3.8 |
| FG/FCG-03-125-※-30 | 125 | 0.2 | | 7.9 |
| FG/FCG-06-250-※-30 | 250 | 2 | | 23 |
| FG/FCG-10-500-※-30 | 500 | 4 | | 52 |

注：1. 括号内是在 7MPa 以上的数值。
2. 生产厂为榆次油研液压有限公司。

（2）特性曲线

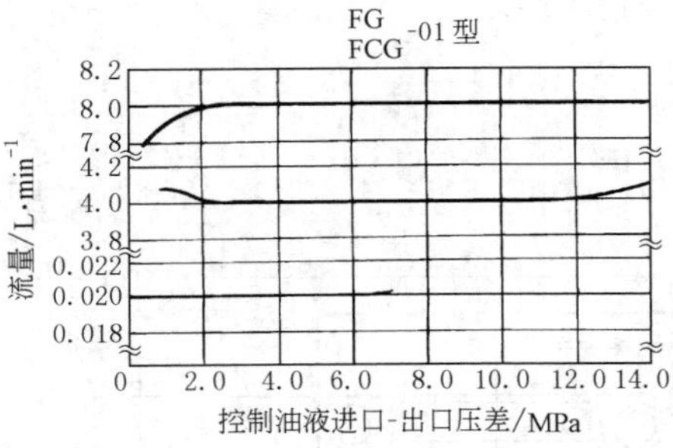


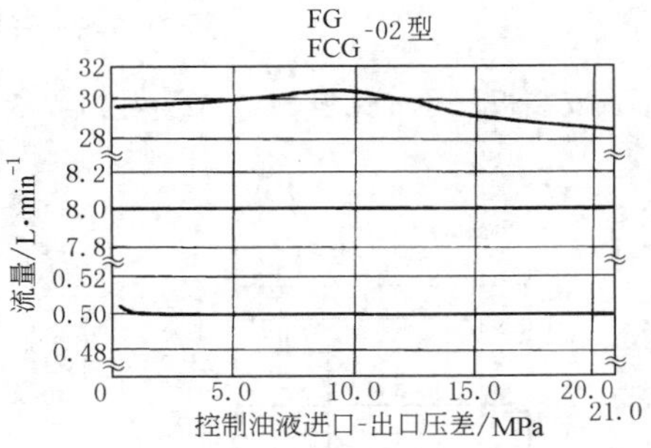


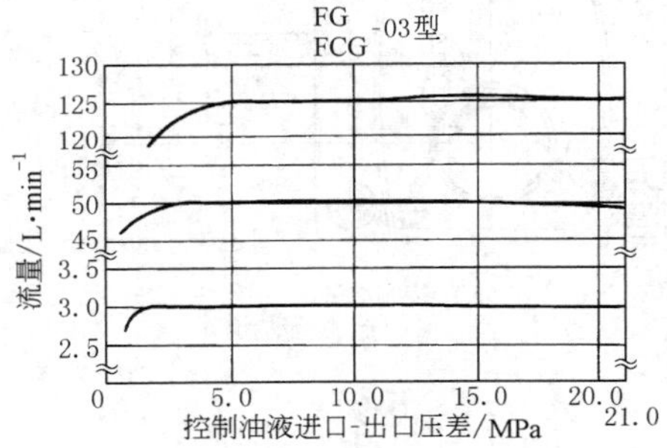


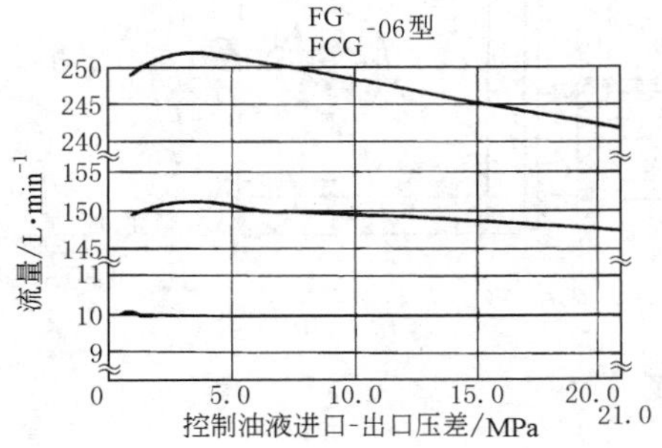

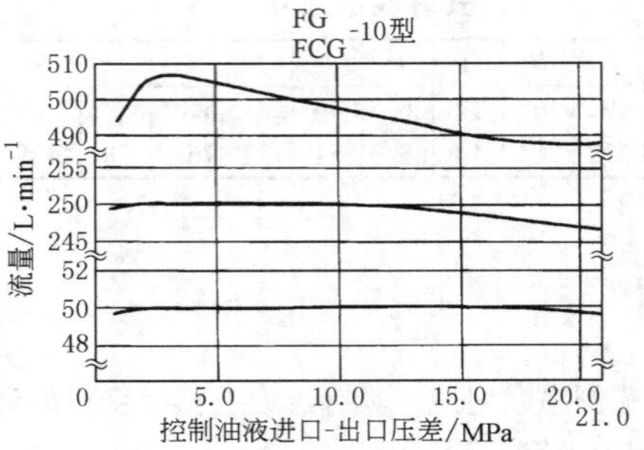


图 21-7-7　压力-流量特性曲线

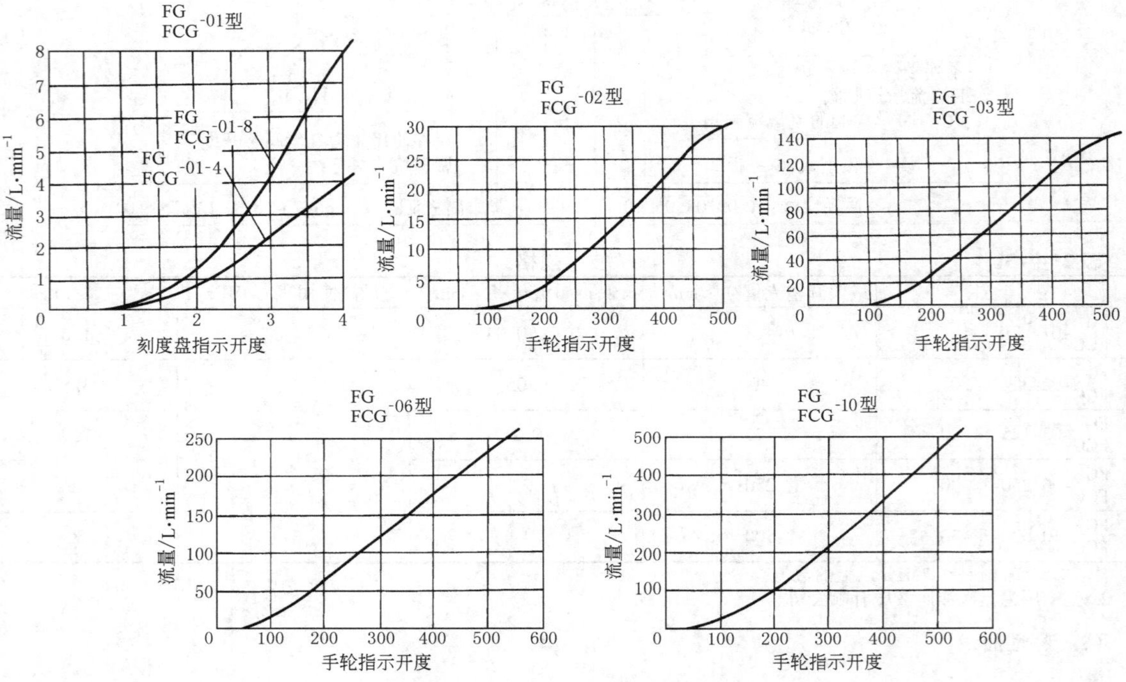


图 21-7-8　开度-流量特性曲线

（3）外形及安装板尺寸（见表 21-7-32~表 21-7-34）

FG
FCG -01型

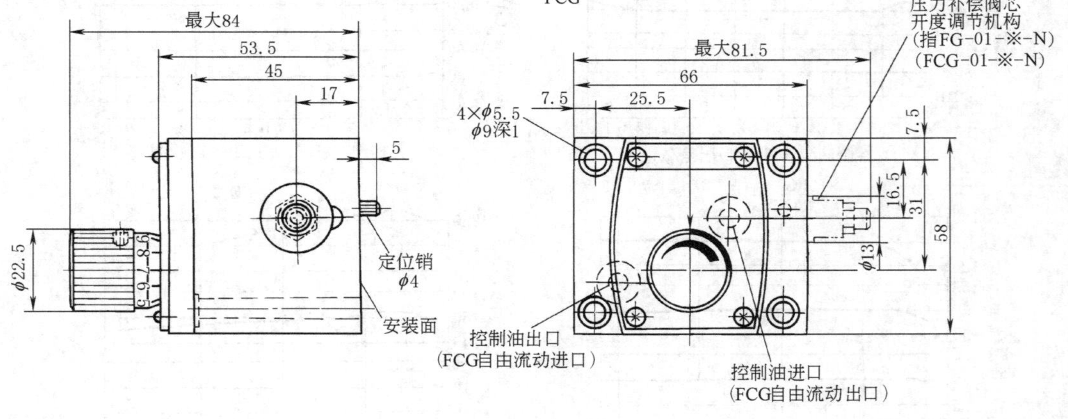

FG/FCG-02,03型

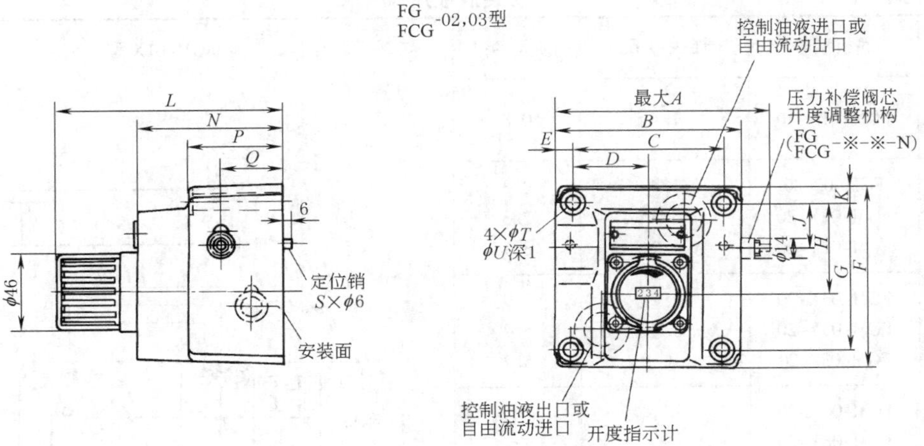


安装面 F※G-02 与 ISO 6263-AB-06-4-B 一致

安装面 F※G-03 与 ISO 6263-AK-07-2-A 一致

**表 21-7-32** mm

| 型号 | A | B | C | D | E | F | G | H | J | K | L | N | P | Q | S | T | U |
|---|---|---|---|---|---|---|---|---|---|---|---|---|---|---|---|---|---|
| FG/FCG-02 | 116 | 96 | 76.2 | 38.1 | 9.9 | 104.5 | 82.6 | 44.3 | 24 | 9.9 | 123 | 69 | 40 | 23 | 1 | 8.8 | 14 |
| FG/FCG-03 | 145 | 125 | 101.6 | 50.8 | 11.7 | 125 | 101.6 | 61.8 | 29.8 | 11.7 | 152 | 98 | 64 | 41 | 2 | 11 | 17.5 |

FG/FCG-06,10型

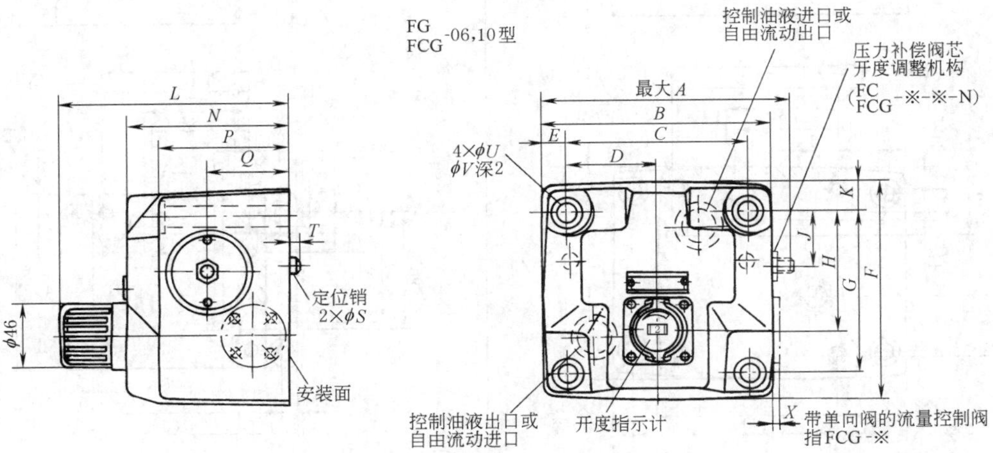


F※G-06 的安装面与 ISO 6263-AP-08-2-A 一致

**表 21-7-33** mm

| 型号 | A | B | C | D | E | F | G | H | J | K | L | N | P | Q | S | T | U | V | X |
|---|---|---|---|---|---|---|---|---|---|---|---|---|---|---|---|---|---|---|---|
| FG/FCG-06 | 198 | 180 | 146.1 | 73 | 17 | 174 | 133.4 | 99 | 44 | 20.3 | 184 | 130 | 105 | 65 | 16 | 7 | 17.5 | 26 | 10 |
| FG/FCG-10 | 267 | 244 | 196.9 | 98.5 | 23.5 | 228 | 177.8 | 144.5 | 61 | 25 | 214 | 160 | 137 | 85 | 18 | 10 | 21.5 | 32 | 15 |

表 21-7-34　安装底板尺寸　mm

| 型　号 | 底板型号 | 连接口 $R_c$ | 质量/kg |
|---|---|---|---|
| FG/FCG-01 | FGM-01X-10 | 1/4 | 0.8 |
| FG/FCG-02 | FGM-02-20<br>FGM-02X-20<br>FGM-02Y-20 | 1/4<br>3/8<br>1/2 | 2.3<br>2.3<br>3.1 |
| FG/FCG-03 | FGM-03X-20<br>FGM-03Y-20<br>FGM-03Z-20 | 1/2<br>3/4<br>1 | 3.9<br>5.7<br>5.7 |
| FG/FCG-06 | FGM-06X-20<br>FGM-06Y-20<br>FGM-06Z-20 | 1<br>$1^1/_4$<br>$1^1/_2$ | 12.5<br>16<br>16 |
| FG/FCG-10 | FGM-10Y-20 | $1^1/_2$,2,法兰安装 | 37 |

注:使用底板时,请按上面的型号订货

FGM-01X 型

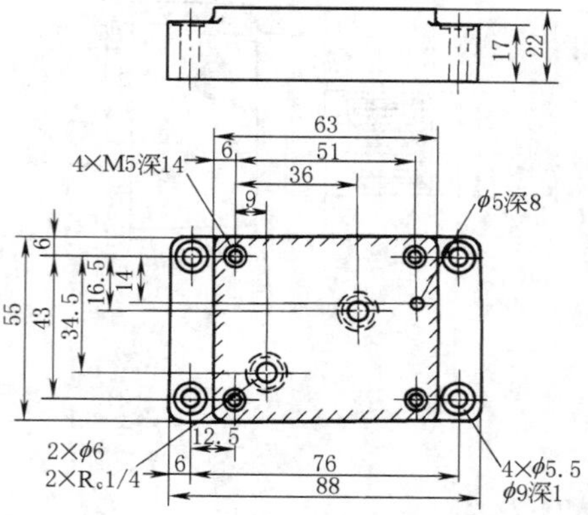


FGM-02,02X,02Y 型

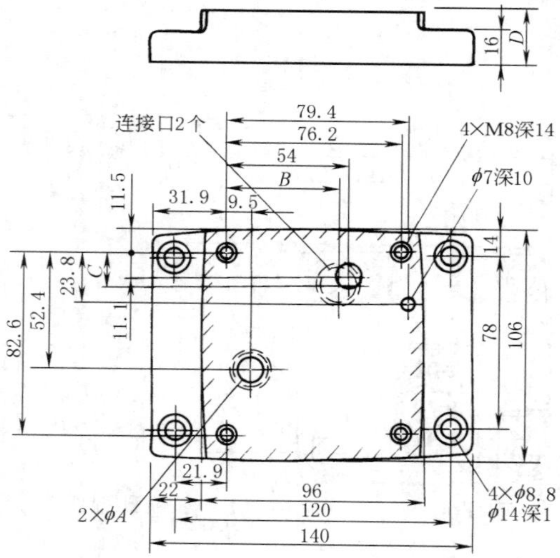


| 底板型号 | 连接口 $R_c$ | A | B | C | D |
|---|---|---|---|---|---|
| FGM-02-20 | 1/4 | 11 | 54 | 11.1 | 25 |
| FGM-02X-20 | 3/8 | 14 | 54 | 11.1 | 25 |
| FGM-02Y-20 | 1/2 | 14 | 51 | 14 | 35 |

FGM-03X,03Y,03Z 型

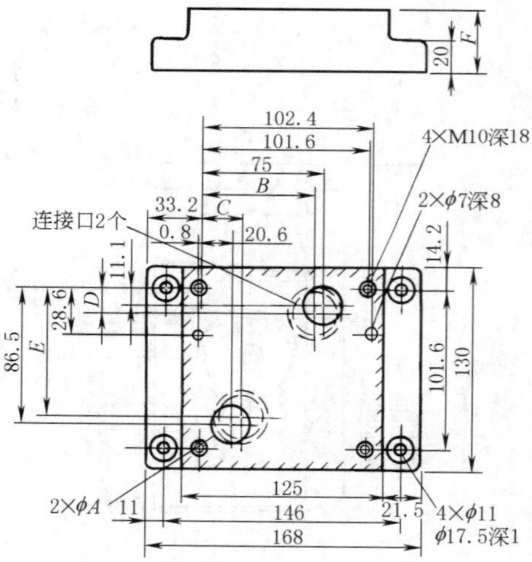


| 底板型号 | 连接口 $R_c$ | A | B | C | D | E | F |
|---|---|---|---|---|---|---|---|
| FGM-03X-20 | 1/2 | 17.5 | 75 | 20.6 | 11.1 | 86.5 | 25 |
| FGM-03Y-20 | 3/4 | 23 | 70 | 25.6 | 16.1 | 81.5 | 40 |
| FGM-03Z-20 | 1 | 23 | 70 | 25.6 | 16.1 | 81.5 | 40 |

续表

FGM-06X,06Y,06Z 型

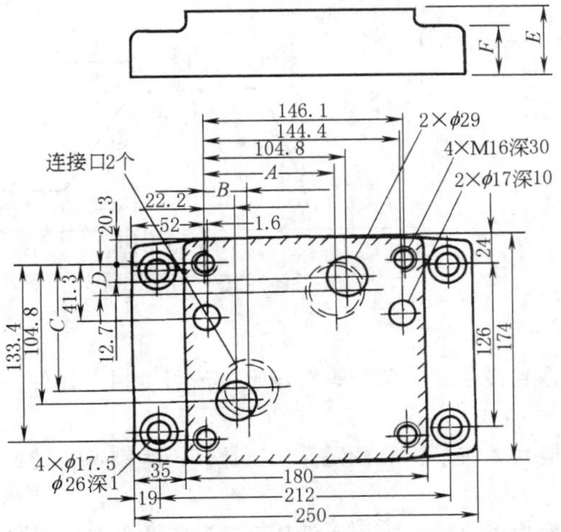


| 底板型号 | 连接口 $R_c$ | *A* | *B* | *C* | *D* | *E* | *F* |
|---|---|---|---|---|---|---|---|
| FGM-06X-20 | 1 | 104.8 | 22.2 | 104.8 | 18 | 45 | 35 |
| FGM-06Y-20 | 1¼ | 99 | 34 | 99 | 23 | 60 | 40 |
| FGM-06Z-20 | 1½ | 99 | 34 | 99 | 23 | 60 | 40 |

FGM-10Y 型

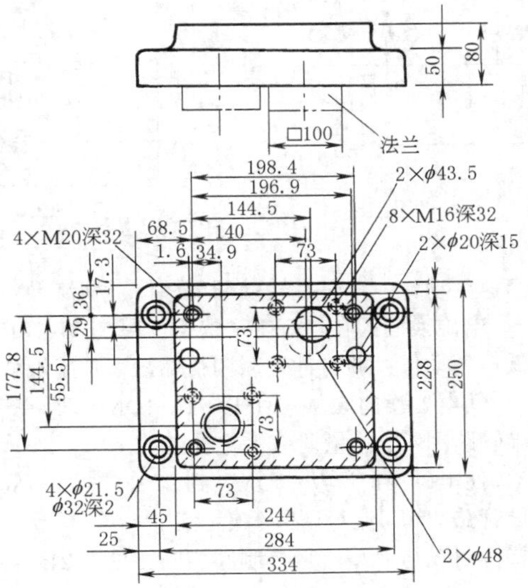


## 2.10 FH（C）型先导操作流量控制阀

本元件用液压机构代替手动调节旋钮进行流量调节，并能使执行元件在加速、减速时平稳变化，实现无冲击控制。本元件还具有压力、温度补偿功能，保证调节流量的稳定。

型号意义：

FH □-□-□-N-□-12

- FH— 先导操作流量控制阀；FHC— 带单向阀的先导操作流量控制阀
- G— 板式连接
- 通径代号：02、03、06、10
- 最大调节流量/L · min$^{-1}$
- 带压力补偿行程调节(任选)
- 电磁铁类型：AC：A100、A120、A200、A240；DC：D12、D24、D100；R(AC→DC)：R100、R200
- 设计号 12

**表 21-7-35　技术规格**

| 通径代号 | 02 | 03 | 06 | 10 | 最低先导压力/MPa | 1.5 | | | |
|---|---|---|---|---|---|---|---|---|---|
| 通径/mm | 6 | 10 | 20 | 30 | 质量/kg | 13 | 17 | 32 | 61 |
| 最大流量/L · min$^{-1}$ | 30 | 125 | 250 | 500 | 介质黏度/m$^2$ · s$^{-1}$ | (15~400)×10$^{-6}$ | | | |
| 最小稳定流量/L · min$^{-1}$ | 0.05 | 0.2 | 2 | 4 | 介质温度/℃ | -15~70 | | | |
| 最高工作压力/MPa | 21 | | | | | | | | |

注：生产厂为榆次油研液压有限公司。

流量调整方法：

1）电磁换向阀在“ON”状态（见图 21-7-10 中②），达到最大流量调整螺钉设定的流量，执行元件按设定

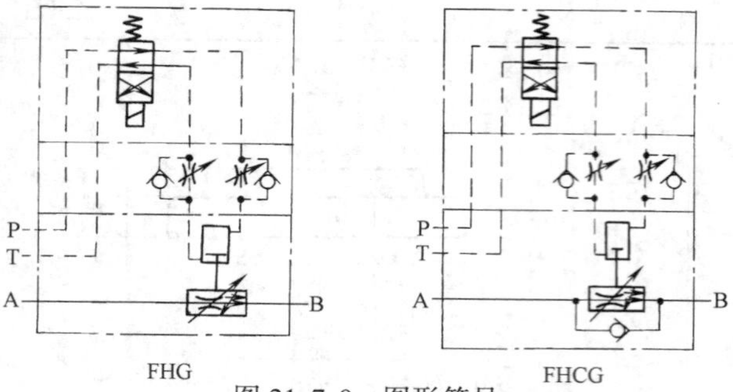

图 21-7-9　图形符号

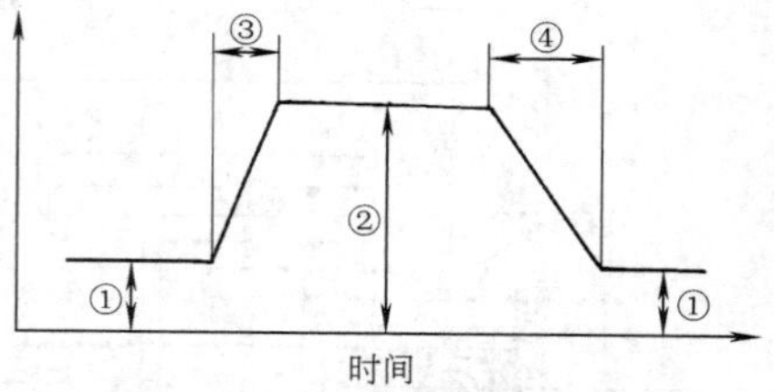

图 21-7-10　控制图形

的最高速度动作，顺时针转动调节螺钉，则流量减少。

2）电磁换向阀在“OFF”状态（见图 21-7-10 中①），达到最小流量调整螺钉设定的流量，执行元件按设定的最低速度动作，顺时针转动调整螺钉，则流量增大。

3）使电磁换向阀从“OFF”到“ON”时，从小流量转换为大流量，执行元件从低速转换为高速，转换时间用先导管路“A”流量调节手轮设定。

4）使电磁换向阀从“ON”到“OFF”时，从大流量转换为小流量，执行元件从高速转换为低速，转换时间用先导管路“B”流量调节手轮设定。

特性曲线与 F 型流量控制阀相同，见图 21-7-7 和图 21-7-8。

**表 21-7-36**　　　　**外形尺寸**

FHG FHCG-02,03 型

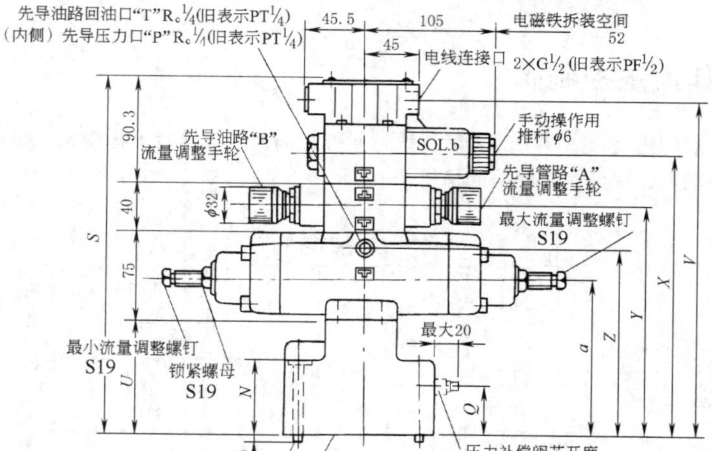


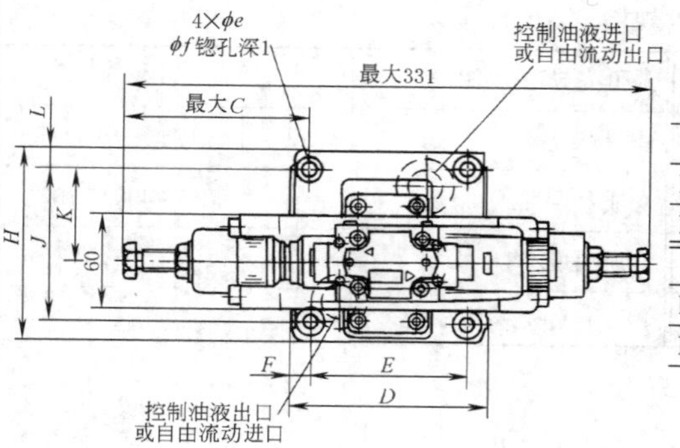


安装面 FH※G-02 与 ISO 6263-AK-06-2-A 一致

安装面 FH※G-03 与 ISO 6263-AM-07-2-A 一致

| 型　号 | *C* | *D* | *E* | *F* | *H* | *J* | *K* | *L* | *N* | *Q* |
|---|---|---|---|---|---|---|---|---|---|---|
| FH※G-02 | 127.4 | 96 | 76.2 | 9.9 | 100.6 | 82.6 | 44.3 | 9 | 40 | 23 |
| FH※G-03 | 114.7 | 125 | 101.6 | 11.7 | 125 | 101.6 | 61.8 | 11.7 | 64 | 41 |
| 型　号 | *S* | *U* | *V* | *X* | *Y* | *Z* | *a* | *d* | *e* | *f* |
| FH※G-02 | 274.3 | 69 | 256 | 209 | 166 | 129 | 104 | 1 | 8.8 | 14 |
| FH※G-03 | 303.3 | 98 | 285 | 238 | 195 | 158 | 133 | 2 | 11 | 17.5 |

备注：阀安装面尺寸请参照通用的底板图，见表 21-7-34

续表

FHG FHCG-06,10型

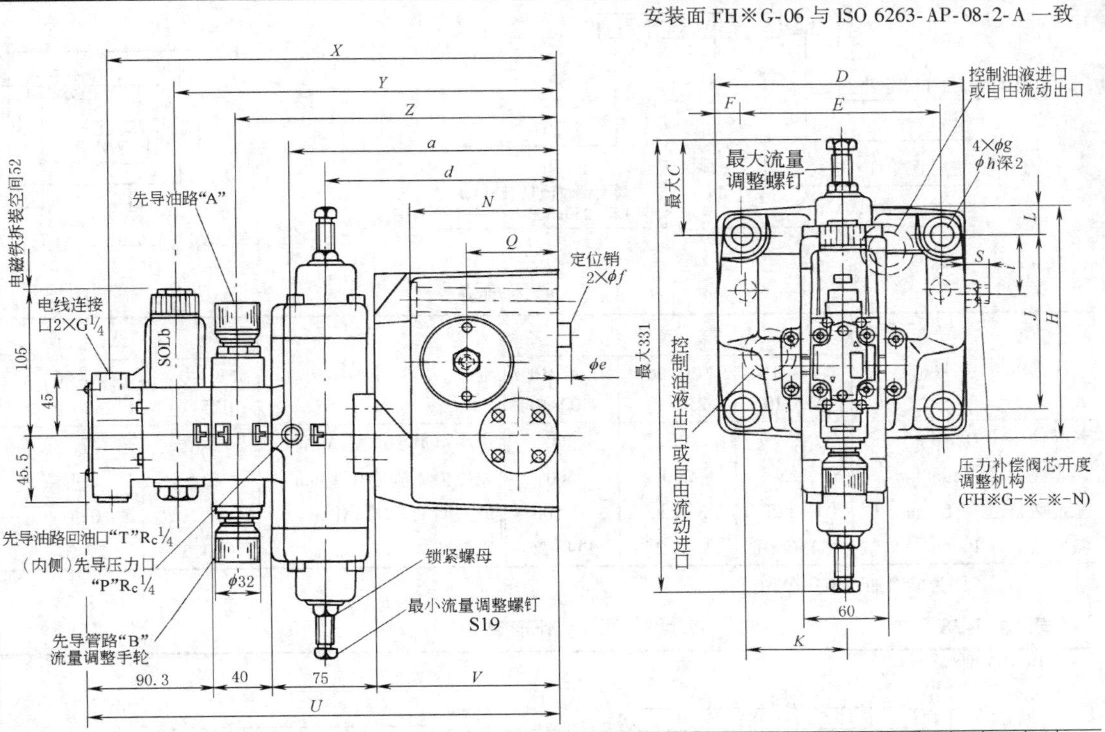


| 型号 | C | D | E | F | H | J | K | L | N | Q | S | U | V | X | Y | Z | a | d | e | f | g | h | i |
|---|---|---|---|---|---|---|---|---|---|---|---|---|---|---|---|---|---|---|---|---|---|---|---|
| FH※G-06 | 66.5 | 180 | 146.1 | 17 | 174 | 133.4 | 73.1 | 20.3 | 105 | 65 | 18 | 335.3 | 130 | 317 | 270 | 227 | 190 | 165 | 7 | 16 | 17.5 | 26 | 44 |
| FH※G-10 | 21 | 244 | 196.9 | 23.5 | 228.2 | 177.8 | 98.5 | 25.1 | 137 | 85 | 23 | 365.3 | 160 | 347 | 300 | 257 | 220 | 195 | 10 | 18 | 21.5 | 32 | 61 |

备注：阀安装面尺寸请参照通用的底板图，见表 21-7-34

| | 型号 | 底板型号 | 连接口 | 质量/kg | |
|---|---|---|---|---|---|
| 底板 | FH * G-02 | FGM-02-20 | $R_c$¼ | 2.3 | 底板尺寸见表 21-7-34 |
| | | FGM-02X-20 | $R_c$⅜ | 2.3 | |
| | | FGM-02Y-20 | $R_c$½ | 3.1 | |
| | FH * G-03 | FGM-03X-20 | $R_c$½ | 3.9 | |
| | | FGM-03Y-20 | $R_c$¾ | 5.7 | |
| | | FGM-03Z-20 | $R_c$1 | 5.7 | |
| | FH * G-06 | FGM-06X-20 | $R_c$1 | 12.5 | |
| | | FGM-06Y-20 | $R_c$1¼ | 16 | |
| | | FGM-06Z-20 | $R_c$1½ | 16 | |
| | FH * G-10 | FGM-10Y-20 | $R_c$1½($R_c$2″法兰) | 37 | |

## 2.11 FB 型溢流节流阀

本元件由溢流阀和节流阀并联而成，用于速度稳定性要求不太高而功率较大的进口节流系统。具有压力控制和流量控制的功能，其进口压力随出口负载压力变化，压差为 0.6MPa，因此大幅度降低了功耗。

型号意义：

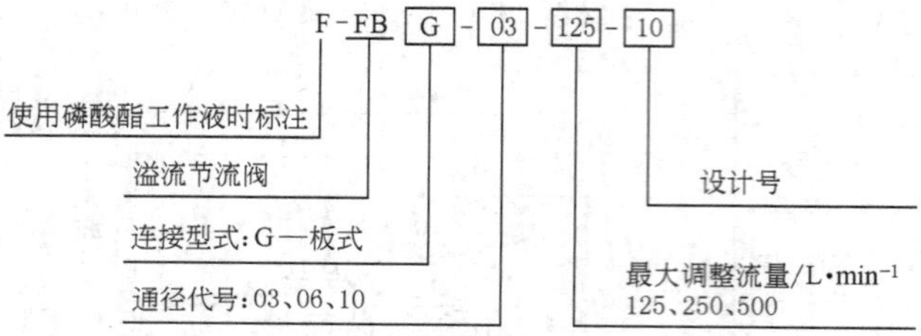


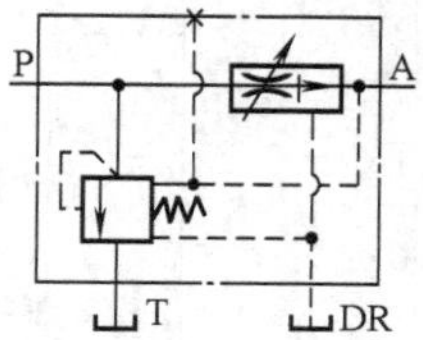


图 21-7-11　图形符号

**表 21-7-37　技术规格**

| 项　　目 | 型　号 | | | 项　　目 | 型　号 | | |
|---|---|---|---|---|---|---|---|
| | FBG-03-125-10 | FBG-06-250-10 | FBG-10-500-10 | | FBG-03-125-10 | FBG-06-250-10 | FBG-10-500-10 |
| 最高使用压力/MPa | 25 | 25 | 25 | 进出口最小压差/MPa | 6 | 7 | 9 |
| 额定流量/L · min$^{-1}$ | 125 | 200 | 500 | 先导溢流流量/L · min$^{-1}$ | 1.5 | 2.4 | 3.5 |
| 流量调整范围/L · min$^{-1}$ | 1~125 | 3~250 | 5~500 | 最大回油背压/MPa | 0.5 | 0.5 | 0.5 |
| 调压范围/MPa | 1~25 | 1.2~25 | 1.4~25 | 质量/kg | 13.3 | 27.3 | 57.3 |

注：生产厂为榆次油研液压公司。

**表 21-7-38　外形尺寸**

FBG-03 型

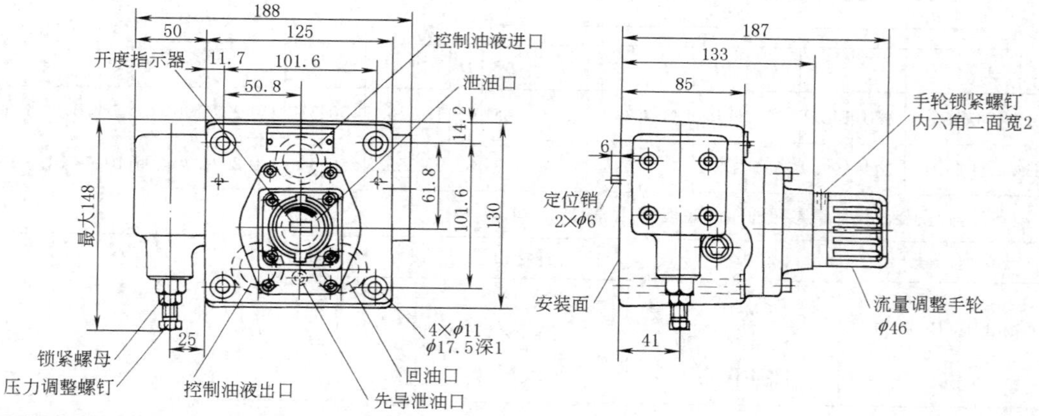


FBG-06 型

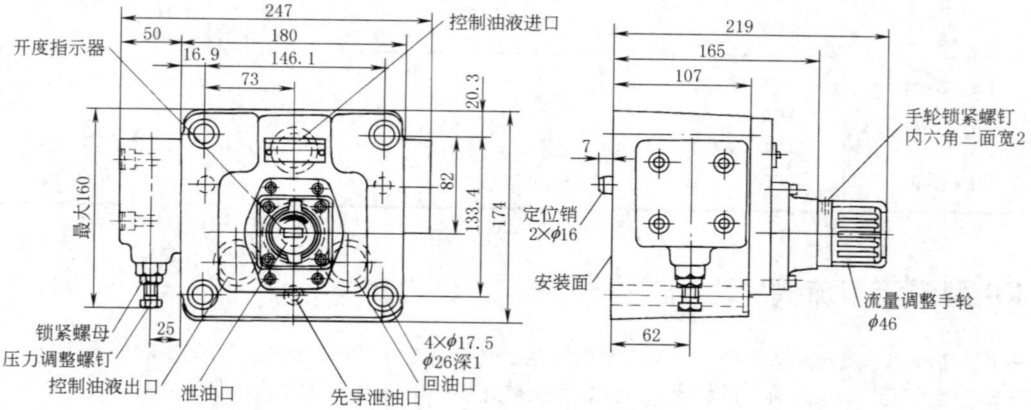

FBG-10 型

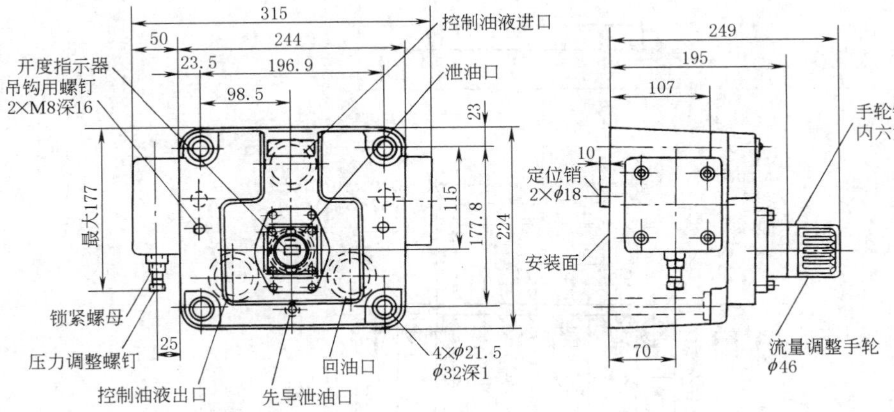


**表 21-7-39　　安装底板**

| 型　号 | 底板型号 | 连接口 $R_c$ | 质量/kg | 型　号 | 底板型号 | 连接口 $R_c$ | 质量/kg |
|---|---|---|---|---|---|---|---|
| FBG-03 | EFBGM-03Y-10<br>EFBGM-03Z-10 | ¾<br>1 | 6<br>6 | FBG-06<br>FBG-10 | EFBGM-06Y-10<br>EFBGM-10Y-10 | 1¼<br>1½,2 法兰安装 | 16<br>37 |
| FBG-06 | EFBGM-06X-10 | 1 | 12.5 | | | | |

EFBGM-03Y,03Z

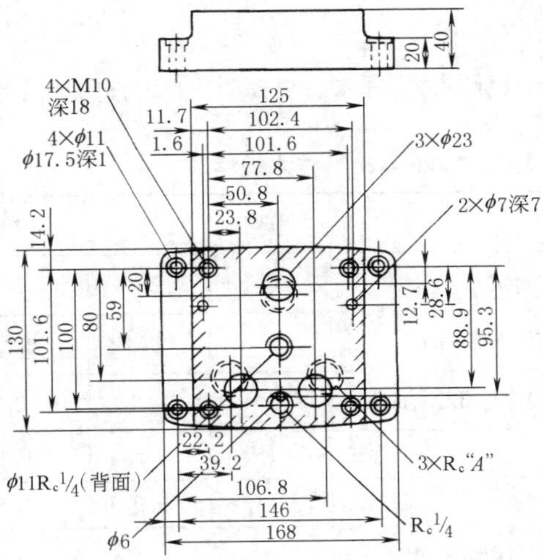


EFBGM-06X,06Y

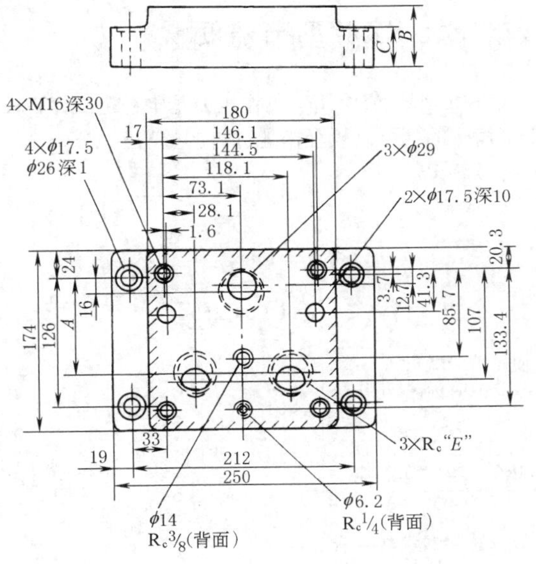


| 底板型号 | *A* | 底板型号 | *A* | *B* | *C* | *E* |
|---|---|---|---|---|---|---|
| EFBGM-03Y-10 | 3/4 | EFBGM-06X-10 | 107 | 45 | 35 | 1 |
| EFBGM-03Z-10 | 1 | EFBGM-06Y-10 | 95 | 60 | 40 | 1¼ |

续表

EFBGM-10Y

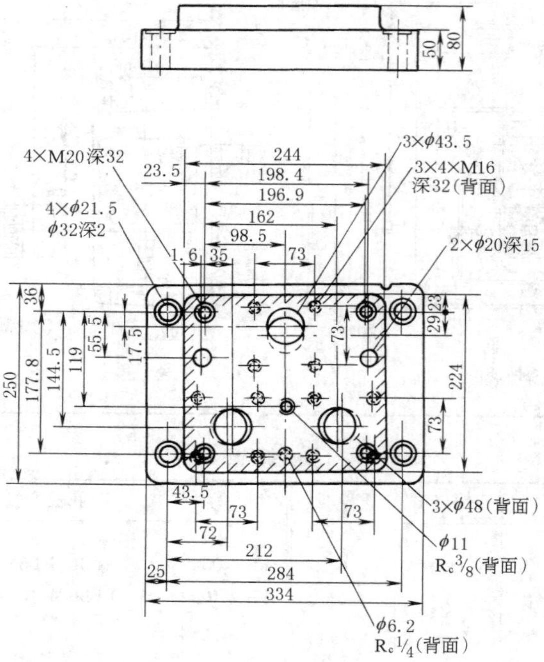


注：使用底板时，请按上面的型号订货。

## 2.12 SR/SRC 型节流阀

SR/SRC 型节流阀用于工作压力基本稳定或允许流量随压力变化的液压系统，以控制执行元件的速度。本元件是平衡式的，可以较轻松地进行调整。

型号意义：

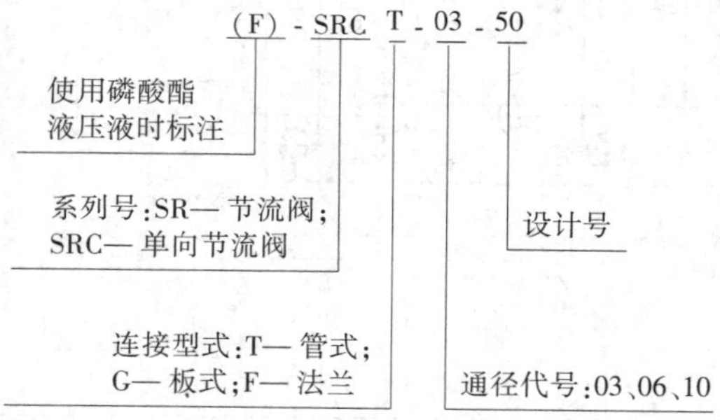


**表 21-7-40　技术规格**

| 通径代号 | | 03 | 06 | 10 |
|---|---|---|---|---|
| 通径/mm | | 10 | 20 | 30 |
| 额定流量/L·min$^{-1}$ | | 30 | 85 | 230 |
| 最小稳定流量/L·min$^{-1}$ | | 3 | 8.5 | 23 |
| 质量/kg | 管式 | 1.5 | 3.8 | 9.1 |
| | 板式 | 2.5 | 3.9 | 7.5 |
| 最高工作压力/MPa | | 25 | | |
| 介质 | | 矿物液压油、高水基液、磷酸酯油液 | | |
| 介质黏度/m$^2$·s$^{-1}$ | | (15~400)×10$^{-6}$ | | |
| 介质温度/℃ | | -15~70 | | |

注：生产厂为榆次油研液压公司。

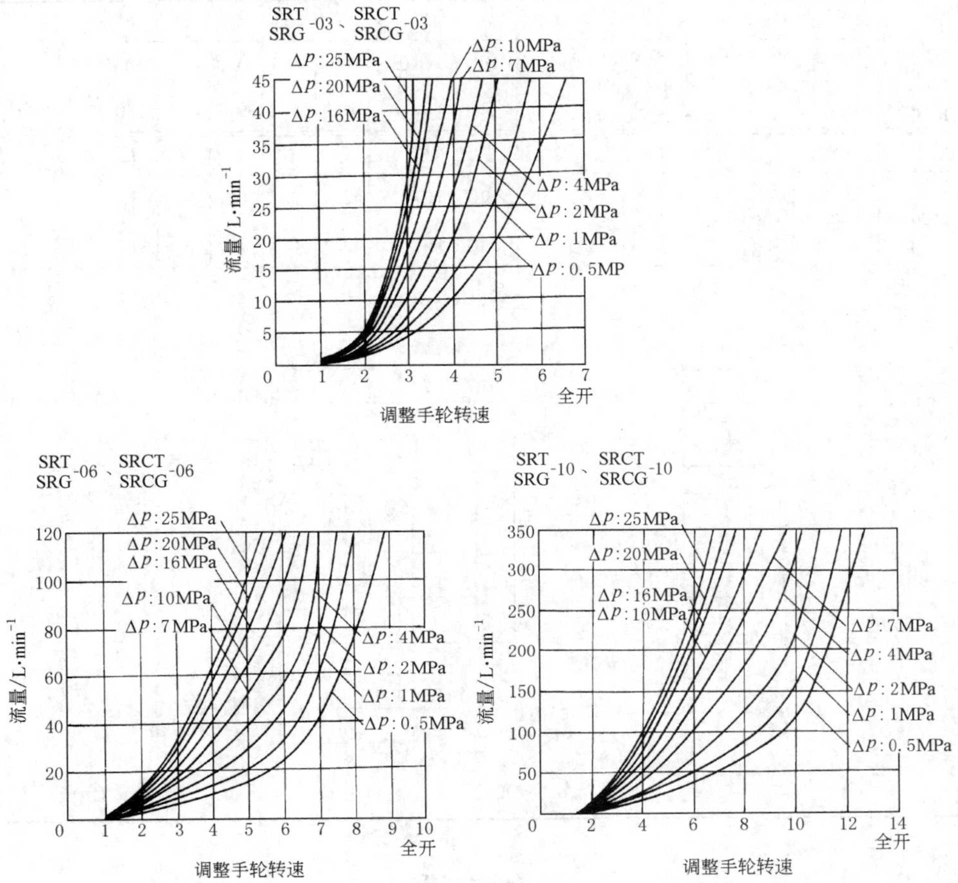


图 21-7-12　开度-流量特性（使用油黏度：$30mm^2/s$）

$\Delta p$—控制油液进口-出口压差

**表 21-7-41**　　　　**外形尺寸**

| SR(C)T-03,06,10 型 | SR(C)G-03,06 型 |
|---|---|

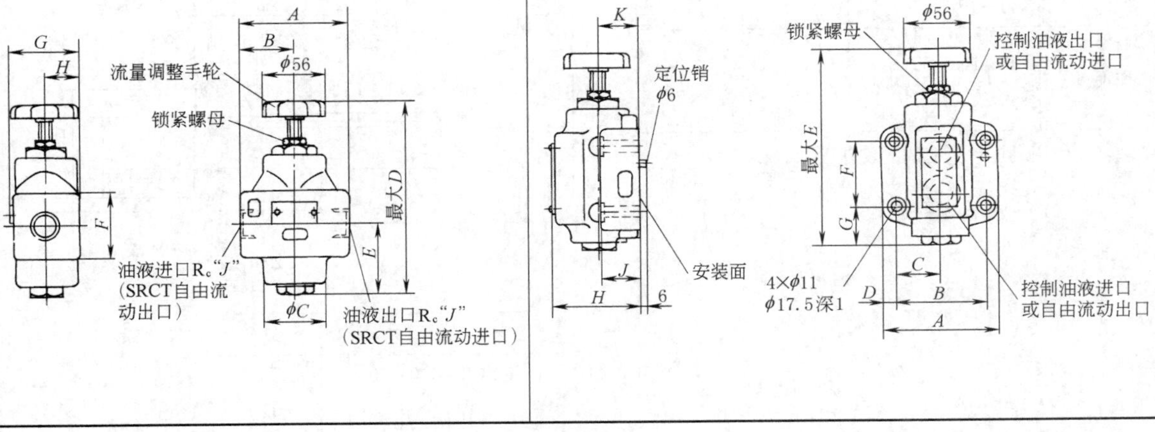

续表

| 型　号 | A | B | C | D | E |
|---|---|---|---|---|---|
| SR(C)T-03 | 72 | 36 | 44 | 150.5 | 53.5 |
| SR(C)T-06 | 100 | 50 | 58 | 180 | 66.5 |
| SR(C)T-10 | 138 | 69 | 80 | 227 | 86 |
| 型　号 | F | G | H | J | |
| SR(C)T-03 | ϕ38 | 46 | 22 | ⅜ | |
| SR(C)T-06 | □62 | 64 | 31 | ¾ | |
| SR(C)T-10 | □80 | 82 | 40 | 1¼ | |

| 型　号 | A | B | C | D | E | |
|---|---|---|---|---|---|---|
| SR(C)G-03 | 90 | 66.7 | 33.3 | 11.7 | 150.5 | 安装面与 ISO 5781-AG-06-2-A、ISO 5781-AH-08-2-A 一致 |
| SR(C)G-06 | 102 | 79.4 | 39.7 | 11.3 | 180 | |
| 型　号 | F | G | H | J | K | |
| SR(C)G-03 | 42.9 | 32 | 64 | 31 | 31 | |
| SR(C)G-06 | 60.3 | 36.5 | 79 | 36 | 37 | |

SR(C)G-10

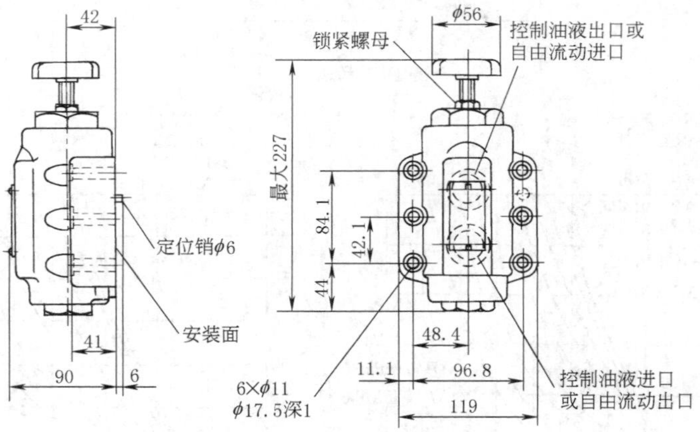


**表 21-7-42　　　　安装底板**

| 型　号 | 底板型号 | 连接口 $R_c$ | 质量/kg |
|---|---|---|---|
| SRCG-03 | CRGM-03-50 | ⅜ | 1.6 |
| | CRGM-03X-50 | ½ | 1.6 |
| SRCG-06 | CRGM-06-50 | ¾ | 2.4 |
| | CRGM-06X-50 | 1 | 3.0 |
| SRCG-10 | CRGM-10-50 | 1¼ | 4.8 |
| | CRGM-10X-50 | 1½ | 5.7 |

备注：在使用底板时，请按上表订货

CRGM-03，03X

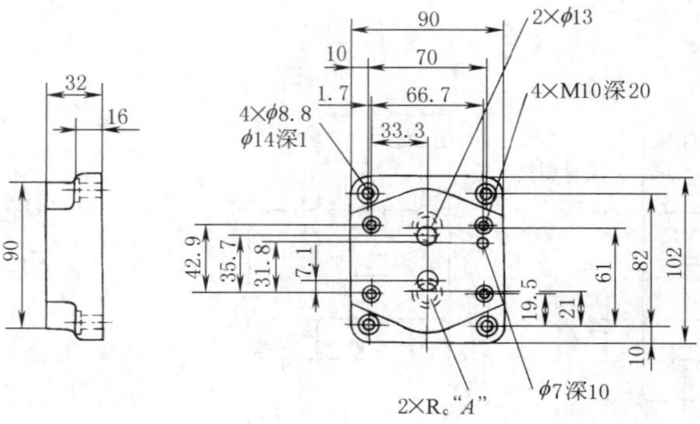


| 底板型号 | A |
|---|---|
| CRGM-03-50 | ⅜ |
| CRGM-03X-50 | ½ |

续表

CRGM-06，06X

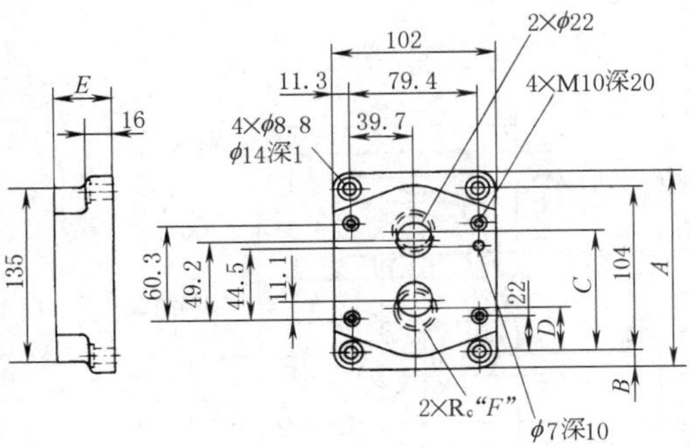


CRGM-10，10X

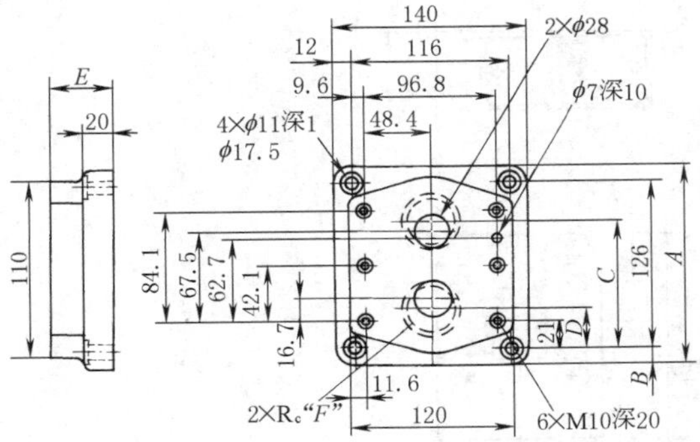


| 底板型号 | A | B | C | D | E | F | 底板型号 | A | B | C | D | E | F |
|---|---|---|---|---|---|---|---|---|---|---|---|---|---|
| CRGM-06-50 | 124 | 10 | 77 | 27 | 36 | 3/4 | CRGM-10-50 | 150 | 12 | 96 | 30 | 45 | $1\frac{1}{4}$ |
| CRGM-06X-50 | 136 | 16 | 82.3 | 22 | 45 | 1 | CRGM-10X-50 | 177 | 25.5 | 104 | 22 | 50 | $1\frac{1}{2}$ |

## 2.13 叠加式（单向）节流阀

本元件装在电磁换向阀与电液换向阀之间，以控制电液换向阀的换向速度，减小冲击。

型号意义：

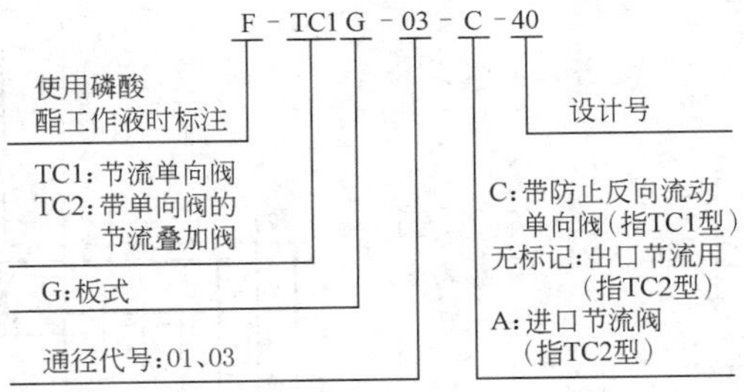


表 21-7-43　技术规格

| 型　号 | 公称流量/L·min$^{-1}$ | 最高使用压力/MPa | 质　量/kg |
|---|---|---|---|
| TC1G-01-40 | 30 | 25 | 0.6 |
| TC2G-01-40 | 30 | 25 | 0.65 |
| TC1G-03-※-40 | 80 | 25 | 1.6 |
| TC2G-03-※-40 | 80 | 25 | 1.8 |

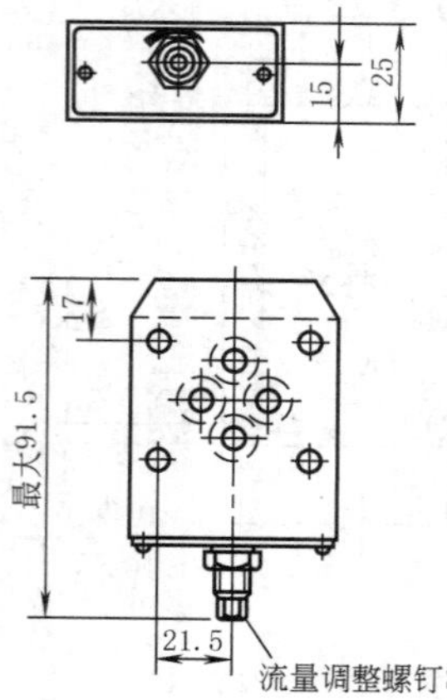


图 21-7-13　TC1G-01 型外形尺寸

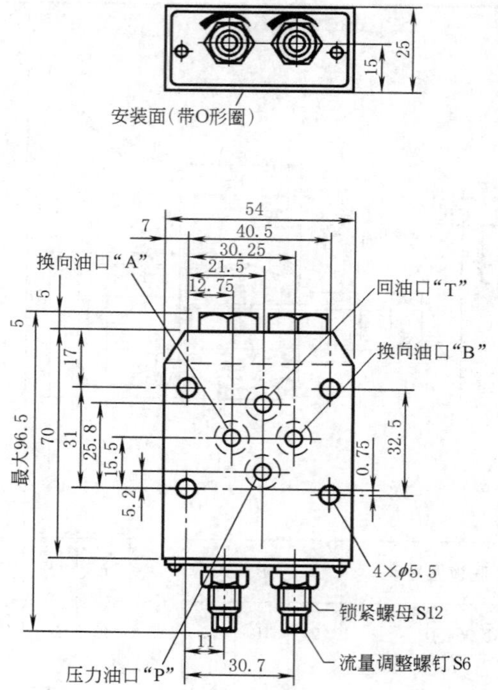


图 21-7-14　TC2G-01 型外形尺寸

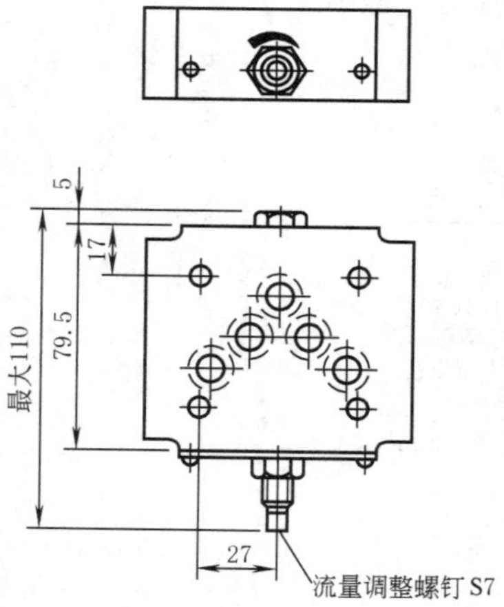


图 21-7-15　TC1G-03

TC1G-03-C 型外形尺寸

注：其他尺寸请参照 TC2G-03

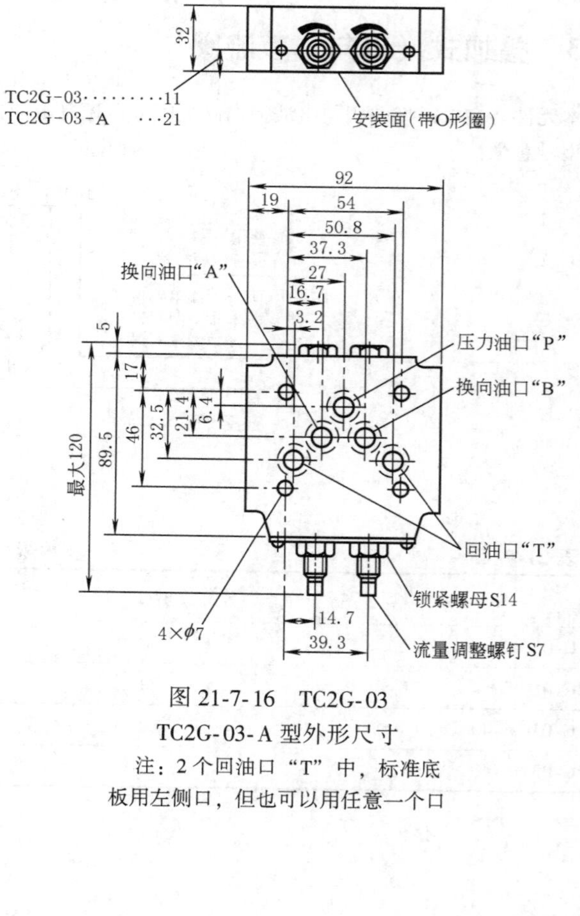


图 21-7-16　TC2G-03

TC2G-03-A 型外形尺寸

注：2 个回油口 “T” 中，标准底板用左侧口，但也可以用任意一个口

## 2.14 Z 型行程减速阀、ZC 型单向行程减速阀

本元件可通过凸轮撞块操作，简单地进行节流调速及油路的开关。可用于机床工作台进给回路，使执行元件进行加、减速及停止运动。行程单向减速阀内装单向阀，油液反向流动不受减速阀的影响。

型号意义：

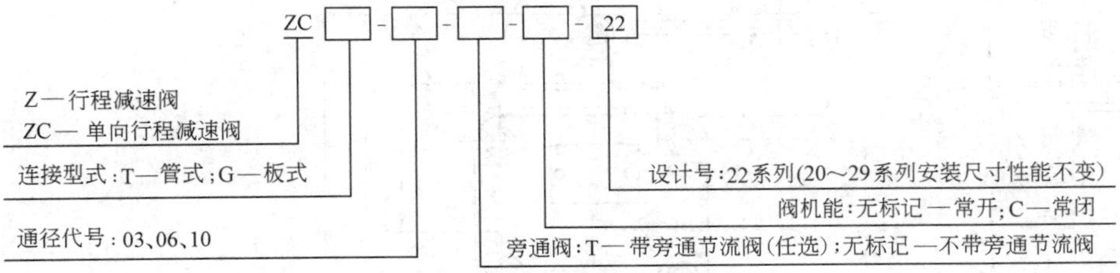


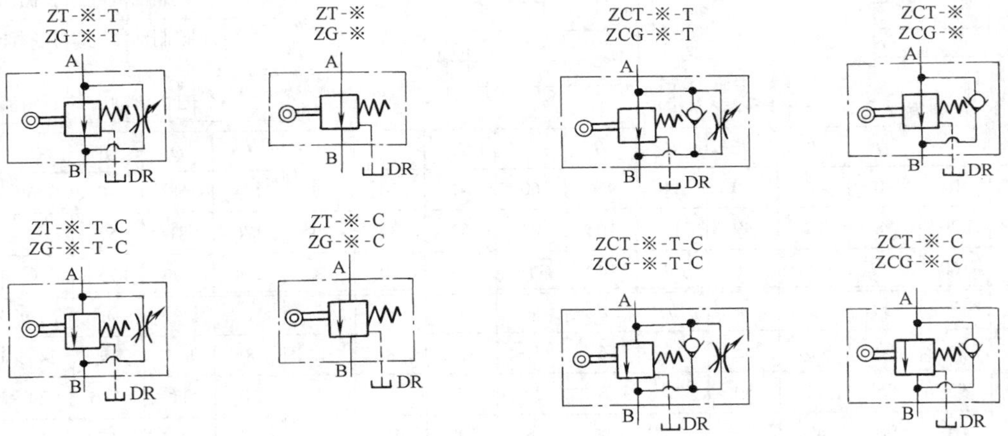


图 21-7-17 图形符号

表 21-7-44 技术规格

| 通径代号 | | 03 | 06 | 10 |
|---|---|---|---|---|
| 通径/mm | | 10 | 20 | 30 |
| 最大流量/L·min$^{-1}$ | | 30 | 80 | 200 |
| 最高使用压力/MPa | | 21 | 21 | 21 |
| 质量/kg | T 型 | 4.3 | 8.7 | 17 |
| | G 型 | 4.3 | 8.7 | 17 |
| 介质黏度/m$^2$·s$^{-1}$ | | (20～200)×10$^{-6}$ | | |
| 介质温度/℃ | | -15～70 | | |
| 泄压口最大背压/MPa | | 0.1 | | |

| 型号 | 阀全关闭时内部泄油量/mL·min$^{-1}$ | | | | |
|---|---|---|---|---|---|
| | 压力/MPa | | | | |
| | 1.0 | 2.0 | 5.0 | 10.0 | 21.0 |
| Z＊＊-03 | 9 | 18 | 44 | 88 | 185 |
| Z＊＊-06 | 9 | 17 | 43 | 86 | 180 |
| Z＊＊-10 | 10 | 20 | 49 | 98 | 205 |

连接底板

| 型号 | 底板型号 | 连接口 | 质量/kg |
|---|---|---|---|
| Z＊G-03 | ZGM-03-21 | $R_c$3/8 | 2 |
| Z＊G-06 | ZGM-06-21 | $R_c$3/4 | 3.8 |
| Z＊G-10 | ZGM-10-21 | $R_c$1¼ | 9 |

**表 21-7-45** 外形尺寸 mm

ZT/ZCT -03，06，10 型

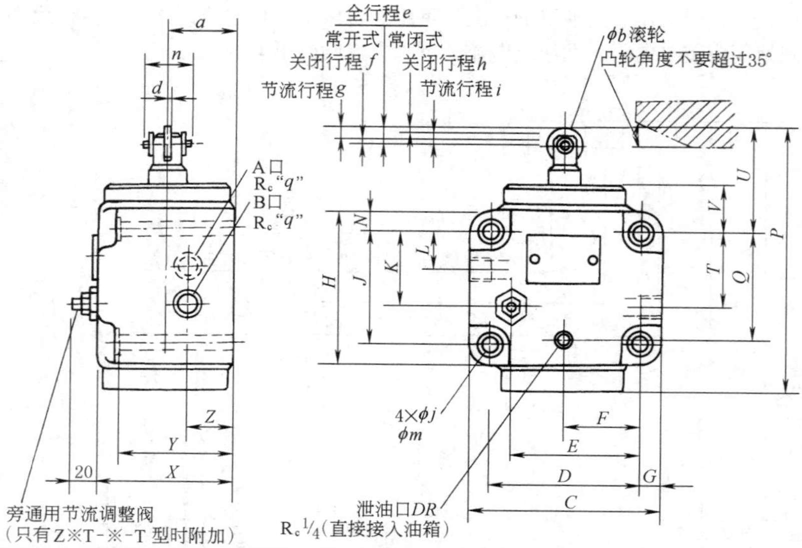


| 型　号 | A口 | B口 |
|---|---|---|
| ZT-※ | 控制油液进口 | 控制油液出口 |
| ZCT-※ | 控制油液进口<br>或<br>自由流动出口 | 控制油液出口<br>或<br>自由流动进口 |

| 型　号 | C | D | E | F | G | H | J | K | L | N | P | Q | T | U | V |
|---|---|---|---|---|---|---|---|---|---|---|---|---|---|---|---|
| Z※T-03 | 102 | 80 | 66 | 40 | 11 | 82 | 60 | 41 | 20 | 11 | 141 | 58 | 40 | 56 | 25 |
| Z※T-06 | 120 | 98 | 82 | 49 | 11 | 106 | 84 | 57 | 32 | 11 | 176 | 81 | 57 | 65 | 27 |
| Z※T-10 | 160 | 132 | 103 | 66 | 14 | 140 | 112 | 75 | 40 | 14 | 224 | 106 | 75 | 80 | 32 |
| 型　号 | X | Y | Z | a | b | d | e | f | g | h | i | j | m | n | q |
| Z※T-03 | 70 | 60 | 25 | 35 | 18 | 6 | 10 | 2 | 8 | 2 | 8 | 8.8 | 14 | 24.5 | 3/8 |
| Z※T-06 | 95 | 85 | 32 | 50 | 22 | 8 | 13 | 3 | 10 | 3 | 10 | 11 | 17.5 | 29 | 3/4 |
| Z※T-10 | 110 | 96 | 40 | 55 | 28 | 10 | 18 | 3 | 15 | 3 | 15 | 13.5 | 21 | 34 | 1¼ |

ZG/ZCG -03，06，10 型

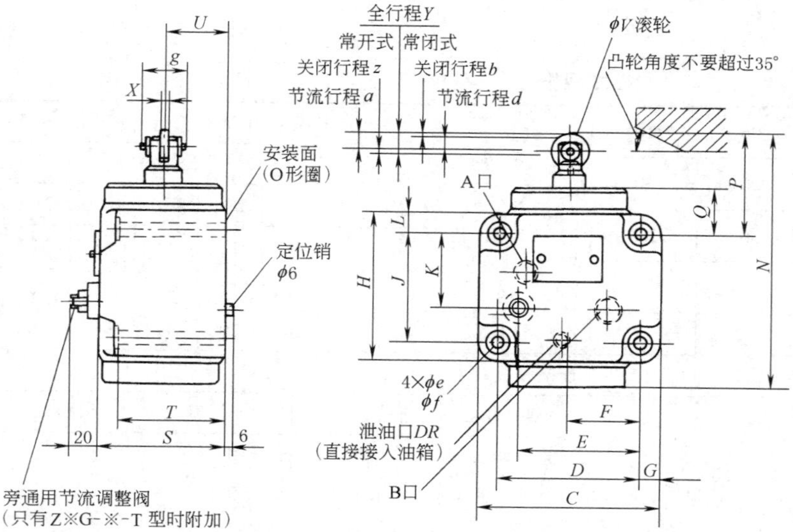


| 型　号 | A口 | B口 |
|---|---|---|
| ZG-※ | 控制油液进口 | 控制油液出口 |
| ZCG-※ | 控制油液进口<br>或<br>自由流动出口 | 控制油液出口<br>或<br>自由流动进口 |

续表

| 型　号 | C | D | E | F | G | H | J | K | L | N | P | Q | S |
|---|---|---|---|---|---|---|---|---|---|---|---|---|---|
| Z※G-03 | 102 | 80 | 66 | 40 | 11 | 82 | 60 | 41 | 11 | 141 | 56 | 25 | 70 |
| Z※G-06 | 120 | 98 | 82 | 49 | 11 | 106 | 84 | 57 | 11 | 176 | 65 | 27 | 95 |
| Z※G-10 | 160 | 132 | 103 | 66 | 14 | 140 | 112 | 75 | 14 | 224 | 80 | 32 | 110 |
| 型　号 | T | U | V | X | Y | z | a | b | d | e | f | g | |
| Z※G-03 | 60 | 35 | 18 | 6 | 10 | 2 | 8 | 2 | 8 | 8.8 | 14 | 24.5 | |
| Z※G-06 | 85 | 50 | 22 | 8 | 13 | 3 | 10 | 3 | 10 | 11 | 17.5 | 29 | |
| Z※G-10 | 96 | 55 | 28 | 10 | 18 | 3 | 15 | 3 | 15 | 13.5 | 21 | 34 | |

底板尺寸

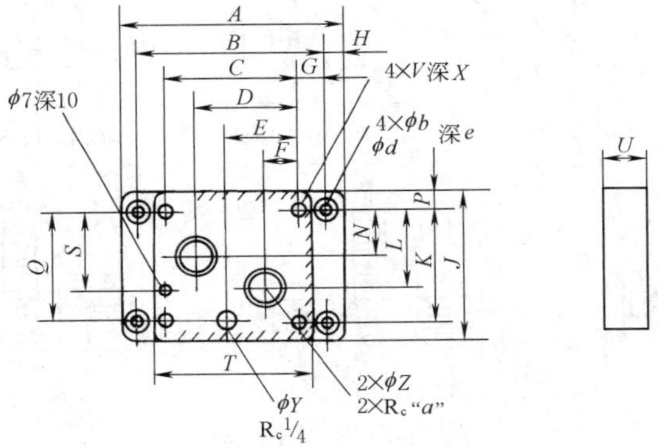


mm

| 型　号 | A | B | C | D | E | F | G | H | J | K | L | N | P |
|---|---|---|---|---|---|---|---|---|---|---|---|---|---|
| ZGM-03 | 146 | 124 | 80 | 60 | 42 | 20 | 22 | 11 | 85 | 60 | 40 | 20 | 12.5 |
| ZGM-06 | 160 | 138 | 98 | 74 | 53 | 24 | 20 | 11 | 108 | 84 | 57 | 32 | 12 |
| ZGM-10 | 218 | 190 | 132 | 98 | 70 | 34 | 29 | 14 | 140 | 112 | 75 | 40 | 14 |
| 型　号 | Q | S | T | U | V | X | Y | Z | a | b | d | e | |
| ZGM-03 | 58 | 44 | 102 | 26 | M8 | 18 | 6.2 | 14 | 3/8 | 11 | 17.5 | 10.8 | |
| ZGM-06 | 81 | 60 | 120 | 35 | M10 | 18 | 11 | 23 | 3/4 | 11 | 17.5 | 10.8 | |
| ZGM-10 | 106 | 87 | 160 | 45 | M12 | 25 | 11 | 29 | 1¼ | 14 | 21 | 13.5 | |

注：生产厂为榆次油研液压公司。

## 2.15 UCF型行程流量控制阀

本元件把带单向阀的流量控制阀与减速阀组合在一起，主要用于机床液压系统中。它通过凸轮从快速进给转换为切削进给，并能任意调整切削进给速度。

本元件是压力、温度补偿式的，能够进行精密的速度控制。返回时，通过单向阀快速返回，与凸轮位置无关。

型号意义：

F - UCF※ G - □-□-□-□-□

- 使用磷酸酯油液时标注；无标记—矿物液压油
- 名称：UCF1 — 一级控制型；UCF2 — 二级控制型
- 板式连接

| 公称通径代号 | UCF1 | | | UCF2 | |
|---|---|---|---|---|---|
| | 01 | 03 | 04 | 03 | 04 |

| 公称调速流量 /L·mm$^{-1}$ | UCF1 | | | UCF2 | |
|---|---|---|---|---|---|
| | 4.8 | 4.8 | 30 | 3.8 | 30 |

- 减速阀最大流量/ L·min$^{-1}$
- 泄油方式：无标记 —内泄；E—外泄（仅适用UCF1的01、03和UCF2的03）
- 设计号：11—适用01；10—适用03；30—适用04

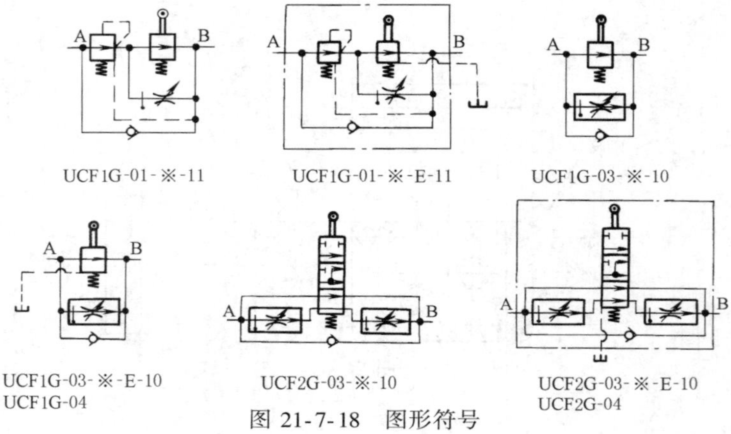


图 21-7-18　图形符号

表 21-7-46　　技术规格

| 型　号 | 最大流量① /L·min$^{-1}$ | 流量调整范围/L·min$^{-1}$ 一级进给 | 流量调整范围/L·min$^{-1}$ 二级进给 | 自由流量 /L·min$^{-1}$ | 最高使用压力（max）/MPa | 泄油口允许背压 /MPa | 质量 /kg |
|---|---|---|---|---|---|---|---|
| UCF1G-01-4-A-※-11 | 16（12） | 0.03~4（0.05~4）② | — | 20 | 14 | 0.1 | 1.6 |
| UCF1G-01-4-B-※-11 | 12（8） | | | | | | |
| UCF1G-01-4-C-※-11 | 8（4） | | | | | | |
| UCF1G-01-8-A-※-11 | 20（12） | 0.03~8（0.05~8）② | — | | | | |
| UCF1G-01-8-B-※-11 | 16（8） | | | | | | |
| UCF1G-01-8-C-※-11 | 12（4） | | | | | | |
| UCF1G-03-4-※-10 | 40（40） | 0.05~4 | — | 40 | | | 2.6 |
| UCF1G-03-8-※-10 | | 0.05~8 | — | | | | |
| UCF2G-03-4-※-10 | 40（40） | 0.1~4 | 0.05~4 | 40 | | | 2.7 |
| UCF2G-03-8-※-10 | | 0.1~8 | 0.05~4 | | | | |
| UCF1G-04-30-30 | 80（40） | 0.1~22 | — | 80 | | | 6.5 |
| UCF2G-04-30-30 | | 0.1~22 | 0.1~17 | | | | 9.2 |

① 最大流量是行程减速阀与流量调整阀全部打开时的值。（　）内是行程减速阀全开、流量调整阀全闭时的最大流量。
② （　）内是在压力 7 MPa 以上时的数值。

**表 21-7-47** 外形尺寸 mm

| 型号 | 外形尺寸 |
| --- | --- |
| UCF1G-01型 | 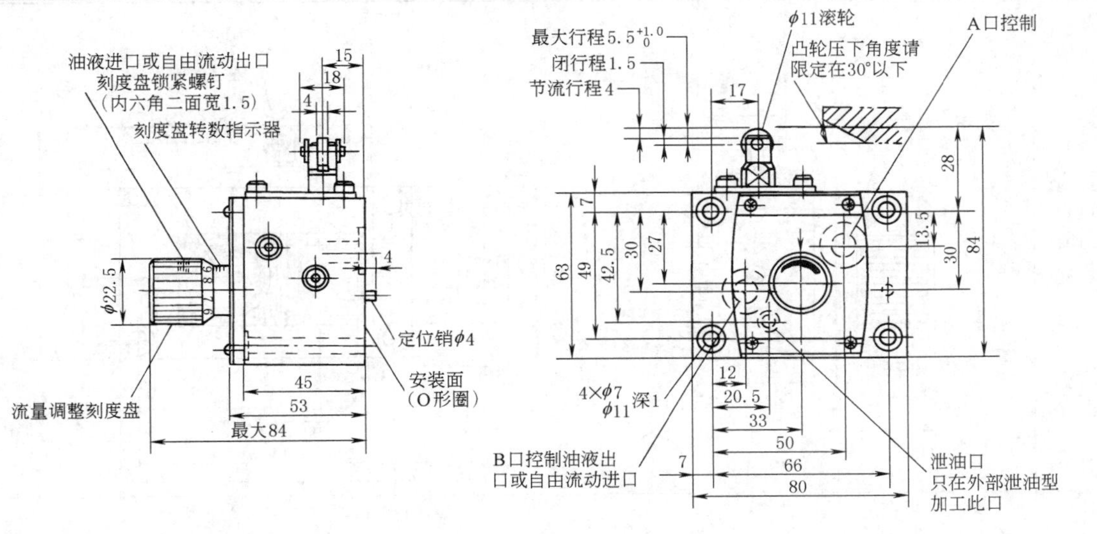 |
| UCF1G-03型 | 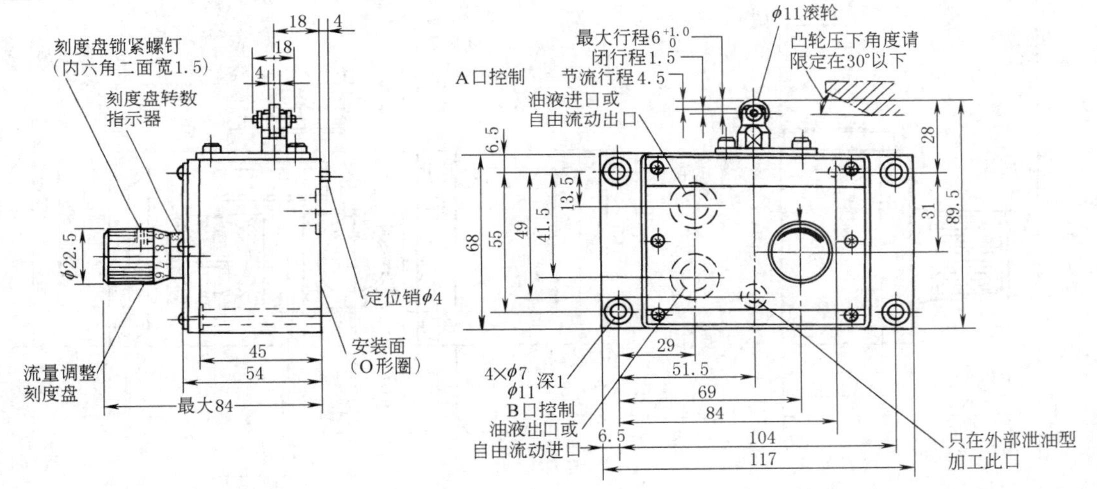 |
| UCF2G-03型 | 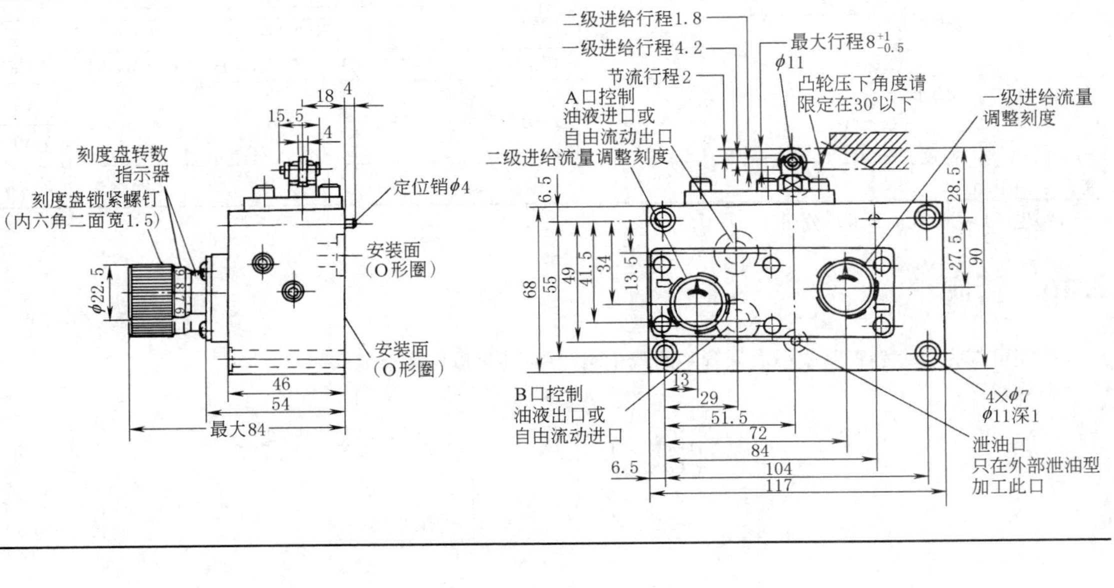 |

续表

UCF1G-04型

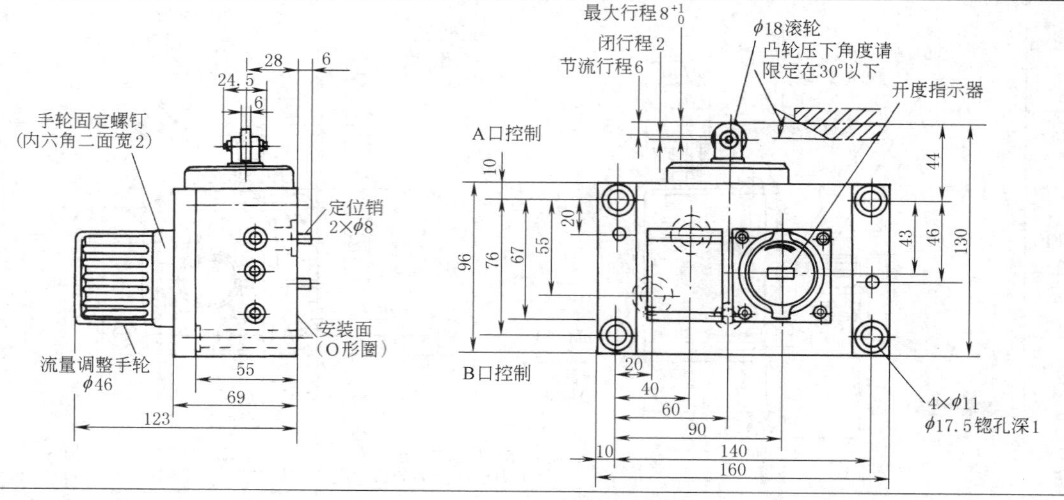


UCF2G-04型

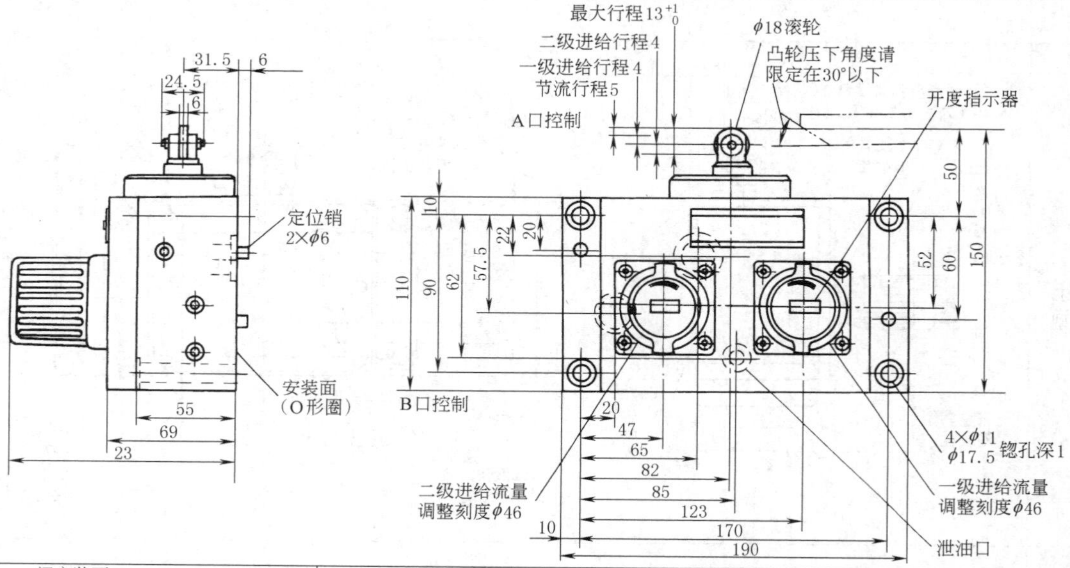


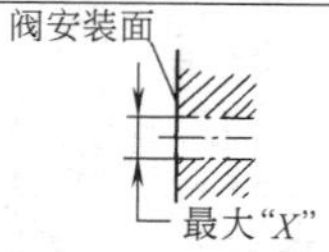


阀安装面加工精度：平面度 0.013mm，粗糙度 0.0016mm

| 最大孔径"X"/mm | | | | | |
|---|---|---|---|---|---|
| 型号 | UCF1G-01 | UCF1G-03 | UCF2G-03 | UCF1G-04 | UCF2G-04 |
| A、B口 | ϕ11.5 | ϕ11.5 | ϕ11.5 | ϕ15.5 | A口ϕ18<br>B口ϕ15.5 |
| 泄油口 | ϕ3.5 | ϕ4 | ϕ4 | ϕ8.5 | ϕ8.5 |

注：生产厂为榆次油研液压公司。

## 2.16 针阀

针阀可作为压力表管路或小流量管路的截止阀使用，还可以用作节流阀。

型号意义：

GCT - 02 - 32

系列号
GCT— 直通型针阀、螺纹连接型
GCTR— 直角型针阀、螺纹连接型

规格：02

设计号：32

**技术规格**

| 型号 | | 最大流量/L·min$^{-1}$ | 最高工作压力/MPa | 质量/kg |
|---|---|---|---|---|
| 直通型 | 直角型 | | | |
| GCT-02-32 | GCTR-02-32 | 取决于允许压降,见开度、流量特性和全开时压降特性 | 35 | 0.34 |

注：生产厂为榆次油研液压公司。

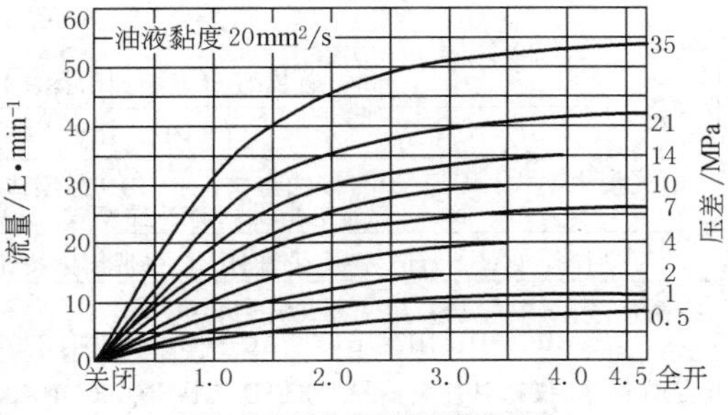


图 21-7-19 开度-流量特性曲线

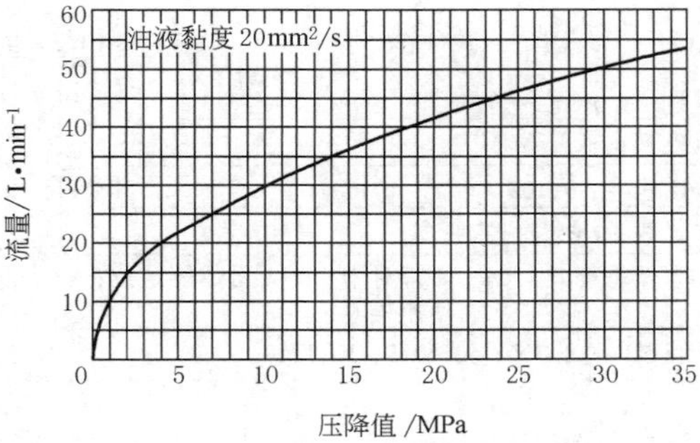


图 21-7-20 阀全开时压降特性曲线

**表 21-7-48** **外形尺寸** mm

针阀

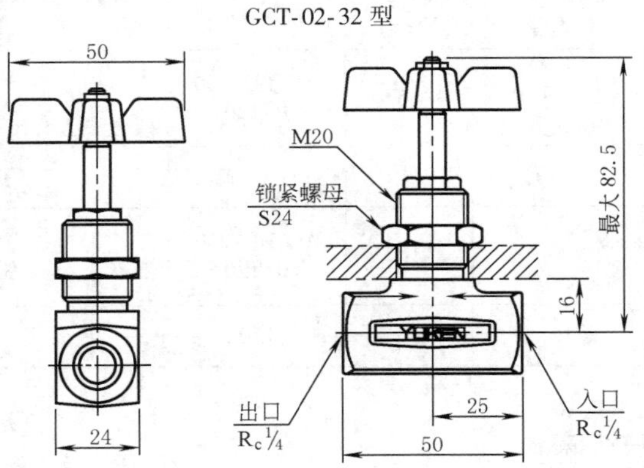


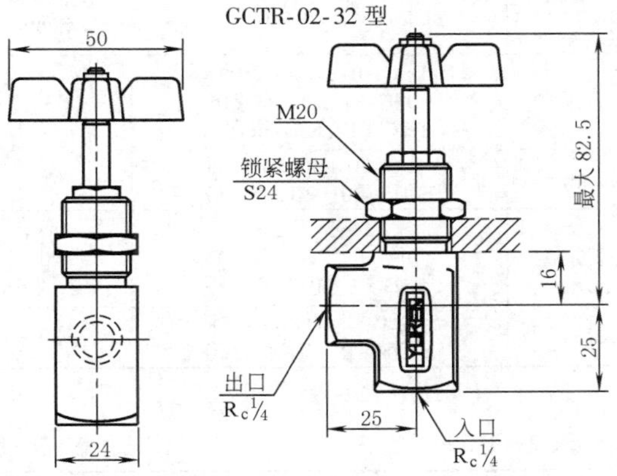


面板安装尺寸

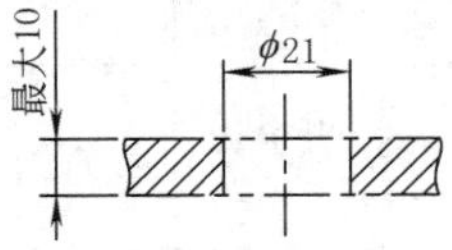


接头

此接头将压力表直接装在针阀上使用

接头装有压力阻尼器，以减小有害的冲击，保护压力表

针阀不附带接头，请参照下表订购

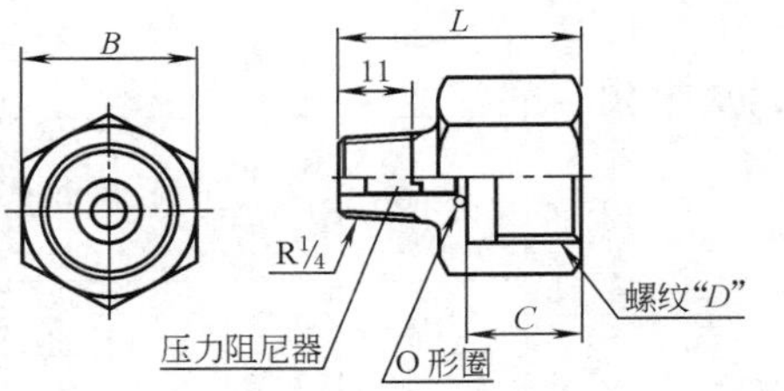


| 接头型号 | 压力表接口 D | B | C | L | 质量/kg |
|---|---|---|---|---|---|
| AG-02S | G¼ | 24 | 14 | 32 | 0.075 |
| AG-03S | G⅜ | 24 | 16 | 35 | 0.075 |
| AG-04S | G½ | 27 | 18 | 37 | 0.08 |

## 2.17 DSG-01/03电磁换向阀

本系列电磁换向阀配有强吸力、高性能的湿式电磁铁，具有高压、大流量、压力损失低等特点。无冲击型可以将换向时的噪声和配管的振动抑制到很小。

型号意义：

S-DSG-01-2 B 2 A-D24-C-N-50-L

- 类别：无标记 — 普通型；S— 无冲击型
- 电磁换向阀
- 通径代号：01，03
- 位置数：3位，2位
- 滑阀弹簧型式：C— 弹簧对中；D— 无弹簧定位；B— 弹簧偏置
- 滑阀机能：2，3，4；40，60，9；10，12，8
- 工作位置标注（仅针对弹簧偏置型）快速转换RQ100，RQ200 A— 使用中立位置与SOL a励磁位置；B— 使用中立位置与SOL b励磁位置
- 线圈代号：AC—A100，A120，A200，A240；DC—D12，D24，D100；AC → DC—R100，R200
- 手动操作型式：无记号 — 带推杆；C— 带锁紧按钮
- 电气接线型式：无记号 — 接线盒式；N—DIN插座式；N1— 带通电指示灯DIN插座式
- 设计号
- 逆装配L（逆装配时标注）

表21-7-49 技术规格

| 类别 | 型号 | 最大流量 /L·min$^{-1}$ | 最高使用压力 /MPa | T口允许背压 /MPa | 最高换向频率 /次·min$^{-1}$ | 质量/kg | |
|---|---|---|---|---|---|---|---|
| | | | | | | AC | DC、R、RQ |
| 普通型 | DSG-01-3C※-※-50<br>DSG-01-2D2-※-50<br>DSG-01-2B※-※-50 | 63 | 31.5<br>25（阀机能60型） | 16 | AC、DC：300<br>R：120 | | 2.2<br>2.2<br>1.6 |
| 无冲击型 | S-DSG-01-3C※-※-50<br>S-DSG-01-2B2-※-50 | 40 | 16 | 16 | DC、R：120 | | 2.2<br>1.6 |
| 普通型 | DSG-03-3C※-※-50<br>DSG-03-2D2-※-50<br>DSG-03-2B※-※-50 | 120 | 31.5<br>25（阀机能60型） | 16 | AC、DC：240<br>R：120 | 3.6<br>2.9 | 5<br>3.6 |
| 无冲击型 | S-DSG-03-3C※-※-50<br>S-DSG-03-2D2-※-50 | 120 | 16 | 16 | 120 | — | 5<br>3.6 |

注：生产厂为榆次油研液压有限公司。

表21-7-50 电磁铁参数

| 电源 | 线圈型号 | 频率 /Hz | 电压/V | | 电源 | 线圈型号 | 频率 /Hz | 电压/V | |
|---|---|---|---|---|---|---|---|---|---|
| | | | 额定电压 | 使用范围 | | | | 额定电压 | 使用范围 |
| 交流AC | A100 | 50<br>60 | 100<br>100<br>110 | 80~110<br>90~120 | 直流DC | D12<br>D24<br>D100 | — | 12<br>24<br>100 | 10.8~13.2<br>21.6~26.4<br>90~110 |
| | A120 | 50<br>60 | 120 | 96~132<br>108~144 | 交流（交直流转换型AC→DC） | R100<br>R200 | 50/60 | 100<br>200 | 90~110<br>180~220 |
| | A200 | 50<br>60 | 200<br>200<br>220 | 160~220<br>180~240 | 交流（交直流快速转换型AC→DC） | RQ100 | 50/60 | 100 | 90~110 |
| | A240 | 50<br>60 | 240 | 192~264<br>216~288 | DSG-03电磁换向阀 | RQ200 | | 200 | 180~220 |

表21-7-51 阀机能

| 3C2 | 3C3 | 3C4 | 3C40 | 3C60 | 3C9 |
|---|---|---|---|---|---|

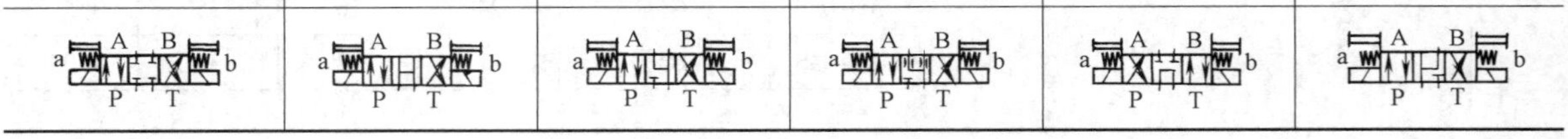

续表

| 3C10 | 3C12 | 2D2 | 2B2 | 2B3 | 2B8 |
|---|---|---|---|---|---|
|  | 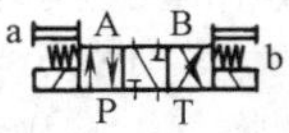 |  | 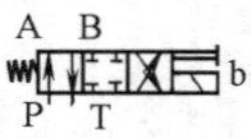 | 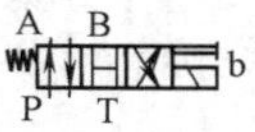 | 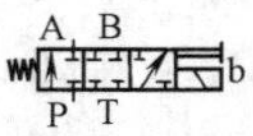 |

**表 21-7-52** 外形尺寸 mm

弹簧对中型、无弹簧定位型、弹簧偏置型

交流电磁铁：DSG-01-※※※-A※

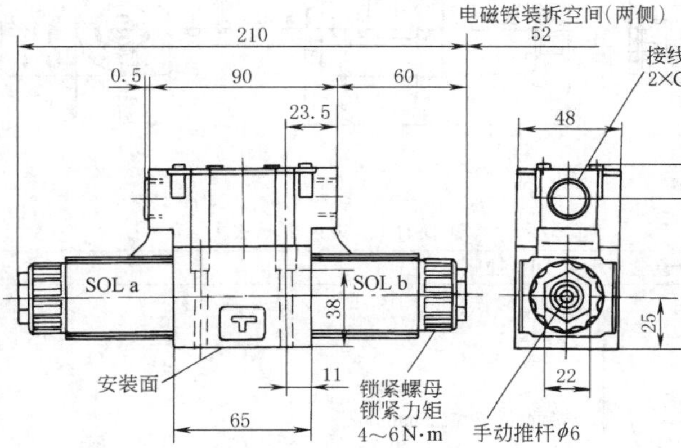


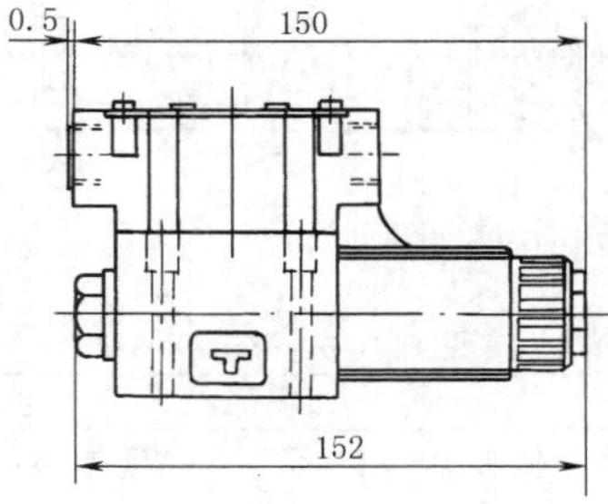


其他尺寸参照左图
逆装配时电磁铁装在SOL a侧

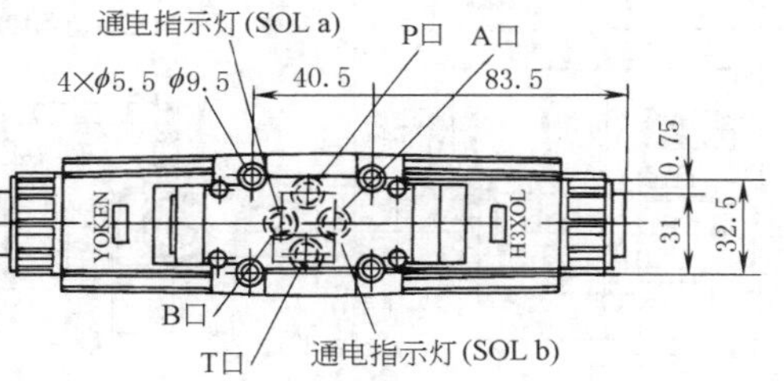


交流电磁铁：DSG-03-※※※-A※

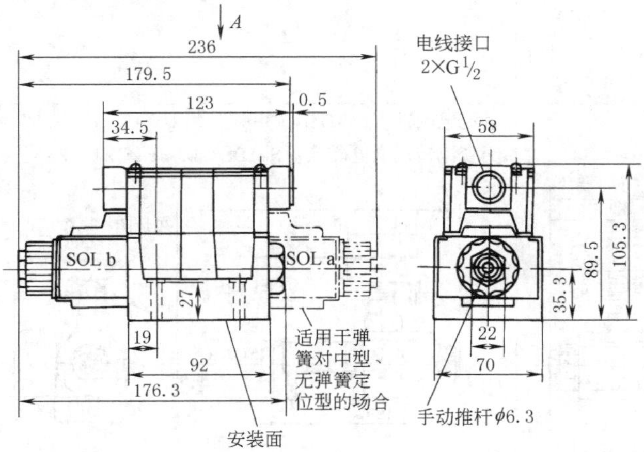


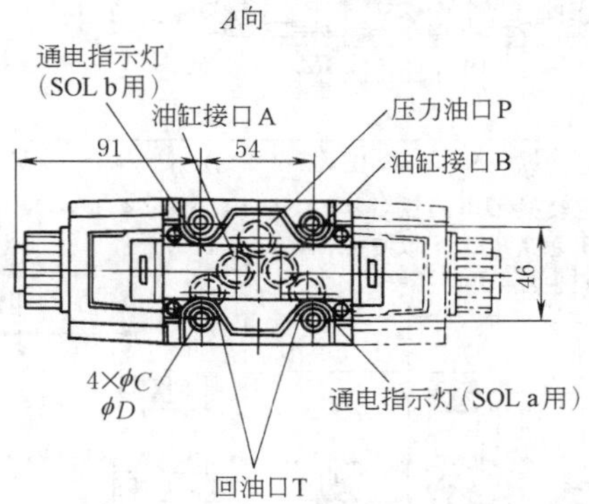


| 型 号 | C | D |
|---|---|---|
| DSG-03-※※※-A※-50 | 7 | 11 |
| DSG-03-※※※-A※-5002 | 8.8 | 14 |

续表

**弹簧对中型、无弹簧定位型、弹簧偏置型**

直流电磁铁:(S-)DSG-01-※※※-D※

交直流转换型电磁铁:(S-)DSG-01-※※※-R※

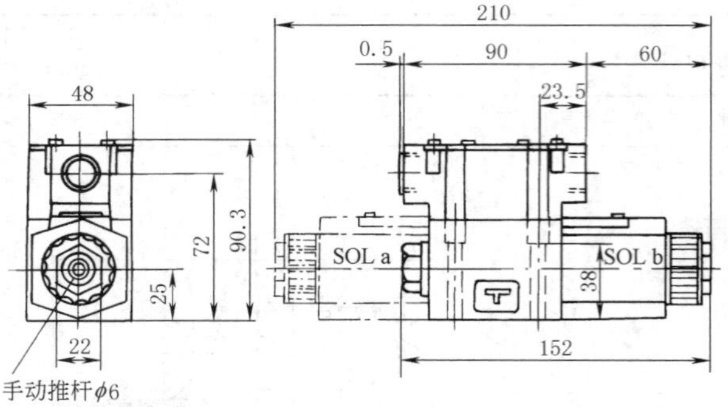


其余尺寸参见 DSG-01-※※※-A※

直流电磁铁:(S-)DSG-03-※※※-D※

交直流转换型电磁铁:(S-)DSG-03-※※※-R※

交直流快速转换型电磁铁:(S-)DSG-03-※※※-RQ※

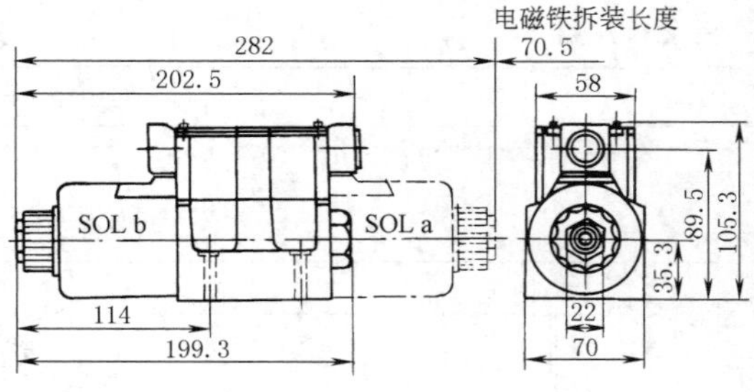


其余尺寸参见 DSG-03-※※※-A※

**DIN 插座式、带通电指示灯 DIN 插座式**

交流电磁铁:DSG-01-※※※-A※-N/N1

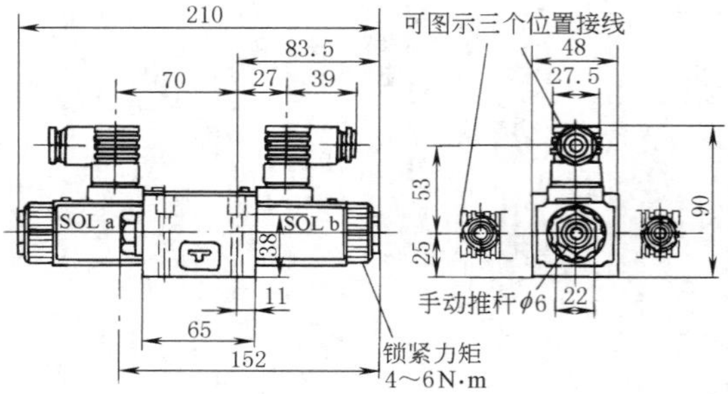


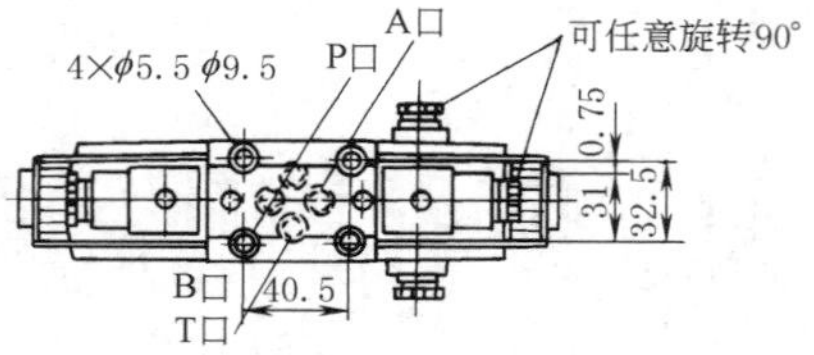


交流电磁铁:DSG-03-※※※-A※-N/N1

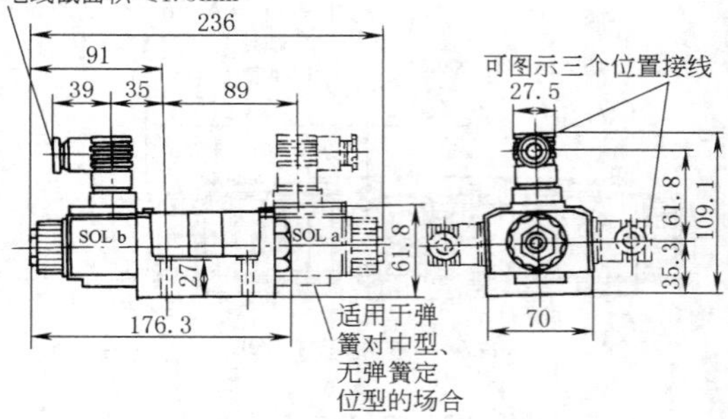


直流电磁铁:(S-)DSG-01-※※※-D※-N/N1

交直流转换型电磁铁:(S-)DSG-01-※※※-R※-N

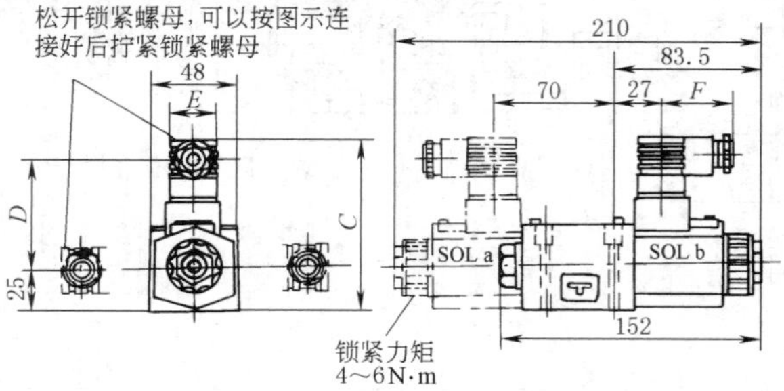


| 型　　号 | C | D | E | F |
|---|---|---|---|---|
| DSG-01-※※※-D※-N/N1 | 101 | 64 | 27.5 | 39 |
| DSG-01-※※※-R※-N | 104 | 57.2 | 34 | 53 |

直流电磁铁:(S-)DSG-03-※※※-D※-N/N1

交直流转换型电磁铁:(S-)DSG-03-※※※R-※-N

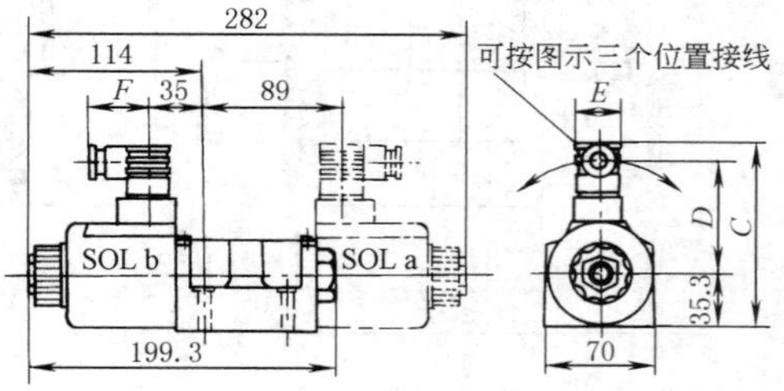


| 型　　号 | C | D | E | F |
|---|---|---|---|---|
| DSG-03-※※※-D※-N/N1 | 121.1 | 73.8 | 27.5 | 39 |
| DSG-03-※※※-R※-N | 124.9 | 62.6 | 34 | 53 |

续表

| 带锁紧按钮 | |
|---|---|
| (S-)DSG-01-※※※-※-C　　(S-)DSG-03-※※※-※-C<br>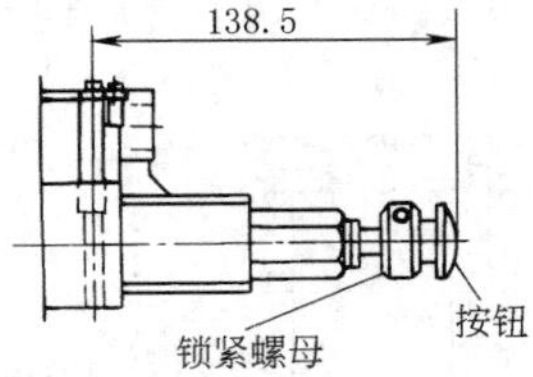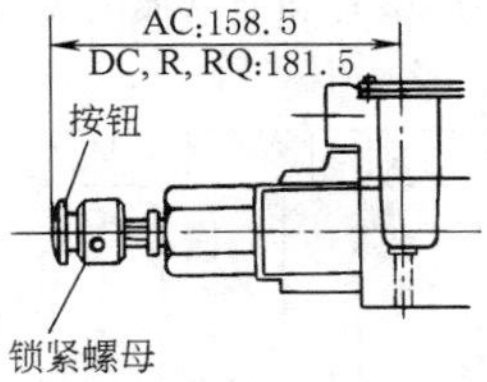 | 电磁铁通电前，一定要完全松开锁紧螺母。推动按钮后，顺时针旋转锁紧螺母，可使阀芯位置固定 |



**安　装　底　板**

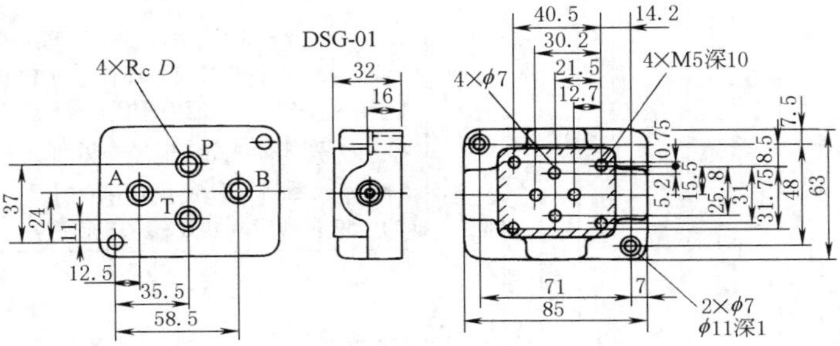


表 21-7-53

| 底板型号 | D<br>(连接口) | 质量/kg |
|---|---|---|
| DSGM-01-30 | 1/8 | 0.8 |
| DSGM-01X-30 | 1/4 | |
| DSGM-01Y-30 | 3/8 | |

注：使用底板时，请按上面的型号订货。

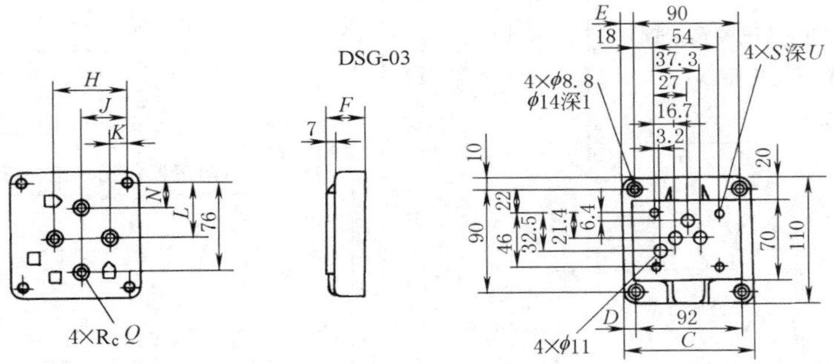


表 21-7-54　　　　mm

| 底板型号 | C | D | E | F | H | J | K | L | N | Q | S | U | 质量/kg |
|---|---|---|---|---|---|---|---|---|---|---|---|---|---|
| DSGM-03-40/4002 | 110 | 9 | 10 | 32 | 62 | 40 | 16 | 48 | 21 | 3/8 | M6/M8 | 13/14 | 3 |
| DSGM-03X-40/4002 | | | | | | | | | | 1/2 | | | |
| DSGM-03Y-40/4002 | 120 | 14 | 15 | 50 | 80 | 45 | 10 | 47 | 16 | 3/4 | | | 4.7 |

## 2.18　微小电流控制型电磁换向阀

本阀可以用微小电流（10mA）来控制阀的动作，以便实现信号控制和程序控制。技术参数、外形尺寸、安装底板参见 DSG-01/03 电磁换向阀。

型号意义：

T-S-DSG-03-2B2A-A100 M-50-L

控制型式：T— 微小电流控制型

通径代号：01,03

线圈代号：AC—A100、A200；DC—D24；AC→DC—R100、R200

信号方式：无记号 — 内部信号方式(半导体开关动作信号电源从电磁铁电源接入)；M— 外部信号方式(半导体开关动作信号电源从其他电源接入)

注：其余部分参见 DSG-01/03 电磁换向阀型号说明中对应部分。

## 2.19 DSHG 型电液换向阀

DSHG 型电液换向阀由电磁换向阀（DSG-01 型）和液动换向阀（主阀）组成，用于较大流量的液压系统。

型号意义：

□-□-DSHG-□-□□□□-□□-□-□-□□-□-□-□

- 工作介质：无标记—矿物液压油，含水工作液；F—磷酸酯液压油
- 类别：无标记—常规型；S—无冲击型
- 名称：电液换向阀
- 通径：01—NG6；03—NG10；04—NG16；06—NG20；10—NG30
- 位置数：3—三位；2—二位
- 弹簧配置型式：C—弹簧对中；B—弹簧偏置；N—无弹簧，有定位器；H—压力对中
- 滑阀机能（见图21-7-21）
- 使用中位与单侧位置：无标记—无此要求；A—使用中位与电磁铁“A”端位置；B—使用中位与电磁铁“B”端位置
- 先导节流：无标记—不带先导节流；$C_1$—带 $C_1$ 型先导节流；$C_2$—带 $C_2$ 型先导节流；$C_1C_2$—带 $C_1C_2$ 型先导节流
- 先导控制方式：无标记—内控式；E—外控式
- 先导泄油方式：无标记—外排式；T—内排式
- 阀芯控制型式：$R_2$—两端均带行程调节；$R_A$—A 口端带行程调节；$R_B$—B 口端带行程调节；$P_2$—两端均带先导活塞；$P_A$—A 口端带先导活塞；$P_B$—B 口端带先导活塞
- 电源电压：A100—交流电压 110V；A120—交流电压 120V；A200—交流电压 200V；A240—交流电压 240V；D12—直流电压 12V；D24—直流电压 24V；D100—直流电压 100V；R100—本整电磁铁，交流 100V；R200—本整电磁铁，交流 200V
- 手动操作：无标记—手动推杆；C—手动紧按钮
- 阻尼器：无标记—不带阻尼器；H—带阻尼器
- 电气连接型式：无标记—接线盒线；N—插头式；N1—带指示灯，插头式
- 系列号：1＊—1＊系列，对应 DSHG-01，03 型（10～19 系列安装和连接尺寸相同）；4＊—4＊系列，对应 DSHG-10 型（40～49 系列安装和连接尺寸相同）；5＊—5＊系列，对应 DSHG-06 型（50～59 系列安装和连接尺寸相同）
- 电磁铁位置：无标记—电磁铁标准装配；L—电磁铁反向装配

## 滑 阀 机 能

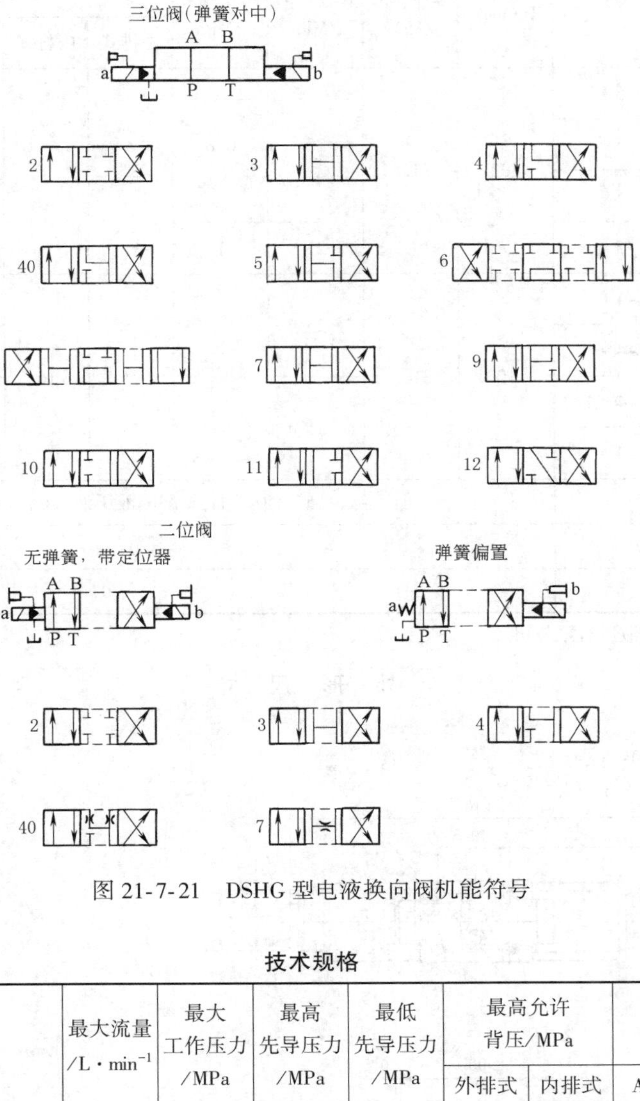


图 21-7-21 DSHG 型电液换向阀机能符号

**表 21-7-55** **技术规格**

| 型号 | 最大流量 /L·min$^{-1}$ | 最大工作压力 /MPa | 最高先导压力 /MPa | 最低先导压力 /MPa | 最高允许背压/MPa | | 最高切换频率 /次·min$^{-1}$ | | | 质量 /kg |
|---|---|---|---|---|---|---|---|---|---|---|
| | | | | | 外排式 | 内排式 | AC | DC | R | |
| DSHG-01-3C＊-＊-1＊ | 40 | 21 | 21 | 1 | 16 | 16 | 120 | 120 | 120 | 3.5 |
| DSHG-01-2B＊-＊-1＊ | | | | | | | | | | 2.9 |
| DSHG-03-3C＊-＊-1＊ | 160 | 25 | 25 | 0.7 | 16 | 16 | 120 | 120 | 120 | 7.2 |
| DSHG-03-2N＊-＊-1＊ | | | | | | | | | | 7.2 |
| DSHG-03-2B＊-＊-1＊ | | | | | | | | | | 6.6 |
| DSHG-04-3C＊-＊-5＊ | 300 | 31.5 | 25 | 0.8 | 21 | 16 | 120 | 120 | 120 | 8.8 |
| (S-)DSHG-04-2N＊-＊-5＊ | | | | | | | | | | 8.8 |
| (S-)DSHG-04-2B＊-＊-5＊ | | | | | | | | | | 8.2 |

续表

| 型号 | 最大流量/L·min⁻¹ | 最大工作压力/MPa | 最高先导压力/MPa | 最低先导压力/MPa | 最高允许背压/MPa | | 最高切换频率/次·min⁻¹ | | | 质量/kg |
|---|---|---|---|---|---|---|---|---|---|---|
| | | | | | 外排式 | 内排式 | AC | DC | R | |
| (S-)DSHG-06-3C*-*-5* | 500 | 31.5 | 25 | 0.8 | 21 | 16 | 120 | 120 | 120 | 12.7 |
| (S-)DSHG-06-2N*-*-5* | | | | | | | | | | 12.7 |
| (S-)DSHG-06-2B*-*-5* | | | | | | | | | | 12.1 |
| (S-)DSHG-06-3H*-*-5* | | | 21 | 1 | | | 110 | 110 | 110 | 13.5 |
| (S-)DSHG-10-3C*-*-4* | 1100 | 31.5 | 25 | 1 | 21 | 16 | 120 | 120 | 120 | 45.3 |
| (S-)DSHG-10-2N*-*-4* | | | | | | | 100 | 100 | 100 | 45.3 |
| (S-)DSHG-10-2B*-*-4* | | | 21 | | | | 60 | 60 | 50 | 44.7 |
| (S-)DSHG-10-3H*-*-4* | | | | | | | | | | 53.1 |
| 介质 | 矿物液压油,磷酸酯液压油,含水工作液 | | | | | | | | | |
| 介质黏度/$m^2 \cdot s^{-1}$ | $(15\sim400)\times10^{-6}$ | | | | | | | | | |
| 介质温度/℃ | -15~70 | | | | | | | | | |

注：生产厂为榆次油研液压有限公司。

## 外 形 尺 寸

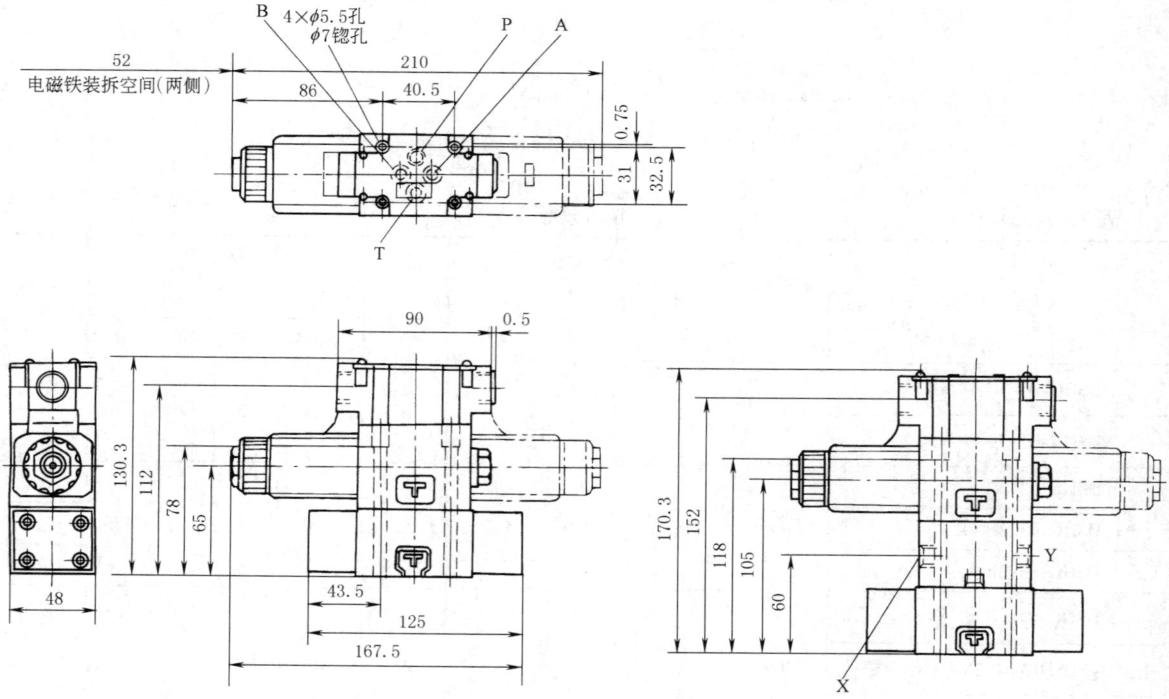


图 21-7-22　DSHG-01 型电液换向阀

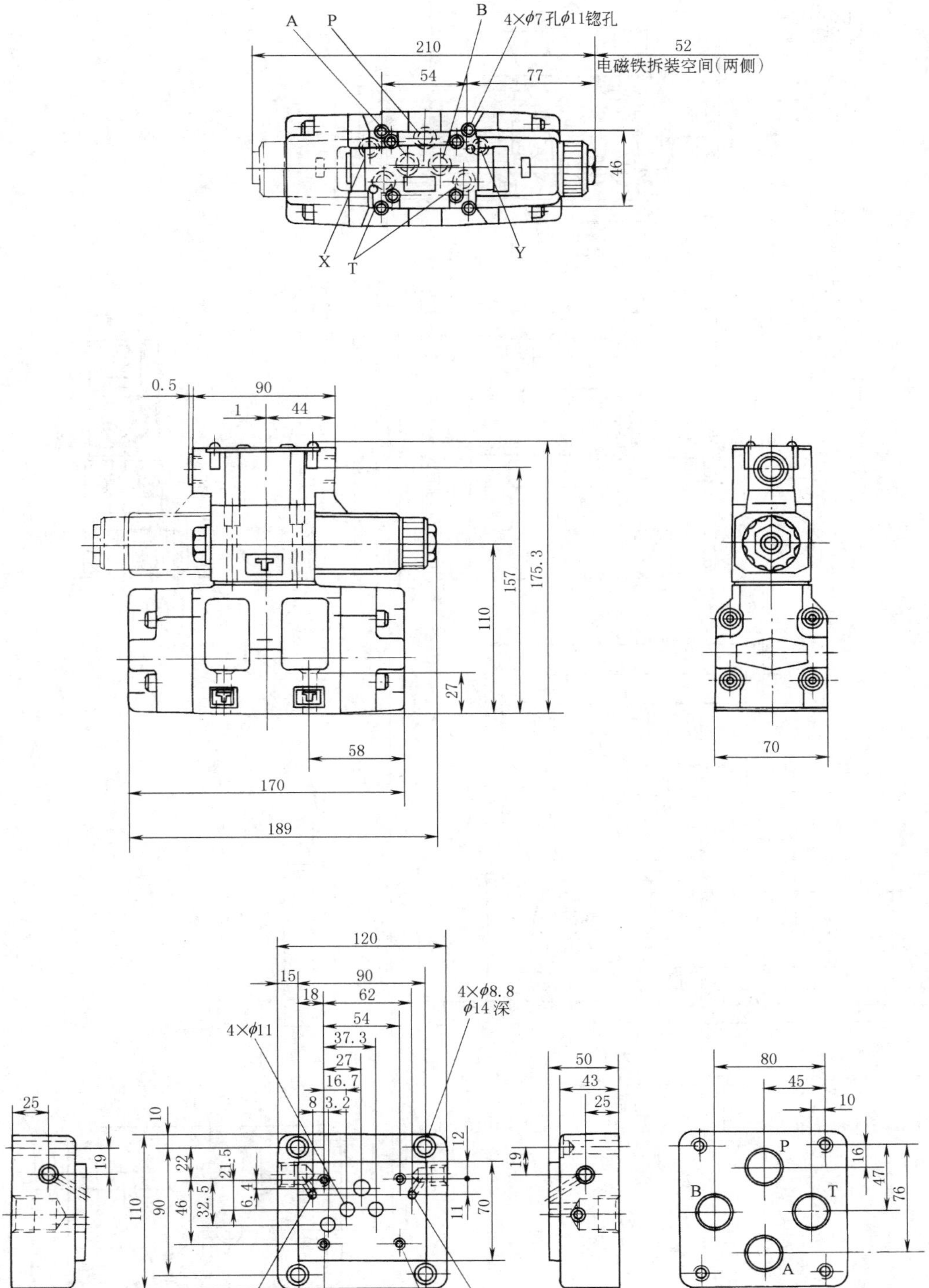


图 21-7-23　DSHG-03 型电液换向阀

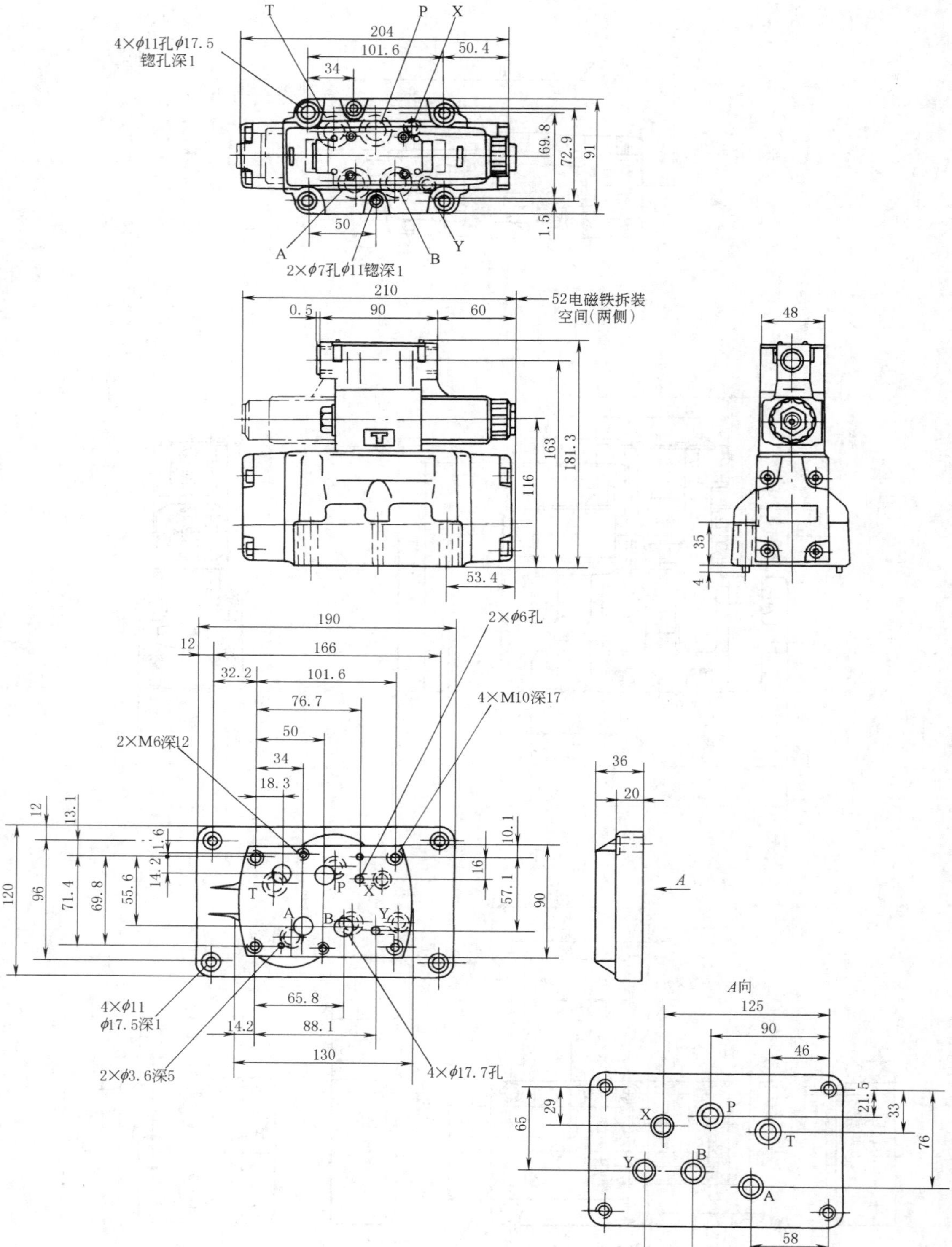


图 21-7-24　DSHG-04 型电液换向阀

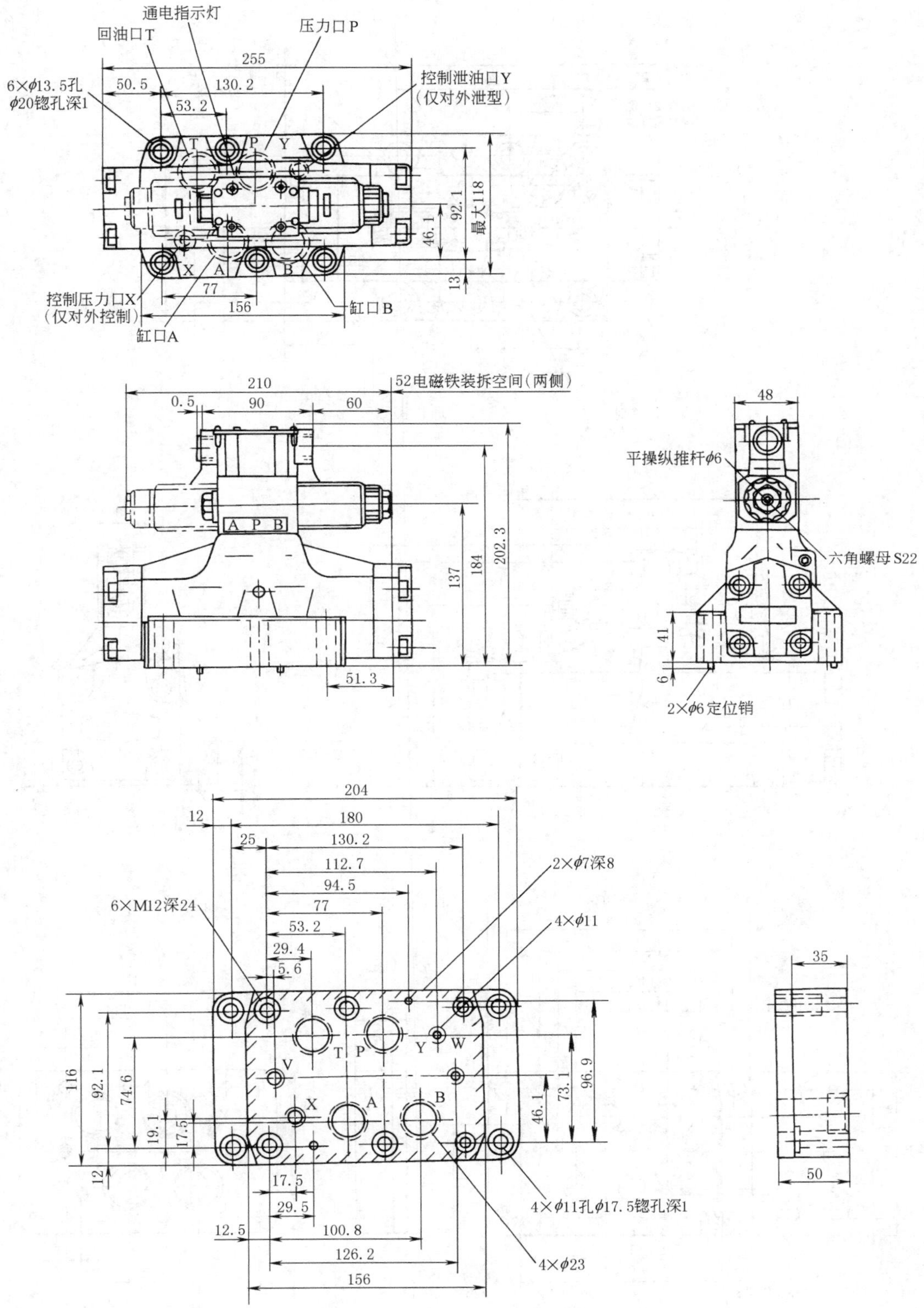


图 21-7-25 DSHG-06 型电液换向阀

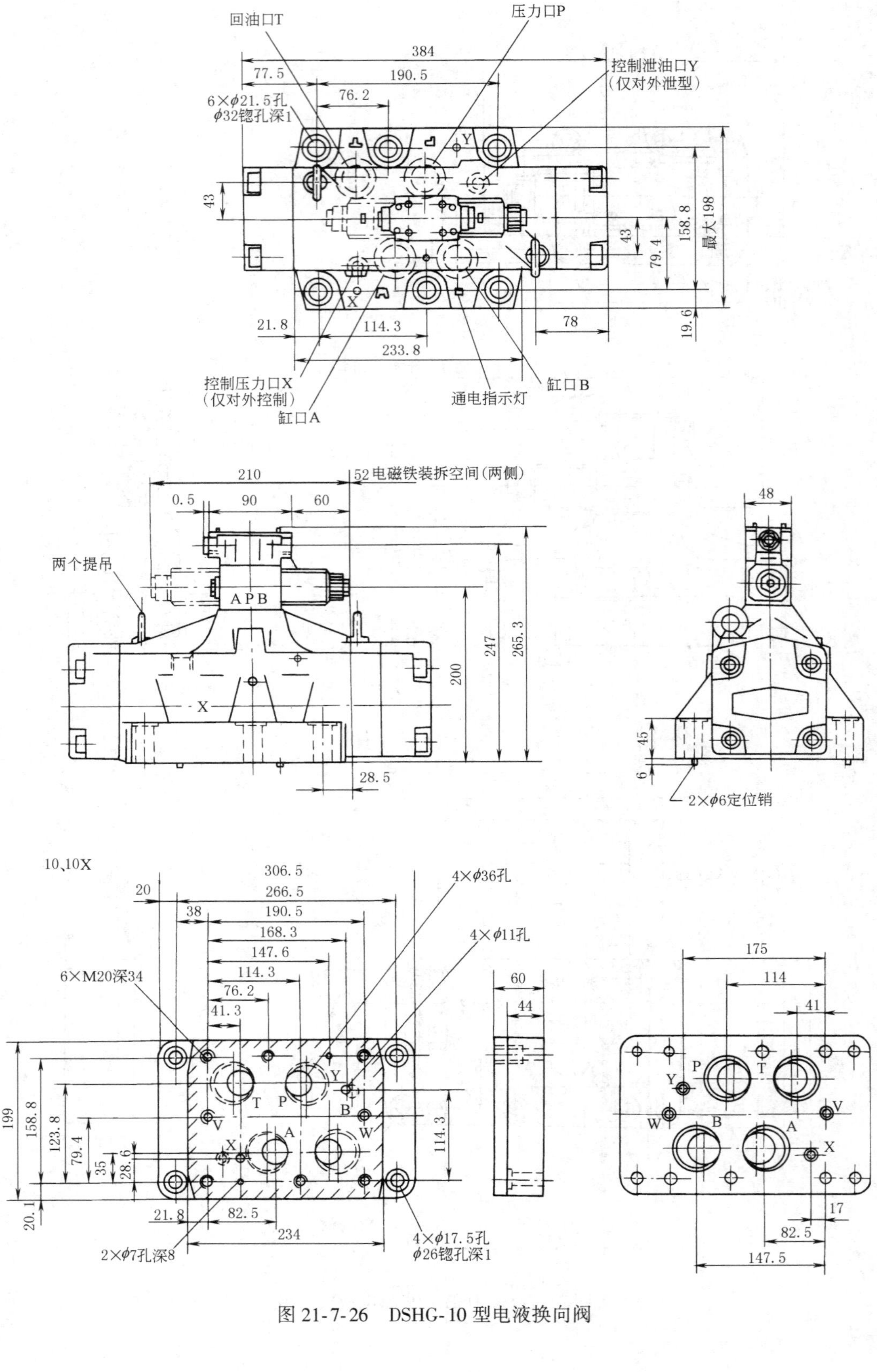


图 21-7-26　DSHG-10 型电液换向阀

## 2.20 DM型手动换向阀

型号意义：

F - DM □ - □ □ □ □ □ - 50

特殊密封：F— 使用磷酸酯油液

名称代号：手动换向阀

连接型式：T— 管式；G— 板式

公称尺寸：

| 03 | 06 | 06X | 01、03、 |
|---|---|---|---|
| $R_c3/8$ | $R_c3/4$ | $R_c1$ | 04、06、 |
| 10 | 10X | | 10 |
| $R_c1\frac{1}{4}$ | $R_c1\frac{1}{2}$ | | |

位数：3— 三位；2— 二位

阀芯复位型式：C— 弹簧对中；D— 无弹簧钢球定位；B— 弹簧偏置

滑阀机能：2、3、4、40、5、6、60、7、8、9、10、11、12

使用中位或单侧位置的阀，不使用时省略

设计号：10、21、30、40、50

**表21-7-56** 技术规格

| 型号 | | 最大流量/L·min$^{-1}$ | | | | 最高使用压力/MPa | 允许背压/MPa | 质量/kg |
|---|---|---|---|---|---|---|---|---|
| | | 7MPa | 14MPa | 21MPa | 31.5MPa | | | |
| 管式连接 | DMT-03-3C※-50 | 100① | 100① | 100① | — | 25 | 16 | 5.0 |
| | DMT-03-3D※-50 | 100 | 100 | 100 | — | | | |
| | DMT-03-2D※-50 | 100 | 100 | 100 | — | | | |
| | DMT-03-2B※-50 | 100① | 100① | 100① | — | | | |
| | DMT-06※-3C※-30 | 300(200)② | 300(120)② | 300(100)② | — | 21 | 滑阀移动时:7<br>滑阀静止时:21 | 12.9 |
| | DMT-06※-3D※-30 | 300 | 300 | 300 | — | | | |
| | DMT-06※-2D※-30 | 300 | 300 | 300 | — | | | |
| | DMT-06※-2B※-30 | 200 | 120 | 100 | — | | | |
| | DMT-10※-3C※-30 | 500(315)② | 500(315)② | 500(315)② | — | 21 | 滑阀移动时:7<br>滑阀静止时:21 | 22 |
| | DMT-10※-3D※-30 | 500 | 500 | 500 | — | | | |
| | DMT-10※-2D※-30 | 500 | 500 | 500 | — | | | |
| | DMT-10※-2B※-30 | 315 | 315 | 315 | — | | | |
| 板式连接 | DMG-01-3C※-10 | 35 | 35 | 35 | — | 25 | 14 | 1.8 |
| | DMG-01-3D※-10 | | | | | | | |
| | DMG-01-2D※-10 | | | | | | | |
| | DMG-01-2B※-10 | | | | | | | |
| | DMG-03-3C※-50 | 100① | 100① | 100① | — | 25 | 16 | 4.0 |
| | DMG-03-3D※-50 | 100 | 100 | 100 | — | | | |
| | DMG-03-2D※-50 | 100 | 100 | 100 | — | | | |
| | DMG-03-2B※-50 | 100① | 100① | 100① | — | | | |
| | DMG-04-3C※-21 | 200 | 200 | 105 | — | 21 | 21④ | 7.4 |
| | DMG-04-3D※-21 | 200 | 200 | 200 | — | | | |
| | DMG-04-2D※-21 | 200 | 200 | 200 | — | | | |
| | DMG-04-2B※-21 | 90 | 60 | 50 | — | | | 7.9 |

续表

| 型号 | | 最大流量/L·min⁻¹ | | | | 最高使用压力/MPa | 允许背压/MPa | 质量/kg |
|---|---|---|---|---|---|---|---|---|
| | | 7MPa | 14MPa | 21MPa | 31.5MPa | | | |
| 板式连接 | DMG-06-3C※-50 | 500 | 500 | 500 | 500 | 31.5 | 21④ | 11.5 |
| | DMG-06-3D※-50 | 500 | 500 | 500 | 500 | | | |
| | DMG-06-2D※-50 | 500 | 500 | 500 | 500 | | | |
| | DMG-06-2B※-50 | 420 | 300 | 250 | 200 | | | 12 |
| | DMG-10-3C※-40 | 1100③ | 1100③ | 1100③ | 1100③ | 31.5 | 21④ | 48.2 |
| | DMG-10-3D※-40 | 1100 | 1100 | 1100 | 1100 | | | |
| | DMG-10-2D※-40 | 1100 | 1100 | 1100 | 1100 | | | |
| | DMG-10-2B※-40 | 670 | 350 | 260 | 200 | | | 50 |

① 因滑阀型式不同而异，详细内容请参照 DSG-01/03 系列电磁换向阀标准型号表（50Hz 额定电压时）。
② (　) 内的值表示 3C3、3C5、3C6、3C60 的最大流量。
③ 因滑阀型式不同而异。与 DSHG-10（先导压力为 1.5MPa）相同。
④ 回油背压超过 7MPa 时，泄油口直接和油箱连接。
注：1. 最大流量指阀切换无异常的界限流量。
2. 生产厂为榆次油研液压公司。

**表 21-7-57　　滑阀机能**

| 滑阀型式 | | DMG-01 | | | DMT-03<br>DMG-03 | | | DMT-06※<br>DMT-10※ | | DMG-04<br>DMG-06<br>DMG-10 | |
|---|---|---|---|---|---|---|---|---|---|---|---|
| | | 3C<br>3D | 2D | 2B | 3C<br>3D | 2D | 2B | 3C<br>3D | 2D<br>2B | 3C<br>3D | 2D<br>2B |
| 2 | 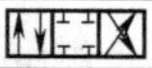 | ○ | ○ | ○ | ○ | ○ | ○ | ○ | ○ | ○ | ○ |
| 3 | 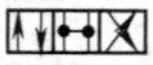 | ○ | ○ | ○ | ○ | — | ○ | ○ | ○ | ○ | ○ |
| 4 | 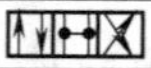 | ○ | — | — | ○ | — | — | ○ | ○ | ○ | ○ |
| 40 | 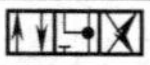 | ○ | — | — | ○ | — | — | ○ | ○ | ○ | ○ |
| 5 |  | ○ | — | — | — | — | — | — | — | — | — |
| | 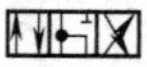 | — | — | — | — | — | — | ○ | — | ○ | — |
| 6 | 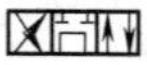 | — | — | — | — | — | — | — | — | ○ | — |
| |  | — | — | — | — | — | — | ○ | — | — | — |
| 60 |  | ○ | — | — | ○ | — | — | — | — | ○ | — |
| | 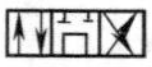 | — | — | — | — | — | — | ○ | — | — | — |
| 7 | 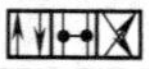 | ○ | ○ | — | — | — | — | ○ | ○ | ○ | ○ |
| 8 | 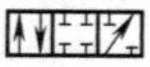 | ○ | ○ | ○ | — | — | ○ | ○ | ○ | — | — |
| 9 | 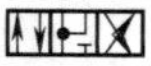 | ○ | — | — | ○ | — | — | ○ | — | ○ | — |
| 10 | 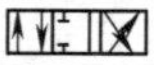 | ○ | — | — | ○ | — | — | ○ | — | ○ | — |
| 11 | 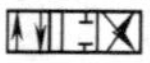 | ○ | — | — | — | — | — | ○ | — | ○ | — |
| 12 | 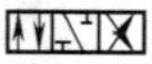 | ○ | — | — | ○ | — | — | ○ | — | ○ | — |

注：1.
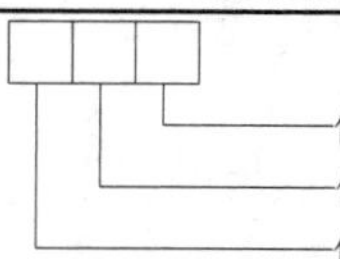
位置 3#
位置 2#（$DM^{T}_{G}$- 01、03- 2B *，$DM^{T}_{G}$- 03- 2D * 的场合，1# 变为 2#）
位置 1#

2. “○”标记表示相应阀具有的滑阀机能。

## 使用中间位置（2[#]）与单侧位置（1[#]或3[#]）的阀

除通常的二位式阀（2D※，2B※），也提供使用中间位置（2[#]）与位置1[#]或位置3[#]的两种2位式阀。

（2B※A，2D※A）（2B※B，2D※B）下表带○符号的表示尺寸规格具有二位滑阀型式。

**表 21-7-58**

| 阀型式 | | 液压符号 | 规格 | | |
|---|---|---|---|---|---|
| 弹簧偏置 | 钢球定位 | 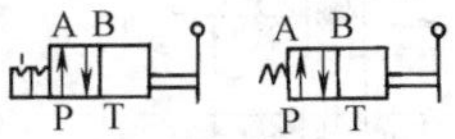 | * DMT-03 DMG-03 | DMT-06※ DMT-10※ | DMG-04 DMG-06 DMG-10 |
| 2B2A | 2D2A |  | ○ | ○ | ○ |
| 2B3A | 2D3A |  | ○ | ○ | ○ |
| 2B4A | 2D4A |  | — | ○ | ○ |
| 2B40A | 2D40A |  | — | ○ | ○ |
| — | — | — | — | — | — |
| 2B5A | 2D5A |  | — | ○ | ○ |
| 2B6A | 2D6A |  | — | — | ○ |
| | |  | — | ○ | — |
| 2B60A | 2D60A |  | — | — | ○ |
| | | 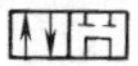 | — | ○ | — |
| 2B7A | 2D7A |  | — | ○ | ○ |
| 2B8A | 2D8A | 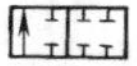 | — | ○ | — |
| 2B9A | 2D9A |  | — | ○ | ○ |
| 2B10A | 2D10A | 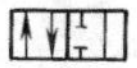 | — | ○ | ○ |
| 2B11A | 2D11A |  | — | ○ | ○ |
| 2B12A | 2D12A |  | — | ○ | ○ |

| 阀型式 | | 液压符号 | 规格 | | | |
|---|---|---|---|---|---|---|
| 弹簧偏置 | 钢球定位 | 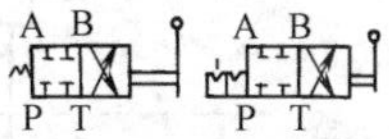 | DMG-01 | * DMT-03 DMG-03 | DMT-06※ DMT-10※ | DMG-04 DMG-06 DMG-10 |
| 2B2B | 2D2B | 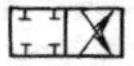 | ○ | ○ | ○ | ○ |
| 2B3B | 2D3B |  | ○ | ○ | ○ | ○ |
| 2B4B | 2D4B |  | ○ | ○ | ○ | ○ |
| 2B40B | 2D40B |  | ○ | — | ○ | ○ |
| 2B5B | 2D5B |  | ○ | — | — | — |
| | |  | — | — | ○ | ○ |
| 2B6B | 2D6B | 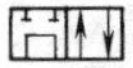 | — | — | — | ○ |
| | |  | — | — | ○ | — |
| 2B60B | 2D60B |  | ○ | ○ | — | ○ |
| | |  | — | — | ○ | — |
| 2B7B | 2D7B |  | ○ | — | ○ | ○ |
| 2B8B | 2D8B | 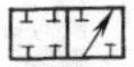 | ○ | — | ○ | — |
| 2B9B | 2D9B |  | ○ | — | ○ | ○ |
| 2B10B | 2D10B |  | ○ | ○ | ○ | ○ |
| 2B11B | 2D11B | 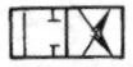 | ○ | — | ○ | ○ |
| 2B12B | 2D12B |  | ○ | ○ | ○ | ○ |

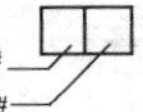
位置1[#]
位置2[#]

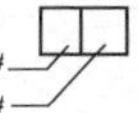
位置2[#]
位置3[#]

注：钢球定位的阀均无带＊标记规格。

## 外形尺寸

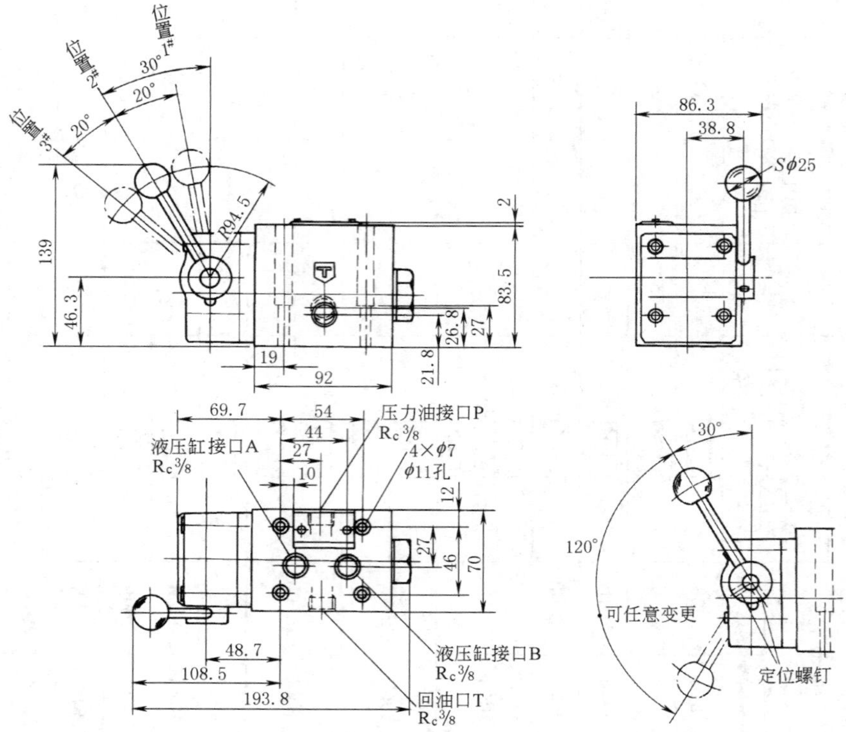


图 21-7-27　DMT-03 型外形尺寸

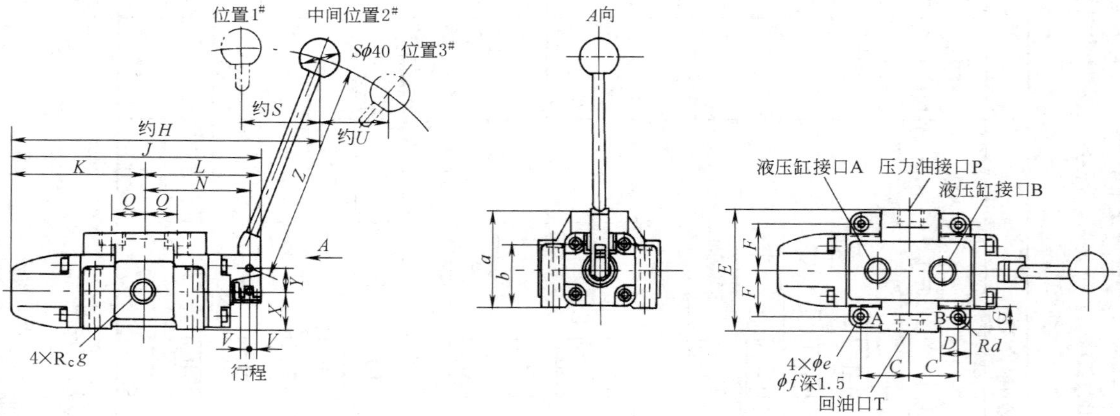


**表 21-7-59**　**DMT-06、06X / DMT-10、10X** 型外形尺寸　mm

| 型号 | C | D | E | F | G | H | J | K | L | N | Q | S | U | V | X | Y | Z | a | b | d | e | f | g |
|---|---|---|---|---|---|---|---|---|---|---|---|---|---|---|---|---|---|---|---|---|---|---|---|
| DMT-06 | 50 | 30 | 126 | 47.5 | 24 | 320 | 255 | 137 | 118 | 107 | 33.5 | 86 | 76 | 9 | 40 | 25 | 250 | 100 | 65 | 12 | 11 | 17.5 | $R_c$ 3/4 |
| DMT-06X | | | | | | | | | | | | | | | | | | | | | | | $R_c$ 1 |
| DMT-10 | 66 | 40 | 160 | 62.5 | 33 | 402 | 320 | 173 | 147 | 135 | 40 | 102 | 90 | 12.5 | 50 | 35 | 300 | 120 | 80 | 15 | 13.5 | 21 | $R_c$ 1 1/4 |
| DMT-10X | | | | | | | | | | | | | | | | | | | | | | | $R_c$ 1 1/2 |

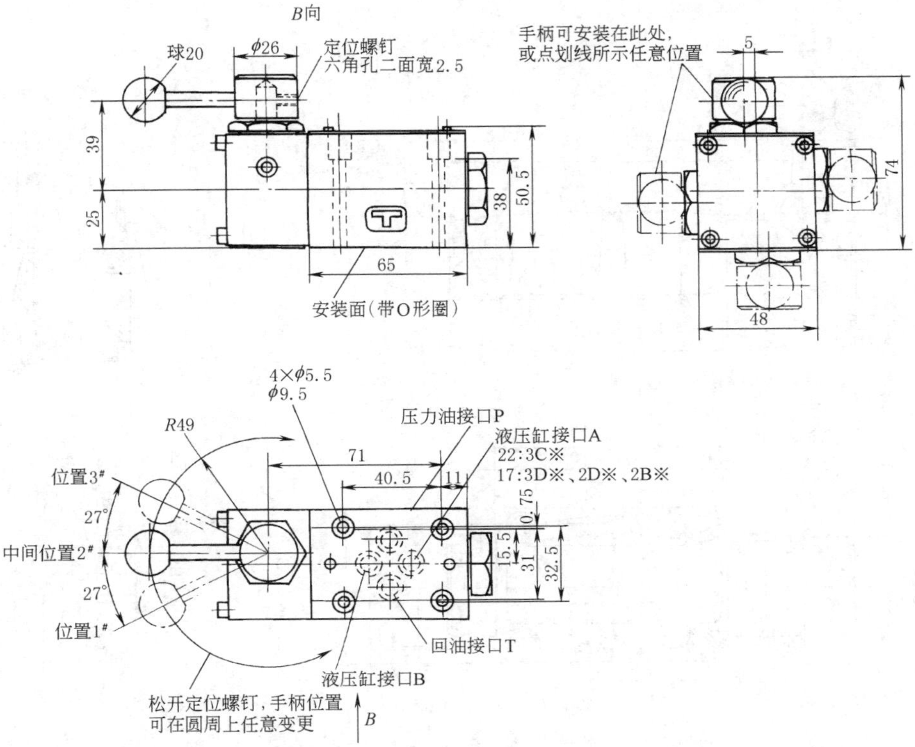


图 21-7-28　DMG-01 型外形尺寸

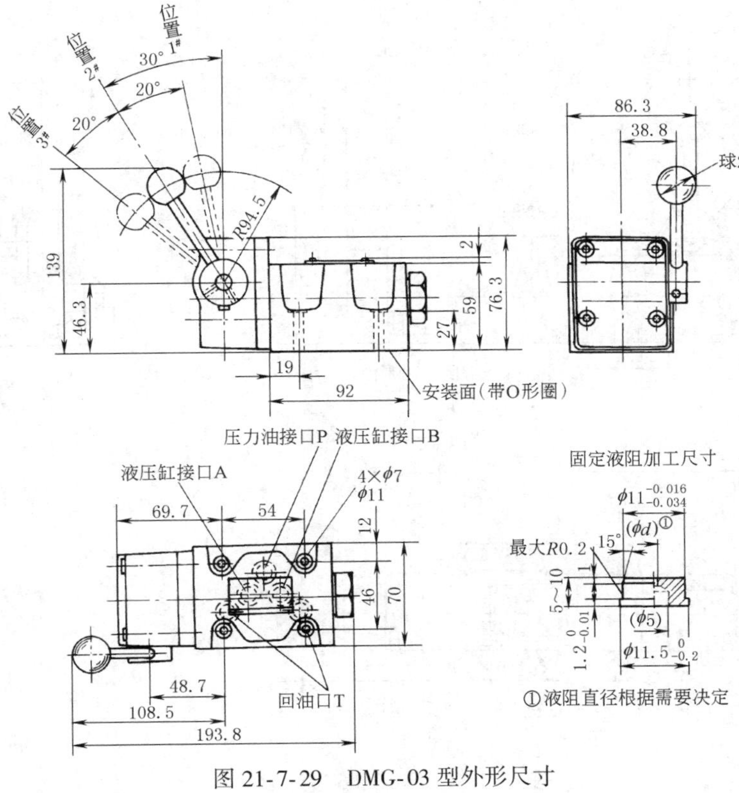


图 21-7-29　DMG-03 型外形尺寸

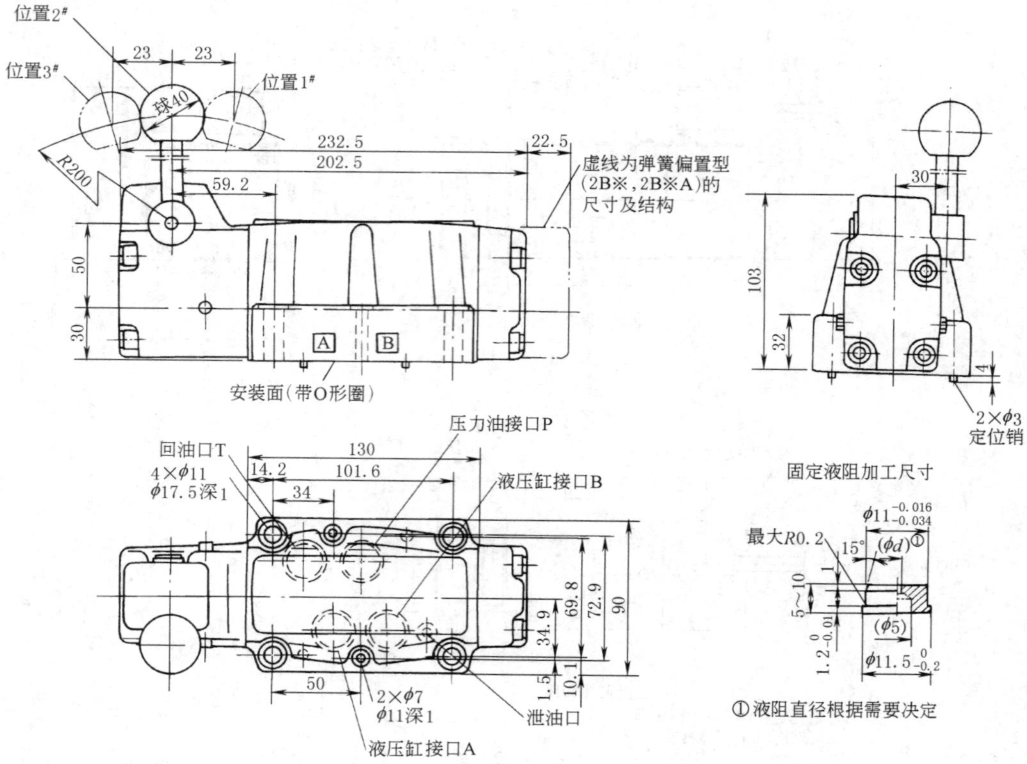


图 21-7-30　DMG-04 型外形尺寸

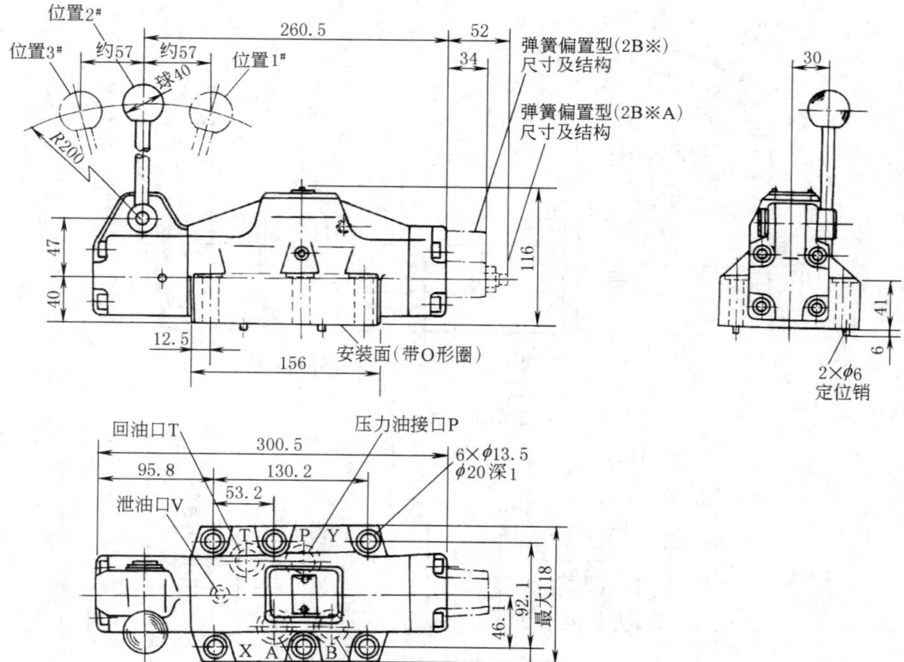


图 21-7-31　DMG-06 型外形尺寸

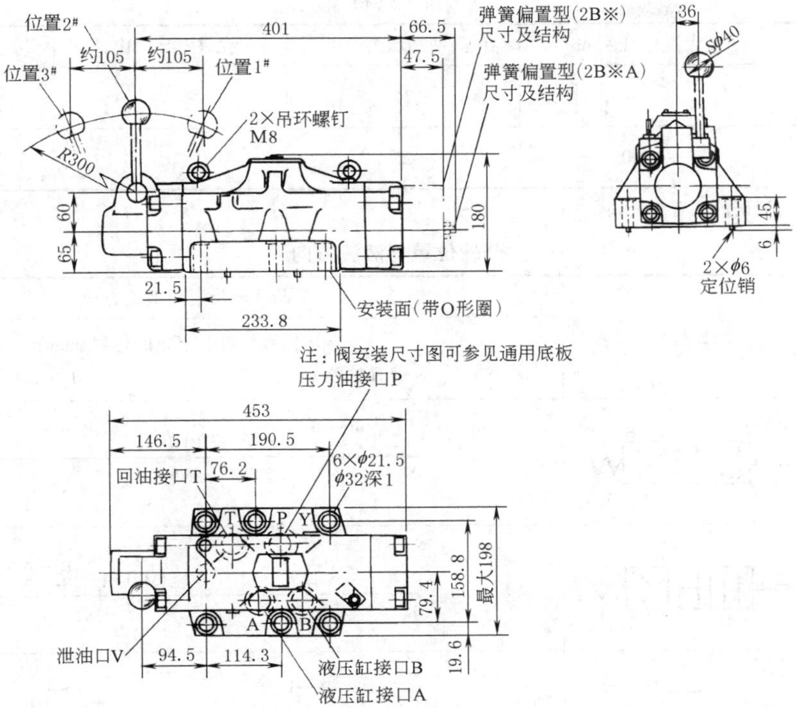


图 21-7-32　DMG-10 型外形尺寸

表 21-7-60　　　　　　**底板参数**

| 阀型号 | 底板型号 | 连接螺纹 | 质量/kg | 阀型号 | 底板型号 | 连接螺纹 | 质量/kg |
|---|---|---|---|---|---|---|---|
| DMG-01 | DSGM-01-30 | $R_c 1/8$ | 0.8 | DMG-04 | DHGM-04-20 | $R_c 1/2$ | 4.4 |
| | DSGM-01X-30 | $R_c 1/4$ | | | DHGM-04X-20 | $R_c 3/4$ | 4.1 |
| | DSGM-01Y-30 | $R_c 3/8$ | | DMG-06 | DHGM-06-50 | $R_c 3/4$ | 7.5 |
| DMG-03 | DSGM-03-40 | $R_c 3/8$ | 3 | | DHGM-06X-50 | $R_c 1$ | |
| | DSGM-03X-40 | $R_c 1/2$ | | DMG-10 | DHGM-10-40 | $R_c 1\frac{1}{4}$ | |
| | DSGM-03Y-40 | $R_c 3/4$ | 4.7 | | DHGM-10X-40 | $R_c 1\frac{1}{2}$ | 21.5 |

## 2.21　DC 型凸轮操作换向阀

型号意义：

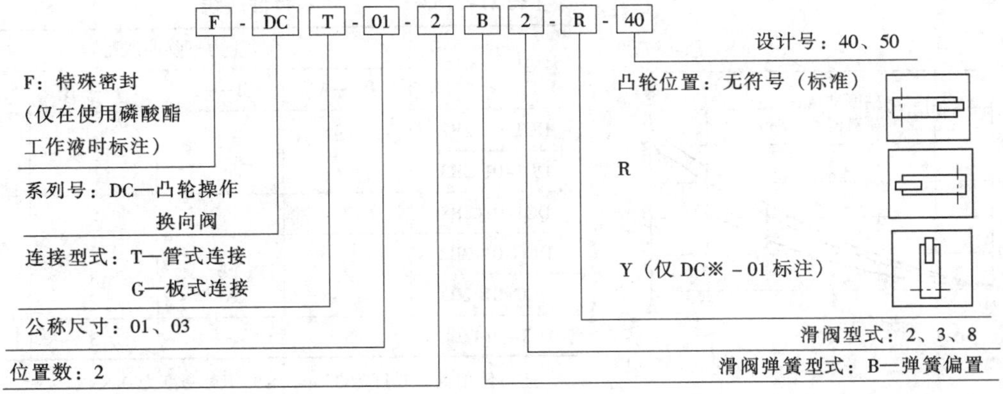

表 21-7-61 **技术规格**

| 型　　号 | 最大流量/L·min$^{-1}$ | 最高使用压力/MPa | 允许背压/MPa | 质量/kg |
|---|---|---|---|---|
| DCT<br>DCG-01-2B＊-40 | 30 | 21 | 7 | 1.1 |
| DCT<br>DCG-03-2B＊-50 | 100 | 25 | 10 | 4.5（管式）<br>3.8（板式） |

注：生产厂为榆次油研液压有限公司。

表 21-7-62 **凸轮位置与液流方向**

| 型　号 | 液压符号 | 凸滚轮位置与液流方向<br>从偏置位置起滚轮的行程/mm<br>偏置位置　　　　切换完了位置 |
|---|---|---|
| DCT<br>DCG-01-2B2 | 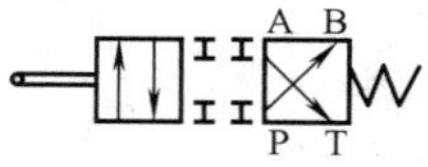 | 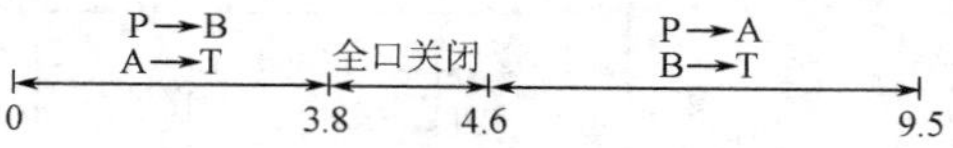 |
| DCT<br>DCG-01-2B3 |  | 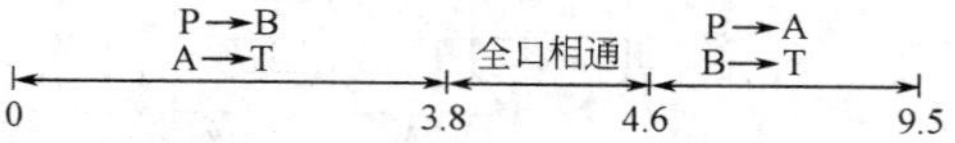 |
| DCT<br>DCG-01-2B8 |  | 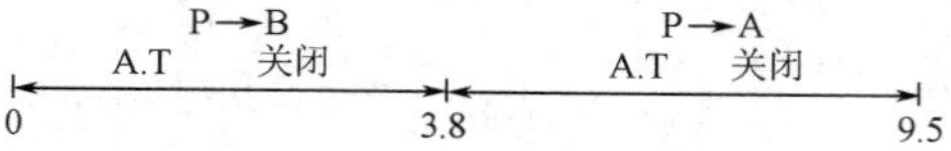 |
| DCT<br>DCG-03-2B2 |  | 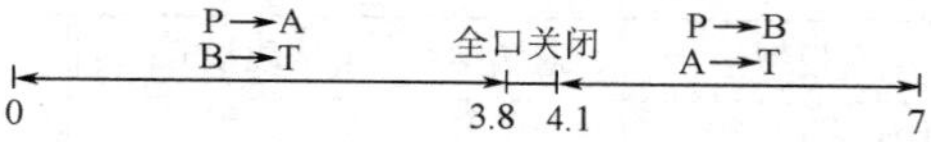 |
| DCT<br>DCG-03-2B3 |  | 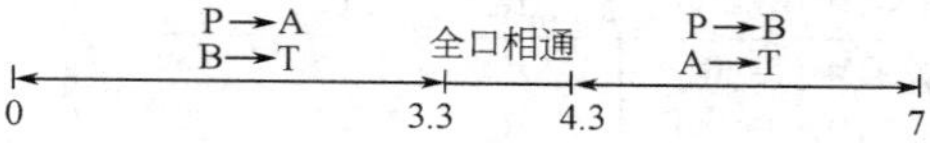 |
| DCT<br>DCG-03-2B8 |  | 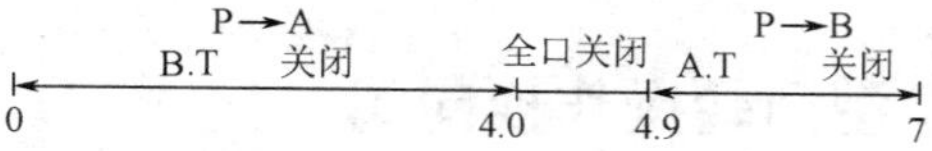 |

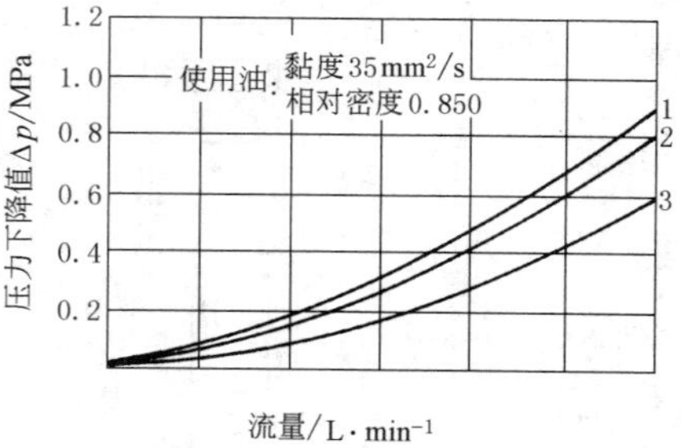


表 21-7-63 **特性曲线**

| 型　　号 | 压力下降曲线番号 | | | |
|---|---|---|---|---|
| | P→A | B→T | P→B | A→T |
| DCT-01-2B2<br>DCT-01-2B3 | 1 | 1 | 2 | 1 |
| DCT-01-2B8 | 2 | — | 2 | — |
| DCG-01-2B2<br>DCG-01-2B3 | 2 | 2 | 3 | 3 |
| DCG-01-2B8 | 3 | — | 3 | — |

注：使用油的黏度为35mm$^2$/s；相对密度为0.850。

## 外形尺寸

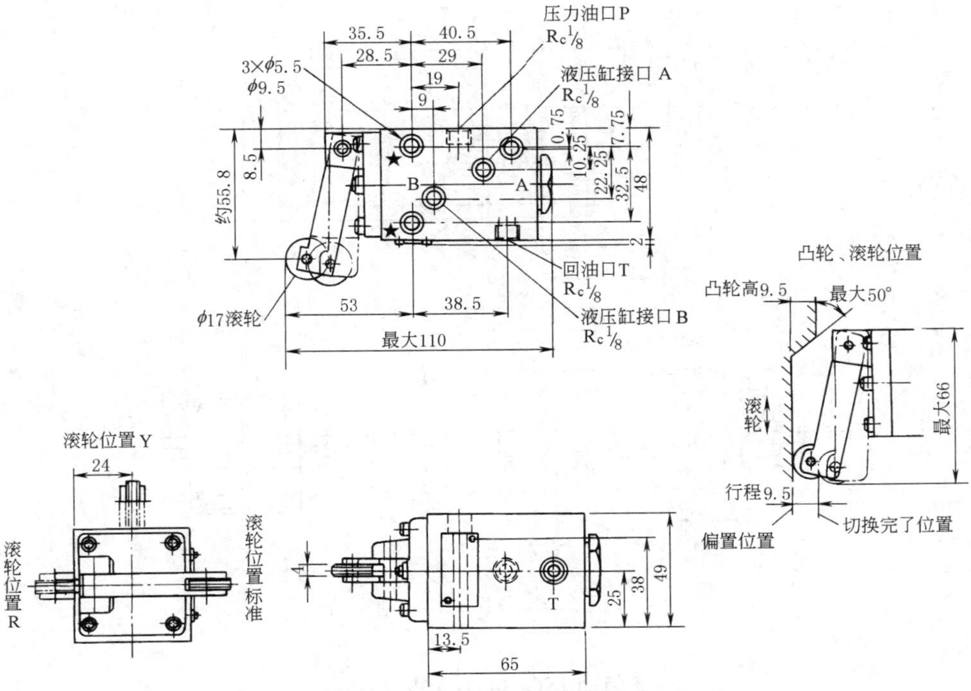


图 21-7-33　DCT-01 型外形尺寸

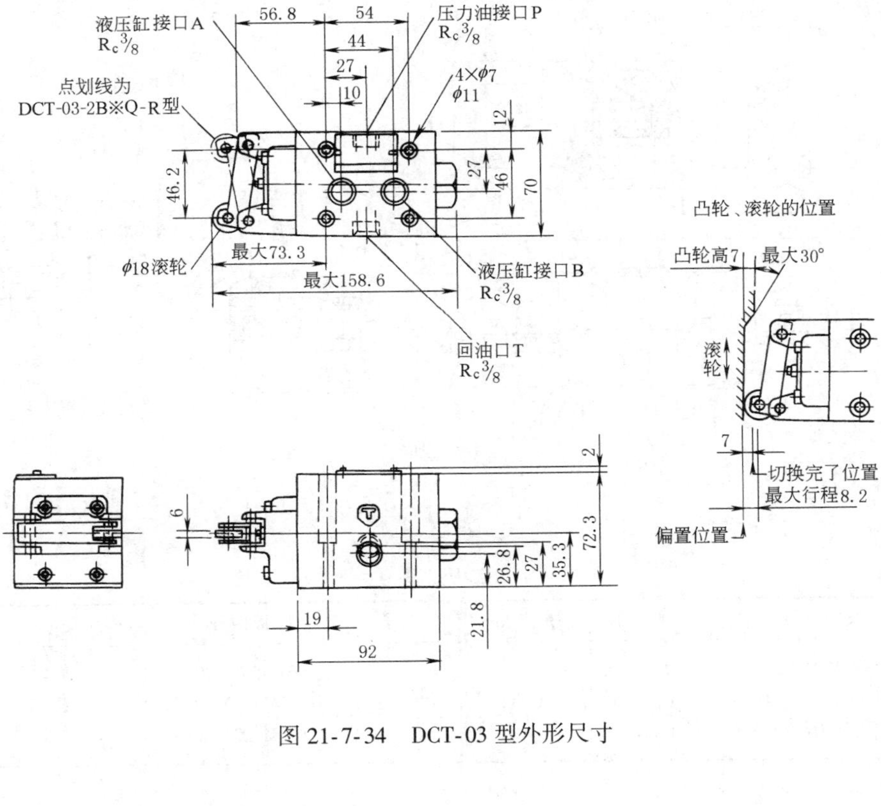


图 21-7-34　DCT-03 型外形尺寸

## 安装面 ISO 4401-AB-03-4-A

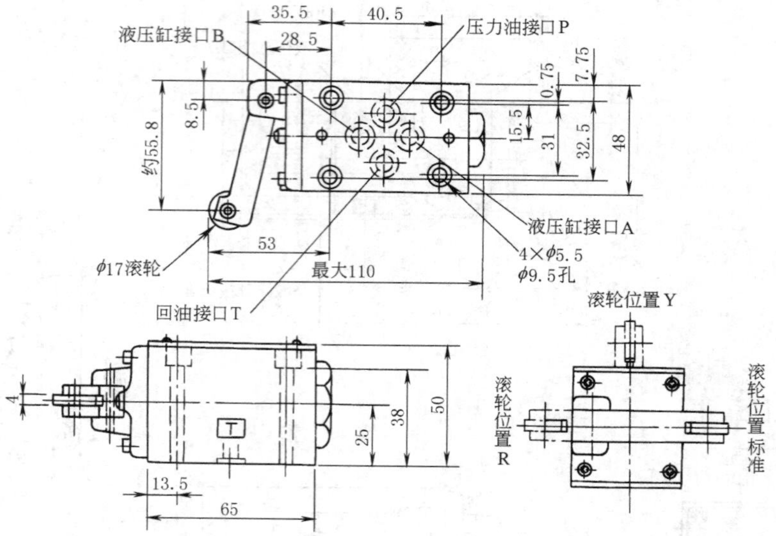


图 21-7-35　DCG-01 型

## 安装面 ISO 4401-AC-05-4-A

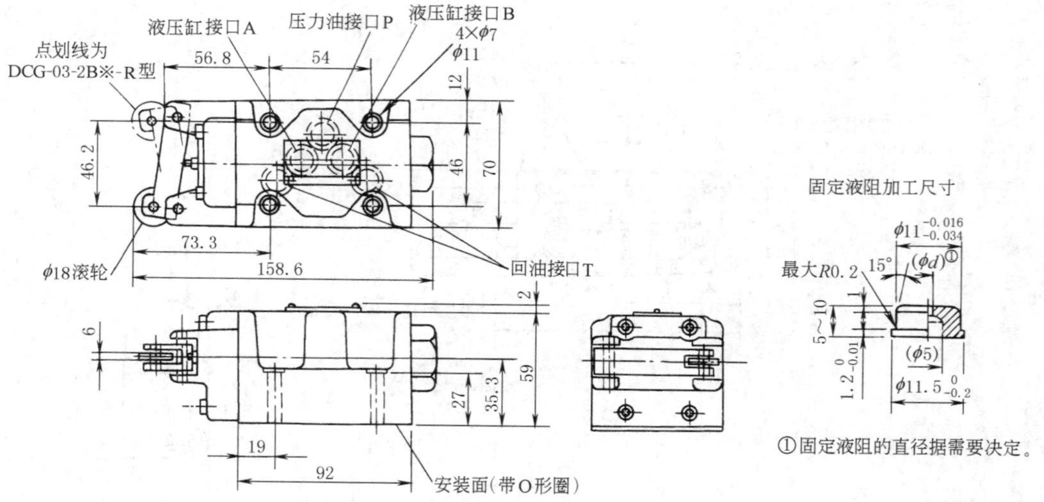


图 21-7-36　DCG-03 型

表 21-7-64　**底板型号**

| 阀型号 | 底板型号 | 连接尺寸 | 质量/kg | 阀型号 | 底板型号 | 连接尺寸 | 质量/kg |
|---|---|---|---|---|---|---|---|
| DCG-01 | DSGM-01-30<br>DSGM-01X-30<br>DSGM-01Y-30 | $R_c$ 1/8<br>$R_c$ 1/4<br>$R_c$ 3/8 | 0.8 | DCG-03 | DSGM-03-40<br>DSGM-03X-40<br>DSGM-03Y-40 | $R_c$ 3/8<br>$R_c$ 1/2<br>$R_c$ 3/4 | 3<br>3<br>4.7 |

## 2.22 C 型单向阀

C 型单向阀在所设定的开启压力下使用，可控制油流单方向流动，完全阻止油流的反方向流动。

型号意义：

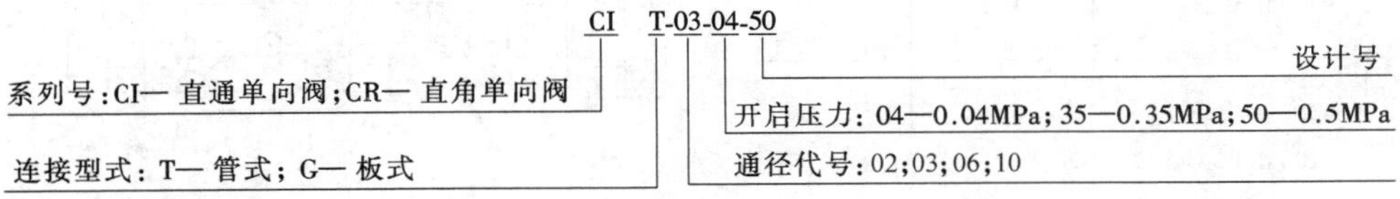
CI T-03-04-50
设计号
系列号：CI— 直通单向阀；CR— 直角单向阀
开启压力：04—0.04MPa；35—0.35MPa；50—0.5MPa
连接型式：T— 管式；G— 板式
通径代号：02；03；06；10

**表 21-7-65** 技术规格

| 型号 | | 额定流量①/L·min⁻¹ | 最高使用压力/MPa | 开启压力/MPa | 质量/kg |
|---|---|---|---|---|---|
| 管式连接(直通单向阀) | CIT-02-※-50 | 16 | 25 | 0.04 | 0.1 |
| | CIT-03-※-50 | 30 | | 0.35 | 0.3 |
| | CIT-06-※-50 | 85 | | 0.5 | 0.8 |
| | CIT-10-※-50 | 230 | | | 2.3 |
| 管式连接(直角单向阀) | CRT-03-※-50 | 40 | 25 | 0.04 | 0.9 |
| | CRT-06-※-50 | 125 | | 0.35 | 1.7 |
| | CRT-10-※-50 | 250 | | 0.5 | 5.6 |
| 板式连接 | CRG-03-※-50 | 40 | 25 | 0.04 | 1.7 |
| | CRG-06-※-50 | 125 | | 0.35 | 2.9 |
| | CRG-10-※-50 | 250 | | 0.5 | 5.5 |

① 额定流量是指开启压力 0.04MPa、使用油相对密度 0.85、黏度 20mm²/s 时自由流动压力下降值为 0.3MPa 时的大概流量。

注：生产厂为榆次油研液压公司。

**表 21-7-66** 外形尺寸 mm

CIT-02,03,06,10

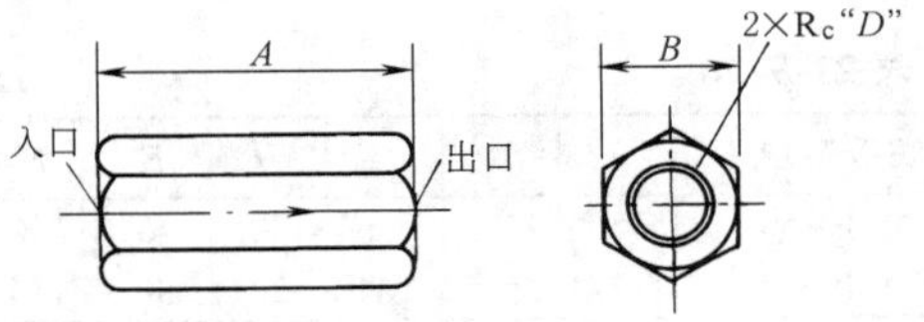


| 型号 | A | B | D |
|---|---|---|---|
| CIT-02-※-50 | 58 | 19 | 1/4 |
| CIT-03-※-50 | 76 | 27 | 3/8 |
| CIT-06-※-50 | 95 | 41 | 3/4 |
| CIT-10-※-50 | 133 | 60 | 1¼ |

CRT-03,06,10

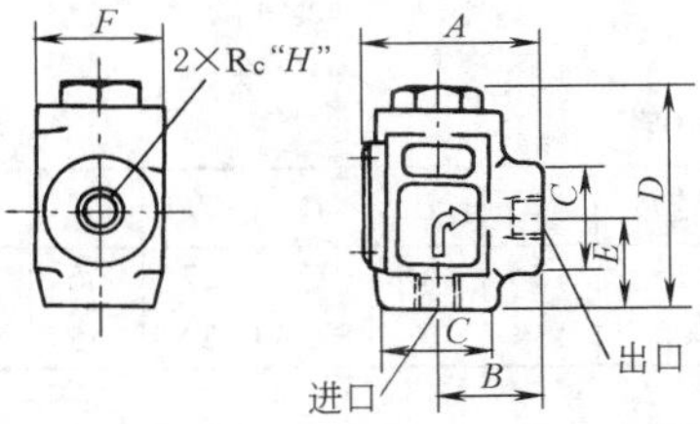


| 型号 | A | B | C | D | E | F | H |
|---|---|---|---|---|---|---|---|
| CRT-03 | 62 | 36 | ϕ38 | 80.5 | 33 | 44 | 3/8 |
| CRT-06 | 74 | 45 | ϕ54 | 104.5 | 49 | 54 | 3/4 |
| CRT-10 | 107 | 65 | □80 | 130 | 65 | 80 | 1¼ |

CRG-03,06

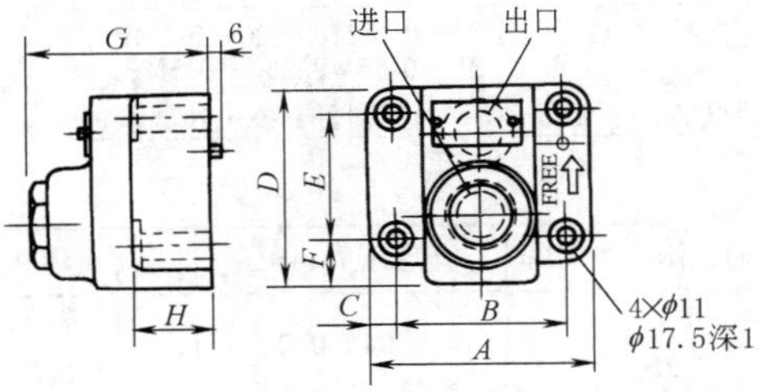


| 型号 | A | B | C | D | E | F |
|---|---|---|---|---|---|---|
| CRG-03 | 90 | 66.7 | 11.7 | 72 | 42.9 | 17.5 |
| CRG-06 | 102 | 79.4 | 11.3 | 93 | 60.3 | 21.4 |

| 型号 | G | H | 安装面符合下列 ISO 标准 |
|---|---|---|---|
| CRG-03 | 72.5 | 31 | ISO 5781-AG-06-2-A |
| CRG-06 | 84.5 | 36 | ISO 5781-AH-08-2-A |

CRG-10

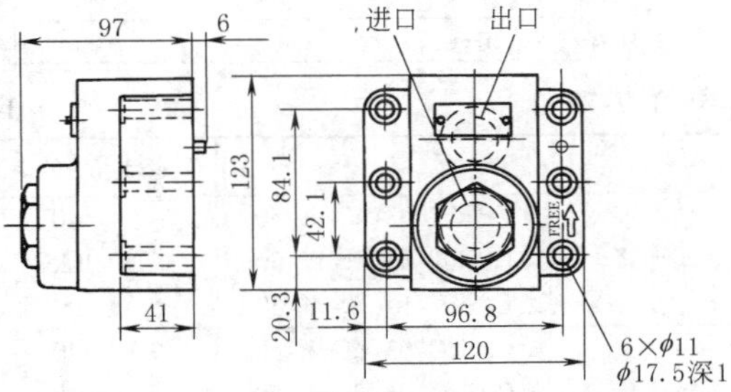


安装面符合 ISO 5781-AJ-10-2-A

**表 21-7-67　　安装底板**

| 型　　号 | 底板型号 | 连接尺寸 $R_c$ | 质量/kg |
|---|---|---|---|
| CRG-03 | CRGM-03-50 | 3/8 | 1.6 |
| | CRGM-03X-50 | 1/2 | 1.6 |
| CRG-06 | CRGM-06-50 | 3/4 | 2.4 |
| | CRGM-06X-50 | 1 | 3.0 |
| CRG-10 | CRGM-10-50 | 1¼ | 4.8 |
| | CRGM-10X-50 | 1½ | 5.7 |

CRGM　03,03X

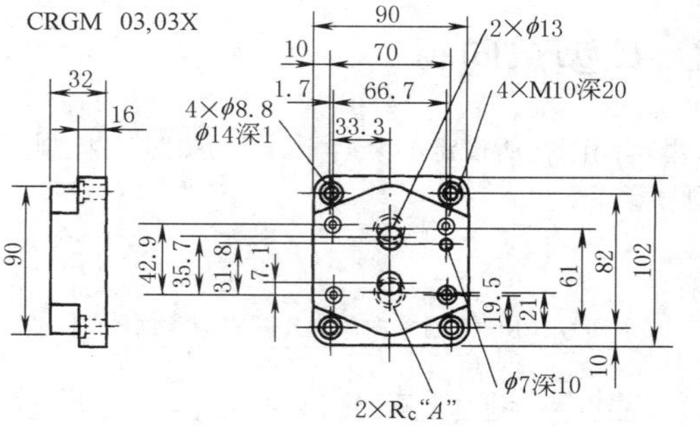


**表 21-7-68**

| 底板型号 | A |
|---|---|
| CRGM-03-50 | 3/8 |
| CRGM-03X-50 | 1/2 |

CRGM-06，06X

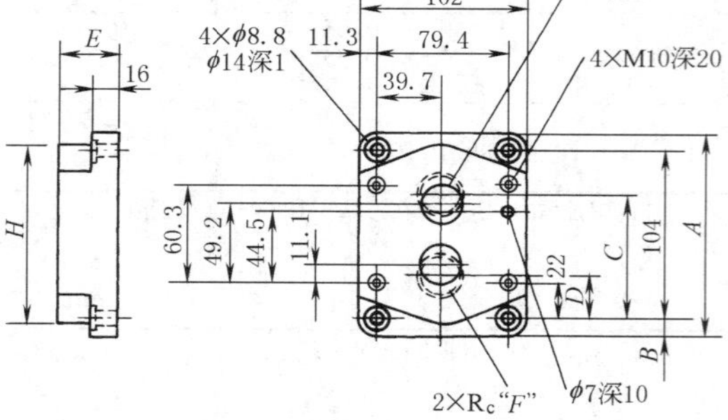


CRGM-10，10X

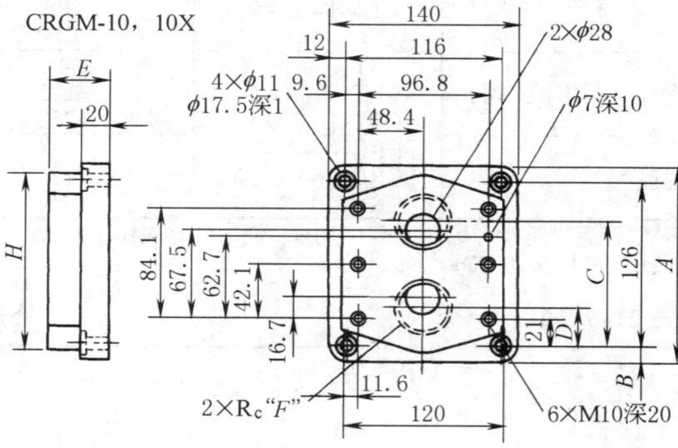


**表 21-7-69**　　mm

| 底板型号 | A | B | C | D | E | F | H |
|---|---|---|---|---|---|---|---|
| CRGM-06-50 | 124 | 10 | 77 | 27 | 36 | ¾ | 110 |
| CRGM-06X-50 | 136 | 16 | 82.3 | 22 | 45 | 1 | 130 |

**表 21-7-70**　　mm

| 底板型号 | A | B | C | D | E | F | H |
|---|---|---|---|---|---|---|---|
| CRGM-10-50 | 150 | 12 | 96 | 30 | 45 | 1¼ | 135 |
| CRGM-10X-50 | 177 | 25.5 | 104 | 22 | 50 | 1½ | 167 |

## 2.23　CP 型液控单向阀

型号意义：

CP T-03-E-04-50

- 系列号：CP— 普通型；CPD— 带释压阀型
- 连接型式：T— 管式；G— 板式
- 通径代号：03；06；10
- 泄油方式：无记号 — 内部泄油；E— 外部泄油
- 开启压力：04—0.04MPa；20—0.2MPa；35—0.35MPa；50—0.5MPa
- 设计号

**表 21-7-71　　技术规格**

| 型　　号 | | 额定流量[①]/L·min$^{-1}$ | 最高使用压力/MPa | 开启压力/MPa | 质量/kg |
|---|---|---|---|---|---|
| 管式连接 | CP※T-03-※-※-50 | 40 | 25 | 0.04　0.2<br>0.35　0.5 | 3.0 |
| | CP※T-06-※-※-50 | 125 | | | 5.5 |
| | CP※T-10-※-※-50 | 250 | | | 9.6 |
| 底板连接 | CP※G-03-※-※-50 | 40 | 25 | 0.04　0.2<br>0.35　0.5 | 3.3 |
| | CP※G-06-※-※-50 | 125 | | | 5.4 |
| | CP※G-10-※-※-50 | 250 | | | 8.5 |

① 额定流量是指开启压力 0.04MPa、使用油相对密度 0.85、黏度 20mm$^2$/s 时自由流动压力下降值为 0.3MPa 时的大概流量。

注：生产厂为榆次油研液压公司。

## 外形尺寸

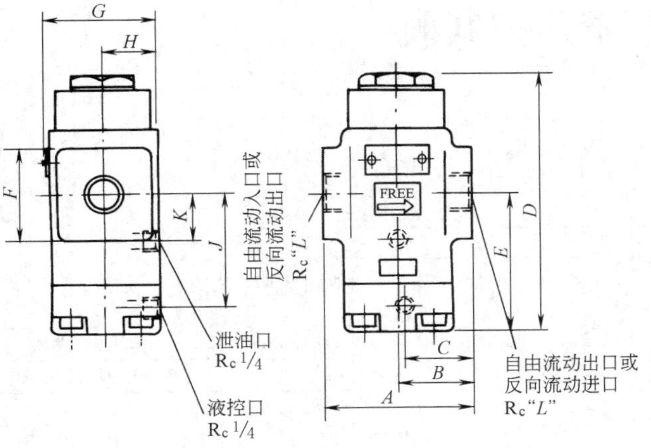


CP※T-03，06，10 型

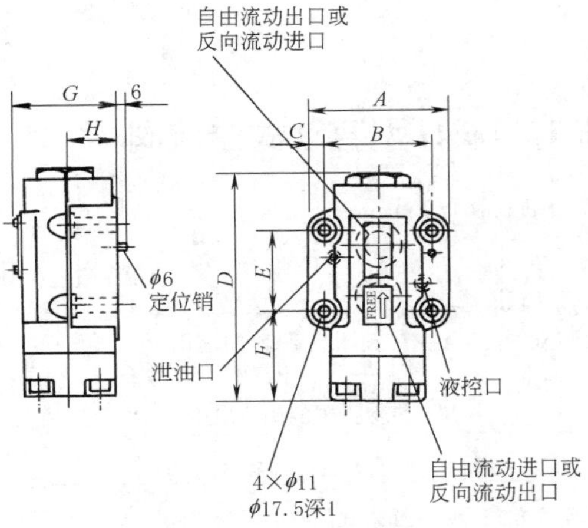


CP※G-03，06 型

**表 21-7-72**

mm

| 型　号 | A | B | C | D | E | F | G | H | J | K | L |
|---|---|---|---|---|---|---|---|---|---|---|---|
| CP※T-03 | 80 | 40 | 39 | 150.5 | 84.5 | ϕ38 | 60 | 29 | 67.5 | 26.5 | ⅜ |
| CP※T-06 | 96 | 48 | 47 | 171.5 | 92.5 | □62 | 72 | 35 | 75.5 | 31 | ¾ |
| CP※T-10 | 140 | 70 | 64 | 203.5 | 113 | □80 | 82 | 40 | 96 | 43 | 1¼ |

**表 21-7-73**

mm

| 型　号 | A | B | C | D | E | F | G | H | 安装面符合下列 ISO 标准 |
|---|---|---|---|---|---|---|---|---|---|
| CP※G-03 | 90 | 66.7 | 11.7 | 150.5 | 42.9 | 66 | 62 | 30 | ISO 5781-AG-06-2-A |
| CP※G-06 | 102 | 79.4 | 11.3 | 171.5 | 60.3 | 67.5 | 74 | 35 | ISO 5781-AH-08-2-A |

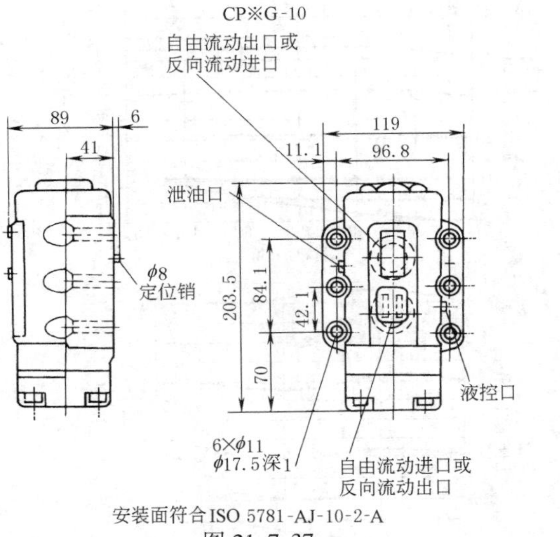


安装面符合ISO 5781-AJ-10-2-A

图 21-7-37

**表 21-7-74　安装底板**

| 型　号 | 底板型号 | 连接尺寸 | 质量/kg |
|---|---|---|---|
| CP※G-03 | HGM-03-20<br>HGM-03X-20 | $R_c$⅜<br>$R_c$½ | 1.6 |
| CP※G-06 | HGM-06-20<br>HGM-06X-20 | $R_c$¾<br>$R_c$1 | 2.4<br>3.0 |
| CP※G-10 | HGM-10-20<br>HGM-10X-20 | $R_c$1¼<br>$R_c$1½ | 4.8<br>5.7 |

注：底板与 H 型顺序阀通用，使用时请按上表型号订货。

以上系列液压阀均由榆次油研液压有限公司生产。

# 3 高压液压控制阀

## 3.1 DBD 型直动式溢流阀

型号意义：

DBD □ □ □ 10 / □ □

直动式溢流阀 —— DBD

调节方式：A— 带锁调节手柄（只适用于 6、8、10）通径；
H— 调节手柄；
S— 带保护罩的调节螺栓

通径/mm：6、8、10、15、20、25、30

连接方式：K— 插入式阀；G— 管式阀；P— 板式阀

系列号：10 系列（10 ~ 19 系列内部结构和连接尺寸相同）

压力：

| 通径/mm | 工作压力/MPa |
|---|---|
| 10 | 2.5、5、10、20、31.5、40、63 |
| 6、8、15、20 | 2.5、5、10、20、31.5、40 |
| 25、30 | 2.5、5、10、20、31.5 |

附加说明：密封、介质温度等

**表 21-7-75　　技术规格**

| 通径/mm | | 6 | 8、10 | 15、20 | 25、30 |
|---|---|---|---|---|---|
| 工作压力/MPa | P 口 | 40 | 63 | 40 | 31.5 |
| | T 口 | 31.5 | | | |
| 流量/L · min$^{-1}$ | | 50 | 120 | 250 | 350 |
| 介质 | | 矿物油磷酸酯液压液 | | | |
| 介质温度/℃ | | -20~70 | | | |
| 介质黏度/m$^2$ · s$^{-1}$ | | (2.8~380)×10$^{-6}$ | | | |

注：生产厂为北京华德液压工业集团液压阀分公司、上海立新液压公司、海门市液压件厂有限公司。

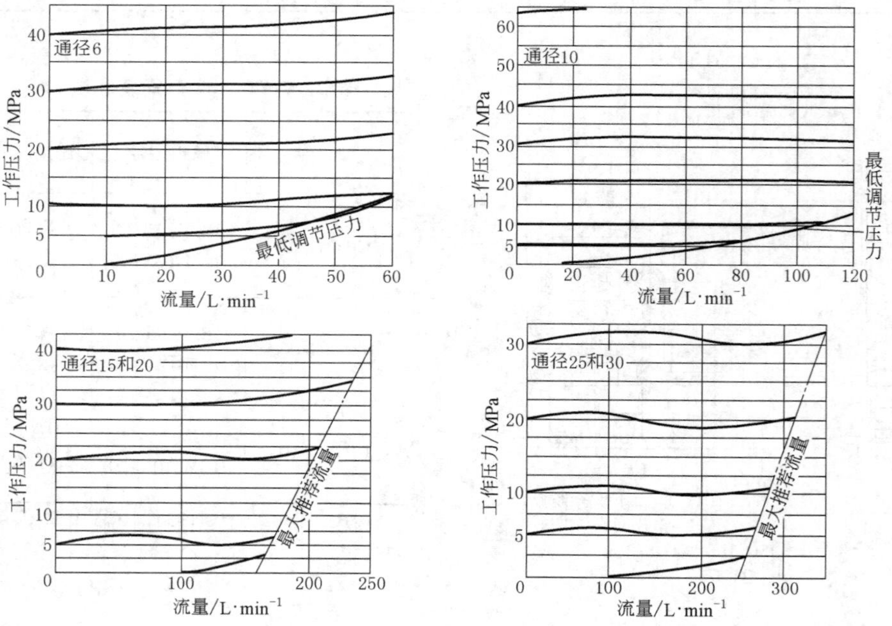


图 21-7-38　DBD 型直动式溢流阀特性曲线

## DBD 型直动溢流阀板式连接安装尺寸

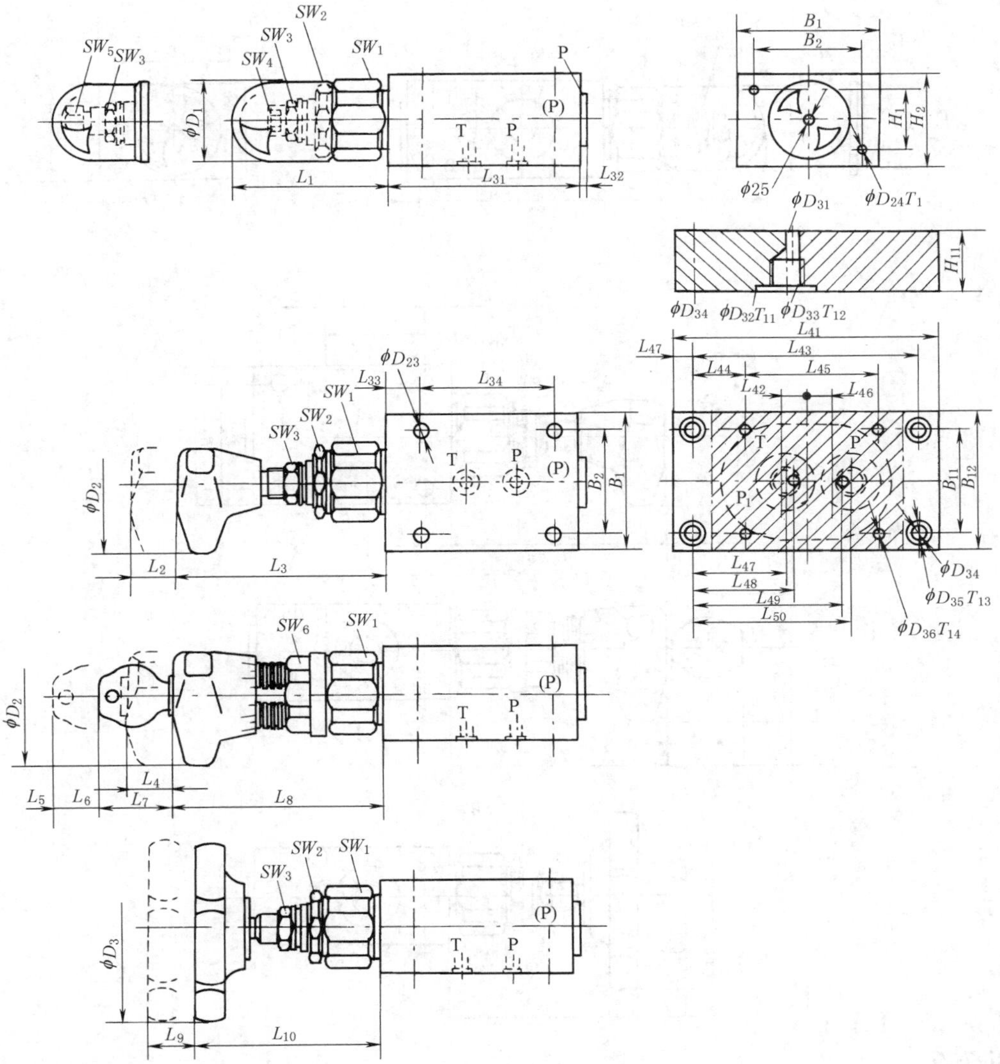


表 21-7-76

mm

| 通径 | 质量/kg | $B_1$ | $B_2$ | $D_1$ | $D_2$ | $D_3$ | $D_{23}$ | $D_{24}$ | $H_1$ | $H_2$ | $L_1$ | $L_2$ | $L_3$ | $L_4$ | $L_5$ | $L_6$ | $L_7$ | $L_8$ | $L_9$ |
|---|---|---|---|---|---|---|---|---|---|---|---|---|---|---|---|---|---|---|---|
| 6 | 约 1.5 | 60 | 40 | 34 | 60 | — | 6.6 | M6 | 25 | 40 | 72 | 11 | 83 | 11 | 20 | 11 | 30 | 83 | — |
| (8),10 | 约 3.7 | 80 | 60 | 38 | | | 9 | M8 | 40 | 60 | 68 | | 79 | | | | | 79 | |
| (15),20 | 约 6.4 | 100 | 70 | 48 | — | | | | 50 | 70 | 65 | | 77 | — | — | | — | — | |
| (25),30 | 约 13.9 | 130 | 100 | 63 | | 80 | 11 | M10 | 60 | 90 | 83 | — | — | | | | | | 11 |

| $L_{10}$ | $L_{31}$ | $L_{32}$ | $L_{33}$ | $L_{34}$ | $SW_1$ | $SW_2$ | $SW_3$ | $SW_4$ | $SW_5$ | $SW_6$ | $T_1$ | 底板 | | 型号 | 质量/kg | $B_{11}$ | $B_{12}$ | $D_{31}$ | $D_{32}$ |
|---|---|---|---|---|---|---|---|---|---|---|---|---|---|---|---|---|---|---|---|
| — | 80 | 2 | 15 | 55 | 32 | 30 | 19 | 6 | — | 30 | 10 | 通径 | 6 | G300/1 | 1.5 | 45 | 60 | 6 | 25 |
| | 100 | (2)3 | 20 | 70 | 36 | | | | | | 20 | | (8),10 | (G301/1)G302/1 | 2 | 60 | 80 | 10 | (28)34 |
| | 135 | (3)4 | | 100 | 46 | 36 | | | | — | | | (15),20 | (G303/1)G304/1 | 5.5 | 70 | 100 | (15)20 | (42)47 |
| 56 | 180 | 4 | 25 | 130 | 60 | 46 | | — | 13 | | 25 | | (25),30 | (G305/1)G306/1 | 8 | 100 | 130 | 30 | (56)61 |

| $D_{33}$ | $D_{34}$ | $D_{35}$ | $D_{36}$ | $H_{11}$ | $L_{41}$ | $L_{42}$ | $L_{43}$ | $L_{44}$ | $L_{45}$ | $L_{46}$ | $L_{47}$ | $L_{48}$ | $L_{49}$ | $L_{50}$ | $T_{11}$ | $T_{12}$ | $T_{13}$ | $T_{14}$ |
|---|---|---|---|---|---|---|---|---|---|---|---|---|---|---|---|---|---|---|
| G¼ | 7 | 11 | M6 | 25 | 110 | 8 | 94 | 22 | 55 | 10 | 39 | 42 | 62 | 65 | 1 | 15 | 9 | 15 |
| (G⅜),G½ | | | M8 | | 135 | 10 | 115 | 27.5 | 70 | | 40.5 | 48.5 | 72.5 | 80.5 | | (15)16 | 9 | |
| (G¾),G1 | 11.5 | 17.5 | | 40 | 170 | 15 | 140 | 20 | 100 | 20 | (45)42 | 54 | 85 | (94)97 | | 20 | 13 | (12)22 |
| (G1¼),G1½ | | | M10 | | 190 | 12.5 | 165 | 17.5 | 130 | 22.5 | 42 | 52.5 | 102.5 | (113)117 | | 24 | 11.5 | 22 |

第 21 篇

## DBD 型直动溢流阀螺纹连接尺寸

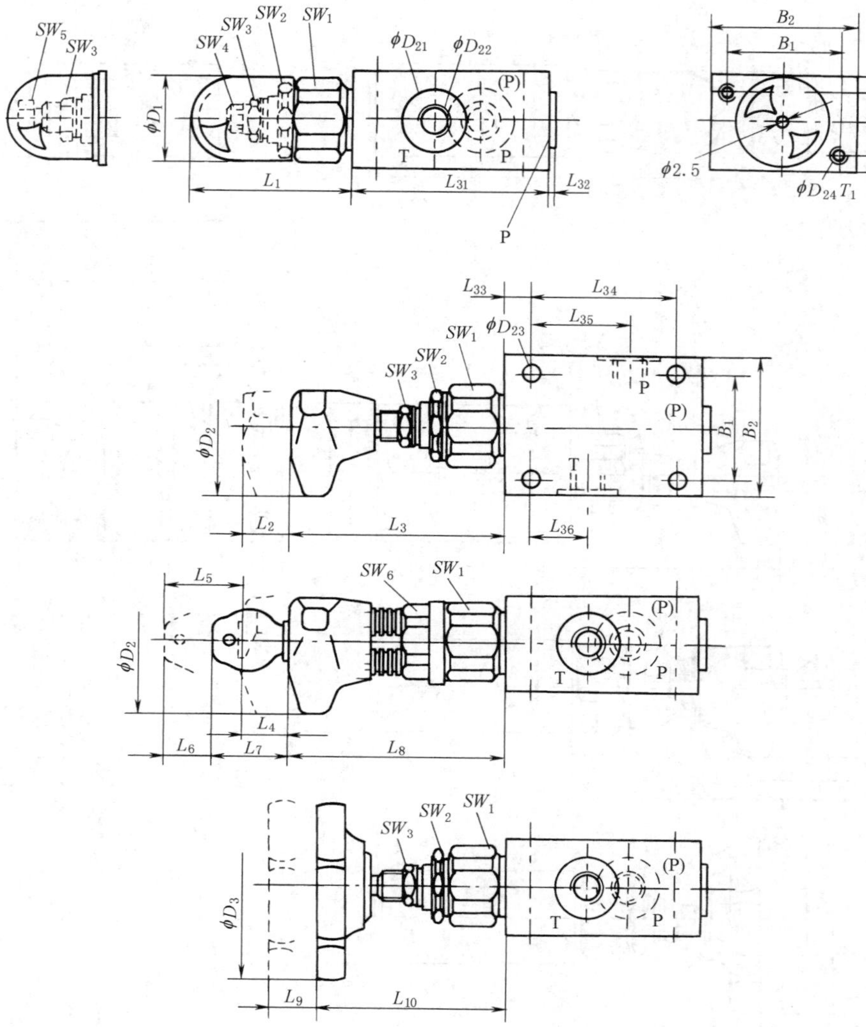


表 21-7-77

mm

| 通　径 | 质量/kg | $B_1$ | $B_2$ | $D_1$ | $D_2$ | $D_3$ | $D_{21}$ | $D_{22}$ | $D_{23}$ | $D_{24}$ |
|---|---|---|---|---|---|---|---|---|---|---|
| 6 | ≈1.5 | 45 | 60 | 34 | 60 | — | 25 | G¼ | 6.6 | M6 |
| (8)、10 | ≈3.7 | 60 | 80 | 38 | | | (28)34 | (G⅜)G½ | 9 | M8 |
| (15)、20 | ≈6.4 | 70 | 100 | 48 | | | (42)47 | (G¾)G1 | | |
| (25)、30 | ≈13.9 | 100 | 130 | 63 | — | 80 | (56)61 | (G1¼)G1½ | 11 | M10 |

| 通　径 | $H_1$ | $H_2$ | $L_1$ | $L_2$ | $L_3$ | $L_4$ | $L_5$ | $L_6$ | $L_7$ | $L_8$ |
|---|---|---|---|---|---|---|---|---|---|---|
| 6 | 25 | 40 | 72 | 11 | 83 | 11 | 20 | 11 | 30 | 83 |
| (8)、10 | 40 | 60 | 68 | | 79 | | | | | 79 |
| (15)、20 | 50 | 70 | 65 | | 77 | | | | | 77 |
| (25)、30 | 60 | 90 | 83 | | — | | | | | — |

| 通　径 | $L_9$ | $L_{10}$ | $L_{31}$ | $L_{32}$ | $L_{33}$ | $L_{34}$ | $L_{35}$ | $L_{36}$ | $T_1$ | $SW_1$ | $SW_2$ | $SW_3$ | $SW_4$ | $SW_5$ | $SW_6$ |
|---|---|---|---|---|---|---|---|---|---|---|---|---|---|---|---|
| 6 | — | — | 80 | 2 | 15 | 55 | 40 | 20 | 10 | 32 | 30 | 19 | 6 | — | 30 |
| (8)、10 | | | 100 | (2)3 | 20 | 70 | 49 | 21 | 20 | 36 | | | | | |
| (15)、20 | | | 135 | (3)4 | | 100 | 65 | 34 | | 46 | 36 | | — | 13 | — |
| (25)、30 | 11 | 56 | 180 | 4 | 25 | 130 | 85 | 35 | 25 | 60 | 46 | | | | |

## DBD 型直动溢流阀插入式连接尺寸

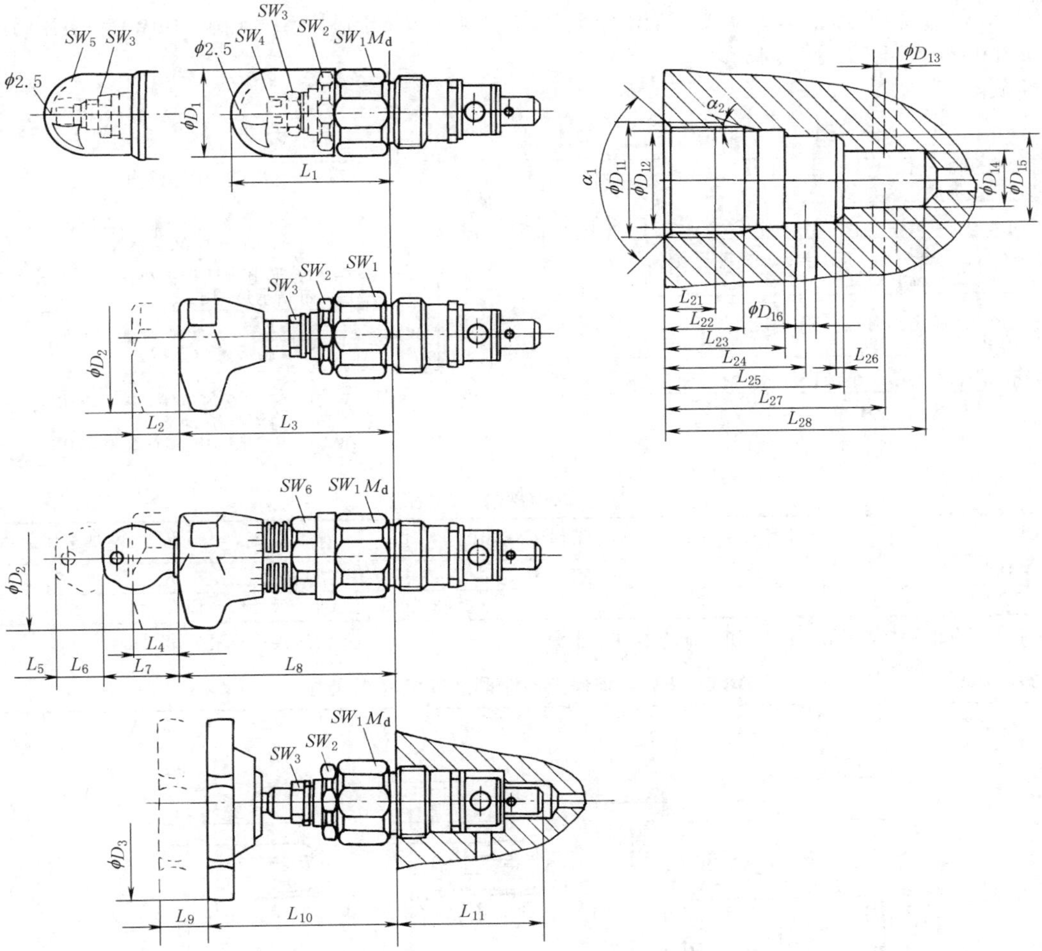


**表 21-7-78** mm

| 通　径 | 质量/kg | $D_1$ | $D_2$ | $D_3$ | $L_1$ | $L_2$ | $L_3$ | $L_4$ | $L_5$ | $L_6$ | $L_7$ | $L_8$ | $L_9$ |
|---|---|---|---|---|---|---|---|---|---|---|---|---|---|
| 6 | ≈0.4 | 34 | | | 72 | | 83 | 11 | 20 | 11 | 30 | 83 | |
| 10 | ≈0.5 | 38 | 60 | — | 68 | 11 | 79 | | | | | 79 | — |
| 20 | ≈1 | 48 | | | 65 | | 77 | — | — | — | — | — | |
| 30 | ≈2.2 | 63 | — | 80 | 83 | — | — | | | | | | 11 |

| 通　径 | $L_{10}$ | $L_{11}$ | $M_d$/N·m | $D_{11}$ | $D_{12}$ | $D_{13}$ | $D_{14}$ | $D_{15}$ | $D_{16}$ | $L_{21}$ | $L_{22}$ | $L_{23}$ | $L_{24}$ |
|---|---|---|---|---|---|---|---|---|---|---|---|---|---|
| 6 | | 64 | ≈120 | M28×1.5 | 25H9 | 6 | 15 | 24.9 | 6 | 15 | 19 | 30 | 35 |
| 10 | — | 75 | ≈140 | M35×1.5 | 32H9 | 10 | 18.5 | 31.9 | 10 | 18 | 23 | 35 | 41 |
| 20 | | 106 | ≈170 | M45×1.5 | 40H9 | 20 | 24 | 39.9 | 20 | 21 | 27 | 45 | 54 |
| 30 | 56 | 131 | ≈200 | M60×2 | 55H9 | 30 | 38.75 | 54.9 | 30 | 23 | 29 | | 60 |

| 通　径 | $L_{25}$ | $L_{26}$ | $L_{27}$ | $L_{28}$ | $\alpha_1$ | $\alpha_2$ | $SW_1$ | $SW_2$ | $SW_3$ | $SW_4$ | $SW_5$ | $SW_6$ |
|---|---|---|---|---|---|---|---|---|---|---|---|---|
| 6 | 45 | | 56.5±5.5 | 65 | | 15° | 32 | 30 | | | | 30 |
| 10 | 52 | 0.5×45° | 67.5±7.5 | 80 | 90° | | 36 | | 19 | 6 | — | |
| 20 | 70 | | 91.5±8.5 | 110 | | 20° | 46 | 36 | | | | — |
| 30 | 84 | | 113.5±11.5 | 140 | | | 60 | 46 | | — | 13 | |

## 3.2 DBT/DBWT 型遥控溢流阀

DBT/DBWT 型遥控溢流阀是直动式结构溢流阀，DBT 型溢流阀用于遥控系统压力，DBWT 型溢流阀用于遥控系统压力并借助于电磁阀使之卸荷。

型号意义：

DB□T□□-30/□□□□□□

- 带电磁铁换向阀：W；不带电磁铁换向阀：无标记
- 电磁换向阀机能：A— 常闭；B— 常开
- 调节方式：1— 调节手柄；2— 带保护罩调节螺栓；3— 带锁紧手柄
- 系列号：30 系列(30 ~ 39系列连接尺寸和内部结构不变)
- 调压范围(MPa)：100—10MPa；315—31.5MPa
- 电磁铁电源：W220-50— 交流电源 220V，50Hz；G24— 直流电源 24V；W220-R 本整型电磁铁交流 220V
- 故障显示：无标记 — 不带故障显示按钮；N— 带故障显示按钮
- Z4— 小方形电线插头；Z5— 大方形电线插头；Z5L— 带指示灯的电线插头
- 介质：无标记 — 矿物油型液压油；V— 磷酸酯液压液
- 附加说明

**表 21-7-79　技术规格**

| 型　号 | 最大流量/L·min⁻¹ | 工作压力/MPa | 背压/MPa | 最高调节压力/MPa |
|---|---|---|---|---|
| DBT | 3 | 31.5 | ≈31.5 | 10、31.5 |
| DBWT | 3 | 31.5 | 交流，≈10　直流，≈16 | 10、31.5 |

注：生产厂为北京华德液压工业集团液压阀分公司、上海立新液压公司、海门市液压件厂有限公司。

**表 21-7-80　DBT/DBWT 型遥控溢流阀及安装底板尺寸**

遥控溢流阀

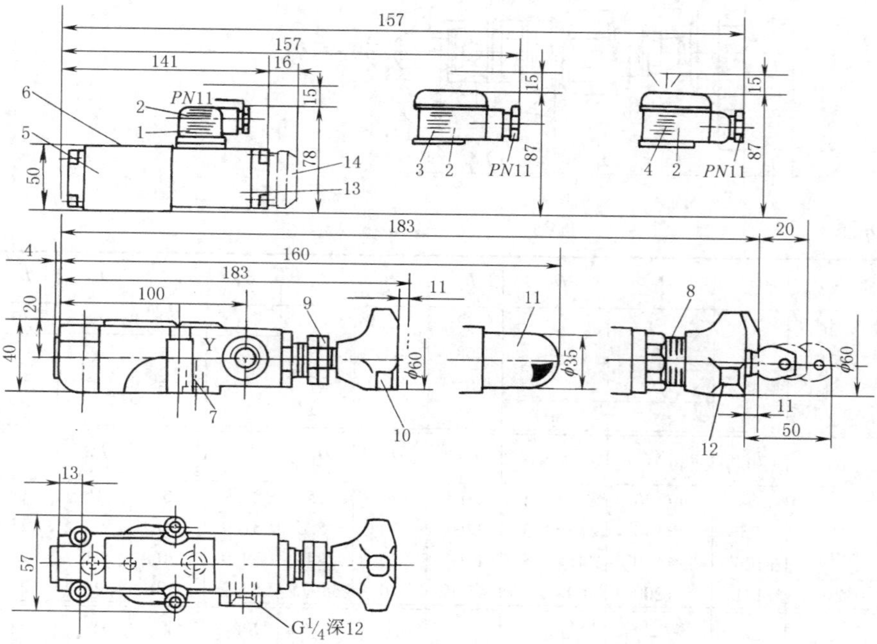


1—Z4 型插头；2—插头颜色：灰色；3—Z5 型插头；4—Z5L 型插头；5—5 通径电磁阀；6—标牌；7—控制油外排口 Y；8—刻度套；9—螺母(只用于 31.5MPa)；10—调节方式"1"；11—调节方式"2"；12—调节方式"3"；13—电磁铁"a"；14—故障检查按钮

续表

安装底板

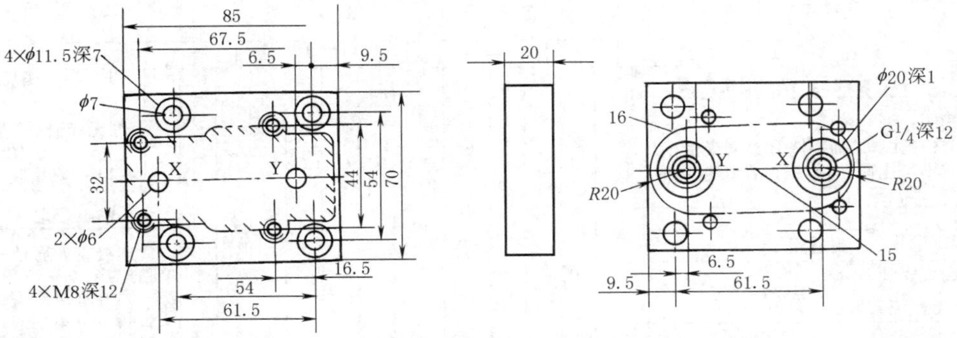


15—安装连接板的切口轮廓中心点；16—安装连接板的切口轮廓

| 型　　号 | 阀的固定螺栓必须单独外购 | 扭矩/N·m | 质量/kg |
|---|---|---|---|
| G51/1 | 4×M8×40 GB/T 70.1 | 31 | 1 |

## 3.3 DB/DBW 型先导式溢流阀、电磁溢流阀（5X 系列）

DB/DBW 型先导式溢流阀具有压力高、调压性能平稳、最低调节压力低和调压范围大等特点。DB 型阀主要用于控制系统的压力；DBW 型电磁溢流阀也可以控制系统的压力并能在任意时刻使之卸荷。

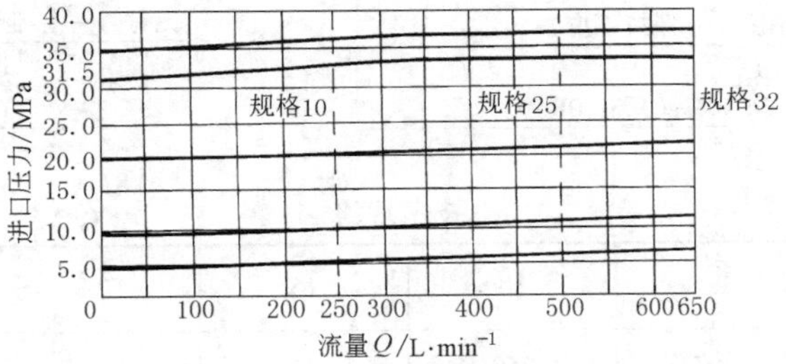


(a) 工作压力与流量的关系曲线

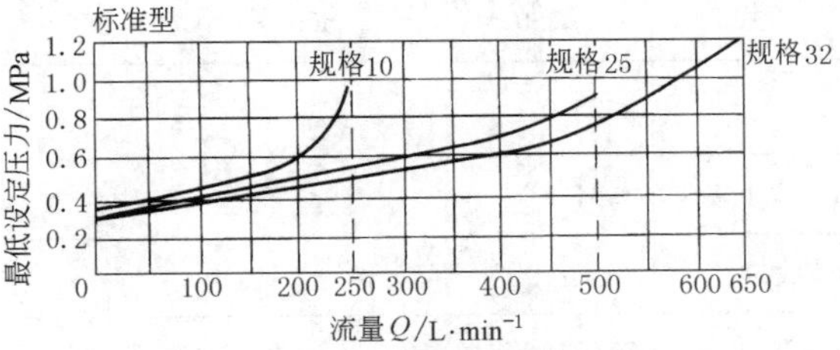


(b) 最低设定压力与流量的关系曲线

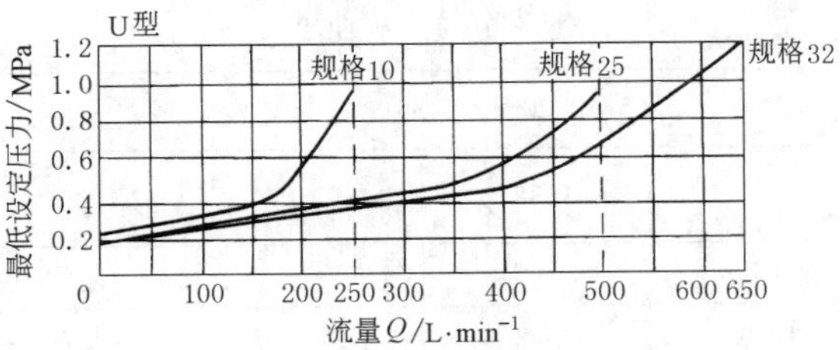


(c) 最低设定压力与流量的关系曲线

图 21-7-39　特性曲线

（曲线是在外部先导无压泄油下绘制的；内部先导泄油时必须将 B 口压力加到所示值上）

型号意义：

DB□□□□□□-□/□□□□□□□□□□

- 无符号—不带换向阀；W—带换向阀
- 先导式阀：无符号；先导式不带主阀芯插装件(不注明规格)：C；先导式不带主阀芯插装件(注明阀规格 DB10 或 30)：C

| 规格 | 阀适用于 | | | |
|---|---|---|---|---|
| | 底板安装 无标记 | 螺纹连接 G | | |
| | | 订货型号 | | |
| 10 | 10 | 10 | G½ | M22×15 |
| 15 | | 15 | G¾ | M27×2 |
| 20 | 20 | 20 | G1 | M33×2 |
| 25 | | 25 | G1¼ | M42×2 |
| 32 | 30 | 32 | G1½ | M48×2 |

通径/mm

- A—常闭；B—常开
- 无标记—底板安装；G—螺纹连接
- 调节装置：1—手轮；2—带外六角和保护罩的设定螺钉；3—带锁手柄
- 5X—50～59 系列(50～59 安装和连接尺寸保持不变)
- 设定压力：50—5.0MPa；100—10.0MPa；200—20.0MPa；315—31.5MPa；350—35.0MPa(只有 DB 型)

- 其他细节用文字说明
- 无标记—丁腈橡胶，适合矿物油(DIN 51524)；V—氟橡胶，适合于磷酸酯液
- R10：阻尼 $\phi$1.0mm 换向阀 B 孔
- 电气连接见 6 通径电磁铁换向阀单独连接：Z4—直角插头按 DIN43650；Z5—大号直角插头；Z5L—大号直角插头带指示灯集中连接：D—插头 *PN*16 的接线盒；DL—带螺纹插头 *PN*16 和指示灯的接线盒；DZ—带直角插头接线盒；DZL—带直角插头和指示灯的接线盒
- 无符号—不带应急操纵按钮；N—带应急操纵按钮
- W220-50—交流 220V，50Hz；G24—直流 24V；W220R—220V 直流电磁铁，带内装整流器，与频率无关(电压大于等于110V，仅用 25 插头)
- 无符号—不带换向阀；6A—带 6 通径换向阀；6B—带 6 通径换向阀(高性能电磁铁)，仅用于 35MPa 压力级
- 无符号—标准型；U—最低设定压力见工作曲线
- 无标记—内部内排；X—外部内排；Y—内部外排；XY—外部外排

**表 21-7-81　　技术规格**

| 通径/mm | | | 10 | 15 | 20 | 25 | 32 |
|---|---|---|---|---|---|---|---|
| 最大流量/L·min$^{-1}$ | 板式 | | 250 | — | 500 | 650 | |
| | 管式 | | 250 | 500 | 500 | 500 | 650 |
| 工作压力油口 A、B、X/MPa | | | ≤35.0 | | | | |
| 背压/MPa | DB | | ≤31.5 | | | | |
| | DBW 6A(标准电磁铁) | | 交流：10　直流：16 | | | | |
| | DBW 6B(大功率电磁铁) | | 交(直)流：16 | | | | |
| 调节压力/MPa | 最低 | | 与流量有关，见特性曲线 | | | | |
| | 最高 | | 5、10、20、31.5、35 | | | | |
| 过滤精度 | | | NAS1638　九级 | | | | |
| 质量/kg | 板式 | DB | 2.6 | — | 3.5 | — | 4.4 |
| | | DBW | 3.8 | — | 4.7 | — | 5.6 |
| | 管式 | DB | 5.3 | 5.2 | 5.1 | 5.0 | 4.8 |
| | | DBW | 6.5 | 6.4 | 6.3 | 6.2 | 6.0 |

注：生产厂为北京华德液压集团液压阀分公司、上海立新液压公司、海门市液压件厂有限公司。

## DB/DBW型（50系列板式）先导式溢流阀外形尺寸

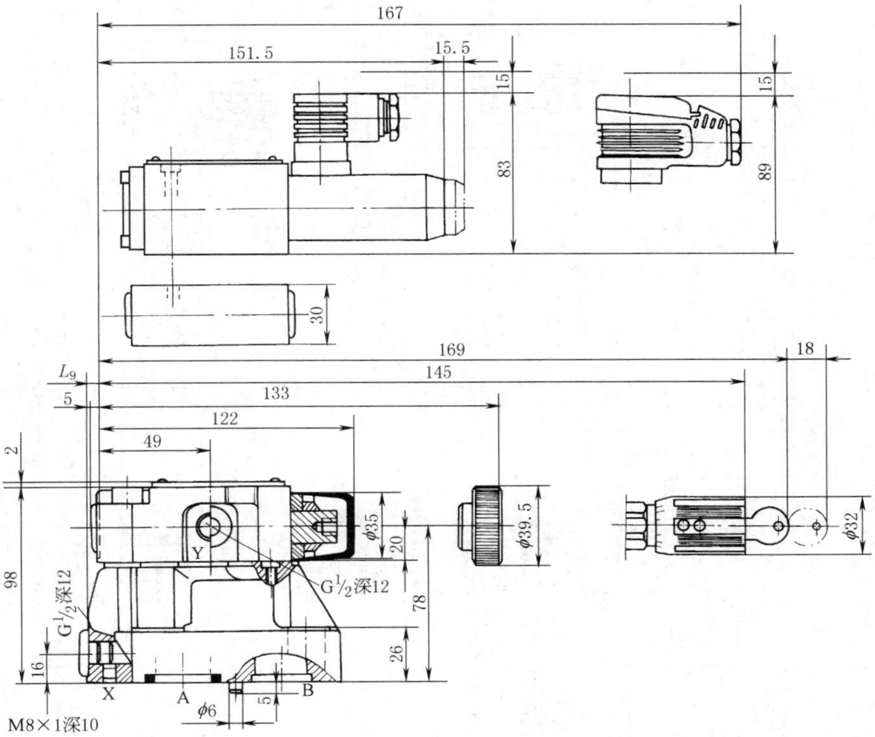


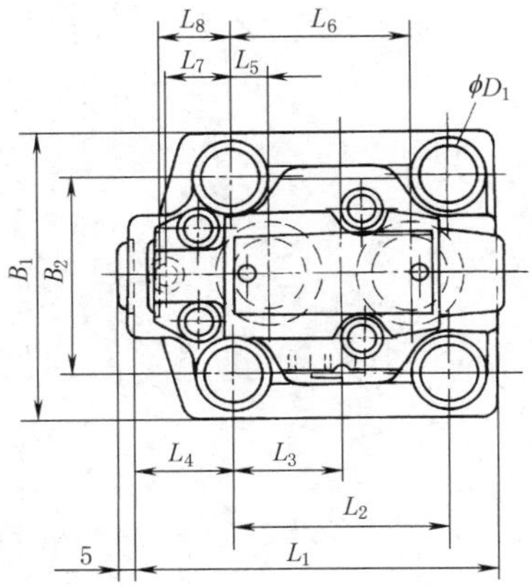


表 21-7-82

mm

| 型　号 | $L_1$ | $L_2$ | $L_3$ | $L_4$ | $L_5$ | $L_6$ | $L_7$ | $L_8$ | $L_9$ | $B_1$ | $B_2$ | $\phi D_1$ | 油口 A、B | 油口 Y |
|---|---|---|---|---|---|---|---|---|---|---|---|---|---|---|
| DB/DBW10 | 91 | 53.8 | 22.1 | 27.5 | 22.1 | 47.5 | 0 | 25.5 | 2 | 78 | 53.8 | 14 | 17.12×2.62 | 9.25×1.78 |
| DB/DBW20 | 116 | 66.7 | 33.4 | 33.3 | 11.1 | 55.6 | 23.8 | 22.8 | 10.5 | 100 | 70 | 18 | 28.17×3.53 | 9.25×1.78 |
| DB/DBW30 | 147.5 | 88.9 | 44.5 | 41 | 12.7 | 76.2 | 31.8 | 20 | 21 | 115 | 82.6 | 20 | 34.52×3.53 | 9.25×1.78 |

## DB/DBW 型（50 系列管式）先导式溢流阀外形尺寸

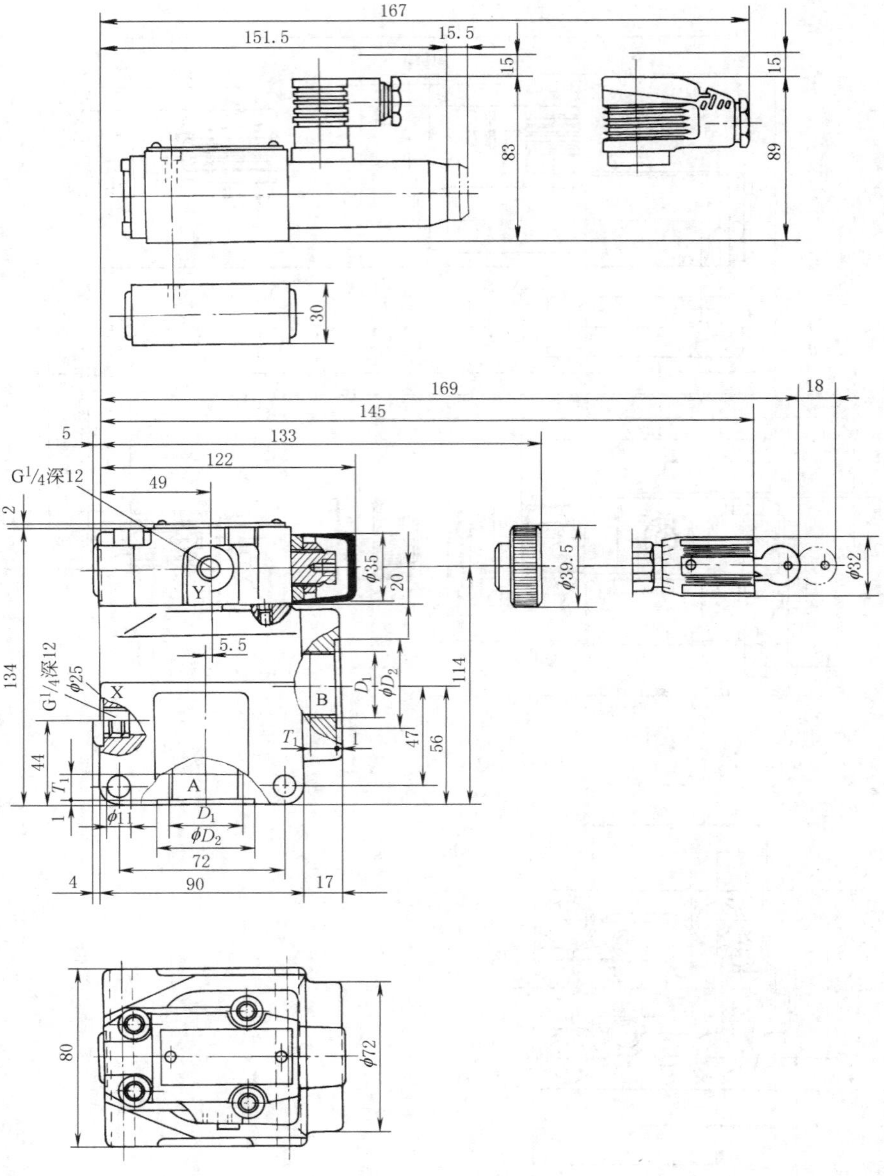


表 21-7-83

mm

| 型　号 | $D_1$ | $\phi D_2$ | $T_1$ |
|---|---|---|---|
| DB(DBW)10G | G½ | 34 | 14 |
| DB(DBW)15G | G¾ | 42 | 16 |
| DB(DBW)20G | G1 | 47 | 18 |
| DB(DBW)25G | G1¼ | 58 | 20 |
| DB(DBW)32G | G1½ | 65 | 22 |

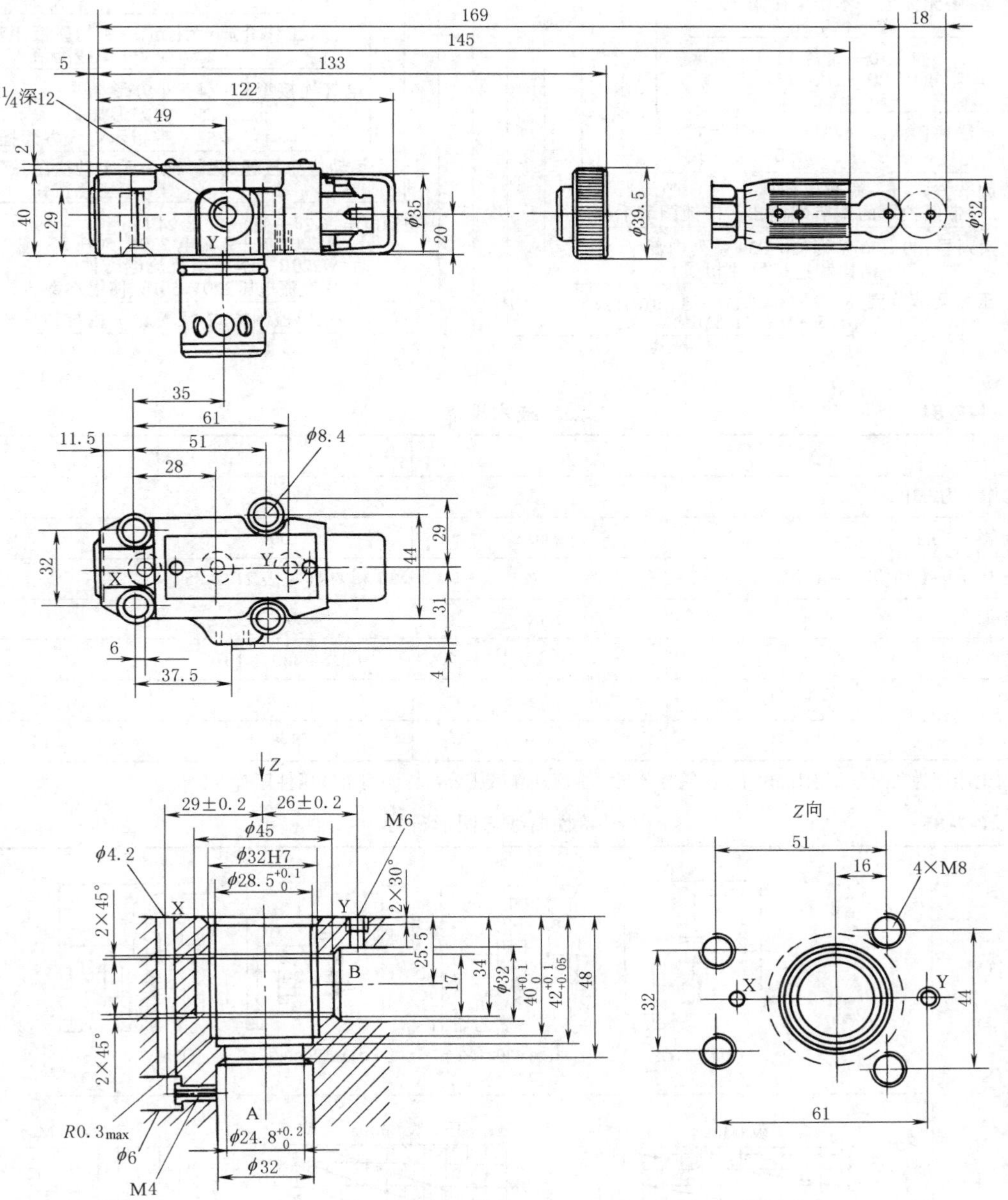


图 21-7-40　DB/DBW 型（50 系列插入式）先导式溢流阀外形尺寸

［带（DBC10、30）或不带（DBC、DBT）主阀芯插件先导阀］

## 3.4　DA／DAW 型先导式卸荷溢流阀、电磁卸荷溢流阀

该阀是先导控制式卸荷阀，作用是在蓄能器工作时，可使液压泵卸荷；或者在双泵系统中，高压泵工作时，使低压大流量泵卸荷。

型号意义：

DA □□□-□-30/□□□□□□□

- 名称：无标记—不带电磁阀；W—带电磁阀
- 通径/mm：10—通径 10；20—通径 25；30—通径 32
- 电磁换向阀滑阀机能：A—常闭式；B—常开式
- 调节方式：1—调节手柄；2—带保护罩的调节螺栓；3—带锁调节手柄
- 系列号：30—30 系列（30～39 系列内部结构和连接尺寸相同）
- 压力调节范围：8—2～8MPa；16—8～16MPa；31.5—16～31.5MPa
- 先导控制方式：无标记—内控；Y—外控
- 电源电压：G24—直流电压 24V；W220-50—交流电 220V，50Hz；W220R—本整型直流电磁铁用交流电压220V，50Hz（使用Z5型插头）
- 手动应急按钮：无标记—无手动应急按钮；N—带应急按钮
- 电气连接型式：Z4—小方形插头；Z5—大方形插头；Z5L—带指示灯大方形插头
- 工作介质：无标记—矿物质液压油；V—磷酸酯液
- 附加说明

**表 21-7-84　技术规格**

| 通径/mm | | 10 | 25 | 32 |
|---|---|---|---|---|
| 最大工作压力/MPa | | 31.5 | | |
| 最大流量/$L \cdot min^{-1}$ | | 40 | 100 | 250 |
| 切换压力（P→T 切换 P→A）/MPa | | 17%以内（见表 21-7-85） | | |
| 介质温度/℃ | | -20～70 | | |
| 介质黏度/$m^2 \cdot s^{-1}$ | | $(2.8\sim380)\times10^{-6}$ | | |
| 质量/kg | DA | 3.8 | 7.7 | 13.4 |
| | DAW | 4.9 | 8.8 | 14.5 |

注：生产厂为北京华德液压集团液压阀分公司、上海立新液压公司、海门市液压件厂有限公司。

**表 21-7-85　特性曲线与图形符号**

图形符号：

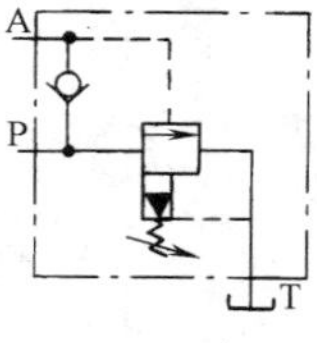


DA··30/··

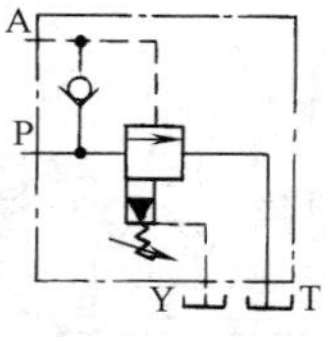


DA··30/··Y··

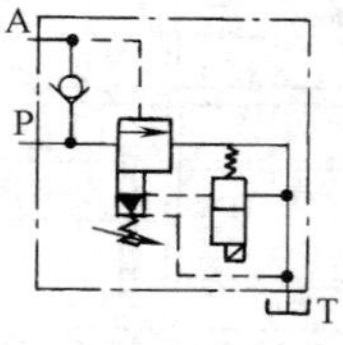


DAW··30/··

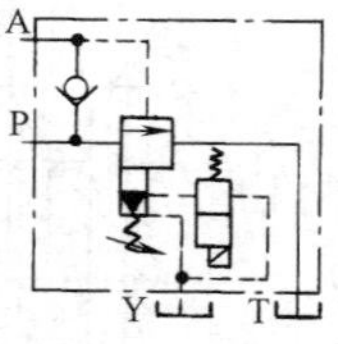


DAW··30/··Y··

特性曲线：

试验条件：$\nu=36\times10^{-6}\ m^2/s$，$t=50$ ℃

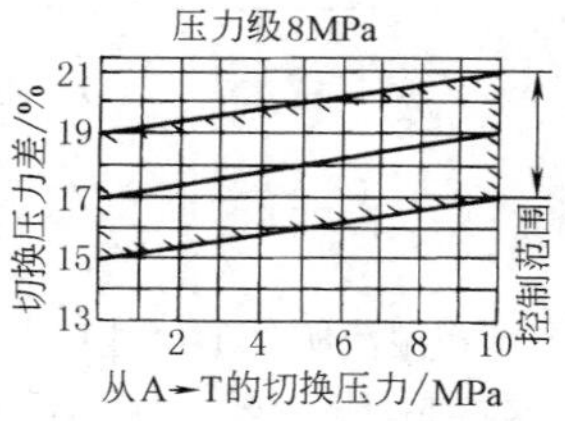


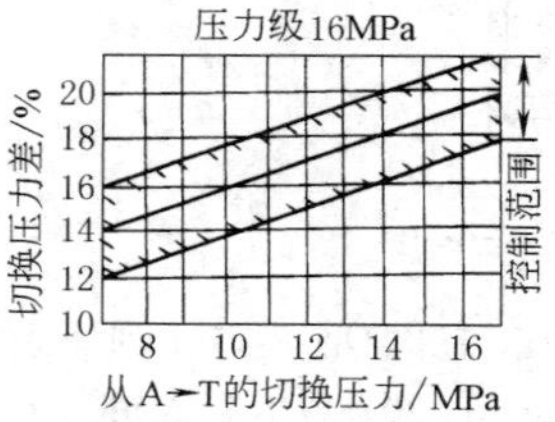


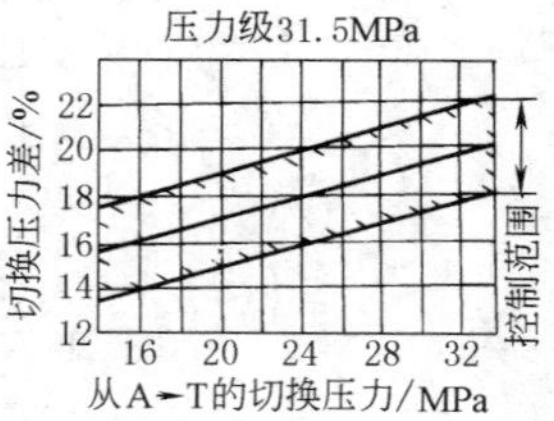


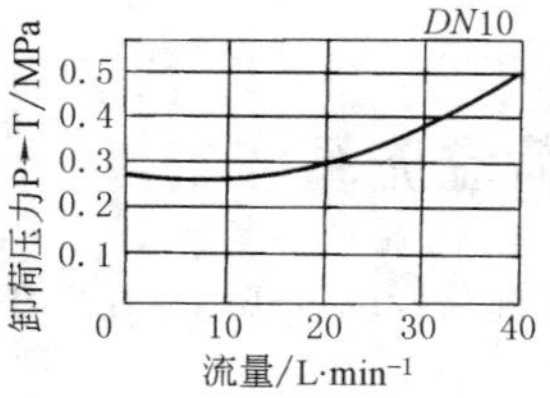


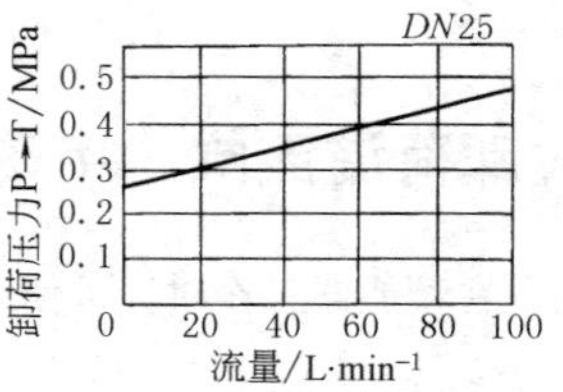


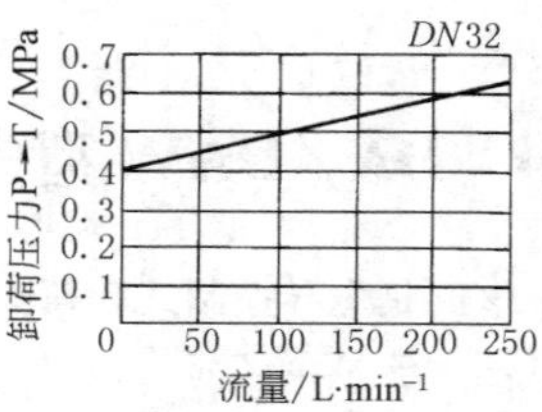

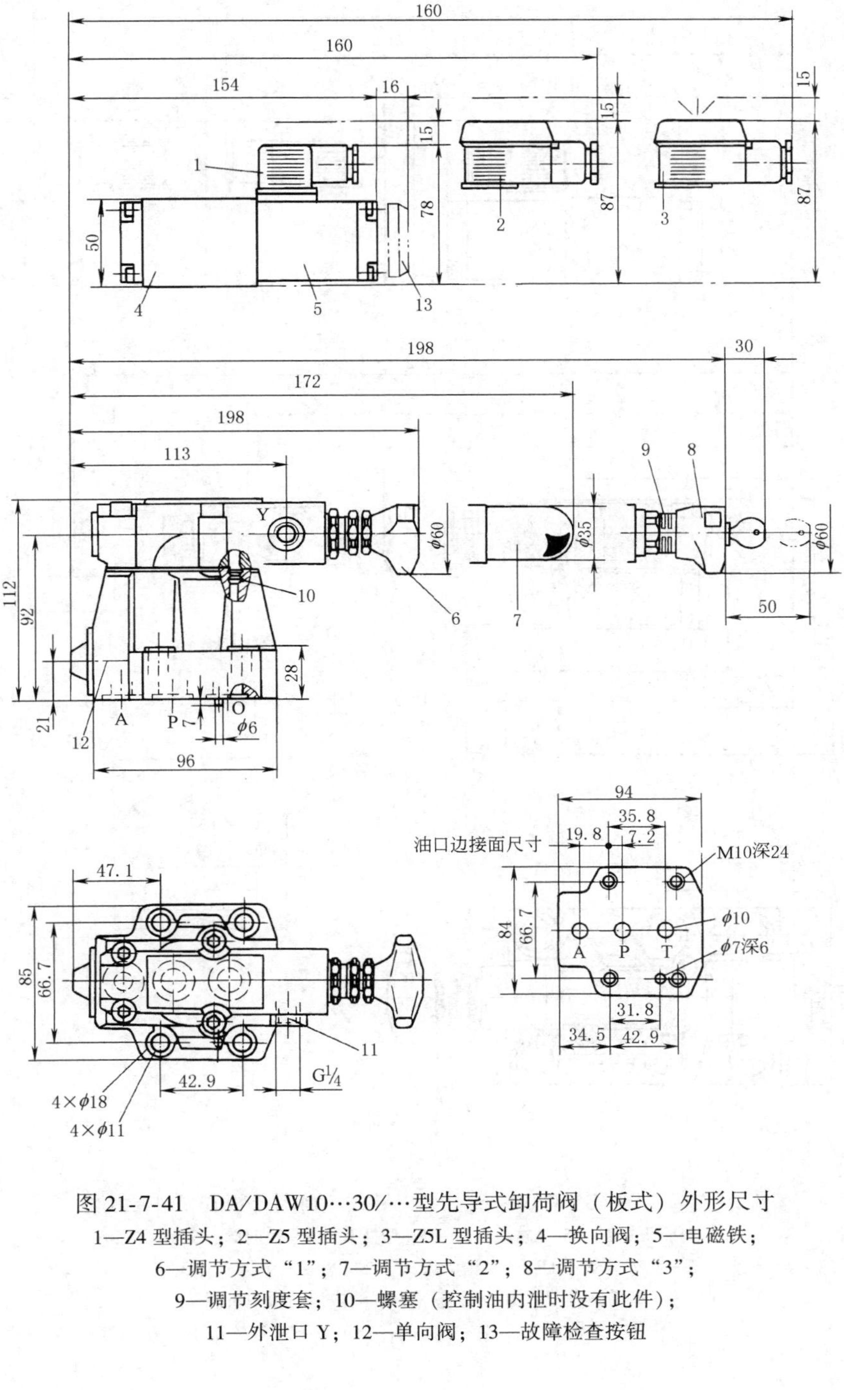


图 21-7-41　DA/DAW10…30/…型先导式卸荷阀（板式）外形尺寸

1—Z4 型插头；2—Z5 型插头；3—Z5L 型插头；4—换向阀；5—电磁铁；
6—调节方式“1”；7—调节方式“2”；8—调节方式“3”；
9—调节刻度套；10—螺塞（控制油内泄时没有此件）；
11—外泄口 Y；12—单向阀；13—故障检查按钮

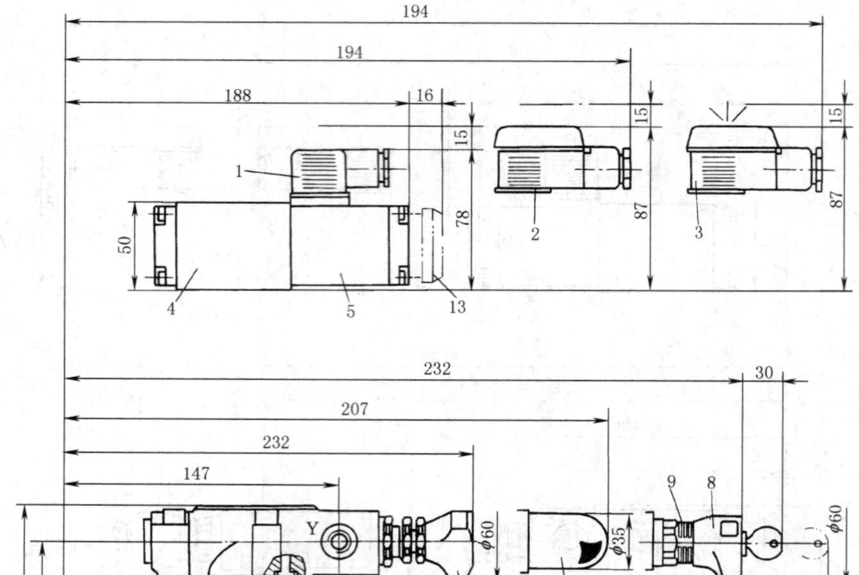


图 21-7-42　DA/DAW20…30/…型先导式卸荷阀（板式）外形尺寸

1—Z4 型插头；2—Z5 型插头；3—Z5L 型插头；4—换向阀；5—电磁铁；
6—调节方式“1”；7—调节方式“2”；8—调节方式“3”；
9—调节刻度套；10—螺塞（控制油内泄时没有此件）；
11—外泄口 Y；12—单向阀；13—故障检查按钮

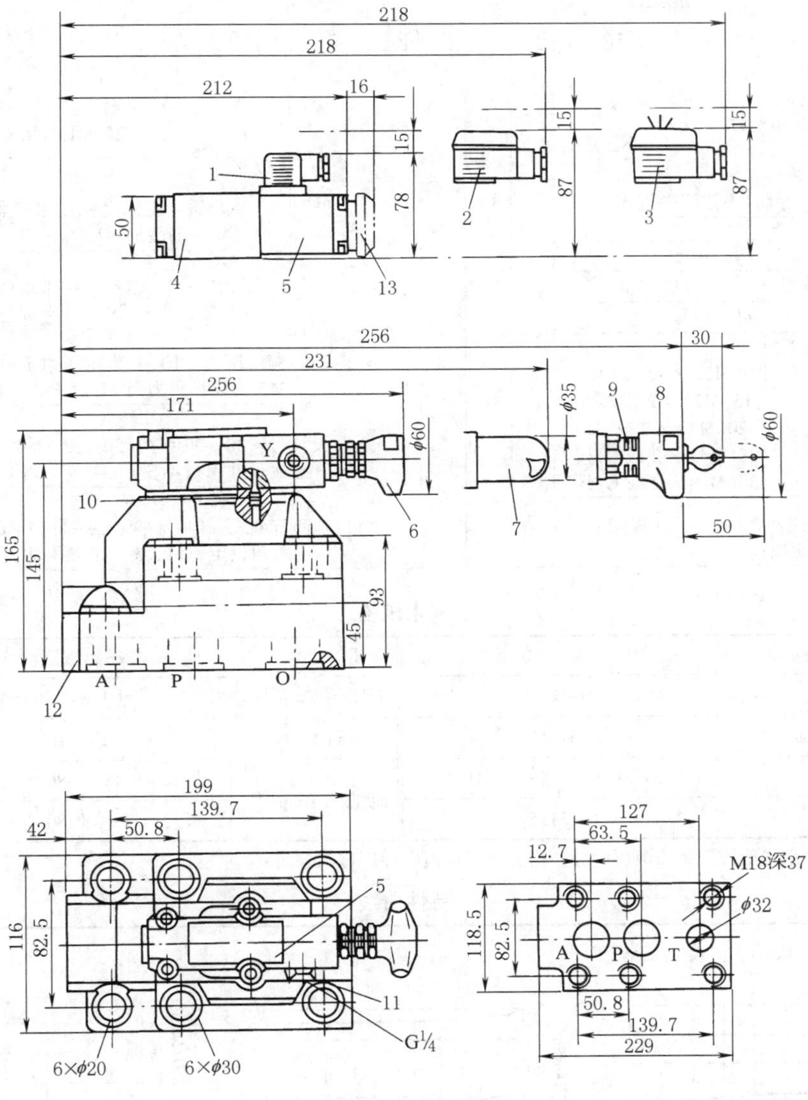


图 21-7-43　DA/DAW30…39…型先导式卸荷阀（板式）外形尺寸

1—Z4 型电线插头；2—Z5 型电线插头；3—Z5L 型电线插头；4—换向阀；5—电磁铁；6—压力调节方式“1”；7—压力调节方式“2”；8—压力调节方式“3”；9—调节刻度套；10—螺塞（控制油内泄时无此件）；11—外泄口 Y；12—单向阀；13—故障检查按钮

**表 21-7-86**　　连接底板型号

| 通径/mm | | |
|---|---|---|
| 10 | 25 | 32 |
| G467/1 | G469/1 | G471/1 |
| G468/1 | G470/1 | G472/1 |

## 3.5　DR 型先导式减压阀

该阀主要由先导阀、主阀和单向阀组成，用于降低液压系统的压力。

型号意义：

□ □ - □ □ 30 / □ Y □ □ □

先导式减压阀：DR；
先导阀不带主阀芯插装件，
用于规格 32：DRC（不注规格和连接尺寸）；
先导阀带主阀芯插装件：
DRC（列入 DRC30 型阀，不注连接型式）

| 规格 | 阀适用于 | |
|---|---|---|
| | 底板安装 | 螺纹连接 |
| | 订货型号 | |
| — | — | — |
| 10 | 10 | 10（M22 × 1.5 或 G½） |
| 15 | — | 15（M27 × 2 或 G¾） |
| 20 | — | 20（M33 × 2 或 G1） |
| 25 | 20 | 25（M42 × 2 或 G1¼） |
| 32 | 30 | 30（M48 × 2 或 G1½） |

安装型式：无标记 — 底板安装；
G— 螺纹连接

调节型式：1— 手柄；2— 带护罩的内六角设定螺钉；3— 带锁手柄

设计号：30—30 系列（30 ~ 39 系列安装和连接尺寸保持不变）

额定压力：100— 设定压力至 10.0MPa；
315— 设定压力至 31.5MPa

结构型式：无标记 — 带单向阀（只用于底板安装阀）；M— 不带单向阀

介质：无标记 —HLP 矿物油，DIN51525；
V— 磷酸酯液

其他细节用文字说明

**表 21-7-87　　技术规格**

| 通径/mm | 8 | 10 | 15 | 20 | 25 | 32 | 介质 | | 矿物液压油，磷酸酯液 | | | | | |
|---|---|---|---|---|---|---|---|---|---|---|---|---|---|---|
| 工作压力/MPa | ≤10 或 31.5 | | | | | | 介质黏度/$m^2 \cdot s^{-1}$ | | $(2.8 \sim 380) \times 10^{-6}$ | | | | | |
| 进口压力，B 口/MPa | 31.5 | | | | | | 介质温度/℃ | | -20~70 | | | | | |
| 出口压力，A 口/MPa | 0.3~31.5 | | | 1~31.5 | | | 流量/$L \cdot min^{-1}$ | 管式 | 80 | 80 | 200 | 200 | 200 | 300 |
| 背压，Y 口/MPa | ≤31.5 | | | | | | | 板式 | — | 80 | — | — | 200 | 300 |

注：生产厂为北京华德液压集团液压阀分公司、海门市液压件厂有限公司。

**表 21-7-88　　特性曲线**

试验条件：$\nu = 0.6 \times 10^{-6} m^2/s$，$t = 50℃$

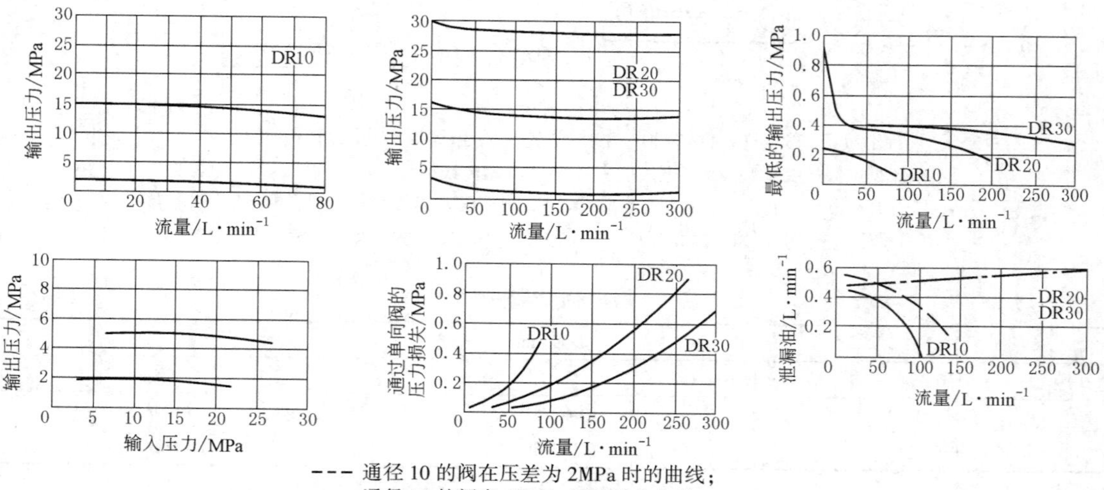


--- 通径 10 的阀在压差为 2MPa 时的曲线；
—— 通径 10 的阀在 10MPa 压差时的曲线；
—·— 通径 25 和 32 的阀在 2MPa 和 10MPa 时的曲线

## DR 型减压阀外形尺寸（板式连接）

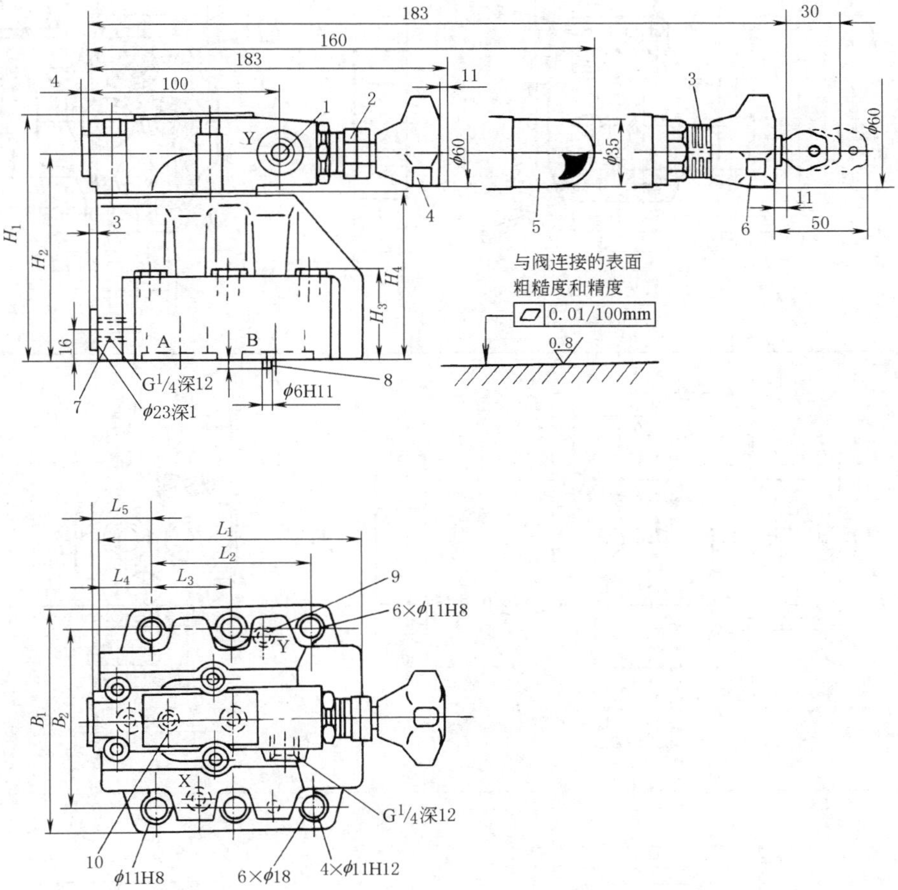


1—Y 口（可作控制油回油口或遥控口）；2—锁紧螺母（只用于 31.5MPa）；
3—调节刻度套；4—调节方式“1”；5—调节方式“2”；
6—调节方式“3”；7—通径 10 的遥控口（X 口），通径 25 和
32 的压力表连接口；8—定位销；
9—Y 口（控制油回油口）；10—标牌

**表 21-7-89**　　mm

| 通径 | $B_1$ | $B_2$ | $H_1$ | $H_2$ | $H_3$ | $H_4$ | $L_1$ | $L_2$ | $L_3$ | $L_4$ | $L_5$ | O 形圈 | | 质量/kg |
|---|---|---|---|---|---|---|---|---|---|---|---|---|---|---|
| | | | | | | | | | | | | 用于 X、Y 口 | 用于 A、B 口 | |
| 10 | 85 | 66.7 | 112 | 92 | 28 | 72 | 90 | 42.9 | — | 35.5 | 34.5 | 9.25×1.78 | 17.12×2.62 | 3.6 |
| 25 | 102 | 79.4 | 122 | 102 | 38 | 82 | 112 | 60.3 | — | 33.5 | 37 | 9.25×1.78 | 28.17×3.53 | 5.5 |
| 32 | 120 | 96.8 | 130 | 110 | 46 | 90 | 140 | 84.2 | 42.1 | 28 | 31.3 | 9.25×1.78 | 34.52×3.53 | 8.2 |

**表 21-7-90　　　　安装底板尺寸**　　　　mm

通径 10

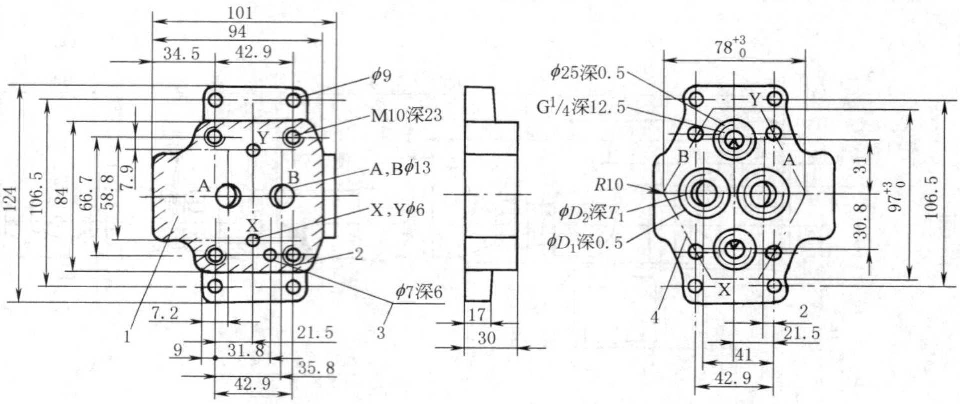


通径 25

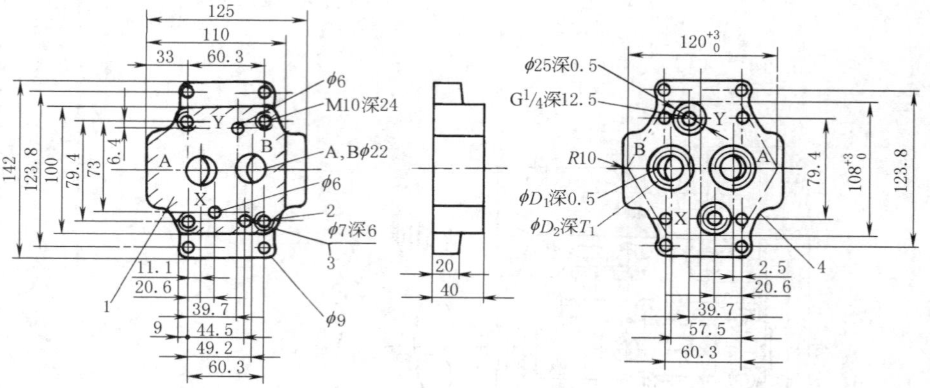


通径 32

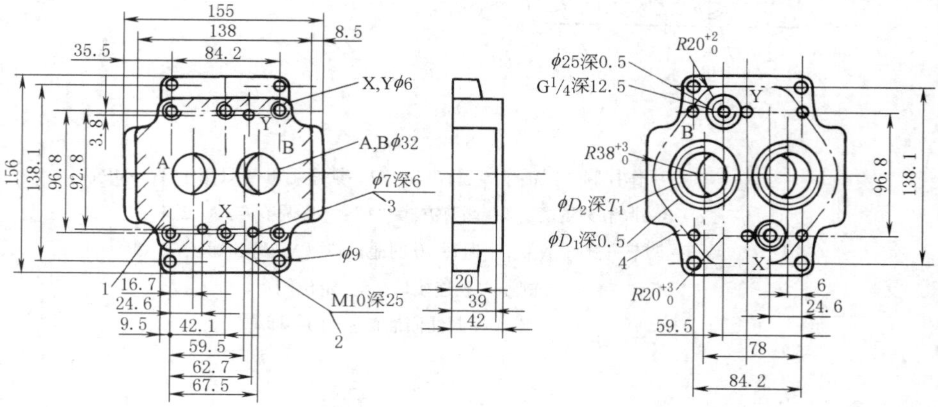


| 通径 | 型号 | $D_1$ | $D_2$ | $T_1$ | 阀安装螺钉 | 转矩/N·m | 质量/kg |
|---|---|---|---|---|---|---|---|
| 10 | G460/1 | 28 | G¾ | 12.5 | 4×M10×40 GB/T 70.1 | 69 | 1.7 |
| | G461/1 | 34 | G½ | 14.5 | 需单独订货 | | |
| 25 | G412/1 | 42 | G¾ | 16.5 | 4×M10×50 GB/T 70.1 | | 3.3 |
| | G413/1 | 47 | G1 | 19.5 | 需单独订货 | | |
| 32 | G414/1 | 56 | G1¼ | 20.5 | 6×M10×60 GB/T 70.1 | | 5 |
| | G415/1 | 61 | G1½ | 22.5 | 需单独订货 | | |

注：图中 1—阀的连接面；2—阀的固定螺孔；3—定位销孔；4—安装连接板的切口轮廓。

## DR 型减压阀外形尺寸（管式连接）

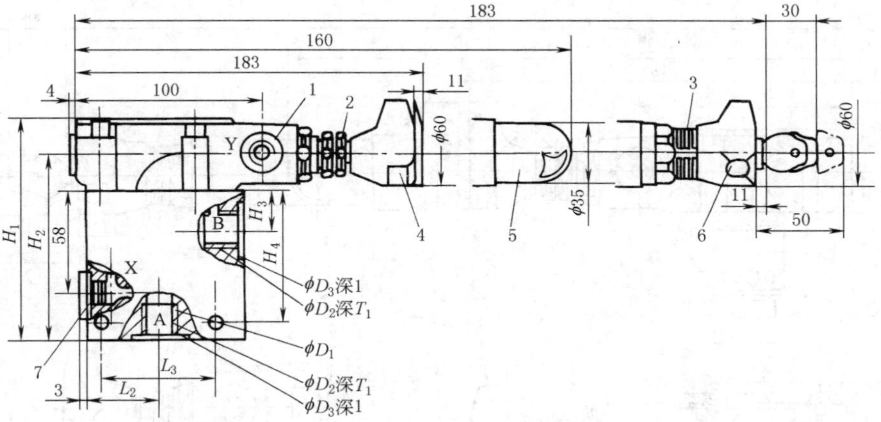


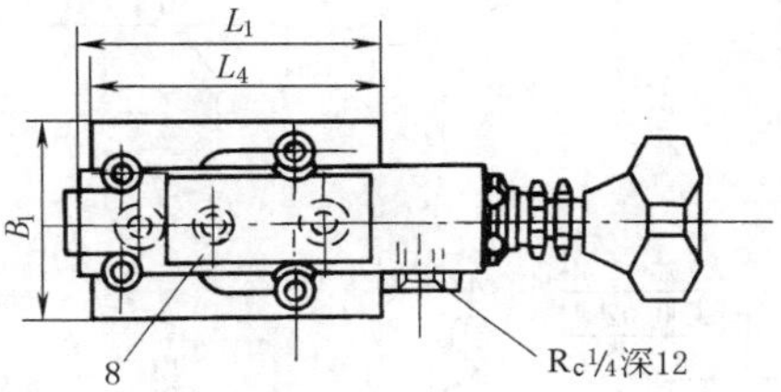


1—Y 口（可作控制油回油口或遥控口）；2—锁紧螺母（只用于 31.5MPa）；
3—调节刻度套；4—调节手柄；5—调节装置，
带保护罩；6—调节手柄（带锁）；
7—通径 10 的遥控口（X 口）；8—标牌

**表 21-7-91**　　mm

| 通　径 | $B_1$ | $\phi D_1$ | $\phi D_2$ | $\phi D_3$ | $H_1$ | $H_2$ | $H_3$ | $H_4$ | $L_1$ | $L_2$ | $L_3$ | $L_4$ | $T_1$ | 质量/kg |
|---|---|---|---|---|---|---|---|---|---|---|---|---|---|---|
| 8 | 63 | 9 | G⅜ | 28 | 125 | 105 | 23 | 75 | 85 | 40 | 62 | 90 | 12 | 4.3 |
| 10 | | | G½ | 34 | | | | | | | | | 14 | |
| 16 | | | G¾ | 42 | | | 28 | | | | | | 16 | 6.8 |
| 20 | | | G1 | 47 | | | | | | | | | 18 | |
| 25 | 70 | 11 | G1¼ | 56 | 138 | 118 | 34 | 85 | 100 | 46 | 72 | 99 | 20 | 10.2 |
| 32 | | | G1½ | 61 | | | | | | | | | 22 | |

注：上图所示为不含单向阀的外形尺寸。

## DR 型减压阀外形尺寸（插入式连接）

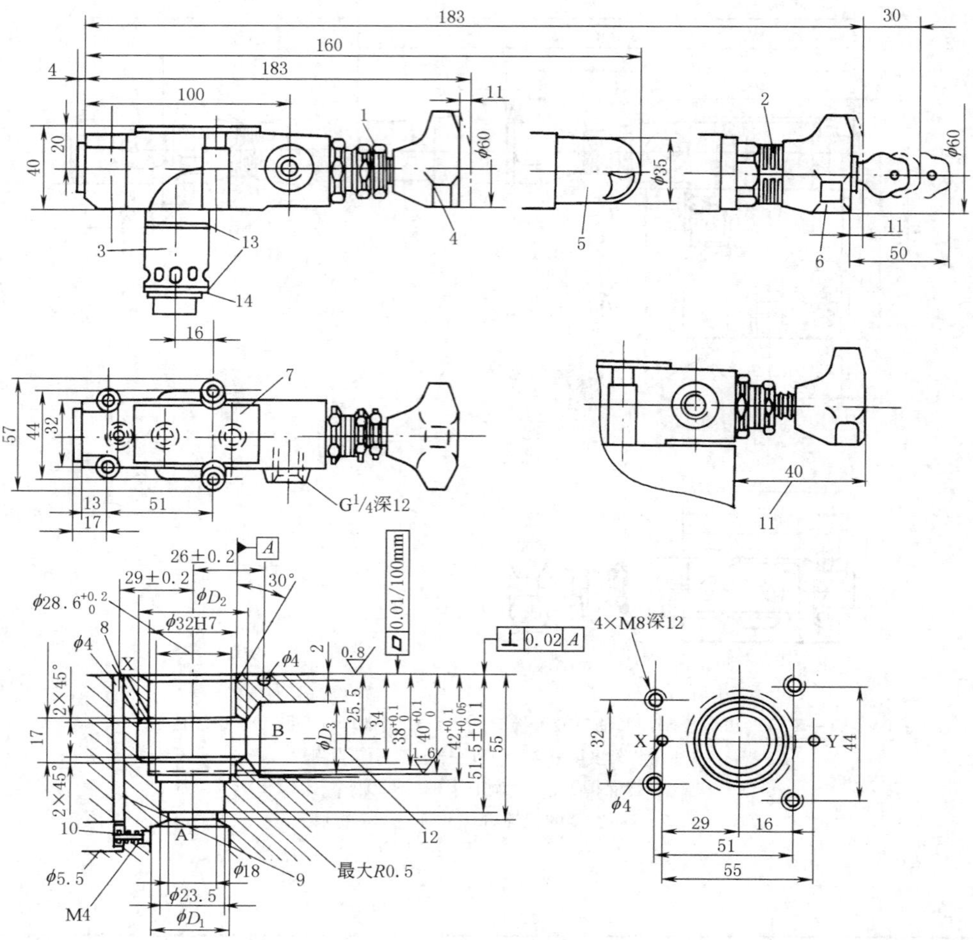


1—锁紧螺母（只用于 31.5MPa）；2—调节刻度套；3—插入式主阀芯；
4—调节方式“1”；5—调节方式“2”；6—调节方式“3”；
7—标牌；8—通径 25 和 32 的控制油进油路；
9—通径 10 的控制油进油路；10—通径 10 的阻尼器；
11—使用“1”或“3”调节方式时，距主阀体的最小距离；
12—孔 $\phi D_3$ 与 $\phi D_2$ 允许在任何位置相通，
但不能破坏连接螺孔和控制油路 X；13—O 形圈 27.3×2.4；
14—密封挡圈 32/28.4×0.8

**表 21-7-92**

mm

| 通　径 | $D_1$ | $D_2$ | $D_3$ | 质量/kg | 阀的固定螺钉 | 转矩 /N·m | 丁腈橡胶订货号 | 氟橡胶订货号 |
|---|---|---|---|---|---|---|---|---|
| 10 | 10 | 40 | 10 | 1.4 | 4×M8×40 GB/T 70.1 | 31 | 301、199 | 301、358 |
| 25 | 25 | 40 | 25 | | | | 301、200 | 301、359 |
| 32 | 32 | 45 | 32 | | | | | |

## 3.6 DZ※DP 型直动式顺序阀

型号意义：

DZ □ DP □-□/□ □ □ □ □

名称：顺序阀

通径/mm：5，6，10

控制及连接型式：直动式，底板连接

调节方式：1— 调节旋钮；2— 带保护罩的六角设定螺钉；3— 带锁旋钮；7— 带刻度旋钮

系列号：50 系列（规格 6）；40 系列（规格 10）；10 系列（规格 5）

最高控制压力代号：25—2.5MPa；75—7.5MPa；150—15MPa；210—21MPa；315—31.5MPa（只用于不带单向阀的型号，规格 5）

控制油型式：
无标记 — 内部控制，内部泄油；
X— 外部控制，内部泄油；
Y— 内部控制，外部泄油；
XY— 外部控制，外部泄油

带单向阀：无标记 — 带单向阀；M— 不带单向阀

工作介质：无标记 — 矿物油（按 DIN51524，51525）；V— 磷酸酯液

其他文字说明

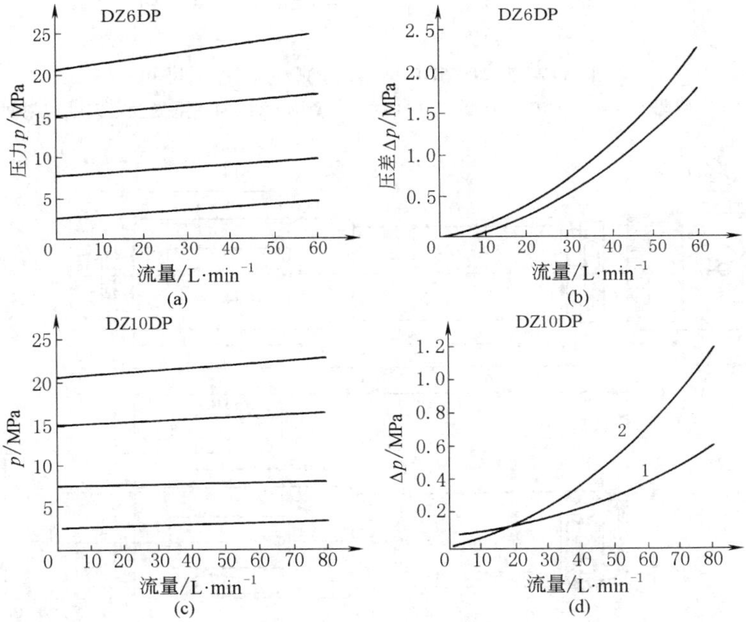


图 21-7-44 特性曲线

**表 21-7-93** **技术规格**

| | | | |
|---|---|---|---|
| 通径/mm | 5 | 6 | 10 |
| 输入压力，油口 P、B(X)/MPa | ≤21.0/不带单向阀≤31.5 | ≤31.5 | ≤31.5 |
| 输出压力，油口 A/MPa | ≤31.5 | ≤21.0 | ≤21.0 |
| 背压，油口(Y)/MPa | ≤6.0 | ≤16.0 | ≤16.0 |
| 液压油 | 矿物油(DIN51524)；磷酸酯液 | | |
| 油温范围/℃ | -20~70 | -20~80 | -20~80 |
| 黏度范围/$mm^2 \cdot s^{-1}$ | 2.8~380 | 100~380 | 10~380 |
| 过滤精度 | NAS1638 九级 | | |
| 最大流量/$L \cdot min^{-1}$ | 15 | 60 | 80 |

注：生产厂为北京华德液压集团液压阀分公司。

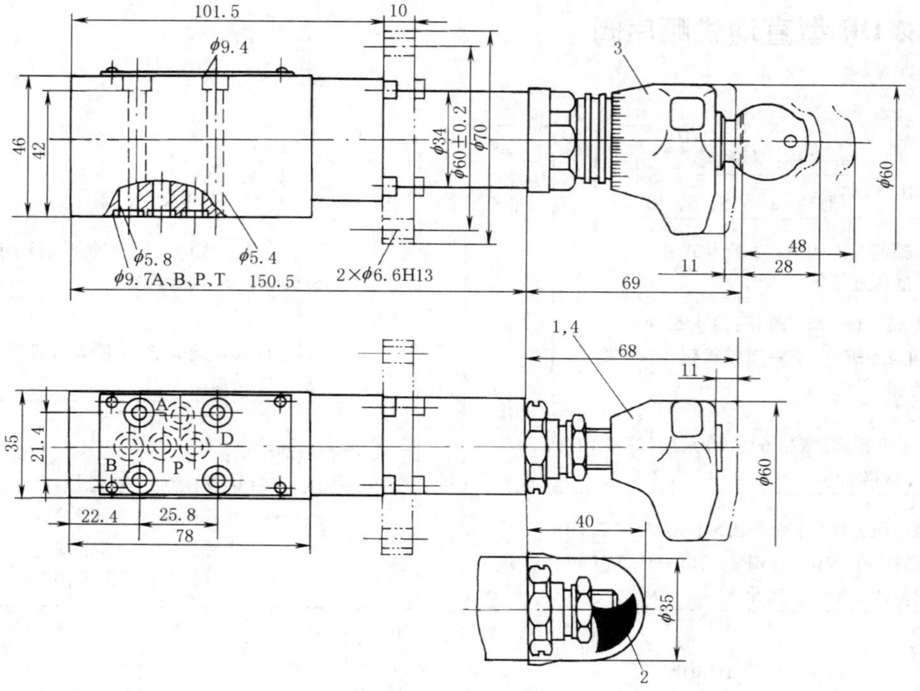


图 21-7-45　DZ5DP 型直动式顺序阀外形尺寸

1—“1” 型调节件；2—“2” 型调节件；3—“3” 型调节件；4—重复设定刻度和刻度环

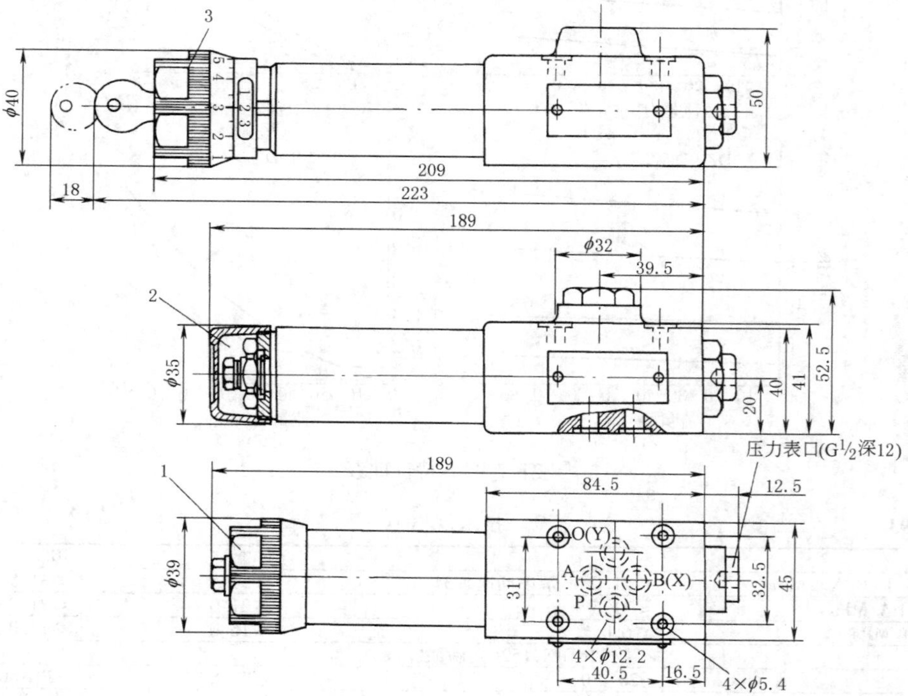


图 21-7-46　DZ6DP 型直动式顺序阀外形尺寸

1—调节方式 “1”；2—调节方式 “2”；3—调节方式 “3”

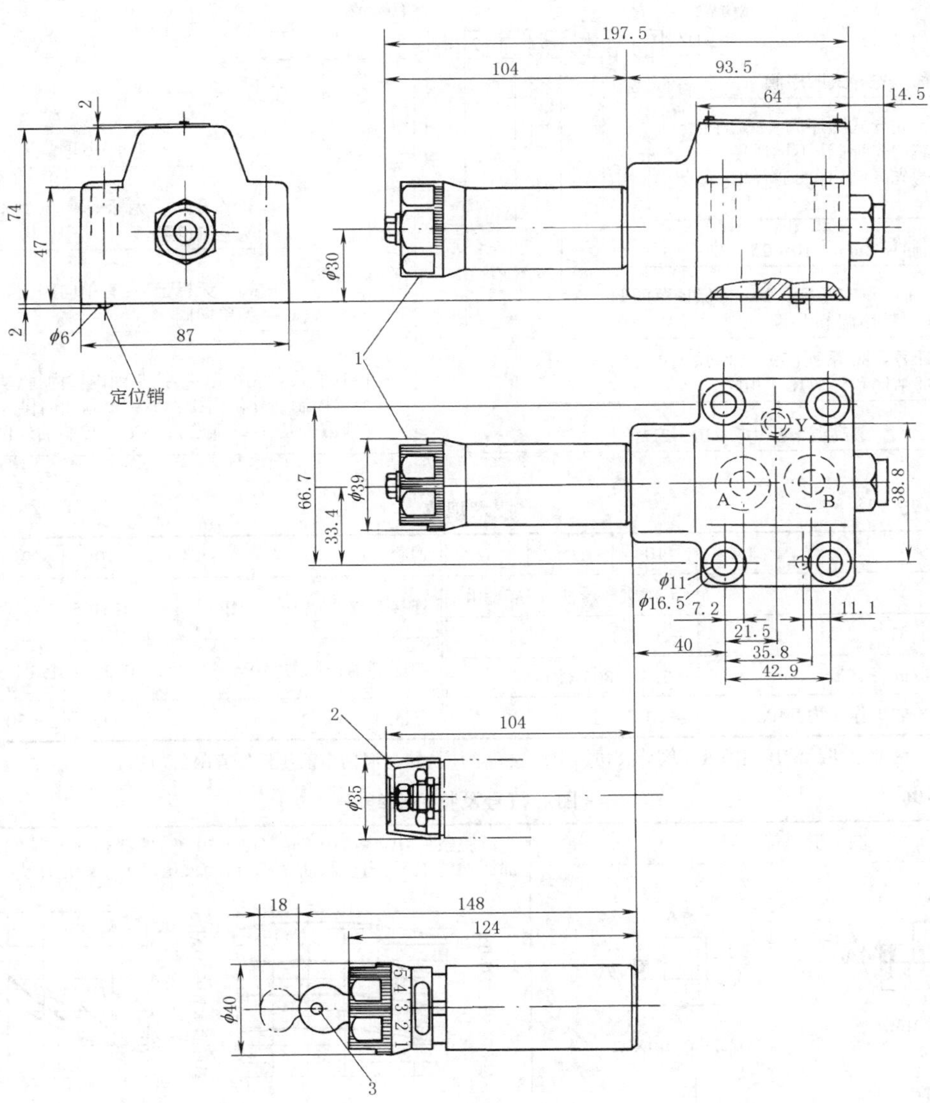


图 21-7-47　DZ10DP 型直动式顺序阀外形尺寸

1—调节方式“1”；2—调节方式“2”；3—调节方式“3”

**表 21-7-94**　　连接底板

| 规　格 | NG5 | NG6 | NG10 |
|---|---|---|---|
| 底　板 | G115/01 | G341/01 | G341/01 |
| 型　号 | G96/01 | G342/01 | G342/01 |

## 3.7　DZ 型先导式顺序阀

该阀利用油路本身压力来控制液压缸或马达的先后动作顺序，以实现油路系统的自动控制。改变控制油和泄漏油的连接方法，该阀还可作为卸荷阀和背压阀（平衡阀）使用。

型号意义：

DZ □ □ - □ □ / 210 □ □ □ □

名称：先导式顺序阀

组装型式：先导式顺序阀 — 无标记；不带主阀芯的先导阀（不标通径）—C；带主阀芯的先导阀（标明通径 10 或 32）—C

通径 /mm：10、25、32

调节方式：1— 调节手柄；2— 带保护罩的调节螺栓；3— 带锁调节手柄

设计号：30 系列（30 ~ 39 系列内部结构和外形尺寸相同）

最高调节压力：210—21MPa

控制型式：无标记 — 控制油内供内排；X— 控制油外供内排；Y— 控制油内供外排（泄漏油从 Y 口排出）；XY— 控制油外供外排

单向阀：无标记 — 有单向阀；M— 无单向阀

工作介质：无标记 — 矿物油；V— 磷酸酯液

附加说明

**表 21-7-95　　技术规格**

| 通径/mm | 10 | 25 | 32 | 通径/mm | 10 | 25 | 32 |
|---|---|---|---|---|---|---|---|
| 介质 | 矿物质液压油、磷酸酯液 | | | 连接口 Y 的背压力/MPa | ≤31.5 | | |
| 介质温度范围/℃ | -20~70 | | | | | | |
| 介质黏度范围/$m^2 \cdot s^{-1}$ | $(2.8 \sim 380) \times 10^{-6}$ | | | 顺序阀动作压力/MPa | 0.3（与流量有关）~21 | | |
| 连接口 A、B、X 的工作压力/MPa | ≤31.5 | | | 流量/$L \cdot min^{-1}$ | ≈150 | ≈300 | ≈450 |

注：生产厂为北京华德液压集团液压阀分公司、上海立新液压公司、海门市液压件厂有限公司。

**表 21-7-96　　图形符号及特性曲线**

图　形　符　号

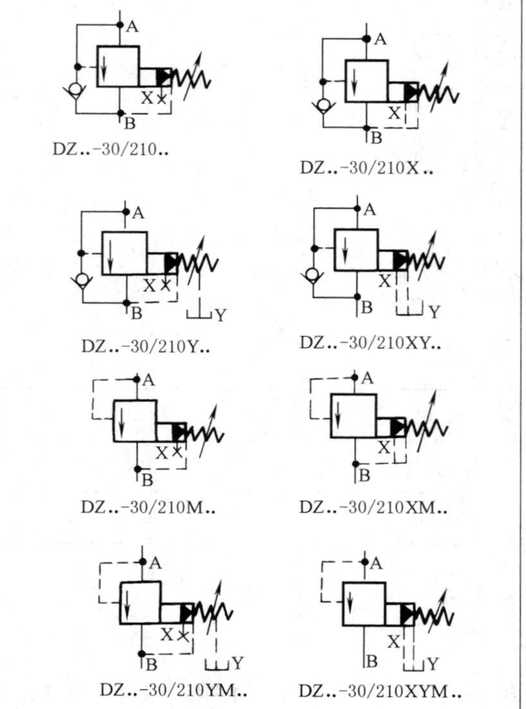


试验条件：$\nu = 36 \times 10^{-6}$ $m^2/s$，$t = 50$ ℃；曲线适用于控制油无背压外部回油的工况，当控制油内排时，输入压力大于输出压力

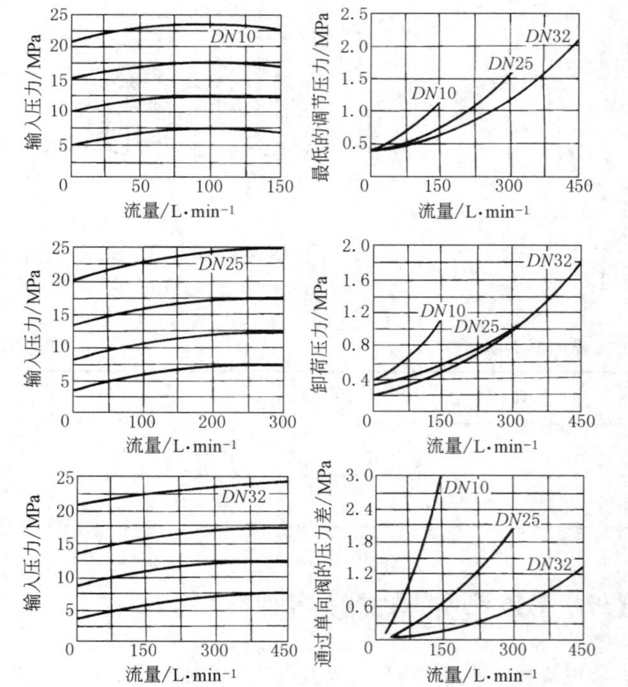

## DZ 型先导式顺序阀外形及连接尺寸（板式）

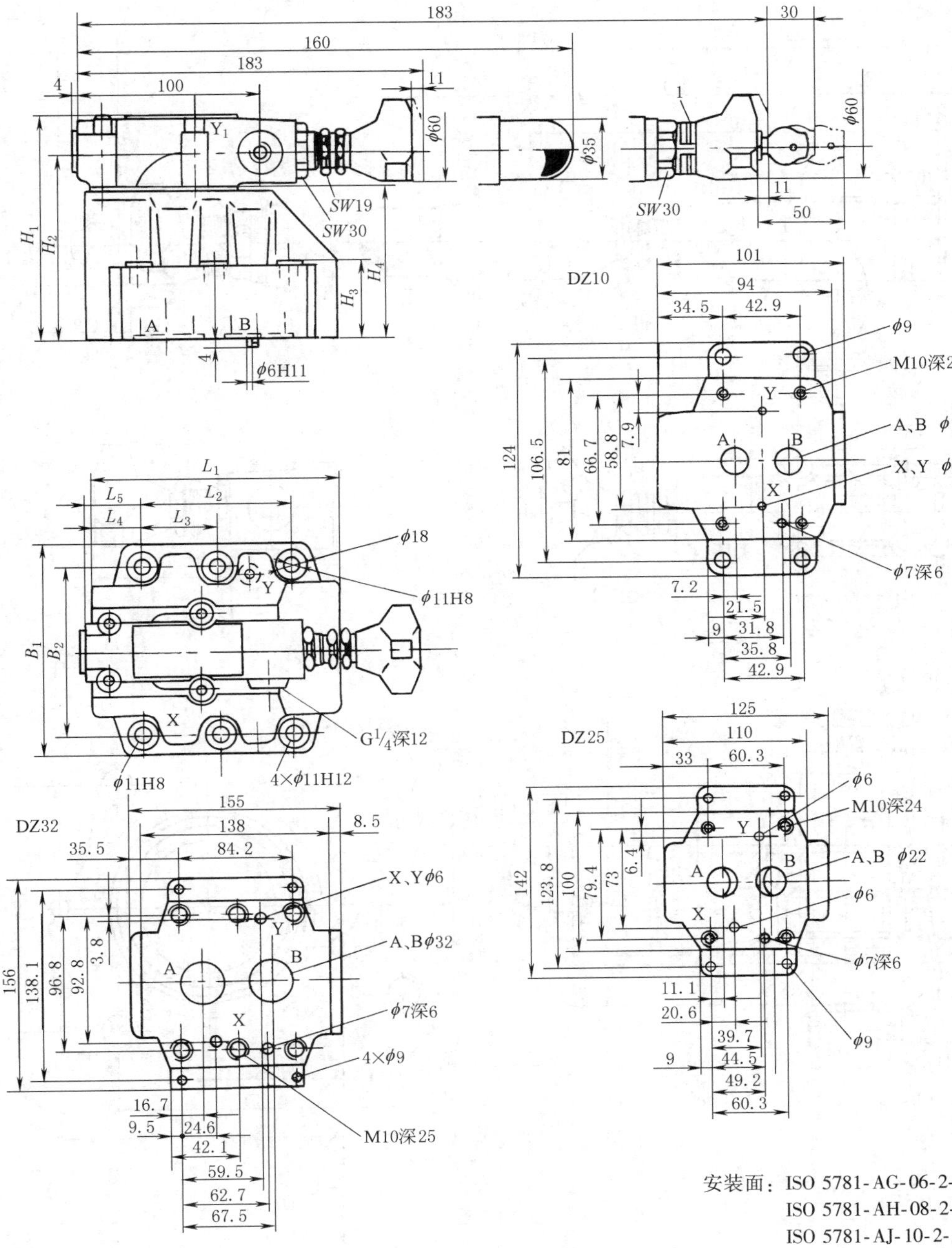


安装面：ISO 5781-AG-06-2-A
ISO 5781-AH-08-2-A
ISO 5781-AJ-10-2-A

**表 21-7-97**

mm

| 通径 | $B_1$ | $B_2$ | $H_1$ | $H_2$ | $H_3$ | $H_4$ | $L_1$ | $L_2$ | $L_3$ | $L_4$ | $L_5$ | O 形圈 X、Y 口 | O 形圈 A、B 口 | 质量/kg |
|---|---|---|---|---|---|---|---|---|---|---|---|---|---|---|
| 10 | 85 | 66.7 | 112 | 92 | 28 | 72 | 90 | 42.9 | — | 35.5 | 34.5 | 9.25×1.78 | 17.12×2.62 | 3.6 |
| 25 | 102 | 79.4 | 122 | 102 | 38 | 82 | 112 | 60.3 | — | 33.5 | 37 | 9.25×1.78 | 28.17×3.53 | 5.5 |
| 32 | 120 | 96.8 | 130 | 110 | 46 | 90 | 140 | 84.2 | 42.1 | 28 | 31.3 | 9.25×1.78 | 34.52×3.53 | 8.2 |

## DZ 型先导式顺序阀外形及连接尺寸（插入式）

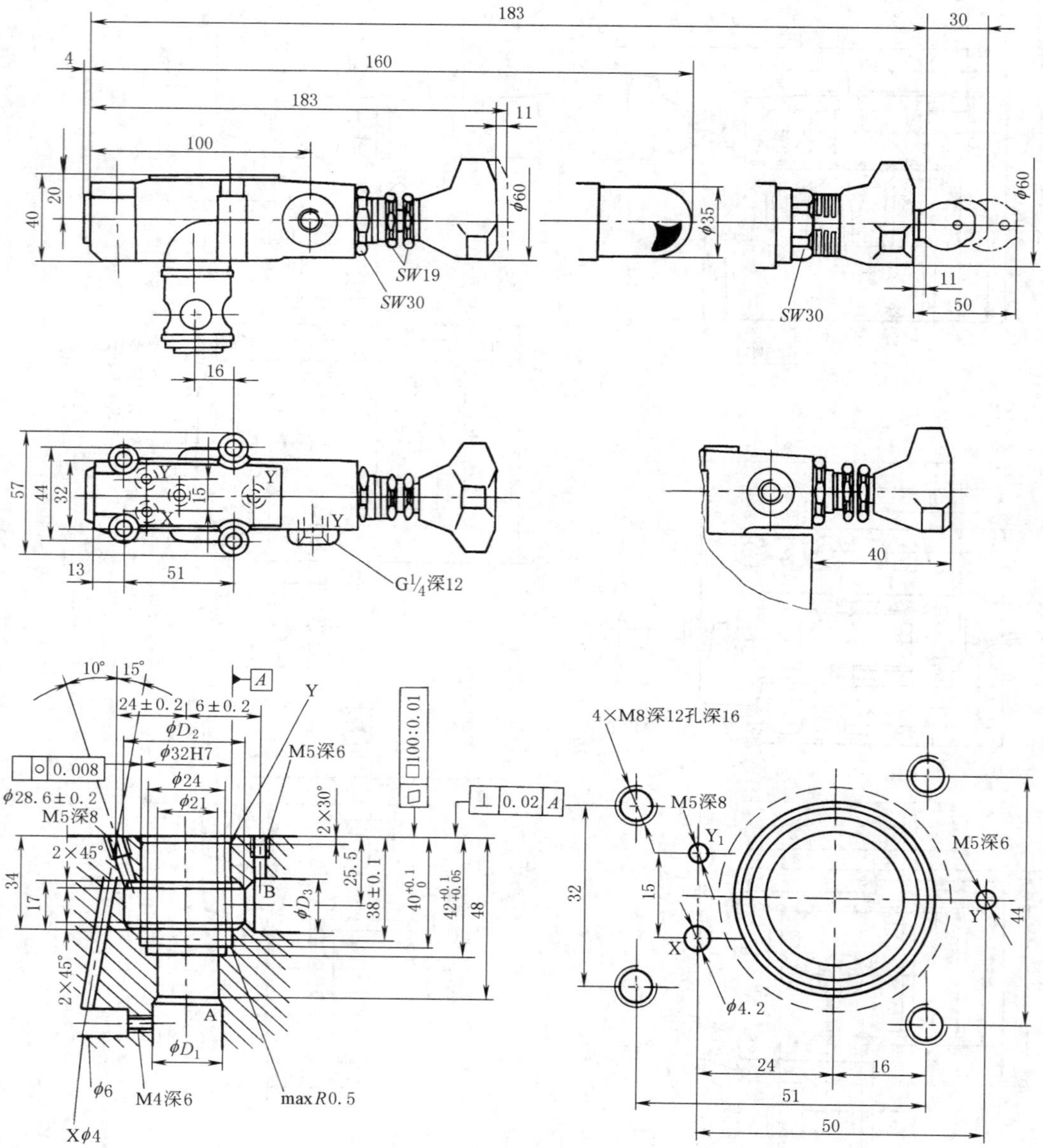

表 21-7-98

mm

| 通　径 | $D_1$ | $D_2$ | $D_3$ | 质量/kg | 阀的安装螺钉(必须单独订货) | 转矩/N·m |
|---|---|---|---|---|---|---|
| 10 | 10 | 40 | 10 | 1.4 | 4×M8×40 GB/T 70.1 | 31 |
| 25 | 25 | 45 | 25 | 1.4 | | |
| 32 | 32 | 45 | 32 | 1.4 | | |

## 安装底板尺寸

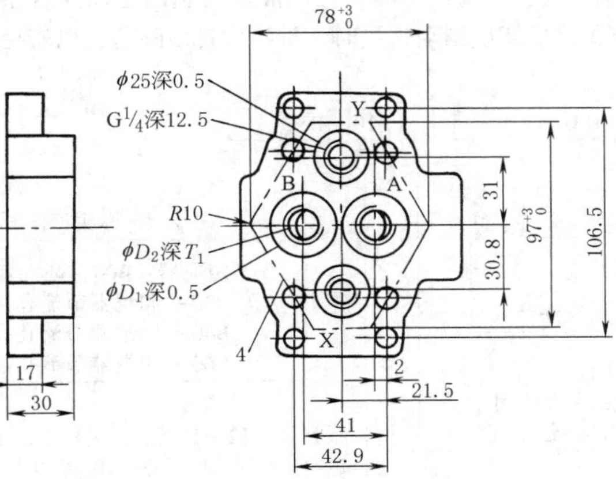


(a) 通径10

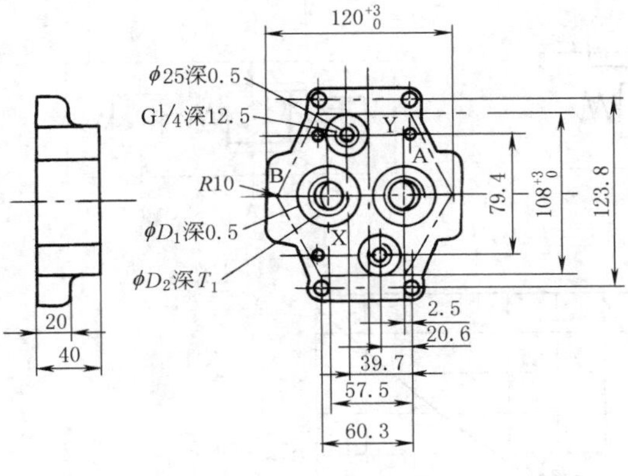


(b) 通径25

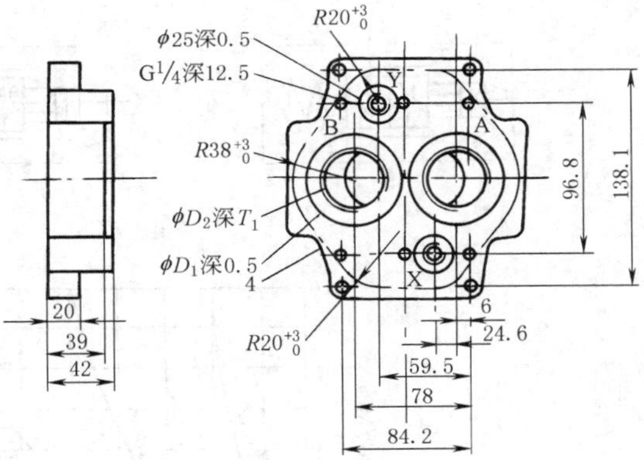


(c) 通径32

**表 21-7-99**

mm

| 通　径 | 型　号 | $D_1$ | $D_2$ | $T_1$ | 阀的固定螺钉 | 转矩/N·m | 质量/kg |
|---|---|---|---|---|---|---|---|
| 10 | G460/1 | 28 | G3/8 | 12.5 | 4×M10×50 GB/T 70.1（必须单独订货） | 69 | 1.7 |
| | G461/1 | 34 | G1/2 | 14.5 | | | |
| 25 | G412/1 | 42 | G3/4 | 16.5 | 4×M10×60 GB/T 70.1（必须单独订货） | 69 | 3.3 |
| | G413/1 | 47 | G1 | 19.5 | | | |
| 32 | G414/1 | 56 | G1¼ | 20.5 | 6×M10×70 GB/T 70.1（必须单独订货） | 69 | 5 |
| | G415/1 | 61 | G1½ | 22.5 | | | |

## 3.8 FD 型平衡阀

FD 型阀主要用于起重机械的液压系统，使液压缸或液压马达的运动速度不受载荷变化的影响，保持稳定。在阀内部附加的单向阀可防止管路损坏或制动失灵时，重物可自由降落，以避免事故。

型号意义：

FD □ □ □ 10 / B※ □

- FD — 名称：平衡阀
- □ — 通径/mm：12，16，25，32
- □ — 连接型式：P— 板式；K— 插装式；F—SAE 螺纹法兰式
- □ — 二次溢流阀：A— 不带二次溢流阀；B— 带二次溢流阀
- 10 — 系列号：12—12 系列（通径 12，16，25）；11—11 系列（通径 32，10 ~ 19 系列安装和连接尺寸相同）
- B※ — 阻尼器：B00— 不带阻尼器；B30— 阻尼器节流孔径 $\phi$0.3（FD12、16 型）；B40— 阻尼器节流孔径 $\phi$0.4（FD25 型）；B60— 阻尼器节流孔径 $\phi$0.6（FD32 型）
- □ — 压力级（标明工作压力，仅用于法兰式）

图形符号：

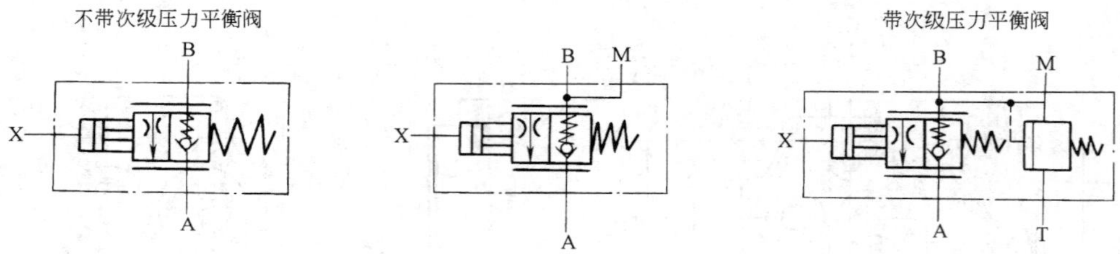


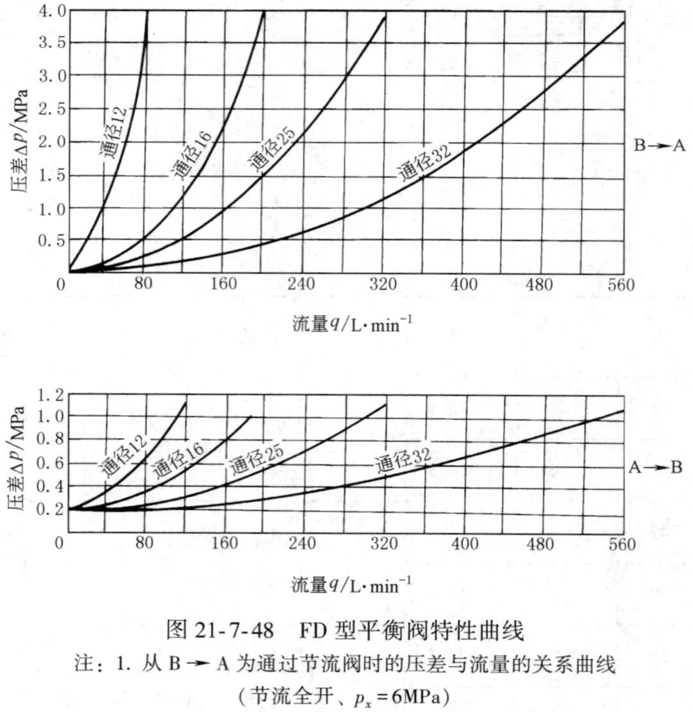


图 21-7-48 FD 型平衡阀特性曲线

注：1. 从 B → A 为通过节流阀时的压差与流量的关系曲线（节流全开、$p_x = 6$MPa）

2. 从 A → B 为通过单向阀时的压差与流量的关系曲线

**表 21-7-100　　　　　　　　　　　　技术规格**

| 通径/mm | 12 | 16 | 25 | 32 | 二次溢流阀调节压力/MPa | 40 |
|---|---|---|---|---|---|---|
| 流量/L·min$^{-1}$ | 80 | 200 | 320 | 560 | 介质 | 矿物质液压油 |
| 工作压力(A、X口)/MPa | 31.5 | | | | 介质黏度/m$^2$·s$^{-1}$ | (2.8~380)×10$^{-6}$ |
| 工作压力(B口)/MPa | 42 | | | | | |
| 先导压力(X口)/MPa | 最小2~3.5;最大31.5 | | | | 介质温度/℃ | -20~70 |
| 开启压力(A→B)/MPa | 0.2 | | | | | |

注：生产厂为北京华德液压集团液压阀分公司、上海立新液压有限公司。

## FD＊PA型平衡阀外形尺寸

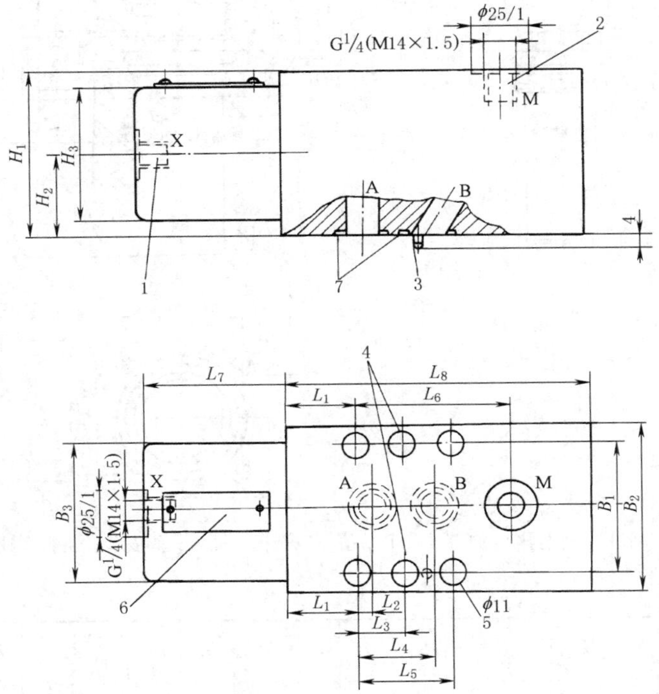


1—控制口；2—监测口；3—定位销；4—通径12、16、25时无此孔；
5—安装孔（通径12、16、25时为4孔，通径32时为6孔）；6—标牌；7—O形圈

**表 21-7-101**　　　　　　　　　　　　　　　　　　　　　　　　mm

| 型　号 | $B_1$ | $B_2$ | $B_3$ | $H_1$ | $H_2$ | $H_3$ | $L_1$ | $L_2$ | $L_3$ | $L_4$ | $L_5$ | $L_6$ | $L_7$ | $L_8$ | 质量/kg | O形圈(7) |
|---|---|---|---|---|---|---|---|---|---|---|---|---|---|---|---|---|
| FD12PA10 | 66.5 | 85 | 70 | 85 | 42.5 | 70 | 32 | 7 | — | 35.5 | 43 | 73 | 65 | 140 | 9 | 21.3×2.4 |
| FD16PA10 | 66.5 | 85 | 70 | 85 | 42.5 | 70 | 32 | 7 | | 35.5 | 43 | 73 | 65 | 140 | 9 | 21.3×2.4 |
| FD25PA10 | 79.5 | 100 | 80 | 100 | 50 | 80 | 39 | 11 | | 49 | 60.5 | 109 | 75 | 200 | 18 | 29.82×2.62 |
| FD32PA10 | 97 | 120 | 95 | 120 | 60 | 95 | 35.5 | 16.5 | 42 | 67.5 | 84 | 119.5 | 94 | 215 | 24 | 38×3 |

## FD＊KA 型平衡阀外形尺寸

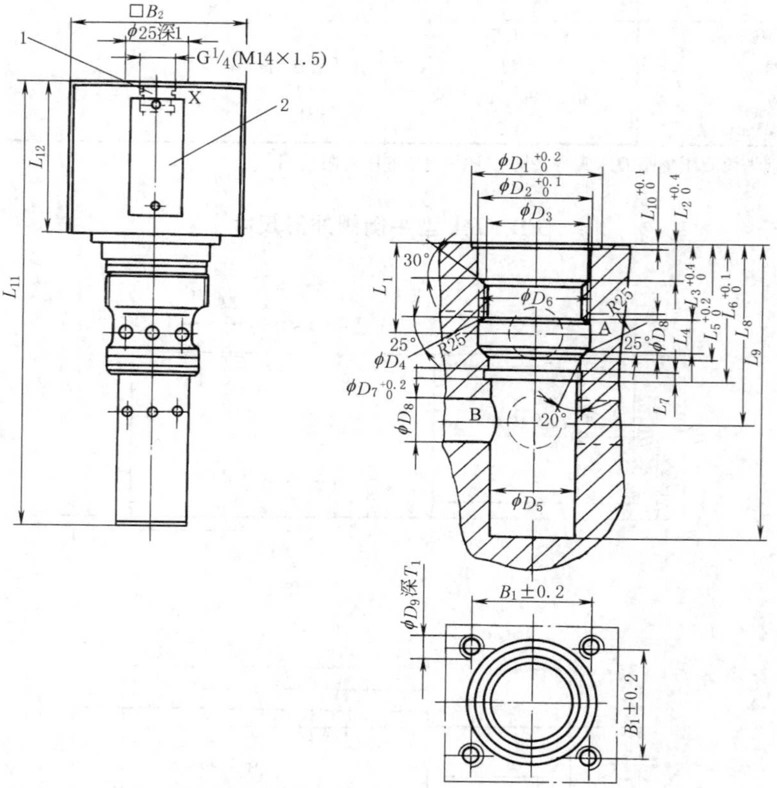


1—控制口；2—标牌（油口 A 和 B 位置可以选择，插入式阀安装孔不得有缺陷）

**表 21-7-102**

mm

| 型　号 | $B_1$ | $B_2$ | $D_1$ | $D_2$ | $D_3$ | $D_4$ | $D_5$ | $D_6$ | $D_7$ | $D_8$ | $D_9$ | $T_1$ | $L_1$ | $L_2$ | $L_3$ | $L_4$ | $L_5$ | $L_6$ |
|---|---|---|---|---|---|---|---|---|---|---|---|---|---|---|---|---|---|---|
| FD12KA10 | 48 | 70 | 54 | 46 | M42×2 | 38 | 34 | 46 | 38.6 | 16 | M10 | 16 | 39 | 16 | 32 | 15.5 | 50.6 | 60 |
| FD16KA10 | 48 | 70 | 54 | 46 | M42×2 | 38 | 34 | 46 | 38.6 | 16 | M10 | 16 | 39 | 16 | 32 | 15.5 | 50.6 | 60 |
| FD25KA10 | 56 | 80 | 60 | 54 | M52×2 | 48 | 40 | 60 | 48.6 | 25 | M12 | 19 | 50 | 19 | 39 | 22 | 65 | 80 |
| FD32KA10 | 66 | 95 | 72 | 65 | M64×2 | 58 | 52 | 74 | 58.6 | 30 | M16 | 23 | 52 | 19 | 40 | 25 | 71 | 85 |

| 型　号 | $L_7$ | $L_8$ | $L_9$ | $L_{10}$ | $L_{11}$ | $L_{12}$ | 规格 | 阀安装螺钉 | 转矩/N·m |
|---|---|---|---|---|---|---|---|---|---|
| FD12KA10 | 3 | 78 | 128 | 2.3 | 191 | 65 | 16 | 4×M10×70 GB/T 70.1 | 69 |
| FD16KA10 | 3 | 78 | 128 | 2.3 | 191 | 65 | 12 | 4×M10×70 GB/T 70.1 | 69 |
| FD25KA10 | 4 | 105 | 182 | 2.3 | 253 | 75 | 25 | 4×M12×80 GB/T 70.1 | 120 |
| FD32KA10 | 4 | 115 | 198 | 2.3 | 289 | 94 | 32 | 4×M16×100 GB/T 70.1 | 295 |

**FD＊FA 型平衡阀外形尺寸**

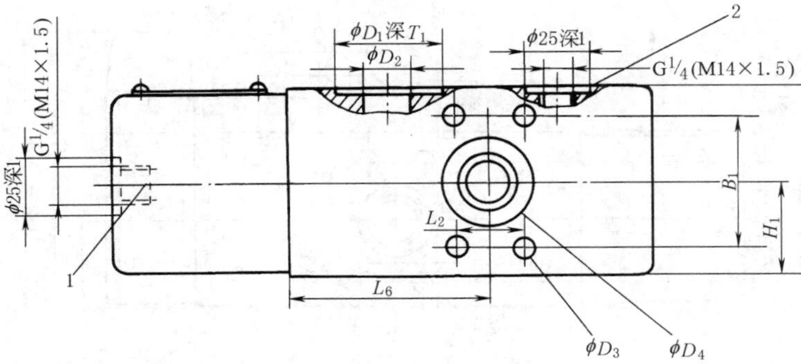


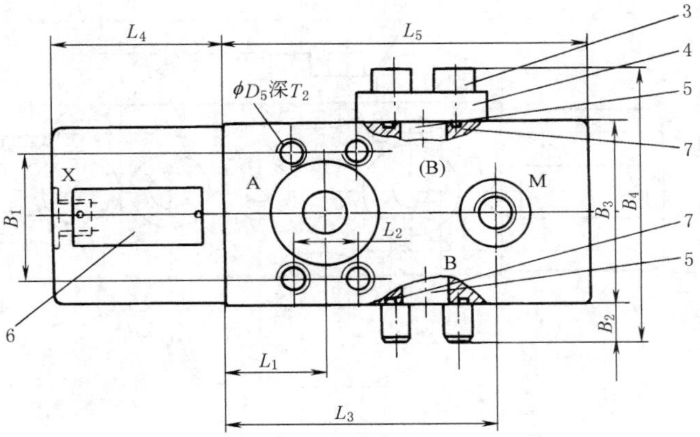


1—控制口；2—监测口；3—法兰固定螺钉；4—盖板；5—可选择的B孔；6—标牌；7—O 形圈（用于二次溢流阀的 SAE 螺纹法兰连接）

**表 21-7-103**

mm

| 型　号 | $B_1$ | $B_2$ | $B_3$ | $B_4$ | $D_1$ | $D_2$ | $D_3$ | $D_4$ | $D_5$ | $H_1$ | $H_2$ |
|---|---|---|---|---|---|---|---|---|---|---|---|
| FD12FA10 | 50.8 | 16.5 | 72 | 110 | 43 | 18 | 10.5 | 18 | M10 | 36 | 72 |
| FD16FA10 | 50.8 | 16.5 | 72 | 110 | 43 | 18 | 10.5 | 18 | M10 | 36 | 72 |
| FD25FA10 | 57.2 | 14.5 | 90 | 132 | 50 | 25 | 13.5 | 25 | M12 | 45 | 90 |
| FD32FA10 | 66.7 | 20 | 105 | 154 | 56 | 30 | 15 | 30 | M14 | 50 | 105 |

| 型　号 | $L_1$ | $L_2$ | $L_3$ | $L_4$ | $L_5$ | $L_6$ | $T_1$ | $T_2$ | 质量/kg | O 形圈（7） |
|---|---|---|---|---|---|---|---|---|---|---|
| FD12FA10 | 39 | 23.8 | 105 | 65 | 140 | 78 | 0.2 | 15 | 7 | 25×3.5 |
| FD16FA10 | 39 | 23.8 | 105 | 65 | 140 | 78 | 0.2 | 15 | 7 | 25×3.5 |
| FD25FA10 | 50 | 27.8 | 148 | 75 | 200 | 105 | 0.2 | 18 | 16 | 32.92×3.53 |
| FD32FA10 | 52 | 31.6 | 155 | 94 | 215 | 115 | 0.2 | 21 | 21 | 37.7×3.53 |

## FD * FB 型平衡阀外形尺寸

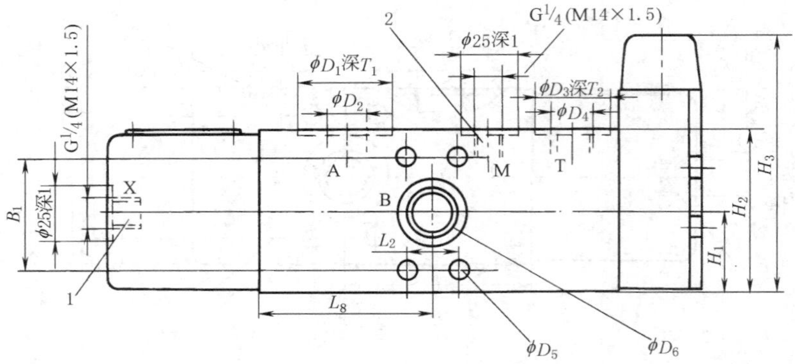


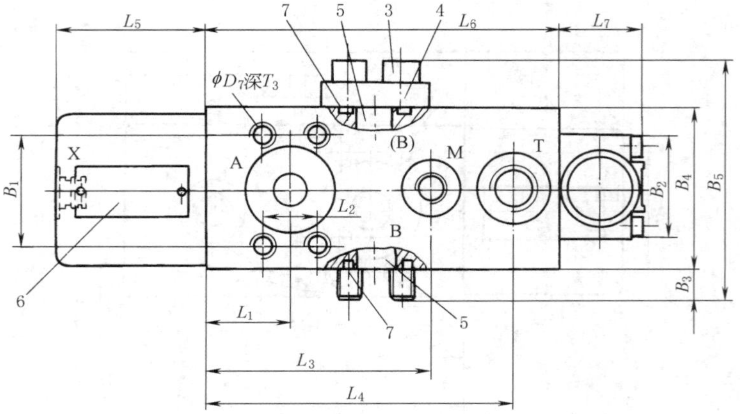


1—控制口；2—监测口；3—法兰固定螺钉；4—盲孔板；5—可选择的B孔；6—标牌；7—O形圈（用于带二次溢流阀的SAE螺纹法兰连接）

**表 21-7-104**

mm

| 型　　号 | $B_1$ | $B_2$ | $B_3$ | $B_4$ | $B_5$ | $D_1$ | $D_2$ | $D_3$ | $D_4$ | $D_5$ | $D_6$ | $D_7$ | $H_1$ | $H_2$ |
|---|---|---|---|---|---|---|---|---|---|---|---|---|---|---|
| FD12FB10 | 50.8 | 47 | 16.5 | 72 | 110 | 43 | 18 | 34 | G½ | 10.5 | 18 | M10 | 36 | 72 |
| FD16FB10 | 50.8 | 47 | 16.5 | 72 | 110 | 43 | 18 | 34 | G½ | 10.5 | 18 | M10 | 36 | 72 |
| FD25FB10 | 57.2 | 80 | 14.5 | 90 | 132 | 50 | 25 | 42 | G¾ | 13.5 | 25 | M12 | 45 | 90 |
| FD32FB10 | 66.7 | 80 | 20 | 105 | 154 | 56 | 30 | 42 | G¾ | 15 | 30 | M14 | 50 | 105 |

| 型　　号 | $H_3$ | $L_1$ | $L_2$ | $L_3$ | $L_4$ | $L_5$ | $L_6$ | $L_7$ | $L_8$ | $T_1$ | $T_2$ | $T_3$ | 质量/kg | O 形圈(7) |
|---|---|---|---|---|---|---|---|---|---|---|---|---|---|---|
| FD12FB10 | 118 | 39 | 23.8 | 105 | 141.5 | 65 | 162 | 38 | 78 | 0.2 | 1 | 15 | 9 | 25×3.5 |
| FD16FB10 | 118 | 39 | 23.8 | 105 | 141.5 | 65 | 162 | 38 | 78 | 0.2 | 1 | 15 | 9 | 25×3.5 |
| FD25FB10 | 145 | 50 | 27.8 | 148 | 198 | 75 | 225 | 50 | 105 | 0.2 | 1 | 18 | 18 | 32.92×3.53 |
| FD32FB10 | 145 | 52 | 31.6 | 155 | 215 | 94 | 240 | 50 | 115 | 0.2 | 1 | 21 | 24 | 37.7×3.53 |

## FD 型平衡阀连接底板尺寸

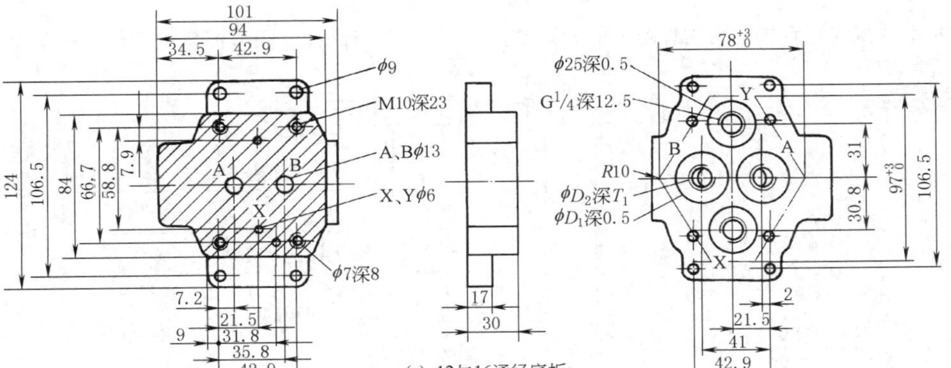


(a) 12与16通径底板

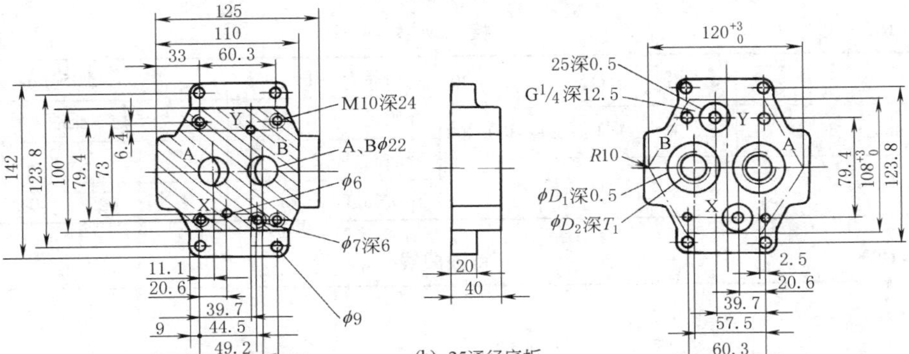


(b) 25通径底板

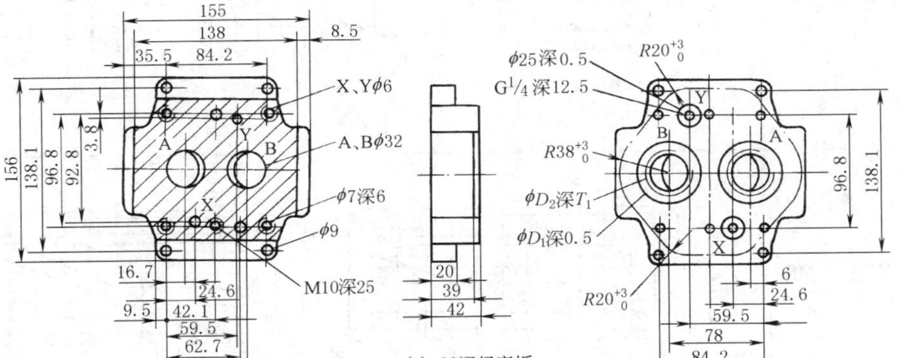


(c) 32通径底板

**表 21-7-105**

mm

| 通径 | 型号 | $D_1$ | $D_2$ | $T_1$ | 阀安装螺钉 | 螺钉紧固转矩 /N·m | 质量 /kg |
|---|---|---|---|---|---|---|---|
| 12 | G460/1 | 28 | G⅜ | 12.5 | 4×M10×50 GB/T 70.1 | 69 | 1.7 |
| 16 | G461/1 | 34 | G½ | 14.5 | | | |
| 25 | G412/1<br>G413/1 | 42<br>47 | G¾<br>G1 | 16.5<br>19.5 | 4×M10×60 GB/T 70.1 | 69 | 3.3 |
| 32 | G414/1<br>G415/1 | 56<br>61 | G1¼<br>G1½ | 20.5<br>22.5 | 4×M10×70 GB/T 70.1 | 69 | 5 |

## 3.9 MG型节流阀、MK型单向节流阀

MG/MK型节流阀是直接安装在管路上的管式节流阀/单向节流阀，该阀节流口采用轴向三角槽结构，用于控制执行元件速度。

型号意义：

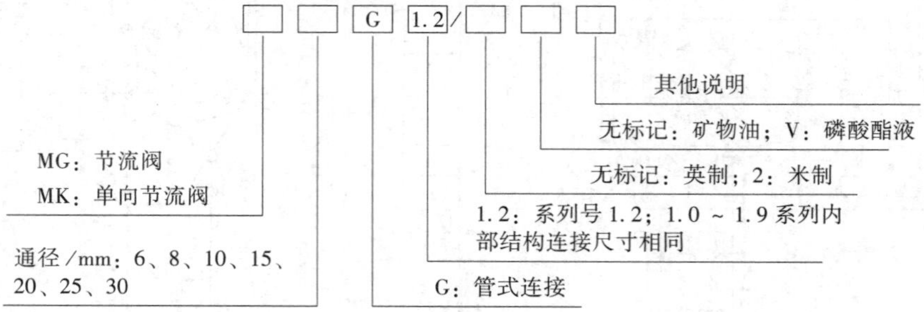


**表21-7-106　技术规格**

| 通径/mm | 6 | 8 | 10 | 15 | 20 | 25 | 30 | 开启压力/MPa | 0.05(MK型) |
|---|---|---|---|---|---|---|---|---|---|
| 流量/L·min$^{-1}$ | 15 | 30 | 50 | 140 | 200 | 300 | 400 | 介质 | 矿物液压油、磷酸酯油液 |
| | | | | | | | | 介质温度/℃ | -20~70 |
| 最大压力/MPa | 31.5 | | | | | | | 介质黏度/m$^2$·s$^{-1}$ | (2.8~380)×10$^{-6}$ |

**表21-7-107　特性曲线**

| | | |
|---|---|---|
| Δp-Q 曲线 | 通过单向阀MK型时 | 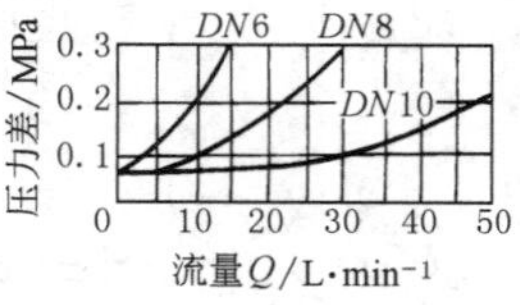 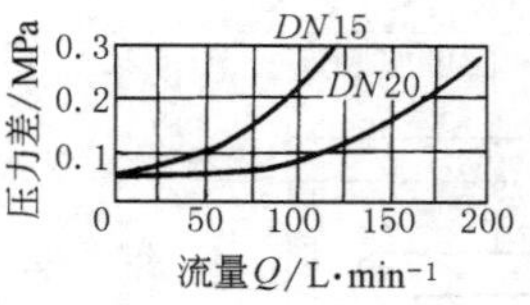 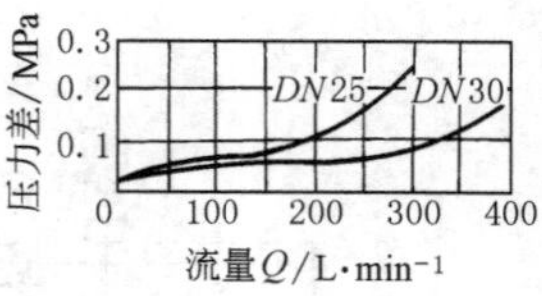 |
| Δp-Q 曲线 | 通过节流阀MK、MG型时 | 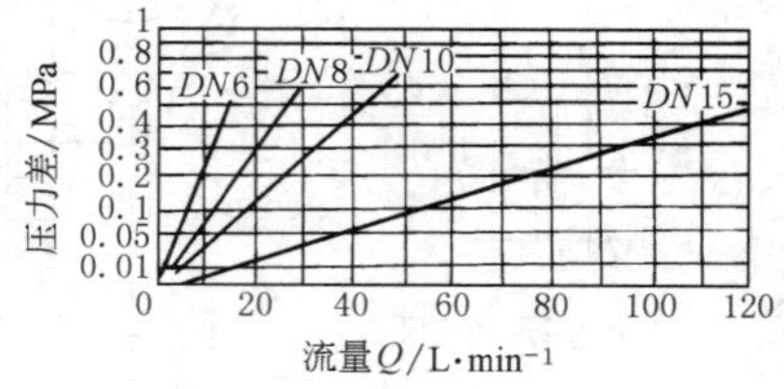 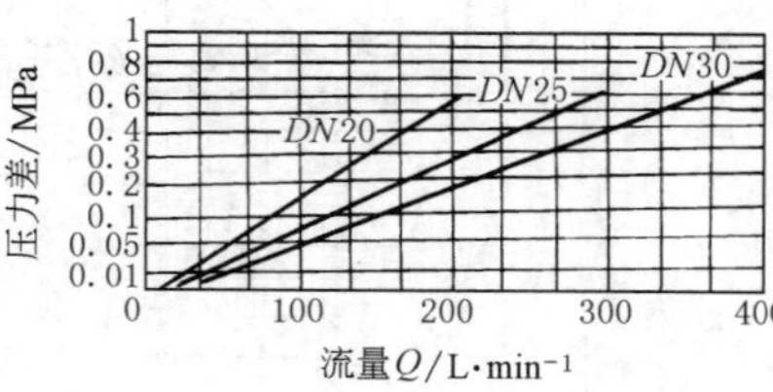 |



**表21-7-108　外形尺寸**　mm

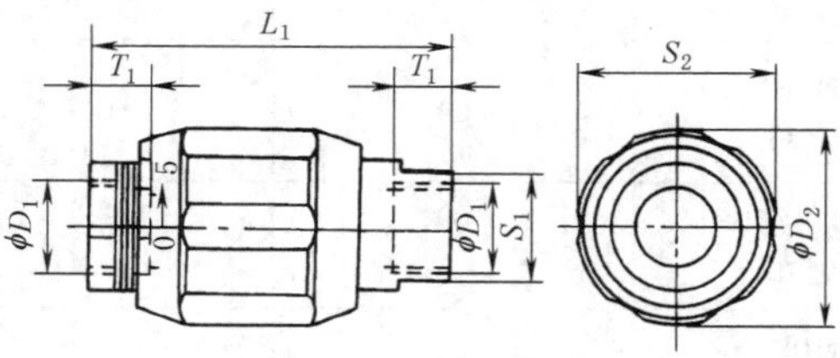


| 通径 | $D_1$ | | $D_2$ | $L_1$ | $S_1$ | $S_2$ | $T_1$ | 质量/kg |
|---|---|---|---|---|---|---|---|---|
| 6 | M14×1.5 | G¼ | 34 | 65 | 19 | 32 | 12 | 0.3 |
| 8 | M18×1.5 | G⅜ | 38 | 65 | 22 | 36 | 12 | 0.4 |
| 10 | M22×1.5 | G½ | 48 | 80 | 27 | 46 | 14 | 0.7 |
| 15 | M27×2 | G¾ | 58 | 100 | 32 | 55 | 16 | 1.1 |
| 20 | M33×2 | G1 | 72 | 110 | 41 | 70 | 18 | 1.9 |
| 25 | M42×2 | G1¼ | 87 | 130 | 50 | 85 | 20 | 3.2 |
| 30 | M48×2 | G1½ | 93 | 150 | 60 | 90 | 22 | 4.1 |

注：生产厂为北京华德液压集团液压阀分公司、上海立新液压有限公司。

## 3.10 DV 型节流截止阀、DRV 型单向节流截止阀

DV/DRV 型节流阀是一种简单而又精确地调节执行元件速度的流量控制阀，完全关闭时它又是截止阀。

型号意义：

□□□□□-10/□□□

- DV— 节流截止阀；DRV— 单向节流截止阀
- 无标志 — 螺纹连接；P— 板式连接
- 通径(mm)：6、8、10、12、16、20、25、30、40
- — — 管道直接安装；S— 面板安装
- 1— 钢；2— 黄铜；3— 不锈钢
- 10 系列(10 ~ 19：安装和连接尺寸不变)
- 无标记 — 矿物油；V— 磷酸酯液
- 管式连接：无标记 — 管螺纹；2— 普通螺纹
- 其他细节用文字说明

**表 21-7-109　技术规格**

| 通径/mm | 6 | 8 | 10 | 12 | 16 | 20 | 25 | 30 | 40 | 介质 | 矿物液压油，磷酸酯液 |
|---|---|---|---|---|---|---|---|---|---|---|---|
| 流量/L·min$^{-1}$ | 14 | 60 | 75 | 140 | 175 | 200 | 300 | 400 | 600 | 介质黏度/m$^2$·s$^{-1}$ | $(2.8\sim380)\times10^{-6}$ |
| 工作压力/MPa | 约 35 | | | | | | | | | 介质温度/℃ | -20~100 |
| 单向阀开启压力/MPa | 0.05 | | | | | | | | | 安装位置 | 任意 |

注：生产厂为北京华德液压集团液压阀分公司、上海立新液压有限公司、海门市液压件厂有限公司。

**DV/DRV 型节流阀外形尺寸**

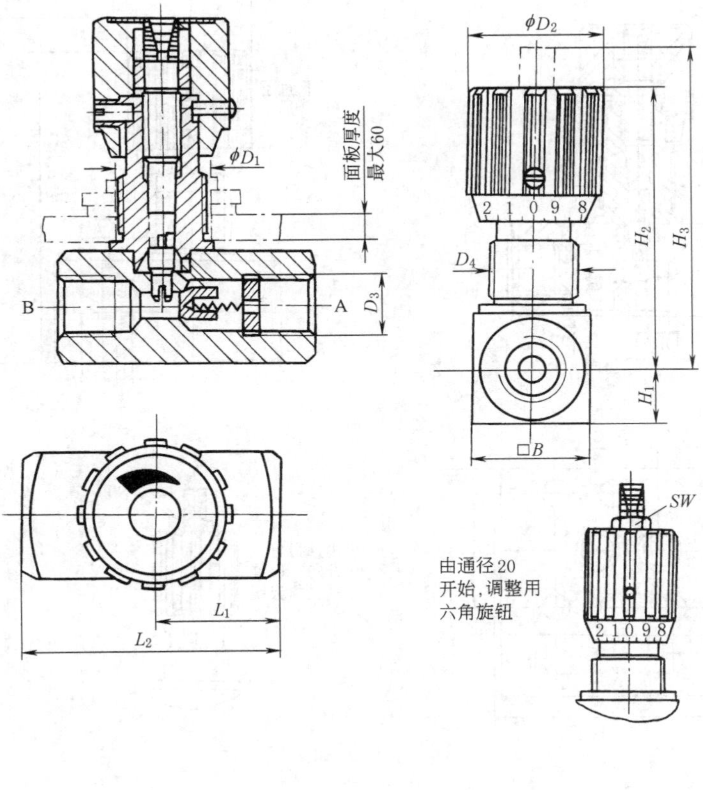

表 21-7-110

mm

| 通径 | $B$ | $\phi D_1$ | $\phi D_2$ | $D_3$ | | $D_4$ | $H_1$ | $H_2$ | $H_3$ | $L_1$ | | $L_2$ | | $SW$ |
|---|---|---|---|---|---|---|---|---|---|---|---|---|---|---|
| | | | | | | | | | | DV | DRV | DV | DRV | |
| 6 | 15 | 16 | 24 | G⅛ | M10×1 | M12×1.25 | 8 | 50 | 55 | 19 | 26 | 38 | 45 | |
| 8 | 25 | 19 | 29 | G¼ | M14×1.5 | M18×1.5 | 12.5 | 65 | 72 | 24 | 33.5 | 48 | 45 | |
| 10 | 30 | 19 | 29 | G⅜ | M18×1.5 | M18×1.5 | 15 | 67 | 74 | 29 | 41 | 58 | 65 | |
| 12 | 35 | 23 | 38 | G½ | M22×1.5 | M22×1.5 | 17.5 | 82 | 92 | 34 | 44 | 68 | 73 | |
| 16 | 45 | 23 | 38 | G¾ | M27×2 | M22×1.5 | 22.5 | 96 | 106 | 39 | 57 | 78 | 88 | |
| 20 | 50 | 38 | 49 | G1 | M33×2 | M33×1.5 | 25 | 128 | 145 | 54 | 77 | 108 | 127 | 19 |
| 25 | 60 | 38 | 49 | G1¼ | M42×2 | M33×1.5 | 30 | 133 | 150 | 54 | 93 | 108 | 143 | 19 |
| 30 | 70 | 38 | 49 | G1½ | M48×2 | M33×1.5 | 35 | 138 | 155 | 54 | 108 | 108 | 143 | 19 |
| 40 | 90 | 38 | 49 | G2 | | M33×1.5 | 45 | 148 | 165 | | 130 | | 165 | 19 |

**DRVP 型节流阀外形尺寸**

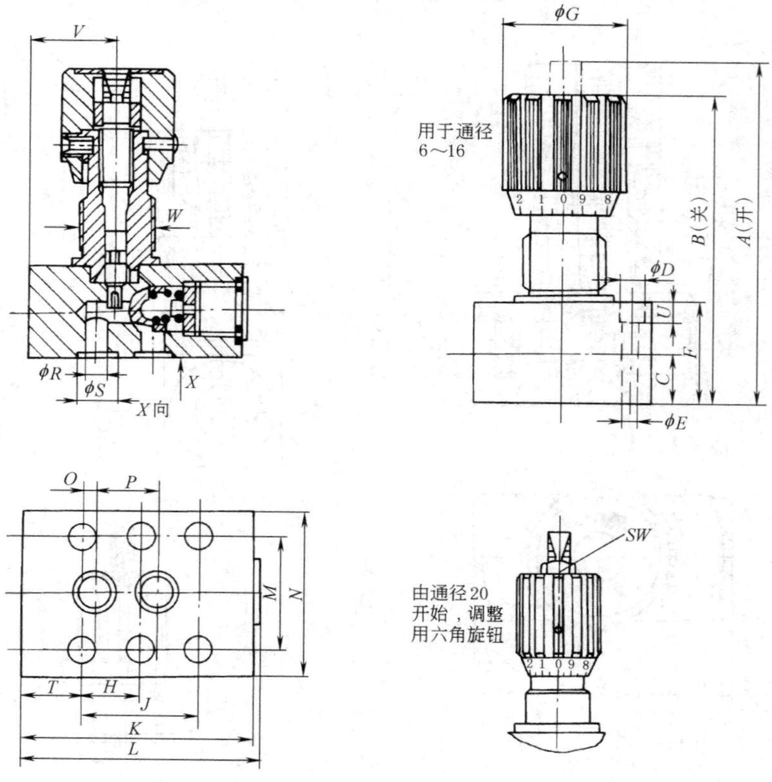

表 21-7-111

mm

| 型　号 | A | B | C | D | E | F | G | H | J | K | L |
|---|---|---|---|---|---|---|---|---|---|---|---|
| DRVP-6 | 63 | 58 | 8 | 11 | 6.6 | 16 | 24 | — | 19 | 41.5 | 43 |
| DRVP-8 | 79 | 72 | 10 | 11 | 6.6 | 20 | 29 | — | 35 | 63.5 | 65 |
| DRVP-10 | 84 | 77 | 12.5 | 11 | 6.6 | 25 | 29 | — | 33.5 | 70 | 72 |
| DRVP-12 | 106 | 96 | 16 | 11 | 6.6 | 32 | 38 | — | 38 | 80 | 84 |
| DRVP-16 | 128 | 118 | 22.5 | 14 | 9 | 45 | 38 | 38 | 76 | 104 | 107 |
| DRVP-20 | 170 | 153 | 25 | 14 | 9 | 50 | 49 | 47.5 | 95 | 127 | 131 |
| DRVP-25 | 175 | 150 | 27 | 18 | 11 | 55 | 49 | 60 | 120 | 165 | 169 |
| DRVP-30 | 195 | 170 | 37.5 | 20 | 14 | 75 | 49 | 71.5 | 143 | 186 | 190 |
| DRVP-40 | 220 | 203 | 50 | 20 | 14 | 100 | 49 | 67 | 133.5 | 192 | 196 |

| 型　号 | M | N | O | P | R | S | T | U | V | W | SW | 质量/kg |
|---|---|---|---|---|---|---|---|---|---|---|---|---|
| DRVP-6 | 28.5 | 41.5 | 1.6 | 16 | 5 | 9.8 | 6.4 | 7 | 13.5 | M14×1.5 | — | 0.26 |
| DRVP-8 | 33.5 | 46 | 4.5 | 25.5 | 7 | 12.7 | 14.2 | 7 | 31 | M18×1.5 | — | 0.50 |
| DRVP-10 | 38 | 51 | 4 | 25.5 | 10 | 15.7 | 18 | 7 | 29.5 | M18×1.5 | — | 0.80 |
| DRVP-12 | 44.5 | 57.5 | 4 | 30 | 13 | 18.7 | 21 | 7 | 36.5 | M22×1.5 | — | 1.10 |
| DRVP-16 | 54 | 70 | 11.4 | 54 | 17 | 24.5 | 14 | 9 | 49 | M22×1.5 | — | 2.50 |
| DRVP-20 | 60 | 76.5 | 19 | 57 | 22 | 30.5 | 16 | 9 | 49 | M33×2 | 19 | 3.90 |
| DRVP-25 | 76 | 100 | 20.6 | 79.5 | 28.5 | 37.5 | 15 | 11 | 77 | M33×2 | 19 | 6.70 |
| DRVP-30 | 92 | 115 | 23.8 | 95 | 35 | 43.5 | 15 | 13 | 85 | M33×2 | 19 | 11.0 |
| DRVP-40 | 111 | 140 | 25.5 | 89 | 47.5 | 57.5 | 16 | 13 | 64 | M33×2 | 19 | 17.5 |

## 3.11　MSA 型调速阀

MSA 型调速阀为二通流量控制阀，由减压阀和节流阀串联组成。调速不受负载压力变化的影响，保持执行元件工作速度稳定。

型号意义：

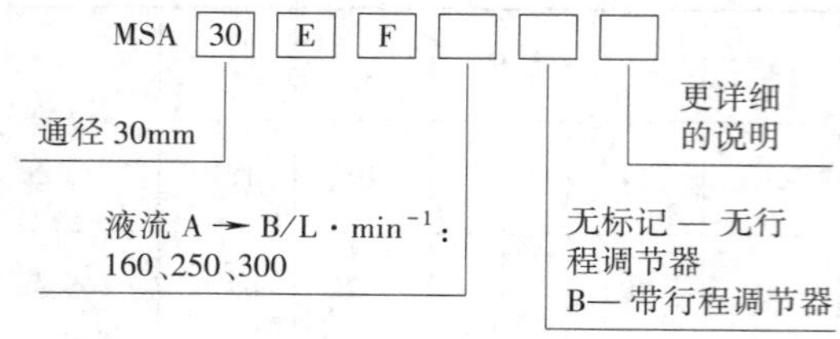


**表 21-7-112　　技术规格**

| 工作压力 /MPa | 21 | 介质 | 矿物质液压油 |
|---|---|---|---|
| 流量调节 | 与压力无关 | 介质温度/℃ | 20~70 |
| 最小压差 /MPa | 0.5~1（与 $Q_{max}$ 有关） | 介质黏度 /m$^2$·s$^{-1}$ | (2.8~380)×$10^{-6}$ |

**表 21-7-113　　外形尺寸**　　mm

| | | | | |
|---|---|---|---|---|
| | | 通　　径 | 30 | |
| 调速板 | 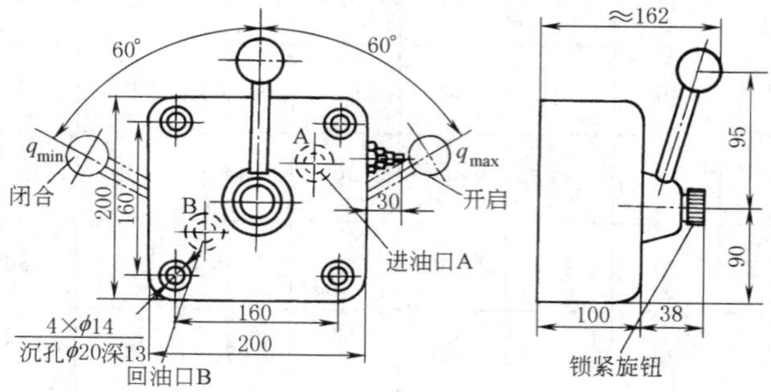 | 底板型号 | G138/1 | G139/1 |
| | | $D_1$ | 56 | 61 |
| | | $D_2$ | G1¼ | G1½ |
| 安装底板 | 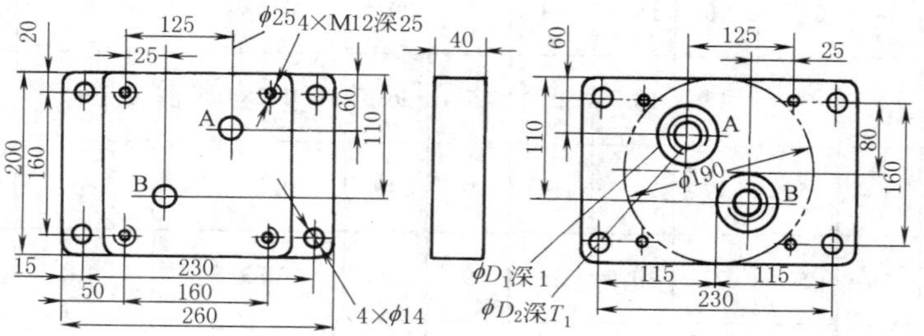 | $T_1$ | 21 | 23 |
| | | 阀安装螺钉 | 4×M12×110 GB/T 70.1—2000 | |
| | | 转矩/N·m | 75 | |





注：生产厂为北京华德液压集团液压阀分公司、上海立新液压有限公司。

## 3.12　2FRM 型调速阀及 Z4S 型流向调整板

2FRM 型调速阀是二通流量控制阀，由减压阀和节流阀串联组成。由于减压阀对节流阀进行了压力补偿，所以调速阀的流量不受负载变化的影响，保持稳定。同时节流窗口设计成薄刃状，流量受温度变化很小。调速阀与单向阀并联时，油流能反向回流。

若要求通过调速阀两个方向（A→B、B→A）都有稳定的流量，可以选择 Z4S 型整流板装在调速阀下。

调速阀型号意义：

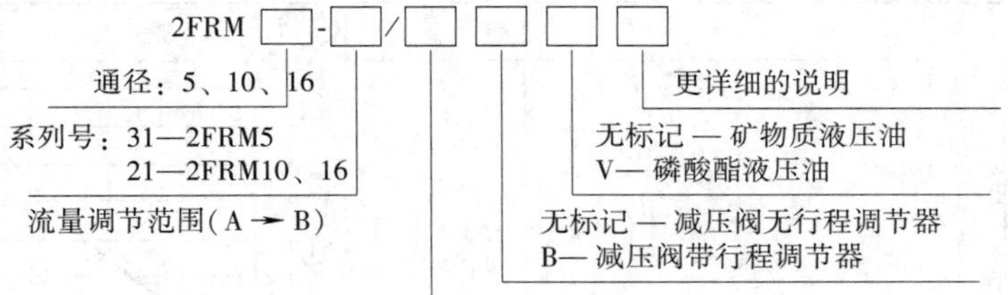


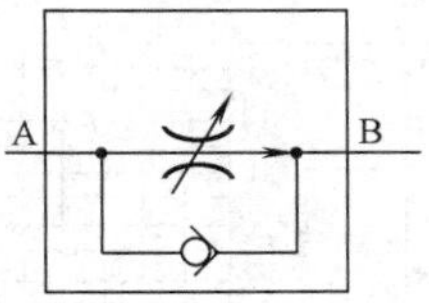


图 21-7-49　2FRM 图形符号

| 通径 5 | | 通径 10 | | 通径 16 | |
|---|---|---|---|---|---|
| 0. 2L—0. 2L/min | 6L—6L/min | 2L—2L/min | 25L—25L/min | 40L—40L/min | 125L—125L/min |
| 0. 6L—0. 6L/min | 10L—10L/min | 5L—5L/min | 35L—35L/min | 60L—60L/min | 160L—160L/min |
| 1. 2L—1. 2L/min | 15L—15L/min | 10L—10L/min | 50L—50L/min | 80L—80L/min | — |
| 3L—3L/min | — | 16L—16L/min | — | 100L—100L/min | — |

流向调整板型号意义：

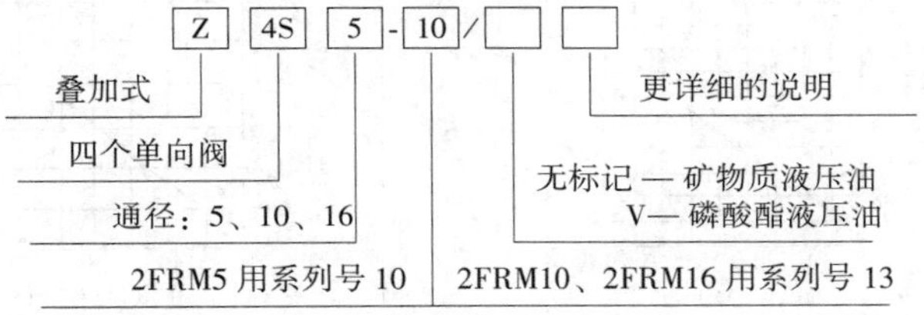


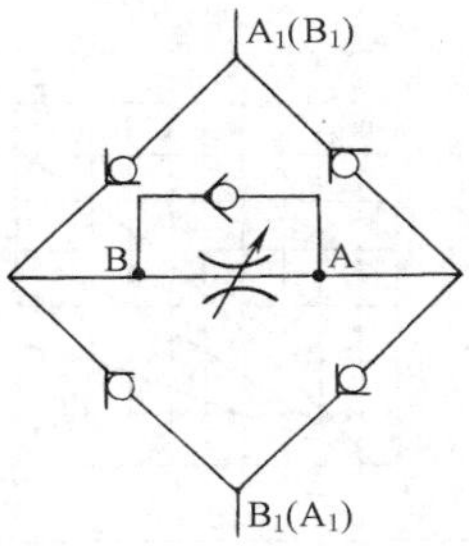


图 21-7-50　Z4S 和 2FRM 图形符号

**表 21-7-114　　　　技术规格**

| | 项　目 | | 通径 | | | | | | | | | | | | | |
|---|---|---|---|---|---|---|---|---|---|---|---|---|---|---|---|---|
| | | | 5 | | | | | | | 10 | | | | 16 | | |
| 调速阀 | 最大流量/L·min$^{-1}$ | | 0. 2 | 0. 6 | 1. 2 | 3. 0 | 6. 0 | 10. 0 | 15. 0 | 10 | 16 | 25 | 50 | 60 | 100 | 160 |
| | 压差(B ➝ A 回流)/MPa | | 0. 05 | 0. 05 | 0. 06 | 0. 09 | 0. 18 | 0. 36 | 0. 67 | 0. 2 | 0. 25 | 0. 35 | 0. 6 | 0. 28 | 0. 43 | 0. 73 |
| | 流量稳定范围($Q_{最大}$)/% | 温度影响(-20~70℃) | ±5 | ±3 | ±2 | | | | | ±2 | | | | | | |
| | | 压力影响[通径 5 Δ$p$ 至 21MPa；10、16 Δ$p$ 至 31. 5MPa] | ±2 | | | | | ±4 | | ±2 | | | | | | |
| | 工作压力(A 口)/MPa | | 21 | | | | | | | 31. 5 | | | | | | |
| | 最低压力损失/MPa | | 0. 3~0. 5 | | | | | 0. 6~0. 8 | | 0. 3~1. 2 | | | | 0. 5~1. 2 | | |
| | 过滤精度/μm | | 25($Q$<5L/min) | | | | | | | 10($Q$<0. 5L/min) | | | | | | |
| | 质量/kg | | 1. 6 | | | | | | | 5. 6 | | | | 11. 3 | | |
| 流向调整板 | 流量/L·min$^{-1}$ | | 15 | | | | | | | 50 | | | | 160 | | |
| | 工作压力/MPa | | 21 | | | | | | | 31. 5 | | | | | | |
| | 开启压力/MPa | | 0. 1 | | | | | | | 0. 15 | | | | | | |
| | 质量/kg | | 0. 6 | | | | | | | 3. 2 | | | | 9. 3 | | |
| 介质 | | | 矿物质液压油、磷酸酯液压油 | | | | | | | | | | | | | |
| 介质温度/℃ | | -20~70 | 介质黏度/m$^2$·s$^{-1}$ | | | | | | | (2. 8~380)×10$^{-6}$ | | | | | | |

注：生产厂为北京华德液压集团液压阀分公司、上海立新液压有限公司。

**表 21-7-115　特性曲线（试验条件：$\nu=36\times10^{-6}m^2/s$，$t=50℃$）**

| 调速阀 | | 流向调整板 | |
|---|---|---|---|
| 2FRM5 型 | 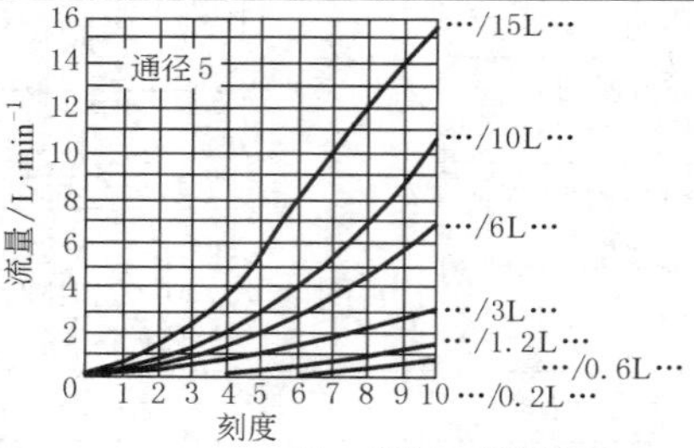 | Z4S5 型 | 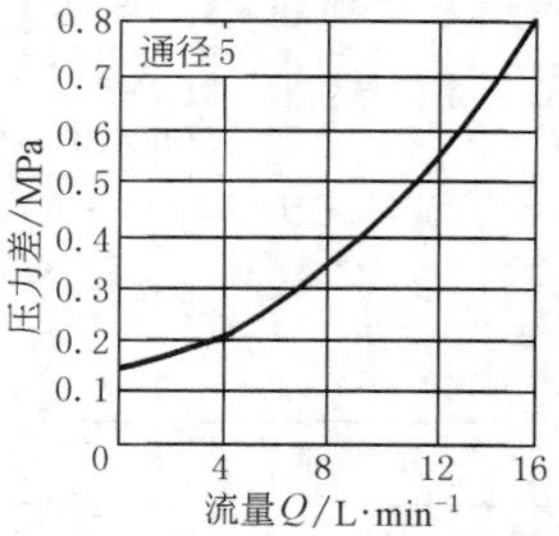 |
| 2FRM10 型 | 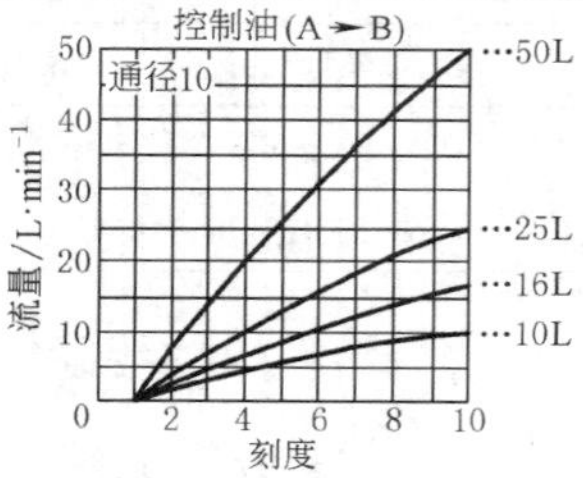 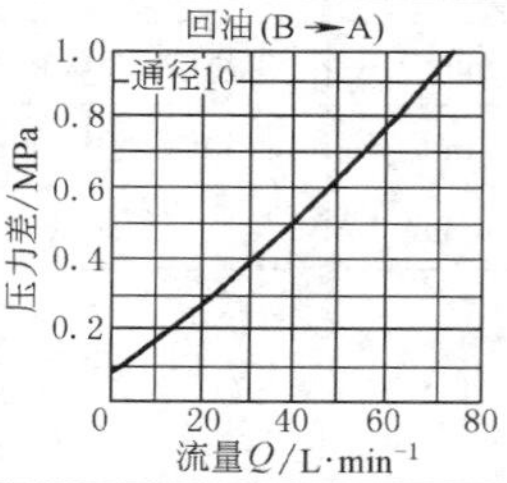 | Z4S10 型 | 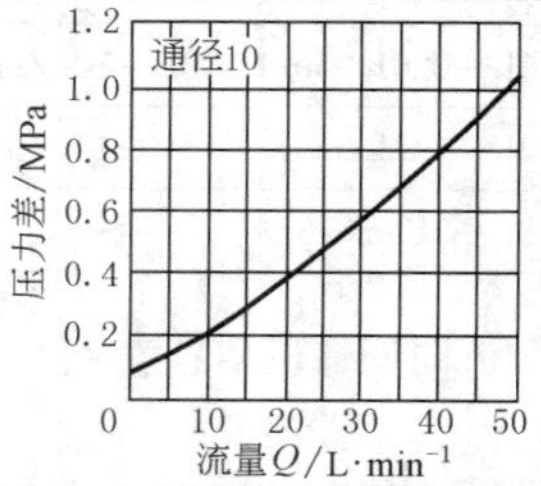 |
| 2FRM16 型 | 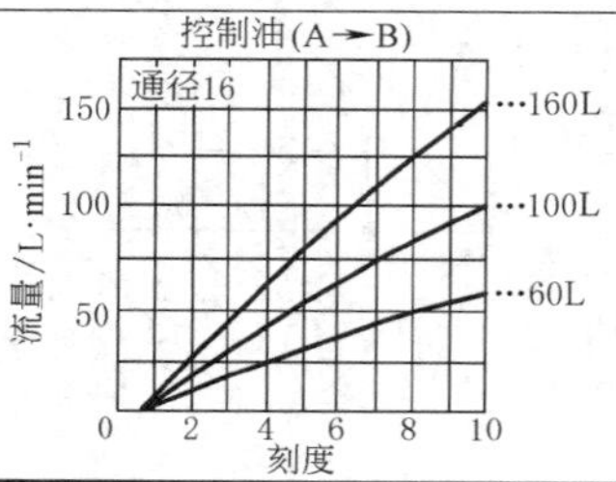 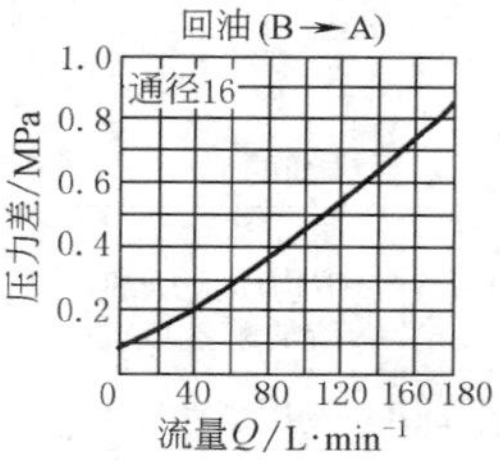 | Z4S16 型 | 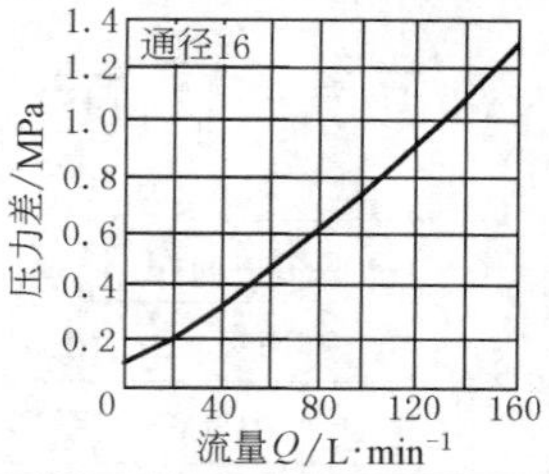 |



流动方向（A→B）

注：字母 L 原标准为 Q



## 外形尺寸

**表 21-7-116　调速阀尺寸**

mm

2FRM5 型

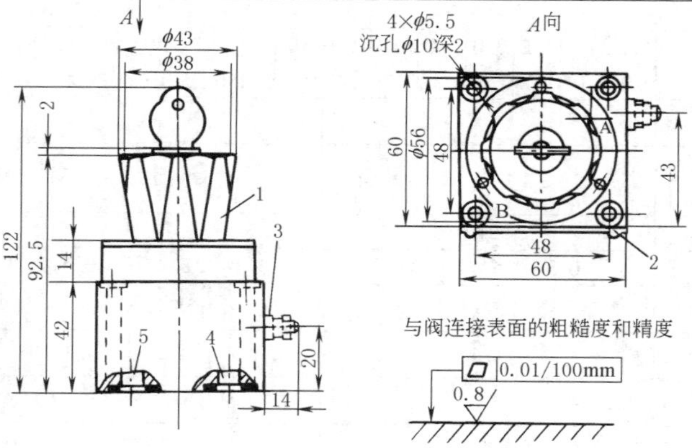



2FRM10、2FRM16 型

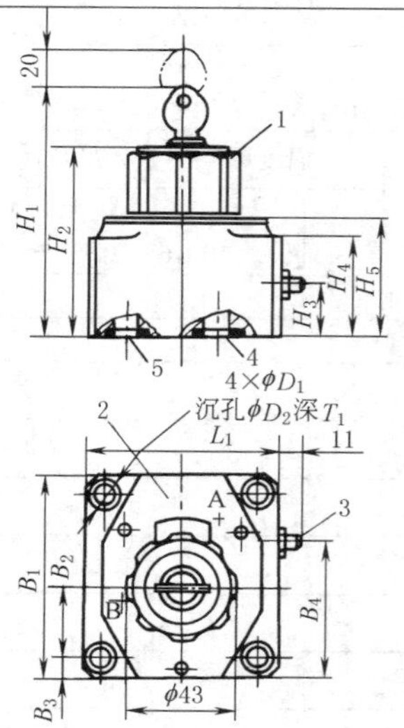



1—带锁调节手柄；2—标牌；3—减压阀行程调节器；
4—进油口 A；5—出油口 B

| 通径 | 10 | 16 |
|---|---|---|
| $B_1$ | 101.5 | 123.5 |
| $B_2$ | 35.5 | 41.5 |
| $B_3$ | 9.5 | 11.0 |
| $B_4$ | 68 | 81.5 |
| $D_1$ | 9 | 11 |
| $D_2$ | 15 | 18 |
| $H_1$ | 125 | 147 |
| $H_2$ | 95 | 117 |
| $H_3$ | 26 | 34 |
| $H_4$ | 51 | 72 |
| $H_5$ | 60 | 82 |
| $L_1$ | 95 | 123.5 |
| $T_1$ | 13 | 12 |

**表 21-7-117　　流向调整板尺寸　　mm**

Z4S5 型

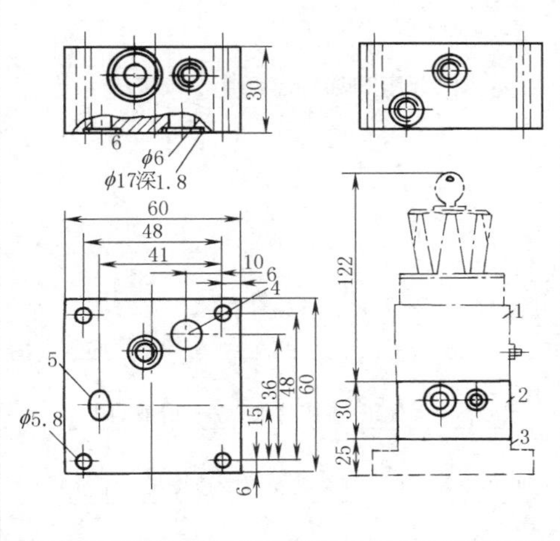


Z4S10、Z4S16 型

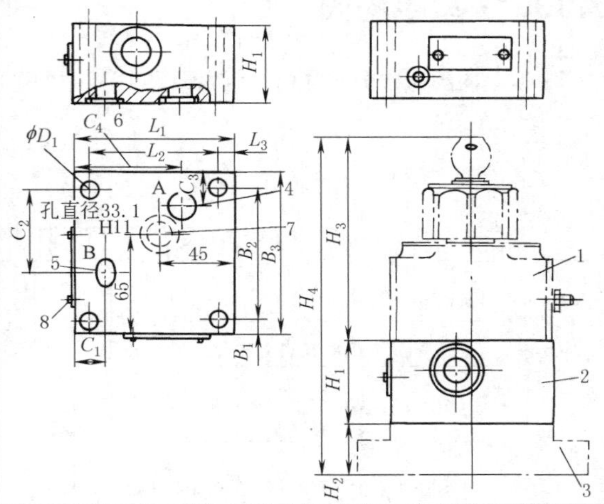


与阀连接表面的粗糙度与精度

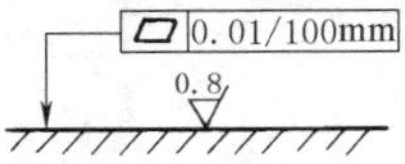


| 通径 | $B_1$ | $B_2$ | $B_3$ | $D_1$ | $H_1$ | $H_2$ | $H_3$ | $H_4$ | $L_1$ | $L_2$ | $L_3$ | $C_1$ | $C_2$ | $C_3$ | $C_4$ |
|---|---|---|---|---|---|---|---|---|---|---|---|---|---|---|---|
| 10 | 9.5 | 82.5 | 101.5 | 9 | 50 | 30 | 125 | 205 | 95 | 76 | 9.5 | 19 | 52.5 | 11 | 64.5 |
| 16 | 11 | 101.5 | 123.5 | 11 | 85 | 40 | 147 | 272 | 123.5 | 101.5 | 11 | 31.5 | 86.5 | 11 | 86 |

注：图中 1—调速阀；2—流向调整板；3—底板；4—进油口 A；5—出油口 B；6—O 形圈：16×2.4（通径 5），18.66×3.53（通径 10），26.58×3.53（通径 16）；7—O 形圈密封槽孔仅用于 16 通径阀，配合件不得有孔；8—标牌。

**表 21-7-118　　安装底板尺寸　　mm**

通径 5

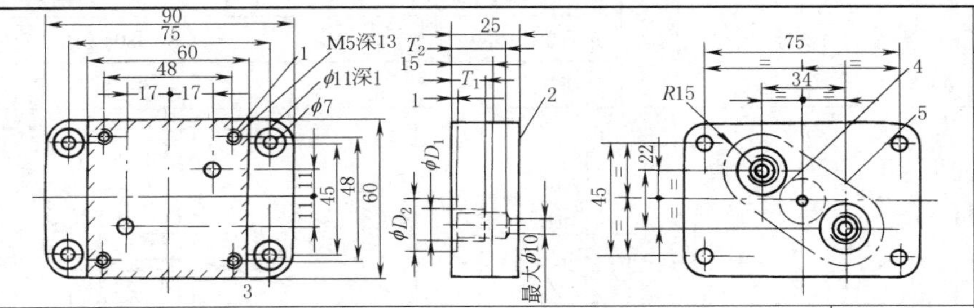


通径 10

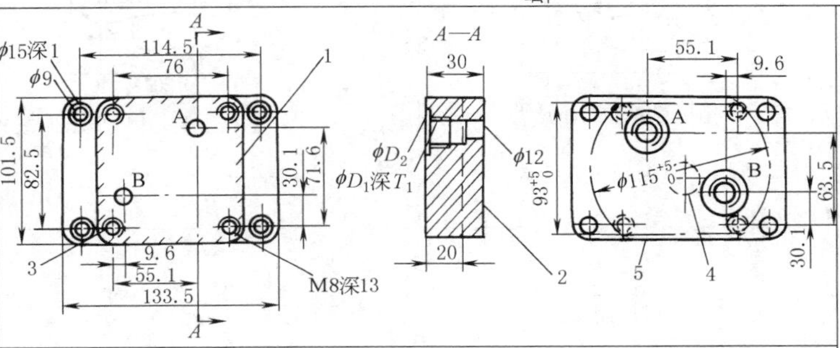


通径 16

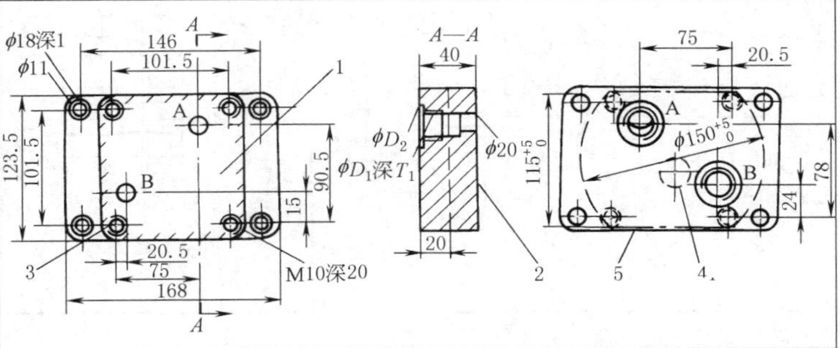


1—安装面
2—底面
3—安装孔
4—对通径 5、10，在 ϕ20 范围内不得有孔；对通径 16，在 ϕ30 范围内不得有孔
5—与阀连接的切口轮廓

| 通径 | 5 | | 10 | | 16 | |
|---|---|---|---|---|---|---|
| 底板型号 | G 44/1 | G 45/1 | G 27901 | G 28001 | G 28101 | G 28201 |
| $D_1$ | G¼ | G½ | G½ | G¾ | G 1 | G1¼ |
| $D_2$ | 25 | 32 | 34 | 42 | 47 | 56 |
| $T_1$ | 12 | 14 | 15 | 17 | 19 | 21 |
| $T_2$ | 17 | 20 | | | | |
| 阀安装螺钉 | 4×M5×50 GB 70.1—2000 | | 4×M8×50 GB 70.1—2000 | | 4×M10×80 GB 70.1—2000 | |
| 转矩/N·m | 6 | | 35 | | 70 | |
| 质量/kg | 0.9 | | 2.3 | | 4 | |

## 3.13 S型单向阀

S型单向阀为锥阀式结构，压力损失小。主要用于泵的出口处，作背压阀和旁路阀用。

型号意义：

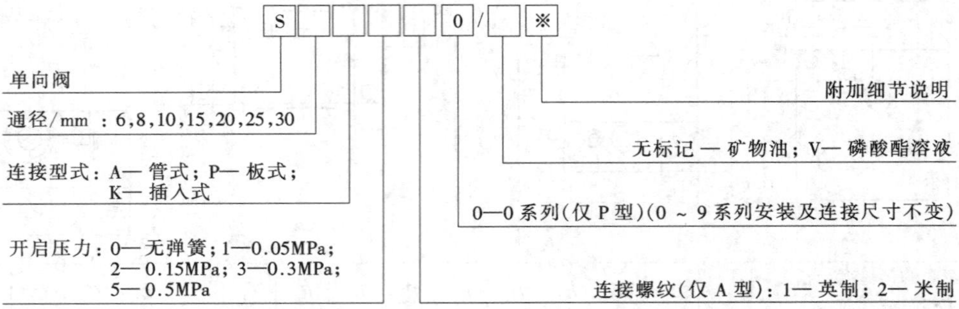


表 21-7-119　　技术规格及特性曲线

| 通径/mm | | 6 | 8 | 10 | 15 | 20 | 25 | 30 |
|---|---|---|---|---|---|---|---|---|
| 连接型式 | 管式 | ✓ | ✓ | ✓ | ✓ | ✓ | ✓ | ✓ |
| | 板式 | — | — | ✓ | — | ✓ | — | ✓ |
| | 插入 | ✓ | ✓ | ✓ | ✓ | ✓ | ✓ | ✓ |

| 项目 | 6 | 8 | 10 | 15 | 20 | 25 | 30 |
|---|---|---|---|---|---|---|---|
| 最大工作压力/MPa | 31.5 | | | | | | |
| 最大流量/$L \cdot min^{-1}$ | 10 | 18 | 30 | 65 | 115 | 175 | 260 |
| 介质黏度/$m^2 \cdot s^{-1}$ | $(2.8 \sim 380) \times 10^{-6}$ | | | | | | |
| 介质温度/℃ | -30～80 | | | | | | |

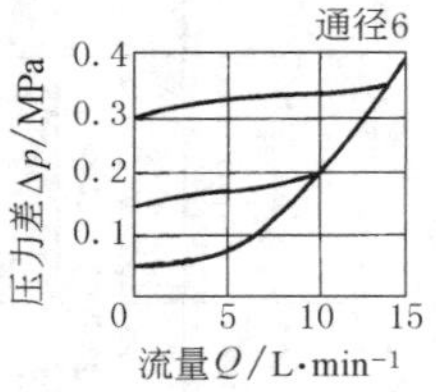


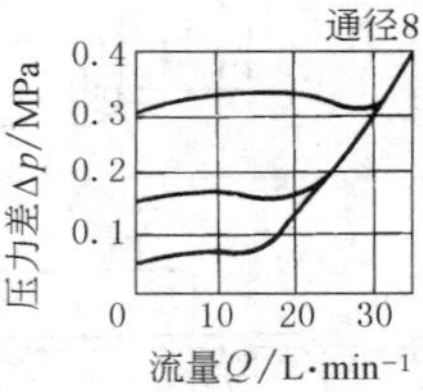


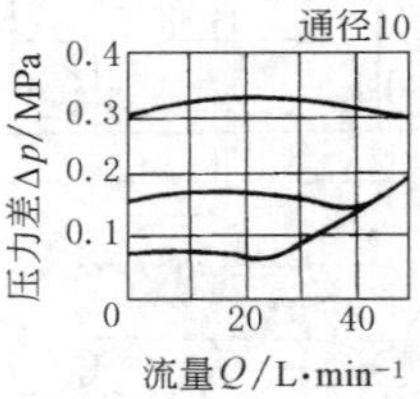


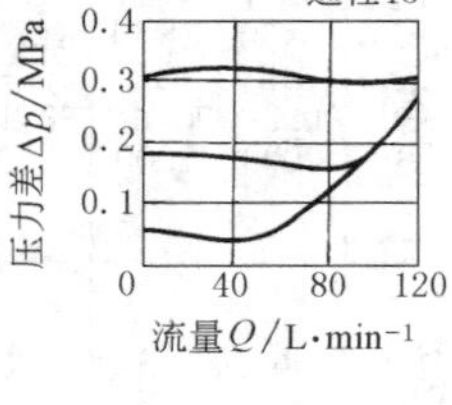


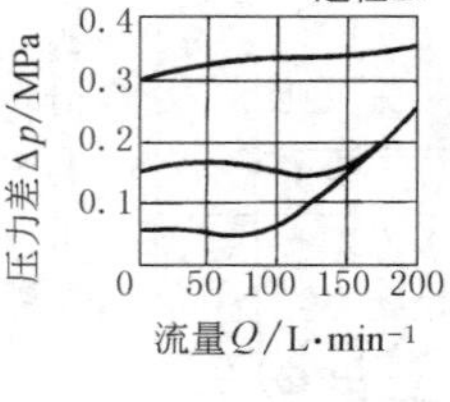


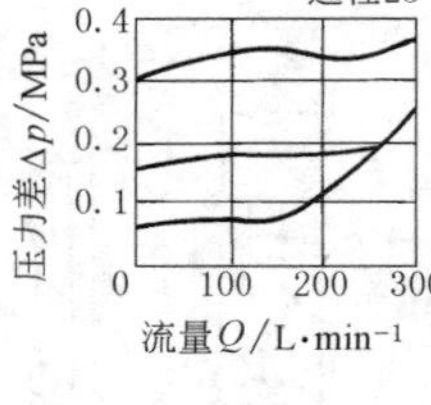


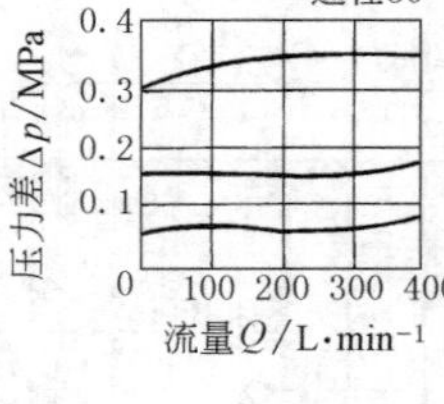


注：生产厂为北京华德液压集团液压阀分公司、海门市液压件厂有限公司。

**表 21-7-120** 外形尺寸 mm

**管式连接**

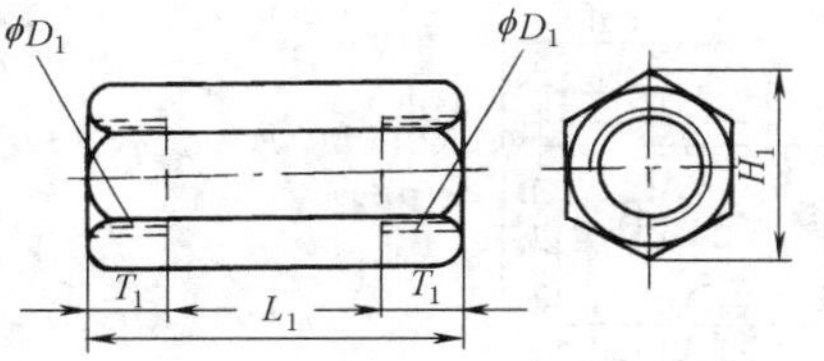


| 通径 | $D_1$ | $H_1$ | $L_1$ | $T_1$ | 质量/kg |
|---|---|---|---|---|---|
| 6 | G¼ | 22 | 58 | 12 | 0.1 |
| 8 | G⅜ | 28 | 58 | 12 | 0.2 |
| 10 | G½ | 34.5 | 72 | 14 | 0.3 |
| 15 | G¾ | 41.5 | 85 | 16 | 0.5 |
| 20 | G1 | 53 | 98 | 18 | 1.0 |
| 25 | G1¼ | 69 | 120 | 20 | 2.0 |
| 30 | G1½ | 75 | 132 | 22 | 2.5 |

**插装式直通单向阀**

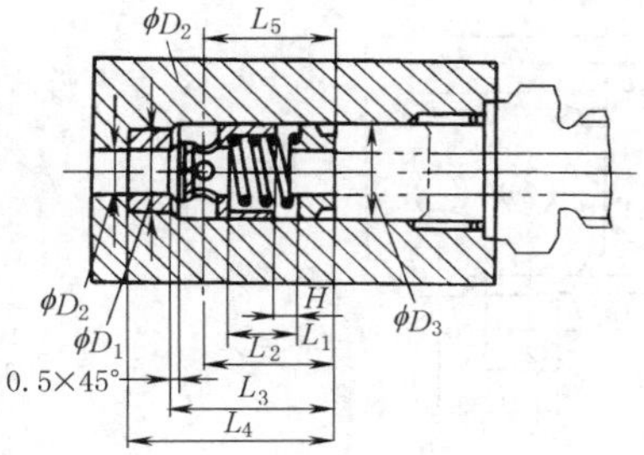


| 通径 | $D_1$ (H7) | $D_2$ | $D_3$ (H8) | $H$ | $L_1$ | $L_2$ | $L_3$ | $L_4$ | $L_5$ | 质量/kg |
|---|---|---|---|---|---|---|---|---|---|---|
| 6 | 10 | 6 | 11 | 4 | 9.5 | 19 | 21.8 | 29.8 | 18 | 0.06 |
| 8 | 13 | 8 | 14 | 4 | 9.5 | 18 | 22.8 | 32.8 | 18 | 0.06 |
| 10 | 17 | 10 | 18 | 4 | 11.5 | 21 | 28.8 | 38.8 | 23 | 0.06 |
| 15 | 22 | 15 | 24 | 5 | 14.5 | 27 | 36.4 | 48.4 | 28 | 0.10 |
| 20 | 28 | 20 | 30 | 5 | 16 | 29 | 44 | 59 | 33 | 0.20 |
| 25 | 36 | 25 | 38 | 7 | 24.5 | 39 | 55 | 73 | 41 | 0.25 |
| 30 | 42 | 30 | 45 | 7 | 25 | 42 | 63 | 83 | 47 | 0.80 |

**插装式直角单向阀**

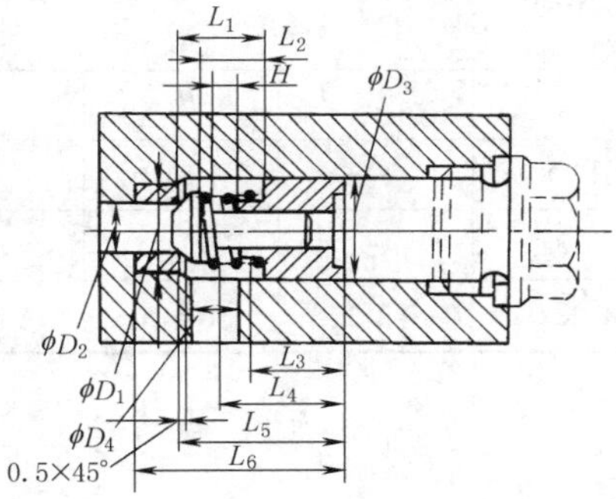


| 通径 | $D_1$ (H7) | $D_2$ | $D_3$ (H8) | $D_4$ | $H$ | $L_1$ | $L_2$ | $L_3$ | $L_4$ | $L_5$ | $L_6$ | 质量/kg |
|---|---|---|---|---|---|---|---|---|---|---|---|---|
| 6 | 10 | 6 | 11 | 6 | 4 | 11.2 | 9.5 | 10 | 16.5 | 20.5 | 28.5 | 0.06 |
| 8 | 13 | 8 | 14 | 8 | 4 | 11.9 | 9.5 | 16 | 21.5 | 26.5 | 36.5 | 0.06 |
| 10 | 17 | 10 | 18 | 10 | 4 | 14.3 | 11.5 | 16 | 23.5 | 29.5 | 39.5 | 0.06 |
| 15 | 22 | 15 | 24 | 15 | 5 | 18 | 14.5 | 18 | 25.5 | 34 | 46 | 0.10 |
| 20 | 28 | 20 | 30 | 20 | 5 | 18.8 | 16 | 23 | 30 | 40.5 | 55.5 | 0.20 |
| 25 | 36 | 25 | 38 | 25 | 7 | 28.5 | 24.5 | 31 | 43 | 57.5 | 75.5 | 0.25 |
| 30 | 42 | 30 | 44 | 30 | 7 | 28.5 | 25 | 37 | 47.5 | 63.5 | 83.5 | 0.30 |

**板式单向阀**

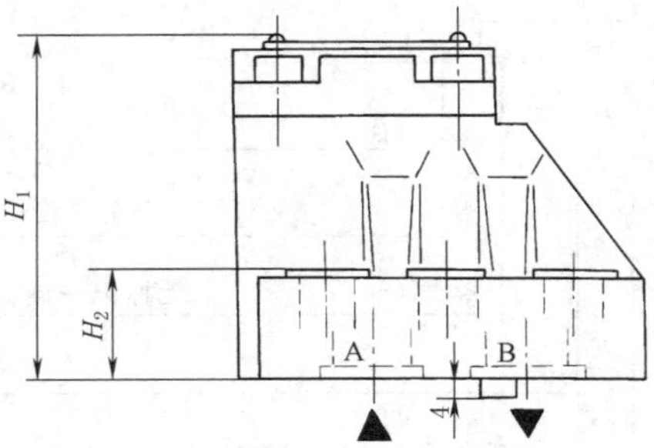


底板连接面尺寸

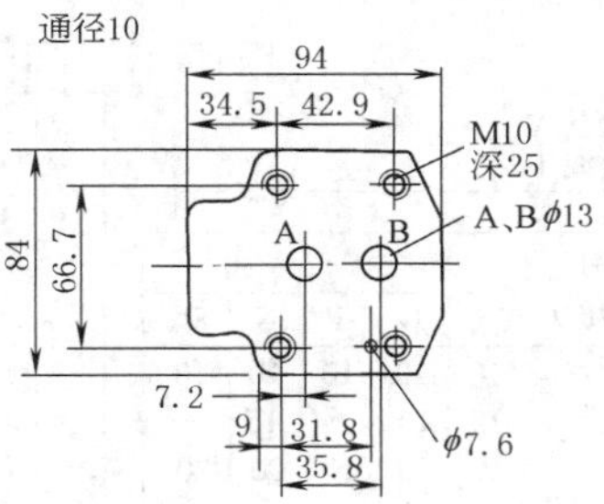

续表

底板连接面尺寸

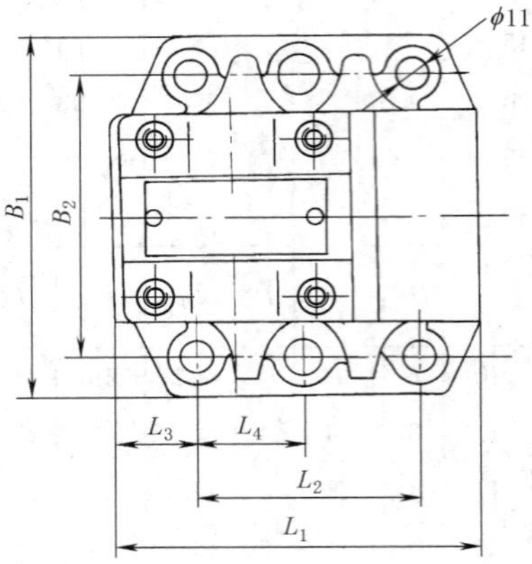


通径20

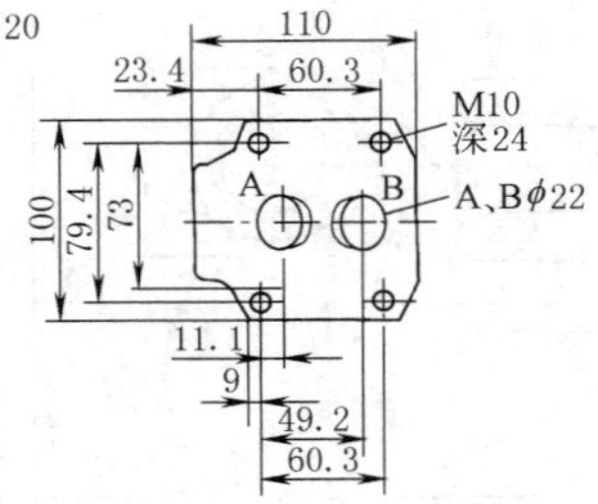


通径30

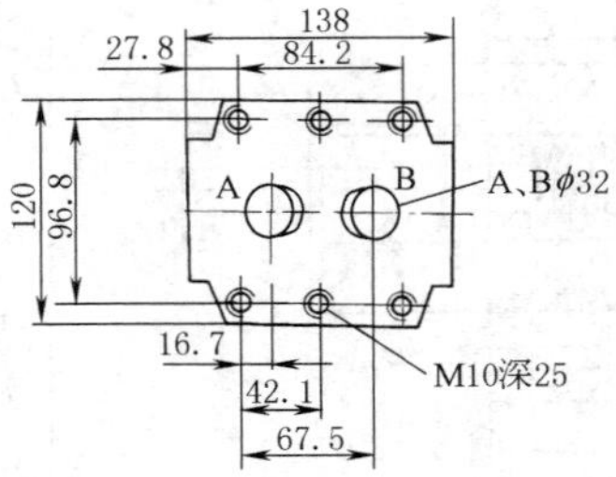


连 接 板

NG10 G460/1（G3/8） G461/1（G1/2）；NG20 G412/1（G3/4） G413/1（G1）；NG30 G414/1（G1¼） G415/1（G1½）

| 通径 | $B_1$ | $B_2$ | $L_1$ | $L_2$ | $L_3$ | $L_4$ | $H_1$ | $H_2$ |
|---|---|---|---|---|---|---|---|---|
| 10 | 85 | 66.7 | 78 | 42.9 | 17.8 | — | 66 | 21 |
| 20 | 102 | 79.4 | 101 | 60.3 | 23 | — | 93.5 | 31.5 |
| 30 | 120 | 96.8 | 128 | 84.2 | 28 | 42.1 | 106.5 | 46 |

## 3.14 SV/SL 型液控单向阀

SV/SL 型液控单向阀为锥阀式结构，只允许油流正向通过，反向则截止。当接通控制油口 X 时，压力油使锥阀离开阀座，油液可反向流动。

型号意义：

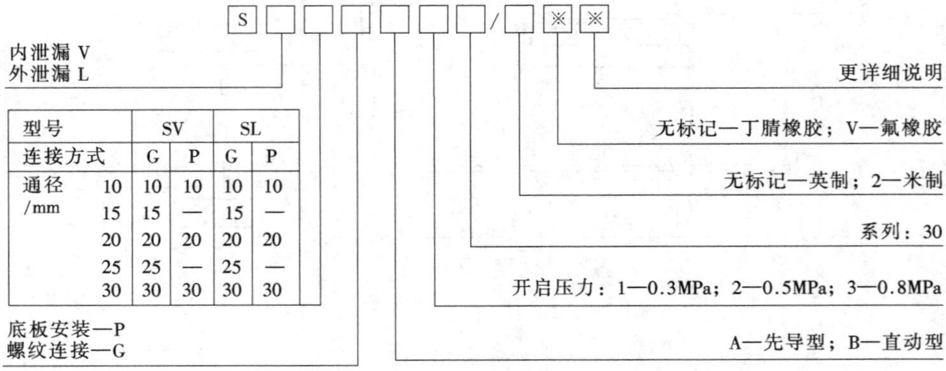

**表 21-7-121** 技术规格

| 阀型式 | SV10 | SL10 | SV15&20 | SL15&20 | SV25&30 | SL25&30 |
|---|---|---|---|---|---|---|
| X 口控制容积/$cm^3$ | 2.2 | | 8.7 | | 17.5 | |
| Y 口控制容积/$cm^3$ | — | 1.9 | — | 7.7 | — | 15.8 |
| 液流方向 | A 至 B 自由流通，B 至 A 自由流通（先导控制时） | | | | | |
| 工作压力/MPa | 约 31.5 | | | | | |
| 控制压力/MPa | 0.5~31.5 | | | | | |
| 液压油 | 矿物油<br>磷酸酯液 | | | | | |
| 油温范围/℃ | -30~70 | | | | | |
| 黏度范围/$mm^2 \cdot s^{-1}$ | 2.8~380 | | | | | |
| 质量/kg | SV/SL10 | SV15&20 | SL15&20 | SV/SL25 | SV/SL30 | |
| | 2.5 | 4.0 | 4.5 | 8.0 | | |
| 生产厂 | 北京华德液压集团液压阀分公司、上海立新液压有限公司、海门市液压件厂有限公司 | | | | | |

**表 21-7-122** 特性曲线

| SL10，SV10 | SV15，SV20 | SL15、20、25、30，SV25、30 |
|---|---|---|
| 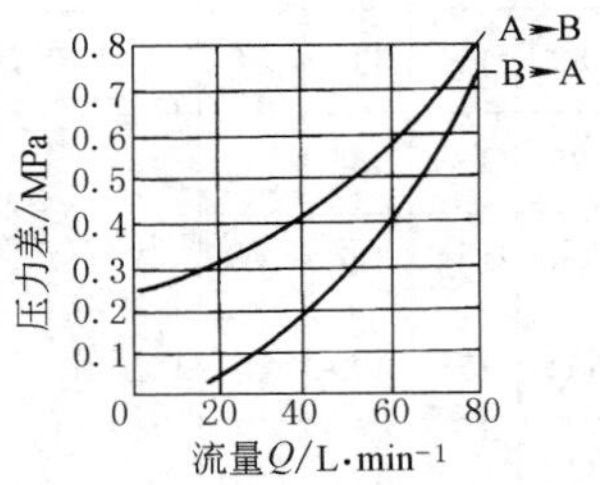 | 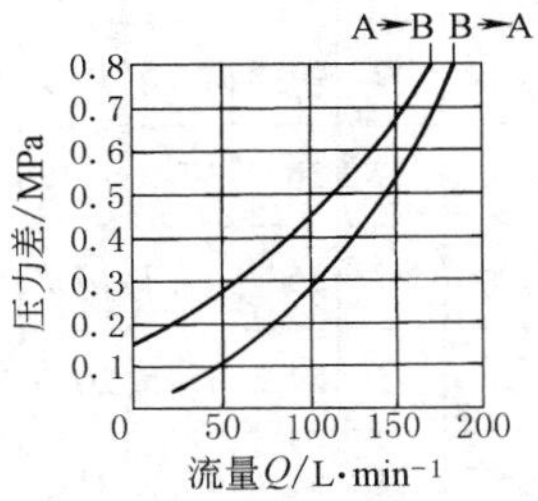 | 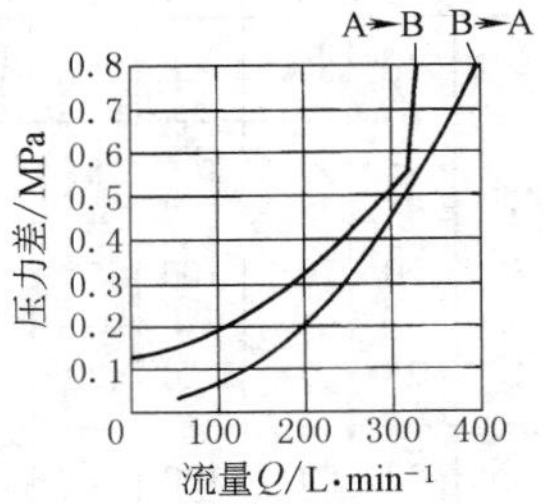 |



## 外 形 尺 寸

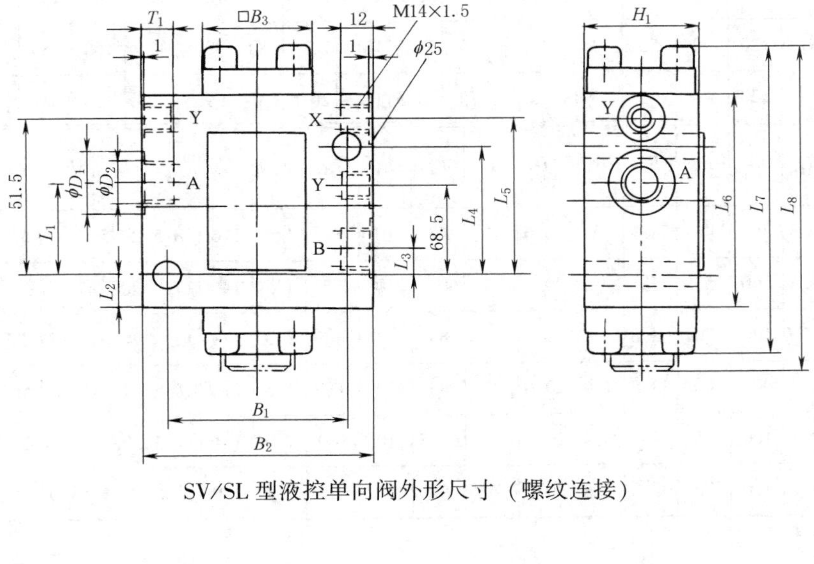



SV/SL 型液控单向阀外形尺寸（螺纹连接）

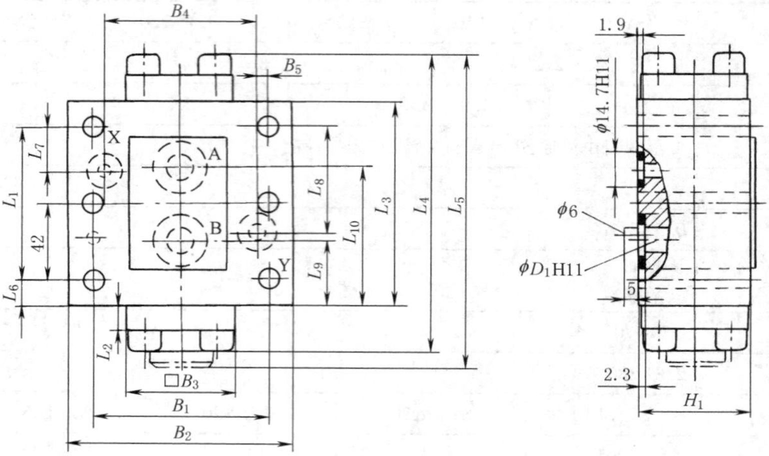


**SV/SL 型液控单向阀外形尺寸**（板式安装）

**表 21-7-123**

mm

| | 阀型号 | | $B_1$ | $B_2$ | $B_3$ | $D_1$ | $D_2$ | $H_1$ | $L_1$ | $L_2$ | $L_3$ | $L_4$ | $L_5$ | $L_6$ | $L_7$ | $L_8$ | $T_1$ | 备注 |
|---|---|---|---|---|---|---|---|---|---|---|---|---|---|---|---|---|---|---|
| 螺纹连接 | SV | 10 | 66.5 | 85 | 40 | 34 | M22×1.5 | 42 | 27.5 | 18.5 | 10.5 | 33.5 | 49 | 80 | 116 | 116 | 14 | (1)尺寸 $L_7$ 只适用于开启压力 1 和 2 的阀<br>(2)尺寸 $L_8$ 只适用于开启压力 3 的阀 |
| | | 15 | 79.5 | 100 | 55 | 42 | M27×1.5 | 57 | 36.7 | 17.3 | 13.3 | 50.5 | 67.5 | 95 | 135 | 146 | 16 | |
| | | 20 | 79.5 | 100 | 55 | 47 | M33×1.5 | 57 | 36.7 | 17.3 | 13.3 | 50.5 | 67.5 | 95 | 135 | 146 | 18 | |
| | | 25 | 97 | 120 | 70 | 58 | M42×1.5 | 75 | 54.5 | 15.5 | 20.5 | 73.5 | 89.5 | 115 | 173 | 179 | 20 | |
| | | 30 | 97 | 120 | 70 | 65 | M48×1.5 | 75 | 54.5 | 15.5 | 20.5 | 73.5 | 89.5 | 115 | 173 | 179 | 22 | |
| | SL | 10 | 66.5 | 85 | 40 | 34 | M22×1.5 | 42 | 22.5 | 18.5 | 10.5 | 33.5 | 49 | 80 | 116 | 116 | 14 | |
| | | 15 | 79.5 | 100 | 55 | 42 | M27×1.5 | 57 | 30.5 | 17.5 | 13 | 50.5 | 72.5 | 100 | 140 | 151 | 16 | |
| | | 20 | 79.5 | 100 | 55 | 47 | M33×1.5 | 57 | 30.5 | 17.5 | 13 | 50.5 | 72.5 | 100 | 140 | 151 | 18 | |
| | | 25 | 97 | 120 | 70 | 58 | M42×1.5 | 75 | 54.5 | 15.5 | 20.5 | 84 | 99.5 | 125 | 183 | 189 | 20 | |
| | | 30 | 97 | 120 | 70 | 65 | M48×1.5 | 75 | 54.5 | 15.5 | 20.5 | 84 | 99.5 | 125 | 183 | 189 | 22 | |

| | 阀型号 | | $B_1$ | $B_2$ | $B_3$ | $B_4$ | $B_5$ | $\phi D_1$ | $H_1$ | $L_1$ | $L_2$ | $L_3$ | $L_4$ | $L_5$ | $L_6$ | $L_7$ | $L_8$ | $L_9$ | $L_{10}$ | 备注 |
|---|---|---|---|---|---|---|---|---|---|---|---|---|---|---|---|---|---|---|---|---|
| 板式安装 | SV | 10 | 66.5 | 85 | 40 | 58.8 | — | 20.6 | 42 | 43 | 10 | 80 | 116 | 116 | 18.5 | 21.5 | — | 25.75 | 54.25 | (1)尺寸 $L_4$ 只适用于开启压力 1 或 2 的阀<br>(2)尺寸 $L_5$ 只适用于开启压力 3 的阀 |
| | | 20 | 79.5 | 100 | 55 | 73 | — | 29.4 | 57 | 60.5 | 10 | 95 | 135 | 146 | 17.3 | 20.6 | — | 30.5 | 66.5 | |
| | | 30 | 97 | 120 | 70 | 92.8 | — | 39.2 | 75 | 84 | 17 | 115 | 173 | 179 | 15.5 | 24.6 | — | 35 | 83 | |
| | SL | 10 | 66.5 | 85 | 40 | 58.8 | 7.9 | 20.6 | 42 | 43 | 10 | 80 | 116 | 116 | 18.5 | 21.5 | 21.5 | 25.75 | 54.25 | |
| | | 20 | 79.5 | 100 | 55 | 73 | 6.4 | 29.4 | 57 | 60.5 | 10 | 100 | 140 | 151 | 17.3 | 20.6 | 39.7 | 30.5 | 66.5 | |
| | | 30 | 97 | 120 | 70 | 92.8 | 3.8 | 39.2 | 75 | 84 | 17 | 125 | 183 | 189 | 15.5 | 24.6 | 59.5 | 35 | 83 | |

**表 21-7-124** 安装底板尺寸 mm

通径 10

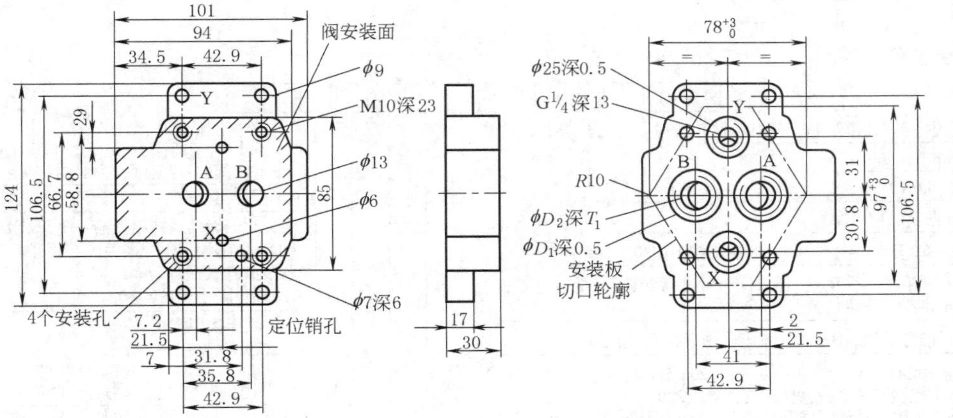


通径 20

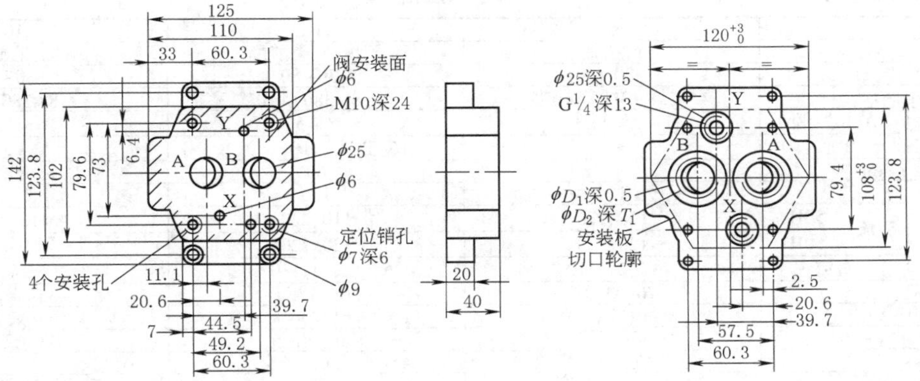


通径 30

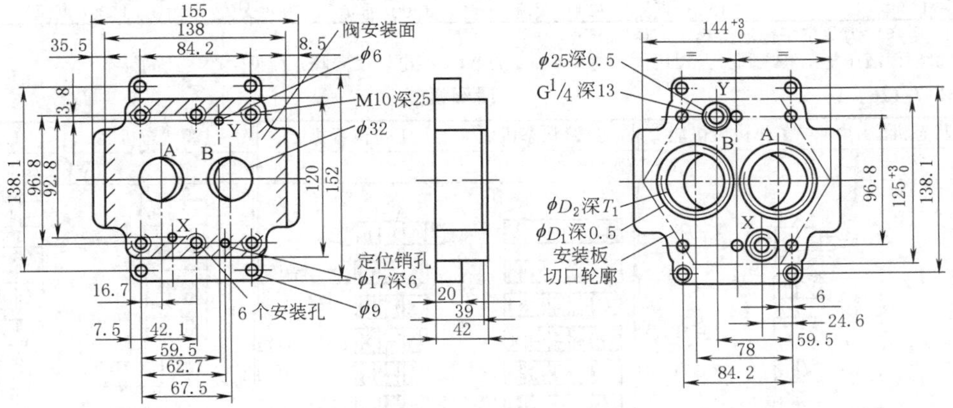


| 通径 | 型　号 | $D_1$ | $D_2$ | $T_1$ | 安装螺钉 | 转矩/N·m | 质量/kg |
|---|---|---|---|---|---|---|---|
| 10 | G460/1 | 28 | G3/8 | 13 | 4×M10×60 GB/T 70.1—2000 | 69 | 1.7 |
| | G461/1 | 34 | G1/2 | 15 | | | |
| 20 | G412/1 | 42 | G3/4 | 17 | 4×M10×80 GB/T 70.1—2000 | 69 | 3.3 |
| | G413/1 | 47 | G1 | 20 | | | |
| 30 | G414/1 | 56 | G1¼ | 21 | 6×M10×90 GB/T 70.1—2000 | 69 | 5.0 |
| | G415/1 | 61 | G1½ | 23 | | | |

第21篇

## 3.15 WE 型电磁换向阀

型号意义：

□ WE □ □ □ / □ □ □ □ □ □ □ □

3—二位三通；4—二位四通；三位四通
电磁换向阀
通径/mm：5,6,10
滑阀机能(见表21-7-126)
通径5 6.0—6.0系列；通径6 50—50系列；通径10 20—20系列
D—不带复位弹簧，不带定位器；OF—不带复位弹簧，带定位器；无标记—标准型，带复位弹簧
A—湿式标准电磁铁；B—大功率电磁铁(仅限于通径6)
G24—直流电24V；W220-50—交流电220V,50Hz；W220R—本整型直流电磁铁使用交流电压220V；W110R—直流电磁铁使用Z5型插头可连(仅限于通径6、10)
无标记—无故障检查按钮；N—带故障检查按钮
电气连接型式
通径5 Z4—方形插头；Z5—大方形插头；Z5L—带指示灯的大方形插头
通径6、10连接型式见样本
无标记—无插入式阻尼器；B08—阻尼器节流孔直径$\phi$0.8mm；B10—阻尼器节流孔直径$\phi$1.0mm；B12—阻尼器节流孔直径$\phi$1.2mm
(此项仅限于通径6、10)
无标记—矿物质液压油；V—磷酸酯液压液
附加说明
(对于通径5：如果工作压力超过6MPa，A和B型阀的T腔必须作为泄漏腔使用)

**表 21-7-125　技术规格**

| 通径 | | | 5 | 6 | 10 |
|---|---|---|---|---|---|
| 介质 | | | 矿物油 | 矿物油、磷酸酯 | 矿物油、磷酸酯 |
| 介质温度/℃ | | | -30~80 | -30~80 | -30~80 |
| 介质黏度/$m^2 \cdot s^{-1}$ | | | $(2.8\sim380)\times10^{-6}$ | $(2.8\sim380)\times10^{-6}$ | $(2.8\sim380)\times10^{-6}$ |
| 工作压力/MPa | A、B、P 腔 | | ≤25 | 31.5 | 31.5 |
| | T 腔 | | ≤6 | 16(直流)、10(交流) | 16 |
| 额定流量/$L \cdot min^{-1}$ | | | 15 | 60 | 100 |
| 质量/kg | | | 1.4 | 1.6 | 4.2~6.6 |
| 电源电压/V | 交流 | 50Hz | 110、220 | 110、220 | 110、220 |
| | | 60Hz | 120、220 | 120、220 | 120、220 |
| | 直流 | | 12、24、110 | 12、24、110 | 12、24、110 |
| 消耗功率/W | | | 26(直流) | 26(直流) | 35(直流) |
| 吸合功率/V·A | | | 46(交流) | 46(交流) | 65(交流) |
| 启动功率/V·A | | | 130(交流) | 130(交流) | 480(交流) |
| 接通时间/ms | | | 40(直流)、25(交流) | 45(直流)、30(交流) | |
| 断开时间/ms | | | 30(直流)、20(交流) | 20 | 60(直流)、25(交流) |
| 最高环境温度/℃ | | | 50 | 50 | 50 |
| 最高线圈温度/℃ | | | 150 | 150 | 150 |
| 开关频率/$h^{-1}$ | | | 1500(直流)、7200(交流) | 1500(直流)、7200(交流) | 1500(直流)、7200(交流) |

注：1. 生产厂为北京华德液压集团液压阀分公司。
2. 北京华德液压集团液压阀分公司还生产通径 4 mm 的 WE4 型电磁换向阀，详见生产厂产品样本。

**表 21-7-126　滑阀机能**

| 过渡状态机能 | 工作位置机能 | 过渡状态机能 | 工作位置机能 | 过渡状态机能 | 工作位置机能 |
|---|---|---|---|---|---|
| WE5 型 | | | | WE6 型 | |

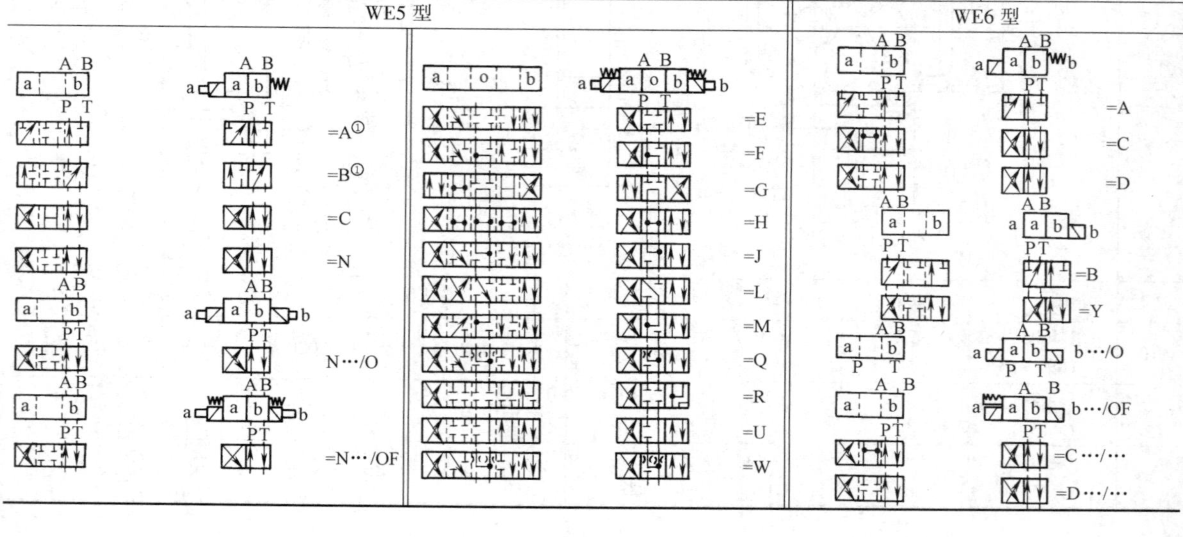

续表

| 过渡状态机能 | 工作位置机能 | 过渡状态机能 | 工作位置机能 | 过渡状态机能 | 工作位置机能 |
|---|---|---|---|---|---|

WE6 型

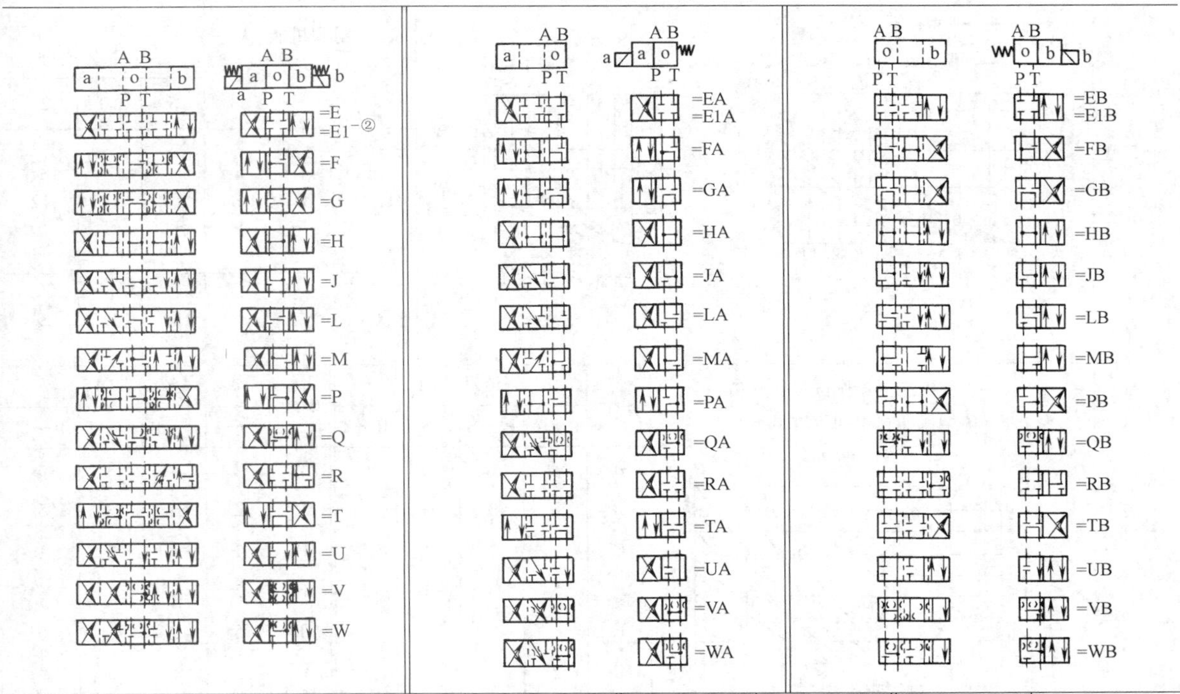


| 过渡状态机能 | 工作位置机能 | 过渡状态机能 | 工作位置机能 | 过渡状态机能 | 工作位置机能 | 过渡状态机能 | 工作位置机能 |
|---|---|---|---|---|---|---|---|

WE10 型

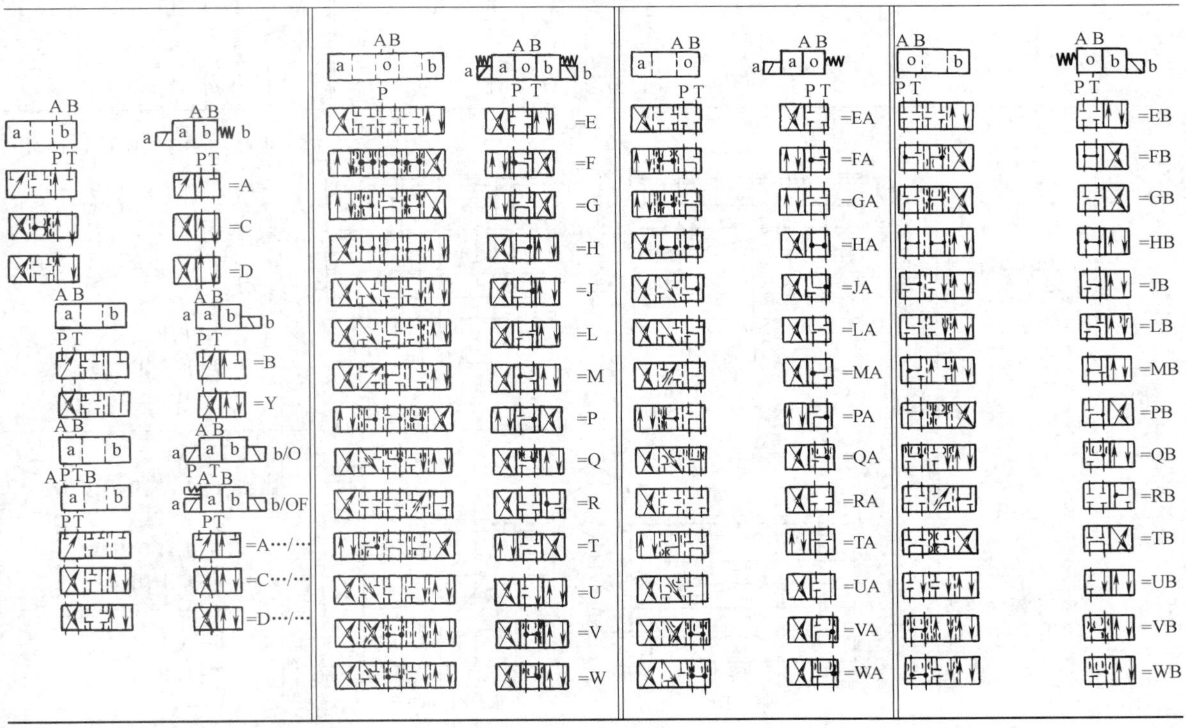


① 表示如果工作压力超过 6MPa，A 和 B 型阀的 T 腔必须作为泄漏腔使用。

② 表示 E1 型机能相当于 P→A，B 常开，E1 和系列之间必须加一横线。

**表 21-7-127　　特性曲线**

**WE5 型**

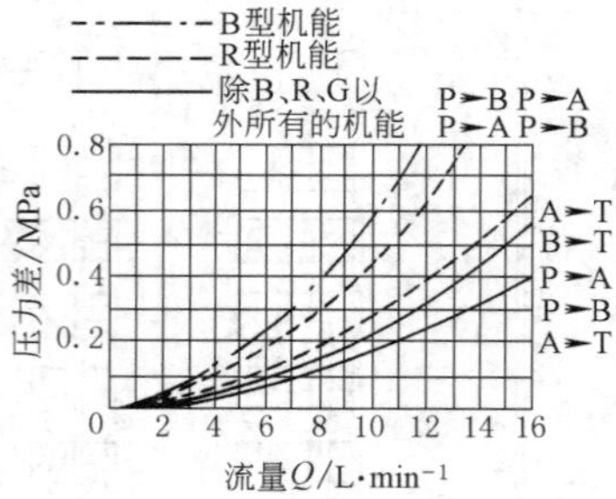


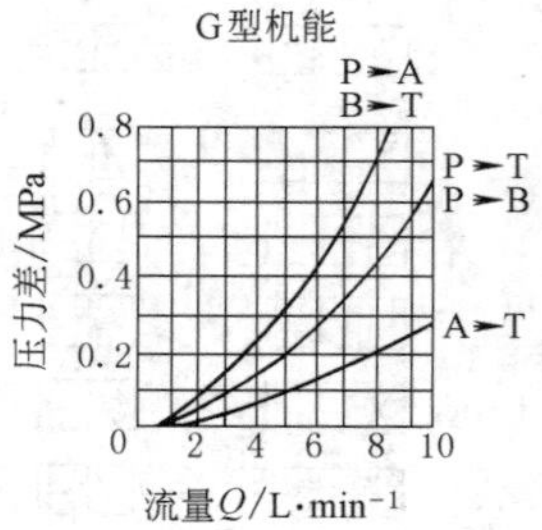


| 滑阀机能 | 流量/L·min⁻¹ | | |
|---|---|---|---|
| | 工作压力/MPa | | |
| | 5 | 10 | 25 |
| A、B、C、N、E、F、H、I、L、M、O、R、U、W | 14 | 14 | 12 |
| G | 10 | 10 | 9 |

7—R 型机能在工作位置 A→B

8—G 型机能在中间位置 P→T

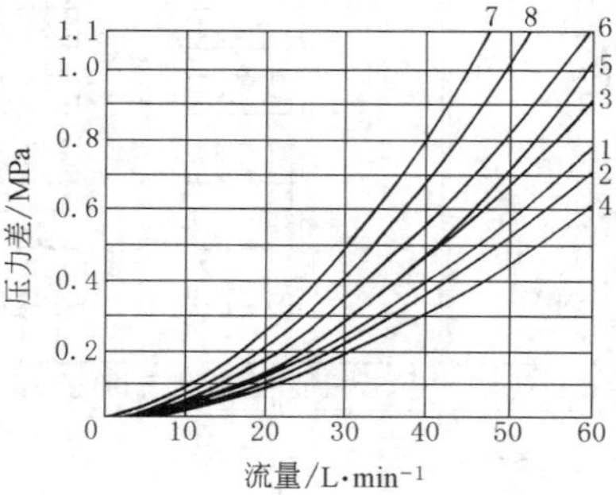


| 机能 | 流动方向 | | | | 机能 | 流动方向 | | | |
|---|---|---|---|---|---|---|---|---|---|
| | P→A | P→B | A→T | B→T | | P→A | P→B | A→T | B→T |
| A | 3 | 3 | — | — | M | 2 | 4 | 3 | 3 |
| B | 3 | 3 | — | — | P | 2 | 3 | 3 | 5 |
| C | 1 | 1 | 3 | 1 | Q | 1 | 1 | 2 | 1 |
| D | 5 | 5 | 3 | 3 | R | 5 | 5 | 4 | |
| E | 3 | 3 | 1 | 1 | T | 5 | 3 | 6 | 6 |
| F | 2 | 3 | 3 | 5 | U | 3 | 1 | 3 | 3 |
| G | 5 | 3 | 6 | 6 | V | 1 | 2 | 1 | 1 |
| H | 2 | 4 | 2 | 2 | W | 1 | 1 | 2 | 2 |
| I | 1 | 1 | 2 | 1 | Y | 5 | 5 | 3 | 3 |
| L | 1 | 1 | 2 | 2 | | | | | |

**WE6 型**

直流电磁铁的阀

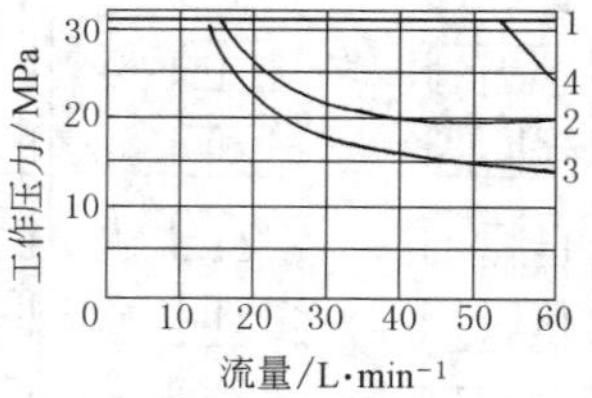


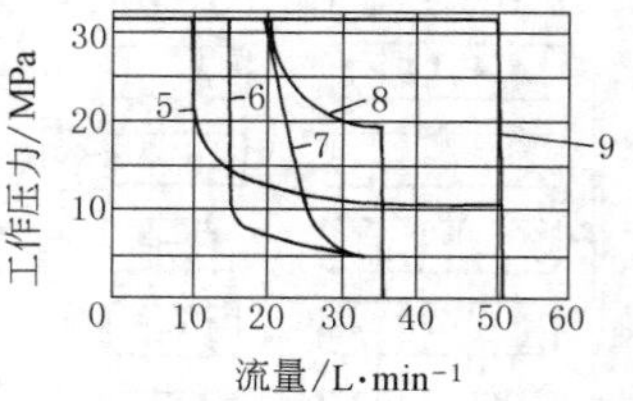


曲线：1—E1①，D/O，C/O，M
2—E
3—J，L，Q，U，W
4—C，D，Y
5—A，B
6—V
7—F，P
8—G，T，R
9—H

交流电磁铁的阀

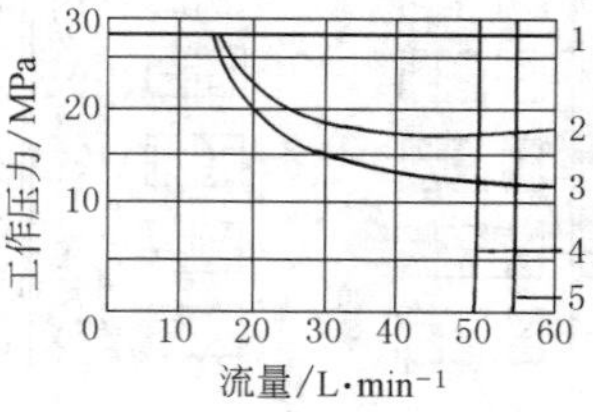


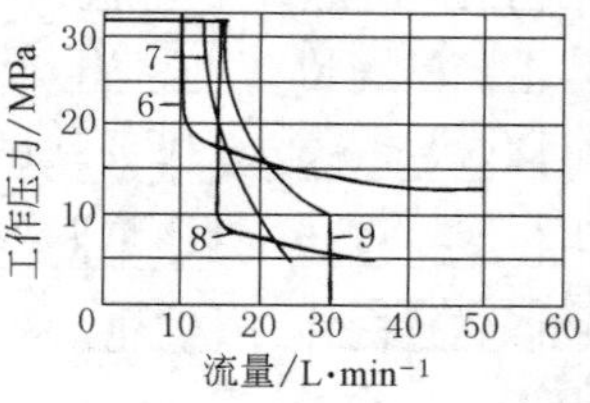


曲线：1—E1①，D/O，C/O
2—E
3—J，L，Q，U，W
4—C，D，H，Y
5—M
6—A，B
7—F，P
8—V
9—G，T，R

续表

WE10 型

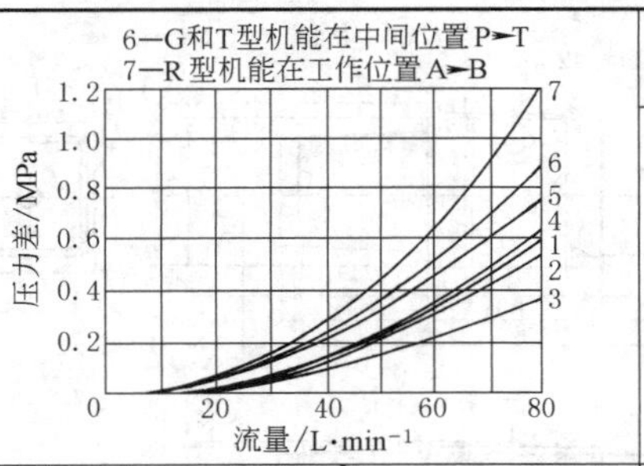


| 机能 | 流动方向 P→A | P→B | A→T | B→T | 机能 | 流动方向 P→A | P→B | A→T | B→T |
|---|---|---|---|---|---|---|---|---|---|
| A | 1 | 1 | — | — | M | 3 | 3 | 6 | 6 |
| B | 1 | 1 | — | — | P | 2 | 2 | 4 | 4 |
| C | 1 | 1 | 5 | 5 | Q | 1 | 1 | 5 | 5 |
| D | 1 | 1 | 5 | 5 | R | 2 | 6 | 5 | — |
| E | 2 | 2 | 6 | 6 | T | 5 | 5 | 5 | 6 |
| F | 2 | 2 | 4 | 4 | U | 1 | 1 | 5 | 6 |
| G | 1 | 1 | 5 | 6 | V | 2 | 2 | 5 | 5 |
| H | 3 | 3 | 5 | 5 | W | 2 | 2 | 5 | 5 |
| J | 2 | 2 | 5 | 5 | Y | 1 | 1 | 5 | 5 |
| L | 1 | 1 | 5 | 6 | | | | | |

| 滑阀机能 \ 流量/L·min⁻¹ \ 压力级/MPa | 5 | 10 | 21 |
|---|---|---|---|
| E,H,M,C/O,D/O,D,Y,V | 75 | 70 | 60 |
| J,C,L,Q,W,U | 75 | 65 | 45 |
| G,R,F,P,T | 50 | 50 | 45 |
| A,B,A/O | 45 | 35 | 25 |

① E1 型机能相当于 P→A，B 常开。

注：1. 阀的切换特性与过滤器的黏附效应有关。为达到所推荐的最大流量值，建议在系统中使用 25μm 的过滤器。作用在阀内部的液动力也影响阀的通流能力，因此不同的机能，有着不同的功率极限特性曲线。在只有一个通道的情况下，如四通阀堵住其 A 腔或 B 腔作为三通阀使用时，其功率极限差异较大，这个功率极限是电磁铁在热态和降低 10%电压的情况下测定的。

2. 电气连接必须接地。

3. 试验条件：$\nu=41\times10^{-6}m^2/s$，$t=50℃$。

**表 21-7-128　　外形尺寸**

通径 5：三位阀

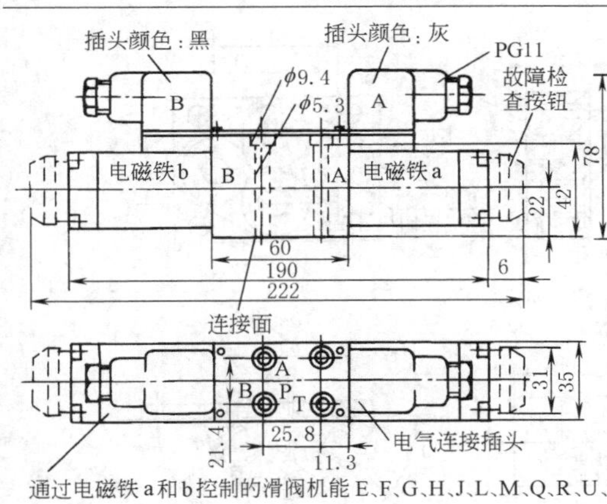


通径 5：二位阀

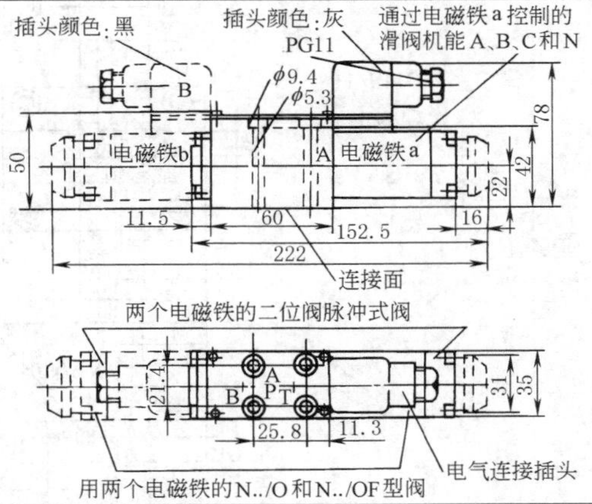


通径 6

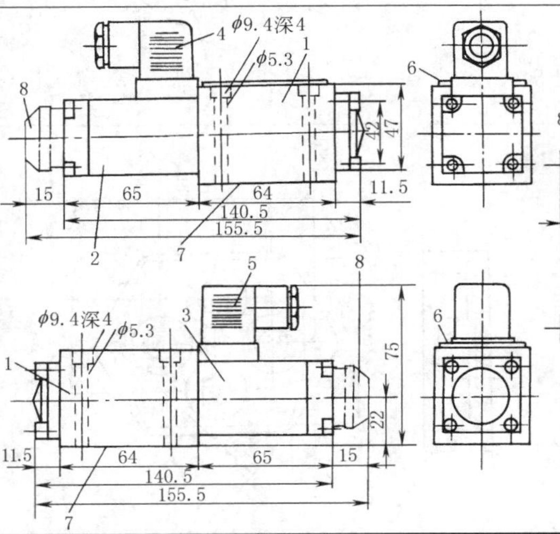


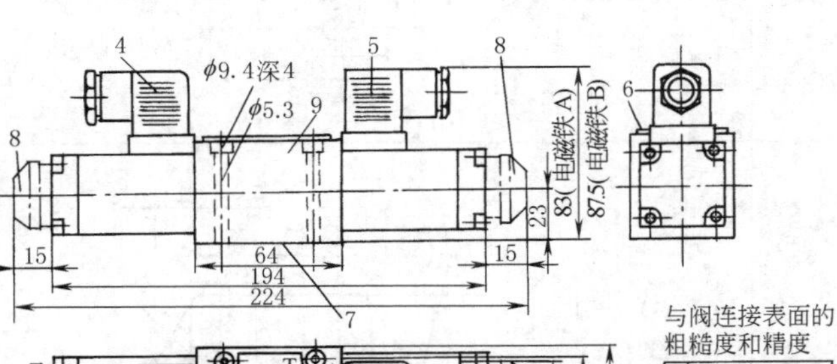


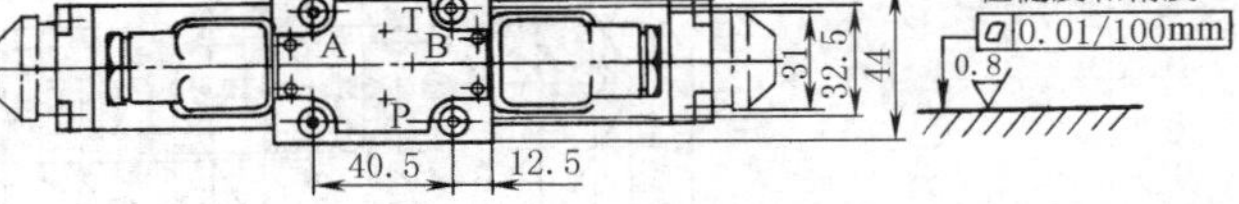


1—用 1 个电磁铁的二位阀；2—电磁铁 a；3—电磁铁 b；
4—灰色插头；5—黑色插头；6—标牌；7—连接面；
8—故障检查按钮；9—用 2 个电磁铁的二位阀和三位阀

续表

| | |
|---|---|
| 通径 10 | 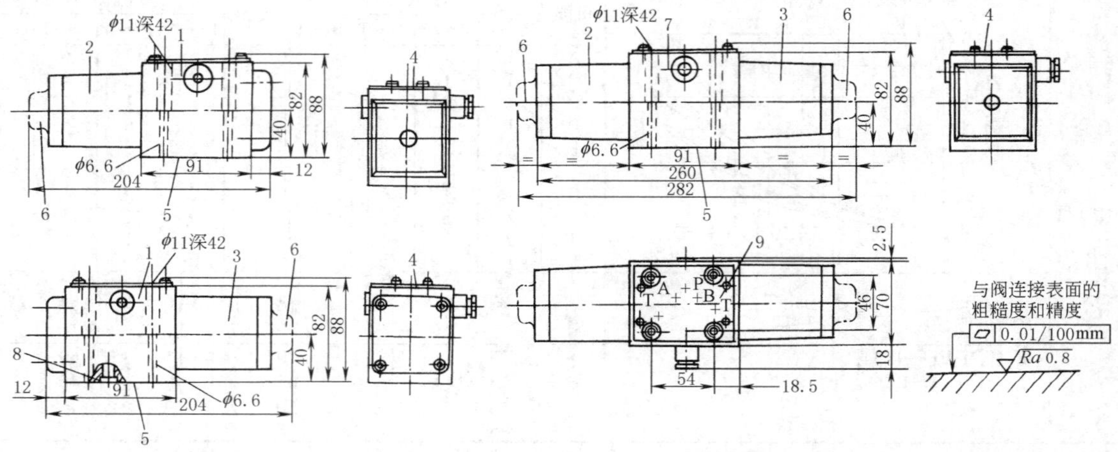<br>1—用 1 个电磁铁的二位阀；2—电磁铁 a；3—电磁铁 b；4—标牌；5—连接面；6—故障检查按钮；7—用 2 个电磁铁的二位阀和三位阀；8—O 形圈 12×2；9—附加连接孔 T 腔可与 ZDRD…型减压阀相连接 |

**表 21-7-129　　安装底板尺寸**

| | | |
|---|---|---|
| 通径 5 | G115/1<br>G96/1 | 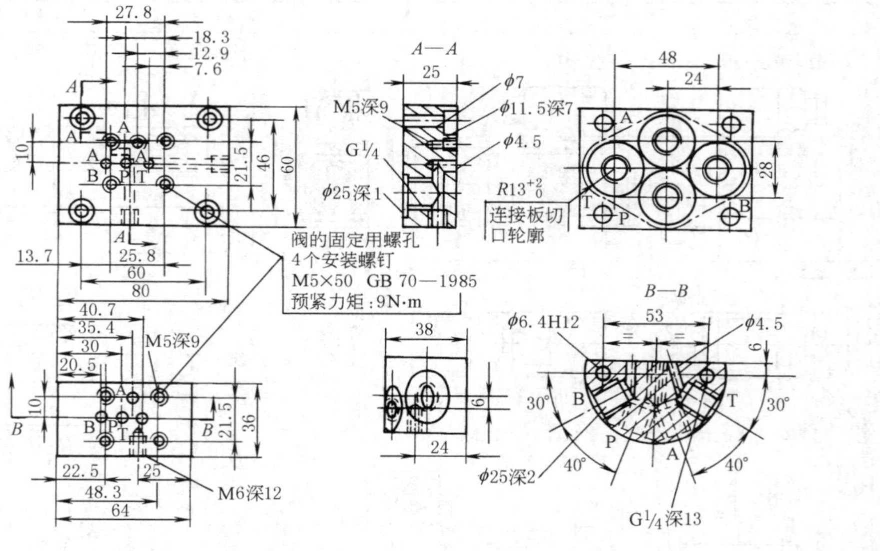 |
| 通径 6 | G341/01<br>(G1/4) | 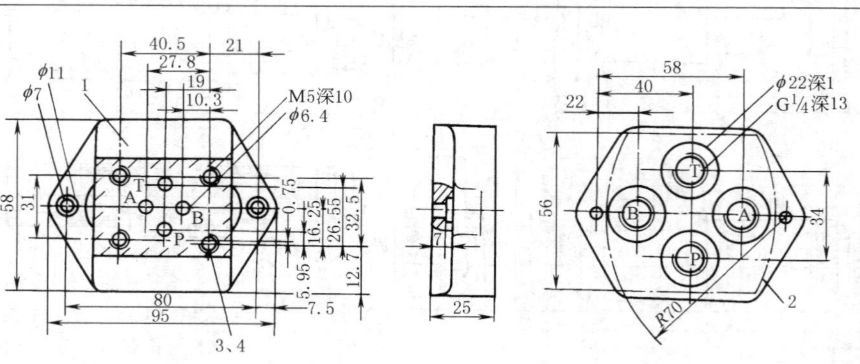 |

续表

**通径6**

G342/01 (G3/8)

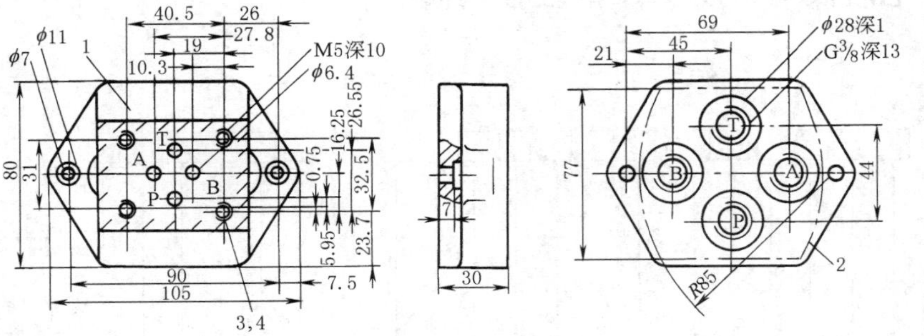


1—阀的连接面；
2—固定连接板的切口轮廓；
3—阀的固定用螺孔；
4—阀固定螺钉 4×M5 × 50, GB/T 70.1,转矩 9N·m

G502/01 (G1/2)

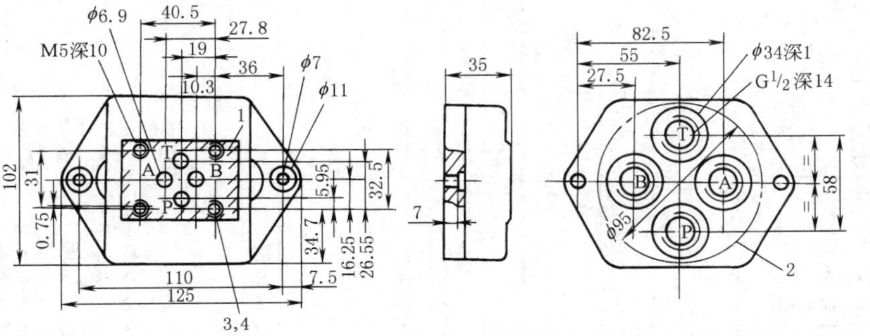


**通径10**

G66/01, G67/01

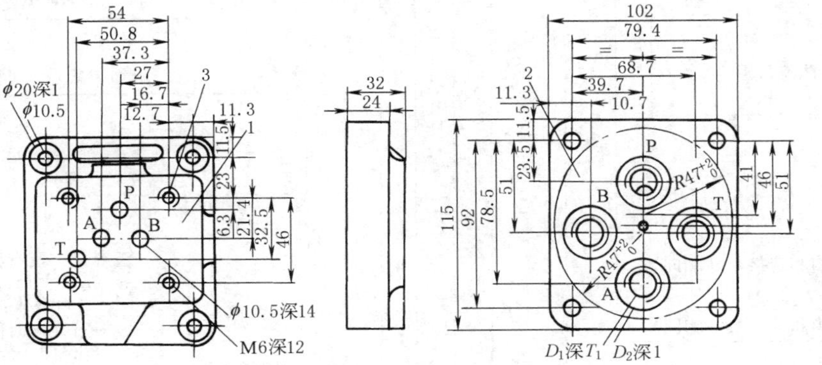


1—阀的连接面；
2—固定连接板的加工轮廓；
3—阀的安装螺孔

G534/01

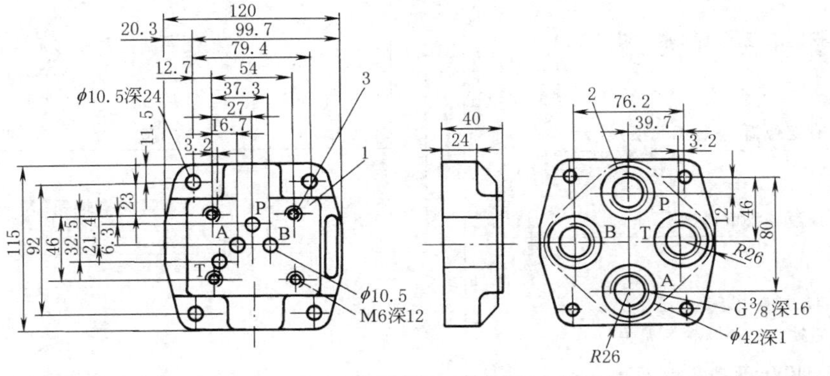


| 型号 | 质量/kg | $D_1$ | $D_2$ | $T_1$ | 阀的固定螺钉 | 转矩/N·m |
| --- | --- | --- | --- | --- | --- | --- |
| G66/01 | 约 2.3 | G3/8 | 28 | 12 | 4×M6×50,GB/T 70.1 | 15 |
| G67/01 | | G1/2 | 34 | 14 | | |
| G534/01 | 约 2.5 | G3/4 | 42 | 16 | 4×M6×50,GB/T 70.1 | 15 |

## 3.16 WEH 电液换向阀及 WH 液控换向阀

(1) 型号意义

□□□□□□/□ 6 □□□□□□/□□□□□ *

工作压力：
无标记—28MPa；
H—35MPa

WEH—电液阀；
WH—液控阀

通径：10、16、25、32

H—主阀液压复位或对中；
无标记—主阀弹簧复位或对中

滑阀机能，见滑阀机能符号图
(表21-7-130)

20—20 系列 (NG10)
(20～29 系列内部结构和连接尺寸相同)；
50—50 系列 (NG16、25、32)
(50～59 系列内部结构和连接尺寸相同)

当导阀是用两个电磁铁的二位阀 (脉冲式阀)时，
主阀是液压复位
O—导阀没有复位弹簧；
OF—没有复位弹簧，有定位器(WH 无此项)

A—普通电磁铁；E—螺纹连接电磁铁

G24—直流电压 24V；W220-50—交流电压 220V，
频率 50Hz；用直流电磁铁，使用与频率无关的
交流电压 W110R①—110V；W220R①—220V
(①只能用 Z5 型带内装式整流器的插头)
其他电压见电气参数表 (WH 无此项)

无标记—不带故障检查按钮；N—带故障检查按钮
(WH 无此项)

控制油结构型式：无标记—外供外排型；
E—内供外排型；
ET—内供内排型；
T—外供内排型

无标记—没有换向时间调节器；
S—有换向时间调节器；
进口节流；
$S_2$—有换向时间调节器；
出口节流

电器连接型式 (见电器连接尺寸图)
(WH 无此项)

附加装置号 (见附加装置位置图)

无标记—不带插入式阻尼器；
B08—阻尼器节流孔直径 0.8mm；
B10—阻尼器节流孔直径 1.0mm；
B12—阻尼器节流孔直径 1.2mm；
B15—阻尼器节流孔直径 1.5mm
(WH 无此项)

无标记—不带预压阀；
P4.5—带预压阀，开启压力0.45MPa

无标记—不带定比减压阀；
DI—定比减压阀(减压比 1:0.66)

无标记—矿物质液压油；
V—磷酸酯液压液

其他细节用文字说明

**表 21-7-130** 三位阀简化的机能符号（符合 DIN24300）

| 弹簧对中式型号 | 滑阀机能 | 机能符号 | 过渡机能符号 |
|---|---|---|---|
| 4WEH …E…/… | E | a 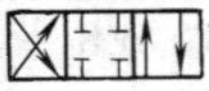 b |  |
| 4WEH …F…/… | F | 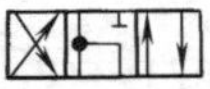 |  |
| 4WEH …G…/… | G |  | 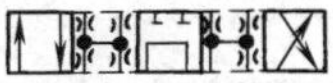 |
| 4WEH …H…/… | H | 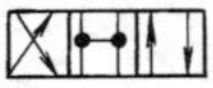 |  |
| 4WEH …J…/… | J | 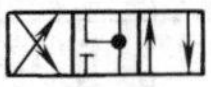 | 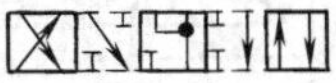 |
| 4WEH …L…/… | L |  | 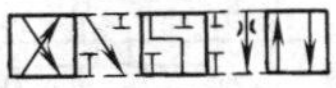 |
| 4WEH …M…/… | M | 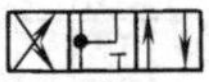 | 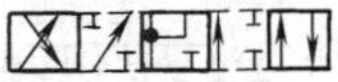 |
| 4WEH …P…/… | P | 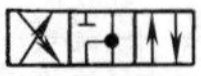 | 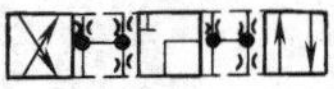 |
| 5WEH …Q…/… | Q | 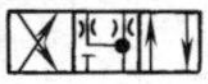 |  |
| 4WEH …R…/… | R | 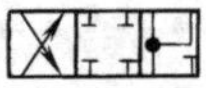 | 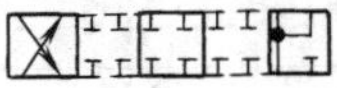 |
| 4WEH …S…/… | S | 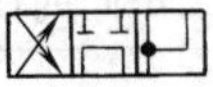 |  |
| 4WEH …T…/… | T | 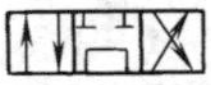 |  |
| 4WEH …U…/… | U | 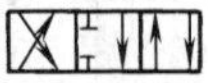 | 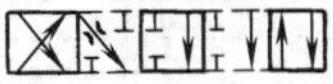 |
| 4WEH …V…/… | V |  |  |
| 4WEH …W…/… | W | 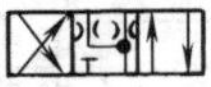 |  |

注：WEH25 型和 WEH32 型换向阀没有“S”型机能。

**表 21-7-131　　三位阀的详细符号和简化符号**

| | 弹簧对中阀 | 阀芯压力对中阀<br>仅规格 16,25(型号 4W. H25. 50B/…)和 32 |
|---|---|---|
| X=外部;Y=外部 | 型号 4WEH…/… 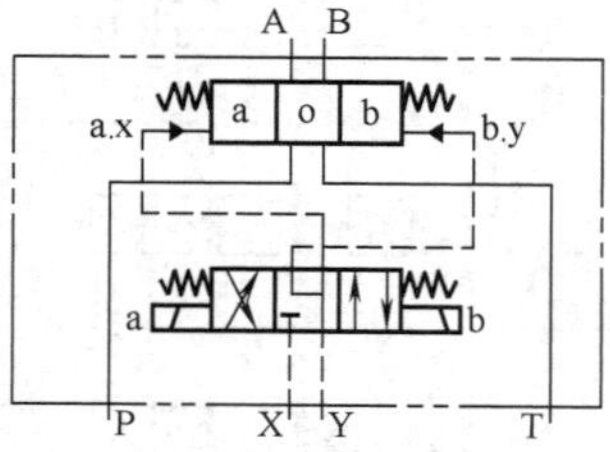 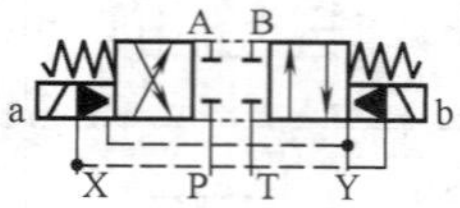 | 型号 4WEH…H…/… 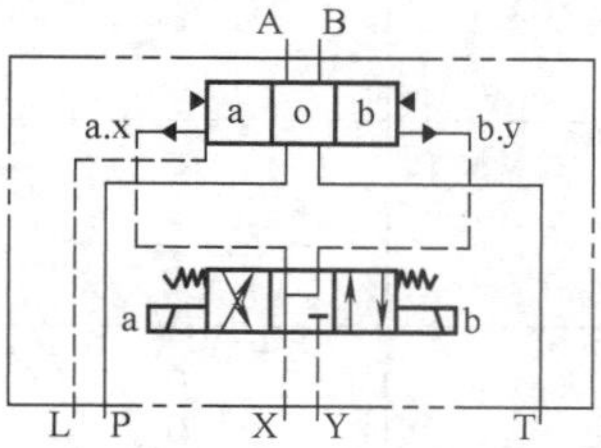 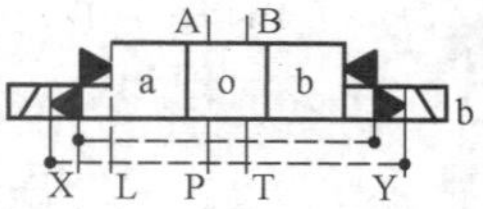 |
| X=内部;Y=外部 | 型号 4WEH…/…E… 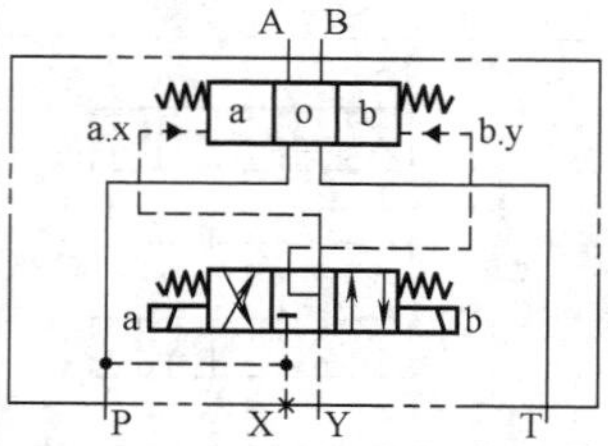 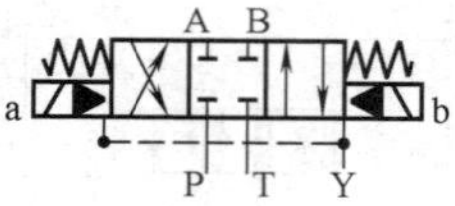 | 型号 4WEH…H…/…E… 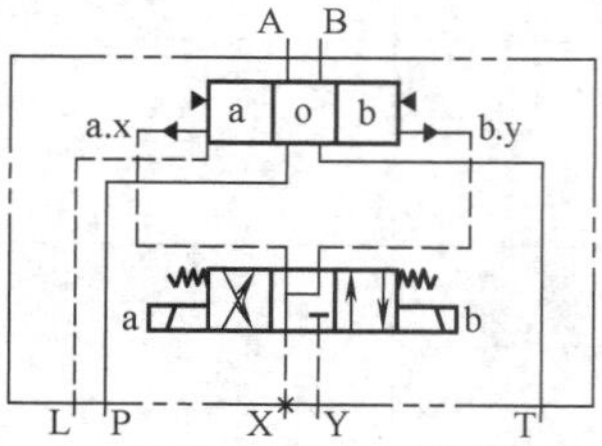 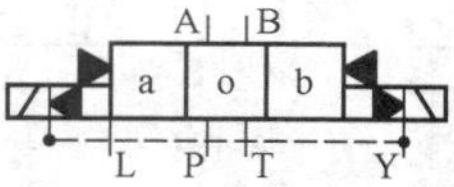 |
| X=内部;Y=内部 | 型号 4WEH…/…ET… 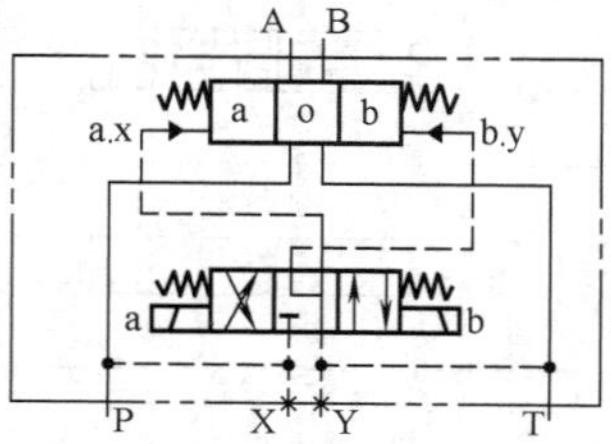 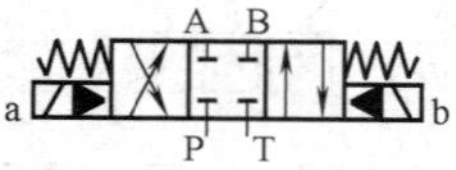 | |
| X=外部;Y=内部 | 型号 4WEH…/…T… 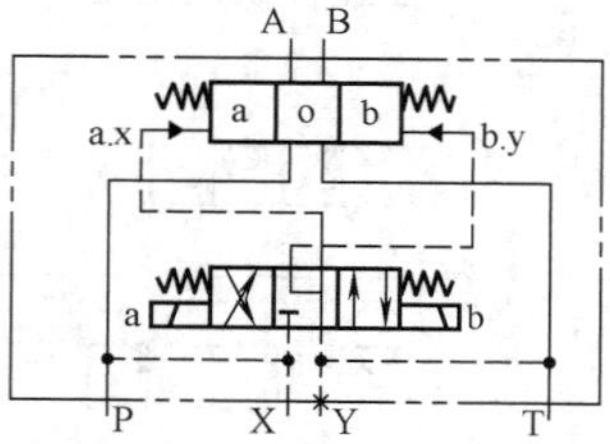 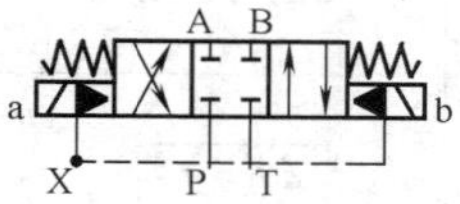 | |

**表 21-7-132　　二位阀的详细符号和简化符号**

| | 弹簧对中阀 | | 液压复位阀 | |
|---|---|---|---|---|
| | 型号 4WEH…/… | 型号 4WEH…H…/… | 型号 4WEH…H/O… | 型号 4WEH…H/OF… |
| X=外部;Y=外部 | 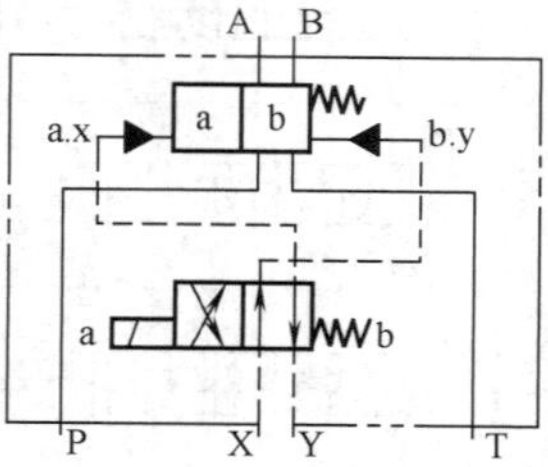 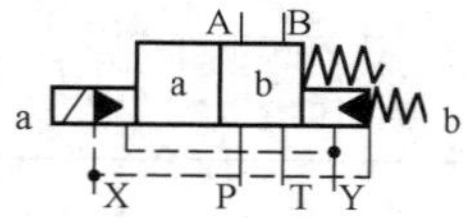 | 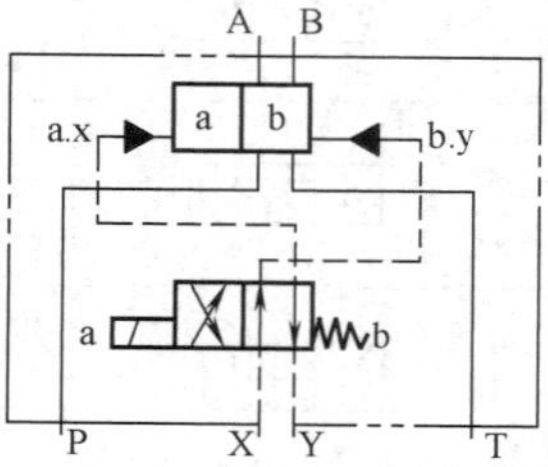 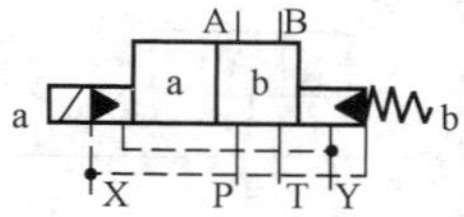 | 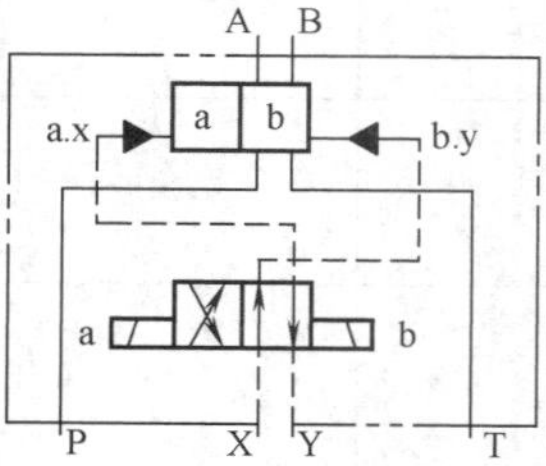 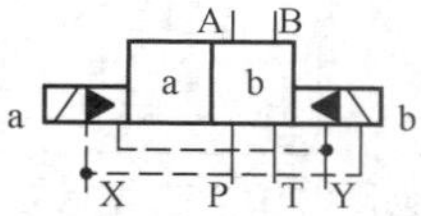 | 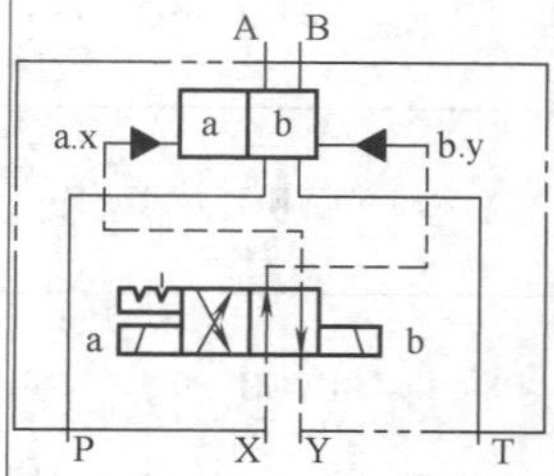 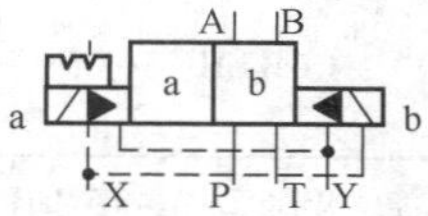 |

续表

| | 弹簧对中阀 | | 液压复位阀 | |
|---|---|---|---|---|
| | 型号 4WEH…/…E… | 型号 4WEH…H…/…E… | 型号 4WEH…H/O…E… | 型号 4WEH…H/OF…E… |
| X=内部；Y=外部 | 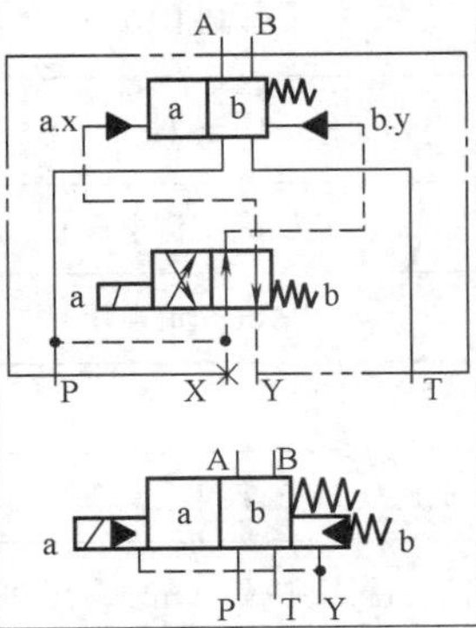 | 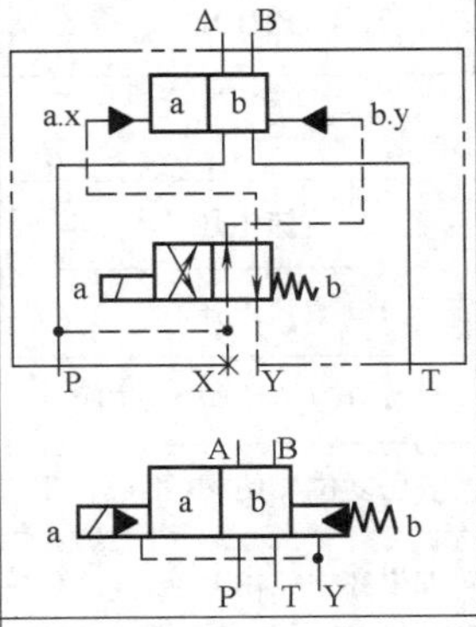 | 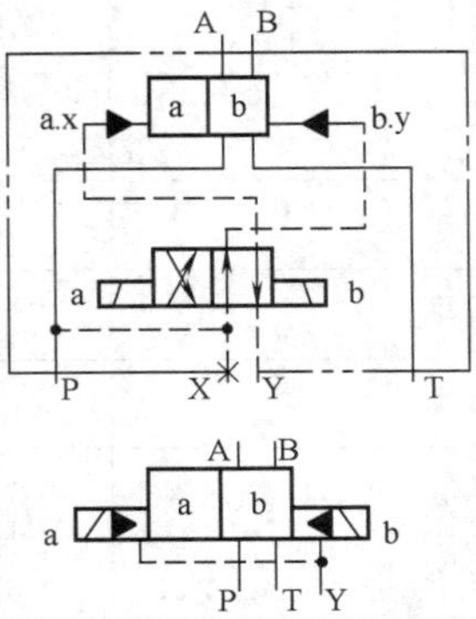 | 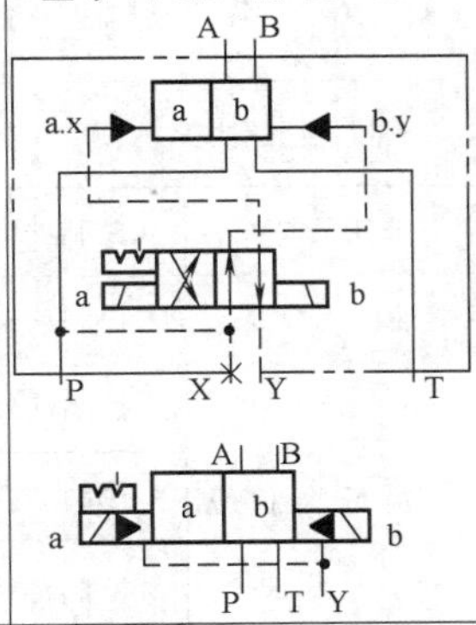 |
| | 型号 4WEH…/…ET… | 型号 4WEH…H…/…ET… | 型号 4WEH…H/O…ET… | 型号 4WEH…H/OF…ET… |
| X=内部；Y=内部 | 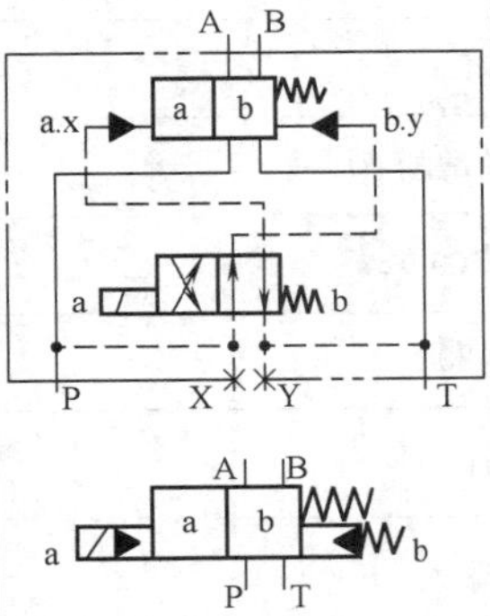 | 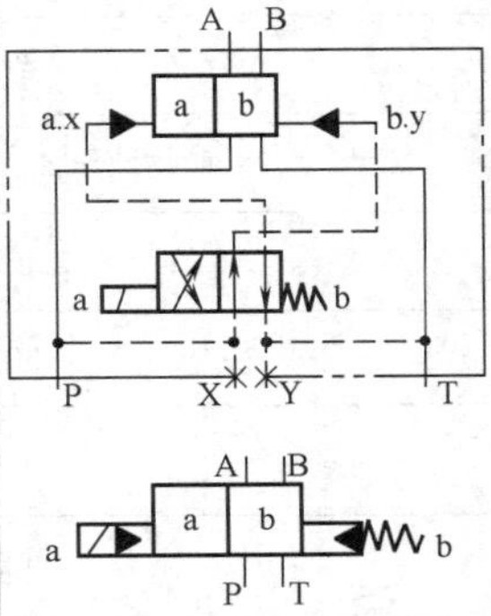 | 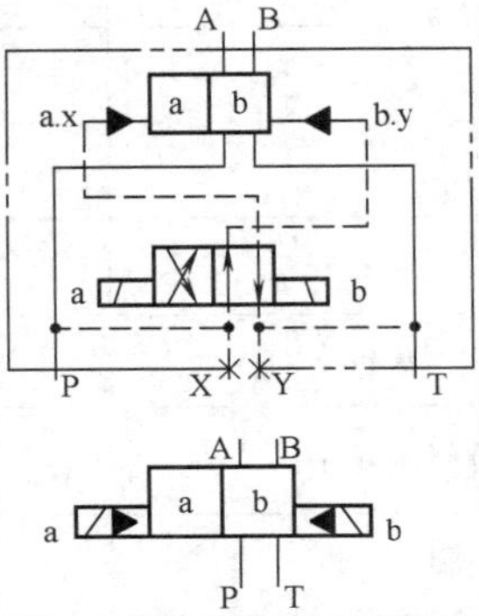 | 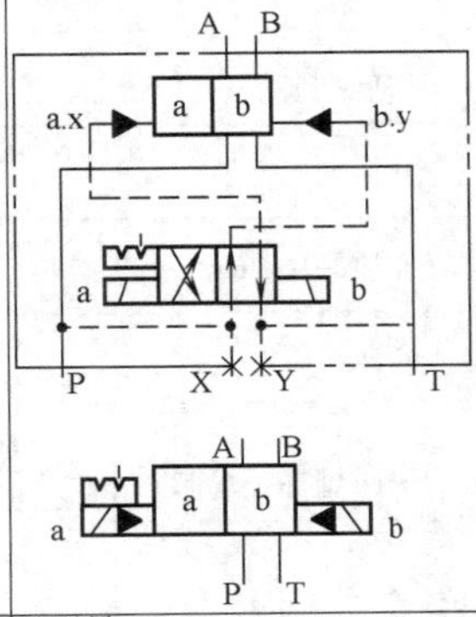 |
| | 型号 4WEH…/…T… | 型号 4WEH…H…/…T… | 型号 4WEH…H/O…T… | 型号 4WEH…H/OF…T… |
| X=外部；Y=内部 | 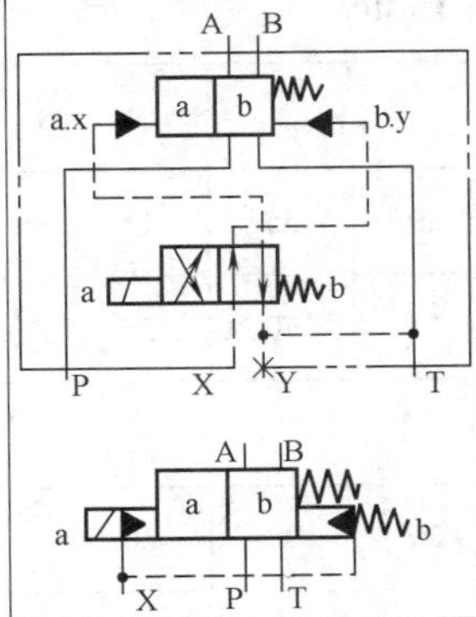 | 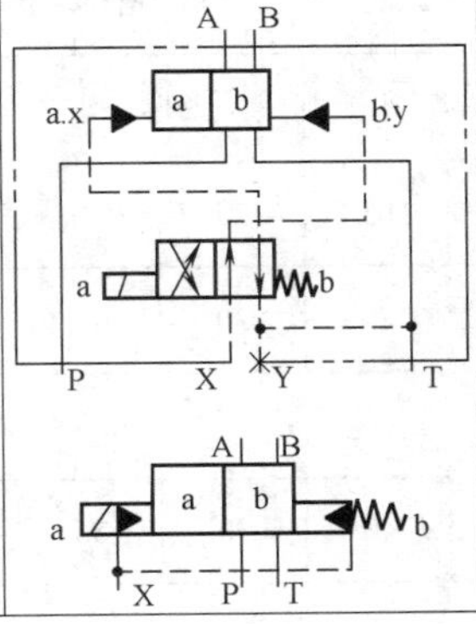 | 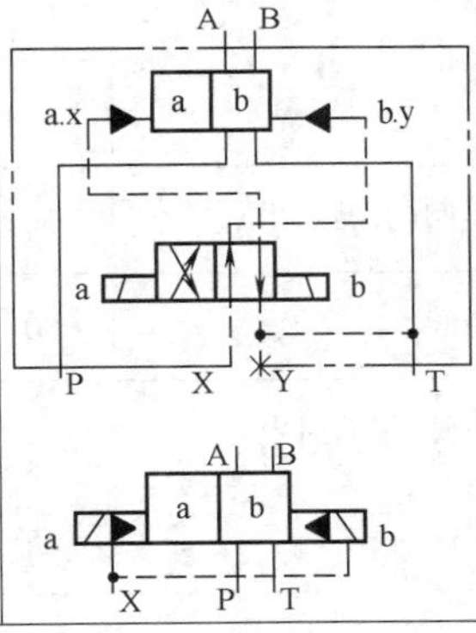 | 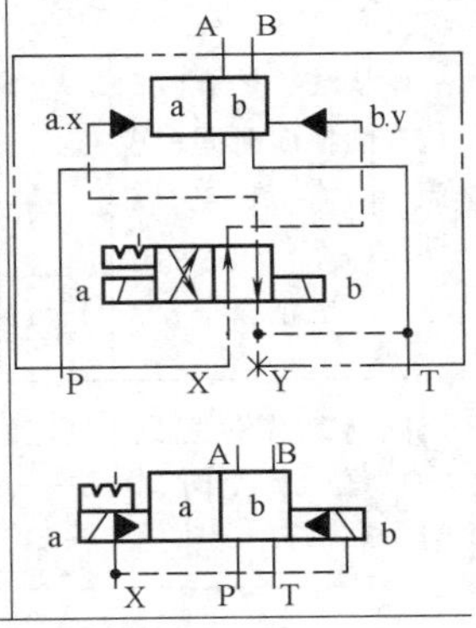 |
| 机能符号 | 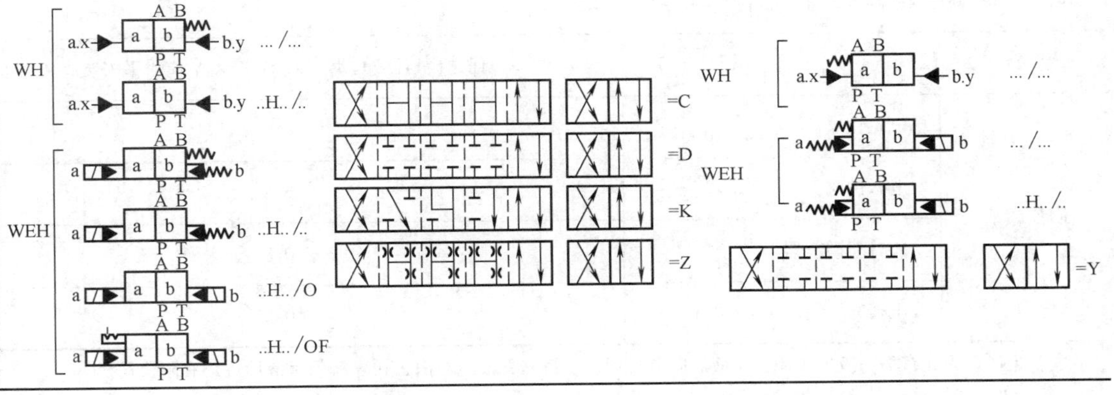 | | | |

（2）技术规格（见表21-7-133~表21-7-137）

**表21-7-133　　WEH10型电液换向阀**

| 项目 | | H-4WEH10 | | | | 4WEH10 | | | |
|---|---|---|---|---|---|---|---|---|---|
| 最高工作压力P、A、B/MPa | | 至35 | | | | 至28 | | | |
| 油口T/MPa | 控制油内排 | 至16(直流电压) | | | | 至10(交流电压) | | | |
| 油口Y/MPa | 控制油外排 | 至16(直流电压) | | | | 至10(交流电压) | | | |
| 最低控制压力/MPa | 控制油外排 | 1.0　弹簧复位三位阀、二位阀 | | | | | | | |
| | 控制油内供 | 0.7　液压复位二位阀(不适合于C、Z、F、G、H、P、T、V) | | | | | | | |
| | 控制油内供(适合于C、Z、F、G、H、P、T、V) | 0.65[如果在中位由P至T(三位阀)或当阀经中位(二位阀)运动时,流量足够确保由P至T的压降为0.65MPa,才能用内部控制油供给] | | | | | | | |
| 最高控制压力/MPa | | 至25 | | | | | | | |
| 介质 | | 矿物液压油,磷酸酯液压液 | | | | | | | |
| 介质黏度/$mm^2 \cdot s^{-1}$ | | 2.8~500 | | | | | | | |
| 介质温度/℃ | | -30~80 | | | | | | | |
| 换向过程中控制容量/$cm^3$ | 三位阀弹簧对中 | 2.04 | | | | | | | |
| | 二位阀 | 4.08 | | | | | | | |
| 阀从"O"位到工作位置的换向时间(交流和直流电磁铁)/ms | | 先导控制压力/MPa | | | | | | | |
| | | 7 | | 14 | | 21 | | 28 | |
| | 三位阀(弹簧对中) | 30 | 65 | 25 | 60 | 20 | 55 | 15 | 50 |
| | 二位阀 | 30 | 80 | 30 | 75 | 25 | 70 | 20 | 65 |
| 阀从工作位置到"O"位的换向时间/ms | 三位阀(弹簧对中) | 30 | | | | | | | |
| | 二位阀 | 35 | 40 | 30 | 35 | 25 | 30 | 20 | 25 |
| 换向时间较短时的控制流量/$L \cdot min^{-1}$ | | ≈35 | | | | | | | |
| 安装位置 | | 任选(液压复位型如C、D、K、Z、Y应水平安装) | | | | | | | |
| 质量/kg | 单电磁铁阀 | 6.4 | | | | | | | |
| | 双电磁铁阀 | 6.8 | | | | | | | |
| | 换向时间调节器 | 0.8 | | | | | | | |
| | 减压阀 | 0.5 | | | | | | | |

注：生产厂为北京华德液压集团公司液压阀分公司、上海立新液压有限公司、海门市液压件厂有限公司。

**表 21-7-134　　WEH16 型电液换向阀**

| 项　目 | | H-4WEH16 | 4WEH16 |
|---|---|---|---|
| 最高工作压力 P、A、B 腔/MPa | | 至 35 | 至 28 |
| 油口 T/MPa | 控制油外排 | 至 25 | 至 25 |
| | 控制油内排(液压对中的三位阀控制油内排不可能) | 至 16(直流电磁铁=) | 至 10(交流电磁铁~) |
| 油口 Y/MPa | 控制油外排 | 直流 16 | 交流 10 |
| 最低控制压力/MPa | 控制油外供<br>控制油内供 | 二位阀　1.2<br>弹簧复位二位阀　1.2<br>液压复位二位阀　1.2 | |
| | 控制油内供 | 用预压阀或流量足够大,滑阀机能为 C、F、G、H、P、T、V、Z、S 型阀　0.45 | |
| 最高的控制压力/MPa | | 至 25 | |
| 介质 | | 矿物质液压油;磷酸酯液压液 | |
| 介质温度范围/℃ | | -30~80 | |
| 介质黏度范围/$mm^2 \cdot s^{-1}$ | | 2.8~500 | |

换向过程中控制油最大的容量/$cm^3$

| | | |
|---|---|---|
| 弹簧对中的三位阀 | 5.72 | |
| 二位阀 | 11.45 | |
| 液压对中的三位阀 | WH | WEH |
| 从“O”位到工作位置“a” | 2.83 | 2.83 |
| 从工作位置“a”到“O”位 | 2.9 | 5.73 |
| 从“O”位到工作位置“b” | 5.72 | 5.73 |
| 从工作位置“b”到“O”位 | 2.83 | 8.55 |

从“O”位到工作位置的换向时间(交流和直流电磁铁)①/ms

| | | | | | | | | | | | | |
|---|---|---|---|---|---|---|---|---|---|---|---|---|
| 先导控制压力/MPa | ≤5 | | | | >5~15 | | | | >15~25 | | | |
| 弹簧对中的三位阀 | 35 | | 65 | | 30 | | 60 | | 30 | | 58 | |
| 二位阀 | 45 | | 65 | | 35 | | 55 | | 30 | | 50 | |
| 液压对中的三位阀 | a | b | a | b | a | b | a | b | a | b | a | b |
| | 30 | | 65 | | 25 | | 55 | 63 | 20 | 25 | 55 | 60 |

从工作位置到“O”位的换向时间①/ms

| | | | | | | | | | | | | |
|---|---|---|---|---|---|---|---|---|---|---|---|---|
| 弹簧对中的三位阀 | 30~45 用于交流;30 用于直流 | | | | | | | | | | | |
| 二位阀 | 45~60 | | 45 | | 35~50 | | 35 | | 30~45 | | 30 | |
| 液压对中的三位阀 | a | b | a | b | a | b | a | b | a | b | a | b |
| | 20~30 | | 20 | | 20~35 | | 20 | | 20~35 | | 20 | |

| | |
|---|---|
| 安装位置 | 除 C、D、K、Z、Y 型液压复位的阀水平安装外,其余的任意安装 |
| 换向时间较短时的控制流量/$L \cdot min^{-1}$ | ≈35 |
| 质量/kg | ≈8.6　WH 约 7.3 |

① 换向时间指从导阀电磁铁吸合到主阀全部打开的时间。

表 21-7-135　　**WEH25 型电液换向阀**

| | | | |
|---|---|---|---|
| 最高工作压力 P、A、B 腔/MPa | | 至 35(H-4WEH25 型);至 28(4WEH25 型) | |
| 油口 T/MPa | 控制油外排 | 至 25 | |
| | 控制油内排(液压对中的三位阀控制油内排不可能) | 至 16(直流电磁铁=) | 至 10(交流电磁铁~) |
| 油口 Y/MPa | 外部控制油泄油<br>直流电磁铁 | 16 | |
| | 交流电磁铁 | ≈10 | |
| | 用于 4WH 型 | 25 | |
| 最低控制压力/MPa | 控制油外供<br>控制油内供 | 弹簧对中的三位阀　1.3<br>液压对中的三位阀　1.8<br>弹簧复位二位阀　1.3<br>液压复位二位阀　0.8 | |
| | 控制油内供 | 用预压阀或流量相应大时,滑阀机能为 F、G、H、P、T、V、C 和 Z 型阀 0.45 | |
| 最高控制压力/MPa | | 至 25 | |
| 介质 | | 矿物质液压油,磷酸酯液压油 | |
| 介质黏度范围/$mm^2 \cdot s^{-1}$ | | 2.8~500 | |
| 介质温度范围/℃ | | -30~80 | |

| 换向过程中控制油最大的容量/$cm^3$ | | |
|---|---|---|
| 弹簧对中的三位阀 | 14.2 | |
| 弹簧复位的二位阀 | 28.4 | |
| 液压对中的三位阀 | WH | WEH |
| 从“O”位到工作位置“a” | 7.15 | 7.15 |
| 从工作位置“a”到“O”位 | 14.18 | 7.0 |
| 从“O”位到工作位置“b” | 14.18 | 14.15 |
| 从工作位置“b”到“O”位 | 19.88 | 5.73 |

从“O”位到工作位置的换向时间(交流和直流电磁铁)①/ms

| 先导控制压力/MPa | ≤7 | | | | >7~14 | | | | >14~21 | | | | >21~25 | | | |
|---|---|---|---|---|---|---|---|---|---|---|---|---|---|---|---|---|
| 弹簧对中的三位阀 | 50 | | 85 | | 40 | | 75 | | 35 | | 70 | | 30 | | 65 | |
| 弹簧复位的二位阀 | 120 | | 160 | | 100 | | 130 | | 85 | | 120 | | 70 | | 105 | |
| 液压对中的三位阀 | a | b | a | b | a | b | a | b | a | b | a | b | a | b | a | b |
| | 30 | 35 | 55 | 65 | 30 | 35 | 55 | 65 | 25 | 30 | 50 | 60 | 25 | 30 | 50 | 60 |

从工作位置到“O”位的换向时间①/ms

| | | | | | | | | | | | | | | | | |
|---|---|---|---|---|---|---|---|---|---|---|---|---|---|---|---|---|
| 弹簧对中的三位阀 | 40~55 用于交流;40 用于直流 | | | | | | | | | | | | | | | |
| 弹簧复位的二位阀 | 120 | | 125 | | 95 | | 100 | | 85 | | 90 | | 75 | | 80 | |
| 液压对中的三位阀 | a | b | a | b | a | b | a | b | a | b | a | b | a | b | a | b |
| | 30~35 | | 30 | 35 | 30~35 | | 30 | 35 | 30~35 | | 30 | 35 | 30~35 | | 30 | 35 |

| | |
|---|---|
| 安装位置 | 除 C、D、K、Z、Y 型液压复位的阀水平安装外,其余任意安装 |
| 换向时间较短时的控制流量/$L \cdot min^{-1}$ | ≈35 |
| 质量/kg | 整个阀≈18　WH≈17.6 |

① 换向时间指从导阀电磁铁吸合到主阀全部打开的时间。

**表 21-7-136　　WEH32 型电液换向阀**

| 项目 | | H-4WEH32 | 4WEH32 |
|---|---|---|---|
| 最高工作压力 P、A、B 腔/MPa | | 至 35 | 至 28 |
| 油口 T/MPa | 控制油外排 | 至 25 | |
| | 控制油内排(液压对中的三位阀,当控制油内排时不可能) | 至 16(直流电磁铁=) | 至 10(交流电磁铁~) |
| 油口 Y/MPa | 控制油外排 | 直流电磁铁:16;交流电磁铁:10 | |
| 最低控制压力/MPa | 控制油外供<br>控制油内供 | 0.8　三位阀<br>1　弹簧复位二位阀<br>0.5　液压复位二位阀 | |
| | 控制油内供 | 用预压阀或流量相应大时,滑阀机能为 F、G、H、P、T、V、C 和 Z 型阀 0.45 | |
| 最高控制压力/MPa | | 至 25 | |
| 介质 | | 矿物质液压油,磷酸酯液压油 | |
| 温度范围/℃ | | -30~80 | |
| 黏度范围/$mm^2 \cdot s^{-1}$ | | 2.8~500 | |
| 换向过程中控制油最大的容量/$cm^3$ | | | |
| 弹簧对中的三位阀 | | 29.4 | |
| 弹簧对中的二位阀 | | 58.8 | |
| 液压对中的三位阀 | | | |
| 从“O”位到工作位置“a” | | 14.4 | |
| 从工作位置“a”到“O”位 | | 15.1 | |
| 从“O”位到工作位置“b” | | 29.4 | |
| 从工作位置“b”到“O”位 | | 14.4 | |

| 从“O”位到工作位置的换向时间(交流和直流电磁铁)①/ms | | | | | | | | | | | | |
|---|---|---|---|---|---|---|---|---|---|---|---|---|
| 先导控制压力/MPa | ≤5 | | | | >5~15 | | | | >15~25 | | | |
| 弹簧对中的三位阀 | 75 | | 105 | | 55 | | 90 | | 45 | | 80 | |
| 弹簧复位的二位阀 | 120 | | 155 | | 100 | | 135 | | 90 | | 125 | |
| 液压对中的三位阀 | a | b | a | b | a | b | a | b | a | b | a | b |
| | 55 | 60 | 100 | 105 | 40 | 45 | 85 | 95 | 35 | 40 | 85 | 95 |
| 从工作位置到“O”位的换向时间①/ms | | | | | | | | | | | | |
| 弹簧对中的三位阀 | 60~75 用于交流;50 用于直流 | | | | | | | | | | | |
| 弹簧复位的二位阀 | 115~130 | | 90 | | 85~100 | | 70 | | 65~80 | | 65 | |
| 液压对中的三位阀 | a | b | a | b | a | b | a | b | a | b | a | b |
| | 35~65 | | 30 | 40 | 60~90 | | 30 | | 105~155 | | 50 | |

| | | |
|---|---|---|
| 安装位置 | | 除液压复位的“H”、C、D、K、Z、Y 型的阀应水平安装外,其余任意安装 |
| 换向时间较短时的控制流量/$L \cdot min^{-1}$ | | ≈50 |
| 质量/kg | 带 1 个电磁铁的阀 | ≈40.5 |
| | 带 2 个电磁铁的阀 | ≈41　WH≈39.5 |

① 换向时间指从导阀电磁铁吸合到主阀全部打开的时间。

表 21-7-137　　　　电气参数

| 电压类别 | 直流电压 | 交流电压 | 电压类别 | 直流电压 | 交流电压 |
|---|---|---|---|---|---|
| 电压/V | 12、24、42、60、96、110、180、195、220 | 42、110、127、220/50Hz<br>110、120、220/60Hz | 运行状态 | 连续 | |
| 消耗功率/W | 26 | — | 环境温度/℃ | 50 | |
| 吸合功率/V·A | — | 46 | 最高线圈温度/℃ | 50 | |
| 启动功率/V·A | — | 130 | 保护装置 | IP65,符合 DIN40050 | |

## 外 形 尺 寸

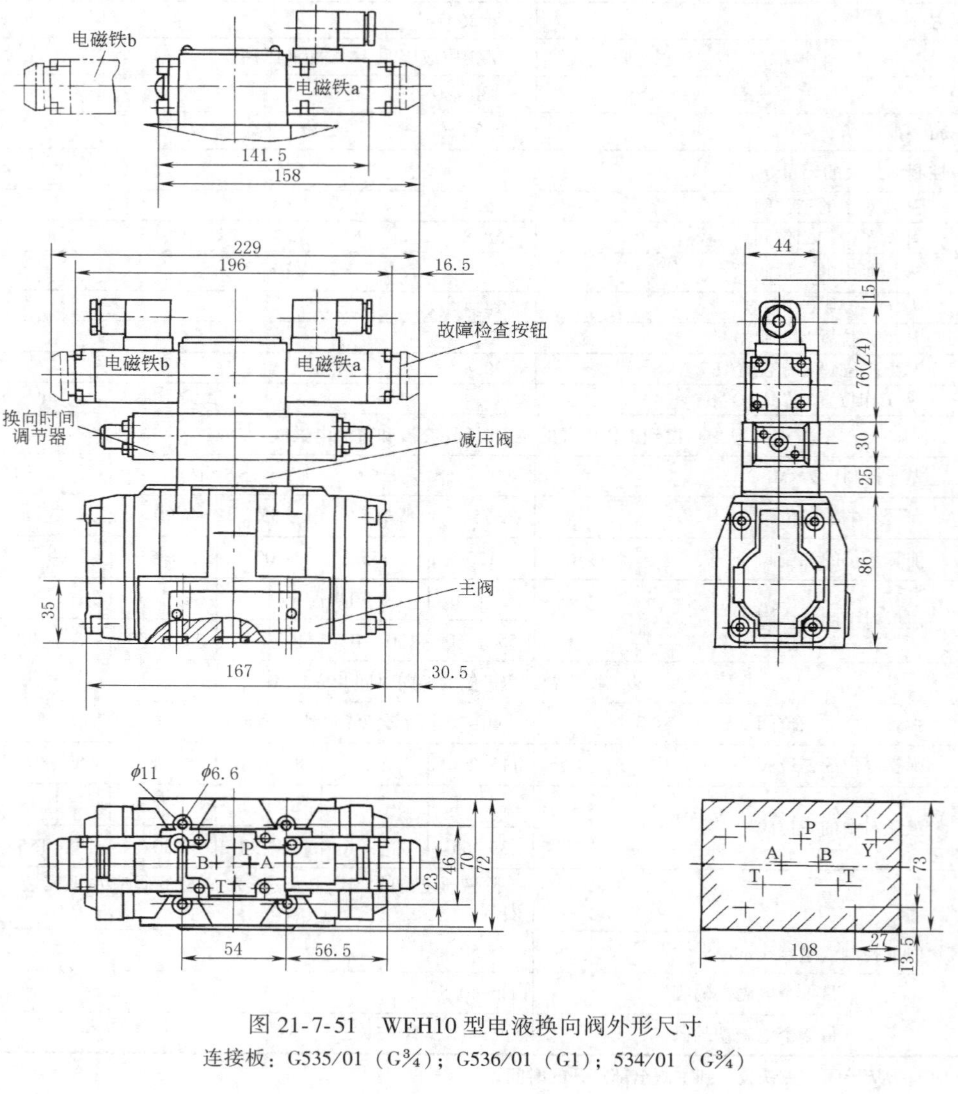


图 21-7-51　WEH10 型电液换向阀外形尺寸

连接板：G535/01（G¾）；G536/01（G1）；534/01（G¾）

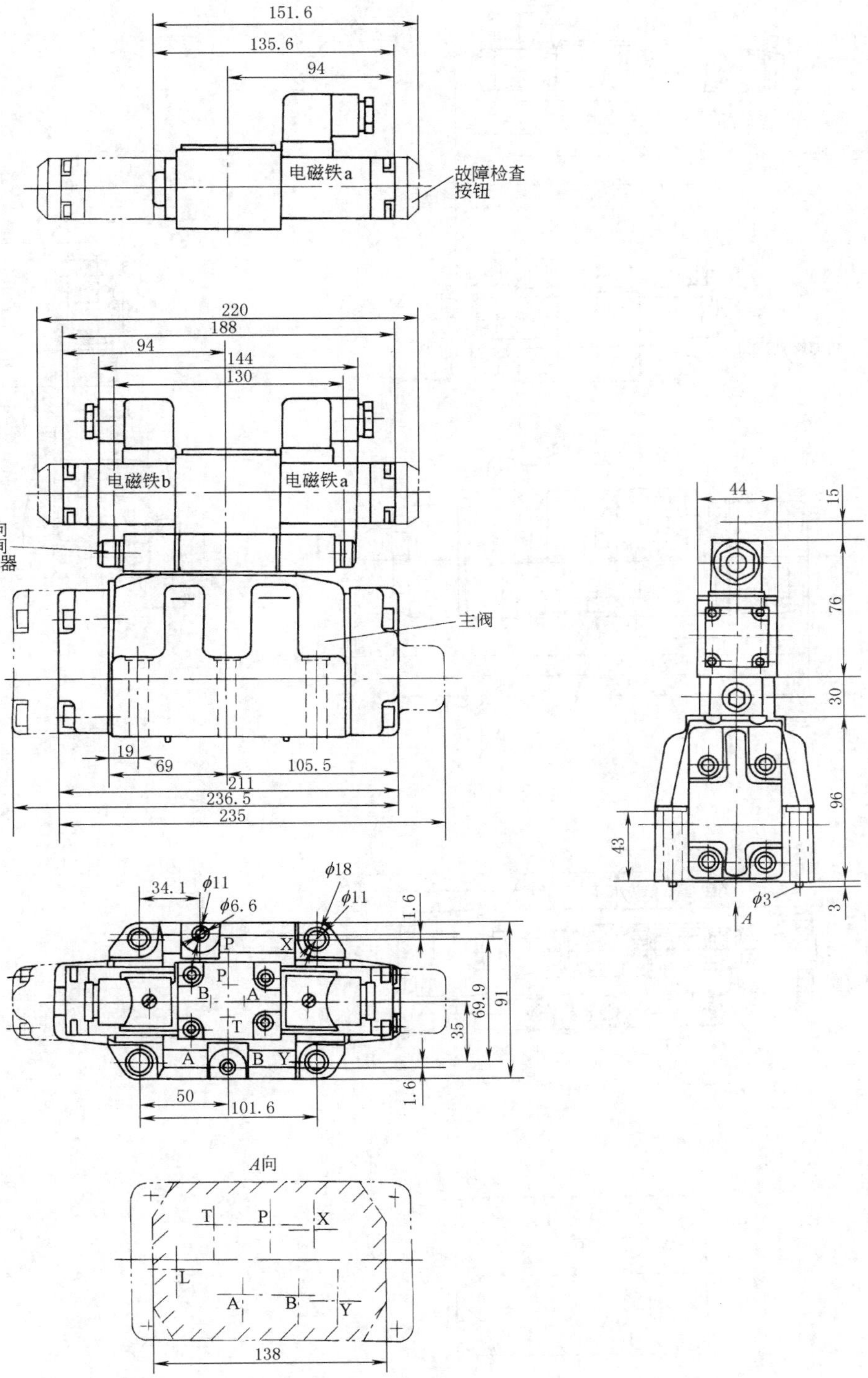


图 21-7-52　WEH16 型电液换向阀外形尺寸

连接板：G172/01（G¾）；G172/02（M27×2）；G174/01（G1）；

G174/02（M33×2）；G174/08

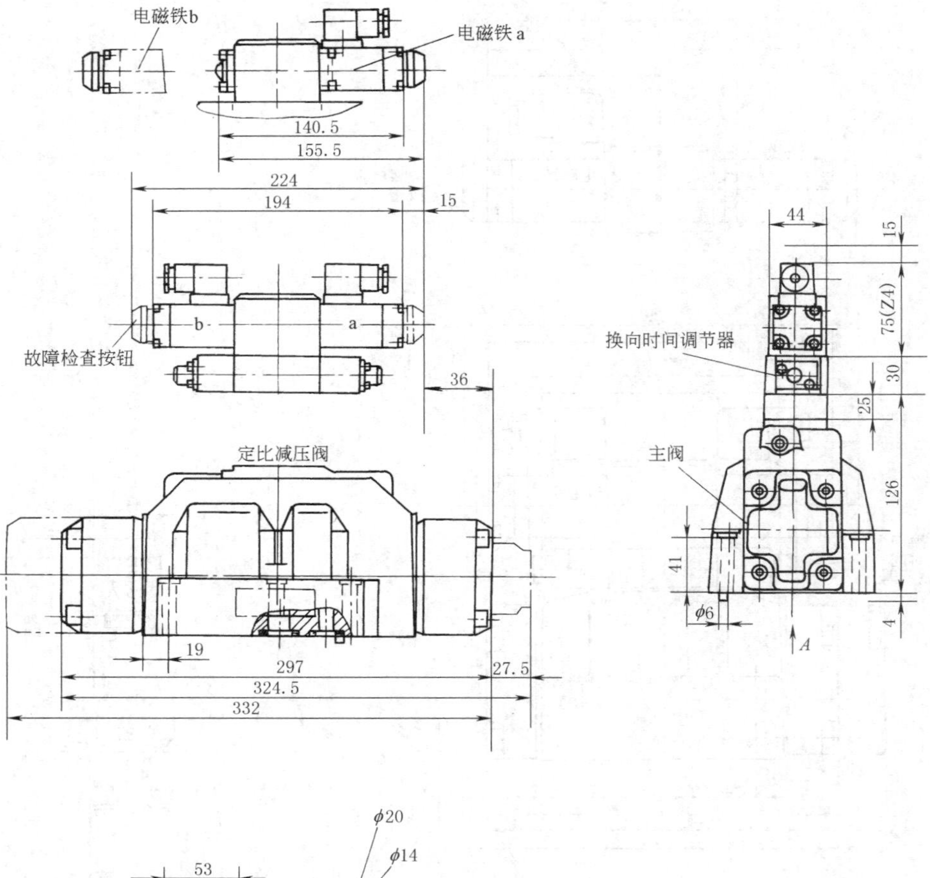


图 21-7-53　WEH25 型电液换向阀外形尺寸

连接板：G151/01（G1）；G153/01（G1）；G154/01（G1¼）；
G156/01（G1½）；G154/01

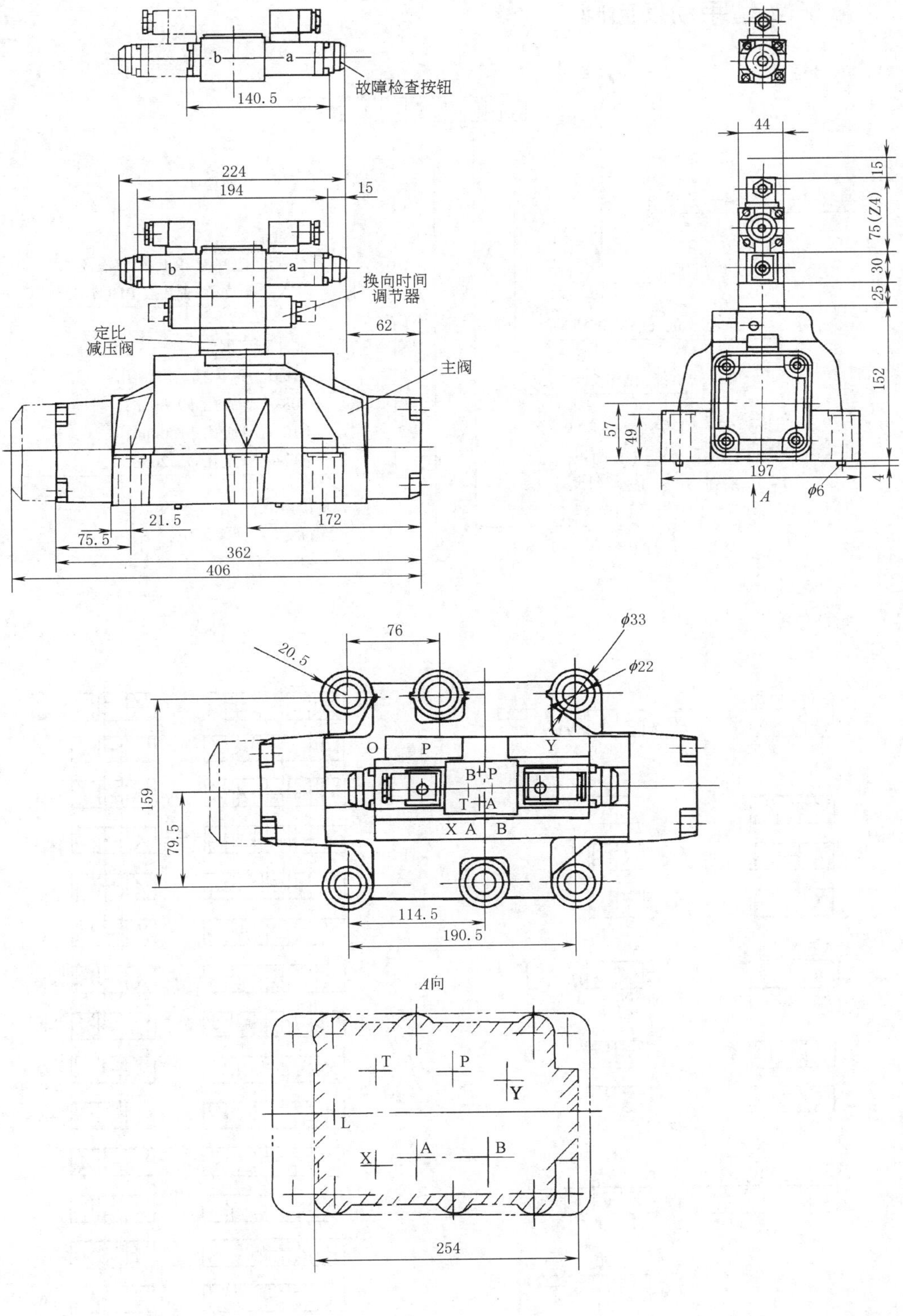


图 21-7-54　WEH32 型电液换向阀外形尺寸

连接板：G157/01（G1½）；G157/02（M48×2）：G158/10

## 3.17 WMM 型手动换向阀

（1）型号意义

□ WMM □ □ □ / □ □ □ □

通数：3— 三通；4— 四通

手动换向阀

通径 /mm：6、10、16

滑阀机能：见图 21- 7- 55

设计号：50—50 系列（50 ~ 59 系列尺寸与结构不变），适用 NG6；10—10 系列（10 ~ 19 系列尺寸与结构不变），适用 NG10

复位型式：
无标记 — 弹簧复位；
F— 带定位装置

缓冲阻尼器：
无标记 — 无插装节流孔；
B08— 节流孔 $\phi$0. 8mm；
B10— 节流孔 $\phi$1. 0mm；
B12— 节流孔 $\phi$1. 2mm

介质：
无标记 —HLP 矿物质液压油；
V— 磷酸酯油液按 PIN 51525

其他说明

（2）机能符号

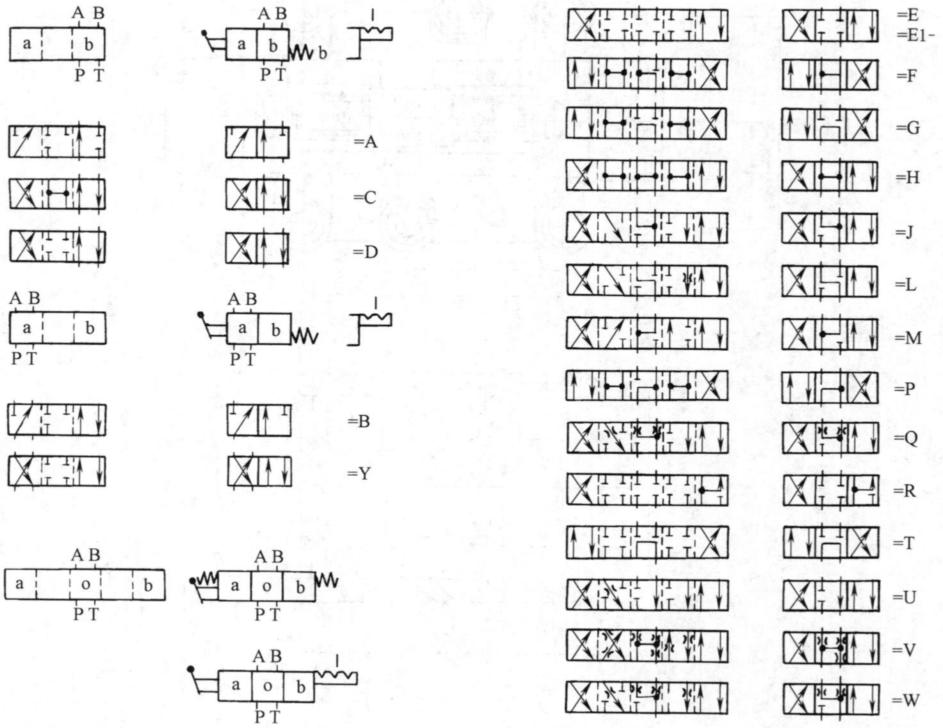

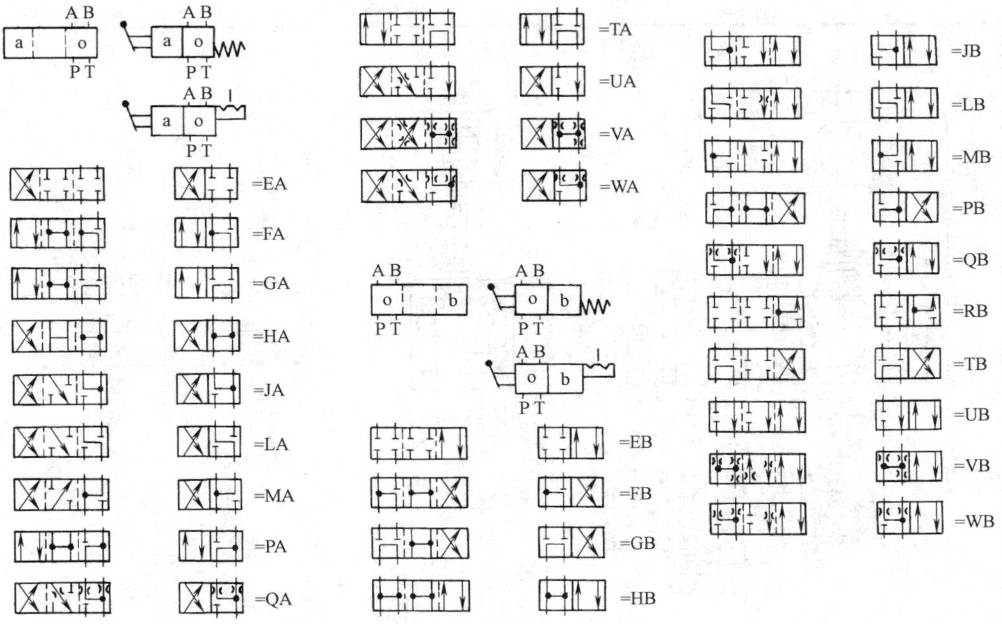


图 21-7-55　滑阀机能

（3）技术规格

**表 21-7-138**

| | | | | | | | | | |
|---|---|---|---|---|---|---|---|---|---|
| 通径/mm | | 6 | 10 | 16 | 介质温度/℃ | | -30~70 | | |
| 最高工作压力/MPa | 油口 A、B、P | 31.5 | 31.5 | 35 | 介质黏度/$m^2 \cdot s^{-1}$ | | $(2.8\sim380)\times10^{-6}$ | | |
| | 油口 T | 16 | 15 | 25 | 操纵力/N | 带定位装置 | 约 16~23 | 无回油压力 | 约 20 |
| 流量/$L \cdot min^{-1}$ | | 60 | 100 | 300 | | 带复位弹簧 | 约 20~27 | 有回油压力(16MPa) | 约 30 |
| 介质 | | HLP-矿物液压油，磷酸酯液 | | | 质量/kg | | 1.4 | 4 | 8 |

注：生产厂为北京华德液压集团液压阀分公司、上海立新液压有限公司。

（4）外形及安装尺寸（见表 21-7-139、表 21-7-140）

**表 21-7-139**　　mm

| | |
|---|---|
| WMM6型 | 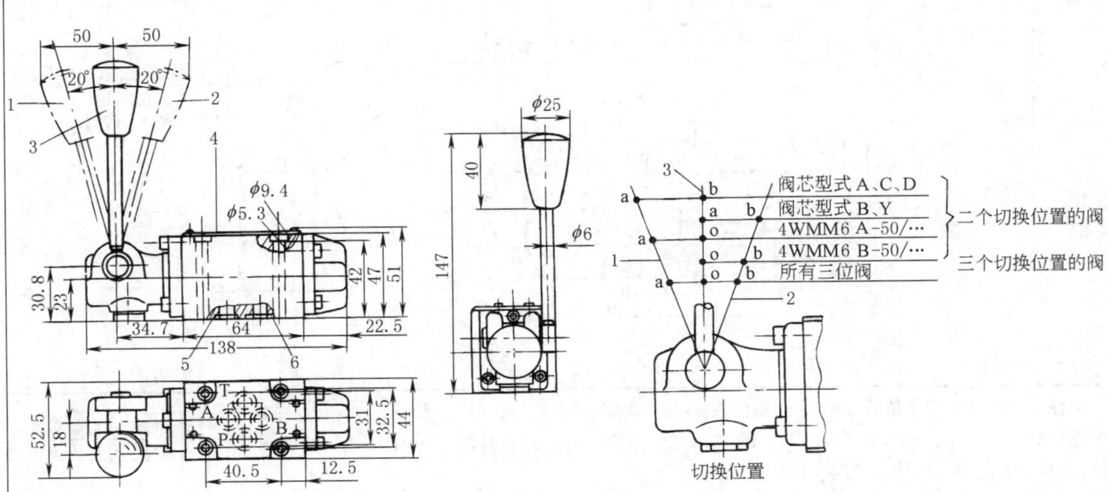 |

续表

| | |
|---|---|
| WMM10型 | 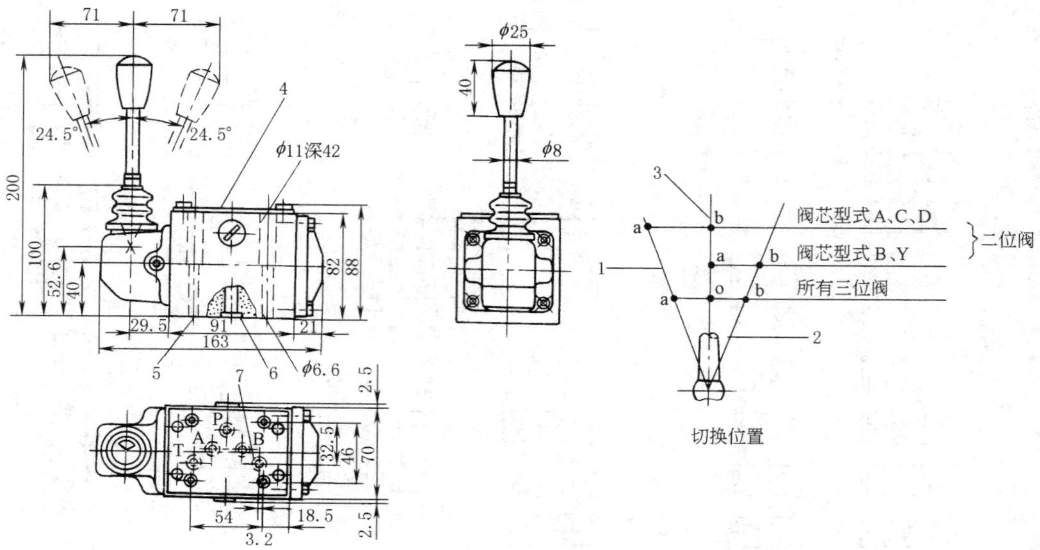  |
| WMM16型 | 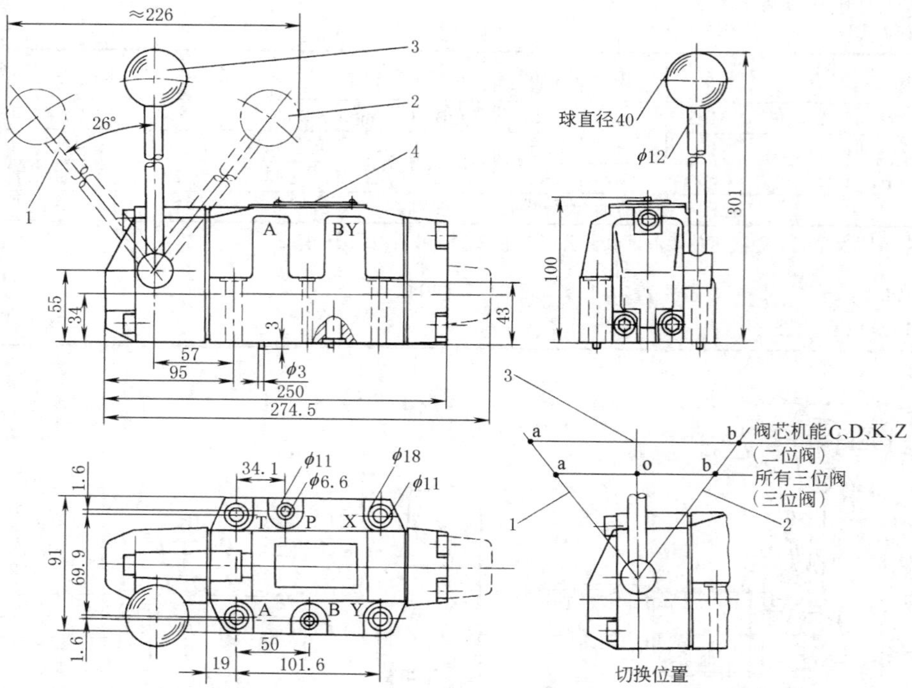  |

注：表中1—切换位置a；2—切换位置b；3—切换位置o、a、b（二位阀上a和b）；4—标牌；5—连接面；6—用于A、B、P、T口的O形圈9.25×1.78（WMM6型）、12×2（WMM10型）；7—用控制块时，可用作辅助回油口。

与阀连接表面粗糙度和精度要求

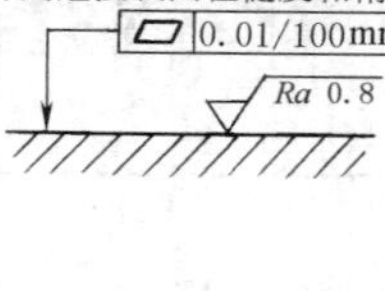

**表 21-7-140** 安装底板尺寸 mm

WMM6 型

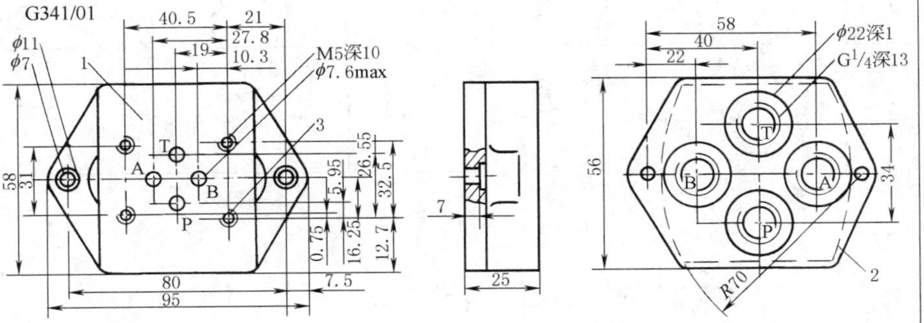


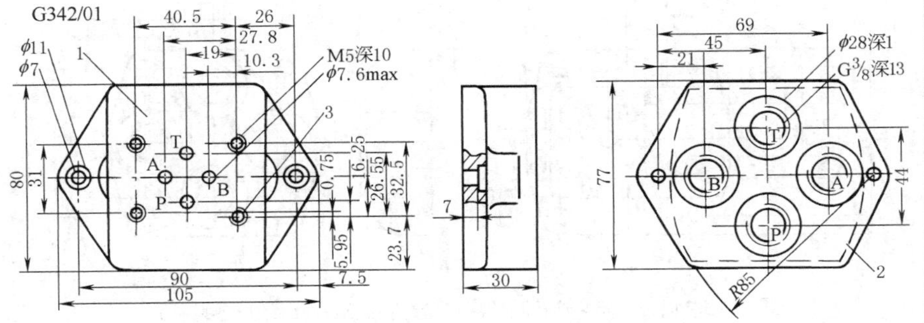


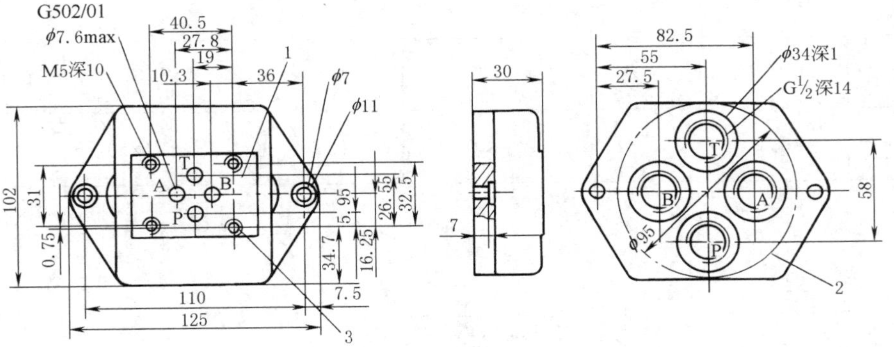


1—阀安装面；
2—安装连接板的切口轮廓；
3—螺钉 4×M5×50，紧固转矩 9 N·m（必须单独订货）

WMM10 型

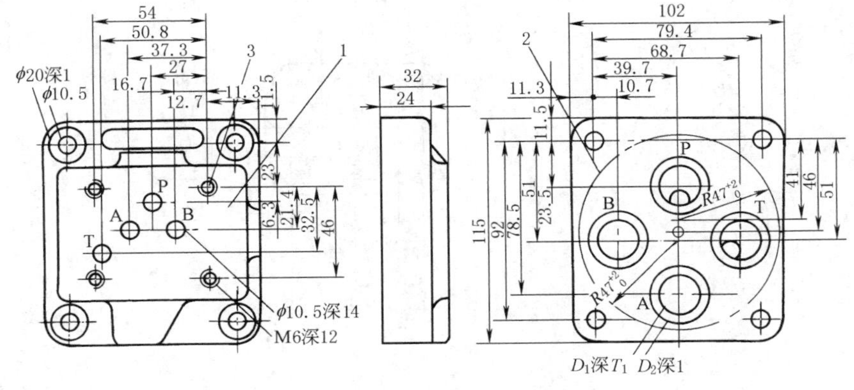


1—阀安装面；2—安装连接板的切口轮廓；3—螺钉

续表

| 型　　号 | $D_1$ | $D_2$ | $T_1$ | 质量/kg | 阀固定螺钉 | 转矩/N·m |
|---|---|---|---|---|---|---|
| G66/01<br>G67/01 | G⅜<br>G½ | 28<br>34 | 12<br>14 | 约 2.3 | 4×M6×50<br>(必须单独订货) | 15 |

WMM10型

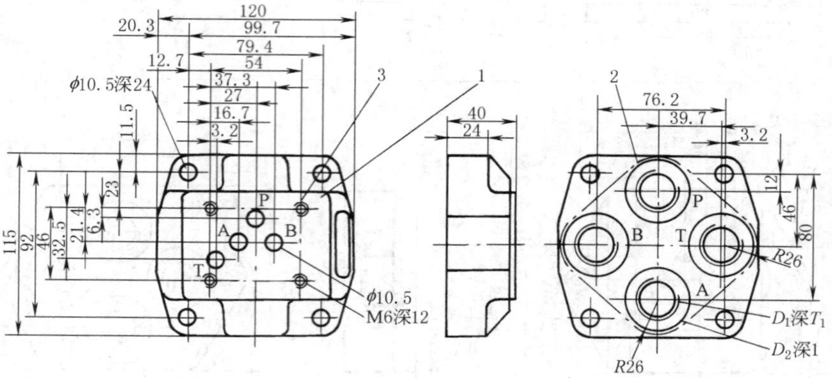


1—阀安装面;2—安装连接板的切口轮廓;3—螺钉(必须单独订货)

| 型　号 | $D_1$ | $D_2$ | $T_1$ | 质量/kg | 阀固定螺钉 | 转矩/N·m |
|---|---|---|---|---|---|---|
| G534/01 | G¾ | 42 | 16 | 约 2.5 | 4×M6×50 | 15 |

WMM16型

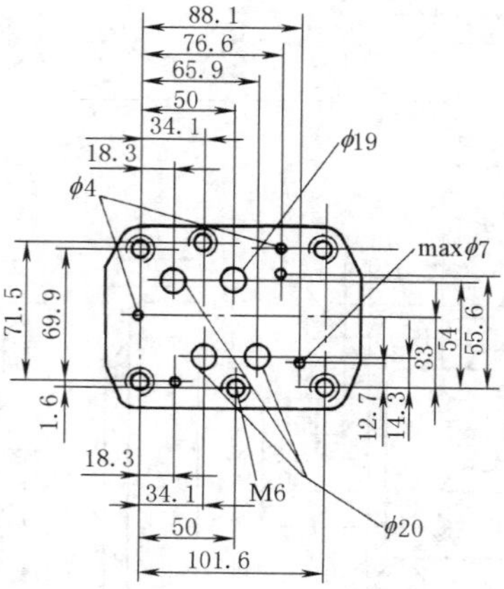

## 3.18 WM型行程（滚轮）换向阀

（1）型号意义

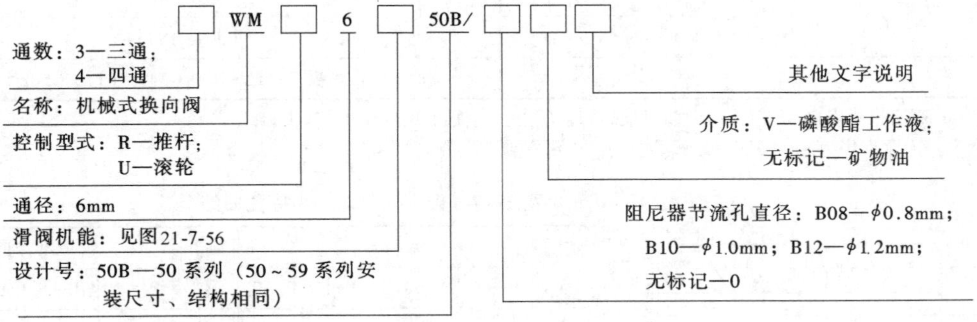


（2）机能符号

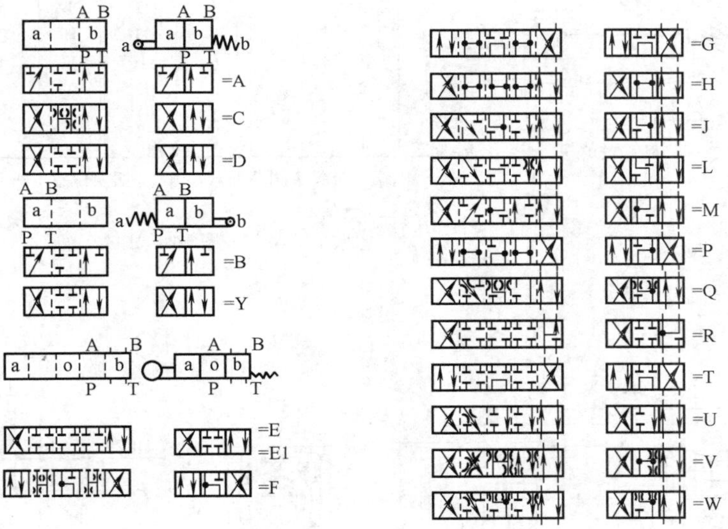


图21-7-56 滑阀机能

注：1. 阀芯型式E1=P-A/B先打开。

2. 必须注意差动缸增压问题。

（3）技术性能

**表21-7-141** **技术规格**

| | | |
|---|---|---|
| 工作压力①/MPa | 油口A,B,P | 至31.5 |
| | 油口T | 至6 |
| 流量/$L \cdot min^{-1}$ | | 至60 |
| 介质 | 名称 | 矿物质液压油或磷酸酯液压油 |
| | 温度/℃ | -30～70 |
| | 黏度/$mm^2 \cdot s^{-1}$ | 2.8～380 |

续表

| | | 油口 A,B,P 的压力/MPa | | |
|---|---|---|---|---|
| | | 10 | 20 | 31.5 |
| 滚轮/推杆上的操作力 | 无回油压力/N | 约 100 | 约 112 | 约 121 |
| | 有回油压力/N | 约 184 | 约 196 | 约 205 |
| | 当 $p=6$MPa(max)时/N | =回油压力×1.4 | | |
| 质量/kg | | 阀约 1.4,底板 G341 约 0.7,G342 约 1.2,G502 约 1.9 | | |

① 对于滑阀机能 A 和 B，若工作压力超过最高回油压力，则油口 T 必须用作泄油口。

注：生产厂为北京华德液压集团液压阀分公司、上海立新液压公司。

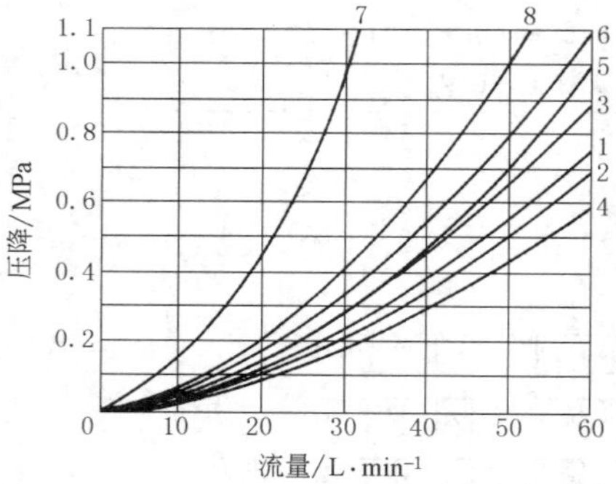


（试验条件：$\nu=36\times10^{-5}$m²/s，$t$=50℃）

**表 21-7-142　　特性曲线**

| 阀芯型式 | 流动方向 | | | | 阀芯型式 | 流动方向 | | | |
|---|---|---|---|---|---|---|---|---|---|
| | P→A | P→B | A→T | B→T | | P→A | P→B | A→T | B→T |
| A | 3 | 3 | — | — | M | 2 | 4 | 3 | 3 |
| B | 3 | 3 | — | — | P | 2 | 3 | 3 | 5 |
| C | 1 | 1 | 3 | 1 | O | 1 | 1 | 2 | 1 |
| D | 5 | 5 | 3 | 3 | R | 5 | 5 | 4 | |
| E | 3 | 3 | 1 | 1 | T | 5 | 3 | 6 | 6 |
| F | 2 | 3 | 3 | 5 | U | 3 | 1 | 3 | 3 |
| G | 5 | 3 | 6 | 6 | V | 1 | 2 | 1 | 1 |
| H | 2 | 4 | 2 | 2 | W | 1 | 1 | 2 | 2 |
| J | 1 | 1 | 2 | 1 | Y | 5 | 5 | 3 | 3 |
| L | 1 | 1 | 2 | 2 | | | | | |

注：1. 曲线 7 阀芯型式“R”，切换位置 B→A；曲线 8 阀芯型式“G”，切换位置 P→T。

2. 表中数字 1~6 为左图中曲线序号。

（4）外形及安装尺寸

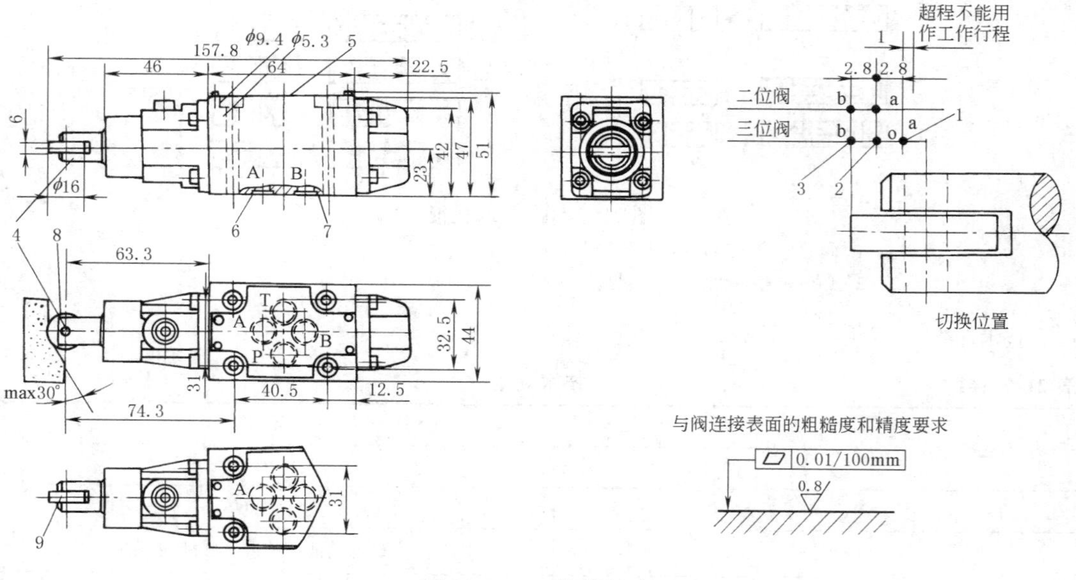


图 21-7-57　外形尺寸

1—切换位置 a；2—切换位置 o 和 a（a 属于二位阀）；3—切换位置 b；4—液轮推杆能转 90°；5—标牌；6—连接面；7—用于 A，B，P，T 口的 O 形圈 9.25×1.78；8—WMR 型订货型号为“R”；9—WMU 型订货型号为“U”

表 21-7-143　　安装底板尺寸　　mm

G341/01

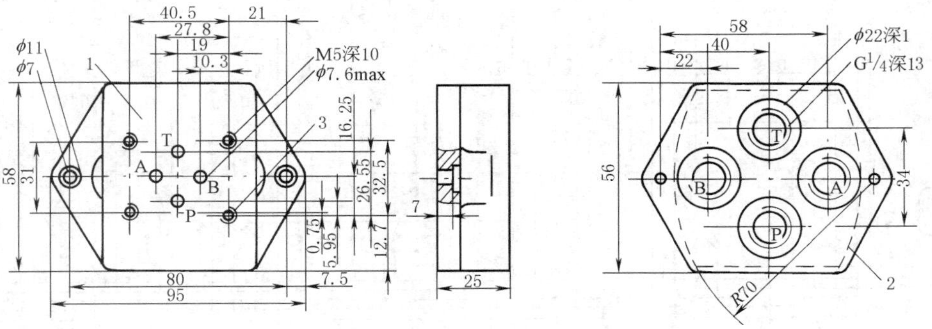


G342/01

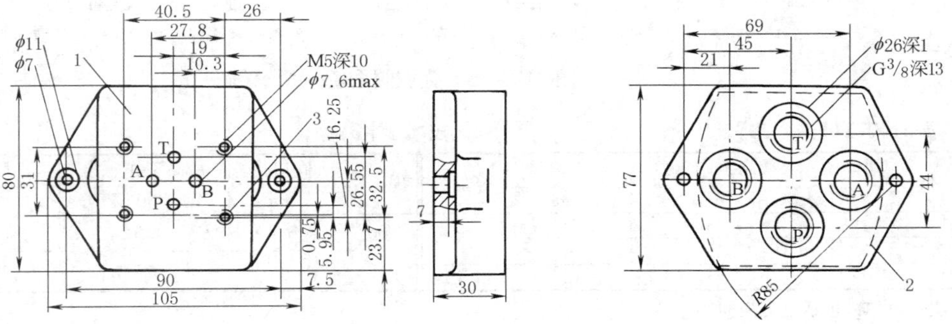


G502/01

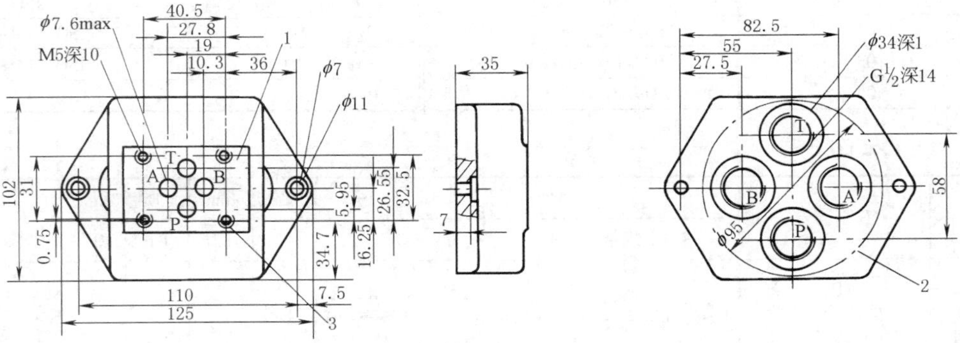


注：1—阀安装面；2—安装连接板的切口轮廓；3—阀固定螺钉，M5×50，紧固转矩 9N · m（必须单独订货）。

# 4　叠　加　阀

叠加阀可以缩小安装空间，减少由配管、漏油和管道振动等引起的故障，能简便地改变回路、更换元件，维修很方便，是近年来使用较广泛的液压元件。应用示例见图 21-7-58。

## 4.1　叠加阀型谱（一）

本节介绍榆次油研液压有限公司生产的系列叠加阀型谱，详见表 21-7-144～表 21-7-146。

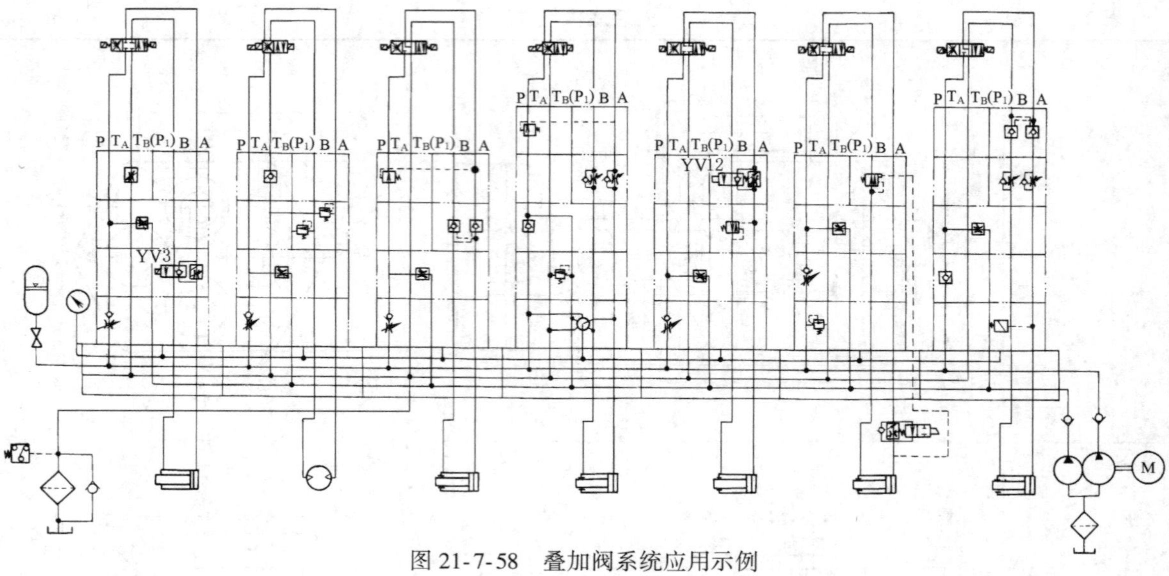


图 21-7-58　叠加阀系统应用示例

**表 21-7-144**　　**技术规格**

| 规　格 | 阀口径 /in | 最高工作压力 /MPa | 最大流量 /L·min$^{-1}$ | 叠加数 | 规　格 | 阀口径 /in | 最高工作压力 /MPa | 最大流量 /L·min$^{-1}$ | 叠加数 |
|---|---|---|---|---|---|---|---|---|---|
| 01 | 1/8 | 25 | 35 | 1~5 级 | 06 | 3/4 | 25 | 125 | 1~5 级 |
| 03 | 3/8 | 25 | 70 | | | | | | |
| 04 | 1/2 | 25 | 80 | 1~4 级 | 10 | 1¼ | 25 | 250 | |

注：叠加数包括电磁换向阀。

**表 21-7-145**　　**安装面**

| 规　格 | ISO 安装面 | 规　格 | ISO 安装面 |
|---|---|---|---|
| 01 | ISO 4401-AB-03-4-A | 06 | ISO 4401-AE-08-4-A |
| 03 | ISO 4401-AC-05-4-A | 10 | ISO 4401-AF-10-4-A |
| 04 | ISO 4401-AD-07-4-A | | |

**表 21-7-146**

| 名称 | 液压符号 | 型号 | | 阀高度/mm | | 质量/kg | | 备　注 |
|---|---|---|---|---|---|---|---|---|
| | | 01 规格 | 03 规格 | 01 | 03 | 01 | 03 | |
| 电磁换向阀 | 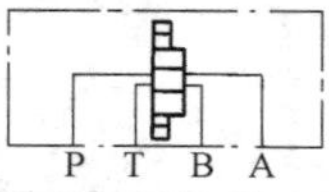 | DSG-01※※※-※-50 | DSG-03-※※※※-50 | — | — | — | — | |
| 叠加式溢流阀 | 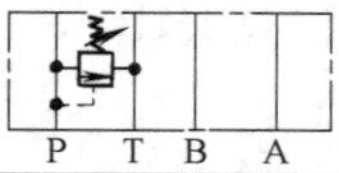 | MBP-01-※-30 | MBP-03-※-20 | 40 | 55 | 1.1 | 3.5 | ※—调压范围<br>01 规格<br>C:1.2~14MPa<br>H:7~21MPa<br>03 规格<br>B:1~7MPa<br>H:3.5~25MPa |
| | 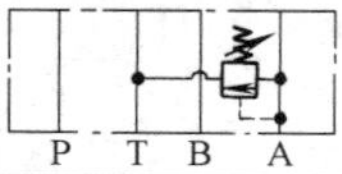 | MBA-01-※-30 | MBA-03-※-20 | | | 1.1 | 3.5 | |
| | 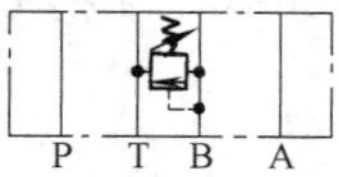 | MBB-01-※-30 | MBB-03-※-20 | | | 1.1 | 3.5 | |
| | 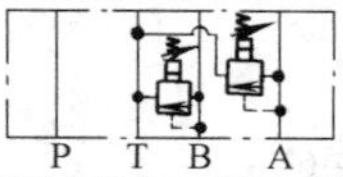 | — | MBW-03-※-20 | | | — | 4.2 | |

续表

| 名称 | 液压符号 | 型号 01规格 | 型号 03规格 | 阀高度/mm 01 | 阀高度/mm 03 | 质量/kg 01 | 质量/kg 03 | 备注 |
|---|---|---|---|---|---|---|---|---|
| 叠加式减压阀 | 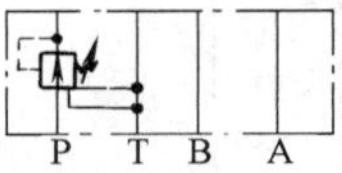 | MRP-01-※-30 | MRP-03-※-20 | | | 1.1 | 3.8 | ※—调压范围<br>01规格<br>B:1.8~7MPa<br>C:3.5~14MPa<br>H:7~21MPa<br>03规格<br>B:1~7MPa<br>H:3.5~24.5MPa |
| | 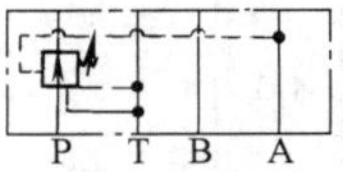 | MRA-01-※-30 | MRA-03-※-20 | 40 | | 1.1 | 3.8 | |
| | 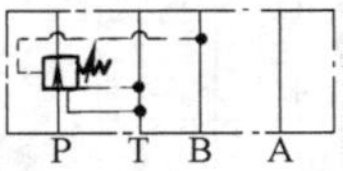 | MRB-01-※-30 | MRB-03-※-20 | | | 1.1 | 3.8 | |
| 叠加式低压减压阀 | 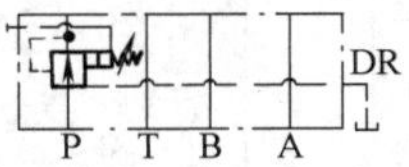 | — | MRLP-03-10 | | | — | 4.5 | 调压范围<br>0.2~6.5MPa |
| | 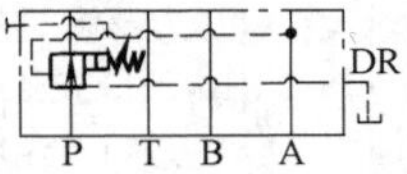 | — | MRLA-03-10 | — | | — | 4.5 | |
| | 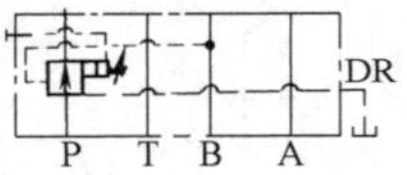 | — | MRLB-03-10 | | | — | 4.5 | |
| 叠加式制动阀 | 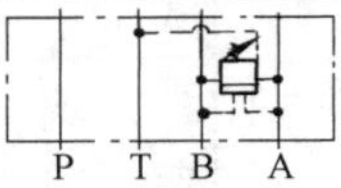 | MBR-01-※-30 | — | 40 | | 1.3 | — | ※—调压范围<br>C:1.2~14MPa<br>H:7~21MPa |
| 叠加式顺序阀 | 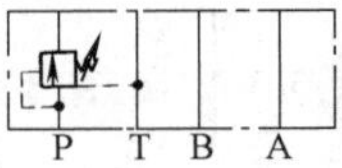 | MHP-01-※-30 | MHP-03-※-20 | 40 | 55 | 1.1 | 3.5 | ※—调压范围<br>01规格<br>C:1.2~14MPa<br>H:7~21MPa<br>03规格<br>N:0.6~1.8MPa<br>A:1.8~3.5MPa<br>B:3.5~7MPa<br>C:7~14MPa |
| 叠加式背压阀 | 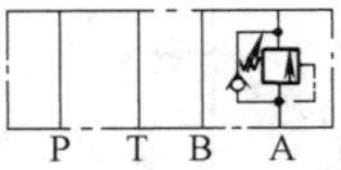 | MHA-01-※-30 | MHA-03-※-20 | | | 1.3 | 3.5 | |
| | 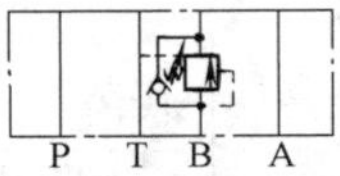 | — | MHB-03-※-20 | | | — | 3.5 | |
| 叠加式压力继电器 | 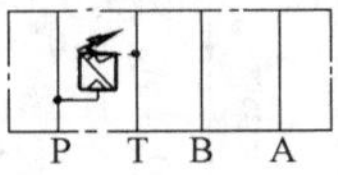 | MJP-01-M-※$_1$-※$_2$-10 | — | | | 1.3 | — | ※$_1$—调压范围<br>B:1~7MPa<br>C:3.5~14MPa<br>H:7~21MPa<br>※$_2$—电气接线型式<br>无标记:电缆连接式<br>N:插座式 |
| | 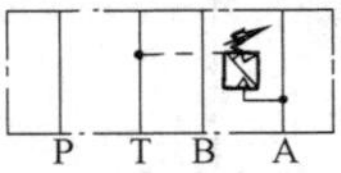 | MJA-01-M-※$_1$-※$_2$-10 | — | | | 1.3 | — | |
| | 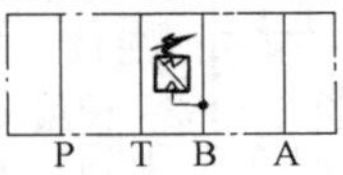 | MJB-01-M-※$_1$-※$_2$-10 | — | | | 1.3 | — | |
| 叠加式流量阀 | 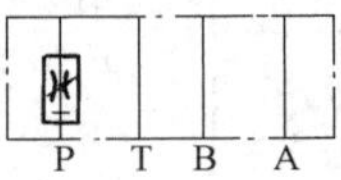 | MFP-01-10 | MFP-03-11 | | | 1.7 | 4.2 | 压力及温度补偿 |

续表

| 名称 | 液压符号 | 型号 01规格 | 型号 03规格 | 阀高度/mm 01 | 阀高度/mm 03 | 质量/kg 01 | 质量/kg 03 | 备注 |
|---|---|---|---|---|---|---|---|---|
| 叠加式流量阀(带单向阀) | 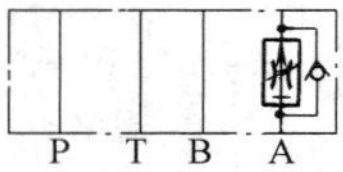 | MFA-01-X-10 | MFA-03-X-11 | | | 1.6 | 4.1 | |
| | 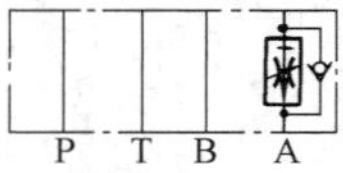 | MFA-01-Y-10 | MFA-03-Y-11 | | | 1.6 | 4.1 | |
| | 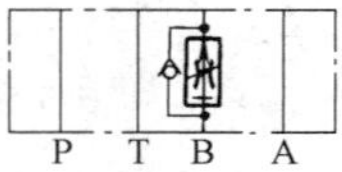 | MFB-01-X-10 | MFB-03-X-11 | | | 1.6 | 4.1 | |
| | 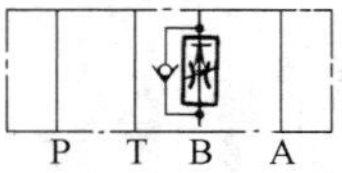 | MFB-01-Y-10 | MFB-03-Y-11 | | | 1.6 | 4.1 | |
| | 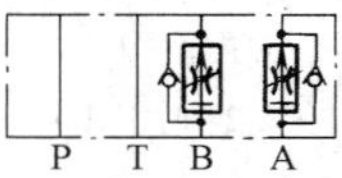 | MFW-01-X-10 | MFW-03-X-11 | | | 2.1 | 5.2 | 压力及温度补偿<br>X:出口节流用<br>Y:进口节流用 |
| | 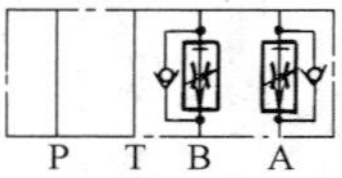 | MFW-01-Y-10 | MFW-03-Y-11 | | | 2.1 | 5.2 | |
| 叠加式温度补偿式节流阀(带单向阀) | 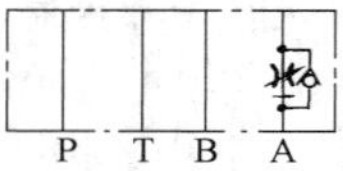 | MSTA-01-X-10 | MSTA-03-X-10 | | | 1.3 | 3.5 | |
| | 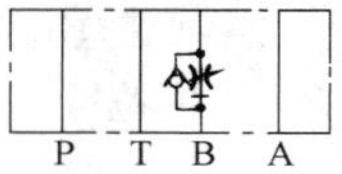 | MSTB-01-X-10 | MSTB-03-X-10 | 40 | 55 | 1.3 | 3.5 | |
| |  | MSTW-01-X-10 | MSTW-03-X-10 | | | 1.5 | 3.7 | |
| 叠加式节流阀 | 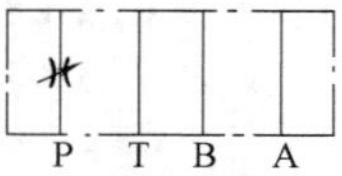 | MSP-01-30 | MSP-03-※-20 | | | 1.2 | 2.8 | ※—使用压力范围<br>(仅03规格)<br>L:0.5~5MPa<br>H:5~25MPa |
| 叠加式单向节流阀 | 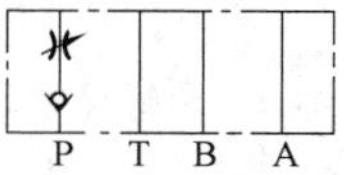 | MSCP-01-30 | MSCP-03-※-20 | | | 1.2 | 2.6 | |
| 叠加式节流阀(带单向阀) | 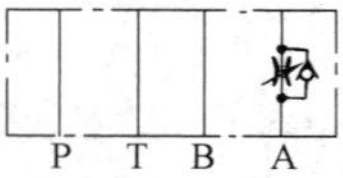 | MSA-01-X-30 | MSA-03-X※-20 | | | 1.3 | 3.5 | X:出口节流用<br>Y:进口节流用<br>※—使用压力范围<br>(仅03规格)<br>L:0.5~5MPa<br>H:5~25MPa |
| | 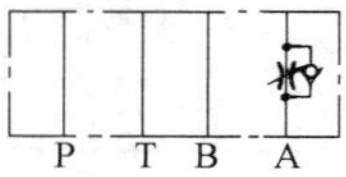 | MSA-01-Y-30 | MSA-03-Y※-20 | | | 1.3 | 3.5 | |
| | 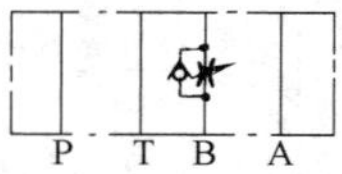 | MSB-01-Y-30 | MSB-03-X※-20 | | | 1.3 | 3.5 | |

续表

| 名称 | 液压符号 | 型号 01规格 | 型号 03规格 | 阀高度/mm 01 | 阀高度/mm 03 | 质量/kg 01 | 质量/kg 03 | 备注 |
|---|---|---|---|---|---|---|---|---|
| 叠加式节流阀(带单向阀) | 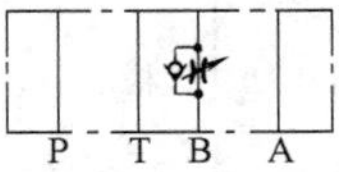 | MSB-01-Y-30 | MSB-03-Y※-20 | 40 | 55 | 1.3 | 3.5 | X:出口节流用<br>Y:进口节流用<br>※—使用压力范围(仅03规格)<br>L:0.5~5MPa<br>H:5~25MPa |
| | 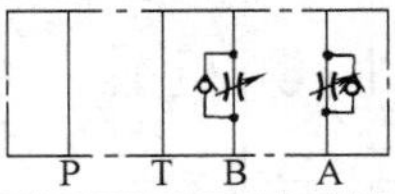 | MSW01-X-30 | MSW-03-X※-20 | | | 1.5 | 3.7 | |
| | 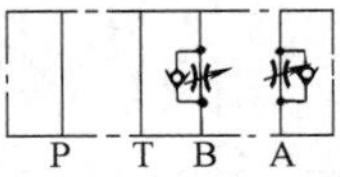 | MSW-01-Y-30 | MSW-03-Y※-20 | | | 1.5 | 3.7 | |
| | 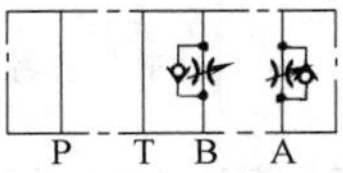 | MSW-01-XY-30 | — | | | 1.5 | — | |
| | 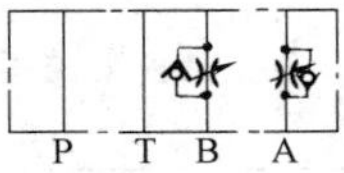 | MSW-01-YX-30 | | | | 1.5 | — | |
| 叠加式单向阀 | 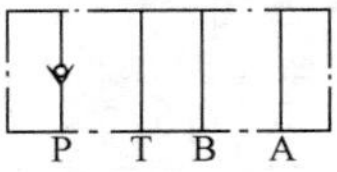 | MCP-01-※-30 | MCP-03-※-10 | 40 | 50 | 1.1 | 2.5 | ※—开启压力<br>0:0.035MPa<br>2:0.2MPa<br>4:0.4MPa |
| | 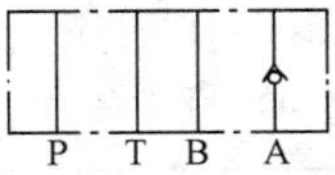 | — | MCA-03-※-10 | | | — | 3.3 | |
| | 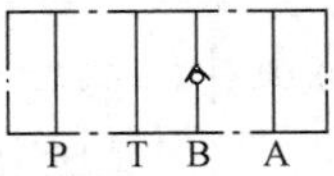 | — | MCB-03-※-10 | | | — | 3.3 | |
| | 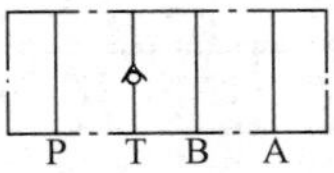 | MCT-01-※-30 | MCT-03-※-10 | | | 1.1 | 2.8 | |
| | 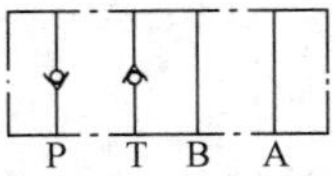 | — | MCPT-03-P※-T※-10 | | | — | 2.7 | |
| 叠加式液控单向阀 | 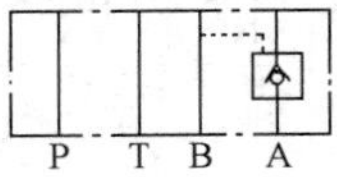 | MPA-01-※-40 | MPA-03-※-20 | 40 | 55 | 1.2 | 3.5 | ※—开启压力<br>2:0.2MPa<br>4:0.4MPa |
| | 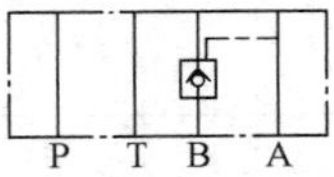 | MPB-01-※-40 | MPB-03-※-20 | | | 1.2 | 3.5 | |
| | 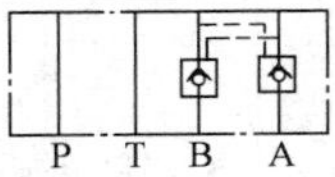 | MPW-01-※-40 | MPW-03-※-20 | | | 1.2 | 3.7 | |
| 叠加式补油阀 | 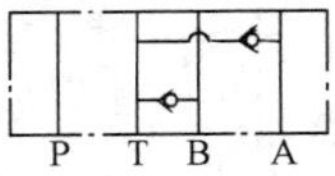 | MAC-01-30 | MAC-03-10 | | | 0.8 | 3.8 | |

续表

| 名称 | 液压符号 | 型号 | | 阀高度/mm | | 质量/kg | | 备注 |
|---|---|---|---|---|---|---|---|---|
| | | 01 规格 | 03 规格 | 01 | 03 | 01 | 03 | |
| 端板 | 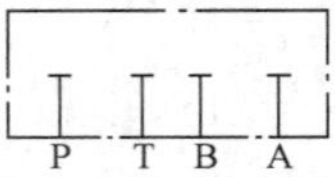 | MDC-01-A-30 | MDC-03-A-10 | 49 | 28 | 1.0 | 1.2 | 盖板 |
| | 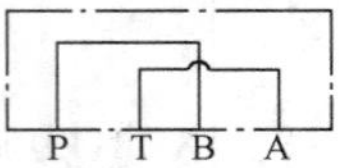 | MDC-01-B-30 | MDC-03-B-10 | | | 1.0 | 1.2 | 旁通板 |
| 连接板 | 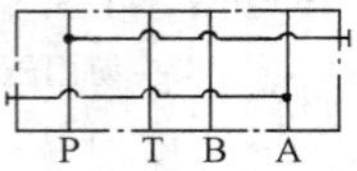 | MDS-01-PA-30 | — | 40 | 55 | 0.8 | — | P、A 管路用 |
| | 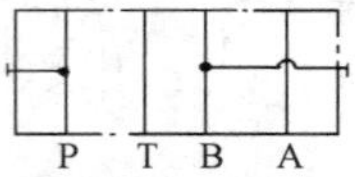 | MDS-01-PB-30 | — | | | 0.8 | — | P、B 管路用 |
| | 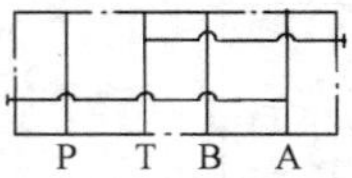 | MDS-01-AT-30 | — | | | 0.8 | — | A、T 管路用 |
| | 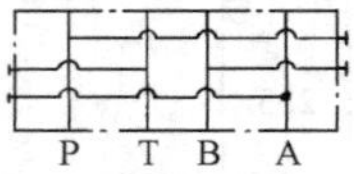 | — | MDS-03-10 | | | — | 2.5 | P、T、B、A 管路用 |
| 基板 | 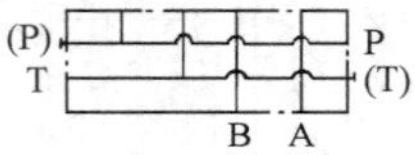 | MMC-01-※-40 | MMC-03-T-※-21 | 72 | 95 | 3.5~11.5 | 8.5~36 | 联数:1,2,3,4,5,6,7,8,9,10,⋯ |
| 安装螺钉组件 | — | MBK-01-※-30 | MBK-03-※-10 | — | — | 0.04~0.16 | 0.04~0.24 | ※—螺栓符号 01,02,03,04,05 |

| 名称 | 液压符号 | 型号 | 阀高度/mm | 质量/kg | 备注 |
|---|---|---|---|---|---|
| 叠加式减压阀 | 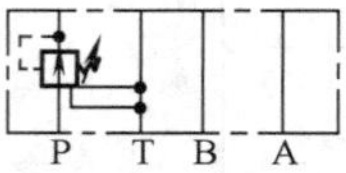 | MRP-04-※-10Y | 80 | | ※—调压范围<br>B:0.7~7MPa<br>C:3.5~14MPa<br>H:7~21MPa |
| | 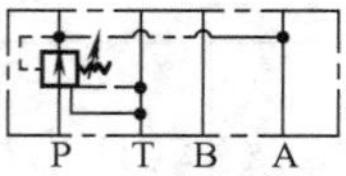 | MRA-04-※-10Y | | | |
| | 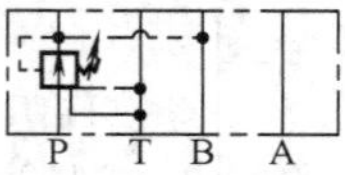 | MRB-04-※-10Y | | | |
| 叠加式节流阀(带单向阀) | 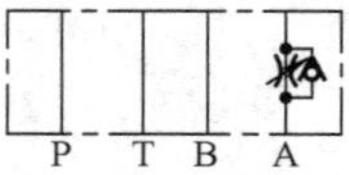 | MSA-04-X-10Y | 80 | | X:出口节流用<br>Y:进口节流用 |
| | 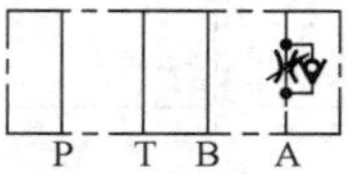 | MSA-04-Y-10Y | | | |
| | 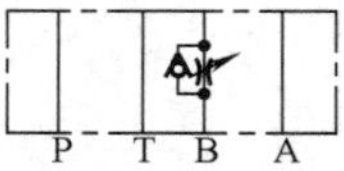 | MSB-04-X-10Y | | | |

续表

| 名称 | 液压符号 | 型号 | 阀高度/mm | 质量/kg | 备注 |
|---|---|---|---|---|---|
| 叠加式节流阀(带单向阀) | 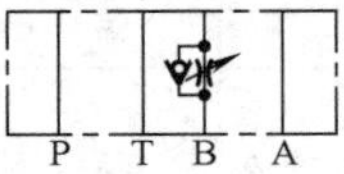 P T B A | MSB-04-Y-10Y | 80 | | X:出口节流用<br>Y:进口节流用 |
| | 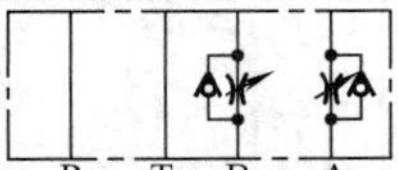 P T B A | MSW-04-X-10Y | | | |
| |  P T B A | MSW-04-Y-10Y | | | |
| 叠加式液控单向阀 | 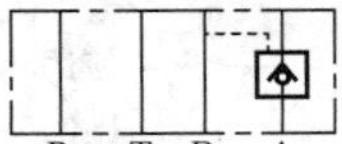 P T B A | MPA-04-※-10Y | 80 | | ※—开启压力<br>2:0.2MPa<br>4:0.4MPa |
| | 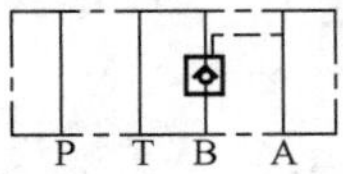 P T B A | MPB-04-※-10Y | | | |
| | 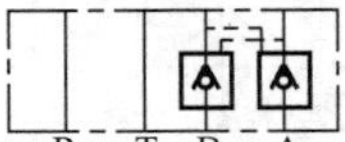 P T B A | MPW-04-※-10Y | | | |
| | 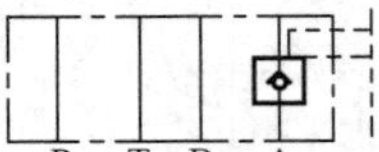 P T B A | MPA-04-※-X-10Y | | | |
| | 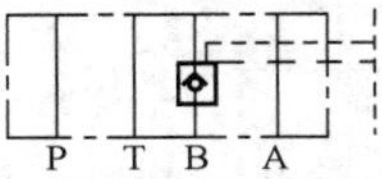 P T B A | MPB-04-※-X-10Y | | | |
| | 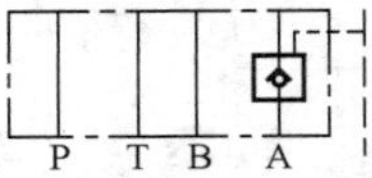 P T B A | MPA-04-※-Y-10Y | | | |
| | 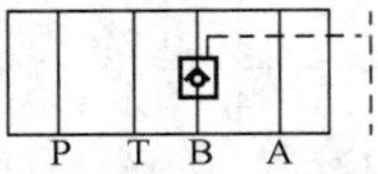 P T B A | MPB-04-※-Y-10Y | | | |

| 名称 | 液压符号 | 型号 | | 阀高度/mm | | 质量/kg | | 备注 |
|---|---|---|---|---|---|---|---|---|
| | | 06 规格 | 10 规格 | 06 | 10 | 06 | 10 | |
| 电液换向阀 | 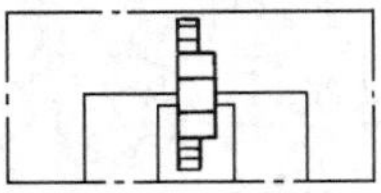 P T B A | DSHG-06-※※※-41 | DSHG-10-※※※-※-41 | — | — | — | — | |
| 叠加式减压阀 | 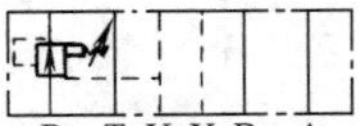 P T Y X B A | MRP-06-※-10 | MRP-10-※-10 | 85 | 120 | 11.1 | 36.6 | ※—调压范围<br>B:0.7~7MPa<br>C:3.5~14MPa<br>H:7~21MPa |
| | 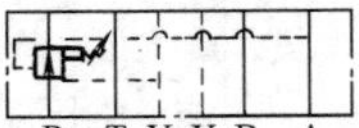 P T Y X B A | MRA-06-※-10 | MRA-10-※-10 | | | 11.1 | 36.6 | |
| | 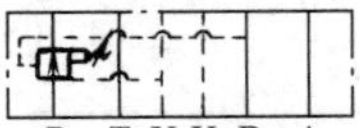 P T Y X B A | MRB-06-※-10 | MRB-10-※-10 | | | 11.1 | 36.6 | |

续表

| 名称 | 液压符号 | 型号 | | 阀高度/mm | | 质量/kg | | 备注 |
|---|---|---|---|---|---|---|---|---|
| | | 06 规格 | 10 规格 | 06 | 10 | 06 | 10 | |
| 叠加式单向节流阀 | 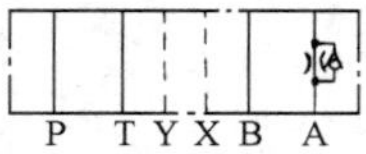  | MSA-06-X※-10 | MSA-10-X※-10 | 85 | 120 | 12.0 | 35.0 | X—出口节流用<br>Y—进口节流用<br>※…使用压力范围<br>L:0.5~5MPa<br>H:5~25MPa |
| | 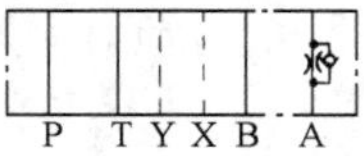  | MSA-06-Y※-10 | MSA-10-Y※-10 | | | 12.0 | 35.0 | |
| | 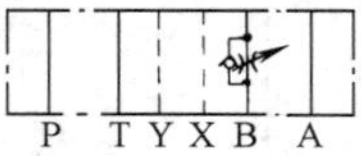  | MSB-06-X※-10 | MSB-10-X※-10 | | | 12.0 | 35.0 | |
| | 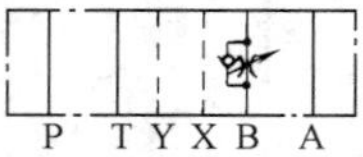  | MSB-06-Y※-10 | MSB-10-Y※-10 | | | 12.0 | 35.0 | |
| | 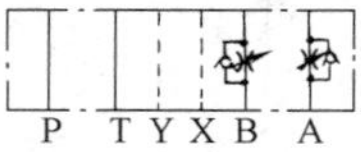  | MSW-06-X※-10 | MSW-10-X※-10 | | | 12.2 | 35.7 | |
| | 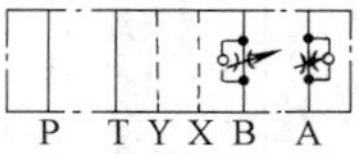  | MSW-06-Y※-10 | MSW-10-Y※-10 | | | 12.2 | 35.7 | |
| 叠加式液控单向阀 | 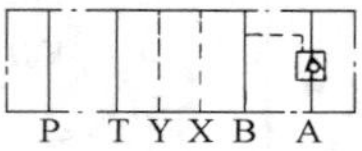  | MPA-06-★-10 | MPA-10-★-10 | 85 | 120 | 11.6 | 36.5 | ★—开启压力<br>2:0.2MPa<br>4:0.4MPa<br>※—先导口及泄油口螺纹<br>无标号:$R_c$⅜<br>S:G⅜ |
| | 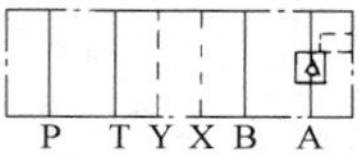  | MPA-06※-★-X-10 | MPA-10※-★-X-10 | | | 13.0 | 38.0 | |
| | 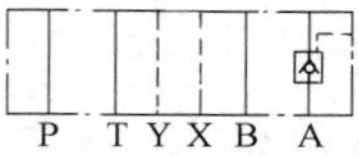  | MPA-06※-★-Y-10 | MPA-10※-★-Y-10 | | | 11.6 | 36.5 | |
| | 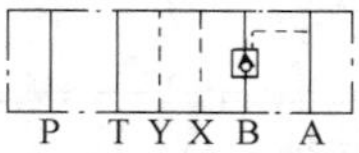  | MPB-06-★-10 | MPB-10-★-10 | | | 11.6 | 36.5 | |
| | 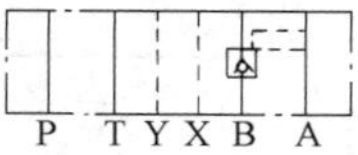  | MPB-06※-★-X-10 | MPB-10※-★-X-10 | | | 13.0 | 38.0 | |
| | 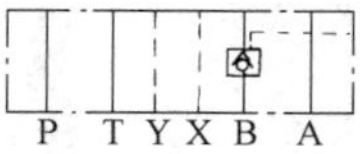  | MPB-06※-★-Y-10 | MPB-10※-★-Y-10 | | | 11.6 | 36.5 | |
| | 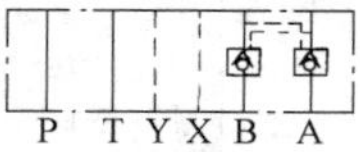  | MPW-06-★-10 | MPW-10-★-10 | | | 11.6 | 36.5 | |
| 安装螺钉组件 | — | MBK-06-※-30 | MBK-10-※-10 | — | — | 1.1~2.4 | 3.9~9.2 | ※—螺栓符号<br>01，02，03，04，05 |

注：外形尺寸见榆次油研液压公司产品样本。

## 4.2 叠加阀型谱（二）

本节介绍北京华德液压集团液压阀分公司与上海立新液压公司生产的系列叠加阀型谱，详见表 21-7-147、表 21-7-148。

**表 21-7-147**

| 名称 | 规格 | 型　　号 | 符　　号 | 最高工作压力 /MPa | 压力调节范围 /MPa | 最大流量 /L·min$^{-1}$ |
|---|---|---|---|---|---|---|
| | | ZDB6VA2-30/$\frac{10}{31.5}$ | 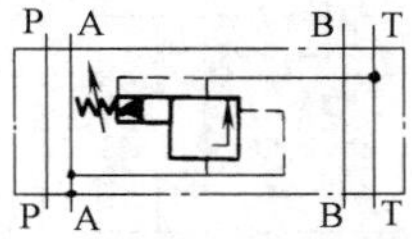 | | | |
| | | ZDB6VB2-30/$\frac{10}{31.5}$ | 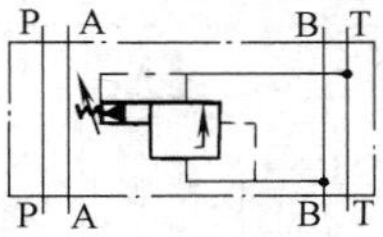 | | | |
| | 通径 6 | ZDB6VP2-30/$\frac{10}{31.5}$ | 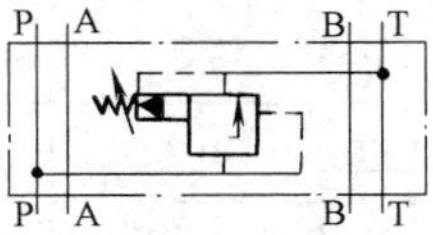 | 31.5 | 至 10<br>至 31.5 | 60 |
| | | Z2DB6VC2-30/$\frac{10}{31.5}$ | 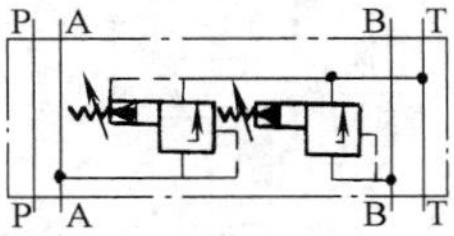 | | | |
| 叠加式溢流阀 | | Z2DB6VD2-30/$\frac{10}{31.5}$ | 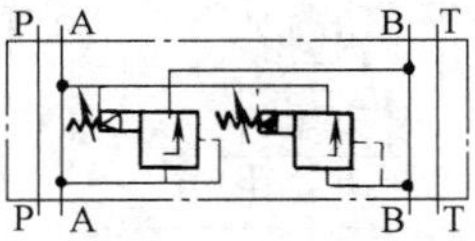 | | | |
| | | ZDB10VA2-30/$\frac{10}{31.5}$ | 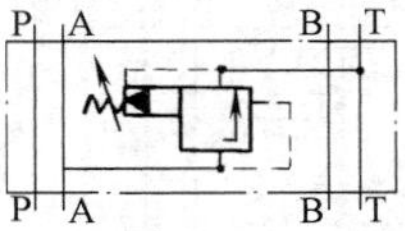 | | | |
| | | ZDB10VB2-30/$\frac{10}{31.5}$ | 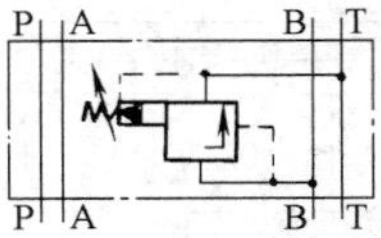 | | | |
| | 通径 10 | ZDB10VP2-30/$\frac{10}{31.5}$ | 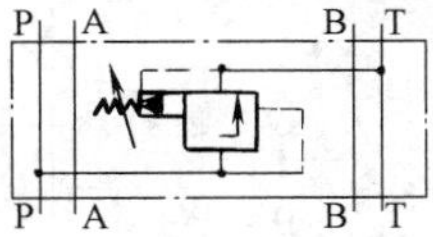 | 31.5 | 至 10<br>至 31.5 | 100 |
| | | Z2DB10VC2-30/$\frac{10}{31.5}$ | 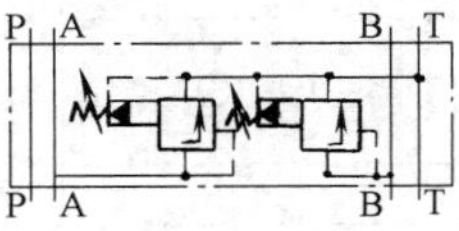 | | | |
| | | Z2DB10VD2-30/$\frac{10}{31.5}$ | 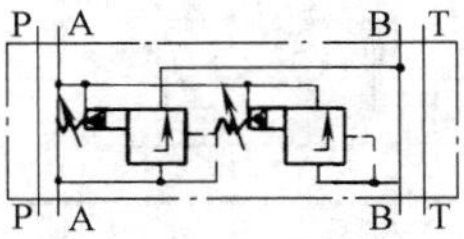 | | | |

续表

| 名称 | 规格 | 型号 | 符号 | 最高工作压力 /MPa | 压力调节范围 /MPa | 最大流量 /L·min$^{-1}$ |
|---|---|---|---|---|---|---|
| 叠加式减压阀 | 通径 6 | ZDR6DA…30/…YM… | 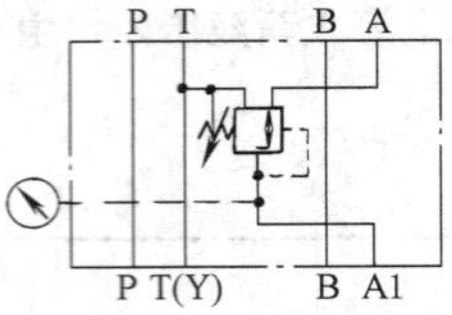 | 31.5 | 进口压力至 31.5<br>出口压力至 21.0<br>背压 6.0 | 30 |
| | | ZDR6DA…30/…Y | 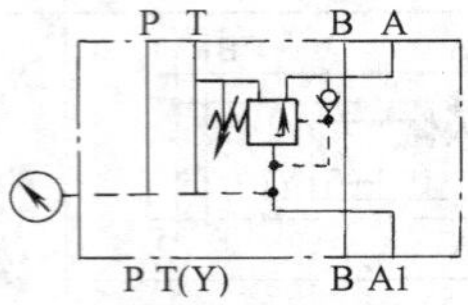 | | | |
| | | ZDR 6 DP…30/…YM | 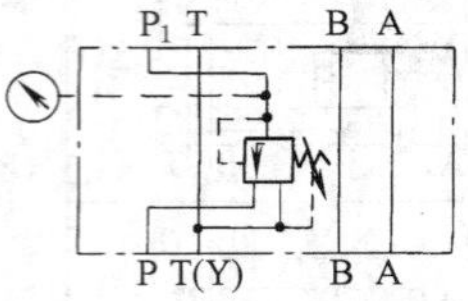 | | | |
| | 通径 10 | ZDR 10DA…40/…YM… | 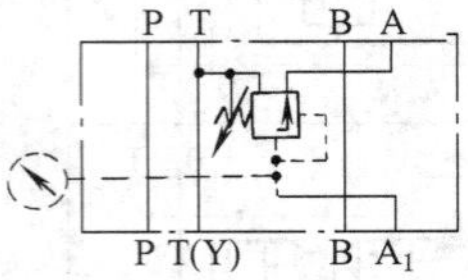 | 31.5 | 进口压力 31.5<br>出口压力 21<br>(DA 和 DP 型阀)<br>背压 T(Y)15 | 50 |
| | | ZDR 10DA…40/…Y… | 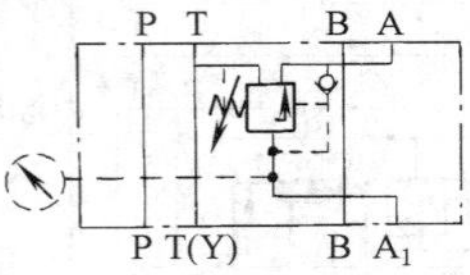 | | | |
| | | ZDR 10DP…40/…YM… | 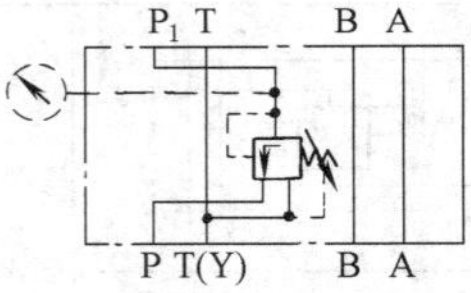 | | | |
| 叠加式双单向节流阀 | 通径 6 | Z2FS6-30/S | 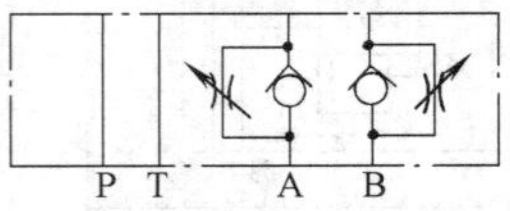 | 31.5 | — | 80 |
| | 通径 10 | Z2FS10-20/S | | | | 160 |
| | 通径 16 | Z2FS16-30/S | | 35 | | 250 |
| | 通径 22 | Z2FS22-30/S | | | | 350 |
| | 通径 6 | Z2FS6-30/S2 | 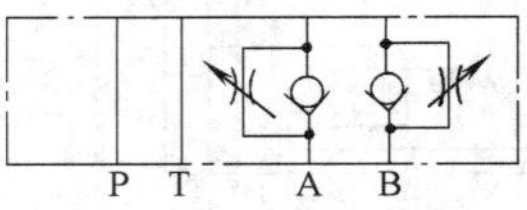 | 31.5 | | 80 |
| | 通径 10 | Z2FS10-20/S2 | | | | 160 |
| | 通径 16 | Z2FS16-30/S2 | | 35 | | 250 |
| | 通径 22 | Z2FS22-30/S2 | | | | 350 |
| | 通径 6 | Z2FS6-30/S3 | 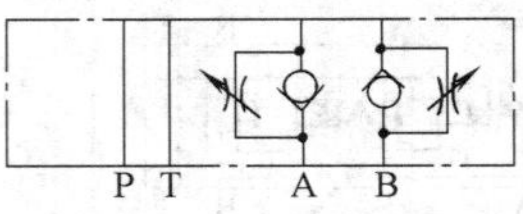 | 31.5 | | 80 |
| | 通径 10 | Z2FS10-20/S3 | | | | 160 |
| | 通径 16 | Z2FS16-30/S3 | | 35 | | 250 |
| | 通径 22 | Z2FS22-30/S3 | | | | 350 |
| | 通径 6 | Z2FS6-30/S4 | 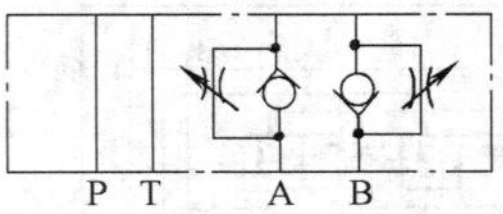 | 31.5 | | 80 |
| | 通径 10 | Z2FS10-20/S4 | | | | 160 |
| | 通径 16 | Z2FS16-30/S4 | | 35 | | 250 |
| | 通径 22 | Z2FS22-30/S4 | | | | 350 |

注：外形尺寸见生产厂产品样本。

表 21-7-148

| 名称 | 规格 | 型　　号 | 符　　号 | 最高工作压力/MPa | 开启压力/MPa | 最大流量/L·min$^{-1}$ |
|---|---|---|---|---|---|---|
| 叠加式单向阀 | 通径 6 | Z1S6T-※30 | 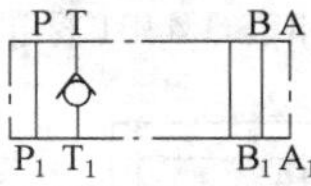 | 31.5 | 1:0.05<br>2:0.3<br>3:0.5 | ≈40 |
| | 通径 10 | Z1S10T-※30 | | | | ≈100 |
| | 通径 6 | Z1S6A-※30 | 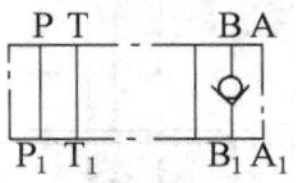 | | | ≈40 |
| | 通径 10 | Z1S10A-※30 | | | | ≈100 |
| | 通径 6 | Z1S6P-※30 | 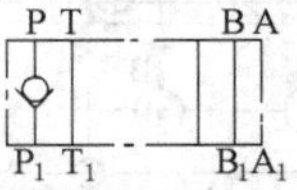 | | | ≈40 |
| | 通径 10 | Z1S10P-※30 | | | | ≈100 |
| | 通径 6 | Z1S6D-※30 | 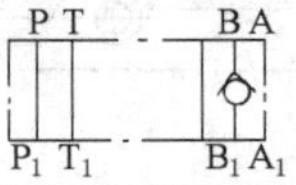 | | | ≈40 |
| | 通径 10 | Z1S10D-※30 | | | | ≈100 |
| | 通径 6 | Z1S6C-※30 | 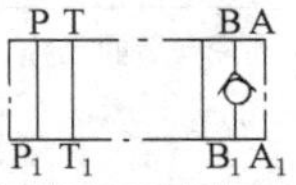 | | | ≈40 |
| | 通径 10 | Z1S10C-※30 | | | | ≈100 |
| | 通径 6 | Z1S6B-※30 | 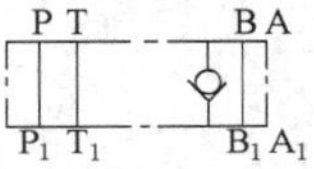 | | | ≈40 |
| | 通径 10 | Z1S10B-※30 | | | | ≈100 |
| | 通径 6 | Z1S6E-※30 | 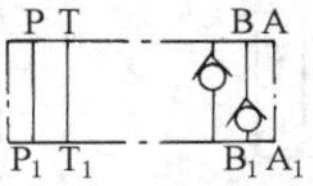 | | | ≈40 |
| | 通径 10 | Z1S10E-※30 | | | | ≈100 |
| | 通径 6 | Z1S6F-※30 | 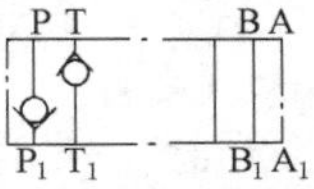 | | | ≈40 |
| | 通径 10 | Z1S10F-※30 | | | | ≈100 |
| 叠[①]加式液控单向阀 | 通径 6 | Z2S6 40 | 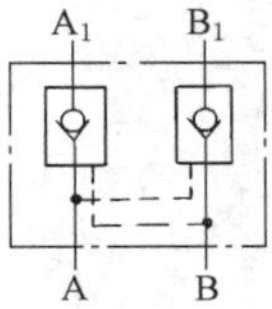 | 31.5 | 0.15 | 50 |
| | 通径 10 | Z2S10 10 | | | 0.15、0.3、0.6 | 80 |
| | 通径 16 | Z2S16 30 | | | 0.25 | 200 |
| | 通径 22 | Z2S22 30 | | | 0.25 | 400 |
| | 通径 6 | Z2S6A 40 | 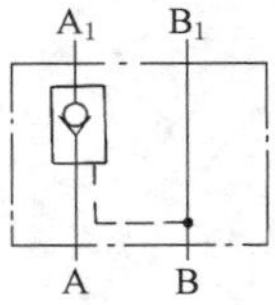 | | 0.15 | 50 |
| | 通径 10 | Z2S10A 10 | | | 0.15、0.3、0.6 | 80 |
| | 通径 16 | Z2S16A 30 | | | 0.25 | 200 |
| | 通径 22 | Z2S22A 30 | | | 0.25 | 400 |
| | 通径 6 | Z2S6B 40 | 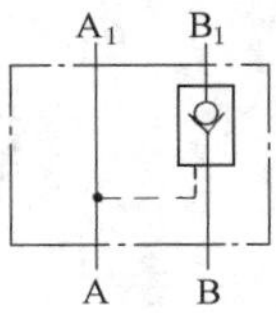 | | 0.15 | 50 |
| | 通径 10 | Z2S10B 10 | | | 0.15、0.3、0.6 | 80 |
| | 通径 16 | Z2S16B 30 | | | 0.25 | 200 |
| | 通径 22 | Z2S22B 30 | | | 0.25 | 400 |

① 开启压力为正向流通。

注：外形尺寸见生产厂产品样本。

## 4.3 液压叠加阀安装面

液压叠加阀安装面连接尺寸应符合 GB/T 8099 和 ISO 4401 标准，见表 21-7-149。

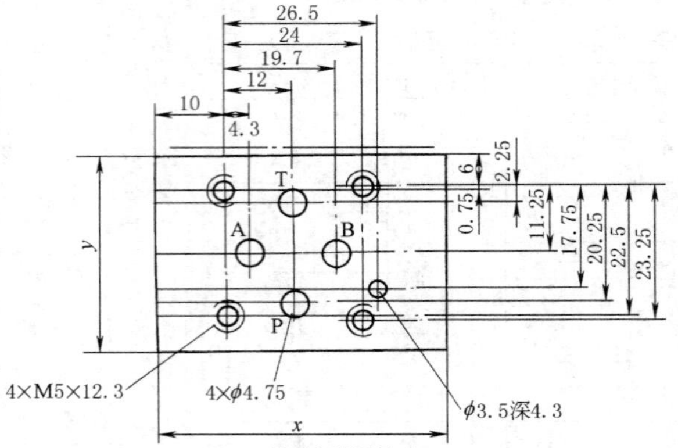


(a) ϕ5通径安装面尺寸

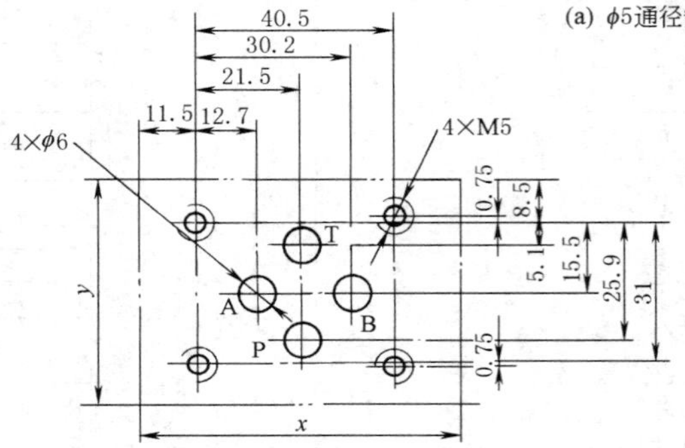


(b) ϕ6通径安装面尺寸

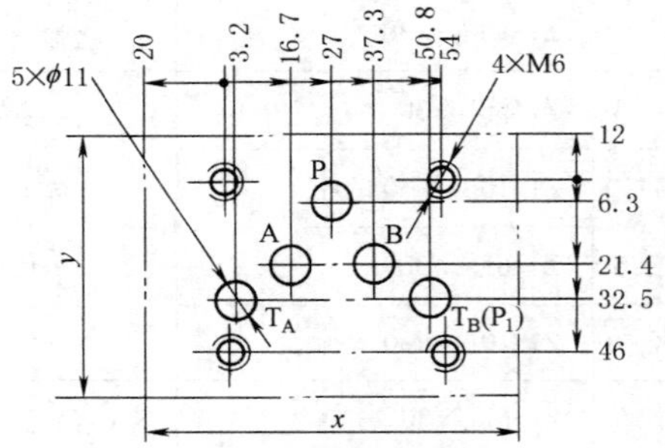


(c) ϕ10通径安装面尺寸(Ⅱ型)

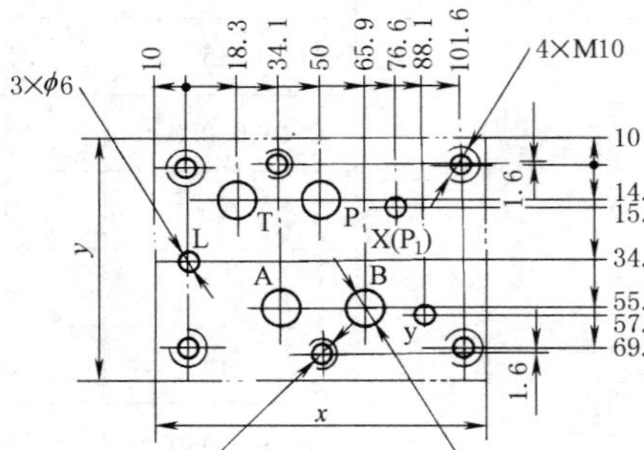


(d) ϕ16通径安装面尺寸

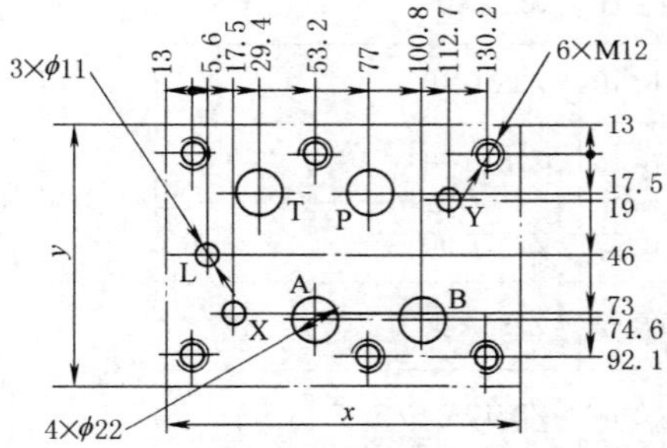


(e) ϕ20通径安装面尺寸

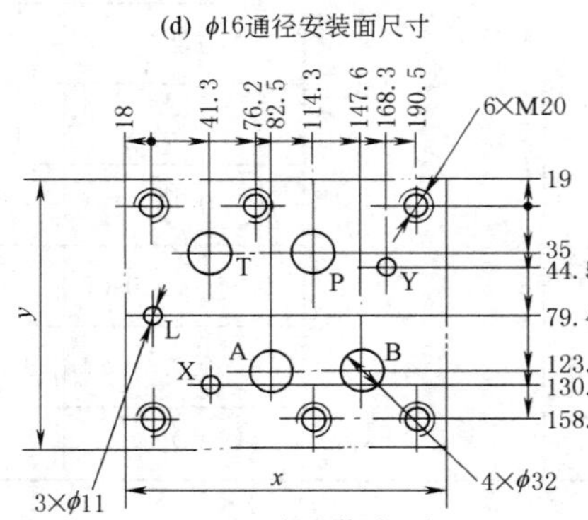


(f) ϕ32通径安装面尺寸

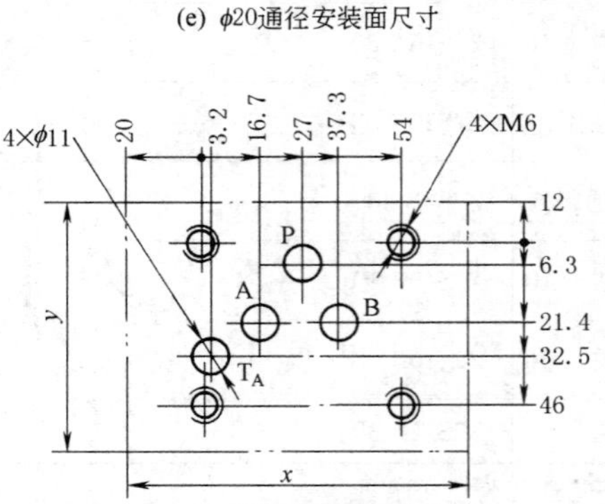


(g) ϕ10通径安装面尺寸(Ⅰ型)

表 21-7-149　　安装面尺寸　　mm

| 生产厂 | | 通径 | | | | | |
|---|---|---|---|---|---|---|---|
| | | $\phi5$ | $\phi6$ | $\phi10$ | $\phi16$ | $\phi20$（$\phi22$ 德） | $\phi32$ |
| 榆次油研系列 | $x$ | — | 65 | 92 | 130 | 156 | 230.5 |
| | $y$ | — | 47 | 70 | 91 | 116 | 199 |
| 北京华德系列 | $x$ | 54 | 64 | 100 | 128 | 165 | — |
| | $y$ | 36 | 44 | 70 | 90 | 117 | — |

# 5 插　装　阀

插装阀是一种用小流量控制油来控制大流量工作油液的开关式阀。它是把作为主控元件的锥阀插装于油路块中，故得名插装阀。目前生产的插装阀多为二个通路，故又称为二通插装阀。该阀不仅能实现普通液压阀的各种要求，而且具有流动阻力小、通流能力大、动作速度快、密封性好、制造简单、工作可靠等优点，特别适合高水基介质、大流量、高压的液压系统中。目前国外已生产三通插装阀。

插装阀由插装元件、控制盖板、先导控制元件和插装块体组成，图 21-7-59 所示为二通插装阀结构。插装元件又称主阀组件，它由阀芯、阀套、弹簧和密封件组成，阀套内还设置有弹簧挡环等，插装元件结构如图 21-7-60 所示。

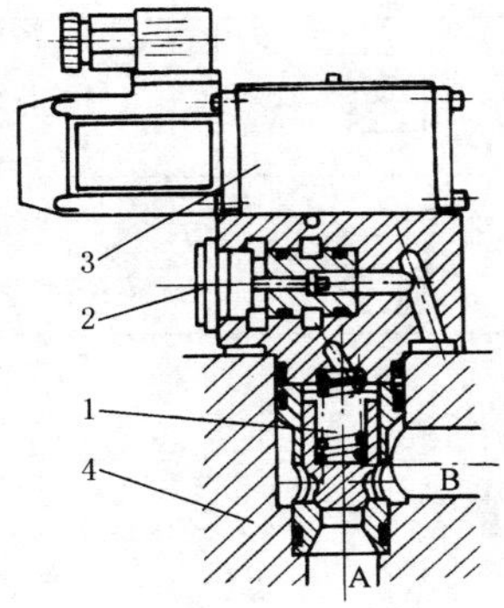


图 21-7-59　二通插装阀的典型结构

1—插装元件；2—控制盖板；
3—先导阀；4—插装块体

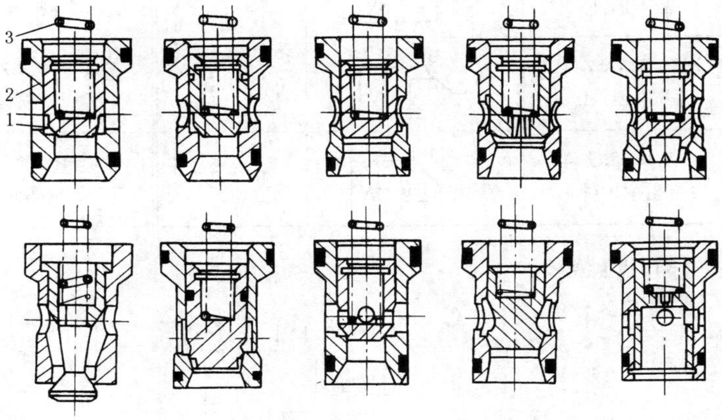


图 21-7-60　常用插装元件的结构

1—阀芯；2—阀套；3—弹簧

## 5.1 Z 系列二通插装阀及组件

本系列由济南铸造锻压机械研究所设计，安装尺寸符合 GB/T 2877（等效于 ISO/DP 7368 和 DIN 24342）。

（1）技术规格

表 21-7-150

| 公称通径/mm | 16 | 25 | 32 | 40 | 50 | 63 | 80 | 100 |
|---|---|---|---|---|---|---|---|---|
| 公称流量/$L \cdot min^{-1}$ | 160 | 400 | 630 | 1000 | 1600 | 2500 | 4000 | 6500 |
| 公称压力/MPa | 31.5 | | | | | | | |

注：推荐使用 L-HM46 液压油，油温 10~65℃。系统中应配有过滤精度为 10~40μm 的滤油器。

（2）插装元件

型号意义：

Z □ □-H □ □ Z-4

- Z：二通插装阀插装件
- 第一个□：结构代号：1—基本插件；2—带阻尼插件；3—带缓冲插件；4—减压插件；5—节流插件
- 第二个□：结构变形代号：A、B、C、D、E、…，见表 21-7-151
- H：压力级代号：H—31.5MPa
- 第三个□：开启压力代号：a—0.05MPa；b—0.1MPa；c—0.2MPa；d—0.4MPa
- 第四个□：公称通径/mm：16、25、32、40、50、63、80、100
- Z：连接型式：Z—插装式
- 4：设计号

**表 21-7-151　　结构代号及变形说明**

| 型号及名称 | 液压图形符号 | 面积比 $F_A/F_C$ | 型号及名称 | 液压图形符号 | 面积比 $F_A/F_C$ |
|---|---|---|---|---|---|
| Z1A-H※※Z-4<br>基本插件 | 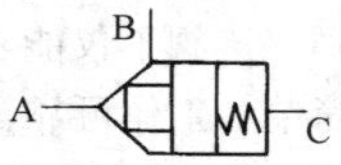 | 1∶1.2 | Z2B-H※※Z-4<br>带阻尼插件 | 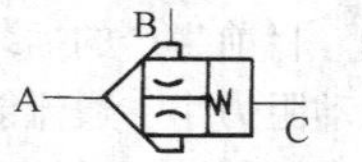 | 1∶1 |
| Z1B-H※※Z-4<br>基本插件 | 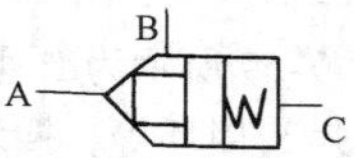 | 1∶1.5 | Z3A-H※※Z-4<br>带缓冲插件 | 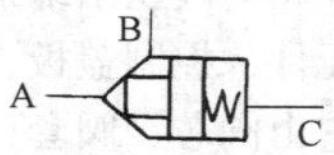 | 1∶1.5 |
| Z1C-H※※Z-4<br>基本插件 | 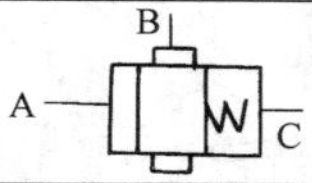 | 1∶1 | Z4A-H※※Z-4<br>减压插件 | 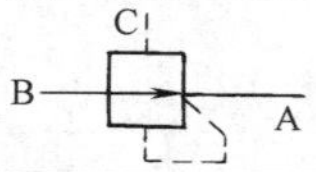 | 1∶1 |
| Z1D-H※※Z-4<br>基本插件 | 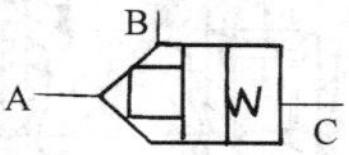 | 1∶1.07 | Z4B-H※※Z-4<br>减压插件 | 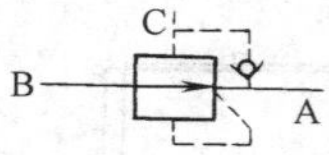 | 1∶1 |
| Z2A-H※※Z-4<br>带阻尼插件 | 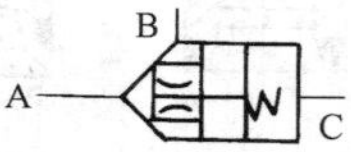 | 1∶1.07 | Z5A-H※※Z-4<br>节流插件 | 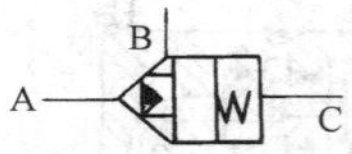 | 1∶1.5 |

(3) 控制盖板

型号意义：

F □ □-H □ F-4

- F：控制盖板
- 第一个□：结构代号（见表 21-7-152）
- 第二个□：结构变形代号（见表 21-7-152）
- H：压力级代号：H—31.5MPa
- 第三个□：公称通径/mm：16、25、32、40、50、63、…
- F：连接型式：F—法兰式
- 4：设计号

**表 21-7-152　　型号、名称及图形符号**

| | | | | | |
|---|---|---|---|---|---|
| F01A-H※F-4<br>基本控制盖 A | 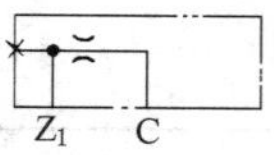 | F04A-H※F-4<br>滑阀梭阀<br>控制盖 A | 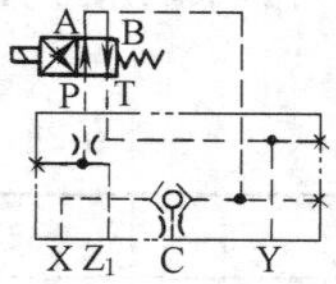 | F04C-H※F-4<br>滑阀梭阀<br>控制盖 C | 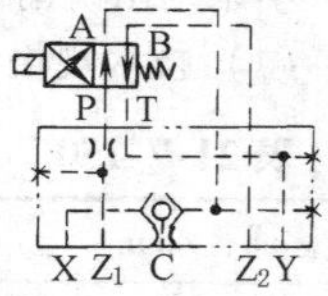 |
| F01B-H※F-4<br>基本控制盖 B | 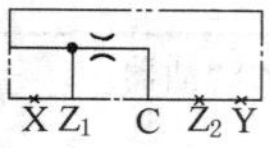 | F04B-H※F-4<br>滑阀梭阀控制盖 B | 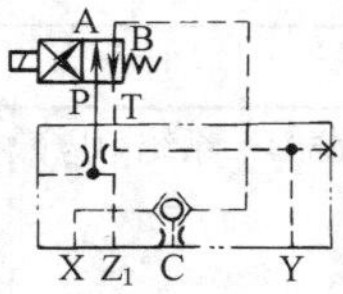 | F04D-H※F-4<br>滑阀梭阀控制盖 D | 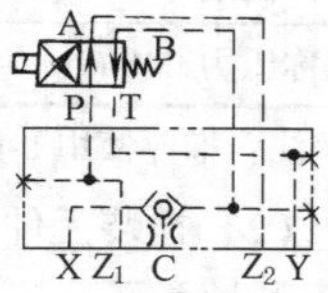 |

续表

| | | | | | |
|---|---|---|---|---|---|
| F05A-H※F-4 梭阀滑阀控制盖 A | 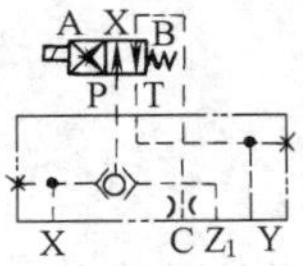 | F16B-H※F-4 换向集中控制盖 B | 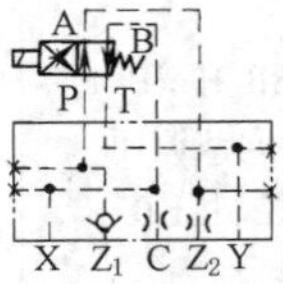 | F23C-H※F-4 换向卸荷溢流控制盖 C | 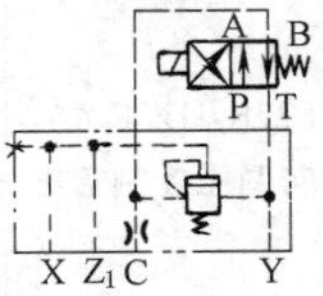 |
| F05B-H※F-4 梭阀滑阀控制盖 B | 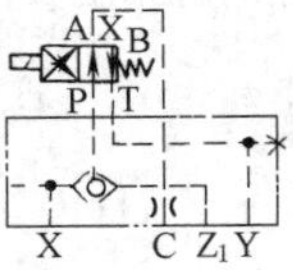 | F17A-H※F-4 换向双单向集中控制盖 A | 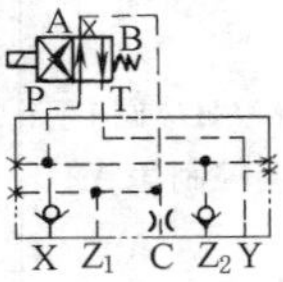 | F23D-H※F-4 换向卸荷溢流控制盖 D | 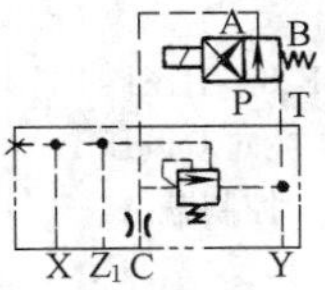 |
| F05C-H※F-4 梭阀滑阀控制盖 C | 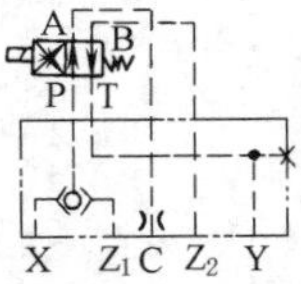 | F17B-H※F-4 换向双单向集中控制盖 B | 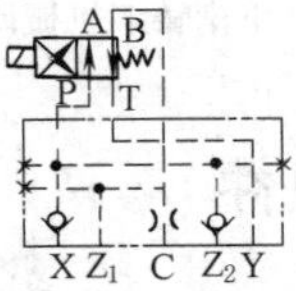 | F24A-H※F-4 减压调压控制盖 A | 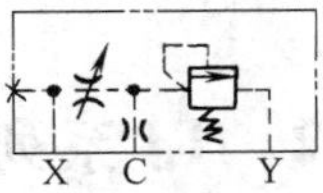 |
| F05D-H※F-4 梭阀滑阀控制盖 D | 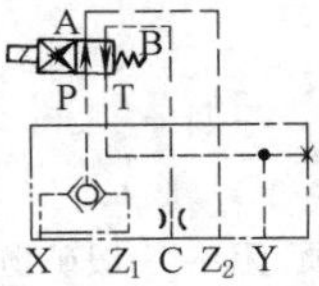 | F21A-H※F-4 调压控制盖 A | 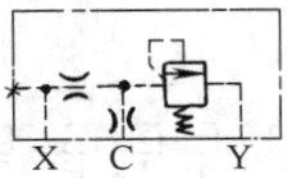 | F24B-H※F-4 减压调压控制盖 B | 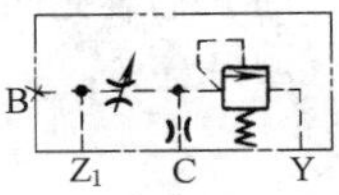 |
| F09A-H※F-4 液控单向阀控制盖 A | 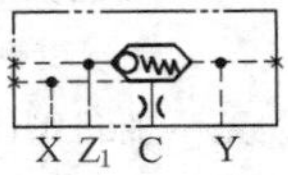 | F21B-H※F-4 调压控制盖 B | 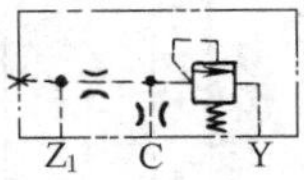 | F25A-H※F-4 顺序调压控制盖 A | 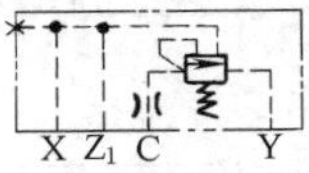 |
| F09B-H※F-4 液控单向阀控制盖 B | 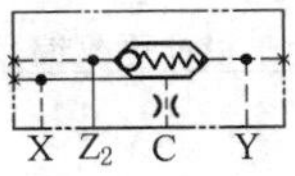 | F22A-H※F-4 换向调压控制盖 A | 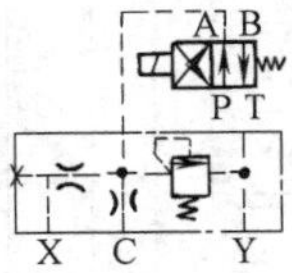 | F25B-H※F-4 顺序调压控制盖 B | 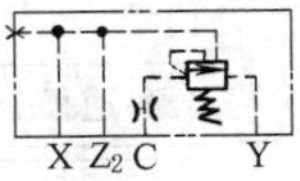 |
| F13A-H※F-4 集控滑阀控制盖 A | 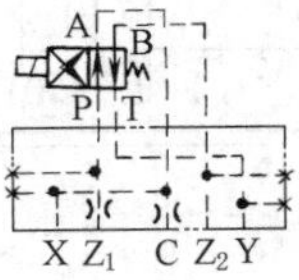 | F22B-H※F-4 换向调压控制盖 B | 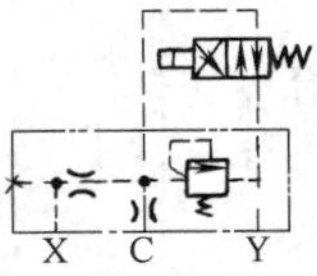 | F26A-H※F-4 双调压控制盖 A | 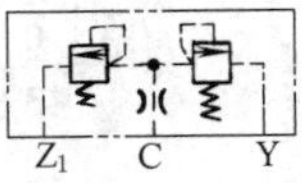 |
| F13B-H※F-4 集控滑阀控制盖 B | 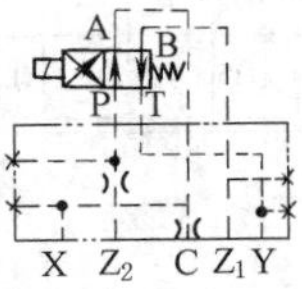 | F23A-H※F-4 卸荷溢流控制盖 A | 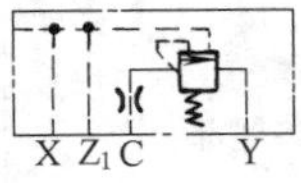 | F26B-H※F-4 双调压控制盖 B | 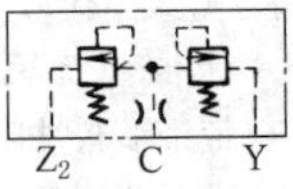 |
| F16A-H※F-4 换向集中控制盖 A | 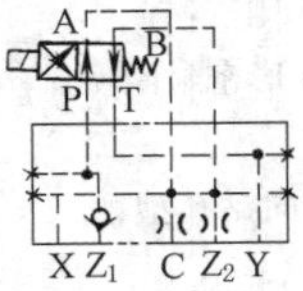 | F23B-H※F-4 卸荷溢流控制盖 B | 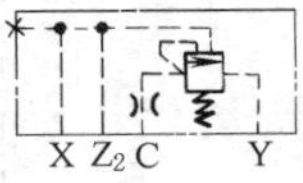 | F27A-H※F-4 单向调压控制盖 A | 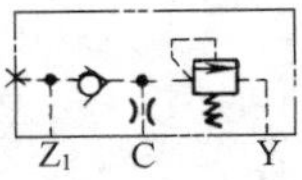 |

续表

| | | | | | |
|---|---|---|---|---|---|
| F27B-H※F-4<br>单向调压控制盖 B | 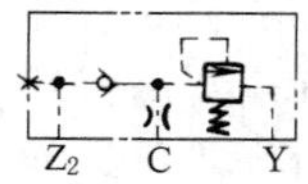 | F28B-H※F-4<br>换向双调压<br>控制盖 B | 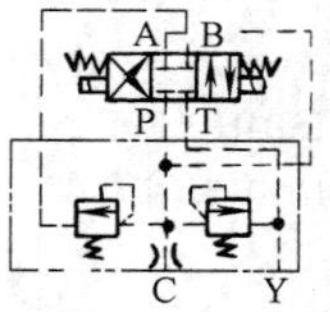 | F42A-H※F-4<br>换向节流控制盖 A | 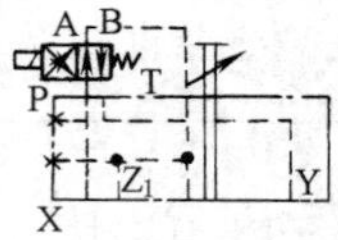 |
| F28A-H※F-4<br>换向双调压<br>控制盖 A | 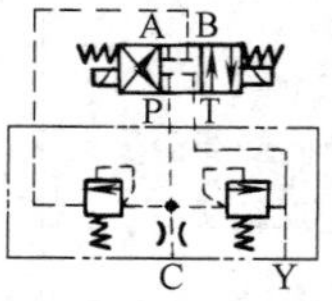 | F41A-H※F-4<br>节流控制盖 A | 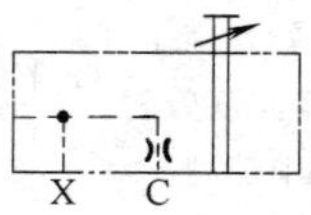 | | |

注：生产厂为济南捷迈液压机电工程公司（济南铸锻机械研究所）。

## 5.2 TJ 系列二通插装阀及组件

本系列由上海第七〇四研究所开发，安装尺寸符合 GB/T 2877（等效于 ISO/DP 7368 和 DIN 24342）。

（1）插装元件

型号意义：

TJ □-□/□ □ □ □-□ □-□

二通插装阀插装件组成。包括阀芯、阀套、弹簧及全部所需密封件

通径

| 代号 | 016 | 025 | 032 | 040 | 050 |
|---|---|---|---|---|---|
| 公称通径 *DN*/mm | 16 | 25 | 32 | 40 | 50 |
| 代号 | 063 | 080 | 100 | 125 | 160 |
| 公称通径 *DN*/mm | 63 | 80 | 100 | 125 | 160 |

阀套型式：
0— 标准型(与无尾部阀芯配合)；
3— 减压阀型；1— 非标准型与带尾部结构阀芯配合的阀套；
5— 弹簧倒置型

阀芯型式主代号：
0— 标准型(无尾部)； 3— 减压阀型；
1— 带锥形缓冲阻尼尾部； 4— 带四节流窗口尾部；
2— 带双节流窗口尾部； 5— 弹簧倒置型

介质：无 — 一般矿物油；
1— 水基介质；
2— 特殊介质

密封型式：无 — 标准型(线密封型)；
W— 面密封型

设计号：用于设计更改编号

面积比：

| 代号 | 10 | 11 | 15 | 20 |
|---|---|---|---|---|
| 面积比 $a_A(A_A/A_X)$ | 1 : 1.0 | 1 : 1.1 | 1 : 1.5 | 1 : 2.0 |

开启压力：

| 代号 | 0 | 1 | 2 | 3 | 4 |
|---|---|---|---|---|---|
| 开启压力/MPa | 0.05 | 0.1 | 0.2 | 0.3 | 0.4 |

阀芯型式辅助代号：
无 — 标准型；
C— 侧向钻孔型(单向阀用)；
G— 带底部阻尼孔及 O 形密封圈型；
H— 带 O 形密封圈型；
J— 带 O 形密封圈及侧向钻孔型；
R— 带底部阻尼孔型

**表 21-7-153** **TJ 型插装件图形符号**

| | | | | | |
|---|---|---|---|---|---|
| TJ＊＊＊0/0＊1＊-20<br>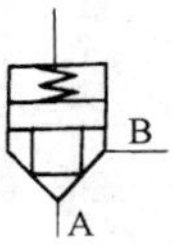<br>基本型插装件<br>($a_A$≤1∶1.5)<br>用于方向控制 | TJ＊＊＊0/0R＊1＊-20<br>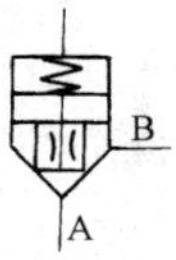<br>阀芯带阻尼孔的插装件<br>($a_A$≤1∶1.5)<br>用于方向及压力控制；也可用于B→A单向阀 | TJ＊＊＊-1/2＊15-20<br><br>阀芯带2或4个三角形节流窗口尾部的插装件<br>($a_A$≤1∶1.5)<br>用于方向及流量控制 | TJ＊＊＊1/1＊-20<br>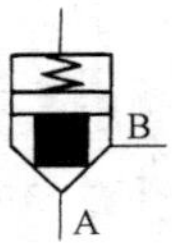<br>阀芯带缓冲尾部的插装件<br>($a_A$≤1∶1.5)<br>用于方向控制，具有启闭缓冲功能 | TJ＊＊＊0/0C＊1＊-20<br>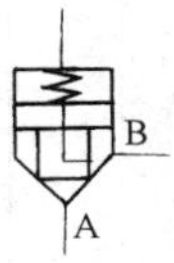<br>阀芯侧向钻孔的插装件<br>($a_A$≤1∶1.5)<br>常用于A→B单向阀 | TJ＊＊＊0/0H＊1＊-20<br>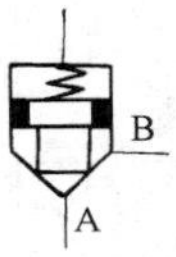<br>阀芯带O形密封圈的插装件<br>($a_A$≤1∶1.5)<br>用于无泄漏方向控制，或使用低黏度介质的场合 |
| TJ＊＊＊-0/0＊11-20<br>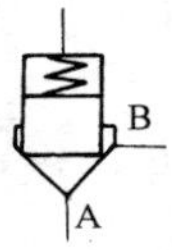<br>基本型插装件<br>($a_A$=1∶1.1)<br>用于方向及压力控制 | TJ＊＊＊-0/0R＊11-20<br>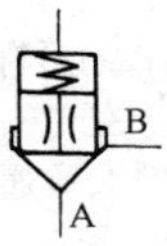<br>阀芯带底部阻尼孔的插装件<br>($a_A$=1∶1.1)<br>用于方向及压力控制 | TJ＊＊＊-1/4＊11-20<br><br>阀芯带4个三角形节流窗口尾部的插装件<br>($a_A$=1∶1.1)<br>用于方向及流量控制 | TJ＊＊＊-0/0＊10-20<br>TJ＊＊＊-0/0＊11-20<br>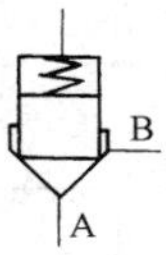<br>基本型插装件<br>($a_A$=1∶1或1∶1.1)<br>用于压力控制 | TJ＊＊＊-0/0R＊11-20<br>TJ＊＊＊-0/0R＊10-20<br>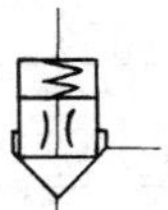<br>阀芯带底部阻尼孔的插装件<br>($a_A$=1∶1或1∶1.1)<br>用于压力控制 | TJ＊＊＊-3/3＊10-20<br>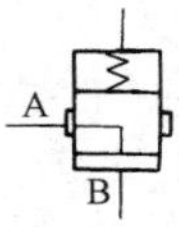<br>减压阀型插件<br>($a_A$=1∶1或1∶1.1)<br>用于减压控制 |

**表 21-7-154** **技术规格**

| 公称通径/mm | | 16 | 25 | 32 | 40 | 50 | 63 | 80 | 100 | 125 | 160 |
|---|---|---|---|---|---|---|---|---|---|---|---|
| 流量<br>/L·min$^{-1}$ | $\Delta p$<0.5MPa | 160 | 400 | 600 | 1000 | 1500 | 2000 | 4000 | 7000 | 10000 | 16000 |
| | $\Delta p$<0.1MPa | 80 | 200 | 300 | 500 | 750 | 1000 | 2000 | 3500 | 5000 | 8000 |
| 最高工作压力/MPa | | 31.5 | | | | | | | | | |
| 介质 | 名称 | 矿物油，水-乙二醇等 | | | | | | | | | |
| | 温度/℃ | -20~70 | | | | | | | | | |
| | 黏度范围/mm$^2$·s$^{-1}$ | 5~380，推荐13~54 | | | | | | | | | |
| 过滤精度/μm | | 25 | | | | | | | | | |
| 生产厂 | | 上海海岳液压机电公司 | | | | | | | | | |

（2）TG 型控制盖板

型号意义：

TG □-□ □ □ □/□-□ □-□

- TG 型控制盖板
- 规格 — 按相应的插件公称通径
- 盖板型式代号（见盖板图形符号）
- 先导换向阀型式：W— 滑阀式电磁换向阀；S— 球阀式电磁换向阀；无 — 无换向阀
- 先导换向阀规格：3— 通径 6mm；5— 通径 10mm；无 — 无换向阀
- 调节装置：A— 带手轮调节器；B— 带锁紧螺母调节器；C— 千分尺机构调节器；无 — 无调节器
- 压力范围 /MPa：a—0.5 ~ 2.5；b—1.6 ~ 8；c—3.2 ~ 16；d—5 ~ 25；e—8 ~ 31.5
- 介质：无 — 一般矿物油；W— 水基介质
- 设计号
- 零件号

TJ 二通插装阀及控制盖板外形尺寸见生产厂产品样本。

**表 21-7-155　　控制盖板图形符号**

| | | | | |
|---|---|---|---|---|
| $D_1$<br>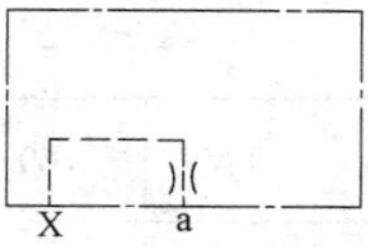<br>基本型用于方向控制 | $D_2$<br>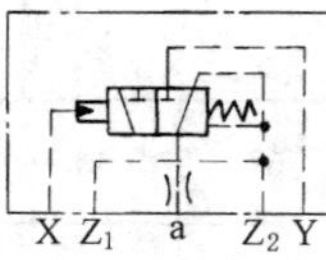<br>内装液动先导阀，用于液动方向控制 | $D_3$<br>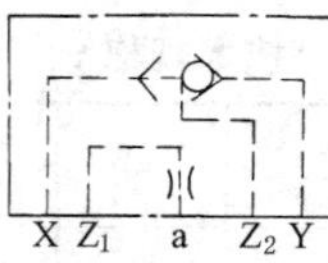<br>内装梭阀，用于选择控制压力，方向控制 | $D_4$<br>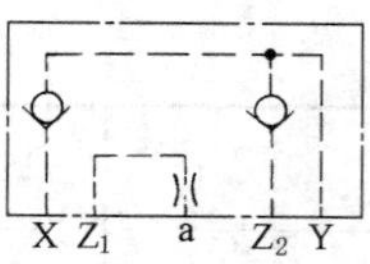<br>内装两单向阀，用于选择压力、方向控制 | $D_5$<br>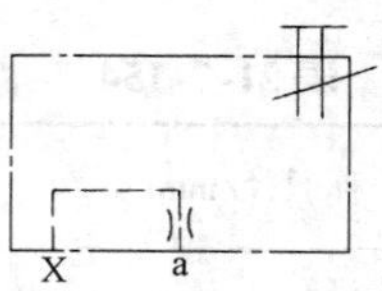<br>带阀芯升程限位装置，用于方向、节流控制 |
| $D_6$<br>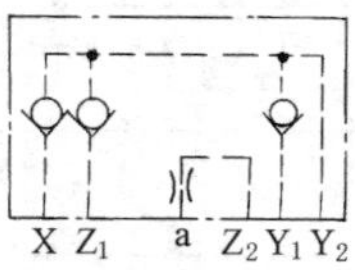<br>内装三单向阀，用于选择控制压力、方向控制 | $D_7$<br>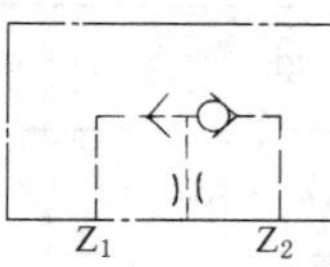<br>内装梭阀，用以构成液控单向阀功能 | $D_8$<br>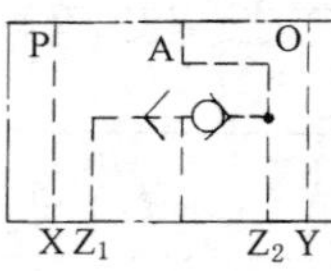<br>内装梭阀，具有电磁阀安装面，用于电磁液控单向阀功能 | $F_1$<br>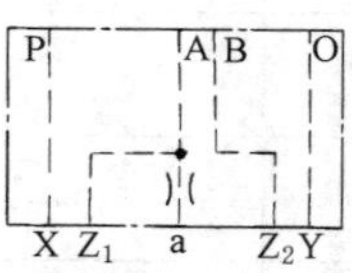<br>带电磁换向阀安装面，用于方向控制 | $F_2$<br>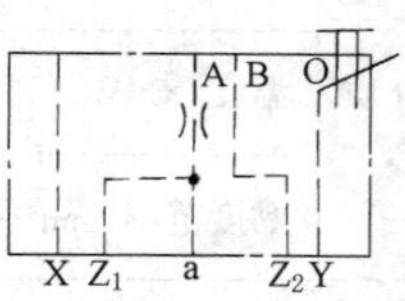<br>带电磁换向阀安装面及阀芯升程限位装置，用于方向及节流控制 |

续表

| | | | | |
|---|---|---|---|---|
| $F_4$ 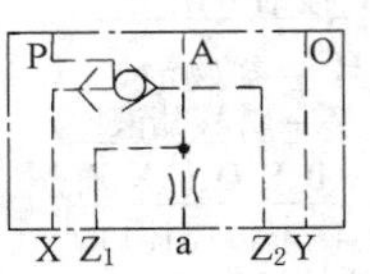  带电磁阀安装面,内装梭阀,用于方向控制,带控制压力选择 | $F_5$ 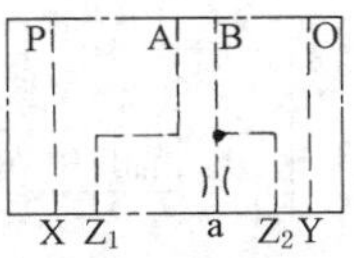  带电磁阀安装面,用于方向控制 | $F_6$ 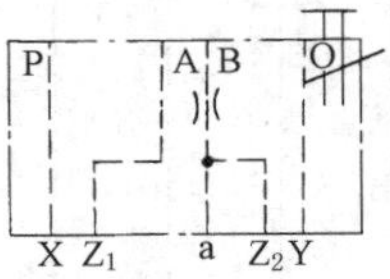  带电磁阀安装面及阀芯升程限位装置,用于方向及节流控制 | $F_7$ 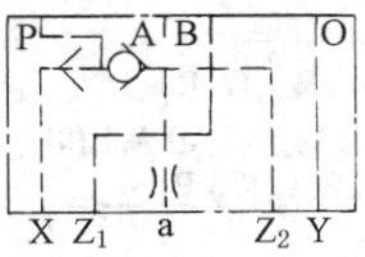  带电磁阀安装面及内装梭阀,用于方向控制,带压力选择 | $Q_2$ 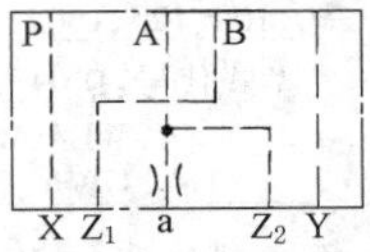  带球式电磁阀安装面,用于方向控制 |
| $Q_3$ 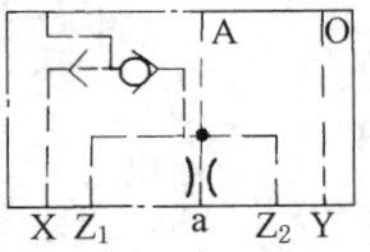  带球式电磁阀安装面及内装梭阀,用于方向控制,带压力选择 | $Q_4$ 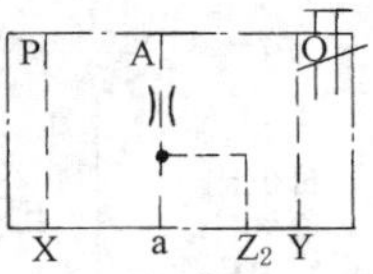  带球式电磁阀安装面及阀芯升程限位装置 | $Y_1$ 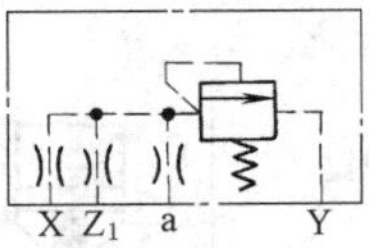  带先导调压组件、用于压力控制 | $Y_2$ 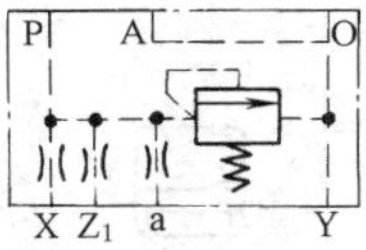  带先导调压组件及电磁阀安装面,用于压力控制 | $Y_3$ 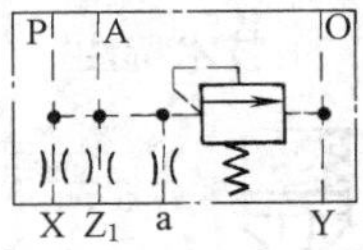  带先导调压组件及电磁阀安装面,用于压力控制 |
| $Y_5$ 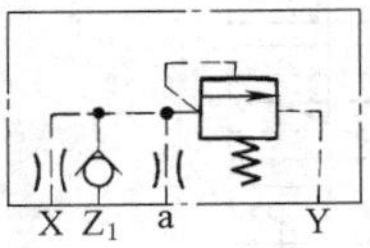  带嵌入式进油单向阀的压力控制盖板,用于压力、方向复合控制用 | $Y_6$ 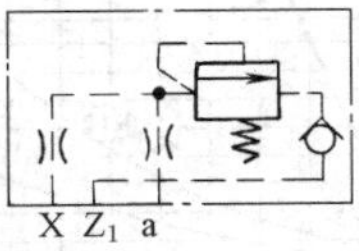  带嵌入式出油单向阀的压力控制盖板,用于方向、压力复合控制 | $Y_7$ 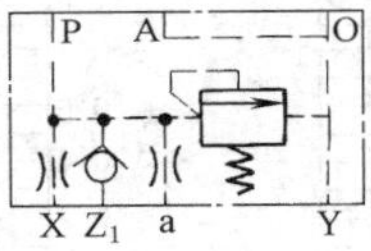  在 $Y_5$ 基础上增加电磁阀安装面,用于压力、方向复合控制 | $J_1$ 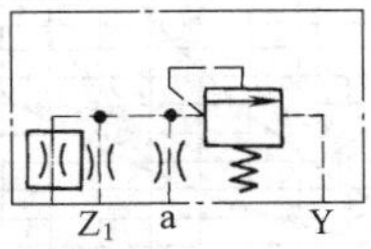  带先导流量稳定器的压力控制盖板,用作减压阀 | $J_2$ 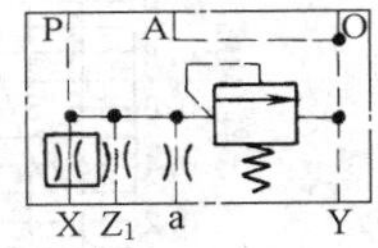  带电磁阀安装面及先导流量稳定器,作减压阀用 |

## 5.3 L 系列二通插装阀及组件

二通插装阀包括 LC 型插装件和 LFA 型控制盖板，连接尺寸符合 DIN 24342、GB/T 2877、ISO/DP 7368。

L 系列插装阀包括方向控制和压力控制两种，压力控制插装阀又有溢流、减压、顺序等功能。

(1) 方向控制二通插装阀

1) 型号意义

LC 型插装件

LC □ □ □ □/□ ※

- 规格 16—16mm　规格 25—25mm
- 规格 32—32mm　规格 40—40mm
- 规格 50—50mm　规格 63—63mm
- 规格 80—80mm　规格 100—100mm
- 规格 125—125mm　规格 160—160mm

- A— 面积比 2∶1(环形面积 50%)
- B— 面积比 14.3∶1(环形面积 7%)

- 00— 开启压力 0MPa(无弹簧)
- 05— 开启压力 0.05MPa
- 10— 开启压力 0.1MPa
- 20— 开启压力 0.2MPa
- 30— 开启压力 0.3MPa
- 40— 开启压力 0.4MPa

- E— 不带阻尼凸头的阀芯
- D— 带阻尼凸头的阀芯

- 6X— 规格 16 ~ 100　60 ~ 69 系列
- 2X— 规格 125 和 160　20 ~ 29 系列

- 无代号 — 矿物油
- V— 磷酸酯液

其他说明

LFA 型控制盖板

LFA □ □ □ □ □ □ □/□ □ □ ※

规格(mm):16、25、32、40、50、63、80、100、125、160

型式代号:D、$H_1$、$H_2$、$H_3$、$H_4$、G、$R_1$、$R_2$、WEA、WEB、WEA8、WEA9、WEB8、GWA、GWB、KWA、KWB

6X— 规格 16 ~ 100
2X— 规格 125 ~ 160

无代号 — 名义压力 31.5MPa
630— 名义压力 63MPa

CA— 面积比($A_1$ : $A_2$)2 : 1
CB— 面积比($A_1$ : $A_2$)14.3 : 1

10— 开启压力 0.1MPa
20— 开启压力 0.2MPa
40— 开启压力 0.4MPa

无代号 — 阀芯带阻尼凸头
D— 阀芯不带阻尼凸头

无代号 — 不带遥控口
F— 带遥控口

油口中节流孔:A、B、P、O、F、X、$Z_1$

无代号 — 矿物油
V— 磷酸酯液

其他细节说明

2）技术特性

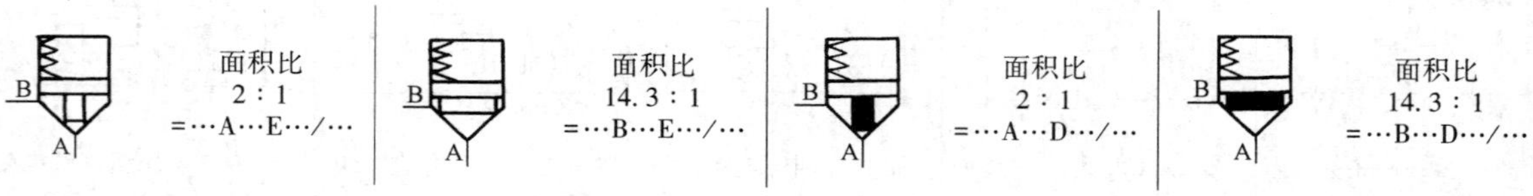


图 21-7-61 面积比及阀芯阻尼

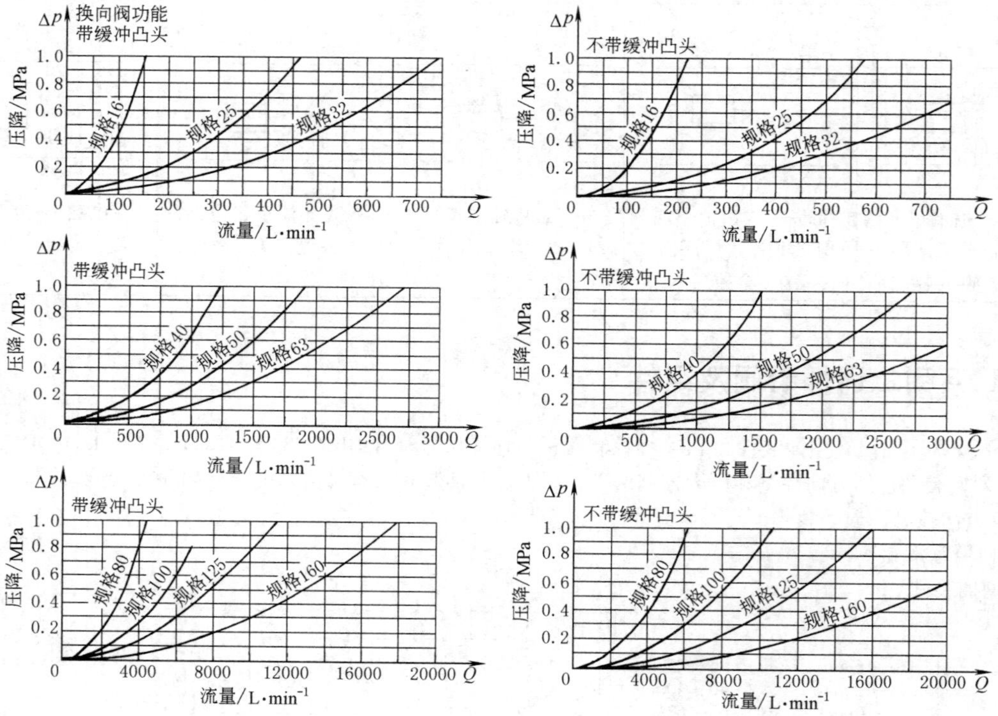


图 21-7-62 流量特性曲线（在 $\nu=41\times10^{-6}$ $m^2/s$ 和 $t=50$℃ 下测得）

表 21-7-156 技术规格

| 公称通径/mm | | 16 | 25 | 32 | 40 | 50 | 63 | 80 | 100 | 125 | 160 |
|---|---|---|---|---|---|---|---|---|---|---|---|
| 流量/L · $min^{-1}$ ($\Delta p$=0.5MPa) | 不带阻尼凸头 | 160 | 420 | 620 | 1200 | 1750 | 2300 | 4500 | 7500 | 11600 | 18000 |
| | 带阻尼凸头 | 120 | 330 | 530 | 900 | 1400 | 1950 | 3200 | 5500 | 8000 | 12800 |
| 工作压力(max)/MPa 在油口 A,B,X,$Z_1$,$Z_2$ | | 42.0（不带安装的换向阀） | | | | | | | | | |
| | | 31.5/42.0 安装换向滑阀/换向座阀的 $p_{max}$ | | | | | | | | | |

续表

| | |
|---|---|
| 在油口 Y 工作压力/MPa | 与所安装阀的回油压力相同 |
| 工作介质 | 矿物油、磷酸酯液 |
| 油温范围/℃ | −30~80 |
| 黏度范围/$m^2 \cdot s^{-1}$ | $(2.8 \sim 380) \times 10^{-6}$ |
| 过滤精度/μm | 25 |

注：生产厂为北京华德液压集团液压阀分公司。

LFA…D…/F…

带遥控口的控制盖板

规格 16~160

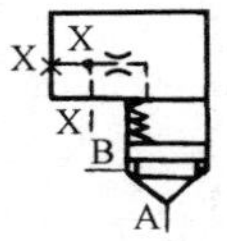


LFA…H2…/F…

带行程限制器遥控口的控制盖板

规格 16~160

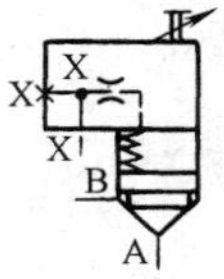


LFA…G…/…

带内装梭阀的控制盖板

规格 16~100

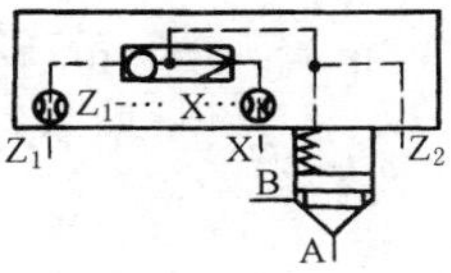


LFA…R…/…

带内装液动先导阀（换向座阀）的控制盖板

规格 25~100

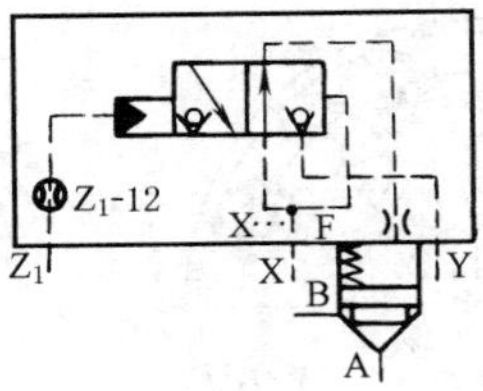


LFA…WEA…/…

用于安装换向滑阀或座阀的控制盖板

规格 16~100

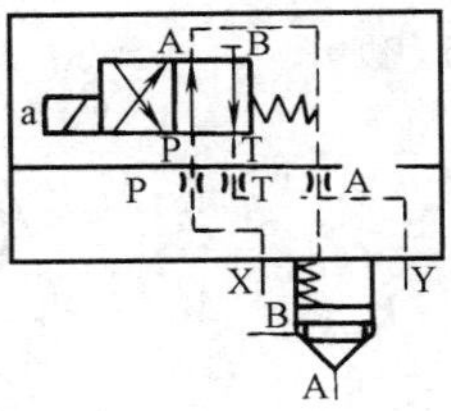


LFA…WEA8-60/…

用于安装换向滑阀或座阀，带操纵第二阀控制油口的控制盖板

规格 16~63

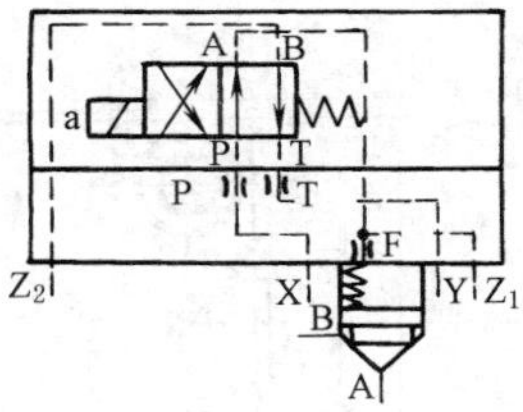


LFA…WEA 9-60/…

用于安装换向滑阀作单向阀回路的控制盖板

规格 16~63

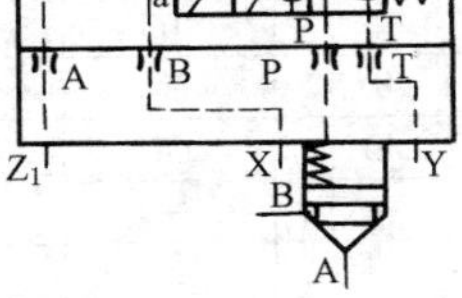


LFA…GWA…/…

用于安装换向滑阀或座阀，带内装梭阀的控制盖板

规格 16~100

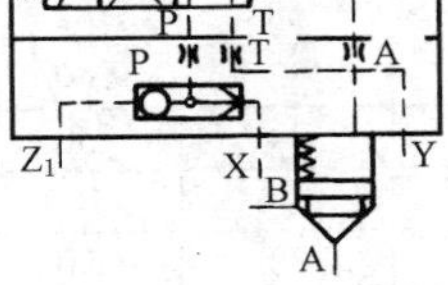


LFA…KWA…/…

用于安装换向滑阀或座阀，带内装梭阀作单向阀回路的控制盖板

规格 16~100

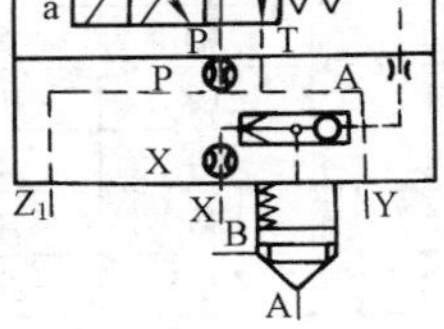


图 21-7-63

| LFA…E60/…DQ. G24F<br>带闭合位置电监测的控制盖板，包括插装件<br>规格 16~100 | LFA…EH2-60/…DQ. G24F<br>带闭合位置电监测和行程限制器的控制盖板，包括插装件<br>规格 16~100 | LFA…EWA 60/…DQOG24…<br>带闭合位置电监测，用于安装换向滑阀的控制盖板<br>规格 16~63 |
|---|---|---|
| 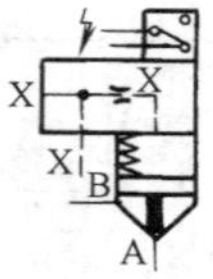 | 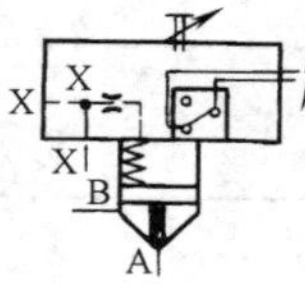 | 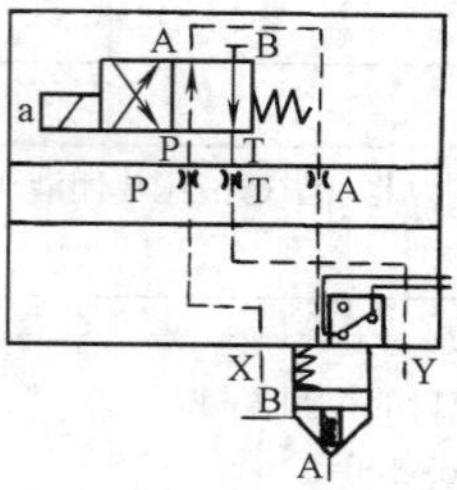 |







图 21-7-63　LFA 型控制盖板图形符号（基本符号）

3）外形尺寸（见表 21-7-157~表 21-7-164）

## 带或不带遥控口的控制盖板（…D…或 D/F 型）

规格16～63

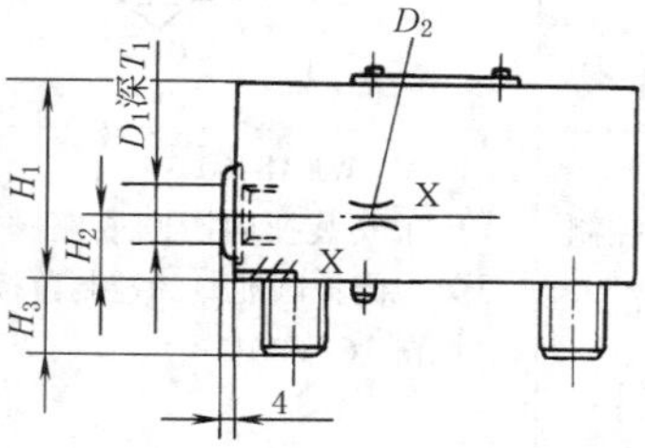



规格80～160

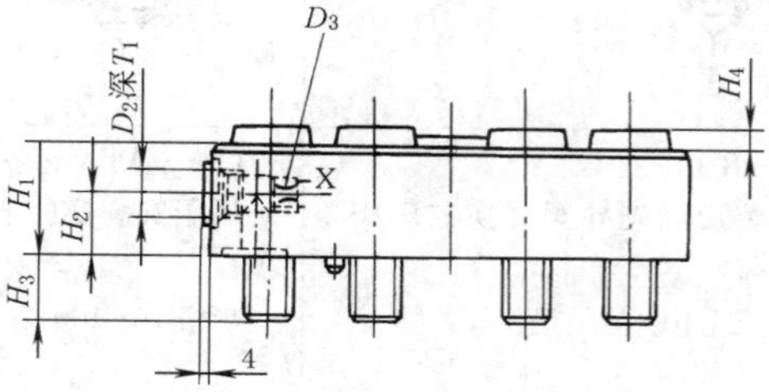



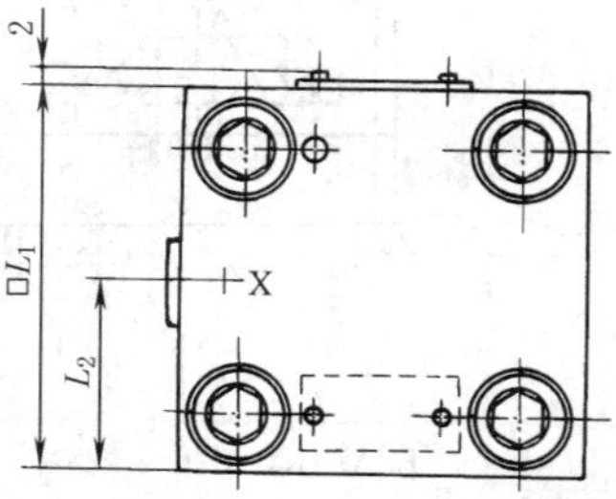



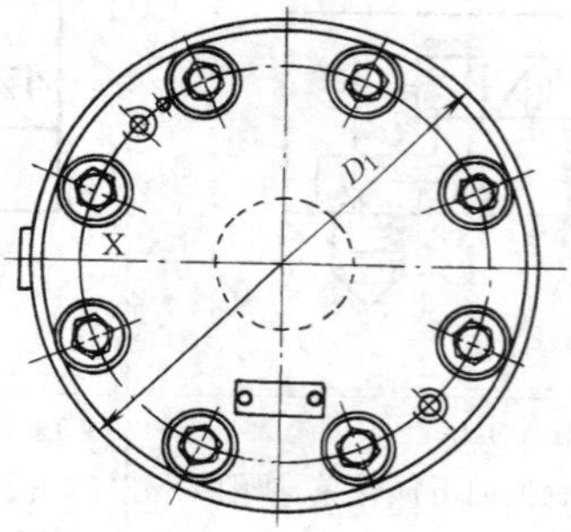



**表 21-7-157**

mm

| 尺寸 | 规格 | | | | | | | | | |
|---|---|---|---|---|---|---|---|---|---|---|
| | 16 | 25 | 32 | 40 | 50 | 63 | 80 | 100 | 125 | 160 |
| $D_1$ | 1/8″BSP | 1/4″BSP | 1/4″BSP | 1/2″BSP | 1/2″BSP | 3/4″BSP | 250 | 300 | 380 | 480 |
| $D_2$ | M6 | M6 | M6 | M8×1 | M8×1 | G⅜ | 3/4″BSP | 1″BSP | 1¼″BSP | 1¼″BSP |
| $H_1$ | 35 | 40 | 50 | 60 | 68 | 82 | 70 | 75 | 105 | 147 |
| $H_2$ | 12 | 16 | 16 | 30 | 32 | 40 | 35 | 40 | 50 | 70 |
| $H_3$ | 15 | 24 | 29 | 32 | 34 | 50 | 45 | 45 | 61 | 74 |
| $L_1$ | 65 | 85 | 100 | 125 | 140 | 180 | — | — | — | — |
| $L_2$ | 32.5 | 42.5 | 50 | 75 | 80 | 90 | — | — | — | — |
| $T_1$ | 8 | 12 | 12 | 14 | 14 | 16 | 16 | 18 | 20 | 20 |
| $D_3$/in | — | — | — | — | — | — | 3/8 | 1/2 | 1 | 1 |
| $H_4$ | — | — | — | — | — | — | 10 | 11 | 31 | 42 |

## 带行程限制器和遥控口的盖板（…H…型）

规格 16~63

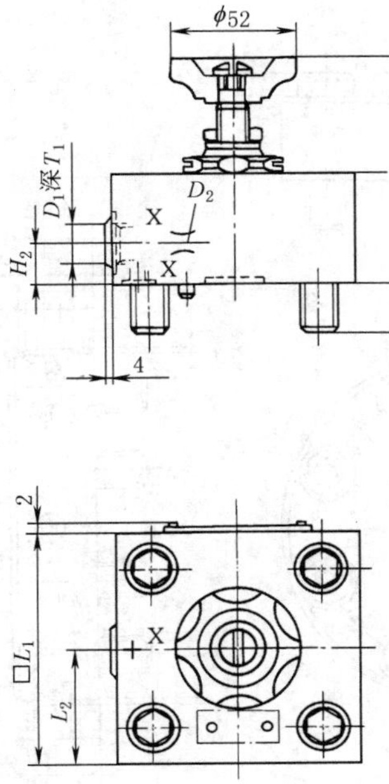


规格 80~160

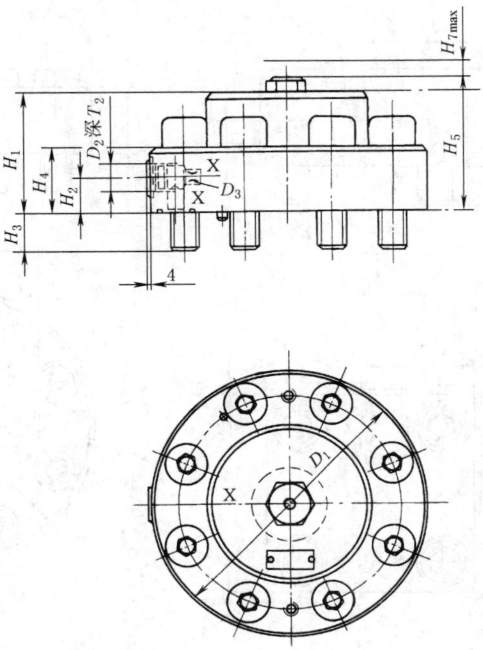


**表 21-7-158**

mm

| 尺寸 | 规格 | | | | | | | | | |
|---|---|---|---|---|---|---|---|---|---|---|
| | 16 | 25 | 32 | 40 | 50 | 63 | 80 | 100 | 125 | 160 |
| $D_1$ | ⅛BSP | ¼BSP | ¼BSP | ½BSP | ½BSP | ¾BSP | 250 | 300 | 380 | 480 |
| $D_2$ | M6 | M6 | M6 | M8×1 | M8×1 | ⅜BSP | ¾BSP | 1BSP | 1¼BSP | 1¼BSP |
| $D_3$ | — | — | — | — | — | — | ⅜BSP | ½BSP | 1BSP | 1BSP |
| $H_1$ | 35 | 40 | 50 | 80(60) | 98 | 112 | 114 | 132 | 170 | 225 |
| $H_2$ | 12 | 16 | 16 | 32(22) | 32 | 40 | 35(24) | 40(35) | 50 | 70 |
| $H_3$ | 15 | 24 | 28 | 32 | 34 | 50 | 45 | 45 | 61 | 74 |
| $H_4$ | 85 | 92 | 109 | 136 | — | — | 76 | 76 | 100 | 147 |
| $H_5$ | — | — | — | — | — | — | 137 | 157 | 195 | 340 |
| □$L_1$ | 65 | 85 | 100 | 125 | 140 | 180 | — | — | — | — |
| $L_2$ | 32.5 | 42.5 | 50 | 72(62.5) | 80 | 90 | — | — | — | — |
| $T_1$ | 8 | 12 | 12 | 14 | 14 | 16 | 16 | 18 | 20 | 20 |

注：（ ）中数值仅对 $H_3$、$H_4$ 型有效。

## 带内装换向座阀的盖板（…G/…型）

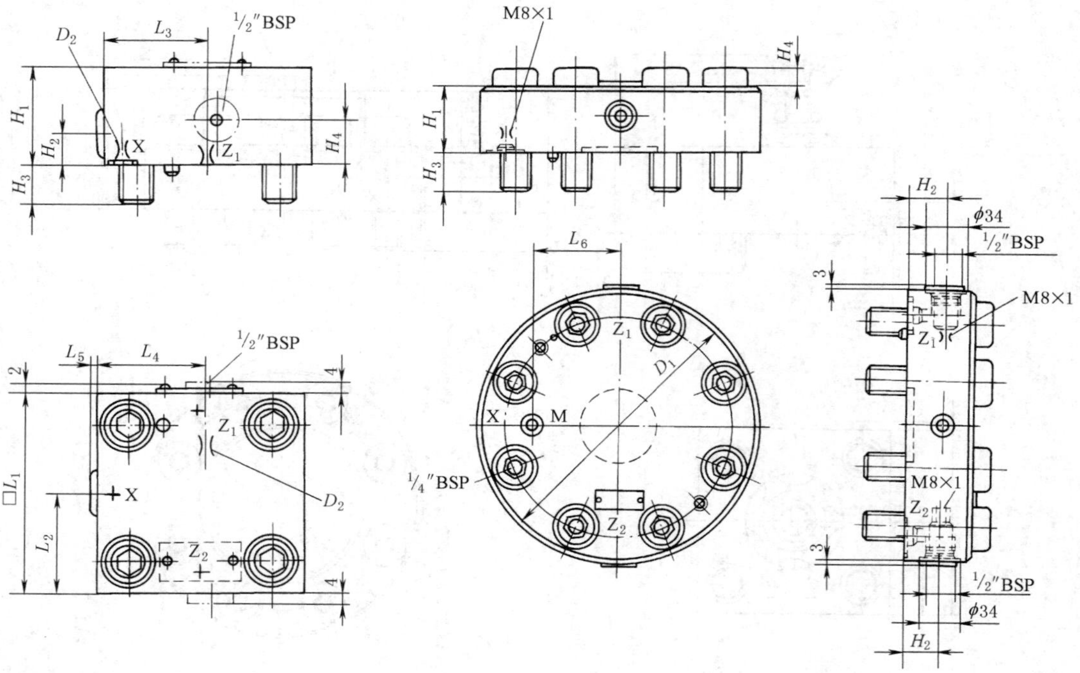


表 21-7-159

mm

| 尺寸 | 规格 | | | | | | | |
|---|---|---|---|---|---|---|---|---|
| | 16 | 25 | 32 | 40 | 50 | 63 | 80 | 100 |
| $D_1$ | $\phi$1.2 | $\phi$1.5 | $\phi$2.0 | M6 | M8×1 | M8×1 | 250 | 300 |
| $D_2$ | $\phi$1.2 | $\phi$1.5 | $\phi$2.0 | M6 | M8×1 | M8×1 | — | — |
| $H_1$ | 35 | 40 | 50 | 60 | 68 | 82 | 80 | 75 |
| $H_2$ | 17 | 17 | 21.5 | 30 | 32 | 40 | 45 | 40 |
| $H_3$ | 15 | 24 | 28 | 32 | 34 | 50 | 45 | 58 |
| $H_4$ | — | — | — | — | 32 | 40 | 4 | 18 |
| $\square L_1$ | 65 | 85 | 100 | 125 | 140 | 180 | — | — |
| $L_2$ | 36.5 | 45.5 | 50 | 62.5 | 74 | 90 | — | — |
| $L_3$ | — | — | — | — | 72 | 79 | — | — |
| $L_4$ | — | — | — | — | 72 | 90 | — | — |
| $L_5$ | 2.5 | 2 | — | — | 4 | 2 | — | — |
| $L_6$ | — | — | — | — | — | — | 73 | 95 |

## 带内装换向座阀的盖板（…R…或…$R_2$…型）

规格 25~63

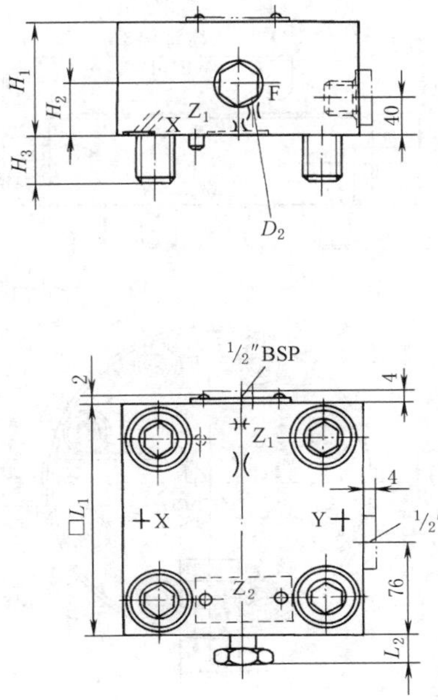


规格 80、160

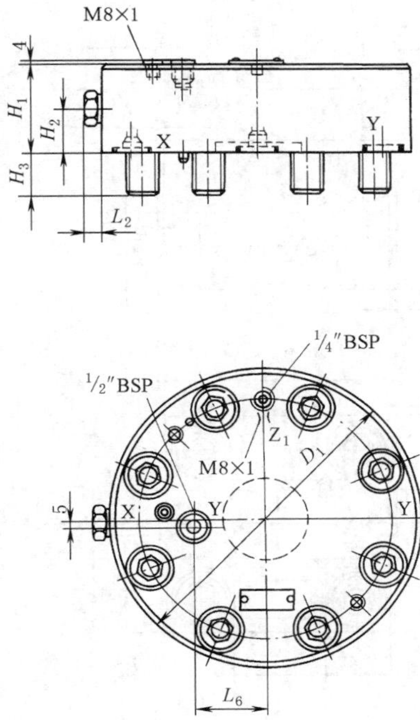


表 21-7-160 mm

| 尺寸 | | 规格 | | | | | | |
|---|---|---|---|---|---|---|---|---|
| | | 25 | 32 | 40 | 50 | 63 | 80 | 100 |
| $D_1$ | | M6 | M6 | M8×1 | M8×1 | M8×1 | 250 | 300 |
| $D_2$ | | M6 | M6 | M8×1 | M8×1 | M8×1 | — | — |
| $H_1$ | | 40 | 50 | 60 | 68 | 87 | 80 | 90 |
| $H_2$ | | 17 | 22 | 33 | 32 | 40 | 40 | 45 |
| $H_3$ | | 24 | 28 | 32 | 34 | 50 | 45 | 58 |
| □$L_1$ | | 85 | 100 | 125 | 140 | 180 | — | — |
| $L_2$ | （$R$） | 2 | 1 | 25 | 24 | 18.5 | 21 | 17 |
| | （$R2$-） | 18.5 | 17.5 | 25 | 24 | 18.5 | | |
| $L_6$ | | — | — | — | — | — | 51 | 72 |

## 承装叠加式滑阀或座式换向阀的盖板（…WE$\genfrac{}{}{0pt}{}{A}{B}$…型）

规格 16~63

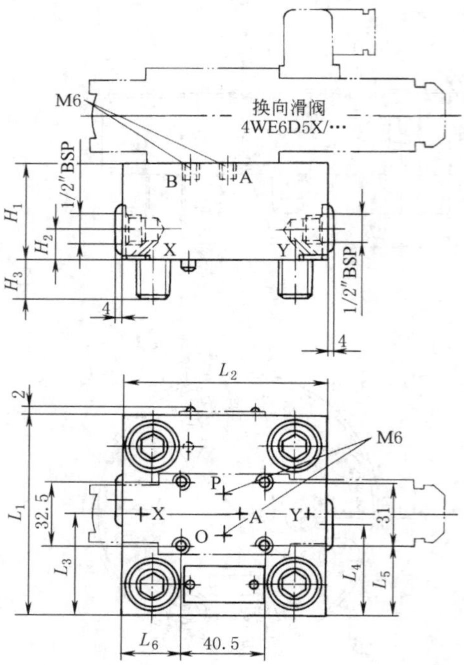


规格 80、100

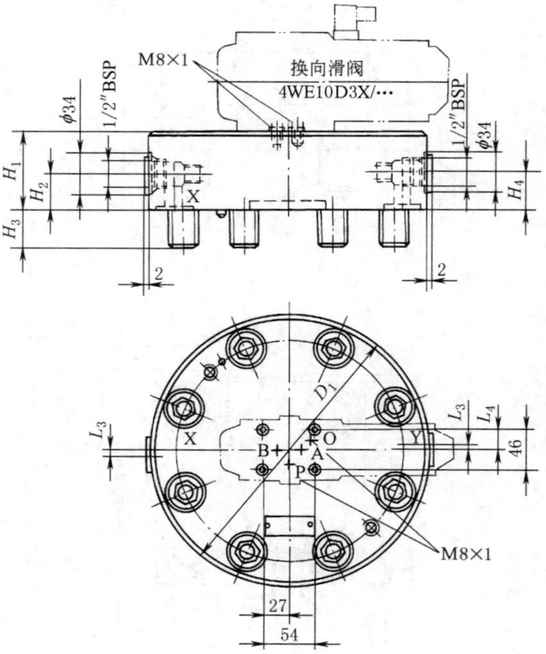


表 21-7-161

mm

| 尺寸 | 规格 | | | | | | | |
|---|---|---|---|---|---|---|---|---|
| | 16 | 25 | 32 | 40 | 50 | 63 | 80 | 100 |
| $H_1$ | 40 | 40 | 50 | 60 | 68 | 82 | 80 | 90 |
| $H_2$ | — | — | — | 30 | 32 | 40 | 30 | 40 |
| $H_3$ | 15 | 24 | 28 | 32 | 34 | 50 | 45 | 45 |
| $L_1$ | 65 | 85 | 100 | 125 | 140 | 180 | — | — |
| $L_2$ | 80 | 85 | 100 | 125 | 140 | 180 | — | — |
| $L_3$ | — | — | — | 72 | 80 | 101 | 6 | 6 |
| $L_4$ | — | — | — | 53 | 60 | 79 | 23 | 23 |
| $L_5$ | 17 | 27 | 34.5 | 47 | 54.5 | 74.5 | — | — |
| $L_6$ | 7 | 22.5 | 30 | 43.5 | 51 | 71 | — | — |
| $D_1$ | — | — | — | — | — | — | ϕ250 | ϕ300 |

## 承装叠加式滑阀或座阀式换向阀的盖板

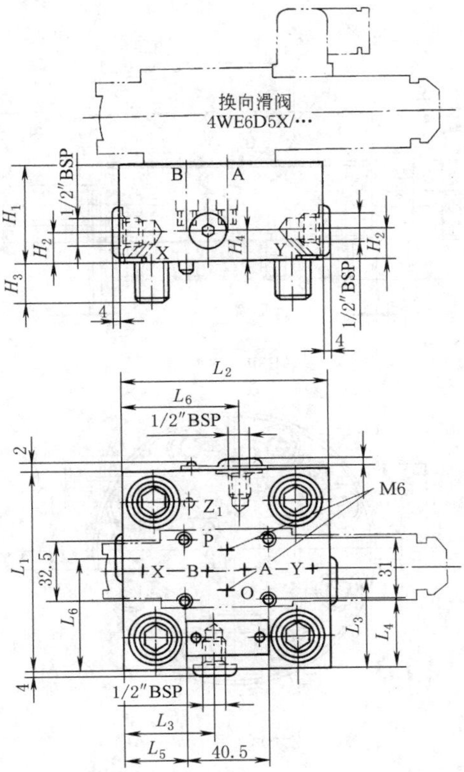


…WE$_{B}^{A}$8…型

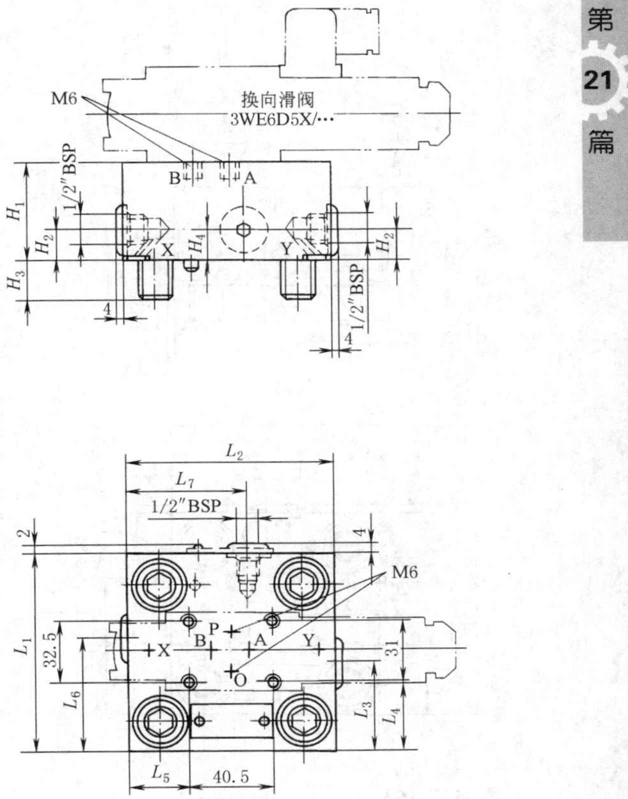


…WE$_{B}^{A}$9…型

**表 21-7-162**

mm

| 尺寸 | …WE$_{B}^{A}$8…型规格 | | | | | | …WE$_{B}^{A}$9…型规格 | | | | | |
|---|---|---|---|---|---|---|---|---|---|---|---|---|
| | 16 | 25 | 32 | 40 | 50 | 63 | 16 | 25 | 32 | 40 | 50 | 63 |
| $H_1$ | 40 | 40 | 50 | 60 | 68 | 82 | 65 | 40 | 50 | 60 | 68 | 82 |
| $H_2$ | — | — | — | 30 | 32 | 40 | — | — | — | 30 | 32 | 40 |
| $H_3$ | 15 | 24 | 28 | 32 | 34 | 50 | 15 | 24 | 28 | 32 | 34 | 50 |
| $H_4$ | — | — | — | 30 | 32 | 60 | — | — | — | 30 | 32 | 60 |
| $L_1$ | 65 | 85 | 100 | 125 | 140 | 180 | 65 | 85 | 100 | 125 | 140 | 180 |
| $L_2$ | 80 | 85 | 100 | 125 | 140 | 180 | 80 | 85 | 100 | 125 | 140 | 180 |
| $L_3$ | — | — | — | 53 | 60 | 79 | — | — | — | 53 | 60 | 79 |
| $L_4$ | 17 | 27 | 34.5 | 47 | 54.5 | 74.5 | 17 | 27 | 34.5 | 47 | 54.5 | 74.5 |
| $L_5$ | 7 | 22.5 | 30 | 43.5 | 51 | 71 | 7 | 22.5 | 30 | 43.5 | 51 | 71 |
| $L_6$ | — | — | — | 62.5 | 70 | 90 | — | — | — | 72 | 80 | 101 |
| $L_7$ | — | — | — | 72 | 80 | 101 | — | — | — | — | — | — |

## 承装叠加式滑阀或座阀式换向阀的盖板（$\cdots GW\frac{A}{B}\cdots$）

规格 16~63　　　　规格 80、100

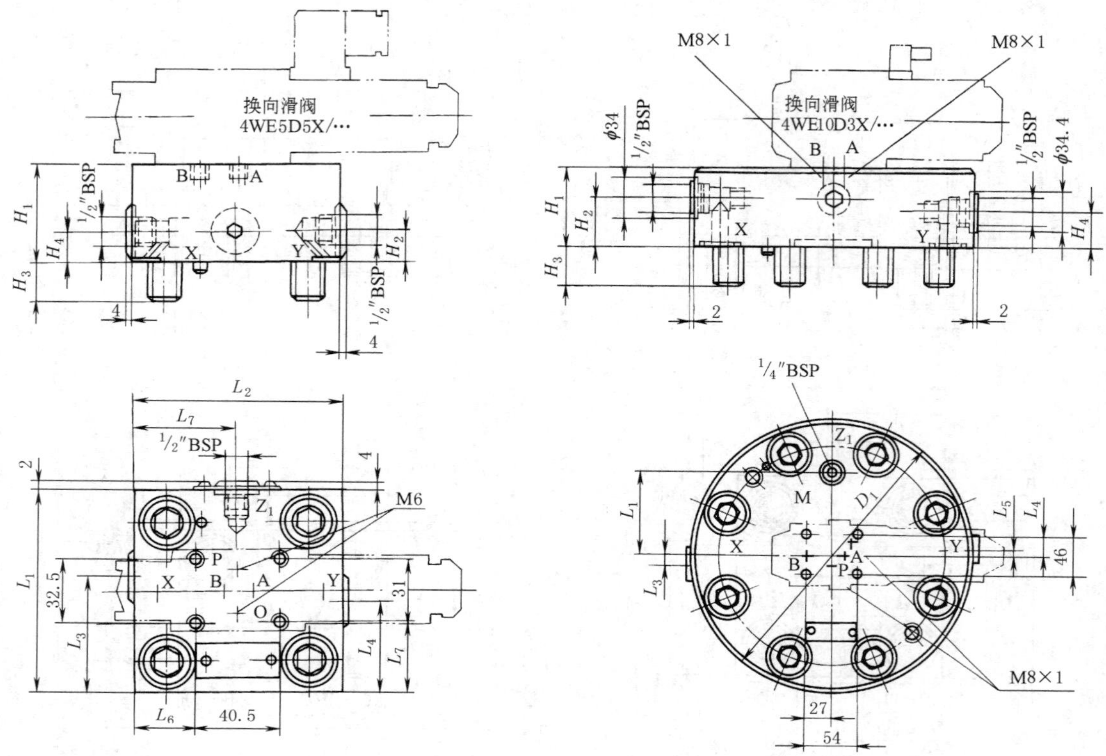


表 21-7-163

mm

| 尺寸 | 规格 | | | | | | | |
|---|---|---|---|---|---|---|---|---|
| | 16 | 25 | 32 | 40 | 50 | 63 | 80 | 100 |
| $H_1$ | 40 | 40 | 50 | 60 | 68 | 82 | — | — |
| $H_2$ | — | — | — | 30 | 32 | 40 | 80 | 100 |
| $H_3$ | 15 | 24 | 28 | 32 | 34 | 50 | 26 | 40 |
| $H_4$ | 17 | 17 | 21.5 | 30 | 32 | 42 | 45 | 52.5 |
| $L_1$ | 65 | 85 | 100 | 125 | 140 | 180 | 26 | 55 |
| $L_2$ | 80 | 85 | 100 | 125 | 140 | 180 | 74 | 96.5 |
| $L_3$ | 36.5 | 45.5 | 50 | 62.5 | 72 | 90 | — | — |
| $L_4$ | — | — | — | 53 | 60 | 79 | 9.5 | 13 |
| $L_5$ | — | — | — | 62.5 | 70 | 90 | 29 | 28 |
| $L_6$ | 7 | 22.5 | 30 | 43.5 | 51 | 71 | 10.5 | 13 |
| $L_7$ | 17 | 27 | 34.5 | 47 | 54.5 | 74.5 | — | — |
| $D_1$ | — | — | — | — | — | — | ϕ250 | ϕ300 |

## 承装叠加式滑阀或座阀式换向阀的盖板（…KW$_{B}^{A}$…型）

规格 16~63

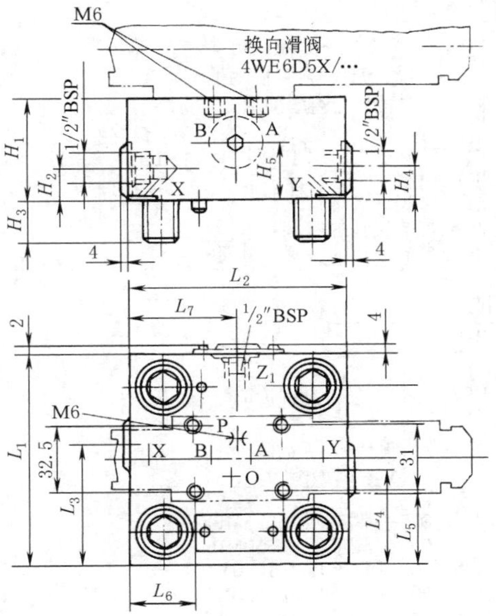


规格 80、100

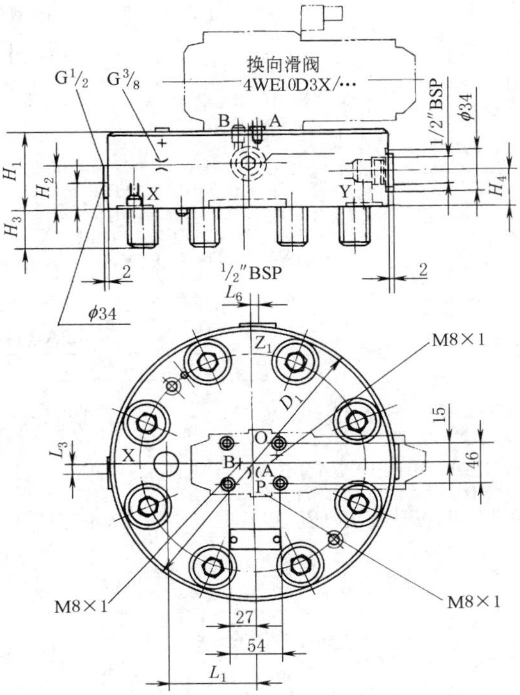


表 21-7-164

mm

| 尺寸 | 规格 | | | | | | | |
|---|---|---|---|---|---|---|---|---|
| | 16 | 25 | 32 | 40 | 50 | 63 | 80 | 100 |
| $H_1$ | 40 | 40 | 50 | 60 | 68 | 82 | 100 | 110 |
| $H_2$ | 17 | 17 | 21.5 | 30 | 32 | 42 | 19.5 | 27 |
| $H_3$ | 15 | 24 | 28 | 32 | 34 | 50 | 45 | 52.5 |
| $H_4$ | — | — | — | 30 | 32 | 42 | 60 | 70 |
| $H_5$ | — | — | — | 30 | 50 | 60 | 52 | 62 |
| $L_1$ | 65 | 85 | 100 | 125 | 140 | 180 | 55 | 62 |
| $L_2$ | 80 | 85 | 100 | 125 | 140 | 180 | — | — |
| $L_3$ | 36.5 | 45.5 | 50 | 62.5 | 70 | 90 | 6.5 | 5 |
| $L_4$ | — | — | — | 53 | 60 | 79 | — | — |
| $L_5$ | 17 | 27 | 34.5 | 47 | 54.5 | 74.5 | — | — |
| $L_6$ | 7 | 22.5 | 30 | 43.5 | 51 | 71 | 6.5 | 5 |
| $L_7$ | — | — | — | 62.5 | 70 | 90 | — | — |
| $D_1$ | — | — | — | — | — | — | $\phi$250 | $\phi$300 |

（2）压力控制二通插装阀

1）溢流功能

型号意义：

LC 型插装件

LC □ DB □ □ -6X/ □ □

- 规格：16、25、32、40、50、63、80、100
- 开启压力 0MPa(无弹簧) = 00
  开启压力 0.2MPa = 20 } * *
  开启压力 0.4MPa = 40 }
  * * 规格 16 用于安装 DBC-5X/…SO18 的开启压力 0.3MPa
- E— 座阀 } 标准型
  D— 座阀 - 滑阀 }
  A— 带节流孔的座阀
  B— 带节流孔的座阀 - 滑阀
- 6X—60 ~ 69 系列
- 无代号 — 矿物油
  V— 磷酸酯液
- 其他说明

LFA 型控制盖板

LFA □ □ □ -6X/ □ A… B… □ □

DB$_{max}$ DB$_1$ DB$_2$

- 规格：16、25、32、40、50、63、80、100
- 型号：DB、DBW、DBWA、DBWB、DBWD、DBS、DBE、DBEM、DBETR、DBEMIR、DBU2A、DBU2B、DBU3D
- 控制型式：
  1— 手轮；
  2— 带护罩的螺钉；
  3— 带锁的刻度旋钮；
  4— 不带锁的刻度旋钮
- 6X = 60 ~ 69 系列
- 压力级：025— 调节压力 2.5MPa；
  050— 调节压力 5.0MPa；
  100— 调节压力 10.0MPa；
  200— 调节压力 20.0MPa；
  315— 调节压力 31.5MPa；
  400— 调节压力 40.0MPa；
  420— 调节压力 42.0MPa
  DB1 的压力数据，仅适用于 DBU2 和 DBU3 型
  DB2 的压力数据，仅适用于 DBU3
- 无代号 — 矿物油
  V— 磷酸酯
- 其他说明

**表 21-7-165　　技术规格**

| | | | | | | | | | |
|---|---|---|---|---|---|---|---|---|---|
| LC插装件 | 油口 A 和 B 的最高工作压力 | | 42MPa | | | | | | |
| | 规格 | | 16 | 25 | 32 | 40 | 50 | 63 | 80 | 100 |
| | 最大流量(推荐)/L·min$^{-1}$ | | | | | | | | | |
| | 座阀插件 | LC…DB…E6X/…　LC…DB…A 6X/… | 250 | 400 | 600 | 1000 | 1600 | 2500 | 4500 | 7000 |
| | 滑阀插件 | LC…DB…D 6X/…　LC…DB…B 6X/… | 175 | 300 | 450 | 700 | 1400 | 1750 | 3200 | 4900 |

| LFA控制盖板 | 最高工作压力/MPa | | | | | | | | | | | |
|---|---|---|---|---|---|---|---|---|---|---|---|---|
| | 油口 \ LFA 型 规格 | | …DB… 16…100 | …DBW… 16…32 | | …DBW… 40…63 | …DBW… 80,100 | …DBS… 40…63 | …DBS… 80,100 | …DBU… 16…63 | …DBU… 80,100 | …DBE… …DBEM… 16…100 | …DBETR… …DBEMTR… 16…100 |
| | …X | | 40.0 | 40.0 | 31.5 | 31.5 | | 40.0 | | 31.5 | | 35.0 | |
| | Y，T | 当控制压力时 | 在零压(最高可达 0.2MPa) | | | | | | | | | | |
| | | 静态 | 31.5 | 10.0 | 16.0(DC) 10.0(AC) | 16.0(DC) 10.0(AC) | 16.0 | 10.0 | 5.0 | 16.0(DC) 10.0(AC) | 16.0 | 10.0 | 31.5 |
| | 最高工作压力极限取决于先导阀的允许压力 | | DBD… | 座阀，规格 6 | 滑阀，规格 6 | 滑阀，规格 6 | 滑阀，规格 10 | 座阀，规格 6 | 座阀，规格 6 | 滑阀，规格 6 | 滑阀，规格 10 | DBET | DBETR |

| | |
|---|---|
| 油液 | 矿物质液压油、磷酸酯液压油 |
| 油温范围/℃ | -20~80 |
| 黏度范围/m$^2$·s$^{-1}$ | (2.8~380)×10$^{-6}$ |

注：生产厂为北京华德液压集团液压阀分公司。

| 座阀 | 带节流孔座阀 | 座阀滑阀 | 带节流口座阀滑阀 |
|---|---|---|---|
| LC…DB…E6X | LC…DB…A6X | LC…DB…D6X | LC…DB…B6X |

图 21-7-64　插装件图形符号

LFA…DB…-…/…规格　16…100

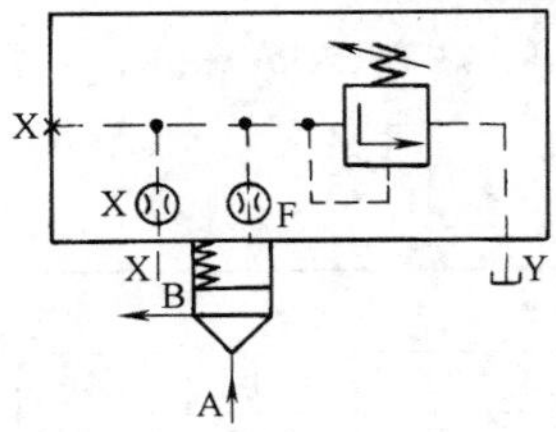


LFA…DBW…-…/…规格　16…32

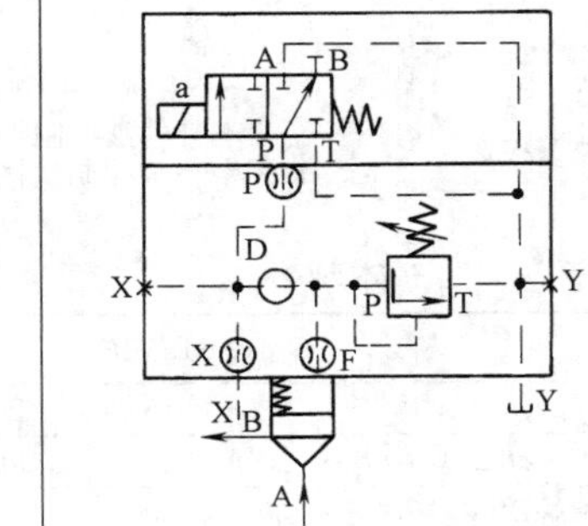


LFA…DBW…-…/…规格　40…100

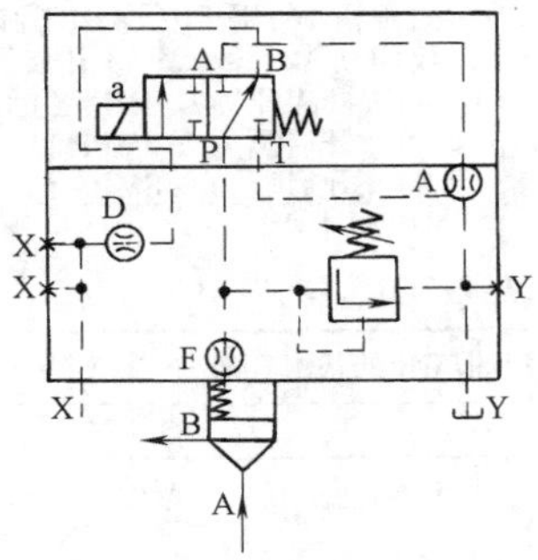


LFA…DBS…-…/…规格　40…100

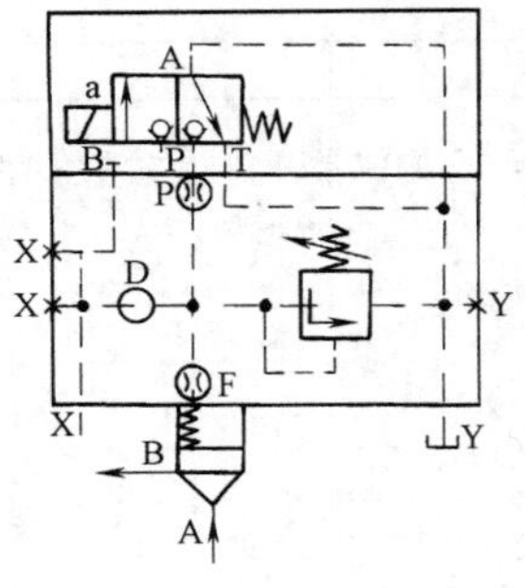


LFA…DBWD…-…/…规格　16…100

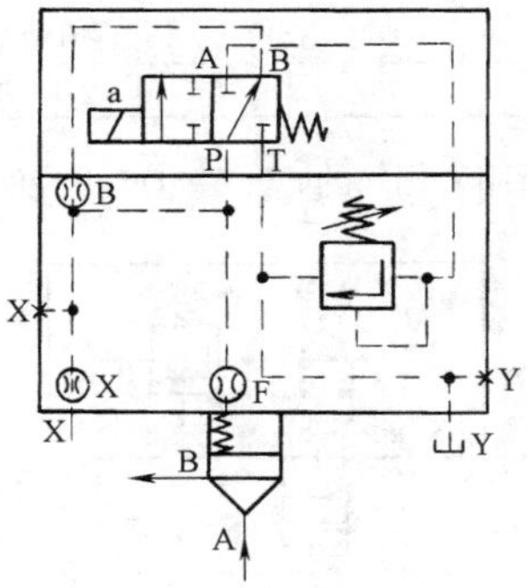


LFA…DBU 2A…-…/…规格　16…100

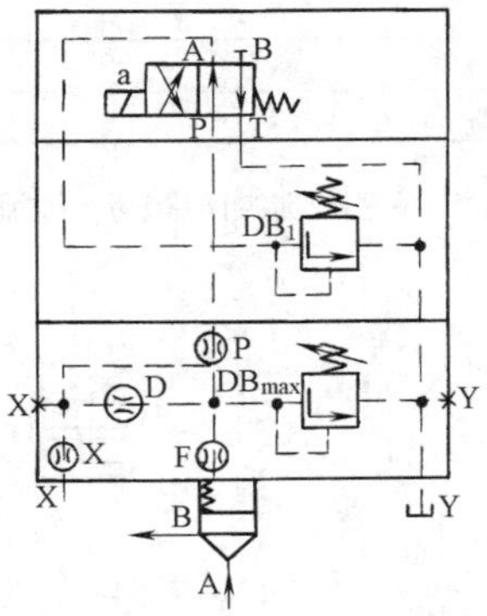


LFA…DBU 3D…-…/…规格　16…100

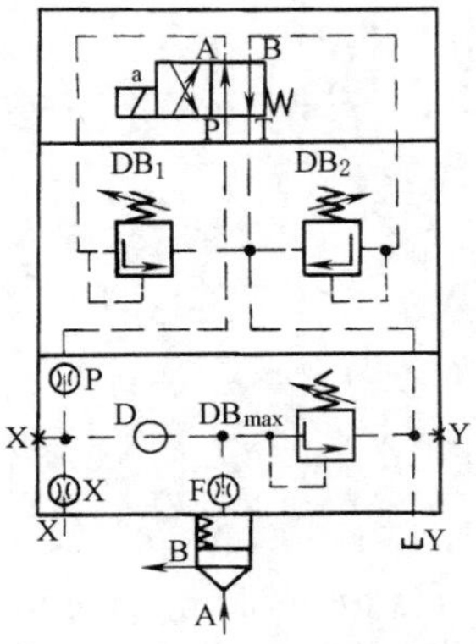


LFA…DBE(TR)…-…/…规格　16…63

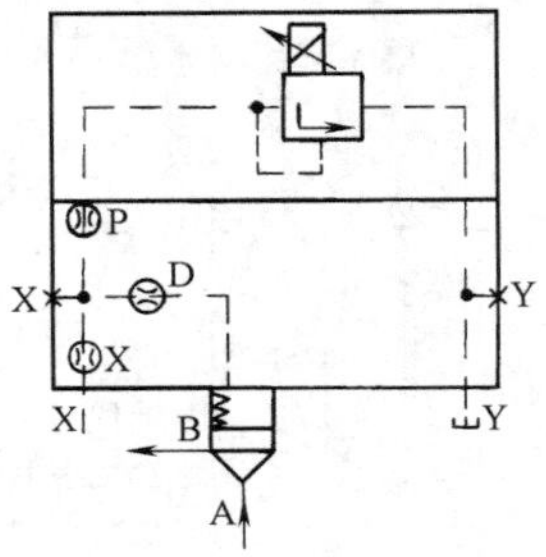


LFA…DBEM(TR)…-…/…规格　16…100

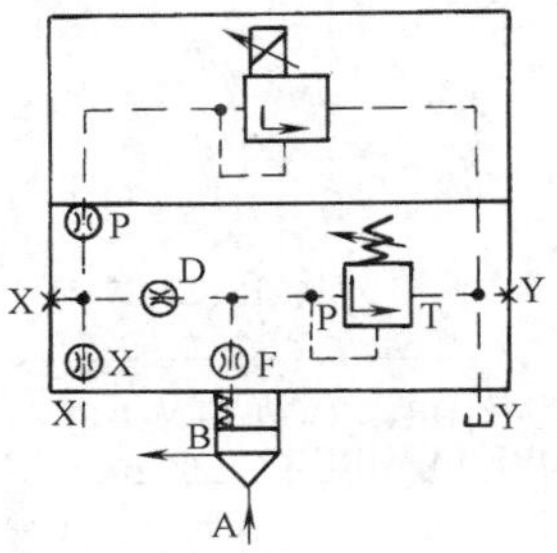


图 21-7-65　LFA 型控制盖板及插装阀图形符号（溢流）

2）减压功能

① 常开特性

型号意义：

LC 型插装件

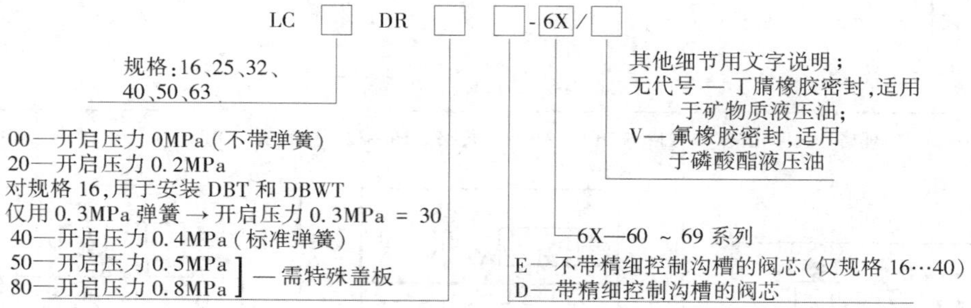


**表 21-7-166　技术规格**

| 油口 A 和油口 B 的最高工作压力/MPa | | 31.5 | | | | | |
|---|---|---|---|---|---|---|---|
| 规格 | | 16 | 25 | 32 | 40 | 50 | 63 |
| 最大流量/L·min$^{-1}$ | LC…DR20…6X/… | 40 | 80 | 120 | 250 | 400 | 800 |
| | LC…DR40…6X/… | 60 | 120 | 180 | 400 | 600 | 1000 |
| | LC…DR50…6X/… | 100 | 200 | 300 | 650 | 800 | 1300 |
| | LC…DR80…6X/… | 150 | 270 | 450 | 900 | 1100 | 1700 |
| 油液 | | 矿物质液压油，磷酸酯液压油 | | | | | |
| 油温范围/℃ | | -20~80 | | | | | |
| 黏度范围/m$^2$·s$^{-1}$ | | $(2.8\sim380)\times10^{-6}$ | | | | | |

LC…DR…型 2 通插装阀与（溢流功能所用者相同的）LFA…DB 型控制盖板相结合构成常开特性的减压功能。

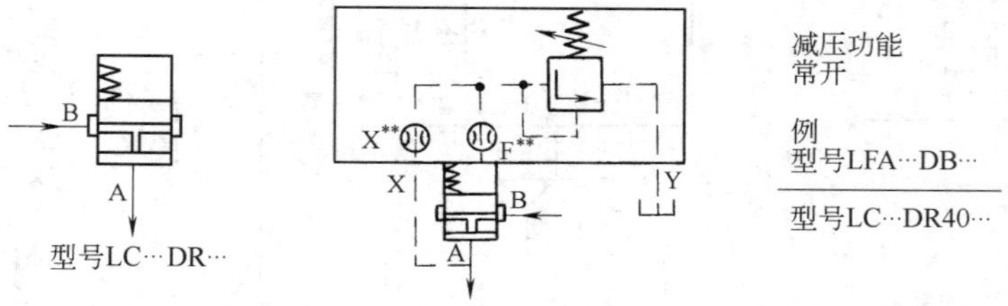


图 21-7-66　减压插装阀图形符号（常开）

② 常闭特性

型号意义：

LFA 型控制盖板

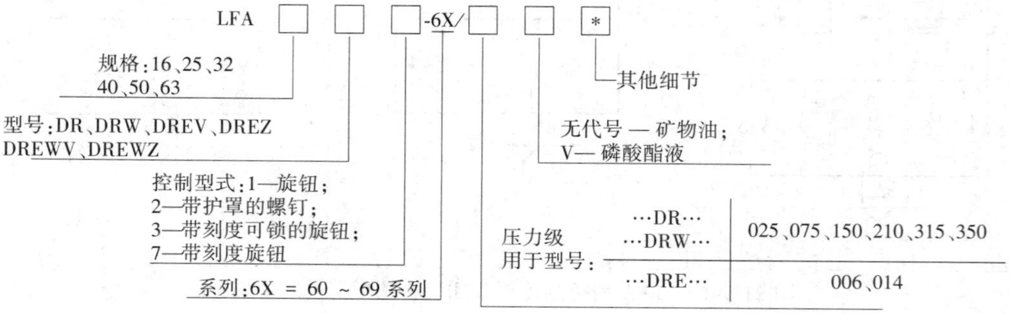

**表 21-7-167　技术规格**

| 项目 | | | 控制盖板型式 | |
|---|---|---|---|---|
| | | | LFA…DR-6X/…<br>LFA…DRW-6X/… | LFA…DRE-6X/… |
| 最高工作压力在油口… | …X(主级压力) | | 31.5MPa | 31.5MPa/35.0MPa |
| | …Y(二级压力=最高设定压力) | | 31.5MPa | 31.5MPa/35.0MPa |
| | …Z2 | 当控制压力 | 零点压力(最高可达 0.2MPa) | |
| | | 静态 | 6.0MPa | 31.5MPa |
| | …T | 当控制压力 | | 零点压力<br>(最高可达 0.2MPa) |
| | | 静态(对应于先导阀允许的回油压力) | | 10MPa(DBET)<br>31.5MPa(DBETR) |
| 油液 | | | 矿物质液压油;磷酸酯液压油 | |
| 油温范围/℃ | | | -20~80 | |
| 黏度范围/$m^2 \cdot s^{-1}$ | | | $(2.8\sim380)\times10^{-6}$ | |

注：生产厂为北京华德液压集团液压阀分公司。

LFA…DR…型控制盖板与 LC…DB40D…型 2 通插装阀相结合构成常闭特性的减压功能。

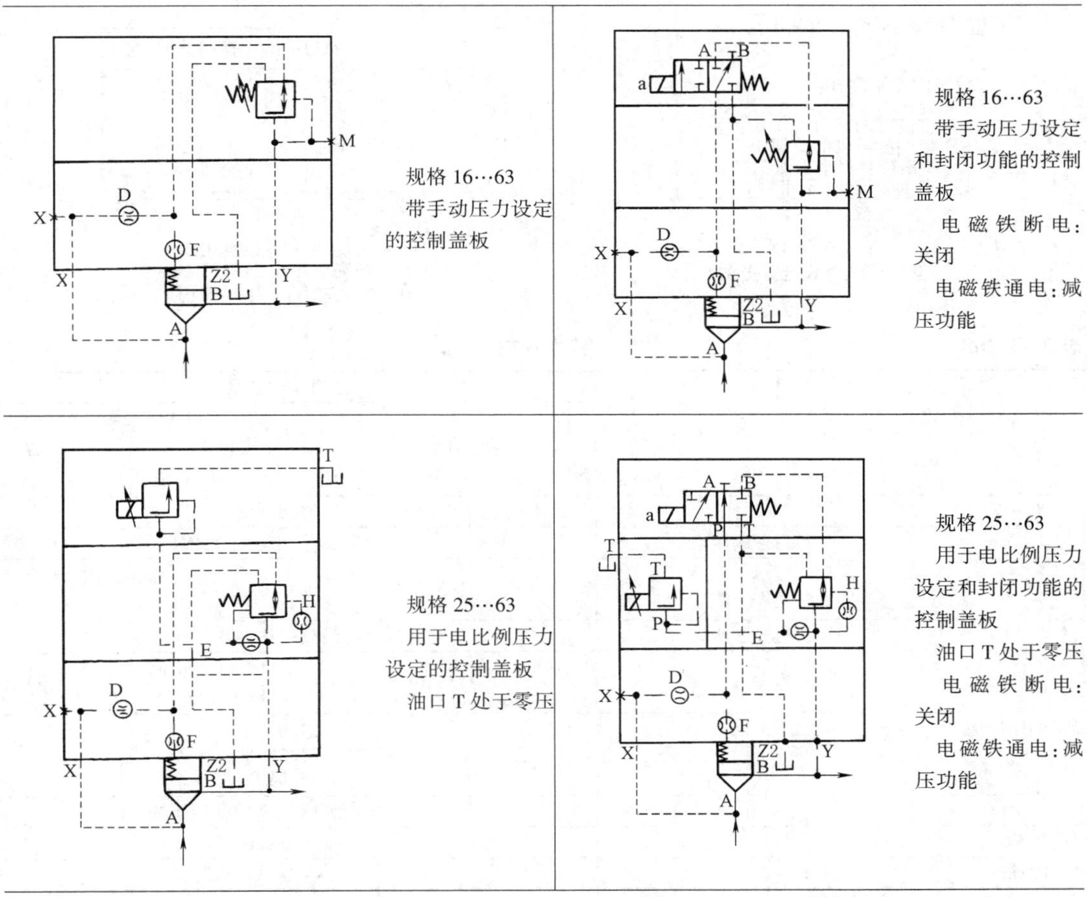


图 21-7-67　控制盖板图形符号

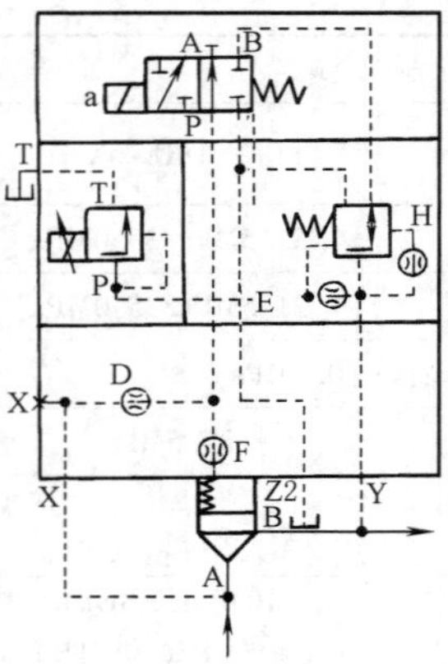


规格 25…63
用于电比例压力设定的控制盖板
油口 T 处于零压

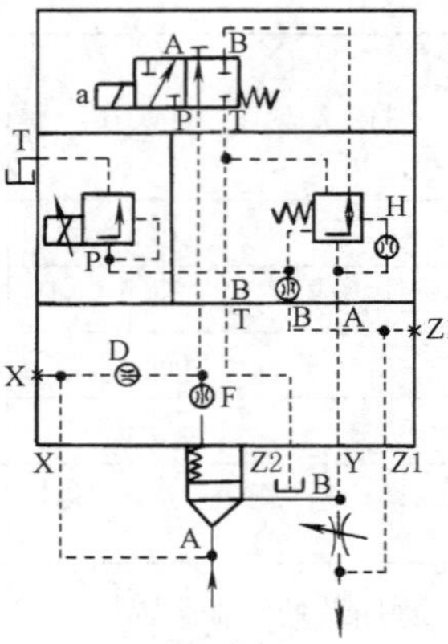


规格 25…63
用于电比例压力设定和封闭功能的控制盖板
油口 T 处于零压
电磁铁断电：关闭
电磁铁通电：减压功能

图 21-7-68 LFA 型控制盖板及插装阀图形符号（减压，常闭）

③ 顺序功能

型号意义：

LFA 型控制盖板

LFA □ □ □—6X/□ □ □ □

- 规格：16、25、32、40、50
- 型号：DZ、DZWA、DZWB
- 顺序阀控制型式：
  - 1— 旋钮
  - 2— 带设罩的螺钉
  - 3— 带刻度可锁的旋钮（H 锁符合汽车工业标准）
  - 4— 带刻度旋钮（不带锁）
- 系列代号：6X—60 ~ 69 系列（60 ~ 69 安装尺寸不变）
- 压力级：
  - 210— 最高顺序压力 21.0MPa
  - 315— 最高顺序压力 31.5MPa
  - 350— 最高顺序压力 35.0MPa
- 控制油的供给

| | 控制油的供给 | 控制油的回油 |
|---|---|---|
| 无代号 | 内部 | 内部 |
| X | 外部 | 内部 |
| Y | 内部 | 外部 |
| XY | 外部 | 外部 |

- 无代号 — 矿物质液压油；V— 磷酸酯液压油
- 其他说明

表 21-7-168 技术规格

<table>
<tr><td colspan="3" rowspan="3">项　目</td><td colspan="3">控 制 盖 板 型 号</td></tr>
<tr><td rowspan="2">LFA…DZ-6X/…</td><td colspan="2">LFA…DZW-6X/…</td></tr>
<tr><td>/…<br>/…X</td><td>/…Y<br>/…XY</td></tr>
<tr><td rowspan="5">最高工作压力在油口</td><td colspan="2">…X；…Z2</td><td colspan="3">31.5MPa</td></tr>
<tr><td rowspan="2">…Y</td><td>当控制压力</td><td colspan="3">在零压（最高可达约 0.2MPa）</td></tr>
<tr><td>静态</td><td>31.5MPa</td><td colspan="2">16.0MPa(DC)①<br>10.0MPa(AC)①</td></tr>
<tr><td rowspan="2">…Z1</td><td>当控制压力</td><td colspan="3">在零压（最高可达约 0.2 MPa）</td></tr>
<tr><td>静态</td><td>31.5MPa</td><td>16.0MPa(DC)①<br>10.0MPa(AC)①</td><td>31.5MPa</td></tr>
<tr><td colspan="3">可设定顺序压力</td><td colspan="3">21.0MPa<br>31.5MPa<br>35.0MPa</td></tr>
<tr><td colspan="3">油液</td><td colspan="3">矿物质液压油；磷酸酯液压油</td></tr>
<tr><td colspan="3">油温范围/℃</td><td colspan="3">−20~80</td></tr>
<tr><td colspan="3">黏度范围/$m^2 \cdot s^{-1}$</td><td colspan="3">$(2.8 \sim 380) \times 10^{-6}$</td></tr>
</table>

① 对于 4WE 6D 的最高值。

注：生产厂为北京华德液压集团液压阀分公司。

LFA…DZ…型控制盖板和 LC…DB…型 2 通插装阀相结合用于顺序功能。

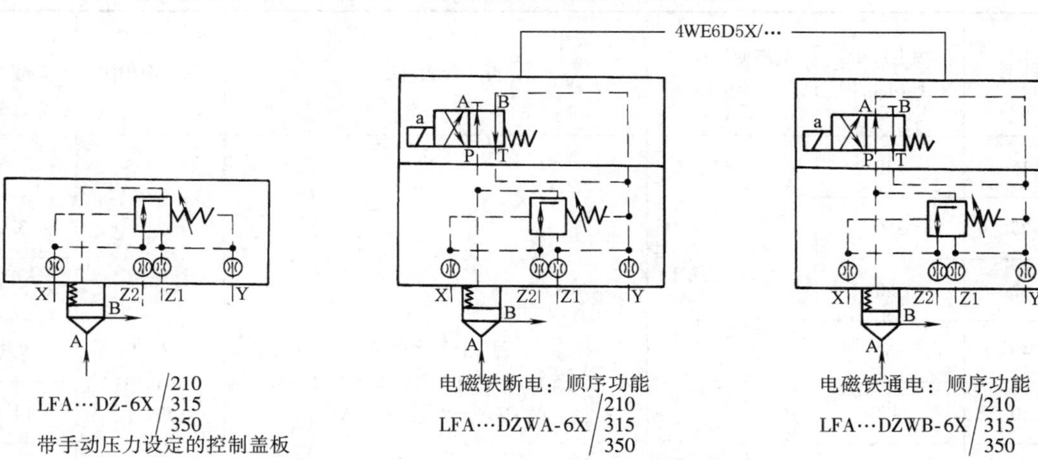


图 21-7-69　LFA 型控制盖板功能符号（顺序）

3）外形尺寸

L 型压力控制二通插装阀外形尺寸见生产厂产品样本。

## 5.4　LD、LDS、LB、LBS 型插装阀及组件

（1）LD 型方向插装阀、方向-流量插装阀

型号意义：

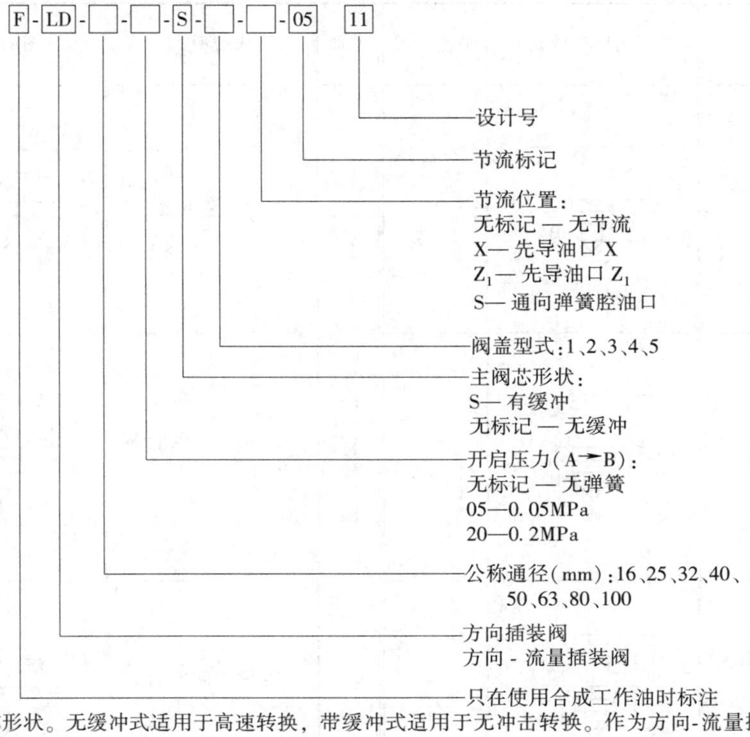


注：1. 主阀芯形状。无缓冲式适用于高速转换，带缓冲式适用于无冲击转换。作为方向-流量插装阀时，务必使用带缓冲的主阀芯。

2. 节流标记和节流孔直径见下表。

| 节流标记 | 05 | 06 | 08 | 10 | 12 | 14 | 16 | 18 | 20 | 25 | 32 | 40 | 50 |
|---|---|---|---|---|---|---|---|---|---|---|---|---|---|
| 节流孔直径/mm | 0.5 | 0.6 | 0.8 | 1.0 | 1.2 | 1.4 | 1.6 | 1.8 | 2.0 | 2.5 | 3.2 | 4.0 | 5.0 |

**表 21-7-169　　技术规格**

| 型号 | 额定流量 /L·min$^{-1}$ | 最高使用压力 /MPa | 开启压力/MPa | 主阀面积比 | 质量/kg |
|---|---|---|---|---|---|
| LD-16 | 130 | 31.5 | 无记号:无弹簧<br>5∶0.5(A→B)[1(B→A)]<br>20∶2(A→B)[4(B→A)] | 2∶1<br>(环状面积<br>50%) | 1.6 |
| LD-25 | 350 | | | | 3.0 |
| LD-32 | 500 | | | | 5.3 |
| LD-40 | 850 | | | | 9.1 |
| LD-50 | 1400 | | | | 14.8 |
| LD-63 | 2100 | | | | 29.8 |
| LD-80 | 3400 | | | | 48 |
| LD-100 | 5500 | | | | 86 |

注：1. 额定流量是指压力下降值为 0.3MPa 时的流量。
2. 生产厂为榆次油研液压有限公司。

**表 21-7-170　　阀盖型式及图形符号**

| 类别 | 阀盖型式 | 图形符号 | 节流位置 | 类别 | 阀盖型式 | 图形符号 | 节流位置 |
|---|---|---|---|---|---|---|---|
| 方向插装阀 | 无记号:标准 | 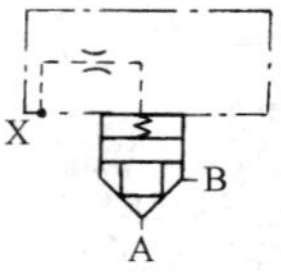 | X | 方向、流量插装阀 | 1:带行程调整 | 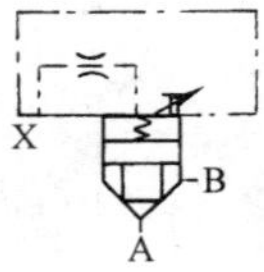 | X |
| | 4:带单向阀 | 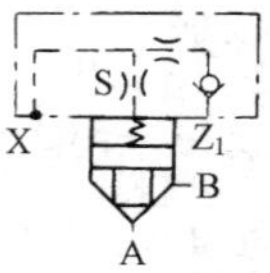 | $Z_1$<br>S | | 2:带单向阀行程调整 | 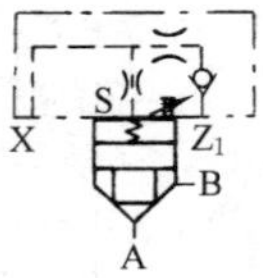 | $Z_1$<br>S |
| | 5:带梭阀 | 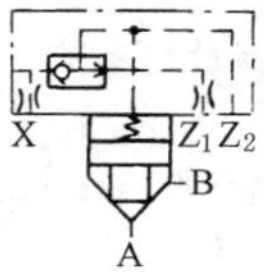 | X<br>$Z_1$ | | 3:带梭阀的行程调整 | 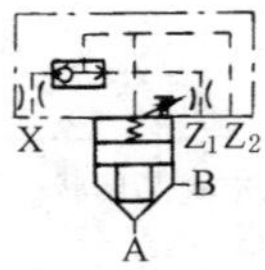 | X<br>$Z_1$ |

(2) LDS 型带电磁换向阀的方向插装阀

型号意义：

LDS - □ - □ - □ - □ - □ - □ - 05 - □ - □ - N - 11

- 11 — 设计号
- N — 电气接线方式：无标记 — 接线盒式(标准)；N—DIN 插座式(可选择)
- □ — 手动操作方式：无标记 — 推杆方式(标准)；C— 带按键(可选择)
- □ — 线圈：A※— 交流电磁铁；D※— 直流电磁铁；R※— 交直转换式电磁铁；RQ※— 交直快速转换式电磁铁
- 05 — 公称节流
- □ — 节流位置：无标记 — 无节流；P— 先导口；A— 先导口；B— 先导口；X— 先导口
- □ — 有无电磁换向阀：无标记 — 有电磁换向阀；O— 无电磁换向阀
- □ — 阀盖型式：1、2、3、4、5、6
- □ — 主阀形状：无标记 — 无缓冲；S— 有缓冲
- □ — 开启压力(A→B)：无标记 — 无弹簧；05—0.05MPa；20—0.2MPa
- □ — 公称通径(mm)：25、32、40、50、63
- LDS — 带电磁换向阀的方向插装阀

**表 21-7-171　技术规格**

| 型　号 | 额定流量 /L·min$^{-1}$ | 最高使用压力 /MPa | 开启压力/MPa | 主阀面积比 | 质量/kg |
|---|---|---|---|---|---|
| LDS-25 | 350 | 31.5 | 无标记:无弹簧<br>5:0.5(A→B)[1(B→A)]<br>20:2(A→B)[4(B→A)] | 2:1(环状面积)<br>50% | 4.4 |
| LDS-32 | 500 | | | | 6.7 |
| LDS-40 | 850 | | | | 10.5 |
| LDS-50 | 1400 | | | | 18.6 |
| LDS-63 | 2100 | | | | 33.6 |

注：额定流量是指压力下降值为 0.3MPa 时的流量。

**表 21-7-172　阀盖型式及图形符号**

| 阀盖型式 | 1. 常闭 | 2. 常开 | 3. 常闭(带梭阀) | 4. 常开(带梭阀) | 5. 常闭(带梭阀) | 6. 常开(带梭阀) |
|---|---|---|---|---|---|---|
| 图形符号 | 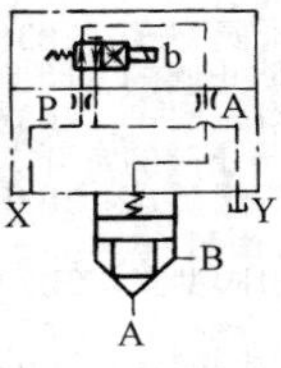 | 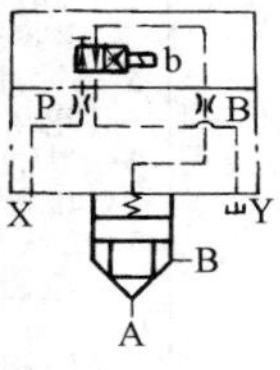 | 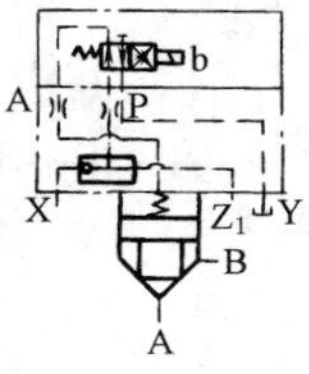 | 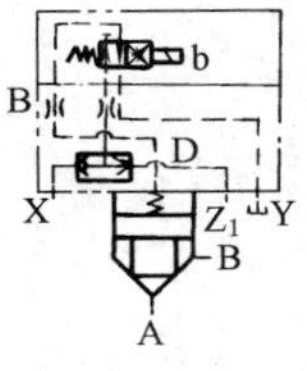 | 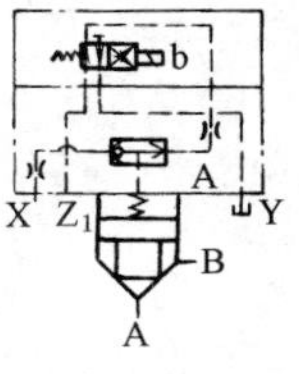 | 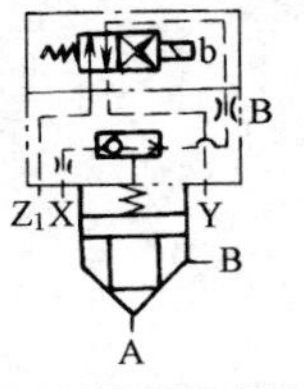 |
| 节流位置 | PA | PB | PA | PB | XA | XB |

(3) LB 型溢流插装阀

型号意义：

F - LB - □ - V - □ - □

- F：只在使用合成工作油时标注
- LB：溢流插装阀
- □：公称通径(mm)；16、25、32、50
- V：只在高排油时标注
- □：阀盖型式：无标记、$Z_1$、$Z_2$
- □：设计号：LB16、25、10；LB32、50、11

表 21-7-173　　技术规格

| 型　号 | 最高使用压力 /MPa | 压力调整范围 /MPa | 最大流量 /L·min⁻¹ | 质量 /kg | 最小流量 /L·min⁻¹ |
|---|---|---|---|---|---|
| LB-16-※-※-10 | 31.5 | 约 31.5 | 125 | 3.6 | 5 |
| LB-25-※-※-10 | | | 250 | 4.5 | |
| LB-32-※-※-11 | | | 500 | 6.7 | 8 |
| LB-50-※-※-11 | | | 1200 | 16.1 | 10 |

注：小流量场合时的设定压力往往不稳定，请按上表最小流量使用；压力在 25MPa 以上时，所有品种都应在 15L/min 以上使用。

表 21-7-174　　阀盖型式及图形符号

| 阀盖型式 | 标　　准 | $Z_1$ 泄油控制 | $Z_2$ 泄油控制 |
|---|---|---|---|
| 图形符号 | 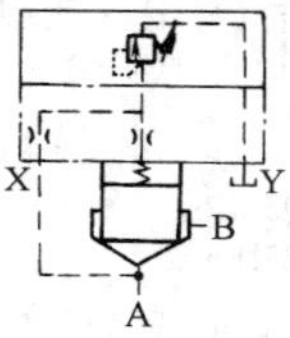 | 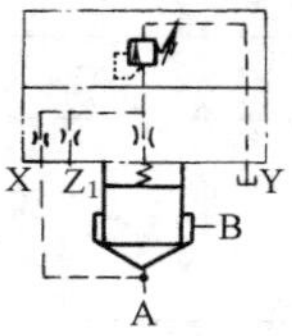 | 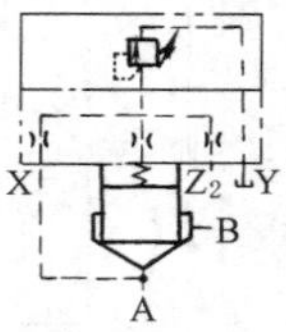 |

(4) LBS 型带电磁换向阀的溢流插装阀

型号意义：

LBS - □ - V - □ - □ - C - □ - □

- LBS：带电磁换向阀的溢流插装阀
- □：公称通径(mm)：16、25、32、50
- V：只在高排油时标注
- □：阀盖型式
  - 0— 无电磁换向阀；
  - 1— 卸荷用常闭（电磁阀滑阀型式：2B3A）；
  - 2— 卸荷用常开（电磁阀滑阀型式：2B3B）；
  - 3— 带冲击防止阀的常闭（电磁阀滑阀型式：2B3A）；
  - 4— 带冲击防止阀的常开（电磁阀滑阀型式：2B3B）；
  - 5—2 级压力控制（电磁阀滑阀型式：2B2）；
  - 6—3 级压力控制（电磁阀滑阀型式：3C9）；
  - 7— 带卸荷的 2 级压力控制（电磁阀滑阀型式：3C3）
- □：线圈符号
  - A※— 交流电磁铁
  - D※— 直流电磁铁
  - R※— 交直流转换式电磁铁
- C：手动操作方式
  - 无标记 — 推杆式(标准)
  - C— 带按钮(非标准)
- □：接线方式
  - 无标记 — 接线盒式(标准)
  - N—DIN 插座式(可选择)
- □：设计号
  - LBS16、25、10
  - LBS32、50、11

表 21-7-175　　技术规格

| 型　　号 | 最高使用压力 /MPa | 压力调整范围 /MPa | 最大流量 /L·min$^{-1}$ |
|---|---|---|---|
| LBS-16-※-※-※-10 | 31.5 | 约 31.5 | 125 |
| LBS-25-※-※-※-10 | | | 250 |
| LBS-32-※-※-※-11 | | | 500 |
| LBS-50-※-※-※-11 | | | 1200 |

表 21-7-176　　阀盖型式及图形符号

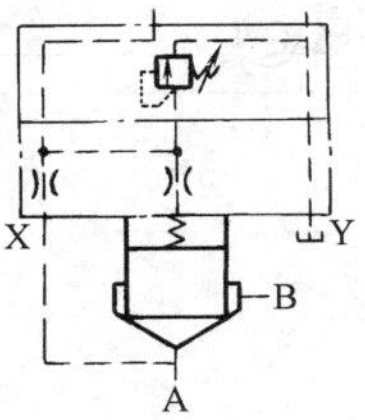

0:无电磁换向阀

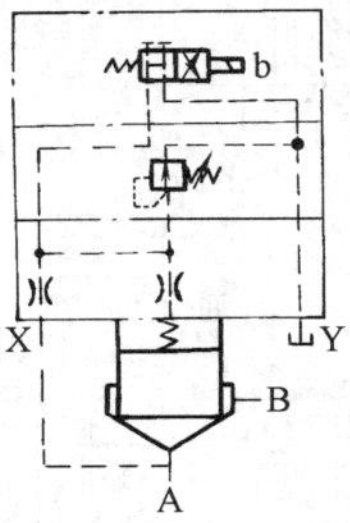

1:卸荷用(常闭)

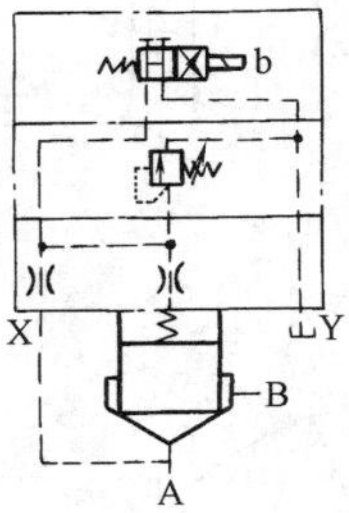

2:卸荷用(常开)

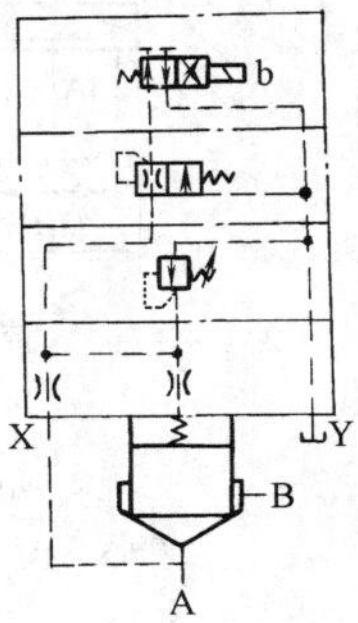

3:带冲击防止阀(常闭)

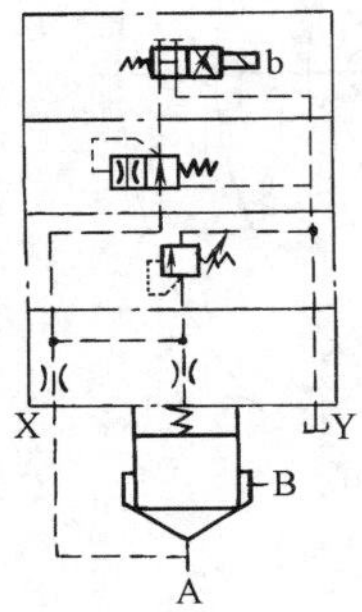

4:带冲击防止阀(常开)

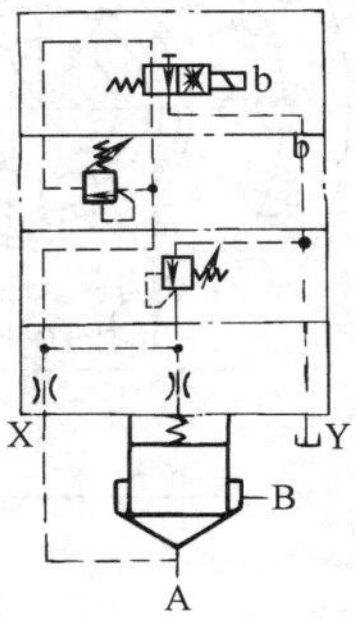

5:2 级压力控制

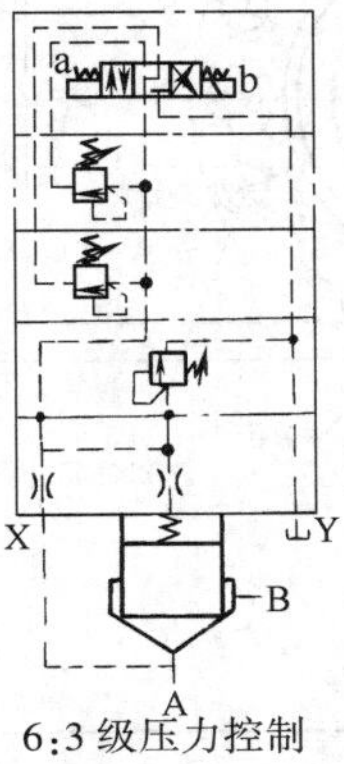

6:3 级压力控制

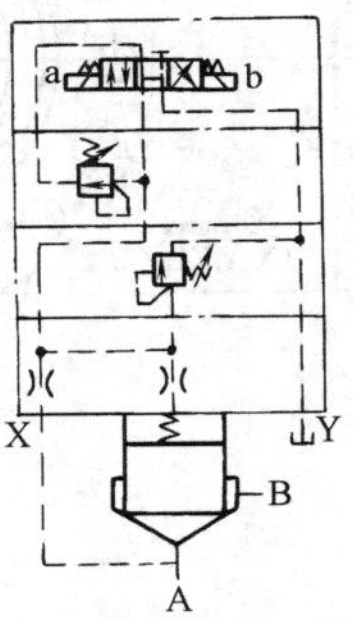

7:带卸荷的 2 级压力控制

注：生产厂为榆次油研液压公司。

插装阀及组件的外形尺寸见生产厂产品样本。

其他型号的二通插装阀及集成阀块的生产厂有：上海液压成套公司、天津高压泵阀厂等按 VICKERS 公司技术生产的 CVI 插装阀主阀、CVC 控制盖板和插装阀块；北京中冶迈克液压有限责任公司生产的 JK3 系列插装阀及组件等。

以上介绍的均为阀盖板连接方式，另还有螺纹连接方式的螺纹插装阀产品，特点是安装方便、体积也较小。VICKERS 公司生产的螺纹插装阀品种较全，有溢流、减压、换向、节流、比例等多种功能，详见该公司产品样本。

各生产厂均可向用户单独提供插装元件、控制盖板或集成阀块。对还不熟悉插装阀的设计人员可按普通（滑阀型）液压控制阀绘制液压系统原理图，并提出主机对液压控制的工艺要求向插装阀生产厂联系。

## 5.5　二通插装阀安装连接尺寸

各系列插装阀的插装主件安装连接尺寸均符合 GB/T 2877、ISO/DP 7368、DIN 24342 标准。国内产品和德国博世力士乐、日本油研公司、美国威格士公司等产品的安装连接尺寸一致，详见表 21-7-177。

## 插装阀安装连接尺寸

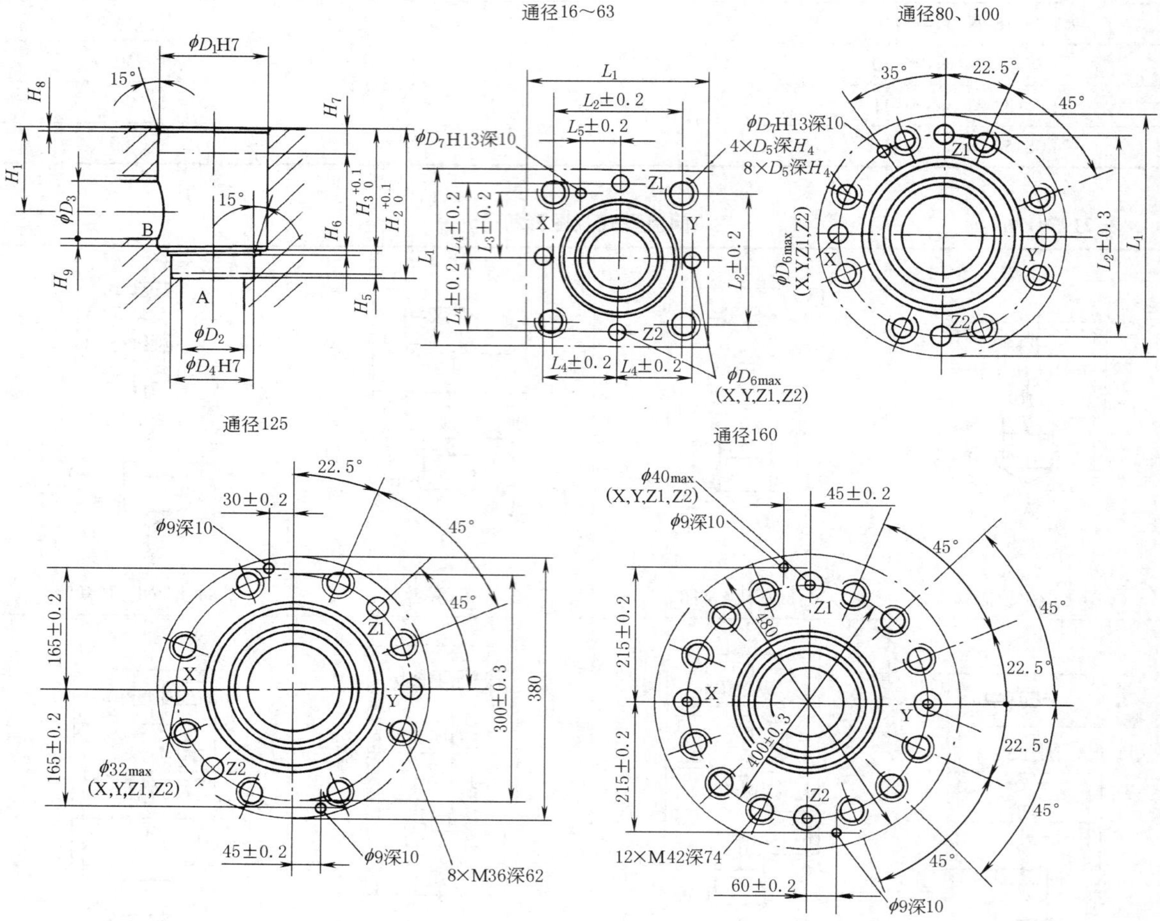


**表 21-7-177**

mm

| 尺寸 | 规格 | | | | | | | | | |
|---|---|---|---|---|---|---|---|---|---|---|
| | 16 | 25 | 32 | 40 | 50 | 63 | 80 | 100 | 125 | 160 |
| $D_1$ | 32 | 45 | 60 | 75 | 90 | 120 | 145 | 180 | 225 | 300 |
| $D_2$ | 16 | 25 | 32 | 40 | 50 | 63 | 80 | 100 | 150 | 200 |
| $D_3$ | 16 | 25 | 32 | 40 | 50 | 63 | 80 | 100 | 125 | 200 |
| $D_4$ | 25 | 34 | 45 | 55 | 68 | 90 | 110 | 135 | 200 | 270 |
| $D_5$ | M8 | M12 | M16 | M20 | M20 | M30 | M24 | M30 | — | — |
| $D_6$ | 4 | 6 | 8 | 10 | 10 | 12 | 16 | 20 | — | — |

续表

| 尺寸 | 规格 | | | | | | | | | |
|---|---|---|---|---|---|---|---|---|---|---|
| | 16 | 25 | 32 | 40 | 50 | 63 | 80 | 100 | 125 | 160 |
| $D_7$ | 4 | 6 | 6 | 6 | 8 | 8 | 10 | 10 | — | — |
| $H_1$ | 34 | 44 | 52 | 64 | 72 | 95 | 130 | 155 | 192 | 268 |
| $H_2$ | 56 | 72 | 85 | 105 | 122 | 155 | 205 | 245 | $300^{+0.15}_{0}$ | $425^{+0.15}_{0}$ |
| $H_3$ | 43 | 58 | 70 | 87 | 100 | 130 | 175±0.2 | 210±0.2 | 257±0.5 | 370±0.5 |
| $H_4$ | 20 | 25 | 35 | 45 | 45 | 65 | 50 | 63 | — | — |
| $H_5$ | 11 | 12 | 13 | 15 | 17 | 20 | 25 | 29 | 31 | 45 |
| $H_6$ | 2 | 2.5 | 2.5 | 3 | 3 | 4 | 5 | 5 | 7±0.5 | 8±0.5 |
| $H_7$ | 20 | 30 | 30 | 30 | 35 | 40 | 40 | 50 | 40 | 50 |
| $H_8$ | 2 | 2.5 | 2.5 | 3 | 4 | 4 | 5 | 5 | 5.5±0.2 | 5.5±0.2 |
| $H_9$ | 0.5 | 1 | 1.5 | 2.5 | 2.5 | 3 | 4.5 | 4.5 | 2 | 2 |
| $L_1$ | 65/80 | 85 | 102 | 125 | 140 | 180 | 250 | 300 | — | — |
| $L_2$ | 46 | 58 | 70 | 85 | 100 | 125 | 200 | 245 | — | — |
| $L_3$ | 23 | 29 | 35 | 42.5 | 50 | 62.5 | — | — | — | — |
| $L_4$ | 25 | 33 | 41 | 50 | 58 | 75 | — | — | — | — |
| $L_5$ | 10.5 | 16 | 17 | 23 | 30 | 38 | — | — | — | — |

# 6 其他阀

## 6.1 截止阀

### 6.1.1 CJZQ 型球芯截止阀

型号意义：

C JZQ-□ □ □

- C — 船用
- JZQ — 球芯截止阀
- 第一个□ — 公称压力：H—31.5MPa；F—21MPa
- 第二个□ — 公称通径(mm)：10、15、20、25、32、50、80
- 第三个□ — 连接型式：L— 螺纹连接；F— 法兰连接

**表 21-7-178** 外形尺寸 mm

**法兰连接**

结构及外形图

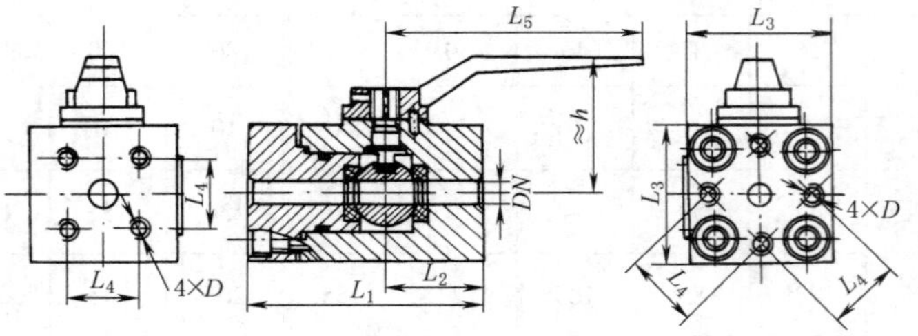


CJZQ-$^{H}_{F}$10F～CJZQ-$^{H}_{F}$32F

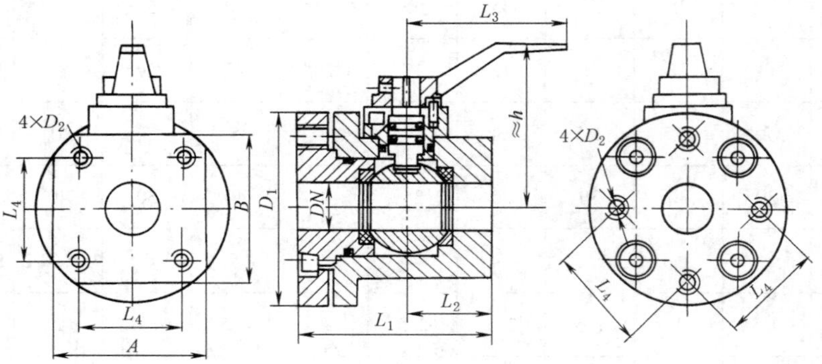


CJZQ-F$^{50}_{80}$F

| 型号 | 通径 | 压力/MPa |
|---|---|---|
| CJZQ-$^{H}_{F}$10 | 10 | H：31.5<br>F：21 |
| CJZQ-$^{H}_{F}$15 | 15 | |
| CJZQ-$^{H}_{F}$20 | 20 | |
| CJZQ-$^{H}_{F}$25 | 25 | |
| CJZ-$^{H}_{F}$32 | 32 | |
| CJZ-F50 | 50 | 21 |
| CJZ-F80 | 80 | |

| 型号 | DN | $L_1$ | $L_2$ | $L_3$ |
|---|---|---|---|---|
| CJZQ-H10F | 10 | 91 | 37 | 56 |
| CJZQ-H15F | 15 | 88 | | 65 |
| CJZQ-H20F | 20 | 97 | | 75 |
| CJZQ-H25F | 25 | 111 | 48 | 88 |
| CJZQ-H32F | 32 | 131 | 54 | 105 |

| 型号 | $L_4$ | $L_5$ | D | h |
|---|---|---|---|---|
| CJZQ-H10F | 28.3 | 100 | M8 | 55 |
| CJZQ-H15F | 35.4 | 120 | | 59 |
| CJZQ-H20F | 43.8 | 140 | M10 | 70 |
| CJZQ-H25F | 51.6 | 160 | M12 | 80 |
| CJZQ-H32F | 60.1 | 180 | M14 | 87 |

| 型号 | DN | $L_1$ | $L_2$ | $L_3$ | $L_4$ | $D_1$ | $D_2$ | A×B | h |
|---|---|---|---|---|---|---|---|---|---|
| CJZQ-F50F | 50 | 170 | 75 | 200 | 83.4 | $\phi$156 | M20 | 120×125 | 140 |
| CJZQ-F80F | 80 | 225 | 95 | 300 | 113.1 | $\phi$218 | M24 | 182×182 | 190 |

**螺纹连接**

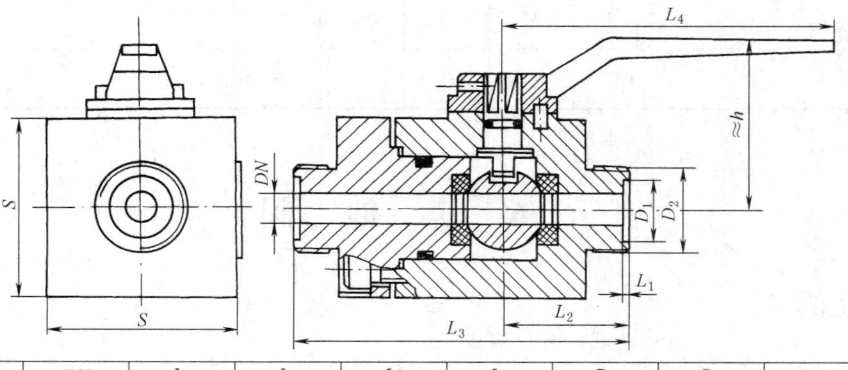


| 型号 | DN | $L_1$ | $L_2$ | $L_3$ | $L_4$ | $D_1$ | $D_2$ | S×S | h |
|---|---|---|---|---|---|---|---|---|---|
| CJZQ-H10L | 10 | $1.8_{-0.05}^{0}$ | 38 | 100 | 100 | $20_{-0.20}^{0}$ | M27×1.5 | 56×56 | 55 |
| CJZQ-H15L | 15 | $1.8_{-0.05}^{0}$ | 41 | 105 | 120 | $24_{-0.20}^{0}$ | M30×1.5 | 60×60 | 59 |
| CJZQ-H20L | 20 | $2.4_{-0.05}^{0}$ | 47 | 121 | 140 | $30_{-0.34}^{0}$ | M36×2 | 70×70 | 70 |
| CJZQ-H25L | 25 | $2.4_{-0.05}^{0}$ | 55 | 135 | 160 | $35_{-0.34}^{0}$ | M42×2 | 75×75 | 80 |
| CJZQ-H32L | 32 | $2.4_{-0.05}^{0}$ | 64 | 160 | 180 | $40_{-0.34}^{0}$ | M52×2 | 90×90 | 87 |

注：1. 适用介质为矿物油、水-乙二醇、油包水及水包油乳化液。

2. 本阀严禁作节流阀使用。

3. 生产厂为奉化市朝日液压公司、奉化新华液压件厂。

## 6.1.2 YJZQ型高压球式截止阀

（1）型号意义

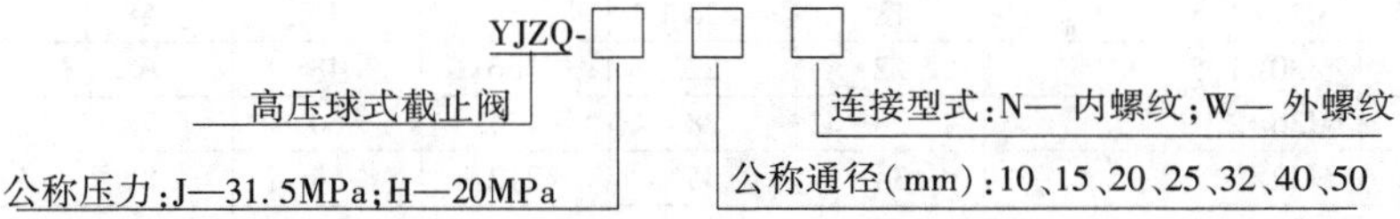


（2）内螺纹球阀

**外形尺寸**

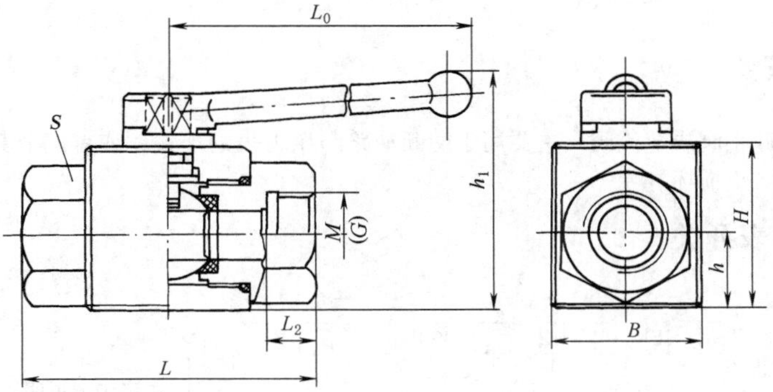


表 21-7-179

| 型号 | M /mm | G /in | 尺寸/mm | | | | | | | |
|---|---|---|---|---|---|---|---|---|---|---|
| | | | B | H | h | $h_1$ | L | $L_2$ | S | $L_0$ |
| YJZQ-J10N | M18×1.5 | 3/8 | 32 | 36 | 18 | 72 | 78 | 14 | 27 | 120 |
| YJZQ-J15N | M22×1.5 | 1/2 | 35 | 40 | 19 | 87 | 86 | 16 | 30 | 120 |
| YJZQ-J20N | M27×2 | 3/4 | 48 | 55 | 25 | 96 | 108 | 18 | 41 | 160 |
| YJZQ-J25N | M33×2 | 1 | 58 | 65 | 30 | 116 | 116 | 20 | 50 | 160 |
| YJZQ-J32N | M42×2 | 1¼ | 76 | 84 | 38 | 141 | 136 | 22 | 60 | 200 |
| YJZQ-H40N | M48×2 | 1½ | 88 | 98 | 45 | 165 | 148 | 24 | 75 | 250 |
| YJZQ-H50N | M64×2 | 2 | 98 | 110 | 52 | 180 | 180 | 26 | 85 | 300 |

（3）外螺纹球阀

**外形尺寸**

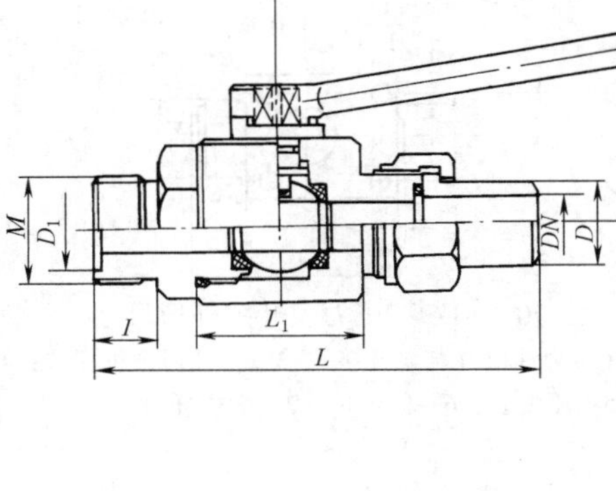

表 21-7-180

| 型　　号 | M/mm | 尺　　寸/mm | | | | | | |
|---|---|---|---|---|---|---|---|---|
| | | $D$ | $D_1$ | $L$ | $L_1$ | $H$ | $I$ | $L_0$ |
| YJZQ-J10W | M27×1.5 | 18 | 20 | 154 | 42 | 58 | 16 | 120 |
| YJZQ-J15W | M30×1.5 | 22 | 22 | 166 | 48 | 68 | 18 | 120 |
| YJZQ-J20W | M36×2 | 28 | 28 | 174 | 60 | 72 | 18 | 160 |
| YJZQ-J25W | M42×2 | 34 | 35 | 212 | 64 | 86 | 20 | 160 |
| YJZQ-J32W | M52×2 | 42 | 40 | 230 | 76 | 103 | 22 | 200 |
| YJZQ-H40W | M64×2 | 50 | 50 | 250 | 84 | 120 | 24 | 250 |
| YJZQ-H50W | M72×2 | 64 | 60 | 294 | 108 | 128 | 26 | 300 |

注：生产厂为奉化溪口工程液压成套厂、奉化市朝日液压公司。

## 6.2　压力表开关

压力表开关是小型截止阀或节流阀。主要用于切断油路与压力表的连接，或者调节其开口大小起阻尼作用，减缓压力表急剧抖动，防止损坏。

### 6.2.1　AF6 型压力表开关

型号意义：

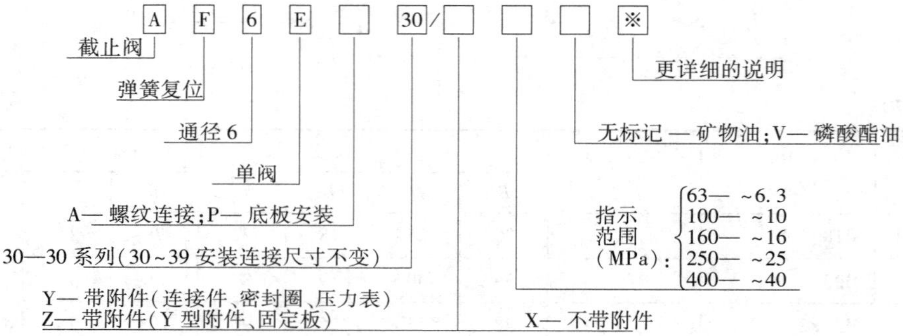


外形尺寸：

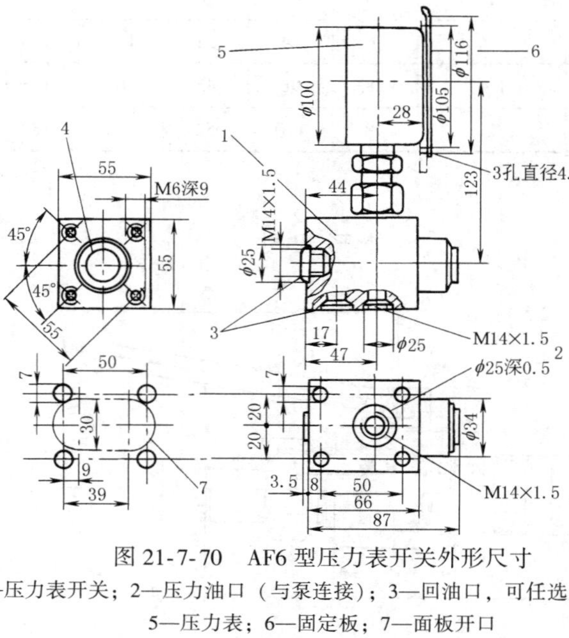


图 21-7-70　AF6 型压力表开关外形尺寸

1—压力表开关；2—压力油口（与泵连接）；3—回油口，可任选；4—按钮；

5—压力表；6—固定板；7—面板开口

表 21-7-181　　技术规格

| | |
|---|---|
| 介质 | 矿物油、磷酸酯 |
| 介质温度/℃ | -20~70 |
| 介质黏度/$m^2 \cdot s^{-1}$ | $(2.8 \sim 380) \times 10^{-6}$ |
| 工作压力/MPa | 约 31.5 |
| 压力表指示范围/MPa | 6.3、10、16、25、40（指示范围应超过最大工作压力约 30%） |

注：生产厂为北京华德液压集团液压阀分公司、上海立新液压有限公司。

### 6.2.2　MS2 型六点压力表开关

型号意义：

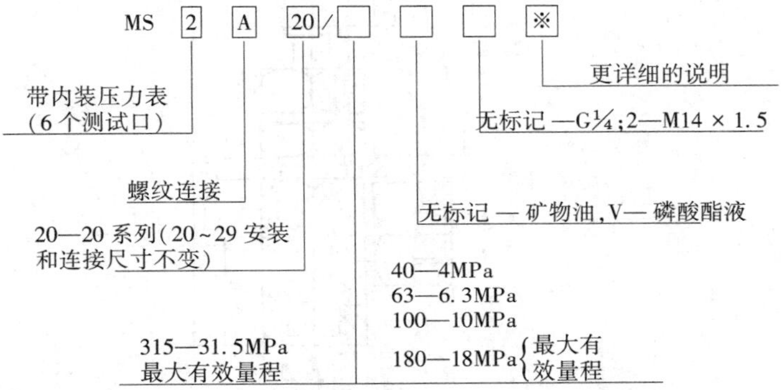


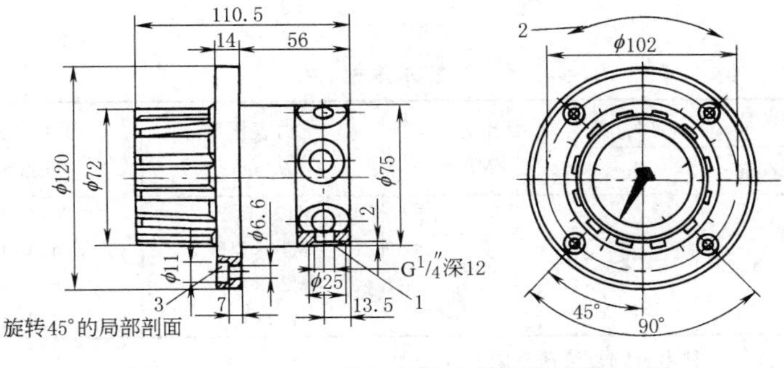


图 21-7-71　MS2 型六点压力表开关外形尺寸

1—6 个测试口和 1 个回油口沿圆周均匀分布；2—顺或逆时针方向转动旋钮，便可直接读数，零点安排在指示点中间；3—4 个固定螺栓孔

表 21-7-182　　技术规格

<table>
<tr><td>最高允许工作压力/MPa</td><td colspan="2">31.5 最高允许工作压力与内装压力表的刻度值一致。该压力与压力表实际极限刻度间的区域用红色表示</td><td>回油口最高允许背压/MPa</td><td>1</td></tr>
<tr><td>内装压力表指示精度</td><td colspan="4">20℃时，内装压力表的指示精度为红色刻度值的 1.6%，温度每上升 10℃，就产生+3%红色刻度指示误差，温度每下降 10℃，就产生-3%的红色刻度指示误差</td></tr>
<tr><td>介质</td><td>矿物油</td><td>介质黏度/$m^2 \cdot s^{-1}$</td><td colspan="2">$(23.8 \sim 380) \times 10^{-6}$</td></tr>
<tr><td>介质温度/℃</td><td>-20~70</td><td>质量/kg</td><td colspan="2">1.7</td></tr>
</table>

注：生产厂为北京华德液压集团液压阀分公司、上海立新液压有限公司。

### 6.2.3 KF 型压力表开关

型号意义：

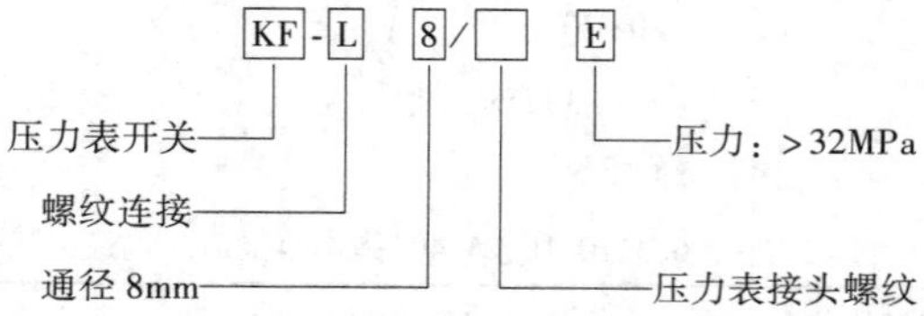


外形尺寸：

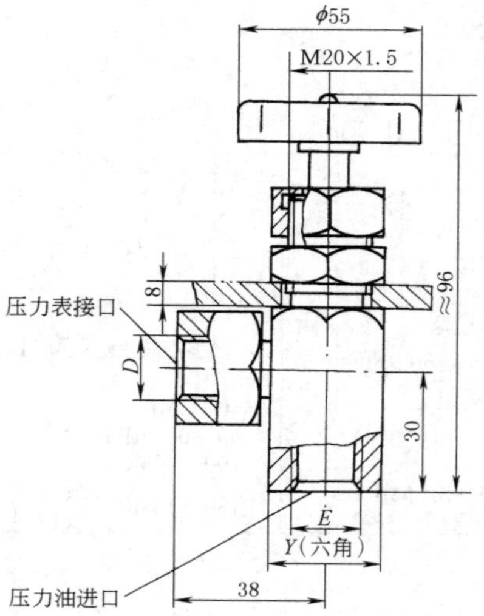


表 21-7-183 技术规格

| 型号 | 通径 /mm | 通径 /in | 压力 /MPa | 压力表接口 D/mm | 压力油进口 E/mm | Y |
|---|---|---|---|---|---|---|
| KF-L8/12E | 8 | 1/4 | 350 | M12×1.25 | M14×1.5 | 27 |
| KF-L8/14E | | | | M14×1.5 | M14×1.5 | 27 |
| KF-L8/20E | | | | M20×1.5 | M14×1.5 | 27 |
| KF-L8/30E | | | | M30×1.5 | M14×1.5 | 38 |

注：生产厂为南通液压件厂、甘肃省临夏液压有限责任公司。

## 6.3 分流集流阀

### 6.3.1 FL、FDL、FJL 型分流集流阀

FL、FDL、FJL 型分流集流阀又称同步阀，内部设有压力反馈机构，在液压系统中可使由同一台泵供油的2~4 只液压缸或液压马达，不论负载怎样变化，基本上能达到同步运行。该阀具有结构紧凑、体积小、维护方便等特点。

FL 型分流阀按固定比例自动将油流分成两个支流，使执行元件一个方向同步运行。FDL 型单向分流阀在油流反向流动时，油经单向阀流出，可减少压力损失。FJL 型分流集流阀按固定比例自动分配或集中两股油流，使执行元件双向同步运行。

这种阀安装时应尽量保持阀心轴线在水平位置，否则会影响同步精度，不许阀芯轴线垂直安装。当使用流量大于阀的公称流量时，流经阀的能量损失增大，但速度同步精度有所提高，若低于公称流量则能量损失减小，但

速度同步精度降低。

型号意义：

F※※-[B][ ][H]

名称：FJL— 分流集流阀
FL— 分流阀
FDL— 单向分流阀

连接型式：板式连接

公称压力/MPa：32

公称通径/mm：10、15、20

技术规格及外形尺寸：

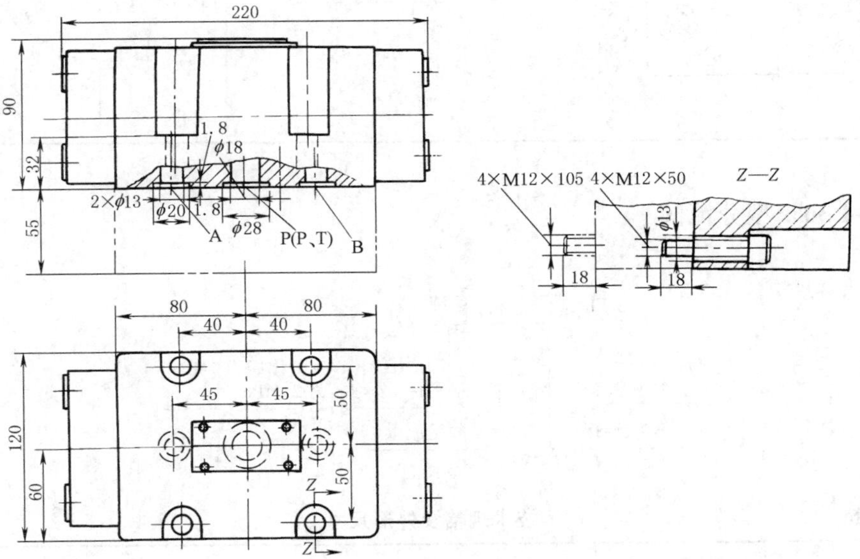


**表 21-7-184**

| 名称 | 型号 | 公称通径/mm | 公称流量/L·min$^{-1}$ P、O | 公称流量/L·min$^{-1}$ A、B | 公称压力/MPa | 连接方式 | 速度同步误差/% ≤ A、B口负载压差/MPa ≤1.0 | ≤6.3 | ≤20 | ≤30 | 质量/kg |
|---|---|---|---|---|---|---|---|---|---|---|---|
| 分流集流阀 | FJL-B10H | 10 | 40 | 20 | | | | | | | 13.8 |
| | FJL-B15H | 15 | 63 | 31.5 | | | | | | | |
| | FJL-B20H | 20 | 100 | 50 | | | | | | | |
| 分流阀 | FL-B10H | 10 | 40 | 20 | | | | | | | 13.5 |
| | FL-B15H | 15 | 63 | 31.5 | 最高32、最低2 | 板式 | 0.7 | 1 | 2 | 3 | |
| | FL-B20H | 20 | 100 | 50 | | | | | | | |
| 单向分流阀 | FDL-B10H | 10 | 40 | 20 | | | | | | | 14 |
| | FDL-B15H | 15 | 63 | 31.5 | | | | | | | |
| | FDL-B20H | 20 | 100 | 50 | | | | | | | |

注：1. FDL-B※H-S 型系列单向分流阀高度方向尺寸见双点画线部分。

2. 生产厂为四平市广成液压科技有限公司、上海液二液压件制造有限公司。

表 21-7-185　安装底板

| 图 | 阀型号 | 底板型号 | 生产厂 |
|---|---|---|---|
| 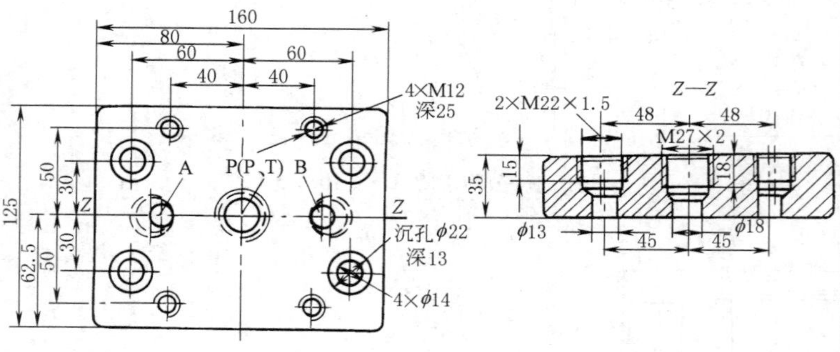 | FL-B※H-S<br>FDL-B※H-S<br>FJL-B※H-S | FLA-B10-S | 上海液压件二厂<br>四平市广成液压科技有限公司 |



## 6.3.2　3FL-L30※型分流阀

型号意义：

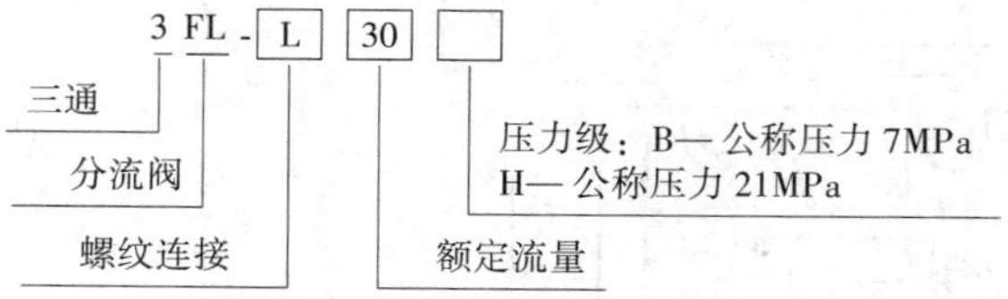


表 21-7-186　技术规格及外形尺寸

| 型　号 | 额定流量/L·min$^{-1}$ | 公称压力/MPa | 同步精度/% | 主油路P、T | 分油路A、B | |
|---|---|---|---|---|---|---|
| | | | | 连接螺纹 | | |
| 3FL-L30B | 30 | 7 | 1～3 | M18×1.5 | M16×1.5 | 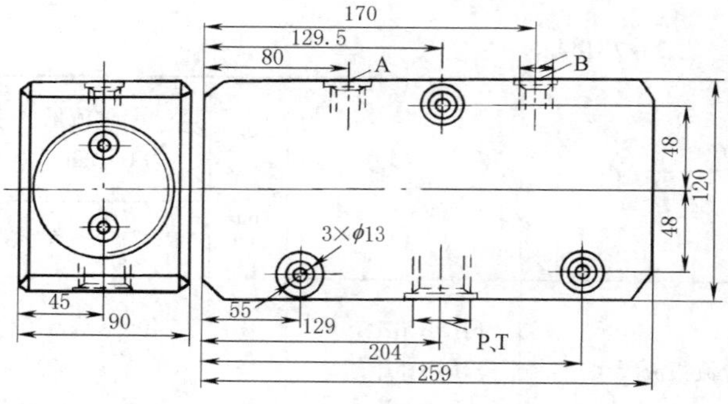 |
| 3FL-L25H | 25 | 32 | | M18×1.5 | | |
| 3FL-L50H | 50 | | | M22×1.5 | M18×1.5 | |
| 3FL-L63H | 63 | | | | | |
| 备　注 | 生产厂：四平市广成液压科技有限公司（部分产品，下同） | | | | | |



## 6.3.3　3FJLK-L10-50H 型可调分流集流阀

型号意义：

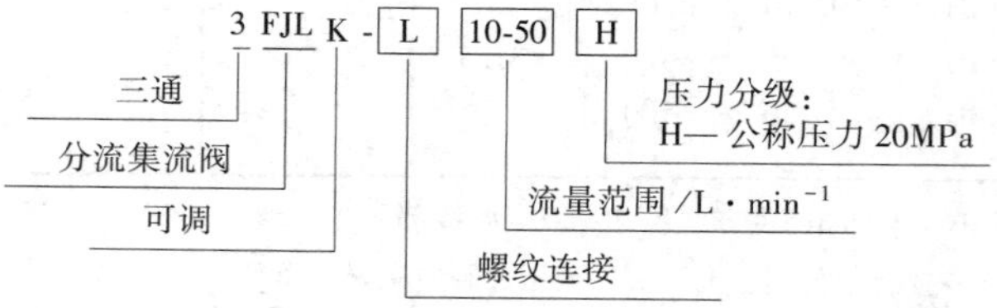

表 21-7-187　　技术规格及外形尺寸

| 型　号 | 额定流量 /L·min$^{-1}$ | 公称压力 /MPa | 同步精度 /% | 主油路 | 分油路 |
|---|---|---|---|---|---|
| | | | | 连接螺纹 | |
| 3FJLK-L10-50H | 10~50 | 21 | 1 | M22×1.5 | M18×1.5 |
| 备注 | 生产厂:四平市广成液压科技有限公司 | | | | |

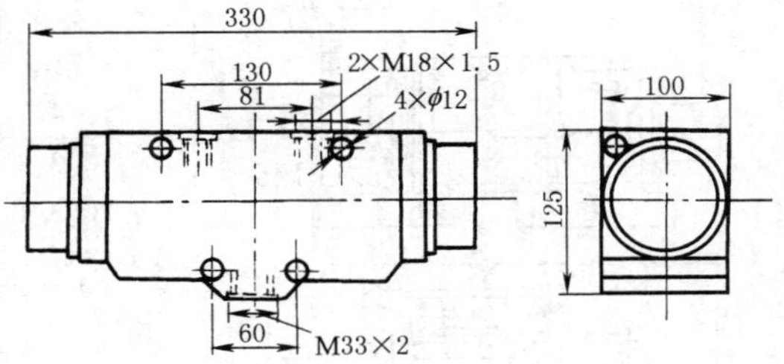


## 6.3.4　3FJLZ-L20-130H 型自调式分流集流阀

该阀流量可在给定范围内自动调整，用于保证两个或两个以上液压执行机构在外载荷不等的情况下实现同步。

型号意义：

3 FJLZ - L 20-130 H

- 3：三通
- FJLZ：分流集流自调式
- L：螺纹连接
- 20-130：流量范围 /L·min$^{-1}$
- H：压力分级：H— 公称压力 20MPa

表 21-7-188　　技术规格及外形尺寸

| 型　号 | 额定流量 /L·min$^{-1}$ | 公称压力 /MPa | 同步精度 /% | 主油路 | 分油路 |
|---|---|---|---|---|---|
| | | | | 连接螺纹 | |
| 3FJLZ-L20-130H | 20~130 | 20 | 1~3 | M33×2 | M27×2 |
| 备注 | 生产厂:四平市广成液压科技有限公司 | | | | |

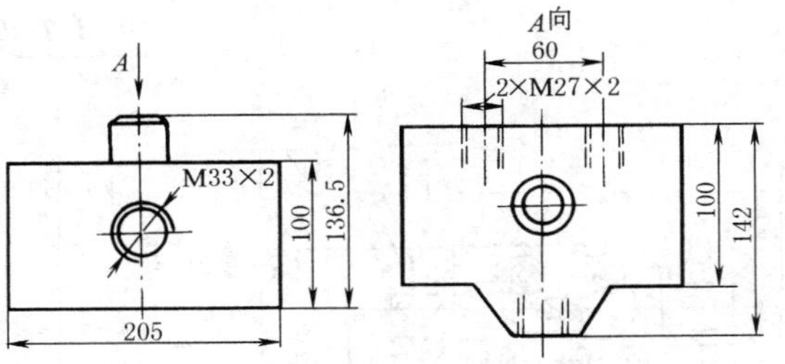


# 6.4　ZFS 型多路换向阀

ZFS 型多路换向阀是手动控制换向阀的组合阀，由 2~5 个三位六通手动换向阀、溢流阀、单向阀组成，可根据用途的不同选用。换向阀在中间位置时，主油路有中间全封闭式、压力口封闭式、B 腔常闭式及压力油短路卸荷式等。主要用于多个工作机构（液压缸，液压马达）的集中控制。

型号意义：

ZF S - L 20 C - Y T - ※

- ZF：多路换向阀
- S：S—手动控制
- L：连接型式：L—螺纹连接
- 20：公称通径：20mm
- C：压力分级：C—8~16MPa
- Y：附溢流阀单向阀组
- T：定位方式：T—弹簧复位；W—弹跳定位
- ※：O—中间封闭；Y—ABO 连通；A—A 口升降用；B—B 口升降用

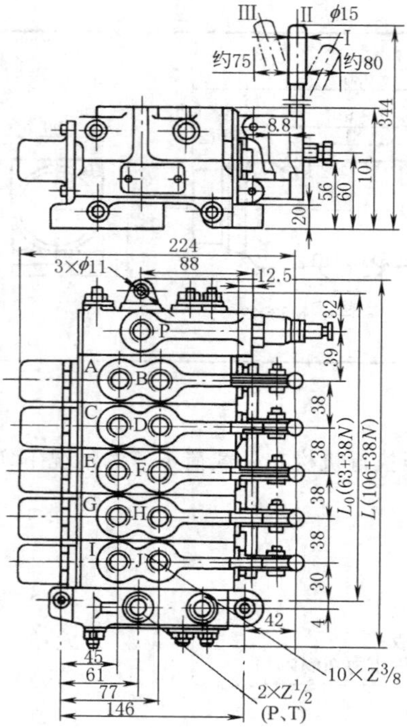


**表 21-7-189　ZFS-L10C-Y＊-＊型外形尺寸**

| 公称通径/mm | 最大流量/L·min$^{-1}$ | 工作压力/MPa | 型号 | 估计总重/kg | | | |
|---|---|---|---|---|---|---|---|
| | | | | 2连 | 3连 | 4连 | 5连 |
| 10(3/8″) | 30 | 14.0 | ZFS-L10 | 10.5 | 13.5 | 16.5 | 19.5 |
| 20(3/4″) | 75 | 14.0 | ZFS-L20 | 24 | 31.0 | 38 | 45 |
| 25(1″) | 130 | 10.5 | ZFS-L25 | 42 | 53.0 | 64 | 75 |

| ZFS滑阀机能 | | | | |
|---|---|---|---|---|
| | O型 全闭口 | 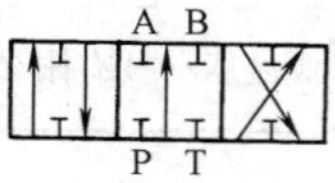 | A型 A口升降用 | 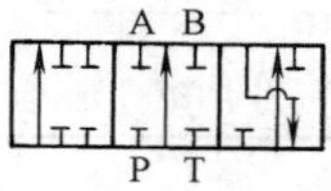 |
| | Y型 油缸浮动 | 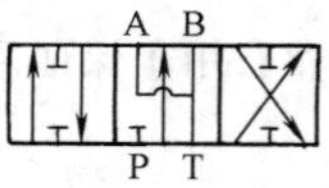 | B型 B口升降用 | 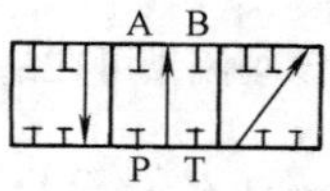 |

| 连数 N | $L_0$ | L | 连数 N | $L_0$ | L | 连数 N | $L_0$ | L |
|---|---|---|---|---|---|---|---|---|
| 1 | 101 | 144 | 3 | 177 | 220 | 5 | 253 | 296 |
| 2 | 139 | 182 | 4 | 215 | 258 | | | |

注：生产厂为榆次液压有限责任公司。

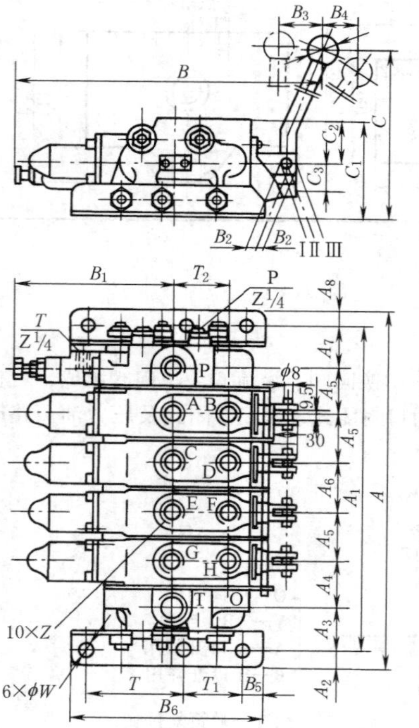


**表 21-7-190　ZFS-L$^{20}_{25}$C-Y＊-＊型外形尺寸**　mm

| 公称通径 | 型号 | 连数 | A | $A_1$ | $A_2$ | $A_3$ | $A_4$ | $A_5$ |
|---|---|---|---|---|---|---|---|---|
| 20(3/4″) | ZFS-L20C-Y※ | 1 | 236 | 204 | 16 | 48 | 54 | 57.5 |
| | | 2 | 293.5 | 261.5 | | | | |
| | | 3 | 351 | 319 | | | | |
| | | 4 | 408.5 | 376.5 | | | | |
| 25(1″) | ZFS-L25C-Y※ | 1 | 285 | 241 | 22 | 58 | 62.5 | 62.5 |
| | | 2 | 347.5 | 303.5 | | | | |
| | | 3 | 410 | 366 | | | | |
| | | 4 | 472.5 | 428.5 | | | | |

| 公称通径 | 连数 | $A_6$ | $A_7$ | $A_8$ | B | $B_1$ | $B_2$ | $B_3$ | $B_4$ | $B_5$ | $B_6$ |
|---|---|---|---|---|---|---|---|---|---|---|---|
| 20(3/4″) | 1<br>2<br>3<br>4 | 54 | 48 | 16 | 371.5 | 184.5 | 9.5 | 78 | 73 | 18 | 213 |
| 25(1″) | 1<br>2<br>3<br>4 | 62.5 | 58 | 22 | 437 | 188 | 12 | 107 | 100 | 25 | 275 |

| 公称通径 | 连数 | C | $C_1$ | $C_2$ | $C_3$ | Z | T | $T_1$ | $T_2$ | ϕW |
|---|---|---|---|---|---|---|---|---|---|---|
| 20(3/4″) | 1<br>2<br>3<br>4 | 275 | 121 | 54 | 30 | Z3/4″ | 110 | 67 | 60 | 15 |
| 25(1″) | 1<br>2<br>3<br>4 | 391 | 140 | 60 | 40 | Z1″ | 100 | 125 | 70 | 18 |

注：生产厂为榆次液压有限责任公司。

## 6.5 压力继电器

### 6.5.1 HED 型压力继电器

压力继电器是将某一定值的液体压力信号转变为电气信号的元件。HED1、4 型压力继电器为柱塞式结构，当作用在柱塞上的液体压力达到弹簧调定值时，柱塞产生位移，使推杆压缩弹簧，并压下微动开关，发出电信号，使电器元件动作，实现回路自动程序控制和安全保护。

HED2、3 型压力继电器是弹簧管式结构，弹簧管在压力油作用下产生变形，通过杠杆压下微动开关，发出电信号，使电器元件动作，以实现回路的自动程序控制和安全保护。

型号意义：

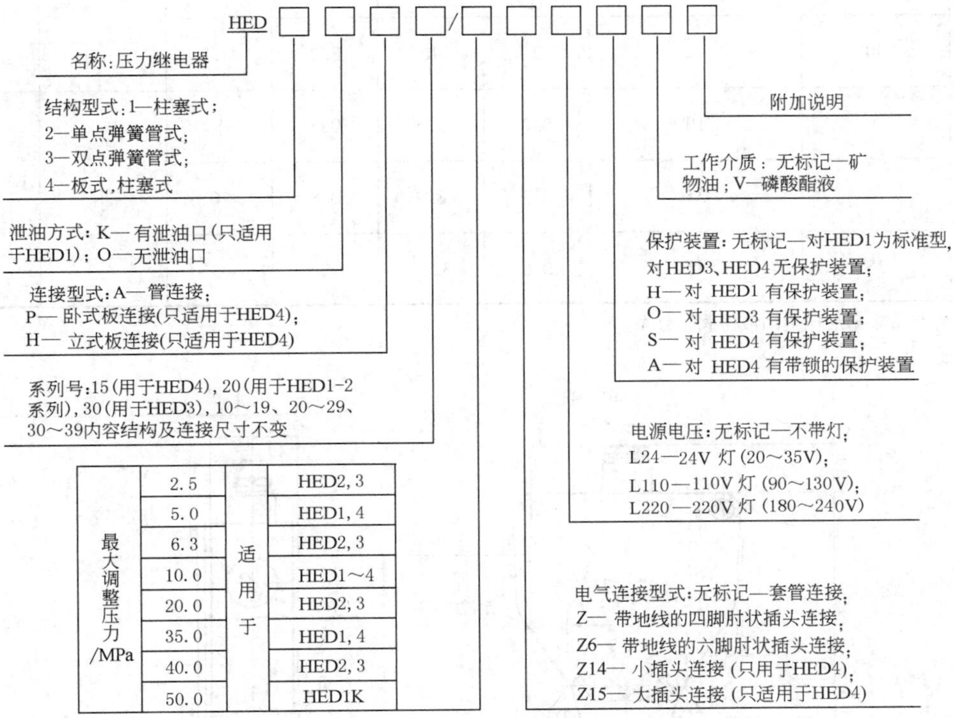


**表 21-7-191　技术规格**

| 型　号 | 额定压力/MPa | 最高工作压力（短时间）/MPa | 复原压力/MPa | | 动作压力/MPa | | 切换频率/次·$min^{-1}$ | 切换精度 |
|---|---|---|---|---|---|---|---|---|
| | | | 最　低 | 最　高 | 最　低 | 最　高 | | |
| HED1K | 10.0 | 60.0 | 0.3 | 9.2 | 0.6 | 10 | 300 | 小于调压的±2% |
| | 35.0 | 60 | 0.6 | 32.5 | 1 | 35 | | |
| | 50.0 | 60 | 1 | 46.5 | 2 | 50 | | |
| HED1O | 5 | 5 | 0.2 | 4.5 | 0.35 | 5 | 50 | 小于调压的±1% |
| | 10 | 35 | 0.3 | 8.2 | 0.8 | 10 | | |
| | 35 | 35 | 0.6 | 29.5 | 2 | 35 | | |
| HED2O | 2.5 | 3 | 0.15 | 2.5 | 0.25 | 2.55 | 30 | 小于调压的±1% |
| | 6.3 | 7 | 0.4 | 6.3 | 0.5 | 6.4 | | |
| | 10 | 11 | 0.6 | 10 | 0.75 | 10.15 | | |
| | 20 | 21 | 1 | 20 | 1.4 | 20.4 | | |
| | 40 | 42 | 2 | 40 | 2.6 | 40.6 | | |

续表

| 型　号 | 额定压力/MPa | 最高工作压力(短时间)/MPa | 复原压力/MPa | | 动作压力/MPa | | 切换频率/次·$min^{-1}$ | 切换精度 |
|---|---|---|---|---|---|---|---|---|
| | | | 最　低 | 最　高 | 最　低 | 最　高 | | |
| HED3O | 2.5 | 3 | 0.15 | 2.5 | 0.25 | 2.6 | 30 | 小于调压的±1% |
| | 6.3 | 7 | 0.4 | 6.3 | 0.6 | 6.5 | | |
| | 10 | 11 | 0.6 | 10 | 0.9 | 10.3 | | |
| | 20 | 21 | 1 | 20 | 1.8 | 20.8 | | |
| | 40 | 42 | 2 | 40 | 3.2 | 41.2 | | |
| HED4O | 5 | 10 | 0.2 | 4.6 | 0.4 | 5 | 20 | 小于调压的±1% |
| | 10 | 35 | 0.3 | 8.9 | 0.8 | 10 | | |
| | 35 | 35 | 0.6 | 32.2 | 2 | 35 | | |

注：生产厂为北京华德液压集团液压阀分公司。

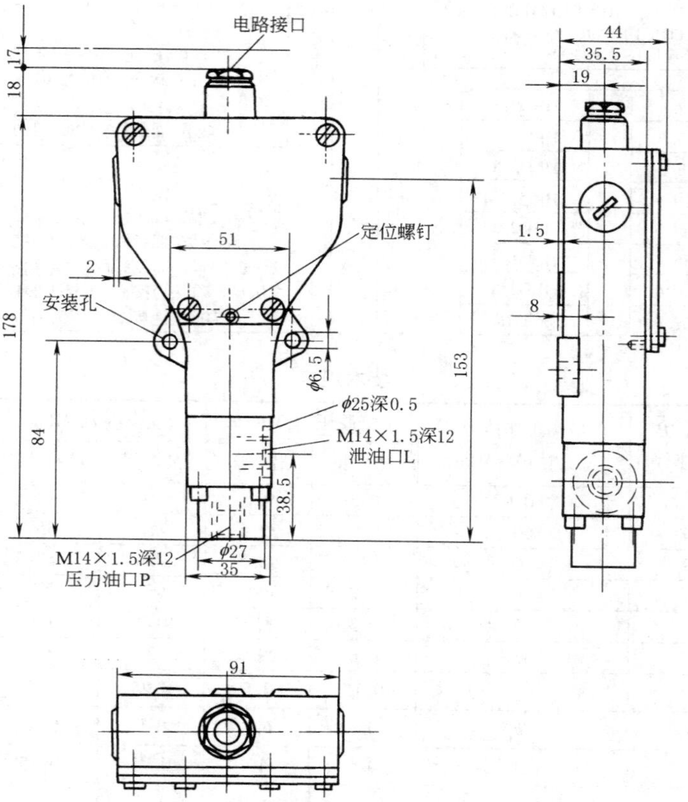


(a) HED1型压力继电器外形尺寸

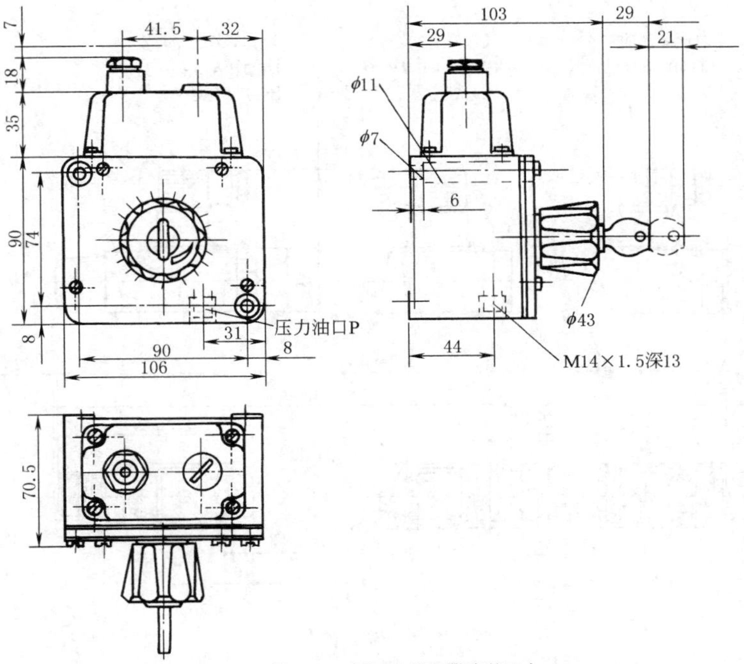


(b) HED2 型压力继电器外形尺寸

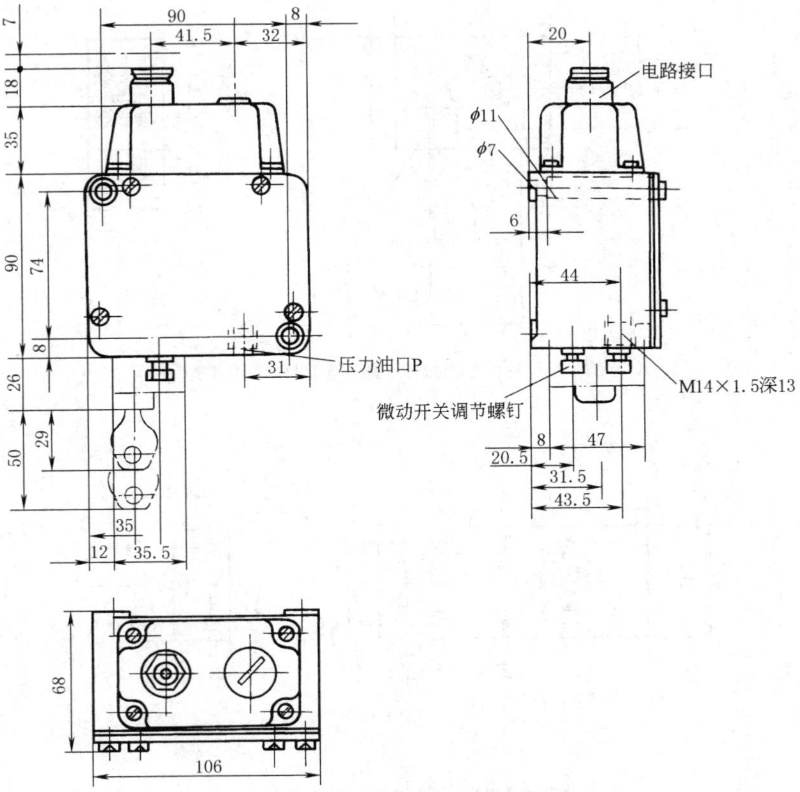


(c) HED3 型压力继电器外形尺寸

图 21-7-72

作为垂直叠加件的 HED40H15/…型 压力继电器 | 底板安装的 HED40P15/…型 压力继电器 | 管道安装的 HED40A15/…型 压力继电器

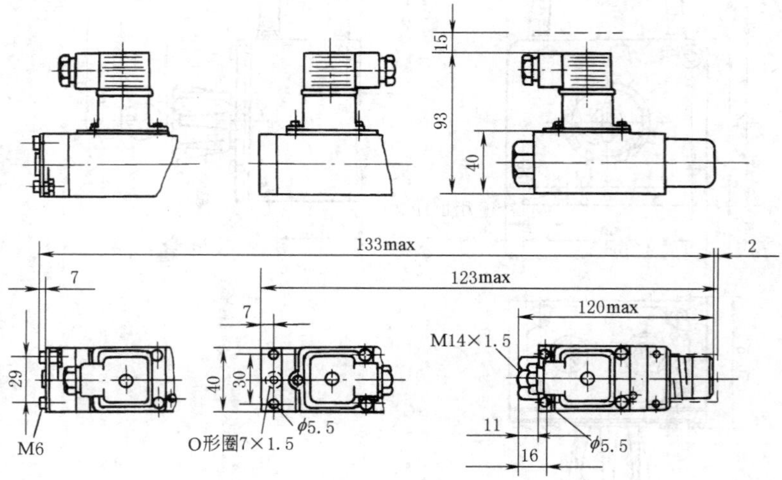


(d) HED4型压力继电器外形尺寸

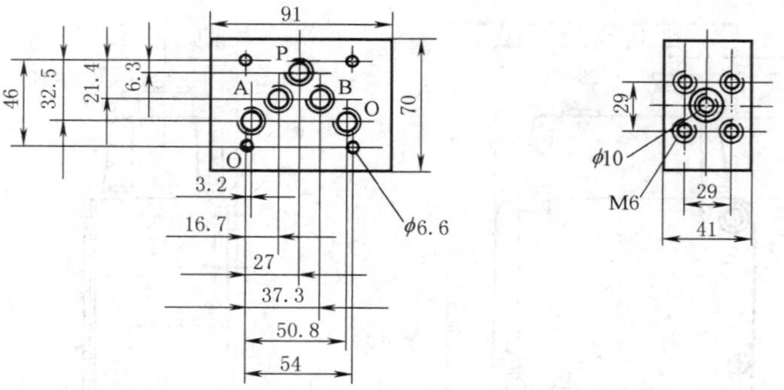


(e) 用作垂直叠加件的压力继电器规格10的叠加板

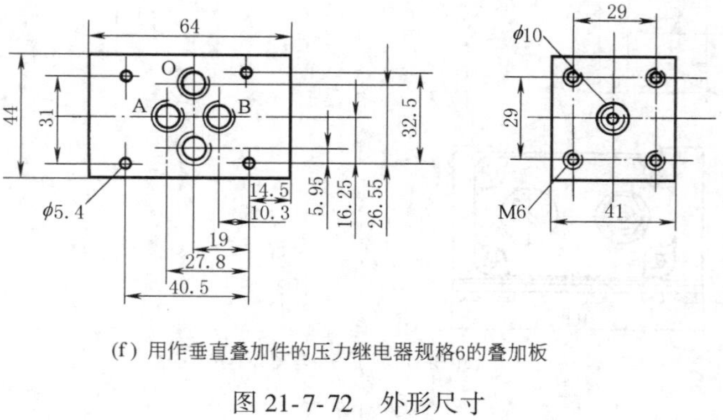


(f) 用作垂直叠加件的压力继电器规格6的叠加板

图 21-7-72 外形尺寸

## 6.5.2 S 型压力继电器

型号意义：

S □-□-□-2※

名称：S 型压力继电器

连接型式：T— 管式；G— 板式

通径代号：02—$DN$8

调压范围：B—0.7~7MPa；C—3.5~14MPa；H—7~21MPa；K—10.5~35MPa

系列号：2※ 系列（20~29 系列安装、连接尺寸相同）

**表 21-7-192　　技术规格**

| 型　号 | ST-02-＊-20 | SG-02-＊-20 |
|---|---|---|
| 最大工作压力/MPa | 35 | 35 |
| 介质黏度/$m^2 \cdot s^{-1}$ | $(15\sim400)\times10^{-6}$ | |
| 介质温度/℃ | −20~70 | |
| 质量/kg | 4.5 | 4.5 |

| 微型开关参数 | | | |
|---|---|---|---|
| 负载条件 | 交流电压 | | 直流电压 |
| | 常闭接点 | 常开接点 | |
| 阻抗负载 | 125V，15A 或 250V，15A | | 125V，0.5A 或 250V，0.25A |
| 感应负载 | 125V，4.5A 或 250V，3A | 125V，2.5A 或 250V，1.5A | 125V，0.5A 或 250V，0.03A |
| 电动机，白炽电灯，电磁铁负载 | | | — |

注：生产厂为榆次油研液压公司。

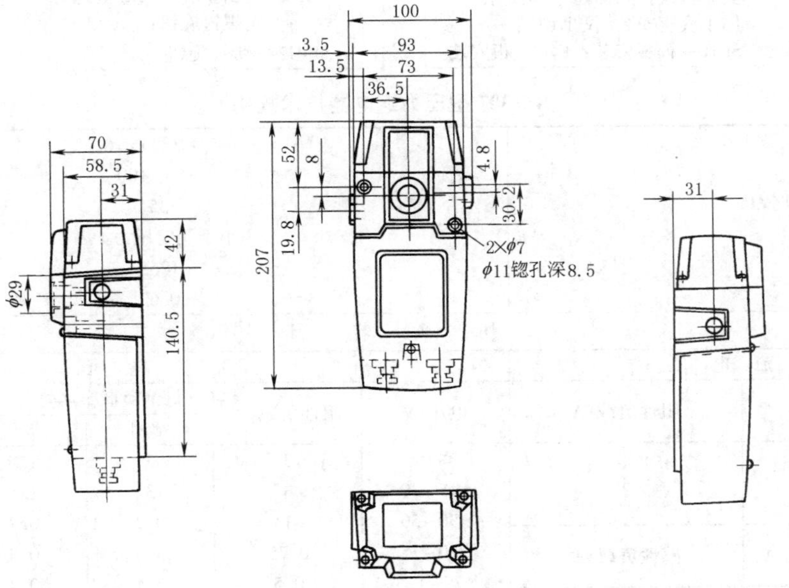


(a) ST-02型

图 21-7-73

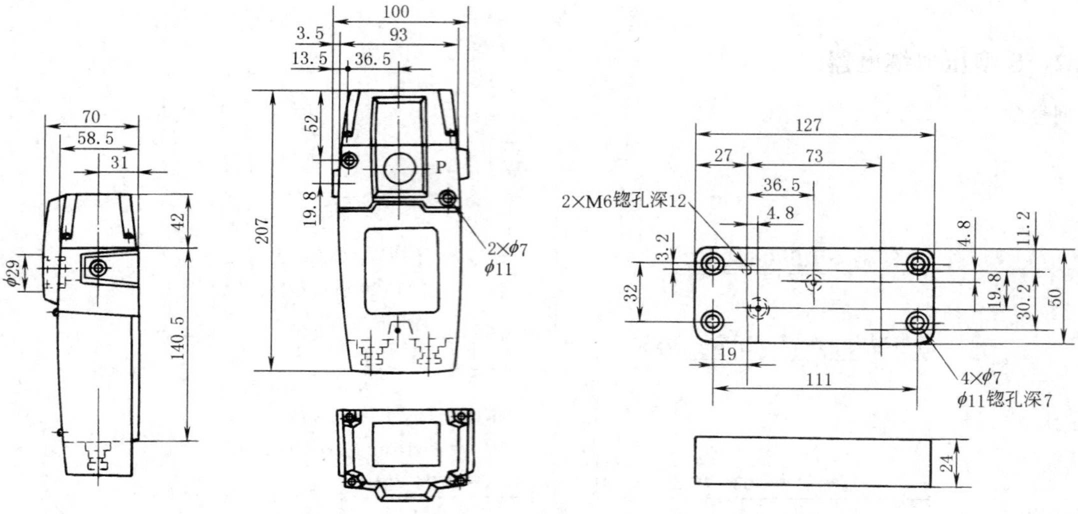


(b) SG-02型　　(c) 底板(型号SGM-02-20)

图 21-7-73　S＊-02 型压力继电器外形及连接尺寸

### 6.5.3　S※307 型压力继电器

型号意义：

S □ 307-□-□-□-□

- 连接型式：T— 管式；G— 板式
- 名称：压力继电器
- 安装型式：无标记 — 两螺孔用于底座安装(仅 T 型)；SCH— 面板安装；F— 底板安装
- 调节方式：无标记 — 带锁定螺钉；$V_2$— 带锁定螺钉旋钮；$V_2$AS-H2— 带锁旋钮
- 调压范围：55—0.5~5.5MPa；150—2~15MPa；350—2~35MPa
- 螺纹组合(仅 ST307 型)：B— 管螺纹 G¼ 油口；S—SAE 油口

表 21-7-193　　**S※307 型压力继电器技术规格**

| | |
|---|---|
| 介质黏度/$m^2\cdot s^{-1}$ | $(13\sim380)\times10^{-6}$ |
| 介质温度/℃ | -50~100 |
| 最大工作压力/MPa | 35 |
| 切换精度 | 小于调定压力 1% |
| 绝缘保护装置 | IP65 |
| 质量/kg | 0.62 |

切　换　容　量

交　流　电　压

| 电压/V | 阻性负载/A |
|---|---|
| 110~125<br>220~250 | 3 |
| 灯泡负载金属灯丝/A | 感性负载/A |
| 0.5 | 3 |

直　流　电　压

| 电压/V | 阻性负载/A | 灯泡负载金属灯丝/A | | 感性负载/A |
|---|---|---|---|---|
| | | 常闭 | 常开 | |
| ≤15 | 3 | 3 | 1.5 | 3 |
| >15~30 | 3 | 3 | 1.5 | 3 |
| >30~50 | 1 | 0.7 | 0.7 | 1 |
| >50~75 | 0.75 | 0.5 | 0.5 | 0.25 |
| >75~125 | 0.5 | 0.4 | 0.4 | 0.05 |
| >125~250 | 0.25 | 0.2 | 0.2 | 0.03 |

注：外形尺寸见威格士产品样本。

# 第8章 液压辅助件及液压泵站

## 1 管 件

### 1.1 管路

在液压传动中常用的管子有钢管、铜管、橡胶软管以及尼龙管等。

(1) 金属管

液压系统用钢管，有：精密无缝钢管（GB/T 3639）、输送流体用无缝钢管（GB/T 8163）或不锈钢无缝钢管（GB/T 14976）等。卡套式管接头必须采用精密无缝钢管，焊接式管接头一般采用普通无缝钢管。材料用10钢或20钢，中、高压或大通径（$DN$>80mm）采用20钢。这些钢管均要求在退火状态下使用。无缝钢管的规格见本手册第1卷第3篇。

铜管有紫铜管和黄铜管。紫铜管用于压力较低（$p \leqslant 6.5 \sim 10$MPa）的管路，装配时可按需要来弯曲，但抗振能力较低，且易使油氧化，价格昂贵；黄铜管可承受较高压力（$p \leqslant 25$MPa），但不如紫铜管易弯曲。

在液压系统中，管路连接螺纹有细牙普通螺纹（M）、60°圆锥管螺纹（NPT）、米制锥螺纹（ZM），以及55°非密封管螺纹（G）和55°密封管螺纹（R）。螺纹的型式一般根据回路公称压力确定。公称压力小于等于16MPa的中、低压系统，上述各种螺纹连接型式均可采用。公称压力为16~31.5MPa的中、高压系统采用55°非密封管螺纹，或细牙普通螺纹。螺纹的规格尺寸见本手册第2卷连接与紧固篇。

**表21-8-1** **管路参数计算**

| 计算项目 | 计 算 公 式 | 说 明 |
|---|---|---|
| 金属管内油液的流速推荐值 $v$ | (1)吸油管路取 $v \leqslant 0.5 \sim 2$m/s<br>(2)压油管路取 $v \leqslant 2.5 \sim 6$m/s<br>(3)短管道及局部收缩处取 $v = 5 \sim 10$m/s<br>(4)回流管路取 $v \leqslant 1.5 \sim 3$m/s<br>(5)泄油管路取 $v \leqslant 1$m/s | 一般取1m/s以下<br>压力高或管路较短时取大值，压力低或管路较长时取小值，油液黏度大时取小值 |
| 管子内径 $d$ | $d \geqslant 4.61\sqrt{\dfrac{Q}{v}}$ (mm) | $Q$——液体流量，L/min<br>$v$ 按推荐值选定 |
| 管子壁厚 $\delta$ | $\delta \geqslant \dfrac{pd}{2\sigma_p}$ (mm)<br>钢管：$\sigma_p = \dfrac{\sigma_b}{n}$<br>铜管：$\sigma_p \leqslant 25$MPa | $p$——工作压力，MPa<br>$\sigma_p$——许用应力，MPa<br>$\sigma_b$——抗拉强度，MPa<br>$n$——安全系数，当 $p<7$MPa 时，$n=8$；$p \leqslant 17.5$MPa 时，$n=6$；$p>17.5$MPa 时，$n=4$ |
| 管子弯曲半径 | 钢管的弯曲半径应尽可能大，其最小弯曲半径一般取3倍的管子外径，或见本手册第1卷第1篇有关规范 | |

表 21-8-2　　钢管公称通径、外径、壁厚、连接螺纹及推荐流量

| 公称通径 DN | | 钢管外径 | 管接头连接螺纹 | 公称压力 PN/MPa | | | | | 推荐管路通过流量（按 5m/s 流速） |
|---|---|---|---|---|---|---|---|---|---|
| | | | | ≤2.5 | ≤8 | ≤16 | ≤25 | ≤31.5 | |
| /mm | /in | /mm | /mm | 管子壁厚/mm | | | | | $/L\cdot min^{-1}$ |
| 3 | | 6 | | 1 | 1 | 1 | 1 | 1.4 | 0.63 |
| 4 | | 8 | | 1 | 1 | 1 | 1.4 | 1.4 | 2.5 |
| 5;6 | 1/8 | 10 | M10×1 | 1 | 1 | 1 | 1.6 | 1.6 | 6.3 |
| 8 | 1/4 | 14 | M14×1.5 | 1 | 1 | 1.6 | 2 | 2 | 25 |
| 10;12 | 3/8 | 18 | M18×1.5 | 1 | 1.6 | 1.6 | 2 | 2.5 | 40 |
| 15 | 1/2 | 22 | M22×1.5 | 1.6 | 1.6 | 2 | 2.5 | 3 | 63 |
| 20 | 3/4 | 28 | M27×2 | 1.6 | 2 | 2.5 | 3.5 | 4 | 100 |
| 25 | 1 | 34 | M33×2 | 2 | 2 | 3 | 4.5 | 5 | 160 |
| 32 | 1¼ | 42 | M42×2 | 2 | 2.5 | 4 | 5 | 6 | 250 |
| 40 | 1½ | 50 | M48×2 | 2.5 | 3 | 4.5 | 5.5 | 7 | 400 |
| 50 | 2 | 63 | M60×2 | 3 | 3.5 | 5 | 6.5 | 8.5 | 630 |
| 65 | 2½ | 75 | | 3.5 | 4 | 6 | 8 | 10 | 1000 |
| 80 | 3 | 90 | | 4 | 5 | 7 | 10 | 12 | 1250 |
| 100 | 4 | 120 | | 5 | 6 | 8.5 | | | 2500 |

（2）软管

软管是用于连接两个相对运动部件之间的管路，分高、低压两种。高压软管是以钢丝编织或钢丝缠绕为骨架的橡胶软管，用于压力油路。低压软管是以麻线或棉线编织体为骨架的橡胶软管，用于压力较低的回油路或气动管路中。软管参数的选择及使用注意事项见表 21-8-3。

钢丝编织（或缠绕）胶管由内胶层、钢丝编织（或缠绕）层、中间胶层和外胶层组成（亦可增设辅助织物层）。钢丝编织层有 1~3 层，钢丝缠绕层有 2、3 层和 6 层，层数愈多，管径愈小，耐压力愈高。钢丝缠绕胶管还具有管体较柔软、脉冲性能好的优点。

表 21-8-3　　软管参数的选择及使用注意事项

| 项目 | 计算及说明 | |
|---|---|---|
| 软管内径 | 根据软管内径与流量、流速的关系按下式计算<br>$A=\dfrac{1}{6}\times\dfrac{Q}{v}$ | $A$——软管的通流截面积，$cm^2$<br>$Q$——管内流量，L/min<br>$v$——管内流速，m/s；通常软管的允许流速 $v\leqslant 6m/s$ |
| 软管尺寸规格 | 根据工作压力和上式求得管子内径，选择软管的尺寸规格<br>高压软管的工作压力对不经常使用的情况可提高 20%，对于使用频繁经常弯扭者要降低 40% | |
| 软管的弯曲半径 | （1）不宜过小，一般不应小于表 21-8-4 所列的值<br>（2）软管与管接头的连接处应留有一段不小于管外径两倍的直线段 | |
| 软管的长度 | 应考虑软管在通入压力油后，长度方向将发生收缩变形，一般收缩量为管长的 3%~4%，因此在选择管长及软管安装时应避免软管处于拉紧状态 | |
| 软管的安装 | 应符合有关标准规定，如“软管敷设规范（JB/ZQ 4398）”，见本篇第 9 章 1.2 节管路安装与清洗 | |

## 钢丝编织增强液压型橡胶软管和软管组合件（摘自 GB/T 3683—2011）

本标准规定了公称内径为 5~51mm 的六个型别的钢丝编织增强型软管及软管组合件的要求，其中 R2ATS 型多一个公称内径为 63mm 的规格。在-40~60℃的温度范围内适用于 GB/T 7631.2 定义的 HFC、HFAE、HFAS 和 HFB 水基液压流体，或在-40~100℃温度范围内适用于 GB/T 7631.2 规定的 HH、HL、HM、HR 和 HV 油基液压流体。

型别：根据结构、工作压力和耐油性能的不同，软管分为六个型别。

1ST 型——具有单层钢丝编织层和厚外覆层的软管；

2ST 型——具有两层钢丝编织层和厚外覆层的软管；

1SN 和 R1ATS 型——具有单层钢丝编织层和薄外覆层的软管；

2SN 和 R2ATS 型——具有两层钢丝编织层和薄外覆层的软管。

材料和结构：软管应由耐油基或水基液压流体的橡胶内衬层、一层或两层高强度钢丝层以及一层耐天候和耐油的橡胶外覆层组成。

成品软管的内、外径和增强层外径见表 21-8-4，软管应在大于（或等于）表中规定的最小弯曲半径和小于

(或等于) 设计工作压力的条件下进行工作。

**表 21-8-4** mm

| 公称内径 | 所有型别 | | R1ATS,1SN,1ST 型 | | 1ST 型 | | 1SN,R1ATS 型 | | | R2ATS,2SN,2ST 型 | | 2ST 型 | | 2SN,R2ATS 型 | | |
|---|---|---|---|---|---|---|---|---|---|---|---|---|---|---|---|---|
| | 内径 | | 增强层外径 | | 软管外径 | | 软管外径 | 外覆层厚度 | | 增强层外径 | | 软管外径 | | 软管外径 | 外覆层厚度 | |
| | 最小 | 最大 | 最小 | 最大 | 最小 | 最大 | 最大 | 最小 | 最大 | 最小 | 最大 | 最小 | 最大 | 最大 | 最小 | 最大 |
| 5 | 4.6 | 5.4 | 8.9 | 10.1 | 11.9 | 13.5 | 12.5 | 0.8 | 1.5 | 10.6 | 11.7 | 15.1 | 16.7 | 14.1 | 0.8 | 1.5 |
| 6.3 | 6.1 | 7.0 | 10.6 | 11.7 | 15.1 | 16.7 | 14.1 | 0.8 | 1.5 | 12.1 | 13.3 | 16.7 | 18.3 | 15.7 | 0.8 | 1.5 |
| 8 | 7.7 | 8.5 | 12.1 | 13.3 | 16.7 | 18.3 | 15.7 | 0.8 | 1.5 | 13.7 | 14.9 | 18.3 | 19.9 | 17.3 | 0.8 | 1.5 |
| 10 | 9.3 | 10.1 | 14.5 | 15.7 | 19.0 | 20.6 | 18.1 | 0.8 | 1.5 | 16.1 | 17.3 | 20.6 | 22.2 | 19.7 | 0.8 | 1.5 |
| 12.5 | 12.3 | 13.5 | 17.5 | 19.1 | 22.2 | 23.8 | 21.5 | 0.8 | 1.5 | 19.0 | 20.6 | 23.8 | 25.4 | 23.1 | 0.8 | 1.5 |
| 16 | 15.5 | 16.7 | 20.6 | 22.2 | 25.4 | 27.0 | 24.7 | 0.8 | 1.5 | 22.2 | 23.8 | 27.0 | 28.6 | 26.3 | 0.8 | 1.5 |
| 19 | 18.6 | 19.8 | 24.6 | 26.2 | 29.4 | 31.0 | 28.6 | 0.8 | 1.5 | 26.2 | 27.8 | 31.0 | 32.6 | 30.2 | 0.8 | 1.5 |
| 25 | 25.0 | 26.4 | 32.5 | 34.1 | 36.9 | 39.3 | 36.6 | 0.8 | 1.5 | 34.1 | 35.7 | 38.5 | 40.9 | 38.9 | 0.8 | 1.5 |
| 31.5 | 31.4 | 33.0 | 39.3 | 41.7 | 44.4 | 47.6 | 44.8 | 1.0 | 2.0 | 43.2 | 45.7 | 49.2 | 52.4 | 49.6 | 1.0 | 2.0 |
| 38 | 37.7 | 39.3 | 45.6 | 48.0 | 50.8 | 54.0 | 52.1 | 1.3 | 2.5 | 49.6 | 52.0 | 55.6 | 58.8 | 56.0 | 1.3 | 2.5 |
| 51 | 50.4 | 52.0 | 58.7 | 61.9 | 65.1 | 68.3 | 65.9 | 1.3 | 2.5 | 62.3 | 64.7 | 68.2 | 71.4 | 68.6 | 1.3 | 2.5 |
| 63 | 63.1 | 65.1 | | | | | | | | 74.6 | 77.8 | | | 81.8 | 1.3 | 2.5 |

| 公称内径 | 最大工作压力/MPa | | 验证压力/MPa | | 最小爆破压力/MPa | | 最小弯曲半径 |
|---|---|---|---|---|---|---|---|
| | 1ST,1SN,R1ATS 型 | 2ST,2SN,R2ATS 型 | 1ST,1SN,R1ATS 型 | 2ST,2SN,R2ATS 型 | 1ST,1SN,R1ATS 型 | 2ST,2SN,R2ATS 型 | |
| 5 | 25.0 | 41.5 | 50.0 | 83.0 | 100.0 | 166.0 | 90 |
| 6.3 | 22.8 | 40.0 | 45.0 | 80.0 | 80.0 | 160.0 | 100 |
| 8 | 21.5 | 35.0 | 43.0 | 70.0 | 86.0 | 140.0 | 115 |
| 10 | 18.0 | 33.0 | 36.0 | 66.0 | 72.0 | 132.0 | 130 |
| 12.5 | 16.0 | 27.5 | 32.0 | 55.0 | 54.0 | 110.0 | 180 |
| 16 | 13.0 | 25.0 | 26.0 | 50.0 | 52.0 | 100.0 | 200 |
| 19 | 10.5 | 21.5 | 21.0 | 43.0 | 42.0 | 86.0 | 240 |
| 25 | 8.7 | 16.5 | 18.0 | 33.0 | 36.0 | 66.0 | 300 |
| 31.5 | 6.2 | 12.5 | 13.0 | 26.0 | 36.0 | 50.0 | 420 |
| 38 | 5.0 | 9.0 | 10.0 | 18.0 | 20.0 | 36.0 | 500 |
| 51 | 4.0 | 8.0 | 8.0 | 16.0 | 16.0 | 32.0 | 630 |
| 63 | — | 7.0 | — | 14.0 | — | 28.0 | 760 |

注：公称内径 63 仅适用于 R2ATS 型。

## 1.2 管接头

**表 21-8-5** **管接头的类型、特点与应用**

| 类型 | | 结构图 | 特点及应用 | |
|---|---|---|---|---|
| 焊接式管接头 | 端面密封焊接式管接头 | 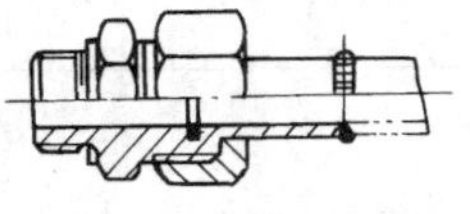<br>(摘自 JB/T 966—2005)<br>(摘自 JB/ZQ 4399—2006) | 利用接管与管子焊接。接头体和接管之间用 O 形密封圈端面密封。结构简单,密封性好,对管子尺寸精度要求不高,但要求焊接质量高,装拆不便。工作压力可达 31.5MPa,工作温度为-25~80℃,适用于油为介质的管路系统 | 各有 7 种基本型式:端直通、直通、端直角、直角、端三通、三通和四通管接头。凡带端字的都用于管端与机件间的连接,其余则用于管件间的连接 |
| | 锥面密封焊接式管接头 | 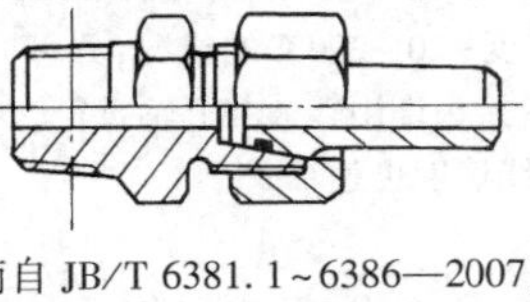<br>(摘自 JB/T 6381.1~6386—2007)<br>(摘自 JB/ZQ 4188~4189—2006) | 除具有焊接式管接头的优点外,由于它的 O 形密封圈装在 24°锥体上,使密封有调节的可能,密封更可靠。工作压力为 31.5MPa,工作温度为-25~80℃,适用于以油、气为介质的管路系统。目前国内外多采用这种接头 | |

续表

<table>
<tr><th colspan="2">类　型</th><th>结 构 图</th><th colspan="2">特　点　及　应　用</th></tr>
<tr><td colspan="2">卡套式管接头</td><td>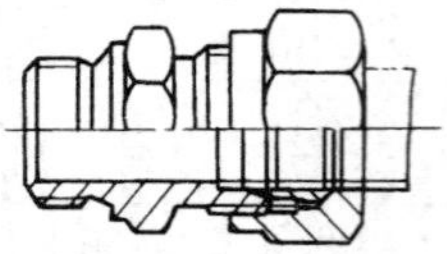<br>(摘自 GB/T 3733.1~3765—2008)<br>(摘自 JB/ZQ 4401~4407—2006)</td><td>利用管子变形卡住管子并进行密封,重量轻,体积小,使用方便,要求管子尺寸精度高,需用冷拔钢管,卡套精度也高,工作压力可达 31.5MPa,适用于油、气及一般腐蚀性介质的管路系统</td><td rowspan="2">各有 7 种基本型式:端直通、直通、端直角、直角、端三通、三通和四通管接头。凡带端字的都用于管端与机件间的连接,其余则用于管件间的连接</td></tr>
<tr><td colspan="2">扩口式管接头</td><td>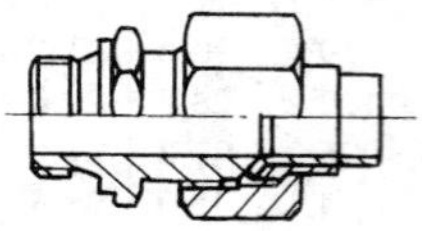<br>(摘自 GB/T 5625.1~5653—2008)<br>(摘自 JB/ZQ 4408~4411、4529—2006)</td><td>利用管子端部扩口进行密封,不需其他密封件。结构简单,适用于薄壁管件连接。允许使用压力为,碳钢管在 5~16MPa,紫铜管在 3.5~16MPa。适用于油、气为介质的压力较低的管路系统</td></tr>
<tr><td colspan="2">软管接头及橡胶软管总成</td><td>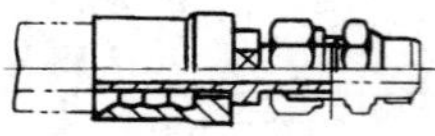<br>(摘自 GB/T 9065.1~9065.3—1988)<br>(摘自 JB/T 6142.1~6144.5—2007)</td><td colspan="2">安装方便。液压软管接头可与扩口式、卡套式或焊接式管接头连接使用;锥密封橡胶软管总成可选择多种型式螺纹或焊接接头等连接。工作压力与钢丝增强层结构和橡胶软管直径有关,适用于油、水、气为介质的管路系统</td></tr>
<tr><td rowspan="2">快换接头</td><td>两端开闭式</td><td>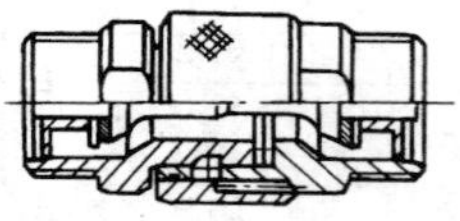<br>(摘自 JB/ZQ 4078—2006)</td><td colspan="2">管子拆开后,可自行密封,管道内液体不会流失,因此适用于经常拆卸的场合,结构比较复杂,局部阻力损失较大,工作压力低于 31.5MPa,工作温度-20~80℃,适用于油、气为介质的管路系统</td></tr>
<tr><td>两端开放式</td><td>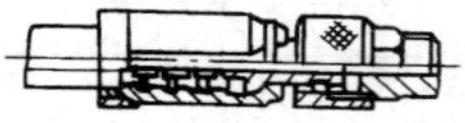<br>(摘自 JB/ZQ 4079—2006)</td><td colspan="2">适用于油、气为介质的管路系统,工作压力受连接的橡胶软管限定</td></tr>
<tr><td colspan="2">承插焊管件</td><td>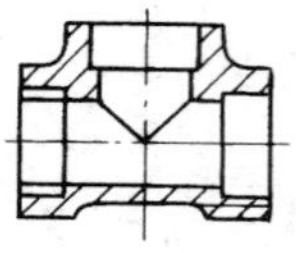<br>(摘自 GB/T 14383—2008)</td><td colspan="2">将需要长度的管子插入管接头直至管子端面与管接头内端接触,将管子与管接头焊接成一体,可省去接管,但要求管子尺寸严格。适用于油、气为介质的管路系统</td></tr>
<tr><td colspan="2">旋转接头</td><td>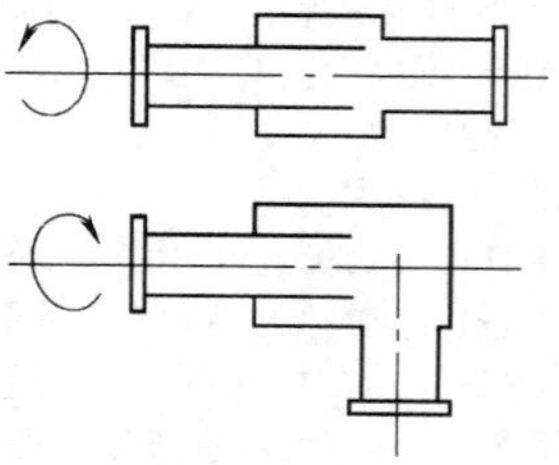<br>(UX、UXD 系列)</td><td colspan="2">在设备连续、断续(正、反向)旋转或摆动过程中,可将旋转与固定管路连接并能连续输送油、水、气等多种介质。适用于工作压力小于等于 40MPa,工作温度-20~200℃的情况,并可同时输送多种介质,通路数量 1~30。旋转接头许用转速与心轴直径、介质温度和压力有关。心轴直径处的最大线速度可达 2m/s</td></tr>
</table>

## 1.2.1 金属管接头 O形圈平面密封接头（摘自 JB/T 966—2005）

本节重点介绍用于流体传动和一般用途的金属管接头、O形圈平面密封接头（摘自 JB/T 966—2005）的有关内容；并同时给出 JB/T 978—2013、JB/T 982—1977 等焊接管接头和垫圈的资料，详见表 21-8-18～表 21-8-22。

JB/T 966—2005 标准规定了管子外径为 6～50mm 钢制 O 形圈平面密封接头的结构型式及基本尺寸、性能和试验要求、标志等。

JB/T 966—2005 标准适用于以液压油（液）为工作介质，工作温度范围为-20～100℃，压力在 6.5kPa 的绝对真空压力至表 21-8-16 所示的工作压力下的用 O 形圈平面密封接头的连接。

（1）接头标记型式

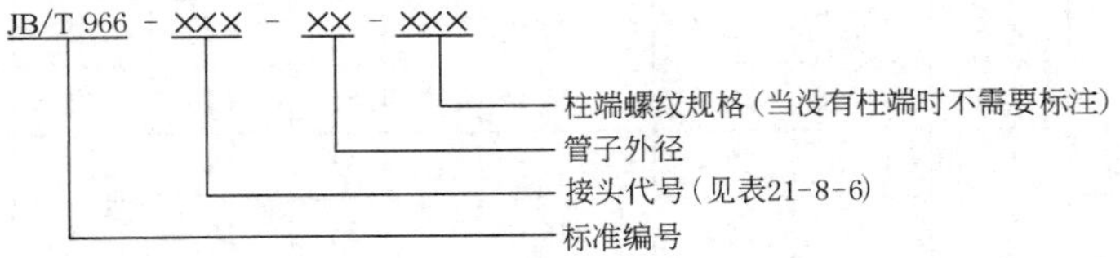


表 21-8-6　**接头名称及代号**

| 接头名称 | 接头代号 | 图示 | 接头名称 | 接头代号 | 图示 |
|---|---|---|---|---|---|
| 焊接接管 | HJG | 图 21-8-3 | 垫圈 | DQG | 图 21-8-16 |
| 连接螺母 | JLM | 图 21-8-4 | 柱端直通接头 | ZZJ | 图 21-8-17 |
| 直通接头 | ZTJ | 图 21-8-5 | 45°可调柱端接头 | 4TJ | 图 21-8-18 |
| 直角接头 | ZJJ | 图 21-8-6 | 直角可调柱端接头 | JTJ | 图 21-8-19 |
| 三通接头 | SAJ | 图 21-8-7 | 三通分支可调柱端接头 | SFT | 图 21-8-20 |
| 四通接头 | SIJ | 图 21-8-8 | 三通主支可调柱端接头 | SZT | 图 21-8-21 |
| 直通隔板接头 | ZGJ | 图 21-8-9 | 直通活动接头 | JHJ | 图 21-8-26 |
| 直角隔板接头 | JGJ | 图 21-8-10 | 三通分支活动接头 | SFH | 图 21-8-27 |
| 45°隔板接头 | 4GJ | 图 21-8-11 | 三通主支活动接头 | SZH | 图 21-8-28 |
| 三通分支隔板接头 | SFG | 图 21-8-12 | 直通焊接接头 | ZWJ | 图 21-8-30 |
| 三通主支隔板接头 | SZG | 图 21-8-13 | 直角焊接接头 | JWJ | 图 21-8-31 |
| 扁螺母 | BLM | 图 21-8-15 | | | |

接头标记示例

示例 1　管子外径为 30mm 的直角接头，标记方法：JB/T 966-ZJJ-30

示例 2　管子外径为 8mm、柱端螺纹为 M14×1.5 的直角可调柱端接头，标记方法：JB/T 966-JTJ-08-M14

（2）接头型式与连接尺寸

典型连接方式及结构应符合图 21-8-1 的规定，O 形圈平面密封连接端结构及尺寸应符合图 21-8-2 和表 21-8-7的规定。退刀槽结构一般用于直通接头体，螺纹收尾结构一般用于直角、三通、四通等接头体。焊接接管结构及尺寸应符合图 21-8-3 和表 21-8-8 的规定。连接螺母结构及尺寸应符合图 21-8-4 和表 21-8-9 的规定。O 形圈平面密封接头结构应符合图 21-8-5～图 21-8-8 的规定，尺寸应符合表 21-8-10 的规定。

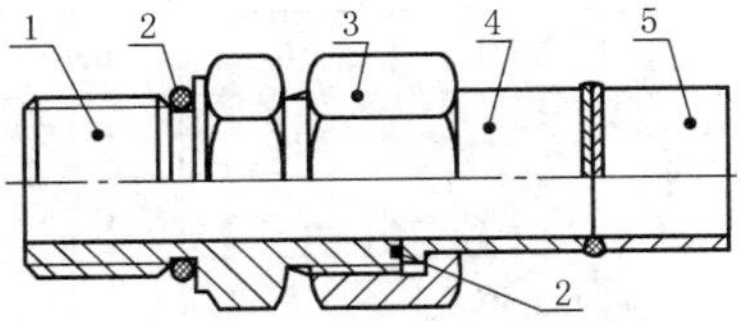


图 21-8-1　典型连接方式及结构

1—接头；2—O 形圈；3—连接螺母；4—焊接接管；5—无缝钢管

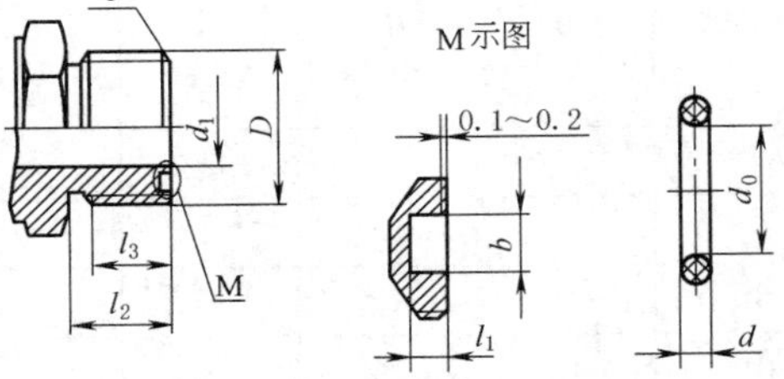


图 21-8-2　O 形圈平面密封连接端结构

**表 21-8-7　　O 形圈平面密封连接端尺寸**　　mm

| 管子外径 | O 形圈平面密封端尺寸 | | | | | | | | | O 形圈尺寸 | |
|---|---|---|---|---|---|---|---|---|---|---|---|
| | $D$ | $b$ +0.06 −0.06 | $d_1$ | $d_0$ 尺寸 | $d_0$ 公差 | $l_1$ | $l_2$ +0.03 −0.03 | $l_3$ min | $c$ | $d_0$ | $d$ |
| 6① | M12×1.5 | 2.4 | 3 | 8.7 | | 1.35 | 11 | 10 | 1 | 5.3 | 1.8 |
| 6 | M14×1.5 | 2.4 | 5 | 10.9 | | 1.35 | 11 | 10 | 1 | 7.5 | 1.8 |
| 8 | M16×1.5 | 2.4 | 6 | 11.9 | | 1.35 | 11 | 10 | 1 | 8.5 | 1.8 |
| 10 | M18×1.5 | 2.4 | 7 | 13.1 | ±0.08 | 1.3 | 11 | 10 | 1.5 | 9.75 | 1.8 |
| 12 | M22×1.5 | 2.4 | 10.5 | 16.6 | | 1.35 | 12 | 12 | 1.5 | 13.2 | 1.8 |
| 16 | M27×1.5 | 2.4 | 13 | 20.4 | | 1.35 | 13 | 12 | 1.5 | 17 | 1.8 |
| 20 | M30×1.5 | 2.4 | 15.5 | 22.4 | | 1.35 | 14 | 13 | 1.5 | 19 | 1.8 |
| 25 | M36×2 | 2.4 | 20 | 27 | ±0.10 | 1.35 | 16 | 15 | 2 | 23.6 | 1.8 |
| 28 | M39×2 | 2.4 | 22.5 | 29.9 | | 1.35 | 18 | 17 | 2 | 26.5 | 1.8 |
| 30 | M42×2 | 2.4 | 25 | 32.4 | | 1.35 | 20 | 19 | 2 | 29 | 1.8 |
| 35 | M45×2 | 2.4 | 27 | 34.9 | | 1.35 | 20 | 19 | 2 | 31.5 | 1.8 |
| 38 | M52×2 | 2.4 | 32 | 40.9 | ±0.13 | 1.35 | 22 | 21 | 2 | 37.5 | 1.8 |
| 42 | M60×2 | 3.6 | 36 | 47.6 | | 2.02 | 24 | 23 | 2 | 42.5 | 2.65 |
| 50 | M64×2 | 3.6 | 40 | 51.3 | | 2.02 | 27 | 26 | 2 | 46.2 | 2.65 |

① 接头标记时用“6A”表示管子外径。

注：O 形圈尺寸及公差应符合 GB/T 3452.1—2005。

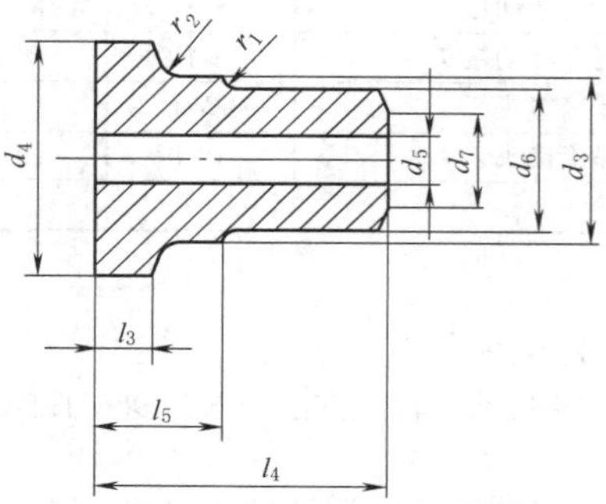


图 21-8-3　焊接接管 HJG

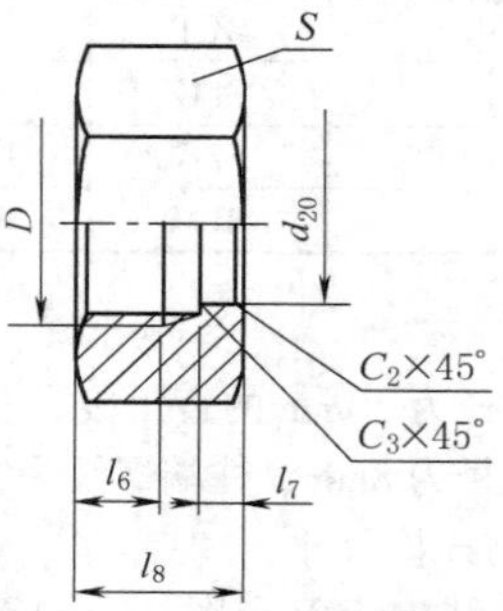


图 21-8-4　连接螺母 JLM

**表 21-8-8　　焊接接管尺寸**　　mm

| 管子外径 | $d_3$ 0 −0.1 | $d_4$ 0 −0.15 | $d_5$ | $d_6$ 0 −0.1 | $d_7$ | $l_3$ | $l_4$ | $l_5$ | $r_1$ | $r_2$ |
|---|---|---|---|---|---|---|---|---|---|---|
| 6① | 7 | 10 | 2 | 6 | 4 | 3.5 | 20 | 6 | 0.15 | 0.5 |
| 6 | 9 | 12 | 2 | 6 | 4 | 4 | 22 | 6.5 | 0.15 | 0.5 |
| 8 | 11 | 14 | 3 | 8 | 5 | 4.5 | 24 | 7.5 | 0.15 | 0.5 |
| 10 | 13 | 16 | 4 | 10 | 6 | 5 | 26 | 9 | 0.15 | 0.5 |
| 12 | 17 | 20 | 5 | 12 | 7 | 5 | 28 | 9 | 0.15 | 1 |
| 16 | 22 | 25 | 10 | 16 | 12 | 6 | 32 | 11 | 0.15 | 1 |

续表

| 管子外径 | $d_3$ 0 −0.1 | $d_4$ 0 −0.15 | $d_5$ | $d_6$ 0 −0.1 | $d_7$ | $l_3$ | $l_4$ | $l_5$ | $r_1$ | $r_2$ |
|---|---|---|---|---|---|---|---|---|---|---|
| 20 | 23 | 27.5 | 13 | 20 | 15 | 6 | 32 | 11 | 0.15 | 1 |
| 25 | 28 | 33 | 16 | 25 | 18 | 6 | 35 | 11 | 0.25 | 1.5 |
| 28 | 32 | 36.5 | 18 | 28 | 20 | 7 | 38 | 13 | 0.25 | 1.5 |
| 30 | 34 | 39 | 22 | 30 | 24 | 7 | 38 | 13 | 0.25 | 1.5 |
| 35 | 38 | 42.5 | 27 | 35 | 29 | 7 | 40 | 13 | 0.25 | 1.5 |
| 38 | 44.5 | 49 | 28 | 38 | 30 | 7 | 40 | 13 | 0.25 | 1.5 |
| 42 | 50 | 57.5 | 32 | 42 | 35 | 7 | 44 | 14 | 0.25 | 1.5 |
| 50 | 57.5 | 61.5 | 38 | 50 | 41 | 7 | 46 | 14 | 0.25 | 2 |

① 接头标记时用“6A”表示管子外径。

**表 21-8-9　连接螺母尺寸**　mm

| 管子外径 | $D$ | $d_{20}$ +0.1 0 | $l_6$ min | $l_7$ | $l_8$ | $S$ | $C_2$ | $C_3$ |
|---|---|---|---|---|---|---|---|---|
| 6① | M12×1.5 | 7.2 | 9.5 | 2.5 | 14.5 | 14 | 0.2 | 0.15 |
| 6 | M14×1.5 | 9.2 | 9.5 | 2.5 | 15 | 17 | 0.2 | 0.15 |
| 8 | M16×1.5 | 11.2 | 9.5 | 3 | 16 | 19 | 0.2 | 0.15 |
| 10 | M18×1.5 | 13.2 | 9.5 | 4 | 17.5 | 22 | 0.2 | 0.15 |
| 12 | M22×1.5 | 17.2 | 11 | 4 | 19 | 27 | 0.2 | 0.15 |
| 16 | M27×1.5 | 22.2 | 12 | 5 | 21 | 32 | 0.2 | 0.15 |
| 20 | M30×1.5 | 23.2 | 13 | 5 | 22 | 36 | 0.2 | 0.15 |
| 25 | M36×2 | 28.3 | 15 | 5 | 24 | 41 | 0.3 | 0.25 |
| 28 | M39×2 | 32.3 | 15 | 6 | 26 | 46 | 0.3 | 0.25 |
| 30 | M42×2 | 34.3 | 17 | 6 | 28 | 50 | 0.3 | 0.25 |
| 35 | M45×2 | 38.3 | 17 | 6 | 28 | 55 | 0.3 | 0.25 |
| 38 | M52×2 | 44.8 | 19 | 6 | 30 | 60 | 0.3 | 0.25 |
| 42 | M60×2 | 53.3 | 22 | 7 | 34 | 70 | 0.5 | 0.25 |
| 50 | M64×2 | 57.8 | 25 | 7 | 37 | 75 | 0.5 | 0.25 |

① 接头标记时用“6A”表示管子外径。

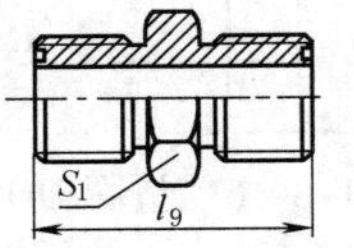


图 21-8-5　直通接头 ZTJ

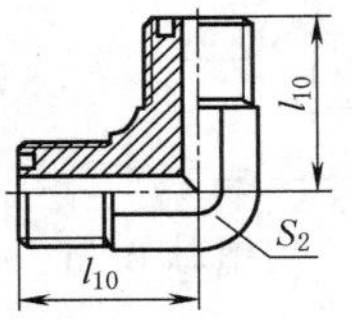


图 21-8-6　直角接头 ZJJ

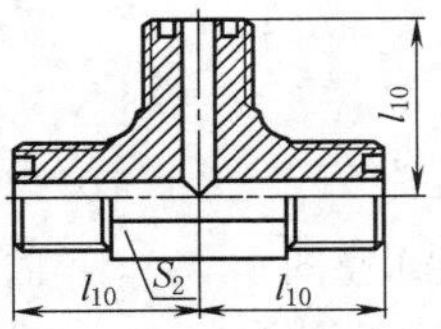


图 21-8-7　三通接头 SAJ

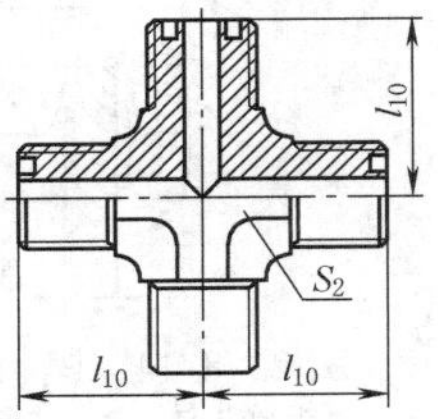


图 21-8-8　四通接头 SIJ

表 21-8-10　　**O 形圈平面密封接头尺寸**　　mm

| 管子外径 | 螺　　纹 | $l_9$ | $l_{10}$ | $S_1$ | $S_2$ |
|---|---|---|---|---|---|
| 6[①] | M12×1.5 | 28 | 21.5 | 14 | 12 |
| 6 | M14×1.5 | 28 | 22.5 | 17 | 14 |
| 8 | M16×1.5 | 28 | 24 | 17 | 17 |
| 10 | M18×1.5 | 28 | 26 | 19 | 19 |
| 12 | M22×1.5 | 32 | 29 | 24 | 22 |
| 16 | M27×1.5 | 36 | 32.5 | 30 | 27 |
| 20 | M30×1.5 | 39 | 35.5 | 32 | 30 |
| 25 | M36×2 | 43 | 42 | 38 | 36 |
| 28 | M39×2 | 49 | 47.5 | 41 | 41 |
| 30 | M42×2 | 53 | 49.5 | 46 | 41 |
| 35 | M45×2 | 53 | 52.5 | 46 | 46 |
| 38 | M52×2 | 59 | 57 | 55 | 50 |
| 42 | M60×2 | 65 | 65 | 65 | 60 |
| 50 | M64×2 | 71 | 71 | 65 | 65 |

① 接头标记时用“6A”表示管子外径。

O 形圈平面密封隔板接头结构应符合图 21-8-9~图 21-8-16 的规定，尺寸应符合表 21-8-11 的规定。

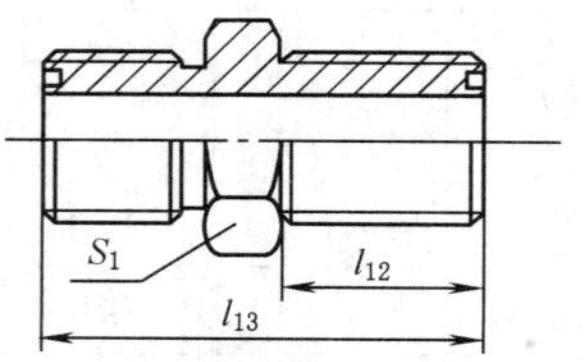


图 21-8-9　直通隔板接头 ZGJ

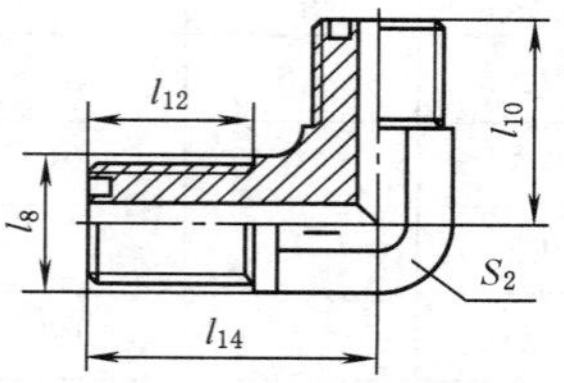


图 21-8-10　直角隔板接头 JGJ

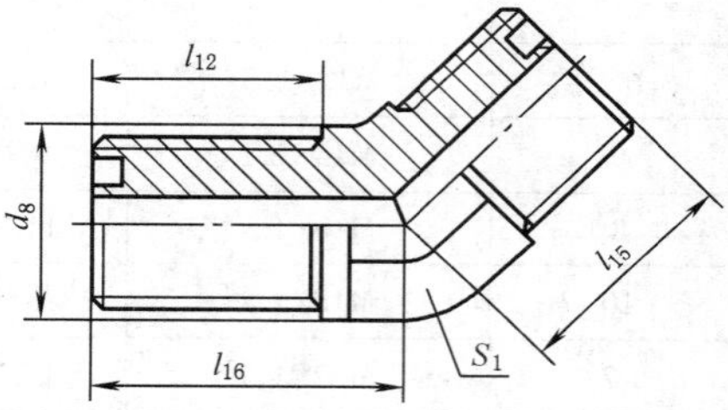


图 21-8-11　45°隔板接头 4GJ

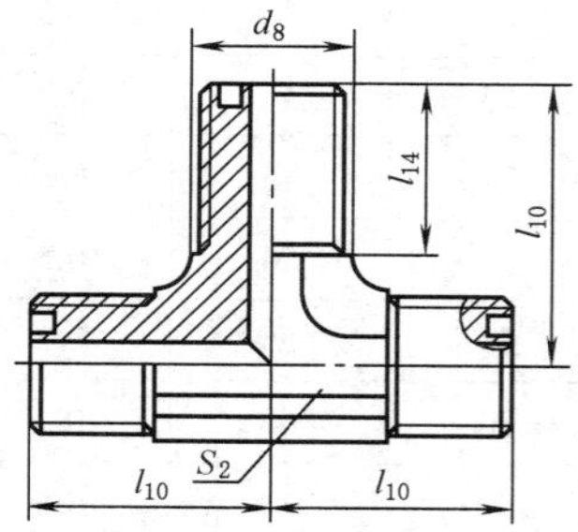


图 21-8-12　三通分支隔板接头 SFG

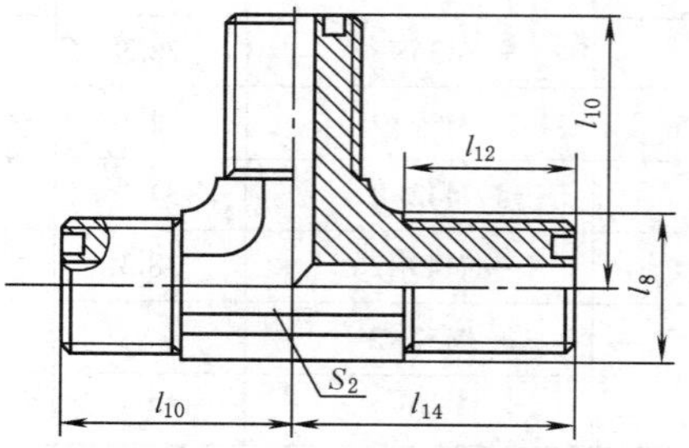


图 21-8-13　三通主支隔板接头 SZG

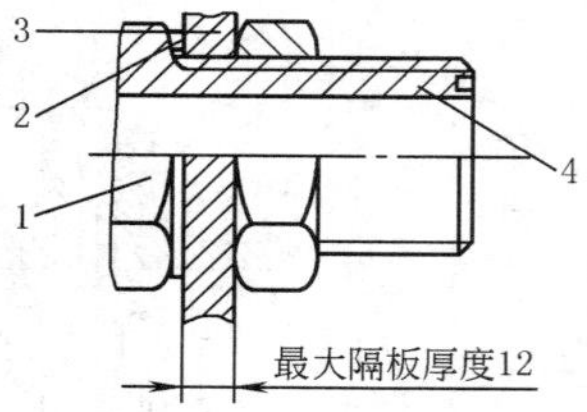


图 21-8-14　隔板接头装配示意图

1—隔板接头体；2—垫圈；3—隔板；4—扁螺母

注：当隔板与接头间无密封要求时，垫圈可省略

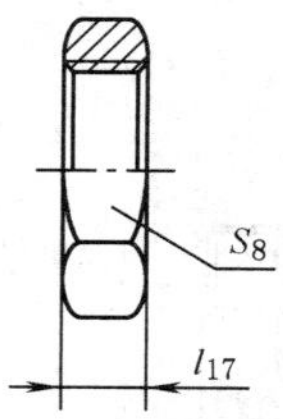


图 21-8-15　扁螺母 BLM

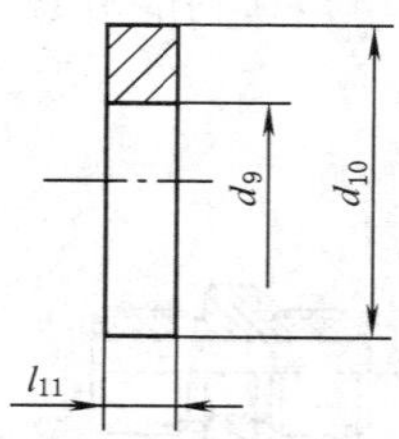


图 21-8-16　垫圈 DQG

**表 21-8-11　　O 形圈平面密封隔板接头尺寸**　　mm

| 管子外径 | 螺纹 | $d_8$ | $d_9$ 尺寸 | $d_9$ 公差 | $d_{10}$ 尺寸 | $d_{10}$ 公差 | $l_{10}$ | $l_{11}$ ±0.1 | $l_{12}$ | $l_{13}$ | $l_{14}$ | $l_{15}$ | $l_{16}$ | $l_{17}$ ±0.35 | $S_2$ | $S_1$ | $S_8$ |
|---|---|---|---|---|---|---|---|---|---|---|---|---|---|---|---|---|---|
| 6① | M12×1.5 | 17 | 12.2 | +0.24<br>0 | 15.9 | 0<br>−0.14 | 21.5 | 1.5 | 32.5 | 49.5 | 45.5 | 19 | 43.5 | 6 | 12 | 17 | 17 |
| 6 | M14×1.5 | 19 | 14.2 | | 17.9 | | 22.5 | 1.5 | 32.5 | 49.5 | 46.5 | 19.5 | 44 | 6 | 14 | 19 | 19 |
| 8 | M16×1.5 | 22 | 16.2 | | 19.9 | | 24 | 1.5 | 32.5 | 51.5 | 48 | 20 | 44.5 | 6 | 17 | 22 | 22 |
| 10 | M18×1.5 | 24 | 18.2 | | 22.9 | | 26 | 2 | 33 | 52 | 50 | 21.5 | 45.5 | 6 | 19 | 24 | 24 |
| 12 | M22×1.5 | 27 | 22.2 | | 26.9 | | 29 | 2 | 35.5 | 58 | 54 | 24 | 49 | 7 | 22 | 27 | 30 |
| 16 | M27×1.5 | 32 | 27.2 | | 31.9 | 0<br>−0.28 | 32.5 | 2 | 37 | 61 | 58.5 | 25.5 | 51.5 | 8 | 27 | 32 | 36 |
| 20 | M30×1.5 | 36 | 30.2 | +0.28<br>0 | 35.9 | | 35.5 | 2 | 38 | 63 | 61.5 | 27 | 53.5 | 8 | 30 | 36 | 41 |
| 25 | M36×2 | 41 | 36.2 | | 41.9 | 0<br>−0.34 | 42 | 2 | 42 | 71 | 71 | 31.5 | 60.5 | 9 | 36 | 41 | 46 |
| 28 | M39×2 | 46 | 39.2 | | 45.9 | | 47.5 | 2 | 44 | 75 | 76 | 36 | 64 | 9 | 41 | 46 | 50 |
| 30 | M42×2 | 50 | 42.2 | +0.34<br>0 | 48.9 | | 49.5 | 2 | 46 | 81 | 78 | 38 | 66 | 9 | 41 | 50 | 50 |
| 35 | M45×2 | 55 | 45.2 | | 51.9 | | 52.5 | 2 | 46 | 81 | 81 | 39 | 67 | 9 | 46 | 55 | 55 |
| 38 | M52×2 | 60 | 52.2 | | 59.9 | | 57 | 2 | 49 | 86 | 86 | 42 | 71 | 10 | 50 | 60 | 65 |
| 42 | M60×2 | 70 | 60.2 | | 67.9 | | 65 | 2 | 51 | 92 | 94 | 47.5 | 75.5 | 10 | 60 | 70 | 70 |
| 50 | M64×2 | 75 | 64.2 | | 71.9 | | 71 | 2 | 54 | 98 | 99.5 | 51.5 | 79.5 | 10 | 65 | 75 | 75 |

① 接头标记时用"6A"表示管子外径。

O 形圈平面密封柱端接头结构应符合图 21-8-17~图 21-8-25 的规定，尺寸应符合表 21-8-12 的规定，柱端按 ISO 6149-2，可调柱端用螺纹收尾或退刀槽结构。

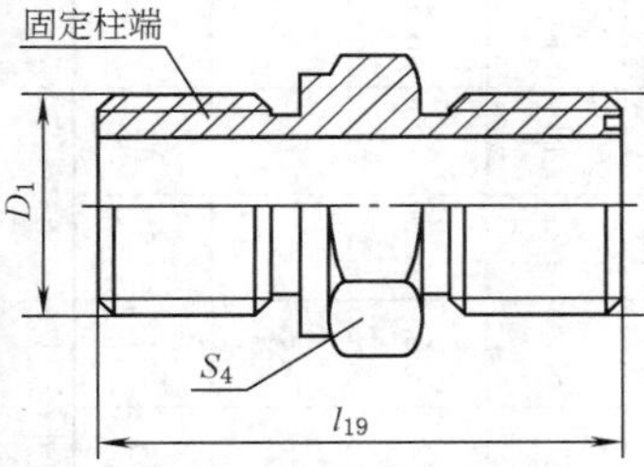


图 21-8-17　柱端直通接头 ZZJ

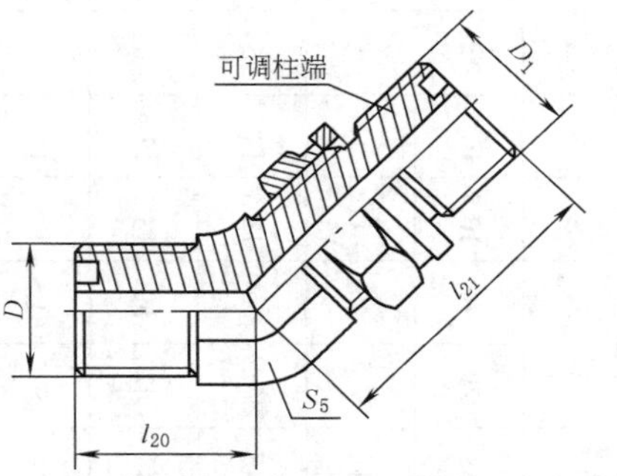


图 21-8-18　45°可调柱端接头 4TJ

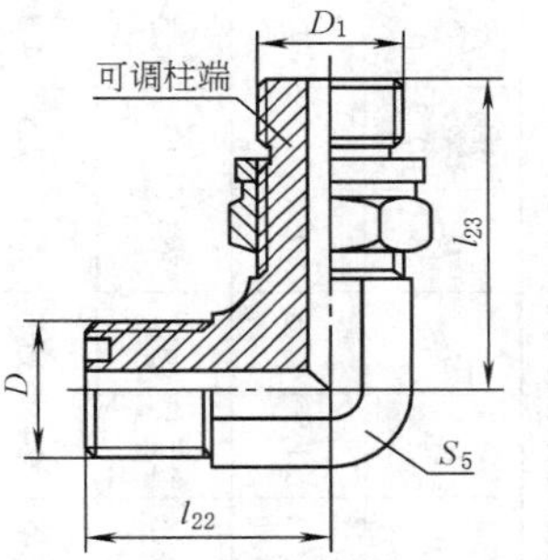


图 21-8-19　直角可调柱端接头 JTJ

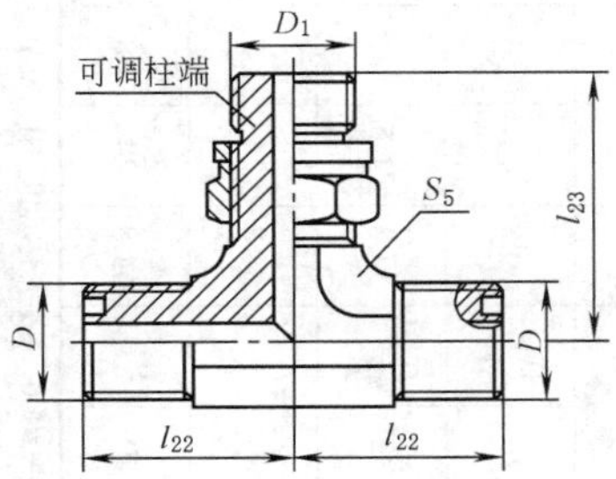


图 21-8-20　三通分支可调柱端接头 SFT

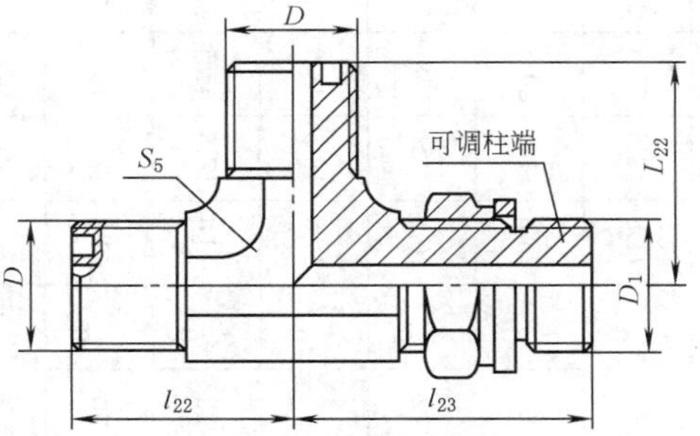


图 21-8-21　三通主支可调柱端接头 SZT

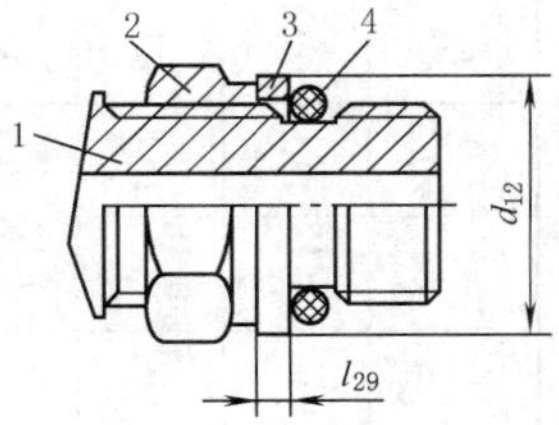

图 21-8-22　可调柱端装配示意

1—可调向接头体；2—扁螺母；3—垫圈；4—O 形圈

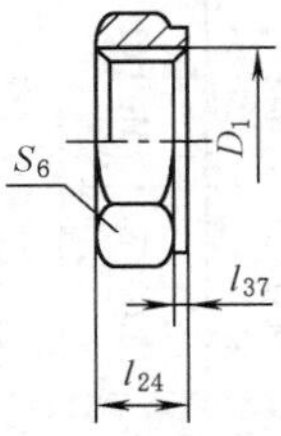

图 21-8-23　扁螺母 1

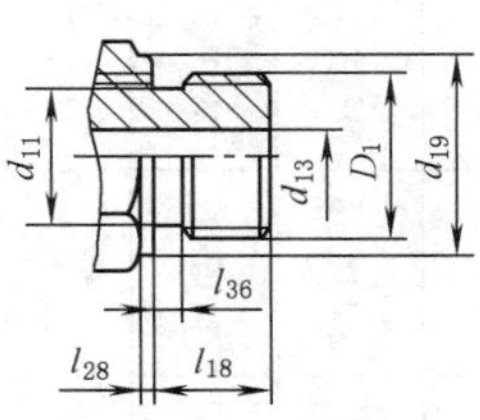

图 21-8-24　固定柱端

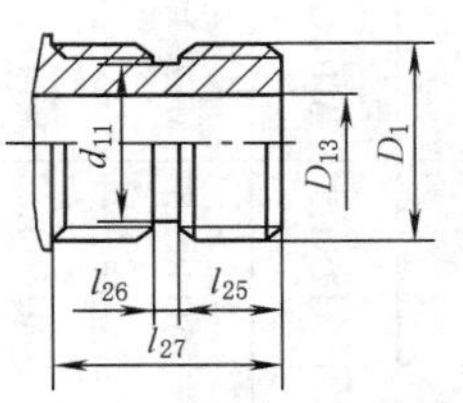

图 21-8-25　可调柱端

表 21-8-12 **O 形圈平面密封柱端接头尺寸** mm

| 管子外径 | $D$ | $D_1$ | $d_{11}$ 0 −0.1 | $d_{12}$ | $d_{13}$ | | $d_{19}$ ±0.2 | $l_{18}$ | $l_{19}$ | $l_{20}$ | $l_{21}$ | $l_{22}$ | $l_{23}$ | $l_{24}$ | $l_{25}$ ±0.2 | $l_{26}$ ±0.1 | $l_{27}$ min | $l_{28}$ ±0.1 | $l_{29}$ | $l_{36}$ 0 +0.3 | $l_{37}$ ±0.1 | $S_4$ | $S_5$ | $S_6$ | O 形圈 | |
|---|---|---|---|---|---|---|---|---|---|---|---|---|---|---|---|---|---|---|---|---|---|---|---|---|---|---|
| | | | | | 尺寸 | 公差 | | | | | | | | | | | | | | | | | | | 内径 | 外径 |
| 6① | M12×1.5 | M10×1 | 8.4 | 14.5 | 3 | +0.14 0 | 13.8 | 9.5 | 28 | 19 | 25.2 | 21.5 | 27.5 | 7 | 6.5 | 4 | 18 | 2.5 | 1 | 2 | 1.5 | 14 | 12 | 14 | 8.1 | 1.6 |
| 6 | M14×1.5 | M12×1.5 | 9.7 | 17.5 | 4 | +0.18 0 | 16.8 | 11 | 29.5 | 19.5 | 28.5 | 22.5 | 32 | 8.5 | 7.5 | 4.5 | 21 | 2.5 | 1 | 3 | 2 | 17 | 14 | 17 | 9.3 | 2.2 |
| 8 | M16×1.5 | M14×1.5 | 11.7 | 19.5 | 6 | +0.18 0 | 18.8 | 11 | 29.5 | 20 | 31.5 | 24 | 35.5 | 8.5 | 7.5 | 4.5 | 21 | 2.5 | 1 | 3 | 2 | 19 | 17 | 19 | 11.3 | 2.2 |
| 10 | M18×1.5 | M16×1.5 | 13.7 | 22.5 | 7 | +0.22 0 | 21.8 | 12.5 | 31.5 | 21.5 | 33.5 | 26 | 38 | 9 | 9 | 4.5 | 23 | 2.5 | 1 | 3 | 2 | 22 | 19 | 22 | 13.3 | 2.2 |
| 12 | M22×1.5 | M18×1.5 | 15.7 | 24.5 | 9 | +0.22 0 | 23.8 | 14 | 34.5 | 23 | 38 | 29 | 44 | 10.5 | 10.5 | 4.5 | 26 | 2.5 | 1 | 3 | 2.5 | 24 | 22 | 24 | 15.3 | 2.2 |
| 16 | M27×1.5 | M22×1.5 | 19.7 | 27.5 | 12 | +0.27 0 | 26.8 | 15 | 38 | 24.5 | 41 | 32.5 | 48 | 11 | 11 | 5 | 27.5 | 2.5 | 1.2 | 3 | 2.5 | 30 | 27 | 27 | 19.3 | 2.2 |
| 20 | M30×1.5 | M27×1.5 | 24 | 32.5 | 15 | +0.27 0 | 31.8 | 18.5 | 43.5 | 26 | 46 | 35.5 | 55 | 13.5 | 13.5 | 6 | 33.5 | 2.5 | 1.2 | 4 | 2.5 | 32 | 30 | 32 | 23.6 | 2.9 |
| 25 | M36×2 | M33×2 | 30 | 41.5 | 20 | +0.33 0 | 40.8 | 18.5 | 47.5 | 30.5 | 48 | 42 | 59 | 13.5 | 13.5 | 6 | 33.5 | 3 | 1.2 | 4 | 3 | 41 | 36 | 41 | 29.6 | 2.9 |
| 28 | M39×5 | M33×2 | 30 | 41.5 | 20 | +0.33 0 | 40.8 | 18.5 | 49.5 | 36 | 49 | 47.5 | 61.5 | 13.5 | 13.5 | 6 | 33.5 | 3 | 1.2 | 4 | 3 | 41 | 41 | 41 | 29.6 | 2.9 |
| 30 | M42×2 | M42×2 | 39 | 50.5 | 26 | +0.33 0 | 49.8 | 19 | 54 | 38 | 49 | 49.5 | 63 | 14 | 14 | 6 | 34.5 | 3 | 1.2 | 4 | 3 | 50 | 41 | 50 | 38.6 | 2.9 |
| 35 | M45×2 | M42×2 | 39 | 50.5 | 26 | +0.33 0 | 49.8 | 19 | 54 | 39 | 51 | 52.5 | 67 | 14 | 14 | 6 | 34.5 | 3 | 1.2 | 4 | 3 | 50 | 46 | 50 | 38.6 | 2.9 |
| 38 | M52×2 | M48×2 | 45 | 55.5 | 32 | +0.39 0 | 54.8 | 21.5 | 58.5 | 42 | 54 | 56 | 71.5 | 15 | 16.5 | 6 | 38 | 3 | 1.2 | 4 | 3 | 55 | 50 | 55 | 44.6 | 2.9 |
| 42 | M60×2 | M60×2 | 57 | 65.5 | 40 | +0.39 0 | 64.8 | 24 | 65 | 47.5 | 63.5 | 65 | 82 | 17 | 19 | 6 | 42.5 | 3 | 1.2 | 4 | 3 | 65 | 60 | 65 | 56.6 | 2.9 |
| 50 | M64×2 | M60×2 | 57 | 65.5 | 40 | +0.39 0 | 64.8 | 24 | 68 | 51.5 | 65 | 71 | 85 | 17 | 19 | 6 | 42.5 | 3 | 1.2 | 4 | 3 | 65 | 65 | 65 | 56.6 | 2.9 |

① O 形圈 1 的尺寸、公差按 ISO 6149-2—2006。接头标记时用“6A”表示管子外径。

O形圈平面密封活动接头的结构应符合图21-8-26~图21-8-29的规定，尺寸应符合表21-8-13的规定。活动螺母与接头体的连接方式由制造商确定。

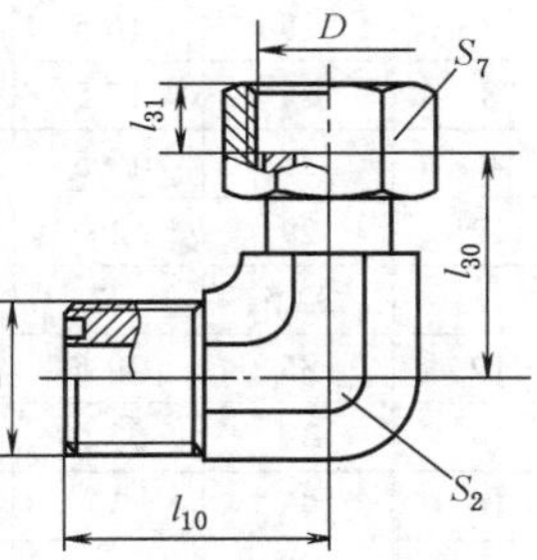


图21-8-26　直角活动接头JHJ

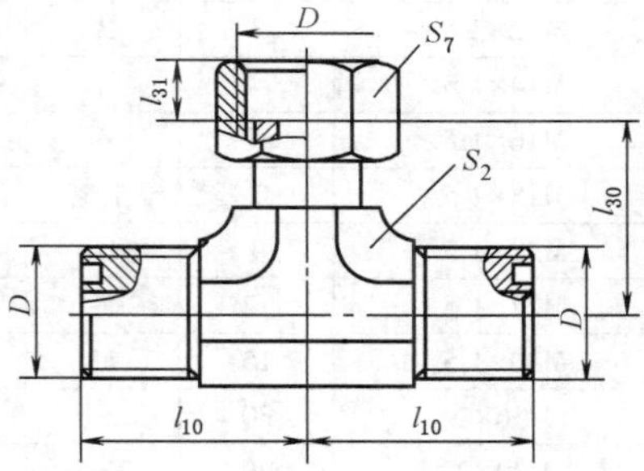


图21-8-27　三通分支活动接头SFH

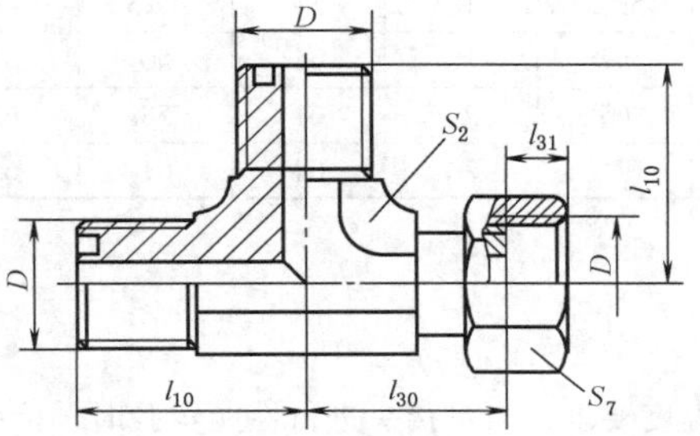


图21-8-28　三通主支活动接头SZH

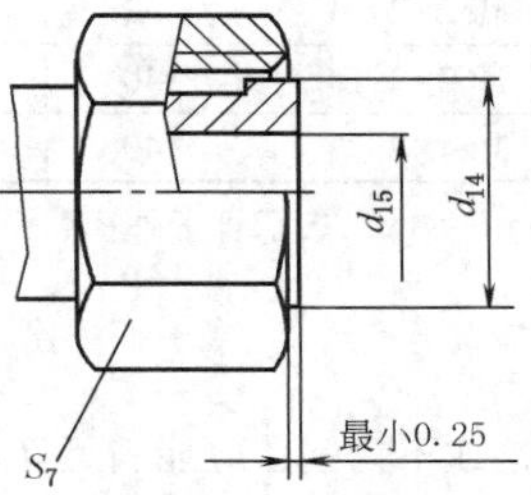


图21-8-29　活动接头端结构

**表21-8-13　　O形圈平面密封活动接头尺寸**　　mm

| 管子外径 | $D$ | $d_{14}$(参考) | $d_{15}$ | $l_{10}$ | $l_{30}$ | $l_{31}$ | $S_2$ | $S_7$ |
|---|---|---|---|---|---|---|---|---|
| 6① | M12×1.5 | 10 | 3 | 21.5 | 23 | 8.5 | 12 | 17 |
| 6 | M14×1.5 | 12 | 4 | 22.5 | 24.5 | 8.5 | 14 | 19 |
| 8 | M16×1.5 | 14 | 6 | 24 | 27.5 | 8.5 | 17 | 22 |
| 10 | M18×1.5 | 16 | 7.5 | 26 | 30.5 | 8.5 | 19 | 24 |
| 12 | M22×1.5 | 20 | 10 | 29 | 34 | 10 | 22 | 27 |
| 16 | M27×1.5 | 25 | 13 | 32.5 | 38.5 | 10 | 27 | 32 |
| 20 | M30×1.5 | 27 | 15 | 35.5 | 41.5 | 11 | 30 | 36 |
| 25 | M36×2 | 33 | 20 | 42 | 47 | 13 | 36 | 41 |
| 28 | M39×2 | 36 | 22.5 | 47.5 | 53 | 13 | 41 | 46 |
| 30 | M42×2 | 39 | 25 | 49.5 | 55 | 15 | 41 | 50 |
| 35 | M45×2 | 42 | 27 | 52.5 | 57.5 | 15 | 46 | 55 |
| 38 | M52×2 | 49 | 32 | 57 | 62 | 17 | 50 | 60 |
| 42 | M60×2 | 57 | 36 | 65 | 71.5 | 20 | 60 | 70 |
| 50 | M64×2 | 61 | 38 | 71 | 78 | 23 | 65 | 75 |

① 接头标记时用“6A”表示管子外径。

O形圈平面密封焊接接头的结构应符合图21-8-30、图21-8-31的规定，尺寸应符合表21-8-14的规定。

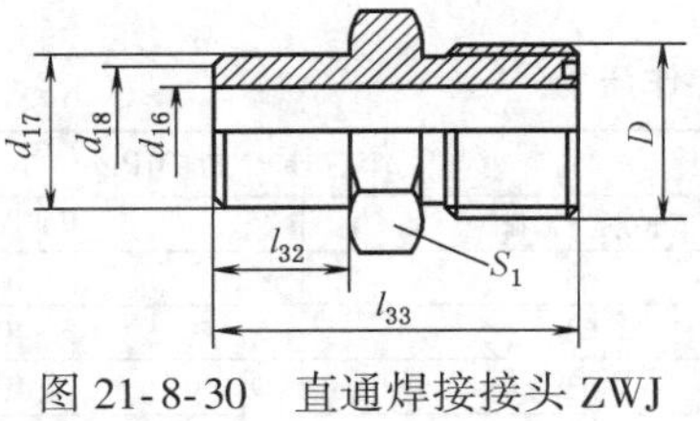


图21-8-30　直通焊接接头ZWJ

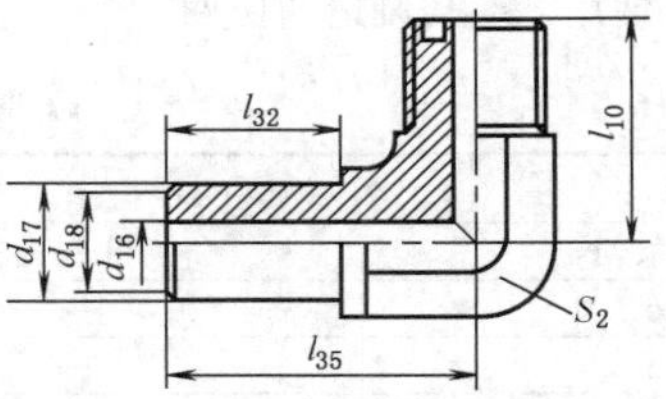


图21-8-31　直角焊接接头JWJ

表 21-8-14　　O 形圈平面密封焊接接头尺寸　　mm

| 管子外径 | D | $d_{18}$ | $d_{16}$ | $d_{17}$ | $l_{10}$ | $l_{32}$ | $l_{33}$ | $l_{35}$ | $S_1$ | $S_2$ |
|---|---|---|---|---|---|---|---|---|---|---|
| 6① | M12×1.5 | 3 | 3 | 6 | 21.5 | 8 | 25 | 16.5 | 14 | 12 |
| 6 | M14×1.5 | 4 | 4 | 6 | 22.5 | 8 | 25 | 17.5 | 17 | 14 |
| 8 | M16×1.5 | 6 | 6 | 8 | 24 | 8 | 25 | 19.5 | 17 | 17 |
| 10 | M18×1.5 | 7 | 7.5 | 10 | 26 | 12 | 29 | 25 | 19 | 19 |
| 12 | M22×1.5 | 9 | 10 | 12 | 29 | 12 | 32.5 | 27 | 24 | 22 |
| 16 | M27×1.5 | 12 | 12 | 16 | 32.5 | 12 | 35 | 29.5 | 30 | 27 |
| 20 | M30×1.5 | 15 | 15 | 20 | 35.5 | 14 | 39 | 33.5 | 32 | 30 |
| 25 | M36×2 | 20 | 20 | 25 | 42 | 16 | 43 | 39 | 38 | 36 |
| 28 | M39×2 | 20 | 22.5 | 28 | 47.5 | 16 | 47 | 43 | 41 | 41 |
| 30 | M42×2 | 26 | 25 | 30 | 49.5 | 16 | 49 | 43 | 46 | 41 |
| 35 | M45×2 | 26 | 27 | 35 | 52.5 | 18 | 51 | 47.5 | 46 | 46 |
| 38 | M52×2 | 32 | 32 | 38 | 57 | 18 | 55 | 50 | 55 | 50 |
| 42 | M60×2 | 40 | 36 | 42 | 65 | 20 | 61 | 58 | 65 | 60 |
| 50 | M64×2 | 40 | 38 | 50 | 71 | 20 | 64 | 61 | 65 | 65 |

① 接头标记时用“6A”表示管子外径。

（3）材料要求

1）接头体

材料应是碳钢或不锈钢，应能满足规定的最低压力/温度要求，当对接头进行性能实验时，接头体材料性能应适合流体输送并保证有效连接。焊接用接管应用易于焊接的材料。

2）螺母

材料应与接头体相对应，碳钢接头体配用碳钢螺母，不锈钢接头体配用不锈钢螺母，除非另有规定。接头常用的推荐材料见表 21-8-15。

表 21-8-15　　接头常用的推荐材料

| 零件名称 | 牌号 | 标准号 |
|---|---|---|
| 接头体、螺母 | 35、45 | GB/T 699 |
| | 0Cr18Ni9 | GB/T 1220 |
| 焊接接管、垫片 | 20 | GB/T 699 |
| 垫圈 | 纯铜 | GB/T 5231 |

3）O 形圈

当按表 21-8-16 给出的压力和温度要求使用和测试时，O 形圈应用硬度为（90±5）IRHD（GB/T 6031）的丁腈橡胶（NBR）制成。

（4）压力/温度要求

按本标准制造的碳钢或不锈钢 O 形圈平面密封接头，当温度在−20～+100℃，压力在 6.5kPa 的绝对真空压力至表 21-8-16 中所示的工作压力下使用时，应满足无泄漏要求。

接头应满足本标准第 11 章中规定的所有性能要求，试验应在室温下进行。如果需要在表 21-8-16 给出的温度和压力以外使用，应与制造商协商。

表 21-8-16　　O 形圈平面密封接头工作压力

| 管子外径/mm | | 工作压力/MPa | |
|---|---|---|---|
| Ⅰ系列 | Ⅱ系列 | 固定柱端 | 可调柱端 |
| 6 | — | 63 | 40 |
| 8 | — | 63 | 40 |
| 10 | — | 63 | 40 |
| 12 | — | 63 | 40 |

续表

| 管子外径/mm | | 工作压力/MPa | |
|---|---|---|---|
| Ⅰ系列 | Ⅱ系列 | 固定柱端 | 可调柱端 |
| 16 | — | 40 | 40 |
| 20 | — | 40 | 40 |
| 25 | — | 40 | 31.5 |
| — | 28 | 40 | 31.5 |
| 30 | — | 25 | 25 |
| — | 35 | 25 | 25 |
| 38 | — | 25 | 20 |
| — | 42 | 25 | 16 |
| — | 50 | 16 | 16 |

（5）钢管要求

接头应与相适应的钢管配合使用，碳钢钢管应符合 GB/T 3639 要求，管子外径的极限尺寸见表 21-8-17，这些尺寸包括了椭圆度。工作压力低时，用户和制造商可协商使用其他标准的钢管。

**表 21-8-17　钢管外径的极限尺寸**　mm

| 管子外径 | | 外径极限尺寸 | |
|---|---|---|---|
| Ⅰ系列 | Ⅱ系列 | min | max |
| 6 | — | 5.9 | 6.1 |
| 8 | — | 7.9 | 8.1 |
| 10 | — | 9.9 | 10.1 |
| 12 | — | 11.9 | 12.1 |
| 16 | — | 15.9 | 16.1 |
| 20 | — | 19.9 | 20.1 |
| 25 | — | 24.9 | 25.1 |
| — | 28 | 27.9 | 28.1 |
| 30 | — | 29.85 | 30.15 |
| — | 35 | 34.85 | 35.15 |
| 38 | — | 37.85 | 38.15 |
| — | 42 | 41.85 | 42.15 |
| — | 50 | 49.85 | 50.15 |

注：1. 应优先选用Ⅰ系列钢管。

2. 生产厂为焦作市路通液压附件有限公司、焦作华科液压机械制造有限公司。

## 焊接式铰接管接头（摘自 JB/T 978—2013）

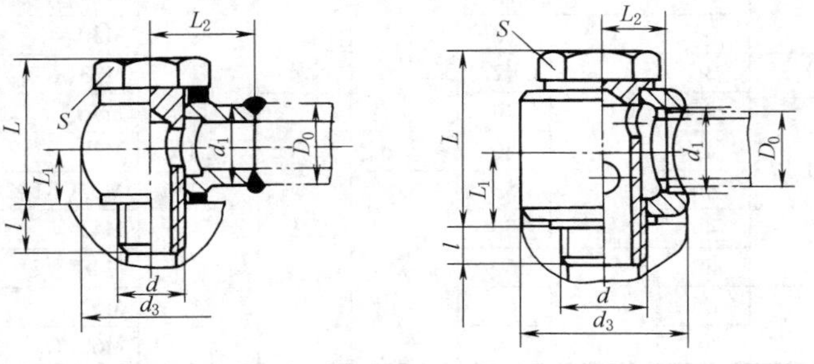


应用无缝钢管的材料为 15、20 钢，精度为普通级。

标记示例

管子外径 $D_0$28mm 的焊接式铰接管接头：

管接头 28　JB/T 978—2013

**表 21-8-18** mm

| 管子外径 $D_0$ | 公称通径 $DN$ | $d$ | $d_1$ | $d_3$ | $l$ | $L$ | $L_1$ | $L_2$ | 扳手尺寸 $S$ | 垫圈 | 质量 /kg |
|---|---|---|---|---|---|---|---|---|---|---|---|
| 10 | 6 | M10×1 | 11 | 22 | 8 | 23 | 8.5 | 15 | 17 | 10 | 0.059 |
| 14 | 8 | M14×1.5 | 16 | 28 | 10 | 29 | 11 | 20 | 19 | 14 | 0.103 |
| 18 | 10 | M18×1.5 | 19 | 36 | 12 | 34 | 13 | 25 | 24 | 18 | 0.190 |
| 22 | 15 | M22×1.5 | 22 | 46 | 14 | 43 | 17 | 30 | 30 | 22 | 0.342 |
| 28 | 20 | M27×2 | 28 | 56 | 15 | 50 | 20 | 35 | 36 | 27 | 0.660 |
| 34 | 25 | M33×2 | 34.8 | 64 | 16 | 66 | 27 | 24 | 41 | 33 | 1.320 |
| 42 | 32 | M42×2 | 42.8 | 78 | 17 | 82 | 34 | 30 | 55 | 42 | 2.140 |
| 50 | 40 | M48×2 | 50.8 | 90 | 19 | 94 | 38 | 33 | 60 | 48 | 3.330 |

**表 21-8-19** 直角焊接接管（摘自 JB/T 979—2013） mm

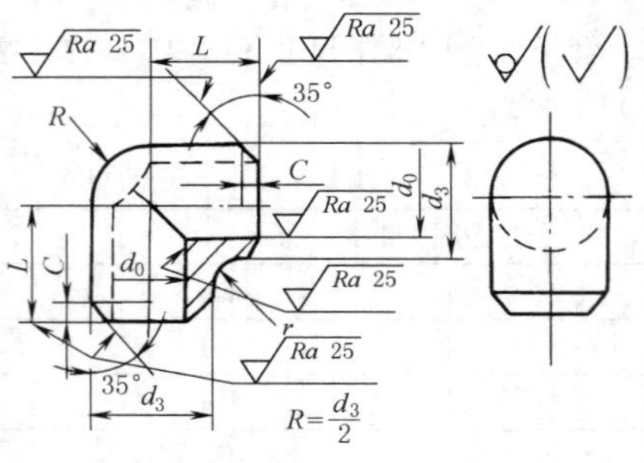


标记示例

管子外径 $D$ 为 18mm 的直角焊接接管：

接管 18 JB/T 979—2013

| 管子外径 $D_0$ | $d_0$ | $d_3$ | $L$ | $r$ | $C$ | 质量 /kg |
|---|---|---|---|---|---|---|
| 6 | 3 | 9 | 9 | 2 | 2 | 0.008 |
| 10 | 6 | 12 | 12 | | | 0.016 |
| 14 | 10 | 16 | 15 | | | 0.035 |
| 18 | 12 | 20 | 19 | 2.5 | 2.5 | 0.060 |
| 22 | 15 | 24 | 21 | | 3 | 0.090 |
| 28 | 20 | 31 | 25 | 3 | 4 | 0.150 |
| 34 | 25 | 36 | 30 | | | 0.250 |
| 42 | 32 | 44 | 35 | 4 | 5 | 0.400 |
| 50 | 36 | 52 | 40 | | | 0.690 |

**表 21-8-20** 组合密封垫圈（摘自 JB/T 982—1977） mm

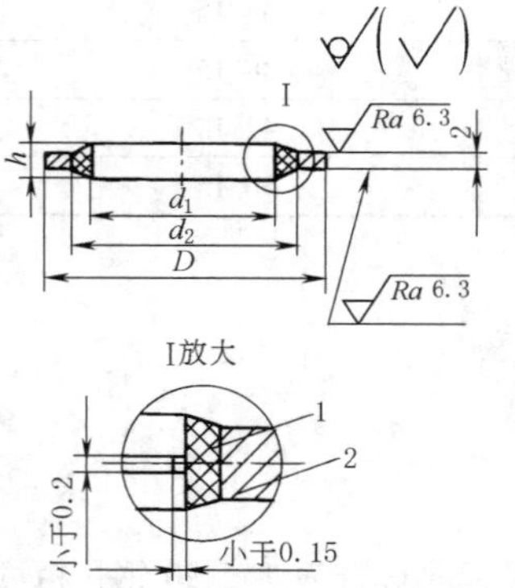


材料：件 1—耐油橡胶

件 2—Q235

件 1 和件 2 在硫化压胶时胶住

标记示例

公称直径为 27mm 的组合密封垫圈：

垫圈 27 JB/T 982—1977

| 公称直径 | $d_1$ 尺寸 | $d_1$ 公差 | $d_2$ 尺寸 | $d_2$ 公差 | $D$ 尺寸 | $D$ 公差 | $h\pm0.1$ | 孔 $d_2$ 允许同轴度 | 适用螺纹尺寸 |
|---|---|---|---|---|---|---|---|---|---|
| 8 | 8.4 | ±0.12 | 10 | $^{+0.24}_{0}$ | 14 | $^{0}_{-0.24}$ | 2.7 | 0.1 | M8 |
| 10 | 10.4 | | 12 | | 16 | | | | M10(G⅛) |
| 12 | 12.4 | | 14 | | 18 | | | | M12 |
| 14 | 14.4 | | 16 | | 20 | $^{0}_{-0.28}$ | | | M14(G¼) |
| 16 | 16.4 | | 18 | | 22 | | | | M16 |
| 18 | 18.4 | | 20 | $^{+0.28}_{0}$ | 25 | | | | M18(G⅜) |
| 20 | 20.5 | ±0.14 | 23 | | 28 | | | | M20 |
| 22 | 22.5 | | 25 | | 30 | | | | M22(G½) |
| 24 | 24.5 | | 27 | | 32 | $^{0}_{-0.34}$ | | 0.15 | M24 |
| 27 | 27.5 | | 30 | | 35 | | | | M27(G¾) |
| 30 | 30.5 | | 33 | $^{+0.34}_{0}$ | 38 | | | | M30 |
| 33 | 33.5 | ±0.17 | 36 | | 42 | | | | M33(G1) |
| 36 | 36.5 | | 40 | | 46 | | 2.9 | | M36 |
| 39 | 39.6 | | 43 | | 50 | | | | M39 |
| 42 | 42.6 | | 46 | | 53 | $^{0}_{-0.40}$ | | | M42(G1¼) |
| 45 | 45.6 | | 49 | | 56 | | | | M45 |
| 48 | 48.7 | | 52 | $^{+0.40}_{0}$ | 60 | | | | M48 |
| 52 | 52.7 | ±0.20 | 56 | | 66 | | | | M52 |
| 60 | 60.7 | | 64 | | 75 | | | | M60(G2) |

表 21-8-21　　密封垫圈　　mm

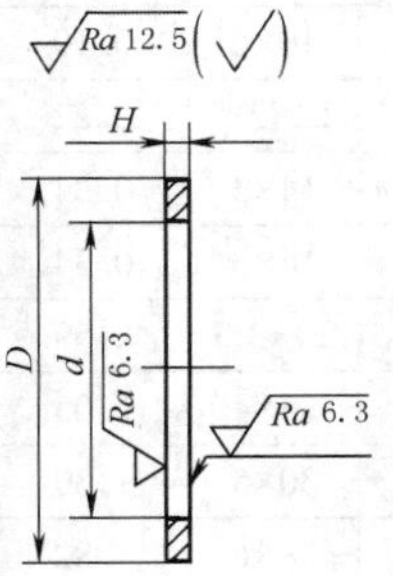


| 公称直径 | d 尺寸 | d 公差 | D 尺寸 | D 公差 | $H_{-0.2}^{0}$ | 允许同轴度 | 配用螺纹 螺栓上 | 配用螺纹 螺孔内 |
|---|---|---|---|---|---|---|---|---|
| 4 | 4.2 | ±0.24 | 7.9 | $^{0}_{-0.24}$ | 1.5 | 0.1 | | M10×1 |
| 5 | 5.2 | | 8.9 | | | | | M12×1.25 |
| 7 | 7.2 | | 10.9 | | | | | M14×1.5 |
| 8 | 8.2 | | 11.9 | | | | M8 | |
| 10 | 10.2 | | 12.9 | | | | M10 | |
| 12 | 12.2 | | 15.9 | | | | | M18×1.5 |
| 13 | 13.2 | | 16.9 | | | | | M20×1.5 |
| 14 | 14.2 | | 17.9 | | | | M14 | |
| 15 | 15.2 | | 18.9 | $^{0}_{-0.28}$ | | | | M22×1.5 |
| 16 | 16.2 | | 19.9 | | | | M16 | |
| 18 | 18.2 | | 22.9 | | 2 | 0.15 | | M27×2 |
| 20 | 20.2 | ±0.28 | 24.9 | | | | M20 | |
| 22 | 22.2 | | 26.9 | | | | M22 | |

| 公称直径 | d 尺寸 | d 公差 | D 尺寸 | D 公差 | $H_{-0.2}^{0}$ | 允许同轴度 | 配用螺纹 螺栓上 | 配用螺纹 螺孔内 |
|---|---|---|---|---|---|---|---|---|
| 24 | 24.2 | $^{+0.28}_{0}$ | 28.9 | $^{0}_{-0.28}$ | 2 | 0.15 | | M33×2 |
| 27 | 27.2 | | 31.9 | $^{0}_{-0.34}$ | | | M27 | |
| 30 | 30.2 | | 35.9 | | | | M30 | |
| 32 | 32.2 | $^{+0.34}_{0}$ | 37.9 | | | | | M42×2 |
| 33 | 33.2 | | 38.9 | | | 0.20 | M33 | |
| 36 | 36.2 | | 41.9 | | | | M36 | M48×2 |
| 39 | 39.2 | | 45.9 | | | | M39 | |
| 40 | 40.2 | | 46.9 | | | | M40 | |
| 42 | 42.2 | | 48.9 | | | | M42 | |
| 45 | 45.2 | | 51.9 | $^{0}_{-0.40}$ | | 0.25 | M45 | |
| 48 | 48.2 | | 54.9 | | | | M48 | M60×2 |
| 52 | 52.2 | $^{+0.40}_{0}$ | 59.9 | | | | M52 | |
| 60 | 60.2 | | 67.9 | | | | M60 | |

注：适用于焊接、卡套、扩口式管接头及螺塞的密封。

表 21-8-22　　焊接式管接头零件的材料及热处理

| 序　号 | 零　件　名　称 | 材　料　牌　号 | 材料标准号 |
|---|---|---|---|
| 1 | 接头体、螺母、螺塞 | 35、15 | GB/T 699 |
| 2 | 铰接管接头体，铰接螺栓 | 45 | GB/T 699 |
| 3 | 接管 | 15、20 | GB/T 699 |
| 4 | 金属垫圈 | 纯铝、纯铜（退火后 32～45HB） | GB/T 2059 |
| 5 | 组合密封垫圈、垫圈体 | Q235 | GB/T 700 |
| 6 | 组合密封垫圈密封体 | 丁腈橡胶 | HG/T 2810 |

注：1. 同栏中所列材料允许通用，在采用冷镦、冷挤以及辗制螺纹工艺条件下，序号 1、3 零件允许用 Q235 钢代替，但抗拉强度不应低于 35 钢。

2. 铰接螺栓经调质处理硬度为 200～230HB。

3. 除表中所规定的材料外，可根据使用条件选用其他材料，由供需双方议定，在订货单中注明。

4. 零件材料为碳素钢时，其表面处理均为发黑或发蓝。需要其他处理时，由供需双方议定，在订货单中注明。

## 1.2.2　锥密封焊接式管接头

锥密封焊接式管接头由接头体 1、O 形密封圈 2、螺母 3 和接管 4 组成（见图 21-8-32），旋紧螺母使接管外锥表面和其上的 O 形密封圈与接头体内的内锥表面紧密相配。由于圆锥结合使接管与接头体自动对准中心，可以补偿焊接或弯管的误差，使密封更可靠、抗振能力更强，但接管与接头体相互有小的轴向位移，使装卸接头并不方便。锥密封焊接式管接头类型和尺寸见表 21-8-23。

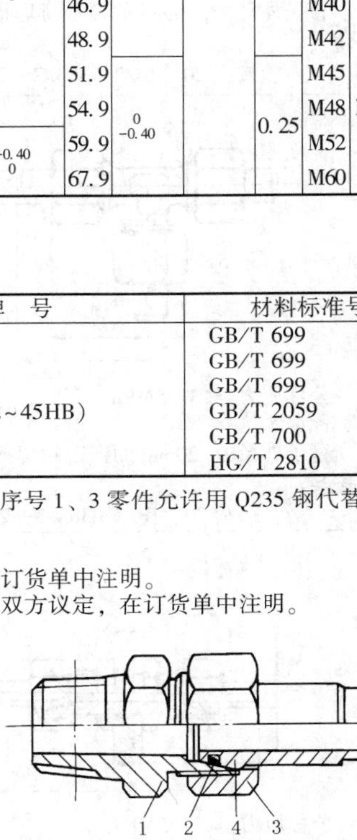


图 21-8-32　锥密封焊接式管接头结构

1—接头体；2—O 形密封圈；3—螺母；4—接管

适用于以油、气为介质，公称压力 $PN \leqslant 31.5$MPa，工作温度 −25～80℃。

生产厂：焦作市路通液压附件有限公司、宁波液压附件厂、盐城蒙塔液压机械有限公司。

表 21-8-23　　锥密封焊接式管接头类型和尺寸　　mm

直通

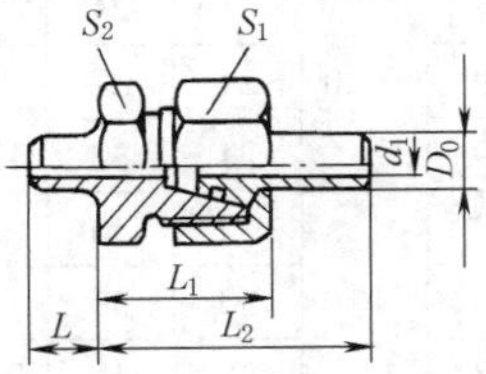


公称压力：≤31.5MPa

标记示例

管子外径 $D_0$20mm 的锥密封两端焊接式直通管接头：

管接头 20　JB/T 6383.1—2007

| $D_0$ | $d_1$ | $L$ | $L_1$ | $L_2$ | $S_1$ | $S_2$ | 质量/kg |
|---|---|---|---|---|---|---|---|
| 8 | 4 | 12 | 27 | 47 | 21 | 18 | 0.09 |
| 10 | 6 | 14 | 28 | 48 | 24 | 21 | 0.11 |
| 12 | 7 | | 29 | 50 | 24 | 24 | 0.15 |
| 14 | 8 | | 35 | 58 | 27 | 24 | 0.18 |
| 16 | 10 | 19 | 37 | 60 | 30 | 27 | 0.23 |
| 20 | 13 | | 41 | 66 | 36 | 34 | 0.42 |
| 25 | 17 | 24 | 46 | 76 | 46 | 41 | 0.89 |
| 30 | 20 | | 50 | 81 | 50 | 46 | 1.09 |
| 38 | 26 | 26 | 54 | 90 | 60 | 55 | 1.42 |

续表

**直角**

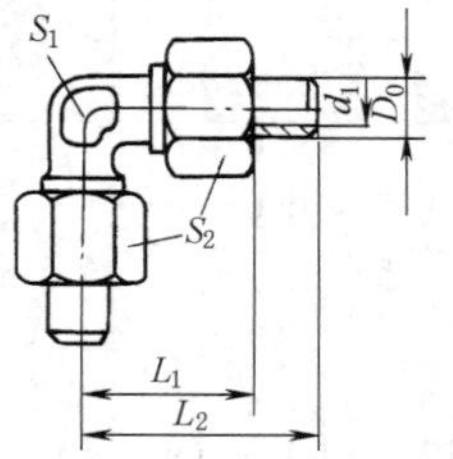


公称压力：≤31.5MPa
标记示例
管子外径 $D_0$ 20mm 的锥密封焊接式直角管接头：
管接头 20 JB/T 6383.2—2007

| $D_0$ | $d_1$ | $L_1$ | $L_2$ | $S_1$ | $S_2$ | 钢 管 $D_0 \times S$ | 质量/kg |
|---|---|---|---|---|---|---|---|
| 8 | 4 | 34 | 54 | 16 | 21 | 8×2 | 0.16 |
| 10 | 6 | 40 | 60 | | 24 | 10×2 | 0.19 |
| 12 | 7 | 41 | 62 | 18 | 24 | 12×2.5 | 0.22 |
| 14 | 8 | 45 | 68 | 21 | 27 | 14×3 | 0.24 |
| 16 | 10 | 47 | 70 | 24 | 30 | 16×3 | 0.34 |
| 20 | 13 | 55 | 80 | 27 | 36 | 20×3.5 | 0.59 |
| 25 | 17 | 62 | 92 | 34 | 46 | 25×4 | 1.05 |
| 30 | 20 | 68 | 99 | 36 | 50 | 30×5 | 1.30 |
| 38 | 26 | 74 | 110 | 46 | 60 | 38×6 | 1.82 |

**三通**

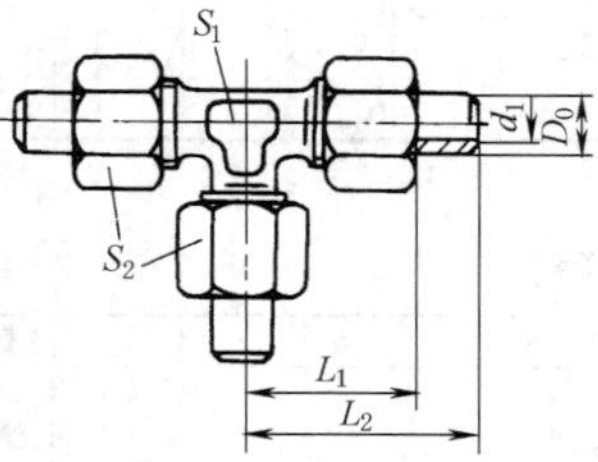


公称压力：≤31.5MPa
标记示例
管子外径 $D_0$ 20mm 的锥密封焊接式三通管接头：
管接头 20 JB/T 6383.3—2007

| $D_0$ | $d_1$ | $L_1$ | $L_2$ | $S_1$ | $S_2$ | 钢 管 $D_0 \times S$ | 质量/kg |
|---|---|---|---|---|---|---|---|
| 8 | 4 | 34 | 54 | 16 | 21 | 8×2 | 0.23 |
| 10 | 6 | 40 | 60 | | 24 | 10×2 | 0.29 |
| 12 | 7 | 41 | 62 | 18 | 24 | 12×2.5 | 0.32 |
| 14 | 8 | 45 | 68 | 21 | 27 | 14×2.5 | 0.36 |
| 16 | 10 | 47 | 70 | 24 | 30 | 16×3 | 0.49 |
| 20 | 13 | 55 | 80 | 27 | 36 | 20×3.5 | 0.82 |
| 25 | 17 | 62 | 92 | 34 | 46 | 25×4 | 1.51 |
| 30 | 20 | 68 | 99 | 36 | 50 | 30×5 | 1.82 |
| 38 | 26 | 74 | 110 | 46 | 60 | 38×6 | 2.66 |

**隔壁直通**

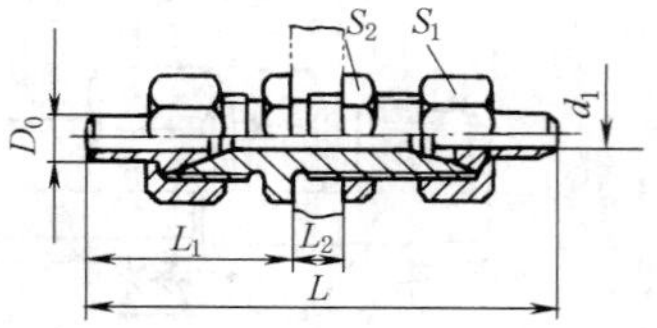


公称压力：≤31.5MPa
标记示例
管子外径 $D_0$ 20mm 的锥密封焊接式隔壁直通管接头：
管接头 20 JB/T 6384.2—2007

| $D_0$ | $d_1$ | $L$ | $L_1$ | $L_2$ | $S_1$ | $S_2$ | 钢 管 $D_0 \times S$ | 质量/kg |
|---|---|---|---|---|---|---|---|---|
| 8 | 4 | 117 | 47 | ≈20 | 21 | 24 | 8×2 | 0.27 |
| 10 | 6 | 120 | 48 | | 24 | 27 | 10×2 | 0.31 |
| 12 | 7 | 125 | 50 | | 24 | 30 | 12×2.5 | 0.36 |
| 14 | 8 | 142 | 58 | | 27 | 30 | 14×3 | 0.44 |
| 16 | 10 | 145 | 60 | ≈22 | 30 | 36 | 16×3 | 0.62 |
| 20 | 13 | 157 | 66 | | 36 | 41 | 20×3.5 | 0.85 |
| 25 | 17 | 176 | 76 | | 46 | 50 | 25×4 | 1.33 |
| 30 | 20 | 188 | 81 | | 50 | 55 | 30×5 | 1.75 |
| 38 | 26 | 206 | 90 | | 60 | 65 | 38×6 | 2.35 |

**隔壁直角**

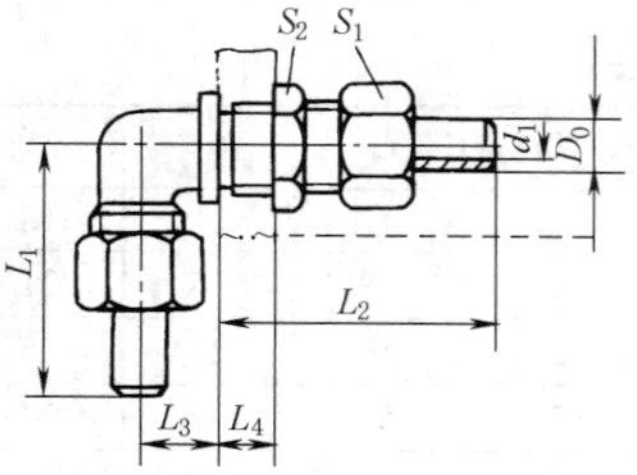


公称压力：≤31.5MPa
标记示例
管子外径 $D_0$ 20mm 的锥密封焊接式隔壁直角管接头：
管接头 20 JB/T 6384.1—2007

| $D_0$ | $d_1$ | $L_1$ | $L_2$ | $L_3$ | $L_4$ | $S_1$ | $S_2$ | 钢 管 $D_0 \times S$ | 质量/kg |
|---|---|---|---|---|---|---|---|---|---|
| 8 | 4 | 54 | 70 | 17 | ≈20 | 21 | 24 | 8×2 | 0.28 |
| 10 | 6 | 60 | 72 | 19 | | 24 | 27 | 10×2 | 0.32 |
| 12 | 7 | 62 | 75 | 19 | | 24 | 30 | 12×2.5 | 0.37 |
| 14 | 8 | 68 | 84 | 22 | ≈30 | 27 | 30 | 14×3 | 0.54 |
| 16 | 10 | 70 | 85 | 23 | | 30 | 36 | 16×3 | 0.63 |
| 20 | 13 | 80 | 91 | 27 | | 36 | 41 | 20×3.5 | 0.90 |
| 25 | 17 | 92 | 100 | 31 | | 46 | 50 | 25×4 | 1.38 |
| 30 | 20 | 99 | 107 | 39 | | 50 | 55 | 30×5 | 1.86 |
| 38 | 26 | 110 | 116 | 43 | | 60 | 65 | 38×6 | 2.67 |

续表

**压力表管接头**

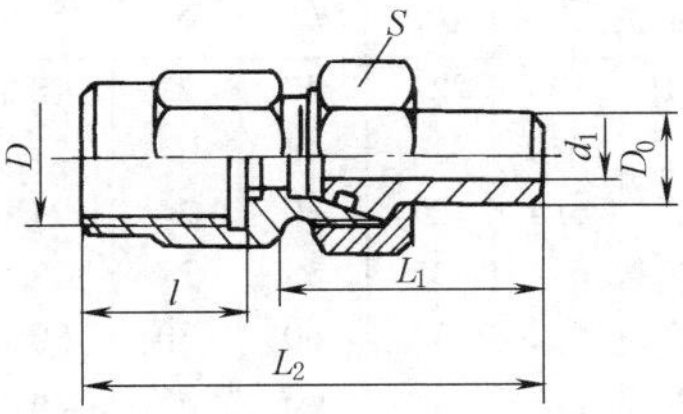


公称压力：≤31.5MPa

标记示例

管子外径 $D_0$ 12mm，压力表螺纹 $D=20\times1.5$ 的锥密封焊接式压力表管接头：

管接头 12-M20×1.5　JB/T 6385—2007

| $D_0$ | $D$ | $d_1$ | $l$ | $L_1$ |
|---|---|---|---|---|
| 8 | M10×1 | 4 | 12 | 40 |
| | M14×1.5 | | 20 | |
| 12 | M20×1.5 | 7 | 26 | 42 |

| $D_0$ | $L_2$ | $S$ | 钢管 $D_0\times S$ | 质量/kg |
|---|---|---|---|---|
| 8 | 62 | 21 | 8×1.5 | 0.10 |
| | 70 | | | 0.12 |
| | 80 | | | 0.14 |
| 12 | 82 | 24 | 12×2 | 0.18 |

**端直通公制螺纹管接头**

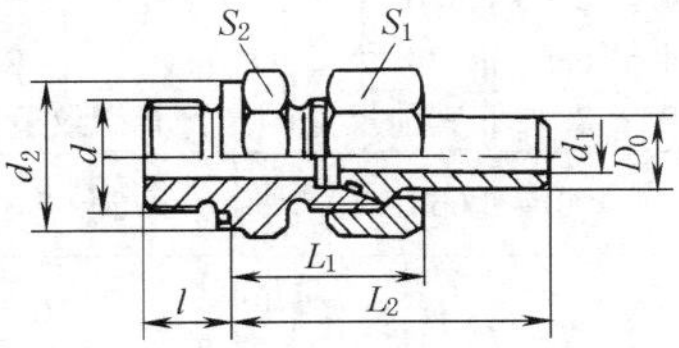


公称压力：≤31.5MPa

标记示例

管子外径 $D_0$ 20mm 的锥密封焊接式直通管接头：

管接头 20　JB/T 6381.1—2007

| $D_0$ | $d$ | $d_1$ | $d_2$ | $l$ | $L_1$ | $L_2$ | $S_1$ | $S_2$ | 质量/kg |
|---|---|---|---|---|---|---|---|---|---|
| 8 | M12×1.5 | 4 | 18 | 12 | 28 | 48 | 21 | 18 | 0.11 |
| 10 | M14×1.5 | 6 | 21 | | 29 | 49 | 24 | 21 | 0.13 |
| 12 | M16×1.5 | 7 | 24 | | 30 | 51 | 24 | 24 | 0.15 |
| 14 | M18×1.5 | 8 | 27 | 14 | 36 | 59 | 27 | 27 | 0.18 |
| 16 | M22×1.5 | 10 | 30 | | 39 | 62 | 30 | 30 | 0.24 |
| 20 | M27×2 | 13 | 36 | 16 | 43 | 68 | 36 | 36 | 0.47 |
| 25 | M33×2 | 17 | 41 | 18 | 48 | 78 | 46 | 46 | 0.95 |
| 30 | M42×2 | 20 | 55 | 20 | 52 | 83 | 50 | 55 | 1.18 |
| 38 | M48×2 | 26 | 60 | 22 | 56 | 92 | 60 | 60 | 1.26 |

**端接螺纹（公制细牙）连接尺寸**

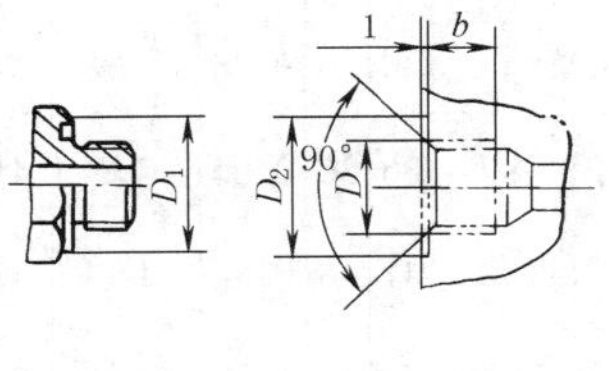


| $D_0$ | $D$ | $D_1$ | $D_2$ | $b$ | $D_0$ | $D$ | $D_1$ | $D_2$ | $b$ |
|---|---|---|---|---|---|---|---|---|---|
| 8 | M12×1.5 | 18 | 19 | 15 | 20 | M27×2 | 36 | 37 | 19 |
| 10 | M14×1.5 | 21 | 22 | | 25 | M33×2 | 46 | 47 | 21 |
| 12 | M16×1.5 | 24 | 25 | | 30 | M42×2 | 55 | 56 | 23 |
| 14 | M18×1.5 | 27 | 28 | 17 | 38 | M48×2 | 60 | 61 | 25 |
| 16 | M22×1.5 | 30 | 31 | | | | | | |

**端接螺纹（圆柱管螺纹）连接尺寸**

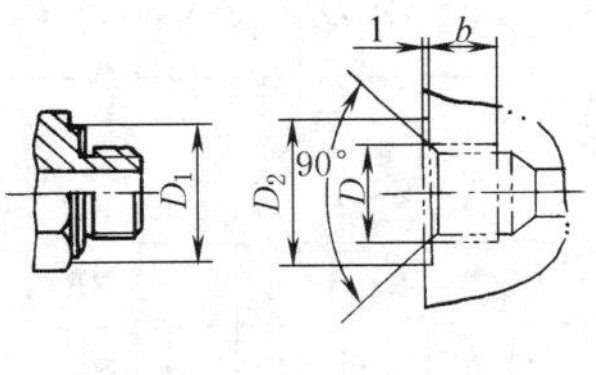


| $D_0$ | $D$ | $D_1$ | $D_2$ | $b$ | $D_0$ | $D$ | $D_1$ | $D_2$ | $b$ |
|---|---|---|---|---|---|---|---|---|---|
| 10 | G¼ | 24 | 25 | 15 | 20 | G¾ | 41 | 42 | 19 |
| 12 | G⅜ | 27 | 28 | 15 | 25 | G1 | 46 | 47 | 21 |
| 14 | G⅜ | 27 | 28 | 17 | 30 | G1¼ | 55 | 56 | 23 |
| 16 | G½ | 34 | 35 | 17 | 38 | G1½ | 60 | 61 | 25 |

**端直通圆柱管螺纹管接头**

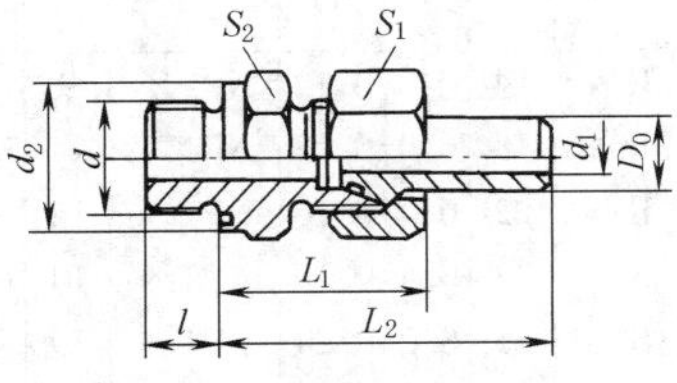


公称压力：≤31.5MPa

标记示例

管子外径 $D_0$ 20mm 的锥密封焊接式直通圆柱管螺纹管接头：

管接头 20　JB/T 6381.2—2007

| $D_0$ | $d$ | $d_1$ | $d_2$ | $l$ | $L_1$ | $L_2$ | $S_1$ | $S_2$ | 质量/kg |
|---|---|---|---|---|---|---|---|---|---|
| 10 | G¼ | 6 | 24 | 12 | 29 | 49 | 24 | 21 | 0.13 |
| 12 | G⅜ | 7 | 27 | 12 | 30 | 51 | 24 | 24 | 0.16 |
| 14 | G⅜ | 8 | 27 | 14 | 36 | 59 | 27 | 27 | 0.18 |
| 16 | G½ | 10 | 34 | 14 | 39 | 62 | 30 | 30 | 0.24 |
| 20 | G¾ | 13 | 41 | 16 | 43 | 68 | 36 | 36 | 0.47 |
| 25 | G1 | 17 | 46 | 18 | 48 | 78 | 46 | 46 | 0.95 |
| 30 | G1¼ | 20 | 55 | 20 | 52 | 83 | 50 | 55 | 1.18 |
| 38 | G1½ | 26 | 60 | 22 | 56 | 92 | 60 | 60 | 1.26 |

续表

**端直通圆锥管螺纹管接头**

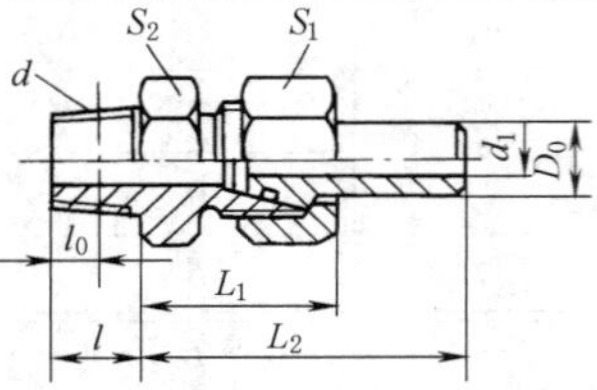


公称压力：≤16MPa

标记示例

管子外径 $D_0$ 20mm 为锥密封焊接式直通圆锥管螺纹管接头：

管接头 20　JB/T 6381.3—2007

| $D_0$ | $d$ | $d_1$ | $l$ | $l_0$ | $L_1$ | $L_2$ | $S_1$ | $S_2$ | 质量/kg |
|---|---|---|---|---|---|---|---|---|---|
| 8 | R⅛ | 4 | 14 | 4 | 27 | 47 | 21 | 18 | 0.10 |
| 10 | R¼ | 6 | 18 | 6.0 | 28 | 48 | 24 | 21 | 0.11 |
| 12 | R⅜ | 7 | 22 | 6.4 | 29 | 50 | 24 | 24 | 0.15 |
| 14 | R⅜ | 8 | 22 | 6.4 | 35 | 58 | 27 | 27 | 0.18 |
| 16 | R½ | 10 | 25 | 8.2 | 37 | 60 | 30 | 30 | 0.22 |
| 20 | R¾ | 13 | 28 | 9.5 | 41 | 66 | 36 | 36 | 0.45 |
| 25 | R1 | 17 | 32 | 10.4 | 46 | 76 | 46 | 46 | 0.91 |
| 30 | R1¼ | 20 | 35 | 12.7 | 50 | 81 | 50 | 55 | 1.15 |
| 38 | R1½ | 26 | 38 | 12.7 | 54 | 90 | 60 | 60 | 1.51 |

**端直通锥螺纹管接头**

外形图同上

公称压力：≤16MPa

标记示例

管子外径 $D_0$ 20mm 的锥密封焊接式直通锥螺纹管接头：

管接头 20　JB/T 6381.4—2007

| $D_0$ | $d$ | $l$ | $l_0$ | $D_0$ | $d$ | $l$ | $l_0$ |
|---|---|---|---|---|---|---|---|
| 8 | NPT⅛ | 9 | 4.102 | 20 | NPT¾ | 19 | 8.61 |
| 10 | NPT¼ | 14 | 5.786 | 25 | NPT 1 | 24 | 10.16 |
| 12 | NPT⅜ | 14 | 6.09 | 30 | NPT 1¼ | 24 | 10.66 |
| 14 | NPT⅜ | 14 | 6.09 | 38 | NPT 1½ | 26 | 10.66 |
| 16 | NPT½ | 19 | 8.12 | 其他尺寸同圆锥管螺纹管接头 | | | |

**公制螺纹（及圆柱管螺纹）90°弯管接头**

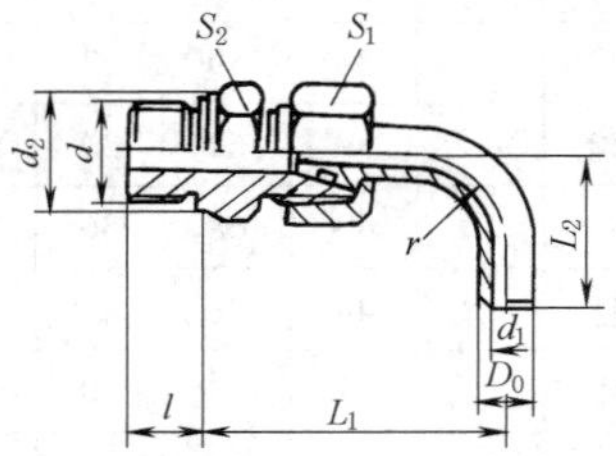


公称压力：≤25MPa

公制螺纹　JB/T 6382.1—2007

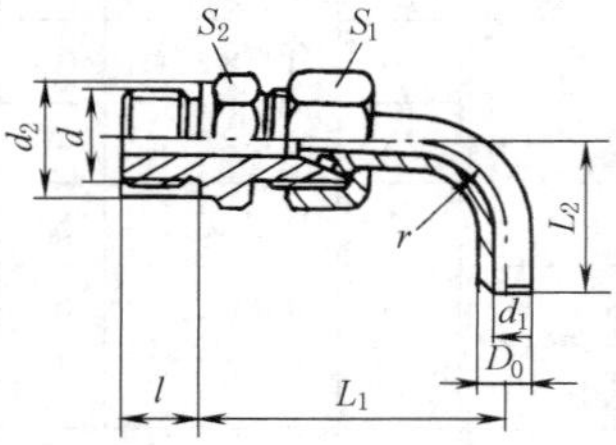


公称压力：≤25MPa

圆柱管螺纹　JB/T 6382.2—2007

| JB/T 6382.1 及 6382.2 | | | | | | | JB/T 6382.1 | | | | JB/T 6382.2 | | | |
|---|---|---|---|---|---|---|---|---|---|---|---|---|---|---|
| $D_0$ | $d_1$ | $l$ | $L_1$ | $L_2$ | $S_1$ | $r$ | $d$ | $d_2$ | $S_2$ | 质量/kg | $d$ | $d_2$ | $S_2$ | 质量/kg |
| 8 | 4 | 12 | 68 | 56 | 21 | 20 | M12×1.5 | 18 | 18 | 0.12 | — | — | — | — |
| 10 | 6 | 12 | 72 | 56 | 24 | 20 | M14×1.5 | 21 | 21 | 0.13 | G¼ | 24 | 24 | 0.13 |
| 12 | 7 | 12 | 81 | 58 | 24 | 24 | M16×1.5 | 24 | 24 | 0.16 | G⅜ | 27 | 27 | 0.16 |
| 14 | 8 | 14 | 83 | 58 | 27 | 28 | M18×1.5 | 27 | 27 | 0.20 | G⅜ | 27 | 27 | 0.20 |
| 16 | 10 | 14 | 90 | 60 | 30 | 32 | M22×1.5 | 30 | 30 | 0.26 | G½ | 34 | 34 | 0.26 |
| 20 | 13 | 16 | 112 | 70 | 36 | 45 | M27×2 | 36 | 36 | 0.60 | G¾ | 41 | 41 | 0.60 |
| 25 | 17 | 18 | 118 | 110 | 46 | 58 | M38×2 | 41 | 46 | 0.84 | G1 | 46 | 46 | 0.84 |
| 30 | 20 | 20 | 152 | 130 | 50 | 72 | M42×2 | 55 | 55 | 1.32 | G1¼ | 55 | 55 | 1.32 |
| 38 | 26 | 22 | 182 | 140 | 60 | 90 | M48×2 | 60 | 60 | 1.85 | G1½ | 60 | 60 | 1.85 |

标记示例　管子外径 $D_0$ 20mm 的锥密封焊接式 90°弯管接头：

管接头 20　JB/T 6382.1—2007

公称压力小于等于 25MPa，JB/T 6382.2 中无管子外径 $D_0$=8-栏尺寸

**圆锥管螺纹（圆锥螺纹）90°弯管接头**

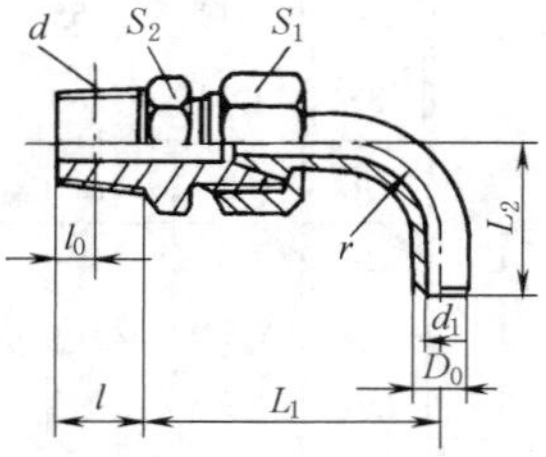


公称压力：≤16MPa

圆锥管螺纹　JB/T 6382.3—2007

圆锥螺纹　JB/T 6382.4—2007

标记示例

管子外径 $D_0$ 20mm 为锥密封焊接式圆锥管螺纹 90°弯管接头：

管接头 20　JB/T 6382.3—2007

| JB/T 6382.3 及 6382.4 | | | | | | | JB/T 6382.3 | | | | JB/T 6382.4 | | | |
|---|---|---|---|---|---|---|---|---|---|---|---|---|---|---|
| $D_0$ | $d_1$ | $L_1$ | $L_2$ | $S_1$ | $S_2$ | $r$ | $d$ | $l$ | $l_0$ | 质量/kg | $d$ | $l$ | $l_0$ | 质量/kg |
| 8 | 4 | 67 | 56 | 21 | 18 | 20 | R⅛ | 14 | 4 | 0.12 | NPT⅛ | 9 | 4.102 | 0.12 |
| 10 | 6 | 71 | 56 | 24 | 21 | 20 | R¼ | 18 | 6.0 | 0.13 | NPT¼ | 14 | 5.786 | 0.13 |
| 12 | 7 | 80 | 58 | 24 | 24 | 24 | R⅜ | 22 | 6.4 | 0.16 | NPT⅜ | 14 | 6.09 | 0.16 |
| 14 | 8 | 82 | 58 | 27 | 24 | 28 | R⅜ | 22 | 6.4 | 0.19 | NPT⅜ | 14 | 6.09 | 0.19 |
| 16 | 10 | 89 | 60 | 30 | 27 | 32 | R½ | 25 | 8.2 | 0.24 | NPT½ | 19 | 8.12 | 0.25 |
| 20 | 13 | 110 | 70 | 36 | 34 | 45 | R¾ | 28 | 9.5 | 0.58 | NPT¾ | 19 | 8.61 | 0.58 |
| 25 | 17 | 116 | 110 | 46 | 41 | 58 | R1 | 32 | 10.4 | 1.09 | NPT 1 | 24 | 10.16 | 1.09 |
| 30 | 20 | 150 | 130 | 50 | 46 | 72 | R1¼ | 35 | 12.7 | 1.32 | NPT 1¼ | 24 | 10.66 | 1.32 |
| 38 | 26 | 180 | 140 | 60 | 55 | 90 | R1½ | 38 | 12.7 | 1.78 | NPT 1½ | 26 | 10.66 | 1.78 |

续表

| | 管子外径 $D_0$ | | 8 | 10 | 12 | 14 | 16 | 20 | 25 | 30 | 38 |
|---|---|---|---|---|---|---|---|---|---|---|---|
| 密封圈 | O 形密封圈 | 端面 | — | 16×2.65 | 18×2.65 | 18×2.65 | 23.6×2.65 | 30×2.65 | 34.5×2.65 | 43.7×2.65 | 50×2.65 |
| | | 锥面 | 7.5×1.8 | 9×1.8 | 11.2×1.8 | 11.8×2.65 | 14×2.65 | 18×2.65 | 23.6×2.65 | 28×2.65 | 36.5×2.65 |
| | 垫圈 | | 12 | 14 | 16 | 18 | 22 | 27 | 33 | 42 | 48 |

**锥密封焊接式铰接管接头**

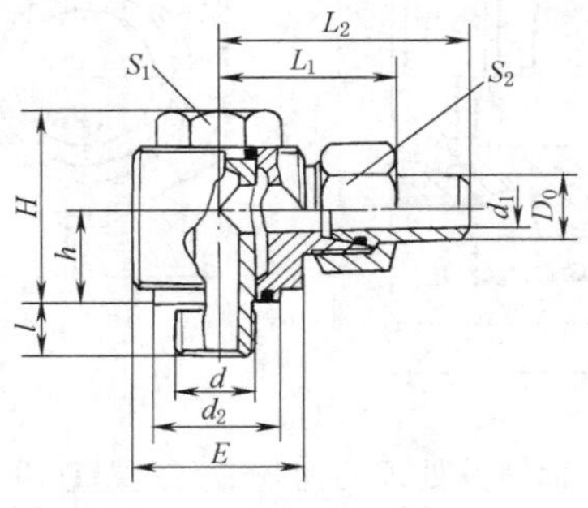


公称压力：≤31.5MPa
JB/ZQ 4188—2006

| $D_0$ | $d$ 公制细牙螺纹 | $d$ 管螺纹 | $l$ | $d_1$ | $d_2$ | $h$ | $H$ | $L_1$ | $L_2$ | $S_1$ | $S_2$ | $E$ | 质量 /kg |
|---|---|---|---|---|---|---|---|---|---|---|---|---|---|
| 8 | M12×1.5 | — | 12 | 4 | 18 | 12 | 30 | 31 | 47 | 18 | 21 | 22×22 | 0.15 |
| 10 | M14×1.5 | G$\frac{1}{4}$A | 12 | 6 | 24 | 13 | 31 | 34 | 50 | 18 | 24 | 25×25 | 0.18 |
| 12 | M16×1.5 | G$\frac{3}{8}$A | 12 | 7 | 27 | 15 | 37 | 38 | 53 | 24 | 24 | 30×30 | 0.26 |
| 14 | M18×1.5 | G$\frac{3}{8}$A | 14 | 8 | 27 | 15 | 37 | 38 | 53 | 24 | 27 | 30×30 | 0.27 |
| 16 | M22×1.5 | G$\frac{1}{2}$A | 14 | 10 | 34 | 22 | 48 | 45 | 66 | 30 | 30 | 40×40 | 0.57 |
| 20 | M27×2 | G$\frac{3}{4}$A | 16 | 13 | 41 | 25 | 53 | 52 | 76 | 36 | 36 | 45×45 | 0.82 |
| 25 | M33×2 | G1A | 18 | 17 | 46 | 30 | 59 | 56 | 84 | 41 | 46 | 50×50 | 1.18 |
| 30 | M42×2 | G1$\frac{1}{4}$A | 20 | 20 | 55 | 36 | 71 | 65 | 94 | 50 | 50 | 60×60 | 1.94 |
| 38 | M48×2 | G1$\frac{1}{2}$A | 22 | 26 | 66 | 40 | 87 | 75 | 107 | 60 | 60 | 75×75 | 3.45 |

标记示例　管子外径 16mm，连接螺纹 $d$=M22×1.5 的锥密封焊接式铰接管接头：
管接头 16-M22×1.5　JB/ZQ 4188—2006

**锥密封焊接式可调向管接头**

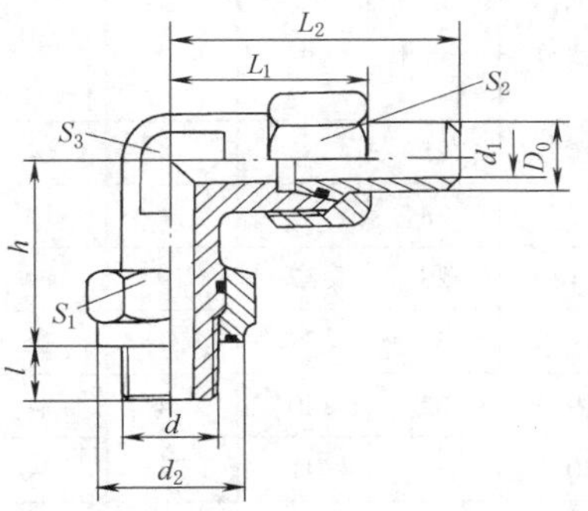


公称压力：≤31.5MPa
JB/ZQ 4189—2006

| $D_0$ | $d$ 公制细牙螺纹 | $d$ 管螺纹 | $l$ | $d_1$ | $d_2$ | $h$ | $L_1$ | $L_2$ | $S_1$ | $S_2$ | $S_3$ | 质量 /kg |
|---|---|---|---|---|---|---|---|---|---|---|---|---|
| 8 | M12×1.5 | — | 12 | 4 | 18 | 36 | 38 | 55 | 18 | 21 | 18 | 0.15 |
| 10 | M14×1.5 | G$\frac{1}{4}$A | 12 | 6 | 24 | 36 | 38 | 55 | 24 | 24 | 18 | 0.20 |
| 12 | M16×1.5 | G$\frac{3}{8}$A | 12 | 7 | 27 | 37 | 39 | 56 | 27 | 24 | 18 | 0.32 |
| 14 | M18×1.5 | G$\frac{3}{8}$A | 14 | 8 | 27 | 37 | 39 | 56 | 27 | 27 | 18 | 0.35 |
| 16 | M22×1.5 | G$\frac{1}{2}$A | 14 | 10 | 34 | 43 | 43 | 64 | 34 | 30 | 24 | 0.40 |
| 20 | M27×2 | G$\frac{3}{4}$A | 16 | 13 | 41 | 51 | 52 | 75 | 41 | 36 | 27 | 0.90 |
| 25 | M33×2 | G1A | 18 | 17 | 46 | 64 | 61 | 88 | 50 | 46 | 36 | 1.10 |
| 30 | M42×2 | G1$\frac{1}{4}$A | 20 | 20 | 55 | 68 | 64 | 92 | 60 | 50 | 41 | 1.70 |
| 38 | M48×2 | G1$\frac{1}{2}$A | 22 | 26 | 65 | 75 | 77 | 109 | 65 | 60 | 50 | 1.95 |

标记示例　管子外径 20mm，连接螺纹 M27×2 的锥密封焊接式可调向管接头：
管接头 20-M27×2　JB/ZQ 4189—2006

### 1.2.3　卡套式管接头

卡套式管接头由接头体 1、卡套 2、螺母 3 和钢管 4 组成，如图 21-8-33 所示。旋紧螺母前（图 a），卡套和螺母套在钢管 4 上，并插入接头体的锥孔内。旋紧螺母后（图 b），由于接头体和螺母的内锥面作用，使卡套后部卡在钢管壁上起止退作用，同时卡套前刃口卡入钢管壁内，起到密封和防拔脱作用。

生产厂：焦作市路通液压附件有限公司、宁波液压附件厂、上海液压附件厂、盐城蒙塔液压机械有限公司等。

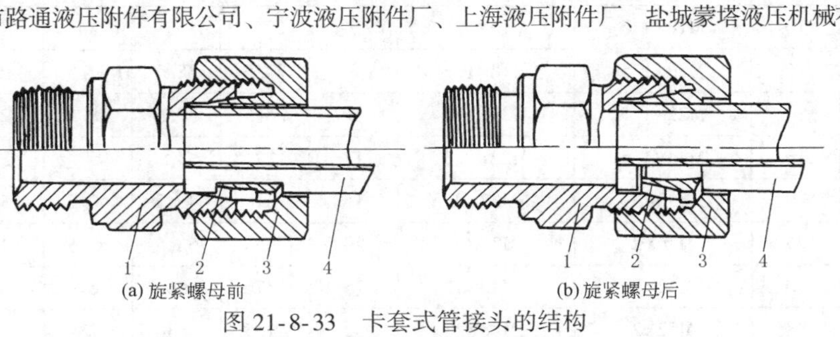


图 21-8-33　卡套式管接头的结构

1—接头体；2—卡套；3—螺母；4—钢管

## 卡套式端直通管接头（摘自 GB/T 3733—2008）

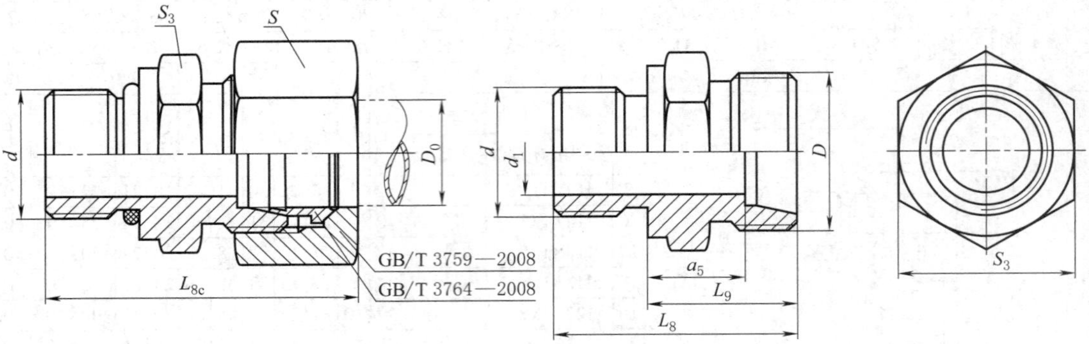


标记示例

接头系列为 L，管子外径为 10mm，普通螺纹（M）F 型柱端，表面镀锌处理的钢制卡套式端直通管接头标记为：管接头　GB 3733　L10。

**表 21-8-24**　　mm

| 系列 | 最大工作压力/MPa | 管子外径 $D_0$ | $D$ | $d$ | $d_1$ 参考 | $L_9$ 参考 | $L_8$ ±0.3 | $L_{8c}$ ≈ | $S$ | $S_1$ | $a_5$ 参考 |
|---|---|---|---|---|---|---|---|---|---|---|---|
| L | 25 | 6 | M12×1.5 | M10×1 | 4 | 16.5 | 25 | 33 | 14 | 14 | 9.5 |
| | | 8 | M14×1.5 | M12×1.5 | 6 | 17 | 28 | 36 | 17 | 17 | 10 |
| | | 10 | M16×1.5 | M14×1.5 | 7 | 18 | 29 | 37 | 19 | 19 | 11 |
| | | 12 | M18×1.5 | M16×1.5 | 9 | 19.5 | 31 | 39 | 22 | 22 | 12.5 |
| | | (14) | M20×1.5 | M18×1.5 | 10 | 19.5 | 32 | 40 | 24 | 24 | 12.5 |
| | | 15 | M22×1.5 | M18×1.5 | 11 | 20.5 | 33 | 41 | 27 | 24 | 13.5 |
| | | (16) | M24×1.5 | M20×1.5 | 12 | 21 | 33.5 | 42.5 | 30 | 27 | 13.5 |
| | 16 | 18 | M26×1.5 | M22×1.5 | 14 | 22 | 35 | 44 | 32 | 27 | 14.5 |
| | | 22 | M30×2 | M27×2 | 18 | 24 | 40 | 49 | 36 | 32 | 16.5 |
| | 10 | 28 | M36×2 | M33×2 | 23 | 25 | 41 | 50 | 41 | 41 | 17.5 |
| | | 35 | M45×2 | M42×2 | 30 | 28 | 44 | 55 | 50 | 50 | 17.5 |
| | | 42 | M52×2 | M48×2 | 36 | 30 | 47.5 | 59.5 | 60 | 55 | 19 |
| S | 63 | 6 | M14×1.5 | M12×1.5 | 4 | 20 | 31 | 39 | 17 | 17 | 13 |
| | | 8 | M16×1.5 | M14×1.5 | 5 | 22 | 33 | 41 | 19 | 19 | 15 |
| | | 10 | M18×1.5 | M16×1.5 | 7 | 22.5 | 35 | 44 | 22 | 22 | 15 |
| | | 12 | M20×1.5 | M18×1.5 | 8 | 24.5 | 38.5 | 47.5 | 24 | 24 | 17 |
| | | (14) | M22×1.5 | M20×1.5 | 9 | 25.5 | 39.5 | 48.5 | 27 | 27 | 18 |
| | 40 | 16 | M24×1.5 | M22×1.5 | 12 | 27 | 42 | 52 | 30 | 27 | 18.5 |
| | | 20 | M30×2 | M27×2 | 15 | 31 | 49.5 | 60.5 | 36 | 32 | 20.5 |
| | | 25 | M36×2 | M33×2 | 20 | 35 | 53.5 | 65.5 | 46 | 41 | 23 |
| | 25 | 30 | M42×2 | M42×2 | 25 | 37 | 56 | 69 | 50 | 50 | 23.5 |
| | | 38 | M52×2 | M48×2 | 32 | 41.5 | 63 | 78 | 60 | 55 | 25.5 |

注：尽可能不采用括号内的规格。

## 卡套式端直通长管接头（摘自 GB/T 3735—2008）

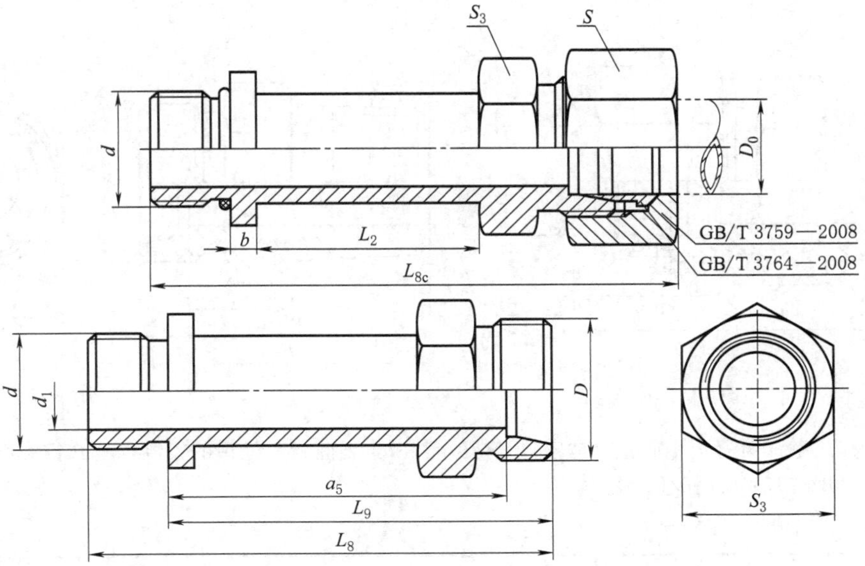


标记示例

接头系列为 L，管子外径为 10mm，普通螺纹（M）F 型柱端，表面镀锌处理的钢制卡套式端直通长管接头标记为：管接头　GB/T 3735　L10。

**表 21-8-25**　　mm

| 系列 | 最大工作压力/MPa | 管子外径 $D_0$ | $D$ | $d$ | $d_1$ 参考 | $L_2$ | $L_{8c}$ ±0.3 | $L_8$ ±0.3 | $L_9$ 参考 | $b$ | $S$ | $S_3$ | $a_5$ 参考 |
|---|---|---|---|---|---|---|---|---|---|---|---|---|---|
| L | 25 | 6 | M12×1.5 | M10×1 | 4 | 25 | 59.4 | 51.4 | 42.9 | 3 | 14 | 14 | 35.9 |
| | | 8 | M14×1.5 | M12×1.5 | 6 | 27 | 64.5 | 56.5 | 45.5 | 4 | 17 | 17 | 38.5 |
| | | 10 | M16×1.5 | M14×1.5 | 7 | 29 | 67.5 | 59.5 | 48.5 | | 19 | 19 | 41.5 |
| | | 12 | M18×1.5 | M16×1.5 | 9 | 30 | 70.5 | 62.5 | 51 | | 22 | 22 | 44 |
| | | (14) | M20×1.5 | M18×1.5 | 10 | 31 | 72.5 | 64.5 | 52 | | 24 | 24 | 45 |
| | | 15 | M22×1.5 | M18×1.5 | 11 | 32 | 74.5 | 66.5 | 54 | | 27 | 24 | 47 |
| | | (16) | M24×1.5 | M20×1.5 | 12 | 32 | 76 | 67 | 54.5 | | 30 | 27 | 47 |
| | 16 | 18 | M26×1.5 | M22×1.5 | 14 | 33 | 78.5 | 69.5 | 56.5 | | 32 | 27 | 49 |
| | | 22 | M30×2 | M27×2 | 18 | 38 | 89.5 | 80.5 | 64.5 | 5 | 36 | 32 | 57 |
| | 10 | 28 | M36×2 | M33×2 | 23 | 41 | 93 | 84 | 68 | | 41 | 41 | 60.5 |
| | | 35 | M45×2 | M42×2 | 30 | 45 | 102 | 91 | 75 | | 50 | 50 | 64.5 |
| | | 42 | M52×2 | M48×2 | 36 | 46 | 107.5 | 95.5 | 78 | | 60 | 55 | 67 |
| | 63 | 6 | M14×1.5 | M12×1.5 | 4 | 29 | 69.5 | 61.5 | 50.5 | 4 | 17 | 17 | 43.5 |
| | | 8 | M16×1.5 | M14×1.5 | 5 | 31 | 73.5 | 65.5 | 54.5 | | 19 | 19 | 47.5 |
| | | 10 | M18×1.5 | M16×1.5 | 7 | 32 | 77.5 | 68.5 | 56 | | 22 | 22 | 48.5 |
| | | 12 | M20×1.5 | M18×1.5 | 8 | 33 | 82 | 73 | 59 | | 24 | 24 | 51.5 |
| | | (14) | M22×1.5 | M20×1.5 | 9 | 33 | 83 | 74 | 60 | | 27 | 27 | 52.5 |
| | 40 | 16 | M24×1.5 | M22×1.5 | 12 | 36 | 89.5 | 79.5 | 64.5 | | 30 | 27 | 56 |
| | | 20 | M30×2 | M27×2 | 15 | 37 | 100 | 89 | 70.5 | 5 | 36 | 32 | 60 |
| | | 25 | M36×2 | M33×2 | 20 | 44 | 111.5 | 99.5 | 81 | | 46 | 41 | 69 |
| | 25 | 30 | M42×2 | M42×2 | 25 | 45 | 116 | 103 | 84 | | 50 | 50 | 70.5 |
| | | 38 | M52×2 | M48×2 | 32 | 46 | 126 | 111 | 89.5 | | 60 | 55 | 73.5 |

注：尽可能不采用括号内的规格。

## 卡套式锥螺纹直通管接头（摘自 GB/T 3734—2008）

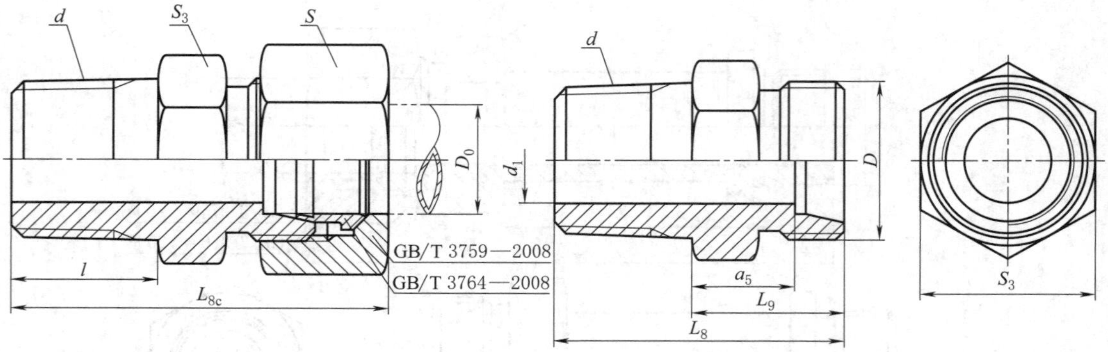


标记示例

接头系列为 L，管子外径为 10mm，55°密封管螺纹（R），表面镀锌处理的钢制卡套式锥螺纹直通管接头标记为：管接头　GB/T 3734　L10/R1/4。

**表 21-8-26**

mm

| 系列 | 最大工作压力/MPa | 管子外径 $D_0$ | D | d | | $d_1$ 参考 | l | $L_9$ 参考 | $L_8$ ≈ | $L_{8c}$ ≈ | S | $S_3$ | $a_5$ 参考 |
|---|---|---|---|---|---|---|---|---|---|---|---|---|---|
| LL | 10 | 4 | M8×1 | R1/8 | NPT1/8 | 3 | 8.5 | 12 | 20.5 | 26.5 | 10 | 14 | 8 |
| | | 5 | M10×1 | R1/8 | NPT1/8 | 3 | 8.5 | 12 | 20.5 | 26.5 | 12 | 14 | 6.5 |
| | | 6 | M10×1 | R1/8 | NPT1/8 | 4 | 8.5 | 12 | 20.5 | 26.5 | 12 | 14 | 6.5 |
| | | 8 | M12×1 | R1/8 | NPT1/8 | 4.5 | 8.5 | 13 | 21.5 | 27.5 | 14 | 14 | 7.5 |
| L | 25 | 6 | M12×1.5 | R1/8 | NPT1/8 | 4 | 8.5 | 14 | 22.5 | 30.5 | 14 | 14 | 7 |
| | | 8 | M14×1.5 | R1/4 | NPT1/4 | 6 | 12.5 | 15 | 27.5 | 35.5 | 17 | 19 | 8 |
| | | 10 | M16×1.5 | R1/4 | NPT1/4 | 7 | 12.5 | 16 | 28.5 | 36.5 | 19 | 19 | 9 |
| | | 12 | M18×1.5 | R3/8 | NPT3/8 | 9 | 13 | 17.5 | 30.5 | 38.5 | 22 | 22 | 10.5 |
| | | (14) | M20×1.5 | R1/2 | NPT1/2 | 11 | 17 | 17 | 34 | 42 | 24 | 27 | 10 |
| | | 15 | M22×1.5 | R1/2 | NPT1/2 | 11 | 17 | 18 | 35 | 43 | 27 | 27 | 11 |
| | | (16) | M24×1.5 | R1/2 | NPT1/2 | 12 | 17 | 18.5 | 35.5 | 44.5 | 30 | 27 | 11 |
| | 16 | 18 | M26×1.5 | R1/2 | NPT1/2 | 14 | 17 | 19 | 36 | 45 | 32 | 27 | 11.5 |
| | | 22 | M30×2 | R3/4 | NPT3/4 | 18 | 18 | 21 | 39 | 48 | 36 | 32 | 13.5 |
| | 10 | 28 | M36×2 | R1 | NPT1 | 23 | 21.5 | 22 | 43.5 | 52.5 | 41 | 41 | 14.5 |
| | | 35 | M45×2 | R1¼ | NPT1¼ | 30 | 24 | 25 | 49 | 60 | 50 | 50 | 14.5 |
| | | 42 | M52×2 | R1½ | NPT1½ | 36 | 24 | 27 | 51 | 63 | 60 | 55 | 16 |
| S | 40 | 6 | M14×1.5 | R1/4 | NPT1/4 | 4 | 12.5 | 18 | 30.5 | 38.5 | 17 | 19 | 11 |
| | | 8 | M16×1.5 | R1/4 | NPT1/4 | 5 | 12.5 | 20 | 32.5 | 40.5 | 19 | 19 | 13 |
| | | 10 | M18×1.5 | R3/8 | NPT3/8 | 7 | 13 | 20.5 | 33.5 | 42.5 | 22 | 22 | 13 |
| | | 12 | M20×1.5 | R3/8 | NPT3/8 | 8 | 13 | 22 | 35 | 44 | 24 | 22 | 14.5 |
| | | (14) | M22×1.5 | R1/2 | NPT1/2 | 10 | 17 | 23 | 40 | 49 | 27 | 27 | 15.5 |
| | | 16 | M24×1.5 | R1/2 | NPT1/2 | 12 | 17 | 24 | 41 | 51 | 30 | 27 | 15.5 |
| | | 20 | M30×2 | R3/4 | NPT3/4 | 15 | 18 | 28 | 46 | 57 | 36 | 32 | 17.5 |
| | 25 | 25 | M36×2 | R1 | NPT1 | 20 | 21.5 | 32 | 53.5 | 65.5 | 46 | 41 | 20 |
| | 16 | 30 | M42×2 | R1¼ | NPT1¼ | 25 | 24 | 34 | 58 | 71 | 50 | 50 | 20.5 |
| | | 38 | M52×2 | R1½ | NPT1½ | 32 | 24 | 39 | 63 | 78 | 60 | 55 | 23 |

注：尽可能不采用括号内的规格。

## 卡套式锥螺纹长管接头（摘自 GB/T 3736—2008）

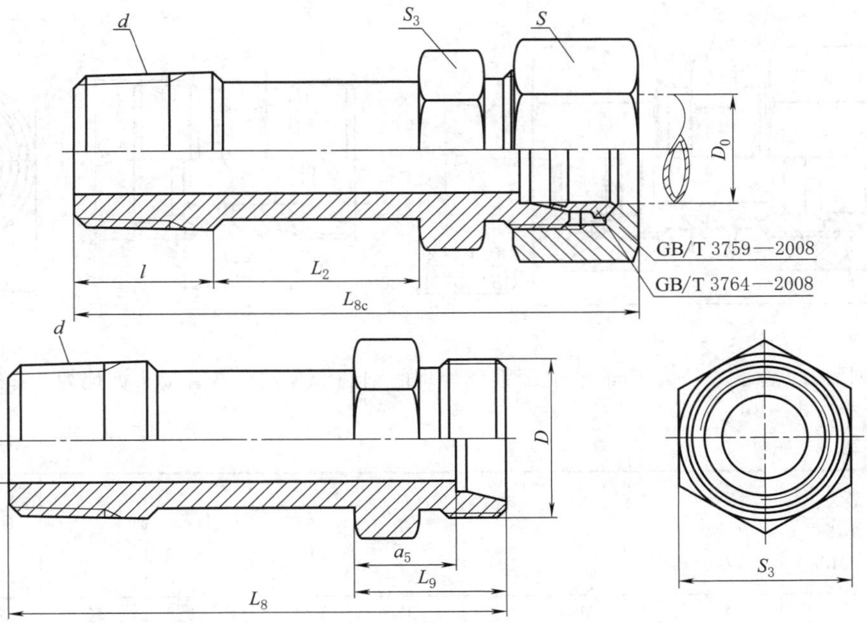


标记示例

接头系列为 L，管子外径为 10mm，55°密封管螺纹（R），表面镀锌处理的钢制卡套式锥螺纹长管接头标记为：管接头　GB/T 3736　L10/R1/4。

**表 21-8-27**

mm

| 系列 | 最大工作压力/MPa | 管子外径 $D_0$ | $D$ | $d$ | | $d_1$ 参考 | $L_2$ | $L_9$ 参考 | $L_8$ ≈ | $L_{8c}$ ≈ | $l$ | $S$ | $S_3$ | $a_5$ 参考 |
|---|---|---|---|---|---|---|---|---|---|---|---|---|---|---|
| LL | 10 | 4 | M8×1 | R1/8 | NPT1/8 | 3 | 22 | 12 | 42.5 | 48.5 | 8.5 | 10 | 14 | 8 |
| | | 5 | M10×1 | R1/8 | NPT1/8 | 3 | 23 | 12 | 43.5 | 49.5 | 8.5 | 12 | 14 | 6.5 |
| | | 6 | M10×1 | R1/8 | NPT1/8 | 4 | 25 | 12 | 45.5 | 51.5 | 8.5 | 12 | 14 | 6.5 |
| | | 8 | M12×1 | R1/8 | NPT1/8 | 4.5 | 27 | 13 | 48.5 | 54.5 | 8.5 | 14 | 14 | 7.5 |
| L | 25 | 6 | M12×1.5 | R1/8 | NPT1/8 | 4 | 25 | 14 | 47.5 | 55.5 | 8.5 | 14 | 14 | 7 |
| | | 8 | M14×1.5 | R1/4 | NPT1/4 | 6 | 27 | 15 | 54.5 | 62.5 | 12.5 | 17 | 19 | 8 |
| | | 10 | M16×1.5 | R1/4 | NPT1/4 | 6 | 29 | 16 | 57.5 | 65.5 | 12.5 | 17 | 19 | 9 |
| | | 12 | M18×1.5 | R3/8 | NPT3/8 | 9 | 30 | 17.5 | 60.5 | 68.5 | 13 | 22 | 22 | 10.5 |
| | | (14) | M20×1.5 | R1/2 | NPT1/2 | 11 | 31 | 17 | 65 | 73 | 17 | 24 | 27 | 10 |
| | | 15 | M22×1.5 | R1/2 | NPT1/2 | 11 | 32 | 18 | 67 | 75 | 17 | 27 | 27 | 11 |
| | | (16) | M24×1.5 | R1/2 | NPT1/2 | 12 | 32 | 18.5 | 67.5 | 76.5 | 17 | 30 | 27 | 11 |
| | 16 | 18 | M26×1.5 | R1/2 | NPT1/2 | 14 | 33 | 19 | 69 | 78 | 17 | 32 | 27 | 11.5 |
| | | 22 | M30×2 | R3/4 | NPT3/4 | 18 | 38 | 21 | 77 | 86 | 18 | 36 | 32 | 13.5 |
| | 10 | 28 | M36×2 | R1 | NPT1 | 23 | 41 | 22 | 84.5 | 93.5 | 21.5 | 41 | 41 | 14.5 |
| | | 35 | M45×2 | R1¼ | NPT1¼ | 30 | 45 | 25 | 94 | 105 | 24 | 50 | 50 | 14.5 |
| | | 42 | M52×2 | R1½ | NPT1½ | 36 | 46 | 27 | 97 | 109 | 24 | 60 | 55 | 16 |
| S | 40 | 6 | M14×1.5 | R1/4 | NPT1/4 | 4 | 29 | 18 | 59.5 | 67.5 | 12.5 | 17 | 19 | 11 |
| | | 8 | M16×1.5 | R1/4 | NPT1/4 | 5 | 31 | 20 | 63.5 | 71.5 | 12.5 | 19 | 19 | 13 |
| | | 10 | M18×1.5 | R3/8 | NPT3/8 | 7 | 32 | 20.5 | 65.5 | 74.5 | 13 | 22 | 22 | 13 |
| | | 12 | M20×1.5 | R3/8 | NPT3/8 | 8 | 33 | 22 | 68 | 77 | 13 | 24 | 22 | 14.5 |
| | | (14) | M22×1.5 | R1/2 | NPT1/2 | 10 | 33 | 23 | 73 | 82 | 17 | 27 | 27 | 15.5 |
| | | 16 | M24×1.5 | R1/2 | NPT1/2 | 12 | 36 | 24 | 77 | 87 | 17 | 30 | 27 | 15.5 |
| | | 20 | M30×2 | R3/4 | NPT3/4 | 15 | 37 | 28 | 83 | 94 | 18 | 36 | 32 | 17.5 |
| | 25 | 25 | M36×2 | R1 | NPT1 | 20 | 44 | 32 | 97.5 | 109.5 | 21.5 | 46 | 41 | 20 |
| | 16 | 30 | M42×2 | R1¼ | NPT1¼ | 25 | 45 | 34 | 103 | 116 | 24 | 50 | 50 | 20.5 |
| | | 38 | M52×2 | R1½ | NPT1½ | 32 | 46 | 39 | 109 | 124 | 24 | 60 | 55 | 23 |

注：尽可能不采用括号内的规格。

## 卡套式直通管接头（摘自 GB/T 3737—2008）

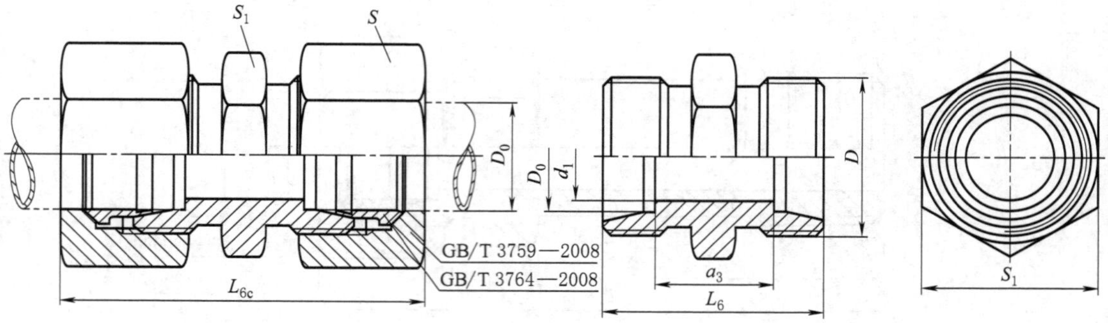


标记示例

接头系列为L，管子外径为10mm，表面镀锌处理的钢制卡套式直通管接头标记为：管接头 GB/T 3737 L10。

**表 21-8-28**

mm

| 系列 | 最大工作压力/MPa | 管子外径 $D_0$ | $D$ | $d_1$ 参考 | $L_6$ ±0.3 | $L_{6c}$ ≈ | $S$ | $S_1$ | $a_3$ 参考 |
|---|---|---|---|---|---|---|---|---|---|
| LL | 10 | 4 | M8×1 | 3 | 20 | 32 | 10 | 9 | 12 |
| | | 5 | M10×1 | 3.5 | 20 | 32 | 12 | 11 | 9 |
| | | 6 | M10×1 | 4.5 | 20 | 32 | 12 | 11 | 9 |
| | | 8 | M12×1 | 6 | 23 | 35 | 14 | 12 | 12 |
| L | 25 | 6 | M12×1.5 | 4 | 24 | 40 | 14 | 12 | 10 |
| | | 8 | M14×1.5 | 6 | 25 | 41 | 17 | 14 | 11 |
| | | 10 | M16×1.5 | 8 | 27 | 43 | 19 | 17 | 13 |
| | | 12 | M18×1.5 | 10 | 28 | 44 | 22 | 19 | 14 |
| | | (14) | M20×1.5 | 11 | 28 | 44 | 24 | 22 | 14 |
| | | 15 | M22×1.5 | 12 | 30 | 46 | 27 | 24 | 16 |
| | | (16) | M24×1.5 | 14 | 31 | 49 | 30 | 27 | 16 |
| | 16 | 18 | M26×1.5 | 15 | 31 | 49 | 32 | 27 | 16 |
| | | 22 | M30×2 | 19 | 35 | 53 | 36 | 32 | 20 |
| | 10 | 28 | M36×2 | 24 | 36 | 54 | 41 | 41 | 21 |
| | | 35 | M45×2 | 30 | 41 | 63 | 50 | 46 | 20 |
| | | 42 | M52×2 | 36 | 43 | 67 | 60 | 55 | 21 |
| S | 63 | 6 | M14×1.5 | 4 | 30 | 46 | 17 | 14 | 16 |
| | | 8 | M16×1.5 | 5 | 32 | 48 | 19 | 17 | 18 |
| | | 10 | M18×1.5 | 7 | 32 | 50 | 22 | 19 | 17 |
| | | 12 | M20×1.5 | 8 | 34 | 52 | 24 | 22 | 19 |
| | | (14) | M22×1.5 | 9 | 36 | 54 | 27 | 24 | 21 |
| | 40 | 16 | M24×1.5 | 12 | 38 | 58 | 30 | 27 | 21 |
| | | 20 | M30×2 | 16 | 44 | 66 | 36 | 32 | 23 |
| | | 25 | M36×2 | 20 | 50 | 74 | 46 | 41 | 26 |
| | 25 | 30 | M42×2 | 25 | 54 | 80 | 50 | 46 | 27 |
| | | 38 | M52×2 | 32 | 61 | 91 | 60 | 55 | 29 |

注：尽可能不采用括号内的规格。

## 卡套式弯通管接头（摘自 GB/T 3740—2008）

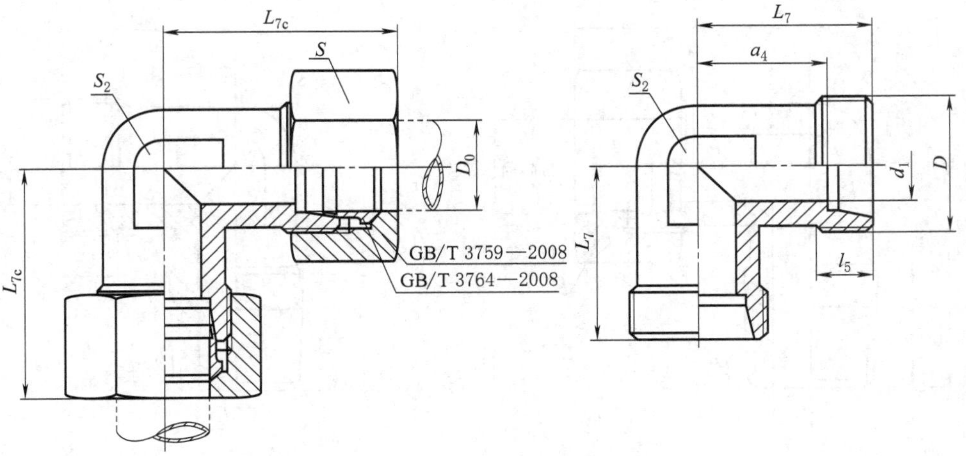


标记示例

接头系列为 L，管子外径为 10mm，表面镀锌处理的钢制卡套式弯通管接头标记为：管接头　GB/T 3740 L10。

**表 21-8-29**

mm

| 系列 | 最大工作压力/MPa | 管子外径 $D_0$ | D | $d_1$ 参考 | $L_7$ ±0.3 | $L_{7c}$ ≈ | $l_5$ min | $a_4$ 参考 | S | $S_2$ 锻制 min | $S_2$ 机械加工 max |
|---|---|---|---|---|---|---|---|---|---|---|---|
| LL | 10 | 4 | M8×1 | 3 | 15 | 21 | 6 | 11 | 10 | 9 | 9 |
| | | 5 | M10×1 | 3.5 | 15 | 21 | 6 | 9.5 | 12 | 9 | 11 |
| | | 6 | M10×1 | 4.5 | 15 | 21 | 6 | 9.5 | 12 | 9 | 11 |
| | | 8 | M12×1 | 6 | 17 | 23 | 7 | 11.5 | 14 | 12 | 12 |
| L | 25 | 6 | M12×1.5 | 4 | 19 | 27 | 7 | 12 | 14 | 12 | 12 |
| | | 8 | M14×1.5 | 6 | 21 | 29 | 7 | 14 | 17 | 12 | 14 |
| | | 10 | M16×1.5 | 8 | 22 | 30 | 8 | 15 | 19 | 14 | 17 |
| | | 12 | M18×1.5 | 10 | 24 | 32 | 8 | 17 | 22 | 17 | 19 |
| | | (14) | M20×1.5 | 11 | 25 | 33 | 8 | 18 | 24 | 19 | — |
| | | 15 | M22×1.5 | 12 | 28 | 36 | 9 | 21 | 27 | 19 | — |
| | | (16) | M24×1.5 | 14 | 30 | 39 | 9 | 22.5 | 30 | 22 | — |
| | 16 | 18 | M26×1.5 | 15 | 31 | 40 | 9 | 23.5 | 32 | 24 | — |
| | | 22 | M30×2 | 19 | 35 | 44 | 10 | 27.5 | 36 | 27 | — |
| | 10 | 28 | M36×2 | 24 | 38 | 47 | 10 | 30.5 | 41 | 36 | — |
| | | 35 | M45×2 | 30 | 45 | 56 | 12 | 34.5 | 50 | 41 | — |
| | | 42 | M52×2 | 36 | 51 | 63 | 12 | 40 | 60 | 50 | — |
| S | 63 | 6 | M14×1.5 | 4 | 23 | 31 | 9 | 16 | 17 | 12 | 14 |
| | | 8 | M16×1.5 | 5 | 24 | 32 | 9 | 17 | 19 | 14 | 17 |
| | | 10 | M18×1.5 | 7 | 25 | 34 | 9 | 17.5 | 22 | 17 | 19 |
| | | 12 | M20×1.5 | 8 | 26 | 35 | 9 | 18.5 | 24 | 17 | 22 |
| | | (14) | M22×1.5 | 9 | 29 | 38 | 10 | 21.5 | 27 | 22 | — |
| | 40 | 16 | M24×1.5 | 12 | 33 | 43 | 11 | 24.5 | 30 | 24 | — |
| | | 20 | M30×2 | 16 | 37 | 48 | 12 | 26.5 | 36 | 27 | — |
| | | 25 | M36×2 | 20 | 45 | 57 | 14 | 33 | 46 | 36 | — |
| | 25 | 30 | M42×2 | 25 | 49 | 62 | 16 | 35.5 | 50 | 41 | — |
| | | 38 | M52×2 | 32 | 57 | 72 | 18 | 41 | 60 | 50 | — |

注：尽可能不采用括号内的规格。

## 卡套式锥螺纹弯通管接头（摘自 GB/T 3739—2008）

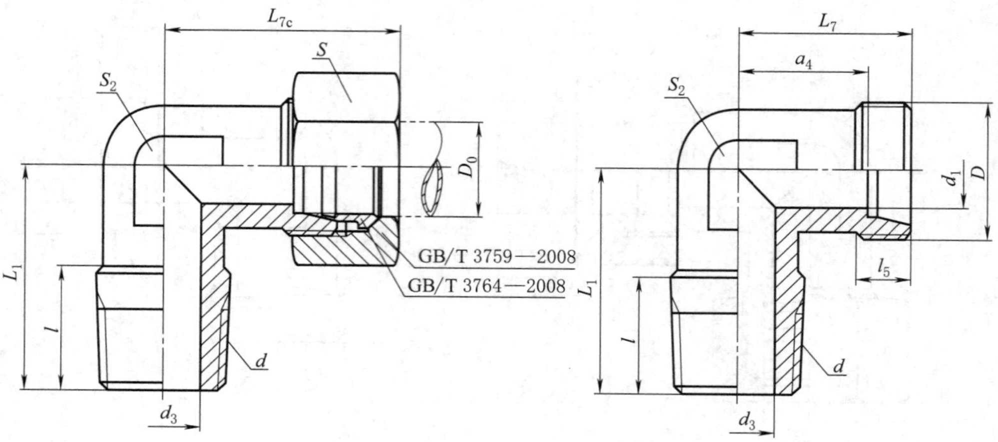


标记示例

接头系列为 L，管子外径为 10mm，55°密封管螺纹（R），表面镀锌处理的钢制卡套式锥螺纹弯通管接头标记为：管接头　GB 3739　L10/R1/4。

**表 21-8-30**

mm

| 系列 | 最大工作压力/MPa | 管子外径 $D_0$ | $D$ | $d$ | | $d_1$ 参考 | $d_3$ | $L_1$ | $L_7$ ±0.3 | $L_{7c}$ ≈ | $l$ | $l_5$ min | $a_4$ 参考 | $S$ | $S_2$ | |
|---|---|---|---|---|---|---|---|---|---|---|---|---|---|---|---|---|
| | | | | | | | | | | | | | | | 锻制 min | 机械加工 max |
| LL | 10 | 4 | M8×1 | R1/8 | NPT1/8 | 3 | 3 | 15.5 | 15 | 21 | 8.5 | 6 | 11 | 10 | 9 | 6 |
| | | 5 | M10×1 | R1/8 | NPT1/8 | 3.5 | 3 | 15.5 | 15 | 21 | 8.5 | 6 | 9.5 | 12 | 9 | 6 |
| | | 6 | M10×1 | R1/8 | NPT1/8 | 4.5 | 4 | 15.5 | 15 | 21 | 8.5 | 6 | 9.5 | 12 | 9 | 6 |
| | | 8 | M12×1 | R1/8 | NPT1/8 | 6 | 4.5 | 16.5 | 17 | 23 | 8.5 | 7 | 11.5 | 14 | 12 | 7 |
| L | 25 | 6 | M12×1.5 | R1/8 | NPT1/8 | 4 | 4 | 17.5 | 19 | 27 | 8.5 | 7 | 12 | 14 | 12 | 7 |
| | | 8 | M14×1.5 | R1/4 | NPT1/4 | 6 | 6 | 23.5 | 21 | 29 | 12.5 | 7 | 14 | 17 | 12 | 7 |
| | | 10 | M16×1.5 | R1/4 | NPT1/4 | 8 | 6 | 23.5 | 22 | 30 | 12.5 | 8 | 15 | 19 | 14 | 8 |
| | | 12 | M18×1.5 | R3/8 | NPT3/8 | 10 | 9 | 26 | 24 | 32 | 13 | 8 | 17 | 22 | 17 | 8 |
| | | (14) | M20×1.5 | R1/2 | NPT1/2 | 11 | 11 | 31 | 25 | 33 | 17 | 8 | 18 | 24 | 19 | 8 |
| | | 15 | M22×1.5 | R1/2 | NPT1/2 | 12 | 11 | 33 | 28 | 36 | 17 | 9 | 21 | 27 | 19 | 9 |
| | | (16) | M24×1.5 | R1/2 | NPT1/2 | 14 | 12 | 35 | 30 | 39 | 17 | 9 | 22.5 | 30 | 22 | 9 |
| | 16 | 18 | M26×1.5 | R1/2 | NPT1/2 | 15 | 14 | 36 | 31 | 40 | 17 | 9 | 23.5 | 32 | 24 | 9 |
| | | 22 | M30×2 | R3/4 | NPT3/4 | 19 | 18 | 39 | 35 | 44 | 18 | 10 | 27.5 | 36 | 27 | 10 |
| | 10 | 28 | M36×2 | R1 | NPT1 | 24 | 23 | 45.5 | 38 | 47 | 21.5 | 10 | 30.5 | 41 | 36 | 10 |
| | | 35 | M45×2 | R1¼ | NPT1¼ | 30 | 30 | 53 | 45 | 56 | 24 | 12 | 34.5 | 50 | 41 | 12 |
| | | 42 | M52×2 | R1½ | NPT1½ | 36 | 36 | 59 | 51 | 63 | 24 | 12 | 40 | 60 | 50 | 12 |
| S | 40 | 6 | M14×1.5 | R1/4 | NPT1/4 | 4 | 4 | 23.5 | 23 | 31 | 12.5 | 9 | 16 | 17 | 12 | 9 |
| | | 8 | M16×1.5 | R1/4 | NPT1/4 | 5 | 5 | 24.5 | 24 | 32 | 12.5 | 9 | 17 | 19 | 14 | 9 |
| | | 10 | M18×1.5 | R3/8 | NPT3/8 | 7 | 7 | 26 | 25 | 34 | 13 | 9 | 17.5 | 22 | 17 | 9 |
| | | 12 | M20×1.5 | R3/8 | NPT3/8 | 8 | 8 | 27 | 26 | 35 | 13 | 9 | 18.5 | 24 | 17 | 9 |
| | | (14) | M22×1.5 | R1/2 | NPT1/2 | 9 | 10 | 33 | 29 | 38 | 17 | 10 | 21.5 | 27 | 22 | 10 |
| | | 16 | M24×1.5 | R1/2 | NPT1/2 | 12 | 12 | 36 | 33 | 43 | 17 | 11 | 24.5 | 30 | 24 | 11 |
| | | 20 | M30×2 | R3/4 | NPT3/4 | 16 | 15 | 39 | 37 | 48 | 18 | 12 | 26.5 | 36 | 27 | 12 |
| | 25 | 25 | M36×2 | R1 | NPT1 | 20 | 20 | 48.5 | 45 | 57 | 21.5 | 14 | 33 | 46 | 36 | 14 |
| | 16 | 30 | M42×2 | R1¼ | NPT1¼ | 25 | 25 | 53 | 49 | 62 | 24 | 16 | 35.5 | 50 | 41 | — |
| | | 38 | M52×2 | R1½ | NPT1½ | 32 | 32 | 59 | 57 | 72 | 24 | 18 | 41 | 60 | 50 | — |

注：尽可能不采用括号内的规格。

## 卡套式可调向端弯通管接头（摘自 GB/T 3738—2008）

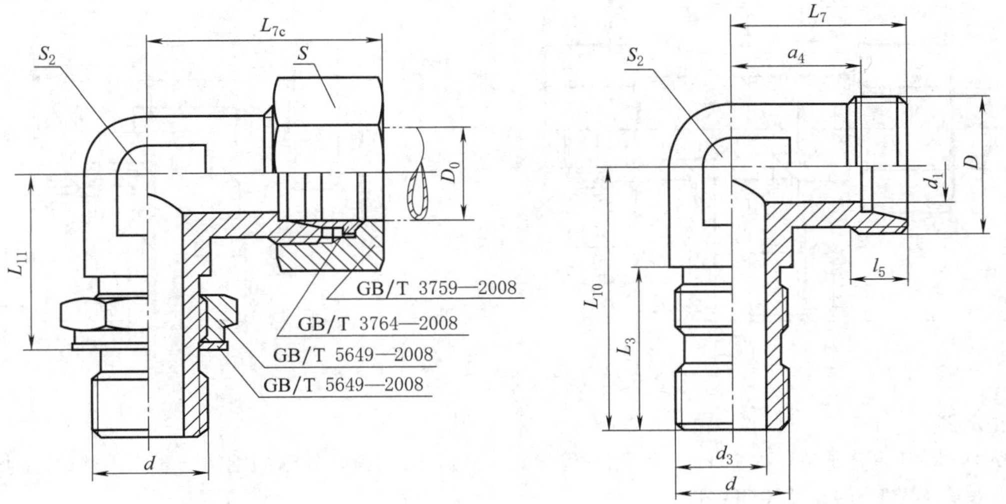


标记示例

接头系列为 L，管子外径为 10mm，普通螺纹（M）可调向螺纹柱端，表面镀锌处理的钢制卡套式可调向端弯通管接头标记为：管接头 GB/T 3738 L10。

**表 21-8-31**

mm

| 系列 | 最大工作压力/MPa | 管子外径 $D_0$ | $D$ | $d$ | $d_1$ 参考 | $d_3$ 参考 | $L_3$ min | $L_7$ ±0.3 | $L_{7c}$ ±0.3 | $L_{10}$ ±1 | $L_{11}$ 参考 | $l_5$ min | $a_4$ 参考 | $S$ | $S_2$ 锻制 min | $S_2$ 机械加工 max |
|---|---|---|---|---|---|---|---|---|---|---|---|---|---|---|---|---|
| L | 25 | 6 | M12×1.5 | M10×1 | 4 | 4 | 16 | 19 | 27 | 25 | 16.4 | 7 | 12 | 14 | 12 | 12 |
| | | 8 | M14×1.5 | M12×1.5 | 6 | 6 | 20 | 21 | 29 | 31 | 19.9 | 7 | 14 | 17 | 12 | 14 |
| | | 10 | M16×1.5 | M14×1.5 | 8 | 7 | 20 | 22 | 30 | 31 | 19.9 | 8 | 15 | 19 | 14 | 17 |
| | | 12 | M18×1.5 | M16×1.5 | 10 | 9 | 20.5 | 24 | 32 | 33.5 | 21.9 | 8 | 17 | 22 | 17 | 19 |
| | | (14) | M20×1.5 | M18×1.5 | 11 | 10 | 21.5 | 25 | 33 | 35.5 | 22.9 | 8 | 18 | 24 | 19 | — |
| | | 15 | M22×1.5 | M18×1.5 | 12 | 11 | 21.5 | 28 | 36 | 37.5 | 24.9 | 9 | 21 | 27 | 19 | — |
| | | (16) | M24×1.5 | M20×1.5 | 14 | 12 | 21.5 | 30 | 39 | 40.5 | 27.8 | 9 | 22.5 | 30 | 22 | — |
| | 16 | 18 | M26×1.5 | M22×1.5 | 15 | 14 | 22.5 | 31 | 40 | 41.5 | 28.8 | 9 | 23.5 | 32 | 24 | — |
| | | 22 | M30×2 | M27×2 | 19 | 18 | 27.5 | 35 | 44 | 48.5 | 32.8 | 10 | 27.5 | 36 | 27 | — |
| | 10 | 28 | M36×2 | M33×2 | 24 | 23 | 27.5 | 38 | 47 | 51.5 | 35.8 | 10 | 30.5 | 41 | 36 | — |
| | | 35 | M45×2 | M42×2 | 30 | 30 | 27.5 | 45 | 56 | 56.5 | 40.8 | 12 | 34.5 | 50 | 41 | — |
| | | 42 | M52×2 | M48×2 | 36 | 36 | 29 | 51 | 63 | 64 | 46.8 | 12 | 40 | 60 | 50 | — |
| S | 63 | 6 | M14×1.5 | M12×1.5 | 4 | 4 | 21 | 23 | 31 | 32 | 20.9 | 9 | 16 | 17 | 12 | 14 |
| | | 8 | M16×1.5 | M14×1.5 | 5 | 5 | 21 | 24 | 32 | 33 | 21.9 | 9 | 17 | 19 | 14 | 17 |
| | | 10 | M18×1.5 | M16×1.5 | 7 | 7 | 23 | 25 | 34 | 36 | 23.4 | 9 | 17.5 | 22 | 17 | 19 |
| | | 12 | M20×1.5 | M18×1.5 | 8 | 8 | 26 | 26 | 35 | 40 | 25.9 | 9 | 18.5 | 24 | 17 | 22 |
| | | (14) | M22×1.5 | M20×1.5 | 9 | 9 | 26 | 29 | 38 | 43.5 | 28.8 | 10 | 21.5 | 27 | 22 | — |
| | 40 | 16 | M24×1.5 | M22×1.5 | 12 | 12 | 27.5 | 33 | 43 | 46.5 | 31.8 | 11 | 24.5 | 30 | 24 | — |
| | | 20 | M30×2 | M27×2 | 16 | 15 | 33.5 | 37 | 48 | 54.5 | 36.3 | 12 | 26.5 | 36 | 27 | — |
| | | 25 | M36×2 | M33×2 | 20 | 20 | 33.5 | 45 | 57 | 60.5 | 42.3 | 14 | 33 | 46 | 36 | — |
| | 25 | 30 | M42×2 | M42×2 | 25 | 25 | 34.5 | 49 | 62 | 63.5 | 44.8 | 16 | 35.5 | 50 | 41 | — |
| | | 38 | M52×2 | M48×2 | 32 | 32 | 38 | 57 | 72 | 73 | 51.8 | 18 | 41 | 60 | 50 | — |

注：尽可能不采用括号内的规格。

## 卡套式锥螺纹三通管接头（摘自 GB/T 3742—2008）

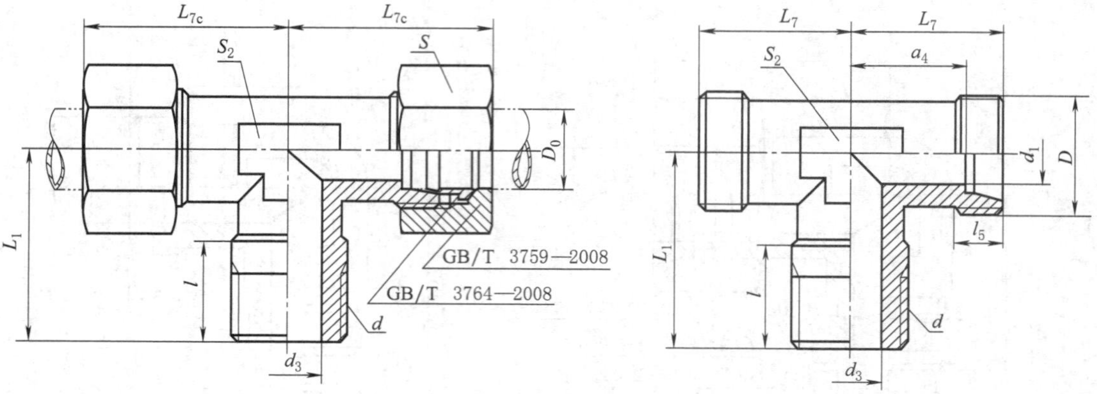


标记示例

接头系列为 L，管子外径为 10mm，55°密封管螺纹（R），表面镀锌处理的钢制卡套式锥螺纹三通管接头标记为：管接头 GB/T 3742 L10/R1/4。

**表 21-8-32**

mm

| 系列 | 最大工作压力/MPa | 管子外径 $D_0$ | $D$ | $d$ | | $d_1$ 参考 | $d_3$ | $L_1$ | $L_7$ ±0.3 | $L_{7c}$ ≈ | $l$ | $l_5$ min | $a_4$ 参考 | $S$ | $S_2$ | |
|---|---|---|---|---|---|---|---|---|---|---|---|---|---|---|---|---|
| | | | | | | | | | | | | | | | 锻制 min | 机械加工 max |
| LL | 10 | 4 | M8×1 | R1/8 | NPT1/8 | 3 | 3 | 15.5 | 15 | 21 | 8.5 | 6 | 11 | 10 | 9 | 6 |
| | | 5 | M10×1 | R1/8 | NPT1/8 | 3.5 | 3 | 15.5 | 15 | 21 | 8.5 | 6 | 9.5 | 12 | 9 | 6 |
| | | 6 | M10×1 | R1/8 | NPT1/8 | 4.5 | 4 | 15.5 | 15 | 21 | 8.5 | 6 | 9.5 | 12 | 9 | 6 |
| | | 8 | M12×1 | R1/8 | NPT1/8 | 6 | 4.5 | 16.5 | 17 | 23 | 8.5 | 7 | 11.5 | 14 | 12 | 7 |
| L | 25 | 6 | M12×1.5 | R1/8 | NPT1/8 | 4 | 4 | 17.5 | 19 | 27 | 8.5 | 7 | 12 | 14 | 12 | 7 |
| | | 8 | M14×1.5 | R1/4 | NPT1/4 | 6 | 6 | 23.5 | 21 | 29 | 12.5 | 7 | 14 | 17 | 12 | 7 |
| | | 10 | M16×1.5 | R1/4 | NPT1/4 | 8 | 6 | 23.5 | 22 | 30 | 12.5 | 8 | 15 | 19 | 14 | 8 |
| | | 12 | M18×1.5 | R3/8 | NPT3/8 | 10 | 9 | 26 | 24 | 32 | 13 | 8 | 17 | 22 | 17 | 8 |
| | | (14) | M20×1.5 | R1/2 | NPT1/2 | 11 | 11 | 31 | 25 | 33 | 17 | 8 | 18 | 24 | 19 | 8 |
| | | 15 | M22×1.5 | R1/2 | NPT1/2 | 12 | 11 | 33 | 28 | 36 | 17 | 9 | 21 | 27 | 19 | 9 |
| | | (16) | M24×1.5 | R1/2 | NPT1/2 | 14 | 12 | 35 | 30 | 39 | 17 | 9 | 22.5 | 30 | 22 | 9 |
| | 16 | 18 | M26×1.5 | R1/2 | NPT1/2 | 15 | 14 | 36 | 31 | 40 | 17 | 9 | 23.5 | 32 | 24 | 9 |
| | | 22 | M30×2 | R3/4 | NPT3/4 | 19 | 18 | 39 | 35 | 44 | 18 | 10 | 27.5 | 36 | 27 | 10 |
| | 10 | 28 | M36×2 | R1 | NPT1 | 24 | 23 | 45.5 | 38 | 47 | 21.5 | 10 | 30.5 | 41 | 36 | 10 |
| | | 35 | M45×2 | R1¼ | NPT1¼ | 30 | 30 | 53 | 45 | 56 | 24 | 12 | 34.5 | 50 | 41 | 12 |
| | | 42 | M52×2 | R1½ | NPT1½ | 36 | 36 | 59 | 51 | 63 | 24 | 12 | 40 | 60 | 50 | 12 |
| S | 40 | 6 | M14×1.5 | R1/4 | NPT1/4 | 4 | 4 | 23.5 | 23 | 31 | 12.5 | 9 | 16 | 17 | 12 | 9 |
| | | 8 | M16×1.5 | R1/4 | NPT1/4 | 5 | 5 | 24.5 | 24 | 32 | 12.5 | 9 | 17 | 19 | 14 | 9 |
| | | 10 | M18×1.5 | R3/8 | NPT3/8 | 7 | 7 | 26 | 25 | 34 | 13 | 9 | 17.5 | 22 | 17 | 9 |
| | | 12 | M20×1.5 | R3/8 | NPT3/8 | 8 | 8 | 27 | 26 | 35 | 13 | 9 | 18.5 | 24 | 17 | 9 |
| | | (14) | M22×1.5 | R1/2 | NPT1/2 | 9 | 10 | 33 | 29 | 38 | 17 | 10 | 21.5 | 27 | 22 | 10 |
| | | 16 | M24×1.5 | R1/2 | NPT1/2 | 12 | 12 | 36 | 33 | 43 | 17 | 11 | 24.5 | 30 | 24 | 11 |
| | | 20 | M30×2 | R3/4 | NPT3/4 | 16 | 15 | 39 | 37 | 48 | 18 | 12 | 26.5 | 36 | 27 | 12 |
| | 25 | 25 | M36×2 | R1 | NPT1 | 20 | 20 | 48.5 | 45 | 57 | 21.5 | 14 | 33 | 46 | 36 | 14 |
| | 16 | 30 | M42×2 | R1¼ | NPT1¼ | 25 | 25 | 53 | 49 | 62 | 24 | 16 | 35.5 | 50 | 41 | — |
| | | 38 | M52×2 | R1½ | NPT1½ | 32 | 32 | 59 | 57 | 72 | 24 | 18 | 41 | 60 | 50 | — |

注：尽可能不采用括号内的规格。

## 卡套式锥螺纹弯通三通管接头（摘自 GB/T 3744—2008）

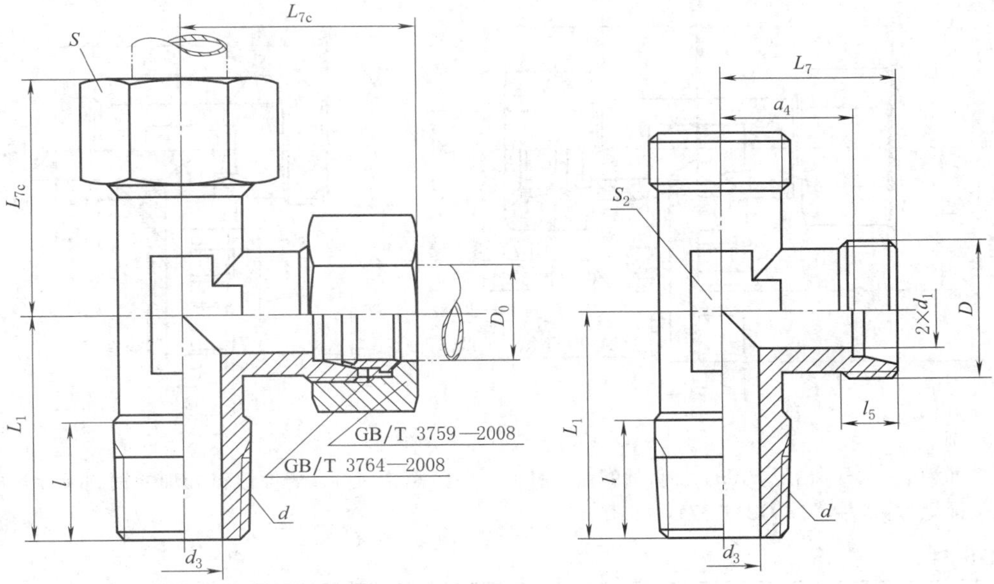


标记示例

接头系列为 L，管子外径为 10mm，55°密封管螺纹（R），表面镀锌处理的钢制卡套式锥螺纹弯通三通管接头标记为：管接头　GB/T 3744　L10R1/4。

**表 21-8-33**

mm

| 系列 | 最大工作压力/MPa | 管子外径 $D_0$ | $D$ | $d$ | | $d_1$ 参考 | $d_3$ | $L_1$ | $L_7$ ±0.3 | $L_{7c}$ ≈ | $l$ | $l_5$ min | $a_4$ 参考 | $S$ | $S_2$ | |
|---|---|---|---|---|---|---|---|---|---|---|---|---|---|---|---|---|
| | | | | | | | | | | | | | | | 锻制 min | 机械加工 max |
| LL | 10 | 4 | M8×1 | R1/8 | NPT1/8 | 3 | 3 | 15.5 | 15 | 21 | 8.5 | 6 | 11 | 10 | 9 | 6 |
| | | 5 | M10×1 | R1/8 | NPT1/8 | 3.5 | 3 | 15.5 | 15 | 21 | 8.5 | 6 | 9.5 | 12 | 9 | 6 |
| | | 6 | M10×1 | R1/8 | NPT1/8 | 4.5 | 4 | 15.5 | 15 | 21 | 8.5 | 6 | 9.5 | 12 | 9 | 6 |
| | | 8 | M12×1 | R1/8 | NPT1/8 | 6 | 4.5 | 16.5 | 17 | 23 | 8.5 | 7 | 11.5 | 14 | 12 | 7 |
| L | 25 | 6 | M12×1.5 | R1/8 | NPT1/8 | 4 | 4 | 17.5 | 19 | 27 | 8.5 | 7 | 12 | 14 | 12 | 7 |
| | | 8 | M14×1.5 | R1/4 | NPT1/4 | 6 | 6 | 23.5 | 21 | 29 | 12.5 | 7 | 14 | 17 | 12 | 7 |
| | | 10 | M16×1.5 | R1/4 | NPT1/4 | 8 | 6 | 23.5 | 22 | 30 | 12.5 | 8 | 15 | 19 | 14 | 8 |
| | | 12 | M18×1.5 | R3/8 | NPT3/8 | 10 | 9 | 26 | 24 | 32 | 13 | 8 | 17 | 22 | 17 | 8 |
| | | (14) | M20×1.5 | R1/2 | NPT1/2 | 11 | 11 | 31 | 25 | 33 | 17 | 8 | 18 | 24 | 19 | 8 |
| | | 15 | M22×1.5 | R1/2 | NPT1/2 | 12 | 11 | 33 | 28 | 36 | 17 | 9 | 21 | 27 | 19 | 9 |
| | | (16) | M24×1.5 | R1/2 | NPT1/2 | 14 | 12 | 35 | 30 | 39 | 17 | 9 | 22.5 | 30 | 22 | 9 |
| | 16 | 18 | M26×1.5 | R1/2 | NPT1/2 | 15 | 14 | 36 | 31 | 40 | 17 | 9 | 23.5 | 32 | 24 | 9 |
| | | 22 | M30×2 | R3/4 | NPT3/4 | 19 | 18 | 39 | 35 | 44 | 18 | 10 | 27.5 | 36 | 27 | 10 |
| | 10 | 28 | M36×2 | R1 | NPT1 | 24 | 23 | 45.5 | 38 | 47 | 21.5 | 10 | 30.5 | 41 | 36 | 10 |
| | | 35 | M45×2 | R1¼ | NPT1¼ | 30 | 30 | 53 | 45 | 56 | 24 | 12 | 34.5 | 50 | 41 | 12 |
| | | 42 | M52×2 | R1½ | NPT1½ | 36 | 36 | 59 | 51 | 63 | 24 | 12 | 40 | 60 | 50 | 12 |
| S | 40 | 6 | M14×1.5 | R1/4 | NPT1/4 | 4 | 4 | 23.5 | 23 | 31 | 12.5 | 9 | 16 | 17 | 12 | 9 |
| | | 8 | M16×1.5 | R1/4 | NPT1/4 | 5 | 5 | 24.5 | 24 | 32 | 12.5 | 9 | 17 | 19 | 14 | 9 |
| | | 10 | M18×1.5 | R3/8 | NPT3/8 | 7 | 7 | 26 | 25 | 34 | 13 | 9 | 17.5 | 22 | 17 | 9 |
| | | 12 | M20×1.5 | R3/8 | NPT3/8 | 8 | 8 | 27 | 26 | 35 | 13 | 9 | 18.5 | 24 | 17 | 9 |
| | | (14) | M22×1.5 | R1/2 | NPT1/2 | 9 | 10 | 33 | 29 | 38 | 17 | 10 | 21.5 | 27 | 22 | 10 |
| | | 16 | M24×1.5 | R1/2 | NPT1/2 | 12 | 12 | 36 | 33 | 43 | 17 | 11 | 24.5 | 30 | 24 | 11 |
| | | 20 | M30×2 | R3/4 | NPT3/4 | 16 | 15 | 39 | 37 | 48 | 18 | 12 | 26.5 | 36 | 27 | 12 |
| | 25 | 25 | M36×2 | R1 | NPT1 | 20 | 20 | 48.5 | 45 | 57 | 21.5 | 14 | 33 | 46 | 36 | 14 |
| | 16 | 30 | M42×2 | R1¼ | NPT1¼ | 25 | 25 | 53 | 49 | 62 | 24 | 16 | 35.5 | 50 | 41 | — |
| | | 38 | M52×2 | R1½ | NPT1½ | 32 | 32 | 59 | 57 | 72 | 24 | 18 | 41 | 60 | 50 | — |

注：尽可能不采用括号内的规格。

## 卡套式可调向端三通管接头（摘自 GB/T 3741—2008）

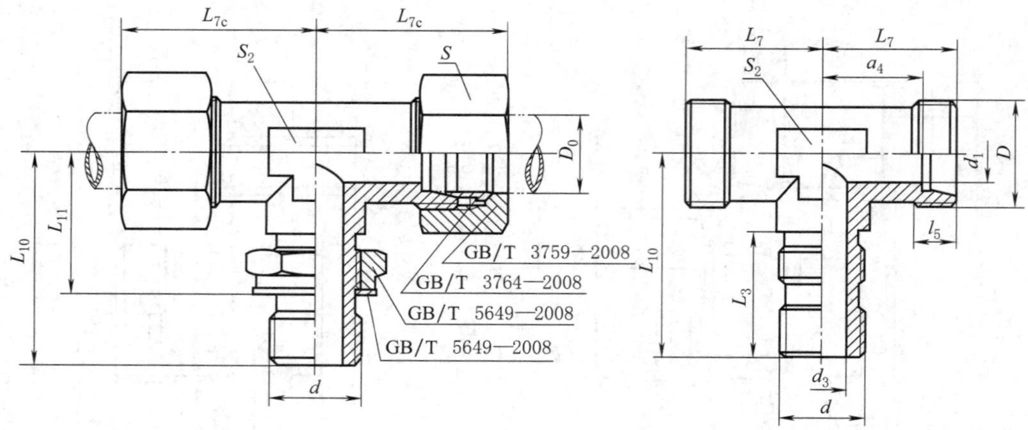


标记示例

接头系列为L，管子外径为10mm，普通螺纹（M）可调向螺纹柱端，表面镀锌处理的钢制卡套式可调向端三通管接头标记为：管接头　GB/T 3741　L10。

**表 21-8-34**

mm

| 系列 | 最大工作压力/MPa | 管子外径 $D_0$ | $D$ | $d$ | $d_1$ 参考 | $d_3$ 参考 | $L_3$ min | $L_7$ ±0.3 | $L_{7c}$ ≈ | $L_{10}$ ±1 | $L_{11}$ 参考 | $l_5$ min | $a_4$ 参考 | $S$ | $S_2$ 锻制 min | $S_2$ 机械加工 max |
|---|---|---|---|---|---|---|---|---|---|---|---|---|---|---|---|---|
| L | 25 | 6 | M12×1.5 | M10×1 | 4 | 4 | 16 | 19 | 27 | 25 | 16.4 | 7 | 12 | 14 | 12 | 12 |
| | | 8 | M14×1.5 | M12×1.5 | 6 | 6 | 20 | 21 | 29 | 31 | 19.9 | 7 | 14 | 17 | 12 | 14 |
| | | 10 | M16×1.5 | M14×1.5 | 8 | 7 | 20 | 22 | 30 | 31 | 19.9 | 8 | 15 | 19 | 14 | 17 |
| | | 12 | M18×1.5 | M16×1.5 | 10 | 9 | 20.5 | 24 | 32 | 33.5 | 21.9 | 8 | 17 | 22 | 17 | 19 |
| | | (14) | M20×1.5 | M18×1.5 | 11 | 10 | 21.5 | 25 | 33 | 35.5 | 22.9 | 8 | 18 | 24 | 19 | — |
| | | 15 | M22×1.5 | M18×1.5 | 12 | 11 | 21.5 | 28 | 36 | 37.5 | 24.9 | 9 | 21 | 27 | 19 | — |
| | | (16) | M24×1.5 | M20×1.5 | 14 | 12 | 21.5 | 30 | 39 | 40.5 | 27.8 | 9 | 22.5 | 30 | 22 | — |
| | 16 | 18 | M26×1.5 | M22×1.5 | 15 | 14 | 22.5 | 31 | 40 | 41.5 | 28.8 | 9 | 23.5 | 32 | 24 | — |
| | | 22 | M30×2 | M27×2 | 19 | 18 | 27.5 | 35 | 44 | 48.5 | 32.8 | 10 | 27.5 | 36 | 27 | — |
| | 10 | 28 | M36×2 | M33×2 | 24 | 23 | 27.5 | 38 | 47 | 51.5 | 35.8 | 10 | 30.5 | 41 | 36 | — |
| | | 35 | M45×2 | M42×2 | 30 | 30 | 27.5 | 45 | 56 | 56.5 | 40.8 | 12 | 34.5 | 50 | 41 | — |
| | | 42 | M52×2 | M48×2 | 36 | 36 | 29 | 51 | 63 | 64 | 46.8 | 12 | 40 | 60 | 50 | — |
| S | 63 | 6 | M14×1.5 | M12×1.5 | 4 | 4 | 21 | 23 | 31 | 32 | 20.9 | 9 | 16 | 17 | 12 | 14 |
| | | 8 | M16×1.5 | M14×1.5 | 5 | 5 | 21 | 24 | 32 | 33 | 21.9 | 9 | 17 | 19 | 14 | 17 |
| | | 10 | M18×1.5 | M16×1.5 | 7 | 7 | 23 | 25 | 34 | 36 | 23.4 | 9 | 17.5 | 22 | 17 | 19 |
| | | 12 | M20×1.5 | M18×1.5 | 8 | 8 | 26 | 26 | 35 | 40 | 25.9 | 9 | 18.5 | 24 | 17 | 22 |
| | | (14) | M22×1.5 | M20×1.5 | 9 | 9 | 26 | 29 | 38 | 43.5 | 28.8 | 10 | 21.5 | 27 | 22 | — |
| | 40 | 16 | M24×1.5 | M22×1.5 | 12 | 12 | 27.5 | 33 | 43 | 46.5 | 31.8 | 11 | 24.5 | 30 | 24 | — |
| | | 20 | M30×2 | M27×2 | 16 | 15 | 33.5 | 37 | 48 | 54.5 | 36.3 | 12 | 26.5 | 36 | 27 | — |
| | | 25 | M36×2 | M33×2 | 20 | 20 | 33.5 | 45 | 57 | 60.5 | 42.3 | 14 | 33 | 46 | 36 | — |
| | 25 | 30 | M42×2 | M42×2 | 25 | 25 | 34.5 | 49 | 62 | 63.5 | 44.8 | 16 | 35.5 | 50 | 41 | — |
| | | 38 | M52×2 | M48×2 | 32 | 32 | 38 | 57 | 72 | 73 | 51.8 | 18 | 41 | 60 | 50 | — |

注：尽可能不采用括号内的规格。

## 卡套式可调向端弯通三通管接头（摘自 GB/T 3743—2008）

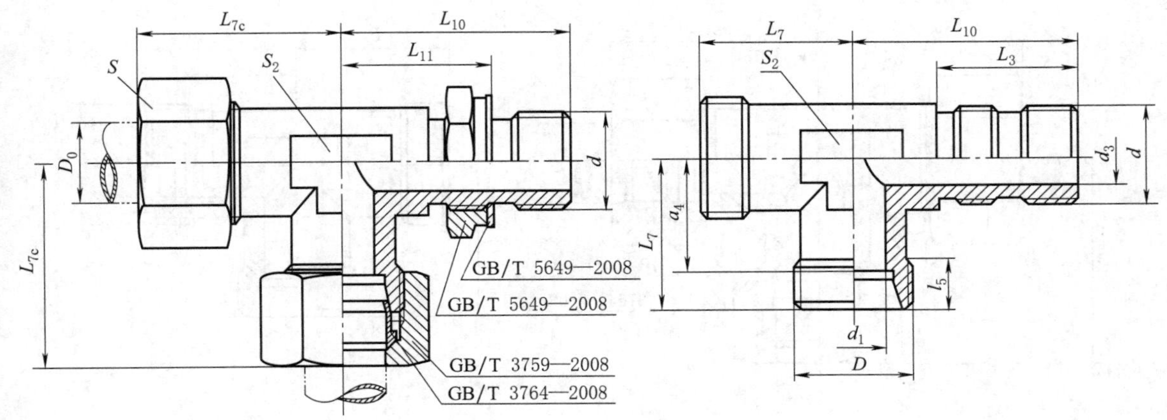


标记示例

接头系列为 L，管子外径为 10mm，普通螺纹（M）可调向螺纹柱端，表面镀锌处理的钢制卡套式可调向端弯通三通管接头标记为：管接头 GB/T 3743 L10。

**表 21-8-35**　　mm

| 系列 | 最大工作压力/MPa | 管子外径 $D_0$ | $D$ | $d$ | $d_1$ 参考 | $d_3$ 参考 | $L_3$ min | $L_7$ ±0.3 | $L_{7c}$ ≈ | $L_{10}$ ±1 | $L_{11}$ 参考 | $l_5$ min | $a_4$ 参考 | $S$ | $S_2$ 锻制 min | $S_2$ 机械加工 max |
|---|---|---|---|---|---|---|---|---|---|---|---|---|---|---|---|---|
| L | 25 | 6 | M12×1.5 | M10×1 | 4 | 4 | 16 | 19 | 27 | 25 | 16.4 | 7 | 12 | 14 | 12 | 12 |
| | | 8 | M14×1.5 | M12×1.5 | 6 | 6 | 20 | 21 | 29 | 31 | 19.9 | 7 | 14 | 17 | 12 | 14 |
| | | 10 | M16×1.5 | M14×1.5 | 8 | 7 | 20 | 22 | 30 | 31 | 19.9 | 8 | 15 | 19 | 14 | 17 |
| | | 12 | M18×1.5 | M16×1.5 | 10 | 9 | 20.5 | 24 | 32 | 33.5 | 21.9 | 8 | 17 | 22 | 17 | 19 |
| | | (14) | M20×1.5 | M18×1.5 | 11 | 10 | 21.5 | 25 | 33 | 35.5 | 22.9 | 8 | 18 | 24 | 19 | — |
| | | 15 | M22×1.5 | M18×1.5 | 12 | 11 | 21.5 | 28 | 36 | 37.5 | 24.9 | 9 | 21 | 27 | 19 | — |
| | | (16) | M24×1.5 | M20×1.5 | 14 | 12 | 21.5 | 30 | 39 | 40.5 | 27.8 | 9 | 22.5 | 30 | 22 | — |
| | 16 | 18 | M26×1.5 | M22×1.5 | 15 | 14 | 22.5 | 31 | 40 | 41.5 | 28.8 | 9 | 23.5 | 32 | 24 | — |
| | | 22 | M30×2 | M27×2 | 19 | 18 | 27.5 | 35 | 44 | 48.5 | 32.8 | 10 | 27.5 | 36 | 27 | — |
| | 10 | 28 | M36×2 | M33×2 | 24 | 23 | 27.5 | 38 | 47 | 51.5 | 35.8 | 10 | 30.5 | 41 | 36 | — |
| | | 35 | M45×2 | M42×2 | 30 | 30 | 27.5 | 45 | 56 | 56.5 | 40.8 | 12 | 34.5 | 50 | 41 | — |
| | | 42 | M52×2 | M48×2 | 36 | 36 | 29 | 51 | 63 | 64 | 46.8 | 12 | 40 | 60 | 50 | — |
| S | 63 | 6 | M14×1.5 | M12×1.5 | 4 | 4 | 21 | 23 | 31 | 32 | 20.9 | 9 | 16 | 17 | 12 | 14 |
| | | 8 | M16×1.5 | M14×1.5 | 5 | 5 | 21 | 24 | 32 | 33 | 21.9 | 9 | 17 | 19 | 14 | 17 |
| | | 10 | M18×1.5 | M16×1.5 | 7 | 7 | 23 | 25 | 34 | 36 | 23.4 | 9 | 17.5 | 22 | 17 | 19 |
| | | 12 | M20×1.5 | M18×1.5 | 8 | 8 | 26 | 26 | 35 | 40 | 25.9 | 9 | 18.5 | 24 | 17 | 22 |
| | | (14) | M22×1.5 | M20×1.5 | 9 | 9 | 26 | 29 | 38 | 43.5 | 28.8 | 10 | 21.5 | 27 | 22 | — |
| | 40 | 16 | M24×1.5 | M22×1.5 | 12 | 12 | 27.5 | 33 | 43 | 46.5 | 31.8 | 11 | 24.5 | 30 | 24 | — |
| | | 20 | M30×2 | M27×2 | 16 | 15 | 33.5 | 37 | 48 | 54.5 | 36.3 | 12 | 26.5 | 36 | 27 | — |
| | | 25 | M36×2 | M33×2 | 20 | 20 | 33.5 | 45 | 57 | 60.5 | 42.3 | 14 | 33 | 46 | 36 | — |
| | 25 | 30 | M42×2 | M42×2 | 25 | 25 | 34.5 | 49 | 62 | 63.5 | 44.8 | 16 | 35.5 | 50 | 41 | — |
| | | 38 | M52×2 | M48×2 | 32 | 32 | 38 | 57 | 72 | 73 | 51.8 | 18 | 41 | 60 | 50 | — |

注：尽可能不采用括号内的规格。

## 卡套式三通管接头（摘自 GB/T 3745—2008）

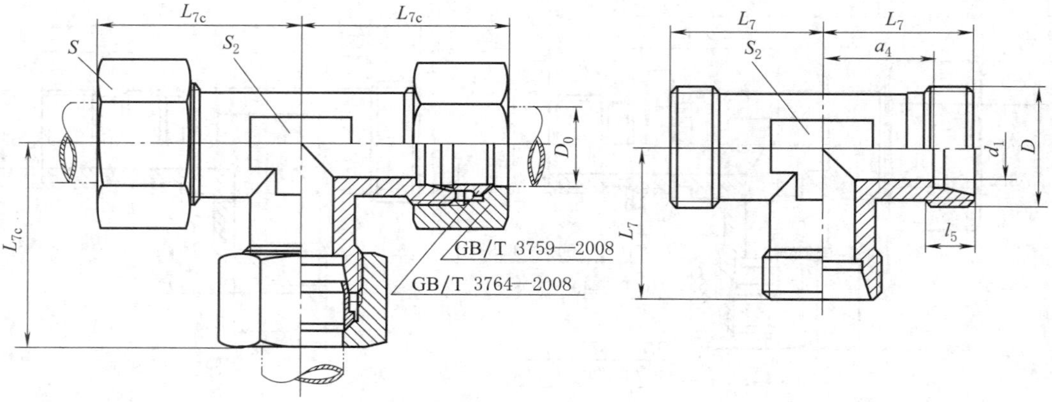


标记示例

接头系列为 L，管子外径为 10mm，表面镀锌处理的钢制卡套式三通管接头标记为：管接头　GB/T 3745 L10。

**表 21-8-36**

mm

| 系列 | 最大工作压力/MPa | 管子外径 $D_0$ | $D$ | $d_1$ 参考 | $L_7$ ±0.3 | $L_{7c}$ ≈ | $l_5$ min | $a_4$ 参考 | $S$ | $S_2$ 锻制 min | $S_2$ 机械加工 max |
|---|---|---|---|---|---|---|---|---|---|---|---|
| LL | 10 | 4 | M8×1 | 3 | 15 | 21 | 6 | 11 | 10 | 9 | 9 |
| | | 5 | M10×1 | 3.5 | 15 | 21 | 6 | 9.5 | 12 | 9 | 11 |
| | | 6 | M10×1 | 4.5 | 15 | 21 | 6 | 9.5 | 12 | 9 | 11 |
| | | 8 | M12×1 | 6 | 17 | 23 | 7 | 11.5 | 14 | 12 | 12 |
| L | 25 | 6 | M12×1.5 | 4 | 19 | 27 | 7 | 12 | 14 | 12 | 12 |
| | | 8 | M14×1.5 | 6 | 21 | 29 | 7 | 14 | 17 | 12 | 14 |
| | | 10 | M16×1.5 | 8 | 22 | 30 | 8 | 15 | 19 | 14 | 17 |
| | | 12 | M18×1.5 | 10 | 24 | 32 | 8 | 17 | 22 | 17 | 19 |
| | | (14) | M20×1.5 | 11 | 25 | 33 | 8 | 18 | 24 | 19 | — |
| | | 15 | M22×1.5 | 12 | 28 | 36 | 9 | 21 | 27 | 19 | — |
| | | (16) | M24×1.5 | 14 | 30 | 39 | 9 | 22.5 | 30 | 22 | — |
| | 16 | 18 | M26×1.5 | 15 | 31 | 40 | 9 | 23.5 | 32 | 24 | — |
| | | 22 | M30×2 | 19 | 35 | 44 | 10 | 27.5 | 36 | 27 | — |
| | 10 | 28 | M36×2 | 24 | 38 | 47 | 10 | 30.5 | 41 | 36 | — |
| | | 35 | M45×2 | 30 | 45 | 56 | 12 | 34.5 | 50 | 41 | — |
| | | 42 | M52×2 | 36 | 51 | 63 | 12 | 40 | 60 | 50 | — |
| S | 63 | 6 | M14×1.5 | 4 | 23 | 31 | 9 | 16 | 17 | 12 | 14 |
| | | 8 | M16×1.5 | 5 | 24 | 32 | 9 | 17 | 19 | 14 | 17 |
| | | 10 | M18×1.5 | 7 | 25 | 34 | 9 | 17.5 | 22 | 17 | 19 |
| | | 12 | M20×1.5 | 8 | 26 | 35 | 9 | 18.5 | 24 | 17 | 22 |
| | | (14) | M22×1.5 | 9 | 29 | 38 | 10 | 21.5 | 27 | 22 | — |
| | 40 | 16 | M24×1.5 | 12 | 33 | 43 | 11 | 24.5 | 30 | 24 | — |
| | | 20 | M30×2 | 16 | 37 | 48 | 12 | 26.5 | 36 | 27 | — |
| | | 25 | M36×2 | 20 | 45 | 57 | 14 | 33 | 46 | 36 | — |
| | 25 | 30 | M42×2 | 25 | 49 | 62 | 16 | 35.5 | 50 | 41 | — |
| | | 38 | M52×2 | 32 | 57 | 72 | 18 | 41 | 60 | 50 | — |

注：尽可能不采用括号内的规格。

## 卡套式四通管接头（摘自 GB/T 3746—2008）

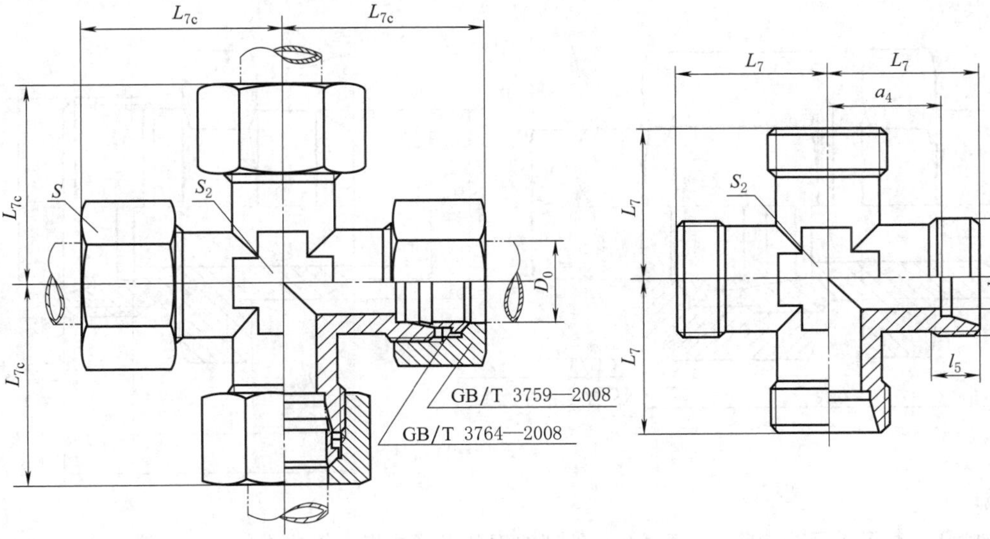


标记示例

接头系列为 L，管子外径为 10mm，表面镀锌处理的钢制卡套式四通管接头标记为：管接头 GB/T 3746 L10。

**表 21-8-37**

mm

| 系列 | 最大工作压力 /MPa | 管子外径 $D_0$ | $D$ | $d_1$ 参考 | $L_7$ ±0.3 | $L_{7c}$ ±0.3 | $l_5$ min | $a_4$ 参考 | $S$ | $S_2$ 锻制 min | $S_2$ 机械加工 max |
|---|---|---|---|---|---|---|---|---|---|---|---|
| LL | 10 | 4 | M8×1 | 3 | 15 | 21 | 6 | 11 | 10 | 9 | 9 |
| | | 5 | M10×1 | 3.5 | 15 | 21 | 6 | 9.5 | 12 | 9 | 11 |
| | | 6 | M10×1 | 4.5 | 15 | 21 | 6 | 9.5 | 12 | 9 | 11 |
| | | 8 | M12×1 | 6 | 17 | 23 | 7 | 11.5 | 14 | 12 | 12 |
| L | 25 | 6 | M12×1.5 | 4 | 19 | 27 | 7 | 12 | 14 | 12 | 12 |
| | | 8 | M14×1.5 | 6 | 21 | 29 | 7 | 14 | 17 | 12 | 14 |
| | | 10 | M16×1.5 | 8 | 22 | 30 | 8 | 15 | 19 | 14 | 17 |
| | | 12 | M18×1.5 | 10 | 24 | 32 | 8 | 17 | 22 | 17 | 19 |
| | | (14) | M20×1.5 | 11 | 25 | 33 | 8 | 18 | 24 | 19 | — |
| | | 15 | M22×1.5 | 12 | 28 | 36 | 9 | 21 | 27 | 19 | — |
| | | (16) | M24×1.5 | 14 | 30 | 39 | 9 | 22.5 | 30 | 22 | — |
| | 16 | 18 | M26×1.5 | 15 | 31 | 40 | 9 | 23.5 | 32 | 24 | — |
| | | 22 | M30×2 | 19 | 35 | 44 | 10 | 27.5 | 36 | 27 | — |
| | 10 | 28 | M36×2 | 24 | 38 | 47 | 10 | 30.5 | 41 | 36 | — |
| | | 35 | M45×2 | 30 | 45 | 56 | 12 | 34.5 | 50 | 41 | — |
| | | 42 | M52×2 | 36 | 51 | 63 | 12 | 40 | 60 | 50 | — |
| S | 63 | 6 | M14×1.5 | 4 | 23 | 31 | 9 | 16 | 17 | 12 | 14 |
| | | 8 | M16×1.5 | 5 | 24 | 32 | 9 | 17 | 19 | 14 | 17 |
| | | 10 | M18×1.5 | 7 | 25 | 34 | 9 | 17.5 | 22 | 17 | 19 |
| | | 12 | M20×1.5 | 8 | 26 | 35 | 9 | 18.5 | 24 | 17 | 22 |
| | | (14) | M22×1.5 | 9 | 29 | 38 | 10 | 21.5 | 27 | 22 | — |
| | 40 | 16 | M24×1.5 | 12 | 33 | 43 | 11 | 24.5 | 30 | 24 | — |
| | | 20 | M30×2 | 16 | 37 | 48 | 12 | 26.5 | 36 | 27 | — |
| | | 25 | M36×2 | 20 | 45 | 57 | 14 | 33 | 46 | 36 | — |
| | 25 | 30 | M42×2 | 25 | 49 | 62 | 16 | 35.5 | 50 | 41 | — |
| | | 38 | M52×2 | 32 | 57 | 72 | 18 | 41 | 60 | 50 | — |

注：尽可能不采用括号内的规格。

## 卡套式焊接管接头（摘自 GB/T 3747—2008）

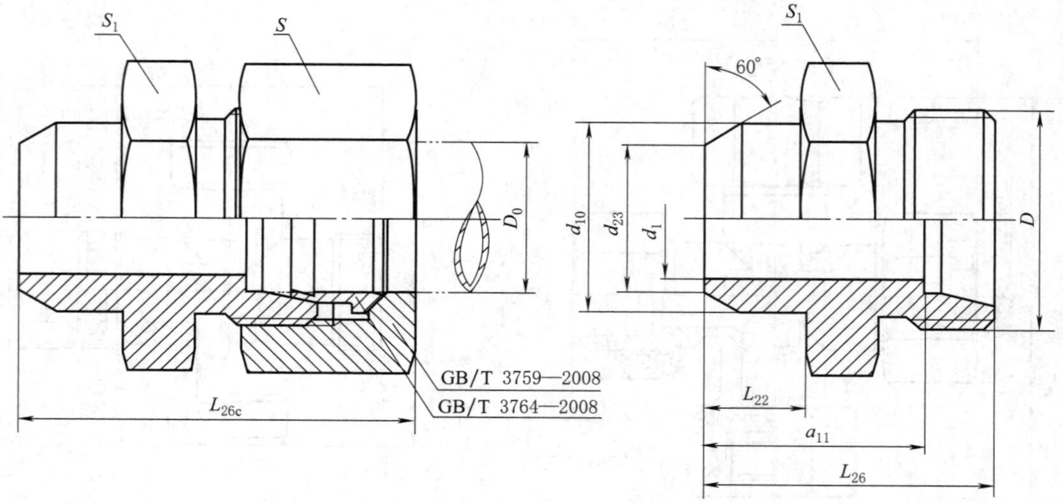


标记示例

接头系列为 L，管子外径为 10mm，表面氧化处理的钢制卡套式焊接管接头标记为：管接头 GB/T 3747 L10. O。

**表 21-8-38**

mm

| 系列 | 最大工作压力/MPa | 管子外径 $D_0$ | $D$ | $d_1$ 参考 | $d_{10}$ ±0.2 | $d_{23}$ ±0.2 | $L_{22}$ ±0.2 | $d_{26}$ ±0.3 | $L_{26c}$ ≈ | $S$ | $S_1$ | $a_{11}$ 参考 |
|---|---|---|---|---|---|---|---|---|---|---|---|---|
| L | 25 | 6 | M12×1.5 | 4 | 10 | 6 | 7 | 21 | 29 | 14 | 12 | 14 |
| | | 8 | M14×1.5 | 6 | 12 | 8 | 8 | 23 | 31 | 17 | 14 | 16 |
| | | 10 | M16×1.5 | 8 | 14 | 10 | 8 | 24 | 32 | 19 | 17 | 17 |
| | | 12 | M18×1.5 | 10 | 16 | 12 | 8 | 25 | 33 | 22 | 19 | 18 |
| | | (14) | M20×1.5 | 11 | 18 | 14 | 8 | 25 | 33 | 24 | 22 | 18 |
| | | 15 | M22×1.5 | 12 | 19 | 15 | 10 | 28 | 36 | 27 | 24 | 21 |
| | | (16) | M24×1.5 | 14 | 20 | 16 | 10 | 29 | 38 | 30 | 27 | 21.5 |
| | 16 | 18 | M26×1.5 | 15 | 22 | 18 | 10 | 29 | 38 | 32 | 27 | 21.5 |
| | | 22 | M30×2 | 19 | 27 | 22 | 12 | 33 | 42 | 36 | 32 | 25.5 |
| | 10 | 28 | M36×2 | 24 | 32 | 28 | 12 | 34 | 43 | 41 | 41 | 26.5 |
| | | 35 | M45×2 | 30 | 40 | 35 | 14 | 39 | 50 | 50 | 46 | 28.5 |
| | | 42 | M52×2 | 36 | 46 | 42 | 16 | 43 | 55 | 60 | 55 | 32 |
| S | 63 | 6 | M14×1.5 | 4 | 11 | 6 | 7 | 25 | 33 | 17 | 14 | 18 |
| | | 8 | M16×1.5 | 5 | 13 | 8 | 8 | 28 | 36 | 19 | 17 | 21 |
| | | 10 | M18×1.5 | 7 | 15 | 10 | 8 | 28 | 37 | 22 | 19 | 20.5 |
| | | 12 | M20×1.5 | 8 | 17 | 12 | 10 | 32 | 41 | 24 | 22 | 24.5 |
| | | (14) | M22×1.5 | 9 | 19 | 14 | 10 | 33 | 42 | 27 | 24 | 25.5 |
| | 40 | 16 | M24×1.5 | 12 | 21 | 16 | 10 | 34 | 44 | 30 | 27 | 25.5 |
| | | 20 | M30×2 | 16 | 26 | 20 | 12 | 40 | 51 | 36 | 32 | 29.5 |
| | | 25 | M36×2 | 20 | 31 | 24 | 12 | 44 | 56 | 46 | 41 | 32 |
| | 25 | 30 | M42×2 | 25 | 36 | 29 | 14 | 48 | 61 | 50 | 46 | 34.5 |
| | | 38 | M52×2 | 32 | 44 | 36 | 16 | 55 | 70 | 60 | 55 | 39 |

注：尽可能不采用括号内的规格。

## 卡套式过板直通管接头（摘自 GB/T 3748—2008）

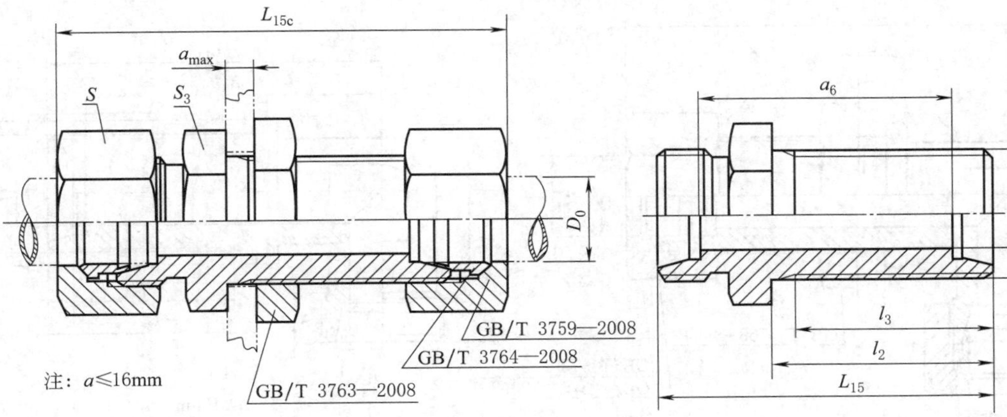


注：$a \leqslant 16$mm

标记示例

接头系列为 L，管子外径为 10mm，表面镀锌处理的钢制卡套式过板直接管接头标记为：管接头　GB/T 3748　L10。

**表 21-8-39**　　mm

| 系列 | 最大工作压力/MPa | 管子外径 $D_0$ | $D$ | $d_1$ 参考 | $l_2$ ±0.2 | $l_3$ min | $L_{15}$ ±0.3 | $L_{15c}$ ≈ | $S$ | $S_3$ | $a_6$ 参考 |
|---|---|---|---|---|---|---|---|---|---|---|---|
| L | 25 | 6 | M12×1.5 | 4 | 34 | 30 | 48 | 64 | 14 | 17 | 34 |
| | | 8 | M14×1.5 | 6 | 34 | 30 | 49 | 65 | 17 | 19 | 35 |
| | | 10 | M16×1.5 | 8 | 35 | 31 | 51 | 67 | 19 | 22 | 37 |
| | | 12 | M18×1.5 | 10 | 36 | 32 | 53 | 69 | 22 | 24 | 39 |
| | | (14) | M20×1.5 | 11 | 37 | 33 | 54 | 70 | 24 | 27 | 40 |
| | | 15 | M22×1.5 | 12 | 38 | 34 | 56 | 72 | 27 | 27 | 42 |
| | | (16) | M24×1.5 | 14 | 38 | 34 | 57 | 75 | 30 | 30 | 42 |
| | 16 | 18 | M26×1.5 | 15 | 40 | 36 | 59 | 77 | 32 | 32 | 44 |
| | | 22 | M30×2 | 19 | 42 | 37 | 63 | 81 | 36 | 36 | 48 |
| | 10 | 28 | M36×2 | 24 | 43 | 38 | 65 | 83 | 41 | 41 | 50 |
| | | 35 | M45×2 | 30 | 47 | 42 | 72 | 94 | 50 | 50 | 51 |
| | | 42 | M52×2 | 36 | 47 | 42 | 74 | 98 | 60 | 60 | 52 |
| S | 63 | 6 | M14×1.5 | 4 | 36 | 32 | 54 | 70 | 17 | 19 | 40 |
| | | 8 | M16×1.5 | 5 | 36 | 32 | 56 | 72 | 19 | 22 | 42 |
| | | 10 | M18×1.5 | 7 | 37 | 33 | 57 | 75 | 22 | 24 | 42 |
| | | 12 | M20×1.5 | 8 | 38 | 34 | 60 | 78 | 24 | 27 | 45 |
| | | (14) | M22×1.5 | 9 | 39 | 35 | 62 | 80 | 27 | 27 | 47 |
| | 40 | 16 | M24×1.5 | 12 | 40 | 36 | 64 | 84 | 30 | 32 | 47 |
| | | 20 | M30×2 | 16 | 44 | 39 | 72 | 94 | 36 | 41 | 51 |
| | | 25 | M36×2 | 20 | 47 | 42 | 79 | 103 | 46 | 46 | 55 |
| | 25 | 30 | M42×2 | 25 | 51 | 46 | 85 | 111 | 50 | 50 | 58 |
| | | 38 | M52×2 | 32 | 53 | 48 | 92 | 122 | 60 | 65 | 60 |

注：尽可能不采用括号内的规格。

## 卡套式过板弯通管接头（摘自 GB/T 3749—2008）

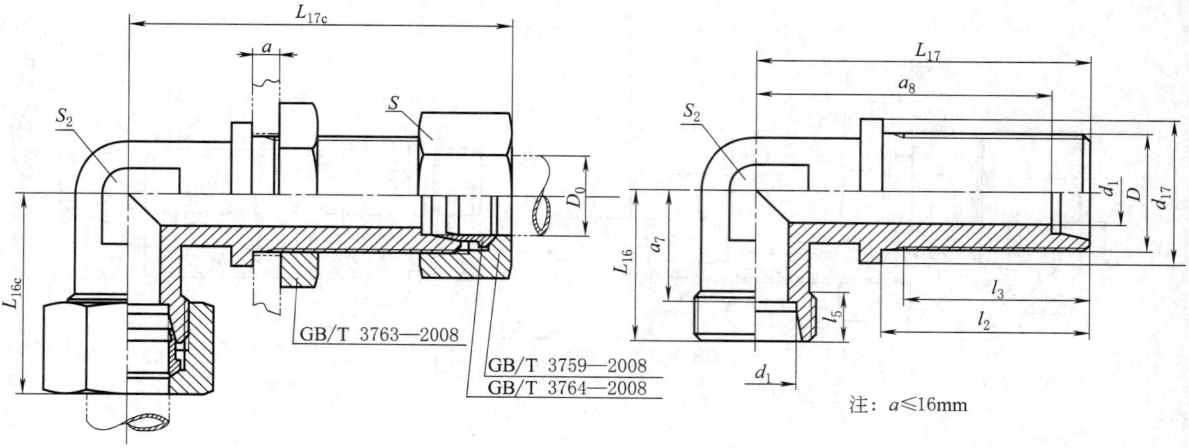


注：$a$≤16mm

标记示例

接头系列为 L，管子外径为 10mm，表面镀锌处理的钢制卡套式过板弯通管接头标记为：管接头 GB/T 3749 L10。

**表 21-8-40**

mm

| 系列 | 最大工作压力/MPa | 管子外径 $D_0$ | $D$ | $d_1$ 参考 | $d_{17}$ ±0.2 | $l_2$ ±0.2 | $l_3$ min | $l_5$ min | $L_{16}$ ±0.3 | $L_{16c}$ ≈ | $L_{17}$ ±0.3 | $L_{17c}$ ≈ | $a_7$ 参考 | $a_8$ 参考 | $S$ | $S_2$ |
|---|---|---|---|---|---|---|---|---|---|---|---|---|---|---|---|---|
| L | 25 | 6 | M12×1.5 | 4 | 17 | 34 | 30 | 7 | 19 | 27 | 48 | 56 | 12 | 41 | 14 | 12 |
| | | 8 | M14×1.5 | 6 | 19 | 34 | 30 | 7 | 21 | 29 | 51 | 59 | 14 | 44 | 17 | 12 |
| | | 10 | M16×1.5 | 8 | 22 | 35 | 31 | 8 | 22 | 30 | 53 | 61 | 15 | 46 | 19 | 14 |
| | | 12 | M18×1.5 | 10 | 24 | 36 | 32 | 8 | 24 | 32 | 56 | 64 | 17 | 49 | 22 | 17 |
| | | （14） | M20×1.5 | 11 | 27 | 37 | 33 | 8 | 25 | 33 | 57 | 65 | 18 | 50 | 24 | 19 |
| | | 15 | M22×1.5 | 12 | 27 | 38 | 34 | 9 | 28 | 36 | 61 | 69 | 21 | 54 | 27 | 19 |
| | | （16） | M24×1.5 | 14 | 30 | 38 | 34 | 9 | 30 | 39 | 62 | 71 | 22.5 | 54.5 | 30 | 22 |
| | 16 | 18 | M26×1.5 | 15 | 32 | 40 | 36 | 9 | 31 | 40 | 64 | 73 | 23.5 | 56.5 | 32 | 24 |
| | | 22 | M30×2 | 19 | 36 | 42 | 37 | 10 | 35 | 44 | 72 | 81 | 27.5 | 64.5 | 36 | 27 |
| | 10 | 28 | M36×2 | 24 | 42 | 43 | 38 | 10 | 38 | 47 | 77 | 86 | 30.5 | 69.5 | 41 | 36 |
| | | 35 | M45×2 | 30 | 50 | 47 | 42 | 12 | 45 | 56 | 86 | 97 | 34.5 | 75.5 | 50 | 41 |
| | | 42 | M52×2 | 36 | 60 | 47 | 42 | 12 | 51 | 63 | 90 | 102 | 40 | 79 | 60 | 50 |
| S | 63 | 6 | M14×1.5 | 4 | 19 | 36 | 32 | 9 | 23 | 31 | 53 | 61 | 16 | 46 | 17 | 12 |
| | | 8 | M16×1.5 | 5 | 22 | 36 | 32 | 9 | 24 | 32 | 54 | 62 | 17 | 47 | 19 | 14 |
| | | 10 | M18×1.5 | 7 | 24 | 37 | 33 | 9 | 25 | 34 | 57 | 66 | 17.5 | 49.5 | 22 | 17 |
| | | 12 | M20×1.5 | 8 | 27 | 38 | 34 | 9 | 26 | 35 | 59 | 68 | 18.5 | 51.5 | 24 | 17 |
| | | （14） | M22×1.5 | 9 | 27 | 39 | 35 | 10 | 29 | 38 | 62 | 71 | 21.5 | 54.5 | 27 | 22 |
| | 40 | 16 | M24×1.5 | 12 | 30 | 40 | 36 | 11 | 33 | 43 | 64 | 74 | 24.5 | 55.5 | 30 | 24 |
| | | 20 | M30×2 | 16 | 36 | 44 | 39 | 12 | 37 | 48 | 74 | 85 | 26.5 | 63.5 | 36 | 27 |
| | | 25 | M36×2 | 20 | 42 | 47 | 42 | 14 | 45 | 57 | 81 | 93 | 33 | 69 | 46 | 36 |
| | 25 | 30 | M42×2 | 25 | 50 | 51 | 46 | 16 | 49 | 62 | 90 | 103 | 35.5 | 76.5 | 50 | 41 |
| | | 38 | M52×2 | 32 | 60 | 53 | 48 | 18 | 57 | 72 | 96 | 111 | 41 | 80 | 60 | 50 |

注：尽可能不采用括号内的规格。

## 卡套式过板焊接管接头（摘自 GB 3757—2008）

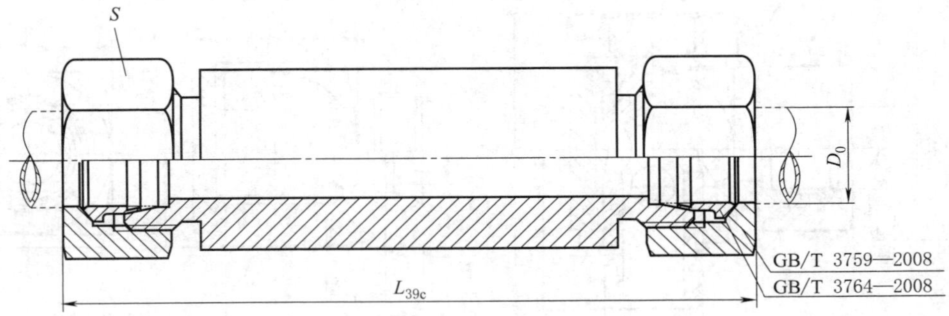


(a) 卡套式过板焊接管接头

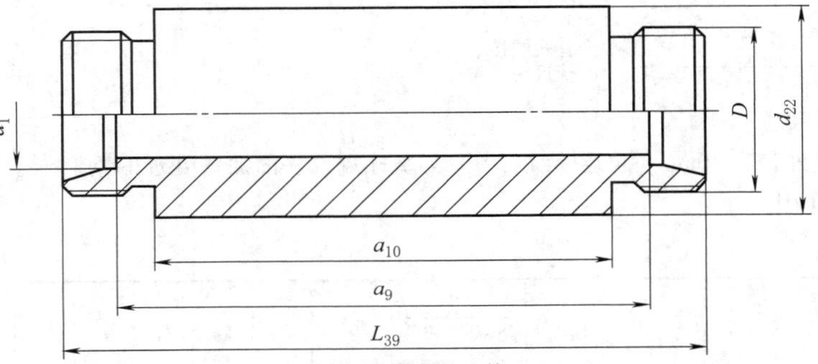


(b) 卡套式过板焊接接头体

标记示例

接头系列为 L，管子外径为 10mm，表面镀锌处理的钢制卡套式过板焊接管接头标记为：管接头　GB/T 3757 L10。

**表 21-8-41**　　mm

| 系列 | 最大工作压力 /MPa | 管子外径 $D_0$ | $D$ | $d_1$ 参考 | $d_{22}$ ±0.2 | $L_{39}$ ±0.3 | $L_{39c}$ ≈ | $a_9$ 参考 | $a_{10}$ 参考 | $S$ |
|---|---|---|---|---|---|---|---|---|---|---|
| L | 25 | 6 | M12×1.5 | 4 | 18 | 70 | 86 | 56 | 50 | 14 |
| | | 8 | M14×1.5 | 6 | 20 | 70 | 86 | 56 | 50 | 17 |
| | | 10 | M16×1.5 | 8 | 22 | 72 | 88 | 58 | 50 | 19 |
| | | 12 | M18×1.5 | 10 | 25 | 72 | 88 | 58 | 50 | 22 |
| | | （14） | M20×1.5 | 11 | 28 | 72 | 88 | 58 | 50 | 24 |
| | | 15 | M22×1.5 | 12 | 28 | 84 | 100 | 70 | 60 | 27 |
| | | （16） | M24×1.5 | 14 | 30 | 84 | 102 | 69 | 60 | 30 |
| | 16 | 18 | M26×1.5 | 15 | 32 | 84 | 102 | 69 | 60 | 32 |
| | | 22 | M30×2 | 19 | 36 | 88 | 106 | 73 | 60 | 36 |
| | 10 | 28 | M36×2 | 24 | 40 | 88 | 106 | 73 | 60 | 41 |
| | | 35 | M45×2 | 30 | 50 | 92 | 114 | 71 | 60 | 50 |
| | | 42 | M52×2 | 36 | 60 | 92 | 116 | 70 | 60 | 60 |
| S | 63 | 6 | M14×1.5 | 4 | 20 | 74 | 90 | 60 | 50 | 17 |
| | | 8 | M16×1.5 | 5 | 22 | 74 | 90 | 60 | 50 | 19 |
| | | 10 | M18×1.5 | 7 | 25 | 74 | 92 | 59 | 50 | 22 |
| | | 12 | M20×1.5 | 8 | 28 | 74 | 92 | 59 | 50 | 24 |
| | | （14） | M22×1.5 | 9 | 28 | 86 | 104 | 71 | 60 | 27 |
| | 40 | 16 | M24×1.5 | 12 | 35 | 88 | 108 | 71 | 60 | 30 |
| | | 20 | M30×2 | 16 | 38 | 92 | 114 | 71 | 60 | 36 |
| | | 25 | M36×2 | 20 | 45 | 96 | 120 | 72 | 60 | 46 |
| | 25 | 30 | M42×2 | 25 | 50 | 100 | 126 | 73 | 60 | 50 |
| | | 38 | M52×2 | 32 | 60 | 104 | 134 | 72 | 60 | 60 |

注：尽可能不采用括号内的规格。

## 卡套式铰接管接头（摘自 GB/T 3750—2008）

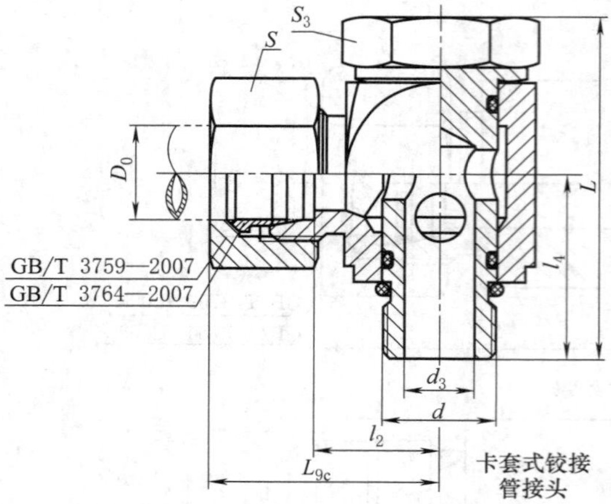


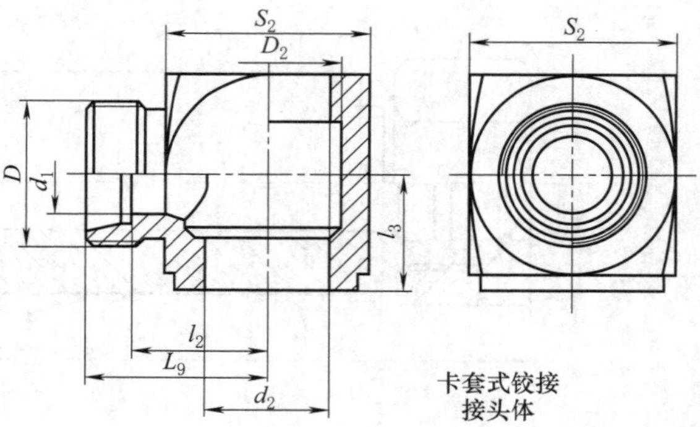


标记示例

接头系列为 L，管子外径为 10mm，普通螺纹（M）F 型柱端，表面镀锌处理的钢制卡套式铰接管接头标记为：管接头　GB 3750　L10。

**表 21-8-42**

mm

| 系列 | 最大工作压力/MPa | 管子外径 $D_0$ | $D$ | $D_2$ | $d$ | $d_1$ | $d_2$ 公称尺寸 | $d_2$ 极限偏差 | $d_3$ | $l_2$ | $l_3$ | $l_4$ | $L$ | $L_9$ | $L_{9c}$ | $S$ | $S_2$ | $S_3$ |
|---|---|---|---|---|---|---|---|---|---|---|---|---|---|---|---|---|---|---|
| L | 25 | 6 | M12×1.5 | 12.7 | M10×1 | 4 | 10 | +0.022 0 | 4 | 11.5 | 10 | 18.5 | 33.5 | 18.5 | 26.5 | 14 | 17 | 14 |
| | | 8 | M14×1.5 | 14.2 | M12×1.5 | 6 | 12 | +0.027 0 | 6 | 12.5 | 11.5 | 22.5 | 39 | 19.5 | 27.5 | 17 | 19 | 17 |
| | | 10 | M16×1.5 | 16.5 | M14×1.5 | 8 | 14 | | 7 | 15 | 13 | 24 | 42 | 22 | 30 | 19 | 22 | 19 |
| | | 12 | M18×1.5 | 20.3 | M16×1.5 | 10 | 16 | | 9 | 17.5 | 15.5 | 27 | 49 | 24.5 | 32.5 | 22 | 27 | 22 |
| | | (14) | M20×1.5 | 22.6 | M18×1.5 | 11 | 18 | | 10 | 19 | 17.5 | 30 | 53.5 | 26 | 34 | 24 | 30 | 24 |
| | | 15 | M22×1.5 | 22.6 | M18×1.5 | 12 | 18 | | 11 | 20 | 17.5 | 30 | 53.5 | 27 | 35 | 27 | 30 | 24 |
| | | (16) | M24×1.5 | 24.1 | M20×1.5 | 14 | 20 | +0.033 0 | 12 | 20.5 | 18.5 | 31 | 56 | 28 | 37 | 30 | 32 | 27 |
| | 16 | 18 | M26×1.5 | 30 | M22×1.5 | 15 | 22 | | 14 | 22.5 | 21 | 34 | 62 | 30 | 39 | 32 | 36 | 27 |
| | | 22 | M30×2 | 34 | M26×1.5 | 19 | 26 | | 18 | 27 | 23.5 | 39.5 | 70 | 34.5 | 43.5 | 36 | 41 | 32 |
| | 10 | 28 | M36×2 | 41 | M33×2 | 24 | 33 | +0.039 0 | 23 | 29.5 | 26 | 42 | 76 | 37 | 46 | 41 | 46 | 41 |
| | | 35 | M45×2 | 19 | M42×2 | 30 | 42 | | 30 | 33 | 30.5 | 46.5 | 86 | 43.5 | 54.5 | 50 | 55 | 50 |
| | | 42 | M52×2 | 62 | M48×2 | 36 | 48 | | 36 | 40 | 38 | 55.5 | 104.5 | 51 | 63 | 60 | 70 | 55 |
| S | 40 | 6 | M14×1.5 | 14 | M12×1.5 | 4 | 12 | +0.027 0 | 4 | 16 | 13 | 24 | 43 | 23 | 31 | 17 | 22 | 17 |
| | | 8 | M16×1.5 | 15.3 | M14×1.5 | 5 | 14 | | 5 | 17 | 14 | 25 | 47 | 24 | 32 | 19 | 24 | 19 |
| | | 10 | M18×1.5 | 17.2 | M16×1.5 | 7 | 16 | | 7 | 18 | 15.5 | 28 | 52 | 25.5 | 34.5 | 22 | 27 | 22 |
| | | 12 | M20×1.5 | 19.1 | M18×1.5 | 8 | 18 | | 8 | 19.5 | 17.5 | 31.5 | 59 | 27 | 36 | 24 | 30 | 24 |
| | | (14) | M22×1.5 | 23 | M20×1.5 | 9 | 20 | +0.033 0 | 9 | 23.5 | 20.5 | 34.5 | 65 | 31 | 40 | 27 | 36 | 27 |
| | | 16 | M24×1.5 | 23 | M22×1.5 | 12 | 22 | | 12 | 23.5 | 21 | 36 | 67 | 32 | 42 | 30 | 36 | 27 |
| | | 20 | M30×2 | 29 | M27×2 | 16 | 27 | | 15 | 28.5 | 26 | 44.5 | 82.5 | 39 | 50 | 36 | 46 | 32 |
| | 25 | 25 | M36×2 | 37.6 | M33×2 | 20 | 33 | +0.039 0 | 20 | 31 | 28 | 46.5 | 88.5 | 43 | 55 | 46 | 50 | 41 |
| | 16 | 30 | M42×2 | 50 | M42×2 | 25 | 42 | | 25 | 36.5 | 33 | 52 | 99 | 50 | 63 | 50 | 60 | 50 |
| | | 38 | M52×2 | 58.4 | M48×2 | 32 | 48 | | 32 | 41 | 38 | 59.5 | 114 | 57 | 72 | 60 | 70 | 55 |

注：尽可能不采用括号内的规格。

## 卡套式锥密封组合直通管接头（摘自 GB/T 3756—2008）

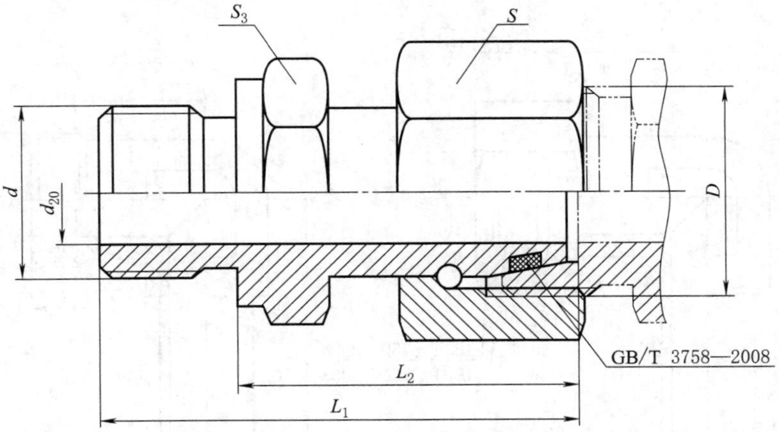


标记示例

接头系列为 L，管子外径为 10mm，普通螺纹（M）F 型柱端，表面镀锌处理的钢制卡套式锥密封组合直通管接头标记为：管接头　GB/T 3756　L10。

**表 21-8-43**

mm

| 系列 | 最大工作压力/MPa | 管子外径 $D_0$ | $D$ | $d$ | $d_{20}$ min | $L_1$ ±0.5 | $L_2$ 参考 | $S$ | $S_3$ |
|---|---|---|---|---|---|---|---|---|---|
| L | 25 | 6 | M12×1.5 | M10×1 | 2.5 | 33 | 24.5 | 14 | 14 |
| | | 8 | M14×1.5 | M12×1.5 | 4 | 37.5 | 26.5 | 17 | 17 |
| | | 10 | M16×1.5 | M14×1.5 | 6 | 38.5 | 27.5 | 19 | 19 |
| | | 12 | M18×1.5 | M16×1.5 | 8 | 42 | 30.5 | 22 | 22 |
| | | （14） | M20×1.5 | M18×1.5 | 9 | 43.5 | 31 | 24 | 24 |
| | | 15 | M22×1.5 | M18×1.5 | 10 | 44 | 31.5 | 27 | 24 |
| | | （16） | M24×1.5 | M20×1.5 | 12 | 44 | 31.5 | 30 | 27 |
| | 16 | 18 | M26×1.5 | M22×1.5 | 13 | 44.5 | 31.5 | 32 | 27 |
| | | 22 | M30×2 | M27×2 | 17 | 48.5 | 32.5 | 36 | 32 |
| | 10 | 28 | M36×2 | M33×2 | 22 | 51 | 35 | 41① | 41 |
| | | 35 | M45×2 | M42×2 | 28 | 58.5 | 42.5 | 50 | 50 |
| | | 42 | M52×2 | M48×2 | 34 | 64 | 46.5 | 60 | 55 |
| S | 63 | 6 | M14×1.5 | M12×1.5 | 2.5 | 38 | 27 | 17 | 17 |
| | | 8 | M16×1.5 | M14×1.5 | 4 | 40.5 | 29.5 | 19 | 19 |
| | | 10 | M18×1.5 | M16×1.5 | 6 | 44.5 | 32 | 22 | 22 |
| | | 12 | M20×1.5 | M18×1.5 | 8 | 48 | 34 | 24 | 24 |
| | | （14） | M22×1.5 | M20×1.5 | 9 | 50 | 36 | 27 | 27 |
| | 40 | 16 | M24×1.5 | M22×1.5 | 11 | 52 | 37 | 30 | 27 |
| | | 20 | M30×2 | M27×2 | 14 | 61.5 | 43 | 36 | 32 |
| | | 25 | M36×2 | M33×2 | 18 | 66.5 | 48 | 46 | 41 |
| | 25 | 30 | M42×2 | M42×2 | 23 | 70 | 51 | 50 | 50 |
| | | 38 | M52×2 | M48×2 | 30 | 81.5 | 60 | 60 | 55 |

① 可为 46mm。

注：尽可能不采用括号内的规格。

## 卡套式组合弯通管接头（摘自 GB/T 3752—2008）

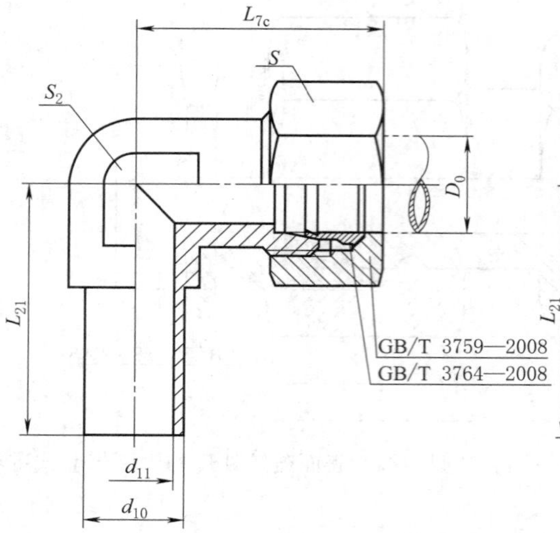


标记示例

接头系列为 L，管子外径为 10mm，表面镀锌处理的钢制卡套式组合弯通管接头标记为：

管接头　GB/T 3752　L10。

**表 21-8-44**

mm

| 系列 | 最大工作压力/MPa | 管子外径 $D_0$ | $D$ | $d_1$ 参考 | $d_{10}$ ±0.3 | $d_{11}$ +0.20 −0.05 | $l_5$ min | $L_7$ ±0.3 | $L_{7c}$ ≈ | $L_{21}$ ±0.5 | $a_4$ 参考 | $S$ | $S_2$ 锻制 min | $S_2$ 机械加工 max |
|---|---|---|---|---|---|---|---|---|---|---|---|---|---|---|
| L | 25 | 6 | M12×1.5 | 4 | 6 | 3 | 7 | 19 | 27 | 26 | 12 | 14 | 12 | — |
| | | 8 | M14×1.5 | 6 | 8 | 5 | 7 | 21 | 29 | 27.5 | 14 | 17 | 12 | 14 |
| | | 10 | M16×1.5 | 8 | 10 | 7 | 8 | 22 | 30 | 29 | 15 | 19 | 14 | 17 |
| | | 12 | M18×1.5 | 10 | 12 | 8 | 8 | 24 | 32 | 29.5 | 17 | 22 | 17 | 19 |
| | | (14) | M20×1.5 | 11 | 14 | 10 | 8 | 25 | 33 | 31.5 | 18 | 24 | 19 | — |
| | | 15 | M22×1.5 | 12 | 15 | 10 | 9 | 28 | 36 | 32.5 | 21 | 27 | 19 | — |
| | | (16) | M24×1.5 | 14 | 16 | 11 | 9 | 30 | 39 | 33.5 | 22.5 | 30 | 22 | — |
| | 16 | 18 | M26×1.5 | 15 | 18 | 13 | 9 | 31 | 40 | 35.5 | 23.5 | 32 | 24 | — |
| | | 22 | M30×2 | 19 | 22 | 17 | 10 | 35 | 44 | 38.5 | 27.5 | 36 | 27 | — |
| | 10 | 28 | M36×2 | 24 | 28 | 23 | 10 | 38 | 47 | 41.5 | 30.5 | 41 | 36 | — |
| | | 35 | M45×2 | 30 | 35 | 29 | 12 | 45 | 56 | 51 | 34.5 | 50 | 41 | — |
| | | 42 | M52×2 | 36 | 42 | 36 | 12 | 51 | 63 | 56 | 40 | 60 | 50 | — |
| S | 63 | 6 | M14×1.5 | 4 | 6 | 2.5 | 9 | 23 | 31 | 27 | 16 | 17 | 12 | 14 |
| | | 8 | M16×1.5 | 5 | 8 | 4 | 9 | 24 | 32 | 27.5 | 17 | 19 | 14 | 17 |
| | | 10 | M18×1.5 | 7 | 10 | 5 | 9 | 25 | 34 | 30 | 17.5 | 22 | 17 | 19 |
| | | 12 | M20×1.5 | 8 | 12 | 6 | 9 | 26 | 35 | 31 | 18.5 | 24 | 17 | 22 |
| | | (14) | M22×1.5 | 9 | 14 | 7 | 10 | 29 | 38 | 34 | 21.5 | 27 | 22 | — |
| | 40 | 16 | M24×1.5 | 12 | 16 | 10 | 11 | 33 | 43 | 36.5 | 24.5 | 30 | 24 | — |
| | | 20 | M30×2 | 16 | 20 | 12 | 12 | 37 | 48 | 44.5 | 26.5 | 36 | 27 | — |
| | | 25 | M36×2 | 20 | 25 | 16 | 14 | 45 | 57 | 50 | 33 | 46 | 36 | — |
| | 25 | 30 | M42×2 | 25 | 30 | 22 | 16 | 49 | 62 | 55 | 35.5 | 50 | 41 | — |
| | | 38 | M52×2 | 32 | 38 | 28 | 18 | 57 | 72 | 63 | 41 | 60 | 50 | — |

注：尽可能不采用括号内的规格。

## 卡套式锥密封组合弯通管接头（摘自 GB/T 3754—2008）

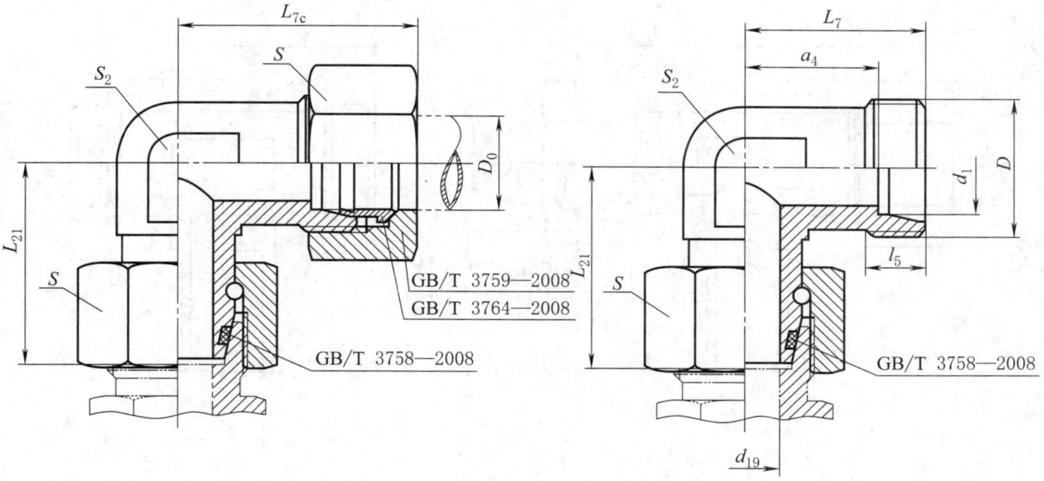


标记示例

接头系列为 L，管子外径为 10mm，表面镀锌处理的钢制卡套式锥密封组合弯通管接头标记为：

管接头　GB/T 3754　L10。

**表 21-8-45**

mm

| 系列 | 最大工作压力/MPa | 管子外径 $D_0$ | D | $d_1$ 参考 | $d_{19}$ min | $L_7$ ±0.3 | $L_{7c}$ ≈ | $L_{21}$ ±0.5 | $a_4$ 参考 | $l_5$ min | S | $S_2$ 锻制 min | $S_2$ 机械加工 max |
|---|---|---|---|---|---|---|---|---|---|---|---|---|---|
| L | 25 | 6 | M12×1.5 | 4 | 2.5 | 19 | 27 | 26 | 12 | 7 | 14 | 12 | — |
| | | 8 | M14×1.5 | 6 | 4 | 21 | 29 | 27.5 | 14 | 7 | 17 | 12 | 14 |
| | | 10 | M16×1.5 | 8 | 6 | 22 | 30 | 29 | 15 | 8 | 19 | 14 | 17 |
| | | 12 | M18×1.5 | 10 | 8 | 24 | 32 | 29.5 | 17 | 8 | 22 | 17 | 19 |
| | | (14) | M20×1.5 | 11 | 9 | 25 | 33 | 31.5 | 18 | 8 | 24 | 19 | — |
| | | 15 | M22×1.5 | 12 | 10 | 28 | 36 | 32.5 | 21 | 9 | 27 | 19 | — |
| | | (16) | M24×1.5 | 14 | 12 | 30 | 39 | 33.5 | 22.5 | 9 | 30 | 22 | — |
| | 16 | 18 | M26×1.5 | 15 | 13 | 31 | 40 | 35.5 | 23.5 | 9 | 32 | 24 | — |
| | | 22 | M30×2 | 19 | 17 | 35 | 44 | 38.5 | 27.5 | 10 | 36 | 27 | — |
| | 10 | 28 | M36×2 | 24 | 22 | 38 | 47 | 41.5 | 30.5 | 10 | 41① | 36 | — |
| | | 35 | M45×2 | 30 | 28 | 45 | 56 | 51 | 34.5 | 12 | 50 | 41 | — |
| | | 42 | M52×2 | 36 | 34 | 51 | 63 | 56 | 40 | 12 | 60 | 50 | — |
| S | 63 | 6 | M14×1.5 | 4 | 2.5 | 23 | 31 | 27 | 16 | 9 | 17 | 12 | 14 |
| | | 8 | M16×1.5 | 5 | 4 | 24 | 32 | 27.5 | 17 | 9 | 19 | 14 | 17 |
| | | 10 | M18×1.5 | 7 | 6 | 25 | 34 | 30 | 17.5 | 9 | 22 | 17 | 19 |
| | | 12 | M20×1.5 | 8 | 8 | 26 | 35 | 31 | 18.5 | 9 | 24 | 17 | 22 |
| | | (14) | M22×1.5 | 9 | 9 | 29 | 38 | 34 | 21.5 | 10 | 27 | 22 | — |
| | 40 | 16 | M24×1.5 | 12 | 11 | 33 | 43 | 36.5 | 24.5 | 11 | 30 | 24 | — |
| | | 20 | M30×2 | 16 | 14 | 37 | 48 | 44.5 | 26.5 | 12 | 36 | 27 | — |
| | | 25 | M36×2 | 20 | 18 | 45 | 57 | 50 | 33 | 14 | 46 | 36 | — |
| | 25 | 30 | M42×2 | 25 | 23 | 49 | 62 | 55 | 35.5 | 16 | 50 | 41 | — |
| | | 38 | M52×2 | 32 | 30 | 57 | 72 | 63 | 41 | 18 | 60 | 50 | — |

① 可为 46mm。

注：尽可能不采用括号内的规格。

## 卡套式组合三通管接头（摘自 GB/T 3753—2008）

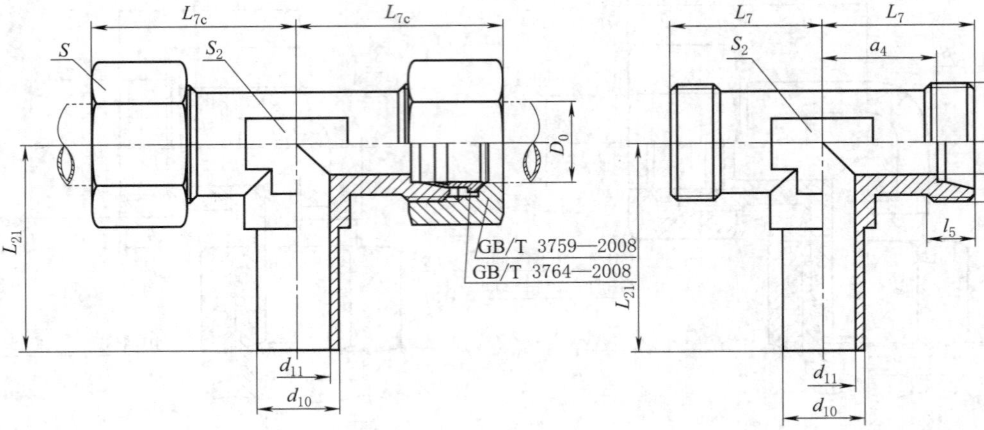


标记示例

接头系列为 L，管子外径为 10mm，表面镀锌处理的钢制卡套式组合三通管接头标记为：

管接头　GB/T 3753　L10。

**表 21-8-46**

mm

| 系列 | 最大工作压力/MPa | 管子外径 $D_0$ | $D$ | $d_1$ 参考 | $d_{10}$ ±0.3 | $d_{11}$ +0.20 −0.05 | $l_5$ min | $L_7$ ±0.3 | $L_{7c}$ ≈ | $L_{21}$ ±0.5 | $a_4$ 参考 | $S$ | $S_2$ 锻制 min | $S_2$ 机械加工 max |
|---|---|---|---|---|---|---|---|---|---|---|---|---|---|---|
| L | 25 | 6 | M12×1.5 | 4 | 6 | 3 | 7 | 19 | 27 | 26 | 12 | 14 | 12 | — |
| | | 8 | M14×1.5 | 6 | 8 | 5 | 7 | 21 | 29 | 27.5 | 14 | 17 | 12 | 14 |
| | | 10 | M16×1.5 | 8 | 10 | 7 | 8 | 22 | 30 | 29 | 15 | 19 | 14 | 17 |
| | | 12 | M18×1.5 | 10 | 12 | 8 | 8 | 24 | 32 | 29.5 | 17 | 22 | 17 | 19 |
| | | (14) | M20×1.5 | 11 | 14 | 10 | 8 | 25 | 33 | 31.5 | 18 | 24 | 19 | — |
| | | 15 | M22×1.5 | 12 | 15 | 10 | 9 | 28 | 36 | 32.5 | 21 | 27 | 19 | — |
| | | (16) | M24×1.5 | 14 | 16 | 11 | 9 | 30 | 39 | 33.5 | 22.5 | 30 | 22 | — |
| | 16 | 18 | M26×1.5 | 15 | 18 | 13 | 9 | 31 | 40 | 35.5 | 23.5 | 32 | 24 | — |
| | | 22 | M30×2 | 19 | 22 | 17 | 10 | 35 | 44 | 38.5 | 27.5 | 36 | 27 | — |
| | 10 | 28 | M36×2 | 24 | 28 | 23 | 10 | 38 | 47 | 41.5 | 30.5 | 41 | 36 | — |
| | | 35 | M45×2 | 30 | 35 | 29 | 12 | 45 | 56 | 51 | 34.5 | 50 | 41 | — |
| | | 42 | M52×2 | 36 | 42 | 36 | 12 | 51 | 63 | 56 | 40 | 60 | 50 | — |
| S | 63 | 6 | M14×1.5 | 4 | 6 | 2.5 | 9 | 23 | 31 | 27 | 16 | 17 | 12 | 14 |
| | | 8 | M16×1.5 | 5 | 8 | 4 | 9 | 24 | 32 | 27.5 | 17 | 19 | 14 | 17 |
| | | 10 | M18×1.5 | 7 | 10 | 5 | 9 | 25 | 34 | 30 | 17.5 | 22 | 17 | 19 |
| | | 12 | M20×1.5 | 8 | 12 | 6 | 9 | 26 | 35 | 31 | 18.5 | 24 | 17 | 22 |
| | | (14) | M22×1.5 | 9 | 14 | 7 | 10 | 29 | 38 | 34 | 21.5 | 27 | 22 | — |
| | 40 | 16 | M24×1.5 | 12 | 16 | 10 | 11 | 33 | 43 | 36.5 | 24.5 | 30 | 24 | — |
| | | 20 | M30×2 | 16 | 20 | 12 | 12 | 37 | 48 | 44.5 | 26.5 | 36 | 27 | — |
| | | 25 | M36×2 | 20 | 25 | 16 | 14 | 45 | 57 | 50 | 33 | 46 | 36 | — |
| | 25 | 30 | M42×2 | 25 | 30 | 22 | 16 | 49 | 62 | 55 | 35.5 | 50 | 41 | — |
| | | 38 | M52×2 | 32 | 38 | 28 | 18 | 57 | 72 | 63 | 41 | 60 | 50 | — |

注：尽可能不采用括号内的规格。

## 卡套式锥密封组合三通管接头（摘自 GB/T 3755—2008）

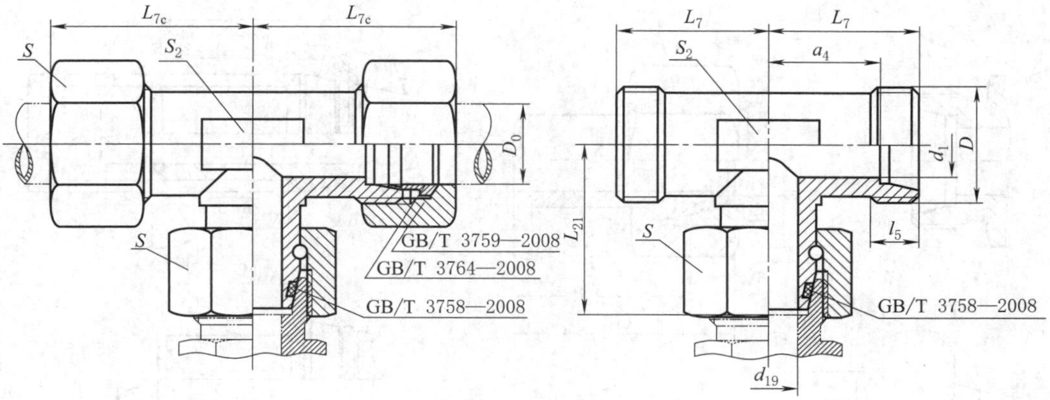


标记示例

接头系列为 L，管子外径为 10mm，表面镀锌处理的钢制卡套式锥密封组合三通管接头标记为：

管接头　GB/T 3755　L10。

**表 21-8-47**

mm

| 系列 | 最大工作压力/MPa | 管子外径 $D_0$ | D | $d_1$ 参考 | $d_{19}$ min | $L_7$ ±0.3 | $L_{7c}$ ≈ | $L_{21}$ ±0.5 | $a_4$ 参考 | $l_5$ min | S | $S_2$ 锻制 min | $S_2$ 机械加工 max |
|---|---|---|---|---|---|---|---|---|---|---|---|---|---|
| L | 25 | 6 | M12×1.5 | 4 | 2.5 | 19 | 27 | 26 | 12 | 7 | 14 | 12 | — |
| | | 8 | M14×1.5 | 6 | 4 | 21 | 29 | 27.5 | 14 | 7 | 17 | 12 | 14 |
| | | 10 | M16×1.5 | 8 | 6 | 22 | 30 | 29 | 15 | 8 | 19 | 14 | 17 |
| | | 12 | M18×1.5 | 10 | 8 | 24 | 32 | 29.5 | 17 | 8 | 22 | 17 | 19 |
| | | (14) | M20×1.5 | 11 | 9 | 25 | 33 | 31.5 | 18 | 8 | 24 | 19 | — |
| | | 15 | M22×1.5 | 12 | 10 | 28 | 36 | 32.5 | 21 | 9 | 27 | 19 | — |
| | | (16) | M24×1.5 | 14 | 12 | 30 | 39 | 33.5 | 22.5 | 9 | 30 | 22 | — |
| | 16 | 18 | M26×1.5 | 15 | 13 | 31 | 40 | 35.5 | 23.5 | 9 | 32 | 24 | — |
| | | 22 | M30×2 | 19 | 17 | 35 | 44 | 38.5 | 27.5 | 10 | 36 | 27 | — |
| | 10 | 28 | M36×2 | 24 | 22 | 38 | 47 | 41.5 | 30.5 | 10 | 41① | 36 | — |
| | | 35 | M45×2 | 30 | 28 | 45 | 56 | 51 | 34.5 | 12 | 50 | 41 | — |
| | | 42 | M52×2 | 36 | 34 | 51 | 63 | 56 | 40 | 12 | 60 | 50 | — |
| S | 63 | 6 | M14×1.5 | 4 | 2.5 | 23 | 31 | 27 | 16 | 9 | 17 | 12 | 14 |
| | | 8 | M16×1.5 | 5 | 4 | 24 | 32 | 27.5 | 17 | 9 | 19 | 14 | 17 |
| | | 10 | M18×1.5 | 7 | 6 | 25 | 34 | 30 | 17.5 | 9 | 22 | 17 | 19 |
| | | 12 | M20×1.5 | 8 | 8 | 26 | 35 | 31 | 18.5 | 9 | 24 | 17 | 22 |
| | | (14) | M22×1.5 | 9 | 9 | 29 | 38 | 34 | 21.5 | 10 | 27 | 22 | — |
| | 40 | 16 | M24×1.5 | 12 | 11 | 33 | 43 | 36.5 | 24.5 | 11 | 30 | 24 | — |
| | | 20 | M30×2 | 16 | 14 | 37 | 48 | 44.5 | 26.5 | 12 | 36 | 27 | — |
| | | 25 | M36×2 | 20 | 18 | 45 | 57 | 50 | 33 | 14 | 46 | 36 | — |
| | 25 | 30 | M42×2 | 25 | 23 | 49 | 62 | 55 | 35.5 | 16 | 50 | 41 | — |
| | | 38 | M52×2 | 32 | 30 | 57 | 72 | 63 | 41 | 18 | 60 | 50 | — |

① 可为 46mm。

注：尽可能不采用括号内的规格。

## 卡套式管接头用锥密封焊接接管（摘自 GB/T 3758—2008）

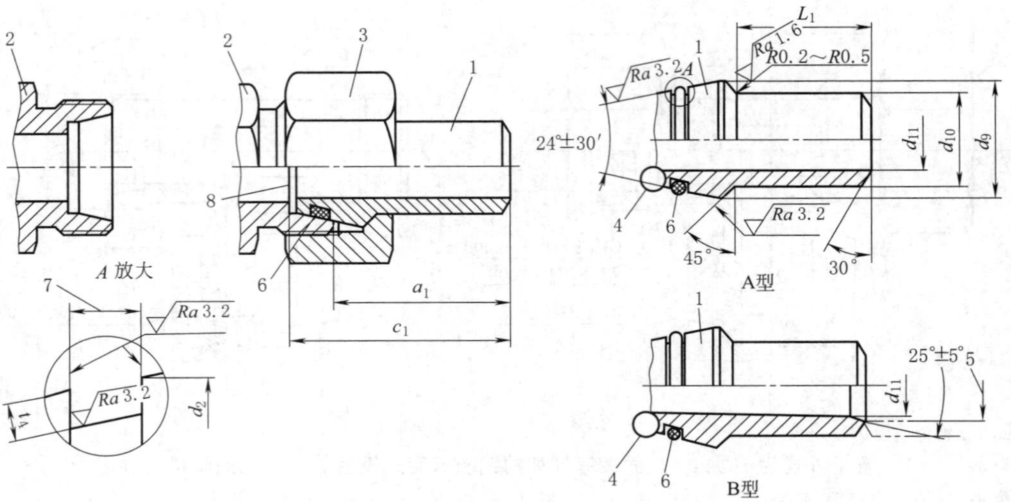


1—焊接锥头，与接头体和螺母一起使用；2—接头体；3—螺母；4—锥端，由制造商决定；
5—连接管内径；6—O 形圈；7—O 形圈槽宽，由制造商决定；8—管止肩

标记示例

接头系列为 L，与外径为 10mm 的管子配套使用，表面氧化处理的钢制卡套式管接头用锥密封焊接接管标记为：管接头　GB/T 3758　L10. O。

**表 21-8-48**　　mm

| 系列 | 最大工作压力/MPa | 管子外径 $D_0$ | $d_{10}$ ±0.1 | $d_{11}$① +0.20 −0.05 | $d_9$ | | $d_2$ max | $L_1$ ±0.2 | $c_1$ ±1 | $a_1$ ±1 | $t_4$ ±0.1 |
|---|---|---|---|---|---|---|---|---|---|---|---|
| | | | | | min | max | | | | | |
| L | 25 | 6 | 6 | 3 | 9 | 10 | 7.8 | 19 | 32 | 25 | 1.1 |
| | | 8 | 8 | 5 | 11 | 12 | 9.8 | 19 | 32 | 25 | 1.1 |
| | | 10 | 10 | 7 | 13 | 14 | 12 | 20 | 33 | 26 | 1.1 |
| | | 12 | 12 | 8 | 15 | 16 | 14 | 20 | 33 | 26 | 1.1 |
| | | (14) | 14 | 10 | 17 | 18 | 16 | 22 | 35 | 28 | 1.1 |
| | | 15 | 15 | 10 | 18 | 20 | 17 | 22 | 35 | 28 | 1.5 |
| | | (16) | 16 | 11 | 19 | 22 | 18 | 23 | 36.5 | 29 | 1.5 |
| | 16 | 18 | 18 | 13 | 21 | 24 | 20 | 23 | 37 | 29.5 | 1.5 |
| | | 22 | 22 | 17 | 25 | 27 | 24 | 24.5 | 39.5 | 32 | 1.5 |
| | 10 | 28 | 28 | 23 | 31 | 33 | 30 | 27.5 | 42.5 | 35 | 1.5 |
| | | 35 | 35 | 29 | 40 | 42 | 37.7 | 30.5 | 49.5 | 39 | 1.9 |
| | | 42 | 42 | 36 | 47 | 49 | 44.7 | 30.5 | 50 | 39 | 1.9 |
| S | 63 | 6 | 6 | 2.5 | 9 | 12 | 7.8 | 19 | 32 | 25 | 1.1 |
| | | 8 | 8 | 4 | 11 | 14 | 9.8 | 19 | 32 | 25 | 1.1 |
| | | 10 | 10 | 5 | 14 | 16 | 12 | 20 | 33.5 | 26 | 1.1 |
| | | 12 | 12 | 6 | 16 | 18 | 14 | 20 | 33.5 | 26 | 1.1 |
| | | (14) | 14 | 7 | 18 | 20 | 16 | 22 | 35.5 | 28 | 1.1 |
| | 40 | 16 | 16 | 10 | 20 | 22 | 18 | 26 | 40.5 | 32 | 1.5 |
| | | 20 | 20 | 12 | 24 | 27 | 22.6 | 28.5 | 47 | 36.5 | 1.8 |
| | | 25 | 25 | 16 | 29 | 33 | 27.6 | 33.5 | 53.5 | 41.5 | 1.8 |
| | 25 | 30 | 30 | 22 | 35 | 39 | 32.7 | 35.5 | 57.5 | 44 | 1.8 |
| | | 38 | 38 | 28 | 43 | 49 | 40.7 | 39.5 | 64.5 | 48.5 | 1.8 |

① A 型焊接接管允许的最大内径。当内径大于 $d_{11}$+0.5mm 时，推荐使用 B 型焊接接管。

注：尽可能不采用括号内的规格。

卡套式管接头用锥密封焊接接管用O形圈

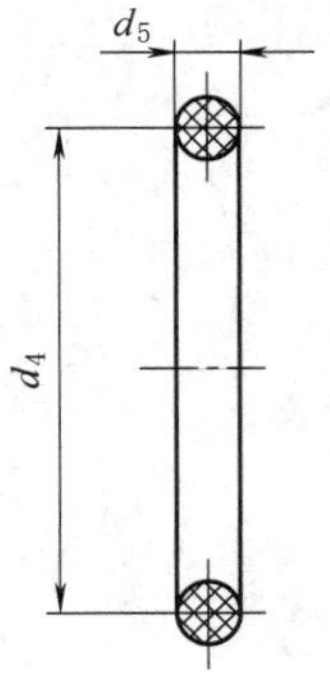


**表 21-8-49** mm

| 系列 | 管子外径 $D_0$ | $d_4$ | | $d_5$ | |
|---|---|---|---|---|---|
| | | 公称 | 公差 | 公称 | 公差 |
| L | 6 | 4 | ±0.14 | 1.5 | ±0.08 |
| | 8 | 6 | ±0.14 | 1.5 | ±0.08 |
| | 10 | 7.5 | ±0.16 | 1.5 | ±0.08 |
| | 12 | 9 | ±0.16 | 1.5 | ±0.08 |
| | (14) | 11 | ±0.18 | 1.5 | ±0.08 |
| | 15 | 12 | ±0.18 | 2 | ±0.09 |
| | (16) | 12 | ±0.18 | 2 | ±0.09 |
| | 18 | 15 | ±0.18 | 2 | ±0.09 |
| | 22 | 20 | ±0.22 | 2 | ±0.09 |
| | 28 | 26 | ±0.22 | 2 | ±0.09 |
| | 35 | 32 | ±0.31 | 2.5 | ±0.09 |
| | 42 | 38 | ±0.31 | 2.5 | ±0.09 |
| S | 6 | 4 | ±0.14 | 1.5 | ±0.08 |
| | 8 | 6 | ±0.14 | 1.5 | ±0.08 |
| | 10 | 7.5 | ±0.16 | 1.5 | ±0.08 |
| | 12 | 9 | ±0.16 | 1.5 | ±0.08 |
| | (14) | 11 | ±0.16 | 1.5 | ±0.08 |
| | 16 | 12 | ±0.18 | 2 | ±0.09 |
| | 20 | 16.3 | ±0.18 | 2.4 | ±0.09 |
| | 25 | 20.3 | ±0.22 | 2.4 | ±0.09 |
| | 30 | 25.3 | ±0.22 | 2.4 | ±0.09 |
| | 38 | 33.3 | ±0.31 | 2.4 | ±0.09 |

注：1. 优先选用本标准规定O形圈尺寸，以保证满足本标准的性能要求。在满足保证密封性能要求情况下，也可使用其他尺寸规格的O形圈。

2. 尽可能不采用括号内的规格。

## 1.2.4 扩口式管接头

扩口式管接头结构简单，性能良好，加工和使用方便，适用于以油、气为介质的中、低压管路系统，其工作压力取决于管材的许用压力，一般为3.5~16MPa。管接头本身的工作压力没有明确规定。广泛应用于飞机、汽车及机床行业的液压管路系统。

这种接头有A型和B型两种结构型式，如图21-8-34及图21-8-35。A型由具有74°外锥面的管接头体、起压紧作用的螺母和带有66°内锥孔的管套组成；B型由具有90°外锥面的管接头体和带有90°内锥孔的螺母组成。将已冲了喇叭口的管子置于接头体的外锥面和管套（或B型的螺母）的内锥孔之间，旋紧螺母使管子的喇叭口受压，挤贴于接头体外锥面和管套（或B型的螺母）内锥孔所产生的缝隙中，从而起到了密封作用。

接头体和机体的连接有两种型式：一种采用公制锥螺纹，此时依靠锥螺纹自身的结构和塑料填料进行密封；

另一种采用普通细牙螺纹，此时接头体和机件端的连接处需加密封垫圈。垫圈型式推荐按 GB/T 3452.1 “O 形密封圈”、JB/T 982 “组合密封垫圈” 和 JB/T 966 “密封垫圈” 的规定选取。

生产厂：焦作市路通液压附件有限公司、宁波液压附件厂、上海液压附件厂、盐城蒙塔液压机械有限公司等。

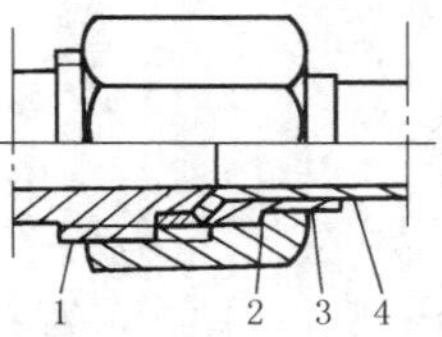


图 21-8-34 扩口式 A 型管接头的结构

1—接头体；2—螺母；3—管套；4—管子

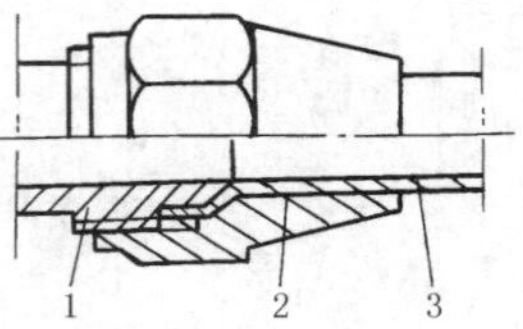


图 21-8-35 扩口式 B 型管接头的结构

1—接头体；2—螺母；3—管子

## 扩口式端直通管接头（摘自 GB/T 5625—2008）

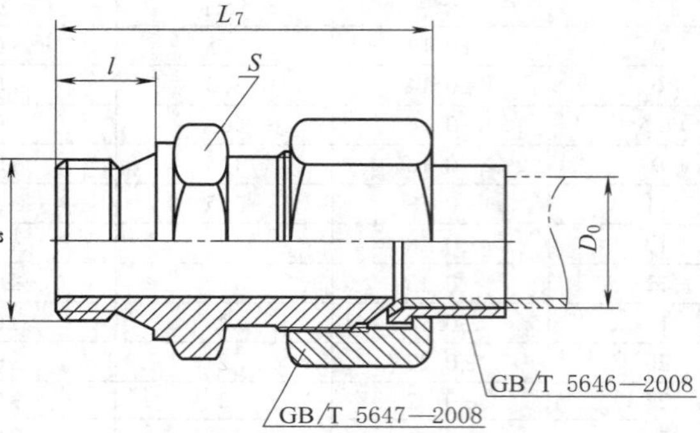


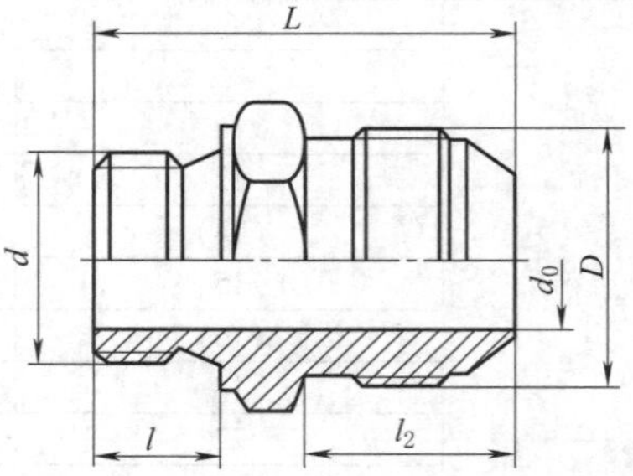


标记示例

扩口型式 A，管子外径为 10mm，普通螺纹（M）A 型柱端，表面镀锌处理的钢制扩口式端直通管接头标记为：管接头 GB/T 5625 A10/M14×1.5。

**表 21-8-50**

mm

| 管子外径 $D_0$ | $d_0$ | $d$① | | $D$ | $L_7≈$ A 型 | $L_7≈$ B 型 | $l$ | $l_2$ | $L$ | $S$ |
|---|---|---|---|---|---|---|---|---|---|---|
| 4 | 3 | M10×1 | G1/8 | M10×1 | 31.5 | 36 | 8 | 12.5 | 26.5 | 14 |
| 5 | 3.5 | | | | | | | | | |
| 6 | 4 | | | M12×1.5 | 35.5 | 40 | | 16 | 30 | |
| 8 | 6 | M12×1.5 | G1/4 | M14×1.5 | 44 | 52 | 12 | 18 | 37 | 17 |
| 10 | 8 | M14×1.5 | | M16×1.5 | 45 | 54 | | 19 | 38 | 19 |
| 12 | 10 | M16×1.5 | G3/8 | M18×1.5 | 45.5 | 57 | | | 39 | 22 |
| 14 | 12② | M18×1.5 | | M22×1.5 | | 61 | | 19.5 | 39.5 | 24 |
| 16 | 14 | M22×1.5 | G1/2 | M24×1.5 | 49 | 65 | 14 | 20 | 43 | 30 |
| 18 | 15 | | | M27×1.5 | | 69 | | 20.5 | 43.5 | |
| 20 | 17 | M27×2 | G3/4 | M30×2 | 58.5 | — | 16 | 26 | 52 | 34 |
| 22 | 19 | | | M33×2 | 59.5 | — | | | | |
| 25 | 22 | M33×2 | G1 | M36×2 | 64 | — | 18 | | 56 | 41 |
| 28 | 24 | | | M39×2 | 66.5 | — | | 27.5 | 58.5 | |
| 32 | 27 | M42×2 | G1¼ | M42×2 | 71 | — | 20 | 28.5 | 62.5 | 50 |
| 34 | 30 | | | M45×2 | 71.5 | — | | | | |

① 优先选用普通螺纹。

② 采用 55°非密封的管螺纹时尺寸为 10mm。

**表 21-8-51　扩口式锥螺纹直通管接头（摘自 GB/T 5626—2008）**　mm

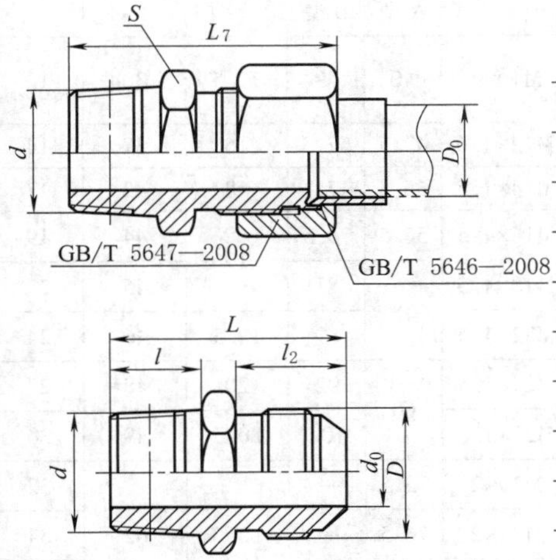


标记示例

扩口型式 A，管子外径 10mm，55°密封螺纹（R），表面镀锌处理的钢制扩口式锥螺纹直通管接头标记为：

管接头　GB/T 5626　A10/R¼

| 管子外径 $D_0$ | $d_0$ | $d$① | | $D$ | $L_7$≈ A 型 | $L_7$≈ B 型 | $l$ | $l_2$ | $L$ | $S$ |
|---|---|---|---|---|---|---|---|---|---|---|
| 4 | 3 | R1/8 | NPT1/8 | M10×1 | 31.5 | 36 | 8.5 | 12.5 | 26.5 | 12 |
| 5 | 3.5 | | | | | | | | | |
| 6 | 4 | | | M12×1.5 | 36 | 40.5 | | 16 | 30 | 14 |
| 8 | 6 | R1/4 | NPT1/4 | M14×1.5 | 42.5 | 50.5 | 12.5 | 18 | 36 | 17 |
| 10 | 8 | | | M16×1.5 | 43.5 | 52.5 | | 19 | 37 | 19 |
| 12 | 10 | R3/8 | NPT3/8 | M18×1.5 | 45 | 56.5 | 13 | | 38.5 | 22 |
| 14 | | | | M22×1.5 | | 60.5 | | 19.5 | 39 | 24 |
| 16 | 14 | R1/2 | NPT1/2 | M24×1.5 | 50.5 | 67 | 17 | 20 | 44.5 | 27 |
| 18 | 15 | | | M27×1.5 | | 71 | | 20.5 | 45 | 30 |
| 20 | 17 | R3/4 | NPT3/4 | M30×2 | 58.5 | — | 18 | 26 | 52 | 32 |
| 22 | 19 | | | M33×2 | 59.5 | — | | | | 34 |
| 25 | 22 | R1 | NPT1 | M36×2 | 65.5 | — | 21.5 | | 57.5 | 41 |
| 28 | 24 | | | M39×2 | 68 | — | | 27.5 | 60 | |
| 32 | 27 | R1¼ | NPT1¼ | M42×2 | 73 | — | 24 | 28.5 | 64.5 | 46 |
| 34 | 30 | | | M45×2 | | — | | | | |

① 优先选用 55°密封管螺纹。

**表 21-8-52　扩口式锥螺纹长管接头（摘自 GB/T 5627—2008）**　mm

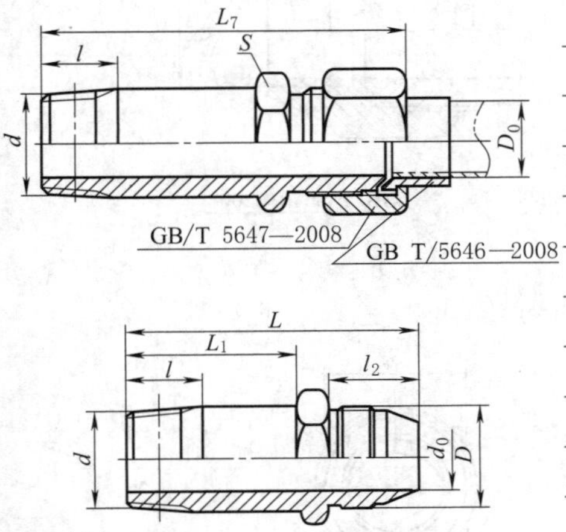


标记示例

扩口型式 A，管子外径为 10mm，55° 密封管螺纹（R），表面镀锌处理的钢制扩口式锥螺纹长管接头标记为：

管接头　GB/T 5627　A10/R¼

| 管子外径 $D_0$ | $d_0$ | $d$① | | $D$ | $L_7$≈ A 型 | $L_7$≈ B 型 | $l$ | $l_2$ | $L$ | $L_1$ | $S$ |
|---|---|---|---|---|---|---|---|---|---|---|---|
| 4 | 3 | R1/8 | NPT1/8 | M10×1 | 53.5 | 58 | 8.5 | 12.5 | 48.5 | 30 | 12 |
| 5 | 3.5 | | | | | | | | | | |
| 6 | 4 | | | M12×1.5 | 58.5 | 63 | | 16 | 53 | | 14 |
| 8 | 6 | R1/4 | NPT1/4 | M14×1.5 | 92 | 100 | 12.5 | 18 | 85 | 60 | 17 |
| 10 | 8 | | | M16×1.5 | 93 | 102 | | 19 | 86 | | 19 |
| 12 | 10 | R3/8 | NPT3/8 | M18×1.5 | 93.5 | 105 | 13 | | 87 | | 22 |
| 14 | | | | M22×1.5 | | 109 | | 19.5 | 87.5 | | 24 |
| 16 | 14 | R1/2 | NPT1/2 | M24×1.5 | 95 | 111 | 17 | 20 | 89 | | 27 |
| 18 | 15 | | | M27×1.5 | | 115 | | 20.5 | 89.5 | | 30 |
| 20 | 17 | R3/4 | NPT3/4 | M30×2 | 102.5 | — | 18 | 26 | 96 | | 32 |
| 22 | 19 | | | M33×2 | 103.5 | — | | | | | 34 |
| 25 | 22 | R1 | NPT1 | M36×2 | 106 | — | 21.5 | | 98 | | 41 |
| 28 | 24 | | | M39×2 | 108.5 | — | | 27.5 | 100.5 | | |
| 32 | 27 | R1¼ | NPT1¼ | M42×2 | 111 | — | 24 | 28.5 | 102.5 | | 46 |
| 34 | 30 | | | M45×2 | | — | | | | | |

① 优先选用 55°密封管螺纹。

**表 21-8-53　　扩口式直通管接头（摘自 GB/T 5628—2008）**　　mm

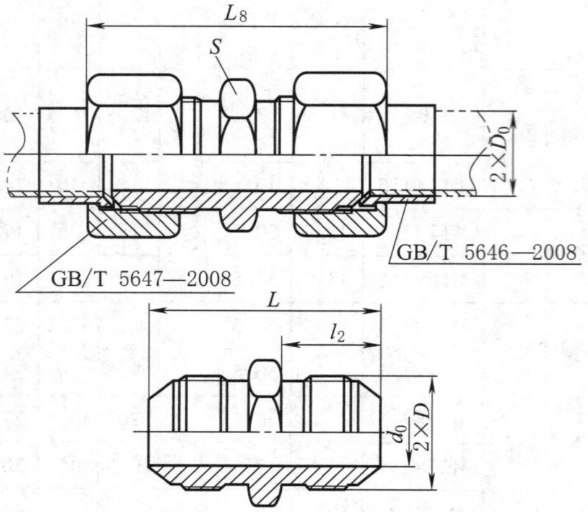


标记示例

扩口型式 A，管子外径为 10mm，表面镀锌处理的钢制扩口式直通管接头标记为：

管接头　GB/T 5628　A10

| 管子外径 $D_0$ | $d_0$ | $D$ | $L_8\approx$ A 型 | $L_8\approx$ B 型 | $l_2$ | $L$ | $S$ |
|---|---|---|---|---|---|---|---|
| 4 | 3 | M10×1 | 40 | 49 | 12.5 | 30 | 12 |
| 5 | 3.5 | | | | | | |
| 6 | 4 | M12×1.5 | 47.5 | 57.5 | 16 | 37 | 14 |
| 8 | 6 | M14×1.5 | 55.5 | 71 | 18 | 42 | 17 |
| 10 | 8 | M16×1.5 | 57.5 | 75.5 | 19 | 44 | 19 |
| 12 | 10 | M18×1.5 | 58 | 81 | | 45 | 22 |
| 14 | 12 | M22×1.5 | | 89 | 19.5 | 46 | 24 |
| 16 | 14 | M24×1.5 | 60 | 92 | 20 | 48 | 27 |
| 18 | 15 | M27×1.5 | | 100 | 20.5 | 49 | 30 |
| 20 | 17 | M30×2 | 75.5 | — | 26 | 62 | 32 |
| 22 | 19 | M33×2 | 76.5 | — | | | 34 |
| 25 | 22 | M36×2 | 78 | — | | | 41 |
| 28 | 24 | M39×2 | 83.5 | — | 27.5 | 67 | |
| 32 | 27 | M42×2 | 86 | — | 28.5 | 69 | 46 |
| 34 | 30 | M45×2 | | — | | | |

**表 21-8-54　　扩口式锥螺纹弯通管接头（摘自 GB/T 5629—2008）**　　mm

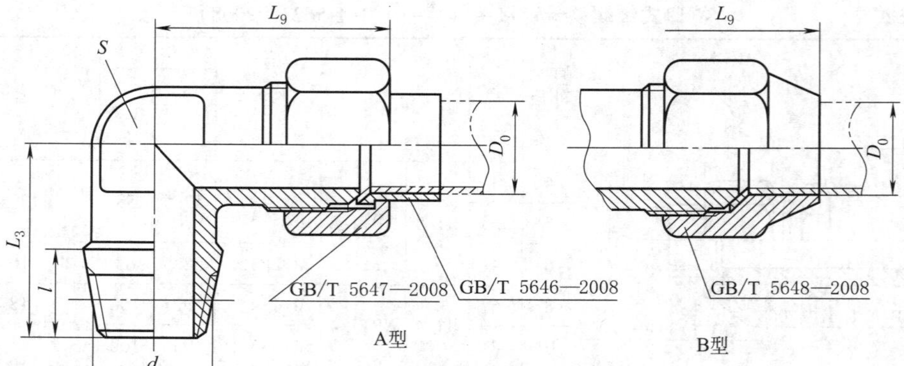


(a) 扩口式锥螺纹弯通管接头(一)

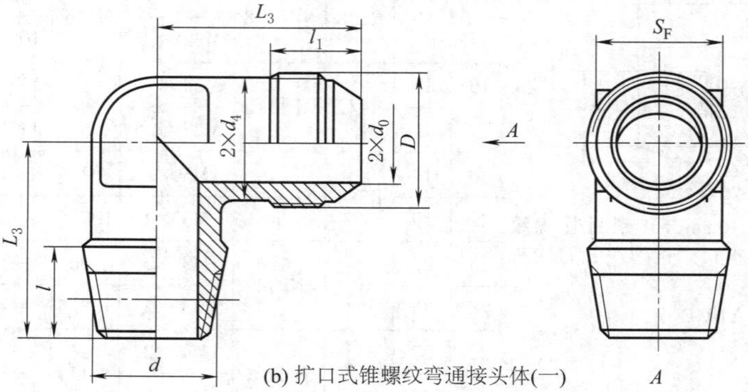


(b) 扩口式锥螺纹弯通接头体(一)

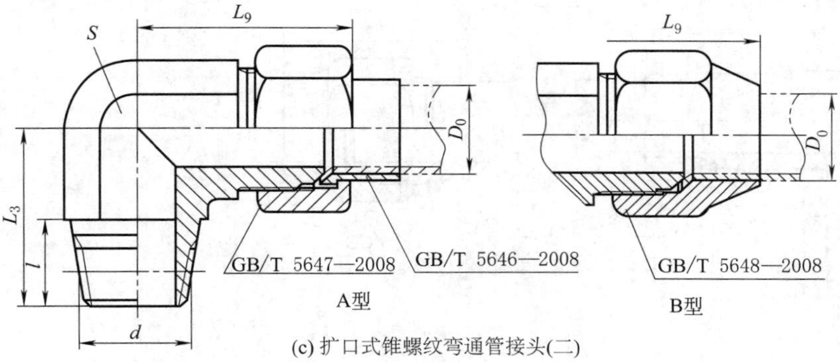

(c) 扩口式锥螺纹弯通管接头(二)

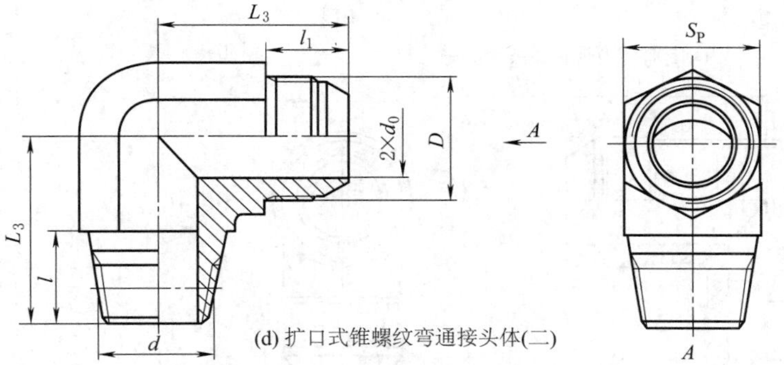

(d) 扩口式锥螺纹弯通接头体(二)

标记示例

扩口型式 A,管子外径为 10mm,55°密封管螺纹(R),表面镀锌处理的钢制扩口式锥螺纹弯通管接头标记为:

管接头 GB/T 5629 A10/R1/4

| 管子外径 $D_0$ | $d_0$ | $d$① | | $D$ | $L_9\approx$ | | $l$ | $L_3$ | $d_4$ | $l_1$ | $S$ | |
|---|---|---|---|---|---|---|---|---|---|---|---|---|
| | | | | | A 型 | B 型 | | | | | $S_F$ | $S_P$ |
| 4 | 3 | R1/8 | NPT1/8 | M10×1 | 25.5 | 30 | 8.5 | 20.5 | 8 | 9.5 | 8 | 10 |
| 5 | 3.5 | | | | | | | | | | | |
| 6 | 4 | | | M12×1.5 | 29.5 | 34.5 | | 24 | 10 | 12 | 10 | 12 |
| 8 | 6 | R1/4 | NPT1/4 | M14×1.5 | 35.5 | 43 | 12.5 | 28.5 | 11 | 13.5 | 12 | 14 |
| 10 | 8 | | | M16×1.5 | 37.5 | 46.5 | | 30.5 | 13 | 14.5 | 14 | 17 |
| 12 | 10 | R3/8 | NPT3/8 | M18×1.5 | 38 | 49.5 | 13 | 31.5 | 15 | | 17 | 19 |
| 14 | | | | M22×1.5 | 39.5 | 55 | | 34 | 19 | 15 | 19 | 22 |
| 16 | 14 | R1/2 | NPT1/2 | M24×1.5 | 41.5 | 57.5 | 17 | 35.5 | 21 | 15.5 | 22 | 24 |
| 18 | 15 | | | M27×1.5 | 43 | 63 | | 37.5 | 24 | 16 | 24 | 27 |
| 20 | 17 | R3/4 | NPT3/4 | M30×2 | 50 | — | 18 | 43 | 27 | 20 | 27 | 30 |
| 22 | 19 | | | M33×2 | 53 | — | | 45.5 | 30 | | 30 | 34 |
| 25 | 22 | R1 | NPT1 | M36×2 | 55 | — | 21.5 | 47 | 33 | | 34 | 36 |
| 28 | 24 | | | M39×2 | 58.5 | — | | 50 | 36 | 21.5 | 36 | 41 |
| 32 | 27 | R1¼ | NPT1¼ | M42×2 | 61 | — | 24 | 52.5 | 39 | 22.5 | 41 | 46 |
| 34 | 30 | | | M45×2 | 62.5 | — | | 54 | 42 | | 46 | |

① 优先选用 55°密封管螺纹。

**表 21-8-55　　扩口式弯通管接头（摘自 GB/T 5630—2008）　　mm**

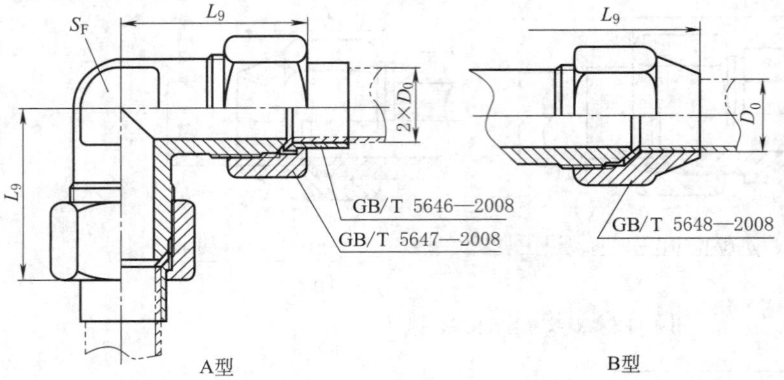


(a) 扩口式弯通管接头(一)

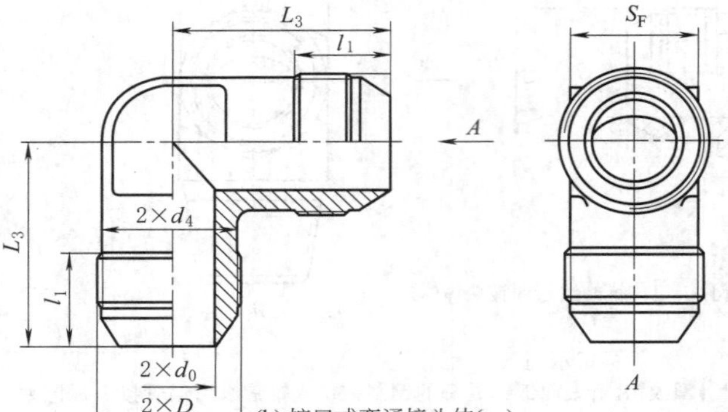


(b) 扩口式弯通接头体(一)

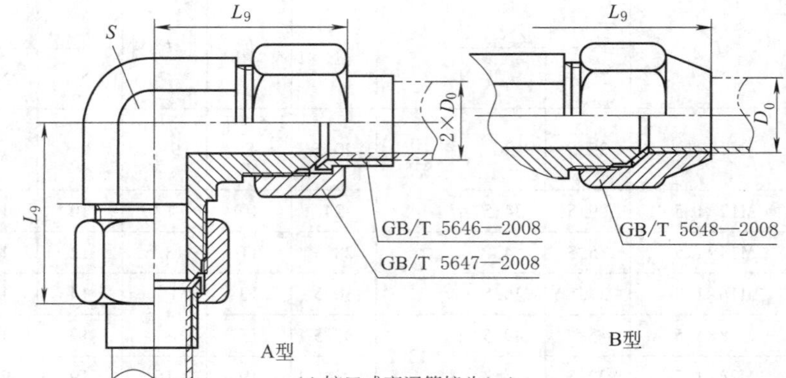


(c) 扩口式弯通管接头(二)

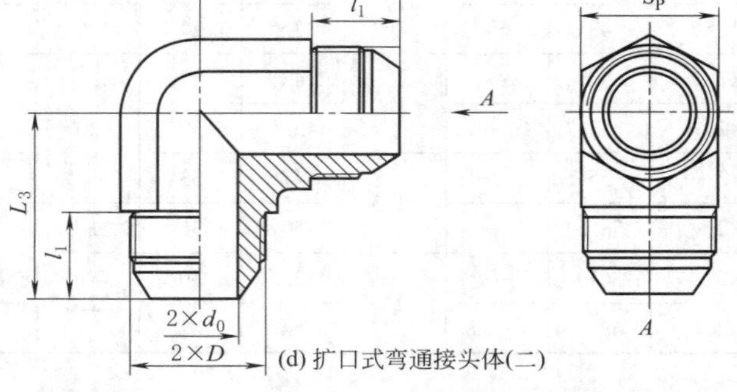


(d) 扩口式弯通接头体(二)

标记示例

扩口型式 A，管子外径为 10mm，表面镀锌处理的钢制扩口式弯通管接头标记为：

管接头　GB/T 5630　A10

续表

| 管子外径 $D_0$ | $d_0$ | $D$ | $d_4$ | $L_9\approx$ A 型 | $L_9\approx$ B 型 | $L_3$ | $l_1$ | $S$ $S_F$ | $S$ $S_P$ |
|---|---|---|---|---|---|---|---|---|---|
| 4 | 3 | M10×1 | 8 | 25.5 | 30 | 20.5 | 9.5 | 8 | 10 |
| 5 | 3.5 | | | | | | | | |
| 6 | 4 | M12×1.5 | 10 | 29.5 | 34.5 | 24 | 12 | 10 | 12 |
| 8 | 6 | M14×1.5 | 11 | 35.5 | 43 | 28.5 | 13.5 | 12 | 14 |
| 10 | 8 | M16×1.5 | 13 | 37.5 | 46.5 | 30.5 | 14.5 | 14 | 17 |
| 12 | 10 | M18×1.5 | 15 | 38 | 49.5 | 31.5 | | 17 | 19 |
| 14 | 12 | M22×1.5 | 19 | 39.5 | 55 | 34 | 15 | 19 | 22 |
| 16 | 14 | M24×1.5 | 21 | 41.5 | 57.5 | 35.5 | 15.5 | 22 | 24 |
| 18 | 15 | M27×1.5 | 24 | 43 | 63 | 37.5 | 16 | 24 | 27 |
| 20 | 17 | M30×2 | 27 | 50 | — | 43 | 20 | 27 | 30 |
| 22 | 19 | M33×2 | 30 | 53 | — | 45.5 | | 30 | 34 |
| 25 | 22 | M36×2 | 33 | 55 | — | 47 | | 34 | 36 |
| 28 | 24 | M39×2 | 36 | 58.5 | — | 50 | 21.5 | 36 | 41 |
| 32 | 27 | M42×2 | 39 | 61 | — | 52.5 | 22.5 | 41 | 46 |
| 34 | 30 | M45×2 | 42 | 62.5 | — | 54 | | 46 | |

**表 21-8-56　扩口式组合弯通管接头（摘自 GB/T 5632—2008）** mm

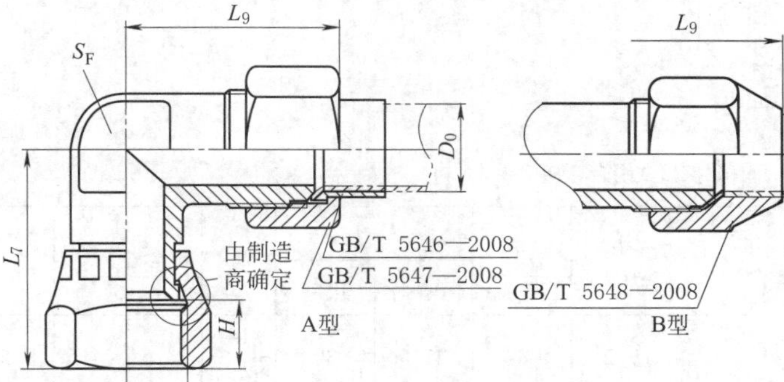


(a) 扩口式组合弯通管接头(一)

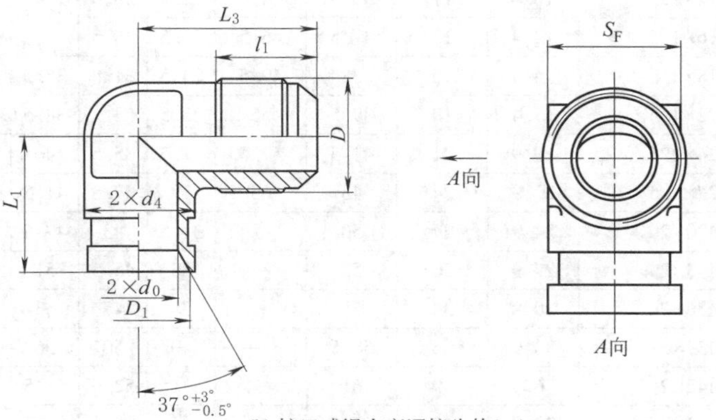


(b) 扩口式组合弯通接头体(一)

续表

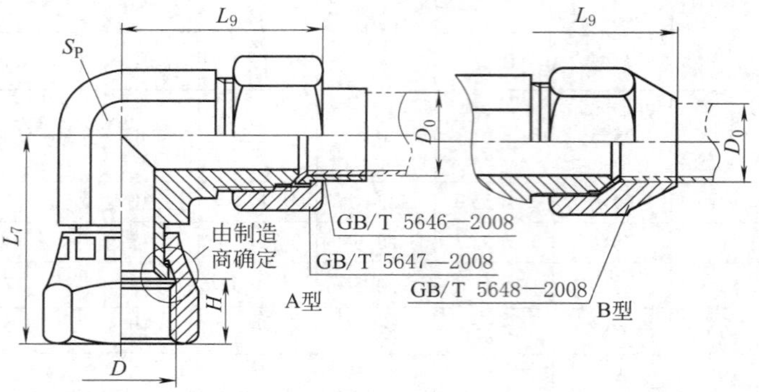


(c) 扩口式组合弯通管接头(二)

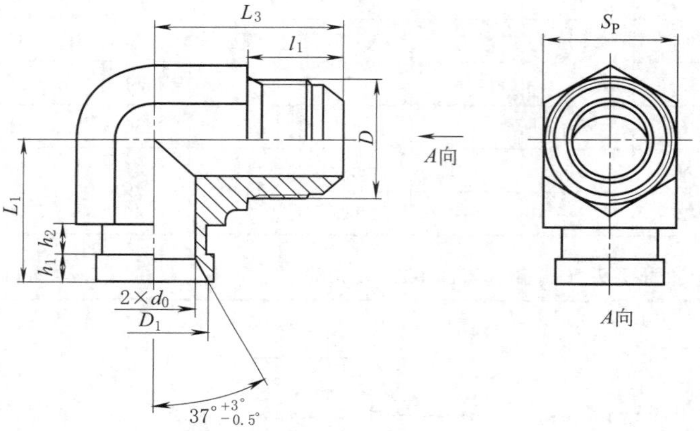


(d) 扩口式组合弯通接头体(二)

标记示例

扩口型式 A,管子外径为 10mm,表面镀锌处理的钢制扩口式组合弯通管接头标记为:

管接头 GB/T 5632 A10

| 管子外径 $D_0$ | $d_0$ | $D$ | $D_1$ ±0.13 | $d_4$ | $L_9\approx$ | | $L_1$ | $L_3$ | $L_7$ | $l_1$ | $H$ | $S$ | |
|---|---|---|---|---|---|---|---|---|---|---|---|---|---|
| | | | | | A 型 | B 型 | | | | | | $S_F$ | $S_P$ |
| 4 | 3 | M10×1 | 7.2 | 8 | 25.5 | 30 | 14 | 20.5 | 24.5 | 9.5 | 7.5 | 8 | 10 |
| 5 | 3.5 | | | | | | 16.5 | | | | | | |
| 6 | 4 | M12×1.5 | 8.7 | 10 | 29.5 | 34.5 | 18.5 | 24 | 28.5 | 12 | 9.5 | 10 | 12 |
| 8 | 6 | M14×1.5 | 10.4 | 11 | 35.5 | 43 | 22.5 | 28.5 | 33.5 | 13.5 | 10.5 | 12 | 14 |
| 10 | 8 | M16×1.5 | 12.4 | 13 | 37.5 | 46.5 | 23.5 | 30.5 | | 14.5 | | 14 | 17 |
| 12 | 10 | M18×1.5 | 14.4 | 15 | 38 | 49.5 | 24.5 | 31.5 | 36.5 | | | 17 | 19 |
| 14 | 12 | M22×1.5 | 17.4 | 19 | 39.5 | 55 | 26.5 | 34 | 38.5 | 15 | | 19 | 22 |
| 16 | 14 | M24×1.5 | 19.9 | 21 | 41.5 | 57.5 | 27.5 | 35.5 | 40 | 15.5 | 11 | 22 | 24 |
| 18 | 15 | M27×1.5 | 22.9 | 24 | 43 | 63 | 29 | 37.5 | 41.5 | 16 | | 24 | 27 |
| 20 | 17 | M30×2 | 24.9 | 27 | 50 | — | 31.5 | 43 | 47.5 | 20 | 13.5 | 27 | 30 |
| 22 | 19 | M33×2 | 27.9 | 30 | 53 | — | 36 | 45.5 | 51 | | 14 | 30 | 34 |
| 25 | 22 | M36×2 | 30.9 | 33 | 55 | — | 38 | 47 | 53 | | 14.5 | 34 | 36 |
| 28 | 24 | M39×2 | 33.9 | 36 | 58.5 | — | 40 | 50 | 56 | 21.5 | 15 | 36 | 41 |
| 32 | 27 | M42×2 | 36.9 | 39 | 61 | — | 42.5 | 52.5 | 58.5 | 22.5 | 15.5 | 41 | 46 |
| 34 | 30 | M45×2 | 39.9 | 42 | 62.5 | — | 44 | 54 | 60.5 | | 16 | 46 | |

**表 21-8-57　扩口式锥螺纹三通管接头（摘自 GB/T 5635—2008）** mm

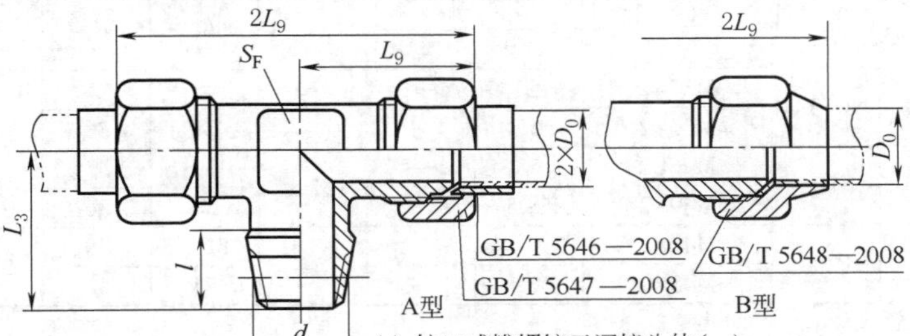


(a) 扩口式锥螺纹三通接头体(一)

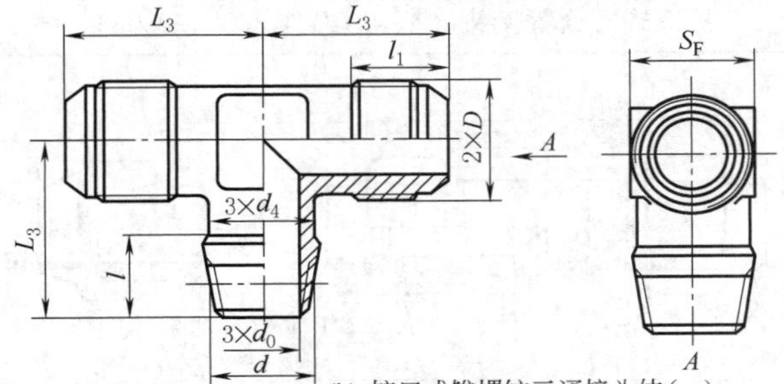


(b) 扩口式锥螺纹三通接头体(一)

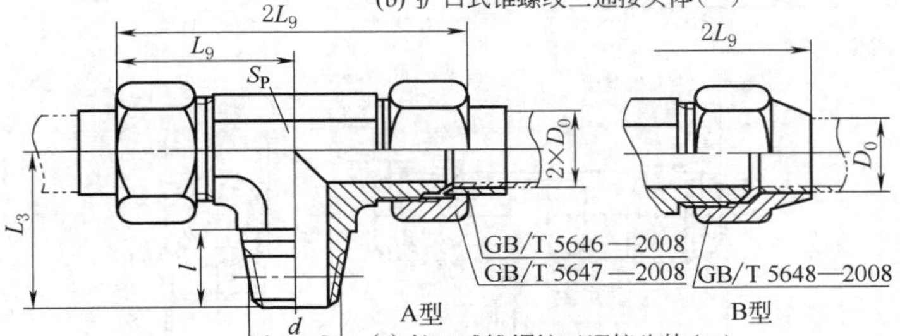


(c) 扩口式锥螺纹三通接头体(二)

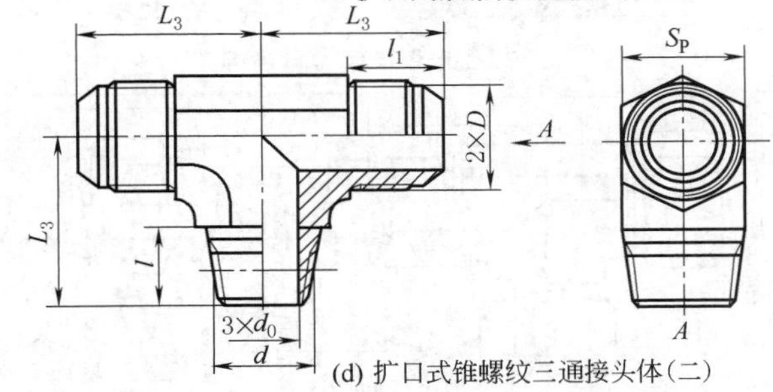


(d) 扩口式锥螺纹三通接头体(二)

标记示例

扩口型式 A,管子外径为 10mm,55°密封管螺纹(R)表面镀锌处理的钢制扩口锥螺纹三通管接头标记为:管接头　GB/T 5635 A10/R1/4

| 管子外径 $D_0$ | $d_0$ | $d$① | | $D$ | $L_9\approx$ | | $l$ | $L_3$ | $d_4$ | $l_1$ | $S$ | |
|---|---|---|---|---|---|---|---|---|---|---|---|---|
| | | | | | A 型 | B 型 | | | | | $S_F$ | $S_P$ |
| 4 | 3 | R1/8 | NPT1/8 | M10×1 | 25.5 | 30 | 8.5 | 20.5 | 8 | 9.5 | 8 | 10 |
| 5 | 3.5 | | | | | | | | | | | |
| 6 | 4 | | | M12×1.5 | 29.5 | 34.5 | | 24 | 10 | 12 | 10 | 12 |
| 8 | 6 | R1/4 | NPT1/4 | M14×1.5 | 35.5 | 43 | 12.5 | 28.5 | 11 | 13.5 | 12 | 14 |
| 10 | 8 | | | M16×1.5 | 37.5 | 46.5 | | 30.5 | 13 | 14.5 | 14 | 17 |
| 12 | 10 | R3/8 | NPT3/8 | M18×1.5 | 38 | 49.5 | 13 | 31.5 | 15 | | 17 | 19 |
| 14 | | | | M22×1.5 | 39.5 | 55 | | 34 | 19 | 15 | 19 | 22 |
| 16 | 14 | R1/2 | NPT1/2 | M24×1.5 | 41.5 | 57.5 | 17 | 35.5 | 21 | 15.5 | 22 | 24 |
| 18 | 15 | | | M27×1.5 | 43 | 63 | | 37.5 | 24 | 16 | 24 | 27 |

续表

| 管子外径 $D_0$ | $d_0$ | $d$① | | $D$ | $L_9\approx$ A 型 | $L_9\approx$ B 型 | $l$ | $L_3$ | $d_4$ | $l_1$ | $S$ $S_F$ | $S$ $S_P$ |
|---|---|---|---|---|---|---|---|---|---|---|---|---|
| 20 | 17 | R3/4 | NPT3/4 | M30×2 | 50 | — | 18 | 43 | 27 | 20 | 27 | 30 |
| 22 | 19 | | | M33×2 | 53 | — | | 45.5 | 30 | | 30 | 34 |
| 25 | 22 | R1 | NPT1 | M36×2 | 55 | — | 21.5 | 47 | 33 | | 34 | 36 |
| 28 | 24 | | | M39×2 | 58.5 | — | | 50 | 36 | 21.5 | 36 | 41 |
| 32 | 27 | R1¼ | NPT1¼ | M42×2 | 61 | — | 24 | 52.5 | 39 | 22.5 | 41 | 46 |
| 34 | 30 | | | M45×2 | 62.5 | — | | 54 | 42 | | 46 | |

① 优先选用55°密封管螺纹。

**表 21-8-58　扩口式三通管接头（摘自 GB/T 5639—2008）**　mm

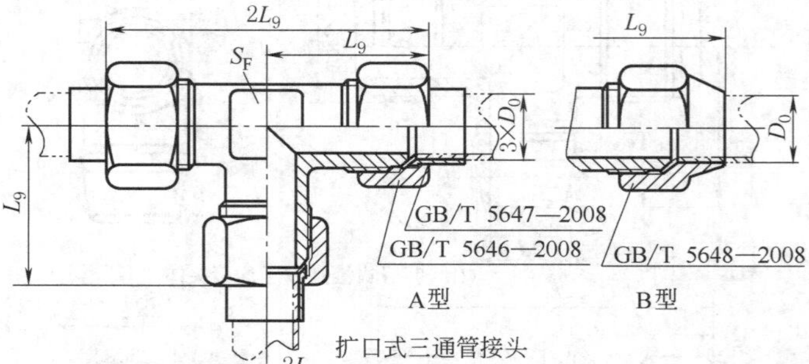


扩口式三通管接头

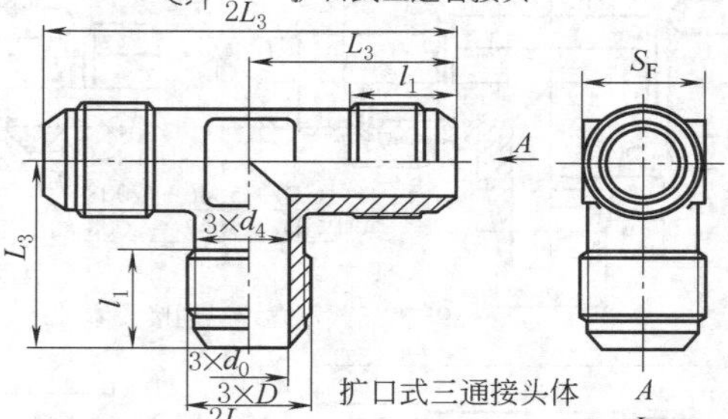


扩口式三通接头体

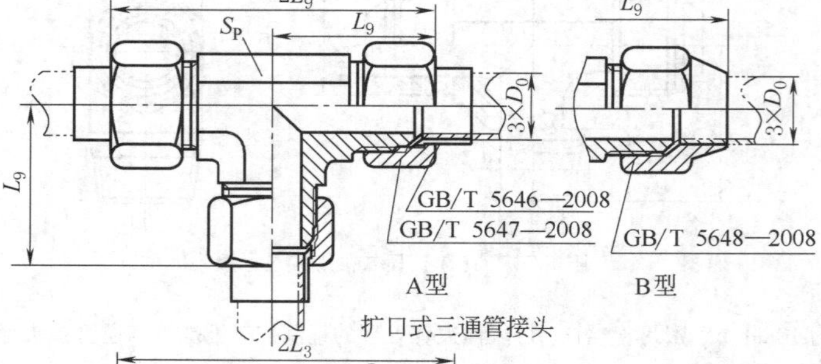


扩口式三通管接头

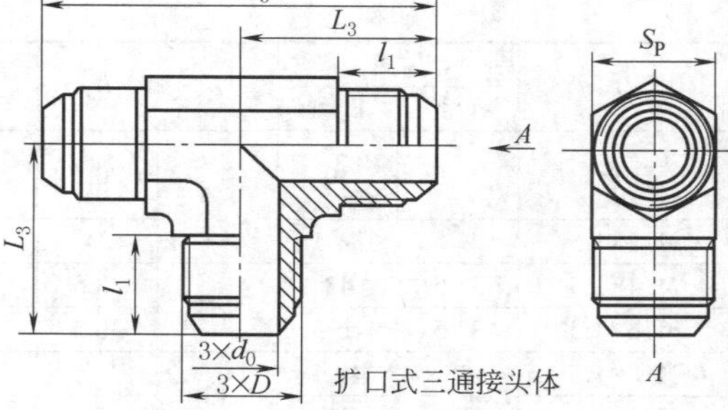


扩口式三通接头体

标记示例

扩口型式 A，管子外径为 10mm，表面镀锌处理的钢制扩口式三通管接头标记为：管接头　GB/T 5639　A10

续表

| 管子外径 $D_0$ | $d_0$ | $D$ | $d_4$ | $L_9\approx$ A 型 | $L_9\approx$ B 型 | $L_3$ | $l_1$ | $S$ $S_F$ | $S$ $S_P$ |
|---|---|---|---|---|---|---|---|---|---|
| 4 | 3 | M10×1 | 8 | 25.5 | 30 | 20.5 | 9.5 | 8 | 10 |
| 5 | 3.5 | | | | | | | | |
| 6 | 4 | M12×1.5 | 10 | 29.5 | 34.5 | 24 | 12 | 10 | 12 |
| 8 | 6 | M14×1.5 | 11 | 35.5 | 43 | 28.5 | 13.5 | 12 | 14 |
| 10 | 8 | M16×1.5 | 13 | 37.5 | 46.5 | 30.5 | 14.5 | 14 | 17 |
| 12 | 10 | M18×1.5 | 15 | 38 | 49.5 | 31.5 | | 17 | 19 |
| 14 | 12 | M22×1.5 | 19 | 39.5 | 55 | 34 | 15 | 19 | 22 |
| 16 | 14 | M24×1.5 | 21 | 41.5 | 57.5 | 35.5 | 15.5 | 22 | 24 |
| 18 | 15 | M27×1.5 | 24 | 43 | 63 | 37.5 | 16 | 24 | 27 |
| 20 | 17 | M30×2 | 27 | 50 | — | 43 | 20 | 27 | 30 |
| 22 | 19 | M33×2 | 30 | 53 | — | 45.5 | | 30 | 34 |
| 25 | 22 | M36×2 | 33 | 55 | — | 47 | | 34 | 36 |
| 28 | 24 | M39×2 | 35 | 58.5 | — | 50 | 21.5 | 36 | 41 |
| 32 | 27 | M42×2 | 39 | 61 | — | 52.5 | 22.5 | 41 | 46 |
| 34 | 30 | M45×2 | 42 | 62.5 | — | 54 | | 46 | |

**表 21-8-59　扩口式组合弯通三通管接头（摘自 GB/T 5634—2008）** mm

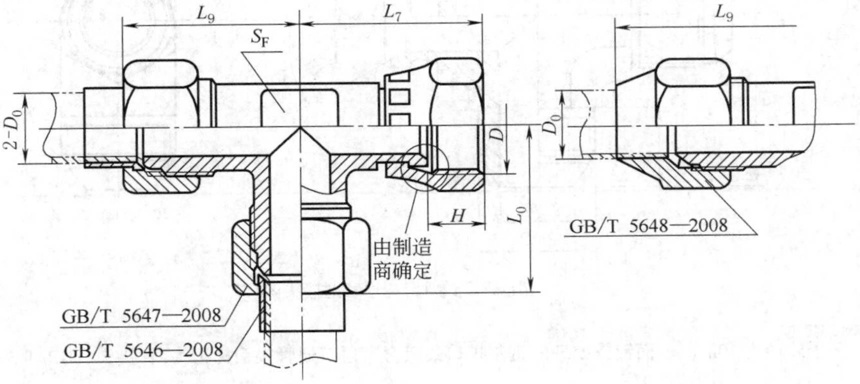


(a) 扩口式组合弯通三通管接头(一)

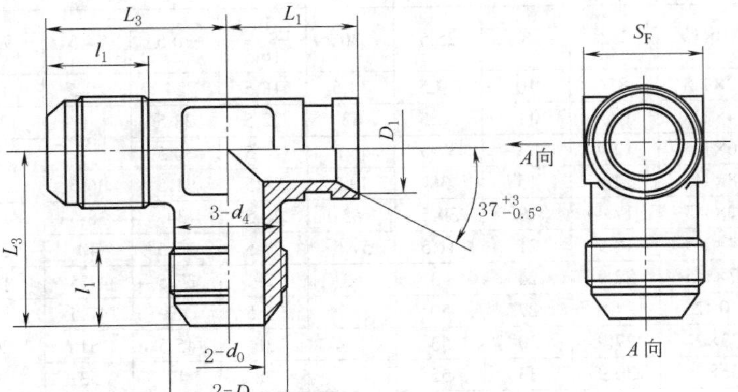


(b) 扩口式组合弯通三通管接头(一)

续表

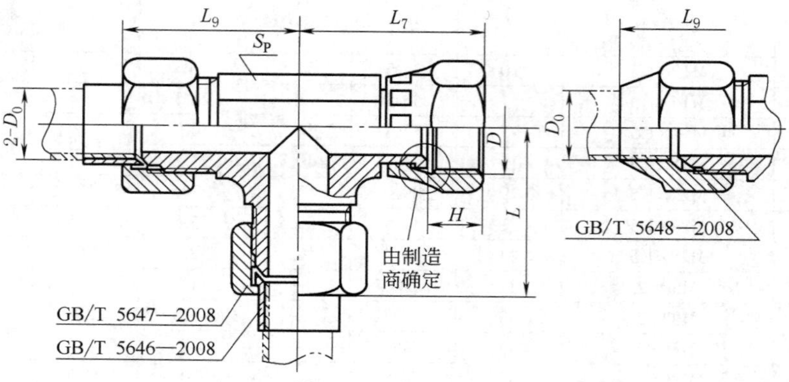


A型　　B型

(c) 扩口式组合弯通三通管接头(二)

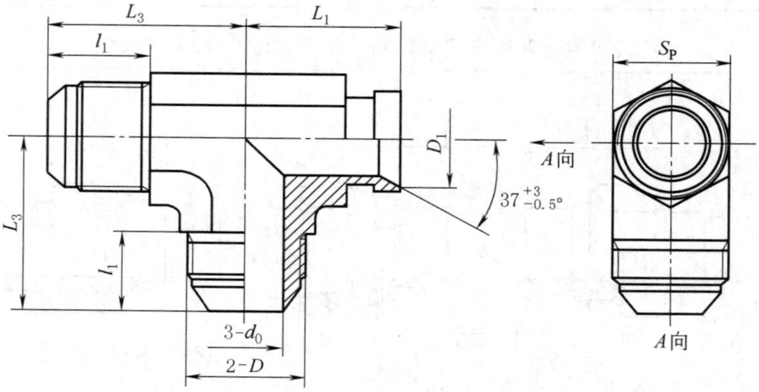


(d) 扩口式组合弯通三通接头体(二)

标记示例

扩口型式 A,管子外径为 10mm,表面镀锌处理的钢制扩口式组合弯通三通管接头标记为:管接头　GB/T 5634　A10

| 管子外径 $D_0$ | $d_0$ | $D$ | $D_1$ ±0.13 | $d_4$ | $L_9$≈ A型 | $L_9$≈ B型 | $L_1$ | $L_3$ | $L_7$ | $l_1$ | $H$ | $S_F$ | $S_P$ |
|---|---|---|---|---|---|---|---|---|---|---|---|---|---|
| 4 | 3 | M10×1 | 7.2 | 8 | 25.5 | 30 | 14 | 20.5 | 24.5 | 9.5 | 7.5 | 8 | 10 |
| 5 | 3.5 | | | | | | 16.5 | | | | | | |
| 6 | 4 | M12×1.5 | 8.7 | 10 | 29.5 | 34.5 | 18.5 | 24 | 28.5 | 12 | 9.5 | 10 | 12 |
| 8 | 6 | M14×1.5 | 10.4 | 11 | 35.5 | 43 | 22.5 | 28.5 | 33.5 | 13.5 | 10.5 | 12 | 14 |
| 10 | 8 | M16×1.5 | 12.4 | 13 | 37.5 | 46.5 | 23.5 | 30.5 | | 14.5 | | 14 | 17 |
| 12 | 10 | M18×1.5 | 14.4 | 15 | 38 | 49.5 | 24.5 | 31.5 | 36.5 | | | 17 | 19 |
| 14 | 12 | M22×1.5 | 17.4 | 19 | 39.5 | 55 | 26.5 | 34 | 38.5 | 15 | | 19 | 22 |
| 16 | 14 | M24×1.5 | 19.9 | 21 | 41.5 | 57.5 | 27.5 | 35.5 | 40 | 15.5 | 11 | 22 | 24 |
| 18 | 15 | M27×1.5 | 22.9 | 24 | 43 | 63 | 29 | 37.5 | 41.5 | 16 | | 24 | 27 |
| 20 | 17 | M30×2 | 24.9 | 27 | 50 | — | 31.5 | 43 | 47.5 | 20 | 13.5 | 27 | 30 |
| 22 | 19 | M33×2 | 27.9 | 30 | 53 | — | 36 | 45.5 | 51 | | 14 | 30 | 34 |
| 25 | 22 | M36×2 | 30.9 | 33 | 55 | — | 38 | 47 | 53 | | 14.5 | 34 | 36 |
| 28 | 24 | M39×2 | 33.9 | 36 | 58.5 | — | 40 | 50 | 56 | 21.5 | 15 | 36 | 41 |
| 32 | 27 | M42×2 | 36.9 | 39 | 61 | — | 42.5 | 52.5 | 58.5 | 22.5 | 15.5 | 41 | 46 |
| 34 | 30 | M45×2 | 39.9 | 42 | 62.5 | — | 44 | 54 | 60.5 | | 16 | 46 | |

## 扩口式变径锥螺纹三通管接头（GB/T 5636.1—1985）、扩口式三通变径管接头（GB/T 5640.1—1985）

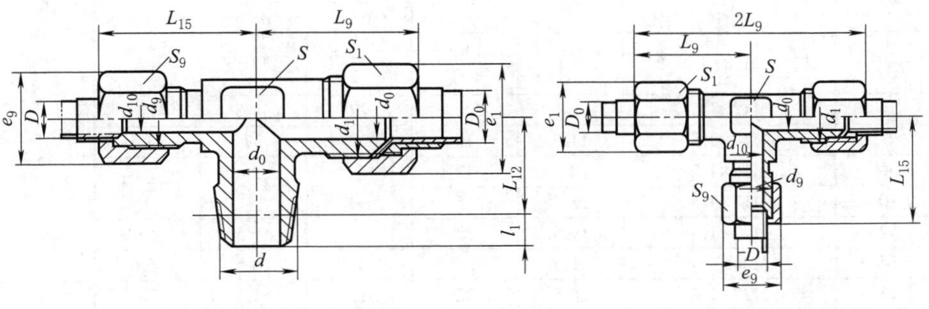

(a) 扩口式变径锥螺纹三通管接头　　(b) 扩口式三通变径管接头

标记示例

管子外径 $D_0$ 为 10mm 的扩口式变径锥螺纹三通管接头：

管接头 10　GB/T 5636.1—1985

**表 21-8-60**　　mm

| 管子外径 | | $d_0$ | $d_{10}$ | $d_1$ | $d_9$ | $L_9\approx$ | $L_{15}\approx$ | $e_9$ | $e_1$ | $S_9$ | $S_1$ | $S$ | 公制锥管螺纹 | | $L_{12}$ | 每100件质量（钢）/kg | |
|---|---|---|---|---|---|---|---|---|---|---|---|---|---|---|---|---|---|
| $D_0$ | $D$ | | | | | | | | | | | | $d$ | $l_1$ | | | |
| | | | | | | | | | | | | | 图 a | | | | 图 b |
| 6 | 4 | 4 | 3 | M12×1.5 | M10×1 | 29.5 | 25.5 | 15 | 17.3 | 13 | 15 | 10 | ZM10 | 4.5 | 19.5 | 6.14 | 8.17 |
| 8 | 6 | 6 | 4 | M14×1.5 | M12×1.5 | 35.5 | 29.5 | 17.3 | 20.8 | 15 | 18 | 11 | ZM14 | 7 | 21.5 | 9.92 | 12.4 |
| 10 | 8 | 8 | 6 | M16×1.5 | M14×1.5 | 37.5 | 35.5 | 20.8 | 24.2 | 18 | 21 | 16 | | | 23.5 | 12.8 | 18.0 |
| 12 | 10 | 10 | 8 | M18×1.5 | M16×1.5 | 38 | 37.5 | 24.2 | 27.7 | 21 | 24 | | ZM18 | | 24.5 | 16.9 | 21.2 |
| 14 | 12 | 12 | 10 | M22×1.5 | M18×1.5 | 39.5 | 38 | 27.7 | 31.2 | 24 | 27 | 21 | | | 27 | 22.5 | 29.4 |
| 16 | 14 | 14 | 12 | M24×1.5 | M22×1.5 | 41.5 | 39.5 | 31.2 | 34.6 | 27 | 30 | 24 | ZM22 | | 28.5 | 28.7 | 36.8 |
| 18 | 16 | 15 | 14 | M27×1.5 | M24×1.5 | 43 | 41.5 | 34.6 | | 30 | | | | | 30.5 | 32.0 | 44.1 |
| 20 | 18 | 17 | 15 | M30×2 | M27×1.5 | 50 | 43 | | 41.6 | | 36 | 27 | ZM27 | 9 | 34 | 52.7 | 64.2 |
| 22 | 20 | 19 | 17 | M33×2 | M30×2 | 53 | 50 | 41.6 | | 36 | | 30 | | | 36.5 | 58.2 | 78.8 |
| 25 | 22 | 22 | 19 | M36×2 | M33×2 | 55 | 53 | | 47.3 | | 41 | 33 | ZM33 | | 38 | 80.5 | 91.1 |
| 28 | 25 | 24 | 22 | M39×2 | M36×2 | 58.5 | 55 | 47.3 | 53.1 | 41 | 46 | 36 | | | 41 | 92.2 | 116.0 |
| 32 | 28 | 27 | 24 | M42×2 | M39×2 | 61 | 58.5 | 53.1 | 57.7 | 46 | 50 | 41 | ZM42 | 10 | 42.5 | 116.0 | 141.0 |
| 34 | 32 | 30 | 27 | M45×2 | M42×2 | 62.5 | 61 | 57.7 | | 50 | | 46 | | | 44 | 120.0 | 147.0 |

注：当 $d$ 采用 NPT 螺纹时，见 JB/ZQ 4529—2006。

**表 21-8-61**　　**扩口式焊接管接头**（摘自 GB/T 5642—2008）　　mm

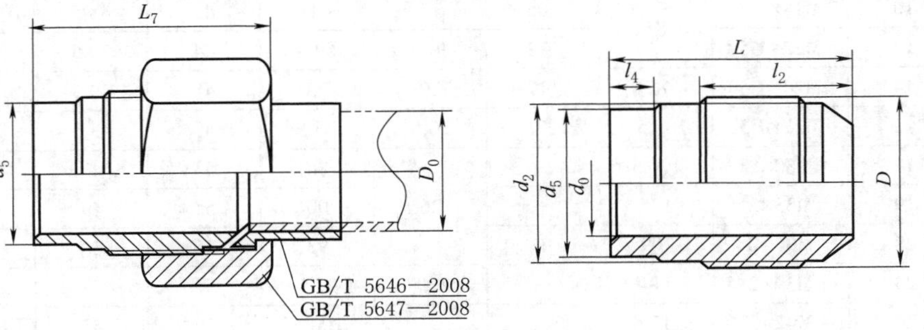


标记示例

扩口型式 A，管子外径为 10mm，表面氧化处理的钢制扩口式焊接管接头标记为：管接头　GB/T 5642　A10.O

续表

| 管子外径 $D_0$ | $d_0$ | $D$ | $d_2$ | $d_5$ | $L_7\approx$ A型 | $L_7\approx$ B型 | $l_2$ | $l_4$ | $L$ |
|---|---|---|---|---|---|---|---|---|---|
| 4 | 3 | M10×1 | 8.5 | 6 | 23 | 27.5 | 9.5 | 3 | 18 |
| 5 | 3.5 | | | 7 | | | | | |
| 6 | 4 | M12×1.5 | 10 | 8 | 27 | 31.5 | 12 | | 20.5 |
| 8 | 6 | M14×1.5 | 11.5 | 10 | 29 | 37 | 13.5 | | 22.5 |
| 10 | 8 | M16×1.5 | 13.5 | 12 | 30 | 41.5 | 14.5 | | 23.5 |
| 12 | 10 | M18×1.5 | 15.5 | 15 | | | | | |
| 14 | 12 | M22×1.5 | 19.5 | 18 | | 45.5 | 15 | | 24 |
| 16 | 14 | M24×1.5 | 21.5 | 20 | 30.5 | 46.5 | 15.5 | | 24.5 |
| 18 | 15 | M27×1.5 | 24.5 | 22 | 31.5 | 51.5 | 16 | | 26 |
| 20 | 17 | M30×2 | 27 | 25 | 36.5 | — | 20 | 4 | 30 |
| 22 | 19 | M33×2 | 30 | 28 | 37.5 | — | | | |
| 25 | 22 | M36×2 | 33 | 31 | 38 | — | | | |
| 28 | 24 | M39×2 | 36 | 34 | 40 | — | 21.5 | | 31.5 |
| 32 | 27 | M42×2 | 39 | 37 | 41 | — | 22.5 | | 32.5 |
| 34 | 30 | M45×2 | 42 | 40 | | — | | | |

**表 21-8-62　扩口式过板直通管接头（摘自 GB/T 5643—2008）**　mm

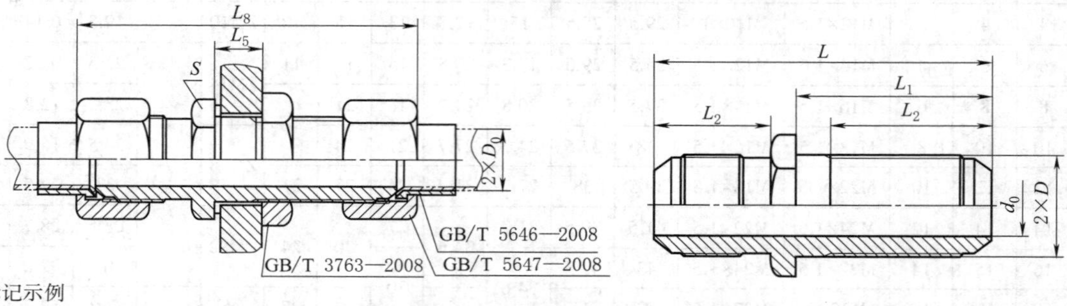


标记示例

扩口型式 A，管子外径为 10mm，表面镀锌处理的钢制扩口式过板直通管接头标记为：管接头　GB/T 5643　A10

| 管子外径 $D_0$ | $d_0$ | $D$ | $L_8\approx$ A型 | $L_8\approx$ B型 | $l_2$ | $L$ | $L_1$ | $L_2$ | $L_5$ max | $S$ |
|---|---|---|---|---|---|---|---|---|---|---|
| 4 | 3 | M10×1 | 61.5 | 70.5 | 12.5 | 51.5 | 34 | 31 | 20.5 | 14 |
| 5 | 3.5 | | | | | | | | | |
| 6 | 4 | M12×1.5 | 71 | 80 | 16 | 60 | 38 | 34 | 21.5 | |
| 8 | 6 | M14×1.5 | 77.5 | 93 | 18 | 64 | 40 | 35.5 | | 17 |
| 10 | 8 | M16×1.5 | 79.5 | 97.5 | 19 | 66 | 41 | 36.5 | | 19 |
| 12 | 10 | M18×1.5 | 81 | 105 | | 68 | 43 | 38.5 | 23.5 | 22 |
| 14 | 12 | M22×1.5 | | 112 | 19.5 | 69.5 | 44 | 39.5 | 24.5 | 27 |
| 16 | 14 | M24×1.5 | 85 | 117 | 20 | 73 | 45 | 40.5 | 25 | 30 |
| 18 | 15 | M27×1.5 | 87.5 | 127.5 | 20.5 | 76.5 | 48 | 43.5 | 28 | 32 |
| 20 | 17 | M30×2 | 101.5 | — | 26 | 88 | 53 | 47 | 28.5 | 36 |
| 22 | 19 | M33×2 | 105 | — | | 90 | 55 | 49 | 29.5 | 41 |
| 25 | 22 | M36×2 | 109 | — | | 93 | 56 | 50 | 30 | |
| 28 | 24 | M39×2 | 114 | — | 27.5 | 97.5 | 58 | 52 | 30.5 | 46 |
| 32 | 27 | M42×2 | 117.5 | — | 28.5 | 100.5 | 59 | 53 | | 50 |
| 34 | 30 | M45×2 | 120 | — | | 102.5 | 60 | 54 | 31 | |

## 扩口式过板弯通管接头（摘自 GB/T 5644—2008）

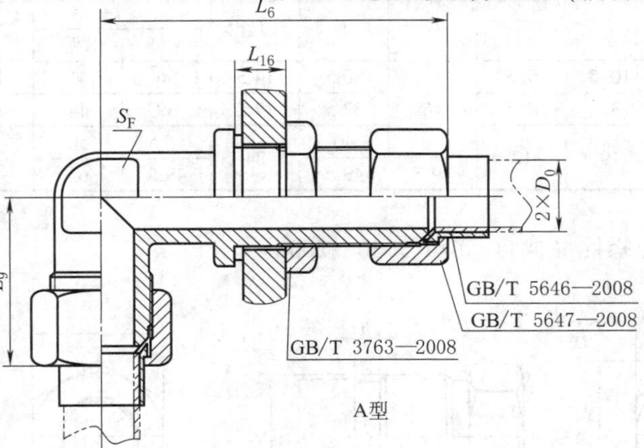


A型

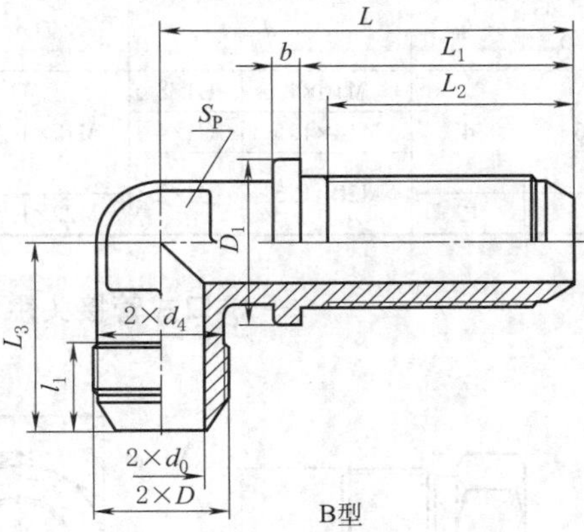


B型

标记示例

扩口型式 A，管子外径为 10mm，表面镀锌处理的钢制扩口式过板弯通管接头标记为：管接头　GB/T 5644　A10。

**表 21-8-63**

mm

| 管子外径 $D_0$ | $d_0$ | $D$ | $d_4$ | $L_6\approx$ A 型 | $L_6\approx$ B 型 | $L_9\approx$ A 型 | $L_9\approx$ B 型 | $l_1$ | $L$ | $L_1$ | $L_2$ | $L_3$ | $L_{16}$ max | $D_1$ | $b$ | $S$ $S_F$ | $S$ $S_P$ |
|---|---|---|---|---|---|---|---|---|---|---|---|---|---|---|---|---|---|
| 4 | 3 | M10×1 | 8 | 56 | — | 25.5 | 30 | 9.5 | 46 | 34 | 31 | 20.5 | 20.5 | 14 | 3 | 8 | 10 |
| 5 | 3.5 | | | | 60.5 | | | | | | | | | | | | |
| 6 | 4 | M12×1.5 | 10 | 63.5 | 68.5 | 29.5 | 34.5 | 12 | 52 | 38 | 34 | 24 | 21.5 | 17 | | 10 | 12 |
| 8 | 6 | M14×1.5 | 11 | 69.5 | 77 | 35.5 | 43 | 13.5 | 56 | 40 | 35.5 | 28.5 | | 19 | 4 | 12 | 14 |
| 10 | 8 | M16×1.5 | 13 | 71.5 | 80.5 | 37.5 | 46.5 | 14.5 | 58 | 41 | 36.5 | 30.5 | | 21 | | 14 | 17 |
| 12 | 10 | M18×1.5 | 15 | 75 | 86.5 | 38 | 49.5 | | 62 | 43 | 38.5 | 31.5 | 23.5 | 23 | | 17 | 19 |
| 14 | 12 | M22×1.5 | 19 | 75.5 | 91 | 39.5 | 55 | 15 | 64 | 44 | 39.5 | 34 | 24.5 | 27 | | 19 | 22 |
| 16 | 14 | M24×1.5 | 21 | 73 | 95 | 41.5 | 57.5 | 15.5 | 67 | 45 | 40.5 | 35.5 | 25 | 29 | | 22 | 24 |
| 18 | 15 | M27×1.5 | 24 | 83 | 103 | 43 | 63 | 16 | 72 | 48 | 43.5 | 37.5 | 28 | 32 | | 24 | 27 |
| 20 | 17 | M30×2 | 27 | 84.5 | — | 50 | — | 20 | 78 | 53 | 47 | 43 | 28.5 | 35 | 5 | 27 | 30 |
| 22 | 19 | M33×2 | 30 | 96.5 | — | 53 | — | | 82 | 55 | 49 | 45.5 | 29.5 | 39 | | 30 | 34 |
| 25 | 22 | M36×2 | 33 | 102 | — | 55 | — | | 86 | 56 | 50 | 47 | 30 | 42 | | 34 | 36 |
| 28 | 24 | M39×2 | 36 | 105 | — | 58.5 | — | 21.5 | 88 | 58 | 52 | 50 | 30.5 | 45 | | 36 | 41 |
| 32 | 27 | M42×2 | 39 | 112 | — | 61 | — | 22.5 | 95 | 59 | 53 | 52.5 | | 48 | | 41 | 46 |
| 34 | 30 | M45×2 | 42 | 113.5 | — | 62.5 | — | | 96 | 60 | 54 | 54 | 31 | 51 | | 46 | |

## 扩口式压力表管接头（摘自 GB/T 5645—2008）

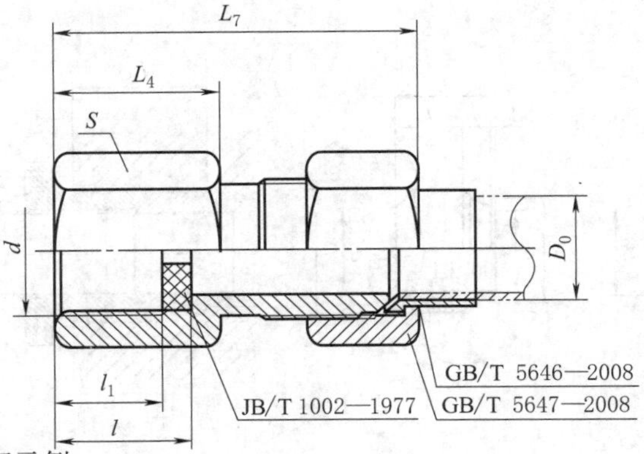


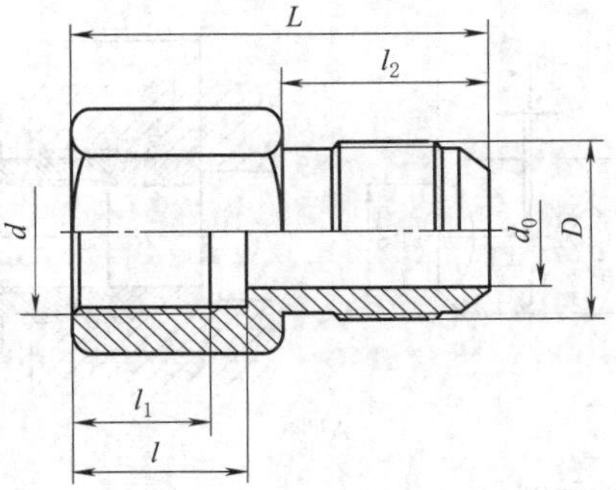


标记示例

扩口型式 A、管子外径为 10mm，表面镀锌处理的钢制扩口式压力表管接头标记为：管接头　GB/T 5645　A10。

**表 21-8-64**

mm

| 管子外径 $D_0$ | $d_0$ | $d$ | | $D$ | $l$ | $l_1$ | $l_2$ | $L$ | $L_4$ | $L_7\approx$ A 型 | $L_7\approx$ B 型 | $S$ |
|---|---|---|---|---|---|---|---|---|---|---|---|---|
| 6 | 4 | M10×1 | G1/8 | M12×1.5 | 10.5 | 5.5 | 16 | 30.5 | 14.5 | 36 | 41 | 14 |
| | | M14×1.5 | G1/4 | | 13.5 | 8.5 | | 33.5 | 17.5 | 39 | 44 | 17 |
| | | M20×1.5 | G1/2 | | 19 | 12 | | 40 | 24 | 45.5 | 50 | 24 |
| 14 | 12 | | | M22×1.5 | | | 19.5 | 43.5 | | 49.5 | 65 | |

## 扩口式管接头用空心螺栓（摘自 GB/T 5650—2008）

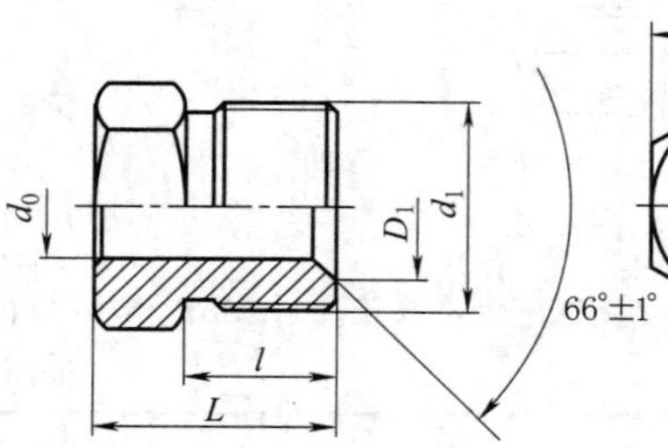


A型

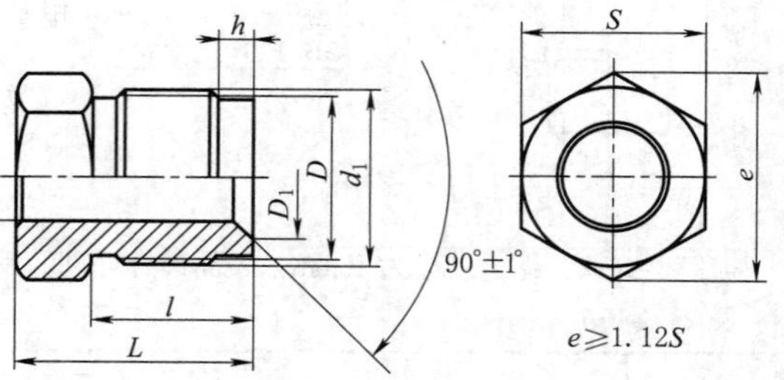


B型

标记示例

管子外径为 10mm，表面镀锌处理的钢制扩口式管接头用 A 型空心螺栓标记为：螺栓　GB/T 5650　A10。

**表 21-8-65**

mm

| 管子外径 $D_0$ | $d_0$ +0.25 +0.15 | $d_1$ | $D$ | $D_1$ | $h$ | $l$ A 型 | $l$ B 型 | $L$ A 型 | $L$ B 型 | $S$ |
|---|---|---|---|---|---|---|---|---|---|---|
| 4 | 4 | M10×1 | 8.4 | 7 | 4.5 | 8.5 | 12.5 | 13.5 | 17.5 | 12 |
| 5 | 5 | | | | | | | 14.5 | 18.5 | |
| 6 | 6 | M12×1.5 | 10 | 8.5 | | 11 | 14.5 | 17 | 20.5 | 14 |
| 8 | 8 | M14×1.5 | 11.7 | 10.5 | 5.5 | 13 | 18 | 19 | 24 | 17 |
| 10 | 10 | M16×1.5 | 13.7 | 12.5 | | 13.5 | 18.5 | 20.5 | 25.5 | 19 |
| 12 | 12 | M18×1.5 | 15.7 | 14.5 | | | | | | 22 |
| 14 | 14 | M22×1.5 | 19.7 | 17.5 | | | | 21.5 | 26.5 | 24 |
| 16 | 16 | M24×1.5 | 21.7 | 19.2 | | | | | | 27 |
| 18 | 18 | M27×1.5 | 24.7 | 22.2 | | | | | | 30 |

## 扩口式管接头用密合垫（摘自 GB/T 5651—2008）

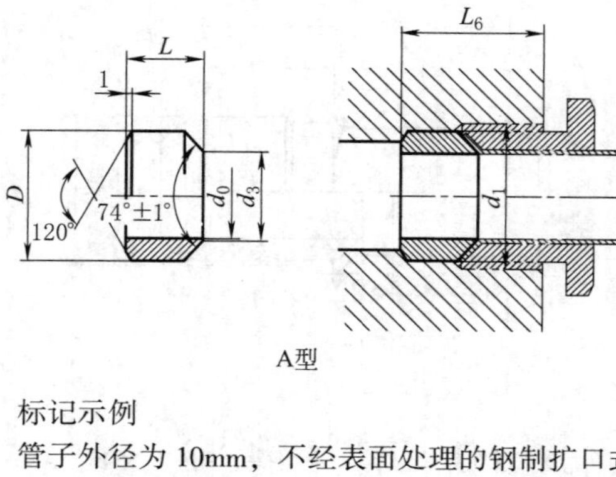


A型

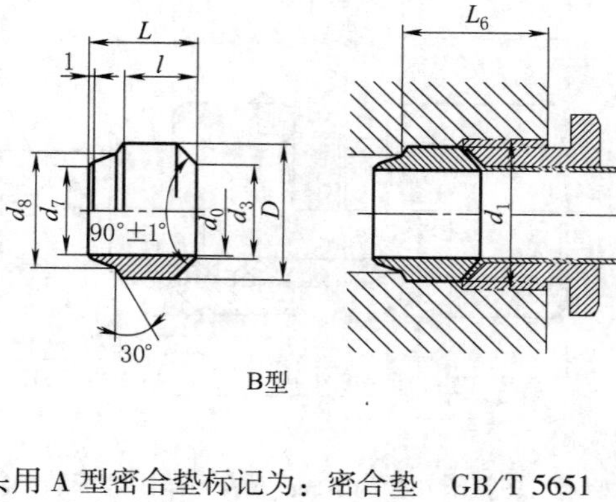


B型

标记示例

管子外径为 10mm，不经表面处理的钢制扩口式管接头用 A 型密合垫标记为：密合垫　GB/T 5651　A10。

表 21-8-66　　mm

| 管子外径 $D_0$ | $d_0$ | 适用螺纹 $d_1$ | $d_3$ | $d_7$ 0 −0.08 | $d_8$ 0 −0.06 | $D$ | $l$ | $L$ |  | $L_6$ |  |
|---|---|---|---|---|---|---|---|---|---|---|---|
|  |  |  |  |  |  |  |  | A型 | B型 | A型 | B型 |
| 4 | 3 | M10×1 | 3.6 | 5.2 | 5.4 | 8.5 | 5 | 7 | 8 | 11 | 11 |
| 5 | 3.5 |  | 4.3 |  |  |  |  |  |  |  |  |
| 6 | 4 | M12×1.5 | 4.8 | 5.9 | 6.1 | 10 |  | 8 | 9 | 13 | 13 |
| 8 | 6 | M14×1.5 | 7 | 7.4 | 7.6 | 12 |  | 9 | 10 | 15 | 15 |
| 10 | 8 | M16×1.5 | 9 | 9.4 | 9.6 | 14 | 5.5 | 10 |  | 17 | 16 |
| 12 | 10 | M18×1.5 | 11 | 11.4 | 11.6 | 16 | 7.5 | 11 |  | 18 | 18 |
| 14 | 12 | M22×1.5 | 13 | — | — | 20 | — |  | — | 19 | — |
| 16 | 14 | M24×1.5 | 15 | — | — | 22 | — | 12 | — | 20 | — |
| 18 | 15 | M27×1.5 | 16.5 | — | — | 25 | — |  | — | 22 | — |

## 1.2.5 软管接头

软管接头是用于液压橡胶软管与其他管路相连接的接头。橡胶软管总成的两端由接头芯、接头外套和接头螺母等组成。有的橡胶软管总成只要改变接头芯的型式，就可与扩口式、卡套式或焊接式管接头连接使用；还有的橡胶软管总成只要改变两端配套使用的接头，就可选择细牙普通螺纹（M）、圆柱管螺纹（G）、锥管螺纹（R）、圆锥管螺纹（NPT）或焊接接头等多种连接。

按接头芯、接头外套和橡胶软管装配方式不同，又可分成扣压式和可拆式两种。扣压式接头在专用设备上扣压、密封可靠、结构紧凑、外径尺寸小。可拆式接头连接简易，容易更换橡胶软管，但密封性和质量难以保证。

生产厂：焦作市路通液压附件有限公司、宁波液压附件厂等、焦作华科液压机械制造有限公司。

### 液压软管接头（摘自 GB/T 9065）

GB/T 9065 规定的软管接头以碳钢制成，与公称内径为 5~51mm 的软管配合使用。软管接头与符合不同软管标准要求的软管一起应用于液压系统。

目前已实施的液压软管接头国家标准编号及名称为：GB/T 9065.2—2010《液压软管接头　第 2 部分：24°锥密封端软管接头》；GB/T 9065.3—1998《液压软管接头　连接尺寸　焊接式或快换式》；GB/T 9065.5—2010《液压软管接头　第 5 部分：37°扩口端软管接头》。

本部分仅摘录 GB/T 9065.2—2010 中最常用的直通内螺纹回转软管接头（SWS），其他类型、形状及系列的软管接头详见上述标准文件。

### 直通内螺纹回转软管接头（SWS）

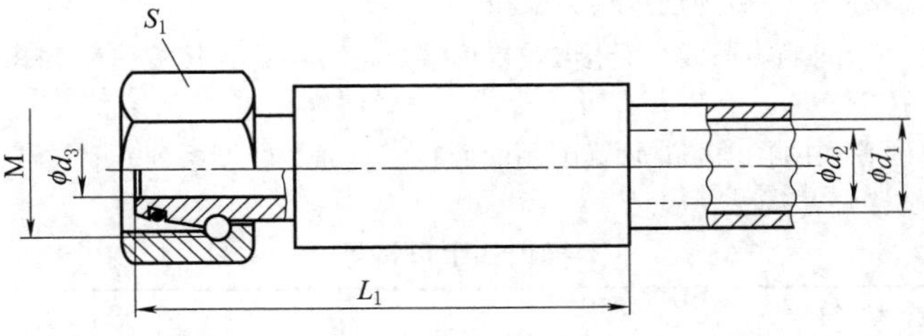


注意：1. 在更换 O 形圈时，管子的自由长度宜位于左侧，以便螺母可以向 O 形圈沟槽后面移动。

2. 软管接头与软管之间的扣压方法是可选的。

3. 管接头的细节符合 ISO 8434-1 和 ISO 8434-4。

表 21-8-67

mm

| 系列 | 软管接头规格 | M | 接头公称尺寸 | 公称软管内径 $d_1$① | $d_2$② 最小 | $d_3$③ 最大 | $S_1$④ 最小 | $L_1$⑤ 最大 |
|---|---|---|---|---|---|---|---|---|
| 轻型系列（L） | 6×5 | M12×1.5 | 6 | 5 | 2.5 | 3.2 | 14 | 59 |
| | 8×6.3 | M14×1.5 | 8 | 6.3 | 3 | 5.2 | 17 | 59 |
| | 10×8 | M16×1.5 | 10 | 8 | 5 | 7.2 | 19 | 61 |
| | 12×10 | M18×1.5 | 12 | 10 | 6 | 8.2 | 22 | 65 |
| | 15×12.5 | M22×1.5 | 15 | 12.5 | 8 | 10.2 | 27 | 68 |
| | 18×16 | M26×1.5 | 18 | 16 | 11 | 13.2 | 32 | 68 |
| | 22×19 | M30×2 | 22 | 19 | 14 | 17.2 | 36 | 74 |
| | 28×25 | M36×2 | 28 | 25 | 19 | 23.2 | 41 | 85 |
| | 31×31.5 | M45×2 | 35 | 31.5 | 25 | 29.2 | 50 | 105 |
| | 42×38 | M52×2 | 42 | 38 | 31 | 34.3 | 60 | 110 |
| 重型系列（S） | 8×5 | M16×1.5 | 8 | 5 | 2.5 | 4.2 | 19 | 59 |
| | 10×6.3 | M18×1.5 | 10 | 6.3 | 3 | 6.2 | 22 | 67 |
| | 12×8 | M20×1.5 | 12 | 8 | 5 | 8.2 | 24 | 68 |
| | 12×10 | M20×1.5 | 12 | 10 | 6 | 8.2 | 24 | 72 |
| | 16×12.5 | M24×1.5 | 16 | 12.5 | 8 | 11.2 | 30 | 80 |
| | 20×16 | M30×2 | 20 | 16 | 11 | 14.2 | 36 | 93 |
| | 25×19 | M36×2 | 25 | 19 | 14 | 18.2 | 46 | 102 |
| | 30×25 | M42×2 | 30 | 25 | 19 | 23.2 | 50 | 112 |
| | 38×31.5 | M52×2 | 38 | 31.5 | 25 | 30.3 | 60 | 126 |

① 符合 GB/T 2351。

② 在与软管装配前，软管接头的最小通径。装配后，此通径不小于 $0.9d_2$。

③ $d_3$ 尺寸符合 ISO 8434-1，且 $d_3$ 的最小值应不小于 $d_2$。在直径 $d_2$（软管接头尾芯的内径）和 $d_3$（管接头端的通径）之间应设置过渡，以减小应力集中。

④ 直通内螺纹回转软管接头的六角形螺母选择。

⑤ 尺寸 $L_1$ 组装后测量。

## 软管接头的标识

| 系列 | 符号 |
|---|---|
| 轻型 | L |
| 重型 | S |

为便于分类，应以文字与数字组成的代号作为软管接头的标识。其标识应为：文字“软管接头”，后接 GB/T 9065.2，后接间隔短横线，然后为连接端类型和形状的字母符号，后接另一个间隔短横线，后接 24°锥形端规格（标称连接规格）和软管规格（标称软管内径），两规格之间用乘号（×）隔开。

示例：与外径 22mm 硬管和内径 19mm 软管配用的回转、直通、轻型系列软管接头，标识如下：

软管接头　GB/T 9065.2-SWS-L22×19

**标识的字母符号**

| 连接端类型/符号 | 形状/符号 |
|---|---|
| 回转/SW | 直径/S |
| | 90°弯头/E |
| | 45°弯头/E45 |

## 锥密封钢丝编织软管总成（摘自 JB/T 6142. 1~6142. 4—2007）

锥密封钢丝编织软管总成，适用于油、水介质，介质温度为-40~100℃。

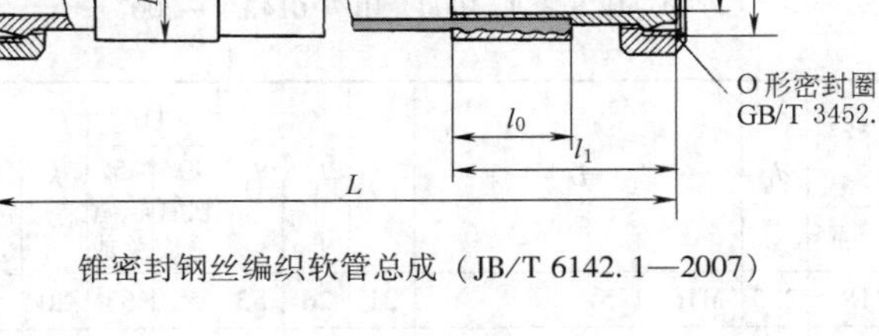


锥密封钢丝编织软管总成（JB/T 6142. 1—2007）

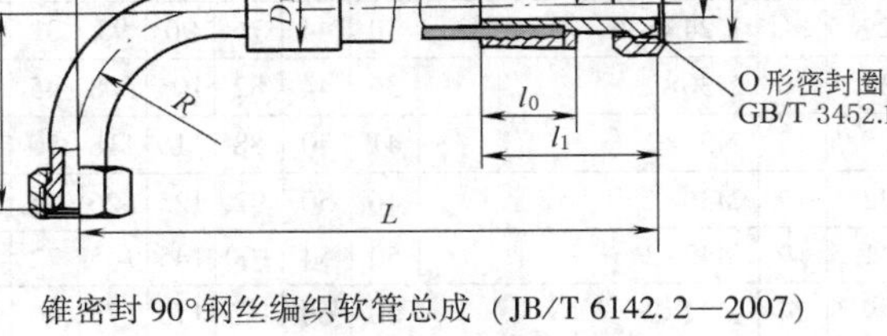


锥密封 90°钢丝编织软管总成（JB/T 6142. 2—2007）

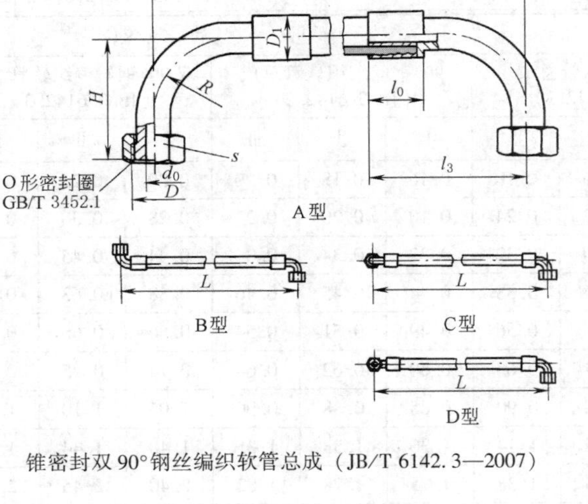


锥密封双 90°钢丝编织软管总成（JB/T 6142. 3—2007）

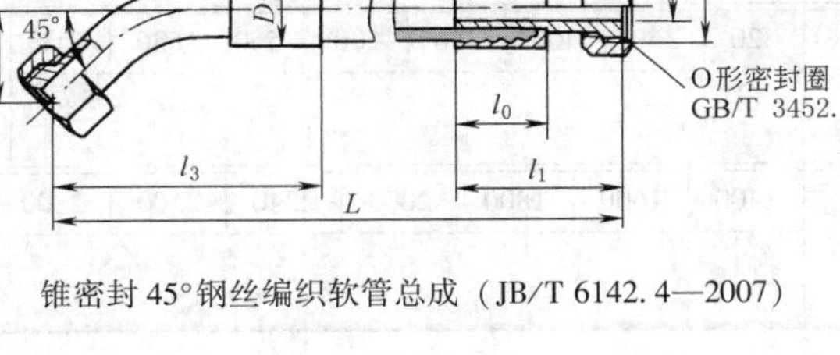


锥密封 45°钢丝编织软管总成（JB/T 6142. 4—2007）

标记示例

1）软管内径为 6.3mm，总成长度 $L$=1000mm 的锥密封Ⅲ层钢丝编织软管总成：

软管总成 6.3 Ⅲ-1000 JB/T 6142.1—2007

2）软管内径为 6.3mm，总成长度 $L$=1000mm 的锥密封 90°Ⅲ层钢丝编织软管总成：

软管总成 6.3 Ⅲ-1000 JB/T 6142.2—2007

3）软管内径为 6.3mm，总成长度 $L$=1000mm 的 A 型锥密封双 90°Ⅲ层钢丝编织软管总成：

软管总成 6.3A Ⅲ-1000 JB/T 6142.3—2007

4）软管内径为 6.3mm，总成长度 $L$=1000mm 的锥密封 45°Ⅲ层钢丝编织软管总成：

软管总成 6.3 Ⅲ-1000 JB/T 6142.4—2007

**表 21-8-68**

mm

| 软管内径 | 公称通径 $DN$ | 工作压力 /MPa | | | 扣压直径 $D_1$ | | | $d_0$ | $D$ | $s$ | $l_0$ | $l_1$ | $l_3$ | | $R$ | $H$ | | O 形橡胶密封圈（GB/T 3452.1） |
|---|---|---|---|---|---|---|---|---|---|---|---|---|---|---|---|---|---|---|
| | | Ⅰ | Ⅱ | Ⅲ | Ⅰ | Ⅱ | Ⅲ | | | | | | 90°软管总成 | 45°软管总成 | | 90°软管总成 | 45°软管总成 | |
| 5 | 4 | 21 | 37 | 45 | 15 | 16.7 | 18.5 | 2.5 | M16×1.5 | 21 | 26 | 53 | 55 | 63 | 20 | 50 | 15 | 6.3×1.8 |
| 6.3 | 6 | 20 | 35 | 40 | 17 | 18.7 | 20.5 | 3.5 | M18×1.5 | 24 | 37 | 65 | 70 | 74 | 20 | 50 | 26 | 8.5×1.8 |
| 8 | 8 | 17.5 | 30 | 33 | 19 | 20.7 | 22.5 | 5 | M20×1.5 | 24 | 38 | 68 | 75 | 80 | 24 | 55 | 28 | 10.6×1.8 |
| 10 | 10 | 16 | 28 | 31 | 21 | 22.7 | 24.5 | 7 | M22×1.5 | 27 | 38 | 69 | 80 | 83 | 28 | 60 | 30 | 12.5×1.8 |
| 12.5 | 10 | 14 | 25 | 27 | 25.2 | 28.0 | 29.5 | 8 | M24×1.5 | 30 | 44 | 76 | 90 | 93 | 32 | 65 | 32 | 13.2×2.65 |
| 16 | 15 | 10.5 | 20 | 22 | 28.2 | 31 | 32.5 | 10 | M30×2 | 36 | 44 | 82 | 105 | 108 | 45 | 85 | 40 | 17.0×2.65 |
| 19 | 20 | 9 | 16 | 18 | 31.2 | 34 | 35.5 | 13 | M33×2 | 41 | 50 | 88 | 115 | 118 | 50 | 90 | 42 | 19.0×2.65 |
| 22 | 20 | 8 | 14 | 16 | 34.2 | 37 | 38.5 | 17 | M36×2 | 46 | 50 | 92 | 125 | 126 | 57 | 100 | 46 | 22.4×2.65 |
| 25 | 25 | 7 | 13 | 15 | 38.2 | 40 | 41.5 | 19 | M42×2 | 50 | 54 | 100 | 145 | 145 | 72 | 120 | 54 | 26.5×3.55 |
| 31.5 | 32 | 4.4 | 11 | 12 | 46.5 | 48 | 49.5 | 24 | M52×2 | 60 | 60 | 115 | 175 | 175 | 90 | 145 | 65 | 34.5×3.55 |
| 38 | 40 | 3.5 | 9 | — | 52.5 | 54 | — | 30 | M56×2 | 65 | 64 | 120 | 185 | 182 | 95 | 155 | 67 | 37.5×3.55 |
| 51 | 50 | 2.6 | 8 | — | 67.0 | 68.5 | — | 40 | M64×2 | 75 | 75 | 145 | 230 | 218 | 125 | 200 | 80 | 47.5×3.55 |

| 软管内径 | 两端质量/kg | | | | | | | | | | | |
|---|---|---|---|---|---|---|---|---|---|---|---|---|
| | 钢丝编织软管总成（JB/T 6142.1） | | | 90°钢丝编织软管总成（JB/T 6142.2） | | | 双 90°钢丝编织软管总成（JB/T 6142.3） | | | 45°钢丝编织软管总成（JB/T 6142.4） | | |
| | Ⅰ | Ⅱ | Ⅲ | Ⅰ | Ⅱ | Ⅲ | Ⅰ | Ⅱ | Ⅲ | Ⅰ | Ⅱ | Ⅲ |
| 5 | 0.14 | 0.16 | 0.18 | 0.16 | 0.18 | 0.20 | 0.20 | 0.22 | 0.24 | 0.14 | 0.16 | 0.18 |
| 6.3 | 0.20 | 0.22 | 0.24 | 0.18 | 0.20 | 0.22 | 0.28 | 0.30 | 0.32 | 0.16 | 0.18 | 0.20 |
| 8 | 0.28 | 0.30 | 0.32 | 0.32 | 0.34 | 0.36 | 0.44 | 0.45 | 0.46 | 0.30 | 0.32 | 0.34 |
| 10 | 0.34 | 0.36 | 0.38 | 0.44 | 0.45 | 0.46 | 0.58 | 0.63 | 0.65 | 0.42 | 0.43 | 0.45 |
| 12.5 | 0.46 | 0.50 | 0.56 | 0.49 | 0.51 | 0.54 | 0.60 | 0.66 | 0.71 | 0.47 | 0.49 | 0.51 |
| 16 | 0.60 | 0.64 | 0.68 | 0.60 | 0.62 | 0.64 | 0.74 | 0.75 | 0.82 | 0.58 | 0.60 | 0.62 |
| 19 | 0.78 | 0.84 | 0.90 | 0.85 | 0.88 | 0.90 | 1.05 | 1.10 | 1.14 | 0.81 | 0.84 | 0.86 |
| 22 | 1.10 | 1.12 | 1.14 | 1.30 | 1.33 | 1.35 | 1.40 | 1.44 | 1.52 | 1.25 | 1.28 | 1.32 |
| 25 | 1.32 | 1.34 | 1.38 | 1.75 | 1.78 | 1.82 | 2.40 | 2.45 | 2.62 | 1.68 | 1.72 | 1.75 |
| 31.5 | 1.64 | 1.66 | 1.68 | 2.05 | 2.08 | 2.10 | 3.00 | 3.14 | 3.25 | 1.92 | 1.94 | 1.96 |
| 38 | 2.00 | 2.10 | — | 3.05 | 3.15 | — | 5.80 | 5.86 | — | 2.95 | 3.00 | — |
| 51 | 3.90 | 4.00 | — | 6.10 | 6.20 | — | 8.42 | 8.50 | — | 5.85 | 5.92 | — |

| 软管总成推荐长度 | | | | | | | | | | | | | | |
|---|---|---|---|---|---|---|---|---|---|---|---|---|---|---|
| | 总成长度 $L$ | 320 | 360 | 400 | 450 | 500 | 560 | 630 | 710 | 800 | 900 | 1000 | 1120 | 1250 |
| | 偏差 | $^{+20}_{0}$ | | | | | $^{+25}_{0}$ | | | $^{+30}_{0}$ | | | | |
| | 总成长度 $L$ | 1400 | 1600 | 1800 | 2000 | 2240 | 2500 | 2800 | 3000 | 4000~5000 | ≥5000 | | | |
| | 偏差 | $^{+30}_{0}$ | $^{+40}_{0}$ | | | | | | | | $^{+50}_{0}$ | | | |

## 锥密封棉线编织软管总成（摘自 JB/T 6143.1～6143.4—2007）

锥密封棉线编织软管总成适用于油、水介质，介质温度为-40～100℃。

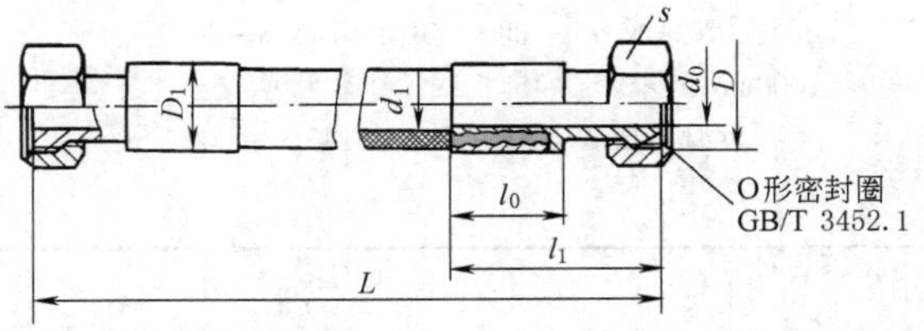


锥密封棉线编织软管总成（JB/T 6143.1—2007）

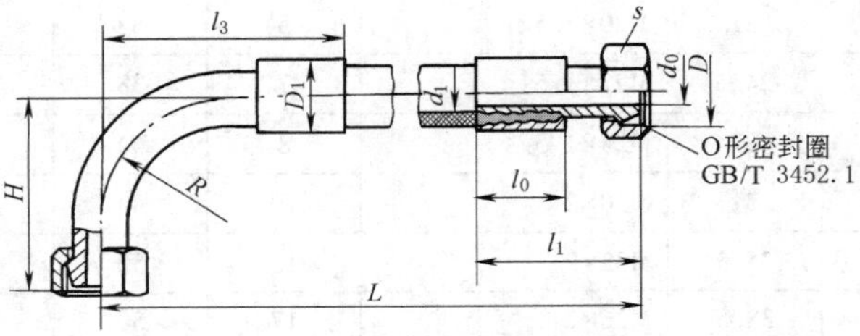


锥密封 90°棉线编织软管总成（JB/T 6143.2—2007）

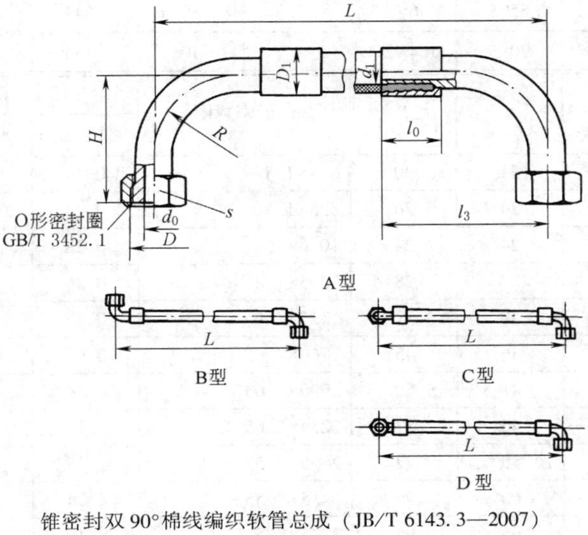


锥密封双 90°棉线编织软管总成（JB/T 6143.3—2007）

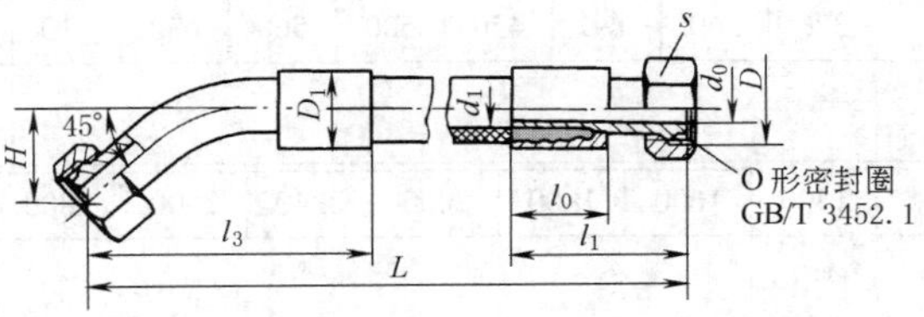


锥密封 45°棉线编织软管总成（JB/T 6143.4—2007）

标记示例

1）软管内径为 6mm，总成长度 $L=1000$mm 的锥密封棉线编织软管总成：

软管总成 6-1000　JB/T 6143. 1—2007

2）软管内径为 6mm，总成长度 $L=1000$mm 的锥密封 90°棉线编织软管总成：

软管总成 6-1000　JB/T 6143. 2—2007

3）软管内径为 6mm，总成长度 $L=1000$mm 的 A 型锥密封双 90°棉线编织软管总成：

软管总成 6A-1000　JB/T 6143. 3—2007

4）软管内径为 6mm，总成长度 $L=1000$mm 的锥密封 45°棉线编织软管总成：

软管总成 6-1000　JB/T 6143. 4—2007

**表 21-8-69**

mm

| 公称通径 $DN$ | 软管内径 $d_1$ | 工作压力 /MPa | 扣压直径 $D_1$ | $D$ | $d_0$ | $l_0$ | $l_1$ | $l_3$ | |
|---|---|---|---|---|---|---|---|---|---|
| | | | | | | | | 90°总成 | 45°总成 |
| 4 | 5 | 2 | 18. 5 | M16×1. 5 | 2. 5 | 26 | 53 | 55 | 63 |
| 6 | 6 | 2 | 20 | M18×1. 5 | 3. 5 | 37 | 65 | 70 | 74 |
| 8 | 8 | 2 | 21 | M20×1. 5 | 5 | 38 | 68 | 75 | 80 |
| 10 | 10 | 1. 5 | 24. 5 | M22×1. 5 | 7 | 38 | 69 | 80 | 83 |
| 10 | 13 | 1. 5 | 27 | M24×1. 5 | 8 | 44 | 76 | 90 | 93 |
| 15 | 16 | 1 | 31 | M30×2 | 10 | 44 | 82 | 105 | 108 |
| 20 | 19 | 1 | 35. 5 | M33×2 | 13 | 50 | 88 | 115 | 118 |
| 20 | 22 | 1 | 38. 5 | M36×2 | 17 | 50 | 92 | 125 | 126 |
| 25 | 25 | 1 | 42. 5 | M42×2 | 19 | 54 | 100 | 145 | 145 |
| 32 | 32 | 1 | 49 | M52×2 | 24 | 60 | 115 | 175 | 175 |
| 40 | 38 | 1 | 55. 5 | M56×2 | 30 | 64 | 120 | 185 | 182 |
| 50 | 51 | 1 | 70. 5 | M64×2 | 40 | 75 | 145 | 230 | 218 |

| 公称通径 $DN$ | $H$ | | $s$ | $R$ | O 形密封圈 | 两端质量/kg | | | |
|---|---|---|---|---|---|---|---|---|---|
| | 90°总成 | 45°总成 | | | | 总　成 | 90°总成 | 双 90°总成 | 45°总成 |
| 4 | 50 | 15 | 21 | 20 | 6. 3×1. 8 | 0. 18 | 0. 18 | 0. 20 | 0. 14 |
| 6 | 50 | 26 | 24 | 20 | 8. 5×1. 8 | 0. 24 | 0. 25 | 0. 28 | 0. 16 |
| 8 | 55 | 28 | 24 | 24 | 10. 6×1. 8 | 0. 28 | 0. 33 | 0. 44 | 0. 32 |
| 10 | 60 | 30 | 27 | 28 | 12. 5×1. 8 | 0. 36 | 0. 46 | 0. 58 | 0. 42 |
| 10 | 65 | 32 | 30 | 32 | 13. 2×2. 65 | 0. 46 | 0. 51 | 0. 60 | 0. 45 |
| 15 | 85 | 40 | 36 | 45 | 17. 0×2. 65 | 0. 66 | 0. 66 | 0. 74 | 0. 60 |
| 20 | 90 | 42 | 41 | 50 | 19. 0×2. 65 | 0. 84 | 1. 22 | 1. 05 | 0. 80 |
| 20 | 100 | 46 | 46 | 57 | 22. 4×2. 65 | 1. 10 | 1. 80 | 1. 40 | 1. 30 |
| 25 | 120 | 54 | 50 | 72 | 26. 5×3. 55 | 1. 38 | 1. 87 | 2. 40 | 1. 70 |
| 32 | 145 | 65 | 60 | 90 | 34. 5×3. 55 | 1. 74 | 3. 05 | 3. 00 | 1. 90 |
| 40 | 155 | 67 | 65 | 95 | 37. 5×3. 55 | 2. 10 | 3. 95 | 5. 80 | 2. 95 |
| 50 | 200 | 80 | 75 | 125 | 47. 5×3. 55 | 3. 72 | 6. 20 | 8. 42 | 5. 86 |

<table>
<tr><td rowspan="4">软管总成推荐长度</td><td>总成长度 $L$</td><td>320</td><td>360</td><td>400</td><td>450</td><td>500</td><td>560</td><td>630</td><td>710</td><td>800</td><td>900</td><td>1000</td><td>1120</td><td>1250</td></tr>
<tr><td>偏差</td><td colspan="5">$^{+20}_{0}$</td><td colspan="3">$^{+25}_{0}$</td><td colspan="5">$^{+30}_{0}$</td></tr>
<tr><td>总成长度 $L$</td><td>1400</td><td>1600</td><td>1800</td><td>2000</td><td>2240</td><td>2500</td><td>2800</td><td>3000</td><td>4000~5000</td><td colspan="4">≥5000</td></tr>
<tr><td>偏差</td><td>$^{+30}_{0}$</td><td colspan="8">$^{+40}_{0}$</td><td colspan="4">$^{+50}_{0}$</td></tr>
</table>

## 锥密封软管总成　锥接头（摘自 JB/T 6144.1～6144.5—2007）

锥密封软管总成适用于油、水介质，与其配套使用的公制细牙螺纹、圆柱管螺纹（G）、锥管螺纹（R）、60°圆锥管螺纹（NPT）和焊接锥接头的结构及尺寸见表 21-8-70。

公制细牙螺纹锥接头（JB/T 6144.1）
圆柱管螺纹（G）锥接头（JB/T 6144.2）

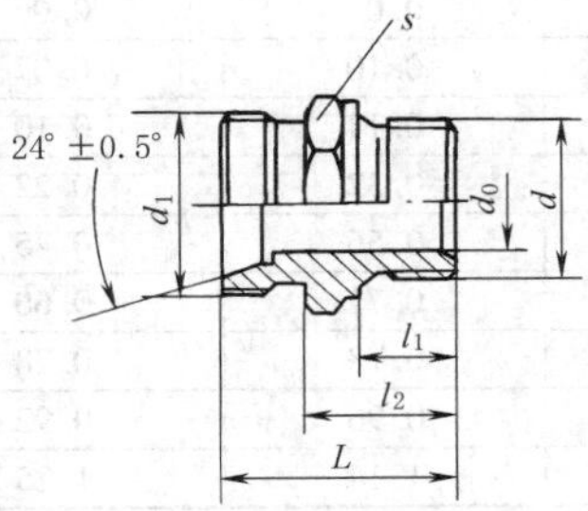


锥管螺纹（R）锥接头（JB/T 6144.3）
60°圆锥管螺纹（NPT）锥接头（JB/T 6144.4）

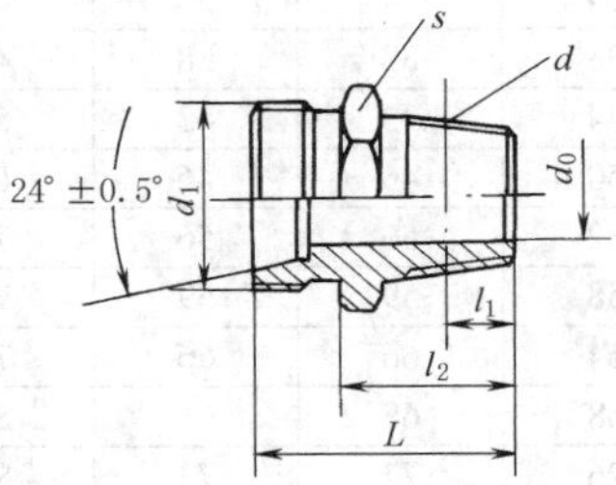


焊接锥接头（JB/T 6144.5）

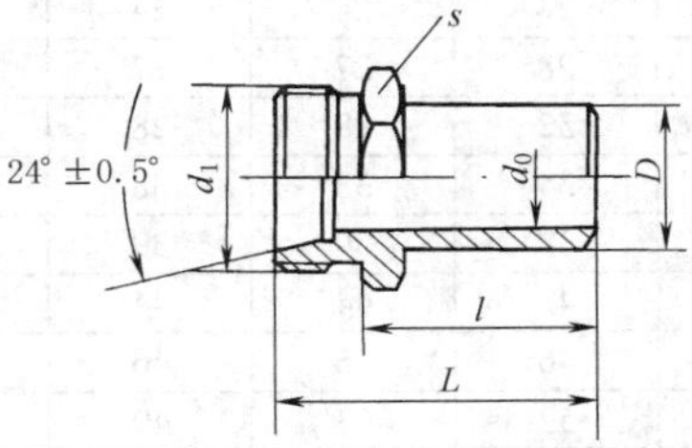


标记示例

1）公称通径为 *DN*6，连接螺纹 $d_1$＝M18×1.5 的锥密封软管总成旋入端为公制细牙螺纹的锥接头：

锥接头 6-M18×1.5　JB/T 6144.1—2007

2）公称通径为 *DN*6，连接螺纹 $d_1$＝M18×1.5 的锥密封软管总成旋入端为 G⅛圆柱管螺纹的锥接头：

锥接头 6-M18×1.5（G⅛）　JB/T 6144.2—2007

3）公称通径为 *DN*6，连接螺纹 $d_1$＝M18×1.5 的锥密封软管总成锥旋入端为 R⅛管螺纹的锥接头：

锥接头 6-M18×1.5（R⅛）　JB/T 6144.3—2007

4）公称通径为 *DN*6，连接螺纹 $d_1$＝M18×1.5 的锥密封软管总成旋入端 NPT⅛ 60°圆锥管螺纹的锥接头：

锥接头 6-M18×1.5（NPT⅛）　JB/T 6144.4—2007

5）公称通径为 *DN*6，连接螺纹 $d_1$＝M18×1.5 的锥密封软管总成焊接锥接头：

锥接头 6-M18×1.5　JB/T 6144.5—2007

**表 21-8-70**　　mm

| 公称通径 *DN* | $d$ | | | | $d_1$ | $d_0$ | $D$ | $s$ | $l$ | $l_1$ | | |
|---|---|---|---|---|---|---|---|---|---|---|---|---|
| | JB/T 6144.1 | JB/T 6144.2 | JB/T 6144.3 | JB/T 6144.4 | | | | | | JB/T 6144.1～6144.2 | JB/T 6144.3 | JB/T 6144.4 |
| 4 | M10×1 | G⅛ | R⅛ | NPT⅛ | M16×1.5 | 2.5 | 7 | 18 | 28 | 12 | 4 | 4.102 |
| 6 | M10×1 | G⅛ | R⅛ | NPT⅛ | M18×1.5 | 3.5 | 8 | 18 | 28 | 12 | 4 | 4.102 |
| 8 | M10×1 | G⅛ | R⅛ | NPT⅛ | M20×1.5 | 5 | 10 | 21 | 30 | 12 | 4 | 4.102 |
| 10 | M14×1.5 | G¼ | R¼ | NPT¼ | M22×1.5 | 7 | 12 | 24 | 33 | 14 | 6 | 5.786 |
| 10 | M18×1.5 | G⅜ | R⅜ | NPT⅜ | M24×1.5 | 8 | 14 | 27 | 36 | 14 | 6.4 | 6.096 |
| 15 | M22×1.5 | G½ | R½ | NPT½ | M30×2 | 10 | 16 | 30 | 42 | 16 | 8.2 | 8.128 |
| 20 | M27×2 | G¾ | R¾ | NPT¾ | M33×2 | 13 | 20 | 36 | 48 | 18 | 9.5 | 8.611 |
| 20 | M27×2 | G¾ | R¾ | NPT¾ | M36×2 | 17 | 25 | 41 | 52 | 18 | 9.5 | 8.611 |
| 25 | M33×2 | G1 | R1 | NPT1 | M42×2 | 19 | 30 | 46 | 54 | 20 | 10.4 | 10.160 |
| 32 | M42×2 | G1¼ | R1¼ | NPT1¼ | M52×2 | 24 | 36 | 55 | 56 | 22 | 12.7 | 10.668 |
| 40 | M48×2 | G1½ | R1½ | NPT1½ | M56×2 | 30 | 42 | 60 | 58 | 24 | 12.7 | 10.668 |
| 50 | M60×2 | G2 | R2 | NPT2 | M64×2 | 40 | 53 | 75 | 64 | 26 | 15.9 | 11.074 |

续表

| 公称通径 DN | $l_2$ | | | L | | | | 质量/kg | |
|---|---|---|---|---|---|---|---|---|---|
| | JB/T 6144.1~6144.2 | JB/T 6144.3 | JB/T 6144.4 | JB/T 6144.1~6144.2 | JB/T 6144.3 | JB/T 6144.4 | JB/T 6144.5 | JB/T 6144.1~6144.4 | JB/T 6144.5 |
| 4 | 20 | 17 | 17 | 32 | 29 | 29 | 40 | 0.03 | 0.03 |
| 6 | 20 | 17 | 17 | 32 | 29 | 29 | 40 | 0.04 | 0.04 |
| 8 | 20 | 18 | 18 | 32 | 30 | 30 | 42 | 0.06 | 0.05 |
| 10 | 22 | 22 | 22 | 34 | 34 | 34 | 45 | 0.08 | 0.06 |
| 10 | 24 | 24 | 24 | 38 | 38 | 38 | 49 | 0.10 | 0.07 |
| 15 | 28 | 27 | 27 | 44 | 43 | 43 | 58 | 0.14 | 0.10 |
| 20 | 32 | 28 | 28 | 50 | 46 | 46 | 65 | 0.32 | 0.22 |
| 20 | 34 | 38 | 38 | 52 | 56 | 56 | 70 | 0.56 | 0.45 |
| 25 | 38 | 39 | 39 | 58 | 59 | 59 | 74 | 0.71 | 0.60 |
| 32 | 42 | 44 | 44 | 64 | 66 | 66 | 78 | 0.78 | 0.78 |
| 40 | 46 | 46 | 46 | 68 | 68 | 68 | 80 | 0.96 | 0.92 |
| 50 | 52 | 53 | 49 | 76 | 77 | 73 | 88 | 1.14 | 1.25 |

注：旋入机体端为公制细牙螺纹和圆柱管螺纹（G）者推荐采用组合垫圈（JB/T 982）。

### 1.2.6 快换接头

生产厂：焦作市路通液压附件有限公司、焦作华科液压机械制造有限公司等。

**快换接头（两端开闭式）（摘自 JB/ZQ 4078—2006）**

两端开闭式快换接头适用于以油、气为介质的管路系统，介质温度为-20~80℃。其结构及尺寸见表 21-8-71。

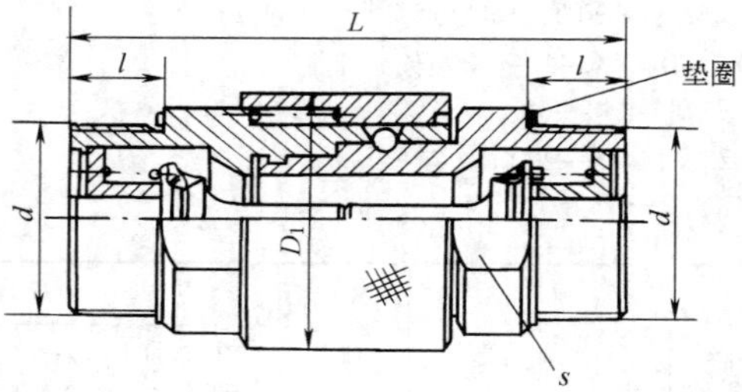


A 型快换接头

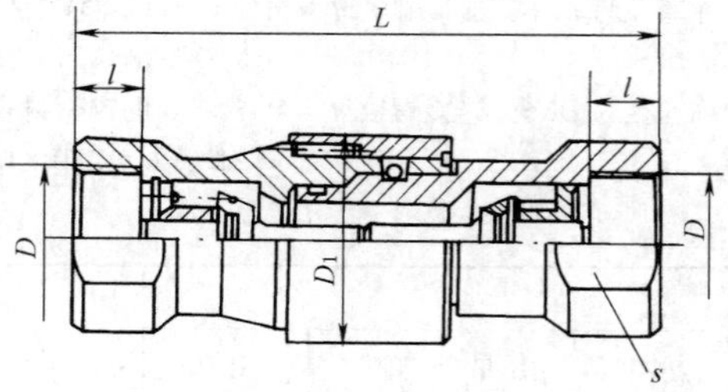


B 型快换接头

标记示例

公称通径 DN 为 15mm 的 A 型快换接头：快换接头 15　JB/ZQ 4078—2006

公称通径 DN 为 15 mm 的 B 型快换接头：快换接头 B15　JB/ZQ 4078—2006

**表 21-8-71**

mm

| 公称通径 DN | 公称压力 /MPa | 公称流量 /L·min$^{-1}$ | d (6g) | D (6H) | l | | L | | $D_1$ | s | 质量/kg | |
|---|---|---|---|---|---|---|---|---|---|---|---|---|
| | | | | | A 型 | B 型 | A 型 | B 型 | | | A 型 | B 型 |
| 6 | 31.5 | 6.3 | M18×1.5 | M16×1.5 | 13 | 14 | 76 | 104 | 29 | 21 | 0.14 | 0.16 |
| 8 | 31.5 | 25 | M22×1.5 | M20×1.5 | 13 | 14 | 77 | 105 | 34 | 27 | 0.20 | 0.25 |
| 10 | 31.5 | 40 | M27×2 | M24×1.5 | 13 | 14 | 80 | 108 | 39 | 30 | 0.32 | 0.38 |
| 15 | 25 | 63 | M30×2 | M27×2 | 16 | 16 | 91 | 123 | 43 | 34 | 0.49 | 0.56 |
| 20 | 20 | 100 | M39×2 | M36×2 | 16 | 20 | 98 | 138 | 55 | 46 | 0.83 | 0.92 |
| 25 | 16 | 160 | M42×2 | M39×2 | 20 | 20 | 110 | 150 | 59 | 50 | 1.21 | 1.40 |
| 32 | 16 | 250 | M52×2 | M45×2 | 22 | 22 | 130 | 173 | 70 | 60 | 1.90 | 2.20 |
| 40 | 10 | 400 | M60×2 | M52×2 | 26 | 26 | 148 | 199 | 78 | 65 | 2.81 | 3.10 |
| 50 | 10 | 630 | M72×2 | M64×2 | 30 | 30 | 164 | 224 | 90 | 80 | 4.20 | 4.70 |

### 快换接头（两端开放式）（摘自 JB/ZQ 4079—2006）

两端开放式快换接头有 A 型、B 型两种，适用于以油、气为介质的管路系统，介质温度为-20~80℃。

A 型快换接头

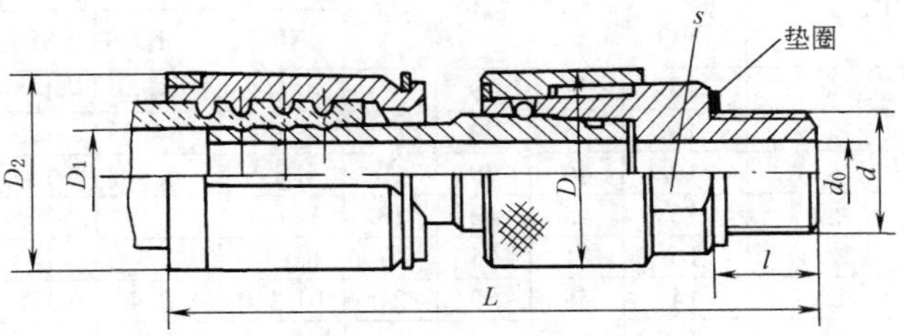


标记示例

公称通径 $DN$ 为 15mm 的 A 型快换接头：快换接头 15 JB/ZQ 4079—2006。

**表 21-8-72**

mm

| 公称通径 $DN$ | 公称流量 /L·min$^{-1}$ | 软管内径 $D_1$ | 工作压力/MPa 软管层数 Ⅰ | Ⅱ、Ⅲ | $D_2$ | $D$ | $d_0$ | $d$ (6g) | $s$ | $l$ | $L$ | 质量 /kg |
|---|---|---|---|---|---|---|---|---|---|---|---|---|
| 6 | 6.3 | 8 | 17.5 | 32 | 32 | 29 | 5 | M10×1 | 21 | 8 | 114 | 0.36 |
| 8 | 25 | 10 | 16 | 28 | 35 | 34 | 7 | M14×1.5 | 27 | 12 | 120 | 0.45 |
| 10 | 40 | 12.5 | 14 | 25 | 40 | 39 | 10 | M18×1.5 | 30 | 12 | 132 | 0.67 |
| 15 | 63 | 16 | 10.5 | 20 | 45 | 43 | 13 | M22×1.5 | 34 | 14 | 140 | 0.85 |
| 20 | 100 | 22 | 8 | 16 | 51 | 55 | 17 | M27×2 | 46 | 16 | 155 | 1.21 |
| 25 | 160 | 25 | 7 | 14 | 58 | 59 | 21 | M33×2 | 50 | 16 | 160 | 1.75 |
| 32 | 250 | 31.5 | 4.4 | 11 | 66 | 70 | 28 | M42×2 | 60 | 18 | 180 | 2.65 |
| 40 | 400 | 38 | 3.5 | 9 | 72 | 73 | 33 | M48×2 | 70 | 20 | 205 | 3.50 |
| 50 | 630 | 51 | 2.6 | 8 | 86 | 90 | 42 | M60×2 | 80 | 24 | 230 | 5.12 |

B 型快换接头

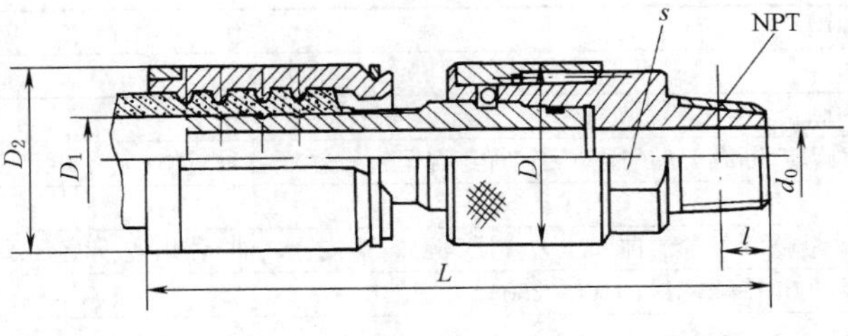


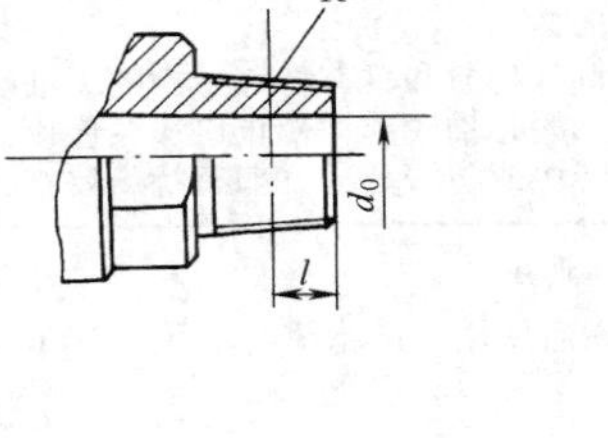

标记示例

公称通径 *DN* 为 15mm 的 B 型 55°锥管螺纹快换接头：快换接头 B15（R） JB/ZQ 4079—2006。

**表 21-8-73**

mm

| 公称通径 *DN* | 公称流量 /L·min$^{-1}$ | 软管内径 $D_1$ | NPT | R | 工作压力 /MPa | $D_2$ | $D$ | $d_0$ | $l$ | | $L$ | | $s$ | 质量 /kg |
|---|---|---|---|---|---|---|---|---|---|---|---|---|---|---|
| | | | | | | | | | NPT | R | NPT | R | | |
| 6 | 6.3 | 8 | $\frac{1}{8}$ | | 16 | 32 | 29 | 5 | 4.102 | 4 | 115 | 120 | 21 | 0.36 |
| 8 | 25 | 10 | $\frac{1}{4}$ | | 16 | 35 | 34 | 7 | 5.786 | 6 | 122 | 126 | 27 | 0.45 |
| 10 | 40 | 12.5 | $\frac{3}{8}$ | | 16 | 40 | 39 | 10 | 6.096 | 6.4 | 134 | 142 | 30 | 0.69 |
| 15 | 63 | 16 | $\frac{1}{2}$ | | 16 | 45 | 43 | 13 | 8.128 | 8.2 | 145 | 148 | 34 | 0.85 |
| 20 | 100 | 22 | $\frac{3}{4}$ | | 16 | 51 | 55 | 17 | 8.611 | 9.5 | 158 | 165 | 46 | 1.21 |
| 25 | 160 | 25 | 1 | | 14 | 58 | 59 | 21 | 10.160 | 10.4 | 170 | 175 | 50 | 1.75 |
| 32 | 250 | 31.5 | $1\frac{1}{4}$ | | 11 | 66 | 70 | 28 | 10.668 | 12.7 | 186 | 194 | 60 | 2.65 |
| 40 | 400 | 38 | $1\frac{1}{2}$ | | 9 | 72 | 78 | 33 | 10.668 | 12.7 | 210 | 216 | 70 | 3.50 |
| 50 | 630 | 51 | 2 | | 8 | 86 | 90 | 42 | 11.074 | 15.9 | 232 | 240 | 80 | 5.12 |

注：软管按 GB/T 3683《钢丝增强液压软管和软管组合件》的规定。

## 1.2.7 旋转接头

### UX 系列多介质旋转接头

UX 系列旋转接头是一种在断续、连续旋转或摆动旋转过程中，可连接并能连续输送油、水、气等多种流体压力介质的装置。旋转接头由心轴和外套构成，心轴和外套可相对转动。心轴和外套上的油口可连接外部管路，内部则用通道把心轴和外套上对应的油口连接起来。心轴和外套根据工况需要都可作为转子或定子。转子必须和旋转的设备同轴旋转。定子上的油口与输送流体来的固定管路相连，转子上的油口与旋转设备上的管路相连。

UX 系列高压、高温、多通路、多介质旋转接头是天津优瑞纳斯油缸有限公司开发生产的系列产品，已应用于冶金、石化、矿山、港口工程等机械及自动化设备等。

（1）型号意义

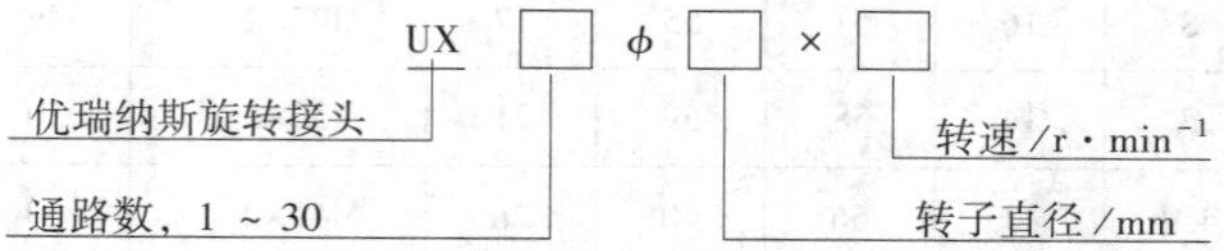


标记示例

具有 22 个通路，转子直径为 250mm，转速为 2r/min，使用工作介质为水乙二醇、润滑液、氩气、空气，用于连铸机大包回转工作台的 UX 旋转接头：UX22$\phi$250×2。

（2）技术参数

**表 21-8-74** 技术性能

| 工作压力/MPa | | 0~40 |
|---|---|---|
| 通　路 | 数量 | 1~30 |
| | 直径/mm | 6~300 |
| 工作方式 | | 连续旋转、断续旋转、摆动旋转等工况下连续输送各种流体(转子可正、反向旋转) |
| 最大线速度①/m·s$^{-1}$ | | 2 |
| 工作介质② | | 气体、液体等各种流体和压力介质,例如:空气、水、油、乳化液、水乙二醇等 |
| 工作温度/℃ | | -20~200(特殊密封:-100~260) |
| 结　构 | | 可根据工况需要在心轴中心设置任意通径的通孔,作为电缆、管路或流体的通道。端部法兰可连接电气滑环<br>特殊材质和具有特殊结构的无油润滑旋转密封,确保较长使用期内不会出现压力介质的内外泄漏<br>一般心轴底部为带止口法兰连接(大型旋转接头需现场配做防转销钉)。外套上一般安装两个对称的防转块或防转耳环。如有特殊要求,按客户提供的外形连接尺寸制造 |

① 心轴直径处的最大线速度。

② 工作介质均应经过滤后使用。过滤精度不低于 10μm。

## 心轴直径和许用转速

旋转接头的心轴直径与通路数量、通路直径、中心孔数量和中心孔直径有关，即通路数量越多，通径越大，中心孔越多，中心孔直径越大，心轴直径就越大。

旋转接头许用转速与心轴直径、介质温度和介质压力有关，即心轴直径越大，介质温度越高，介质压力越大，许用转速就越低。当介质温度高于60℃时，工作压力和转速都必须降低。

**表 21-8-75　UX 系列旋转接头心轴直径标准系列和许用转速**（压力小于等于 20MPa，常温工况时）

| 心轴直径/mm | 40 | 50 | 63 | 80 | 100 | 125 | 160 | 200 | 250 | 320 | 400 | 500 | 1000 | 2000 |
|---|---|---|---|---|---|---|---|---|---|---|---|---|---|---|
| 许用转速/$r \cdot min^{-1}$ | 955 | 764 | 606 | 477 | 382 | 306 | 238 | 191 | 153 | 119 | 95 | 76 | 38 | 19 |

注：当工作压力大于 20MPa 或工作介质温度高于 60℃时，最高转速需降低⅓～½。

## 旋转接头的油口

旋转接头的油口有普通螺纹油口和法兰油口两种。如无特殊需要，按表 21-8-76 或表 21-8-77 选择。

**表 21-8-76　普通螺纹油口**（摘自 GB/T 2878—1993）　mm

| 通径 | | 3 | 6 | 8 | 10 | 12 | 15 | 16～19 | 20～24 | 25～30 | 31～36 | 37～40 |
|---|---|---|---|---|---|---|---|---|---|---|---|---|
| 油口螺纹 | 直径（6H） | M10×1 | M12×1.5 | M14×1.5 | M16×1.5 | M18×1.5 | M22×1.5 | M27×2 | M33×2 | M42×2 | M48×2 | M52×2 |
| | 有效深度 | 10 | 11.5 | 11.5 | 13 | 14.5 | 15.5 | 19 | 19 | 19.5 | 21.5 | 22 |

注：油口可与下列标准接头连接：焊接式端直通管接头（JB/T 966）、卡套式端直通管接头（GB/T 3733）、扩口式端直通管接头（GB/T 5625）。接头密封垫可选用组合密封垫圈（JB/T 982）、软金属密封垫圈（JB/T 1002）、软金属螺塞用密封垫（JB/ZQ 4454）、金属尖角硬密封。

## 法兰油口

法兰油口出厂时配带法兰接口板，连接螺钉和 O 形密封圈，用户只需将管道与接口板焊接起来就行。接口板材质一般为 20 钢。

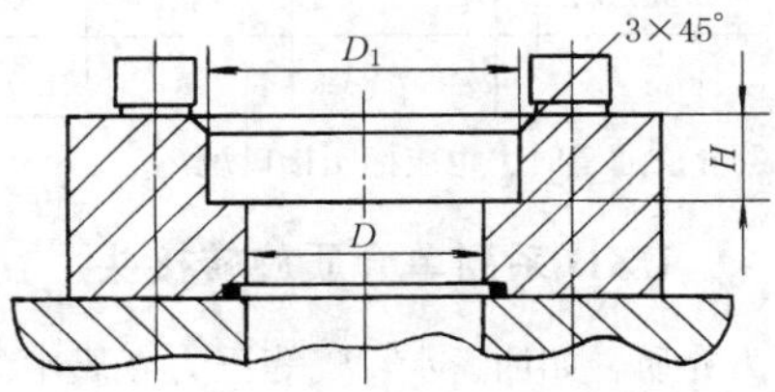


**表 21-8-77**　mm

| 规格 | 40F | 50F | 65F | 80F | 100F | 125F | 150F | 200F | 250F | 300F |
|---|---|---|---|---|---|---|---|---|---|---|
| 通径 $D$ | 40 | 50 | 65 | 80 | 100 | 125 | 150 | 200 | 250 | 300 |
| $D_1$ | 52 | 65 | 78 | 97 | 123 | 154 | 182 | 247 | 300 | 353 |
| $H$ | 15 | 20 | 25 | 30 | 35 | 40 | 40 | 40 | 40 | 40 |

（3）订货方法

旋转接头无统一标准的规格尺寸，可根据用户对不同的通路、通径、介质、压力、温度、连接尺寸和油口尺寸等要求进行设计制造。订货的程序如下：

1）绘制 UX 系列旋转接头图形符号，填写技术参数表；

2）用示意图或文字说明心轴及外套连接固定方式；

3）根据用户要求，设计旋转接头总装图，经用户确认后制造。

用图形符号和参数表格可简捷准确地表达出旋转接头的主要性能参数。下面以 8 通路旋转接头为例，介绍旋转接头的图形符号和参数表格。

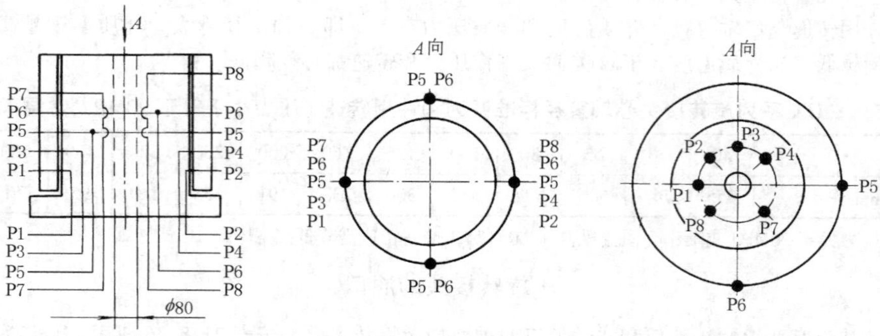


图 21-8-36　8 通路旋转接头图形符号

**表 21-8-78　　8 通路旋转接头参数**

| 通路 | 通径 /mm | 心轴油口 | | 外套油口 | | 工作介质 | 介质温度 /℃ | 额定压力 /MPa | 测试压力 /MPa | 备　注 |
|---|---|---|---|---|---|---|---|---|---|---|
| | | 规格 | 数量 | 规格 | 数量 | | | | | |
| P1 | 16 | M27×2 | 1 | M27×2 | 1 | 水乙二醇 | 60 | 25 | 32 | |
| P2 | 16 | M27×2 | 1 | M27×2 | 1 | 水乙二醇 | 60 | 25 | 32 | |
| P3 | 24 | G1 | 1 | G1 | 1 | 润滑脂 | 60 | 40 | 40 | |
| P4 | 24 | G1 | 1 | G1 | 1 | 润滑脂 | 常温 | 40 | 40 | |
| P5 | 50 | 50F | 1 | G1 | 4 | 水 | 常温 | 0.6 | 1 | |
| P6 | 50 | 50F | 1 | G1 | 4 | 水 | 常温 | 0.6 | 1 | |
| P7 | 20 | M33×2 | 1 | M33×2 | 1 | 氩气 | 80~100 | 1.6 | 2.4 | |
| P8 | 20 | M33×2 | 1 | M33×2 | 1 | 氩气 | 常温 | 1.6 | 2.4 | |
| $\phi$① | 80 | | | | | | | | | 电缆通道 |

① 为心轴中心通道孔径，如为水、气等介质通道时，也应标明接口规格。

## UXD 系列单介质旋转接头

UXD 系列旋转接头适用于单种压力介质，如油、水、气等压力介质中的某一种，可实现一种压力介质的直通、角通或多通路旋转连通。直通为两轴向连通的管路（等径或不等径），轴向相对旋转，功能图如图 21-8-37a；角通为两垂直相连通的管路（等径或不等径），其中一根管绕另一根管作径向旋转，或其中一根管沿轴心旋转，功能图如图 21-8-37b；多通是 3 通路以上，最多可达数十通路，图 21-8-37c 为 4 通功能图。

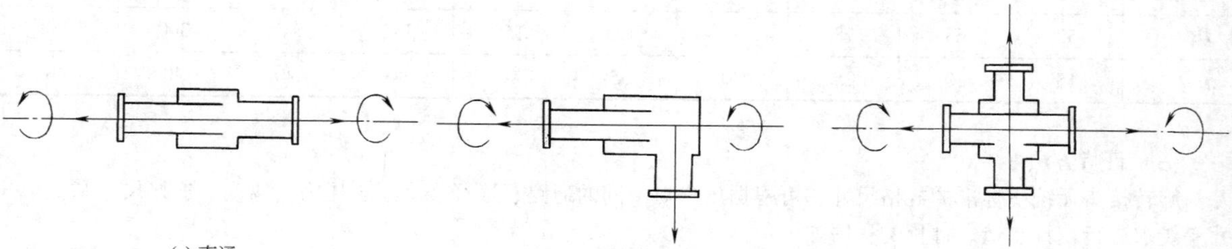

(a) 直通　　(b) 角通　　(c) 4通

图 21-8-37　旋转接头功能图

UXD 系列旋转接头是由天津优瑞纳斯油缸有限公司开发生产的系列产品。

（1）型号意义

UXD □ □ □ □ □

- 优瑞纳斯单介质旋转接头
- 功能：Z— 直通；J— 角通；D3 ×，D4 ×，…— 多通
- 公称压力 /MPa
- 通径 /mm
- 工作介质：无标记 — 矿物油；W— 水、水基介质；Q— 各种气体；其他介质文字说明
- 工作温度：无标记 —100℃ 以下；R—100℃ 及以上

（2）技术参数

**表 21-8-79**

| 工作压力/MPa | | 真空～-40 | 工作介质 | 油、水、气等各种介质 |
|---|---|---|---|---|
| 通路 | 数量 | 1～50 | 工作温度/℃ | -20～200 |
| | 直径/mm | ≤2000 | | |
| 工作方式 | | 连续旋转、断续旋转、摆动旋转等（转子可正、反向旋转） | 接口方式 | 公英制螺纹、法兰、焊接等按客户要求 |
| 转子线速度/m · $s^{-1}$ | | ≤2 | | |

## 1.2.8 其他管件

（1）承插焊管件

生产厂：焦作市路通液压附件有限公司、宁波液压附件厂。

### 锻制承插焊和螺纹管件（摘自 GB/T 14383—2008）

锻制承插焊和螺纹管件适用于石油、化工、机械、电力、纺织、化纤、冶金等行业的管道工程。

1）管件的品种与代号

**表 21-8-80**

| 连接型式 | 品种 | 代号 | 连接型式 | 品种 | 代号 |
|---|---|---|---|---|---|
| 承插焊 | 承插焊 45°弯头 | S45E | 螺纹 | 螺纹 45°弯头 | T45E |
| | 承插焊 90°弯头 | S90E | | 螺纹 90°弯头 | T90E |
| | 承插焊三通 | ST | | 内外螺纹 90°弯头 | T90SE |
| | 承插焊 45°三通 | S45T | | 螺纹三通 | TT |
| | 承插焊四通 | SCR | | 螺纹四通 | TCR |
| | 双承口管箍（同心） | SFC | | 双螺口管箍（同心） | TFC |
| | 双承口管箍（偏心） | SFCR | | 双螺口管箍（偏心） | TFCR |
| | 单承口管箍 | SHC | | 单螺口管箍 | THC |
| | 单承口管箍（带斜角）① | SHCB | | 单螺口管箍（带斜角）① | THCB |
| | 承插焊管帽 | SC | | 螺纹管帽 | TC |
| | — | — | | 四方头管塞 | SHP |
| | — | — | | 六角头管塞 | HHP |
| | — | — | | 圆头管塞 | RHP |
| | — | — | | 六角头内外螺纹接头 | HHB |
| | — | — | | 无头内外螺纹接头 | FB |

① 当要求与主管焊接相连的端部加工成带 45°斜角的形状时，在代号后加“B”；即一端带斜角的单承口管箍的代号为 SHCB，一端带斜角的单螺口管箍的代号为 THCB。

2）管件级别

承插焊管件的级别（Class）分为 3000、6000 和 9000，螺纹管件的级别分为 2000、3000 和 6000；与之适配的管子壁厚等级见表 21-8-81。

表 21-8-81

| 连接型式 | 级别代号 | 适配的管子壁厚等级 | 连接型式 | 级别代号 | 适配的管子壁厚等级 |
|---|---|---|---|---|---|
| 承插焊 | 3000 | Sch80、XS | 承插焊 | 2000 | Sch80、XS |
| | 6000 | Sch160 | | 3000 | Sch160 |
| | 9000 | XXS | | 6000 | XXS |

注：本表并未限制与管件连接时使用更厚或更薄的管子。实际使用的管子可以比表中所示的更厚或更薄。当使用更厚的管子时，管件的强度决定承压能力；当使用更薄的管子时，管子的强度决定承压能力。

## 承插焊管件——45°弯头、90°弯头、三通和四通（摘自 GB/T 14383—2008）

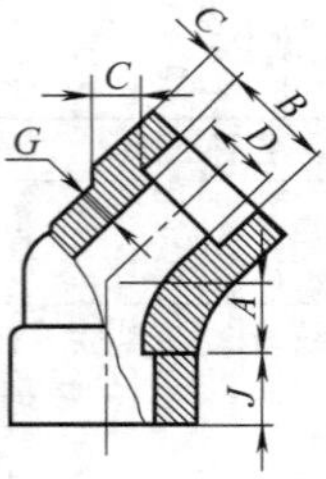


45°弯头

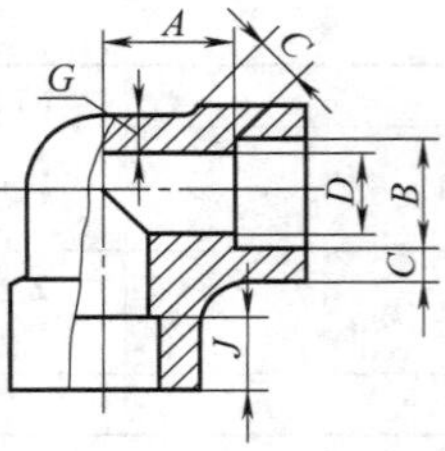


90°弯头

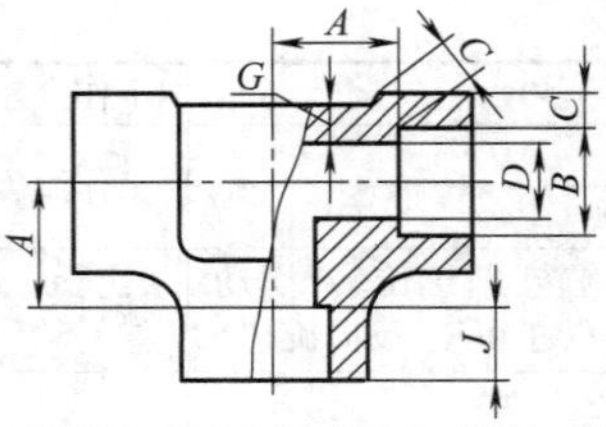


三通

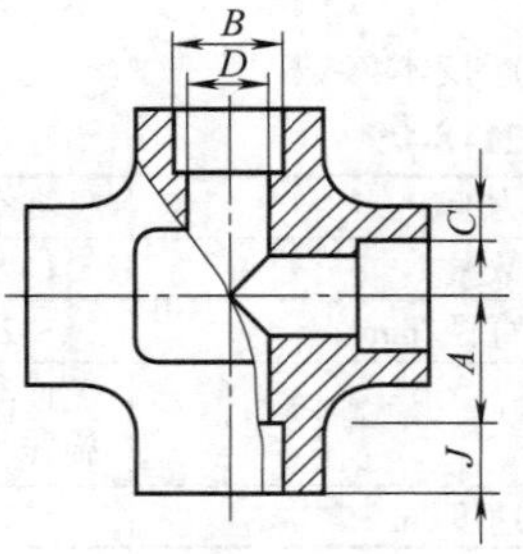


四通

表 21-8-82

mm

| 公称尺寸 | | 承插孔径 $B$① | 流通孔径 $D$① | | | 承插孔壁厚 $C$② | | | | | | 本体壁厚 $G_{min}$ | | | 承插孔深度 $J_{min}$ | 中心至承插孔底 $A$ | | | | | |
|---|---|---|---|---|---|---|---|---|---|---|---|---|---|---|---|---|---|---|---|---|---|
| | | | | | | 3000 | | 6000 | | 9000 | | | | | | 90°弯头、三通、四通 | | | 45°弯头 | | |
| $DN$ | NPS | | 3000 | 6000 | 9000 | ave | min | ave | min | ave | min | 3000 | 6000 | 9000 | | 3000 | 6000 | 9000 | 3000 | 6000 | 9000 |
| 6 | 1/8 | 10.9 | 6.1 | 3.2 | — | 3.18 | 3.18 | 3.96 | 3.43 | — | — | 2.41 | 3.15 | — | 9.5 | 11.0 | 11.0 | — | 8.0 | 8.0 | — |
| 8 | 1/4 | 14.3 | 8.5 | 5.6 | — | 3.78 | 3.30 | 4.60 | 4.01 | — | — | 3.02 | 3.68 | — | 9.5 | 11.0 | 13.5 | — | 8.0 | 8.0 | — |
| 10 | 3/8 | 17.7 | 11.8 | 8.4 | — | 4.01 | 3.50 | 5.03 | 4.37 | — | — | 3.20 | 4.01 | — | 9.5 | 13.5 | 15.5 | — | 8.0 | 11.0 | — |
| 15 | 1/2 | 21.9 | 15.0 | 11.0 | 5.6 | 4.67 | 4.09 | 5.97 | 5.18 | 9.53 | 8.18 | 3.73 | 4.78 | 7.47 | 9.5 | 15.5 | 19.0 | 25.5 | 11.0 | 12.5 | 15.5 |
| 20 | 3/4 | 27.3 | 20.2 | 14.8 | 10.3 | 4.90 | 4.27 | 6.96 | 6.04 | 9.78 | 8.56 | 3.91 | 5.56 | 7.82 | 12.5 | 19.0 | 22.5 | 28.5 | 13.0 | 14.0 | 19.0 |
| 25 | 1 | 34.0 | 25.9 | 19.9 | 14.4 | 5.69 | 4.98 | 7.92 | 6.93 | 11.38 | 9.96 | 4.55 | 6.35 | 9.09 | 12.5 | 22.5 | 27.0 | 32.0 | 14.0 | 17.5 | 20.5 |
| 32 | 1¼ | 42.8 | 34.3 | 28.7 | 22.0 | 6.07 | 5.28 | 7.92 | 6.93 | 12.14 | 10.62 | 4.85 | 6.35 | 9.70 | 12.5 | 27.0 | 32.0 | 35.0 | 17.5 | 20.5 | 22.5 |
| 40 | 1½ | 48.9 | 40.1 | 33.2 | 27.2 | 6.35 | 5.54 | 8.92 | 7.80 | 12.70 | 11.12 | 5.08 | 7.14 | 10.15 | 12.5 | 32.0 | 38.0 | 38.0 | 20.5 | 25.5 | 25.5 |
| 50 | 2 | 61.2 | 51.7 | 42.1 | 37.4 | 6.93 | 6.04 | 10.92 | 9.50 | 13.84 | 12.12 | 5.54 | 8.74 | 11.07 | 16.0 | 38.0 | 41.0 | 54.0 | 25.5 | 28.5 | 28.5 |
| 65 | 2½ | 73.9 | 61.2 | — | — | 8.76 | 7.62 | — | — | — | — | 7.01 | — | — | 16.0 | 41.0 | — | — | 28.5 | — | — |
| 80 | 3 | 89.9 | 76.4 | — | — | 9.52 | 8.30 | — | — | — | — | 7.62 | — | — | 16.0 | 57.0 | — | — | 32.0 | — | — |
| 100 | 4 | 115.5 | 100.7 | — | — | 10.69 | 9.35 | — | — | — | — | 8.56 | — | — | 19.0 | 66.5 | — | — | 41.0 | — | — |

① 当选用Ⅱ系列的管子时，其承插孔径和流通孔径应按Ⅱ系列管子尺寸配制，其余尺寸应符合本标准规定。
② 沿承插孔周边的平均壁厚不应小于平均值，局部允许达到最小值。

## 承插焊管件——双承口管箍、单承口管箍、管帽和45°三通（摘自 GB/T 14383—2008）

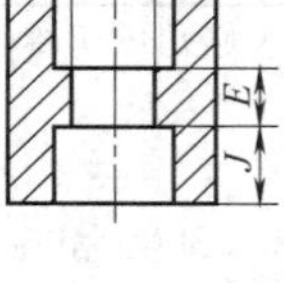


双承口管箍

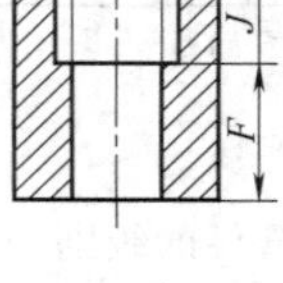


单承口管箍

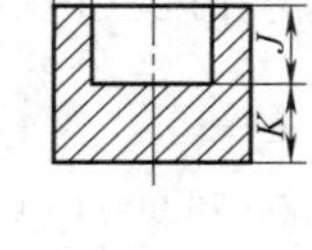


管帽

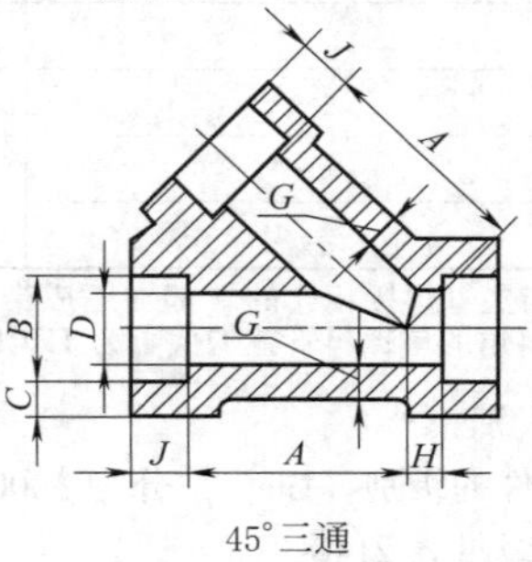


45°三通

**表 21-8-83**

mm

| 公称尺寸 | | 承插孔径 $B$① | 流通孔径 $D$① | | | 承插孔壁厚 $C$② | | | | | | 本体壁厚 $G_{min}$ | | | 承插孔深度 $J_{min}$ | 承插孔底距离 $E$ | 承插孔底至端面 $F$ | 顶部厚度 $K_{min}$ | | | 中心至承插孔底 | | | |
|---|---|---|---|---|---|---|---|---|---|---|---|---|---|---|---|---|---|---|---|---|---|---|---|---|
| | | | | | | 3000 | | 6000 | | 9000 | | | | | | | | | | | $A$ | | $H$ | |
| $DN$ | NPS | | 3000 | 6000 | 9000 | ave | min | ave | min | ave | min | 3000 | 6000 | 9000 | | | | 3000 | 6000 | 9000 | 3000 | 6000 | 3000 | 6000 |
| 6 | 1/8 | 10.9 | 6.1 | 3.2 | — | 3.18 | 3.18 | 3.96 | 3.43 | — | — | 2.41 | 3.15 | — | 9.5 | 6.5 | 16.0 | 4.8 | 6.4 | — | — | — | — | — |
| 8 | 1/4 | 14.3 | 8.5 | 5.6 | — | 3.78 | 3.30 | 4.60 | 4.01 | — | — | 3.02 | 3.68 | — | 9.5 | 6.5 | 16.0 | 4.8 | 6.4 | — | — | — | — | — |
| 10 | 3/8 | 17.7 | 11.8 | 8.4 | — | 4.01 | 3.50 | 5.03 | 4.37 | — | — | 3.20 | 4.01 | — | 9.5 | 6.5 | 17.5 | 4.8 | 6.4 | — | 37 | — | 9.5 | — |
| 15 | 1/2 | 21.9 | 15.0 | 11.0 | 5.6 | 4.67 | 4.09 | 5.97 | 5.18 | 9.53 | 8.18 | 3.73 | 4.78 | 7.47 | 9.5 | 9.5 | 22.5 | 6.4 | 7.9 | 11.2 | 41 | 51 | 9.5 | 11 |
| 20 | 3/4 | 27.3 | 20.2 | 14.8 | 10.3 | 4.90 | 4.27 | 6.96 | 6.04 | 9.78 | 8.56 | 3.91 | 5.56 | 7.82 | 12.5 | 9.5 | 24.0 | 6.4 | 7.9 | 12.7 | 51 | 60 | 11 | 13 |
| 25 | 1 | 34.0 | 25.9 | 19.9 | 14.4 | 5.69 | 4.98 | 7.92 | 6.93 | 11.38 | 9.96 | 4.55 | 6.35 | 9.09 | 12.5 | 12.5 | 28.5 | 9.6 | 11.2 | 14.2 | 60 | 71 | 13 | 16 |
| 32 | 1¼ | 42.8 | 34.3 | 28.7 | 22.0 | 6.07 | 5.28 | 7.92 | 6.93 | 12.14 | 10.62 | 4.85 | 6.35 | 9.70 | 12.5 | 12.5 | 30.0 | 9.6 | 11.2 | 14.2 | 71 | 81 | 16 | 17 |
| 40 | 1½ | 48.9 | 40.1 | 33.2 | 27.2 | 6.35 | 5.54 | 8.92 | 7.80 | 12.70 | 11.12 | 5.08 | 7.14 | 10.15 | 12.5 | 12.5 | 32.0 | 11.2 | 12.7 | 15.7 | 81 | 98 | 17 | 21 |
| 50 | 2 | 61.2 | 51.7 | 42.1 | 37.4 | 6.93 | 6.04 | 10.92 | 9.50 | 13.84 | 12.12 | 5.54 | 8.74 | 11.07 | 16.0 | 19.0 | 41.0 | 12.7 | 15.7 | 19.0 | 98 | 151 | 21 | 30 |
| 65 | 2½ | 73.9 | 61.2 | — | — | 8.76 | 7.62 | — | — | — | — | 7.01 | — | — | 16.0 | 19.0 | 43.0 | 15.7 | 19.0 | — | 151 | — | 30 | — |
| 80 | 3 | 89.9 | 75.4 | — | — | 9.52 | 8.30 | — | — | — | — | 7.62 | — | — | 16.0 | 19.0 | 44.5 | 19.0 | 22.4 | — | 184 | — | 57 | — |
| 100 | 4 | 115.5 | 100.7 | — | — | 10.69 | 9.35 | — | — | — | — | 8.56 | — | — | 19.0 | 19.0 | 48.0 | 22.4 | 28.4 | — | 201 | — | 66 | — |

① 当选用Ⅱ系列的管子时，其承插孔径和流通孔径应按Ⅱ系列管子尺寸配制，其余尺寸应符合本标准规定。

② 沿承插孔周边的平均壁厚不应小于平均值，局部允许达到最小值。

## 螺纹管件——45°弯头、90°弯头、三通和四通（摘自 GB/T 14383—2008）

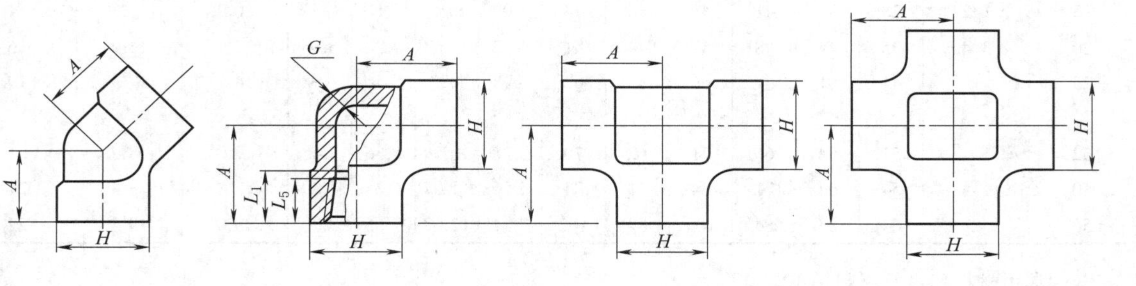


45°弯头　　90°弯头　　三通　　四通

**表 21-8-84**

mm

| 公称尺寸 $DN$ | 螺纹尺寸代号 NPT | 中心至端面 $A$ | | | | | | 端部外径 $H$① | | | 本体壁厚 $G_{min}$ | | | 完整螺纹长度 $L_{5min}$ | 有效螺纹长度 $L_{1min}$ |
|---|---|---|---|---|---|---|---|---|---|---|---|---|---|---|---|
| | | 90°弯头、三通和四通 | | | 45°弯头 | | | | | | | | | | |
| | | 2000 | 3000 | 6000 | 2000 | 3000 | 6000 | 2000 | 3000 | 6000 | 2000 | 3000 | 6000 | | |
| 6 | 1/8 | 21 | 21 | 25 | 17 | 17 | 19 | 22 | 22 | 25 | 3.18 | 3.18 | 6.35 | 6.4 | 6.7 |
| 8 | 1/4 | 21 | 25 | 28 | 17 | 19 | 22 | 22 | 25 | 33 | 3.18 | 3.30 | 6.60 | 8.1 | 10.2 |
| 10 | 3/8 | 25 | 28 | 33 | 19 | 22 | 25 | 25 | 33 | 38 | 3.18 | 3.51 | 6.98 | 9.1 | 10.4 |
| 15 | 1/2 | 28 | 33 | 38 | 22 | 25 | 28 | 33 | 38 | 46 | 3.18 | 4.09 | 8.15 | 10.9 | 13.6 |
| 20 | 3/4 | 33 | 38 | 44 | 25 | 28 | 33 | 38 | 46 | 56 | 3.18 | 4.32 | 8.53 | 12.7 | 13.9 |
| 25 | 1 | 38 | 44 | 51 | 28 | 33 | 35 | 46 | 56 | 62 | 3.68 | 4.98 | 9.93 | 14.7 | 17.3 |
| 32 | 1¼ | 44 | 51 | 60 | 33 | 35 | 43 | 56 | 62 | 75 | 3.89 | 5.28 | 10.59 | 17.0 | 18.0 |
| 40 | 1½ | 51 | 60 | 64 | 35 | 43 | 44 | 62 | 75 | 84 | 4.01 | 5.56 | 11.07 | 17.8 | 18.4 |
| 50 | 2 | 60 | 64 | 83 | 43 | 44 | 52 | 75 | 84 | 102 | 4.27 | 7.14 | 12.09 | 19.0 | 19.2 |
| 65 | 2½ | 76 | 83 | 95 | 52 | 52 | 64 | 92 | 102 | 121 | 5.61 | 7.65 | 15.29 | 23.6 | 28.9 |
| 80 | 3 | 86 | 95 | 106 | 64 | 64 | 79 | 109 | 121 | 146 | 5.99 | 8.84 | 16.64 | 25.9 | 30.5 |
| 100 | 4 | 106 | 114 | 114 | 79 | 79 | 79 | 146 | 152 | 152 | 6.55 | 11.18 | 18.67 | 27.7 | 33.0 |

① 当 DN65（NPS 2½）的管件配管选用Ⅱ系列的管子时，管件的端部外径应大于表中规定尺寸，以满足端部凸缘处的壁厚要求，其余尺寸应符合本标准规定。

## 螺纹管件——内螺纹 90°弯头（摘自 GB/T 14383—2008）

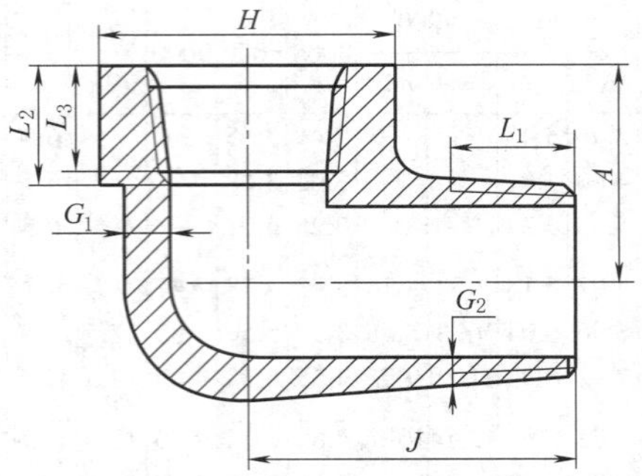


**表 21-8-85**

mm

| 公称尺寸 DN | 螺纹尺寸代号 NPT | 中心至内螺纹端面 A | | 中心至外螺纹端面 J | | 端部外径 H | | 本体壁厚 $G_{1min}$ | | 本体壁厚 $G_{2min}$ | | 内螺纹完整长度 $L_{3min}$ | 内螺纹有效长度 $L_{2min}$ | 外螺纹长度 $L_{min}$ |
|---|---|---|---|---|---|---|---|---|---|---|---|---|---|---|
| | | 3000 | 6000 | 3000 | 6000 | 3000 | 6000 | 3000 | 6000 | 3000 | 6000 | | | |
| 6 | 1/8 | 19 | 22 | 25 | 32 | 19 | 25 | 3.18 | 5.08 | 2.74 | 4.22 | 6.4 | 6.7 | 10 |
| 8 | 1/4 | 22 | 25 | 32 | 38 | 25 | 32 | 3.30 | 5.66 | 3.22 | 5.28 | 8.1 | 10.2 | 11 |
| 10 | 3/8 | 25 | 28 | 38 | 41 | 32 | 38 | 3.51 | 6.98 | 3.50 | 5.59 | 9.1 | 10.4 | 13 |
| 15 | 1/2 | 28 | 35 | 41 | 48 | 38 | 44 | 4.09 | 8.15 | 4.16 | 6.53 | 10.9 | 13.6 | 14 |
| 20 | 3/4 | 35 | 44 | 48 | 57 | 44 | 51 | 4.32 | 8.53 | 4.88 | 6.86 | 12.7 | 13.9 | 16 |
| 25 | 1 | 44 | 51 | 57 | 66 | 51 | 62 | 4.98 | 9.93 | 5.56 | 7.95 | 14.7 | 17.3 | 19 |
| 32 | 1¼ | 51 | 54 | 66 | 71 | 62 | 70 | 5.28 | 10.59 | 5.56 | 8.48 | 17.0 | 18.0 | 21 |
| 40 | 1½ | 54 | 64 | 71 | 84 | 70 | 84 | 5.56 | 11.07 | 6.25 | 8.89 | 17.8 | 18.4 | 21 |
| 50 | 2 | 64 | 83 | 84 | 105 | 84 | 102 | 7.14 | 12.09 | 7.64 | 9.70 | 19.0 | 19.2 | 22 |

3）常用材料牌号及材料标准

**表 21-8-86**

<table>
<tr><th>材料牌号（旧牌号）</th><th>标准编号</th><th>材料牌号（旧牌号）</th><th>标准编号</th></tr>
<tr><td>20</td><td>GB/T 699</td><td rowspan="3">06Cr19Ni10（0Cr18Ni9）<br>06Cr17Ni12Mo2（0Cr17Ni12Mo2）<br>06Cr18Ni11Ti（0Cr18Ni10Ti）</td><td rowspan="3">GB/T 1220<br>GB/T 1221</td></tr>
<tr><td>Q295、Q345</td><td>GB/T 1591</td></tr>
<tr><td>15CrMo、12Cr1MoV</td><td>GB/T 3077</td></tr>
<tr><td>12Cr5Mo（1Cr5Mo）</td><td>GB/T 1221</td><td>022Cr19Ni10（00Cr19Ni10）<br>022Cr17Ni12Mo2（00Cr17Ni14Mo2）</td><td>GB/T 1220</td></tr>
</table>

4）常用材料的热处理要求

**表 21-8-87**

<table>
<tr><th>材料牌号（旧牌号）</th><th>热处理要求</th><th>材料牌号（旧牌号）</th><th>热处理要求</th></tr>
<tr><td>20</td><td>退火或正火</td><td rowspan="3">06Cr19Ni10（0Cr18Ni9）<br>06Cr17Ni12Mo2（0Cr17Ni12Mo2）<br>06Cr18Ni11Ti（0Cr18Ni10Ti）<br>022Cr19Ni10（00Cr19Ni10）<br>022Cr17Ni12Mo2（00Cr17Ni14Mo2）</td><td rowspan="3">固溶</td></tr>
<tr><td>Q295、Q345</td><td>退火或正火+回火</td></tr>
<tr><td>15CrMo、12Cr1MoV、<br>12Cr5Mo（1Cr5Mo）</td><td>退火或正火+回火</td></tr>
</table>

注：对含 Ti 的不锈钢管件，制造商可在固溶处理后进行稳定化热处理。

5）管件焊接安装要求

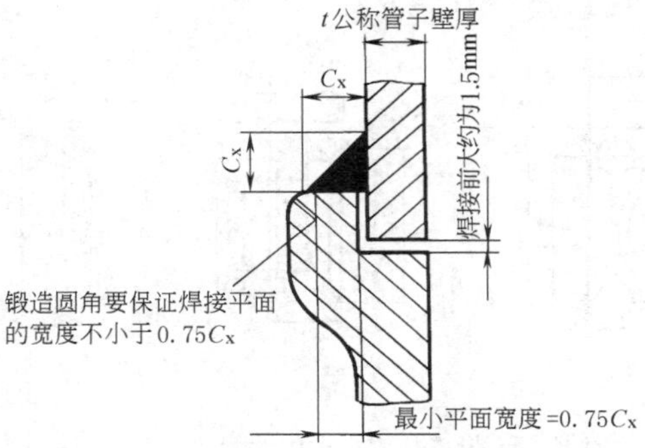


$C_x$（min）= 1.09$t$，但不得小于3mm

图 21-8-38

（2）法兰

**高压法兰（$PN$=10MPa、16MPa、25MPa）（摘自 JB/ZQ 4485—2006）**

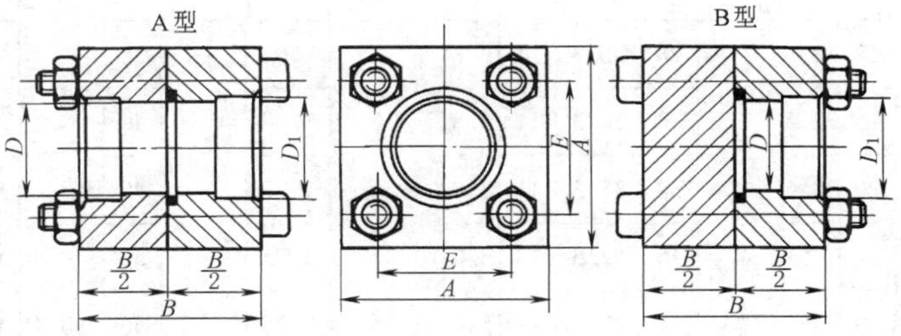


标记示例

公称通径$DN$ 50mm，管子外径 76mm，公称压力 $PN$= 25MPa 的 A 型法兰：

法兰 A50/76-25 JB/ZQ 4485—2006

公称通径 $DN$ 40mm，管子外径 48mm，公称压力 $PN$=16MPa 的 B 型法兰：

法兰 B40/48-16 JB/ZQ 4485—2006

**表 21-8-88**

mm

| 公称通径 $DN$ | 公称压力 $PN$ /MPa | $D$ | $D_1$ | $A$ | $B$ | $E$ | 螺栓 | 螺母 | O形密封圈 (GB/T 3452.1) | 管子尺寸 (外径×壁厚) | 质量/kg | |
|---|---|---|---|---|---|---|---|---|---|---|---|---|
| | | | | | | | | | | | A型 | B型 |
| 40 | 10,16 | 40 | 49 | 100 | 80 | 70 | M12×100 | M12 | 45×2.65G | 48×5 | 5.4 | 5.8 |
| | 25 | | 61 | 110 | 90 | 75 | M16×110 | M16 | | 60×10 | 6.5 | 8.7 |
| 50 | 10,16 | 50 | 61 | 110 | 90 | 75 | M16×110 | M16 | 56×2.65G | 60×5 | 6.6 | 7.6 |
| | 25 | | 77 | 140 | 110 | 100 | M16×130 | M16 | | 76×12 | 14.0 | 16.0 |
| 65 | 10,16 | 65 | 77 | 140 | 110 | 100 | M16×130 | M16 | 75×5.30G | 76×8 | 13.8 | 15.7 |
| | 25 | | 90 | 160 | 140 | 120 | M20×160 | M20 | | 89×12 | 23.1 | 26.3 |
| 80 | 10 | 80 | 90 | 160 | 140 | 120 | M20×160 | M20 | 90×5.30G | 89×8 | 22.0 | 25.8 |

注：1. 连接螺栓强度级别不低于 8.8 级。

2. 生产厂为宁波液压附件厂。

## 直通法兰（$PN$= 20MPa）（摘自 JB/ZQ 4486—2006）

适用于公称压力 $PN$ 20MPa，温度-25~80℃的介质。

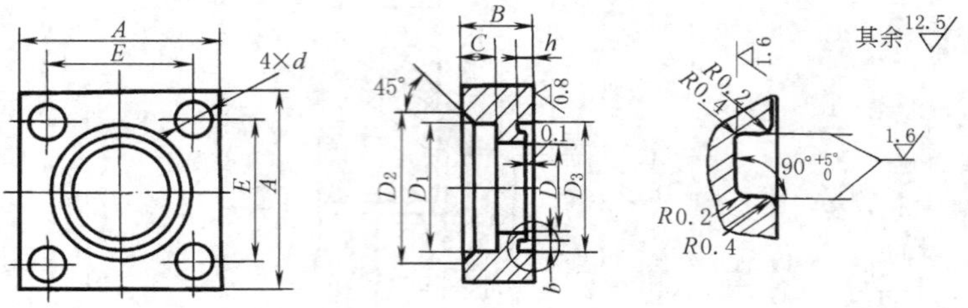


标记示例

公称通径 $DN$ 为 20mm 的直通法兰：直通法兰 20　JB/ZQ 4486—2006

**表 21-8-89**　　mm

| 公称通径 $DN$ | 钢管 $D_0 \times S$ | $A$ | $B$ | $C$ | $D$ | $D_1$ | | $D_2$ | $D_3$ H11 | $d$ | $b$ | | $h$ | | $E$ | | 法兰用螺钉 | O 形圈（GB/T 3452.1） | 质量 /kg |
|---|---|---|---|---|---|---|---|---|---|---|---|---|---|---|---|---|---|---|---|
| 10 | 18×2 | 55 | 22 | 9 | 12 | 18.5 | | 28 | 30.3 | 11 | 3.8 | | 1.97 | | 36 | | M10 | 25.0×2.65G | 0.40 |
| 15 | 22×3 | 55 | 22 | 11 | 16 | 22.5 | | 32 | 30.3 | 11 | 3.8 | | 1.97 | | 40 | | M10 | 25.0×2.65G | 0.45 |
| 20 | 28×4 | 55 | 22 | 12 | 20 | 28.5 | | 38 | 35.3 | 11 | 3.8 | | 1.97 | | 40 | | M10 | 30.0×2.65G | 0.40 |
| 25 | 34×5 | 75 | 28 | 14 | 24 | 35 | | 45 | 42.6 | 13 | 5.0 | | 2.75 | | 56 | | M12 | 35.5×3.55G | 0.94 |
| 32 | 42×6 | 75 | 28 | 16 | 30 | 43 | $^{+0.3}_{0}$ | 55 | 47.1 | 13 | 5.0 | $^{+0.25}_{0}$ | 2.75 | $^{+0.1}_{0}$ | 56 | ±0.4 | M12 | 40.0×3.55G | 0.84 |
| 40 | 50×6 | 100 | 36 | 18 | 38 | 52 | | 63 | 57.1 | 18 | 5.0 | | 2.75 | | 73 | | M16 | 50.0×3.55G | 2.10 |
| 50 | 63×7 | 100 | 36 | 20 | 48 | 65 | | 75 | 67.1 | 18 | 5.0 | | 2.75 | | 73 | | M16 | 60.0×3.55G | 1.85 |
| 65 | 76×8 | 140 | 45 | 22 | 60 | 78 | | 95 | 78.1 | 24 | 5.0 | | 2.75 | | 103 | | M22 | 71.0×3.55G | 5.30 |
| 80 | 89×10 | 140 | 45 | 25 | 70 | 91 | | 108 | 92.1 | 24 | 5.0 | | 2.75 | | 103 | | M22 | 85.0×3.55G | 4.50 |

注：1. 直通法兰配用的螺栓按 GB/T 3098.1，强度等级为 8.8。

2. 直通法兰材料为 20 钢。

## 直角法兰（$PN$= 20MPa）（摘自 JB/ZQ 4487—2006）

适用于公称压力 $PN$ 20MPa，温度-25~80℃的介质。

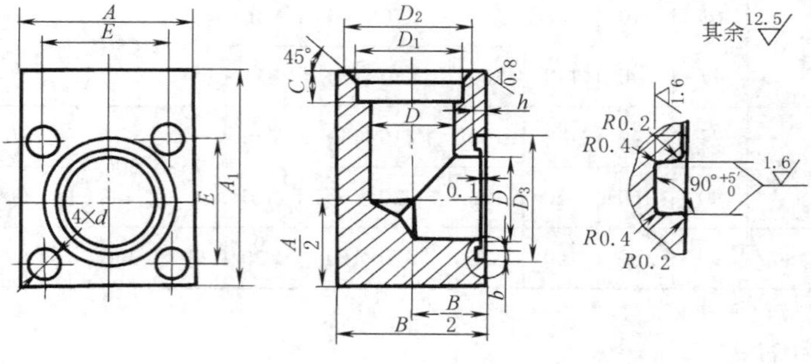

标记示例

公称通径 *DN* 为 20mm 的直角法兰：直角法兰 20　JB/ZQ 4487—2006

**表 21-8-90**

mm

| 公称通径 $DN$ | 钢管 $D_0 \times S$ | $A$ | $A_1$ | $B$ | $C$ | $D$ | $D_1$ | | $D_2$ | $D_3$ H11 | $d$ | $b$ | | $h$ | | $E$ | | 法兰用螺钉 | O 形圈 (GB/T 3452.1) | 质量 /kg |
|---|---|---|---|---|---|---|---|---|---|---|---|---|---|---|---|---|---|---|---|---|
| 10 | 18×2 | 55 | 70 | 45 | 9 | 12 | 18.5 | | 28 | 30.3 | 11 | 3.8 | | 1.97 | | 36 | | M10 | 25.0×2.65G | 0.95 |
| 15 | 22×3 | 55 | 70 | 45 | 11 | 16 | 22.5 | | 32 | 30.3 | 11 | 3.8 | | 1.97 | | 40 | | M10 | 25.0×2.65G | 1.12 |
| 20 | 28×4 | 55 | 70 | 45 | 12 | 20 | 28.5 | | 38 | 35.3 | 11 | 3.8 | | 1.97 | | 40 | | M10 | 30.0×2.65G | 1.08 |
| 25 | 34×5 | 75 | 92 | 65 | 14 | 24 | 35 | | 45 | 42.6 | 13 | 5.0 | | 2.75 | | 56 | | M12 | 35.5×2.65G | 2.35 |
| 32 | 42×6 | 75 | 92 | 65 | 16 | 30 | 43 | $^{+0.3}_{0}$ | 55 | 47.1 | 13 | 5.0 | $^{+0.25}_{0}$ | 2.75 | $^{+0.1}_{0}$ | 56 | ±0.4 | M12 | 40.0×3.55G | 2.10 |
| 40 | 50×6 | 100 | 125 | 85 | 18 | 38 | 52 | | 63 | 57.1 | 18 | 5.0 | | 2.75 | | 73 | | M16 | 50.0×3.55G | 6.75 |
| 50 | 63×7 | 100 | 125 | 85 | 20 | 48 | 65.5 | | 75 | 67.1 | 18 | 5.0 | | 2.75 | | 73 | | M16 | 60.0×3.55G | 6.10 |
| 65 | 76×8 | 140 | 170 | 120 | 22 | 60 | 78 | | 95 | 78.1 | 24 | 5.0 | | 2.75 | | 103 | | M22 | 71.0×3.55G | 18.00 |
| 80 | 89×10 | 140 | 170 | 120 | 25 | 70 | 91 | | 108 | 92.1 | 24 | 5.0 | | 2.75 | | 103 | | M22 | 85.0×3.55G | 17.00 |

注：1. 法兰配用的螺钉按 GB/T 3098.1，强度等级为 8.8。

2. 法兰材料为 20 钢。

## 中间法兰（*PN*=20MPa）（摘自 JB/ZQ 4488—2006）

适用于公称压力 *PN* 20MPa，温度-25~80℃的介质。

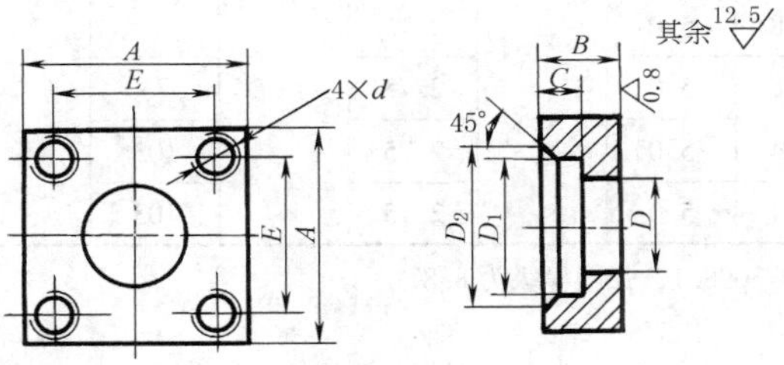


标记示例

公称通径 *DN* 为 20mm 的中间法兰：中间法兰 20　JB/ZQ 4488—2006

**表 21-8-91**

mm

| 公称直径 $DN$ | 钢　管 $D_0 \times S$ | $A$ | $B$ | $C$ | $D$ | $D_1$ | | $D_2$ | $d$ | $E$ | | 质量 /kg |
|---|---|---|---|---|---|---|---|---|---|---|---|---|
| 10 | 18×2 | 55 | 22 | 9 | 12 | 18.5 | | 28 | M10 | 36 | | 0.41 |
| 15 | 22×3 | 55 | 22 | 11 | 16 | 22.5 | | 32 | M10 | 40 | | 0.46 |
| 20 | 28×4 | 55 | 22 | 12 | 20 | 28.5 | | 38 | M10 | 40 | | 0.41 |
| 25 | 34×5 | 75 | 28 | 14 | 24 | 35 | | 45 | M12 | 56 | | 0.95 |
| 32 | 42×6 | 75 | 28 | 16 | 30 | 43 | $^{+0.3}_{0}$ | 55 | M12 | 56 | ±0.4 | 0.85 |
| 40 | 50×6 | 100 | 36 | 18 | 38 | 52 | | 63 | M16 | 73 | | 2.12 |
| 50 | 63×7 | 100 | 36 | 20 | 48 | 65.5 | | 75 | M16 | 73 | | 1.87 |
| 65 | 76×8 | 140 | 45 | 22 | 60 | 78 | | 95 | M22 | 103 | | 5.32 |
| 80 | 89×10 | 140 | 45 | 25 | 70 | 91 | | 108 | M22 | 103 | | 4.52 |

注：1. 法兰配用的螺钉按 GB 3098.1，强度等级为 8.8。

2. 该法兰与直通法兰相配，用于管道中间连接。

3. 法兰材料为 20 钢。

## 法兰盖（*PN*=20MPa）（摘自 JB/ZQ 4489—2006）

适用于公称压力 *PN* 20MPa，温度-25~80℃的介质。

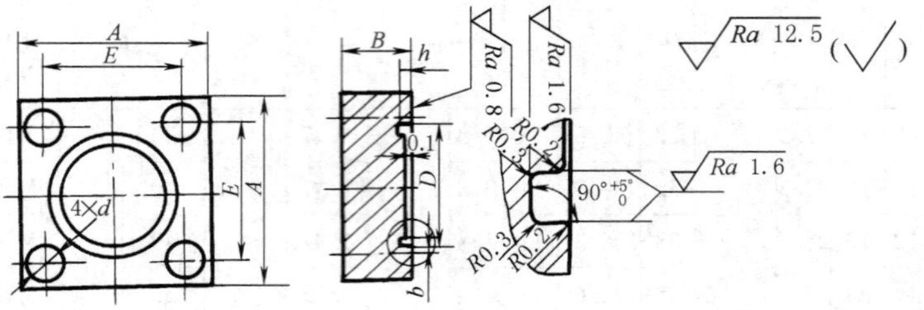


标记示例

公称通径 *DN* 为 20mm 的法兰盖：法兰盖 20　JB/ZQ 4489—2006

**表 21-8-92**　　mm

| 公称通径 *DN* | *A* | *B* | *D* | *d* | *b* | | *h* | | *E* | | 法兰盖用螺钉 | O 形圈 (GB/T 3452.1) | 质量 /kg |
|---|---|---|---|---|---|---|---|---|---|---|---|---|---|
| 10 | 55 | 22 | 30.3 | 11 | 3.8 | | 1.97 | | 36 | | M10 | 25.0×2.65G | 0.45 |
| 15 | 55 | 22 | 30.3 | 11 | 3.8 | | 1.97 | | 40 | | M10 | 25.0×2.65G | 0.50 |
| 20 | 55 | 22 | 30.3 | 11 | 3.8 | | 1.97 | | 40 | | M10 | 30.0×2.65G | 0.50 |
| 25 | 75 | 28 | 42.6 | 13 | 5.0 | | 2.75 | | 56 | | M12 | 35.5×3.55G | 1.00 |
| 32 | 75 | 28 | 47.1 | 13 | 5.0 | $^{+0.25}_{0}$ | 2.75 | $^{+0.1}_{0}$ | 56 | ±0.4 | M12 | 40.0×3.55G | 1.00 |
| 40 | 100 | 36 | 57.1 | 18 | 5.0 | | 2.75 | | 73 | | M16 | 50.0×3.55G | 2.80 |
| 50 | 100 | 36 | 67.1 | 18 | 5.0 | | 2.75 | | 73 | | M16 | 60.0×3.55G | 2.80 |
| 65 | 140 | 45 | 78.1 | 24 | 5.0 | | 2.75 | | 103 | | M22 | 71.0×3.55G | 6.60 |
| 80 | 140 | 45 | 92.1 | 24 | 5.0 | | 2.75 | | 103 | | M22 | 85.0×3.55G | 6.60 |

注：1. 法兰配用的螺钉按 GB/T 3098.1，强度等级为 8.8。

2. 法兰材料为 20 钢。

3. 锻钢制螺纹管件（摘自 GB/T 14383—2008）、钢制对焊无缝管件（摘自 GB/T 12459—2005）等管件见本手册第 10 篇第 2 章管件。

## 1.2.9　螺塞及其垫圈

### 内六角螺塞（*PN*=31.5MPa）（摘自 JB/ZQ 4444—2006）

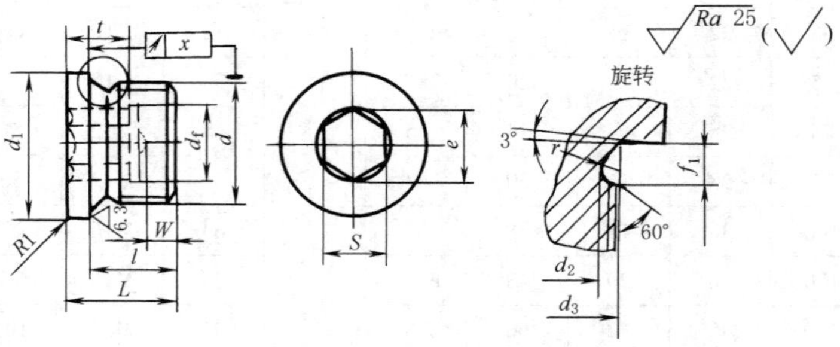


标记示例

*d*=M20×1.5 的内六角螺塞：螺塞 M20×1.5　JB/ZQ 4444—2006

*d*=G⅜A 的内六角螺塞：螺塞 G⅜A　JB/ZQ 4444—2006

**表 21-8-93**　　mm

| $d$ | | | $d_1$ | $d_2$ | $d_3$ | $e$ | $l$ | $L$ | $S$ | $t$ | $W$ | $f_1$ | $x$ | 每1000件质量/kg |
|---|---|---|---|---|---|---|---|---|---|---|---|---|---|---|
| 米制螺纹 | | 管螺纹 | h14 | $^{0}_{-0.2}$ | $^{0}_{-0.3}$ | ≥ | ±0.2 | ≈ | D12 | ≥ | ≥ | $^{+0.3}_{0}$ | | |
| M8×1 | — | — | 14 | 6.4 | 8.3 | 4.6 | 8 | 11 | 4 | 3.5 | 3 | 2 | | 6.4 |
| M10×1 | — | G⅛A | 14 | 8.3 | 10 | 5.7 | 8 | 11 | 5 | 5 | 3 | 2 | | 6.34 |
| M12×1.5 | — | — | 17 | 9.7 | 12.3 | 6.9 | 12 | 15 | 5.5 | 7 | 3 | 3 | | 11.3 |
| — | — | G¼A | 18 | 11.2 | 13.4 | 6.9 | 12 | 15 | 5.5 | 7 | 3 | 3 | | 14.6 |
| M14×1.5 | — | — | 19 | 11.7 | 14.3 | 6.9 | 12 | 15 | 5.5 | 7 | 3 | 3 | | 16.0 |
| M16×1.5 | — | — | 21 | 13.7 | 16.3 | 9.2 | 12 | 15 | 8 | 7.5 | 3 | 3 | 0.1 | 19.0 |
| — | — | G⅜A | 22 | 14.7 | 17 | 9.2 | 12 | 15 | 8 | 7.5 | 3 | 3 | | 21.4 |
| M18×1.5 | — | — | 23 | 15.7 | 18.3 | 9.2 | 12 | 16 | 8 | 7.5 | 3 | 3 | | 28.3 |
| M20×1.5 | — | — | 25 | 17.7 | 20.3 | 11.4 | 14 | 18 | 10 | 7.5 | 4 | 3 | | 37.5 |
| — | — | G½A | 26 | 18.4 | 21.3 | 11.4 | 14 | 18 | 10 | 7.5 | 4 | 4 | | 40.8 |
| M22×1.5 | — | — | 27 | 19.7 | 22.3 | 11.4 | 14 | 18 | 10 | 7.5 | 4 | 3 | | 47.5 |
| M24×1.5 | — | — | 29 | 21.7 | 24.3 | 13.7 | 14 | 18 | 11 | 7.5 | 4 | 3 | | 53.5 |
| M26×1.5 | — | — | 31 | 23.7 | 26.3 | 13.7 | 16 | 20 | 11 | 9 | 4 | 3 | | 68.7 |
| — | M27×2 | G¾A | 32 | 23.9 | 27 | 13.7 | 16 | 20 | 11 | 9 | 4 | 4 | | 73.5 |
| M30×1.5 | M30×2 | — | 36 | 27.7 | 30.3 | 19.4 | 16 | 20 | 16 | 9 | 4 | 4 | | 84.0 |
| — | M33×2 | G1A | 39 | 29.9 | 33.3 | 19.4 | 16 | 21 | 16 | 9 | 4 | 4 | | 111 |
| M36×1.5 | M36×2 | — | 42 | 33 | 36.3 | 21.7 | 16 | 21 | 18 | 10.5 | 4 | 4 | | 134 |
| M38×1.5 | — | G1⅛A | 44 | 35 | 38.3 | 21.7 | 16 | 21 | 18 | 10.5 | 4 | 4 | | 149 |
| — | M39×2 | — | 46 | 36 | 39.3 | 21.7 | 16 | 21 | 18 | 10.5 | 4 | 4 | | 163 |
| M42×1.5 | M42×2 | G1¼A | 49 | 39 | 42.3 | 25.2 | 16 | 21 | 21 | 10.5 | 4 | 4 | | 187 |
| M45×1.5 | M45×2 | — | 52 | 42 | 45.3 | 25.2 | 16 | 21 | 21 | 10.5 | 4 | 4 | 0.2 | 215 |
| M48×1.5 | M48×2 | G1½A | 55 | 45 | 48.1 | 27.4 | 16 | 21 | 24 | 10.5 | 4 | 4 | | 246 |
| M52×1.5 | M52×2 | — | 60 | 49 | 52.3 | 27.4 | 16 | 21 | 24 | 10.5 | 4 | 4 | | 302 |
| — | — | G1¾A | 62 | 50.4 | 54 | 36.6 | 20 | 25 | 32 | 14 | 4 | 5 | | 320 |
| — | M56×2 | — | 64 | 53 | 56.3 | 36.6 | 20 | 25 | 32 | 14 | 4 | 4 | | 386 |
| — | M60×2 | G2A | 68 | 56.3 | 60.3 | 36.6 | 20 | 25 | 32 | 14 | 4 | 4 | | 445 |
| — | M64×2 | — | 72 | 61 | 64.3 | 36.6 | 20 | 25 | 32 | 14 | 4 | 4 | | 530 |
| — | — | G2½A | 84 | 71.2 | 75.6 | 36.6 | 26 | 34 | 32 | 20 | 6 | 5 | | 1110 |
| — | — | G3A | 100 | 83.9 | 88.4 | 36.6 | 26 | 34 | 32 | 20 | 6 | 5 | | 1530 |

注：材料35，$d_f$ 尺寸由制造厂确定。

## 60°圆锥管螺纹内六角螺塞（$PN$=16MPa）（摘自 JB/ZQ 4447—2006）、55°密封管螺纹内六角螺塞（$PN$=10MPa）（摘自 JB/ZQ 4446—2006）

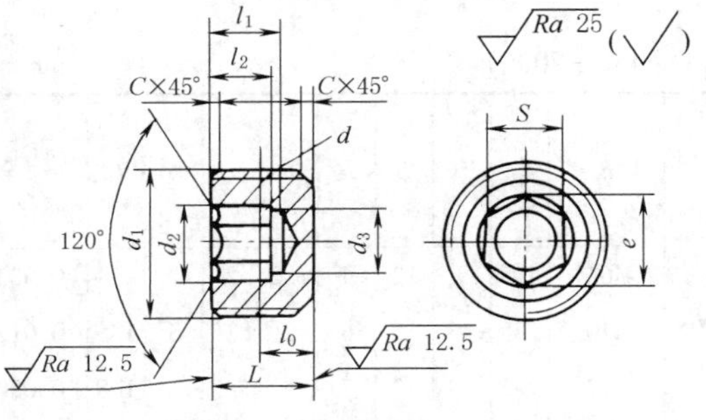

55°密封的图

材料35，公称压力：圆锥管螺纹内六角螺塞16~20MPa

锥管螺纹内六角螺塞10MPa

标记示例

（a）$d$ 为NPT ¼的锥螺纹内六角螺塞：

螺塞 NPT ¼　JB/ZQ 4447—2006

（b）$d$ 为R¼的锥管螺纹内六角螺塞：

螺塞 R¼　JB/ZQ 4446—2006

技术要求：热处理，207~229HB，表面发蓝处理

表 21-8-94 mm

| (a)60°圆锥管螺纹内六角螺塞 | | | | | | (b)锥管螺纹内六角螺塞 | | | | | | (a)、(b) | | | | | |
|---|---|---|---|---|---|---|---|---|---|---|---|---|---|---|---|---|---|
| 锥螺纹 $d$ | $d_1$ | $l_0$ | $l_1$ | $L$ | $C$ | 锥管螺纹 $d$ | $d_1$ | $l_0$ | $l_1$ | $L$ | $C$ | $d_2$ | $d_3$ | $l_2$ | $S$ | $e$ | 质量/kg |
| NPT⅛ | 10.486 | | 4 | 8 | 1 | R⅛ | 9.929 | 4.0 | 4 | 8 | 1 | 6 | 5 | 3.5 | 5 | 5.8 | 0.003 |
| NPT¼ | 18.750 | | 5 | | 1.5 | R¼ | 13.406 | 6 | 6 | 10 | 1.5 | 7.5 | 6 | 4 | 5.5 | 5.7 | 0.006 |
| NPT⅜ | 17.300 | 6.096 | 6 | 10 | | R⅜ | 17.035 | 6.4 | 7 | 12 | | 9.5 | 8 | 5 | 8 | 9.2 | 0.014 |
| NPT½ | 21.460 | 8.128 | 8 | 12 | | R½ | 21.42 | 8.2 | 9 | 15 | 2 | 12 | 10 | 7 | 10 | 11.5 | 0.030 |
| NPT¾ | 26.960 | 8.611 | 10 | 15 | | R¾ | 26.968 | 9.5 | 11 | 18 | | 14 | 12 | 9 | 13 | 15 | 0.054 |
| NPT1 | 33.720 | 10.160 | 12 | 18 | 2 | R1 | 33.81 | 10.4 | 12 | 20 | | 17 | 14 | 10 | 16 | 18.5 | 0.102 |

表 21-8-95 外六角螺塞(摘自 JB/ZQ 4450—2006)、55°非密封管螺纹外六角螺塞($PN$=16MPa)(摘自 JB/ZQ 4451—2006)

mm

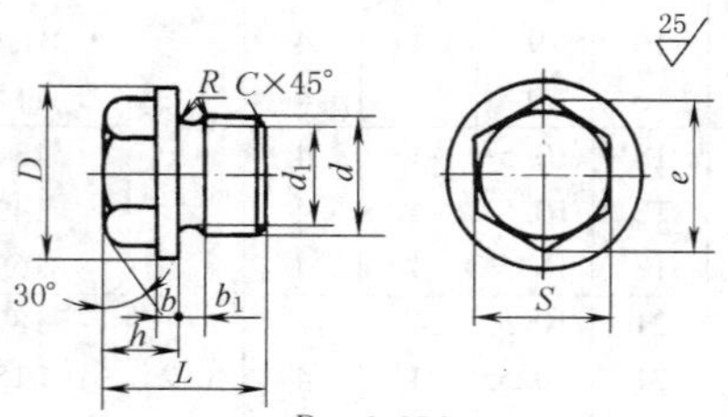


$D_1 \approx 0.95S$

材料 35

标记示例

(a) $d$ 为 M10×1 的外六角螺塞:

螺塞 M10×1 JB/ZQ 4450—2006

(b) $d$ 为 G½A $PN$ 16MPa 的管螺纹外六角螺塞:

螺塞 G½A JB/ZQ 4451—2006

技术要求:表面发蓝处理

外六角螺塞

| $d$ | $d_1$ | $D$ | $e$ | $S$ | $S$ 的极限偏差 | $L$ | $h$ | $b$ | $b_1$ | $R$ | $C$ | 质量/kg |
|---|---|---|---|---|---|---|---|---|---|---|---|---|
| M12×1.25 | 10.2 | 22 | 15 | 13 | $^{0}_{-0.24}$ | 24 | 12 | 3 | 3 | 1 | 1.0 | 0.032 |
| M 20×1.5 | 17.8 | 30 | 24.2 | 21 | $^{0}_{-0.28}$ | 30 | 15 | 4 | | | | 0.090 |
| M24×2 | 21 | 34 | 31.2 | 27 | | 32 | 16 | | 4 | | 1.5 | 0.145 |
| M30×2 | 27 | 42 | 39.3 | 34 | $^{0}_{-0.34}$ | 38 | 18 | | | | | 0.252 |

管螺纹外六角螺塞

| $d$ | $D$ | $b$ | $h$ | $L$ | $e$ ≥ | $S$ | $S$ 的极限偏差 | 质量/kg |
|---|---|---|---|---|---|---|---|---|
| G⅛A | 14 | 3 | 9 | 17 | 10.89 | 10 | $^{0}_{-0.270}$ | 0.012 |
| G¼A | 18 | | | 21 | 14.20 | 13 | | 0.024 |
| G⅜A | 22 | | | | 18.72 | 17 | | 0.038 |
| G½A | 26 | 4 | 12 | 26 | 20.88 | 19 | | 0.067 |
| G¾A | 32 | | | 30 | 26.17 | 24 | | 0.127 |
| G1A | 39 | | 16 | 32 | 29.56 | 27 | $^{0}_{-0.330}$ | 0.195 |
| G1¼A | 49 | 5 | 17 | 33 | 32.95 | 30 | | 0.300 |
| G1½A | 55 | | | | | | | 0.375 |
| G2A | 68 | | 20 | 40 | 39.55 | 36 | $^{0}_{-0.390}$ | 0.695 |
| G2½A | 85 | | | | | | | 1.020 |
| G3A | 100 | 6 | | 46 | 47.30 | 41 | | 1.200 |

表 21-8-96 圆柱头螺塞(摘自 JB/ZQ 4452—2006) mm

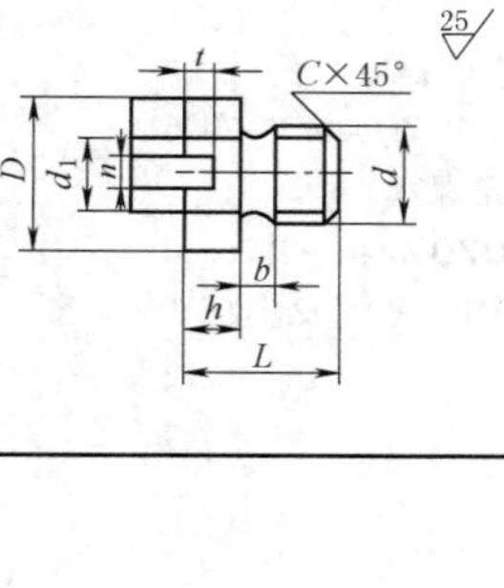


材料 35

标记示例

$d$ 为 M12mm 的圆柱头螺塞:

螺塞 M12 JB/ZQ 4452—2006

技术要求:表面发蓝处理

| $d$ | $d_1$ | $D$ | $L$ | $h$ | $n$ | $t$ | $b$ | $C$ | 质量/kg |
|---|---|---|---|---|---|---|---|---|---|
| M6 | 4.5 | 9 | 12 | 4 | 1.2 | 2 | 2 | 1 | 0.003 |
| M10 | 7.5 | 15 | 16 | 6 | 2 | 3 | 3 | 1.5 | 0.012 |
| M12 | 9.5 | 18 | 19 | 7 | 3 | 3.5 | 4 | 1.8 | 0.020 |
| M16 | 13 | 24 | 24 | 9 | | 4 | | 2 | 0.048 |

**表 21-8-97**　　高压螺塞（摘自 JB/ZQ 4453—2006）　　mm

**油用螺塞**

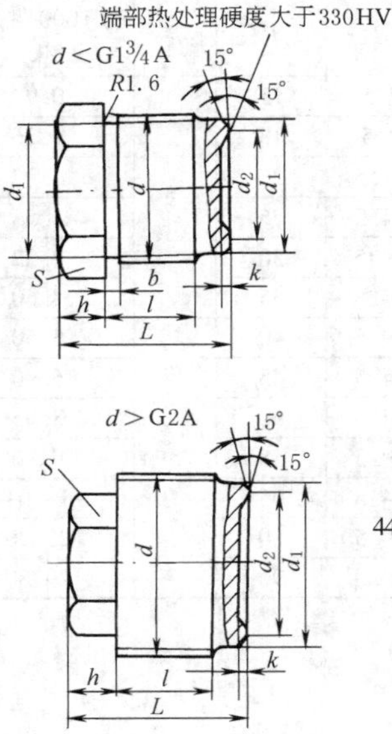


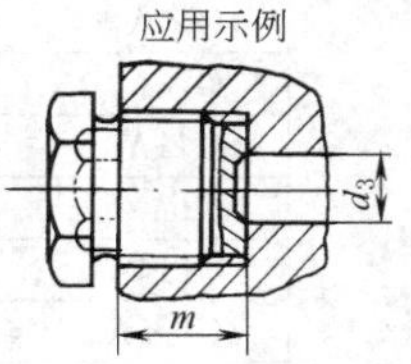


材料 45，公称压力 ≤40MPa

标记示例

$d$ 为 G1⅛A 的油用螺塞：

油用螺塞 G1⅛A　JB/ZQ 4453—2006

| $d$ | $d_1$ | $d_2$ | $h$ | $l$ | $b$ | $k$ | $L$ | $S$ | 安装尺寸 $d_3$ | 安装尺寸 $m$ | 质量 /kg |
|---|---|---|---|---|---|---|---|---|---|---|---|
| G½A | 18 | 13 | 10 | 15 | 4 | 1.5 | 33.5 | 24 | 8 | 19.5 | 0.08 |
| G⅝A | 20 | 15 | 10 | 17 | 4 | 1.5 | 35.5 | 24 | 10 | 21.5 | 0.1 |
| G¾A | 23.5 | 18 | 12 | 19 | 4 | 1.5 | 39.5 | 30 | 12 | 23.5 | 0.15 |
| G1A | 29 | 22 | 14 | 24 | 5 | 2 | 48 | 36 | 15 | 29 | 0.2 |
| G1⅛A | 34 | 27 | 15 | 25 | 5 | 2 | 50 | 41 | 20 | 30 | 0.4 |
| G1¼A | 38 | 32 | 16 | 28 | 5 | 2 | 54 | 46 | 25 | 33 | 0.6 |
| G1½A | 44 | 37 | 17 | 30 | 5 | 2 | 57 | 50 | 30 | 35 | 0.8 |
| G1¾A | 50 | 45 | 18 | 35 | 5 | 2 | 63 | 55 | 40 | 40 | 0.9 |
| G2A | 55 | 50 | 15 | 32 |  | 2 | 57 | 41 | 45 | 42 | 0.8 |
| G2¼A | 62 | 56 | 16 | 34 |  | 2 | 60 | 46 | 50 | 44 | 0.9 |
| G2½A | 71 | 65 | 18 | 40 |  | 2 | 68 | 55 | 60 | 50 | 1.7 |
| G3A | 84 | 76 | 19 | 47 |  | 2 | 76 | 60 | 70 | 57 | 3.15 |
| G3½A | 96 | 86 | 20 | 50 |  | 2 | 80 | 65 | 80 | 60 | 4.1 |

**水用螺塞**

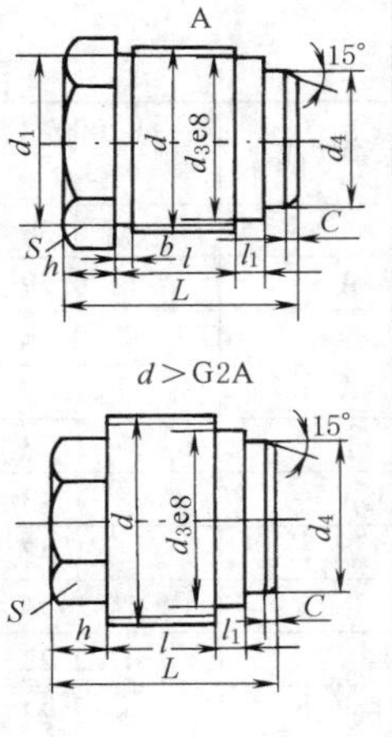


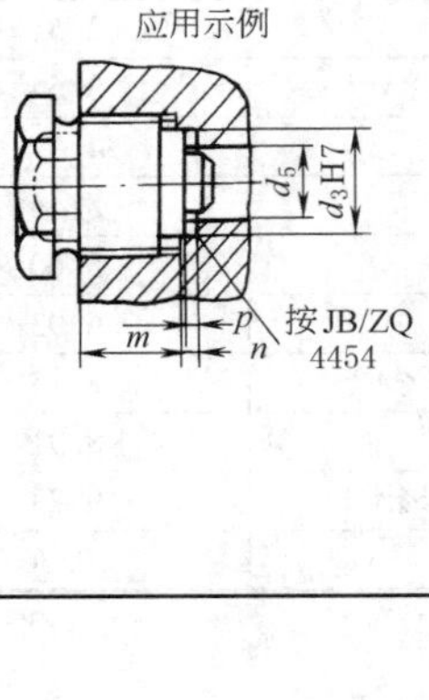


| $d$ | $d_3$ | $d_4$ | $d_1$ | $h$ | $l$ | $l_1$ | $C$ | $b$ | $L$ | $S$ | 安装尺寸 $m$ | 安装尺寸 $n$ | 安装尺寸 $p$ | 安装尺寸 $d_5$ | 质量 /kg |
|---|---|---|---|---|---|---|---|---|---|---|---|---|---|---|---|
| G½A | 15 | 7.5 | 18 | 10 | 15 | 10.5 | 2 | 4 | 41.5 | 24 | 19.5 | 4 | 2 | 8 | 0.1 |
| G⅝A | 18 | 9.5 | 20 | 10 | 17 | 10.5 | 2 | 4 | 43.5 | 24 | 21.5 | 4 | 2 | 10 | 0.15 |
| G¾A | 20 | 11.5 | 23.5 | 12 | 19 | 10.5 | 2 | 4 | 47.5 | 30 | 23.5 | 4 | 2 | 12 | 0.3 |
| G1A | 25 | 14.5 | 29 | 14 | 24 | 12 | 2 | 5 | 56 | 36 | 29 | 4 | 2 | 15 | 0.4 |
| G1⅛A | 30 | 19.5 | 34 | 15 | 25 | 12 | 2 | 5 | 58 | 41 | 30 | 4 | 2 | 20 | 0.55 |
| G1¼A | 35 | 24.5 | 38 | 16 | 28 | 12 | 2 | 5 | 62 | 46 | 33 | 4 | 2 | 25 | 0.6 |
| G1½A | 40 | 29.5 | 44 | 17 | 30 | 13 | 3 | 5 | 69 | 50 | 35 | 6 | 3 | 30 | 0.8 |
| G1¾A | 45 | 34.5 | 50 | 18 | 33 | 13 | 3 | 5 | 73 | 55 | 38 | 6 | 3 | 35 | 0.95 |
| G2A | 52 | 44.5 |  | 15 | 32 | 13 | 3 |  | 69 | 41 | 42 | 6 | 3 | 45 | 0.9 |
| G2¼A | 58 | 49.5 |  | 16 | 34 | 13 | 3 |  | 72 | 46 | 44 | 6 | 3 | 50 | 1.0 |
| G2½A | 65 | 54.5 |  | 17 | 36 | 13 | 3 |  | 75 | 50 | 46 | 6 | 3 | 55 | 1.3 |
| G3A | 80 | 69.5 |  | 19 | 47 | 13 | 3 |  | 88 | 60 | 57 | 6 | 3 | 70 | 3.4 |
| G3½A | 90 | 79.5 |  | 20 | 50 | 13 | 3 |  | 92 | 65 | 60 | 6 | 3 | 80 | 4.5 |

材料 45，公称压力 ≤40MPa

标记示例

$d$ 为 G¾A 的水用螺塞：

水用螺塞 G¾A　JB/ZQ 4453—2006

## 水用螺塞垫圈（摘自 JB/ZQ 4180—2006）

**表 21-8-98**

mm

与高压螺塞 JB/ZQ 4453 配套使用

材料：纯铜、纯铝

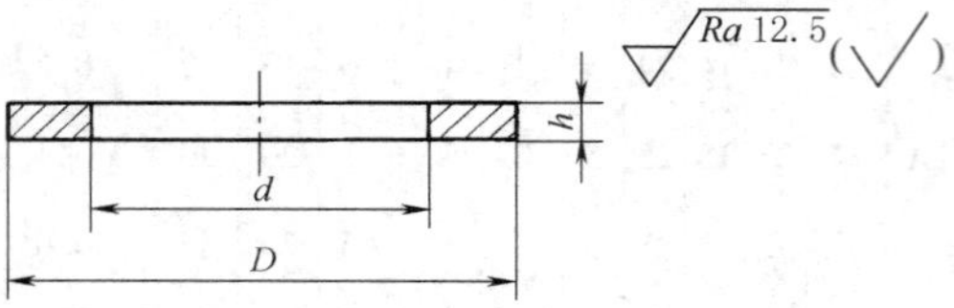


标记示例

螺塞公称尺寸为 G1½A 的水用螺塞垫圈：

垫圈 G1½A　JB/ZQ 4180—2006

| 螺塞公称尺寸 | $d$ | $D$ | $h$ | 每 1000 件质量 /kg |
|---|---|---|---|---|
| G½A | 7.5 | 15 | 2 | 0.92 |
| G⅝A | 9.5 | 18 | | 1.26 |
| G¾A | 11.5 | 20 | | 1.32 |
| G1A | 14.5 | 25 | | 1.55 |
| G1⅛A | 19.5 | 30 | | 2.32 |
| G1¼A | 24.5 | 35 | | 4.60 |
| G1½A | 29.5 | 40 | 3 | 5.50 |
| G1¾A | 34.5 | 45 | | 6.90 |
| G2A | 44.5 | 52 | | 8.95 |
| G2¼A | 49.5 | 58 | | 9.30 |
| G2½A | 54.5 | 65 | | 13.01 |
| G3A | 69.5 | 80 | | 22.20 |
| G3½A | 79.5 | 90 | | 29.80 |

## 螺塞用密封垫（摘自 JB/ZQ 4454—2006）

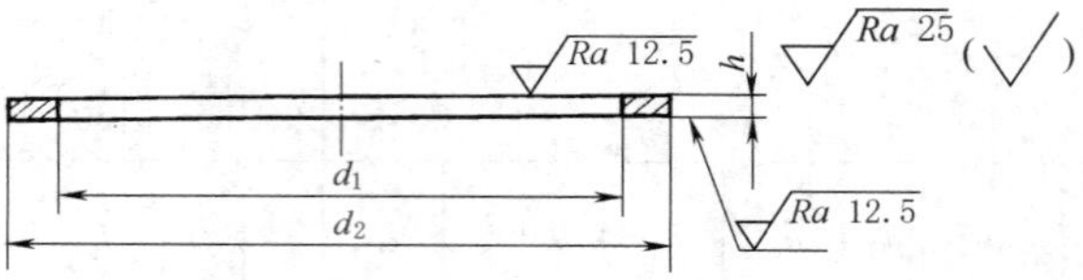


标记示例

公称尺寸为 21mm×26mm 的纯铜制螺塞用密封垫：密封垫 21×26　JB/ZQ 4454—2006

**表 21-8-99**

mm

| 公 称 尺 寸 | $d_1$ | $d_2$ | $h$ | 适用于管螺纹 | 每 1000 件质量 /kg |
|---|---|---|---|---|---|
| 8×11.5 | $8.2^{+0.3}_{0}$ | $11.4^{0}_{-0.2}$ | 1±0.2 | | 0.39 |
| 10×13.5 | $10.2^{+0.3}_{0}$ | $13.4^{0}_{-0.2}$ | 1±0.2 | G⅛A | 0.59 |
| 12×16 | $12.2^{+0.3}_{0}$ | $15.9^{0}_{-0.2}$ | 1.5±0.2 | | 0.96 |
| 14×18 | $14.2^{+0.3}_{0}$ | $17.9^{0}_{-0.2}$ | 1.5±0.2 | G¼A | 1.17 |
| 16×20 | $16.2^{+0.3}_{0}$ | $19.9^{0}_{-0.2}$ | 1.5±0.2 | | 1.23 |
| 17×21 | $17.2^{+0.3}_{0}$ | $20.9^{0}_{-0.2}$ | 1.5±0.2 | G⅜A | 1.43 |
| 18×22 | $18.2^{+0.3}_{0}$ | $21.9^{0}_{-0.2}$ | 1.5±0.2 | | 1.47 |
| 20×24 | $20.2^{+0.3}_{0}$ | $23.9^{0}_{-0.2}$ | 1.5±0.2 | | 1.51 |
| 21×26 | $21.2^{+0.3}_{0}$ | $25.9^{0}_{-0.2}$ | 1.5±0.2 | G½A | 2.22 |
| 22×27 | $22.2^{+0.3}_{0}$ | $26.9^{0}_{-0.2}$ | 1.5±0.2 | | 2.23 |
| 24×29 | $24.2^{+0.3}_{0}$ | $28.9^{0}_{-0.2}$ | 1.5±0.2 | | 2.31 |
| 27×32 | $27.3^{+0.3}_{0}$ | $31.9^{0}_{-0.2}$ | 1.5±0.2 | G¾A | 3.64 |
| 30×36 | $30.3^{+0.3}_{0}$ | $35.9^{0}_{-0.2}$ | 2±0.2 | | 4.57 |
| 33×39 | $33.3^{+0.3}_{0}$ | $38.9^{0}_{-0.2}$ | 2±0.2 | G1A | 5.44 |
| 36×42 | $36.3^{+0.3}_{0}$ | $41.9^{0}_{-0.2}$ | 2±0.2 | | 5.60 |
| 39×46 | $39.3^{+0.3}_{0}$ | $45.9^{0}_{-0.2}$ | 2±0.2 | | 6.93 |
| 42×49 | $42.3^{+0.3}_{0}$ | $48.9^{0}_{-0.2}$ | 2±0.2 | G1¼A | 8.15 |
| 45×52 | $45.3^{+0.3}_{0}$ | $51.9^{0}_{-0.2}$ | 2±0.2 | | 8.91 |
| 48×55 | $48.3^{+0.3}_{0}$ | $54.9^{0}_{-0.2}$ | 2±0.2 | G1½A | 9.23 |
| 52×60 | $52.3^{+0.3}_{0}$ | $59.8^{0}_{-0.2}$ | 2±0.2 | | 10.36 |

续表

| 公称尺寸 | $d_1$ | $d_2$ | $h$ | 适用于管螺纹 | 每1000件质量/kg |
|---|---|---|---|---|---|
| 54×62 | $54.3^{+0.3}_{0}$ | $61.8^{0}_{-0.2}$ | 2±0.2 | G1¾A | 10.37 |
| 56×64 | $56.3^{+0.3}_{0}$ | $63.8^{0}_{-0.2}$ | 2±0.2 | | 12.61 |
| 60×68 | $60.5^{+0.5}_{0}$ | $67.8^{0}_{-0.3}$ | 2.5±0.2 | G2A | 14.8 |
| 64×72 | $64.5^{+0.5}_{0}$ | $71.8^{0}_{-0.3}$ | 2.5±0.2 | | 19.20 |
| 75×84 | $75.5^{+0.5}_{0}$ | $88.8^{0}_{-0.3}$ | 2.5±0.2 | G2½A | 22.30 |
| 90×100 | $90.7^{+0.5}_{0}$ | $99.8^{0}_{-0.3}$ | 2.5±0.2 | G3A | 29.50 |

注：材料为纯铜、纯铝。

## 1.3 管夹

### 1.3.1 钢管夹

**单管夹（摘自 JB/ZQ 4492—2006）、单管夹垫板（摘自 JB/ZQ 4499—2006）**

材料：Q235 表面镀锌或发蓝（黑）处理

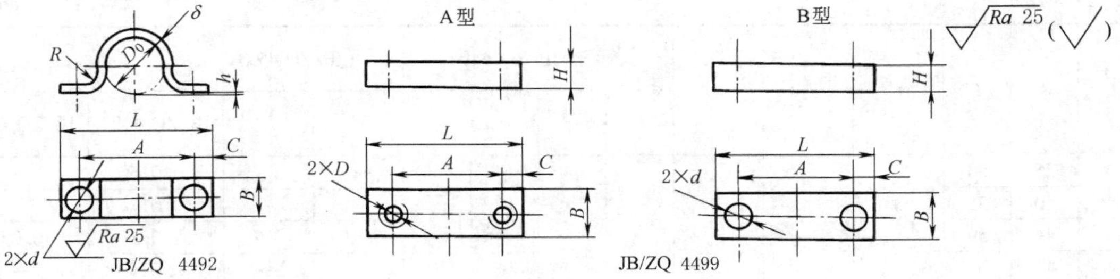


标记示例

管子外径 $D_0$ 为 14mm 用的单管夹：单管夹 14 JB/ZQ 4492—2006

管子外径 $D_0$ 为 22mm 用的单管夹螺孔垫板：管夹垫板 A22 JB/ZQ 4499—2006

管子外径 $D_0$ 为 22mm 用的单管夹光孔垫板：管夹垫板 B22 JB/ZQ 4499—2006

**表 21-8-100** mm

| 管子外径 $D_0$ | $A$ | $L$ | $C$ | $B$ | $d$ | 单管夹(JB/ZQ 4492) | | | 垫板(JB/ZQ 4499) | | 质量/kg | |
|---|---|---|---|---|---|---|---|---|---|---|---|---|
| | | | | | | $\delta$ | $h$ | $R$ | $H$ | $D$ | JB/ZQ 4492 | JB/ZQ 4499 |
| 6 | 25 | 40 | 7.5 | 15 | 7 | 2 | 2 | 2 | 8 | M6 | 0.011 | 0.035 |
| 8 | 28 | 43 | | | | | | | | | 0.013 | 0.038 |
| 10 | 30 | 45 | | | | | | | | | 0.017 | 0.04 |
| 12 | 32 | 47 | | | | | | | | | 0.019 | 0.043 |
| 14 | 35 | 50 | | | | | | | | | 0.021 | 0.044 |
| 16 | 38 | 53 | | | | | | | | | 0.022 | 0.046 |
| 18 | 40 | 55 | | | | | | | | | 0.023 | 0.048 |
| 22 | 45 | 60 | | | | | | | | | 0.025 | 0.05 |
| 24 | 48 | 63 | | | | | | | | | 0.026 | 0.052 |
| 28 | 50 | 65 | | | | | | | | | 0.027 | 0.054 |
| 34 | 65 | 85 | 10 | 20 | 9 | 3 | 5 | 3 | 14 | M8 | 0.08 | 0.16 |
| 42 | 70 | 90 | | | | | | | | | 0.098 | 0.18 |
| 48 | 80 | 100 | | | | | | | | | 0.106 | 0.20 |
| 60 | 90 | 110 | | | | | | | | | 0.113 | 0.24 |
| 76 | 110 | 135 | 12.5 | 25 | | 4 | | | | | 0.140 | 0.34 |
| 89 | 125 | 150 | | | | | | | | | 0.150 | 0.40 |

## 双管夹（摘自 JB/ZQ 4494—2006）、双管夹垫板（摘自 JB/ZQ 4500—2006）

材料：Q235 表面镀锌或发蓝（黑）处理

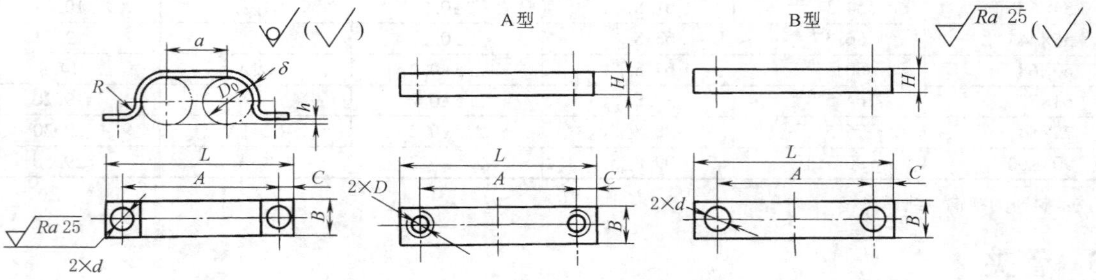


JB/ZQ 4494　　JB/ZQ 4500

标记示例

管子外径 $D_0$ 为 14mm 用的双管夹：双管夹 14　JB/ZQ 4494—2006

管子外径 $D_0$ 为 22mm 用的双管夹螺孔垫板：螺孔垫板 A22　JB/ZQ 4500—2006

管子外径 $D_0$ 为 22mm 用的双管夹光孔垫板：光孔垫板 B22　JB/ZQ 4500—2006

**表 21-8-101**　　mm

| 管子外径 $D_0$ | A | L | C | B | d | 双管夹(JB/ZQ 4494) | | | | 垫板(JB/ZQ 4500) | | 质量/kg | |
|---|---|---|---|---|---|---|---|---|---|---|---|---|---|
| | | | | | | δ | h | a | R | H | D | JB/ZQ 4494 | JB/ZQ 4500 |
| 6 | 35 | 50 | 7.5 | 15 | 7 | 2 | 2 | 10 | 2 | — | — | 0.015 | — |
| 8 | 40 | 55 | | | | | | 12 | | — | — | 0.017 | — |
| 10 | 44 | 59 | | | | | | 14 | | 8 | M6 | 0.021 | 0.05 |
| 12 | 48 | 63 | | | | | | 16 | | | — | 0.024 | — |
| 14 | 54 | 69 | | | | | | 18 | | 8 | M6 | 0.025 | 0.06 |
| 16 | 58 | 73 | | | | | | 20 | | | | 0.025 | 0.065 |
| 18 | 62 | 77 | | | | | | 22 | | | | 0.026 | 0.07 |
| 22 | 72 | 87 | | | | | | 26 | | | | 0.028 | 0.084 |
| 24 | 76 | 91 | | | | | | 28 | | | | 0.032 | 0.086 |
| 28 | 82 | 97 | | | | | | 32 | | | | 0.040 | 0.088 |
| 34 | 104 | 124 | 10 | 20 | 9 | 3 | 5 | 38 | 3 | 14 | M8 | 0.065 | 0.26 |
| 42 | 116 | 136 | | | | | | 46 | | | | 0.090 | 0.30 |
| 48 | 134 | 154 | | | | | | 54 | | | | 0.105 | 0.32 |
| 60 | 155 | 175 | | | | | | 65 | | | | 0.134 | 0.38 |

注：管子外径 $D_0$ 为 6mm、8mm、12mm 用的双管夹垫板依次分别按 JB/ZQ 4499 中 $D_0$ 为 14mm、18mm、24mm 的选用。

## 三管夹（摘自 JB/ZQ 4495—2006）、三管夹垫板（摘自 JB/ZQ 4502—2006）

材料：Q235 表面镀锌或发蓝（黑）处理

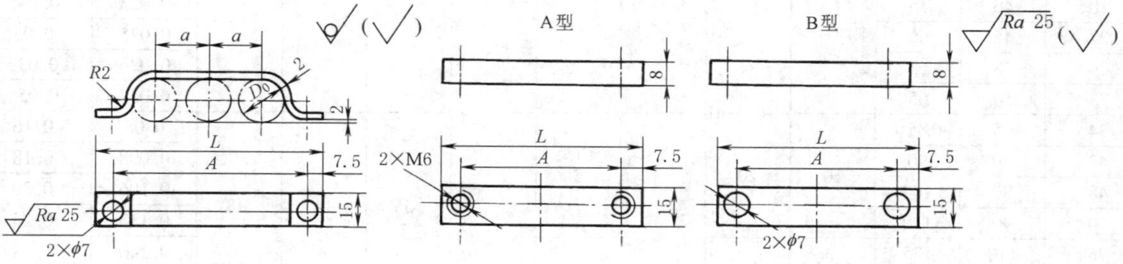


JB/ZQ 4495　　JB/ZQ 4502

标记示例

管子外径 $D_0$ 为 14mm 用的三管夹：三管夹 14　JB/ZQ 4495—2006

管子外径 $D_0$ 为 22mm 用的三管夹螺孔垫板：管夹垫板 A22　JB/ZQ 4502—2006

管子外径 $D_0$ 为 22mm 用的三管夹光孔垫板：管夹垫板 B22　JB/ZQ 4502—2006

**表 21-8-102**　　mm

| 管子外径 $D_0$ | $A$ | $L$ | 三管夹(JB/ZQ 4495) | 质量/kg | |
|---|---|---|---|---|---|
| | | | $a$ | JB/ZQ 4495 | JB/ZQ 4502 |
| 6 | 45 | 60 | 10 | 0.018 | — |
| 8 | 52 | 67 | 12 | 0.022 | 0.055 |
| 10 | 58 | 73 | 14 | 0.023 | — |
| 12 | 64 | 79 | 16 | 0.027 | 0.072 |
| 14 | 72 | 87 | 18 | 0.030 | — |
| 16 | 78 | 93 | 20 | 0.035 | 0.087 |
| 18 | 84 | 99 | 22 | 0.038 | 0.09 |
| 22 | 98 | 113 | 26 | 0.044 | 0.10 |
| 24 | 104 | 119 | 28 | 0.046 | 0.11 |
| 28 | 114 | 129 | 32 | 0.050 | 0.12 |

注：管子外径 $D_0$ 为 6mm、10mm、14mm 用的三管夹垫板，分别依次按 JB/ZQ 4499 中 $D_0$22mm、JB/ZQ 4500 中 $D_0$16mm、22mm 选用。

## 四管夹（摘自 JB/ZQ 4496—2006）、四管夹垫板（摘自 JB/ZQ 4503—2006）

材料：Q235 表面镀锌或发蓝（黑）处理

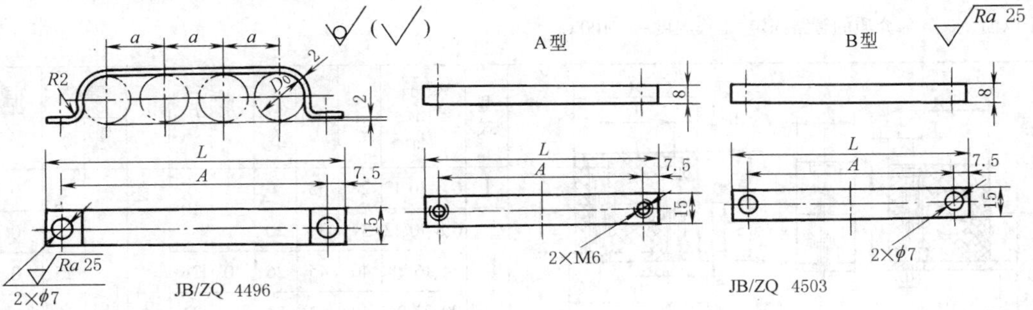


标记示例

管子外径 $D_0$ 为 14mm 用的四管夹：四管夹 14　JB/ZQ 4496—2006

管子外径 $D_0$ 为 22mm 用的四管夹螺孔垫板：管夹垫板 A22　JB/ZQ 4503—2006

管子外径 $D_0$ 为 22mm 用的四管夹光孔垫板：管夹垫板 B22　JB/ZQ 4503—2006

**表 21-8-103**　　mm

| 管子外径 $D_0$ | $A$ | $L$ | 四管夹(JB/ZQ 4496) | 质量/kg | |
|---|---|---|---|---|---|
| | | | $a$ | JB/ZQ 4496 | JB/ZQ 4503 |
| 6 | 55 | 70 | 10 | 0.021 | 0.062 |
| 8 | 64 | 79 | 12 | 0.025 | — |
| 10 | 72 | 87 | 14 | 0.028 | — |
| 12 | 80 | 95 | 16 | 0.030 | 0.087 |
| 14 | 90 | 105 | 18 | 0.035 | 0.09 |
| 16 | 98 | 113 | 20 | 0.037 | — |
| 18 | 106 | 121 | 22 | 0.043 | 0.11 |
| 22 | 124 | 139 | 26 | 0.045 | 0.13 |
| 24 | 134 | 147 | 28 | 0.050 | 0.14 |
| 28 | 146 | 161 | 32 | 0.058 | 0.15 |

注：管子外径 $D_0$ 为 8mm、10mm、16mm 用的四管夹垫板，分别依次按 JB/ZQ 4502 中 $D_0$12mm、JB/ZQ 4500 中 $D_0$22mm、JB/ZQ 4502 中 $D_0$22mm 选用。

## 大直径单管夹（摘自 JB/ZQ 4493—2006）

表 21-8-104

mm

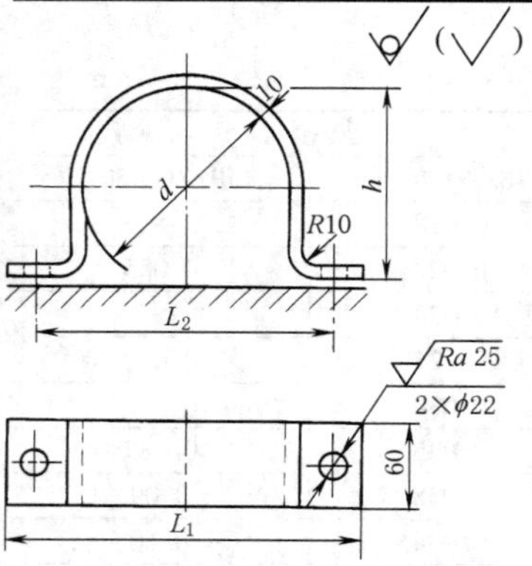


材料：Q235 表面镀锌或发蓝(黑)处理

标记示例

管子外径 $D_0$ 为 146mm 用的大直径单管夹：

管夹 146 JB/ZQ 4493—1997

| 管子外径 $D_0$ | $d$ | $h$ | $L_1$ | $L_2$ | 螺栓 | 展开长度 ≈ | 质量/kg |
|---|---|---|---|---|---|---|---|
| 127 | 129 | 124 | 265 | 215 | M20×35 | 440 | 2.10 |
| 140 | 142 | 137 | 278 | 228 | | 480 | 2.18 |
| 146 | 148 | 143 | 285 | 235 | | 490 | 2.22 |
| 152 | 155 | 150 | 292 | 242 | | 510 | 2.36 |
| 159 | 162 | 156 | 300 | 250 | M20×40 | 525 | 2.42 |
| 168 | 171 | 166 | 310 | 260 | | 550 | 2.51 |
| 180 | 183 | 178 | 320 | 270 | | 580 | 2.65 |

钢管夹生产厂：宁波液压附件厂、富平液压机械配件厂、盘锦工程塑料厂。

## 1.3.2 塑料管夹

（1）塑料管夹（摘自 JB/ZQ 4008—2006）

表 21-8-105

mm

型式：适用于以油、水、气为介质的管路固定，工作温度-5～100℃

**A 系列**

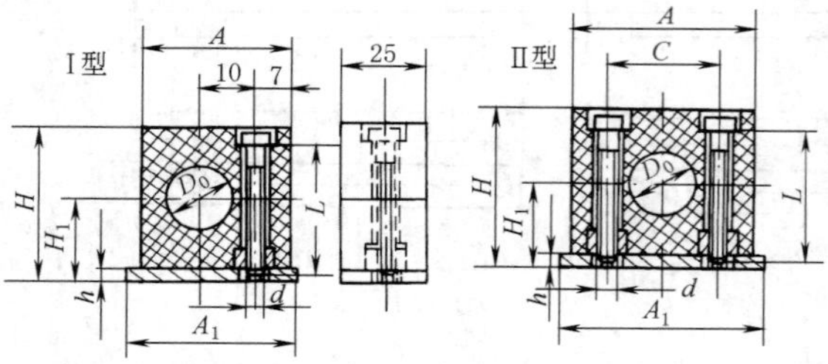


适用于中压、低压管路

标记示例

A 系列Ⅰ型、管子外径为 12mm 的塑料管夹：

塑料管夹 A(Ⅰ)12 JB/ZQ 4008—2006

| 型式 | 管子外径 $D_0$ | $A$ | $A_1$ | $C$ | $H$ | $H_1$ | $h$ | 螺栓 $d$ | 螺栓 $L$ | 质量/kg |
|---|---|---|---|---|---|---|---|---|---|---|
| Ⅰ | 6、8、10、12 | 28 | 33 | | 32 | 19 | 6 | M6 | 20 | 0.06 |
| Ⅱ | 6、8、10、12 | 34 | 39 | 20 | | | | | | 0.08 |
| | 14、16、18 | 40 | 45 | 26 | 40 | 23 | | | 25 | 0.12 |
| | 20、22、25 | 48 | 53 | 33 | 42 | 24 | | | 30 | 0.14 |
| | 28、30、32 34、40、42 | 70 | 75 | 52 | 64 | 35 | | | 50 | 0.19 |
| | 48、50 | 86 | 91 | 66 | 72 | 39 | | | 60 | 0.22 |

**B 系列**

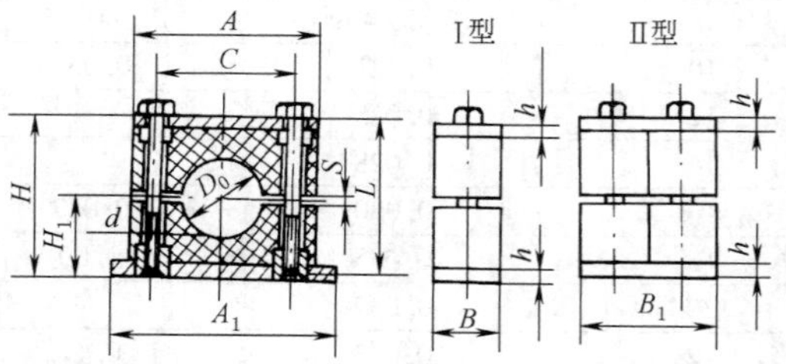


适用于中、高压力(≤31.5MPa)和有一定振动的管路

标记示例

B 系列Ⅱ型、管子外径为 28mm 的塑料管夹：

塑料管夹 B(Ⅱ)28 JB/ZQ 4008—2006

| 管子外径 $D_0$ | $A$ | $A_1$ | $B$ | $B_1$ | $C$ | $H_1$ | $H_2$ | $h$ | $S$ | 螺栓 $d$ | 螺栓 $L$ | 质量/kg Ⅰ | 质量/kg Ⅱ |
|---|---|---|---|---|---|---|---|---|---|---|---|---|---|
| 10、12 14、16 | 55 | 73 | | | 33 | 48 | 24 | | | | 45 | 0.3 | 0.6 |
| 18、20、22 25、28 | 70 | 85 | 30 | 60 | 45 | 64 | 32 | 8 | 2 | M10 | 60 | 0.4 | 0.8 |
| 30、32、34 40、42 | 84 | 100 | | | 60 | 76 | 38 | | | | 70 | 0.5 | 1.0 |
| 48、50、57 60、63.5 | 115 | 150 | 45 | 90 | 90 | 110 | 55 | 10 | 3 | M12 | 100 | 1.8 | 3.6 |
| 76、89 | 152 | 200 | 60 | 120 | 122 | 140 | 70 | | 3.5 | M16 | 130 | 2.5 | 5.0 |
| 102、108 114、127 | 205 | 270 | 80 | 160 | 168 | 200 | 100 | 15 | 4.5 | M20 | 190 | 5.5 | 11 |
| 138、140 159、168 | 250 | 310 | 90 | 180 | 205 | 230 | 115 | | | M24 | 220 | 8 | 16 |

续表

| | | | | | | | | | | |
|---|---|---|---|---|---|---|---|---|---|---|
| B系列I型管夹组合安装 | 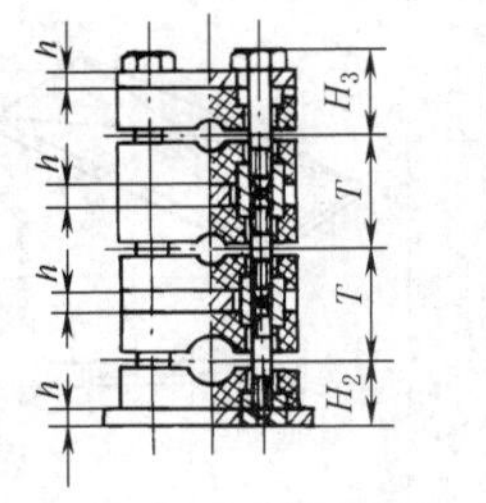 | 同一外形尺寸的B系列I型管夹,可叠垒成组安装,但最多不能超过五层<br>标记示例<br>B系列Ⅰ型组合叠装、管子外径为22mm的3根、管子外径为28mm的2根的塑料管夹:<br>塑料管夹 B(Ⅰ)22×3-28×2 JB/ZQ 4008—2006<br>$H_2$ 见B系列 | 管子外径 $D_0$ | 10、12、14、16 | 18、20、22、25、28 | 32、34、40、42 | 48、50、57、60、63.5 | 76、89 | 102、108、114、127 | 133、140、159、168 |
| | | | $H_3$ | 31 | 39 | 45 | 63 | 80 | 113 | 130 |
| | | | $T$ | 40 | 56 | 68 | 100 | 130 | 185 | 215 |

注:生产厂为江苏溧阳市管夹厂、启东江海液压润滑设备厂、富平液压机械配件厂、盘锦工程塑料厂。

(2) 双联管夹系列

**表 21-8-106** 组合及订货代号

| 订货代号<br>TTPG—双联塑料管夹内孔凹槽型<br>TTPS—双联塑料管夹内孔光滑<br>TTNG—双联尼龙管夹内孔凹槽型<br>TTNS—双联尼龙管夹内孔光滑<br>(根据要求,请调换“订货代号”中的标准缩写“TTPG”部分) | | 管夹用焊接底板固定,用外六角螺栓加盖板压紧管夹<br>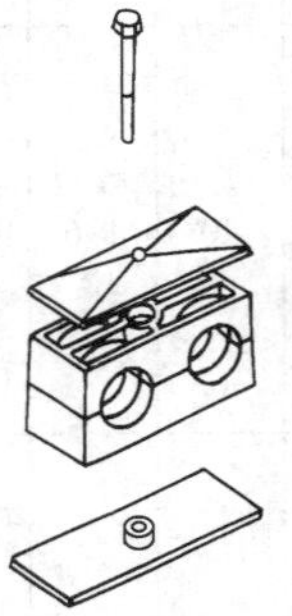 | 管夹用焊接底板固定,用内六角螺钉加盖板压紧管夹<br>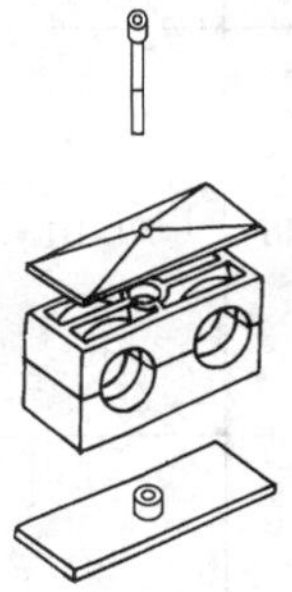 | 管夹用外六角螺栓加盖板与导轨螺母压紧(在导轨上)<br>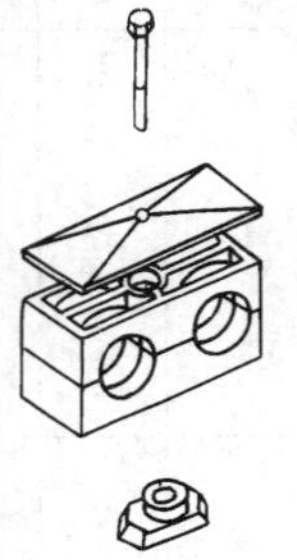 | 管夹用内六角螺钉加盖板与导轨螺母压紧(在导轨上)<br>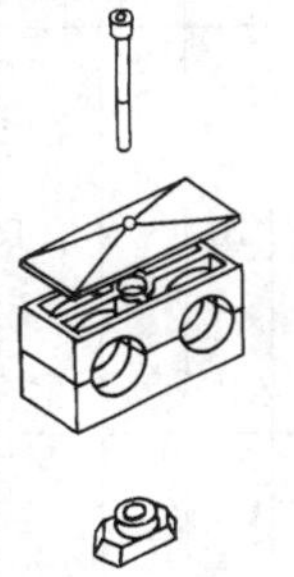 | 管夹用叠加螺栓加防松盖板和其他底板或叠加另一管夹压紧<br>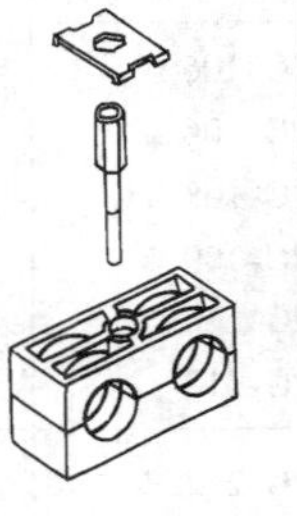 | 管夹用外六角螺栓加盖板和其他底板或叠加另一管夹压紧<br>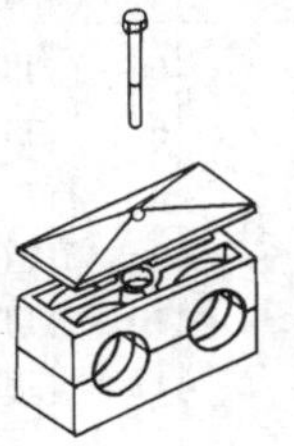 |
|---|---|---|---|---|---|---|---|
| 尺寸系列 | 外径/mm | | | | | | |
| 1 | 6<br>6.4<br>8<br>9.5<br>10<br>12 | TTPG1-106<br>TTPG1-106.4<br>TTPG1-108<br>TTPG1-109.5<br>TTPG1-110<br>TTPG1-112 | TTPG3-106<br>TTPG3-106.4<br>TTPG3-108<br>TTPG3-109.5<br>TTPG3-110<br>TTPG3-112 | TTPG4-106<br>TTPG4-106.4<br>TTPG4-108<br>TTPG4-109.5<br>TTPG4-110<br>TTPG4-112 | TTPG5-106<br>TTPG5-106.4<br>TTPG5-108<br>TTPG5-109.5<br>TTPG5-110<br>TTPG5-112 | TTPG8-106<br>TTPG8-106.4<br>TTPG8-108<br>TTPG8-109.5<br>TTPG8-110<br>TTPG8-112 | TTPG16-106<br>TTPG16-106.4<br>TTPG16-108<br>TTPG16-109.5<br>TTPG16-110<br>TTPG16-112 |
| 2 | 12.7<br>13.5<br>14<br>15<br>16<br>17.2<br>18 | TTPG1-212.7<br>TTPG1-213.5<br>TTPG1-214<br>TTPG1-215<br>TTPG1-216<br>TTPG1-217.2<br>TTPG1-218 | TTPG3-212.7<br>TTPG3-213.5<br>TTPG3-214<br>TTPG3-215<br>TTPG3-216<br>TTPG3-217.2<br>TTPG3-218 | TTPG4-212.7<br>TTPG4-213.5<br>TTPG4-214<br>TTPG4-215<br>TTPG4-216<br>TTPG4-217.2<br>TTPG4-218 | TTPG5-212.7<br>TTPG5-213.5<br>TTPG5-214<br>TTPG5-215<br>TTPG5-216<br>TTPG5-217.2<br>TTPG5-218 | TTPG8-212.7<br>TTPG8-213.5<br>TTPG8-214<br>TTPG8-215<br>TTPG8-216<br>TTPG8-217.2<br>TTPG8-218 | TTPG16-212.7<br>TTPG16-213.5<br>TTPG16-214<br>TTPG16-215<br>TTPG16-216<br>TTPG16-217.2<br>TTPG16-218 |
| 3 | 19<br>20<br>21.3<br>22<br>23<br>25<br>25.4 | TTPG1-319<br>TTPG1-320<br>TTPG1-321.3<br>TTPG1-322<br>TTPG1-323<br>TTPG1-325<br>TTPG1-325.4 | TTPG3-319<br>TTPG3-320<br>TTPG3-321.3<br>TTPG3-322<br>TTPG3-323<br>TTPG3-325<br>TTPG3-325.4 | TTPG4-319<br>TTPG4-320<br>TTPG4-321.3<br>TTPG4-322<br>TTPG4-323<br>TTPG4-325<br>TTPG4-325.4 | TTPG5-319<br>TTPG5-320<br>TTPG5-321.3<br>TTPG5-322<br>TTPG5-323<br>TTPG5-325<br>TTPG5-325.4 | TTPG8-319<br>TTPG8-320<br>TTPG8-321.3<br>TTPG8-322<br>TTPG8-323<br>TTPG8-325<br>TTPG8-325.4 | TTPG16-319<br>TTPG16-320<br>TTPG16-321.3<br>TTPG16-322<br>TTPG16-323<br>TTPG16-325<br>TTPG16-325.4 |
| 4 | 26.9<br>28<br>30 | TTPG1-426.9<br>TTPG1-428<br>TTPG1-430 | TTPG3-426.9<br>TTPG3-428<br>TTPG3-430 | TTPG4-426.9<br>TTPG4-428<br>TTPG4-430 | TTPG5-426.9<br>TTPG5-428<br>TTPG5-430 | TTPG8-426.9<br>TTPG8-428<br>TTPG8-430 | TTPG16-426.9<br>TTPG16-428<br>TTPG16-430 |
| 5 | 32<br>33.7<br>35<br>38<br>40<br>42 | TTPG1-532<br>TTPG1-533.7<br>TTPG1-535<br>TTPG1-538<br>TTPG1-540<br>TTPG1-542 | TTPG3-532<br>TTPG3-533.7<br>TTPG3-535<br>TTPG3-538<br>TTPG3-540<br>TTPG3-542 | TTPG4-532<br>TTPG4-533.7<br>TTPG4-535<br>TTPG4-538<br>TTPG4-540<br>TTPG4-542 | TTPG5-532<br>TTPG5-533.7<br>TTPG5-535<br>TTPG5-538<br>TTPG5-540<br>TTPG5-542 | TTPG8-532<br>TTPG8-533.7<br>TTPG8-535<br>TTPG8-538<br>TTPG8-540<br>TTPG8-542 | TTPG16-532<br>TTPG16-533.7<br>TTPG16-535<br>TTPG16-538<br>TTPG16-540<br>TTPG16-542 |

注:1. 双联系列管夹符合德国 DIN 3015 第三部分要求,可应用于5种尺寸系列的一般压力管路。管夹材料有聚丙烯或尼龙6。

2. 生产厂为贺德克公司、西德福公司、温州黎明液压有限公司。

表 21-8-107　　零部件尺寸及订货代号　　mm

| 尺寸系列 | 外径 $a_1$、$a_2$ /mm | 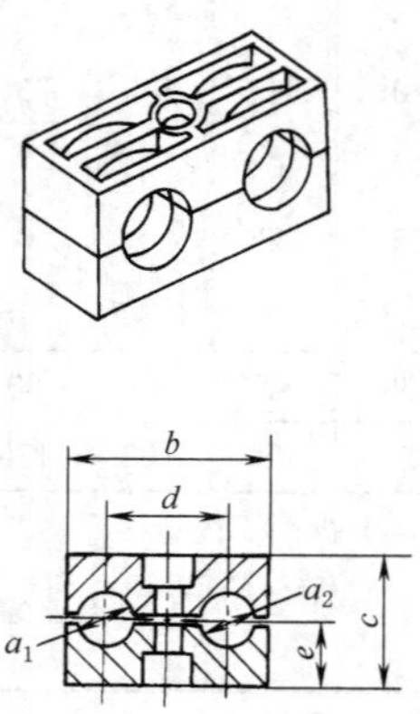 | | | | | 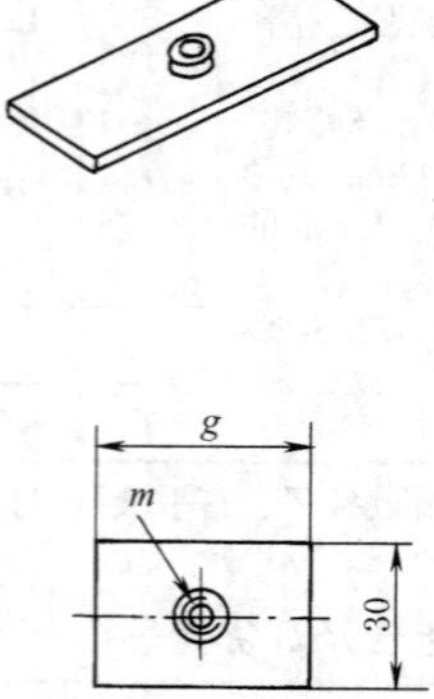 | | | 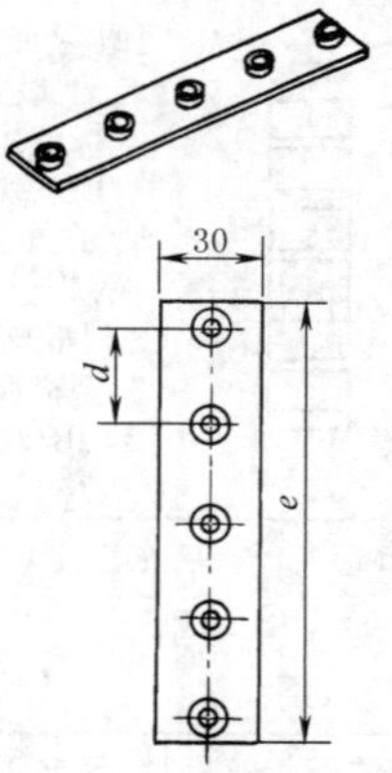 | | | 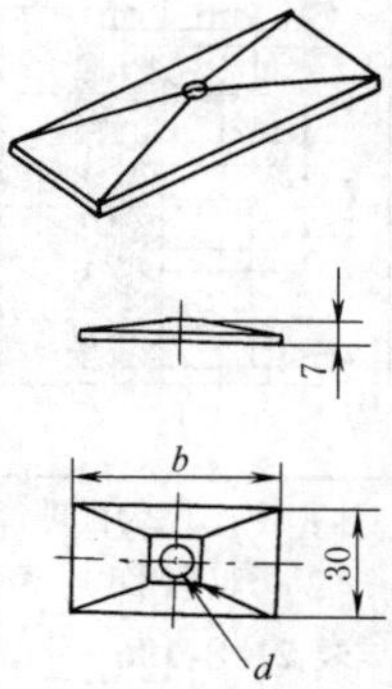 | | |
|---|---|---|---|---|---|---|---|---|---|---|---|---|---|---|---|
| | | TTPG 型双联管夹 | | | | | 焊接底板 | | | 多联焊接底板 | | | 盖板 | | |
| | | 代　号 | *b* | *c* | *d* | *e* | 代　号 | *g* | *m* | 代号 | *d* | *e* | 代号 | *b* | *d* |
| 1 | 6<br>6.4<br>8<br>9.5<br>10<br>12 | TTPG-106<br>TTPG-106.4<br>TTPG-108<br>TTPG-109.5<br>TTPG-110<br>TTPG-112 | 36 | 27 | 20 | 13.5 | TT-A1 | 37 | M6 | TT-D1 | 40 | 196 | TT-G1 | 34 | 6.6 |
| 2 | 12.7<br>13.5<br>14<br>15<br>16<br>17.2<br>18 | TTPG-212.7<br>TTPG-213.5<br>TTPG-214<br>TTPG-215<br>TTPG-216<br>TTPG-217.2<br>TTPG-218 | 53 | 26 | 29 | 13 | TT-A2 | 55 | M8 | TT-D2 | 58 | 288 | TT-G2 | 51 | 8.6 |
| 3 | 19<br>20<br>21.3<br>22<br>23<br>25<br>25.4 | TTPG-319<br>TTPG-320<br>TTPG-321.3<br>TTPG-322<br>TTPG-323<br>TTPG-325<br>TTPG-325.4 | 67 | 37 | 36 | 18.5 | TT-A3 | 70 | M8 | TT-D3 | 72 | 358 | TT-G3 | 64 | 8.6 |
| 4 | 26.9<br>28<br>30 | TTPG-426.9<br>TTPG-428<br>TTPG-430 | 82 | 42 | 45 | 21 | TT-A4 | 85 | M8 | TT-D4 | 90 | 446 | TT-G4 | 78 | 8.6 |
| 5 | 32<br>33.7<br>35<br>38<br>40<br>42 | TTPG-532<br>TTPG-533.7<br>TTPG-535<br>TTPG-538<br>TTPG-540<br>TTPG-542 | 106 | 54 | 56 | 27 | TT-A5 | 110 | M8 | TT-D5 | 112 | 558 | TT-G5 | 102 | 8.6 |

续表

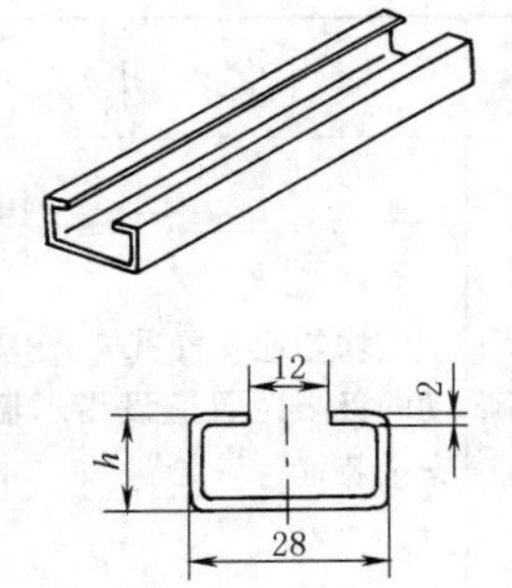


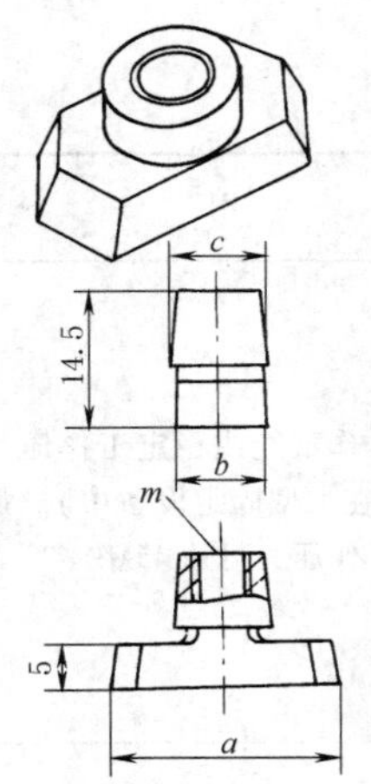


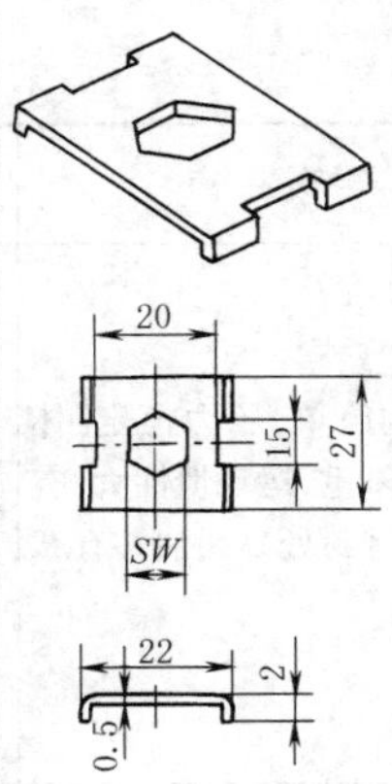


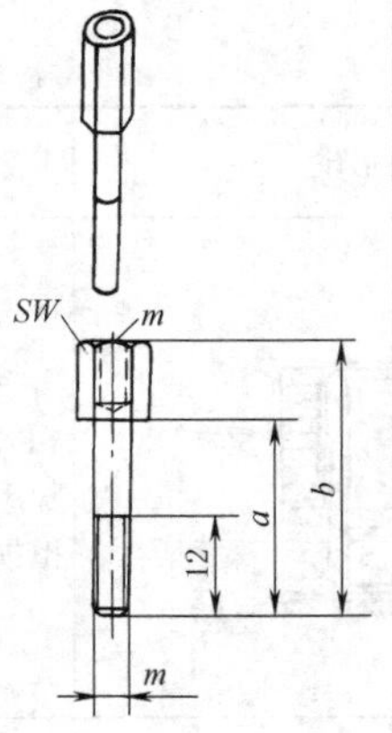


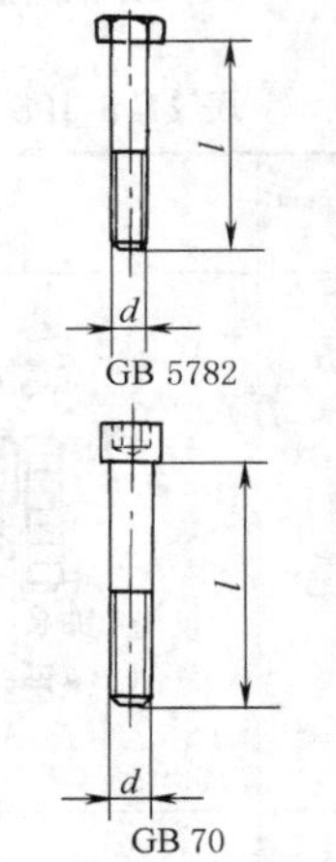


| 尺寸系列 | 安装导轨 | | 导轨螺母 | | | | | 防松盖板 | | 叠加螺栓 | | | | | 螺栓、螺钉 |
|---|---|---|---|---|---|---|---|---|---|---|---|---|---|---|---|
| | 代号 | $h$ | 代号 | $a$ | $b$ | $c$ | $m$ | 代号 | $SW$ | 代号 | $a$ | $b$ | $m$ | $SW$ | $d\times l$ |
| 1 | TL-E1 | 11 | TL-F | | | 12 | M6 | TT-L1 | 11 | TT-H1 | 20 | 33 | M6 | 11 | M6×35 |
| 2 | | | | | | | | | | TT-H2 | | | | | M8×35 |
| 3 | TL-E2 | 14 | TT-F | 25.4 | 10.4 | 14 | M8 | TT-L2 | 12 | TT-H3 | 29 | 44 | M8 | 12 | M8×45 |
| 4 | | | | | | | | | | TT-H4 | 34 | 49 | | | M8×50 |
| 5 | TL-E3 | 30 | | | | | | | | TT-H5 | 47 | 62 | | | M8×60 |

型号意义：

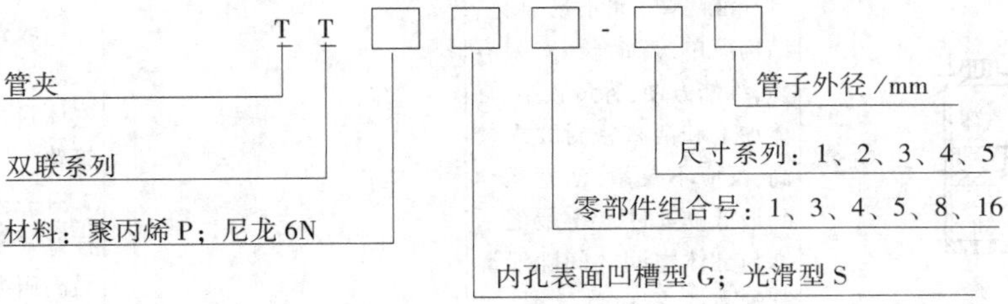


温州黎明液压机电厂还生产轻型 L 系列和重型 H 系列塑料管夹，分别符合德国 DIB 3015 第一部分和第二部分要求，可部分替代标准 JB/ZQ 4008 中的 A 系列和 B 系列。

# 2 蓄 能 器

蓄能器是将压力液体的液压能转换为势能储存起来，当系统需要时再由势能转化为液压能而做功的容器。因此，蓄能器可以作为辅助的或者应急的动力源；可以补充系统的泄漏，稳定系统的工作压力，以及吸收泵的脉动和回路上的液压冲击等。

## 2.1 蓄能器的种类、特点和用途

表 21-8-108

| 种类 | 简图 | 特　点 | 用　途 | 说　明 |
|---|---|---|---|---|
| 重力式 | 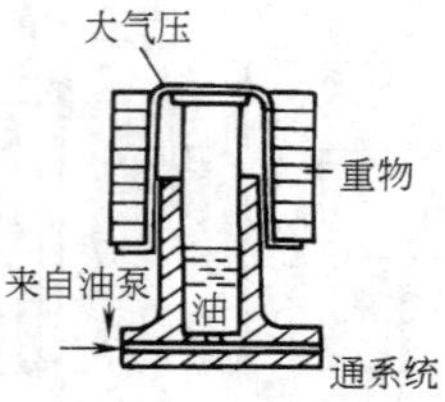 | 结构简单,压力恒定;体积大,笨重,运动惯性大,有噪声,密封处易漏油并有摩擦损失 | 作蓄能或稳定工作压力用(在大型固定设备中)。最高工作压力可达45MPa | 应均匀地安置重物,柱塞运动的极限位置应设指示器或安全装置 |
| 弹簧式 | 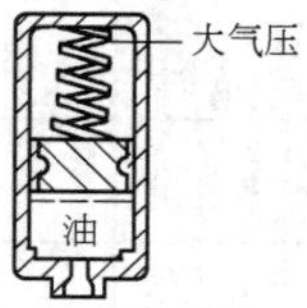 | 结构简单,反应较灵敏;容量小,产生的压力取决于弹簧的刚度和压缩量,有噪声 | 供小容量及低压(≤1.2MPa)系统在循环频率低的情况下蓄能或缓冲用 | 作缓冲用时,要尽量靠近振动源 |
| 非隔离式(气瓶式) |  | 容积大,惯性小,反应灵敏,占地面积小,无机械磨损;气体易混入油中,影响液压系统平稳性,必须经常充气。用惰性气体虽好,但费用较高;用空气时,油易氧化变质 | 适用于大流量的中、低压回路蓄能,也可吸收脉动。最高工作压力为5MPa | 一般充氮气,绝对禁止充氧气。油口应向下垂直安装,使气体封在壳体上部,避免进入管路 |
| 活塞式 | 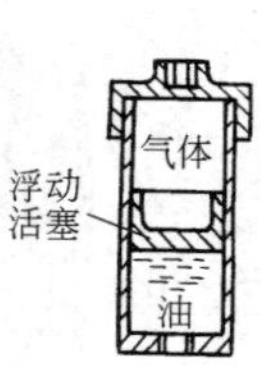 | 气液隔离,油不易氧化,结构简单,寿命长,安装容易,维修方便;容量较小,缸体加工和活塞密封要求较高,反应不灵敏,活塞运动到最低位置时,空气易经活塞与缸体之间的间隙泄漏到油中去,有噪声 | 蓄能用,可传送异性液体,最高工作压力21MPa | 一般充氮气,绝对禁止充氧气。油口应向下垂直安装,使气体封在壳体上部,避免进入管路<br>有一种用柱塞代替活塞的柱塞式蓄能器,容量可较大,最高压力达45MPa |
| 液体密封活塞式 | 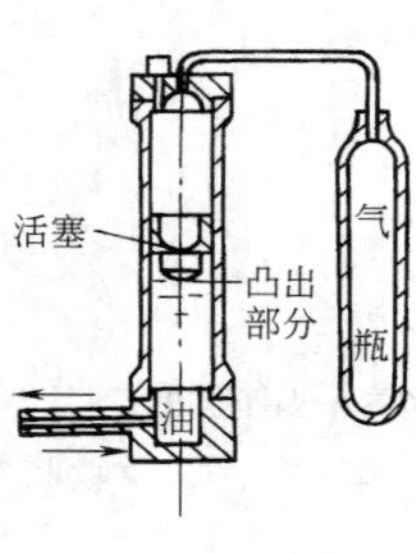 | 与普通活塞式蓄能器不同之处是可以防止气腔内的气体跑进液压系统,并且在液压油放空时,也不容易产生液压冲击 | | 活塞下行,其凸出部分封住出油孔后,气腔压力要低于活塞下环形腔压力,因此气体不会进入液压系统 |

续表

| 种类 | 简图 | 特　　点 | 用　　途 | 说　　明 |
|---|---|---|---|---|
| 差动活塞式 | 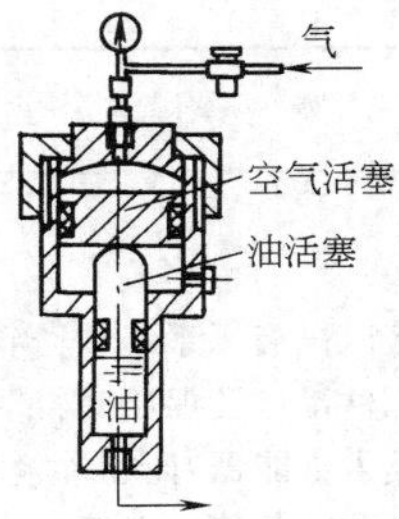 | 与普通活塞式蓄能器不同之处是有两个活塞，能防止空气渗入油中，而且可以通一般压缩空气使液压工作压力提高数倍 | 蓄能用。最高工作压力为45 MPa | 由于活塞下端的液体压力总是大于上端的气体压力，所以空气不会进入油中 |
| 气囊式 |  | 空气与油隔离，油不易氧化，尺寸小，重量轻，反应灵敏，充气方便 | 蓄能（折合型）、吸收冲击（波纹型），传送异性液体，最高工作压力200MPa | 充氮气 |
| 隔膜式 | 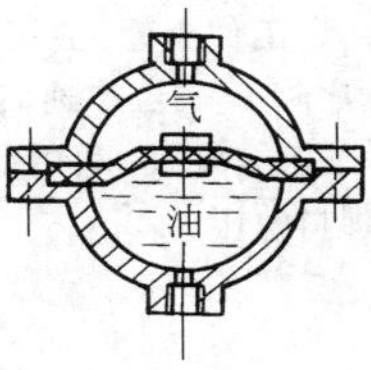 | 以隔膜代替气囊，壳体为球形，重量与体积比值最小；容量小 | 用于航空机械上蓄能、吸收冲击，可传送异性液体，最高工作压力7MPa | 充氮气 |
| 直通气囊式 | 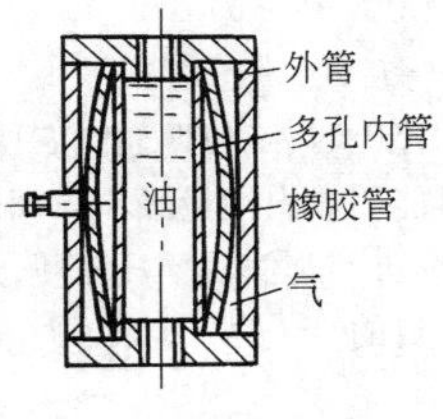 | 响应快，节省空间 | 消除脉动和降低噪声，最高工作压力21MPa<br>不适于蓄能用 | 充氮气 |
| 盒式 | 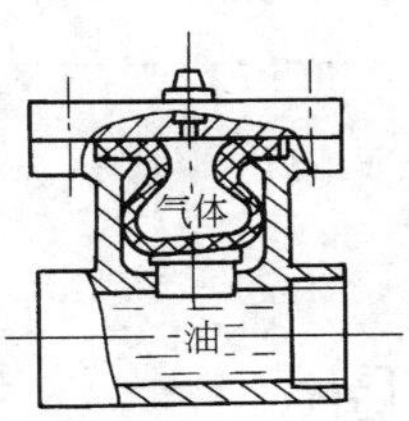 | 颈柱部分及约一半的橡胶囊（包括挡块）的重量像弹簧一样一体移动，构成动态吸振器，响应快 | 吸收高频脉动和降低系统噪声，最高工作压力21MPa<br>不适于蓄能用 | 充氮气 |
| 金属波纹管式 | | 用金属波纹管取代气囊，灵敏性好，响应快，容量小 | 蓄能，吸收脉动，降低噪声，最高工作压力21MPa | 充氮气 |
| 活塞隔膜式 | | 兼有活塞式容量大及隔膜式响应快的优点，工艺性好；有少量漏气 | | |

注：1. 蓄能器与液压泵之间应装设单向阀，防止蓄能器的油在泵不工作时倒灌。

2. 蓄能器与系统之间应装设截止阀，供充气、检查、维修蓄能器或者长时间停机时使用。

## 2.2 蓄能器在液压系统中的应用

表 21-8-109

| 用途 | 特点 | 使用示例 |
| --- | --- | --- |
| 作辅助动力源 | 在液压系统工作时能补充油量，减少液压油泵供油，降低电机功率，减少液压系统尺寸及重量，节约投资。常用于间歇动作，且工作时间很短，或在一个工作循环中速度差别很大，要求瞬间补充大量液压油的场合 | 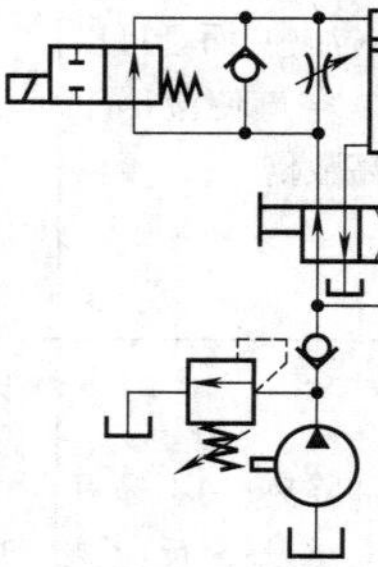 液压机液压系统中，当模具接触工件慢进及保压时，部分液压油储入蓄能器；而在冲模快速向工件移动及快速退回时，蓄能器与泵同时供油，使液压缸快速动作 |
| 保持恒压 | 液压系统泄漏（内漏）时，蓄能器能向系统中补充供油，使系统压力保持恒定。常用于执行元件长时间不动作，并要求系统压力恒定的场合 | 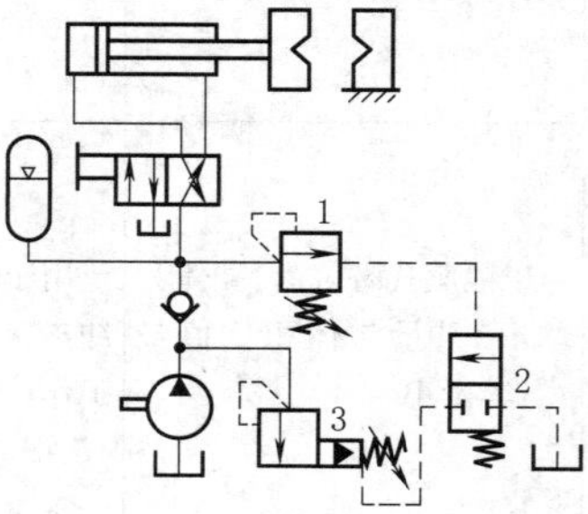 液压夹紧系统中二位四通阀左位接入，工件夹紧，油压升高，通过顺序阀 1、二位二通阀 2、溢流阀 3 使油泵卸荷，利用蓄能器供油，保持恒压 |
| 作应急动力源 | 突然停电，或发生故障，油泵中断供油，蓄能器能提供一定的油量作为应急动力源，使执行元件能继续完成必要的动作 | 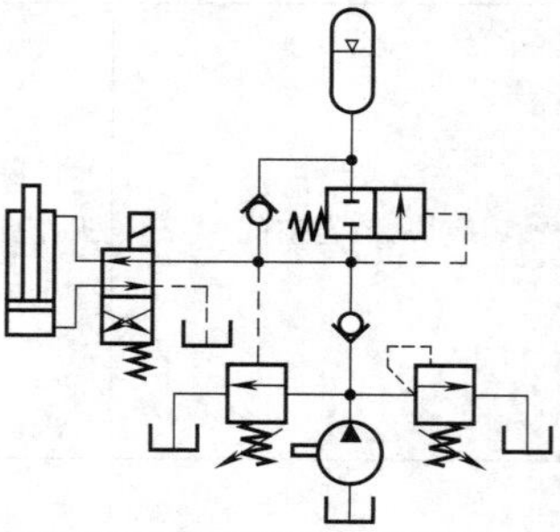 停电时，二位四通阀右位接入，蓄能器放出油量经单向阀进入油缸有杆腔，使活塞杆缩回，达到安全目的 |
| 输送异性液体 | 蓄能器内的隔离件（隔膜、气囊式活塞）在液压油作用下往复运动，输送被隔开的异性液体。常将蓄能器装于不允许直接接触工作介质的压力表（或调节装置）和管路之间 | 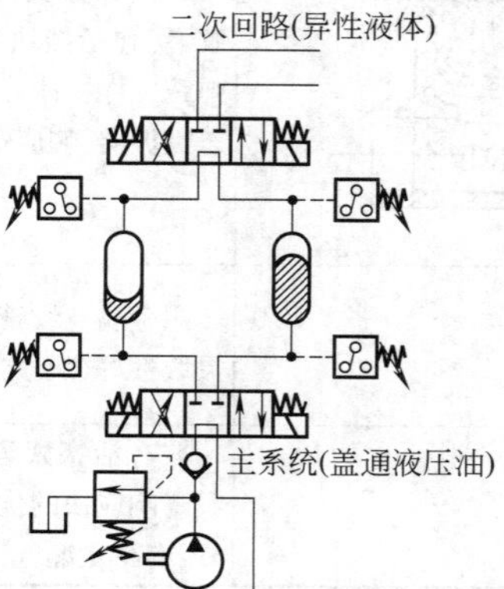 |

续表

| 用途 | 特　点 | 使　用　示　例 |
|---|---|---|
| 吸收液压冲击 | 蓄能器通常装在换向阀或油缸之前，可以吸收或缓和换向阀突然换向，油缸突然停止运动产生的冲击压力 | 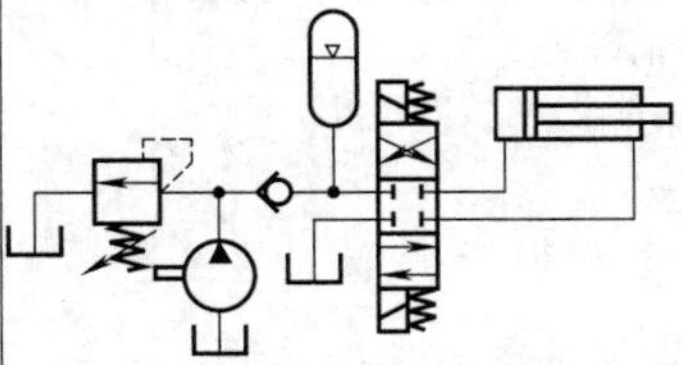 换向阀突然换向时，蓄能器吸收了液压冲击，使压力不会剧增 |
| 作液压空气弹簧 | 蓄能器可作为液压空气弹簧吸收冲击压力，弹簧刚度 $K_T$ 等于气囊压缩时的压力差产生的当量液压缸作用力除以当量液压缸的位移。即<br>$$K_T=\frac{(p_2-p_1)A}{(V_1-V_2)/A}\quad (\text{Pa/m})$$<br>式中　$p_1$、$p_2$——最低工作压力和最高工作压力，Pa；<br>$A$——当量液压缸的有效面积，$m^2$；<br>$V_1$、$V_2$——压力为 $p_1$ 和 $p_2$ 时气体的体积，$m^3$ | |
| 减少脉动流量和压力 | 液压系统中的柱塞泵、齿数少的外啮合齿轮泵、溢流阀等，使系统中的液体压力、流量产生脉动。装设蓄能器可使液体脉动减小，噪声降低 | |
| 作热膨胀补偿器 | 封闭式液压系统中当温度上升时，液压油产生体积膨胀。因液体膨胀系数通常大于管子材料膨胀系数，导致油压升高。蓄能器能吸收液体的体积增量，防止超压，保证安全。温度下降时，液体体积收缩，蓄能器又能向外提供所需液体 | |
| 改善频率特性 | 液压系统采用压力补偿变量机构时，时间常数较大，蓄能器能快速放压，改善了频率特性 | |

## 2.3　蓄能器的计算

### 2.3.1　蓄能用的蓄能器的计算

蓄能用的蓄能器有多种用途，包括：作辅助动力源、补偿泄漏保持恒压，作应急动力源、改善频率特性和作液压空气弹簧等。其计算见表 21-8-110。

**表 21-8-110**

| 项目 | 计　算　公　式 | 说　明 |
|---|---|---|
| 泵的流量 $Q_m$ | 设置蓄能器的液压系统，其泵的流量是根据系统在一个工作循环周期中的平均流量 $Q_m$ 来选取的<br>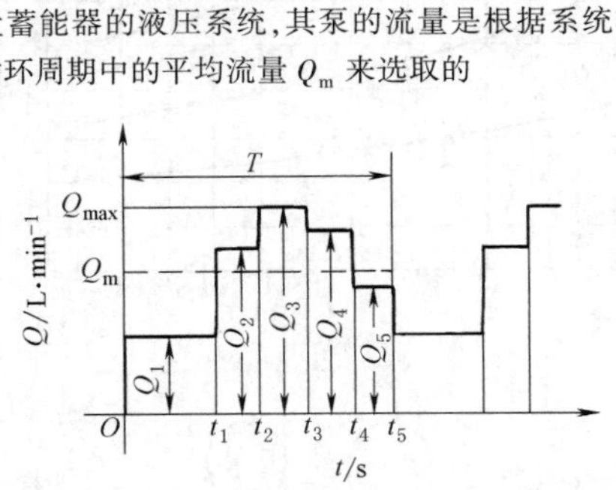<br>流量-时间关系<br>即　$$Q_m \geqslant \frac{\sum_{i=1}^{n} Q_i t_i}{T}\times 60K\quad (\text{L/min})$$ | $\sum_{i=1}^{n} Q_i t_i$——在一个工作周期中各液压机构耗油量之总和，L<br>$K$——泄漏系数，一般取 $K=1.2$<br>$T$——机组工作周期，s<br>液压泵既可以选一台，也可以选数台，但其总流量 $\sum Q_p$ 应等于一个工作循环内的平均流量 $Q_m$ |

续表

| 项目 | 计 算 公 式 | 说 明 |
|---|---|---|
| 蓄能器有效容积 $V_W$（蓄能器有效供液容积） | 根据各液压机构的工作情况制定出耗油量与时间关系的工作周期表，比较出最大耗油量的区间<br>（1）对于作为辅助动力源的蓄能器，可按下式粗算<br>$$V_W=\sum_{i=1}^{n}V_iK-\frac{\sum Q_p t}{60}\quad(L)$$<br>对于液压缸 $V_i=A_il_i\times10^3$<br>（2）对于应急动力源的蓄能器，其有效工作容积，要根据各执行元件动作一次所需耗油量之和来确定<br>$$V_W=\sum_{i=1}^{n}KV_i'\quad(L)$$<br>（3）蓄能用蓄能器有效工作容积 $V_W$<br>在绝热情况下可以用下面蓄能器有效容积（$n=1.4$）图，用图解法求出 $V_W$<br>**例** 已知 $p_2=7MPa$，$p_1=4MPa$，$p_0=3MPa$，$V_0=10L$，求蓄能器的有效工作容积 $V_W$（绝热情况下）<br>从下图中过 $p_2=7MPa$ 的垂直线与 $p_0=3MPa$ 的曲线的交点作水平线向左与 $V_0=10L$ 的垂直线相交，得 $V_2=5L$；过 $p_1=4MPa$ 的垂直线与 $p_0=3MPa$ 的曲线的交点作水平线向左与 $V_0=10L$ 的垂直线相交，得 $V_1=7.5L$，所以有效工作容积为<br>$$V_W=V_1-V_2=7.5-5=2.5L$$ | $\sum_{i=1}^{n}V_i$——最大耗油量处，各执行元件耗油量总和，L<br>$A_i$——液压缸工作腔有效面积，$m^2$<br>$l_i$——液压缸的行程，m<br>$K$——系统泄漏系数，一般取 $K=1.2$<br>$\sum Q_p$——泵站总供油量，L/min<br>$t$——泵的工作时间，s<br>$V_i'$——应急操作时，各执行元件耗油量，L |

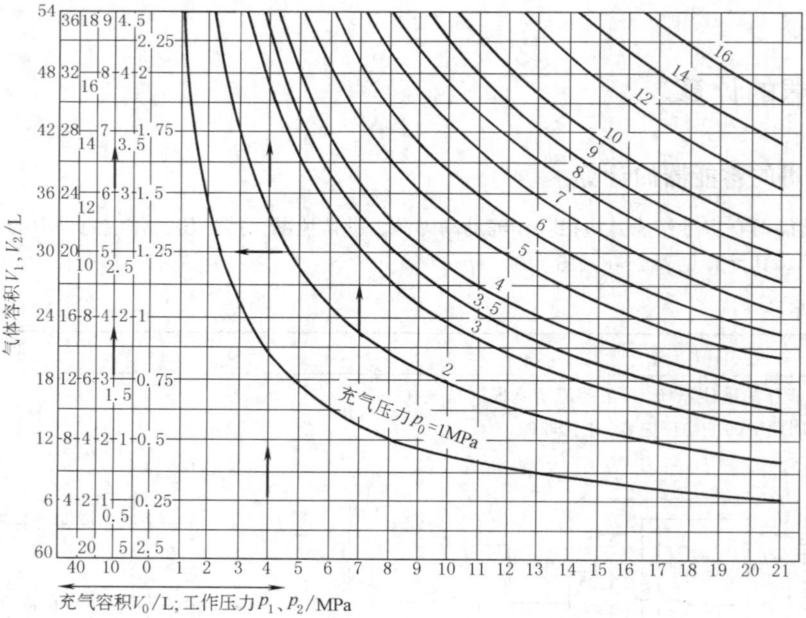


上图横坐标上从0起往左共6条线，第1线为2.5，第2条线为5，第3条线为10，其次分别为20、40、60；其右侧是气囊式蓄能器压力与容积的关系图

上图有关代号均与下栏公式中有关代号相同

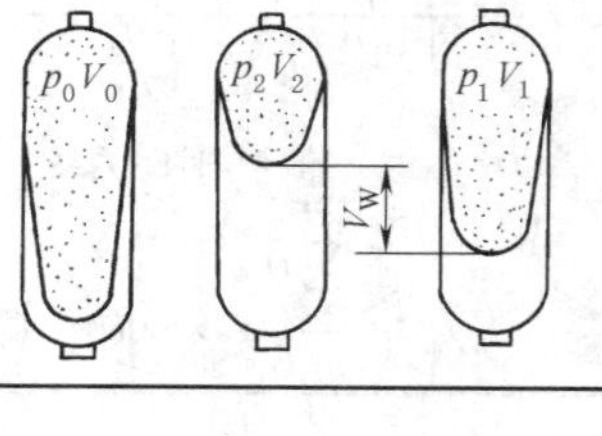

续表

| 项目 | 计算公式 | 说明 |
|---|---|---|
| 蓄能器的总容积 $V_0$ | 蓄能器的总容积 $V_0$，即充气容积（对活塞式蓄能器而言，是指气腔容积与液腔容积之和）。根据波义耳定律：<br>$p_0V_0^n=p_1V_1^n=p_2V_2^n=C$<br>蓄能器工作在绝热过程（$t<1\text{min}$）时，$n=1.4$，其总容积<br>$V_0=\dfrac{V_W}{p_0^{0.715}\left[\left(\dfrac{1}{p_1}\right)^{0.715}-\left(\dfrac{1}{p_2}\right)^{0.715}\right]}$ （L） | $p_0$——充气压力，MPa<br>$p_1$——最低工作压力，MPa<br>$p_2$——最高工作压力，MPa<br>以上压力均为绝对压力，相应的气体容积分别为 $V_0$、$V_1$、$V_2$，L<br>$n$——指数，绝热过程 $n=1.4$（对氮气或空气），则 $\dfrac{1}{n}=0.715$<br>$V_W$——有效工作容积，L，$V_W=V_1-V_2$ |
| 蓄能器充气压力 $p_0$ | （1）蓄能用<br>1）使蓄能器总容积 $V_0$ 最小，单位容积储存能量最大的条件下，绝热过程时<br>$p_0=0.471p_2$<br>2）使蓄能器重量最小时<br>$p_0=(0.65\sim0.75)p_2$<br>3）在保护胶囊，延长其使用寿命的条件下<br>折合形气囊　$p_0\approx(0.8\sim0.85)p_1$<br>波纹形气囊　$p_0\approx(0.6\sim0.65)p_1$<br>隔膜式　$p_0\geqslant0.25p_2$，$p_1\geqslant0.3p_2$<br>活塞式　$p_0\approx(0.8\sim0.9)p_1$<br>（2）作吸收液压冲击用 $p_0=p_1$<br>（3）作清除脉动降低噪声用 $p_0=p_1$<br>或　$p_0=0.6\left(\dfrac{p_1+p_2}{2}\right)$ | 蓄能器的充气压力 $p_0$，根据应用条件的不同，选用不同计算公式进行计算<br>代号含义同前<br>作液体补充装置或作热膨胀补偿用时，同样取<br>$p_0=p_1$ |
| 蓄能器最高和最低工作压力 $p_2$ $p_1$ | 作为辅助动力源来说，蓄能器的最低工作压力 $p_1$ 应满足<br>$p_1=(p_{\text{I}})_{max}+(\sum\Delta p)_{max}$<br>从延长皮囊式蓄能器的使用寿命考虑<br>$p_2\leqslant3p_1$<br>作为辅助动力源的蓄能器，为使其在输出有效工作容积过程中液压机构的压力相对稳定些，一般推荐<br>$p_1=(0.6\sim0.85)p_2$<br>但对要求压力相对稳定性较高的系统，则要求 $p_1$ 和 $p_2$ 之差尽量在 1MPa 左右 | $(p_{\text{I}})_{max}$——最远液压机构的最大工作压力，MPa<br>$(\sum\Delta p)_{max}$——蓄能器到最远液压机构的压力损失之和，MPa<br>$p_2$ 越低于极限压力 $3p_1$，皮囊寿命越长，提高 $p_2$ 虽然可以增加蓄能器有效排油量，但势必使泵站的工作压力提高，相应功率消耗也提高了，因此 $p_2$ 应小于系统所选泵的额定压力 |
| 蓄能器实际有效工作容积 $V'_W$ | 绝热过程（$t<1\text{min}$）蓄能器有效工作容积为<br>$V'_W=p_0^{1/n}V_0\left[\left(\dfrac{1}{p_1}\right)^{1/n}-\left(\dfrac{1}{p_2}\right)^{1/n}\right]$ （L） | 式中代号含义同前 |

注：当气体的压缩或膨胀是在 1min 以内者，由于来不及和外界进行热交换，故可近似认为是绝热过程。

**表 21-8-111　蓄能器有效排油量验算**

| 项目 | 制定方法或验算 |
|---|---|
| 蓄能器工作制度制定方法 | 按表 21-8-99 确定的蓄能器实际有效工作容积 $V'_W$，还应该按生产过程的工作循环周期表进行验算。验算前应确定泵蓄能器站的工作制度，即泵和蓄能器如何配合工作的制度，以满足系统的需要<br>（1）靠蓄能器内液位变化，由液位控制器（如干簧管继电器等装置）发出电信号给液压泵（一台或几台进行供油或卸荷）<br>此类蓄能器多半是气液直接接触式的（非隔离式的），一般容量较大（500～1000L 以上，有效工作容积也有几十升以上），需自行设计<br>（2）靠蓄能器内压力变化，由压力控制器（如电接点压力表、压力继电器等控制元件）发出电信号来控制泵组的工作状态（供油或卸荷）<br>目前液压系统广泛采用气囊式蓄能器。每个蓄能器容量不大，由几个并联使用，以满足大流量的需要，在其总的输出管线上，接通压力控制器 |

**计算实例**

已知一泵站由三台叶片泵（二台工作，一台备用）和两个气囊式蓄能器组成，蓄能器参数为：总容积 $V_0=2\times40=80L$，充气压力 $p_0=5.5MPa$，最低工作压力 $p_1=6MPa$，最高工作压力 $p_2=7.5MPa$

根据 $p_0V_0^n=p_1V_1^n=p_2V_2^n=C$，可求得压力为 6MPa、6.5MPa、6.8MPa、7.2MPa、7.5MPa 时蓄能器的液体容积及相应的有效工作容积。如

当 $p_1=6MPa$ 时，$V_1=\left(\frac{p_0}{p_1}\right)^{1/n}V_0=\left(\frac{5.5}{6}\right)^{0.715}\times80=75.21L$

当 $p'=6.5MPa$ 时，$V'=\left(\frac{5.5}{6.5}\right)^{0.715}\times80=71.05\ L$

则有效工作容积 $V'_W$ 为，$V'_W=V-V'=75.21-71.05=4.16L$

把计算结果标在泵和蓄能器工作制度示意图（如下图）上

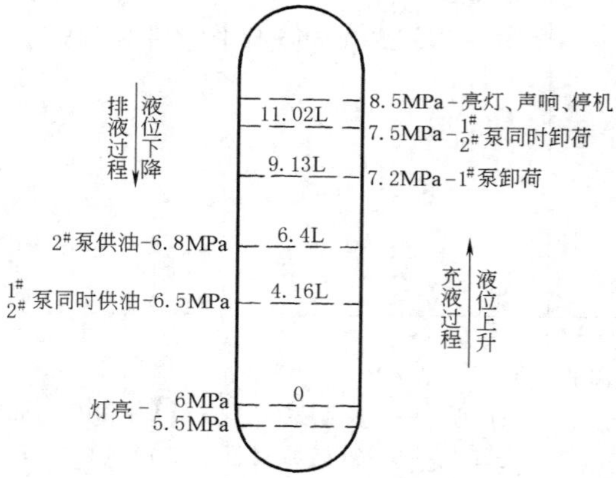


泵和蓄能器工作制度示意图

由图可见，蓄能器刚开始充液时，1#、2#泵同时向蓄能器供油，随着液位上升，气囊内气体被压缩，油压升高，当油压升到 7.2MPa 时，电接点压力表（或其他压力控制器）发出电信号，使 1#泵卸荷（2#泵仍在供油）；压力继续上升，升到 7.5MPa 时，蓄能器内已蓄油 11.02L（有效工作容积），电接点压力表发出信号，使 2#泵也卸荷，整个泵站停止向蓄能器供油。这时如果液压执行元件工作，则系统完全由蓄能器供油，随着蓄能器内液位下降，气囊内气体膨胀，蓄能器内油液压力下降，当压力降到 6.8MPa 时，电接点压力表发出信号，使 2#泵供油，压力降到 6.5MPa 时，1#泵也供油，两个泵同时工作

该泵站由三个电接点压力表进行压力控制，三个压力表头分配如下

| 表号 | 表简图 | 控制对象 | 控制压力范围 | 压力差 |
|---|---|---|---|---|
| 1 | 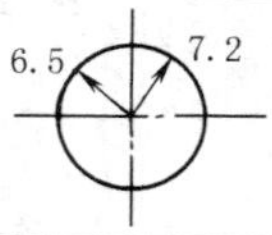 6.5　7.2 | 控制 1#泵的工作状态（供油或卸荷） | 6.5～7.2MPa | 0.7MPa |
| 2 | 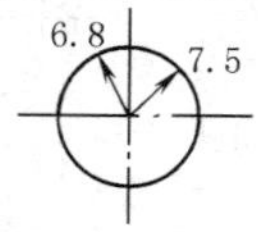 6.8　7.5 | 控制 2#泵的工作状态（供油或卸荷） | 6.8～7.5MPa | 0.7MPa |
| 3 | 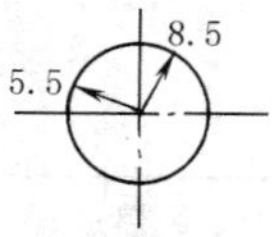 5.5　8.5 | 控制系统上、下极限压力，当压力低于 5.5MPa 或高于 8.5MPa 时，发出报警信号 | 5.5～8.5MPa | 3MPa |

续表

<table>
<tr><th>项目</th><th colspan="8">制定方法或验算</th></tr>
<tr><td rowspan="3">蓄能器有效工作容积验算</td><td colspan="8">蓄能器有效工作容积的验算，需根据液压系统的工作循环，并结合泵和蓄能器的工作制度示意图进行。由下面公式计算各工序存入蓄能器的液体量 $W_i$<br>当液压机构工作时 $W_i=(\sum Q_p-\sum nq)t$ (L)<br>当无液压机构工作时 $W_i=(\sum Q_p)t$ (L)<br>实际验算时，可按下表依各工序顺序逐项计算</td></tr>
<tr><td>液压机构工作循环顺序及工序名称</td><td>工作油缸数 $n$</td><td>单缸耗油量 $q$ /L·s$^{-1}$</td><td>工序耗油量 $\sum nq$ /L·s$^{-1}$</td><td>工作时间 $t$/s</td><td>累计时间 $\sum t$/s</td><td>泵供油量 $\sum Q_p$ /L·s$^{-1}$</td><td>充入蓄能器油量 $W_i=(\sum Q_p-\sum nq)t$/L</td><td>蓄能器累计蓄油量 $\sum W_i$/L</td></tr>
<tr><td>1 ××<br>2 ××<br>⋮ ⋮</td><td></td><td></td><td></td><td></td><td></td><td></td><td></td><td></td></tr>
</table>

因为工作时间 $t=\frac{W_i}{\sum Q_p-\sum nq}$，所以当工序中供油量或需油量变化时，必须按变化阶段分别求出相应时间 $t_i$ 及其充入蓄能器油量，而不应简单地按整个工序时间代入上式求 $W_i$。

蓄能器有效工作容积的验算结果如不能满足工作需要，应通过调整泵和蓄能器的工作制度或适当调整生产工序等措施加以修正。

## 2.3.2 其他用途蓄能器总容积 $V_0$ 的计算

**表 21-8-112** $m^3$

<table>
<tr><th>用途</th><th colspan="2">计算公式</th><th>说明</th></tr>
<tr><td>补偿泄漏</td><td colspan="2">$V_0=\frac{5T(p_1+p_2-2)p_1p_2}{\mu p_0(p_2-p_1)}\sum\zeta_{1i}$</td><td rowspan="5">$p_0$——蓄能器充气压力，MPa<br>$p_1$——蓄能器最低工作压力，MPa<br>$p_2$——蓄能器最高工作压力，MPa<br>$V_W$——蓄能器有效工作容积，$m^3$<br>$V_a$——封闭油路中油液的总容积，$m^3$<br>$n$——指数，对氮气或空气 $n=1.4$<br>$\zeta_{1i}$——系统各元件的泄漏系数，$m^3$<br>$\mu$——油的动力黏度，Pa·s<br>$\alpha$——管材线膨胀系数，$K^{-1}$<br>$t_1$——系统的初始温度，K<br>$\beta$——液体的体膨胀系数，$K^{-1}$<br>$T$——一定时间内机组不动的时间间隔，s<br>$t_2$——系统的最高温度，K<br>$\delta_p$——压力脉动系数，<br>$\delta_p=\frac{2(p_2-p_1)}{p_1+p_2}$<br>$p_m$——蓄能器设置点的平均绝对压力，Pa<br>$p_m=\frac{p_1+p_2}{2}$<br>$q_d$——泵的单缸排量，$m^3$<br>$K_b$——系数，不同型号的泵其系数不同<br>$\rho$——工作介质的密度，$kg/m^3$</td></tr>
<tr><td>作热膨胀补偿</td><td colspan="2">绝热过程<br>$V_0=\frac{V_a(t_2-t_1)(\beta-3\alpha)\left(\frac{p_1}{p_0}\right)^{1/n}}{1-\left(\frac{p_1}{p_2}\right)^{1/n}}$</td></tr>
<tr><td rowspan="2">作液体补充装置</td><td colspan="2">绝热过程<br>$V_0=\frac{V_W}{p_0^{1/n}\left[\left(\frac{1}{p_1}\right)^{1/n}-\left(\frac{1}{p_2}\right)^{1/n}\right]}$</td></tr>
<tr><td colspan="2">等温过程<br>$V_0=\frac{V_W}{p_0\left(\frac{1}{p_1}-\frac{1}{p_2}\right)}$</td></tr>
<tr><td>用于消除脉动降低噪声</td><td colspan="2">$V_0=\frac{V_W}{1-\left(\frac{p_1}{p_2}\right)^{1/n}}$<br>或 $V_0$①$=\frac{V_W}{1-\left(\frac{2-\delta_p}{2+\delta_p}\right)^{1/n}}$<br>对柱塞泵<br>$V_0=\frac{q_dK_b\left(\frac{p_m}{p_1}\right)^{1/n}}{1-\left(\frac{p_m}{p_2}\right)^{1/n}}$</td></tr>
</table>

续表

| 用　　途 | 计　算　公　式 | 说　　　明 |
|---|---|---|
| 用于吸收液压冲击 | $V_0$① $=\dfrac{0.2\rho LQ^2}{Ap_0}\left[\dfrac{1}{\left(\dfrac{p_2}{p_0}\right)^{0.285}-1}\right]$<br>经验公式<br>$V_0$② $=\dfrac{4Qp_2(0.0164L-t)}{p_2-p_1}\times10^{-6}$ | $Q$——阀关闭前管内流量,L/min<br>$L$——产生冲击波的管长,m<br>$A$——管道通流截面,$cm^2$<br>$t$——阀由全开到全关时间,s |

① 公式中的压力均为绝对压力，Pa。

② 式中的 $V_0$ 为正值时，才有安装蓄能器的必要。

注：消除柱塞泵脉动公式中的系数 $K_b$ 值（$p_1=p_0$）：

| | | | |
|---|---|---|---|
| 泵只有一个腔且为单作用 | 0.6； | 泵有两个腔，每转吸压油两次 | 0.15 |
| 泵只有一个腔，每转吸压油两次 | 0.25； | 泵有三个腔，每转吸压油一次 | 0.13 |
| 泵有两个腔，每转吸压油一次 | 0.25； | 泵有三个腔，每转吸压油两次 | 0.06 |

作消除冲击用的蓄能器总容积 $V_0$，也可以用图 21-8-39 很快求出。

**例**　在一液压系统中，将阀门瞬间关闭，阀门关闭前的工作压力 $p_1=27$MPa，管内流量 $Q=250$L/min，产生冲击波的管段长度 $L=40$m，阀门关闭时产生液压冲击，其冲击压力 $p_2=30$MPa，用图解法求蓄能器所需的总容积 $V_0$。

**解**　冲击前、后的压力比

$$\lambda_p=\frac{p_1}{p_2}=\frac{27}{30}=0.9$$

由图 21-8-39 的横坐标流量 $Q=250$L/min 作垂线与 $L=40$m 的曲线交于一点，由该点作水平线向右与 $\lambda_p=0.9$ 的曲线相交，过此交点作垂直线向上与图的上缘相交，即得 $V_0=6.3$L。

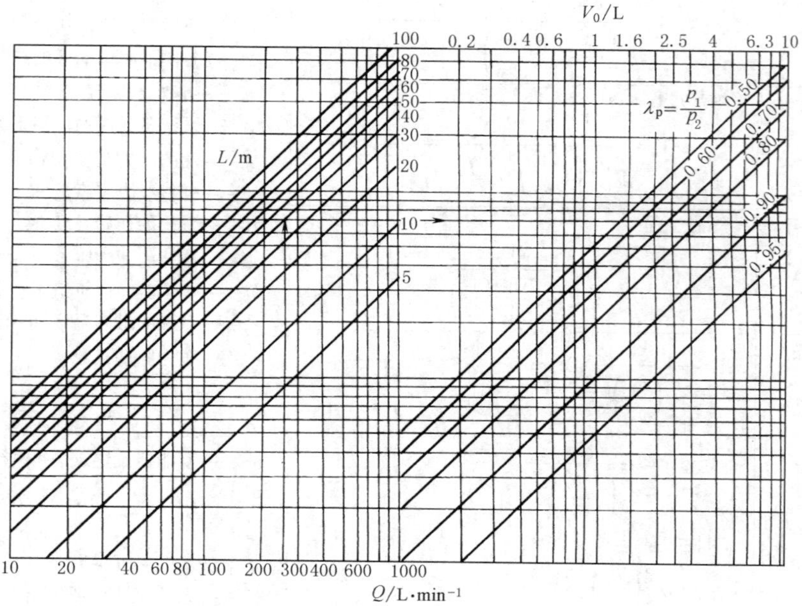


图 21-8-39　作消除冲击用的蓄能器总容积 $V_0$ 计算图（$t=0$）

### 2.3.3 重锤式蓄能器设计计算

重锤式蓄能器按结构可以分为，缸体作成活动的和柱塞作成活动的两类，后者采用较多。其主要结构如图21-8-40所示。为了防止柱塞被顶出液压缸，在柱塞上钻有小孔6，即当柱塞升到一定高度时，缸中液体通过小孔6排出。为使柱塞及圆筒上下滑动时有正确的方向，在圆筒底部安有一组导向滑轮（4个），使其沿着缸上的导轨上下滑动。在底座上装有木制垫桩，当蓄能器下降到最低位置时起缓冲作用，同时圆筒支持在木桩上。圆筒内的重物一般由板坯制造，其密度一般不小于4.5~5.5t/m³。

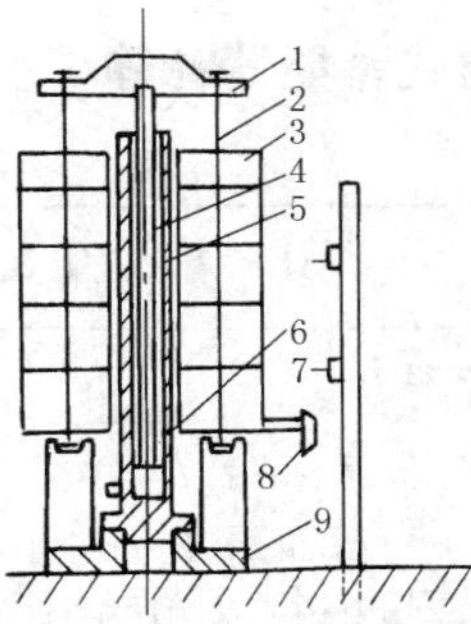


图21-8-40 重锤式蓄能器

1—横梁；2—拉杆；3—重物；4—柱塞；5—液压缸；6—小孔；7—极限开关；8—碰块；9—底座

表21-8-113

| 项目 | 计算公式 | 说明 |
|---|---|---|
| 运动方程式 | 当柱塞下降时<br>$$G_0-pF\left(1+\frac{K}{D}\right)-\beta G_0=0$$<br>当柱塞上升时<br>$$G_0-pF+K\frac{pF}{D}+\beta G_0=0$$ | $G_0$——蓄能器运动部分的重量，N<br>$p$——蓄能器中液体的压力，Pa<br>$F$——蓄能器的柱塞面积，$m^2$<br>$K$——经验系数，当液体用乳化液时$K=6\sim8$，用油时$K=3.5\sim4$（其中大值用于小直径柱塞）<br>$D$——蓄能器柱塞直径，mm<br>$\beta$——摩擦因数，一般取$\beta=0.05\sim0.15$<br>$V_W$——蓄能器有效工作容积，L<br>$1.1\times10^{-7}$——与密封处的摩擦损失系数有关的系数<br>$r$——缸内半径，mm<br>计算$R$的式中，$p$在设计中一般是按试验压力进行设计，主要考虑到由于冲击而引起的压力升高<br>$[\sigma]$——许用应力，$N/mm^2$，对锻钢，一般取$110\sim120\ N/mm^2$<br>$p$——拉杆承受的总拉力，N<br>$n$——拉杆数量<br>$a$——每根拉杆的截面积，按螺纹的最小内径计算，$mm^2$ |
| 主要参数计算 | (1)柱塞行程$S$<br>$$S=\frac{4V_W}{\pi D^2}\times10^6\quad(mm)$$<br>(2)蓄能器重物重量$G_1$<br>$$G_1=1.1\times10^{-7}\frac{\pi}{4}D^2p-G_2\quad(N)$$<br>式中，$G_2$为除重物以外，所有运动部件的总重<br>(3)钢制缸筒的外半径$R$<br>$$R=r\sqrt{\frac{[\sigma]+0.4p}{[\sigma]-1.3p}}\quad(mm)$$<br>(4)每根拉杆的应力$\sigma_p$<br>$$\sigma_p=\frac{p}{na}\leq[\sigma]\quad(N/mm^2)$$<br>拉杆材料一般为40、35钢，考虑到液压冲击，其许用应力取<br>$$[\sigma]=50N/mm^2$$ | |

### 2.3.4 非隔离式蓄能器计算

表 21-8-114

| 项目 | 计算公式 | 说明 |
|---|---|---|
| 液体容积及液罐主要尺寸 | (1)液罐内径 $D$<br>$D\geqslant 4.6\sqrt{\dfrac{Q_{max}}{v}}$ (cm)<br>式中，$v$ 值与采用的液位控制装置及其惯性有关。一般 $v\leqslant 25$cm/s；采用电接触发送控制装置时，$v$ 允许到 40cm/s；为了防止液位过高，也可取 $v=10$cm/s<br>(2)工作液柱高度 $H_W$<br>$H_W=\dfrac{1275V_W}{D^2}$ (cm)<br>(3)下安全液柱高度 $H'$<br>$H'=vt_1$<br>下安全油液容积 $V'$<br>$V'=\dfrac{\pi D^2}{4}H'\times 10^{-3}=0.000785D^2H'$<br>(4)上备用液柱高度 $H''$<br>$H''=\dfrac{21Q_p}{D^2}t_2$ (cm)<br>上备用油液容积 $V''$<br>$V''=\dfrac{Q_pt_2}{60}$ (L)<br>(5)罐底死容积 $V_0$<br>一般近似取相当于罐底弧面部分的容积<br>(6)液罐中液体总容积 $V_液$<br>$V_液=V_W+V'+V''+V_0$<br>(7)液罐总容积 $V_t$<br>$V_t=V_液+V_B$ | $Q_{max}$——液罐最大供油率，L/min<br>$v$——罐中液面允许下降速度，cm/s<br>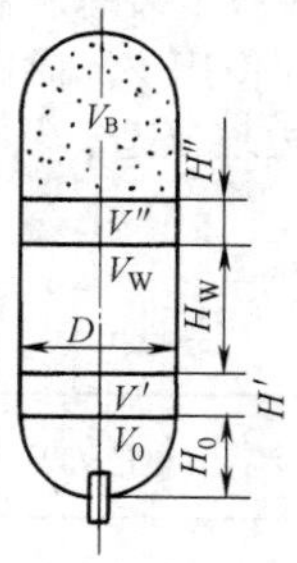<br><br>$V_W$——有效工作容积，L<br>$t_1$——关闭最低液位阀所需要的时间，s，自动阀一般取 $t_1=3\sim5$s<br>$Q_p$——油泵排油量，L/min<br>$t_2$——打开油泵循环阀所需要的时间，一般 $t_2=3\sim5$s<br>$V_B$——液罐中气体容积，L<br>液罐数量的选择可按以下原则：<br>(1)根据液罐中液面允许下降速度进行选取<br>(2)尽量使所选择的液罐为标准产品，并考虑厂房高度及安装方便 |
| 蓄能器总容积及气罐的容积 | (1)蓄能器的总容积(包括液罐及气罐)在最大工作压力下(即液罐中储满工作油液 $V_W$ 时)，气体容积 $V_B$<br>$V_B=\dfrac{V_W\left(\dfrac{p_{min}}{p_{max}}\right)^{1/n}}{1-\left(\dfrac{p_{min}}{p_{max}}\right)^{1/n}}$ (L)<br>在初步计算时，一般预选<br>$V_B\geqslant(10\sim13)V_W$<br>蓄能器总容积 $V_总$<br>$V_总=V_B+V_W+V'+V_0$ (L)<br>(2)气罐总容积 $V_2$<br>$V_2=V_总-V_1$ (L) | $p_{min}$、$p_{max}$——工作油液的最小及最大压力，MPa，一般取 $p_{min}/p_{max}=0.92\sim0.89$<br>当工作压力 $p<5$MPa 时，取 $n=1$<br>当工作压力 $p=5\sim20$MPa 时，取 $n=1.29\sim1.30$<br>当工作压力 $p=20\sim40$MPa 时，取 $n=1.35\sim1.40$<br>气罐数量确定按以下原则：<br>(1)根据液罐中液体允许的压力降进行选取<br>(2)尽量使所选择的气罐为标准产品，并考虑厂房高度及安装方便 |
| 液位控制 | 液压系统中采用蓄能器时，为了防止液罐中的压缩气体进入液压系统，必须安装液位控制器。液位控制器的作用，主要是将高压容器——液罐中的液位高度表示出来，使操作者能够及时控制有关设备，以保证生产安全。目前在气液直接接触式的蓄能器中，液位控制多采用电气控制。当液罐中液体在不同位置时，利用液位控制器来操纵泵，阀接通或断开，并根据不同的情况发出各种灯光信号或声响事故信号。液位控制器的数量由设备的数量及控制要求确定 | |

## 2.4 蓄能器的选择

参考表 21-8-108 所列蓄能器的种类、特点和用途选用蓄能器的类型，根据计算出的蓄能器总容积 $V_0$ 和工作压力，即可选择蓄能器的产品型号。

## 2.5 蓄能器的产品及附件

(1) NXQ 型囊式蓄能器

囊式蓄能器是一种储能装置。主要用途是储存能量、吸收脉动和缓和冲击，具有体积小、重量轻、反应灵敏等优点。

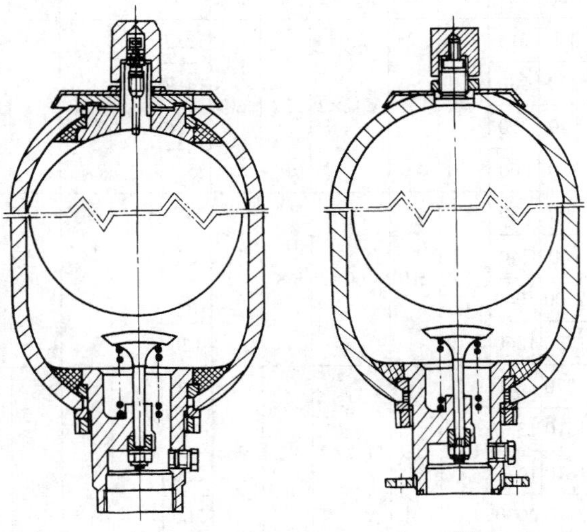

(a) (b)

图 21-8-41 囊式蓄能器结构

(a) NXQ2-※/※-L 型；(b) NXQ1-※/※-F 型

1) 型号意义

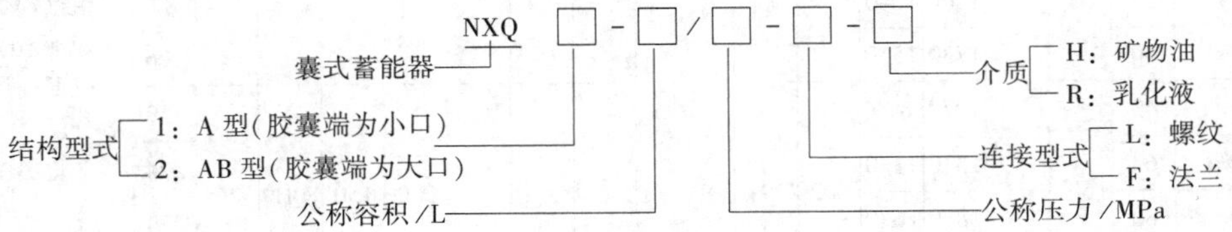


2) 技术规格及外形尺寸

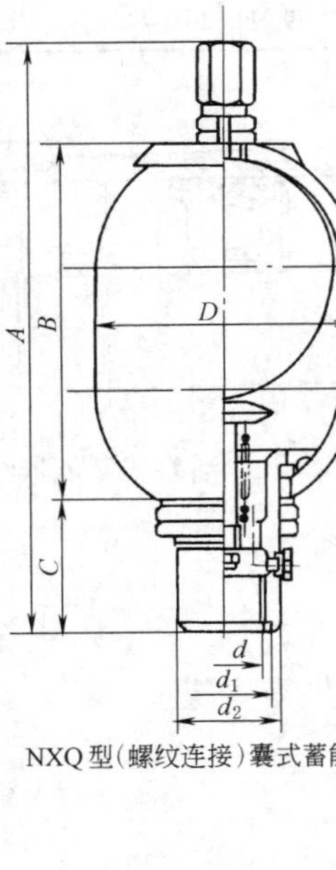


NXQ 型(螺纹连接)囊式蓄能器

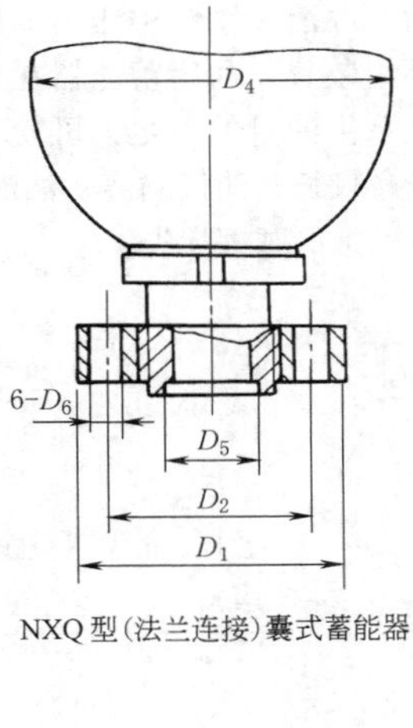


NXQ 型(法兰连接)囊式蓄能器

**表 21-8-115**

| 型号 | 公称容积/L | 公称通径/mm | 公称压力/MPa | 尺寸/mm | | | | | | | | | | | | | 生产厂 |
|---|---|---|---|---|---|---|---|---|---|---|---|---|---|---|---|---|---|
| | | | | | | | | 螺纹连接 | | | | 法兰连接 | | | | | |
| | | | | $A$ | $B$ | $C$ | $D$ | $d$ | $d_1$ | $d_2$ | 质量/kg | $D_1$ | $D_2$ | $D_5$ | $D_6$ | 质量/kg | |
| NXQ1-L0.63/※ | 0.63 | 15 | 10、20、31.5 | 320 | 185 | 52 | 89 | M27×2 | 32 | 37 | 3.65 | | | | | | 奉化奥莱尔液压有限公司 上海东方液压件厂有限公司 四平液压件厂 南京锅炉厂 |
| NXQ1-L1.6/※ | 1.6 | 32 | | 360 | 215 | 66 | 152 | M42×2 | 50 | 60 | 12.7 | | | | | | |
| NXQ1-L2.5/※ | 2.5 | | | 420 | 280 | | | | | | 14.7 | | | | | | |
| NXQ1-L4/※ | 4 | | | 540 | 390 | | | | | | 18.6 | | | | | | |
| NXQ1-L6.3/※ | 6.3 | | | 710 | 560 | | | | | | 25.5 | | | | | | |
| NXQ$\frac{1}{2}$-L10/※ | 10 | 40 | | 690 | 530 | 90 | 219 | M60×2 | 68 | 82 | 47 | | | | | | 奉化奥莱尔液压公司 四平液压件厂 南京锅炉厂 成都高压容器厂蓄能器分厂 |
| NXQ$\frac{1}{2}$-L16/※ | 16 | | | 900 | 740 | | | | | | 63 | | | | | | |
| NXQ$\frac{1}{2}$-L25/※ | 25 | | | 1200 | 1040 | | | | | | 84 | | | | | | |
| NXQ$\frac{1}{2}$-L40/※ | 40 | | | 1730 | 1560 | | | | | | 120 | | | | | | |
| NXQ$\frac{1}{2}$-L40/※ | 40 | 50 | | 1070 | 890 | 102 | 299 | M72×2 | 80 | 96 | 140 | | | | | | 奉化奥莱尔液压公司 |
| NXQ$\frac{1}{2}$-L63/※ | 63 | | | 1510 | 1330 | | | | | | 210 | | | | | | |
| NXQ$\frac{1}{2}$-L80/※ | 80 | | | 1810 | 1670 | | | | | | 250 | | | | | | |
| NXQ$\frac{1}{2}$-L100/※ | 100 | | | 2110 | 2030 | | | | | | 300 | | | | | | |
| NXQ$\frac{1}{2}$-L150/※ | 150 | | | 2450 | | | 351 | M80×3 | 90 | | 440 | | | | | | |
| NXQ$\frac{1}{2}$-F10/※ | 10 | | | 690 | 530 | 90 | 219 | | | | | 160 | 125 | 68H9 | 22 | 50 | 南京锅炉厂 四平液压件厂 成都高压容器厂蓄能器分厂 奉化奥莱尔液压公司 |
| NXQ$\frac{1}{2}$-F16/※ | 16 | | | 900 | 740 | | | | | | | | | | | 65 | |
| NXQ$\frac{1}{2}$-F25/※ | 25 | | | 1200 | 1040 | | | | | | | | | | | 87 | |
| NXQ$\frac{1}{2}$-F40/※ | 40 | | | 1730 | 1560 | | | | | | | | | | | 126 | |
| NXQ$\frac{1}{2}$-F40/※ | 40 | 60 | | 1070 | 890 | 102 | 299 | | | | | 200 | 150 | 80H9 | 26 | 159 | |
| NXQ$\frac{1}{2}$-F63/※ | 63 | | | 1510 | 1330 | | | | | | | | | | | 224 | |
| NXQ$\frac{1}{2}$-F80/※ | 80 | | | 1810 | 1670 | | | | | | | | | | | 274 | |
| NXQ$\frac{1}{2}$-F100/※ | 100 | | | 2110 | 2030 | | | | | | | | | | | 323 | |
| NXQ$\frac{1}{2}$-F150/※ | 150 | | | 2450 | | | 351 | | | | | 230 | 170 | 90H9 | 26 | 445 | 奉化奥莱尔液压公司 |

（2）HXQ 型活塞式蓄能器

HXQ 型活塞式蓄能器是隔离式液压蓄能装置。可用来稳定系统的压力，以消除系统中压力的脉动冲击；也可用作液压蓄能及补给装置。利用蓄能器在短时间内释放出工作油液，以补充泵供油量的不足，可使泵周期卸荷。该蓄能器具有使用寿命较长、油气隔离、油液不易氧化等优点。缺点是活塞上有一定的摩擦损失。

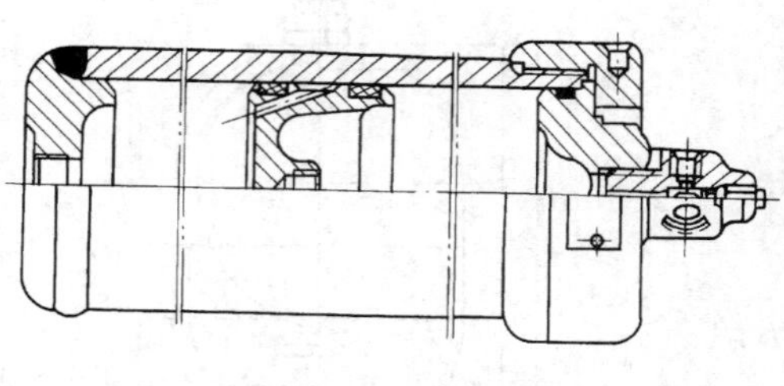

图 21-8-42　活塞式蓄能器结构

1）型号意义

HXQ－□　□　D

名称：活塞式蓄能器

系列：A、B、C

气体容量

最高工作压力：17MPa

2）技术规格及外形尺寸

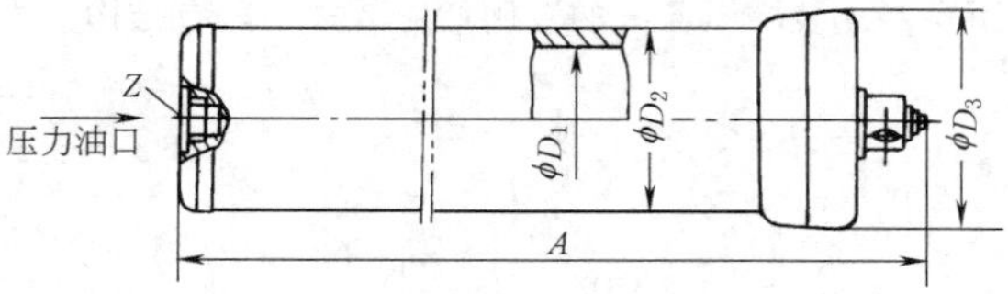


**表 21-8-116**

| 型　号 | 容积/L | 压力/MPa | | 尺　寸/mm | | | | | 质量/kg | 生　产　厂 |
|---|---|---|---|---|---|---|---|---|---|---|
| | | 工作压力 | 耐压 | $A$ | $D_1$ | $D_2$ | $D_3$ | $Z$ | | |
| HXQ-A1.0D | 1 | 17 | 25.5 | 327 | 100 | 127 | 145 | $R_c3/4$ | 18 | 榆次液压有限公司<br>贺德克公司 |
| HXQ-A1.6D | 1.6 | | | 402 | | | | | 20 | |
| HXQ-A2.5D | 2.5 | | | 517 | | | | | 24 | |
| HXQ-B4.0D | 4 | | | 557 | 125 | 152 | 185 | $R_c1$ | 44 | |
| HXQ-B6.3D | 6.3 | | | 747 | | | | | 55 | |
| HXQ-B10D | 10 | | | 1057 | | | | | 73 | |
| HXQ-C16D | 16 | | | 1177 | 150 | 194 | 220 | $R_c1$ | 126 | |
| HXQ-C25D | 25 | | | 1687 | | | | | 173 | |
| HXQ-C39D | 39 | | | 2480 | | | | | 246 | |

（3）CQJ 型充气工具

充气工具是蓄能器充气、补气、修正气压和检查充气压力等专用工具。

1）型号意义

CQJ - □
CQJ 型充气工具
最高工作压力/MPa

2）技术规格

**表 21-8-117**

mm

| 型　号 | 公称压力/MPa | 配用压力表 | | 与蓄能器连接尺寸 $d$ | 胶管规格内径×钢丝层 | 生　产　厂 |
|---|---|---|---|---|---|---|
| | | 刻度范围/MPa | 精度等级 | | | |
| CQJ-16 | 10 | 0~16 | 1.5 | M14×1.5 | ϕ8×1 | 奉化液压件二厂 |
| CQJ-25 | 20 | 0~25 | | | ϕ8×2 | 奉化新华液压件厂 |
| CQJ-40 | 31.5 | 0~40 | | | ϕ8×3 | 贺德克公司 |

3）外形尺寸

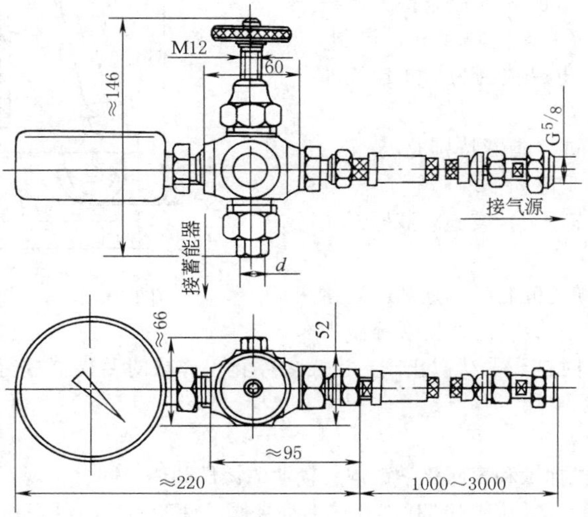


图 21-8-43　充气工具外形尺寸

（4）CDZ 型充氮车

充氮车为蓄能器及各种高压容器充装增压氮气的专用增压装置，具有结构紧凑、体积小、运转灵活、操作方便等特点。

1）型号意义

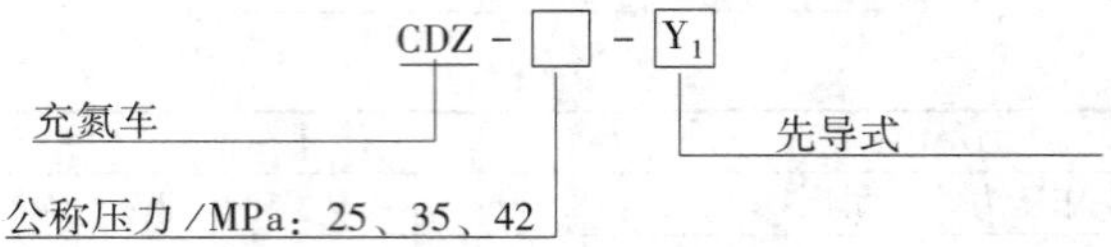


2）技术规格

表 21-8-118

| 型　号 | 允许最低进气压力/MPa | 最高输出压力/MPa | 液压泵 | | 增压器 | | 质量/kg | 生产厂 |
|---|---|---|---|---|---|---|---|---|
| | | | 压力/MPa | 流量/$L\cdot min^{-1}$ | 增压比 | 增压次数/$min^{-1}$ | | |
| CDZ-25$Y_1$ | 3.0~13.5 | 25 | 7 | 9 | 1∶4 | 8 | 338 | 奉化液压件二厂<br>奉化新华液压件厂<br>贺德克公司 |
| CDZ-35$Y_1$ | 3.0~13.5 | 35 | 7 | 9 | 1∶6 | 6 | 338 | |
| CDZ-42$Y_1$ | 3.0~13.5 | 42 | 8 | 14~16 | 1∶7 | 7.5 | 338 | |

3）外形尺寸（见图 21-8-44）

（5）蓄能器控制阀组

蓄能器控制阀组装接于蓄能器和液压系统之间，是用于控制蓄能器油液通断、溢流、泄压等工况的组合阀件。

AJ 型蓄能器控制阀组由截止阀、安全阀和卸荷阀等组成。其中截止阀为手动式球阀；安全阀有螺纹插装式的直动式溢流阀和法兰连接的先导控制型二通插装式溢流阀两种。卸荷阀分为手动控制和电磁控制：手动控制为螺纹插装式针阀，电磁控制为板式连接的电磁球阀。

AJ 型控制阀组，是用来同蓄能器特别是与 NXQ 产品配套使用的阀组。其主要功能如下。

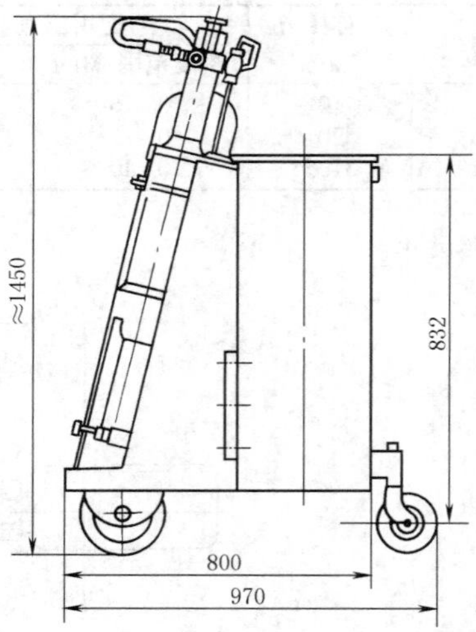

图 21-8-44　充氮车外形尺寸

1）设定蓄能器的安全工作压力，实施对液压系统的安全供液和保压。

2）控制蓄能器与液压系统之间管道的通断：当蓄能器向系统供液或系统向蓄能器供液、吸收系统压力脉动、补偿热膨胀等工作状态时打开手动截止阀，当需要停止工作或对蓄能器进行检查维修时，关闭手动截止阀。必要时可用手动泄压阀泄压。

蓄能器控制阀组的特点：

1）采用钢质锻件，外形机加工和表面化学镀镍，较油漆铸件阀体坚固、美观；

2）采用新设计的螺纹插装式溢流阀和 TJK/TG 二通插装阀，使产品性能更好；

3）有多种规格连接接头，供用户选择，使同一通径的控制阀组可与不同容积的蓄能器连接。

## 接口和外形尺寸

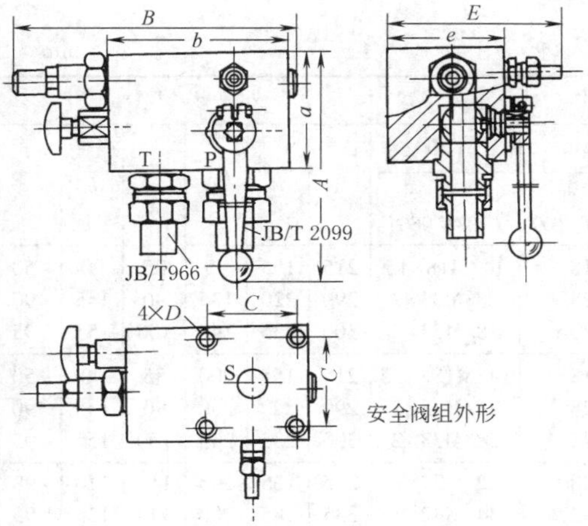

安全阀组外形

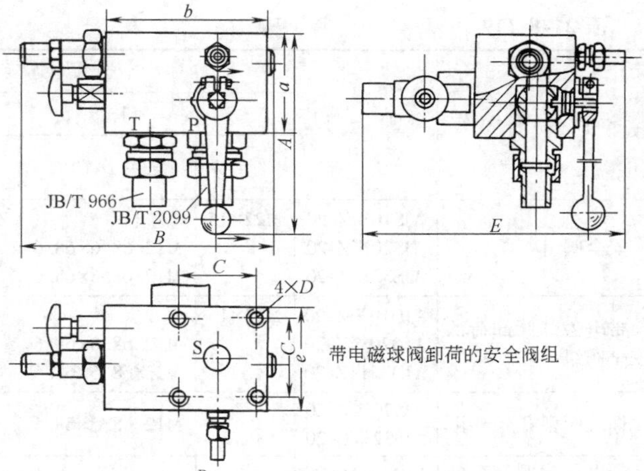

带电磁球阀卸荷的安全阀组

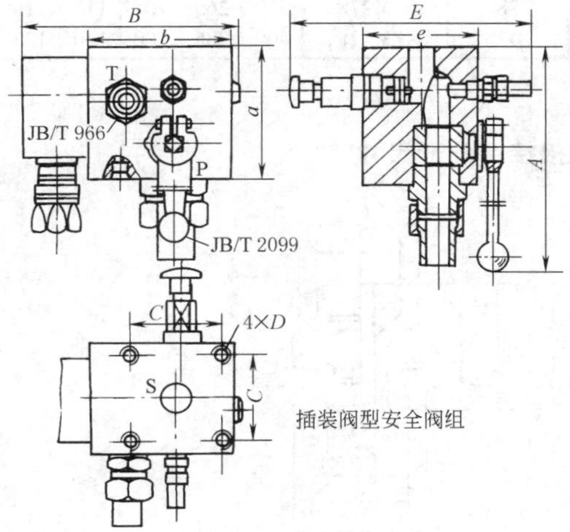

插装阀型安全阀组

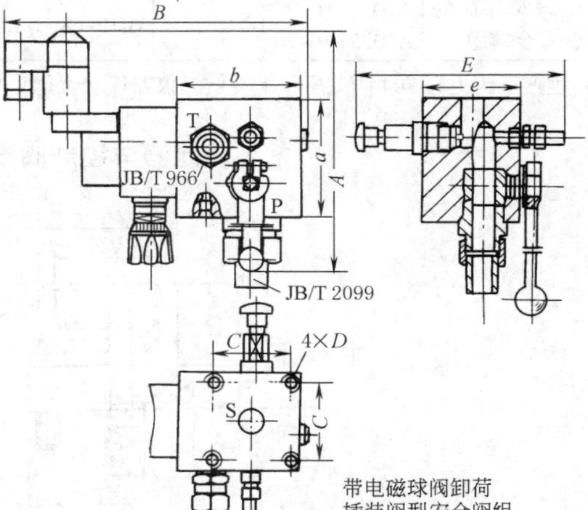

带电磁球阀卸荷
插装阀型安全阀组

图形符号

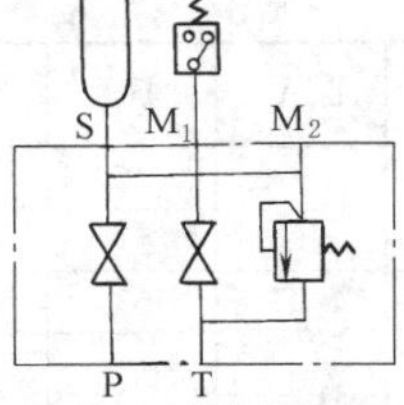

S手控泄压式蓄能器控制阀组

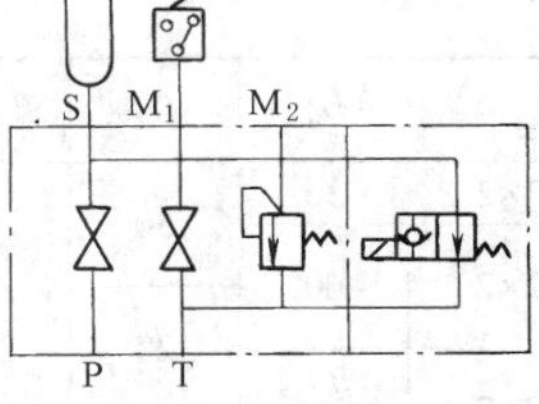

D手控加电控泄压式蓄能器控制

型号意义：

AJ □ □ □ □ □/□ - □

- AJ 型蓄能器安全阀组
- 泄压型式
  - S— 手控泄压
  - D— 手控加电控泄压
- 公称通径
- 安全阀压力级
  - a—6. 3MPa
  - b—16MPa
  - c—25MPa
  - 无 — 3. 15MPa
- 溢流阀结构
  - Z— 直动式溢流阀
  - C— 二通插装式溢流阀
- 蓄能器与控制阀组连接接头规格分子代表控制阀组的通径，分母表示蓄能器外接头的螺纹直径
- 设计序号

标记示例

公称通径 20mm，手控泄压，安全阀开启压力 16MPa，二通插装阀式溢流阀，接头规格为 DN20/M42×2：

AJS20bC20/M42×2-20

**表 21-8-119**

mm

| 品种 | 型号 | 外接口连接尺寸 | | | | 外形尺寸 | | | | | |
|---|---|---|---|---|---|---|---|---|---|---|---|
| | | S口 | | P口 | T口 | | | | | | |
| | | 螺纹 M | 法兰 $D/C\times C$ | 接管 (JB/T 2099) | 管接头 (JB/T 966) | $A$ | $B$ | $E$ | $a$ | $b$ | $e$ |
| 安全阀组 | AJS10※Z-20 | M22×15 | | 18 | 14/M18×15 | 215 | 155 | 95 | 85 | 90 | 50 |
| | AJS20※Z-20 | | M12/68.6×68.6 | 28 | 28/M33×2 | 290 | 220 | 135 | 90 | 145 | 90 |
| | AJS32※Z-20 | | M12/68.6×68.6 | 42 | 28/M33×2 | 300 | 235 | 140 | 100 | 155 | 95 |
| 带电磁球阀卸荷的安全阀组 | AJD10※Z-20 | M22×15 | | 18 | 14/M18×1.5 | 215 | 155 | 200 | 85 | 90 | 50 |
| | AJD20※Z-20 | | M12/68.6×68.6 | 28 | 28/M33×2 | 290 | 220 | 230 | 90 | 145 | 90 |
| | AJD32※Z-20 | | M12/68.6×68.6 | 42 | 28/M33×2 | 300 | 235 | 235 | 100 | 155 | 95 |
| 插装阀型安全阀组 | AJS20※C-20 | | M12/68.5×68.5 | 28 | 22/M27×2 | 285 | 165 | 205 | 115 | 110 | 90 |
| | AJS32※C-20 | | | 42 | 34/M42×2 | 335 | 185 | 200 | 140 | 135 | 95 |
| 带电磁球阀卸荷的插装阀型安全阀组 | AJD20※C-20 | | M12/68.5×68.5 | 28 | 22/M27×2 | 350 | 265 | 205 | 115 | 110 | 90 |
| | AJD32※C-20 | | | 42 | 34/M42×2 | 400 | 285 | 200 | 140 | 135 | 95 |

注：生产厂为上海 704 研究所、上海航海仪器厂、贺德克公司。

**蓄能器与控制阀组连接接头外形尺寸**

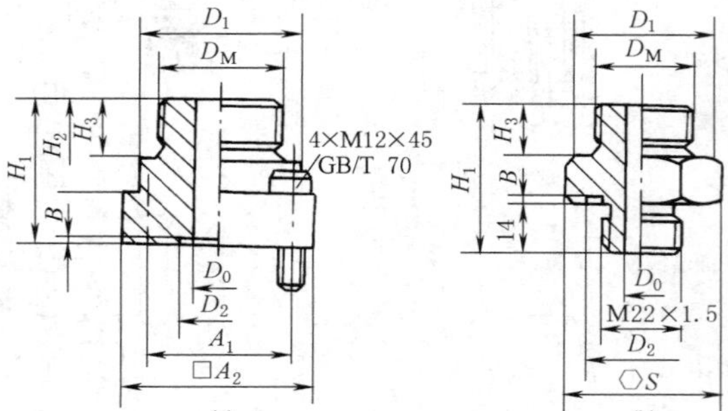


(a) (b)

**表 21-8-120**

mm

| $D_0$ | $D_M$ | $D_1$ | $D_2$ | $B_{-0.05}^{0}$ | ⬡S | $A_1\pm0.2$ | $\square A_2$ | $H_1$ | $H_2$ | $H_3$ | 示图 |
|---|---|---|---|---|---|---|---|---|---|---|---|
| 10 | M27×2 | 36 | 30 | 2.4 | 36 | — | — | 45 | — | 16 | b |
| | M42×2 | 60 | | | 60 | | | 57 | | 23 | |
| 20 | | | 28 | | — | 68.6 | 90 | 63 | 40 | | a |
| | M60×2 | 77 | | | | | | 75 | 47 | 30 | |
| 32 | | 80 | 40 | | | 74.2 | 95 | | | | |
| | M72×2 | 85 | | | | | | 80 | 52 | 35 | |

# 3 冷 却 器

## 3.1 冷却器的用途

液压系统工作时，因液压泵、液压马达、液压缸的容积损失和机械损失，或控制元件及管路的压力损失和液体摩擦损失等消耗的能量，几乎全部转化为热量。这些热量除一部分散发到周围空间，大部分使油液及元件的温度升高。如果油液温度过高（>80℃），将严重影响液压系统的正常工作。一般规定液压用油的正常温度范围为15~65℃。

在设计液压系统时，合理地设计油箱，保证油箱有足够的容量和散热面积，是一种控制油温过高的有效措施。但是，某些液压装置如行走机械等，由于受结构限制，油箱不能很大；一些采用液压泵-液压马达的闭式回路，由于油液往复循环，不能回到油箱冷却；此外，有的液压装置还要求能自动控制油液温度。对以上场合，就必须采取强制冷却的方法，通过冷却器来控制油液的温度，使之适合系统工作的要求。

**表 21-8-121　　高温对液压元件性能的影响**

| 元件 | 影响 | 元件 | 影响 |
|---|---|---|---|
| 泵、马达 | 滑动表面油膜破坏，导致磨损烧伤，产生气穴；泄漏增加，流量减少；黏度低，摩擦增加，磨损加快 | 控制阀 | 内外泄漏增加 |
| | | 过滤器 | 非金属滤芯早期老化 |
| 液压缸 | 密封件早期老化，活塞热胀，容易卡死 | 密封件 | 密封材质老化，漏损增加 |

## 3.2　冷却器的种类和特点

**表 21-8-122**

| 种类 | | 结构简图 | 特点 | 冷却效果 |
|---|---|---|---|---|
| 水冷式 | 蛇形管式 | 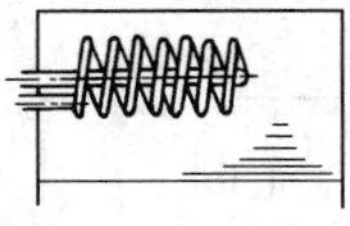 | 结构简单，直接装在油箱中，冷却水流经管内时，带走油液中的热量 | 散热面积小，油的运动速度很低，散热效果很差 |
| | 多管式，固定管板式，浮头式，U形管式，双重管式，卧式，立式 | 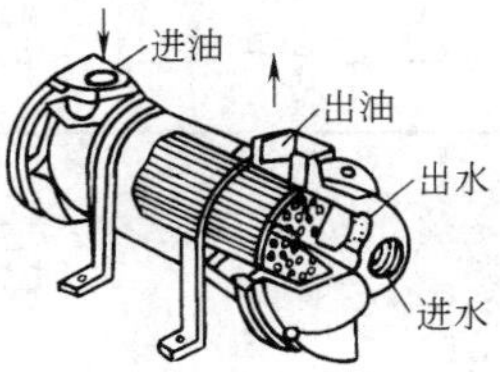 | 水从管内流过，油从筒体内管间流过，中间折板使油流折流，并采用双程或四程流动，强化冷却效果 | 散热效果好，传热系数约为350~580W/($m^2$·K) |
| | 波纹板式 | 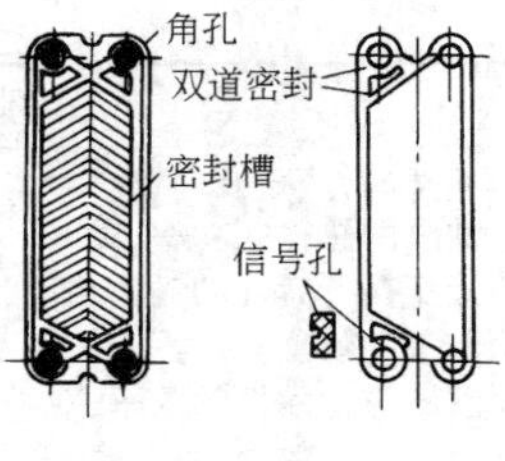 | 利用板片人字波纹结构交错排列形成的接触点，使液流在流速不高的情况下形成紊流，提高散热效果 | 散热效果好，传热系数可达230~815W/($m^2$·K) |
| | 翅板式 | 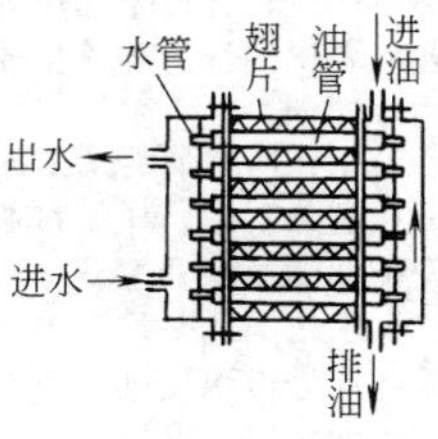 | 采用水管外面通油，油管外面装横向或纵向的散热翅片，增加的散热面积达光管的8~10倍 | 冷却效果比普通冷却器提高数倍 |
| 风冷式 | | 除采用风扇强制吹风冷却外，多采用自然通风冷却，适用于缺水或不便于用水冷却的液压设备，如工程机械 | | |

## 3.3 常用冷却回路的型式和特点

表 21-8-123

| 名称 | 简 图 | 特点与说明 | 名称 | 简 图 | 特点与说明 |
|---|---|---|---|---|---|
| 主油回路冷却回路 | 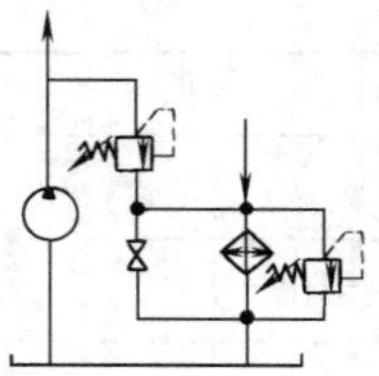 | 冷却器直接装在主回油路上，冷却速度快，但系统回路有冲击压力时，要求冷却器能承受较高的压力<br>除了冷却已经发热的系统回油之外，还能冷却溢流阀排出的油液。安全阀用于保护冷却器，当不需要冷却时，可打开截止阀 | 闭式系统强制补油的冷却系统 | 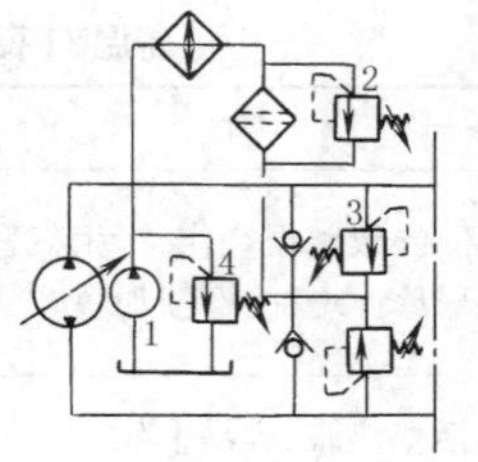 | 一般装在热交换阀的回油油路上，也可以装在补油泵的出口上<br>1—补油泵；2—安全阀；3，4—溢流阀<br>阀 4 的调定压力要高于阀 3 约 0.1~0.2MPa |
| 主溢流阀旁路冷却回路 | 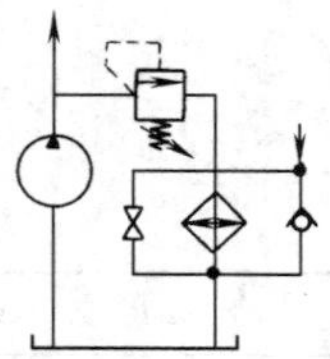 | 冷却器装在主溢流阀溢流口，溢流阀产生的热油直接获得冷却，同时也不受系统冲击压力影响，单向阀起保护作用，截止阀可在启动时使液压油直接回油箱 | 组合冷却回路 | 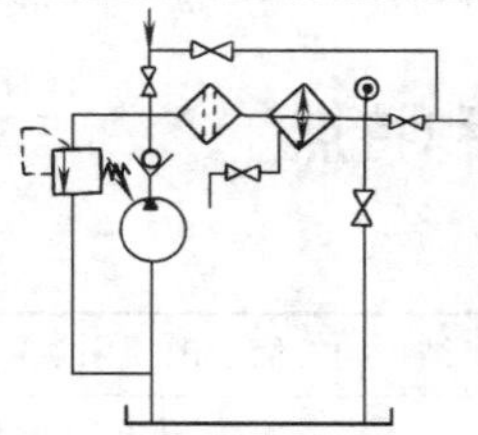 | 当液压系统有冲击载荷时，用冷却泵独立循环冷却，延长冷却器寿命；当系统无冲击压力时，采用主回油路冷却，提高冷却效果，多用于台架试验系统 |
| 独立冷却回路 | 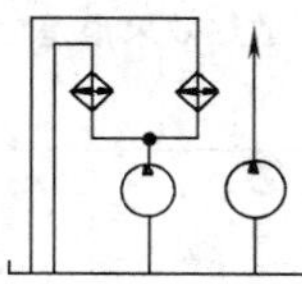 | 单独的油泵将热工作介质通入冷却器，冷却器不受液压冲击的影响，供冷却用的液压泵吸油管应靠近主回路的回油管或溢流阀的泄油管 | 温度自动调节回路 | 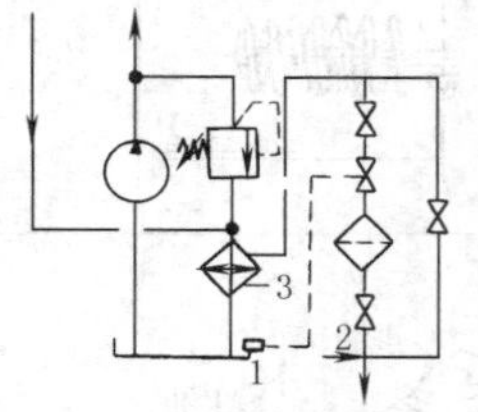 | 根据油温调节冷却水量，以保持油温在很小的范围内变化，接近于恒温<br>1—测温头；2—进水；3—出水 |

## 3.4 冷却器的计算

冷却器的计算主要是根据交换热量，确定散热面积和冷却水量。

表 21-8-124

| 项目 | 计 算 公 式 | 说 明 |
|---|---|---|
| 散热面积 $A$ | 根据热平衡方程式<br>$H_2=H-H_1$<br>式中 $H=P_p-P_e=P_p(1-\eta_p\eta_c\eta_m)$<br>式中 $\eta_c=\dfrac{\sum p_1q_1}{\sum p_pq_p}$<br>液压系统在一个动作循环内的平均发热量 $\overline{H}$：<br>$\overline{H}=\sum H_it_i/T$<br>当液压系统处在长期连续工作状态时，为了不使系统温升增加，必须使系统产生的热量全部散发出去，即<br>$H_2=H$<br>若 $H_2\leqslant 0$，则不设冷却器 | $H$——系统的发热功率，W<br>$P_p$——油泵的总输入功率，W<br>$P_e$——液压执行元件的输出功率，W<br>$\eta_p$——油泵的效率<br>$\eta_m$——液压执行元件的效率，对液压缸一般按 0.95 计算<br>$\eta_c$——液压回路效率<br>$\sum p_1q_1$——各液压执行元件工作压力和输入流量乘积总和<br>$\sum p_pq_p$——各油泵供油压力和输出流量乘积总和<br>$T$——循环周期，s<br>$t_i$——各个工作阶段所经历的时间，s<br>$H_1$——油箱散热功率，W(见本章 5 油箱)<br>$H_2$——冷却器的散热功率，W<br>$\Delta t_m$——油和水之间的平均温差，K<br>$t_1$——液压油进口温度，K<br>$t_2$——液压油出口温度，K<br>$t'_1$——冷却水进口温度，K |

续表

| 项目 | 计 算 公 式 | 说 明 |
|---|---|---|
| 散热面积 $A$ | 冷却器的散热面积<br>$$A=\frac{H_2}{k\Delta t_m}$$<br>式中 $\Delta t_m=\frac{t_1+t_2}{2}-\frac{t_1'+t_2'}{2}$ | $t_2'$——冷却水出口温度,K<br>$k$——冷却器的传热系数,初步计算可按下列值选取:<br>蛇形管式水冷 $k=110\sim175\text{W}/(\text{m}^2\cdot\text{K})$<br>多管式水冷 $k=116\text{W}/(\text{m}^2\cdot\text{K})$<br>平板式水冷 $k=465\ \text{W}/(\text{m}^2\cdot\text{K})$ |
| | 根据推荐的 $k$ 值,按上式算出的冷却器散热面积是选择冷却器的依据;考虑到冷却器工作过程中由于污垢和铁锈的存在,导致实际散热面积减少,因此在选择冷却器时,一般将计算出来的散热面积增大 20%~30% | |
| 冷却水量 $Q'$ | 冷却器的冷却水吸收的热量应等于液压油放出的热量,即<br>$C'Q'\rho'(t_2'-t_1')=CQ\rho(t_1-t_2)=H_2$<br>因此需要的冷却水量<br>$Q'=\frac{C\rho(t_1-t_2)}{C'\rho'(t_2'-t_1')}Q$ | $Q,Q'$——油及水的流量,$\text{m}^3/\text{s}$<br>$C,C'$——油及水的比热容,$C=1675\sim2093\text{J}/(\text{kg}\cdot\text{K})$,$C'=4186.8\text{J}/(\text{kg}\cdot\text{K})$<br>$\rho,\rho'$——油及水的密度,$\rho\approx900\text{kg}/\text{m}^3$,$\rho'=1000\text{kg}/\text{m}^3$ |
| | 按上式算出的冷却水量,应保证水在冷却器内的流速不超过 1~1.2m/s,否则需要增大冷却器的过水断面面积。通过冷却器的油液流量应适中,使油液通过冷却器时,其压力损失在 0.05~0.08MPa 范围内 | |

## 3.5 冷却器的选择

**表 21-8-125　冷却器的基本要求及选择依据**

| | |
|---|---|
| 基本要求 | 冷却器除通过管道散热面积直接吸收油液中的热量以外,还使油液流动出现紊流,通过破坏边界层来增加油液的传热系数<br>(1)有足够的散热面积<br>(2)散热效率高<br>(3)油液通过时压力损失小<br>(4)结构力求紧凑、坚固、体积小、重量轻 |
| 选择依据 | (1)系统的技术要求　系统工作液进入冷却器时的温度、流量、压力和需要冷却器带走的热量<br>(2)系统的环境　环境温度、冷却水温度和水质<br>(3)安装条件　主机的布置、冷却器的位置及其可占用的空间<br>(4)经济性　购置费用、运转费用及维修费用等<br>(5)可靠性及寿命要求　冷却器的寿命取决于水质腐蚀情况和管束等材料,表 21-8-127 给出了对碳钢无腐蚀的理想冷却水的水质 |

**表 21-8-126　多管式油冷却器结构型式的选择**

| 类 型 | 特 点 | 应 用 |
|---|---|---|
| 固定管板式 | 管束由筒体两端的固定板固定,为了减少流体温差引起的不均匀膨胀,筒体和管束一般都用相同的材料,但管板固定,管束不能取出,检查清理困难,对冷却水质要求较高,如 $2LQG_2W$ 型冷却器 | 可用于温度较高或温差较大的场合 |
| 浮动头式 | 管束可以在筒体内自由伸缩,也可以从筒体内抽出,检查清理方便,如 2LQFL 型冷却器 | |
| U 形管式 | 管束用一个管板固定,可以自由伸缩,也可以从筒体中取出;但 U 形管内部清理较难,U 形管的加工和装配也比较麻烦,价格较贵,如 2LQ-U 型冷却器 | 可用于高温流体的冷却 |
| 双重管间翅片式 | 油从一组内管流入,返程时从管间流出,再经另一组管间流入,回返时从内管流出,四程式,流程长,又内外管间设有翅片,提高了传热效果,重量轻,体积小;但双重管间不易清洗,如 $4LQF_3W$ 型冷却器 | 适用于系统布置要求紧凑的场合 |

**表 21-8-127　　理想冷却水的水质**

| 项　目 | 淡　水 | 净化海水 | 项　目 | 淡　水 | 净化海水 |
|---|---|---|---|---|---|
| pH 值 | 7 | 6~9 | 氨含量 | 0 | 10mg/L |
| 碳酸盐硬度 | >3°dH | | 硫化氢含量 | 0 | 0 |
| 铁含量 | <0.2mg/L | <0.2mg/L | 氯化物含量 | <100mg/L | <35g/L |
| 氧含量 | 4~6mg/L | 微量 | 碳酸盐含量 | <500mg/L | <3g/L |
| 腐蚀性碳酸 | 0 | 微量 | 蒸发残留 | <500mg/L | <30g/L |

## 3.6　冷却器的产品性能及规格尺寸

（1）多管式冷却器

1）冷却器性能参数

**表 21-8-128　　冷却器性能参数**

| 型号 | 2LQFW、2LQFL、$2LQF_6W$ | $2LQF_1W$、$2LQF_1L$ | 2LQGW | $2LQG_2W$ | $4LQF_3W$ |
|---|---|---|---|---|---|
| 换热面积/$m^2$ | 0.5~16 | 19~290 | 0.22~11.45 | 0.2~4.25 | 1.3~5.3 |
| 传热系数/$W \cdot m^{-2} \cdot K^{-1}$ | 348~407 | 348~407 | 348~407 | 348~407 | 523~580 |
| 设计温度/℃ | 100 | 120 | 120 | 100 | 80 |
| 工作介质压力/MPa | 1.6 | 1.0 | 1.6 | 1.0 | 1.6 |
| 冷却介质压力/MPa | 0.8 | 0.5 | 1.0 | 0.5 | 0.4 |
| 油侧压力降/MPa | <0.1 | <0.1 | <0.1 | <0.1 | 见本冷却器选择表 |
| 介质黏度/$10^{-6}m^2 \cdot s^{-1}$ | 10~326 | 10~326 | 10~326 | 10~325 | 10~50 |

注：生产厂为营口液压机械厂。

**表 21-8-129**

| 换热面积/$m^2$ | | A | | 0.5 | 0.65 | 0.8 | 1.0 | 1.2 | 1.46 | 1.7 | 2.1 | 2.5 | 3.0 | 3.6 | 4.3 | 5.0 | 6.0 | 7.2 | 8.5 | 10 | 12 | 14 |
|---|---|---|---|---|---|---|---|---|---|---|---|---|---|---|---|---|---|---|---|---|---|---|
| 换热量/W | | H | | 3314~4070 | 4942~5698 | 5233~5815 | 7036~8141 | 8664~9769 | 10292~11513 | 13025~13956 | 15119~16282 | 19189~20352 | 23260~24423 | 27330~29675 | 30819~34308 | 37216~40705 | 45357~48846 | 53498~58150 | 62802~69198 | 76758~81410 | 93040~97692 | 109322~113974 |
| 传热系数/$W \cdot m^{-2} \cdot K^{-1}$ | | K | Ⅰ | 285~407 | | | 296~407 | | | 296~407 | | | 285~407 | | | 280~407 | | | 290~407 | | | |
| | | | Ⅱ | 302~407 | | | 314~407 | | | 302~407 | | | 290~407 | | | 285~407 | | | 280~407 | | | |
| | | | Ⅲ | 349~350 | | | 337~407 | | | 337~407 | | | 331~407 | | | 325~407 | | | 280~407 | | | |
| 工作油 | 流量/$L \cdot min^{-1}$ | Q | Ⅰ | 35~55 | | | 50~80 | | | 60~95 | | | 70~140 | | | 80~160 | | | 130~210 | | | |
| | | | Ⅱ | 56~110 | | | 81~130 | | | 96~180 | | | 141~230 | | | 161~310 | | | 211~430 | | | |
| | | | Ⅲ | 111~160 | | | 131~190 | | | 181~270 | | | 231~320 | | | 311~435 | | | 431~630 | | | |
| | 压力损失(max)/MPa | $\Delta p_s$ | | 0.1 | | | 0.1 | | | 0.1 | | | 0.1 | | | 0.1 | | | 0.1 | | | |
| 冷却水 | 流量(min)/$L \cdot min^{-1}$ | $Q'$ | | 30 | | | 55 | | | 80 | | | 120 | | | 160 | | | 260 | | | |
| | 压力损失(max)/MPa | $\Delta p_t$ | | 0.015 | | | 0.015 | | | 0.017 | | | 0.02 | | | 0.022 | | | 0.022 | | | |

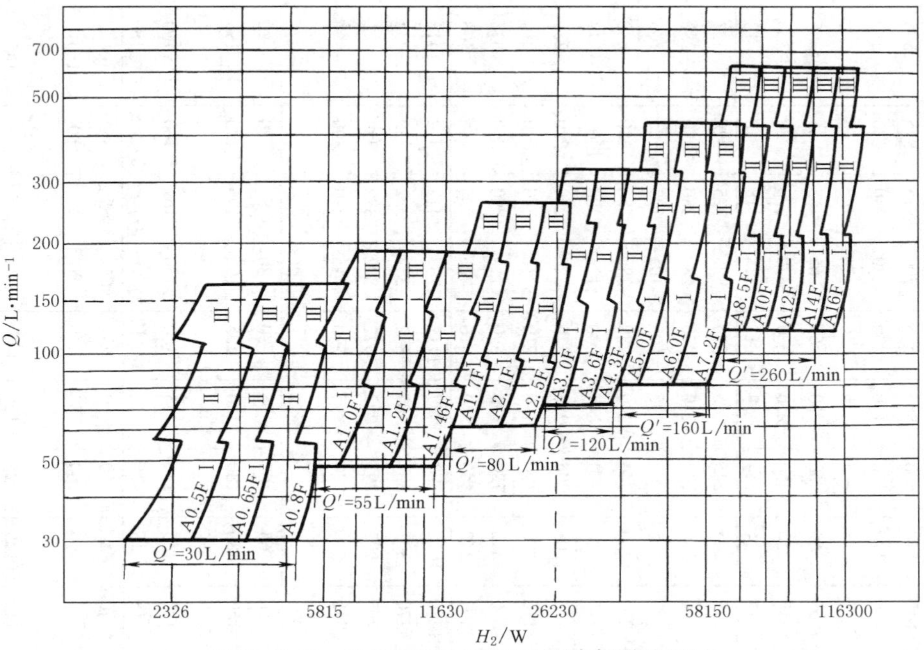

图 21-8-45　2LQFL 型、2LQFW 型冷却器选用图

选用示例：已知热交换量 $H_2=26230$W，油的流量 $Q=150$L/min，选择冷却器型号。

从横坐标上 $H_2=26230$W 点作垂线，再从纵坐标上 $Q=150$L/min 点作水平线与其相交于一点，此点所在区的型号 A2.5F 即所求冷却器型号（条件：油出口温度 $t_2\leqslant 50$℃，冷却水入口温度 $t_1'\leqslant 28$℃，$Q'$为最低水流量）。

2）浮头式冷却器

① 卧式浮头式冷却器

**2LQFW 型、2LQF$_6$W 型冷却器尺寸**

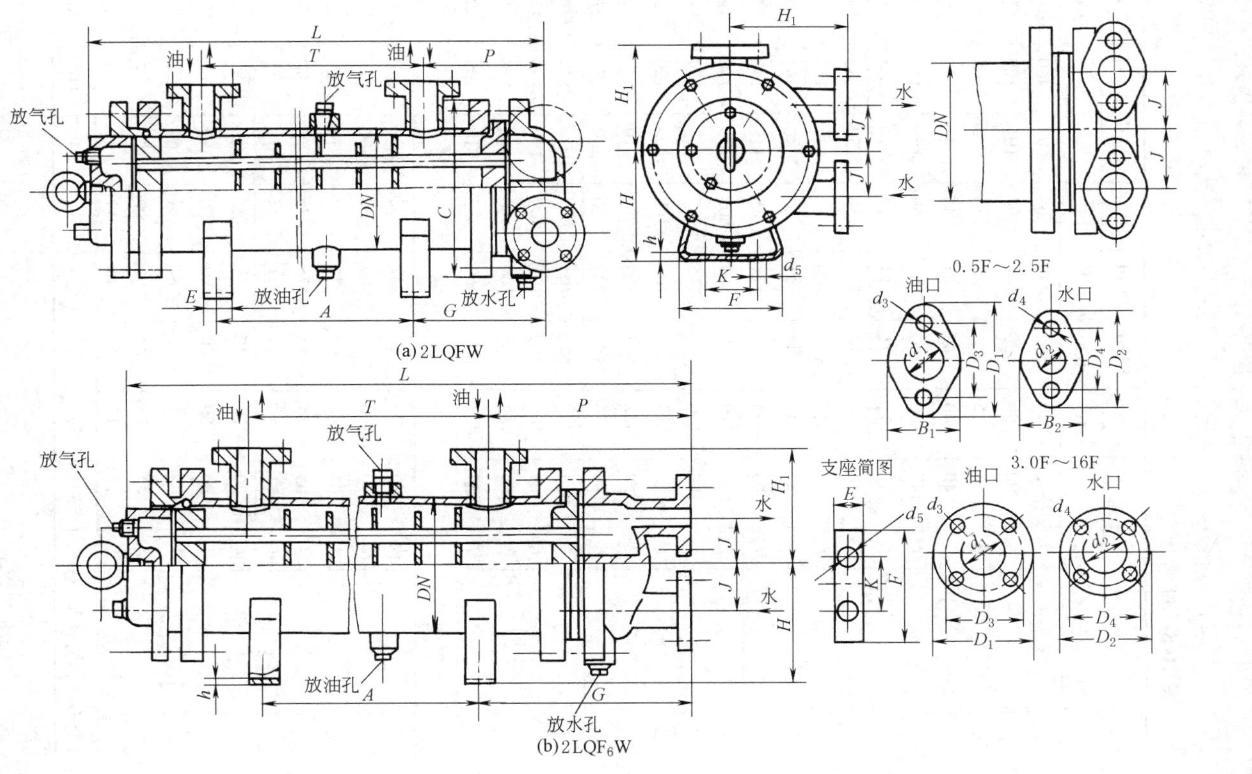

(a) 2LQFW

(b) 2LQF$_6$W

表 21-8-130

mm

| 型号 | | | A0.5F | A0.65F | A0.8F | A1.0F | A1.2F | A1.46F | A1.7F | A2.1F | A2.5F | A3.0F | A3.6F | A4.3F | A5.0F | A6.0F | A7.2F | A8.5F | A10F | A12F | A14F | A16F |
|---|---|---|---|---|---|---|---|---|---|---|---|---|---|---|---|---|---|---|---|---|---|---|
| 换热面积/$m^2$ | | | 0.5 | 0.65 | 0.8 | 1.0 | 1.2 | 1.46 | 1.7 | 2.1 | 2.5 | 3.0 | 3.6 | 4.3 | 5.0 | 6.0 | 7.2 | 8.5 | 10 | 12 | 14 | 16 |
| 底部尺寸 | (a)2LQFW、(b)$2LQF_6W$ | $A$ | 345 | 470 | 595 | 440 | 565 | 690 | 460 | 610 | 760 | 540 | 665 | 815 | 540 | 690 | 865 | 575 | 700 | 875 | 875 | 875 |
| | | $K$ | 90 | 90 | 90 | 104 | 104 | 104 | 120 | 120 | 120 | 140 | 140 | 140 | 170 | 170 | 170 | 230 | 230 | 230 | 230 | 230 |
| | | $h$ | 5 | 5 | 5 | 5 | 5 | 5 | 5 | 5 | 5 | 5 | 5 | 5 | 5 | 5 | 5 | 6 | 6 | 6 | 6 | 6 |
| | | $E$ | 40 | 40 | 40 | 45 | 45 | 45 | 50 | 50 | 50 | 55 | 55 | 55 | 60 | 60 | 60 | 65 | 65 | 65 | 65 | 65 |
| | | $F$ | 140 | 140 | 140 | 160 | 160 | 160 | 180 | 180 | 180 | 210 | 210 | 210 | 250 | 250 | 250 | 320 | 320 | 320 | 320 | 320 |
| | | $d_5$ | 11 | 11 | 11 | 14 | 14 | 14 | 14 | 14 | 14 | 14 | 14 | 14 | 14 | 14 | 14 | 18 | 18 | 18 | 18 | 18 |
| 筒部尺寸 | (a)、(b) | $DN$ | 114 | 114 | 114 | 150 | 150 | 150 | 186 | 186 | 186 | 219 | 219 | 219 | 245 | 245 | 245 | 325 | 325 | 325 | 325 | 325 |
| | | $H$ | 115 | 115 | 115 | 140 | 140 | 140 | 165 | 165 | 165 | 200 | 200 | 200 | 240 | 240 | 240 | 280 | 280 | 280 | 280 | 280 |
| | | $J$ | 42 | 42 | 42 | 47 | 47 | 47 | 52 | 52 | 52 | 85 | 85 | 85 | 95 | 95 | 95 | 105 | 105 | 105 | 105 | 105 |
| | | $H_1$ | 95 | 95 | 95 | 115 | 115 | 115 | 140 | 140 | 140 | 200 | 200 | 200 | 240 | 240 | 240 | 280 | 280 | 280 | 280 | 280 |
| | (a) | $L$ | 545 | 670 | 790 | 680 | 805 | 930 | 740 | 890 | 1040 | 870 | 995 | 1145 | 920 | 1070 | 1245 | 1000 | 1125 | 1300 | 1300 | 1547 |
| | | $G$ | 100 | 100 | 100 | 115 | 115 | 115 | 140 | 140 | 140 | 175 | 175 | 175 | 205 | 205 | 205 | 220 | 220 | 220 | 220 | 220 |
| | | $P$ | 93 | 93 | 93 | 105 | 105 | 105 | 120 | 120 | 120 | 170 | 170 | 170 | 190 | 190 | 190 | 210 | 210 | 210 | 210 | 210 |
| | | $T$ | 357 | 482 | 607 | 460 | 585 | 710 | 500 | 650 | 800 | 565 | 690 | 840 | 570 | 720 | 895 | 590 | 715 | 890 | 890 | 1038 |
| | | $C$ | 186 | 186 | 186 | 220 | 220 | 220 | 270 | 270 | 270 | 308 | 308 | 308 | 340 | 340 | 340 | 406 | 406 | 406 | 406 | 406 |
| | (b) | $L$ | 614 | 739 | 859 | 762 | 887 | 1012 | 846 | 996 | 1146 | 965 | 1090 | 1240 | 1022 | 1172 | 1347 | 1112 | 1237 | 1412 | 1412 | 1412 |
| | | $G$ | 169 | 169 | 169 | 197 | 197 | 197 | 246 | 246 | 246 | 270 | 270 | 270 | 307 | 307 | 307 | 332 | 332 | 332 | 332 | 332 |
| | | $P$ | 162 | 162 | 162 | 190 | 190 | 190 | 226 | 226 | 226 | 265 | 265 | 265 | 292 | 292 | 292 | 322 | 322 | 322 | 322 | 322 |
| | | $T$ | 357 | 482 | 607 | 460 | 585 | 710 | 500 | 650 | 800 | 565 | 690 | 840 | 570 | 720 | 895 | 590 | 715 | 890 | 890 | 890 |
| 法兰型式 | | | 椭圆法兰 | | | | | | | | | 圆形法兰 | | | | | | | | | | |
| 法兰尺寸 | 油 (a)、(b) | $d_1$ | 25 | 25 | 25 | 32 | 32 | 32 | 40 | 40 | 40 | 50 | 50 | 50 | 65 | 65 | 65 | 80 | 80 | 80 | 80 | 80 |
| | | $D_1$ | 90 | 90 | 90 | 100 | 100 | 100 | 118 | 118 | 118 | 160 | 160 | 160 | 180 | 180 | 180 | 195 | 195 | 195 | 195 | 195 |
| | | $B_1$ | 64 | 64 | 64 | 72 | 72 | 72 | 85 | 85 | 85 | | | | | | | | | | | |
| | | $D_3$ | 65 | 65 | 65 | 75 | 75 | 75 | 90 | 90 | 90 | 125 | 125 | 125 | 145 | 145 | 145 | 160 | 160 | 160 | 160 | 160 |
| | | $d_3$ | 11 | 11 | 11 | 11 | 11 | 11 | 14 | 14 | 14 | 18 | 18 | 18 | 18 | 18 | 18 | $8\times\phi18$ | $8\times\phi18$ | $8\times\phi18$ | $8\times\phi18$ | $8\times\phi18$ |
| | 水 (a)、(b) | $d_2$ | 20 | 20 | 20 | 25 | 25 | 25 | 32 | 32 | 32 | 40 | 40 | 40 | 50 | 50 | 50 | 65 | 65 | 65 | 65 | 65 |
| | | $D_2$ | 80 | 80 | 80 | 90 | 90 | 90 | 100 | 100 | 100 | 145 | 145 | 145 | 160 | 160 | 160 | 180 | 180 | 180 | 180 | 180 |
| | | $B_2$ | 45 | 45 | 45 | 64 | 64 | 64 | 72 | 72 | 72 | | | | | | | | | | | |
| | | $D_4$ | 55 | 55 | 55 | 65 | 65 | 65 | 75 | 75 | 75 | 110 | 110 | 110 | 125 | 125 | 125 | 145 | 145 | 145 | 145 | 145 |
| | | $d_4$ | 11 | 11 | 11 | 11 | 11 | 11 | 11 | 11 | 11 | 18 | 18 | 18 | 18 | 18 | 18 | 18 | 18 | 18 | 18 | 18 |
| (a)、(b)质量/kg | | | 30 | 33 | 36 | 47 | 51 | 54 | 60 | 70 | 76 | 110 | 119 | 130 | 145 | 161 | 176 | 215 | 231 | 250 | 260 | 270 |

## 2LQF$_1$W 型、2LQF$_1$L 型冷却器尺寸

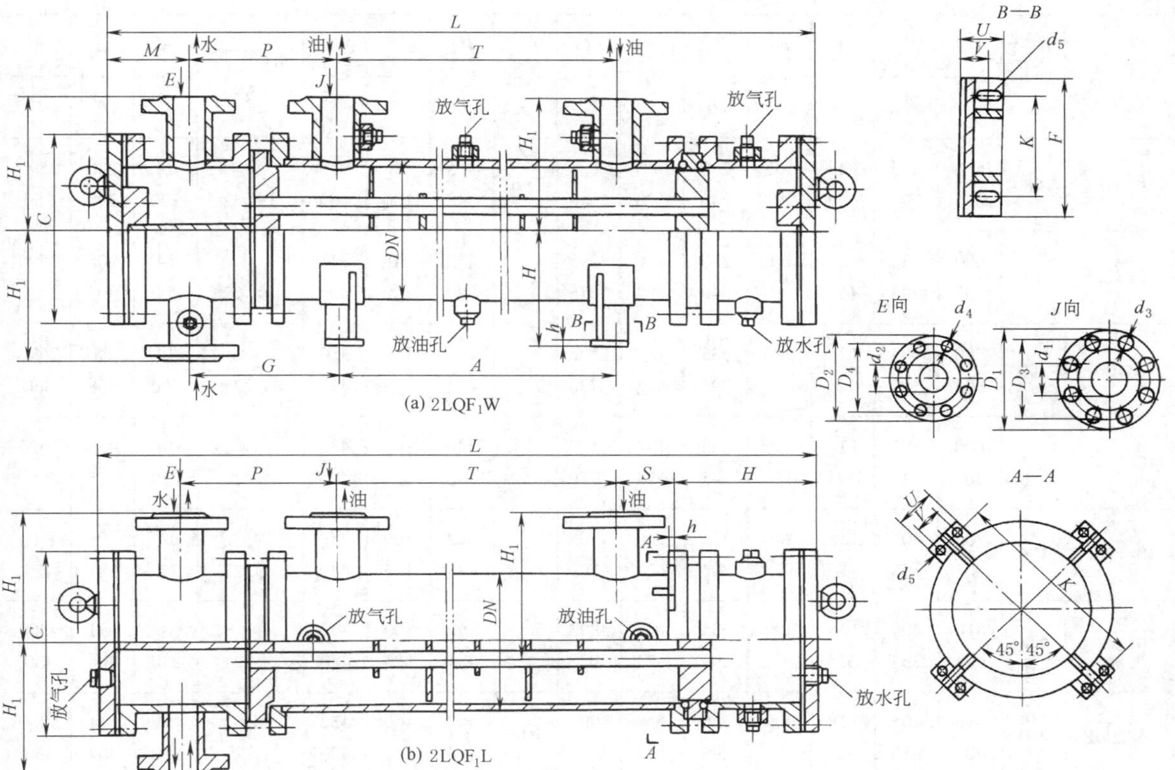


(a) 2LQF$_1$W

(b) 2LQF$_1$L

表 21-8-131

mm

| 型号 | 换热面积/m$^2$ | DN<br>C | $D_1$<br>$D_3$ | $d_3$ | $d_2$ | $D_2$<br>$D_4$ | $d_4$ | T<br>L | 质量/kg | $H_1$<br>H | V<br>U | K<br>F | 长形孔 $d_5$ | h<br>$d_1$ | M<br>P | A<br>G |
|---|---|---|---|---|---|---|---|---|---|---|---|---|---|---|---|---|
| | | (a)2LQF$_1$W (b)2LQF$_1$L | | | | | | | | (a)2LQF$_1$W | | | | | | |
| 10/19F | 19 | 273<br>360 | 280<br>240 | 8×<br>$\phi$23 | 80 | 195<br>160 | 8×<br>$\phi$18 | 2690<br>3460 | 578 | 248<br>190 | 35<br>60 | 140<br>200 | 4×<br>16×22 | 10<br>150 | 140<br>290 | 2690<br>240 |
| 10/25F | 25 | 325<br>415 | 280<br>240 | 8×<br>$\phi$23 | 80 | 195<br>160 | 8×<br>$\phi$18 | 2690<br>3470 | 746 | 280<br>216 | 35<br>60 | 165<br>230 | 4×<br>16×32 | 10<br>150 | 145<br>292 | 2690<br>240 |
| 10/29F | 29 | 351<br>445 | 280<br>240 | 8×<br>$\phi$23 | 100 | 215<br>180 | 8×<br>$\phi$18 | 2690<br>3510 | 883 | 298<br>268 | 50<br>85 | 190<br>250 | 4×<br>16×32 | 10<br>150 | 160<br>310 | 2670<br>280 |
| 10/36F | 36 | 402<br>495 | 280<br>240 | 8×<br>$\phi$23 | 100 | 215<br>180 | 8×<br>$\phi$18 | 2680<br>3520 | 1054 | 324<br>292 | 50<br>85 | 215<br>270 | 4×<br>19×32 | 10<br>150 | 165<br>320 | 2640<br>285 |
| 10/45F | 45 | 450<br>550 | 280<br>240 | 8×<br>$\phi$23 | 150 | 280<br>240 | 8×<br>$\phi$23 | 2680<br>3580 | 1458 | 350<br>305 | 50<br>85 | 240<br>300 | 4×<br>19×32 | 10<br>150 | 190<br>345 | 2670<br>310 |
| 10/55F | 55 | 500<br>600 | 335<br>295 | 12×<br>$\phi$23 | 150 | 280<br>240 | 8×<br>$\phi$23 | 2615<br>3630 | 1553 | 375<br>330 | 70<br>100 | 265<br>325 | 4×<br>19×32 | 14<br>200 | 195<br>385 | 2590<br>345 |

续表

| 型号 | 换热面积/$m^2$ | $DN$<br>$C$ | $D_1$<br>$D_3$ | $d_3$ | $d_2$ | $D_2$<br>$D_4$ | $d_4$ | $T$<br>$L$ | 质量/kg | $H_1$<br>$H$ | $V$<br>$U$ | $K$<br>$F$ | 长形孔<br>$d_5$ | $h$<br>$d_1$ | $M$<br>$P$ | $A$<br>$G$ |
|---|---|---|---|---|---|---|---|---|---|---|---|---|---|---|---|---|
| | (a) $2LQF_1W$ (b) $2LQF_1L$ | | | | | | | | | (a) $2LQF_1W$ | | | | | | |
| 10/68F | 68 | 560<br>655 | 335<br>295 | 12×<br>$\phi$23 | 150 | 280<br>240 | 8×<br>$\phi$23 | 2600<br>3640 | 2140 | 405<br>348 | 70<br>100 | 345<br>400 | 4×<br>19×32 | 14<br>200 | 200<br>390 | 2590<br>350 |
| 10/77F | 77 | 600<br>705 | 335<br>295 | 12×<br>$\phi$23 | 150 | 280<br>240 | 8×<br>$\phi$23 | 2595<br>3655 | 2582 | 432<br>380 | 70<br>100 | 345<br>400 | 4×<br>19×22 | 14<br>200 | 205<br>395 | 2590<br>355 |
| 10/100F | 100 | 700<br>805 | 405<br>355 | 12×<br>$\phi$25 | 200 | 335<br>295 | 8×<br>$\phi$23 | 2525<br>2730 | 3160 | 490<br>432 | 100<br>125 | 380<br>435 | 4×<br>$\phi$22 | 14<br>250 | 240<br>458 | 2690<br>360 |
| 10/135F | 135 | 800<br>905 | 405<br>335 | 12×<br>$\phi$25 | 200 | 335<br>295 | 8×<br>$\phi$23 | 2510<br>3770 | 3736 | 540<br>482 | 100<br>125 | 432<br>480 | 4×<br>$\phi$22 | 14<br>250 | 255<br>475 | 2620<br>375 |
| 10/176F | 176 | 705<br>805 | 405<br>355 | 12×<br>$\phi$25 | 200 | 335<br>295 | 8×<br>$\phi$23 | 4705<br>5709 | 4779 | 489<br>435 | 100<br>125 | 382<br>430 | 4×<br>$\phi$22 | 14<br>250 | 201<br>381 | 4700<br>425 |
| 10/244F | 244 | 810<br>908 | 405<br>355 | 12×<br>$\phi$25 | 200 | 335<br>295 | 8×<br>$\phi$23 | 4993<br>6022 | 6056 | 540<br>485 | 100<br>125 | 432<br>480 | 4×<br>$\phi$22 | 14<br>250 | 611<br>404 | 4800<br>450 |
| 10/290F | 290 | 810<br>908 | 405<br>355 | 12×<br>$\phi$25 | 200 | 335<br>295 | 8×<br>$\phi$23 | 5905<br>7059 | 6599 | 540<br>485 | 100<br>125 | 432<br>480 | 4×<br>$\phi$22 | 14<br>250 | 611<br>404 | 5800<br>450 |

(b) $2LQF_1L$

| 型号 | $H_1$<br>$H$ | $K$<br>$h$ | $V$<br>$U$ | $d_5$ | $d_1$ | $S$<br>$P$ | 型号 | $H_1$<br>$H$ | $K$<br>$h$ | $V$<br>$U$ | $d_5$ | $d_1$ | $S$<br>$P$ |
|---|---|---|---|---|---|---|---|---|---|---|---|---|---|
| 10/19F | 248<br>185 | 420<br>12 | 80<br>120 | 8×$\phi$16 | 150 | 150<br>290 | 10/29F | 298<br>205 | 485<br>12 | 80<br>120 | 8×$\phi$16 | 150 | 145<br>310 |
| 10/25F | 280<br>200 | 455<br>12 | 80<br>120 | 8×$\phi$16 | 150 | 145<br>292 | 10/36F | 324<br>240 | 535<br>12 | 80<br>120 | 8×$\phi$16 | 150 | 150<br>320 |
| 10/45F | 350<br>225 | 600<br>12 | 80<br>120 | 8×$\phi$16 | 150 | 145<br>345 | 10/100F | 245 | 14 | 160 | 8×$\phi$16 | | 458 |
| 10/55F | 375<br>255 | 650<br>12 | 100<br>140 | 8×$\phi$16 | 200 | 185<br>385 | 10/135F | 540<br>250 | 960<br>14 | 140<br>175 | 8×$\phi$16 | 250 | 225<br>475 |
| 10/68F | 405<br>276 | 705<br>14 | 100<br>140 | 8×$\phi$16 | 200 | 175<br>390 | 10/176F | 489<br>250 | 865<br>12 | 140<br>175 | 8×$\phi$16 | 250 | 175<br>381 |
| 10/77F | 432<br>240 | 755<br>14 | 120<br>160 | 8×$\phi$16 | 200 | 215<br>395 | 10/244F | 540<br>265 | 964<br>14 | 140<br>165 | 8×$\phi$16 | 250 | 173<br>404 |
| 10/100F | 490 | 855 | 120 | 8×$\phi$16 | 250 | 190 | 10/290F | 540<br>265 | 964<br>14 | 140<br>165 | 8×$\phi$16 | 250 | 177<br>404 |

## $2LQF_4W$ 型冷却器技术性能及尺寸

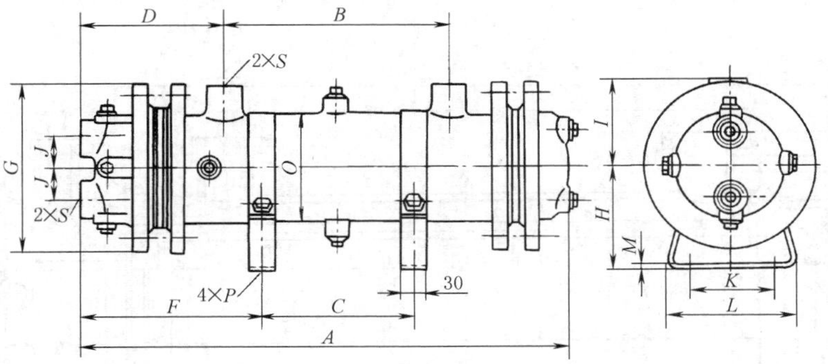


工作介质:矿物油、冷却介质、淡水

**表 21-8-132**

mm

| 换热面积 /$m^2$ | 设计压力 /MPa | | 试验压力 /MPa | | 设计温度 /℃ | 压力降 /MPa | *A* | *B* | *C* | *D* | *F* | *G* | *H* | *I* | *J* | *K* | *L* | *M* | *P* | *O* | *S* | 质量 /kg |
|---|---|---|---|---|---|---|---|---|---|---|---|---|---|---|---|---|---|---|---|---|---|---|
| 0.5 | 1.6 | 0.8 | 2.4 | 1.2 | 100 | ≤0.1 | 464 | 212 | 134 | 140 | 178 | 160 | 100 | 80 | 28 | 80 | 130 | 3 | $\phi$12 | $\phi$100 | ZG 3/4″ | 17 |
| 0.7 | | | | | | | 522 | 270 | 192 | | | | | | | | | | | | | 18 |
| 1.0 | | | | | | | 696 | 444 | 366 | | | | | | | | | | | | | 22 |
| 1.6 | | | | | | | 986 | 734 | 656 | | | | | | | | | | | | | 27 |
| 1.3 | 1.6 | 0.8 | 2.4 | 1.2 | 100 | ≤0.1 | 550 | 278 | 191 | 150 | 193 | 190 | 120 | 95 | 30 | 100 | 157 | 3 | $\phi$12 | $\phi$130 | ZG1″ | 30 |
| 2.0 | | | | | | | 706 | 434 | 347 | | | | | | | | | | | | | 34 |
| 2.5 | | | | | | | 862 | 590 | 500 | | | | | | | | | | | | | 40 |
| 3.5 | | | | | | | 1096 | 824 | 737 | | | | | | | | | | | | | 48 |
| 3.0 | 1.6 | 0.8 | 2.4 | 1.2 | 100 | ≤0.1 | 674 | 382 | 285 | 160 | 208 | 230 | 145 | 115 | 50 | 130 | 188 | 4 | $\phi$14 | $\phi$164 | ZG 1¼″ | 52 |
| 4.0 | | | | | | | 830 | 538 | 441 | | | | | | | | | | | | | 61 |
| 4.5 | | | | | | | 908 | 616 | 519 | | | | | | | | | | | | | 65 |
| 5.5 | | | | | | | 1064 | 772 | 675 | | | | | | | | | | | | | 73 |
| 5.0 | 1.6 | 0.8 | 2.4 | 1.2 | 100 | ≤0.1 | 742 | 430 | 328 | 170 | 220 | 260 | 170 | 135 | 62 | 150 | 217 | 4 | $\phi$14 | $\phi$194 | ZG 1½″ | 71 |
| 6.0 | | | | | | | 830 | 518 | 416 | | | | | | | | | | | | | 77 |
| 7.0 | | | | | | | 918 | 606 | 504 | | | | | | | | | | | | | 83 |
| 9.0 | | | | | | | 1180 | 868 | 766 | | | | | | | | | | | | | 102 |
| 8.0 | 1.6 | 0.8 | 2.4 | 1.2 | 100 | ≤0.1 | 793 | 446 | 332 | 180 | 246 | 290 | 195 | 155 | 70 | 180 | 246 | 4 | $\phi$14 | $\phi$224 | ZG2″ | 95 |
| 10 | | | | | | | 969 | 622 | 508 | | | | | | | | | | | | | 111 |
| 12 | | | | | | | 1145 | 798 | 684 | | | | | | | | | | | | | 127 |
| 14 | | | | | | | 1321 | 974 | 860 | | | | | | | | | | | | | 143 |

注：$2LQF_4W$ 型冷却器安装位置如下图所示。

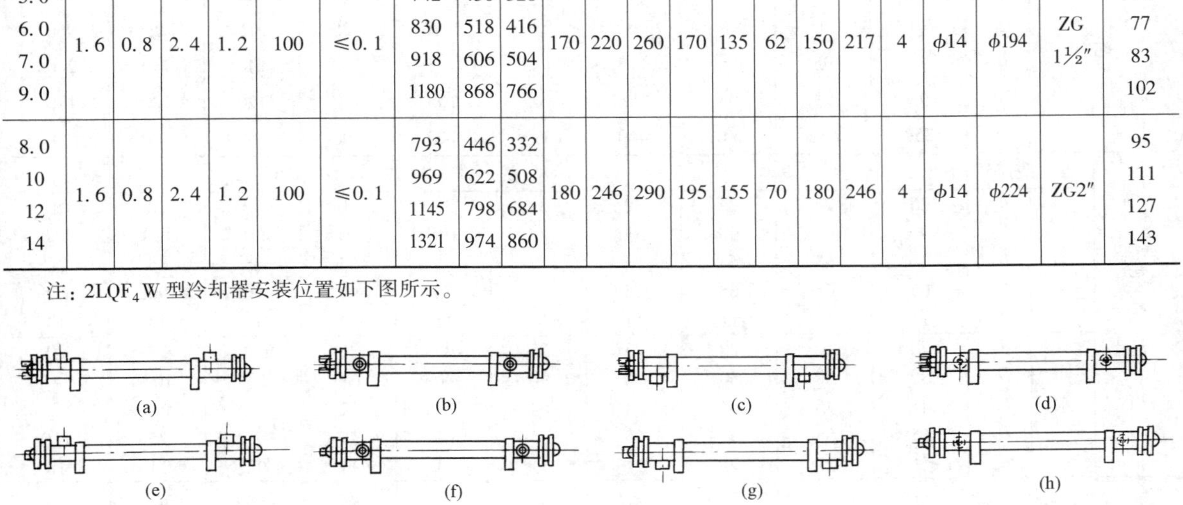

(a) (b) (c) (d)

(e) (f) (g) (h)

② 立式浮头式冷却器

## 2LQFL 型冷却器尺寸

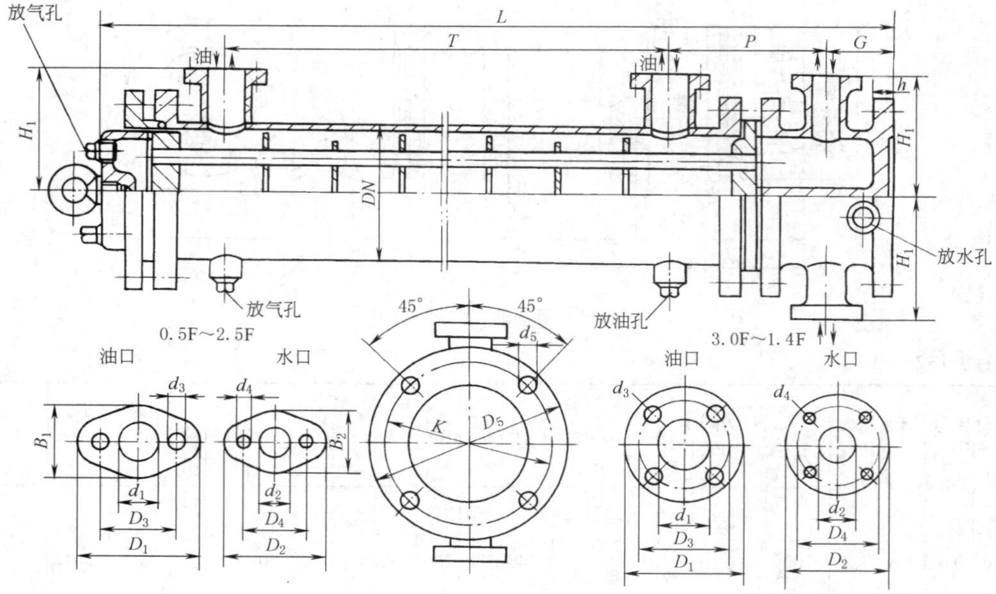


表 21-8-133

mm

| 型号 | | | A0.5F | A0.65F | A0.8F | A1.0F | A1.2F | A1.46F | A1.7F | A2.1F | A2.5F | A3.0F |
|---|---|---|---|---|---|---|---|---|---|---|---|---|
| 换热面积/$m^2$ | | | 0.5 | 0.65 | 0.8 | 1.0 | 1.2 | 1.46 | 1.7 | 2.1 | 2.5 | 3.0 |
| 底部尺寸 | | $D_5$ | 186 | 186 | 186 | 220 | 220 | 220 | 270 | 270 | 270 | 308 |
| | | $K$ | 164 | 164 | 164 | 190 | 190 | 190 | 240 | 240 | 240 | 278 |
| | | $h$ | 16 | 16 | 16 | 16 | 16 | 16 | 18 | 18 | 18 | 18 |
| | | $G$ | 75 | 75 | 75 | 80 | 80 | 80 | 85 | 85 | 85 | 90 |
| | | $d_5$ | 12 | 12 | 12 | 15 | 15 | 15 | 15 | 15 | 15 | 15 |
| 筒部尺寸 | | $DN$ | 114 | 114 | 114 | 150 | 150 | 150 | 186 | 186 | 186 | 219 |
| | | $L$ | 620 | 745 | 870 | 760 | 886 | 1010 | 825 | 975 | 1125 | 960 |
| | | $H_1$ | 95 | 95 | 95 | 115 | 115 | 115 | 140 | 140 | 140 | 200 |
| | | $P$ | 93 | 93 | 93 | 105 | 105 | 105 | 120 | 120 | 120 | 170 |
| | | $T$ | 357 | 482 | 607 | 460 | 585 | 710 | 500 | 650 | 800 | 565 |
| 法兰连接 | 法兰型式 | | 椭圆法兰 | | | | | | | | | |
| | 油 | $d_1$ | 25 | 25 | 25 | 32 | 32 | 32 | 40 | 40 | 40 | 50 |
| | | $D_1$ | 90 | 90 | 90 | 100 | 100 | 100 | 118 | 118 | 118 | 160 |
| | | $B_1$ | 64 | 64 | 64 | 72 | 72 | 72 | 85 | 85 | 85 | |
| | | $D_3$ | 65 | 65 | 65 | 75 | 75 | 75 | 90 | 90 | 90 | 125 |
| | | $d_3$ | 11 | 11 | 11 | 11 | 11 | 11 | 14 | 14 | 14 | 18 |
| | 水 | $d_2$ | 20 | 20 | 20 | 25 | 25 | 25 | 32 | 32 | 32 | 40 |
| | | $D_2$ | 80 | 80 | 80 | 90 | 90 | 90 | 100 | 100 | 100 | 145 |
| | | $B_2$ | 45 | 45 | 45 | 64 | 64 | 64 | 72 | 72 | 72 | |
| | | $D_4$ | 55 | 55 | 55 | 65 | 65 | 65 | 75 | 75 | 75 | 110 |
| | | $d_4$ | 11 | 11 | 11 | 11 | 11 | 11 | 11 | 11 | 11 | 18 |
| 质量/kg | | | 35 | 38 | 41 | 51 | 55 | 58 | 68 | 77 | 84 | 118 |

续表

| 型号 | | | A3.6F | A4.3F | A5.0F | A6.0F | A7.2F | A8.5F | A10F | A12F | A14F | A16F |
|---|---|---|---|---|---|---|---|---|---|---|---|---|
| 换热面积/$m^2$ | | | 3.6 | 4.3 | 5.0 | 6.0 | 7.2 | 8.5 | 10 | 12 | 14 | 16 |
| 底部尺寸 | | $D_5$ | 308 | 308 | 340 | 340 | 340 | 406 | 406 | 406 | 406 | 406 |
| | | $K$ | 278 | 278 | 310 | 310 | 310 | 366 | 366 | 366 | 366 | 366 |
| | | $h$ | 18 | 18 | 18 | 18 | 18 | 20 | 20 | 20 | 20 | 20 |
| | | $G$ | 90 | 90 | 95 | 95 | 95 | 100 | 100 | 100 | 100 | 100 |
| | | $d_5$ | 15 | 15 | 15 | 15 | 15 | 18 | 18 | 18 | 18 | 18 |
| 筒部尺寸 | | $DN$ | 219 | 219 | 245 | 245 | 245 | 325 | 325 | 325 | 325 | 325 |
| | | $L$ | 1085 | 1235 | 1015 | 1165 | 1340 | 1100 | 1225 | 1400 | 1400 | 1400 |
| | | $H_1$ | 200 | 200 | 240 | 240 | 240 | 280 | 280 | 280 | 280 | 280 |
| | | $P$ | 170 | 170 | 190 | 190 | 190 | 210 | 210 | 210 | 210 | 210 |
| | | $T$ | 690 | 840 | 570 | 720 | 895 | 590 | 715 | 890 | 890 | 890 |
| 法兰连接 | 法兰型式 | | 圆形法兰 | | | | | | | | | |
| | 油 | $d_1$ | 50 | 50 | 65 | 65 | 65 | 80 | 80 | 80 | 80 | 80 |
| | | $D_1$ | 160 | 160 | 180 | 180 | 180 | 195 | 195 | 195 | 195 | 195 |
| | | $B_1$ | | | | | | | | | | |
| | | $D_3$ | 125 | 125 | 145 | 145 | 145 | 160 | 160 | 160 | 160 | 160 |
| | | $d_3$ | 18 | 18 | 18 | 18 | 18 | 8-$\phi$18 | 8-$\phi$18 | 8-$\phi$18 | 8-$\phi$18 | 8-$\phi$18 |
| | 水 | $d_2$ | 40 | 40 | 50 | 50 | 50 | 65 | 65 | 65 | 65 | 65 |
| | | $D_2$ | 145 | 145 | 160 | 160 | 160 | 180 | 180 | 180 | 180 | 180 |
| | | $B_2$ | | | | | | | | | | |
| | | $D_4$ | 110 | 110 | 125 | 125 | 125 | 145 | 145 | 145 | 145 | 145 |
| | | $d_4$ | 18 | 18 | 18 | 18 | 18 | 18 | 18 | 18 | 18 | 18 |
| 质量/kg | | | 126 | 137 | 148 | 163 | 179 | 227 | 243 | 265 | 275 | 285 |

3）翅片式多管冷却器（卧式）

**$4LQF_3W$ 型冷却器尺寸**

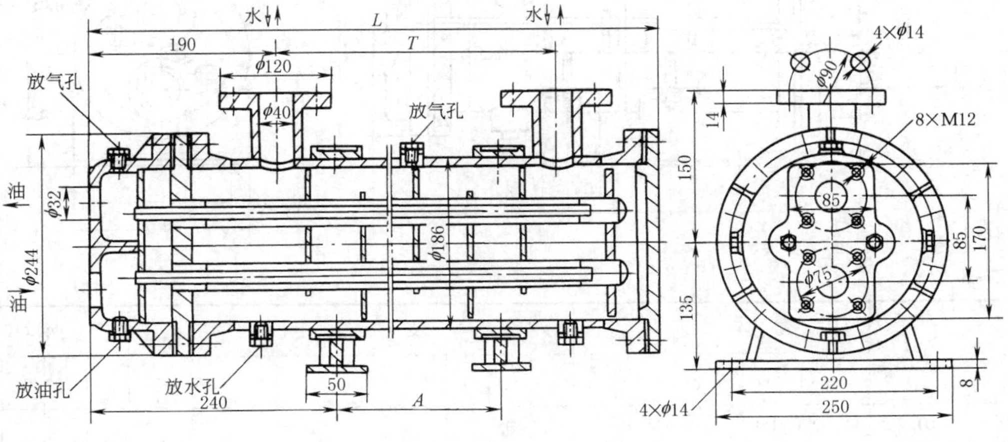


表 21-8-134

| 型号 | 换热面积/$m^2$ | $L$ | $T$ | $A$ | 质量/kg | 容积/L | | 旧型号 |
|---|---|---|---|---|---|---|---|---|
| | | /mm | | | | 管内 | 管间 | |
| $4LQF_3W$-A1.3F | 1.3 | 490 | 205 | ≤105 | 49 | 4.8 | 3.8 | $4LQF_3W$-A315F |
| $4LQF_3W$-A1.7F | 1.7 | 575 | 290 | ≤190 | 53 | 5.6 | 4.8 | $4LQF_3W$-A400F |
| $4LQF_3W$-A2.1F | 2.1 | 675 | 390 | ≤290 | 59 | 6.5 | 6 | $4LQF_3W$-A500F |
| $4LQF_3W$-A2.6F | 2.6 | 805 | 520 | ≤420 | 66 | 7.7 | 7.6 | $4LQF_3W$-A630F |
| $4LQF_3W$-A3.4F | 3.4 | 975 | 690 | ≤590 | 75 | 9.3 | 9.7 | $4LQF_3W$-A800F |
| $4LQF_3W$-A4.2F | 4.2 | 1175 | 890 | ≤790 | 86 | 11.1 | 12.1 | $4LQF_3W$-A1000F |
| $4LQF_3W$-A5.3F | 5.3 | 1425 | 1140 | ≤1040 | 99 | 13.4 | 15.1 | $4LQF_3W$-A1250F |

续表

| 油流量 /L·min$^{-1}$ | 热量 $H_2$/W | | | | | | | 油侧压力降 /MPa |
|---|---|---|---|---|---|---|---|---|
| 58 | 15002 | 18142 | 21515 | 24772 | 27912 | 31168 | 33727 | ≤0.1 |
| 66 | 17096 | 20934 | 24423 | 28377 | 31982 | 35472 | 38379 | |
| 75 | 19190 | 23260 | 27563 | 31700 | 35820 | 40123 | 43496 | |
| 83 | 20468 | 26051 | 29772 | 34308 | 38960 | 43612 | 48264 | 0.11~0.15 |
| 92 | 22446 | 28494 | 32564 | 36634 | 41868 | 47102 | 51754 | |
| 100 | 24539 | 29075 | 34308 | 40124 | 45822 | 51172 | 56406 | |
| 108 | 25353 | 31401 | 36053 | 42216 | 48264 | 54080 | 59895 | |
| 116 | 27330 | 31982 | 38960 | 45357 | 50590 | 58150 | 64546 | 0.15~0.2 |
| 125 | 27912 | 33145 | 41868 | 47102 | 52916 | 61058 | 68036 | |
| 132 | 28494 | 33727 | 42450 | 48846 | 56406 | 63965 | 70943 | |
| 150 | 29656 | 36635 | 44776 | 53498 | 61639 | 69780 | 76758 | 0.2~0.3 |
| 166 | 31401 | 40705 | 47683 | 56987 | 66291 | 75595 | 84899 | |
| 184 | 34890 | 41868 | 51172 | 58150 | 68617 | 80247 | 89551 | |
| 200 | 37216 | 44194 | 53498 | 63965 | 75595 | 87225 | 97692 | |
| 换热面积/m$^2$ | 1.3 | 1.7 | 2.1 | 2.6 | 3.4 | 4.2 | 5.3 | |

4）固定管板式冷却器

**$2LQG_2W$ 型冷却器尺寸**

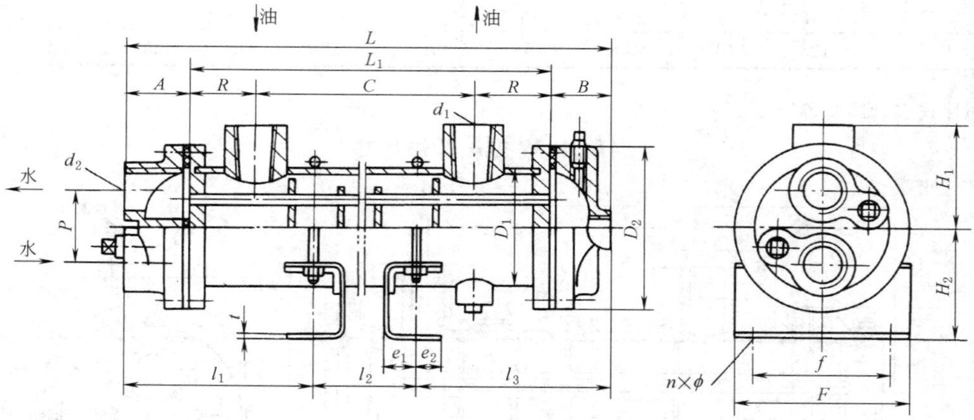


**表 21-8-135**

mm

| 型号 | 换热面积 /m$^2$ | 壳体尺寸 | | | | | | | 支座尺寸 | | | | | | | | | | 两端尺寸 | | | | |
|---|---|---|---|---|---|---|---|---|---|---|---|---|---|---|---|---|---|---|---|---|---|---|---|
| | | $L$ | $L_1$ | $C$ | $R$ | $D_1$ | $H_1$ | $d_1$ | $l_1$ | $l_2$ | $l_3$ | $H_2$ | $F$ | $f$ | $e_1$ | $e_2$ | $t$ | $n\times\phi$ | $D_2$ | $P$ | $d_2$ | $A$ | $B$ |
| 10/0.2 | 0.2 | 347 | 270 | 180 | 45 | 76 | 60 | ZG1 | 120 | 105 | 122 | 70 | 102 | 80 | 15 | 15 | 3 | 4×φ10 | 110 | 52 | ZG 3/4 | 40 | 37 |
| 10/0.4 | 0.4 | 527 | 450 | 360 | | | | | | 285 | | | | | | | | | | | | | |
| 10/0.5 | 0.5 | 757 | 680 | 590 | | | | | | 515 | | | | | | | | | | | | | |
| 10/1.0 | 1.0 | 444 | 340 | 240 | 50 | 114 | 85 | ZG 1¼ | 140 | 160 | 142 | 90 | 148 | 120 | 20 | 20 | 3 | 4×φ12 | 147 | 76 | ZG1 | 52 | 52 |
| 10/1.25 | 1.25 | 554 | 450 | 350 | | | | | | 270 | | | | | | | | | | | | | |
| 10/1.4 | 1.4 | 634 | 530 | 430 | | | | | | 350 | | | | | | | | | | | | | |
| 10/1.8 | 1.8 | 784 | 680 | 580 | | | | | | 500 | | | | | | | | | | | | | |
| 10/2.24 | 2.24 | 954 | 850 | 750 | | | | | | 670 | | | | | | | | | | | | | |

续表

| 型号 | 换热面积/$m^2$ | 壳体尺寸 | | | 支座尺寸 | | | | | | | | | | | | | | 两端尺寸 | | | | |
|---|---|---|---|---|---|---|---|---|---|---|---|---|---|---|---|---|---|---|---|---|---|---|---|
| | | $L$ | $L_1$ | $C$ | $R$ | $D_1$ | $H_1$ | $d_1$ | $l_1$ | $l_2$ | $l_3$ | $H_2$ | $F$ | $f$ | $e_1$ | $e_2$ | $t$ | $n\times\phi$ | $D_2$ | $P$ | $d_2$ | $A$ | $B$ |
| 10/2.0 | 2.0 | 587 | 450 | 340 | 55 | 140 | 95 | ZG 1½ | 175 | 250 | 162 | 145 | 180 | 140 | 24 | 16 | 5 | 4×$\phi$15 | 194 | 100 | ZG1 | 72 | 65 |
| 10/3.0 | 3.0 | 817 | 680 | 570 | | | | | | 480 | | | | | | | | | | | | | |
| 10/3.75 | 3.75 | 987 | 850 | 740 | | | | | | 650 | | | | | | | | | | | | | |
| 10/4.25 | 4.25 | 1107 | 970 | 860 | | | | | | 770 | | | | | | | | | | | | | |

（2）B型板式冷却器

B型板式冷却器以不锈钢波纹板为传热面，具有高传热系数、体积小、重量轻、组装灵活、拆洗方便等特点。

1）型号意义

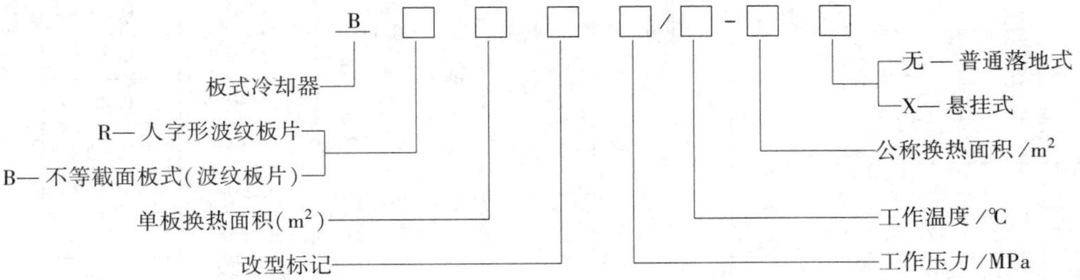


2）技术规格

**表 21-8-136**

| 型号 | 换热面积/$m^2$ | 传热系数/$W\cdot m^{-2}\cdot K^{-1}$ | 设计温度/℃ | 工作压力/MPa | 生产厂 |
|---|---|---|---|---|---|
| BR0.05 系列 | 1~3 | 230~815 | -20~200 | 0.6~1.6 | 四平中基液压件厂<br>福建省泉州市江南冷却器厂 |
| BR0.1 系列 | 1~10 | | | | |
| BR0.2 系列 | 5~30 | | | | |
| BR0.3 系列 | 10~40 | | | | |
| BR0.35 系列 | 15~45 | | | | |
| BR0.5 系列 | 30~100 | | | | |
| BR0.8 系列 | 40~200 | | | | |
| BR1.0 系列 | 60~280 | | | | |
| BR1.2 系列 | 80~400 | | | | |
| BR1.4 系列 | 70~400 | | | | |
| BR1.6 系列 | 100~500 | | | | |
| BR2.0 系列 | 200~700 | | | | |
| BB0.3 系列 | 15~45 | | | | |
| BB0.5 系列 | 30~100 | | | | |
| BB0.8 系列 | 40~200 | | | | |
| BB1.2 系列 | 80~400 | | | | |

注：外形尺寸见生产厂产品样本。

（3）FL型空气冷却器

FL型空气冷却器主要用于工程机械、农业机械，并适用于液压系统、润滑系统等，将工作介质冷却到要求的温度。

1）型号意义

FL－□

空气冷却器——FL；□——换热面积/m²

2）技术规格

表 21-8-137

| 型　号 | 换热面积/m² | 传热系数/W·m⁻²·K⁻¹ | 工作压力/MPa | 设计温度/℃ | 压力降/MPa | 风量/m³·h⁻¹ | 风机功率/kW | 生产厂 |
|---|---|---|---|---|---|---|---|---|
| FL-2 | 2 | 55 | 1.6 | 100 | 0.1 | 805 | 0.05 | 营口液压机械厂 |
| FL-3.15 | 3.15 | | | | | 935 | 0.05 | |
| FL-4 | 4 | | | | | 1065 | 0.09 | |
| FL-5 | 5 | | | | | 1390 | 0.09 | |
| FL-6.3 | 6.3 | | | | | 1610 | 0.09 | |
| FL-8 | 8 | | | | | 1830 | 0.09 | |
| FL-10 | 10 | | | | | 2210 | 0.12 | |
| FL-12.5 | 12.5 | | | | | 3340 | 0.25 | |
| FL-16 | 16 | | | | | 3884 | 0.25 | |
| FL-20 | 20 | | | | | 6500 | 0.6 | |
| FL-35 | 35 | | | | | 15000 | 2.2 | |
| FL-60 | 60 | | | | | 8000×2 | 0.75×2 | |

注：外形尺寸见生产厂产品样本。

## 3.7 冷却器用电磁水阀

电磁水阀用于控制冷却器内介质的通入或断开。通常采用常闭型二位二通电磁阀，即电磁铁通电时，阀门开启。电磁阀应沿管路水平方向垂直安装，安装时注意介质方向，管路有反向压力时应加装止回阀。

表 21-8-138

| 型　号 | 相应的旧型号 | 通径/mm | 额定电压/V | 功率/W | 工作介质 | 压力范围/MPa | 介质温度/℃ | 泄漏量/mL·min⁻¹ | 外形尺寸/mm 宽 L | 外形尺寸/mm 高 H | 连接方式 |
|---|---|---|---|---|---|---|---|---|---|---|---|
| ZCT-5B | DF2-3 | 5 | AC:200、127、110、36、24 | 15 | 油水空气 | 0~0.6 | <65 | 4.5 | 45 | 75 | M10×1.5 |
| ZCT-8B | DF2-8 | 8 | DC:220、110、48、36、24、12 | 44 | | 0~0.4 | | | 65 | 120 | M14×1.5 |
| ZCT-15A | DF1-1 | 15 | AC：220 127 110 36 24 DC：220 | 15 | | 空气：0.1~1 油、水：0.1~0.6 | | | 100 | 130 | 管螺纹 G½ |
| ZCT-20A | DF1-1 | 20 | | | | | | | 100 | 130 | 管螺纹 G½ |
| ZCT-25A | DF1-2 | 25 | | | | | | 7.5 | 120 | 140 | 管螺纹 G1 |
| ZCT-25A | DF1-2 | 32 | | | | | | 7.5 | 120 | 140 | 管螺纹 G1 |
| ZCT-40A | DF1-3 | 40 | | | | | | 15 | 150 | 160 | 管螺纹 G½ |
| ZCT-50A | DF1-4 | 50 | | | | 空气：0.1~0.6 油水：0.1~0.4 | | 22.5 | 200 | 210 | 法兰四孔 ϕ13/ϕ110 |
| ZCT-50A | DF1-4 | 65 | | | | | | | 200 | 210 | 法兰四孔 ϕ13/ϕ110 |
| ZCT-80A | DF1-5 | 80 | | | | | | | 250 | 260 | 法兰四孔 ϕ17/ϕ150 |
| ZCT-100A | DF1-6 | 100 | | 25 | | | | | 350 | 295 | 法兰八孔 ϕ18/ϕ170 |
| ZCT-150A | DF1-7 | 150 | | 44 | | | | | 400 | 380 | ϕ17.5/ϕ225 |
| TDF-DZY1 | | 15 | AC：220 DC：24 | | 空气净水低黏度油 | 0~1.6 | | | 82 | 148 | 管螺纹 G½ |
| TDF-DZY2 | | 20 | | | | | | | 82 | 148 | 管螺纹 G¾ |
| TDF-DZY3 | | 25 | | | | | | | 96 | 156 | 管螺纹 G1 |
| TDF-DZY4 | | 40 | | | | | | | 120 | 170 | 管螺纹 G1½ |
| TDF-DZY5 | | 50 | | | | 0~0.6 | | | 200 | 245 | 法兰四孔 ϕ13/ϕ110 |
| TDF-DZY6 | | 80 | | | | | | | 250 | 280 | 法兰四孔 ϕ17/ϕ150 |

注：1. 阀的使用寿命为 100 万次。

2. 生产厂为天津市天源调节器电磁阀有限责任公司。

# 4 过 滤 器

过滤器是液压系统中重要组件。可以清除液压油中的污染物，保持油液清洁度，确保系统元件工作的可靠性。

## 4.1 过滤器的类型、特点与应用

表 21-8-139

| 类型 | | 特点 | 过滤精度/mm | 压差/MPa | 用途 |
|---|---|---|---|---|---|
| 按滤芯分 | 网式过滤器 | 结构简单,通油性能好,可清洗;但过滤精度低,铜质滤网会加剧油的氧化 | 一般为 0.1 | 0.025 | 一般装在液压泵吸油管路上,保护油泵 |
| | 线隙式过滤器 | 滤芯由金属丝绕制而成,结构简单,过滤能力大,但不易清洗。可分吸油管路用(a)和供油管路用(b)两种型式 | a:0.03~0.08<br>b:0.05~0.1 | a:0.06<br>b:0.02 | 一般用于低压(<2.5MPa 回路或辅助回路) |
| | 纸质过滤器 | 滤芯由厚 0.35~0.7mm 的平纹或皱纹的酚醛树脂或木浆的微孔滤纸组成。为了增大滤芯强度,一般滤芯为三层,外层为钢板网,中层为折叠式滤纸,里层为金属丝网与滤纸叠在一起,中间有支承弹簧,易阻塞,不易清洗 | 0.005~0.03 | 0.35 | 用于精过滤,可在 38MPa 高压下工作 |
| | 磁性过滤器 | 依靠永久磁铁,利用磁化原理清除油液中的铁屑 | | | 常与其他过滤材料配合使用 |
| | 烧结式过滤器 | 滤芯由青铜粉等金属粉末压制成形。强度高,承受热应力和冲击性能好,耐腐蚀性好,制造简单,但易堵塞,掉砂粒,难清洗 | 0.01~0.1 | 0.03~0.2 | 用于高温条件下(青铜粉末达 180℃,低碳钢粉末达 400℃,镍铬粉末达 900℃) |
| | 不锈钢纤维过滤器 | 滤芯为不锈钢纤维挤压而成。可反复清洗使用,但价格高 | 0.001~0.01 | 20 | 用于高压伺服系统 |
| | 合成树脂过滤器 | 滤芯由一种无机纤维经液态树脂浸渍处理而成。微孔小,牢度大 | 0.001~0.01 | 21 | |
| | 微孔塑料过滤器 | 滤芯由多种树脂经特殊加工而成,具有独特的树脂状气孔,气孔率达 90%,通油量大,阻力小,耐溶性好,有一定强度,可反复清洗 | 0.005 | | 不同介质,黏度范围较大的滤油机 |
| 按过滤精度分 | 粗过滤器 | 能过滤 100μm 以上的颗粒 | | | |
| | 普通过滤器 | 能过滤 10~100μm 颗粒 | | | |
| | 精过滤器 | 能过滤 5~10μm 颗粒 | | | |
| | 特精过滤器 | 能过滤 1~5μm 颗粒 | | | |
| 按过滤方式分 | 表面型过滤器 | 过滤元件的表面与油液接触,污染粒子积聚在滤芯元件的表面,易被污染物阻塞,纳垢量较少。网式滤芯、线隙式滤芯、纸质滤芯等均属于此类型 | | | |
| | 深度型过滤器 | 滤芯元件为有一定厚度的多孔可透性材料,内部具有曲折迂回的通道。大于表面孔径的粒子直接被拦截在滤芯元件表面,较小的粒子则由过滤层内部细长而曲折的通道滤除。过滤精度较高,可以清洗,使用寿命长;但不能严格限制要滤除的杂质的颗粒度,过滤材料的体积较大,压力损失也较大。人造纤维、不锈钢纤维、粉末冶金等材料的滤芯均属于此类型 | | | |
| | 中间型过滤器 | 在一定程度上限定要滤除的杂质颗粒大小,可以加大过滤面积,体积小,重量轻;但不能清洗,只能一次使用。如经过特殊处理的滤纸作滤芯的过滤器,即属于此类型。是介于上述两种之间的过滤器 | | | |
| 按安装部位分 | 油箱加油口用过滤器,或通气口用过滤器,属于粗过滤器 | | | | |
| | 吸油管路用过滤器,可以是粗过滤器 | | | | |
| | 回油管路用过滤器,属于精过滤器 | | | | |
| | 压油管路用过滤器,属于精过滤器 | | | | |

## 4.2 过滤器在系统中的安装与应用

表 21-8-140

| 安装方式 | 简图 | 应用与要求 | 安装方式 | 简图 | 应用与要求 |
|---|---|---|---|---|---|
| 装在液压泵吸油管路上 | 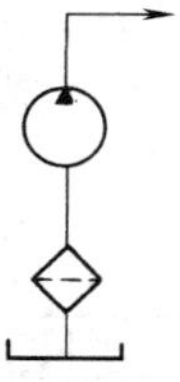 (a) | 保护液压泵。要求通油能力大(为油泵流量的两倍以上),阻力小(不超过 0.01~0.02MPa)。一般多用粗过滤器(网式或线隙式) | 装在回油路上 | 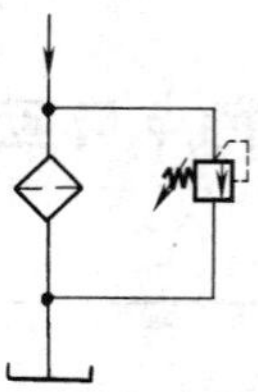 | 保证回油箱的油液是清洁的,可用作低压过滤器 |
| 装在供油管路上 | 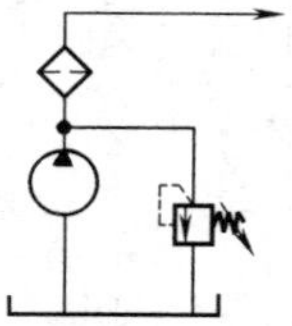 (b) 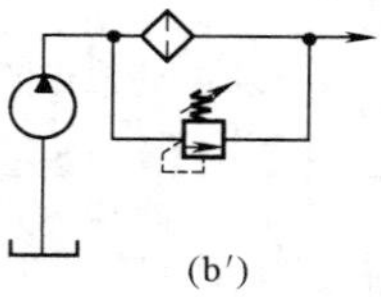 (b′) | 保护除液压泵以外的其他液压元件。要求滤芯及壳体耐高压,装在溢流阀之后(b图)或与安全阀并联(b′图),安全阀的开启压力应略低于过滤器的最大允许压力差;有时装堵塞指示器。过滤器允许有较大压力降(不超过0.35MPa) | 单独过滤 | 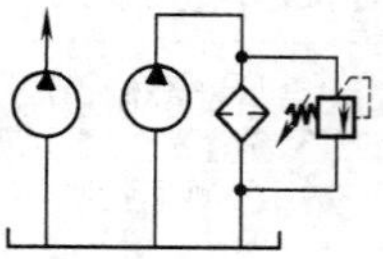 | 连续滤除油液中的杂质,对滤除油中全部杂质有利,需增加一台液压泵,用于大型液压系统 |
| | | | 装在支流管路上 | 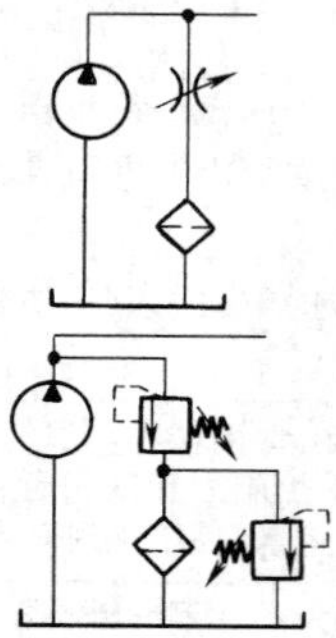 | 减少过滤器上通过的流量(只占泵流量的 20%~30% 左右),属于局部过滤,方法有多种,应用于开式回路中泵的流量较大的情况,在重要液压元件如伺服阀等之前要装辅助的精过滤器 |
| 装在辅助泵的输油路上 | 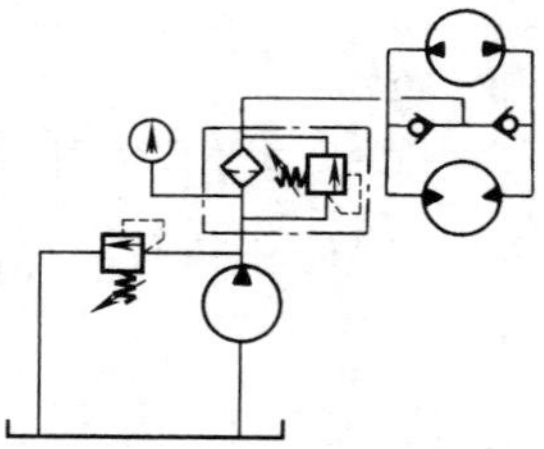 | 一些闭式液压系统的辅助油路,辅助液压泵工作压力低,一般只有 0.5~0.6MPa。将精过滤器装在辅助泵的输油管路上,保证杂质不进入主油路的液压元件 | | | |

注：由于过滤器只能单方向使用，所以不要安装在液流方向经常改变的油路上。如需这样设置时，应适当加设过滤器和单向阀，如图 a；也可采用图 b、c 所示的单向过滤器，油液从过滤器进口经滤芯 2 和回油阀 1 流到出口；图 c 为油液反向流动，此时回油阀被液流推向下方，打开从出口直接至进口的通道，同时盖住至滤芯的通道，油液便从过滤器出口不经滤芯直接向进口流去，这样单向过滤器只对正向油液起过滤作用。

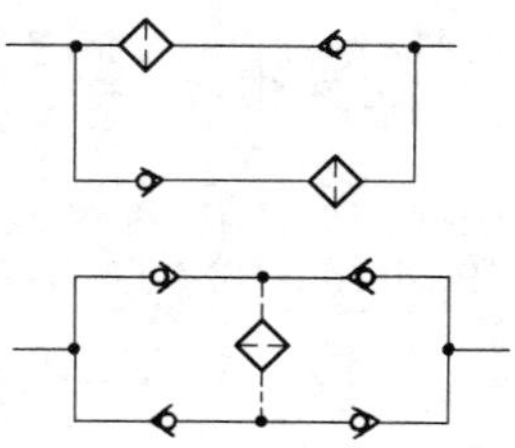

(a) 过滤器装在液流方向经常改变的油路上

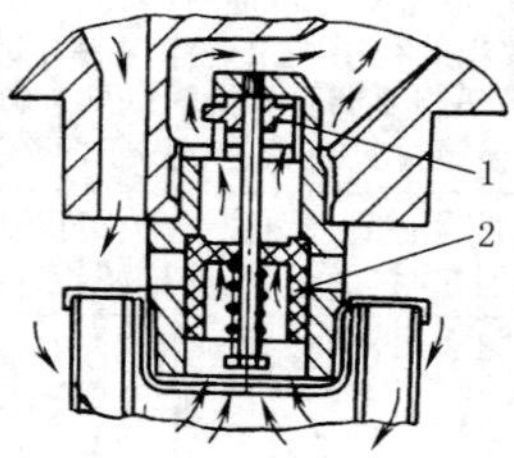


(b) 单向过滤器，油液正向流动
1—回油阀；2—滤芯

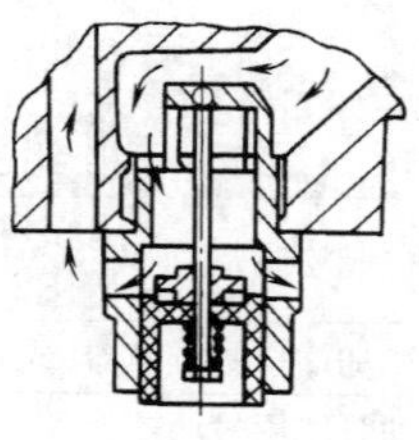

(c) 单向过滤器，油液反向流动

## 4.3 过滤器的计算

过滤器的工作能力，取决于滤芯的有效过滤面积、滤芯本身的性能、油的黏度与温度、过滤前后油的压力差以及油中固体颗粒的含量。过滤器出入口压差越大，阻力越小时，过滤器的出油能力越大。油液流经滤芯的速度越低，表面压力越小，则过滤精度越高。应尽可能选择液压阻力小的滤芯，以延长滤芯的滤清周期。过滤器的设计主要根据工作压力和过滤精度的要求选择滤芯材料，按所要求的流量及选择的滤芯材料来计算过滤面积。

滤芯的有效过滤面积 $A$

$$A=\frac{Q\mu}{\alpha\Delta p}\times10^{-4}\ (\mathrm{m}^2)$$

式中 $Q$——过滤器的额定流量，L/min；

$\mu$——油的动力黏度，Pa·s；

$\Delta p$——压力差，Pa；

$\alpha$——滤芯材料的单位过滤能力，L/cm²，由实验测定；在液体温度（20℃时），$\alpha$ 值分别为：特种滤网 $\alpha=0.003\sim0.006$，纸质滤芯 $\alpha=0.035$，线隙式滤芯 $\alpha=10$，一般网式滤芯 $\alpha=2$。如果过滤器下面装有开孔的支架，过滤面积应比计算出的面积增大到 1.2~1.3 倍。

## 4.4 过滤器的选择

过滤器的主要性能如下。过滤器选用方法见表 21-8-141、表 21-8-142。

**表 21-8-141　选择过滤器的基本要求和需要考虑的项目**

<table>
<tr><td colspan="2">基本要求</td><td colspan="2">(1)过滤精度应满足液压系统的要求<br>(2)具有足够大的过滤能力,压力损失小<br>(3)滤芯及外壳应有足够的强度,不致因油压而破坏<br>(4)有良好的抗腐蚀性,不会对油液造成化学的或机械的污染<br>(5)在规定的工作温度下,能保持性能稳定,有足够的耐久性<br>(6)清洗维护方便,更换滤芯容易<br>(7)结构尽量简单、紧凑<br>(8)价格低廉</td></tr>
<tr><td rowspan="4">需要考虑的项目</td><td>一般事项</td><td>(1)使用目的(保护油路、保护元件)<br>(2)安装在什么位置合适<br>(3)使用什么液压泵(生产厂、型号、尺寸、流量、流速、口径)<br>(4)液压油(种类、油量、黏度)</td><td>(5)油温(最高、正常运转、最低)<br>(6)环境温度(最高、平均、最低)<br>(7)通过过滤器的流量(连续、瞬时最大值)及寒冷时的流量(温度、流量)<br>(8)更换时的安装空间</td></tr>
<tr><td>对滤油器</td><td>(1)油路压力(正常工作压力、冲击压力)<br>(2)允许的最高负荷压差<br>(3)安全阀的设定值(必要时应考虑开启压力)</td><td>(4)连接型式与尺寸(进口、出口、其他)<br>(5)安装型式<br>(6)附件(阻塞指示装置、报警装置等)</td></tr>
<tr><td>对滤芯</td><td>(1)型式(可以再次使用、一次使用)<br>(2)过滤精度<br>(3)纳垢容量</td><td>(4)最高允许压差<br>(5)破坏压力<br>(6)典型性污染情况</td></tr>
<tr><td colspan="3">其他必要事项</td></tr>
</table>

1）过滤精度：也称绝对过滤精度，是指油液通过过滤器时，能够穿过滤芯的球形污染物的最大直径（即过滤介质的最大孔口尺寸），mm。

2）允许压力降：油液经过过滤器时，要产生压力降，其值与油液的流量、黏度和混入油液的杂质数量有关。为了保持滤芯不破坏或系统的压力损失不致过大，要限制过滤器最大允许压力降。过滤器的最大允许压力降取决于滤芯的强度。

3）纳垢容量：是过滤器在压力降达到规定值以前，可以滤除并容纳的污染物数量。过滤器的纳垢容量越大，使用寿命越长。一般来说，过滤面积越大，其纳垢容量也越大。

4）过滤能力：也叫通油能力，指在一定压差下允许通过过滤器的最大流量。

5）工作压力：不同结构型式的过滤器允许的工作压力不同，选择过滤器时应考虑允许的最高工作压力。

**表 21-8-142　　　过滤器的过滤精度选择**

一般要求

(1)应使杂质颗粒尺寸小于液压元件运动表面间隙(一般应为间隙的一半)或油膜厚度,以免杂质颗粒使运动件卡住或使零件急剧磨损

(2)应使杂质颗粒尺寸小于系统中节流孔或缝隙的最小间隙,以免造成堵塞

(3)液压系统压力越高,要求液压元件的滑动间隙越小,因此系统压力越高,要求的过滤精度也越高。一般液压系统(除伺服系统外)过滤精度与压力关系如下:

| 系统类别 | 润滑系统 | 传动系统 | | | 伺服系统 | 特殊要求系统 |
|---|---|---|---|---|---|---|
| 压力/MPa | 0~2.5 | ≤7 | >7 | ≥35 | ≤21 | ≤35 |
| 颗粒度/μm | ≤100 | ≤25~50 | ≤25 | ≤5 | ≤5 | ≤1 |

推荐值

| 系统类型 | 工作类型 | 过滤精度/μm |
|---|---|---|
| 中、低压工业液压系统 | 松配合间隙<br>紧密配合间隙 | 20<br>15 |
| 中高压工业液压系统 | 往复运动机构<br>往复运动的速控伺服机构<br>机床的进给装置 | 15<br>10~15<br>10 |
| 高压液压系统 | 一般要求<br>位置状态控制装置<br>精密液压系统 | 10<br>5~8<br>5 |
| 高效能液压系统 | 一般要求<br>电液精密液压系统<br>伺服控制系统 | 2~5<br>2~5<br>1~2 |

参考值

| 液压系统 | 过滤精度/μm |
|---|---|
| <2.5MPa 工业设备液压系统 | 100~150 |
| 7MPa 工业设备液压系统 | 50 |
| 10MPa 工业设备液压系统 | 25 |
| 14MPa 工业设备液压系统 | |
| 　往复运动系统 | 15 |
| 　调速系统 | 10~15 |
| 　机床进给系统 | 10 |
| >14~20MPa 重型设备液压系统 | 10 |
| 　电液伺服阀系统 | 2.5~10 |
| 　高精度伺服系统 | 2.5 |

| 液压元件 | 过滤精度/μm |
|---|---|
| 齿轮泵和齿轮马达 | 40~60 |
| 叶片泵和叶片马达 | 30~50 |
| 柱塞泵和柱塞马达 | 20~40 |
| 液压控制阀 | 30~50 |
| 液压缸 | 40~60 |
| 工业用电液伺服阀 | 20~40 |
| 精密电液伺服阀 | 5~10 |

注:一般说来,选用高精度过滤器可以大大提高液压系统工作可靠性和元件寿命;但是过滤器的过滤精度越高,滤芯堵塞越快,滤芯清洗或更换周期就越短,成本也越高。所以,在选择过滤器时应根据具体情况合理地选择过滤精度,以达到所需的油液清洁度。

下图为工业设备油路中的过滤基准和各种作为参考的粒子的比较，也可作为过滤精度选择的参考。

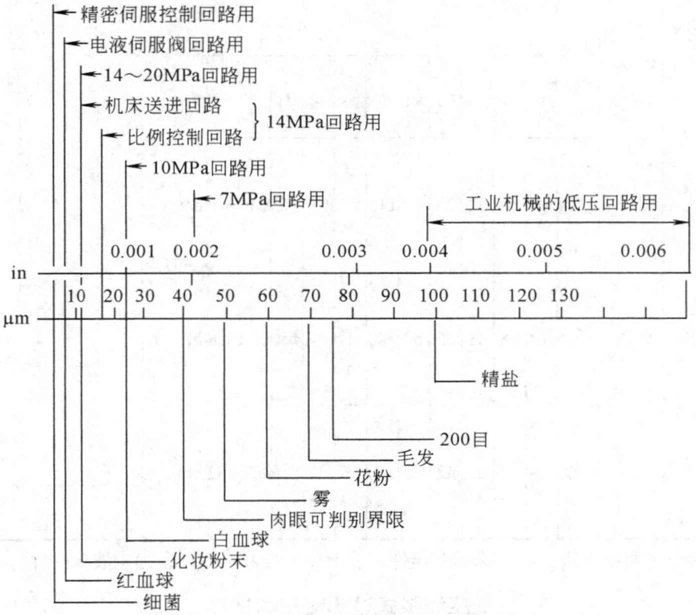


**表 21-8-143　　纵深式过滤器和表面式过滤器的比较**

| 优点 | | 缺点 | |
|---|---|---|---|
| 纵深式 | 表面式 | 纵深式 | 表面式 |
| (1)纳垢容量大<br>(2)高微粒子滤除率高<br>(3)价格较低 | (1)接近绝对过滤<br>(2)滤芯尺寸小<br>(3)清洗容易<br>(4)对流量冲击性能良好 | (1)滤芯尺寸大<br>(2)容易形成"通道"<br>(3)对流量冲击性能差 | (1)纳垢量小<br>(2)一般价格较高 |

## 4.5　过滤器产品

（1）线隙式过滤器

**表 21-8-144　　中压线隙式管（板）连接过滤器技术性能及外形尺寸**　　mm

| 型号 | 流量 /L·min$^{-1}$ | 额定压力 /MPa | 过滤精度 /μm | 初始压力降 /MPa | 质量 /kg | 外形尺寸 L | h | $h_1$ | D | M |
|---|---|---|---|---|---|---|---|---|---|---|
| XU-10×200 | 10 | | | | 2.25 | 105 | | | | |
| XU-16×200 | 16 | | | | 2.40 | 125 | 85 | 80 | ϕ66 | Z⅜ |
| XU-25×200 | 25 | | | | 2.72 | 150 | | | | |
| XU-32×200 | 32 | | | | 4.35 | 150 | | | | |
| XU-40×200 | 40 | 6.18 | 200 | 0.06 | 4.60 | 160 | 105 | 100 | ϕ86 | Z¾ |
| XU-50×200 | 50 | | | | 4.90 | 180 | | | | |
| XU-63×200 | 63 | | | | 7.40 | 180 | | | | |
| XU-80×200 | 80 | | | | 8.65 | 210 | 125 | 120 | ϕ106 | Z1 |
| XU-100×200 | 100 | | | | 9.15 | 235 | | | | |

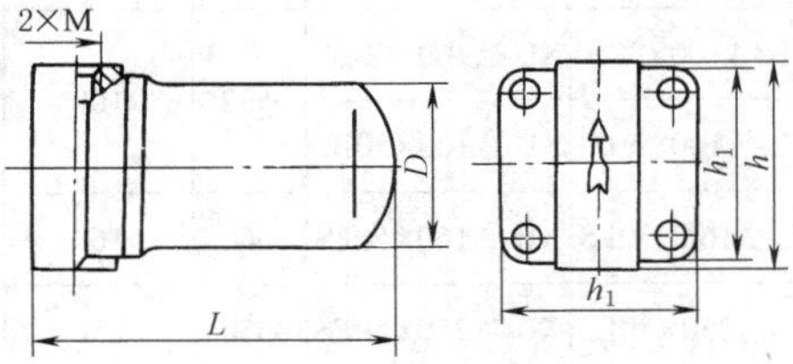

管式连接

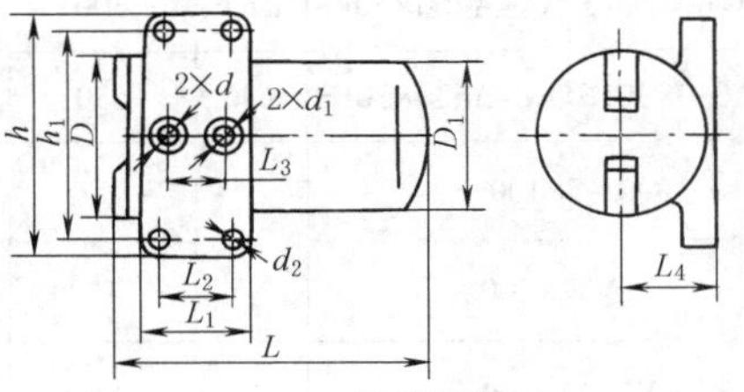

板式连接

续表

| 型号 | 流量 /L·min⁻¹ | 额定压力 /MPa | 过滤精度 /μm | 初始压力降 /MPa | 质量 /kg | 外形尺寸 L | $L_1$ | $L_2$ | $L_3$ | $L_4$ | $h$ | $h_1$ | $D$ | $D_1$ | $d$ | $d_1$ | $d_2$ |
|---|---|---|---|---|---|---|---|---|---|---|---|---|---|---|---|---|---|
| XU-10×200B | 10 | | | | 2.43 | 111 | | | | | | | | | | | |
| XU-16×200B | 16 | | | | 2.63 | 131 | 58 | 32 | 25 | 40 | 115 | 95 | φ77 | φ65 | φ10 | φ16 | φ9 |
| XU-25×200B | 25 | | | | 2.98 | 151 | | | | | | | | | | | |
| XU-32×200B | 32 | | | | 4.80 | 156 | | | | | | | | | | | |
| XU-40×200B | 40 | 6.18 | 200 | 0.06 | 4.95 | 166 | 78 | 48 | 36 | 50 | 140 | 117 | φ97 | φ86 | φ20 | φ28 | φ11 |
| XU-50×200B | 50 | | | | 5.54 | 171 | | | | | | | | | | | |
| XU-63×200B | 63 | | | | 7.62 | 188 | | | | | | | | | | | |
| XU-80×200B | 80 | | | | 9.60 | 218 | 92 | 62 | 42 | 60 | 160 | 137 | φ117 | φ106 | φ25 | φ32 | φ11 |
| XU-100×200B | 100 | | | | 10.9 | 238 | | | | | | | | | | | |

型号意义：

XU - □ □ × □ □ □

无—不带发信装置
S—带发信装置
无—螺纹连接
F—法兰连接
B—板式连接
过滤精度/μm
额定流量/L·min⁻¹
J—吸入口
A—1.6MPa
B—2.5MPa
C—6.3MPa
线隙式

注：生产厂为沈阳六玲过滤机器有限公司、无锡液压件厂、上海高行液压件厂、远东液压配件厂。

**表 21-8-145　　低压线隙式过滤器技术性能**

| 型号 ① | 型号 ② | 通径 /mm | 额定流量 /L·min⁻¹ | 额定压力 /MPa | 原始压力损失 /MPa | 允许最大压力损失 /MPa | 过滤精度/μm ① | 过滤精度/μm ② | 黏度 /10⁻⁶m²·s⁻¹ | 发信电压 /V | 装置电流 /A | 质量/kg ① | 质量/kg ② |
|---|---|---|---|---|---|---|---|---|---|---|---|---|---|
| XU-A25×30S | XU-A25×30BS | φ15 | 25 | | | | 30 | | | | | 2.77 | 2.96 |
| XU-A25×50S | XU-A25×50BS | | | | | | 50 | | | | | 2.77 | 2.96 |
| XU-A40×30S | XU-A40×30BS | φ20 | 40 | | | | 30 | | | | | 2.84 | 3.41 |
| XU-A40×50S | XU-A40×50BS | | | | | | 50 | | | | | 2.84 | 3.41 |
| XU-A63×30S | XU-A63×30BS | φ25 | 63 | | 0.07 | | 30 | | | | | 3.53 | 4.63 |
| XU-A63×50S | XU-A63×50BS | | | 1.6 | | 0.35 | 50 | | 30 | 36 | 0.2 | 3.53 | 4.63 |
| XU-A100×30S | XU-A100×30BS | φ32 | 100 | | | | 30 | | | | | 5.18 | 5.97 |
| XU-A100×50S | XU-A100×50BS | | | | | | 50 | | | | | 5.18 | 5.97 |
| XU-A160×30FS | XU-A160×50FS | φ40 | 160 | | 0.12 | | 30 | 50 | | | | 6.72 | |
| XU-A250×30FS | XU-A250×50FS | φ50 | 250 | | | | 30 | 50 | | | | 12.5 | |
| XU-A400×30FS | XU-A400×50FS | φ65 | 400 | | 0.15 | | 30 | 50 | | | | 13.08 | |
| XU-A630×30FS | XU-A630×50FS | φ80 | 630 | | | | 30 | 50 | | | | 21.5 | |
| XU-5×100 | | | 5 | | | | | | | | | 1.28 | |
| XU-12×100 | | | 12 | 2.45 | 0.06 | | 100 | | | | | 2.61 | |
| XU-25×100 | | | 25 | | | | | | | | | 4.68 | |

**表 21-8-146　　低压线隙式管（板、法兰）连接过滤器外形尺寸**　　mm

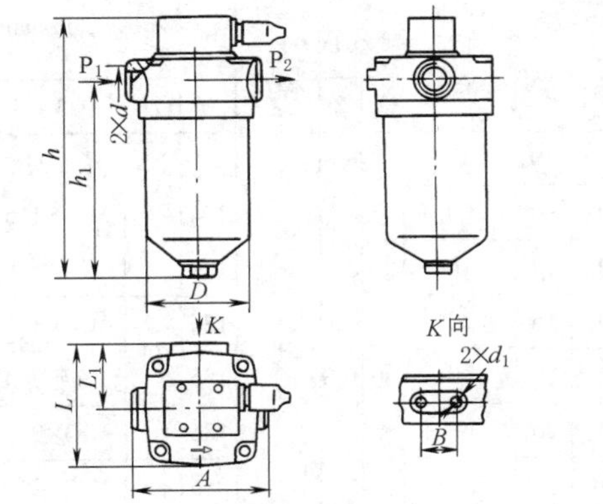


管式连接

| 型　号 | h | h1 | L | L1 | A | D | d | B | d1 |
|---|---|---|---|---|---|---|---|---|---|
| XU-A25×30S | 236 | 182 | 110 | 60 | 120 | φ94 | M22×1.5 | 30 | M6 |
| XU-A25×50S | | | | | | | | | |
| XU-A40×30S | 296 | 242 | 110 | 60 | 120 | φ96 | M27×2 | 30 | |
| XU-A40×50S | | | | | | | | | |
| XU-A63×30S | 313 | 254 | 131 | | 146 | φ114 | M33×2 | 55 | M8 |
| XU-A63×50S | | | | | | | | | |
| XU-A100×30S | 422 | 358 | 131 | | 150 | φ114 | M42×2 | 55 | |
| XU-A100×50S | | | | | | | | | |
| XU-A160×30S | 449 | 380 | 148 | | 170 | φ134 | M48×2 | 65 | |
| XU-A160×50S | | | | | | | | | |

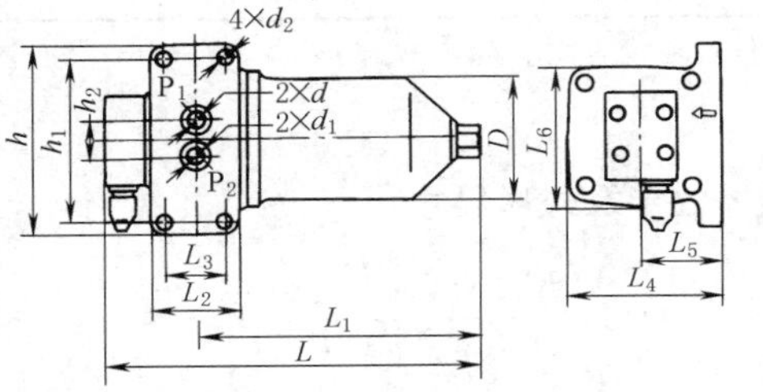


板式连接

| 型　号 | L | L1 | L2 | L3 | L4 | L5 | L6 | h | h1 | h2 | D | d | d1 | d2 |
|---|---|---|---|---|---|---|---|---|---|---|---|---|---|---|
| XU-A25×50BS | 234 | 179 | 36 | 20 | 103 | 53 | 100 | 132 | 116 | 30 | φ96 | φ20 | φ28 | φ7 |
| XU-A40×30BS | 295 | 240 | | | | | | | | | | | | |
| XU-A40×50BS | | | | | | | | | | | | | | |
| XU-A63×30BS | 328 | 254 | 48 | 30 | 127 | 65 | 124 | 160 | 142 | 45 | φ114 | φ32 | φ40 | φ9 |
| XU-A63×50BS | | | | | | | | | | | | | | |
| XU-A100×30BS | 428 | 354 | | | | | | | | | | | | |
| XU-A100×50BS | | | | | | | | | | | | | | |

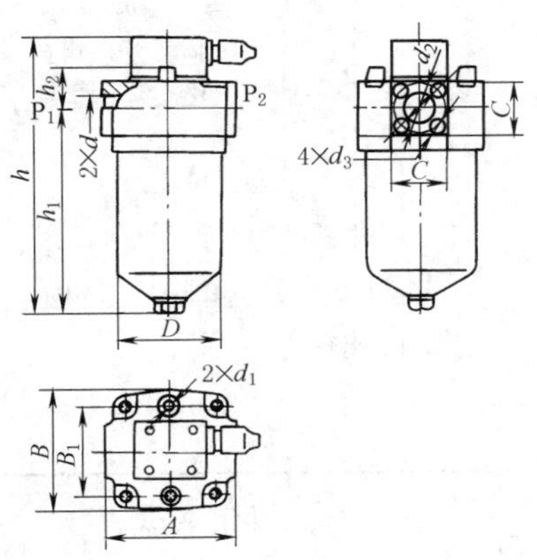


法兰连接

| 型　号 | h | h1 | h2 | A | B | B1 | D | d | d1 | d2 | d3 | C |
|---|---|---|---|---|---|---|---|---|---|---|---|---|
| XU-A250×30FS | 561 | 485 | 60 | 182 | 166 | 115 | φ156 | φ50 | M10 | φ74 | M6 | |
| XU-A250×50FS | | | | | | | | | | | | |
| XU-A400×30FS | 706 | 625 | 52 | 196 | 176 | 140 | φ168 | φ65 | M12 | φ93 | M6 | 85 |
| XU-A400×50FS | | | | | | | | | | | | |
| XU-A630×30FS | 831 | 742 | 59 | 222 | 212 | 160 | φ198 | φ80 | M12 | φ104 | M6 | 100 |
| XU-A630×50FS | | | | | | | | | | | | |

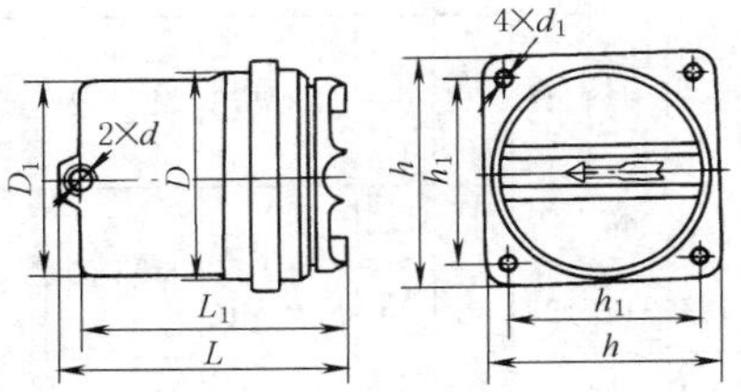


| 型　号 | L | L1 | D | D1 | h | h1 | d1 | d |
|---|---|---|---|---|---|---|---|---|
| XU-5×100 | 85 | 72 | $\phi65_{-0.2}^{\ 0}$ | φ62 | 75 | 60 | φ7 | Z¼ |
| XU-12×100 | 119 | 105 | $\phi95_{-0.2}^{\ 0}$ | φ92 | 100 | 80 | | |
| XU-25×100 | 158 | 141 | $\phi115_{-0.2}^{\ 0}$ | φ110 | 130 | 100 | | Z⅜ |

注：生产厂为沈阳六玲过滤机器有限公司、远东液压配件厂。

表 21-8-147　　　　吸油口用线隙式过滤器技术性能及外形尺寸

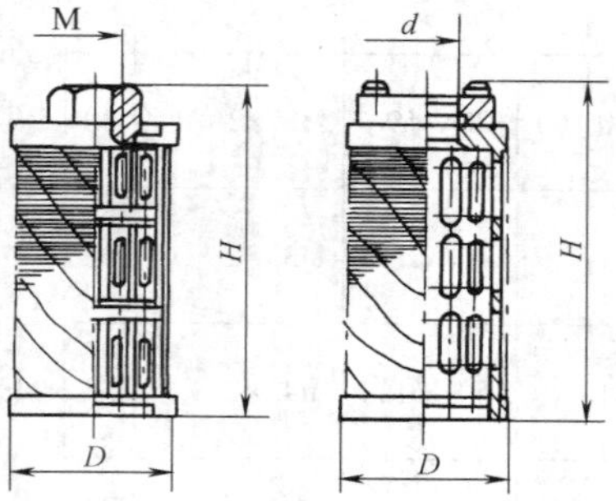


| 型号 ① | 型号 ② | 通径/mm | 流量/L·min$^{-1}$ | 过滤精度/μm ① | 过滤精度/μm ② | 原始压力损失/MPa | 外形尺寸/mm H | D | M(d) |
|---|---|---|---|---|---|---|---|---|---|
| XU-6×80J | XU-6×100J | 10 | 6 | 80 | 100 | ≤0.02 | 74 | 57 | M18×1.5 |
| XU-10×80J | XU-10×100J | 10 | 10 | | | | 104 | | |
| XU-16×80J | XU-16×100J | 12 | 16 | | | | 159 | | |
| XU-25×80J | XU-25×100J | 15 | 25 | | | | 125 | 74 | M22×1.5 |
| XU-40×80J | XU-40×100J | 20 | 40 | | | | 185 | | M27×2 |
| XU-63×80J | XU-63×100J | 25 | 63 | | | | 185 | 86 | M33×2 |
| XU-100×80J | XU-100×100J | 32 | 100 | | | | 285 | 86 | M42×2 |
| XU-160×80J | XU-160×100J | 40 | 160 | | | | 365 | 113 | M48×2 |
| XU-250×80JF | XU-250×100JF | 50 | 250 | | | ≤0.03 | 445 | 163 | $\phi$50 |

注：生产厂为无锡市江南液压件厂、黎明液压有限公司、远东液压配件厂。

（2）纸质过滤器

## 高压管式（法兰式）纸质过滤器技术性能及外形尺寸

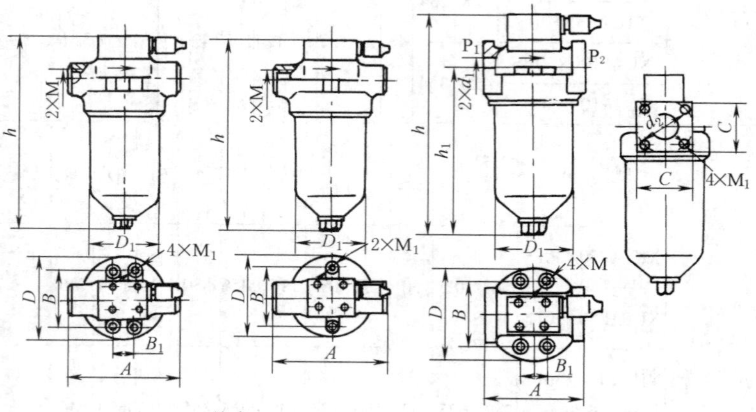


管式　　　　法兰式

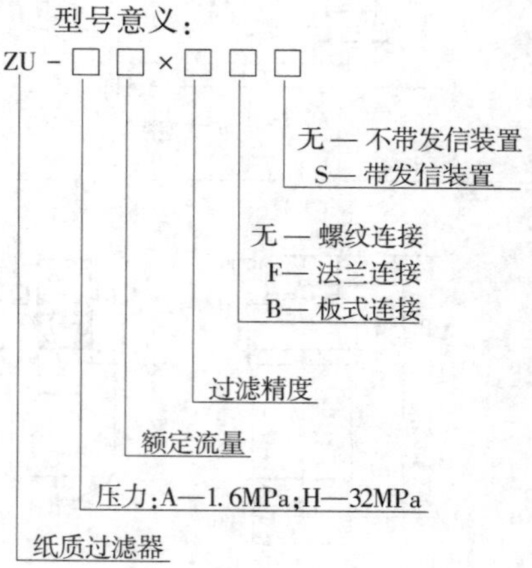


表 21-8-148

| 型号 ① | 型号 ② | 流量/L·min$^{-1}$ | 额定压力/MPa | 过滤精度/μm ① | 过滤精度/μm ② | 压差指示器工作压差/MPa | 初始压力降/MPa | 质量/kg | 外形尺寸/mm h | A | B | $B_1$ | D | $D_1$ | M | $M_1$ |
|---|---|---|---|---|---|---|---|---|---|---|---|---|---|---|---|---|
| ZU-H10×10S | ZU-H10×20S | 10 | 32 | 10 | 20 | 0.35 | 0.08 | 3.3 | 193 | 118 | 70 | | $\phi$88 | $\phi$73 | M27×2 | M6 |
| ZU-H25×10S | ZU-H25×20S | 25 | | | | | | 5 | 282 | | | | | | | |
| ZU-H40×10S | ZU-H40×20S | 40 | | | | | 0.1 | 7.5 | 244 | 128 | 86 | 44 | $\phi$124 | $\phi$102 | M33×2 | |
| ZU-H63×10S | ZU-H63×20S | 63 | | | | | | 9.3 | 312 | | | | | | | |
| ZU-H100×10S | ZU-H100×20S | 100 | | | | | | 12.6 | 383 | | | | | | M42×2 | |
| ZU-H160×10S | ZU-H160×20S | 160 | | | | | 0.15 | 18 | 422 | 166 | 100 | 60 | $\phi$146 | $\phi$121 | M48×2 | |

续表

| 型号 ① | 型号 ② | 通径/mm | 额定流量/L·min$^{-1}$ | 额定压力/MPa | 原始压力损失/MPa | 允许最大压力损失/MPa | 过滤精度/μm ① | 过滤精度/μm ② | 黏度/$10^{-6}m^2\cdot s^{-1}$ | 发信装置 电压/V | 发信装置 电流/A | 质量/kg |
|---|---|---|---|---|---|---|---|---|---|---|---|---|
| ZU-H250×10FS | ZU-H250×20FS | $\phi$38 | 250 | 32 | 0.15 | 0.35 | 10 | 20 | 30 | 36 | 0.2 | 24 |
| ZU-H400×10FS | ZU-H400×20FS | $\phi$50 | 400 | | 0.2 | | | | | | | 32 |
| ZU-H630×10FS | ZU-H630×20FS | $\phi$53 | 630 | | | | | | | | | 36 |

| 型号 | 型号 | $h$ | $h_1$ | $A$ | $B$ | $B_1$ | $D$ | $D_1$ | $d_1$ | M | $d_2$ | $M_1$ | $C$ |
|---|---|---|---|---|---|---|---|---|---|---|---|---|---|
| ZU-H250×10FS | ZU-H250×20FS | 490 | 417 | 166 | 100 | 60 | $\phi$146 | $\phi$121 | $\phi$38 | M10 | $\phi$98 | M16 | 100 |
| ZU-H400×10FS | ZU-H400×20FS | 530 | 447 | 206 | 128 | 60 | $\phi$170 | $\phi$146 | $\phi$50 | M12 | $\phi$118 | M20 | 123 |
| ZU-H630×10FS | ZU-H630×20FS | 632 | 548 | | | | | | $\phi$53 | | $\phi$145 | | 142 |

注：生产厂为沈阳六玲过滤机器有限公司、无锡液压件厂、上海高行液压件厂、远东液压配件厂。

## 低压管式（板式）纸质过滤器技术性能及外形尺寸

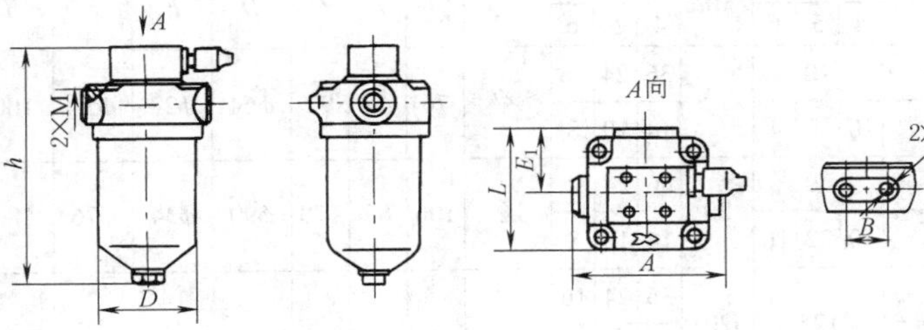


管式

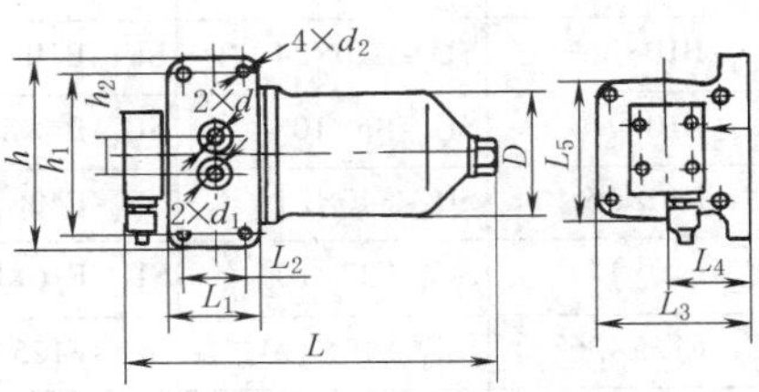


板式

**表 21-8-149**

| 型号 ① | 型号 ② | 流量/L·min$^{-1}$ | 额定压力/MPa | 过滤精度/μm ① | 过滤精度/μm ② | 压差指示器工作压差/MPa | 初始压力降/MPa | 质量/kg | $h$ | $L$ | $L_1$ | $A$ | $D$ | $B$ | M | $M_1$ |
|---|---|---|---|---|---|---|---|---|---|---|---|---|---|---|---|---|
| ZU-A25×10S | ZU-A25×20S | 25 | 1.6 | 10 | 20 | 0.35 | 0.07 | 2.9 | 236 | 110 | 60 | 120 | $\phi$94 | 30 | M22×1.5 | M6 |
| ZU-A40×10S | ZU-A40×20S | 40 | | | | | | 3.0 | 296 | 110 | | | $\phi$96 | | M27×2 | |
| ZU-A63×10S | ZU-A63×20S | 63 | | | | | | 3.6 | 313 | 131 | | 146 | $\phi$114 | 55 | M33×2 | |
| ZU-A100×10S | ZU-A100×20S | 100 | | | | | | 5.2 | 422 | 131 | | 150 | $\phi$114 | | M42×2 | M8 |
| ZU-A160×10S | ZU-A160×20S | 160 | | | | | | 6.8 | 449 | 148 | | 170 | $\phi$134 | 65 | M48×2 | |

| 型号 | 流量/L·min$^{-1}$ | 额定压力/MPa | 过滤精度/μm | 压差指示器工作压差/MPa | 初始压力降/MPa | $L$ | $L_1$ | $L_2$ | $L_3$ | $L_4$ | $L_5$ | $h$ | $h_1$ | $h_2$ | $D$ | $d$ | $d_1$ | $d_2$ |
|---|---|---|---|---|---|---|---|---|---|---|---|---|---|---|---|---|---|---|
| ZU-A25×10BS(或×20BS,或×30BS,或×50BS) | 25 | 1.6 | 10、或20、或30、或50 | 0.35 | 0.07 | 234 | 36 | 20 | 103 | 53 | 100 | 132 | 116 | 30 | $\phi$96 | $\phi$20 | $\phi$28 | $\phi$7 |
| ZU-A40×10BS(或×20BS,或×30BS,或×50BS) | 40 | | | | | 295 | | | | | | | | | | | | |
| ZU-A63×10BS(或×20BS,或×30BS,或×50BS) | 63 | | | | | 328 | 48 | 30 | 127 | 65 | 124 | 160 | 142 | 45 | $\phi$114 | $\phi$32 | $\phi$40 | $\phi$9 |
| ZU-A100×10BS(或×20BS,或×30BS,或×50BS) | 100 | | | | 0.12 | 428 | | | | | | | | | | | | |

注：1. 型号中ZU-A25×10BS（或×20BS，或×30BS，或×50BS）代表ZU-A25×10BS、ZU-A25×20BS、ZB-A25×30BS、ZU-A25×50BS四个型号，过滤精度的10或20或30或50是按排列顺序分别代表其过滤精度值。

2. 生产厂为无锡市江南液压件厂、沈阳滤油器厂、上海高行液压件厂、黎明液压有限公司、远东液压配件厂。

（3）烧结式过滤器

## SU 烧结式过滤器

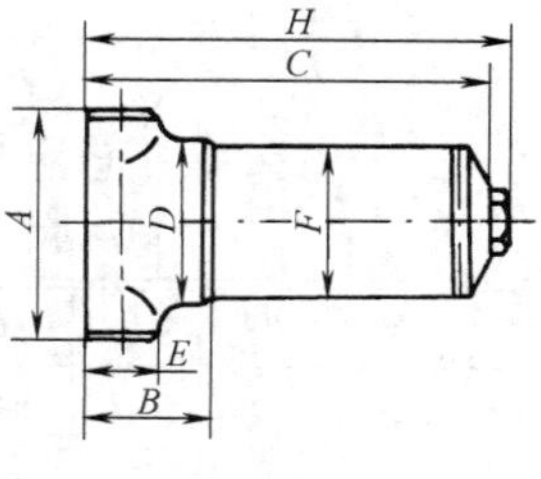

(a)

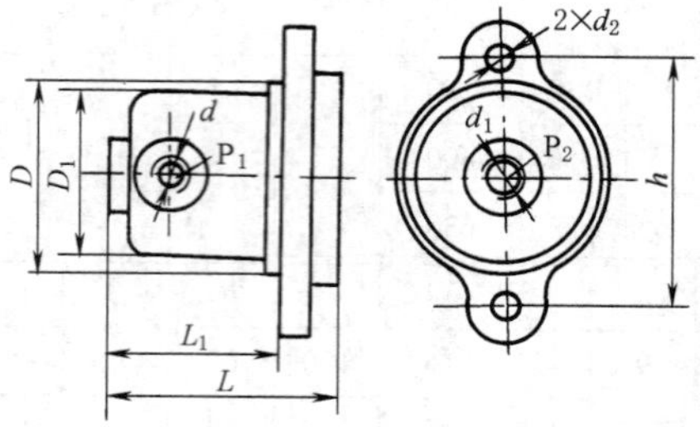

(b)

型号意义：
SU □ - □ □ × □
烧结式滤油器；□ 系列；□ 压力：20MPa；□ 额定流量/L·min$^{-1}$；□ 过滤精度/μm

**表 21-8-150**

| 型号 (a) | | | 流量 /L·min$^{-1}$ | | | 工作压力 /MPa | 过滤精度 /μm | | | 管径 | 外形尺寸/mm | | | | | | |
|---|---|---|---|---|---|---|---|---|---|---|---|---|---|---|---|---|---|
| 1 | 2 | 3 | 1 | 2 | 3 | | 1 | 2 | 3 | | A | B | C | D | E | F | H |
| 4 | 5 | 6 | 4 | 5 | 6 | | 4 | 5 | 6 | | | | | | | | |
| $SU_1$-B10×36 | $SU_1$-B10×24 | $SU_1$-B10×16 | 10 | | | 2.5 | 36 | 24 | 16 | ¼″ | 76 | 44 | 92 | ϕ64 | ϕ22 | ϕ54 | 100 |
| $SU_1$-B10×14 | $SU_1$-B6×10 | $SU_1$-B4×8 | 10 | 6 | 4 | | 14 | 10 | 8 | | | | | | | | |
| $SU_2$-F40×36 | $SU_2$-F40×24 | $SU_2$-F40×16 | 40 | | | 20 | 36 | 24 | 16 | ½″ | 106 | 65 | 170 | ϕ90 | ϕ34 | ϕ76 | 180 |
| $SU_2$-F40×14 | $SU_2$-F32×10 | $SU_2$-F16×8 | 40 | 32 | 16 | | 14 | 10 | 8 | | | | | | | | |
| $SU_3$-F125×36 | $SU_3$-F125×24 | $SU_3$-F125×16 | 125 | | | 20 | 36 | 24 | 16 | M33×2 | 156 | 90 | 292 | ϕ124 | ϕ50 | ϕ114 | 306 |
| $SU_3$-F125×14 | $SU_3$-F125×10 | | | | | | 14 | 10 | | | | | | | | | |
| $SU_3$-F80×8 | $SU_3$-F50×6 | | 80 | 50 | | 20 | 8 | 6 | | | | | | | | | |

| 型号(b) | 额定流量 /L·min$^{-1}$ | 额定压力 /MPa | 原始压力损失/MPa | 过滤精度 /μm | 外形尺寸/mm L | $L_1$ | D | $D_1$ | h | d | $d_1$ | $d_2$ |
|---|---|---|---|---|---|---|---|---|---|---|---|---|
| SU-5×100 | 5 | 2.5 | 0.06 | 100 | 75 | 54 | ϕ65 | ϕ55 | 84 | Z¼ | | ϕ7 |
| SU-12×100 | 12 | | | | 106 | 84 | ϕ95 | ϕ74 | 114 | | | |

注：生产厂为（a）北京粉末冶金二厂；（b）沈阳滤油器厂。

（4）磁性过滤器

## 网式磁性过滤器

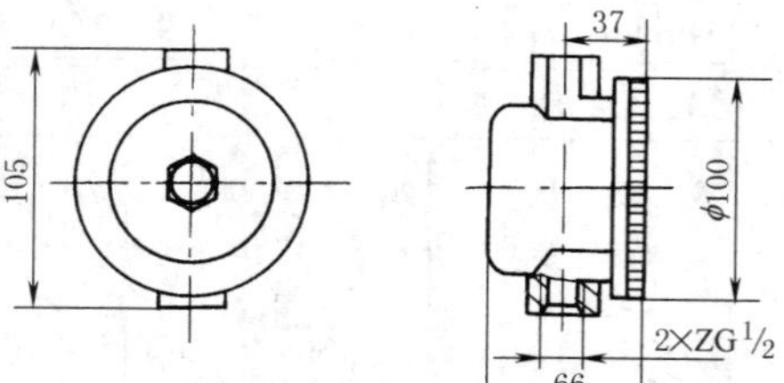

(a) 螺纹连接

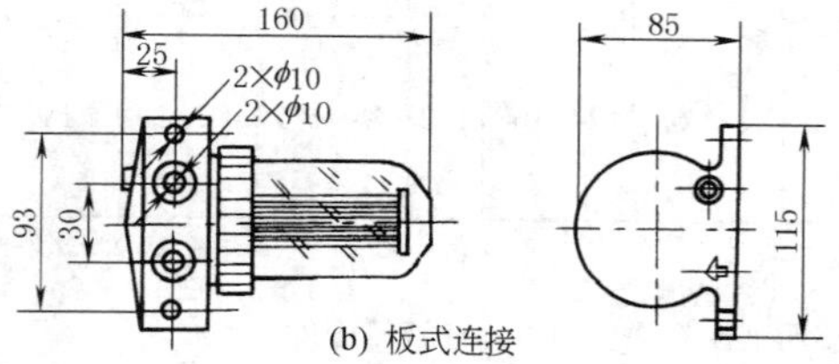

(b) 板式连接

型号意义：
CWU - □ □ × □ □
网式磁性过滤器；□ 压力：无符号 — < 1.6MPa，A—1.6MPa；□ 流量/L·min$^{-1}$；□ 过滤精度/μm；□ B— 板式，L— 螺纹

CWU-10×100B 型过滤器用于精密车床中润滑液的过滤，产品外壳为有机玻璃，为滤除因加工而产生的超细铁屑粉末，滤芯中装有永久磁铁。CWU-A25×60 型过滤器用于精密机床中主轴箱等润滑油的过滤，滤芯中装有永久磁铁，滤材为不锈钢丝网，便于清洗。技术参数见表 21-8-151。

**表 21-8-151**

| 型号 | 压力 /MPa | 流量 /L·min$^{-1}$ | 过滤精度 /μm | 温度 /℃ | 型号 | 压力 /MPa | 流量 /L·min$^{-1}$ | 过滤精度 /μm | 温度 /℃ | 生产厂 |
|---|---|---|---|---|---|---|---|---|---|---|
| CWU-A25×60 | 1.6 | 25 | 60 | 50±5 | CWU-10×100B | 0.5 | 10 | 100 | 50±5 | 黎明液压机电厂、无锡液压件厂、远东液压配件厂 |

## 磁性-烧结过滤器

C·SU 型磁性-烧结过滤器用烧结青铜滤芯及磁环作为过滤元件与钢壳体组合而成。滤芯是用颗粒粉末经高温烧结而成，利用颗粒间的孔隙过滤油液中的杂质。磁环是用锶铁氧化粉末经高温烧结而成，磁性可达 0.08～0.15T。因而，吸附铁屑尤为有效。技术参数见表 21-8-152。

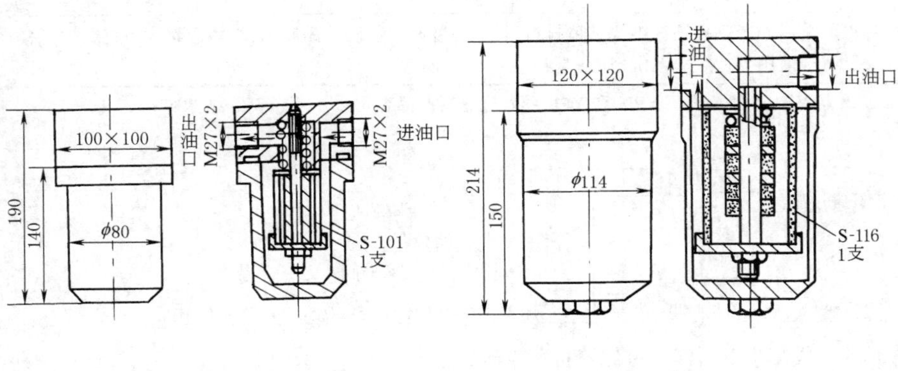


(a) (b)

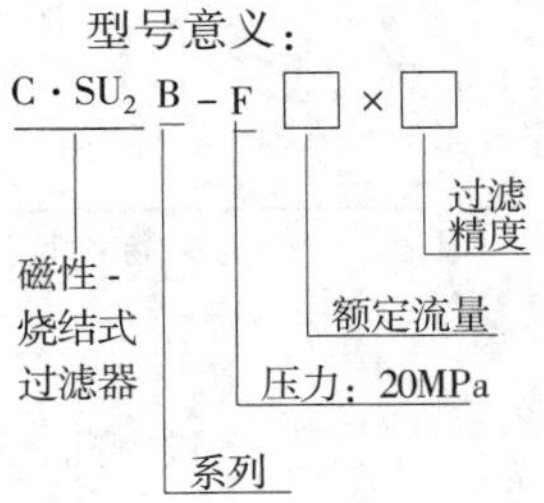


**表 21-8-152**

| 型号 | | | 流量/L·min$^{-1}$ | | | 过滤精度/μm | | | 接口尺寸 | 安装磁芯数量/支 | 安装磁环块数 | 额定压力 /MPa | 压力损失 /MPa |
|---|---|---|---|---|---|---|---|---|---|---|---|---|---|
| C·SU$_1$B-F80×67 | C·SU$_1$B-F50×36 | C·SU$_1$B-F40×24 | 80 | 50 | 40 | 67 | 36 | 24 | M27×2 | 1 | 6 | 20 | ≤0.2 |
| C·SU$_1$B-F30×16 | C·SU$_1$B-F20×14 | C·SU$_1$B-F15×10 | 30 | 20 | 15 | 16 | 14 | 10 | | | | | |
| C·SU$_1$B-F10×8 | C·SU$_1$B-F5×6 | | 10 | 5 | | 8 | 6 | | | | | | |
| C·SU$_2$B-F100×67 | C·SU$_2$B-F90×36 | C·SU$_2$B-F80×24 | 100 | 90 | 80 | 67 | 36 | 24 | M27×2 | 1 | 6 | 20 | ≤0.2 |
| C·SU$_2$B-F70×16 | C·SU$_2$B-F60×14 | C·SU$_2$B-F50×10 | 70 | 60 | 50 | 16 | 14 | 10 | | | | | |
| C·SU$_2$B-F40×8 | C·SU$_2$B-F30×6 | | 40 | 30 | | 8 | 6 | | | | | | |

（5）不锈钢纤维过滤器

**表 21-8-153　　技术性能及外形尺寸**

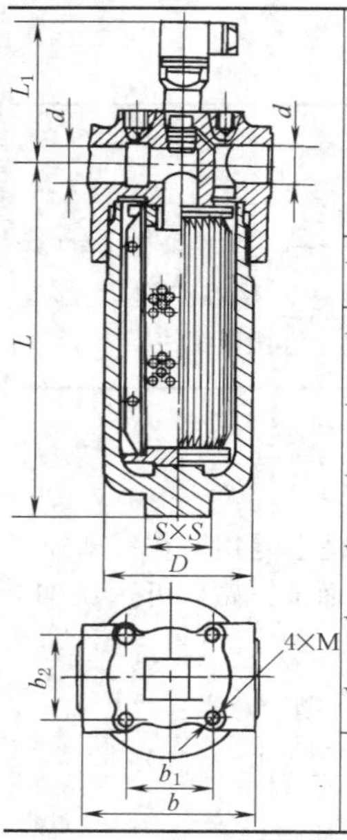


| 型号 | 流量/L·min$^{-1}$ | 过滤精度/μm | 压力/MPa | 发信装置 电压/V | 发信装置 电流/A | 发信装置 指示压差/MPa | 温度/℃ | 滤芯耐压/MPa | 外形尺寸/mm L | $L_1$ | d | D | S | b | $b_1$ | $b_2$ | M |
|---|---|---|---|---|---|---|---|---|---|---|---|---|---|---|---|---|---|
| YPH060E7 | 60 | | | | | | | | 169 | | | | | | | | |
| YPH110E7 | 110 | | | | | | | | 205 | 115 | C1 | 97 | 36 | 120 | 60 | 60 | M12 |
| YPH160E7 | 160 | | | | | | | | 265 | | | | | | | | |
| YPH240E7 | 240 | 1、3、5、10、20 | 42 | 24 | 0.2 | 0.7±0.07 | -10~100 | 21 | 215 | | | | | | | | |
| YPH330E7 | 330 | | | | | | | | 275 | | | | | | | | |
| YPH420E7 | 420 | | | | | | | | 345 | 123 | Cl½ | 112 | 41 | 138 | 85 | 64 | M14 |
| YPH660E7 | 660 | | | | | | | | 425 | | | | | | | | |
| 滤芯也可采用不锈钢超细纤维烧结毡材料，具有强度高，耐高温，耐腐蚀，纳污容量大，过滤性好，滤芯可反复清洗使用等特点。但价格高 | | | | | | | | | | | | | | | | | |

注：1. 生产厂为新乡市平菲滤清器有限公司（该厂 YPM 和 YPL 系列过滤器产品也可采用不锈钢纤维滤芯）。

2. 型号意义：

YPH □ □ □ □ - □ W

系列：高压不锈钢纤维过滤器

流量

信号器类型：E—电信压差指示器；S—目视压差指示器

发信压差：7—0.7MPa；5—0.5MPa；2—0.2MPa

旁通阀：T—装旁通阀；无—不装

过滤精度

金属芯

（6）带微孔塑料芯的滤油机（成都市清白江区过滤器材厂生产）

YG-B 型滤油机是以聚乙烯醇缩甲醛为滤材、带微孔塑料芯（PVF 滤芯）的积木式结构滤油车，具有粗滤、磁滤、精滤和终级 PVF 微孔塑料作特精过滤等五级过滤系统。工作中处于密封状态，无泄漏，并设有声光报警

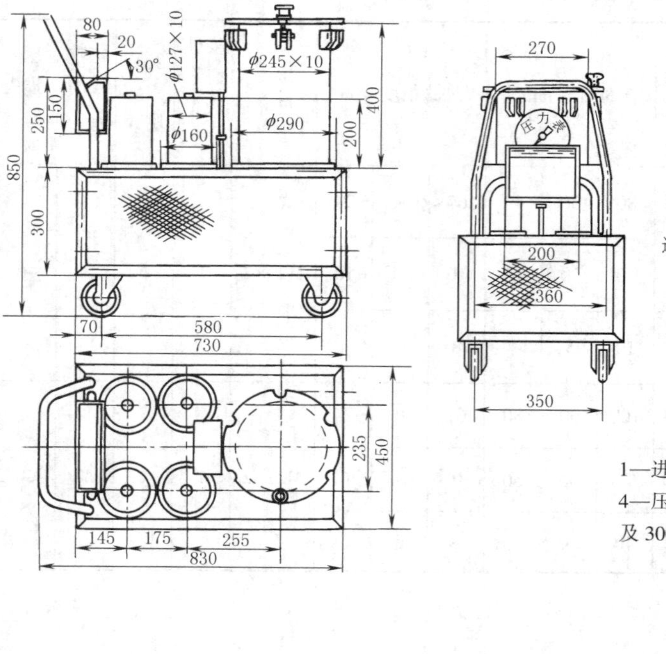


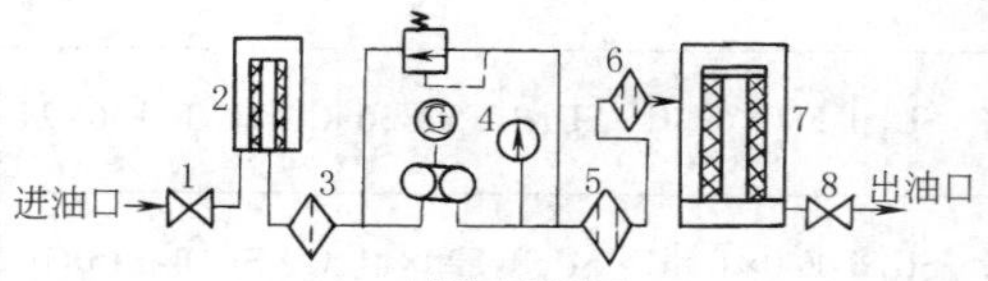


过滤系统原理

1—进油阀；2—磁滤器；3—80 目/英寸粗滤；4—压力表（带报警自动停机）；5，6—200 目/英寸及 300 目/英寸细滤；7—PVF 折叠式滤芯；8—出油阀

装置。所用 PVF 滤芯为折叠式，并采用由外向内过滤原理，过滤面积大，阻力小，流量大，保渣率高，适用各种黏度油液的过滤，特别适宜去除油液中混杂的磨损金属颗粒，是较好的过滤设备。

**表 21-8-154**

| 型　　号 | 过滤精度/μm | 过滤能力/L·min$^{-1}$ | 外形尺寸/mm |
|---|---|---|---|
| YG-25B | 5 | 25 | 770×500×870 |
| YG-50B | 5 | 50 | 770×500×870 |
| YG-100B | 5 | 100 | 880×500×870 |

注：工作压力 0.05~0.35MPa；使用温度≤80℃；吸程≥2m；扬程≥10m。

(7) YCX、TF 型箱外自封式吸油过滤器

该类过滤器可直接安装在油箱侧边、底部或上部，设有自封阀、旁通阀、压差发信器。当压差超过 0.032 MPa 时，旁通阀会自动开启。更换或清洗滤芯时，自封阀关闭，切断油箱油路。

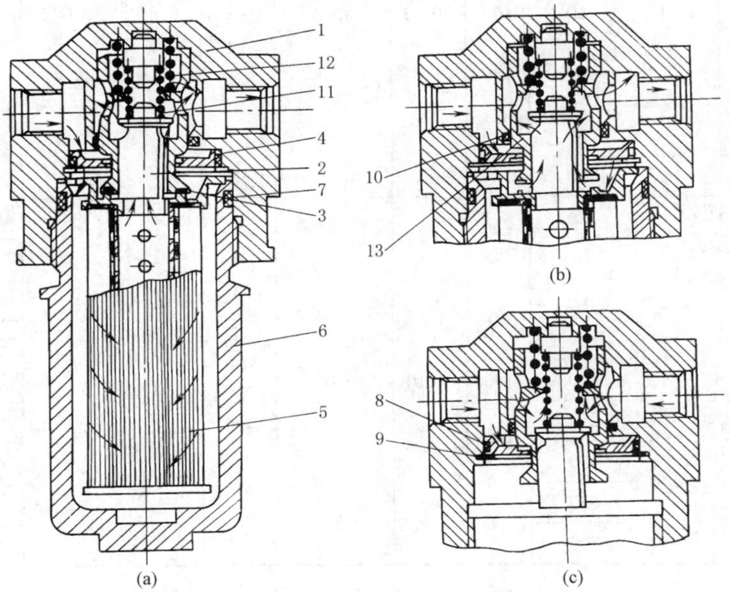


图 21-8-46　自封式吸油过滤器结构原理

(a) 过滤器正常工作状态；(b) 过滤器滤芯被污染物堵塞时安全阀开启；

(c) 更换或清洗滤芯时封闭滤油器上下游的油路

1—上壳体；2—单向阀阀芯；3—安全阀；4—阀座；5—滤芯元件；6—下壳体；

7,8,10—O 形密封圈；9—挡圈；11—单向阀弹簧；12—安全阀弹簧；13—安全阀阀体

1) 型号意义

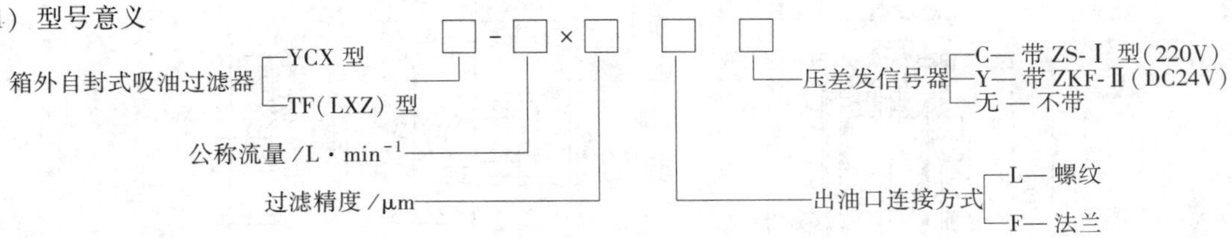


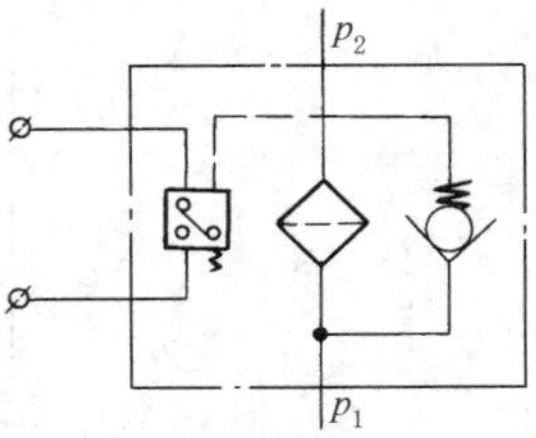


图形符号

2）技术规格

**表 21-8-155**

| 型　　号 | 通径/mm | 压力/MPa | 流量/L·min$^{-1}$ | 过滤精度/μm | 压力损失/MPa 原始值 | 压力损失/MPa 允许最大值 | 发信号装置 电压/V | 发信号装置 电流/A | 旁通阀开启压差/MPa | 质量/kg | 生　产　厂 |
|---|---|---|---|---|---|---|---|---|---|---|---|
| YCX-25×※LC | 15 | 0.035（发信号压力） | 25 | 80<br>100<br>180 | <0.01 | 0.03 | 0~36 | 0.6 | >0.032 | | 远东液压配件厂 |
| YCX-40×※LC | 20 | | 40 | | | | | | | | |
| YCX-63×※LC | 25 | | 63 | | | | | | | | |
| YCX-100×※LC | 32 | | 100 | | | | | | | | |
| YCX-160×※LC | 40 | | 160 | | | | | | | | |
| YCX-250×※LC | 50 | | 250 | | | | | | | | |
| YCX-400×※LC | 65 | | 400 | | | | | | | | |
| YCX-630×※LC | 80 | | 630 | | | | | | | | |
| YCX-800×※LC | 90 | | 800 | | | | | | | | |
| TF-25×※L-S | 15 | | 25 | 80<br>100<br>180 | <0.01 | 0.02 | 12<br>14<br>36<br>220 | 2.5<br>2<br>1.5<br>0.25 | | 1.8 | 黎明液压机电厂、高行液压气动总厂 |
| TF-40×※L-S | 20 | | 40 | | | | | | | 2.2 | |
| TF-63×※L-S | 25 | | 63 | | | | | | | 2.8 | |
| TF-100×※L-S | 32 | | 100 | | | | | | | 3.6 | |
| TF-160×※L-S | 40 | | 160 | | | | | | | 4.6 | |
| TF-250×※L-S | 50 | | 250 | | | | | | | 5.8 | |
| TF-400×※L-S | 65 | | 400 | | | | | | | 8.0 | |
| TF-630×※L-S | 80 | | 630 | | | | | | | 14.5 | |
| TF-800×※L-S | 90 | | 800 | | | | | | | 15.6 | |

3）外形尺寸

**YCX 型吸油过滤器**

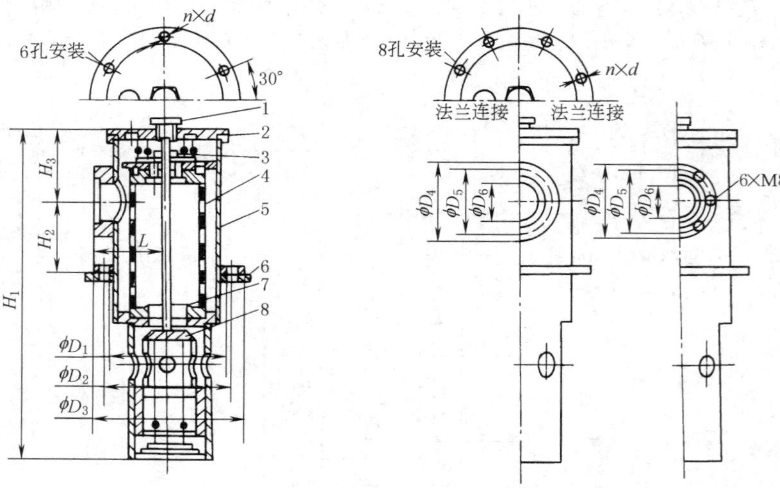


1—自封顶杆螺栓；2—过滤器上盖；3—旁通阀；4—滤芯；5—外壳；6—油箱壁；7—集污盅；8—自封单向阀

表 21-8-156 mm

| 型　号 | 公称流量 /L·min$^{-1}$ | 过滤精度 /μm | $D_1$ | $D_2$ | $D_3$ | $D_4$ | $D_5$ | $D_6$ | $H_1$ | $H_2$ | $H_3$ | $L$ | $n$×$d$ |
|---|---|---|---|---|---|---|---|---|---|---|---|---|---|
| YCX-25×※LC | 25 | 80 | 70 | 95 | 110 | 35 | M22×1.5 | 20 | 216 | 53 | 67 | 50 | 6×$\phi$7 |
| YCX-40×※LC | 40 | | 70 | 95 | 110 | 40 | M27×2 | 25 | 256 | 53 | 67 | 52 | 6×$\phi$7 |
| YCX-63×※LC | 63 | | 95 | 115 | 135 | 48 | M33×2 | 31 | 278 | 62 | 89 | 67 | 6×$\phi$9 |
| YCX-100×※LC | 100 | | 95 | 115 | 135 | 58 | M42×2 | 40 | 328 | 70 | 89 | 70 | 6×$\phi$9 |
| YCX-160×※LC | 160 | 100 | 95 | 115 | 135 | 65 | M48×2 | 46 | 378 | 70 | 89 | 70 | 6×$\phi$9 |
| YCX-250×※FC | 250 | 180 | 120 | 150 | 175 | 100 | 85 | 50 | 368 | 85 | 105 | 83 | 6×$\phi$9 |
| YCX-400×※FC | 400 | | 146 | 175 | 200 | 116 | 100 | 68 | 439 | 92 | 125 | 96 | 6×$\phi$9 |
| YCX-630×※FC | 630 | | 165 | 200 | 220 | 130 | 116 | 83 | 516 | 102 | 130 | 110 | 8×$\phi$9 |
| YCX-800×※FC | 800 | | 185 | 205 | 225 | 140 | 124 | 93 | 600 | 108 | 140 | 120 | 8×$\phi$9 |

## TF（LXZ）型吸油过滤器

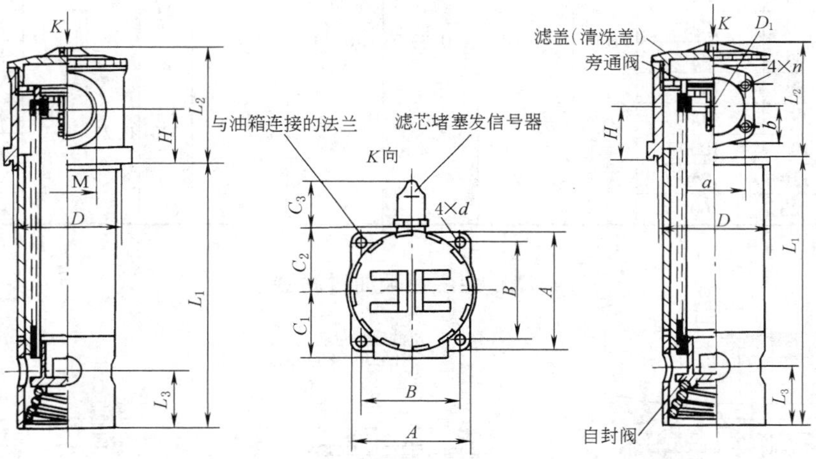


(a) 螺纹连接　　(b) 法兰连接

表 21-8-157　**螺纹连接的 TF（LXZ）型吸油过滤器**　mm

| 型　号 | $L_1$ | $L_2$ | $L_3$ | $H$ | M | $D$ | $A$ | $B$ | $C_1$ | $C_2$ | $C_3$ | 4×$d$ |
|---|---|---|---|---|---|---|---|---|---|---|---|---|
| TF-25×※L-S | 93 | 78 | 36 | 25 | M22×1.5 | $\phi$62 | 80 | 60 | 45 | 42 | 28 | $\phi$9 |
| TF-40×※L-S | 110 | | | | M27×2 | | | | | | | |
| TF-63×※L-S | 138 | 98 | 40 | 33 | M33×2 | $\phi$75 | 90 | 70.7 | 54 | 47 | | |
| TF-100×※L-S | 188 | | | | M42×2 | | | | | | | |
| TF-160×※L-S | 200 | 119 | 53 | 42 | M48×2 | $\phi$91 | 105 | 81.3 | 62 | 53.5 | | $\phi$11 |

表 21-8-158　**法兰连接的 TF（LXZ）型吸油过滤器**　mm

| 型　号 | $L_1$ | $L_2$ | $L_3$ | $H$ | $D_1$ | $D$ | $a$ | $b$ | 4×$n$ | $A$ | $B$ | $C_1$ | $C_2$ | $C_3$ | 4×$d$ | $Q$ |
|---|---|---|---|---|---|---|---|---|---|---|---|---|---|---|---|---|
| TF-250×※F-S | 270 | 119 | 53 | 42 | $\phi$50 | $\phi$91 | 70 | 40 | M10 | 105 | 81.3 | 72.5 | 53.5 | 28 | $\phi$11 | $\phi$60 |
| TF-400×※F-S | 275 | 141 | 60 | 50 | $\phi$65 | $\phi$110 | 90 | 50 | | 125 | 95.5 | 82.5 | 61 | | | $\phi$70 |
| TF-630×※F-S | 325 | 184 | 55 | 65 | $\phi$90 | $\phi$140 | 120 | 70 | | 160 | 130 | 100 | 81 | | | $\phi$100 |
| TF-800×※F-S | 385 | | | | | | | | | | | | | | | |

注：出油口法兰所需管子直径为 $Q$。

（8）CXL 型自封式磁性吸油过滤器

滤芯内设置永久磁铁，可滤除油中的金属颗粒。

型号意义：

CXL □-□×□ □ □

自封式磁性吸油过滤器

BH— 工作介质为水 - 乙二醇
省略 — 介质为一般矿物油

公称流量 /L · min$^{-1}$

过滤精度 /μm

Y— 带 ZKF-Ⅱ 型发信器 ≤ DC24V
C— 带 ZS-Ⅰ 型发信器 ≤ 220V
省略 — 不带发信器

省略 — 螺纹连接
F— 法兰连接

**表 21-8-159** **技术参数**

| 型号 | 通径 /mm | 公称流量 /L · min$^{-1}$ | 过滤精度 /μm | 原始压力损失 /MPa | 允许最大压力损失 /MPa | 旁通阀开启压力 /MPa | 发信器发信压力 /MPa | 发信器 /V | 发信器 /A | 连接方式 | 滤芯型号 | 生产厂 |
|---|---|---|---|---|---|---|---|---|---|---|---|---|
| CXL-25×※ | 15 | 25 | | | | | | | | | X-CX25×※ | |
| CXL-40×※ | 20 | 40 | | | | | | | | | X-CX40×※ | |
| CXL-63×※ | 25 | 63 | | | | | | | | 螺纹 | X-CX63×※ | |
| CXL-100×※ | 32 | 100 | 80 | | | | | 12 | 2.5 | | X-CX100×※ | |
| CXL-160×※ | 40 | 160 | | | | | | 24 | 2 | | X-CX160×※ | |
| CXL-250×※ | 50 | 250 | | | | | | | | | X-CX250×※ | |
| CXL-400×※ | 65 | 400 | 100 | <0.01 | 0.03 | >0.032 | 0.03 | | | | X-CX400×※ | 远东液压配件厂 |
| CXL-630×※ | 80 | 630 | | | | | | 36 | 1.5 | | X-CX630×※ | |
| CXL-800×※ | 90 | 800 | | | | | | | | 法兰 | X-CX800×※ | |
| CXL-1000×※ | 100 | 1000 | 180 | | | | | 220 | 0.25 | | X-CX1000×※ | |
| CXL-1250×※ | 110 | 1250 | | | | | | | | | X-CX1250×※ | |
| CXL-1600×※ | 120 | 1600 | | | | | | | | | X-CX1600×※ | |

**CXL 型磁性吸油过滤器**

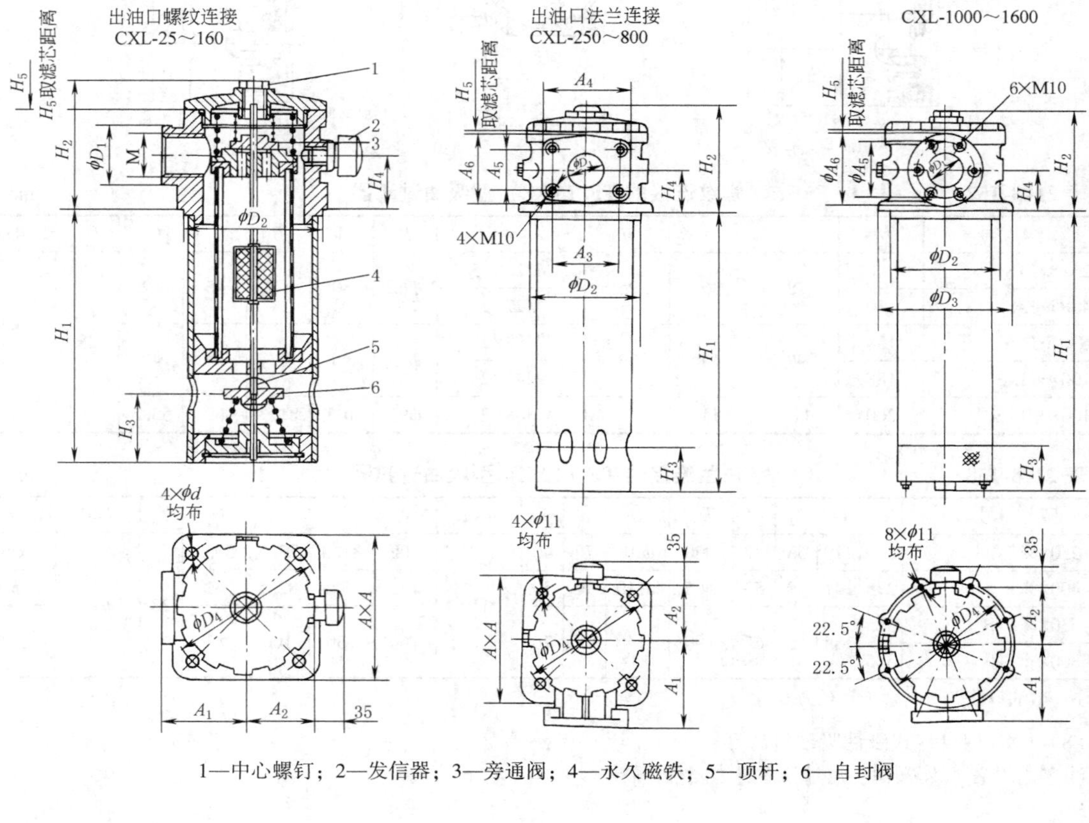


1—中心螺钉；2—发信器；3—旁通阀；4—永久磁铁；5—顶杆；6—自封阀

**表 21-8-160**　　外形尺寸　　mm

| 型　号 | $H_1$ | $H_2$ | $H_3$ | $H_4$ | $H_5$ | M | $D_1$ | $D_2$ | $D_4$ | $d$ | $A$ | $A_1$ | $A_2$ |
|---|---|---|---|---|---|---|---|---|---|---|---|---|---|
| CXL-25×※ | 95 | 83 | 34 | 25 | 75 | M22×1.5 | 40 | 60 | 85 | 9 | 80 | 45 | 34 |
| CXL-40×※ | 115 | | | | 95 | M27×2 | | | | | | | |
| CXL-63×※ | 140 | 101 | 40 | 33 | 115 | M33×2 | 55 | 75 | 100 | | 90 | 54 | 42 |
| CXL-100×※ | 190 | | | 33 | 165 | M42×2 | | | | | | | |
| CXL-160×※ | 198 | 120 | 40 | 42 | 175 | M48×2 | 65 | 90 | 115 | 11 | 105 | 62 | 50 |

| 型　号 | $H_1$ | $H_2$ | $H_3$ | $H_4$ | $H_5$ | $D_1$ | $D_2$ | $D_3$ | $D_4$ | $A$ | $A_1$ | $A_2$ | $A_3$ | $A_4$ | $A_5$ | $A_6$ |
|---|---|---|---|---|---|---|---|---|---|---|---|---|---|---|---|---|
| CXL-250×※ | 268 | 120 | 40 | 42 | 245 | 50 | 90 | — | 115 | 105 | 72..5 | 50 | 70 | 92 | 40 | 72 |
| CXL-400×※ | 281 | 145 | 56 | 50 | 270 | 65 | 108 | — | 135 | 120 | 82 | 58 | 90 | 112 | 50 | 88 |
| CXL-630×※ | 329 | 181 | 63 | 65 | 335 | 90 | 140 | — | 184 | 156 | 100 | 74 | 120 | 144 | 70 | 120 |
| CXL-800×※ | 409 | | | | 415 | 90 | | | | | | | | | | |
| CXL-1000×※ | 284 | 265 | 135 | 135 | 310 | 125 | 203 | 257 | 234 | — | 135 | 118 | — | — | 164 | 185 |
| CXL-1250×※ | 338 | | | | 360 | | | | | | | | | | | |
| CXL-1600×※ | 438 | | | | 460 | | | | | | | | | | | |

注：※为过滤精度，若使用工作介质为水-乙二醇，流量为160L/min过滤精度为80μm，带ZKF-Ⅱ型发信器，其过滤器型号为CXLBH-160×80Y，滤芯型号为X-CXBH160×80。

（9）XNJ型箱内吸油过滤器

XNJ型过滤器通过安装法兰固定在油箱盖板上，滤芯直接插入油箱。该过滤器带有真空压力发信号器和旁路阀。

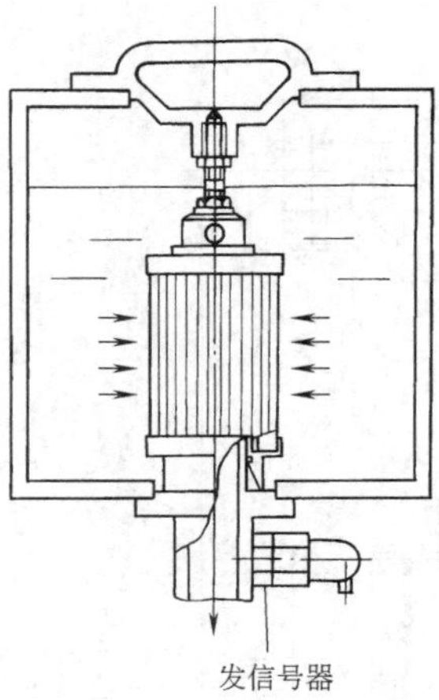


图 21-8-47　XNJ型过滤器安装示意图

型号意义：

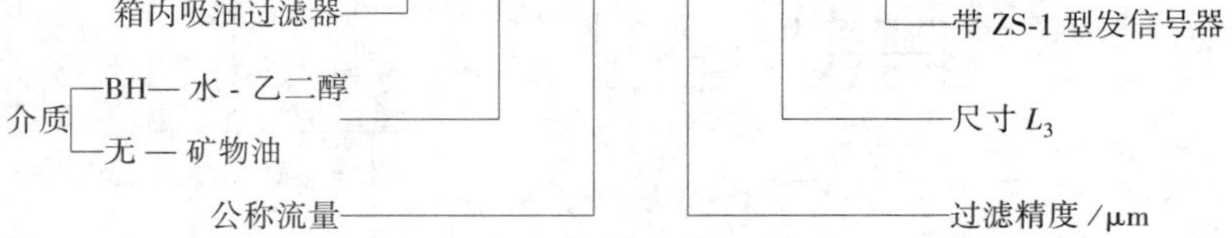

表 21-8-161　　技术规格

| 型号 | 公称流量 /L·min$^{-1}$ | 过滤精度 /μm | 通径 /mm | 原始压力损失 /MPa | 发信号装置 | | 旁通阀开启压力 /MPa | 滤芯型号 | 生产厂 |
|---|---|---|---|---|---|---|---|---|---|
| | | | | | 电压/V | 电流/A | | | |
| XNJ-25×※ | 25 | 80<br>100<br>180 | 20 | ≤0.007 | 220 | 0.25 | -0.02 | JX-25×※ | 远东液压配件厂<br>黎明液压机电厂 |
| XNJ-40×※ | 40 | | | | | | | JX-40×※ | |
| XNJ-63×※ | 63 | | 32 | | | | | JX-63×※ | |
| XNJ-100×※ | 100 | | | | | | | JX-100×※ | |
| XNJ-160×※ | 160 | | 50 | | | | | JX-160×※ | |
| XNJ-250×※ | 250 | | | | | | | JX-250×※ | |
| XNJ-400×※ | 400 | | 80 | | | | | JX-400×※ | |
| XNJ-630×※ | 630 | | | | | | | JX-630×※ | |
| XNJ-800×※ | 800 | | 90 | | | | | JX-800×※ | |
| XNJ-1000×※ | 1000 | | | | | | | JX-1000×※ | |

## XNJ 型过滤器外形尺寸

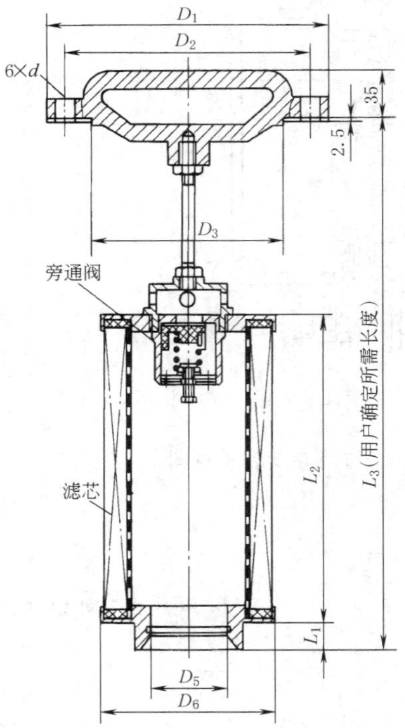


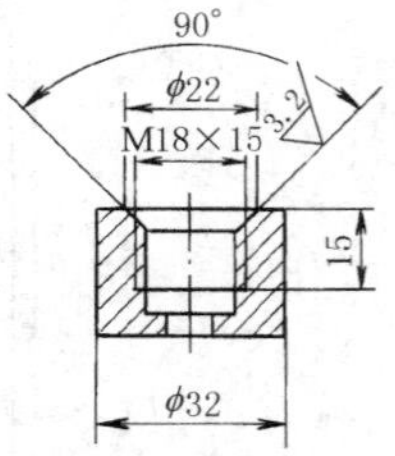


发信号器接口尺寸

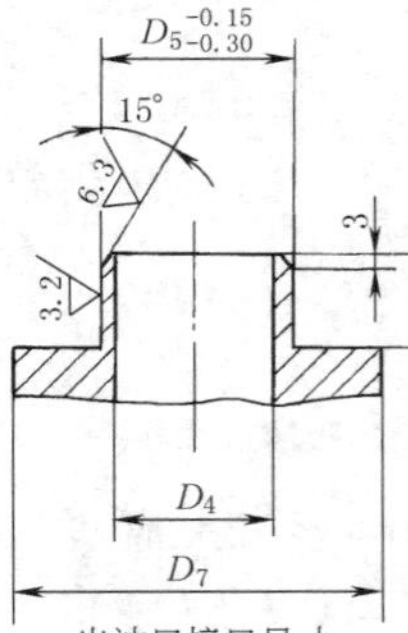


出油口接口尺寸

**表 21-8-162**

mm

| 型号 | $D_1$ | $D_2$ | $D_3$ | $D_4$ | $D_5$ | $D_6$ | $D_7$ | $L_1$ | $L_2$ | $L_3$(最小) | $L_5$ | $d$ |
|---|---|---|---|---|---|---|---|---|---|---|---|---|
| XNJ-25×※ | $\phi125$ | $\phi105$ | $\phi85$ | $\phi20$ | $\phi25$ | $\phi80$ | $\phi46$ | 8 | 75 | 210 | 20 | $\phi9$ |
| XNJ-40×※ | | | | | | | | | 100 | 235 | | |
| XNJ-63×※ | $\phi150$ | $\phi130$ | $\phi110$ | $\phi32$ | $\phi40$ | $\phi106$ | $\phi56$ | | 110 | 250 | | |
| XNJ-100×※ | | | | | | | | | 140 | 280 | | |
| XNJ-160×※ | $\phi198$ | $\phi170$ | $\phi145$ | $\phi50$ | $\phi55$ | $\phi141$ | $\phi76$ | 14 | 140 | 320 | 26 | $\phi11$ |
| XNJ-250×※ | | | | | | | | | 160 | 340 | | |
| XNJ-400×※ | $\phi240$ | $\phi210$ | $\phi185$ | $\phi80$ | $\phi85$ | $\phi180$ | $\phi108$ | | 160 | 340 | 28 | $\phi13.5$ |
| XNJ-630×※ | | | | | | | | | 190 | 370 | | |
| XNJ-800×※ | $\phi260$ | $\phi230$ | $\phi205$ | $\phi90$ | $\phi100$ | $\phi200$ | $\phi127$ | | 190 | 395 | | |
| XNJ-1000×※ | | | | | | | | | 220 | 425 | | |

(10) STF 型双筒自封式吸油过滤器

STF 型过滤器由两只单筒过滤器和换向阀组成，可在系统不停机状态下更换或清洗滤芯。该滤油器配有压差发信号器、旁路阀和自封阀。

型号意义：

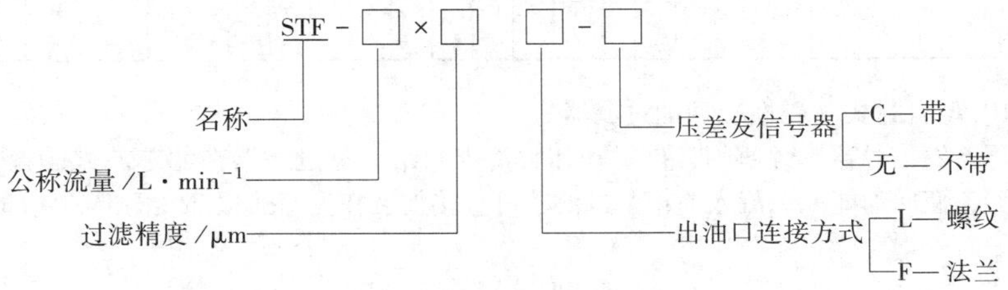


**技术规格和外形尺寸**

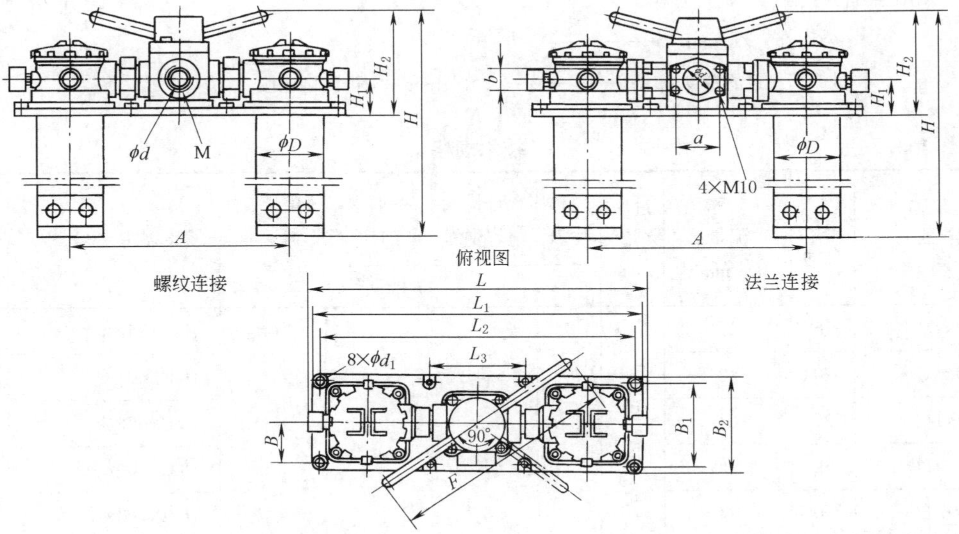

**表 21-8-163**

mm

| 型号 | 流量/L·$min^{-1}$ | 过滤精度/μm | 原始压力损失/MPa | 发信号装置 电压/V | 发信号装置 电流/A | $A$ | $B$ | $B_1$ | $B_2$ | $a$ | $b$ | $D$ | $d$ | $d_1$ | $H$ | $H_1$ | $H_2$ | $L$ | $L_1$ | $L_2$ | $L_3$ | $F$ | M | 质量/kg | 生产厂 |
|---|---|---|---|---|---|---|---|---|---|---|---|---|---|---|---|---|---|---|---|---|---|---|---|---|---|
| STF-25×※L-C | 25 | 80 | ≤0.01 | 12 | 2.5 | 208 | 53 | 95 | 120 | — | — | 54 | 20 | 12 | 215 | 50 | 147 | 366 | 345 | 320 | 100 | 265 | M27×2 | 8.1 | 沈阳六玲过滤机器有限公司，远东液压配件厂 |
| STF-40×※L-C | 40 | | | | | | | | | | | | | | 232 | | | | | | | | | 8.9 | |
| STF-63×※L-C | 63 | | | | | 238 | 60 | 105 | 130 | | | 70 | 32 | 12 | 241 | 56 | 161 | 406 | 385 | 360 | 110 | 275 | M42×2 | 11.3 | |
| STF-100×※L-C | 100 | | | 24 | 2 | | | | | | | | | | 291 | | | | | | | | | 12.9 | |
| STF-160×※L-C | 160 | 100 | | 36 | 1.5 | 353 | 81 | 130 | 155 | 70 | 40 | 89 | 50 | 12 | 362 | 67 | 187 | 534 | 510 | 485 | 175 | 350 | | 23.7 | |
| STF-250×※F-C | 250 | | | | | | | | | | | | | | 432 | | | | | | | | | 26.1 | |
| STF-400×※F-C | 400 | 180 | | 220 | 0.25 | 355 | 90 | 150 | 175 | 90 | 50 | 102 | 65 | 12 | 467 | 80 | 222 | 551 | 530 | 505 | 190 | 400 | | 42.4 | |
| STF-630×※F-C | 630 | | | | | 430 | 115 | 190 | 220 | 120 | 70 | 133 | 90 | 15 | 569 | 100 | 278 | 666 | 660 | 630 | 220 | 545 | | 69.0 | |
| STF-800×※F-C | 800 | | | | | | | | | | | | | | 627 | | | | | | | | | 71.2 | |

（11）RFB、CHL 型自封式（磁性）回油过滤器

该过滤器装有压差发信号器、旁通阀、自封阀和集污盅。CHL 型过滤器在滤芯前方设置永久磁铁。在过滤器底装有消泡扩散器，使回油能平稳流入油箱。过滤器可直接安装在油箱的顶部、侧部和底部。

型号意义：

□-□×□-□ □

- 名称：RFB— 直回式回油滤油器；CHL— 自封式磁性回油过滤器
- 公称流量/L·$min^{-1}$
- 过滤精度/μm
- 进油口连接：L— 螺纹；F— 法兰
- 压差发信号器：无 — 不带；C— 带 CY-Ⅱ 型 AC220V；Y— 带 CYB-Ⅰ 型 DC24V

**表 21-8-164** 技术规格

| 型号 | 通径/mm | 公称流量/L·$min^{-1}$ | 过滤精度/μm | 公称压力/MPa | 允许最大压力损失/MPa | 旁通阀开启压力/MPa | 发信号装置发信号压力/MPa | 滤芯型号 | 生产厂 |
|---|---|---|---|---|---|---|---|---|---|
| CHL-25×※LC | 15 | 25 | 3<br>5<br>10<br>20<br>30<br>40 | 1.6 | 0.35 | ≥0.37 | 0.35 | H-CX25×※ | 远东液压配件厂 |
| CHL-40×※LC | 20 | 40 | | | | | | H-CX40×※ | |
| CHL-63×※LC | 25 | 63 | | | | | | H-CX63×※ | |
| CHL-100×※LC | 32 | 100 | | | | | | H-CX100×※ | |
| CHL-160×※LC | 40 | 160 | | | | | | H-CX160×※ | |

续表

| 型号 | 通径/mm | 公称流量/L·min$^{-1}$ | 过滤精度/μm | 公称压力 | 允许最大压力损失 | 旁通阀开启压力 | 发信号装置发信号压力 | 滤芯型号 | 生产厂 |
|---|---|---|---|---|---|---|---|---|---|
| | | | | /MPa | | | | | |
| CHL-250×※FC | 50 | 250 | 3<br>5<br>10<br>20<br>30<br>40 | 1.6 | 0.35 | ≥0.37 | 0.35 | H-CX250×※ | 远东液压配件厂 |
| CHL-400×※FC | 65 | 400 | | | 0.27 | ≥0.27 | 0.27 | H-CX400×※ | |
| CHL-630×※FC | 80 | 630 | | | | | | H-CX630×※ | |
| CHL-800×※FC | 90 | 800 | | | | | | H-CX800×※ | |
| CHL-1000×※FC | 100 | 1000 | | 1.2 | | | | H-CX1000×※ | |
| CHL-1250×※FC | 110 | 1250 | | | | | | H-CX1250×※ | |
| CHL-1600×※FC | 125 | 1600 | | | | | | H-CX1600×※ | |
| RFB-25×※ C/Y | | 25 | 1<br>3<br>5<br>10<br>20<br>30 | 1.6 | 0.35 | 0.4 | 0.35 | FBX-25×※ | 黎明液压机电厂 |
| RFB-40×※ C/Y | | 40 | | | | | | FBX-40×※ | |
| RFB-63×※ C/Y | | 63 | | | | | | FBX-63×※ | |
| RFB-100×※ C/Y | | 100 | | | | | | FBX-100×※ | |
| RFB-160×※ C/Y | | 160 | | | | | | FBX-160×※ | |
| RFB-250×※ C/Y | | 250 | | | | | | FBX-250×※ | |
| RFB-400×※ C/Y | | 400 | | | | | | FBX-400×※ | |
| RFB-630×※ C/Y | | 630 | | | | | | FBX-630×※ | |
| RFB-800×※ C/Y | | 800 | | | | | | FBX-800×※ | |
| RFB-1000×※ C/Y | | 1000 | | | | | | FBX-1000×※ | |

## CHL 型（螺纹连接）过滤器外形尺寸

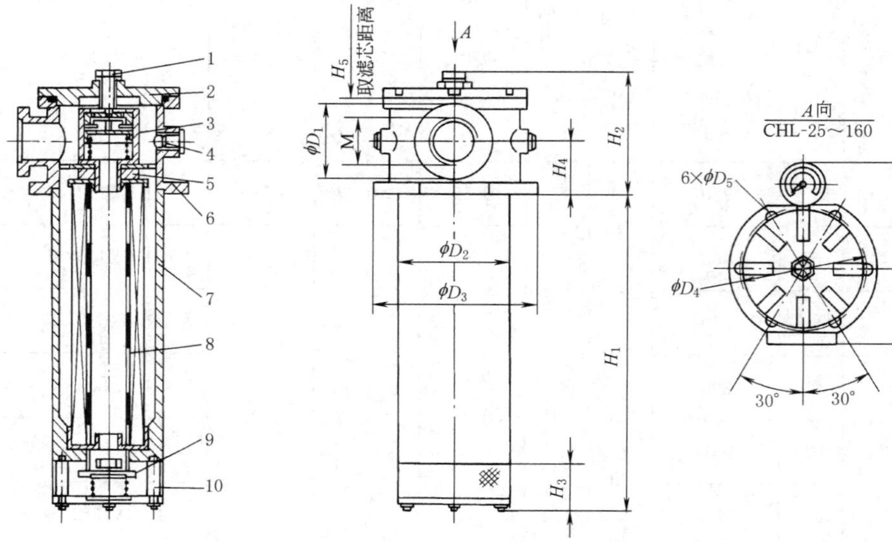


1—密封螺钉；2—端盖；3—旁通阀；4—压差发信号装置接口；5—磁铁；6—与油箱连接法兰；7—壳体；8—滤芯；9—自封阀；10—消泡器

**表 21-8-165**

mm

| 型　　号 | $H_1$ | $H_2$ | $H_3$ | $H_4$ | $H_5$ | $D_1$ | M | $D_2$ | $D_3$ | $D_4$ | $D_5$ | $L_1$ | $L_2$ |
|---|---|---|---|---|---|---|---|---|---|---|---|---|---|
| CHL-25×※LC | 172 | 124 | 56 | 45 | 95 | 48 | M22×1.5 | 108 | 148 | 130 | 7 | 70 | 135 |
| CHL-40×※LC | 192 | | | | 115 | | M27×2 | | | | | | |
| CHL-63×※LC | 260 | | | | 185 | | M33×2 | | | | | | |
| CHL-100×※LC | 224 | 170 | 60 | 75 | | 100 | M42×2 | | | | | | |
| CHL-160×※LC | 314 | | | | 275 | | M48×2 | 127 | 170 | 150 | 9 | 100 | 144 |

## CHL 型（法兰连接）过滤器外形尺寸

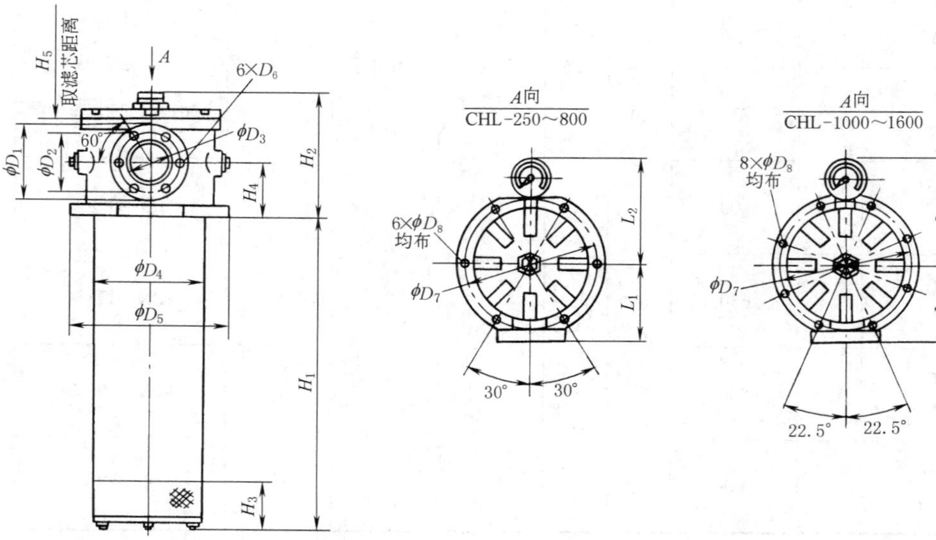

**表 21-8-166** mm

| 型　号 | $H_1$ | $H_2$ | $H_3$ | $H_4$ | $H_5$ | $D_1$ | $D_2$ | $D_3$ | $D_4$ | $D_5$ | $D_6$ | $D_7$ | $D_8$ | $L_1$ | $L_2$ |
|---|---|---|---|---|---|---|---|---|---|---|---|---|---|---|---|
| CHL-250×※FC | 445 | 170 | 60 | 75 | 405 | 100 | 85 | 50 | 127 | 170 | | 150 | 9 | 100 | 145 |
| CHL-400×※FC | | | | | | | 100 | 65 | | | M8 | | | | |
| CHL-630×※FC | 675 | 220 | 80 | 110 | 640 | 140 | 116 | 80 | 180 | 235 | | 210 | 12 | 120 | 172 |
| CHL-800×※FC | 845 | | | | 810 | | 124 | 90 | | | | | | | |
| CHL-1000×※FC | 610 | | | | 550 | | | | | | | | | | |
| CHL-1250×※FC | 730 | 285 | 113 | 155 | 670 | 185 | 164 | 125 | 230 | 290 | M10 | 264 | 12 | 150 | 208 |
| CHL-1600×※FC | 880 | | | | 820 | | | | | | | | | | |

**RFB 型过滤器外形尺寸**

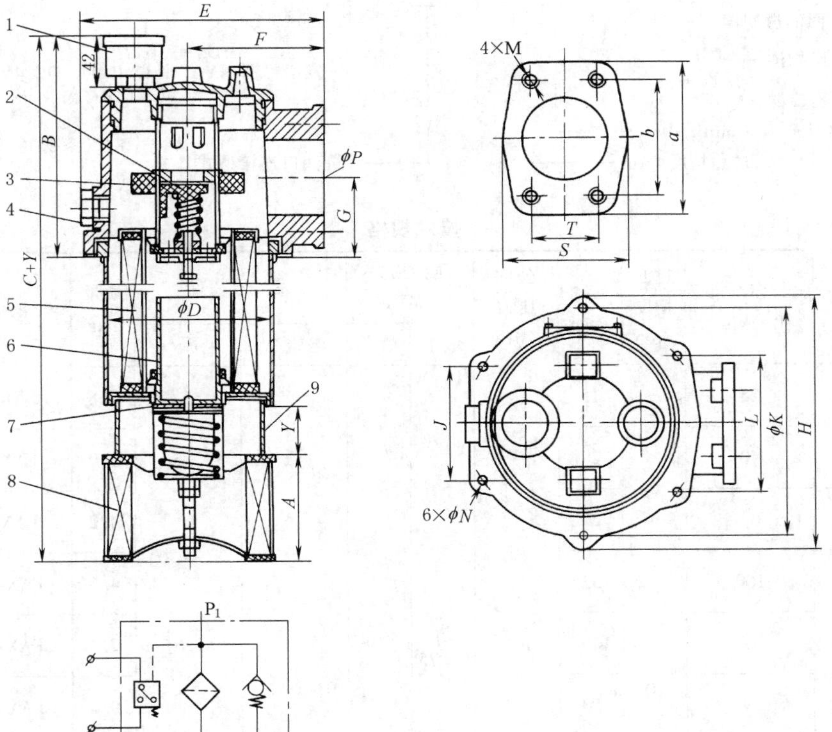


1—发信号箱（M18×1.5）；2—旁通阀；3—永久磁铁；
4—回油孔及放油孔；5—滤芯；6—溢流管；7—止回阀；
8—扩散器；9—用户所需的接管

表 21-8-167

mm

| 型号 | A | B | C | D | E | F | G | H | J | K | L | N | P | M | a | b | S | T |
|---|---|---|---|---|---|---|---|---|---|---|---|---|---|---|---|---|---|---|
| RFB-25×※$^{C}_{Y}$ | 78 | 167 | 348+Y | 124 | 175 | 96.5 | 58 | 168 | 75 | 150 | 90 | 7 | 55 | M10 | 102 | 78 | 80 | 43 |
| RFB-40×※$^{C}_{Y}$ | | | 374+Y | | | | | | | | | | | | | | | |
| RFB-63×※$^{C}_{Y}$ | | | 411+Y | | | | | | | | | | | | | | | |
| RFB-100×※$^{C}_{Y}$ | | | 473+Y | | | | | | | | | | | | | | | |
| RFB-160×※$^{C}_{Y}$ | | | 548+Y | | | | | | | | | | | | | | | |
| RFB-250×※$^{C}_{Y}$ | 120 | 210 | 558+Y | 186 | 250 | 132 | 74 | 245 | 112 | 225 | 132 | 9 | 80 | M12 | 140 | 106 | 110 | 62 |
| RFB-400×※$^{C}_{Y}$ | | | 708+Y | | | | | | | | | | | | | | | |
| RFB-630×※$^{C}_{Y}$ | | | 877+Y | | | | | | | | | | | | | | | |
| RFB-800×※$^{C}_{Y}$ | | | 948+Y | | | | | | | | | | | | | | | |
| RFB-1000×※$^{C}_{Y}$ | | | 1114+Y | | | | | | | | | | | | | | | |

注：进油口连接法兰由厂方提供，用户只需准备好直径为 $\phi P$ 的管子焊上即可。

(12) RFA 型微型直回式回油过滤器

该过滤器安装在油箱顶部，筒体部分浸于油箱内并设置旁通阀、扩散器、滤芯污染堵塞发信号器等装置。

型号意义：

RFA □-□×□ □-□

- 微型直回式回油过滤器 —— RFA
- 介质：无—矿物油；BH—水-乙二醇
- 公称流量/L·min$^{-1}$
- 过滤精度/μm
- 进油口连接型式：L—螺纹(黎明)；省略(远东)；F—法兰
- 发信号器：无—不带；Y—带 CYB-Ⅰ，DC24V；C—带 CY-Ⅱ，AC220V

表 21-8-168

技术规格

| 型号 | 公称流量/L·min$^{-1}$ | 过滤精度/μm | 通径/mm | 公称压力/MPa | 压力损失/MPa | | 发信号装置 | | 质量/kg | 滤芯型号 | 生产厂 |
|---|---|---|---|---|---|---|---|---|---|---|---|
| | | | | | 最小 | 最大 | 电压/V | 电流/A | | | |
| RFA-25×※L-$^{C}_{Y}$ | 25 | 1 | 15 | 1.6 | ≤0.075 | 0.35 | | | 2.8 | FAX-25×※ | 远东液压配件厂,黎明液压机电厂 |
| RFA-40×※L-$^{C}_{Y}$ | 40 | | 20 | | | | 12 | 2.5 | 3.0 | FAX-40×※ | |
| RFA-63×※L-$^{C}_{Y}$ | 63 | 3 | 25 | | | | | | 4.2 | FAX-63×※ | |
| RFA-100×※L-$^{C}_{Y}$ | 100 | 5 | 32 | | | | 24 | 2 | 4.6 | FAX-100×※ | |
| RFA-160×※L-$^{C}_{Y}$ | 160 | | 40 | | | | 36 | 1.5 | 7.4 | FAX-160×※ | |
| RFA-250×※F-$^{C}_{Y}$ | 250 | 10 | 50 | | | | | | 9.4 | FAX-250×※ | |
| RFA-400×※F-$^{C}_{Y}$ | 400 | 20 | 65 | | | | 220 | 0.25 | 13.1 | FAX-400×※ | |
| RFA-630×※F-$^{C}_{Y}$ | 630 | | 80 | | | | | | 23.8 | FAX-630×※ | |
| RFA-800×※F-$^{C}_{Y}$ | 800 | 30 | 90 | | | | | | 25.5 | FAX-800×※ | |

## RFA 型过滤器外形尺寸

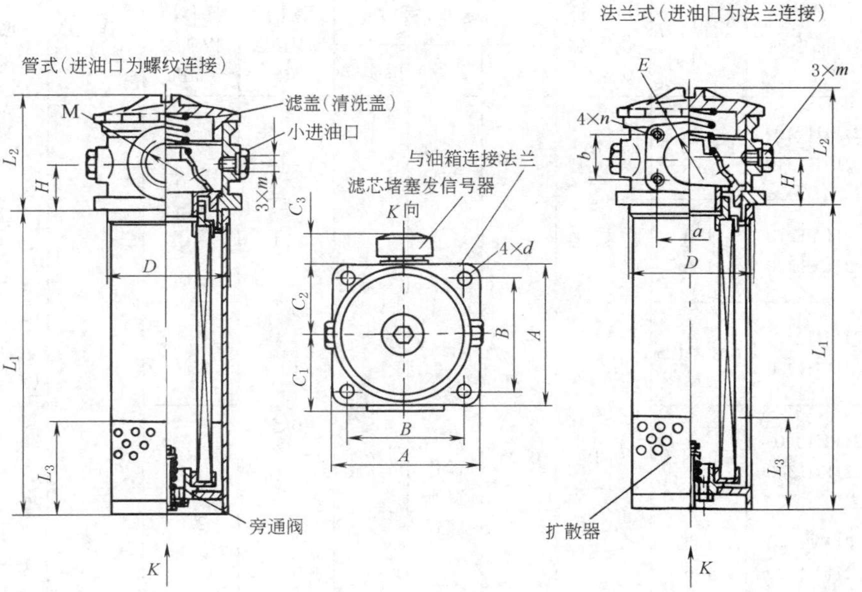


表 21-8-169　　螺纹连接的 RFA 型过滤器外形尺寸　　mm

| 型　号 | $L_1$ | $L_2$ | $L_3$ | $H$ | $D$ | M | $m$ | $A$ | $B$ | $C_1$ | $C_2$ | $C_3$ | $d$ |
|---|---|---|---|---|---|---|---|---|---|---|---|---|---|
| RFA-25×※L-$^{C}_{Y}$ | 127 | 74 | 45 | 25 | $\phi$75 | M22×1.5 | M18×1.5 | 90 | 70 | 53 | 45 | 28 | $\phi$9 |
| RFA-40×※L-$^{C}_{Y}$ | 158 | | | | | M27×2 | | | | | | | |
| RFA-63×※L-$^{C}_{Y}$ | 185 | 93 | 60 | 33 | $\phi$95 | M33×2 | | 110 | 85 | 60 | 53 | | |
| RFA-100×※L-$^{C}_{Y}$ | 245 | | | | | M42×2 | | | | | | | |
| RFA-160×※L-$^{C}_{Y}$ | 322 | 108 | 80 | 40 | $\phi$110 | M48×2 | | 125 | 95 | 71 | 61 | | $\phi$13 |

表 21-8-170　　法兰连接的 RFA 型过滤器外形尺寸　　mm

| 型　号 | $L_1$ | $L_2$ | $L_3$ | $H$ | $D$ | $E$ | $m$ | $a$ | $b$ | $n$ | $A$ | $B$ | $C_1$ | $C_2$ | $C_3$ | $d$ | $Q$ |
|---|---|---|---|---|---|---|---|---|---|---|---|---|---|---|---|---|---|
| RFA-250×※F-$^{C}_{Y}$ | 422 | 108 | 80 | 40 | $\phi$110 | $\phi$50 | M18×1.5 | 70 | 40 | M10 | 125 | 95 | 81 | 61 | 28 | $\phi$13 | 60 |
| RFA-400×※F-$^{C}_{Y}$ | 467 | 135 | 100 | 55 | $\phi$130 | $\phi$65 | | 90 | 50 | | 140 | 110 | 90 | 68 | | | 73 |
| RFA-630×※F-$^{C}_{Y}$ | 494 | 175 | 118 | 70 | $\phi$160 | $\phi$90 | | 120 | 70 | | 170 | 140 | 110 | 85 | | | 102 |
| RFA-800×※F-$^{C}_{Y}$ | 606 | | | | | | | | | | | | | | | | |

注：出油口法兰所配管直径为 $\phi Q$。

(13) 21FH 型过滤器

21FH 型过滤器的技术参数、结构及外形尺寸见表 21-8-171～表 21-8-187。

**表 21-8-171　技术参数**

| 类别 | 种　类 | 产品系列 | 公称压力/MPa | 最大工作压差/MPa | 压差指示器 发讯值 | 压差指示器 电压/V | 压差指示器 电流/A | 旁通阀开启压差/MPa | 滤芯结构强度/MPa | 工作温度/℃ | 滤材及过滤比 | 精度/μm |
|---|---|---|---|---|---|---|---|---|---|---|---|---|
| 管路过滤器 | 普通管路 | 21FH1210～21FH1240 | 1.0～4.0 | 0.35 | 0.35<br>0.25<br>… | 直流 24<br>交流 220 | 2<br>0.25 | 0.5<br>0.35<br>… | 1.0<br>2.0 | -20～80 | 14—玻璃纤维 β≥100<br>15—玻璃纤维 β≥200<br>21—植物纤维 β≥2<br>22—植物纤维 β≥10<br>51—不锈钢网 β≥2 | 4,6,10,14,20,… |
| | | 21FV1210<br>21FV1220 | 1.0<br>1.6 | | | | | | | | | |
| | | 21FH1250～21FH1280 | 6.3～31.5 | | | | | | 2.0,4.0<br>16.0 | | | |
| | 双筒管路 | 21FH1310～21FH1340 | 1.0～4.0 | | | | | | 1.0<br>2.0 | | | |
| | | 21FV1310<br>21FV1320 | 1.0<br>1.6 | | | | | | | | | |
| | | 21FH1350～21FH1380 | 6.3～31.5 | | | | | | 2.0,4.0<br>16.0 | | | |
| | 板式 | 21FH1450～21FH1480 | 6.3～31.5 | | | | | | 2.0,4.0<br>16.0 | | | |
| | 吸油管路 | 21FH1100 | 0.6 | -0.02 | 0.02 | | | 0.03 | 1.0 | | 51—不锈钢网 β≥2<br>61—铜网 β≥2 | 40,60<br>80,120,<br>180,… |
| 油箱过滤器 | 箱内吸油 | 21FH2100 | — | | — | — | — | — | 0.6 | | | |
| | 箱上吸油 | 21FH2200 | | | 0.02 | 直流 24<br>交流 220 | 2<br>0.25 | 0.03 | 1.0 | | | |
| | 自封吸油 | 21FH2300 | | | | | | — | | | | |
| | 箱上回油 | 21FH2410 | 1.0 | 0.25 | 0.25 | | | 0.35 | 1.0 | | 14—玻璃纤维 β≥100<br>15—玻璃纤维 β≥200<br>21—植物纤维 β≥2<br>22—植物纤维 β≥10<br>51—不锈钢网 β≥2 | 4,6,10,14,20,… |
| | 箱上双筒回油 | 21FH2510 | | | | | | | | | | |
| | 自封回油 | 21FH2610 | | | | | | | | | | |

注：1. 所有吸油过滤器都配置真空发讯器；管路过滤器都配置压差发讯器；油箱回油过滤器都配置差压表。客户可根据自己的实际需求选择目视式压差发讯器、压差表、压力发讯器等各种压差指示器。

2. 如需配带旁通阀，请在订货时注明。

3. 生产厂为北京承天倍达过滤技术有限公司。

## 21FH1100 吸油管路过滤器

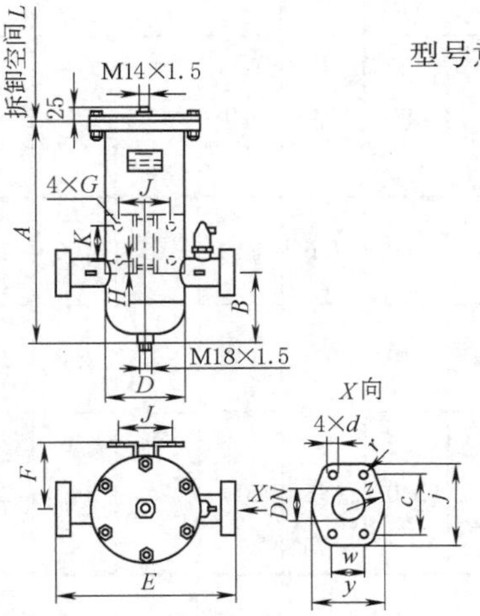


型号意义：

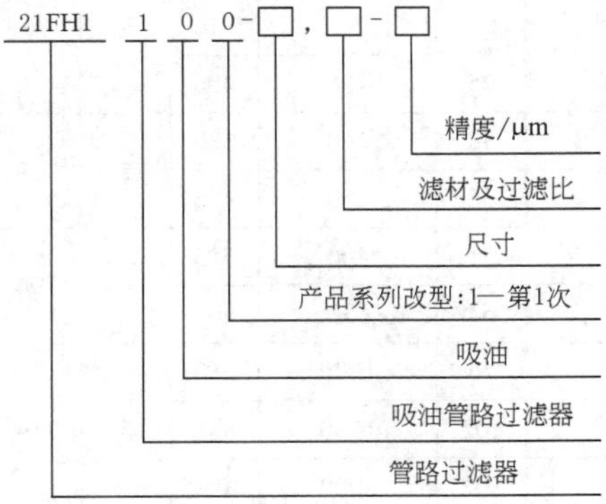


配件：进出口配对法兰及密封圈、螺钉、垫圈。

法兰尺寸及相配的焊管直径见法兰尺寸一览表 21-8-187。

表 21-8-172

mm

| 型号 | 通径 /mm | 额定流量 /L·min$^{-1}$ | A | B | DN | D | E | F | G | H | J | K | L | 质量 /kg |
|---|---|---|---|---|---|---|---|---|---|---|---|---|---|---|
| 21FH1100-5 | 25 | 40 | 256 | 86 | 25 | 95 | 240 | 74 | 9 | 12 | 70 | 60 | 170 | 4 |
| 21FH1100-14 | 32 | 63 | 326 | 122 | 38 | 133 | 310 | 116 | 13 | 0 | 90 | 60 | 170 | 9 |
| 21FH1100-22 | 38 | 100 | 386 | | | | | | | | | | 230 | 11 |
| 21FH1100-30 | 51 | 160 | 425 | 140 | 64 | 178 | 380 | 134 | 17 | 20 | 120 | 90 | 260 | 25 |
| 21FH1100-48 | 64 | 250 | 515 | | | | | | | | | | 350 | 30 |
| 21FH1100-60 | 76 | 400 | 530 | 150 | 76 | 203 | 390 | 142 | 17 | 20 | 130 | 100 | 350 | 45 |
| 21FH1100-80 | 102 | 630 | 530 | 150 | 102 | 219 | 400 | 146 | 17 | 20 | 150 | 140 | 350 | 58 |
| 21FH1100-140 | 127 | 1000 | 680 | | 127 | | | | | | | | 500 | 62 |

## 21FH1210、21FH1220、21FH1230、21FH1240 型普通管路过滤器

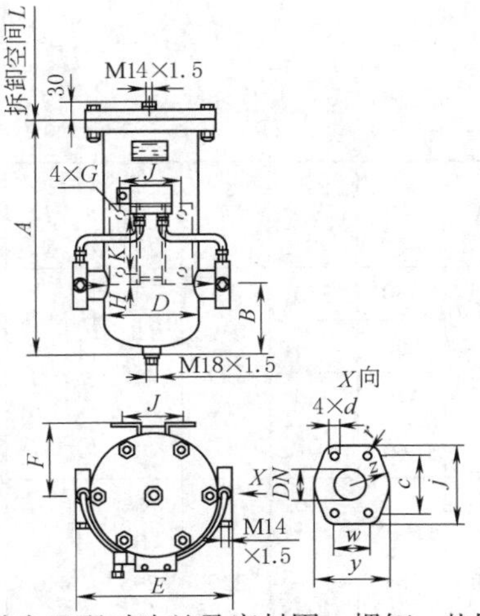


型号意义：

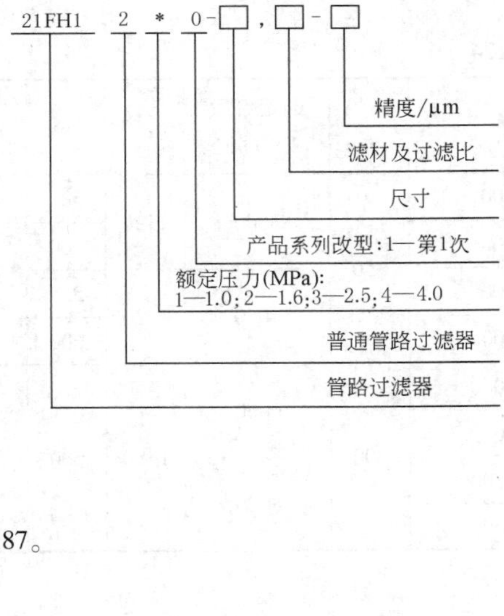


配件：进出口配对法兰及密封圈、螺钉、垫圈。

法兰尺寸及相配的焊管直径见法兰尺寸一览表 21-8-187。

表 21-8-173

mm

| 型号 | 通径/mm | 额定流量/L·min$^{-1}$ | *A* | *B* | *D* | *DN* | *E* | *F* | *G* | *H* | *J* | *K* | *L* | 质量/kg |
|---|---|---|---|---|---|---|---|---|---|---|---|---|---|---|
| 21FH12＊0-6 | 15 | 40 | 256 | 86 | 95 | 25 | 190 | 74 | $\phi$9 | 12 | 70 | 60 | 140 | 5 |
| 21FH12＊0-10 | 20 | 63 | 316 | | | | | | | | | | 200 | 6 |
| 21FH12＊0-16 | 25 | 100 | 406 | | | | | | | | | | 300 | 7 |
| 21FH12＊0-36 | 32 | 160 | 386 | 122 | 159 | 38 | 260 | 126 | $\phi$13 | 0 | 100 | 100 | 230 | 12 |
| 21FH12＊0-60 | 38 | 250 | 476 | | | | | | | | | | 320 | 19 |
| 21FH12＊0-90 | 51 | 400 | 515 | 140 | 194 | 64 | 310 | 140 | $\phi$17 | 0 | 130 | 160 | 330 | 32 |
| 21FH12＊0-140 | 64 | 630 | 665 | | | | | | | | | | 480 | 38 |
| 21FH12＊0-150 | 76 | 1000 | 680 | 150 | 219 | 76 | 340 | 148 | $\phi$17 | 25 | 160 | 250 | 480 | 52 |
| 21FH12＊0-230 | 102 | 1500 | 880 | | | 102 | | | | | | | 680 | 54 |
| 21FH12＊0-320 | 102 | 2000 | 1080 | | | | | | | | | | 880 | 57 |

## 21FV1210、21FV1220；21FV1211、21FV1221 型普通管路过滤器

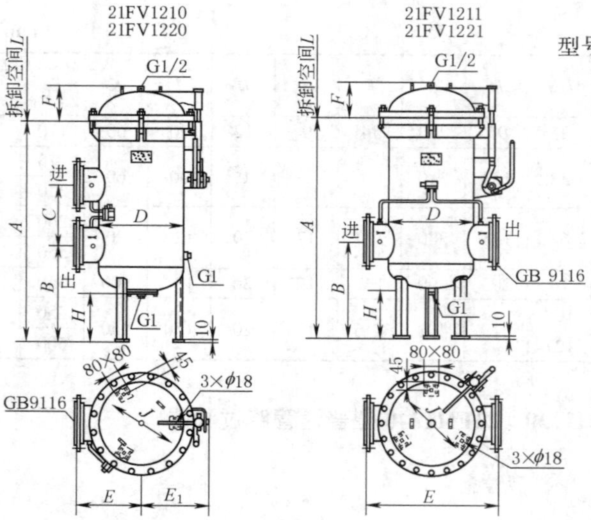


型号意义：

21FV1 2 ＊ 0-□，□-□

- 精度/μm
- 滤材及过滤比
- 尺寸
- 产品系列改型:1—第 1 次
- 额定压力(MPa): 1—1.0；2—1.6
- 普通管路过滤器
- （多芯）管路过滤器

表 21-8-174

mm

| 型号 | 通径/mm | 额定流量/L·min$^{-1}$ | *A* | *B* | *D* | *DN* | *E* | $E_1$ | *F* | *H* | *J* | *L* | 质量/kg |
|---|---|---|---|---|---|---|---|---|---|---|---|---|---|
| 21FV12＊0-500 | 150 | 3000 | 1120 | 525 | 400 | 150 | 330 | 350 | 195 | 255 | 300 | 750 | 225 |
| 21FV12＊1-500 | | | | 600 | | | 660 | — | | | | | |
| 21FV12＊0-700 | | 4000 | 1320 | 525 | | | 330 | 350 | | | | 950 | 240 |
| 21FV12＊1-700 | | | | 600 | | | 660 | — | | | | | |
| 21FV12＊0-1000 | 200 | 6000 | 1380 | 600 | 500 | 200 | 784 | 400 | 220 | 295 | 410 | 950 | 280 |
| 21FV12＊1-1000 | | | | | | | | — | | | | | |
| 21FV12＊0-1300 | | 8000 | | | | | | 400 | | | | | 310 |
| 21FV12＊1-1300 | | | | | | | | — | | | | | |

## 21FH1250、21FH1260、21FH1270、21FH1280 型普通管路过滤器

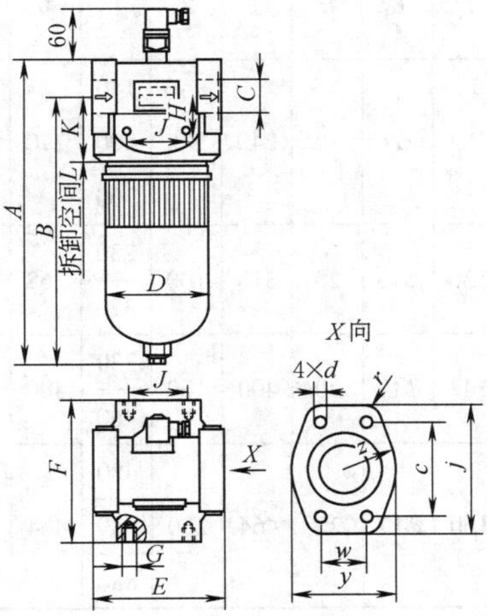


型号意义：

21FH1 2 * 0-□，□-□

- 精度/μm
- 滤材及过滤比
- 尺寸
- 产品系列改型：1—第1次
- 额定压力(MPa)：5—6.3；6—16；7—25；8—31.5
- 普通管路过滤器
- 管路过滤器

配件：进出口配对法兰及密封圈、螺钉、垫圈。

法兰尺寸及相配的焊管直径见法兰尺寸一览表 21-8-187。

**表 21-8-175** mm

| 型号 | 通径/mm | 额定流量/L·min$^{-1}$ | *A* | *B* | *C* 公制螺纹 | *C* 管螺纹 | *C* 法兰 | *D* | *E* | *F* | *G* | *H* | *J* | *K* | *L* | 质量/kg |
|---|---|---|---|---|---|---|---|---|---|---|---|---|---|---|---|---|
| 21FH12 * 0-5 | 10 | 40 | 190 | 162 | M22×1.5 | G1/2 | — | 68 | 89 | 89 | M8×10 | 25 | 45 | 55 | 230 | 6 |
| 21FH12 * 0-8 | 15 | 63 | 250 | 222 | M27×2 | G3/4 | | | | | | | | | 360 | 8 |
| 21FH12 * 0-12 | 20 | 100 | 340 | 312 | M33×2 | G1 | | | | | | | | | 550 | 10 |
| 21FH12 * 0-18 | 25 | 160 | 295 | 247 | M42×2 | G1¼ | *DN*19 | 121 | 152 | 158 | M12×16 | 36 | 70 | 72 | 360 | 15 |
| 21FH12 * 0-30 | 32 | 250 | 385 | 337 | M48×2 | G1½ | *DN*25 | | | | | | | | 550 | 25 |
| 21FH12 * 0-50 | 38 | 400 | 535 | 487 | | | *DN*38 | | | | | | | | 850 | 34 |
| 21FH12 * 0-65 | 51 | 630 | 585 | 519 | | | *DN*51 | 140 | 185 | 180 | M16×25 | 40 | 80 | 95 | 410 | 38 |
| 21FH12 * 0-100 | 64 | 1000 | 810 | 745 | | | *DN*64 | | | | | | | | 640 | 48 |

## 21FH1310、21FH1320、21FH1330、21FH1340 型双筒管路过滤器

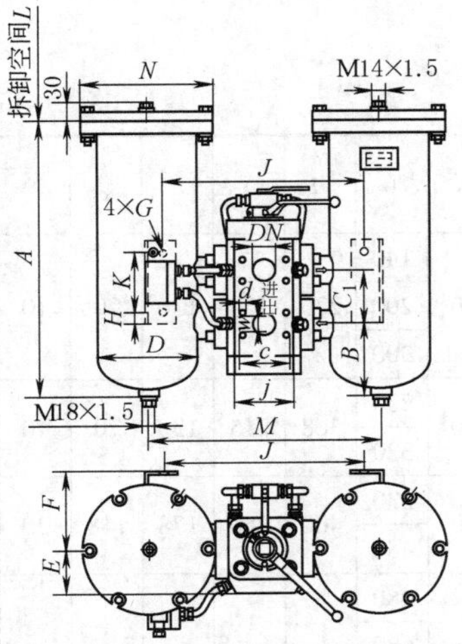


型号意义：

21FH1 3 * 0-□，□-□

- 精度/μm
- 滤材及过滤比
- 尺寸
- 产品系列改型：1—第1次
- 额定压力/MPa：1—1.0；2—1.6；3—2.5；4—4.0
- 双筒管路过滤器
- 管路过滤器

配件：进出口配对法兰及密封圈、螺钉、垫圈。

法兰尺寸及相配的焊管直径见法兰尺寸一览表 21-8-187。

表 21-8-176

mm

| 型号 | 通径 /mm | 额定流量 /L·min$^{-1}$ | $A$ | $B$ | $C_1$ | $D$ | $DN$ | $E$ | $F$ | $G$ | $H$ | $J$ | $K$ | $L$ | $M$ | $N$ | 质量 /kg |
|---|---|---|---|---|---|---|---|---|---|---|---|---|---|---|---|---|---|
| 21FH13＊0-6 | 15 | 40 | 256 | 86 | 75 | 95 | 25 | 75 | 78 | $\phi$9 | 12 | 240 | 90 | 140 | 270 | 150 | 18 |
| 21FH13＊0-10 | 20 | 63 | 316 | | | | | | | | | | | 200 | | | 21 |
| 21FH13＊0-16 | 25 | 100 | 406 | | | | | | | | | | | 300 | | | 25 |
| 21FH13＊0-36 | 32 | 160 | 386 | 122 | 90 | 159 | 38 | 75 | 130 | $\phi$13 | 20 | 318 | 100 | 230 | 368 | 215 | 60 |
| 21FH13＊0-60 | 38 | 250 | 476 | | | | | | | | | | | 320 | | | 65 |
| 21FH13＊0-90 | 51 | 400 | 515 | 140 | 130 | 194 | 64 | 95 | 147 | $\phi$17 | 20 | 400 | 160 | 330 | 400 | 250 | 95 |
| 21FH13＊0-140 | 64 | 630 | 665 | | | | | | | | | | | 480 | | | 115 |
| 21FH13＊0-150 | 76 | 1000 | 680 | 150 | 170 | 219 | 76 | 110 | 160 | $\phi$17 | 25 | 464 | 250 | 480 | 464 | 278 | 170 |
| 21FH13＊0-230 | 102 | 1500 | 880 | | | | 102 | | | | | | | 680 | | | 182 |
| 21FH13＊0-320 | 102 | 2000 | 1080 | | | | | | | | | | | 880 | | | 195 |

## 21FH1311、21FH1321、21FH1331、21FH1341 型双筒管路过滤器

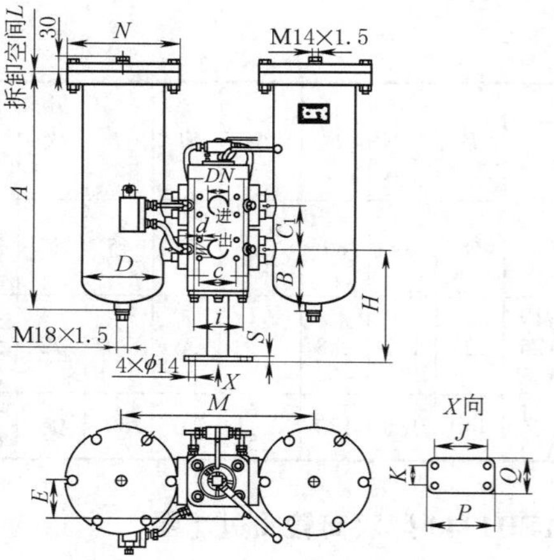


型号意义：

21FH1 3 ＊ 1-□，□-□

- 精度/μm
- 滤材及过滤比
- 尺寸
- 产品系列改型：1— 第1次
- 额定压力(MPa)：1—1.0；2—1.6；3—2.5；4—4.0
- 双筒管路过滤器
- 管路过滤器

表 21-8-177

mm

| 型号 | 通径 /mm | 额定流量 /L·min$^{-1}$ | $A$ | $B$ | $C_1$ | $D$ | $DN$ | $E$ | $H$ | $J$ | $K$ | $L$ | $M$ | $N$ | $P$ | $Q$ | $S$ | 质量 /kg |
|---|---|---|---|---|---|---|---|---|---|---|---|---|---|---|---|---|---|---|
| 21FH13＊1-6 | 15 | 40 | 256 | 86 | 75 | 95 | 25 | 75 | 170 | 100 | 40 | 140 | 270 | 150 | 130 | 70 | 10 | 20 |
| 21FH13＊1-10 | 20 | 63 | 316 | | | | | | | | | 200 | | | | | | 23 |
| 21FH13＊1-16 | 25 | 100 | 406 | | | | | | | | | 300 | | | | | | 27 |
| 21FH13＊1-36 | 32 | 160 | 386 | 122 | 90 | 159 | 38 | 75 | 260 | 100 | 40 | 230 | 368 | 215 | 130 | 70 | 10 | 62 |
| 21FH13＊1-60 | 38 | 250 | 476 | | | | | | | | | 320 | | | | | | 68 |
| 21FH13＊1-90 | 51 | 400 | 515 | 140 | 130 | 194 | 64 | 95 | 272 | 130 | 70 | 330 | 400 | 250 | 178 | 118 | 20 | 98 |
| 21FH13＊1-140 | 64 | 630 | 665 | | | | | | | | | 480 | | | | | | 118 |
| 21FH13＊1-150 | 76 | 1000 | 680 | 150 | 170 | 219 | 76 | 110 | 400 | 130 | 70 | 480 | 464 | 278 | 178 | 118 | 20 | 173 |
| 21FH13＊1-230 | 102 | 1500 | 880 | | | | 102 | | | | | 680 | | | | | | 185 |
| 21FH13＊1-320 | 102 | 2000 | 1080 | | | | | | | | | 880 | | | | | | 198 |

## 21FV1310、21FV1320 型双筒管路过滤器

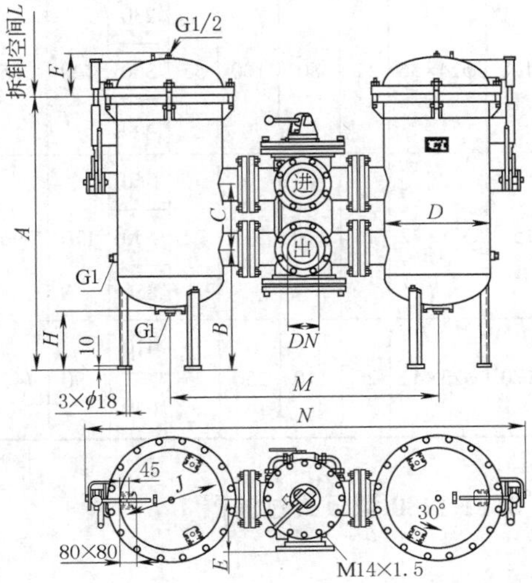


型号意义：

21FV1 3 ＊ 0-□，□-□

- 精度/μm
- 滤材及过滤比
- 尺寸
- 产品系列改型：1— 第1次
- 额定压力(MPa)：1—1.0；2—1.6
- 双筒管路过滤器
- (多芯) 管路过滤器

表 21-8-178 mm

| 型号 | 通径 /mm | 额定流量 /L·min$^{-1}$ | A | B | C | D | DN | E | F | H | J | L | M | N | 质量 /kg |
|---|---|---|---|---|---|---|---|---|---|---|---|---|---|---|---|
| 21FV13＊0-500 | 150 | 3000 | 1120 | 525 | 330 | 400 | 150 | 260 | 195 | 255 | 300 | 750 | 1190 | 1920 | 666 |
| 21FV13＊0-700 | | 4000 | 1320 | | | | | | | | | 950 | | | 688 |
| 21FV13＊0-1000 | 200 | 6000 | 1380 | 600 | 380 | 500 | 200 | 325 | 220 | 295 | 410 | 950 | 1440 | 2270 | 810 |
| 21FV13＊0-1300 | | 8000 | | | | | | | | | | | | | 820 |

## 21FH1350、21FH1360、21FH1370、21FH1380 型双筒管路过滤器

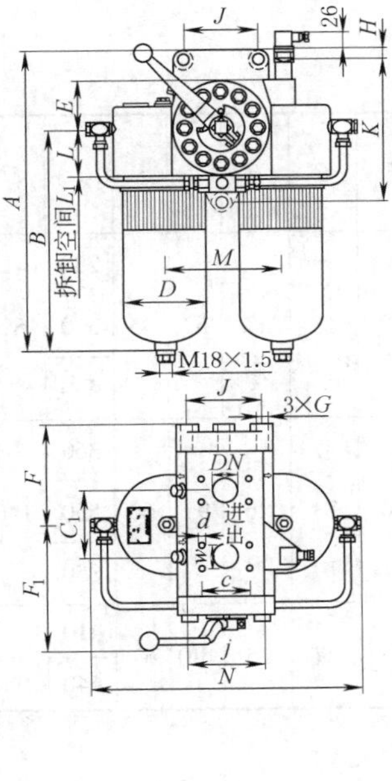


型号意义：

21FH1 3 ＊ 0-□，□-□

- 精度/μm
- 滤材及过滤比
- 尺寸
- 产品系列改型：1— 第1次
- 额定压力/MPa：5 — 6.3；6 — 16；7 — 25；8 — 31.5
- 双筒管路过滤器
- 管路过滤器

表 21-8-179

mm

| 型　号 | 通径 /mm | 额定流量 /L·min$^{-1}$ | $A$ | $B$ | $C_1$ | $D$ | $DN$ | $E$ | $F$ | $G$ | $H$ | $J$ | $K$ | $L$ | $L_1$ | $M$ | $N$ | 质量 /kg |
|---|---|---|---|---|---|---|---|---|---|---|---|---|---|---|---|---|---|---|
| 21FH13 * 0-5 | 10 | 40 | 252 | 162 | 75 | 68 | 19 | 58 | 108 | $\phi$14×36 | 12 | 80 | 160 | 55 | 230 | 120 | 265 | 25 |
| 21FH13 * 0-8 | 15 | 63 | 321 | 222 | | | | | | | | | | | 360 | | | 29 |
| 21FH13 * 0-12 | 20 | 100 | 402 | 312 | | | | | | | | | | | 550 | | | 33 |
| 21FH13 * 0-18 | 25 | 160 | 363 | 245 | 100 | 121 | 38 | 72 | 152 | $\phi$18×42 | 15 | 110 | 215 | 72 | 360 | 170 | 396 | 42 |
| 21FH13 * 0-30 | 32 | 250 | 453 | 335 | | | | | | | | | | | 550 | | | 62 |
| 21FH13 * 0-50 | 38 | 400 | 603 | 485 | | | | | | | | | | | 850 | | | 80 |
| 21FH13 * 0-65 | 51 | 630 | 642 | 524 | 120 | 140 | 51 | 82 | 170 | $\phi$23×41 | 28 | 110 | 250 | 95 | 410 | 190 | 440 | 175 |
| 21FH13 * 0-100 | 64 | 1000 | 872 | 752 | | | | | | | | | | | 640 | | | 195 |

## 21FH1450、21FH1460、21FH1470、21FH1480 型板式过滤器

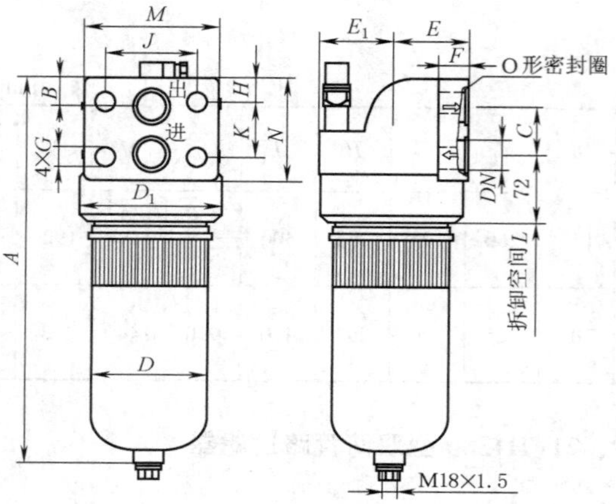


型号意义：

21FH1　4　*　0-□，□-□

- 精度/μm
- 滤材及过滤比
- 尺寸
- 产品系列改型：1—第1次
- 额定压力(MPa)：5—6.3；6—16；7—25；8—31.5
- 板式过滤器
- 管路过滤器

表 21-8-180

mm

| 型　号 | 通径 /mm | 额定流量 /L·min$^{-1}$ | $A$ | $B$ | $C$ | $D$ | $D_1$ | $DN$ | $E$ | $E_1$ | $F$ | $G$ | $H$ | $J$ | $K$ | $L$ | $M$ | $N$ | 质量 /kg |
|---|---|---|---|---|---|---|---|---|---|---|---|---|---|---|---|---|---|---|---|
| 21FH14 * 0-5 | 10 | 40 | 228 | 25 | 35 | 68 | 90 | 19 | 47 | 55 | 20 | 18 | 17 | 62 | 45 | 230 | 89 | 77 | 6 |
| 21FH14 * 0-8 | 15 | 63 | 288 | | | | | | | | | | | | | 360 | | | 8 |
| 21FH14 * 0-12 | 20 | 100 | 378 | | | | | | | | | | | | | 550 | | | 10 |
| 21FH14 * 0-18 | 25 | 160 | 328 | 31 | 52 | 121 | 148 | 32 | 76 | 76 | 30 | 23 | 26 | 95 | 60 | 360 | 140 | 110 | 16 |
| 21FH14 * 0-30 | 32 | 250 | 418 | | | | | | | | | | | | | 550 | | | 26 |
| 21FH14 * 0-50 | 38 | 400 | 568 | | | | | | | | | | | | | 850 | | | 35 |
| 21FH14 * 0-65 | 51 | 630 | 622 | 41 | 67 | 140 | 180 | 51 | 92 | 92 | 40 | 27 | 25 | 140 | 67 | 410 | 190 | 149 | 40 |
| 21FH14 * 0-100 | 64 | 1000 | 852 | | | | | | | | | | | | | 640 | | | 50 |

## 21FH2100 箱内吸油过滤器

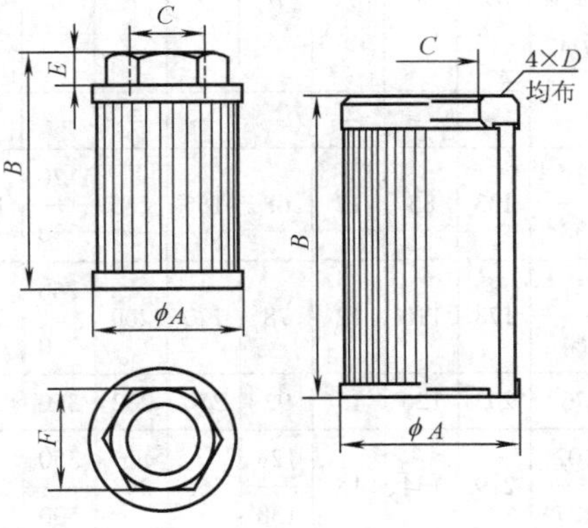


型号意义:

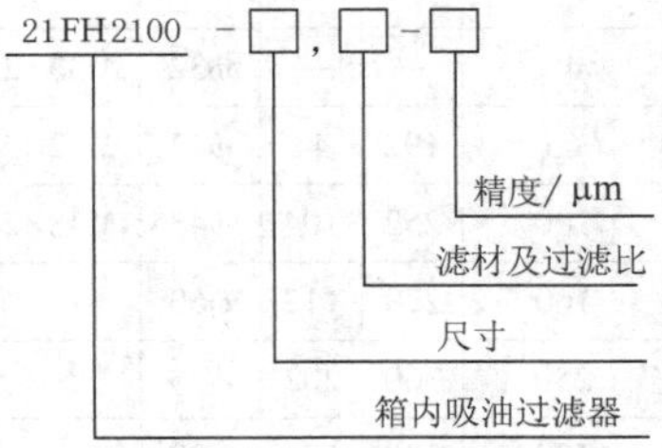


表 21-8-181

mm

| 型　　号 | 通径 /mm | 额定流量 /L·min$^{-1}$ | A | B | C | | D | E | F | 质量 /kg |
|---|---|---|---|---|---|---|---|---|---|---|
| 21FH2100-4 | 25 | 40 | 80 | 100 | M33×2 | G1 | — | 17 | 55 | 0.3 |
| 21FH2100-8 | 32 | 63 | 80 | 160 | M42×2 | G1¼ | — | 17 | 55 | 0.5 |
| 21FH2100-12 | 38 | 100 | 100 | 160 | M48×2 | G1½ | — | 21 | 65 | 0.8 |
| 21FH2100-18 | 51 | 160 | 100 | 160 | *DN*51 | | M6×12 | 62 | — | 1.5 |
| 21FH2100-25 | 64 | 250 | 140 | 160 | *DN*64 | | | 78 | — | 2 |
| 21FH2100-40 | 76 | 400 | 140 | 250 | *DN*76 | | | 90 | — | 3 |
| 21FH2100-60 | 102 | 630 | 160 | 250 | *DN*102 | | M8×14 | 116 | — | 4 |
| 21FH2100-120 | 127 | 1000 | 180 | 400 | *DN*127 | | | 143 | — | 5 |

## 21FH2200 箱上吸油过滤器

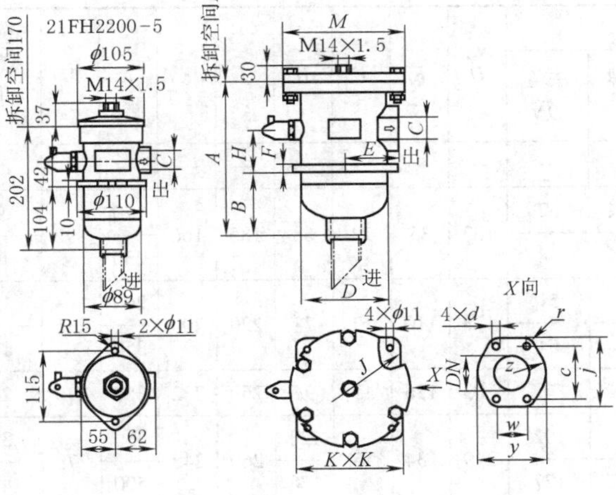


型号意义:

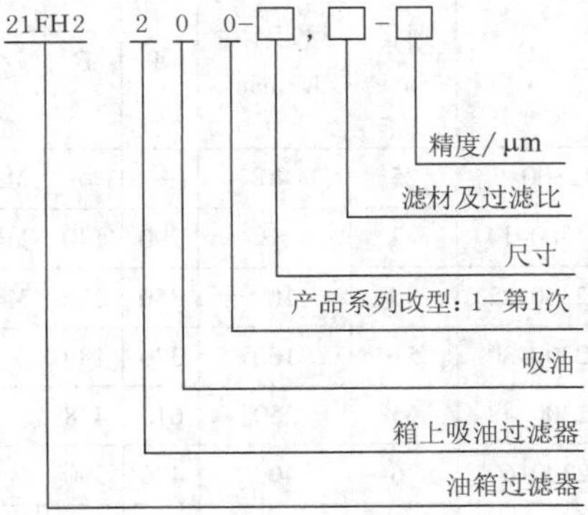

表 21-8-182

mm

| 型号 | 通径/mm | 额定流量/L·min$^{-1}$ | $A$ | $B$ | 进口 | 出口 $C$ | | | $D$ | $E$ | $F$ | $H$ | $J$ | $K$ | $L$ | $M$ | 质量/kg |
|---|---|---|---|---|---|---|---|---|---|---|---|---|---|---|---|---|---|
| | | | | | | 公制螺纹 | 管螺纹 | 法兰 $DN$ | | | | | | | | | |
| 21FH2200-5 | 25 | 40 | — | — | $\phi$32 | M33×2 | G1 | — | — | — | — | — | — | — | — | — | 4 |
| 21FH2200-14 | 32 | 63 | 192 | 44 | $\phi$42 | M42×2 | G1¼ | 32 | 133 | 85 | 12 | 68 | 185 | 166 | 170 | 192 | 8 |
| 21FH2200-22 | 38 | 100 | 252 | 104 | $\phi$48 | M48×2 | G1½ | 38 | | | | | | | 230 | | 11 |
| 21FH2200-30 | 51 | 160 | 270 | 112 | $\phi$60 | — | — | 51 | 178 | 110 | 12 | 78 | 220 | 200 | 260 | 236 | 18 |
| 21FH2200-48 | 64 | 250 | 360 | 202 | $\phi$76 | — | — | 64 | | | | | | | 350 | | 22 |
| 21FH2200-60 | 76 | 400 | 370 | 174 | $\phi$89 | — | — | 76 | 203 | 126 | 15 | 92 | 250 | 232 | 350 | 270 | 32 |
| 21FH2200-80 | 102 | 630 | 390 | 142 | $\phi$114 | — | — | 102 | 219 | 134 | 15 | 123 | 260 | 248 | 350 | 278 | 35 |
| 21FH2200-140 | 127 | 1000 | 440 | 292 | $\phi$140 | — | — | 127 | | | | 138 | | | 500 | | 38 |

## 21FH2300 型自封吸油过滤器

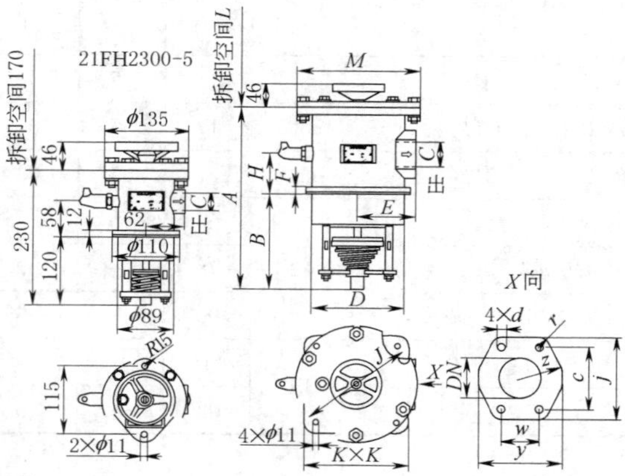


型号意义：

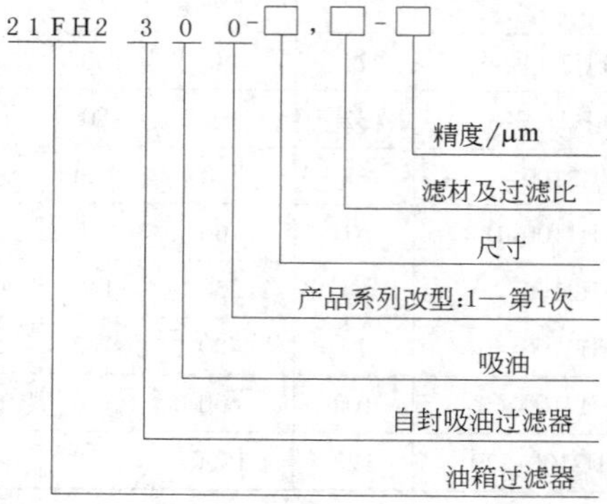


表 21-8-183

mm

| 型号 | 通径/mm | 额定流量/L·min$^{-1}$ | $A$ | $B$ | 出口 $C$ | | | $D$ | $E$ | $F$ | $H$ | $J$ | $K$ | $L$ | $M$ | 质量/kg |
|---|---|---|---|---|---|---|---|---|---|---|---|---|---|---|---|---|
| | | | | | 公制螺纹 | 管螺纹 | 法兰 $DN$ | | | | | | | | | |
| 21FH2300-5 | 25 | 40 | — | — | M33×2 | G1 | — | — | — | — | — | — | — | — | — | 8 |
| 21FH2300-14 | 32 | 63 | 290 | 140 | M42×2 | G1¼ | 32 | 133 | 85 | 12 | 68 | 185 | 166 | 170 | 192 | 9 |
| 21FH2300-22 | 38 | 100 | 350 | 200 | M48×2 | G1½ | 38 | | | | | | | 230 | | 10 |
| 21FH2300-30 | 51 | 160 | 370 | 189 | — | — | 51 | 178 | 110 | 12 | 78 | 220 | 200 | 260 | 236 | 15 |
| 21FH2300-48 | 64 | 250 | 610 | 438 | — | — | 64 | | | | | | | 350 | | 18 |
| 21FH2300-60 | 76 | 400 | 486 | 290 | — | — | 76 | 203 | 126 | 15 | 92 | 250 | 232 | 350 | 270 | 26 |
| 21FH2300-80 | 102 | 630 | 483 | 235 | — | — | 102 | 219 | 134 | 15 | 123 | 260 | 248 | 350 | 278 | 38 |
| 21FH2300-140 | 127 | 1000 | 633 | 345 | — | — | 127 | | | | 138 | | | 500 | | 41 |

## 21FH2410 型箱上回油过滤器

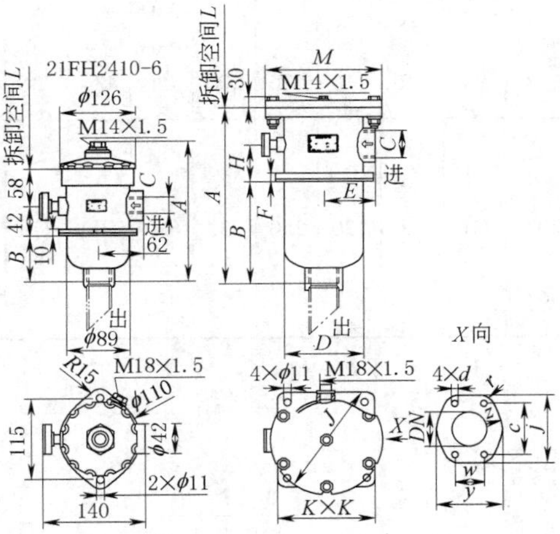


型号意义：

21FH2 4 1 0-□，□-□

- 精度/μm
- 滤材及过滤比
- 尺寸
- 产品系列改型：1—第1次
- 额定压力(MPa)：1—1.0
- 箱上回油过滤器
- 油箱过滤器

表 21-8-184　　mm

| 型号 | 通径/mm | 额定流量/L·min$^{-1}$ | A | B | 进口C | | | 出口 | D | E | F | H | J | K | L | M | 质量/kg |
|---|---|---|---|---|---|---|---|---|---|---|---|---|---|---|---|---|---|
| 21FH2410-6 | 15 | 40 | 156 | 62 | M22×1.5 | G1/2 | | | | | | | | | 170 | | 4 |
| 21FH2410-10 | 20 | 63 | 216 | 122 | M27×2 | G3/4 | — | ϕ32 | — | — | — | — | — | — | 230 | — | 5 |
| 21FH2410-16 | 25 | 100 | 306 | 212 | M33×2 | G1 | | | | | | | | | 320 | | 6 |
| 21FH2410-36 | 32 | 160 | 230 | 103 | M42×2 | G1¼ | 32 | ϕ42 | 133 | 85 | 12 | 60 | 185 | 166 | 230 | | 9 |
| 21FH2410-60 | 38 | 250 | 320 | 193 | M48×2 | G1½ | 38 | ϕ48 | | | | | | | 320 | 192 | 13 |
| 21FH2410-90 | 51 | 400 | 360 | 186 | — | — | 51 | ϕ60 | | | | | | | 330 | | 20 |
| 21FH2410-140 | 64 | 630 | 510 | 336 | — | — | 64 | ϕ76 | 178 | 110 | 17 | 80 | 220 | 200 | 480 | 236 | 22 |
| 21FH2410-150 | 76 | 1000 | 521 | 322 | — | — | 76 | ϕ89 | | | | 94 | | | 480 | | 33 |
| 21FH2410-230 | 102 | 1500 | 721 | 502 | — | — | 102 | ϕ114 | 203 | 126 | 17 | 115 | 250 | 232 | 680 | 270 | 35 |
| 21FH2410-320 | 102 | 2000 | 921 | 702 | — | — | | | | | | | | | 880 | | 38 |

## 21FH2510 型箱上双筒回油过滤器

表 21-8-185　　mm

| 型号 | 通径/mm | 额定流量/L·min$^{-1}$ | A | B | 进口DN | 出口 | D | E | F | H | J | K | L | M | N | 质量/kg |
|---|---|---|---|---|---|---|---|---|---|---|---|---|---|---|---|---|
| 21FH2510-6 | 15 | 40 | 200 | 62 | | | | | | | | | 170 | | | 15 |
| 21FH2510-10 | 20 | 63 | 260 | 122 | 25 | ϕ32 | — | — | — | — | — | — | 230 | — | — | 18 |
| 21FH2510-16 | 25 | 100 | 350 | 212 | | | | | | | | | 320 | | | 22 |
| 21FH2510-36 | 32 | 160 | 253 | 90 | | | | | | | | | 230 | | | 45 |
| 21FH2510-60 | 38 | 250 | 343 | 180 | 38 | ϕ48 | 133 | 74 | 12 | 90 | 185 | 166 | 320 | 342 | 192 | 51 |

续表

| 型号 | 通径/mm | 额定流量/L·min$^{-1}$ | A | B | 进口DN | 出口 | D | E | F | H | J | K | L | M | N | 质量/kg |
|---|---|---|---|---|---|---|---|---|---|---|---|---|---|---|---|---|
| 21FH2510-90 | 51 | 400 | 360 | 266 | | | | | | | | | 330 | | | 65 |
| 21FH2510-140 | 64 | 630 | 510 | 416 | 64 | ϕ76 | 178 | 95 | 12 | 110 | 220 | 200 | 480 | 434 | 236 | 78 |
| 21FH2510-150 | 76 | 1000 | 518 | 283 | 76 | ϕ89 | | | | | | | 480 | | | 132 |
| 21FH2510-230 | 102 | 1500 | 718 | 483 | 102 | ϕ114 | 203 | 110 | 15 | 120 | 250 | 232 | 680 | 500 | 270 | 146 |
| 21FH2510-320 | 102 | 2000 | 918 | 683 | | | | | | | | | 880 | | | 155 |

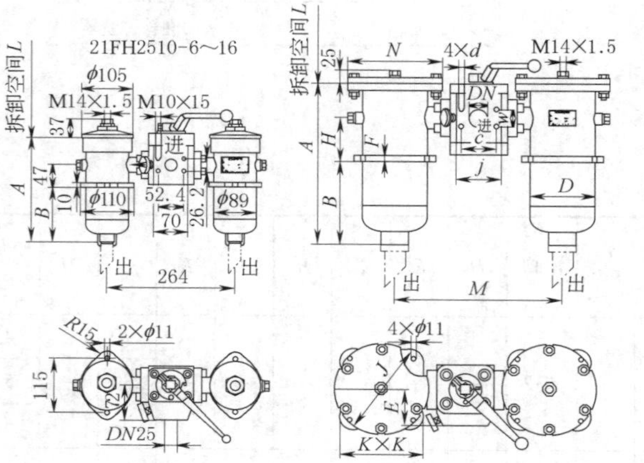


型号意义：

21FH2 5 1 0-□，□-□

- 精度/μm
- 滤材及过滤比
- 尺寸
- 产品系列改型:1—第1次
- 额定压力(MPa):1—1.0
- 箱上双筒回油过滤器
- 油箱过滤器

## 21FH2610 型自封回油过滤器

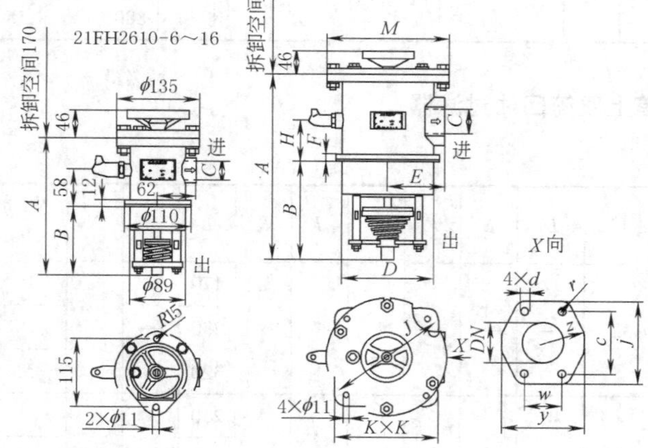


型号意义：

21FH2 6 1 0-□，□-□

- 精度/μm
- 滤材及过滤比
- 尺寸
- 产品系列改型:1—第1次
- 吸油
- 自封回油过滤器
- 油箱过滤器

**表 21-8-186**　　mm

| 型号 | 通径/mm | 额定流量/L·min$^{-1}$ | A | B | 进口C | | | D | E | F | H | J | K | L | M | 质量/kg |
|---|---|---|---|---|---|---|---|---|---|---|---|---|---|---|---|---|
| 21FH2610-6 | 15 | 40 | 230 | 120 | M22×1.5 | G1/2 | | | | | | | | 170 | | 8 |
| 21FH2610-10 | 20 | 63 | 290 | 180 | M27×2 | G3/4 | — | — | — | — | — | — | — | 230 | — | 9 |
| 21FH2610-16 | 25 | 100 | 380 | 270 | M33×2 | G1 | | | | | | | | 320 | | 10 |
| 21FH2610-36 | 32 | 160 | 350 | 200 | M42×2 | G1¼ | 32 | | | | | | | 230 | | 15 |
| 21FH2610-60 | 38 | 250 | 440 | 290 | M48×2 | G1½ | 38 | 133 | 85 | 12 | 65 | 185 | 166 | 320 | 192 | 18 |
| 21FH2610-90 | 51 | 400 | 460 | 288 | — | — | 51 | | | | | | | 330 | | 26 |
| 21FH2610-140 | 64 | 630 | 610 | 438 | — | — | 64 | 178 | 110 | 12 | 80 | 220 | 200 | 480 | 236 | 29 |
| 21FH2610-150 | 76 | 1000 | 630 | 439 | — | — | 76 | | | | 94 | | | 480 | | 37 |
| 21FH2610-230 | 102 | 1500 | 746 | 502 | — | — | 102 | 203 | 126 | 15 | 104 | 250 | 232 | 680 | 270 | 39 |
| 21FH2610-320 | 102 | 2000 | 946 | 702 | — | — | | | | | | | | 880 | | 41 |

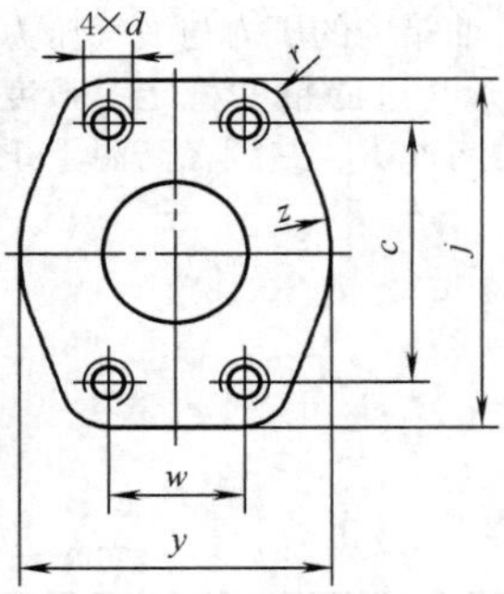


**表 21-8-187**　　法兰尺寸一览表　　mm

| DN | j | c | r | w | y | z | d | 焊管直径 |
|---|---|---|---|---|---|---|---|---|
| 19 | 65 | 47.6 | 9 | 22.3 | 52 | 26 | M10×16 | 25 |
| 25 | 70 | 52.4 | 9 | 26.2 | 59 | 29 | M10×16 | 32 |
| 32 | 79 | 58.7 | 10 | 30.2 | 73 | 37 | M10×18 | 42 |
| 38 | 94 | 69.9 | 12 | 35.7 | 83 | 41 | M12×18 | 48 |
| 51 | 102 | 77.8 | 12 | 42.9 | 97 | 49 | M12×20 | 60 |
| 64 | 114 | 88.9 | 13 | 50.8 | 109 | 54 | M12×20 | 76 |
| 76 | 135 | 106.4 | 14 | 61.9 | 131 | 66 | M16×20 | 89 |
| 102 | 162 | 130.2 | 16 | 77.8 | 152 | 76 | M16×20 | 114 |
| 127 | 184 | 152.4 | 16 | 92.1 | 181 | 90 | M16×20 | 140 |

（14）空气滤清器

## PAF 系列预压式空气滤清器

本产品采用空气过滤和加油过滤及进、排气单向阀一体结构，既简单又利于油的净化。适用于工程机械、行走车辆、移动机械以及需要具有压力的液压系统油箱配套使用。各项性能指标已达到国外同类产品技术要求，其连接尺寸与国外产品一致，达到互换、代替，且价格只有进口的 1/5。

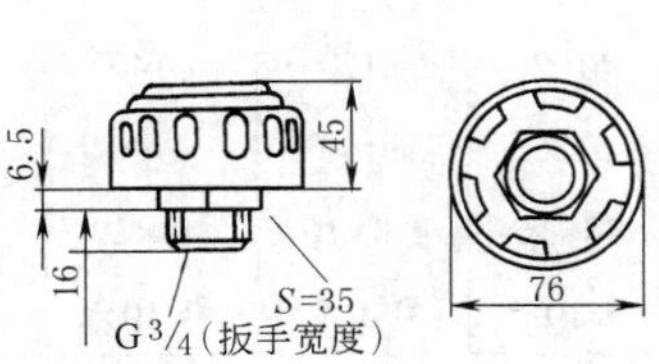


螺纹连接

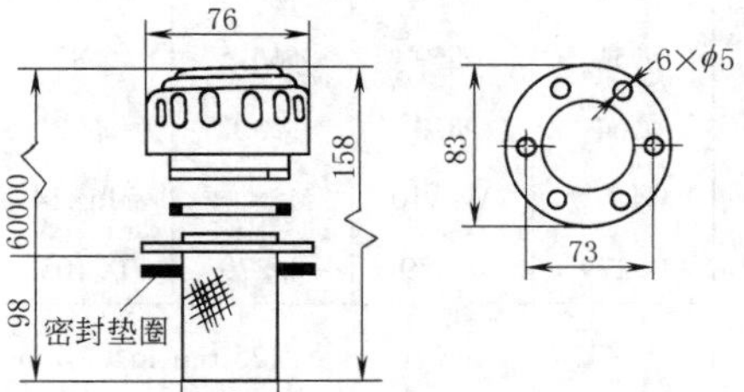


法兰连接

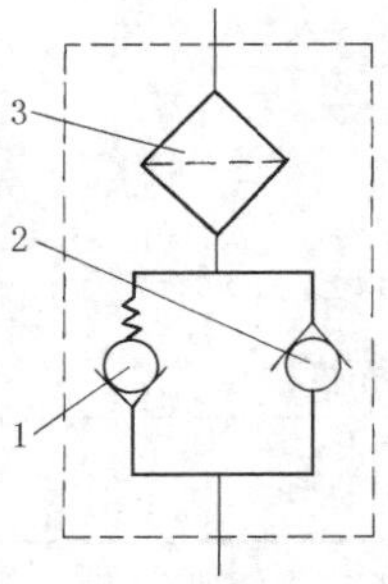


工作原理

1—排气单向阀；2—进气单向阀；3—空气过滤网

**表 21-8-188　　技术规格**

| 型号 | $PAF_1$-※-※-※L | $PAF_2$-※-※-※F |
|---|---|---|
| 单向阀开启压力/MPa | 0.02、0.035、0.07 | 0.2、0.35、0.7 |
| 空气流量/$m^3 \cdot min^{-1}$ | 0.45、0.55、0.75 | 0.45、0.55、0.75 |
| 过滤精度/μm | 10、20、40 | 10、20、40 |
| 油过滤网孔/mm | 无加油滤网 | 0.5(可据用户要求) |
| 适应温度/℃ | -20~100 | -20~100 |
| 连接方式 | 螺纹（G¾） | 法兰（6只M4×16） |
| 质量/kg | 0.2 | 0.28 |

注：生产厂为温州黎明液压机电厂、贺德克公司、西德福公司。

型号意义：

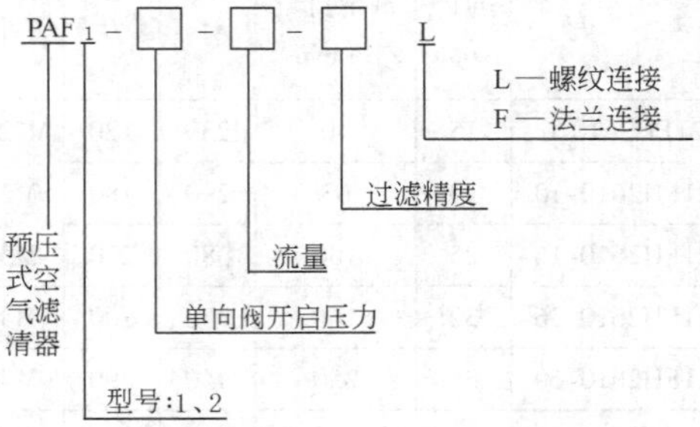


## EF系列液压空气滤清器

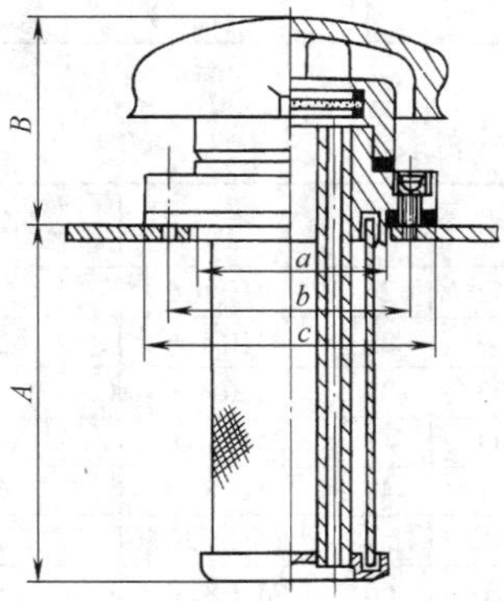


该产品把空气过滤和加油过滤合为一体，简化了油箱的结构，又利于油箱中油液的净化，维持了油箱内的压力与大气压力的平衡。采用铜基粉末冶金烧结过滤片，过滤精度稳定，强度大，塑性高，拆卸方便，能承受热应力与冲击，并能在高温下正常工作。

**表 21-8-189**　　mm

| 规格 | $EF_1$-25 | $EF_2$-32 | $EF_3$-40 | $EF_4$-50 | $EF_5$-65 | $EF_6$-80 | $EF_7$-100 | $EF_8$-120 |
|---|---|---|---|---|---|---|---|---|
| 加油流量/$L \cdot min^{-1}$ | 9 | 14 | 21 | 32 | 47 | 70 | 110 | 160 |
| 空气流量/$L \cdot min^{-1}$ | 65 | 105 | 170 | 260 | 450 | 675 | 1055 | 1512 |
| 油过滤面积/$cm^2$ | 80 | 120 | 180 | 270 | 400 | 600 | 942 | 1370 |
| $A$ | 80 | 100 | 120 | 150 | 190 | 220 | 274 | 333 |
| $B$ | 45 | 50 | 55 | 59 | 70 | 80 | 88 | 98 |
| $a$ | $\phi$39 | $\phi$47 | $\phi$55 | $\phi$66 | $\phi$81 | $\phi$96 | $\phi$118 | $\phi$138 |
| $b$ | $\phi$51 | $\phi$59 | $\phi$66.5 | $\phi$82 | $\phi$102 | $\phi$120 | $\phi$140 | $\phi$160 |
| $c$ | $\phi$64 | $\phi$70 | $\phi$80 | $\phi$92 | $\phi$120 | $\phi$140 | $\phi$160 | $\phi$180 |
| 螺钉(4只均布) | M4×10 | M4×10 | M5×14 | M6×14 | M8×16 | M8×16 | M8×20 | M8×20 |
| 空气过滤精度 | 0.279 | 0.279 | 0.279 | 0.105 | 0.105 | 0.105 | 0.105 | 0.105 |
| 油过滤精度 | 125μm(120目/in)(可根据用户要求) | | | | | | | |

注：1. 表中所列空气流量是指15m/s空气流速时的值。

2. 系列代号意义：如 $EF_1$-25，1代表型号，25代表空气过滤口径及加油口径为25mm。其他类推。

3. 一般选用空气流量为泵流量的1.5倍左右。

4. 生产厂为温州黎明液压机电厂、温州市瓯海临江液压机械厂、温州远东液压配件厂、贺德克公司、西德福公司。

## QUQ 系列液压空气滤清器

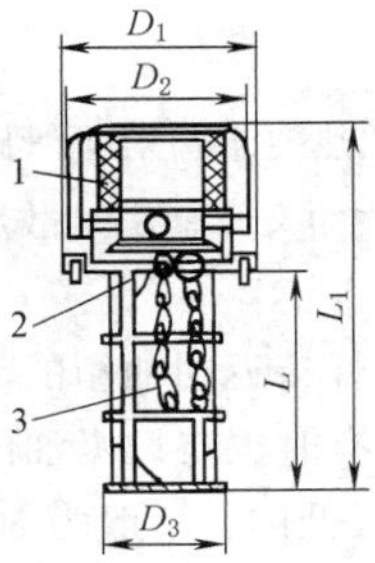


1—空气过滤器；2—加油过滤器；
3—保险链条

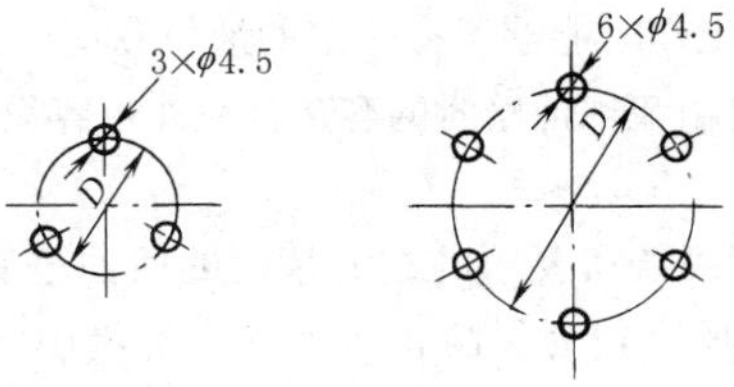


与油箱盖板连接
的法兰孔尺寸

型号意义：

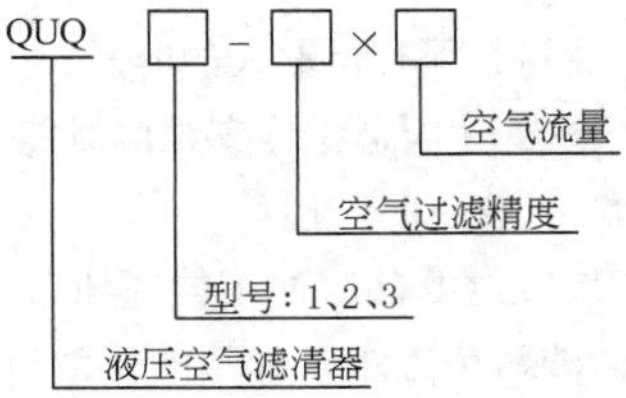


表 21-8-190　　mm

| 型　　号 | 空气过滤精度/μm | 空气流量/$m^3 \cdot min^{-1}$ | 温度范围/℃ | 油过滤网孔/mm | $D$ | $D_1$ | $D_2$ | $D_3$ | $L$ | $L_1$ | 安装螺栓数量与规格 |
|---|---|---|---|---|---|---|---|---|---|---|---|
| $QUQ_1$ | 10,20,40 | 0.25、0.4、1.0 | -20~100 | 0.5（可根据用户要求选择） | φ41 | φ50 | φ44 | φ28 | 82 | 134 | 3×M4×16 |
| $QUQ_2$ | | 0.63、1.0、2.5 | | | φ73 | φ83 | φ76 | φ48 | 98 | 159 | 6×M4×16 |
| $QUQ_3$ | | 1.0、2.5、4.0 | | | φ145 | φ160 | φ150 | φ95 | 195 | 320 | 6×M4×16 |

注：1. 表中空气流量是空气阻力 $\Delta p=0.02$MPa 时的值。

2. 本系列是在 EF 系列液压空气滤清器的基础上进行改进的，达到标准化、系列化，各项性能指标达到国外同类产品技术要求，连接尺寸与国外产品一致。

3. 生产厂为温州黎明液压机电厂，贺德克公司，西德福公司。

# 5　油箱及其附件

## 5.1　油箱的用途与分类

油箱在系统中的主要功能是储油和散热，也起着分离油液中的气体及沉淀污物的作用。根据系统的具体条件，合理选用油箱的容积、型式和附件，可以使油箱充分发挥作用。

油箱有开式和闭式两种。

（1）开式油箱

开式油箱应用广泛。箱内液面与大气相通。为防止油液被大气污染，在油箱顶部设置空气滤清器，并兼作注油口用。

（2）闭式油箱

闭式油箱一般指箱内液面不直接与大气连通，而将通气孔与具有一定压力的惰性气体相接，充气压力可达 0.05MPa。

油箱的形状一般采用矩形，而容量大于 $2m^3$ 的油箱采用圆筒形结构比较合理，设备重量轻，油箱内部压力可达0.05MPa。

## 5.2 油箱的构造与设计要点

1）油箱必须有足够大的容量，以保证系统工作时能够保持一定的液位高度；为满足散热要求，对于管路比较长的系统，还应考虑停车维修时能容纳油液自由流回油箱时的容量；在油箱容积不能增大而又不能满足散热要求时，需要设冷却装置。

2）设置过滤器。油箱的回油口一般都设置系统所要求的过滤精度的回油过滤器，以保持返回油箱的油液具有允许的污染等级。油箱的排油口（即泵的吸口）为了防止意外落入油箱中污染物，有时也装设吸油网式过滤器。由于这种过滤器侵入油箱的深处，不好清理，因此，即使设置，过滤网目也是很低的，一般为60目以下。

3）设置油箱主要油口。油箱的排油口与回油口之间的距离应尽可能远些，管口都应插入最低油面之下，以免发生吸空和回油冲溅产生气泡。管口制成45°的斜角，以增大吸油及出油的截面，使油液流动时速度变化不致过大。管口应面向箱壁。吸油管离箱底距离 $H \geqslant 2D$（$D$ 为管径），距箱边不小于 $3D$。回油管离箱底距离 $h \geqslant 3D$。

4）设置隔板将吸、回油管隔开，使液流循环，油流中的气泡与杂质分离和沉淀。隔板结构有溢流式标准型、回流式及溢流式等几种。另外还可根据需要在隔板上安置滤网。

5）在开式油箱上部的通气孔上必须配置空气滤清器。兼作注油口用。油箱的注油口一般不从油桶中将油液直接注入油箱，而是经过滤车从注油口注入，这样可以保证注入油箱中的油液具有一定的污染等级。

6）放油孔要设置在油箱底部最低的位置，使换油时油液和污物能顺利地从放油孔流出。在设计油箱时，从结构上应考虑清洗换油的方便，设置清洗孔，以便于油箱内沉淀物的定期清理。

7）当液压泵和电动机安装在油箱盖板上时，必须设置安装板。安装板在油箱盖板上通过螺栓加以固定。

8）为了能够观察向油箱注油的液位上升情况和在系统中看见液位高度，必须设置液位计。

9）按GB/T 3766—2001中5、2、3a规定："油箱的底部应离地面150mm以上，以便于搬移、放油和散热。"

10）为了防止油液可能落在地面上，可在油箱下部或上盖附近四周设置油盘。油盘必须有排油口，以便于油盘的清洁。

油箱的内壁应进行抛丸或喷砂处理，以清除焊渣和铁锈。待灰砂清理干净之后，按不同工作介质进行处理或者涂层。对于矿物油，常采用磷化处理。对于高水基或水、乙二醇等介质，则应采用与介质相容的涂料进行涂刷，以防油漆剥落污染油液。

## 5.3 油箱的容量与计算

油箱有效容量一般为泵每分钟流量的3~7倍。对于行走机械，冷却效果比较好的设备，油箱的容量可选择小些；对于固定设备，空间、面积不受限制的设备，则应采用较大的容量。如冶金机械液压系统的油箱容量通常取为每分钟流量的7~10倍，锻压机械的油箱容量通常取为每分钟流量的6~12倍。

油箱中油液温度一般推荐30~50℃，最高不应超过65℃，最低不低于15℃。对于工具机及其他固定装置，工作温度允许在40~55℃。

行走机械，工作温度允许达65℃。在特殊情况下可达80℃。对于高压系统，为了减少漏油。最好不超过50℃。

另外，油箱容量大小可以从散热角度设计，计算出系统发热量或散热量（加冷却器时，再考虑冷却器散热后），从热平衡角度计算出油箱容积，详见表21-8-191。

**表 21-8-191**

| 项目 | 计算公式 | 说明 |
| --- | --- | --- |
| 发热计算 | (1)液压泵功率损失 $H_1$<br>$H_1=P(1-\eta)$ (W)<br>如在一个工作循环中,有几个工序,则可根据各个工序的功率损失,求出总平均功率损失 $H_1$<br>$H_1=\dfrac{1}{T}\sum_{i=1}^{n}P_i(1-\eta)t_i$ (W) | $P$——液压泵的输入功率,$P=\dfrac{pq}{\eta}$,W<br>$\eta$——液压泵的总效率,一般在0.7~0.85之间,常取0.8<br>$p$——液压泵实际出口压力,Pa<br>$q$——液压泵实际流量,$m^3/s$<br>$T$——工作循环周期,s<br>$t_i$——工序的工作时间,s<br>$i$——工序的次序 |
| | (2)阀的功率损失 $H_2$<br>其中以泵的全部流量流经溢流阀返回油箱时,功率损失为最大<br>$H_2=pq$ (W) | $p$——溢流阀的调整压力,Pa<br>$q$——经过溢流阀流回油箱的流量,$m^3/s$<br>如计算其他阀门的发热量时,则上式中的 $p$ 为该阀的压力降(Pa);$q$ 为流经该阀的流量($m^3/s$) |
| | (3)管路及其他功率损失 $H_3$<br>此项功率损失,包括很多复杂的因素,由于其值较小,加上管路散热的关系,在计算时常予以忽略。一般可取全部能量的0.03~0.05倍,即<br>$H_3=(0.03\sim0.05)P$ (W) | 也可根据各部分的压力降 $p$ 及流量 $q$ 代入式中求得。在考虑此项发热量时,必须相应考虑管路的散热 |
| | 系统总的功率损失,即系统的发热功率 $H$ 为上述各项之和<br>$H=\sum H_i=H_1+H_2+H_3+\cdots$ (W) | |
| 散热计算 | 液压系统各部分所产生的热量,在开始时一部分由运动介质及装置本体所吸收,较少一部分向周围辐射,当温度达到一定数值,散热量与发热量相对平衡,系统即保持一定的温度不再上升,若只考虑油液温度上升所吸收的热量和油箱本身所散发的热量时,系统的温度 $T$ 随运转时间 $t$ 的变化关系如下<br>$T=T_0+\dfrac{H}{kA}\left[1-\exp\left(\dfrac{-kA}{cm}t\right)\right]$ (K)<br>当 $t\longrightarrow t_\infty$ 时,系统的平衡温度为<br>$T_{max}=T_0+\dfrac{H}{kA}$ (K) | $T$——油液温度,K<br>$T_0$——环境温度,K<br>$A$——油箱的散热面积,$m^2$<br>$c$——油液的比热容,矿物油一般可取 $c=1675\sim2093J/(kg\cdot K)$<br>$m$——油箱中油液的质量,kg<br>$t$——运转的时间,s<br>$k$——油箱的传热系数,$W/(m^2\cdot K)$<br>周围通风很差时,$k=8\sim9$<br>周围通风良好时,$k=15$<br>用风扇冷却时,$k=23$<br>用循环水强制冷却时,$k=110\sim174$<br>$V$——油箱的有效体积,$m^3$<br>$V_{min}$——自然散热时油箱的最小容积 |
| 油箱容积计算 | 由此可见,环境温度为 $T_0$ 时,最高允许温度为 $T_Y$ 的油箱的最小散热面积 $A_{min}$ 为<br>$A_{min}=\dfrac{H}{k(T_Y-T_0)}$ ($m^2$)<br>如油箱尺寸的高、宽、长之比为(1∶1∶1)~(1∶2∶3),油面高度达油箱高度的0.8时,油箱靠自然冷却使系统保持在允许温度 $T_Y$ 以下时,则油箱散热面积可用下列近似公式计算<br>$A\approx6.66\sqrt[3]{V^2}$ ($m^2$) | |
| | 当取 $k=15W/(m^2\cdot K)$ 时,令 $A=A_{min}$,得油箱自然散热的最小体积<br>$V_{min}\approx10^{-3}\sqrt{\left(\dfrac{H}{T_Y-T_0}\right)^3}$ ($m^3$) | |

## 5.4 油箱中油液的冷却与加热

油箱中的油，一般在30~50℃范围内工作比较合适，最高不大于60℃，最低不小于15℃。过高，将使油液迅速变质，同时使泵的容积效率下降；过低，油泵启动吸入困难。因此，油液必须进行加热或冷却，其计算方法见表21-8-192。

**表 21-8-192**

<table>
<tr><th>项目</th><th colspan="8">计 算 公 式</th><th colspan="4">说 明</th></tr>
<tr><td>油箱中油液的冷却</td><td colspan="8">最简单的冷却办法是在油箱中安设水冷蛇形管，缺点是冷却效率低(自然对流)，水耗量大，运转费用较高。因此，在回油系统中采用强制对流的冷却器降低油温，更为普遍<br>系统达到热平衡时的油温(此时系统的发热量与散热量相等)，或操作时的最高油温，如在允许温度以下时，只需自然冷却。否则，也可在油箱中设置水冷蛇形管进行冷却<br>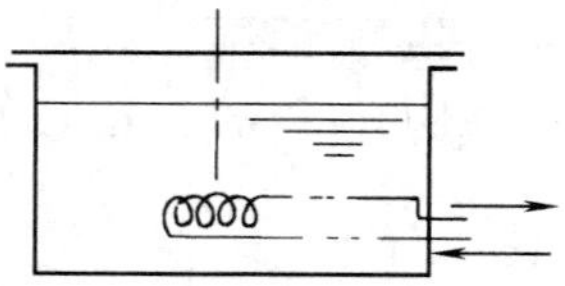<br>用蛇形管冷却的油箱<br>蛇形管的冷却面积<br>$$A=\frac{H-H'}{K_1\Delta\tau_m}\quad(m^2)$$<br>蛇形管长度<br>$$L=\frac{A}{\pi d}\quad(m)$$</td><td colspan="4">$H$——系统的发热功率，W，一般只考虑油泵及溢流阀的发热量$H_1$及$H_2$，见表21-8-191<br>$H'$——系统的散热功率，W，在计算时可只考虑油箱的散热量<br>$$H'=kA\Delta\tau$$<br>$k$——油箱的传热系数，W/(m²·K)，见表21-8-191<br>$A$——油箱的散热面积，m²<br>$\Delta\tau$——油在操作时，油与周围空气的允许温度差，K<br>$K_1$——蛇形铜管表面传热系数，W/(m²·K)，一般取$K=375\sim384$W/(m²·K)<br>$\Delta\tau_m$——油与冷却水之间的平均温度差，K<br>$d$——管内径，m，管径一般在15~25mm范围内选取</td></tr>
<tr><td rowspan="4">油箱中油液的加热</td><td colspan="8">在低温环境工作，为保持合适的油温，油箱必须进行加热。可用蒸汽加热或电加热。加热器的发热能力，可按下式估算<br>$$H\geqslant\frac{c\gamma V\Delta\tau}{T}\quad(W)$$<br>(1)蒸汽加热蛇形管的计算<br>蛇形管加热面积<br>$$A=\frac{H}{K\Delta\tau_m}\quad(m^2)$$<br>蛇形管长<br>$$L=\frac{A}{\pi d}\quad(m)$$<br>蒸汽冷却时，冷凝水聚集下端增加了排除未凝结气体的困难，降低了传热效果，因此管不宜过长。若需传热面积较大，则可分成若干并联部分，各并联管互相排成同心圆形状<br>当用蒸汽加热时，管长与管径之比不应超过下列数值：</td><td colspan="4">$c$——油的比热容(矿物油)，J/(kg·K)，取$c\approx1675\sim2093$J/(kg·K)<br>$\gamma$——油的密度，kg/m³，取$\gamma\approx900$kg/m³<br>$V$——油箱容积，m³<br>$\Delta\tau$——油加热后温升，K<br>$T$——加热时间，s<br>$K$——蒸汽蛇形管传热系数，W/(m²·K)，取$K=70\sim100$W/(m²·K)<br>$\Delta\tau_m$——油与蒸汽间的平均温度差，K<br>$d$——管内径，m，管径通常在20~28mm范围内选取</td></tr>
<tr><td colspan="4">蒸汽压力/kPa</td><td>45</td><td>83</td><td>125</td><td>150</td><td>200</td><td>300</td><td>400</td><td>500</td></tr>
<tr><td colspan="4">$\left(\frac{L}{d}\right)_{max}$</td><td>100</td><td>125</td><td>150</td><td>175</td><td>200</td><td>225</td><td>250</td><td>275</td></tr>
<tr><td colspan="8">(2)电加热器的计算<br>电加热器的功率<br>$$N=H/860\eta\quad(kW)$$<br>装设电加热器后，可以根据允许的最高、最低油温自动进行</td><td colspan="4">$\eta$——热效率，取0.6~0.8</td></tr>
</table>

## 5.5 油箱及其附件的产品

(1) 油箱（引进力士乐技术产品）

型号意义：

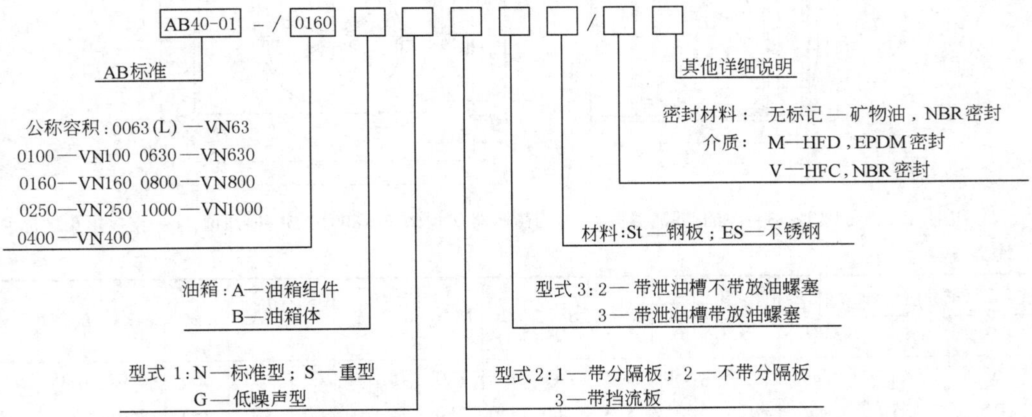


注：AB40-33 为不带支撑脚的矩形油箱，AB40-30 为带管支撑脚的矩形油箱；其型号标记意义除 AB 标准处必须分别代之 AB40-33 或 AB40-30 外，其他均相同。

油箱的规格参数见表 21-8-193~表 21-8-196。

**带支撑脚的矩形油箱**

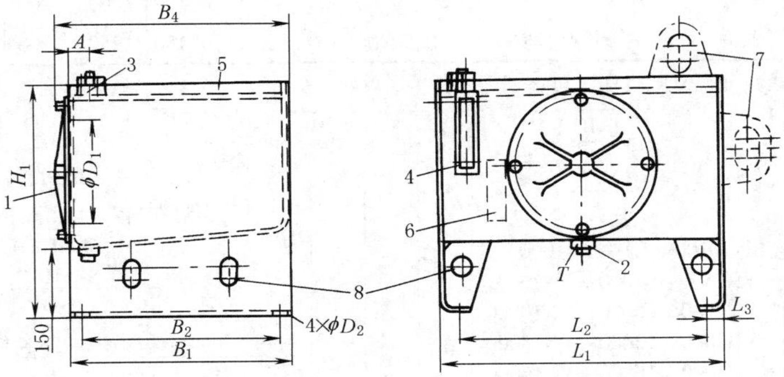

1—清洗用盖；2—放油螺塞；3—注油/滤清器（RE31020）；4—液面指示器；5—盛油槽；6—用于规格 1000 的第二个液面指示器；7—运输用吊环，根据需要；8—起吊用孔（标准型）

**表 21-8-193**

mm

| 规格 | 质量/kg | | 工作容量/L | 工作容积/L | $A$ | $B_1$ | $B_2\pm1$ | $B_4$ | $D_1{}^{+3}_{0}$ | $D_2$ | $H_1$ | $L_1\pm2$ | $L_2\pm1$ | $L_3$ | $T$ |
|---|---|---|---|---|---|---|---|---|---|---|---|---|---|---|---|
| | 标准型 | 重型 | | | | | | | | | | | | | |
| 60 | 55 | 95 | 66 | 20 | 50 | 463 | 415 | 499 | 220 | 14 | 500 | 600 | 520 | 60 | R1 |
| 120 | 75 | 140 | 125 | 25.5 | 75 | 510 | 460 | 546 | 350 | 14 | 600 | 760 | 680 | 60 | R1 |
| 250 | 135 | 225 | 250 | 46 | 75 | 620 | 570 | 656 | 350 | 14 | 670 | 1010 | 912 | 70 | R1 |
| 350 | 175 | 300 | 375 | 56 | 90 | 764 | 650 | 800 | 465 | 14 | 750 | 1014 | 914 | 70 | R1½ |
| 500 | 280 | 415 | 540 | 84 | 90 | 766 | 650 | 802 | 465 | 14 | 750 | 1516 | 1416 | 70 | R1½ |
| 800 | 385 | 630 | 830 | 127 | 90 | 866 | 750 | 902 | 465 | 23 | 750 | 2000 | 1900 | 70 | R1½ |
| 1000 | 435 | 820 | 1100 | 320 | 90 | 866 | 750 | 902 | 465 | 23 | 900 | 2000 | 1900 | 70 | R1½ |

注：生产厂北京中冶迈克液压有限责任公司。

## 不带支撑脚的矩形油箱

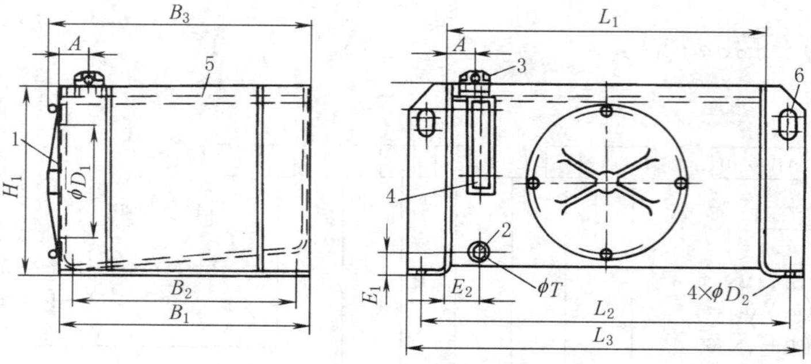


1—清洗用盖；2—放油螺塞；3—注油/滤清器；4—液面指示器（规格 60~800）；5—盛油槽；6—支撑用孔（标准型）

**表 21-8-194**

mm

| 规格 | 质量/kg | | 工作容量/L | 工作容积/L | $A$ | $B_1\pm1$ | $B_2\pm2$ | $B_3$ | $D_1{}^{+3}_{0}$ | $D_2$ | $E_1$ | $E_2$ | $H_1$ | $L_1\pm1$ | $L_2\pm1$ | $L_3\pm1$ | $T$ |
|---|---|---|---|---|---|---|---|---|---|---|---|---|---|---|---|---|---|
| | 标准型 | 重　型 | | | | | | | | | | | | | | | |
| 60 | 55 | 90 | 75 | 20 | 50 | 463 | 415 | 495 | 220 | 14 | 60 | 60 | 360 | 600 | 690 | 740 | 1″BSP |
| 120 | 75 | 135 | 141 | 28 | 75 | 510 | 460 | 540 | 350 | 14 | 60 | 60 | 460 | 760 | 850 | 900 | 1″BSP |
| 250 | 135 | 220 | 265 | 46 | 75 | 620 | 570 | 650 | 350 | 14 | 60 | 60 | 530 | 1010 | 1102 | 1150 | 1″BSP |
| 350 | 165 | 275 | 388 | 57 | 90 | 764 | 650 | 800 | 465 | 14 | 60 | 60 | 610 | 1014 | 1104 | 1154 | 1″BSP |
| 500 | 265 | 385 | 578 | 84 | 90 | 766 | 650 | 805 | 465 | 14 | 60 | 60 | 610 | 1516 | 1606 | 1656 | 1½″BSP |
| 800 | 370 | 615 | 889 | 127 | 90 | 866 | 750 | 900 | 465 | 14 | 150 | 150 | 610 | 2000 | 2090 | 2140 | 1½″BSP |
| 1000 | 430 | — | 1166 | — | 90 | 760 | 650 | 920 | 500 | 23 | 150 | 150 | 815 | 2200 | 2290 | 2340 | 1½″BSP |
| 1500 | 510 | — | 1676 | — | 90 | 860 | 750 | 920 | 500 | 23 | 150 | 150 | 1000 | 2200 | 2290 | 2340 | 1½″BSP |
| 2000 | 590 | — | 2086 | — | 90 | 860 | 750 | 920 | 500 | 23 | 150 | 150 | 1250 | 2200 | 2290 | 2340 | 1½″BSP |

注：生产厂北京中冶迈克液压有限责任公司。

型号意义：

AB40- 02 / □ □ □ □ / □ □

- AB 标准
- 公称容积：01000(L)—VN1000
  - 01500—VN1500　07000—VN7000
  - 02000—VN2000　10000—VN10000
  - 03000—VN3000　13000—VN13000
  - 04000—VN4000　16000—VN16000
  - 05000—VN5000　20000—VN20000
  - 06000—VN6000
- 油箱：A—油箱组件；B—油箱体
- 型式：1—不带隔板；2—带隔板；3—带挡流板
- 材料：St—钢板；ES—不锈钢
- 密封材料：无标记—矿物油，NBR 密封
  - M—HFD，EPDM 密封
  - V—HFC，NBR 密封
- 其他详细说明

## 筒 形 油 箱

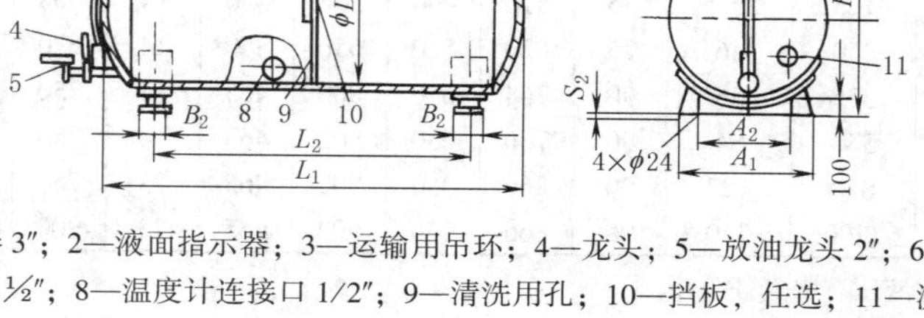


1—注油/通气滤器 3″；2—液面指示器；3—运输用吊环；4—龙头；5—放油龙头 2″；6—清洗用盖任选；7—泄油口 1½″；8—温度计连接口 1/2″；9—清洗用孔；10—挡板，任选；11—测试点 1/2″

**表 21-8-195** mm

| 规格 | 质量/kg | $A_1$ | $A_2$ | $B_2$ | $D$ | $H_1$ | $L_1$ | $L_2$ | $S_2$ | DIN 6608 | DIN 6616 |
|---|---|---|---|---|---|---|---|---|---|---|---|
| 1000 | 165 | 750 | 600 | 150 | 1000 | 1220 | 1510 | 765 | 8~10 | × | |
| 1500 | 218 | | | | | | 2050 | 1400 | | | |
| 2000 | 260 | 950 | 800 | | 1250 | 1470 | 1830 | 1100 | | | |
| 3000 | 355 | | | | | | 2740 | 1920 | | × | |
| 4000 | 587 | | | | | | 3490 | 2740 | | | |
| 4000 | 628 | 1200 | 1050 | 300 | 1600 | 1820 | 2230 | 1280 | 10~12 | | |
| 5000 | 740 | | | | | | 2820 | 1770 | | | × |
| 6000 | 846 | | | | | | 3250 | 2250 | | | |
| 7000 | 930 | | | | | | 3740 | 2770 | | | × |
| 10000 | 1250 | | | | | | 5350 | 4290 | | | × |
| 13000 | 1560 | 1150 | 1000 | 475 | | | 6960 | 5625 | | | |
| 16000 | 2060 | 1750 | 1600 | 550 | 2000 | 2220 | 5550 | 4210 | | | |
| 20000 | 2420 | | | | | | 6960 | 5395 | | | |

**表 21-8-196** **筒形油箱不同液位的容量**

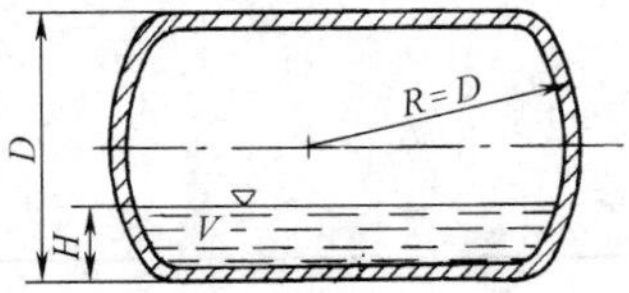


| 规格 | 1000 | 1500 | 2000 | 3000 | 4000 | 4000 | 5000 | 6000 | 7000 | 10000 | 13000 | 16000 | 20000 |
|---|---|---|---|---|---|---|---|---|---|---|---|---|---|
| $D$ | 1000 | | 1250 | | | 1600 | | | | | | 2000 | |
| $H$ | 与 $H$ 有关的容积 $V$/L | | | | | | | | | | | | |
| 2000 | | | | | | | | | | | | 16330 | 20760 |
| 1800 | | | | | | | | | | | | 15530 | 19730 |
| 1600 | | | | | | 4000 | 5170 | 6025 | 7000 | 10195 | 13430 | 14150 | 17880 |
| 1500 | | | | | | 3865 | 5010 | 5840 | 6790 | 9910 | 13120 | 13215 | 16780 |
| 1400 | | | | | | 3715 | 4800 | 5590 | 6485 | 9440 | 12430 | 12285 | 15600 |
| 1300 | | | | | | 3500 | 4515 | 5260 | 6100 | 8875 | 11690 | 11300 | 14350 |
| 1250 | | | 2010 | 3110 | 4010 | | | | | | | | |
| 1200 | | | 1980 | 3070 | 3960 | 3250 | 4190 | 4880 | 5660 | 8230 | 10840 | 10275 | 13050 |
| 1100 | | | 1880 | 2905 | 3750 | 2925 | 3770 | 4390 | 5095 | 7410 | 9920 | 9225 | 11725 |
| 1000 | 1060 | 1475 | 1735 | 2680 | 3455 | 2490 | 3390 | 3945 | 4580 | 6660 | 8770 | 8165 | 10380 |
| 900 | 1010 | 1400 | 1560 | 2410 | 3110 | 2315 | 2690 | 3180 | 4040 | 5885 | 7750 | 7105 | 9035 |
| 800 | 915 | 1270 | 1370 | 2110 | 2720 | 2000 | 2585 | 3010 | 3500 | 5100 | 6715 | 6055 | 7710 |
| 700 | 800 | 1110 | 1160 | 1795 | 2315 | 1630 | 2115 | 2465 | 2865 | 4180 | 5680 | 5030 | 6820 |
| 600 | 670 | 930 | 950 | 1470 | 1900 | 1325 | 1715 | 2055 | 2330 | 3410 | 4490 | 4040 | 5160 |
| 500 | 530 | 740 | 740 | 1150 | 1490 | 1030 | 1335 | 1570 | 1820 | 2660 | 3600 | 3110 | 3975 |
| 400 | 390 | 450 | 540 | 845 | 1090 | 705 | 925 | 1080 | 1260 | 1850 | 2580 | 2245 | 2875 |
| 300 | 260 | 365 | 355 | 560 | 725 | 435 | 605 | 710 | 830 | 1220 | 1740 | 1470 | 1885 |
| 200 | 145 | 205 | 195 | 310 | 400 | 250 | 330 | 340 | 455 | 670 | 880 | 800 | 1030 |
| 100 | 50 | 70 | 70 | 110 | 145 | 65 | 90 | 105 | 120 | 180 | 315 | 283 | 365 |

注：生产厂北京中冶迈克液压有限责任公司。

(2) SRY2 型、SRY4 型油用管状电加热器

SRY2 型和 SRY4 型油用加热器是用两根管子弯成，用法兰盘固定，两端通过接头接通电源，用于在敞开式或封闭式油箱中加热油。SRY 型还可以加热水和其他导热性比油好的液体。SRY2 型适合在敞开或封闭式的油箱中用，其最高工作温度为 300℃。SRY4 型适合在循环系统内加热油类用，其最高工作温度为 300℃。

电加热器安装在油箱中，为了防止加热器管子表面烧焦液压油，在加热管的外边装上套管，见表 21-8-197 中下图。套管的表面耗散功率不得超过 0.7W/cm$^2$。加热器装上套管以后，出了故障也便于维修更换。套管的表面积大于 500cm$^2$/kW。

表 21-8-197　　**SRY 型油用管状电加热器性能**

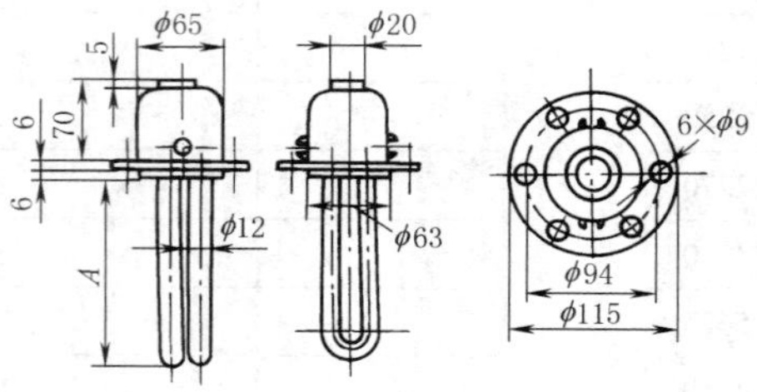


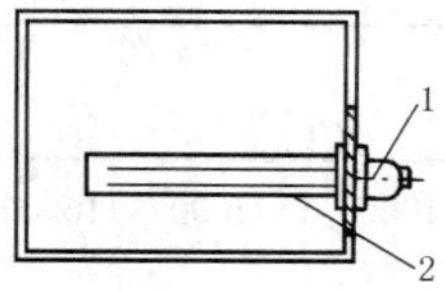

电加热器的安装
1—电加热器；2—套管

| 型　号 | 功率/kW | 电压/V | 浸入油中长度 A/mm | 生产厂 |
|---|---|---|---|---|
| SRY2-220/1 | 1 | | 225 | |
| SRY2-220/2 | 2 | | 425 | |
| SRY2-220/3 | 3 | | 625 | |
| SRY2-220/4 | 4 | 220 | 840 | 上海电热电气厂、北京电热电气厂 |
| SRY4-220/5 | 5 | | 615 | |
| SRY4-220/6 | 6 | | 725 | |
| SRY4-220/8 | 8 | | 825 | |

注：订货必须填明型号、功率、电压及数量。

(3) 压力表

1) 一般压力表

表 21-8-198　　**一般压力表主要技术参数**　　mm

| 型号 | | | | | 公称直径 | 测量范围/MPa | 精确度等级 | 接头螺纹 |
|---|---|---|---|---|---|---|---|---|
| 径向无边压力表 | 径向带后边压力表 | 径向带前边压力表 | 轴向无边压力表 | 轴向带前边压力表 | | | | |
| Y-40 | Y-40T | Y-40TQ | Y-40Z | Y-40ZT | $\phi$40 | | | M10×1 |
| Y-50 | Y-50T | Y-50TQ | Y-50Z | Y-50ZT | $\phi$50 | | 2.5 | |
| Y-60 | Y-60T | Y-60TQ | Y-60Z | Y-60ZT | $\phi$60 | | | M14×1.5 |
| Y-100 | Y-100T | Y-100TQ | Y-100Z | Y-100ZT | $\phi$100 | 0~0.1;0.16;0.25;0.4;0.6;1.0;1.6;2.5;4;6;10;16;25;40;60 | | |
| Y-150 | Y-150T | Y-150TQ | Y-150Z | Y-150ZT | $\phi$150 | | 1.5 | M20×1.5 |
| Y-200 | Y-200T | Y-200TQ | Y-200Z | Y-200ZT | $\phi$200 | | | |
| T-250 | Y-250T | Y-250TQ | Y-250Z | Y-250ZT | $\phi$250 | | | |

表 21-8-199　　一般压力表外形尺寸　　mm

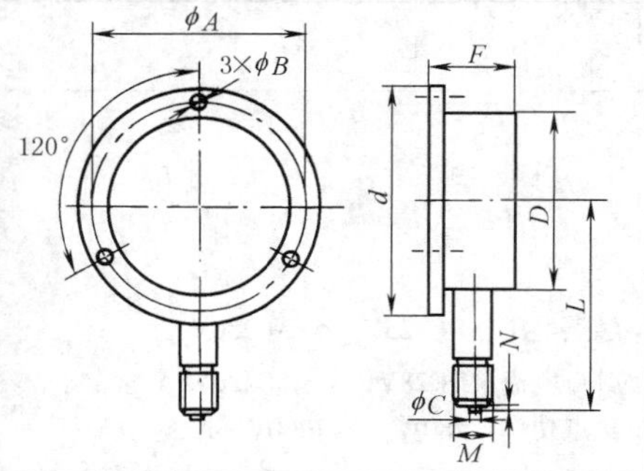


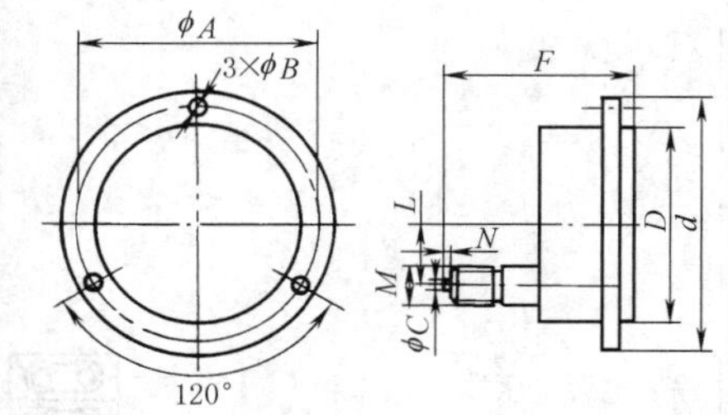


| 型号 | φA | φB | F | d | D | L | M | φC | N |
|---|---|---|---|---|---|---|---|---|---|
| Y-60T | φ72 | φ5 | 36 | φ87 | φ60 | 62. 5 | M14×1. 5 | φ5 | 3 |
| Y-100T | φ118 | φ6 | 47 | φ132 | φ100 | 92 | M20×1. 5 | φ6 | 3 |
| Y-150T | φ165 | φ6 | 47 | φ178 | φ150 | 118. 5 | M20×1. 5 | φ6 | 3 |
| Y-150 | | | | | φ150 | 118. 5 | M20×1. 5 | φ6 | 3 |
| Y-100 | | | | | φ100 | 92 | M20×1. 5 | φ6 | 3 |
| Y-60 | | | | | φ60 | 62. 5 | M14×1. 5 | φ5 | 3 |
| Y-60ZT | φ72 | φ5 | 63. 5 | φ87 | φ60 | | M14×1. 5 | φ5 | 3 |
| Y-100ZT | φ118 | φ6 | 92 | φ132 | φ100 | 32 | M20×1. 5 | φ6 | 3 |
| Y-150ZT | φ165 | φ6 | 92 | φ178 | φ150 | 52 | M20×1. 5 | φ6 | 3 |
| Y-150Z | | | 92 | | 150 | 52 | M20×1. 5 | φ6 | 3 |
| Y-100Z | | | 92 | | 100 | 32 | M20×1. 5 | φ6 | 3 |
| Y-60Z | | | 63. 5 | | 60 | | M14×1. 5 | φ5 | 3 |

2）耐震压力表

表 21-8-200　　耐震压力表技术性能　　mm

| 型号 | | 公称直径 | 测量范围/MPa | 精确度等级 | | 接头螺纹 |
|---|---|---|---|---|---|---|
| 耐温耐震压力表① | 耐　震压力表② | | | ① | ② | |
| YTGN-60 | YTN-Ⅰ | φ60 | 0~0. 1;0. 16;0. 25;0. 4;0. 6;1. 0;1. 6;2. 5;4;6;10;16;25;40;60 | 1. 5 | 2. 5 | M14×1. 5 |
| YTGN-100 | | φ100 | | 1. 5 | | M20×1. 5 |
| YTGN-150 | | φ150 | | | | |
| | YTN-Ⅱ | φ100 | | | | |
| | | φ150 | | | | ZG1½ |

## 磁感式电接点压力表

YTXG 型磁感式电接点压力表采用了先进的磁敏式传感器开关装置，具有指针系统不带电，输出容量大，动作稳定可靠，使用寿命长等特点，其性能优于电接点压力表和磁助式电接点压力表。

此表与相应的电气器件（如接触器或信响器等）配套使用，便能达到对被测（控）压力系统实现自动控制和发信号（报警）的目的。

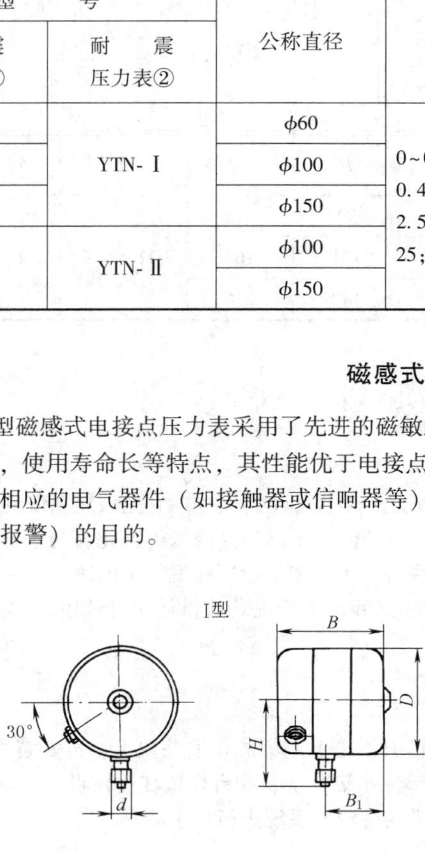


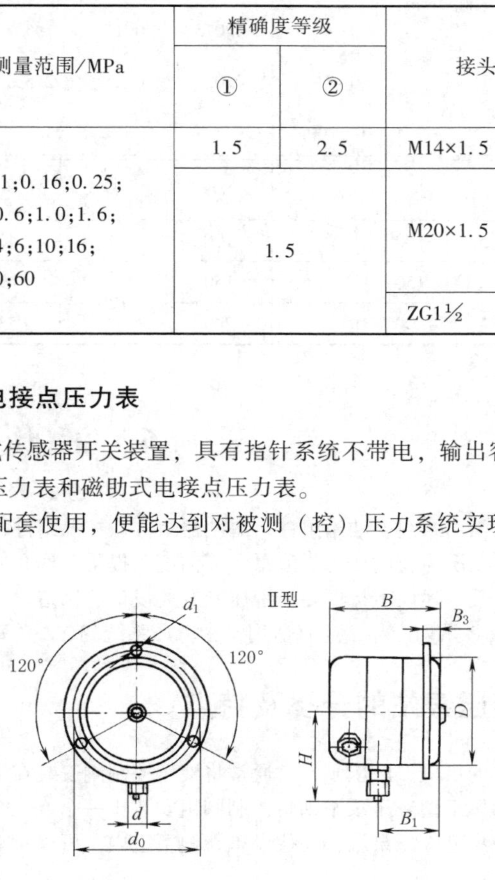

表 21-8-201

| 型号 | 标度/MPa | 最小控制范围/MPa | | | 指示 | 控制 | 电气资料 |
|---|---|---|---|---|---|---|---|
| YTXG-100 | 0~0.1 | 0.008 | 0.08 | 0.80 | 1.0<br>1.5 | 2 | 触点电压 DC125$V_{max}$，AC250$V_{max}$<br>触点电流 DC28V10A，AC220V5A<br>触点功率 280$W_{max}$，1200V·$A_{max}$ |
| | 0~0.16 | 0.015 | 0.15 | 1.5 | | | |
| | 0~0.25 | 0.020 | 0.20 | 2.0 | | | |
| | 0~0.40 | 0.030 | 0.30 | 3.0 | | | |
| | 0~0.60 | 0.050 | 0.50 | 5.0 | | | |
| YTXG-150 | 0~1.0 | 0.006 | 0.06 | 0.6 | | | |
| | 0~1.6 | 0.007 | 0.07 | 0.7 | | | |
| | 0~2.5 | 0.0175 | 0.175 | 1.75 | | | |
| | 0~4.0 | 0.025 | 0.25 | 2.5 | | | |
| | 0~6.0 | 0.040 | 0.40 | 4.0 | | | |
| YTXG-200 | 0~10 | 0.004 | 0.04 | 0.40 | 1.5 | | 输入电源电压端<br>下限磁敏开关（$HK_1$）输出端<br>上限磁敏开关（$HK_2$）输出端<br>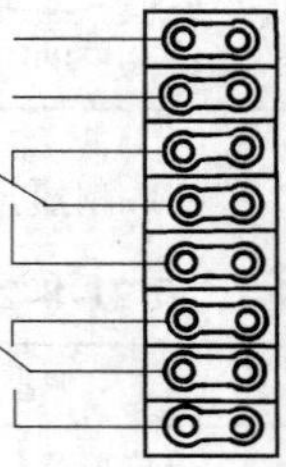 |
| | 0~16 | 0.005 | 0.05 | 0.50 | | | |
| | 0~25 | 0.010 | 0.10 | 1.0 | | | |
| | 0~40 | 0.015 | 0.15 | 1.5 | | | |
| | 0~60 | 0.025 | 0.25 | 2.5 | | | |
| | 0~100 | | | 4.0 | | | |

| 型号 | $D$ | $B$ | $B_1$ | $H$ | $d_0$ | $d$ | $d_1$ | $B_3$ |
|---|---|---|---|---|---|---|---|---|
| YTXG-100 | 100 | 98 | 46 | 92 | 118 | M20×1.5 | 6 | 8 |
| YTXG-150 | 150 | 120 | 49 | 121 | 165 | | | 10 |
| YTXG-200 | 200 | | 53 | 142 | 215 | | | 13 |

# 6 液压泵站

液压泵站由泵组、油箱组件、滤油器组件、控温组件及蓄能器组件等组合而成。它是液压系统的动力源，可按机械设备工况需要的压力、流量和清洁度，提供工作介质。目前液压泵站产品尚未标准化，为获得一套性能良好的液压系统，建议主机厂委托液压专业厂设计、制造。一些研究单位和专业厂开发了 BJHD 系列、AB-C 系列、UZ 系列和 UP 系列产品，还有适用于中低压系统的 YZ 系列及 EZ 系列等产品均可供使用者选用。

## 6.1 液压泵站的分类及特点

规模小的单机型液压泵站，通常将液压控制阀安装在油箱面板之上或集成在油路块上，再安装在油箱之上。中等规模的机组型液压泵站则将控制阀组安装于一个或几个阀台（架）上，阀台设置在被控设备（机构）附近。大规模的中央型液压泵站，往往设置在地下室内，可以对组成的各液压系统进行集中管理。

表 21-8-202

<table>
<tr><th colspan="3">泵组布置型式</th><th>液压泵站简图</th><th>特点</th><th>适用功率范围</th><th>输出流量特性</th></tr>
<tr><td rowspan="6">整体型</td><td rowspan="2">上置式</td><td>立式</td><td>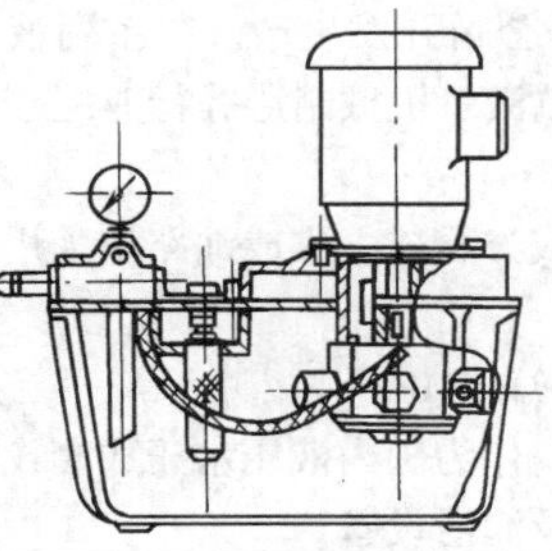</td><td>电动机立式安装在油箱上，液压泵置于油箱之内<br>结构紧凑，占地小，噪声低</td><td rowspan="2">广泛应用于中、小功率液压泵站<br>油箱容量可达1000L</td><td rowspan="5">均可制造成定量型或变量型（恒功率式、恒压式、恒流量式、限压式和压力切断式）</td></tr>
<tr><td>卧式</td><td>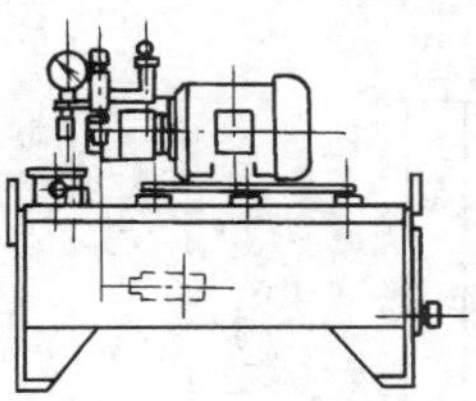</td><td>电动机卧式安装在油箱上，液压泵置于油箱之上，控制阀组也可置于油箱之上<br>结构紧凑，占地小</td></tr>
<tr><td rowspan="2">非上置式</td><td>旁置式</td><td>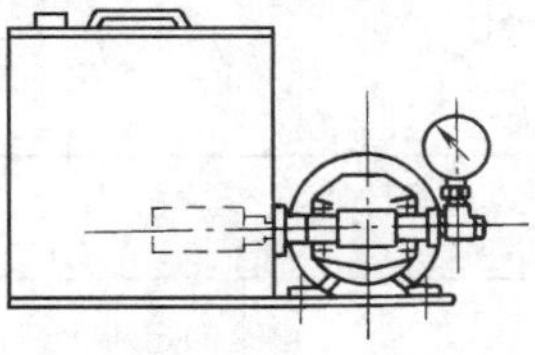</td><td>泵组（液压泵、电动机、联轴器、传动底座等）安装在油箱旁侧，与油箱共用同一个底座，泵站高度低，便于维修</td><td rowspan="2">传动功率较大</td></tr>
<tr><td>下置式</td><td>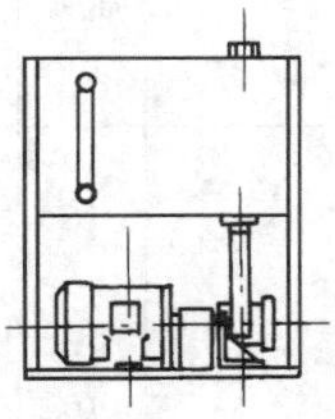</td><td>泵组安装在油箱之下，有效地改善液压泵的吸入性能</td></tr>
<tr><td colspan="2">柜式</td><td>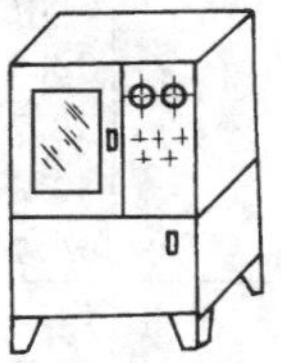</td><td>泵组和油箱置于封闭型柜体内，可以在柜体上布置仪表板和电控箱<br>外形整齐，尺寸较大，噪声低，受外界污染小</td><td>仅应用于中、小功率液压泵站</td></tr>
<tr><td colspan="2">微型液压动力包</td><td></td><td>采用螺纹插装阀块将电动机、泵、阀及油箱紧凑地连接在一起，体积小，重量轻<br>有卧式、立式和挂式三种安装方式。有多种控制回路</td><td>作为小型液压缸、液压马达的动力源<br>油箱容积3~30L</td><td>定量型</td></tr>
<tr><td>分离型</td><td>非上置式</td><td>旁置式</td><td>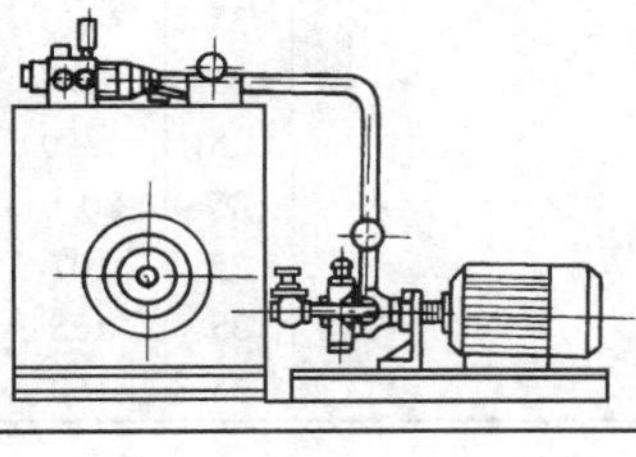</td><td>泵组和油箱组件分离，单独安装在地基上<br>改善液压泵的吸入性能，便于维修，占地大</td><td>传动功率大，油箱容量大</td><td>可制造成定量型或变量型（恒功率式、恒压式、恒流量式、限压式和压力切断式）</td></tr>
</table>

## 6.2 BJHD系列液压泵站

BJHD系列液压泵站由北京华德液压工业集团公司液压成套设备分公司开发生产。本系列液压泵站主要采用引进德国REXROTH技术生产的高压泵和高压阀，适用于冶金、航空航天、机械制造等行业配套的液压系统和润滑系统。

液压泵站型式有上置式、下置式、旁置式及柜式。阀组为座椅式或方凳式。集成油路块采用35钢锻件加工，发黑处理，长度达1.4m，油箱及管件经酸洗、磷化、喷漆。

本系列液压泵站的油箱最大容量可达20000L，系统最高工作压力31.5MPa。

生产厂：北京华德液压工业集团公司液压成套设备分公司。该公司作为国内液压水压成套设备设计、制造生产基地，还可承接设计、制造液压系统成套设备、水压系统成套设备及润滑设备。

（1）泵组

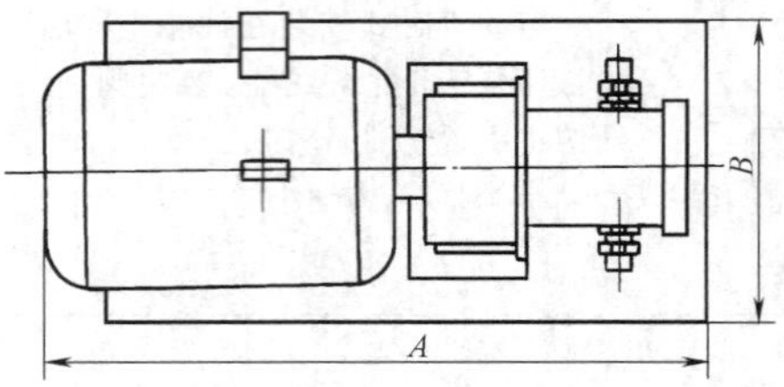


表 21-8-203

| 工作压力/MPa | 电动机 | | | 油泵 | | | | A/mm | B/mm |
|---|---|---|---|---|---|---|---|---|---|
| | 型号 | 功率/kW | 转速/r·min$^{-1}$ | 种类 | 型号 | 额定压力/MPa | 公称排量/mL·r$^{-1}$ | | |
| 10 | Y132M-4 | 7.5 | 1440 | 变量叶片泵 | 1PV$_2$V$_4$10/20RA1MCO16N1 | 16 | 20 | 730 | 345 |
| | Y160M-4 | 11 | 1460 | | 1PV$_2$V$_4$10/32RA1MCO16N1 | 16 | 32 | 840 | 420 |
| | Y160L-4 | 15 | 1460 | | 1PV$_2$V$_4$10/50RA1MCO16N1 | 16 | 50 | 930 | 420 |
| | Y180L-4 | 22 | 1470 | | 1PV$_2$V$_4$10/80RA1MCO16N1 | 16 | 80 | 1000 | 465 |
| | Y225S-4 | 37 | 1480 | | 1PV$_2$V$_4$10/125RA1MCO16N1 | 16 | 125 | 1200 | 570 |
| | Y132M-4 | 7.5 | 1440 | 变量柱塞泵 | PVB10 | 20.7 | 21.10 | 775 | 345 |
| | Y160M-4 | 11 | 1460 | | PVB15 | 13.8 | 33.00 | 860 | 420 |
| | Y160L-4 | 15 | 1460 | | PVB20 | 20.7 | 42.80 | 950 | 420 |
| | Y180L-4 | 18.5 | 1470 | | PVB29 | 13.8 | 61.60 | 980 | 465 |
| | Y225S-4 | 30 | 1480 | | PVB45 | 20.7 | 94.50 | 1185 | 510 |
| 16 | Y132S-4 | 5.5 | 1440 | 变量柱塞泵 | 10SCY14-1B | 31.5 | 10 | 775 | 345 |
| | Y160M-4 | 11 | 1460 | | 25SCY14-1B | 31.5 | 25 | 965 | 420 |
| | Y200L-4 | 30 | 1470 | | 63SCY14-1B | 31.5 | 63 | 1215 | 510 |
| | Y280S-4 | 75 | 1480 | | 160SCY14-1B | 31.5 | 160 | 1600 | 690 |
| | Y225S-4 | 37 | 1480 | | A7V78 | 35 | 78 | 1320 | 570 |
| | Y250M-4 | 55 | 1480 | | A7V107 | 35 | 107 | 1445 | 635 |
| | Y160L-4 | 15 | 1460 | 定量柱塞泵 | A2F28 | 35 | 28.1 | 945 | 420 |
| | Y180L-4 | 22 | 1470 | | A2F45 | 35 | 44.3 | 1095 | 465 |
| | Y200L-4 | 30 | 1470 | | A2F55 | 35 | 54.8 | 1160 | 510 |
| | Y200L-4 | 30 | 1470 | | A2F63 | 35 | 63.0 | 1225 | 510 |
| | Y225S-4 | 37 | 1480 | | A2F80 | 35 | 80.0 | 1270 | 570 |
| | Y250M-4 | 55 | 1480 | | A2F107 | 35 | 107 | 1325 | 635 |
| | Y250M-4 | 55 | 1480 | | A2F125 | 35 | 125 | 1480 | 635 |
| | Y280S-4 | 75 | 1480 | | A2F160 | 35 | 160 | 1550 | 690 |

续表

| 工作压力/MPa | 电动机 | | | 油泵 | | | | A /mm | B /mm |
|---|---|---|---|---|---|---|---|---|---|
| | 型号 | 功率/kW | 转速/r·min$^{-1}$ | 种类 | 型号 | 额定压力/MPa | 公称排量/mL·r$^{-1}$ | | |
| 27 | Y132M-4 | 7.5 | 1440 | 变量柱塞泵 | 10SCY14-1B | 31.5 | 10 | 815 | 345 |
| | Y180L-4 | 22 | 1470 | | 25SCY14B-1B | 31.5 | 25 | 1075 | 465 |
| | Y250M-4 | 55 | 1480 | | 63SCY14-1B | 31.5 | 63 | 1375 | 635 |
| | Y280S-4 | 75 | 1480 | | A7V78 | 35 | 78 | 1500 | 690 |
| | Y280M-4 | 90 | 1480 | | A7V107 | 35 | 107 | 1565 | 690 |
| | Y180L-4 | 22 | 1470 | 定量柱塞泵 | A2F28 | 35 | 28.1 | 1010 | 465 |
| | Y225S-4 | 37 | 1470 | | A2F45 | 35 | 44.3 | 1205 | 570 |
| | Y225M-4 | 45 | 1480 | | A2F55 | 35 | 54.8 | 1230 | 635 |
| | Y250M-4 | 55 | 1480 | | A2F63 | 35 | 63.0 | 1380 | 635 |
| | Y280S-4 | 75 | 1480 | | A2F80 | 35 | 80.0 | 1450 | 690 |
| | Y280M-4 | 90 | 1480 | | A2F107 | 35 | 107 | 1530 | 690 |
| | Y315S-4 | 110 | 1480 | | A2F125 | 35 | 125 | 1770 | 900 |

注：表中所示尺寸是一套泵组之数。若为 $n$ 套泵组，则 $B$ 尺寸为 $n(150+B)$。

（2）蓄能器组

单排蓄能器组

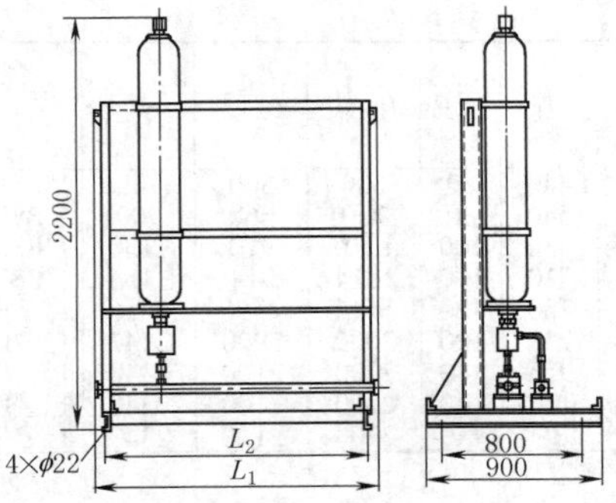


**表 21-8-204** mm

| 蓄能器型号 | 蓄能器个数 | | | |
|---|---|---|---|---|
| NXQ-L40 | 2 | 3 | 4 | 5 |
| $L_1$ | 900 | 1200 | 1500 | 1800 |
| $L_2$ | 750 | 1050 | 1350 | 1650 |

双排蓄能器组

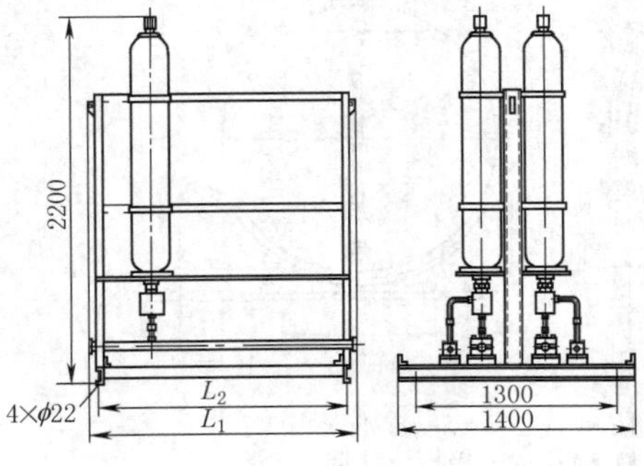


**表 21-8-205** mm

| 蓄能器型号 | 蓄能器个数 | | |
|---|---|---|---|
| NXQ-L40 | 5;6 | 7;8 | 9;10 |
| $L_1$ | 1200 | 1500 | 1800 |
| $L_2$ | 1050 | 1350 | 1650 |

（3）阀台

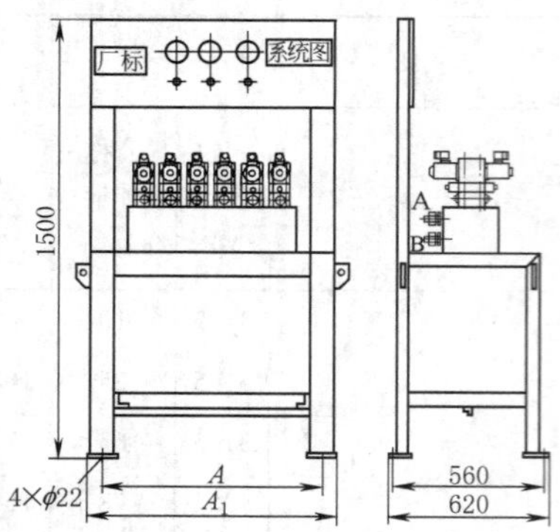


表 21-8-206　　mm

| 折合叠加 10 通径阀个数 | 4~8 组 | 8~12 组 | 12~16 组 |
|---|---|---|---|
| $A$ | 800 | 1200 | 1500 |
| $A_1$ | 900 | 1300 | 1600 |

（4）油箱

## 矩形油箱

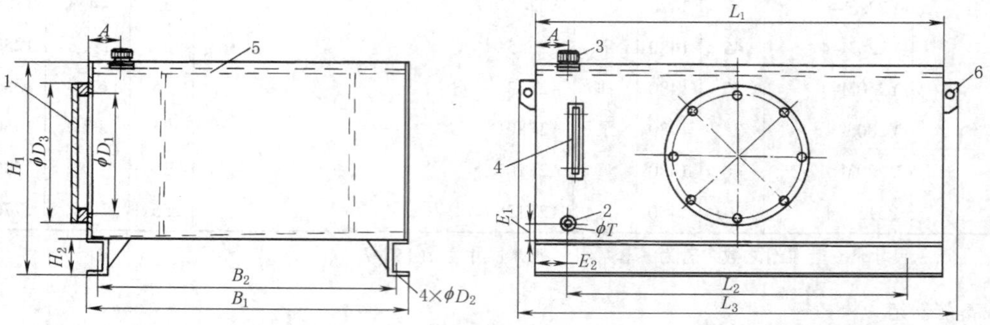


1—清洗用盖；2—放油螺塞；3—注油/滤清器；4—液面指示器；5—盛油槽；6—支撑用孔

表 21-8-207　　mm

| 规格 | 质量/kg | | 工作容量/L | $A$ | $B_1\pm1$ | $B_2\pm2$ | $D_1{}^{+3}_{0}$ | $D_2$ | $D_3$ | $E_1$ | $E_2$ | $H_1$ | $H_2$ | $L_1\pm1$ | $L_2\pm1$ | $L_3\pm1$ | $T$ |
|---|---|---|---|---|---|---|---|---|---|---|---|---|---|---|---|---|---|
| | 标准型 | 重型 | | | | | | | | | | | | | | | |
| 60 | 55 | 90 | 75 | 50 | 463 | 415 | 220 | 14 | 240 | 60 | 60 | 440 | 80 | 600 | 500 | 740 | 1″BSP |
| 120 | 75 | 135 | 141 | 75 | 510 | 460 | 350 | 14 | 370 | 60 | 60 | 540 | 80 | 760 | 660 | 900 | 1″BSP |
| 250 | 135 | 220 | 265 | 75 | 620 | 570 | 350 | 14 | 370 | 60 | 60 | 630 | 100 | 1010 | 910 | 1150 | 1″BSP |
| 350 | 165 | 275 | 388 | 90 | 764 | 650 | 465 | 14 | 485 | 60 | 60 | 710 | 100 | 1014 | 914 | 1154 | 1″BSP |
| 500 | 265 | 385 | 578 | 90 | 766 | 650 | 465 | 14 | 485 | 60 | 60 | 730 | 120 | 1516 | 1416 | 1656 | 1½″BSP |
| 800 | 370 | 615 | 889 | 90 | 866 | 750 | 465 | 14 | 485 | 150 | 150 | 730 | 120 | 2000 | 1900 | 2140 | 1½″BSP |
| 1000 | 430 | – | 1166 | 90 | 760 | 650 | 500 | 23 | 520 | 150 | 150 | 955 | 140 | 2200 | 2100 | 2340 | 1½″BSP |
| 1500 | 510 | – | 1676 | 90 | 860 | 750 | 500 | 23 | 520 | 150 | 150 | 1140 | 140 | 2200 | 2100 | 2340 | 1½″BSP |
| 2000 | 590 | – | 2086 | 90 | 860 | 750 | 500 | 23 | 520 | 150 | 150 | 1390 | 140 | 2200 | 2100 | 2340 | 1½″BSP |

## 筒形油箱

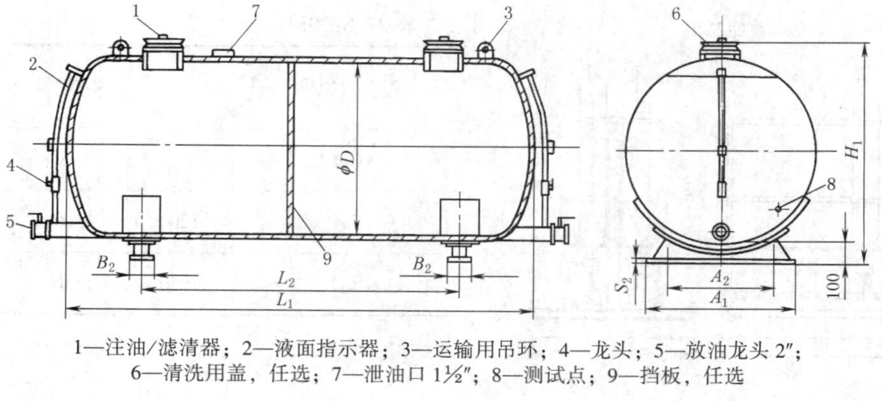


1—注油/滤清器；2—液面指示器；3—运输用吊环；4—龙头；5—放油龙头 2″；
6—清洗用盖，任选；7—泄油口 1½″；8—测试点；9—挡板，任选

**表 21-8-208** mm

| 规格 | 质量/kg | $A_1$ | $A_2$ | $B_2$ | $D$ | $H_1$ | $L_1$ | $L_2$ | $S_2$ |
|---|---|---|---|---|---|---|---|---|---|
| 1000 | 165 | 750 | 600 | 150 | 1000 | 1220 | 1510 | 765 | 8~10 |
| 1500 | 218 | | | | | | 2050 | 1400 | |
| 2000 | 260 | 950 | 800 | | 1250 | 1470 | 1830 | 1100 | |
| 3000 | 355 | | | | | | 2740 | 1920 | |
| 4000 | 587 | | | | | | 3490 | 2740 | |
| 4000 | 628 | 1200 | 1050 | 300 | 1600 | 1820 | 2230 | 1280 | 10~12 |
| 5000 | 740 | | | | | | 2820 | 1770 | |
| 6000 | 846 | | | | | | 3250 | 2250 | |
| 7000 | 930 | | | | | | 3740 | 2770 | |
| 10000 | 1250 | | | | | | 5350 | 4290 | |
| 13000 | 1560 | 1150 | 1000 | 475 | | | 6960 | 5625 | |
| 16000 | 2060 | 1750 | 1600 | 550 | 2000 | 2220 | 6550 | 4210 | |
| 20000 | 2420 | | | | | | 6960 | 5395 | |

## 6.3 UZ 系列微型液压站

UZ 系列微型液压站（以下简称 UZ 站），是由电动机泵组、油箱、液压阀集成块等组成的小型液压动力源。UZ 站的电动机全部立式安装在油箱上。UZ 站以各种功能螺纹插装阀为主体，兼用各种板式阀和叠加阀，结构紧凑、功能齐全。既有常规液压系统，也有比例和伺服液压系统。既有常规的测量显示仪表，也有压力、流量、油温、液位等传感器，输出模拟量或数字量信号，由智能控制器、单板机或微机实现高精度和远程监控。

UZ 系列微型液压站由天津优瑞纳斯油缸有限公司生产。

（1）型号意义

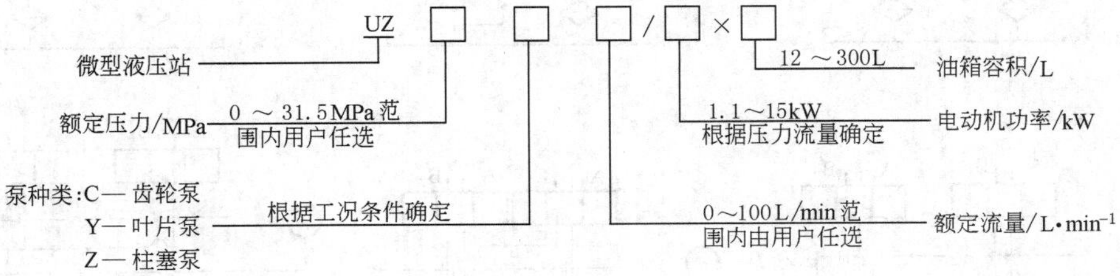


标记示例

优瑞纳斯微型液压站，额定压力 10MPa，齿轮泵，额定流量 36L/min、电动机功率 7.5kW，油箱容积 225L：

UZ10C36/7.5×225

（2）技术规格

**表 21-8-209** **技 术 性 能**

| 工作压力/MPa | | 0~31.5(连续增压器回路最高压力为 200MPa) |
|---|---|---|
| 流量/L · $min^{-1}$ | | 0~100 |
| 泵装置 | | 有齿轮泵、叶片泵、柱塞泵三种型式可供选择 |
| 电动机 | 功率/kW | 1.1~15(1.1、1.5、2.2、3、4、5.5、7.5、11、15) |
| | 电源 | 三相 380VAC,50Hz(单相交流电机、直流电机等需商定) |

续表

| | |
|---|---|
| 油箱容积/L | 12～300(12、20、35、50、60、75、100、150、225、300) |
| 产品检验 | 液压泵站清洗组装完毕后，逐台严格按国标企标进行出厂试验，并提供出厂试验报告、产品合格证及使用维护说明<br>产品出厂清洁度(油液污染等级)9 级(NAS 1638)或 18/15 级(ISO 4406) |

注：由于 UZ 站电机最大功率为 15kW，因此系统额定压力和流量不能同时取较大值。即压力高时，流量值小；流量大时，压力值低。压力（MPa）×流量（L/min）应小于 750。

## 常用基本回路

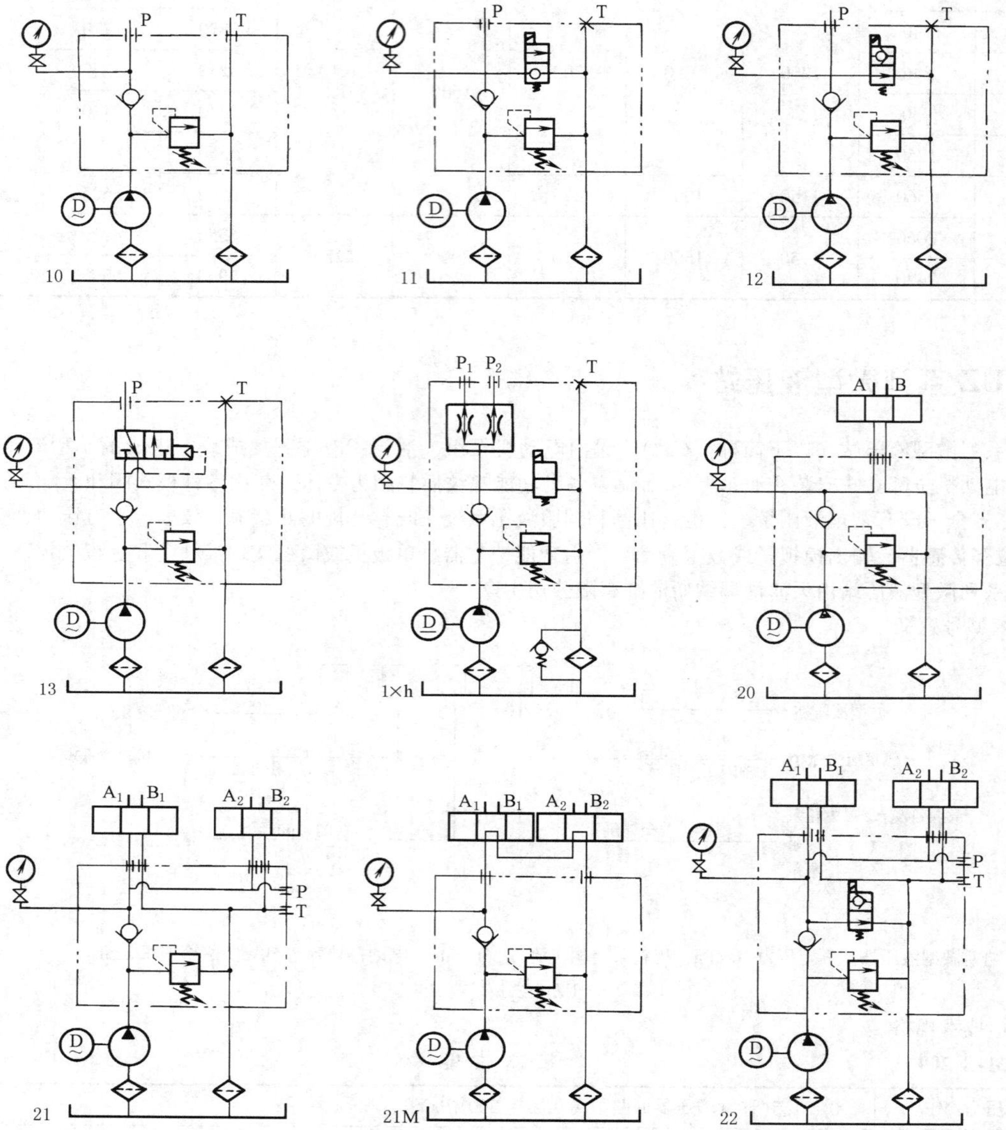


注：1. 1×h 回路同步阀 h 可安装在 11、12、13 回路中，成为 11h、12h 或 13h 回路。

2. 21、22 回路可并联多个板式换向阀，不能选用 M、H 型机能阀。

3. 20、21、21M、22 回路各换向阀还可叠加各种功能阀。

4. 将 21M 回路中的一个阀换成 H 型机能阀时，成为 21MH 回路，如两个阀都换成 H 型机能阀时，则成为 21H 回路。

5. 回路工作原理参见 UP 液压动力包的表。

(3) 外形尺寸

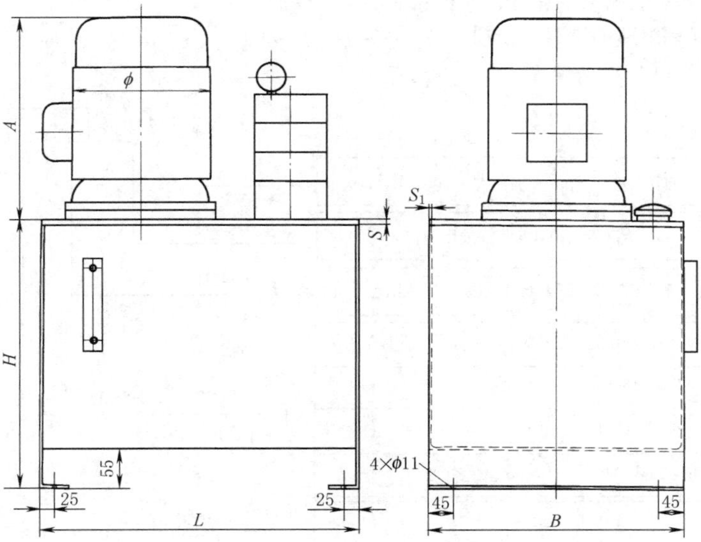


**表 21-8-210**

mm

| | | | | | | | | | | | |
|---|---|---|---|---|---|---|---|---|---|---|---|
| 油箱 | 容积/L | 12 | 20 | 35 | 50 | 60 | 75 | 100 | 150 | 225 | 300 |
| | $L$ | 310 | 400 | 470 | 500 | 550 | 550 | 700 | 750 | 900 | 900 |
| | $B$ | 310 | 310 | 310 | 400 | 400 | 400 | 400 | 500 | 600 | 700 |
| | $H$ | 275 | 325 | 400 | 420 | 445 | 530 | 530 | 620 | 650 | 700 |
| | $S_1$ | 2 | | | | | | 3 | | 4 | |
| | $S$ | 6 | | | | | | | | 8 | |

| | | | | | | | | | | |
|---|---|---|---|---|---|---|---|---|---|---|
| 电动机 | 功率/kW | 1.1 | 1.5 | 2.2 | 3 | 4 | 5.5 | 7.5 | 11 | 15 |
| | 转速/$r \cdot min^{-1}$ | 1400 | | 1420 | | 1440 | 1450 | | 1470 | |
| | $\phi$ | 195 | | 220 | | 240 | 275 | | 335 | |
| | $A$ | 280 | 305 | 370 | | 380 | 475 | 515 | 605 | 650 |

UZ 站的订货方法如下：

① 由用户提供液压原理图、技术参数和技术要求或由用户提供性能要求、工况条件，由天津优瑞纳斯油缸有限公司提供液压原理图；

② 由天津优瑞纳斯油缸有限公司根据液压原理图选择电动机、泵、阀、油箱等主要元件，经用户同意后设计制造。

## 6.4 UP 液压动力包

UP 系列液压动力包（以下简称 UP 液压包）是一种用螺纹插装阀块把电动机、泵、阀、油箱紧凑地连接在一起的微型液压动力源。与同规格的常规液压站相比，结构紧凑，体积小，重量轻。UP 液压包作为小型液压缸，液压马达的动力源，现已广泛应用于我国的工程机械、医疗、环保、液压机具、升降平台、自动化设备等行业。

UP 液压包最高工作压力 25MPa；流量范围 0.22~22L/min；有交流单相 220V、三相 380V，直流 24V 和 12V 共 4 种电源几十种规格的电动机；有 6 种标准回路和可以自由扩展的多种回路；有卧式、立式、挂式三种安装方式；油箱容积 3~30L，9 种规格的油箱；增压器最高输出压力 200MPa。

液压包的核心是一个 150mm×150mm×50mm 的矩形插装阀块。在阀块的两个 150mm×150mm 大平面上一端固定着电动机，另一端固定着齿轮泵和油箱，电动机通过联轴器带动齿轮泵，齿轮泵输出的压力油从油泵前盖出油口直接进入阀块。溢流阀、单向阀、换向阀等都直接插装在阀块侧面上，通过阀块内部油道相连，进出油口 P、

T，板式阀座孔P、T、A、B，压力表接口G，固定安装孔也都开在阀块的侧面上。吸油滤油器固定在油泵后盖的吸油口上。油泵、滤油器被封闭在油箱内，油箱有加油口和放油口。

UP液压包由天津优瑞纳斯油缸有限公司生产。

（1）型号意义

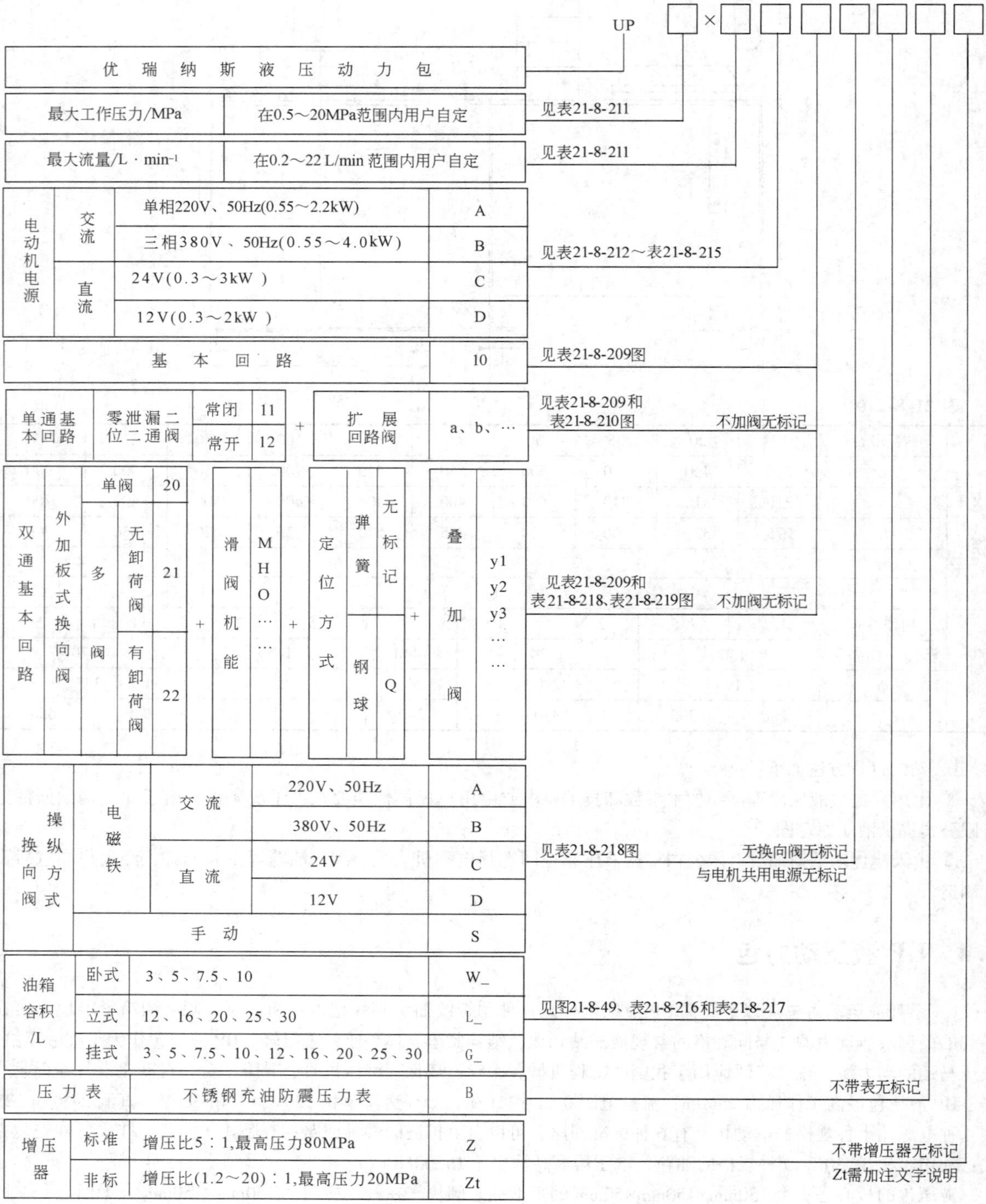


注：1. 液压包电动机计算功率 $P$（kW）= 0.02×最大工作压力（MPa）×最大流量（L/min）。

2. 当选用直流电动机时，其每次通电连续运转不得超过2min。

标记示例

① 20MPa、1. 54L/min、220V 单相交流电机、10 回路立式 12L 油箱带压力表的液压包，标记为

UP20×1. 54A10L12B

② 8MPa、1. 4L/min、12V 直流电机、11e 回路常闭二通电磁阀带回油恒速阀、两通电磁阀操纵电压直流 12V，卧式 3L 油箱的液压包，标记为

UP8×1. 4D11eW3

③ 20MPa、2. 24L/min、380V 三相交流电机 22 回路；第 1 阀组：O 型机能三位四通弹簧复位电磁换向阀叠加双路单向节流阀；第 2 阀组：Y 型机能三位四通弹簧复位电磁换向阀叠加双路液控单向阀；第 3 阀组：$C_1$ 型钢球定位二位四通手动换向阀。电磁阀操纵电压交流 220V、立式 12L 油箱带压力表的液压包，标记为

UP20×2. 24B22（$Ol_7$+$Ya_9$+$C_1$QS）L12B

（2）技术规格

**表 21-8-211　　液压包常用标准回路**

| 名称 | 原理图 | 工作原理 |
|---|---|---|
| 10回路 | 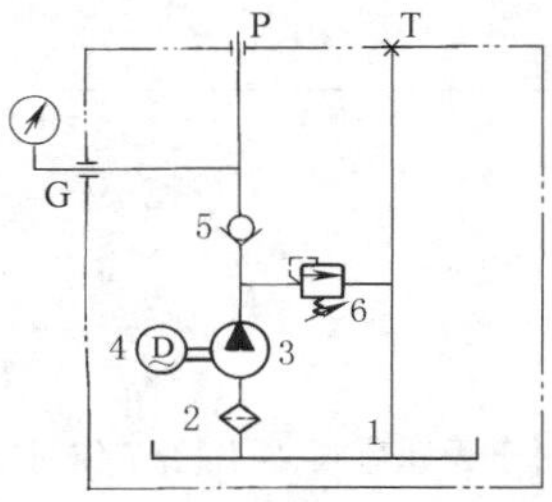 | 基本型回路。常作为外接阀组的液压源，也可直接带动单向液压马达<br>电动机 4 带动齿轮泵 3 转动，经过网式滤油器 2 过滤后，将油箱 1 中的工作介质吸入泵内。被齿轮泵增压的工作介质经单向阀 5 从压力油口（P 口）输出。经用户外接阀组到执行元件，如液压马达液压缸等，工作后的介质，经回油口（T 口）返回油箱。6 是可调节的螺纹插装溢流阀，用于调定系统压力。当执行元件工作压力达到溢流阀调定的额定压力时，压力介质会从溢流阀返回油箱，使系统压力保持在额定压力调定值，不再升高，起到安全保护作用。当齿轮泵停止工作时，螺纹插装单向阀 5 防止执行元件内的压力介质经泵和溢流阀返回油箱，起到保压和保护泵的双重作用 |
| 11回路 | 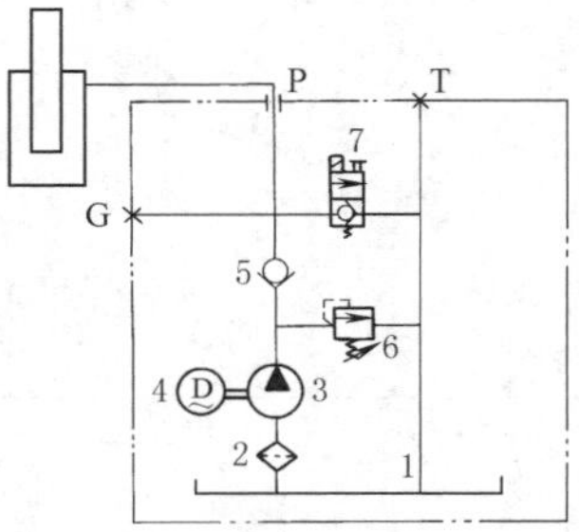 | 单作用常闭式基本型回路。是在 10 回路基础上增加了一个无泄漏的常闭式螺纹插装二通电磁换向阀 7。本回路适用于短时间工作，较长时间保压的工况，例如举升重物用单作用液压缸。电机带负载启动，液压缸举升动作完成后即关闭电机。由于回路中采用的是无泄漏常闭式螺纹插装二通阀和单向阀，所以只要液压缸和管道无泄漏，柱塞就不会出现沉降。在需要柱塞下降时，只要使二通阀换向，就可使液压缸内工作介质经二通阀流回油箱，使柱塞复位。二通阀换向可选择电动，也可选择手动，或者电动带手动调整。在阀块的侧面，压力油口 P 旁开有备用回油口 T，当双作用缸只使用一腔工作时，该油口可作为另一腔的泄漏油口或呼吸油口 |
| 12回路 | 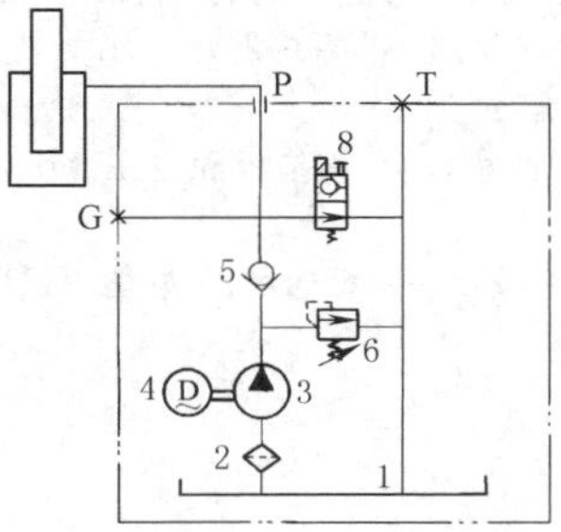 | 二通常开式基本回路。本回路只是将 11 回路中的常闭式二通阀 7 改为常开式二通阀 8，适用于长时间连续频繁升降，并需要短时保压的工况。电动机 4 空载启动，二通阀 8 换向，压力油进入液压缸。液压缸举升动作完成后，如需保压，只要二通阀 8 不复位，即使液压缸有轻微泄漏，也可继续保压，压力油经溢流阀 6 回油箱。但这种保压方式不能时间太久，否则介质会很快发热。二通阀 8 复位后，液压缸内介质经二通阀 8 流回油箱，柱塞复位。本回路也适用于弹簧回程的柱塞缸压力机 |

续表

| 名称 | 原理图 | 工作原理 |
| --- | --- | --- |
| 20回路 | 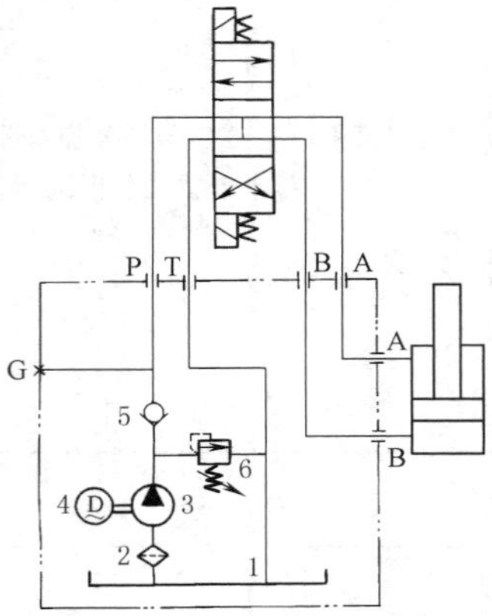 | 单个四通阀基本型回路。本回路是在10回路基础上，在插装阀块上增加了一个板式换向阀座孔。可将板式阀直接安装在阀块侧面上。因此本回路必须加装一个板式换向阀，才能使用。本回路常用于工作时间短，停止时间长，电机断续运转的工况。如需要电机长时间连续运转时，必须选用中立位置PT口接通的M型、H型等三位四通换向阀。这几种换向阀在中立位置时，使电机转动时不带负载，压力介质直接回油箱，不会造成系统的发热和能源的浪费。本回路常用于双作用液压缸。电机启动，换向阀换向后，压力介质从P口经换向阀进入液压缸A腔。B腔的压力介质经T口回油箱。换向阀换向后，压力介质进入B腔，A腔介质回油箱，实现液压缸的往复运动。如果需要，还可以在阀块上叠加、插装、串联各种功能的阀，组成各种扩展液压回路 |
| 21回路 | 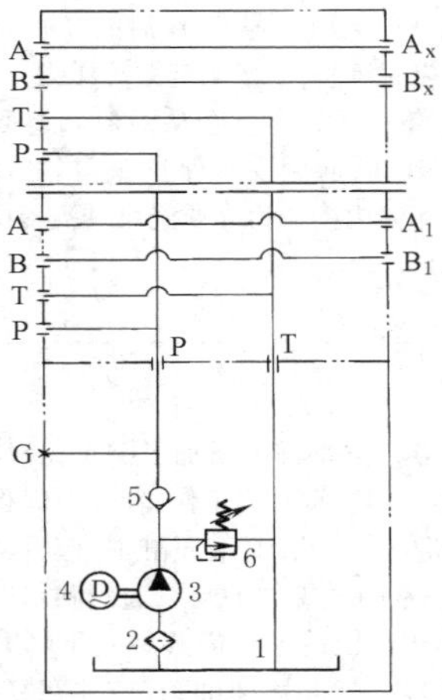 | 适用操纵多个执行元件。21回路由于无卸荷阀，常用于工作时间短，停止时间长的工况<br>21回路所有阀件都安装在一块过渡垫板上，该垫板固定在液压包阀块的侧面，油路与阀块相通<br>由于21回路中阀件较多，在选型时按顺序分组标示，最好能提供所需要的液压原理图 |
| 22回路 | 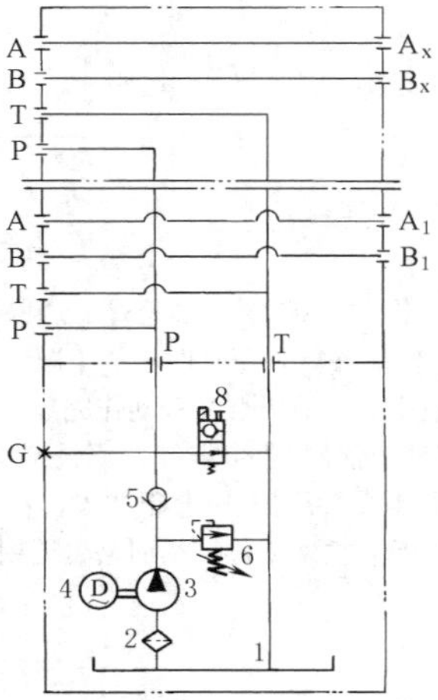 | 适用操纵多个执行元件。带电磁卸荷阀的22回路常用于频繁换向，长时间开机的工况，泵出的压力介质通过常开的二通电磁换向阀8直接流回油箱，电机空载运转，既不浪费能源也不会导致系统发热。当系统需要压力时，使换向阀8电磁铁带电，截断压力油回油路，系统建压<br>22回路所有阀件都安装在一块过渡垫板上，该垫板固定在液压包阀块的侧面，油路与阀块相通<br>由于22回路中阀件较多，在选型时按顺序分组标示，最好能提供所需要的液压原理图 |

**表 21-8-212　　液压包扩展回路**

| | | | | | | | | | | |
|---|---|---|---|---|---|---|---|---|---|---|
| 扩展回路阀符号 | a | 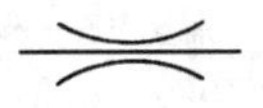 固定节流阀 | b | 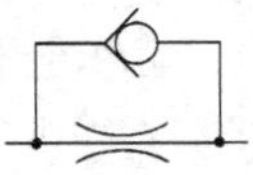 单向固定节流阀 | c | 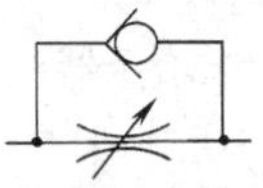 单向可调节流阀 | d | 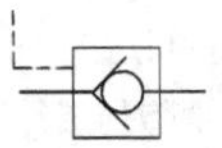 液控单向阀 | Z | 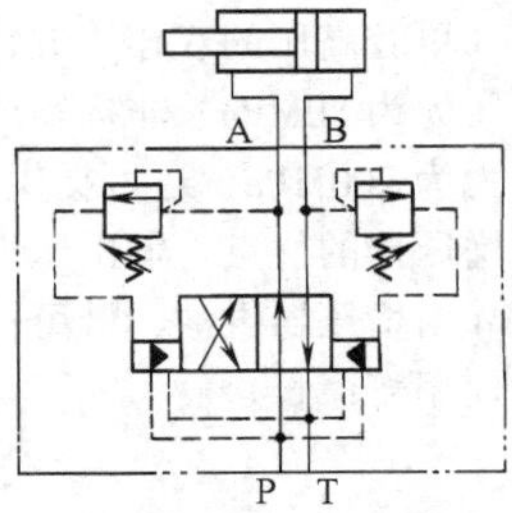 板式液控自动换向阀 |
| | e | 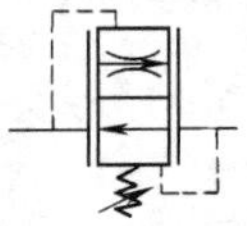 恒速阀 | f |  可调节流阀 | g |  调速阀 | h | 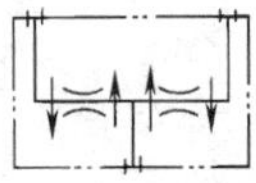 同步阀 | | |

扩展回路液压原理图示例

在阀块上插装各种液压阀或串联各种管式阀、板式阀，可以组成多种扩展回路，见下图。例如：11a 回路可以实现重载荷柱塞缸的慢速下降。常用于载荷不变或变化较小的工况。插装恒速阀的 11e 回路，在工作载荷范围内，无论载荷怎样变化，都能确保柱塞缸的下降速度不变。常作为叉车的货物升降回路

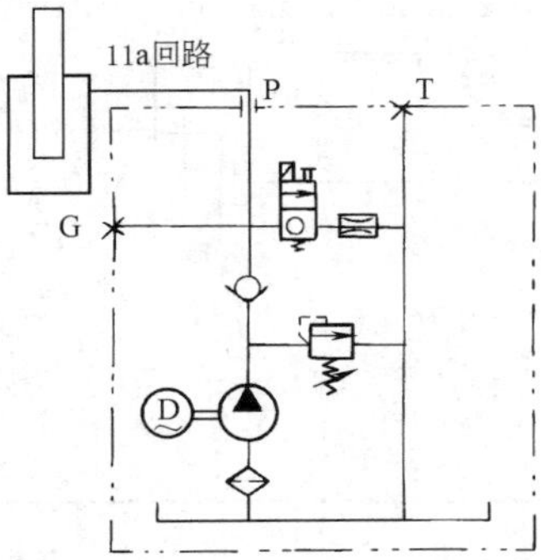


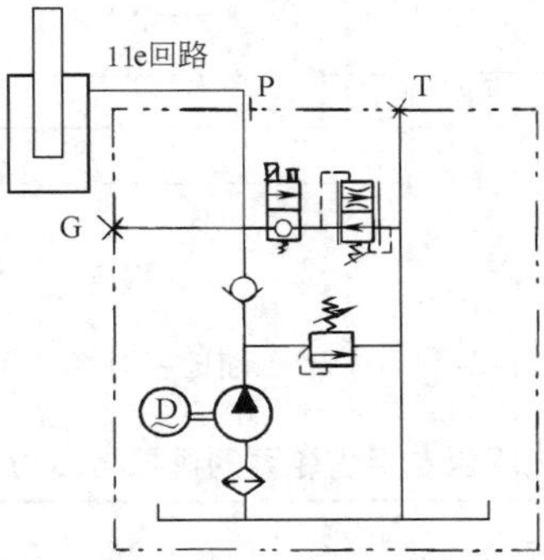


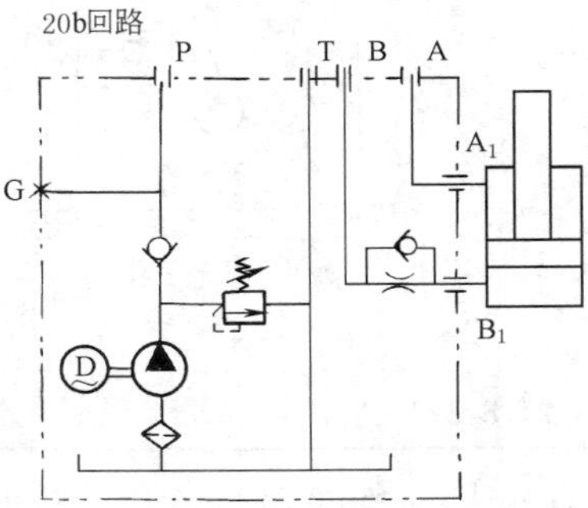


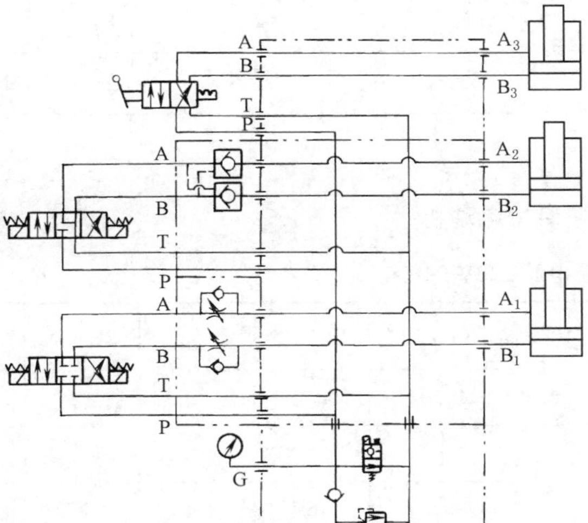


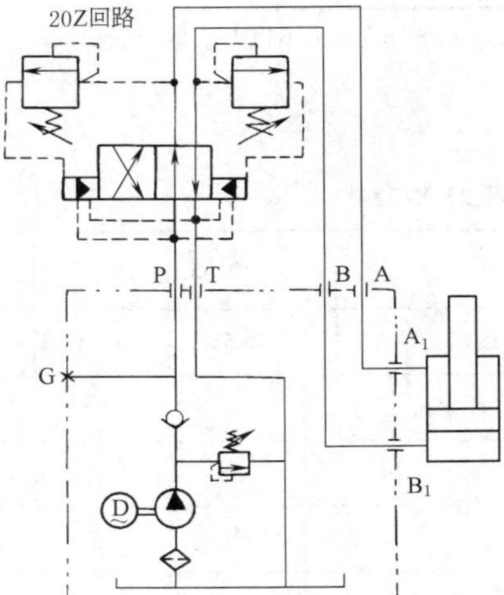

## 带增压器的液压包

液压包用二位或三位四通换向阀向增压器供油，经增压器增压后，连续输出高压油。常用于柱塞缸、弹簧复位缸和单腔高压的双作用缸，其原理图见图 21-8-48。标准增压器比为 5∶1，输出流量是输入流量的 10%，最高输出压力为 80MPa。非标增压器有 11 种增压比，从 1.2∶1 到 20∶1；最大输入/输出流量为 70/9L/min；最高输出压力为 200MPa；还可提供双路增压器，用于两腔都需高压油的双作用液压缸。

增压器的优点：输出压力可调；连续输出压力介质；带无泄漏液控单向阀；常压时由初级回路直接供油，高压时才由增压器供油，既可提高效率，又能节省能源；由于采用初级常压回路控制，因此故障率极小，性能可靠，使用寿命长。

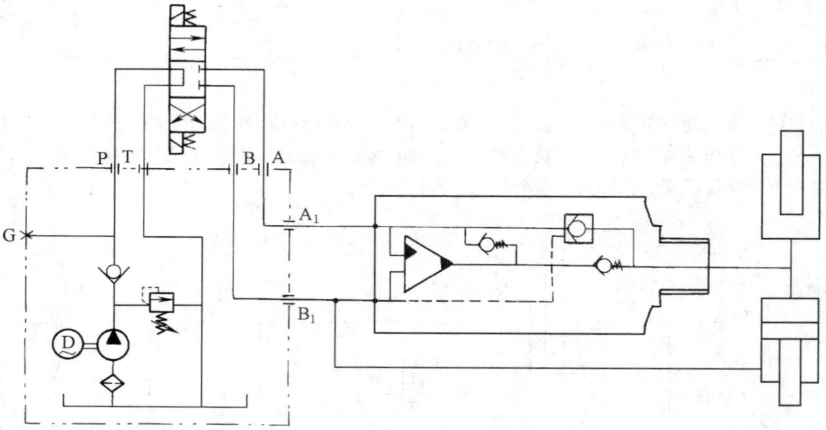


图 21-8-48　带增压器的液压包原理

表 21-8-213　　液压包专用齿轮泵的排量与压力

| 排量/mL·r$^{-1}$ | 0.16 | 0.24 | 0.45 | 0.56 | 0.75 | 0.92 | 1.1 | 1.6 | 2.1 | 2.6 | 3.2 | 3.7 | 4.2 | 4.8 | 5.8 | 7.9 |
|---|---|---|---|---|---|---|---|---|---|---|---|---|---|---|---|---|
| 公称压力/MPa | 17 | | | | | | 21 | | | | 20 | | 18 | | 17 | 15 |
| 峰值压力/MPa | 20 | | | | | | 25 | | | | 24 | | 22 | | 21 | 19 |

注：系统调定压力不得大于泵公称压力。

## 液压包专用电动机

表 21-8-214　　单相交流电源 220V 50Hz

| 型号 | 4L/0.55 | 4L/0.75 | 4L/1.1 | 4L/1.5 | 4L/2.2 | 2L/0.75 | 2L/1.1 | 2L/1.5 | 2L/2.2 |
|---|---|---|---|---|---|---|---|---|---|
| 功率/kW | 0.55 | 0.75 | 1.1 | 1.5 | 2.2 | 0.75 | 1.1 | 1.5 | 2.2 |
| 转速/r·min$^{-1}$ | 1400 | | | | | 2800 | | | |
| $\phi$/mm | 165 | 165 | 185 | 185 | | 165 | 165 | 185 | 185 |
| $H$/mm | 120 | 120 | 130 | 130 | | 120 | 120 | 130 | 130 |
| $L$/mm | 275 | 275 | 280 | 310 | 345 | 275 | 275 | 280 | 310 |
| 质量/kg | 13.5 | 14.5 | 18 | 22 | 26 | 13.5 | 14.5 | 18 | 22 |

表 21-8-215　　三相交流电源 380V 50Hz

| 型号 | 4S/0.55 | 4S/0.75 | 4S/1.1 | 4S/1.5 | | 2S/0.75 | 2S/1.1 | 2S/1.5 | 2S/2.2 | 4Y/2.2 | 4Y/3.0 | 4Y/4.0 |
|---|---|---|---|---|---|---|---|---|---|---|---|---|
| 功率/kW | 0.55 | 0.75 | 1.1 | 1.5 | | 0.75 | 1.1 | 1.5 | 2.2 | 2.2 | 3.0 | 4.0 |
| 转速/r·min$^{-1}$ | 1400① | | | | | 2800 | | | | 1420 | | 1440 |
| $\phi$/mm | 165 | 165 | 180 | 180 | 152 | 165 | 165 | 185 | 185 | 220 | 220 | 240 |
| $H$/mm | 120 | 120 | 130 | 130 | 110 | 120 | 120 | 130 | 130 | 180 | 180 | 190 |
| $L$/mm | 275 | 275 | 280 | 305 | 230 | 275 | 275 | 280 | 305 | 370 | 370 | 380 |
| 质量/kg | 13.5 | 14.5 | 18 | 21 | 16 | 13.5 | 14.5 | 18 | 21 | 34 | 38.5 | 44 |

① 汽车举升机专用电动机。

表 21-8-216　直流电源 24V

| 型号 | C0.3 | C0.5 | C0.8 | C1.2 | C2.0 | C3.0 |
|---|---|---|---|---|---|---|
| 功率/kW | 0.3 | 0.5 | 0.8 | 1.2 | 2.0 | 3.0 |
| 转速/r·min$^{-1}$ | 3500~2000 | | | | | |
| $\phi$/mm | 89 | 130 | 115 | | | 130 |
| $L$/mm | 160 | 180 | 170 | | | 180 |
| 质量/kg | 3.1 | 8.5 | 6.5 | | | 8.5 |

表 21-8-217　直流电源 12V

| 型号 | D0.3 | D0.5 | D0.8 | D1.5 | D2.0 |
|---|---|---|---|---|---|
| 功率/kW | 0.3 | 0.5 | 0.8 | 1.5 | 2.0 |
| 转速/r·min$^{-1}$ | 4000~2300 | | | | |
| $\phi$/mm | 89 | 130 | 115 | | 130 |
| $L$/mm | 160 | 180 | 170 | | 180 |
| 质量/kg | 3.1 | 8.5 | 6.5 | | 8.5 |

UP 系列液压包共有四种电源的电动机可供选用，在确定系统压力、流量及电动机电源时应注意以下要点。

1）液压包电动机功率 $P$(kW)＝0.02×系统最高压力 $p$(MPa)×系统最大流量 $Q$(L/min)，当 $P$ 大于表中所列最大电动机功率时，已超出 UP 系列液压动力包供货范围，可选用该公司 UZ 系列微型液压站。

2）直流电动机的转速与工作压力成反比，其变化范围大约在 3500~2000r/min 之间。其平均流量近似值按 2500r/min计算。直流电动机每次通电连续运转时间不得超过 2min。

3）一般情况下用户只提供系统最高压力、最大流量数值和电源种类。泵和电动机规格由供方确定。为节省投资和能源，应在确定压力和流量参数时，尽量符合实际使用工况，不要过大或过小。

## 液压包专用油箱

表 21-8-218　　立式、挂式

| 容积/L | 12 | 16 | 20 | 25 | 30 |
|---|---|---|---|---|---|
| $B$/mm | 200 | 230 | 260 | 290 | 320 |
| 质量/kg | 6 | 16 | 28 | 42 | 58 |

表 21-8-219　　卧式、挂式

| 容积/L | 3 | 5 | 7.5 | 10 |
|---|---|---|---|---|
| $\phi$/mm | 140 | 180 | | |
| $Y$/mm | 220 | 220 | 320 | 420 |
| 质量/kg | 1 | 1.5 | 2 | 2.5 |

选择油箱时要考虑以下两个因素，综合比较后，选定恰当的油箱容积。

1）系统流量：油箱容积一般是系统流量的 1~4 倍，系统工作频率低，则系数小；频率高则系数大。系统周围的环境温度低，系数小；环境温度高，散热条件不好，则系数要大。

2）液压缸缸杆伸出时需要的补充油量：油箱容积至少为液压缸所需补充油量的 1.2~2 倍。

油箱容积及安装方式：UP 系列液压包有三种安装方式，即 W（卧式）、L（立式）、G（挂式）。其标注方式为安装方式字母代号和容积升数。例如：20 L 容积的立式油箱油标为 L20。

在第一次安装调试时，要注意保持油箱内油位。尤其是在液压缸较大，油箱较小的情况下，首先要使活塞杆缩回，然后使液压缸充满油，并使油箱保持较高油位。

## 板式换向阀（$\phi$6mm 通径）

**表 21-8-220**

| | | 二位四通换向阀符号及标记 | 三位四通换向阀符号及标记 |
|---|---|---|---|
| | | 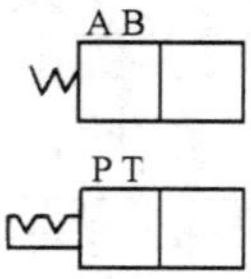 | 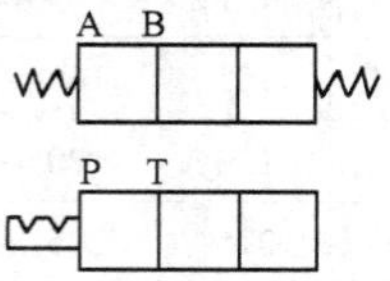 |
| 滑阀机能 | | 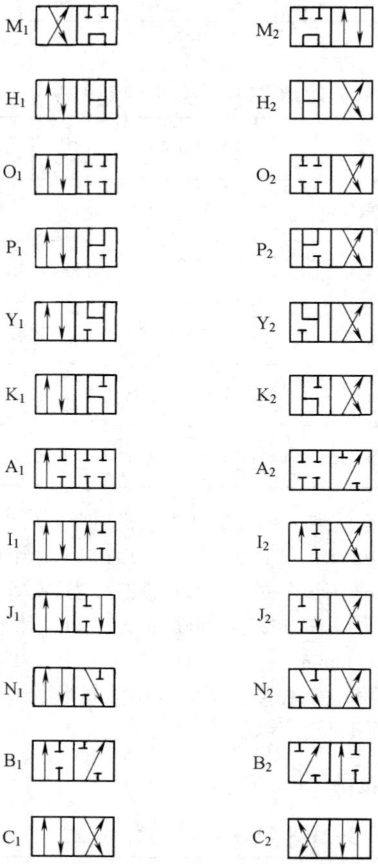 | 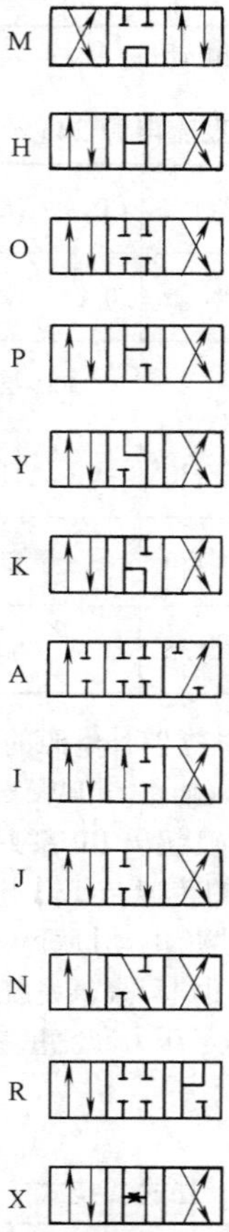 |
| 定位方式 | 弹簧复位 | 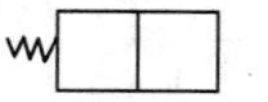 无标记 | 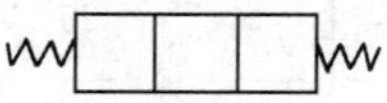 无标记 |
| | 钢球定位 | 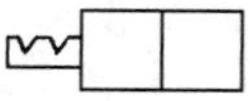 Q | 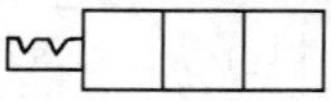 Q |
| 操纵方式 | 电磁换向 | 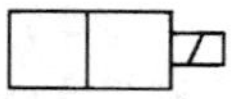 A、B、C、D 之一 | 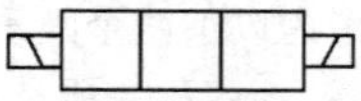 A、B、C、D 之一 |
| | 手动换向 | 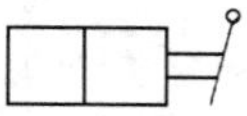 S | 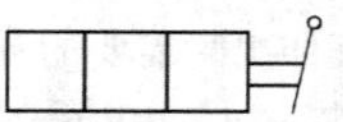 |

注：方向阀操纵方式：方向阀有许多种操纵方式，本表只列出电动和手动两种常用方式。如选用电动方式，当电磁阀与电机电源相同时，无须再标记。220V 电磁铁与 380V 电机电源相同，也无须标记。如需要本表以外的其他操纵方式，请用 X 字母表示，并加以文字或图示说明。本项所指方向阀包括二通球阀和外加板式换向阀，如需要带手动调整的电磁阀，应加注 S，如 AS、BS、CS、DS。

## 叠加阀（$\phi$6mm 通径）

**表 21-8-221**

| 名称 | 标记 | 液压符号（P T B A） |
|---|---|---|
| 溢流阀 | $y_1$ | |
| | $y_2$ | |
| | $y_3$ | |
| | $y_4$ | |
| 减压阀 | $j_1$ | |
| | $j_2$ | |
| | $j_3$ | |
| 顺序阀 | $x_1$ | |
| | $x_2$ | |
| | $x_3$ | |
| 单项顺序阀 | $x_4$ | |
| | $x_5$ | |
| | $x_6$ | |
| 节流阀 | $l_1$ | |
| | $l_2$ | |
| | $l_3$ | |

| 名称 | 标记 | 液压符号（P T B A） |
|---|---|---|
| 单项节流阀 | $l_4$ | |
| | $l_5$ | |
| | $l_6$ | |
| | $l_7$ | |
| | $l_8$ | |
| | $l_9$ | |
| | $l_{10}$ | |
| 调速阀 | $q_1$ | |
| | $q_2$ | |
| 单项调速阀 | $q_3$ | |
| | $q_4$ | |
| | $q_5$ | |
| | $q_6$ | |
| | $q_7$ | |
| | $q_8$ | |

| 名称 | 标记 | 液压符号（P T B A） |
|---|---|---|
| 单向阀 | $a_1$ | |
| | $a_2$ | |
| | $a_3$ | |
| | $a_4$ | |
| | $a_5$ | |
| | $a_6$ | |
| 液控单向阀 | $a_7$ | |
| | $a_8$ | |
| | $a_9$ | |
| 压力继电器 | $P_1$ | |
| | $P_2$ | |
| | $P_3$ | |
| | $P_4$ | |
| | $P_5$ | |
| 压力表开关 | $K_1$ | |

工作介质及工作条件：工作介质，建议采用黏度为（2.5～4）×$10^{-5}$ $m^2/s$ 的抗磨液压油、透平油、机油等矿物油。油液清洁度应达到 NAS 1638—9 级或 ISO 4406—19/15 级以上。工作介质温度应控制在 15～60 ℃范围内。如用户需要使用特殊工作介质和较高、较低的工作温度时应在订货时说明。

（3）外形尺寸

液压包的安装方式有卧式、立式和挂式三种。

卧式液压包（W）是用阀块将电机和油箱左右连接在一起。安装时用阀块 C 向侧面的 2 个 M10 深 15mm 的安装螺孔将其固定。卧式油箱有 3L、5L、7.5L 和 10L 四种容积。

立式液压包（L）是用阀块将电机和油箱上下连接在一起，安装时用油箱底脚的 4 个 $\phi$9mm 通孔将其固定。立式油箱有 12L、16L、20L、25L、30L 5 种容积。不随机移动的立式液压包也可直接放置在平整的地板上。

挂式液压包（G）是利用阀块 C 向侧面的 2 个 M10 深 15mm 的安装螺孔将卧式和立式液压包悬挂起来的安装型式。卧挂式油箱是将卧式油箱直油口更换成 90°油口，使油箱油口保持向上，并高于油液平面；立挂式油箱是立式油箱不带安装底脚。其余外形及尺寸与卧式和立式完全相同。

参照液压原理图，用清洁的管路、接头把液压包油口与执行元件正确连接起来。

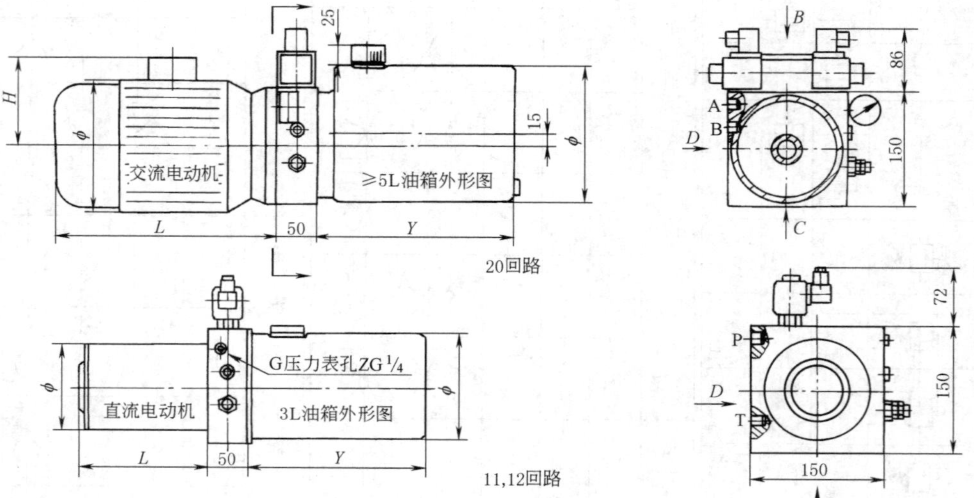


(a) 卧式

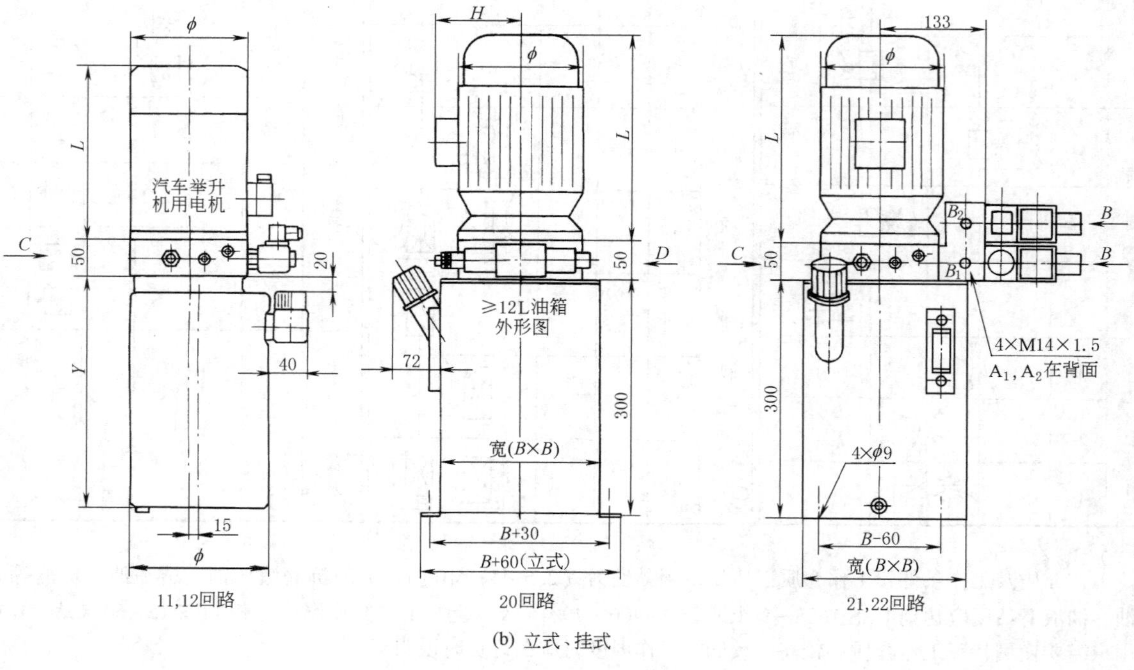


(b) 立式、挂式

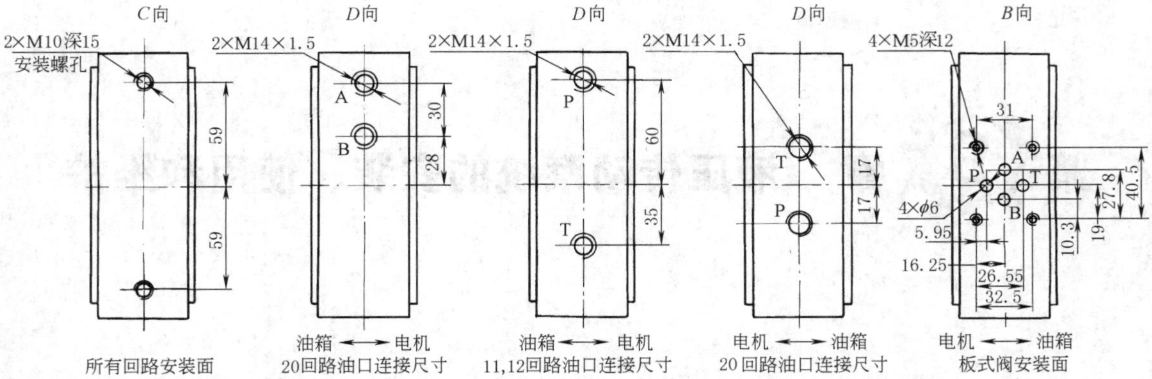


图 21-8-49　液压包外形（图中 $\phi$、$H$、$L$、$B$、$Y$ 尺寸见表 21-8-214~表 21-8-219）

# 第9章 液压传动系统的安装、使用和维护

## 1 液压传动系统的安装、试压和调试

### 1.1 液压元件的安装

液压元件的安装应遵守 GB/T 3766—2001《液压系统通用技术条件》和 GB/Z 19848—2005/ISO/TR 10949：2002《液压元件从制造到安装达到和控制清洁度的指南》等有关规定。

各种液压元件的安装方法和具体要求，在产品说明书中，都有详细的说明，在安装时必须加以注意。以下仅是液压元件在安装时一般应注意的事项。

1）安装前元件应进行质量检查。一般来说，买方不得拆卸元件。若确认元件被污染需进行拆洗，应正确地清洗、正确地重新组装，并进行测试，应符合 GB/T 7935—2005《液压元件 通用技术条件》的有关规定，合格后安装。

2）安装前应将各种自动控制仪表（如压力计、电接触压力计、压力继电器、液位计、温度计等）进行校验。这对以后调整工作极为重要，以避免不准确而造成事故。

3）液压泵装置安装要求如下。

① 液压泵与原动机之间的联轴器的型式及安装要求必须符合制造厂的规定。

② 外露的旋转轴、联轴器必须安装防护罩。

③ 液压泵与原动机的安装底座必须有足够的刚性，以保证运转时始终同轴。

④ 液压泵的进油管路应短而直，避免拐弯增多，断面突变。在规定的油液黏度范围内，必须使泵的进油压力和其他条件符合泵制造厂的规定值。

⑤ 液压泵的进油管路密封必须可靠，不得吸入空气。

⑥ 高压、大流量的液压泵装置推荐采用：

a. 泵进油口设置橡胶弹性补偿接管；

b. 泵出油口连接高压软管；

c. 泵装置底座设置弹性减震垫。

4）油箱装置安装要求如下。

① 油箱应仔细清洗，用压缩空气干燥后，再用煤油检查焊缝质量。

② 油箱底部应高于安装面 150mm 以上，以便搬移，放油和散热。

③ 必须有足够的支撑面积，以便在装配和安装时用垫片和楔块等进行调整。

5）液压阀的安装要求如下。

① 阀的安装方式应符合制造厂规定。

② 板式阀或插装阀必须有正确定向措施。

③ 为了保证安全，阀的安装必须考虑重力、冲击、振动对阀内主要零件的影响。

④ 阀用连接螺钉的性能等级必须符合制造厂的要求，不得随意代换。

⑤ 应注意进油口与回油口的方位，某些阀如将进油口与回油口装反，会造成事故。有些阀件为了安装方便，

往往开有同作用的两个孔，安装后不用的一个要堵死。

⑥ 为了避免空气渗入阀内，连接处应保证密封良好。

⑦ 方向控制阀的安装，一般应使轴线安装在水平位置上。

⑧ 一般调整的阀件，顺时针方向旋转时，增加流量、压力，反时针方向旋转时，则减少流量、压力。

6）其他辅件安装要求如下。

① 换热器

a. 安装在油箱上的加热器的位置必须低于油箱低极限液面位置，加热器的表面耗散功率不得超过 $0.7W/cm^2$；

b. 使用换热器时，应有液压油（液）和冷却（或加热）介质的测温点；

c. 采用空气冷却器时，应防止进排气通路被遮蔽或堵塞。

② 滤油器：为了指示滤油器何时需要清洗和更换滤芯，必须装有污染指示器或设有测试装置。

③ 蓄能器

a. 蓄能器（包括气体加载式蓄能器）充气气体种类和安装必须符合制造厂的规定；

b. 蓄能器的安装位置必须远离热源；

c. 蓄能器在卸压前不得拆卸。禁止在蓄能器上进行焊接、铆接或机加工。

④ 密封件

a. 密封件的材料必须与它相接触的介质相容；

b. 密封件的使用压力、温度以及密封件的安装应符合有关标准规定；

c. 随机附带的密封件，在制造厂规定的储存条件下，储存一年内可以使用。

7）液压执行元件安装要求如下。

① 液压缸

a. 液压缸的安装必须符合设计图样和（或）制造厂的规定；

b. 安装液压缸时，如果结构允许，进出油口的位置应在最上面，应装成使其能自动放气或装有易于接近的外部放气阀；

c. 液压缸的安装应牢固可靠，应能承受所有可预见的力。为了防止热膨胀的影响，在行程大和工作温度高的场合下，缸的一端必须保持浮动；

d. 配管连接不得松弛；

e. 液压缸的安装面和活塞杆的滑动面，应保持足够的平行度和垂直度。

② 液压马达

a. 液压马达与被驱动装置之间的联轴器型式及安装要求应符合制造厂的规定；

b. 外露的旋转轴和联轴器必须有防护罩。

③ 安装底座　液压执行元件的安装底座必须具有足够的刚性，保证执行机构正常工作。

8）系统内开闭器的手轮位置和泵、各种阀以及指示仪表等的安装位置，应注意使用及维修的方便。

## 1.2　管路安装与清洗

管路安装一般在所连接的设备及元件安装完毕后进行。管路采用钢管时，管路酸洗应在管路配制完毕，且已具备冲洗条件后进行。管路酸洗复位后，应尽快进行循环冲洗，以保证清洁及防锈。

1）根据工作压力及使用场合选择管件。系统管路必须有足够的强度，可采用钢管、铜管、胶管、尼龙管等。管路采用钢管时，推荐使用10、15、20号无缝钢管，特殊和重要系统应采用不锈钢无缝钢管。管件的精度等级应与所采用的管路辅件相适应。管件的最低精度必须符合GB/T 8162~GB/T 8163等规定。

管子内壁应光滑清洁，无砂、锈蚀、氧化铁皮等缺陷。若发现有下列情况之一时，即不能使用：内、外壁面已腐蚀或显著变色；有伤口裂痕；表面凹入；表面有离层或结疤。

2）管路安装应遵循下列要求：

① 管路敷设、安装应按有关工艺规范进行；

② 管路敷设、安装应防止元件、液压装置受到污染；

③ 管路应在自由状态下进行敷设，焊装后的管路固定和连接不得施加过大的径向力强行固定和连接；

④ 管路的排列和走向应整齐一致，层次分明，尽量采用水平或垂直布管；

⑤ 相邻管路的管件轮廓边缘的距离不应小于 10mm；

⑥ 同排管道的法兰或活接头应相间错开 100mm 以上，保证装拆方便；

⑦ 穿墙管道应加套管，其接头位置宜距墙面 800mm 以上；

⑧ 配管不能在圆弧部分接合，必须在平直部分接合；

⑨ 管路的最高部分应设有排气装置，以便排放管路中的空气；

⑩ 细的管子应沿着设备主体、房屋及主管路布置；

⑪ 管路避免无故使用短管件进行拼焊。

3）管路在管路沟槽中的敷设和沟槽要求应符合有关的规定，如“管道沟槽及管子固定”（JB/ZQ 4396）。

① 管道沟槽的尺寸应满足下列要求。

a. 主沟槽一般在宽度方向其最小间距（指管道附件之间的自由通道）等于 1200mm，最小深度为 2000mm。

沟槽的地基图，必须根据管子的数量和规格来绘制。增加量 $a_i$ 按表 21-9-1 确定。

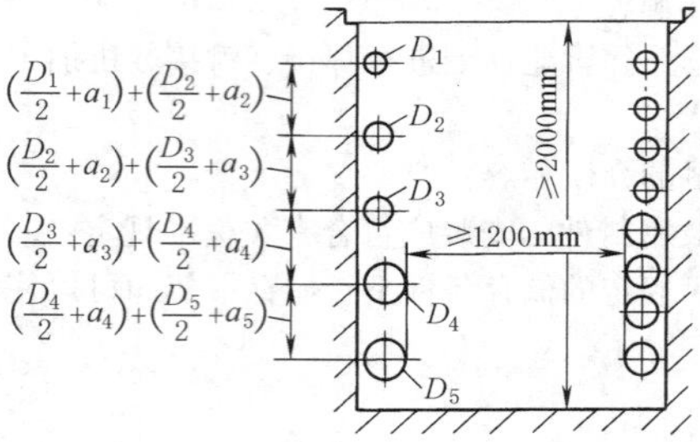


**表 21-9-1**

mm

| 管道种类 | 管子外径 $D_0$ | 选用 JB/ZQ 4485、JB/ZQ 4463、JB/T 82.1（$PN$ = 1.6MPa 法兰）时每根管道需要增加的位置量 $a_i$ | 管道种类 | 管子外径 $D_0$ | 选用 JB/ZQ 4485、JB/ZQ 4463、JB/T 82.1（$PN$ = 1.6MPa 法兰）时每根管道需要增加的位置量 $a_i$ |
|---|---|---|---|---|---|
| 高压 | ≤50 | 30① | 低压 | ≤168 | 40 |
| | >50~114 | 50 | | >168~351 | 公称通径大于 150mm 管子的位置量必须根据托架（JB/ZQ 4518）和卡箍（JB/ZQ 4519）确定 |

① 30mm 是选用 JB/ZQ 4485《高压法兰》时的数值。当选用 JB/ZQ 4462、JB/ZQ 4463《对焊钢法兰》时，该值至少还要增加 10mm。

注：1. 确定一般管道所需位置量时，对于回油管道应考虑有 3%的斜度。

2. 当选用其他型号管接头时，$a_i$ 应满足扳手空间或其他操作的要求。

b. 管子沿垂直方向布置的支沟槽，如图 21-9-1 所示。在宽度方向的最小间距大于等于 800mm，沟槽深度按表 21-9-1。

公称通径小于等于 32mm 的管子沿水平方向布置的支沟槽如图 21-9-2 所示。深度小于等于 400mm，宽度根据所铺设的管子数量和尺寸 $a$ 来确定。

c. 支沟和主沟连接处，管道由主沟进入支沟或由支沟进入主沟时，可能会产生某种干涉。因此需通过基础设计给以保证（例如：管道之间互相上下交错开）。

② 为了在沟槽中固定管子，必须在基础中装进相应的扁钢。扁钢与扁钢之间的距离应当在 1500mm 左右，以便在受到撞击时不致使管道系统产生振动。距离沟槽拐角处的间距约为 250mm，见图 21-9-3。

③ 管道的安装要求如下。

a. 高压管道的安装，固定管夹时，可以直接固定在已浇灌在基础中的扁钢上。

b. 低压管道的安装，管子可以采用管夹固定在 12 号槽钢上，管子的公称通径 $DN$ 大于等于 32mm 选用管夹

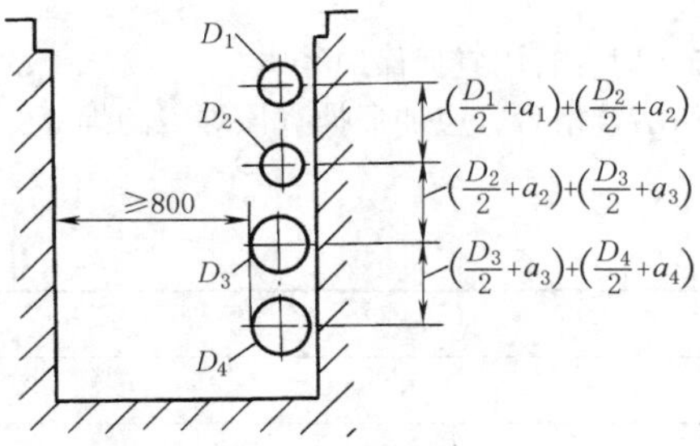


图 21-9-1 垂直布置支沟槽

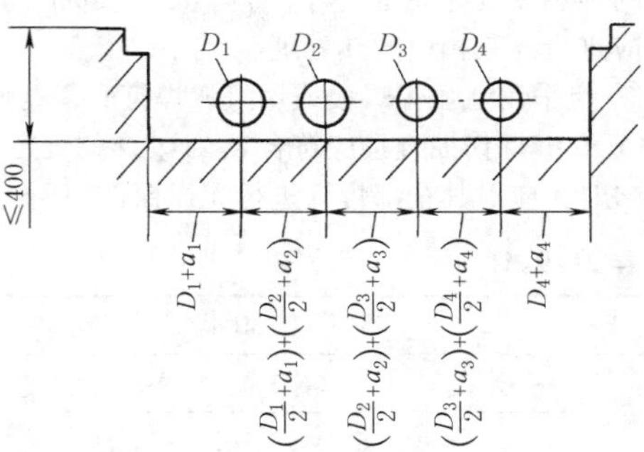


图 21-9-2 水平布置支沟槽

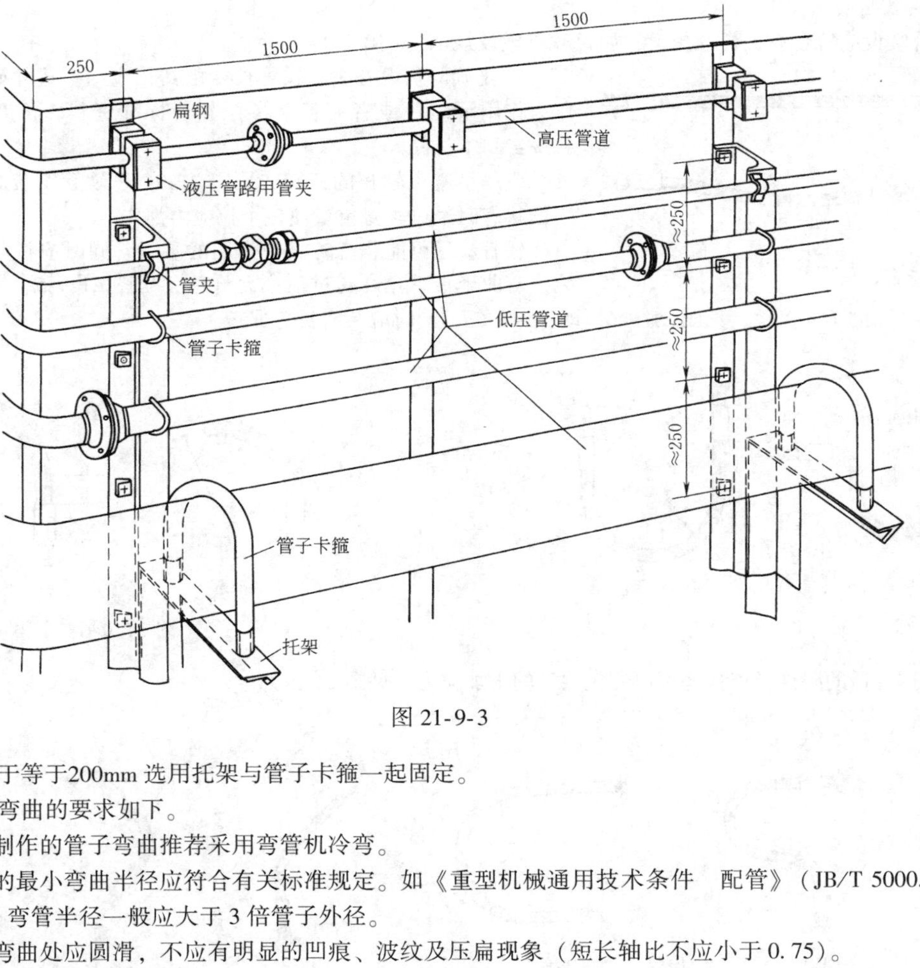


图 21-9-3

固定；*DN* 大于等于200mm 选用托架与管子卡箍一起固定。

4）管子弯曲的要求如下。

① 现场制作的管子弯曲推荐采用弯管机冷弯。

② 弯管的最小弯曲半径应符合有关标准规定。如《重型机械通用技术条件　配管》（JB/T 5000.11），见本手册第 1 卷。弯管半径一般应大于 3 倍管子外径。

③ 管子弯曲处应圆滑，不应有明显的凹痕、波纹及压扁现象（短长轴比不应小于 0.75）。

5）管道焊接的要求如下。

① 管子焊接的坡口型式、加工方法和尺寸标准等，均应符合有关国家标准如 GB/T 985、GB/T 986 的有关规定。

② 管道与管道、管道与管接头的焊接应采用对口焊接。不可采用插入式的焊接型式。

③ 工作压力等于或大于 6.3MPa 的管道，其对口焊缝的质量，按 GB/T 12469 的要求不应低于Ⅱ级焊缝标准；工作压力小于 6.3MPa 的管道，其对口焊缝质量不应小于Ⅲ级焊缝标准。

④ 壁厚大于 25mm 的 10 号、15 号和 20 号低碳钢管道在焊接前应进行预热，预热温度为 100~200℃；合金钢

管道的预热按设计规定进行。壁厚大于 36mm 的低碳钢、大于 20mm 的低合金钢、大于 10mm 的不锈钢管道，焊接后应进行与其相应的热处理。

⑤ 应采用氩弧焊焊接或用氩弧焊打底，电弧焊填充。采用氩弧焊时，管内宜通保护气体。

⑥ 焊缝探伤抽查量应符合表 21-9-2 的规定。按规定抽查量探伤不合格者，应加倍抽查该焊工的焊缝，当仍不合格时，应对其全部焊缝进行无损探伤。

**表 21-9-2　　焊缝探伤抽查量**

| 工作压力/MPa | 抽查量/% |
|---|---|
| ≤6.3 | 5 |
| 6.3~31.5 | 15 |
| >31.5 | 100 |

6）软管安装要求如下。

① 软管敷设应符合有关标准规定，如《软管敷设规范》(JB/ZQ 4398)。

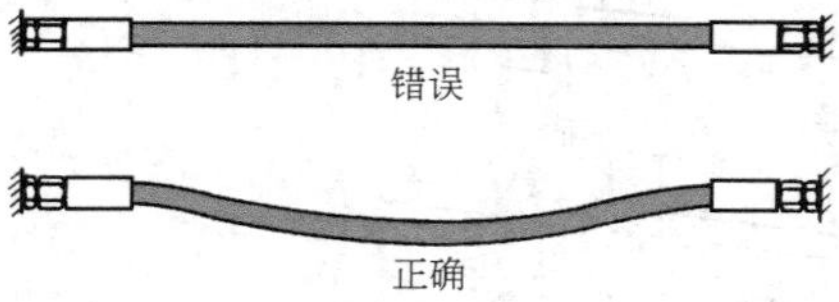


图 21-9-4

a. 正确的敷设方法。软管长度由其相应结构尺寸确定。软管在压力作用下缩短或者变长请参照软管标准资料。长度变化一般在 +2%~-4%左右。

应尽量避免软管的扭转，见图 21-9-4。软管安装时，应使其在工作状态时经过本身重量使各个拉应力消失。

软管应尽可能装有防机械作用的装置，同时应按其自然位置安装，弯曲半径不允许超过最小允许值，见图 21-9-5。软管弯曲开始处应为其直径 $d$ 的 1.5 倍长，见图 21-9-6。即长≈1.5$d$，同时应装有折弯保护。

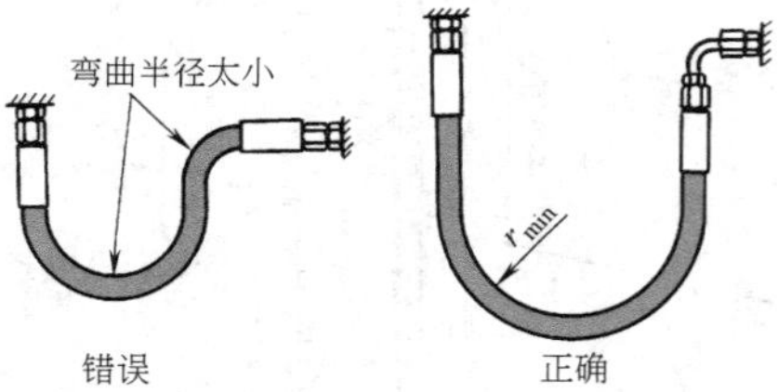


图 21-9-5

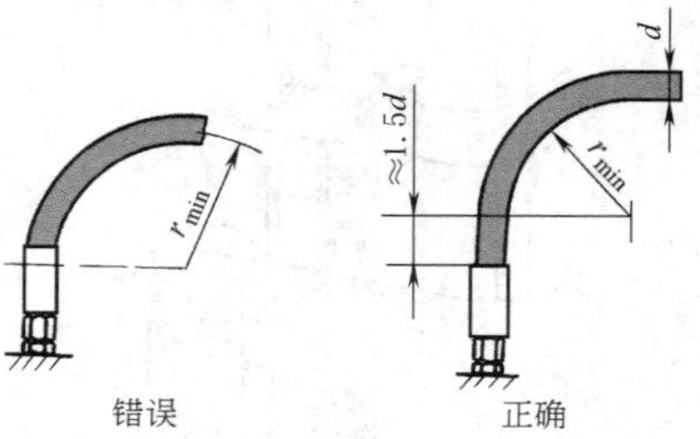


图 21-9-6

正确采用合适的附件及连接件可以避免软管的附加应力，见图 21-9-7。

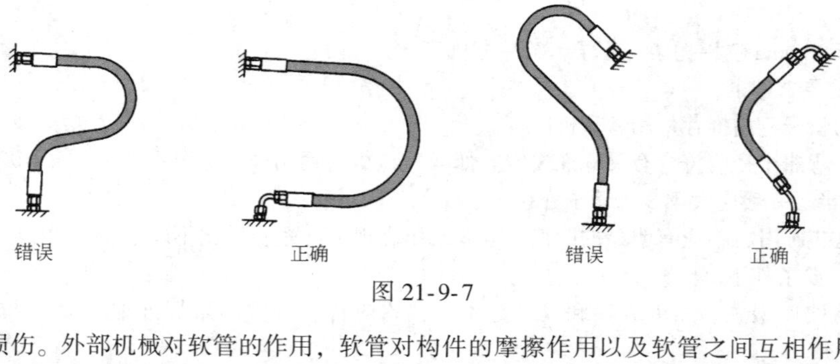


图 21-9-7

b. 避免外部损伤。外部机械对软管的作用，软管对构件的摩擦作用以及软管之间互相作用可以通过软管合理的配置和固定加以避免。如软管加外套保护，加防摩擦件等，见图 21-9-8。对在人行道上或车道上放置的软管，应用软管桥以防损伤和变形，见图 21-9-9。

c. 减少弯曲应力。连接活动部件的软管长度应满足在其总的运动范围内不超过允许的最小半径，同时软管不承受拉应力，见图 21-9-10。

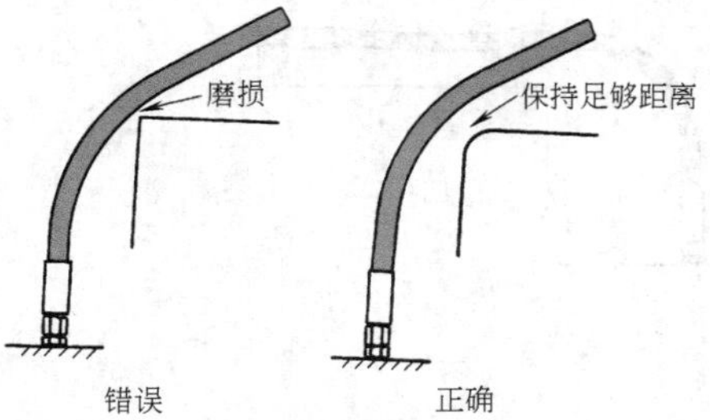


图 21-9-8

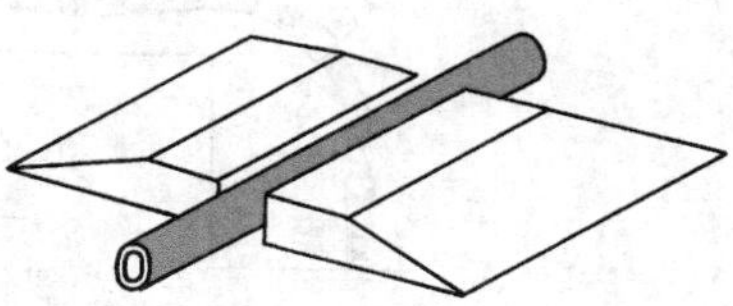

图 21-9-9

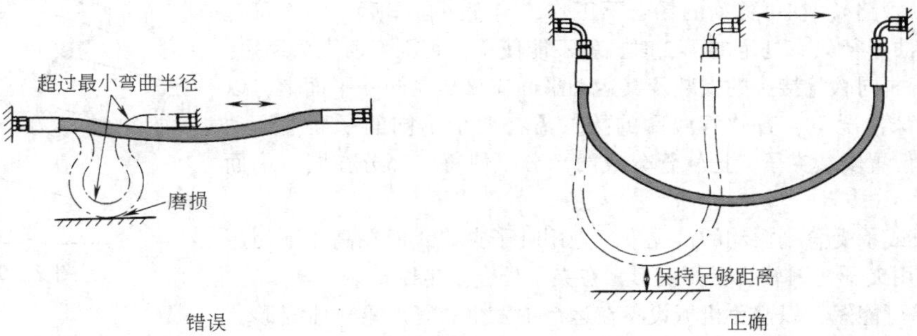


图 21-9-10

d. 避免扭转应力。连接活动部件的软管应避免扭转，见图 21-9-11。可以通过合理安装或在结构上采取措施加以解决。

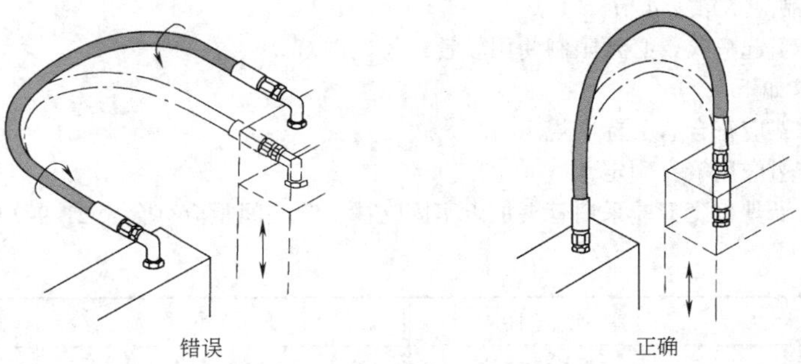


图 21-9-11

e. 安装辅件。对于零散放置的软管可以装上合适的软管导向装置，以避免折弯。见图 21-9-12 和图 21-9-13。安装软管夹可以减少软管自然运动，见图 21-9-14，在此情况下，软管夹可以代替软管导向装置。

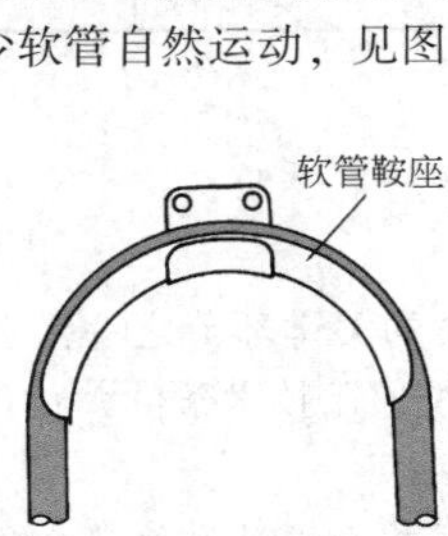


图 21-9-12

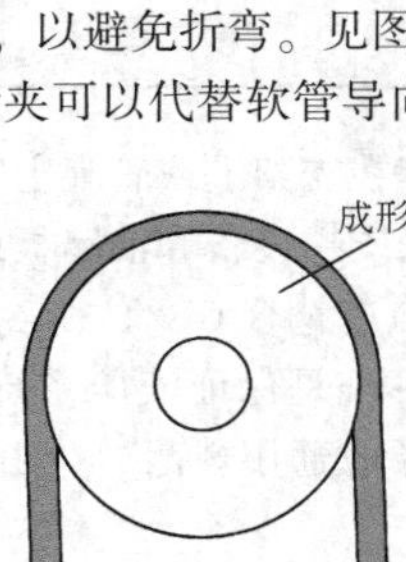


图 21-9-13

f. 防温度作用。当出现不允许的高辐射温度时，软管应与热辐射构件有足够的距离，而且还要有合理的保护措施，见图 21-9-15。

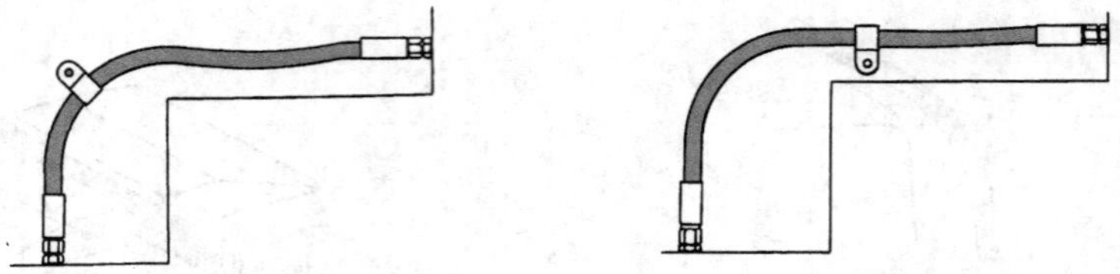


图 21-9-14

② 软管必须在规定的曲率半径范围内工作，应避免急转弯，其弯曲半径 $R \geqslant (9\sim10)D$（$D$ 为软管外径）。最小弯曲半径见 GB/T 3683 等规定（本篇第 8 章 1 管件、1.1 管路）。在可移动的场合下工作，当变更位置后，亦应符合上述要求。若弯曲半径只有规定的 1/2 时，就不能使用，否则寿命大为缩短。

③ 软管的弯曲同软管接头的安装及其运动平面应该是在同一平面上，以防扭转。但在特殊情况下，若软管两端的接头需在两个不同的平面上运动时，应在适当的位置安装夹子，把软管分成两部分，使每一部分在同一平面上运动。

④ 软管过长或承受急剧振动的情况下，宜用夹子夹牢。但在高压下使用的软管应尽量少用夹子，因软管受压变形，在夹子处会发生摩擦。

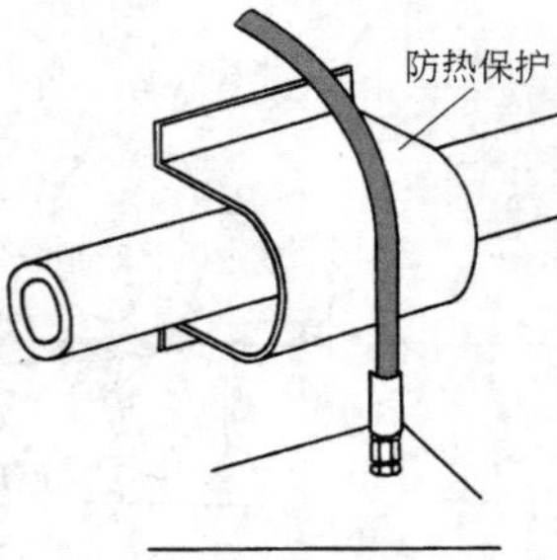


图 21-9-15

⑤ 使长度尽可能短，以避免机械设备在运行中发生软管严重弯曲变形。

⑥ 如软管自重会引起过分变形时，软管应有充分的支托或使管端下垂布置。

⑦ 不要和其他软管或配管接触，以免磨损破裂。可用卡板隔开或在配管设计上适当考虑。

⑧ 软管宜沿设备的轮廓安装，并尽可能平行排列。

⑨ 当有多根软管需同时作水平、垂直或水平/垂直混合运动时，应选用合适的拖链来保护软管，也使软管排列整齐、美观。拖链产品见本章第 4 节。

⑩ 如软管的故障会引起危险，必须限制使用软管或予以屏蔽。

7）管路固定的要求如下。

① 管夹和管路支撑架应符合有关标准规定。

② 管子弯曲处两直边应用管夹固定。

③ 管子在其端部与沿其长度上应采用管夹加以牢固支撑，管夹间距应符合表 21-9-3 规定。

**表 21-9-3**

mm

| 管子外径 | 管夹间距 | 管子外径 | 管夹间距 |
|---|---|---|---|
| ≤10 | ≤1000 | >80~120 | ≤4000 |
| >10~25 | ≤1500 | >120~170 | ≤5000 |
| >25~50 | ≤2000 | >170 | 5000 |
| >50~80 | ≤3000 | | |

④ 管子不得直接焊在支架上或管夹上。

⑤ 管路不允许用来支撑设备和油路板或作为人行过桥。

8）管路上的采样点应符合 GB/T 3766 和 GB/T 17489 规定。

9）管路的酸洗和冲洗是保证液压系统工作可靠性和元件使用寿命的关键环节之一，必须足够重视。应按《机械设备安装工程及验收通用规范》（GB 50231）、《重型机械液压系统通用技术条件》（JB/T 6996）等有关规范进行。

① 管路酸洗。管路安装后，应采用酸洗法除锈。酸洗法有两种：槽式酸洗法和循环酸洗法。使用槽式酸洗法时，管路一般应进行二次安装。即将一次安装好的管路拆下来，置入酸洗槽，酸洗操作完毕并合格后，再将其二次安装。而循环酸洗可在一次安装好的管路中进行，需注意的是循环酸洗仅限于管道，其他液压元件必须从管路上断开或拆除。液压站或阀站内的管道，宜采用槽式酸洗法；液压站或阀站至液压缸、液压马达的管道，可采

用循环酸洗法。

a. 槽式酸洗法。槽式酸洗法一般操作程序为：脱脂→水冲洗→酸洗→水冲洗→中和→钝化→水冲洗→干燥→喷防锈油（剂）→封口。

槽式酸洗法的脱脂、酸洗、中和、钝化液配合比，宜符合表 21-9-4 的规定。

**表 21-9-4　　脱脂、酸洗、中和、钝化液配合比**

| 溶液 | 成分 | 浓度/% | 温度/℃ | 时间/min | pH 值 |
|---|---|---|---|---|---|
| 脱脂液 | 氢氧化钠<br>碳酸氢钠<br>磷酸钠<br>硅酸钠 | 8~10<br>1.5~2.5<br>3~4<br>1~2 | 60~80 | 240 左右 | — |
| 酸洗液 | 盐酸<br>乌洛托品 | 12~15<br>1~2 | 常温 | 240~360 | — |
| 中和液 | 氨水 | 8~12 | 常温 | 2~4 | 10~11 |
| 钝化液 | 亚硝酸钠<br>氨水 | 1~2 | 常温 | 10~15 | 8~10 |

b. 循环酸洗法。循环酸洗法一般操作程序为：水试漏→脱脂→水冲洗→酸洗→中和→钝化→水冲洗→干燥→喷防锈油（剂）。循环酸洗法的脱脂、酸洗、中和、钝化液配合比，宜符合表 21-9-5 的规定。

**表 21-9-5　　脱脂、酸洗、中和、钝化液配合比**

| 溶液 | 成分 | 浓度/% | 温度 | 时间/min | pH 值 |
|---|---|---|---|---|---|
| 脱脂液 | 四氯化碳 | | 常温 | 30 左右 | |
| 酸洗液 | 盐酸<br>乌洛托品 | 10~15<br>1 | 常温 | 120~240 | |
| 中和液 | 氨水 | 1 | 常温 | 15~30 | 10~12 |
| 钝化液 | 亚硝酸钠<br>氨水 | 10~15<br>1~3 | 常温 | 25~30 | 10~15 |

组成回路的管道长度，可根据管径、管压和实际情况确定，但不宜超过 300m；回路的构成，应使所有管道的内壁全部接触酸液。在酸洗完成后，应将溶液排净，再通入中和液，并应使出口溶液不呈酸性为止。溶液的酸碱度可采用 pH 试纸检查。

② 循环冲洗。液压系统的管道在酸洗合格后，应尽快采用工作介质或相当于工作介质的液体进行冲洗，且宜采用循环方式冲洗，并应符合下列要求。

a. 液压系统管道在安装位置上组成循环冲洗回路时，应将液压缸、液压马达及蓄能器与冲洗回路分开，伺服阀和比例阀应用冲洗板代替。在冲洗回路中，当有节流阀或减压阀时，应将其调整到最大开口度。

b. 管路复杂时，可适当分区对各部分进行冲洗。

c. 冲洗液加入油箱时，应采用滤油小车对油液进行过滤。过滤器等级不应低于系统的过滤器等级。

d. 冲洗液可用液压系统准备使用的工作介质或与它相容的低黏度工作介质，如 L-AN10。注意切忌使用煤油做冲洗液。

e. 冲洗液的冲洗流速应使液流呈紊流状态，且应尽可能高。

f. 冲洗液为液压油时，油温不宜超过 60℃；冲洗液为高水基液压液时，液温不宜超过 50℃。在不超过上述温度下，冲洗液温度宜高。

g. 循环冲洗要连续进行，冲洗时间通常在 72h 以上。冲洗过程宜采用改变冲洗方向或对焊接处和管子反复地进行敲打、振动等方法加强冲洗效果。

h. 冲洗检验：采用目测法检测时，在回路开始冲洗后的 15~30min 内应开始检查过滤器，此后可随污染物的减少相应延长检查的间隔时间，直至连续过滤 1h 在过滤器上无肉眼可见的固体污染物时为冲洗合格；

应尽量采用颗粒计数法检验，样液应在冲洗回路的最后一根管道上抽取，一般液压传动系统的清洁度不应低于 JB/T 6996 规定的 20/17 级（相当于 GB/T 14039 和 ISO 4406 标准中的污染等级 20/17 或 NAS 1638 标准中的 11 级）；

液压伺服系统和液压比例系统必须采用颗粒计数法检测，液压伺服系统的清洁度不应低于15/12级，液压比例系统的清洁度不应低于17/14级。

关于工作介质固体颗粒污染等级代号及颗粒数，见第22篇第4章4.2油液污染度等级标准。

i. 管道冲洗完成后，当要拆卸接头时，应立即封口；当需对管口焊接处理时，对该管道应重新进行酸洗和冲洗。

## 1.3 试压

系统的压力试验应在安装完毕组成系统，并冲洗合格后进行。

1）试验压力在一般情况下应符合以下规定。

① 试验压力应符合表21-9-6的规定。

**表 21-9-6**

| 公称压力 $p$/MPa | ≤16 | 16~31.5 | >31.5 |
| --- | --- | --- | --- |
| 试验压力 | $1.5p$ | $1.25p$ | $1.15p$ |

② 在冲击大或压力变化剧烈的回路中，其试验压力应大于峰值压力。

2）系统在充液前，其清洁度应符合规定。所充液压油（液）的规格、品种及特性等均应符合使用说明书的规定；充液时应多次开启排气口，把空气排除干净（当有油液从排气阀中喷出时，即可认为空气已排除干净），同时将节流阀打开。

3）系统中的液压缸、液压马达、伺服阀、比例阀、压力继电器、压力传感器以及蓄能器等均不得参加压力试验。

4）试验压力应逐级升高，每升高一级宜稳压2~3min，达到试验压力后，持压10min，然后降至工作压力，进行全面检查，以系统所有焊缝、接口和密封处无漏油，管道无永久变形为合格。

5）系统中出现不正常声响时，应立即停止试验。处理故障必须先卸压。如有焊缝需要重焊，必须将该管卸下，并在除净油液后方可焊接。

6）压力试验期间，不得锤击管道，且在试验区域的5m范围内不得进行明火作业或重噪声作业。

7）压力试验应有试验规程，试验完毕后应填写《系统压力试验记录》。

## 1.4 调试和试运转

液压系统的调试应在相关的土建、机械、电气、仪表以及安全防护等工程确认具备试车条件后进行。

系统调试一般应按泵站调试、系统压力调试和执行元件速度调试的顺序进行，并应配合机械的单部件调试、单机调试、区域联动、机组联动的调试顺序。

（1）泵站调试

启动液压泵，进油（液）压力应符合说明书的规定；泵进口油温不得大于60℃，且不得低于15℃；过滤器不得吸入空气，先空转10~20min，再调整溢流阀（或调压阀）逐渐分挡升压（每挡3~5MPa，每挡时间10min）到溢流阀调节值。升压中应多次开启系统放气口将空气排除。

1）蓄能器

① 气囊式、活塞式和气液直接接触式蓄能器应按设计规定的气体介质和预充压力充气；气囊式蓄能器必须在充油（最好在安装）之前充气。充气应缓慢，充气后必须检查充气阀是否漏气；气液直接接触式和活塞式蓄能器应在充油之后，并在其液位监控装置调试完毕后充气。

② 重力式蓄能器宜在液压泵负荷试运转后进行调试，在充油升压或卸压时，应缓慢进行；配重升降导轨间隙必须一致，散装配重应均匀分布；配重的重量和液位监控装置的调试均应符合设计要求。

2）油箱附件

① 油箱的液位开关必须按设计高度定位。当液位变动超过规定高度时，应能立即发出报警信号并实现规定的联锁动作。

② 调试油温监控装置前应先检查油箱上的温度表是否完好；油温监控装置调试后应使油箱的油温控制在规

定的范围内。当油温超过规定范围时，应发出规定的报警信号。

泵站调试应在工作压力下运转 2h 后进行。要求泵壳温度不超过 70℃，泵轴颈及泵体各结合面无漏油及异常的噪声和振动；如为变量泵，则其调节装置应灵活可靠。

（2）压力调试

系统的压力调试应从压力调定值最高的主溢流阀开始，逐次调整每个分支回路的各种压力阀。压力调定后，需将调整螺杆锁紧。压力调定值及以压力联锁的动作和信号应与设计相符。

（3）流量调试（执行机构调速）

速度调试应在正常工作压力和正常工作油温下进行；遵循先低速后高速的原则。

① 液压马达的转速调试。液压马达在投入运转前，应和工作机构脱开。在空载状态先点动，再从低速到高速逐步调试并注意空载排气，然后反向运转。同时应检查壳体温升和噪声是否正常。待空载运转正常后，再停机将马达与工作机构连接，再次启动液压马达并从低速至高速负载运转。如出现低速爬行现象，可检查工作机构的润滑是否充分，系统排气是否彻底，或有无其他机械干扰。

② 液压缸的速度调试。液压缸的速度调试与液压马达的速度调试方法相似。对带缓冲调节装置的液压缸，在调速过程中应同时调整缓冲装置，直至满足该缸所带机构的平稳性要求。如液压缸系内缓冲且为不可调型，则必须将该液压缸拆下，在试验台上调试处理合格后再装机调试，试验应符合 GB/T 15622—2005《液压缸试验方法》有关规定。双缸同步回路在调速时，应先将两缸调整到相同的起步位置，再进行速度调整。

③ 系统的速度调试。系统的速度调试应逐个回路（系指带动和控制一个机械机构的液压系统）进行，在调试一个回路时，其余回路应处于关闭（不通油）状态；单个回路开始调试时，电磁换向阀宜用手动操纵。在系统调试过程中所有元件和管道应无漏油和异常振动；所有联锁装置应准确、灵敏、可靠。速度调试完毕，再检查液压缸和液压马达的工作情况。要求在启动、换向及停止时平稳，在规定低速下运行时，不得爬行，运行速度应符合设计要求。系统调试应有调试规程和详尽的调试记录。

# 2 液压传动系统的使用和维护

## 2.1 液压系统的日常检查和定期检查

液压设备的检查通常采用日常检查和定期检查两种方法，以保证设备的正常运行。日常检查及定期检查项目和内容见表 21-9-7 和表 21-9-8。

**表 21-9-7** 日常检查项目和内容

| 检查时间 | 项目 | 内容 | 检查时间 | 项目 | 内容 |
|---|---|---|---|---|---|
| 在启动前检查 | 液位 | 是否正常 | 在设备运行中监视工况 | 压力 | 系统压力是否稳定和在规定范围内 |
| | 行程开关和限位块 | 是否紧固 | | 噪声、振动 | 有无异常。一般系统压力为 7MPa 时，噪声小于等于 75dB(A)；14MPa 时，小于等于 90dB(A) |
| | 手动、自动循环 | 是否正常 | | 油温 | 是否在 35～55℃范围内，不得大于 60℃ |
| | 电磁阀 | 是否处于原始状态 | | 漏油 | 全系统有无漏油 |
| | | | | 电压 | 是否保持在额定电压的+5%～-15%范围内 |

做到液压系统的合理使用，还必须注意以下事项。

1）油箱中的液压油液应经常保持正常液面。管路和液压缸的容量很大时，最初应放入足够数量的油液，在启动之后，由于油液进入了管路和液压缸，液面会下降，甚至使过滤器露出液面，因此必须再一次补充油液。在使用过程中，还会发生泄漏，故要求在油箱上应该设置液面计，以便经常观察和补充油液。

2）液压油液应经常保持清洁。检查油液的清洁应经常和检查油液面同时进行。

3）换油时的要求如下。

① 更换的新油液或补加的油液必须符合本系统规定使用的油液牌号，并应经过化验，符合规定的指标。

表 21-9-8　　　　　　　　　　　　　　**定期检查项目和内容**

| 项　目 | 内　　　容 | 项　目 | 内　　　容 |
|---|---|---|---|
| 螺钉及管接头 | 定期紧固：<br>a. 10MPa 以上系统，每月一次<br>b. 10MPa 以下系统，每三个月一次 | 油污染度检验 | 对新换油，经 1000h 使用后，应取样化验<br>对精、大、稀等设备用油，经 600h 取样<br>取油样需用专用容器，并保证不受污染<br>取油样需在设备停止运转后，立即从油箱的中下部或放油口取油样，数量约为每次 300~500mL<br>按油料化验单化验<br>油料化验单应纳入设备档案 |
| 过滤器、空气滤清器 | 定期情况（另有规定者除外）：<br>a. 一般系统每月一次<br>b. 比例、伺服系统每半月一次 | | |
| 油箱、管道、阀板 | 定期情况：大修时 | 压力表 | 按设备使用情况，规定检验周期 |
| 密封件 | 按环境温度、工作压力、密封件材质等具体规定 | 高压软管 | 根据使用工况，规定更换时间 |
| 弹簧 | 按工作情况、元件质量等具体规定 | 电控部分 | 按电器使用维修规定，定期检查维修 |
| 油污染度检验 | 对已确定换油周期的设备，提前一周取样化验 | 液压元件 | 根据使用工况，规定对泵、阀、马达、缸等元件进行性能测定。尽可能采取在线测试办法测定其主要参数 |

② 换油液时必须将油箱内部的旧油液全部放完，并且冲洗合格。

③ 新油液过滤后再注入油箱，过滤精度不得低于系统的过滤精度。

④ 新油液加入油箱前，应把流入油箱的主回油管拆开，用临时油桶接油。点动液压泵电动机，使新油将管道内的旧油“推出”（置换出来），如在液压泵转动时，操纵液压缸的换向阀，还可将缸内旧油置换出来。

⑤ 加油液时，注意油桶口、油箱口、滤油机进出油管的清洁。

⑥ 油箱的油液量在系统（管路和元件）充满油液后应保持在规定液位范围内。

⑦ 更换液压油（液）的期限，因油（液）品种、工作环境和运行工况不同而有很大不同。一般来说，在连续运转，高温、高湿、灰尘多的地方，需要缩短换油的周期。表 21-9-9 给出的更换周期可供换油前储备油品时参考使用，油（液）的更换时间应按使用过程中监测的数据，若采样油（液）中有一项达到该种油（液）的换油指标（见本篇第 4 章表 21-4-27~表 21-4-29），就应及时更换油（液），以确保液压系统正常运转。

表 21-9-9　　　　　　　　　　　　　　**液压介质的更换周期**

| 介质种类 | 普通液压油 | 专用液压油 | 全损耗系统用油 | 汽轮机油 | 水包油乳化液 | 油包水乳化液 | 磷酸酯液压液 |
|---|---|---|---|---|---|---|---|
| 更换周期/月 | 12~18 | >12 | 6 | 12 | 2~3 | 12~18 | >12 |

4）油温应适当。油箱的油温不能超过 60℃，一般液压机械在 35~55℃范围内工作比较合适。从维护的角度看，也应绝对避免油温过高。若油温有异常上升时应进行检查，常见原因如下：

① 油的黏度太高；

② 受外界的影响（例如开关炉门的油压装置等）；

③ 回路设计不好，例如效率太低，采用的元件的容量太小、流速过高等所致；

④ 油箱容量小，散热慢（一般来说，油箱容量在油泵每分钟排油量的 3 倍以上）；

⑤ 阀的性能不好，例如容易发生振动就可能引起异常发热；

⑥ 油质变坏，阻力增大；

⑦ 冷却器的性能不好，例如水量不足，管道内有水垢等。

5）回路里的空气应完全清除掉。回路里进入空气后，因为气体的体积和压力成反比，所以随着载荷的变动，液压缸的运动也要受到影响（例如机床的切削力是经常变化的，但需保持送进速度平稳，所以应特别避免空气混入）。另外空气又是造成油液变质和发热的重要原因，所以应特别注意下列事项：

① 为了防止回油管回油时带入空气，回油管必须插入油面以下；

② 入口过滤器堵塞后，吸入阻力大大增加，溶解在油中的空气分离出来，产生所谓空蚀现象；

③ 吸入管和泵轴密封部分等各个低于大气压的地方应注意不要漏入空气；

④ 油箱的液面要尽量大些，吸入侧和回油侧要用隔板隔开，以达到消除气泡的目的；

⑤ 管路及液压缸的最高部分均要有放气孔，在启动时应放掉其中的空气。

6）装在室外的液压装置使用时应注意以下事项：

① 随着季节的不同室外温度变化比较剧烈，因此尽可能使用黏度指数大的油；

② 由于气温变化，油箱中水蒸气会凝成水滴，在冬天应每一星期进行一次检查，发现后应立即除去；

③ 在室外因为脏物容易进入油中，因此要经常换油。

7）在初次启动液压泵时，应注意以下事项：

① 向泵里灌满工作介质；

② 检查转动方向是否正确；

③ 入口和出口是否接反；

④ 用手试转；

⑤ 检查吸入侧是否漏入空气；

⑥ 在规定的转速内启动和运转。

8）在低温下启动液压泵时，应注意以下事项：

① 在寒冷地带或冬天启动液压泵时，应该开开停停，往复几次使油温上升，液压装置运转灵活后，再进入正式运转；

② 在短时间内用加热器加热油箱，虽然可以提高油温，但这时泵等装置还是冷的，仅仅油是热的，很容易造成故障，应该注意。

9）其他注意事项：

① 在液压泵启动和停止时，应使溢流阀卸荷；

② 溢流阀的调定压力不得超过液压系统的最高压力；

③ 应尽量保持电磁阀的电压稳定，否则可能会导致线圈过热；

④ 易损零件，如密封圈等，应经常有备品，以便及时更换。

## 2.2 液压系统清洁度等级

液压系统总成循环冲洗的清洁度指标可参考《重型机械液压系统通用技术条件》（JB/T 6996—2007）中的“液压系统总成冲洗清洁度等级标准”，见表 21-9-10。每一清洁度等级一般由两个代表每 100 mL 工作介质中固体污染物颗粒数的代码组成，其中一个代码代表大于 5μm 的颗粒数，另一个代码代表大于 15μm 的颗粒数，两个代码间用一根斜线分隔，即清洁度等级表示为：大于 5μm 的颗粒数代码/大于 15μm 的颗粒数代码。

表 21-9-10　　常用的清洁度等级

| 清洁度等级 | 每 100mL 工作介质的污染物颗粒数 | | 清洁度等级 | 每 100mL 工作介质的污染物颗粒数 | |
|---|---|---|---|---|---|
| | >5μm | >15μm | | >5μm | >15μm |
| 20/17 | $500\times10^3\sim1\times10^6$ | $64\times10^3\sim130\times10^3$ | 16/12 | $32\times10^3\sim64\times10^3$ | $2\times10^3\sim4\times10^3$ |
| 20/16 | $500\times10^3\sim1\times10^6$ | $32\times10^3\sim64\times10^3$ | 16/11 | $32\times10^3\sim64\times10^3$ | $1\times10^3\sim2\times10^3$ |
| 20/15 | $500\times10^3\sim1\times10^6$ | $16\times10^3\sim32\times10^3$ | 16/10 | $32\times10^3\sim64\times10^3$ | $500\sim1\times10^3$ |
| 20/14 | $500\times10^3\sim1\times10^6$ | $8\times10^3\sim16\times10^3$ | 15/12 | $16\times10^3\sim32\times10^3$ | $2\times10^3\sim4\times10^3$ |
| 19/16 | $250\times10^3\sim500\times10^3$ | $32\times10^3\sim64\times10^3$ | 15/11 | $16\times10^3\sim32\times10^3$ | $1\times10^3\sim2\times10^3$ |
| 19/15 | $250\times10^3\sim500\times10^3$ | $16\times10^3\sim32\times10^3$ | 15/10 | $16\times10^3\sim32\times10^3$ | $500\sim1\times10^3$ |
| 19/14 | $250\times10^3\sim500\times10^3$ | $8\times10^3\sim16\times10^3$ | 15/9 | $16\times10^3\sim32\times10^3$ | 250～500 |
| 19/13 | $250\times10^3\sim500\times10^3$ | $4\times10^3\sim8\times10^3$ | 14/11 | $8\times10^3\sim16\times10^3$ | $1\times10^3\sim2\times10^3$ |
| 18/15 | $130\times10^3\sim250\times10^3$ | $16\times10^3\sim32\times10^3$ | 14/10 | $8\times10^3\sim16\times10^3$ | $500\sim1\times10^3$ |
| 18/14 | $130\times10^3\sim250\times10^3$ | $8\times10^3\sim16\times10^3$ | 14/9 | $8\times10^3\sim16\times10^3$ | 250～500 |
| 18/13 | $130\times10^3\sim250\times10^3$ | $4\times10^3\sim8\times10^3$ | 14/8 | $8\times10^3\sim16\times10^3$ | 130～250 |
| 18/12 | $130\times10^3\sim250\times10^3$ | $2\times10^3\sim4\times10^3$ | 13/10 | $4\times10^3\sim8\times10^3$ | $500\sim1\times10^3$ |
| 17/14 | $64\times10^3\sim130\times10^3$ | $8\times10^3\sim16\times10^3$ | 13/9 | $4\times10^3\sim8\times10^3$ | 250～500 |
| 17/13 | $64\times10^3\sim130\times10^3$ | $4\times10^3\sim8\times10^3$ | 13/8 | $4\times10^3\sim8\times10^3$ | 130～250 |
| 17/12 | $64\times10^3\sim130\times10^3$ | $2\times10^3\sim4\times10^3$ | 12/9 | $2\times10^3\sim4\times10^3$ | 250～500 |
| 17/11 | $64\times10^3\sim130\times10^3$ | $1\times10^3\sim2\times10^3$ | 12/8 | $2\times10^3\sim4\times10^3$ | 130～250 |
| 16/13 | $32\times10^3\sim64\times10^3$ | $4\times10^3\sim8\times10^3$ | 11/8 | $1\times10^3\sim2\times10^3$ | 130～250 |

该清洁度等级标准中的代号和数值与《液压传动油液固体颗粒污染等级代号》（GB/T 14039—2002）中采用显微镜计数的油液污染度代号和相应数值相同。

由美国宇航学会提出的 NAS 1638 污染度等级也是常采用的以颗粒浓度为基础的检测标准，还有 PALL、

SAE 749D 等标准及其与 ISO 4406 国际标准的对照，见第 22 篇第 4 章 4.2 油液污染度等级标准。

液压工作介质被污染是液压系统发生故障和液压元件过早磨损甚至损坏的重要原因，因此对液压工作介质的污染及其控制问题必须引起足够重视。对典型液压系统和液压元件的清洁度要求，见表 21-9-11 和表 21-9-12。

**表 21-9-11　　典型液压系统清洁度等级**

| 类型 | 等级 | | | | | | | | | |
|---|---|---|---|---|---|---|---|---|---|---|
| | 12/9 | 13/10 | 14/11 | 15/12 | 16/13 | 17/14 | 18/15 | 19/16 | 20/17 | 21/18 |
| 精密电液伺服系统 | ═ | ═ | ═ | | | | | | | |
| 伺服系统 | | | ═ | ═ | ═ | | | | | |
| 电液比例系统 | | | | | ═ | ═ | ═ | | | |
| 高压系统 | | | | ═ | ═ | ═ | ═ | | | |
| 中压系统 | | | | | | ═ | ═ | ═ | ═ | |
| 低压系统 | | | | | | | ═ | ═ | ═ | ═ |
| 数控机床系统 | | ═ | ═ | ═ | ═ | ═ | | | | |
| 机床液压系统 | | | | | ═ | ═ | ═ | ═ | ═ | |
| 一般机器液压系统 | | | | | | ═ | ═ | ═ | ═ | ═ |
| 行走机械液压系统 | | | | ═ | ═ | ═ | ═ | ═ | | |
| 重型设备液压系统 | | | | | ═ | ═ | ═ | ═ | ═ | |
| 重型和行走设备传动系统 | | | | | | ═ | ═ | ═ | ═ | ═ |
| 冶金轧钢设备液压系统 | | | | ═ | ═ | ═ | ═ | ═ | | |

**表 21-9-12　　典型液压元件清洁度等级**

| 液压元件类型 | 优等品 | 一等品 | 合格品 |
|---|---|---|---|
| 各种类型液压泵 | 16/13 | 18/15 | 19/16 |
| 一般液压阀 | 16/13 | 18/15 | 19/16 |
| 伺服阀 | 13/10 | 14/11 | 15/12 |
| 比例控制阀 | 14/11 | 15/12 | 16/13 |
| 液压马达 | 16/13 | 18/15 | 19/16 |
| 液压缸 | 16/13 | 18/15 | 19/16 |
| 摆动液压缸 | 17/14 | 19/16 | 20/17 |
| 蓄能器 | 16/13 | 18/15 | 19/16 |
| 滤油器(壳体) | 15/12 | 16/13 | 17/14 |

注：详细指标见 JB/T 7858—2006《液压元件　清洁度评定方法及液压元件清洁度指标》。

一般液压传动系统总成出厂清洁度不得低于 20/17 级（相当于 NAS 11 级），液压伺服系统总成出厂清洁度不得低于 16/13 级（相当于 NAS 7 级）。

# 3　液压传动系统常见故障及排除方法

液压系统某回路的某项液压功能出现失灵、失效、失控、失调或功能不完全统称为液压故障。它会导致液压机构某项技术指标或经济指标偏离正常值或正常状态，如液压机构不能动作、力输出不稳定、运动速度不符合要求、运动不稳定、运动方向不正确、产生爬行或液压冲击等，这些故障一般都可以从液压系统的压力、流量、液流方向去查找原因，并采取相应对策予以排除，详见表 21-9-13~表 21-9-19。

液压系统的故障大量属于突发性故障和磨损性故障，这些故障在液压系统的调试期、运行的初期、中期和后期表现形式与规律也不一样。应尽力采用状态监测技术，努力做到故障的早期诊断及排除。还有，一般说来液压系统发生故障的因素约 85%是由于液压油（液）污染所造成的。

## 3.1 液压系统故障诊断及排除

**表 21-9-13　　压力不正常的故障分析和排除方法**

| 故障现象 | 故障分析 | 排除方法 | 故障现象 | 故障分析 | 排除方法 |
|---|---|---|---|---|---|
| 没有压力 | (1)油泵吸不进油液<br>(2)油液全部从溢流阀溢回油箱<br>(3)液压泵装配不当,泵不工作<br>(4)泵的定向控制装置位置错误<br>(5)液压泵损坏<br>(6)泵的驱动装置扭断 | 油箱加油、换过滤器等<br>调整溢流阀<br>修理或更换<br>检查控制装置线路<br>更换或修理<br>更换、调整联轴器 | 压力不稳定 | (1)油液中有空气<br>(2)溢流阀内部磨损<br>(3)蓄能器有缺陷或失掉压力<br>(4)泵、马达、液压缸磨损<br>(5)油液被污染 | 排气、堵漏、加油<br>修理或更换<br>更换或修理<br>修理或更换<br>冲洗、换油 |
| 压力偏低 | (1)减压阀或溢流阀设定值过低<br>(2)减压阀或溢流阀损坏<br>(3)油箱液面低<br>(4)泵转速过低<br>(5)泵、马达、液压缸损坏、内泄大<br>(6)回路或油路块设计有误 | 重新调整<br>修理或更换<br>加油至标定高度<br>检查原动机及控制<br>修理或更换<br>重新设计、修改 | 压力过高 | (1)溢流阀、减压阀或卸荷阀失调<br>(2)变量泵的变量机构不工作<br>(3)溢流阀、减压阀或卸荷阀损坏或堵塞 | 重新设定调整<br>修理或更换<br>更换、修理或清洗 |

**表 21-9-14　　流量不正常的故障分析和排除方法**

| 故障现象 | 故障分析 | 排除方法 | 故障现象 | 故障分析 | 排除方法 |
|---|---|---|---|---|---|
| 没有流量 | (1)参考表 21-9-13 没有压力时的分析<br>(2)换向阀的电磁铁松动、线圈短路<br>(3)油液被污染,阀芯卡住<br>(4)M、H 型机能滑阀未换向 | 更换或修理<br>冲洗、换油 | 流量过小 | (5)系统内泄漏严重<br>(6)变量泵正常调节无效<br>(7)管路沿程损失过大<br>(8)泵、阀、缸及其他元件磨损 | 紧连接、换密封<br>修理或更换<br>增大管径、提高压力<br>更换或修理 |
| 流量过小 | (1)流量控制装置调整太低<br>(2)溢流阀或卸荷阀压力调得太低<br>(3)旁路控制阀关闭不严<br>(4)泵的容积效率下降 | 调高<br>调高<br>更换阀、查控制线路<br>换新泵、排气 | 流量过大 | (1)流量控制装置调整过高<br>(2)变量泵正常调节无效<br>(3)检查泵的型号和电动机转数是否正确 | 调低<br>修理或更换 |

**表 21-9-15　　液压冲击大的故障分析和排除方法**

| 故障现象 | 故障分析 | 排除方法 |
|---|---|---|
| 换向阀换向冲击 | 换向时,液流突然被切断,由于惯性作用使油液受到瞬间压缩,产生很高的压力峰值 | 调长换向时间<br>采用开节流三角槽或锥角的阀芯<br>加大管径、缩短管路 |
| 液压缸、液压马达突然被制动时的液压冲击 | 液压缸、液压马达运行时,具有很大的动量和惯性,突然被制动,引起较大的压力峰值 | 液压缸、液压马达进出油口处分别设置反应快、灵敏度高的小型溢流阀<br>在液压缸液压马达附近安装囊式蓄能器<br>适当提高系统背压或减少系统压力 |

表 21-9-16　　噪声过大的故障分析和排除方法

| 故障现象 | 故障分析 | | 排除方法 |
|---|---|---|---|
| 泵噪声 | (1)泵内有气穴 | a. 油液温度太低或黏度太高 | 加热油液或更换 |
| | | b. 吸入管太长、太细、弯头太多 | 更改管道设计 |
| | | c. 进油过滤器过小或堵塞 | 更换或清洗 |
| | | d. 泵离液面太高 | 更改泵安装位置 |
| | | e. 辅助泵故障 | 修理或更换 |
| | | f. 泵转速太快 | 减小到合理转速 |
| | (2)油液中有空气 | a. 油液选用不合适 | 更换油液 |
| | | b. 油箱中回油管在液面上 | 管伸到液面下 |
| | | c. 油箱液面太低 | 油加至规定范围 |
| | | d. 进油管接头进入空气 | 更换或紧固接头 |
| | | e. 泵轴油封损坏 | 更换油封 |
| | | f. 系统排气不好 | 重新排气 |
| 泵噪声 | (3)泵磨损或损坏 | | 更换或修理 |
| | (4)泵与原动机同轴度低 | | 重新调整 |
| 油马达噪声 | (1)管接头密封件不良 | | 换密封件 |
| | (2)油马达磨损或损坏 | | 更换或修理 |
| | (3)油马达与工作机同轴度低 | | 重新调整 |
| 溢流阀尖叫声 | (1)压力调整过低或与其他阀太近 | | 重新调节、组装或更换 |
| | (2)锥阀、阀座磨损 | | 更换或修理 |
| 管道噪声 | 油流剧烈流动 | | 加粗管道、少用弯头、采用胶管、采用蓄能器等 |

表 21-9-17　　振动过大的故障分析和排除方法

| 故障现象 | 故障分析 | 排除方法 |
|---|---|---|
| 泵振动 | (1)联轴器不平衡 | 更换 |
| | (2)泵与原动机同轴度低 | 调整 |
| | (3)泵安装不正确 | 重新安装 |
| | (4)系统内有空气 | 排除空气 |
| 管道振动 | (1)管道长、固定不良 | 增加管夹,加防振垫并安装压板 |
| | (2)溢流阀、卸荷阀、液控单向阀、平衡阀、方向阀等工作不良 | 对回路进行检查,在管道的某一部分装入节流阀 |
| 油箱振动 | (1)油箱结构不良 | 增厚箱板,在侧板、底板上增设筋板 |
| | (2)泵安装在油箱上 | 泵和电动机单独装在油箱外底座上,并用软管与油箱连接 |
| | (3)没有防振措施 | 在油箱脚下、泵的座下增加防振垫 |

表 21-9-18　　油温过高的故障分析和排除方法

| 故障现象 | 故障分析 | 排除方法 |
|---|---|---|
| 油液温度过高 | (1)系统压力太高 | 在满足工作要求条件下,尽量调低至合适的压力 |
| | (2)当系统不需要压力油时,而油仍在溢流阀的设定压力下溢回油箱。即卸荷回路的动作不良 | 改进卸荷回路设计;检查电控回路及相应各阀动作;调低卸荷压力;高压小流量、低压大流量时,采用变量泵 |
| | (3)蓄能器容量不足或有故障 | 换大蓄能器,修理蓄能器 |
| | (4)油液脏或供油不足 | 清洗或更换滤油器;加油至规定油位 |
| | (5)油液黏度不对 | 更换合适黏度的油液 |
| | (6)油液冷却不足:a. 冷却水供应失灵或风扇失灵 | 检查冷却水系统,更换、修理电磁水阀;更换、修理风扇 |
| | b. 冷却水管道中有沉淀或水垢 | 清洗、修理或更换冷却器 |
| | c. 油箱的散热面积不足 | 改装冷却系统或加大油箱容量 |
| | (7)泵、马达、阀、缸及其他元件磨损 | 更换已磨损的元件 |
| | (8)油液的阻力过大,如:管道的内径和需要的流量不相适应或者由于阀规格过小,能量损失太大 | 装置适宜尺寸的管道和阀 |
| | (9)附近有热源影响,辐射热大 | 采用隔热材料反射板或变更布置场所;设置通风、冷却装置等,选用合适的工作油液 |
| 液压泵过热 | (1)油液温度过高 | 见"油液温度过高"故障排除 |
| | (2)有气穴现象 | 见表 21-9-16 |
| | (3)油液中有空气 | 见表 21-9-16 |
| | (4)溢流阀或卸荷阀压力调得太高 | 调整至合适压力 |
| | (5)油液黏度过低或过高 | 选择适合本系统黏度的油 |
| | (6)过载 | 检查支撑与密封状况,检查超出设计要求的载荷 |
| | (7)泵磨损或损坏 | 修理或更换 |

续表

| 故障现象 | 故障分析 | 排除方法 |
|---|---|---|
| 液压马达过热 | (1)油液温度过高<br>(2)溢流阀、卸荷阀压力调得太高<br>(3)过载<br>(4)马达磨损或损坏 | 见"油液温度过高"故障排除<br>调至正确压力<br>检查支撑与密封状况,检查超出设计要求的载荷<br>修理或更换 |
| 溢流阀温度过高 | (1)油液温度过高<br>(2)阀调整错误<br>(3)阀磨损或损坏 | 见"油液温度过高"故障排除<br>调至正确压力<br>修理或更换 |

**表 21-9-19　　运动不正常的故障分析和排除方法**

| 故障现象 | 故障分析 | 排除方法 | 故障现象 | 故障分析 | 排除方法 |
|---|---|---|---|---|---|
| 没有运动 | (1)没有油流或压力<br>(2)方向阀的电磁铁有故障<br>(3)机械式、电气式或液动式的限位或顺序装置不工作或调得不对或没有指令信号<br>(4)液压缸或马达损坏<br>(5)液控单向阀的外控油路有问题<br>(6)减压阀、顺序阀的压力过低或过高<br>(7)机械故障 | 见表 21-9-13<br>修理或更换<br>调整、修复或更换<br>修复或更换<br>修理排除<br>重新调整<br>查找、修复 | 运动过快 | (1)流量过大<br>(2)放大器失调或调得不对 | 见表 21-9-14<br>调整修复或更换 |
| | | | 运动无规律 | (1)压力不正常、无规律变化<br>(2)油液中混有空气<br>(3)信号不稳定、反馈失灵<br>(4)放大器失调或调得不对<br>(5)润滑不良<br>(6)阀芯卡涩<br>(7)液压缸或马达磨损或损坏 | 见表 21-9-13<br>排气、加油<br>修理或更换<br>调整、修复或更换<br>加润滑油<br>清洗或换油<br>修理或更换 |
| 运动缓慢 | (1)流量不足或系统泄漏太大<br>(2)油液黏度太高或温度太低<br>(3)阀的控制压力不够<br>(4)放大器失调或调得不对<br>(5)阀芯卡涩<br>(6)液压缸或马达磨损或损坏<br>(7)载荷过大 | 见表 21-9-14<br>换油(液)或提高油(液)工作温度<br>见表 21-9-13<br>调整修复或更换<br>清洗、调整或更换<br>更换或修理<br>检查、调整 | 机构爬行 | (1)液压缸和管道中有空气<br>(2)系统压力过低或不稳<br>(3)滑动部件阻力太大<br>(4)液压缸与滑动部件安装不良,如机架刚度不够、紧固螺栓松动等 | 排除系统中空气<br>调整、修理压力阀<br>修理、加润滑油<br>调整、加固 |

注：机构运动不正常，不仅仅是流量、压力等因素引起，通常是液压系统和机械系统的综合性故障，必须综合分析、排除故障。

## 3.2 液压元件故障诊断及排除

由于泵、缸、阀等元件的类型、品种相当多，下面仅介绍几种主要液压元件的常见、共性故障分析及排除方法，见表 21-9-20~表 21-9-26。故障分析时，应首先熟悉和掌握元件的结构、特性和工作原理，应加强现场观测、分析研究、注意防止错误诊断，做到及时、有效排除液压故障。元件的修理、试验应按“液压元件通用技术条件（GB/T 7935）”和有关标准进行。

**表 21-9-20　　液压泵常见故障分析与排除方法**

| 故障现象 | 故障分析 | 排除方法 |
|---|---|---|
| 不出油、输油量不足、压力上不去 | (1)电动机转向不对<br>(2)吸油管或过滤器堵塞<br>(3)轴向间隙或径向间隙过大<br>(4)连接处泄漏,混入空气<br>(5)油液黏度太高或油液温升太高 | (1)改变电动机转向<br>(2)疏通管道,清洗过滤器,换新油<br>(3)检查更换有关零件<br>(4)紧固各连接处螺钉,避免泄漏,严防空气混入<br>(5)正确选用油液,控制温升 |

续表

| 故障现象 | 故障分析 | 排除方法 |
| --- | --- | --- |
| 噪声严重、压力波动厉害 | (1)吸油管及过滤器堵塞或过滤器容量小<br>(2)吸油管密封处漏气或油液中有气泡<br>(3)泵与联轴器不同轴<br>(4)油位低<br>(5)油温低或黏度高<br>(6)泵轴承损坏<br>(7)供油量波动<br>(8)油液过脏 | (1)清洗过滤器使吸油管通畅,正确选用过滤器<br>(2)在连接部位或密封处加点油,如噪声减小,可拧紧接头处或更换密封圈;回油管口应在油面以下,与吸油管要有一定距离<br>(3)调整同轴<br>(4)加油液<br>(5)把油液加热到适当的温度<br>(6)更换泵轴承<br>(7)更换或修理辅助泵<br>(8)冲洗、换油 |
| 泵轴颈油封漏油 | 泄油管道液阻过大,使泵体内压力升高到超过油封许用的耐压值 | 检查柱塞泵泵体上的泄油口是否用单独油管直接接通油箱。若发现把几台柱塞泵的泄漏油管并联在一根同直径的总管后再接通油箱,或者把柱塞泵的泄油管接到总回油管上,则应予改正。最好在泵泄油口接一个压力表,以检查泵体内的压力,其值应小于0.08MPa |

液压马达与液压泵结构基本相同，其故障分析与排除方法可参考液压泵。液压马达的特殊问题是启动转矩和效率等。这些问题与液压泵的故障也有一定关系。

**表21-9-21　　液压缸常见故障分析及排除方法**

| 故障现象 | 故障分析 | 排除方法 |
| --- | --- | --- |
| 推力不足或工作速度逐渐下降甚至停止 | (1)液压缸和活塞配合间隙太大或密封圈损坏,造成高低压腔互通<br>(2)由于工作时经常用工作行程的某一段,造成液压缸孔径直线性不良(局部有腰鼓形),致使液压缸两端高低压油互通<br>(3)缸端油封压得太紧或活塞杆弯曲,使摩擦力或阻力增加<br>(4)泄漏过多<br>(5)油温太高,黏度减小,靠间隙密封或密封质量差的液压缸行速变慢。若液压缸两端高低压油腔互通,运行速度逐渐减慢直至停止 | (1)单配活塞和液压缸的间隙或更换密封圈<br>(2)镗磨修复液压缸孔径,单配活塞<br>(3)放松油封,以不漏油为限,校直活塞杆<br>(4)寻找泄漏部位,紧固各接合面<br>(5)分析发热原因,设法散热降温,如密封间隙过大则单配活塞或增装密封环 |
| 冲击 | (1)活塞和液压缸间隙过大,节流阀失去节流作用<br>(2)端头缓冲的单向阀失灵,缓冲不起作用 | (1)按规定配活塞与液压缸的间隙,减少泄漏现象<br>(2)修正研配单向阀与阀座 |
| 爬行 | (1)空气侵入<br>(2)液压缸端盖密封圈压得太紧或过松<br>(3)活塞杆与活塞不同轴<br>(4)活塞杆全长或局部弯曲<br>(5)液压缸的安装位置偏移<br>(6)液压缸内孔直线性不良(鼓形锥度等)<br>(7)缸内腐蚀、拉毛<br>(8)双活塞杆两端同轴度不良 | (1)增设排气装置;如无排气装置,可开动液压系统以最大行程使工作部件快速运动,强迫排除空气<br>(2)调整密封圈,使它不紧不松<br>(3)校正二者同轴度<br>(4)校直活塞杆<br>(5)检查液压缸与导轨的平行性并校正<br>(6)镗磨修复,重配活塞<br>(7)轻微者修去锈蚀和毛刺,严重者必须镗磨<br>(8)校正同轴度 |

表 21-9-22　　溢流阀的故障分析及排除方法

| 故障现象 | 故障分析 | 排除方法 |
|---|---|---|
| 压力波动 | (1)弹簧弯曲或太软<br>(2)锥阀与阀座接触不良<br>(3)钢球与阀座密合不良<br>(4)滑阀变形或拉毛<br>(5)油不清洁,阻尼孔堵塞 | (1)更换弹簧<br>(2)如锥阀是新的即卸下调整螺母,将导杆推几下,使其接触良好;或更换锥阀<br>(3)检查钢球圆度,更换钢球,研磨阀座<br>(4)更换或修研滑阀<br>(5)疏通阻尼孔,更换清洁油液 |
| 调整无效 | (1)弹簧断裂或漏装<br>(2)阻尼孔阻塞<br>(3)滑阀卡住<br>(4)进出油口装反<br>(5)锥阀漏装 | (1)检查、更换或补装弹簧<br>(2)疏通阻尼孔<br>(3)拆出、检查、修整<br>(4)检查油源方向<br>(5)检查、补装 |
| 泄漏严重 | (1)锥阀或钢球与阀座的接触不良<br>(2)滑阀与阀体配合间隙过大<br>(3)管接头没拧紧<br>(4)密封破坏 | (1)锥阀或钢球磨损时更换新的锥阀或钢球<br>(2)检查阀芯与阀体间隙<br>(3)拧紧连接螺钉<br>(4)检查更换密封 |
| 噪声及振动 | (1)螺母松动<br>(2)弹簧变形,不复原<br>(3)滑阀配合过紧<br>(4)主滑阀动作不良<br>(5)锥阀磨损<br>(6)出油路中有空气<br>(7)流量超过允许值<br>(8)和其他阀产生共振 | (1)紧固螺母<br>(2)检查并更换弹簧<br>(3)修研滑阀,使其灵活<br>(4)检查滑阀与壳体的同轴度<br>(5)换锥阀<br>(6)排出空气<br>(7)更换与流量对应的阀<br>(8)略为改变阀的额定压力值(如额定压力值的差在0.5MPa以内时,则容易发生共振) |

表 21-9-23　　减压阀的故障分析及排除方法

| 故障现象 | 故障分析 | 排除方法 |
|---|---|---|
| 压力波动不稳定 | (1)油液中混入空气<br>(2)阻尼孔有时堵塞<br>(3)滑阀与阀体内孔圆度超过规定,使阀卡住<br>(4)弹簧变形或在滑阀中卡住,使滑阀移动困难或弹簧太软<br>(5)钢球不圆,钢球与阀座配合不好或锥阀安装不正确 | (1)排除油中空气<br>(2)清理阻尼孔<br>(3)修研阀孔及滑阀<br>(4)更换弹簧<br>(5)更换钢球或拆开锥阀调整 |
| 二次压力升不高 | (1)外泄漏<br>(2)锥阀与阀座接触不良 | (1)更换密封件,紧固螺钉,并保证力矩均匀<br>(2)修理或更换 |
| 不起减压作用 | (1)泄油口不通;泄油管与回油管道相连,并有回油压力<br>(2)主阀芯在全开位置时卡死 | (1)泄油管必须与回油管道分开,单独回入油箱<br>(2)修理、更换零件,检查油质 |

表 21-9-24　　节流调速阀的故障分析及排除方法

| 故障现象 | 故障分析 | 排除方法 |
|---|---|---|
| 节流作用失灵及调速范围不大 | (1)节流阀和孔的间隙过大,有泄漏以及系统内部泄漏<br>(2)节流孔阻塞或阀芯卡住 | (1)检查泄漏部位零件损坏情况,予以修复、更新,注意接合处的油封情况<br>(2)拆开清洗,更换新油液,使阀芯运动灵活 |
| 运动速度不稳定如逐渐减慢、突然增快及跳动等现象 | (1)油中杂质黏附在节流口边上,通油截面减小,使速度减慢<br>(2)节流阀的性能较差,低速运动时由于振动使调节位置变化<br>(3)节流阀内部、外部有泄漏 | (1)拆卸清洗有关零件,更换新油,并经常保持油液洁净<br>(2)增加节流联锁装置<br>(3)检查零件的精度和配合间隙,修配或更换超差的零件,连接处要严加封闭 |

续表

| 故障现象 | 故障分析 | 排除方法 |
| --- | --- | --- |
| 运动速度不稳定如逐渐减慢、突然增快及跳动等现象 | (4)在简式的节流阀中,因系统载荷有变化,使速度突变<br>(5)油温升高,油液的黏度降低,使速度逐步升高<br>(6)阻尼装置堵塞,系统中有空气,出现压力变化及跳动 | (4)检查系统压力和减压装置等部件的作用以及溢流阀的控制是否正常<br>(5)液压系统稳定后调整节流阀或增加油温散热装置<br>(6)清洗零件,在系统中增设排气阀,油液要保持洁净 |

**表 21-9-25　　换向阀的故障分析及排除方法**

| 故障现象 | 故障分析 | 排除方法 |
| --- | --- | --- |
| 滑阀不换向 | (1)滑阀卡死<br>(2)阀体变形<br>(3)具有中间位置的对中弹簧折断<br>(4)操纵压力不够<br>(5)电磁铁线圈烧坏或电磁铁推力不足<br>(6)电气线路出故障<br>(7)液控换向阀控制油路无油或被堵塞 | (1)拆开清洗脏物,去毛刺<br>(2)调节阀体安装螺钉使压紧力均匀,或修研阀孔<br>(3)更换弹簧<br>(4)操纵压力必须大于 0.35MPa<br>(5)检查、修理、更换<br>(6)消除故障<br>(7)检查原因并消除 |
| 电磁铁控制的方向阀作用时有响声 | (1)滑阀卡住或摩擦力过大<br>(2)电磁铁不能压到底<br>(3)电磁铁铁芯接触面不平或接触不良 | (1)修研或调配滑阀<br>(2)校正电磁铁高度<br>(3)消除污物,修正电磁铁铁芯 |

**表 21-9-26　　液控单向阀的故障分析及排除方法**

| 故障现象 | 故障分析 | 排除方法 |
| --- | --- | --- |
| 油液不逆流 | (1)控制压力过低<br>(2)控制油管道接头漏油严重<br>(3)单向阀卡死 | (1)提高控制压力使之达到要求值<br>(2)紧固接头,消除漏油<br>(3)清洗 |
| 逆方向不密封,有泄漏 | (1)单向阀在全开位置上卡死<br>(2)单向阀锥面与阀座锥面接触不均匀 | (1)修配,清洗<br>(2)检修或更换 |

# 4　拖　链

拖链是现代机械设备的主要配套件，它作为各类机床、机械设备的液、气软管以及电线、电缆的防护装置，能随运动着的工作机械协调地运行。液、气软管和电线、电缆在拖链内整齐而有规则地排列在一起，增强了机床和机械设备的整体造型效果，因而被广泛地应用于机床、重型机械、加工　起重、冶金和建筑机械等行业。其优点如下。

1）运动平稳，传动灵活，工作安全可靠。

2）电线、电缆和液、气软管之间无相对运动，无机械磨损，在给定的弯曲半径范围内，不会产生弯曲和扭转变形。管线受拖链的保护，使用寿命长。

3）承载能力强，为其他任何管缆防护装置无法比拟。

4）结构简单、轻巧，节省传动空间，易拆装，易维修。

5）造型新颖，外形美观。

（1）拖链结构（见图 21-9-16）

拖链由两条或两条以上的平行链带、支撑板、销轴和连接板组成。两链带之间用支撑板相互连接，支撑板和链板间用销轴连接，支撑板上开孔用来支撑和拖动电线、电缆或软管。支撑板可以是整块的，也可分开成两块，以利于软管安装。板上的孔为圆形或矩形，也可按用户要求开孔。拖链一端为固定连接板，与机器上的固定件连接或固定于地面，另一端为活动连接板，与机器上的活动部件连接，随活动件一起运动。

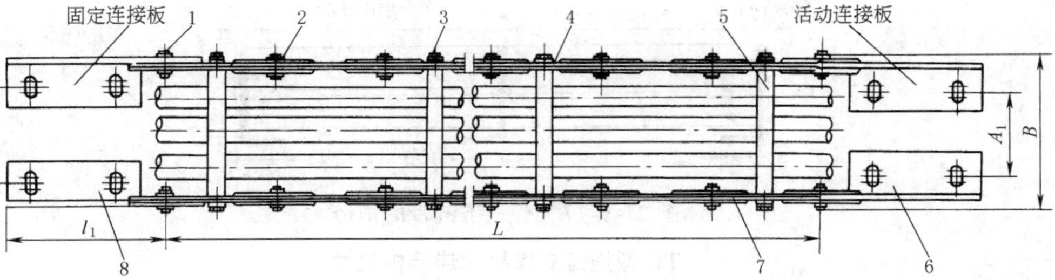


图 21-9-16 拖链结构

1—销轴；2—挡圈；3—螺栓；4—垫圈；5—支撑板；6—活动连接板；7—链板；8—固定连接板

（2）TL 型钢制拖链

## 性能参数与外形尺寸

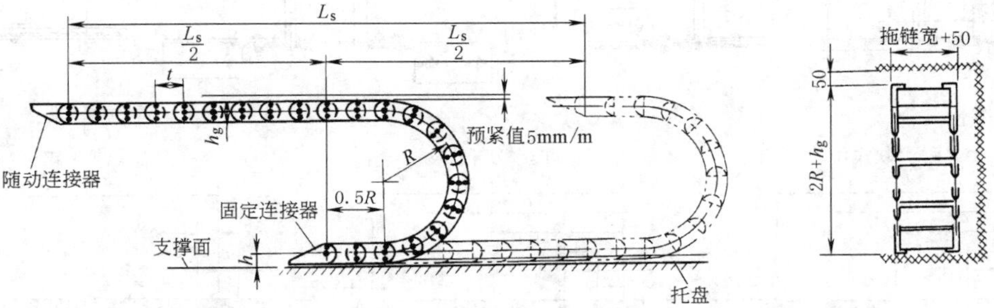


表 21-9-27

mm

<table>
<tr><td>型号</td><td colspan="6">TL65</td><td colspan="5">TL95</td><td colspan="9">TL125</td><td colspan="7">TL180</td><td colspan="4">TL225</td></tr>
<tr><td>移动速度/m · min$^{-1}$</td><td colspan="31">≤40</td></tr>
<tr><td>噪声声压级/dB(A)</td><td colspan="31">≤68(最大移动速度时)</td></tr>
<tr><td>寿命/万次</td><td colspan="31">≥100(往复)</td></tr>
<tr><td>节距 $t$</td><td colspan="6">65</td><td colspan="5">95</td><td colspan="9">125</td><td colspan="7">180</td><td colspan="4">225</td></tr>
<tr><td>弯曲半径 $R$</td><td>75</td><td>90</td><td>115</td><td>125</td><td>145</td><td>185</td><td>115</td><td>145</td><td>200</td><td>250</td><td>300</td><td>200</td><td>250</td><td>300</td><td>350</td><td>470</td><td>500</td><td>575</td><td>700</td><td>750</td><td>250</td><td>300</td><td>350</td><td>450</td><td>490</td><td>600</td><td>650</td><td>350</td><td>450</td><td>600</td><td>750</td></tr>
<tr><td>拖链最小宽度 $B_{min}$</td><td colspan="6">70</td><td colspan="5">120</td><td colspan="9">120</td><td colspan="7">200</td><td colspan="4">250</td></tr>
<tr><td>拖链最大宽度 $B_{max}$</td><td colspan="6">350</td><td colspan="5">450</td><td colspan="9">550</td><td colspan="7">650</td><td colspan="4">1000</td></tr>
<tr><td>拖链长度 $L$</td><td colspan="31">由用户按需要自定</td></tr>
<tr><td>支撑板最大孔径 $D_1$</td><td colspan="6">30</td><td colspan="5">50</td><td colspan="9">75</td><td colspan="7">110</td><td colspan="4">150</td></tr>
<tr><td>矩形孔 $D_{max}$</td><td colspan="6">26</td><td colspan="5">46</td><td colspan="9">72</td><td colspan="7">—</td><td colspan="4">—</td></tr>
<tr><td>链板高 $h_g$</td><td colspan="6">44</td><td colspan="5">70</td><td colspan="9">96</td><td colspan="7">144</td><td colspan="4">200</td></tr>
<tr><td>$h$</td><td colspan="6">22</td><td colspan="5">35</td><td colspan="9">48</td><td colspan="7">72</td><td colspan="4">100</td></tr>
</table>

注：1. 当拖链需要的弯曲半径与表列不同或结构有特殊要求时，可与生产厂协商。

2. 当拖链超过允许的最大宽度 $B_{max}$ 时，可采用由三条链带平行组成的复合拖链，见图 21-9-17。

3. $L_s$ 为工作机械移动行程。

4. 生产厂为上海英特尔弗莱克斯拖链有限公司（上海江川机件厂）、武汉南星冶金设备备件有限公司等。

因为支撑板最大宽度为 600~650mm，在较宽拖链上可以装置多条拖链链带，这样不仅可提高较窄拖链的稳定性，也可通过第三条链带将软管与电缆隔开。图 21-9-17 所示为有三条链带的拖链，SLE 型取参数 $d$、12、$g$，TL 型取 $f$、$j$、$k$。

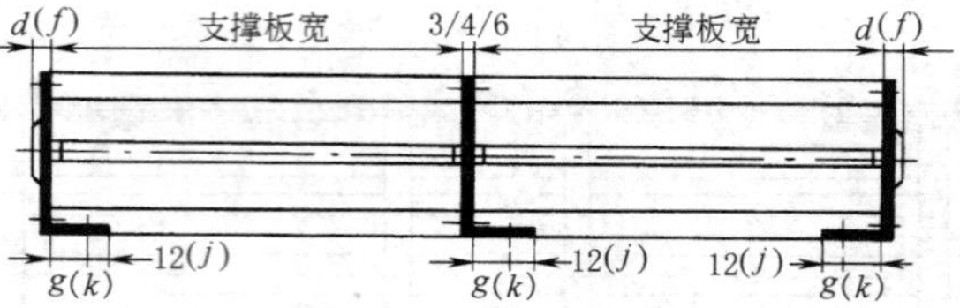


图 21-9-17　有三条链带的拖链

**TL 型拖链支撑板和连接板尺寸**

连接板

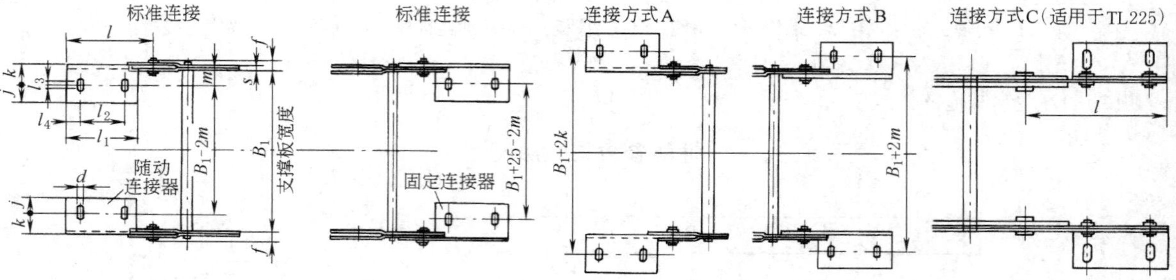


拖链支撑板

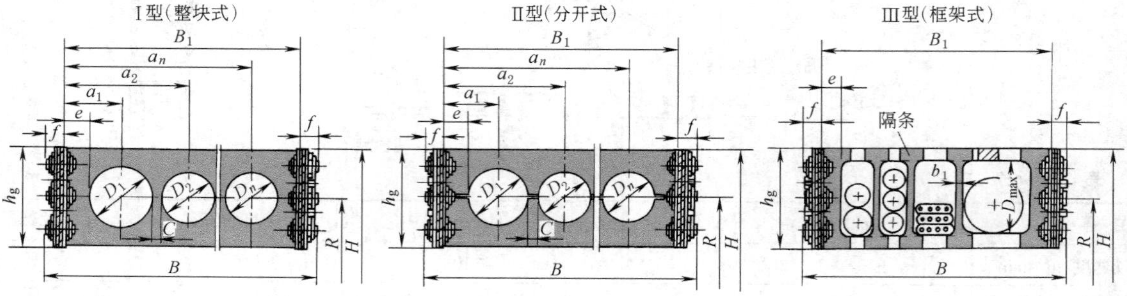


**表 21-9-28**

mm

| 型　　号 | 支撑板型式 | $e$ | $f$ | $a_1 \sim a_n$ <br> $D_1 \sim D_n$ | $D_{max}$ | $C_{min}$ | $b_1$ | $j$ | $k$ | $m$ | $l$ | $l_1$ | $l_2$ | $l_3$ | $l_4$ | $d$ | $s$ |
|---|---|---|---|---|---|---|---|---|---|---|---|---|---|---|---|---|---|
| TL65 | Ⅰ、Ⅱ、Ⅲ | 10 | 8 | 用户按需要自定 $D_{1\sim n} \leqslant D_{max}$ | 26 | 4 | 3 | 13 | 17 | 14 | 95 | 75 | 45 | 5 | 15 | 7 | 3 |
| TL95 | Ⅰ、Ⅱ、Ⅲ | 12 | 10 | | 46 | 5 | 4 | 25 | 30 | 26 | 125 | 105 | 65 | 10 | 20 | 9 | 4 |
| TL125 | Ⅰ、Ⅱ、Ⅲ | 12 | 12 | | 72 | 6 | 5 | 25 | 30 | 25 | 155 | 130 | 80 | 10 | 25 | 11 | 5 |
| TL180 | Ⅱ | 15 | 15 | | — | 7 | — | 25 | 35 | 29 | 210 | 175 | 115 | 10 | 30 | 13 | 6 |
| TL225 | Ⅱ | 22 | 15 | | — | 10 | — | 35 | 45 | 39 | 300 | 200 | 140 | 10 | 30 | 18 | 6 |

注：$H=2R+h_g$。

型号意义：

□ □-□ × □ × □

- 拖链长度 $L$/mm
- 拖链支撑板宽度 $B_1$/mm
- 弯曲半径 /mm
- 支撑板型式 Ⅰ、Ⅱ、Ⅲ
- 型号

标记示例

拖链型号 TL95，支撑板Ⅲ型，弯曲半径 $R=250$mm，支撑板宽度 $B_1=300$mm，拖链长度 $L=3325$mm，记为：

拖链 TL95 Ⅲ-250×300×3325（订货时需附支撑板上开孔配置图）

选择计算

1）支撑板最大孔径 $D_1=1.1d$（取整数），$d$ 为管缆最大外径。

2）选择拖链型号：由支撑板最大孔径 $D_1$，按表 21-9-27 选择型号。

3）根据拖链功能要求，确定支撑板型式和拖链的弯曲半径：当拖链需承载较大管缆载荷时，应选用高强度支撑板Ⅰ型；当管路的管接头尺寸大于支撑板孔径或需经常拆装、维修等时，可选用支撑板Ⅱ型；安装管缆的规格品种较多时，可选用支撑板Ⅲ型。

4）确定支撑板宽度 $B_1$ 和拖链宽度 $B$

$$B_1=2e+n_1D_1+n_2D_2+\cdots+(n-1)C$$

式中 $D_1$、$D_2$……——孔径；

$n_1$、$n_2$……——对应孔径的孔数；

$n$——总孔数；

$e$、$C$——查表 21-9-28。

$$B=B_1+2f$$

式中 $f$——查表 21-9-28。

5）确定拖链长度：由工作机械的移动行程 $L_s$ 确定拖链的长度 $L$

$$L=\frac{L_s}{2}+\pi R+\Delta L$$

式中 $L_s$——工作机械移动行程；

$R$——弯曲半径，见表 21-9-27；

$\Delta L$——安全行程附加值，取 $\Delta L=R$。

计算后，按节距圆整，$L=Zt$，$Z$ 为节数，$t$ 为节距。

要注意，液压管在压力下会伸长或缩短，确定拖链长度时应计及软管的这一弹性因素。

6）校核拖链长度：允许不用支承轮时的拖链长度与附加载荷的关系如图 21-9-18。如果拖链长度超出允许不用支承轮的长度时，建议在拖链下面加支承滚轮等，以免拖链下沉并保证拖链有最佳的移动性能。由用户自制的支承滚轮见图 21-9-19。

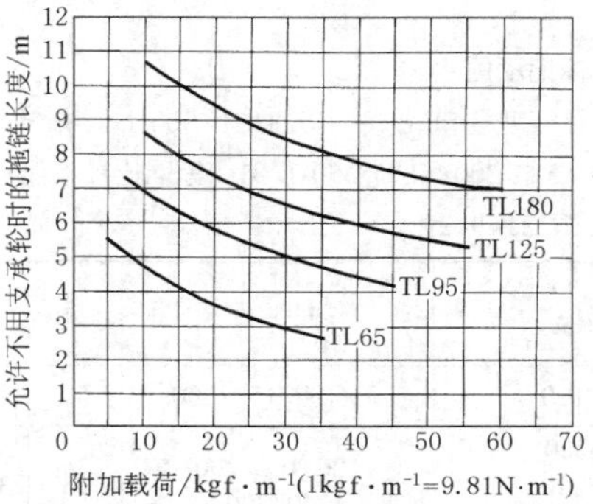


图 21-9-18 允许不用支承轮时的拖链长度与附加载荷关系

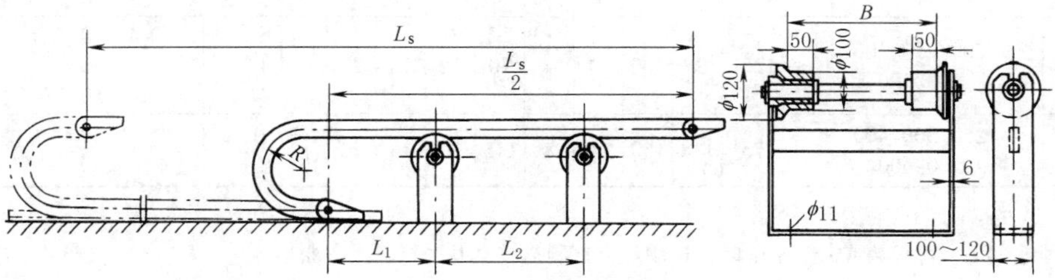


图 21-9-19 支承滚轮

（3）SLE 型钢制拖链

## 性能参数与连接尺寸

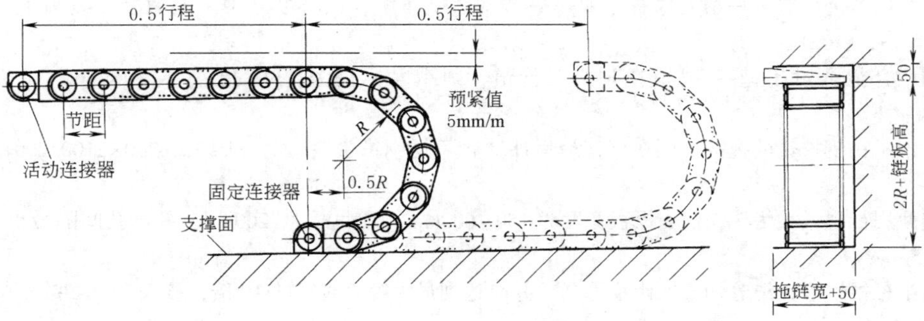

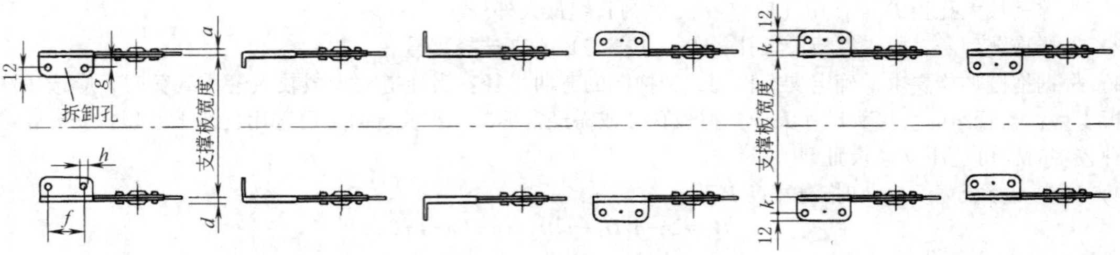


在外周上的标准连接　连接方式A　连接方式B　在外周上的连接方式C　在内周上的连接方式D　在内周上的连接方式E

SLS-泡沫支撑板　SLP-塑料中间隔条　SLA-铝合金支撑板

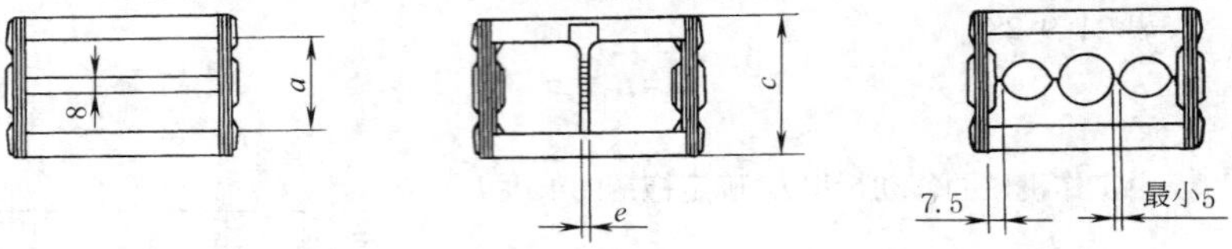


标记示例

拖链型号 SLA520、弯曲半径 300mm、拖链长度 6875mm、支撑板宽度 350mm、连接方式 D 或 E、安装方式“S”，记为：拖链 SLA520/300×6875/350-D/E（标准连接不注）“S”（订货时需附支撑板上开孔配置图）。

**表 21-9-29**

mm

| 型　号 | 弯曲半径 $R$ | 节距 | $a$ | $c$ | $d$ | $e$ | $f$ | $g$ | $h$ | $k$ | 允许不用支承轮时 | | 质量/kg (100mm) |
|---|---|---|---|---|---|---|---|---|---|---|---|---|---|
| | | | | | | | | | | | 长度/m | 载荷/kgf·m$^{-1}$ | |
| SLP120 | 50/100/150/200 | 50 | 19 | 35 | 5.5 | 3 | 20 | 7.5 | 7 | 9.5 | 3 | 4 | 2.30 |
| SLS220<br>SLP220<br>SLA220 | 100/150/200<br>250/300 | 75 | 31 | 50 | 8 | 4 | 30 | 12 | 9 | 15 | 3<br>2<br>2 | 20<br>30<br>30 | 4.90<br>4.80<br>5.50 |
| SLS320<br>SLP320<br>SLA320 | 150/200/250<br>300/400 | 100 | 49 | 75 | 10 | 4 | 50 | 17 | 11 | 21 | 4<br>3<br>3 | 25<br>40<br>40 | 9.10<br>9.10<br>10.00 |
| SLS520<br>SLP520<br>SLA520 | 200/250/300<br>400/500 | 125 | 68 | 100 | 14 | 4 | 70 | 22 | 13 | 28 | 6<br>4<br>4 | 30<br>50<br>50 | 18.10<br>18.10<br>19.30 |
| SLA620<br>SLP620 | 250/300/400<br>500/600 | 175 | 118 | 150 | 14 | 8 | 115 | 26 | 13 | 32 | 10<br>8 | 10<br>30 | 25.00 |

注：1. 1kgf/m=9.81N/m。

2. 当每分钟超过 2 个行程数或 $v\approx1$m/s 时，选用淬火钢制拖链，并选择较大弯曲半径。

3. 生产厂为上海英特尔弗莱克斯拖链有限公司（上海江川机件厂）。

选型说明

1）SLE 型拖链有三种支撑板，采用铝合金支撑板时型号标记为 SLA，采用塑料中间隔条时标记为 SLP，采用泡沫支撑板时标记为 SLS。选用 SLS 型时，需事先与生产厂联系。

2）通常每两节链板提供一条支撑板，如每一节均需支撑板，则将型号中末尾数字 0 改为 1，如：SLA521（或 121、221、321、621）。

3）选用铝合金全封闭型——“银星护板”拖链，则型号标记为：SLE325（或 525、625），如：SLE325/200×2100/200“h”。

4）选用带不锈钢护带的拖链，则在标记最后加“带不锈钢护带”，如：SLA320/200×2100/200“h”带不锈钢护带。

5）拖链使用行程最大为 32m；支撑板宽度为 150~600mm，最大可达 1200mm；孔与孔间隔最小为5mm；链板高度为 35~150mm。

6）弯曲半径根据最大缆管的弯曲半径选择，并应达到最大缆管直径的 10 倍，按表 21-9-29 选取，行程小时选较小的弯曲半径。

7）当固定连接器在行程中点时，拖链的长度为：$\frac{1}{2}$行程+4 倍弯曲半径。

8）由缆管最大直径确定支撑板的高度（即链板高度）。但当工作机械最大限度运转时，如拖链宽度超过300mm，拖链长度超过 4m，出于稳定性原因，应考虑选择加大一号规格的拖链。

安装方式（见图 21-9-20）

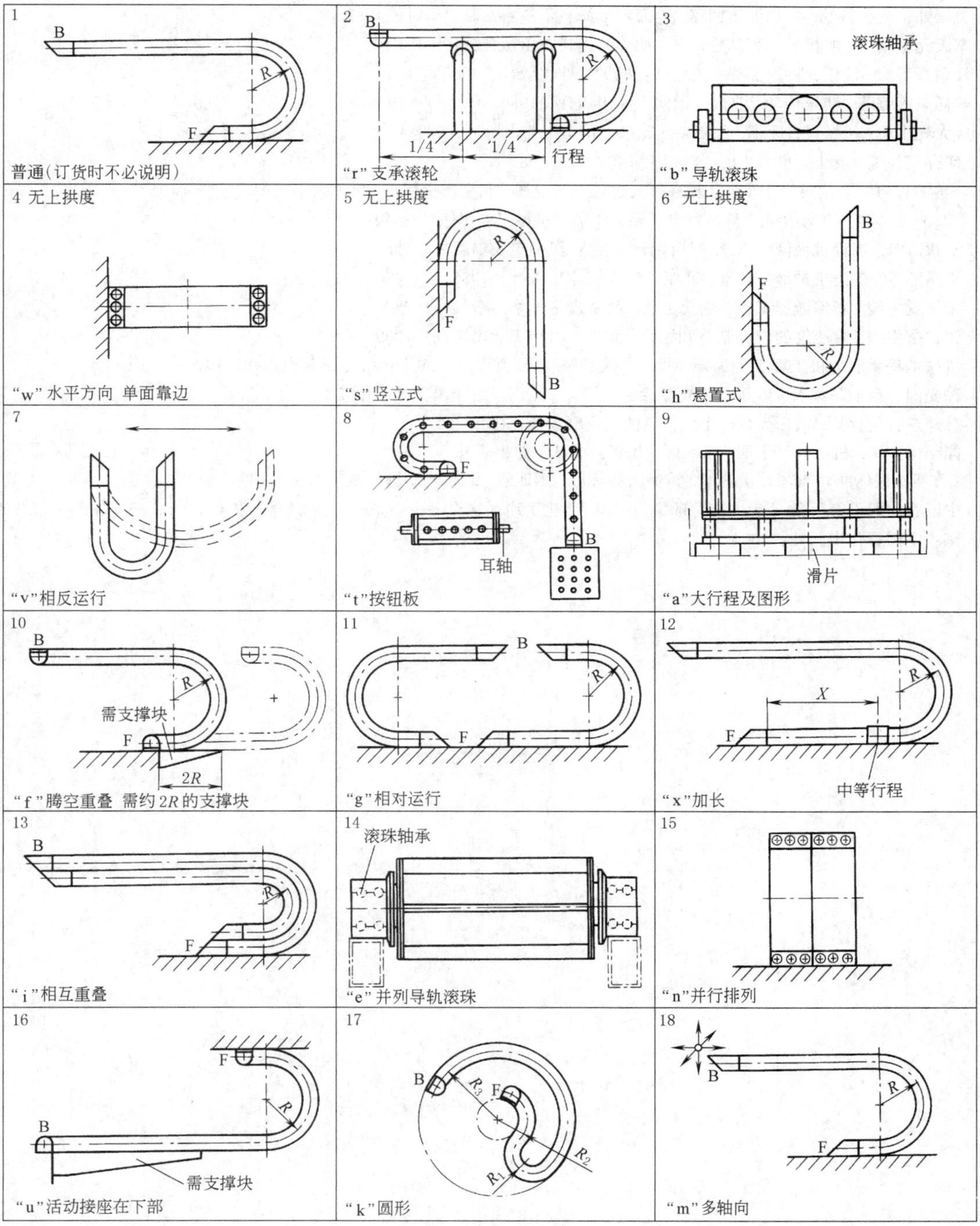


图 21-9-20　安装方式

F—固定连接；B—活动连接

第21篇

# 参 考 文 献


[1] 李玉林主编. 液压元件与系统设计. 北京：北京航空航天大学出版社，1991.

[2] 蔡文彦，詹永麒编. 液压传动系统. 上海：上海交通大学出版社，1990.

[3] 官忠范主编. 液压传动系统. 北京：机械工业出版社，1983.

[4] [日] 金子敏夫著. 油压機器と庥用回路. 日刊工業新聞社，1972.

[5] 关肇勋，萤奕振编. 实用液压回路. 上海：上海科学技术文献出版社，1982.

[6] 李天元主编. 简明机械工程师手册. 昆明：云南科技出版社，1988.

[7] 杜国森等编. 液压元件产品样本. 北京：机械工业出版社，2000.

[8] 曾祥荣等编著. 液压传动. 北京：国防工业出版社，1980.

[9] 成大先主编. 机械设计手册. 第五版. 北京：化学工业出版社，2008.

[10] 何存兴等编. 液压元件. 北京：机械工业出版社，198. 1.

[11] [美] R. P. 兰姆贝克. 液压泵和液压马达选择与应用. 北京：机械工业出版社，1989.

[12] [日] 日本液压气动协会. 液压气动手册. 北京：机械工业出版社，1984.

[13] 马永辉等. 工程机械液压系统设计计算. 北京：机械工业出版社，1985.

[14] 李昌熙等. 矿山机械液压传动. 北京：煤炭工业出版社，1985.

[15] 雷天觉主编. 新编液压工程手册. 北京：北京理工大学出版社，1998.

[16] 张仁杰主编. 液压缸的设计制造和维修. 北京：机械工业出版社，1989.

[17] 机械工程手册电机工程手册编委会编. 机械工程手册. 第二版. 北京：机械工业出版社，1996.

[18] 嵇光国，吕淑华编著. 液压系统故障诊断与排除. 北京：海洋出版社，1992.

[19] 林建亚，何存兴. 液压元件. 北京：机械工业出版社，1988.

[20] 闻邦椿主编. 机械设计手册. 第5版. 北京：机械工业出版社，2010.

[21] 《重型机械标准》编写委员会编. 重型机械标准. 第四卷. 北京：中国标准出版社，1998.

[22] 中国石化股份有限公司炼油事业部编. 中国石油化工产品大全——石油产品·润滑剂和有关产品·添加剂·催化剂. 北京：中国石化出版社，2004.

机械设计手册

第六版

第5卷

HANDBOOK OF MECHANICAL DESIGN

# 第22篇 液压控制

主要撰稿 卢长耿 容同生 吴根茂 魏建华 张伟
黄畬

审稿 容同生 卢长耿

# 第1章 控制理论基础

## 1 控制系统的一般概念

自动控制就是用各类控制装置和仪表包括计算机代替人工，自动地、有目的地控制和操纵机器及生产设备，使之具有一定功能。随着对生产设备机械化和自动化要求的不断提高，自动控制的生产过程已成为现代化生产的必要条件之一。液压伺服系统和电力伺服系统就是这一领域中的重要组成部分。

自动控制理论是研究自动控制系统运动规律，并运用这些规律分析和设计自动控制系统的理论。控制理论根据研究对象的不同分为两大类。研究连续自动控制系统运动规律的理论，一般称为反馈控制理论；研究断续自动控制系统运动规律的理论，称为开关控制理论或逻辑控制理论。反馈控制理论的基础是线性连续反馈控制理论。

反馈控制理论有应用状态空间分析法为基础的现代控制理论，以及自然科学和社会科学相结合的系统理论。需要指出的是，虽然现代控制理论的发展，解决了某些“经典”控制理论所不能解决的问题，但是经典控制理论仍在工程技术中发挥着指导性的作用，相当多的问题用它来解决是非常简便而有效的。



### 1.1 反馈控制原理

反馈控制是实现自动控制的最基本的方法。反馈控制的基本原理是利用控制装置将被控制对象的输出信号回输到系统的输入端，并与给定值进行比较形成偏差信号，以产生对被控对象的控制作用，使系统的输出量与给定值之差保持在容许的范围之内。反馈控制的基本特征是存在负反馈过程和按偏差进行调节。图22-1-1为电液位置控制系统原理图，其工作原理如下。工作台期望到达某一位置，这一期望位置由输入给系统的指令电压 $u$ 给定。工作台的实际位置由位移传感器测量，测量值被转换成相应的电压 $u_2$。当工作台的实际位置与期望位置相等时，$u_1=u_2$。若二者有差异，则将存在电压差 $\Delta u=u_1-u_2$。$\Delta u$ 经放大器放大并驱动电液伺服阀，经阀输出的相应油液压力和流量则驱使液压缸活塞带动工作台移动。由期望位置和实际位置的偏差产生的调节作用，最终实现工作台的实际位置接近于指令给定的期望位置。当某种干扰引起工作台的实际位置产生偏移时，也会由位置偏差产生调节作用，使工作台的位置恢复到原始的状态。基于反馈控制过程中信号在系统内构成一个闭合回路，所以反馈控制通常又叫闭环控制。自动控制系统也称为反馈控制系统或闭环控制系统。

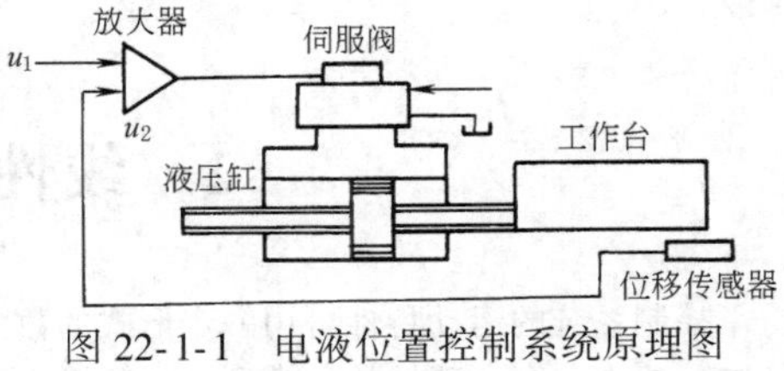


图22-1-1 电液位置控制系统原理图

### 1.2 反馈控制系统的组成、类型和要求

表22-1-1

| | |
|---|---|
| 基本组成 | 下示职能方块图表示了一个典型的反馈控制系统一般组成、组成类型、信号传递和变换过程<br>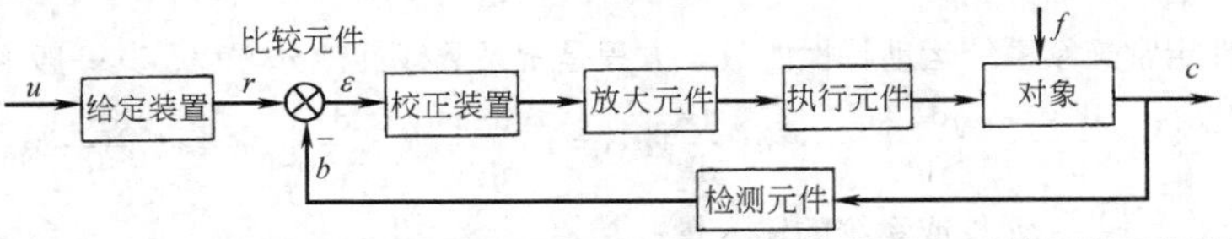<br> |

续表

| | | |
|---|---|---|
| 基本组成 | 系统中的主要信号 | (1) 输入信号(指令)$u$　来自系统外部确定的或变化的信号,它决定着被控量的变化规律 |
| | | (2) 参考输入 $r$　比例于输入信号并与主反馈信号进行比较,$r$ 为固定值,也称给定值 |
| | | (3) 主反馈信号 $b$　它是被控制量的函数,并与参考输入进行比较以产生偏差信号 |
| | | (4) 偏差信号 $\varepsilon$　参考输入与主反馈信号之差 |
| | | (5) 输出信号(被控制量)$c$　系统中变化规律需要被检测和加以控制信号 |
| | | (6) 误差信号 $e$　系统的期望输出值与实际输出值之差 |
| | | (7) 干扰信号 $f$　除输入信号外对系统的输出产生影响的因素,它可能来自系统外部,也可以来自系统的内部 |
| 基本类型 | 按控制要求分 | (1) 自动调节系统　其输入量为常值或随时间缓慢变化,系统的主要任务是在受到干扰时,使系统的实际输出量保持或接近期望值 |
| | | (2) 程序控制系统　其输入量的变化规律是事先确定的,系统将自动地使输出量尽可能准确地按事先给定的规律变化 |
| | | (3) 伺服系统　输入量为任意的时间函数,系统应使输出量以一定的精度跟随输入量的变化而变化,若系统的输出量是位置、速度之类的机械量,工程中通常称伺服控制系统 |
| | 按其他不同特征来分 | (1) 线性系统和非线性系统　线性系统是描述系统动态特性的数学方程为线性微分方程的一类系统,否则为非线性系统。线性系统满足叠加原理和均匀性定理 |
| | | (2) 连续系统和离散系统　系统中各部分的信号均为连续的时间变量 $t$ 的函数,称为连续系统,其运动特性可用微分方程来描述。若系统中的一处和某几处信号的形式是脉冲或数码,这类系统称为离散系统,离散控制系统运动特性可用差分方程来描述 |
| | | (3) 确定系统和不确定系统　系统的结构和参数是确定和已知的,且作用于系统的输入信号(包括干扰信号)也是确定的一类系统为确定系统。若系统本身或作用于该系统的信号不确定或模糊时,则称为不确定系统 |
| | | (4) 单输入单输出系统和多输入多输出系统　系统的输入和输出量各为一个称为单输入单输出系统,它只有一个主反馈信号。若系统有多个输入和输出量,则为多输入多输出系统,也称多变量系统 |
| | 一般讲,不同类型的系统的分析方法是不相同的 | |
| 反馈控制系统的基本要求 | | (1) 稳定性　系统稳定且有一定的稳定裕量 |
| | | (2) 稳态精度　系统达到平衡状态后要求满足一定的准确度 |
| | | (3) 动态品质　要求系统过渡过程的性能满足一定的指标 |
| | | (4) 运行条件 |
| | | (5) 可靠性 |
| | | (6) 经济性 |

# 2　线性控制系统的数学描述

控制系统的运动特性可用一定形式的数学式来描述，通常称为系统的数学模型。在自动控制系统的分析和设计中，建立一个合理的数学模型是一项极为重要的任务。系统的数学模型可用解析法和实验法来建立。解析法是从元件或系统所依据的物理规律出发，从理论上推导出输入输出变量及内部变量之间的数学关系式。实验法是对实际系统输入一个一定形式的输入信号，根据实测的输出响应来建立系统的数学模型。

经典控制理论中描述线性控制系统的数学模型有微分方程、传递函数、函数方块图、信号流图、脉冲响应函数、阶跃响应函数和频率特性等。一个系统当采用不同的方法来分析和设计时将用到不同的数学模型。

## 2.1　微分方程

(1) 线性微分方程

线性元件或线性定常连续系统运动特性的数学方程是常系数线性微分方程，其一般形式为

$$a_n \frac{d^n y}{dt^n}+a_{n-1}\frac{d^{n-1}y}{dt^{n-1}}+\cdots+a_1\frac{dy}{dt}+a_0y=b_m\frac{d^m x}{dt^m}+b_{m-1}\frac{d^{m-1}x}{dt^{m-1}}+\cdots+b_1\frac{dx}{dt}+b_0x \qquad (22\text{-}1\text{-}1)$$

式中　$x$——元件或系统的输入量；

$y$——元件或系统的输出量；

$a_n$、…、$a_0$，$b_m$、…、$b_0$——由系统的结构参数决定的常系数，实际的系统，均满足 $m\leqslant n$ 的条件。

（2）非线性运动方程的线性化

实际的自动控制系统中经常存在一些非线性因素，液压伺服系统中通过阀的流量特性就是非线性方程。当研究在某一工作点附近的运动特性或所研究的系统变量在动态过程中偏离平衡点不大时，可以应用线性化的方法把非线性运动方程转化为线性微分方程，称为非线性方程的线性化。线性化的目的是使某些非线性问题近似为线性问题。线性化的数学方法是将非线性函数在某工作点展开成泰勒级数后，取其一阶近似式，并以增量的形式表示相应的变量。线性化的公式如下。设非线性函数

$$y=f(x) \tag{22-1-2}$$

其稳定工作点为 $x_0$，$y_0$，则线性化后的线性方程为

$$\Delta y=\left.\frac{\mathrm{d}f}{\mathrm{d}x}\right|_{x=x_0}\Delta x \tag{22-1-3}$$

其中

$$\Delta y=y-y_0,\Delta x=x-x_0$$

若非线性函数

$$y=f(x_1,x_2) \tag{22-1-4}$$

其稳定工作点为 $x_{10}$，$x_{20}$ 和 $y_0$，则线性化后的线性方程为

$$\Delta y=\left.\frac{\partial f}{\partial x_1}\right|_{\substack{x_1=x_{10}\\x_2=x_{20}}}\Delta x_1+\left.\frac{\partial f}{\partial x_2}\right|_{\substack{x_1=x_{10}\\x_2=x_{20}}}\Delta x_2 \tag{22-1-5}$$

其中

$$\Delta x_1=x_1-x_{10},\ \Delta x_2=x_2-x_{20},\ \Delta y=y-y_0$$

线性化举例，在液压伺服系统分析中，阀口的流量方程为

$$Q=Cx\sqrt{\frac{p_s-p_L}{\rho}}$$

式中 $Q$——通过阀的流量；

$C$——流量系数；

$x$——阀芯位移量或阀的开口度；

$p_L$——负载压力；

$p_s$——恒定的供油压力。

若阀处于某平衡状态时相应的变量为 $Q_0$，$x_0$ 和 $p_{L0}$，则在平衡点附近线性化后，可得线性方程为

$$\Delta Q=K_q\Delta x-K_c\Delta p_L$$

式中 $\Delta Q=Q-Q_0$；

$\Delta x=x-x_0$；

$\Delta p_L=p_L-p_{L0}$；

$K_q$——流量增益，$K_q=\left.\frac{\partial f}{\partial x}\right|_{\substack{x=x_0\\p_L=p_{L0}}}$；

$K_c$——流量压力系数，$K_c=-\left.\frac{\partial f}{\partial p_L}\right|_{\substack{x=x_0\\p_L=p_{L0}}}$。

## 2.2 传递函数及方块图

**表 22-1-2　传递函数、方块图及其等效变换**

| 项目 | 定义及功能 | 表达(形)式 | 特点或应用 |
|---|---|---|---|
| 传递函数 | 线性定常系统，在零初始条件下，其输出量的拉氏变换式和输入量的拉氏变换式之比，称为系统的传递函数，记作 $G(s)$。它是经典控制理论中一个重要的概念，它可以 | 根据线性控制系统（或元件）的运动微分方程(22-1-1)，在零初始条件下对等式两边逐项进行拉氏变换[①]，并取 $Y(s)$ 和 $X(s)$ 的比值，可得 $G(s)$：<br>$G(s)=\frac{Y(s)}{X(s)}=\frac{b_ms^m+b_{m-1}s^{m-1}+\cdots+b_1s+b_0}{a_ns^n+a_{n-1}s^{n-1}+\cdots+a_1s+a_0}$ | （1）各项系数 $a_n$、…、$a_0$，$b_m$、…、$b_0$ 决定于系统的结构参数<br>（2）传递函数 $G(s)$ 一般为复变量 $s$ 的有理分式。其分母多项所构成的方程称为系统的特征方程。方程的根称为系统的极点。分子多项式所构成方程的根称为系统的零点 |

续表

| 项目 | 定义及功能 | 表达(形)式 | 特点或应用 |
|---|---|---|---|
| 传递函数 | 用来描述元件或系统的动态特性 | 传递函数是在复变量 $s$ 域内描述系统特性的数学表达式 | $G(s)$的零点、极点在复平面上的位置可以用来确定系统的稳定性和动态品质<br>(3) 分母多项式 $s$ 的阶次 $n$,称系统的阶。由于物理条件的限制,实际控制系统分子多项式 $s$ 的阶次 $m$ 不可能大于分母多项式 $s$ 的阶次 $n$,即 $m \leqslant n$<br>(4) 传递函数的概念只适用于线性定常系统 |
| 方块图 | 是描述控制系统中变量之间传递关系的数学图形,是工程中描述复杂系统的一种简便方法 | 方块图的组成要素如图 a 所示。<br>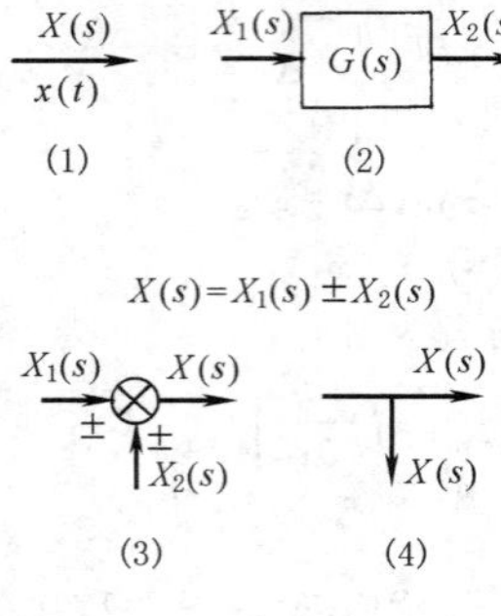<br>(a)<br>(1) 信号线　带箭头的直线,箭头表示信号传递的方向,线上标注相应变量的象函数或时间函数<br>(2) 方块　系统中的传递函数用方块来表示。方块两侧为相应的输入量和输出量,方块内写入输入与输出之间的传递函数,如图中(2)。方块具有运算功能,即<br>$X_2(s)=G(s)X_1(s)$<br>(3) 比较点　对两个以上信号进行代数运算。"+"表示信号相加,"-"表示信号相减。"+"常可省略,如图中(3)<br>(4) 引出点　表示信号引出和测量的位置。从同一引出点上引出的信号,其性质和数值都是相同的,如图中(4) | 图 b 为液压助力器,是一种液压伺服机构<br>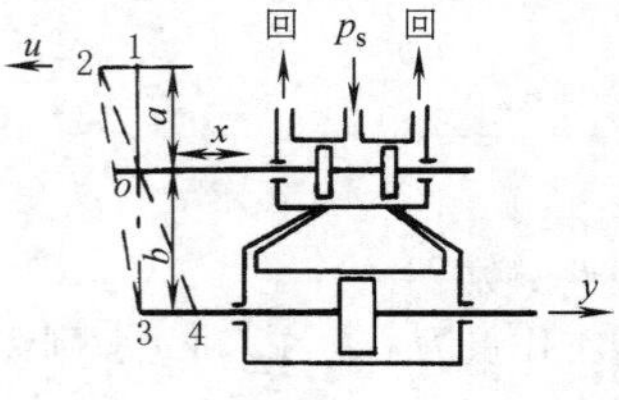<br>(b)<br>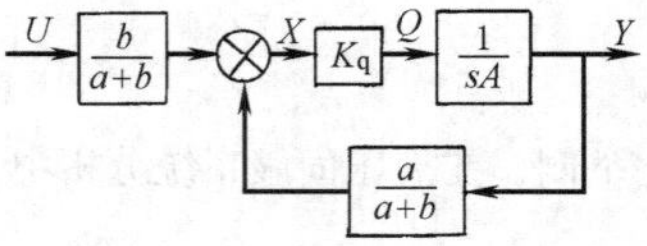<br>(c)<br>当在杠杆的 1 点处输入位移 $u$ 时,阀芯左移使阀口开启,液压缸的活塞将向右移动并带动支点 3 向右移动,又使控制阀阀口减小。当支点 3 移动到位置 4 时,控制阀阀口完全关闭,液压缸活塞停止运动。反向运动时也如此。因此,通过操纵反馈连杆可以实现输入一定的位移 $u$,将使活塞移动一定的位移 $y$,并实现出力放大,所以该装置具有功率放大的助力作用。该系统的方块图如图 c 所示<br>该装置由控制阀、液压缸和反馈连杆三部分组成 |
| 方块图的等效变换 | 即通过一定的运算法则把复杂的方块图转化成较为简单的方块图或单一方块图,以便求取系统的传递函数。等效变换的原则是变换前后系统的输入输出之间总的传递关系保持不变 | | |

| 变换方式 | 原来结构 | 等效结构 | 变换方式 | 原来结构 | 等效结构 |
|---|---|---|---|---|---|
| 加减点互换 | 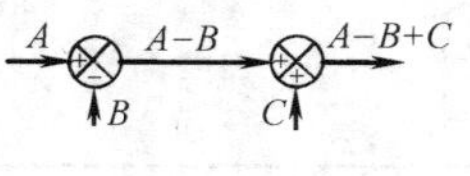 | 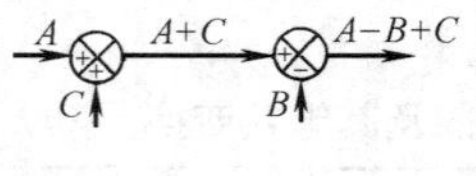 | 环节串联 | 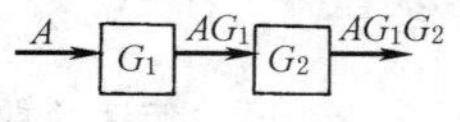 | 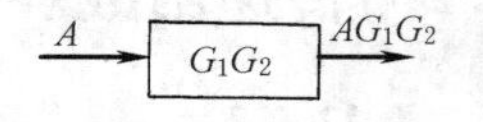 |
| 加减点重新安排 | 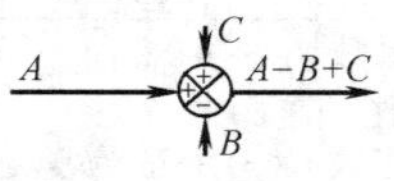 | 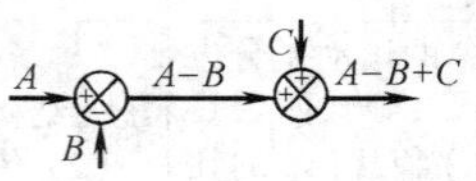 | 环节并联 | 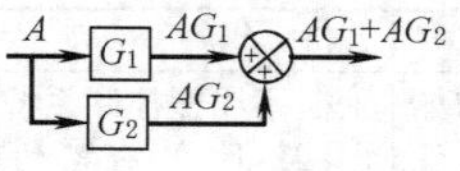 | 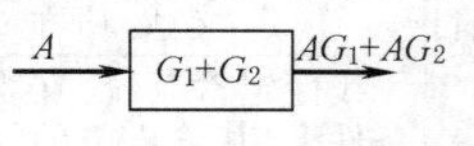 |
| 环节互换 | 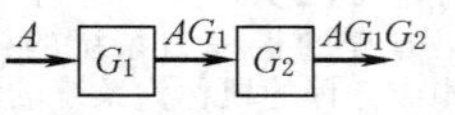 | 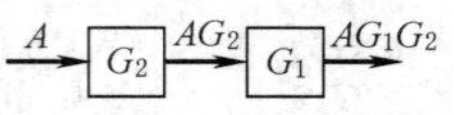 | 加减点左移 | 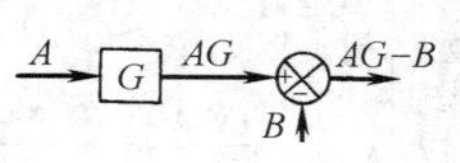 | 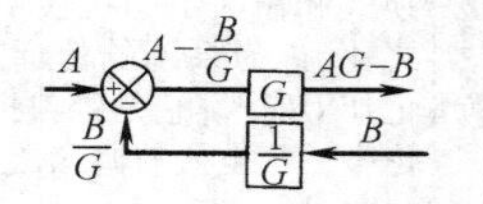 |

续表

| | 变换方式 | 原来结构 | 等效结构 | 变换方式 | 原来结构 | 等效结构 |
|---|---|---|---|---|---|---|
| 方块图的等效变换 | 加减点右移 | 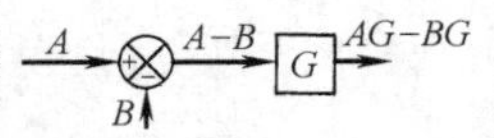 | 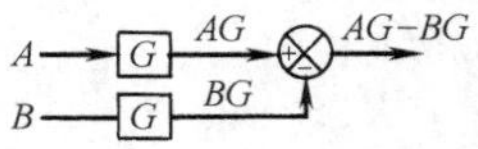 | 分岔点移到加减点左边 | 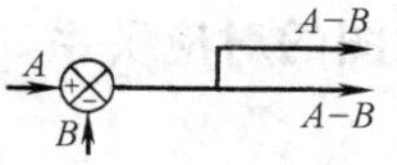 | 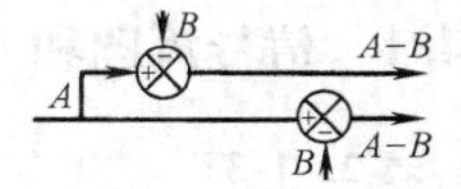 |
| | 分岔点左移 |  | 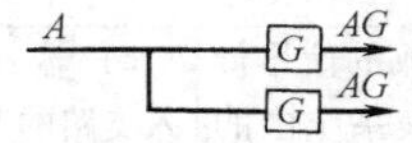 | 从反馈路中移出环节 | 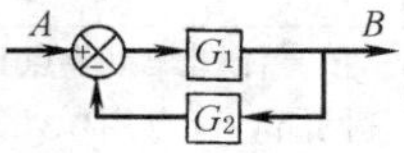 | 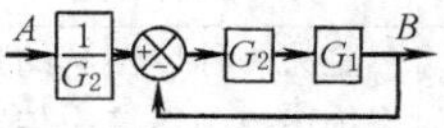 |
| | 分岔点右移 | 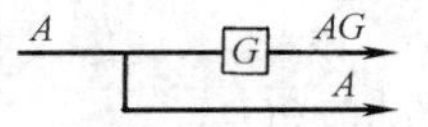 | 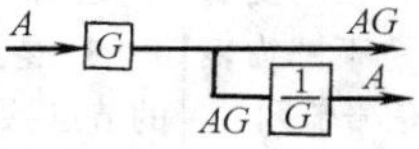 | 简化反馈回路 | 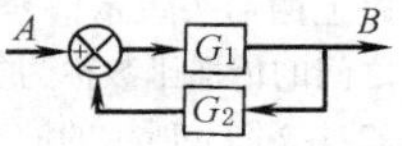 | 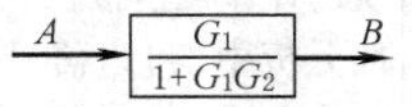 |

① 拉氏变换（拉普拉斯变换）参见第 1 篇。

## 2.3 控制系统的传递函数

反馈控制系统的方块图经等效变换后，一般具有如图 22-1-2 所示的典型结构。其中 $R(s)$、$C(s)$ 和 $F(s)$ 分别为系统的输入量、输出量和扰动作用的象函数，$E(s)$ 和 $B(s)$ 分别为偏差信号和反馈信号的象函数，$G_1(s)$、$G_2(s)$ 和 $H(s)$ 分别为系统中各信号之间的传递函数。

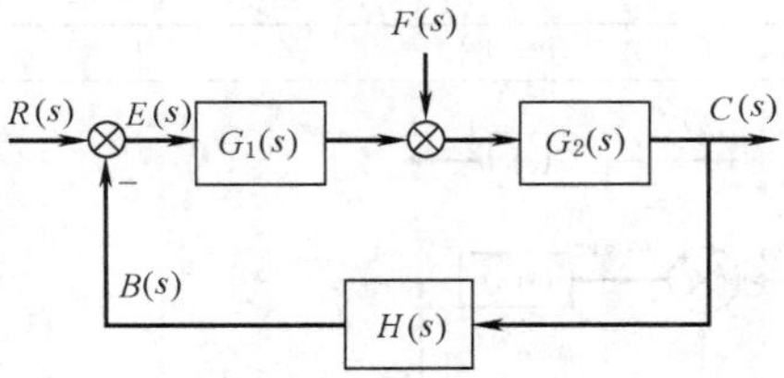


图 22-1-2 反馈控制系统的典型方块图

应用叠加原理，反馈控制系统的传递函数可以分别表示为下列函数。

（1）控制输入作用下的闭环传递函数 $\Phi(s)$

控制输入作用下的闭环传递函数是指假定扰动作用 $F(s)=0$ 时，系统的输出量 $C(s)$ 和输入量 $R(s)$ 之间的传递函数，对于图 22-1-2，有

$$\Phi(s)=\frac{C(s)}{R(s)}=\frac{G_1(s)G_2(s)}{1+G_1(s)G_2(s)H(s)} \tag{22-1-6}$$

（2）扰动作用下的闭环传递函数 $\Phi_f(s)$

扰动作用下的闭环传递函数是指假定控制输入 $R(s)=0$ 时系统的输出量 $C(s)$ 和扰动作用 $F(s)$ 之间的传递函数。对于图 22-1-2，有

$$\Phi_f(s)=\frac{C(s)}{F(s)}=\frac{G_2(s)}{1+G_1(s)G_2(s)H(s)} \tag{22-1-7}$$

（3）闭环系统的开环传递函数 $G_k(s)$

闭环系统的开环传递函数等于反馈控制系统中前向通路的传递函数和反馈通路传递函数的乘积，对于图 22-1-2，有

$$G_k(s)=G_1(s)G_2(s)H(s) \tag{22-1-8}$$

开环传递函数是反馈控制系统分析和设计的一个十分有用的概念。在反馈控制系统的分析中还有误差传递函数。

## 2.4 信号流图及梅逊增益公式

### 2.4.1 信号流图和方块图的对应关系

表 22-1-3

| 项目 | 定义、功能 | 表达形式 | 图中的专门术语 |
|---|---|---|---|
| 信号流图 | 是另一种以图解的形式来描述控制系统中传递关系的数学图形。在控制系统的计算机模拟及状态空间分析中，利用信号流图较为方便 | 信号流图是由节点和支路所组成的信号传递网路。节点用“○”表示，它代表系统中的变量。支路是两个节点之间的定向线段，支路上的箭头表示信号的传递方向，在两变量之间的传递函数称为支路的增益。下图为表22-1-2图c所示的液压助力器的信号流图<br>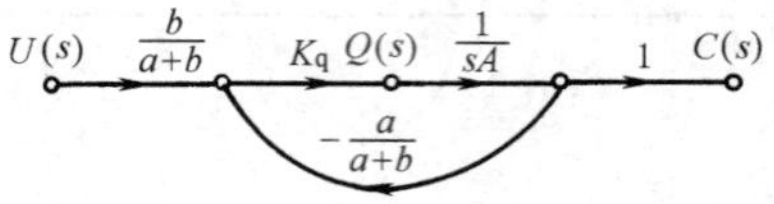 | (1)输入节点(或源点)　只有输出支路无输入支路的节点，如左图中的$U(s)$<br>(2)输出节点(或阱点)　只有输入支路无输出支路的节点，如左图中的$C(s)$<br>(3)混合节点　既有输入支路，又有输出支路的节点，如左图中的$Q(s)$<br>(4)前向通路　从输入节点开始沿各相连支路到输出节点的通道<br>(5)回路　从一个节点开始又回到该节点的通道<br>(6)前向通路增益　前向通路中，各支路增益的乘积<br>(7)回路增益　回路中各支路的增益的乘积<br>(8)不接触回路　没有任何公共节点的两个或两个以上回路 |
| 信号流图和方块图的对应关系 | 信号流图和方块图是相似的，两者一一对应。右图给出了相互对应的例子 | 方 块 图 | 相对应的信号流图 |
| | | 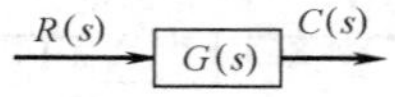 | 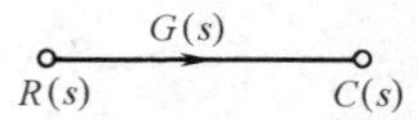 |
| | | 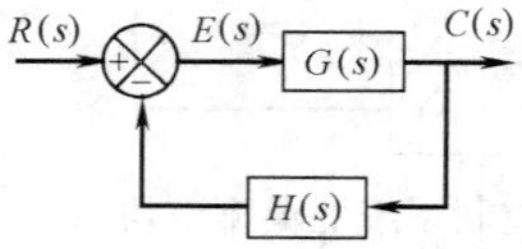 | 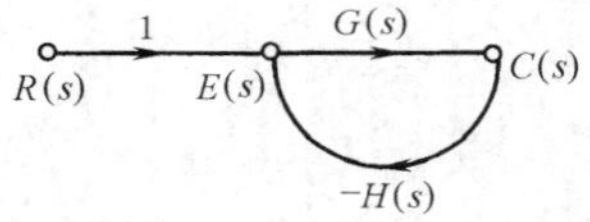 |
| | | 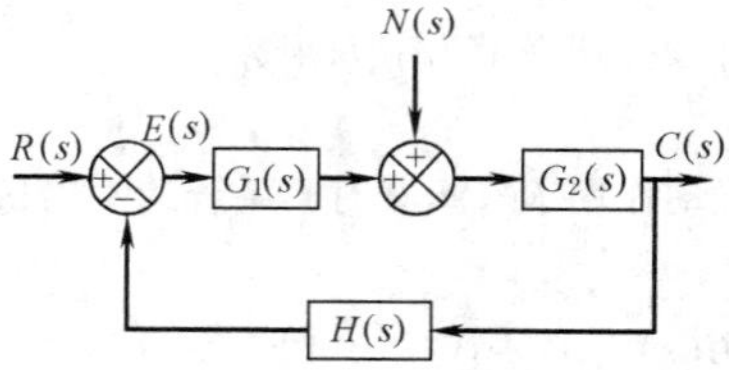 | 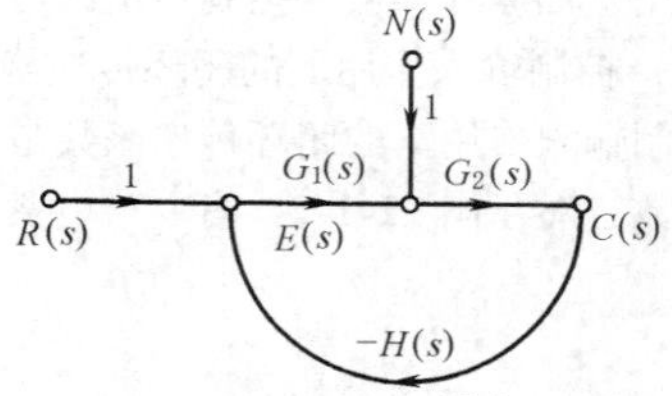 |
| | | 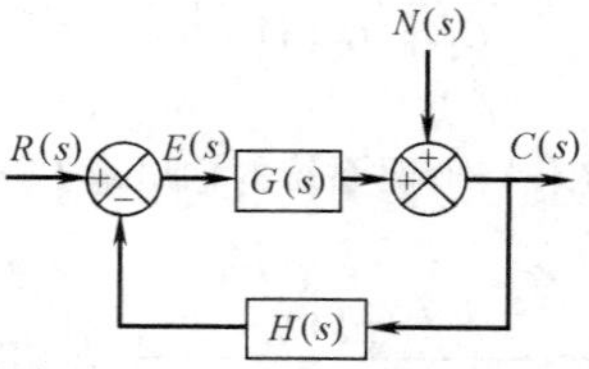 | 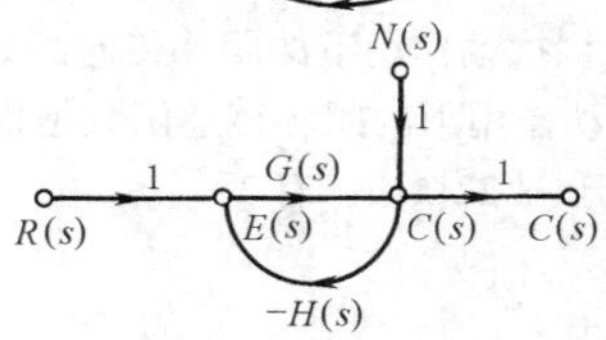 |
| | | 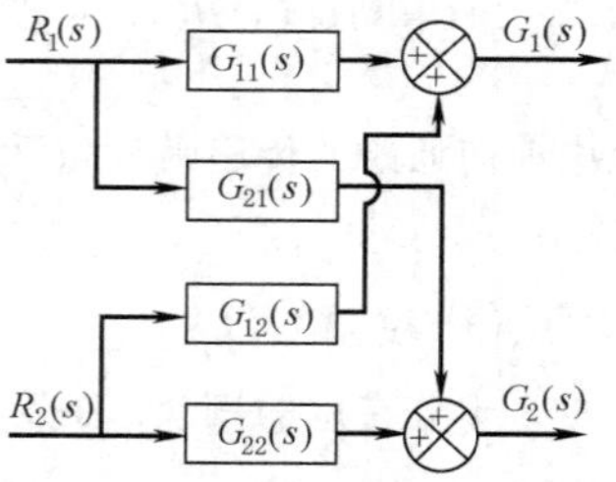 | 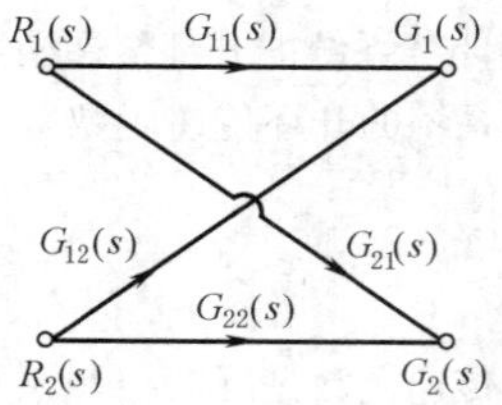 |

## 2.4.2 梅逊增益公式

梅逊增益公式可用来计算输入节点和输出节点之间的总增益，即系统的传递函数。梅逊公式为

$$P = \frac{1}{\Delta}\sum_{k=1}^{n} P_k \Delta_k \tag{22-1-9}$$

式中 $P$——输入节点和输出节点之间的总增益；

$n$——前向通路的条数；

$P_k$——第 $k$ 条前向通路的增益；

$\Delta$——信号流图的特征式，

$$\Delta = 1 - \sum_a L_a + \sum_{bc} L_b L_c - \sum_{def} L_d L_e L_f + \cdots$$

$\sum_a L_a$——流图中每一个回路的增益之和；

$\sum_{bc} L_b L_c$——流图中每两个互不接触回路增益乘积之和；

$\sum_{def} L_d L_e L_f$——流图中每三个互不接触回路增益乘积之和；

$\Delta_k$——第 $k$ 条前向通路特征式的余子式，它等于在 $\Delta$ 式中除去与第 $k$ 条通路相接触的回路增益后的特征式。

**例** 控制系统信号流如图 22-1-3 所示，计算其总增益。

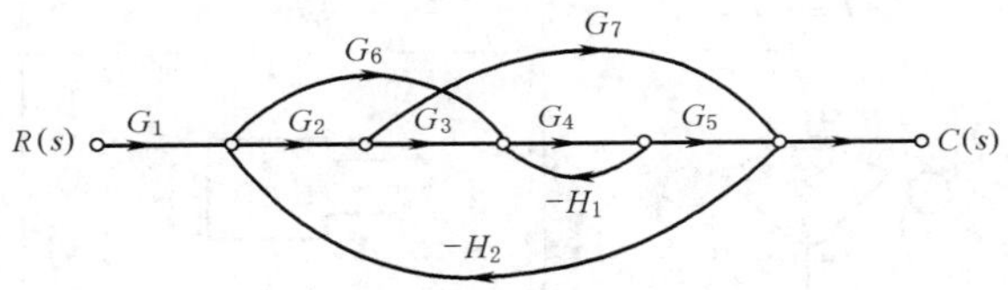


图 22-1-3 控制系统信号流

本例中输入量为 $R(s)$，输出量为 $C(s)$，其间有三条前向通路。各前向通路的增益为

$$P_1 = G_1G_2G_3G_4G_5$$
$$P_2 = G_1G_6G_4G_5$$
$$P_3 = G_1G_2G_7$$

四个独立的回路增益为

$$L_1 = -G_4H_1$$
$$L_2 = -G_2G_7H_2$$
$$L_3 = -G_6G_4G_5H_2$$
$$L_4 = -G_2G_3G_4G_5H_2$$

本例中回路 $L_1$ 和 $L_2$ 不相接触，其他回路都相互接触。不相接触回路的增益为

$$L_1L_2 = G_2G_4G_7H_1H_2$$

流图的特征式 $\Delta$ 为

$$\begin{aligned}\Delta &= 1-(L_1+L_2+L_3+L_4)+L_1L_2\\ &= 1+G_4H_1+G_2G_7H_2+G_6G_4G_5H_2+G_2G_3G_4G_5H_2+G_2G_4G_7H_1H_2\end{aligned}$$

$P_1$ 通路中除去与其相接触的回路 $L_1$，$L_2$，$L_3$，$L_4$ 和 $L_1L_2$ 后，余子式 $\Delta_1$ 为

$$\Delta_1 = 1$$

$P_2$ 通路中除去与其相接触的回路 $L_1$，$L_2$，$L_3$，$L_4$ 和 $L_1L_2$ 后，余子式 $\Delta_2$ 为

$$\Delta_2 = 1$$

$P_3$ 通路中除去与其相接触的回路 $L_2$，$L_3$，$L_4$ 和 $L_1L_2$ 后，余子式 $\Delta_3$ 为

$$\Delta_3 = 1-L_1$$

信号流图的总增益 $P$ 为

$$P=\frac{1}{\Delta}(P_1\Delta_1+P_2\Delta_2+P_3\Delta_3)=\frac{G_1G_2G_3G_4G_5+G_1G_6G_4G_5+G_1G_2G_7(1+G_4H_1)}{1+G_4H_1+G_2G_7H_2+G_6G_4G_5H_2+G_2G_3G_4G_5H_2+G_2G_4G_7H_1H_2}$$

## 2.5 机、电、液系统中的典型环节

任何复杂的控制系统的数学模型，都可以划分成一些简单基本的微分方程或传递函数，这些基本的数学描述称为系统的典型环节。典型环节是系统的动态特性描述，它与组成系统的基本元件是不同的概念，表 22-1-4 列出了机、液和电系统中相应的典型环节和传递函数。

表 22-1-4 典型环节实例及其传递函数

| 名称及传递函数 | 机械例 | 液压例 | 电例 |
|---|---|---|---|
| 比例环节<br>$G(s)=K$ | 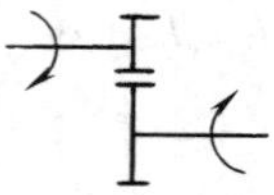<br>$K=\frac{1}{i}$ | 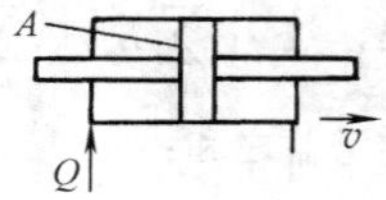<br>$K=\frac{1}{A}$ | 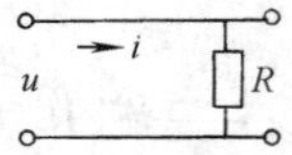<br>$K=\frac{1}{R}$ |
| 积分环节<br>$G(s)=\frac{K}{s}$ | 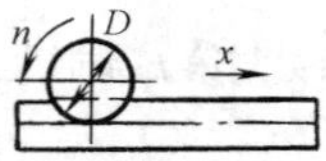<br>$K=\pi D$ | 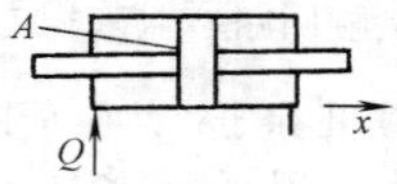<br>$K=\frac{1}{A}$ | 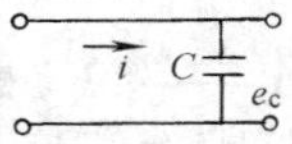<br>$K=\frac{1}{C}$ |
| 微分环节<br>$G(s)=Ks$ | 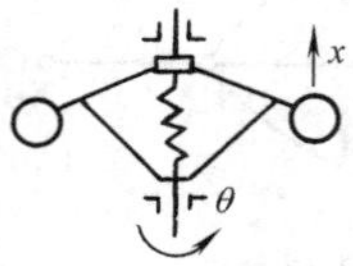 | 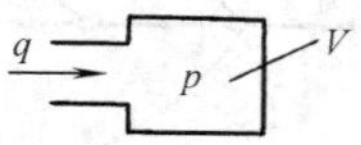<br>$K=\frac{V}{\beta_e}$ | 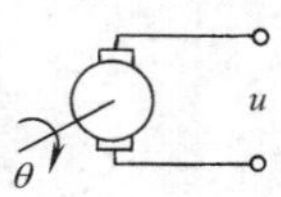<br>$K=K_t$ |
| 惯性环节<br>$G(s)=\frac{K}{Ts+1}$ | 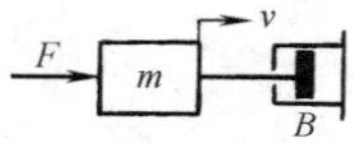<br>$K=\frac{1}{B}$ $T=\frac{m}{B}$ | 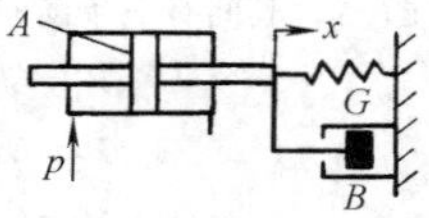<br>$K=\frac{A}{G}$ $T=\frac{B}{G}$ | 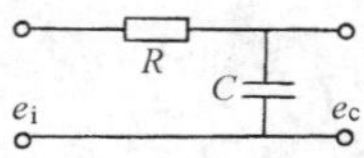<br>$K=1$ $T=RC$ |
| 一阶微分环节<br>$G(s)=K(Ts+1)$ | — | 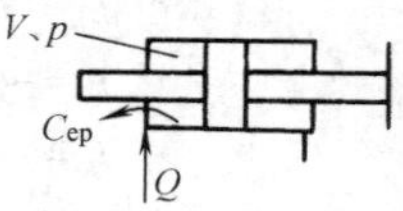<br>$K=C_{ep}$ $T=\frac{V}{\beta_e C_{ep}}$ | 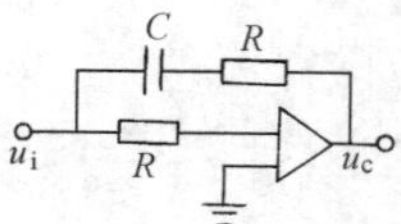<br>$K=1$ $T=RC$ |
| 振荡环节<br>$G(s)=\frac{K}{\frac{s^2}{\omega^2}+\frac{2\zeta}{\omega}s+1}$ | 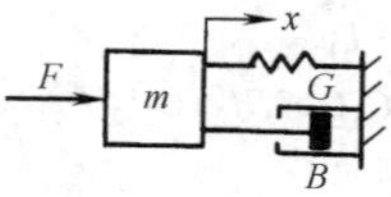<br>$K=\frac{1}{G}$ $\omega=\sqrt{\frac{G}{m}}$ $\zeta=\frac{\beta}{\sqrt{mG}}$ | 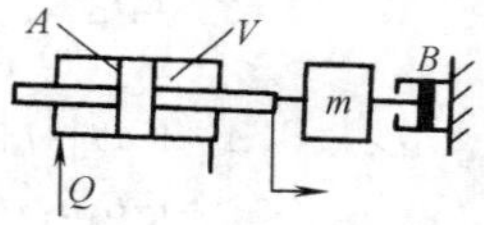<br>$K=\frac{1}{A}$ $\omega=\sqrt{\frac{4\beta_e A^2}{Vm}}$<br>$\zeta=\frac{B}{4A}\sqrt{\frac{V}{\beta_e m}}$ | 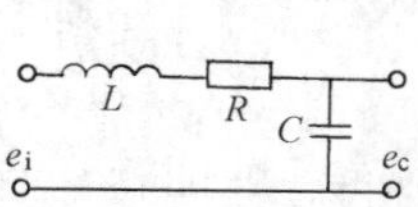<br>$K=1$ $\omega=\frac{1}{\sqrt{LC}}$ $\zeta=\frac{RC}{2\sqrt{LC}}$ |
| 延迟环节<br>$G(s)=Ke^{-\tau s}$ | 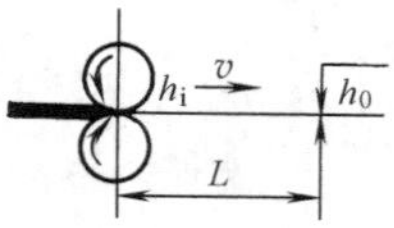<br>$K=1$ $\tau=\frac{L}{v}$ | 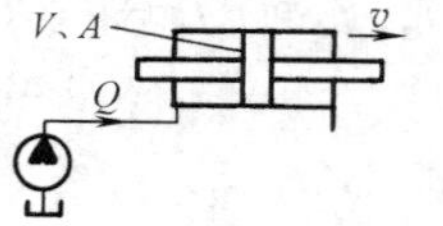<br>$K=\frac{1}{A}$ $\tau=\frac{V}{Q}$ |  |

# 2.6 频率特性

## 2.6.1 频率特性的定义、求法及表示方法

表 22-1-5

| | |
|---|---|
| 定义 | 线性控制系统的输入端输入正弦信号后,其输出量的稳态分量是同频率的正弦信号,但幅值和相位将随输入频率而变化。系统的频率特性就是其输出量稳态分量的复数符与输入函数复数符的比,记为 $G(j\omega)$<br>$$G(j\omega)=\frac{\dot{y}(t)}{\dot{x}(t)}=\frac{Ye^{j\varphi_y}}{Xe^{j\varphi_x}}=\frac{Y}{X}e^{j(\varphi_y-\varphi_x)}$$<br>式中 $Y,X$——稳态分量和输入函数的幅值;<br>$\varphi_y,\varphi_x$——稳态分量和输入函数的相位<br>频率特性的模等于输出稳态分量的幅值和输入函数的幅值比,称为系统的幅频特性,记为 $A(\omega)$。频率特性的幅角等于稳态分量和输入函数之间的相位差,称为系统的相频特性,记为 $\varphi(\omega)$。因此,频率特性是幅频特性和相频特性的统称,即<br>$$G(j\omega)=A(\omega)e^{j\varphi(\omega)}$$<br>频率特性是线性控制系统数学模型的另一类形式,是用频率法分析和设计自动控制系统的重要工具 |
| 求取方法 | 微分方法 以正弦函数作为系统的输入信号,求解系统输出的稳态分量,最后取二者的复数比<br>传递函数法 即取 $G(j\omega)=G(s)\mid_{s=j\omega}$<br>实测方法 在系统或元件的输入端输入一定幅值且频率由小逐渐增大的正弦信号。利用频率测定仪测出对应于每一频率情况下的稳态输出和输入信号之间的幅值比和相位差。由此来确定系统或元件的频率特性 |
| 图示方法 | 系统的频率特性通常采用下列三类图形来表示 |

| 幅相频率特性图(又称奈魁斯特图) | 对数频率特性图(又称波德图) | 对数幅相频率特性图(又称尼柯尔斯图) |
|---|---|---|
| 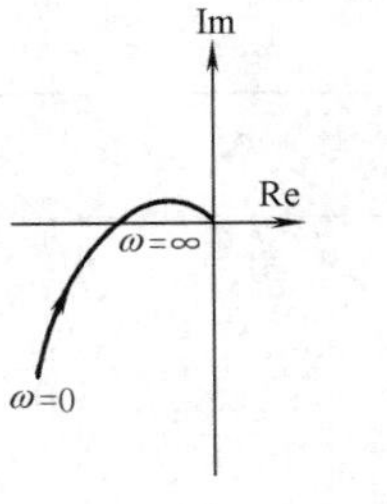  (a) | 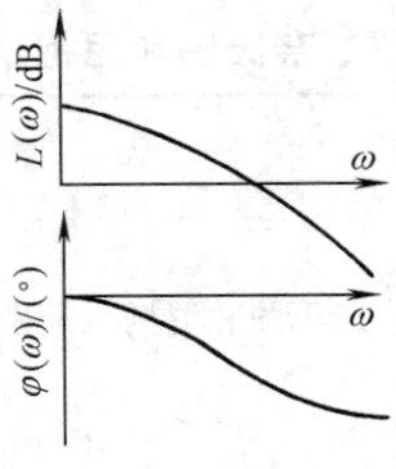  (b) | 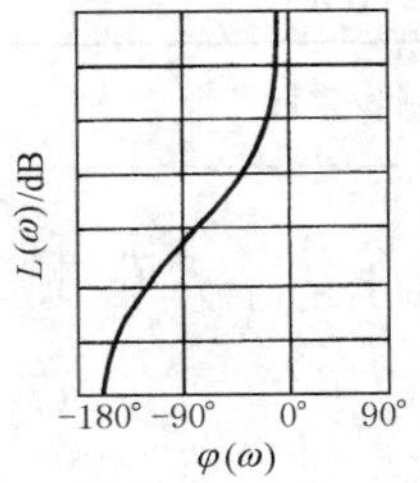  (c) |
| 它是在复平面上,描绘出当频率由零变化到无限大时,$G(j\omega)$的极坐标图 | 它是由对数幅频特性和对数相频特性两张图组成。分别绘制在半对数坐标纸上 | 它以频率作为参变量,在直角坐标系中绘出对数幅频特性和相位之间的关系 |

典型环节的频率特性

| 名称 | 奈式图 | 波德图 | 名称 | 奈式图 | 波德图 |
|---|---|---|---|---|---|
| 比例环节 | 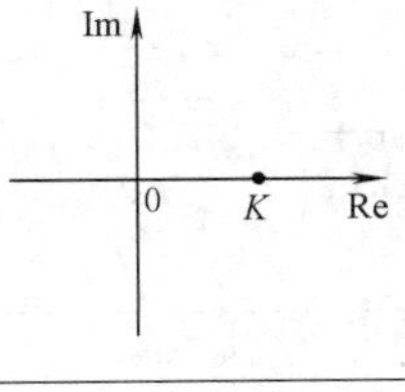  | 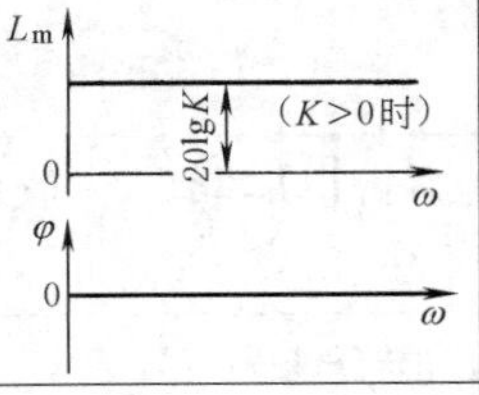  | 一阶微分环节 | 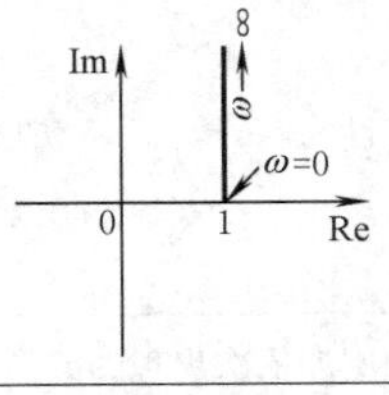  | 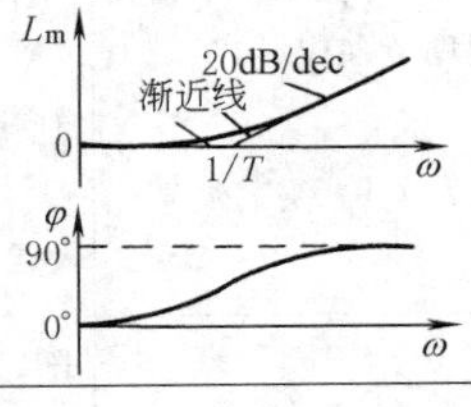  |
| 微分环节 | 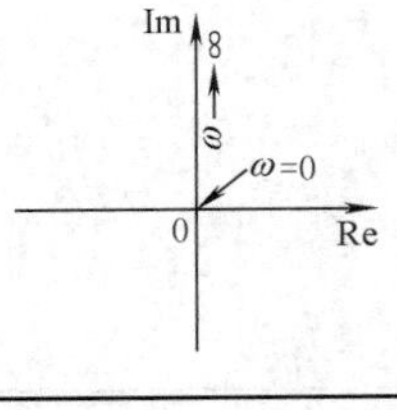  | 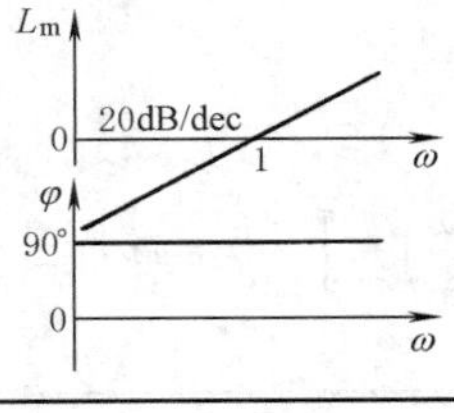  | 积分环节 | 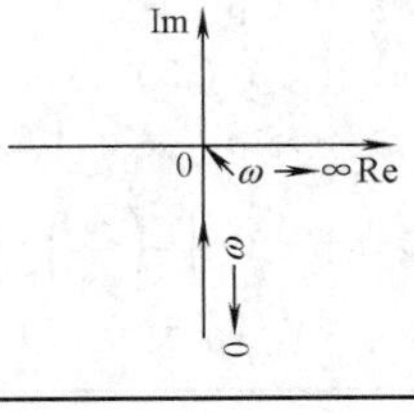  | 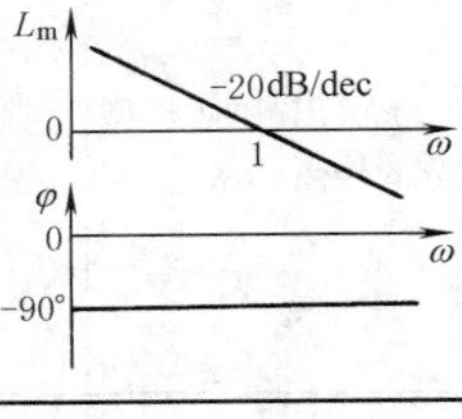  |

第22篇

续表

| | 名称 | 奈式图 | 波德图 | 名称 | 奈式图 | 波德图 |
|---|---|---|---|---|---|---|
| 典型环节的频率特性 | 惯性环节 | 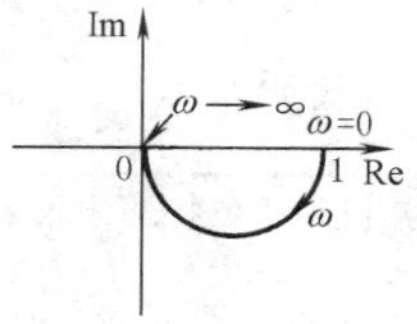 | 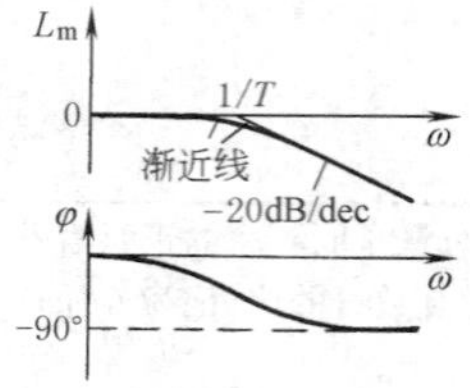 | 延迟环节 | 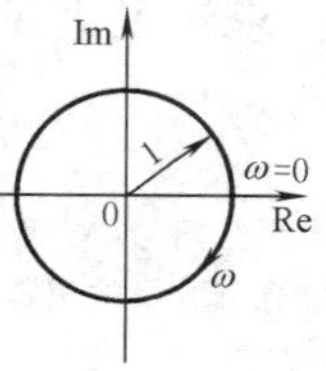 | 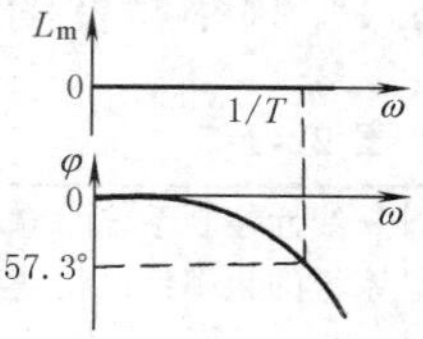 |
| | 振荡环节 | 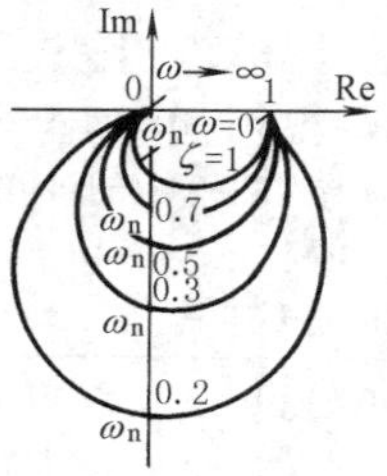 | 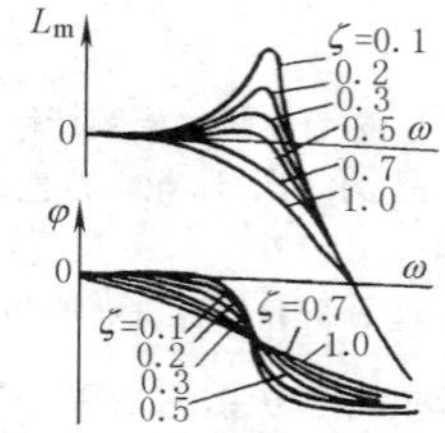 | 谐振频率 $\omega_r=\omega_0\sqrt{1-2\zeta^2}$<br>谐振峰值 $M_r=\dfrac{1}{2\zeta\sqrt{1-\zeta^2}}$ | | |

注：dec 为十倍频程。



## 2.6.2 开环波德图、奈氏图和尼柯尔斯图的绘制

表 22-1-6 开环波德图、奈氏图和尼柯尔斯图的绘制

| 绘制步骤 | 举例 |
|---|---|
| 1. 绘制系统的波德图 | 试绘制出以下系统的波德图、奈氏图和尼柯尔斯图<br>$$G(s)=\frac{64(s+2)}{s(s+0.5)(s^2+3.2s+64)}$$ |
| (1)绘制波德图时先将 $G(j\omega)$ 改写成典型环节乘积形式 | 将 $G(s)$ 变换成典型环节乘积形式<br>$$G(s)=\frac{4\left(\frac{1}{2}s+1\right)}{s(2s+1)\left(\frac{1}{64}s^2+\frac{2\times0.2}{8}s+1\right)}$$<br>其频率特性为 $$G(j\omega)=\frac{4\left(\frac{j\omega}{2}+1\right)}{j\omega(j2\omega+1)\left[-\left(\frac{\omega}{8}\right)^2+j2\times0.2\left(\frac{\omega}{8}\right)+1\right]}$$ |
| (2)求出相应典型环节的转角频率 | 随频率的增加依次出现的典型环节和相应的转角频率 $\omega$ 为<br>比例积分环节 $4/j\omega$<br>惯性环节 $1/(j2\omega+1)$，$\omega_1=0.5\text{rad/s}$<br>一阶微分环节 $j\omega/2+1$，$\omega_2=2\text{rad/s}$<br>振荡环节 $1\Big/\left[-\left(\frac{\omega}{8}\right)^2+j2\times0.2\left(\frac{\omega}{8}\right)+1\right]$，$\omega_3=8\text{rad/s}$<br>($\zeta=0.2$) |

续表

| 绘制步骤 | 举例 |
| --- | --- |
| (3)随着频率的增加,以比例环节(或比例积分和比例微分环节)开始在半对数坐标纸上依次在各转角频率之间绘出相应的对数幅频特性的渐近直线<br>绘制相频特性时,先绘制出各典型环节的相频特性,然后根据各典型环节的相频曲线在各频率处的相位叠加,得到系统的相频特性<br>(4)最后通过修正渐近线得到精确的对数幅频曲线 | 各典型环节的对数幅频特性渐近线的特征(见下表);图 a |
| 2. 根据波德图绘制其他二图<br>根据波德图求取各频率下的幅值和相位,即可方便地绘制出相应的奈氏图和尼柯尔斯图,如图 b 和 c 所示<br>对渐近线进行幅值修正时,惯性环节和一阶微分环节可按图 d 求取修正量。振荡环节和二阶微分环节可按图 e 求取修正量。总的幅值修正量等于在各频率处修正量的代数和 | 根据图 a 可依次求出各频率值时的幅值和相位,如下表;图 b、图 c |

各典型环节的对数幅频特性渐近线的特征

| 典型环节 | $\omega$/rad · s$^{-1}$ | 对数幅频渐近线特征 | 相频特性 |
| --- | --- | --- | --- |
| $\dfrac{4}{j\omega}$ | 无 | 一条斜率为-20dB/dec 的直线与 $\omega$ 轴相交于 $\omega=4$ 处 | 恒等于-90° |
| $\dfrac{1}{j2\omega+1}$ | $\omega_1=0.5$ | $\omega<\omega_1$ 时为零分贝的直线<br>$\omega\geqslant\omega_1$ 时为一条斜率为-20dB/dec 的直线,交 $\omega$ 轴于 $\omega=0.5$rad/s 处 | 在 0°~90°之间变化,$\omega=\omega_1$ 时 $\varphi(\omega_1)=-45°$ |
| $\dfrac{j\omega}{2}+1$ | $\omega_2=2$ | $\omega<\omega_2$ 时为零分贝的直线<br>$\omega\geqslant\omega_2$ 时为一条斜率为 20dB/dec 的直线,交 $\omega$ 轴于 $\omega=2$rad/s 处 | 在 0°~90°之间变化,$\omega=\omega_2$ 时 $\varphi(\omega_2)=45°$ |
| $-\left(\dfrac{\omega}{2}\right)^2+j2\times0.2\times\left(\dfrac{\omega}{8}\right)+1$ | $\omega_3=8$<br>($\zeta=0.2$) | $\omega<\omega_3$ 时为零分贝的直线<br>$\omega\geqslant\omega_3$ 时为一条斜率为-40dB/dec 的直线,交 $\omega$ 轴于 $\omega=8$rad/s 处 | 在 0°~-180°之间变化,$\omega=\omega_3$ 时 $\varphi(\omega_3)=-90°$ |

在半对数坐标纸上随着频率的增大,依次将上表中的典型环节的对数幅频渐近线斜率进行叠加,得到 $Gj(\omega)$ 的对数幅频特性渐近线。各典型环节的对数相频特性叠加,可得到系统的对数相频特性见图 a

按各典型环节的对数幅频特性进行修正,可得到如图 a 所示的精确对数幅频特性①

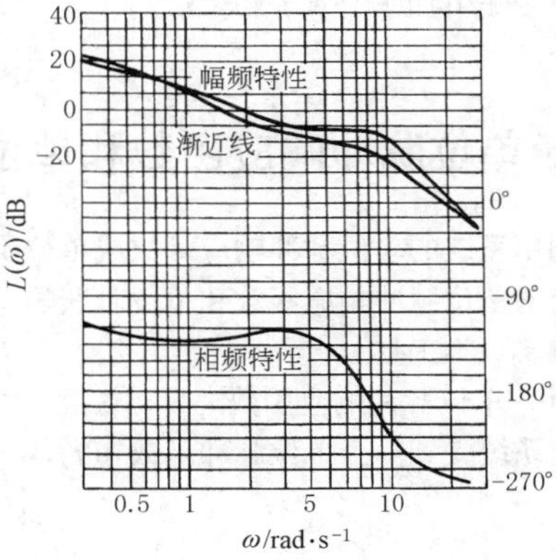


(a)

根据图 a 可依次求出各频率值时的幅值和相位,如下表

| | | | | | | | | | | |
| --- | --- | --- | --- | --- | --- | --- | --- | --- | --- | --- |
| 频率/rad · s$^{-1}$ | 0 | 0.5 | 1 | 2 | 4 | 7 | 8 | 10 | 20 | ∞ |
| 增益 $L(\omega)$ | ∞ | 15.3 | 7.3 | -2.6 | -8.6 | -8.6 | -9.3 | -13 | -37.3 | -∞ |
| 相位 $\varphi(\omega)$ | -90° | -123° | -127.5° | -124.5° | -127.5° | -175.5° | -196.5° | -225° | -263° | -270° |
| 幅值 $A(\omega)$ | ∞ | 5.8 | 2.3 | 0.74 | 0.37 | 0.37 | -0.34 | 0.22 | 0.14 | 0 |
| $o(\omega)=A(\omega)\cos\varphi(\omega)$ | 0 | -3.16 | -1.40 | -0.42 | -0.22 | -0.37 | -0.33 | -0.16 | -0.02 | 0 |
| $Q(\omega)=A(\omega)\sin\varphi(\omega)$ | -∞ | -4.86 | -1.80 | -0.60 | -0.29 | -0.03 | 0.10 | 0.16 | 0.14 | 0 |

根据上表可分别绘出系统的奈氏图 b 和尼柯尔斯图 c

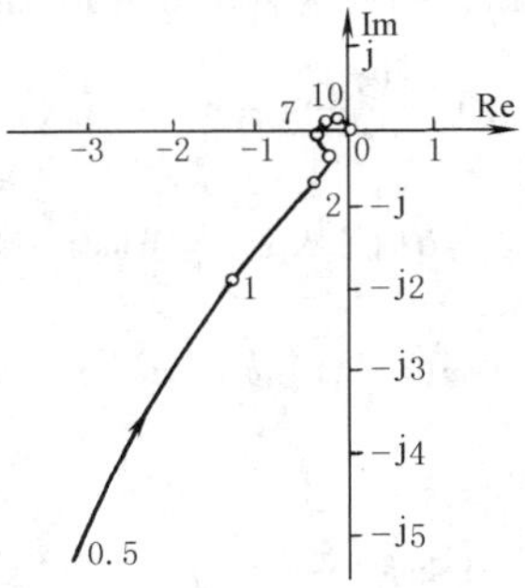


(b)

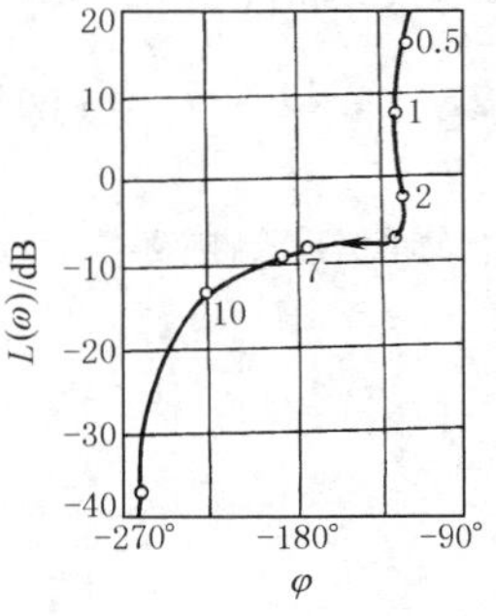


(c)

续表

<table>
<tr><th>绘制步骤</th><th>举　　例</th></tr>
<tr><td>3. 修正渐近线用图</td><td>
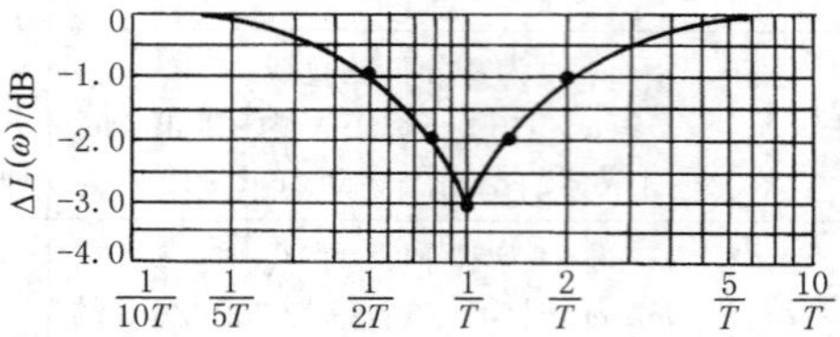

(d)

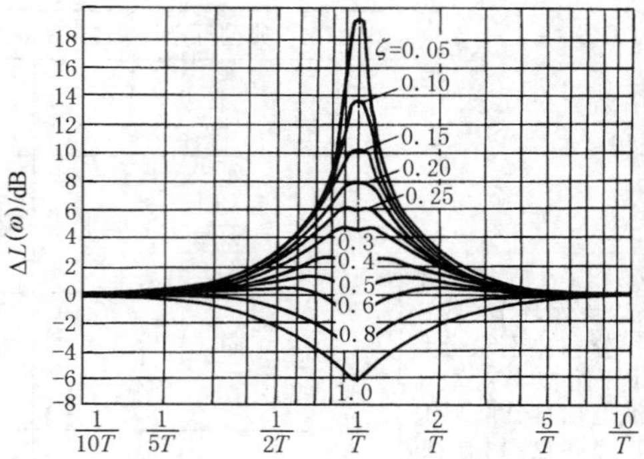

(e)
</td></tr>
</table>

① 波德图可以用计算机来绘制。

## 2.7 单位脉冲响应函数和单位阶跃响应函数

利用系统的单位脉冲响应函数或单位阶跃响应函数可以求取系统在任何其他形式输入条件下的系统响应。同时系统的单位脉冲响应函数和单位阶跃响应函数还反映了系统本身的固有特性。因此它们也都是描述系统动态特性的重要数学工具。

(1) 单位脉冲响应函数

当系统受到一个单位脉冲函数 $\delta(t)$ 输入作用时，其输出函数 $g(t)$ 称为单位脉冲响应函数，又称权函数。

$$g(t)=L^{-1}[G(s)] \qquad (t\geqslant 0) \tag{22-1-10}$$

式中　$G(s)$——系统的传递函数。

系统的 $g(t)$ 已知时，系统对其他任何输入函数 $x(t)$ 的响应 $y(t)$ 可用 Duhamel 公式求出：

$$y(t)=\int_0^t g(\tau)x(t-\tau)\mathrm{d}\tau \qquad (t\geqslant 0) \tag{22-1-11}$$

(2) 单位阶跃响应函数

当系统受到一阶单位阶跃函数 $1(t)$ 输入作用时，其输出函数 $h(t)$ 称为单位阶跃响应函数。它等于

$$h(t)=\int_0^t g(t)\mathrm{d}t \tag{22-1-12}$$

式中　$g(t)$——系统的单位脉冲响应函数。

若系统的 $h(t)$ 已知时，系统对其他任何输入函数 $x(t)$ 的响应 $y(t)$ 可由 Duhamel 公式求出：

$$y(t)=x(0)h(t)+\int_0^t h(t-\tau)\frac{\mathrm{d}x(\tau)}{\mathrm{d}\tau}=\mathrm{d}\tau \qquad (t\geqslant 0)$$

**例**　已知系统的单位阶跃响应函数 $h(t)=\frac{1}{K}(1-\cos\omega t)$，当 $t=0$ 时输入 $x(t)=A\sin\phi t$，则系统的输出响应函数为

$$y(t)=\int_0^t \frac{1}{K}[1-\cos\omega(t-\tau)]A\phi\cos\phi t\mathrm{d}\tau$$

积分后得

$$y(t)=\frac{A}{K\left(1-\frac{\phi^2}{\omega^2}\right)}\left(\sin\phi t-\frac{\phi}{\omega}\sin\omega t\right)$$

# 3　线性控制系统的性能指标

自动控制系统首先应该是稳定的。在保证系统稳定的条件下，还应进一步衡量系统的工作质量，以判别系统是否满足生产实际所提出的各项要求。评价系统性能的标准就是相应的各项性能指标，大体上分四类，见表 22-1-7。

**表 22-1-7　　控制系统的主要性能指标与要求**

| 指标 | 主要内容 | | 要求 |
| --- | --- | --- | --- |
| 时域动态指标 | 一般是指系统在单位阶跃输入作用下，其输出响应的形状所反映出来的特征值，如图 a 所示，主要是 | | |
| | 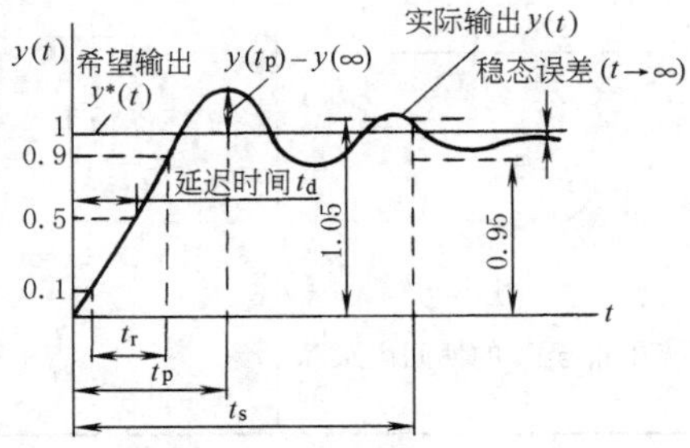<br><br>(a) | 上升时间 $t_r$　响应曲线从稳态值的 10%上升到 90%所需时间 | |
| | | 峰值时间 $t_p$　响应曲线达到过调量的第一个峰值所需时间 | |
| | | 超调量 $\sigma_p$　响应曲线的最大过调量与稳态值之比的百分数<br>$\sigma_p=\dfrac{y(t_p)-y(\infty)}{y(\infty)}\times100\%$ | $\sigma_{pmax}<25\%$ |
| | | 调节时间 $t_s$　响应曲线衰减到与稳态值之差不超过稳态值的±5%（或±2%）时所需时间 | |
| | 实际的控制系统分析中还会依据具体的情况对动态指标提出其他要求，如过渡过程中的振荡次数、单调无超调响应以及扰动输入作用下的性能评价等 | | |
| 频域动态指标 | 相当多的控制系统常用频域动态指标来衡量系统的过渡过程品质。频域动态指标有开环频域指标和闭环频域指标。前者是根据开环波德图来确定系统性能的特征值，后者是根据闭环波德图来确定系统性能的特征值 | | |
| 开环频域指标 | 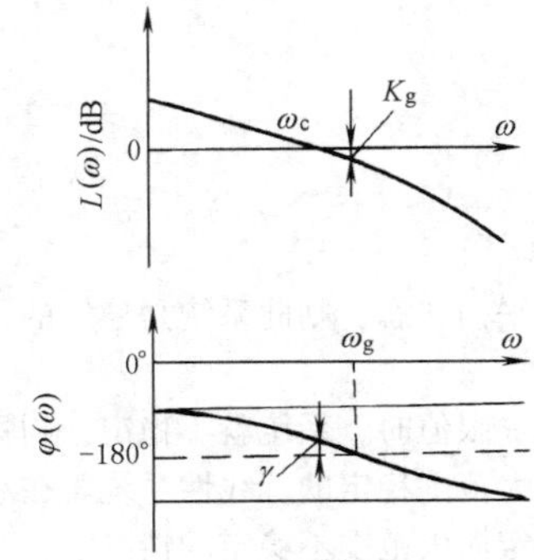<br><br>(b) | 增益交界频率 $\omega_c$　开环波德图上幅频特性的增益 $L=0$ 处的频率值 | |
| | | 相位裕量 $\gamma$　在 $\omega_c$ 处的开环相频特性与-180°线的相位差，即 $\gamma=180°+\varphi(\omega_c)$ | 30°～60° |
| | | 增益裕量 $K_g$　在相位等于-180°时的频率 $\omega_g$ 处（称相位交界频率）幅频特性增益的相反数，即<br>$K_g=-L(\omega_g)$　dB | >8dB |
| 闭环频域指标 | 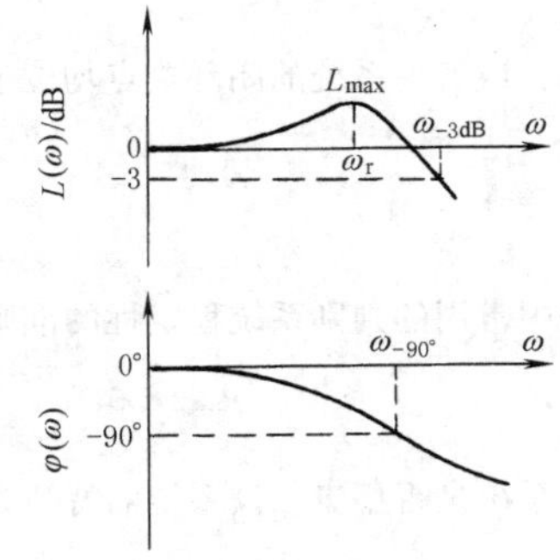<br><br>(c) | 谐振频率 $\omega_r$　闭环波德图上幅频特性的增益为最大值 $L_{max}$ 处的频率值 | >300rad/s |
| | | 谐振峰值 $M_r$　对应于 $L_{max}$ 的闭环频率特性的幅值 | <1.04 |
| | | 截止频率 $\omega_b$　在闭环波德图上，当幅频特性的增益值下降到零频率处增益值以下 3dB 时所对应的频率 | |
| | | -3dB 带宽 $\omega_{-3dB}$　零到截止频率 $\omega_b$ 之间的频率范围 | 0～400rad/s |
| | | -90°带宽 $\omega_{-90°}$　在闭环波德图上，零频率到相频特性等于-90°处所对应频率的频率范围 | 0～350rad/s |

续表

<table>
<tr><th>指标</th><th colspan="2">主　要　内　容</th><th>要　求</th></tr>
<tr><td>稳态指标</td><td colspan="2">是控制系统准确度的度量,又称稳态误差。通常用动态误差系数和静态误差系数来表示<br>动态误差系数用来衡量各类控制作用下的系统准确度。静态误差系数用来衡量系统对于一些典型输入函数的跟踪能力和准确度<br>误差系数的计算方法,参见下节内容</td><td>阶跃指令输入时<br>$e_{ssr}=0$<br>斜波干扰输入时<br>$e_{ssf}<0.01$mm</td></tr>
<tr><td rowspan="3">综合性能指标</td><td colspan="3">是控制系统性能的综合测量,它们是系统参数的函数。因此,当系统的某些参数取最佳值时,综合性能指标将取极值。综合性能指标的概念在最优控制中是十分重要的,通常称为目标函数,记为 $J$。综合性能指标有许多种,常用的有:</td></tr>
<tr><td>误差性能指标</td><td>指标考虑系统的误差 $e$ 和发生误差过程所需的时间 $t$,系统力图使 $e$ 或者 $e$ 和 $t$ 所构成的目标函数 $J$ 的值最小。常用的目标函数为:<br>误差绝对值积分准则(IAE 准则)　$J=\int_0^{\infty}|e(t)|\mathrm{d}t$<br>时间误差绝对值积分准则(ITAE 准则)　$J=\int_0^{\infty}t|e(t)|\mathrm{d}t$</td><td rowspan="2">$J$ 最小</td></tr>
<tr><td>二次型性能指标</td><td>$J=\boldsymbol{X}^{\mathrm{T}}(t_f)\boldsymbol{P}\boldsymbol{X}(t_f)+\int_{t_0}^{t_f}[\boldsymbol{X}^{\mathrm{T}}(t)\boldsymbol{Q}\boldsymbol{X}(t)+\boldsymbol{u}^{\mathrm{T}}(t)\boldsymbol{R}\boldsymbol{u}(t)]\mathrm{d}t$<br>式中　$t_0,t_f$——起始时间和终止时间;<br>$\boldsymbol{X}(t)$——系统的状态变量;<br>$\boldsymbol{u}(t)$——系统的控制量;<br>$\boldsymbol{P},\boldsymbol{Q},\boldsymbol{R}$——加权矩阵<br>其中　$\boldsymbol{X}^{\mathrm{T}}(t_f)\boldsymbol{P}\boldsymbol{X}(t_f)$ 强调状态的终值为最小,而积分项则是使系统在 $t_0$ 至 $t_f$ 的期间内跟踪期望轨迹时的误差最小和能耗最小</td></tr>
</table>

注:表中所列举的要求属于一般性的要求,对于实际的系统则将根据工程实际所提出的性能指标和要求来评价系统。



# 4　线性反馈控制系统分析

## 4.1　稳定性分析

### 4.1.1　稳定性定义和系统稳定的充要条件

(1) 定义

当扰动作用消失后,控制系统能自动地由初始偏差状态恢复到原来的平衡状态,则此系统是稳定的,否则此系统是不稳定的。

如果初始偏差在一定的限度内,系统才能保持稳定,初始偏差超出某一限值时,系统就不稳定,则称系统是小范围内稳定的。如果不论初始偏差多大,系统总是稳定的,则称系统是大范围稳定的。线性系统若在小范围内是稳定的,则一定也是大范围内稳定。非线性系统则可能存在小范围内稳定而大范围不稳定的情况。

稳定性是控制系统重要性能指标之一,是系统正常工作的首要条件。

(2) 稳定的充要条件

线性反馈控制系统稳定的充要条件是它的特征方程的根均具有负实部,或者说系统的闭环极点均位于复平面的左半部。

### 4.1.2　稳定性准则

稳定性准则是分析控制系统是否稳定的依据,又称为稳定判据。工程中常用的判别系统稳定性的准则有劳斯(Routh)稳定判据和奈魁斯特(Nyquist)稳定判据。

(1) 劳斯稳定判据

劳斯稳定判据是一种代数准则,它利用系统的特征方程的系数来判据系统是否稳定。设系统的特征方程为

$$a_ns^n+a_{n-1}s^{n-1}+\cdots+a_1s+a_0=0$$

劳斯判据将方程的系数 $a_n$,$a_{n-1}$,…,$a_1$,$a_0$ 列入劳斯表并计算表内元素 $b_1\cdots$,$c_1\cdots$,…的值如下。

$$
\begin{array}{c|ccccc}
s^n & a_n & a_{n-2} & a_{n-4} & a_{n-6} & \cdots \\
s^{n-1} & a_{n-1} & a_{n-3} & a_{n-5} & a_{n-7} & \cdots \\
s^{n-2} & b_1 & b_2 & b_3 & b_4 & \cdots \\
s^{n-3} & c_1 & c_2 & c_3 & c_4 & \cdots \\
\vdots & \vdots & & & & \\
s^0 & \cdots & & & &
\end{array}
$$

其中

$$b_1=-\frac{1}{a_{n-1}}\begin{vmatrix} a_n & a_{n-2} \\ a_{n-1} & a_{n-3} \end{vmatrix}$$

$$b_2=-\frac{1}{a_{n-1}}\begin{vmatrix} a_n & a_{n-4} \\ a_{n-1} & a_{n-5} \end{vmatrix}$$

$$b_3=-\frac{1}{a_{n-1}}\begin{vmatrix} a_n & a_{n-6} \\ a_{n-1} & a_{n-7} \end{vmatrix}$$

$$\cdots$$

$$c_1=-\frac{1}{b_1}\begin{vmatrix} a_{n-1} & a_{n-3} \\ b_1 & b_2 \end{vmatrix}$$

$$c_2=-\frac{1}{b_1}\begin{vmatrix} a_{n-1} & a_{n-5} \\ b_1 & b_3 \end{vmatrix}$$

$$c_3=-\frac{1}{b_1}\begin{vmatrix} a_{n-1} & a_{n-7} \\ b_1 & b_4 \end{vmatrix}$$

$$\cdots$$

表中各行元素均计算到全部为零为止。

劳斯判据：若表中第一列元素（$a_n$，$a_{n-1}$，$b_1$，$c_1$，…）不为零且均为正，则系统稳定；否则，系统不稳定。第一列元素符号改变的次数表示系统的特征方程根中不稳定根的数目。

四阶以下系统劳斯稳定判据可以简化如表 22-1-8 所示。

**表 22-1-8　　低阶系统劳斯稳定判据**

| 阶次 | 系统闭环传递函数 | 稳定的充要条件 |
|---|---|---|
| 1 | $\Phi(s)=\dfrac{M(s)}{a_1s+a_0}$ | $a_1>0,a_0>0$ |
| 2 | $\Phi(s)=\dfrac{M(s)}{a_2s^2+a_1s+a_0}$ | $a_2>0,a_1>0,a_0>0$ |
| 3 | $\Phi(s)=\dfrac{M(s)}{a_3s^3+a_2s^2+a_1s+a_0}$ | $a_3>0,a_2>0,a_1>0,a_0>0,a_2a_1>a_3a_0$ |
| 4 | $\Phi(s)=\dfrac{M(s)}{a_4s^4+a_3s^3+a_2s^2+a_1s+a_0}$ | $a_4>0,a_3>0,a_2>0,a_1>0,a_0>0,a_3a_2-a_4a_1>0,a_3a_2a_1-a_4a_1^2-a_3^2a_0>0$ |

劳斯表中元素计算时，可能会出现第一列为零元素或全零行的情况，此时劳斯表的计算需参阅专门文献。

（2）奈魁斯特稳定判据

奈魁斯特稳定判据是一种频率准则，它利用系统的开环频率特性来判别闭环系统是否稳定。奈魁斯特稳定判据如下：

① 若系统的开环传递函数没有正实部的极点（$P=0$），当频率 $\omega$ 由 $-\infty$ 变化到 $\infty$ 时，开环频率特性 $G_k(j\omega)$ 不包围复平面上的（$-1$，j0）点则系统稳定，否则系统不稳定；

② 若系统的开环传递函数有 $P$ 个极点具有正实部，当频率 $\omega$ 由 $-\infty$ 变化到 $\infty$ 时开环频率特性 $G_k(j\omega)$ 逆时针方向包围（$-1$，j0）点 $P$ 圈时系统稳定，否则系统不稳定。

奈魁斯特稳定判据如图 22-1-4 所示，其中辅助曲线是从 $\omega=0_-$ 开始顺时针方向到 $\omega=0_+$ 所画的一条半径为无限大的圆周线。圆周线转角等于开环传递函数中所含的积分环节个数 $\nu$ 乘以 $\pi$，即 $\theta=\nu\pi$。

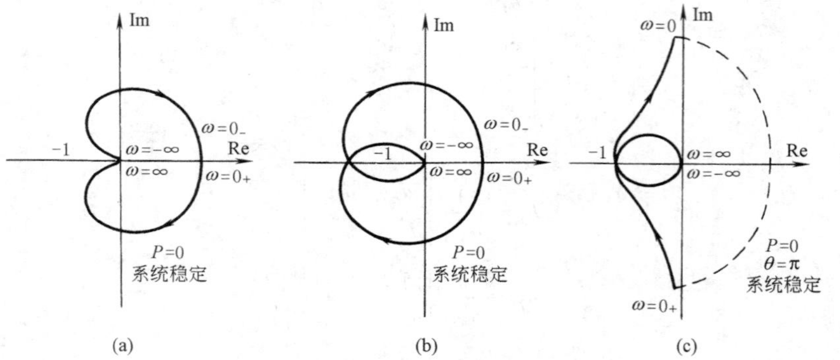


图 22-1-4　奈魁斯特稳定判据

③ 含有延迟环节的控制系统的奈魁斯特稳定性判据为：若除延迟环节外，开环传递函数中不包含正实部的极点，闭环状态下系统稳定的充要条件是其开环频率特性 $G_k(j\omega)$ 不包围（−1，j0）点，则系统是稳定的，如图 22-1-5a 所示；否则系统不稳定，如图 22-1-5b 所示。

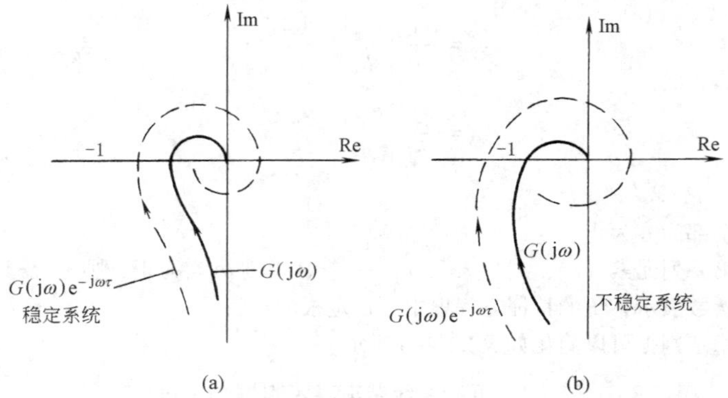


图 22-1-5　具有延迟环节的系统稳定性判据$[G_k(j\omega)=G(j\omega)e^{-j\tau\omega}]$

## 4.1.3　稳定裕量

稳定裕量是衡量一个闭环控制系统相对稳定性的定量指标。在频率准则中稳定裕量通常用相位裕量 $\gamma$ 和增益裕量 $K_g$ 来表示。它们可以根据系统的开环对数频率特性来求取，其物理含义是相位滞后多少度，或开环增益增大多少倍，则系统将从稳定状态变为临界稳定状态。

（1）相位裕量 $\gamma$

在开环对数频率特性图上，幅频特性的增益 $L=0$ 处的相位 $\varphi(\omega_c)$ 和 180°之和，即

$$\gamma=180°+\varphi(\omega_c) \tag{22-1-13}$$

式中，$\omega_c$ 称为增益交界频率或穿越频率。$\gamma>0°$ 为正相位裕量，$\gamma<0°$ 为负相位裕量。

（2）增益裕量 $K_g$

在开环对数频率图上，相频特性 $\varphi(\omega_1)=-180°$ 时，对应的幅频特性增益 $L(\omega_1)$ 的相反数，即

$$K_g=-L(\omega_1) \tag{22-1-14}$$

式中，$\omega_1$ 称为相位交界频率。$K_g>0$ 为正增益裕量，$K_g<0$ 为负增益裕量。

稳定裕量的含义和求取方法如图 22-1-6 所示。

对于最小相位系统，当 $\gamma>0$、$K_g>0$ 时系统是稳定的。一般来讲，只用单一的相位裕量或增益裕量是不足以充分说明系统的相对稳定程度的，必须同时考虑两个量。工程实际中通常要求相位裕量 $\gamma$ 为 30°~60°，对数幅频特性在增益交界频率 $\omega_c$ 处的斜率为−20dB/dec。

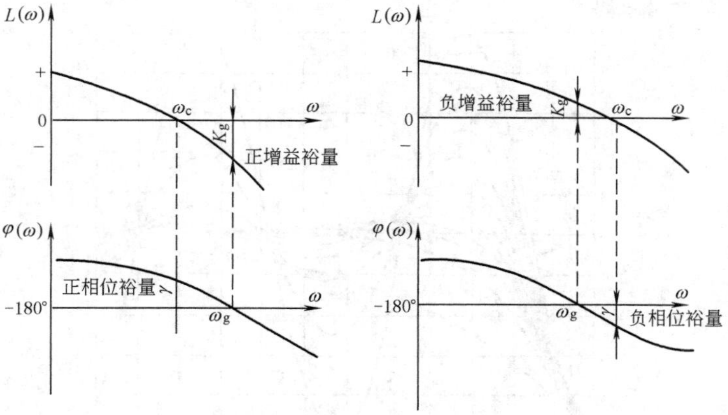


图 22-1-6　稳定裕量的定义

## 4.2　控制系统动态品质分析

控制系统的动态品质分析是在系统稳定的条件下确定系统的各项动态性能指标，以衡量系统性能的好坏。确定系统动态性能指标可以采用时域分析法和频域分析法。时域法是根据系统的单位阶跃响应函数来求取动态性能指标，其中包括利用数字计算机进行仿真分析。频率法是根据系统的闭环或开环频率特性间接求取系统的动态性能指标。



### 4.2.1　时域分析法

（1）一阶系统的单位阶跃响应函数及性能指标计算

设一阶系统的闭环传递函数为

$$\Phi(s)=\frac{1}{Ts+1} \tag{22-1-15}$$

式中　$T$——系统的时间常数。

单位阶跃响应函数如图 22-1-7 所示。

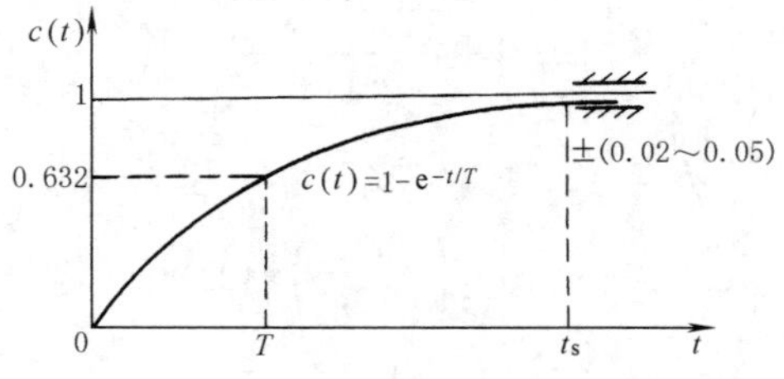


图 22-1-7　一阶系统单位阶跃响应曲线

图中响应函数 $c(t)$ 为

$$c(t)=1-e^{-\frac{t}{T}} \qquad t\geqslant 0 \tag{22-1-16}$$

$$t_s=4T$$

（2）二阶系统的单位阶跃响应函数及性能指标计算

设二阶系统的闭环传递函数为

$$\Phi(s)=\frac{\omega_n^2}{s^2+2\zeta\omega_n s+\omega_n^2} \tag{22-1-17}$$

式中　$\omega_n$——系统无阻尼自然角频率；

　　$\zeta$——系统阻尼比。

其单位阶跃响应函数如图 22-1-8 所示。

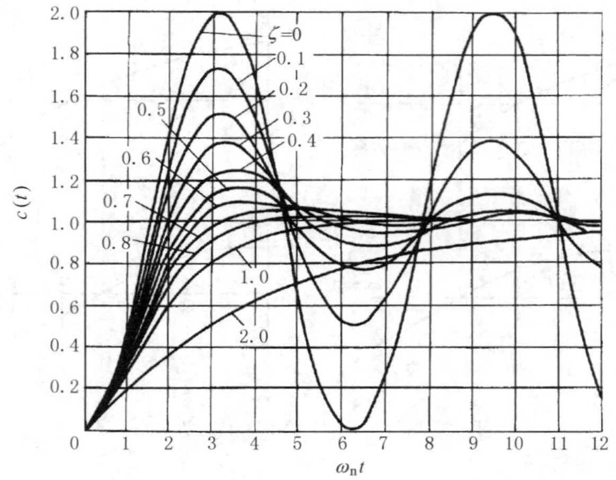


图 22-1-8 二阶系统单位阶跃响应曲线

图中响应函数 $c(t)$ 为

$$\left.\begin{aligned}
&c(t)=1-\cos\omega_n t \qquad t\geqslant 0 \qquad \zeta=0\\
&c(t)=1-\frac{\exp(-\zeta\omega_n t)}{\sqrt{1-\zeta^2}}\sin(\omega_d t+\varphi) \qquad t\geqslant 0 \quad 0<\zeta<1\\
&\omega_d=\omega_n\sqrt{1-\zeta^2},\varphi=\arctan\frac{\sqrt{1-\zeta^2}}{\zeta}\\
&c(t)=1-(1+\omega_n t)\exp(-\zeta\omega_n t) \qquad t\geqslant 0 \quad \zeta=1\\
&c(t)=1+\frac{1}{2(\zeta^2-\zeta\sqrt{\zeta^2-1}-1)}\exp[-(\zeta-\sqrt{\zeta^2-1})\omega_n t]\\
&\qquad +\frac{1}{2(\zeta^2+\zeta\sqrt{\zeta^2-1}-1)}\exp[-(\zeta+\sqrt{\zeta^2-1})\omega_n t]\\
&\qquad\qquad t\geqslant 0 \quad \zeta>1
\end{aligned}\right\} \tag{22-1-18}$$

欠阻尼（$0<\zeta<1$）情况下，系统动态性能指标的计算式为

$$t_r=\frac{\pi-\arctan\dfrac{\sqrt{1-\zeta^2}}{\zeta}}{\omega_d} \tag{22-1-19}$$

$$t_p=\frac{\pi}{\omega_d} \tag{22-1-20}$$

$$\sigma_p=\exp\left(\frac{-\zeta\pi}{\sqrt{1-\zeta^2}}\right)\times 100\% \tag{22-1-21}$$

$$t_s=\frac{\ln\left(\dfrac{1}{\Delta}\right)-\ln\sqrt{1-\zeta^2}}{\zeta\omega_n} \tag{22-1-22}$$

式中，$\Delta$ 为允许误差范围，通常 $\Delta=\pm(0.02\sim0.05)$。若 $0<\zeta<0.8$ 时，忽略 $\ln\sqrt{1-\zeta^2}$ 项，则

$$\left.\begin{aligned}
t_s\approx\frac{4}{\zeta\omega_n} \qquad (\Delta=\pm 0.02)\\
t_s\approx\frac{3}{\zeta\omega_n} \qquad (\Delta=\pm 0.05)
\end{aligned}\right\} \tag{22-1-23}$$

（3）三阶系统的单位阶跃响应函数

设三阶系统的闭环传递函数为

$$\Phi(s)=\frac{\omega_n^2 s_0}{(s+s_0)(s^2+2\zeta\omega_n s+\omega_n^2)} \tag{22-1-24}$$

其单位阶跃响应函数如图 22-1-9 所示。

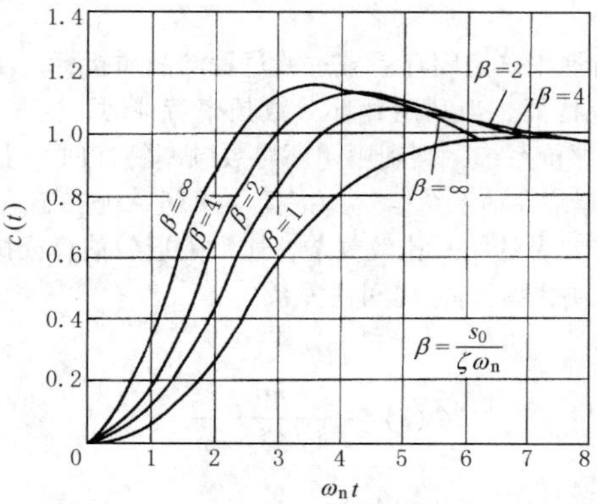


图 22-1-9　三阶系统单位阶跃响应曲线

图中响应函数 $c(t)$ 为

$$c(t)=1+Ae^{-s_0t}+B\exp(-\zeta\omega_nt)\cos\omega_dt+C\exp(-\zeta\omega_nt)\sin\omega_dt \qquad t\geqslant0 \tag{22-1-25}$$

式中　$\omega_d=\omega_n\sqrt{1-\zeta^2}$　　$0<\zeta<1$

$$A=-\frac{1}{\beta\zeta^2(\beta-2)+1}$$

$$B=-\frac{\beta\zeta^2(\beta-2)}{\beta\zeta^2(\beta-2)+1}$$

$$C=-\frac{\beta\zeta[\beta\zeta^2(\beta-2)+1]}{[\beta\zeta^2(\beta-2)+1]\sqrt{1-\zeta^2}}$$

$$\beta=\frac{s_0}{\zeta\omega_n}$$

(4) 高阶系统的单位阶跃响应函数

设高阶系统的闭环传递函数为

$$\Phi(s)=\frac{M(s)}{N(s)}$$

若系统的特征方程 $N(s)=0$ 具有 $n$ 个不相重的根 $s_i$，则单位阶跃响应函数为

$$c(t)=A+\sum_{i=1}^{n}B_ie^{s_it} \tag{22-1-26}$$

式中　$A=\left[\frac{M(s)}{sN(s)}\right]_{s=0}$

$$B_i=\left[\frac{M(s)}{sN(s)}(s-s_i)\right]_{s=s_i}$$

若系统的特征方程的根中包含重根和共轭复根，则可参阅第 1 篇中拉氏反变换中有关论述。

高阶系统若闭环极点中某一实数极点或某一对共轭极点，其距虚轴的距离与其他极点距虚轴距离之比小于或等于 1/5，且在该极点附近不存在闭环零点，这类极点称为系统的主导极点。具有一对共轭极点为主导极点的高阶系统可以近似为二阶系统，其性能指标可以按二阶系统的方法进行计算。此时高阶系统的单位阶跃响应函数$c(t)$为

$$c(t)=1-a_1\exp(-\zeta\omega_nt)\cos\omega_dt-a_2\exp(-\zeta\omega_nt)\sin\omega_dt \qquad t\geqslant0 \tag{22-1-27}$$

式中　$a_1=\left[\frac{M(s)}{sN(s)}(s-s_1)\right]_{s=s_1}$

$$a_2=\left[\frac{M(s)}{sN(s)}(s-s_2)\right]_{s=s_2}$$

$s_1$，$s_2$——系统的一对共轭主导极点。

### 4.2.2 频率分析法

频率分析法是根据系统的频率特性来确定闭环系统过渡过程的品质指标。工程设计中主要是运用开环和闭环对数频率特性来评价系统的瞬态响应特征。当利用开环对数频率特性时，主要利用开环频域指标，如穿越频率 $\omega_c$、相位裕量 $\gamma$ 和增益裕量 $K_g$ 等来评价系统；当利用闭环对数频率特性时，主要利用闭环频域指标，如谐振频率 $\omega_r$、截止频率 $\omega_b$ 和谐振峰值 $M_r$ 等来评估系统。这些指标与闭环系统瞬态响应的关系，对二阶系统来讲是可以准确计算的，但对高阶来讲，由于二者的关系比较复杂，通常是近似估算或按经验公式估算。

（1）二阶系统频域性能指标与时域性能指标之间的关系

设二阶系统的闭环传递函数为

$$\Phi(s)=\frac{\omega_n^2}{s^2+2\zeta\omega_n s+\omega_n^2}$$

系统开环频域指标与时域指标的关系为

$$\omega_c=\omega_n\sqrt{\sqrt{4\zeta^4+1}-2\zeta^2} \tag{22-1-28}$$

$$\gamma=\arctan\frac{2\zeta}{\sqrt{\sqrt{4\zeta^4+1}-2\zeta^2}} \tag{22-1-29}$$

$$t_s=\frac{6\sim 8}{\omega_c\tan\gamma} \tag{22-1-30}$$



频域指标与时域指标的换算关系如图 22-1-10 所示。

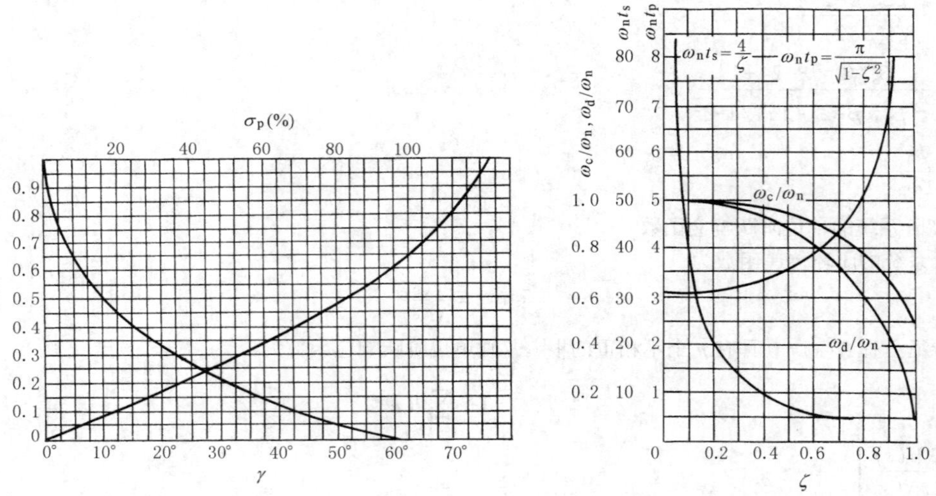


(a) (b)

图 22-1-10 系统开环频域指标与时域指标的换算关系

系统闭环频域指标与时域指标的关系为

$$\omega_r=\omega_n\sqrt{1-2\zeta^2}\qquad(0<\zeta\leqslant 0.707) \tag{22-1-31}$$

$$\omega_b=\omega_n\sqrt{1-2\zeta^2+\sqrt{2-4\zeta^2+4\zeta^4}} \tag{22-1-32}$$

$$M_r=\frac{1}{2\zeta\sqrt{1-\zeta^2}}\qquad(0<\zeta\leqslant 0.707) \tag{22-1-33}$$

$$\sigma_p=e^{-\pi}\sqrt{\frac{M_r-\sqrt{M_r^2-1}}{M_r+\sqrt{M_r^2-1}}}\times 100\% \tag{22-1-34}$$

频域指标与时域指标的换算关系如图 22-1-11 所示。

利用上述公式或关系曲线来确定闭环系统的过渡过程的品质时可按以下步骤来进行：

① 根据开环波德图或闭环波德图确定频域指标穿越频率 $\omega_c$、相位裕量 $\gamma$ 或谐振峰值 $M_r$、截止频率 $\omega_b$ 和谐振频率 $\omega_r$；

② 根据 $\gamma$ 或 $M_r$ 求取系统的阻尼比 $\zeta$；

③ 根据 $\gamma$ 或 $M_r$ 求取系统瞬态响应的超调量 $\sigma_p$；

④ 由阻尼比 $\zeta$ 和 $\omega_c/\omega_n$ 或 $\omega_r/\omega_n$ 或 $\omega_b/\omega_n$ 求取系统的无阻尼自然角频率 $\omega_n$；

⑤ 根据公式或关系曲线求取系统调整时间 $t_s$。

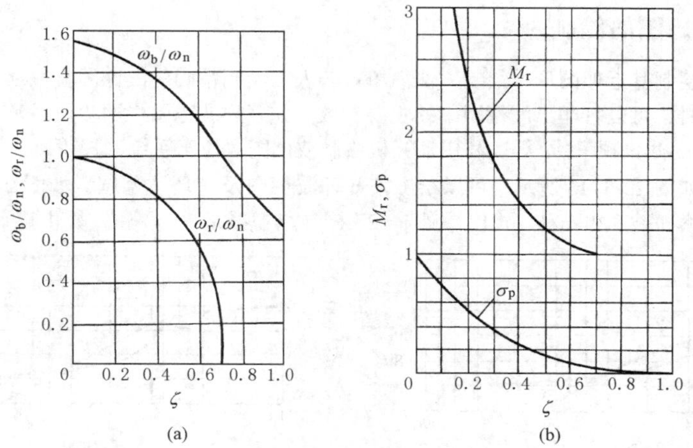


图 22-1-11　系统闭环频域指标与时域指标的换算关系

（2）高阶系统频域指标与时域指标的关系

① 若高阶系统具有一对共轭复数闭环主导极点，则可以近似为二阶系统，系统的频域指标和时域性能指标的关系同二阶系统。

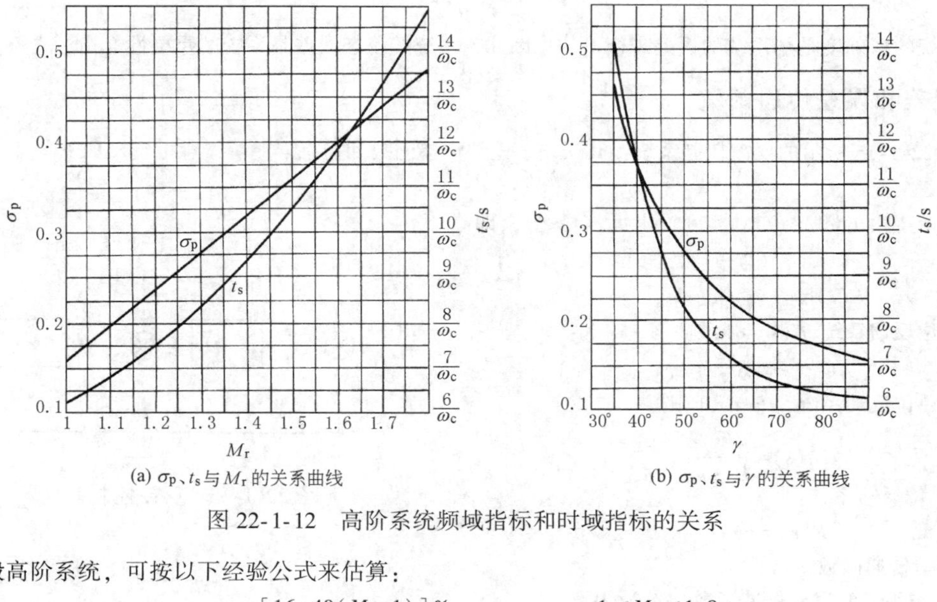


图 22-1-12　高阶系统频域指标和时域指标的关系

② 一般高阶系统，可按以下经验公式来估算：

$$\sigma_p=[16+40(M_r-1)]\% \qquad 1\leqslant M_r\leqslant 1.8 \tag{22-1-35}$$

$$t_s=\frac{K\pi}{\omega_c}(\mathrm{s}) \tag{22-1-36}$$

$$K=2+1.5(M_r-1)+2.5(M_r-1)^2 \qquad 1\leqslant M_r\leqslant 1.8$$

式中　$\omega_c$——开环对数幅频特性的穿越频率（亦称增益交界频率）；

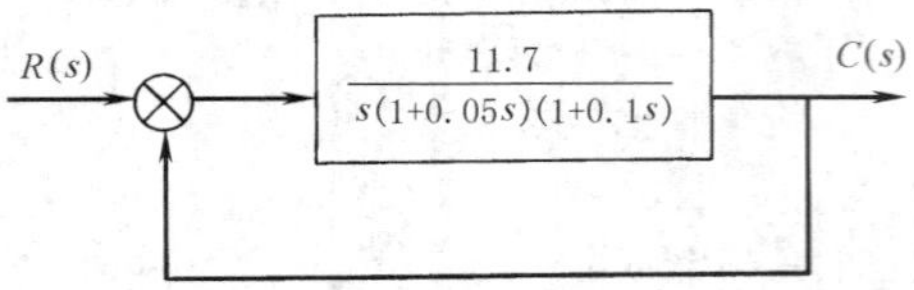


图 22-1-13　控制系统的方块图

$M_r$——闭环频率特性的谐振峰值。

当系统的谐振频率 $\omega_r$ 和穿越频率 $\omega_c$ 相差较小时，系统的谐振峰值 $M_r$ 和相位裕量 $\gamma$ 之间有以下的近似关系

$$M_r \approx \frac{1}{\sin\gamma}$$

指标的关系如图 22-1-12 所示。

### 4.2.3　控制系统波德图的绘制

波德图可以用人工绘制其近似图形，绘制方法简单；若人工绘制精确的波德图就很烦琐。利用计算机绘制波德图既快速又精确，同时，可以打印出波德图中的主要参数。如开环波德图中的相位裕量 $\gamma$、增益裕量 $K_g$、穿越频率 $\omega_c$，闭环波德图中的截止频率 $\omega_b$ 等。利用计算机绘制波德图也便于系统的校正。

例如，一控制系统如图 22-1-13 所示，可以绘出其开环波德图及闭环波德图，如图 22-1-14 所示❶，还可以打印出该系统的穿越频率 $\omega_c=8.3\text{rad/s}$、相位裕量 $\gamma=27.5°$、增益裕量 $K_g=7\text{dB}$、截止频率 $\omega_b=13.7\text{rad/s}$。

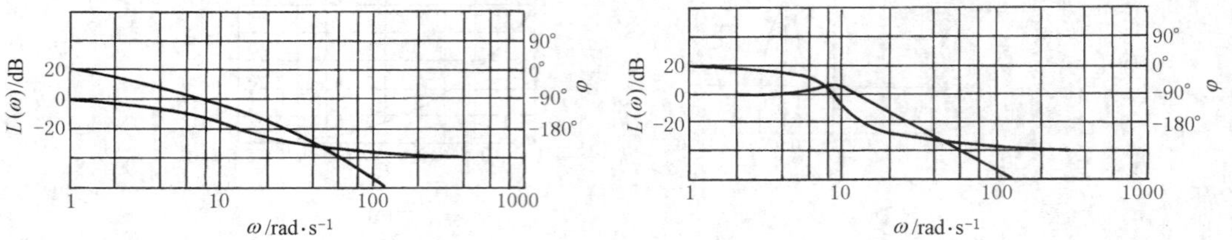


(a) 开环　　(b) 闭环

图 22-1-14　系统波德图



## 4.3　控制系统的误差分析

控制系统的精确度是用系统的误差来衡量的，因此，系统的稳态误差是系统的重要性能指标之一。

### 4.3.1　误差和误差传递函数

对于图 22-1-15 所示的反馈控制系统，其误差、误差传递函数和稳态误差等概念可定义如下。

(1) 误差

系统的期望输出量 $c^*(t)$ 和实际输出量 $c(t)$ 之差，即

$$e(t)=c^*(t)-c(t)$$

或

$$E(s)=c^*(s)-c(s)$$

若系统为单位反馈系统，$H(s)=1$，则

$$C^*(s)=R(s)$$

若系统为非单位反馈系统，$H(s)\neq 1$，则

$$C^*(s)=\frac{R(s)}{H(s)}$$

因此，对于单位反馈系统：

$$E(s)=\varepsilon(s)$$

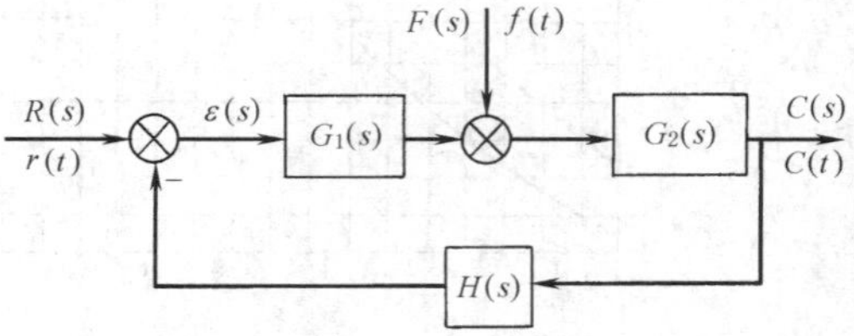


图 22-1-15　反馈控制系统

(2) 误差传递函数

① 控制作用下的误差传递函数[$F(s)=0$]

$$\Phi_e(s)=\frac{E(s)}{R(s)}=\frac{1}{H(s)[1+G_1(s)G_2(s)H(s)]}$$

❶ 绘制波德图的计算机软件是由北京科技大学机电研究所提供的。

对于单位反馈系统

$$\Phi_e(s)=\frac{E(s)}{R(s)}=\frac{1}{1+G_1(s)G_2(s)} \tag{22-1-37}$$

② 干扰作用下的误差传递函数[$R(s)=0$]

$$\Phi_{ef}(s)=\frac{E(s)}{F(s)}=-\frac{G_2(s)}{1+G_1(s)G_2(s)H(s)} \tag{22-1-38}$$

(3) 稳态误差

控制系统误差函数$e(t)$的稳态分量，记为$e(\infty)$：

$$e(\infty)=\lim_{t\to\infty}e(t) \tag{22-1-39}$$

当控制和干扰作用同时存在时，系统的误差函数$e(t)$为

$$e(t)=L^{-1}[\Phi_e(s)R(s)+\Phi_{ef}(s)F(s)] \tag{22-1-40}$$

## 4.3.2 稳态误差的计算

(1) 任意输入信号作用下的稳态误差计算

设系统在控制输入$r(t)$和干扰输入$f(t)$共用之下，则

$$E(s)=\Phi_e(s)R(s)+\Phi_{ef}(s)F(s)$$

则系统的稳态误差$e(\infty)$为

$$e(\infty)=\sum_{i=1}^{\infty}\frac{1}{i!}\Phi_e^{(i)}(0)r^{(i)}(\infty)+\sum_{j=1}^{\infty}\frac{1}{j!}\Phi_{ef}^{(j)}(0)f^{(j)}(\infty)$$

式中 $\Phi_e^{(i)}(0)$——$\Phi_e(s)$ 的$i$阶导数在$s=0$处的值，$\Phi_e^{(i)}(0)=\left.\frac{d^i}{ds^i}\Phi_e(s)\right|_{s=0}$；

$\Phi_{ef}^{(j)}(0)$——$\Phi_{ef}(s)$ 的$j$阶导数在$s=0$处的值，$\Phi_{ef}^{(j)}(0)=\left.\frac{d^j}{ds^j}\Phi_{ef}(s)\right|_{s=0}$；

$r^{(i)}(\infty)$——输入函数的$i$阶导数在$t=\infty$时的值，$r^{(i)}(\infty)=\left.\frac{d^i}{dt^i}r(t)\right|_{i=\infty}$；

$f^{(j)}(\infty)$——干扰作用函数的$j$阶导数在$t=\infty$时的值，$f^{(j)}(\infty)=\left.\frac{d^j}{dt^j}f(t)\right|_{i=\infty}$。

$\Phi_e^{(i)}(0)$ 和 $\Phi_{ef}^{(j)}(0)$ 称为系统的误差系数，利用它可以求取在某种输入信号作用下系统的误差随时间变化的特征。

(2) 典型控制输入作用下稳态误差的计算

典型输入作用下系统的稳态误差计算。可以根据系统的类型和系统的开环增益$K$以及相应的静态误差系数来计算。基本原理是利用拉氏变换的终值定理，即

$$e(\infty)=\lim_{i\to\infty}e(t)=\lim_{s\to0}sE(s) \tag{22-1-41}$$

① 系数的类型　设反馈控制系统开环传递函数形式如下：

$$G_K(s)=\frac{K\prod_{j=1}^{m}(\tau_j s+1)}{s^v\prod_{i=1}^{n}(T_i s+1)} \tag{22-1-42}$$

其中，$v$为开环传递函数中所包含的积分环节个数，称为系统的无差度。无差度可以用来对系统进行分类：

$v=0$，称为0型系统

$v=1$，称为Ⅰ型系统

$v=2$，称为Ⅱ型系统

$v=3$，称为Ⅲ型系统

实际系统中，$v$越大对系统的稳定性越不利，因此实际系统大都要求$v\leqslant2$。

② 静态误差系数

静态位置误差系数　$K_p=\lim_{s\to0}G_K(s)$　(22-1-43)

静态速度误差系数　$K_v=\lim_{s\to0}sG_K(s)$　(22-1-44)

$$\text{静态加速度系数} \quad K_a = \lim_{s \to 0} s^2 G_K(s) \tag{22-1-45}$$

静态误差系数可以根据系统的开环对数幅频特性的低频特性来确定，如图 22-1-16 所示。

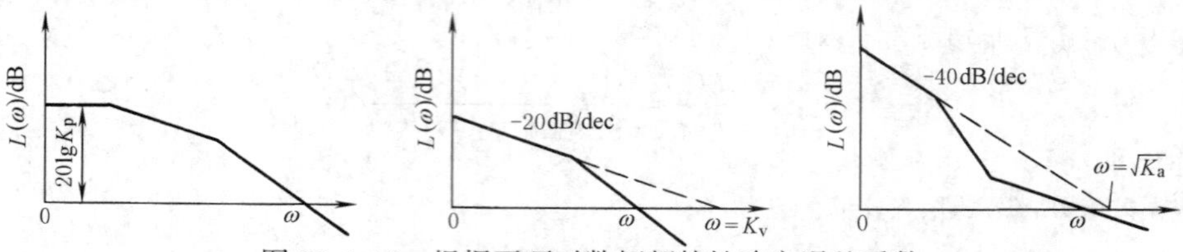


图 22-1-16　根据开环对数幅频特性确定误差系数

典型控制输入作用下系统稳态误差 $e(\infty)$ 的计算如表 22-1-9 所示。

**表 22-1-9　　典型控制输入作用下的稳态误差**

| 系统型别 | 静态误差系数 | | | 阶跃输入 $r(t)=R$ | 斜坡输入 $r(t)=Rt$ | 加速度输入 $r(t)=\frac{1}{2}Rt^2$ |
|---|---|---|---|---|---|---|
| $v$ | $K_p$ | $K_v$ | $K_a$ | $e(\infty)=\frac{R}{1+K_p}$ | $e(\infty)=\frac{R}{K_v}$ | $e(\infty)=\frac{R}{K_a}$ |
| 0 | $K$ | 0 | 0 | $\frac{R}{1+K}$ | ∞ | ∞ |
| 1 | ∞ | $K$ | 0 | 0 | $\frac{R}{K_v}$ | ∞ |
| 2 | ∞ | ∞ | $K$ | 0 | 0 | $\frac{R}{K_a}$ |

### 4.3.3　改善系统稳态品质的主要方法

① 尽可能确保系统中的元件，特别是反馈检测元件的精度和稳定性。

② 提高系统的开环增益和增大扰动作用点以前的前向通路中传递函数的放大倍数。

③ 增加前向通路中积分环节的个数或扰动作用点以前积分环节的个数。

④ 采用复合控制以降低系统误差和改善系统的动态品质，有关复合控制可参阅专门文献。

应当注意，提高开环增益和增加前向通路中积分环节的个数有可能使系统的稳定性变坏。

# 5　线性控制系统的校正

当控制系统不能通过调整自身的结构参数来改善系统的品质时，就需要在原系统中引入附加装置来改善系统的性能，这种改善系统性能的方法称为系统的校正（或补偿），所引入的附加装置称为校正装置。

## 5.1　校正方式和常用的校正装置

### 5.1.1　校正方式

校正装置附加在系统中的形式有两种：

串联校正——校正装置 $G_c(s)$ 与原系统的前向通路元件相串联，如图 22-1-17a 所示；

并联校正——校正装置 $G_c(s)$ 与原系统中部分环节形成一个局部反馈回路，又称反馈校正，如图 22-1-17b 所示。

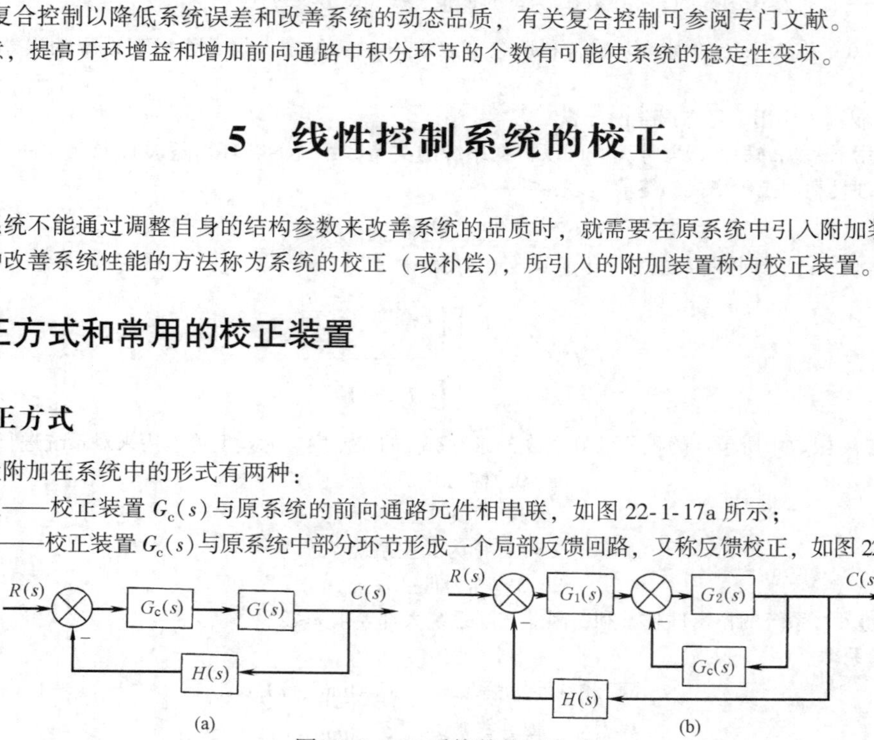


图 22-1-17　系统的校正方式

对控制系统进行校正时，选用何种校正方式决定于具体情况，如系统中信号的性质和功率、供选用的元件、经济条件以及设计者的经验等。一般来说，串联校正比反馈校正要简单些，但串联校正常需要对信号进行隔离和提高增益，系统中其他元件参数的变化将会影响校正效果。通常串联校正时校正装置配置在前向通路中能量最低的位置上。采用反馈校正且当信号适当时，所需的元件比串联校正时要少些。另外，反馈校正的结果将使系统对被反馈包围元件的参数变化不敏感，因此可以降低对这一部分元件的要求。但反馈校正装置本身的要求是比较高的。

### 5.1.2 常用的校正装置

（1）校正装置

校正装置的形式很多，从物理结构上分，有电气的、机械的、液压的、气动的或者是它们的混合结构；就特性分，有滞后校正、超前校正和滞后-超前校正。一般来说，电气校正装置传输简单、精度高和可靠性大，所以在工程实际中应用较为广泛。在电气校正装置中，最常用的是由阻容元件组成的无源校正网络及用运算放大器和 *RC* 网络构成的各种调节器。其中 PID 调节器是控制工程中应用最为广泛的调节器，近年来数字 PID 控制得到了迅速发展。

各类无源校正网络和调节器如表 22-1-10 所示。

**表 22-1-10　　无源校正网络和调节器**

<table>
<tr><th>电 路 及 特 性</th><th>传 递 函 数 及 参 数</th></tr>
<tr><td>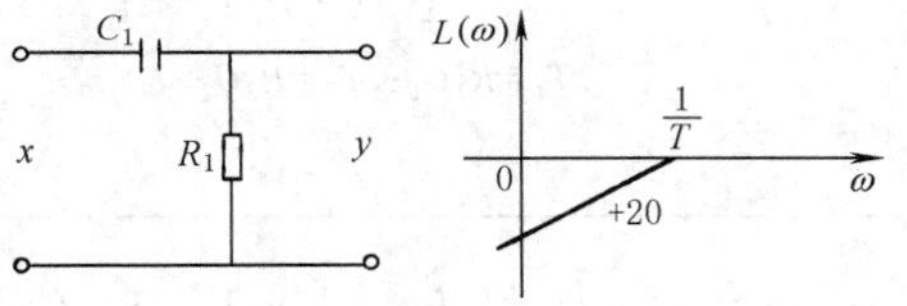
</td><td>$W(s)=\frac{Y(s)}{X(s)}=\frac{T_1s}{T_1s+1}$<br>$T_1=R_1C_1$</td></tr>
<tr><td>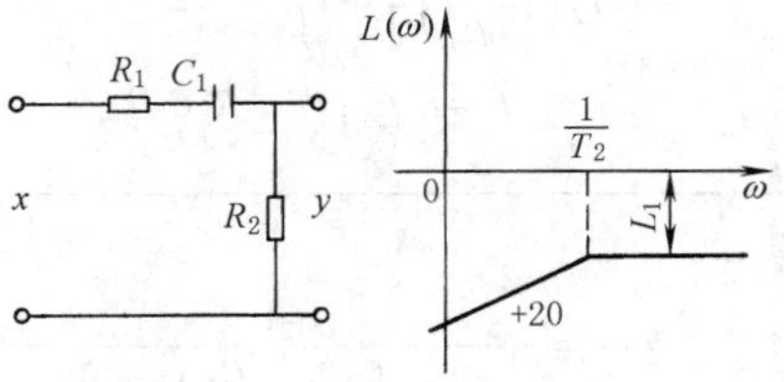
</td><td>$W(s)=\frac{T_1s}{T_2s+1}$；$L_1=20\lg\frac{T_1}{T_2}$<br>$T_1=R_2C_1$；$T_2=(R_2+R_1)C_1$</td></tr>
<tr><td>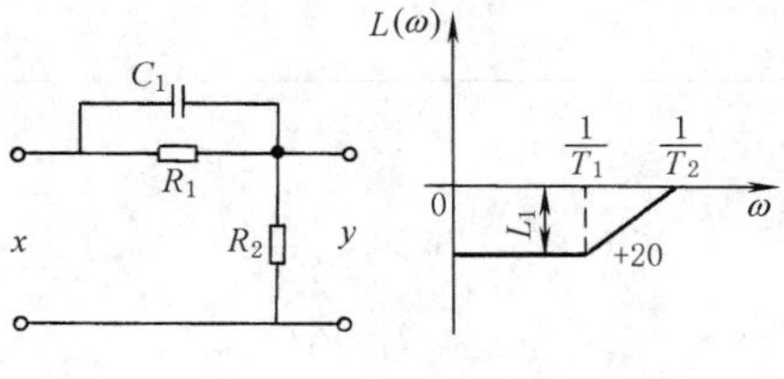
</td><td>$W(s)=K\times\frac{T_1s+1}{T_2s+1}$；$L_1=20\lg K$<br>$T_1=R_1C_1$；$T_2=\frac{R_1R_2}{R_1+R_2}C_1$<br>$K=\frac{R_2}{R_1+R_2}$</td></tr>
<tr><td>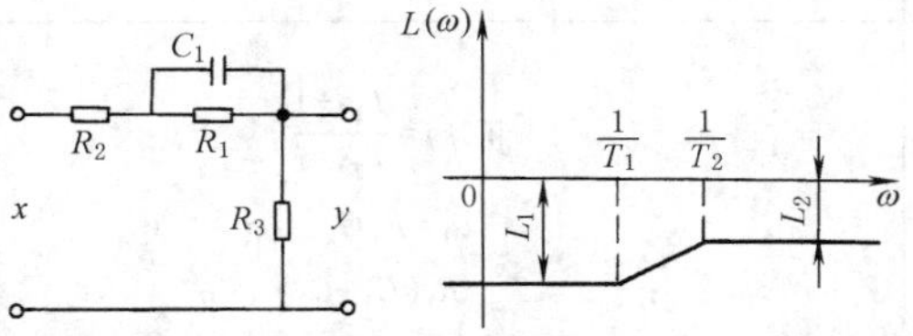
</td><td>$W(s)=K\times\frac{T_1s+1}{T_2s+1}$；$L_1=20\lg K$<br>$T_1=R_1C_1$；$T_2=\left(\frac{R_2+R_3}{R_1+R_2+R_3}\right)T_1$<br>$K=\frac{R_3}{R_1+R_2+R_3}$；$L_2=20\lg\frac{R_3}{R_2+R_3}$</td></tr>
</table>

续表

| 电 路 及 特 性 | 传递函数及参数 |
|---|---|
| 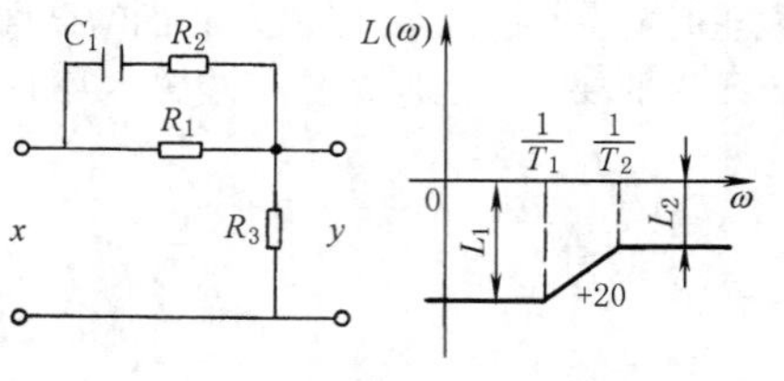 | $W(s)=\frac{K(T_1s+1)}{T_2s+1}$；$K=\frac{R_3}{R_1+R_3}$<br>$T_1=(R_1+R_2)C_1$；$T_2=\left(\frac{R_1R_2+R_1R_3+R_2R_3}{R_1+R_3}\right)C_1$<br>$L_1=20\lg K$；$L_2=20\lg\frac{R_3}{R_3+R_1/\!/R_2}$ |
| 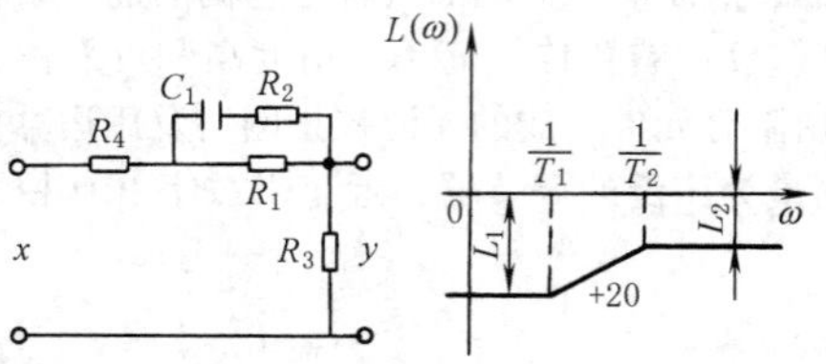 | $W(s)=K\times\frac{T_1s+1}{T_2s+1}$；$K=\frac{R_3}{R_1+R_3+R_4}$<br>$T_1=(R_1+R_2)C_1$；$T_2=\left(\frac{R_3+R_4+R_1/\!/R_2}{R_1+R_3+R_4}\right)T_1$<br>$L_1=20\lg K$；$L_2=20\lg\frac{R_3}{R_3+R_4+R_1/\!/R_2}$ |
| 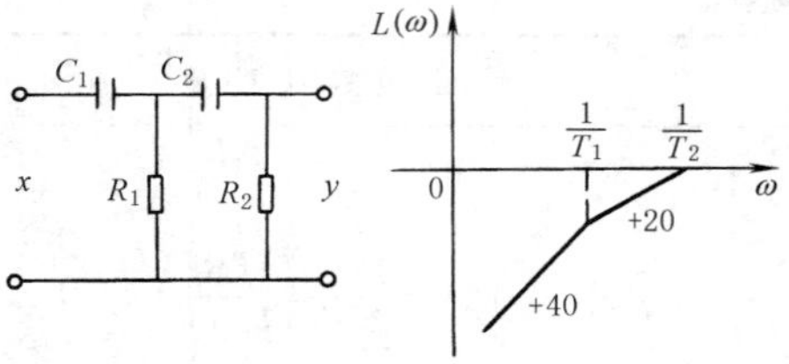 | $W(s)=\frac{T_1T_2s^2}{T_1T_2s^2+\left[T_1\left(1+\frac{C_2}{C_1}\right)+T_2\right]s+1}$<br>$T_1=R_1C_1$；$T_2=R_2C_2$ |
| 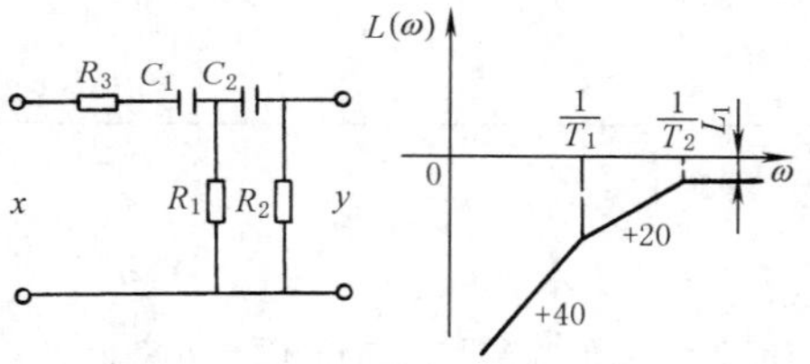 | $W(s)=T_1T_2s^2\Big/\left\{T_1T_2\left[1+\frac{R_3}{R_1/\!/R_2}\right]s^2+\left[T_1\left(1+\frac{R_3}{R_1}\right)+T_2\left(1+\frac{R_1}{R_2}\right)\right]s+1\right\}$<br>$T_1=R_1C_1$；$T_2=R_2C_2$ |
| 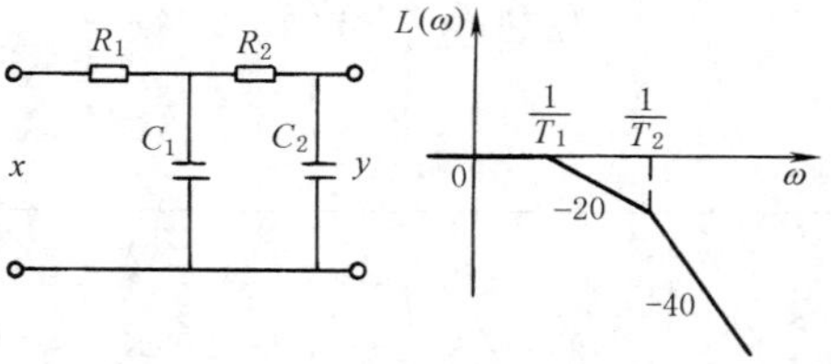 | $W(s)=\frac{1}{T_1T_2s^2+\left[T_1\left(1+\frac{C_2}{C_1}\right)+T_2\right]s+1}$<br>$T_1=R_1C_1$；$T_2=R_2C_2$ |
| 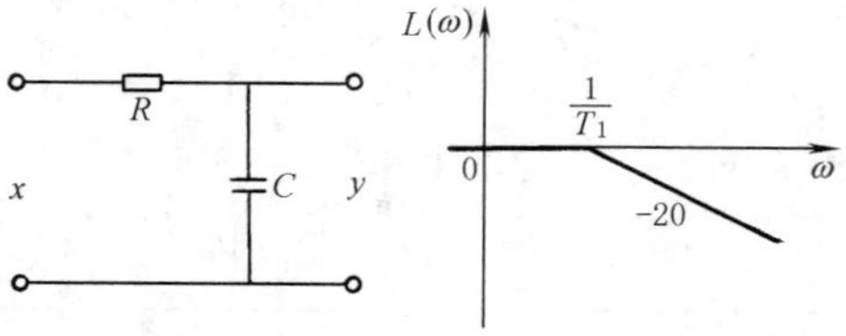 | $W(s)=\frac{1}{T_1s+1}$<br>$T_1=R_1C_1$ |
| 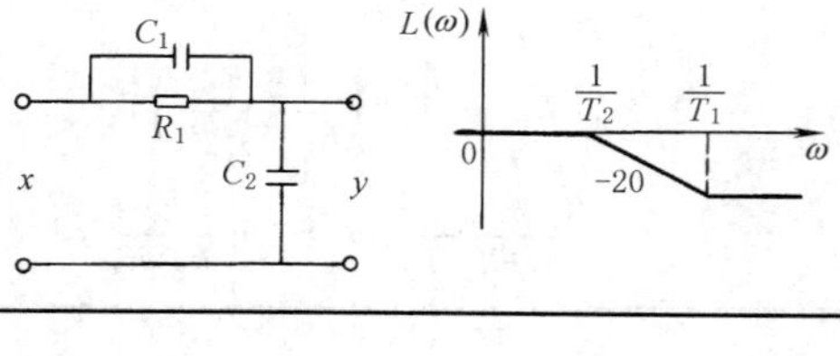 | $W(s)=\frac{T_1s+1}{T_2s+1}$<br>$T_1=R_1C_1$<br>$T_2=R_1(C_1+C_2)$ |

续表

| 电路及特性 | 传递函数及参数 |
| --- | --- |
| 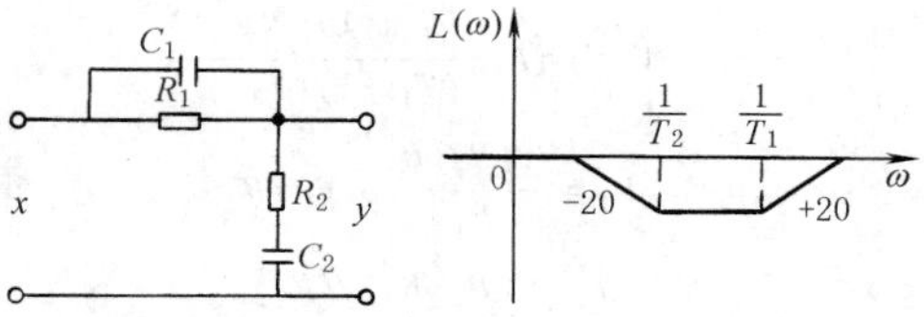 | $W(s)=\dfrac{(T_1s+1)(T_2s+1)}{T_1T_2s^2+\left[T_1\left(1+\dfrac{C_2}{C_1}\right)+T_2\right]s+1}$<br>$T_1=R_1C_1$；$T_2=R_2C_2$；$T_1<T_2$ |
| 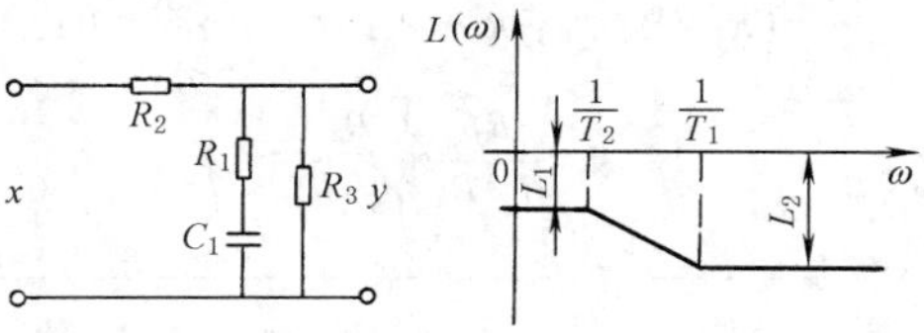 | $W(s)=\dfrac{K(T_1s+1)}{T_2s+1}$；$K=\dfrac{R_3}{R_2+R_3}$<br>$T_1=R_1C_1$；$T_2=R_1C_1+\left(\dfrac{R_2R_3}{R_2+R_3}\right)C_1$<br>$L_1=20\lg K$；$L_2=20\lg\dfrac{R_1/\!/R_3}{R_2+R_1/\!/R_3}$ |
| 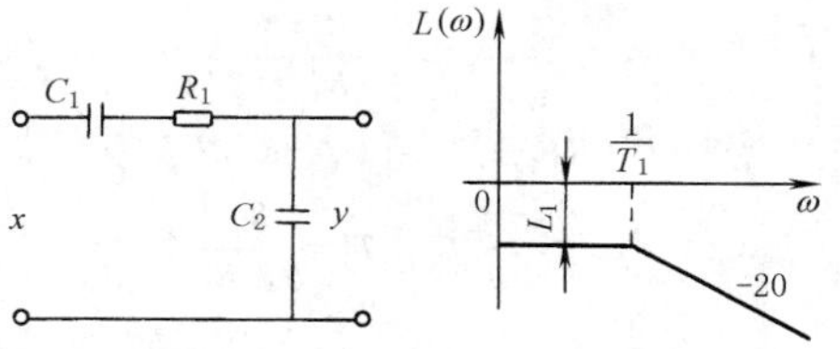 | $W(s)=\dfrac{K}{T_1s+1}$<br>$T_1=R_1\left(\dfrac{C_1C_2}{C_1+C_2}\right)$；$K=\dfrac{C_1}{C_1+C_2}$ |
| 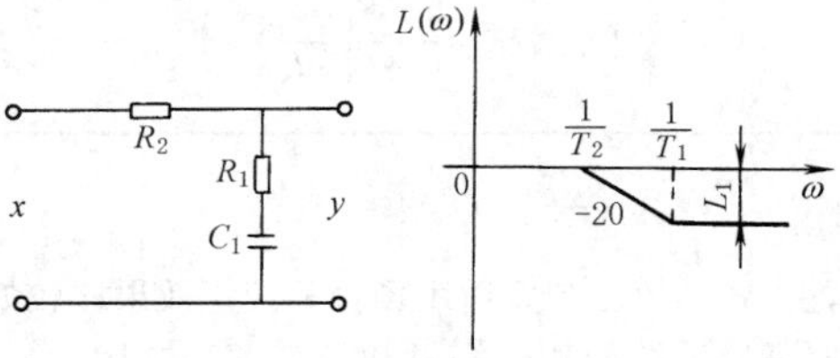 | $W(s)=\dfrac{T_1s+1}{T_2s+1}$<br>$T_1=R_1C_1$；$T_2=(R_1+R_2)C_1$<br>$L_1=20\lg\dfrac{R_1}{R_1+R_2}$ |
| 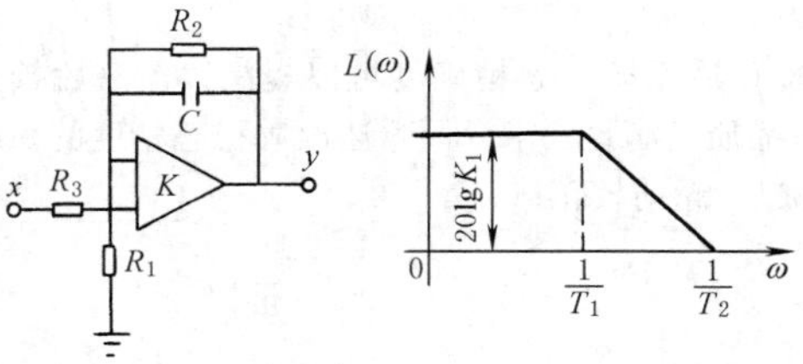 | $W(s)=K_1\left(\dfrac{T_2s+1}{T_1s+1}\right)$<br>$K_1=\dfrac{R_1+R_2}{R_1}$；$T_1=R_2C$；$T_2=(R_1/\!/R_2)C$<br>$\left[R_1\ll R_i;\ R_3\ll R_i;\ K\left(\dfrac{R_1}{R_1+R_2}\right)\gg 1\right]$ |
| 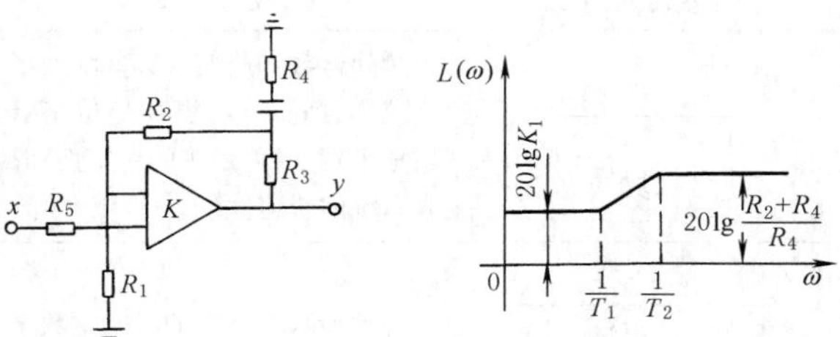 | $W(s)=K_1\left(\dfrac{T_1s+1}{T_2s+1}\right)$；$K_1=\dfrac{R_1+R_2+R_3}{R_1}$<br>$T_1=(R_3+R_4)C$；$T_2=R_4C$<br>$\left(R_2\gg R_3>R_4;\ K\times\dfrac{R_1}{R_1+R_2+R_3}\times\dfrac{R_4}{R_3+R_4}\gg 1;\right.$<br>$\left.R_1\ll R_x;\ R_5\ll R_x\right)$ |

续表

| 电路及特性 | 传递函数及参数 |
| --- | --- |
| 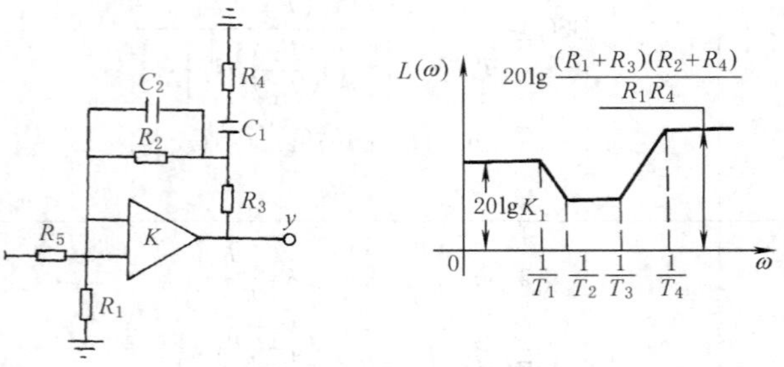 | $W(s)=K_1\times\dfrac{(T_2s+1)(T_3s+1)}{(T_1s+1)(T_4s+1)}$<br>$K_1=\dfrac{R_1+R_2+R_3}{R_1}$; $T_1=R_2C_2$<br>$T_2=[(R_1+R_3)/\!/R_2]C_2$<br>$T_3=(R_3+R_4)C_1$; $T_4=R_4C_1$<br>$\left(R_1\gg R_3>R_4;\ R_1\ll R_r;\ R_5\ll R_r\times\dfrac{K}{K_1}\gg 1;\right.$<br>$\left.K_1\times\dfrac{R_1}{R_1+R_3}\times\dfrac{R_4}{R_3+R_4}\gg 1\right)$ |
| 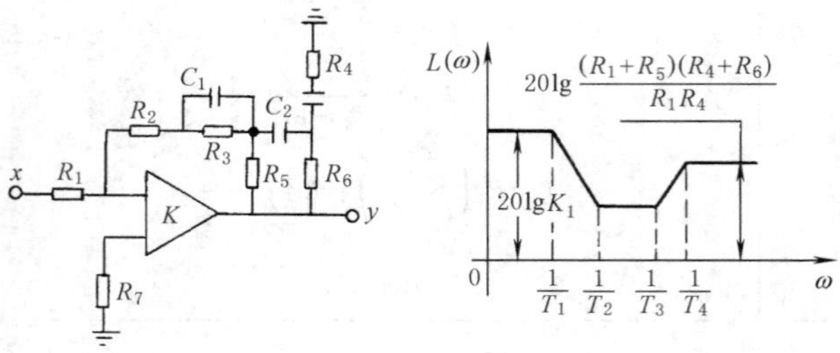 | $W(s)=K\times\dfrac{(T_2s+1)(T_3s+1)}{(T_1s+1)(T_4s+1)}$<br>$K_1=\dfrac{R_2+R_3+R_5}{R_1}$<br>$T_1=R_3C_1$; $T_2=[(R_2+R_5)/\!/R_3]C_1$<br>$T_3=R_5C_2$; $T_4=\dfrac{R_4}{R_4+R_5}T_3$<br>$\left(R_2\gg R_5\gg R_6>R_4;\ K_1\times\dfrac{R_1}{R_2+R_5}\times\dfrac{R_4}{R_4+R_6}\gg 1;\right.$<br>$\left.K_1\times\dfrac{R_1}{R_2+R_3+R_5}\gg 1\right)$ |

（2）串联校正中几种校正装置的比较

在串联校正方式中常采用超前、滞后或滞后-超前校正装置，各类校正装置适用场合和校正效果比较如下。

① 超前校正是通过相位超前的效果来改善系统的品质。校正后系统的相位裕量和频带宽都会增大，因此能有效地改善系统的动态品质，但对系统的稳态精确度影响不大。超前校正适用于稳态精度已满足但动态品质不满足要求的系统。

② 滞后校正是通过高频衰减的特性来改善系统的品质。校正后系统稳态精确度可以提高，但滞后校正将使系统的频带宽减小，响应速度变慢。滞后校正主要适用于动态品质已满足要求，而希望改善稳态精度的系统。

③ 当系统需要同时改善动态品质和稳态精度时，宜采用滞后-超前校正。

（3）反馈校正

局部反馈校正的主要方法和校正效果如表 22-1-11 所示。

**表 22-1-11　　　　反馈校正的方法及效果**

| 方　　法 | 方 块 图 | 等效传递函数 | 效　　果 |
| --- | --- | --- | --- |
| 用比例反馈包围惯性环节 | 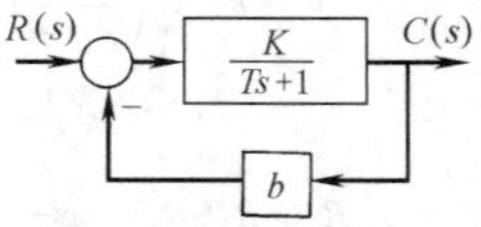 | $\dfrac{K}{1+bK}\times\dfrac{1}{\dfrac{Ts}{1+bK}+1}$ | 时间常数和放大系数都降低了<br>减小时间常数，提高相位裕量、增加带宽、改善系统的稳定性和提高系统的快速性 |
| 用微分反馈包围某环节，测速电机作反馈装置 | 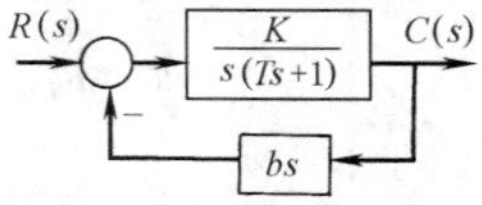 | $\dfrac{K}{1+bK}\times\dfrac{1}{s\left(\dfrac{Ts}{1+bK}+1\right)}$ | 有效地减小环节的时间常数 |

续表

| 方法 | 方块图 | 等效传递函数 | 效果 |
|---|---|---|---|
| 用比例包围积分环节 | 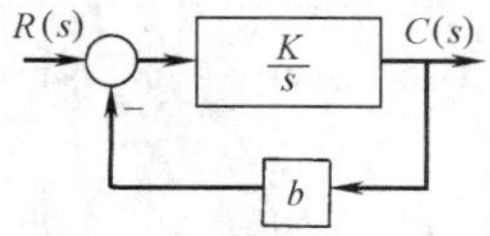 | $\frac{1}{b}\times\frac{1}{\frac{s}{Kb}+1}$ | 积分环节变为惯性环节<br>深反馈时(b 很大),系统时间常数将减小,能改善稳定性 |
| 用惯性包围放大器 | 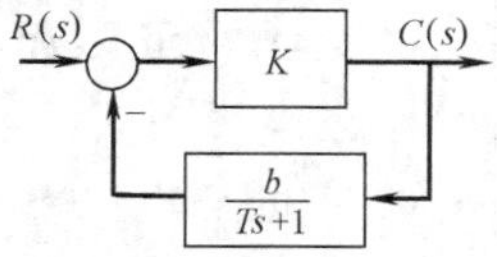 | $\frac{K}{1+Kb}\times\frac{Ts+1}{\left(\frac{Ts}{1+Kb}+1\right)}$ | 原放大器变为一个微分装置<br>在系统中起相位超前的调节器作用 |

## 5.2 用期望特性法确定校正装置

利用期望对数频率特性来确定校正装置的结构形式，是工程上常用的设计方法之一。

根据对控制系统的精确度和动态品质的要求所绘出的与性能指标相对应的对数频率特性，称为系统的期望特性。将期望特性和原系统的特性进行比较后，根据它们的差可以确定校正装置的传递函数，最后查表 22-1-10 确定校正装置的结构形式。

### 5.2.1 期望特性的绘制

控制系统的对数频率特性主要分为三个区：低频区由系统的开环增益和系统的无差度决定，它规定了系统的稳态品质；中频区规定了系统的稳定性和动态品质，中频区主要由增益交界频率 $\omega_c$、截止频率 $\omega_b$、相位裕量 $\gamma$ 和中频宽度 $h$ 等要素决定；高频区对系统的品质影响较小，但与系统抑制噪声的能力有关。期望对数频率的绘制大致步骤如下。

① 根据系统的无差度 $v$ 和开环增益 $K$，绘制斜率 −20dB/dec 的低频渐近线，渐近线在 $\omega=1$ 处的增益 $L\geqslant 20\lg K$。在低频区主要采用高增益原则绘制期望特性。

② 根据对系统的动态品质如超调量 $\sigma_p$ 和调整时间 $t_s$ 的要求求取期望特性的增益交界频率 $\omega_c$，在 $\omega_c$ 处绘斜率为 −20dB/dec 的中频渐近线，渐近线向两个方向延伸一定的中频宽度 $h$，初步设计时，$\omega_c$ 和 $h$ 可以用以下公式估算：

$$\omega_c=\frac{4\sim9}{t_s} \tag{22-1-46}$$

$$h=\frac{\sigma_p+64}{\sigma_p-16} \tag{22-1-47}$$

中频段宽度 $h$ 直接影响到系统的稳定性和动态品质。经验证明中频段的边界位置可参考以下取值范围：

$$L(\omega_1)=9\sim12\text{dB} \tag{22-1-48}$$

$$L(\omega_2)=-7\sim-8\text{dB} \tag{22-1-49}$$

$$\frac{\omega_2}{\omega_1}=30\sim40 \tag{22-1-50}$$

式中 $\omega_1$——中频段的低频端频率值；

$\omega_2$——中频段的高频端频率值。

③ 高频区的渐近线可以与原系统的高频特性相重合，以有利于简化校正装置结构。

④ 低频与中频过渡区，中频与高频过渡区的连接应注意尽量使相连各段的渐近线斜率彼此相差不超过 −40dB/dec。

利用上述步骤绘制的期望特性是否能满足所要求的系统性能指标需要进行校核，校核可以采用计算机数字仿真的方法来进行。表 22-1-12 是几种典型工程中常用的期望特性模型。

表 22-1-12　　典型工程中常用的期望特性模型

| 特性类型 | | 对数幅频特性曲线 | 各频段的斜率/dB·$dec^{-1}$（低频→高频） | 对应的开环传递函数 |
|---|---|---|---|---|
| Ⅰ型系统（一阶无差系统） | A | 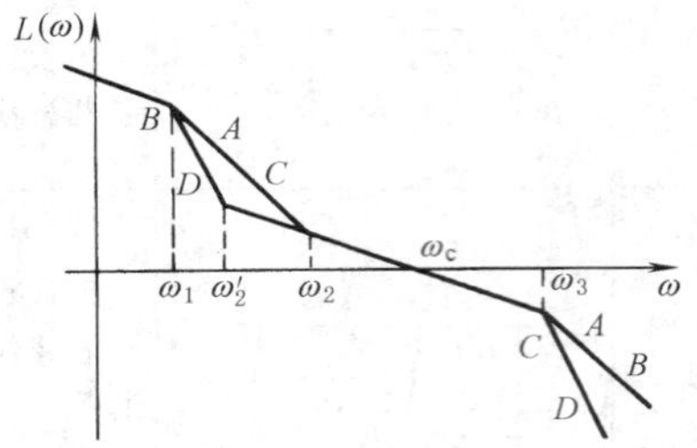 | −20　−40　−20　−40 | $\dfrac{K(T_2s+1)}{s(T_1s+1)(T_3s+1)}$ |
| | B | | −20　−60　−20　−40 | $\dfrac{K(T_2's+1)^2}{s(T_1s+1)^2(T_3s+1)}$ |
| | C | | −20　−40　−20　−60 | $\dfrac{K(T_2s+1)}{s(T_1s+1)(T_3s+1)^2}$ |
| | D | | −20　−60　−20　−60 | $\dfrac{K(T_2's+1)^2}{s(T_1s+1)^2(T_3s+1)^2}$ |
| Ⅱ型系统（二阶无差系统） | *E* | 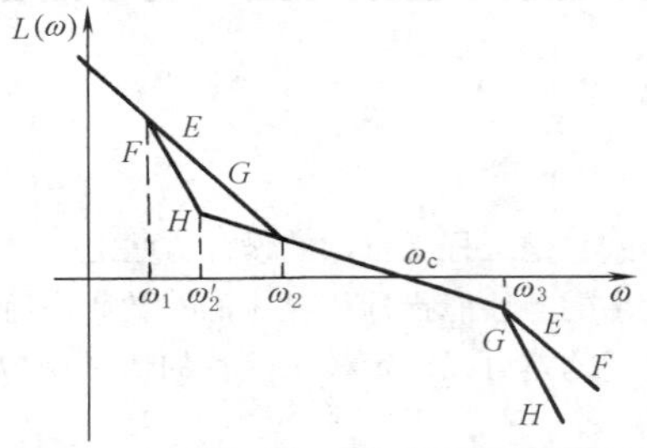 | −40　−40　−20　−40 | $\dfrac{K(T_2s+1)}{s^2(T_3s+1)}$ |
| | *F* | | −40　−60　−20　−40 | $\dfrac{K(T_2's+1)^2}{s^2(T_1s+1)(T_3s+1)}$ |
| | *G* | | −40　−40　−20　−60 | $\dfrac{K(T_2s+1)}{s^2(T_3s+1)^2}$ |
| | *H* | | −40　−60　−20　−60 | $\dfrac{K(T_2's+1)^2}{s^2(T_1s+1)(T_3s+1)^2}$ |



### 5.2.2　校正装置的确定

（1）串联校正装置的确定

串联校正如图 22-1-18a 所示，其中 $G_0(s)$ 为系统原有部分的传递函数，$G_c(s)$ 为串联校正装置的传递函数，期望特性的传递函数为 $G_d(s)$，校正后系统应满足：$G_d(s)=G_c(s)G_0(s)$

相应的对数频率特性为

$$20\lg|G_c(j\omega)|=20\lg|G_d(j\omega)|-20\lg|G_0(j\omega)|$$

根据上式确定的校正装置对数频率特性如图 22-1-18b 所示。

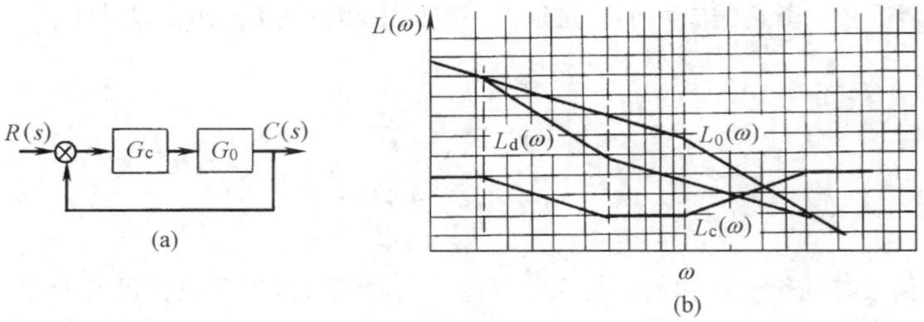


图 22-1-18

校正装置的传递函数为

$$G_c(s)=\frac{(\tau_1s+1)(\tau_2s+1)}{(T_1s+1)(T_2s+1)}$$

由表 22-1-11 可得到校正装置的结构和相应的元件参数，如图 22-1-19 所示。

（2）反馈校正装置的确定

反馈校正如图 22-1-20a 所示，其中 $G_1(s)$，$G_2(s)$ 为系统的原有部分传递函数，$G_c(s)$ 为反馈校正装置传递函数，期望特性为 $G_d(s)$，校正后系统应满足

$$G_d(s)=G_1(s)\times\frac{G_2(s)}{1+G_2(s)G_c(s)}=\frac{G_0(s)}{1+G'(s)}$$

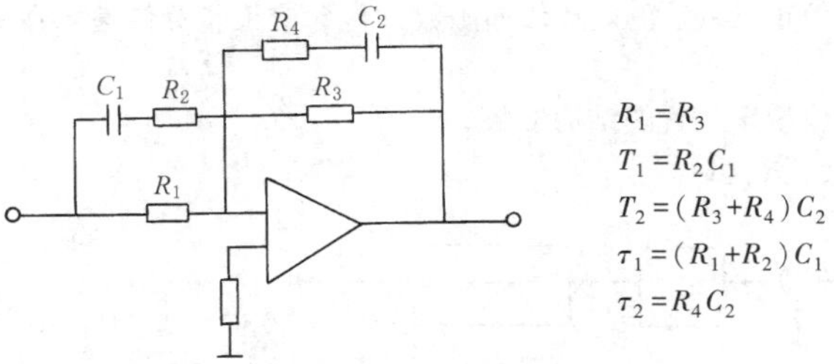


图 22-1-19

当 $|G_2(j\omega)G_c(j\omega)|\gg 1$ 时

$$G_d(j\omega)\approx\frac{G_0(j\omega)}{G'(j\omega)}$$

因此

$$L'(\omega)=L_0(\omega)-L_d(\omega)$$

当 $|G_2(j\omega)G_c(j\omega)|\ll 1$ 时

$$G_d(j\omega)\approx G_0(j\omega)$$

因此,期望特性 $L_d(\omega)$ 和原系统的 $L_0(\omega)$ 相重合。

确定校正装置时,先分别绘出 $L_0(\omega)$ 和 $L_d(\omega)$,然后以 $L_d(\omega)$ 和 $L_0(\omega)$ 的重合点为分界,分出 $|G_2(j\omega)G_c(j\omega)|\gg 1$ 的频率范围,并利用上述两个关系求出 $L'(\omega)$,如图 22-1-20b 所示。

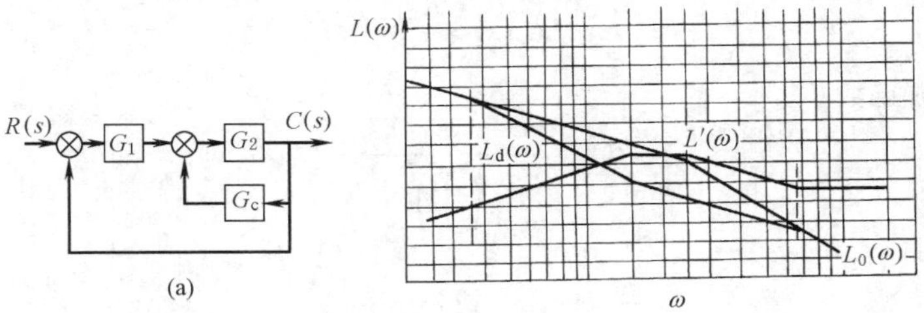


图 22-1-20

根据 $L'(\omega)$ 可求出反馈校正装置的传递函数 $G_c(s)$:

$$G_c(s)=\frac{G'(s)}{G_2(s)}$$

通常还要根据 $G'(s)$ 校核校正回路的稳定性。在回路稳定的条件下,即可以根据 $G_c(s)$ 查表确定校正装置的结构及其相应参数。

## 5.3 用综合性能指标确定校正装置

采用综合性能指标来确定校正装置的方法,属于调整系统的结构和参数使系统性能最优的设计方法。其主要步骤如下。

① 根据性能最优原则确定标准闭环传递函数结构和系数。表 22-1-13 是按 ITAE 准则确定的Ⅰ型系统的闭环传递函数及其性能指标。

**表 22-1-13 按 ITAE 准则确定的Ⅰ型系统的标准传递函数**

| $n$ | $\sigma_p/\%$ | $\omega_n t_s$ | $\dfrac{a_0}{s^n+a_{n-1}s^{n-1}+\cdots+a_1s+a_0}$  $a_0=\omega_n^2$ |
|---|---|---|---|
| 1 | | | $s+\omega_n$ |
| 2 | 4.6 | 6.0 | $s^2+1.41\omega_n s+\omega_n^2$ |
| 3 | 2 | 7.6 | $s^3+1.75\omega_n s^2+2.15\omega_n^2 s+\omega_n^3$ |
| 4 | 1.9 | 5.4 | $s^4+2.1\omega_n s^3+3.4\omega_n^2 s^2+2.7\omega_n^3 s+\omega_n^4$ |
| 5 | 2.1 | 6.6 | $s^5+2.8\omega_n s^4+5.0\omega_n^2 s^3+5.5\omega_n^3 s^2+3.4\omega_n^4 s+\omega_n^5$ |
| 6 | 5 | 7.8 | $s^6+3.2\omega_n s^5+6.6\omega_n^2 s^4+8.6\omega_n^3 s^3+7.45\omega_n^4 s^2+3.95\omega_n^5 s+\omega_n^6$ |

② 选取某种结构形式校正装置，使校正后系统的闭环传递函数［包含校正装置传递函数 $G_c(s)$ ］与标准闭环传递函数具有相同的阶次。

③ 利用特征方程的系数相等关系求取校正装置的结构参数。

举例：确定图 22-1-21 系统的校正装置 $G_c(s)$。

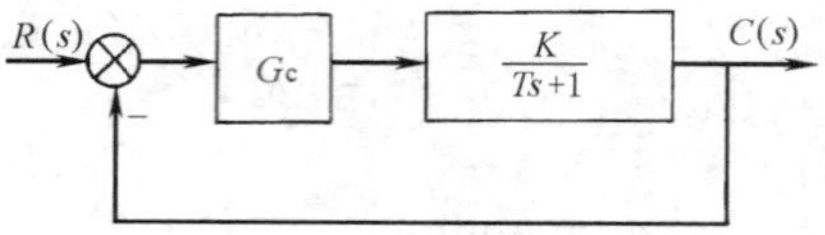


图 22-1-21

根据表 22-1-13 选择校正后系统的标准闭环传递函数为

$$\Phi(s)=\frac{\omega_n^2}{s^2+1.41\omega_n s+\omega_n^2}$$

未校正系统的开环传递函数为

$$G_k(s)=\frac{K}{Ts+1}$$

选择校正装置

$$G_c(s)=\frac{K_1}{s}$$

串联校正后系统闭环传递函数

$$\Phi(s)=\frac{KK_1/T}{s^2+\left(\frac{1}{T}\right)s+\frac{KK_1}{T}}$$

令特征方程系数相等，则

$$\frac{1}{T}=1.41\omega_n \text{ 或 } \omega_n=\frac{1}{1.41T}$$

$$\frac{KK_1}{T}=\omega_n^2$$

因此

$$K_1=\frac{\omega_n^2 T}{K_0}=\frac{0.5}{TK_0}$$

根据 $K_1$ 即可确定校正装置的元件参数。

# 6　非线性反馈控制系统

## 6.1　概述

控制系统中包含有一个或一个以上非线性元件时属于非线性系统。非线性系统与线性系统有明显的差别，须采用专门的方法进行分析。非线性控制系统具有以下特征：

① 迭加的原则在非线性系统中不适用；

② 系统瞬态响应特性与输入信号的大小和系统的初始条件有关；

③ 系统的稳定性与输入信号的大小和初始条件有关；

④ 非线性系统对正弦输入信号会产生畸变，某些非线性还可能产生跳跃谐振现象，即输入幅值不变的情况下，随着频率的增加会产生输出幅值跳跃的状况；

⑤ 非线性系统可能产生稳定的等幅振荡，称为自激振荡或极限环。工程上常见的典型非线性如表 22-1-14 所示。

表 22-1-14　　典型非线性特性

| 静特性 | 非线性组合 | 实例 |
|---|---|---|
| 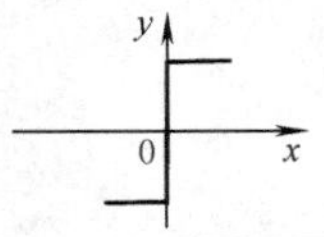 | 饱和区 | 理想继电器开关 |
| 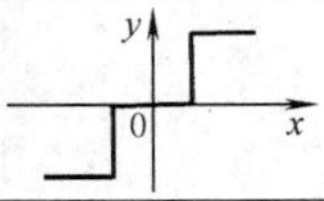 | 不灵敏区、饱和区 | 实际继电器有吸动电流时接点间有距离的情形 |
| 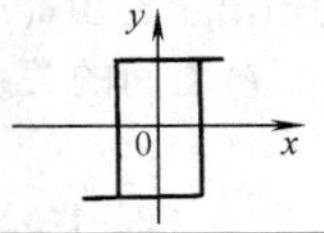 | 非单值区、饱和区 | 吸上电流与释放电流不同的继电器或有空隙有干摩擦的元件 |
| 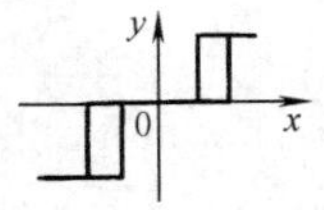 | 不灵敏区、饱和区、非单值区 | 存在空隙、干摩擦和滞环的元件，如继电器 |
| 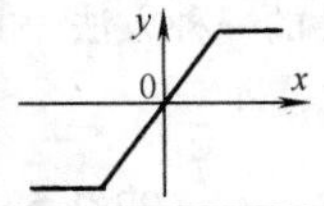 | 线性区、饱和区 | 输出量变化有一定限度的元件，如放大器 |
| 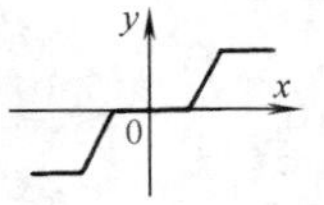 | 不灵敏区、线性区、饱和区 | 有摩擦并输出量受一定限度的元件 |
| 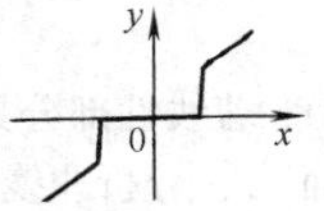 | 带不灵敏区继电器型，变化后有线性区 | 具有继电器开关特性，其后输出量按线性变化 |
| 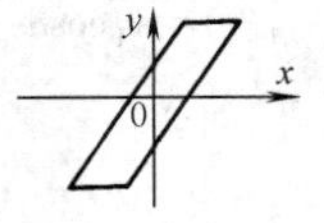 | 非单值区 | 具有间隙、摩擦的齿轮传动环节 |
| 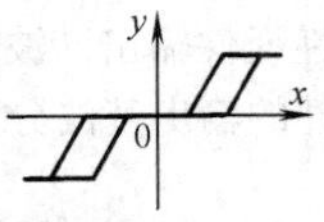 | 不灵敏区、非单值区、饱和区 | 具有间隙、摩擦的齿轮传动环节，但输出轴上有预拉力且输出有限制 |

在工程实际中，对于存在线性工作区的非线性系统或者非线性不严重的准线性系统，通常采用线性化的方法来处理非线性问题。对于不存在线性区的非线性特性则采用以下的分析方法：

① 基于频率域的分析方法——描述函数法、波波夫法等；

② 基于时域分析方法——相平面法、李亚普诺夫第二法等。

利用模拟计算机和数字计算机对非线性进行研究和分析已成为一种重要的方法。本节介绍描述函数分析法，其他分析法可参阅有关的专门文献。

## 6.2 描述函数的概念

描述函数分析法的基本思想是把线性系统的频率分析方法推广应用到非线性系统，因此它是一种近似处理非线性问题的方法。使用描述函数法时要求系统满足以下条件：

① 系统可归化为线性部分和包含一个可分离非线性元件的典型结构；

② 非线性元件的输出量中高次谐波分量的振幅值较小；

③ 线性部分具有较好的低通滤波特性。

满足上述条件的情况下，当非线性元件输入正弦信号 $x(t)=X\sin\omega t$ 时，系统中各部分之间的信号特征如图 22-1-22 所示。

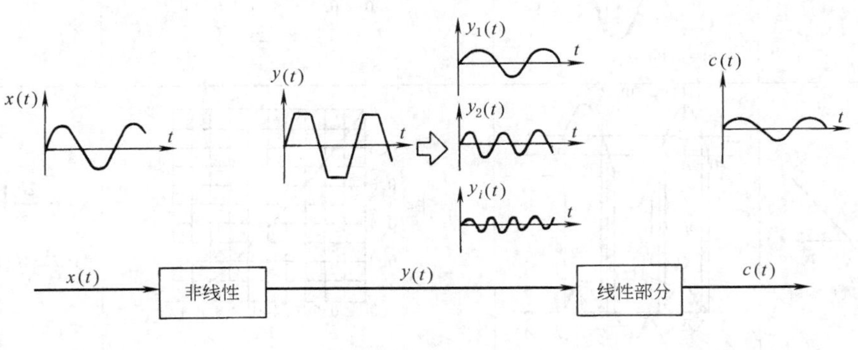


图 22-1-22

图中非线性元件的稳态输出 $y(t)$ 用富氏级数来表示时，

$$y(t)=A_0+\sum_{n=1}^{\infty}(A_n\cos n\omega t+B_n\sin n\omega t) \tag{22-1-51}$$

式中 $A_0=\frac{1}{2\pi}\int_0^{2\pi}y(t)\mathrm{d}(\omega t)$

$A_n=\frac{1}{\pi}\int_0^{2\pi}y(t)\cos n\omega t\mathrm{d}(\omega t)$

$B_n=\frac{1}{\pi}\int_0^{2\pi}y(t)\sin n\omega t\mathrm{d}(\omega t)$

若非线性特性是斜对称的，则 $A_0=0$。若线性部分具有较好的低通滤波特性，则线性部分的输出主要由 $y(t)$ 中的基波分量决定。因此对于整个系统而言，分析非线性元件的输入信号 $x(t)$ 和线性部分输出 $C(t)$ 之间的关系时，可以近似以 $y(t)$ 中的基波分量 $y_1(t)$ 作为非线性元件的整个输出量，即

$$y(t)\approx y_1(t)=A_1\cos\omega t+B_1\sin\omega t=Y_1\sin(\omega t+\phi_1) \tag{22-1-52}$$

式中 $Y_1=\sqrt{A_1^2+B_1^2}$

$\phi_1=\arctan\frac{A_1}{B_1}$

因此，描述函数法的实质，就是取非线性元件输出谐波中的基波分量来近似描述非线性元件特性的一种方法。非线性元件的描述函数 $N$，就是非线性元件的输出基波分量和输入正弦信号 $x(t)=X\sin\omega t$ 的复数比，即

$$N=\frac{Y_1}{X}\mathrm{e}^{\mathrm{j}\phi_1} \tag{22-1-53}$$

式中 $N$——非线性元件的描述函数；

$X$——输入正弦信号幅值；

$Y_1$——非线性元件输出基波分量的幅值；

$\phi_1$——非线性元件输出基波分量和输入信号的相位差。

如果非线性元件中不包含贮能元件，$N$ 只是输入振幅的函数；包含贮能元件时，则 $N$ 将是输入幅值和频率的函数。如果非线性是单值的，则 $\phi_1=0$；非线性多值时，则 $\phi_1\neq0$。表 22-1-15 给出了几种典型非线性特性及其描述函数。

**表 22-1-15　　各种典型非线性特性及其描述函数**

| 类型 | 非线性元件的输入输出特性 | 输入为正弦波 $x(t)=X\sin\omega t$ 时的输出波形[实际波 $y(t)$，基谐波 $y_1(t)$] | 描述函数 $N$ 与输入正弦波幅值、非线性元件特征值间的关系 | 描述函数表达式 |
|---|---|---|---|---|
| 饱和 | 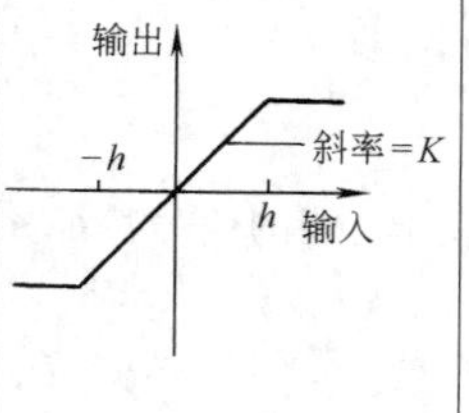 | 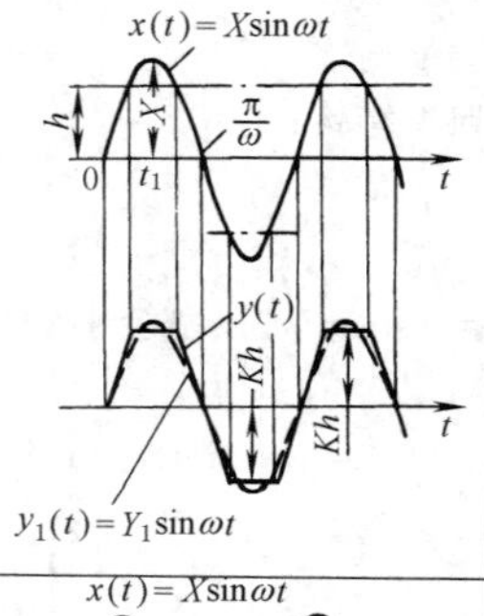 | 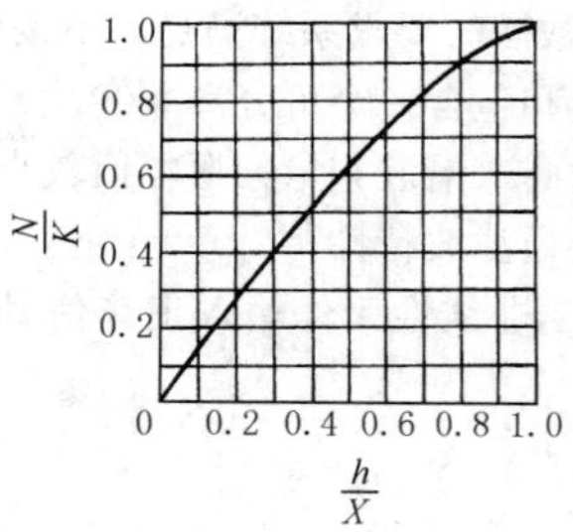 | $N=\frac{2k}{\pi}\left[\arcsin\left(\frac{h}{X}\right)+\frac{h}{X}\sqrt{1-\left(\frac{h}{X}\right)^2}\right]$ |
| 死区(不灵敏区) | 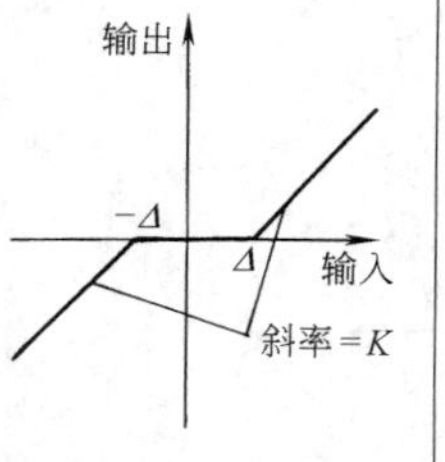 | 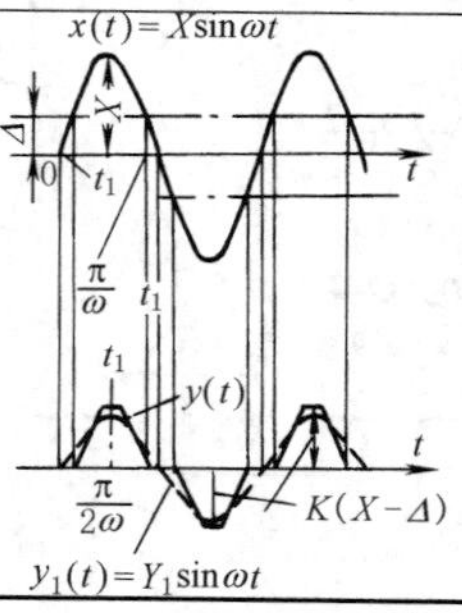 | 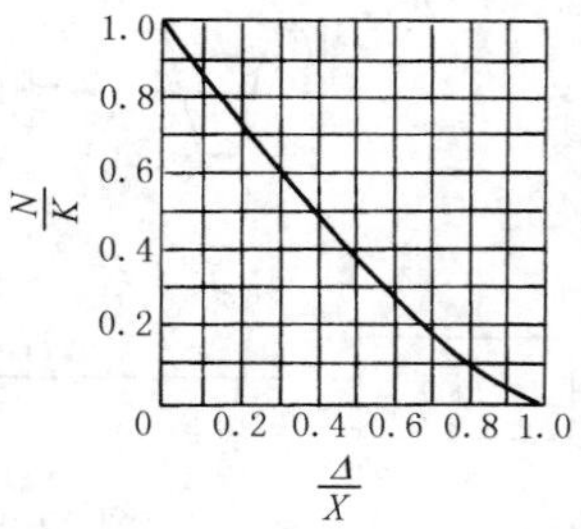 | $N=k-\frac{2k}{\pi}\left[\arcsin\frac{\Delta}{X}+\frac{\Delta}{X}\sqrt{1-\left(\frac{\Delta}{X}\right)^2}\right]$ |

续表

| 类型 | 非线性元件的输入输出特性 | 输入为正弦波 $x(t)=X\sin\omega t$ 时的输出波形[实际波 $y(t)$,基谐波 $y_1(t)$] | 描述函数 $N$ 与输入正弦波幅值、非线性元件特征值间的关系 | 描述函数表达式 |
|---|---|---|---|---|
| 具有滞环的继电器型 | 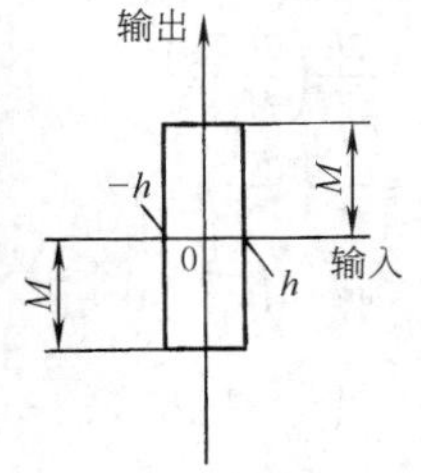 | 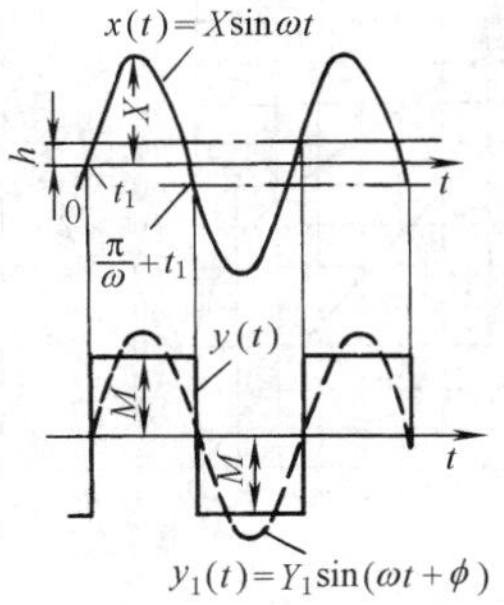 | 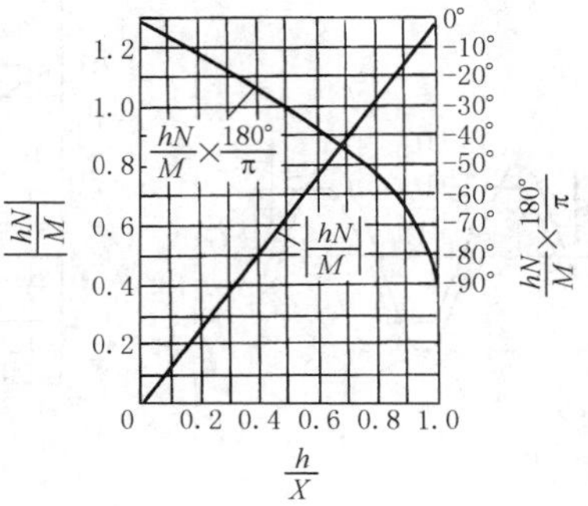 | $\frac{h}{M}N=-\frac{4h}{\pi X}\arcsin\left(\frac{h}{X}\right)$ |
| 继电器型 | 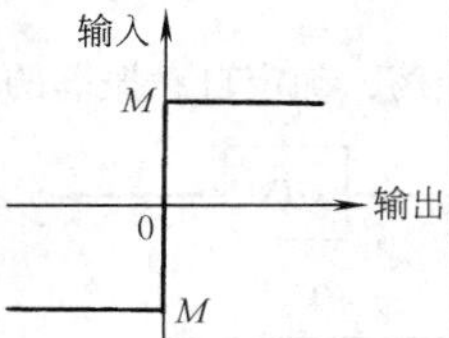 | 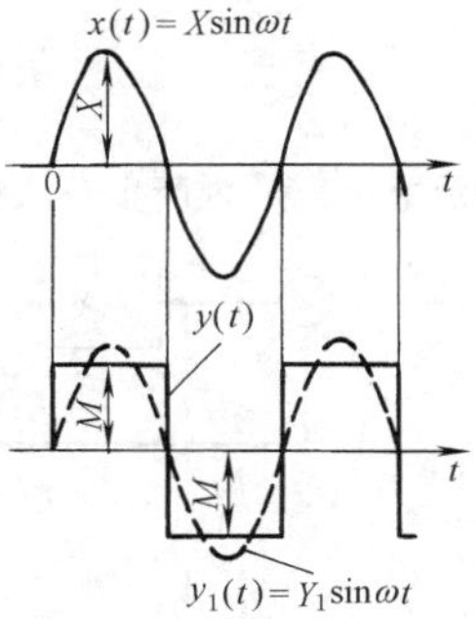 | 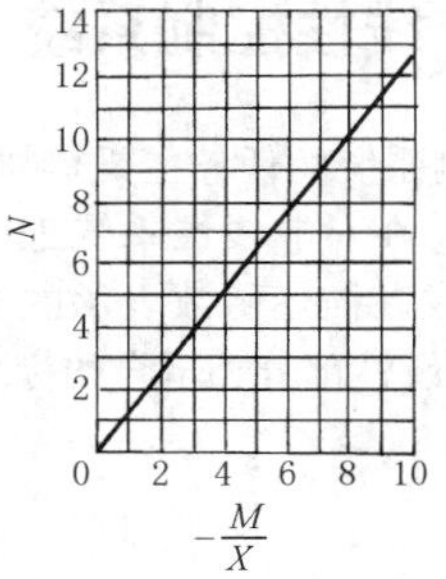 | $N=\frac{4M}{\pi X}$ |
| 具有死区的继电器型 | 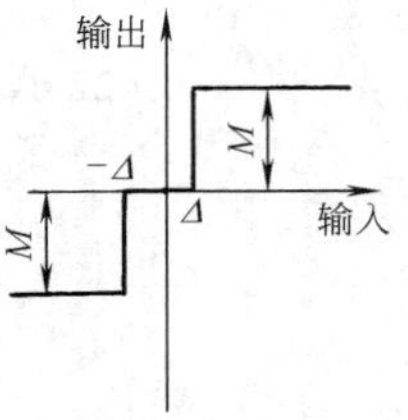 | 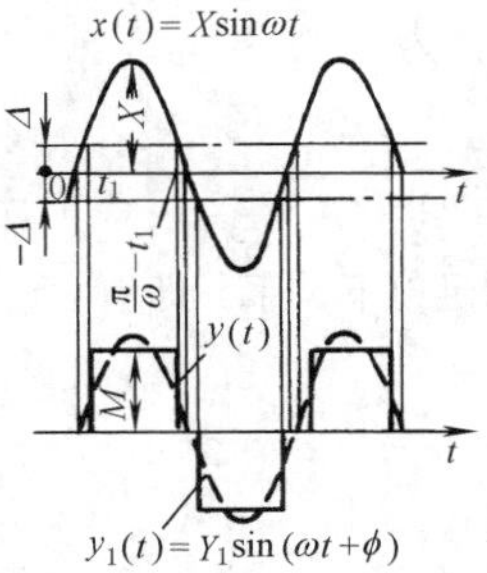 | 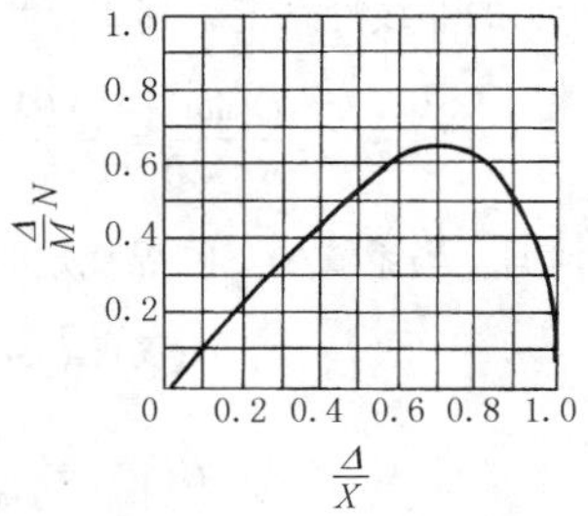 | $N=\frac{4M}{\pi X}\sqrt{1-\left(\frac{\Delta}{X}\right)^2}$ |
| 具有死区和滞环的继电器型 | 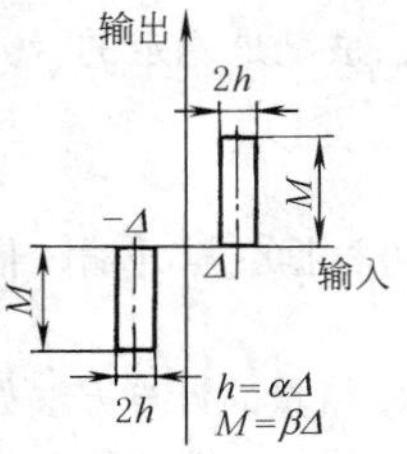 | 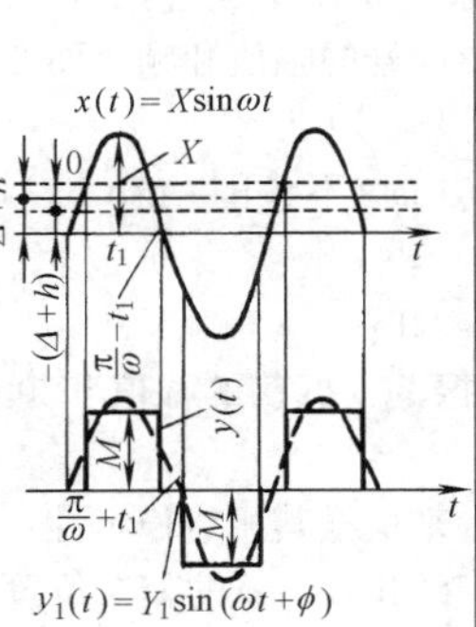 | 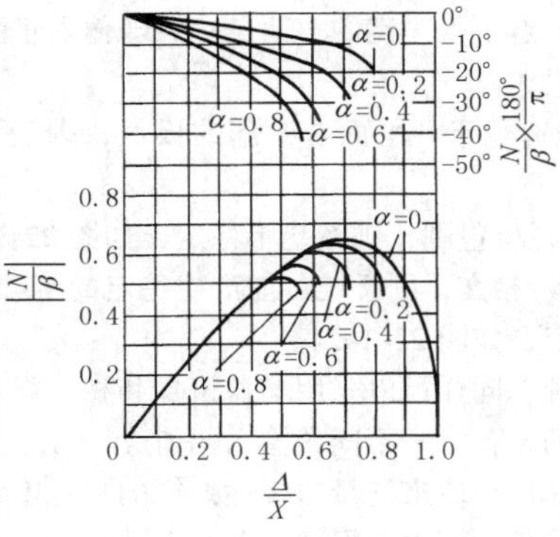 | $N=\sqrt{\left(\frac{a_1}{X}\right)^2+\left(\frac{b_1}{X}\right)^2}\times\arctan\left(\frac{a_1}{b_1}\right)$<br>$a_1=-\frac{4hM}{\pi X}$<br>$b_1=\frac{2M}{\pi}\times\left[\sqrt{1-\left(\frac{\Delta-h}{X}\right)^2}+\sqrt{1-\left(\frac{\Delta+h}{X}\right)^2}\right]$ |

续表

| 类型 | 非线性元件的输入输出特性 | 输入为正弦波 $x(t)=X\sin\omega t$ 时的输出波形[实际波 $y(t)$，基谐波 $y_1(t)$] | 描述函数 $N$ 与输入正弦波幅值、非线性元件特征值间的关系 | 描述函数表达式 |
|---|---|---|---|---|
| 具有间隙的伺服机构 | 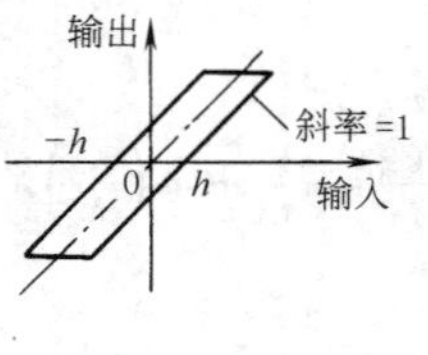 | 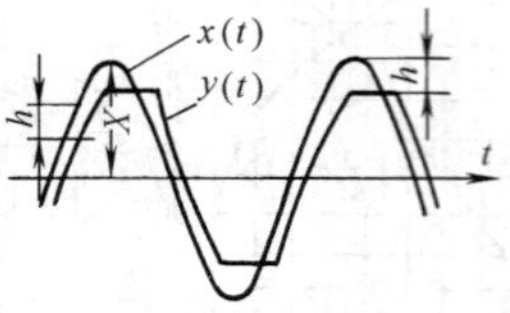 | 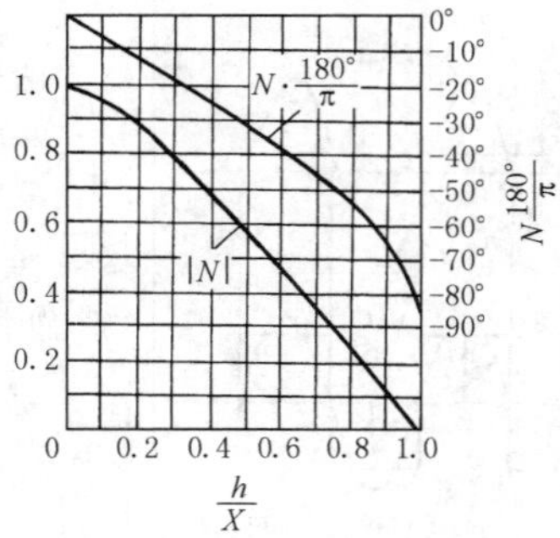 | $N=\frac{1}{M}\sqrt{A_1^2+B_1^2}\times\arctan(A_1/B_1)$<br>$A_1=\frac{2h}{\pi M}\left(\frac{2h}{M}-2\right)M$<br>$B_1=\frac{1}{\pi}\left\{\frac{\pi}{2}-\arcsin\left(\frac{2h}{M}-1\right)-\left(\frac{2h}{M}-1\right)\times\cos\left[\arcsin\left(\frac{2h}{M}-1\right)\right]\right\}M$ |

## 6.3 描述函数法分析非线性控制系统

用描述函数法分析非线性控制系统的任务主要是判别系统是否稳定，是否产生自激振荡，确定自激振荡的振幅和频率以及对系统进行校正等。在对非线性系统进行分析时，通常将非线性系统等效变换成以描述函数表示的非线性部分 $N(X)$ 和以传递函数表示的线性部分相耦合的标准结构形式，如图 22-1-23 所示。

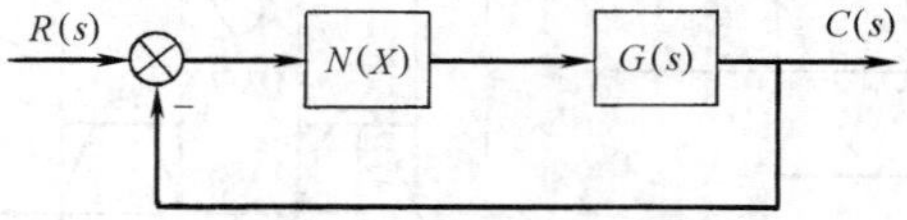


图 22-1-23

### 6.3.1 稳定性分析

稳定性问题是非线性系统分析中的最主要问题。其分析方法是将线性理论中的奈魁斯特稳定判据推广应用到非线性系统。对于图 22-1-23 所示的非线性系统，其闭环频率特性为

$$\frac{C(j\omega)}{R(j\omega)}=\frac{N(X)G(j\omega)}{1+N(X)G(j\omega)} \tag{22-1-54}$$

比照线性理论中奈魁斯特稳定判据，当系统处于临界稳定时应满足以下关系，即

$$N(X)G(j\omega)=-1$$

或

$$G(j\omega)=-\frac{1}{N(X)} \tag{22-1-55}$$

上式表示，在非线性系统的稳定分析中，$-1/N(X)$ 相当于线性系统中复平面上的（−1，j0）点。因此，对非线性系统而言，其稳定的临界点不是固定的，而是一条随输入正弦信号的幅值和频率而变化的轨迹。其稳定性的判别原则是：

① 若线性部分 $G(s)$ 没有位于 S 平面右半部的极点，则当 $G(j\omega)$ 不包围 $-1/N(X)$ 时，系统是稳定的，如图 22-1-24a；

② 若 $-1/N(X)$ 被 $G(j\omega)$ 所包围，则系统不稳定，如图 22-1-24b；

③ 若 $G(j\omega)$ 和 $-1/N(X)$ 相交，则系统可能产生稳定的等幅振荡，振荡的幅值和频率可根据交点处输入信号幅值和 $G(j\omega)$ 的频率来确定，如图 22-1-24c。

对于稳定的非线性系统，同样可以采用增益裕量和相位裕量来衡量其相对稳定性。稳定裕量的计算方法如图 22-1-24a 所示。需要注意的是，对于不同的输入幅值 $X$，$-1/N(X)$ 和 $G(j\omega)$ 的相对位置是不同的，因此稳定裕量是一个变化的数，通常以其最小值来衡量非线性系统的相对稳定性。

非线性系统的稳定性分析也可以在尼柯尔斯图上进行。

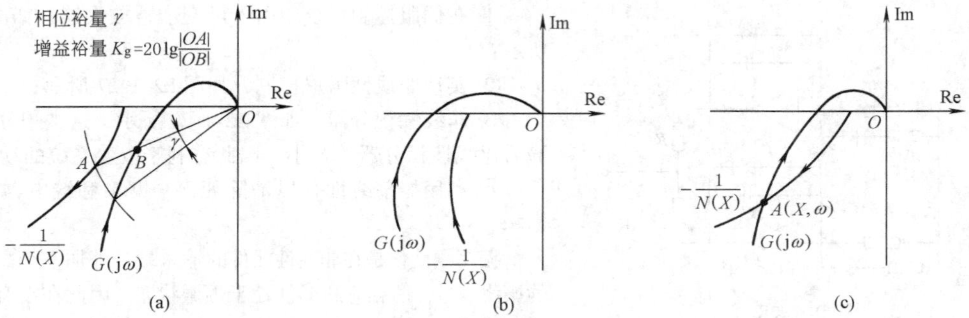

图 22-1-24

### 6.3.2 振荡稳定性分析

设非线性系统具有图 22-1-25 所示的特性，$-1/N(X)$ 和 $G(j\omega)$ 有两个交点，$A(X_1,\omega_1)$ 和 $B(X_2,\omega_2)$，图中箭头表示输入幅值 $X$ 和频率的增加方向。振荡是否稳定的判别原则是：

① 如果沿 $-1/N(X)$ 曲线按 $X$ 增大方向变动时，$-1/N(X)$ 由 $G(j\omega)$ 的外部走向 $G(j\omega)$ 的包围圈内，则此交点不是稳定的振荡点，是具有发散特性的不稳定工作点，如图中的 $A$ 点；

② 如果沿 $-1/N(X)$ 曲线按 $X$ 增大方向变动时，$-1/N(X)$ 由 $G(j\omega)$ 的内部走向 $G(j\omega)$ 的外部，则此交点是稳定的振荡点，称为自激振荡或极限环，振荡幅值和频率分别为 $X_2$ 和 $\omega_2$，如图中的 $B$ 点。

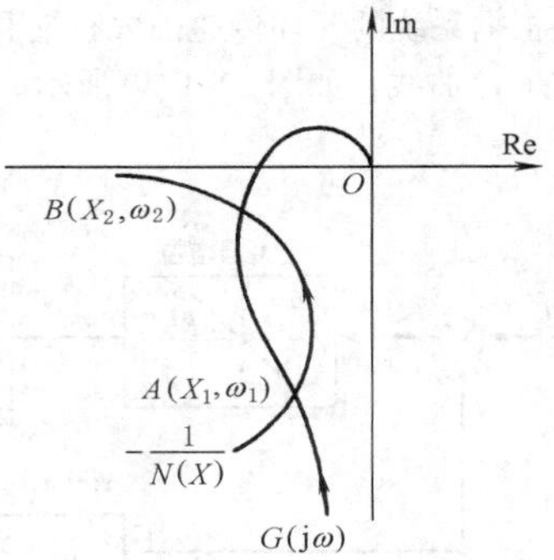

图 22-1-25

对于如图 22-1-25 特性的非线性系统，当输入幅值 $X$ 较小时，系统将是稳定的；而输入幅值 $X$ 较大时，系统可能趋向一个平衡状态，也可能趋向一个稳定的振荡。因此描述函数与输入幅值和频率有关，即 $N(X,\omega)$。稳定性的判别条件为

$$G(j\omega)=-\frac{1}{N(X,\omega)} \tag{22-1-56}$$

此时 $-1/N(X,\ \omega)$ 将是随 $\omega$ 变化的曲线簇。

### 6.3.3 消除自激振荡的方法

非线性因素的存在，往往给系统带来不利的影响，如误差增大、响应迟钝以及产生自振等等。其中低频自振尤为不利，常需要采取一定的措施以消除自激振荡。常用的方法有：

① 减小系统的开环增益；

② 利用串联超前校正和位置或速度反馈校正，改善线性部分的特性；

③ 引入新的非线性以改变原非线性的特性。

### 6.3.4 非线性特性的利用

在某些情况下，如果在线性系统中恰当引入非线性环节，能起到改善线性系统性能的作用，这种方法已广泛应用于工程实际。例如：

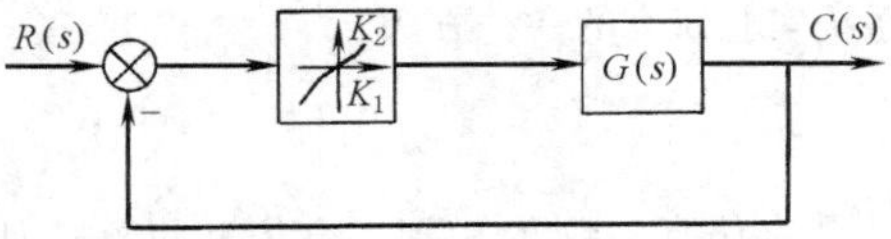

图 22-1-26

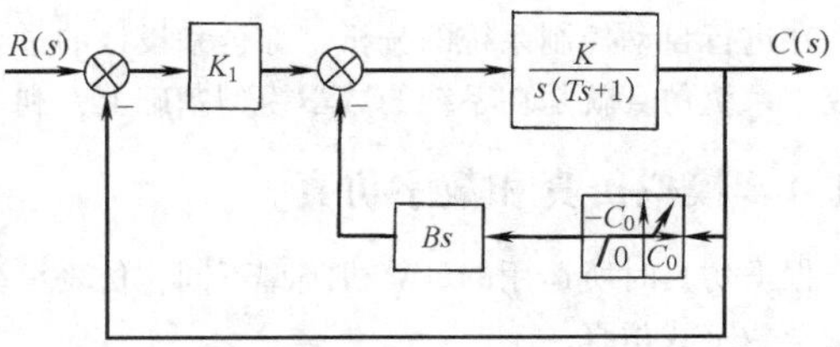

图 22-1-27

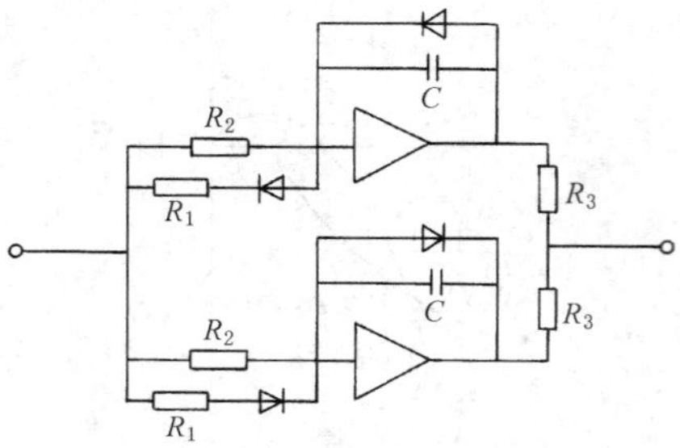


图 22-1-28

① 在伺服控制系统中引入可变增益放大器，如图 22-1-26 所示；

② 实现非线性阻尼控制，如图 22-1-27 所示；

③ 非线性积分器，如图 22-1-28 所示，这类积分器的相位滞后比线性积分器的要小，因此有利于改善系统的动态性能；

④ 利用振荡线性化以消除死区、摩擦和继电器非线性的影响。

振荡线性化是在非线性元件的输入端，外加一个高频小振幅的振荡信号，使相应的部件处于颤振状态。因此在没有控制信号输入时，非线性元件呈等幅振荡，输出的平均值为零；有控制信号输入时，由于输出偏振，所以对非线性元件之后的线性元件，相当于使非线性元件在零位附近线性化了。采用振荡线性化时，颤振信号可以来自系统内部也可由外部输入。

### 6.3.5 非线性系统分析举例

图 22-1-29 所示为一电控振动台，其放大器呈饱和特性，不饱和段的斜率 $k=4A/V$。激振器和负载的增益 $K=63.2\text{cm/A}$。

根据系统的开环传递函数和饱和非线性的描述函数可给出系统的奈魁斯特图 $G_k(j\omega)$ 和非线性元件的特性 $-1/N(X)$ 曲线，如图 22-1-30 所示。



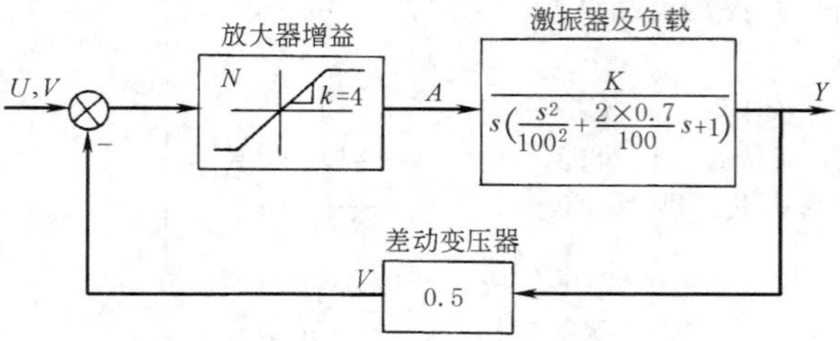


图 22-1-29

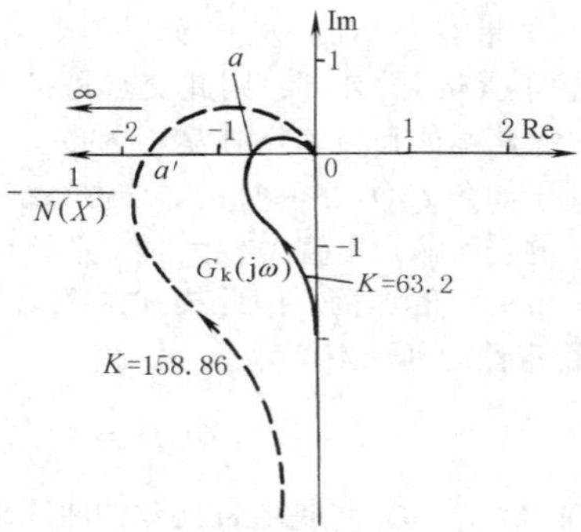


图 22-1-30

显然，$G_k(j\omega)$ 和 $-1/N(X)$ 有交点 $a$，且为自激振荡点，其幅值为 $1\times10^{-9}\text{cm}$，振荡频率为 16Hz。这一振荡属于低频极小振幅的自激振荡。若系统的线性部分的增益增大到 158.86 cm/A，则 $G_k(j\omega)$ 变为图中的虚线且与 $-1/N(X)$ 相交于 $a'$ 点，相应振荡幅值和频率为 0.01cm 和 17.5 Hz 的自激振荡。这一振荡不能被忽视。

# 7 控制系统的仿真

## 7.1 系统仿真的基本概念

在进行自动控制系统的分析、综合和设计的过程中，除了运用理论方法对系统进行分析外，常需要进行实验研究。系统仿真就是在系统的数学模型基础上，利用计算机进行系统实验研究的一种方法。

### 7.1.1 模拟仿真和数字仿真

根据仿真时所运用的计算机类型不同，仿真可分为模拟仿真、数字仿真、数字-模拟混合仿真和微机列阵组成的全数字式仿真。

（1）模拟仿真

模拟仿真是以模拟计算机为主要工具，对系统的模型进行运算和研究。模拟计算机是一种在相似原理的基础上由电子元件构成的各类运算器所组成的运算装置。运算器如表 22-1-16 所示，各运算器的图示符号如表 22-1-17 所示。

**表 22-1-16　　各类运算器原理**

| 一般电路组成的运算器 | | 用直流放大器组成的运算器 | |
|---|---|---|---|
| 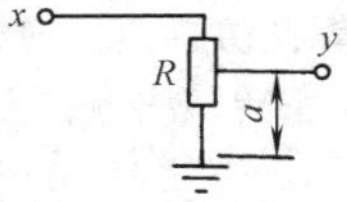 | $y=ax$<br>固定位置 $a$ | 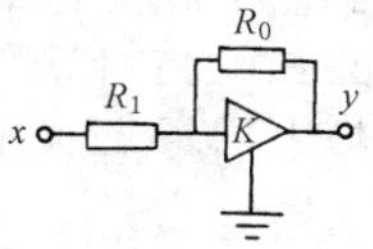 | $y=\dfrac{Kx}{(1-K)\left(\dfrac{R_1}{R_0}\right)+1}\approx-\left(\dfrac{R_0}{R_1}\right)x$ |
| 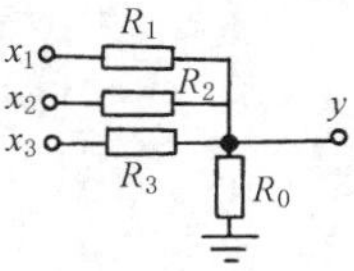 | $y=\sum\limits_{i=1}^{n}\dfrac{x_i}{R_i}\times\dfrac{R_0}{R_0\sum\limits_{i=1}^{n}\dfrac{1}{R_1}+1}$ | 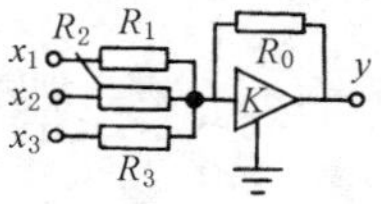 | $y\approx-R_0\sum\dfrac{x_i}{R_i}$ |
| 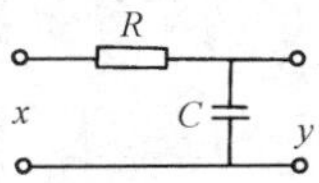 | $y=\dfrac{1}{RCs+1}x$ | 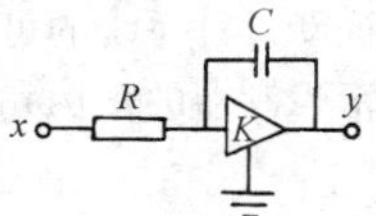 | $y\approx-\dfrac{1}{RCs}x$ |
| 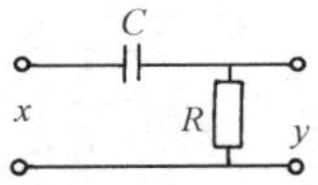 | $y=\dfrac{RCs}{RCs+1}x$ | 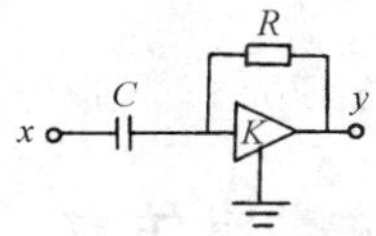 | $y\approx-RCsx$ |

**表 22-1-17　　运算器图示符号**

| 名　称 | 符　　号 | 输出输入的关系 | 说　　明 |
|---|---|---|---|
| 系数器 | 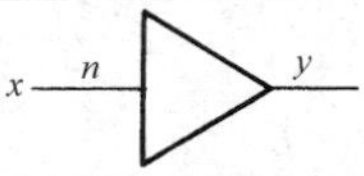 | $y=-nx$ | 完成对输入信号乘一系数 $n$ 的运算，并变换正负号。一般 $n$ 是整数 1～20。$n=1$ 时，只完成正负号变换 |
| 加法器 | 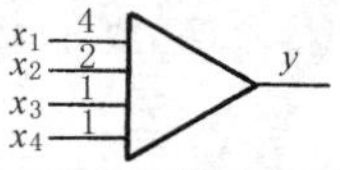 | $y=-(4x_1+2x_2+x_3+x_4)$ | 完成输入信号乘以数后的加法运算<br>$x_1$、$x_2$、$x_3$、$x_4$ 是输入信号，4、2、1、1 表示对应的应乘的系数 |
| 积分器 | 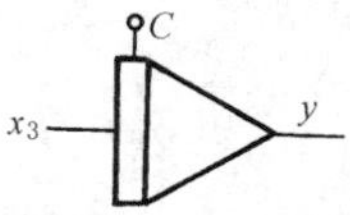 | $y=-3\int x\mathrm{d}t+C$ | 完成输入信号乘以一定系数后的积分运算<br>$C$ 是初始条件值加入端<br>3 是应乘的系数 |
| 积分加法器 | 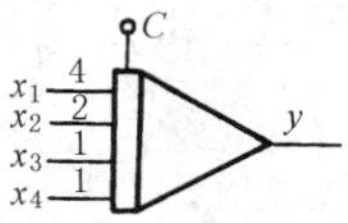 | $y=-\int(4x_1+2x_2+x_3+x_4)\mathrm{d}t+C$ | 完成各输入信号乘以一定系数后相加，再进行积分的运算<br>$C$ 是初始条件值加入端 |
| 系数电位计 | 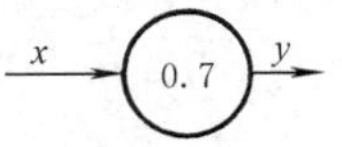 | $y=0.7x$ | 完成小于 1 的非整数系数设定运算 |
| 乘法器 | 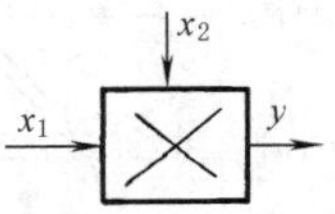 | $y=x_1x_2$ | 完成输入信号相乘运算 |
| 函数发生器 | 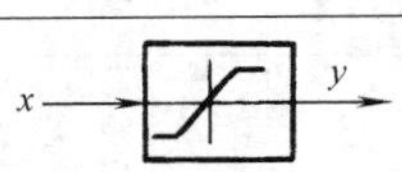 | $y=f(x)$ | 完成非线性函数的运算 |

模拟仿真的大致步骤是：首先将物理系统的数学模型转化为模拟计算机的电路原理图，然后选择幅值比例尺、时间比例尺和运算器的系数值，通过排题板排题，静态和动态检查，最后进行仿真运算并输出仿真结果。

（2）数字仿真

数字仿真是以数字计算机为主要工具，基于数值计算的原理对系统的数学模型进行数值求解，以实现对系统分析和研究。数字仿真的过程大致为：

① 建立物理系统的数学模型，如微分方程、传递函数或方块图以及状态方程；

② 建立仿真模型，所谓仿真模型是指数字计算能运算的离散化数学模型，如差分方程等，仿真模型通常有数值计算方法中的欧拉法和龙格-库塔法等以及近代计算方法中的图斯汀法、离散相似法和状态转移法等；

③ 编制仿真程序；

④ 上机操作，进行仿真实验；

⑤ 输出仿真结果。

### 7.1.2 仿真技术的应用

仿真技术在控制系统分析和设计中的应用主要是：

① 对系统的性能进行分析，验证新设计系统的可行性；

② 根据对系统的性能要求，确定控制器的结构和参数，并进行优化；

③ 进行系统模型的辨识。

另外，仿真技术是实现控制系统计算机辅助设计和建立仿真器的基础，也可推广运用到系统性能预测和系统故障分析等方面。

本节主要介绍离散相似法数字仿真方法，模拟仿真和其他数字仿真方法可参阅专门文献。



## 7.2 连续系统离散相似法数字仿真

离散相似法数字仿真是以系统的函数方框图为数学模型，并以模型中所包含的典型环节将系统的数学模型离散化。在仿真过程中各环节独立地计算其输出，由连接矩阵建立各环节之间的关系，这种方法的仿真速度较快，且能插入非线性环节，所以能比较方便地推广应用于非线性系统的仿真。

### 7.2.1 离散相似法的原理

离散相似法是在系统的各环节前加入虚拟的采样-保持器得到其离散化的模型，如图 22-1-31 所示。

图中 $\boldsymbol{X}(t)$ 是环节的状态变量。环节的状态方程和输出方程分别为

$$\dot{\boldsymbol{X}}(t)=\boldsymbol{AX}(t)+\boldsymbol{BU}(t) \tag{22-1-57}$$

$$\boldsymbol{Y}(t)=\boldsymbol{CX}(t) \tag{22-1-58}$$

状态方程的时域解为

$$\boldsymbol{X}(t)=\mathrm{e}^{At}\boldsymbol{X}(0)+\int_0^t \mathrm{e}^{A(t-\tau)}\boldsymbol{BU}(\tau)\,\mathrm{d}\tau \tag{22-1-59}$$

对上式进行离散化，并设环节前虚拟的采样——保持器的采样周期为 $T$，则对于 $t=nT$ 和 $t=(n+1)T$ 的两任意相邻时刻状态变量的关系为

$$\boldsymbol{X}[(n+1)T]=\mathrm{e}^{AT}\boldsymbol{X}(nT)+\int_0^T \mathrm{e}^{A(T-\tau)}\boldsymbol{BU}(\tau)\,\mathrm{d}\tau \tag{22-1-60}$$

虚拟保持器的存在，使输入函数 $\boldsymbol{U}(\tau)$ 将具有不同形式，如图 22-1-32 所示。

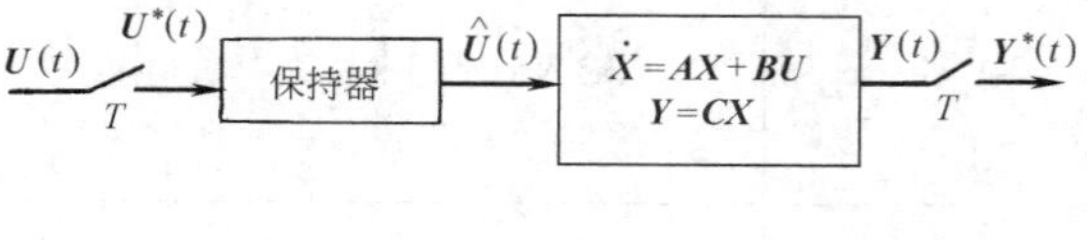


图 22-1-31

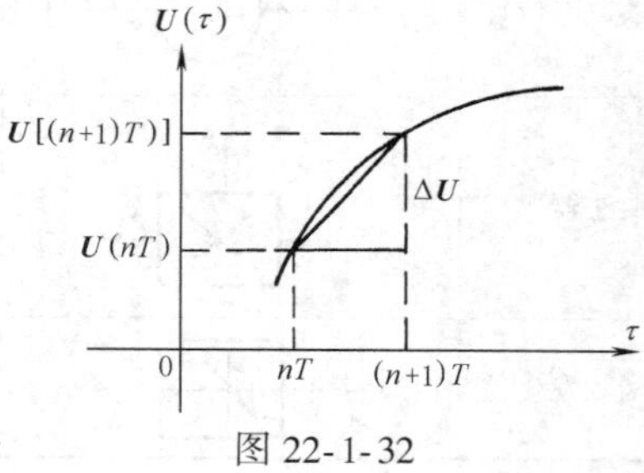


图 22-1-32

（1）若为零阶保持器

$$\boldsymbol{U}(\tau)=\boldsymbol{U}(nT)$$

因此

$$\boldsymbol{X}[(n+1)T]=\mathrm{e}^{AT}\boldsymbol{X}(nT)+\left[\int_0^T \mathrm{e}^{A(T-\tau)}\boldsymbol{B}\mathrm{d}\tau\right]\boldsymbol{U}(nT)$$

令

$$\boldsymbol{\Phi}(T)=\mathrm{e}^{AT}$$

$$\boldsymbol{\Phi}_m(T)=\int_0^T \mathrm{e}^{A(T-\tau)}\boldsymbol{B}\mathrm{d}\tau$$

代入上式并写成递推式

$$\boldsymbol{X}_{n+1}=\boldsymbol{\Phi}(T)\boldsymbol{X}_n+\boldsymbol{\Phi}_m(T)\boldsymbol{U}_n \tag{22-1-61}$$

（2）若为一阶保持器

$$\boldsymbol{U}(\tau)=\boldsymbol{U}(nT)+\frac{\boldsymbol{U}[(n+1)T]-\boldsymbol{U}(nT)}{T}\tau$$

$$=\boldsymbol{U}(nT)+\dot{\boldsymbol{U}}(nT)\tau$$

因此

$$\boldsymbol{X}[(n+1)T]=\mathrm{e}^{AT}\boldsymbol{X}(nT)+\left[\int_0^T \mathrm{e}^{A(t-\tau)}\boldsymbol{B}\mathrm{d}\tau\right]\boldsymbol{U}(nT)+\tau\left[\int_0^T \tau\mathrm{e}^{A(t-\tau)}\boldsymbol{B}\mathrm{d}\tau\right]\dot{\boldsymbol{U}}(nT)$$

令

$$\hat{\boldsymbol{\Phi}}_m(T)=\int_0^T \tau\mathrm{e}^{A(t-\tau)}\boldsymbol{B}\mathrm{d}\tau$$

代入上式并写成递推式，则

$$\boldsymbol{X}_{n+1}=\boldsymbol{\Phi}(T)\boldsymbol{X}_n+\boldsymbol{\Phi}_m(T)\boldsymbol{U}_n+\hat{\boldsymbol{\Phi}}_m(T)\dot{\boldsymbol{U}}_n \tag{22-1-62}$$

根据各环节的输出方程，可得

$$\boldsymbol{Y}_{n+1}=\boldsymbol{C}\boldsymbol{X}_{n+1} \tag{22-1-63}$$

显而易见，离散方程系数 $\boldsymbol{\Phi}(T)$，$\boldsymbol{\Phi}_m(T)$ 和 $\hat{\boldsymbol{\Phi}}_m(T)$ 决定于环节的状态方程系数矩阵 $\boldsymbol{A}$ 和 $\boldsymbol{B}$，编制适当程序即可依次递推计算出 $\boldsymbol{X}_{n+1}$ 和 $\boldsymbol{Y}_{n+1}$。

在实际应用中，通常将控制系统中的典型环节分类，并分别求出相应的离散系数表达式和输出方程表达式，如表 22-1-18 所示。

**表 22-1-18　典型环节离散方程系数和输出方程**

| 系　数 | 积分环节 | 比例+积分 | 惯性环节 | 超前-滞后 | 比　例 |
|---|---|---|---|---|---|
| 环节类型 $H$ | 0 | 1 | 2 | 3 | 4 |
| 典型传递函数 | $\frac{K}{s}$ | $K\left(\frac{b+s}{s}\right)$ | $K\left(\frac{1}{a+s}\right)$ | $K\left(\frac{b+s}{a+s}\right)$ | $K$ |
| $\frac{C_i+D_is}{A_i+B_is}$ | $\frac{C_i}{B_is}$ | $\frac{C_i+D_is}{B_is}$ | $\frac{C_i}{A_i+B_is}$ | $\frac{C_i+D_is}{A_i+B_is}$ | $\frac{C_i}{A_i}$ |
| $K$ | $C_i/B_i$ | $C_i/B_i$ | $C_i/B_i$ | $D_i/B_i$ | $C_i/A_i$ |
| $a$ | 0 | 0 | $A_i/B_i$ | $A_i/B_i$ | 0 |
| $b$ | 0 | $D_i/C_i$ | 0 | $C_i/D_i$ | 0 |
| $\Phi(T)$ | 1 | 1 | $\mathrm{e}^{-aT}$ | $\mathrm{e}^{-aT}$ | 0 |
| $\Phi_\mathrm{m}(T)$ | $KT$ | $KT$ | $\left(\frac{K}{a}\right)(1-\mathrm{e}^{-aT})$ | $\left(\frac{K}{a}\right)(1-\mathrm{e}^{-aT})$ | $K$ |
| $\hat{\Phi}_\mathrm{m}(T)$ | $KT^2/2$ | $KT^2/2$ | $\left(\frac{K}{a}\right)T+\frac{K}{a^2}(\mathrm{e}^{-aT}-1)$ | $\left(\frac{K}{a}\right)T+\frac{K}{a^2}(\mathrm{e}^{-aT}-1)$ | 0 |
| 输出方程 | $Y_{n+1}=X_{n+1}$ | $Y_{n+1}=X_{n+1}+KbU_{n+1}$ | $Y_{n+1}=X_{n+1}$ | $Y_{n+1}=(b-a)X_{n+1}+KU_{n+1}$ | $Y_{n+1}=X_{n+1}$ |

## 7.2.2　连接矩阵及程序框图

（1）连接矩阵

对于图 22-1-33 所示系统，各环节间的关系可以用连接矩阵来描述，从而构成闭环系统。

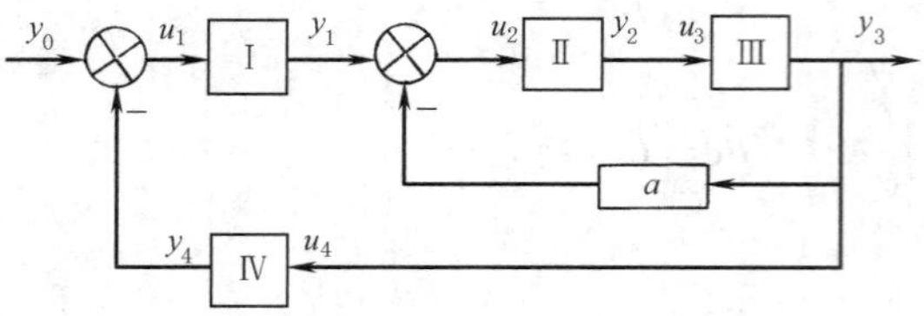


图 22-1-33

图中 $u_1=y_0-y_4$

$u_2=y_1-ay_3$

$u_3=y_2$

$u_4=y_3$

其矩阵表示式为

$$\boldsymbol{U}=\boldsymbol{W}\boldsymbol{Y} \tag{22-1-64}$$

其中

$$\boldsymbol{U}=\begin{bmatrix}u_1\\u_2\\u_3\\u_4\end{bmatrix}\qquad \boldsymbol{Y}=\begin{bmatrix}y_0\\y_1\\y_2\\y_3\\y_4\end{bmatrix}\qquad \boldsymbol{W}=\begin{bmatrix}1&0&0&0&-1\\0&1&0&-a&0\\0&0&1&0&0\\0&0&0&1&0\end{bmatrix}$$

$\boldsymbol{W}$ 称为连接矩阵，它反映了系统中各环节之间的关系，如 $\boldsymbol{W}_{ij}$ 表示第 $i$ 号环节受第 $j$ 号环节输出 $y_j$ 作用的作用系数。

(2) 仿真程序框图及说明

利用离散相似法进行连续系统数字仿真的程序框图如图 22-1-34 所示。

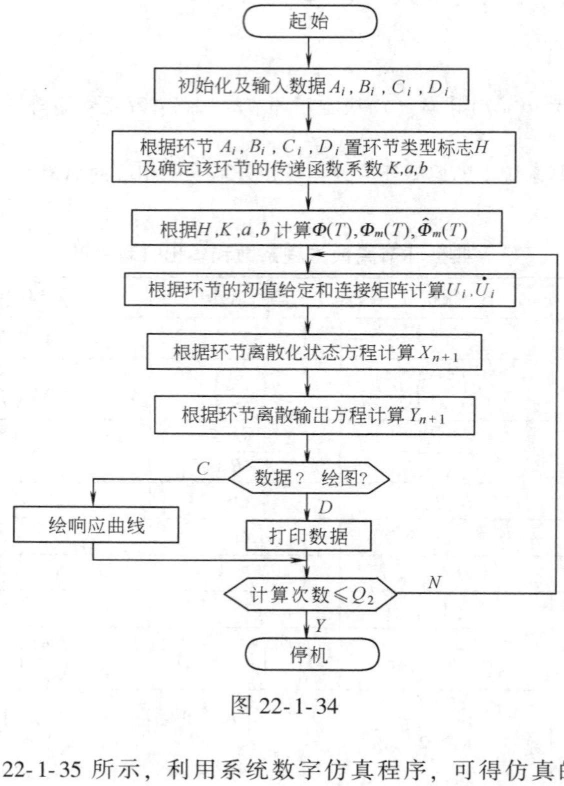


图 22-1-34

例如，一控制系统如图 22-1-35 所示，利用系统数字仿真程序，可得仿真的控制系统的响应曲线如图

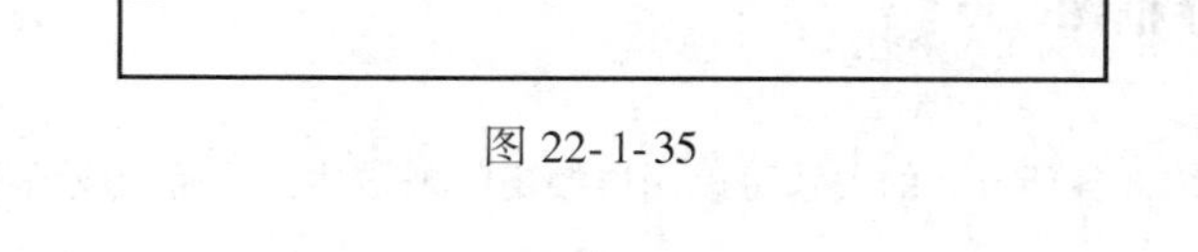


图 22-1-35

22-1-36所示，并打印出，上升时间 $t_r=1.6s$，最大超调量 $\sigma_p=52\%$，调整时间 $t_s=6.8s$[1]。

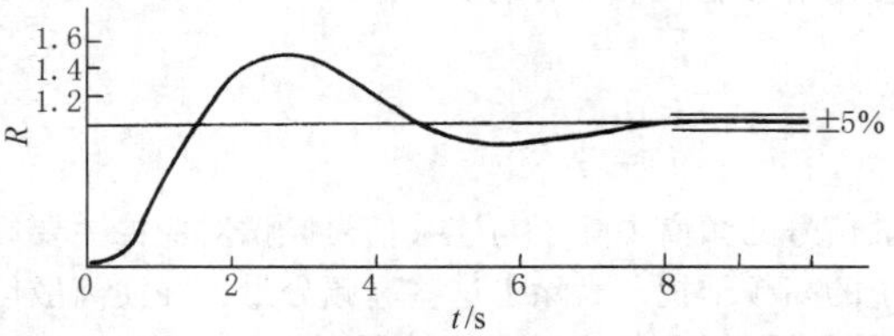


图 22-1-36　控制系统阶跃响应曲线

# 8　线性离散控制系统

## 8.1　概述

在控制系统中，若有一部分信号是离散的脉冲序列或数字序列，这样的系统称为离散控制系统或采样控制系统。离散控制系统按其采样的方法不同，可分为模拟采样系统和数字采样系统。数字测量控制系统和计算机控制系统属于数字采样控制系统。

在数字控制系统中，信号的特征和等效方块图如图 22-1-37a 和 b 所示。

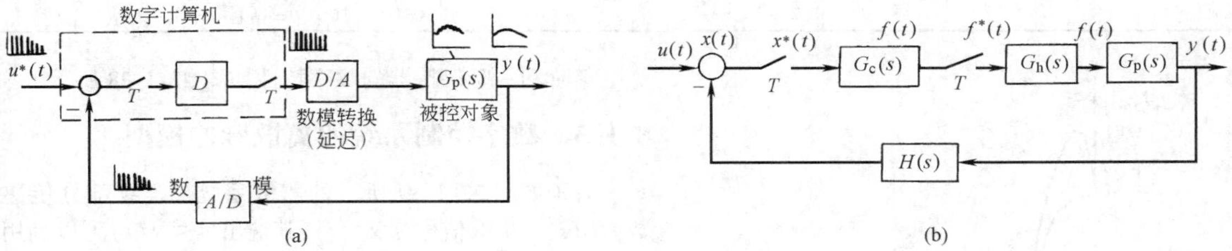


图 22-1-37

离散控制系统的优点如下：

① 允许采用高灵敏度的数字测量元件，以提高系统的灵敏度；

② 当数码信号的位数足够时，能够保证足够的计算精确度；

③ 信号传递过程中抗干扰的能力强；

④ 可以用一机实现多点测量和控制；

⑤ 可以灵活和有效地实现信号处理、系统的校正及优化。

### 8.1.1　信号的采样过程

离散控制系统中，把连续信号转化成脉冲或数字序列的过程，称为采样过程。在数字控制系统中，有时并不是真实地存在着某种采样开关，而只是表示在系统中存在由连续信号变换为离散信号的变换过程。

在采样过程中，采样开关以一定的时间间隔 $T$ 做一次瞬时闭合，以对连续信号 $x(t)$ 进行采样，从而在开关的输出端得到一组脉冲序列 $x(0T)$，$x(1T)$，$x(2T)$，…，其中 $T$ 称为采样周期，这组脉冲序列通常以 $x^*(t)$ 表示，且用下列数学式描述。

$$x^*(t) = \sum_{n=0}^{\infty} x(nT)\delta(t-nT) \tag{22-1-65}$$

---

❶ 此仿真程序是由北京科技大学机电研究所提供的。

第 22 篇

采样过程可看做脉冲调制过程，采样开关起脉冲发生器的作用。理论证明，对于一个具有带宽为 $\omega_b$ 频谱的连续信号，对其进行采样时，为使该信号能够不失真地复原，采样频率 $\omega_s(=2\pi/T)$ 一定要大于 $2\omega_b$，这一原则称为采样定理。

### 8.1.2 信号的复原

连续信号经过采样后，其离散信号的频谱中除了与连续信号频谱对应的主要频谱分量外，还有无限多的附加频谱分量，这些分量相当于对系统的高频干扰。为除去这些高频分量，并使离散信号 $x^*(t)$ 不失真地复原为连续信号 $x(t)$，通常需要采用起低频滤波作用的保持电路和保持器。

根据采样间隔中保持信号的不同方式，保持器可分为零阶、一阶和多阶。一阶和二阶保持器的数学描述如表 22-1-19 所示。

**表 22-1-19** **保持器的数学描述**

| 分　类 | 零阶保持器 | 一阶保持器 |
|---|---|---|
| 函数式 | $x(t)=x(nT)$<br>$nT\leqslant t\leqslant(n+1)T$ | $x(t)=\dfrac{x(nT)-x[(n-1)T]}{T}(t-nT)$<br>$nT\leqslant t<(n+1)T$ |
| 传递函数 | $G_h(s)=\dfrac{1-e^{-Ts}}{s}$ | $G_h(s)=\left(\dfrac{1+Ts}{T}\right)\left(\dfrac{1-e^{-Ts}}{s}\right)^2$ |
| 频率特性 | $G_h(j\omega)=T\left(\dfrac{\sin\dfrac{\omega T}{2}}{\dfrac{\omega T}{2}}\right)e^{-j\left(\frac{\omega T}{2}\right)}$ | $G_h(j\omega)=T\sqrt{1+(\omega T)^2}\left(\dfrac{\sin\dfrac{\omega T}{2}}{\dfrac{\omega T}{2}}\right)^2 e^{j(\theta-\omega T)}$<br>其中 $\theta=\arctan\omega T$ |



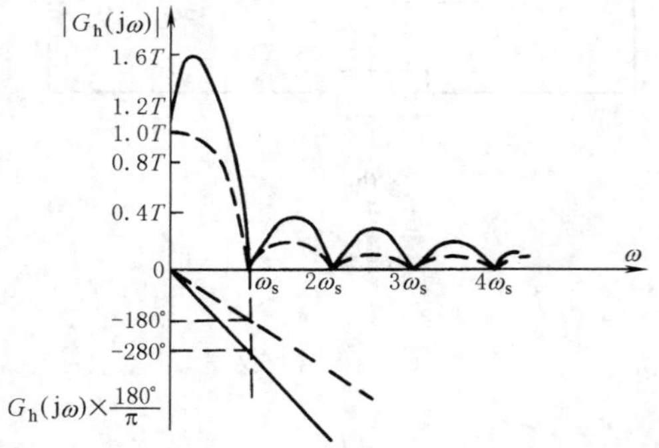


图 22-1-38

零阶和一阶保持器的频率特性如图 22-1-38 所示。

### 8.1.3 数字控制系统的离散脉冲模型

对于如图 22-1-39 所示的离散系统，连续部分传递函数为$G(s)$，离散信号为 $x^*(t)$，其输出信号 $c(t)$ 可以利用线性系统脉冲响应和叠加原理得到，即

$$c(t)=c_0(t)+c_1(t)+c_2(t)+\cdots=\sum_{n=0}^{\infty}x(nT)h(t-nT) \tag{22-1-66}$$

式中　$x(nT)$——$t=nT$ 时刻 $G(s)$ 输入脉冲的幅值；

$h(t-nT)$——$t=nT$ 时刻 $G(s)$ 的脉冲响应函数。

若 $c(t)$ 经过一个与输入采样同步的虚拟采样开关采样，则 $c(t)$ 将变换成离散信号 $c^*(t)$。

$$c^*(t)=\sum_{m=0}^{\infty}c(mT)\delta(t-mT) \tag{22-1-67}$$

式中　$c(mT)$——$t=mT$ 时刻 $c(t)$ 的采样值。

因此

$$c^*(t)=\sum_{m=0}^{\infty}\sum_{n=0}^{\infty}x(nT)h[(m-n)T]\delta(t-mT) \tag{22-1-68}$$

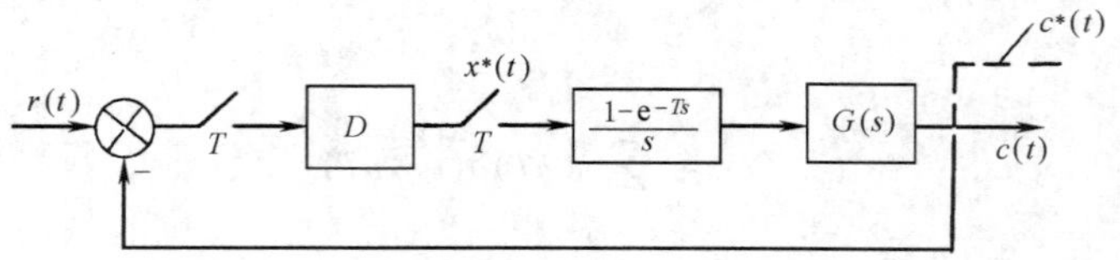


图 22-1-39

## 8.2 Z 变换

Z 变换是研究离散系统的一种有力工具，利用它可将线性差分方程变换成线性代数方程。

### 8.2.1 Z 变换定义

设离散信号 $x^*(t)$ 为

$$x^*(t) = \sum_{n=0}^{\infty} x(nT)\delta(t - nT)$$

则其拉氏变换式为

$$X^*(s) = L[x^*(t)] = \sum_{n=0}^{\infty} x(nT)e^{-nTs}$$

令

$$e^{sT} = z$$

则

$$X^*(s)\big|_{e^{sT}=z} = X(z) = \sum_{n=0}^{\infty} x(nT)z^{-n}$$

式中，$X(z)$ 称为 $x^*(t)$ 的 Z 变换,并以 $Z[x^*(t)]$ 表示，即

$$X(z) = Z[x^*(t)] = \sum_{n=0}^{\infty} x(nT)z^{-n} \tag{22-1-69}$$

$X(z)$ 有时也习惯性地称作 $x(t)$ 的 Z 变换式，即

$$X(z) = Z[x(t)] \tag{22-1-70}$$

而其实际含义仍是指 $x(t)$ 经采样后,对 $x^*(t)$ 的 Z 变换。

Z 变换式的求取方法有两种，即根据连续信号 $x(t)$ 求 $X(z)$ 或根据 $x(t)$ 的象函数 $X(s)$ 求取相应的 Z 变换式，后者称为部分分式法。部分分式的原理是：设 $X(s)$ 具有以下形式

$$X(s) = \sum_{i=1}^{k} \frac{A_i}{s - s_i} \tag{22-1-71}$$

式中 $k$——$X(s)$ 中的极点数；
$A_i$——对应于每一个极点的常数；
$s_i$——$X(s)$ 的极点。

则 $X(s)$ 的原函数 $x(t)$ 为

$$x(t) = \sum_{i=1}^{k} A_i e^{s_i t}$$

利用基本函数的 Z 变换表，可得与 $x(t)$ 相对应 Z 变换式

$$X(z) = \sum_{i=1}^{k} \frac{A_i z}{z - e^{s_i T}} \tag{22-1-72}$$

基本函数的 Z 变换如表 22-1-20 所示。

**表 22-1-20　Z 变换表**

| $X(s)$ | $x(t)$ 或 $x(k)$ | $X(z)$ |
|---|---|---|
| 1 | $\delta(t)$ | 1 |
| $e^{-kTs}$ | $\delta(t-kT)$ | $z^{-k}$ |
| $\frac{1}{s}$ | $1(t)$ | $\frac{z}{z-1}$ |
| $\frac{1}{s^2}$ | $t$ | $\frac{Tz}{(z-1)^2}$ |
| $\frac{1}{s^3}$ | $\frac{t^2}{2!}$ | $\frac{T^2 z(z+1)}{2!(z-1)^3}$ |

续表

| $X(s)$ | $x(t)$ 或 $x(k)$ | $X(z)$ |
|---|---|---|
| $\frac{1}{s^4}$ | $\frac{t^3}{3!}$ | $\frac{T^3 z(z^2+4z+1)}{3!(z-1)^4}$ |
| $\frac{1}{s^{n+1}}$ | $\frac{t^n}{n!}$ | $\frac{T^n z R_n(z)}{n!(z-1)^{n+1}}$ |
| $\frac{1}{s+\alpha}$ | $e^{-\alpha t}$ | $\frac{z}{z-e^{-\alpha T}}$ |
| $\frac{1}{(s+\alpha)(s+\beta)}$ | $\frac{1}{\beta-\alpha}(e^{-\alpha t}-e^{-\beta t})$ | $\frac{1}{\beta-\alpha}\left(\frac{z}{z-e^{-\alpha T}}-\frac{z}{z-e^{-\beta T}}\right)$ |
| $\frac{1}{s(s+\alpha)}$ | $\frac{1}{\alpha}(1-e^{-\alpha t})$ | $\frac{1}{\alpha}\times\frac{(1-e^{-\alpha T})z}{(z-1)(z-e^{-\alpha T})}$ |
| $\frac{1}{s^2(s+\alpha)}$ | $\frac{1}{\alpha}\left(t-\frac{1-e^{-\alpha t}}{\alpha}\right)$ | $\frac{1}{\alpha}\left[\frac{Tz}{(z-1)^2}-\frac{(1-e^{-\alpha T})z}{a(z-1)(z-e^{-\alpha T})}\right]$ |
| $\frac{1}{(s+\alpha)^2}$ | $te^{-\alpha t}$ | $\frac{Tze^{-\alpha T}}{(z-e^{-\alpha T})^2}$ |
| $\frac{\omega}{s^2+\omega^2}$ | $\sin\omega t$ | $\frac{z\sin\omega T}{z^2-2z\cos\omega T+1}$ |
| $\frac{s}{s^2+\omega^2}$ | $\cos\omega t$ | $\frac{z(z-\cos\omega T)}{z^2-2z\cos\omega T+1}$ |
| $\frac{\omega}{(s+\alpha)^2+\omega^2}$ | $e^{-\alpha t}\sin\omega t$ | $\frac{ze^{-\alpha T}\sin\omega T}{z^2-2ze^{-\alpha T}\cos\omega T+e^{-2\alpha T}}$ |
| $\frac{s+\alpha}{(s+\alpha)^2+\omega^2}$ | $e^{-\alpha t}\cos\omega t$ | $\frac{z^2-ze^{-\alpha T}\cos\omega T}{z^2-2ze^{-\alpha T}\cos\omega T+e^{-2\alpha T}}$ |
| $\frac{\alpha}{s^2-\alpha^2}$ | $\sinh\alpha t$ | $\frac{z\sinh\alpha T}{z^2-2z\cosh\alpha T+1}$ |
| $\frac{s}{s^2-\alpha^2}$ | $\cosh\alpha t$ | $\frac{z(z-\cosh\alpha T)}{z^2-2z\cosh\alpha T+1}$ |
| | $\alpha^k$ | $\frac{z}{z-\alpha}$ |
| | $\alpha^k\cos k\pi$ | $\frac{z}{z+\alpha}$ |
| | $\frac{k(k-1)\cdots(k-m+1)}{m!}$ | $\frac{z}{(z-1)^{m+1}}$ |

**例** 已知 $X(s)=\frac{1}{s(s+1)}$

因为

$$X(s)=\frac{1}{s(s+1)}=\frac{1}{s}-\frac{1}{s+1}$$

查表 22-1-20，可得

$$\frac{1}{s}\longrightarrow\frac{z}{z-1}$$

$$\frac{1}{s+1}\longrightarrow\frac{z}{z-e^{-T}}$$

因此

$$X(z)=\frac{z}{z-1}-\frac{z}{z-e^{-T}}=\frac{z(1-e^{-T})}{(z-1)(z-e^{-T})}$$

## 8.2.2 Z 变换的基本性质

表 22-1-21　　Z 变换的性质

| $x(t)$ 或 $x(k)$ | $Z[x(t)]$ 或 $Z[x(k)]$ |
|---|---|
| $\alpha x(t)$ | $\alpha X(z)$ |
| $x_i(t)+x_2(t)$ | $X_1(z)+X_2(z)$ |
| $x(t+T)$ 或 $x(k+1)$ | $zX(z)-zx(0)$ |
| $x(t+2T)$ | $z^2X(z)-z^2x(0)-zx(T)$ |
| $x(k+2)$ | $z^2X(z)-z^2x(0)-zx(1)$ |
| $x(t+kT)$ | $x^kX(z)-z^kx(0)-z^{k-1}x(T)-\cdots-zx(kT-T)$ |
| $x(k+m)$ | $z^mX(z)-z^mx(0)-z^{m-1}x(1)\cdots-zx(m-1)$ |
| $tx(t)$ | $-Tz\dfrac{\mathrm{d}}{\mathrm{d}z}[X(z)]$ |
| $kx(k)$ | $-z\dfrac{\mathrm{d}}{\mathrm{d}z}[X(z)]$ |
| $\mathrm{e}^{-\alpha t}x(t)$ | $X(z\mathrm{e}^{\alpha T})$ |
| $\mathrm{e}^{-\alpha k}x(k)$ | $X(z\mathrm{e}^{\alpha})$ |
| $\alpha^kx(k)$ | $X\left(\dfrac{z}{\alpha}\right)$ |
| $k\alpha^kx(k)$ | $-z\dfrac{\mathrm{d}}{\mathrm{d}z}\left[X\left(\dfrac{z}{\alpha}\right)\right]$ |
| $x(0)$ | $\lim\limits_{z\to\infty}X(z)$ 如果有极限 |
| $x(\infty)$ | $\lim\limits_{z\to1}[(z-1)X(z)]$ $\left[\dfrac{z-1}{z}X(z)\right.$ 在单位圆上和单位圆外是解析的$\left.\right]$ |
| $\sum\limits_{k=0}^{\infty}x(k)$ | $X(1)$ |
| $\sum\limits_{k=0}^{\infty}x(kT)y(nT-kT)$ | $X(z)Y(z)$ |

## 8.2.3 Z 反变换

$Z$ 反变换是根据 $X(z)$ 求出原函数 $x^*(t)$ 和 $x(nT)$。常用 $Z$ 反变换的方法有以下两种。

① 幂级数法。幂级数法是利用长除把 $X(z)$ 展开成 $z^{-i}$ 的幂级数式，然后根据 $Z$ 变换的定义式求出 $x^*(t)$ 或 $x(nT)$。例如

$$X(z)=\frac{10z}{(z-1)(z-2)}=\frac{10z^{-1}}{1-3z^{-1}+2z^{-2}}=10z^{-1}+30z^{-2}+70z^{-3}+\cdots=\sum_{n=0}^{\infty}x(nT)z^{-n}$$

因此

$$x(0)=0$$
$$x(T)=10$$
$$x(2T)=30$$
$$x(3T)=70$$
$$\cdots$$
$$x^*(t)=10\delta(t-T)+30\delta(t-2T)+70\delta(t-3T)+\cdots$$

这种方法有时不便于求取 $x(nT)$ 的闭式结果。

② 部分分式法。这是一种常用方法，它将 $X(z)$ 分解成为部分分式，然后利用 $Z$ 变换表求取 $x^*(t)$ 或 $x(nT)$，例如

$$X(z)=\frac{10z}{(z-1)(z-2)}$$

展开成部分分式

$$\frac{X(z)}{z}=\frac{-10}{z-1}+\frac{10}{z-2}$$

查表 22-1-20 可得

$$Z^{-1}\left[\frac{z}{z-1}\right]=1^k$$

$$Z^{-1}\left[\frac{z}{z-2}\right]=2^k$$

因此

$$x(nT)=10(-1+2^k)\quad k=0,1,2,\cdots$$

$$x^*(t)=10\delta(t-T)+30\delta(t-2T)+70\delta(t-3T)+\cdots$$

### 8.2.4 用 Z 变换求解差分方程

用 Z 变换求解差分方程与用拉普拉斯变换解微分方程一样，是非常有用的，其实质是利用 Z 变换将差分方程转化为代数方程。由 Z 变换的性质知，$x[(n+m)T]$ 的 Z 变换式为

$$Z[x(n+m)T]=z^m X(z)-z^m x(0)-z^{m-1}x(1)-\cdots-zx(m-1)$$

式中，$x(0)$，$x(1)$，…是 $x(t)$ 在不同时刻的采样值。利用上述关系就可以将差分方程转化为以 $z$ 为变量的代数方程，并自动包含了初始采样值。例如差分方程

$$x(n+2)+3x(n+1)+2x(n)=0\quad x(0)=0\quad x(1)=1$$

方程两端 Z 变换后得

$$z^2x(z)-z^2x(0)-zx(1)+3zx(z)-3zx(0)+2x(z)=0$$

代之初始数据并整理之

$$X(z)=\frac{z}{z^2+3z+2}=\frac{z}{z+1}-\frac{z}{z+2}$$

利用 Z 变换表可得

$$Z^{-1}\left[\frac{z}{z+1}\right]=(-1)^k\quad Z^{-1}\left[\frac{z}{z+2}\right]=(-2)^k\quad k=0,1,2,\cdots$$

因此 $X(z)$ 的原函数 $x(kT)$ 为

$$x(kT)=(-1)^k-(-2)^k\quad k=0,1,2,\cdots$$

各时刻的函数值为

$$x(0)=0$$
$$x(1)=1$$
$$x(2)=-3$$
$$x(3)=7$$
$$x^*(t)=\delta(t-T)-3\delta(t-2T)+7\delta(t-3T)+\cdots$$

## 8.3 脉冲传递函数

脉冲传递函数是描述离散控制系统输入量和输出量的主要关系式，是分析离散控制系统的主要工具。

### 8.3.1 脉冲传递函数的定义

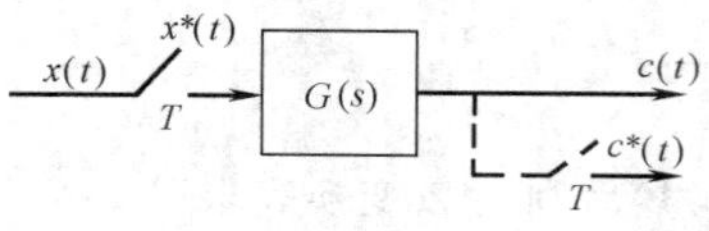

图 22-1-40

脉冲传递函数是系统在零初始条件下，输出量的 Z 变换与输入量的 Z 变换之比，通常以 $G(z)$ 表示。对于图 22-1-40 所示的开环系统，其脉冲传递函数为

$$G(z)=\frac{C(z)}{X(z)}\tag{22-1-73}$$

根据离散脉冲模型

$$C(z)=\sum_{m=0}^{\infty}h(mT)z^{-m}X(z)$$

因此

$$G(z)=\sum_{m=0}^{\infty}h(mT)z^{-m} \tag{22-1-74}$$

式中　$h(mT)$——$G(s)$的单位脉冲响应的离散值。

### 8.3.2　离散控制系统的脉冲传递函数

在求取离散控制系统的脉冲传递函数时，必须注意采样开关在系统中的位置，采样开关位置不同其脉冲传递函数的表达式也不同，表22-1-22给出了几种典型情况下闭环离散系统输出量的$Z$变换式。

表22-1-22　　闭环离散系统的$Z$变换

| | |
|---|---|
| 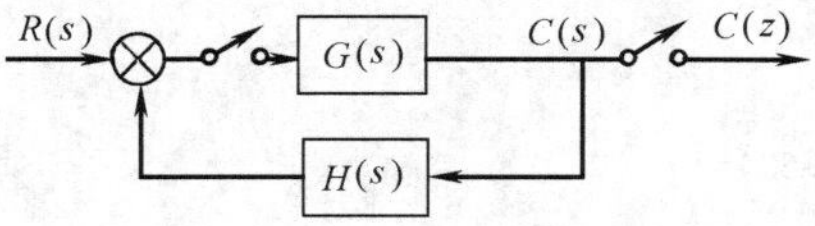 | $C(z)=\dfrac{G(z)R(z)}{1+GH(z)}$ |
| 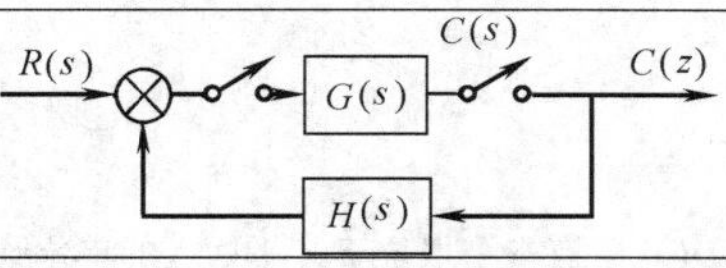 | $C(z)=\dfrac{G(z)R(z)}{1+G(z)H(z)}$ |
| 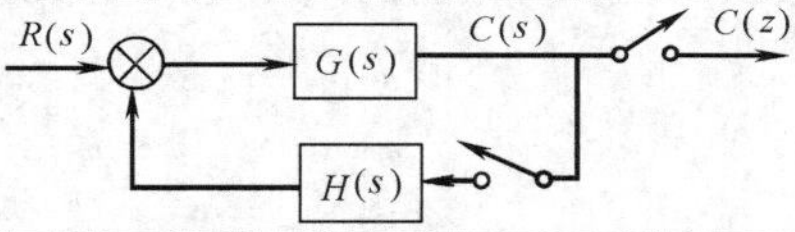 | $C(z)=\dfrac{RG(z)}{1+HG(z)}$ |
| 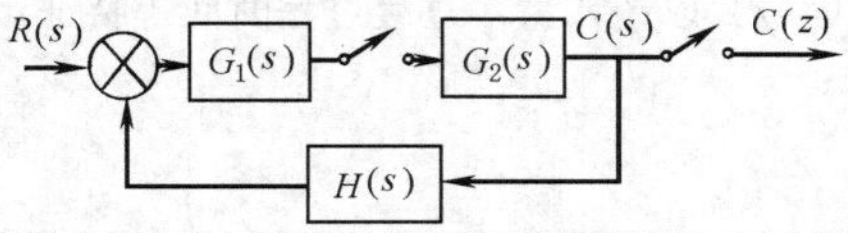 | $C(z)=\dfrac{G_2(z)RG_1(z)}{1+G_1G_2H(z)}$ |
| 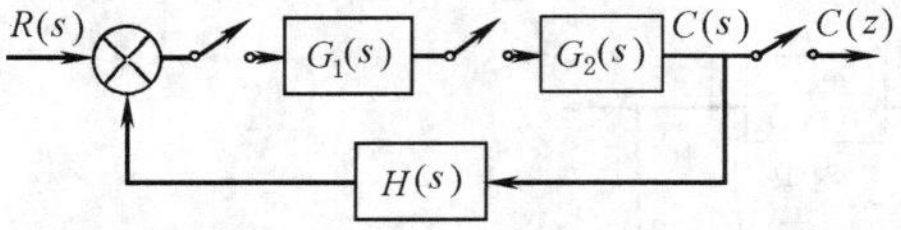 | $C(z)=\dfrac{G_1(z)G_2(z)R(z)}{1+G_1(z)G_2H(z)}$ |

## 8.4　离散控制系统分析

### 8.4.1　稳定性分析

（1）稳定条件

离散控制系统稳定的充要条件是其特征方程的根全部分布在$Z$平面上以原点为圆心的单位圆内，如图22-1-41所示。

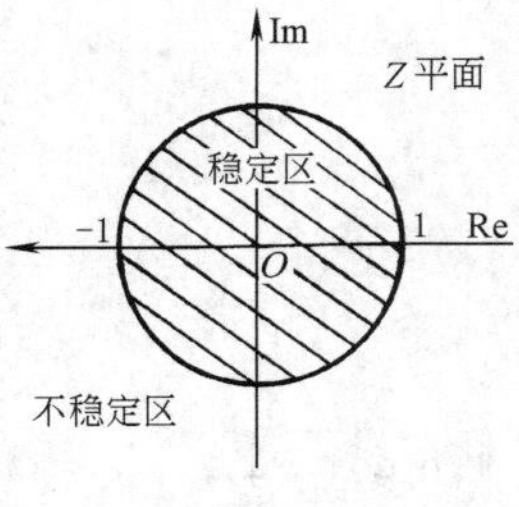


图22-1-41

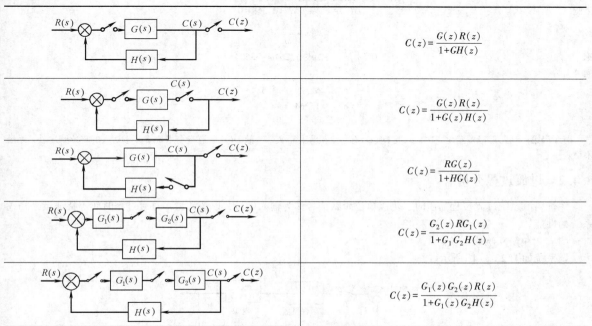

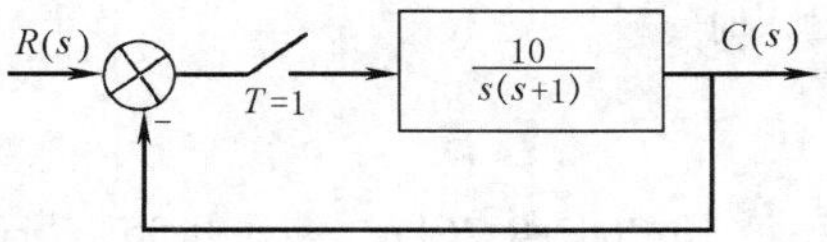


图22-1-42

（2）劳斯稳定判据

其判别步骤如下：

① 求出离散系统的特征方程 $D(z)=0$；

② 在 $D(z)=0$ 中令 $z=(1+\omega)/(1-\omega)$，求出新方程 $D'(\omega)=0$；

③ 利用劳斯表判别 $D'(\omega)=0$ 的根是否均为负实部。若 $D'(\omega)$ 的根全部具有负实部，则 $D(z)=0$ 的根全部位于 Z 平面的单位圆内。

**例** 离散系统如图 22-1-42 所示。

系统的闭环脉冲传递函数为

$$\Phi(z)=\frac{G(z)}{1+G(z)}$$

其中

$$G(z)=\frac{10(1-e^{-1})z}{(z-1)(z-e^{-1})}$$

因此

$$D(z)=z^2+4.952z+0.368=0$$

令

$$z=\frac{1+\omega}{1-\omega}$$

则

$$D'(\omega)=6.32\omega^2+1.264\omega-3.584=0$$

列劳斯表

$$\begin{array}{c|cc} \omega^2 & 6.32 & -3.584 \\ \omega^1 & 1.264 & 0 \\ \omega^0 & -3.584 & \end{array}$$

劳斯表第一列元素符号变化一次，因此 $D'(\omega)$ 有一个根具有正实部，故 $D(z)$ 中有一个根位于 Z 平面上的单位圆之外，系统不稳定。



## 8.4.2 过渡过程分析

评价离散系统过渡过程品质时，仍以单位阶跃信号作为输入信号，以超调量、过渡过程时间等特征量来描述系统的性能。

（1）单位阶跃响应

设系统如图 22-1-43 所示。

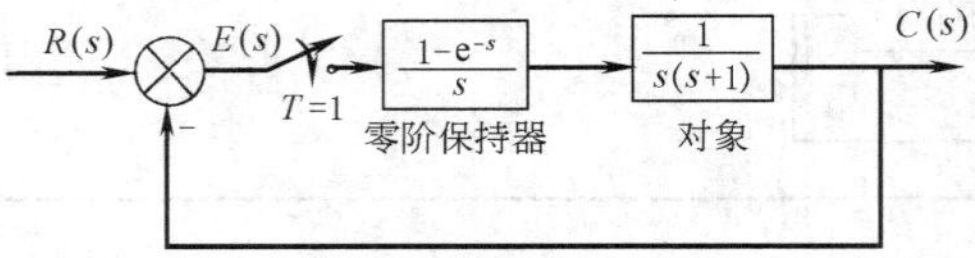


图 22-1-43

系统的闭环脉冲传递函数为

$$\Phi(z)=\frac{G(z)}{1+G(z)}$$

其中

$$G(z)=\frac{e^{-1}z+1-2e^{-1}}{z^2-(1+e^{-1})z+e^{-1}}=\frac{0.368z+0.264}{z^2-1.368z+0.368}$$

故

$$\Phi(z)=\frac{C(z)}{R(z)}=\frac{0.368z+0.264}{z^2-z+0.632}$$

单位阶跃输入时

$$R(z)=\frac{z}{z-1}$$

则

$$C(z)=\frac{(0.368z+0.264)z}{(z^2-z+0.632)(z-1)}=\frac{0.368z^{-1}+0.264z^{-2}}{1-2z^{-1}+1.632z^{-2}-0.632z^{-3}}$$

$$=0.368z^{-1}+z^{-2}+1.4z^{-3}+1.4z^{-4}+1.147z^{-5}+0.895z^{-6}+0.802z^{-7}+0.868z^{-8}+0.993z^{-9}+\cdots$$

Z 反变换后

$C(nT)=0.368\delta(t-1)+1\delta(t-2)+1.4\delta(t-3)+1.4\delta(t-4)+\cdots$

输出信号 $C^*(t)$ 如图 22-1-44 所示。

该系统的单位阶跃响应是衰减振荡，相应的特征值为

$$c^*(\infty)=1$$

$$\sigma_p=40\%$$

$$t_s=10\text{s}\ (\Delta=0.05)$$

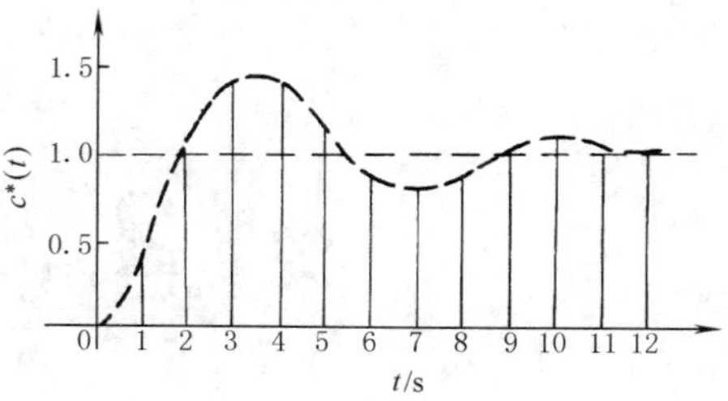

图 22-1-44

（2）离散系统的极点分布和瞬态响应之间的关系

离散系统的闭环脉冲传递函数为

$$\Phi(z)=\frac{C(z)}{R(z)}=K\frac{P(z)}{Q(z)} \qquad (22\text{-}1\text{-}75)$$

其中

$$P(z)=\prod_{j=0}^{m}(z-z_j)$$

$$Q(z)=\prod_{i=0}^{n}(z-p_i)$$

式中 $K$——常数；

$z_j$——系统的零点；

$p_i$——系统的极点。

则 $p_j$ 在 $Z$ 平面上的位置与系统瞬态响应的关系如图 22-1-45 所示。

## 8.4.3 稳态误差分析

对于如图 22-1-46 所示的离散系统，其误差脉冲传递函数 $\Phi_e(z)$ 为

$$\Phi_e(z)=\frac{E(z)}{R(z)}=\frac{1}{1+G(z)} \qquad (22\text{-}1\text{-}76)$$

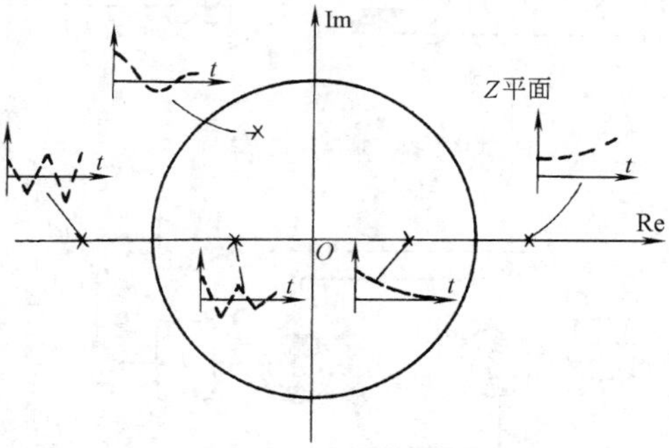

图 22-1-45 极点位置与瞬态响应的关系

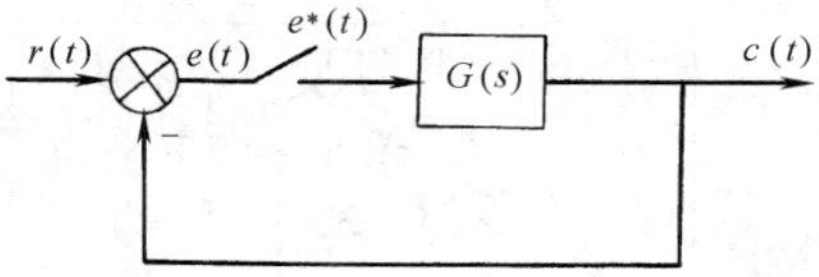

图 22-1-46

利用终值定理，可计算系统的稳态误差 $e(\infty)$

$$e(\infty)=\lim_{z\to1}(z-1)E(z)=\lim_{z\to1}(z-1)\left[\frac{R(z)}{1+G(z)}\right] \qquad (22\text{-}1\text{-}77)$$

对于典型的输入函数，系统的稳态误差计算见表22-1-23。

**表 22-1-23　典型输入作用下稳态误差计算式**

| 输入信号 $R(z)$ | $e(\infty)$计算式 |
|---|---|
| 单位阶跃信号 $R(z)=\frac{z}{z-1}$ | $e(\infty)=\lim_{z\to1}\frac{1}{1+G(z)}$ |
| 单位斜坡信号 $R(z)=\frac{Tz}{(z-1)^2}$ | $e(\infty)=\lim_{z\to1}\frac{T}{(z-1)G(z)}$ |
| 单位加速度信号 $R(z)=\frac{T^2z(z+1)}{2(z-1)^3}$ | $e(\infty)=\lim_{z\to1}\frac{T^2}{(z-1)^2G(z)}$ |

# 第 2 章　液压控制概述

## 1　液压控制系统与液压传动系统的比较

表 22-2-1

| 项目 | 液压传动系统 | 液压控制系统 |
| --- | --- | --- |
| 系统组成 | 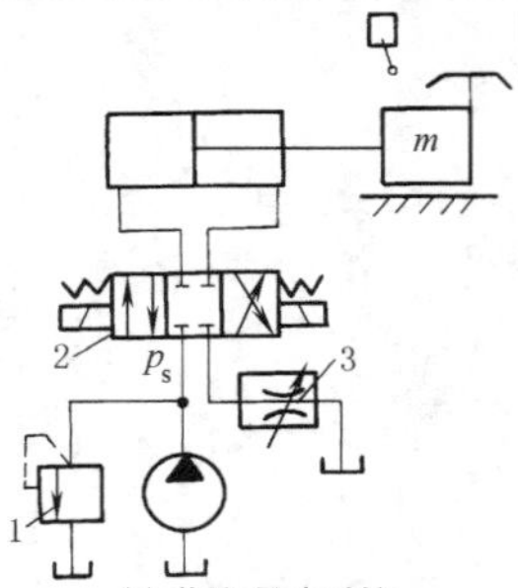<br>(a) 节流调速系统<br>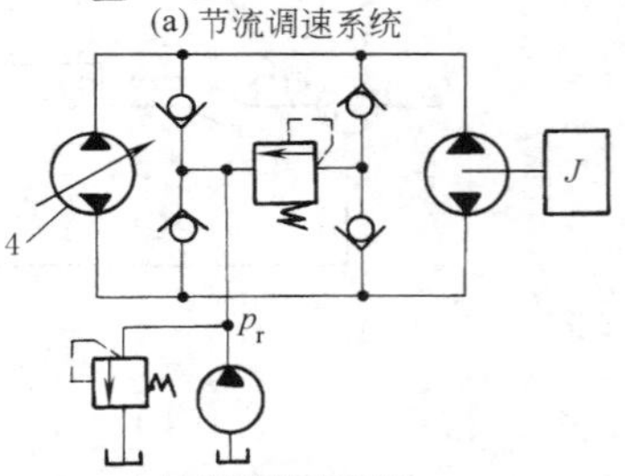<br>(b) 容积调速系统<br>1—溢流阀；2—换向阀；3—调速阀；4—手动变量泵 | 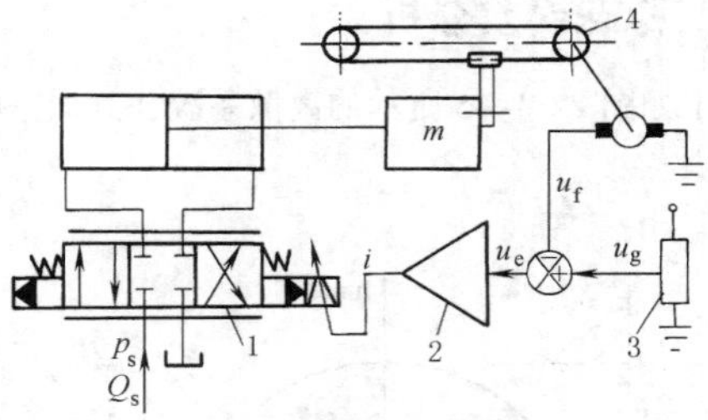<br>(a) 节流式速度控制系统<br>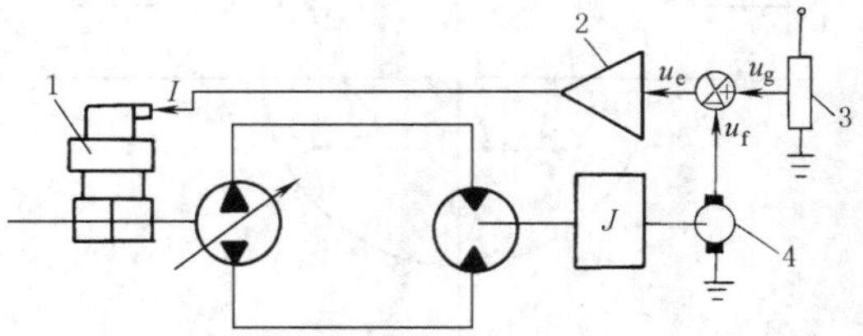<br>(b) 容积式速度控制系统<br>1—伺服阀；2—伺服放大器；3—指令电位器；4—测速机 |
| 系统功能 | 只能实现手动调速、加载和顺序控制等功能。难以实现任意规律、连续的速度调节 | 可利用各种物理量的传感器对被控制量进行检测和反馈，从而实现位置、速度、加速度、力和压力等各种物理量的自动控制 |
| 控制元件 | 采用调速阀或变量泵手动调节流量 | 采用伺服阀自动调节流量，伺服阀起到传动系统中的换向阀和流量控制阀的作用 |
| 工作原理 | 传动系统是开环系统，被控制量与控制量之间无联系。控制量是流量控制阀的开度或变量泵的调节参数（偏角或偏心），被控制量是执行机构的速度。对被控制量不进行检测，系统没有修正执行机构偏差的能力。控制精度取决于元件的性能和系统整定的精度，控制精度较差，但调整简单。开环系统无反馈，因而不存在矫枉过正问题，即不存在稳定性问题，所以传动系统的调整容易 | 控制系统是闭环系统，可以对被控制量进行检测并加以反馈。系统按偏差调节原理工作，并按偏差信号的方向和大小进行自动调整，即不管系统的扰动量和主路元件的参数如何变化，只要被控制量的实际值偏离希望值，系统便按偏差信号的方向和大小进行自动调整。控制系统有反馈，具有抗干扰能力，因而控制精度高；但也存在矫枉过正带来的稳定性问题。所以要求较高的设计和调整技术 |
| 工作任务 | 驱动、调速 | 要求被控制量能自动、稳定、快速、准确地复现指令的变化 |

续表

| 项目 | 液压传动系统 | 液压控制系统 |
| --- | --- | --- |
| 性能指标 | 侧重于静态特性，主要性能指标有调速范围、低速平稳性、速度刚度和效率<br>特殊需要时才研究动态特性 | 性能指标包括稳态性能指标和动态性能指标<br>动态性能指标指超调、振荡次数、过渡过程时间等；稳态性能指标指稳态误差 |
| 工作特点 | (1)驱动力、转矩和功率大<br>(2)易于实现直线运动<br>(3)易于实现速度调节和力调节<br>(4)运动平稳、快速<br>(5)单位功率的质量小、尺寸小。例如 A4VSO 系列柱塞泵 1500r/min 时单位功率质量比的平均值为 0.85kg/kW，同功率及转速的 Y 型电机为 8.44kg/kW<br>(6)过载保护简单<br>(7)液压蓄能方便 | 除液压传动特点外，还有如下特点：<br>(1)响应速度高<br>(2)控制精度高<br>(3)稳定性容易保证 |
| 应用范围 | 要求实现驱动、换向、调速及顺序控制的场合 | 要求实现位置、速度、加速度、力或压力等各种物理量的自动控制场合 |

## 2　电液伺服系统与电液比例系统的比较

表 22-2-2

| 名称 | 共性 | 区分 |
| --- | --- | --- |
| 电液伺服系统 | (1)输入为小功率的电气信号<br>(2)输出与输入呈线性关系<br>(3)可连续控制 | (1)均为闭环控制<br>(2)输出为位置、速度、力等各种物理量<br>(3)控制元件为伺服阀(零遮盖、死区极小、滞环小、动态响应高、清洁度要求高)<br>(4)控制精度高、响应速度高<br>(5)用于高性能的场合 |
| 电液比例系统 | | (1)一般为开环控制，性能要求高时亦有闭环控制<br>(2)一般输出为速度或压力，闭环时可以是位移等<br>(3)控制元件为比例阀(正遮盖、死区较大、滞环较大、动态响应较低、清洁度要求较低)<br>(4)控制精度较低、响应速度较低<br>(5)用于一般工业自动化场合 |

## 3　液压伺服系统的组成及分类

表 22-2-3

| | | |
| --- | --- | --- |
| 组成 | 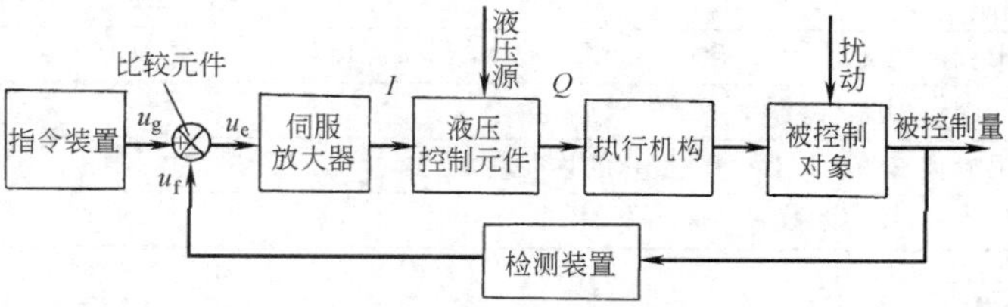<br> | |
| 分类 | 按控制信号的类别和伺服阀的类型 | ①机液伺服系统；②电液伺服系统；③气液伺服系统 |
| | 按液压功率放大器的类型 | ①阀控液压伺服系统；②泵控液压伺服系统 |
| | 按负载运动性质及输出量的物理量 | ①液压位置伺服系统；②液压速度伺服系统；<br>③液压加速度伺服系统；④液压力(压力)伺服系统 |
| | 按检测元件的输出量形式及信号处理手段 | ①模拟式液压伺服系统；②数字式液压伺服系统 |

# 4　液压伺服系统的几个重要概念

表 22-2-4

| | | | |
|---|---|---|---|
| 液压弹簧 | 物理模型 | 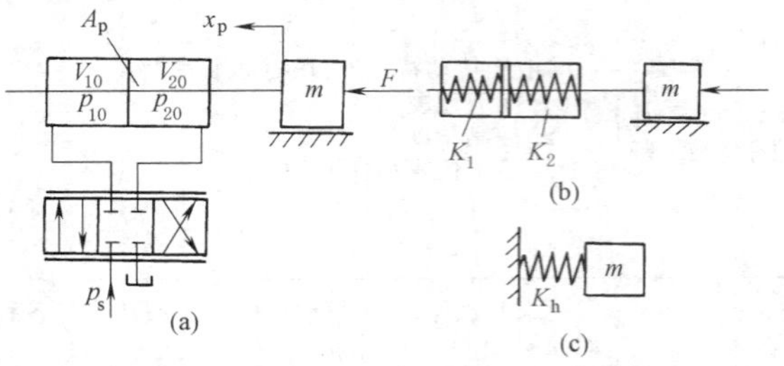 | $F$——外力,N<br>$A_p$——活塞的工作面积,$m^2$<br>$x_p$——活塞的位移,m<br>$V_{10},V_{20}$——活塞两腔容积 $V_1$、$V_2$ 的初始值,$m^3$<br>$V_t$——总容积,$V_t=V_1+V_2$,$m^3$<br>$p_{10},p_{20}$——活塞两腔压力 $p_1$、$p_2$ 的初始值,$N/m^2$<br>$\beta_e$——液体的容积弹性模量,$N/m^2$<br>$K_1,K_2$——两封闭容积腔产生的液压弹簧的刚度,N/m<br>$K_h$——总的等效液压弹簧刚度,N/m |
| | 物理概念 | 伺服控制中,当功率滑阀处于零位时,油液被封闭在活塞腔里;由于液体具有可压缩性(压缩系数为 $C$),若受到外力,受压缩的液体产生的液压反力犹如一根受压弹簧所产生的弹力;产生液压反力的两个封闭容腔犹如刚度为 $K_1,K_2$ 的液压弹簧 | |
| | 设计公式 | $K_1=A_p^2\beta_e/V_{10}$<br>$K_2=A_p^2\beta_e/V_{20}$<br>$K_h=K_1+K_2$<br>当 $V_{10}=V_{20}=V_t/2$ 时,有 $K_{hmin}=4A_p^2\beta_e/V_t$ | |
| 液压谐振频率 | 物理概念 | 等效的液压弹簧-质量系统的无阻尼谐振频率称为液压谐振频率,用 $\omega_h$ 表示;该频率是实际物理系统的极限频率 | $\omega_h$——液压谐振频率,rad/s<br>$m_t$——负载及活塞的总质量,kg |
| | 计算公式 | 弹簧-质量系统：$\omega_h=\sqrt{K_h/m_t}$ | |
| | | 图 a 阀控缸：$\omega_h=\sqrt{4A_p^2\beta_e/(V_tm_t)}$ | |
| 液压阻尼系数 | 物理概念 | 实际物理系统总是存在阻尼,对于弹簧-质量-阻尼系统,其运动具有二阶振荡特性,其动态取决于谐振频率及无因次阻尼系数 | $Q_L$——阀的负载流量,$m^3/s$<br>$v_p$——活塞的运动速度,m/s<br>$s$——拉普拉斯算子,1/s<br>$\zeta_h$——液压阻尼系数<br>$K_{ce}$——总的流量-压力系数,$K_{ce}=K_c+c_{tp}$,$m^5/(N\cdot s)$<br>$K_c$——阀的流量-压力系数,$m^5/(N\cdot s)$<br>$c_{tp}$——缸的总泄漏系数,$m^5/(N\cdot s)$<br>$B_p$——活塞及负载的黏性阻尼系数,$N\cdot s/m$ |
| | 计算公式 | 对于图 a 阀控缸,存在<br>$\dfrac{v_p(s)}{Q_L(s)}=\dfrac{1/A_p}{\dfrac{s^2}{\omega_h^2}+\dfrac{2\zeta_h s}{\omega_h}+1}$<br>$\zeta_h=\dfrac{K_{ce}}{A_p}\sqrt{\dfrac{\beta_e m_t}{V_t}}+\dfrac{B_p}{4A_p}\sqrt{V_t/(\beta_e/m_t)}$ | |
| 硬量与软量 | 硬量 | 定义 | 指能够精确地确定,其值相对稳定,易于识别、计算并控制的物理量 |
| | | 实例 | 如液压弹簧刚度 $K_h$,液压谐振频率 $\omega_h$ 等 |
| | 软量 | 定义 | 指不易确定、计算,相对模糊、变化的物理量 |
| | | 实例 | 如阀的流量-压力系数 $K_c$,液压阻尼系数 $\zeta_h$ 等 |

# 5　液压伺服系统的基本特性

所谓基本特性是将远高于执行机构及负载环节的其他环节（如检测环节、伺服放大器、伺服阀）看成比例环节后的系统特性。

表 22-2-5

| 系统名称 | 液压位置伺服系统 | 液压速度伺服系统 |
|---|---|---|
| 输出量 | 位移 $x_p$ | 速度 $v_p$ |
| 方块图 | 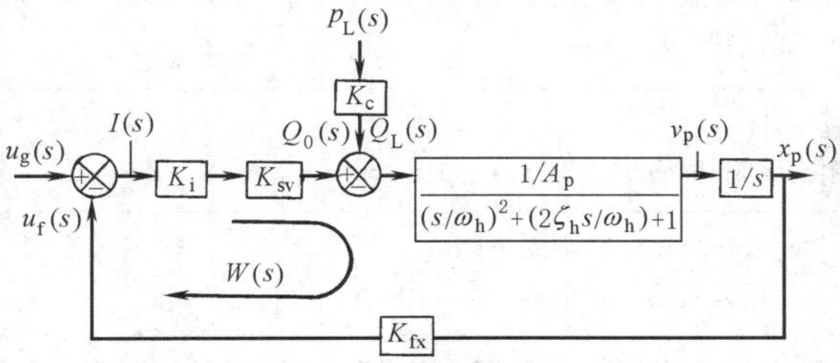 | 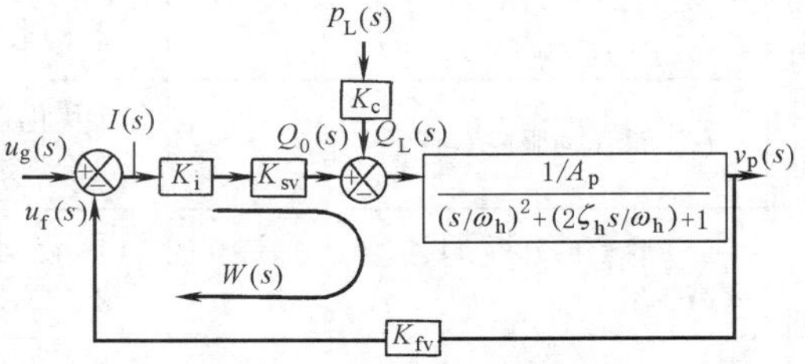 |
| 开环传递函数 | $W(s)=\dfrac{u_f(s)}{u_g(s)}=\dfrac{K_{vx}}{s\left(\dfrac{s^2}{\omega_h^2}+\dfrac{2\zeta_h s}{\omega_h}+1\right)}$ | $W(s)=\dfrac{u_f(s)}{u_g(s)}=\dfrac{K_{vv}}{\dfrac{s_2}{\omega_h^2}+\dfrac{2\zeta_h s}{\omega_h}+1}$ |
| 开环增益 | $K_{vx}=K_iK_{sv}K_{fx}/A_p$ | $K_{vv}=K_iK_{sv}K_{fv}/A_p$ |
| 系统类型 | I 型系统 | O 型系统 |
| 稳态误差 | 阶跃输入 $u_g(t)=R$ 时,$e(\infty)=0$<br>斜坡输入 $u_g(t)=Rt$ 时,$e(\infty)=R/K_{vx}$<br>负载扰动引起的稳态位置误差 $e_L(\infty)=(K_c/A_p^2K_{vx})F_L$ | 阶跃输入 $u_g(t)=R$ 时,$e(\infty)=\dfrac{R}{1+K_{vv}}$<br>斜坡输入 $u_g(t)=Rt$ 时,$e(\infty)=\infty$<br>负载扰动时,$e_L(\infty)=K_c/[A_p^2(1+K_{vx})]F_L$ |
| 稳定性 | 系统稳定性易保证,简单的稳态性判据:$K_{vx}\leqslant 2\zeta_h\omega_h$<br>通常 $\zeta_{h\,min}=0.1\sim0.2$ | 仅当开环增益很小时,才有可能稳定。为使系统能稳定地工作,务必加 PI 调节器进行系统校正 |
| 动态响应估计 | 交轴频率 $\omega_c=K_{vx}$<br>系统频宽 $\omega_b$:$\omega_c<\omega_b<\omega_h$ | 加 PI 校正后,$\omega_c'=K_{vv}'=K_pK_{vv}$<br>$K_p$ 为 PI 调节器的比例增益<br>系统频宽 $\omega_b$: $\omega_c'<\omega_b<\omega_h$ |

# 6 液压伺服系统的优点、难点及应用

表 22-2-6

| 优点、难点及应用 | | 说　明 |
|---|---|---|
| 优点 | (1) 易于实现直线运动的速度、位移及力控制 | 采用结构简单的液压缸,液压控制系统便可以很方便地实现位置控制、速度控制和力控制。液压马达的低速性能好,因此无需借助于机械减速器也可以实现低速或调速范围很宽的转速控制,液压力控制更是独树一帜 |
| | (2) 驱动力、力矩和功率可很大 | 例如,大型四辊轧机可以在 30MN 轧制力的条件下进行高响应、高精度的位置控制;大型挤压机可以在 50MN 的挤压力情况进行挤压速度控制;大型油压机可以在 50MN 加载力情况下实现多缸同步控制等 |
| | (3) 尺寸小、重量轻,加速性能好 | 由于工作压力可高达 32MPa,且液压控制系统容易通过自然散热或采用冷却器散发油液中的热量,因此允许液压元件及液压装置的尺寸很小,结构紧凑,重量轻,功率-质量比大,力-惯性比大,加速特性好 |
| | (4) 响应速度高 | 伺服阀的频率很高,液压谐振频率也可以很高,因此系统响应速度高 |
| | (5) 控制精度高 | 大功率电液位置伺服系统的控制精度可达±2μm |
| | (6) 稳定性容易保证 | 由于液压谐振频率可以精确地计算且基本恒定,因此按最低阻尼系数确定开环增益时,系统稳定性容易保证 |

续表

| 优点、难点及应用 | | 说　明 |
|---|---|---|
| 难点 | (1) 油液易受污染 | 油液污染是液压控制系统故障的主要原因,解决办法:<br>①系统设计、制造及维护时采用综合的有效的污染控制措施,确保系统清洁度<br>②采用抗污染的伺服阀 |
| | (2) 液压伺服成本高 | ①优化系统设计<br>②合理选用伺服阀、伺服缸及传感器 |
| | (3) 系统的分析、设计、调整和维护需要高技术 | ①请专业厂或公司设计、制造和安装调试<br>②加强维护、使用人员的技术培训 |
| 应用 | 特别适用于大负载、大功率、高精度、高响应的控制场合,液压伺服控制元件已广泛应用于各领域及各工业部门,例如机床中的仿型机床及数控机床;动力设备中汽轮机转速调节和自动调频;锻压设备中油压机的速度或位置的同步控制,快锻机中快锻频率控制,挤压机的速度控制;试验设备中的多自由度转台,材料试验机、振动试验台、轮胎试验机、大型构件试验机等;采煤机中的牵引部的恒功率控制;冶金设备中的电炉电极自动升降,带钢跑偏控制,板材的液压压下厚度控制和板形控制等 | |

# 第3章 液压控制元件、液压动力元件、伺服阀



## 1 液压控制元件

### 1.1 液压控制元件概述

液压传动中的液压控制阀是指控制液体压力、流量和方向的三类开关阀；液压控制中的液压控制阀则是指可实现比例控制的液压阀，按其结构有滑阀、喷嘴挡板阀和射流管阀三种；从功能上看，液压控制阀是一种液压功率放大器，输入为位移，输出为流量或压力。液压控制阀加上转换器及反馈机构组成伺服阀，伺服阀是液压伺服的核心元件。

伺服变量泵也是一种液压比例控制及功率放大元件，输入为角位移，输出为流量。

#### 1.1.1 液压控制元件的类型及特点

表 22-3-1

| 类　型 | 特　性 | 特　点 |
|---|---|---|
| 液压控制阀 | 空载流量与位移成正比,负载流量随负载压力增大而减少,$Q$-$p$ 软特性 | 静态特性为软特性,刚度低,变阻尼,动态响应高,工作效率较低 |
| 伺服变量泵 | 空载流量与角位移成正比,负载流量随负载压力的变化很小,$Q$-$p$ 硬特性 | 静态特性为硬特性,刚度高,低阻尼,动态响应较低;工作效率高 |

#### 1.1.2 液压控制阀的类型、原理及特点

表 22-3-2

| 类型 | 工作原理 | | 特　点 |
|---|---|---|---|
| 滑阀 | 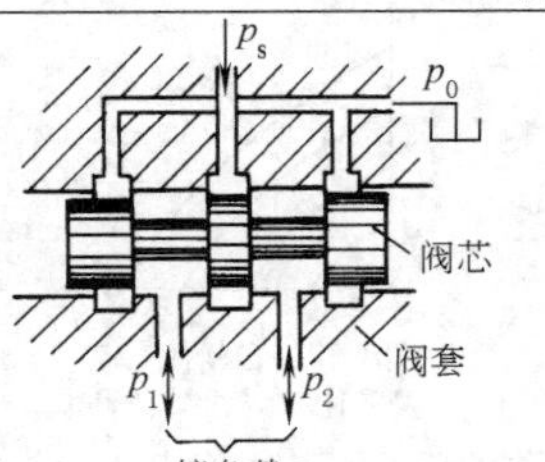(a) | 滑阀属滑动式结构,利用阀芯在阀套中滑动实现配油。换向阀中,阀芯凸肩远大于阀口宽度,为正遮盖,死区大,且只能处于极限位置,只能做开关控制;伺服阀中,阀芯凸肩等于阀口宽度,为零遮盖,灵敏度高,且阀芯的位移可控,可实现比例控制;滑阀基于节流控制原理,通过阀口的流量与阀芯的位移成正比 | 滑阀的压力增益可以很高,通过的流量可以很大,特性易于计算和控制,抗污染性能较好,因此广泛用作工业伺服阀的前置级和所有伺服阀的功率级<br>但要求严格的配合公差,制造成本高,作用在阀芯上的力较多、较大且变化;要求较大的控制力。作前置级时,动态响应较低 |
| 喷嘴挡板阀 | 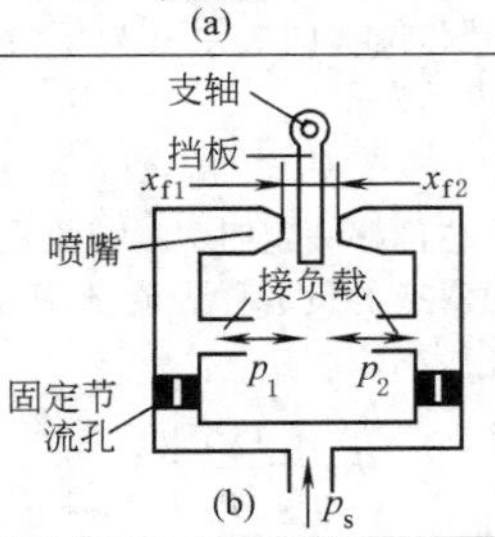(b) | 喷嘴挡板阀属座阀式结构,挡板绕支抽摆动,利用挡板位移来调节喷嘴与挡板之间的环状节流面积,从而改变喷嘴腔内的压力 | 喷嘴挡板阀的结构简单、公差较宽;特性可预测;无死区、无摩擦副,灵敏度高;挡板惯量很小,所需的控制力小,动态响应高;抗污染性能差,要求很高的过滤精度;零位泄漏量大,功率损耗大。通常用作伺服阀的前置级 |

续表

| 类型 | | 工作原理 | 特点 |
|---|---|---|---|
| 射流阀 | 射流阀是利用高速射流动量原理工作的。目前有射流管阀和射流偏转板阀两种 | | |
| | 射流管阀 | 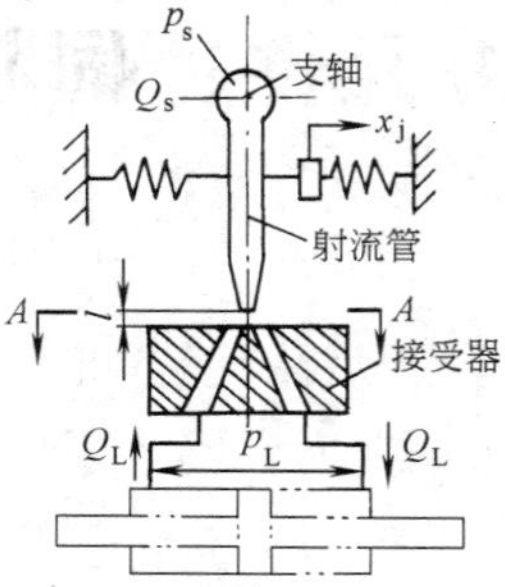 (c)<br>从射流管的喷嘴高速喷出的液体分流到扩散形的接受器内而恢复成压力。射流管处于零位时两接受口内的压力相等；偏转时，压力不弯，产生与喷嘴位移成正比的压差。利用此压差可以控制负载或功率级滑阀 | 射流管结构简单，制造容易；喷口较大，流量较大；抗污染能力很好，可靠性很高；无死区，转动摩擦小，灵敏度高；射流管惯量较大，动态响应较低；特性不易预测，设计时要靠模型试验；压力恢复系数和流量恢复系数较大，效率较高；适于中、小功率控制系统或伺服阀的前置级 |
| | 射流偏转板阀 | 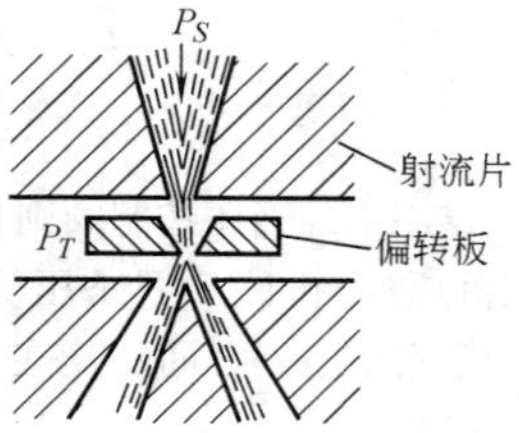 (d)<br>工作原理和射流管阀相同，只不过是喷口的高速射流由偏转板导流 | 具有射流管阀的所有优点。并且由于偏转板惯量小，所以动态响应很高 |

## 1.1.3 液压控制阀的静态特性及其阀系数的定义

表 22-3-3

| | 空载流量特性 | 压力增益特性 | 压力-流量特性 |
|---|---|---|---|
| 静态特性 | 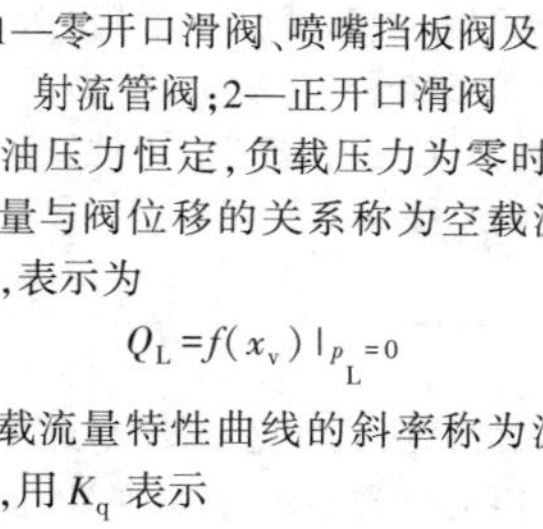1—零开口滑阀、喷嘴挡板阀及射流管阀；2—正开口滑阀<br>供油压力恒定，负载压力为零时，负载流量与阀位移的关系称为空载流量特性，表示为<br>$Q_L=f(x_v)\|_{p_L=0}$<br>空载流量特性曲线的斜率称为流量增益，用 $K_q$ 表示<br>$K_q=\frac{\partial Q_L}{\partial x_v}\Big\|_{p_L}=0$ | 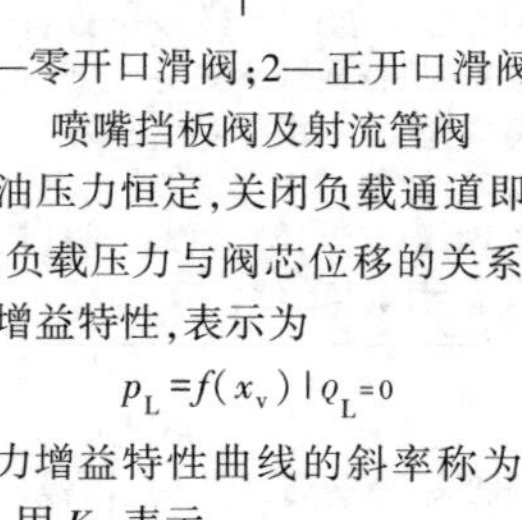1—零开口滑阀；2—正开口滑阀、喷嘴挡板阀及射流管阀<br>供油压力恒定，关闭负载通道即 $Q_L=0$ 时，负载压力与阀芯位移的关系称为压力增益特性，表示为<br>$p_L=f(x_v)\|_{Q_L=0}$<br>压力增益特性曲线的斜率称为压力增益，用 $K_p$ 表示<br>$K_p=\frac{\partial p_L}{\partial x_v}\Big\|_{Q_L}=0$ | 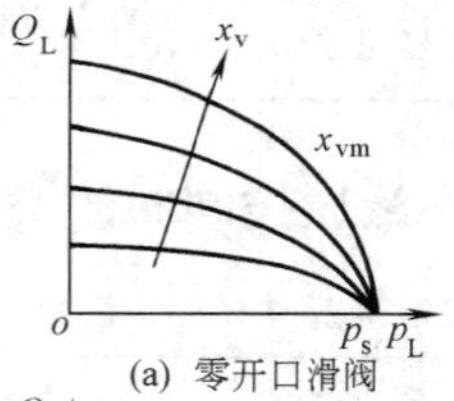(a) 零开口滑阀<br>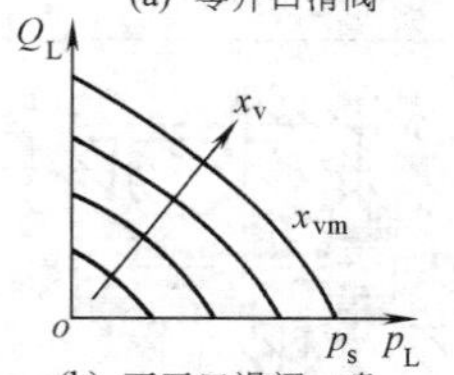(b) 正开口滑阀、喷嘴挡板阀及射流管阀<br>供油压力恒定时，负载流量与负载压力、阀芯位移的关系称为压力流量特性，表示为<br>$Q_L=f(p_L,x_v)$<br>阀芯位移一定时，压力-流量特性曲线的斜率的负数称为流量-压力系数，用 $K_c$ 表示<br>$K_c=-\frac{\partial Q_L}{\partial p_L}\Big\|_{x_v=const}$ |

续表

| | | |
|---|---|---|
| 阀系数 | 参数 $K_q$、$K_p$、$K_c$ 统称为阀系数。阀系数全面地表征了阀的静态特性，而且直接影响着系统的静态和动态性能：$K_q$ 影响着开环增益，$K_p$ 影响着驱动负载的能力和负载引起的误差，$K_c$ 影响系统的刚度和阻尼。三个阀系数的关系：$K_p=K_q/K_c$<br>可采用解析法或图解法确定阀系数：如右图已求得压力-流量特性方程 $Q_L=f(p_L,x_v)$，求某点的偏导数便得阀系数；如已测到压力-流量特性曲线，可按右图确定阀系数，图中 $A$ 是初始平衡工作点，$B$ 是新的工作点；如实测得到空载流量特性曲线和压力增益特性曲线，直接可得到 $K_q$，$K_p$，从而计算出 $K_c$ | 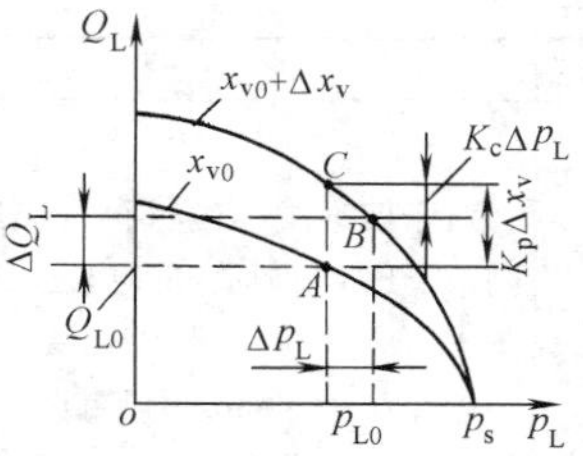 |

## 1.1.4　液压控制阀的液压源类型

液压阀的液压源有恒压源和恒流源两种，一般采用恒压源。

恒流源只能配用正开口阀。由于用恒流源的阀具有严重的非线性压力-流量特性，且每个阀需独立的恒流源，因此应用不多。

# 1.2　滑阀

## 1.2.1　滑阀的种类及特征

表 22-3-4

| 分类 | 种　　类 | 特　　征 |
|---|---|---|
| 按结构型式 | 分为圆柱滑阀、旋转滑阀和平板滑阀 | 普遍采用的是圆柱滑阀。平板滑阀是为解决圆柱滑阀的加工精度而提出的结构，随着加工水平的提高，圆柱滑阀的加工困难已得到解决 |
| 按节流工作边数分类 | 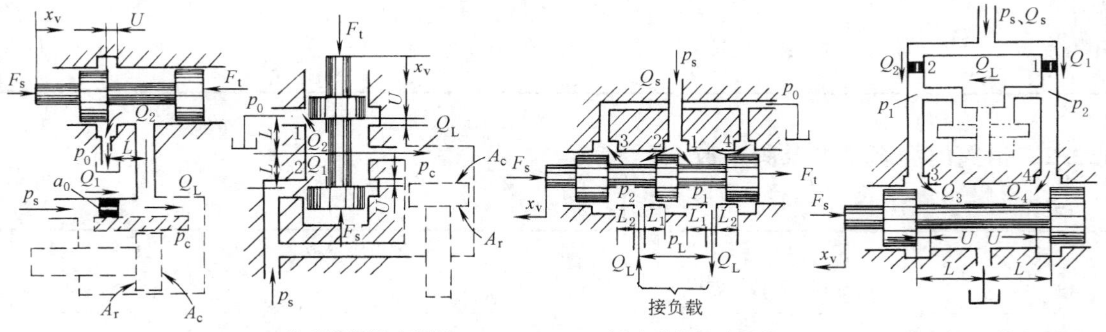<br>(a) 单边滑阀（二通）　(b) 双边滑阀（三通）　(c) 四边滑阀（四通）　(d) 带两个固定节流孔的正开口双边滑阀（四通） | |
| | 单边、双边和四边滑阀 | 单边制造容易，性能差；双边制造较难，性能较好；四边制造困难，性能最好 |
| 按油口通路数分类 | 二通阀、三通阀和四通阀 | 特征、图示同“单边、双边和四边滑阀”的特征和图示 |
| 按零中位时阀的开口形式分类 | 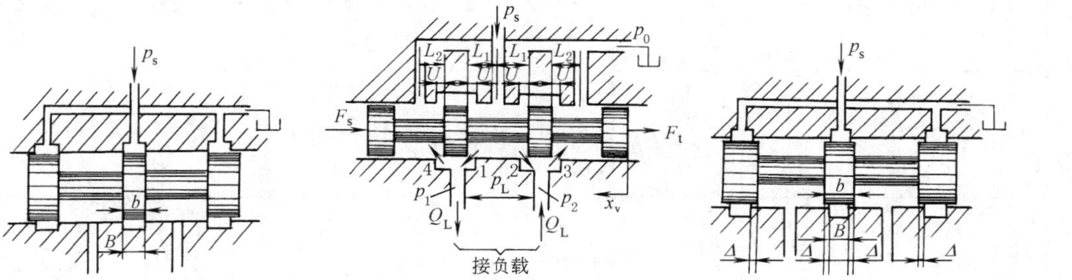<br>(e) 零开口($b=B$)　(f) 正开口($b<B$)　(g) 负开口($b>B$) | |

续表

| 分类 | 种类 | 特征 |
|---|---|---|
| 按零中位时阀的开口形式分类 | 对于四通阀、三通阀又有零开口阀、正开口阀和负开口阀之分<br>图中 $b$——阀芯凸肩宽度；<br>$B$——阀套阀口宽度 | 零开口阀的流量增益恒定，死区小，灵敏度高，零位泄漏小。一般都采用，但制造较难<br>正开口阀无死区，在正开口范围内，流量增益为零开口阀的两倍，但流量特性非线性，零位泄漏大，较少应用，仅用于伺服阀的前置级、恒流系统及高温系统的场合<br>负开口阀死区大，不灵敏，流量特性非线性，一般不用。负开口阀与零开口阀并联用于出现大信号时增大流量 |
| 按阀口形状分类 | 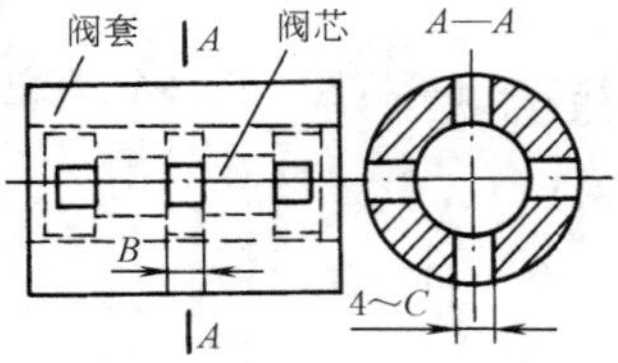<br>(h) 矩形阀口<br>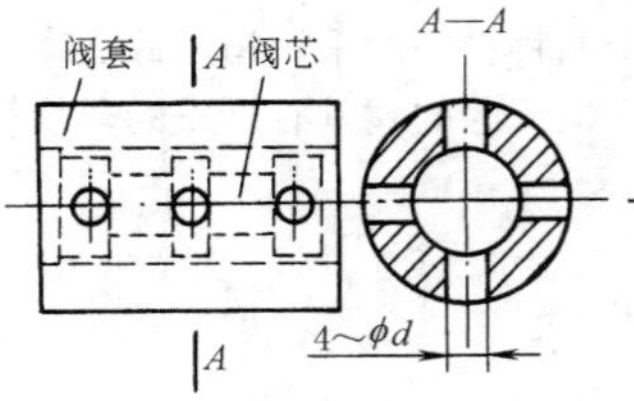<br>(i) 圆形阀口 | 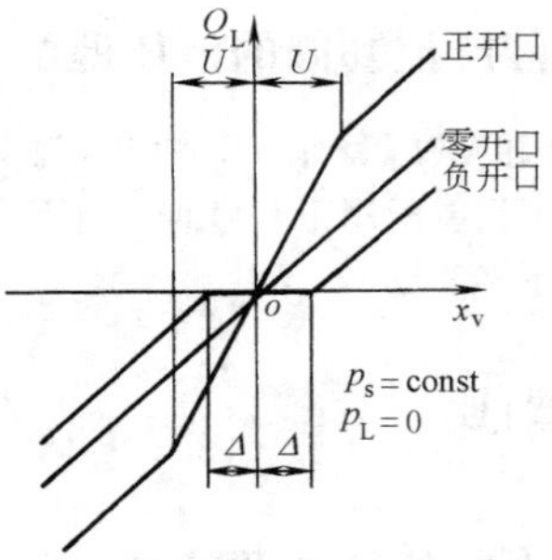<br>(j) 不同开口型式的空载流量特性 |
| | 有全周开口和局部开口。全周开口见图 e；局部开口又有矩形阀口和圆形阀口两种 | 大流量阀采用全周开口；中小流量阀采用局部开口。局部开口阀中的圆形阀加工简单，但阀口过流面积与阀芯位移不成线性，流量增益非线性，用于要求不高的场合；矩形阀口流量增益为线性，普遍采用 |
| 按阀芯的凸肩数分类 | 凸肩数有：2，3，4，5，6 | 凸肩起配油和支承作用。采用全开口时，必须多于3个凸肩；3和4个凸肩的最常用；特殊场合采用5、6个凸肩的 |

## 1.2.2 滑阀的静态特性及阀系数

**表 22-3-5**

| 滑阀类型 | | 无量纲压力-流量特性方程 | 工作零点 | 零点阀系数 | | | 零位泄漏 | 典型应用 |
|---|---|---|---|---|---|---|---|---|
| | | | | $K_{q0}$ | $K_{p0}$ | $K_{c0}$ | $Q_c$ | |
| 零开口 | A. 四通滑阀（四边）（表 22-3-4 图 c） | $\bar{Q}_L=\bar{x}_v\sqrt{1-\left(\frac{x_v}{\lvert x_v\rvert}\right)\bar{p}_L}$ | $x_v=0$<br>$p_L=0$<br>$Q_L=0$ | $C_dW\sqrt{\frac{p_s}{\rho}}$ | ∞（理论）<br>$\frac{32\mu C_d\sqrt{p_s/\rho}}{\pi r_c^2}$ | 0（理论）<br>$\frac{\pi W r_c^2}{32\mu}$ | 0（理论）<br>$\frac{\pi W r_c^2 p_s}{32\mu}$ | 控制对称缸或马达 |
| 零开口 | B. 三通滑阀（双边）（表 22-3-4 图 b） | $\bar{Q}_L=\bar{x}_v\sqrt{2(1-\bar{p}_c)}$ $x_v\geqslant0$<br>$\bar{Q}_L=\bar{x}_v\sqrt{\bar{p}_c}$ $x_v\leqslant0$ | $x_v=0$<br>$p_c=p_s/2$<br>$Q_L=0$ | $C_dW\sqrt{\frac{p_s}{\rho}}$ | ∞（理论） | 0（理论） | 0（理论）<br>$\frac{\pi W r_c^2 p_s}{64\mu}$ | 控制差动缸<br>$A_c=2A_r$ |
| 正开口 | C. 四通滑阀（四边）（表 22-3-4 图 f） | $\bar{Q}_L=(1+\bar{x}_v)\sqrt{1-\bar{p}_L}-(1-\bar{x}_v)\sqrt{1+\bar{p}_L}$ | $x_v=0$<br>$p_L=0$<br>$Q_L=0$ | $2C_dW\sqrt{\frac{p_s}{\rho}}$ | $2p_s/U$ | $\frac{C_dWU\sqrt{\frac{p_s}{\rho}}}{p_s}$ | $2C_dWU\sqrt{\frac{p_s}{\rho}}$ | 控制对称缸或马达 |
| 正开口 | D. 三通滑阀（双边）（表 22-3-4 图 b） | $\bar{Q}_L=(1+\bar{x}_v)\sqrt{2(1-\bar{p}_c)}-(1-\bar{x}_v)\sqrt{2\bar{p}_c}$ | $x_v=0$<br>$p_c=p_s/2$<br>$Q_L=0$ | $2C_dW\sqrt{\frac{p_s}{\rho}}$ | $p_s/U$ | $\frac{2C_dWU\sqrt{\frac{p_s}{\rho}}}{p_s}$ | $C_dWU\sqrt{\frac{p_s}{\rho}}$ | 控制差动缸 |

续表

| | 滑阀类型 | 无量纲压力-流量特性方程 | 工作零点 | 零点阀系数 $K_{q0}$ | 零点阀系数 $K_{p0}$ | 零点阀系数 $K_{c0}$ | 零位泄漏 $Q_c$ | 典型应用 |
|---|---|---|---|---|---|---|---|---|
| 正开口 | E. 带两个固定节流孔的四通滑阀(双边)(表 22-3-4 图 d) | $\bar{Q}_L=\frac{1}{\alpha}\sqrt{2(1-\bar{p}_1)}-(1-\bar{x}_v)\sqrt{2\bar{p}_1}$<br>$\bar{Q}_L=(1+\bar{x}_v)\sqrt{2\bar{p}_2}-\frac{1}{\alpha}\sqrt{2(1-\bar{p}_2)}$<br>$\bar{p}_L=\bar{p}_1-\bar{p}_2$ | $x_v=0$<br>$p_1=p_2=\frac{p_s}{1+\alpha^2}$<br>$Q_L=0$ | $C_dW\sqrt{\frac{p_s}{\rho}}$ | $p_s/U$ | $\frac{C_dWU\sqrt{\frac{p_s}{\rho}}}{p_s}$ | $2C_dWU\sqrt{\frac{p_s}{\rho}}$ | 作双级滑阀式伺服阀的前置级 |
| 正开口 | F. 带一个固定节流孔的二通滑阀(单边)(表 22-3-4 图 a) | $\bar{Q}_L=\frac{1}{\alpha}\sqrt{2(1-\bar{p}_c)}-(1-\bar{x}_v)\times\sqrt{2\bar{p}_c}$ | $x_v=0$<br>$p_c=p_s/(1+\alpha^2)$<br>$Q_L=0$ | $C_dW\sqrt{\frac{p_s}{\rho}}$ | $p_s/2U$ | $\frac{2C_dWU\sqrt{\frac{p_s}{\rho}}}{p_s}$ | $C_dWU\sqrt{\frac{p_s}{\rho}}$ | 用于性能要求不高的简单液压伺服机构 |

符号说明

式中 $\bar{x}_v$——无量纲位移,$\bar{x}_v=x_v/x_{vm}$;$x_v$,$x_{vm}$分别为滑阀的位移、最大位移,m

$\bar{p}_L$——无量纲压力,$\bar{p}_L=p_L/p_s$;$p_s$ 为供油压力,Pa;$p_L=p_1-p_2$,为负载压力,Pa

$\bar{Q}_L$——无量纲流量,$\bar{Q}_L=Q_L/Q_{Lm}$;$Q_L=C_dWx_v\sqrt{(p_s-p_L)/\rho}$,为负载流量

$Q_{Lm}$——最大空载流量,$Q_{Lm}=Q_0=C_dWx_{vm}\sqrt{p_s/\rho}$

$C_d$——流量系数

$W$——面积梯度(开口周边总长),m

$\rho$——油的密度,kg/m$^3$

$\mu$——油的动力黏性系数,Pa·s

$r_c$——阀芯与阀套的半径间隙,m

对于正开口阀:$\bar{x}_v=x_v/U$,$x_{vm}=U$,$U$ 为正开口量

对于三通阀:$\bar{p}_c=p_c/p_s$,$p_c=p_{c0}=p_s/2$ 时,$Q_{Lm}=C_dWx_{vm}\sqrt{p_s/\rho}$

对于 F:$\bar{p}_c=p_c/p_s$,$p_c=p_s/[1+\alpha^2(1-\bar{x}_v)^2]$,$\alpha=C_dWU/(C_{d0}a_0)$,$C_{d0}$、$a_0$ 分别为固定节流孔的流量系数及面积

对于 E:$\bar{p}_1=p_1/p_s$,$\bar{p}_2=p_2/p_s$,$p_1=p_s/[1+\alpha^2(1-\bar{x}_v)^2]$,$p_2=p_s/[1+\alpha^2(1+\bar{x}_v)^2]$

静态特性曲线

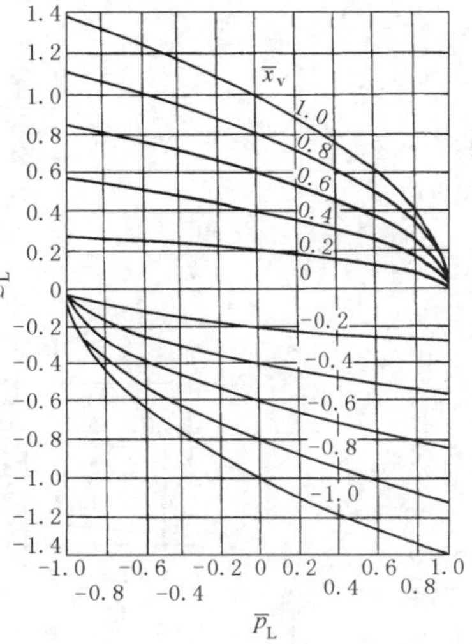

零开口四通阀

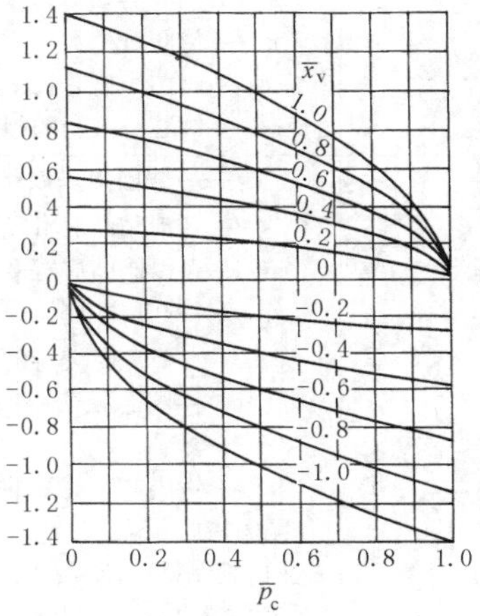

零开口三通阀

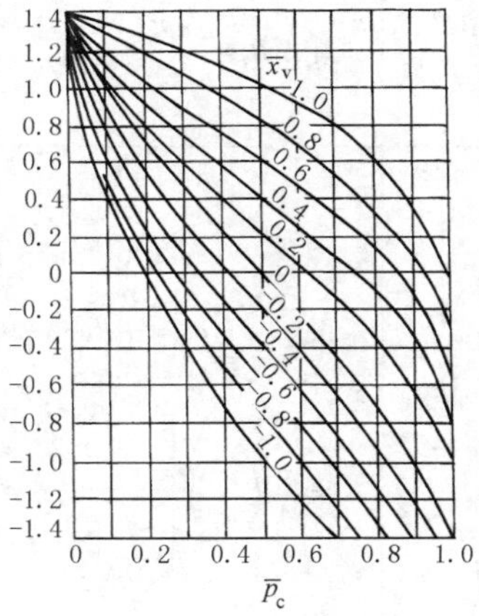

带一个固定节流孔的正开口二通阀($\alpha$=1时)

续表

| | |
|---|---|
| 静态特性曲线 | 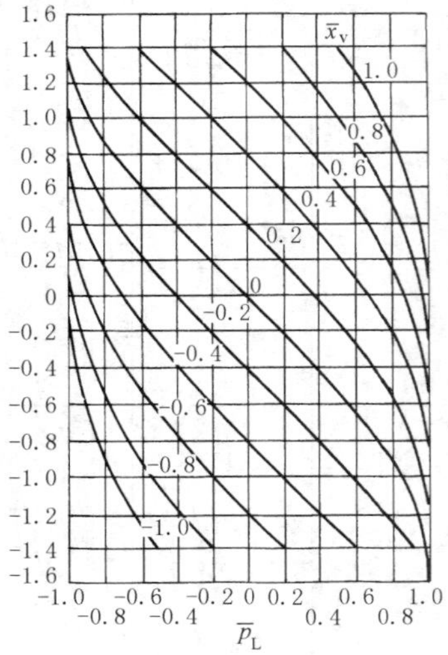<br>正开口四通阀<br>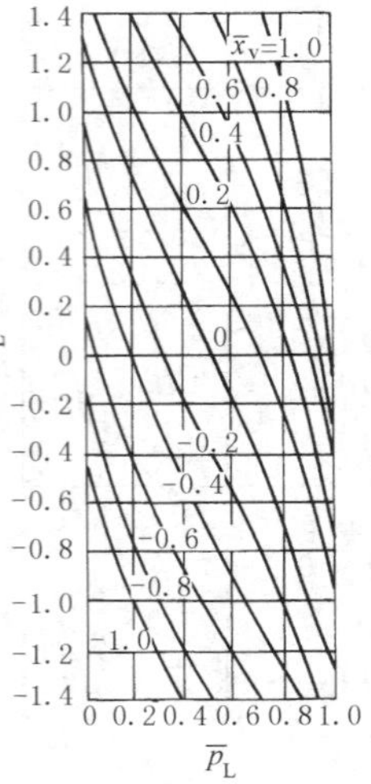<br>正开口三通阀<br>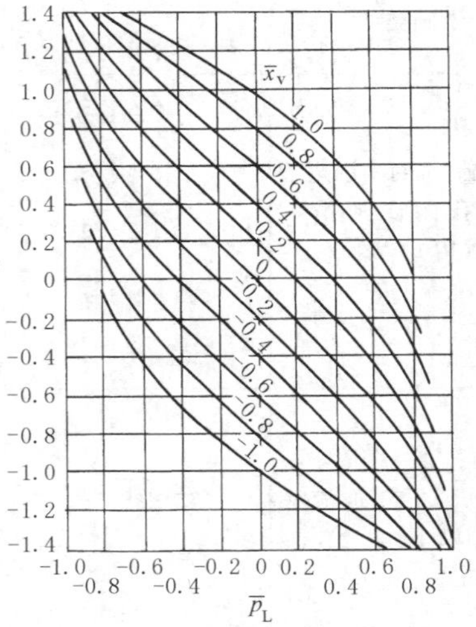<br>带两个固定节流孔的正开口四通阀（$\alpha$=1时） |

### 1.2.3 滑阀的力学特性

表 22-3-6

| 滑阀上的作用力 | 计算公式 | 附图及说明 |
|---|---|---|
| 惯性力<br>$F_I$ | $F_I = m_{vt}\ddot{x}_v$<br>式中 $m_{vt}=m_v+\rho V_0+\sum_{i=1}^{n}\rho V_i\left(\frac{A_v}{A_i}\right)$ | $m_{vt}$——总质量，kg<br>$m_v$——阀芯质量，kg<br>$\ddot{x}_v$——阀芯加速度，m/s$^2$<br>$\rho V_0$——阀芯腔室中油液的质量；$\rho$ 为油液的密度，kg/m$^3$<br>$V_0$——油液容积，m$^3$<br>$\sum_{i=1}^{n}\rho V_i\left(\frac{A_v}{A_i}\right)^2$——前置级至滑阀两端管道中各段油液质量折算到阀芯处的等效质量；$A_i$、$V_i$ 为各段的截面积和容积，$A_v$ 为滑阀的端面积 |
| 黏性摩擦力<br>$F_v$ | $F_v=B_v\ \dot{x}_v$<br>式中 $B_v=\frac{\mu\pi dl}{r_c}$ | $B_v$——滑阀的黏性摩擦系数<br>$\mu$——油液的动力黏性系数，Pa·s<br>$d$——滑阀直径，m<br>$l$——阀芯凸肩总长，m<br>$r_c$——阀芯与阀套的径向间隙，m |
| 液压卡紧力<br>$F_L$ | $F_L=\alpha_L dl(p_1-p_2)$<br>式中<br>$\alpha_L=\frac{\pi}{4}\left(\frac{t}{c}\right)\left[\frac{2+\frac{t}{c}}{\sqrt{4\left(\frac{t}{c}\right)+\left(\frac{t}{c}\right)^2}}-1\right]$ | $\alpha_L$——侧向力系数；$t/c=0.9$ 时，$\alpha_{Lmax}=0.27$<br>$d$——滑阀凸肩直径，m<br>$l$——滑阀凸肩宽度，m<br>$p_1$，$p_2$——凸肩两侧压力，Pa<br>$t$——侧压时大端的最小间隙，m<br>$c$——阀芯处于中心时大端处的径向间隙，m<br>$e$——阀芯与阀套的偏心距，m<br>减弱措施：<br>（1）控制锥度使 $t/c\ll1$，减少侧向力；（2）在阀芯两端支承凸肩上开 3~5 条环形槽，可显著减少侧向力；（3）提高过滤精度，减少因杂质造成的卡住现象<br>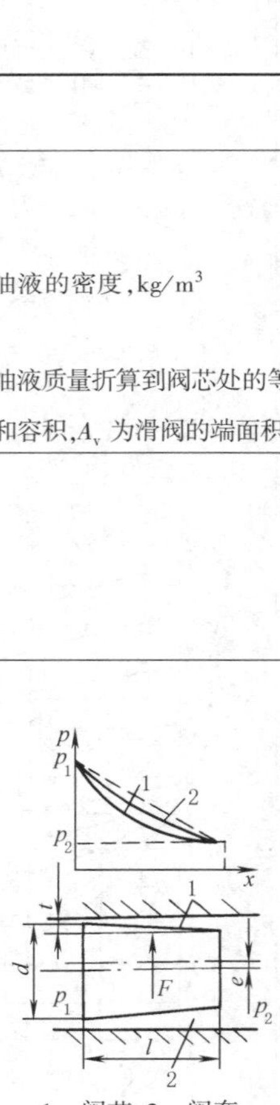<br>1—阀芯；2—阀套 |

续表

| 滑阀上的作用力 | 计 算 公 式 | 附 图 及 说 明 |
|---|---|---|
| 稳态液动力 $F_s$ | (1)流过单个阀口时：<br>$F_s=2C_dC_vWx_v\Delta p\cos\theta$<br>$=0.43W\Delta px_v=K_sx_v$<br>方向：力图使阀口关闭<br>(2)各种滑阀的稳态液动力见表 22-3-7 | 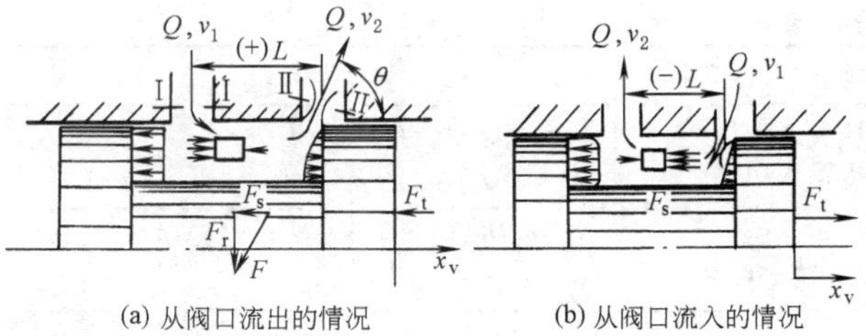<br><br>(a) 从阀口流出的情况　(b) 从阀口流入的情况<br>$C_d$，$C_v$——流量系数、速度系数；$C_d=0.61$，$C_v=0.98$<br>$W$——面积梯度，m<br>$\Delta p$——阀口上的压降，Pa<br>$\theta$——阀口处的射流角，$\theta=69°$<br>$K_s$——液动力刚度系数，$K_s=0.43W\Delta p$，N/m<br>补偿办法：<br>(1)径向小孔法；(2)回流凸肩法；(3)负力窗口法；(4)压降法 |
| 瞬态液动力 $F_t$ | (1)流过单个阀腔时：<br>$F_t=\pm LC_dW\sqrt{2\rho\Delta p}\dfrac{dx_v}{dt}=B_t\dfrac{dx_v}{dt}$<br>$B_t=\pm LC_dW\sqrt{2\rho\Delta p}$<br>方向：与阀腔流体加速的方向相反<br>(2)各种滑阀的瞬态液动力见表 22-3-7 | $L$——液体在阀腔内的实际流程；$F_t$ 与 $x_v$ 方向相反为正阻尼；$F_t$ 与 $x_v$ 方向相同为负阻尼<br>$B_t$——阻尼长度 |
| 滑阀的运动方程 | $F_g=F_I+F_v+F_t+F_s+F_k$<br>$=m_v\ddot{x}_v+(B_v+B_t)\dot{x}_v+(K_s+K_L)x_v$ | $F_g$——滑阀的驱动力，N<br>$F_k$——弹簧力，$F_k=K_Lx_v$<br>$K_L$——弹簧刚度<br>注：侧向力 $F_L$ 补偿后造成的摩擦力较小，已忽略 |

**表 22-3-7**

| 滑 阀 类 型 | | 工作阀口数 | 稳态液动力 $F_s$ | 瞬态液动力 $F_t$ |
|---|---|---|---|---|
| 四通滑阀 | 零开口(表 22-3-4 图 c) | 2 | $0.43W(p_s-p_L)x_v$ | $(L_2-L_1)C_dW\dot{x}_v\sqrt{\rho(p_s-p_L)}$ |
| | 正开口(表 22-3-4 图 f) | 4 | $0.86W(x_vp_s-Up_L)$ | $(L_2-L_1)C_dW\dot{x}_v\sqrt{\rho}(\sqrt{p_s-p_L}+\sqrt{p_s+p_L})$ |
| 三通滑阀 | 零开口(表 22-3-4 图 b) | 1 | $\begin{cases}0.43W(p_s-p_c)x_v & x_v>0\\0.43Wp_cx_v & x_v<0\end{cases}$ | $\begin{cases}-LC_dW\dot{x}_v\sqrt{2\rho(p_s-p_c)} & x_v>0\\LC_dW\dot{x}_v\sqrt{2\rho p_c} & x_v<0\end{cases}$ |
| | 正开口(表 22-3-4 图 b) | 2 | $0.43W[x_vp_s+U(p_s-2p_c)]$ | $-LC_dW\dot{x}_v\sqrt{2\rho}(\sqrt{p_s-p_c}+\sqrt{p_c})$ |
| 带两个固定节流孔的正开口四通滑阀(表 22-3-4 图 d) | | 2 | $0.43W[x_v(p_1+p_2)-Up_L]$ | $LC_dW\dot{x}_v\sqrt{2\rho}(\sqrt{p_2}-\sqrt{p_1})$ |
| 带一个固定节流孔的正开口二通滑阀(表 22-3-4 图 a) | | 1 | $0.43Wp_cx_v$ | $LC_dW\dot{x}_v\sqrt{2\rho p_c}$ |

### 1.2.4 滑阀的功率特性及效率

下面以应用最广的零开口四通滑阀为例。

表 22-3-8

| 项　目 | 计算公式 | 说　明 |
|---|---|---|
| 输入功率<br>最大输入功率 | $N_i=p_sQ_0, Q_0=C_dWx_v\sqrt{p_s/\rho}$<br>$N_{im}=p_sQ_s, Q_s=Q_{0m}=C_dWx_{vm}\sqrt{p_s/\rho}$ | $Q_0$,$Q_{0m}$——空载流量、最大空载流量<br>$Q_s$——供油流量<br>$Q_L$——负载流量<br>$p_L$,$p_s$——负载压力、供油压力<br>$\eta$——最大输出功率点 |
| 输出功率<br>无量纲输出功率 | $N_0=p_LQ_L, Q_L=C_dWx_v\sqrt{(p_s-p_L)/\rho}$<br>$\overline{N}_0=N_0/N_{im}=\overline{p}_L\overline{x}_v\sqrt{1-\overline{p}_L}$ | |
| 最大输出功率及条件 | $x_v=x_{vm}, p_L=(2/3)p_s$ 时：<br>$Q_L=(1/\sqrt{3})Q_{0m}=57.7\%Q_{0m}$，或<br>$Q_{0m}=\sqrt{3}Q_L$<br>$N_0=(2/3\sqrt{3})N_{im}=0.385N_{im}$ | 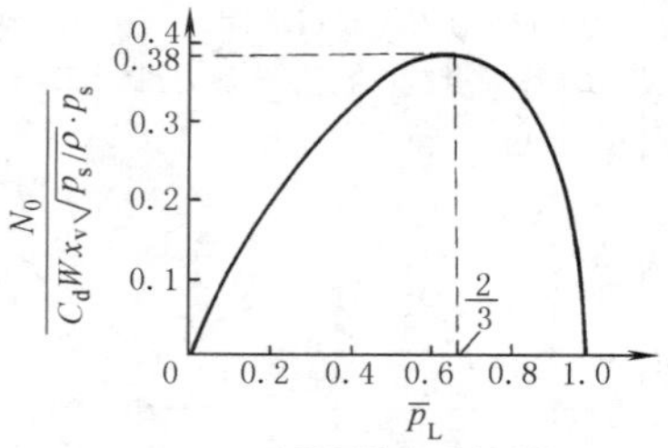<br>无量纲输出功率曲线 |
| 效率 | $\eta=\dfrac{N_0}{N_i}=\dfrac{p_LQ_L}{p_sQ_s}$<br>定量泵供油：$Q_s=Q_{0m}$，$\eta_m=\dfrac{2}{3\sqrt{3}}=38.5\%$<br>恒压变量泵供油：$Q_s=Q_L$，$\eta_m=\dfrac{2}{3}=66.7\%$ | |

### 1.2.5 滑阀的设计

表 22-3-9

| 设计项目 | | 设计的一般原则 |
|---|---|---|
| 滑阀结构型式的确定 | 工作边数和通路数的确定 | 工作边数及通路数主要应从执行元件类型、性能要求及制造成本三方面来考虑<br>三通（双边）阀只能用于控制差动液压缸；四通（四边）阀可控制液压马达、对称液压缸和不对称液压缸，但用对称四通阀控制不对称液压缸容易产生较大的液压冲击，运动不平稳<br>四通阀的压力增益比三通阀高一倍，它所控制的系统的负载误差小，系统的响应速度高；性能要求高的系统多用四通阀；负载不大、性能要求不高的机液伺服机构，或靠外负载回程的特殊场合常用三通阀；二通阀仅用于要求能自动跟踪，但无性能要求的场合<br>四通阀制造成本较高，三通阀次之。二通阀极易制造 |
| | 阀口形状的确定 | 阀口形状由流量大小和流量增益的线性要求来确定<br>一般当额定流量大于 30L/min，且动态要求高时采用全开口。为有足够刚度，小流量阀的阀芯不宜做得过小，因此采用局部开口。局部开口几乎全部采用偶数矩形窗口，且必须保证节流边分布对称。否则将增加滑阀摩擦力从而增加伺服阀分辨率。窗口多用电火花或线切割加工 |
| | 零位开口型式的确定 | 零位开口型式取决于性能要求及用途<br>零开口阀的流量增益为线性，压力增益很高，应用最广。正开口阀零位附近的流量为非线性，压力增益为线性但增益较低，零位泄漏大，一般较少用，多用于前置级、同步控制系统、高温工作环境和恒流系统 |
| | 凸肩数的确定 | 凸肩以保证阀芯有良好的支承，便于开均压槽，并使轴向尺寸紧凑为原则<br>四通阀一般为 3 个或 4 个凸肩。三通阀 2 个或 3 个凸肩。特殊用途的滑阀，除两端作控制面外，还有辅助控制面，需 5 或 6 个凸肩 |
| 滑阀主要参数的确定 | 供油压力 $p_s$ | 一般以供油压力作为额定压力<br>常用的滑阀供油压力（MPa）为 4、6.3、10、21、32 |
| | 最大开口面积 $Wx_{vm}$ | $Wx_{vm}$ 表征阀的规格，由要求的空载流量来确定，$Wx_{vm}=Q_0/(C_d\sqrt{p_s/\rho})$ 确定 $W$、$x_{vm}$ 组合的原则如下：<br>（1）防止空载流量特性出现流量饱和原则。使 $\pi(d^2-d_r^2)/4\geqslant 4Wx_{vm}$<br>（2）保证阀芯刚度足够原则。取阀杆直径 $d_r=d/2$，$d$ 为阀芯直径<br>综上得：$x_{vm}\leqslant\dfrac{3\pi d^2}{64W}$；$W=\pi d$ 时，则 $x_{vm}\leqslant\dfrac{3}{64}d\approx5\%d$，或 $\dfrac{W}{x_{vm}}\geqslant\dfrac{64\pi}{3}=67$ |

续表

| 设计项目 | | 设计的一般原则 |
|---|---|---|
| 滑阀主要参数的确定 | 阀芯直径 $d$ 的确定 | $d$ 的大小应从流量大小、动态性能有求及阀芯刚度要求来考虑<br>流量大时 $d$ 应足够大,但 $d$ 太大惯性力大,动态性能低;$d$ 太小阀杆刚度太小,易变形且要求较大行程 $x_{vm}$;但作为2级的功率级阀芯,在先导级静耗流量一定时,在满足动态性能的前提下,尽量选较大直径。因其端面面积大,驱动力大,抗污染能力好。$d$ 的一般数据见表22-3-10 |
| | 阀芯最大行程 $x_{vm}$ | $x_{vm}$ 大有优点,但要求有较大的驱动力、速度或功率。因此前置级滑阀的最大行程受力矩马达或力马达输出位移、力或功率的限制;功率级滑阀的最大行程受先导级流量的限制。在满足由先导级流量所决定的极限动态性能的情况下,尽量选择较大的 $x_{vm}$,因其阀口节流边腐蚀时所占比例小,寿命长 |
| | 面积梯度 $W$ | 对于机液控制系统,因各环节增益不可调,应根据稳定判据先确定开环增益,然后根据执行元件和反馈元件的增益确定出滑阀的零点流量增益 $K_{q0}$,再由 $K_{q0}=C_dW\sqrt{p_s/\rho}$ 确定出 $W$,最后由 $W/x_{vm}=67$ 计算 $x_{vm}$<br>对于电液控制系统,因开环增益调整方便,可先选择 $x_{vm}$ 再确定 $W$<br>对于大流量的全周开口阀:$W=\pi d$,且需满足 $x_{vm}\leqslant 5\%d$ 及 $W/x_{vm}\geqslant 67$ 的条件,因此,须用试探法确定 $d$,$W$ 和 $x_{vm}$ |
| 结构设计 | | 阀套与阀体过盈配合采用热压法安装<br>阀芯与阀套的轴向配合尺寸或遮盖量为微米级;径向间隙为几微米至十几微米;几何精度和工作棱边的允许圆角为零点几微米<br>四通滑阀的阀套有分段和整体两种结构。分段式主要是为了解决轴向尺寸难以保证和方孔加工困难而采用的结构。但分段式阀套的端面垂直度及光洁度要求很高,内外圆要反复精磨。随着加工水平的提高,多数阀套采用整体式阀套 |

第22篇

**表 22-3-10**

| 空载流量 $Q_0$/L·min$^{-1}$ | <10 | | 10~100 | | 160~250 | | 400~800 | |
|---|---|---|---|---|---|---|---|---|
| 直径和最大行程 | $d$ | $x_{vm}$ | $d$ | $x_{vm}$ | $d$ | $x_{vm}$ | $d$ | $x_{vm}$ |
| 喷嘴挡板式伺服阀/mm | 5 | 0.2~0.4 | 8 | 0.4~0.8 | 10~16 | 0.8~1.0 | 20~30 | 2~3 |
| 双级滑阀式伺服阀/mm | 8~10 | 0.6~1.0 | 12~20 | 1.0~1.5 | 20~24 | 1.5~2.0 | 30~36 | 2.5~3.5 |

# 1.3 喷嘴挡板阀

## 1.3.1 喷嘴挡板阀的种类、原理及应用

**表 22-3-11**

| 类型 | 组成及控制原理 | | 特点及应用 |
|---|---|---|---|
| 单喷嘴挡板阀 | 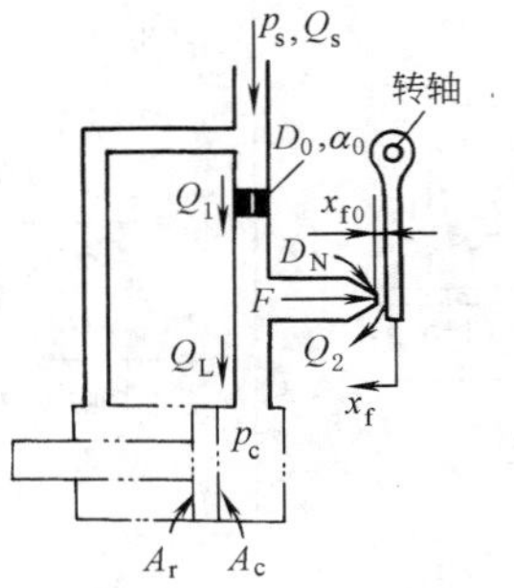 | 带有一个固定节流孔、一个可变节流孔的正开口二通阀,只能用于控制差动缸 | (1)结构较简单,但因小型化,制造精密,成本并不低<br>(2)特性可预知,可通过设计计算确定其特性<br>(3)无死区、无摩擦副、灵敏度高<br>(4)挡板惯量很小,驱动力矩小,动态响应很高<br>(5)挡板与喷嘴间距很小($x_{f0}=0.02\sim0.06$mm),因此抗污染性能差,且调整及维护困难;要求油液的清洁度很高<br>(6)零位泄漏较大,功率损耗较大,因此,只能做伺服阀的前置级<br>(7)由于结构不对称,压力零漂和温度零漂较大,目前已很少用 |

续表

| 类型 | 组成及控制原理 | | 特点及应用 |
|---|---|---|---|
| 双喷嘴挡板阀 | 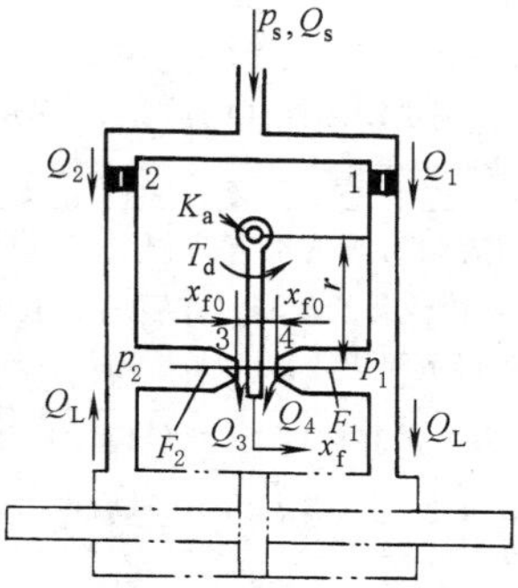 | 带有两个固定节流孔、两个可变节流口的正开口四通阀，结构对称，按差动原理工作，可用于控制对称缸 | (1)结构较简单，但因小型化，制造精密，成本并不低<br>(2)特性可预知，可通过设计计算确定其特性<br>(3)无死区、无摩擦副、灵敏度高<br>(4)挡板惯量很小，驱动力矩小，动态响应很高<br>(5)挡板与喷嘴间距很小($x_{f0}$=0.02~0.06mm)，因此抗污染性能差，且调整及维护困难；要求油液的清洁度很高<br>(6)零位泄漏较大，功率损耗较大，因此，只能作伺服阀的前置级 |

## 1.3.2 喷嘴挡板阀的静态特性

虽然喷嘴挡板阀与滑阀的结构不同，但单喷嘴挡板阀与带一个固定节流孔的正开口二通滑阀、双喷嘴挡板阀及带两个固定节流孔的正开口四通滑阀的工作原理相同，静态特性亦相同，只需将有关公式和图表中的参数作如下置换：

① 用喷嘴挡板阀流量系数 $C_{df}$ 置换滑阀流量系数 $C_d$；

② 用喷口周长 $\pi D_N$ 置换滑阀面积梯度 $W$；

③ 用挡板至喷嘴的零位距离 $x_{f0}$ 置换滑阀的预开口量 $U$，用挡板位移 $x_f$ 置换滑阀位移 $x_v$。

喷嘴挡板阀的静态特性见表 22-3-12。

表 22-3-12　　喷嘴挡板阀的静态特性

| 项目 | | 单喷嘴挡板阀 | 双喷嘴挡板阀 | 备注 |
|---|---|---|---|---|
| 压力增益特性 | | $\bar{p}_c=\dfrac{1}{1+\alpha^2(1-\bar{x}_f)^2}$ | $\bar{p}_L=\dfrac{1}{1+\alpha^2(1-\bar{x}_f)^2}-\dfrac{1}{1+\alpha^2(1+\bar{x}_f)^2}$ | $Q_L=0$ |
| 零位压力 | | $p_{c0}=\dfrac{p_s}{1+\alpha^2}$ | $p_{10}=p_{20}=\dfrac{p_s}{1+\alpha^2}$ | $x_f=0$<br>$Q_L=0$ |
| 无量纲压力-流量 | | $\bar{Q}_L=\dfrac{1}{\alpha}\sqrt{2(1-\bar{p}_c)}-(1-\bar{x}_f)\sqrt{2\bar{p}_c}$ | $\bar{Q}_L=\dfrac{1}{\alpha}\sqrt{2(1-\bar{p}_1)}-(1-\bar{x}_f)\sqrt{2\bar{p}_1}$<br>$\bar{Q}_L=(1+\bar{x}_f)\sqrt{2\bar{p}_2}-\dfrac{1}{\alpha}\sqrt{2(1-\bar{p}_2)}$<br>$\bar{p}_L=\bar{p}_1-\bar{p}_2$ | $\bar{x}_f=x_f/x_{f0}$<br>$\bar{p}_c=p_c/p_s$<br>$\bar{p}_1=p_1/p_s$<br>$\bar{p}_2=p_2/p_s$<br>$\bar{p}_L=p_L/p_s$<br>$p_L=p_1-p_2$<br>$\bar{Q}_L=\dfrac{Q_L}{C_{df}\pi D_N x_{f0}\sqrt{p_s/\rho}}$<br>$\alpha=\dfrac{C_{df}\pi D_N x_{f0}}{C_{d0}\alpha_0}$ |
| 零点阀系数 | $\alpha\neq1$ | $K_{q0}=\dfrac{1}{\sqrt{1+\alpha^2}}C_{df}\pi D_N\sqrt{\dfrac{2}{\rho}p_s}$<br>$K_{c0}=\dfrac{C_{df}\pi D_N x_{f0}}{\sqrt{p_s\rho}}\left[\dfrac{1}{\alpha\sqrt{2[1-1/(1+\alpha^2)]}}+\dfrac{1}{\sqrt{2/(1+\alpha^2)}}\right]$<br>$K_{p0}=\dfrac{\sqrt{2}p_s/(x_{f0}\sqrt{1+\alpha^2})}{\dfrac{1}{\alpha\sqrt{2[1-1/(1+\alpha^2)]}}+\dfrac{1}{\sqrt{2/(1+\alpha^2)}}}$ | $K_{q0}=\dfrac{1}{\sqrt{1+\alpha^2}}C_{df}\pi D_N\sqrt{\dfrac{2}{\rho}p_s}$<br>$K_{c0}=\dfrac{C_{df}\pi D_N x_{f0}}{2\sqrt{p_s\rho}}\left[\dfrac{1}{\alpha\sqrt{2[1-1/(1+\alpha^2)]}}+\dfrac{1}{\sqrt{2/(1+\alpha^2)}}\right]$<br>$K_{p0}=\dfrac{2\sqrt{2}p_s/(x_{f0}\sqrt{1+\alpha^2})}{\dfrac{1}{\alpha\sqrt{2[1-1/(1+\alpha^2)]}}+\dfrac{1}{\sqrt{2/(1+\alpha^2)}}}$ | |
| | $\alpha=1$ | $K_{q0}=C_{df}\pi D_N\sqrt{\dfrac{p_s}{\rho}}$<br>$K_{c0}=2C_{df}\pi D_N x_{f0}\sqrt{p_s/\rho}/p_s$<br>$K_{p0}=p_s/2x_{f0}$ | $K_{q0}=C_{df}\pi D_N\sqrt{\dfrac{p_s}{\rho}}$<br>$K_{c0}=C_{df}\pi D_N x_{f0}\sqrt{p_s/\rho}/p_s$<br>$K_{p0}=p_s/x_{f0}$ | |

续表

| 项目 | | 单喷嘴挡板阀 | 双喷嘴挡板阀 | 备　注 |
|---|---|---|---|---|
| 零位泄漏流量 | $\alpha\neq1$ | $Q_c=\dfrac{C_{df}\pi D_N x_{f0}}{\sqrt{1+\alpha^2}}\sqrt{2p_s/\rho}$ | $Q_c=\dfrac{2C_{df}\pi D_N x_{f0}}{\sqrt{1+\alpha^2}}\sqrt{2p_s/\rho}$ | $x_f=0$ |
| | $\alpha=1$ | $Q_c=C_{df}\pi D_N x_{f0}\sqrt{p_s/\rho}$ | $Q_c=2C_{df}\pi D_N x_{f0}\sqrt{p_s/\rho}$ | |

## 1.3.3　喷嘴挡板阀的力特性

**表 22-3-13**

| 项　目 | 计算公式 | 说　明 |
|---|---|---|
| 作用在单喷嘴挡板阀挡板上的液流力 | $F=p_c A_N[1+16C_{df}^2(x_{f0}-x_f)^2/D_N^2]$ | $p_c$——喷嘴内的压力<br>$A_N$——喷嘴面积,$A_N=\pi D_N^2/4$<br>$D_N$——喷嘴直径 |
| 作用在双喷嘴挡板阀挡板上的液流力 | $F=p_L A_N-2[8\pi C_{df}^2 p_s x_{f0}/(1+\alpha^2)]x_f$ | $K_{s0}$——零点液动力弹簧刚度,$K_{s0}=8\pi C_{df}^2 p_s x_{f0}/(1+\alpha^2)$ |
| 挡板的运动方程 | $T_a=J_a\ddot{\theta}+B_a\dot{\theta}+K_a\theta+Fr$ | $T_a$——挡板的驱动力矩<br>$J_a$——挡板组件的转动惯量<br>$K_a$——支承挡板的扭簧的扭转刚度<br>$\theta$——挡板相对于平衡位置的转角<br>$r$——喷嘴轴线至扭转支点的距离 |
| 挡板运动的稳定性条件之一 | $K_a>8\pi C_{df}^2 p_s x_{f0} r^2$ | |



## 1.3.4　喷嘴挡板阀的设计

以双喷嘴挡板阀为例。

**表 22-3-14**

| 项　目 | 计　算　式 | 说　明 |
|---|---|---|
| 喷嘴直径 $D_N$ | $D_N=\dfrac{\sqrt{1+\alpha^2}\ K_{q0}}{\pi C_{df}\sqrt{2p_s/\rho}}$ | $K_{q0}$——零点流量增益;根据该阀及其控制的稳定性、稳态及动态性能要求确定 $K_{q0}$ 值<br>通常 $D_N$ 在 0.3~0.8mm 区间 |
| 零位间隙 $x_{f0}$ | 为避免产生流量饱和现象,<br>$\pi D_N x_{f0}\leqslant A_N/4=\pi D_N^2/16$<br>$\therefore\quad x_{f0}\leqslant D_N/16$ | 通常 $x_{f0}$ 在 20~60μm 区间 |
| 固定节流孔直径 | $D_0=2\sqrt{C_{df}D_N x_{f0}/(C_{d0}\alpha)}$ | $\alpha=1$ 时,零点压力增益最大,压力增益特性的线性度最好,且零位压力 $p_{10}=p_{20}=p_s/2$,所以通常取 $\alpha=1$;但如果为减少零位泄漏,减少供油流量及功率损耗,则 $\alpha\leqslant0.707$ |
| 喷嘴挡板阀流量系数 | 当喷嘴端部为锐边时,<br>$C_{df}/C_{d0}=0.8$ | 喷嘴与挡板间环形面积处的液流流动情况很复杂,流量系数 $C_{df}$,与雷诺数及喷嘴端部的尖锐程度有关。固定节流孔为细长型,$C_{df}=0.8$ 左右 |

## 1.3.5　喷嘴挡板阀用作先导级时的实际结构

**表 22-3-15**

| 原　理　图 | 说　明 |
|---|---|
| 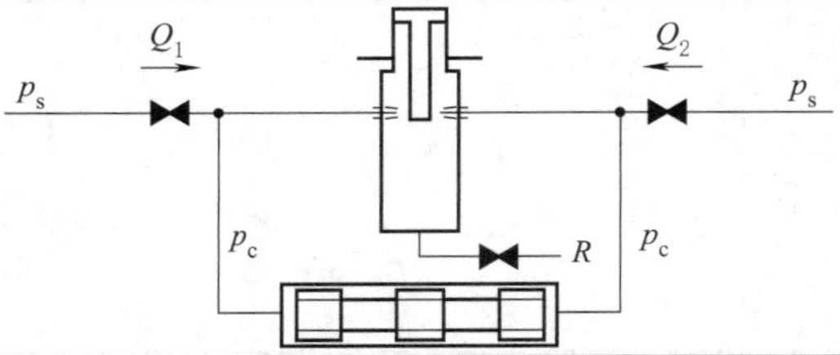 | 喷嘴挡板阀作为先导级使用,尤其在高压如 21MPa 以上时,为防止发生啸叫和进、回油压力零飘过大,一般都在喷嘴挡板阀的溢流腔加有回油节流孔,其溢流压力一般在(8%~18%)$p_s$ 之间,静态性能与无回油节流孔时稍有不同。设计时应加以考虑 |

## 1.4　射流管阀和射流偏转板阀

射流管阀（见表 22-3-2 图 c）是液体能量转换式放大器，在射流管喷嘴处，收缩喷嘴使液体的压力能变成动能，而在接收器内扩散流道又使液体的动能恢复成压力能。为了避免射流进入接受器时有空气混入，减小射流管所受的射流压力并增大运动阻尼，采用淹没射流。

### 1.4.1　射流管阀的紊流淹没射流特征

表 22-3-16

<table>
<tr><th>项目</th><th colspan="2">特　　征</th></tr>
<tr><td>紊流淹没射流结构特征</td><td colspan="2">（1）四周的液体将混渗并卷入射流中，射流的横断面及其流量沿射流方向逐渐扩大<br>（2）未被四周液体混入的中心部分，保持着喷口速度 $v_0$，称为核心层；核心层逐渐缩小，其消失处的断面称为过渡断面。喷口至过渡断面的射流段称为起始段 $L_0$，之后的射流段称为基本段。$\alpha$ 角称为核心收缩角<br>（3）核心层之外的射流区域称为边界层，边界层逐渐扩大，外边界线上速度为零。$E$ 点成为极点，$\theta$ 角称为极角或扩散角，$h_0$ 称为极点深度<br>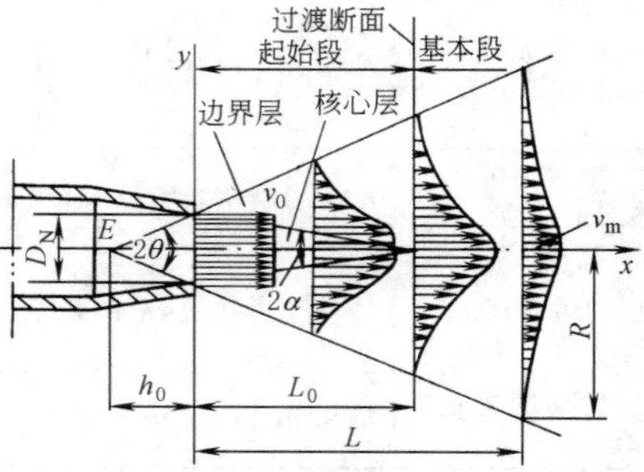<br></td></tr>
<tr><td rowspan="7">紊流淹没射流参数</td><th>计　算　式</th><th>说　　明</th></tr>
<tr><td>（1）极点深度及极角<br>极点深度：　$h_0=R_N\mathrm{ctan}\theta$<br>极角的大小随射流断面形状及喷口上速度不均匀程度而异：<br>$\tan\theta=\beta\varphi$</td><td rowspan="6">$D_N,R_N$——喷口直径、半径<br>$\beta$——紊流系数，喷嘴收缩好、喷口上速度均匀时，$\beta=0.066$<br>$\varphi$——与射流断面形状有关的系数，对于圆端面 $\varphi=3.4$，对于平面射流 $\varphi=2.44$<br>$v_0$——喷口速度<br>$L$——任意断面至喷口之距离<br>$R$——横断面上的半径<br>$y$——任意断面上任意点到轴心的距离<br>$Q_N$——喷口流量<br>$Q_1$——核心层部分的流量<br>$Q_2$——边界层部分的流量<br>$Q$——起始段的总流量</td></tr>
<tr><td>（2）收缩角<br>$\tan\alpha=R_N/L_0=1.49\beta$</td></tr>
<tr><td>（3）基本段的中心速度 $v_m$ 沿轴线的分布<br>$$\frac{v_m}{v_0}=\frac{0.9666}{\beta L/R_N+0.294}$$<br>当 $L=L_0$ 时，$v_m=v_0$，得 $L_0=0.672R_N/\beta$</td></tr>
<tr><td>（4）基本段断面上的速度 $v$ 分布<br>经验公式：　$\frac{v}{v_m}=[1-(y/R)^{3/2}]^2$</td></tr>
<tr><td>（5）基本段的流量沿轴线的变化规律<br>$$\frac{Q}{Q_N}=2.20\left(\frac{\beta L}{R_N}+0.294\right)$$<br>当 $L=L_0=0.672R_N/\beta$ 时，$Q=2.1Q_N$，表明由于四周液体的卷入，射流流量增大了</td></tr>
<tr><td>（6）起始段的流量沿轴线的变化<br>$Q=Q_1+Q_2$<br>$Q_1/Q_N=1-2.98\beta L/R_N+2.22(\beta L/R_N)^2$<br>$Q_2/Q_N=3.74\beta L/R_N-0.90(\beta L/R_N)^2$<br>当 $L=L_0=0.672R_N/\beta$ 时，$Q_1=0$，$Q_2=2.1Q_N$<br>当 $L=L_0/2=0.672R_N/2\beta$ 时，$Q_1=0.25Q_N$，$Q_s=1.16Q_N$</td></tr>
</table>

## 1.4.2 流量恢复系数与压力恢复系数

表 22-3-17

| | 流量恢复系数 | 压力恢复系数 | 总效率 |
|---|---|---|---|
| 定义 | $\eta_Q=Q_0/Q_s$<br>$Q_0$——流过接收孔的最大空载流量<br>$Q_s$——供油流量 | $\eta_p=p_{Lm}/p_s$<br>$p_{Lm}$——接收孔内的最大负载压力<br>$p_s$——供油压力 | $\eta=\eta_Q\eta_p$ |
| 参数 | $\eta_Q$、$\eta_p$、$\eta$ 与参数 $\lambda_1$、$\lambda_2$ 的取值有关,见试验曲线。通常取 $\lambda_1=2.5\sim3$,$1.5\leqslant\lambda_2\leqslant3$,<br>$\lambda_1=A_a/A_N$,$A_a$、$A_N$ 分别为接受孔面积、喷嘴面积<br>$\lambda_2=l/D_N$,$l$ 为喷嘴与接受孔间距 | | |
| 试验曲线 | 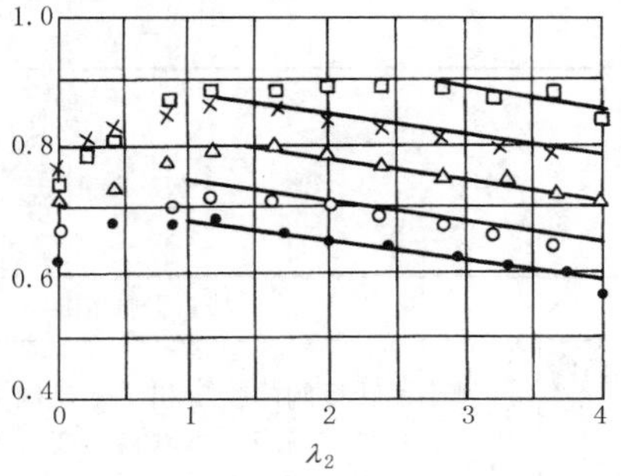 <br>流量恢复系数试验曲线 | 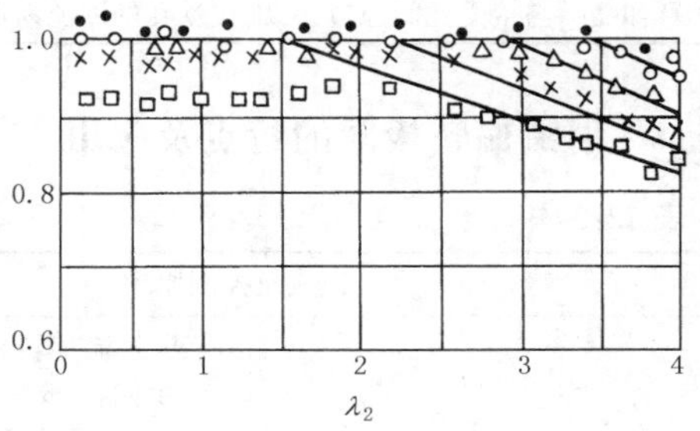 <br>压力恢复系数试验曲线 | |
| | ●—$\lambda_1=1.79$;○—$\lambda_1=2.088$;△—$\lambda_1=2.5$;×—$\lambda_1=3.025$;□—$\lambda_1=3.67$ | | |

## 1.4.3 射流管阀的静态特性及应用

由于射流特性和能量转换的复杂性,难以通过分析、解析得到静态特性,而需借助于试验。阀系数亦由实测的特性曲线得到。试验曲线表明,射流管阀的静态特性类似于正开口四通滑阀或双喷嘴挡板阀。

表 22-3-18

| | 压力增益特性曲线 | 空载流量特性曲线 | 压力-流量特性曲线 |
|---|---|---|---|
| 静态特性曲线 | 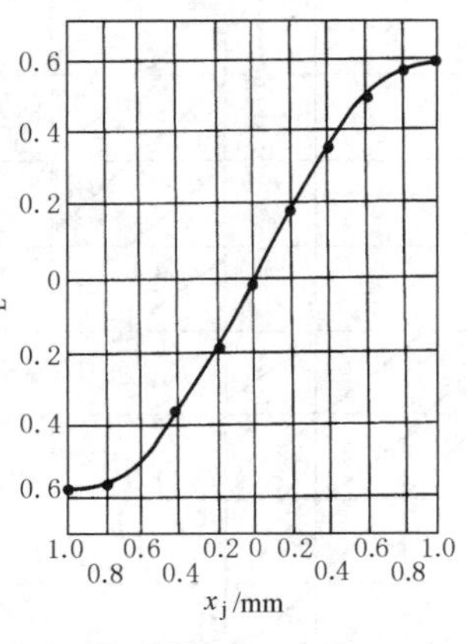 <br>$p_s=0.6\text{MPa}$,$D_N=1.2\text{mm}$ | 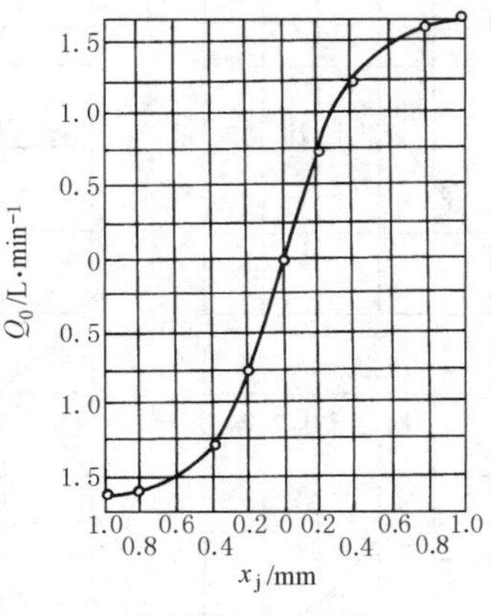 <br>$p_s=0.6\text{MPa}$,$D_N=1.2\text{mm}$ | 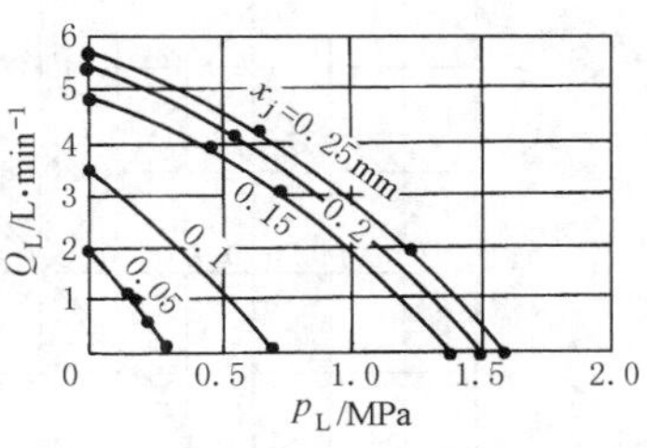 <br>$p_s=0.58\text{MPa}$,$D_N=1.2\text{mm}$,<br>$D_a=1.5\text{mm}$ |
| 零位泄漏流量 | $Q_c=C_{df}A_N\sqrt{2p_s/\rho}$ | | |

续表

| 特　　点 | 发　　展 | 应　　用 |
|---|---|---|
| (1)喷口尺寸大,通常 $D_N=0.5\sim2$mm,对油液的污染很不敏感,抗污染性能好,可靠性很高<br>(2)压力恢复系数和流量恢复系数都很高,因此总效率比滑阀和喷嘴挡板阀高得多<br>(3)结构简单,制造容易<br>(4)射流管做摆动,转动摩擦小,所需驱动力小,分辨率高<br>(5)虽然两个接收孔存在边距 $b=0.1\sim0.2$mm,但并不存在几何尺寸引起的死区<br>(6)特性不易预知,设计时需借助于试验<br>(7)射流管的转动惯量远比挡板大,因而动态响应较低<br>(8)零位泄漏量较大,零位功率损耗大<br>(9)如喷嘴与接受孔间隙过小,则接受孔的回流易冲击射流管 | 新型偏转板式射流管阀,其射流管不动,通过小惯量的偏转板运动向接收孔“配流”,达到了高响应,并避免了回流冲击 | (1)作伺服阀的前置级<br>(2)大功率单级射流管可直接驱动执行元件 |

## 1.4.4 射流偏转板阀的特点及应用

表 22-3-19

| 组成及控制原理 | 特点及应用 |
|---|---|
| 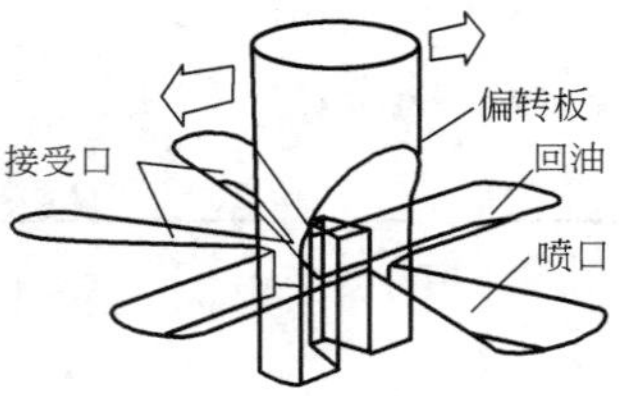 <br>射流偏转板阀主要由射流片和偏转板所构成。射流片被上、下压片密封,其上开有一个高压喷口和两个接受口。偏转板上端和力矩马达衔铁固定,下端开有一个 V 形槽且插入射流片喷口和接受口之间,将喷口的高速射流导向接受口。当偏转板移动时,二接受口产生压差,从而驱动负载或二级阀的功率级阀芯 | 射流偏转板阀的喷口和接受口端部为矩形口,面积和射流管阀相当。所以它具有射流管阀的优点,即抗污染能力好,高可靠性,失效对中。同时由于压力恢复系数和流量恢复系数都很高,因此效率高,作为前置放大级使用时,使得二级阀的分辨率很小且可使功率级阀芯最大行程比喷挡阀大近一倍。由于偏转板惯量小,所以动态响应可以和喷挡阀相当<br>其缺点是零位泄漏量较大,零位功率损耗较大<br>目前用作单级伺服阀和两级伺服阀的前置级 |
| 射流偏转板阀的静态特性 | |
| 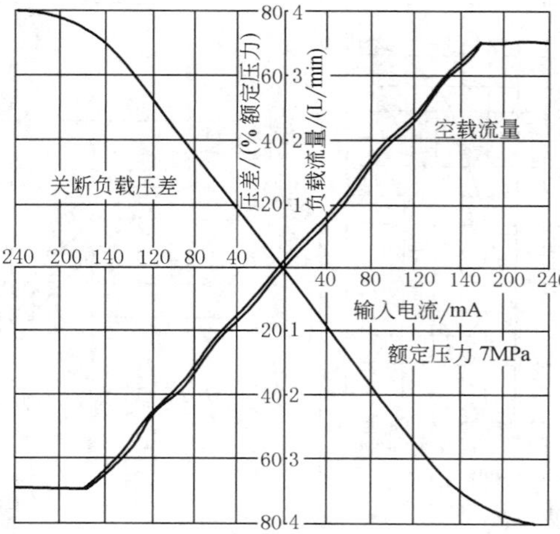 <br>流量和压力增益曲线 | 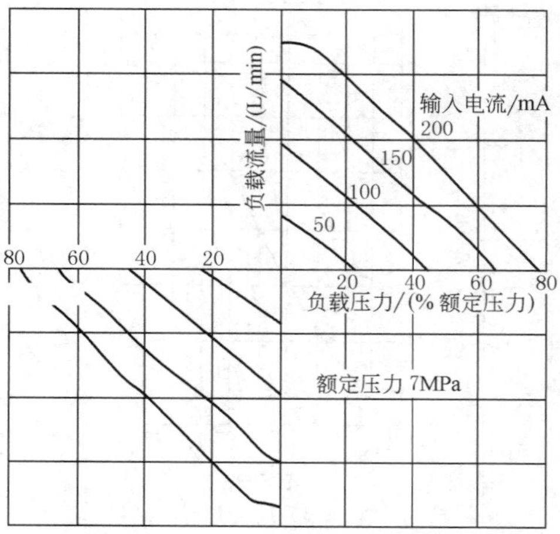 <br>流量－负载压力曲线 |

# 2 液压动力元件

液压控制元件、液压执行元件及其负载的组合称为液压动力元件。液压动力元件的性能在很大程度上决定了液压控制系统的性能。

## 2.1 液压动力元件的类型、特点及应用

表 22-3-20

| 类型 | 控制元件 | 执行元件 | 组合简称 | 特点 | 应用 |
|---|---|---|---|---|---|
| 阀控动力元件 | 液压控制阀 | 液压缸 | 阀控缸 | (1)输出特性为软特性,速度刚度低,变阻尼<br>(2)动态响应高,控制精度高<br>(3)工作效率较低<br>(4)成本较高 | 用于要求高精度、高响应场合 |
| | | 液压马达 | 阀控马达 | | |
| 泵控动力元件 | 伺服变量泵 | 液压缸 | 泵控缸 | (1)输出特性为硬特性,速度刚度大,低阻尼<br>(2)动态响应较低,控制精度较低<br>(3)工作效率高<br>(4)泵的变量控制尚需一套阀控系统,成本高 | 用于精度和响应速度要求较高,功率大且要求效率高的场合 |
| | | 液压马达 | 泵控马达 | | |

## 2.2 液压动力元件的静态特性及其负载匹配

### 2.2.1 动力元件的静态特性

表 22-3-21

| 类型 | | 静态特性 | | 说明 |
|---|---|---|---|---|
| 阀控动力元件 | 阀控缸 | 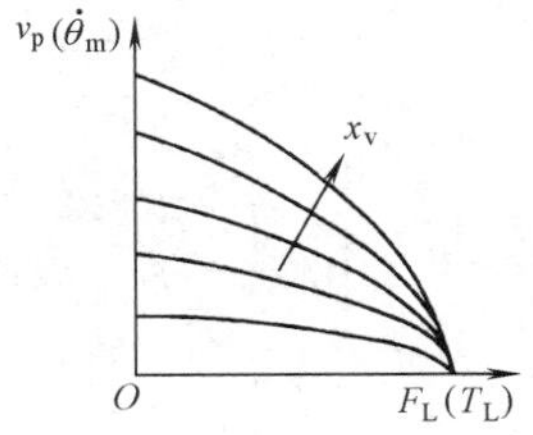 | 输出特性:$v_p=f(F_L,x_v)$<br>速度特性:$v_p=f(x_v)\|_{F_L=const}$ | $v_p$——输出速度,m/s<br>$\dot{\theta}_m$——输出转速,rad/s<br>$F_L$——外负载力,N<br>$T_L$——外负载力矩,N·m<br>$x_v$——阀的位移,m<br>$\phi$——泵的偏角,rad |
| | 阀控马达 | | 输出特性:$\dot{\theta}_m=f(T_L,x_v)$<br>速度特性:$\dot{\theta}_m=f(x_v)\|_{T_L=const}$ | |
| 泵控动力元件 | 泵控缸 | 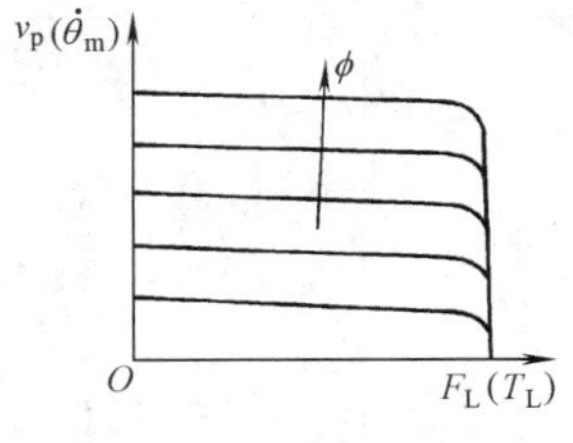 | 输出特性:$v_p=f(F_L,\phi)$<br>速度特性:$v_p=f(\phi)\|_{F_L=const}$ | |
| | 泵控马达 | | 输出特性:$\dot{\theta}_m=f(T_L,\phi)$<br>速度特性:$\dot{\theta}_m=f(\phi)\|_{T_L=const}$ | |

## 2.2.2 负载特性及其等效

表 22-3-22

| 负载类型 | | 负载特性方程 | 负载轨迹 | 说明 |
|---|---|---|---|---|
| 典型负载 | 惯性负载 | $\left(\frac{F_I}{mx_m\omega^2}\right)^2+\left(\frac{\dot{x}}{x_m\omega}\right)^2=1$ | 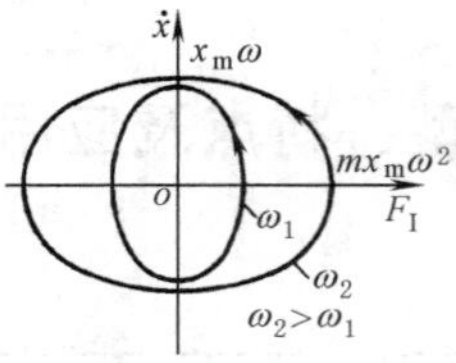 | $F_I$——惯性力,N<br>$m$——负载质量,kg<br>$x$——运动位移,m<br>$\dot{x}$——运动速度,m/s<br>$x_m$——最大位移,振幅,m<br>$\omega$——运动角频率,rad/s |
| 典型负载 | 弹性负载 | $\left(\frac{F_k}{x_mK}\right)^2+\left(\frac{\dot{x}}{x_m\omega}\right)=1$ | 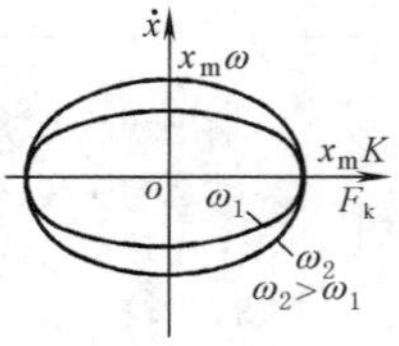 | $F_k$——弹性力,N<br>$K$——弹簧刚度,N/m |
| 典型负载 | 黏性负载 | $F_v=B\dot{x}=Bx_m\omega\cos\omega t$ | 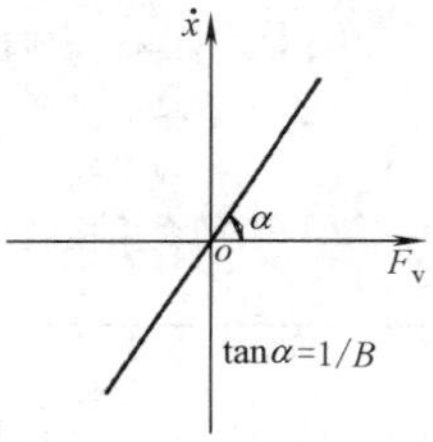 | $F_v$——黏性力,N<br>$B$——黏性阻尼系数,N·s/m |
| 典型负载 | 静摩擦力 | $F_s=\begin{cases}F_{s0} & \dot{x}=0,\ddot{x}>0\\0 & \dot{x}\neq0\\-F_{s0} & \dot{x}=0,\ddot{x}<0\end{cases}$ | 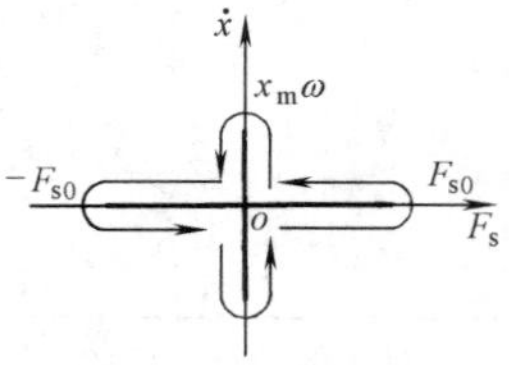 | $F_s$——静摩擦力,N<br>$F_{smax}=\|\pm F_{s0}\|$,与 $\omega$ 无关 |
| 典型负载 | 动摩擦力 | $F_c=\begin{cases}F_{c0} & \dot{x}>0\\0 & \dot{x}=0\\-F_{c0} & \ddot{x}<0\end{cases}$ | 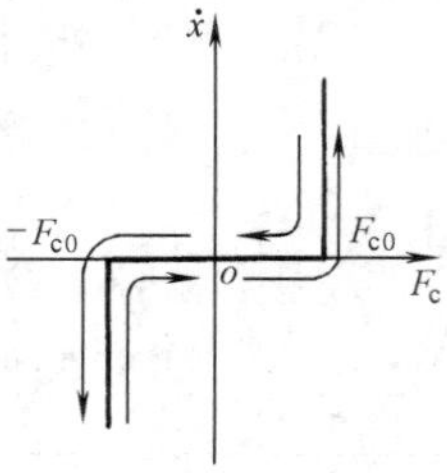 | $F_c$——动摩擦力,N<br>$F_{cmax}=\|\pm F_{c0}\|$,与 $\omega$ 无关 |
| 典型负载 | 重力负载 | $F_w=mg$ | 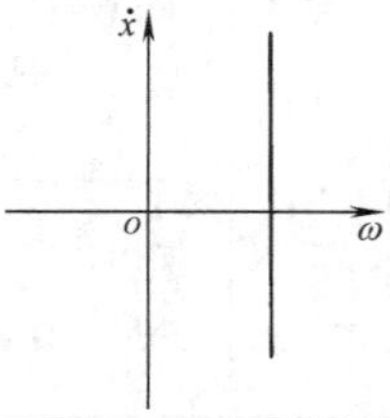 | $F_w$——重力,N<br>$g$——重力加速度 |

续表

| 负载类型 | | 负载特性方程 | 负载轨迹 | 说　明 |
|---|---|---|---|---|
| 合成负载 | 惯性负载+<br>弹性负载+<br>黏性负载 | $\left\{\frac{F-B\dot{x}}{x_m K\left[1-\left(\frac{\omega}{\omega_m}\right)^2\right]}\right\}+\left(\frac{\dot{x}}{x_m\omega}\right)=1$ | 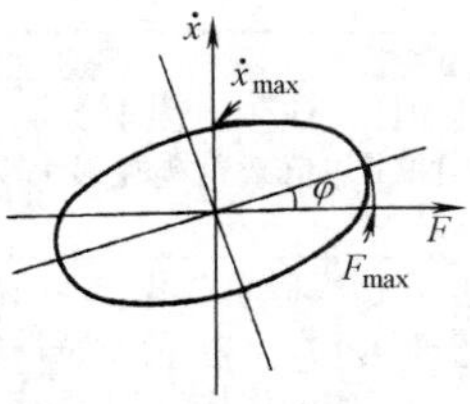<br> | $F=F_I+F_k+F_v$<br>$\varphi=\arctan\frac{B\omega}{K-m\omega^2}$<br>$F_{max}=x_m\omega\sqrt{(K-m\omega)^2+(B\omega)^2}$ |
| | 惯性负载+<br>黏性负载 | $\left(\frac{F-B\dot{x}}{mx_m\omega^2}\right)^2+\left(\frac{\dot{x}}{x_m\omega}\right)^2=1$ | 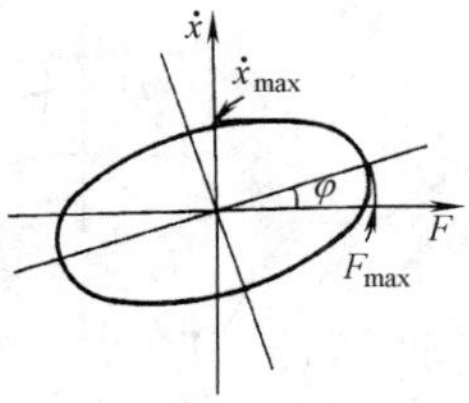<br> | $F=F_I+F_v$<br>$\varphi=\arctan(-B/m\omega)$<br>$F_{max}=x_m\omega\sqrt{(m\omega)^2+B^2}$ |
| | 惯性负载+<br>弹性负载 | $\frac{1}{\left[1-\left(\frac{\omega}{\omega_m}\right)^2\right]^2}\left(\frac{F}{x_mK}\right)^2+\left(\frac{\dot{x}}{x_m\omega}\right)^2=1$ | 类似弹性负载轨迹,仅横坐标相差$\left[1-\left(\frac{\omega}{\omega_m}\right)^2\right]^{-1}$ | $F=F_x+F_k$ |
| | 黏性负载+<br>静摩擦力+<br>动摩擦力 | $F=F_v+F_s+F_c$ | 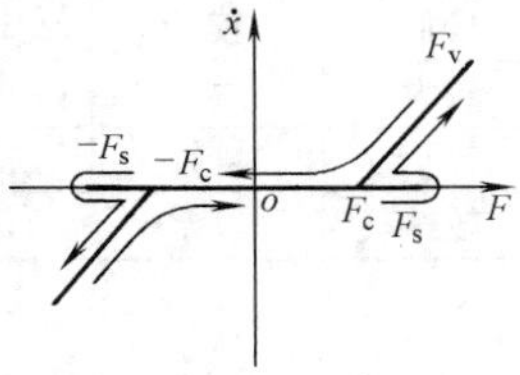<br> | |
| 等效负载实例 | 等效惯量 | $J_t=J_m+J_1+J_{e2}+J_{e3}+J_{em}$<br>$=J_m+J_1+\frac{J_2}{i_1^2}+\frac{J_3}{(i_1i_2)^2}+$<br>$m\left(\frac{L}{2\pi i_1i_2}\right)^2$ | 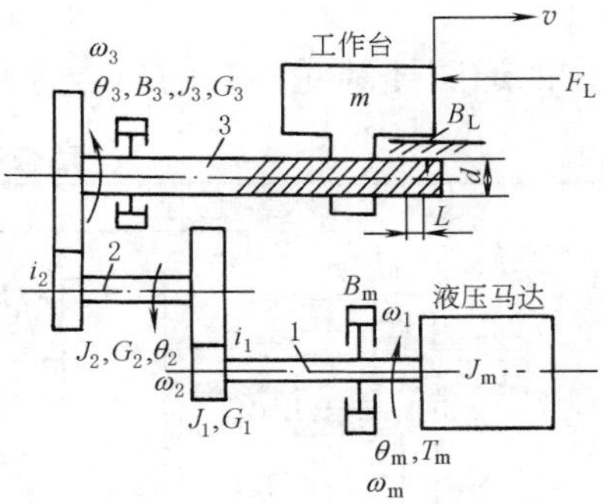<br><br>$J_1,J_2,J_3$——1,2,3 轴的转动惯量,N·m·s²/rad<br>$\omega_1,\omega_2,\omega_3$——1,2,3 轴的角速度,rad/s<br>$G_1,G_2,G_3$——1,2,3 轴的扭转刚度,N·m/rad<br>$i_1,i_2$——两齿轮对的减速比<br>$J_m,T_m,\omega_m,B_m$——液压马达的转动惯量、转矩(N·m)、转速及黏性阻尼系数(N·m·s/rad)<br>$L,d$——滚珠丝杠的螺距、直径,m<br>$m,B_L,F_L,v$——工作台的惯量(kg)、黏性阻尼系数、负载力(N)及转速(m/s) | |
| | 等效刚度 | $\frac{1}{G_t}=\frac{1}{G_1}+\frac{1}{G_{e2}}+\frac{1}{G_{e3}}$<br>$=\frac{1}{G_1}+\frac{1}{G_2/i_1^2}+\frac{1}{G_3/(i_1i_2)^2}$ | | |
| | 等效外负载力矩 | $T_{eL}=T_L/i_1i_2=LF_L/2\pi i_1i_2$ | | |
| | 等效黏性阻尼系数 | $T_{eB3}=T_{B3}/i_1i_2$<br>$=B_3\omega_m/(i_1i_2)^2=B_{e3}\omega_m$<br>其中　$B_{e3}=B_3/(i_1i_2)^2$ | | |

第22篇

### 2.2.3 阀控动力元件与负载特性的匹配

表 22-3-23

| | |
|---|---|
| 匹配的含义 | 匹配是指动力元件的输出特性与负载特性相适应：<br>（1）动力元件的输出特性曲线应能包围负载轨迹，否则无法实现基本的拖动要求；<br>（2）动力元件的输出特性曲线与负载轨迹在最大功率点附近相切，并使二曲线间的区域尽可能小，目的是为了提高功率利用率，提高效率 |
| 匹配方法 | 通过改变动力元件的输出特性以适应负载特性的需要：<br>（1）改变供油压力 $p_s$　提高 $p_s$ 时，压力-流量特性向外扩展；<br>（2）改变伺服阀的规格　增大阀的规格，压力-流量特性向上扩展；<br>（3）改变执行元件的规格　增大执行元件规格，压力-流量特性变窄变高<br>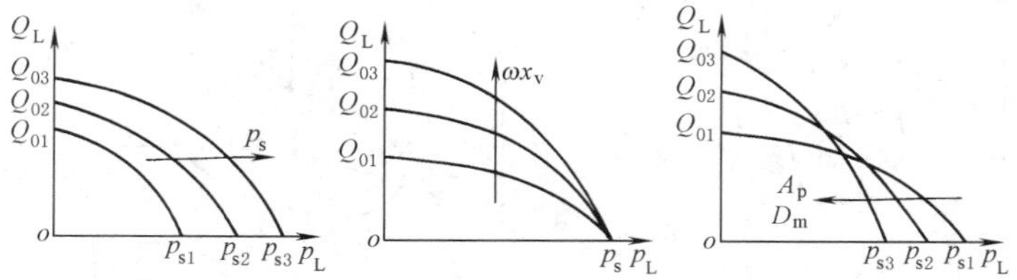<br>(a) 改变供油压力　(b) 改变阀的规格　(c) 改变执行元件规格 |
| 匹配的评价 | 见下表及右图 |

| 评价指标 | $a$ | $b$ | $c$ |
|---|---|---|---|
| 阀的规格 | 较小 | 太大 | 适中 |
| 执行元件尺寸 | 较小 | 太大 | 适中 |
| 供油压力 | 太大 | 较小 | 适中 |
| 效率 | 较低 | 较低 | 较高 |
| 刚度 | 较大 | 太小 | 尚好 |
| 阻尼 | 较小 | 较大 | 居中 |
| 线性 | 较好 | 较差 | 居中 |

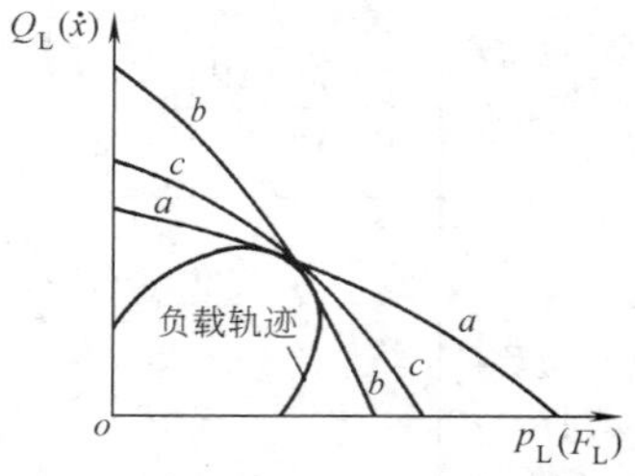


## 2.3 液压动力元件的动态特性

### 2.3.1 对称四通阀控制对称缸的动态特性

表 22-3-24　　动态特性方程及方块图

| 项目 | | 简图及特性方程 | 说　明 |
|---|---|---|---|
| 物理模型 | | 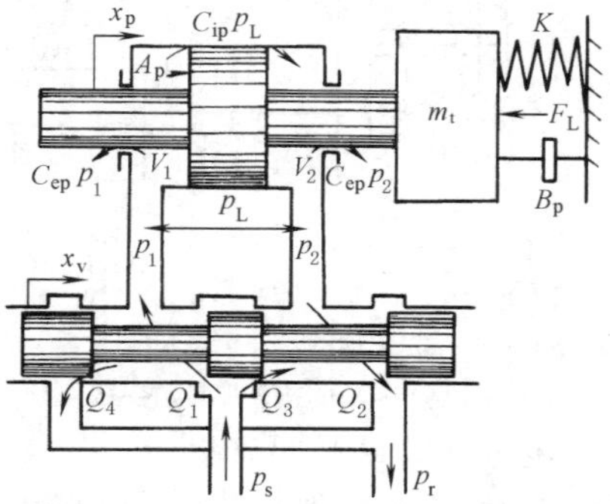 | 模型中滑阀为正开口阀，并假定：<br>（1）供油压力 $p_s$ 恒定，回油压力 $p_r=0$；<br>（2）阀的四个节流窗口配作且对称，采用矩形阀口，阀口处流动为紊流；<br>（3）不考虑管道损失及管道的动态；<br>（4）温度和密度均为常数<br>滑阀为理想零开口阀时，$Q_3=Q_4=0$<br>$Q_L=(Q_{ip}+Q_{op})/2$<br>$Q_{ip}=(Q_1-Q_4)$，为进入缸的流量<br>$Q_{op}=(Q_2-Q_3)$，为从缸流出的流量，$m^3/s$<br>$s$——拉普拉斯算子，1/s<br>$K_q$，$K_c$——工作点处的流量增益、流量-压力系数，见表 22-3-25<br>$x_v$——滑阀的位移，m<br>$x_p$，$A_p$——活塞位移、活塞工作面积，单位分别为 m，$m^2$<br>$p_L=(p_1-p_2)$，为负载压力，$N/m^2$ |
| 动态方程 | 滑阀的流量方程 | $Q_L(s)=K_q x_v(s)-K_c p_L(s)$ | |
| | 活塞腔的连续性方程 | $Q_L(s)=A_p s x_p(s)+C_{tp} p_L(s)+(v_t/4\beta_e) s p_L(s)$ | |
| | 活塞上的力平衡方程 | $A_p p_L(s)=m_t s^2 x_p(s)+B_p s x_p(s)+K x_p(s)+F_L(s)$ | |

续表

方块图

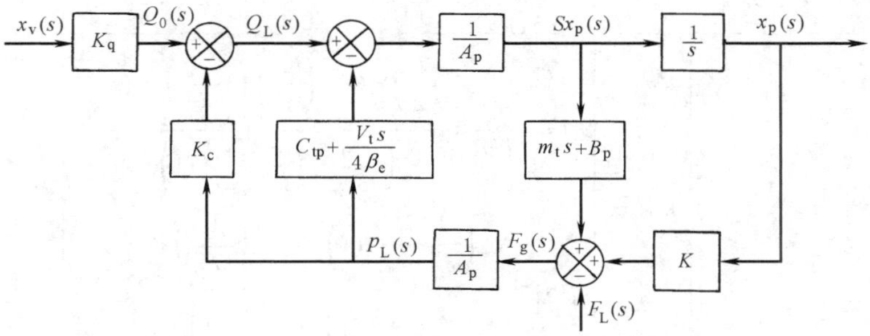


(a) 由负载流量获得缸位移的方块图

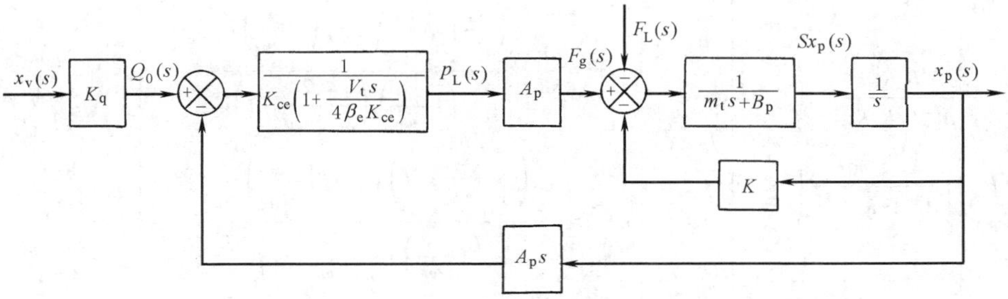


(b) 由负载压力获得缸位移的方块图

$p_1, p_2$——缸两腔压力，$N/m^2$

$V_t$——总容积，$V_t=(V_1+V_2)$，$V_1, V_2$ 为进油腔、回油腔容积，$m^3$

$C_{tp}$——缸的总泄漏系数，$C_{tp}=(C_{ip}+C_{ep}/2)$，$m^5/N\cdot s$

$C_{ip}, C_{ep}$——缸的内、外泄漏系数，$m^5/N\cdot s$

$\beta_e$——液体的有效容积弹性模数，$N/m^2$

$m_t$——活塞、油液及负载等效到活塞上的总质量，kg

$B_p$——活塞及负载的黏性阻尼系数，$N\cdot s/m$

$K$——负载的弹簧刚度，N/m

$K_L$——作用在活塞上的外负载力，N

**表 22-3-25　流量增益、流量-压力系数汇总**

| 工作点 | 理想零开口四通阀 | 正开口四通阀 |
|---|---|---|
| 平衡点：<br>$x_v=x_{v0}$<br>$p_L=p_{L0}$<br>$Q_L=Q_{L0}$ | $K_q=C_d W\sqrt{(p_s-p_{L0})/\rho}$<br>$K_c=\frac{C_d W x_{v0}\sqrt{(p_s-p_{L0})/\rho}}{2(p_s-p_{L0})}$<br>$K_p=\frac{K_q}{K_c}$ | $K_q=C_d W\sqrt{(p_s-p_{L0})/\rho}+C_d W\sqrt{(p_s+p_{L0})/\rho}$<br>$K_c=\frac{C_d W(U+x_{v0})\sqrt{(p_s-p_{L0})/\rho}}{2(p_s-p_{L0})}+\frac{C_d W(U-x_{v0})\sqrt{(p_s+p_{L0})/\rho}}{2(p_s+p_{L0})}$<br>$K_p=\frac{K_q}{K_c}$ |
| 零点：<br>$x_v=0$<br>$p_L=0$<br>$Q_L=0$ | $K_{q0}=C_d W\sqrt{p_s/\rho}$<br>$K_{c0}=0$<br>$K_{p0}=\frac{K_{q0}}{K_{c0}}=\infty$ | $K_q=C_d W\sqrt{p_s/\rho}$<br>$K_c=\frac{C_d WU\sqrt{p_s/\rho}}{p_s}$<br>$K_p=K_q/K_c=2p_s/U$ |

**表 22-3-26　　传递函数及其简化**

| 序号 | 考虑因素 | 简化条件 | | 简化后的传递函数 | 动态参数 |
|---|---|---|---|---|---|
| 1 | 质量 $m_t$<br>阻尼 $B_p$<br>刚度 $K$<br>压缩性 $\beta_e$<br>缸泄漏 $C_{tp}$ | $\dfrac{B_pK_{ce}}{A_p^2(1+K/K_h)}\ll 1$,<br>$\left[\dfrac{K_{ce}\sqrt{m_tK}}{A_p^2(1+K/K_h)}\right]^2\ll 1$ | $K$ 任意 | $x_p(s)=\dfrac{A_p^2}{KK_{ce}}\times\dfrac{\left(\dfrac{K_q}{A_p}\right)x_v(s)-\left(\dfrac{K_{ce}}{A_p^2}\right)\left(1+\dfrac{s}{\omega_1}\right)F_L(s)}{\left(1+\dfrac{s}{\omega_r}\right)\left(\dfrac{s^2}{\omega_0^2}+\dfrac{2\zeta_0}{\omega_0}s+1\right)}$<br>$p_L(s)=\dfrac{K_{pe}\left(\dfrac{s^2}{\omega_m^2}+\dfrac{2\zeta_m}{\omega_m}s+1\right)x_v(s)+\left(\dfrac{A_p}{KK_{ce}}\right)sF_L(s)}{\left(1+\dfrac{s}{\omega_r}\right)\left(\dfrac{s^2}{\omega_0^2}+\dfrac{2\zeta_0}{\omega_0}s+1\right)}$ | $\omega_m=\sqrt{\dfrac{K}{m_t}}$<br>$\zeta_m=\dfrac{B_p}{2\sqrt{m_t/K}}$<br>$\omega_h=\sqrt{\dfrac{K_h}{m_t}}$<br>$=\sqrt{\dfrac{4\beta_eA_p^2}{V_tm_t}}$<br>$K_h=\dfrac{4\beta_eA_p^2}{V_t}$<br>$\zeta_h=\dfrac{K_{ce}}{A_p}\sqrt{\dfrac{\beta_em_t}{V_t}}+$<br>$\dfrac{B_p}{4A_p}\sqrt{\dfrac{V_t}{\beta_em_t}}$<br>$\omega_0=\sqrt{\omega_h^2+\omega_m^2}$<br>$=\omega_h\sqrt{1+K/K_h}$<br>$\zeta_0=\dfrac{1}{\sqrt{\left(1+\dfrac{K}{K_h}\right)^3}}\times$<br>$\dfrac{K_{ce}}{A_p}\sqrt{\dfrac{\beta_em_t}{V_t}}+$<br>$\dfrac{1}{\sqrt{1+\dfrac{K}{K_h}}}\times$<br>$\dfrac{B_p}{4A_p}\sqrt{\dfrac{V_t}{\beta_em_t}}$<br>$\zeta_0'\approx\dfrac{\omega_1K_h}{2\omega_mK}+\dfrac{B_p}{2m_t\omega_m}$<br>$\omega_1=4\beta_eK_{ce}/V_t$<br>$=K_hK_{ce}/A_p^2$<br>$\omega_r=K_{ce}\Big/\left[A_p^2\left(\dfrac{1}{K}+\dfrac{1}{K_h}\right)\right]$<br>$\omega_2=KK_{ce}/A_p^2=\omega_1K/K_h$<br>$K_{pe}=K_q/K_{ce}$<br>$\omega_3=A_p^2/m_tK_{ce}$ |
| | | | $K\ll K_h$ | $x_p(s)=\dfrac{A_p^2}{KK_{ce}}\times\dfrac{\left(\dfrac{K_q}{A_p}\right)x_v(s)-\left(\dfrac{K_{ce}}{A_p^2}\right)\left(1+\dfrac{s}{\omega_1}\right)F_L(s)}{\left(1+\dfrac{s}{\omega_2}\right)\left(\dfrac{s^2}{\omega_h^2}+\dfrac{2\zeta_h}{\omega_h}s+1\right)}$<br>$p_L(s)=\dfrac{K_{pe}\left(\dfrac{s^2}{\omega_m^2}+\dfrac{2\zeta_m}{\omega_m}s+1\right)x_v(s)+\left(\dfrac{A_p}{KK_{ce}}\right)sF_L(s)}{\left(1+\dfrac{s}{\omega_2}\right)\left(\dfrac{s^2}{\omega_h^2}+\dfrac{2\zeta_h}{\omega_h}s+1\right)}$ | |
| | | | $K\gg K_h$ | $x_p(s)=\dfrac{A_p^2}{KK_{ce}}\times\dfrac{\left(\dfrac{K_q}{A_p}\right)x_v(s)-\left(\dfrac{K_{ce}}{A_p^2}\right)\left(1+\dfrac{s}{\omega_1}\right)F_L(s)}{\left(1+\dfrac{s}{\omega_1}\right)\left(\dfrac{s^2}{\omega_m^2}+\dfrac{2\zeta_0'}{\omega_m}s+1\right)}$<br>$p_L(s)=\dfrac{K_{pe}\left(\dfrac{s^2}{\omega_m^2}+\dfrac{2\zeta_m}{\omega_m}s+1\right)x_v(s)+\left(\dfrac{A_p}{KK_{ce}}\right)sF_L(s)}{\left(1+\dfrac{s}{\omega_1}\right)\left(\dfrac{s^2}{\omega_m^2}+\dfrac{2\zeta_0'}{\omega_m}s+1\right)}$ | |
| 2 | 质量 $m_t$<br>阻尼 $B_p$<br>压缩性 $\beta_e$<br>缸泄漏 $C_{tp}$ | $K=0$<br>$\dfrac{B_pK_{ce}}{A_p^2}\ll 1$ | | $x_p(s)=\dfrac{\left(\dfrac{K_q}{A_p}\right)x_v(s)-\left(\dfrac{K_{ce}}{A_p^2}\right)\left(1+\dfrac{s}{\omega_1}\right)F_L(s)}{s\left(\dfrac{s^2}{\omega_h^2}+\dfrac{2\zeta_h}{\omega_h}s+1\right)}$ | |
| 3 | 质量 $m_t$<br>阻尼 $B_p$<br>缸泄漏 $C_{tp}$ | $K=0$<br>$\beta_e=\infty$<br>$\dfrac{B_pK_{ce}}{A_p^2}\ll 1$ | | $x_p(s)=\dfrac{\left(\dfrac{K_q}{A_p}\right)x_v(s)-\left(\dfrac{K_{ce}}{A_p^2}\right)F_L(s)}{s\left(1+\dfrac{s}{\omega_3}\right)}$ | |
| 4 | 刚度 $K$<br>阻尼 $B_p$<br>缸泄漏 $C_{tp}$ | $m_t=0$<br>$B_p=0$ | | $x_p(s)=\dfrac{A_p^2}{KK_{ce}}\times\dfrac{\left(\dfrac{K_q}{A_p}\right)x_v(s)-\left(\dfrac{K_{ce}}{A_p^2}\right)\left(1+\dfrac{s}{\omega_1}\right)F_L(s)}{1+s/\omega_r}$<br>$p_L(s)=\dfrac{K_{pe}x_v(s)+\left(\dfrac{A_p}{KK_{ce}}\right)sF_L(s)}{1+s/\omega_r}$ | |
| 5 | 空载 | $m_t=0, B_p=0, K=0,$<br>$\beta_e=0, F_L=0$ | | $\dfrac{x_p(s)}{x_v(s)}=\dfrac{K_q/A_p}{s}$ | |

**表 22-3-27　　指令输入下的频率特性及波德图**

<table>
<tr><th>输出/输入</th><th>负载情况</th><th colspan="2">传递函数及动态参数</th><th>波德图</th></tr>
<tr><td rowspan="4">$\frac{x_p}{x_v}$</td><td rowspan="2">$K=0$</td><td colspan="2">$$\frac{x_p(s)}{x_v(s)}=\frac{K_q/A_p}{s\left(\frac{s^2}{\omega_h^2}+\frac{2\zeta_h}{\omega_h}s+1\right)}$$<br>系统为Ⅰ型系统<br>动态参数：<br>(1)速度增益 $K_q/A_p$；<br>(2)液压谐振频率 $\omega_h=\sqrt{4\beta_e A_p^2/(v_t m_t)}$；<br>(3)液压阻尼系数 $\zeta_h$，见表 22-3-25</td><td>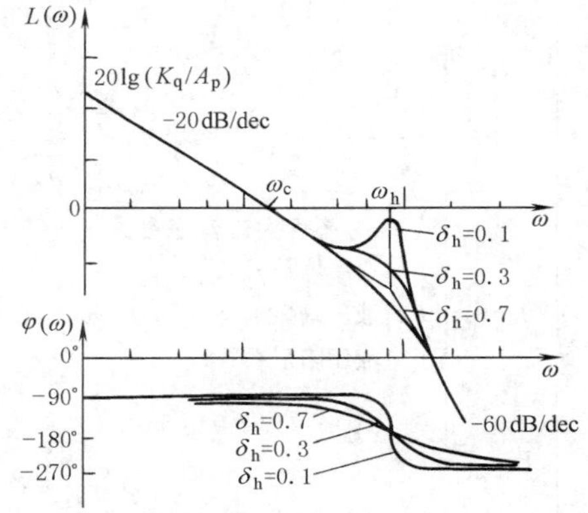<br><br>图中　$L(\omega)$——幅频特性<br>$\varphi(\omega)$——相频特性<br>$\omega_c$——穿越频率，$\omega_c=K_q/A_p$</td></tr>
<tr><td>动态特性分析</td><td colspan="2">动态特性由动态参数 $K_q/A_p$、$\omega_h$、$\zeta_h$ 所确定：<br>(1)速度增益增大，则 $L(\omega)$ 上移、$\omega_c$ 增大。意味着系统精度、响应速度提高，但稳定性变差；注意：$K_q$ 随工作点变化，零位空载时 $K_q$ 最大，稳定性最差<br>(2)$\omega_h$ 表征系统响应速度，是系统的极限频率，为提高 $\omega_h$ 应增大 $A_p$、$\beta_e$ 而减小 $v_t$、$m_t$。通常取 $\beta_e$ = 700MPa；注意：空气混入系统或采用软管时，$\beta_e$ 大为降低<br>(3)$\zeta_h$ 表征系统的相对稳定性，$\zeta_h$ 主要取决于 $K_c$。$x_v\to0$ 时，$K_c$、$\zeta_h$ 值最小，$\zeta_{hmin}=0.1\sim0.2$</td></tr>
<tr><td rowspan="2">$K\neq0$</td><td colspan="2">$$\frac{x_p(s)}{x_v(s)}=\frac{K_qA_p/KK_{ce}}{\left(1+\frac{s}{\omega_r}\right)\left(\frac{s^2}{\omega_0^2}+\frac{2\zeta_0}{\omega_0}s+1\right)}$$<br>系统为 0 型系统，动态参数：<br>(1) 位置增量 $K_qA_p/KK_{ce}$；<br>(2) 转折频率 $\omega_r=K_{ce}\Big/\left[A_p^2\left(\frac{1}{K}+\frac{1}{K_h}\right)\right]$；<br>(3) 综合固有频率 $\omega_0=\omega_h\sqrt{1+K/K_h}$；<br>(4) 综合阻尼系数 $\zeta_0$ 见表 22-3-25</td><td>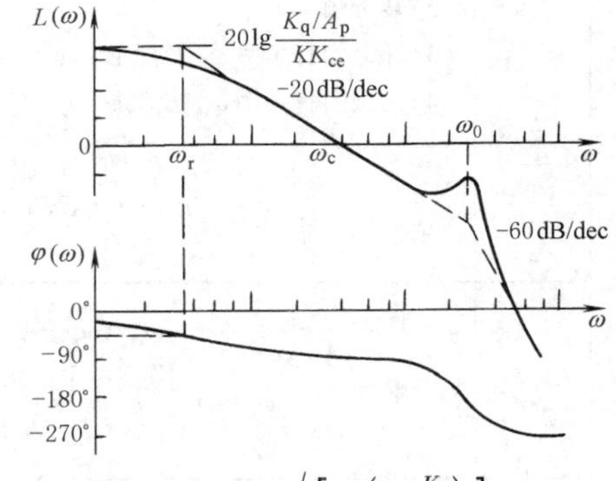<br><br>图中　穿越频率 $\omega_c=K_q\Big/\left[A_p\left(1+\frac{K}{K_h}\right)\right]$</td></tr>
<tr><td>动态特性分析</td><td colspan="2">$K\neq0$ 时，系统变成 0 型系统。动态特性由动态参数增益、$\omega_r$、$\omega_0$、$\zeta_0$ 所确定<br>(1)动态参数均与负载刚度 $K$ 有关：$K$ 增大时，增益、$\omega_c$ 及 $\zeta_0$ 减小，而 $\omega_r$、$\omega_0$ 提高，即稳态误差增大、快速性降低、超调变小<br>(2)注意：当 $K$ 由某值变成 0，即由有弹性负载转入空载时，增益由 $K_qA_p/KK_{ce}$ 增加到 $K_q/A_p$。瞬间增益的提高，有可能使原来稳定的系统变得不稳定。如果存在这种情况，应采取变增益控制措施</td></tr>
</table>

续表

| 输出/输入 | 负载情况 | 传递函数及动态参数 | 波德图 |
|---|---|---|---|
| $\frac{v_p}{x_v}$ | $K=0$ | $$\frac{v_p(s)}{x_v(s)}=\frac{K_q/A_p}{\frac{s^2}{\omega_h^2}+\frac{2\zeta_h}{\omega_h}s+1}$$<br>系统为0型系统,动态参数:<br>(1)速度增益 $K_q/A_p$;<br>(2)液压谐振频率 $\omega_h$;<br>(3)液压阻尼系数 $\zeta_h$ | 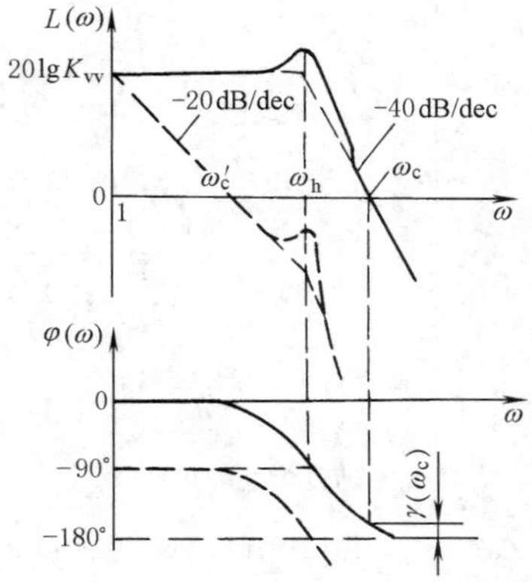<br>图中　虚线系加PI校正后的波德图 |
| | 动态特性分析 | (1)未加PI校正时,穿越频率 $\omega_c$ 处的斜率为-40dB/dec,因 $\zeta_h$ 很小,因此相角储备 $r(\omega_c)$ 很小;计及检测及伺服阀等环节造成的相位滞后以后,即使开环增益很小,闭环也可能不稳定;因此速度伺服阀系统须加PI校正<br>(2)采用PI校正后,穿越频率 $\omega_c'$ 大为降低,即动态响应降低了 | |
| $\frac{p_L}{x_v}$ | $K$与$K_h$相当 | $$\frac{p_L(s)}{x_v(s)}=\frac{K_{pe}\left(\frac{s^2}{\omega_m^2}+\frac{2\zeta_m}{\omega_m}s+1\right)}{\left(1+\frac{s}{\omega_r}\right)\left(\frac{s^2}{\omega_0^2}+\frac{2\zeta_0}{\omega_0}s+1\right)}$$<br>系统为0型系统<br>动态参数:<br>(1)增益 $K_{pe}=K_q/K_{ce}$;<br>(2)转折频率 $\omega_r$;<br>(3)综合固有频率 $\omega_0$ 及阻尼 $\zeta_0$;<br>(4)机械固有频率 $\omega_m$ 及阻尼 $\zeta_m$<br>$$\omega_m=\sqrt{K/m_t}$$<br>$$\zeta_m=B_p/(2\sqrt{m_tK})$$ | 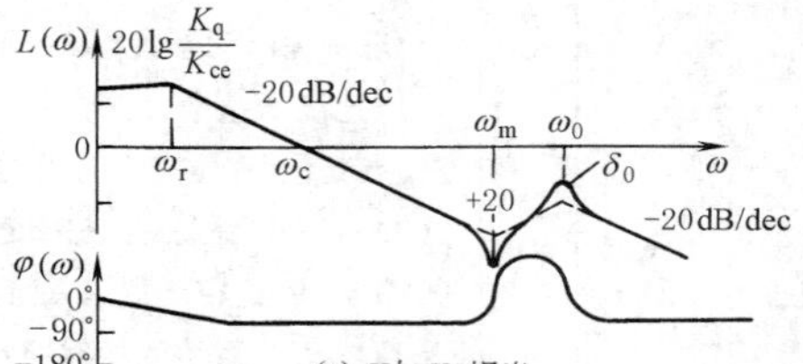<br>(a) $K$与$K_h$相当<br>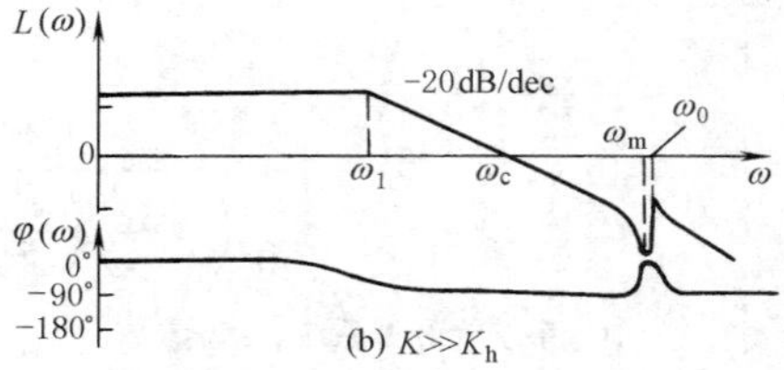<br>(b) $K\gg K_h$ |
| | $K\gg K_h$ | $$\omega_m\gg\omega_h$$<br>$$\omega_0\approx\omega_m\left[\frac{p_L(s)}{x_v(s)}\right]=\frac{K_{pe}}{1+s/\omega_r}$$ | 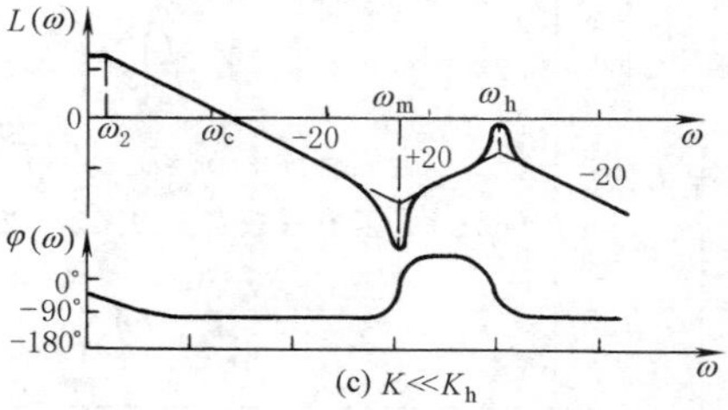<br>(c) $K\ll K_h$ |
| | $K\ll K_h$(常见) | $$\omega_m\leqslant\omega_h$$<br>$$\omega_0\approx\omega_h$$ | |
| | 动态特性分析 | 以 $p_L$ 输出时为压力控制;以驱动力 $F_g=p_LA_p$ 输出时为力控制,有$\frac{F_g(s)}{x_v(s)}=\frac{A_pp_L(s)}{x_v(s)}$。它们的特点:<br>(1)存在阻尼很小的二阶微分环节,且恒有 $\omega_m<\omega_0$,$\omega_m=\omega_0$ 的点称为逆共振点,它是一个间断点;$\omega_m$ 是力控制系统频宽的极限值;$\omega>\omega_m$ 易出现自激振荡,为不可用域<br>(2)为提高系统频宽,应设法增大 $\omega_c$,为此应增大 $K_q$、减小 $A_p$;力及压力系统中,在保证驱动力的前提下,通过减小 $A_p$ 来提高系统频宽,这一点是与位置及速度控制中不同的 | |

第22篇

**表 22-3-28　　负载扰动下的频率特性及分析**

| 输出/输入 | 负载情况 | 传递函数 | 频率特性 | 动态特性分析 |
|---|---|---|---|---|
| $\frac{x_p}{F_L}$ | $K\neq0$ | $\frac{x_p(s)}{F_L(s)}=\frac{-(1/K)(1+s/\omega_1)}{\left(1+\frac{s}{\omega_r}\right)\left(\frac{s^2}{\omega_0^2}+\frac{2\zeta_0}{\omega_0}s+1\right)}$ | （动态位置柔度特性） | 与分析 $x_v$ 作用下的频率特性一样，原则上可对 $F_L$ 作用下的频率特性进行类似的分析<br>在 $F_L$ 作用下，更关心的是：<br>（1）动态位置刚度特性 $\frac{F_L(s)}{x_p(s)}$（对位置控制）<br>（2）动态速降特性 $\frac{v_p(s)}{F_L(s)}$（对速度控制） |
| | $K=0$ | $\frac{x_p(s)}{F_L(s)}=\frac{-(K_{ce}/A_p^2)(1+s/\omega_1)}{s\left(\frac{s^2}{\omega_h^2}+\frac{2\zeta_h}{\omega_h}s+1\right)}$ | | |
| $\frac{v_p}{F_L}$ | $K=0$ | $\frac{v_p(s)}{F_L(s)}=\frac{-(K_{ce}/A_p^2)(1+s/\omega_1)}{\left(\frac{s^2}{\omega_h^2}+\frac{2\zeta_h}{\omega_h}s+1\right)}$ | （动态速度柔度特性） | |
| $\frac{p_L}{F_L}$ | $K\neq0$ | $\frac{p_L(s)}{F_L(s)}=\frac{(A_p/KK_{ce})s}{\left(1+\frac{s}{\omega_r}\right)\left(\frac{s^2}{\omega_0^2}+\frac{2\zeta_0}{\omega_0}s+1\right)}$ | | |
| | $K=0$ | $\frac{p_L(s)}{F_L(s)}=\frac{1/A_p}{\frac{s^2}{\omega_h^2}+\frac{2\zeta_h}{\omega_h}s+1}$ | | |
| $\frac{F_L}{x_p}$ | $K=0$ | $\frac{F_L(s)}{x_p(s)}=-\frac{A_p^2}{K_{ce}}\times\frac{s\left(\frac{s^2}{\omega_h^2}+\frac{2\zeta_h}{\omega_h}s+1\right)}{(1+s/\omega_1)}$<br>式中　$\omega_1=\frac{4\beta_e K'_{ce}}{v_t}=\frac{K_h K_{ce}}{A_p^2}$ | 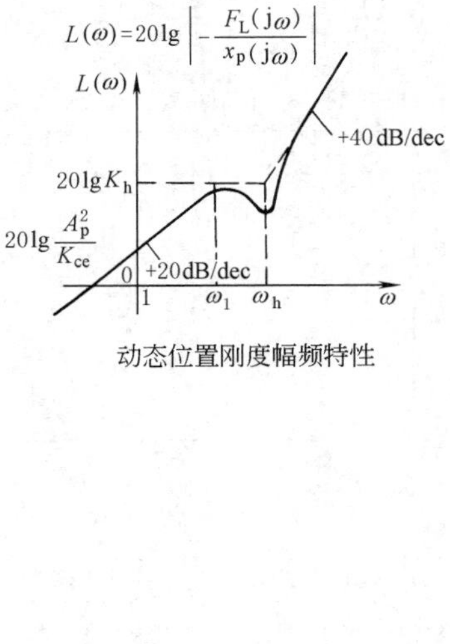<br>动态位置刚度幅频特性 | 动态位置刚度特性的物理解释如下<br>（1）$\omega<\omega_1$ 的低频段：渐进线斜率为 + 20dB/dec，当 $\omega=1$ 时，$\left\|-\frac{F(j\omega)}{x_p(j\omega)}\right\|_{\omega=1}=\frac{A_p^2}{K_{ce}}$，正是稳态速度刚度，说明低频时阀控缸相当于一个阻尼系数为 $A_p^2/K_{ce}$ 的黏性阻尼器，阻尼作用相当于泄漏流量通道所造成的结果<br>（2）$\omega_1<\omega<\omega_h$ 的中频段：渐进线斜率为 0，由于外负载力的变化频率高，没有足够的时间让泄漏流量通过，油液被封在缸的两腔，因而动态刚度等于 $K_h$<br>（3）$\omega>\omega_h$ 的高频段，渐进线斜率为+40dB/dec，由于 $F_L$ 的变化频率极高，快速“退让”运动产生很大的惯性力，抵消了 $F_L$ 的作用，因而动态刚度呈二次幂增加<br>（4）$\omega=0$ 的刚度为稳态位置刚度，其值为 $\left\|-\frac{F(j\omega)}{x_p(j\omega)}\right\|_{\omega=0}=0$，这是由于 $F_L$ 作用下泄漏，使活塞不断后退，因而稳态位置刚度为零 |

续表

| 输出/输入 | 负载情况 | 传递函数 | 频率特性 | 动态特性分析 |
|---|---|---|---|---|
| $\frac{F_L}{v_p}$ | $K=0$ | $\frac{F_L(s)}{v_p(s)}=-\frac{A_p^2}{K_{ce}}\times\frac{s\left(\frac{s^2}{\omega_h^2}+\frac{2\zeta_h s}{\omega_h}+1\right)}{(1+s/\omega_1)}$ | $L(\omega)=20\lg\left\|-\frac{F_L(j\omega)}{v_p(j\omega)}\right\|$ 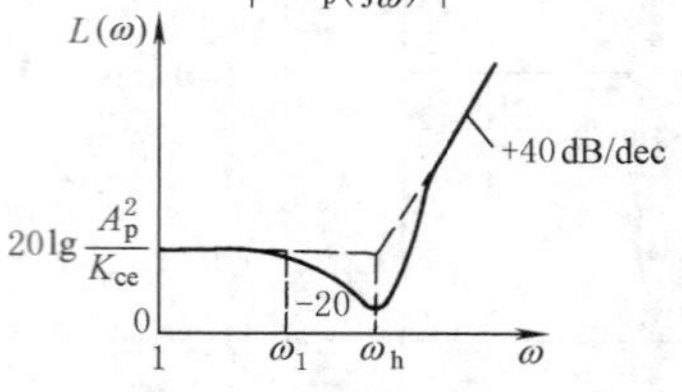  动态速度刚度幅频特性 | (1) $\omega=0$ 时的稳态速度刚度：$\left\|-\frac{F_L(j\omega)}{v_p(j\omega)}\right\|_{\omega=0}=\frac{A_p^2}{K_{ce}}$<br>(2) 反之，稳态速度柔度：$\left\|-\frac{v_p(j\omega)}{F_L(j\omega)}\right\|_{\omega=0}=\frac{K_{ce}}{A_p^2}$，其含义为外负载力要引起速降<br>由于 $K_{ce}$ 很小，稳态速度柔度很小，这正是液压伺服系统的特点，是液压伺服系统得到广泛应用的原因之一 |

## 2.3.2 对称四通阀控制不对称缸分析

表 22-3-29 动态方程及压力跃变

| 项目 | | 内容 | 说明 |
|---|---|---|---|
| 物理模型 | | 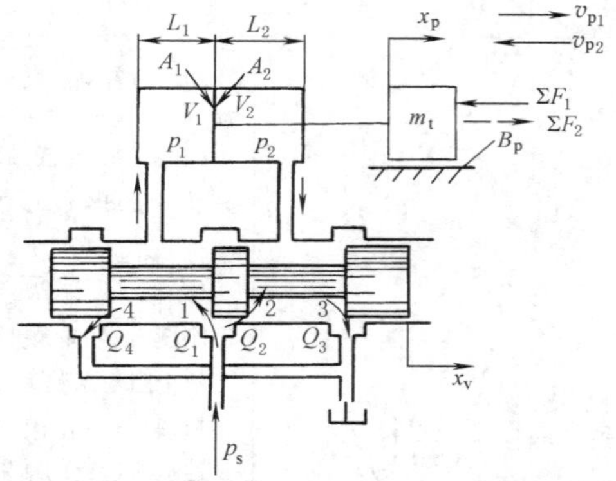  (a) 对称四通阀控制不对称缸简图 | 假设：缸为单活塞杆不对称缸，阀为对称的零开口四通阀<br>图中 $A_1,A_2$——无杆腔、有杆腔工作面积，$m^2$<br>$p_1,p_2$——无杆腔、有杆腔工作压力，MPa<br>$\sum F$——总负载，N<br>$\sum F=m_t\ddot{x}_p+B_p\dot{x}_p+Kx_p+F_L+F_c$<br>$\sum F_1$——$x_p>0$ 时的总负载<br>$\sum F_2$——$x_p<0$ 时的总负载<br>$F_L,F_c$——外负载力、摩擦力<br>$B_p$——黏性阻尼系数，N·s/m<br>$x_v,x_p$——滑阀、活塞位移，m<br>$V_1,V_2$——无杆腔、有杆腔容积，$m^3$<br>$Q_1\sim Q_4$——通过阀口 1~4 的流量，$m^3/s$ |
| 动态方程 | 阀的流量方程 | $\left.\begin{array}{l}Q_1=C_dWx_v\sqrt{2(p_s-p_1)/\rho}\\Q_3=C_dWx_v\sqrt{2p_2/\rho}\\Q_2=Q_4=0\end{array}\right\}$ $(x_v\geqslant0)$<br>$\left.\begin{array}{l}Q_2=C_dWx_v\sqrt{2(p_s-p_2)/\rho}\\Q_4=C_dWx_v\sqrt{2p_1/\rho}\\Q_1=Q_3=0\end{array}\right\}$ $(x_v\leqslant0)$ | |
| | 连续性方程 | $\left.\begin{array}{l}Q_1-A_1\dot{x}_p=V_1\dot{p}_1/\beta_e\\A_2\dot{x}_p-Q_3=V_2\dot{p}_2/\beta_e\end{array}\right\}$ $(x_v\geqslant0)$<br>$\left.\begin{array}{l}Q_2-A_2\dot{x}_p=V_2\dot{p}_2/\beta_e\\A_1\dot{x}_p-Q_4=V_1\dot{p}_1/\beta_e\end{array}\right\}$ $(x_v\leqslant0)$ | 数字仿真：由于缸的不对称，难以获得系统的传递函数及频率特性，必须根据动态方程组，通过数字仿真求出系统的动态特性 |
| | 活塞运动方程 | $p_1A_1-p_2A_2=m_t\ddot{x}_p+B_p\dot{x}_p+Kx_p+F_L+F_c$ $(x_v\geqslant0)$<br>$p_2A_2-p_1A_1=m_t\ddot{x}_p+B_p\dot{x}_p+Kx_p+F_L+F_c$ $(x_v\leqslant0)$ | |

续表

| 项目 | | 内　　容 | 说　　明 |
|---|---|---|---|
| 压力及压力跃变 | 有负载时 | $\left.\begin{aligned} p_1&=\frac{p_s+(A_1^2/A_2^3)\sum F_1}{1+(A_1/A_2)^3}\\ p_2&=\frac{(A_1/A_2)p_s+(1/A_2)\sum F_1}{1+(A_1/A_2)^3}\end{aligned}\right\}\quad \dot{x}_p>0$ <br> $\left.\begin{aligned} p_1'&=\frac{(A_1/A_2)^2p_s+(A_1^2/A_2^3)\sum F_2}{1+(A_1/A_2)^3}\\ p_2'&=\frac{(A_1/A_2)^3p_s+(1/A_2)\sum F_2}{1+(A_1/A_2)^3}\end{aligned}\right\}\quad \dot{x}_p<0$ | 为简化分析，分析压力跃变时，未考虑油的压缩性和缸的泄漏情况<br>式中　$p_1,p_2$——$\dot{x}_p>0$ 时 $V_1$、$V_2$ 腔内的压力<br>$p_1',p_2'$——$\dot{x}_p<0$ 时 $V_1$、$V_2$ 腔内的压力<br>$\Delta p_1,\Delta p_2$——$V_1$、$V_2$ 腔内的压力跃变值<br>$\dot{p}_1,\dot{p}_2$——$p_1$、$p_2$ 对时间的微分 |

压力及压力跃变 — 空载时

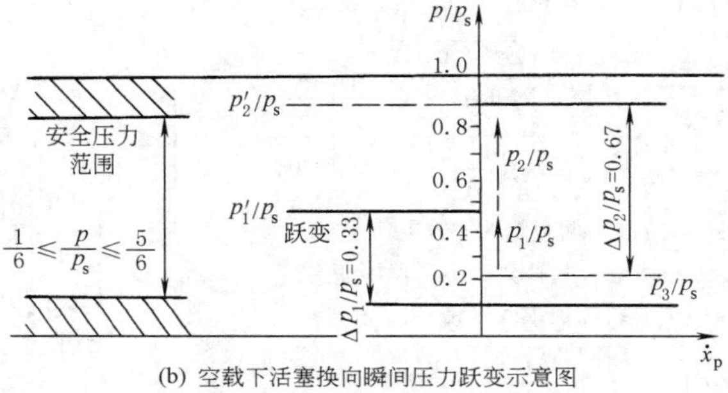

(b) 空载下活塞换向瞬间压力跃变示意图

| 运动状况 | 压力关系 | $A_1/A_2=1$ | $A_1/A_2=1.71$ | $A_1/A_2=2$ |
|---|---|---|---|---|
| $\dot{x}_p>0$ | $\frac{p_1}{p_s}=\frac{1}{1+(A_1/A_2)^3}$ | 0.500 | 0.167 | 0.111 |
| | $\frac{p_2}{p_s}=\frac{A_1/A_2}{1+(A_1/A_2)^3}$ | 0.500 | 0.285 | 0.222 |
| $\dot{x}_p<0$ | $\frac{p_1'}{p_s}=\frac{(A_1/A_2)^2}{1+(A_1/A_2)^3}$ | 0.500 | 0.487 | 0.444 |
| | $\frac{p_2'}{p_s}=\frac{(A_1/A_2)^3}{1+(A_1/A_2)^3}$ | 0.500 | 0.833 | 0.889 |
| $\dot{x}_p=0$ 附近压力跃变 | $\Delta p_1=p_1-p_1'$ | 0 | $0.320p_s$ | $0.333p_s$ |
| | $\Delta p_2=p_2-p_2'$ | 0 | $0.548p_s$ | $0.667p_s$ |

压力及压力跃变 — 结论

(1)只要 $A_1/A_2\neq1$，即只要对称四通阀控制的是不对称缸，在运动的换向瞬间，即 $\dot{x}_p=0$ 附近，便要出现巨大的压力跃变

(2)表中数据是假定空载且不考虑油液的压缩性条件下得到的，如考虑负载和油液的压缩性，则压力跃变值将大于表中的数值

(3)缸内工作压力的变化范围为 $0<p<p_s$，为留有安全裕量，要求 $(1/6)p_s\leq p\leq(5/6)p_s$。但当 $A_1/A_2>1.71$ 时，即使在空载条件下，缸内工作压力（$p_1$ 或 $p_2$）也超出 $(1/6)p_s\leq p\leq(5/6)p_s$ 的范围

(4)由于存在油液的压缩性，因此，在巨大的压力跃变下，必引起油液的"内爆"或"外爆"，由此即使在 $\dot{x}_p=0$ 附近，也不可能平稳地工作

(5)对于要求精确且平稳的控制场合，对称四通阀同不对称缸的不相容性是显然的，为了避免压力的跃变并确保能平稳地工作，必须采取有效的措施

(6)表中数据是假定 $\sum F_1=\sum F_2=0$ 的空载情况下得到的。如果 $\sum F_1=\sum F_2$ 为恒定载荷，将使 $p_1$、$p_2$ 偏置一定值，但压力跃变的幅值不变。实际工作中载荷并非常量，压力的偏置值和压力跃变幅值都将随工况而变化，即随运动状态和负载而变化

**表 22-3-30　　解决对称四通阀与不对称缸不相容的方法**

| 方法名称 | 方法及原理 | 实质及特点 |
|---|---|---|
| 1. 阀口面积补偿法 | 由表 22-3-28 中图 a，并令 $L_1=L_2=L/2$，可导出平稳控制的条件：<br>$\frac{W_1}{A_1}=\frac{W_3}{A_2}$ 及 $\frac{W_4}{A_1}=\frac{W_2}{A_2}$<br>式中，$W_1$、$W_2$、$W_3$、$W_4$ 分别为阀口 1、2、3、4 的面积梯度 | 实质是采用不对称阀，利用阀的面积梯度与活塞面积进行匹配、补偿<br>特点是必须采用非标准伺服阀，$L_1 \neq L_2 \neq L/2$ 时结果是近似的 |
| 2. 非线性算法或电路补偿法 | （1）由表 22-3-28 中图 a，不计油的压缩性及缸的泄漏，并令 $j=A_2/A_1$，可导出补偿前流量公式：<br>$Q_1=C_dWx_v\sqrt{\frac{2p_s}{\rho}}\sqrt{\frac{1-\sum F/(A_1p_s)}{1+j^3}}$　$(x_v>0)$<br>$Q_2=C_dWx_v\sqrt{\frac{2p_s}{\rho}}\sqrt{\frac{j}{1+j^3}\left(\frac{1-\sum F}{jA_1p_2}\right)}$　$(x_v>0)$<br>式中，$x_v=K_xI$，$I$ 为伺服阀的输入电流<br>（2）活塞杆上装一只拉压力传感器检测 $\sum F$<br>（3）作两个非线性函数或电路<br>$f_1(j,\sum F)=\sqrt{\frac{1+j^3}{1-\sum F/(A_1p_s)}}$<br>$f_{21}(j,\sum F)=\sqrt{\frac{1+j^3}{j[1-\sum F/(jA_1p_2)]}}$<br>（4）按左图算法及接法，并加方向鉴别器，可得补偿后 $Q_1$、$Q_2$ 的等效流量<br>$Q_{1e}=f_1Q_1=C_dWK_xI\sqrt{2p_s/\rho}$　$(I>0)$<br>$Q_{4e}=f_2Q_4=C_dWK_xI\sqrt{2p_s/\rho}$　$(I<0)$ | 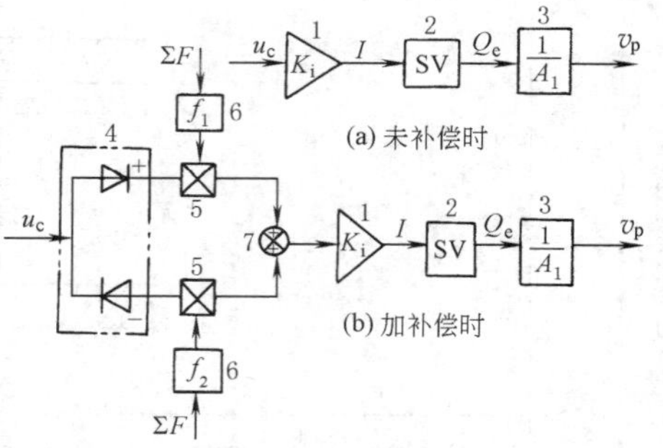<br><br>非线性补偿的算法或电路接法<br>该补偿法的实质是通过算法或电路产生补偿电流，使阀产生补偿位移，以补偿面积差，该补偿法对活塞任意位置均适用，但因未计及油的压缩性，故属静态补偿 |

## 2.3.3　三通阀控制不对称缸的动态特性

三通阀控制不对称缸有两种类型，即三通阀控制差动缸、活塞缸，它们共同特点是只有活塞腔一腔受控，液压弹簧刚度是四通阀-对称缸的一半，液压谐振频率是四通阀-对称缸的 $1/\sqrt{2}$；另外三通阀不能控制对称缸或马达，无法反向。

**表 22-3-31**

| 项目 | | 图或公式 | 说明 |
|---|---|---|---|
| 物理模型 | 三通阀控制差动缸 | 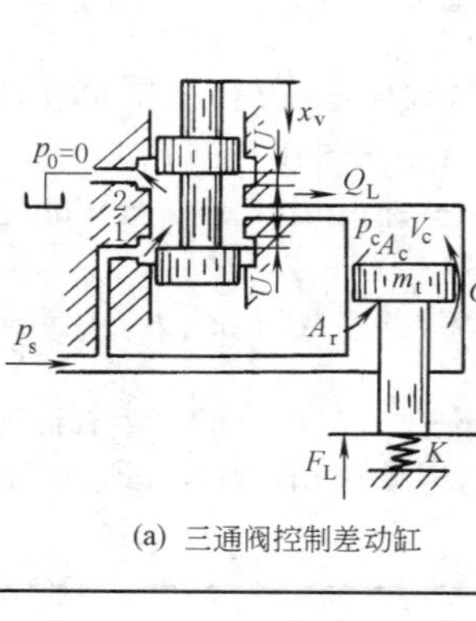<br>(a) 三通阀控制差动缸 | 图 a 三通阀控制差动缸中：<br>取 $A_r=A_c/2$，稳态时 $p_{c0}=p_s/2$，这种类型常用作机液伺服机构，如仿型机床、助力操纵系统 |
| | 三通阀控制活塞缸 | 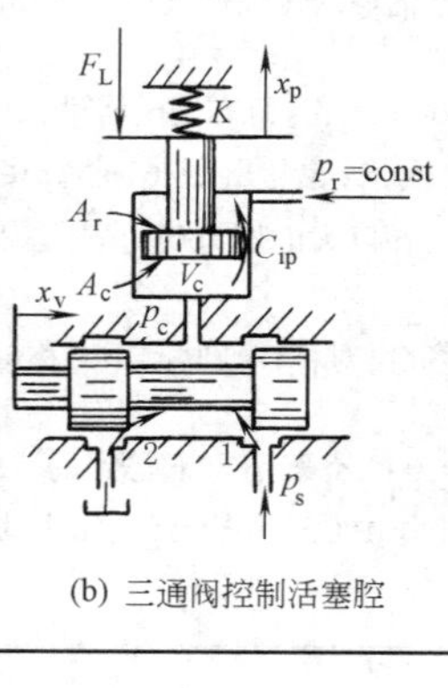<br>(b) 三通阀控制活塞腔 | 图 b 三通阀控制活塞缸中：<br>$F_L$ 很大，因此取 $A_c \gg A_r$；且 $p_r$ = 常值，$p_r \ll p_s$，$p_r$ 用于使缸回程。这种类型的典型应用是轧机液压压下(HAGC)系统 |

续表

<table>
<tr><th colspan="2">项　目</th><th>图 或 公 式</th><th>说　明</th></tr>
<tr><td rowspan="3">动态方程</td><td>阀的流量方程</td><td>$Q_L(s)=K_q x_v(s)-K_c p_c(s)$</td><td rowspan="2">$K_q$, $K_c$——三通阀的流量增益、流量-压力系数<br>$p_c$——活塞腔内的工作压力<br>$V_c$——活塞腔的容积,初始容积为 $V_0$</td></tr>
<tr><td>受控活塞腔的连续性方程</td><td>$Q_L(s)=A_c s x_p(s)+C_{ip}p_c(s)+\left(\frac{V_0}{\beta_e}\right)sp_c(s)$</td></tr>
<tr><td>活塞的运动方程</td><td>$A_c p_c(s)=(m_t s^2+B_p s+K)x_p(s)+F_L(s)$</td><td>对于图 b,只需将式中的 $p_s$ 换成 $p_r$</td></tr>
<tr><td rowspan="2">方块图</td><td>由负载流量获得缸位移的方块图</td><td rowspan="2">与四通阀控制对称缸的方块图形式相同,但参数不同</td><td rowspan="2">将四通阀控制对称缸的方块图作如下置换后,便是三通阀控制差动缸或活塞缸的方块图:<br>$A_p \to A_c$, $p_L \to p_c$<br>$K_{ce}=(K_c+C_{ip}+C_{ep}/2)\to K_{ce}=K_c+C_{ip}$<br>$\frac{V_t}{4\beta_e}\to\frac{V_0}{\beta_e}$</td></tr>
<tr><td>由负载压力获得缸位移的方块图</td></tr>
<tr><td>传递函数</td><td>一般表达式</td><td colspan="2">$$x_p(s)=\frac{\left(\frac{K_q}{A_c}\right)x_v(s)-\left(\frac{K_{ce}}{A_c^2}\right)\left(1+\frac{V_0}{\beta_e K_{ce}}s\right)F_L(s)}{\left(\frac{V_0 m_t}{\beta_e A_c^2}\right)s^3+\left(\frac{K_{ce}m_t}{A_c^2}+\frac{B_p V_0}{\beta_e A_c^2}\right)s^2+\left(1+\frac{B_p K_{ce}}{A_c^2}+\frac{KV_0}{\beta_e A_c^2}\right)s+\frac{KK_{ce}}{A_c^2}}$$</td></tr>
<tr><td rowspan="2">传递函数的简化</td><td>没有弹性负载<br>$K=0$</td><td>$$x_p(s)=\frac{\left(\frac{K_q}{A_c}\right)x_v(s)-\left(\frac{K_{ce}}{A_c^2}\right)\left(1+\frac{s}{\omega_1}\right)F_L(s)}{s\left(\frac{s^2}{\omega_h^2}+\frac{2\zeta_h}{\omega_h}s+1\right)}$$<br>式中　$\omega_h=\sqrt{K_h/m_t}=\sqrt{\beta_e A_c^2/v_0 m_t}$,为液压谐振频率,rad/s<br>$\zeta_h=\frac{K_{ce}}{2A_c}\sqrt{\frac{\beta_e m_t}{V_0}}+\frac{B_p}{2A_c}\sqrt{\frac{V_0}{\beta_e m_t}}$,为阻尼系数<br>$K_h=\beta_e A_c^2/V_0$,为液压弹簧刚度,N/m<br>$\omega_1=\beta_e K_{ce}/V_0=K_h K_{ce}/A_c^2$,为容积滞后频率,rad/s</td><td>与四通阀控制对称缸相比,液压谐振频率 $\omega_h$ 为四通阀的 $1/\sqrt{2}$,因此动态响应较低</td></tr>
<tr><td>存在弹性负载<br>$K\neq0$</td><td colspan="2">$$x_p(s)=\frac{A_p^2}{KK_{ce}}\times\frac{\left(\frac{K_q}{A_c}\right)x_v(s)-\left(\frac{K_{ce}}{A_c^2}\right)\left(1+\frac{s}{\omega_1}\right)F_L(s)}{\left(1+\frac{s}{\omega_r}\right)\left(\frac{s^2}{\omega_0^2}+\frac{2\zeta_0}{\omega_0}s+1\right)}$$<br>式中　$\omega_0=\sqrt{\omega_h^2+\omega_m^2}=\omega_h\sqrt{1+K/K_h}$,为综合谐振频率,rad/s<br>$\zeta_0=\left(1+\frac{K}{K_h}\right)^{-3/2}\times\frac{K_{ce}}{2A_c}\sqrt{\frac{\beta_e m_t}{V_0}}+\left(1+\frac{K}{K_h}\right)^{-1/2}\times\frac{B_p}{2A_c}\sqrt{\frac{V_0}{\beta_e m_t}}$,为阻尼系数<br>$\omega_r=K_{ce}\Big/\left[A_c^2\left(\frac{1}{K}+\frac{1}{K_h}\right)\right]$,为综合刚度引起的转折频率,rad/s<br>当 $K\ll K_h$ 时:$\omega_0=\omega_h$,$\zeta_0=\zeta_h$,$\omega_r=K_{ce}K/A_c^2$<br>当 $K\gg K_h$ 时:$\omega_0=\omega_m$,$\zeta_0=\zeta_0'\approx\frac{\omega_1 K}{2\omega_m K_h}+\frac{B_p}{m_t\omega_m}$,$\omega_r=\omega_1$</td></tr>
</table>

## 2.3.4　四通阀控制液压马达的动态特性

阀控马达是常见的液压动力元件。

四通阀控制液压马达与四通阀控制对称缸实质上完全相同，只不过对称缸是一种直线马达。

**表 22-3-32**

| 项目 | | 图或公式 | 说明 |
|---|---|---|---|
| 物理模型 | | 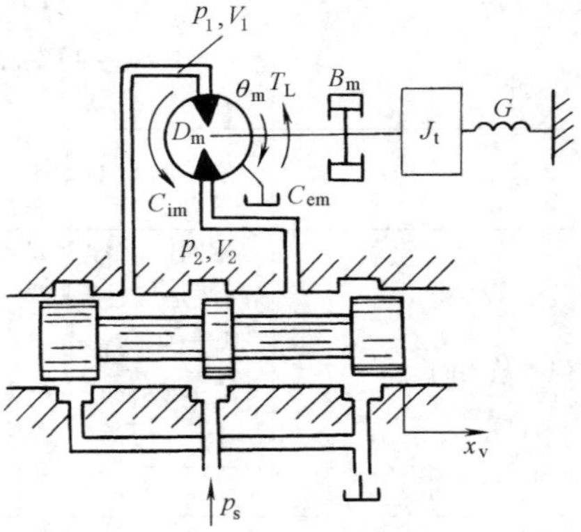 | $V_1,V_2$——马达进油腔、回油腔的容积，$m^3$<br>$\theta_m$——马达的转角，rad<br>$D_m$——马达的排量，$m^3/rad$<br>$C_{tm}$——总的泄漏系数，$C_{tm}=C_{im}+C_{em}/2$，$m^5/(N\cdot s)$<br>$C_{im}$——马达内泄漏系数，$m^5/(N\cdot s)$<br>$C_{em}$——马达外泄漏系数，$m^5/(N\cdot s)$<br>$V_t$——总容积，$V_t=V_1+V_2=2V_0$，$m^3$<br>$J_t$——液压马达及负载（折算到马达轴上）的总转动惯量，$N\cdot m\cdot s^2/rad$<br>$B_m$——液压马达及负载（折算到马达轴上）的总黏性阻尼系数，$N\cdot m\cdot s/rad$<br>$G$——负载的扭转弹簧刚度，$N\cdot m/rad$<br>$T_L$——任意外负载力矩，$N\cdot m$ |
| 动态方程 | 阀的流量方程 | $Q_L(s)=K_q x_v(s)-K_c p_L(s)$ | |
| | 马达腔的连续性方程 | $Q_L(s)=D_m s\theta_m(s)+C_m p_L(s)+\left(\dfrac{V_t}{4\beta_e}\right)sp_L(s)$ | |
| | 液压马达轴上的力矩平衡方程 | $D_m p_L(s)=(J_t s^2+B_m s+G)\theta_m(s)+T_L(s)$ | |
| 方块图 | | 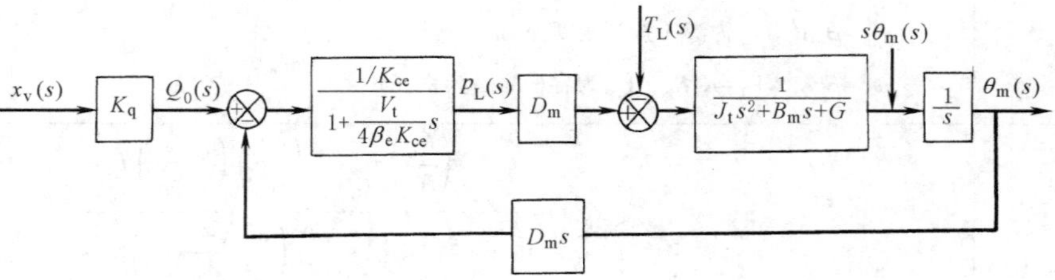 | |
| 传递函数（$G=0$） | | $\theta_m(s)=\dfrac{\left(\dfrac{K_q}{D_m}\right)x_v(s)-\left(\dfrac{K_{ce}}{D_m^2}\right)\left(1+\dfrac{s}{\omega_1}\right)F_L(s)}{s\left(\dfrac{s^2}{\omega_h^2}+\dfrac{2\zeta_h}{\omega_h}s+1\right)}$<br>$\omega_h=\sqrt{K_h/J_t}=\sqrt{4\beta_e D_m^2/(V_t J_t)}$，为谐振频率，rad/s<br>$K_h=4\beta_e D_m^2/V_t$，为液压弹簧刚度，$N\cdot m/rad$<br>$\zeta_h=\dfrac{K_{ce}}{D_m}\sqrt{\dfrac{\beta_e J_t}{V_t}}+\dfrac{B_m}{4D_m}\sqrt{\dfrac{V_t}{\beta_e J_t}}$，为阻尼系数，无量纲<br>$\omega_1=4\beta_e K_{ce}/V_t$，为容积滞后频率，rad/s | 显然，阀控马达与四通阀控制对称缸的动态方程、方块图、传递函数的形式完全相同，只需作如下参数置换：<br>$x_p\to\theta_m$，$A_p\to D_m$<br>$m_t\to J_t$，$B_p\to B_m$<br>$K\to G$，$F_L\to T_L$<br>因阀控马达多用作角速度控制，通常 $G=0$，故传递函数中仅给出 $G=0$ 的情况 |

## 2.3.5 泵控马达的动态特性

**表 22-3-33**

| 类　型 | | 物 理 模 型 | 说　明 |
|---|---|---|---|
| 泵控缸 | | 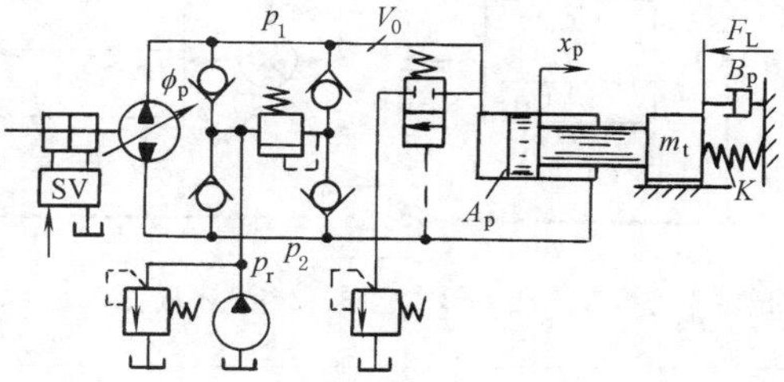<br>(a) | 主回路:泵控缸<br>辅助回路有:<br>(1)阀控变量机构;<br>(2)补油冷却回路;<br>(3)安全保护回路;<br>(4)低压放油回路 |
| 泵控马达 | 变量泵-定量马达 | 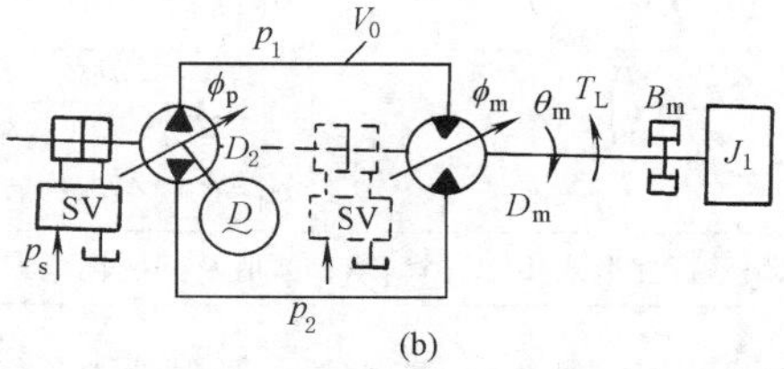<br>(b) | 主回路:泵控马达<br>辅助回路:略<br>$\phi_p$ 不变——定量泵<br>$\phi_m$ 不变——定量马达 |
| | 定量泵-变量马达 | | |
| | 变量泵-变量马达 | | |

(1) 变量泵-定量马达（缸）的动态特性

**表 22-3-34**

| 项　目 | | 图 或 公 式 | 说　明 |
|---|---|---|---|
| 物理模型 | | 见表 22-3-33 中图 b | (1)忽略泵马达间管道的压力损失及动态<br>(2)泵、马达的泄漏为层流泄漏<br>(3)泵的转速 $n_p$ 恒定<br>(4)低压补油系统压力 $p_r$ 恒定,只有高压侧压力随负载变化<br>(5)不考虑马达摩擦力矩等非线性因素 |
| 动态方程 | 泵的流量方程 | $Q_p(s)=K_{dp}n_p\phi_p(s)-C_{tp}p_1(s)$ | $Q_p$——泵的输出流量,$m^3/s$<br>$D_p$——泵的排量,$m^3/rad$;$D_p=K_{dp}\phi_p$<br>$K_{dp}$——泵的排量梯度,$m^3/rad^2$<br>$\phi_p$——泵的偏角,rad<br>$p_1$——出油(高压)侧压力,$N/m^2$<br>$C_{ip},C_{ep}$——泵的内、外泄漏系数,$m^5/(N\cdot s)$<br>$C_{tp}=C_{ip}+C_{ep}$,为泵的总泄漏系数,$m^5/(N\cdot s)$<br>$D_m$——马达的排量,$m^3/rad$<br>$\theta_m$——马达轴转角,rad<br>$C_{im},C_{em}$——马达内、外泄漏系数,$m^5/(N\cdot s)$<br>$V_0$——高压腔总容积,$m^3$<br>$C_{tm}=C_{im}+C_{em}$,为马达总的泄漏系数,$m^5/(N\cdot s)$<br>$C_t=C_{tp}+C_{tm}$,为系统的总泄漏系数,$m^5/(N\cdot s)$<br>$J_t$——马达及负载的总转动惯性,$N\cdot m\cdot s^2/rad$<br>$B_m$——马达及负载的总黏性阻尼系数 $N\cdot m\cdot s/rad$<br>$G$——负载的扭簧刚度,$N\cdot m/rad$<br>$T_L$——外负载力矩,$N\cdot m$ |
| | 高压腔的连续性方程 | $Q_p(s)-C_{tm}p_1(s)=D_m s\theta_m(s)+\left(\dfrac{V_0}{\beta_e}\right)sp_1(s)$ | |
| | 马达轴的力矩平衡方程 | $D_m p_1(s)=(J_t s^2+B_m s+G)\theta_m(s)+T_L(s)$ | |

续表

<table>
<tr><th>项　目</th><th colspan="2">图 或 公 式</th><th>说　明</th></tr>
<tr><td>方块图</td><td colspan="3">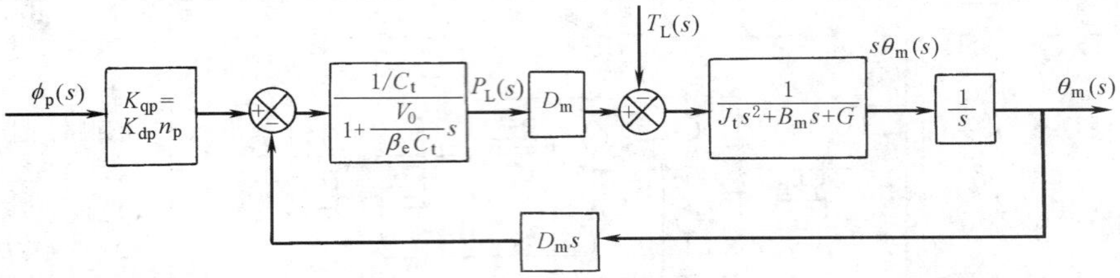

与阀控马达、阀控缸的动态方程及方块图形式相同，仅参数不同：$\phi_p\rightarrow x_v$，$K_{dp}n_p\rightarrow K_q$，$C_t\rightarrow K_{ce}$</td></tr>
<tr><td>传递函数<br>（$G=0$）</td><td colspan="2">$$\theta_m(s)=\frac{\left(\frac{K_{dp}n_p}{D_m}\right)\phi_p(s)-\left(\frac{C_t}{D_m^2}\right)\left(1+\frac{s}{\omega_1}\right)T_L(s)}{s\left(\frac{s^2}{\omega_h^2}+\frac{2\zeta_h}{\omega_h}s+1\right)}$$</td><td>$\omega_h=\sqrt{K_h/J_t}=\sqrt{\beta_e D_m^2/(V_0 J_t)}$，为液压谐振频率，rad/s<br>$K_h=\beta_e D_m^2/V_0$，为液压弹簧刚度，N · m/rad<br>$\zeta_h=\frac{C_t}{2D_m}\sqrt{\frac{\beta_e J_t}{V_0}}+\frac{B_m}{2D_m}\sqrt{\frac{V_0}{\beta_e J_t}}$，为阻尼系数，无量纲<br>$\omega_1=\beta_e C_t/V_0$，为容积滞后频率，rad/s</td></tr>
<tr><td rowspan="4">频率响应及动态参数分析</td><td colspan="3">与阀控马达、阀控缸的频率特性型式相同，但动态参数值及其变化范围却有很大不同</td></tr>
<tr><td>液压谐振频率</td><td colspan="2">泵控马达只高压腔一侧受控，液压弹簧刚度仅为阀控马达的一半，故液压谐振频率为阀控马达的$1/\sqrt{2}$</td></tr>
<tr><td>液压阻尼系数</td><td colspan="2">泵控马达的$\zeta_h$较小且恒定，而且总是欠阻尼。所以为使系统获得所需的合适阻尼，往往在泵控马达的高低管道间有意地设置旁路泄漏通道或采用内部压力反馈。但这会降低压力增益、增大功率损耗，使泵的结构复杂</td></tr>
<tr><td>速度增益和稳态速度柔度</td><td colspan="2">泵控马达的速度增益$K_{dp}n_p/D_m$和静态速度柔度$C_t/D_m^2$都相当恒定；而阀控马达的速度增益与静态速度柔度变化较大</td></tr>
<tr><td>泵控马达与阀控马达的性能比较</td><td colspan="3">（1）泵控马达的动态参数受工作点变化的影响小，动态特性更为确定，更可预知<br>（2）泵控马达的$\omega_h$值较小，若再计及泵的变量位置伺服部分的响应时间，因此总的响应速度比阀控马达低<br>（3）泵控马达的总泄漏系数小，稳态速度、刚度高，因而抗负载的刚度高。但由于泵控马达的$\omega_h$和$\zeta_h$均较小，因而频率值在$2\zeta_h\omega_h$时动态刚度不如阀控马达高<br>（4）泵控马达的效率高，理论上可达100%</td></tr>
</table>

（2）定量泵-变量马达的动态特性

**表 22-3-35**

<table>
<tr><th colspan="2">项　目</th><th>图 或 公 式</th><th>说　明</th></tr>
<tr><td colspan="2">物理模型</td><td>见表 22-3-33 中图 b</td><td>同表 22-3-33</td></tr>
<tr><td rowspan="3">动态特性</td><td>泵的流量方程</td><td>$Q_p(s)=D_p n_p-C_{tp}p_1(s)$</td><td>$D_p$ = 常数</td></tr>
<tr><td>高压腔的连续性方程</td><td>$Q_p(s)-C_{tm}p_1(s)=D_m s\theta_m(s)+\left(\frac{V_0}{\beta_e}\right)sp_1(s)$<br>式中　$D_m=K_{dm}\phi_m$</td><td>$K_{dm}$——变量马达的排量梯度，$m^3/rad^2$<br>$\phi_m$——马达变量的偏角，rad</td></tr>
<tr><td>马达轴的力矩平衡方程</td><td>$K_T\phi_m(s)+D_{m0}p_1(s)=(J_t s^2+B_m s+G)\theta_m(s)+T_L(s)$</td><td>$K_T=K_{dm}p_{10}$，为马达力矩系数，N · m/rad<br>$p_{10}$——高压腔压力的初始值，$N/m^2$<br>$D_{m0}=K_{dm}\phi_{m0}$，为马达的初始排量，$m^3/rad$<br>$\phi_{m0}$——马达初始偏角，rad</td></tr>
</table>

续表

<table>
<tr><th>项　目</th><th>图　或　公　式</th><th>说　　明</th></tr>
<tr><td>方块图</td><td colspan="2">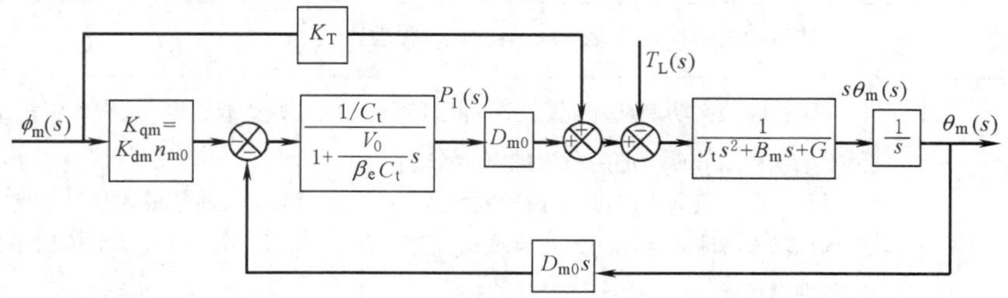

与变量泵-定量马达相比，方块图中多了一个 $K_T$ 环节的并联通道</td></tr>
</table>

(3) 变量泵-变量马达的动态特性

变量泵-变量马达实质上是变量泵-定量马达和定量泵-变量马达两种情况的组合。

**表 22-3-36**

<table>
<tr><th>方　　块　　图</th><th>说　　明</th></tr>
<tr><td>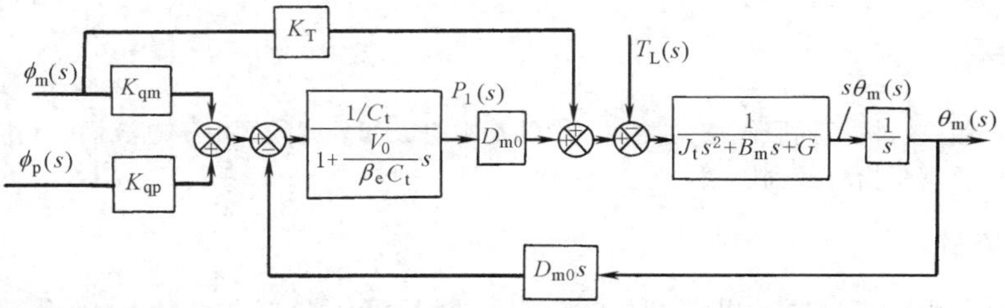
</td><td>变量泵-定量马达与定量泵-变量马达方块图的合成</td></tr>
</table>

## 2.4 动力元件的参数选择与计算

以四通阀控制对称缸为例。

**表 22-3-37**

| 项　目 | 说　　明 |
|---|---|
| 供油压力 $p_s$ 的选择 | 供油压力 $p_s$ 较高时，执行元件尺寸较小，伺服阀规格和液压源装置容量均可减小。压力较高时，油中空气的混入量减小，$\beta_e$ 值较高，有利于提高液压谐振频率<br>但压力过高，泄漏增大，噪声增大，要求有较好的维护水平 |
| 执行元件参数的确定 | 按拖动要求确定执行元件尺寸：<br>由 $p_L A_p = m_t a_{pm} + B_p v_{pm} + F_L + F_c$ 确定 $A_p$<br>式中　$a_{pm}$——活塞的最大加速度，$m/s^2$<br>　　　$v_{pm}$——活塞的最大速度，m/s<br>尽量取 $p_L \leqslant (2/3) p_s$，以达到最大功率传输，并有足够的流量输出以保证良好的控制能力。当负载很大时可取 $p_L \leqslant (5/6) p_s$<br>按动态要求确定执行元件尺寸：<br>即按 $\omega_h = \sqrt{4\beta_e A_p^2 / m_t v_t}$ 确定 $A_p$<br>按拖动要求设计时，必须按动态要求校验，反之亦然<br>当行程大、$v_t$ 大，$\omega_h$ 值达不到要求时，可采用液压马达加滚珠丝杠来驱动<br>当外负载或摩擦负载较大时，为了减少负载的误差，应取较大的 $A_p$<br>为了减小伺服阀规格和液压源流量，应取较大的 $p_L(p_s)$ 和较小的 $A_p$ 值 |

续表

| 项　目 | 说　　明 |
|---|---|
| 机械减速箱传动比的确定 | 最佳传动比是具有满意的 $\omega_h$ 值的最小传动比 |
| 控制阀流量的确定 | 对于存在最大功率点的负载情况,根据最大功率点的负载速度 $v_{pm}$ 来确定控制阀的负载流量 $Q_L=A_p v_{pm}$,并取阀的空载流量 $Q_0=\sqrt{3}Q_L$<br>对于离散的负载工况点,应按最大负载力 $F_{max}$ 来确定 $A_p$,而按最大运动速度 $v_{max}$ 确定阀的负载流量 $Q_L$,即 $A_p=F_m/p_L$,$Q_L=A_p v_{max}$,这时已不存在所谓的最大功率传输条件,$p_L$ 可在更大范围内选取 |

# 3　伺　服　阀

伺服阀既是信号转换元件，又是功率放大元件，它是液压控制系统的心脏。

## 3.1　伺服阀的组成及分类

伺服阀分为电液伺服阀、气液伺服阀、机液伺服阀三大类，它们的基本组成部分相同。由于电液伺服阀应用很广，使用量很大，所以通常所说伺服阀是指电液伺服阀。

### 3.1.1　伺服阀的组成及反馈方式

电液伺服阀的类型和结构类型虽然很多，但都是由电气-机械转换装置、液压放大器和反馈装置三大部分组成。

表 22-3-38

| | |
|---|---|
| 组成部分 | 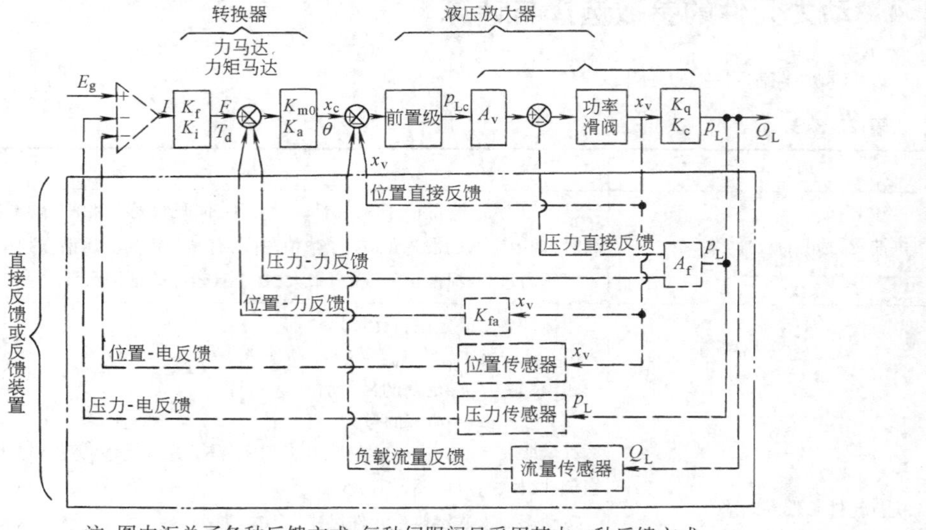<br>注:图中汇总了各种反馈方式,每种伺服阀只采用其中一种反馈方式 |
| 电气-机械转换器 | 转换器包括电流-力转换和力-位移转换两个功能<br>典型的电气-机械转换器是力马达或力矩马达,它们能将输入电流转换成与电流成正比的输出力或力矩,用于驱动液压前置放大器;力或力矩再经弹性元件转换成位移或角位移,使前置放大器定位、回零<br>通常,力马达的输入电流为 150~300mA,输出力为 3~5N;力矩马达的输入电流为 10~30mA,输出力矩为0.02~0.06N·m |

续表

| | |
|---|---|
| 液压放大器 | 伺服阀一般为两级液压放大，由转换器驱动液压前置放大器，再由前置放大器驱动液压功率放大器<br>常用的液压前置放大器为滑阀、喷嘴-挡板阀和射流管阀三种，液压功率放大均采用滑阀 |
| 反馈方式 | 液压前置放大器直接控制功率滑阀时，犹如一对称四通阀控制的对称缸，为解决功率滑阀的定位问题，并获得所需的伺服阀压力-流量特性，在前置放大器和功率滑阀之间务必建立某种负反馈关系。如图所示，可以通过前置放大器与功率滑阀的级间联系构成直接反馈，或通过附加的反馈装置实现前置放大器与功率滑阀之间建立的负反馈 |

### 3.1.2 伺服阀的分类及输出特性

**表 22-3-39** 伺服阀的分类

| | |
|---|---|
| 按输入量及转换器分类 | 电液伺服阀：转换器是电气-机械转换器，输入信号是电流，输出信号是位移<br>气液伺服阀：转换器是膜盒，输入信号是气压，输出信号是位移<br>机液伺服阀：转换器是推杆或杠杆，输入信号是位移，输出信号是位移 |
| 按前置放大器分类 | 滑阀式伺服阀、喷嘴挡板式伺服阀和射流管式伺服阀 |
| 按液压放大器级数分类 | 单级伺服阀、两级伺服阀和三级伺服阀 |
| 按伺服阀的输出特性分类 | 流量型伺服阀：输出空载流量与电流成正比<br>压力型伺服阀：负载压力与电流成正比<br>负载流量反馈伺服阀：负载流量与电流成正比 |
| 按阀的内部结构及反馈型式分类 | 位置反馈式伺服阀、负载压力反馈式伺服阀和负载流量反馈式伺服阀 |
| 按输入信号的型式分类 | 调幅式伺服阀：阀的位移、输出流量与输入电流的幅值成正比<br>脉宽调制式（PWM）伺服阀：输入信号是一串正负脉冲宽度不等的恒幅高频矩形脉冲电压，阀的位移、输出流量与输入信号的脉冲宽度差成正比 |

**表 22-3-40** 伺服阀的基本类型及输出特性

| 基本类型 | 流量型伺服阀（Q 阀） | 压力型伺服阀（P 阀） | P-Q 阀 | 负载流量反馈型伺服阀（$Q_L$ 阀） |
|---|---|---|---|---|
| 反馈型式 | 位置反馈 | 负载压力反馈 | 位置反馈+静压反馈 | 负载流量反馈 |
| 压力-流量特性 | 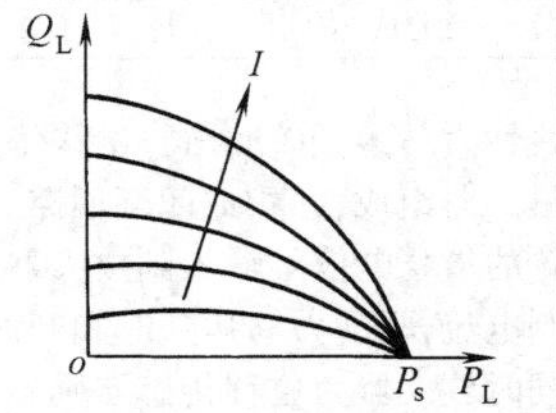 | 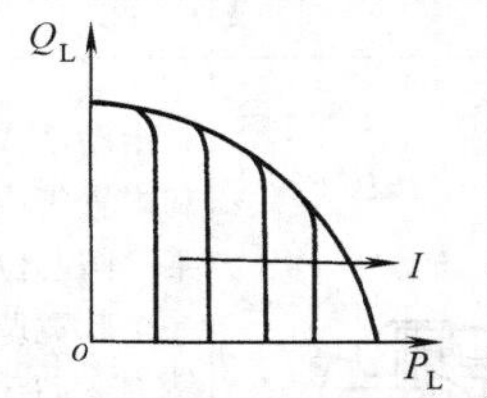 | 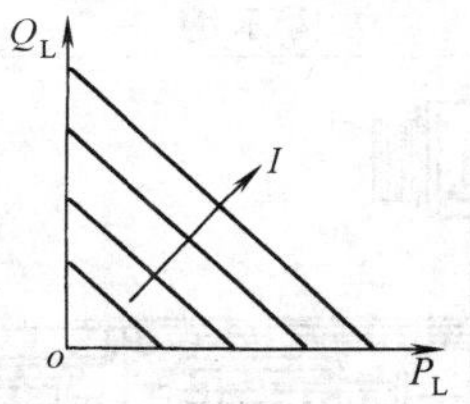 | 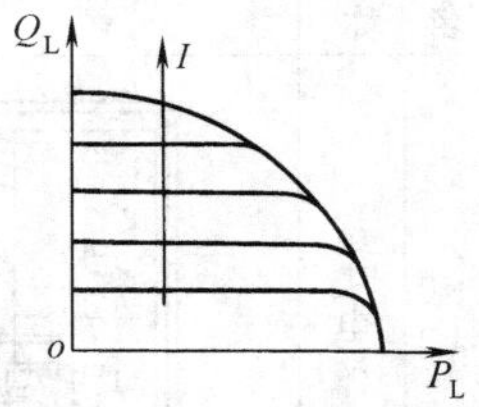 |

### 3.1.3 电气-机械转换器的类型、原理及特点

**表 22-3-41**

| 类型 | 原理 | | 特点及应用 |
|---|---|---|---|
| 动圈式力马达 | 由永久磁铁、轭铁、动圈和弹簧组成，基于载流导体在磁场中受力的原理工作<br>动圈上产生的电磁作用力与流过线圈的电流成正比，方向按左手定则判定<br>动圈力克服弹簧力带动前置级阀运动，阀位移与电流成正比。弹簧还用于调阀零位 | 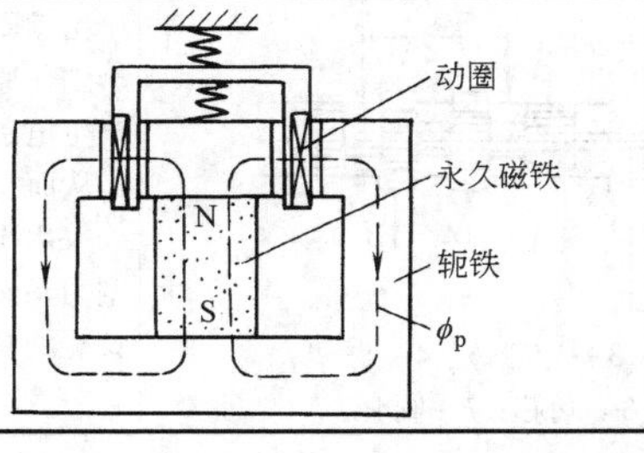 | (1) 工作行程 $t$ 为±(1~3)mm<br>(2) 电流-力-位移特性的线性好<br>(3) 制造容易、价廉<br>(4) 尺寸和惯量较大，动圈、阀芯-弹簧组件的谐振频率较低，一般≤100Hz<br>(5) 可做成干式力马达<br>通常配用滑阀或射流管阀 |

续表

| 类型 | 原理 | | 特点及应用 |
| --- | --- | --- | --- |
| 动铁式力矩马达 | 由永久磁铁、轭铁、控制线圈、可动衔铁和扭转弹簧组成，基于衔铁在磁场中受力的原理工作，为全桥式磁气隙结构<br>气隙中磁通为固定磁通 $\phi_p$、控制磁通 $\phi_c$ 之合成，$\phi_c$ 与线圈中电流成正比，方向按左手螺旋法则确定<br>衔铁磁通为其转角及控制电流的线性函数，衔铁扭轴的输出力矩亦然 | 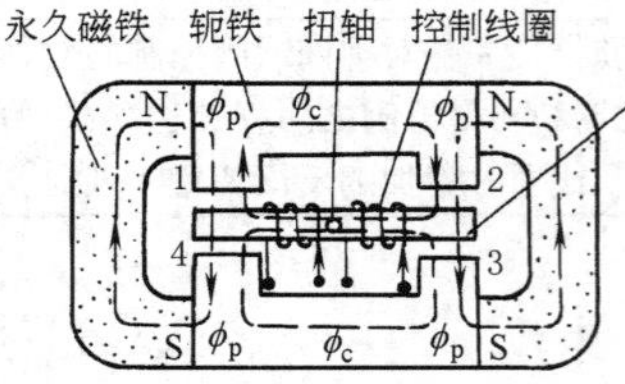 | (1) 结构紧凑、体积小，工作行程小<br>(2) 电流-力矩-角位移特性的线性较窄<br>(3) 支持衔铁并作扭簧的弹簧管加工较复杂，造价较高<br>(4) 尺寸小、惯量小，谐振频率高<br>(5) 一般为干式力矩马达，配用于喷嘴挡板阀、射流管阀和射流偏转板阀 |
| 动铁式力马达 | 由永久磁铁、衔铁、线圈、对中弹簧、轴承等组成，基于衔铁在磁场中受力的原理工作<br>永久磁铁产生固定磁通 $\phi_p$，控制线圈产生控制磁通 $\phi_c$；气隙磁通为 $\phi_p$、$\phi_c$ 之合成，电磁力与控制电流成正比，电磁力经对中板簧转换成位移 | 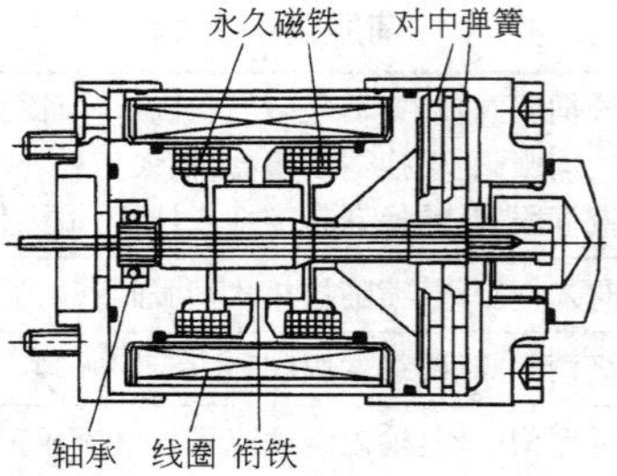 | (1) 工作行程较小<br>(2) 电流-力-位移特性线性较好<br>(3) 采用轴承支撑，弹簧对中，螺母调零制造较容易<br>(4) 尺寸和惯性较大，但功率输出最大可达 200kN，使得对中弹簧刚度可适度加大，谐振频率可达上百赫兹<br>(5) 输入电功率较大，为减少能耗，电控器的功放级采用脉宽调制(PWM)信号<br>(6)对中弹簧用于无信号自动回零<br>(7)力马达一般做成湿式 |

## 3.2 典型伺服阀的结构及工作原理

不同的应用场合要求伺服阀具有不同的输出特性。位置和速度控制一般采用流量型伺服阀；力（矩）或压力控制可采用流量型伺服阀，也可采用压力型伺服阀；惯性较小、外负载力（矩）很大且要求速度刚度很大的场合，拟采用负载流量反馈式伺服阀；惯性很大、外负载很小的位置或速度控制拟采用其输出特性介于流量型伺服阀与压力型伺服阀之间的 P-Q 阀。工程上绝大多数应用的是流量型伺服阀。部分领域如材料实验等应用的是压力型伺服阀。一般将 P-Q 阀也归入压力型伺服阀之类。负载流量反馈式伺服阀由于其流量计性能差、效率低，工程上极少采用。

**表 22-3-42**

| 名称 | | 结构示意图 | 组成及工作原理 |
| --- | --- | --- | --- |
| 单级伺服阀 | 单级电反馈伺服阀 | 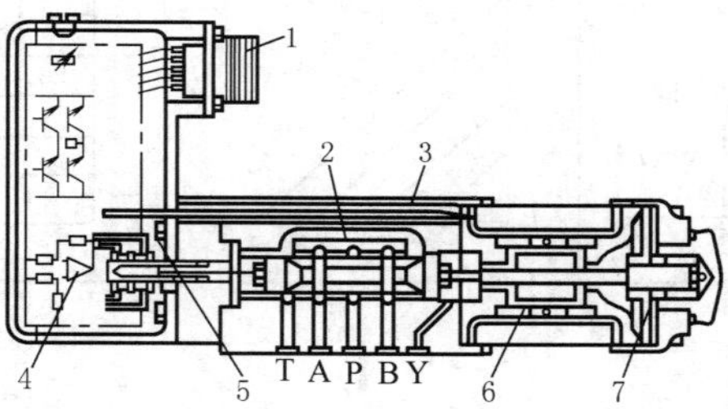1—接头；2—滑阀芯；3—阀套；4—内置式放大器；5—位置传感器；6—线性力马达；7—对中弹簧 | 由动铁式线性力马达、单级滑阀、位移传感器(LVDT)和内置集成放大器组成，并构成闭环回路。当希望产生某一阀芯位置的指令电信号输入到放大器，放大器产生一个脉宽调制电流，驱动力马达铁芯和阀芯克服对中弹簧力运动。同时放大器为位移传感器励磁，产生一个与阀芯位移成正比的电信号，经解调后与指令信号比较，产生一个误差信号。该信号继续使阀芯运动，直至误差信号为零。阀芯停在所希望的位置。由于阀芯-铁芯-对中弹簧谐振频率较高，阀的动态响应主要决定于回路增益 |
| | 动圈式单级伺服阀 | 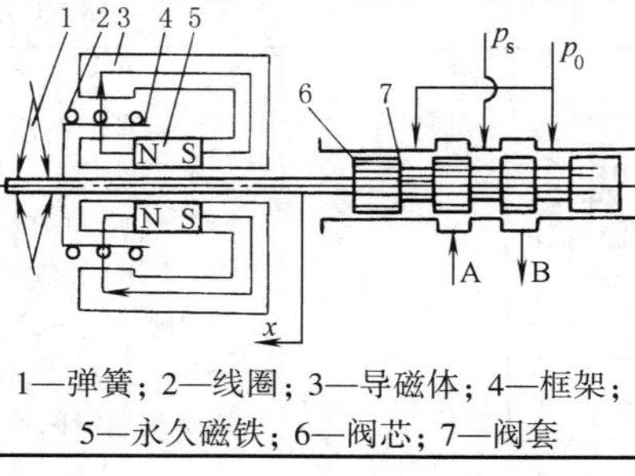1—弹簧；2—线圈；3—导磁体；4—框架；5—永久磁铁；6—阀芯；7—阀套 | 由动圈式力马达和单级滑阀组成，结构简单<br>工作原理：当信号电流通过控制线圈时，线圈在磁场中产生电磁力，此力与弹簧的反作用力平衡，使阀芯移动 $x$，从而使阀输出相应的流量<br>采用小型力马达时，阀的输出流量较小；采用专用的大型力马达时，单级阀的输出也可以达 200L/min 左右，如日立的具有电反馈的 FM·V 阀 |

续表

| 名称 | | 结构示意图 | 组成及工作原理 |
|---|---|---|---|
| 两级伺服阀 | 伺服射流管电反馈两级伺服阀 | 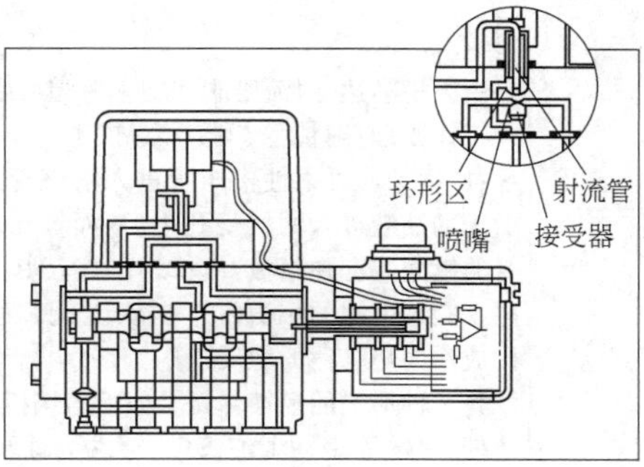 | 由伺服射流先导级(由动铁式力矩马达、射流管、接受器构成),滑阀功率级,位移传感器及内置放大器组成<br>当给阀输入一个指令电信号时,力矩马达使射流管喷嘴端向一边(如向左)偏转。接受器左边的接受孔接受的射流管喷嘴高压射流油液多于右边,于是功率级阀芯左边压力大于右边,阀芯向右运动,固定在阀芯上的位移传感器铁芯一起向右运动,传感器输出与阀芯位移成正比的电信号给放大器,与指令信号进行比较,直到信号差为零时,阀芯停在某个位置,从而输出与指令信号成比例的流量 |
| | 两级滑阀式伺服阀 | 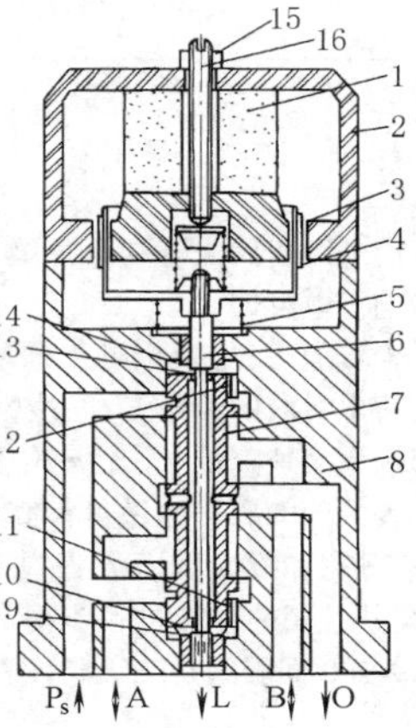1—磁钢;2—导磁体;3—气隙;4—动圈;5—弹簧;6——级阀芯;7—二级阀芯;8—阀体;9—下控制腔;10—下节流口;11—下固定节流孔;12—上固定节流孔;13—上节流口;14—上控制腔;15—锁紧螺母;16—调零螺钉 | 由力马达和双级滑阀组成。一级阀芯套在二级阀芯里,二级阀芯既作为一级阀的阀套又作为功率滑阀阀芯,从而实现了位置直接反馈<br>工作原理:力马达驱动一级阀芯,一级阀是具有两个固定节流孔、两个可变节流口的正开口四通阀,$P_s$ 口压力油经上、下固定节流孔进入功率滑阀的上、下控制腔,再经上、下可变节流口通过二级阀芯中的中空腔和回油口 O 回油。一级阀处于零位时,上、下可变节流口面积相等,上、下控制腔内压力相等,二级阀芯处于零位不动,A、B 口无流量输出。力马达带动一级阀芯向上运动某一位移时,上可变节流口开大,使上控制腔压力减小;而下可变节流口关小,使下控制腔内压力增大,从而使二级阀芯跟踪一级阀芯向上运动,直至上、下可变节流口的开口量相等;这时一级阀处于新的零位,而二级阀芯行程等于一级阀芯的行程,该行程与电流成比例,因而 B 口输出的空载流量与电流成比例。同理,电流反向时,二级阀芯跟随一级阀芯同步向下,A 口有输出。国产 SV 系列伺服阀是这类阀的代表 |
| | 喷嘴挡板式两级伺服阀 | 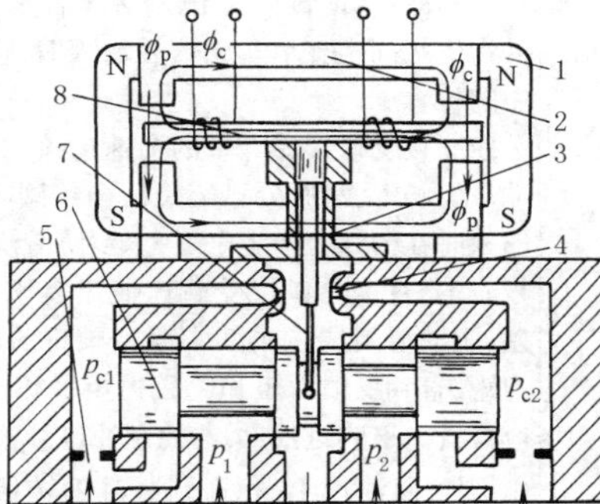1—磁钢;2—导磁体;3—弹簧管;4—喷嘴;5—固定节流孔;6—滑阀;7—反馈杆;8—衔铁 | 由动铁式力矩马达、前置级喷嘴挡板阀和功率级滑阀组成<br>工作原理:衔铁挡板弹簧管组件由弹簧管底面固定支承。当线圈输入电流时,力矩马达输出力矩,衔铁挡板组件顺(或逆)时针方向偏转,前置级输出压力,驱动功率级阀芯向右(或左)移动,同时带动反馈杆的球端向右(或左)移动,直到由反馈杆形成的反馈力矩与力矩马达的输出力矩平衡为止。阀芯位移与输入电流成正比 |

续表

| 名称 | | 结构示意图 | 组成及工作原理 |
|---|---|---|---|
| 两级伺服阀 | 射流管式双级伺服阀 | 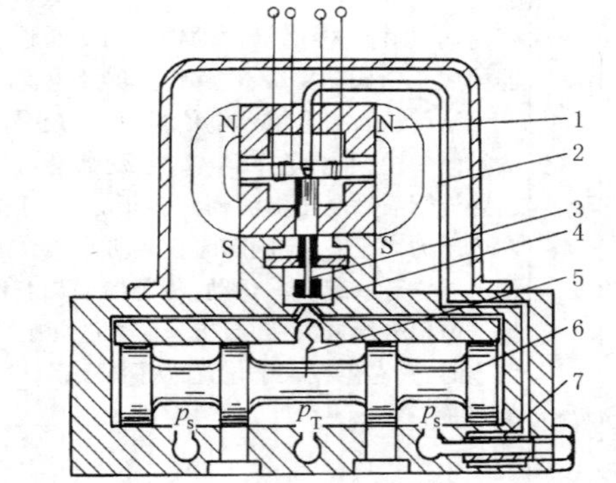<br>1—力矩马达；2—柔性供压管；3—射流管；4—射流接受器；5—反馈弹簧；6—阀芯；7—滤油器 | 由力矩马达、射流管阀和功率滑阀组成<br>工作原理：射流管焊接于衔铁上，并由薄壁弹簧片支承；压力油通过柔性供压管进入射流管。从射流管喷嘴射出的油液进入两接受孔中，从而推动功率滑阀。射流管的侧面装有弹簧板及反馈弹簧丝，其上的弹簧丝末端插入阀芯中间的小槽内并被固定，阀芯移动反馈弹簧丝，构成对力矩马达的力反馈<br>另一种形式的反馈弹簧类似喷嘴挡板力反馈式阀的反馈杆，上端固定在射流管上，下端为球端，以阀芯上球槽精密啮合，反馈阀芯位移 |
| 三级电反馈伺服阀 | | 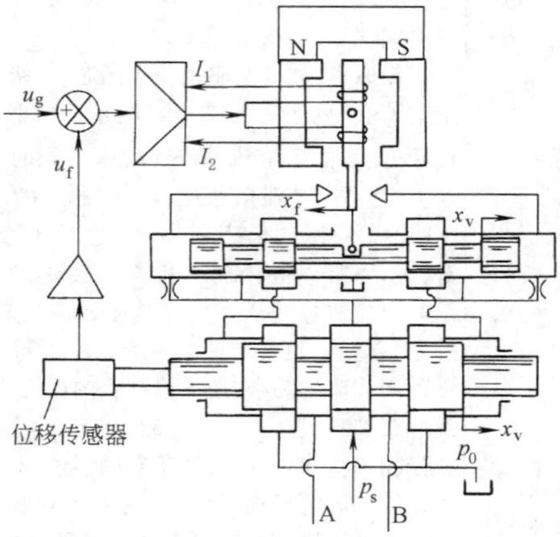 | 用二级滑阀来驱动第三级滑阀，末级阀芯的定位只能借助于电反馈<br>工作原理：电反馈处于外环，所以转换器、前置放大器及功率滑阀的参数变动、线性度和干扰等对阀的性能的影响大大地降低了。由于位置传感器的分辨率及其二次仪表的频宽有可能做得很高，因此电反馈伺服阀的分辨率、频宽和线性度可大为提高，而滞环和零漂可大为减少，并且阀的性能进一步提高。MOOG 公司的 079-100、079-200 伺服阀是三级阀代表性产品 |
| 射流偏转板力反馈两级伺服阀 | | 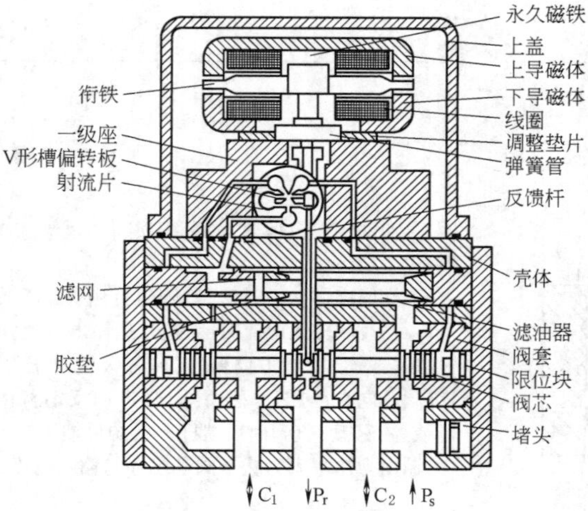<br>偏转板射流式力反馈两级电液流量伺服阀 | 由力矩马达、偏转板射流放大级和滑阀功率级组成。<br>工作原理：偏转板和衔铁、弹簧管紧密固接构成衔铁组件在下端固定支承。无信号输入时，偏转板处于射流片中间位置<br>使二接受口接受等量的高速射流，二接受口即滑阀两端压力相等，滑阀处于零位。当线圈有正极性电流信号输入时在衔铁上产生电磁力矩，使衔铁逆时针旋转，偏转板右偏，右接受口接受高速液流多于左接受口，产生压差，驱动滑阀左移，同时带动反馈杆的球端左移产生反馈力矩，直到反馈力矩和电磁力矩平衡为止。阀芯停在相应位置。这时进油 $P_s$ 与控制油口 $C_1$ 相通，驱动负载，而 $C_2$ 则与回油口 $P_r$ 相通。这时偏转板基本上又处于零位。当电流极性反时，过程也相反 |

续表

| 名　称 | 结构示意图 | 组成及工作原理 |
|---|---|---|
| 负载压力反馈伺服阀 | 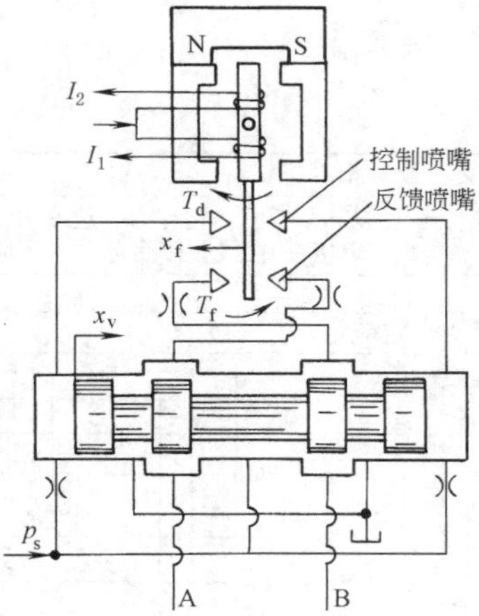 | 与力反馈伺服阀不同处在于自阀的A、B腔引出压力油至挡板两侧的喷嘴，而在油道中串接固定节流阀，不设反馈杆<br>工作原理：当力矩马达输入信号电流时，衔铁在电磁力矩和扭簧力矩的作用下，偏转一定角度，使挡板产生位移，如向左，则主阀芯左控制腔内压力升高，阀芯向右移，B腔输出压力油，在B腔引一油流至左喷嘴，对挡板进行反馈，使挡板趋于零位，从而使两个控制喷嘴压差趋于零，阀芯便停止运动。此时信号电流和负载压力具有一定比例关系。理论上阀的压力-流量特性是一条垂直于横轴的直线，即不论输出流量如何变化，只要信号电流不变，输出负载压力严格保持不变。实际上由于稳态液动力的影响，静特性有一定斜率<br>此阀的特点是电流与负载压力基本上呈线性关系。缺点是系统的刚性小，受负载力的影响大，速度的变化也大 |
| P-Q阀 | 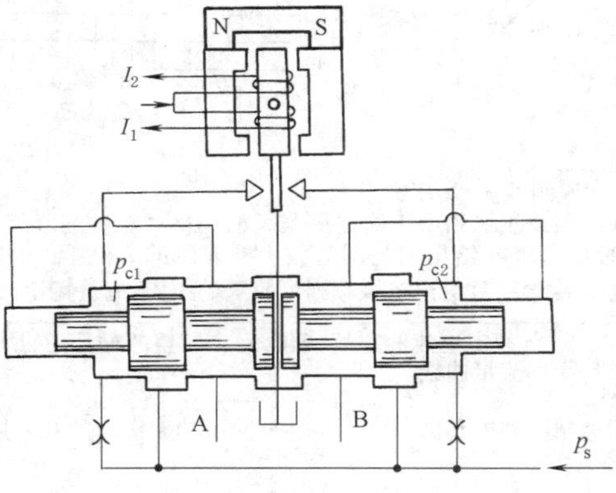 | P-Q阀是在双喷嘴挡板力反馈流量阀的基础上加滑阀负载压差反馈得到的。如果去掉反馈杆，即为P阀，也称为综合式压力阀 |
| 喷嘴挡板电反馈式两级伺服阀 | 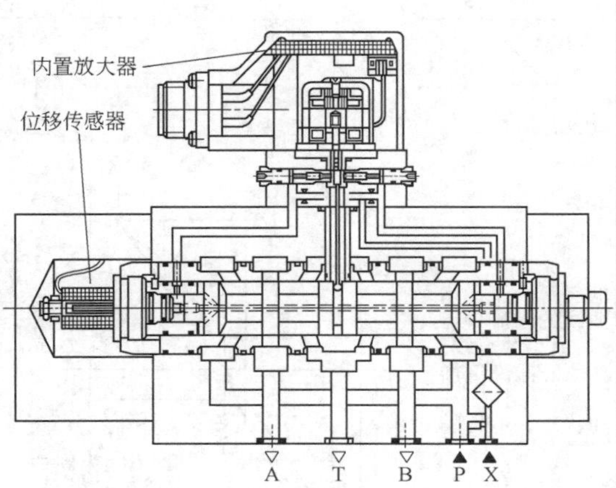 | 该阀是在双喷嘴-挡板力反馈阀的基础上又加上内置电子放大器和检测功率阀芯位移的位移传感器，构成伺服阀本身的大闭环。极大地提高了小信号区的动态响应 |

## 3.3 伺服阀的特性及性能参数

### 3.3.1 流量伺服阀的特性及性能参数

表 22-3-43

| 项目 | 名 称 | 含 义 及 指 标 |
|---|---|---|
| 伺服阀规格的标称 | 额定电流 $I_n^*$ | 产生额定流量或额定控制压力所需的任一极的输入电流，以 mA 表示。它与力马达或力矩马达两个线圈的连接形式（单接、串接、并联或差动连接）有关，通常，额定电流是对单接、并接或差接而言。串接时额定电流为其一半 |
| | 额定压力 $p_n$ | 产生额定流量的供油压力 |
| | 额定流量 $Q_n$ | 在规定的阀压降下对应于额定电流的负载流量为额定流量 |
| 静态特性 | 压力-流量特性 | 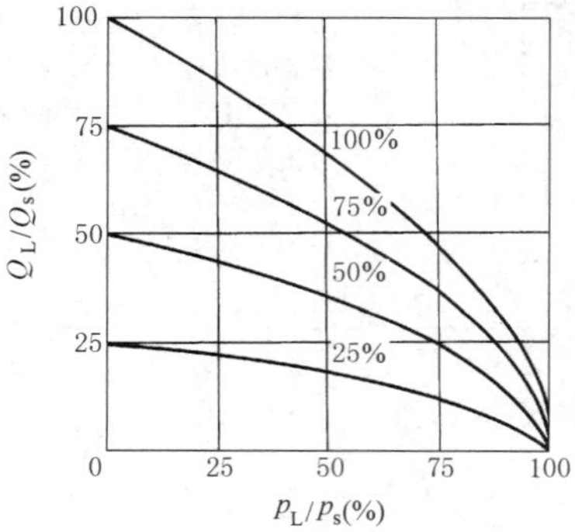(a)<br>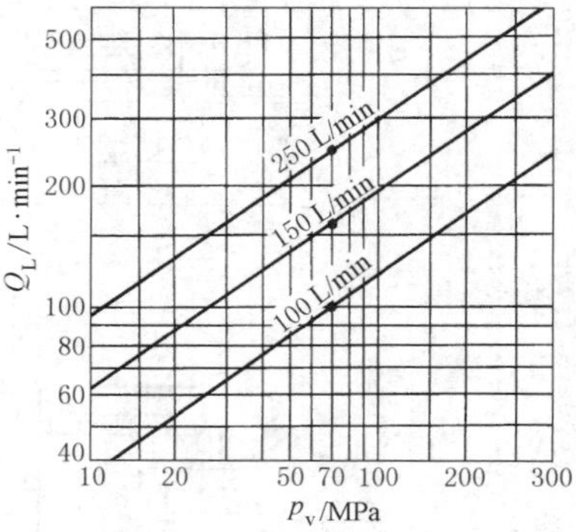(b)<br>压力-流量曲线（图 a）某点上的斜率为伺服阀的流量-压力系数<br>压力-流量特性曲线可供系统设计者考虑负载匹配和用于确定伺服阀的规格。有些伺服阀样本会给出无量纲压力-流量特性曲线；但现在更多的伺服阀样本给出的是用对数坐标表示的 $I=I_n$ 下的压力-流量特性（图 b），对数坐标表示的优点是 $Q_L$ 与 $\Delta p_n$ 成线性，且给出了该系列伺服阀的压力-流量特性，$\Delta p_n$ 为阀压降 |
| | 空载流量特性 | 额定压力下，负载压力为零，输入电流在正、负额定电流间连续变化，一个完整的循环后，所得的输出流量与输入电流的关系曲线称为空载流量曲线，简称流量曲线<br>流量曲线的中心轨迹称为公称流量曲线<br>流量型伺服阀的流量曲线可分成零区、控制区和饱和区。零区特性反映了功率滑阀的开口情况，如下图所示，由零区特性可评价伺服阀的制造质量<br>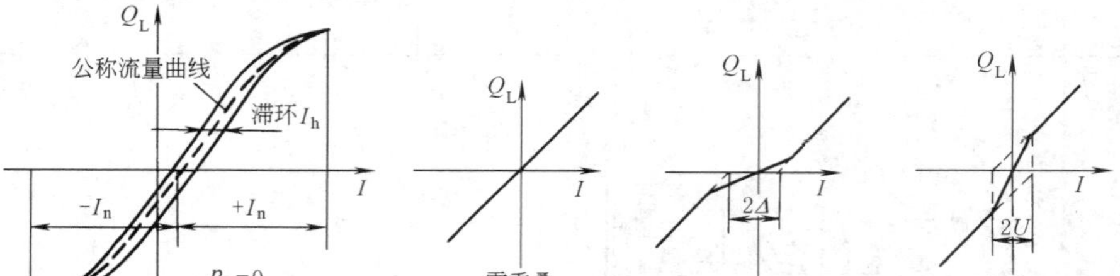零重叠　　正重叠　　负重叠<br>在任一规定工作区域内，流量曲线的斜率为流量增益以（L/min）/mA 表示。由公称流量曲线的零流量点向两极各作一条与公称流量曲线偏差为最小的直线，这两条公称流量增益线的平均斜率便是公称流量增益。如右图所示<br>随着电流的增大，流量曲线将呈饱和状态。不再随电流而变化的流量称为饱和流量<br>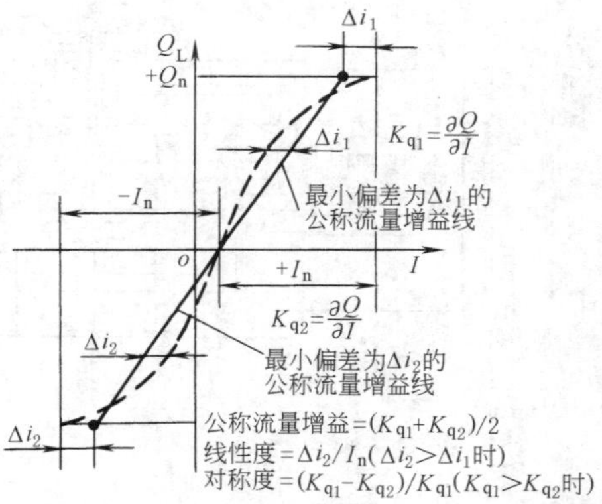 |

续表

| 项目 | 名称 | 含义及指标 |
| --- | --- | --- |
| 静态特性 | 压力增益特性 | 额定压力下，负载流量为零(工作油口关闭)时，输入电流在正、负额定电流间连续变化一个完整的循环，所得的负载压力与输入电流的关系曲线称为压力增益曲线<br>规定用±40%额定压力区域内的负载压力对输入电流关系曲线的平均斜率，或用该区域内1%额定电流时的最大负载压力来确定压力增益值<br>压力增益大小与阀的开口类型有关，因此由压力增益曲线可反映阀的零位开口的配合情况<br>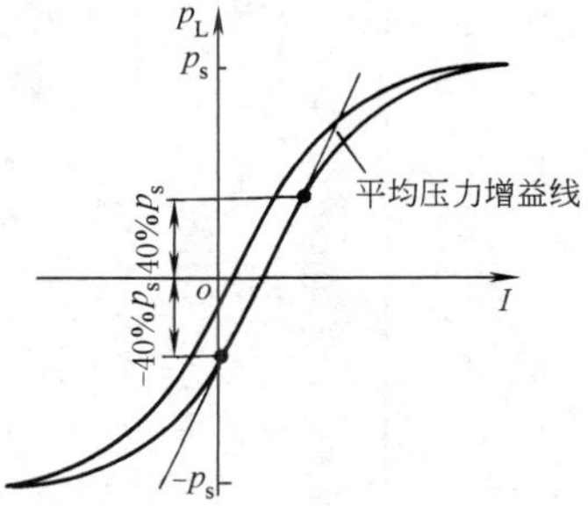 |
|  | 内泄漏特性 | 额定压力下，负载流量为零时，从进油口到回油口的内部泄漏流量随输入电流的变化曲线称为内泄漏特性 $Q_1=f(I)$。其中 $Q_{c1}$ 为前置级的泄漏流量；$Q_{c2}$ 为功率滑阀的零位泄漏流量<br>$Q_{c2}$ 的大小反映了功率滑阀的配合情况及磨损程度。对于新阀，用泄漏曲线评价阀的制造质量；对于旧阀，可用于判断磨损程度。$Q_{c2}$ 与 $p_s$ 的比值可用于确定功率滑阀的流量-压力系数 $K_c$<br>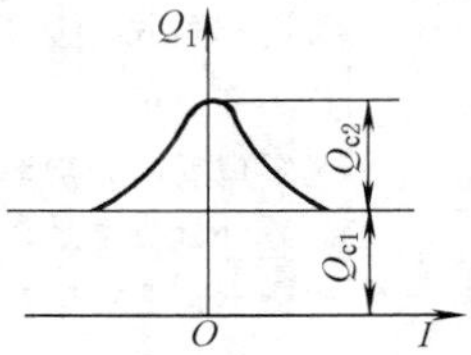 |
| 动态特性 | 频率特性 | 额定压力下，负载压力为零时，恒幅正弦输入电流在一定的频率范围内变化，输出流量对输入电流的复数比。频率特性包括幅频特性和相频特性<br>幅频特性用幅值比表示，通常用输出流量幅值 $A_i$ 与同一输入电流幅值下，指定基准低频时的输出流量幅值 $A_0$ 之比随输入电流频率的变化曲线来表示，以dB度量。<br>相频特性是输出流量与输入电流的相位差随输入电流频率的变化曲线，以度表示<br>用伺服阀频宽衡量伺服阀的频率响应，以幅值比衰减到-3dB时的频率为幅频宽，用 $\omega_{-3}$ 或 $f_{-3}$ 表示；以相位滞后90°的频率为相频宽，用 $\omega_{-90°}$ 或 $f_{-90°}$ 表示<br>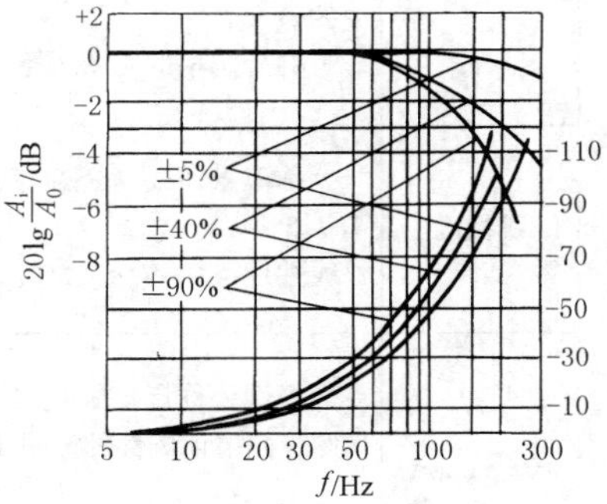<br>阀的频率特性与输入电流幅值、供油压力及黏度等条件有关，因此伺服阀的频率特性中一般会注明不同电流幅值(如±5%或±10%，±25%、±40%或±50%，±90%或±100%)下的幅频或相频特性(未注明时为额定供油压力和±25%输入幅值)<br>基准低频视具体伺服阀而定，一般应低于 $5\%f_{-3}$；对于高频阀，通常为5Hz或10Hz<br>流量的测量是通过速度传感器检测精密测试液压缸的速度而得到的。测试缸的内泄漏和摩擦力应很小，缸的谐振频率应比阀的频宽高得多 |
|  | 阶跃响应 | 一般用阶跃响应来说明阀的瞬态响应。阶跃响应是额定压力下，负载压力为零时，输出流量对阶跃输入电流的跟踪过程。$t_r$ 为上升(飞升)时间，$t_p$ 为峰值时间，$t_s$ 为过渡过程时间<br>根据阶跃响应曲线确定超调量、过渡过程时间和振荡次数等时域品质指标<br>通常规定阶跃输入电流的幅值为 $5\%I_n$ 或 $10\%I_n$，$25\%I_n$、$40\%I_n$ 或 $50\%I_n$，$90\%I_n$ 或 $100\%I_n$<br>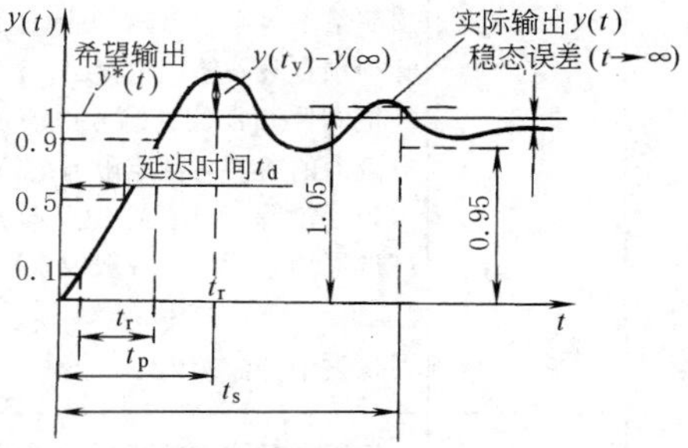 |
| 静态性能参数 | 滞环 | 在正负额定电流之间，以动态不起作用的速度循环时，产生相同输出流量的两电流之间最大差值与额定电流的百分比称为滞环。一般滞环小于等于3%，电反馈伺服阀的滞环小于等于0.5%<br>伺服阀的滞环是由于力(矩)马达的磁滞和阀的游隙造成的。阀的游隙是由于摩擦力及机械固定部分的间隙造成的。磁滞回环值随电流的大小而变化，电流小时磁滞回环值减小，因此磁滞一般不会引起系统的稳定性问题；油液脏时滑阀摩擦力增大，分辨率值也将增大 |

续表

| 项目 | 名称 | 含义及指标 |
|---|---|---|
| 静态性能参数 | 分辨率 | 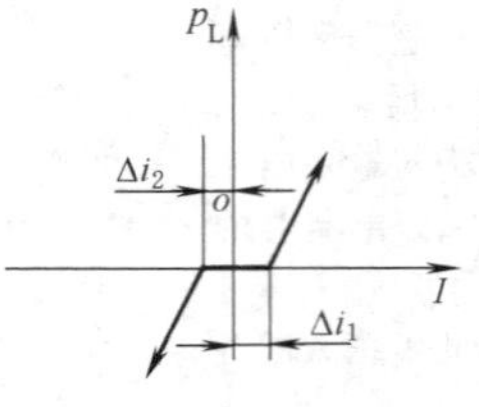<br><br>(a) 零位正、反向分辨率<br>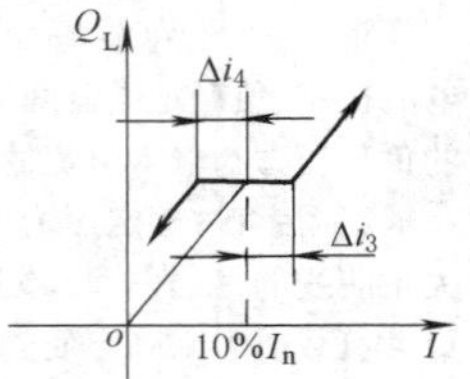<br><br>(b) 零外正、反向分辨率<br>分辨率有零位正向、零位反向和零外正向、零外反向分辨率之分<br>零位分辨率是在工作油口关闭下作出的,在额定供油压力下,输入一微小电流使A、B口的压力相等;若继续以相同方向缓慢增加微小电流,使两平衡的工作压力发生变化所需的电流增量$\Delta i_1$与额定电流的百分比称为零位正向分辨率;若以反向缓慢输入电流,使压力发生变化所需的电流增量$\Delta i_2$与额定电流的百分比称为零位反向分辨率<br>零外分辨率是在工作油口开启下作出的,在$I=10\%I_n$的规定信号值下,使阀的输出流量继续变化所需的电流增量$\Delta i_3$与$I_n$的百分比称为零外正向分辨率;而使阀的输出流量反向所需的电流增量$\Delta i_4$与$I_n$的百分比则称为零外反向分辨率<br>一般,伺服阀分辨率$=\Delta i_m/I_n<1\%$,电反馈伺服阀分辨率小于0.4%甚至0.1%。$\Delta i_m$为$\Delta i_1$、$\Delta i_2$、$\Delta i_3$、$\Delta i_4$中的最大者<br>影响分辨率的主要因素是阀的静摩擦力和游隙。油脏时滑阀中摩擦力增大,分辨率将降低 |
| | 线性度 | 公称流量曲线与公称流量增益线的最大偏离值与额定电流的百分比称为线性度。一般要求线性度高于7.5%<br>线性度$=\Delta i_1/I_n<7.5\%$ |
| | 对称度 | 两极性公称流量增益之差的最大值与两极性公称增益较大者的百分比称为对称度。一般要求对称度高于10%。如果正极性的流量增益$K_{q1}$大于负极性的增益$K_{q2}$,则<br>$$对称度=\frac{K_{q1}-K_{q2}}{K_{q1}}<10\%$$ |
| | 零偏 | 在规定试验条件下尽管调好伺服阀的零点,但经过一段时间后,由于阀的结构尺寸、组件应力、电性能、流量特性等可能会发生微小变化,使输入电流为零时输出流量不为零,零点要发生变化。为使输出流量为零,必须预置某一输入电流,即零偏电流<br>把阀回归零位的输入电流值,减去零位反向分辨率电流值的差值与额定电流的百分比称为零偏<br>为了消除滞环及零位反向分辨率的影响,零偏的测试过程如图所示。一般要求:<br>零偏$=i_0/I_n=(i_1+i_2)/2I_n<3\%$<br>在整个寿命期内小于5%<br>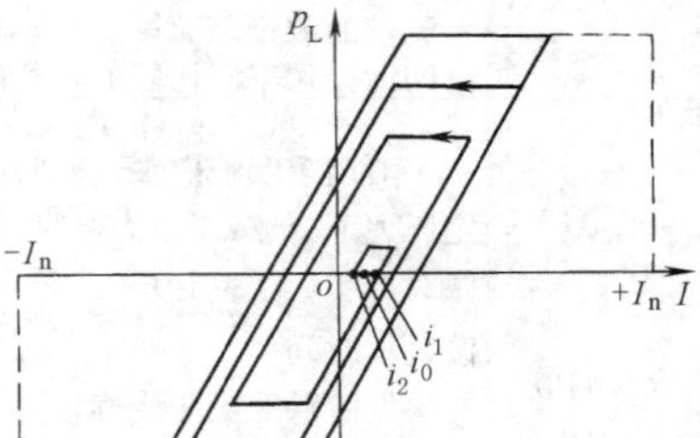<br> |
| | 零漂 | 伺服阀是按试验标准在规定试验条件下调试的,当工作条件(供油压力、回油压力、工作油温、零值电流等)发生变化时,阀的零位发生偏移<br>压力、温度等工作条件变化引起的零偏电流变化量与额定电流的百分比称为零漂<br>零漂又分为压力零漂和温度零漂;压力零漂又分为进油压力零漂和回油压力零漂。通常,供油压力降低时零偏电流$i_0$增大,回油压力增大时零偏电流增大 |

续表

| 项目 | 名 称 | 含 义 及 指 标 |
|---|---|---|
| 静态性能参数 | 零漂 | 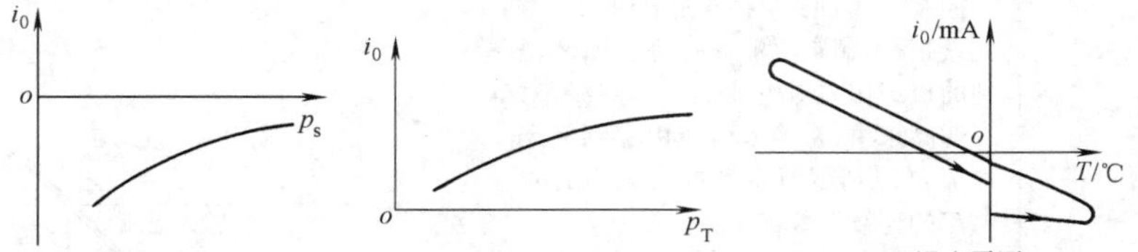(a) 进油压力零漂 (b) 回油压力零漂 (c) 温度零漂<br>一般规定供油压力变化±20%$p_s$时，进油压力零漂应小于3%；回油压力从0~0.7MPa变化时，回油压力零漂应小于2%。温度零漂亦应小于2%<br>注意系统调整或检查时，可加偏置电流以补偿零偏，而随工作条件变化的零漂是无法补偿的 |
| 动态性能参数 | 频宽 | 以频宽作为阀的动态响应参数。从阀的频率特性可以直接查出幅频宽 $\omega_{-3}$ 和相频宽 $\omega_{-90°}$，二者的值不相等，应取其较小者作为频宽值<br>通常，力矩马达喷嘴挡板式两级伺服阀的频宽在100~130Hz之间，动圈两级滑阀式伺服阀的频宽在50~100Hz之间。电反馈高频伺服阀频宽可达250Hz甚至更高 |
| | 响应时间 | 以上升（飞升）时间 $t_r$、峰值时间 $t_p$ 或过渡过程（调节）时间 $t_s$ 作为动态响应参数，以超调量 $\sigma_p$ 来反映稳定性 |
| 伺服阀的传递函数 | 工程中一般采用传递函数描述流量型伺服阀的特性：<br>$$\frac{Q_L(s)}{I(s)}=\frac{K_{sv}}{\frac{s^2}{\omega_{sv}^2}+\left(\frac{2\delta_{sv}}{\omega_{sv}}\right)s+1}$$<br>式中 $K_{sv}$——伺服阀增益，$m^3/(s \cdot A)$；<br>$\omega_{sv}$——伺服阀的频宽，rad/s；<br>$\delta_{sv}$——伺服阀的阻尼系数，一般为0.5~0.7 | |

* 对电反馈伺服阀尤其是内置放大器的电反馈伺服阀，应规定额定输入电压，以 V 表示。



## 3.3.2 压力伺服阀的特性及性能参数

**表 22-3-44**

| 项目 | 名 称 | 含 义 及 指 标 |
|---|---|---|
| 伺服阀规格的标称 | 额定电流 $I_n$ | 产生额定控制压力所规定的任一极性的输入电流，以mA表示。必须和线圈连接形式一并规定 |
| | 额定压力 $p_s$ | 额定工作条件下的供油压力。以MPa表示 |
| | 额定控制压力 $p_c$ | 在负载关断（即负载流量为零）情况下，与额定电流所对应的控制压力。所谓控制压力，对四通阀来讲是指负载压差，对三通阀来讲则是指负载压力 |
| 静态特性 | 流量-压力特性 | 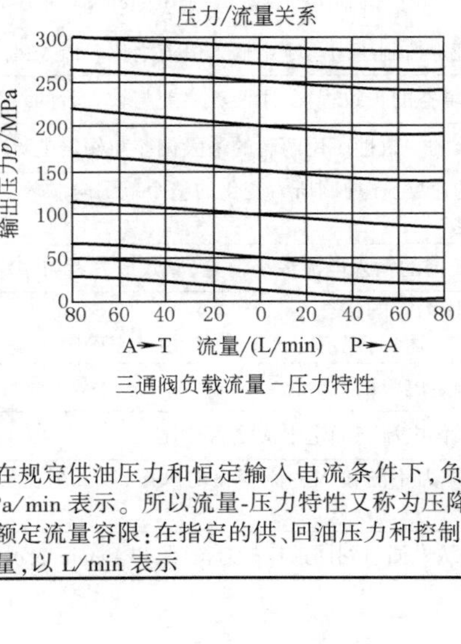三通阀负载流量-压力特性<br>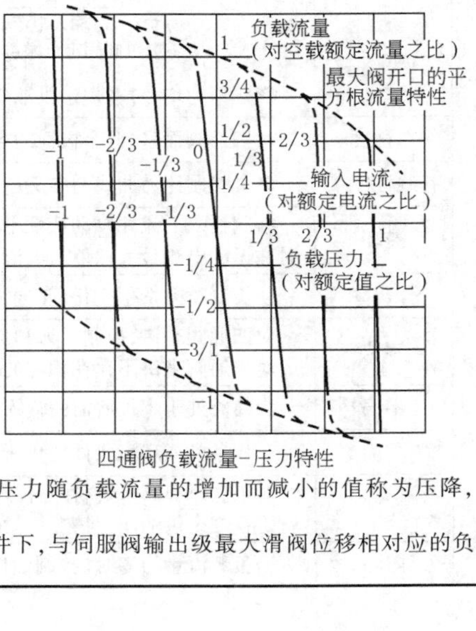四通阀负载流量-压力特性<br>在规定供油压力和恒定输入电流条件下，负载控制压力随负载流量的增加而减小的值称为压降，以MPa/min表示。所以流量-压力特性又称为压降特性<br>额定流量容限：在指定的供、回油压力和控制压力条件下，与伺服阀输出级最大滑阀位移相对应的负载流量，以L/min表示 |

续表

| 项目 | 名 称 | 含 义 及 指 标 |
|---|---|---|
| 静态特性 | 控制压力特性 | 控制压力曲线:对四通阀来讲,是输入正、负额定电流作一完整循环得到的负载压差对电流的连续曲线;对三通阀来讲,是输入电流由零到额定电流再回到零所得到的负载压力对电流的连续曲线<br>名义控制压力曲线:控制压力曲线的中点轨迹,为零滞环控制压力曲线。通常,阀滞环较小,可以将控制压力曲线的一边作为名义压力曲线使用<br>压力增益:在规定的供油压力条件下,在名义控制压力曲线上,在控制压力变化的区域内,控制压力对输入电流的斜率,以 MPa/mA 表示。按对供油压力的依赖性可分为固定压力增益和可变压力增益<br>固定压力增益:压力增益基本上和供油压力无关<br>可变压力增益:压力增益与供油压力成正比<br>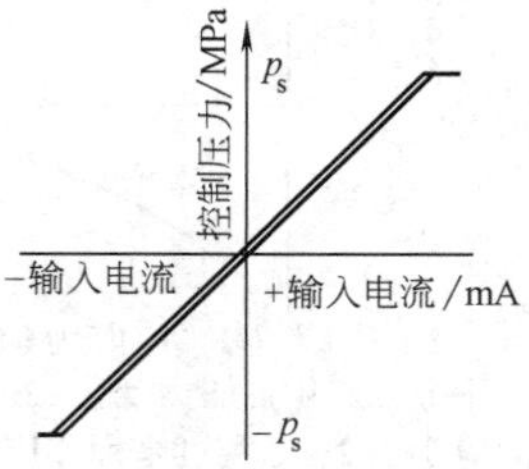<br><br>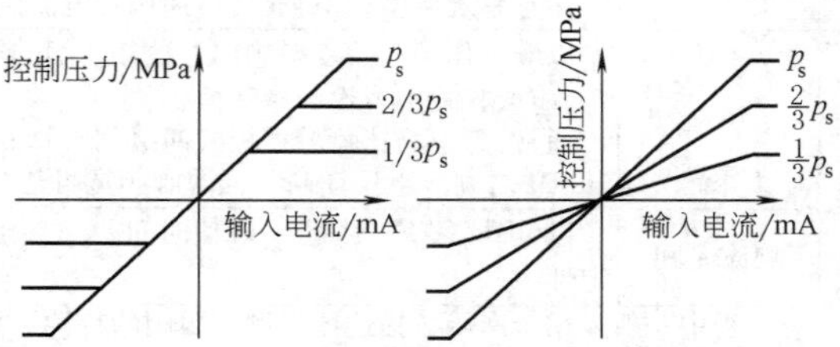<br><br>(a) 双向固定压力正增益 (b) 双向可变压力正增益<br>四通压力阀控制压力特性 |
| | | 单向可变负增益压力阀主要用于飞机机轮的自动刹车防滑系统<br>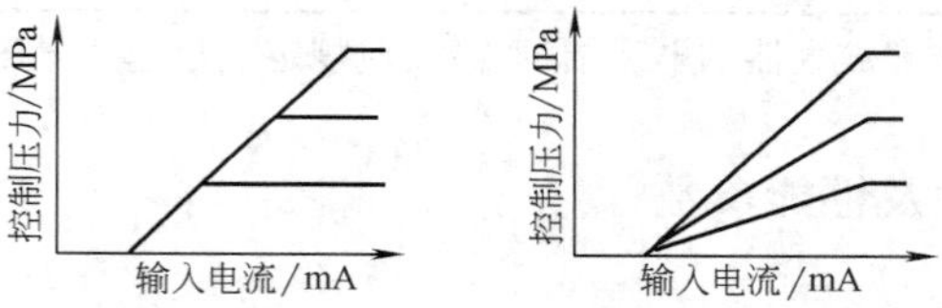<br><br>(a) 单向固定正增益(三通) (b) 单向可变正增益(三通)<br>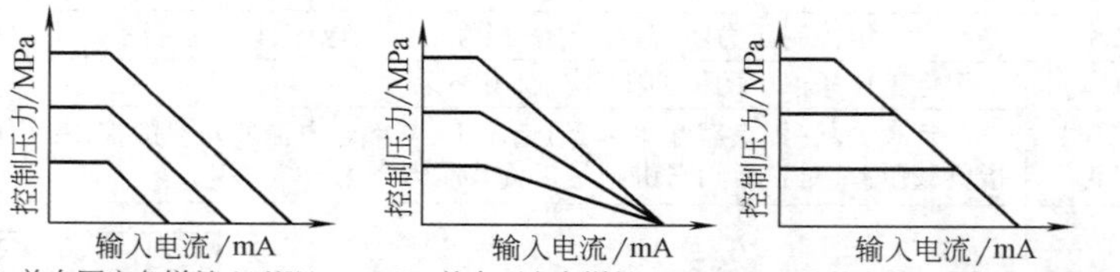<br><br>(c) 单向固定负增益(三通) (d) 单向可变负增益(三通) (e) 单向单一负增益(三通)<br>额定压力增益:在规定供油压力下,额定控制压力与额定输入电流之比。以 MPa/mA 表示 |
| | 对称度 | 对四通阀而言,两个极性的名义压力增益的一致程度,用两者之差与较大者的百分比表示 |
| | 线性度 | 名义控制压力曲线与名义压力增益线的一致性。用两者的最大偏差与额定电流的百分比来表示 |
| | 滞环 | 给阀输入电流并以动特性不起作用的速度,在控制压力变化的整个范围内循环一周,产生相同控制压力时往返的电流最大差值与电流的百分比 |
| | 分辨率 | 使控制压力发生变化(正向或反向)所需的输入电流最小增量,取其最大者与额定电流之百分比 |
| | 零位 | 对四通阀来讲,控制压力和负载流量皆为零的状态<br>对三通阀来讲不存在相应的零位状态。通常,规定一个工作点,由此来确定零偏和零漂 |
| | 零偏 | 为使阀处于零位所需的输入电流与额定电流的百分比 |
| | 零漂 | 工作条件或环境条件变化所导致的零偏电流与额定电流之百分比 |
| | 死区 | 对某些三通阀来讲,在零位附近控制压力不随输入电流变化的区域,以 mA 表示。对这些阀来说,零漂就是在规定供油压力情况下的死区变化 |
| | 内漏 | 当负载流量为零时(控制油口关断),从供油口到回油口的总流量,以 L/min 表示 |

续表

| 项目 | 名称 | 含义及指标 |
|---|---|---|
| 动态特性 | 频率响应 | 当一恒定幅值的正弦输入电流在某一频率范围变化时控制压力与输入电流的复数比，以幅值比和相角表示。频率响应和负载特性有关。负载特性是指有无负载节流孔的负载容积，所以原则上试验负载必须作出规定。通常，频率响应还随供油压力、输入电流幅值、温度及其他工作条件的变化而变化<br>幅值比：某一特定频率下的控制压力对输入电流之比除以输入同样电流，但在规定低频（一般 0.5～1.0Hz）时的比值。以分贝（dB）表示。其-3dB 表示幅频宽<br>相角：在某一指定频率下，以正弦变化的控制压力对输入电流的相位滞后，以（°）表示。其-90°表示相频宽<br>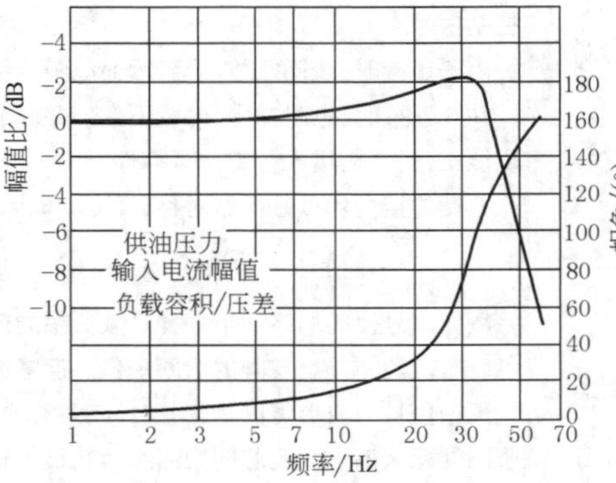<br><br>压力阀频响应特性 |



## 3.4 伺服阀的选择、使用及维护

表 22-3-45

| 项目 | | 说明 |
|---|---|---|
| 伺服阀的选择 | 考虑因素 | 负载的性质及大小，控制速度、加速度的要求，系统控制精度及系统频宽的要求，工作环境，可靠性及经济性，尺寸、重量限制以及其他要求等 |
| | 选择原则与步骤 | （1）确定伺服阀的类型<br>根据系统的控制任务，负载性质确定伺服阀的类型。一般位置和速度控制系统采用 Q 阀；力控制系统一般采用 Q 阀，也可采用 P 阀。但如材料试验机械因其试件刚度高宜用 P 阀；大惯量外负载力较小的系统拟用 P-Q 阀；系统负载惯量大、支撑刚度小、运动阻尼小而又要求系统频宽和定位精度高的系统拟采用 Q 阀加动压反馈网络实现<br>（2）确定伺服阀的种类和性能指标<br>根据系统的性能要求，确定伺服阀的种类及性能指标。控制精度要求高的系统，拟采用分辨率高、滞环小的伺服阀；外负载力大时，拟采用压力增益高的伺服阀<br>频宽应根据系统频宽要求来选择。频宽过低将限制系统的响应速度，过高则会把高频干扰信号及颤振信号传给负载<br>工作环境较差的场合拟采用抗污染性能好的伺服阀<br>（3）确定伺服阀的规格<br>根据负载的大小和要求的控制速度，确定伺服阀的规格，即确定额定压力和额定流量<br>（4）选择合适的额定电流<br>伺服阀的额定电流有时可选择。较大的额定电流要求采用较大功率的伺服放大器，较大额定电流值的阀具有较强的抗干扰能力 |
| 使用与维护 | 线圈的接法 | 一般伺服阀有两个控制线圈，根据需要可选下图任一种接法。但有的伺服阀只有单控制线圈<br>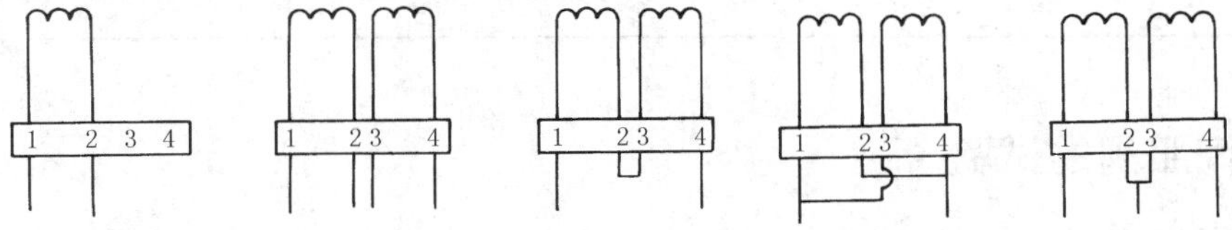<br>(a) 单线圈　(b) 单独使用　(c) 串联　(d) 并联　(e) 差动连接 |

续表

| 项目 | | 说明 |
| --- | --- | --- |
| 使用与维护 | 线圈的接法 | 两个线圈单独连接时,一个线圈接控制信号,另一个接颤振信号。如果只使用一个线圈,则把颤振信号叠加在控制信号上<br>串联连接时,线圈匝数加倍,因而电阻加倍,而电流减半<br>并联连接时,电阻减半,电流不变。并联的优点是:由于伺服阀放大器大多是深度电流反馈,一个线圈损坏时,仍能工作,从而增大了工作可靠性<br>差动连接的优点是电路对称,温度和电源波动的影响可以互补 |
| | 颤振信号的使用 | 颤振信号使阀始终处于一种高频低幅的微振状态,从而可减小或消除伺服阀中由于静摩擦力而引起的死区,并可以有效地防止出现阀的堵塞现象。但颤振无助于减小力(矩)马达磁滞所产生的伺服阀滞环值<br>颤振信号的波形可以是正弦波、三角波或方波,通常采用正弦波。颤振信号的幅值应足够大,其峰值应大于伺服阀的死区值。主阀芯的振幅约为其最大行程的0.5%~1%左右,振幅过大将会把颤振信号通过伺服阀传给负载,造成动力元件的过度磨损或疲劳破坏。颤振信号的频率应为控制信号频率的2~4倍,以免扰乱控制信号的作用。由于力(矩)马达的滤波衰减作用,较高的颤振频率要求加大颤振信号幅值,因此颤振频率不能过高。此外,颤振频率不应是伺服阀或动力元件谐振频率的倍数,以免引起共振,造成伺服阀组件的疲劳破坏 |
| | 伺服阀的调整 | (1)性能检查:伺服阀通电前,务必按说明书检查控制线圈与插头线脚的连接是否正确<br>(2)零点的调整:闲置未用的伺服阀,投入使用前应调整其零点。必须在伺服阀试验台上调零;如装在系统上调零,则得到的实际上是系统零点<br>(3)颤振信号的调整:由于每台阀的制造及装配精度有差异,因此使用时务必调整颤振信号的频率及振幅,以使伺服阀的分辨率处于最高状态 |
| | 污染控制 | 控制污染首先应防范污染物的侵入。合理的系统设计、有效的过滤和完善的维护管理体制是控制污染的关键<br>大型工业伺服系统的过滤系统设有:主泵出口高压过滤器、伺服阀前高压过滤器、主回油低压过滤器、循环过滤器、空气过滤器和磁性过滤器<br>阀前过滤器精度由伺服阀的类型而定,喷嘴挡板阀的绝对过滤精度要求5μm。滑阀式工业伺服阀的绝对过滤精度要求10μm,阀内小过滤器为粗过滤器,防止偶然的较大污染物进入伺服阀。阀内过滤器和系统过滤器应定期检查、更换和清洗<br>系统装上伺服阀前,必须用伺服阀清洗板代替伺服阀,对系统进行循环清洗,循环清洗时要定期检查油液的污染度并更换滤芯,直至系统的洁净度达到要求后方可装上伺服阀 |
| | 伺服阀不稳定 | 油源中泵的流量脉动引起的压力脉动、溢流阀的不稳定、管道谐振、各种非线性因素引起的极限环振荡、伺服阀引起的不稳定等,会引起系统振荡<br>伺服阀中的游隙和阀芯上稳态液动力造成的压力正反馈,都可以引起系统的不稳定。伺服阀至执行元件间的管道谐振也会引起系统振荡。伺服阀转换器的谐振频率、前置级阀或功率级的谐振频率与动力元件的谐振频率、管道的1/4波长频率相重合或成倍数时,也可能引起共振<br>伺服阀游隙引起的不稳定可通过改善过滤和加颤振来减弱或消除;与管道及结构谐振频率有关的振荡,则可通过改变管道的长度及支承、执行元件的支承等来减弱或消除 |

## 3.5 伺服阀的试验

详见GB/T 15623—1995电液伺服阀试验方法。

### 3.5.1 试验的类型及项目

表 22-3-46

| 试验项目与试验类型 | | | 型式试验 | 出厂产品试验 |
|---|---|---|---|---|
| 电气参数 | 绝缘电阻 | | √ | √ |
| | 线圈电阻 | | √ | √ |
| | 线圈电感 | | √ | |
| 稳态特性及参数 | 耐压 | 进油口耐压 | √ | √ |
| | | 回油口耐压 | √ | √ |
| | 内泄漏 | 零位内泄漏量 | √ | √ |
| | | 内泄漏特性 | √ | |
| | 压力增益 | | √ | √ |
| | 额定流量(空载) | | √ | √ |
| | 饱和流量 | | √ | |
| | 公称流量增益 | | √ | (√) |
| | 零区特性 | | √ | |
| | 滞环 | | √ | √ |
| | 分辨率 | 零位分辨率 | √ | √ |
| | | 零位外正向分辨率 | √ | |
| | | 零位外反向分辨率 | √ | |
| | 线性度 | | √ | (√) |
| | 对称性 | | √ | (√) |
| | 零偏 | | √ | √ |
| | 压力零漂 | 进油压力零漂 | √ | (√) |
| | | 回油压力零漂 | √ | (√) |
| | 温漂 | | √ | |
| | $p$-$Q$ 特性 | | √ | |
| 动态特性 | 频率特性 | | √ | (√) |
| | 瞬态响应 | | √ | |
| 耐久性试验 | | | √ | |
| 压力试验 | | | √ | |
| 环境试验 | | | √ | |

注：(√) 为附加试验项目，√为应试项目。

### 3.5.2 标准试验条件

GB/T 15623—2003 电液伺服阀试验方法标准规定的标准试验条件：

(1) 环境条件：(20±5)℃；

(2) 相对湿度：10%~80%；

(3) 液压油：矿物基液压油（N32，N46，YH-10，YH-12 等），特殊用油如民航机及电站用磷酸酯液压油应特别指明；

(4) 黏度等级：N32；

(5) 油液温度：(40±6)℃（阀进油口处）；

(6) 油液清洁度等级：试验用油液的固体颗粒污染等级应为$^{13}/_{10}$~$^{17}/_{14}$；

(7) 供油压力：额定压力 $p_n$ 加上回油压力；

(8) 回油压力：$p_r<5\%p_n$；

(9) 测试仪器准确度等级：根据需要，按 GB 7935 规定，以 A、B、C 三种等级中的一种进行。

第 22 篇

### 3.5.3 试验回路及测试装置

表 22-3-47

线圈阻抗和线圈电感测试

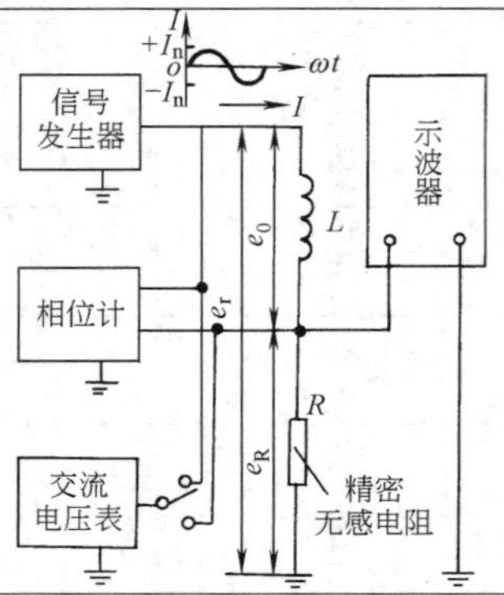


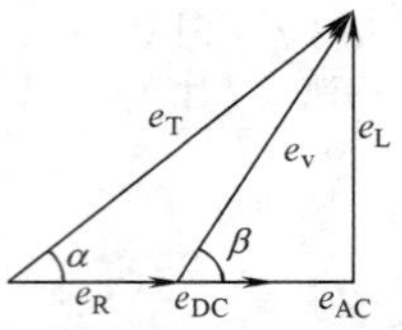


相角:$\beta$,(°)

阻抗:$Z=R\left(\frac{e_v}{e_R}\right)$,Ω

视在电感:$L=\frac{R}{2\pi f}\times\frac{e_L}{e_R}$,H

静态特性试验回路及测试

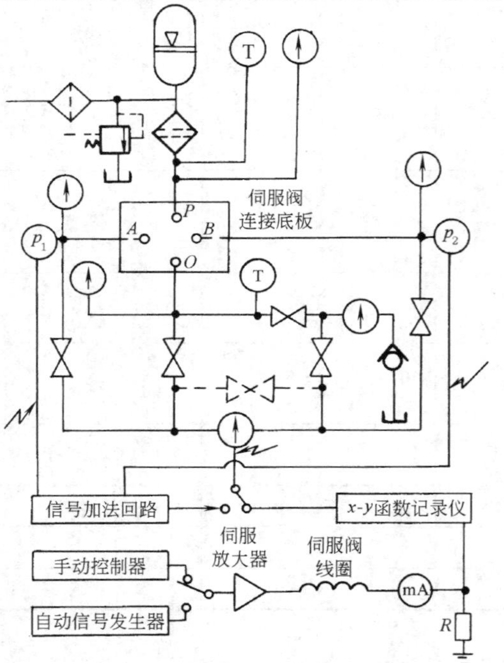


动态特性试验回路及测试

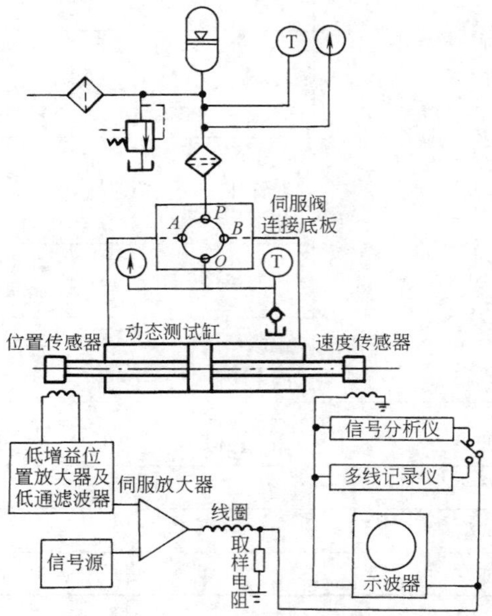


### 3.5.4 试验内容及方法

表 22-3-48

| 项目 | | 说明 |
|---|---|---|
| 电气参数的测试 | 绝缘电阻的测试 | 伺服阀入口不供油(但对湿式力矩马达,阀内应充满液压油),用精度不低于 2.5 级 500V 的兆欧表,对线圈与阀体、线圈与线圈之间加上直流电压,历时 60s,绝缘电阻应大于 100MΩ |
| | 线圈电阻的测试 | 伺服阀入口不供油,待线圈与室温一致时,分别测两线圈的直流电阻 |
| | 线圈阻抗及电感的测试 | 因线圈电感值随输入电流的幅值、频率、进油口压力及线圈连接方式而变化,所以规定:阀进口压力调至额定压力,输入电流峰值为 25%额定电流,而频率为 60Hz 的无畸变正弦波,并由示波器检测精密无感应电阻 $R$ 上电压波形来检查输入电流的波形<br>用交流电压表测量峰值交流电压 $e_T$、$e_R$,用相位计测量 $e_T$ 与 $e_R$ 间相位差 |

续表

| 项目 | 说明 |
|---|---|
| 静态特性及性能参数的测定 | 静态特性试验可分为耐压试验、关闭工作油口时的试验和开启工作油口时的试验3个方面，共要测5条曲线、13个性能指标<br>5条曲线：压力增益曲线，流量增益曲线，压力-流量曲线，饱和流量曲线和泄漏曲线<br>13个性能指标：压力增益，额定空载流量，公称流量增益，饱和流量，重叠量，滞环，分辨率，线性度，对称度，零偏，零漂（压力零漂及温漂）和零位泄漏流量<br>静态特性项目、条件、回路状态及记录参数见表22-3-49 |
| 动态特性及性能参数的测试 | 动态特性测定可应用分析仪、笔录仪或CAT系统，实测出频率特性或阶跃响应曲线<br>由频率特性可得幅频宽、相频宽；由阶跃响应可得飞升时间、过渡过程时间和超调 |
| 耐久性试验 | 耐久性试验在关闭工作油口和短接工作油口两种状态下进行，试验时间各占一半<br>供油压力为额定压力，输入电流的幅值等于额定电流、频率为五分之一相频宽 $\omega_{-90°}$ 的正弦信号。伺服阀动作循环次数不少于 $10^7$ 次<br>完成耐久性试验后，还应做产品验收试验，检验元件性能降低的程度 |
| 压力脉冲试验 | 控制油口关闭时对伺服阀供油口施加压力脉冲，压力脉冲幅值在额定回油压力（不低于350kPa）和供油压力的100%±5%之间循环，每次循环内应有50%以上时间保持在供油压力下；施加正负额定电流的时间各占试验时间的一半；该试验至少应进行 $5\times10^5$ 次循环<br>完成压力脉冲试验后，还应做产品验收试验，检验元件性能降低程度 |
| 环境试验 | 对于使用工况十分恶劣，或极其重要的应用场合还可能要进行条件苛刻的各种环境试验，如环境温度（高温、低温、温度冲击）、工作介质温度范围、振动、冲击、加速度、防爆、防火、盐雾、霉菌、湿热、真空、热辐射、水浸、湿度和高度试验等 |

**表22-3-49　静态特性的试验项目、条件、回路状态及记录参数一览表**

<table>
<tr><th colspan="2" rowspan="2">试验项目</th><th rowspan="2">输入电流<br>$I$</th><th rowspan="2">供油压力<br>$p_s$</th><th colspan="4">阀口开闭情况</th><th colspan="2">记录参数</th><th rowspan="2">试验方法及试验要求</th></tr>
<tr><th>A</th><th>B</th><th>O</th><th>L</th><th>$x$</th><th>$y$</th></tr>
<tr><td rowspan="2">耐久试验</td><td>进油口耐压试验</td><td>$\pm I_n$</td><td>$1.5p_n$</td><td rowspan="2">关</td><td rowspan="2">关</td><td>开</td><td>开</td><td></td><td></td><td rowspan="2">保压：出厂试验30s；型式试验2.5min<br>无外漏，零件无永久变形及损坏<br>性能仍符合技术条件要求①</td></tr>
<tr><td>回油口耐压试验</td><td>$\pm I_n$</td><td>$\leqslant p_n$</td><td>关</td><td>关</td><td></td><td></td></tr>
<tr><td rowspan="8">关闭工作油口时的试验</td><td>压力增益特性</td><td>$\pm I_n$ 间循环</td><td rowspan="4">$p_n$</td><td rowspan="8">关</td><td rowspan="8">关</td><td rowspan="5">开</td><td rowspan="5">关</td><td>$I$</td><td>$p_L$</td><td>方法：测 $p_L=f(I)$<br>要求：$+I_n$ 时 $p_A>p_B$</td></tr>
<tr><td>零位正向分辨率</td><td rowspan="2">$I=0$ 附近</td><td></td><td></td><td>使 $p_A=p_B$，增大 $I$，测使 $p_A$、$p_B$ 发生变化的 $\Delta i_1$</td></tr>
<tr><td>零位反向分辨率</td><td></td><td></td><td>使 $p_A=p_B$，减小 $I$，测使 $p_A$、$p_B$ 发生变化的 $\Delta i_2$</td></tr>
<tr><td>零偏</td><td rowspan="4">$\pm I_n\to0$</td><td></td><td></td><td>测使 $Q_L=0$ 时的零偏电流 $i_0$</td></tr>
<tr><td>进油压力零漂</td><td rowspan="2">$p_n\to0$</td><td></td><td></td><td>$p_s$ 逐渐减少，测不同 $p_s$ 下的 $i_0$</td></tr>
<tr><td>回油压力零漂</td><td>缓关</td><td>关</td><td></td><td></td><td>缓关O口，使 $p_0$ 逐渐增大，测不同 $p_0$ 下的 $i_0$</td></tr>
<tr><td>温度零漂</td><td rowspan="2">$p_n$</td><td>开</td><td>关</td><td></td><td></td><td>变油温 $T$，稳定1min，测不同 $T$ 下的 $i_0$</td></tr>
<tr><td>泄漏特性</td><td>$\pm I_n$</td><td>关</td><td>开</td><td>$I$</td><td>$Q_L$</td><td>变 $I$ 测泄漏口L的回油 $Q_L$，得 $Q_L=f(I)$</td></tr>
<tr><td rowspan="5">开启工作油口下的试验</td><td>空载流量特性</td><td rowspan="2">$\pm I_n$ 间循环</td><td rowspan="4">$p_n\to p_0$</td><td rowspan="5">开</td><td rowspan="5">开</td><td rowspan="5">开</td><td rowspan="5">开</td><td>$I$</td><td>$Q_L$</td><td>负载油口A、B敞开，测 $Q_L=f(I)$</td></tr>
<tr><td>零位特性</td><td>$I$</td><td>$Q_L$</td><td>调大记录仪灵敏度，测零位附近的 $Q_L=f(I)\mid_{p_L=0}$</td></tr>
<tr><td>饱和流量</td><td>$\geqslant\pm I_n$</td><td>$I$</td><td>$Q_L$</td><td>逐渐增大 $I$，记下饱和流量</td></tr>
<tr><td>零位外正反向分辨率</td><td>$10\%I_n$</td><td></td><td></td><td>从 $10\%I_n$ 处缓慢增大或减小 $I$，测使 $Q$ 变化的 $\Delta i_3$、$\Delta i_4$</td></tr>
<tr><td>压力-流量特性</td><td>$\pm I_n$</td><td>$p_n$<br>$p_n+p_0$</td><td>$p_L$</td><td>$Q_L$</td><td>测 $I/I_n$ 为±25%、±50%、±75%、±100%下的 $Q_L=f(p_L)$</td></tr>
</table>

① 按航空标准HB 5610—80及美国ARP—490D规定，各保压2min，加压速率不大于172.5MPa/min。

第22篇

# 第 4 章 液压伺服系统的设计计算

## 1 电液伺服系统的设计计算

### 1.1 电液位置伺服系统的设计计算

电液位置伺服系统是最常见的液压控制系统，而且在速度、力、功率和热工参量等各种物理控制系统中，也常存在位置内环，因此电液位置伺服系统的分析与设计是分析和设计各类液压控制系统的基础。



#### 1.1.1 电液位置伺服系统的类型及特点

表 22-4-1

| 类型 | 职能表 | 特点 |
| --- | --- | --- |
| 阀控电液位置控制系统 | 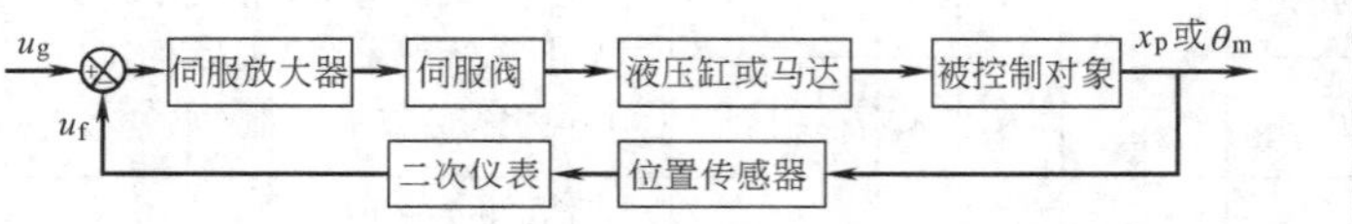 | (1)伺服阀的分辨率高、频响高，因而系统的控制精度高、动态响应高<br>(2)系统效率较低<br>(3)系统刚度较小<br>(4)系统阻尼变化大，零位时阻尼最小<br>(5)控制功率可以高达上百千瓦<br>(6)应用于要求高精度高响应场合 |
| 泵控电液控制系统 | 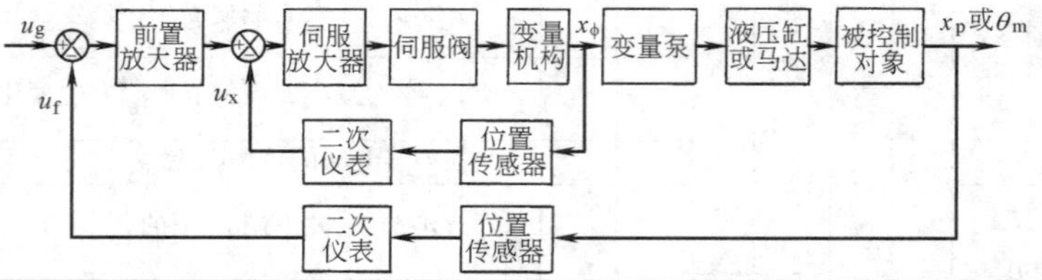 | (1)伺服变量泵的分辨率较低、频响较低，因而系统的控制精度和动态响应较低<br>(2)系统效率高，特别适于大功率控制<br>(3)系统刚度较高<br>(4)系统阻尼低且恒定<br>(5)用于大功率但精度和响应要求较低的场合 |

#### 1.1.2 电液位置伺服系统的方块图、传递函数及波德图

表 22-4-2

| 项目 | 内容分析 | 说明 |
| --- | --- | --- |
| 物理模型 | 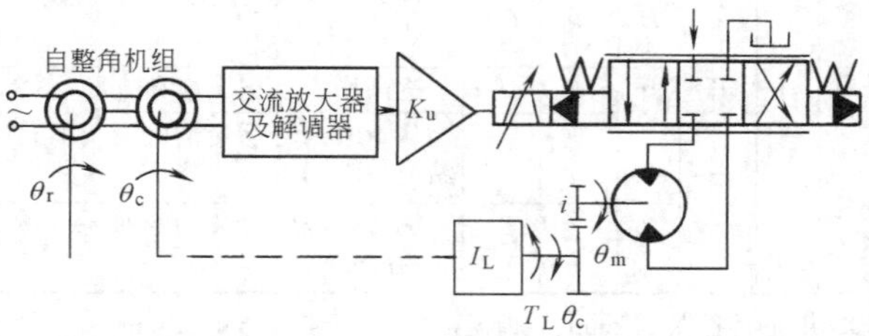 | 被控制量：负载输出轴角位移 $\theta_c$<br>控制元件：伺服阀<br>动力元件：阀控马达<br>减速装置：一级齿轮减速器<br>位移检测装置：自整角机组 |

续表

<table>
<tr><th>项目</th><th>内容分析</th><th>说明</th></tr>
<tr><td>方块图</td><td>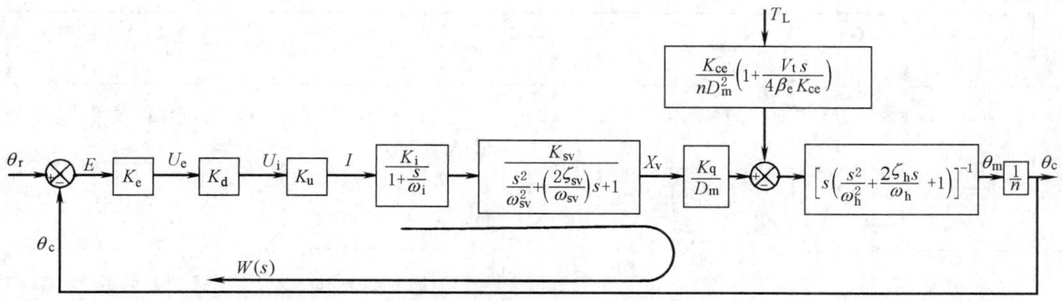
</td><td></td></tr>
<tr><td>开环传递函数</td><td>

$$W(s)=\frac{K_v}{s\left(1+\frac{s}{\omega_i}\right)\left(\frac{s^2}{\omega_{sv}^2}+\frac{2\zeta_{sv}s}{\omega_{sv}}+1\right)\left(\frac{s^2}{\omega_h^2}+\frac{2\zeta_h s}{\omega_h}+1\right)}$$

式中 $K_v=K_eK_dK_uK_iK_{sv}K_q/(D_mn)$<br>
$K_v$——开环增益,rad/s</td><td rowspan="2">$\theta_r,\theta_c$——指令输入轴、负载输出轴的角位移,rad<br>
$E$——接收自整角机组转子绕组的感应电势,V<br>
$K_e$——自整角机组的增益,V/rad<br>
$U_e$——解调器的输出电压,V<br>
$K_d$——交流放大器和解调器增益,V/V<br>
$U_i,K_u$——伺服放大器的输出电压(V)、增益(V/V)<br>
$I$——伺服阀线圈电流,A<br>
$K_i,\omega_i$——线圈回路增益(A/V)、转折频率(rad/s)<br>
$X_V$——伺服阀位移,m<br>
$K_{sv}$——以阀芯位移为输出的伺服阀增益,m/A<br>
$\omega_{sv},\zeta_{sv}$——伺服阀的频宽,rad/s,阻尼系数(无量纲)<br>
$\theta_m$——液压马达角位移,rad<br>
$\omega_h,\zeta_h$——液压谐振频率(rad/s)及阻尼系数<br>
$i=\theta_m/\theta_c=n$<br>
$i$——减速齿轮传动比<br>
$T$——外负载力矩,N·m<br>
$L(\omega)$——对数幅频特性<br>
$\varphi(\omega)$——对数相频特性<br>
$K_v$——开环增益,rad/s<br>
$\omega_c$——穿越(或交轴)频率,rad/s<br>
$\omega_L$——临界频率,rad/s<br>
$\gamma(\omega_c)$——相角稳定裕量,(°)<br>
$L(\omega_L)$——幅值稳定裕量,dB</td></tr>
<tr><td>波德图</td><td>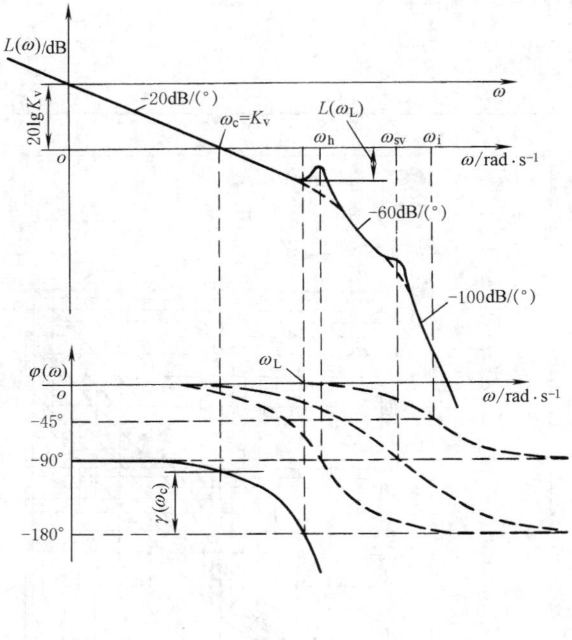
</td></tr>
</table>

### 1.1.3 电液位置伺服系统的稳定性计算

表 22-4-3

| 类别方法 | 条件 | 稳定性分析 |
|---|---|---|
| 简易稳定性判据 | 当 $\omega_i \gg \omega_{sv} \gg \omega_h$，开环传递函数可简化成 $$W(s)=\frac{K_v}{s\left(\frac{s^2}{\omega_h^2}+\frac{2\zeta_h s}{\omega_h}+1\right)}$$ | 应用劳斯稳定判据，可得电液位置伺服闭环系统的简易判据：$K_v \leqslant 2\zeta_h\omega_h$<br>考虑到 $\zeta_{hmin}=0.1\sim0.2$<br>得：$K_v \approx 0.2\sim0.4\omega_h$ |
| 相对稳定性判据 | 当 $\omega_i$、$\omega_{sv}$、$\omega_h$ 值差别不是很大时，开环传递函数不能简化，即：$$W(s)=\frac{K_u}{s\left(1+\frac{s}{\omega_i}\right)\left(\frac{s^2}{\omega_{sv}^2}+\frac{2\zeta_{sv}s}{\omega_{sv}}+1\right)\left(\frac{s^2}{\omega_h^2}+\frac{2\zeta_h s}{\omega_h}+1\right)}$$ 注意到液压位置伺服系统具有积分特性，因而仍存在 $\omega_c=K_v$ 的情况 | (1)已知 $\omega_i$、$\omega_{sv}$、$\omega_h$ 及其阻尼值，并已确定开环增益 $K_v$ 时，可由波德图中的相角稳定裕量 $\gamma(\omega_c)$ 来评价系统的相对稳定性<br>一般要求 $\gamma(\omega_c)=30°\sim60°$，具体值视系统要求而定<br>(2)已知 $\omega_i$、$\omega_{sv}$、$\omega_h$ 及其阻尼值及要求的 $\gamma(\omega_c)$，则可由下式计算出允许的开环增益 $\gamma(\omega_c)=180°+\varphi(\omega_c)$ $$\varphi(\omega_c)=-90°-\arctan\frac{K_v}{\omega_i}-\arctan\left[\frac{2\zeta_{sv}K_v/\omega_{sv}}{1-(K_v/\omega_{sv})^2}\right]-\arctan\left[\frac{2\zeta_h K_v/\omega_h}{1-(K_v/\omega_h)^2}\right]$$ |
| 动态仿真方法 | 当 $\omega_i$、$\omega_{sv}$、$\omega_h$ 值差别不大，且 $\omega_h$、$\zeta_h$、$K_v$ 可能在较大范围内变化时 | 可应用面向动态方程、面向方块图、面向传递函数的仿真程序，进行系统的动态数字仿真，分析系统的稳定性、闭环响应及精度，并进行优化设计 |



### 1.1.4 电液位置伺服系统的闭环频率响应

(1) 对指令输入的频率响应计算

表 22-4-4

| 分类 | 分析方法 | 说明 |
|---|---|---|
| 三阶闭环系统的简化分析方法 | 当开环传递函数可简化成 $W(s)=\frac{K_v}{s\left(\frac{s^2}{\omega_h^2}+\frac{2\zeta_h s}{\omega_h}+1\right)}$ 时，系统闭环传递函数可简化成 $$\phi(s)=\frac{\theta_c(s)}{\theta_r(s)}=\frac{W(s)}{1+W(s)}$$ $$=\frac{1}{\frac{s^3}{K_v\omega_h^2}+\left(\frac{2\zeta_h}{K_v\omega_h}\right)s^2+\frac{s}{K_v}+1}$$ $$=\frac{1}{\frac{\omega_h}{K_v}\left(\frac{s^2}{\omega_h^2}\right)^3+\frac{1}{K_v}\left(\frac{s}{\omega_h}\right)^2+\frac{s}{K_v}+1}$$ $$=\frac{1}{\left(1+\frac{s}{\omega_b}\right)\left(\frac{s^2}{\omega_{nc}^2}+\frac{2\zeta_{nc}s}{\omega_{nc}}+1\right)}$$ | $\omega_b$——一阶因子的转折频率，rad/s<br>$\omega_{nc}$——二阶因子的谐振频率，rad/s<br>$\zeta_{nc}$——二阶因子的阻尼系数<br>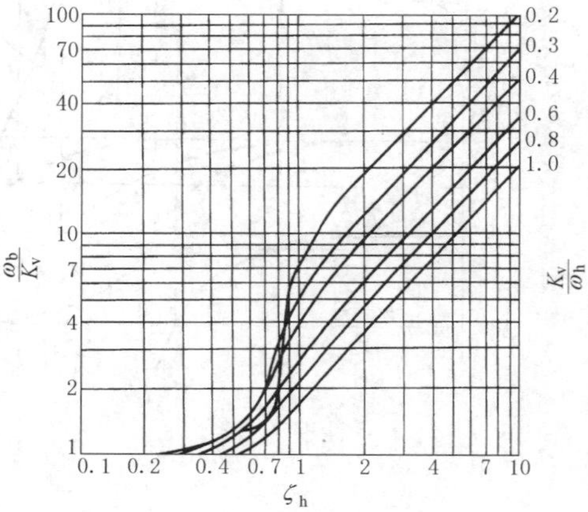<br>(a) |

续表

| 分类 | 分析方法 | 说明 |
|---|---|---|
| 三阶闭环系统的简化分析方法 | 系统结构参数 $\omega_h$、$\zeta_h$、$K_v$ 已知时，确定 $\omega_b$、$\omega_{nc}$、$\zeta_{nc}$ 的方法有以下三种<br>(1)应用劈因法求 $\omega_b$、$\omega_{nc}$、$\zeta_{nc}$。这是一种代数法，计数较麻烦，但可应用有关程序<br>(2)应用查图表法，即利用 $\omega_b/K_v=f(K_v/\omega_h,\zeta_h)$、$\omega_{nc}/\omega_h=f(K_v/\omega_h,\zeta_h)$ 及 $\zeta_{nc}=f(K_v/\omega_h,\zeta_h)$ 三个图表来确定 $\omega_b$、$\omega_{nc}$、$\zeta_{nc}$。这是一种工程简便方法<br>这三个图表，实际上也是由一系列不同的 $K_v/\omega_h$、$\zeta_h$ 值应用劈因法求出对应的 $\omega_b$、$\omega_{nc}$、$\zeta_{nc}$ 而绘成的无量纲曲线图<br>(3)近似估算法，即当 $\zeta_h$、$K_v/\omega_h$ 较小时，认为闭环参数 $\omega_b$、$\omega_{nc}$、$\zeta_{nc}$ 与开环参数 $K_v$、$\omega_h$、$\zeta_h$ 有如下近似关系：<br>$\begin{cases}\omega_b\approx K_v\\ \omega_{nc}\approx\omega_h\\ \zeta_{nc}\approx\zeta_h-K_v/2\omega_h\end{cases}$<br>实际上，通常 $\zeta_{hmin}=0.1\sim0.2$，$K_v/\omega_h=0.2\sim0.4$，它们确实较小；由三个图表可以看出，此时 $\omega_b/K_v$ 略大于 1，$\omega_{nc}/\omega_h$ 略小于 1，上述近似关系成立，三阶闭环系统的闭环频率响应见图 d，图中已把 $\omega_b$ 近似看做是闭环系统的频宽<br>由于 $\omega_c=K_v$，而 $\omega_b$ 略大于 $K_v$，因此 $\omega_b$ 略大于 $\omega_c$；$\omega_b$ 与 $\omega_c$ 的比值随 $\zeta_h$ 的增大而增大，因此也可采用如下经验公式：<br>闭环频宽 $\omega_{0.707}$ 即 $\omega_{-3db}\approx(1.2\sim1.5)\omega_c$<br>以上简化分析方法用于初步设计是很有用的 | 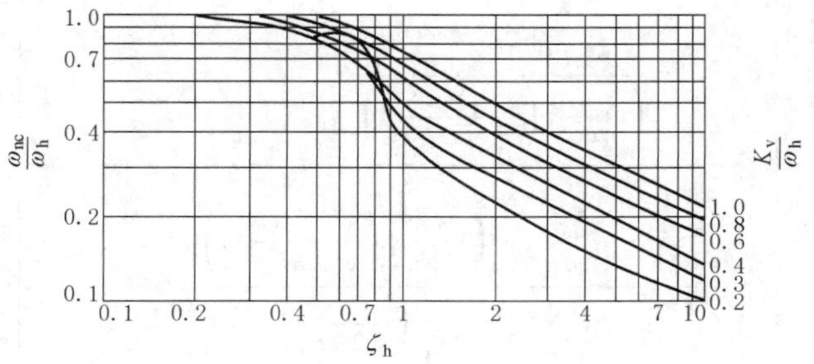<br><br>(b)<br>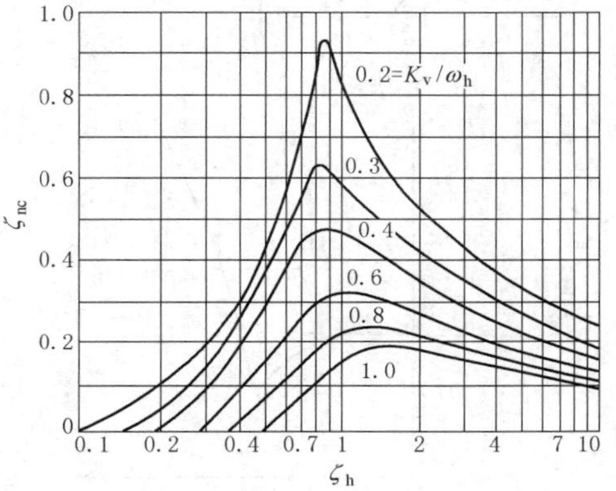<br><br>(c)<br>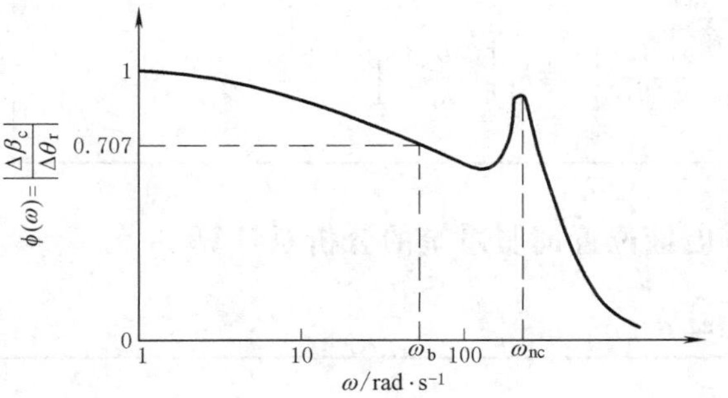<br><br>(d) |
| 高阶闭环系统的分析方法 | 当开环传递函数 $W(s)$ 较复杂(4 阶或 5 阶以上)时，计算闭环频率特性 $\phi(j\omega)$ 是极其麻烦的。这时可借助于等 M 圆图和等 N 圆图，由开环频率特性分别得图 d 的闭环幅频特性 $\|\phi(\omega)\|$ 和图 e 的闭环相频特性 $\phi(\omega)$。由图 d、图 e 可得闭环频率特性指标：<br>$\omega_{0.707}$——幅值比频宽<br>$\omega_{-90°}$——相角频宽<br>$\omega_p$——峰值频宽<br>$M_p$——峰值 | 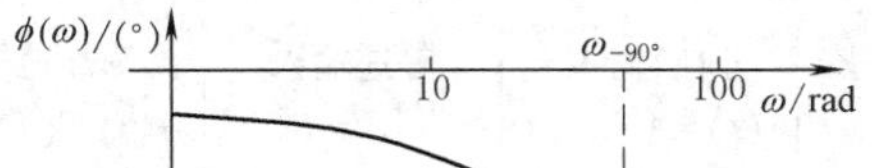<br><br>(e) |

（2）对负载扰动输入的频率响应计算

**表 22-4-5**

| 项目 | 分析 | 说明 |
|---|---|---|
| 闭环传递函数 | $\phi_f(s)=\dfrac{\theta_c(s)}{T_L(s)}$<br>$=\dfrac{-\dfrac{K_{ce}}{K_v(nD_m)^2}(1+s/\omega_1)}{\left(1+\dfrac{s}{\omega_b}\right)\left(\dfrac{s^2}{\omega_{nc}^2}+\dfrac{2\zeta_{nc}s}{\omega_{nc}}+1\right)}$ | |
| 闭环动态位置刚度 | $\dfrac{T_L(s)}{\theta_c(s)}=-\dfrac{K_v(nD_m)^2}{K_{ce}}\times\dfrac{\left(1+\dfrac{s}{\omega_b}\right)\left(\dfrac{s^2}{\omega_{nc}^2}+\dfrac{2\zeta_{nc}s}{\omega_{nc}}+1\right)}{\left(1+\dfrac{s}{2\zeta_h\omega_h}\right)}$<br>$\approx-\dfrac{K_v(nD_m)^2}{K_{ce}}\left(\dfrac{s^2}{\omega_{nc}^2}+\dfrac{2\zeta_{nc}s}{\omega_{nc}}+1\right)$<br>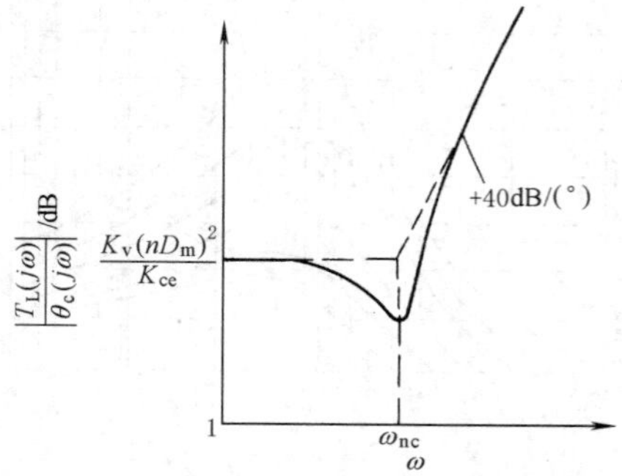 | (1)参见表 22-4-2 中方块图<br>(2)设 $\omega_i \gg \omega_{sv} \gg \omega_h$，忽略 $\omega_i$、$\omega_{sv}$ 的动态影响<br>(3)由 $\omega_h=\sqrt{4\beta_e D_m^2/J_t V_t}$<br>$\zeta_h=\dfrac{K_{ce}}{D_m}\sqrt{\beta_e J_t/V_t}$ 及 $K_{ce}\gg B_p$<br>有 $\omega_1=4\beta_e K_{ce}/V_t=2\zeta_h\omega_h$<br>(4)因 $\omega_b$ 略大于 $K_v$(见表 22-4-4)<br>$K_v$ 略小于 $2\zeta_h\omega_h$，即 $2\zeta_h\omega_h$ 略大于 $K_v$(见表 22-4-3)<br>故 $\omega_b\approx\omega_1=2\zeta_h\omega_h$ |
| 闭环静态位置刚度 | $\left\lvert-\dfrac{T_L(j\omega)}{\theta_c(j\omega)}\right\rvert_{\omega=0}=K_v\left[\dfrac{(nD_m)^2}{K_{ce}}\right]$ | $(nD_m)^2/K_{ce}$ 为开环静态位置刚度<br>说明闭环静态位置刚度比开环增加了 $K_v$ 倍 |

## 1.1.5 电液位置伺服系统的分析及计算

**表 22-4-6**

| 误差类型 | 分析及计算 | | | | 说明 |
|---|---|---|---|---|---|
| 指令输入引起的稳态误差 | 输入信号 $r(t)$ | 阶跃输入 $r(t)=A\cdot 1(t)$ | 等速输入 $r(t)=Bt$ | 等加速输入 $r(t)=(1/2)ct^2$ | (1)液压位置伺服系统属 1 型系统，$r=1$<br>(2)对任意输入信号 $r(t)$ 在 $t=0$ 附近展成台劳级数，取前三项有<br>$r(t)=r(0)+r'(0)t+\dfrac{1}{2!}r''(0)t^2$<br>$=A+Bt+\dfrac{1}{2}Ct^2$<br>即任意输入信号可看成是阶跃、等速和等加速输入的合成。与此相应，总的稳态误差为稳态位置误差、速度误差和加速度误差之和 |
| | 误差系数 | 稳态位置误差系数 $K_p=\infty$ | 稳态速度误差系数 $K_V=K_v$ | 稳态加速度误差系数 $K_a=0$ | |
| | 稳态误差 $e_r(\infty)$ | 稳态位置误差 $e_{rp}(\infty)=A/(1+K_p)$ | 稳态速度误差 $e_{rv}(\infty)=B/K_V$ | 稳态加速度误差 $e_{ra}(\infty)=\dfrac{c}{K_a}=\infty$ | |

续表

| 误差类型 | 分析及计算 | 说明 |
| --- | --- | --- |
| 负载扰动输入引起的稳态误差 | 由静态方块图可得<br>$\dfrac{\theta_c(s)}{T_L(s)}=-\dfrac{K_{ce}/(nD_m)^2}{s+K_V}$<br>$\left.\dfrac{Q_c(s)}{T_c(s)}\right\|_{s=0}=-K_{ce}/K_V(nD_m)^2$<br>负号表示负载增大时位移减小<br>$e_{Tf}(\infty)=\dfrac{K_{ce}T_L(\infty)}{K_V(nD_m)^2}$ | 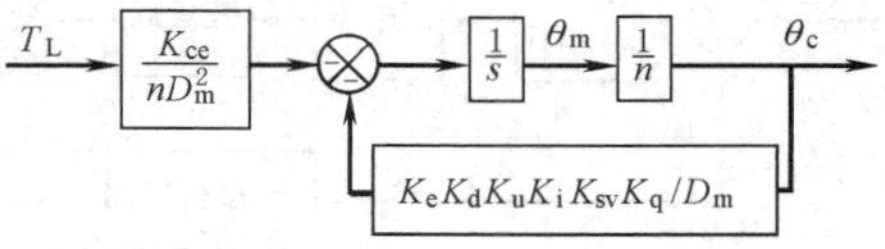<br>以负载扰动为输入的静态方块图 |
| 零漂死区引起的稳态误差 | $\dfrac{\theta_c(s)}{I_f(s)}=\dfrac{K_{sv}K_q/nD_m}{s+K_V}$<br>$\left.\dfrac{\theta_c(s)}{I_f(s)}\right\|_{s=0}=\dfrac{K_{sv}K_q}{K_VnD_m}=\dfrac{1}{K_eK_dK_uK_i}$<br>$e_{If}(\infty)=\dfrac{1}{K_eK_dK_uK_i}\times I_f(\infty)$ | 通常将放大器及伺服阀零漂、伺服阀死区、执行机构的静摩擦力等因素的影响，折算到伺服阀的输入端，以零漂电流 $I_f$ 来表示，其静态方块图为<br>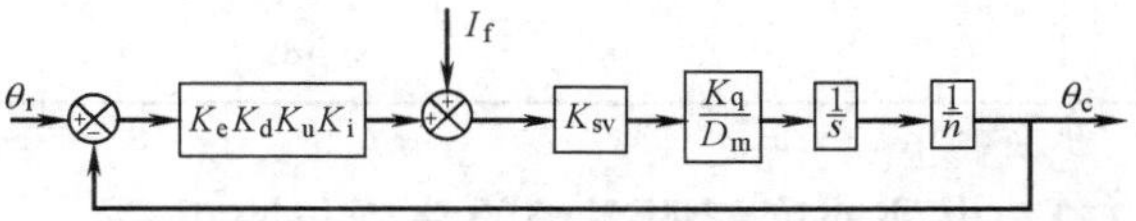 |
| 检测环节引起的稳态误差 | $e_d(\infty)=e_{du}(\infty)+e_{ds}(\infty)$<br>检测装置及传感器的误差将直接传给系统 | $e_{du}(\infty)$——检测装置的稳态误差<br>$e_{ds}(\infty)$——传感器的稳态误差 |
| 总的稳态误差 | $e(\infty)=e_r(\infty)+e_{Tf}(\infty)+e_{If}(\infty)+e_d(\infty)$ | |

第22篇

## 1.2 电液速度伺服系统的设计计算

电液速度伺服系统也是工程和军工中常见的系统，如挤压机的速度控制系统、火枪、大型天线的跟踪姿态控制等。此外，在位置控制内环，有时也采用速度做反馈校正用。

### 1.2.1 电液速度伺服系统的类型及控制方式

表 22-4-7

| 类型 | 控制方式 | 特点说明 |
| --- | --- | --- |
| 阀控速度伺服系统 | 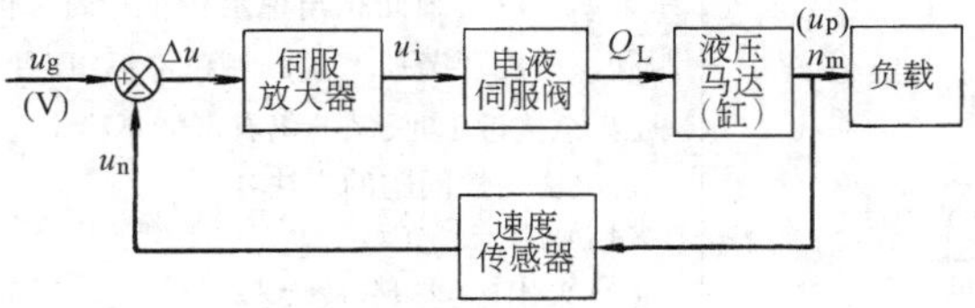<br>(a) | 参见表 22-4-1 阀控电液位置控制系统的特点 |
| 泵控速度伺服系统 | 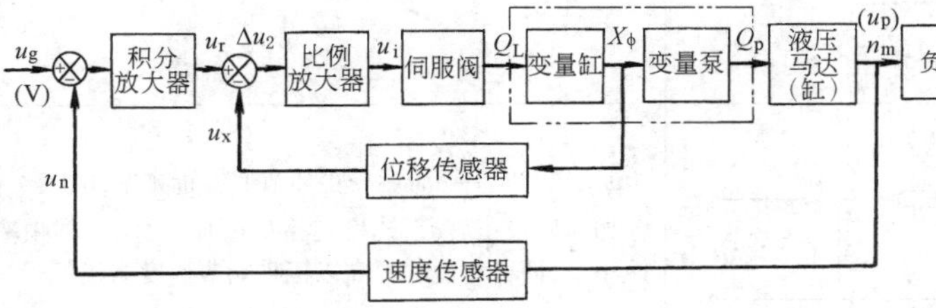<br>(b) | (1)参见表 22-4-1 泵控电液控制系统的特点<br>(2)图 b 及图 d 中变量缸位移局部闭环的功能如下：<br>① 消除变量缸的积分特性，使其具有比例特性 |

续表

| 类型 | 控制方式 | 特点说明 |
|---|---|---|
| 泵控速度伺服系统 | 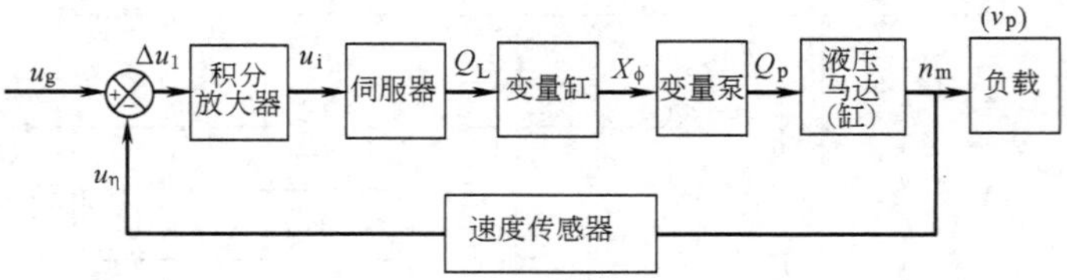<br>(c)<br>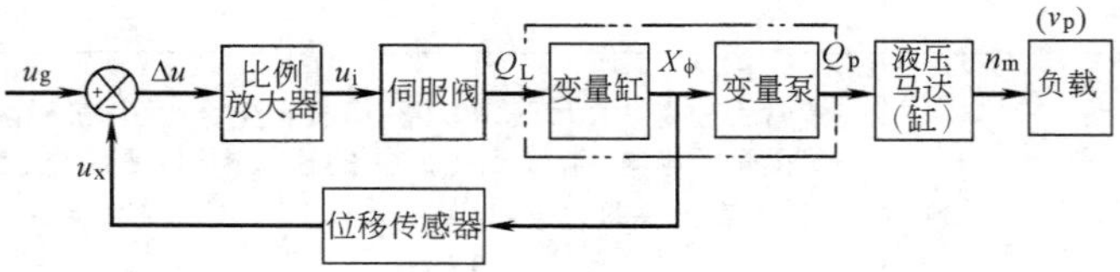<br>(d) | ②抑制变量力矩变化及放大器、伺服阀零漂等影响<br>③可降低伺服阀的性能要求<br>(3)图 d 实质上为开环速度控制系统,工程上所以用它是因为<br>①不加校正的闭环速度伺服系统容易振荡;而加校正后的闭环速度伺服系统的动态响应将大为降低<br>②开环控制不存在稳定性问题,系统精度取决于各环节的精度。引入变量缸位移局部闭环后,控制精度已有所改善。当然这种开环系统无法抑制和补偿负载扰动对系统性能的影响 |

## 1.2.2 电液速度伺服系统的分析与校正

(1) 阀控电液速度伺服系统

**表 22-4-8**

| 项目 | 分析 | 说明 |
|---|---|---|
| 方块图 | 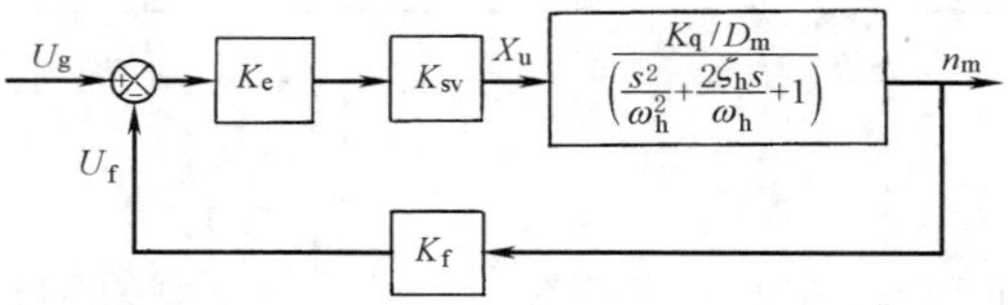 | (1)以阀控马达为例<br>(2)为突出本质问题,忽略放大器、伺服阀及检测环节动态<br>(3)图中:<br>$K_{sv}$——以阀芯位移为输出的伺服阀增益,m/V<br>$K_e$——放大器增益,V/V<br>$K_f$——测速装置及速度传感器增益,V/(rad/s) |
| 开环传递函数 | $W(s)=\frac{U_f(s)}{U_g(s)}=\frac{K_v}{\frac{s^2}{\omega_h^2}+\left(\frac{2\zeta_h}{\omega_h}\right)s+1}$<br>$K_v=K_eK_{sv}K_fK_q/D_m$——开环增益 | 无积分环节,$\gamma=0$,为 0 型系统<br>开环传递函数为二阶的系统,理论上不存在稳定性问题。但由于穿越频率 $\omega_c$ 处的斜率为-40dB/(°),且阻尼系数 $\zeta_h$ 较小,因此相角稳定裕量 $r(\omega_c)$ 很小。若考虑伺服阀及检测环节所产生的相位滞后,即使开环增益 $K_v$ 很小,甚至接近 1 时,系统仍有可能不稳定<br>解决稳定性问题的方法:<br>(1)加滞后校正<br>(2)采用比例积分放大器<br>(3)采用开环控制 |
| 波德图 | 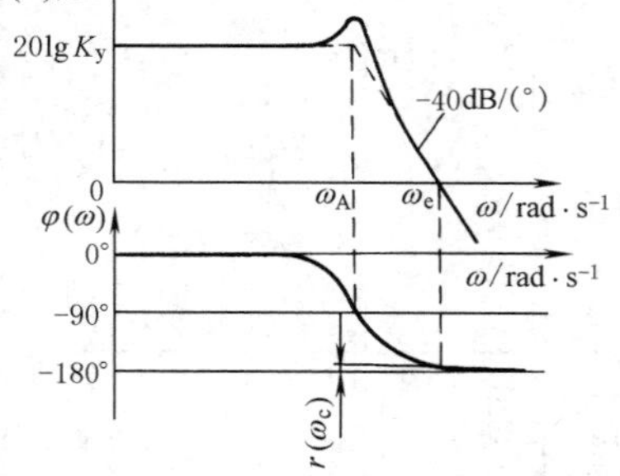 | |
| 加滞后校正 | 在放大器之前加一 RC 滞后网络,其传递函数为:<br>$W_c(s)=\frac{1}{1+\frac{s}{\omega_{rc}}}$<br>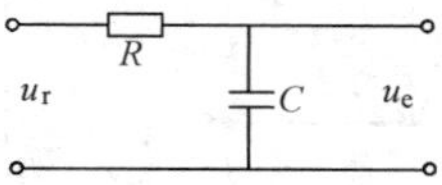 | $\omega_{rc}=1/RC$——滞后校正环节的转折频率,rad/s<br>加滞后校正后,系统稳定裕量增加了,但穿越频率大为减小了,即稳定性的提高以牺牲响应速度为代价 |

续表

<table>
<tr><th>项目</th><th>分析</th><th>说明</th></tr>
<tr><td>加滞后校正</td><td>加滞后校正后的开环传递函数：<br>$$W(s)=\frac{K_v}{\left(1+\frac{s}{\omega_{rc}}\right)\left(\frac{s^2}{\omega_h^2}+\frac{2\zeta_h s}{\omega_h}+1\right)}$$<br>波德图<br>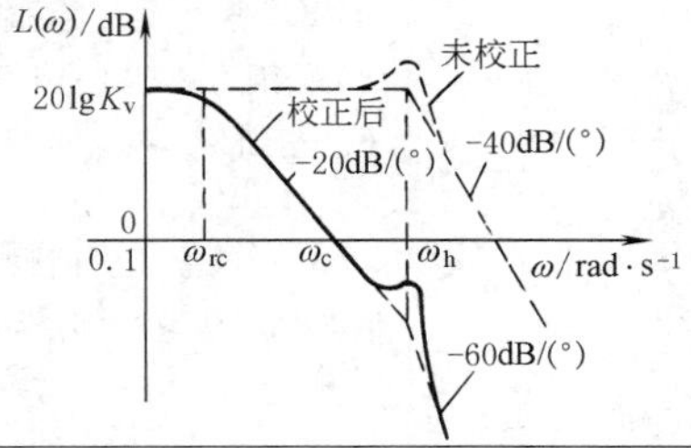<br></td><td>由波德图的几何关系可得 $\omega_{rc}=\omega_c/K_v$<br>$K_v$ 根据精度要求确定，$\omega_c$ 受 $\omega_h$ 限制，取 $\omega_c=(0.2\sim0.4)\omega_h$。当 $K_v$、$\omega_c$ 确定之后，由 $\omega_{rc}$ 便可确定 RC 网络参数</td></tr>
<tr><td>采用 PI 放大器</td><td>采用 PI 放大器时，开环传递函数及波德图：<br>$$W(s)=\frac{K_v'}{s\left(\frac{s^2}{\omega_h^2}+\frac{2\zeta_h s}{\omega_h}+1\right)}$$<br>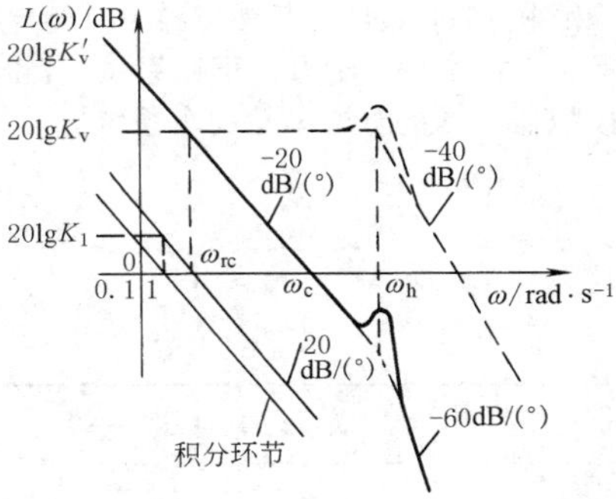<br></td><td>$K_v'=K_vK_1$<br>$K_1$——PI 放大器的增益<br>由波德图中几何关系不难求出：为达到与采用 RC 网络校正时所具有的相同穿越频率 $\omega_c$，PI 放大器的增益 $K_1$ 应为<br>$K_1=\omega_{rc}=\omega_c/K_v$</td></tr>
</table>

（2）泵控电液速度伺服系统

**表 22-4-9**

<table>
<tr><td>方块图</td><td>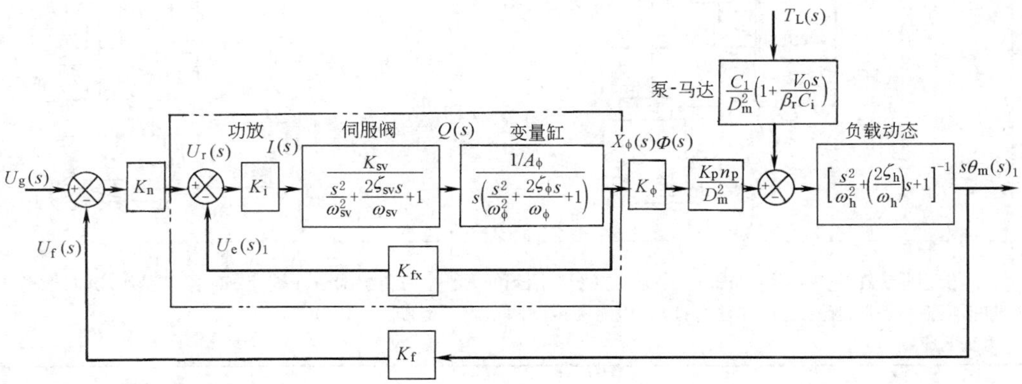<br><br>以具备变量局部反馈的泵控马达为例</td></tr>
</table>

第 22 篇

续表

| 项目 | 分析 | 说明 |
|---|---|---|
| 开环传递函数及简化 | (1)若 $\omega_{sv}\gg\omega_{\phi}\gg\omega_{h}$，可将变量位置局部闭环传递函数简化成<br>$$\frac{X_{\phi}(s)}{U_{r}(s)}=\frac{1/K_{fx}}{1+s/\omega_{x}}$$<br>$\omega_{x}=K_{i}K_{sv}K_{fx}/A_{\phi}$——变量位置环的转折频率<br>(2)设法使 $\omega_{x}\gg\omega_{h}$，可进一步简化为<br>$$\frac{X_{\phi}(s)}{U_{r}(s)}=1/K_{fx}$$<br>(3)在 $\omega_{sv}\gg\omega_{\phi}\gg\omega_{h}$ 及 $\omega_{x}\gg\omega_{h}$ 条件下，开环传递函数可简化为<br>$$W(s)=\frac{U_{f}(s)}{U_{g}(s)}=\frac{K_{v}}{\frac{s^{2}}{\omega_{h}^{2}}+\left(\frac{2\zeta_{h}}{\omega_{h}}\right)s+1}$$<br>$K_{v}=K_{u}K_{\phi}K_{p}n_{p}K_{f}/K_{fx}D_{m}^{2}$——开环增益 | (1)变量位置反馈后，变量缸原有的积分特性不存在了<br>(2)不能从式 $\omega_{x}=K_{i}K_{sv}K_{fx}/A_{\phi}$ 中认为：可以通过减小变量缸面积 $A_{\phi}$ 来增大 $\omega_{x}$，因为减小 $A_{\phi}$ 将导致 $\omega_{\phi}$ 的降低，不能达到 $\omega_{\phi}\gg\omega_{h}$ 进行传递函数简化的条件<br>(3)与阀控速度伺服系统一样，泵控系统亦为 0 型系统，也必须采用 PI 放大器 |



## 1.3 电液力（压力）伺服系统的分析与设计

如果说电液速度伺服系统可能受到电气控制系统的挑战，电液力伺服系统却是独树一帜，因为用液压缸对受控对象进行加载极为简便，且出力大、尺寸小、响应快、精度高。电液力（压力）伺服系统广泛应用于材料试验机、大型构件试验机、航空或高速汽车轮胎试验机、负载模拟器、飞机防滑车轮刹车系统、带材张力调节系统、平整机恒压系统和水压试管机压力控制等方面。

### 1.3.1 电液力伺服系统的类型及特点

表 22-4-10

| 类型 | 驱动力伺服系统 | 负载力伺服系统 |
|---|---|---|
| 系统组成 | 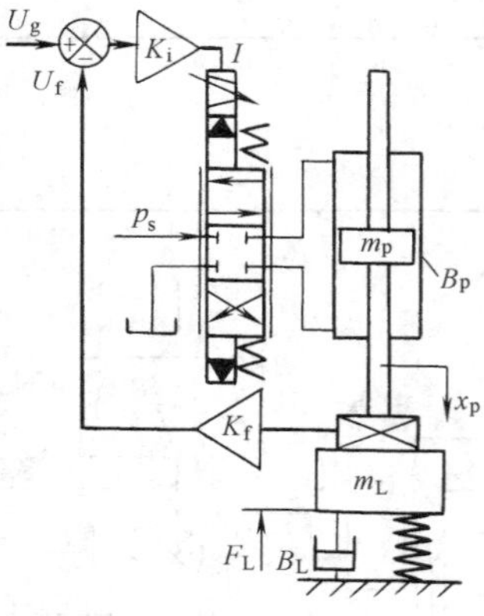 | 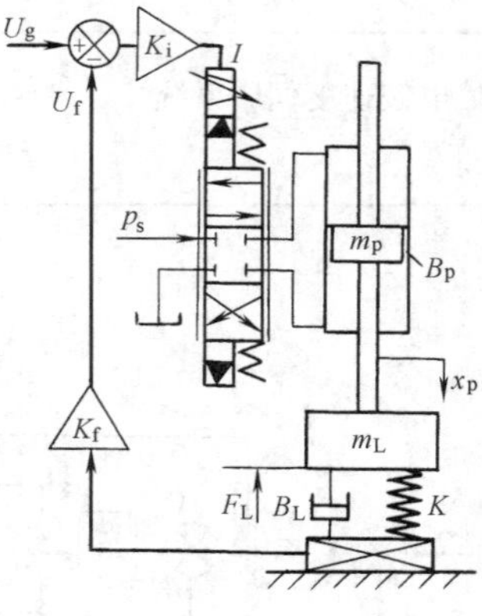 |
| 特点 | 力传感器装在施力缸活塞与被控制对象之间，检测到的力包括惯性力、黏性阻尼力和弹性力；因此检测和控制的是施力缸的驱动力 | 力传感器装在被控制对象与基座之间，检测和控制的仅是弹性负载力 |

### 1.3.2 电液驱动力伺服系统的分析与设计

(1) 采用 Q 阀的单自由度驱动力系统

**表 22-4-11**

| 项 目 | 分 析 | 说 明 |
|---|---|---|
| 动态方程 | 放大器：$\dfrac{I(s)}{U_g(s)-U_f(s)}=K_i$<br>伺服阀：$\dfrac{x_v(s)}{I(s)}=K_{sv}$<br>力检测：$\dfrac{U_f(s)}{F_c(s)}=K_f$<br>动力元件：$Q_L(s)=K_q x_v(s)-K_c p_L(s)$<br>$Q_L(s)=A_p s x_p(s)+C_{ip}p_L(s)+\left(\dfrac{V_t}{4\beta_e}\right)s p_L(s)$<br>$A_p p_L(s)=F_c(s)$<br>$=m_t s^2 x_p(s)+B_t s x_p(s)+K x_p(s)+F_L(s)$ | 力传感器刚度 $K_f \gg K$（负载刚度）时，可把力传感器看成刚性，系统看做是单自由度系统<br>$F_c$——力传感器的输出力，N<br>$U_f$——力传感器二次仪表的输出，V<br>$K_f$——力传感器及二次仪表的增益，V/N<br>$m_t=m_p+m_L$——总的运动质量，kg<br>$B_t=B_p+B_L$——总的黏性阻尼系数，N·s/m<br>$K$——负载刚度，N/m |
| 方块图 | 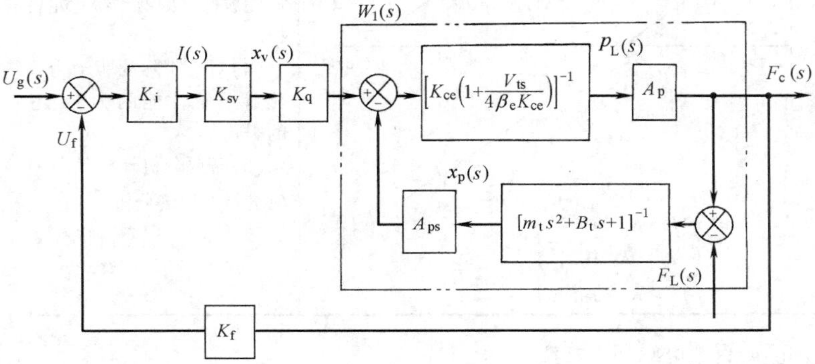 | |
| 开环传递函数 | $W(s)=K_i K_{sv} K_f K_q W_1(s)$<br>考虑到：$F_c(s)=A_p p_L(s)$<br>$\dfrac{p_L(s)}{x_v(s)}$可直接引用第 3 章表 22-3-26 中结果，可得：<br>$W(s)=\begin{cases}\dfrac{K_v\left(\dfrac{s^2}{\omega_m^2}+\dfrac{2\zeta_m s}{\omega_m}+1\right)}{\left(1+\dfrac{s}{\omega_2}\right)\left(\dfrac{s^2}{\omega_h^2}+\dfrac{2\zeta_h s}{\omega_h}+1\right)} & (K \ll K_h)\\ \dfrac{K_v\left(\dfrac{s^2}{\omega_m^2}+\dfrac{2\zeta_m s}{\omega_m}+1\right)}{\left(1+\dfrac{s}{\omega_r}\right)\left(\dfrac{s^2}{\omega_0^2}+\dfrac{2\zeta_0 s}{\omega_0}+1\right)} & (K 与 K_h 相当)\\ \dfrac{K_v\left(\dfrac{s^2}{\omega_m^2}+\dfrac{2\zeta_m s}{\omega_m}+1\right)}{\left(1+\dfrac{s}{\omega_1}\right)\left(\dfrac{s^2}{\omega_m^2}+\dfrac{2\zeta_0 s}{\omega_m}+1\right)} & (K \gg K_h)\end{cases}$<br>$K_v=K_i K_{sv} A_p K_f K_q / K_{ce}$<br>$K_v$——开环增益 | $K_{ce}=K_c+C_{ip}$<br>$\omega_m=\sqrt{K/m_t}$<br>$\omega_m$——机械谐振频率，rad/s<br>$\zeta_m=B_t/2\sqrt{m_t K}$<br>$\zeta_m$——机械阻尼系数，无量纲<br>$\omega_r=K_{ce}/A_p^2(1/K+1/K_h)$<br>$\omega_r$——液压及机械弹簧引起的转折频率，rad/s<br>$K_h=4\beta_e A_p^2/V_t$<br>$K_h$——液压弹簧刚度，N/m<br>$\omega_2=K K_{ce}/A_p^2$<br>$\omega_2$——负载弹簧引起的转折频率，rad/s<br>$\omega_1=4\beta_e K_{ce}/V_t=K_h K_{ce}/A_p^2$<br>$\omega_1$——液压弹簧引起的转折频率，即容积滞后频率，rad/s<br>$\omega_0=\sqrt{\omega_h^2+\omega_m^2}=\omega_h\sqrt{1+K/K_h}$<br>$\omega_0$——综合谐振频率，rad/s<br>$\omega_h=\sqrt{K_h/m_t}=\sqrt{4\beta_e A_p^2/m_t V_t}$<br>$\omega_h$——液压谐振频率，rad/s<br>$\zeta_0=K_{ce}\sqrt{\beta_e m_t/V_t}/\left[A_p\sqrt{(1+K/K_h)^3}\right]$<br>$+B_t\sqrt{V_t/\beta_e m_t}/\left[4A_p\sqrt{(1+K/K_h)}\right]$<br>$\zeta_0$——综合阻尼系数，无量纲<br>$\zeta_0'=\omega_1 K/2\omega_m K_h+B_t/2m_t\omega_m$ |

续表

| 项目 | 分析 | 说明 |
|---|---|---|
| 波德图 | 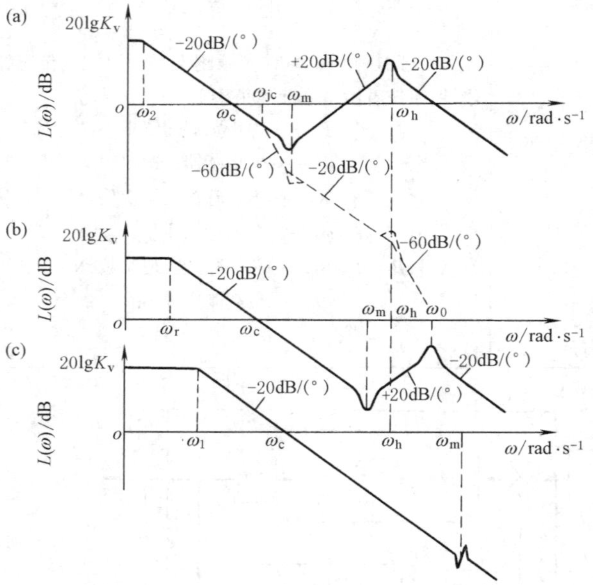<br>(a)$K \ll K_h$ 的情况<br>(b)$K$ 与 $K_h$ 相当情况<br>(c)$K \gg K_h$ 的情况 | 结论:<br>(1)驱动力系统属0型系统,对阶跃输入存在稳态误差<br>(2)负载刚度 $K$ 愈小,系统稳定性愈差,甚至 $\omega_h$ 处的谐振峰可能超出零分贝线,以致不稳定,如波德图a所示。在 $\omega_c$ 与 $\omega_m$ 之间加入 $W_c(S)=(1+s/\omega_c)^{-2}$ 的校正环节,可望改善稳定性,见a图中虚线。当然,仅当 $K$ 变化不大时,校正才会奏效<br>(3)在相同的开环增益下,$K$ 愈小,$\omega_c$ 愈低,即响应速度愈低。因此系统稳定性和响应均应按 $K$ 最小值来检验<br>(4)对于实际的驱动力系统,不仅要充分考虑 $K$ 变化对系统性能的影响,还应计及伺服阀等小参数的影响<br>(5)若要分析外负载力 $F_L$ 对输出力 $F_c$ 的影响,还应进行类似的分析 |

(2) 采用Q阀的两自由度驱动力系统

**表 22-4-12**

| 项目 | 分析 | 说明 |
|---|---|---|
| 物理模型及动态方程 | 与单自由度系统相比,仅力平衡方程不同:<br>$A_p p_L(s)=(m_p s^2+B_p s)x_p(s)+F_c(s)$<br>$F_c(s)=K_F[x_p(s)-x_L(s)]$<br>$K_F[x_p(s)-x_L(s)]=(m_L s^2+B_L s+K)x_L(s)+F_L(s)$<br>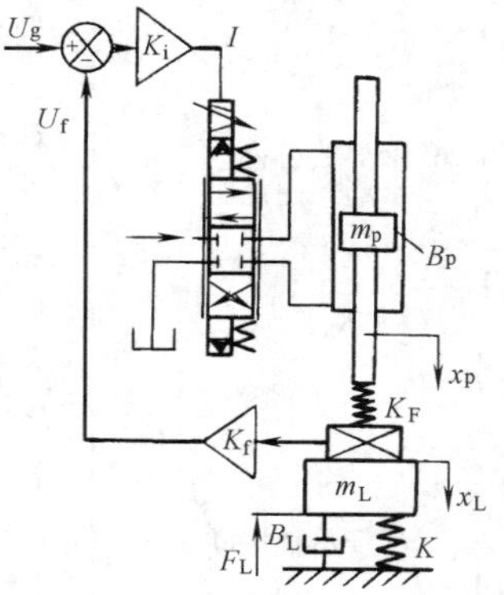 | $K_F$——力传感器刚度,N/m |
| 方块图及其简化 | 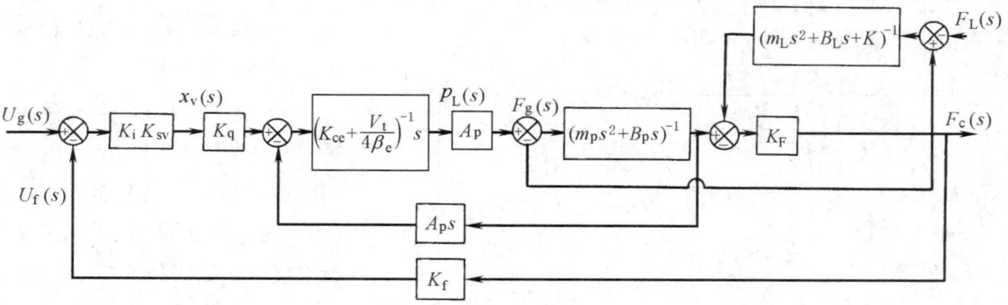<br>(a) 原始方块图 | |

续表

| 项目 | 分析 | 说明 |
| --- | --- | --- |
| 方块图及其简化 | 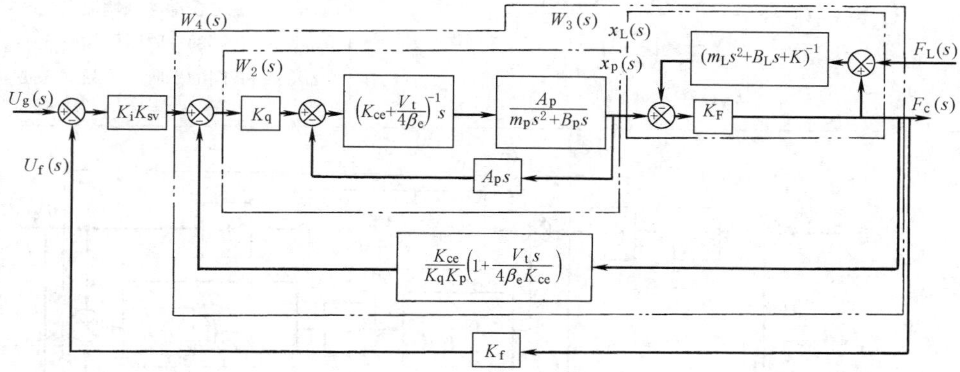<br><br>(b) 变换后方块图 | |
| 开环传递函数及分析 | 图b中 $W_2(s)$ 相当于不存在弹性负载的阀控缸以 $x_v$ 为输入、以 $x_p$ 为输出的传递函数，可直接引用表22-3-26中 $K=0$ 的结论：<br>$W_2(s)=\frac{x_p(s)}{x_v(s)}=\frac{K_q/A_p}{s\left(\frac{s^2}{\omega_{h1}^2}+\frac{2\zeta_{h1}s}{\omega_{h1}}+1\right)}$<br>而 $W_3(s)=\frac{F_c(s)}{x_p(s)}=\frac{K_3\left(\frac{s^2}{\omega_{L1}^2}+\frac{2\zeta_{L1}s}{\omega_{L1}}+1\right)}{\left(\frac{s^2}{\omega_{L1}^2}+\frac{2\zeta_{L2}s}{\omega_{L2}}+1\right)}$<br>$W_4(s)=\frac{W_2(s)W_3(s)}{1+W_2(s)W_3(s)\left(\frac{K_{ce}}{K_qK_p}\right)\left(1+\frac{s}{\omega_1}\right)}$<br>$=\frac{\left(\frac{K_qK_3}{A_p}\right)\left(\frac{s^2}{\omega_{L1}^2}+\frac{2\zeta_{L1}s}{\omega_{L1}}+1\right)}{\left(1+\frac{s}{\omega'_r}\right)\left(\frac{s^2}{\omega_{01}^2}+\frac{2\zeta_{01}s}{\omega_{01}}+1\right)\left(\frac{s^2}{\omega_{02}^2}+\frac{2\zeta_{02}s}{\omega_{02}}+1\right)}$<br>如 $\omega_{02}\gg\omega_{01}$，则 $\omega_{02}$ 所处的二阶环节可略去，此时<br>$W(s)=K_iK_{sv}K_fW_4(s)=\frac{\left(\frac{K_iK_{sv}K_qK_3K_f}{A_p}\right)\left(\frac{s^2}{\omega_{L1}^2}+\frac{2\zeta_{L1}s}{\omega_{L1}}+1\right)}{\left(1+\frac{s}{\omega'_r}\right)\left(\frac{s^2}{\omega_{01}^2}+\frac{2\zeta_{01}s}{\omega_{01}}+1\right)}$<br>由于 $m_p\ll m_L$，因此 $\omega_{L1}=\sqrt{K/m_L}\approx\sqrt{K/(m_p+m_L)}=\omega_m$ | $\omega_{h1}=\sqrt{K_h/m_p}=\sqrt{4\beta_eA_p^2/m_pV_t}$<br>$\zeta_{h1}=K_{ce}\sqrt{\beta_em_p/V_t}/A_p$<br>$+B_p\sqrt{V_t/\beta_em_p}/(4A_p)$<br>$K_3=KK_F/(K+K_F)=1/(1/K_F+1/K)$<br>$\omega_{L2}=\sqrt{K/m_L}$<br>$\omega_{L2}$——负载谐振频率<br>$\zeta_{L1}=B_L/2\sqrt{m_LK}$<br>$\zeta_{L1}$——负载阻尼比<br>$\omega_{L2}=\sqrt{(K+K_F)/m_L}$<br>$\omega_{L2}$——负载力及传感器的综合谐振频率<br>$\zeta_{L2}=B_L/2\sqrt{m_L(K+K_F)}$<br>$\zeta_{L2}$——综合阻尼比<br>$\omega'_r,\omega_{01},\omega_{02},\zeta_{01},\zeta_{02}$——将 $W_4(s)$ 折成典型环节后的参数<br>结论：<br>两自由度系统的简化传递函数与单自由度系统形式相同，单自由度系统的有关结论原则上也适用于两自由度系统 |

（3）采用P阀的单自由度驱动力系统

**表 22-4-13**

| 项目 | 分析 | 说明 |
| --- | --- | --- |
| 动态方程 | 与采用Q阀的单自由度驱动力系统相比，仅伺服阀的传递函数不同。P阀的传递函数： | $K_{s1}$——P阀的压力增益，$N/(m^2\cdot A)$<br>$K_{s2}$——P阀的流量—压力系数，$N\cdot s/m^5$ |

续表

| 项目 | 分析 | 说明 |
|---|---|---|
| 动态方程 | $p_L(s)=\dfrac{K_{s1}I(s)-K_{s2}(1+s/\omega_{s1})Q_V(s)}{\dfrac{s^2}{\omega_{s2}^2}+\left(\dfrac{2\zeta_{s2}}{\omega_{s2}}\right)s+1}$<br>$Q_V(s)=A_p s x_p(s)$ | $Q_V$——使缸运动的强制流量，$m^3/s$<br>$\omega_{s1}$——P 阀的一阶因子频率，rad/s<br>$\omega_{s2}$——P 阀的二阶因子频率，rad/s |
| 方块图 | 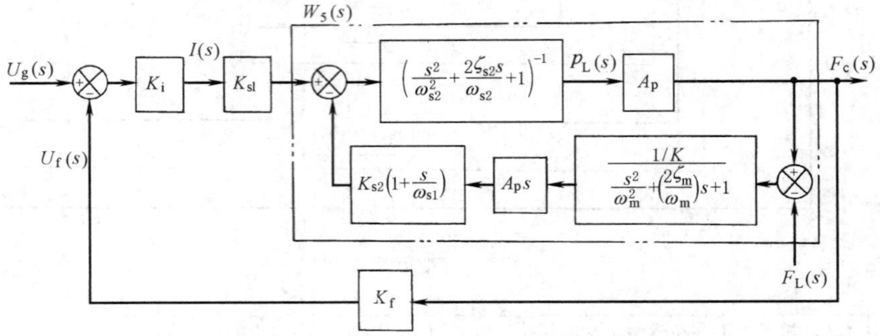 | |
| 传递函数 | 图中：<br>$W_5(s)=\dfrac{A_p\left(\dfrac{s^2}{\omega_m^2}+\dfrac{2\zeta_m s}{\omega_m}+1\right)}{\left(\dfrac{s^2}{\omega_m^2}+\dfrac{2\zeta_m s}{\omega_m}+1\right)\left(\dfrac{s^2}{\omega_{s2}^2}+\dfrac{2\zeta_{s2}s}{\omega_{s2}}+1\right)+\left(\dfrac{K_{s2}A_p^2}{K}\right)s\left(1+\dfrac{s}{\omega_{s1}}\right)}$<br>$W_5(s)$的分母为四阶，一、二项 $K_{s2}A_p^2 s(1+s/\omega_{s1})/K$ 不会影响高阶项，因此 $W_5(s)$ 可写成如下形式：<br>$W_5(s)=\dfrac{A_p\left(\dfrac{s^2}{\omega_m^2}+\dfrac{2\zeta_m s}{\omega_m}+1\right)}{\left(\dfrac{s^2}{\omega_m^2}+\dfrac{2\zeta'_m s}{\omega_m}+1\right)\left(\dfrac{s^2}{\omega_{s2}^2}+\dfrac{2\zeta'_{s2}s}{\omega_{s2}}+1\right)}\approx\dfrac{A_p}{\dfrac{s^2}{\omega_{s2}^2}+\left(\dfrac{2\zeta'_{s2}}{\omega_{s2}}\right)s+1}$<br>于是开环传递函数：<br>$W(S)=K_iK_{s1}K_fW_5(s)=\dfrac{K_v}{\dfrac{s^2}{\omega_{s2}^2}+\left(\dfrac{2\zeta'_{s2}}{\omega_{s2}}\right)s+1}$<br>$K_v=K_iK_{s1}A_pK_f$<br>$K_v$——开环增益，V/V | $\omega_m=\sqrt{K/m_t}$——机械谐振频率，rad/s<br>$\zeta_m=B_t/(2\sqrt{m_tK})$——机械阻尼系数，无因次<br>$K$——负载刚度，N/m<br>结论：<br>(1)采用 P 阀时，系统开环传递函数不存在采用 Q 阀时的二阶微分环节，也就是说采用 P 阀的驱动力系统的稳定性比 Q 阀时好得多<br>(2)如 P 阀的频宽很高，可近似看做比例环节<br>(3)采用 P 阀时，可以采用 PI 放大器 |

## 1.3.3 电液负载力伺服系统的分析与设计

(1) 采用 Q 阀的单自由度负载力系统

**表 22-4-14**

| 项目 | 分析 | 说明 |
|---|---|---|
| 动态方程 | 与驱动力系统相比，仅力平衡方程有所不同：<br>$A_pp_L(s)=(m_ts^2+B_ts+K)x_p(s)+F_L(s)$<br>$F_L(s)=(B_Ls+K)x_p(s)$ | 参见表 22-4-10 中系统原理图 |

续表

| 项目 | 分析 | 说明 |
|---|---|---|
| 方块图 | 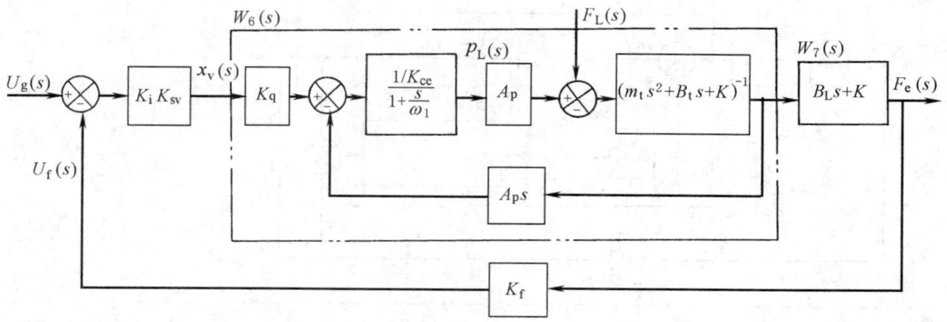 | |
| 传递函数 | 图中 $W_6(s)$ 系以 $x_v(s)$ 为输入、$x_p(s)$ 为输出的具有弹簧负载的阀控动力元件的传递函数。可直接引用表 22-3-26 中结果，即<br>$W_6(s)=\frac{x_p(s)}{x_v(s)}=\frac{A_pK_q}{KK_{ce}}\times\frac{1}{\left(1+\frac{s}{\omega_r}\right)\left(\frac{s^2}{\omega_0^2}+\frac{2\zeta_0 s}{\omega_0}+1\right)}$<br>图中　$W_7(s)=B_Ls+K=K(1+1/\omega_b)$<br>于是开环传递函数<br>$W(s)=\frac{K_v(1+s/\omega_b)}{\left(1+\frac{s}{\omega_r}\right)\left(\frac{s^2}{\omega_0^2}+\frac{2\zeta_0 s}{\omega_0}+1\right)}$<br>$K_v=K_iK_{sv}K_qA_pK_f/K_{ce}$<br>$K_v$——开环增益<br>考虑到 $\left[\frac{(B_p+B_L)K_{ce}}{A_p^2}/(1+K/K_h)\right]\ll 1$，且 $B_p\ll B_L$，则有<br>$\omega_r=\left[\frac{K_{ce}K}{A_p^2}/(1+K/K_h)\right]\ll\frac{K_L}{B_L}=\omega_b$<br>于是 $W(s)$ 可以简化成<br>$W(s)=\frac{K_v}{\left(1+\frac{s}{\omega_r}\right)\left(\frac{s^2}{\omega_0^2}+\frac{2\zeta_0 s}{\omega_0}+1\right)}$<br>如果 $\omega_0\gg\omega_r$，则<br>$W(s)\approx\frac{K_v}{1+s/\omega_r}$ | $\omega_r=K_{ce}/[A_p^2(1/K+1/K_h)]=\frac{K_{ce}K}{A_p^2}(1+K/K_h)$<br>$K_h=4\beta_eA_p^2/V_t$<br>$\omega_0=\sqrt{\omega_h^2+\omega_m^2}=\omega_h\sqrt{1+K/K_h}$<br>$\zeta_0$ 见表 22-4-11<br>$\omega_b=K/B_L$<br>结论：<br>(1)采用 Q 阀的负载力系统，不易出现采用 Q 阀的驱动力系统那样的严重稳定性问题<br>(2)可以采用 PI 放大器，使 O 型系统变成 I 型系统 |

(2) 采用 P 阀的单自由度负载力系统

**表 22-4-15**

| 项目 | 分析 | 说明 |
|---|---|---|
| 动态方程 | 见表 22-4-13<br>为说明本质问题，设 P 阀的频宽很高，其传递函数可简化为<br>$p_L(s)=K_{s1}I(s)-K_{s2}Q_v(s)$<br>$\quad=K_{s1}I(s)-K_{s2}A_psx_p(s)$ | $K_{s1}$——P 阀的压力增益，$N/(m^2\cdot A)$<br>$K_{s2}$——P 阀的流量-压力系数，$N\cdot s/m^5$ |

第 22 篇

续表

<table>
<tr><th>项 目</th><th>分　　析</th><th>说　　明</th></tr>
<tr><td>方块图</td><td>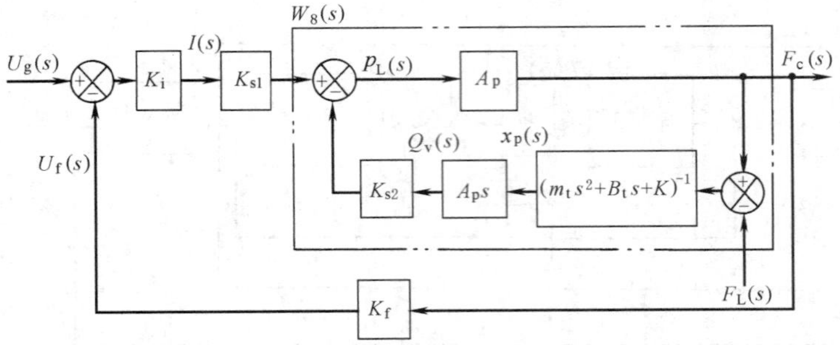
</td><td></td></tr>
<tr><td>传递函数</td><td>图中：<br>$$W_8(s)=\frac{A_p/K}{\frac{s^2}{\omega_m^2}+\left(\frac{2\zeta_m}{\omega_m}\right)s+1+\left(\frac{K_{s2}A_p^2}{K}\right)s}$$<br>$$=\frac{A_p/K}{\frac{s^2}{\omega_m^2}+\left(\frac{2\zeta_{m1}}{\omega_m}\right)s+1}$$<br>于是系统开环传递函数<br>$$W(s)=\frac{K'_v}{\frac{s^2}{\omega_m^2}+\frac{2\zeta_{m1}}{\omega_m}s+1}$$<br>$K'_v=K_iK_{s1}A_pK_f$<br>$K'_v$——开环增益，V/V</td><td>$\omega_m=\sqrt{K/m_t}$<br>$\omega_m$——机械谐振频率，rad/s<br>$\zeta_m=B_t/(2\sqrt{m_tK})$<br>$\zeta_m$——机械阻尼系数<br>结论：<br>(1)采用P阀的负载力系统，亦为0型系统<br>(2)对于负载力系统，看不出采用P阀有什么更为显著的好处</td></tr>
</table>



## 1.4　电液伺服系统的设计方法及步骤

**表 22-4-16**

<table>
<tr><th>步 骤</th><th colspan="3">设 计 内 容 及 方 法 要 点</th></tr>
<tr><td>了解被控制对象</td><td colspan="3">(1)全面了解被控制对象及其所属的主机(机组)的功能、组成、原理及有关参数<br>(2)了解工艺和设备对控制系统的基本要求<br>(3)了解负载的性质、类型、大小及变化规律。负载性质是指阻力负载还是动力负载，负载类型是指惯性负载、弹性负载、黏性负载、摩擦负载、外载荷及其组合</td></tr>
<tr><td rowspan="5">明确设计要求</td><td colspan="2">被控制量的类型及控制规律</td><td>类型：位置控制、速度控制、加速度控制、力或压力控制、温度控制、功率控制<br>控制规律：恒值、恒速、等加速、阶梯状或任意变化规律的控制</td></tr>
<tr><td colspan="2">系统传动方面要求</td><td>最大作用力、最大位移、最大速度、最大加(减)速度、最大功率、传动比和效率等</td></tr>
<tr><td rowspan="3">系统控制性能要求</td><td>稳定性指标</td><td>频域指标：相角稳定裕量 $\gamma(\omega_c)$、幅值稳定裕量 $L(\omega_L)$，峰值 $M_p$<br>时域指标：超调量 $\sigma(\%)$，振荡次数 $N$</td></tr>
<tr><td>控制精度指标</td><td>指定输入引起的稳态误差：稳态位置误差、稳态速度误差、稳态加速度误差<br>负载扰动引起的稳态误差：稳态负载误差<br>元件死区、滞环、零漂、摩擦、间隙等引起的稳态误差(静差)<br>检测机构、传感器及其二次仪表误差</td></tr>
<tr><td>动态响应指标</td><td>频域指标：穿越频率 $\omega_c$，幅频宽 $\omega_{-0.707}$ 或 $\omega_{-3db}$、相频宽 $\omega_{-90°}$<br>时域指标：响应时间或飞升时间 $t_r$，过渡过程时间 $t_s$</td></tr>
</table>

续表

| 步骤 | 设计内容及方法要点 | | |
|---|---|---|---|
| 明确设计要求 | 其他方面要求 | | 抗污染性能或油液清洁度等级，无故障工作率，工作寿命，操作和维护的方便性等 |
| | 限制性条件 | | 装置的尺寸、体积、质量、成本、能耗、油温、噪声等级、电源等级、接地方式 |
| | 工作环境条件 | | 环境温度、湿度、通风，冷却水质、压力、温度，振动、电磁场干扰，酸碱腐蚀性、易燃性等 |
| 拟订控制方案 | 确定被控制物理量 | | 取决于系统用途或工艺要求。有的系统可能存在可切换的两个被控制量，如轧机液压压下系统，大压下量轧制状态时采用位置闭环恒辊缝工作，平整状态时采用力闭环恒轧制力工作 |
| | 开环控制或闭环控制方式 | | 闭环控制具有抗干扰能力，对系统参数变化不太敏感，控制精度高、响应速度快，但要考虑稳定性问题，且设备成本高<br>开环控制不存在稳定性问题，但不具有抗干扰能力，控制精度和响应速度取决于各环节或元件的性能，控制精度低，设备成本较低<br>对于闭环稳定性难以解决、响应速度要求较快、控制精度要求不太高、外扰较小、功率较大、要求成本较低的场合，可以选择开环或局部闭环控制方式 |
| | 模拟控制或数字控制方式 | | 模拟式控制系统较传统，而且目前仍普遍使用。除脉宽调制式伺服阀，目前工业上采用的伺服阀仍然是模拟式的，与之相配的放大器也是模拟式的。模拟式系统分辨率和控制精度较低<br>检测元件、控制元件全部数字化，并由计算机控制的系统才是全数字系统<br>目前工程上采用的高精度高响应电液伺服系统属于混合型数字系统，即伺服阀及放大器仍为模拟式，检测元件为数字式的高精度高响应传感器（如磁尺、编码器等）并采用计算机控制的系统；放大器为功率放大器，其前加 D/A 转换器，前置放大功能可改由计算机实现 |
| | 液压控制方式及供油方式 | 阀控或泵控 | 阀控系统控制精度、响应速度高，但效率低。阀控缸方式中常用的有四通阀—对称缸控制方式和三通阀—不对称缸控制方式。轧机液压压下是三通阀—不对称缸控制方式的典型<br>泵控系统效率高，但控制精度、响应速度较低，成本也较高。泵控方式中常用的有泵控马达和泵控不对称缸两种，挤压机速度控制是泵控不对称缸的典型 |
| | | 恒压或恒流油源 | 绝大多数阀控系统采用恒压油源：供油压力恒定，控制阀的压力—流量特性的线性度好，系统精度和响应速度高，但系统效率低<br>恒流油源阀控系统：供油流量一定，与正开口阀配套使用，正开口阀较容易制造，且油源系统效率高，但控制阀 P-Q 特性的线性度差，因而系统的控制性能较差，用于高温场合（要求始终有油源流过阀口）或精度、响应要求不高的系统 |
| | 执行元件类型 | 液压缸 | 直线运动采用液压缸 |
| | | 液压马达及减速箱 | 回转运动采用液压马达；超大行程的直线运动也通过液压马达+滚珠丝杠来实现；负载惯性矩很大时，常有意在马达轴与负载轴之间增设一机械减速箱，以减小马达轴的等效负载惯量，提高液压谐振频率 |
| | 传感器类型 | 位移传感器 | 差动变压器（LVDT）、磁尺、磁致伸缩位移传感器（MTS）、高精度导电塑料电位计等 |
| | | 速度传感器 | 测速机、光码盘、编码器、圆形光栅等 |
| | | 压力传感器 | 应变式压力传感器、半导体压力传感器、差压传感器等 |
| | | 力传感器 | 压磁式力传感器、应变式力传感器 |

续表

| 步骤 | | | 设计内容及方法要点 |
|---|---|---|---|
| 动力元件的设计 | 阀控动力元件的设计 | 分析负载轨迹，考虑负载匹配 | 详见第3章2.2节 |
| | | 合理确定供油压力 $p_s$ | $p_s$ 合理与否很重要，它关系到动力元件与负载的匹配是否合理，关系到动力元件规格、静态参数及动态参数，关系到伺服阀的规格、供油系统的参数及液压装置的尺寸等<br>$p_s$ 较高时，执行元件的 $A_p$ 或 $D_m$ 可较小，因而伺服阀额定流量 $Q_N$ 和伺服油源的供油流量 $Q_s$ 可较小；压力较高时，油中空气含量减小，油液 $\beta_e$ 值提高，有利于提高液压谐振频率 $\omega_h$。但 $p_s$ 过高，$A_p$ 或 $D_m$ 过小，难以达到良好的负载匹配，且 $\omega_h$ 降低；高压时要求采用高压高性能液压泵，并要求高的系统维护水平<br>初步设计可参考或比较同类系统的 $p_s$ 值 |
| | | 确定执行元件及伺服阀的规格参数（以阀控缸为例） | (1)通常按最大功率传输条件取负载压力 $p_L=(2/3)p_s$<br>按最大功率点负载 $F_m$ 及运动速度 $v_m$<br>由式 $A_p=F_m/p_L$ 确定液压缸工作面积 $A_p$<br>由式 $Q_L=A_pv_m$ 确定伺服阀负载流量 $Q_L$<br>由式 $Q_0=\sqrt{3}Q_L$ 确定伺服阀的空载流量 $Q_0$<br>注意，工程设计上出于保守计算，取 $F_m=m_ta_m+B_tv_m+KX_{pm}+F_{Lm}$，实际上负载中的惯性力、黏性力和弹簧力最大值的出现相位依次相差90°<br>(2) 对于 $F_m$ 很大的情况，可取 $p_L=(3/4\sim5/6)P_s$，并由 $A_p=F_m/p_L$ 确定 $A_p$，由 $Q_L=A_pv_m$ 确定 $Q_L$ |
| | | 液压谐振频率 $\omega_h$ 的校验 | 按拖动要求确定 $A_p$ 时，必须校验动态：<br>对于四通阀—对称缸 $\omega_h=\sqrt{4\beta_eA_p^2/m_tV_t}$（见表22-3-26）<br>对于三通阀—不对称缸 $\omega_h=\sqrt{\beta_eA_c^2/m_tV_0}$（见表22-3-31） |
| | | 机械减速箱减速比的确定 | 对于阀控马达：$\omega_h=\sqrt{4\beta_eD_m^2/J_tV_t}$；如 $\omega_h$ 达不到要求，可加设速比为 $n$ 的减速箱，此时：<br>$$\omega_h=\sqrt{4\beta_eD_m^2/[V_t(J_m+J_L/n^2)]}$$<br>式中　$J_m$、$J_L$——马达轴及负载的转动惯量<br>在负载匹配良好的情况下，具有满意 $\omega_h$ 值的最小传动比为最佳传动比 |
| | 泵控动力元件的设计 | 变量机构的控制设计 | 原则上同阀控动力元件。但由于成品泵或马达的变量缸业已确定，对系统设计者而言，实际上只需选用伺服阀及位置检测元件 |
| | | 按拖动要求确定马达和泵的规格参数 | 不计压力损失时，泵的出口压力与马达（缸）的入口压力相同；不计内泄漏时，泵的出口流量与马达（缸）的入口流量相同。因此泵控动力元件完全匹配，不存在阀控动力元件中的所谓负载匹配问题<br>一般按拖动要求进行设计，以动态设计相校验。以泵控马达为例：<br>(1)根据负载力矩和 $\omega_h$ 的要求预选高压侧管道压力 $p_1$，$p_1$ 取值的合理与否，将影响马达排量 $D_m$、泵排量 $D_p$ 和 $\omega_h$ 及装置尺寸的大小<br>(2)按 $p_1/D_m=J_t\ddot{\theta}_{mm}+B_t\dot{\theta}_{mm}+G\theta_{mm}+T_{Lm}$ 确定 $D_m$<br>(3)按要求的 $\dot{\theta}_{mm}$ 由式 $D_p\eta_p\eta_{vp}\eta_{vm}=D_m\dot{\theta}_{mm}$ 确定 $D_p$ |

续表

| 步骤 | | | 设计内容及方法要点 |
|---|---|---|---|
| 动力元件的设计 | 泵控动力元件的设计 | $\omega_h$ 的校验 | 按拖动要求进行设计时，必须按动态要求校验 $\omega_h$ 值：<br>$\omega_h=\sqrt{\beta_e D_m^2/J_t V_0}$，$V_0$ 为高压管道一侧的容积<br>如果通过调整 $p_1$、$D_m$ 参数，仍难以达到 $\omega_h$ 要求，则需增设减速箱，此时<br>$\omega_h=\sqrt{\beta_e D_m^2/[V_0(J_m+J_L/n^2)]}$ |
| 伺服阀及放大器的选择 | 伺服阀类型 | | 应综合考虑系统类型、系统精度与频宽要求、工作环境、抗污染性能和经济性等因素来选择伺服阀，一般来说：<br>(1)位置和速度控制采用Q阀，压力控制采用Q阀或P阀<br>(2)系统精度要求高时，拟采用分辨率高、滞环小、零漂小的伺服阀<br>(3)系统频宽要求高时，拟采用高频宽(高响应)的伺服阀<br>(4)工业控制尽量采用抗污染、成本较低的伺服阀 |
| | 伺服阀的规格 | | (1)额定压力等级为7MPa、21MPa、35MPa，视系统压力 $p_s$ 需要选取<br>(2)额定流量以空载流量或指定阀上总压降 $\Delta p_v$ 或每个阀口压降 $\Delta p$ 下的流量标称，视负载流量需要而定。注意各种标称流量的折算 |
| | 放大器等配件 | | 为保证参数匹配，放大器、调制解调器、电源及机箱等最好与伺服阀厂家一致。放大器有P、PI和PID等类型，I型系统可选比例放大器，0型系统可选PI放大器 |
| 传感器选择 | 传感器类型 | | 根据被控制物理量类型、量程、要求的精度、结构及安装方式等加以选择 |
| | 传感器及其二次仪表的性能 | | 传感器及其二次仪表的性能包括测量范围、分辨率、非线性度、重复精度、滞后、输出信号、响应时间、温漂、工作温度、工作寿命、供电电源等。其中最主要的有分辨率、重复精度和响应时间等指标<br>位移传感器中，量程最大的是：MTS磁致伸缩型，可达10m；SONY磁尺次之，可达数米。测量精度最高的是SONY磁尺，可高达1μm；其次是MTS，可达2μm。响应时间方面，MTS为1~3ms，SONY磁尺为1ms。SONY磁尺为数字式；MTS有模拟式和数字式两种，模拟输出中有0~10V、4~20mA、0~20mA标准输出 |
| 系统分析 | 建立数学模型 | | 对于典型的位置、速度和力伺服系统可直接引用已有的数学模型，对于特殊需要的系统，可采用同样的分析思路和方法建模<br>对于工程系统，常用系统数模形式有：系统运动微分方程组或拉氏变换方程组、系统方块图、系统开环或闭环传递函数、系统开环或闭环频率特性等。对于多输入多输出系统，可以采用状态方程<br>建模时应根据系统实际情况进行必要而合理的简化，以便数模能反映系统本质又不过于复杂化 |
| | 确定各环节参数 | | 根据系统组成、动力元件设计及元件参数等，计算并确定各环节的静态或动态的参数。从而得到可供系统性能分析或系统数字仿真的带有参数数值的数模(方块图、传递函数或频率特性) |
| | 系统性能分析 | 稳定性分析 | 通过稳定性分析，确定系统的稳定裕量和开环增量 |
| | | 动态响应分析 | 通过动态响应分析，确定开环穿越频率、闭环频宽或响应时间、过渡过程时间 |
| | | 精度分析 | 通过精度分析，计算各种稳态误差，确定各部分的误差分配和增益分配 |
| | | 注意事项 | (1)性能分析时应特别注意主要参数的变化及其对性能的影响<br>(2)如性能达不到要求，应考虑增加校正环节<br>(3)如加校正后仍难以达到要求，应考虑性能指标是否合理，并重新系统设计 |

续表

<table>
<tr><th>步骤</th><th colspan="2"></th><th>设计内容及方法要点</th></tr>
<tr><td rowspan="2">系统分析</td><td rowspan="2">系统校正</td><td>校正方案</td><td>采用比例或比例积分放大器时，如果通过调整开环增益或主要结构参数，系统性能仍达不到性能指标，则应采取校正措施。适合液压伺服系统的校正类型较多，常用的串联校正有 PID 调节器；并联校正有速度、加速度、静压或动压反馈等。采用哪类校正要根据系统的组成、结构和参数情况而定</td></tr>
<tr><td>加校正后的性能分析</td><td>校正环节的传递函数形式及参数，要根据系统性能分析结果而定；加入校正环节后，应对系统性能进行重新分析，直至性能指标满足要求</td></tr>
<tr><td rowspan="4">系统数字仿真</td><td colspan="2">仿真的必要性</td><td>工程上为简化分析，系统建模及系统分析中作了一些必要的假设和简化，忽略了一些次要因素和非线性因素，所得的频域分析结果是近似的。对于结构复杂、性能要求高或应用场合重要的系统，有必要进行系统数字仿真</td></tr>
<tr><td colspan="2">仿真的方便性</td><td>随着计算机技术及软件的飞速发展，由 Matrix Laboratory 开发的 MATLAB 软件被移植和扩展成方便的控制系统的仿真软件，MATLAB 软件相当方便，只需将有关结构参数写入微分方程、方块图、传递函数或频域特性中，一按执行便可得到波德图、闭环频率特性或阶跃响应曲线，并得到相应的有关性能指标。这样一来，系统设计者无须为计算方法和编程而困扰，只需把精力集中到系统建模、系统设计上</td></tr>
<tr><td colspan="2">MATLAB 仿真软件使用方法</td><td>详见本章“控制系统的工具软件 MATLAB 及其在仿真中的应用”</td></tr>
<tr><td colspan="2">仿真的真实性与局限性</td><td>数字仿真只是一个工具，其结果的真实性与准确性取决于数学模型的真实性、边界条件及数据以及结构参数的准确性<br>仿真离不开系统分析，仿真时许多参数的取值范围有赖于系统频域分析的结果；而且仿真的分析也离不开频率分析和时域分析的物理概念</td></tr>
<tr><td rowspan="3">液压伺服油源设计</td><td colspan="2">液压油源类型</td><td>定量泵+溢流阀油源；恒压变量泵+蓄能器油源</td></tr>
<tr><td colspan="2">伺服油源参数</td><td>(1)供油系统压力 $p_s$：动力元件设计中业已确定<br>(2)泵的最大供油流量 $Q_{sm}$：取 $Q_0 \geqslant Q_{sm} > Q_L$，$Q_0$、$Q_L$ 为伺服阀的空载流量及负载流量<br>(3)蓄能器容积 $V_0$：根据允许的压力波动值及恒压泵变量特性确定<br>(4)系统清洁度等级(ISO 4406 或 NAS 1638 等级)：根据保证伺服阀可靠工作的清洁度等级要求确定<br>(5)工作油温 $T$：一般取 $T=(45\pm5)$℃并加以自动控制</td></tr>
<tr><td colspan="2">污染控制及装置设计</td><td>详见本章 3“电液伺服油源的分析与设计”</td></tr>
<tr><td rowspan="2">伺服液压缸的设计</td><td colspan="2">一般伺服缸</td><td>采用通用伺服缸产品</td></tr>
<tr><td colspan="2">专用伺服缸</td><td>压下伺服缸内置或外置高精度位移传感器，工作压力高达 28MPa，活塞直径为 1250mm，甚至更大，要求承受重载、偏载、冲击载荷，且要求摩擦力<5‰液压力，因此需专门设计和制造</td></tr>
</table>

# 2 机液伺服系统的设计计算

信号的检测、比较及放大均借助于机械部件的液压伺服系统称为机液伺服系统。

机液伺服系统广泛应用于仿型机床、助力操纵、助力转向、汽轮机转速调节、行走机械及采煤机牵引部恒功率控制等场合。

## 2.1 机液伺服系统的类型及应用

### 2.1.1 阀控机液伺服系统

阀控机液伺服系统一般称为机液伺服机构。

**表 22-4-17　　　　　　机液伺服机构的类型及特征**

| 类型 | | 原理图 | 特征及用途 |
|---|---|---|---|
| 阀控缸机液伺服机构 | 外反馈式 | 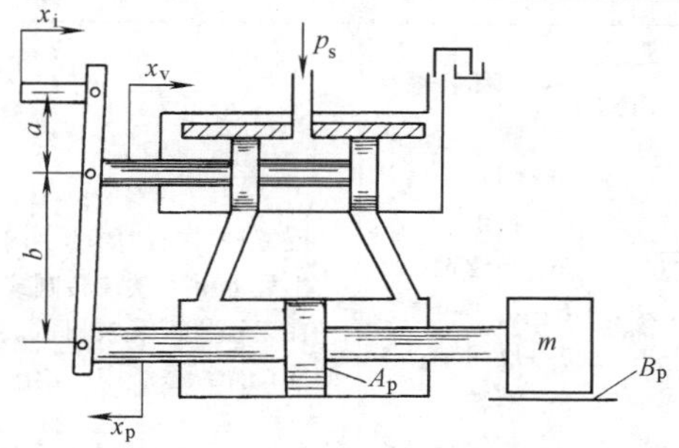 | 连杆式外反馈;常作助力操纵 |
| | 内反馈式 | 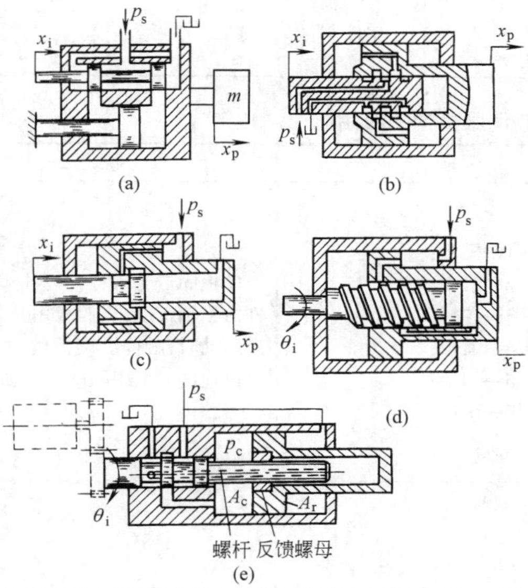 | (1)阀芯与活塞关系<br>图 a—分体式;图 b、c、d、e—嵌入式<br>(2)通路数<br>图 a、b—四通阀;图 c、d、e—三通阀<br>(3)滑阀结构<br>图 a、b、c、e—圆柱滑阀;图 d—螺纹滑阀<br>(4)滑芯运动方式<br>图 a、b、c—直线运动;图 d、e—旋转运动<br>(5)反馈型式<br>图 a、b、c、d—直接位置反馈;图 e—螺杆螺母副位置反馈<br>(6)用途<br>图 a、b、c—作伺服机构;图 d、e—作电液步进缸(数字缸) |
| 阀控马达机液伺服机构 | 滑阀式 | 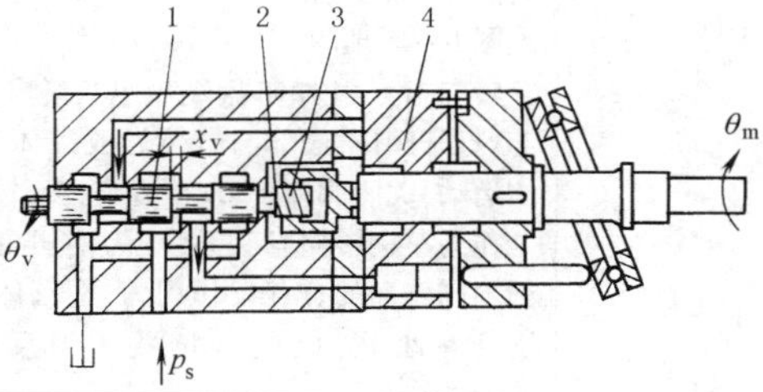1—阀芯;<br>2—螺杆;<br>3—螺母;<br>4—轴向马达 | 螺杆/螺母—内反馈<br>工程上称为液压扭矩放大器,加上步进电机构成电液步进马达 |
| | 转阀外反馈式 | 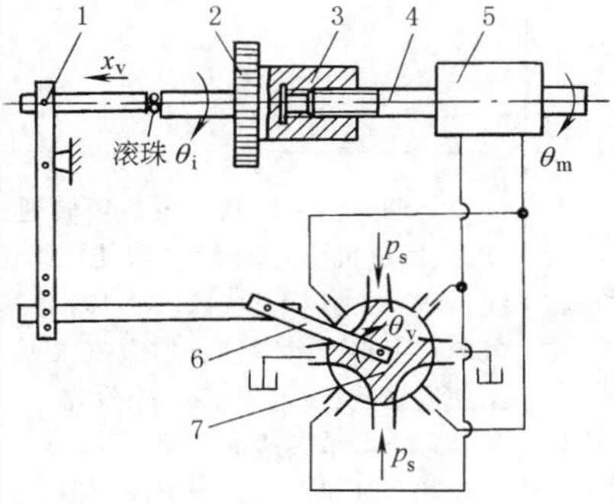1—连杆系;<br>2—齿轮;<br>3—螺母;<br>4—螺杆;<br>5—液压马达;<br>6—摇杆;<br>7—转阀 | 螺杆/螺母/杠杆—外反馈<br>法国 SAMM 公司电液步进马达属此结构 |

续表

| 类型 | | 原理图 | 特征及用途 |
|---|---|---|---|
| 阀控马达机液伺服机构 | 转阀内反馈式 | 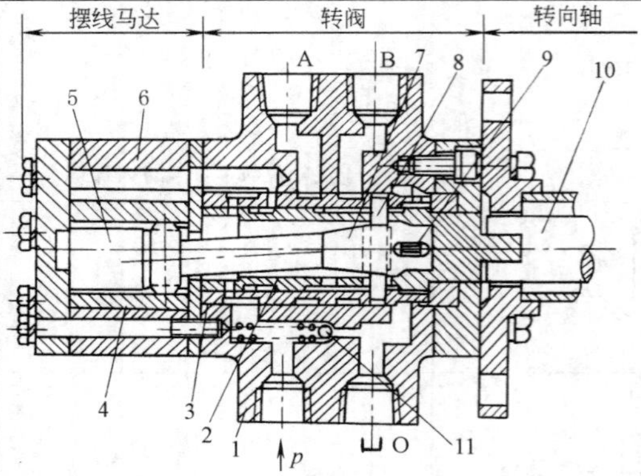<br>1—阀体；<br>2—阀芯；<br>3—阀套；<br>4—转子；<br>5—马达轴；<br>6—定子；<br>7—反馈轴；<br>8—销轴；<br>9—定位弹簧；<br>10—转向轴；<br>11—单向阀 | 反馈轴/销轴/阀套—内反馈<br>工程上称为摆线转阀式液压转向器<br>在工程机械及农机的转向系统中，以及小型舵机操纵系统中广泛应用液压转向器 |

**表 22-4-18　　机液伺服机构的应用**

| 名称 | 原理图 | 说明 |
|---|---|---|
| 液压仿型刀架 | 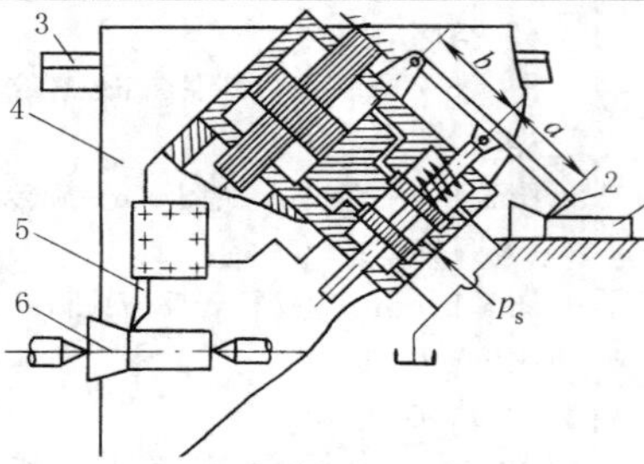<br>1—模板；<br>2—触杆；<br>3—导轨；<br>4—溜板；<br>5—刀架；<br>6—工件 | 模板固定于床身；活塞杆固定于溜板上，工件由主轴带动；当溜板由丝杠带动沿导轨向左运动时，触杆沿模板运动，触杆控制阀芯，缸体连同刀架跟随触杆运动，实现仿型加工 |
| 车辆助力转向系统 | 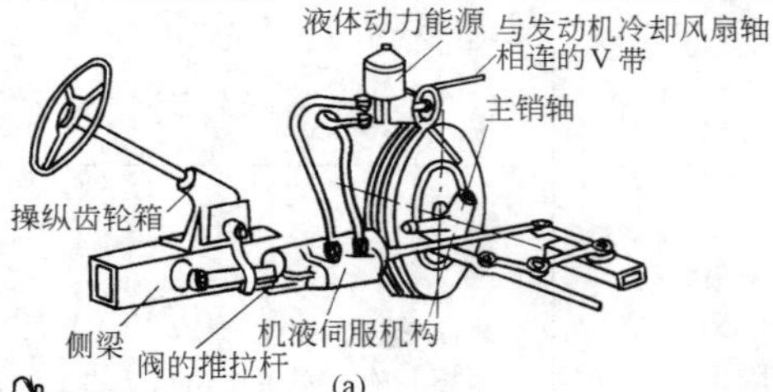<br>(a)<br>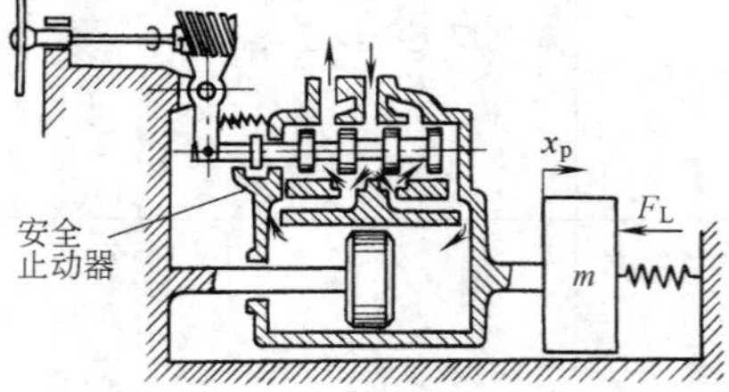<br>(b) | 图 a—外观图<br>图 b—原理图<br>转向指令由方向盘经操纵齿轮箱推动阀芯，打开阀口；阀体与缸体做成一体，随同缸体运动，关闭阀口，实现位置直接反馈<br>作为车辆转向驾驶系统，为使司机能感觉到不同路面的负载反作用力，在阀体两端分别开有小孔，以便将负载压力反馈到阀芯两端 |
| 汽轮发电机调速系统 | 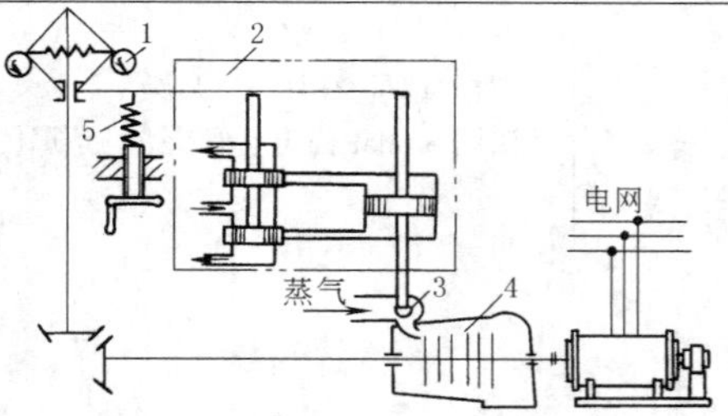<br>1—离心调速器；<br>2—阀控机液伺服机构；<br>3—气阀；<br>4—汽轮发电机组；<br>5—设定弹簧 | 离心调速器 1 检测发电机组转速，电负荷增大、发电机反力矩增大，致使机组速度降低时，调速器飞球下垂，阀芯下移，活塞杆带动气阀片上移，开大气阀，增大进气量，直至机组速度恢复；使电频率稳定；反之亦然。设定弹簧用于调节转速的设定值<br>船舶柴油机调速系统原理相似 |

续表

| 名称 | 原理图 | 说明 |
| --- | --- | --- |
| 车辆或舵机转阀式液压转向系统 | 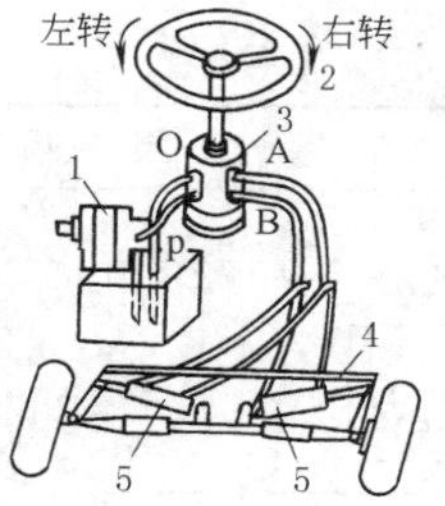<br>(a)<br>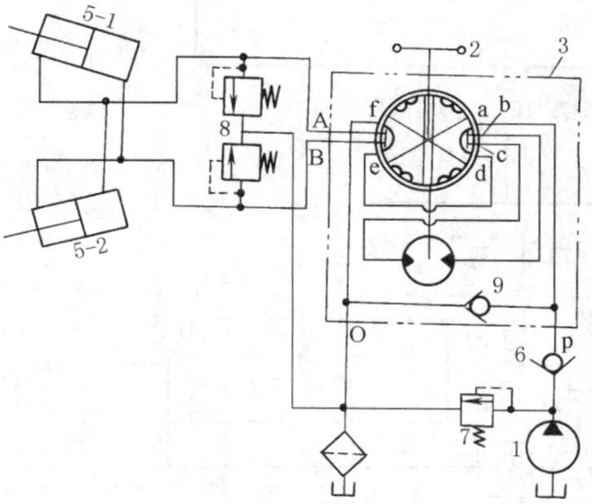<br>(b)<br>1—液压泵；2—方向盘；3—液压转向器；4—梯形转向机构；<br>5—转向缸；6—单向阀；7—溢流阀；8—安全阀；9—单向阀 | 图 a—外形图；图 b—系统图，液压转向器马达作计量马达使用。转向器中位（图示）时，压力油由 p、a、d、e、f、O 回油箱，泵空载，油口 b、c 及 A、B 封闭状态，转向系统处于初始位置。方向盘左转向某一角度，转阀油口打开，压力油经 p、a、b、计量马达、c、d、e、B，缸 5-1 活塞杆伸出、缸 5-2 活塞杆缩回，实现左转弯，缸的回油经 A、f、O 回油箱；因液压转向器存在直接位置反馈，计量马达带动阀套跟随阀芯转到同一角度后转阀关闭、转向停止。方向盘右转时，压力油经 p、a、c、计量马达、b、d、e、A，实现右转弯，缸的回油由 B、f、O 回油箱。当发电机熄火或泵有故障无法实现动力转向时，可利用计量马达做手动泵进行人力转向：方向盘带动阀芯、销轴、阀套、反馈轴带动马达转子，压力油流向与动力转向相同，只是缸的回油由 f、单向阀 9、a，供手动泵吸油<br>千吨级船舶亦广泛应用该系统作为舵机转向系统 |



### 2.1.2 泵控机液伺服系统

大功率机液伺服系统采用泵控系统，采煤机牵引部、工程机械行走部的恒功率控制是泵控机液伺服系统的典型。

表 22-4-19

| 原理图 | 说明 |
| --- | --- |
| 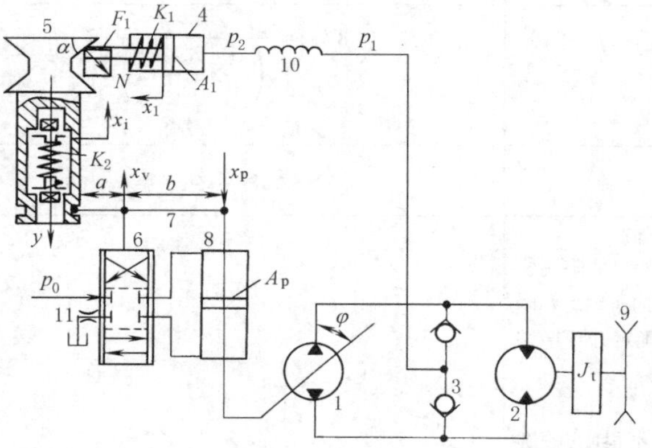<br>1—变量泵；2—液压马达；3—单向阀；4—发讯缸；5—楔块；<br>6—滑阀；7—连杆；8—变量缸；9—链轮；10—螺旋阻尼管；<br>11—回油阻尼管 | 系统由泵控马达（1、2、3、9）、阀控机液伺服机构（6、7、8、11）和负载-位移信号发生器（4、5、10）组成<br>恒功率调节过程如下：负载压力 $p_1$ 经螺旋阻尼管 10 滤波后作用于发讯缸 4 的活塞上。稳态时，发讯缸活塞杆对楔块 5 作用力的 $Y$ 轴分量与调节套内刚度为 $K_2$ 的弹簧力相平衡，滑阀油口关闭，变量缸活塞不动，变量泵处于某偏角，马达处于相应的转速下。$p_1$ 增大时，楔块上移、阀芯向上、变量缸活塞下移、泵偏角减小、马达速度自动调低，从而实现了恒功率控制；由于连杆的反馈作用，活塞下降时，滑阀开口回零，变量活塞和偏角处于新的平衡位置。$p_1$ 减少时，马达速度自动调高至新的平衡状态，保持恒功率 |

## 2.2 机液伺服机构的分析与设计

**表 22-4-20**

<table>
<tr><th>项 目</th><th>阀 控 缸 机 液 伺 服 机 构</th><th>阀 控 马 达 机 液 伺 服 机 构</th></tr>
<tr><td>方<br>块<br>图</td><td colspan="2">
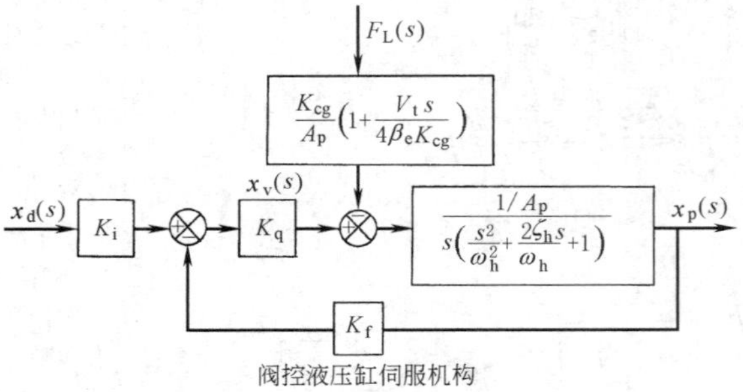

阀控液压缸伺服机构
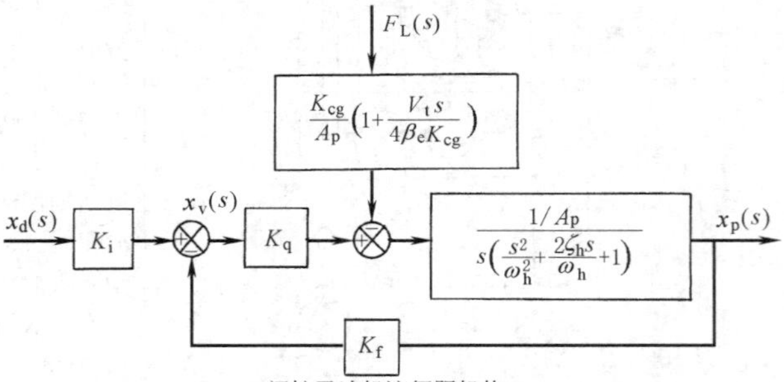

阀控马达机液伺服机构
</td></tr>
<tr><td>参<br>数</td><td>
滑阀开口量 $X_v$：<br>
$x_v(s)=K_i x_i(s)-K_f x_p(s)$<br>
$K_i$——输入装置的增益<br>
$K_f$——输出装置的增益
<table>
<tr><td>表 22-4-17 中图</td><td>$K_i$</td><td>$K_f$</td></tr>
<tr><td>连杆外反馈式</td><td>$b/(a+b)$</td><td>$a/(a+b)$</td></tr>
<tr><td>图 a、b、c</td><td>1</td><td>1</td></tr>
<tr><td>图 d、e</td><td>1</td><td>1</td></tr>
</table>
注：图 d、e 中，输入为转角 $\theta_i$，因此，$x_i=(T/2\pi)\theta_i$<br>
$T$—螺杆螺距
</td><td>
滑阀开口量 $x_v$：<br>
$x_v(s)=K_\theta[\theta_i(s)-\theta_m(s)]$<br>
对于表 22-4-17 中滑阀式螺杆/螺母内反馈：<br>
$K_\theta=T/2\pi$<br>
对于表 22-4-17 中转阀外反馈：<br>
$K_\theta=K_x T/2\pi$<br>
$K_x$——连杆及摇杆的比例系数<br>
对于表 22-4-17 中液压转向器：<br>
$K_\theta=1$<br>
$T_L=0$
</td></tr>
<tr><td>开环传递函数</td><td>
$$W(s)=\frac{K_v}{s\left(\frac{s^2}{\omega_h^2}+\frac{2\zeta_h s}{\omega_h}+1\right)}$$
$K_v=K_f K_q/A_p$
</td><td>
$$W(s)=\frac{K_v}{s\left(\frac{s^2}{\omega_h^2}+\frac{2\zeta_h s}{\omega_h}+1\right)}$$
$K_v=K_\theta K_q/D_m$
</td></tr>
<tr><td>稳定性条件</td><td>$K_v\leqslant 2\zeta_h\omega_h$</td><td>$K_v\leqslant 2\zeta_h\omega_h$</td></tr>
<tr><td>设计特点及注意事项</td><td>
(1)机液伺服机构的最大特点是使用时开环增益不可调<br>
(2)由于执行元件尺寸 $A_p$ 或 $D_m$ 主要由负载大小和结构尺寸限制所决定，并经过了 $\omega_h$ 的校验；而参数 $K_f$、$K_\theta$(或 $T$)由反馈机构所确定。因此设计机液伺服机构时，应由稳定性条件 $K_v\leqslant 2\zeta_h\omega_h$ 来确定开环增益 $K_v$，即按稳定性条件来确定流量增益 $K_q$ 或阀的面积梯度 $W$<br>
(3)滑阀的设计参见第 3 章 1.2.5 节<br>
(4)对于助力操纵和转向系统，一般精度和频宽要求不很高，关键是要确保稳定性；对于仿型加工伺服机构，精度要求高<br>
(5)机液伺服机构的连接配合处应无间隙，机械刚度足够大，以确保系统稳定性及精度
</td><td></td></tr>
</table>

# 3 电液伺服油源的分析与设计

由于伺服阀对供油系统的压力稳定性、油液的清洁度、油温以及油液品质等均有较高的要求，因此，液压伺服系统中一般单独设置液压伺服油源。

## 3.1 对液压伺服油源的要求

表 22-4-21

| 项目 | 要求内容 |
| --- | --- |
| 油液理化性能 | 伺服阀的阀口在高压降下工作，通过阀口的流速高达 50m/s 以上，因此它对工作油液的物理性能和化学性能有着严格要求：<br>(1)适宜的黏度和优良的黏温性<br>(2)良好的润滑性<br>(3)良好的抗剪切性、抗氧化性和稳定性<br>(4)良好的消泡性，以降低油中的混入气体含量，提高油液的容积弹性模量<br>通常，液压伺服系统采用精密抗磨液压油、透平油或航空液压油。常用黏度 N32 或 N46，具体视工作压力而定 |
| 压力稳定性 | 伺服阀供油压力波动将直接影响负载流量及阀系数的变化，从而影响系统的稳定性、精度和响应速度；回油压力的较大变化，也将直接引起阀上压降的变化，从而也会影响负载流量及系统性能。供油压力、回油压力的变化还会引起伺服阀压力零漂，从而影响系统性能。阀控动力元件的分析都是以供油压力恒定为基础的，供油压力的较大变化，可能使系统性能达不到设计的性能指标。伺服阀是高响应元件，阀口瞬间打开或关闭，信号电流不同时，阀的开口不同、负载流量变化很大，必将反过来影响到供油压力和回油压力的变化。因而对伺服油源稳定性方面的要求包括：<br>(1)供油流量满足负载流量的要求，并有一定的裕量<br>(2)供油压力基本恒定，压力波动控制在 10%之内<br>(3)油源调压阀或泵的变量机构的稳定性好、动态响应较高<br>(4)回油压力基本恒定 |
| 油液清洁度 | 油液清洁度等级视伺服阀及具体型号而定，一般伺服阀说明书中会给出推荐等级。MOOG 伺服阀有时给出两种推荐值，一个为保证正常工作的清洁度等级，一个为保证伺服阀长寿命工作的清洁度等级；例如 MOOG D791、D792 系列伺服阀，正常工作的等级为 $\beta_{10} \geqslant 75$(或 10μm 绝对过滤精度)，长寿命工作的等级为 $\beta_5 \geqslant 75$(或 5μm 绝对过滤精度)。为确保油液清洁度，要求伺服油源：<br>(1)采用合理的油箱结构，防止外部侵入污染，并防止回油气泡进入泵的吸油管<br>(2)采用不锈钢油箱，避免普板油箱存在的铁锈脱落和油漆脱落<br>(3)采取完善的过滤系统和综合的污染控制措施<br>(4)进行有效的管道循环冲洗和系统循环冲洗，采用喷嘴挡板伺服阀时应使清洁度达到 ISO 4406-15/12 至 14/11(或 NAS1638-6 或 5 级) |
| 油温 | 油温变化要影响黏度并引起伺服阀零漂，因此要采用能自动加热、冷却的温控系统，一般要求油温控制在(45±5)℃范围 |

## 3.2 液压伺服油源的类型、特点及应用

表 22-4-22

| 类型 | 组成 | 特点及应用 |
|---|---|---|
| 定量泵-溢流阀油源 | 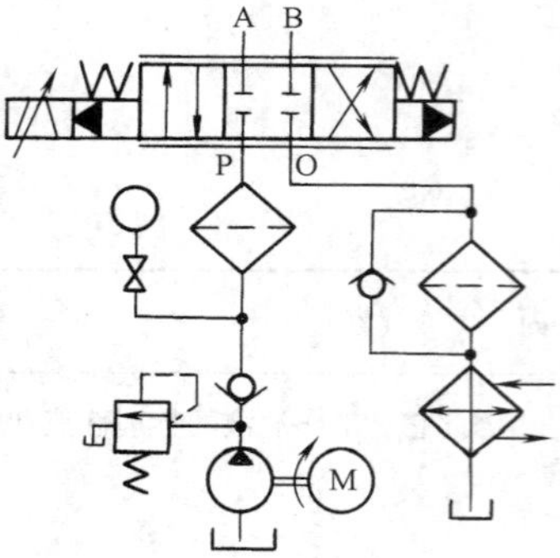 | 特点：<br>(1)简单、成本低<br>(2)压力稳定性较好，压力稳定性主要取决于溢流阀的动态特性<br>(3)效率低<br>(4)温升大，需用较大功率的冷却器<br>应用：一般用于低压、小功率伺服油源。对于伺服阀动态响应快的系统，拟在接近伺服阀入口处加设蓄能器，以减小 $p_s$ 波动，提高压力稳定性 |
| 恒压变量泵-蓄能器油源 | 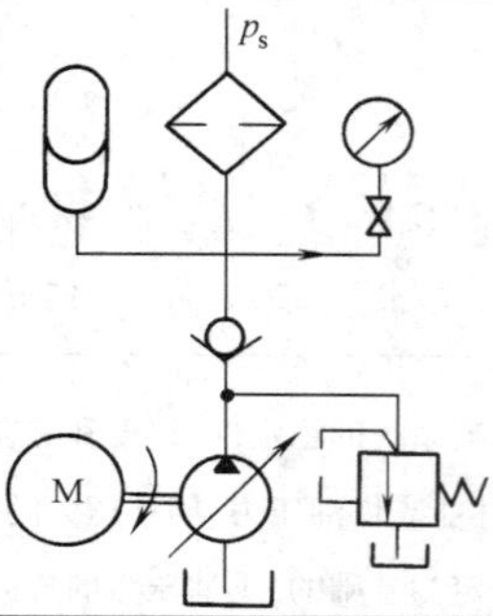 | 特点：<br>(1)恒压变量泵结构复杂、成本较高<br>(2)压力稳定性主要取决于泵的变量机构的动态响应，变量泵的动态响应比溢流阀低，因此采用恒压泵时一般须配用蓄能器<br>(3)恒压泵供油流量自动随负载流量而变化，因而效率高<br>(4)温升较小，冷却器功率可较小<br>应用：一般用于高压、大功率伺服油源。大流量时，可采用恒压泵并联、多蓄能器并联供油 |



## 3.3 液压伺服油源的参数选择

表 22-4-23

| 参数 | 选择或匹配原则 | 说明 |
|---|---|---|
| 供油压力 | 取 $p_s=p_{Lm}+\Delta p_V$<br>(1)按最大功率传输条件，取 $p_{Lm}=(2/3)p_s$ 时 $p_s=1.5p_{Lm}$<br>(2)当负载很大，取 $p_{Lm}\leqslant(5/6)p_s$ 时，$p_s=(6/5)p_{Lm}=1.2p_{Lm}$ | $p_s$——系统供油压力，MPa<br>$p_{Lm}$——最大负载压力，MPa<br>$\Delta p_V$——保证所需流量的阀上总压降，MPa |
| 供油流量 | 取 $Q_{0m}\geqslant Q_s\geqslant Q_{Lm}$ | $Q_s$——系统供油流量，$m^3/s$<br>$Q_{Lm}$——最大负载流量，$m^3/s$<br>$Q_{0m}$——伺服阀的最大空载流量，$m^3/s$ |
| 油源特性 | 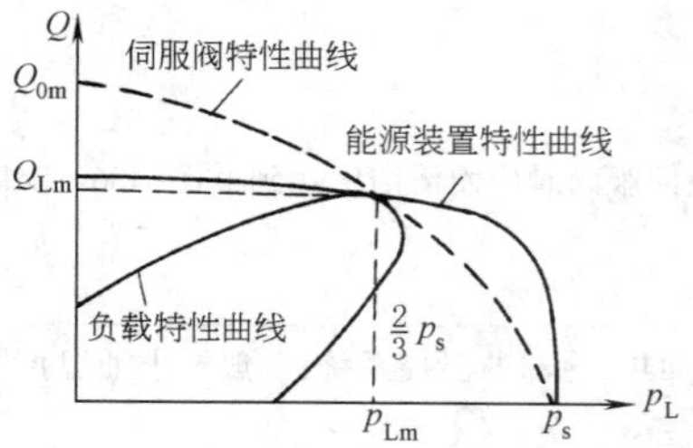 | 要求：<br>(1)油源特性应包络负载特性<br>(2)$p_s\geqslant p_{Lm}+\Delta p_V$<br>(3)$Q_{0m}\geqslant Q_s\geqslant Q_{Lm}$ |

## 3.4　液压伺服油源特性分析

### 3.4.1　定量泵—溢流阀油源

表 22-4-24

| 项目 | 内　　容 | 说　　明 |
|---|---|---|
| 动态方程 | (1)压力管道的连续性方程<br>$Q_p(s)-C_1p_s(s)-Q_B(s)-Q_L(s)=\left(\dfrac{V_t}{\beta_e}\right)sp_s(s)$<br>(2)溢流阀主阀芯流量方程<br>$Q_B(s)=K_{qb}x_p(s)+K_{cb}p_s(s)$<br>(3)溢流阀先导阀的力平衡方程<br>$A_vp_s=M_vs^2x_v(s)+B_vsx_V(s)+K_sx_V(s)+F_0(s)$<br>(4)溢流阀先导阀的流量方程(可忽略 $K_c$ 项)<br>$Q_v(s)=K_qx_v(s)+K_cp_s(s)$<br>(5)溢流阀主阀受控腔连续性方程(忽略泄漏及压缩性)<br>$Q_v(s)=A_psx_v(s)$ | $Q_p$——泵的输出流量,$m^3/s$<br>$Q_B$——溢流阀溢流量,$m^3/s$<br>$Q_L$——负载(消耗)流量,$m^3/s$<br>$C_l$——泵的内泄漏系数,$m^5/(N \cdot s)$<br>$V_t,p_s$——高压管路总容积($m^3$)、压力($N/m^2$)<br>$X_p,A_p$——溢流阀主阀位移(m)、面积($m^2$)<br>$K_{qb}$——溢流阀主阀流量增益,$m^2/s$<br>$K_{cb}$——溢流阀主阀流量压力系数,$m^5/(N \cdot s)$<br>$X_v,A_v$——先导阀位移(m)、面积($m^2$)<br>$Q_v$——先导阀流量,$m^3/s$<br>$K_q,K_c$——先导阀流量增益($m^2/s$)、流量-压力系数[$m^5/(N \cdot s)$]<br>$M_v,B_v,K_s$——先导阀质量(kg)、黏性阻尼系数($N \cdot s/m^2$)、弹簧刚度(N/m)<br>$F_0$——先导阀弹簧力,N |
| 方块图 | 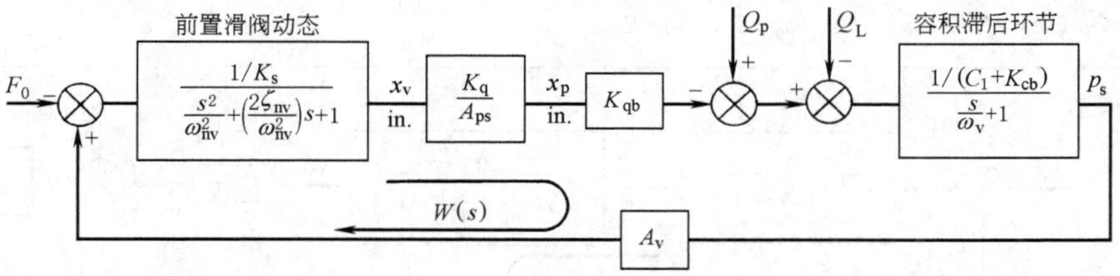<br>绘出以溢流阀的调压力 $F_0$ 作为输入,以供油压力 $p_s$ 作为输出,以流量 $Q_p$、$Q_L$ 作为扰动的方块图<br>图中　$\omega_{nv}=\sqrt{K_s/M_v}$<br>$\omega_{nv}$——先导阀机械谐振频率,rad/s<br>$\zeta_{nv}$——先导阀的阻尼系数<br>$\omega_v=\beta_e(C_1+K_{cb})/V_t$<br>$\omega_v$——容积滞后频率,rad/s | |
| 传递函数 | $W(s)=\dfrac{K_v}{s\left(1+\dfrac{s}{\omega_v}\right)\left(\dfrac{s^2}{\omega_{nv}^2}+\dfrac{2\zeta_{nv}s}{\omega_{nv}}+1\right)}$<br>$K_v=\dfrac{K_qA_vK_{qb}}{K_sA_p(C_1+K_{cb})}$ | $K_v$——开环增益,$s^{-1}$ |
| 稳定性 | 由于先导阀的 $M_v$ 小、$K_s$ 大,因此 $\omega_{nv}$ 高。忽略 $\omega_{nv}$ 环节的动态影响,则<br>$W(s)=\dfrac{K_v}{s(1+s/\omega_v)}$<br>可见系统为 I 阶系统,系统容易稳定 | 只需使参数 $K_v$ 限定在一定值内,系统便可稳定<br>$K_v$ 值中所有参数均系溢流阀的结构参数,所以实际上油源的稳定性取决于溢流阀的稳定性 |

续表

| 项目 | 内容 | 说明 |
|---|---|---|
| 动态及静态柔度 | $$\frac{P_s(s)}{Q_L(s)}=-\frac{[1/K_v(C_1+K_{cb})]s}{\frac{s^2}{K_v\omega_v}+\frac{s}{K_v}+1}$$ <br>负号表示 $Q_L$ 增大、$p_s$ 降低<br>$$\frac{P_s(s)}{Q_L(s)}\Big\vert_{s=0}=0$$ | 以负载流量为扰动输入，以 $p_s$ 为输出分析动态柔度<br>(1)当 $\omega=\sqrt{K_v\omega_v}$ 时，动态柔度最大<br>(2)$\omega=0$ 或 $\infty$ 时，动态柔度为0<br>(3)稳态即 $s=0$ 时，稳态柔度为零，表明稳态下 $Q_L$ 对 $p_s$ 无影响，实际上由于溢流阀液动力和弹簧力的影响，稳态时柔度不完全为零，即 $Q_L$ 对 $p_s$ 会有一定影响 |

## 3.4.2 恒压变量泵油源

表 22-4-25

| 项目 | 内容 | 说明 |
|---|---|---|
| 动态方程或环节传递函数 | (1)变量泵的流量方程<br>$Q_p(s)=-K_pn_px_p(s)$；负号表示 $x_p$ 增大时 $Q_p$ 减小<br>(2)阀控变量缸<br>$$\frac{x_p(s)}{x_v(s)}=\frac{K_q/A_p}{s\left(\frac{s^2}{\omega_h^2}+\frac{2\zeta_h s}{\omega_h}+1\right)}$$ <br>(3)压力管路的连续性方程<br>$$Q_p(s)-C_1p_s(s)-Q_L(s)=\left(\frac{V_t}{\beta_e}\right)sp_s(s)$$ <br>(4)滑阀的力平衡方程<br>$A_vp_s(s)=M_vs^2x_v(s)+B_vsx_v(s)+K_sx_v(s)+F_0(s)$ | $Q_p$——变量泵的输出流量，$m^3/s$<br>$K_p$，$n_p$——泵的排量梯度($m^2$/rad)、转速(rad/s)<br>$X_p$，$A_p$——变量缸的位移(m)、面积($m^2$)<br>$K_q$——滑阀的流量增益，$m^2/s$<br>$\omega_h$——变量机构的液压谐振频率，rad/s<br>$\zeta_h$——变量机构的液压阻尼系数<br>$F_0$——变量机构调压弹簧的弹簧力，N<br>其余同表 22-4-23 |
| 方块图 | 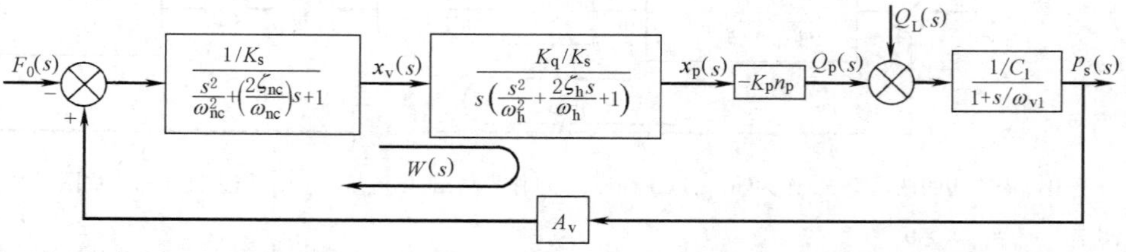<br>绘出以变量机构的调压力 $F_0$ 为输入，以供油压力 $p_s$ 为输出、以负载流量 $Q_L$ 为扰动的方块图，图中：<br>$$\omega_{v1}=\beta_eC_1/V_t$$ <br>$\omega_{v1}$——容积滞后频率，rad/s | |
| 传递函数 | 考虑到 $\omega_{nc}\gg\omega_h$，因而可忽略滑阀动态，于是开环传递函数<br>$$W(s)=\frac{K_{v1}}{s\left(1+\frac{s}{\omega_{v1}}\right)\left(\frac{s^2}{\omega_h^2}+\frac{2\zeta_h s}{\omega_h}+1\right)}$$ <br>式中 $K_{v1}$——开环增益，$s^{-1}$，$K_{v1}=K_qK_pn_pA_v/K_sA_pC_1$ | 可见恒压泵油源的动态主要取决于容积滞后和变量机构的动态，因此对恒压泵的变量机构应有较高的要求 |
| 稳定性 | 与定量泵—溢流阀油源相比：<br>$\omega_{v1}=\beta_eC_1/V_t\ll\omega_v=\beta_e(C_1+K_{cb})/V_t$<br>$\omega_h\ll\omega_{nv}$，$\zeta_h$ 及 $\zeta_{nv}$ 均较小，因此为确保稳定性，应取 $K_{v1}<K_v$ | |

续表

| 项 目 | 内　　容 | 说　　明 |
|---|---|---|
| 动态及静态柔度 | 若 $\omega_h \gg \omega_{v1}$，忽略变量机构动态，则可得<br>$$\frac{p_s(s)}{Q_L(s)}=-\frac{(1/K_{v1}C_1)s}{\frac{s^2}{K_{v1}\omega_{v1}}+\frac{s}{K_{v1}}+1}$$<br>如果 $\omega_h$、$\omega_{v1}$ 相当，动态柔度表达式将相当复杂，但仍有：<br>$$\left.\frac{p_s(s)}{Q_L(s)}\right\|_{s=0}=0$$ | 以负载流量为扰动输入，以 $p_s$ 为输出分析动态柔度 |

# 4　液压伺服系统的污染控制

## 4.1　液压污染控制的基础知识

### 4.1.1　液压污染的定义与类型

表 22-4-26

| 内　　容 | | 说　　明 |
|---|---|---|
| 液压污染定义 | | 净洁的系统油液中混入或生成一定数量的有害物质称为污染 |
| 液压污染类型 | 外界侵入污染 | (1)不恰当的安装、维修或清洗使固体颗粒、纤维、密封碎片等进入系统<br>(2)空气中灰尘从密封不严的油箱或精度不高的空气滤清器进入系统<br>(3)储运过程中油液受到污染，未经精密过滤将油液加入系统<br>(4)开式加油时从空气中吸入灰尘 |
| | 内部自生污染 | (1)泵、阀、缸(马达)摩擦副的机械正常磨损产生的金属磨损颗粒或密封磨损颗粒<br>(2)软管或滤芯的脱落物<br>(3)油液劣化产物 |

### 4.1.2　液压污染物的种类及来源

表 22-4-27

| 内　　容 | | 说　　明 |
|---|---|---|
| 污染物的种类 | 颗粒状污染物 | 铁锈、金属屑、焊渣、砂石、灰尘等 |
| | 纤维污染物 | 纤维、棉纱、密封胶带片、油漆皮等 |
| | 化学污染物 | 油液氧化或残存的清洗溶剂引起的油液劣化胶质等 |
| | 水或空气 | 从油箱或液压缸活塞杆处带入水分、热交换器泄漏进水、油液中的空气混入等 |
| 污染物的来源 | 元件或装置的原有污染物 | 液压泵、阀、缸、马达、油箱、过滤器、阀块、管道、软管中原有的污染物 |
| | 外界侵入污染物 | (1)油箱通气、液压缸活塞杆密封、轴承密封进入的污染物<br>(2)系统组装、调试带入的外部污染物 |
| | 内部生成污染物 | 系统运转或油液变质生成的污染物 |
| | 维护造成的污染物 | 系统维修、更换元件、拆装及加油造成的污染 |

## 4.1.3 固体颗粒污染物及其危害

表 22-4-28

<table>
<tr><th colspan="2">内 容</th><th>说 明</th></tr>
<tr><td colspan="2">固体颗粒的危害性</td><td>(1)固体颗粒最为普遍:颗粒尺寸从1~100μm以上不等,其中:<10μm者,数量上占85%~95%以上,重量上占70%以上<br>(2)固体颗粒危害性最大:加速元件的磨损、老化、性能降低;堵塞导致控制失灵、引起故障、设备可靠性降低</td></tr>
<tr><td rowspan="2">颗粒形状和尺寸</td><td>形 状</td><td>形状多样不规则:如多面体状、球状、片状和纤维状</td></tr>
<tr><td>尺 寸</td><td>为定量描述污染颗粒的大小,需要定义颗粒的尺寸:<br>(1)对于形状规则的颗粒,采用球形体直径、正方体边长等<br>(2)对于形状不规则的颗粒,颗粒尺寸很大程度上取决于测量方法,例如,用显微镜测量时,以颗粒的最大长度作为颗粒尺寸;用光电仪器测量时,以等效投影面积的直径—投影直径作为颗粒尺寸</td></tr>
<tr><td colspan="2">颗粒尺寸分布</td><td>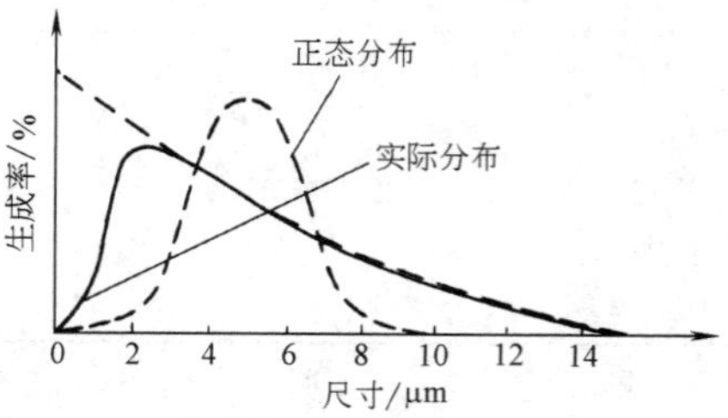

实际液压系统中,由于小颗粒尺寸的生成率高,数量很多,因而分布曲线向小颗粒尺寸偏斜,而非标准的正态分布<br>但采用对数坐标后,实际系统的颗粒尺寸便呈现对数正态分布规律</td></tr>
<tr><td colspan="2">颗粒污染度的测定方法</td><td>详见4.1.6节</td></tr>
</table>



## 4.1.4 油液中的水污染、危害及脱水方法

表 22-4-29

<table>
<tr><th>内 容</th><th>说 明</th></tr>
<tr><td>水污染来源</td><td>(1)热交换器泄漏<br>(2)从液压缸活塞杆密封处带进水分<br>(3)油箱顶盖结构或密封不当而渗水<br>(4)从空气滤清器吸入潮湿空气,冷凝后使油箱上部内表面出现水珠<br>(5)温度降低,溶解水析出,变成游离水</td></tr>
<tr><td>水在油中的存在形式</td><td>(1)溶解水:当油液中含水量低于饱和度时,水以溶解态存在于油液中<br>(2)游离水:当油液中含水量超过饱和度时,过量的水以水珠状悬浮在油液中,或以自由状态沉淀在油液底部。油液暴露在潮湿环境下,或与水接触,其吸水量大约经过8周可达饱和,油液的含水饱和度与油液的类型、黏度及油温有关,如图所示<br>常用油的含水饱和度:<br>液压油 0.02%~0.04%<br>润滑油 0.02%~0.075%<br>变压器油 0.003%~0.005%<br>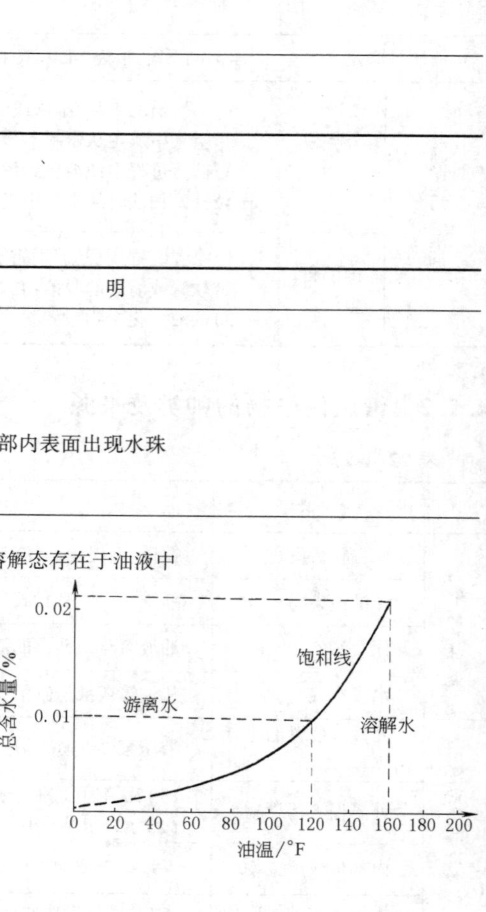
</td></tr>
</table>

续表

| 内　容 | 说　　　明 | |
|---|---|---|
| 水对液压系统的危害 | (1)水与油添加剂中的硫或元件清洗剂中的残留氯作用产生硫酸或盐酸,对元件有强烈的腐蚀作用。实践表明:同时存在固体颗粒和水比单独存在固体颗粒、水时所产生的磨损及腐蚀的总和要严重得多,这是由于颗粒磨损后暴露出的新表面,易被水产生的酸类腐蚀<br>(2)水与油中某些添加剂易产生沉淀物,并加速油液的变质与劣化<br>(3)水与油因在泵、阀中高压、高速激烈搅动、乳化,使油膜变薄,润滑性降低,加速了金属表面的疲劳失效<br>(4)低温工作条件下,油液中水结成微小冰柱,易堵塞元件孔口或间隙,造成故障 | |
| 脱水方法 | 沉淀法 | 用放水阀排水,只能除去游离水 |
| | 离心脱水 | 用高速离心机脱水,只能除游离水 |
| | 吸附脱水 | 只能除游离水,而且处理量很小 |
| | 真空脱水 | 可除游离水和溶解水,适合单机及大批量处理,使用方便,性能价格比最优 |

## 4.1.5 油液中的空气污染、危害及脱气方法

**表 22-4-30**

<table>
<tr><th>内　容</th><th colspan="2">说　　　明</th></tr>
<tr><td>油中空气的存在形式</td><td colspan="2">(1)溶解于油液中:当油液中空气含量低于空气溶解饱和度时,空气溶解于油液中<br>(2)游离气泡:当油液中空气含量高于空气溶解饱和度时,以气泡形式悬浮于油液中<br>空气在油中的溶解度与压力、油液的种类及油温有关,如右图所示。1 个大气压下,空气在矿物油中的溶解度为 10%(体积),即 10L 油液在大气环境下经过数天可溶解 1L 空气。当压力减小或温度升高时,溶解在油液中的空气会分离出来成为气泡<br>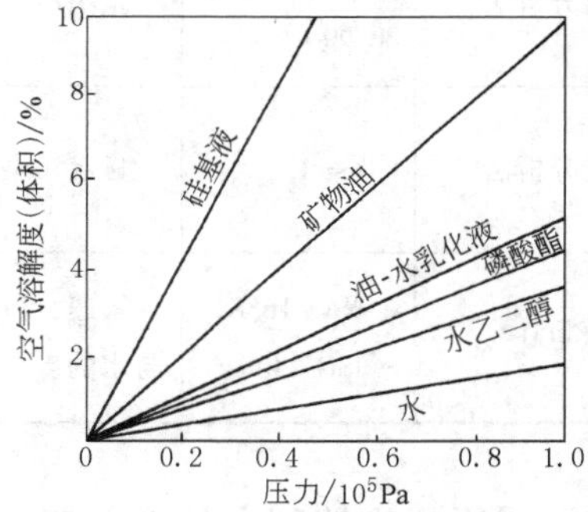

油液中的空气溶解度</td></tr>
<tr><td>空气对液压伺服系统的危害</td><td colspan="2">(1)空气混入将大大降低油液的容积弹性模量,从而显著地降低液压谐振频率、系统响应速度及系统刚度。若油中空气含量 1%(体积),则 $\beta_e$ 将降至纯净油液 $\beta_e$ 的 35.6%。纯油 $\beta_e=1380$MPa。空气含量对 $\beta_e$ 的影响见右图<br>(2)油液混入空气使压缩性增大,压缩油液过程中消耗能量,并释放热量会使油温升高<br>(3)容易产生汽蚀,加剧元件表面的损坏,并易引起振动、噪声和不稳定<br>(4)加速油液的氧化变质、劣化<br>(5)油中气泡使油液的润滑性变差<br>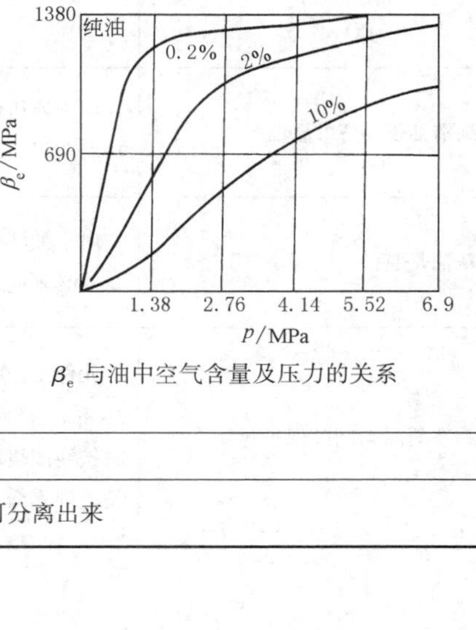

$\beta_e$ 与油中空气含量及压力的关系</td></tr>
<tr><td rowspan="2">空气分离方法</td><td>加热脱气</td><td>温度升高,油中空气容易分离成气泡</td></tr>
<tr><td>真空脱气</td><td>压力低于饱和蒸气压力时,油中空气便可分离出来</td></tr>
</table>

第 22 篇

### 4.1.6 油液污染度的测量方法及特点

表 22-4-31

| 方法 | 单位 | 特点 | 局限性 | 适用范围 |
|---|---|---|---|---|
| 光学显微镜颗粒计数法 | 个/mL | 提供准确的颗粒尺寸及颗粒分布 | 计数时间长 | 实验室 |
| 自动颗粒计数器法 | 个/mL | 快速、重复性好，自动打印计数结果 | 对颗粒浓度及非颗粒性污染物（水、空气、胶质）很敏感 | 实验室<br>便携式自动颗粒计数器亦可用于工厂现场 |
| 显微镜油液污染比较法 | 目视比较确定清洁度等级 | 在现场能较迅速测出系统油液清洁度等级，也可帮助确定污染物的种类。精度较好、重复精度也较高 | 只能提供近似的污染度等级 | 工厂现场 |
| 铁谱分析法 | 标定大/小颗粒数目 | 提供基本参数 | 无法检测非金属（青铜、黄铜、硅土等）颗粒数 | 实验室 |
| 光谱分析法 | $1\times10^{-6}$（质量分数） | 验明污染物种类及含量 | 无法测出污染物颗粒尺寸大小 | 实验室 |
| 重量分析法 | mg/L | 显示污染物总重量 | 无法测出污染物颗粒尺寸大小 | 实验室 |
| PCM 100 | NAS 1638<br>ISO 4406 | 快速，可在线检测，不受气泡与水的影响 | 不提供具体颗粒数值 | 现场在线测试 |

### 4.1.7 液压污染控制中的有关概念

表 22-4-32

| 概念 | 说明 |
|---|---|
| 高清洁度=高可靠性 | 由于液压伺服系统的绝大多数故障是由于油液污染造成的，因此确保油液的高清洁度，意味着获得系统工作的高可靠度 |
| 新油是脏油 | 由于油液在贮运和管理过程中可能受到污染，即使是新油也必须看做是受过污染的脏油；新油必须通过精度足够高的过滤小车，才允许加入到系统中 |
| 动态间隙与间隙保护过滤 | 元件工作状态下的间隙称为动态间隙。典型液压阀的动态间隙：伺服阀 1~5μm，比例阀 3~8μm，换向阀 3~10μm。颗粒尺寸与动态间隙相当时最为危险，易导致阀芯卡死、交流电磁铁线圈烧坏、响应慢、不稳定、磨损加剧、系统失效等；要把磨损降到最低，并最大限度地延长元件寿命，必须滤除间隙尺寸颗粒 |

第22篇

续表

<table>
<tr><th>概　念</th><th colspan="2">说　　　明</th></tr>
<tr><td>磨损的种类与定义</td><td colspan="2">磨料磨损——硬颗粒嵌在两运动表面之间、划伤一个或两个表面<br>黏附磨损——丧失油膜的两运动表面之间，金属对金属的接触磨损<br>疲劳磨损——嵌进间隙的颗粒引起表面应力集中点或微裂纹，由于危险区的重复应力作用扩展成金属剥离<br>冲刷磨损——高速液流中的精细颗粒磨掉节流棱边或关键表面<br>汽蚀磨损——泵吸油受阻造成气泡，气泡在高压腔爆聚产生冲击剥离金属表面<br>腐蚀磨损——油液中水或化学污染引起锈蚀或化学反应，使表面劣化</td></tr>
<tr><td>污染敏感度与污染耐受度</td><td colspan="2">油液中某尺寸规范的固体颗粒对元件产生并导致性能下降的敏感程度称为污染敏感度<br>反之，小于某尺寸的固体颗粒，不致对元件造成显著磨损的耐受程度称为污染耐受度</td></tr>
<tr><td>临界颗粒尺寸</td><td colspan="2">元件耐受的最大颗粒尺寸为临界颗粒尺寸<br>元件的临界颗粒尺寸是通过试验而测出的，即在净洁的油液中人为地逐段加入某尺寸范围的标准试验粉尘(ACFTD)作为颗粒污染物，通过试验评定性能下降时对污染敏感时的临界颗粒尺寸。液压泵以流量下降来评定，液压阀以污染淤积力来评定，比例阀和伺服阀则以滞环加大来评定。各种元件的临界颗粒尺寸是不同的</td></tr>
<tr><td>表面型过滤与深度型过滤</td><td>过滤器件壁薄，直接阻截颗粒污染物的过滤器为表面型过滤器，如网式、线隙式、片式过滤器<br>过滤器壁厚，除直接阻截外，还具有吸附作用的过滤器为深度型过滤器，如金属粉末过滤器、多层微孔纤维过滤器<br>表面型、深度型过滤器的过滤特性不同如图示</td><td>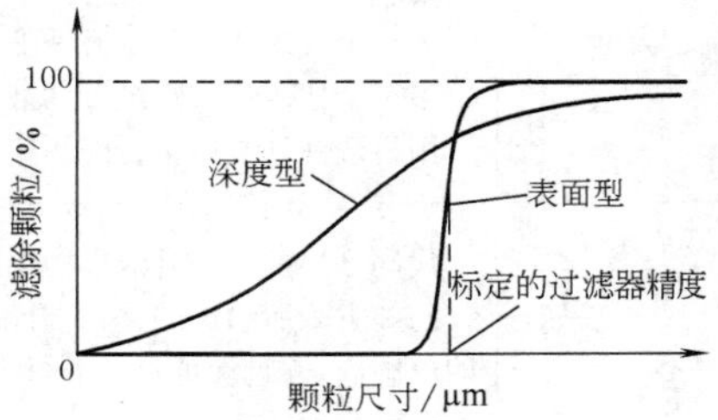
</td></tr>
<tr><td>过滤比 $\beta_x$ 与过滤效率</td><td colspan="2">定义过滤比 $\beta_x$ 为过滤器上游油液单位体积中大于某一给定尺寸 $x$(μm)的颗粒数，与下游油液单位体积中大于同一尺寸的颗粒数的比值，过滤比反映了过滤器的过滤能力：过滤精度及过滤效率<br>根据 $\beta_x$ 的定义，可得不同 $\beta_x$ 的对应过滤效率
<table>
<tr><td>$\beta_x$</td><td>1</td><td>2</td><td>5</td><td>10</td><td>20</td><td>75</td><td>100</td><td>200</td><td>1000</td><td>5000</td></tr>
<tr><td>效率/%</td><td>0</td><td>50.00</td><td>80.00</td><td>90.00</td><td>95.00</td><td>98.70</td><td>99.00</td><td>99.50</td><td>99.90</td><td>99.98</td></tr>
</table></td></tr>
<tr><td>过滤精度的定义</td><td colspan="2">名义过滤精度——由过滤器制造商指明的一个随意的微米值<br>绝对过滤精度——在规定试验条件下能穿过过滤器的最大颗粒的直径，它是滤芯中最大微孔尺寸的指标<br>过滤比——见上述</td></tr>
</table>



## 4.2 油液污染度等级标准

### 4.2.1 GB/T 14039—2002《液压传动—油液—固体颗粒污染等级代号法》

GB/T 14039—2002 国家标准等效采用国际标准 ISO 4406—1999。GB/T 14039—2002 代替 GB/T 14039—1993。

**表 22-4-33　　GB/T 14039—2002 国家标准（摘录）**

| 项 目 | 内　　　容 |
|---|---|
| 引用标准 | GB/T 18854—2002 液压传动—液体自动颗粒计数器的校准(ISO 11171 :1999,MOD)<br>ISO 4407 :1991 液压传动—油液污染—用显微镜计数法测定颗粒污染<br>ISO 11500 :1997 液压传动—利用遮光原理自动计数测定颗粒污染 |
| 代号说明 | 代号的目的,是通过将单位体积油液中的颗粒数转换成较宽范围的等级或代码,以简化颗粒计数数据的报告形式。油液的污染等级代号由代码组成。代码每增加一级,颗粒数一般增加一倍<br>按照 GB/T 14093—1993 的原代号,液压污染等级用≥5μm 和≥15μm 两个尺寸范围的颗粒浓度代码表示。但是,考虑到光学自动颗粒计数器采用不同的校准标准,所以在本标准中已将以上颗粒尺寸作了改变。改后的报告尺寸为≥4μm(c),≥6μm(c)和≥14μm(c),后两个尺寸相当于采用 ISO 4402 :1991 自动颗粒计数器校准方法所得到的 5μm 和 15μm 的颗粒尺寸。ISO 4402 :1991 已被 ISO 11171 :1999 所代替。μm(c)的意思是指按照 GB/T 18854—2002 校准的自动颗粒计数器测量的颗粒尺寸<br>按 ISO 4407 :1991 用光学显微镜测得的颗粒大小是颗粒的最大尺寸,而自动颗粒计数器测得的尺寸是由颗粒的投影面积换算而来的等效尺寸,在大多数情况下它与采用显微镜法测得的值是不同的。用光学显微镜测量时报告的颗粒尺寸(≥5μm 和≥15μm)与 GB/T 14039—1993 规定的相同<br>注意:颗粒计数受多种因素的影响。这些因素包括取样方法、位置、颗粒计数的准确性以及取样容器及其清洁度等。在取样时要特别小心,以确保所取得的液样能够代表整个系统中的循环油液 |
| 代号组成 | 使用自动颗粒计数器计数所报告的污染等级代号,由三个代码组成,该代码可分辨如下的颗粒尺寸及其分布:<br>第一个代码代表每毫升油液中颗粒尺寸≥4μm(c)的颗粒数<br>第二个代码代表每毫升油液中颗粒尺寸≥6μm(c)的颗粒数<br>第三个代码代表每毫升油液中颗粒尺寸≥14μm(c)的颗粒数<br>用显微镜计数所报告的污染等级代号,由 5μm 和 15μm 两个尺寸的代码组成 |
| 代码的确定 | 代码是根据每毫升液样中的颗粒数确定的,见下表。<br>正如下表所给出的,每毫升液样中颗粒数的上、下限之间,采用了通常为 2 的等比级差,使代码保持在一个合理的范围内,并且保证每一等级都有意义 |

代码的确定表

| 每毫升中颗粒数 | | 代码 | 每毫升中颗粒数 | | 代码 |
|---|---|---|---|---|---|
| > | ≤ | | > | ≤ | |
| 2500000 | | >28 | 80 | 160 | 14 |
| 1300000 | 2500000 | 28 | 40 | 80 | 13 |
| 640000 | 1300000 | 27 | 20 | 40 | 12 |
| 320000 | 640000 | 26 | 10 | 20 | 11 |
| 160000 | 320000 | 25 | 5 | 10 | 10 |
| 80000 | 160000 | 24 | 2. 5 | 5 | 9 |
| 40000 | 80000 | 23 | 1. 3 | 2. 5 | 8 |
| 20000 | 40000 | 22 | 0. 64 | 1. 3 | 7 |
| 10000 | 20000 | 21 | 0. 32 | 0. 64 | 6 |
| 5000 | 10000 | 20 | 0. 16 | 0. 32 | 5 |
| 2500 | 5000 | 19 | 0. 08 | 0. 16 | 4 |
| 1300 | 2500 | 18 | 0. 04 | 0. 08 | 3 |
| 640 | 1300 | 17 | 0. 02 | 0. 04 | 2 |
| 320 | 640 | 16 | 0. 01 | 0. 02 | 1 |
| 160 | 320 | 15 | 0. 00 | 0. 01 | 0 |

注:代码小于 8 时,重复性受液样中所测得的实际颗粒数的影响。原始计数值应大于 20 个颗粒,如果不可能,则参考下述内容(3)

续表

| 项 目 | 内 容 |
|---|---|
| 用自动颗粒计数器计数的代号确定 | (1)应使用按照 GB/T 18854—2002 规定的方法校准过的自动颗粒计数器,按照 ISO 11500 或其他公认的方法来进行颗粒计数<br>第一个代码按≥4μm(c)的颗粒数来确定<br>第二个代码按≥6μm(c)的颗粒数来确定<br>第三个代码按≥14μm(c)的颗粒数来确定<br>这三个代码应按次序书写,相互间用一条斜线分隔<br>例如:代号 22/18/13 表示,其中第一个代码 22 表示在每毫升油液中≥4μm(c)的颗粒数在大于 20000 到 40000 之间(包括 40000 在内);第 2 个代码 18 表示≥6μm(c)的颗粒数在大于 1300 到 2500 之间(包括 2500 在内);第 3 个代码 13 表示≥14μm(c)的颗粒数在大于 40 到 80 之间(包括 80 在内)<br>(2)在应用时,可用“ * ”(表示颗粒数太多而无法计数)或“-”(表示不需要计数)两个符号来报告代码<br>例 1: */19/14,表示油液中≥4μm(c)的颗粒数太多而无法计数<br>例 2:-/19/14,表示油液中≥4μm(c)的颗粒数不需要计数<br>(3)当其中一个尺寸范围的原始颗粒计数值小于 20 时,该尺寸范围的代码前应标注≥符号<br>例如:代号 14/12/≥7 表示,在每毫升油液中,≥4μm(c)的颗粒数在大于 80 到 160 之间(包括 160 在内);≥6μm(c)的颗粒数在大于 20 到 40 之间(包括 40 在内);第三个代码≥7 表示,每毫升油液中≥14μm(c)的颗粒数在大于 0.64 到 1.3 之间(包括 1.3 在内),但计数值小于 20。这时,统计的可信度降低。由于可信度较低,14μm(c)部分的代码实际上可能高于 7,即表示每毫升油液中的颗粒数可能大于 1.3 个 |
| 用显微镜计数的代号确定 | 应按照 ISO 4407 进行计数<br>第一个代码按≥5μm 的颗粒数来确定<br>第二个代码按≥15μm 的颗粒数来确定<br>为了与用自动颗粒计数器所得的数据报告相一致,代号应由三部分组成,第一部分用符号“-”表示<br>例如:-/18/13 |
| 附录 A(规范性的附录)代号的图示法 | 在用自动颗粒计数器分析确定污染等级时,根据≥4μm(c)的总颗粒数确定第一个代码,根据≥6μm(c)的总颗粒数确定第二个代码,根据≥14μm(c)的总颗粒数确定第三个代码,然后将这三个代码依次书写,并用斜线分隔。例如:参见下图的 22/18/13。在用显微镜进行分析时,用符号“-”替代第一个代码,并根据 5μm 和 15μm 的颗粒数分别确定第二个和第三个代码<br>允许内插,但不允许外推<br>注:采用自动颗粒计数器法,列出在 4μm(c)、6μm(c)和 14μm(c)的等级代码<br>采用显微镜计数法,列出在 5μm 和 15μm 的等级代码<br>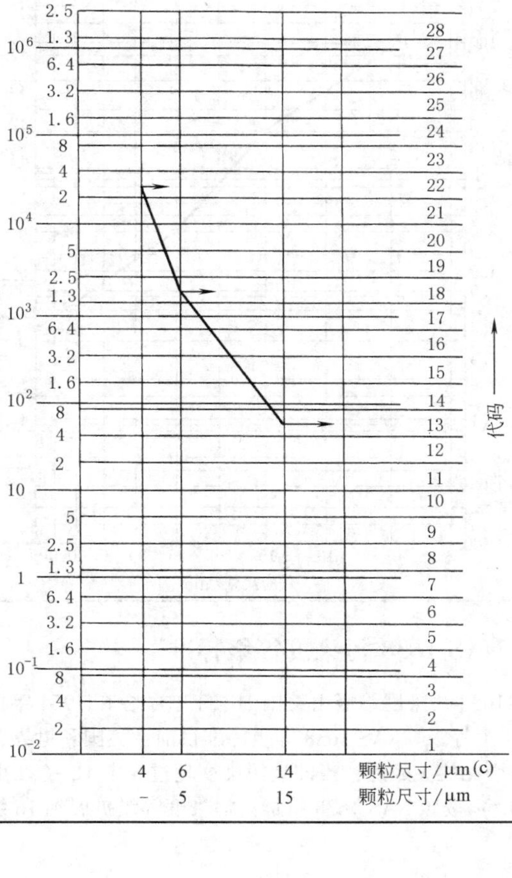 |

### 4.2.2 PALL 污染度等级代号

表 22-4-34

| 代号的图示法 | 等级代号说明 |
|---|---|
| 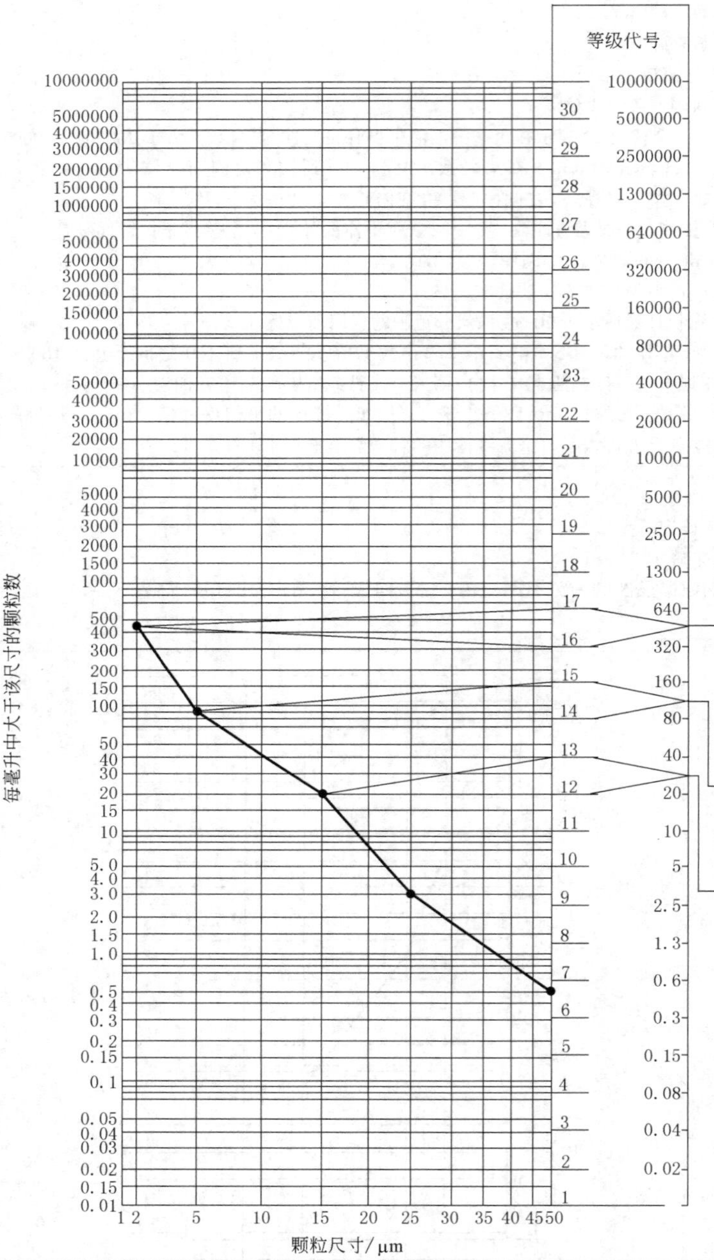 | PALL 污染度等级代号表示在每毫升液体中,大于 2μm、5μm 和 15μm 的颗粒数。颗粒的数目在图中左侧标出,找出其污染度等级代号。PALL 污染度等级代号标准是从 ISO 污染度等级代号标准(ISO 4406/SAE J1165)中扩展而来的。它增加了对大于 2μm 颗粒数目的描述,这样对样液中的微粒污染物(1~5μm)的含量亦可有所了解<br>等级代号每增加一档,污染度增加一倍 |



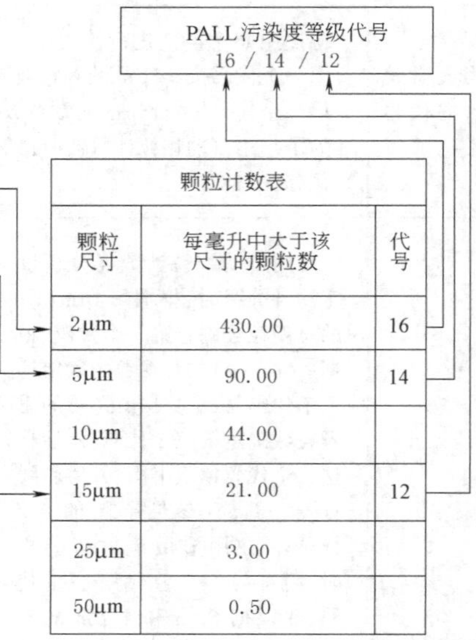



### 4.2.3 NAS 1638 污染度等级标准

NAS 1638 污染度等级由美国国家宇航学会在 1964 年提出。它扩充了 SAE 749D 等级的范围，将污染度等级扩展到 14 个等级。NAS 1638 等级标准目前在美国和世界各国仍得到广泛应用。从表中可以看出相邻两等级颗粒浓度的递增比位。因此，当油液污染度超过表中 12 级，可用外推法确定更高的污染等级。英国流体动力研究协会（BHRA）按照 NAS 1638 将最高污染度等级扩展到 16 级。

表 22-4-35

| 项　目 | 内　　容 |
|---|---|
| 代号的组成 | 固体颗粒污染等级由 14 个等级的数字代号组成,相邻两等级颗粒浓度的递增比为 2。其中的颗粒数表示 100mL 中的颗粒数 |
| 标号的规定 | 见下表 |

| 污染度等级 | 颗粒尺寸范围/μm | | | | |
|---|---|---|---|---|---|
| | 5~15 | 15~25 | 25~50 | 50~100 | >100 |
| 00 | 125 | 22 | 4 | 1 | 0 |
| 0 | 250 | 44 | 8 | 2 | 0 |
| 1 | 500 | 89 | 16 | 3 | 1 |
| 2 | 1000 | 178 | 32 | 6 | 1 |
| 3 | 2000 | 356 | 63 | 11 | 2 |
| 4 | 4000 | 712 | 126 | 22 | 4 |
| 5 | 8000 | 1425 | 253 | 45 | 8 |
| 6 | 16000 | 2850 | 506 | 90 | 16 |
| 7 | 32000 | 5700 | 1012 | 180 | 32 |
| 8 | 64000 | 11400 | 2025 | 360 | 64 |
| 9 | 128000 | 22800 | 4050 | 720 | 128 |
| 10 | 256000 | 45600 | 8100 | 1440 | 256 |
| 11 | 512000 | 91200 | 16200 | 2880 | 512 |
| 12 | 1024000 | 182400 | 32400 | 5760 | 1024 |

## 4.2.4 SAE 749D 污染度等级标准

SAE 749D 污染度等级是美国汽车工程学会在 1963 年提出的。它以颗粒浓度为基础，根据 100mL 油液中在五个尺寸区段内的最大允许颗粒数划分为 7 个污染度等级。

表 22-4-36

| 项　目 | 内　　容 |
|---|---|
| 代号的组成 | 固体颗粒污染等级由 5 个等级的数字代号组成,以颗粒浓度为基础。其中的颗粒数表示 100mL 中的颗粒数 |
| 标号的规定 | 见下表 |

| 污染度等级 | 颗粒尺寸范围/μm | | | | |
|---|---|---|---|---|---|
| | 5~10 | 10~25 | 25~50 | 50~100 | >100 |
| 0 | 2700 | 670 | 93 | 16 | 1 |
| 1 | 4600 | 1340 | 210 | 26 | 3 |
| 2 | 9700 | 2680 | 350 | 56 | 5 |
| 3 | 24000 | 5360 | 780 | 110 | 11 |
| 4 | 32000 | 10700 | 1510 | 225 | 21 |
| 5 | 87000 | 21400 | 3130 | 430 | 41 |
| 6 | 128000 | 42000 | 6500 | 1000 | 92 |

## 4.2.5 几种污染度等级对照表

表 22-4-37

| ISO 4406:1987 | NAS 1638 | SAE 749D | 每毫升油液中大于 10μm 颗粒数 | ACFTD 质量浓度 /mg·$L^{-1}$ |
|---|---|---|---|---|
| 26/23 | | | 140000 | 1000 |
| 25/23 | | | 85000 | |
| 23/20 | | | 14000 | 100 |
| 21/18 | 12 | | 44500 | |
| 20/18 | | | 2400 | |
| 20/17 | 11 | | 2300 | |
| 20/16 | | | 1400 | 10 |
| 19/16 | 10 | | 1200 | |
| 18/15 | 9 | 6 | 580 | |
| 17/14 | 8 | 5 | 280 | |
| 16/13 | 7 | 4 | 140 | 1 |
| 15/12 | 6 | 3 | 70 | |
| 14/12 | | | 40 | |
| 14/11 | 5 | 2 | 35 | |
| 13/10 | 4 | 1 | 14 | 0.1 |
| 12/9 | 3 | 0 | 9 | |
| 11/8 | 2 | | 5 | |
| 10/8 | | | 3 | |
| 10/7 | 1 | | 2.3 | |
| 10/6 | | | 1.4 | 0.01 |
| 9/6 | 0 | | 1.2 | |
| 8/5 | 00 | | 0.6 | |
| 7/5 | | | 0.3 | |
| 6/3 | | | 0.14 | 0.001 |



## 4.3 不同污染度等级油液的显微图像比较

表 22-4-38（PALL 提供）

| 100 倍放大显微镜 | 说　明 | 颗粒数/mL | PALL 污染度等级代号 |
|---|---|---|---|
| 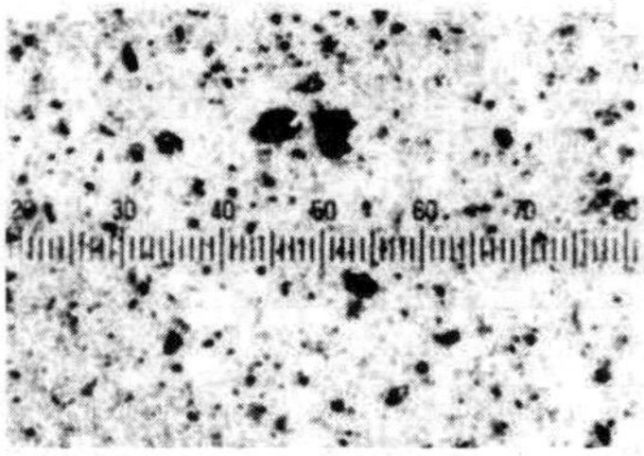 | 桶中新油 | >2　33121<br>>5　7820<br>>10　5010<br>>15　2440 | 22/20/18 |
| 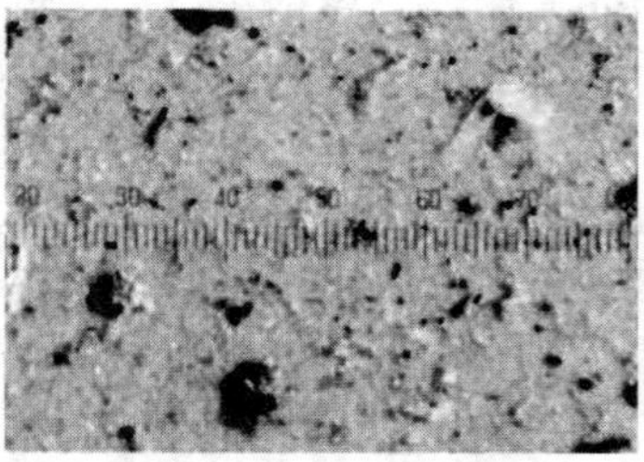 | 新安装系统内在的污染物 | >2　79854<br>>5　21070<br>>10　12320<br>>15　8228 | 23/22/20 |

续表

| 100 倍放大显微镜 | 说　明 | 颗粒数/mL | PALL 污染度等级代号 |
|---|---|---|---|
| 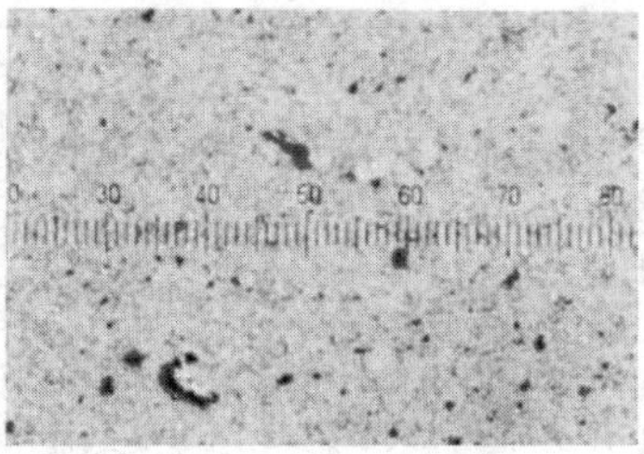 | 系统使用常规液压过滤器后的油样 | >2　9870<br>>5　2400<br>>10　1800<br>>15　540 | 20/18/16 |
| 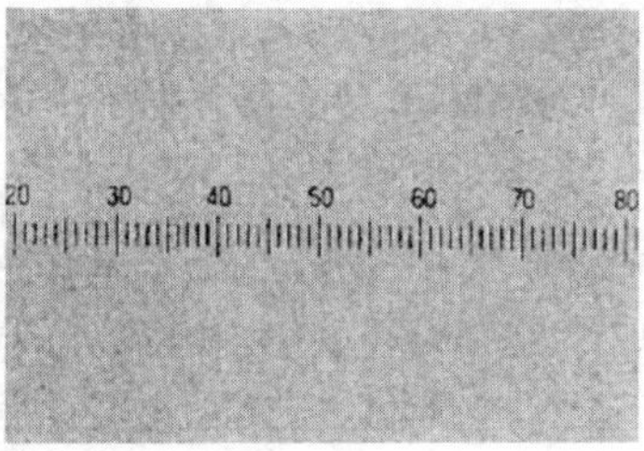 | 系统使用 $\beta_3 \geqslant 200$ 间隙保护过滤器后的油样 | >2　80<br>>5　41<br>>10　20<br>>15　12 | 14/13/11 |

## 4.4　伺服阀的污染控制

### 4.4.1　伺服阀的失效模式、后果及失效原因

表 22-4-39

<table>
<tr><th colspan="3">项　目</th><th>说　明</th></tr>
<tr><td rowspan="5">失效模式及后果</td><td rowspan="4">主阀失效</td><td>冲蚀失效</td><td>油液中大量微小的固体颗粒随高速油液流过阀口时，冲蚀阀芯与阀套上的节流棱边；致使节流棱边倒钝，导致伺服阀零区特性改变，压力增益降低，零位泄漏增大</td></tr>
<tr><td>淤积失效</td><td>≤$r$（半径间隙）的颗粒聚积于阀芯与阀套之间的环形间隙；致使加快阀芯与阀套的磨损，启动摩擦力加大，滞环增大，响应时间增长，工作稳定性变差，严重时出现卡涩现象</td></tr>
<tr><td>卡涩失效</td><td>阀芯与阀套环形间隙中不均匀的淤积造成侧向力，侧向力使阀芯与阀套的金属表面接触，从而出现微观黏附（冷压接触），造成卡紧；卡紧使启动摩擦力加大，造成阀的工作不稳定，严重卡紧时将引起卡涩失效</td></tr>
<tr><td>腐蚀失效</td><td>油液中的水分和油液添加剂中的硫或零件清洗剂中残留氯产生硫酸或盐酸，致使节流棱边腐蚀，造成与冲蚀相同的后果</td></tr>
<tr><td colspan="2">先导阀失效</td><td>伺服阀内装过滤器堵塞或喷嘴、挡板、反馈杆端部小球的冲蚀、磨损所致；过滤器堵塞降低了阀的灵敏度及响应，严重时难以驱动功率滑阀</td></tr>
<tr><td colspan="3">失效主要原因</td><td>液压伺服系统中 85%以上的故障是油液污染造成的；污染中又以固体污染物最为普遍，危害也最大。典型脏油液颗粒尺寸分布如图所示。图示表明：<br>≤5μm 颗粒占总数的 86%。伺服阀阀芯与阀套半径间隙的典型值为 1～2.5μm，且阀口上的流速高达 50m/s 以上，因此≤5μm 的大量微小颗粒是造成阀芯与阀套冲蚀失效、淤积失效和卡涩失效的主要原因。喷嘴与挡板的典型间隙为 20～30μm，因此 20μm 左右的颗粒最易造成先导阀及内装过滤器的失效<br>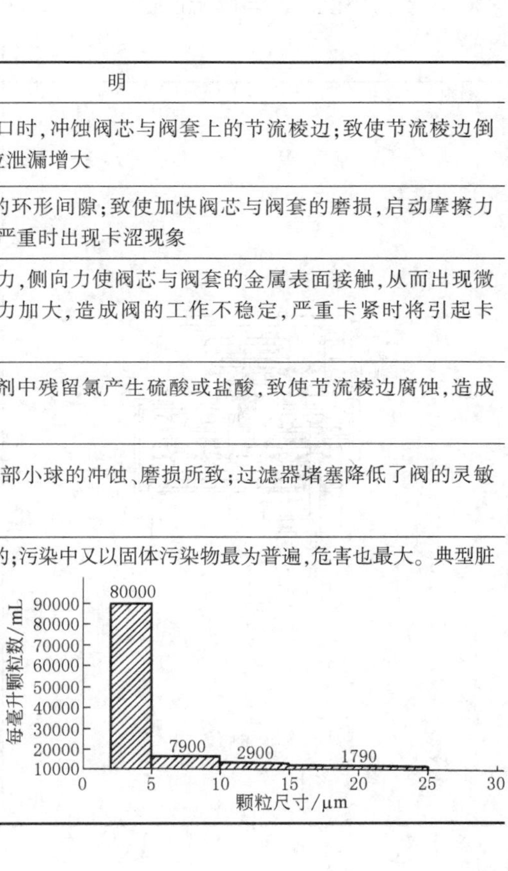</td></tr>
</table>

## 4.4.2 双喷嘴挡板伺服阀的典型结构及主要特征

表 22-4-40

| 结构图 | 说明 |
| --- | --- |
| 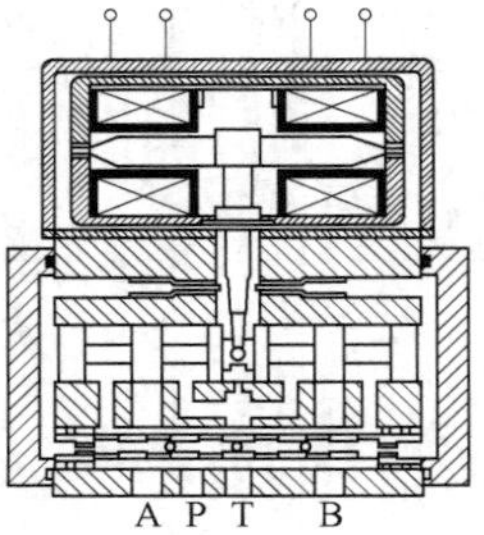<br>(a) | (a)这一类阀属于精密型阀。主要用于航空和航天领域。由于其苛刻的环境温度(-55~150℃甚至更高)、高离心加速度、高冲击和严格的重量及安装空间要求。而且为了满足一定的流量要求,额定工作压力一般在 21MPa 以上。使得这类阀结构异常紧凑,体积小、重量轻。阀体为不锈钢。两个喷嘴压合在阀体内,力矩马达和衔铁-挡板-弹簧管-反馈杆组件都直接固定在阀体上部。无阀套,或有阀套和阀体间隙密封。各零部件尽可能小,这必然带来零部件精密度高,工艺复杂。为了满足严格的静、动态性能要求,尤其是各种工作条件下的零漂要求,要反复进行调试。所以这类阀工作异常可靠。在正常寿命期内零偏无需调整,零漂也很小。工作寿命长,经过正常大修寿命可超过十年。该类阀在 21MPa 额定阀压降下,额定流量不大于 54L/min,频宽在 100Hz 以上。造价高,价格贵,对油液清洁度要求高是其缺点。属于该类阀的有 FF101, FF102, YF12, YF7, MOOG30, MOOG31, MOOG32, DOWTY30, DOWTY31, DOWTY32 等 |
| 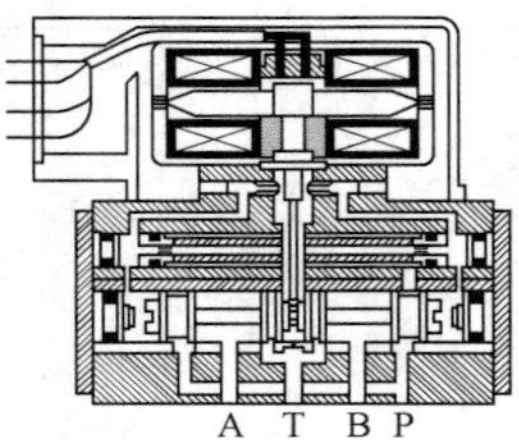<br>(b) | (b)为满足军用地面设备及部分工作条件恶劣、要求减少调整维护时间、适当增大流量的民用工业的要求,在保留 a 类阀结构特点的基础上,将零、部件尺寸适当加大,只是全部具有和阀体间隙密封的阀套。该类阀基本上保留了 a 类阀的静态性能指标,但动态性能稍有下降,而且前置级零位静耗流量增大近一倍。额定阀压降(21MPa)下的额定流量大约为 50~100L/min,个别的达到 170L/min。该类阀和 a 类阀一样工作可靠、寿命期内零偏无需调整,但造价依然较高,价格较贵。属于该类阀的有 FF106, FF106A, FF130, YF13, MOOG34, MOOG35 等 |
| 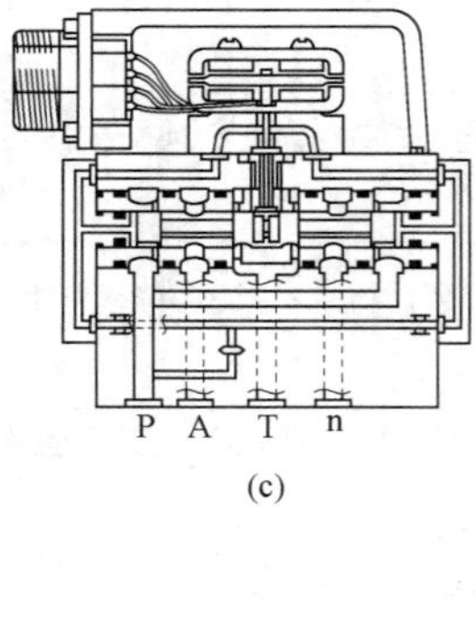<br>(c) | (c)随着自动化技术的发展,工业各领域对廉价、性能良好而又便于现场调试的各种规格的伺服阀的需求越来越大。由于多年的经验积累,双喷嘴挡板力反馈伺服阀的理论和加工工艺日渐成熟。伺服阀各生产厂家在原有的基础上对结构、材料和工艺进行了改进。主要有将阀体材料改为铝合金,阀套和阀体间采用橡胶圈密封。并在阀体上加上偏心销以使阀套轴向移动调整零位,或增加衔铁组件调零机构。另外一个重要的改进就是增加了一个一级座,力矩马达、衔铁组件和喷嘴挡板前置放大级全部装在其上,调好零位后直接装在阀体上,简化了调试程序。还有的将喷嘴和阀体或一级座用螺纹连接,便于调零。有的阀在阀体上装有可现场更换的滤油器。有的为前置级附加单独进油孔,以便在主油路压力波动大时仍能保证良好的性能等。但是,凡是影响伺服阀静、动态性能的关键尺寸的关键精度都不降低<br>到目前为止,这一类规格齐全、性能良好、品种繁多、工作可靠、价格适宜的伺服阀遍布于工业的各个领域。该类阀的典型产品有 MOOG760, MOOG73, MOOG78, MOOGD761, MOOGD630, MOOGG631, FF131, QDY1, QDY2, QDY6, QDY10, QDY12, YFW106, YFW08, DYSF-3Q, DOWTY4551, DOWTY4659, DOWTY4658, 4WS(E)2EM6, 4WS(E)2EM10, MOOG G761 等。这类阀流量规格从 40~150L/min(阀压降 $\Delta p=7$MPa),供油压力范围一般为 1~21MPa,有的可到 28 和 31.5MPa。工作温度范围一般在-40~100℃,有的可到 135℃。动态特性随着流量的增加逐渐变差,当额定流量达到 150L/min 时,幅频宽只有 10Hz 左右。为解决大流量的动态问题,出现了 d 类阀 |

续表

| 结 构 图 | 说 明 |
| --- | --- |
| 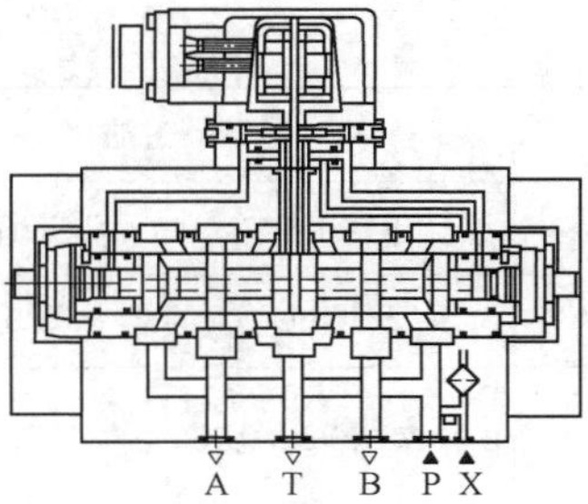<br>(d) | (d)该类阀阀端减小控制面积，提高了大流量阀的动态品质。230 L/min（阀压降 $\Delta p = 7\text{MPa}$）的阀幅频宽大于 30Hz，但由于阀芯驱动面积减小，造成分辨率由 0.5 增加到 1.5。这类阀主要有 FF113，YFW10，DYSF-4Q，MOOG72，DOWTY4550，4WS(E)2EM16 等 |
| 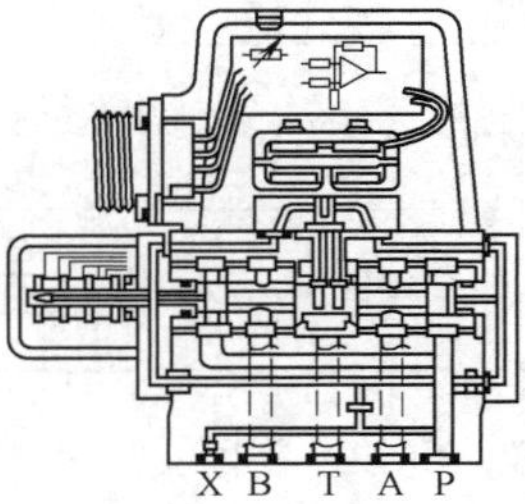<br>(e) | (e)为解决中大流量的动态响应和进一步提高静态精度，出现了在力反馈基础上增加阀芯位移电反馈的二级阀。典型产品有 MOOG D765，QDY8，4WSE2ED10，4WSE2ED16 等。这类阀由于伺服放大器的校正作用，不但滞环和分辨率分别由 3%以下和 0.5%以下降到 0.3%以下和 0.1%以下，而且对中小信号输入下的动态响应能力有了成倍的提高。但受喷嘴挡板级输出流量的限制，对大信号输入的动态响应作用不大 |
| 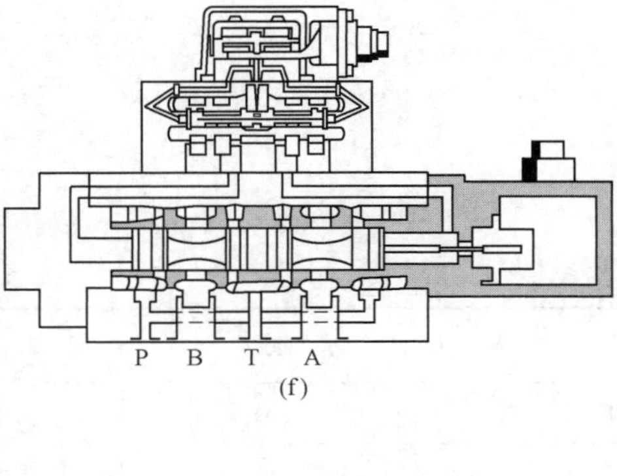<br>(f) | (f)为满足中、大流量（100~1000L/min 以上）伺服阀高动态响应的要求，出现了以双喷嘴挡板力反馈两级阀作为前置级，功率级阀芯位移电反馈的三级阀。其静、动态性能达到了中小流量的水平，甚至更高。典型产品如 FF109，QDY3，DYSF，MOOG 79，MOOG D791，MOOG D792 4WSE3EE 等<br>尽管双喷嘴挡板力反馈（电反馈）伺服阀是目前各工业领域应用最为广泛，数量最多的一种伺服阀，但这类阀也存在一个先天性的问题，即喷嘴挡板之间间隙太小（0.025~0.06mm）容易堵塞，而且一旦堵塞就会造成伺服阀最大流量（压力）输出，从而造成重大事故。虽然由于人们对油液清洁度的重视及过滤技术的成熟，以及电子、控制技术的发展可以对有关参量进行监控，在出现上述或类似故障时采取故障保护措施，如切断供油、将供油与回油直接接通、切换为另一个阀工作（多余度控制）等，使得这一问题已经淡化。但在一些关键场合人们还是愿意采用像射流管阀或射流偏转板阀以及近几年出现的力马达直接驱动电反馈阀（DDV）这样一些抗污染能力好、失效回零的伺服阀。如民航机的舵面控制就无一例外地采用射流管式伺服阀。性能良好、价格便宜、工作安全可靠的伺服阀依然是人们的追求 |

### 4.4.3 伺服阀对油液清洁度的要求

表 22-4-41 汇集了 MOOG 伺服阀清洁度推荐值。

**表 22-4-41**

| MOOG 系列 | | 推荐清洁度等级 | | 过滤器过滤比 | |
|---|---|---|---|---|---|
| 结构类型 | 型号 | 正常工作 | 长寿命工作 | 正常工作 | 长寿命工作 |
| 直接驱动(DDV)式 | D633,D634 | ISO 4406<15/12 | ISO 4406<14/11 | $\beta_{10}\geqslant75$(10μm 绝对) | $\beta_{6}\geqslant75$(6μm 绝对) |
| D633 为先导阀的电反馈二级阀 | D681,D682,D683,D684 | ISO 4406<18/15/12 | ISO 4406<17/14/11 | $\beta_{10}\geqslant75$(10μm 绝对) | $\beta_{6}\geqslant75$(6μm 绝对) |
| 喷嘴挡板二级力反馈、电反馈和三级电反馈阀 | 72,78,79,760,G761,D761,D765,D791,D792 | ISO 4406<14/11 | ISO 4406<13/10 | $\beta_{10}\geqslant75$(10μm 绝对) | $\beta_{5}\geqslant75$(5μm 绝对) |
| | G631,D631 | ISO 4406<16/13 | ISO 4406<15/12 | $\beta_{15}\geqslant75$(15μm 绝对) | $\beta_{10}\geqslant75$(10μm 绝对) |
| 伺服射流管电反馈二级、三级阀和以D630 系列为先导阀的电反馈三级阀 | D661,D662,D663,D664,D665,D691 | ISO 4406<16/13 | ISO 4406<14/11 | $\beta_{15}\geqslant75$(15μm 绝对) | $\beta_{6}\geqslant75$(10μm 绝对) |
| | D661G…A | ISO 4406<18/16/13 | ISO 4406<16/14/11 | $\beta_{15}\geqslant75$(15μm 绝对) | $\beta_{10}\geqslant75$(10μm 绝对) |



随着过滤技术的发展，上表指标是可以实现的，并已被列入工业标准，例如，美国工业标准 NFPA/JI-CT2. 24. 1—1990 规定：伺服元件供油系统的清洁度等级应达到 ISO 4406—14/10 级。这一规范已被其他一些工业规范支持并加强，例如 1991 年 12 月发布的 BMW 汽车制造商规范 BVH—HO 和 Saturn 公司的规范都推荐采用伺服阀的系统清洁度为 ISO 4406—13/10 级。

PALL 过滤器公司推荐采用伺服阀的系统清洁度为 PPC（PALL Cleanliness Code）= 14/13/10，并且指出该等级是目前 PALL 过滤器所能实现并能经济达到的。

加拿大航空公司的技术报告说，其飞行模拟器上使用精细过滤，油液清洁度达到 PPC = 13/12/10，经过 8 年连续运行后检查伺服机构，没有看出磨损痕迹。

伺服阀之所以要求这么高的清洁度，正是基于伺服阀的失效模式、失效原因及长寿命要求，其中也包括滑阀节流边和间隙的磨损。

## 4.5 液压伺服系统的全面污染控制

### 4.5.1 系统清洁度的推荐等级代号

**表 22-4-42　　PALL 推荐的系统清洁度等级代号**

| 液压元件 | 液压系统工作压力及工作状况 | | | | | | | | |
|---|---|---|---|---|---|---|---|---|---|
| 伺服阀 | A | B | C | D | E | | | | |
| 比例阀 | | A | B | C | D | E | | | |
| 变量泵 | | | A | B | C | D | E | | |
| 插装阀 | | | | A | B | C | D | E | |
| 定量柱塞泵 | | | | A | B | C | D | E | |

续表

| 液压元件 | 液压系统工作压力及工作状况 | | | | | | | | |
|---|---|---|---|---|---|---|---|---|---|
| 叶片泵 | | | | | A | B | C | D | E |
| 压力/流量控制阀 | | | | | A | B | C | D | E |
| 电磁阀 | | | | | A | B | C | D | E |
| 齿轮泵 | | | | | A | B | C | D | E |
| 润滑系统 | | | | | | | | | |
| 球轴承 | | A | B | C | D | E | | | |
| 滚子轴承 | | | A | B | C | D | E | | |
| 径向轴承 | | | | A | B | C | D | E | |
| 齿轮箱(工业用) | | | | A | B | C | D | E | |
| 汽车变速器 | | | | | A | B | C | D | E |
| 柴油机 | | | | | | A | B | C | D |
| 清洁度等级(PCC) | 12/10/7 | 13/11/9 | 14/12/10 | 15/13/11 | 16/14/12 | 17/15/12 | 17/16/13 | 18/16/14 | 19/17/14 |
| PALL 过滤器滤材级别 | | KZ | | | | | | | |
| | | | | KP | | | | | |
| | | | | | | KN | | | |
| | | | | | | | | KS | |

注:确定清洁度等级步骤。

1. 在该表元件栏中,找出液压系统中所采用的元件。
2. 根据系统的工作压力(bar),在表中找出相应的方框:C >175, D 105 至 175, D 105; A 、B 表示更高一级使用要求。
3. 方框的正下方列出了推荐的清洁度。
4. 如果出现下列情况之一,清洁度向左移一栏:
a. 该系统对整个生产过程的正常运行至关重要。
b. 高速/重载的工作情况。
c. 液压油中含水。
d. 系统中寿命要求在七年以上。
e. 系统失效会导致安全方面的问题。
5. 上述情况如果同时出现两种或两种以上,清洁度向左移两栏。

**表 22-4-43　　Vickers 推荐的系统清洁度等级代号**

| 工作压力/(磅/英寸$^2$) | | <2000 | 2000~3000 | >3000 |
|---|---|---|---|---|
| 液压泵 | 定量齿轮泵 | 20/18/15 | 19/17/15 | 18/16/13 |
| | 定量叶片泵 | 20/18/15 | 19/17/14 | 18/16/13 |
| | 定量柱塞泵 | 19/17/15 | 18/16/14 | 17/15/13 |
| | 变量叶片泵 | 18/16/14 | 17/15/13 | 17/15/13 |
| | 变量柱塞泵 | 18/16/14 | 17/15/13 | 16/14/12 |

续表

| 工作压力/(磅/英寸²) | | <2000 | 2000~3000 | >3000 |
|---|---|---|---|---|
| 液压阀 | 方向阀(电磁阀) | | 20/18/15 | 19/17/14 |
| | 压力控制阀(调压阀) | | 19/17/14 | 19/17/14 |
| | 流量控制阀(标准型) | | 19/17/14 | 19/17/14 |
| | 单向阀 | | 20/18/15 | 20/18/15 |
| | 插装阀 | | 20/18/15 | 19/17/14 |
| | 螺纹插装阀 | | 18/16/13 | 17/15/12 |
| | 充液阀 | | 20/18/15 | 19/17/14 |
| | 负载传感方向阀 | | 18/16/14 | 17/15/13 |
| | 液压遥控阀 | | 18/16/13 | 17/15/12 |
| | 比例方向阀(节流阀) | | 18/16/13 | 17/15/12 |
| | 比例压力控制阀 | | 18/16/13 | 17/15/12 |
| | 比例插装阀 | | 18/16/13 | 17/15/12 |
| | 比例螺纹插装阀 | | 18/16/13 | 17/15/12 |
| | 伺服阀 | | 16/14/11 | 15/13/10 |
| 执行元件 | 液压缸 | 20/18/15 | 20/18/15 | 20/18/15 |
| | 叶片马达 | 20/18/15 | 19/17/14 | 18/16/13 |
| | 轴向柱塞马达 | 19/17/14 | 18/16/13 | 17/15/12 |
| | 齿轮马达 | 21/19/17 | 20/18/15 | 19/17/14 |
| | 径向柱塞马达 | 20/18/14 | 19/17/13 | 18/16/13 |
| | 斜盘结构马达 | 18/16/14 | 17/15/13 | 16/14/12 |
| 静液传动装置 | 工作压力/(磅/英寸²) | <3000 | 3000~4000 | >4000 |
| | 静液传动装置(回路内油液) | 17/15/13 | 16/14/12 | 16/14/11 |
| 轴承 | 球轴承系统 | 15/13/11 | | |
| | 滚柱轴承系统 | 16/14/12 | | |
| | 滑动轴承(高速) | 17/15/13 | | |
| | 滑动轴承(低速) | 18/16/14 | | |
| | 一般工业减速机 | 17/15/13 | | |
| 试验台 | 试验台的目标清洁度等级对每种颗粒尺寸应比将要试验的最敏感的条件和元件的代号清洁一档。例如,在2500磅/英寸² 下试验的变量柱塞泵清洁度等级应是17/15/13,故试验台清洁度等级起码应是16/14/12 | | | |
| 确定目标清洁度等级步骤 | (1)用Vickers推荐清洁度代号表确定系统中各元件所要求的最清洁油液(最小代号)。从一个公用油箱抽取油液的所有元件,即便其工作是独立的或顺序的(例如一个中心泵站供给几个不同的机器),也应看成是同一系统中的元件。压力额定值指整个工作循环期间机器所达到的最高系统压力<br>(2)对于其中油液不是100%石油型油液的任何系统,对每种颗粒尺寸选低一挡目标代号。如,如果所需最清洁代号为17/15/13,而系统油液是水乙二醇,则目标变为16/14/12<br>(3)如果系统经历以下工况中的任意两种工况,则将每种颗粒尺寸选低一挡目标清洁度<br>(a)在0°F(-18℃)以下频繁冷启动<br>(b)在超过160°F(71℃)的油温下间歇工作<br>(c)高振动或高冲击状态下工作<br>(d)作为过程工作的一部分对系统有关键依存关系时<br>(e)系统故障可能危及操作者或附近其他人的人身安全 | | | |

注：1磅/英寸² =0.0069MPa。

## 4.5.2 过滤系统的设计

（1）过滤器的类型、特点及应用

**表 22-4-44**

| 类型 | 结构式 | 过滤原理 | 特点及应用 |
|---|---|---|---|
| 表面型过滤器 | 金属网式 | 过滤介质为薄层网孔，被滤除的颗粒污染物直接阻截在过滤元件上游表面 | (1)过滤精度很低，容易堵塞<br>(2)可清洗<br>(3)只能作泵的吸入口过滤器 |
| | 线隙式 | | |
| | 片式 | | |
| 深度型过滤器 | 烧结金属 | 过滤介质为多孔可透性材料，内有无数曲折的通道，每个通道又有多处狭窄的缩口，因此颗粒既可被直接阻截在介质表面小孔处和内部通道的缩口处，也可受分子吸附力的作用被吸附在通道内壁或黏附在纤维表面 | (1)过滤精度高，能滤除的颗粒尺寸范围大<br>(2)纳污容量大<br>(3)一次性滤芯<br>其中以多层纤维应用最为广泛 |
| | 多孔陶瓷 | | |
| | 多层纤维 | | |

（2）过滤器的主要性能参数

**表 22-4-45**

| 性能参数 | | 说明 |
|---|---|---|
| 过滤精度 | | 目前国际上普遍采用过滤比作为过滤精度性能指标，例如标称：$\beta_x \geqslant 75$，$\beta_x \geqslant 100$，$\beta_x \geqslant 200$，$\beta_x \geqslant 1000$ |
| 最高工作压力 | | 指过滤器外壳能够承受的最高工作压力（MPa） |
| 压差特性 | 初始压差 | 过滤器压降包括壳体压降和滤芯压降<br>初始压差指滤芯清洁时的滤芯压降，它与滤材及精度有关，可由过滤器滤芯压降流量特性查出，如右图实例<br>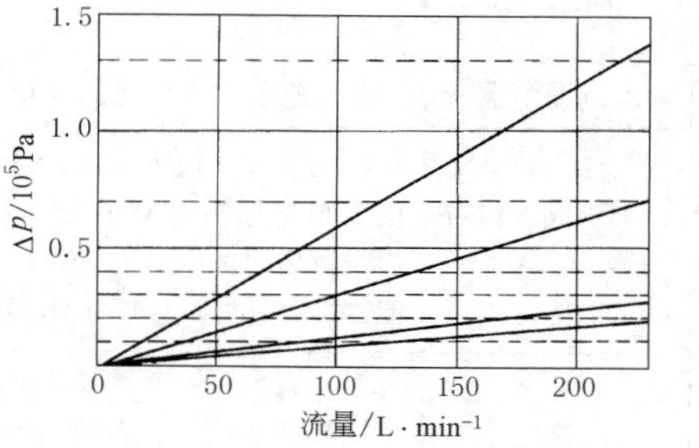 |
| | 最大极限压差 | 滤芯使用一段时间后，由于污染物的堵塞，压差逐渐增大。压差达到一定值后，便急剧增大，如右图的压差时间曲线（亦称污染物负荷曲线），$C$ 点称为最大极限压差，此压差下压差指标器发讯，表示滤芯已严重堵塞，应该更换。对于具有旁通阀的过滤器，旁通阀的开启压力一般比允许的极限压差大 10%左右[PALL 则规定：$T_2-T_1=(5\%\sim10\%)\times$（过滤器使用寿命）]。图中 $A$ 点为滤材的压溃压力，$B$ 点为滤芯骨架的压溃压力<br>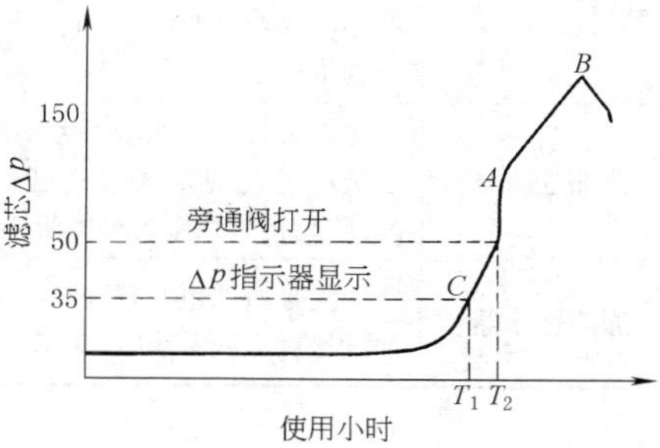<br>对于吸油过滤器，为防止吸空，最大极限压差不应超过 0.015～0.035MPa；对于压力油路过滤器，为减小能耗，最大极限压差通常为 0.3～0.5MPa |
| 纳污容量 | | 视在纳垢容量：过滤器达到设定的极限压差之前，加入到过滤器试验系统中的污染物总量<br>实际纳污容量：试验系统中的过滤器达到设定的极限压差之前，所截获的污染物总量<br>注意：不能用纳污容量去预测过滤器的使用寿命，因为纳污容量受许多因素的影响且容易变化 |

续表

| 性能参数 | 说明 | |
|---|---|---|
| 纳污容量 | 使用寿命是指实际系统中过滤器达到设定极限压差之前的工作时间<br>滤芯的纳污容量及使用寿命与滤芯面积有关,如右图所示,滤芯面积比为2时,使用寿命比大于2,为2.5~3.5之间;因此,从降低运行费用的观点,适当加大滤芯面积是合算的 | 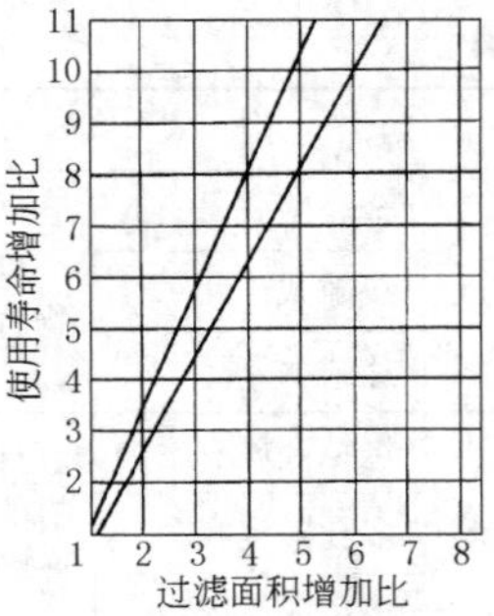 |

(3) 过滤器的布置及精度配置

**表 22-4-46**

| 名称 | | 功用 | 精度 | 布置图 |
|---|---|---|---|---|
| 工作系统内过滤器 | 压力管路过滤器 | (1)防止泵磨损下来的污染物进入系统<br>(2)防止液压阀及管路的污染物进入伺服阀块 | B | 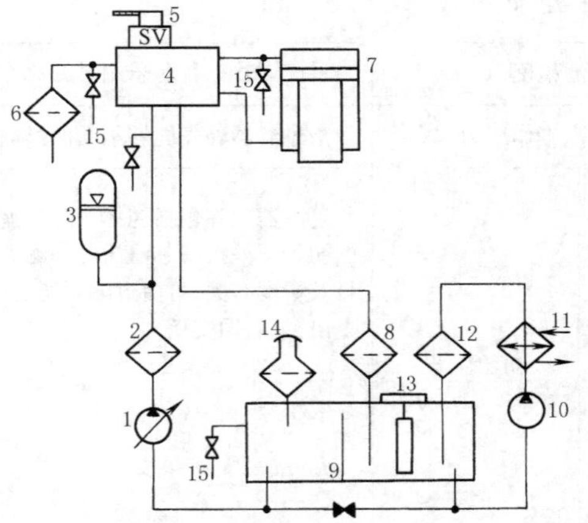1—恒压泵;2—压力过滤器;3—蓄能器;4—阀块;5—伺服阀;6—伺服阀先导级过滤器;7—伺服缸;8—回油过滤器;9—油箱;10—循环泵;11—冷却器;12—循环过滤器;13—磁性过滤器;14—空气滤清器;15—取油样阀<br>注:1. 对于管路很长的大型系统,压力管路过滤器可能不止一个<br>2. 精度配置举例 A—2~6μm,B—6~12μm,C—12~20μm |
| | 回油管路过滤器 | 防止元件磨损或管路中残存的污染物回到油箱 | C | |
| | 空气滤清器 | 防止空气中灰尘进入油箱 | A | |
| | 伺服阀入口过滤器 | 拟采用无旁通阀的压力过滤器用于伺服阀先导控制阀的入口或主阀入口。以确保伺服阀的工作可靠性及性能,并减少磨损、提高工作寿命 | A | |
| 工作系统外过滤器 | 循环(旁路)过滤器 | 对于大型系统或重要的伺服系统配置循环泵及循环过滤冷却系统,该系统长期连续运转,用于提高系统清洁度。可取外过滤流量=(1/2~1/3)主油路流量 | A | |
| | 冲洗过滤器 | 对于长管路的大型系统,利用冲洗系统对短接的车间管路进行循环冲洗,防止将管路中污染物带入系统 | B | |
| | 加油过滤器 | 即使是新油也必须经加油小车将新油过滤后加入系统 | A | |

(4) 流量波动对过滤性能的影响

**表 22-4-47**

| 内容 | 说明 |
|---|---|
| 流量波动 | 系统中换向阀的切换、执行机构的启动或制动、缸中压缩油液的突然释放、蓄能器的快速供油,以及伺服阀的高频工作等都将使系统流量产生波动,甚至会出现瞬间流量冲击 |

续表

| 内容 | 说明 |
|---|---|
| $\beta_x$ 下降的原因 | 过滤比 $\beta_x$ 是由多次通过滤油器性能试验测定的，多次通过试验是在稳定流量的条件下进行的<br>在流量波动或冲击下，被吸附截留在过滤器介质上的颗粒污染物会重新释放，导致下游污染浓度上升、过滤比下降、过滤性能变差 |
| 影响 $\beta_x$ 下降的因素 | 试验表明：<br>（1）流量波动的频率和振幅对 $\beta_x$ 均有影响，其中波动振幅的影响更为显著<br>（2）流量波动的影响主要发生在频率较低、振幅较高的区段；高频区无显著影响；低幅区基本上无影响。波动频率对 $\beta_x$ 值的影响见右图曲线 1、2<br>（3）流量波动对某一直径以上的颗粒的滤除能力的影响较小，甚至无影响。尺寸界限视过滤器的过滤精度而定<br>（4）流量波动对高精度过滤器达到极限压差的时间无显著影响，而对低精度过滤器达到极限压差时间显著变长 |
| 对策 | （1）系统设计、系统调试时尽可能减少流量波动的幅值，例如换向阀加阻尼器、限定蓄能器安全阀组的开度等<br>（2）采用有支撑、有固结孔隙滤材的高精度过滤器，如 PALL $\beta_x$ = 1000 过滤器，这种过滤器的 $\beta_x$ 值如上图中的曲线 3 所示 |

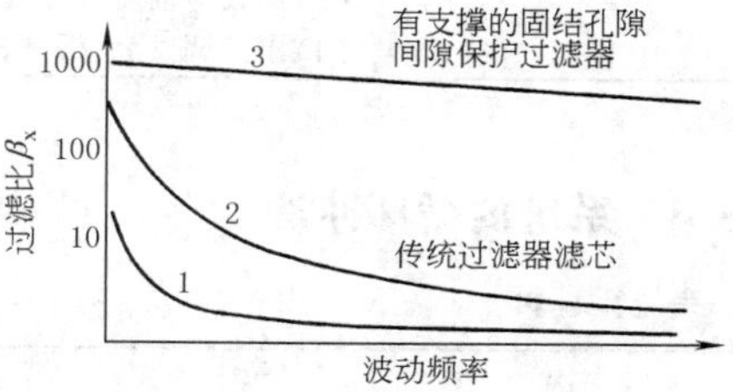




### 4.5.3 液压元件、液压部件（装置）及管道的污染控制

表 22-4-48

<table>
<tr><th>元件部件</th><th>污染控制内容</th></tr>
<tr><td>液压元件</td><td>（1）液压元件的清洁度指标应满足 JB/T 7858—2006 要求，该标准以液压元件内部残留污染物重量作为评定指标。典型液压元件清洁度等级亦可参见右表<br>（2）元件在运输、存放过程中可能被污染，因此组装系统前，必须对每个元件进行认真的检查和清洗
<table>
<tr><th>元件类型</th><th>优等品</th><th>一等品</th><th>合格品</th></tr>
<tr><td>各种类型液压泵</td><td>16/13</td><td>18/15</td><td>19/16</td></tr>
<tr><td>一般液压泵</td><td>16/13</td><td>18/15</td><td>18/16</td></tr>
<tr><td>伺服阀</td><td>13/10</td><td>14/11</td><td>15/12</td></tr>
<tr><td>比例控制阀</td><td>14/11</td><td>15/12</td><td>16/13</td></tr>
<tr><td>液压马达</td><td>16/13</td><td>18/15</td><td>19/16</td></tr>
<tr><td>液压缸</td><td>16/13</td><td>18/15</td><td>19/16</td></tr>
<tr><td>摆动液压缸</td><td>17/14</td><td>19/16</td><td>20/17</td></tr>
<tr><td>蓄能器</td><td>16/13</td><td>18/15</td><td>19/16</td></tr>
<tr><td>滤油器(壳体)</td><td>15/12</td><td>16/13</td><td>17/14</td></tr>
</table></td></tr>
<tr><td>油箱</td><td>（1）伺服系统油箱采用不锈钢油箱，并用氩弧焊焊接<br>（2）油箱应采用全封闭结构，以防外部侵入污染<br>（3）吸油腔与回油腔应加隔板，隔板上装有消泡网<br>（4）油箱侧面中下方应装取油样阀，以便定期取样，检验油液清洁度</td></tr>
<tr><td>阀块</td><td>（1）阀块设计及加工中，应避免出现难以清洁的流道死角<br>（2）流道孔加工后，必须进行去毛刺处理和严格的清洁<br>（3）对于伺服阀阀块，应制作循环冲洗板或用换向阀代替伺服阀进行循环冲洗</td></tr>
<tr><td>液压管道</td><td>（1）不论采用不锈钢管或普通无缝管，弯管前均按规范进行彻底的酸洗处理，酸洗过程包括：脱脂处理、酸洗、中和处理和钝化处理</td></tr>
</table>

续表

| 元件部件 | 污染控制内容 |
|---|---|
| 液压管道 | (2)配管及接头采用氩弧焊焊接,焊缝部件应进行再次酸洗处理<br>(3)管道与接头、法兰采用对接焊,不允许套入后焊接,以避免颗粒进入缝隙难以清洗<br>(4)管道预装后要全部拆开,严格清洗后复装 |
| 系统清洗及总装 | (1)系统预装后应全部拆除,严格清洗后进行复装<br>(2)系统复装后,应进行循环清洗,循环清洗时伺服阀用清洗板或换向阀代替,执行元件油口用软管短接<br>(3)达到清洁度等级要求后,方可装上伺服阀进行系统出厂调试<br>(4)出厂调试后,拆开各液压部件,运输发运前各接口应细微封装牢固,以免运输过程受到污染 |

## 4.5.4 系统的循环冲洗

**表 22-4-49**

| 内容 | | 说明 |
|---|---|---|
| 循环冲洗类型 | 车间管路冲洗 | 对于车间管路很长的大型系统,配管后用软管将车间管路短接,采用冲洗系统(装置)供油,对车间管路进行循环冲洗 |
| | 系统循环冲洗 | 车间管路清洁度达标后,按实际系统接入阀台、阀块、蓄能器装置及液压站,由系统主泵进行循环冲洗。如系统主泵流量不足,则应由冲洗装置供油。系统循环冲洗时,伺服阀由清洗板或换向阀代替 |
| 对冲洗系统的要求 | 流速 | 冲洗流量应足够大,使工作管路的流速≥8m/s |
| | 压力 | 冲洗装置压力足够大,大于所流过的各阀的压降与管道压降之总和 |
| | 温度 | 冲洗装置的供油油温:60℃ |
| | 振动 | 用木锤不时反复逐段敲打振动管道 |
| 冲洗过滤器的选择 | (1)冲洗装置的供油及回油路均应装设过滤器,冲洗过滤器的滤油面积应该加大<br>(2)循环冲洗的前一阶段可采用精度较低的滤芯<br>(3)冲洗一段时间后,宜换用精度高、$\beta_x$ 值大的滤芯,以缩短冲洗时间。如右图所示,用 $\beta_6=1000$ 滤芯的冲洗时间比 $\beta_6=20$ 的快 17 倍,比 $\beta_6=200$ 的快 2 倍 | 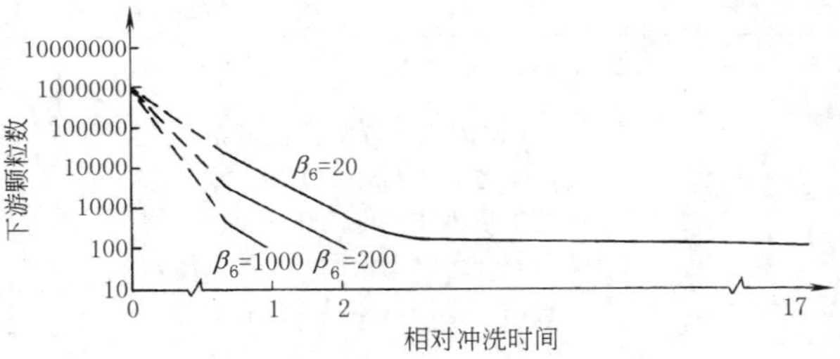 |

## 4.5.5 过滤系统的日常检查及清洁度检验

**表 22-4-50**

| 内容 | | 说明 |
|---|---|---|
| 日常检查 | 项目 | (1)检查并记录过滤器前后压力、压差<br>(2)检查并记录过滤器堵塞发讯器的讯号或颜色<br>(3)根据需要及时更换滤芯<br>注意:单筒压力过滤器必须停机并卸压后更换滤芯;双筒压力过滤器可以在运行状态下切换,切换后更换滤芯;双筒回油过滤器必须在停机状态下切换,因切换瞬间回油背压会剧增 |
| | 时间 | 新系统每日检查 1 次 |
| 清洁度检查 | 取样 | 从指定的取样口(参见表 22-4-46 中过滤器布置图)定期取油样并送检 |
| | 时间 | 新系统每月检查 1 次,旧系统 3 个月至 6 个月检查 1 次 |

# 5　伺服液压缸的设计计算

伺服液压缸是液压伺服系统关键性部件。对于中小规格的伺服缸可以选用标准产品，但对于大规格的伺服液压缸，如压下伺服缸，则必须进行非标设计。伺服液压缸的结构及其动态特性直接影响到系统的性能和使用寿命，所以伺服液压缸的设计是系统设计中的重要组成部分。

## 5.1　伺服液压缸与传动液压缸的区别

表 22-4-51

| 区　别 | | 传动液压缸 | 伺服液压缸 |
| --- | --- | --- | --- |
| 功用不同 | | 作为传动执行元件,用于驱动工作负载,实现工作循环运动,满足常规运动速度及平稳性要求 | 作为控制执行元件,用于高频下驱动工作负载,实现高精度、高响应伺服控制 |
| 强度及结构方面 | 强度 | 满足工作压力和冲击压力下强度要求 | 满足工作压力和高频冲击压力下强度要求 |
| | 刚度 | 一般无特别要求 | 要求高刚度 |
| | 稳定性 | 满足压杆稳定性要求 | 满足压杆高稳定性要求 |
| | 导向 | 要求良好的导向性能,满足重载或偏载要求 | 要求优良的导向性能,满足高频下的重载、偏载要求 |
| | 连接间隙 | 连接部位配合良好,无较大间隙 | 连接部位配合优良,不允许存在游隙 |
| | 缓冲 | 高速运动缸应考虑行程终点缓冲 | 伺服控制不碰缸底,不必考虑缓冲装置 |
| | 安装 | 只需考虑缸体与机座、活塞杆与工作机构的连接 | 除考虑与机座及工作机构的连接,还应考虑传感器及伺服控制阀块的安装 |
| 性能方面 | 摩擦力 | 要求较小的启动压力 | 要求很低的启动压力和运动阻力 |
| | 泄漏 | 不允许外泄漏,内泄漏较小 | 不允许外泄漏,内泄漏很小 |
| | 寿命 | 要求较高工作寿命 | 要求高寿命 |
| | 清洁度 | 要求较高清洁度 | 要求很高的清洁度 |

## 5.2　伺服液压缸的设计步骤

表 22-4-52

| 步 骤 | 内　　容 |
| --- | --- |
| (1) | 详细了解主机的工况及结构特点,确定缸的行程及允许的最大外形尺寸,确定缸与主机的连接方式 |
| (2) | 确定缸的类型:活塞缸或柱塞缸 |
| (3) | 根据负载力及选定的供油压力 $p_s$,确定缸的有效面积 $A_p$ |
| (4) | 计算并确定缸的主要参数,包括缸内径 $D$、活塞杆直径 $d$、缸的壁厚 $t$ 及外径、缸底厚度等。确定壁厚、缸底厚度主要考虑其强度和刚度 |
| (5) | 绘制结构草图,确定缸的最大行程及最大外形尺寸 |
| (6) | 校核缸的固有频率是否满足系统要求 |
| (7) | 在系统静动特性分析符合后,进行液压缸及其辅件结构设计和零件的校核。如不符合要求,需重复(4)～(7)的步骤 |
| (8) | 绘制正式施工图 |

## 5.3 伺服液压缸的设计要点

表 22-4-53

| 项 目 | 内 | 容 |
|---|---|---|
| 强度校核 | 一般均按经典的强度公式计算出厚度和直径等尺寸，然后圆整或套用标准，因此最后结果（例如厚度尺寸）往往大大超过计算值，偏于安全；但对缸的变形量必须校核 | |
| 关于刚度 | 应有足够的连接刚度，即活塞杆的细长比要很小，否则执行元件的固有频率会下降很多，缸的底座不能只满足能支撑缸的受力，还应有“坚实”的基础 | |
| 减少液压缸的摩擦力 | 摩擦力的危害 | 摩擦力是非线性负载，其方向与运动相反，如果摩擦力过大，容易产生极限环振荡，并将产生静态死区和动态死区，因此应尽量减小液压缸的静摩擦力和动摩擦力 |
| | 措施 | （1）选用动、静摩擦系数小，弹性好、密封性好的组合式密封件与硬度较高的导向环，密封件及导向环采用专门厂商生产的产品，以保证良好的密封性和导向性<br>（2）活塞杆的有效导向长度应尽量长，以减少由于液压缸轴向歪斜产生的附加摩擦力<br>（3）应保证缸体与活塞尺寸在允许范围之内。其公差值应遵循密封件的公差要求 |
| 提高液压缸的固有频率 | 伺服液压缸的固有频率往往是伺服系统中各环节的最低频率，即系统能够响应的最高频率。要加快响应速度，就要加大 $\omega_h$ | |
| | 有效工作面积 $A_p$ | 当 $\omega_h$ 不足时，可以在空间允许的范围内提高 $A_p$，但 $A_p$ 与 $\omega_h$ 不是成正比，因为 $V_t$ 当中含有参数 $A_p$。不过随着 $A_p$ 增大，可以降低 $p_s$，但 $\beta_e$ 也会随之有所下降 |
| | 工作腔容积 $V_t$ | $V_t$ 的减小，可以提高 $\omega_h$。减小 $V_t$ 的最有效方法是使缸的行程尽量减小，减小到只满足控制行程，而调节缸的原始位置，用其他办法完成。例如压下缸的行程只作轧钢时调整辊缝，而调整轧制线的标高（因轧辊磨损）则用电动压下螺钉或斜块来调整。此外，由伺服阀到液压缸油管的容积也是不可忽视的，伺服阀阀块尽量靠近液压缸，或就装在缸上，如图 a 所示<br>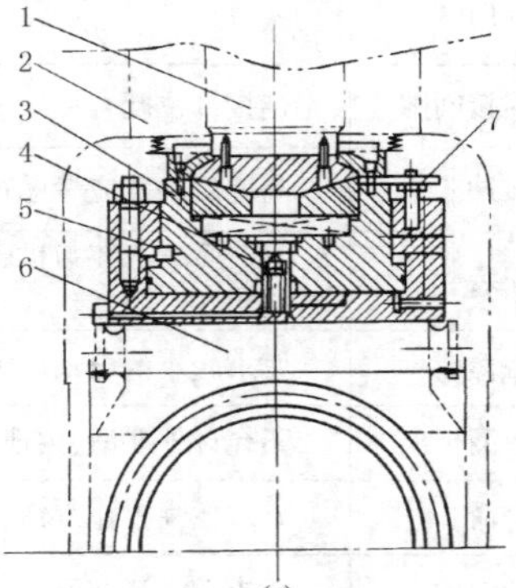<br>(a)<br>1—压下螺钉；2—机架；3—活塞杆；4—位移传感器；5—防转块；6—轧辊轴承座；7—防转装置 |
| | $\beta_e$ | 液体的体积弹性系数 $\beta_e$ 的理论值为 1400MPa，实际值与油液中气体含量有很大关系，当气体含量少，压力高时，则 $\beta_e$ 大。缸的刚度不够，特别是管道的刚性差时，$\beta_e$ 值也会显著降低。因此从阀到缸中间一般不采用软管连接。作为工程设计的一般设计计算，取 $\beta_e$ = 700MPa，高压时气体容易排出，可取 $\beta_e$ = 1000MPa |
| 工艺和安装的要求 | 缸的安装与固定 | 一般受力较小的伺服液压缸可用传动缸安装与固定的方法（如图 b 所示）。对于出力很大，有较大的径向尺寸，而轴向尺寸往往较小的压下缸多数与设备做成一体或用缸底支承（如图 a 所示），因缸自重很大（3～6t），必须有起重、吊装装置<br>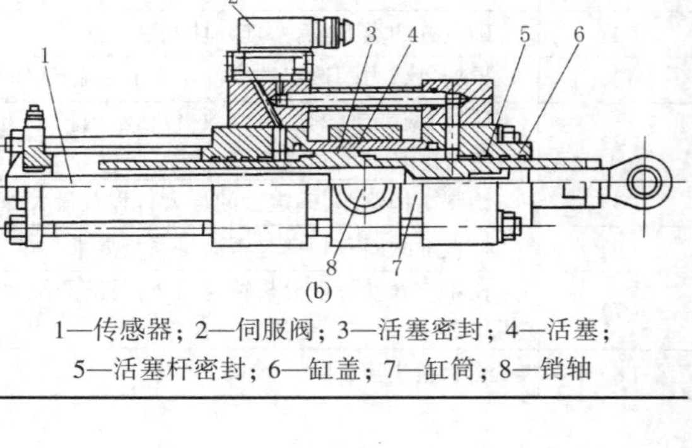<br>(b)<br>1—传感器；2—伺服阀；3—活塞密封；4—活塞；5—活塞杆密封；6—缸盖；7—缸筒；8—销轴 |

续表

| 项 目 | | 内 容 |
|---|---|---|
| 工艺和安装的要求 | 缸的防转装置 | 当装有外置位移传感器时，要求活塞与缸体之间不能有相对转动，常采用框架限制住缸体并设定位销；图 a、c 表示缸体与柱塞间有导向装置，图 c 左下角 2 和右上角为导向装置，左右对称。缸体左右四翼为用框架固定缸体的支承座<br>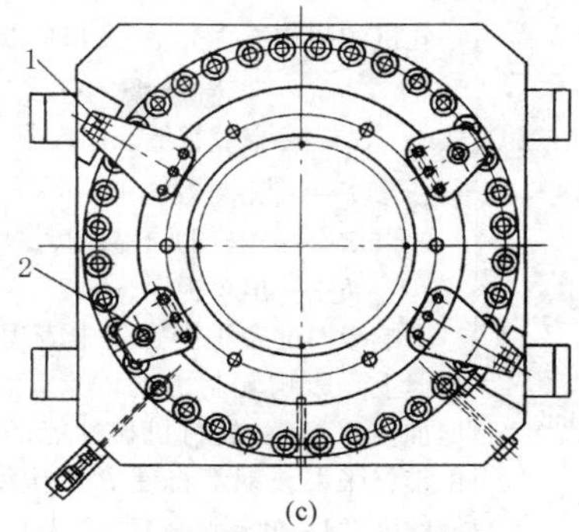<br>(c)<br>1—外置传感器；2—导向装置 |
| | 传感器的设置 | 传感器设置的方法有两种，一种在中间设置，如图 d 所示，优点是只用一个传感器即能得到准确数据，缺点是不易维修和调整。另一种方式是在缸两侧对称设置两个传感器（如图 c 中 1），传感器分别固定在缸体和挡板上，以防止缸歪斜时单个传感器检测不准。在工作过程中，要保证位置传感器对中运动自如<br>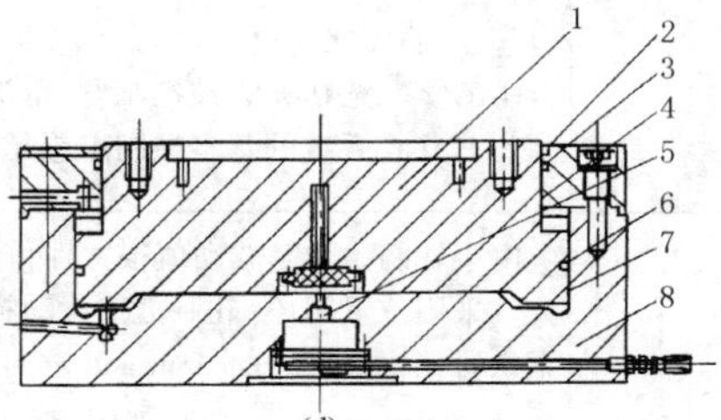<br>(d)<br>1—活塞；2—防尘圈；3,6—组合密封圈；4,7—导向环；5—位移传感器；8—缸体套 |
| | 在缸的最上方，应有放气装置，保证油腔中无空气存在 | |
| | 保证传感器和活塞杆不受灰尘和水汽污染，应加防护装置 | |

# 6 液压伺服系统设计实例

轧机液压压下系统是控制大型复杂、负载力很大、扰动因素多、扰动关系复杂、控制精度和响应速度要求很高的设备，采用高精度仪表并由大中型工业控制计算机系统控制的电液伺服系统。以它为实例，具有代表性、先进性和实用性。

## 6.1 液压压下系统的功能及控制原理

表 22-4-54

| 项 目 | 内 容 |
|---|---|
| HAGC 系统的含义及功能 | AGC（Automatic Gauge Control）是厚度自动控制的简称<br>液压 AGC 即 HAGC（Automatic Gauge Control Systems With Hydraulic Actuators）是采用液压执行元件（压下缸）的 AGC，国内称液压压下系统。HAGC 是现代板带轧机的关键系统，其功能是不管引起板厚偏差的各种扰动因素如何变化，都能自动调节压下缸的位置，即轧机的工作辊缝，从而使出口板厚恒定，保证产品的目标厚度、同板差、异板差达到性能指标要求<br>国外也有将 HAGC 称作 HGC（Hydraulic Gap Control）或 SDS（Hydraulic Screw Down System） |
| 液压压下与电动压下 | 液压压下由电动压下发展而来，所不同的是电动压下采用电机+大型蜗轮减速机+压下螺钉进行压下，结构笨重、响应低、精度差，且电动压下不能带钢压下。由于液压压下具有高精度、高响应、压下力大、尺寸小、结构简单等特点，现代轧机已全部采用液压压下。对于具有电动压下的厚板即大行程压下时仍采用电动压下（此时压下缸作液压垫使用），轧制成品薄板即小行程压下时采用液压 AGC（此时电动压下螺钉不动） |

续表

| 项　目 | 内　　　　　　　　容 |
| --- | --- |
| HAGC 系统基本控制思想 | 轧机的弹跳方程如下，变形曲线见右图<br>$$h=S_0+P/K$$<br>式中　$S_0$——空载辊缝，mm<br>$P$——轧制力，N<br>$K$——轧机的自然刚度，N/mm<br>$h$——出口板厚，mm<br>影响板厚的各种因素集中表现在轧制力和辊缝上。影响轧制力的因素是：来料厚度 $H$ 增加使 $P$ 增大，轧材机械性能的变化和连轧中带材张力波动都将使 $P$ 发生变化；影响辊缝的因素是：轧辊膨胀使 $S_0$ 减小，轧辊磨损使 $S_0$ 增大，轧辊偏心和油膜轴承的厚度变化会引起 $S_0$ 的周期变化<br>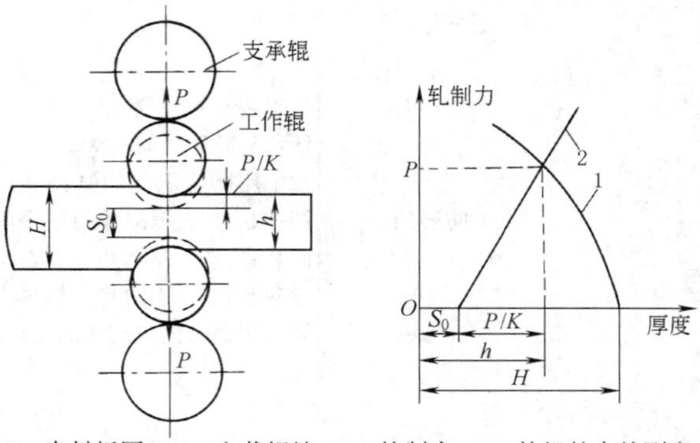<br>$H$—来料板厚；$S_0$—空载辊缝；$P$—轧制力；$K$—轧机的自然刚度；1—轧机塑性变形抗力曲线；2—轧机弹性变形曲线<br>HAGC 系统中：$h$ 为被控制量，希望 $h$ 恒定，影响板厚变化的各种因素为扰动量。由于扰动因素多且变化复杂，因此 HAGC 系统的基本控制思想是：采用位置闭环控制+扰动补偿控制 |
| BISRA　AGC 及其原理 | 由于轧制力及其波动值很大，而轧机刚度有限，因此，扰动量中，以轧制力引起的轧机弹跳对出口板厚的影响最大。采用位置闭环+轧制力主扰动补偿构成的液压 AGC，称为力补偿 AGC 或 BISRA AGC，因为这种方法是英国钢铁研究协会（British Iron and Steel Research Association）提出的<br>右图为 BISRA AGC 原理图，引入力补偿后，出口板厚<br>$$h=S_0+\frac{\Delta P}{K}-C\frac{\Delta P}{K}$$<br>$$=S_0+\frac{\Delta P}{K}(1-C)=S_0+\frac{\Delta P}{K_m}$$<br>式中　$K_m=K/(1-C)$——称为轧机的控制刚度<br>$K_m$ 可以通过调整补偿系数 $C$ 加以改变：<br>使 $C=1$ 时，$K_m=\infty$，意味着轧机控制刚度无穷大，即弹跳变形完全得到补偿，实现了恒辊缝轧制。由于力补偿为正反馈，为使系统稳定，应做成欠补偿，即取 $C=0.8\sim0.9$<br>使 $C=0$ 时，$K_m=K$，意味着力不补偿未投入，只有位置环起作用，轧机的弹跳变形量影响仍然存在<br>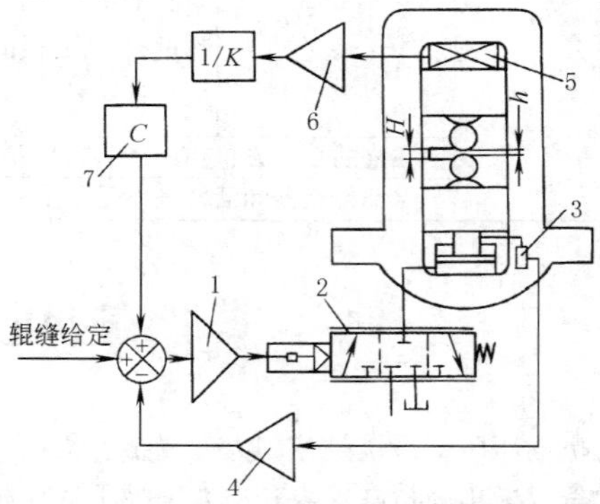<br>1—伺服放大器；2—伺服阀；3—位移传感器；4—位移传感器二次仪表；5—力传感器（压头）；6—力传感器二次仪表；7—补偿系数 |
| 液压 AGC 的控制策略 | BISRA AGC 仅对主要扰动—轧制力的变化及影响进行补偿，并提出了头部锁定（相对值）AGC 技术。为使板厚精度达到高标准（例如，冷轧薄板的同板差小于等于±0.003mm，热轧薄板的同板差小于等于±0.02mm）必须对其他扰动也进行补偿，完善的液压 AGC 系统如右图所示，它包括：<br>（1）液压 APC（Automatic Position Control），即液压位置自动控制系统，它是液压 AGC 的内环系统，是一个高精度、高响应的电液位置闭环伺服系统，它决定着液压 AGC 系统的基本性能。它的任务是接受厚控 AGC 系统的指令，进行压下缸的位置闭环控制，使压下缸实时准确地定位在指令所要求的位置。也就是说，液压 APC 是液压 AGC 的执行系统<br>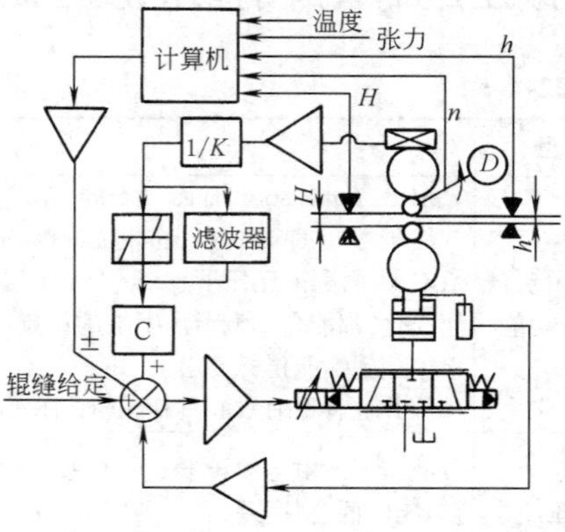<br>（2）轧机弹跳补偿 MSC（Mill Stretch Compensation）。其任务是检测轧制力，补偿轧机弹跳造成的厚度偏差。MSC 是 HAGC 系统的主要补偿环 |

续表

| 项　目 | 内　　容 |
| --- | --- |
| 液压 AGC 的控制策略 | (3)热凸度补偿 TEC(Thermal Crown Compensation)。轧辊受热膨胀时,实际辊缝减小,轧制力增加,轧件出口厚度减小;此时如用弹跳方程式计算轧件出口厚度,由于轧制力增大,计算出的厚度反而变大了。如果不对此进行处理,AGC 就会减小辊缝,使实现出口轧件厚度更薄,即轧辊热膨胀的影响反而被轧机弹跳补偿放大了。TEC 的作用便是消除这种不良影响。此外,TEC 中还要考虑轧辊磨损的影响<br>(4)油膜轴承厚度补偿 BEC(Bearing Oil Compensation)。大型轧机支承辊轴承一般采用能适应高速重载的油膜轴承。油膜厚度取决于轧制力和支承辊速度:轧制力增加,辊缝增加;速度增加,辊缝减小。通过检测轧制力和支撑辊速度可进行 BEC 补偿<br>(5)支承辊偏心补偿 ECC(Eccentricity Compensation)。支承辊偏心将使辊缝和轧制压力发生周期性变化,偏心使辊缝减小的同时,将使轧制力增大,如果将偏心量引起的轧制压力进行力补偿,必将使辊缝进一步减小,因为力补偿会使压下缸活塞朝着使辊缝减小的方向调节。为解决这一问题,拟在力补偿系数 $C$ 环节之前加一死区环节,死区值等于或略大于最大偏心量,为了让小于死区值的其他缓变信号能够通过,死区环节旁并联一个时间常数较大的滤波器,滤波器不允许快速周期变化的偏心信号通过<br>(6)同步控制 SMC(Synchronized Motion Compensation)。四辊轧机传动侧、操作侧的压下缸之间没有机械连接,两侧压下缸的负载力(轧制反力)又可能因偏载而差别较大,这将造成两侧运动位置不同步,为此需要引入同步控制。方法是将检测到的两侧压下缸活塞位移信号求和取平均值作为基准,以活塞位移与平均值的差值作为补偿信号,迫使位移慢的一侧加快运动到位,使位移快的一侧减慢运动到位<br>(7)倾斜控制。对于中厚板轧机,当来料出现楔形或轧制过程产生镰刀弯时,需引入倾斜控制。通过两侧轧制力差值或在轧机出口两侧各装一台激光测厚仪,测其两侧板厚差,进行倾斜控制,使板厚的一侧压下缸压下,板薄的一侧上抬<br>(8)加减速补偿。对于可逆冷轧机,轧机加速、减速过程中带材与辊系摩擦因数等变化引起的轧制力变化会对出口板厚造成影响,为此引入加减速补偿环,根据轧制数学模型推算出压下位置的修正量<br>(9)前馈(预控)AGC。针对入口板厚变化而造成的出口板厚影响而设置的补偿称为前馈 AGC,方法是由测厚仪检测入口板厚,根据轧制数学模型推算出入口板厚对出口板厚的影响值,进而推算出压下指令修正量,并进行补偿控制<br>(10)监控 AGC。通过检测出口板厚而设置的板厚指令修正补偿环称为监控 AGC。尽管 AGC 系统中已采取了一系列补偿措施,由于扰动因素很多,且各扰动因素对出口板厚的影响关系复杂,不可能实现完全补偿,因此出口板厚难免还存在微小偏差,对于要求纵向厚差小于等于±(0.003~0.005)mm 的冷轧机来说,应用测厚仪进行监控是必不可少的<br>以上补偿措施并非每台轧机都全部采用,需要根据轧机的类型、精度要求和工程经验采用其中的一些主要补偿措施<br>(11)恒压力 AGC。上述 AGC 系统,难以补偿支承辊偏心造成的微小厚差。通常,轧制最后一个道次时,采用恒压轧制来减缓偏心造成的厚差。所谓恒压轧制是断开位置闭环,将力补偿变成力闭环,实现恒压力闭环控制。平整机中一般都采用恒压力 AGC |

## 6.2 设计任务及控制要求

表 22-4-55

| 项　目 | 说　　明 |
| --- | --- |
| 设计任务 | 对某热轧机进行技术改造,在已有电动压下系统的基础上,增设液压压下微调系统,提高压下系统的控制精度和响应速度,保证产品的目标厚差、同板差和异板差 |
| 工艺及设备主要参数 | 坯料最大厚度、宽度、长度:300mm×1500mm×2500mm<br>成品厚度:5~40mm<br>成品最大宽度、长度:2700mm×28000mm<br>额定轧制力:50000kN<br>最大轧制速度:5m/s<br>轧机综合刚度:6500kN/mm<br>辊系总质量:2×165000kg |

续表

| 项　目 | 说　　　　明 |
|---|---|
| APC 系统性能指标 | 压下缸额定压下力:25000kN<br>压下缸最大压下力:30000kN<br>压下缸行程:60mm<br>压下速度:≥6mm/s<br>快速回程速度:20m/s<br>液压 APC 系统定位精度:≤±0.005mm<br>液压 APC 系统频宽(-3dB):≥10Hz<br>液压 APC 系统 0.1mm 阶跃响应时间:≤50ms |
| | 电动 APC 系统定位精度:±0.1mm |
| 出口板厚精度(同板差) | 5~10mm:≤0.10mm<br>10~20mm:≤0.16mm<br>20~40mm:≤0.22mm |

## 6.3　APC 系统的控制模式及工作参数的计算

表 22-4-56

| 项　目 | 内　　　　容 | |
|---|---|---|
| 控制模式 | 由于压下力很大,且精度和稳定性要求很高,因此 APC 系统一般采用三通阀,不对称缸控制模式,即用标准四通伺服阀当三通阀用,压下缸活塞腔受控,活塞杆腔通恒定低压。低压 $p_r$ 的作用是轧制时 $p_r=0.5$MPa 左右,防止活塞杆腔空吸并吸入灰尘;换辊时使 $p_r=3$MPa 左右用于快速提升压下缸<br>压下缸放在上支承辊轴承座与压下螺钉(或牌坊顶面)之间时,压下缸倒置,即活塞杆不动、缸体运动<br>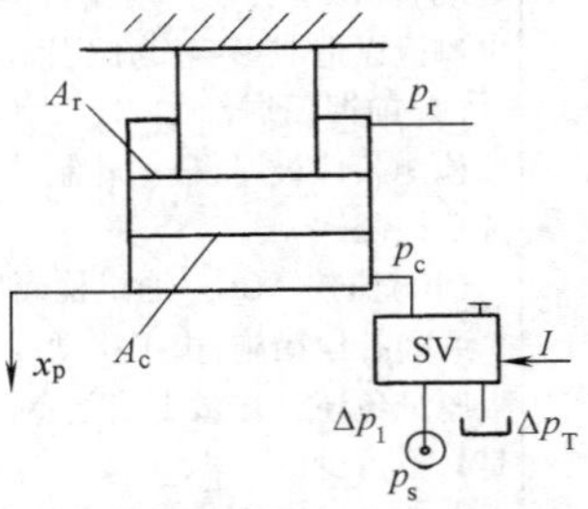 | |
| 压下缸参数的确定与计算 | 系统供油压力 $p_s$ | 因压下力很大,为避免压下缸尺寸、伺服阀流量和供油系统参数与尺寸过大,拟取经济压力;考虑到液压元件及伺服阀的额定压力系列,并考虑到可靠性和维护水平,取 $p_s=28$MPa |
| | 负载压力 $p_L$ | 考虑到压下力很大,这里不可能按常规即最大功率传输条件取 $p_L=(2/3)p_s$;但 $p_L$ 也不应过大,应保证伺服阀阀口上有足够压降,以确保伺服阀的控制能力,这里取 $p_L=23$ MPa |
| | 背压 $p_r$ | 压下控制状态取 $p_r=0.5$ MPa |
| | 活塞直径 $D$<br>活塞杆直径 $d$ | 压下力　$F=A_cp_L-A_rp_r$<br>式中　$A_c$——活塞腔工作面积,$m^2$;<br>$A_r$——活塞杆腔面积,$m^2$<br>令面积比 $\alpha=A_c/A_r$<br>得　$A_c=F/(p_L-p_r/\alpha)$<br>由 $F=25000$kN,$p_L=23$ MPa,$p_r=0.5$ MPa,并取 $\alpha=4$<br>得　$A_c=10989.01\times10^{-4}m^2$<br>$D=\sqrt{4A_c/\pi}=118.29\times10^{-2}$m<br>取 $D=\phi1200$mm<br>$d=\phi1050$mm<br>则 $A_c=11309.73\times10^{-4}m^2$<br>$A_r=2650.72\times10^{-4}m^2$<br>$\alpha=A_c/A_r=4.27$<br>$p_L=22.22$MPa |
| | 行程 $S$ | 压下缸行程可根据来料最大厚度、压下率、成品最小厚度及故障状态的过钢要求等加以确定,取 $S=60$mm |

续表

| 项 目 | | 内 容 |
|---|---|---|
| 压下缸参数的确定与计算 | 液压谐振频率校验 | 对于三通阀控制的差动缸，液压谐振频率<br>$$\omega_h=\sqrt{\frac{\beta_e A_c^2}{V_c m_t}}=\sqrt{\frac{\beta_e A_c}{S m_t}}$$<br>式中 $A_c=11309.73\times10^{-4}\,m^2$——压下缸活塞腔工作面积<br>$\beta_e$——油液的容积弹性模量，考虑到系统在23MPa左右的高压状态下工作，取$\beta_e\approx1000$MPa<br>$V_c$——压下缸活塞腔控制容积，考虑到伺服阀块直接贴装在压下缸缸体上，管道容积极小，则$V_{cmax}=A_cS$<br>$S=6\times10^{-2}$m——压下缸行程<br>$m_t=m_{Rs}/2+m_{cy}=85.5\times10^3$kg<br>$m_{Rs}$——上辊系的运动质量，$m_{Rs}=165\times10^3$kg<br>$m_{cy}$——压下缸缸体运动质量，$m_{cy}=3\times10^3$kg<br>将$A_c$、$\beta_e$、$S$、$m_t$诸参数代入$\omega_h$中，可计算出<br>$$\omega_h=469.53\ rad/s=74.73Hz$$<br>由于$\omega_h$很高，可以不必担心APC系统的动态响应 |
| | 液压动力元件的传递函数 | $$W_h(s)=\frac{1/A_c}{\frac{s^2}{\omega_h^2}+\left(\frac{2\zeta_h}{\omega_h}\right)s+1}$$<br>式中 $1/A_c=1/11309.73\times10^{-4}=88.42\times10^{-2}\,m^{-2}$<br>$\omega_h=469.53$rad/s<br>$\zeta_{hmin}\approx0.2$ |
| 伺服阀参数的确定 | 负载流量 | 由压下速度$v=6$mm/s，可求出伺服阀的负载流量<br>$Q_L=vA_c=407.15$L/min |
| | 伺服阀的选择及其参数 | 选用MOOG-D792系列伺服阀，主要参数如下：<br>额定流量 $Q_N=400$L/min，(单边$\Delta p_N=3.5$MPa时)<br>最大工作压力 35MPa<br>输入信号 ±10V或±10mA<br>响应时间(从0至100%行程) 4~12ms<br>分辨率 <0.2%<br>滞环 <0.5%<br>零漂($\Delta T=55$K)<2%<br>总的零位泄漏流量(最大值) 10L/min<br>先导阀的零位泄漏流量(最大值) 6L/min |
| | 伺服阀的工作流量 | 阀口实际压降 $\Delta p=p_s-\Delta p_1-p_L-\Delta p_T$<br>式中 液压站供油压力 $p_s=28$MPa<br>液压站至伺服阀的管路总压降 $\Delta p_1\approx1$MPa<br>伺服阀回油管路压降 $\Delta p_T\approx0.5$MPa<br>额定负载压力 $p_L=22.22$MPa<br>$$\Delta p=4.28\ MPa$$<br>于是伺服阀的工作流量：<br>$$Q_L=Q_N\sqrt{\frac{\Delta p}{\Delta p_N}}=442.33L/min$$ |
| 实际压下速度校验 | | 由$Q_L=442.33$ L/min及$A_c=11309.73\times10^{-4}\,m^2$，可得实际压下速度<br>$$v=Q_L/A_c=6.52mm/s$$<br>为达到输入振幅$A_m=0.1$mm下系统频宽≥10Hz，即$\omega\geq62.83$rad/s的条件，应使动态速度：<br>$$v_d\geq A_m\omega=6.28mm/s$$<br>可见，选用$Q_N=400$L/min伺服阀可以满足静态及动态速度要求 |

## 6.4 APC 系统的数学模型

表 22-4-57

| 项目 | | 内容 |
|---|---|---|
| 方块图 | | 由于 APC 系统采用工业控制数字计算机或数字控制器，因此它是一个离散控制系统，方块图如下：<br>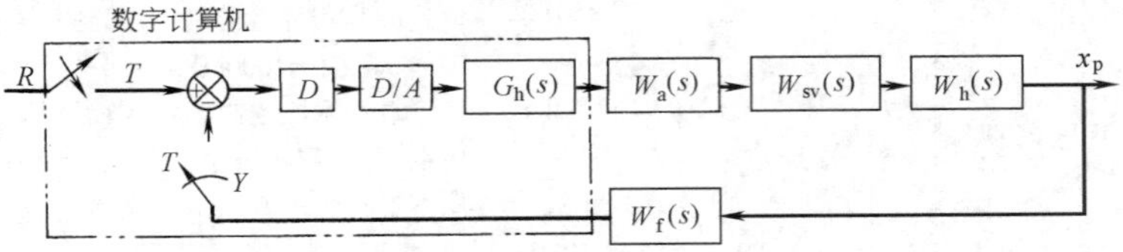<br><br>图中　$x_p$——压下缸活塞位移，被控制量<br>$R$——AGC 控制器发出的指令。当对 APC 系统进行测试时，$R$ 为阶跃或正弦试验信号，因此须通过采样器将其离散化<br> ——采样器，它把连续的模拟信号转换成周期为 $T$ 的一串脉冲——离散的模拟信号。离散的模拟信号再经 A/D 转换(图中未画出)变成离散的数字信号传递给 CPU<br>$Y$——由检测环节输出的位置反馈信号。信号的型式取决于传感器类型<br>$D$——工业控制计算机或数字控制器。可令 $D=K_1$，$K_1$——增益调整系数<br>$D/A$——数模转换器，它把离散数字信号转换成离散模拟信号。其转换精度取决于位数大小。由于 D/A 和 $A/D$ 只影响转换精度而不会影响系统的基本性能，所以方块图中可以省略 |
| 各环节传递函数 | 零阶保持器 | 由于零阶保持器简单，相位滞后小，一般都采用零阶保持器，其传递函数 $G_h(s)$ 把离散的模拟信号近似恢复成连续的模拟信号<br>$G_h(s)=\dfrac{1-e^{-Ts}}{s}$ |
| | 位移传感器及其二次仪表 | 由于压下系统中均需选用高精度、高响应的位置传感器及其配套二次仪表，因此：<br>$W_f(s)=K_f$<br>$W_f(s)$——位移传感器及其二次仪表传递函数<br>对于 LVDT 或电感式位移传感器及其二次仪表，它是以电压输出的连续模拟信号，须经采样器变成离散模拟信号，再经 A/D 转换成离散数字信号。对于磁尺及其检测器(二次仪表)，它输出的是脉冲宽度为微米级的脉冲，需经高速计数器计数。对于磁致伸缩式位移传感器，它有模拟式和数字式两种可供选择，数字式中又有 SSI 和 CANBUS 两种接口板<br>$K_f$——检测环节增益，本例中 $K_f=156.25\text{V/m}$ |
| | 放大器 | 考虑到伺服放大器频宽比伺服阀高得多，于是：<br>$W_a(s)=K_i$<br>$W_a(s)$——伺服放大器传递函数<br>$K_i$——放大器(PID)的比例增益，$K_i=4\sim100\text{mA/V}$ 可调<br>调定 $K_i=15\text{mA/V}$ |
| | 伺服阀 | $W_{sv}(s)=\dfrac{K_{sv}}{\dfrac{s^2}{\omega_{sv}^2}+\left(\dfrac{2\zeta_{sv}}{\omega_{sv}}\right)s+1}$<br>$W_{sv}(s)$——伺服阀的传递函数<br>$K_{sv}$——伺服阀的增益，以电流 $I_N$ 为输入、以主阀芯位移 $x_v$ 为输出时<br>$K_{sv}=\dfrac{x_v}{I}=1.8\times10^{-4}\text{m/mA}$<br>$\omega_{sv}$——伺服阀的频宽，rad/s<br>$\zeta_{sv}$——伺服阀的阻尼系数<br>根据伺服阀频宽特性可知<br>$\omega_{sv}=942.48\text{rad/s}$<br>$\zeta_{sv}\approx0.7$ |

续表

<table>
<tr><th>项 目</th><th></th><th>内 容</th></tr>
<tr><td rowspan="2">各环节传递函数</td><td>伺服阀</td><td>

$$W_{sv}(s)=\frac{x_v(s)}{I(s)}=\frac{1.8\times10^{-4}}{\frac{s^2}{942.48^2}+\left(\frac{2\times0.7}{942.48}\right)s+1}$$

伺服阀的流量增益 $K_q=\frac{Q_N}{X_{vm}}=3.70\mathrm{m^2/s}$

以流量为输出时,伺服阀的总增益 $K'_{sv}=K_{sv}K_q=6.67\times10^{-4}\ \mathrm{m^3/(s\cdot mA)}$

</td></tr>
<tr><td>动力元件</td><td>

$W_h(s)$——动力元件,即压下缸及其负载的传递函数

严格地讲,APC 系统动力元件属于多自由度动态系统。由于轧件的变形抗力系数,$K_L \ll K$($K$ 为轧机自然刚度),作为工程分析,可将其看做是单自由动态系统。并可直接引用第 3 章 2.2.3 节及表 22-3-30 中的分析结论,直接写出带有弹性负载 $K_L$ 时的传递函数

$$W_h(s)=\frac{A_c^2}{K_LK_{ce}}\times\frac{\left(\frac{K_q}{A_c}\right)x_v(s)-\left(\frac{K_{ce}}{A_c^2}\right)\left(1+\frac{s}{\omega_1}\right)F_L(s)}{\left(1+\frac{s}{\omega_r}\right)\left(\frac{s^2}{\omega_0^2}+\frac{2\zeta_0 s}{\omega_0}+1\right)}$$

式中

$$\omega_0=\sqrt{\omega_h^2+\omega_m^2}=\omega_h\sqrt{1+K_L/K_h}$$

$\omega_0$——综合谐振频率,rad/s

$$\zeta_0=\left(1+\frac{K_L}{K_h}\right)^{-3/2}\times\left(\frac{K_{ce}}{2A_c}\right)\sqrt{\frac{\beta_e m_t}{V_c m_t}}+\left(1+\frac{K_L}{K_h}\right)^{-1/2}\times\left(\frac{B_p}{2A_c}\right)\sqrt{\frac{V_c}{\beta_e m_t}}$$

$\zeta_0$——阻尼系数

$$\omega_r=K_{ce}\Big/\left[A_c^2\left(\frac{1}{K_L}+\frac{1}{K_h}\right)\right]$$

$\omega_r$——综合刚度引起的转折频率,rad/s

$$K_h=\beta_e A_c^2/V_c$$

$K_h$——液压弹簧刚度,N/m

$K_L$——弹性负载刚度,N/m

由于 $K_h=\beta_e A_c^2/V_c=\beta_e A_c/s=1884.96\times10^7\mathrm{N/m}\gg K_L=20.00\times10^7\sim33.33\times10^7\mathrm{N/m}$,因此:

$$\omega_0\approx\omega_h,\zeta_0\approx\zeta_h,\omega_r\approx K_{ce}K_L/A_c^2$$

则以 $x_v$ 为输入,以 $x_p$ 为输出时,传递函数为

$$\frac{x_p(s)}{x_v(s)}=\frac{K_qA_c/(K_LK_{ce})}{\left(1+\frac{s}{\omega_r}\right)\left(\frac{s^2}{\omega_h^2}+\frac{2\zeta_h s}{\omega_h}+1\right)}$$

而以 $Q_0$ 为输入,以 $x_p$ 为输出时的传递函数为

$$\frac{x_p(s)}{Q_0(s)}=\frac{A_c/(K_LK_{ce})}{\left(1+\frac{s}{\omega_r}\right)\left(\frac{s^2}{\omega_h^2}+\frac{2\zeta_h s}{\omega_h}+1\right)}$$

压下缸内泄漏极其微小,于是 $K_{ce}=K_c$,阀在工作点处的流量-压力系数 $K_c$ 可从其静态特性中估计出来

$$K_c=3.33\times10^{-10}\mathrm{m^5/(N\cdot s)}$$

取 $K_L=25.37\times10^7\mathrm{N/m}$,则

$$A_c/(K_LK_c)=\frac{11309.73\times10^{-4}}{25.37\times10^7\times3.3\times10^{-10}}=13.51\mathrm{s/m^2}$$

$$\omega_r\approx K_{ce}K_L/A_c^2=\frac{3.33\times10^{-10\times25.37\times10^7}}{(11309.37\times10^{-4})^2}=6.60\times10^{-2}\ \mathrm{s^{-1}}$$

因 $\omega_r\ll\omega_h$,故可将 $\frac{x_p(s)}{Q_0(s)}$ 写成

$$\frac{x_p(s)}{Q_0(s)}=\frac{A_c/(K_LK_{ce})}{s\left(\frac{s^2}{\omega_h^2}+\frac{2\zeta_h s}{\omega_h}+1\right)}$$

</td></tr>
</table>

续表

| 项 目 | | 内 容 |
|---|---|---|
| 各环节传递函数 | 动力元件 | APC 系统动力元件属于多自由度动态系统。由于轧件的变形抗力系数 $K_L \ll K$（$K$ 为轧机自然刚度），APC 系统工作时，伺服阀不可能在零位，总是在零位附近调节，一旦偏离零位，则阻尼便迅速增大，可取 $\zeta_h=0.3\sim0.35$。于是 $$\frac{x_p(s)}{Q_0(s)}=\frac{13.51}{s\left(\frac{s^2}{469.53^2}+\frac{2\times0.35s}{469.53}+1\right)}$$ |
| 最终方块图 | | 综上可得以 AGC 指令 $R$ 为输入，以 $x_p$ 为输出的 APC 系统闭环状态方块图：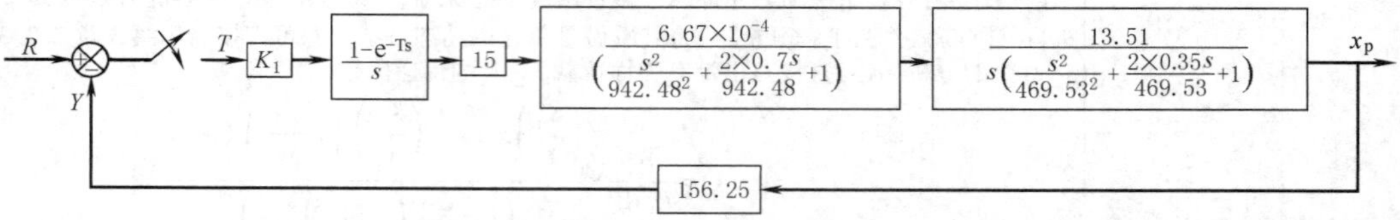 |



# 7 液压伺服系统的安装、调试与测试



表 22-4-58

| 项 目 | | 说 明 |
|---|---|---|
| 系统安装 | 液压站的安装 | (1)对于整体底盘的中小液压站<br>① 电机功率较小(如 30kW 以下)、底盘较大的液压站，可直接在基础上打膨胀螺钉来固定底盘<br>② 电机功率较大(如 45kW 以上)、底盘较小的液压站，须采用预埋地脚螺栓并进行二次灌浆方法固定底盘<br>(2)对于油箱装置、主泵组、蓄能器装置、循环过滤冷却系统及控制阀台分立的大液压站，按基础设计要求分部件安装，之后进行系统配管；各部件固定采用预埋地脚螺栓及二次灌浆方式 |
| | 工作阀台的安装 | (1)对于具有台架的大型控制阀台，采用预埋地脚螺栓及二次灌浆方式<br>(2)对于局部回路的阀块，可固定在小阀架上，小阀架焊接或固定在底盘上<br>(3)动态响应要求很高的伺服控制阀块，拟直接固定在伺服液压缸上 |
| | 执行机构的安装 | 执行机构装于工作机构与机座之间，应特别注意安装的同轴度、平直度、垂直度；连接或铰接部分不得存在过大的间隙，以免出现游隙 |
| | 车间配管 | 液压部件安装固定后，按配管设计图要求预埋管夹固定埋设件、酸洗管道、配管、清洗并用管夹固定管道 |
| | 系统循环冲洗 | 详见 4.5.4 节 |
| 系统调试 | 液压伺服油源的调试 | (1)按系统工作要求，手动开闭有关球阀、蝶阀、高压球阀<br>(2)开启主泵组前先开循环过滤系统，系统清洁度达到要求后，再开启主泵<br>(3)逐台启动液压泵；分别设定各泵调压阀块中溢流阀的设定压力、恒压泵的设定压力和压力继电器的设定压力<br>(4)向蓄能器充气并调整蓄能器各安全阀组的设定压力及压力继电器的设定压力<br>(5)进行油源的耐压试验 |
| | 控制阀块的调试 | (1)将伺服油源打开，向控制阀块供油<br>(2)供油前先用换向阀代替伺服阀，进行系统功能调试<br>(3)调整各压力阀的设定压力和各流量阀的开度 |

续表

| 项目 | | 说明 |
|---|---|---|
| 系统安装 | 系统闭环调试 | (1)从各取样点取油样，检查系统清洁度，全部油样达到要求后方可安装伺服阀<br>(2)检查控制电源、控制电路及反馈传感器的输出信号，信号及其极性符合要求后，伺服放大器才能向伺服阀供电<br>(3)先将系统开环增益调低，并将系统供油压力调低，进行闭环试动<br>开环增益的调节：通过调节计算机控制系统的前置级增益或前置放大器增益来实现<br>(4)闭环运动正常后，将供油压力设定至额定值<br>(5)将PID放大器设置在比例工作状态，系统逐步增大开环增益，直至出现微振荡，记下允许的最大开环增益<br>(6)试验各种开环增益下的系统响应速度及控制精度，确定最佳开环增益<br>(7)如通过调整开环增益难以达到要求的响应速度或控制精度，则进行PID参数的整定和试验，直至满足性能要求 |
| 系统测试与分析 | 阶跃响应测试 | (1)由分析仪或CAT系统给出阶跃讯号，讯号幅值大小按行业标准或技术要求给定<br>(2)测试闭环系统的输入与输出曲线及数值<br>(3)分析阶跃响应，必要时重新整定系统参数并再次进行测试 |
| | 频率特性测试 | (1)由分析仪或CAT系统给出正弦讯号，讯号幅值按行业标准或技术要求给定<br>(2)测试闭环系统的频率特性<br>(3)分析闭环频率特性，必要时重新整定系统参数，再次进行测试 |



# 8　控制系统的工具软件MATLAB及其在仿真中的应用

控制系统的仿真分析集中体现两个步骤：建模和仿真。其基本思想就是建立物理的或数学的模型来模拟现实的过程，以寻求过程和规律。实物仿真比较直观、形象，如飞机、导弹模型在风洞中的模拟实验；利用沙盘模型作战；以及汽车的道路实验等。利用数学的语言、方法来描述实际问题，并用数值计算方法对这一问题进行分析，这一过程称为数字仿真。人们利用计算机在数值计算上的优势，采用高能计算语言（如FORTRAN-C等），编制计算程序替代人工求解，这使得数学模型的求解变得更加方便、快捷和精确。有许多专业性和通用性的计算仿真软件，MATLAB是通用性较强的数值计算、机电液综合仿真商业软件之一。

## 8.1　MATLAB仿真工具软件简介

MATLAB1.0版于1984年由MATHWORKS公司推出，其名称为由Matrix Laboratory缩写而来，主要的优势在于它强大的矩阵处理和绘图功能。这一点非常适合于现代控制系统的计算机辅助设计。它一推出就立刻引起国际控制学术界的重视。MATLAB把计算、可视化、编程等基本功能都集中在一个易于使用的环境中，并且公式的表达和求解与日常数学运算相似，这一特点，使工程技术人员很容易地熟悉其使用环境，缩短学习和编程时间，为此MATLAB语言也被亲切地称为"演算纸式的语言"。

随着MATLAB的不断完善和功能的开发，1993年在MATLAB中集成了具有动态系统建模、仿真工具的SIMULINK，使控制系统建模和仿真摆脱了烦琐的关联矩阵求取和输入，让设计者把更多的精力集中在系统的设计和校正上。

SIMULINK是图形仿真工具包，能对动态系统进行建模、仿真和综合分析，可处理线性和非线性方程，离散的、连续的和混合系统，进行单任务和多任务仿真分析。工程技术人员不需要编制任何程序，甚至不必编写一行代码，即可完成相当复杂的控制系统的模型构建、仿真和分析校正，能直观、快捷地得到希望的参数。

在SIMULINK下进行控制系统仿真，分两步进行：首先是系统建模，其次是系统仿真和分析。

表 22-4-59　　**SIMULINK 环境和元件库**

| 项目 | 内　　容 | 说　明 |
|---|---|---|
| 运行 MATLAB | 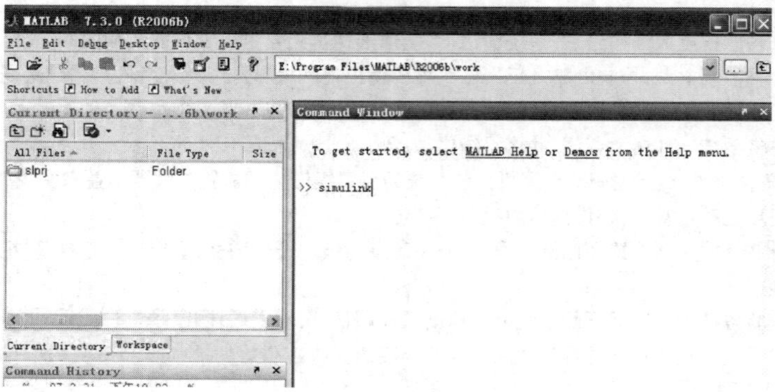 MATLAB Command Windows 窗口 | 双击 Windows 桌面的  图标，或者点击开始\所有程序\MATLAB \ R2006b \ MATLAB R2006b，运行 MATLAB 7.3.0 (R2006b) |
| 激活 Simulink 仿真元件库浏览窗口 | 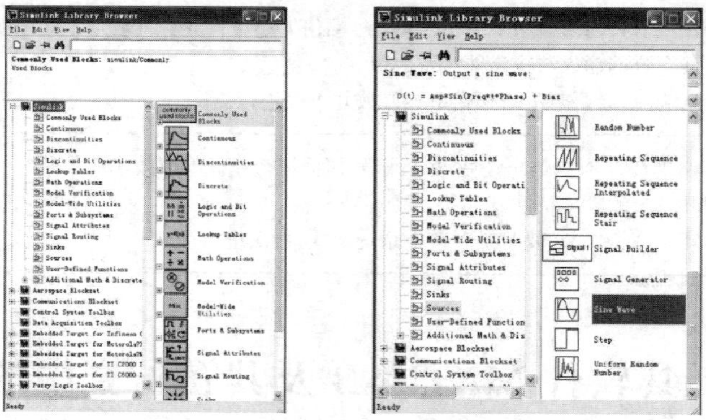 Simulink 中的线性元件子库及其成员 | Matlab 命令窗口激活 Simulink 的方式有三种：<br>①输入 Simulink 后回车<br>②选择 File\New\Model 选项<br>③鼠标点击  图标 |

注：本章以 MATLAB2006b 中的 SIMULINK6.5 为例介绍。



## 8.2　液压控制系统位置自动控制（APC）仿真实例

### 8.2.1　建模步骤

表 22-4-60

| 项目 | 内　　容 | 说　明 |
|---|---|---|
| 组成框图 | 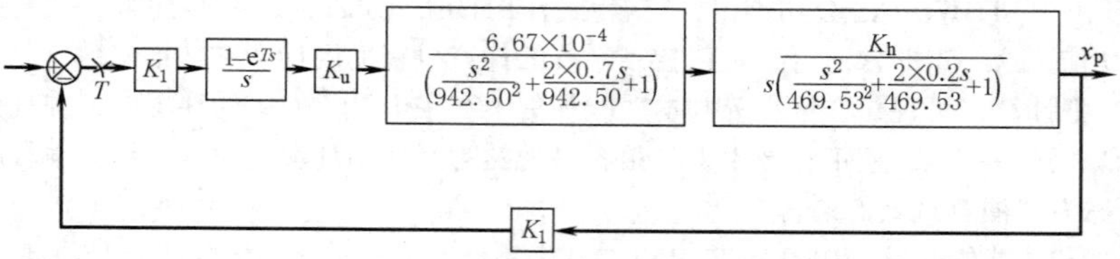 | |
| 主要传递函数 | 伺服阀：$G_{sv}(s)=\dfrac{K_{sv}}{\dfrac{s^2}{\omega_{sv}^2}+\left(\dfrac{2\xi_{sv}}{\omega_{sv}}\right)s+1}=\dfrac{6.67\times10^{-4}}{\dfrac{s^2}{942.5^2}+\dfrac{2\times0.7}{942.5}s+1}$<br>伺服缸：$G_h(s)=\dfrac{1/A_c}{s\left(\dfrac{s^2}{\omega_h^2}+\dfrac{2\xi_h s}{\omega_h}+1\right)}=\dfrac{K_h}{s\left(\dfrac{s^2}{469.53^2}+\dfrac{2\times0.3s}{469.53}+1\right)}$ | |

续表

| 项目 | 内　　容 | 说　　明 |
| --- | --- | --- |
| 新建模型窗口 | 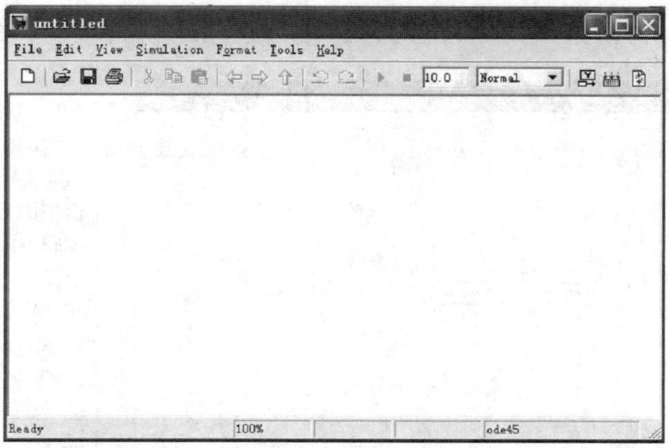 | 点出“Simulink Library Brower”下的图标“”按钮，新建 Untited * 模型窗口<br>或者选择 MATLAB 命令窗口中的 File \ New \ Model 菜单选项 |
| 拖入成员块 | 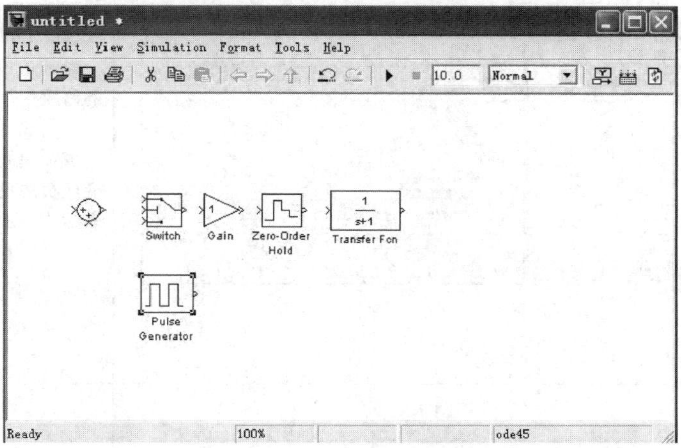 | 从 Simulink 元件库中浏览窗口的“Continuous”子元件库中点击“Transfer Fcn”成员块，并拖到模型窗口<br>同样方法把“Commonly Used Blocks”子元件库中的“Sum”、“Gain”、“Switch”成员块拖到模型窗口<br>把 Sources/Pulse Generator 和 Discrete/Zero-Order Hold 等成员块拖到模型窗口；按图示顺序排列 |
| 复制、旋转成员块 | 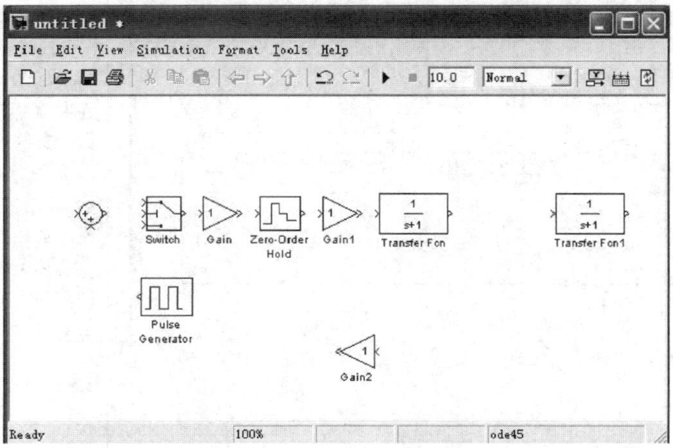 | 鼠标点出“Transfer Fcn”成员块的同时按住“Ctrl”键，移动鼠标，复制一传递函数“Transfer Fcn1”成员块，同样方法复制“Gain1”和“Gain2”成员块。复制等编辑过程遵循 Windows 规范操作。选中“Gain2”成员块，点出 Format \ Rotate Block 两次或按“Ctrl + R”键两次使“Gain2”成员块旋转 180°；同样方法旋转“Discrete Pulse Generator”成员块<br>单击成员块并移动鼠标，调整成员块相对位置 |

第 22 篇

续表

<table>
<tr><th>项目</th><th>内　容</th><th>说　明</th></tr>
<tr><td>编辑成员块</td><td>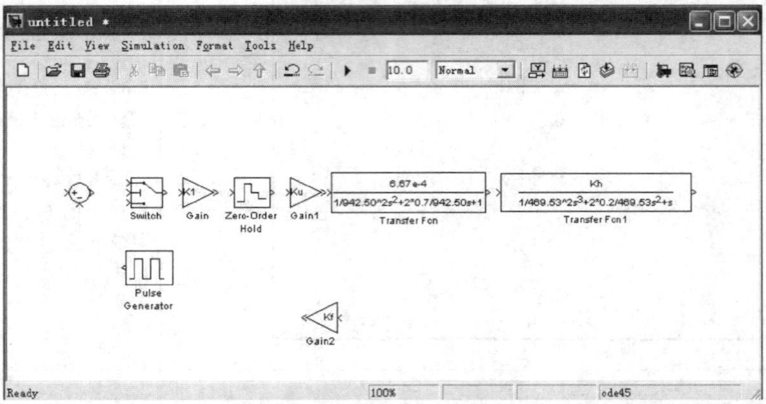

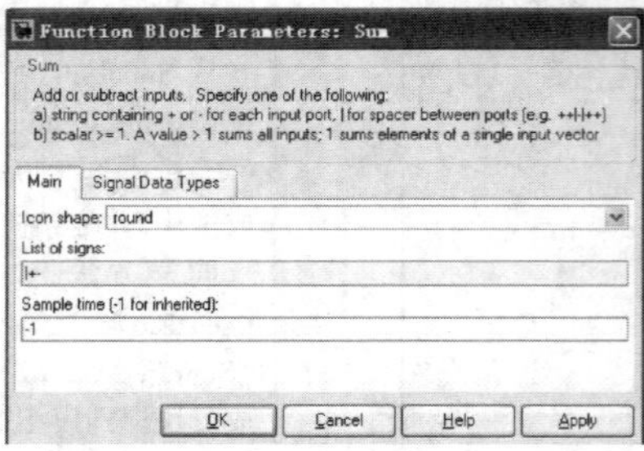

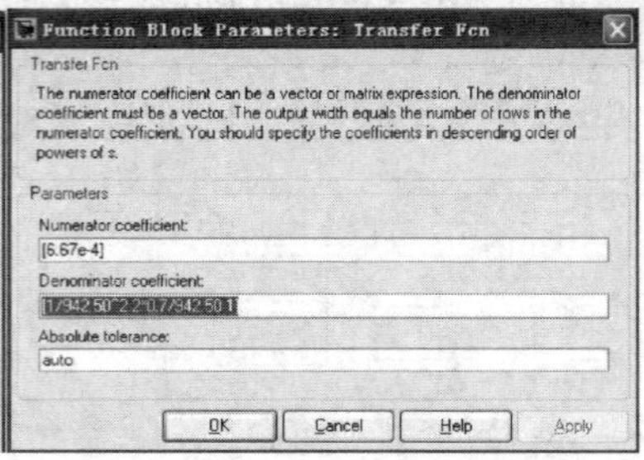
</td><td>双击每个成员块(Block),均能在弹出的对话框中对该块的参数进行编辑修改<br>双击“Transfer Fcn”成员块,把“Numerator”值[1]改为[6.67e-4];“Denominator”值[11]改为[1/942.50^22 * 0.7/942.50 1],“Transfer Fcn”成员块表达传递函数 $G_{sv}(s)$。同样方法修改“Transfer Fcn1”成员块,使它表达传递函数 $G_h(s)$<br>对其他成员块进行相应的修改<br>单击成员块后,用鼠标拖动成员块的任一角点,可改变成员块尺寸大小,使函数表达式显示完整</td></tr>
<tr><td>连接成方框图</td><td>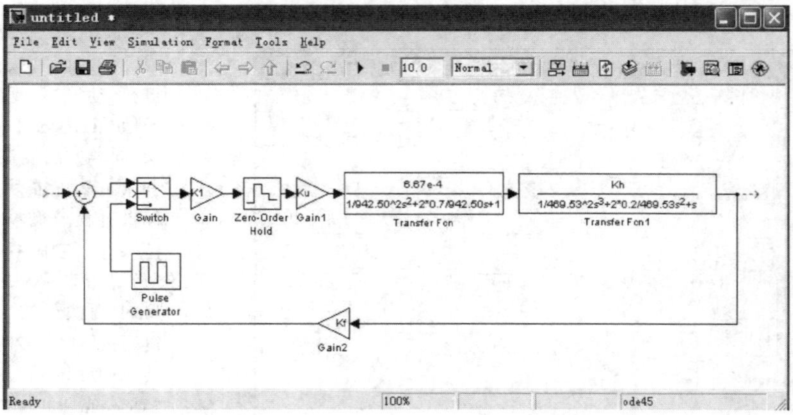
</td><td>用鼠标点住成员块上的“>”,并拖到下一成员块的“>”处,在两成员块间自动连上流程线。从流程线上做分支线时,在点击鼠标前需按住“Ctrl”键。如左图示,其结果和通常书写的传递函数相同<br>选择菜单 File\save,取文件名为“APC”,将保存为 APC.md1 模型文件</td></tr>
</table>

第22篇

## 8.2.2 运行及设置

表 22-4-61

| 项目 | 内　　容 | 说　　明 |
|---|---|---|
| 检测：加入信号类型和输出显示类别 | 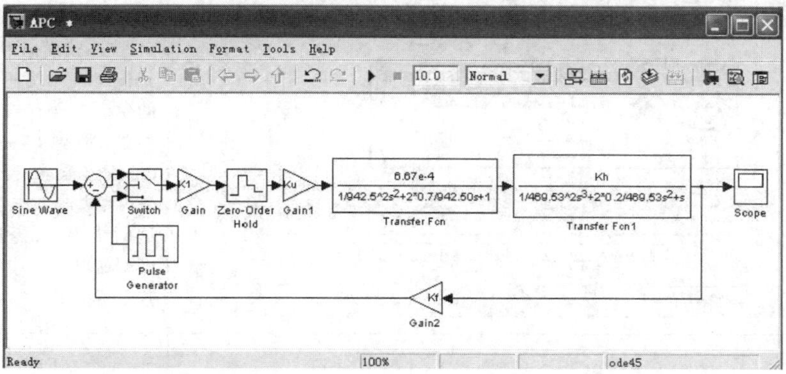 | 从 Simulink 元件库浏览窗口的“Sources”子元件库中点击“Sine Wave”成员块，并拖到模型窗口<br>把“Commonly Used Blocks”子元件库中“Scope”成员块拖到模型窗口，并连接。构成一个正弦波输入，示波器显示输出的仿真图<br>MATLAB 提供的输入波形还有 Pulse Generator，Step，…<br>双击“Sine Wave”成员块，可编辑相关参数 |
| 设置观测点 | 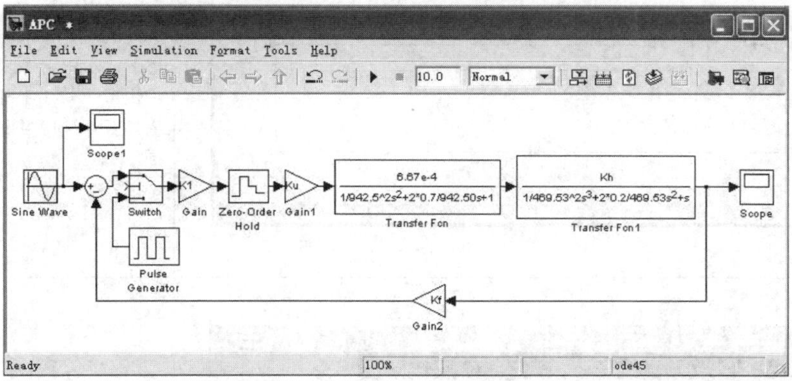 | 用复制“Scope”成员块的方法，在信号“Sine Wave”成员块后设置一“Scope1”观测点。“Scope1”将显示输入波形<br>用编辑成员块的方法为 K1，Ku，Kh，Kf 赋值或者在 MATLAB 命令窗口直接输入 K1 = 90，Ku = 15，Kh = 0.88，和 Kf = 156.25 等设定值 |
| 直接查看仿真过程 | 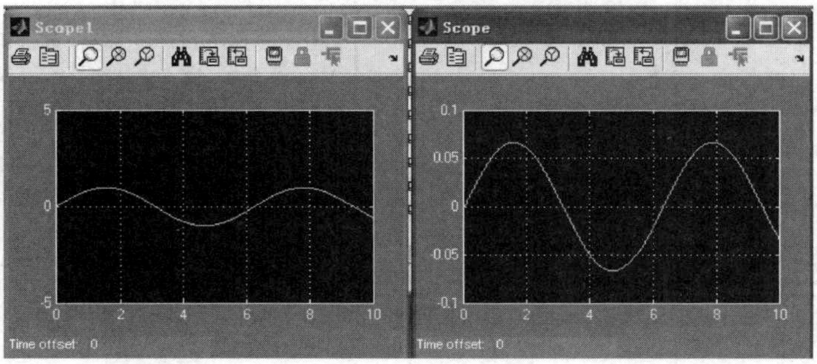 | 双击“Scope1”，“Scope”将弹出 Scope1 和 Scope 两个对话框，单击模型窗口工具栏“”图标开始进行仿真，其过程和结果在 Scope1 和 Scope 窗口分别显示。单击 Scope 窗口中“”图标，按输出图形自动调整显示比例。该结果可以打印输出 |

续表

| 项目 | 内　　容 | 说　　明 |
| --- | --- | --- |
| 用线性定常系统 LTI Viewer 仿真 | 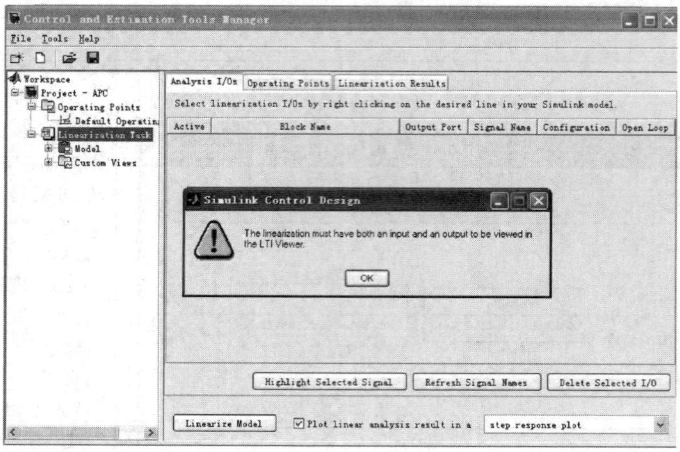 | 选择菜单“Tools \ Control Design \ Linear Analysis …”将弹出 Control and Estimation Tools Manager 窗口，点击该窗口下方的 Linearize Model 按钮。若已建的模型中含有未给定值的参数，将弹出一 Simulink Control Design 提示对话框，告诉哪些参数未定义，关闭这两个窗口，返回到 APC 模型窗口 |
| 加入输入输出点 | 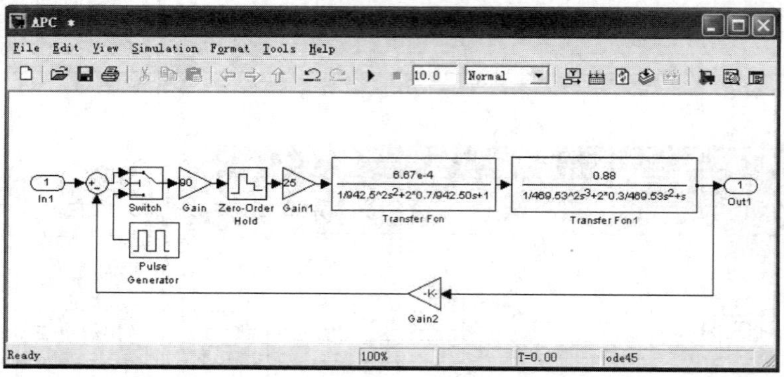 | 去除 APC 模型窗口中“Sine Wave”、“Scope1”、“Scope”成员块，从 Simulink \ Commonly Used Blocks 库中分别把输入和输出成员块 In1 和 Out1 拖入模型窗口，并连接如左图示 |
| 运行 | 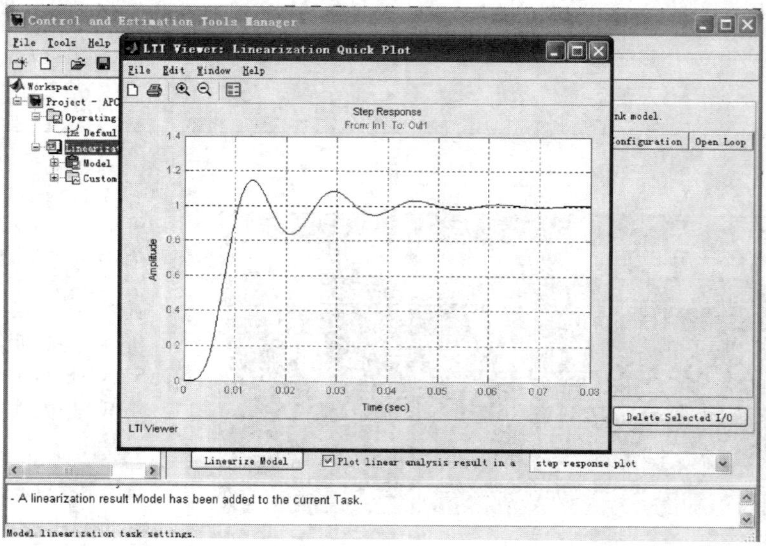 | 用编辑成员块的方法修改 K1，Ku，Kh，Kf 等参数<br>选择菜单 Tools \ Control Design \ Linear Analysis …，弹出 Control and Estimation Tools Manager 窗口，点击该窗口下方的 Linearize Model 按钮，运行后的结果，显示在线性定常系统可视化仿真环境的 LTI Viewer：Linearization Quick Plot 窗口中 |

续表

<table>
<tr><th>项目</th><th>内 容</th><th>说 明</th></tr>
<tr><td>改变传递函数的参数</td><td></td><td>不关闭 LTI Viewer: Linearization Quick Plot 窗口，激活 APC 模型窗口。双击要改变参数的成员块，修改参数后，返回 Control and Estimation Tools Manager 窗口，点击该窗口下方的 Linearize Model 按钮，点击 LTI Viewer: Linearization Quick Plot 窗口，结果便以不同颜色绘出响应曲线。如果在修改参数前关闭了 LTI Viewer: Linearization Quick Plot 窗口。这时仅能绘出修改参数后的曲线</td></tr>
<tr><td>变换响应曲线类别</td><td>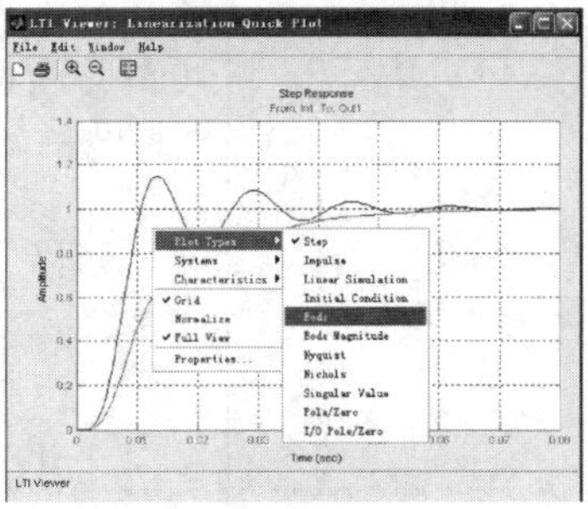 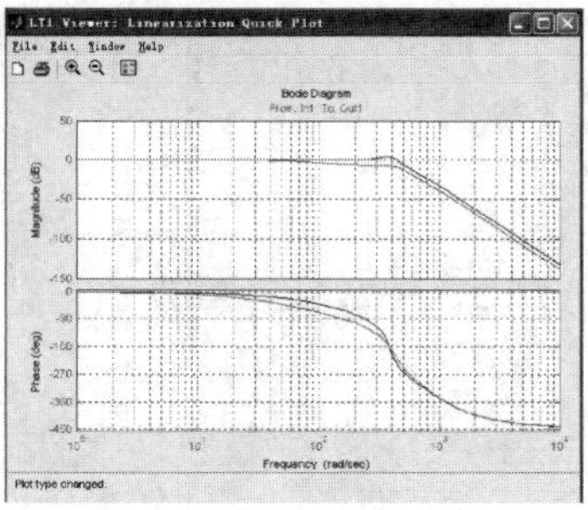</td><td>LTI Viewer: Linearization Quick Plot 窗口能方便直观、准确地根据不同的要求绘制相应的曲线，即阶跃响应曲线（缺省曲线类型）、脉冲响应曲线、Bode 图（开环、闭环）、Nyquist 图和 Nichols 图等。在绘图区单击鼠标右键，将弹出一快捷菜单，选择其中的“Plot Type\Bode”，进行曲线类型变换</td></tr>
<tr><td>获取性能指标</td><td>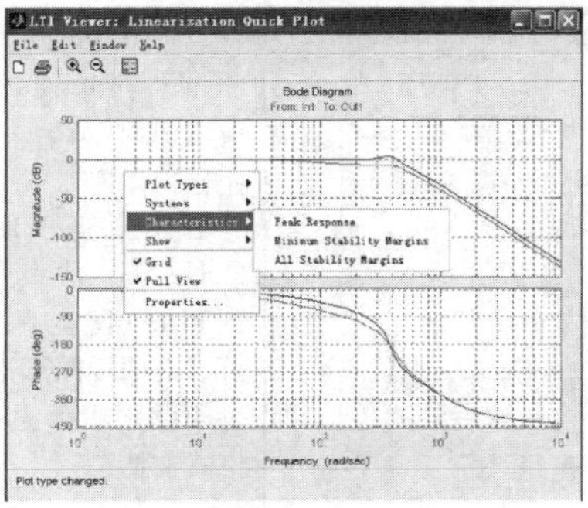 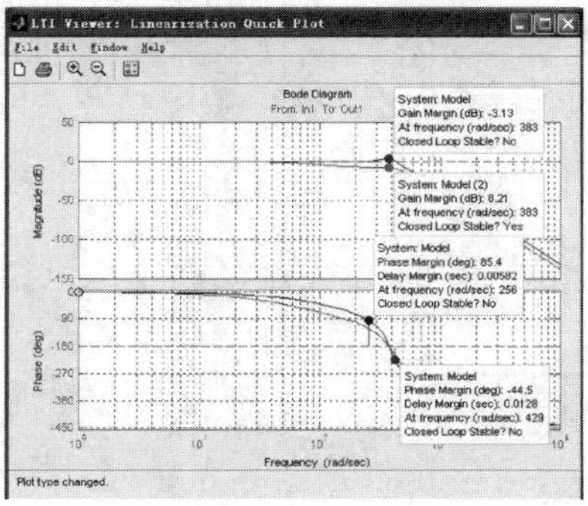</td><td>在 LTI Viewer: Linearization Quick Plot 窗口的绘图区域，单击右键，将弹出一快捷菜单。选择快捷菜单中的“Characteristics”的子项，将对已绘出的曲线标记特征值：如过渡过程时间（Rise Time）、进入稳态时间（Settling Time）、峰值点（Peak）、增益裕量（Gain Margin）、相角裕量（Phase Margin）等，鼠标点击并按住标记点，将显示该点特征值</td></tr>
</table>

续表

| 项目 | 内 容 | 说 明 |
| --- | --- | --- |
| 设置坐标有关参数值 | 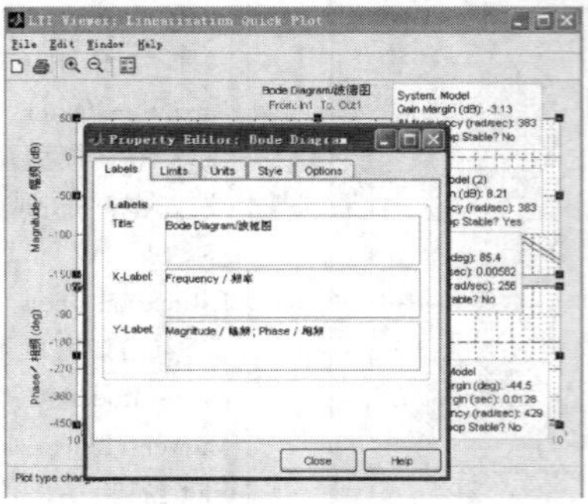 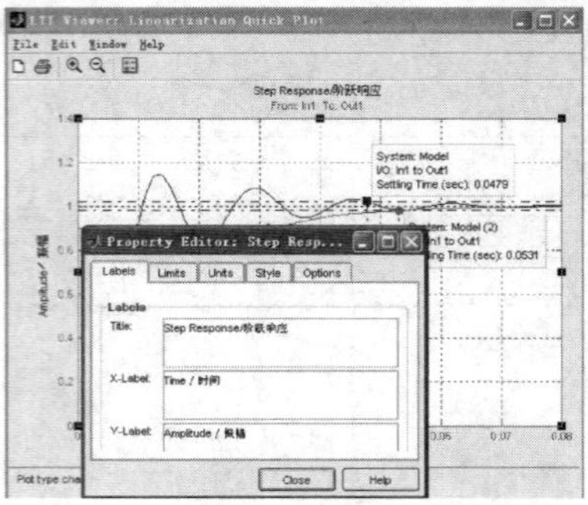 | 在LTI Viewer:Linearization Quick Plot窗口绘图区内单击右键,选择弹出快捷菜单的Properties…项,单击弹出窗口的各标签,可修改坐标轴范围、名称,以及设置稳差百分数、上升时间和坐标单位等 |
| 改变横坐标值 | 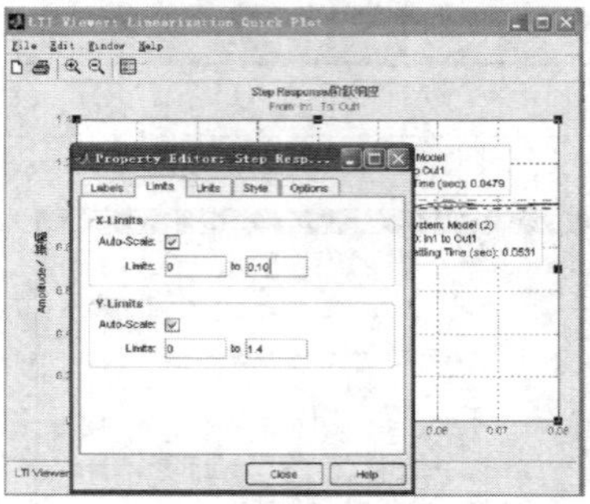 | 例如,从该窗口的Limits标签,修改X-limits时间,其值由0~0.08s更改为0~0.10s |
| 曲线图形输出阶跃响应 | 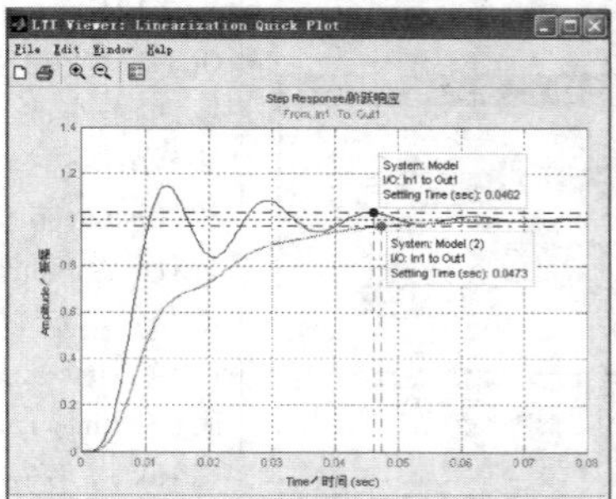 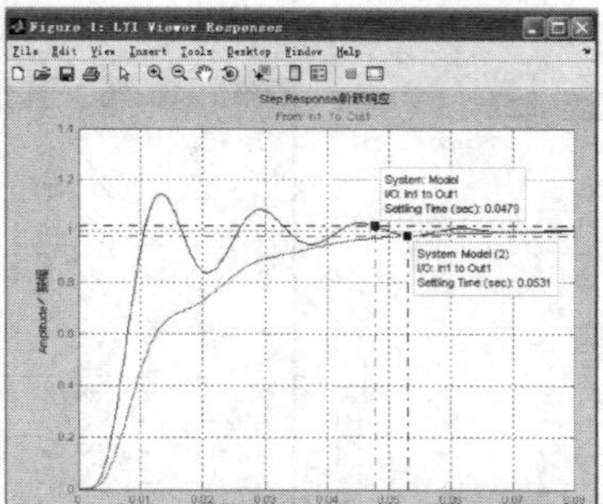 Figure窗口 | 在LTI Viewer:Linearization Quick Plot窗口中,选择菜单"File\Print…"。LTI Viewer:Linearization Quick Plot窗口中曲线图形立刻从打印机输出<br>选择菜单"File\Print to Figure…",曲线图形输出到Figure窗口中,在该窗口可以对曲线图形进行注释、打印设置或存为通用图片格式文档 |

续表

<table>
<tr><th>项目</th><th>内　　容</th><th>说　　明</th></tr>
<tr><td>修改标记点式样</td><td>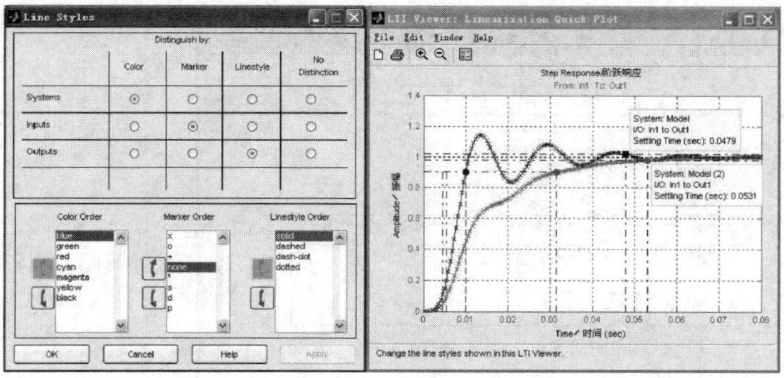
</td><td>选取 LTI Viewer: Linearization Quick Plot 窗口菜单 Edit \ Line Styles …，弹出 Line Styles 对话框，可设置曲线的线型、标记点形状</td></tr>
<tr><td>曲线图形输出频率响应</td><td>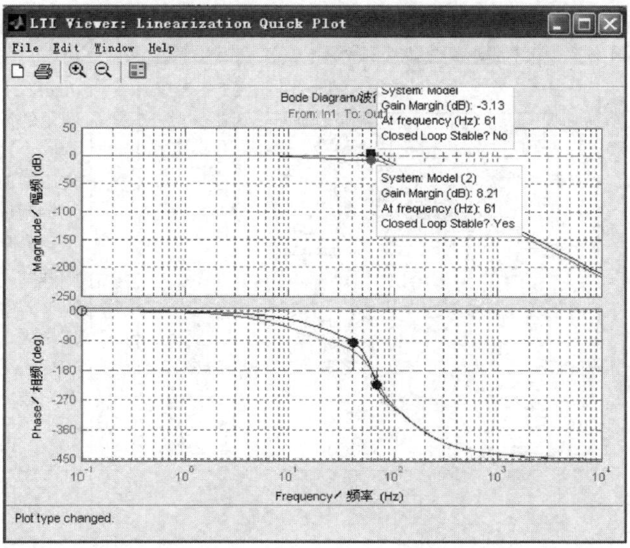
</td><td>绘图区单击鼠标右键，选择“Plot Type \ Bode”，变换曲线响应类型为波德图<br>选取 LTI Viewer: Linearization Quick Plot 窗口绘图区，单击鼠标右键，单击弹出的快捷菜单的 Properties…项，点击弹出窗口的 Limits 标签，可修改图形显示的横纵坐标值<br>单击 Units 标签，可修改坐标单位，如左图示，坐标单位从弧度/秒改为赫兹</td></tr>
<tr><td>对单个高分子阶次的处理</td><td>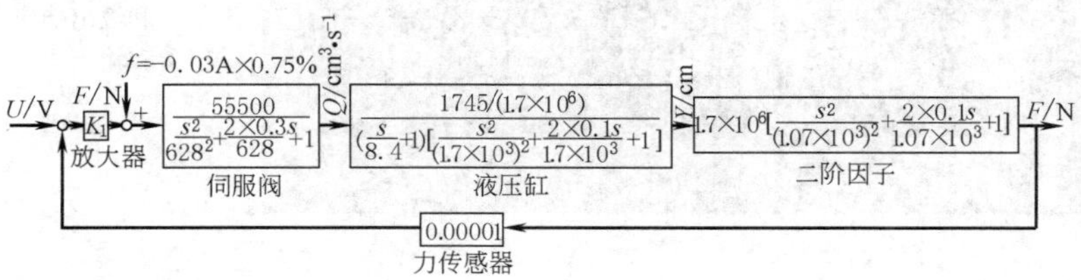
</td><td>对包含着二阶因子的传递函数，其建模的方法与 APC 系统略有不同，因 MATLAB 的 Transfer Fcn 不能处理分子阶次高于分母的多项式，要先对上述的函数进行组合</td></tr>
</table>

第 22 篇

续表

<table>
<tr><th>项目</th><th>内　　容</th><th>说　　明</th></tr>
<tr><td>整理后的MATLAB模型</td><td>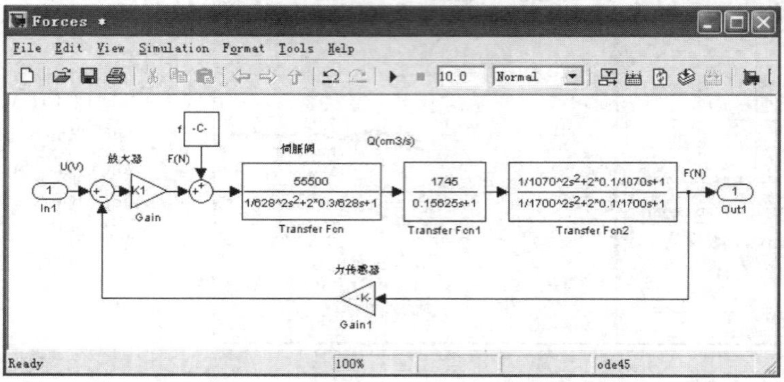
</td><td></td></tr>
<tr><td>机、电、液综合仿真分析</td><td>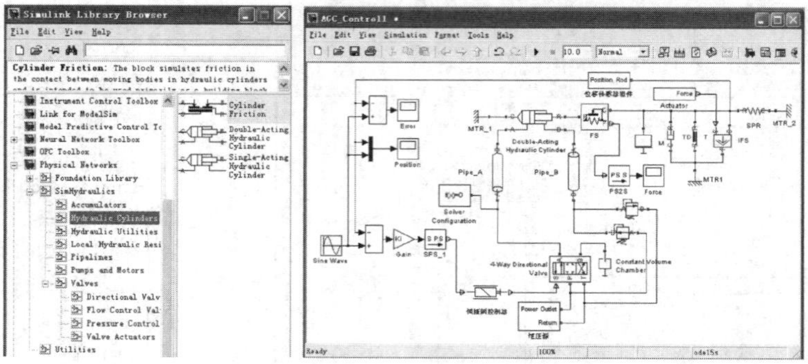
</td><td>利用Simulink6.5提供的Physical Networks \ Sim hydraulic子元件库，建立如左图示的液压原理图，建模过程同上，各成员块参数修改方法如前。该系统中，包含了控制过程的各物理量，如工作介质类型、泵的流量、阀的开口量，负载的质量、阻尼和惯性及恒定负荷的作用等，并对输入控制信号和输出力及位移设置监控和比较</td></tr>
<tr><td>运行</td><td>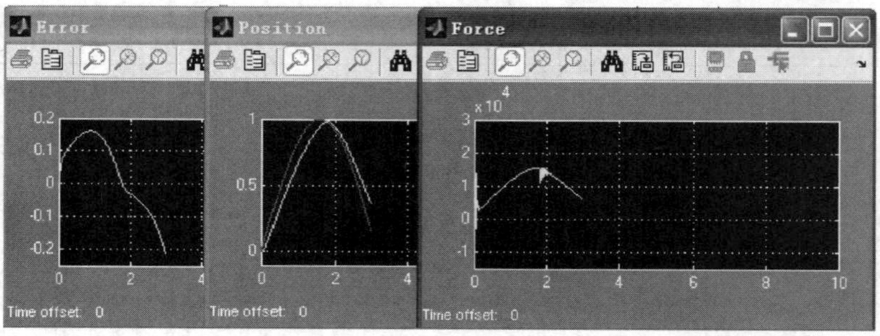
</td><td>仿真过程中显示的输入信号和输出响应曲线，跟随误差和输出力</td></tr>
</table>

第22篇

# 第 5 章　电液比例系统的设计计算



## 1　概　　述

### 1.1　电液比例系统的组成、原理、分类及特点

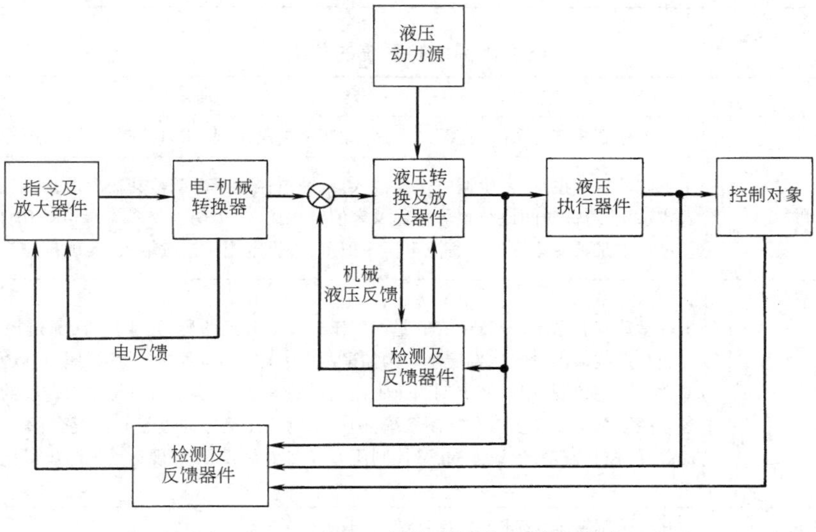


图 22-5-1　电液比例控制系统的技术构成

**表 22-5-1**　　**电液比例控制系统的组成与原理**

| | | |
|---|---|---|
| 开环控制系统 | 方块图及组成 | 输入电信号 $u_i$ → 电控制器 → 电流 $i$ → [电-机械转换装置 → 力、位移 → 液压阀]（电液比例阀）→ 流量、压力 $Q$、$p$ → 液压缸或液压马达 → 速度、力 $v$、$F$ $\omega$、$T$ → 负载 |
| | 原理 | 系统输入量为控制电量(电压或电流)，经电控制器放大转换成相应的电流信号输入给电-机械转换装置，后者输出与输入电流近似成比例的力、力矩或位移，使液压阀的可动部分移动或摆动，并按比例输出具有一定压力 $p$、流量 $Q$ 的液压油以驱动执行元件，执行元件也将按比例输出力 $F$、速度 $v$ 或转矩 $T$、角速度 $\omega$ 以驱动负载，无级调节系统输入量就可无级调节系统输出量、力、速度，以及加、减速度等<br>这种控制系统的结构组成简单，系统的输出端和输入端不存在反馈回路，系统输出量对系统的输入控制作用没有影响，没有自动纠正偏差的能力，其控制精度主要取决于关键元器件的特性及系统调整精度。但这种开环控制系统不存在稳定性问题 |

续表

| | | |
|---|---|---|
| 闭环控制系统 | 方块图及组成 | 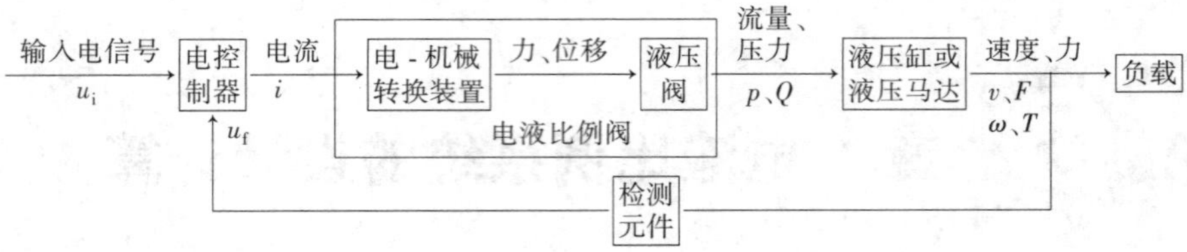 |
| | 原理 | 系统工作原理为反馈控制原理或偏差调节原理，这种控制系统通过负反馈控制，因而具有自动纠正偏差的能力，可获得相当高的控制精度。但系统存在稳定性问题，而且高精度和稳定性的要求是矛盾的 |
| 说明 | | 电控制器(比例放大器，俗称放大板)在开环控制系统中，用于驱动和控制电液比例控制元件的电-机械转换器；在闭环控制系统中除了上述作用外，还要承担反馈检测器的检测放大和校正系统的控制性能。因此，电控制器的功能直接影响系统的控制性能，它的组成应与电-机械转换器的型式相匹配，一般都具有控制信号的生成、信号的处理、前置放大、功率放大、测量放大、反馈校正、颤振信号发生及电源变换等基本组成单元。它包括电位器、斜坡发生器、阶跃函数发生器、PID 调节器、反向器、功率放大器、颤振信号发生器，或用可编程序控制器等。一般生产电液比例阀的厂家供应相应的比例放大器<br>电液比例阀由电-机械转换器(比例电磁铁等)和液压阀两部分组成。由于比例电磁铁可以在不同的电流下得到不同的力(或行程)，可以无级地改变压力、流量，因此，电-机械转换器是电液比例阀的关键元件 |



**表 22-5-2　电液比例控制系统的分类**

| 分类依据 | 类　别 |
|---|---|
| 按系统的输出信号 | ①位置控制系统；②速度控制系统；③加速度控制系统；④力控制系统；⑤压力控制系统 |
| 按系统输入信号的方式 | ①手调输入式系统：以手调电位器输入，调节电控制器以调整其输出量，实现遥控系统。②程序输入式系统：可按时间或行程等物理量定值编程输入，实现程控系统。③模拟输入式系统：将生产工艺过程中某参变量变换为直流电压模拟量，按设定规律连续输入，实现自控系统 |
| 按系统控制参数 | ①单参数控制系统：液压系统的基本工作参数是液流的压力、流量等，通过控制一个液压参数，以实现对系统输出量的比例控制。例如采用电液比例压力阀控制系统压力，以实现对系统输出压力或力的比例控制；用电液比例调速阀控制系统流量，以实现对系统输出速度的比例控制等，都是单参数控制系统。②多参数控制系统：例如用电液比例方向流量阀或复合阀、电液比例变量泵或马达等，既控制流量、液流方向，又控制压力等多个参数，以实现对系统输出量比例控制的系统 |
| 按系统控制回路组成 | ①开环控制系统；②闭环控制系统 |
| 按系统电液比例控制元件 | ①阀控制系统：采用电液比例压力阀、电液比例调速阀、电液比例插装阀、电液比例方向流量阀、电液比例复合阀等控制系统参数的系统。②泵、马达控制系统：采用电液比例变量泵、马达等控制系统参数的系统 |

**表 22-5-3　电液比例系统的技术优势与基本特点**

| | |
|---|---|
| 电液控制的技术优势 | 电气或电子技术在信号的检测、放大、处理和传输等方面比其他方式具有明显的优势，特别是现代微电子集成技术和计算机科学的进展，使得这种优势更显突出。因此，工程控制系统的指令及信号处理单元和检测反馈单元几乎无一例外地采用了电子器件。而在功率转换放大单元和执行部件方面，液压元件则有更多的优越性。电液控制技术集合了电控与液压的交叉技术优势 |
| 电液比例控制系统的基本特点 | ①可明显地简化液压系统，实现复杂程序控制；②引进微电子技术的优势，利用电信号便于远距离控制，以及实现计算机或总线检测与控制；③电液控制的快速性，是传统开关阀控制无法达到的；④利用反馈，提高控制精度或实现特定的控制目标；⑤便于机电一体化的实现 |

**表 22-5-4　　　　阀控与泵控体系的对应关系**

| 阀控 | | | |
|---|---|---|---|
| 压力控制 | 溢流阀 | | 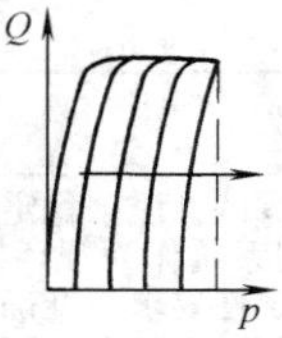  |
| 压力控制 | 减压阀 | | |
| 流量控制 | 单向 | 节流阀 | 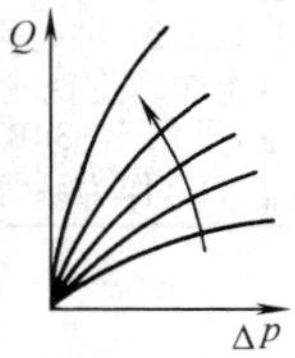  |
| 流量控制 | 单向 | 流量阀 | 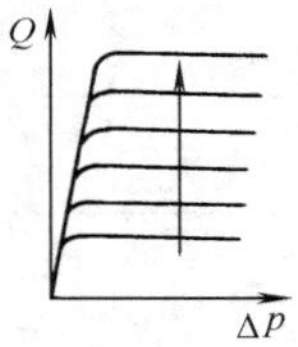  |
| 流量控制 | 双向 | 方向节流 | 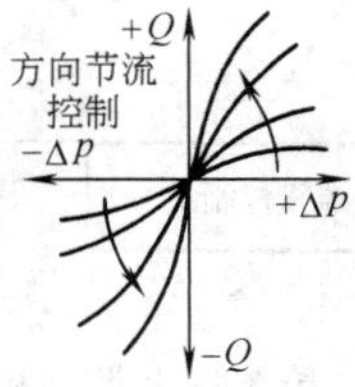  |
| 流量控制 | 双向 | 方向流量 | 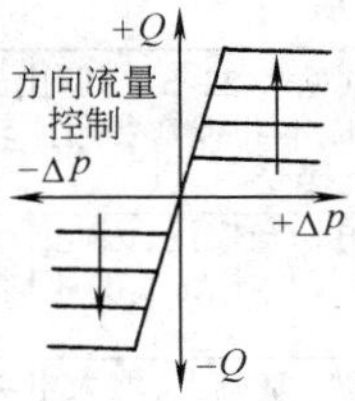  |
| 复合控制 | pQ 阀(压力流量复合) | | |

| 泵控 | | | |
|---|---|---|---|
| 压力控制 | 恒压力泵 | | 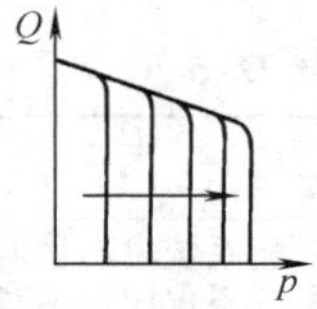  |
| 流量控制 | 单向 | 变排量泵 | 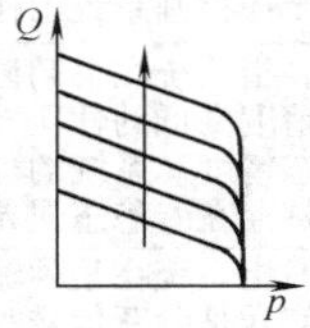  |
| 流量控制 | 单向 | 恒排量泵 | 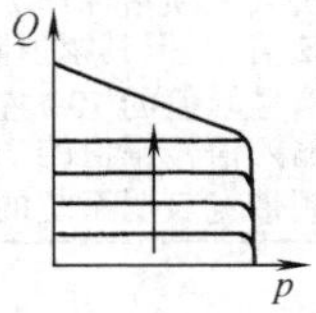  |
| 流量控制 | 双向 | 变排量泵 | 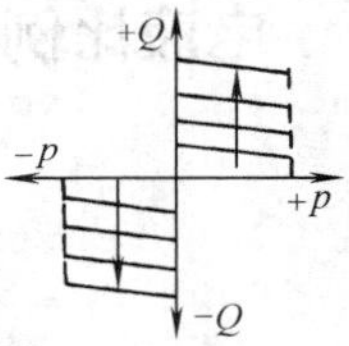  |
| 流量控制 | 双向 | 恒排量泵 | 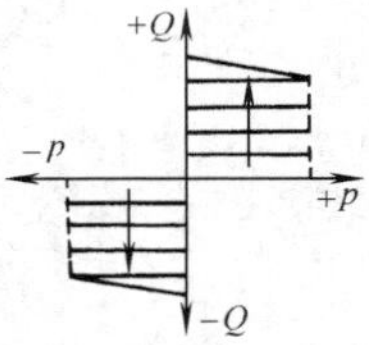  |
| 复合控制 | 压力流量复合 | | 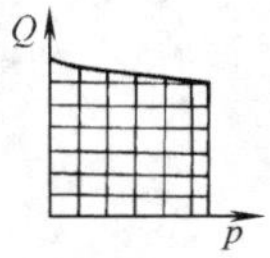  |
| 复合控制 | 压力功率复合 | | 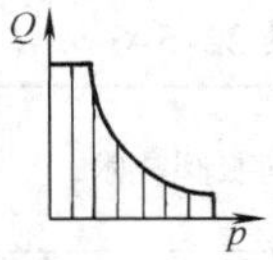  |
| 复合控制 | 流量功率复合 | | 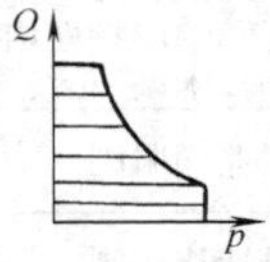  |
| 复合控制 | 压力流量功率复合 | | 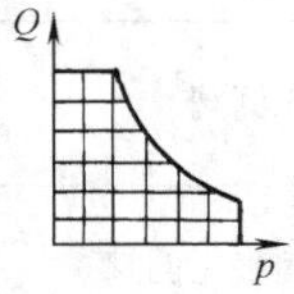  |

注：$\Delta p$ 为控制器件进出口压差。

## 1.2 电液比例控制系统的性能要求

**表 22-5-5**

| 性能 | 要求 |
|---|---|
| 稳定性 | 指系统输出量偏离给定输入量的初始值随着时间增长逐渐趋近于零的性质。稳定性是系统正常工作的首要条件。因此，系统不仅应是绝对稳定的，而且应有一定的稳定裕度。电液比例控制系统作为开环控制系统一般是具有稳定性的，但作为闭环控制系统工作时，则应注意确保它的稳定性，并应适当处理好稳定性要求与准确性之间可能存在的矛盾 |
| 准确性 | 指系统在自动调整过渡过程结束后，系统的输出量与给定的输入量之间所存在稳态偏差大小的性质，或系统所具有稳态精度高低的性质。总是希望系统由一个稳态过渡到另一个稳态，输出量尽量接近或复现给定的输入量，即希望得到高的稳态精度。系统的稳态精度不仅取决于系统本身的结构，也取决于给定输入信号和外扰动的变化规律。系统在实际工作中总是存在着稳态误差的，故力求减小稳态误差，把稳态精度作为系统工作性能的重要指标 |
| 快速性 | 指系统在某种输入信号作用下，系统输出量最终达到以一定稳态精度复现输入这样一个过程的快慢性质。当系统的输入信号是阶跃信号时，系统的阶跃响应特性以调整时间 $t_s$ 作为快速性指标，并常以调整时间 $t_s$、超调量 $M_p$ 和阶跃响应的振荡次数三项指标作为系统的过渡过程品质指标。当系统的输入信号是正弦信号时，可以证明线性系统的输出也是同频率的正弦信号，但其幅值随着角频率 $\omega$ 的增高而衰减，当角频率增高到系统的截止频率 $\omega_b$ 时，系统输出信号的幅值已衰减到输入信号幅值的70%左右。若再加快频率，则幅值将更衰减，认为输出已不能准确复现输入了。通常以输出信号的幅值不小于输入信号幅值的70.7%，或者说输出信号与输入信号的幅值比（或增益）不低于-3dB时，所对应的频率范围 $0<\omega\leqslant\omega_b$，这个频带宽表明系统的响应速度，即以系统的频宽 $\omega_b$ 或其相应的频率 $f_{-3dB}$（Hz）作为系统快速性指标 |



## 1.3 电液比例阀体系的发展与应用特点

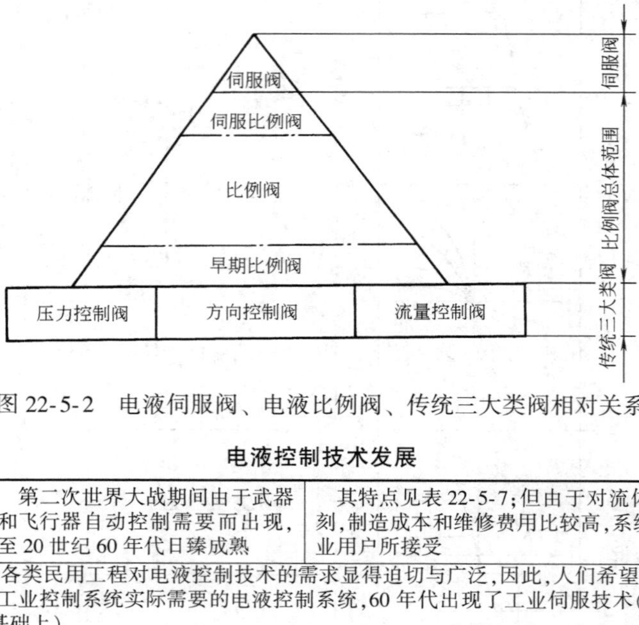


图 22-5-2 电液伺服阀、电液比例阀、传统三大类阀相对关系

**表 22-5-6** **电液控制技术发展**

| | | | |
|---|---|---|---|
| 电液伺服阀技术 | | 第二次世界大战期间由于武器和飞行器自动控制需要而出现，至20世纪60年代日臻成熟 | 其特点见表22-5-7；但由于对流体介质的清洁度要求十分苛刻，制造成本和维修费用比较高，系统能耗也比较大，难以为各工业用户所接受 |
| 电液比例阀技术 | 20世纪60年代后期，各类民用工程对电液控制技术的需求显得迫切与广泛，因此，人们希望开发一种可靠、价廉，控制精度和响应特性均能满足工业控制系统实际需要的电液控制系统，60年代出现了工业伺服技术（在伺服阀基础上）与电液比例技术（在传统开关阀基础上） | | |
| | 工业伺服阀 | 20世纪60年代后期出现 | 在伺服阀基础上，增大电-机械转换器功率，适当简化伺服阀结构，降低制造成本 |
| | 早期比例阀 | 20世纪60年代后期出现 | 仅将比例电磁铁用于控制阀，控制阀原理未变，性能较差，频响1~5Hz，滞环4%~7%，用于开环控制 |
| | 比例阀 | 20世纪80年代初期出现 | 完善控制阀设计原理，采用各种内外反馈、电校正，耐高压比例电磁铁、电控器，特性大为提高，稳态特性接近伺服阀，频响5~30Hz，但有零位死区；既用于开环，也用于闭环控制 |
| | 伺服比例阀 | 20世纪90年代中期出现 | 制造精度、过滤精度矛盾淡化，首级阀口零遮盖，无零位死区，用比例电磁铁作电-机械转换器，二级阀主级阀口小压差，频响30~100Hz，用于闭环控制 |
| 传统的电液开关控制技术 | | | 不能满足高质量控制系统的要求 |

表 22-5-7　　开关控制、电液比例控制、电液伺服控制基本特点的对比

| 电液控制阀 | | 电子或继电控制 | 电-机械转换器 | 动态响应/Hz | 零位死区 | 加工精度要求 | 过滤精度要求 | 阀口压降 |
|---|---|---|---|---|---|---|---|---|
| 伺服阀 | | 电子控制 | 力马达<br>力矩马达 | 高,>100 | 无 | 1μm | 3～10μm | 1/3 油源总压力 |
| 比例阀 | 伺服比例阀 | 电子控制 | 比例电磁铁 | 中,30～100 | 无 | 1μm | 3～10μm | 单级或首级:1/3 油源总压力<br>主级:0.3～1MPa |
| | 一般比例阀 | 电子控制 | 比例电磁铁 | 一般,1～50 | 有 | 10μm | 25μm | 0.3～1MPa |
| 传统开关阀 | | 继电控制 | 开关电磁铁 | | 有 | 10μm | 25μm | 0.3～1MPa |
| 一般比例阀的特点 | | ① 过滤精度要求、阀口压降、价格接近开关阀<br>② 滞环、重复精度等稳态特性低于或接近伺服阀<br>③ 频宽(动态特性)比伺服阀低一个档次,但已可满足70%工业部门的需要<br>④ 有中位死区(零位死区),与开关阀相同 | | | | | | |
| 对伺服比例阀的说明 | | (1)伺服比例阀是基于上述的历史变迁,并弥补一般比例阀用于要求无零位死区的闭环控制存在的一定缺陷而出现:原来伺服阀加工精度高的缺陷,由于制造技术的发展而淡化;原来伺服阀要求过滤精度高的矛盾由于过滤技术的进步也淡化;以及对电控器而言,处理大电流的技术水平已大为提高<br>(2)伺服比例阀的结构特点:利用(大电流的)比例电磁铁(不采用伺服阀常用的力马达或力矩马达)为电-机械转换器,加上首级采用伺服阀机械结构(首级用伺服阀的阀芯阀套),以及(首级、主级)阀口零遮盖<br>(3)根据其动态频响比一般比例阀高,伺服比例阀被称为高频响比例阀;根据其更适合于像速度控制、位置控制、压力控制等要求无零位死区的闭环系统,伺服比例阀又被称为闭环比例阀。这两种叫法都有一定道理,但也都有其片面性 | | | | | | |

表 22-5-8　　开关控制、电液比例控制、电液伺服控制适应性的基本情况对比

| 控 制 阀 | 开环控制系统 | 速度闭环控制系统 | 位置、压力闭环控制系统 |
|---|---|---|---|
| 伺服阀 | | 伺服阀一般只用于闭环系统,且工作在零点附近 | |
| 伺服比例阀(高频响比例阀、闭环比例阀,比例伺服阀) | | 无零位死区,可用于各类闭环系统,频响比一般比例阀高;可靠性比伺服阀高 | |
| 比例(方向)阀 | 用于开环系统,也用于闭环系统;工作于阀口开度变化很大的区域,也工作于零位附近 | | 采用阶跃信号发生器等特殊措施,快速通过零位死区,可用于要求无零位死区的闭环控制;但特性不如无零位死区的伺服阀或伺服比例阀 |
| 传统开关式方向阀 | 仅用于开环系统 | — | — |

# 2　电-机械转换器

电-机械转换器是电液比例控制元件的重要组成部分，其输入是比例放大器的输出电流信号（或电压信号），输出为机械力、力矩或位移信号，并以此去操纵液压阀的阀芯运动，进而实现电液比例控制功能。因此，电-机械转换器的性能，对电液比例控制元件及系统的稳态控制精度、动态响应特性、抗干扰能力、工作可靠性等产生重要影响。

在电液比例控制元件中常用的电-机械转换器，有直流比例电磁铁，有时也使用直流和交流伺服电机，步进电机，较少使用动圈式力马达、动铁式力矩马达、移动式力马达。近来，也有人致力于开发依靠压电材料，通常都是作为模拟转换器件应用的，但如果必要，原则上也可借助于频率调制或脉宽调制而用作数字式或数模转换式电-机械转换器。

在电液比例控制元件中应用最广泛的电-机械转换器是湿式耐高压直流比例电磁铁。

## 2.1 常用电-机械转换器简要比较

表 22-5-9

| 形式 | 比例电磁铁 | 动圈式力马达 | 动铁式力矩马达 | 伺服电机 |
|---|---|---|---|---|
| 工作原理 | 在由软磁材料组成的磁路中，有一励磁线圈（或有一对励磁线圈和一对控制线圈），当有控制电流输入时，由于磁路中磁通力因缩短其长度或磁场使磁路中磁阻减小的特性，使衔铁与轭铁之间产生吸力而移动，通过推杆输出机械力 | 在由硬磁材料和软磁材料组成的磁路中，有1~2个控制线圈，当有控制电流输入时，由于载流导体（线圈）在磁场中受力，使悬挂在弹性元件上的可移动控制线圈相对轭铁移动，并输出机械力 | 在由硬磁材料和软磁材料组成的磁路中，有2个控制线圈，当有控制电流输入时，由于控制磁场与永磁磁场的相互作用，使支承在弹性元件或转轴上的衔铁相对轭铁转动，并输出机械力矩 | 各种类型的直流伺服电机，根据载流导体在磁场中受电磁力的作用原理设计，其输出转速正比于输入电压，可实现正反向速度控制，利用转角检测反馈实现角位移闭环控制，其输入电压输出转速的传递函数可视为一阶滞后环节 |
| 特点 | 结构简单，使用一般材料，工艺性好，输出机械力较大，控制电流较大，使用维护方便，稳态、动态性能较差 | 结构较简单，用较贵重材料，工艺性较好，输出机械力较小，控制电流中等，使用维护较方便，稳态、动态性能较好 | 结构复杂，用贵重材料，工艺性差，输出机械力矩小，控制电流小，结构尺寸紧凑，稳态、动态性能优良 | 结构较复杂，启动转矩大，调速范围广，机械特性线性度较好，控制液压阀需配用高速比精密减速机构，减速齿隙会产生不利影响，使用中可能产生火花，稳态、动态性能一般 |
| 应用 | 控制一般比例阀（直接控制式和先导控制式比例压力阀、比例流量阀、比例方向流量阀、比例多路阀，比例复合阀），各种比例变量泵，以及伺服比例阀 | 控制锥阀式、喷嘴挡板式压力阀，进而控制先导式比例压力阀；控制喷嘴挡板进而控制比例方向流量阀 | 控制锥阀或喷嘴挡板以控制比例压力阀或比例方向流量阀；经前置放大级控制节流阀以控制流量阀 | 控制节流阀芯转动，以控制比例流量阀；控制锥阀做直线移动，以控制比例压力阀 |

## 2.2 比例电磁铁的基本工作原理和典型结构

表 22-5-10

| 类型 | | 基本结构、工作原理与特性 |
|---|---|---|
| 力控制型比例电磁铁 | 基本形式：单向直动式 | 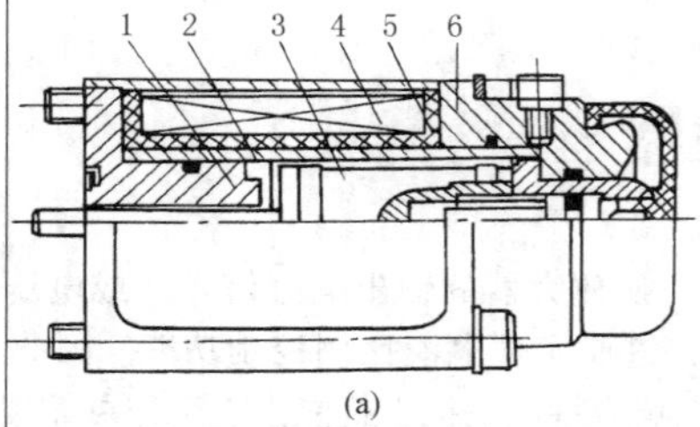<br><br>(a)<br>1—轭铁；2—导向套锥端；3—衔铁；4—线圈；5—导向套；6—壳体<br>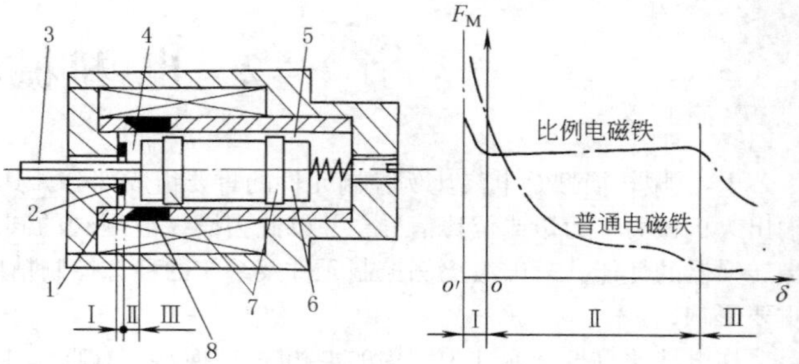<br><br>(b)耐高压直流比例电磁铁的结构和特性<br>Ⅰ—吸合区；Ⅱ—工作行程区；Ⅲ—空行程区<br>1—导套；2—限位片；3—推杆；4—工作气隙；5—非工作气隙；6—衔铁；7—轴承环；8—隔磁环 |

续表

| 类型 | | 基本结构、工作原理与特性 |
|---|---|---|
| 力控制型比例电磁铁 | 基本形式：单向直动式 | 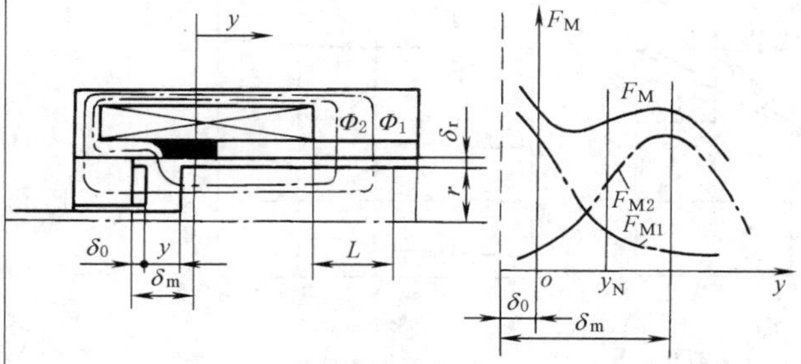<br>$\Phi_1$、$\Phi_2$ 的磁路示意图　　行程力特性<br>(c)比例电磁铁磁路内的气隙磁导和行程力特性<br>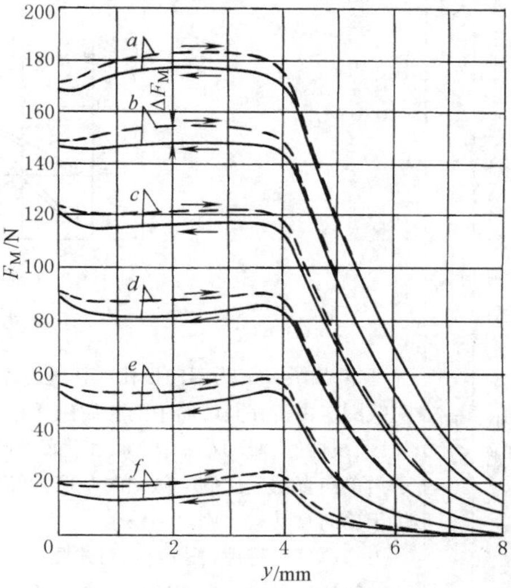<br>(d)不带位移反馈比例电磁铁位移-力特性<br>基本结构：图 a 为单向直动式比例电磁铁，由软磁材料的衔铁、导向套、轭铁、外壳以及励磁线圈和输出推杆等组成。导向套的前后两段之间用非导磁材料焊成整体，形成筒状结构的导向套具有足够的强度，可承受充满其中的油液静压力达 35MPa。导套内孔径精加工，与衔铁上用非导磁材料制成的低摩擦支承环，形成轴向移动的低摩擦副。导套前段端部经优化设计成锥形。导套与壳体之间为同心螺线管式控制线圈。导套中的衔铁处于静压平衡状态，衔铁前端装有输出推杆，衔铁后端由弹簧和调节螺钉组成调零机构。衔铁前端与轭铁之间形成工作气隙，衔铁与导套之间的径向间隙为非工作气隙。动铁前后通油孔用于改善动态特性<br>工作原理及特性(图 c)：比例电磁铁的输入端为控制线圈，输出端为推杆。当控制线圈输入励磁控制电流后，形成的磁路经由轭铁、导磁壳体、导套、非工作的径向气隙、衔铁，然后分成两路，一路的磁通 $\Phi_1$ 由衔铁经工作气隙到轭铁底面，另一路的磁通 $\Phi_2$ 由衔铁经气隙、导套锥端到轭铁。磁场的特性是要使磁阻减小，$\Phi_1$ 与 $\Phi_2$ 都有减小工作气隙即减小磁阻的作用。$\Phi_1$ 的作用是形成底面力 $F_{M1}$，$\Phi_2$ 的作用是形成锥面力 $F_{M2}$，$F_{M1}$ 与 $F_{M2}$ 的合力 $F_M$ 即为比例电磁铁推杆上的输出力(指力控制型)。输出力 $F_M$ 与输入控制电流 $I$ 在比例电磁铁的工作行程中是近似成比例的，无级调节其输入控制电流，就可实现其输出力的无级调整。这就是比例电磁铁的电磁作用工作原理。电磁铁分 3 个区段：用小隔磁环来消除第 1 区段；第 2 区段为水平吸力区；第 3 区段为辅助工作区 |
| | 双向 | 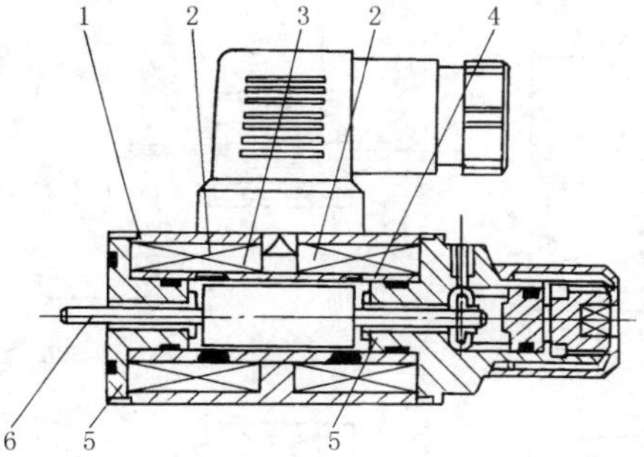<br>(e)<br>1—壳体；2—线圈(左右)；3—导向套；<br>4—隔磁环；5—轭铁；6—推杆<br>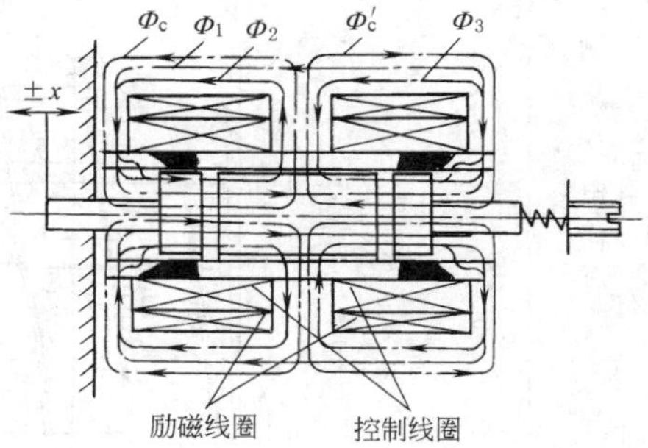<br>(f) |

续表

| 类型 | | 基本结构、工作原理与特性 |
| --- | --- | --- |
| 力控制型比例电磁铁 | 双向 | 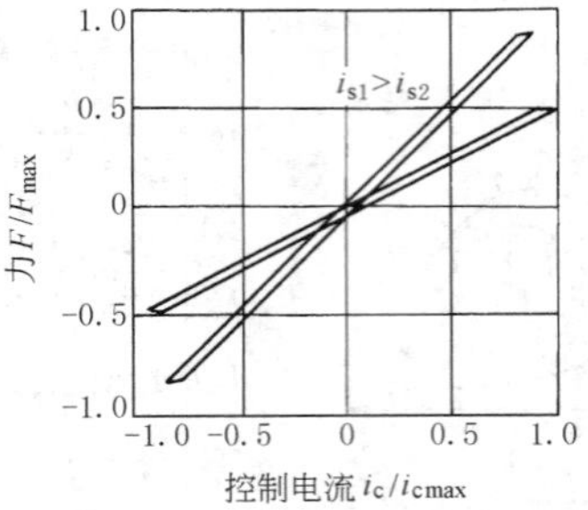<br>(g) 力-控制电流特性<br>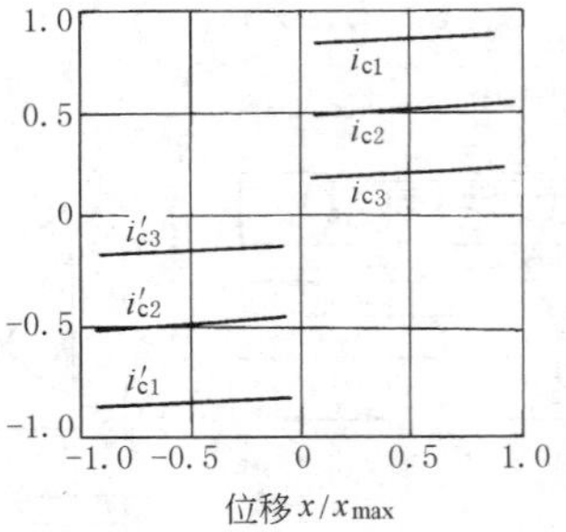<br>(h) 力-位移特性<br>基本结构：图 e 为双向极化式比例电磁铁的结构示意图，采用对称配置两个平底动铁式结构，在壳体中对称安排了两对线圈。由于在其磁路中的初始磁通，避开了磁化曲线起始段的非线性影响，使输出电磁力、输入控制电流特性无零位死区、线性好、滞环小；由于采用平底、锥形盆口、动铁式结构，具有良好的水平吸力特性，其动态响应较快，工作频宽几乎为单向直动式比例电磁铁的一倍，可达 100Hz 以上。也可作为动铁式力马达控制伺服阀，其稳态特性和动态特性均优于单向直动式比例电磁铁<br>工作原理及特性（图 f）：两对线圈中一对为励磁线圈，相互串联，极性相同，由恒流电源供给恒定的励磁电流，形成磁路的初始磁通 $\Phi_1$、$\Phi_2$ 和 $\Phi_3$。由于结构及线圈绕组的参数对称相同，左右两端电磁吸力大小相等、方向相反，衔铁处于平衡状态，输出力为零。另一对为控制线圈，极性相反，串联或并联，当输入控制电流时，则产生极性相反、数值相同的控制磁通 $\Phi_c$ 和 $\Phi'_c$，它们与初始磁通叠加，使左右两端工作气隙的总磁通分别发生变化，衔铁两端的电磁吸力不等，形成了与控制电流方向和大小相对应的输出力 |
| 位置调节型比例电磁铁 | | 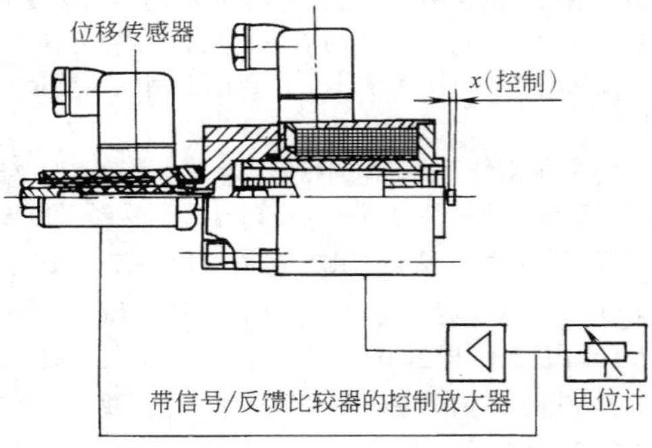<br>(i)<br>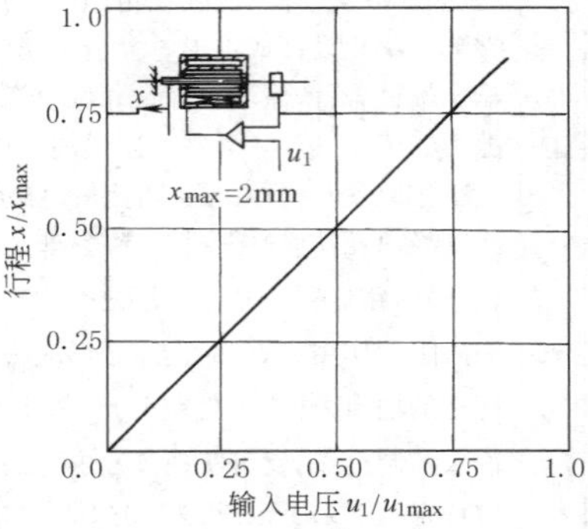<br>(j)<br>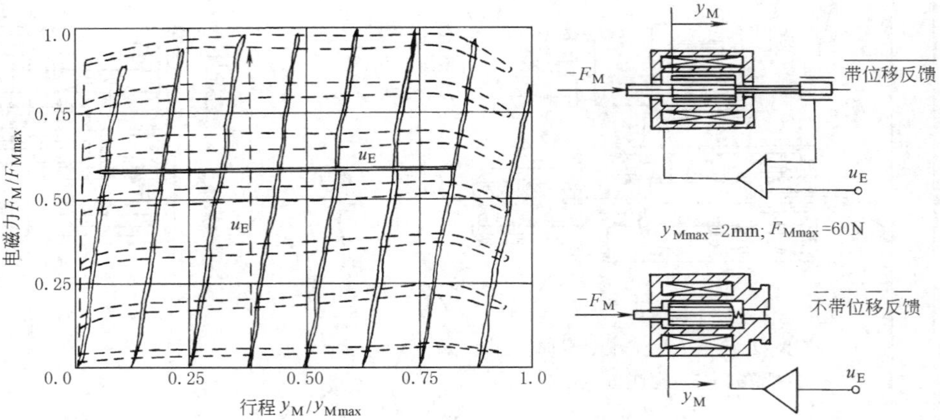<br>(k) 带位移闭环比例电磁铁的稳态特性 |

续表

| 类型 | 基本结构、工作原理与特性 | | |
|---|---|---|---|
| 位置调节型比例电磁铁 | 图 i 为位置调节型比例电磁铁,配有电感式位移传感器,用以检测阀芯的实际位置,它将与阀芯行程成比例的电压信号反馈至比例放大器,构成位置闭环控制,改善了滞环和非线性,提高了抗干扰能力并抑制了作用在阀芯上液动力的影响。图 j 为电压-位移特性,呈简单的比例关系。此外,采用衔铁位置反馈控制,对提高比例电磁铁的动态性能也有一定效果 | | |
| 旋转电磁铁 | 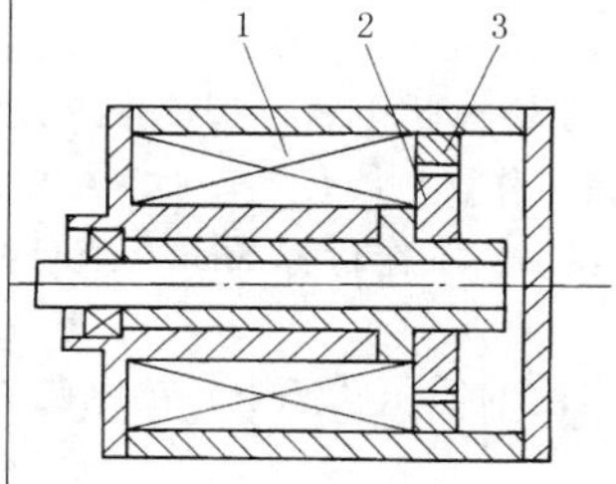<br><br>(l)单向旋转电磁铁<br>1—线圈;2—转子;3—定子 | 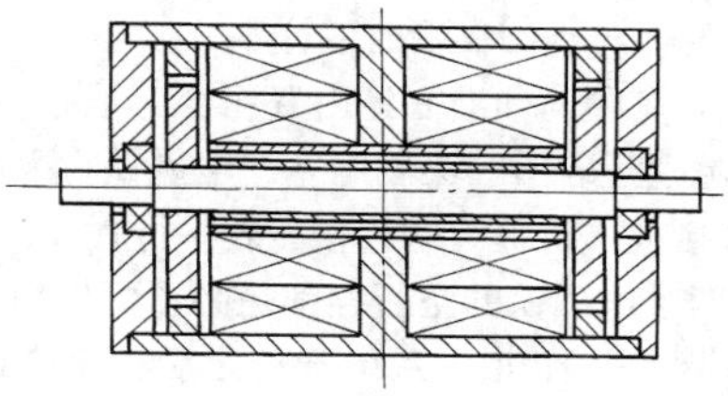<br>(m)双向旋转电磁铁结构原理 | 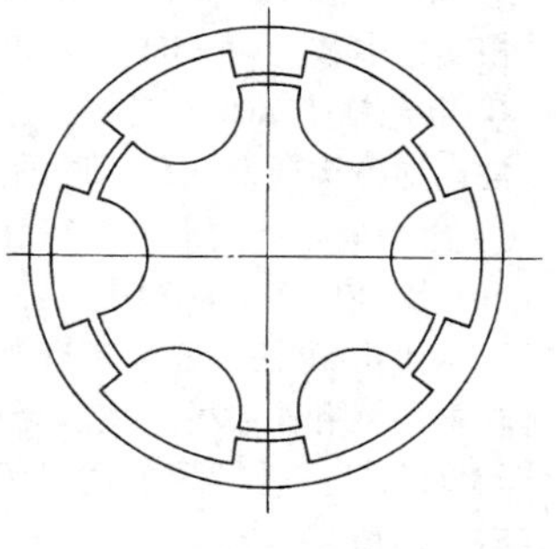<br>(n)双向旋转电磁铁(端部形状) |
| | 一般为有限角位移旋转电磁铁,分单向与双向两种。单向电磁铁(图 l)的特点是转子、定子分别由三片导磁钢片叠合而成,定子通过销钉与壳体相连;转子通过半月形孔与输出轴相连。机壳、定子、转子和转轴构成磁路。其功能原理是当有电流通过线圈时,转子便向定子对中方向旋转。由于对定、转子齿进行了特殊设计,当转子齿快要与定子齿对中时,仍能保持一定的力矩。但这种电磁铁只能单向旋转,转角-力矩特性曲线的水平段较短<br>双向旋转电磁铁(图 m)的定子、转子左右对称布置,定、转子齿进行了特殊设计,当转子齿快要与定子齿重合时,能保持一定的力矩。当转子转动时,其工作气隙处于变长度和变面积两种情况并存状态。这种旋转电磁铁的转角范围较大(±5°或更大些),转角-力矩曲线水平段较长,并且定子、转子之间的初始位置可以方便地进行调节。这种双向旋转电磁铁能实现双向连续比例控制 | | |

表 22-5-11　**基本类型电磁铁的结构、特性、适用情况对照**

| 类型 | 结构 | | 输入输出特性 | | 使用 |
|---|---|---|---|---|---|
| 力控制型 | 力控制型+负载弹簧 | 结构完全相同,只是使用上的区别 | 电流-输出力 | 与输入电流成正比的是输出力,在工作区内与衔铁位移无关,即具有水平吸力特性 | 行程较短,用于先导级 |
| 行程控制型 | | | 电流-力-位移 | 与输入电流成正比的是负载弹簧转化的输出位移 | 输出行程较大,多用于直控阀 |
| 位置调节型 | 力控制型+位移传感器 | 增加了衔铁位置小闭环 | 电流-衔铁位置 | 与输入电流成正比的是衔铁位移而与所受反力无关,具体力的大小在最大吸力之内根据负载需要定 | 有衔铁位置反馈闭环,用于控制精度要求较高的直控阀 |

## 2.3 常用比例电磁铁的技术参数

表 22-5-12　**常用比例电磁铁的技术参数**

| 电磁铁规格 | 035 | 045 | 060 | 新发展 |
|---|---|---|---|---|
| 输出力/N | 55 | 75 | 135 | |
| 行程/mm | 2+2 | 3+3 | 4+4 | |
| 额定电流/mA | 680 | 810 | 1110 | 额定 2500,短时可达 3700,用于排除污染物卡塞故障 |
| 常态电阻/Ω | 24.6 | 21 | 16.7 | |
| 电压/V(DC) | 24 或 12 | | | |

第22篇

## 2.4 比例电磁铁使用注意事项

① 与先导级配合的电磁铁，其工作行程应限制在电磁铁的有效行程（水平吸力区段）内。在设计与之配合的先导级时，应先测出比例电磁铁的位移-力特性曲线，据此来确定最佳的衔铁位置尺寸，保证电磁铁的工作点最佳。

② 市售的比例电磁铁多数为湿式，但也有干式比例电磁铁；不同厂家的湿式比例电磁铁中耐油压的程度也不尽相同，多数为耐35MPa静压，具体应查阅供货时的样本。

③ 电磁铁衔铁腔易受污染，进入其中的油液需经内置粗滤，运行时应定期检查此粗滤是否堵塞，以保证动铁正常运动；沟通衔铁前后腔的阻尼通道若被污染物阻塞，电磁铁将无法正常工作。

④ 比例电磁铁的衔铁总行程包括工作行程与空行程，表中行程（3+3）表示：工作行程3mm，空行程3mm；在双电磁铁的比例方向阀中，左右两个电磁铁的空行程都是必不可少的。

⑤ 比例电磁铁一般都备有放气螺钉。在液压系统开动之后、正式运行之前的低压状态下，给电磁铁放气，以排除电磁铁和阀中的空气，否则滞留在其中的空气使比例阀不能可靠运行。

⑥ 对带位移传感器的位置调节型比例电磁铁，其位移传感器的电感线圈与检测杆的相对位置由生产厂家调整好后，不应随意变动。

⑦ 颤振信号的幅值与频率，生产厂家调整好后，用户不要随意调整。

⑧ 不同厂家的电磁铁，其连接形式与尺寸（含工作行程）不尽相同，一般不能互换。



# 3 电液比例压力控制阀

## 3.1 概述

液压系统的基本工作参数是压力和流量，电液比例压力控制就是采用电液比例压力控制阀对系统压力进行单参数比例控制，进而实现对系统输出力或转矩的比例控制。

表 22-5-13　　电液比例压力阀的基本分类

<table>
<tr><td rowspan="7">电液比例压力阀</td><td colspan="3">电液比例压力阀</td><td rowspan="2">一般直接称直动式比例溢流阀为电液比例压力阀，因为它既可以做先导式比例溢流阀、也可以做先导式比例减压阀的先导级，并由它是否带电反馈决定先导式阀是否带电反馈；还用于恒压泵等变量泵控制系统</td></tr>
<tr><td rowspan="2">电液比例溢流阀</td><td colspan="2">直动式比例溢流阀</td></tr>
<tr><td colspan="2">先导式比例溢流阀</td><td>多配置手调直动式压力阀作为安全阀，当比例阀输入电信号为零时，可起卸荷阀功能</td></tr>
<tr><td rowspan="4">电液比例减压阀</td><td rowspan="2">两通减压阀</td><td>直动式</td><td>不常见</td></tr>
<tr><td>先导式</td><td>新型结构的先导油引自减压阀的进口</td></tr>
<tr><td rowspan="2">三通减压阀</td><td>直动式</td><td>常以双联形式作为比例方向节流阀的先导级，并常以构件形式用于汽车自动变速箱等控制系统中</td></tr>
<tr><td>先导式</td><td>新型结构的先导油引自减压阀的进口</td></tr>
</table>

## 3.2 比例溢流阀的若干共性问题

表 22-5-14

| | |
|---|---|
| 不同压力等级的实现 | 首先，比例压力阀中的弹簧与手调压力阀的调压弹簧功能不同，仅仅是个传力弹簧；其次，不同压力等级的比例压力阀所用比例电磁铁规格相同，所以，比例压力阀不同压力等级的实现是依靠改变先导阀孔直径来实现的。这一点同样适用于减压阀 |

续表

| | | |
|---|---|---|
| 选用溢流阀的原则与注意事项 | 利用功率域曲线选择流量规格 | 功率域的上限与压力设定值和溢流流量相关；下限仅与溢流流量相关，为阀的最低可调节压力（这两条曲线在产品样本中一般是分别用两个图表示的）；最大流量线受主阀口最大开度限制。将溢流阀流量与压力参数选择在功率域范围里，阀都能起到溢流阀稳压、排出多余流量的作用。只要最低调节压力能满足要求，应尽量将溢流流量值加大<br>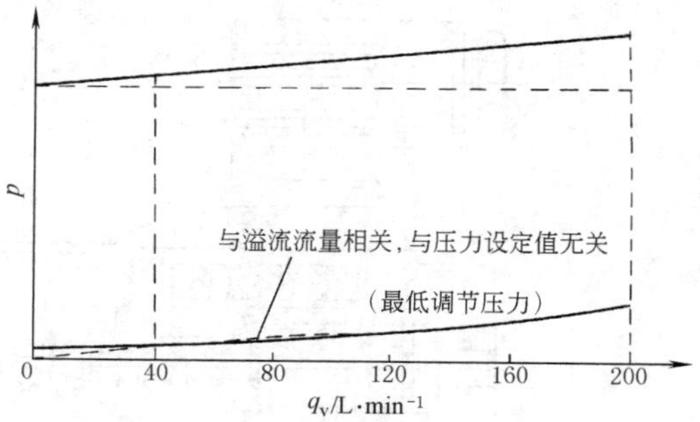<br><br>(a) 溢流阀的功率域 |
| | 压力控制的高分辨率原则 | 实际最大压力值尽量与最大控制电信号相对应。如图 b 所示，例如对于使用压力在 8MPa 以下的系统，如果选用 31.5MPa 压力等级的压力阀，则其有效控制电流为 152mA（此为举例，各种阀的起始电流是千差万别的），仅占整个控制范围的 25%。当然，也不可能像右图那样用足 600mA，只能是尽可能提高使用比例。这条原则同样适用于所有控制阀、液压泵、液压马达<br>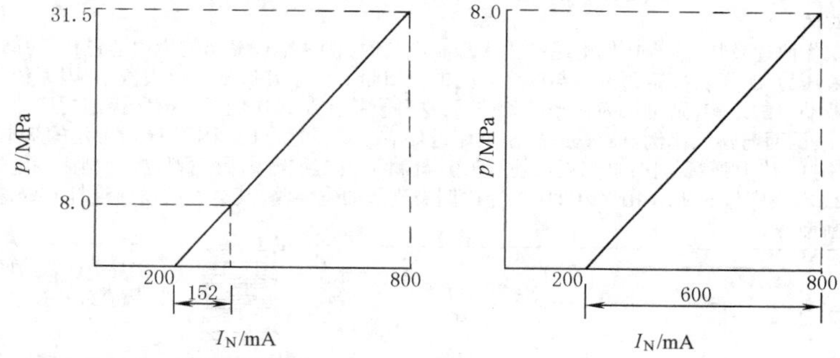<br><br>(b) 压力、流量等级的合理选择 |
| | 动态特性与应用系统的实际相关 | （1）溢流阀的时域阶跃响应特性（压力飞升速率），实际上是与液压系统中阀所在的封闭容腔的特性相关的。封闭容腔的压力飞升速率可表示为 $\Delta p=\frac{E_e\Delta V}{V}$，式中，$\Delta V$ 为压力区（封闭容腔）油液总变化量；$V$ 为压力区的总容积；$E_e$ 为有效体积弹性模量。影响有效体积弹性模量的因素：<br>$$\frac{1}{E_e}=\frac{1}{E_c}+\frac{1}{E_l}+\frac{V_g}{V}\times\frac{1}{E_g}$$<br>式中，$E_e$、$E_c$、$E_l$、$E_g$ 依次为有效、管道、油液、气体的体积弹性模量；$V_g$ 为油液中溶解和混入空气的影响（油液中的空气含量对有效体积弹性模量进而对压力飞升速率有很大影响）<br>（2）溢流阀的频率响应特性，除了与阀所在封闭容腔的 $V$、$\Delta V$、$E_e$ 三大因素相关外，还与实际使用时（或者阀做实验时）的输入信号幅值相关，一般样本中给出 ±5% 和 ±100% 两个极限情况下的曲线，实际应用时可根据实际信号幅值范围在对数坐标上用内插法进行估计<br>上述封闭容腔压力基本公式是普遍适用的，不论是频响很高的伺服系统还是传统的开关控制系统，都应注意封闭容腔（液压系统中的一个压力区）压力变化速率对系统功能的影响 |
| | 用其极限参数的 80% | 从运行可靠性和提高液压器件使用寿命角度考虑，一般不应该让器件运行在样本所标示的极限参数条件下，而以极限参数的 80% 为好 |

## 3.3 电液比例压力阀的典型结构及工作原理

表 22-5-15

| 名 称 | 典型结构、工作原理及特点 |
| --- | --- |
| 1. 直动式比例压力阀 | 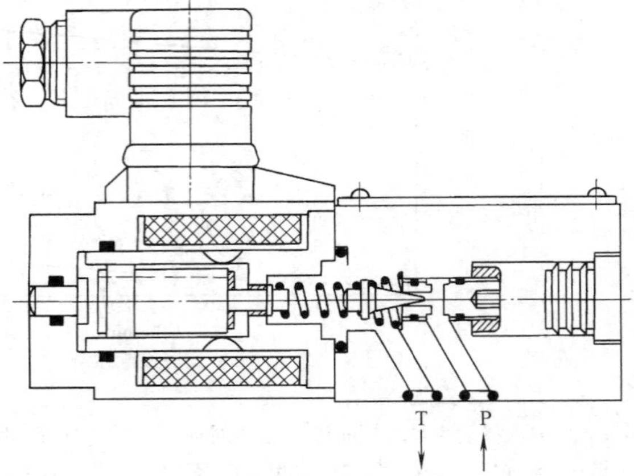<br><br>(a)<br>典型结构：由比例电磁铁和直动式压力阀组成，直动式压力阀结构与普通压力阀的先导阀相似，但其调压弹簧换成为传力弹簧，手动调节螺钉部位换装上比例电磁铁。锥阀芯与阀座间的弹簧主要是防止阀芯的撞击。图示阀体为方向阀式阀体<br>工作原理及特点：当比例电磁铁输入控制电流时，衔铁推杆输出的推力通过传力弹簧作用在锥阀上，与作用在锥阀上的液压力相平衡，决定了锥阀与阀座之间的开口量。由于开口量变化很微小，因而传力弹簧变形量的变化也很小，若忽略液动力的影响，则可认为在平衡条件下，这种直接控制式比例压力阀所控制的压力，是与比例电磁铁的输出电磁力成正比，因而与输入比例电磁铁的控制电流近似成正比。这是比例压力阀最常用的基本结构，运行可靠<br>注：1. 传力弹簧与比例电磁铁的这种组合，属于表 22-5-11 所列行程控制型比例电磁铁<br>2. 本表序号 6 所示 REXROTH 先导比例溢流阀的先导阀，其电磁铁输出推杆与阀芯之间没有传力弹簧，电磁铁属力控制型 |
| 2. 电反馈型直控式比例压力阀 | 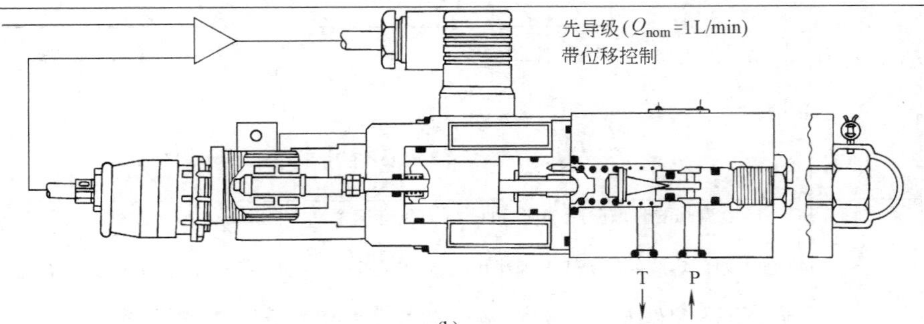<br><br>(b)<br>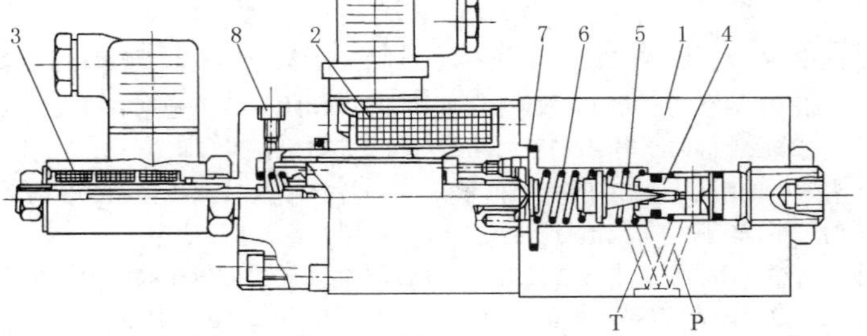<br><br>(c)<br>1—壳体；2—比例电磁铁；3—位移传感器；4—阀座；<br>5—阀芯；6—压力弹簧；7—弹簧座；8—放气螺钉 |

续表

<table>
<tr><th>名　称</th><th>典型结构、工作原理及特点</th></tr>
<tr><td>2.<br>电反馈型直控式比例压力阀</td><td>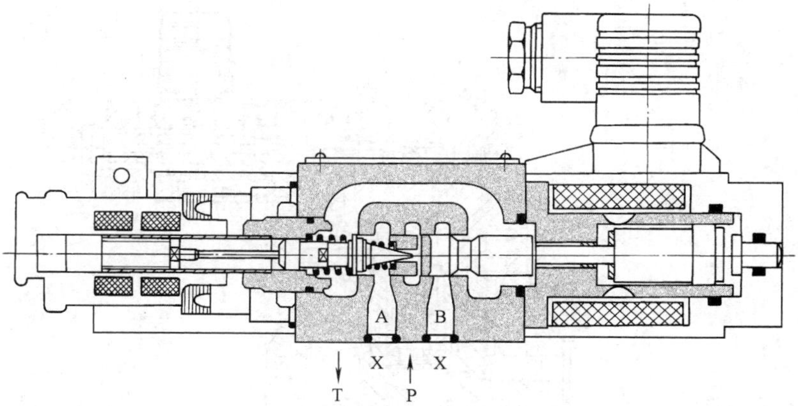<br><br>(d)<br>典型结构：图 b 带干式位移传感器，阀体为方向阀式阀体，图 c 带湿式位移传感器。图 d 为线性比例压力阀，电磁铁将阀座推向锥阀芯，位于锥阀芯背面的弹簧压缩量，决定了作用在锥阀芯上的力，即溢流阀的开启压力。放大器调节电磁铁的电流（电磁铁的力），以使锥阀弹簧被压缩至一个所需的距离。位移传感器构成了弹簧压缩量的闭环控制。由于设置了位移传感器，使得输入电信号与调节压力之间有一个线性关系。图示阀体为方向阀式阀体。<br>工作原理及特点：图 b、c 为传统电反馈压力阀的结构。给定设定值电压，电控器输出相应控制电流，比例电磁铁推杆将输出与设定值成比例的位移。电磁铁衔铁的位置即弹簧座的位置，由电感式位移传感器检测反馈至电控器，利用反馈电压与设定值电压比较的误差信号，去控制衔铁的位移，即在阀内形成衔铁位置闭环控制。这种带衔铁位置闭环控制的电磁铁组合，属于表 22-5-10 所示位置调节型比例电磁铁。与输入信号成正比的是衔铁位移而与所受反力无关，力的大小在最大吸力之内由负载需要决定。对重复精度、滞环等有较高要求时，采用这种带电反馈的比例压力阀<br>图 d 阀具有线性好、滞环小、压力上升及下降时间短以及抗磨损能力强等特点</td></tr>
<tr><td>3.<br>力马达控制喷嘴挡板阀的直控式比例压力阀</td><td>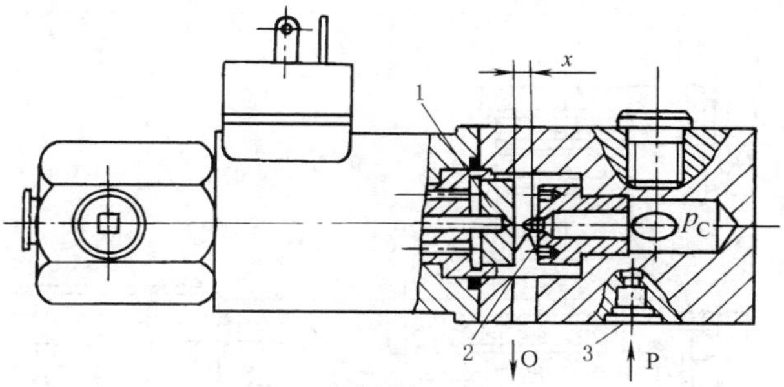<br><br>(e)<br>1—挡板；2—喷嘴；3—节流器<br>典型结构：力马达采用类似比例电磁铁的结构，挡板直接与力马达衔铁推杆固接，压力油进入喷嘴腔室前经过固定节流器<br>工作原理及特点：力马达在输入控制电流后通过推杆使挡板产生位移，改变输入力马达电流信号的大小，可以改变挡板和喷嘴之司的距离 $x$，因而能控制喷嘴处的压力 $p_C$。这种喷嘴-挡板阀结构与喷嘴-挡板式伺服阀相比，结构简单，加工容易，对污染不太敏感，作为比例阀来说，它的压力-流量特性比较容易控制，线性较好，工作比较可靠，是提高比例阀控制精度和响应速度的一种结构类型<br>力马达作为比例阀的电-机械转换器，不太常用</td></tr>
</table>

续表

| 名　称 | 典型结构、工作原理及特点 |
| --- | --- |
| 4.带手调安全阀的先导式比例溢流阀 | 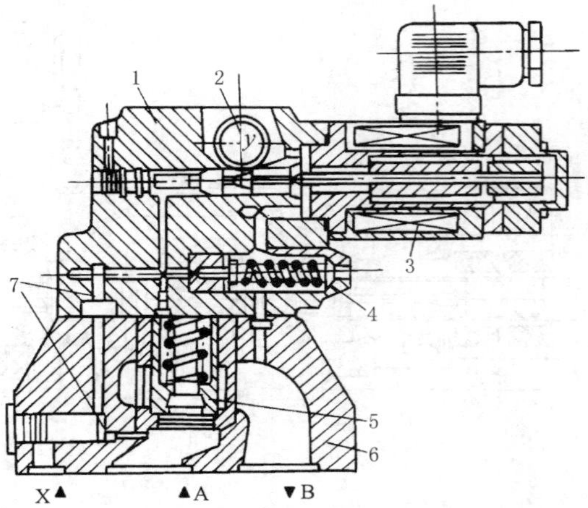<br><br>(f)<br>1—先导阀体;2—外泄油口;3—比例电磁铁;4—安全阀;<br>5—主阀组件;6—主阀体;7—固定液阻<br>典型结构:先导控制式比例溢流阀的主阀,采用了带锥度的锥阀结构,并配置了手调限压安全阀。使用上其先导控制回油必须单独无压引回油箱<br>工作原理及特点:除先导级采用比例压力阀之外,工作原理与一般的先导式溢流阀基本相同。为系统压力间接检测型(与输入控制信号比较的不是希望控制的系统压力,而是经先导液桥的前固定液阻之后的液桥输出压力)。依靠液压半桥的输出对主阀进行控制,从而保持系统压力与输入信号成比例,同时使系统多余流量通过主阀口流回油箱。这种阀的启闭特性一般较系统压力直接检测型差<br>由于配置了手调安全阀,当电气或液压系统发生意外故障,如过大的电流输入比例电磁铁,液压系统出现尖峰压力时,这种比例溢流阀能保证液压系统的安全。手调安全阀的设定压力一般比比例溢流阀调定的最大工作压力高10%左右 |
| 5.采用方向阀阀体的先导式比例溢流阀 | 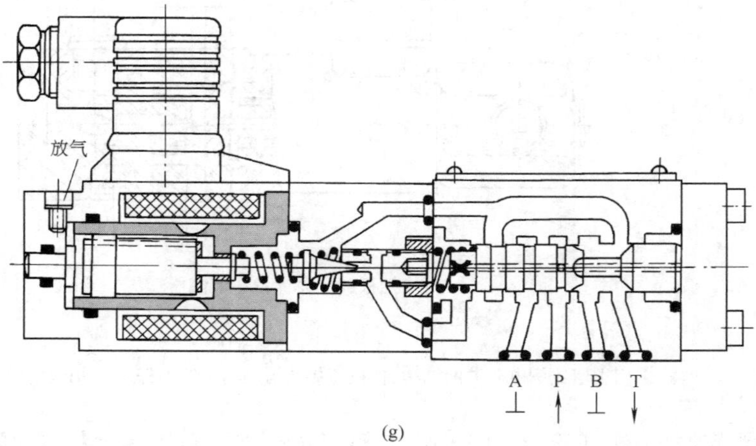<br><br>(g)<br>典型结构:(1)采用方向阀式阀体;(2)先导阀与主阀在同一轴线上<br>图示结构中示出了电磁铁上的放气螺钉<br>工作原理同系统压力间接检测型,由于采用方向阀阀体的结构模式,结构紧凑,适用于中小流量(120L/min以下) |

续表

| 名　称 | 典型结构、工作原理及特点 |
| --- | --- |
| 6.电反馈型先导式比例溢流阀 | 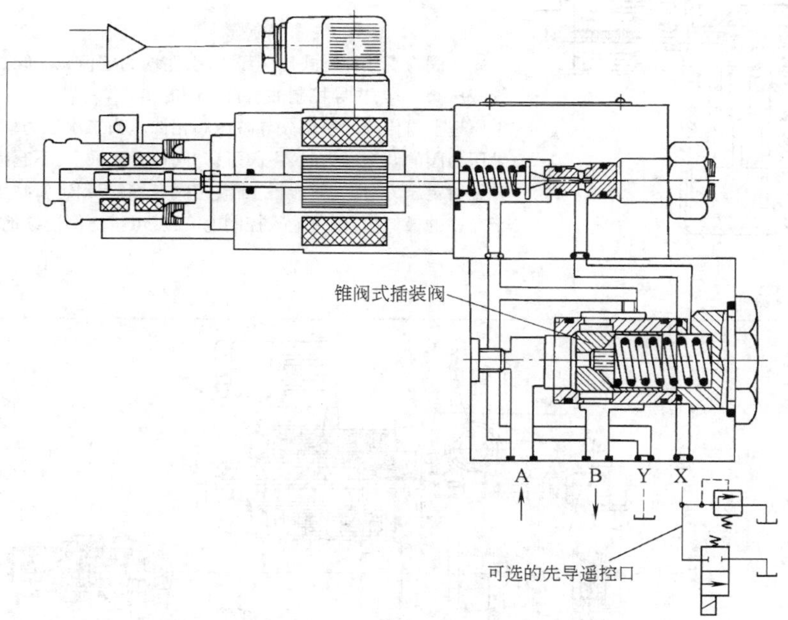<br><br>(h)<br>典型结构:(1)主阀为插装阀结构;(2)先导阀与主阀在同一轴线上,主阀检修方便<br>工作原理同系统压力间接检测型 |
| 7.力马达喷嘴挡板先导式比例溢流阀 | 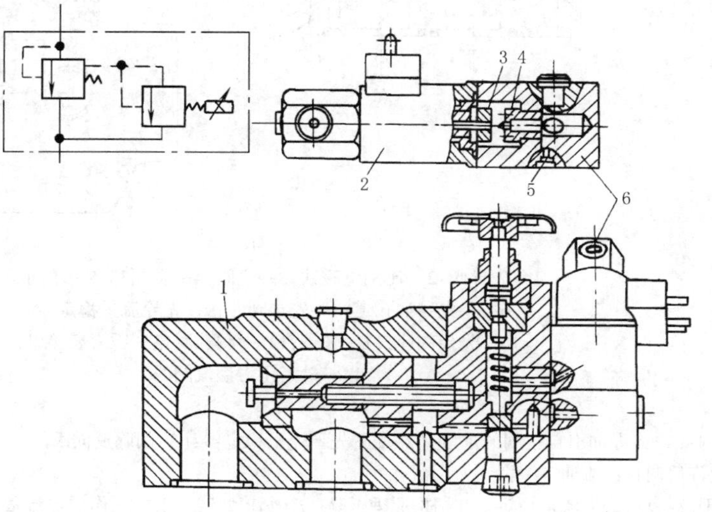<br><br>(i)<br>1—主阀;2—力矩马达;3—挡板;4—喷嘴;5—节流器;6—先导阀<br>工作原理及特点:将力马达喷嘴挡板直控式比例压力阀作为先导阀,与定值控制溢流阀叠加在一起而成;所保留的手调定值控制先导压力阀,用来调定系统的最高压力当安全阀用,与力马达喷嘴挡板比例控制先导压力阀并联,并都通过主阀阀芯内部回油。当主阀输出压力低于手动调定的最高压力时,可以通过调节先导式比例压力阀的输入控制电流,按比例连续地调节输出压力。当输入控制电流为零时,该阀将起卸荷阀的作用 |

续表

<table>
<tr><th>名　称</th><th>典型结构、工作原理及特点</th></tr>
<tr><td>8.传统先导式两通比例减压阀</td><td>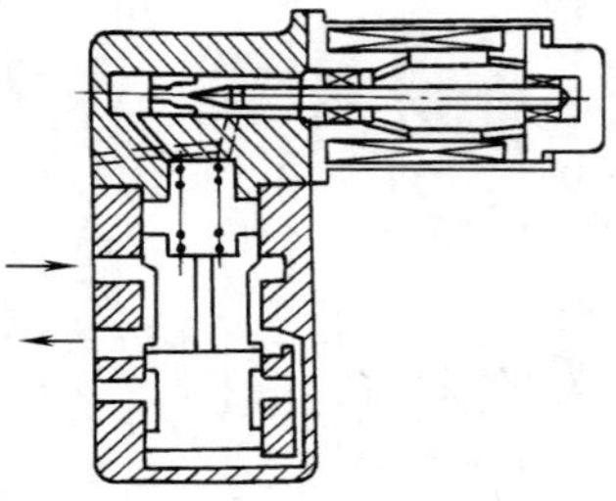<br>(j)<br>先导阀为直接控制式比例压力阀，主阀为定值减压阀。结构上的重要特点与传统减压阀一样，先导控制油引自主阀的出口<br>原理上与传统的手调先导减压阀相似。当二次压力侧的输出压力低于比例先导压力阀的调定压力时，主阀下移，阀口开至最大，不起减压作用。当二次压力上升至给定压力时，先导液桥工作，主阀上移，起到定值减压作用。只要进口压力高于允许的最低值，调节输入控制电流，就可按比例连续地调节输出的二次压力</td></tr>
<tr><td>9.新型先导式二通比例单向减压阀</td><td>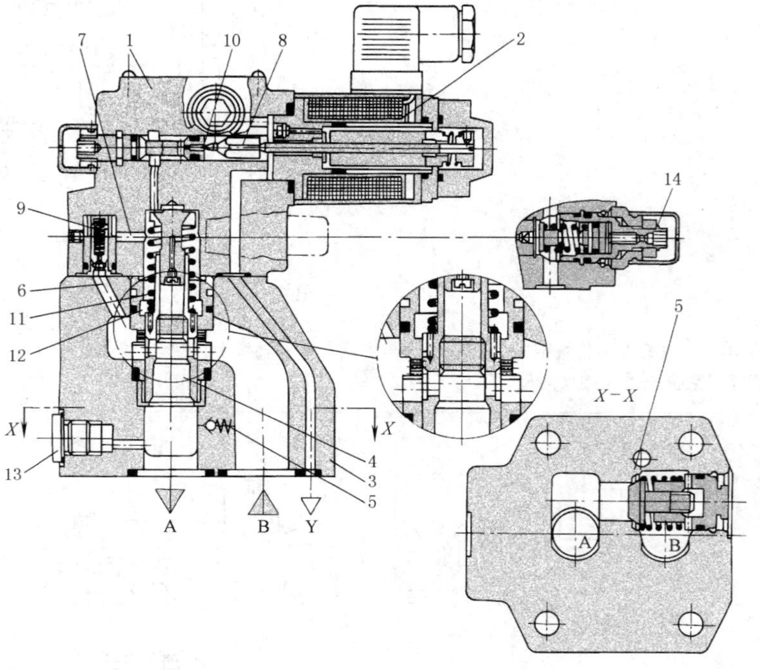<br><br>(k)<br>1—先导阀；2—比例电磁铁；3—主阀；4—主阀芯；5—单向阀；<br>6,7—先导油孔道；8—先导阀芯；9—先导流量稳定器；<br>10—先导阀座；11—弹簧；12—弹簧腔；13—压力表接口；<br>14—最高压力溢流阀<br><br>典型结构：(1)先导油引自主阀的进口；(2)配置先导流量稳定器；(3)削除反向瞬间压力峰值，保护系统安全；(4)带单向阀，允许反向自由流通<br>工作原理及特点：先导流量稳定器在结构原理上是一个按B型液压半桥工作的定流量阀，主阀进口压力无论如何变化(只要高于允许的最低值)，先导流量都能保持不变，从而使主阀的出口压力只与输入信号成比例，不受进口压力变化的影响<br>在减压阀出口所连接的负载突然停止运动等的情况下，常常会在出口段管路引起瞬时的超高压力，严重时将使系统破坏而酿成事故。这种阀消除反向瞬间压力峰值的机理是：在负载即将停止运动时，先给比例减压阀一个接近于零的低输入信号，停止运动时，主阀芯在下部高压和上部低压作用下快速上移，受压液体产生的瞬时高压油进入主阀弹簧腔而卸向先导阀回油口(配用的单向阀5在瞬间高压时来不及打开)</td></tr>
</table>

续表

| 名称 | 典型结构、工作原理及特点 |
| --- | --- |
| 10. 主阀口常闭的先导式两通比例单向减压阀 | 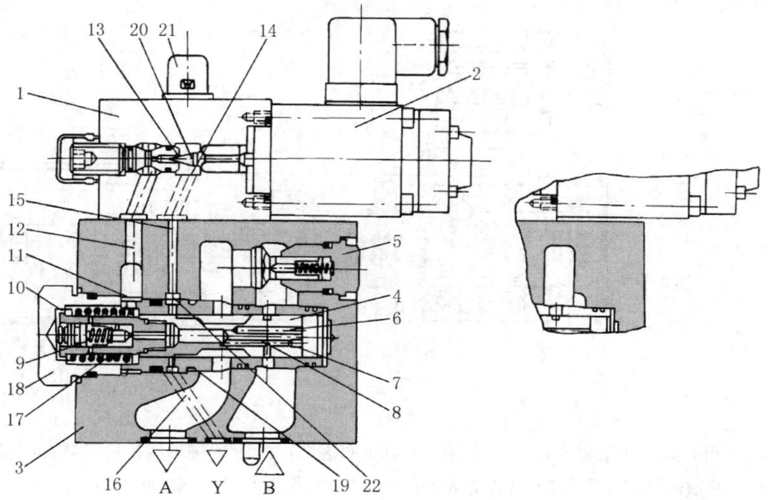<br>(l)<br>1—先导阀;2—比例电磁铁;3—主阀;4—主阀芯;5—单向阀;<br>6,8,11,12,14~16—孔道;7—主阀芯端面;9—先导流量稳定器;10—弹簧腔;13—先导阀座;17—弹簧;<br>18—堵头;19—控制棱边;20—先导阀芯;<br>21—安全阀;22—精细控制口<br><br>典型结构:(1)先导油引自主阀的进口;(2)配置先导流量稳定器;(3)消除反向瞬间压力峰值,保护系统安全;(4)带单向阀,允许反向自由流通;(5)B口无压力油时顺向主阀口常闭,有效抑制启动阶跃效应<br>工作原理及特点:前4项与序号9减压阀结构相似,最后一项是为了防止油源启动时产生启动冲击。当B口无压力油时,弹簧17使主阀芯组件处于A与B通道之间关闭位置(图示左位)。当B口引来压力油时,压力油通过通道8和先导流量稳定器9,作用在主阀组件的弹簧腔一侧,使主阀组件克服弹簧17的作用力向右移动,从而打开主阀口 |
| 11. 直动式三通比例减压阀 | 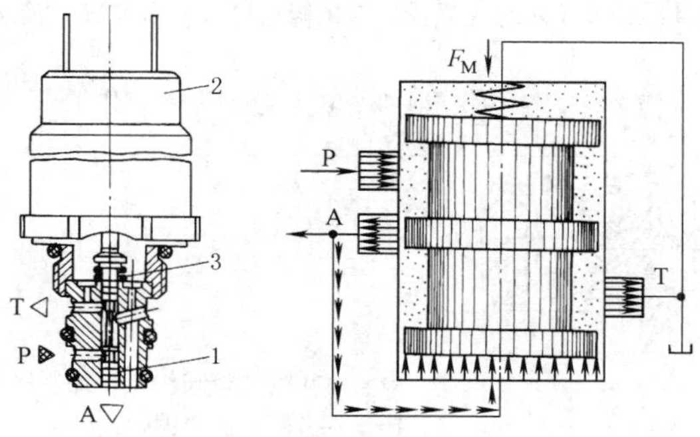<br>(m)三通插装式比例减压阀<br>1—阀芯;2—比例电磁铁;3—回弹弹簧<br><br>典型结构:配有P(压力油口)、A(负载油口)、T(通油箱油口)三个工作油口。结构上A→T与P→A之间可以是正遮盖也可以是负遮盖。图示为螺纹插装式结构<br>工作原理及特点:三通减压阀正向流通(P→A)时为减压阀功能,反向流通(A→T)时为溢流阀功能。三通减压阀的输出压力作用在反馈面积上,与输入作用力进行比较后,可通过自动启闭P→A或A→T口,维持输出压力稳定不变,其特性优于二通减压阀 |

续表

| 名　称 | 典型结构、工作原理及特点 |
| --- | --- |
| 12.先导式三通比例减压阀 | 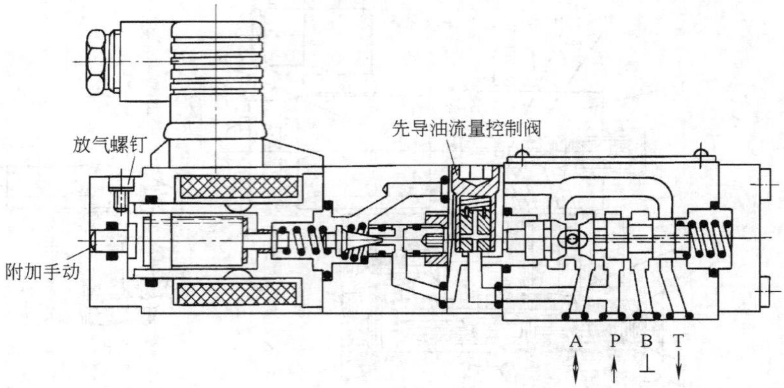<br>(n)<br>(1)主阀采用方向阀体结构模式;(2)先导油引自主阀进口;(3)配置先导流量稳定器;(4)带有手动应急推杆主阀为三通结构,先导控制油引自主阀进口,设置先导流量稳定器,原理与二通减压阀相似 |
| 13.电反馈型先导式三通比例减压阀 | 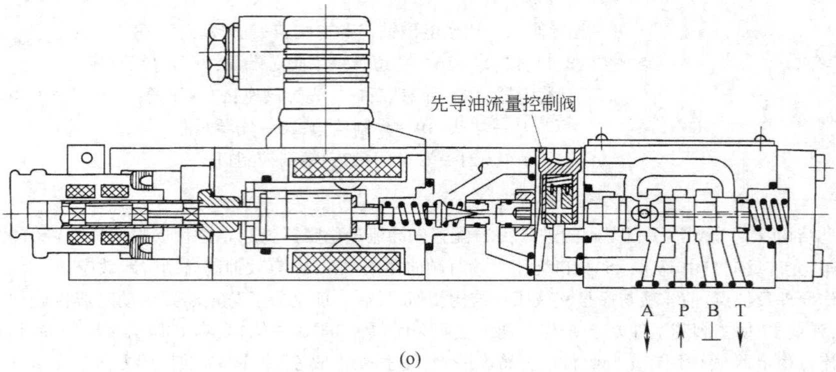<br>(o)<br>(1)主阀采用方向阀体结构模式;(2)先导油引自主阀进口;(3)配置先导流量稳定器;(4)配置位置调节型比例电磁铁<br>采用电反馈型压力阀为先导阀,滞环、响应时间等稳态和动态特性都优于不带电反馈的三通减压阀 |
| 14.力马达喷嘴挡板先导控制式比例减压阀 | 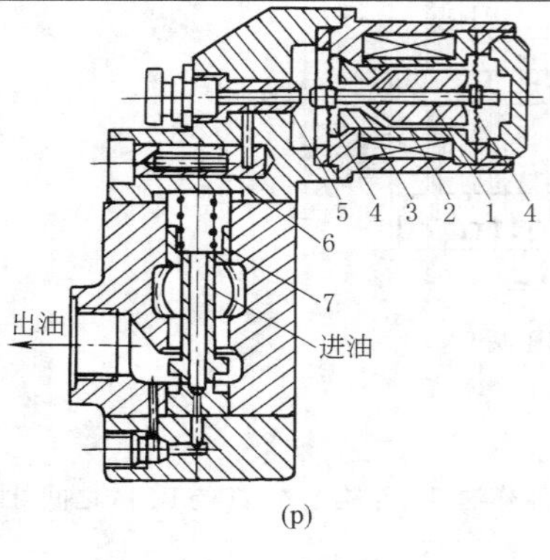<br>(p)<br>1—衔铁;2—线圈;3—推杆(挡板);4—铍青铜片;5—喷嘴;6—精过滤器;7—主阀<br>力马达喷嘴挡板阀作先导控制阀而定值减压阀作主阀。力马达的衔铁悬挂于左右两片铍青铜弹簧中间,与导套不接触,避免了衔铁-推杆-挡板组件运动时的摩擦力,减小滞环<br>工作时输入控制电流,则衔铁或挡板产生一个与之成比例的位移,从而改变了喷嘴挡板的可变液阻,控制了喷嘴前腔的压力,进而控制了比例减压阀输出的二次压力 |

## 3.4 典型比例压力阀的主要性能指标

表 22-5-16　　典型比例压力阀的主要性能指标（BOSCH）

| 表 22-5-15 中的序号 | | 1 | 2 | 5 | 6 |
|---|---|---|---|---|---|
| 型式 | | 直接作用式 | 直接作用式 | 先导式 | 先导式 |
| 结构 | | 方向阀式 | 方向阀式 | 方向阀式,先导与主阀同一轴线 | 主阀插装阀,先导与主阀轴线平行 |
| 位置闭环 | | 无 | 有干式位移传感器 | 无 | 有 |
| 压力等级/最低调节压力(MPa) | | 80/0.3,180/0.4,250/0.6,315/0.8 | 25/0.1,80/0.3,180/0.4,250/0.5,315/0.6 | 80/0.7，180/0.8，315/1 | 180/0.6,315/0.8 |
| T 口最大压力 | | 250 | 2 | 250 | A/B/X315,Y/2 |
| 先导流量/$L \cdot min^{-1}$ | | | | 0.6 | |
| 流量/$L \cdot min^{-1}$ | | 1~1.5 | 1~3 | 40 | 120 |
| 电流/A | | 0.8/2.5 | 3.7 | 0.8/2.5 | 3.7 |
| 功率/W | | 18/25 | 50 | 25 | 50 |
| 滞环/% | | ±2 | 0.3 | ±2 | 1 |
| 全信号阶跃响应时间/ms | 升 | <30 | 45(100%)/25(10%) | 200 | 80 |
| | 降 | ≤70 | | 250 | |

## 3.5 电液比例压力阀的性能



电液比例压力阀的先导阀主要有喷嘴挡板式和锥阀式两种，后者结构简单，价格便宜，使用维护方便，抗污染能力强，工作可靠，应用最广泛，故以锥阀式为例讨论电液比例压力阀的稳态特性。

如图 22-5-3 所示，锥阀式电液比例先导压力阀在稳态工作时应满足以下方程式。

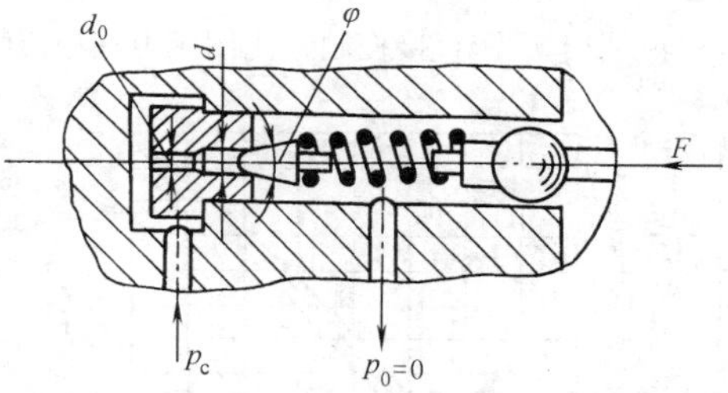


图 22-5-3　锥阀式比例压力阀先导阀计算简图

（1）阀口流量方程式

$$q=C\pi dx(\sin\varphi)\sqrt{\left(\frac{2}{\rho}\right)p_c}$$

式中　$q$——流过先导压力阀的流量；

$C$——阀的流量系数；

$d$——直径；

$x$——阀芯的位移量；

$\varphi$——锥阀阀芯的出流角；

$\rho$——油液密度；

$p_c$——先导阀阀腔内所控制的液压力。

（2）阀芯的力平衡方程式

$$F=\frac{\pi}{4}d^2p_c-C\pi dx[\sin(2\varphi)]p_cx\pm F_f$$

式中　$F$——比例电磁铁输出力；

$F_f$——阀芯、衔铁等运动部分的运动摩擦力。

（3）比例电磁铁的吸力方程式

$$F=F_L+F_B=C_F I^2$$

式中 $F_L$——比例电磁铁的锥面力；

$F_B$——比例电磁铁的底面力；

$C_F$——比例电磁铁的吸力系数；

$I$——控制电流。

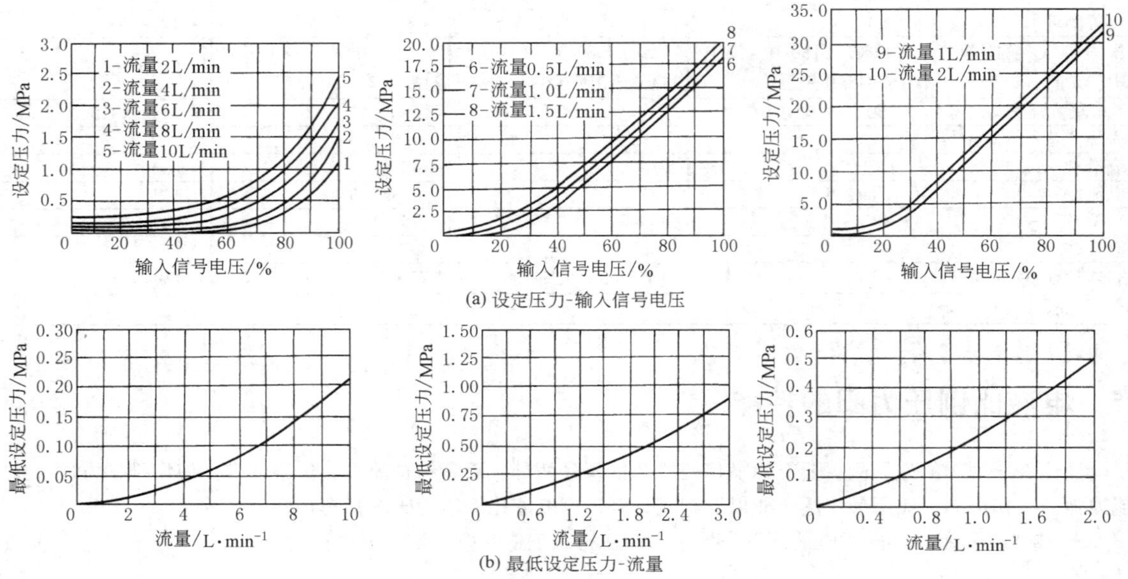


(a) 设定压力-输入信号电压

(b) 最低设定压力-流量

图 22-5-4　带电反馈直接控制式比例压力阀稳态特性

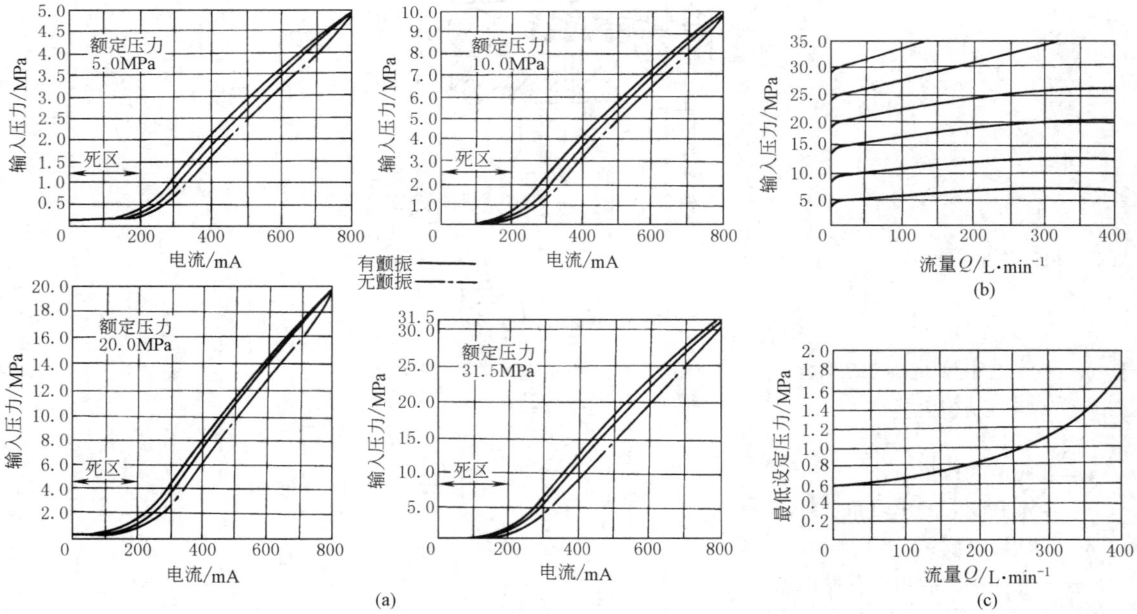


(a)　(b)　(c)

图 22-5-5　先导控制式比例溢流阀稳态特性

若忽略摩擦力及通过阀流量等的影响，则由力平衡方程式和吸力方程式可得出阀的控制压力 $p_c$ 与控制电流 $I$ 间的关系为

$$p_c=\frac{F}{\frac{\pi}{4}d^2}=\frac{4C_F}{\pi d^2}I^2$$

上式表明电液比例先导压力阀的稳态特性，即其输出的阀控制压力与输入的控制电流近似地存在抛物线关系特性。忽略摩擦力、液流力的影响，则阀输出控制压力完全由输入的控制电流的大小决定。

图 22-5-4 为带电反馈直控式比例压力阀 DBETR 型的稳态特性曲线，是在油液 $\nu=36\text{mm}^2/\text{s}$，$t=50℃$ 和出油口无背压条件下测得的。

图 22-5-5 为先导控制式比例溢流阀 DBE 型的稳态特性曲线，是在油液 $\nu=36\text{mm}^2/\text{s}$，$t=50℃$ 的条件下测得的，它们包括有压力-电流特性、压力-流量特性、最低设定压力-流量特性等。

图 22-5-6 为先导控制式比例减压阀 DRE 型的稳态特性曲线，也是在油液 $\nu=36\text{mm}^2/\text{s}$ 和 $t=50℃$ 的条件下测得的。

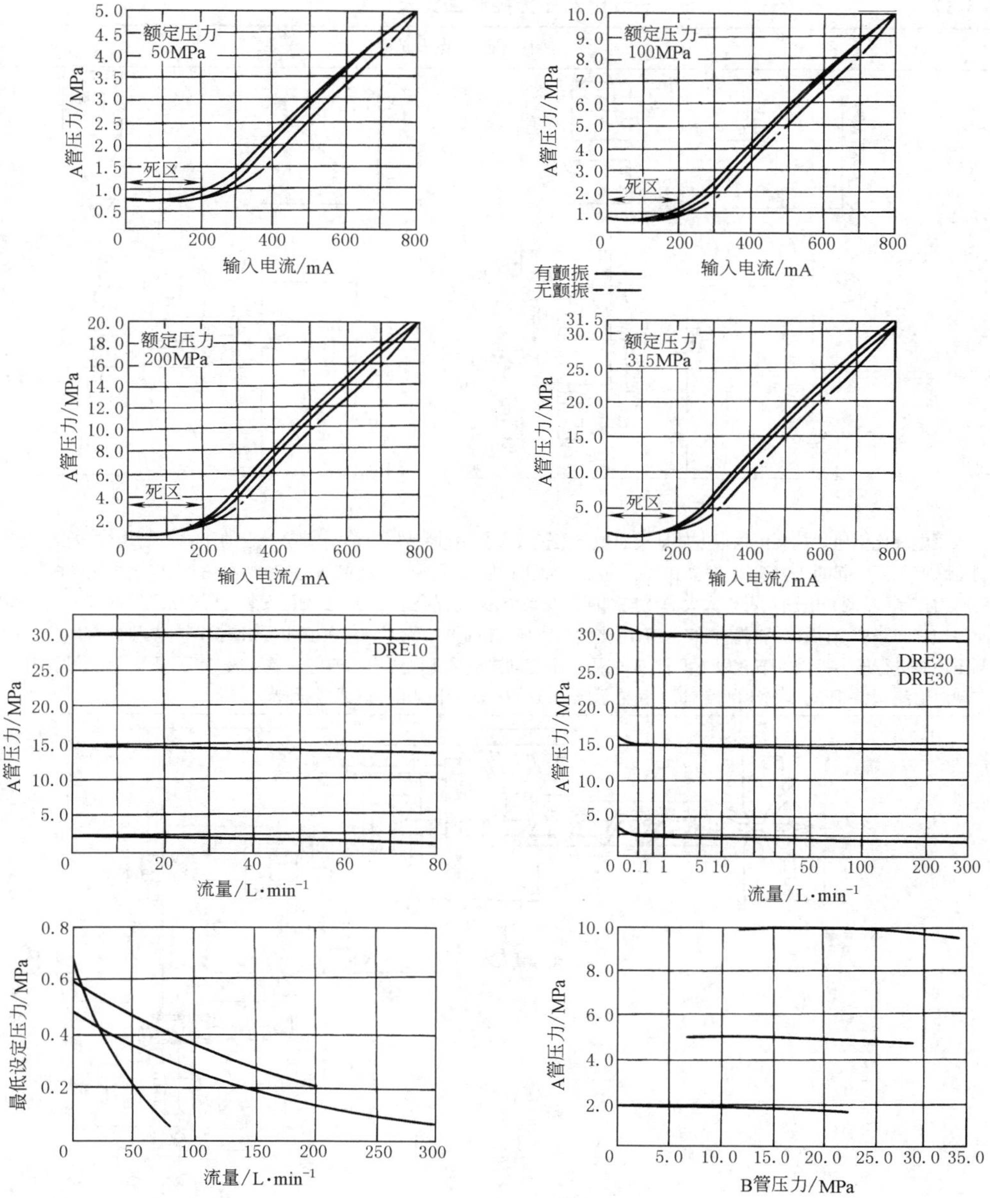


图 22-5-6　先导控制式比例减压阀稳态特性

由以上各种比例压力阀的稳态特性可见，由摩擦和磁滞等因素引起的特性曲线滞环是难免的，在设计中应尽量减少摩擦和磁滞，例如，采用悬挂式力马达控制喷嘴挡板阀作为先导控制级，采用带电反馈的先导控制阀，以及采用较大的弹簧刚度等。在使用中加颤振电流，可以明显改善其滞环。比例压力控制阀的压力-流量特性，除压力较低的区段外，具有良好的线性。由于比例电磁铁衔铁组件的摩擦力较大，推动阀芯需要的油压力较大，故电液比例压力阀的最低设定压力要比定值控制压力阀高。

电液比例压力阀的动态响应特性基本上取决于液压阀部分，而把比例电磁铁线圈及比例放大器均看做比例环节，即可以忽略其电性能的一阶滞后。由于比例电磁铁衔铁及导阀阀芯运动时存在黏滞阻力，所以比定值控制压力阀更易稳定。

## 3.6 电液比例压力控制回路及系统

**表 22-5-17** 电液比例压力控制回路及系统

| 名称 | 回路图、特点及应用 |
| --- | --- |
| 1. 传统手调压力控制与比例压力控制回路的对比 | 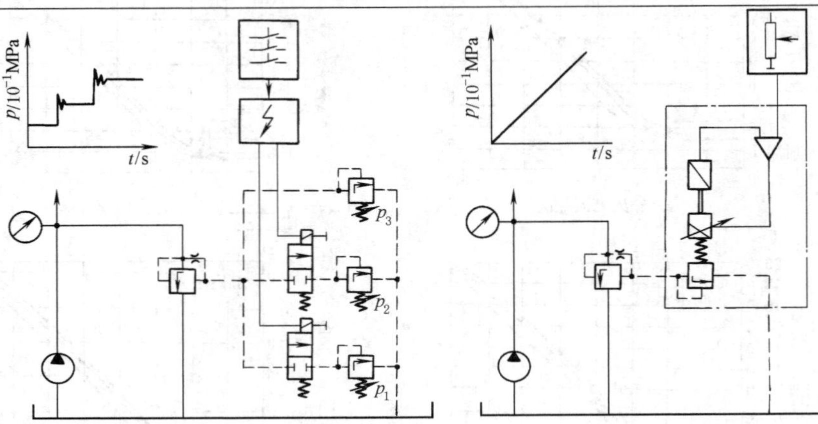<br><br>(a)<br>采用电液比例压力控制可以很方便地按照生产工艺及设备负载特性的要求，实现一定的压力控制规律，同时避免了压力控制阶跃变化而引起的压力超调、振荡和液压冲击。如图 a 所示，采用电液比例压力控制（右图）与传统手调阀配用电磁方向阀的压力控制（左图）相比较，可以大大简化控制回路及系统，又能提高控制性能，而且安装、使用和维护都较方便。在电液比例压力控制回路中，有用比例阀控制的，也有用比例泵或马达控制的，但是以采用比例压力阀控制为基础的被广泛应用。采用比例压力阀进行压力控制一般有以下两种方式：用一个直动式电液比例压力阀与传统溢流阀、减压阀等的先导遥控口相连接，以实现对溢流阀、减压阀等的比例控制（下一栏示例）；或直接选用比例溢流阀或减压阀 |
| 2. 用直控式比例压力阀的注塑机控制系统 | 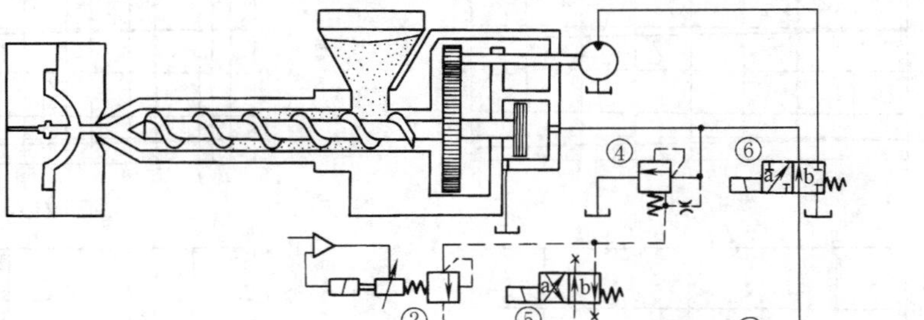<br><br>(b) |

续表

| 名称 | 回路图、特点及应用 |
| --- | --- |
| 2. 用直控式比例压力阀的注塑机控制系统 | 采用直动式比例压力阀与传统溢流阀、减压阀等的先导遥控口相连接，以实现对溢流阀、减压阀等的比例控制。图 b 为一个带塑料注射成型机结构简图的油路图。送料和螺杆回转由比例压力阀和比例节流阀进行控制，以保证注射力和注射速度的精确可控。其工作原理如下。塑料的粒料在回转的螺杆区受热而塑化。通过液压马达驱动的螺杆转动，由比例节流阀 1 确定方向阀 6 处于切换位置 a。螺杆向右移动，注射缸经过由件 2(直动式电液比例压力阀)和件 4(一般先导式溢流阀)组成的电液比例先导溢流阀排出压力油，支撑压力由先导阀 2 确定。此时方向阀 5 处于切换位置 b<br>已塑化的原料由螺杆的向前推进而射入模具。注射缸的注射压力通过由件 3 和件 2 组成的电液比例先导减压阀确定，此时方向阀 5 处于切换位置 a。注射速度由比例节流阀 1 来精确调节，此时，方向阀 6 处于切换位置 b。在注射过程结束时，比例阀 2 的压力在极短的时间内提高到保压压力 |
| 3. 液压推上系统的电液比例压力控制回路 | 图 c 为板带轧机辊缝控制的液压推上电液控制系统，系统中既采用伺服控制，又采用了电液比例压力控制。通过连续调整先导控制式电液此例溢流阀的输入控制电流，进而可连续调整液压推上液压缸活塞腔的油液压力。既可控制其最高压力，以防轧制压力超过设定的上限，也可控制其迅速卸荷。如在轧制带材断裂时，开卷机与轧机之间带材张力急剧减小，这种减小将引起主传动电机的电流急剧变化，此时，轧机主电机的 $dI/dt$ 值区别于厚度调节时加速或减速时的数值，约在 25ms 内形成控制信号，使电液比例溢流阀瞬时完全开启而使系统卸荷<br>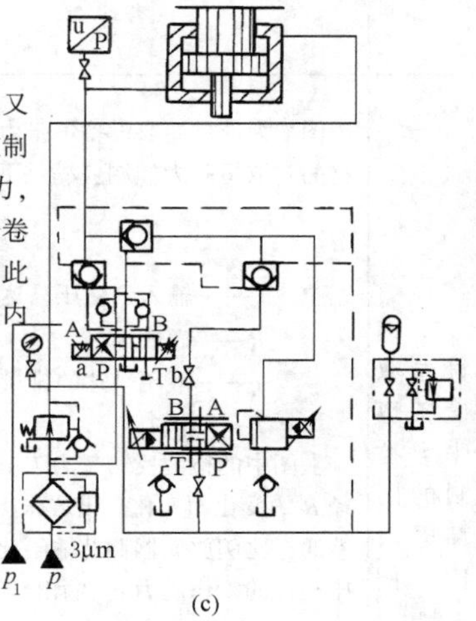<br><br>(c) |
| 4. 压力容器疲劳寿命试验的电液比例压力控制回路 | 图 d 为压力容器疲劳寿命试验的电液比例压力控制系统，以实现试验负载压力的闭环控制，提高了压力控制精度。系统中所用的比例压力阀是三通比例减压阀，调节输入电控制信号，可按试验要求得到不同的试验负载压力波形，以满足疲劳试验的要求<br>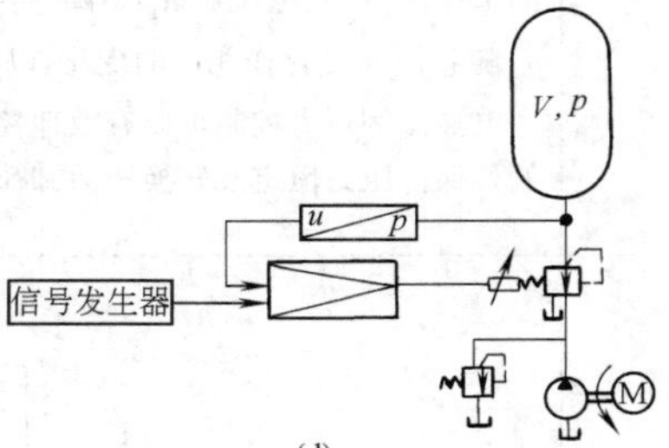<br><br>(d) |
| 5. 升降台液压控制系统中的电液比例压力控制回路 | 图 e 为升降台液压控制系统中的电液比例控制，采用的是三通比例减压(溢流)阀。升降台的控制是，在上升行程中，按照与设定值电流信号成比例关系，比例减压阀保持输出相应的油液压力，托起升降台。当升降台上升遇阻超载时，该阀可起到溢流限压作用。当升降台下降时，该阀可以适当的背压或卸荷压力释放升降液压缸排出的油液流回油箱<br>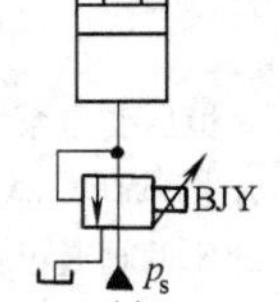<br><br>(e) |

第 22 篇

续表

| 名称 | 回路图、特点及应用 |
| --- | --- |
| 6. 卷取张力的电液比例压力控制 | 图f为采用电液比例压力控制的张力补偿器系统，用以实现对卷取张力的控制。通过调节张力补偿器比例溢流阀的输入电信号，可实现恒张力控制，也可按所要求的变化规律控制张力，但开环控制精度不高<br>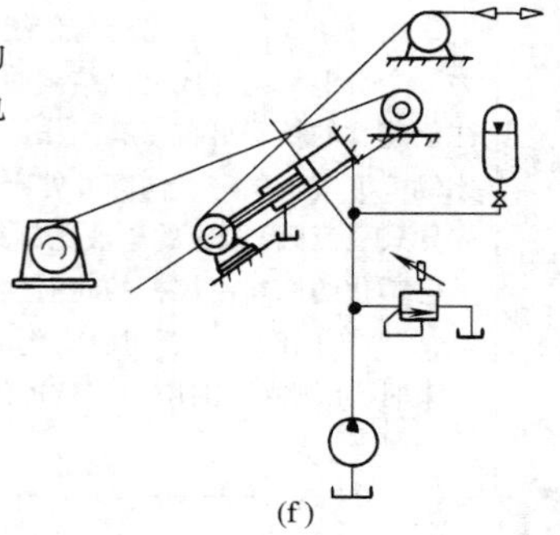<br>(f) |
| 7. 带材卷取设备恒张力控制的闭环电液比例控制 | 图g为带材卷取设备恒张力控制的闭环电液比例控制，采用了电液比例溢流阀。带材的卷取恒张力控制应满足下式<br>$$p_s=\left(\frac{20\pi F}{q}\right)R$$<br>式中 $p_s$——输入到液压马达的工作压力<br>$R$——卷取半径<br>$q$——液压马达的排量<br>$F$——张力<br>上图中的检测反馈量为$F$。在工作压力一定而不及时调整时，张力$F$将随着卷取半径$R$的变化而变化。设置张力计随时检测实际的张力，经反馈与给定值相比较，按偏差通过比例放大器调节输给比例溢流阀的控制电流，进而实现连续地、成比例地控制液压马达的工作压力$p_s$、输出转矩$T$，以适应卷径$R$的变化，保持张力恒定<br>下图表示检测反馈量为卷径$R$。电位器$R_1$可用来设定与初始卷径、要求张力相对应的工作压力$p_s$，电位器$R_2$将随卷径的变化而变化，并通过比例放大器、比例溢流阀，使$p_s$随卷径$R$变化作相应的变化，以保持张力恒定<br>电液比例压力控制可以有效地控制液压控制系统的工作压力，使之按设定规律变化，例如保持压力恒定及转换压力卸荷，对液压控制系统的输出力或转矩进行比例控制<br>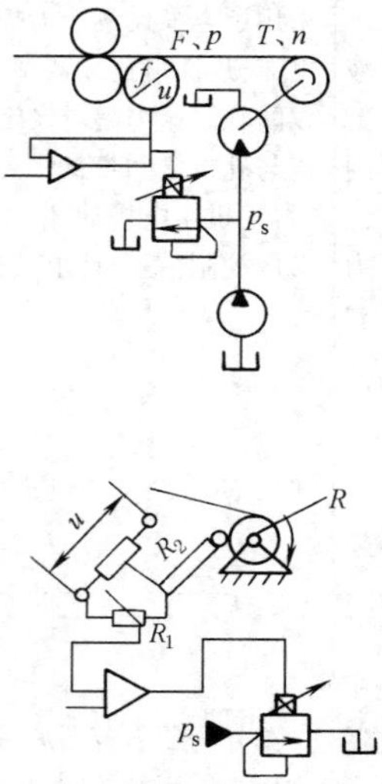<br><br>(g) |
| 8. 用于变量泵的电液比例控制 | 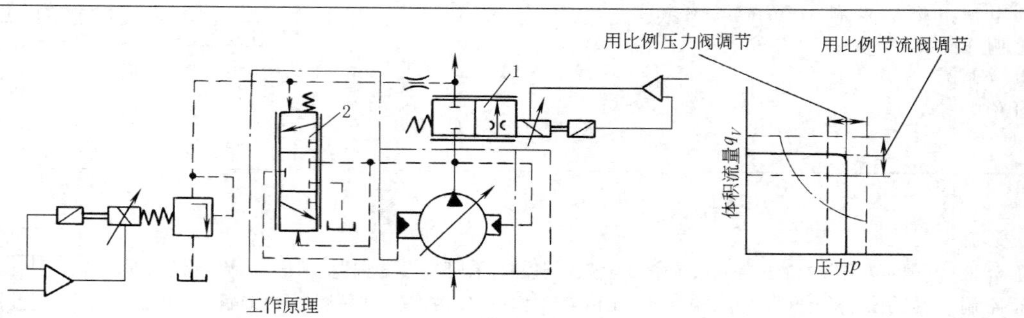<br><br>(h)<br>恒压变量泵、恒流变量泵或压力流量复合控制变量泵，都可以通过比例阀，用电信号进行控制。由此，泵可运行于$p$-$q_V$图的任意点上。各种控制特性曲线，例如功率特性，可以用电信号预先设定。图示为一压力流量复合控制泵，其中的比例阀通过控制块直接贴合在泵体上<br>原理图上如果减去比例压力阀1而保留比例节流阀2，则成为比例恒流变量泵；如果保留比例压力阀1而减去比例节流阀2，则成为比例恒压泵 |

续表

<table>
<tr><th>名称</th><th>回路图、特点及应用</th></tr>
<tr><td>9. 矿区有轨空中缆车的电液比例控制系统</td><td>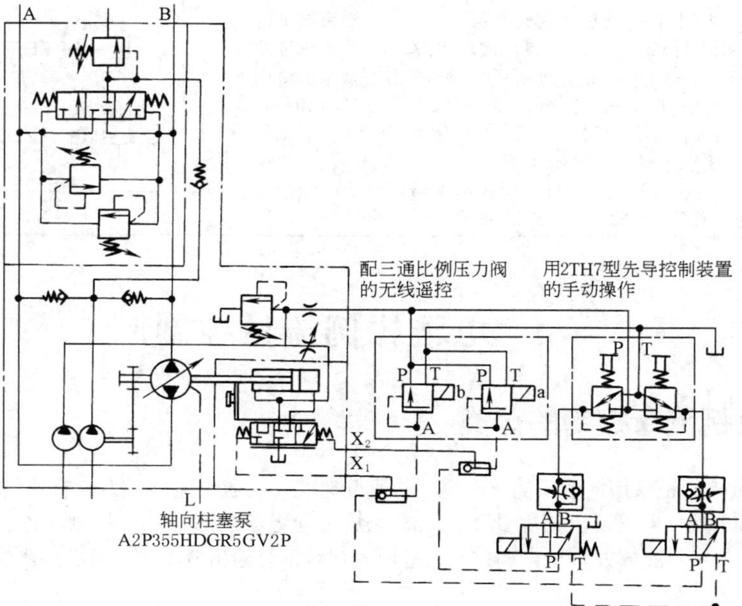(i)<br>图 i 为矿用有轨空中缆车的液压控制系统，是开环控制电液比例变量泵速度控制系统。这个系统主要由三部分所组成：第一是在闭式和半闭式系统的斜轴式轴向柱塞变量泵上，组装了控制泵、补油升压泵、控制阀块，组成了用于闭式系统的泵装置；第二是配用的三通比例减压阀；第三是可装在控制台上的手动控制先导阀组。无级调节三通比例减压阀的控制电流，则可与之成比例地输出先导控制压力，经先导控制油口 $X_1$ 或 $X_2$ 直接输入，作用于变量机构先导阀芯端面，与弹簧力相平衡，此时变量机构输出的摆角与先导控制压力成比例。因此，变量泵的输出流量变化，决定于三通比例减压阀控制电流的调节变化，并与之近似成比例。变量泵的排量将分别由两个独立设定的先导压力所决定，通常取先导控制压力为 0.8~4MPa，当先导控制压力在 0.8~4MPa 之间变化时，泵的排量可以在泵任一转动方向上随之作相应的线性变化。为了保证系统可靠而持久地运行，系统又配用了手动控制先导阀组 2TH7，它们的工作原理相当于直动式减压阀，通过在控制台上手动控制先导压力，可进行泵变量控制，调节系统的输出速度</td></tr>
<tr><td>10. 电液比例压力阀与液压控制变量泵的组合</td><td>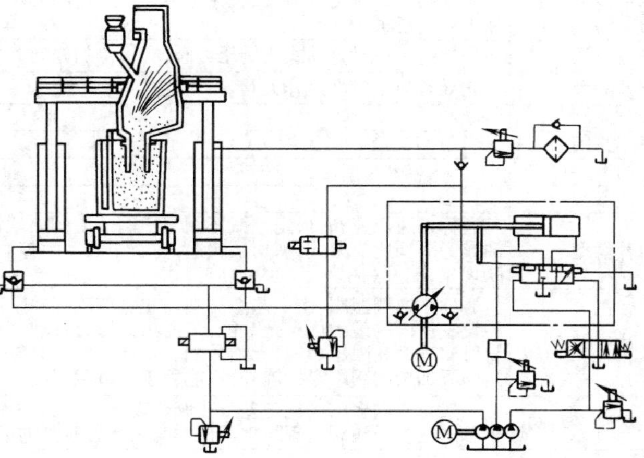(j)<br>图 j 为冶炼设备中除气装置的液压系统，采用了电液比例压力阀与液压控制变量泵组合，通过调节电液比例压力阀的输出压力，作为调节排量的先导控制压力，就可无级调节泵的排量，以实现装置的升降速度控制</td></tr>
</table>

续表

| 名称 | 回路图、特点及应用 |
|---|---|
| 11. 电液比例压力控制同步系统 | 图 k 为重载、慢速同步系统常采用的电液比例压力控制变量泵系统。系统中液压马达 $M_1$ 为主，$M_2$ 为从，对 $M_1$ 进行开环控制，对 $M_2$ 进行闭环控制。通过比例放大器输入给比例溢流阀 $BY_1$ 控制电流，则 $BY_1$ 输出与之成比例的液压力，作为变量泵排量控制的先导压力。调节控制电流就可成比例地调节变量泵的输出流量或液压马达 $M_1$ 的输出转速。为了使液压马达 $M_2$ 跟随 $M_1$ 同步转动，对 $M_2$ 实行闭环控制。为此，比例溢流阀 $BY_2$ 的比例放大器将接受给定 $M_1$ 的指令信号及两个马达 $M_1$、$M_2$ 的转角偏差反馈信号。改变指令信号，即可实现两个液压马达的同步启动、变速、制动，工作平稳无冲击，安全可靠 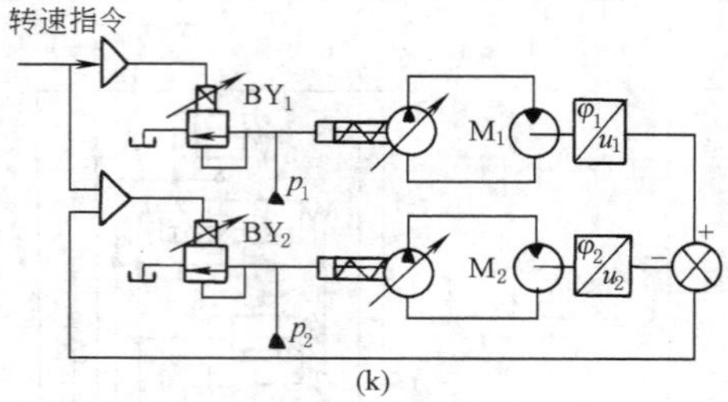  (k) |

# 4　电液比例流量控制阀

## 4.1　电液比例流量控制的分类

电液比例流量控制是采用电液比例节流阀、二通调速阀、三通调速阀，方向节流阀、方向流量阀，多路阀、负载敏感多路阀（阀控），以及比例排量泵、恒流量泵（见变量泵部分）等控制器件，对系统流量进行单参数（有时含流量的正负——液流方向）比例控制，进而实现对系统输出速度或转速、同步的比例控制。

表 22-5-18

| 分类 | | | 说　明 |
|---|---|---|---|
| 按控制类型 | 阀控（节流控制） | | 控制阀主要有（单向）节流阀、（单向）二通调速阀、三通调速阀；方向节流阀、方向流量阀；多路阀、负载敏感多路阀 |
| | 泵控（容积控制） | | 变量泵主要有比例排量泵，恒流量泵，压力流量复合控制泵，压力流量、功率复合控制泵 |
| 按信号方向 | 单向类 | | 主要指与传统流量阀对应的（单向）比例节流阀、（单向）比例调速阀 |
| | 双向类 | | 这是比例方向阀与传统开关阀的最重要区别。比例方向阀既控制液流的流动方向又控制流量（或阀口开度）的大小，所以比例方向阀归到流量阀大类。双向控制主要指比例方向阀，包括比例多路阀 |
| 按流量规格 | 直动式 | | 小流量 |
| | 先导式 | 先导减压型 | 先导阀为一对比例减压阀，不必电反馈，可靠性好，快速性略差于先导节流型 |
| | | 先导节流型 | 先导阀为一对比例节流阀，先导级必须采用阀芯位移电反馈；快速性好，且可降低零件加工精度要求 |
| | | 先导溢流型 | 先导阀为一对直动式比例压力阀，有一定的先导流量损失 |
| | | 先导开关型 | 先导阀为一对高速开关阀 |
| 按反馈原理 | 节流类 | 一般节流阀 | |
| | | 一般多路阀 | |
| | | 电反馈型 | |
| | | 力反馈型 | |
| | 调速类 | 压力补偿型 | 通称二通调速阀，由定差减压阀与比例节流阀串联而成；可以根据需要布置成进油、回油或旁路调速等方式，使用最普遍；但由于液动力等的干扰，补偿特性较差，并存在启动阶跃现象，能量利用不及负载适应型 |
| | | 负载适应型 | 通称三通调速阀，由定差溢流阀与比例节流阀并联而成，备有 P、A、T 三个主油口，无须另设溢流阀。最大优点是节能，泵的出口压力自动与负载适应，配上直动式压力阀后阀本身可实现最高限压功能，无须另配安全阀。但阀只能布置在泵与负载之间，除负载敏感多路阀添加梭阀网络等措施外，不能用于多负载情况 |
| | | 负载敏感多路阀 | 一般每一联多路阀配定差减压阀实现负载压力补偿，同时通过高压优先梭阀网络和一个总的定差溢流阀实现泵出口压力与运行各时刻的最高负载相适应 |
| | | 流量力反馈型 | |
| | | 流量电反馈型 | |
| | | 其他流量反馈型 | |
| | 流量与压力功率等的复合控制类 | | |

## 4.2 由节流型转变为调速型的基本途径

由节流型转变为调速型的基本途径有三种：（1）压力补偿；（2）压力适应；（3）流量反馈。

## 4.3 电液比例流量控制阀的典型结构及工作原理

**表 22-5-19**

| | |
|---|---|
| 1. 普通直动式比例节流阀 | 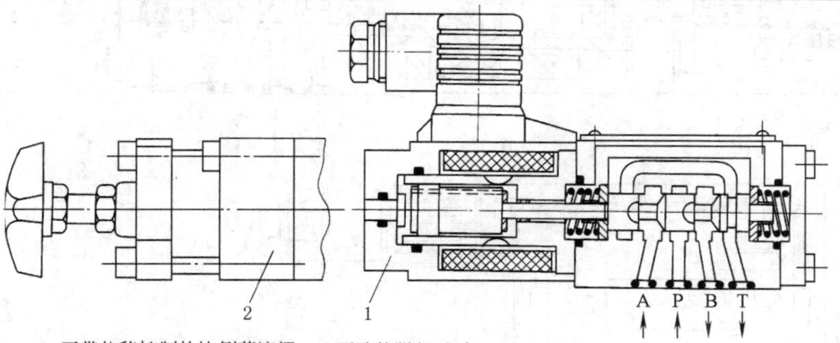<br><br>1—不带位移控制的比例节流阀；2—可选的附加手动<br>(a)<br>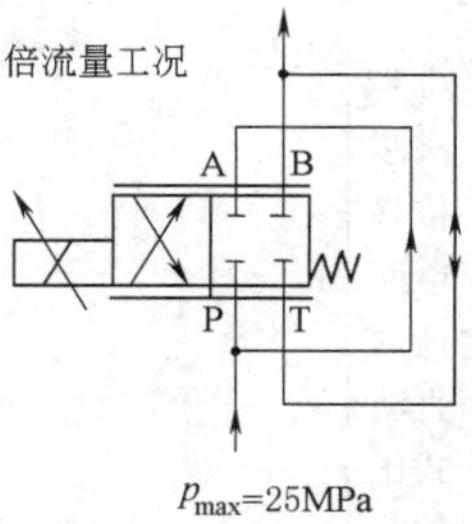<br><br>(b)<br>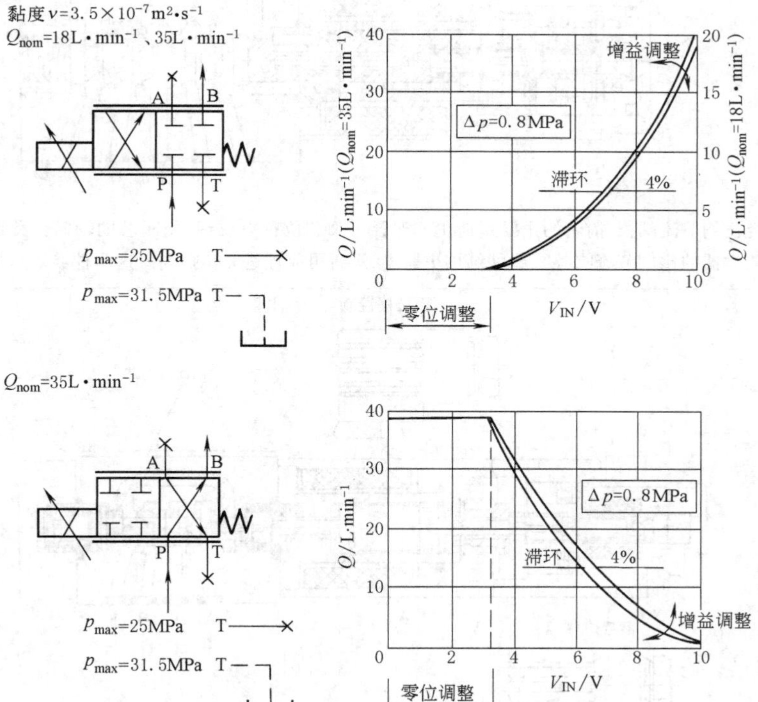<br><br>(c)<br>这种小通径(6 或 10)比例节流阀，与输入信号成比例的是阀芯的轴向位移，即阀口过流面积中的轴向开度；由于没有压力或其他型式的检测补偿，通过流量受阀进出口压差变化的影响<br>其基本特点是：(1)采用方向阀阀体的结构型式；(2)配 1 个比例电磁铁；(3)区分常开与常闭两种模式(图 c)；(4)常采用倍流量工况(图 b) |

| | |
|---|---|
| 2. 带阀芯位移电反馈的直动式比例节流阀 | 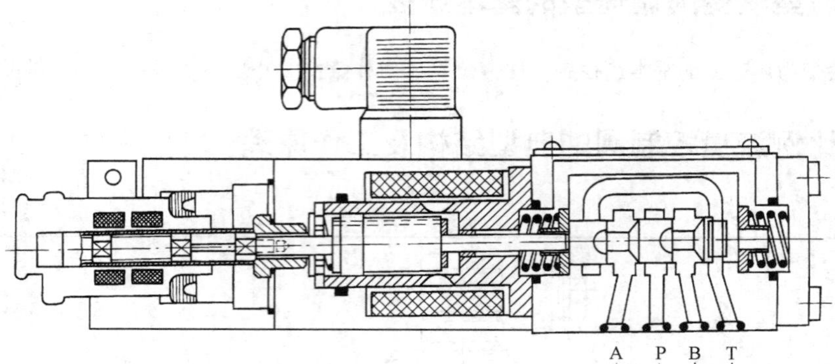<br><br>(d)<br>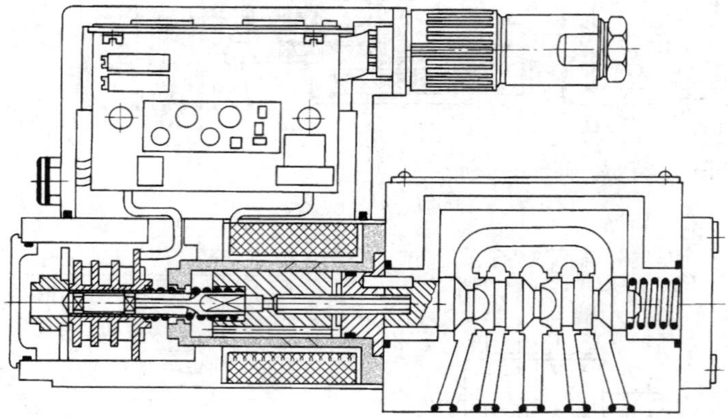<br><br>(e)<br>这种小通径比例节流阀,与前者的主要差别在于配置了阀芯位移电反馈,使阀芯的轴向位移更精确地与输入信号成比例。带集成放大器的比例节流阀(e),将使结构更紧凑,运行可靠性进一步提高。这两种类型的其他特点同前例 |
| 3. 直接作用式电液比例流量阀(二通与三通流量阀) | 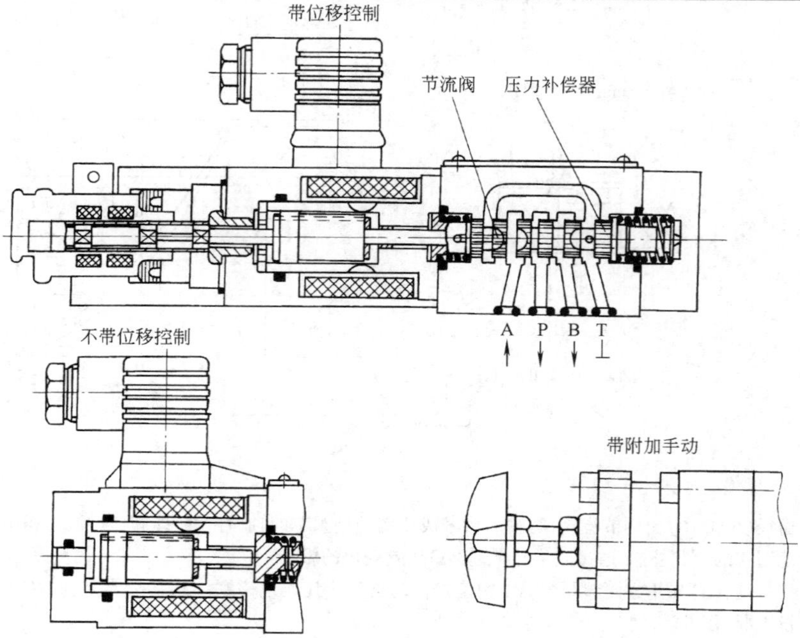<br><br>(f) |

续表

| | |
|---|---|
| 3. 直接作用式电液比例流量阀(二通与三通流量阀) | 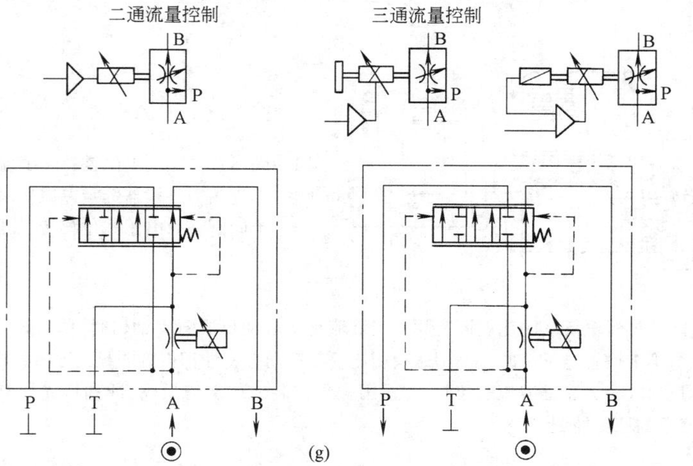<br>(g)<br>这种比例流量阀，仍然采用方向阀式结构，在方向阀式阀体内配置了 2 根阀芯：一侧是由比例电磁铁直接推动的节流阀阀芯，另一侧为由弹簧支持的压力补偿器阀芯。在结构与性能上具有如下特色：(1)在输入方式上，可以是电液比例的，也可以是手动调节的；(2)原理上可以带阀芯位移电反馈，也可以不带阀芯位移电反馈；(3)在特性上，可以构成电液比例压力补偿型二通流量阀，也可以构成电液比例负载适应型三通流量阀 |
| 4. 先导式力反馈电液比例节流阀 | 这是一种先导式节流阀，其基本特点是：(1)采用主阀芯位移力反馈和级间(主级与先导级之间)动压反馈原理(通过液阻 $R_3$)；(2)先导控制油路应用 B 型液压半桥原理(固定液阻 $R_1$ 与可变液阻先导阀口)；(3)采用插装式结构；(4)主阀采用非全周阀口形式，以保证主阀芯位移力反馈的实现。原理上，通过主阀芯开口的特殊设计，使主阀芯的轴向位移与输入电信号成比例。由于未进行压力或其他型式的检测补偿反馈，仍属于节流阀层次，所通过的流量还与进出口压差相关<br>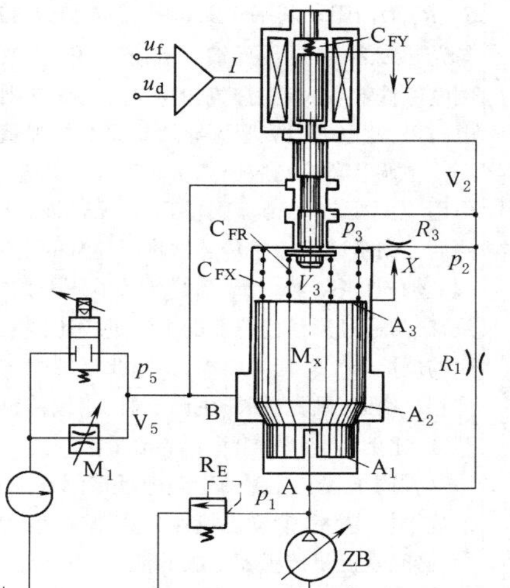<br>(h) 位移-力反馈型比例节流阀原理 |
| 5. 直接作用式压力补偿型电液比例二通流量阀 | 由普通定值控制调速阀和比例电磁铁组成，后者取代前者的手动调节部分。比例电磁铁的可动衔铁与推杆连接并控制节流阀芯，由于节流阀芯处于静压平衡，因而操纵力较小。要求节流阀口压力损失小、节流阀芯位移量较大而流量调节范围大，一般采用行程控制型比例电磁铁<br>当给定某一设定值时，通过比例放大器输入相应的控制电流信号给比例电磁铁，比例电磁铁输出电磁力作用在节流阀芯上，此时节流阀口将保持与输入电流信号成比例的稳定开度。当输入电流信号变化时，节流阀口的开度将随之成比例地变化，由于压差补偿使节流阀口前后的压差维持定值，阀的输出流量与阀口开度成比例，与输入比例电磁铁的控制电流成比例。因此，只要控制输入电流，就可与之成比例地、连续地、远程地控制比例调速阀的输出流量<br>这种传统压力补偿型比例调速阀，由于液动力等的干扰，存在以下缺点：(1)很大的启动流量超调；(2)为使补偿特性好，体积较大；(3)动态响应不理想等<br>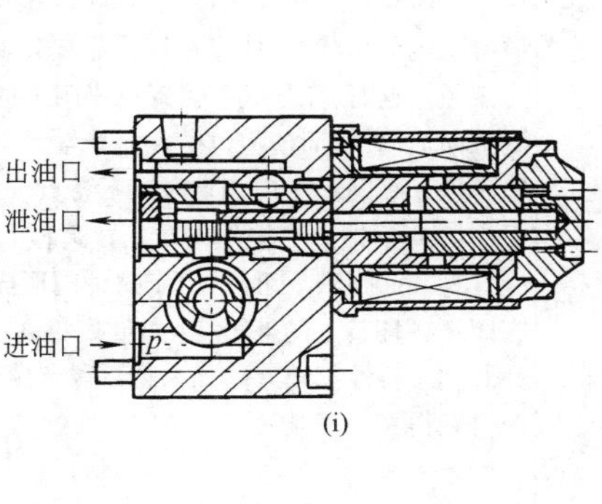<br>(i) |

| | |
|---|---|
| 6. 电反馈直接作用式压力补偿型电液比例二通流量阀 | 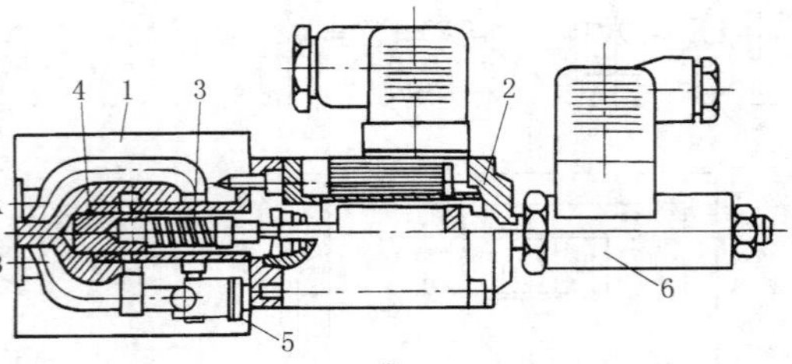<br>(j)<br>1—阀体；2—比例电磁铁；3—节流阀芯；<br>4—作为压力补偿器的定差减压阀；<br>5—单向阀；6—电感式位移传感器<br>图示为带节流阀芯位置电反馈的比例调速阀。当液流是从 B 油口流向 A 油口时，单向阀开启，不起比例流量控制作用。这种比例调速阀与不带位置电反馈的比例调速阀相比，稳态、动态特性都得到明显的改善。但这种阀根据的还是直接作用式的原理，因而对于高压、大流量液流的控制，宜采用先导控制式比例流量阀，即利用先导阀的输出放大作用控制节流主阀，可以实现大流量的稳定控制 |
| 7. 带流量位移力反馈的先导式二通型比例流量阀 | 在图 k 流量阀中，1 为先导阀，2 为流量传感器，3 为主调节器，$R_1$、$R_2$、$R_3$ 为液阻。其基本工作原理为：流量-位移-力反馈和级间（主级与先导级之间）动压反馈。流量-位移-力反馈的原理如下。当给比例电磁铁输入一定的控制电流时，电磁铁则输出与之近似成比例的电磁力；此电磁力克服先导阀端面上的弹簧力，使先导阀口开启，进而使主调节器控制腔压力从原来等于其进口压力而降低。在此压差作用下，主调节器节流阀口开启，流过该阀口的流量经流量传感器检测后通向负载。流量传感器将所检测的主流量转换为与之成比例的阀芯轴向位移（经设计，流量传感器阀芯的抬起高度，即阀芯的轴向位移，与通过流量传感器的主流量成比例），并通过作用在先导阀端面的反馈弹簧转换为反馈力；当此反馈力与比例电磁铁输出的电磁力相平衡时，则先导阀、主调节器、流量传感器均处于其稳定的阀口开度，比例流量阀输出稳定的流量。<br>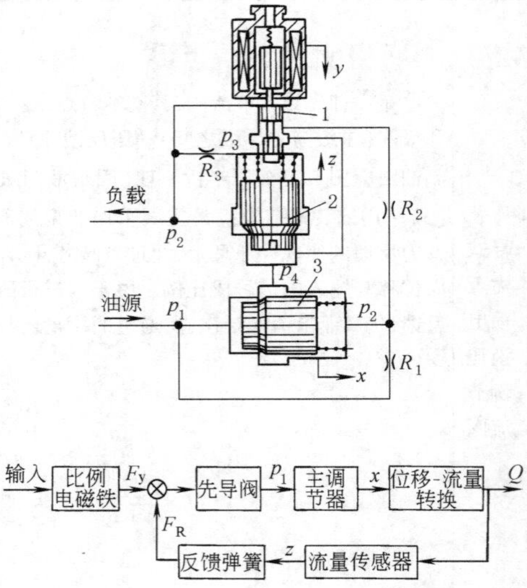<br>(k)<br>这种阀依赖与流量-位移-力反馈闭环配合的级间动压反馈，提高了抗干扰能力和静动态特性。其原理是：为使比例电磁铁能正常运行，必须将流量传感器上腔的油液，引导到先导阀芯与比例电磁铁相接触的容腔，使比例电磁铁动铁和先导阀芯的轴向液压力自动平衡。在先导阀芯两端相连接的油路上，设置液阻 $R_3$，就可构成级间动压反馈。当流量传感器处于稳定状态时，先导阀两端油压相等。当有干扰出现，例如，当负载压力 $p_3$ 增大，破坏了流量传感器原本稳定平衡状态，使流量传感器有关小阀口的运动趋势时，其上腔压力随流量减小而相应地降低，引起先导阀芯两端压力失衡。这时，先导阀芯出现一个附加的向下作用力，使先导阀口开大，进而降低主调节器上腔压力，使先导阀阀口向开大的方向适应，从而使通过的主流量增大，直至主流量以及反映流量值的流量传感器阀口开度恢复到与输入电信号相一致的稳定值。级间动压反馈具有以下特点：（1）反馈力的大小，与受干扰影响的传感器阀芯运动速度成比例；（2）反馈一定是负反馈；（3）反馈力直接作用在先导阀芯上，相当于一个附加的输入。这些特点，使得级间动压反馈的作用与干扰强度相适应且直接而强烈。可见，由于这种阀形成了流量-位移-力反馈自动控制闭环，并将主调节器等都包容在反馈环路中，作用在闭环各环节上的外干扰（如负载变化、液动力等的影响）可得到有效的补偿和抑制，加上级间动压反馈，这种阀的稳态特性和动态特性都较好。如果将流量传感器和调节器并联配置，可得流量-位移-力反馈三通比例流量阀，这种阀用于调速系统可获得高的系统效率 |

续表

| | |
|---|---|
| 8. 带主阀芯位移电反馈先导式二通插装型电液比例节流阀 | 图1为带位移电反馈先导控制式二通插装型比例节流阀。这种节流阀是一种按标准配置插孔尺寸的插装组件,在控制盖板1上装有带主阀芯3和位移传感器4的阀套2,以及与比例电磁铁6在一起的先导控制阀。主阀为可调单控制边节流阀,先导控制阀为两控制边滑阀。液流方向从A到B,先导控制油可按需要采用内供或外供。前者是将先导控制油口X与主油路油口A相连,先导控制油的回油口Y应尽可能无背压地与油箱相连。<br>在设定值为零,即比例电磁铁6不输入控制电流时,由油口A处引来的压力油经控制油路X和先导控制阀10,进入主阀芯上弹簧腔8,主阀3在液压力和弹簧力作用下关闭节流阀口9<br>当给定一个设定值后,在比例放大器7中将设定值和位移传感器实测反馈的实际值相比较,按其差值相应的电流信号控制比例电磁铁6。电磁铁输出电磁力克服弹簧11的作用力,推动先导控制阀芯10移动。通过其控制节流口12、13的共同作用,使主阀芯弹簧腔8的压力得到调节,进而使主阀芯3的位置被调节。主阀芯3的调节行程或位移,与输入设定值或比例电磁铁输入控制电流近似成正比,而其输出流量,在节流阀前后压力差恒定时,只取决于阀口9的几何形状和开度。当比例电磁铁6失电或电缆线断开时,则阀自动关闭<br>这种阀既可作为大流量比例节流阀,也可与压力补偿器组合成比例调速阀使用。既可使用矿物油基液压油,也可使用乳化液、水乙二醇。这种阀适用于冶金机械、金属压力加工机械及塑料加工机械等液压系统的大流量控制<br>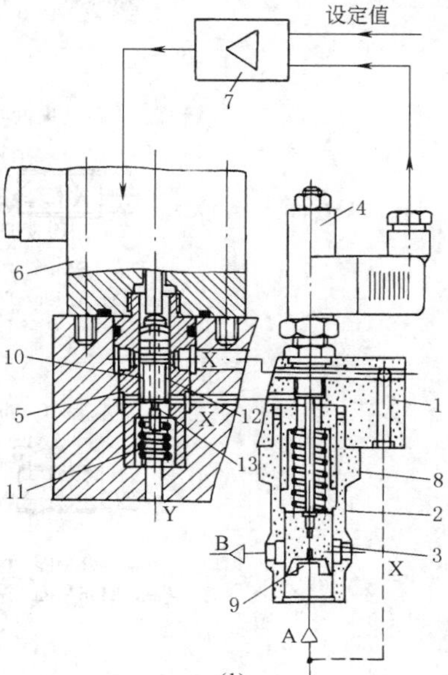<br><br>(1) |



## 4.4 电液比例流量控制阀的性能

与普通流量阀一样，电液比例流量控制阀的稳态特性是指阀在稳态下工作时，阀的输出控制量（受控参数）与输入控制电信号之间的关系特性，一般称控制特性；以及输出量与负载压力变化的关系特性，一般称为负载特性。根据基本流量公式

$$q_V = CA\sqrt{\frac{2\Delta p}{\rho}}$$

式中 $q_V$——通过控制阀口的体积流量；

$C$——阀口流量修正系数；

$A$——阀口的通流面积；

$\Delta p$——阀口前后压力差；

$\rho$——油液密度。

可以看出，通过阀的流量主要受阀口的通流面积 $A$ 和阀口前后压力差 $\Delta p$ 两个因素的影响。在流量控制中，可据此区分一般的节流阀与流量阀。以压力补偿型调速阀为例：节流阀——$\Delta p \neq$ 常数，调节 $A$ 后，$q_V$ 还受负载（$\Delta p$）变化的影响；调速阀——$\Delta p$ = 常数，调节 $A$ 后，$q_V$ 不受负载变化的影响。

## 4.5 节流阀的特性

**表 22-5-20　　节流阀的名义流量（公称流量）及控制特性**

| | |
|---|---|
| 输出受控参数 | 实际上是阀口的通流面积(一般的滑阀常指阀口的轴向开度),而不是流量 |
| 控制特性含义 | 控制特性应为阀口通流面积(滑阀常指阀口的轴向开度)与输入电信号的关系,而通过阀的流量除了与输入控制电信号相关外,还受阀口前后压差的影响 |
| 控制特性的工程表示 | 工程上常用在阀口压差 $\Delta p$ = 8bar(0.8MPa)条件下的输出流量与输入电信号的关系来表示(定义名义流量的压差各公司不尽统一,应查样本) |
| 名义流量 | 阀口压差 $\Delta p$ = 0.8MPa 时的流量为公称流量 |
| 其他流量的计算 | 可根据名义流量 $q_{vnom}$,按公式 $q_{vx} = q_{vnom}(\Delta p_x/8)^{0.5}$ 计算其他压差 $\Delta p_x$ 情况下的流量 $q_{vx}$。这时应注意阀的功率域,超过功率域时,所产生的液动力将使阀芯变得不可控。在这种情况下,应使用压力补偿器来限制节流口的压差 |
| 图 22-5-7 的说明 | 图中的3组特性曲线,都是带阀芯位移检测闭环的6通径(NG6)比例节流阀的控制特性,其名义流量差别产生的原因在于阀芯的周向开口宽度 |

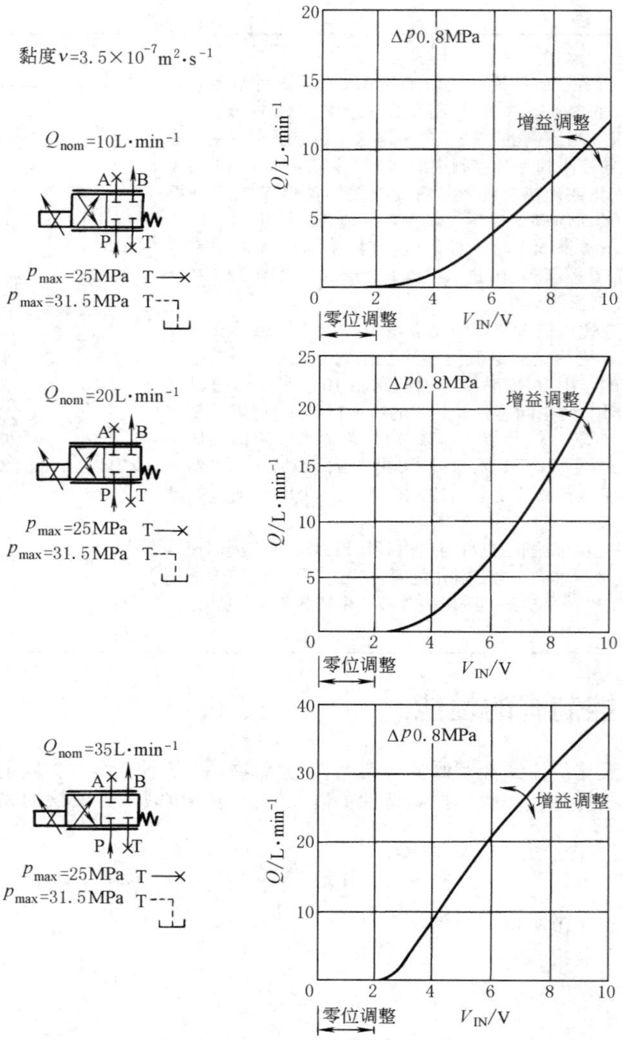


图 22-5-7 比例节流阀的控制特性

## 4.6 流量阀的特性

流量阀是指在节流阀基础上，配置或压力补偿、或负载适应、或流量检测反馈的控制阀，其输出受控参数是

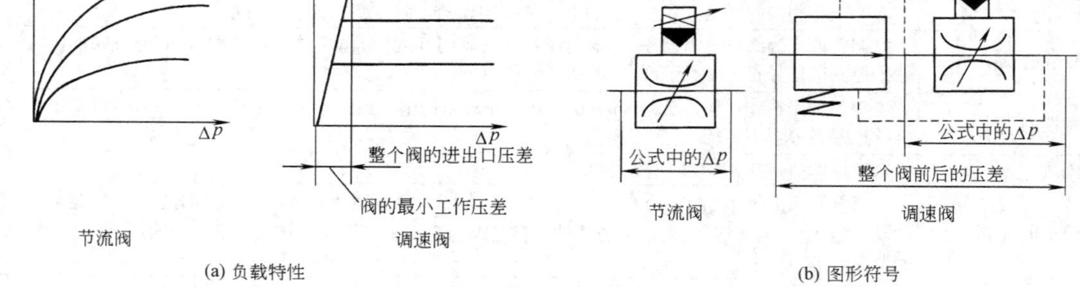


图 22-5-8 节流阀与调速阀负载特性、图形符号

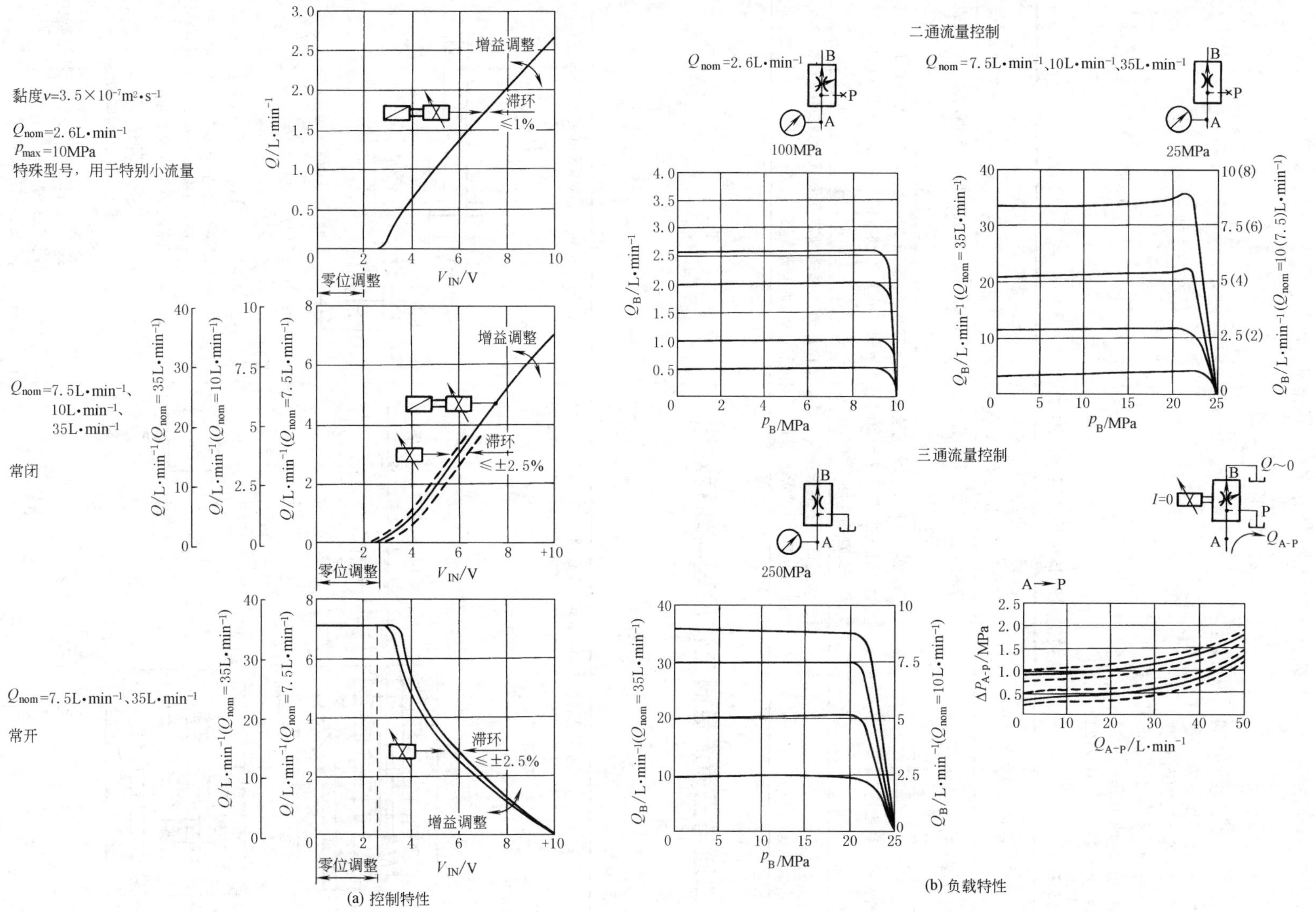


图 22-5-9 二通、三通流量阀的实际特性曲线

通过阀的流量。图 22-5-8 给出了节流阀与调速阀（以压力补偿型为例）的负载特性、图形符号以及流量公式的对比。注意两种阀的流量公式、负载特性压差坐标中 $\Delta p$ 的差别。流量公式为：

$$q_V=CXW\sqrt{\frac{2}{\rho}}\sqrt{\Delta p}$$

式中 $q_V$——通过控制阀口的体积流量；
$C$——阀口流量修正系数；
$X$——阀口的轴向开度；
$W$——阀口的圆周方向开度；
$\rho$——油液密度；
$\Delta p$——阀口前后压力差。

**表 22-5-21　　有关流量阀特性的说明**（以图 22-5-9 为例）

| | |
|---|---|
| 控制特性带与不带电反馈的区别 | (1)共同点:都有零位死区,都可零位调整和增益调整<br>(2)带阀芯位移闭环后滞环明显减小 |
| 控制特性常开与常闭的区别 | 基本位置区分常开与常闭,其中常开仅用作二通流量阀,常闭既可用作二通也可用作三通流量阀 |
| 负载特性的两种表述 | 图 22-5-8 横坐标为流量阀的进出口压差;图 22-5-9 是一种工程习惯表示法,其横坐标是进口压力为定值时的流量阀出口压力,要特别注意的是三通阀也是这样表示的,这与实际工况有出入 |
| 最小工作压差 | 流量阀必须工作在大于最小工作压差的调速阀范围内,负载特性图(图 22-5-8)上小于最小工作压差的区域为节流区,而非调速区 |



## 4.7　二通与三通流量阀工作原理与能耗对比

**表 22-5-22**

| 类别 | 二通流量阀(定差减压阀+节流阀) | 三通流量阀(定差溢流阀+节流阀) |
|---|---|---|
| 工作原理图 | 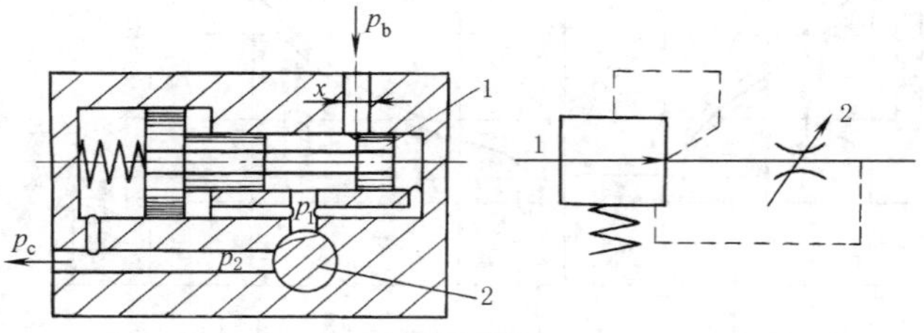<br><br>先减压后节流<br>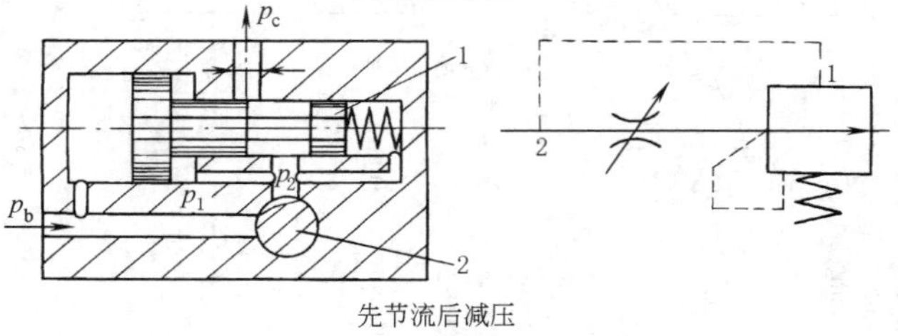<br><br>先节流后减压<br>(a) 两种二通调速阀 | 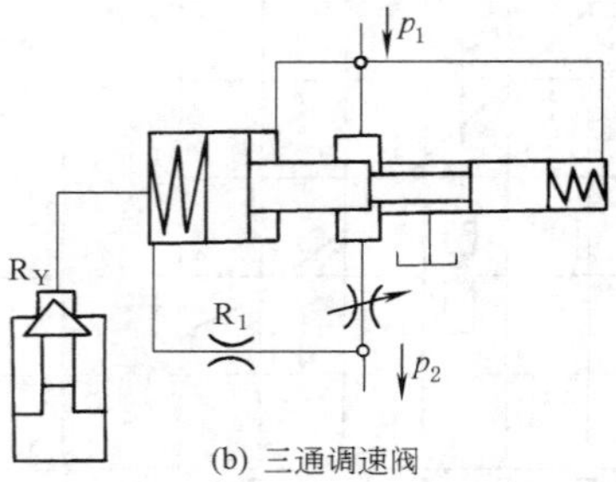<br><br>(b) 三通调速阀<br>$p_1-p_2=[K(x_1+x_d+x)+\rho Q_3 v\cos\theta]/A$<br>式中 $p_1$——流量阀进口压力<br>$p_2$——流量阀出口压力<br>$K$——压力补偿器(溢流阀芯)弹簧刚度(图中左面所示弹簧,右面弹簧很细可忽略)<br>$x_1$——压力补偿器弹簧预压缩量<br>$x_d$——压力补偿器阀芯的封油长度<br>$x$——压力补偿器阀芯的开口长度<br>$\rho$——油液密度<br>$Q_3$——通过压力补偿器阀口的系统多余流量<br>$v$——多余流量的出流速度<br>$\theta$——多余流量的出流角度<br>$A$——阀芯截面积 |

续表

| 类别 | 二通流量阀(定差减压阀+节流阀) | 三通流量阀(定差溢流阀+节流阀) |
|---|---|---|
| 系统运行 | 多余流量以并联于系统的溢流阀调定压力流回油箱,产生较大的能量损失 | 多余流量以比当时系统压力略高的压力从自身的旁通口流回油箱。图示先导阀 $R_Y$ 用于限定系统最高压力,系统不用另设安全阀;当系统压力达到调定值时,$R_1$、$R_Y$ 与定差溢流阀阀芯构成常规的安全溢流阀 |
| 能耗对比图 | 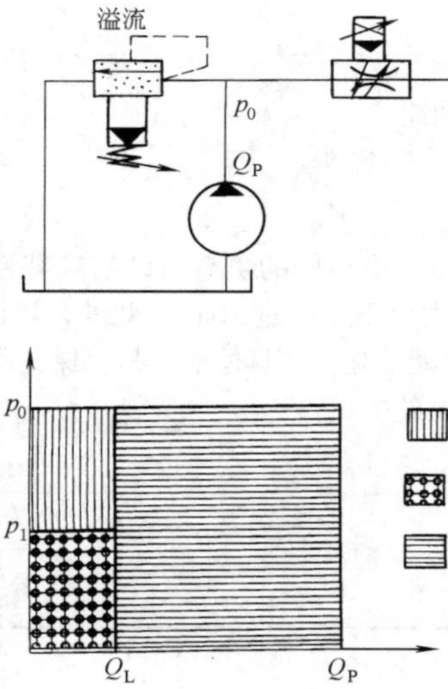<br>(c) | 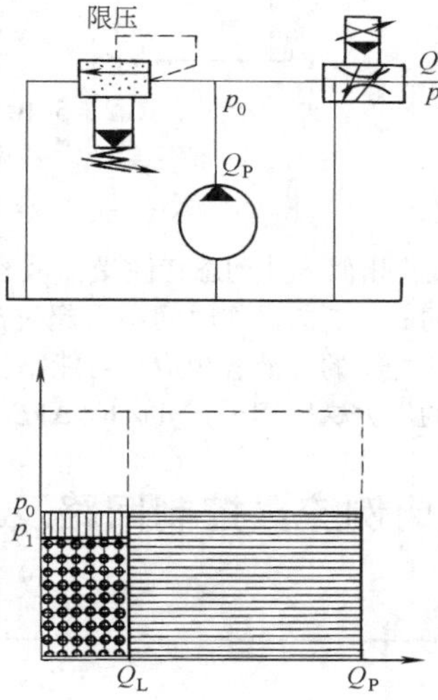<br>(d) |
| 工作原理 | 负载补偿型,属于耗能模式 | 负载敏感型,属于节能模式 |
| | 负载补偿,是流量控制阀范围的一个技术问题。它要解决的问题是,在负载压力大幅度变化(主要干扰)和/或油源压力波动(次要干扰)时,通过流量阀的流量能保持其调定值不变。定差减压型负载压力补偿控制,是通过在定差减压阀(压力补偿器)上消耗一部分无用的能量,来换取工作节流阀口的压差基本不变,属于负载补偿型 | 负载敏感,是一种有关节能型液压系统的概念。它是指系统能自动地将负载所需压力或流量变化的信号,传到敏感控制阀或泵变量控制机构的敏感腔,使其压力参量发生变化(这功能就是所谓负载敏感,或称负荷感知、负荷传感),从而调整供油单元的运行状态,使其几乎仅向系统提供负载所需要的液压功率(压力与流量的乘积),最大限度地减少压力与流量两项相关损失。负载敏感是从基本原理角度对这种系统的称呼,而从其达到的实际工程效果角度常称为负载适应、负载匹配或功率匹配,有时直称为节能系统。负载敏感是个系统问题,而不单是个控制阀的问题;其技术含量,主要在油源及相应的控制部分,只在大闭环系统中,才牵涉到液动机部分实施负载适应节能,具体来说,是提高原动机利用效益,减小系统发热,达到机械设备结构紧凑和节能的目的 |
| | 通常情况下,配置二通压力补偿器(定差减压型)的系统,为定压系统。负载变化时,补偿器保持节流器前后压差不变,克服负载而多余的或大或小的压差,都消耗在补偿器的补偿阀口上。因此,二通补偿器只能起到负载压力补偿的作用 | 三通压力补偿器(定差溢流型)的特点在于,在保持节流器阀口压差不变的情况下,总是使泵出口压力实时地比负载压力高出一个定压差——补偿器阀口压差,从而达到负载适应 |

## 4.8 电液比例流量阀动态特性试验系统

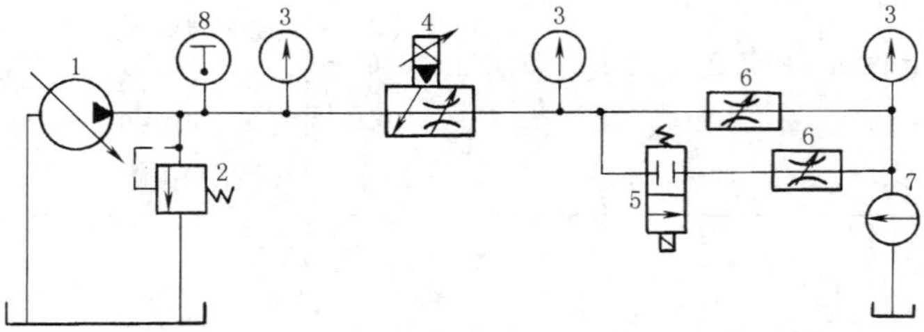


图 22-5-10 电液比例流量阀的典型试验回路

1—液压泵；2—溢流阀；3,8—压力表；4—被试电液比例流量阀；5—快速切断阀；6—负载节流阀；7—流量计

与压力阀试验相似，其动态特性受油液容积的影响。有关实验标准规定，进行阀的负载阶跃响应特性试验时，图示快速切断阀 5 的操作时间不得超过被试阀响应时间的 10%，且最大值不得超过 10ms。此外，被试阀 4 与负载节流阀 6 之间的油液容积应尽可能小，以使负载阶跃信号的前沿尽可能地陡。其具体要求是：保证由于油的压缩性造成的压力梯度用公式 $dp/dt=\Delta VE/V$ 计算所得的，至少是所测梯度的 10 倍。



## 4.9 电液比例流量控制回路及系统

表 22-5-23

| | |
|---|---|
| 1. 用比例节流阀取代普通节流阀组简化控制系统 | 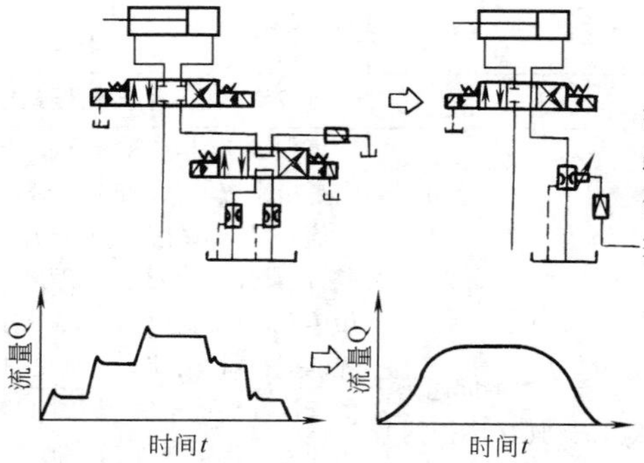 (a)<br>图 a 为采用一个比例节流阀连续、比例、无级调节流量，取代采用多个定值节流阀调节流量的控制回路，既简化了控制回路又改善了性能。采用电液比例流量控制可以很方便地满足负载速度特性要求，实现所设定流量控制变化的规律 |
| 2. 比例控制节流调速的基本回路 | 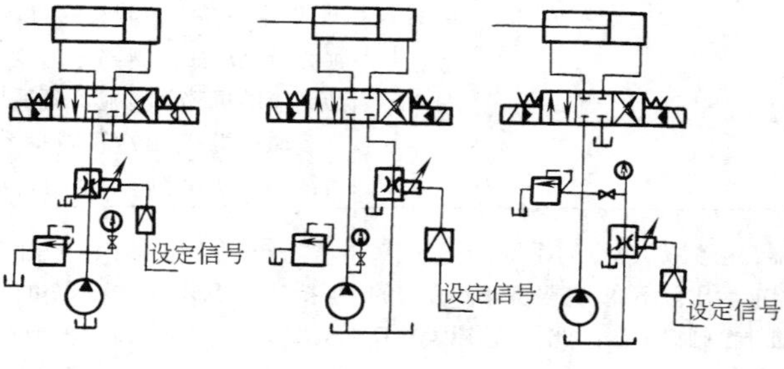 (b)<br>图 b 为电液比例控制节流调速的基本回路，其结构与功能的基本特点与由定值节流阀构成的调速回路有共同点。但由于是电液比例控制，既可开环控制又可闭环控制，按照负载速度特性要求，以更高的精度，实现调速要求 |

| | |
|---|---|
| 3. 液压电梯的电液比例控制回路 | 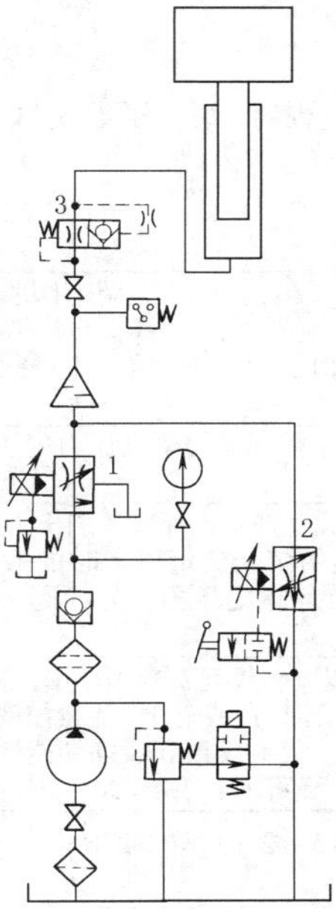<br>(c)<br>1,2—比例复合阀；<br>3—限速切断阀<br>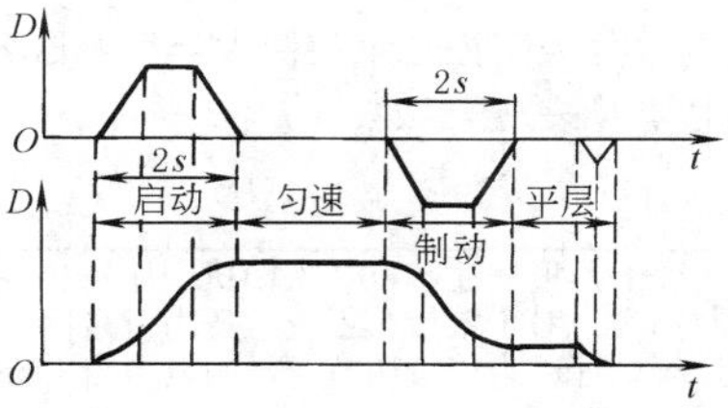<br>(d)<br>图 c 液压电梯是利用液压驱动的垂直运输工具。图中比例复合阀 1 是一个带应急下降先导阀的比例三通调速阀，控制电梯的向上运动速度，泵的输出压力与负载相适应，从而达到节能的效果。先导压力阀可以控制柱塞突然停止所产生的液压冲击。比例复合阀 2 是一个带手动应急下降先导阀的二通比例调速阀。电梯下降时泵停止工作，依靠电梯轿厢自重下落，二通阀控制其下降运行速度。轿厢运行速度如图 d 所示。手动应急下降阀的作用是：当发生意外故障时，可以手动操作，使轿厢平稳回到最接近的层面。本系统的基本特点为：(1) 采用比例控制，可以对轿厢的加减速进行精确控制，达到快速、平稳地按预定曲线运行；(2) 上升用三通调速阀实现负载适应，下降依靠自重用二通调速阀控制，形成了最佳的节能组合。应特别注意，要使轿厢自重（不够时，常采用在轿厢体增加配重）产生的油压大于二通比例调速阀的最小工作压差，以保证二通阀工作在调速区 |
| 4. 机床微进给的电液比例控制回路 | 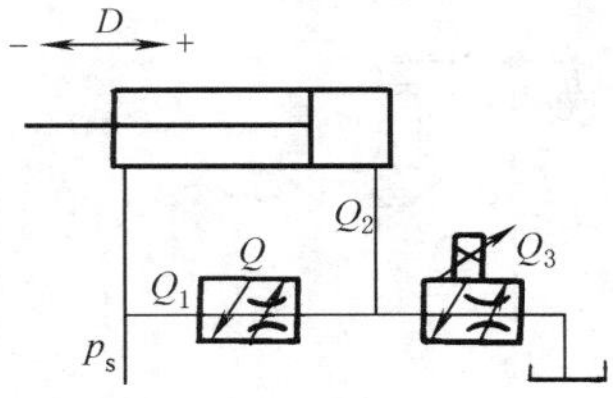<br>(e)<br>图 e 为机床及材料试验机采用的微进给电液比例控制。图中的定值控制调速阀也可用比例调速阀代替而扩大调节范围。液压缸的输出速度由流量 $Q_2$ 所决定，而 $Q_2=Q_1-Q_3$。当 $Q_1>Q_3$ 时，液压缸活塞左移；当 $Q_1<Q_3$ 时，活塞右移，故无换向阀就可使活塞运动换向。这种控制方式的优点在于，为获得微小进给量，不必采用微小流量调速阀，只需用流量增益较小的比例调速阀。两个调速阀均可在较大流量下工作而不易堵塞，液压缸实际得到的流量很小，实现微量进给。既可开环控制，也可闭环控制，保证液压缸输出速度恒定或按设定规律变化 |
| 5. 旋压机、折板机同步的电液比例控制回路 | 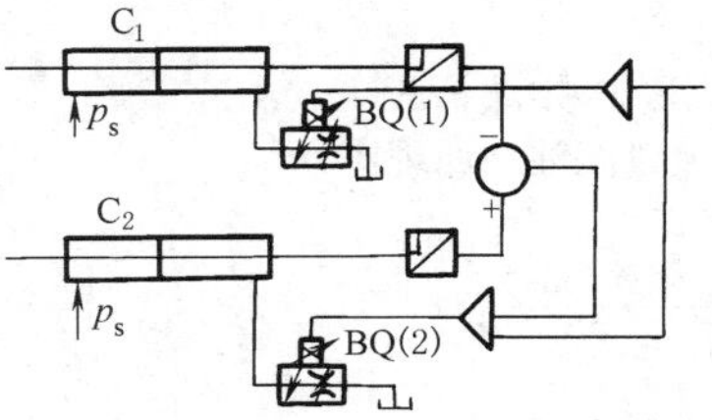<br>(f)<br>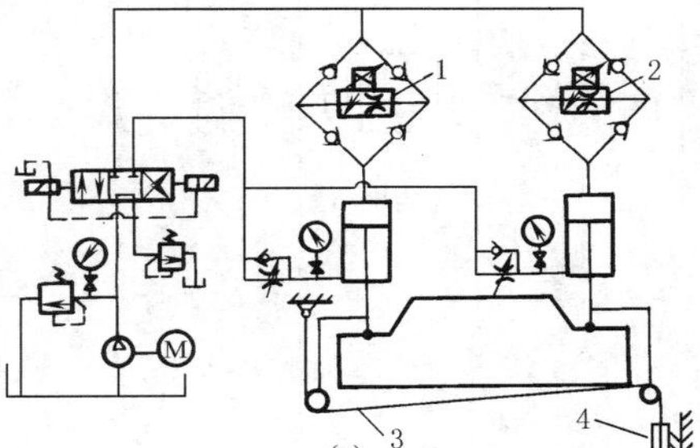<br>(g)<br>图 f、图 g 为双旋轮旋压机、双缸折板机等机械设备同步系统的电液比例控制。图 f 表明了控制思想，在两缸油路上分别安装比例调速阀 BQ（1）及 BQ（2），其中 BQ（1）接受指令信号，BQ（2）同时接受指令信号及两缸位移偏差信号，$C_1$ 缸为主动缸，$C_2$ 为随动缸进行闭环控制。在没有偏心载荷的情况下，同步误差在 0.3mm 以下，在有偏心载荷时，同步误差在 0.8mm 以下。<br>图 g 中 1、2 为电液比例调速阀，3 为钢带系统，4 为差动变压器。差动变压器通过钢带系统检测滑块运动过程的同步情况，并转换为电信号反馈，实现闭环控制 |

## 4.10 电液比例压力流量复合控制阀

电液比例压力流量复合控制也分为阀控与泵控两大类型：压力流量复合控制阀，压力流量复合控制泵。压力流量复合控制阀的基本原理与特点见表 22-5-24。

**表 22-5-24**

| | |
|---|---|
| 特点与用途 | 压力流量复合控制阀，实际上是根据注塑机、吹塑机、压铸机控制系统的需要，在三通调速阀基础上迅速发展起来的一种压力和流量精密控制阀类。对于定量泵系统，压力流量阀是理想的控制器件，它调节压力和流量，并使泵卸载。与其他方案不同，压力流量阀设计成将流量调节与压力调节合并在一个整体的阀体中。压力流量阀简化了大型油路块和复杂液压系统的设计、安装与调试 |
| 基本构成 | 参见三通流量阀的原理图 22-5-11，如果节流阀 1 是比例阀，而且本来用于限制系统最高压力的压力先导阀也是比例阀，这就可构成电液比例压力流量复合控制阀 |
| 三通调速阀 | 就三通调速阀而言，当系统压力没有达到定差溢流阀先导阀调定的安全压力时，先导阀不打开，系统实现负载压力适应，溢流阀主阀起定差溢流阀作用（保持节流阀两端压差为常数），系统的多余流量以当时的系统压力（而不是先导阀限定的高压）从打开的溢流阀阀口排回油箱；只有当系统压力达到先导阀调定压力，先导阀与主阀芯配合，起到一般溢流阀的作用，此时，不再起定差溢流阀作用 |
| 压力流量阀 | 就压力流量复合控制阀而言，当需要对流量进行控制时，比例压力阀给定值提高，仅起安全阀作用，补偿器主阀起到定差溢流阀作用；当需要进行系统压力控制时，让节流口全闭（例如塑化阶段的背压控制）或全开，流量控制不起作用<br>以 BOSCH 产品为例：其中的比例压力阀可以选择带电反馈、不带电反馈、带电反馈和线性功能，带集成放大器；其中的比例节流阀可以选择带电反馈、不带电反馈，带集成放大器。节流阀压降可调：$\Delta p=0.5\sim2\text{MPa}$ |

图 22-5-11 为 BOSCH 公司的三通比例压力流量阀油路原理图。图 22-5-12 为 VICKERS 公司压力流量阀的内部结构与油路原理图。



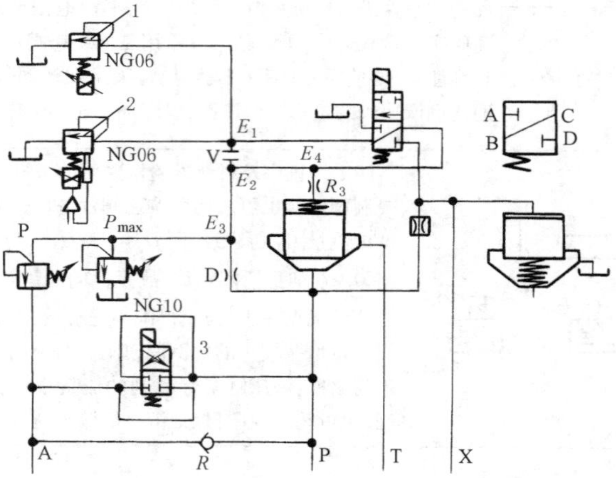


带可选背压切换功能 NG10 三通比例压力漏量阀

图 22-5-11 BOSCH 压力流量阀油路原理图

1,2,3—节流阀

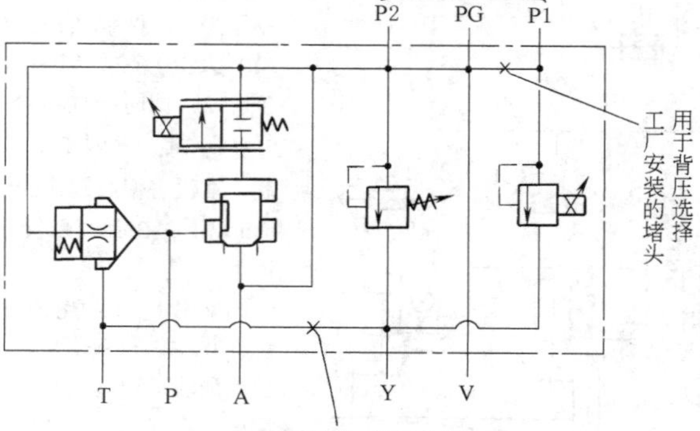


图 22-5-12 VICKERS 压力流量阀结构与油路原理图

# 5　电液比例方向流量控制阀

电液比例方向流量阀，在结构形式上与传统方向阀中的电磁换向阀、电液换向阀很相似，但在功能上，有着本质性的不同。它属于流量控制阀的范畴，能按照输入控制电流同时实现液流方向控制与流量的比例控制；而传统方向阀，只能改变液流流动方向。按其控制流量特性的不同，可分为节流控制型和流量控制型两大类。前者是比例方向节流阀，其被控制量，即与输入电流信号成比例的输出量，只是主阀芯的（轴向）位移或节流阀口开度，而其输出流量要受负载和供油压力变化的影响。后者是比例方向流量阀，是由比例方向节流阀和通称压力补偿器的定差减压阀或定差溢流阀等组成；也有内含或外置各种形式的流量检测反馈器件，构成流量反馈型比例方向流量阀。比例方向流量阀的被控制量是输出流量，与输入控制电流成比例，而与供油压力、负载压力和回油压力变化基本无关。

**表 22-5-25　　传统（开关型）方向阀与电液比例方向阀的主要异同点**

| 相同或相似点 | 不同点 | | |
|---|---|---|---|
| | 比较项目 | 传统（开关型）方向阀 | 电液比例方向阀 |
| 都可控制液流方向 | 基本功能 | 仅改变液流方向 | 兼有液流方向控制和流量的比例控制（注意区分节流型与流量型） |
| 都有多种中位机能 | 系统类型 | 仅用于开环系统 | 可用于开环系统也可用于闭环系统 |
| 都有中位死区（伺服比例阀无中位死区） | 过流面积原则 | 包括阀口在内的阀内各处过流面积相等 | 阀内其他各处过流面积，应为与最大控制信号对应的控制阀口最大面积的3~4倍 |
| 主阀体结构基本相同（常通用） | 公称流量定义 | 最大通流流量 | $\Delta p$=1MPa（P→A，B→T各0.5 MPa，具体数据见样本）时的流量 |
| 都有多种输入方式 | 多种输入方式 | 解决开关控制 | 解决阀芯位移（阀口开度）的比例控制 |
| 都分直动式与先导式（由流量带来的驱动力因素决定） | 阀口工作压差 | 一般变化不大，由通过的流量决定 | 方向节流阀：一个工作循环过程中变化较大<br>方向流量阀：由补偿器确定，一般可在小范围内调节 |
| 过滤精度、阀口压降、配合间隙等基本相同 | 阀口型式 | 一般开有减缓换向冲击的小三角（半圆）槽 | 非全周阀口 |
| | 内反馈 | 一般无内反馈 | 带或不带先导级、主级位移电反馈 |

## 5.1　比例方向节流阀特性与选用

（1）比例方向节流阀基本特性

**表 22-5-26　　比例节流阀基本原理与特性**

| | | |
|---|---|---|
| 基本类型 | 直接作用式 | |
| | 先导控制式 | |
| | 带与不带电反馈 | |
| 基本原理 | 输出流量 | $$Q=CXW\sqrt{\left(\frac{2}{\rho}\right)\Delta p}$$ 式中　$X$——功率阀芯轴向位移(与输入信号成比例)<br>$C$——阀口流量修正系数<br>$\rho$——油液密度<br>$\Delta p$——阀口前后压力差<br>$W$——阀芯周向开口量(根据设计)。同一通径且配用相同直径的阀芯的比例节流阀，常通过改变 $W$ 实现不同的名义流量 |
| | 名义流量 | $\Delta p$=1MPa(P→A,B→T各0.5 MPa,具体数据见样本)时的流量 |

续表

| | | |
|---|---|---|
| 先导级形式 | 双比例减压阀 | 不用主阀芯位移反馈，性能靠元件加工精度保证，运行可靠 |
| | 双比例节流阀 | 快速性好，但必须有主阀芯位移反馈 |
| | 双比例溢流阀 | 有一定的先导流量损失 |
| | 双脉宽调制开关阀 | 快速性好，成本较高 |
| 由液动力引起直动式节流阀的功率极限 | | 图 22-5-13a 表明，超过一定压差范围(最大流量与额定流量之比从 3.7 减小到 2.3，额定流量小者比值高)，随着阀口压差的增大，流量反而减少，这是液动力超过驱动力所致 |
| 规格选用 | 容易误解 | 错将比例方向节流阀 1MPa 压降时的名义流量，当作普通开关方向阀的名义流量 |
| | 正确原则 | 使一定压差下所需的最大流量，与 100%最大控制输入信号相对应，最终使控制分辨率提高 |
| 不等过流面积方向阀(不对称阀口) | 对于单出杆缸，如果面积比 $A_K:A_R=2:1$，则必须选用节流面积比 2:1的阀芯。因为当两个节流孔面积相等时，通过小腔出油时流量增大 1 倍，阀口压差将是原来的 4 倍，即液压缸两腔形成 4:1的压差比 | |

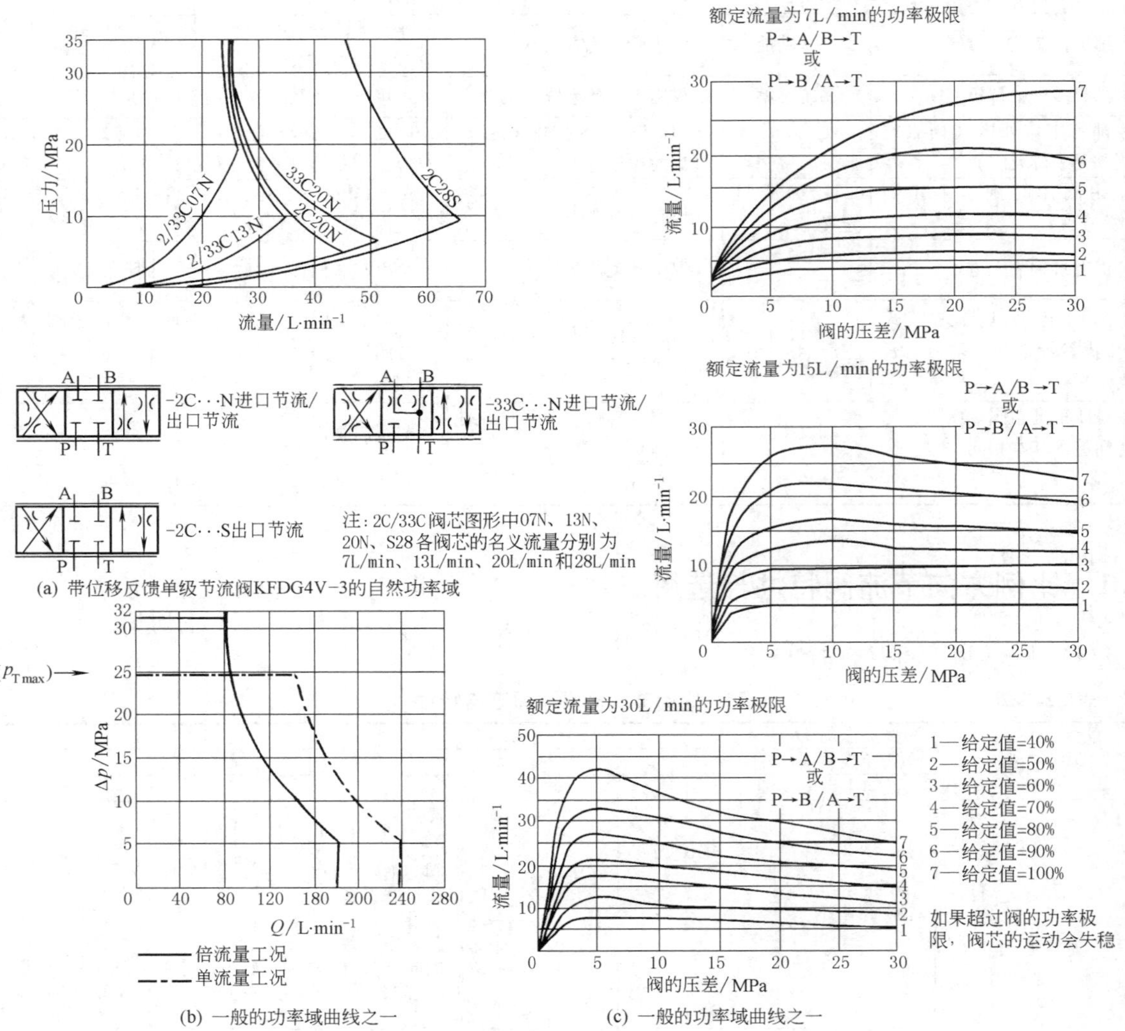


图 22-5-13 由液动力引起的直动式节流阀功率域

（2）比例方向节流阀的输入电流-输出流量特性

图 22-5-14 为 REXROTH 公司 4WRE6（四通，电反馈，六通径）比例节流阀的特性曲线。这里表明了电液比例节流阀的若干重要特性。

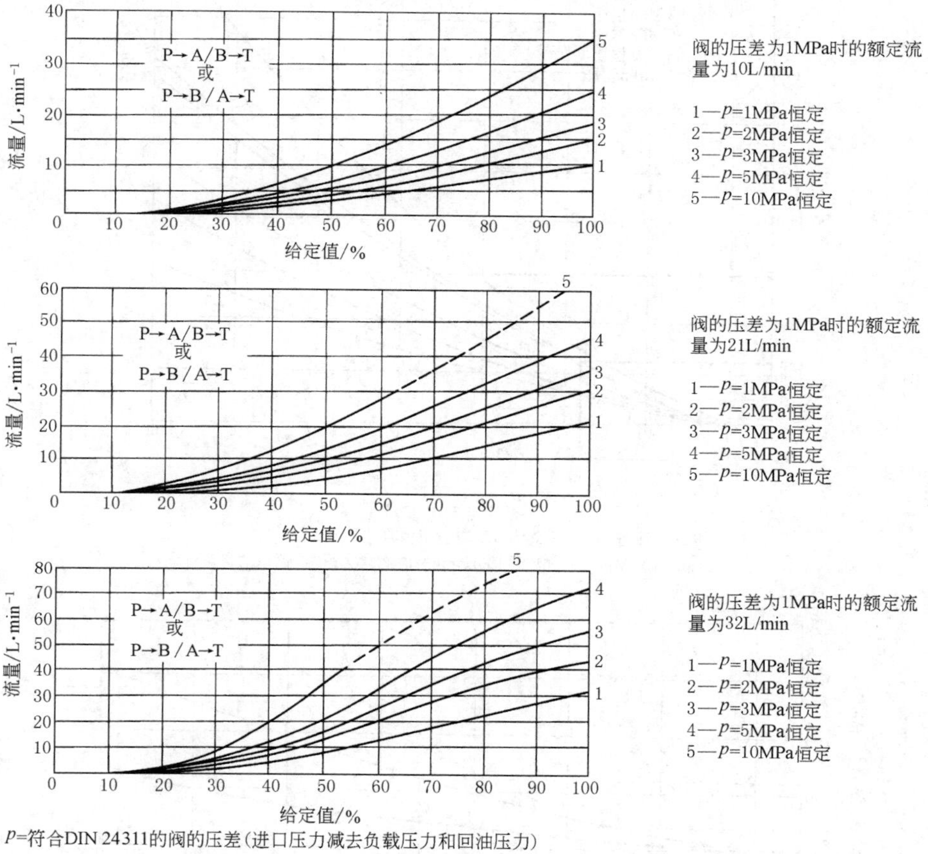


图 22-5-14　比例节流阀典型特性曲线

1）名义流量是压降 $p=1\text{MPa}$（不同公司产品会有所差别）时、输入信号 100%时的流量值。根据说明，$p$ 为符合 DIN 24311 规定的压差（进口压力减去负载压力和回油压力），这表明此处所说的阀口压差，是指 P 到 A（或 P 到 B）阀口压差，加上 B 到 T（或 A 到 T）阀口压差之和，即单个阀口压差为 0.5MPa。

2）同一通径的阀（同一阀芯直径）有三种不同的名义流量，在于阀口的圆周方向开口量（流量公式中的 $W$）不同所致。

3）同一名义流量的阀，各条曲线的差别在于阀口压差（流量公式中的 $\Delta p$）不同。

（3）比例方向节流阀的正确选用

比例方向阀选用示例：设定系统压力 12MPa，工进负载压力 11MPa，工进速度范围对应流量5～20L/min；快进负载压力 6MPa，快进速度范围对应流量 60～150L/min。

1）通常容易犯的错误是：像普通方向阀那样，以最大流量 150L/min 作为公称流量来选比例方向阀。据此，如图 22-5-15a 那样，选用阀压降 1MPa 公称流量 150L/min 的比例节流阀。这样的选择，形式上是能满足系统的要求，但从图中可见：

快进时，对应于压差 6MPa，流量 $q_V=150\text{L/min}$ 时仅利用额定电流的 66%，流量 $q_V=60\text{L/min}$ 时仅利用额定电流的 48%，这样一来，调节范围仅达额定电流的 18%。

工进时，对工进速度的调节，也只达到总调节范围的 10%（20L/min 时为 47%额定电流，5L/min 时为 37%额定电流）。

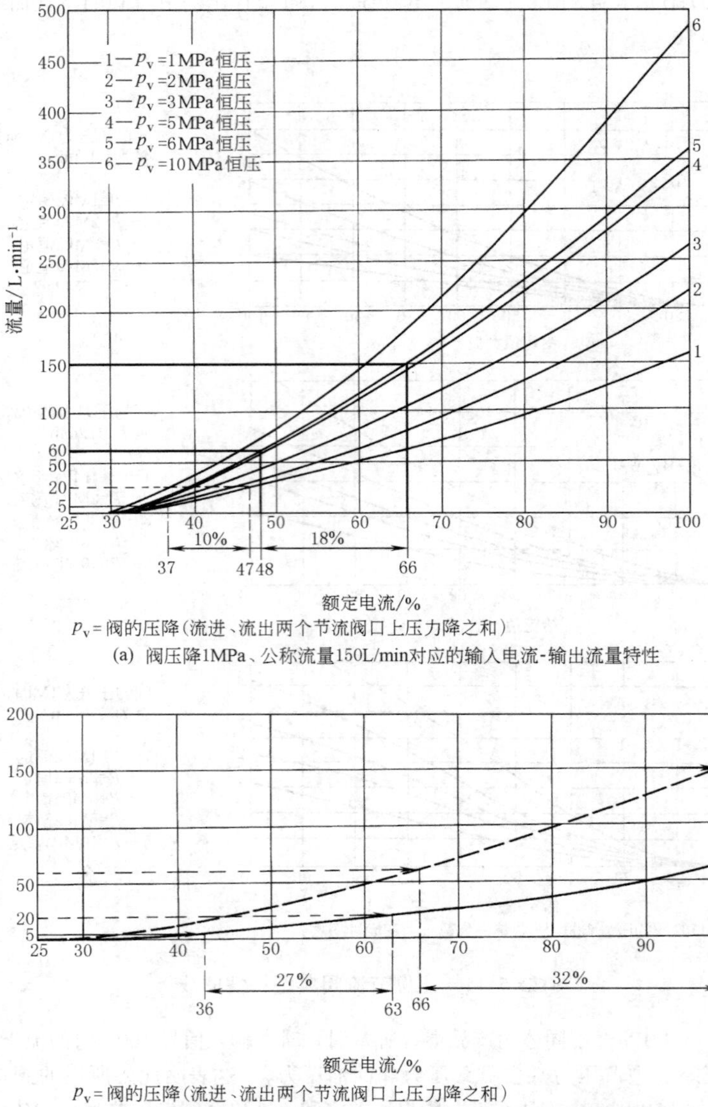


$p_V$=阀的压降(流进、流出两个节流阀口上压力降之和)

(a) 阀压降1MPa、公称流量150L/min对应的输入电流-输出流量特性

$p_V$=阀的压降(流进、流出两个节流阀口上压力降之和)

(b) 阀压降1MPa、公称流量64L/min对应的输入电流-输出流量特性

图 22-5-15　比例方向阀选择示例

总体而言，假如阀的滞环为1%～3%，而对应调节范围为10%的情况，则其滞环相当于10%～30%。显然，很难用这样差的分辨率来进行控制。

2）正确的原则是：使最大流量尽量接近于与100%额定电流相对应，即尽可能大地利用阀芯行程，以扩大调节范围、提高控制性能。

按此原则，就选择了如图22-5-15b所示的阀压降1MPa公称流量64L/min的比例节流阀。相应的调节范围分别达到32%（快进）和27%（工进），可调范围很大，有一个较好的分辨率。同时，重复精度造成的偏差当然也很小。

## 5.2　比例方向流量阀特性

（1）比例方向流量阀的基本类型（见表22-5-27）

**表 22-5-27**

| 方向流量阀类型 | （传统）压力补偿型 | | | 流量检测反馈型 |
|---|---|---|---|---|
| 补偿器类型 | 定差减压型<br>进口压力补偿器 | 定差溢流型<br>进口压力补偿器 | 其他 | 流量-压力反馈<br>流量-力反馈<br>流量-电反馈 |
| 补偿器名称 | 二通型压力补偿器<br>定差减压阀 | 三通型压力补偿器<br>定差溢流阀 | | |
| 方向流量阀的构成 | 方向节流阀+<br>定差减压阀 | 方向节流阀+<br>定差溢流阀 | 如位移流量<br>压力反馈 | |
| 特点 | ①耗能；②受液动力、弹簧力影响，补偿偏差较大；③进口压力补偿器不能用于超越负载 | ①泵的出口压力与负载适应，为负载敏感节能型；②受液动力、弹簧力影响，补偿偏差较大；③只能配置于泵的出口；④不能用于超越负载 | | ①形成阀内部或外部检测闭环；②稳态的动态控制精度都较高 |

（2）配定差减压型补偿器的方向流量阀特点

图 22-5-16 原理图有 3 个特点：1）由于是比例方向阀（图 a），所以需要用一个梭阀来获取所沟通的油路（P→A 或 P→B）的压力；2）加入液阻 $R_1$、$R_3$（动态阻尼液阻）和 $R_Y$ 并从定差减压阀阀口前引入控制油，从而形成 B 型半桥。这样，调节 $R_Y$，就可在一定范围内改变定差减压阀的压差，即可在功率域范围内扩大流量范围；3）与图 a 相似，图 b 是从节流阀之后引入了固定液阻 $R_1$ 在前、可变液阻 $R_Y$ 在后的 B 型半桥。当系统压力达到 $R_Y$ 时，B 桥起作用，限定了系统压力。

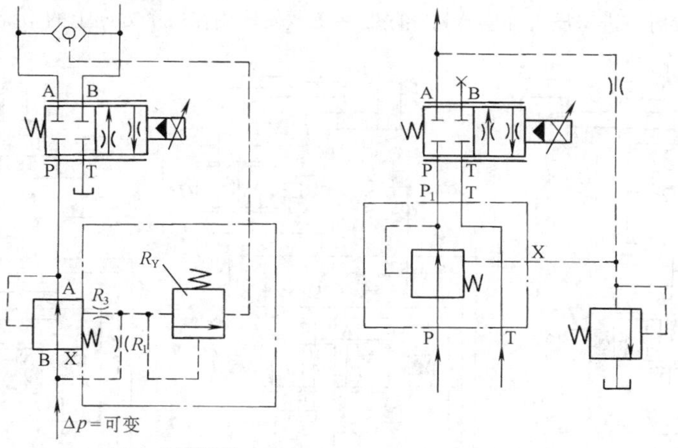


(a) Δp 可调原理　　(b) 限压功能原理

图 22-5-16　压差可调的定差减压型进口压力补偿器

与单向调速阀一样，配定差减压型补偿器的比例方向流量阀，也是一个定压系统，只有负载压力补偿的作用，没有负载适应的性能。

配这种定差减压型进口压力补偿器的方向流量阀，不加附加元件不能用于存在超越负载的系统。

（3）配定差溢流型补偿器（三通补偿器）的方向流量阀特点

图 22-5-17 原理图有 3 个附加功能：节流阀口压差 Δp 可调，限制系统最高压力，实现电动卸荷。其中电磁阀 4 实现电动卸荷的功能比较明显。其余两个功能中，应注意区分压力阀 2 与 3 的功能，即液阻 $R_1$ 是与阀 2 还是与阀 3 构成调节阀口压差的 B 型半桥。按基本原理，应该是阀 3。而当系统压力达到阀 2 的调定压力时，阀 2 与主阀 1 形成系统的限压安全阀。

与在单向调速阀中一样，配定差溢流型补偿器的方向流量阀，既起到负载补偿的作用，实际上又具有负载适应的功能。

配这种定差溢流型进口压力补偿器的方向流量阀，不加附加元件不能用于存在超越负载的系统。

（4）超越负载的压力补偿

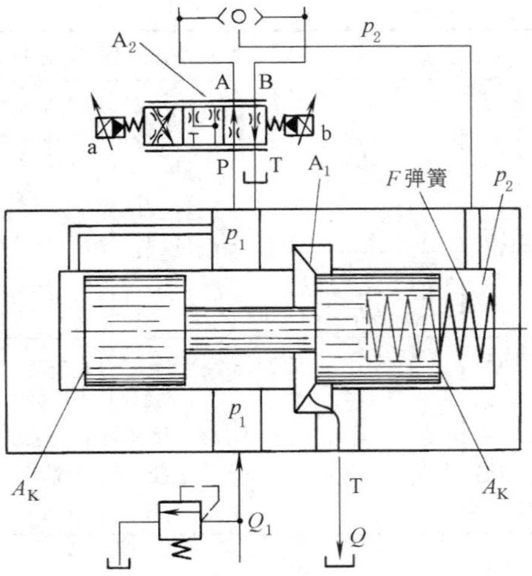


(a) Δp可调原理

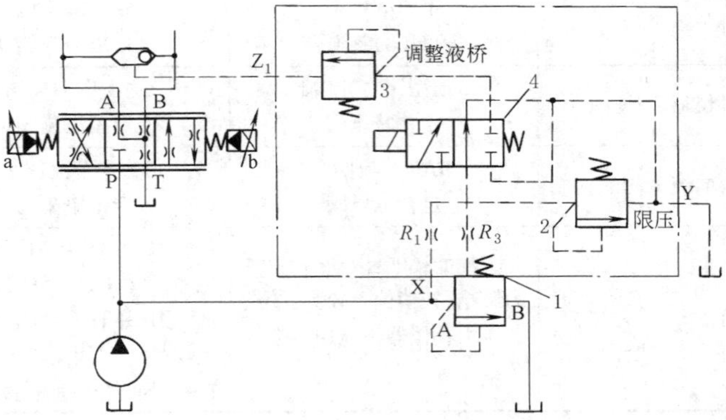


(b) 限压功能原理

图 22-5-17　定差溢流型压力补偿器及其附加功能



1）配置在进口（相对于比例方向阀而言）P→A 或 P→B 的压力补偿器。这种配置有明显的缺点：在减速制动过程中，特别是当减速制动压力高于由弹簧设定的定差压力时，它不能正常工作（图 22-5-18a）。作为补偿措施，如图 b 和 c 那样，设置制动阀、压力阀等支承装置，以保证进口压力补偿器功能正常，使传动装置平稳制动。当没有这类支承装置时，进口压力补偿器只能限制在负载仅作用在一个方向上的系统使用。

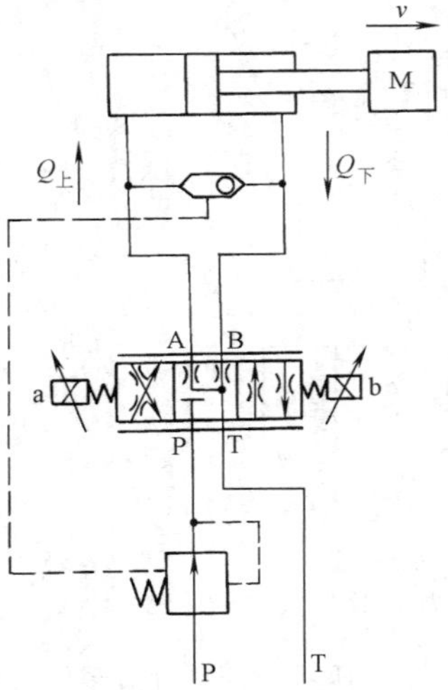


(a) 进口压力补偿回路

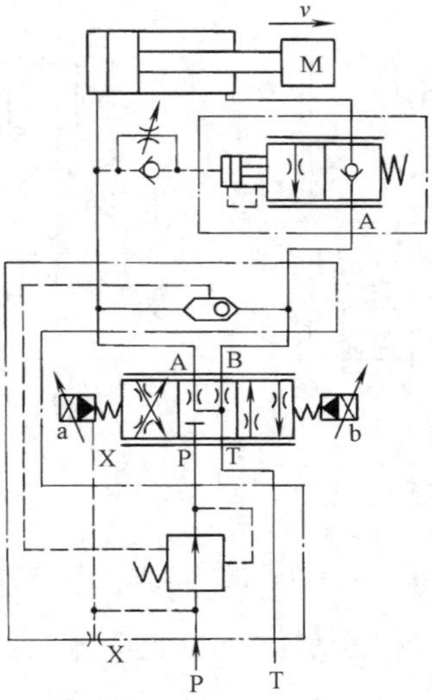


(b) 起支承作用的制动阀

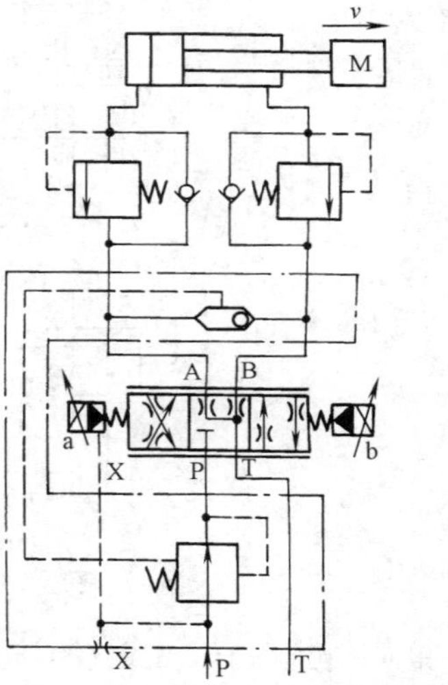


(c) 起支承作用的压力阀

图 22-5-18　用于超越负载时进口压力补偿器油路的改造

2）出口压力补偿器（图 22-5-19）　对于有超越负载的系统，采用出口压力补偿器，它配置在比例方向阀与负载之间，保持比例方向节流阀的 A（或 B）→T 阀口的压差为常数。图示为出口单向截止型压力补偿器的油路原理图，现以 P→A 进油 B→T 阀口进行补偿为例，加以说明。

基本原则：既然不能控制进油（P→A），则设法控制出油（B→T）。

① P→A 进油后，4a 右移，由固定液阻 7a 与可变液阻 5a（移动的活塞 4a 后端面与孔道 5a 配合）组成的 B 型半桥，从而构成流量稳定器，使流经压力阀 10 的流量不受 A 腔压力变化影响而保持不变。

② 由于流经限压阀 10 的流量不变，不论阀 10 的压力流量特性如何，都能保持 $p_Z$ 为常数。

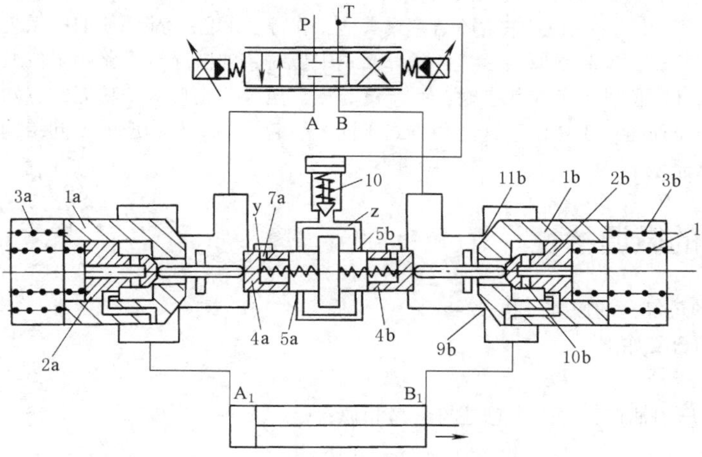


图 22-5-19　出口压力补偿器

③ 当主液压缸向右运动时，开始主阀口 11b 未打开，因为 $B_1$ 腔的高压油作用使 1b、2b 都压向左边相应阀口。

④ 4b 在 $p_Z$ 作用下向右移动，先顶开 2b 的小阀口。这样，在切断高压油进入 1b 右腔通路的同时，又使该腔卸压。

⑤ 4b 进一步右移，将主阀口（压力补偿口 11b）打开。

⑥ 压力补偿口 11b 的开度明显受到制约：只能使 $p_B = p_Z =$ 常数，否则主阀口将重新关闭。

⑦ 既然 $p_B = p_Z =$ 常数，则 B→T 口压差为常数，达到控制出口压差（B→T）的目的。



# 6　比例多路阀

## 6.1　概述

（1）多路阀的含义：用于控制多负载（多用户）的一组方向阀，外加功能阀（限压、限速、补油等）组成的控制阀组。

（2）输入方式与转换环节：多路阀多半是手动，即通过改变手柄角度来控制主阀芯的位移，而其转换过程有所不同；随着电液比例技术和微电子技术的发展，近来出现了用电位器、微机等电信号输入方式的电液比例多路阀。

表 22-5-28　　多路阀输入方式与转换环节

<table>
<tr><th>类别</th><th>型式</th><th colspan="2">控制类型</th><th colspan="2">指令信号输入方式</th><th colspan="3">中间转换环节</th><th>输出量</th></tr>
<tr><td>A</td><td>直动式</td><td colspan="2">手动多路换向阀</td><td colspan="5">操作手柄</td><td rowspan="5">主阀芯位移</td></tr>
<tr><td>B</td><td rowspan="4">先导式</td><td rowspan="4">比例多路阀</td><td>手动比例多路阀</td><td colspan="3">操作手柄</td><td rowspan="4">先导阀芯运动</td><td rowspan="4">液压力</td></tr>
<tr><td>C</td><td rowspan="3">电液比例多路阀</td><td>操作手柄</td><td>电位器</td><td rowspan="3">比例电磁铁</td></tr>
<tr><td>D</td><td colspan="2">手动电位器</td></tr>
<tr><td>E</td><td colspan="2">微机</td></tr>
</table>

（3）多路阀阀口实际上是一个通道（A 类，相当于开关式方向阀，只是联数多为 1 以上），或一个可变节流口（B 类、C 类、D 类、E 类）；目前广泛应用的多路阀中，最古老的 A 类只在要求不高的简单机械中使用，大量的是 B 类。在技术比较先进，要求比较高的场合，才逐步开始应用 C 类或 D 类，一般称之为电液比例控制的新型多路阀。

(4) 由液压系统传动与控制的设备，可根据其使用场合，区分为固定式和行走式两大类。对于行走式设备，其系统热交换条件较差。因而，在一个工作循环结束或其他工作停留间隙，都要使油压系统卸压，以减少系统发热。就多路阀的工作原理而言，其基本原则是：各联都回到中位时，油液通过多路阀中位通路或卸荷阀以最低压力卸荷；而当任何一联离开中位进入工作状态时，系统就起压。至今，实现这一功能的有两种基本方式：一种靠先导溢流阀，另一种靠中位通路。正是由于这两种方式不同，引起主阀要有相应的不同结构。与前者对应的为四通型，与后者对应的为六通型。

## 6.2 六通多路阀的微调特性

(1) 六通型多路阀中位卸荷的原理（图 22-5-20）

六通阀 6 个主油口的含义如下：

P　　压力油口；

$P_1$　　通往 C 口的压力油口，另一头总是与 P 口相通；

A，B　工作油口；

T　　回油口；

C　　各联阀芯处于中位及中位附近位置时，C 口一头与 $P_1$ 口相通，另一头或直接与 T 口相通（当系统只有一只多路阀，或当系统有多只多路阀时，从油流方向为最后一只多路阀），或与下一只多路阀的 P 口相连。

这就表明，当系统中所有主阀芯都回到中位时，尽管 P 口与 A、B、T 三个油口都不相通，但系统马上通过 P-$P_1$-C-T 的通路，实现卸荷。

1) 由此，可将六通阀理解为是由“三位四通”+“二位二通”组成，其中的二位二通，解决中位卸荷。从下面的切换过程可以看到，这种“三位四通”+“二位二通”的结构，给六通阀带来了重要的特性，使六通型多路阀得以广泛应用。

2) 六通阀从中位卸荷的 $P_1$-C-T 状态，过渡到 P-A-B-T（P→A，B→T 阀口完全打开）的过程。

① P-$P_1$-C-T　阀芯处于中位，$P_1$→C 中位卸荷油口全开，全部压力油以最低压力卸荷；阀芯离开中位，但位移量小于阀口遮盖量，P→A 阀口尚未打开，没有油液流向负载。

② P-A-B-T，$P_1$-C-T　P→A 阀口打开，而卸荷阀口关小，但未关闭；部分油液流向负载，另一部分油液以比最低卸荷压力高的压力，流回油箱。随着阀芯位移量的加大，流向负载的流量逐步增大，流向油箱的那一部分油液的压力，也逐渐升高，这一转变过程是阀的重要特性。

③ P-A-B-T　卸荷口全部关闭，由于系统只配置安全阀，所以油源油液全部进入系统。由此可得出过程的实质是：先为旁路节流，后油源全流量通过多路阀主阀口进入系统。可见，六通阀很难构成负载压力补偿或负载适应控制。

(2) 六通多路阀的流量微调与压力微调特性

六通型多路阀的基本特性为：流量-压力损失特性；阀芯行程-压力特性；阀芯行程-操作力特性；微调特性。

其中最为重要的为微调特性。微调特性本质上是一种初级的手动比例控制特性：输入（横坐标）为主阀芯位移，输出为进入系统的流量或负载口压力；比例控制特性有较大的零位死区，也即比例控制范围较小；比例控制范围受系统压力的很大影响；压力高，比例范围小；正由于此地比例控制范围本身就小，又受系统压力影响，其可控作用，实际上只相当于阀口打开的开始一小段，不仅有一个与四通阀口开缓冲槽一样的缓冲效果，而且还可以稍微调节一点低速挡，仅此而已。因此，在工程上，将此称为微调特性，比叫比例特性更合理。

## 6.3 四通多路阀的负载补偿与负载适应

① 从原理上来讲，四通型具有 P、A、B、T 四个主油口，六通型除了常规的 P、A、B、T 四个主油口之外，另有 $P_1$、C 两个油口。目前应用面最广的 B 类，其主阀是六通型。其余，包括最古老用手柄直接推动（主）阀芯和最新型的电液比例控制在内的 A、C、D、E 几类都是四通型的。

② 四通型多路阀中位卸荷的原理：所有主阀芯都处于中位时，组合在多路阀中的卸荷阀的先导油路，通过阀体及各个主阀芯端部的小孔道与 T 口相通，系统卸荷。当任何一主阀芯离开中位时，就切断了先导油路与 T 口

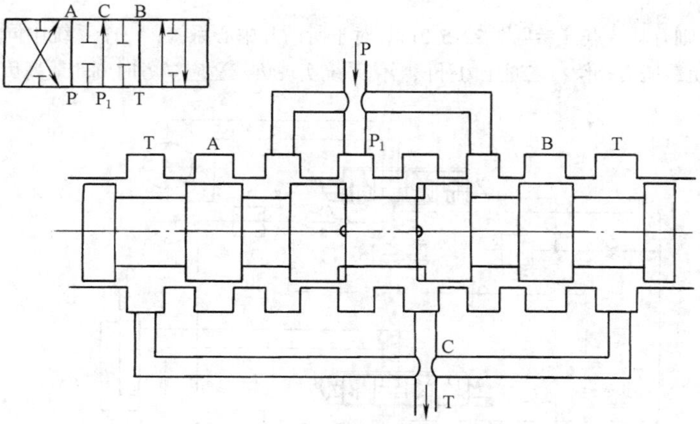


(a) 单片结构示意图和符号

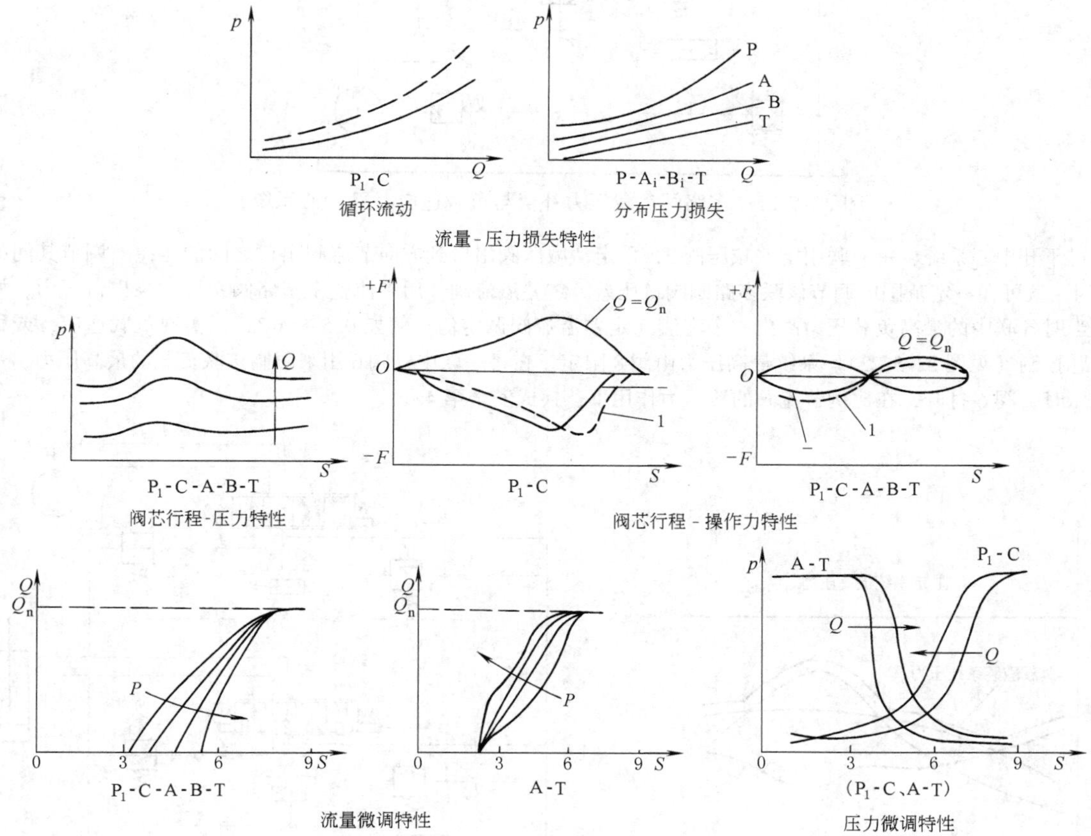


(b) 主要特性

图 22-5-20　六通型多路阀

的通道，系统起压。因此，主阀只需要 4 个主油口。

③ 由节流阀到流量阀：多路阀属于广义流量阀的范畴，从性能的角度看，与一般流量阀一样，可区分为方向节流阀和方向流量阀。而从节流阀转变为流量阀时，与一般方向阀一样，可以通过负载压力补偿或流量检测反馈来实现。

④ 如果不考虑电液控制等新技术，仅考察传统的所谓机液压力补偿机理，如方向流量阀所述，有两种基本的压力补偿器——串联于主油路的二通压力补偿器和并联于主油路的三通压力补偿器。对于单个方向阀而言，这

两种补偿器只能选择其中的一种。

⑤ 对于多路阀的应用，则有其特点（参见图 22-5-21）。对于所谓开中心系统，一个系统中同时使用两种补偿器：二通压力补偿器使单联实现负载压力补偿；三通压力补偿器使系统实现负载适应（各时刻的最高负载联）。

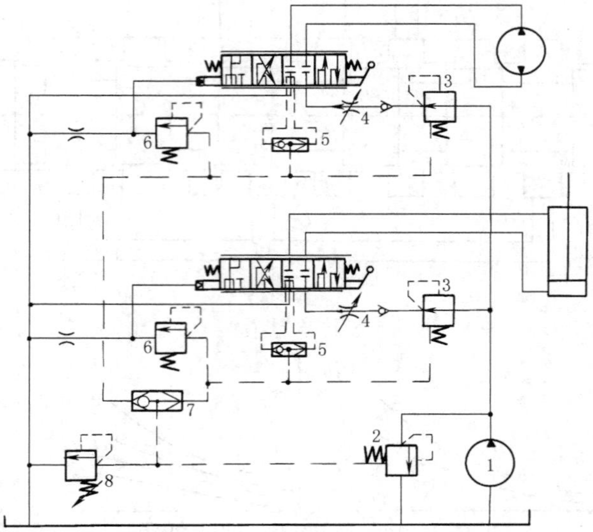


图 22-5-21 多路阀负载压力补偿与负载适应（开中心系统）



对于开中心系统，每一联用定差减压阀 3，稳定从减压阀出口到方向节流阀出口之间的压差，调节其间的节流阀 4，就可在一定范围内调节该联多路阀阀口压差。定差溢流阀 2 用来使整个多路阀系统的泵出口压力，始终仅比当时各联中的最高负载压力高出一个定值（定差溢流阀调定值，例如 0.5~1MPa），实现负载适应，或称负载敏感控制（见图 22-5-22）。系统最高压力由阀 8 限定。在每一联中，阀 6 用来限制该联负载的最高压力，当超过限压时，阀 6 打开，在比例节流阀的液压力作用下，换成安全第 4 位。

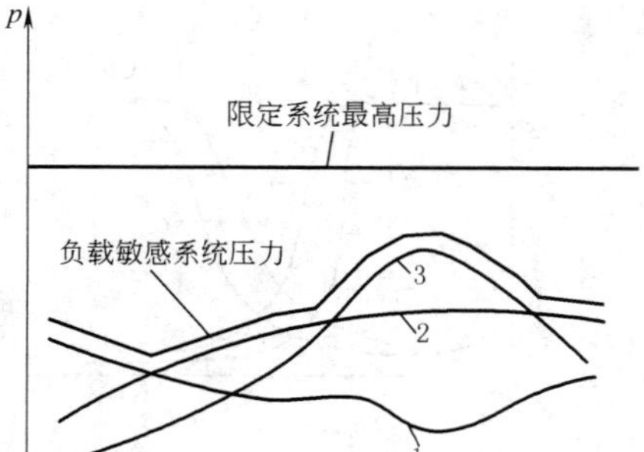


图 22-5-22 多路阀负载敏感系统压力变化曲线

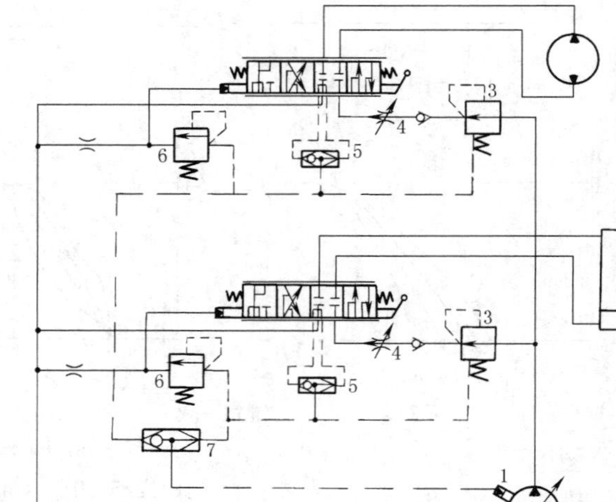


图 22-5-23 多路阀负载压力补偿与负载适应（闭中心系统）

对于闭中心系统（图 22-5-23），以变量泵替代开中心系统中的定量泵加定差溢流阀。此处变量泵实际上是恒流变量泵，所谓恒流是指全部流量进入系统，而压力比当时最高联压力高一个定值，所以是比开中心更为节能的负载敏感系统。

# 7 电液比例方向流量控制阀典型结构和工作原理

表 22-5-29

| 名　称 | 结构及工作原理 |
|---|---|
| 1. 直接控制式比例方向节流阀 | 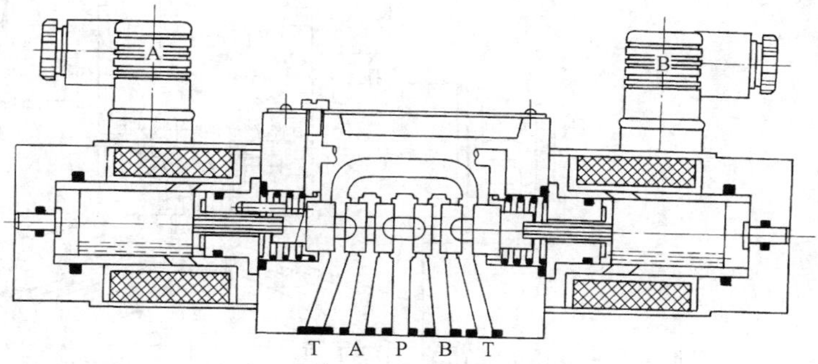<br>(a)<br>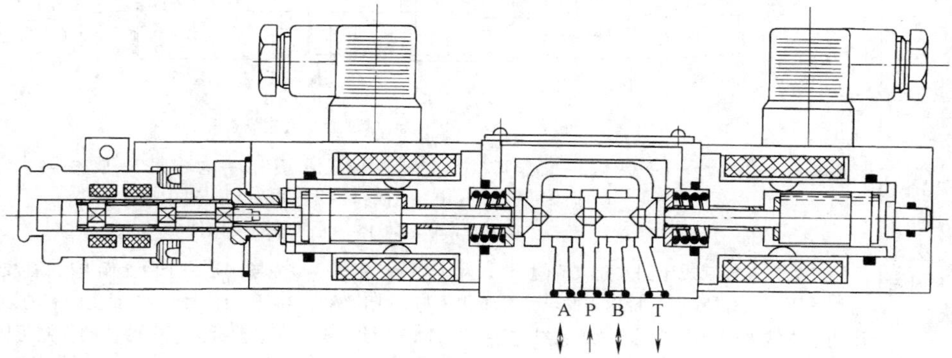<br>(b)<br>图 a、b 为直接控制式比例方向节流阀的两种型式，它们的主要组成包括阀体、比例电磁铁（湿式直流电磁铁，最大电流 2.5A 或 2.7A），控制阀芯和用于与电磁力平衡而使阀芯位移与输入电信号成比例的对中弹簧。在没有输入控制电流时，控制阀芯靠对中弹簧保持在中位。阀芯上开有 V 形或半圆形节流槽，使阀的流量特性呈抛物线形。滑阀有较大遮盖量，其稳态特性具有较大的中位死区，起始控制电流可达额定控制电流的 20%左右。排气螺钉用于调试时排气，以保证阀的正确功能。在图 b 型式的阀上有感应式位移传感器，可实现控制阀芯位置的闭环控制，以消除液动力等的影响，提高控制精度 |
| 2. 先导式比例方向节流阀（双比例减压阀为先导级） | 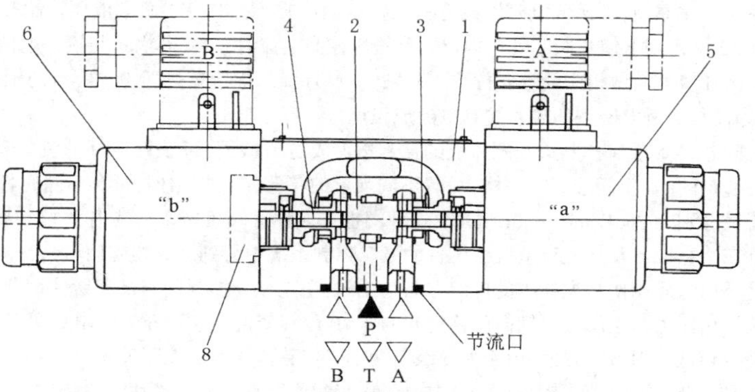<br>(c) 先导控制阀 |

续表

| 名　称 | 结构及工作原理 |
| --- | --- |
| 2. 先导式比例方向节流阀（双比例减压阀为先导级） | 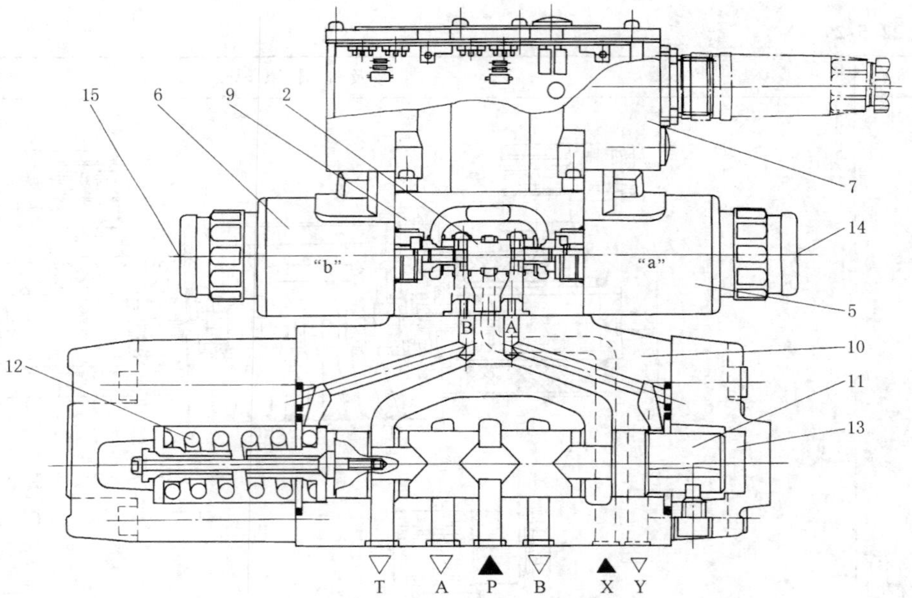<br><br>(d) 先导控制式比例方向节流阀<br>1—阀体；2—工作阀芯；3，4—压力测量活塞；5，6—电磁铁；7—放大器；<br>8—丝堵；9—先导阀；10—主阀；11—主阀芯；12—对中平衡弹簧；<br>13—控制腔；14，15—辅助手动操作件<br>图d为先导控制式比例方向节流阀，图c为其先导控制阀。该先导阀是一个由比例电磁铁控制的一组相背的三通型减压阀，它的作用是将输入的电信号转化为与之成比例的控制压力信号，用以对主阀芯的轴向位移进行控制。比例电磁铁为可调湿式直流电磁铁结构，带中心固定螺纹，线圈可单独拆卸。电磁铁的控制可以通过外部放大器或内置的放大器来实现。图c先导阀的主要组成部分有：带有安装底板的阀体1，装有压力测量活塞3、4的工作阀芯2，带中心螺纹的电磁铁5、6，可选择的带内置放大器7<br>图d主阀的主要组成部分为：先导阀9，装有主阀芯11和对中平衡弹簧12的主阀10<br>先导阀工作原理：当无输入控制电流时，先导控制阀的A、B油口与P油口不通，当比例电磁铁6输入控制电流时，其输出电磁力通过感受阀芯4传给控制阀芯2使之右移，减压阀口A开启，P油口与A油口接通并在A油口建立压力，此压力升高，经反馈孔道作用在控制阀芯右端，直到与电磁力平衡。油口A经减压后的二次压力与电磁力成正比。当比例电磁铁6的输入控制电流或输出电磁力减小时，控制阀芯左移，A油口与T油口接通，二次压力降低，直到再次与电磁力成相应的正比关系，控制阀芯恢复平衡状态<br>主阀工作原理：当比例电磁铁没有输入控制电流时，主阀芯11两端液压控制腔与回油口T相通，则在对中平衡弹簧12的作用下使主阀芯处于中位。当输入控制电流时，主阀芯由于与输入电信号成比例的控制油压力作用，克服平衡弹簧力而做相应的轴向位移。此轴向位移量（扣除遮盖量即为主阀口的轴向开度）与先导控制油压力成正比，因而与比例电磁铁的输入控制电流成正比<br>主阀芯V形节流控制边与阀体上的控制边形成过流截面，可获得较好的流量特性。这种比例方向节流阀对于同一通径的阀（主阀芯直径一样）设置不同数量的V形节流控制槽，可有不同的名义流量。例如通径32的阀其名义流量分别为360L/min、520L/min。这种阀也有多种滑阀机能以适应各种控制要求。这个系列的比例方向节流阀已在冶金设备及其他重型机械设备的液压控制系统中得到广泛的应用<br>这类以减压阀作为先导级的比例方向节流阀，在先导级控制阀与功率级主滑阀之间无级间反馈，只存在先导控制阀输出压力与主阀输出轴向位移之间的压力-位移变换。这种开环控制变换不能克服液动力、摩擦力的影响，控制精度较低。但另一方面，由于先导级与功率级仅有液压力的控制关联，允许主阀有较大位移或阀口开度，可输出大流量而节流压力损失较小；而且结构配置、装配调整方便，制造精度无特殊要求 |

续表

| 名　称 | 结构及工作原理 |
| --- | --- |
| 3. 先导式比例方向节流阀（双比例节流阀为先导级） | 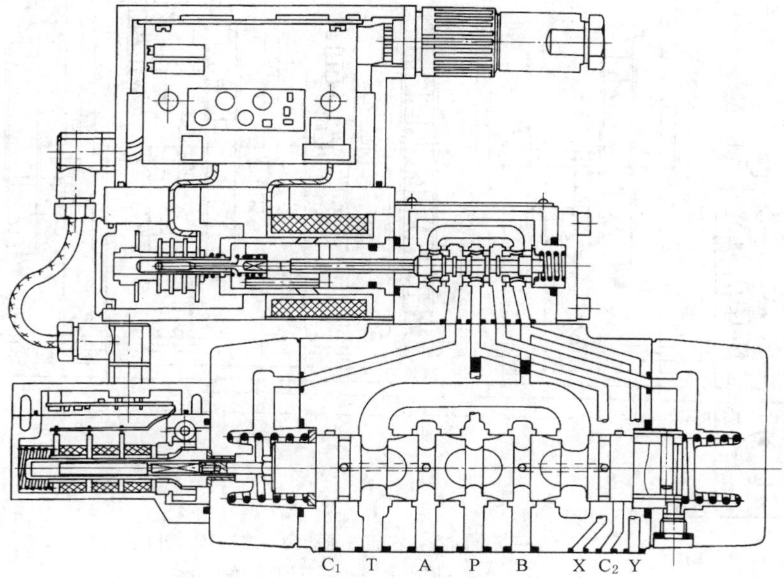<br><br>(e)<br>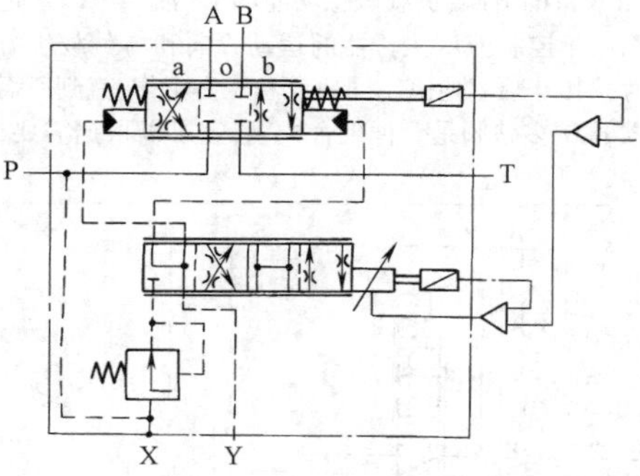<br><br>(f)<br>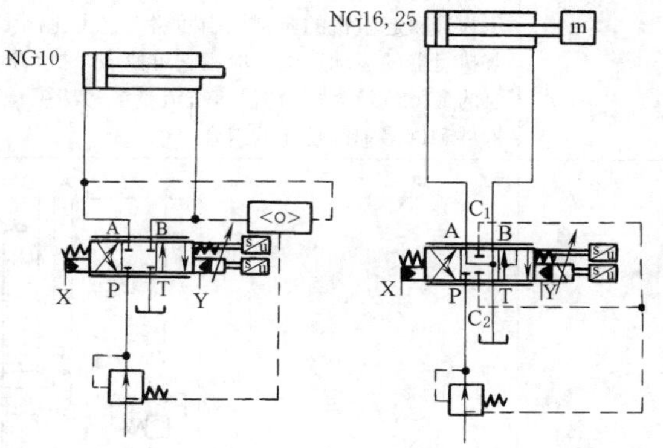<br><br>(g)<br>双级比例方向节流阀有如下特点：(1)采用没有零位死区且带阀芯位置闭环的六通径伺服比例阀作为先导级，静动态特性优异；(2)当电磁铁失电时，先导阀进入作为“故障保险”的第4位，主阀芯两端卸压，在对中平衡弹簧作用下，处于中位；(3)主阀芯位置用另一个位移传感器控制(双级电反馈)，主阀芯闭环叠加在先导阀芯位置闭环上，进一步增强了控制精度和运行的可靠性；(4)主阀芯中带有防阀芯自转(由非全周阀口引起)的插销，能获得很好的可再现性和很高的工作极限；(5)主阀芯上备有负载压力引出口；为了与定差减压阀配合实现负载压力补偿，10通径阀中用一个梭阀引出负载压力，16、25通径阀中，负载压力通过两个附加的阀口 $C_1$ 和 $C_2$ 引出；(6)其他可选功能有非对称阀芯、中位泄漏油排泄等 |

第22篇

续表

| 名　称 | 结构及工作原理 |
| --- | --- |
| 4. PSL 型比例多路阀在定量泵供油系统中的应用 | 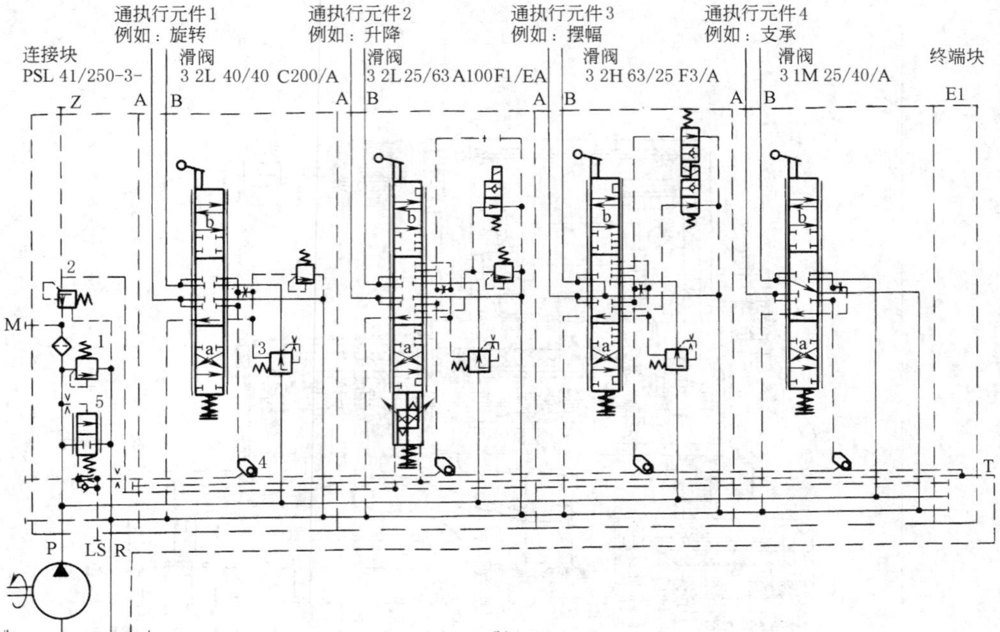<br>(h)<br>1—安全阀；2—三通减压阀；3—二通压力补偿器；<br>4—梭阀网络；5—三通压力补偿器<br>这种多路阀，最多可装 12 只控制执行元件 A 口和 B 口的滑阀，负载敏感功能的 LS 油路可以通过内部串接。图示为液压起重机的典型控制回路。这类比例多路阀用于控制液压执行器的运动方向和与负载压力变化无关的调节执行器的运动速度。应用它可使多个执行器同时并相互独立地以不同速度和压力工作，直到所需流量总和达到泵的最大流量为止（即没有抗流量饱和功能）。这类比例多路阀是一种组合式阀，它可以根据需要，进行基本功能构件和许多辅助功能的组合 |
| 5. PSV 型比例多路阀在变量泵供油系统中的应用 | 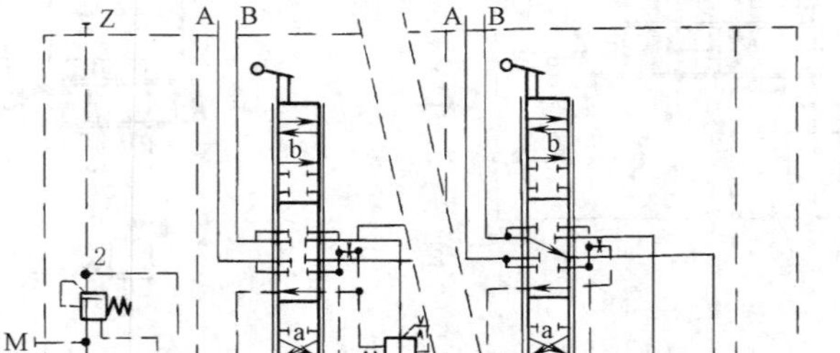<br>(i)<br>与用于定量系统的差别在于用变量泵（恒流变量泵）替代了定量泵与三通压力补偿器，但具有负载感应的更好节能效果。参阅图 22-5-22 |

# 8 伺服比例阀

## 8.1 从比例阀到伺服比例阀

1）比例阀的主要缺陷是不能很好地用于位置、力控制闭环（尽管在放大器中设置了阶跃信号发生器，用于位置、力控制闭环时可以快速越过零位死区，但性能上总不及无零位死区的伺服阀）。由于客观条件的变化和工程应用的要求，1995 年前后开始出现新一轮的伺服比例阀，这是相对于比例技术发展初期，由伺服阀适当放松要求而得的工业伺服阀而言。实际上，新一代的伺服比例阀出现后，为了市场竞争的需要，不少公司很快就将工业伺服阀更名为伺服比例阀。但它仍然属于老一代的伺服比例阀：关键的电-机械转换器，仍然是最大信号电流仅 20mA 量级的力马达（力矩马达）；多级阀中功率级阀口压差仍然较大。

2）伺服比例阀最重要的特征之一是阀口为零遮盖，解决了位置、压力等要求无零位死区的闭环控制。

3）伺服比例阀得以产生与发展的客观条件主要有：①原来伺服阀要求加工精度高的问题，由于制造技术的发展而淡化了；②原来伺服阀要求过滤精度高的矛盾，由于高精度过滤器件的出现和大量应用也淡化了；③对电控器，处理大电流的技术水平大为提高，为使用大电流（额定电流 2.7A，故障排除电流瞬时达 3.7A）、高可靠性的比例电磁铁提供了前提条件；④1/3 油源压力用于控制阀口的问题：比例伺服阀设计上采取区别对待的办法，小通径的单级阀，保持伺服阀的方案，能量损失问题不大；大通径的主级阀阀口保留比例阀的水平 0.5~0.7MPa。

伺服阀、伺服比例阀、比例阀三种电液控制阀特点对照，参见表 22-5-7。



## 8.2 伺服比例阀

（1）结构特点

利用（大电流）比例电磁铁（不采用伺服阀的力马达或力矩马达）为电-机械转换器+首级伺服阀结构（首级用伺服阀的阀芯阀套），（首级、主级）阀口零遮盖；有些产品为了解决零漂问题，设置了第 4 位，还可实现断电时的安全保护。

（2）性能特点

无零位死区；频率响应较一般比例阀为高；可靠性比伺服阀高。

（3）系统构成

与一般伺服阀或比例阀组成的闭环系统一样，见图 22-5-24。

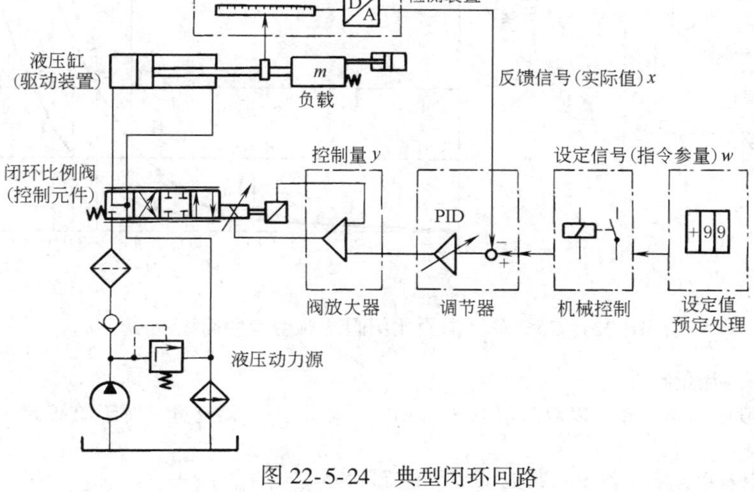


图 22-5-24 典型闭环回路

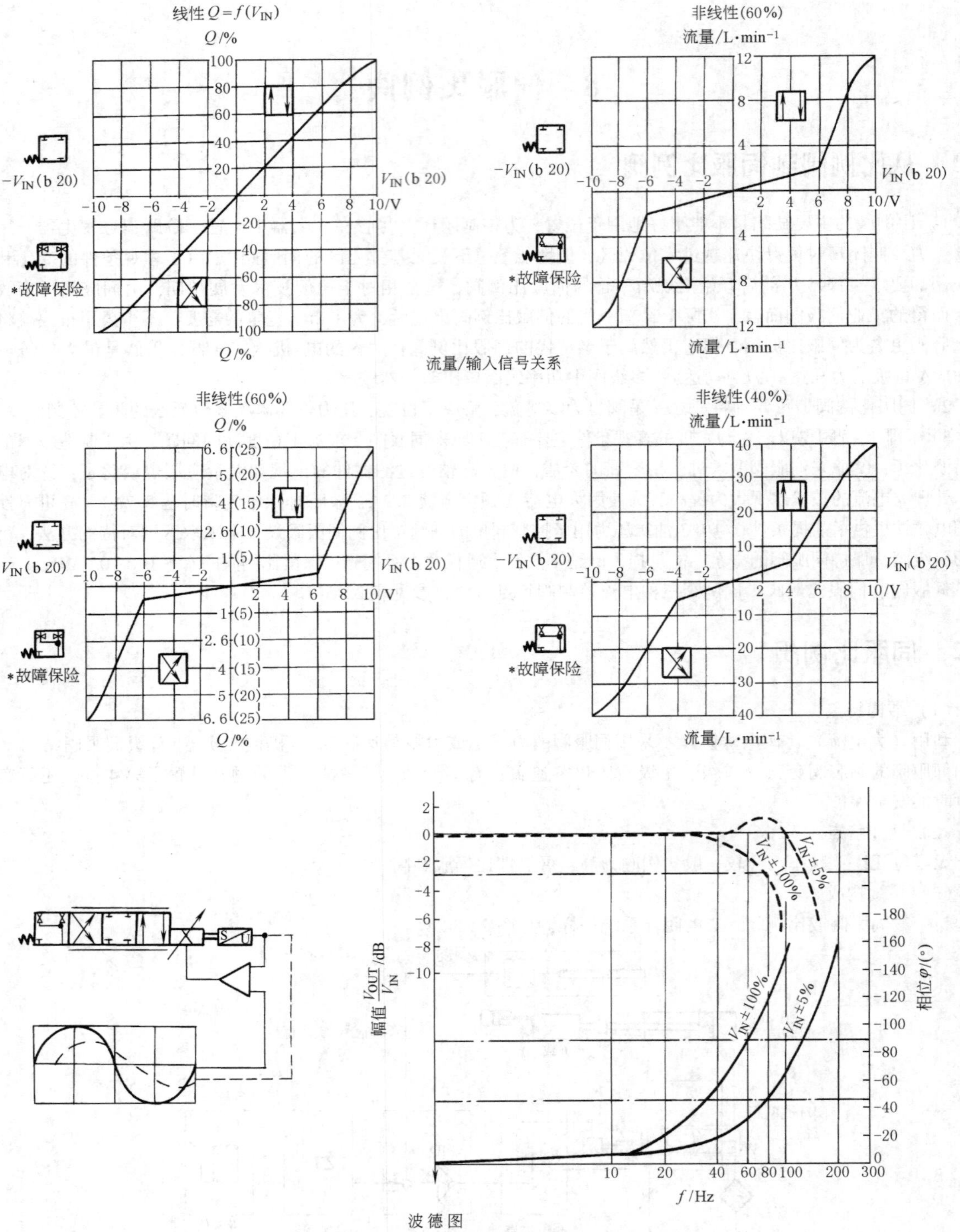


图 22-5-25 单级伺服比例阀的典型特性曲线

(4) 名义流量与压差-流量特性

对于多级阀，与一般比例阀一样，以双阀口 0.8~1MPa 压差定义名义流量；对于单级阀，与一般伺服阀一样，以单阀口 3.5MPa 压差定义名义流量；其他压差下的流量为 $q_{V\text{x}}=q_{V\text{nom}}\sqrt{\dfrac{\Delta p_{\text{X}}}{\Delta p_{\text{nom}}}}$。

（5）阀的特性曲线

1）稳态特性：图 22-5-25 的控制特性曲线（流量与输入信号关系曲线）有线性的（增益基本不变）和各种非线性的（变增益），一般比例阀也具有这种特性。注意其条件是阀口压差 $\Delta p$ = 定值。

2）动态特性：与一般伺服阀一样，动态特性或用时间域的阶跃响应表示（参见表 22-5-14 比例溢流阀的若干共性问题），或以频率域的频率响应（波德图）表示。波德图的各种表述，基本与伺服阀相同。对于比例阀应特别加以注意以下几点。

① 由于受阀闭环工作系统非线性的制约，阀的频率响应还与输入信号幅值有关，即信号幅值还需要作为一个参量给出附加说明。一般在图上分别给出信号幅值为 $U=\pm5\%U_{max}$ 与 $U=\pm100\%U_{max}$（有些写成 5%与 100%）两种情况下的幅频与相频曲线，在实际系统中使用时可用内插法估计。

② 在一般情况下 -3dB 的幅频（图示±100%时约为 73 Hz）与 -90°的相频（图示±100%时约为 62Hz）往往不相同。

③ 这里所得的曲线，与时域特性一样，实际上还与所在系统的液容、弹性模量等因素有关。

## 8.3 伺服比例阀产品特性示例

表 22-5-30　　伺服比例阀产品特性和典型结构示例

| 型　式 | 直动式 | | 先导式 | 三通插装式 |
|---|---|---|---|---|
| 通径/mm | NG6 | NG10 | 10、16、25、32 | 25、32、50 |
| 最高工作压力 $p_{max}$/MPa | 31.5 | 31.5 | 35 | 31.5 |
| 单阀口压降 $\Delta p$/MPa | 3.5 | 3.5 | 0.5 | 0.5 |
| 名义流量 $q_V$/L · $min^{-1}$ | 4,12,24,40 | 50,100 | 50,75,120/200,370,1000 | 60/150,300,600 |
| 频响(±5%额定值)/Hz | 120 | 60 | 70,60,50,30 | 80,70,45 |
| 响应时间(信号变化 0~100%)/ms | <10 | <25 | $p_X$ = 10MPa 时，25、28、45、130；$p_X$ = 1MPa 时，85、95、150、500（$p_X$ 为控制压力） | $p_X$ = 10MPa 时，33、28、60 |
| 滞环/% | 0.2 | 0.2 | <0.1 | 0.1 |
| 压力增益/% | ≈2 | ≈2 | <1.5 | 1 |
| 线圈电流/A | 2.7 | 3.7 | 2.7 | |
| 温漂($\Delta T$=72℉)/% | <1 | <1 | <1 | <1 |

类型、典型结构及基本特点

直动式

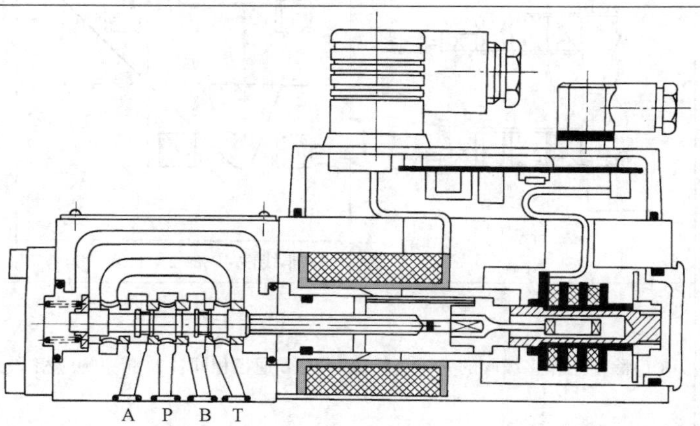

续表

类型、典型结构及基本特点

直动式

| 符号 | 1. 线性 | 2. 非线性 60% | 3. 非线性 40% |
|---|---|---|---|
| 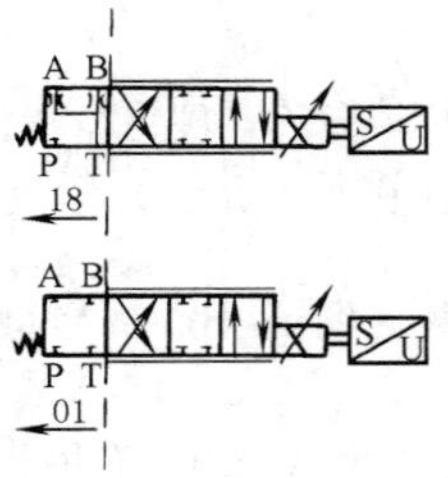 | 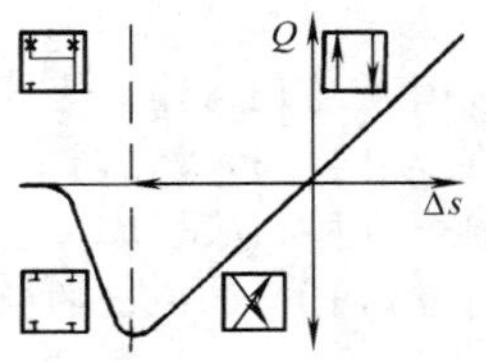 | 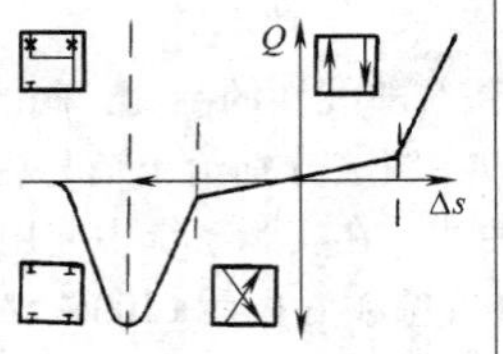 | 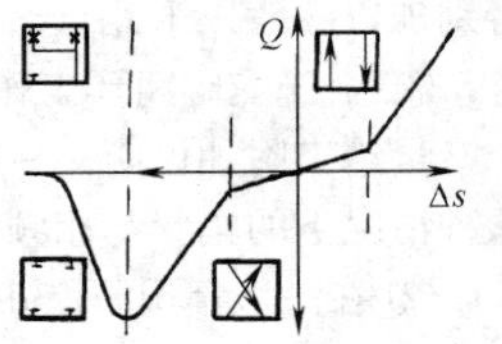 |
| | 4. 非线性 60%+2∶1(A∶B) | | |





(a)

(1)可单独作为控制器件(阀),也可作为所有先导式伺服比例阀的先导级;(2)阀体配置钢质阀套,确保耐磨和精确的零遮盖;(3)配用位置调节型比例电磁铁,可以无级地在所有中间点达到很小的滞环;(4)电磁铁失电时,阀处于附加的第4位,即安全位;(5)特性曲线参见图 22-5-25

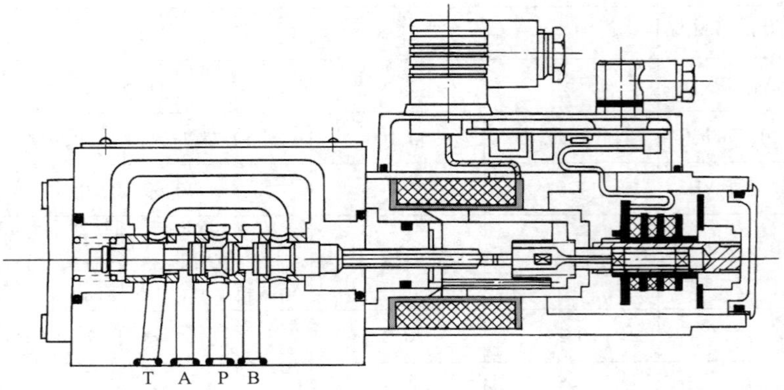


| 符号 | 1. 线性 | 2. 非线性 40% |
|---|---|---|
| 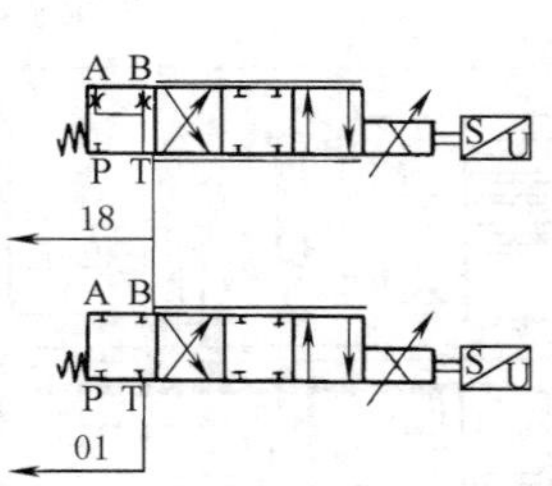 | 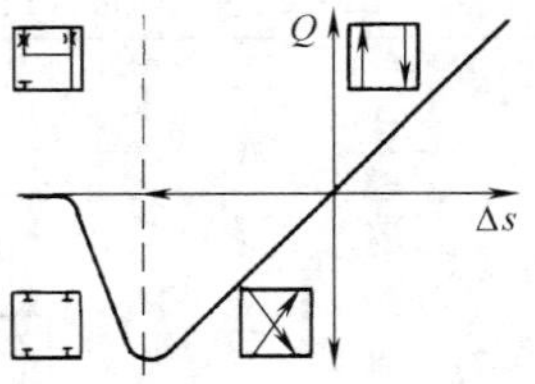 | 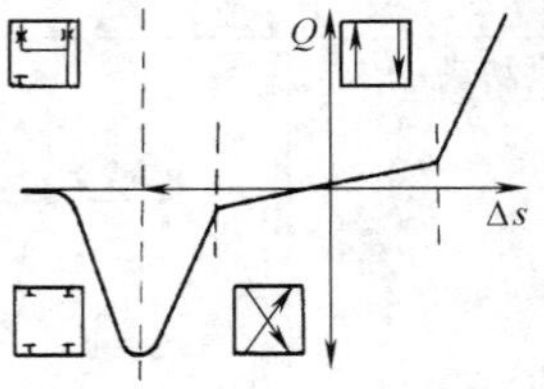 |
| | 3. 非线性 40%+2∶1(A∶B) | |





(b)

(1)除了不作多级阀的先导级外,基本与 6 通径相同;(2)频率响应相差较大

续表

<table>
<tr><th></th><th colspan="3">类型、典型结构及基本特点</th></tr>
<tr><td rowspan="5">先导式</td><td colspan="3">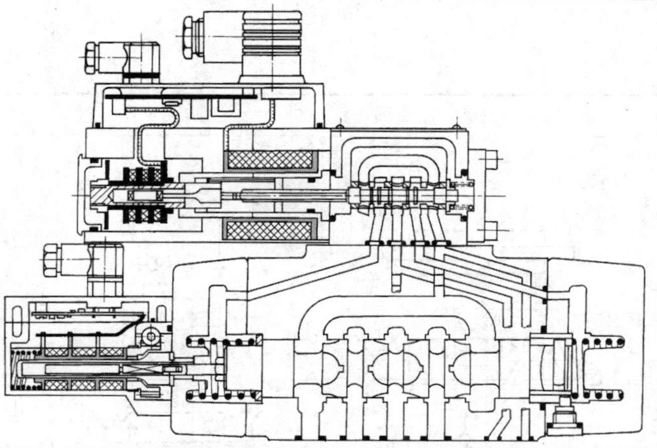</td></tr>
<tr><td>符号</td><td>1. 标准</td><td>2. 非线性 40%</td></tr>
<tr><td rowspan="2">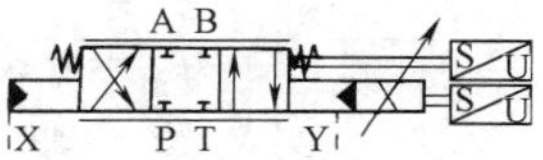
</td><td>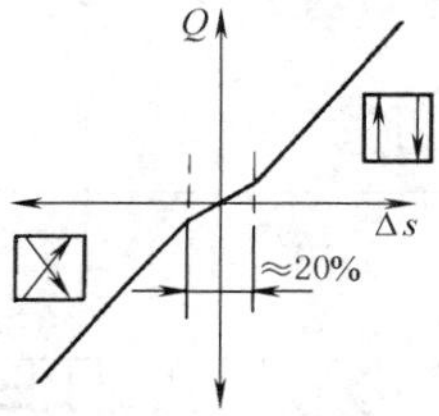
</td><td>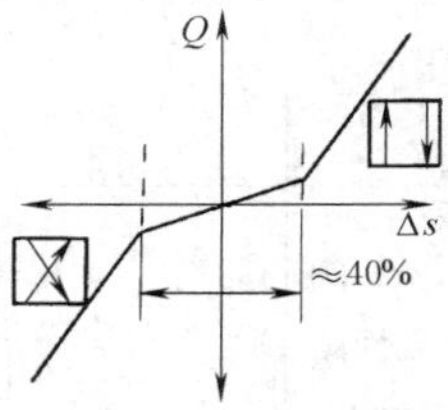
</td></tr>
<tr><td colspan="2">3. 流量增益变化 40%+ 2∶1(A∶B)</td></tr>
<tr><td colspan="3">(c)<br>(1)基本结构与一般比例阀相似(表图 22-5-28 中 2),先导级用本表 6 通径伺服比例阀;(2)主级位移用另一个位移传感器检测,主级与先导级两个闭环回路叠加;(3)与比例阀具有正遮盖不同,主级中位时为零遮盖,并用耐磨的控制阀口(壳体用球墨铸铁)来保证</td></tr>
<tr><td>插装式</td><td colspan="3">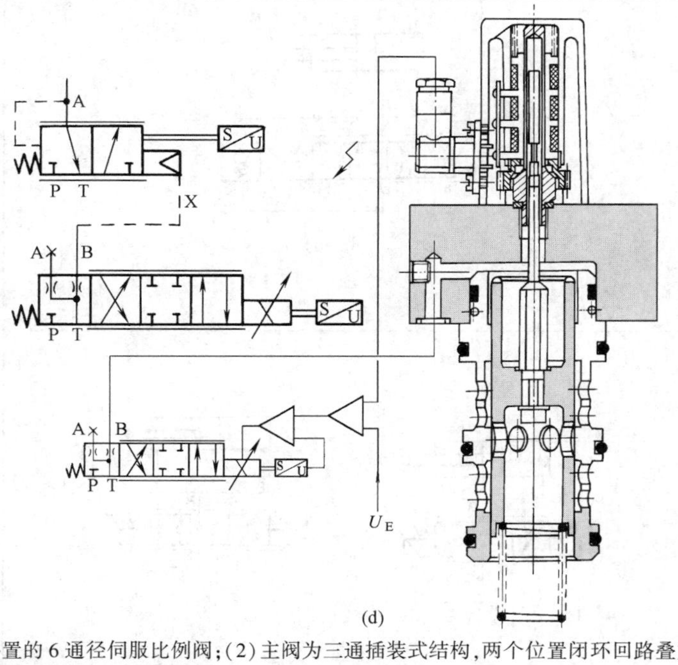

(d)<br>(1)先导级用外置的 6 通径伺服比例阀;(2)主阀为三通插装式结构,两个位置闭环回路叠加;(3)安装于朝着负载运动方向上的力和位置调节闭环上</td></tr>
</table>

# 9　电液比例流量控制的回路及系统

表 22-5-31

| 名　称 | 回 路 图 | 特点及应用 |
|---|---|---|
| 1. 等节流面积 E 型阀芯（REXROTH 公司）的应用回路 | 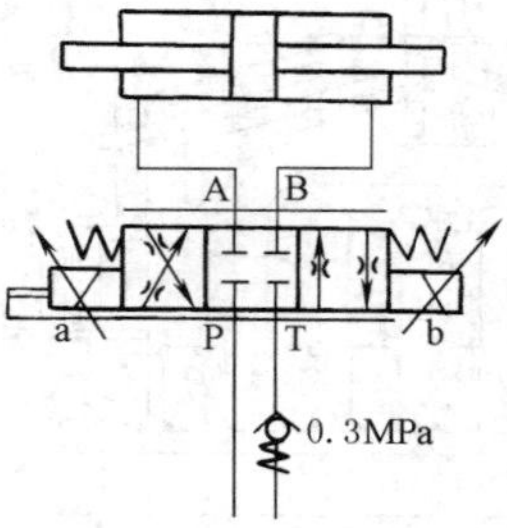(a)<br>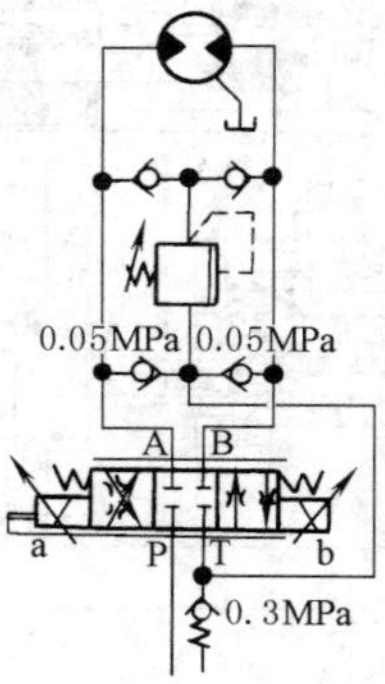(b) | E 型阀芯 P→A 和 B→T 或 P→B 和 A→T 各节流面积是一样的，故宜用双出杆液压缸和定量液压马达回路<br>图 a 为 E 型阀芯配双出杆液压缸，图 b 为 E 型阀芯配液压马达 |
| 2. 采用 E、$E_3$、$W_3$ 型阀芯的差动回路 | 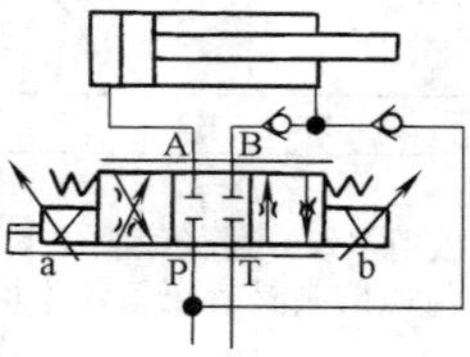(c)<br>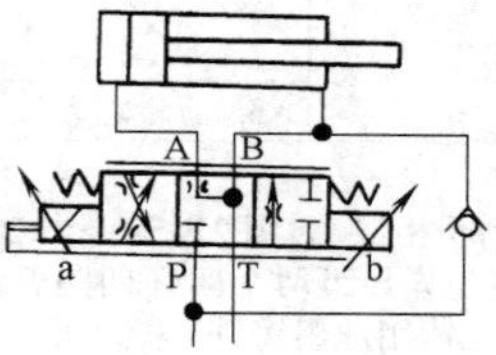(d)<br>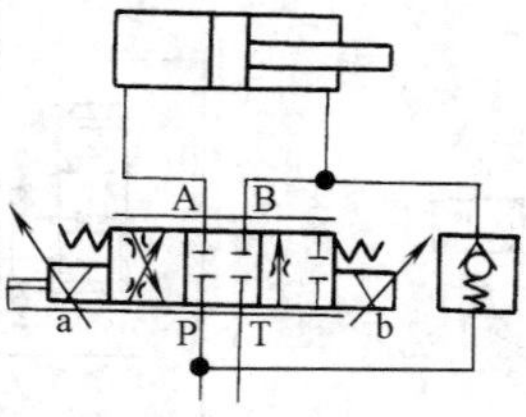(e) | 为了实现差动控制，可采用 $E_3$、$W_3$ 及 E 型阀芯，组成差动控制回路<br>图 c 为配用 E 型阀芯，图 d 为配用 $E_3$ 型阀芯，图 e 为配用 $W_3$ 型阀芯 |
| 3. 不等节流面积 $E_1$、$W_1$ 型阀芯应用回路 | 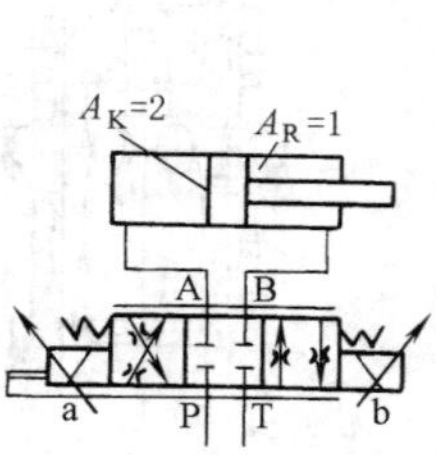(f)<br>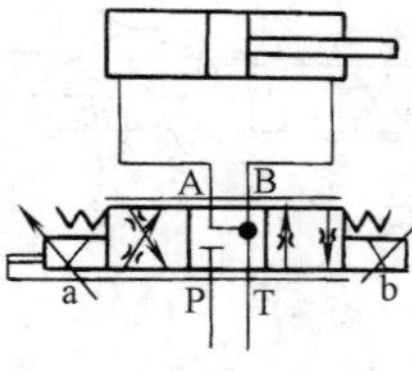(g) | 如液压缸是单出杆活塞式液压缸，其有效作用面积之比 $A_K:A_R=2:1$，则应选用节流面积比为 2∶1 的阀芯<br>图 f 为配用 $E_1$ 型阀芯，图 g 为配用 $W_1$ 型阀芯 |

续表

| 名　称 | 回　路　图 | 特点及应用 |
|---|---|---|
| 4. 液压缸垂直配置采用 $W_1$ 型阀芯的比例控制回路 | 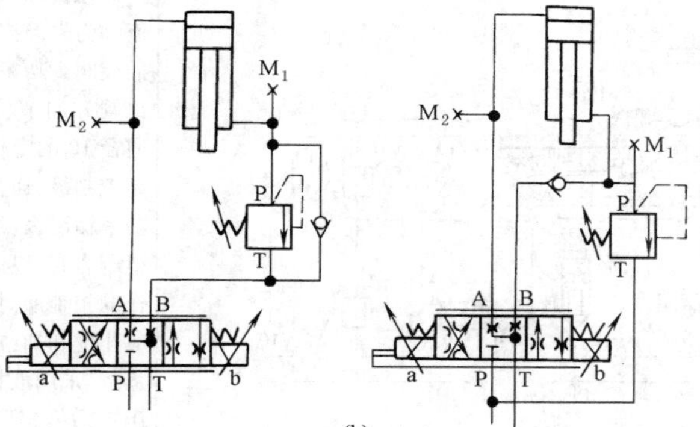  (h) | 对于控制系统中垂直配置的单出杆液压缸组成回路，应在液压缸下腔回油路上配用顺序阀或平衡阀进行重力平衡，而其配用的比例方向节流阀可采用 $W_1$ 型阀芯 |
| 5. 步进链式运输机（热轧钢卷用）的速度、加（减）速度控制回路 | 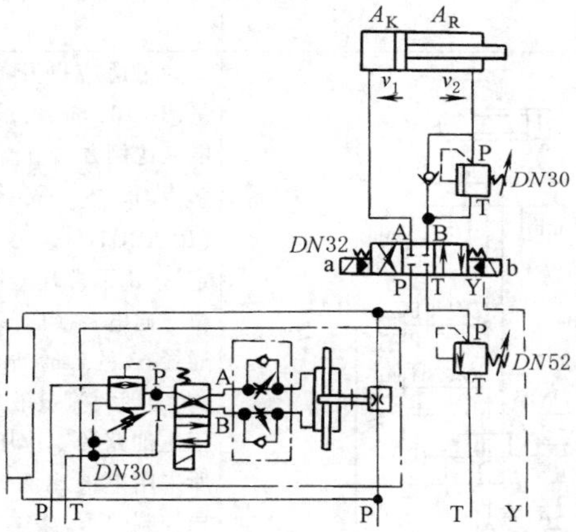  (i) 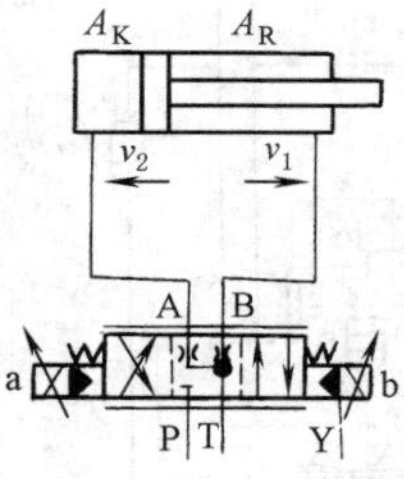  (j) | 重载运移设备，要求进行加（减）速度控制，以便实现稳定、快速和准确的定位，应采用如图 j 的电液比例控制回路。仅用一个电液比例方向节流阀，就可实现液压缸的运动方向、速度、加（减）速度控制，启动和制动。所要求的运行速度，均可很简单地在比例放大器中调节，控制可靠，操作简单<br>图 i 则为定值控制、开关控制的速度、加（减）速度控制回路，其方向控制采用电液换向阀，而流量控制或速度、加（减）速度控制采用了较复杂的开关和定值控制阀组，应用图 j 所示的回路取代 |
| 6. 焊接自动线上提升装置的电液比例控制回路 | 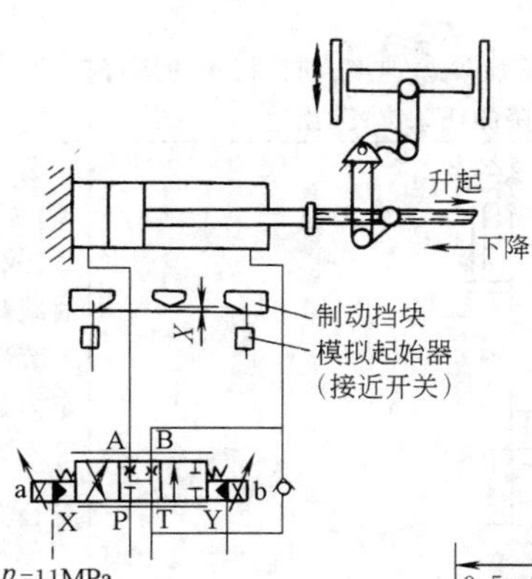  (k) 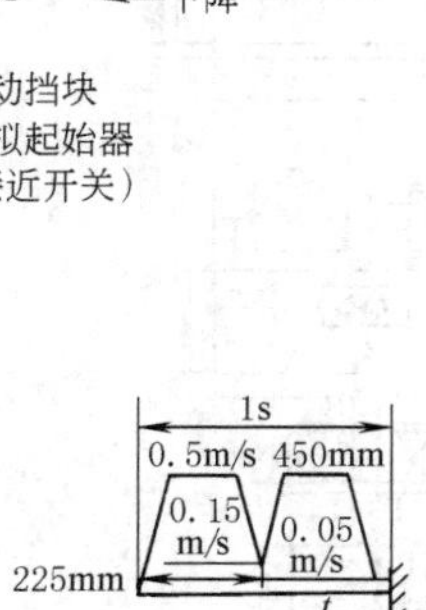  (l) | 要求提升和下降行程运行尽可能快，最高速度达 0.5m/s，但在提升行程的中点，却要求速度不得超过 0.15m/s，其运行速度循环如图 l 所示。这里采用了电液比例方向节流阀，电子接近开关即所谓模拟式触发器及挡铁。随着挡铁逐步接近开关，接近开关输出的模拟电压相应降低直到 0V，通过比例放大器去控制电液比例方向节流阀。这种控制回路，对于控制位置重复精度较高的大惯量负载是很有效的 |

第 22 篇

续表

| 名　　称 | 回　路　图 | 特点及应用 |
|---|---|---|
| 7. 无缝钢管生产线上的穿孔机芯棒送入机构的电液比例控制回路 | 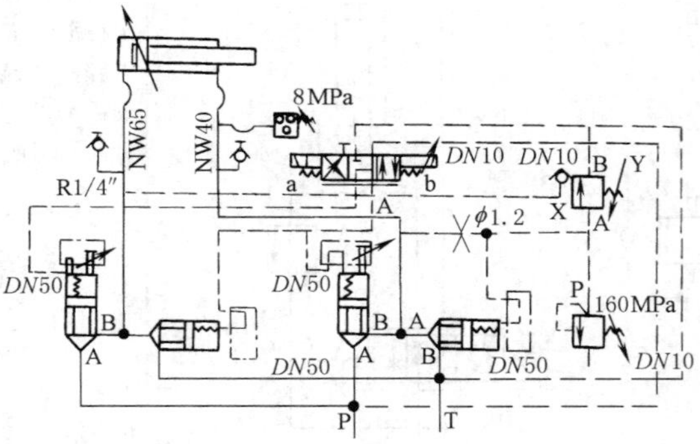<br>(m)<br>液压缸行程 1.59m，最大运行速度 1.987m/s，启动和制动时的最大加(减)速度均为 $30m^2/s$，在两个运行方向运行所需流量分别为 937L/min 和 468L/min | 采用公称通径 10 的比例方向节流阀为先导控制级，通径 50 的二通插装阀为功率输出级，组合成电液比例方向节流控制插装阀。采用通径 10 的定值控制压力阀作为先导控制级，通径 50 的二通插装阀为功率输出级，组合成先导控制式定值压力阀，以满足大流量和快速动作的控制要求。采用进油节流调节速度和加(减)速度，以适应阻力负载；采用液控插装式锥阀锁定液压缸活塞，以及采用接近开关、比例放大器、电液比例方向节流阀等的配合控制，控制加(减)速度或斜坡时间，控制工作速度 |
| 8. 步进式加热炉提升机构和前进机构的电液比例控制回路 | 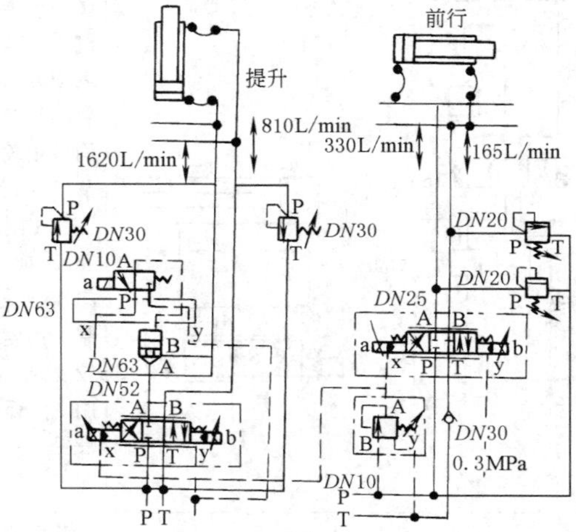<br>(n)<br>要求能无级调节和平稳控制其提升机构的加(减)速度，前行机构的运行速度，以及能按要求可靠地将提升机构在升降的任意位置锁定 | 为了适应提升行程的大控制流量(1620L/min)，采用了通径 52 的电液比例方向节流阀，其中位的滑阀机能为 4WRZ 阀的 $W_1$ 型(REXROTH)。为了确保其位置锁定，采用了常开型钢球座阀式的二位三通电磁换向阀为先导控制阀，通径 63 的二通插装阀为功率级主阀，实现大流量液压锁的功能。由于主油路的工作压力为 14MPa，而所采用电液比例方向节流阀的先导控制油压力需在 3~10 MPa 范围内，故在其先导控制阀与主阀之间设置了叠加式定值减压阀，以便提供合乎要求的先导控制油压力 |
| 9. 机械同步升降工作机构的电液比例控制回路 | 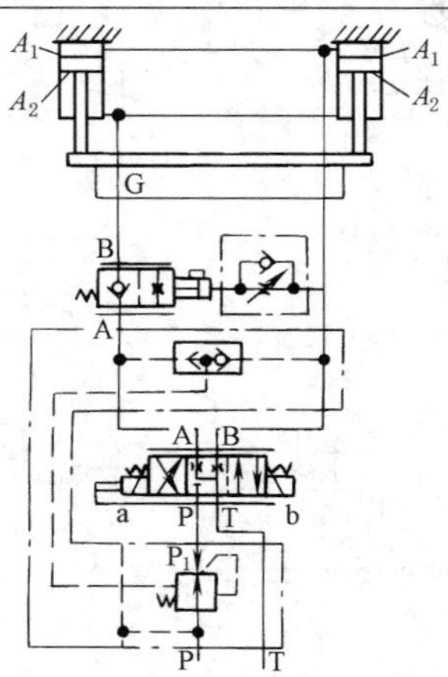<br>(o) | 选用叠加式二通进口压力补偿器。由于其下行时将产生超越负载，故设置了出口制动阀，使下行时载荷由载动阀承担，保证比例方向节流阀从 P 到 B 油口的压差恒定为 0.8MPa |

续表

| 名　称 | 回　路　图 | 特点及应用 |
|---|---|---|
| 10. 撒盐车电液控制油路 | 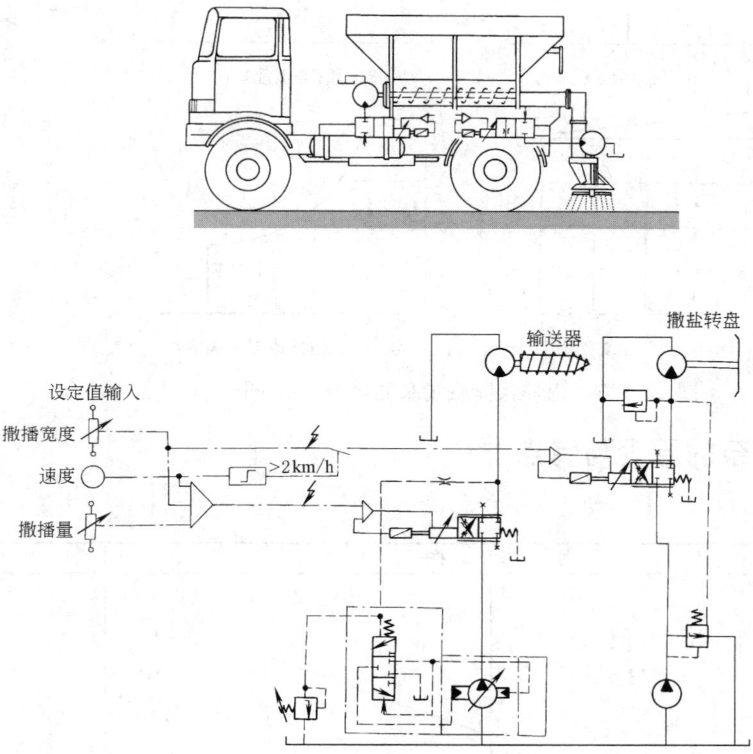<br><br>(p) | 比例阀在恶劣环境的行走机械中的一个应用实例是图示的撒盐车。撒盐车的任务是,在路面宽度和行车速度变化的情况下,将准确的单位面积盐量(盐量 g/路面面积 $m^2$)撒到路面上去。在撒盐车上,通过螺旋输送器和输送带,将储盐箱里的盐送到撒盐转盘。当撒盐宽度仅仅与撒盐转盘转速相关时,则撒盐量、进而螺旋输送器的转速就受行车速度和撒盐宽度的影响<br>驱动输送器马达的系统为恒压恒流复合控制泵系统(恒流是电液比例阀的 $Q_i$,恒压是手动的 $p_1$,恒流不能越过 $p_1$,且在恒压线上,只能运行于与 $Q_i$ 的交点上)。驱动转盘马达的系统,为比例三通调速阀(比例节流阀加定差溢流阀)系统,马达前的溢流阀对系统进行限压 |

# 10　电液比例容积控制

与常规液压系统一样,电液比例控制系统除了阀控系统外,也有一类容积控制系统,而且在节能、简化系统、提高运行品质与可靠性等方面有其特有的优势。目前,应用最多的是各种变量泵。

从某种意义上讲,变量泵的控制都是通过各种形式的控制阀来实现。电液比例变量泵也不例外,在基泵上组合相关的控制阀,就可演变出不同类型的比例泵。由于往往由相关控制阀的类型(如机动、液控、电液控、电控等)引申出相应的变量泵控制方式,所以,尽管在液压阀中常常区分出相对独立的比例阀(电液比例阀),而在液压泵中,一般就只将比例控制(电液比例控制)作为变量泵的一种控制方式,而没有必要将它相对独立成一种专门的变量泵类型。现在,几乎所有比较重要的变量泵,都有电液比例这种控制方式。

## 10.1 变量泵的基本类型

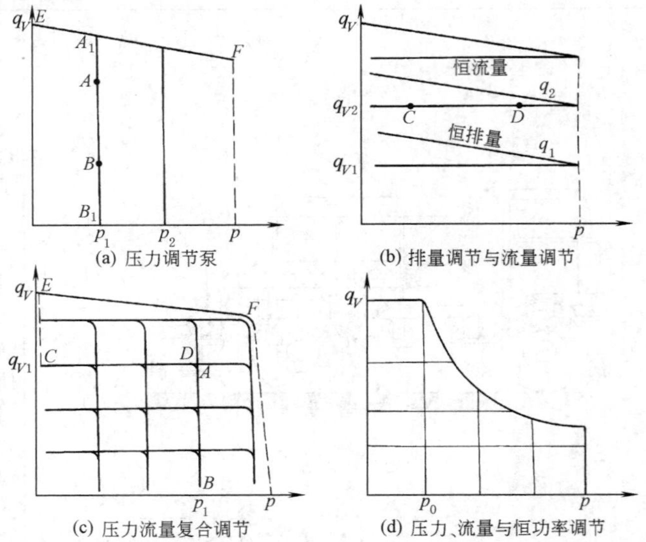


图 22-5-26 基本类型变量泵的典型 $p$-$q_V$ 图



## 10.2 基本电液变量泵的原理与特点

表 22-5-32

| 变量泵类型 | 原理图 | 特点 |
|---|---|---|
| 变排量泵 | 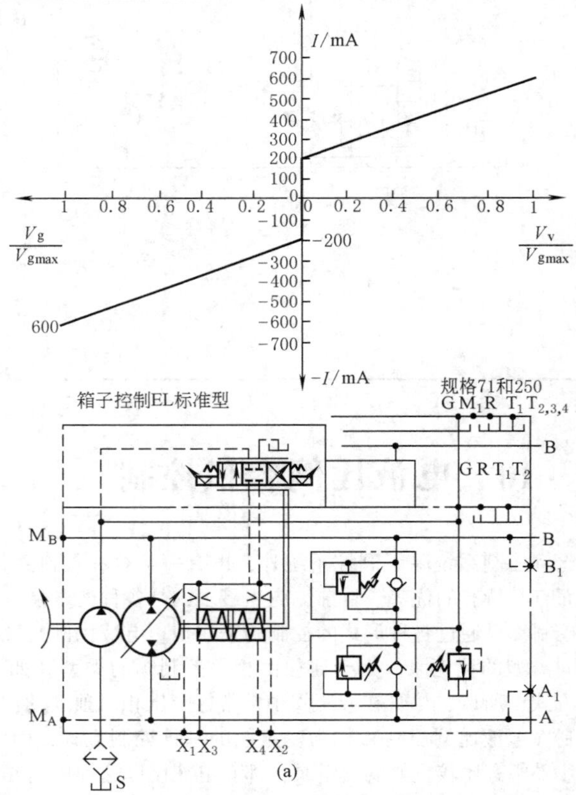(a) | 将一般变量调节阀(如压力阀、节流阀)换成电液比例压力阀、电液比例节流阀，并配上相应的电控器(参见表 22-5-17 中 8) |

续表

| 变量泵类型 | 原理图 | 特点 |
| --- | --- | --- |
| 恒压泵 | 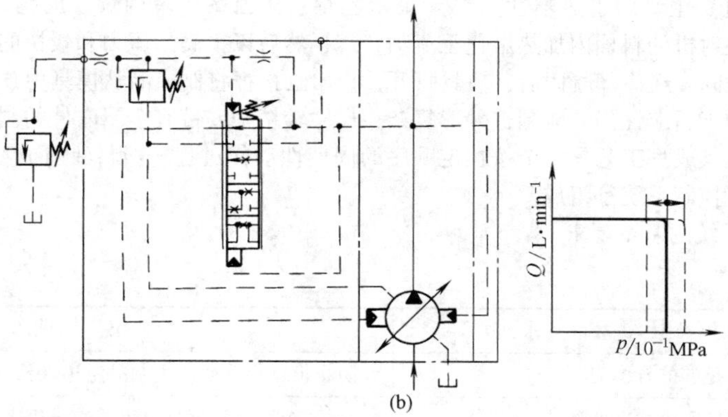<br>(b) | |
| 恒流泵 | 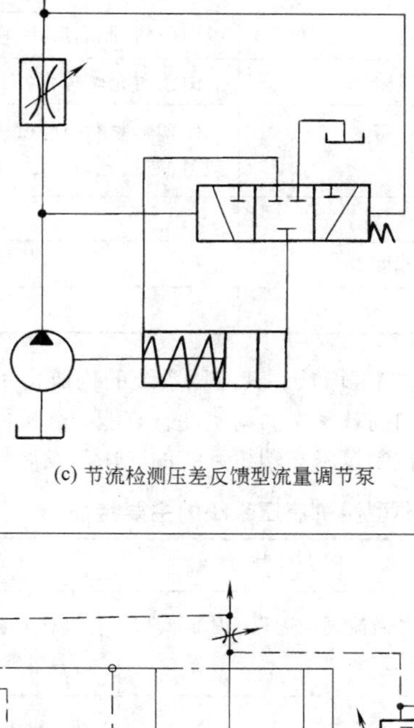<br>(c) 节流检测压差反馈型流量调节泵 | 将一般变量调节阀(如压力阀、节流阀)换成电液比例压力阀、电液比例节流阀,并配上相应的电控器(参见表 22-5-17 中 8) |
| 压力流量复合控制泵 | 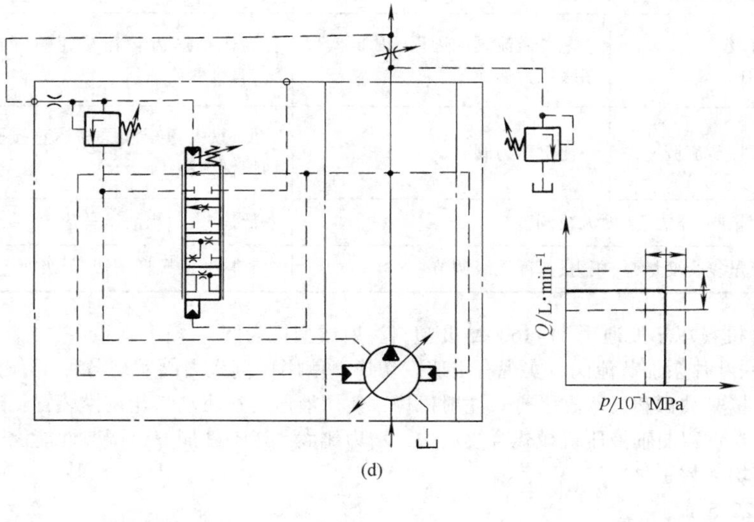<br>(d) | |

## 10.3 应用示例——塑料注射机系统

塑料注射机（简称塑机）主要用于热塑性塑料（聚苯乙烯、聚乙烯、聚丙烯、尼龙、ABS、聚碳酸酯等）的成型加工。塑料颗粒在注射机的料桶内加热熔化至流动状态，然后以很高的压力和较快的速度注入温度较低的闭合模具内，并保压一段时间，经冷却凝固后，模具打开，顶出缸推杆将制成品从模具中顶出。注射成型具有成型周期快，对各种塑料的加工适应性强，能制造外形复杂、尺寸较精密或带有金属嵌件的制件，以及自动化程度高等优点，得到广泛应用。其成型工艺是一个按预定顺序的周期性动作过程。塑料注射成型机主要由合模部分、注射部分、液压传动及电气控制系统等组成。

（1）塑机工艺对液压系统的基本要求



**表 22-5-33**

| 序号 | 机　构 | 要　求 | 说　明 |
|---|---|---|---|
| 1 | 合模机构 | 足够的合模力 | 防止模具离缝而产生制品溢边现象 |
| 2 | | 启闭模速度的调节 | 缩短空程时间,模具启闭缓冲避免撞击 |
| 3 | 注射座整体移动 | 注射时足够的推力 | |
| 4 | | 适应 3 种预塑型式 | 注射座整体移动缸及时动作 |
| 5 | 注射机构 | 灵活调节注射压力 | 由原料、制品形状、模具浇注系统粗细决定 |
| 6 | | 灵活调节注射速度 | 由注射充模行程、工艺条件、模具结构、制品要求决定 |
| 7 | | 保压压力可调 | 使塑料紧贴模腔壁,以获得精确的形状;补充冷固收缩所需塑料,防止充料不足、空洞等弊端 |
| 8 | 顶出机构 | 足够的顶出力 | |
| 9 | | 平稳可调的顶出速度 | |
| 10 | 调模机构 | 调模灵便 | |

（2）近10年来，塑料注射机的产量大幅度增长，其液压系统的构成也不断发生变化。表22-5-34汇集了有代表性的几个典型液压系统，反映了塑机向高效率、高精密度、节能、微机控制和高度可靠性方向发展，也从一个侧面反映了液压技术、特别是电液比例控制技术在塑机系统的应用与发展情况。

**表 22-5-34　　典型塑机液压系统的主要特征**

| 类　型 | 速度控制 | 压力控制 | 预　塑 | 调　模 |
|---|---|---|---|---|
| 多泵容积调速 | 多泵有级容积调速 | 电磁溢流阀加远程调压阀实现多级压力切换 | 高速马达齿轮箱减速螺杆预塑,有级变速 | |
| 单比例阀 | 双联泵加节流调速 | 比例压力阀 | 低速、大扭矩液压马达直接驱动螺杆预塑 | 液压马达驱动同步调模装置 |
| 压力流量阀 | 压力流量阀,压力、速度无级调节 | | 低速、大扭矩液压马达直接驱动螺杆预塑,无级变速 | |
| 压力流量泵 | 压力流量复合变量泵,压力、速度无级调节 | | | |

（3）单比例阀型塑机（以宁波通用TF-1600A-Ⅱ塑料注射成型机为例）

1）特点　通过双联叶片泵加节流阀，实现有级速度切换；使用比例压力阀实现各种压力的无级调节；由低速、大扭矩液压马达直接驱动预塑；双缸平行式注射机构；使用液压马达驱动齿轮调模装置，迅速轻便地适应模具厚度的变化；采用五支点双曲轴液压机械式合模机构，增力比大，运动性能好；调节性能优于传统系统；压力和速度的各种不同调节均为数字化。

2）液压原理（图22-5-27）

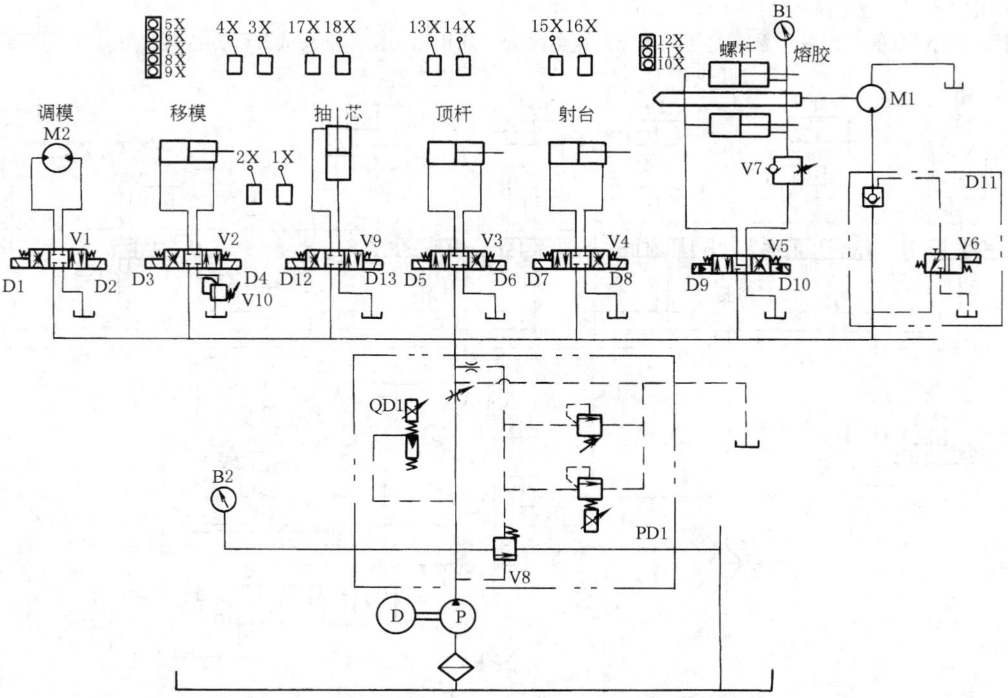


图 22-5-27 TF-1600A-Ⅱ塑料注射机液压系统

(4) 压力流量阀注塑机（以宁波海天 HFT150 注塑机为例）

1）特点 使用比例压力阀和比例流量阀，供给每一个操作功能所需要的压力与流量；低速、大扭矩液压马达直接驱动预塑，并能无级变速；双缸平行式注射机构；液压马达驱动调模装置，迅速轻便；调节性能和节能效果优于单比例阀系统；压力和速度的各种不同调节均为数字化。

2）液压原理（图 22-5-28）

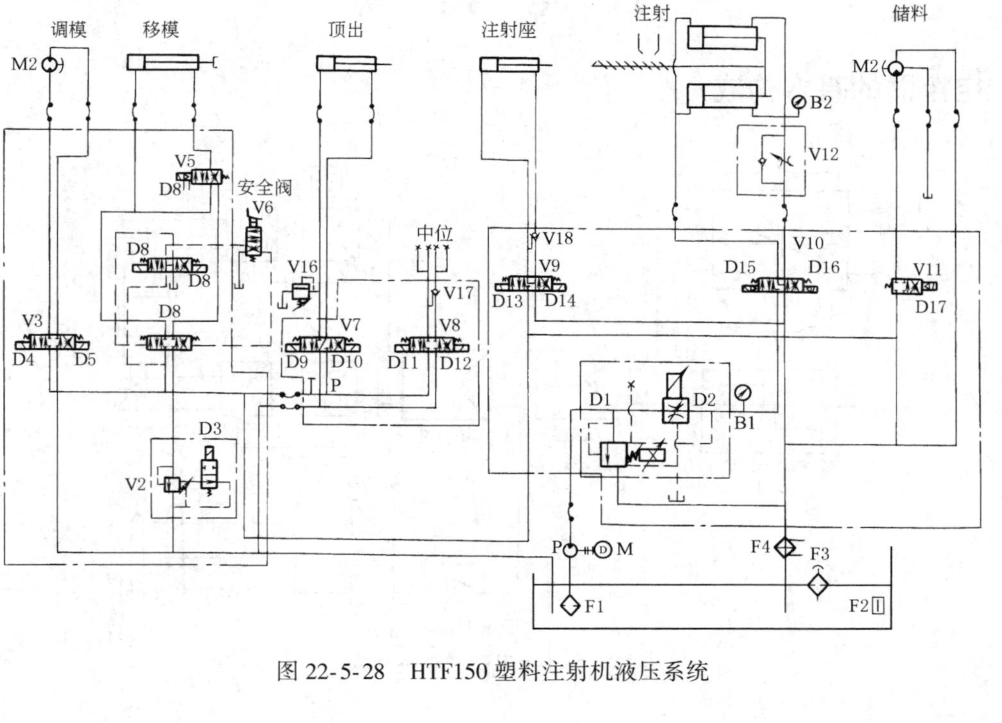


图 22-5-28 HTF150 塑料注射机液压系统

（5）压力流量泵塑机系统（BOSCH 公司）

配置压力流量泵的塑机液压系统，与配置压力流量阀的系统相比主要差别在油源部分，具有更好的节能效果。

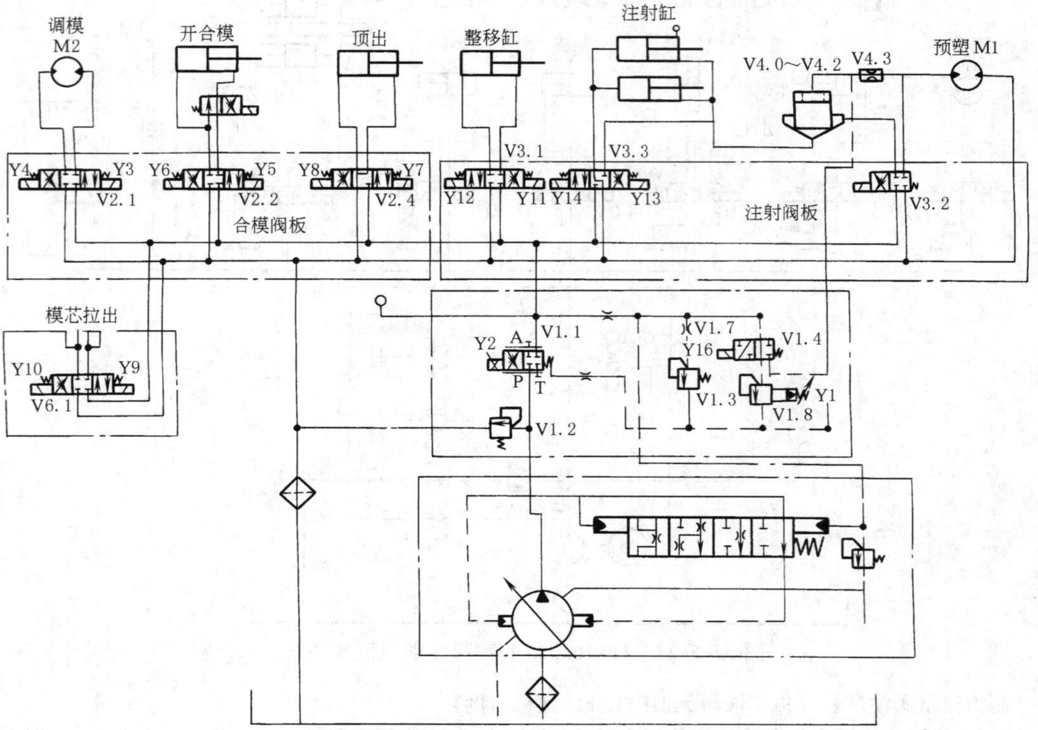


图 22-5-29　配置压力流量泵的塑机液压系统

# 11　电　控　器

## 11.1　电控器的基本构成

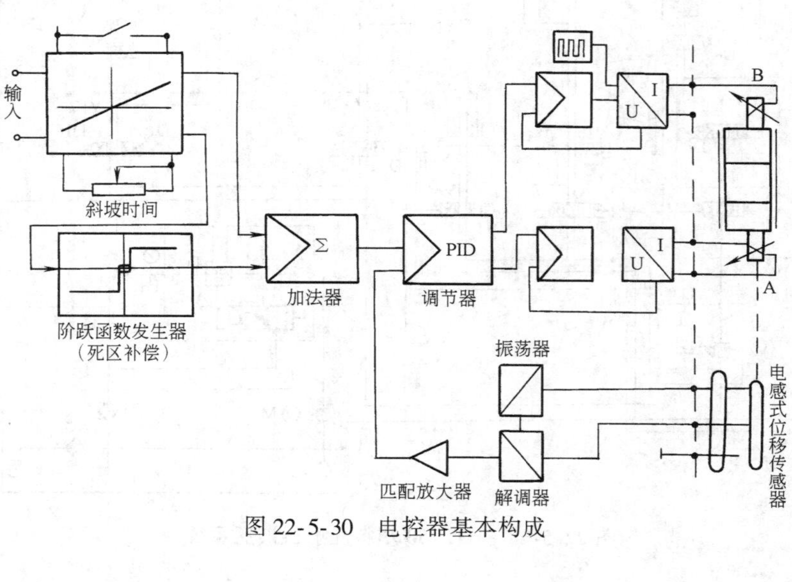


图 22-5-30　电控器基本构成

## 11.2 电控器的关键环节及其功能

表 22-5-35

| | | |
|---|---|---|
| 1. 功率放大 | | 输入信号/V：0～10，0～±10，0～±20，0～20<br>输出信号/mA：0～800，0～1500，0～2500，0～2700 |
| 2. 死区补偿 | 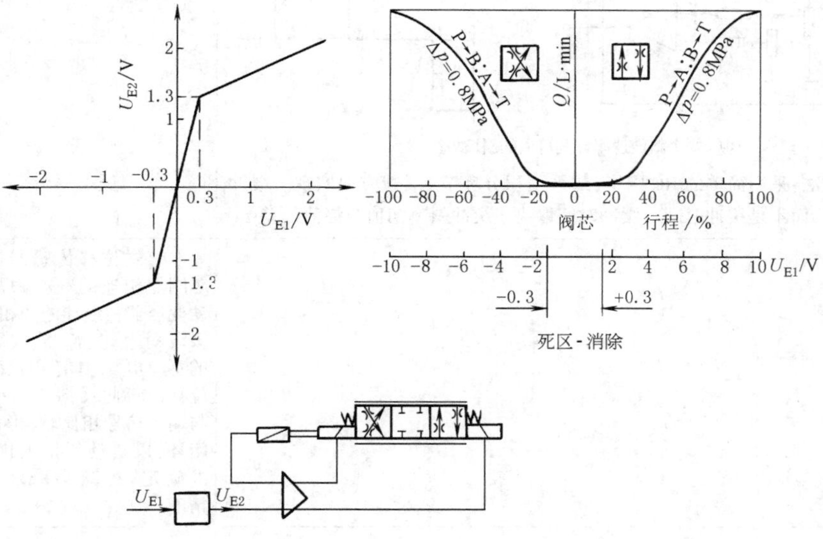<br>(a) | 输入电压大于±0.1V时用补偿环节加大放大器输出（例如±1.3V），将（±20%总位移）正遮盖（零位死区）的影响减少到最低程度。在放大器中采用的方法是“零点跳跃”，当有一个小信号输入时，经过“零点跳跃”变成一个较大的信号，如图中0.3 V变成1.3 V。但还是存在一个0.3 V的死区，要完全消除可采用二级跳跃方式 |
| 3. 颤振 | 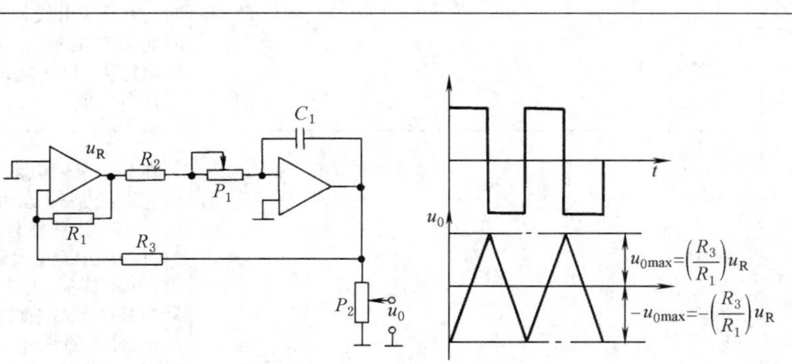<br>(b) 三角波颤振信号发生器 | 叠加在直流控制信号中的高频（50～100Hz）小振幅交流信号，用于减小摩擦力及磁滞所造成的滞环，并有利于消除卡涩现象 |

续表

| | | |
|---|---|---|
| 4. 缓冲功能 | 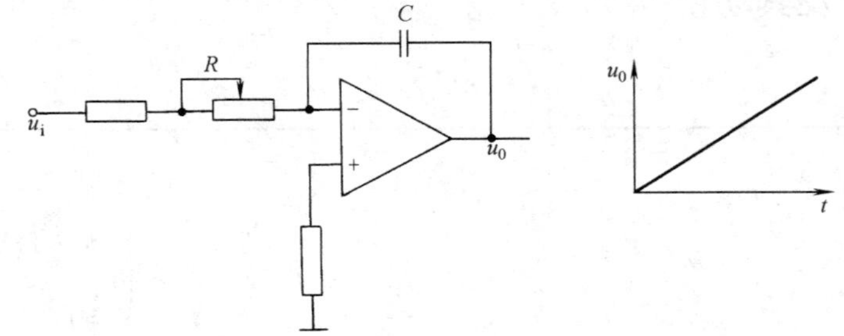<br>(c) 斜坡发生器<br>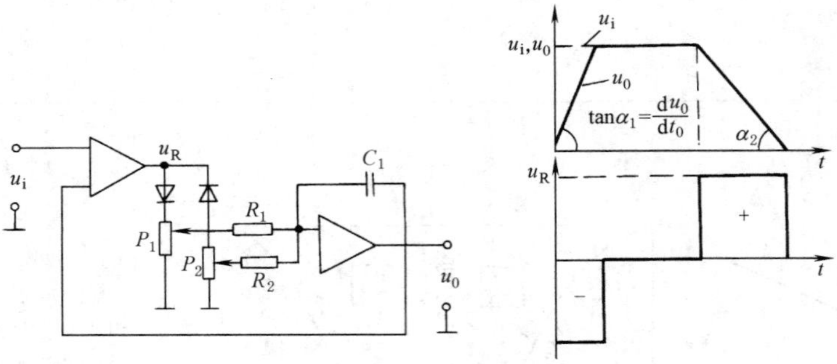<br>(d) 两个斜坡速率分别可调的斜坡发生器<br>缓冲实现方法:采用简单的 RC 网络,或采用积分环节+反馈方向实现。缓冲调节的是斜率,而不是缓冲时间。缓冲时间取决于缓冲斜率初值与终值的差 | 将设定值的阶跃输入转换成精确可控的斜坡输出(斜坡信号发生器),使压力变化或加减速过程平缓,减小冲击。由于伺服比例阀用于闭环控制,可以对控制过程进行任意调节,不必再设缓冲环节。缓冲环节的位置缓冲处于反馈外面,紧跟着信号给定环节 |
| 5. 阀芯位置闭环 | | 电感式位移传感器 LVDT:与阀芯刚性相连的铁心跟随阀芯在差动变压器初级和差动相连的 2 个次级线圈中移动。从次级线圈引出的感应电压差信号表征了阀芯的位移。将此反馈信号引回放大器与输入信号相比较,形成偏差调节闭环,以自动纠正干扰,保证阀芯准确定位,减小滞环,提高控制精度 |
| 6. 脉宽调制功率输出 | | 脉宽调制时,以恒定电源电压向电磁铁反馈一系列断通脉冲,晶体管或全通(大电流小压降)或全闭,避免了使用模拟量直流信号模式时,由于输出级通过大电流、大压降而引起的能耗与发热。脉频一般恒定为 1kHz,电磁铁响应脉冲的平均电压值 |
| 7. 切断信号与电缆故障监视 | | 在某个采用电液比例的机械中,当它继续某种运动会造成严重后果时,就要紧急停止该运动。此时,仅靠切断放大器的电信号(电流)并不能做到这一点,因为放大器的某些元件(如电容)还储存有能量,使电磁铁还可继续运动一段时间。而释放是直接切断输出级,使电磁铁立即停止运动 |

第 22 篇

## 11.3　两类基本放大器

（1）模拟式放大器

功放管模拟工况，当比例电磁铁所需的电流为 $I$ 时，功放管上的功率损失为：$I\times[24V$(电源电压)$-IR$(电磁铁)$]=24I-I^2R$。

（2）PWM 脉宽调制式

功放管只有两种工况：要么完全导通，电源电压全部加在电磁铁上，功放管的电流为最大，但压降最小（几乎为零）；要么完全截止，此时电源电压完全加在功放管上，但通过电流最小（几乎为零）。所以放大器的效率很高，功放管的放热很小。

电磁铁为一个感性元件，因此 PWM 电压信号加在它上面时，产生的电流不可能是完全的 PWM 型式，但虽有所变形，电磁铁的输出电磁力仍是基本上稳定的。

图 22-5-31 为 PWM 控制输出级。

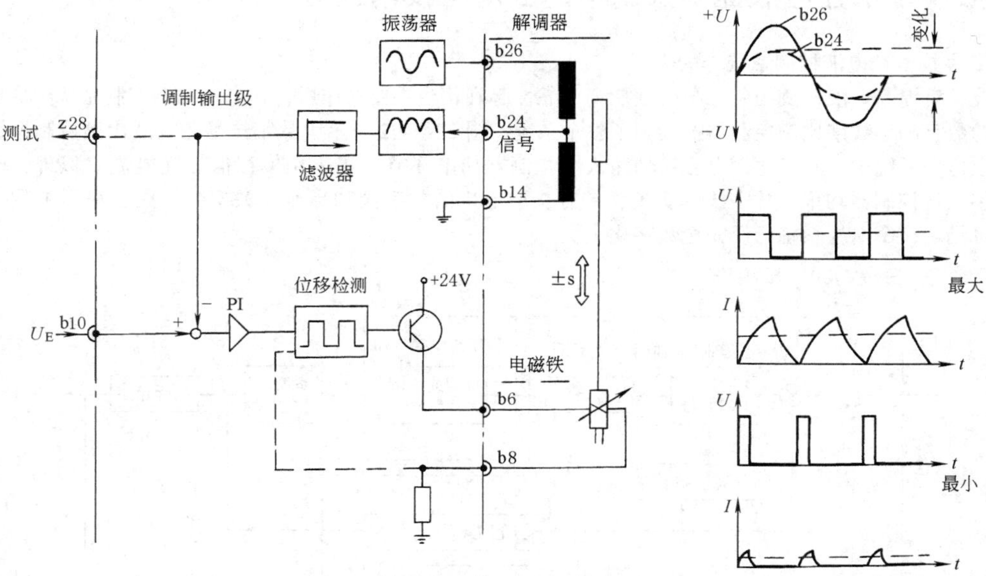


图 22-5-31　PWM 控制输出级

## 11.4　放大器的设定信号选择

（1）电位器

电位器电阻的选择受两方面限制：一方面来自放大器内部稳压源的电压±10V DC 的许用电流的限制，因为一般情况下许用电流仅为十几毫安，因此，它希望电位器的阻值大一点好；另一方面，放大器信号输入端的阻抗的限制，因为放大器的输入阻抗并不是无穷大，因此电位器的阻值的大小直接影响到电位器的输出电压的线性度，要求电位器电阻小于放大器输入阻抗的 1/10。二者是相互矛盾的。

（2）电流给定信号

当给定信号的传输距离比较远时，最好采用标准工业电流信号 $I=0\sim20mA$，在放大器中设有一个 500Ω 的电阻，将电流信号变换为 0～10V DC。

（3）来自可编程控制器（PLC）的模拟量输出模块的模拟信号，或来自微机的经 D/A 转换的模拟量信号。后者采用越来越普遍。

（4）BCD 码拨码盘（不常用）。

## 11.5 闭环比例放大器

闭环比例阀电子放大器的原理完全同比例阀用电子放大器，但具有如下特点。

(1) 闭环控制比例阀一般都带位移传感器，用于检测阀芯的位移，实现阀芯位移的闭环控制，提高控制精度和响应快速性。

(2) 闭环控制比例阀用位移传感器上集成有调制解调器，放大器供给集成电子的位移传感器±15V DC 的电源，位移传感器输出信号为±10V DC，这个值的大小与阀的规格、形式无关，因此它是通用测量器件。

(3) 由于闭环控制阀用于闭环控制，可以对控制过程进行任意调节，因此，不必再设缓冲环节。

# 12 数字比例控制器及电液轴控制器

## 12.1 数字技术在电液控制系统中的应用与技术优势

(1) 数字技术在电液控制系统中的应用

数字技术对提高电液比例控制系统的性能和可靠性起到相当重要的作用，在电液比例控制系统中的应用范围已从最初的数字阀、数字比例控制器扩大到了整个系统。图 22-5-32 所示为数字技术在电液比例控制系统中的应用范围。在这个系统中，除了比例电磁铁的输入（控制器功率环节）仍采用模拟信号（电流）以外，电液轴控制器和数字比例控制器均采用数字技术实现，带有步进电机的数字阀和高速开关型数字阀也采用了数字控制技术，由此可见，整个电控系统已经完全数字化了。



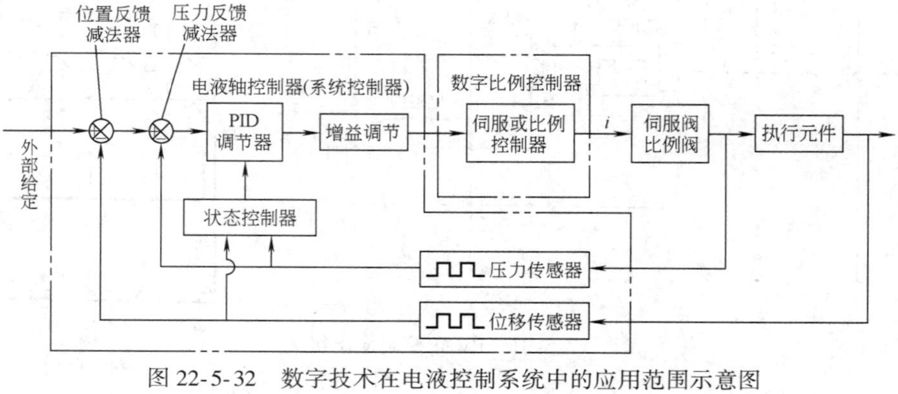


图 22-5-32　数字技术在电液控制系统中的应用范围示意图

(2) 数字比例控制的技术优势

表 22-5-36

| | |
|---|---|
| 1. 提高产品性能，增强系统功能 | 采用软件代替部分复杂硬件，实现复杂的运算，简化系统结构，提高系统控制精度和稳定性。可采用智能控制理论形成先进的控制手段，使电液比例控制系统获得最优性能 |
| 2. 产品通用性强 | 同一种规格的数字比例控制器或电液轴控制器，适用于控制功能相同、仅参数不同的比例元件或比例控制系统（可参见表 22-5-37）。不同的比例元件或比例控制系统的参数设置，通过调整软件中的变量来完成。采用数字控制器的系统，元件的通用化程度高，系统的结构柔性好 |
| 3. 参数调整和配置灵活、方便 | 普通模拟式比例控制器所具有的增益和零点调整、斜坡上升和下降过程时间调整的功能，数字比例控制器照样具备。此外，数字比例控制器还可对输出信号的频率、阶跃特性进行修正，以优化比例阀的控制特性<br>数字式比例控制器中的斜坡信号发生器除了可产生单独的等加速或等减速斜坡信号外，还可输出S形斜坡信号，如图 22-5-33 所示。S 形斜坡信号的应用可使设备的运行更平稳 |

续表

| | |
|---|---|
| 3. 参数调整和配置灵活、方便 | 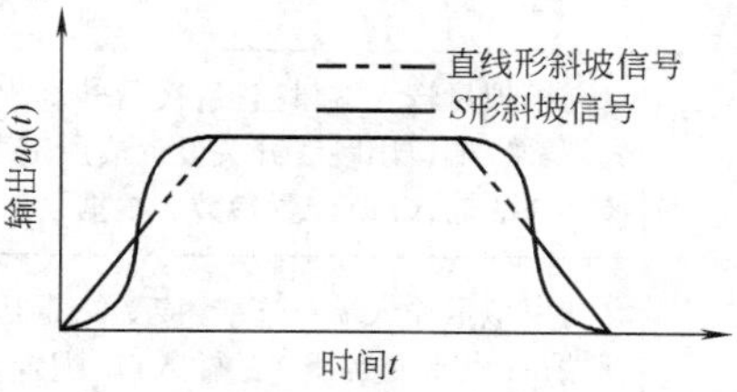<br>数字比例控制器输出的S形信号 |
| 4. 可精确备份用户的专用数据，以免调整好的参数丢失或被修改 | 这一功能对用户特别重要。对使用模拟式控制器的用户来说，控制器的参数最初是由设计和调试人员调整好的，但在往后的使用过程中，特别是当换上新的控制器或新的比例阀的时候，控制器的最佳工作状态往往需要维护人员重新进行调整，而这时模拟式控制器的技术参数便取决于调整人员的经验和技术水平<br>采用数字比例控制器后，调整好的技术参数保存在存储器（EPROM、EEPROM）中，当更换数字比例控制器时，只要将原来存储的参数重新调进新的控制器中即可，这就实现了系统参数的专家级管理 |
| 5. 输出故障状态信号 | 数字比例控制器上的存储器保存最近的信号数据和状态数据，当出现故障时，故障状态输出端口输出错误信息，帮助诊断设备故障。用户也可以调出这些数据，分析故障原因 |
| 6. 通信功能 | 编程器和数字比例控制器之间，多块数字比例控制器之间可通过通信接口完成数据交换 |
| 7. 采用标准的数字量输入输出接口 | 便于与计算机、传感器等标准仪器、仪表直接连接，简化了系统的接口设计 |



## 12.2 数字比例控制器

(1) 数字比例控制器的基本功能

**表 22-5-37**

| 比例控制器的类型 | | 比例控制器的功能 |
|---|---|---|
| 不带位移电反馈的数字比例控制器 | | 可完成力控制型和行程控制型比例电磁铁的控制，如REXROTH的VT-VSPD-1型数字比例控制器可控制4WRA、WRZ系列比例方向阀，DBE、DBET、DBEP系列比例溢流阀，DRE、ZDRE、3DRE、3DREP系列比例减压阀 |
| 带位移电反馈的数字比例控制器 | 带电感式位移传感器 | 可完成对含有电感式位移传感器比例阀的控制，如REXROTH的VT-VRPD-1型数字比例控制器可控制2FRE、FES系列比例流量阀和4WRE（1X系列）比例方向阀 |
| | 带差动变压器式位移传感器 | 可完成对含有差动变压器式位移传感器比例阀的控制，如REXROTH的VT-VRPD-2型数字比例控制器可控制4WRE（2X系列）比例方向阀 |

(2) 典型数字比例控制器的组成与工作原理

数字比例控制器采用一个功能强大的微型控制器（核心单元），通过设计合理的外围电路和特定的控制程序，由软件完成信号的传输、转换、运算、存储、参数调用、控制（含程序调用和闭环位置控制）等不同的功能。

不带位移电反馈的数字比例控制器的原理框图如图22-5-33所示。

带位移电反馈的数字比例控制器的原理框图如图22-5-34所示。这种控制器与比例阀及其位移传感器一起构成位置闭环控制系统。

二者的组成与工作原理说明见表22-5-38，表中部件代号见图22-5-33和图22-5-34中的功能模块编号。

表 22-5-38

| 数字比例控制器的组成 | | 作用与工作原理 |
|---|---|---|
| 1 | 电压与电压或电流与电压转换器 | 与模拟量输入端口连接,接受外部提供的±10V,±20mA 或 0~20mA 等标准信号。使用时,先把输入端口用跳线开关设置成所需要的电流或电压信号,再通过设定值启动端口(电平变换器 3 的输入口)配置参数。根据设定的字首数字启动所选择的标准信号 |
| 2 | 电流与电压转换器 | 与模拟量输入端口连接,接受外部提供的 4~20mA 的标准信号。使用时也要通过设定值启动端口(电平变换器 3 的输入口)配置参数 |
| 3 | 电平变换器 | 将来自"设定值 1、2、4、8 启动"(d2、d4、d6、d8)、"设定值有效"(d10)、"斜坡"(d12)、"允许工作"(d18)的外部开关电压信号转换成微型控制器能够识别的高低电平信号<br>为了控制启动程序,可把设定值自动启动到可编程时序和可编程顺序控制过程当中。这时,信号"设定值有效"应设置为不起作用(低电平),否则,输入"设定值 1,2,4,8 启动"设定具有优先权<br>连接 d20、b32 的电平变换器输出电磁铁"b"和"a"工作正常与否的监视信号 |
| 4 | 开关电源 | 用来提供内部芯片所需的各种直流电压 |
| 5 | 程序和数据存储器 EPROM EEPROM | EEPROM 保存程序和放大器的专用数据(配置、设定值、比例阀和系统参数),由四个二进制代码的数字量输入信号调用。该存储器最多可储存 16 组参数,其中一组可使阀芯位置(带斜坡时间和顺序控制)给定值有效 |
| 6 | 串行接口 | 可完成受控阀型号的选择、给定值输入端口的选择和配置、斜坡信号发生器和使能输入的选择和设置、程序控制有效的启动,以及给定值接通、参数偏差等参数设置<br>串行接口 6 可分别连接编程器和编程计算机 |
| 7 | MDSM 插头 | 控制器前面板上与编程计算机通信的插头 |
| 8 | 故障输出继电器 | 如果出现逻辑控制错误、反馈信号电缆和 4~20mA 设定值输入电缆断开,以及"允许工作"信号无效等故障,则监测到的故障均产生 1 个错误信息,并打开继电器触点 8,由前面板上的发光二极管显示"故障"。可对"允许工作"信号进行设置,使"允许工作"无效不作为错误显示 |
| 9 | PI 电流调节器 | 设定电流对电压的比例尺 |
| 10 | 输出端口 | 将控制电压信号按比例转换为控制比例电磁铁的电流信号<br>如果正设定值在电磁铁"b"中产生电流,则负设定值在电磁铁"a"中产生电流 |
| 11 | 可调脉冲发生器 | 调整控制器输出级的频率(PWM 脉宽调制式功率放大器) |
| 12 | 调制器/解调器 | 提供位移传感器的调制信号,输出位移电信号。不带位移电反馈的数字比例控制器无此环节 |
| 13 | 调整环节(软件) | 用软件完成信号调理(输入匹配)、调节增益、修正零点偏移量,调整的结果(设定值之和)加到斜坡信号发生器 14 的输入端 |
| 14 | 斜坡信号发生器(软件) | 可分别产生等加速、等减速及 S 形斜坡信号 |
| 15 | 特性曲线生成器(软件) | 使设定值与所选比例阀相匹配。为了任意选择一个阀,可以对特性曲线生成器 15 和可调脉冲发生器 11 进行编程(由用户决定)。匹配的内部设定值可在测量口 3 和接线端子 d32 上检测到<br>阀芯机能为"E"的 WRE 型阀,阶跃函数发生器 15 可实现阀芯零位遮盖区突跳 |
| 16 | 加法器(软件) | 将给定信号与位移传感器检测到的阀芯反馈信号进行比较,并给出偏差信号。不带位移电反馈的数字比例控制器无此环节 |
| 17 | PID 控制器(软件) | 用于调整比例阀位置闭环控制系统的综合性能(稳定性、快速性、稳态误差等)。不带位移电反馈的数字比例控制器无此环节 |
| 18 | 控制逻辑(软件) | 对数字输入口的监测、两个输出量 10 的控制、故障继电器 8 的输出和所有内部功能的控制均通过控制逻辑 18 实现 |

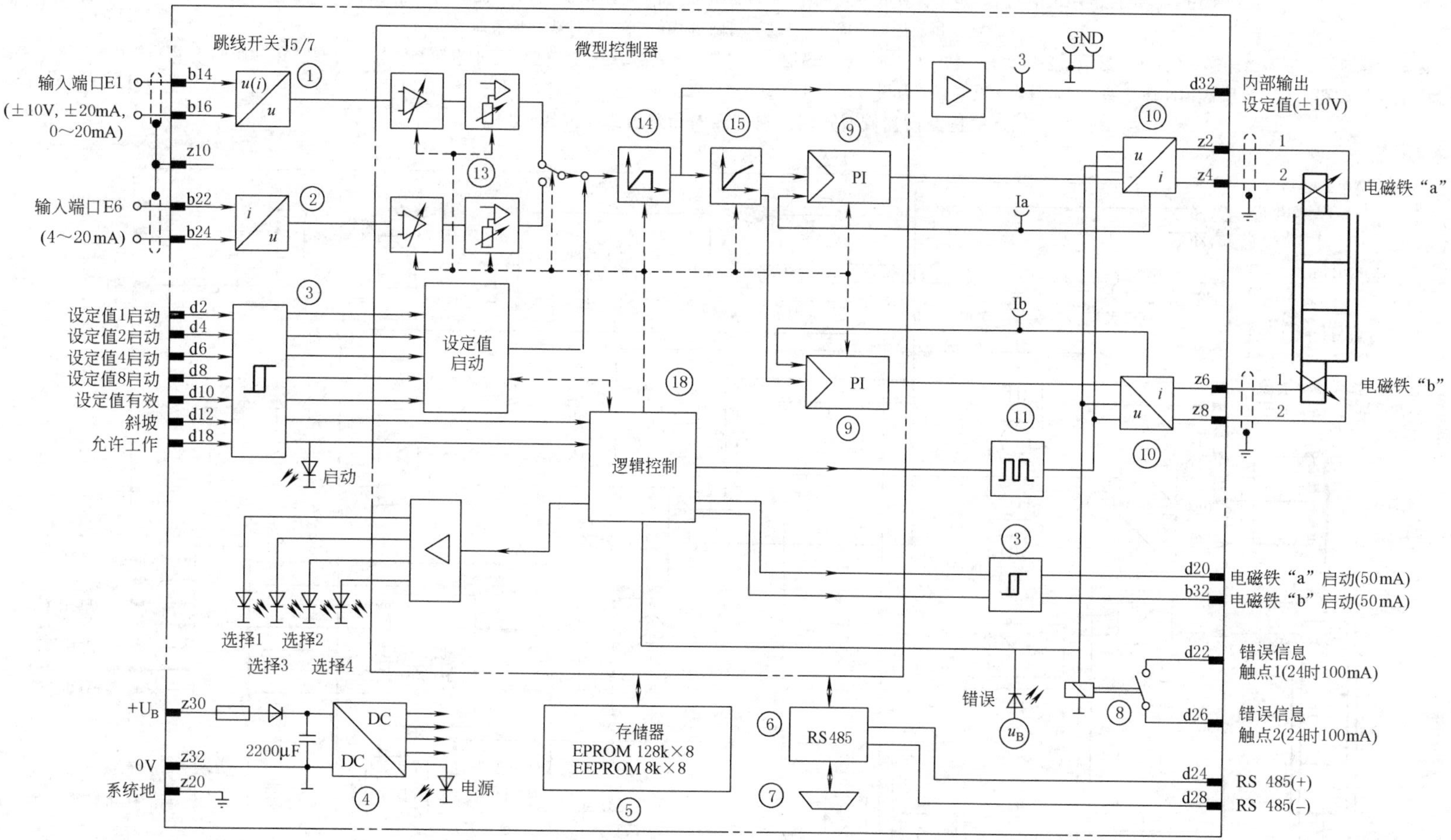


图 22-5-33 不带位移电反馈的数字比例控制器原理图

①—U/U 或 I/U 转换器（跳线开关）；②—I/U 转换器；③—电平转换器；④—开关型电源；⑤—程序和数据存储器；⑥—串行接口；⑦—前 MDSM 插头；⑧—故障输出继电器；⑨—PI 电流调节器（软件）；⑩—输出端口；⑪—可调脉冲发生器；⑬—调整环节（软件）；⑭—斜坡信号发生器（软件）；⑮—特性曲线生成器（软件）；⑱—控制逻辑（软件）

测量端口：1—实际值（相对 2）；3—内部设定值；Ia—电磁铁电流“a”；Ib—电磁铁电流“b”；GND—基准电位（0V）

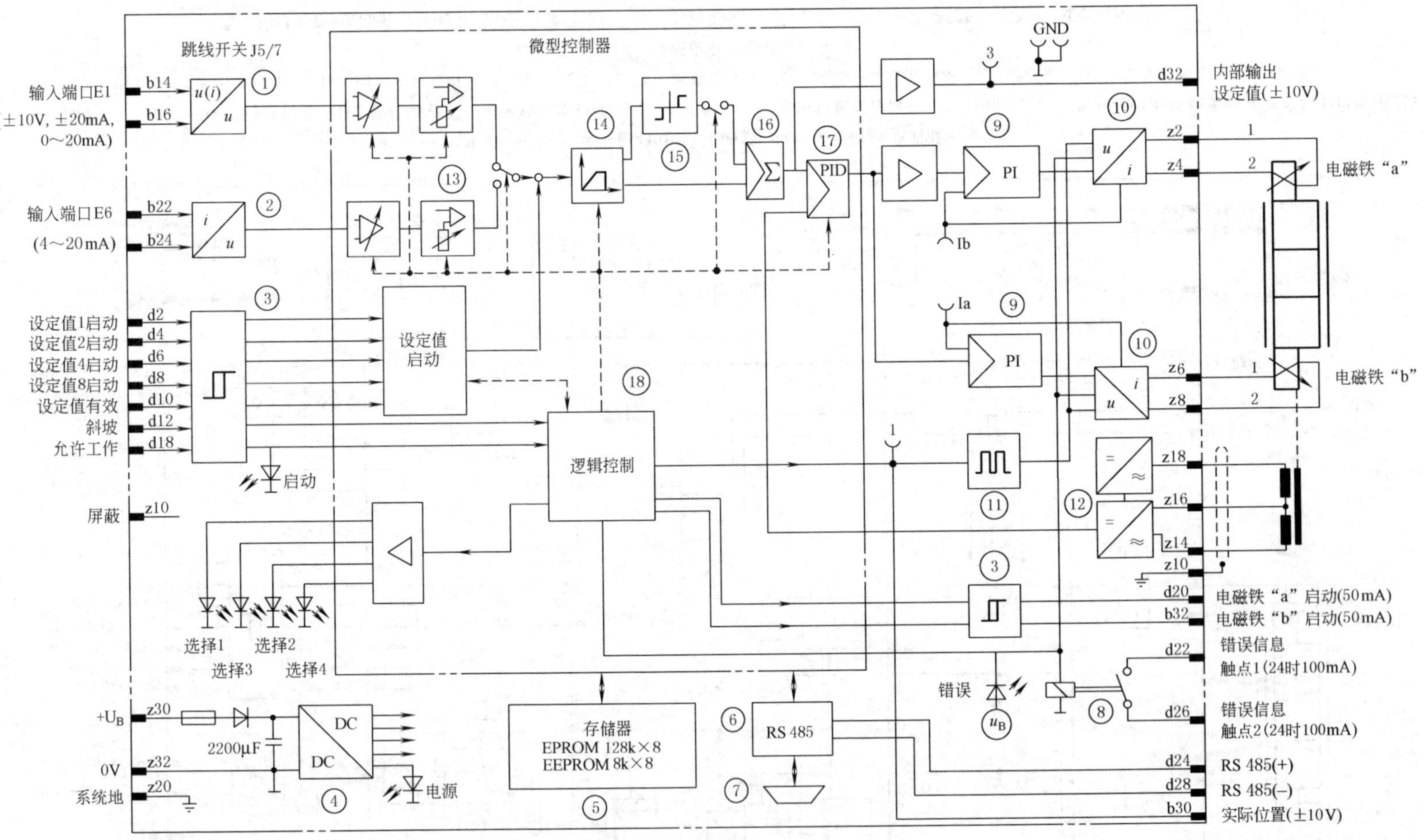


图 22-5-34 带位移电反馈的数字比例控制器原理图

①—U/U 或 I/U 转换器（跳线开关）；②—I/U 转换器；③—电平转换器；④—开关型电源；⑤—程序和数据存储器；⑥—串行接口；⑦—前 MDSM 插头；⑧—故障输出继电器；⑨—PI 电流调节器（软件）；⑩—输出端口；⑪—可调脉冲发生器；⑫—调制器/解调器；⑬—调整环节（软件）；⑭—斜坡信号发生器（软件）；⑮—特性曲线生成器（软件）；⑯—加法器（软件）；⑰—PID 控制器（软件）；⑱—控制逻辑（软件）

测量端口：1—实际值（相对 2）；3—内部设定值；Ia—电磁铁电流“a”；Ib—电磁铁电流“b”；GND—基准电位（0V）

## 12.3 电液轴控制器

（1）电液轴的概念

电液控制系统中执行元件上的独立受控制参数称为电液轴。一个电液轴表示电液控制系统中一个被控制对象及其受控参数的集合。

电液轴控制器是电液轴控制系统中的电控装置（见图 22-5-32），采用计算机控制原理的功能化的系统控制产品。它本质上是一个计算机控制系统。

（2）电液轴控制系统的构成（以单轴控制器为例）

单轴控制器与阀控缸组成的电液轴控制系统如图 22-5-35 所示。

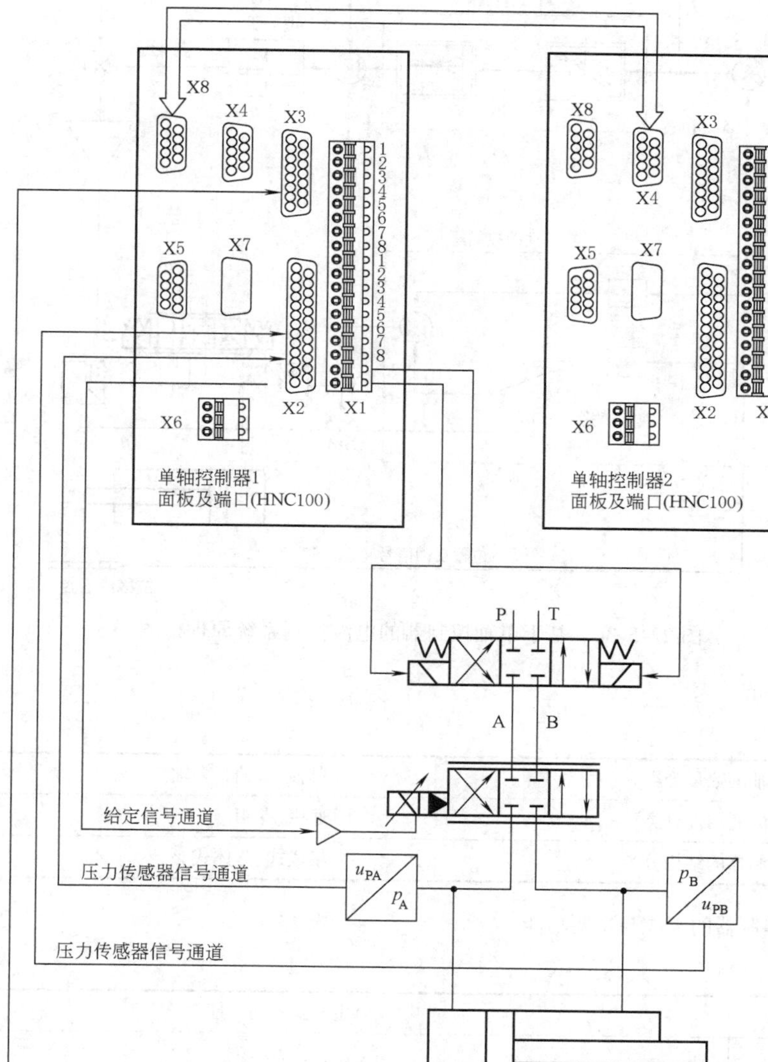


图 22-5-35　单轴控制器与阀控缸组成的闭环控制系统

X1—数字量输入输出接口；X2—模拟量输入输出接口；X3—编码器接口；X4,X8—CAN 通信接口；X5—Profibus DP、INTERBUS-S（OUT）通信接口；X6—供电端子；X7—CANopen、INTERBUS-S（IN）的串行通信口

显然，这是一种基于模块化思想构造系统的方法。通过设定端口参数和编写程序，就可设计出不同的电液控制系统。采用这种方法组建电液控制系统使硬件和接口设计变得相当简单，且系统设计具有很大的灵活性。

从图 22-5-35 的控制面板可知，通用的电液轴控制器提供了功能强大的接口。确定输入装置和检测元件的信号类型几乎不受限制。

单轴控制系统原理框图如图 22-5-36 所示。

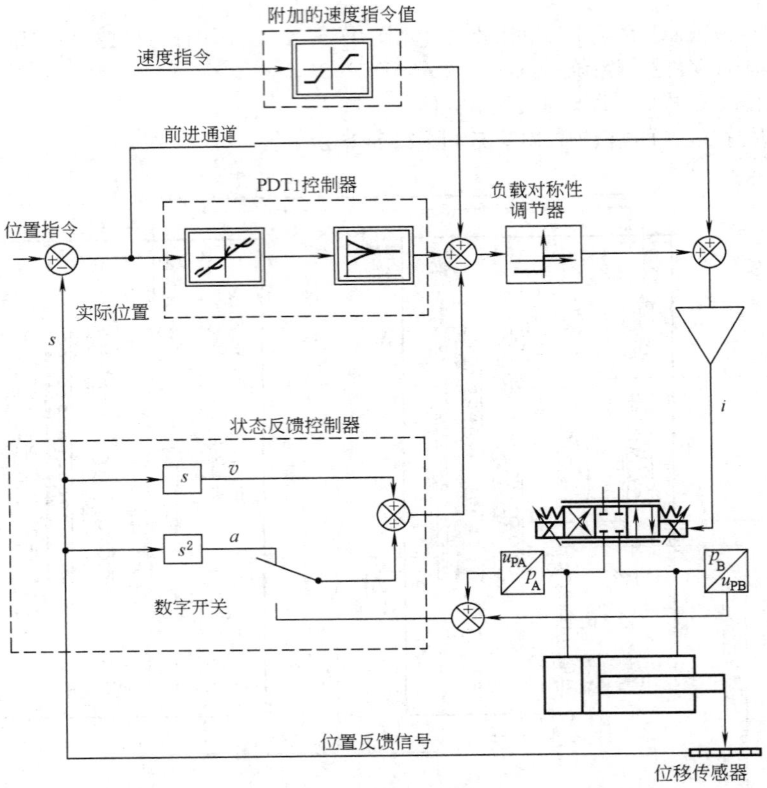


图 22-5-36　基于单轴控制器的电液控制系统原理框图

(3) 电液轴控制器的分类

**表 22-5-39**

| | |
|---|---|
| 1. 按控制电液轴的数量分类 | 单轴、双轴和多轴 |
| 2. 按系统参数的通用性分类 | 通用、专用 |
| 3. 按电液轴控制器的结构分类 | 集成式、分体式 |

(4) 通用电液轴控制器的组成与主要功能

**表 22-5-40**

| 电液轴控制器的组成 | | 主要功能 |
|---|---|---|
| 1 | 位置控制器（采用软件激活） | (1)可实现 PDT1 控制，即比例、微分、时间控制<br>(2)状态反馈和设定值前馈<br>(3)单台双轴或多轴数字比例控制器可完成双缸或多缸比例同步控制，多台单轴数字比例控制器通过总线可实现多缸位移的比例运动<br>(4)可进行零位误差补偿、精确定位及"与位置相关的制动"，位置控制精度高<br>以位置控制系统为例，负载变化引起位置稳态误差的过程如图 a 所示 |

续表

| 电液轴控制器的组成 | | 主 要 功 能 |
|---|---|---|
| 1 | 位置控制器(采用软件激活) | 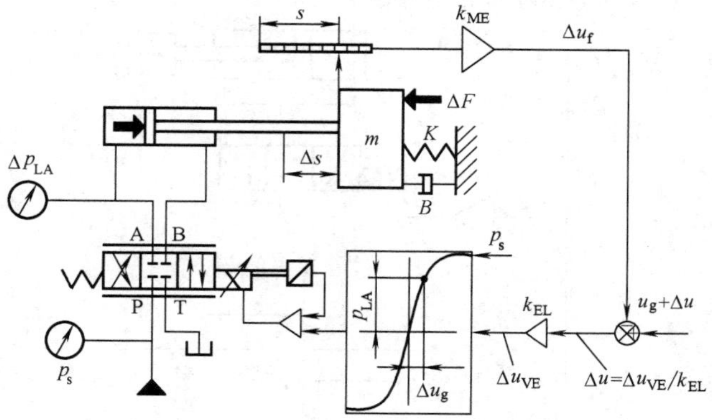<br>(i) 电液位置控制系统原理图<br>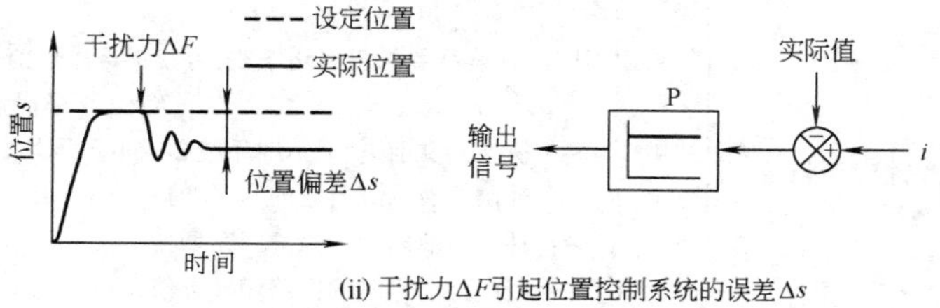<br>(ii) 干扰力ΔF引起位置控制系统的误差Δs<br>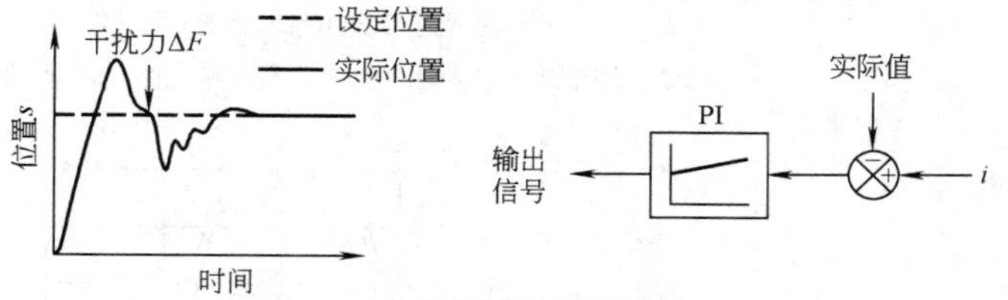<br>(iii) 采用补偿措施消除误差Δs<br>(a)负载变化引起的位置控制系统稳态误差示意图<br>在图a中,如果没有采取补偿措施,则当负载变化 ΔF 时,液压缸就会产生 Δs 的位置控制误差。采用电液轴数字控制技术后,计算机检测到偏差 Δu 后,可调用补偿模块,减小甚至消除位置控制误差 Δs<br>(5)通过软件生成线性增益和内弯曲特性曲线,解决了比例阀控制特性的非线性问题,如图b所示<br>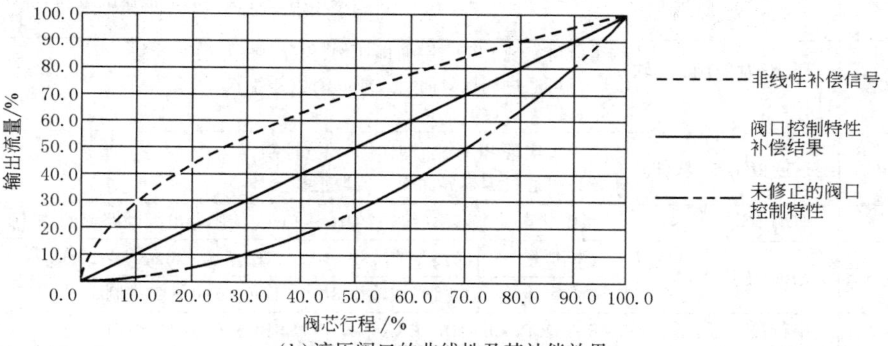<br>(b)液压阀口的非线性及其补偿效果<br>(6)增益调节可编程。电液比例控制系统执行元件(电液轴)上的负载不对称引起系统控制参数不匹配,通过NC程序进行增益更换和增益的方向调整,可解决负载不对称引起电液轴上控制参数 |

续表

| 电液轴控制器的组成 | | 主 要 功 能 |
|---|---|---|
| 1 | 位置控制器（采用软件激活） | 不匹配的问题，如图 c、图 d 所示<br>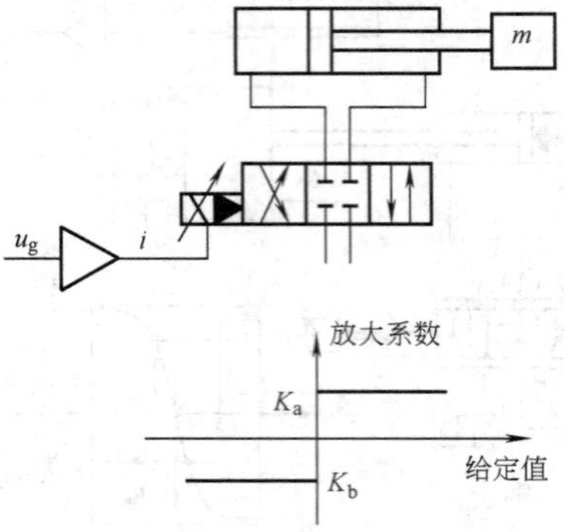<br>(c)控制回路放大系数不对称<br>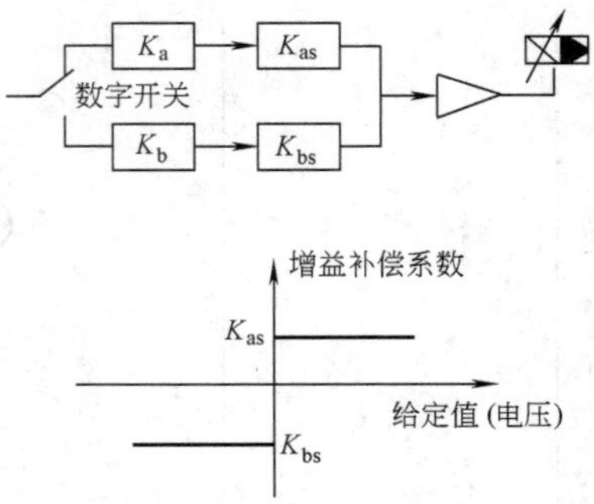<br>(d)修正控制回路的不对称性<br>采用不同的补偿系数修正回路增益，可获得液压缸前进和后退时所需要的系统增益，即<br>$K_aK_{as}=KK_bK_{bs}$<br>式中 $K$——执行元件前进、后退时系统要求的不同增益的比例系数<br>$K_a$——补偿前液压缸前进的回路增益<br>$K_b$——补偿前液压缸后退的回路增益<br>$K_{as}$——液压缸前进时的回路增益补偿系数<br>$K_{bs}$——液压缸后退时的回路增益补偿系数<br>通过上述措施，可得到液压缸在不对称负载工况下的运动对称关系，如图 e 所示<br>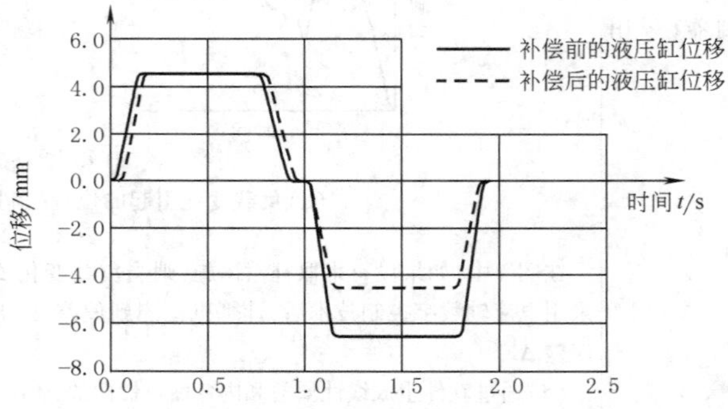<br>(e)采用增益补偿前后的液压缸运动对称关系 |
| 2 | 压力/力控制器（软件） | (1)可实现 PIDT 控制，即比例、积分、微分、时间控制<br>(2)可通过编程界面引入或取消积分环节<br>(3)可完成压差估算 |
| 3 | 速度控制器（软件） | (1)可实现 PI 控制，即比例、积分控制<br>(2)可通过编程界面引入或取消积分环节 |
| 4 | 监测模块 | 系统状态动态监测、编码器及 4~20mA 传感器电缆断路监测，故障诊断与显示 |
| 5 | 输入/输出接口 | 模拟量：接受或输出±10V，±20mA、0~20mA、4~20mA 等标准信号<br>数字量：接受或输出 8 位、12 位、16 位等二进制编码 |
| 6 | 串行接口 | RS232、Profibus DP、CANopen、INTERBUS-S 等通信端口 |
| 7 | 程序和数据存储器 Flash EPROM EEPROM、RAM | EEPROM 保存程序和系统的专用数据（配置、设定值等）<br>数据存储器可记录多通道数据（给定信号、反馈信号、压力信号），这些数据可通过通信口读取，还可显示在编程界面上。这方便了设备的调试和故障诊断 |

(5) 基于电液轴控制技术的液压控制系统设计与调试方法

单个电液轴位置控制器构成的系统如图 22-5-37 所示。

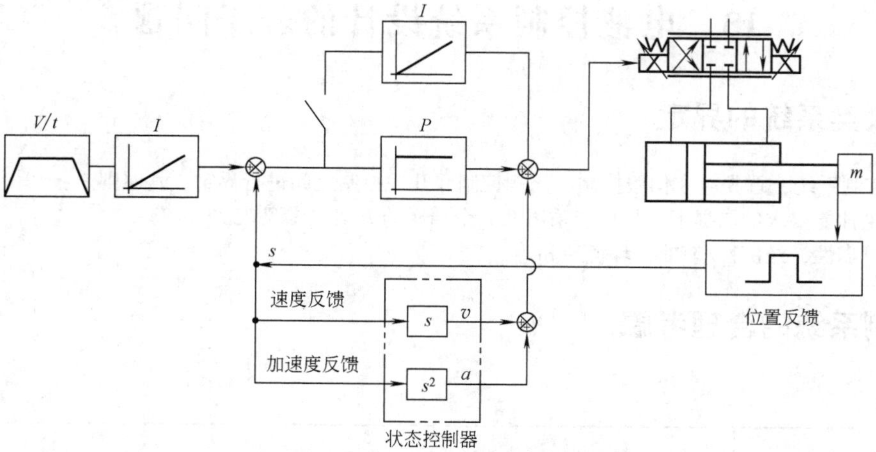


图 22-5-37 单轴控制系统原理图

图中，液压缸、比例阀、传感器的设计选型与模拟式电液比例控制系统的设计方法没有区别。控制器选型时，其功能、快速型和通道数量满足要求即可。接口参数的匹配和系统控制参数的调整通过软件编程完成，必要时可调用已有的功能模块。这种基于硬件和软件模块化的设计方法可加速设计进程。

电液轴位置控制系统调试的步骤和要点如下。

1）先关掉积分开关 $I$ 和状态控制器（在编程界面中完成）。

2）将比例系数 $P$ 设为零，再逐渐增加比例控制器的比例系数 $P$，直到观察到执行元件开始出现高频振荡现象，此时对应的 $P$ 值为 $P_{max}$。该现象可通过位置传感器或压力传感器的数据通道由示波器或上位机编程界面看到。如图 22-5-38 所示。

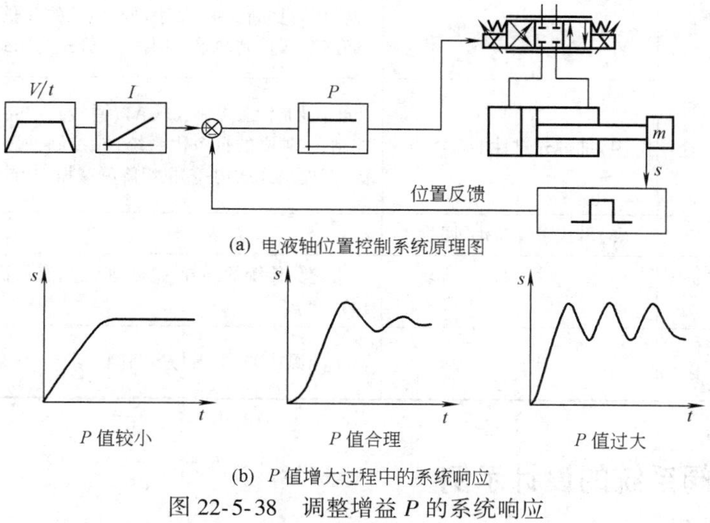


图 22-5-38 调整增益 $P$ 的系统响应

3）按 $P=\left(\frac{2}{3}\right)P_{max}$ 设置 $P$ 值（保存在软件变量中）。

4）设置 $I$ 到所要求的精度。

① 逐渐增加 $I$ 值，直到观察到执行元件出现振荡，这时的 $I$ 值为 $I_{max}$。

② 按 $I=\left(\frac{2}{3}\right)I_{max}$ 设置好 $I$ 值（也保存在软件变量中）。

5）对于大质量的系统（固有频率极低的系统），启用状态控制器。

# 13 电液控制系统设计的若干问题

## 13.1 三大类系统的界定

一个液压控制系统，首先应在伺服控制、比例控制和开关控制之间进行界定，其原则是：

（1）在满足性能要求的前提下，尽可能采用低一个档次的方案（参见表 22-5-7）；

（2）重视可靠性，经济性/节能，环境亲和等。

## 13.2 比例系统的合理考虑

表 22-5-41

| | | |
|---|---|---|
| 1. 充分利用电控制器的功用,以简化系统设计,提高性能与可靠性 | (1)多种输入方式/手动、微机、PLC、……;(2)功率放大;(3)阶跃信号发生/死区补偿功能;(4)斜坡函数/缓冲功能;(5)颤振信号发生/减小滞环;(6)开环或内外位置、压力、速度闭环;(7)经典、现代控制策略;(8)脉宽调制功率输出 | |
| 2. 油源系统构成的发展 | (1)以流量控制为主体的构成 | ①定量泵加节流调速;②从定量泵的高低压组合到恒压泵;③定量泵系统的交直流组合;④从变排量到多种变量型式——$p$、$q_V$、$N$、$p+q_V$、$p+q_V+N$、$DA$ 速度敏感;⑤变频交流电机驱动定量泵;⑥辅助油箱+充液阀;⑦蓄能器、飞轮 |
| | (2)以压力为主体的构成 | ①限压;②减压;③增压 |
| | (3)净化与安全保护 | ①压力切断保护;②手动与电控的并联;③自净化系统;④插装阀互锁;⑤控制油单独回油;⑥开式与闭式专用泵 |
| | (4)油源先进性的基本点 | ①比例/伺服控制;②CAT(总线技术);③插装阀系统逻辑切换控制;④独立的自净化系统;⑤控制油独立回油;⑥独立控制油源;⑦模块式结构;⑧机组降噪减振;⑨自保护体系;⑩温控系统 |
| | (5)开式回路与闭式回路 | |
| 3. 考虑封闭容腔容积的系统设计 | | ①避免传统的误导;②快速性只有层次的差异(参见表 22-5-14) |
| 4. 区分固定设备与行走设备 | | ①油源;②方向阀与多路阀 |

## 13.3 比例节流阀系统的设计示例

（1）系统设计计算步骤

1）估算液压缸面积及系统压力；

2）按系统工作过程的要求，核算液压缸及系统压力；

3）选择比例阀的规格参数；

4）核算系统的固有频率。

其中前 3 步依次进行，第 4 步相对独立。

（2）液压缸面积及系统压力的估算

1）这一步是初步的，其原则是：系统压力扣除系统管道损失之后的可利用压力，按经验各 1/3 分别用于克服负载，用于产生速度，用于产生加速度（质量的加减速或转动惯量的加减速）。

2）如果其中用于加速的部分达不到 1/3，则活塞由恒速转到减速的过程中，比例阀阀口的面积会有过大的变化，造成阀芯转换时间增加，而用于负载的那部分则难以准确地达到 1/3。

3）按上述原则，先假定泵的压力，计算液压缸面积：第一，根据加速段的需要；第二，根据恒速段的需要。选两者中较大的为液压缸面积。也可倒过来，先确定液压缸的尺寸，反算泵所需的压力。

（3）按系统工作过程的要求，核算液压缸的面积及泵压力，如图 22-5-39 所示。

已知：$m=700\text{kg}$；$F=7000\text{N}$；$F_{ST}=F\sin30°=7000\times0.5=3500\text{N}$。

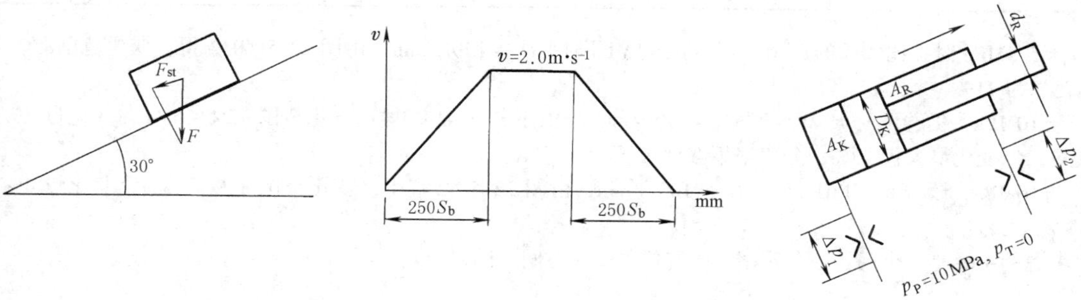


图 22-5-39　比例系统设计示例

1）首先计算根据加减速需要的缸面积　根据 $F=ma$ 得到（$\Delta pA_1$ 用于产生加速度的液压力）

$$\Delta pA_1=\left(\frac{1}{100}\right)am$$

式中　$\Delta p$——用于产生加速度的压力，MPa，

$$\Delta p=\left(\frac{1}{2}\right)(p_p-\Delta p_2-p_S)=\left(\frac{1}{2}\right)\left(p_p-\Delta p_2-\frac{F_{ST}+F_R}{100A_1}\right)$$

由上两式可得，加速段所需的活塞面积为

$$A_1=\frac{2[mv/t_B+(F_{ST}+F_R)/2]}{100(p_p-\Delta p_2)}\quad(\text{cm}^2)$$

2）其次计算恒速及最大稳态力 $F_K$ 下所需的活塞面积　阀口用于产生速度（恒速段）的压差（此时加速度为零）

$$\Delta p_1=p_p-\Delta p_2-(F_{ST}+F_R+F_K)/(100A_1)$$

$$A_1=\frac{F_{ST}+F_K+F_R}{100(p_p-\Delta p_2-\Delta p_1)}\quad(\text{cm}^2)$$

选上面两个面积中较大的一个来确定液压缸的尺寸。

式中　$\Delta p$——用于产生加速度的压力，MPa；

$a$——活塞的加速度，m/s²；

$$a=v/t_B$$

$v$——活塞运动速度，m/s；

$t_B$——加速段时间，s；

$A_1$——活塞面积，cm²；

$F_{ST}$——静总负载，N；

$F_R$——摩擦力，N；

$F_K$——液压缸稳态作用力，N；

$m$——运动部分质量，kg；

$p_S$——用于负载的压力，MPa；

$\Delta p_2$——液压缸活塞杆端比例阀阀口压差，MPa；

$p_p$——油源压力，MPa；

$\Delta p_1$——比例阀阀口用于产生速度的压差，MPa。

(4) 比例阀的选用

**表 22-5-42　　比例方向节流阀选用**

| $p_p$/MPa 油源压力 | $p_v$ (恒速)/MPa | $p_v$ (减速)/MPa | $Q_N$/L·min$^{-1}$ 额定流量 | 变化范围 | 变化量/% |
|---|---|---|---|---|---|
| 5.5 | 5 | 9 | 150 | 83%~72% | 11,阀转换时间长 |
| 10 | 11 | 15 | 150 | 72%~68%分辨率差 | 4,时间短 |
| 10 | 11 | 15 | 100 | 87%~83%分辨率好 | 4,时间短 |

1）$p_p$ = 5.5MPa 时，比例阀的选用　选用 $p_v$ = 1MPa 时，$Q_N$ = 150L/min，由图 22-5-40 查得：变化范围83%~72%，变化量为 11%。

2）$p_p$ = 10MPa，仍选用 $p_v$ = 1MPa 时 $Q_N$ = 150L/min，由图 22-5-41 查得：变化范围 72%~68%，变化量 4%，转换时间短，但变化最大仅 72%，分辨率不够理想。

3）$p_p$ = 10MPa，改选 $p_v$ = 1MPa 时，$Q_N$ = 100L/min，由图 22-5-42 查得：变化范围 87%~83%，变化量 4%，最大达 87%，可以。

这里考虑的主要是 3 个问题：分辨率，阀芯位置转换时间，阀口压差。



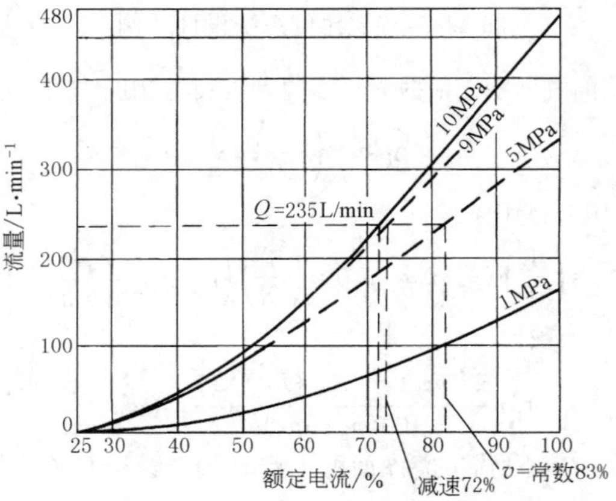


图 22-5-40　比例节流阀选用图一

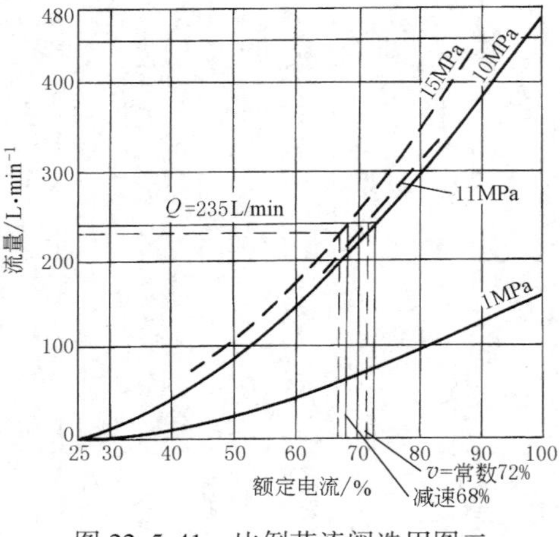


图 22-5-41　比例节流阀选用图二

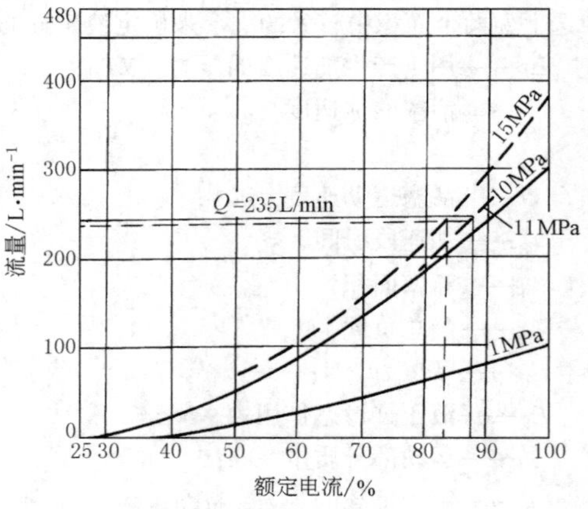


图 22-5-42　比例节流阀选用图三

# 参 考 文 献


[1] BOSCH. 电液比例控制阀（NG6、10）.

[2] BOSCH. 比例伺服阀（13）.

[3] BOSCH. 电液比例技术与电液闭环比例技术的理论与应用. 1997.

[4] REXROTH. Stetigventile，Regelungssysteme，ElektroniKomponenten RD00155—1. 1998.

[5] REXROTH. Proportional-Regel-und Servoventile，Elektronik-Komponenten und-System RD29003/04. 93.

[6] 吴根茂等编著. 实用电液比例技术. 杭州：浙江大学出版社，1993.

[7] 路甬祥，胡大汞编著. 电液比例控制技术. 北京：机械工业出版社，1988.

[8] BOSCH. 径向柱塞泵（6）. 198776/0228. AKY002/2.

[9] VICKERS. 液压暨电子技术/工业技术用元件及系统. CH-001-11/94.

[10] REXROTH. 液压传动教程. 第二册. 比例与伺服技术. RC00303. 10. 87.

[11] REXROTH. 通用比例阀及放大器. RC00150. 2000.

[12] 国家电液控制工程技术研究中心编. 液压技术与电液比例技术图文集. 2001.

[13] BOSCH. 先导式比例阀. NG10…NG50（13）. 2000.

[14] WAVE. PSL 和 PSV 型负载敏感式比例多路换向阀. D7700-3. 1998.

[15] REXROTH. 液压泵. RC10002/06. 95.

[16] REXROTH. Proportional-und Servoventil-Technik（Der Hydraulic Trainer Band 2）RD00291/12. 89.

[17] 浙江大学流体传动与控制国家重点实验室. 电液比例多路阀资料汇编. 1995.

[18] ATOS. Proportional Electrohydraulic Controls. KF96-0/E.

[19] VICKERS. 工业用液压技术手册. 第 3 版. 1996.

[20] PARKER. Mobile Hydraulic Products.

[21] 许益民. 电液比例控制系统分析与设计. 北京：机械工业出版社，2005.

[22] Bosch Rexroth. Industrial Hydraulic Components，Vol. Ⅱ，Servo and Proportional Valves and Accessories，Electronic Components. 博世力士乐（中国）有限公司，2004.

# 第6章 伺服阀、比例阀及伺服缸主要产品简介

## 1 电液伺服阀主要产品

### 1.1 国内电液伺服阀主要产品

#### 1.1.1 双喷嘴挡板力反馈式电液伺服阀

表 22-6-1 FF101、FF102、FF106、FF106A 型技术性能

| 型号 | | FF101 | FF102 | FF106-63<br>FF106-103 | FF106A-218<br>FF106A-234<br>FF106A-100 |
|---|---|---|---|---|---|
| 液压特性 | 额定流量 $Q_n$/L·min$^{-1}$ | 1,1.5,2,4,6,8 | 2,5,10,15,20,30 | 63 | 100 |
| | 额定供油压力 $p_s$/MPa | 21 | | | |
| | 供油压力范围/MPa | 2~28 | | | |
| 电气特性 | 额定电流 $I_n$/mA | 10,40 | | 15 | 40 |
| | 线圈电阻/Ω | 50,700 | | 200 | 80 |
| | 颤振电流/% | 10~20 | | | |
| | 颤振频率/Hz | 100~400 | | | |
| 静态特性 | 滞环/% | ≤4 | | | |
| | 压力增益/%$p_s$,1%$I_n$ | >30 | | | |
| | 分辨率/% | ≤1 | | ≤0.5 | |
| | 非线性度/% | ≤±7.5 | | | |
| | 不对称度/% | ≤±10 | | | |
| | 零位重叠/% | -2.5~2.5 | | | |
| | 零位流量/L·min$^{-1}$ | ≤0.25+5%$Q_n$<br>≤0.5+4%$Q_n$ | | ≤1+3%$Q_n$ | ≤3 |
| | 零偏/% | ≤±3 | | | |
| | 压力零漂①/% | ≤±2 | | | |
| | 温度零漂②/% | ≤±4(-30~150℃) | | ≤±4(每变化56℃) | |
| 频率特性 | 幅频宽/Hz | >100 | | >50 | >45 |
| | 相频率/Hz | >100 | | >50 | >45 |
| 其他 | 工作介质 | YH-10 | | YH-12 | |
| | 工作温度/℃ | -55~150 | | ~100 | -30~100 |
| | 质量/kg | 0.19 | 0.4 | 1 | 1.2/1.43 |

型号意义

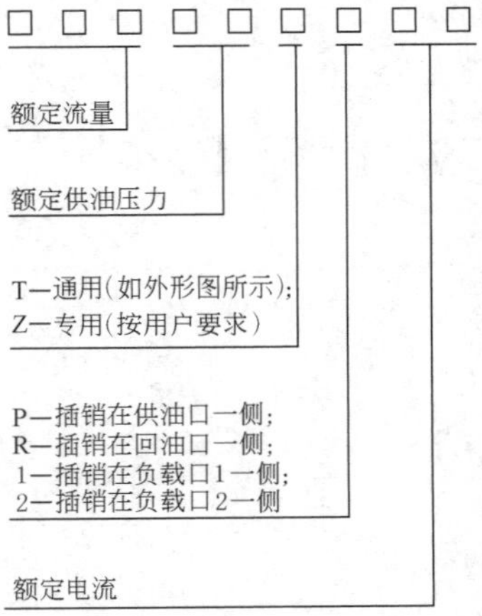


①供油压力变化为 (80~110)%$p_s$。

②FF106A-100 的温漂在 (-30~+150℃) 内小于等于±4%。

注：生产厂为航空工业第六〇九研究所（南京）。这几种阀主要用于航空、航天及环境恶劣、可靠性要求高的民用系统。

表 22-6-2　　　　FF113、FF130、FF131、DYSF、YFW 型技术性能

| 型号 | | FF113 | FF130 | FF131 | DYSF-3Q | DYSF-2Q-I | DYSF-4Q-250 | YFW06 | YFW10 | YFW08 |
|---|---|---|---|---|---|---|---|---|---|---|
| 液压特性 | 额定流量 $Q_n$ /L·min$^{-1}$ | 95,150 230① | 40,50 60 | 6.5,165,325 50,65,100 | 40,60,80 | 230 | 144 | 33,44,66,88,100 | 160,250,400 | 18,35,70,105 |
| | 额定供油压力 $p_s$/MPa | 21 | | | | | | | | |
| | 供油压力范围 $p$/MPa | 2~28 | | 1.4~28 | | | | 1~21 | | |
| 电气特性 | 额定电流 $I_n$/mA | 15,40 | 40 | 15,40 | 40 | | | 8,10,15,20,30,40,50 | | 100 |
| | 线圈电阻/Ω | 80,200 | | 200,80 | 80 | | 100 | 1500,1100,500,250,130,70,40 | | 27 |
| | 颤振电流/%$I_n$ | 10~20 | | | <10 | | | | | |
| | 颤振频率/Hz | 100~400 | | | 300~400 | | | | | |
| 静态特性 | 滞环/% | ≤3 | | | ≤3 | ≤4 | | ≤4 | | |
| | 压力增益/%$p_s$,1%$I_n$ | >30 | | | 30~80 | >30 | | >30 | | |
| | 分辨率/% | <1.0 | | | <0.5 | <1.0 | <1.5 | <0.5 | <1.5 | |
| | 非线性度/% | ≤±7.5 | | | | | | | | |
| | 不对称度/% | ≤±10 | | | | | | | | |
| | 重叠/% | ±2.5 | | | | | | ±1.5 | | |
| | 零位静耗流量/L·min$^{-1}$ | ≤2%$Q_n$ | | 0.7~3.0① | <2.5 | <5 | <8 | ≤3 | ≤10 | ≤4 |
| | 零偏/% | 可外调 | ≤3 | 可外调 | ≤±2 | ≤±3 | | 可外调 | | |
| | 压力零漂/% | ≤±2 | | | <±3 | <±4 | | <±2 | | |
| | 温度零漂/% | ≤±4 | ≤±5 | ≤±4 | <±3 | <±4 | | | | |
| 频率特性 | 幅频宽(-3dB)/Hz | ≥20 | ≥110 | ≥90~100 | >60 | >40 | >40 | >60 | >30 | >13 |
| | 相频率(-90°)/Hz | ≥20 | ≥110 | ≥90~100 | >60 | >40 | >40 | >60 | >30 | >15 |
| 其他 | 工作介质 | YH-10,YH-12 | | | YH-10,N32 液压油 | | | YH-10,YH-12 或其他矿物油 | | |
| | 工作温度/℃ | -30~100 | | | 0~60 | | | -10~80 | -35~100 | |
| | 质量/kg | | | | 1 | | | 1.3 | 4 | |

① 在供油压力为 7.0MPa 下测定。

注：生产厂家为 FF113—航空工业第六〇九研究所；DYSF—中国航空精密机械研究所（北京丰台）；YFW—陕西汉中秦峰机械厂。

表 22-6-3　　　　QDY 型和 SFL21 型双喷嘴挡板力反馈式伺服阀技术性能

| 型号 | | QDY6 | QDY10 | QDY11B | QDY12 | QDY14 | QDY15 | SFL214 | SFL213 | SFL218 | SFL212 |
|---|---|---|---|---|---|---|---|---|---|---|---|
| 液压性能 | 额定流量 $Q$/L·min$^{-1}$ | 4,10,20,40,60 | 100,125,150 | 200,250 | 4,10,20,40 | | 4,10,20,60 | 100,120,150 | 60,80,100 | 104 | 30,50 |
| | 额定供油压力 $p_s$/MPa | 31.5 | 25 | 16 | 21 | | | 21 | | | |
| | 供油压力范围 /MPa | 1.5~31.5 | 1.5~28 | 1.5~21 | 1.5~25 | | | 0.8~31.5 | | | |

续表

| | 型号 | QDY6 | QDY10 | QDY11B | QDY12 | QDY14 | QDY15 | SFL214 | SFL213 | SFL218 | SFL212 |
|---|---|---|---|---|---|---|---|---|---|---|---|
| 电气特性 | 额定电流 $I_n$/mA | 15,30,40,80 | 40,80 | 15,40 | 30,40 | | | 10,40 | | | |
| | 线圈电阻/Ω | 650,220,80,22 | 80,22 | 650,80 | 220,80 | | | 800,80 | | | |
| | 颤振电流 $I_n$/% | 10 | | | | | | | | | |
| | 颤振频率/Hz | 200~400 | | | | | | | | | |
| 静态特性 | 滞环/% | ≤3 | | ≤4 | ≤3 | | | ≤3 | ≤4 | | ≤3 |
| | 压力增益①/%$p_s$/%$I_n$ | >30 | | >25 | >30 | | | ≥15.7 | | | ≥12 |
| | 分辨率/% | ≤0.5 | | ≤1 | ≤0.5 | | | ≤0.5 | | | |
| | 非线性度/% | ≤±8 | ≤±10 | | ≤±8 | | ≤±10 | ≤±10 | ≤±7.5 | | ±5 |
| | 不对称度/% | ≤±10 | | | | | | | ≤±7.5 | | ≤±5 |
| | 重叠/% | ≤±5 | | | | | | | | | ≤±2.5 |
| | 零位流量/L·$min^{-1}$ | ≤1.3 | ≤2.5 | ≤3.2 | ≤1.2 | ≤1.3 | ≤1.5 | ≤3 | ≤2 | ≤1.1 | ≤1 |
| | 零偏/% | ≤±3 | | | | | | ≤±3 | ≤±2 | | ≤±7 |
| | 压力零漂/% | ≤±2 | ≤±3 | ≤±3 | ≤±2 | | | ≤±2 | | | |
| | 温度零漂/%② | ≤±4 | | | | | | ≤±5 | ≤±2 | | ≤±4 |
| 频率特性 | 幅频宽(-3db)/Hz | >60~100 | >35~50 | >20 | >120 | >60~100 | >50 | >50 | >80 | >60~100 | >100 |
| | 相频宽/Hz | >60~100 | >30~50 | >25 | >145 | 60~100 | >60 | >40 | >60 | >60 | >65 |
| 其他 | 工作介质 | YH10,YH12 或其他石油基液压油 | | | | | | | | | |
| | 工作温度/℃ | -40~100 | | | | | | -15~100 | | -15~135 | -15~100 |
| | 质量/kg | 1.2 | 4.75 | 6.5 | 1.4 | 0.9 | 0.8 | 2 | 1 | 1 | 0.8 |

① SF 型伺服阀的压力增益单位为 MPa/Ma。

② QDY 型温度零漂在-30~150℃范围内测量；SF 型温度零漂在整个工作范围内测量。

注：生产厂家为 QDY 型伺服阀—北京机床所精密机电有限公司；SFL 型伺服阀—航天一院 18 所。

型号意义：

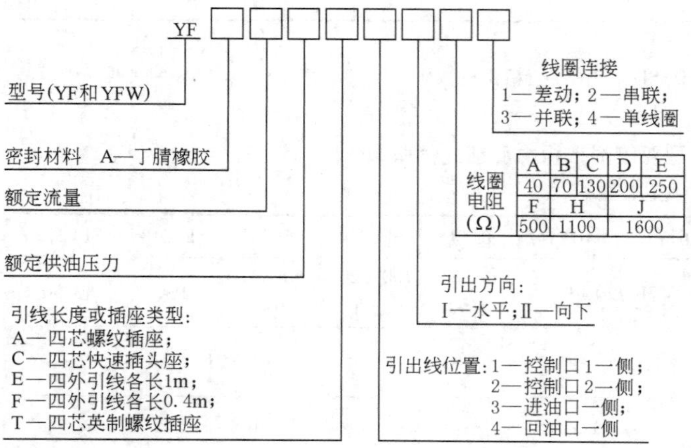


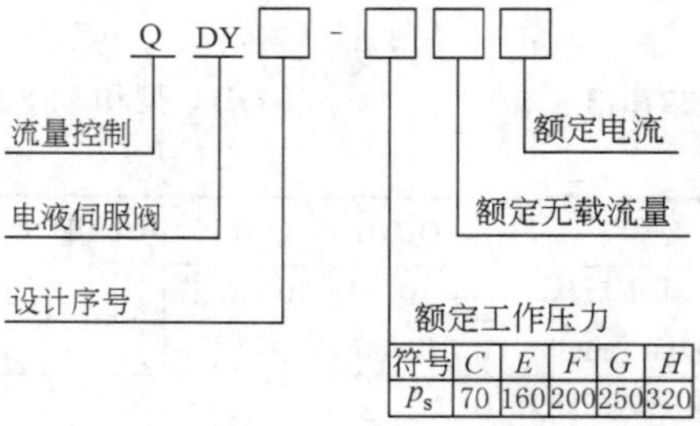

## 1.1.2 双喷嘴挡板电反馈式三级电液伺服阀

**表 22-6-4** 技术性能

| | 型号 | FF109P | FF109G | QDY3 | QDY8 | QDY18 | DYSF-3G-Ⅰ | DYSF-3G-Ⅱ | SFL311 |
|---|---|---|---|---|---|---|---|---|---|
| 液压特性 | 额定流量 $Q_n$/L·min$^{-1}$ | 150,200,300 | 400 | 400,500 | 10,30 | 800,1000 | 200 | 400 | 125,250,300,500 |
| | 额定供油 $p_s$ 压力/MPa | 21 | | 21 | 14 | | 21 | | 21 |
| | 供油压力范围/MPa | 2~21 | | 2~21 | 2~14 | | 2~21 | | 0.8~35 |
| 电气特性 | 额定电流 $I_n$/mA | 10 | | ±10Ma;±10V | | | 60 | | 10,40 |
| | 线圈电阻/Ω | 160 | | | | | 80 | | 800,80 |
| | 颤振电流/% | 10~20 | | | | | <10 | | |
| | 颤振频率/Hz | 100~400 | | | | | 300~400 | | |
| 静态特性 | 滞环/% | ≤1 | | ≤4 | ≤3 | ≤4 | <3 | | |
| | 压力增益/% | 6~50 | | >30 | | | >40 | >30 | |
| | 分辨率/% | ≤1 | | ≤1 | ≤0.5 | ≤1 | <0.5 | <1 | |
| | 非线性度/% | ≤±7.5 | | ≤±10 | ≤±10 | ≤±12 | ≤±7.5 | | |
| | 重叠/% | -2.5~+2.5 | | 按要求 | | | | | |
| | 零位流量/L·min$^{-1}$ | ≤13 | ≤20 | ≤4 | ≤1.1 | ≤8 | <8 | | <4 |
| | 零偏/% | ≤±2 | | ≤±3 | | | ≤±2 | | |
| | 压力零漂/% | ≤±2 | | ≤±3 | ≤±2 | | <±3 | <±5 | |
| | 温度零漂/% | ≤±2.5 | | ≤±4 | | | <±3 | <±5 | |
| 频率特性 | 幅频宽/Hz | >70 | >150 | ≥30 | ≥200 | ≥10 | >100 | >70 | 30~100 |
| | 相频宽/Hz | >70 | >100 | ≥35 | ≥200 | ≥12 | >100 | >80 | |
| 其他 | 工作介质 | YH10,YH12 | | 石油基液液压油或按需 | | | YH10,N32 液压油 | | 矿物油 |
| | 工作温度/℃ | -20~80 | | -30~150 | | | 0~60 | | -55~125 |
| | 质量/kg | 7.8 | | 9.8 | 1.4 | 13.6 | | 18 | |

注：生产厂家为 FF 阀—航空工业总公司 609 所；QDY 阀—北京机床研究所；SFL 阀—航天一院 18 所。其额定流量和静耗流量是在 $p_s$=7MPa 时测定。

型号意义：

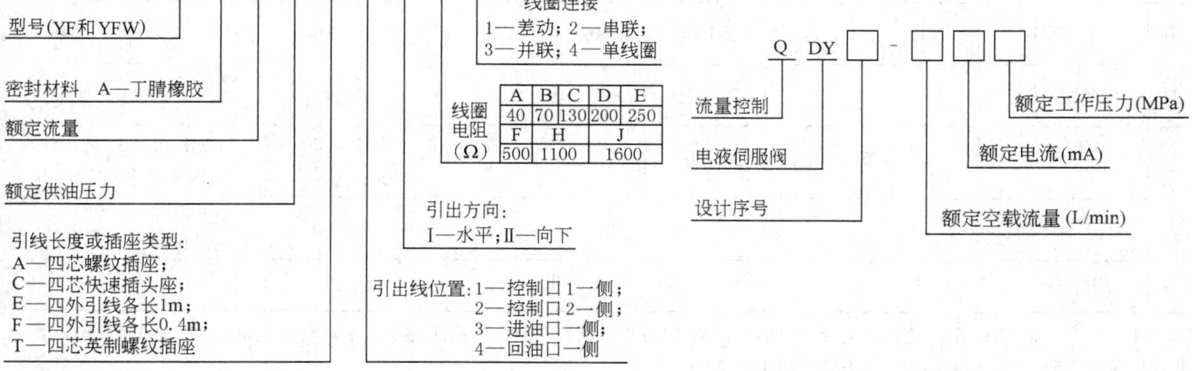

## 1.1.3 动圈式滑阀直接反馈式（YJ、SV、QDY4 型）、滑阀直接位置反馈式（DQSF-Ⅰ型）电液伺服阀

表 22-6-5　　　　技术性能

| 型号 | | YJ741 | YJ742 | YJ752 | YJ761 | YJ861 | SV8 | SV10 | QDY4 | DQSF-Ⅰ |
|---|---|---|---|---|---|---|---|---|---|---|
| 液压特性 | 额定流量 $Q_n$ /L·min$^{-1}$ | 63,100,160 | 200,250,320 | 10,20,30,40,60,80,100 | 10,16,25,40 | 400,500,600 | 6.3,10,16,25,31.5,40,63,80 | 100,125,160,200,250 | 80,100,125,250 | 100 |
| | 额定供油压力 $p_s$/MPa | 6.3 | | | | | 31.5 | 20 | 21 | 21 |
| | 供油压力范围 /MPa | 3.2~6.3 | | | | 4.5~6.3 | 2.5~31.5 | 2.5~20 | 1.5~21 | 1~28 |
| 电气特性 | 额定电流 $I_n$/mA | 100 | 150 | 300 | | | 300 | | 10,15,30,40,80,120,200 | 300 |
| | 线圈电阻/Ω | 80 | | 40 | | | 30 | | 1000,650,220,80,22,10,4 | 59 |
| | 颤振电流/% | 10~25 | | 10~25 | | | ≤10 | | | |
| | 颤振频率/Hz | 50 | | 50 | | | 50~200 | | | 300~400 |
| 静态特性 | 滞环/% | <5 | | <3 | | <5 | <3 | | <3 | <5 |
| | 压力增益/% $p_s$,1%$I_n$ | | | | | | | | 30~95 | >30 |
| | 分辨率/% | <1 | | <1 | | | <0.5 | | <0.5 | <1 |
| | 非线性度/% | | | | | | | | | <±7.5 |
| | 不对称度/% | <±10 | | <±10 | | | | | <±10 | <±10 |
| | 重叠/% | | | | | | | | 按用户要求 | |
| | 零位流量 /L·min$^{-1}$ | 1%$Q_n$ | | 5%$Q_n$ | | 1%$Q_n$ | <3 | <5 | <4 | <6 |
| | 零偏/% | | | | | | <±3 | | | <±3 |
| | 压力零漂/% | ≤±2 | | | | | <±2 | | <±2 | <±3 |
| | 温度零漂/% | ≤±2 | | | | | <±2 | | <±3 | <±3 |
| 频率特性 | 幅频宽/Hz | >15 | >10 | >16 | >50 | >7 | >100 | | | >70 |
| | 相频率/Hz | | | | | | >80 | | | >70 |
| 其他 | 工作介质 | 液压油,乳化液,机械油 | | | | | 矿物油(20~40mm$^2$·s$^{-1}$) | | YH-10,N32 液压油 23 号透平油 YH-10 | |
| | 工作温度/℃ | | | | | | 10~60 | | −40~+100 | 0~60 |
| | 质量/kg | 15 | 25 | 18 | 4 | 30 | | | | |

注：生产厂家为 YJ 型—北京冶金液压机械厂；SV 型—北京机械工业自动化研究所、上海科星电液控制设备厂；QDY 型—北京机床研究所；DQSF 型—中国航空精密机械研究所。

型号意义（YJ 阀）：

YJ □□□ - □ □ □

型号系列

额定流量 $Q_n$

额定电流 $I_n$

冶金75、76型阀口型式：
S—伺服型
用途
L—电炉用；S—伺服用；
F—分流用；T—同步用

SV □ □ □ □ □

电液伺服阀

设计序号

工作压力(MPa)
A—2.5,C—6.3
F—20，H—31.5

额定流量(7MPa阀压降下)(L/min)
6.3,10,16,25,31.5,40,63,100,125,160,200,250

开口形式
无标记—线性；N—非线性；
D—差动;C—重叠

R—主阀带监测器
无监测器时不标记

### 1.1.4 滑阀力综合式压力伺服阀（FF119）、P-Q 型伺服阀（FF118）、双喷嘴-挡板喷嘴压力反馈式压力阀（DYSF-3P）、射流管力反馈式伺服阀（CSDY 系列、三线圈电余度 DSDY、抗污染 CSDK）

表 22-6-6 技术性能

| 型号 | | FF119 | FF118 | DYSF-3P | CSDY1 | CSDY2 | CSDY3 | CSDY4 | CSDY① | CSDK① |
|---|---|---|---|---|---|---|---|---|---|---|
| 液压特性 | 额定流量 $Q_n$/L·min$^{-1}$ | 2-30 | 30,50,63,100 | 80 | 2,4,8,10,15,30 | 40,50,60 | 60,80,100 | 120,140,160,180,200 | 2-200 | 2-200 |
| | 额定供油压力 $p_s$/MPa | 21 | | | | | | | 21 | |
| | 供油压力范围/MPa | 2~28 | | | 0.5~31.5 | | | | 0.5~31.5 | |
| 电气特性 | 额定电流 I/mA | 15,40 | | 4 | 8 | | | | ±8×3 | 8 |
| | 线圈电阻/Ω | 200,80 | | 80 | 1000±100 | | | | 1000 | |
| | 颤振电流/mA | | | | 不需要颤振信号 | | | | | |
| | 颤振频率/Hz | | | 300~400 | | | | | | |
| 静态特性 | 滞环/% | ≤5 | | ≤3 | ≤4 | | | | <4 | |
| | 压力增益/%$p_s$,1%$I_n$ | | | | >30 | | | | | |
| | 分辨率/% | ≤2 | | ≤2 | ≤0.25 | | | | ≤0.25 | |
| | 非线性度/% | ≤±7.5 | ≤±5 | ≤±7.5 | ≤±7.5 | | | | ≤±7.5 | |
| | 不对称度/% | ≤±10 | | | | | | | ≤±10 | |
| | 重叠/% | | | | ±2.5 | | | | | |
| | 零位静耗流量/L·min$^{-1}$ | ≤5.5 | ≤1.5+4%$Q_n$ | ≤15 | | | | | | |
| | 零偏/% | ≤±3 | | <±2 | <±2 | | | | | |
| | 压力零漂/% | ≤±4 | | <±3 | <±2 | | | | ≤2 | |
| | 温度零漂/% | ≤±4%每变 56℃ | | <±2 | <±2 | | | | ≤2 | |
| 频率特性 | 幅频宽/Hz | >50 | >50 流量动态 >100 压力动态 | >90 | ≥70 | ≥60 | ≥40 | ≥35 | ≥37 | |
| | 相频宽/Hz | >50 | >50 流量动态 >100 压力动态 | >90 | ≥90 | ≥80 | ≥50 | ≥25 | ≥38 | |

续表

| 型　号 | | FF119 | FF118 | DYSF-3P | CSDY1 | CSDY2 | CSDY3 | CSDY4 | CSDY① | CSDY② |
|---|---|---|---|---|---|---|---|---|---|---|
| 其他 | 工作介质 | YH10,YH12及其他石油基液压油 | | YH10 | 航空液压油或合成液压油 | | | | 航空液压油或其他合成液压油 | |
| | 工作温度/℃ | -30~100 | | 10~45 | -40~85 | | | | -30~90 | |
| | 质量/kg | 1.2 | 1.2 | | <0.4 | <0.45 | <1.2 | <1.2 | | |

① DSDY和CSDK系列特性指标和外形尺寸参见同规格CSDY型电液伺服阀。

注：生产厂家为FF119、FF118—航空工业六零九所（南京）；CSDY、DSDY、CSDK系列—中船重工第704研究所；DYSF-3P—中国航空工业精密机械研究所。

## 1.1.5 动圈式伺服阀（SV9、SVA9）

表 22-6-7

| 型　号 | SV9 | | | SVA9 | | | 结构示意图 |
|---|---|---|---|---|---|---|---|
| 工作压力/MPa | 2.5　4　6.3 | | | | | | 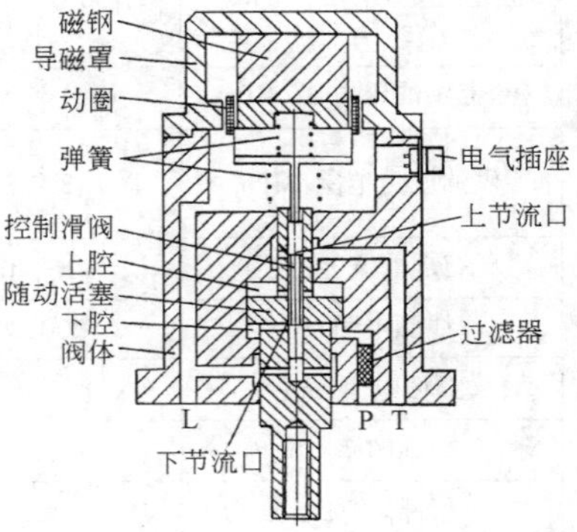 |
| 负载能力/N | ≈1500　≈2400　≈3800 | | | | | | |
| 零耗流量/L·min$^{-1}$ | <1 | <2 | <3 | <1 | <2 | <3 | |
| 工作行程/mm | ±6 | | | | | | |
| 额定电流/mA | ±150 | | | 6150 | 6250 | 6100 | |
| 线圈电阻/Ω | 60(20℃) | | | 10(20℃) | | | |
| 颤振电流/mA | 0~150 | | | 0~1000 | | | |
| 颤振频率/Hz | 50~200(正弦波) | | | | | | |
| 死区/% | ≤2.5 | | | ≤1 | | | |
| 非线性/% | ≤5 | | | | | | |
| 压力漂移/% | ≤2 | | | ≤1 | | | |
| 负载漂移/mm·N$^{-1}$ | ≤0.0005 | | | | | | |
| 频宽(-3dB)/Hz | ≥8 | | | ≥10 | | ≥17 | |
| 要求油液清洁度 | ≤NAS10级 | | | ≤NAS12级 | | | |
| 生产厂 | 北京机械工业自动化研究所 | | | | | | |

## 1.1.6 动圈式伺服阀（SVA8、SVA10）

表 22-6-8

结构及型号意义

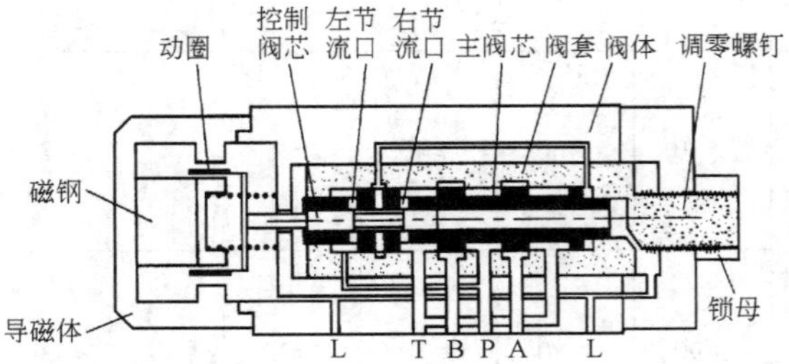


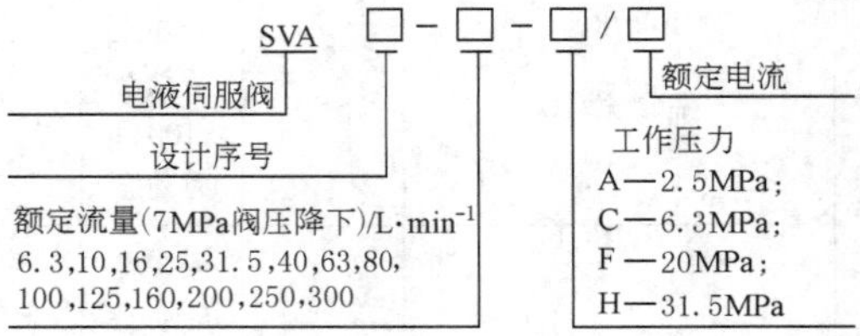

续表

| | 规格<br>性能 | SVA8-□-□/□ | | | | | | | | SVA10-□-□/□ | | | | | |
|---|---|---|---|---|---|---|---|---|---|---|---|---|---|---|---|
| 技术性能 | 额定流量 $Q_n$/L·min$^{-1}$ | 6.3 | 10 | 16 | 25 | 31.5 | 40 | 63 | 80 | 100 | 125 | 160 | 200 | 250 | 300 |
| | 工作压力 $p_s$/MPa | 1~31.5 | | | | | | | | 1~20 | | | | | |
| | 最大回油背压/MPa | ≤5 | | | | | | | | | | | | | |
| | 额定电流 $I_n$/mA | 300,1000 | | | | | | | | | | | | | |
| | 线圈电阻/Ω | 30,5 | | | | | | | | | | | | | |
| | 零耗流量/L·min$^{-1}$ | <0.5+5%$Q_n$ | | | | | | | | <0.5+5%$Q_n$ | | | | | |
| | 滞环/% | <0.5 | | | | | | | | | | | | | |
| | 线性度/% | <7.5 | | | | | | | | | | | | | |
| | 对称度/% | <10 | | | | | | | | | | | | | |
| | 分辨率/% | <0.5 | | | | | | | | | | | | | |
| | 零偏/% | <3 | | | | | | | | | | | | | |
| | 压力零漂/% | <2($p_s$ 变化±15%时) | | | | | | | | | | | | | |
| | 温度零漂/% | 油温每变40℃时<2 | | | | | | | | | | | | | |
| | 压力增益/%$p_s$,1%$I_n$ | >40 | | | | | | | | | | | | | |
| | 频宽(-3dB)/Hz | >100 | | | | | | | | >50 | | | | | |
| | 工作液体 | 矿物油(黏度20~40mm$^2$/s) | | | | | | | | | | | | | |
| | 工作油温/℃ | 20~60 | | | | | | | | | | | | | |
| | 要求系统清洁度 | ≤10μm | | | | | | | | | | | | | |
| | 质量/kg | 4.2 | | | | | | | | 14.2 | | | | | |
| | 配套放大器 | YCF-6 | | | | | | | | | | | | | |
| | 生产厂 | 北京机械工业自动化研究所 | | | | | | | | | | | | | |

特性曲线

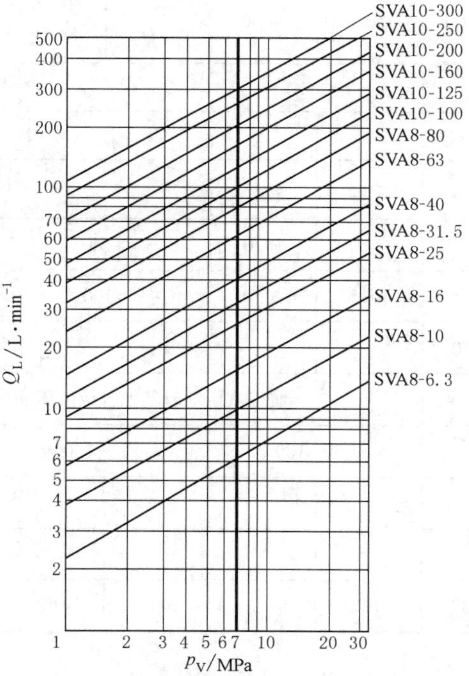


阀口压降与输出流量曲线

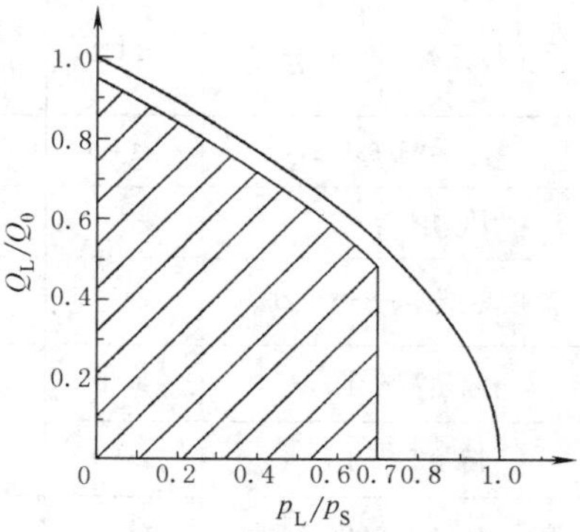


负载流量曲线

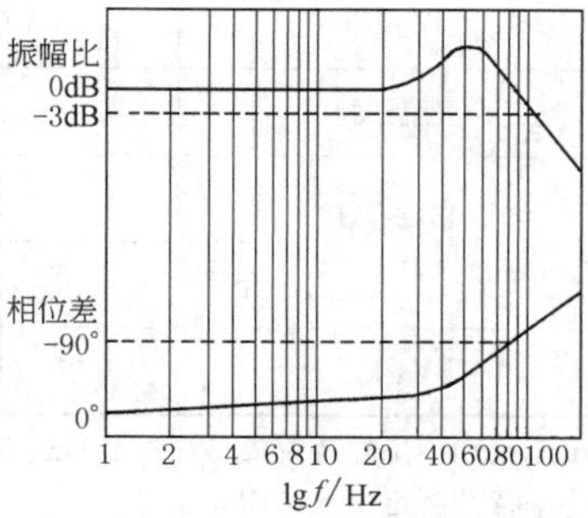


频率特性曲线

### 1.1.7 直动式电液伺服阀（DDV 阀）（FF133、QDYD-1-40、QDYD-1-100）、射流管式伺服阀（FF129、FF134）、双喷嘴挡板力反馈伺服阀 YF

表 22-6-9　　技术性能

| 型号 | | | FF133 | QDYD-1-4 | QDYD-1-100 | FF129 | FF134 | YF7 | YF12 | YF13 |
|---|---|---|---|---|---|---|---|---|---|---|
| 液压特性 | 额定流量 $Q_n$①/L·min$^{-1}$ | | 5,10,20,40 | 5,10,20,40 | 60,100 | 51 | 40 | 1.5,2,5,4,6,8,10 | 1,2,4,6 | 50,70,90,115 |
| | 额定供油压力 $p_s$/MPa | | 21 | | | 21 | | 21 | | |
| | 供油压力范围/MPa | | 2~28 | | | 2~28 | | 1~21 | | |
| 电气特性 | 线圈电阻/Ω | | | | | 300 | 40 | 1500,1100,500,250,150,70,40 | | |
| | 内电路供电电压/V(DC) | | 24 | | | | | | | |
| | 阀芯位移测量信号/mA | | | 4-20 | | | | | | |
| 静态特性 | 滞环/% | | ≤0.5 | | | ≤4 | | ≤4 | | |
| | 压力增益/% | | ≥30 | 按需 | | | | | | |
| | 分辨率/% | | ≤0.2 | <0.1 | | | | ≤1 | | ≤0.5 |
| | 非线性度/% | | ≤±7.5 | | | ≤±7 | | ±75 | | |
| | 不对称度/% | | | | | ≤±10 | | ≤±10 | | |
| | 重叠/% | | ±2.5 | 按需 | | | | ±2.5 | | |
| | 零位静耗流量/L·min$^{-1}$ | | ≤1.2 | 0.15,0.3,0.6,1.2 | 1.2,2.0 | ≤1.1 | ≤1.0 | 0.4+5%$Q_n$ | 0.3+5%$Q_n$ | ≤4 |
| | 零偏/% | | ≤±2 | | | ≤±3 | | ≤±3 | | |
| | 压力零漂/% | | | <±1.5 | | | | ≤±2 | | |
| | 温度零漂(每55℃)/% | | <1.5 | <1.5 | | ≤±5 | ≤±3 | | | |
| 动态特性 | 幅频宽②/Hz | | ≥50 | | | | ≥20 | >100 | | >50 |
| | 相频宽②/Hz | | ≥50 | | | ≥15 | ≥40 | >100 | | >70 |
| | 阶跃响应(0~100%)/ms | | | ≤1.2 | ≤2.0 | | | | | |
| 其他 | 工作介质 | | 石油基液压油 | | | 航空液压油或其他合成液压油 | | | | |
| | 工作液温度/℃ | | -20~80 | | | -30~100 | | -55~150 | | -30~100 |
| | 油液黏度/mm$^2$·s$^{-1}$ | 推荐 | | 15~45 | | | | | | |
| | | 允许 | | 5~400 | | | | | | |
| | 质量/kg | | 2.75 | 2.5 | 6.3 | 1.2 | 1.2 | 0.4 | 0.2 | 1.1 |

① 定流量和零位静耗流量是在每节流边 3.5MPa 下测定的。

② 频率特性测定 $p_s$=14MPa。

注：生产厂家为 FF 阀—航空工业总公司 609 所，QDYD 阀—北京机床研究所。

# 1.2 国外主要电液伺服阀产品

## 1.2.1 双喷嘴力反馈式电液伺服阀（MOOG）

表 22-6-10 技术性能

| 型号 | | MOOG 30 | MOOG 31 | MOOG 32 | MOOG 34 | MOOG 35 | MOOG 72 | MOOG 78 | MOOG G631 | MOOG 760 | MOOG G761 |
|---|---|---|---|---|---|---|---|---|---|---|---|
| 液压特性 | 额定流量 $Q_n$① /L·min$^{-1}$ | 1.2~12 | 6.7~26 | 27~54 | 49~73 | 73~170 | 96,159,230 | 76,114,151 | 5,10,20,40,60,75 | 3.8,9.5,19,57 | 4,10,19,38,63 |
| 液压特性 | 额定供油压力 $p_s$/MPa | 21 | | | | | 21 | | | | |
| 液压特性 | 供油压力范围/MPa | 1~28 | | | | | 1~28 | 1.4~21 | 1.4~31.5 | 1.4~21 铝<br>1.4~31.5 | 1.4~31.5 |
| 电气特性 | 额定电流 $I_n$/mA | 8,10,15,20,30,40,50 | | | | | 40,15,8 | 8,15,40,200 | 100,30 | 200,40,15,8 | 8,15,20,200 |
| 电气特性 | 线圈电阻/Ω | 1500,1000,500,200,130,80,40 | | | | | 80,200,1000 | 1000,200,100 | 28,300 | 80,200,1000 | 80 |
| 电气特性 | 颤振电流/%$I_n$ | 20 | | | | | | | | | |
| 电气特性 | 颤振频率/Hz | 100~400> | | | | | | | | | |
| 静态特性 | 滞环/% | <3 | | | | | <4 | <3 | <3 | | |
| 静态特性 | 压力增益/%$p_s$,%$I_n$ | >30 | | | | | 按要求 | | | | |
| 静态特性 | 分辨率/% | <0.5 | | | | | <1.5 | <0.5 | <1 | <0.5 | |
| 静态特性 | 非线性度/% | <±7 | | | | | <±7 | | | | |
| 静态特性 | 不对称度/% | <±5 | | | | | <±10 | | | | |
| 静态特性 | 重叠量/% | -2.5~2.5 | | | | | -2.5~2.5 | | | | |
| 静态特性 | 零位静耗流量 /L·min$^{-1}$ | <0.35+4%$Q_n$ | <0.45+4%$Q_n$ | <0.5+3%$Q_n$ | <0.6+3%$Q_n$ | <0.75+3%$Q_n$ | <2.0+4.9② | <2.5+3.5② | <2.0~3.6 | <1.5~2.3 | <1.2~2.4 |
| 静态特性 | 零偏/% | <2 | | | | | 可外调 | | | | |
| 静态特性 | 供油压力零漂/% | <±4[供油压力为(60~100)%$p_s$] | | | | | <±2(供油压力每变化 7MPa) | | | | |
| 静态特性 | 温度零漂/% | <±2(温度每变化 56℃) | | | | | <±4 | <±2(温度每变化 38℃) | | | |
| 动态特性 | 频率响应③ 幅频宽(-3dB)/Hz | >200 | | >160 | >110 | >60 | >50 | >15 | >35 | >50 | >70 |
| 动态特性 | 频率响应③ 相频率(-90°)/Hz | >200 | | >160 | >110 | >80 | >70 | >40 | >70 | >110 | >130 |
| 动态特性 | 阶跃响应 0~90%/ms | | | | | | <25 | <35 | <11 | <16 标准<br><13 高响应 | <6 |
| 其他 | 工作介质 | MIL-H-5606,MIL-H-6083 | | | | | 石油基液压油(38℃时黏度 10~97mm$^2$·s$^{-1}$)符合 DIN51524 标准 | | | | |
| 其他 | 工作温度/℃ | -40~135 | | | | | -40~135 | | -29~135 | | |
| 其他 | 质量/kg | 0.19 | 0.37 | 0.37 | 0.5 | 0.97 | 3.5 | 2.86 | 2.1 | 1.13 铝<br>1.91 钢 | 1.1 铝<br>1.8 钢 |
| 其他 | 外围尺寸/mm 长 | | | | | | 170 | 146 | 138 | 96 | 94 |
| 其他 | 外围尺寸/mm 宽 | | | | | | 129 | 81 | 80 | 97.3 | 94 |
| 其他 | 外围尺寸/mm 高 | | | | | | 114 | 103 | 119 | 72.4 | 69 |

① MOOG72、MOOG78、MOOGG631、MOOG760、MOOG761 额定流量的阀压降为 7MPa，其他为 21MPa。

② 供油压力为 7MPa，其他静、动态性能供油压力皆为 21MPa。

③ 频率响应指标是由该系列流量最大的产品、输入幅值为±40%$I_n$、供油压力为 21MPa 情况下得到的。随流量减少频宽增加。

型号意义（MOOG 阀）：

□ □ □ □ □ □ □ □ □

- 型号系列
- 额定流量
- 额定供油压力
- 线圈连接形式：P—并联；S—串联；D—差动连接；I—线圈各自独立
- 线圈电阻
- 插针或引线的个数
- 连接形式：PC—螺纹插头座；PT—快速插头座（卡口）；CT—18in 长电缆
- 插座或引线位置：P—在进油口上方；R—在回油口上方；1—在控制口1上方；2—在控制口2上方
- 密封圈材料：BUN—丁腈胶；VIJ—氟塑料；EPR—乙烯丙烯胶

## 1.2.2 双喷嘴挡板力反馈式电液伺服阀（DOWTY、SM4）

表 22-6-11　　技术性能

| 型号 | | DOWTY 30 | DOWTY 31 | DOWTY 32 | DOWTY 4551 4659 | DOWTY 4658 | SM4 -10 | SM4 -20 | SM4 -30 | SM4 -40 |
|---|---|---|---|---|---|---|---|---|---|---|
| 液压特性 | 额定流量 $Q_n$/L·min$^{-1}$ | 7.7 | 27 | 54 | 3.8,9.6,19,38,57 | | 38 | 76 | 113 | 151 |
| | 额定供油压力 $p_s$/MPa | 21 | | | 7 | | 21 | | 14 | 21 |
| | 供油压力范围/MPa | 1.5~28 | | | 1.5~31.5 | 1.5~28 | 1.4~35 | | 1.4~21 | 1.4~35 |
| 电气特性 | 额定电流 $I_n$/mA | 8~80 | | | 10,15,40,60,80,200 | | 200,40,100,15 | | | |
| | 线圈电阻/Ω | 2000~30 | | | 1000,200,350,80,40,22 | | 20,80,30,200 | | | |
| | 颤振电流/% | | | | | | | | | |
| | 颤振频率/Hz | | | | | | | | | |
| 静态特性 | 滞环/% | <3 | | | | | <2 | | | |
| | 压力增益/%$p_s$,1%$I_n$ | >30 | | | 30~80 | | >30 | | | |
| | 分辨率/% | <0.5 | | | | | | | | |
| | 非线性度/% | <±7.5 | | | | | 5~10 | | | |
| | 不对称度/% | <±5 | | | <±10 | | 5 | | | |
| | 重叠/% | -2.5~2.5 | | | | | ±5 | | | |
| | 零位静耗流量/L·min$^{-1}$ | 0.25+5%$Q_n$ | | | <1.6③ | | 0.95 | 1.32 | 2.1 | 3.48 |
| | 零偏/% | <±2 | | | 可外调 | | 可外调 | | | |
| | 压力零漂①/% | <±2 | | | | | <2% | | | |
| | 温度零漂②/% | <±4（工作温度内） | | | <±2 | | <1.5 | | | |
| 动态特性 频率响应 | 幅频宽（-3dB）/Hz | >200 | | >160 | >70 | | | >40 | >25 | 25 |
| | 相频率（-90°）/Hz | >200 | | >160 | >80 | | 90 | 100 | 40 | 60 |
| 其他 | 工作介质 | 石油基液压油 | | | | | 32~48mm$^2$/s 抗磨液压油 | | | |
| | 工作温度/℃ | -54~177 | | | -30~120 | | | | | |
| | 质量/kg | 0.185 | 0.34 | 0.34 | 0.8 | 1.18 | 0.68 | 1.05 | 1.9 | 2.8 |

①表示供油压力变化（80~110）%$p_s$；②表示温度每变化 50℃；③表示供油压力为 14MPa 最大内漏。

注：生产厂　DOWTY 型为英国道蒂公司（Dowty）；SM 型为美国威格士公司（Vickers）中国服务公司（北京）。

型号意义（DOWTY、SM4）：

□ □ □ □ □

- 型号系列
- 电插头或引线形式：1—软引线(600mm)；2—MS型4针插座；3—非标准
- 阀的信号(电流/mA；电阻/Ω)：

| 代号 | 额定电流 | 线圈电阻 | 代号 | 额定电流 | 线圈电阻 | 代号 | 额定电流 | 线圈电阻 |
|---|---|---|---|---|---|---|---|---|
| 1 | 10 | 1000 | 4 | 40 | 80 | 8 | 60 | 40 |
| 2 | 15 | 200 | 5 | 80 | 22 | 9 | 非标准 | — |
| 3 | 15 | 350 | 6 | 200 | 22 | | | |

- 额定流量
- 非标准的设计编码

## 1.2.3 双喷嘴挡板力反馈伺服阀（DY 型、PH76 型）

**表 22-6-12　　DY 型、PH76 型伺服阀技术性能**

| 型号 | | DY01 | DY05 | DY10 | DY12 | DY15 | DY25 | DY45 | DY3H | DY6H | PH76 |
|---|---|---|---|---|---|---|---|---|---|---|---|
| 液压特性 | 额定流量 $Q_n$①/L·min$^{-1}$ | 3,11 | 0.95,1.9,3.8,9.5,19 | 28,38 | 47,57 | 57,75 | 57,75 | 150,190,225 | 11,22 | | 3.8,9.5,19,28,38,57 |
| | 额定供油压力 $p_s$/MPa | 21 | | | | | | | 10.5 | | 21 |
| | 供油压力范围/MPa | 1~35 | | | | | | | 1~10.5 | | 1~21 |
| 电气特性 | 额定电流 $I_n$/mA | 50(标准型) | | | | | | | | | 50 |
| | 线圈电阻/Ω | 200(标准型) | | | | | | | | | 200 |
| 静态特性 | 滞环/% | | | | | | | | | | 2 |
| | 压力增益/% | 30~70 | | | | | | | | | |
| | 分辨率/% | ≤0.5 | | | | | | | | | |
| | 非线性度/% | ≤10 | | | | | | | | | |
| | 零位流量①/L·min$^{-1}$ | 0.42~0.95 | | 0.57~1.1 | | 0.95~1.7 | | | 1.3~1.9 | | 0.2~0.8 |
| | 先导阀流量⑤/L·min$^{-1}$ | | | | | | | | | | 0.8~1.2 |
| | 零偏/% | 零位可调 | | | | | | | | | |
| | 压力零漂②/% | ≤2 | | | | | | | | | |
| | 温度零漂③/% | ≤2 | | | | | | | | | |
| 动态特性④ | 幅频宽④/Hz | >80 | >60 | >50 | | >25 | >18 | | >100 | >55 | |
| | 相频宽④/Hz | >180 | >100 | >100 | | >45 | >35 | >10 | >190 | >150 | >90 |
| | 阶跃响应(10%~90%)/ms | <8 | <11 | <13 | | <13 | <18⑤<br><20⑥ | | | | |
| 其他 | 工作介质 | 矿物油 | | | | | | | | | |
| | 工作温度/℃ | −1~106 | | | | | | | | | −1~82 |
| | 质量/kg | 1.0 | 1.0 | 1.0 | 0.8 | 1.8 | 1.9 | 3.0 | 0.34 | | 1 |

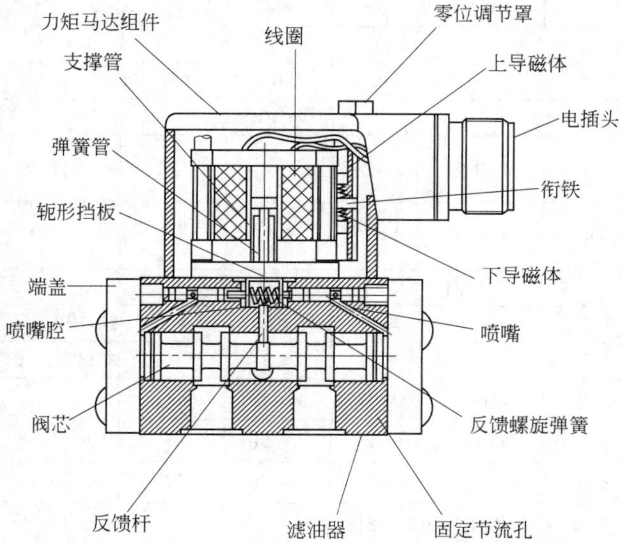


DY 型和 PH76 阀的结构特点：

DY 型和 PH76 伺服阀的工作原理和常规双喷嘴力反馈伺服阀相同,区别在于其反馈杆为硬杆,一端固定在阀芯上,另一端通过一对差动螺旋弹簧将滑阀位移量转换成相应的力,与力矩马达的输出力进行比较,实现滑阀位移力反馈,从而避免了常规力反馈阀由于反馈杆端小球磨损所带来的问题

① $p_s$=7MPa。
② 每 7MPa。
③ 每 55℃。
④ 幅值±40%$I_n$，除 DY3H 和 DY6H $p_s$=7MPa 外，其余 $p_s$=21MPa。
⑤ 75L/min 以下。
⑥ 95L/min 以下。
注：生产厂家为美国 Parker 公司。

### 1.2.4 双喷嘴力反馈伺服阀（SE 型）、双喷嘴电反馈伺服阀（SE2E 型）、射流偏转板力反馈伺服阀（BD 型）

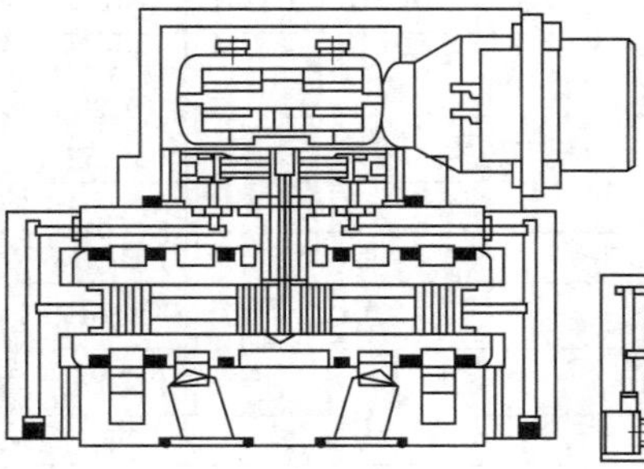

SE型伺服阀结构原理图

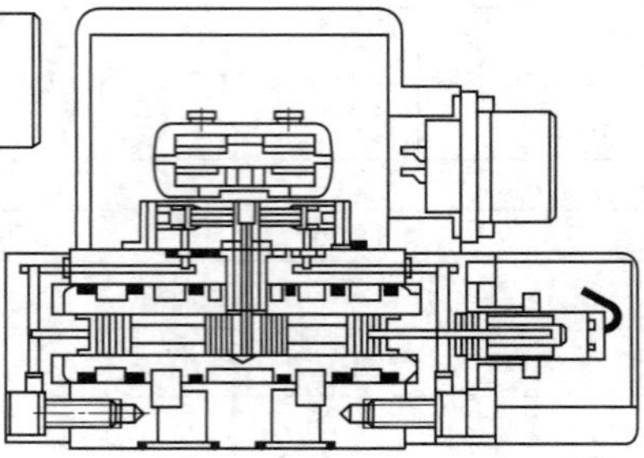

SE2E型伺服阀结构原理图

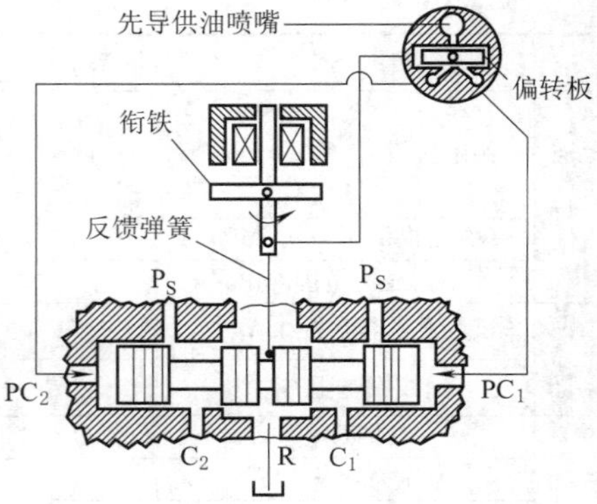


BD型伺服阀原理图

表 22-6-13　　技术性能

| 型　号 | | SEMT | SE05,SE10,SE15 | SE2N | SE20 | SE2E | SE60 | BD15 | BD30 |
|---|---|---|---|---|---|---|---|---|---|
| 液压特性 | 额定流量 $Q_n$①/L · min$^{-1}$ | 2,4,7 | 4,10,20,40,60 | 95,125 | 3.8,9.5,19,38,63,75 | 3.8,9.5,19,38,63,75 | 95,150,230 | 3,9,9.5,19,37,57,76 | 76,95,113,151 |
| | 额定供油压力 $p_s$/MPa | 21 | | | | | | | |
| | 供油压力范围/MPa | 1.5~21 | 1~31.5 | 1~21 | 1~31.5 | | 1~21 | | |
| 电气特性 | 额定电流 $I_n$/mA（额定电压/V） | ±40 | ±40 | ±40 | ±40 | (±10V) | ±40 | ±60 | |
| | 线圈电阻/Ω | 80 | 80 | 80 | 80 | | 80 | 60 | |
| 静态特性 | 滞环/% | ≤3 | | | ≤0.5 | ≤0.5 | ≤4 | ≤3 | |
| | 压力增益/%(典型值) | 60 | | | | 80 | 60 | | |
| | 分辨率/% | ≤0.5 | | | | ≤0.1 | ≤0.5 | ≤0.5 | |
| | 非线性度/% | ≤10 | | | | ≤5 | ≤10 | ≤5 | |
| | 零位流量($p_s$=7MPa)/L · min$^{-1}$ | 0.4~0.7 | 0.6~1.0 | 2.4 | 1.2~1.9 | 1.2~1.9 | 2.4~3.6 | 1.2~2.1 | 2.1~3.78 |
| | 先导级零位流量($p_s$=21MPa)/L · min$^{-1}$ | | 0.4~0.7 | 0.4 | 0.4~0.7 | 0.4~0.8 | 0.4 | | |
| | 零偏/% | 零位可调 | | | | | | | |
| | 压力零漂(每 7MPa)/% | ≤2 | | | | ≤1 | ≤2 | ≤2(每 6.9MPa) | |
| | 温度零漂(每 55℃)/% | ≤2 | | | | ≤1 | ≤2 | ≤±2(每 38℃) | |
| 动态特性② | 幅频宽/Hz | >170 | >100 | >30 | >100 | 100~180 | 40~50 | | |
| | 相频宽/Hz | >170 | >100 | >30 | >100 | 110~210 | 70~90 | | |
| | 阶跃响应(10%~90%)/ms | <4 | <6 | <30 | 6~12 | 4~9 | 17~20 | 26 | 30 |
| 其他 | 工作介质 | 石油基液压油(10~110cSt) | | | | | | | |
| | 工作温度/℃ | −30~130 | | | | −20~85 | −30~130 | −1~106 | |
| | 质量/kg | 0.23 | 1.0 | 1.1 | 1.0 | 1.5 | 1.0 | 1.2 | 2.9 |

① 阀压降为 7MPa。

② SE2N、SE2E 输入幅值为±40%，其余为±25%。

注：生产厂家为美国 Parker 公司。

## 1.2.5 PARKER 动圈（VCD❶）式电反馈直接驱动阀 D1FP * S、D1FP、D3FP * 3 和 D3FP 系列伺服阀

表 22-6-14　　　　技术性能

| 型号 | | D1FP * S(D1FP)① | D3FP * 3(D3FP * 0)② |
|---|---|---|---|
| 整体特性 | 规格 | ISO 10372-04 | NG10/CETOP05/NFPA D05 |
| | 安装面标准 | ISO 10372-04-04-0-92(DIN 24340/ISO 4401/CETOP RP121/NFPA) | DIN 24340/ISO 4401/CETOP RP 121/NFPA |
| | 环境温度/℃ | -20～50 | -20～50 |
| | 质量/kg | 4.5 | 6.5 |
| | 抗振能力/g | 25(按 DIN IEC 68,2-6 部分规定) | 25(按 DIN IEC 68,2-6 部分规定) |
| 液压特性 | 最大工作压力/MPa | 孔 P,A,B35;孔 T3.5(Y 孔外接时 35)③<br>孔 P,A,B31.5;孔 T3.5(Y 孔外接时 31.5) | 孔 P,A,B35,孔 T 最大 35,孔 Y 最大 35③ |
| | 工作液 | 液压油(按 DIN 51524…535,或其他要求) | 液压油 |
| | 工作液温度/℃ | -20～50(-20～60) | -20～60 |
| | 工作液黏度/$mm^2 \cdot s^{-1}$<br>允许<br>推荐 | <br>20～380<br>30～80 | <br>20～380<br>30～80 |
| | 工作液清洁度 | ISO 4406(1999)18/16/13,(或 NAS 1683：7 级)(最低 18/16/13,推荐 15/12/10) | ISO 4406(1999)18/16/13,(或 NAS1638 7 级) |
| | 额定流量(每节流边 $\Delta p$=3.5MPa)/$L \cdot min^{-1}$ | 3/6/12/25/40 | 50/100 |
| | 最大流量/$L \cdot min^{-1}$ | 90(阀压降 $\Delta p$=35MPa) | 150 |
| | 零位静耗流量(阀压降 $\Delta p$=10MPa)/$L \cdot min^{-1}$ | <0.4(零重叠);<0.05(正重叠) | <0.15<br>(<0,4) |
| 静态和动态性能 | 阶跃响应(100%信号)(阀压降=10MPa 下测试)/ms | <3.5 | <6 |
| | 频率响应(±5%信号)(阀压降 $\Delta p$=10MPa 下测试)/Hz | 350(-3dB 幅值比),350(-90°相位)(300(-3dB),250(-90°)) | 200(-3dB),200(-90°);±90%信号时 80(-3dB),80(-90°) |
| | 滞环/% | <0.05 | <0.05 |
| | 分辨率/% | <0.03 | <0.03 |
| | 温度零漂/% | <0.025 | <0.025 |
| 电器特性 | 占空比/% | 100 | 100 |
| | 防护等级 | IP65 | IP65 按 EN60529(插线和安装后) |
| | 电源电压/纹波系数/(V/%) | 22～30,纹波<5%有效值 | 22～30,纹波<5%有效值 |
| | 最大耗电量/A | 3.5 | 3.5 |
| | 接通电流(典型值)/A | 22(0.2ms) | 22(0.2ms) |
| | 输入信号<br>电压<br><br>阻抗/kΩ<br>电流/mA<br><br>阻抗/Ω<br>电流/mA<br><br><br>阻抗/Ω | <br>10～0～-10,纹波<0.01%,无电涌,0～+10V 时 P→A<br>100<br>20～0～-20,纹波<0.01%,无电涌,0～+20mA 时 P→A<br>250<br>4～12～20,纹波<0.01%,无电涌,12～20mA 时 P→P<br><br>250 | <br>10～0～-10,纹波<0.01%,无电涌,0～+10V P→A<br>100<br>20～0～-20,纹波<0.01%,无电涌,0～+20V P→A<br>250<br>4～0～-20,纹波<0.01%,无电涌,12～+20V P→A<br><3.6mA 时无效,<3.8mA 时按 NAMUR NE43<br>250 |
| | 差动输入(最大)/V | 30[端子 D 和 E 对 PE(端子 G)] | 30[端子 D 和 E 相对于 PE(端子 G)]<br>30[端子 4 和 5 相对于 PE(端子⊥)] |
| | 使能信号(仅对编码 5) | 5～30,输入阻抗 $R_f$=9kΩ | 5～30,$R_i$=9kΩ |
| | 诊断信号/V | +10～0～-10/+Ub,额定最大 5mA | +10～0～-10/+Ub,额定值最大 6mA |
| | 预熔电流/A | 4.0,中等延迟 | 4.0,中等延迟 |
| | 电磁兼容性 | EN 50081-2/EN 50082-2 | EN 50081-2/EN 5008-2 |

❶ VCD 为 voice coil drive 的缩写，意为音圈驱动。因此，有人意译为音圈直接驱动式伺服阀。

第
22
篇

续表

| 型　　号 | | D1FP * S(DIFP)① | D3FP * 3(D3FP * 0)② |
|---|---|---|---|
| 电器性能 | 电气连接<br>编码 0<br>编码 5 | 6+PE 按 DIN 43563<br>11+PE 按 DIN 41651 | 6+PE 按 EN 175201-804<br>11+PE 按 EN 175201-804 |
| | 接线最小截面/$mm^2$<br>编码 0<br>编码 5 | 7×1.0(按美国线规 AWG 18),整体编织屏蔽<br>12×1.0(按美国线规 AWG 18),整体编织屏蔽 | 7×1.0(AWG),整体编织屏蔽<br>12×1.0(AWG),整体编织屏蔽 |
| | 接线最大长度/m | 50 | 50 |

① 各项技术性能中带有加粗（）中的内容为 D1FP 的指标，其他与 D1FP * S 相同。

② 各项技术性能中带有加粗（）中的内容为 D3FP * 0 的指标，其他与 D3FP * S 相同。

③ 当 $p_t$>3.5MPa 时，Y 孔必须启用，此时，应除去 Y 孔上的螺堵，将 Y 孔与无压油箱连接。

VCD直接驱动阀结构原理图

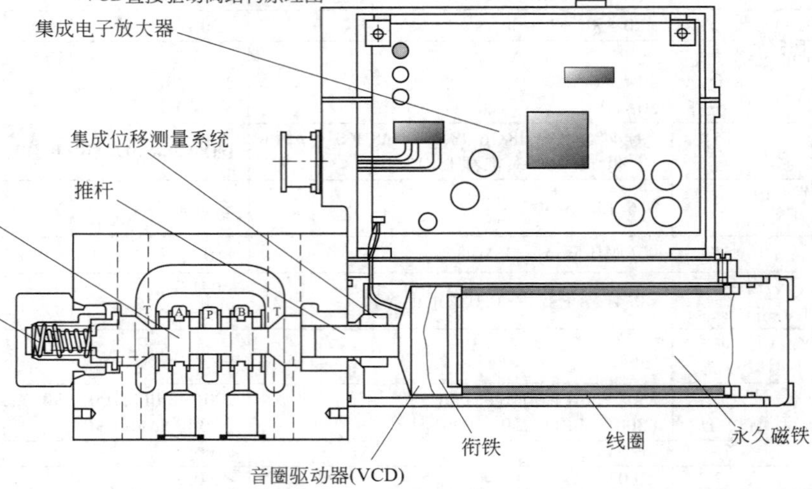


VCD直接驱动阀电路框图

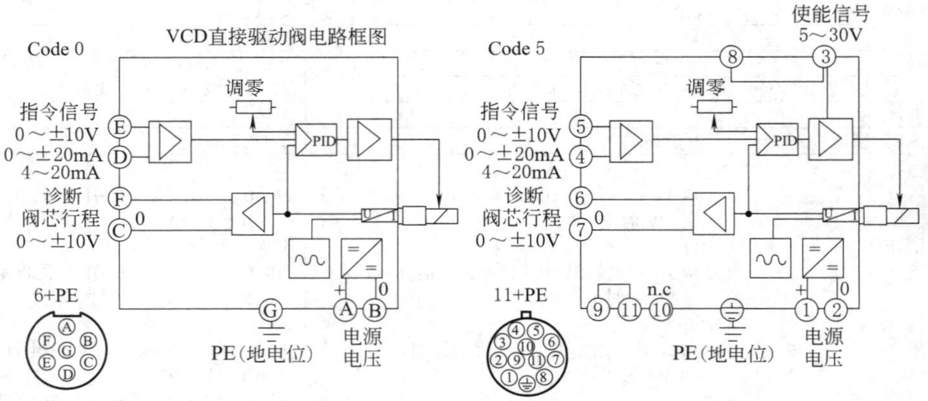


订货代码

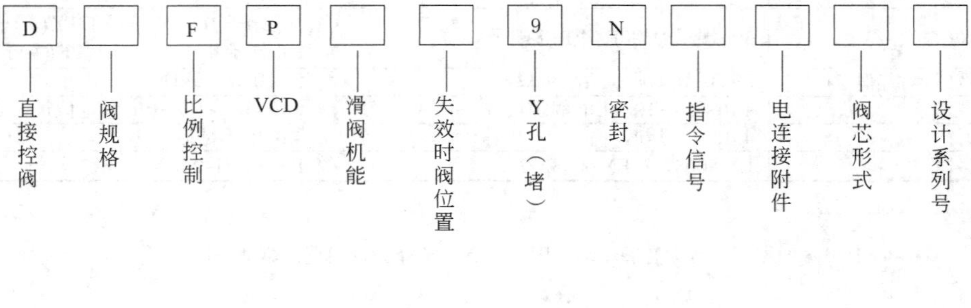

## 1.2.6 ATOS 公司 DLHZO-T* 和 DLKZOR-T* 型直动式比例伺服阀❶

表 22-6-15　　技术性能

| | 型　号 | DLHZO-T* | | | | | | | | | | | | DLKZOR-T* | | | | | |
|---|---|---|---|---|---|---|---|---|---|---|---|---|---|---|---|---|---|---|---|
| 整体特性 | 规格 | ISO 4401 标准 06 通径 | | | | | | | | | | | | ISO 4401 标准 10 通径 | | | | | |
| | 安装面标准 ISO 4401:2005 | 4401-03-02-0-05,对外泄口选项/Y 符合 4401-03-03-0-05,无 X 口 | | | | | | | | | | | | 4401-05-04-0-05,对/Y 选项 4401-05-05-0-05 无 X 口 | | | | | |
| | 底板表面精度 | 粗糙度 $Ra$0.4,平面度 0.01/100(ISO 1101) | | | | | | | | | | | | | | | | | |
| | 环境温度/℃ | -T 型阀为-20~70℃,-TE 和-TES 型阀为-20~60℃ | | | | | | | | | | | | | | | | | |
| 液压特性 | 阀芯形式① | L0 | L1 | V1 | L3 | V3 | L5 | T5 | L7 | T7 | V7 | D7 | DT7 | L3 | L7 | T7 | V7 | D7 | DT7 |
| | 最大流量 /L·min⁻¹ 在 $\Delta p$=3MPa 时 在 $\Delta p$=7MPa 时 | 2.6 4 | 4.5 7 | 5 8 | 9 14 | 13 20 | 18 28 | | 26 40 | | | 26÷13 40÷20 | | 40 60 | 85 100 | | | 65÷33 100÷50 | |
| | 零位静耗流量 ($\Delta p$=10MPa 时) /L·min⁻¹ | <0.1 | <0.2 | <0.1 | <0.3 | <0.15 | <0.5 | <0.2 | <0.9 | <0.2 | <0.2 | <0.7 | <0.2 | <0.1 | <0.15 | <0.4 | <0.4 | <0.12 | <0.4 |
| | 压力极限/MPa | 油口 P,A,B=35,油口 T=16(带外泄选项/Y 时,为 25) | | | | | | | | | | | | 油口 P,A,B=31.5,油口 T=16 (带外泄选项/Y 时为 25) | | | | | |
| | 工作液 | 液压油符合 DIN 51524~535,或油液选项 WG=水乙二醇,PE=磷酸酯液压油 | | | | | | | | | | | | | | | | | |
| | 推荐油液黏度 | 40℃时为 15~100mm²/s(ISO VG 15-100) | | | | | | | | | | | | | | | | | |
| | 油液清洁度 | ISO 18/15 标准,安装精度为 10μm 及 $\beta_{10}\geqslant75$(推荐值)的进油过滤器可以达到 | | | | | | | | | | | | | | | | | |
| | 油液温度 | -20~60℃(标准型和/WG 型密封),-20~80℃(/PE 密封) | | | | | | | | | | | | | | | | | |
| 电气特性 | 电源电压 | 24V DC | | | | | | | | | | | | | | | | | |
| | 输入信号 | 模拟差分信号输入为±10V DC,/I 选项信号为 4~20mA | | | | | | | | | | | | | | | | | |
| | 线圈最大电流/A | 2.6 | | | | | | | | | | | | 3 | | | | | |
| | 线圈电阻/Ω | 3~3.3 | | | | | | | | | | | | 3.8~4.1 | | | | | |
| | 最大功率/W | 35 | | | | | | | | | | | | 40 | | | | | |
| | 绝缘等级 | H 级(180°)电磁线圈表面发热遵守 ISO 13732-1 和 EN982 规范 | | | | | | | | | | | | | | | | | |
| | 保护等级 CEI EN-60529 | 遵守 ISO 13732-标准和 EN 982 规范;T 型为 IP65,TE 型和 TES 型为 IP65-67 | | | | | | | | | | | | | | | | | |
| 静动态特性② | 滞环/% | 0.1 | | | | | | | | | | | | 0.1 | | | | | |
| | 零漂 | 在 $\Delta T$=40℃时,零点漂移<0.1% | | | | | | | | | | | | | | | | | |
| | 响应时间③/ms | 10 | | | | | | | | | | | | 15 | | | | | |

① 见型号选项和流量调节曲线。
② 静态特性中的死区、增益、斜坡、线性度、零偏、对称度等,都可以通过 atos 独有的 E-SW 型软件进行设置和优化。
③ 响应时间为平均值,带数字放大器的阀的动态特性可以通过设定内部软件参数实现优化。

表 22-6-16　　DLHZO 和 DLKZOR 型直动式比例伺服阀结构、型号选择及静动态性能

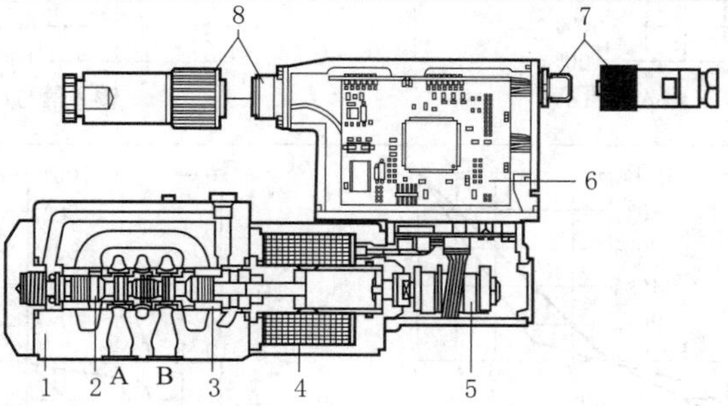


DLKZOR-TES-PS-160
1—阀体;2—阀芯;3—阀套;4—比例电磁铁;5—位置传感器;6—集成放大器;7—通信插头;8—主插头

技术特点和选型说明

DLHZO 及 DLKZOR 型阀为高性能直动式伺服比例阀,通过阀内 LVDT 式位置传感器 5 和内置集成模拟式或数字式放大器 6 构成小闭环用于阀芯 2 定位。阀芯和阀套通过精密加工构成不同的阀芯形式,形成不同的流量调节曲线(见技术性能和流量调节曲线)

集成放大器出厂预调,确保了优良性能和阀-阀互换,并简化了接线和安装

线圈为全塑料(环氧树脂)封装(H 级绝缘),整阀具有抗震、抗冲击、抗环境影响等特点

❶ 生产厂家:意大利 ATOS 公司。

续表

DLHZO　-TES　-PS　-0　4　0　-L　7　3　/ * /　**　/　*

DLHZO=06通径
DLKZOR=10通径

T=带位置传感器
TE=同T,但带集成式模拟电子放大器
TES=同T,但带集成式数字电子放大器

通信接口(仅对TES型)
PS=RS232串行接口
BC=CANbus
BP=PROFIBUS-DP

阀规格
0=ISO 4401标准 06通径
1=ISO 4401标准 10通径

阀机能
4=二位，弹簧偏置，另加安全位
6=二位，弹簧偏置

0=零遮盖

阀芯形式
L=线性
D=差动线性阀芯(同L,但P-A=Q,P-B=Q 2) (1)
DT=同D,但非线性阀芯(1)
T=非线性阀芯
V=抛物线性阀芯

0, 1, 3, 5, 7=阀芯尺寸

安全技能(失电状态):
1=A,B,P,T正遮盖(阀芯20%的行程)
3=P正遮盖(阀芯20%的行程);A,B,T口负遮盖

系统油液:
WG=水乙二醇
PE=磷酸脂

设计号

选项,
B=电磁铁,集成式放大器和位置传感器在A口一侧
Y=外泄

-TE型阀电子放大器选项
F=故障信号
I=电流输入信号和监测信号4～20mA
Q=使能信号
Z=使能,故障和监测信号

-TES型阀电子放大器选项
I=电流输入信号和监测信号4～20mA
Z=双电源供电,使能、故障和监测点

-TES型阀电子放大器的特殊选项
SF=与两个远程压力传感器配合,实现力闭环控制
SL=与一个远程力敏元件配合,实现力闭环控制
SP=与一个远程压力传感器配合,实现压力闭环控制
C=传感器电流型反馈(仅对/SF, /SL,/SP选项)

该两型阀除 7 芯或 12 芯主插头 8 外尚有可选用的 M12 现场总线接口 7。基于此根据要求可以有不同的选项,如下

-T:带位移传感器 5;-TE,-TES:都带位移传感器 5,但-TE 带模拟式集成电子放大器 6,而-TES 带数字式集成电子放大器;主插头 8 在-TE 和-TES 型阀上可以互换。主电器插头 8 有 7 芯插头和 12 芯插头两种。标准的 7 芯插头常用于接电源、模拟信号和监控信号。而 12 芯插头用于带/Z 选项和/S* 选项的阀。特殊的 S* 选项是在位置闭环控制的基础上增加了一个压力(/SP)或力(/SF 和/SL)的闭环控制功能

对-TES 型数字比例阀有如下通信接口 7 可用

-PS:RS232 串行通信接口。与带图表界面的 PC 软件(E-SW-PS)配合使用,管理所有的功能参数。该阀的输入信号为模拟量,由 7 芯(或 12 芯)插头 8 提供。-BC:CANbus 接口。-BP:PROFIBUS-DP 接口。带 BC 或 BP 选项的阀可以嵌入总线通信网络,这样可以由机器控制单元对该阀进行数字信号控制

注意:阀芯类型为 D、DTT 的阀仅适合于带安全位的 DLHZO-*-040 和 DLKZOR-*-140

曲线(基于油温 50℃,ISO VG 46 矿物油)
流量调节曲线

1—线性阀芯 L
2—差动线性阀芯 D7

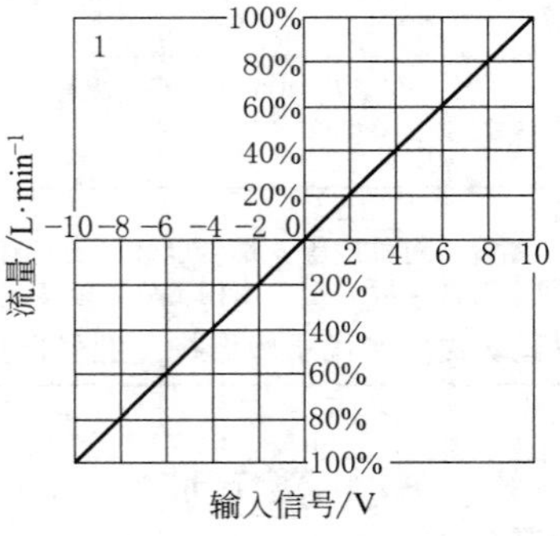


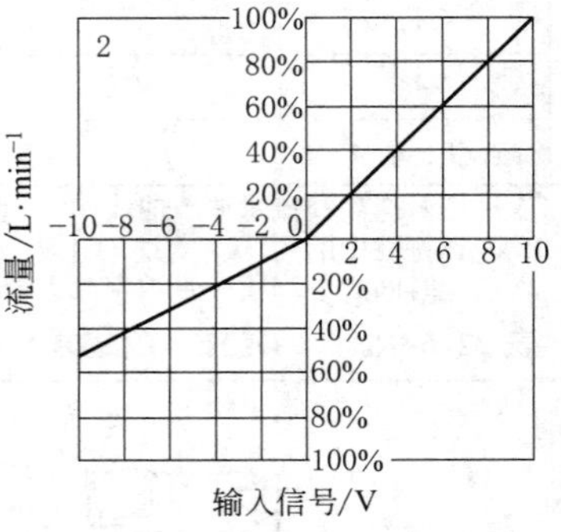


3—差动非线性阀芯 DT7
4—非线性阀芯 T5(仅对 DLHZO 阀)

T5 型和 T7 型阀芯是低流量精密控制特殊阀芯,T5 型在 0~40% 阀芯行程内,T7 型在 0~60%

阀芯的非线性特性可由电子放大器信号来补偿,因此阀最终的流量调节曲线等效为与输入信号对应的直线(如虚线所示)

DT7 型阀芯有与 T7 阀芯同样的特性,专用于带有面积比为 1 : 2 的差动型油缸的场合

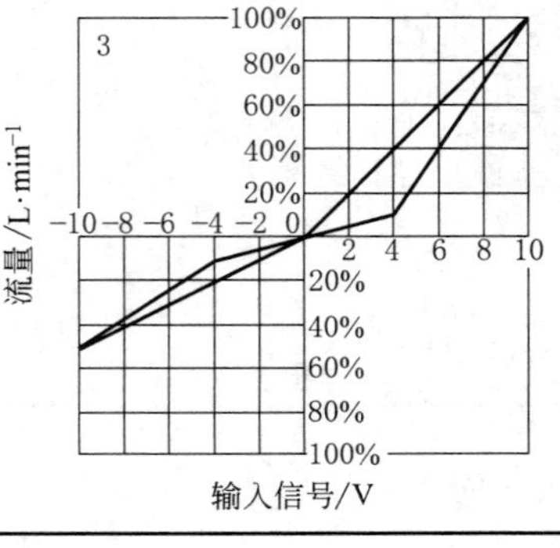


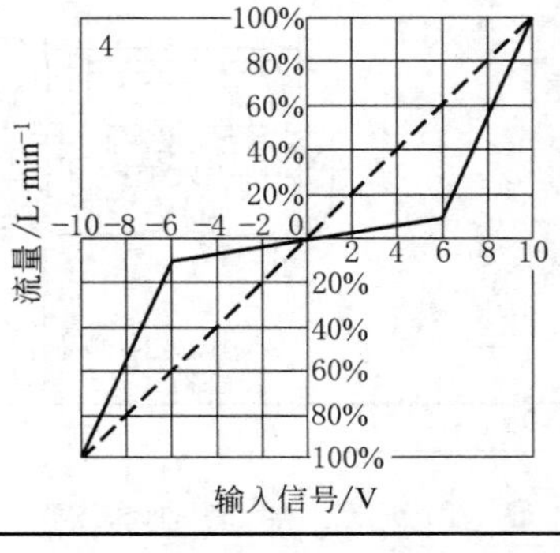

续表

5—非线性阀芯 T7
6—抛物线形阀芯 V
注释：
液压机能与输入信号：
输入信号　0～10V　P→A/B→T　12～20mA
输入信号　－10～0V　P→B/A→T　4～12mA

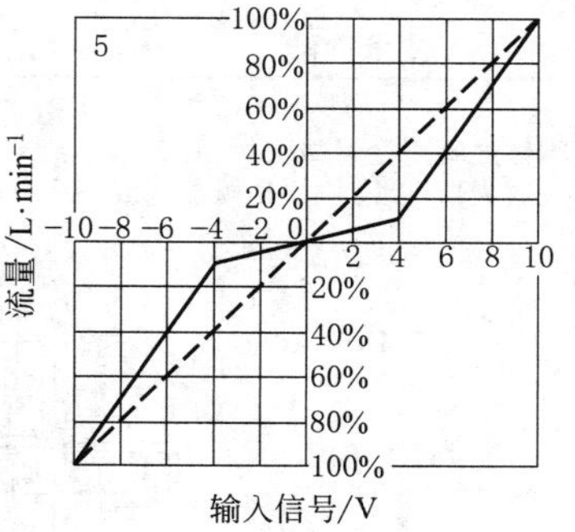


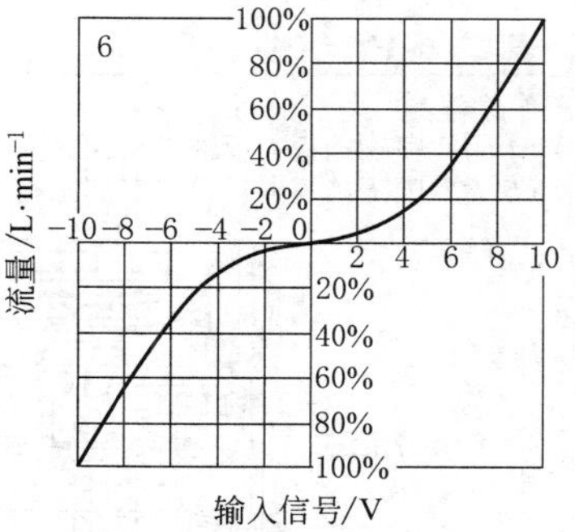


7—压力增益

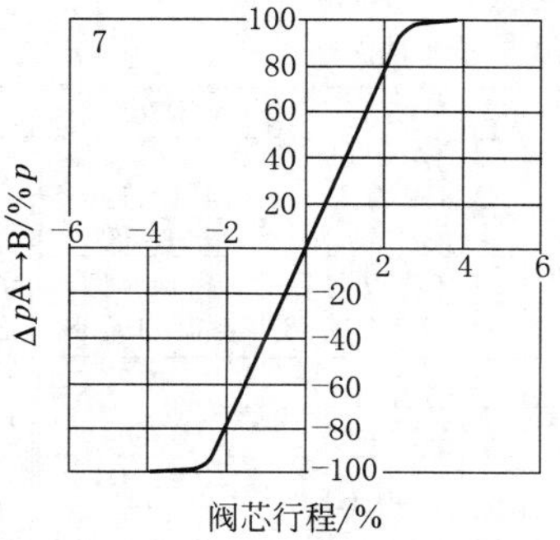


流量/压差曲线

在100%阀芯行程条件下
DLHZO：
1—阀芯 L7，T7
2—阀芯 L5，T5
3—阀芯 L3
4—阀芯 L1
DLKZOR：
5—阀芯 L7，T7
6—阀芯 L3

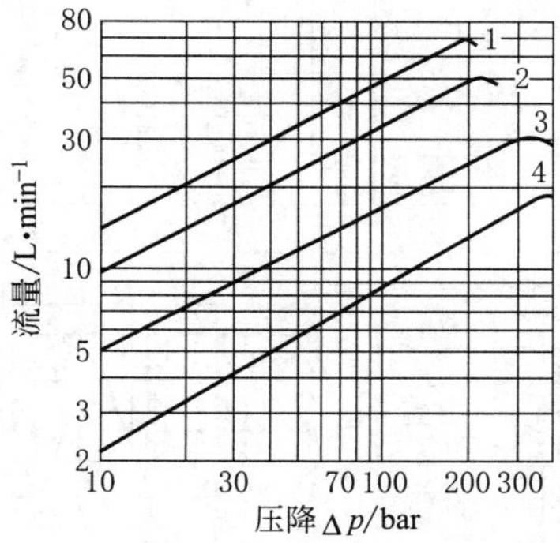


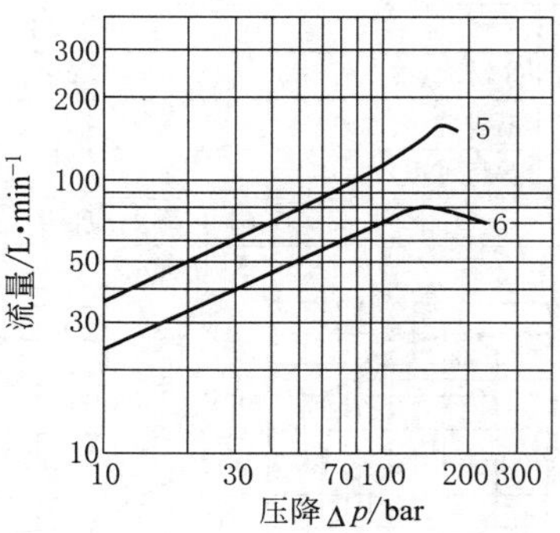


博德图
在正常液压条件下
DLHZO：
1—±100%额定行程
2—±5%额定行程
DLKZOR：
3—±100%额定行程
4—±5%额定行程

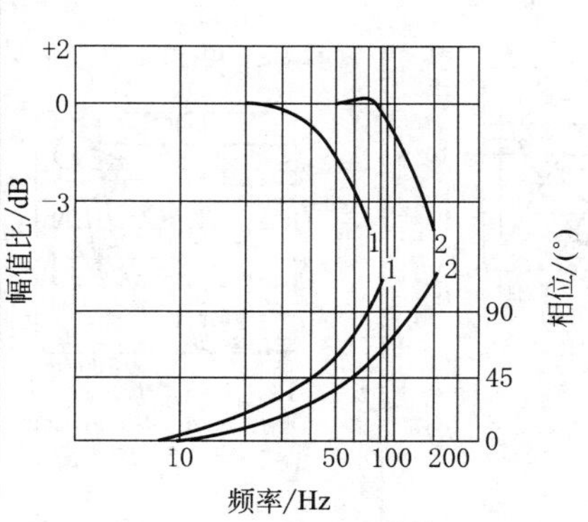


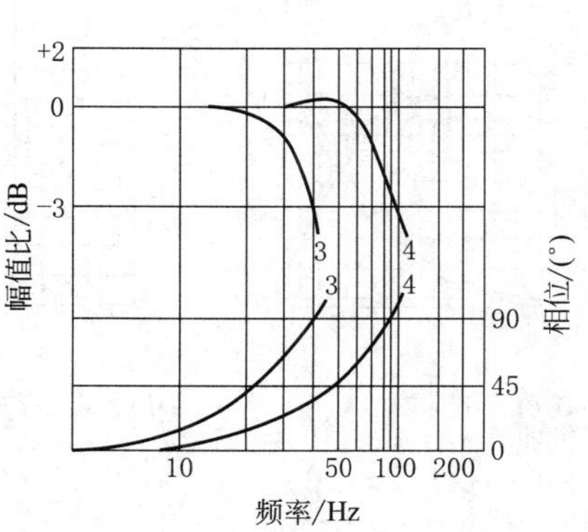

## 1.2.7 双喷嘴挡板力反馈式（MOOG D761）和电反馈式电液伺服阀（MOOG D765）

**表 22-6-17** **技术性能**

工作原理：

D761 为双喷嘴挡板力反馈二级伺服阀。阀套与阀体之间用密封圈密封，并有偏心销，可调零

D765 为双喷嘴挡板电反馈二级伺服阀。内置集成放大器、阀芯位移传感器构成闭环，改善中、小信号静、动态性能

D761原理图

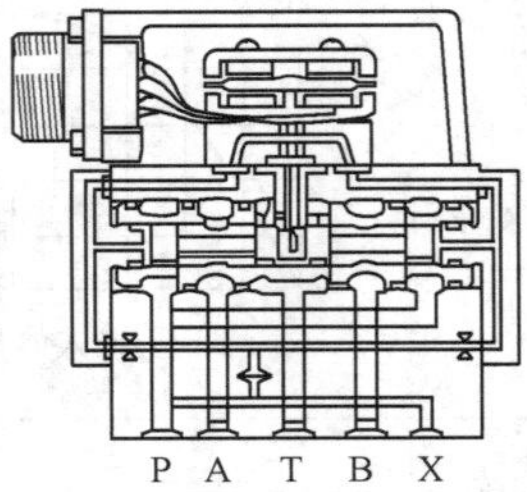


D765原理图

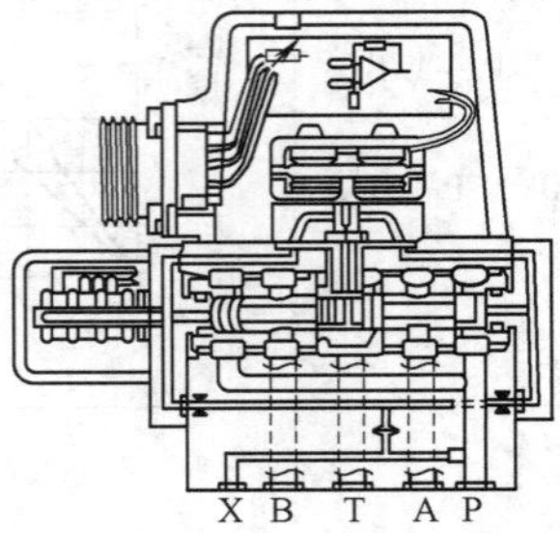


技术性能

| 型号 | | D761 | D765 |
|---|---|---|---|
| 液压特性 | 额定流量 $Q_n$(±10%) /L·min$^{-1}$，$\Delta p_n$=7MPa | 标准型 3.8,9.5,19,38,63 | 标准型 4,10,19,38,63 |
| | | 高响应型 3.8,9.5,19,38 | 高响应型 4,10,19,38 |
| | 额定供油压力/MPa | 21 | 21 |
| | 供油压力范围/MPa | 31.5max | 31.5max |
| 电器特性 | 额定电流/mA | 15,40,60 | 0~±10V 0~±10mA |
| | 线圈电阻(单线圈)/Ω | 200,80,60 | 1kΩ |
| | 颤振电流/mA | | |
| | 颤振频率/Hz | | |
| 静态特性 | 滞环/% | <3 | <0.3 |
| | 分辨率/% | <0.5 | <0.1 |
| | 非线性度/% | | |
| | 不对称度/% | | |

| 型号 | | D761 | D765 |
|---|---|---|---|
| 静态特性 | 阀芯驱动面积/cm$^2$ | 标准阀 0.49；高响应阀 0.34 | |
| | 零位静耗流量/L·min$^{-1}$ | 标准阀 1.1~2.0 高响应阀 1.4~2.3 | 1.5~2.3 |
| | 先导级流量(100%阶跃输入)/L·min$^{-1}$ | 标准阀 0.22 高响应阀 0.3 | 0.4 |
| | 零偏 | <2 | |
| | 温度零漂/% | <2(温度每变 38℃) | <1(温度每变 38℃) |
| | 压力零漂(70~100MPa 额定压力)/% | <2 | |
| 动态特性 频率响应 | 幅频宽(-3dB)/Hz① | 标准阀 >85 高响应阀>160 | 标准阀>180 高响应阀>310 |
| | 相频率(-90°)/Hz① | 标准阀>120 高响应阀>200 | 标准阀>160 高响应阀>240 |
| 其他 | 工作介质 | 符合 DIN51524 标准矿物质液压油 | |
| | 油液温度/℃ | -20~80 | |
| | 质量/kg | 1.0 | 1.1 |

D761 频率响应曲线

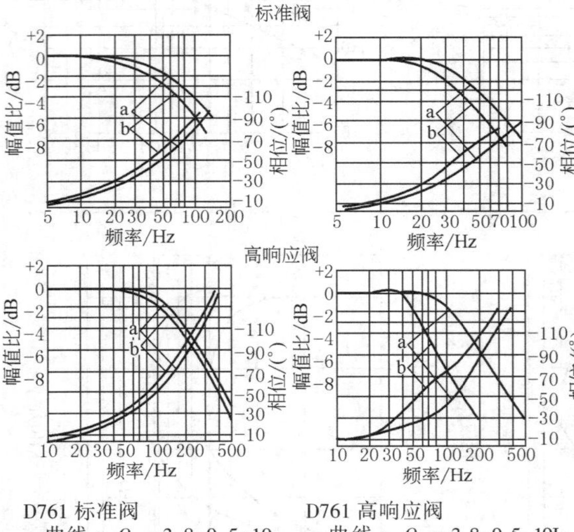


D761 标准阀

曲线 a：$Q_n$=3.8；9.5；19；38L·min$^{-1}$

曲线 b：$Q_n$=63L·min$^{-1}$

D761 高响应阀

曲线 a：$Q_n$=3.8；9.5；19L·min$^{-1}$

曲线 b：$Q_n$=38L·min$^{-1}$

D765 频率响应曲线

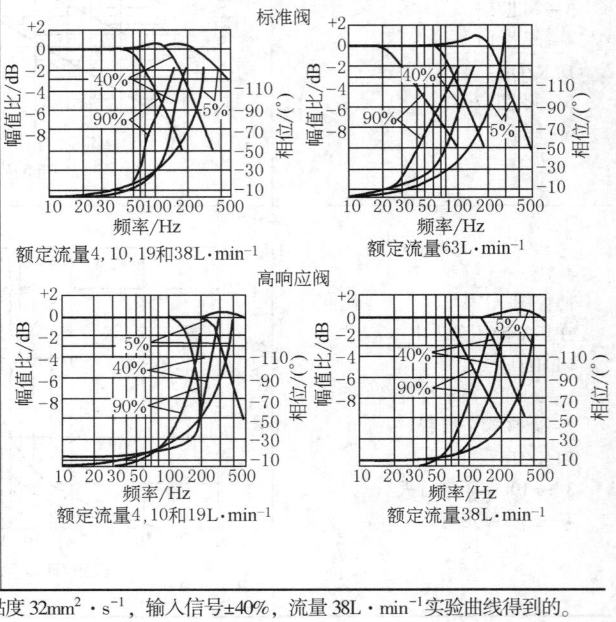


① 频率响应数据是根据样本中工作压力 21MPa，油温 40℃，黏度 32mm$^2$·s$^{-1}$，输入信号±40%，流量 38L·min$^{-1}$实验曲线得到的。

**表 22-6-18　　MOOG D761 和 MOOG D765 外形尺寸、安装尺寸及订货明细**

D765 系列伺服阀外形和安装尺寸

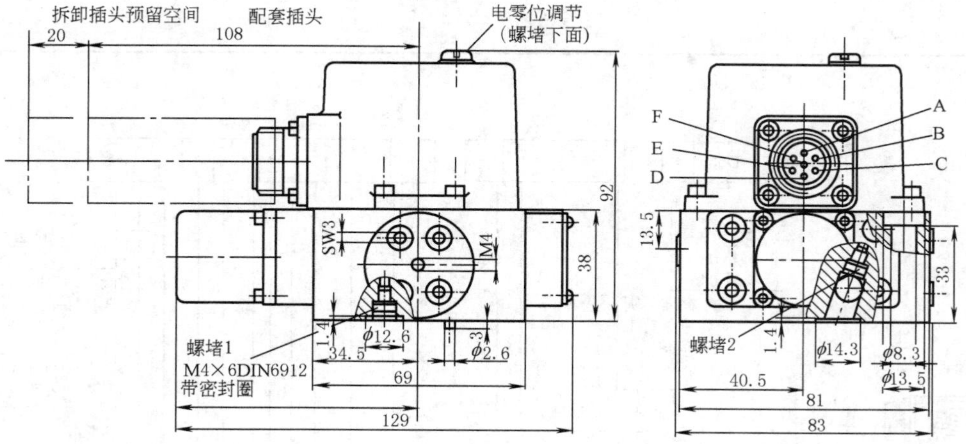


安装板必须符合

ISO 10372-04-04-0-92

安装表面平面度≤0.01

表面粗糙度 $Ra$ <0.8μm

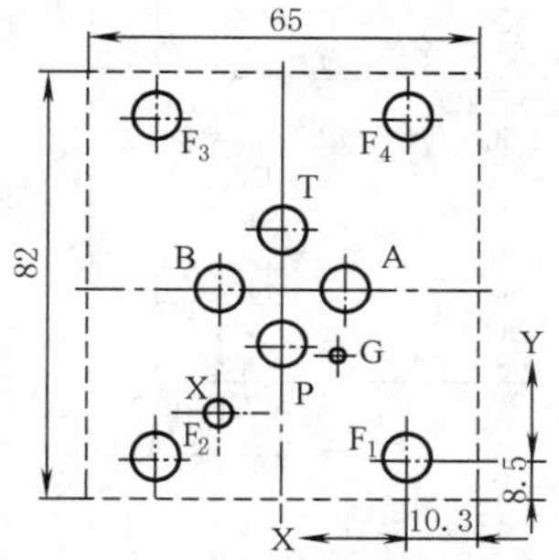


| | P | A | T | B | G | X |
|---|---|---|---|---|---|---|
| | φ8.2 | φ8.2 | φ8.2 | φ8.2 | φ3.5 | φ5 |
| X | 22.2 | 11.1 | 22.2 | 33.3 | 12.3 | 33.3 |
| Y | 21.4 | 32.5 | 43.6 | 32.5 | 19.8 | 8.7 |

| | F1 | F2 | F3 | F4 |
|---|---|---|---|---|
| | M8 | M8 | M8 | M8 |
| X | 0 | 44.4 | 44.4 | 0 |
| Y | 0 | 0 | 65 | 65 |

订货明细

D761 D765

型号　　　　　　　　　　　　　　　　　　类型标识

| * | * | * | * | * | * |　| * | * | * | * | * | * | * | * | * | * | * | * |

技术标准类别
- 系列标准
E 预制标准
Z 特殊标准
K 安全标准(仅D761)

型号标识　生产厂家制定

厂家标识

阀类型　S-标准型　H-高响应型

额定流量 $Q_n$/L·min⁻¹(阀压降 $\Delta p_n$=7MPa)

| | 标准 | 高响应 |
|---|---|---|
| 04 | 3.8 | 38 |
| 10 | 9.5 | 9.5 |
| 19 | 19 | 19 |
| 38 | 38 | 38(D765系列仅达25MPa) |
| 63 | 63 | - |

最大工作压力 $p_p$ 及阀体材料
F　21MPa　铝合金
J　31.5MPa　铝合金厂
K　31.5MPa　钢

滑阀类型
O　零重叠，线性特性
X　特殊要求

先导级(阀工作压力 $p_p$,先导供油压力 $p_x$ 为允许的最大值)D761系列

F　S阀类标准响应
G　H阀类及S阀类高响应
G　具有附加的力反馈。用于D765系列

无供电信号时主阀芯位置
A　P⇒B　A⇒T
B　P⇒A　B⇒T
M　中位

供电电压　D765系列
O ±15VDC±3%
波纹度<50mV<sub>pp</sub>

阀芯全行程信号(D761系列)
额定输入信号
H±7.5mA系列
L±20mA系列
N±30mA系列
阀芯全行程信号(D765系列)

| 指令信号 | 输出信号 |
|---|---|
| A ±10V | ±10V |
| X ±10mA浮动 | ±10mA |

| 电插座 | 插座朝向 |
|---|---|
| A | 朝向A孔 |
| B | 朝向B孔 |
| P | 朝向P孔 |
| T | 朝向T孔 |
| R 6+PE插座 | 朝向A孔(D765) |
| S 6+PE插座 | 朝向B孔(D765) |

密封材料
V　氟塑料FPM

先导级连接方式 D761系列

| 型码 | 供油方式 |
|---|---|
| A A.E.J | 内部 |
| A C.G.J | 外部 |

先导级供油方式和供油压力供油压力/MPa　D765系列

| 力供油压力/MPa | 供油方式 |
|---|---|
| A 1.5～21 | 内部 |
| C 1.5～21 | 外部 |
| E 1.5～31.5 | 内部 |
| G 1.5～31.5 | 外部 |
| J 2.5～35 | 内部 |
| L 2.5～35 | 外部 |

## 1.2.8 直动电反馈式伺服阀（DDV）MOOG D633 及 D634 系列

表 22-6-19

**结构及订购信息**

订货明细 | D63 | * | * | *** | * | * | ** | * | * | * | * | * | * | * | * | *

（型号：D63 * * *** *；类型标识：* ** * * * * * * * * *）

系列
- 3 规格 03
- 4 规格 04

技术标准类别
- － 系列标准
- E 预制标准
- Z 特殊标准

型号标识 厂家制定

厂家标识

阀形式 R 带集成电路

额定流量 $Q_n$/L·min$^{-1}$ ($p$=7MPa) 阀系列

| | $Q_n$ | 阀系列 |
|---|---|---|
| 02 | 5 | D633 |
| 04 | 10 | D633 |
| 08 | 20 | D633 |
| 16 | 40 | D633 |
| 24 | 60 | D634 |
| 40 | 100 | D634 |

最大工作压力
- K 35MPa

滑阀类型
- O 四通，零开口，线性
- A 四通，1.5%～3%正重叠，线性
- D 四通，10%正重叠，线性
- Z 2×2 通 P➛A，B➛T：Y 单独接油箱
- X 特殊要求滑阀

供电电压
- 2+24VDC (22-28VDC)

滑阀全行程时电信号

| | 指令信号 | 阀芯位移信号 |
|---|---|---|
| M | 0～±10VDC | +4～20mA |
| P | 0～±10mA | +4～20mA |
| S | +4～+20mA | +4～20mA |

按用户要求其信号范围

阀插座
- S 6+PE DIN 43563

密封件材料
- N 丁腈橡胶
- V 氟橡胶
- 用户其他材料要求

Y 口
- 0 用螺塞密封 $p_{TMAX}$＜5MPa
- 1 开，内置滤油器

不供电时阀芯位置
- M 中位
- A P➛B，A➛T (最小开度为10%)
- B P➛A，B➛T (最小开度为10%)
- 开度按用户要求

线性力马达
- 1 标准力马达 D633
- 2 标准力马达 D634

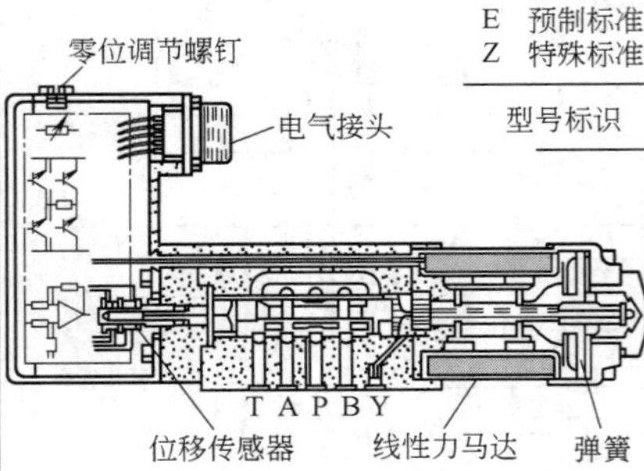


**技术性能**

| | 型 号 | D633 | D634 |
|---|---|---|---|
| 液压特性 | 额定流量 $Q_n$/L·min$^{-1}$($\Delta p_n$=7MPa) | 5,10,20,40,最大 75 | 60,100,最大 185 |
| 液压特性 | 额定供油压力/MPa | 14 | |
| 液压特性 | 供油压力范围/MPa | ~35 | |
| 电气特性 | 额定电流 $I_n$/mA | 0~±10,4~20 | |
| 电气特性 | 线圈电阻/Ω | 300~500 | |
| 电气特性 | 颤振电流 | | |
| 电气特性 | 颤振频率/Hz | | |
| 静态特性 | 滞环/% | <0.2 | <0.2 |
| 静态特性 | 压力增益/% $p_s$, 1%$I_n$ | | |
| 静态特性 | 分辨率/% | <0.1 | <0.1 |
| 静态特性 | 非线性度/% | | |
| 静态特性 | 不对称度/% | | |

| | 型 号 | | D633 | D634 |
|---|---|---|---|---|
| 静态特性 | 重叠/% | | | |
| 静态特性 | 零位静耗流量/L·min$^{-1}$ | | 0.15,0.3,0.6,1.2 | 1.2,2.0 |
| 静态特性 | 零偏/% | | | |
| 静态特性 | 压力零漂/% | | | |
| 静态特性 | 温度零漂/%($\Delta T$=55K) | | <1.5 | <1.5 |
| 动态特性 | 频率响应据特性曲线获得 | 幅频宽(−3dB)/Hz | 标准阀大于 37 | 标准阀大于 46 |
| 动态特性 | | | 高响应阀大于 60 | 高响应阀大于 95 |
| 动态特性 | | 相频率(−90°)/Hz | 标准阀大于 70 | 标准阀大于 90 |
| 动态特性 | | | 高响应阀大于 150 | 高响应阀大于 110 |
| 其他 | 工作介质 | | 符合 DIN51524 矿物油，NAS 1638-6 级 | |
| 其他 | 工作温度/℃ | | −20~80 | |
| 其他 | 质量/kg | | 2.5 | 6.3 |

**表 22-6-20　　特性曲线**

测试条件：$p_s$ = 14MPa，黏度 $\nu$ = 32mm² · s⁻¹

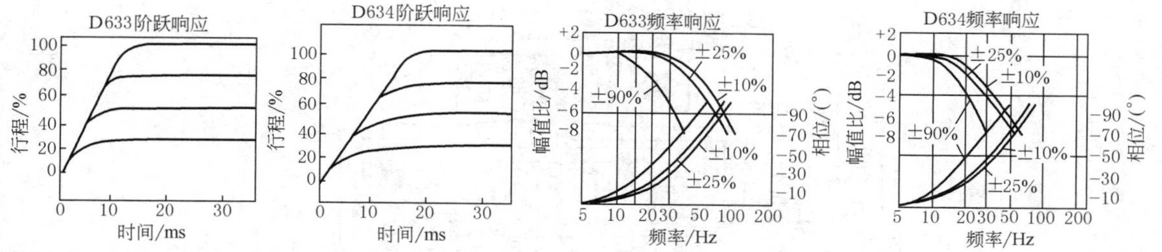


测试条件：$p_s$ = 14MPa，黏度 $\nu$ = 32mm² · s⁻¹

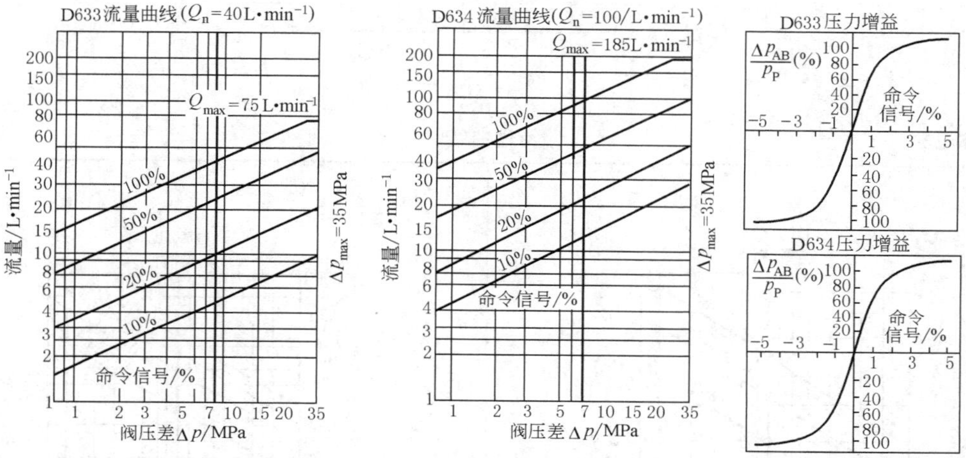


## 1.2.9　电反馈三级伺服阀 MOOG D791 和 D792 系列

**表 22-6-21　　技术性能**

| 型号 | | D791 | | | D792 | |
|---|---|---|---|---|---|---|
| 液压特性 | 额定流量(±10%) $Q_n$/L · min⁻¹，$\Delta p_n$ = 7MPa | 100 | 160 | 250 | 400<br>630 | 800<br>1000 |
| | 额定供油压力/MPa | 21 | | | | |
| | 供油压力范围/MPa | 31.5max | | | | |
| 电气特性 | 额定电流/额定电压/(mA/V) | 0~±10/0~±10 | | | | |
| | 线圈电阻/kΩ | 1/10 | | | | |
| | 颤振电流/% | | | | | |
| | 颤振频率/Hz | | | | | |
| 静态特性及参数 | 滞环/% | <0.5 | | | | |
| | 分辨率/% | <0.2 | | | | |
| | 零偏/% | 可调 | | | | |
| | 温度零漂(每38℃)/% | <2 | | | | |
| | 非线性度/% | | | | | |
| | 不对称度/% | | | | | |
| | 重叠量 | 按要求 | | | | |

| 型号 | | | D791 | | | D792 | |
|---|---|---|---|---|---|---|---|
| 静态特性及参数 | 零位静耗流量/L · min⁻¹ | 总耗 | 5 | 7 | 10 | 10<br>14 | 14<br>14 |
| | | 先导级 | 4~11 | | | 6~16 | |
| | 主阀芯行程/mm | | 1.4 | 1.2 | 2.0 | 1.8<br>1.9 | 2.9<br>4.0 |
| | 主阀芯驱动面积/cm² | | 2.85 | | | 3.8<br>7.14 | 7.14<br>7.14 |
| 动态特性 | 频率响应/Hz① | S 阀 | 130 | | 75 | 200<br>150 | 180<br>120 |
| | | HR 阀 | 180 | | 240 | | |
| | | S 阀 | 80 | | 65 | 180<br>90 | 120<br>85 |
| | | HR 阀 | 220 | | 140 | | |
| | 阶跃响应(0~100%输入)/ms | | 4~11 | | | 6~12 | |
| 其他 | 工作介质 | | 符合 DIN 51524 矿物质液压油 | | | | |
| | 环境温度/℃ | | -20~60 | | | | |
| | 油液温度/℃ | | -20~80 | | | | |
| | 质量/kg | | 13 | | | 17 | |

① 频率响应是由样本上得到的。测试条件是：供油压力为 21MPa，油液黏度 32mm² · s⁻¹，油液温度 40℃，输入±40%。S 和 HR 分别代表标准阀和高响应阀。

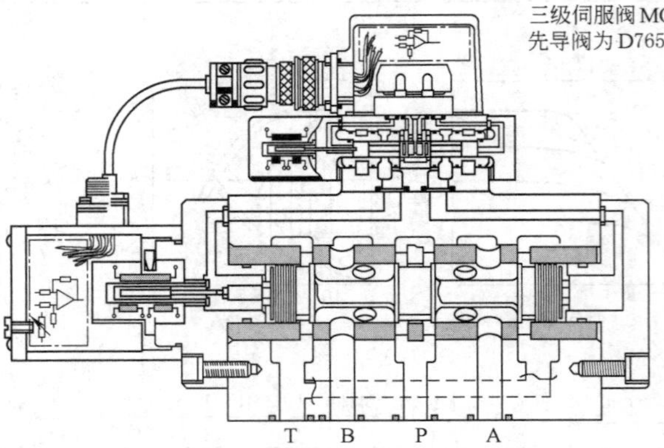


三级伺服阀MOOG D792
先导阀为D765系列

表 22-6-22　　　　　　　　　　　　**特性曲线**

D791型
流量特性

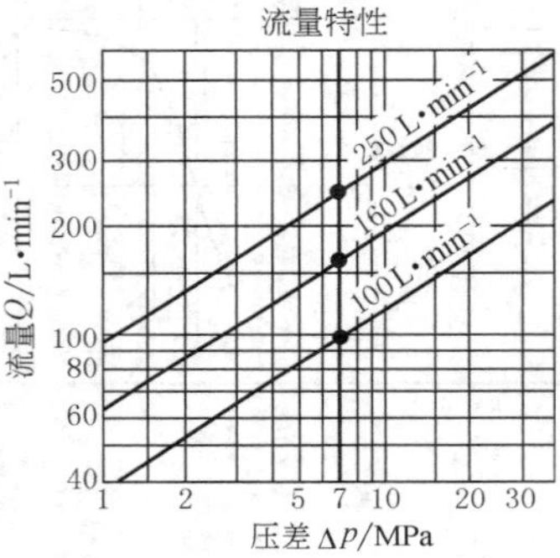


D792型
流量特性

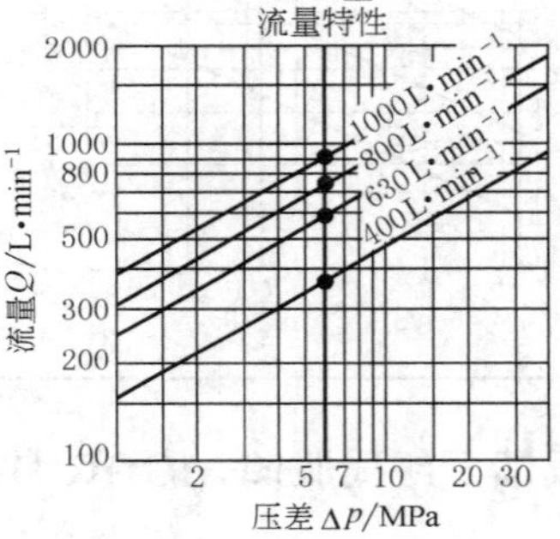


频率响应特性

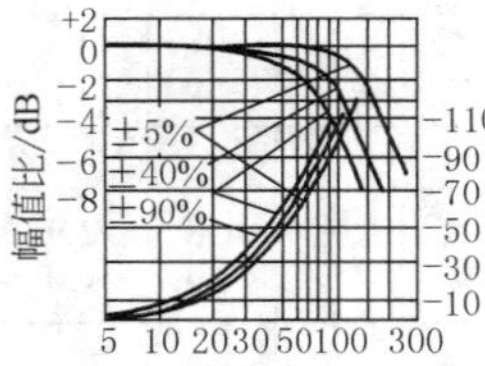


额定流量100/160 L·min⁻¹
先导阀 D761标准10 L·min⁻¹

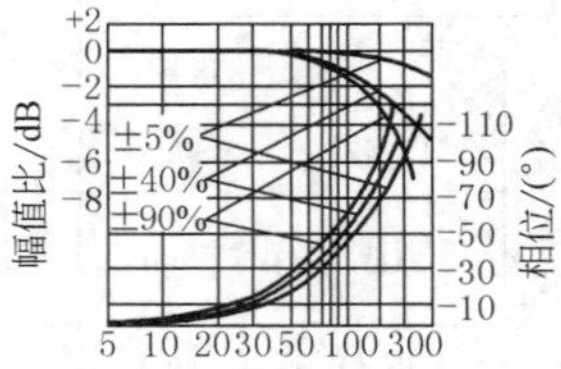


额定流量100/160 L·min⁻¹
先导阀D765 HR10 L·min⁻¹

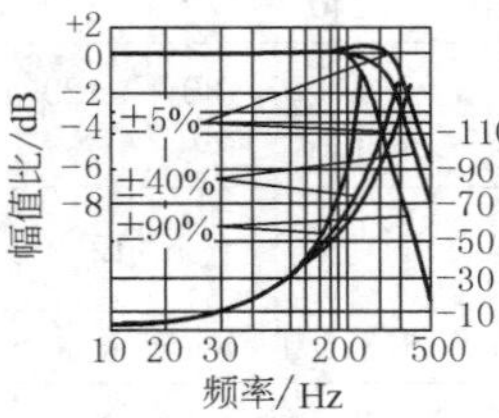


流量250 L·min⁻¹
先导阀D761 HR 20 L·min⁻¹

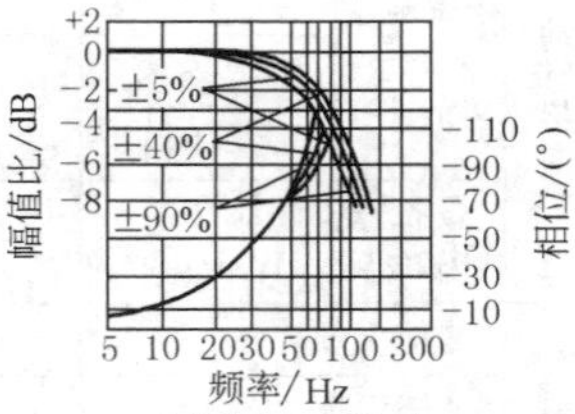


流量250 L·min⁻¹
先导阀D761标准 10 L·min⁻¹

频率响应特性

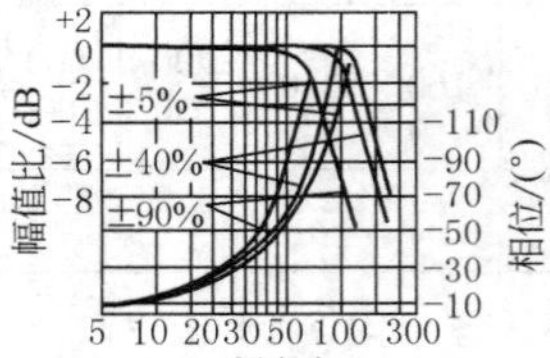


流量400 L·min⁻¹
先导阀D761 HR 20 L·min⁻¹

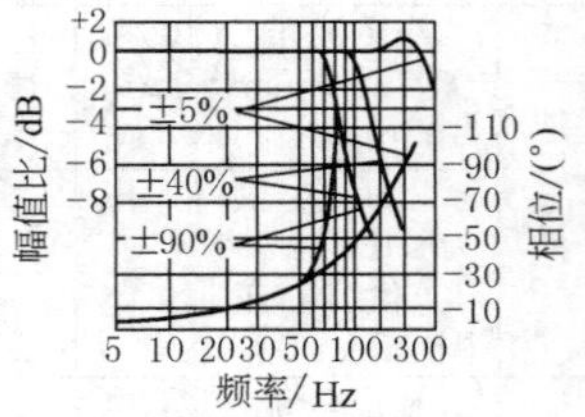


流量630 L·min⁻¹
先导阀D765 HR 20 L·min⁻¹

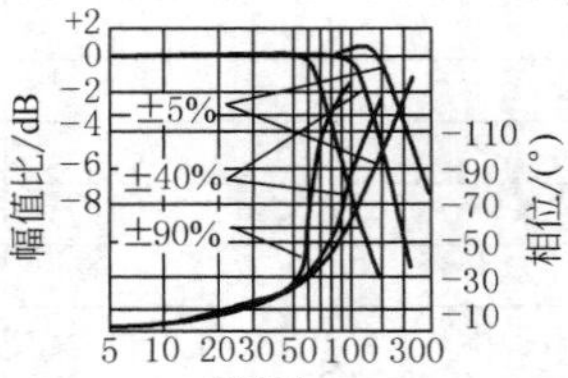


流量800 L·min⁻¹
先导阀D761 HR 20 L·min⁻¹

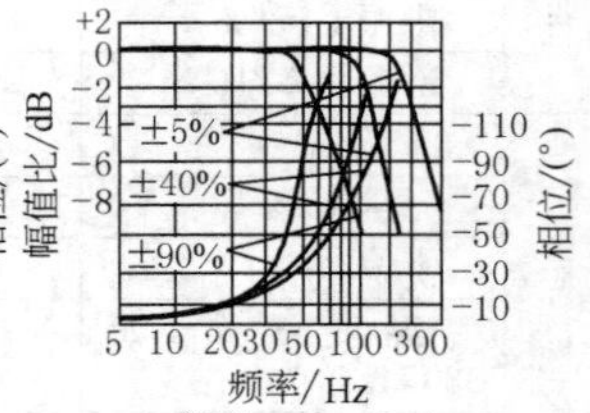


流量800 L·min⁻¹
先导阀D765 HR 20 L·min⁻¹

注：HR 为高响应阀。

表 22-6-23　　订货明细

订货明细 D791, D792 | 型号 | 类型标识

技术标准类别
- – 系列标准
- E 预制标准
- Z 特殊标准榜

型号标识　厂家制定

厂家标志　厂家制定

阀类型 S　3级伺服阀

额定流量 $Q_n$($L$/min),(阀压降 $\Delta P_n$=7MPa)

| | | 系列 |
|---|---|---|
| 10 | 100 | D791 |
| 16 | 160 | D791 |
| 25 | 250 | D791 |
| 40 | 400 | D792 |
| 63 | 630 | D792 |
| 80 | 800 | D792 |
| 99 | 1000 | D792 |

最大工作压力 $p_p$
- J　31.5MPa,在X、Y口外接 $p_x$≤31.5MPa情况下P、A、B、T口压力可达35MPa
- K　35MPa

主阀类型 O 4通,零重叠,线性特性

先导阀
- P　D761　标准型
- Q　D761　高响应型
- R　D765　高响应型　只允许±15V电源
- S　D765　标准型　只允许±15V电源

功能标志
- O　24V 无使能信号输入
- P　15V 无使能信号输入
- A　24V 无使能信号时阀芯在零位
- B　24V 无使能信号时阀芯移动到规定零位,A⇨T或B⇨T

电源电压
- 0±15V DC　±3%, 波纹度<50m Vpp
- 2±24V DC　(18～32V DC)

阀芯全行程信号

| | 输入 | 输出 |
|---|---|---|
| A | ±10V | ±10V |
| X | ±10mA 浮动, | ±10mA |

阀插座　S　6+PE　DIN　43563

密封材料
- U　氟塑料 (Viton) PUR 仅用于阀套密封
- V　氟塑料 (Viton)

先导级的连接和压力

| | 供油 X | 回油 Y |
|---|---|---|
| 4 | 内部 | 内部 |
| 5 | 外部 | 内部 |
| 6 | 外部 | 外部 |
| 7 | 内部 | 外部 |

电控制参数与先导压力相适应

无电时主阀芯位置

| | 位置 | 先导级压力 (MPa) |
|---|---|---|
| P | 不规定 | ≥1.5 |
| A | P⇨B,A⇨T | ≥1.5 |
| B | P⇨A,B⇨T | ≥1.5 |
| | 其他按要求 | |

## 1.2.10　EMG 伺服阀 SV1-10

表 22-6-24

| 型号 | | SV1-10/□□ | 4 | 8 | 16 | 32 | 48 |
|---|---|---|---|---|---|---|---|
| 液压特性 | 额定流量 $Q_n$ ($\Delta p$=7.0MPa) /L·min$^{-1}$ | $\Delta p_n$=2MPa 时 | 4 | 8 | 16 | 32 | 48 |
| | | $\Delta p_n$=7MPa 时 | 7 | 13 | 24 | 46 | 70 |
| | 工作压力/MPa | | 3.0～31.5,0.5～10.0 | | | | |
| | 最大回油背压/MPa | | 3.0 | | | | |
| 电气特性 | 额定电流 $I_n$/mA | 连接方式 1-2 | ±300 | ±300 | ±300 | ±300 | ±1000 |
| | | 1-3 | ±600 | ±600 | ±600 | ±600 | — |
| | 线圈电阻/Ω | 1-2 | 40 | 40 | 40 | 44 | 11 |
| | | 1-3 | 20 | 20 | 20 | 22 | — |
| | 颤振电流/mA | 1-2 50c/s 时 | 10 | 10 | 20 | 20 | 40 |
| | | 1-2 150c/s 时 | 20 | 20 | 40 | 40 | 80 |
| | | 1-3 50c/s 时 | 20 | 20 | 40 | 40 | — |
| | | 1-3 150c/s 时 | 40 | 40 | 80 | 80 | — |
| 静态特性 | 滞环/% | | <2 | <2 | <2.5 | <2.5 | <2.5 |
| | 压力增益 [($\Delta p_L/p_s$)/($\Delta I/I_s$)] | SV1-10□/□□/315/6 | 14 | | | | |
| | | SV1-10/□□/315/1 | 25 | | | | |
| | | SV1-10/□□/100/6 | 12 | | | | |
| | | SV-10/□□/100/1 | 20 | | | | |
| | 分辨率/% | | <0.1 | <0.1 | <0.2 | <0.2 | <0.2 |
| | 非线性度/% | | <2 | <3 | <4 | <5 | <6 |
| | 不对称度/% | | <5 | <5 | <5 | <5 | <5 |

| 型号 | | SV1-10/□□ | 4 | 8 | 16 | 32 | 48 |
|---|---|---|---|---|---|---|---|
| 静态特性 | 重叠/% | SV1-10/□□/□□/1 | 0.5～2.5 | | | | |
| | | 4～8 | SV1-10/□□/□□/6 | | | | |
| | 零位静耗流量($p_s$=10MPa, $I$=0mA, $Q_A$=$Q_B$=0)/L·min$^{-1}$ | SV1-10/□□/315/6 | 0.15 | 0.25 | 0.4 | 0.7 | 1.0 |
| | | SV1-10/□□/315/1 | 0.25 | 0.4 | 0.7 | 1 | 1.5 |
| | | SV1-10/□□/100/6 | 0.25 | 0.4 | 0.7 | 1.0 | 1.5 |
| | | SV1-10/□□/100/1 | 0.4 | 0.6 | 1.0 | 1.5 | 2.2 |
| | 零偏/% | | | | | | |
| | 压力零漂/% | | | | | | |
| | 温度零漂/% | | 没有测量,理论上为零 | | | | |
| 动态特征 | 幅频率(−3dB)/Hz | | 130 | 130 | 140 | 115 | 130 |
| | 相频率(−90°)/Hz | | 75 | 75 | 85 | 62 | 72 |
| 其他 | 工作介质 | | 液压油 H-L46 | | | | |
| | 工作温度/℃ | | −20～80 | | | | |
| | 质量/kg | | 6.5 | 6.5 | 6.5 | 7.5 | 7.5 |

续表

**结构及型号意义**

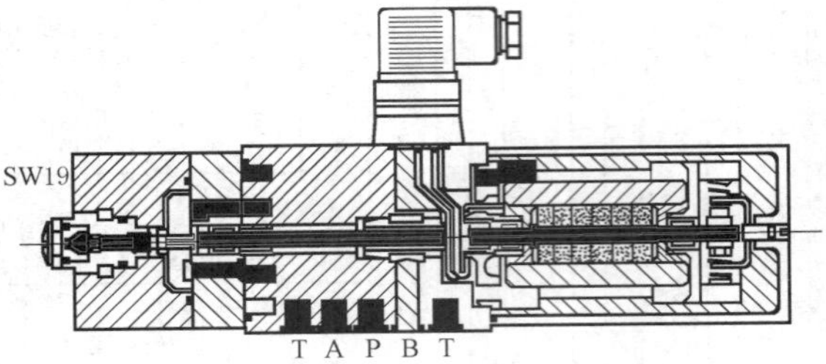


SV 1 -10/16/100 1/D

- SV — 伺服阀
- 1 — 直动式
- 10 — 通径10 DIN24340
- 16 — 额定流量($\Delta p$=2MPa时)/$L \cdot min^{-1}$：4, 8, 16, 32, 48
- 100 — 工作压力/MPa：3.0～31.5,0.5～10
- 1 — 重叠系数：1%,6%
- D — D—HFD；L—油气；无标记—液压油

**特性曲线**

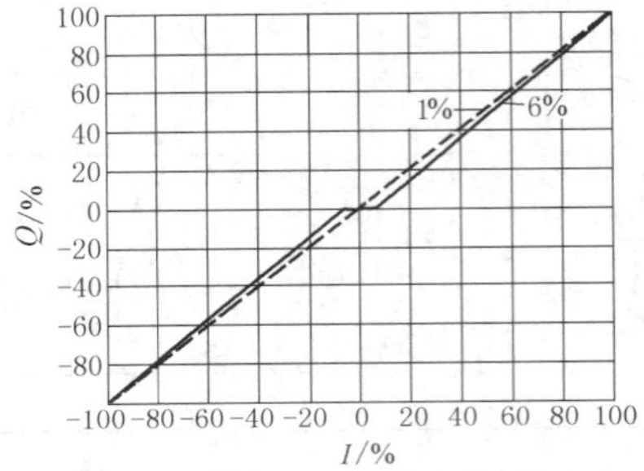


流量曲线（重叠1%或6%）

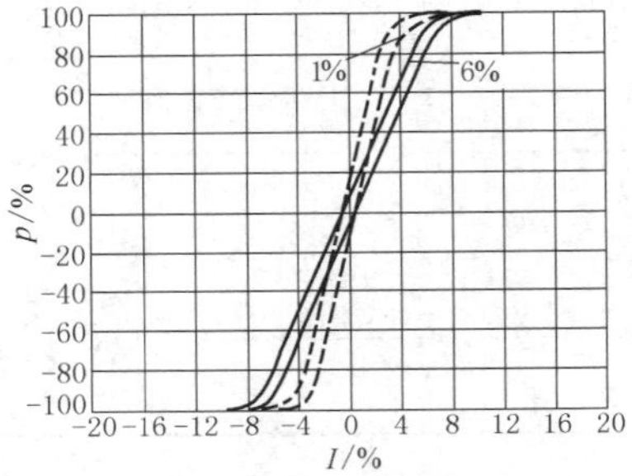


压力曲线（重叠1%或6%）

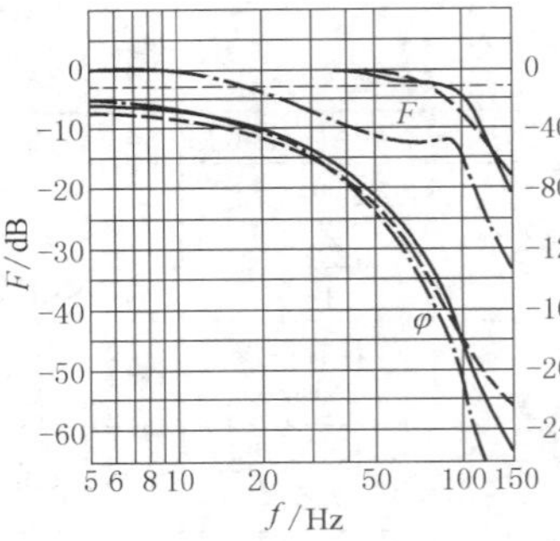


频率响应 $p_s$=2MPa

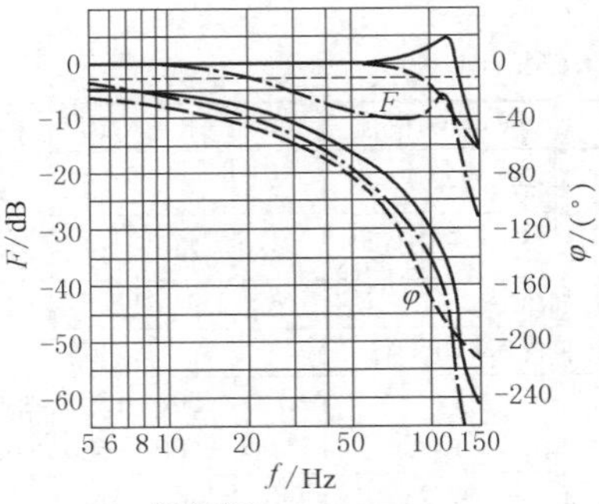


频率响应 $p_s$=20MPa

- - - $I/I_n$=10%；——— 30%；—·— 100%

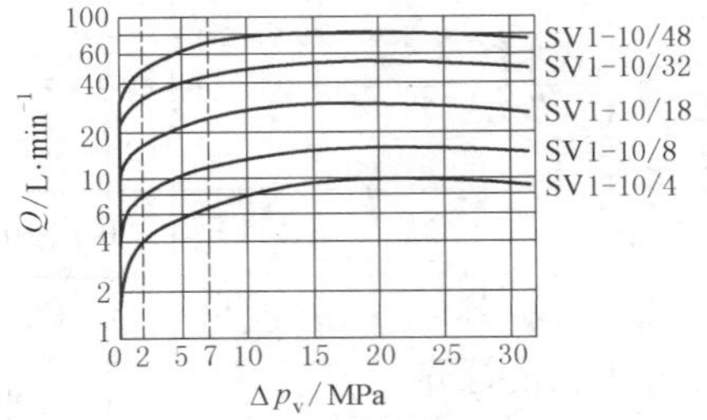


压降与流量关系曲线

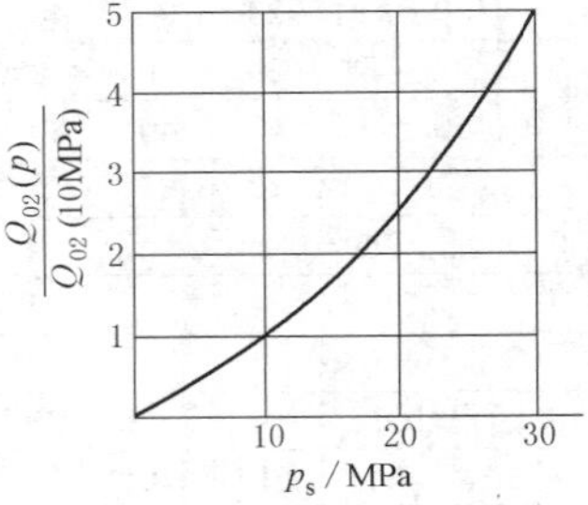


泄漏与压力关系曲线

## 1.2.11 MOOG D661~D665 系列电反馈伺服阀

表 22-6-25 技术性能

| 型号 | | | D661—…P/B… | | D662—…D… | | | D663—… | | D664—… | | D665—… | |
|---|---|---|---|---|---|---|---|---|---|---|---|---|---|
| | | | A | B | D.A | D.B | P.M | L…B | P…M | L…B | P…M | P…H | K…J |
| 阀类型 | | | 二级 | 二级 | 二级 | 二级 | 三级 | 二级 | 三级 | 二级 | 三级 | 三级 | 三级 |
| 先导阀型号 | | | 一级伺服射流管阀 | 一级伺服射流管阀 | D061 伺服射流管阀 | D061 伺服射流管阀 | D630 二级喷挡阀 | D061 伺服射流管阀 | D630 二级喷挡阀 | D061 伺服射流管阀 | D630 二级喷挡阀 | D631 二级喷挡阀 | D661 二级伺服射流管阀 |
| 液压电器特性 | 额定流量 $Q_n$(±10)%/L·min$^{-1}$ 阀每节流边压差 0.5MPa | | 20,60,80,2×80 | 30,60,80,2×80 | 150 250 | 150 250 | 150 250 | 350 | 350 | 550 | 550 | 1000 1500 | 1000 1500 |
| | 油口最大工作压力(X外控)/MPa | P,A,B 口 | 35 | 35 | 35 | 35 | 35 | 35 | 35 | 35 | 35 | 35 | 35 |
| | | T(Y 外排) | 35 | 35 | 35 | 35 | 35 | 35 | 35 | 35 | 35 | 35 | 35 |
| | | T(Y 内排) | 21 | 21 | 14 | 14 | 21 | 14 | 21 | 14 | 21 | 10 | 10 |
| | 先导级(标准型)无节流孔 | | 28 | 28 | 28 | 28 | 28 | 28 | 28 | 28 | 28 | 21 | 21 |
| | 额定电流/电压/(mA/V) | | ±10/±10 | | | | | | | | | | |
| 静态特性 | 滞环/% | | <0.3 | <0.3 | <0.5 | <0.5 | <1.0 | <0.5 | <1.0 | <0.5 | <1.0 | <1.0 <0.7 | <1.0 <0.7 |
| | 分辨率/% | | <0.05 | <0.05 | <0.1 | <0.1 | <0.2 | <0.1 | <0.2 | <0.1 | <0.2 | <0.3 <0.2 | <0.3 <0.2 |
| | 温度零漂(每 38℃)/% | | <1 | <1 | <1 | <1 | <1.5 | <1 | <1.5 | <1 | <1.5 | <2 <1.5 | <2.5 <2 |
| | 阀零位静耗流量/L·min$^{-1}$ | | ≤3.5 | ≤4.4 | ≤4.2 | ≤5.1 | ≤4.5 | ≤5.6 | ≤5.0 | ≤5.6 | ≤5.0 | ≤10.5 | ≤11 |
| | 先导级静耗流量/L·min$^{-1}$ | | ≤1.7 | ≤2.6 | ≤1.7 | ≤2.6 | ≤2.0 | ≤2.6 | ≤2.0 | ≤2.6 | ≤2.0 | ≤3.5 | ≤4 |
| | 先导阀流量(100% 阶跃输入)/L·min$^{-1}$ | | ≤1.7 | ≤2.6 | ≤1.7 | ≤2.6 | ≤2.0 | ≤2.6 | ≤30 | ≤2.6 | ≤30 | ≤45 ≤55 | ≤40 ≤50 |
| | 主阀芯行程/mm | | ±3 | ±3 | ±5 | ±5 | ±5 | ±4.5 | ±4.5 | ±6 | ±6 | ±5.8 ±8 | ±5.5 ±8 |
| 动态特性 | 频率响应 | 幅频宽(-3dB)/Hz | >45 | >70 | >26 | >45 | >100 | >32 | >75 | >26 | >30 | >23 | >90 |
| | | 相频率(90°)/Hz | >60 | >70 | >40 | >50 | >80 | >43 | >90 | >36 | >60 | >30 | >65 |
| | 阶跃响应(0~全行程)/ms | | 28 | 18 | 44 | 28 | 9 | 37 | 13 | 48 | 17 | 30 35 | 10 12 |
| 其他 | 油液温度/℃ | | -20~80 | | | | | | | | | | |
| | 工作介质 | | 石油基液压油(DIN 51524,1~3 部分)。油液黏度允许 5~400mm$^2$·s$^{-1}$,推荐 15~100mm$^2$·s$^{-1}$ | | | | | | | | | | |
| | 质量/kg | | 5.6 | 5.6 | 11 | 11 | 11.5 | 19 | 19.5 | 19 | 19.5 | 70 | 73.5 |

典型产品工作原理图

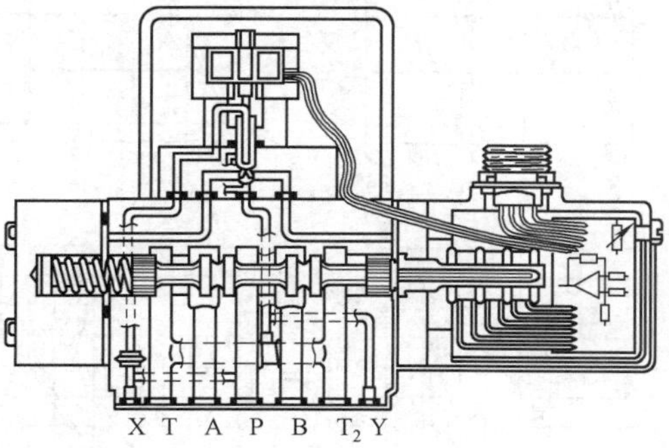


D661系列二级伺服比例阀
故障保险类型F,A➤T

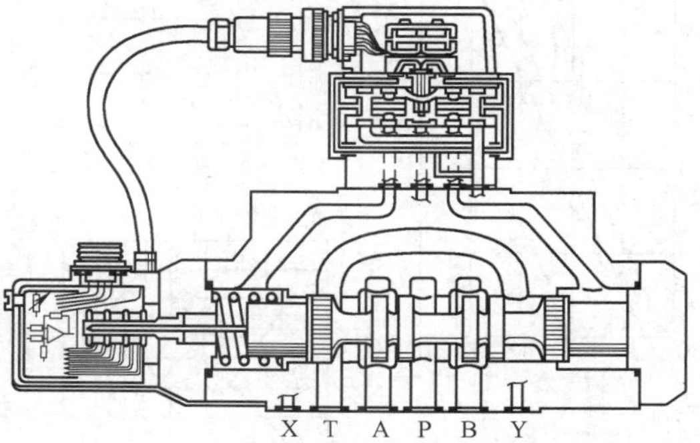


D662系列三级伺服比例阀,先导级为D630系列伺服阀,故障保险类型F,即A➤T

注:1. 静、动态性能的额定供油压力为 21MPa。频率响应取自各系列最大流量,输入幅值为 25%额定值。
2. 零偏可外调,滑阀重叠量和压力增益按用户要求。
3. D661~D665 系列伺服比例阀可用功率级对中弹簧回零、附加电磁阀切断供油或载荷腔与回油接通等方法构成故障保险类阀。

第 22 篇

**表 22-6-26　　MOOG D661～665 伺服阀典型静、动态曲线**

典型特性曲线：额定供油压力（包含先导级）21MPa，油液黏度 32mm$^2$ · s$^{-1}$，油液温度 40℃

D661

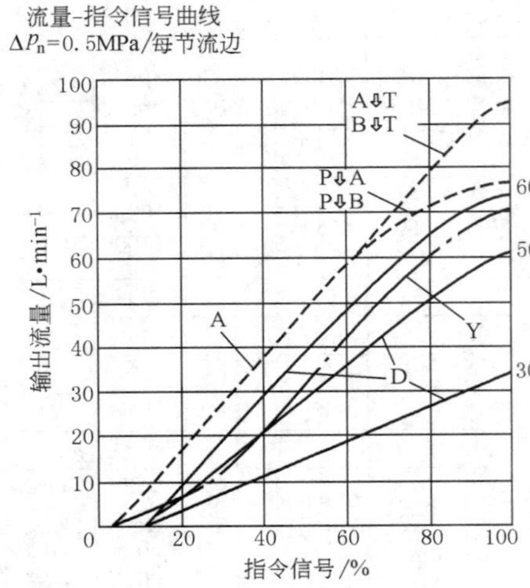


主阀芯类型A:零重叠,线性流量增益特性(80)
主阀芯类型D:10%重叠量,线性流量增益特性
主阀芯类型Y:零重叠,折线流量增益特性(80)

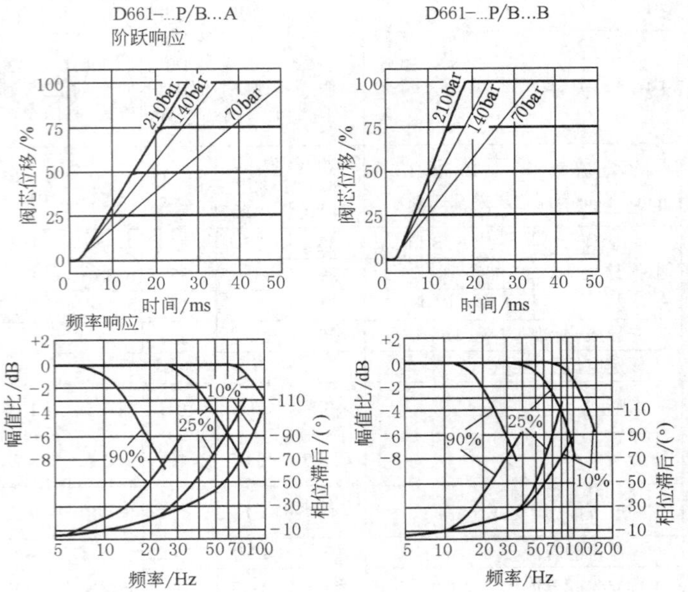


典型特性曲线：额定供油压力（包含先导级）21MPa，油液黏度 32mm$^2$ · s$^{-1}$，油液温度 40℃

D662

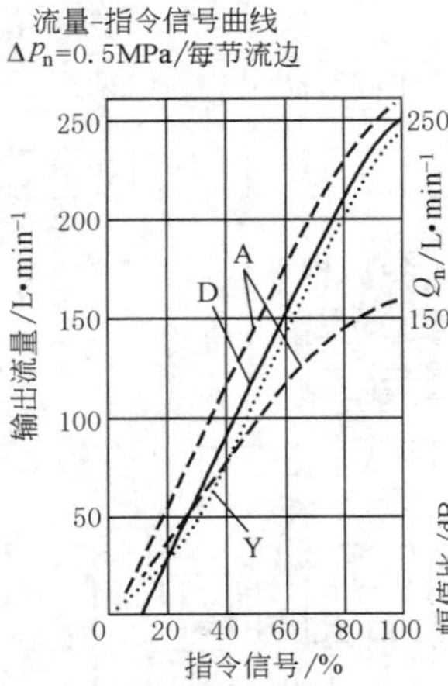


主阀芯类型A:零重叠，
线性流量增益特性
主阀芯类型D:10%重叠量，
线性流量增益特性
主阀芯类型Y:零重叠，
折线流量增益特性

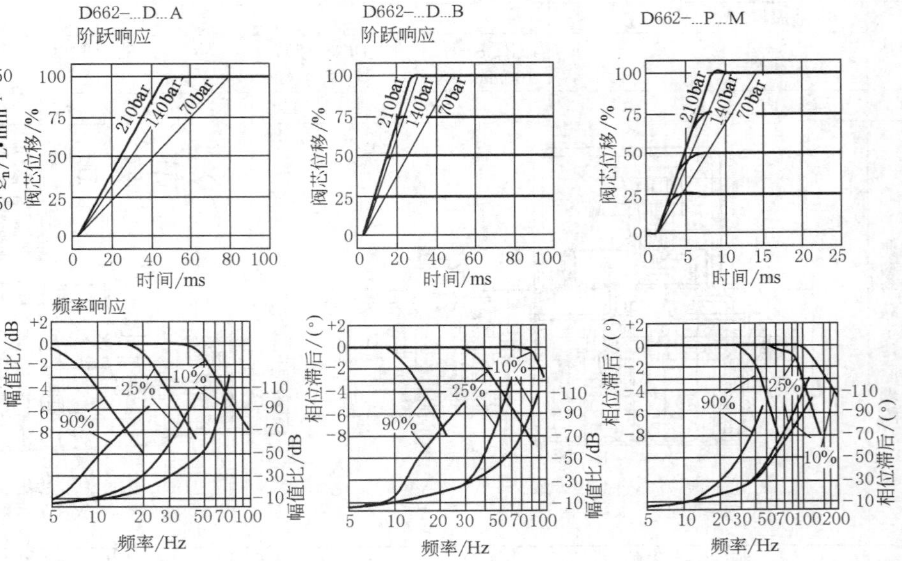

典型特性曲线：额定供油压力（包含先导级）21MPa，油液黏度 $32mm^2 \cdot s^{-1}$，油液温度 40℃

D663

流量-指令信号曲线
$\Delta P_n$=0.5MPa/每节流边

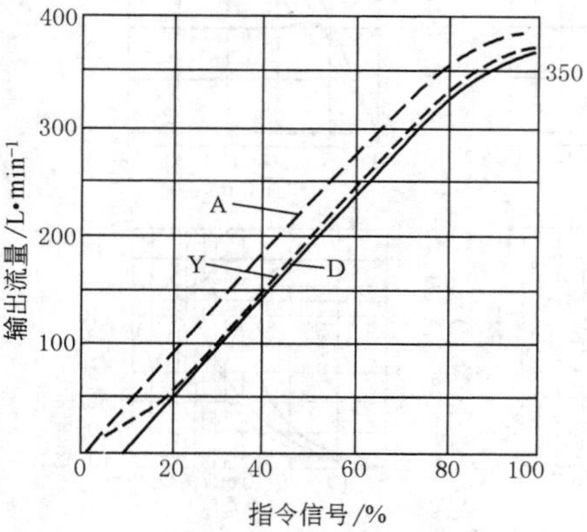


主阀芯类型A:零重叠，线性流量增益特性

主阀芯类型D:10%重叠量，线性流量增益特性

主阀芯类型Y:零重叠，折线流量增益特性

D663-...L...B
阶跃响应

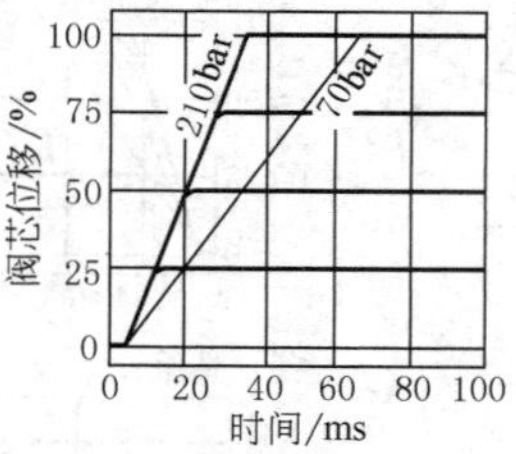


频率响应

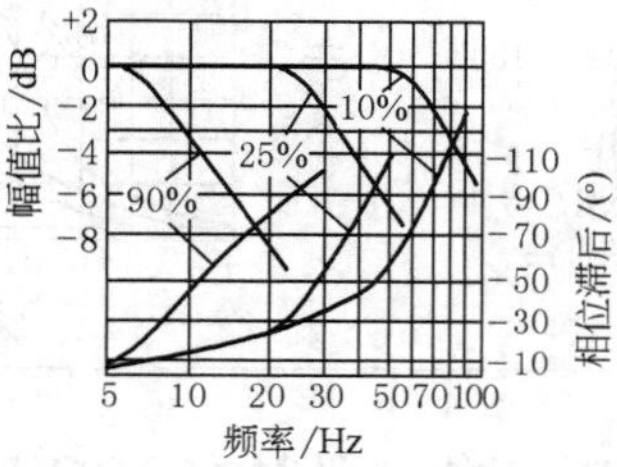


D663-...P...M

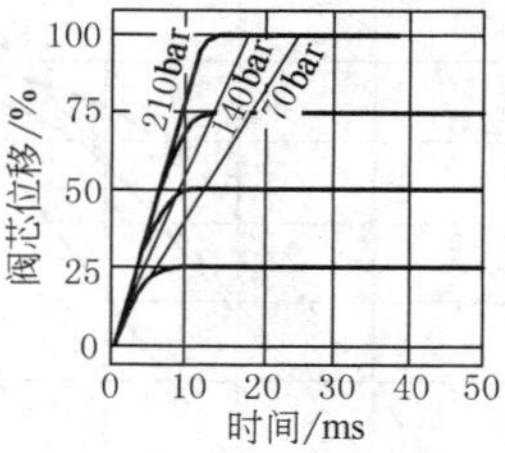


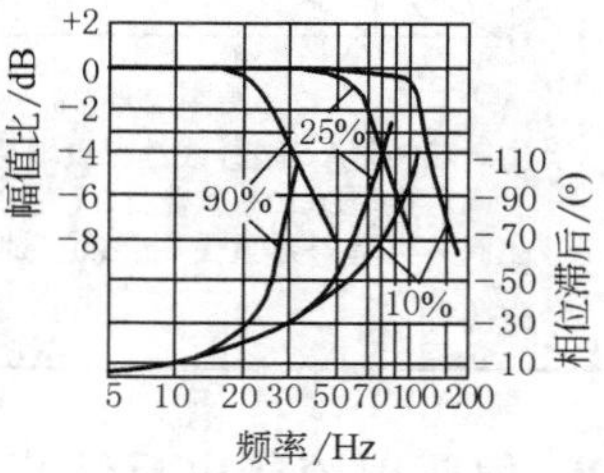


典型特性曲线：额定供油压力（包含先导级）21MPa，油液黏度 $32mm^2 \cdot s^{-1}$，油液温度 40℃

D664

流量-指令信号曲线
$\Delta p_n$=0.5MPa/每节流边

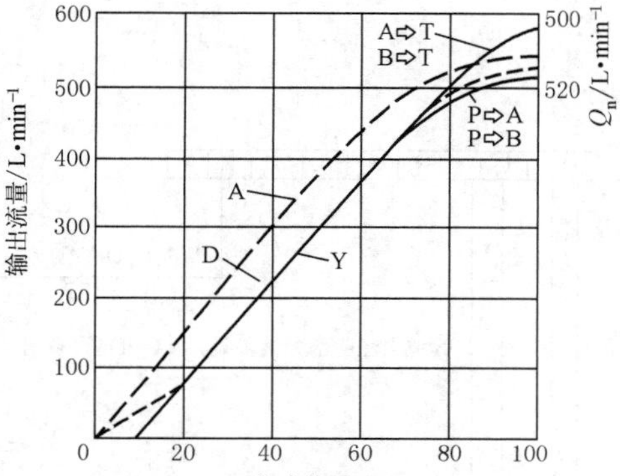


主阀芯类型A:零重叠，线性流量增益特性

主阀芯类型D:10%重叠量，线性流量增益特性

主阀芯类型Y:零重叠，折线流量增益特性

D664...L...B
阶跃响应

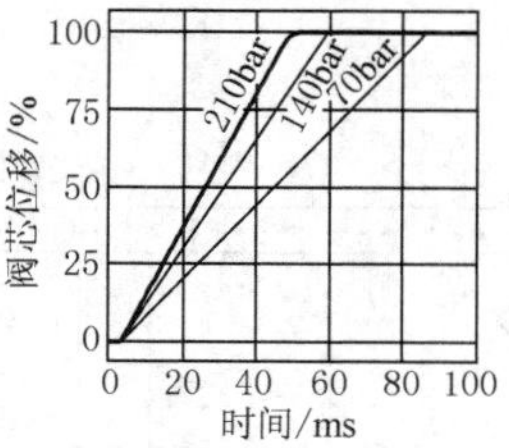


频率响应

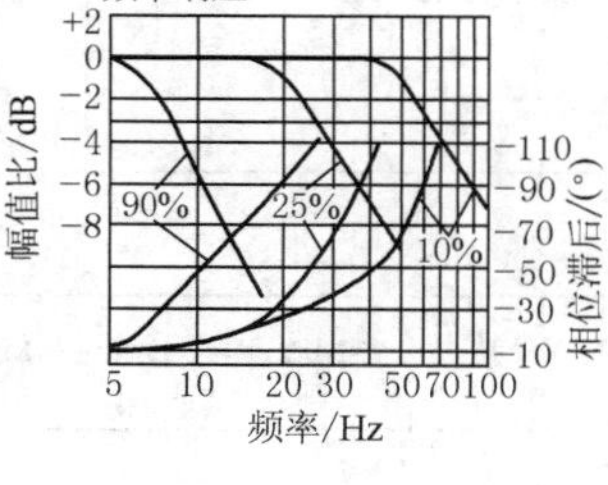


D664...P...M

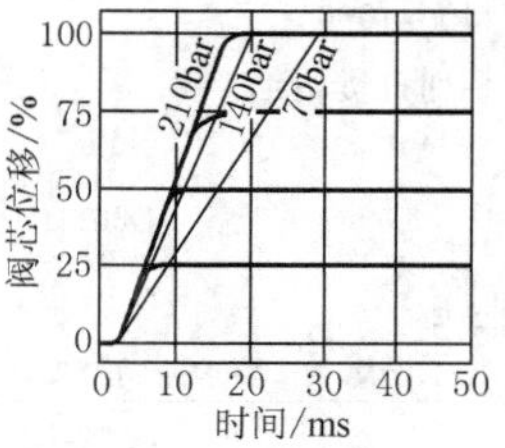


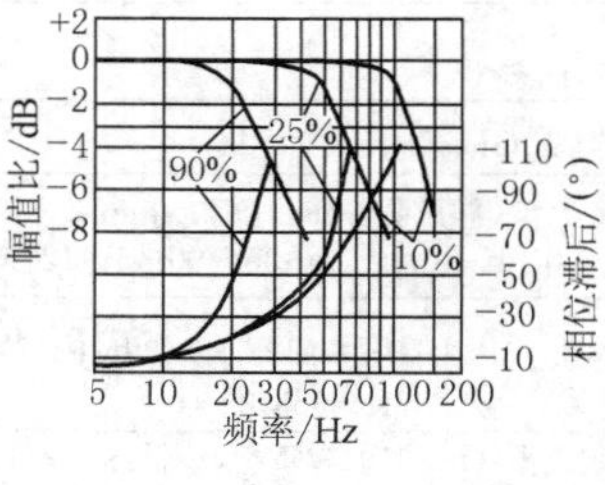

续表

典型特性曲线：额定供油压力(包含先导级)21MPa，油液黏度 32mm$^2$・s$^{-1}$，油液温度 40℃

D665

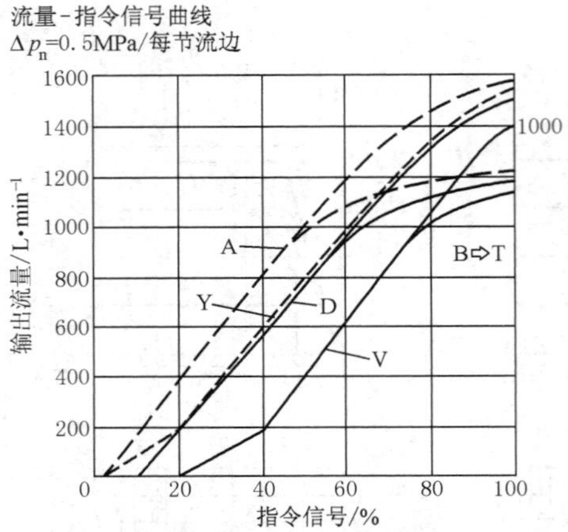


主阀芯类型A：零重，线性流量增益特性
主阀芯类型D：10%重叠量，线性流量增益特性
主阀芯类型Y：零重叠，折线流量增益特性

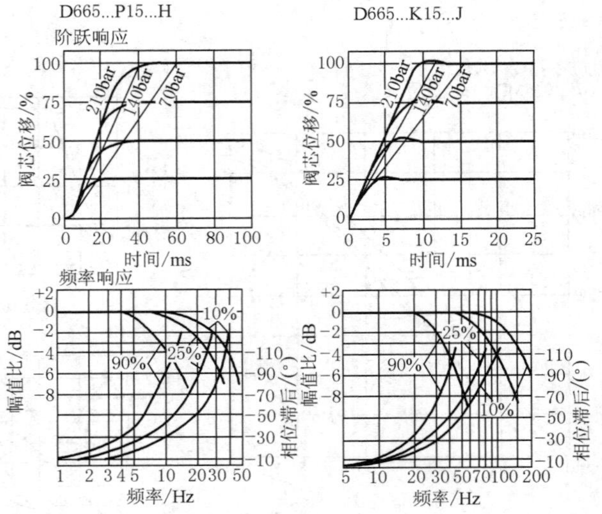


## 1.2.12 伺服射流管电反馈高响应二级伺服阀 MOOG D661 GC 系列

表 22-6-27 基本特性和外形和安装尺寸

| 额定流量/L・min$^{-1}$ Δ$p_n$=3.5MPa/每节流边 | 分辨率 /% | 滞环 /% | 温漂(每38℃)/% | 先导阀静耗 /L・min$^{-1}$ | 总静耗 /L・min$^{-1}$ | 阀芯行程 /mm | 阀芯驱动面积/cm$^2$ | 阶跃响应 /ms | 频率响应/Hz -3dB | 频率响应/Hz -90° |
|---|---|---|---|---|---|---|---|---|---|---|
| 20/90 | <0.1 | <0.4 | <2.0 | 2.6 | 3.9/5.4 | ±1.3 | 1.35 | 6.5 | 150 | 180 |
| 40/80 | <0.08 | <0.3 | <1.5 | 2.6 | 4.7 | ±2 | 1.35 | 11 | 200 | 90 |
| 120/160/200 | <0.05 | <0.2 | <1.0 | 2.6 | 5.4 | ±3 | 1.35 | 14 | 80 | 80 |

D661 GC 的其他特性和 D661 系列完全一样。高响应是通过增大先导级流量，即伺服射流管喷嘴和接受孔直径，减小阀芯驱动面积和减小阀芯行程得到的，所以该阀抗污染能力很好。油液清洁度等级推荐<19/16/13(正常使用)，<17/14/11(长寿命使用)(ISO 4406:1999)

D661 GC 系列订货明细

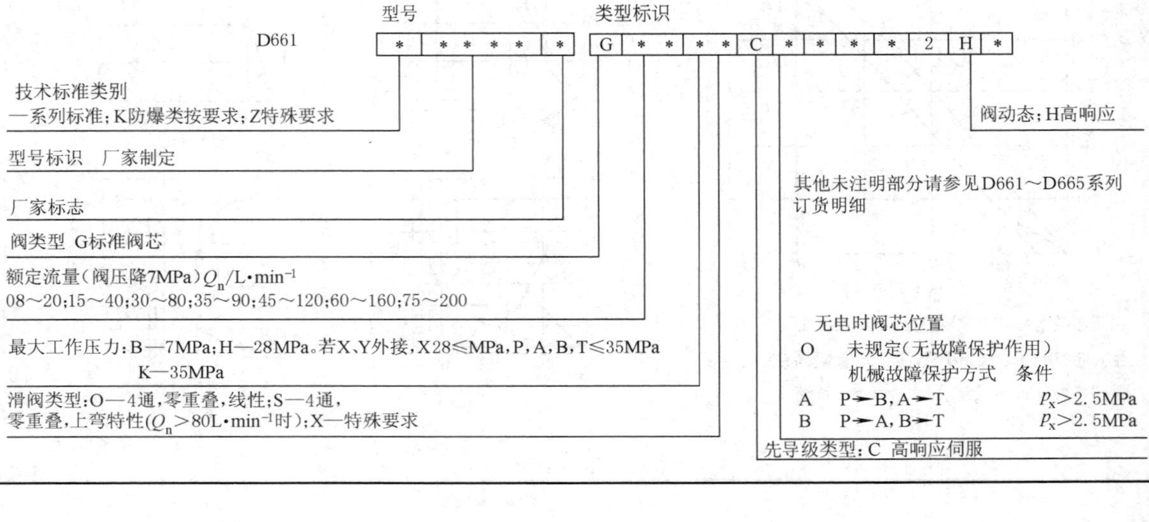

D661、D661GC 外形及安装尺寸

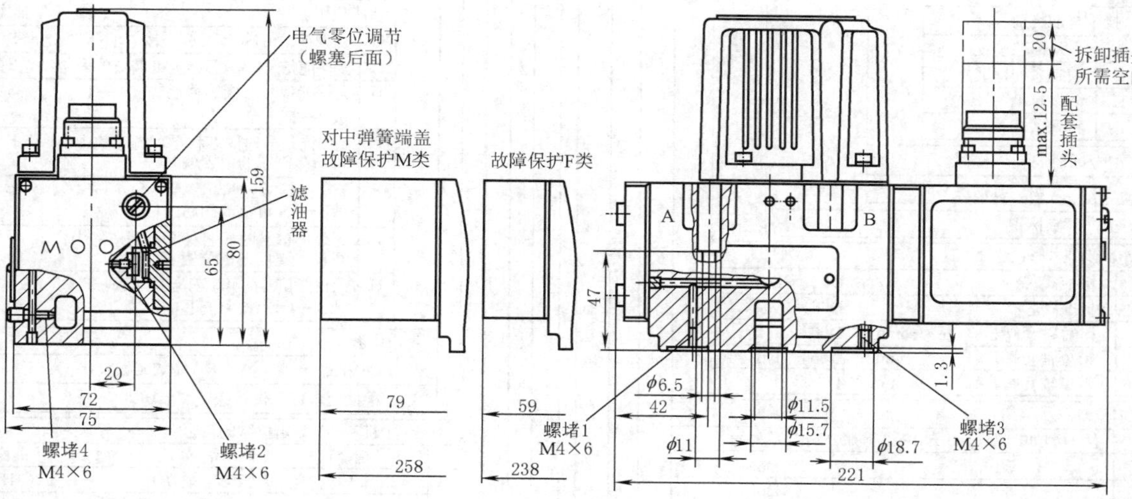


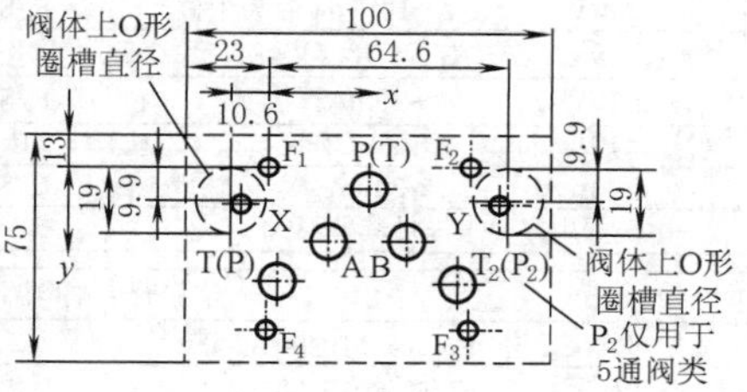


| | P | A | B | T | $T_2$ | X | Y | $F_1$ | $F_2$ | $F_3$ | $F_4$ |
|---|---|---|---|---|---|---|---|---|---|---|---|
| | ϕ11.5 | ϕ11.5 | ϕ11.5 | ϕ11.5 | ϕ11.5 | ϕ6.3 | ϕ6.3 | M6 | M6 | M6 | M6 |
| $x$ | 27 | 16.7 | 37.3 | 3.2 | 50.8 | −8 | 62 | 0 | 54 | 54 | 0 |
| $y$ | 6.3 | 21.4 | 21.4 | 32.5 | 32.5 | 11 | 11 | 0 | 0 | 46 | 46 |

安装板必须符合 ISO 4401-05-05-0-94。对于流量 $Q_n$>60L·min⁻¹的 4 通阀和 2×2 通阀类，非标准的第二回油孔 $T_2$ 必须使用。当用于最大流量时，安装板的 P，T，A，B 孔直径必须为 11.5mm（有别于标准）。安装表面的平面度在 100mm 距离内小于等于 0.01mm。平均表面粗糙度在 0.8μm 以内

D661 GC 典型特性

D661 GC 是属于 D661 系列的高响应系列

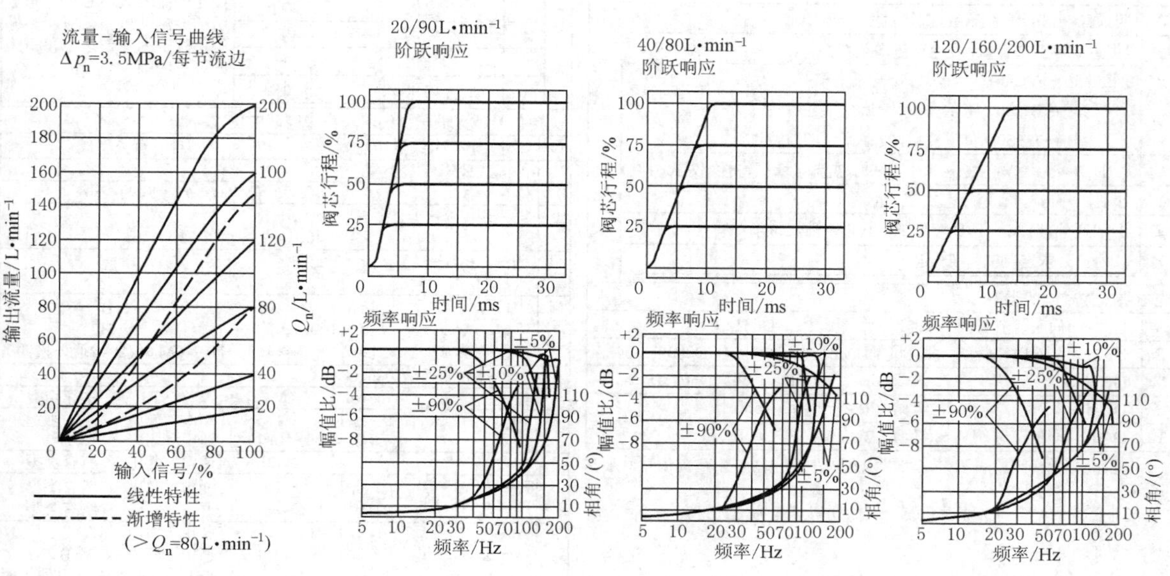

**表 22-6-28　　MOOG D661～D665 伺服阀订货明细**

型号　　　　　　　类型标示

D661～D665 · · · · · · · · — · · · · · · · · · · 2 - ·

| 技术标准类别 | |
|---|---|
| — | 系列标准 |
| E | 预制系列标准 |
| K | 防爆标准，按要求 |
| Z | 特殊要求 |

| 型号标识 | |
|---|---|
| | 已在出厂时指定 |

生产厂家标识

| 功率级阀芯形式 | | 系列号 |
|---|---|---|
| P | 标准阀芯 | D661～D665 |
| B | 标准阀芯 | D661（五通阀） |
| D | 带短轴套阀芯 直径为16mm | D662 |
| L | 带短轴套阀芯 直径为19mm | D663和D664 |
| K | 带短轴套阀芯 直径为35mm | D665 |

| 额定流量 | | |
|---|---|---|
| | $Q_n$/L·min$^{-1}$($\Delta p_n$=0.5MPa/节流边) | 系列号 |
| 30 | 30 | D661 |
| 60 | 60 | D661 |
| 80 | 80 | D661 |
| 01 | 150 | D662 |
| 02 | 250 | D662 |
| 03 | 350 | D663 |
| 05 | 550 | D664 |
| 10 | 1000 | D665 |
| 15 | 1500 | D665 |

| 最大工作压力 | | 先导阀 |
|---|---|---|
| F | 21MPa当$P_x$≤21MPa（X和Y口外接）时，P、A、B和T口的工作压力可达35MPa | H |
| H | 28MPa当$P_x$≤28MPa（X和Y口外接）时，P、A、B和T口的工作压力可达35MPa | A/B/J/M |
| K | 35MPa不以D630和D631系列为先导阀时 | A/B/J |
| X | 特殊压力系列 | |

| 功率级阀芯形式 | |
|---|---|
| A | 四通：零开口，线性流量增益特性 |
| D | 四通：10%正重叠量，线性流量增益特性 |
| P | 四通：P➛A，A➛T 零开口，变流量增益特性<br>P➛B 60%正重叠量，变流量增益特性<br>B➛T 50%负重叠量，线性流量增益特性 |
| U | 五通：P➛A，$P_2$➛B，A➛T 零开口，变流量增益特性（仅D661阀） |
| Y | 四通：零开口，折线流量增益特性 |
| Z | 2×2通外接：A➛T，B➛$T_2$ 零开口，线性流量增益特性 |
| X | 按用户要求定制的特殊规格 |

| 先导级或先导阀的类型 | | | 阀型号 |
|---|---|---|---|
| A | D061-8伺服射流管阀 | 标准型 | D661...P |
| B | D061-8伺服射流管阀 | 大流量型 | D661...P D662...D D663/D664...L |
| M | D630 | 二级，MFB | D662/D663/D664...P |
| H | D631 | 二级，MFB | D665...P |
| J | D661伺服射流管阀 | 二级，EFB | D665...K |

一些特殊规格阀的表示方法可能未在表中列出。若用户提出特殊要求，可定制

某些任意的组合可能无法供货，其中阴影部分为优选组合

| 功能代码 | | 插座 |
|---|---|---|
| O | 无使能信号输入，C脚不接 | S |
| A | 无使能信号时阀芯移至可调节的中位 | S |
| B | 无使能信号时阀芯移至终位A➛T或B➛T | S |
| E | 无使能信号时阀芯移至可调节的中位，可检测阀芯的位置偏差 | E |
| F | 无使能信号时阀芯移至终位A➛T或B➛T。可检测阀芯的位置偏差 | E |
| G | 无使能信号时阀芯移至可调节的中位，可检测滑阀芯的位置 | E |
| H | 无使能信号时阀芯移至终位A➛T或B➛T。可检测阀芯的位置 | E |

| 供电电源 | | |
|---|---|---|
| 2 | 24VDC | （18～32VDC） |
| 0 | 根据要求可提供特殊电源±15V | |

| 对应主阀芯100%额定位移的信号 | | | |
|---|---|---|---|
| | 指令信号 | 输出信号 | 插座 |
| A | ±10V | ±10V（差动） | E |
| D | ±10V | 2～10V(6V时为中位) | E/S |
| F | ±10V | 2.5～13.5V | S |
| M | ±10V | 4～20mA | E/S |
| T | ±10V | ±10V带死区补偿（差动） | E |
| X | ±10mA | 4～20mA | E/S |
| Y | 根据用户要求提供其他形式 | | |

| 阀插座 | | | 阀供电电源 | |
|---|---|---|---|---|
| E | 11+PE | EN175201的804部分 | 0 | 2 |
| S | 6+PE | EN175201的804部分 | — | 2 |

| 密封件材料 | | |
|---|---|---|
| N | 丁腈橡胶 | 标准型 |
| V | 氟橡胶 | |
| | 其余特殊材料可根据要求定制 | |

| 先导级的控制型式和控制压力 | | | |
|---|---|---|---|
| | 供油口X | 回油口Y | |
| 4 | 内供 | 内排 | 控制电流的大小必须与先导级的控制油压相适应，参见阀铭牌上的工作油压和相关的订货明细 |
| 5 | 外供 | 内排 | |
| 6 | 外供 | 外排 | |
| 7 | 内供 | 外排 | |

| 无电信号或无液压供油时功率级阀芯的位置 | | | | | |
|---|---|---|---|---|---|
| O | 不定(无故障保险功能) | | 对所有类型阀 | | |
| | 机械式故障保险类型 | | | | |
| | 位置 | $P_P$或$P_X$外控(MPa) | 先导阀的类型 | | |
| F | P➛B和A➛T | ≥2.5<br><0.1 | A、B<br>A、B | | |
| D | P➛A和B➛T | ≥2.5<br><0.1 | A、B<br>A、B | | |
| M | 中位 | ≥0.1 | <0.1 | A、B | |
| | 不定 | ≥0.1 | ≥2.5 | A、B | |
| | 中位 | ≥0.1 | ≥1.5 | H、J和M（仅2×2通外接阀） | |
| | 电控式故障保险类型 | | | | |
| | 位置 | $P_P$(MPa) | $P_X$(MPa) | WV* VEL** | 先导阀类型 |
| W | 中位 | ≥0.1 | ≥1.5 | 断电 通电 | 所有类型 |
| | 不定 | ≥0.1 | <0.1 | 通电 通电 | A、B |
| | 中位 | ≥0.1 | ≥1.5 | 通电 断电 | 所有类型 |
| S | P➛A、B➛T | ≥0.1 | ≥1.5 | 断电 通电 | 所有类型 |
| | P➛A、B➛T | ≥0.1 | ≥1.5 | 通电 断电 | 所有类型 |
| P | A➛T | ≥0.1 | ≥1.5 | 断电 通电 | A、B |
| | P➛B、A➛T | <0.1 | <0.1 | 通电 断电 | A、B |
| | （D661系列仅当先导级外供时 | | | | |

WV*：电磁阀；VEL**：阀的电路部分

## 1.2.13 MOOG D636 和 D637 带数字电路和现场总线接口的直动式比例伺服阀

表 22-6-29　　　　技术性能、结构原理及特点

| 型号 | | D636 | D637 |
|---|---|---|---|
| 整体特性 | 规格 | ISO 4401 标准 03,05 通径 | ISO 4401 标准 03,05 通径 |
| | 安装面标准 ISO 4401:2005 | 4401-03-03-0-05(可选/不选外泄口 Y②) | 4401-05-05-0-05(可选/不选泄漏油口 Y②) |
| | 底板表面精度 | 粗糙度 *Ra*0.8,平面度 0.01/100(ISO 1101) | |
| | 阀结构 | 2 通,3 通,4 通和 2×2 通 | |
| | 质量/kg | 2.5 | 7.9 |
| | 储存温度/℃ | −40~80 | |
| | 环境温度/℃ | −20~60 | |
| | 耐振动 | 30g(3 轴,10Hz~2kHz 按 EN 60068-2-6) | |
| | 抗冲击 | 50g(6 方向,半正弦波 3ms 按 EN 60068-2-27) | |
| 液压特性① | 最大流量/$L \cdot min^{-1}$ | 75 | 180 |
| | 额定流量(与型号有关)$\Delta p$=3.5MPa/每节流边/$L \cdot min^{-1}$ | 5/10/20/40 | 60/100 |
| | 零位静耗流量(零重叠,和型号有关)/$L \cdot min^{-1}$ | 0.15/0.3/0.6/1.2 | 1.2/2.1 |
| | 压力极限/MPa | 油口 P,A,B=35,油口 T=5(带外泄口 Y 时,为 35) | 油口 P,A,B=31.5,油口 T=5(带外泄口 Y 时为 21) |
| | 工作液 | 液压油符合 DIN 51524 和符合 ISO 11158 规定的其他液压油 | |
| | 推荐油液黏度/$mm^2 \cdot s^{-1}$ | 15~100 | |
| | 允许最小粘度范围/$mm^2 \cdot s^{-1}$ | 5~400 | |
| | 油液清洁度等级(影响功能性安全)按 ISO 4406 | <18/15/12 | |
| | 推荐清洁度等级(影响寿命)按 ISO 4406 | <17/14/11 | |
| | 油液温度/℃ | −20~+80 | |
| 电气特性/% | 占空系数/% | 100 | |
| | 电源电压/V DC | 18~32 | |
| | 输入信号 | 模拟差分信号输入为±10V DC,/I 选项信号为 4~20mA | |
| | 最大电流消耗/A | 1.7 | 3.0 |
| | 阀外部熔断器/A | 2(慢熔断) | 3.15(慢熔断) |
| | 最大功率消耗/W | 28.8(1.2A,24V DC) | 55.2(2.3A,24V DC) |
| | 力马达零位时功率消耗/W | 9.6(0.4A,24V DC) | 9.6(0.4A,24V DC) |
| | 保护等级按 EN-60529 | IP65(对于相配插头或带密封功能的防尘罩连接) | |
| | 电磁兼容性 | CANopen 和 PROFIBUS-DP 的辐射干扰按 EN61000-6-4:2005;EtherCAT 按 EN61000-6-3:2005;抗干扰按 EN 61000-6-2:2005(评定规则 A) | |
| 静动态特性 | 滞环/% | 0.05(标准),0.1(最大) | 0.05(标准),0.1(最大) |
| | 零漂 | 在 $\Delta T$=55K 时　零点漂移<1.5% | |
| | 响应时间/ms | 8 | 14 |

D636 和 D637 系列伺服阀原理图

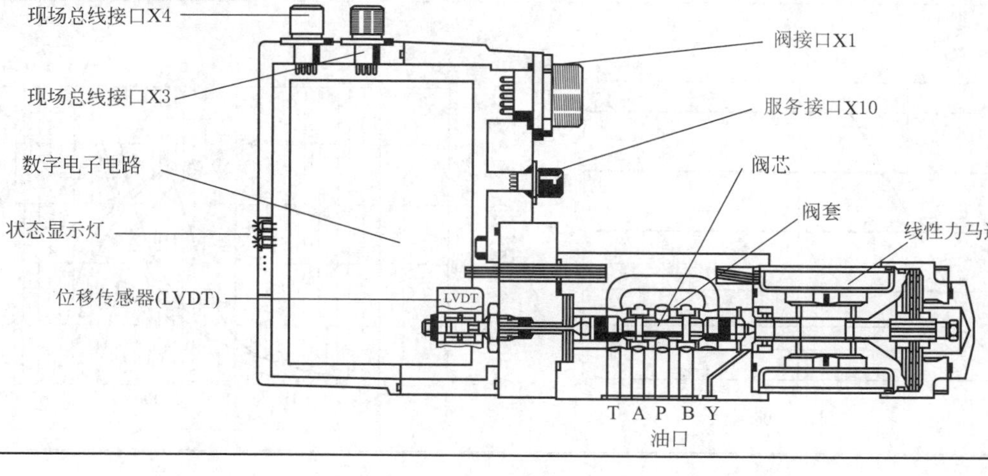

续表

带数字集成电路的直动阀特点

除具有常规直动阀如 MOOG D633 等的失效回零、无先导级及先导供油、动特性与进油压力无关、分辨率和滞环较小等优点外,尚具有如下特点:

(1)数字驱动器和控制电子电路集成在阀内。阀电子电路包含一个微处理器系统,它通过阀含有的软件执行其所有的重要功能。数字电子能够在全部工作范围内对阀进行控制,从而大大减少了温度和零漂的影响

(2)现场总线数据传输:现场总线接口电气隔离

(3)诊断能力:重要的环境和内部数据集中监控。阀参数可以现场和遥控改变

(4)灵活性:因为参数可以用现场总线或高级别 PLC 程序下载,所以在机器运行当中,可以在一个机器周期内对阀参数进行调整

(5)更小的滞环和分辨率及更高的动态品质

(6)内置总线接口(即 CANopen,Profilbus-DP 或 EtherCAT)能够设置工作参数、运行阀并监控其性能。为减少布线,总线接口提供了两个插口,这样阀可以集成入总线内而无需外部 T 型接头。而且,可以最多适用两个模拟输入指令和两个模拟实际输出值

(7)阀也可以选择不使用现场总线而选择模拟输入进行控制,这时,使用 M8 服务接口进行阀参数设置

(8)在阀内还可以加入诸如位置控制、速度控制以及力控制之类的轴控制功能,而且可以通过规定的事件从一种模式切换到另一种模式

D636 和 D637 流量图

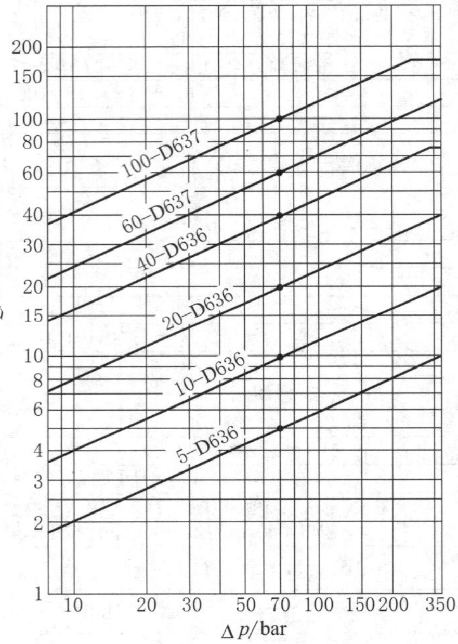


D636 特性曲线(工作压力=14MPa,油液黏度=32mm$^2$·s$^{-1}$,油温=40℃)

阶跃响应

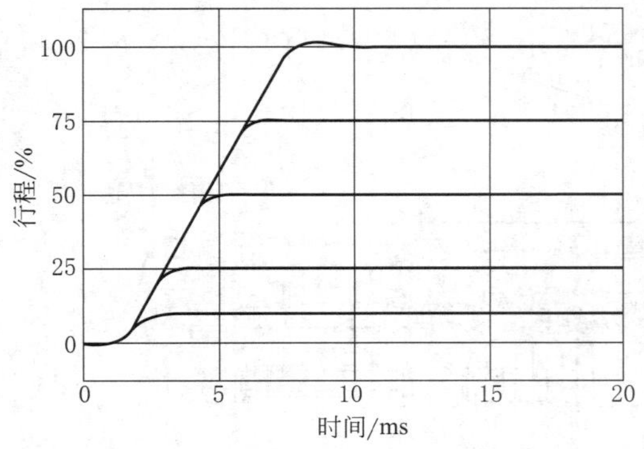


频率响应

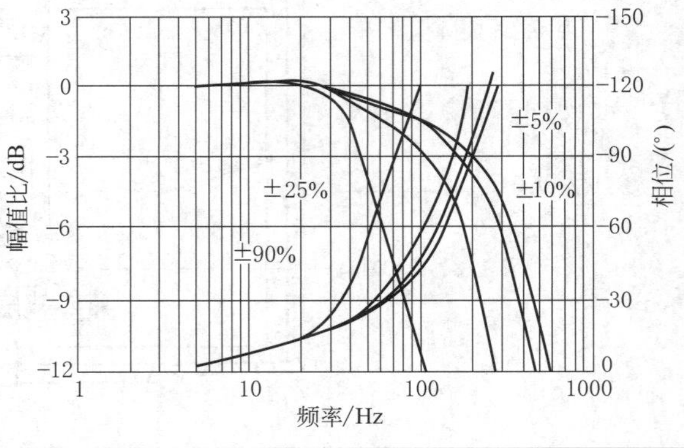

续表

压力信号曲线
(零重叠阀)

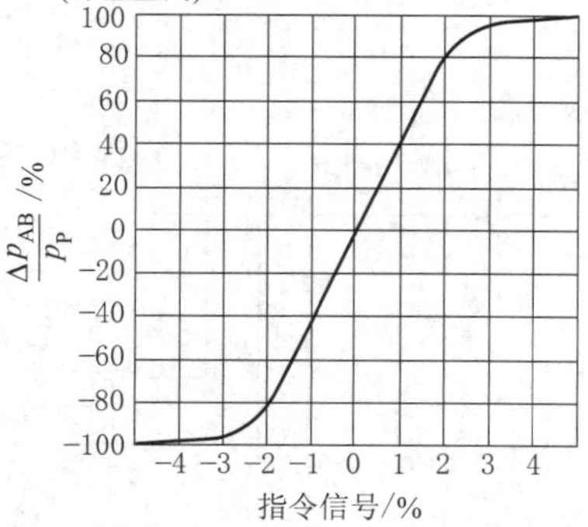


阀流量特性曲线
(零重叠阀)

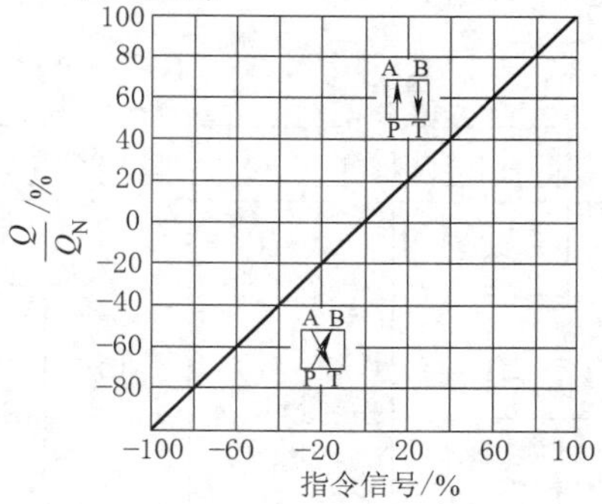


D637 特性曲线(工作压力 = 14MPa,油液黏度 = 32mm$^2$ · s$^{-1}$,油温 = 40℃)

阶跃响应(60/L·min$^{-1}$型阀)

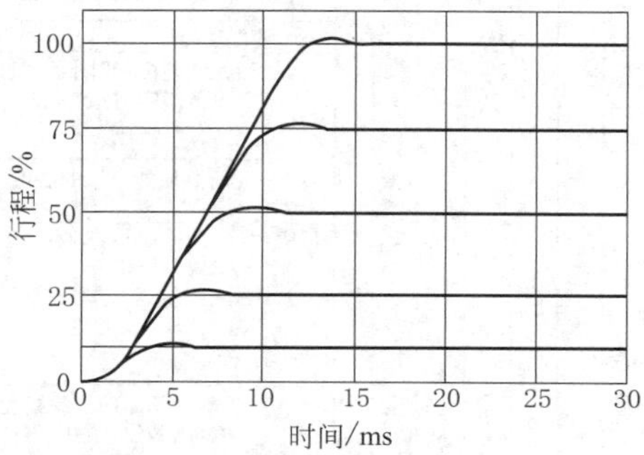


阶跃响应(100/L·min$^{-1}$型阀)(零重叠阀)

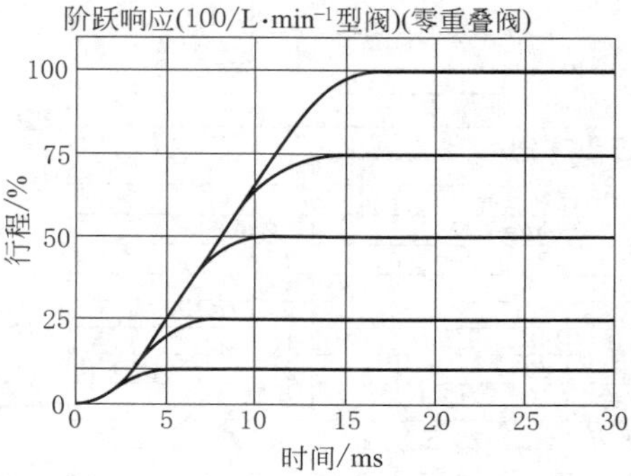


频率响应(60/L·min$^{-1}$型阀)

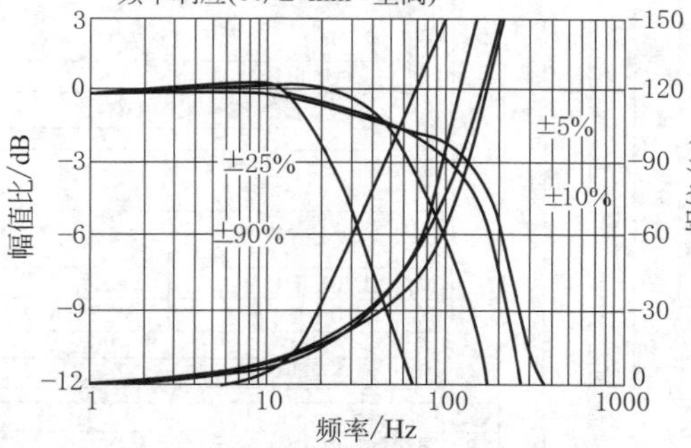


频率响应(100/L·min$^{-1}$型阀)

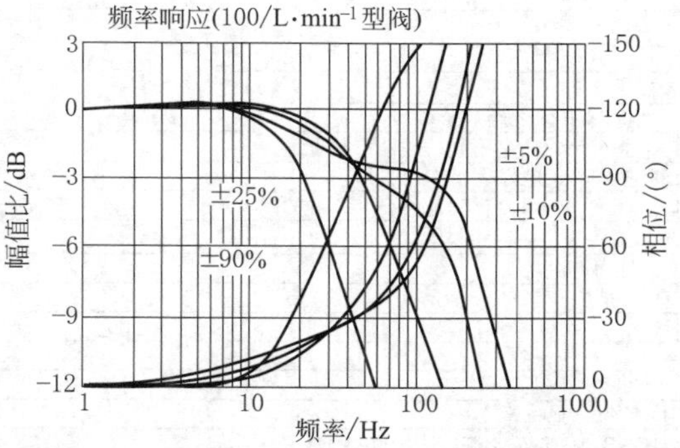


压力特征曲线(零重叠阀)

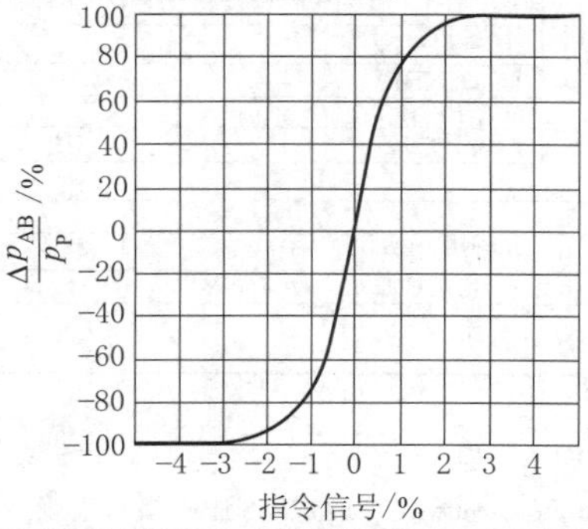


流量特性曲线(零重叠阀)

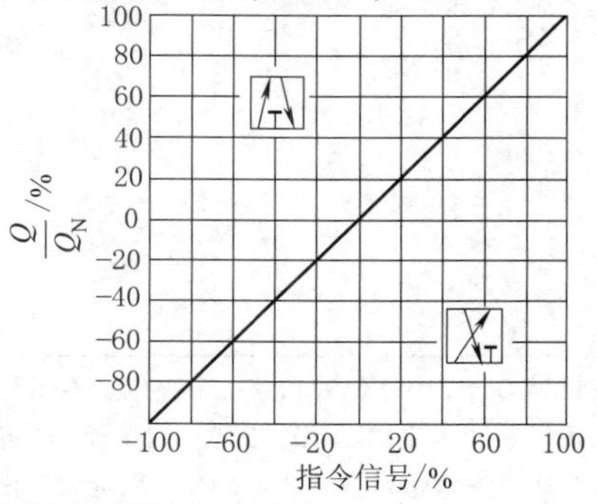


① 测试条件为：14MPa，油液黏度 32mm$^2$ · s$^{-1}$和油温 40℃。

② 当回油口 T 压力超过 5MPa 及采用 2×2 通时，必须选用 Y 口。

**表 22-6-30　　MOOG D636 和 D637 型阀订货明细**

D636 和 D637 订货明细

型号　　　　　　　　　　　　　　　阀类型标识

D636 □ □□□ □ – □□□□　　□ □ □ □ □ □ □ □ □ □ □ – □ □ □ A1
（阀类型标识各位：1 2 3 4 5 6 7 8 9 10 11 12 13 14 15 16）

| 技术标准类别 | |
|---|---|
| – | 系列标准 |
| Z | 特殊标准 |

型号标识

厂家标识

改型

| 1 | 阀类型 |
|---|---|
| R | 带集成数字电子 |

| 2 每节流边流量/L·min⁻¹ | | | |
|---|---|---|---|
| | | $\Delta p$=3.5MPa | $\Delta p$=0.5MPa |
| D636 | 02 | 5 | 2 |
| | 04 | 10 | 4 |
| | 08 | 20 | 8 |
| | 16 | 40 | 10 |
| D637 | 24 | 60 | 24 |
| | 40 | 100 | 40 |
| K | 350(5,000) | | |

| 3 | 最大工作压力/MPa |
|---|---|
| K | 35 |

| 4 | 滑阀设计 |
|---|---|
| O | 4-通，零重叠，线性特性曲线 |
| A | 4-通，1.5%～3%正重叠，线性特性曲线 |
| D | 4-通，10%正重叠，线性特性曲线 |
| Z | 2×2-通，P→A，B→T，仅适用于带Y孔的阀 |

| 5 | 线性力马达 | 系列 |
|---|---|---|
| 1 | 标准型 | D636 |
| 2 | 标准型 | D637 |

| 6 | 不供电时阀芯位置 |
|---|---|
| M | 中位① |
| F | P→B，A→T 连接(开启约10%) |
| D | P→A，B→T 连接(开启约10%) |

| 7 | Y孔 |
|---|---|
| 0 | 用螺堵封闭，$p_{Tmax}$=5 MPa |
| 3 | 打开，加过滤元件，$p_T$>5 MPa |

| 8 | 密封材料 |
|---|---|
| H | HNBR |
| V | FKM |
| | 其他按需 |

| 9 | 阀接口X1 |
|---|---|
| S | 6-引脚+PE EN175201-804 |
| E | 11-引脚+PEEN |

| 10 相对于100%阀芯行程(死区补偿按需) | | |
|---|---|---|
| | 输入信号 | 测量输出 |
| M | ±10V DC | 4～20mA |
| X | ±10mA | 4～20mA |
| E | 4～20mA | 4～20mA |
| 9 | 现场总线电子② | |

| 11 | 供电电压 |
|---|---|
| 2 | 24V DC(18～32V DC) |

| 13 | 使能功能 |
|---|---|
| A | 当无使能信号时，阀芯处于预先设置的中位 |
| B | 无解除使能信号的线性力马达 |
| K⑤ | 当无使能信号时，阀芯处于预先设置的中位<br>阀芯位置由引脚11监控 |
| L⑤ | 无解除使能信号的线性力马达。阀芯位置由引脚11监控 |
| | 其他按要求 |

| 14 | 现场总线 X3，X4 |
|---|---|
| C | CANopen |
| D | Profibus-DP ③ |
| E | EtherCAT ③ |
| O | Without ③ |

| 15 | 服务接口 X10 |
|---|---|
| 01 | 无 |
| K1 | 有④ |

① 滑阀设计 O、A 中心位置和液压中性位置不相符。

② 仅与现场总线接口“C，D，E”一起选择（可能转换为模拟信号“M，X，E”）。

③ 用运行软件对阀进行参数化。MOOG 阀配置软件（Moog Valve Configuration Softwire）通过 M8 服务接口连接。

④ 只能与现场总线接口“D，E，O”一起选择。

⑤ 只能与现场总线接口“E”一起选择。

## 1.2.14 射流管力反馈伺服阀 Abex 和射流偏转板力反馈伺服阀 MOOG26 系列

表 22-6-31　　　　技术性能

| 型 号 | | | Abex410 | Abex415 | Abex420 | Abex425 | Abex450 | MOOG26 系列 |
|---|---|---|---|---|---|---|---|---|
| 液压特性 | 额定流量 $Q_n$/L·min$^{-1}$ 阀压降 $\Delta p$=21MPa | | 1.9,3.8<br>10,19 | 38 | 57,76<br>95 | 95 | 190,265 | 12,29,54,73,170,260 |
| | 额定供油压力 $p_s$/MPa | | 21 | | | | | 21 |
| | 工作压力范围/MPa | | 2.1~31.5 | | | | | 7~28 |
| 电器特性 | 额定电流 $I_n$/mA | | 4,5,6.3,8,10,12.7,16,20,25,32,40,51,64,81 | | | | | 8,12,15,20,26,37,46 |
| | 线圈电阻 $R/\Omega$ | | 4000,2520,1590,1000,630,400,250,158,100,25,16,10 | | | | | 100,500,356,180,98,60,40 |
| | 颤振电流/%$I_n$ | | | | | | | 可到 20%(一般不需要) |
| | 颤振频率/Hz | | | | | | | |
| 静态特性 | 压力增益 $p_s$(电流为 1%$I_n$ 时)/% | | >30 | | | | | >40<br>电流为 1.2%$I_n$ |
| | 滞环/% | | <3 | | | | | <3 |
| | 分辨率/% | | <0.25 | | | | | <0.5 |
| | 非线性度/% | | <±7.5 | | | | | <±7 |
| | 不对称度/% | | <±10 | | | | | <±5 |
| | 重叠/% | | ±2.5 | | | | | ±3 |
| | 零位静耗流量/L·min$^{-1}$ | | <0.7 | <0.9 | <3.8 | <3.8 | <9.5 | 0.45+4%$Q_n$ |
| | 零偏/% | | <±3 | | | | | <±2 长期<±5 |
| | 零漂 | 供油/% | <±1.5 | | | <±2 | <±3 | <±4(60%~110%$p_s$) |
| | | 回油/%<br>回油压力变化(0~20%)$p_s$ | <±3 | | | <±4 | | <±4(2%~20%$p_s$) |
| | | 油液温度变化/% | <±2(温度每变化 40℃) | | | | | <±4(-17~93) |
| | | 加速度/(%/g) | | | | | | <0.3%/g(滑阀轴向 40g) |
| 动态特性 | 幅频宽(-3dB)/Hz | | >100 | >60 | >30 | >15 | >20 | >85 |
| | 相频率(-90°)/Hz | | >125 | >90 | >45 | >35 | >15 | >60 |
| 其他 | 工作介质 | | MIL-H-5606 等石油基液压油 | | | | | |
| | 工作温度/℃ | | -54~135 | | | | | |
| | 质量/kg | | 0.35 | 0.4 | 0.8 | 1.2 | 8.6 | |

## 1.2.15 博世力士乐(Bosch Rexroth)双喷嘴挡板机械(力)和/或电反馈二级伺服阀 4WS(E)2EM6-2X、4WS(E)2EM(D)10-5X、4WS(E)2EM(D)16-2X 和电反馈三级伺服阀 4WSE3EE

表 22-6-32　　　　技术性能

| 型 号 | | | 4WS(E)2EM6-2X | 4WS(E)2EM(D)10-5X | | | 4WS(E)2EM(D)16-2X | | | 4WSE3EE |
|---|---|---|---|---|---|---|---|---|---|---|
| 液压特性 | 额定流量 $Q_n$/L·min$^{-1}$(阀压降 $\Delta p$=7MPa) | | 2,5,10,15,20 | 20,30,45 | 60,75 | 90 | 100 | 150 | 200 | 100,150,200,300,400,500,700,1000 |
| | 工作压力/MPa | P,A,B 口 | 1~21 或 1~31.5 | ≤31.5 | | | 1~21 或 1~31.5 | | | ≤31.5 |
| | | 先导 X 口 | | 1~21 或 1~31.5 | | | | | | 1~21 或 1~31.5 |
| | 回油压力/MPa | T 口 | 静态<1,峰值<10 | 内排<10　外排<31.5 | | | 静态<1,峰值<10 | | | 内排<10　外排<31.5 |
| | | Y 口 | | 静态<1　峰值<10 | | | | | | 峰值<10 |

续表

| 型号 | | 4WS(E)2EM6-2X | 4WS(E)2EM(D)10-5X | | | 4WS(E)2EM(D)16-2X | | | 4WSE3EE | | |
|---|---|---|---|---|---|---|---|---|---|---|---|
| 电器特性 | 额定电流 $I_n$/mA | ±30 | ±30 | 10V,±10 | | ±50 | 10V±10 | | ±10V,±10 | | |
| | 线圈电阻/Ω | 85 | 85 | | | 85 | | | 电压控制≥50kΩ<br>电流控制 1kΩ | | |
| | 线圈电感 $H$(60Hz,100%$I_n$) 串联 | 1 | 1 | | | 0.96 | | | | | |
| | 线圈电感 $H$(60Hz,100%$I_n$) 并联 | 0.25 | 0.25 | | | 0.24 | | | | | |
| | 颤振信号 频率/Hz | 400 | 400 | | | 400 | | | | | |
| | 颤振信号 幅值/%$I_n$ | <±3 | ±5 | | | ±5 | | | | | |
| 静态特性 | 反馈系统 | 机械(M) | 机械(M) | 机械与电(D) | | 机械(M) | 机械与电(D) | | 电(E) | | |
| | 滞环(加颤振)/%② | ≤1.5($p_p$=21MPa) | ≤1.5 | ≤0.8 | | ≤1.5 | ≤0.8 | | 无颤振≤0.2 | | |
| | 分辨率(加颤振)/%② | ≤0.2($p_p$=21MPa) | ≤0.3 | ≤0.2 | | ≤0.3 | ≤0.2 | | 无颤振≤0.1 | | |
| | 零偏(整个压力范围)/% | ≤3 长期≤5 | ≤3 | ≤2 | | ≤3 | ≤2 | | ≤2 | | |
| | 压力增益(阀芯行程变化 1%)/%$p_p$① | ≥50 | ≥30 | ≥60 | ≥80 | ≥65 | ≥80 | ≥90 | ≥90 | | |
| | 油压力零漂(工作压力 80%~120%$p_p$)/(%/10MPa) | ≤2 | ≤2 | ≤2 | | ≤2 | ≤1 | | ≤0.7 | | |
| | 油压力零漂(工作压力 0~10% $p_p$)/(%/0.1MPa) | ≤1 | ≤1 | ≤1 | | ≤1 | ≤0.5 | | ≤0.2 | | |
| | 油液温度零漂/(%/20℃) | ≤1 | ≤1 | ≤1 | | ≤1.5 | ≤1.2 | | ≤0.5 | | |
| | 环境温度零漂/(%/20℃) | ≤1 | ≤2 | | | ≤1 | ≤0.5 | | ≤1 | | |
| | 先导阀静耗流量 $q_v$/L·min⁻¹② | ≤0.7 | | | | | | | ≤0.9 | ≤1.0 | ≤1.4 |
| | 零位静耗流量/L·min⁻¹② | ≤1.4 | ≤2.1 | ≤2.6 | ≤2.9 | ≤6.1 | | | ≤11.3 | ≤18.3 | ≤36 |
| 频率特性及其他 | 幅频宽③/Hz | >50 | >40 | >90 | | >60 | >100 | | >150 | | |
| | 相频率③/Hz | >300 | >110 | >150 | >150 | >350 | | | | | |
| | 使用环境温度/℃ | -20~70(不带内置放大器);-20~60(带内置放大器) | | | | | | | -20~60 | | |
| | 油液温度/℃ | -20~80(推荐 40~50) | | | | | | | | | |
| | 油液黏度/$mm^2 \cdot s^{-1}$ | 15~380(推荐 30~45) | | | | | | | | | |
| | 工作油液 | 符合 DIN51524 矿物油 ISO 4406(C)18/16/13 级 | | | | | | | | | |
| | 质量/kg | 1.1 | 3.56 | 3.65 | | 10 | 11 | | 9 | 20 | 60 |

① $p_p$ 为工作压力。

② 工作压力为 21MPa。

③ 频率特性是在工作压力 31.5MPa，输入信号幅值为额定值的 25%，环境温度 40℃±5℃，工作介质为 HLP，由样本中该系列流量最大的阀得到的。

**表 22-6-33　　　　博世力士乐电液伺服阀订货明细及结构原理图**

| | | | | | | | | | | | |
|---|---|---|---|---|---|---|---|---|---|---|---|
| | | | | - / | B | | | | E | V | * |

4通阀　4WS

带内置放大器　=E

阀级数　二级阀=2E
　　三级阀=3E

反馈方式

机械反馈　=M

机械与电反馈（内置放大器）　=D

电反馈（第三级）　=E

阀口通径　6　10　16　25　32

系列　10～19系列　（安装尺寸不变）　=1X
　　20～29系列　（安装尺寸不变）　=2X
　　40～49系列　（安装尺寸不变）　=4X
　　50～59系列　（安装尺寸不变）　=5X

额定流量（阀压降$\Delta P$=7.0MPa）/L·min$^{-1}$

其他要求用文字说明

氟橡胶密封①

滑阀遮盖量　0～0.5%负遮盖

K17=插头符合　95 328

K8=带符合VG095-342的4芯插头

K9=带符合EDIN43 563-AN6-3的6芯插头

K31=带符合EDIN43 563-AM6-3的插头

不带插头，另行订货

前置级供油压力范围

21=　1～21MPa

31.5=　1～31.5MPa

控制油的进油和回油

－=　外供油，外回油

E=　内供油，外回油

T=　外供油，内回油

ET=　内供油，内回油（标准型）

电气控制参数

外控电子放大器　11号线圈　30mA/85Ω　=11
　　12号线圈　50mA/85Ω　=12

内置电子放大器　±10mA/1kΩ　=8
　　±10V/≥50kΩ　=9
　　±10mA　=13

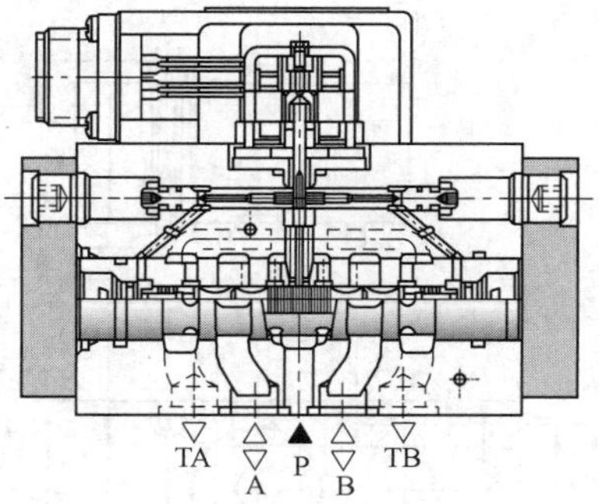


机械（力）反馈式二级阀

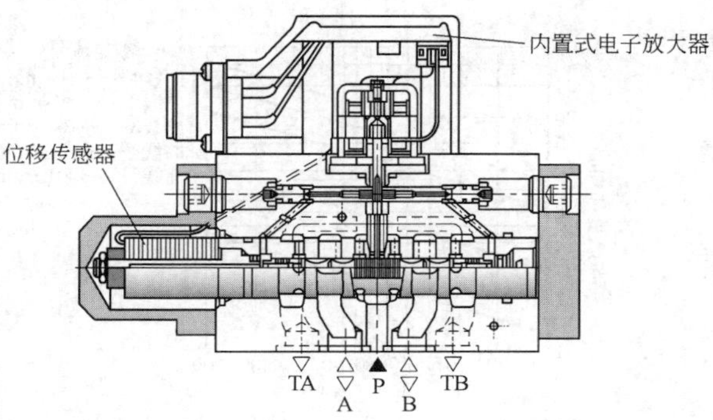


机械（力）与电反馈式二级阀

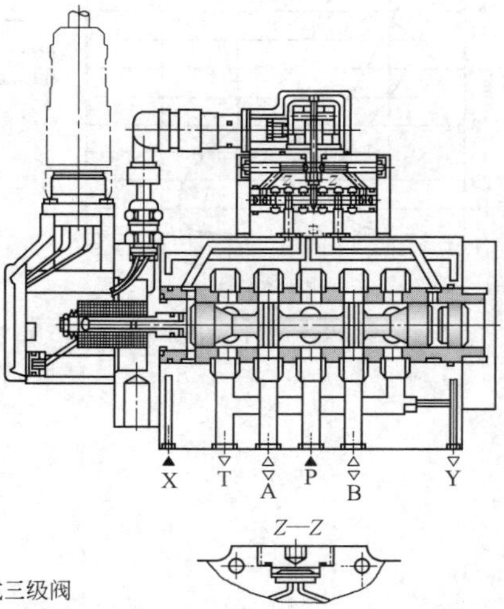


电反馈式三级阀

① 氟橡胶密封适用于符合 DIN51 524 的液压油（HL，HLP）。

**表 22-6-34　博世力士乐 4WSE2EM6-2X 伺服阀结构原理，尺寸和主要静、动态性能**

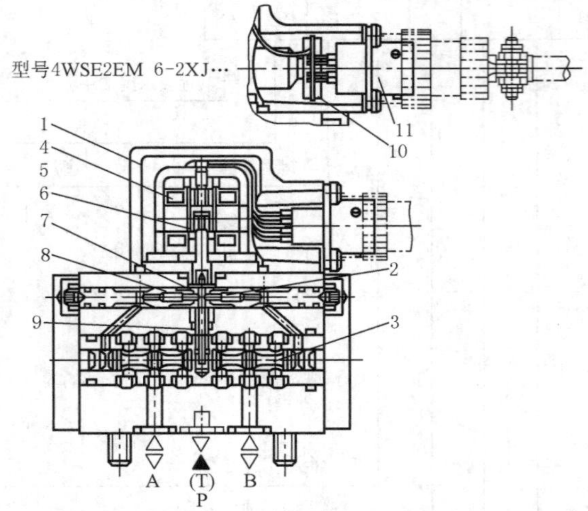


1—力矩马达；2—喷嘴-挡板液压放大器；3—阀芯；4—线圈；5—衔铁；6—弹簧管；7—挡板；8—喷嘴；9—反馈杆；10—内置电子放大器；11—插座

结构原理

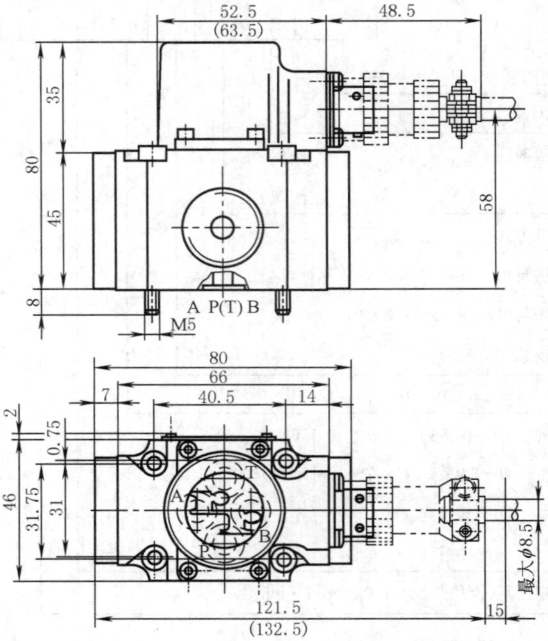


元件尺寸

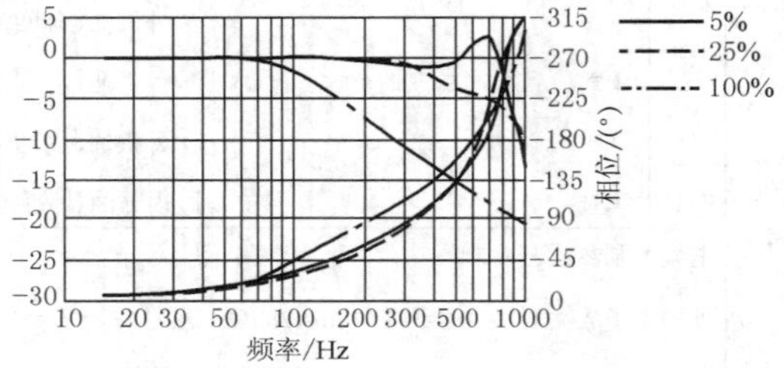


频率响应曲线在工作压力=315bar下的频率响应

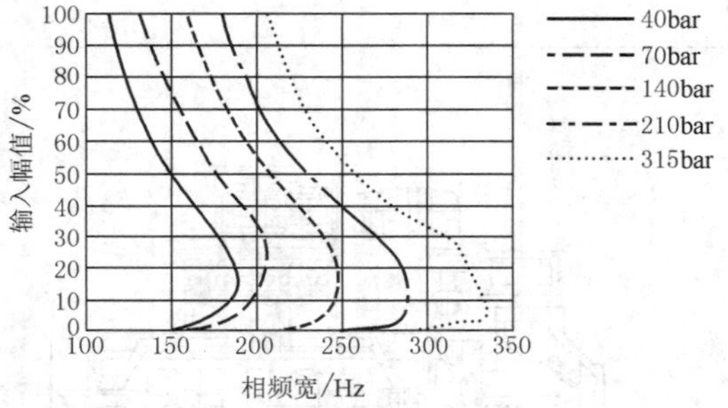


相频宽与输入幅值及供油压力关系曲线

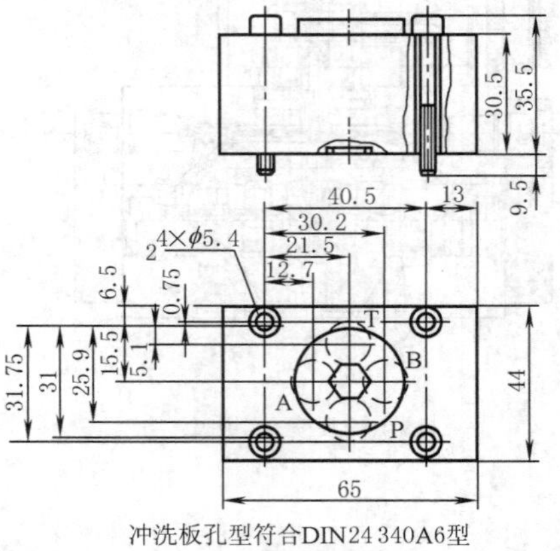


冲洗板孔型符合DIN24 340A6型

冲洗板尺寸

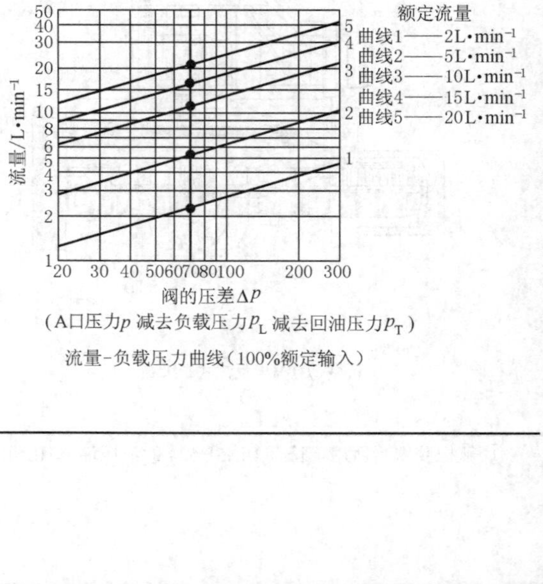


流量-负载压力曲线（100%额定输入）

注：压力单位 1bar=0.1MPa。

**表 22-6-35　　博世力士乐伺服阀 4WS(E)2EM(D)10 尺寸及主要静、动态性能**

电与机械反馈/内置放大器,型号 4WSE2ED　10-5X/…

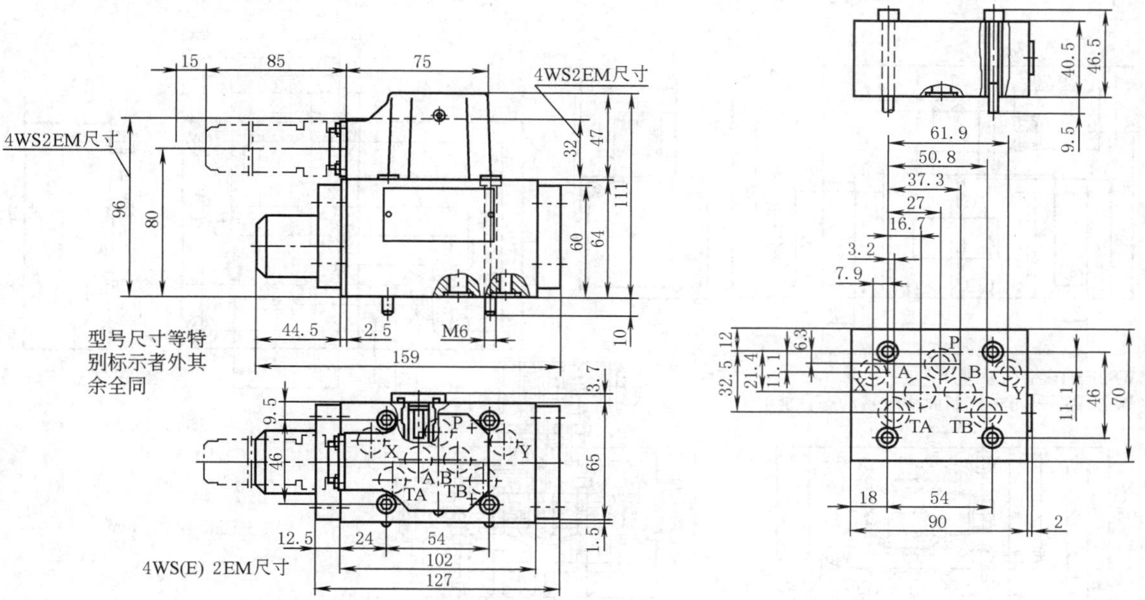


冲洗底板符合 DIN24 340A10型

在315bar压力、无流量行程频率响应

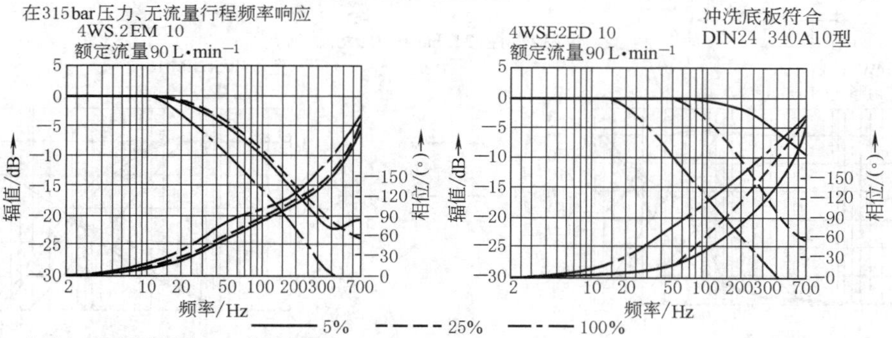


工作压力p和输入幅值在−90°的频率关系

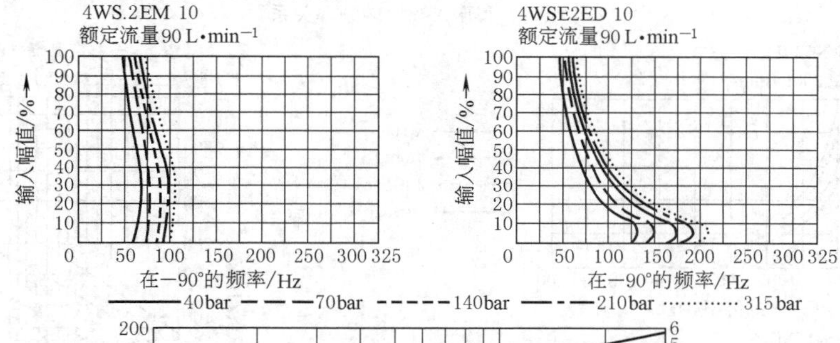


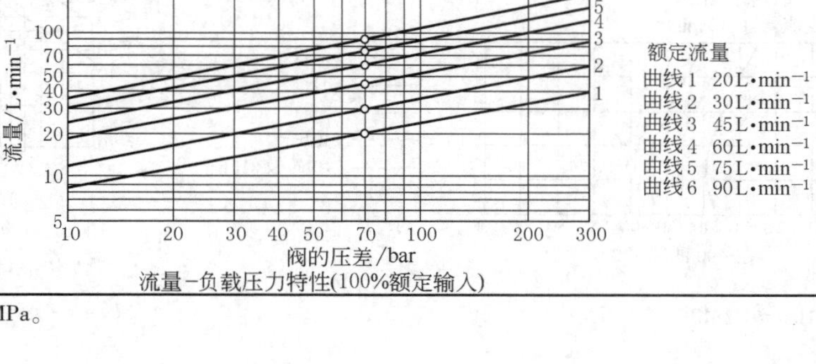


流量−负载压力特性(100%额定输入)

注：压力单位 1bar=0.1MPa。

**表 22-6-36　　　　4WS2EM16 和 4WSE2ED16 尺寸及其静、动态性能**

元件尺寸　　　　图中虚线 4WSE2ED16 的尺寸

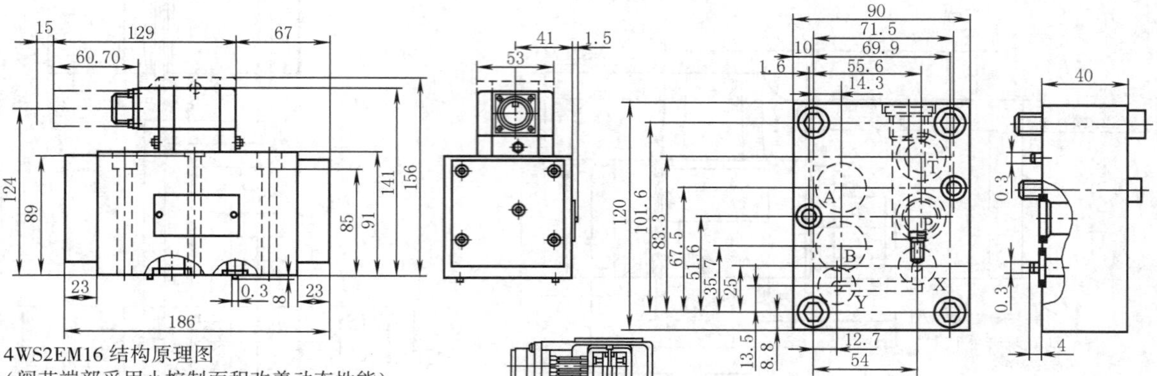

4WS2EM16 结构原理图
(阀芯端部采用小控制面积改善动态性能)

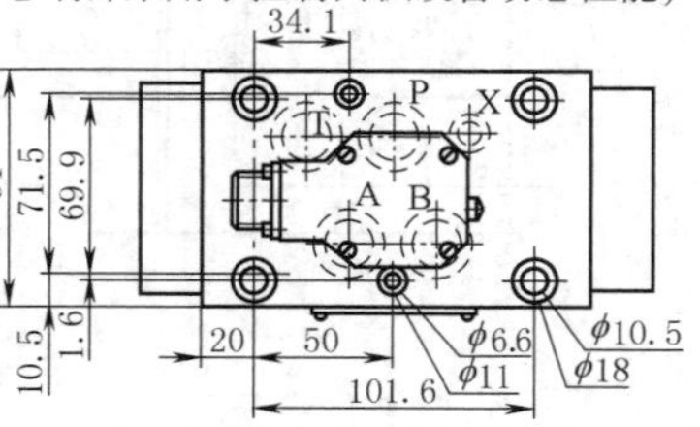

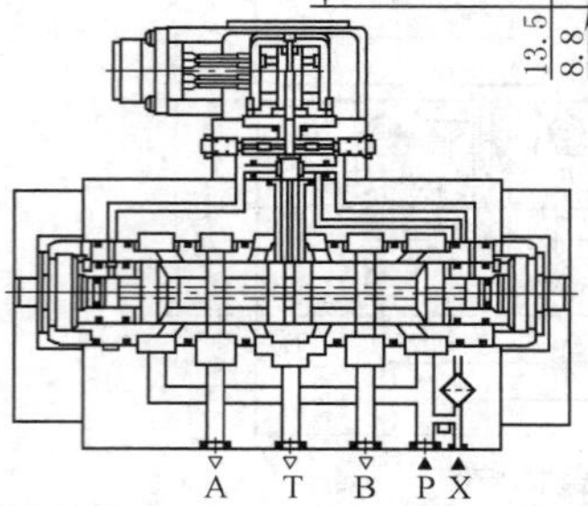

冲洗底板(单位：mm)

频率响应特性(315bar 压力,无流量行程)

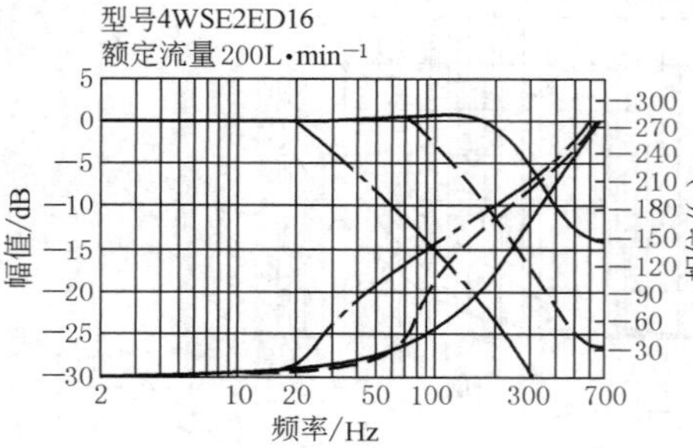


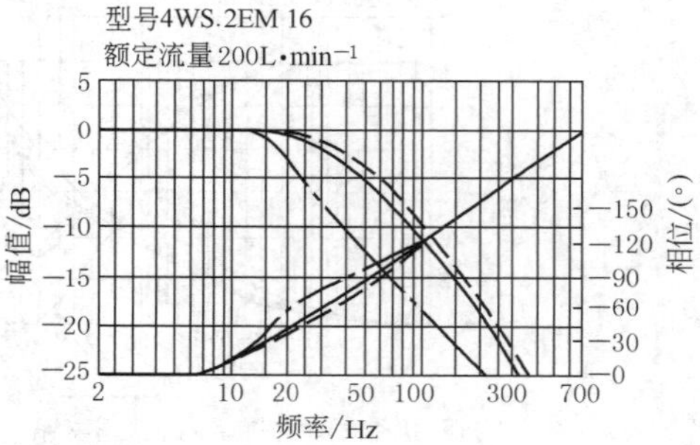


工作压力 $p$ 和输入幅值的频率关系

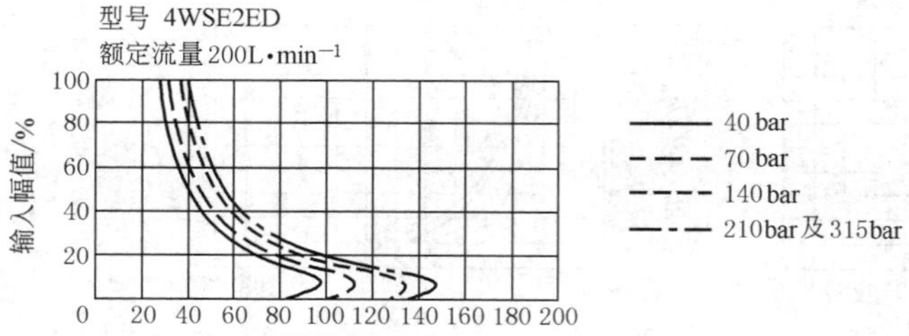


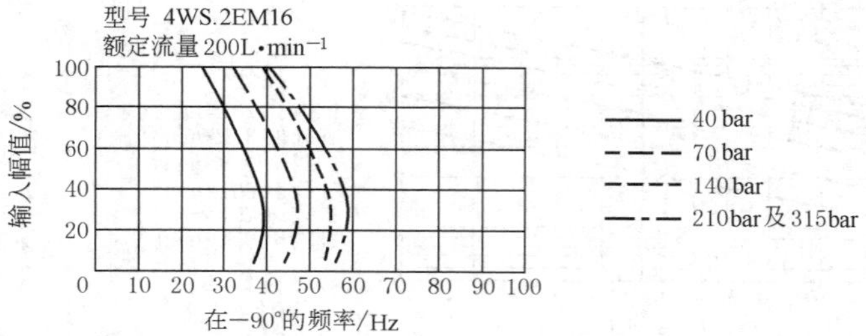


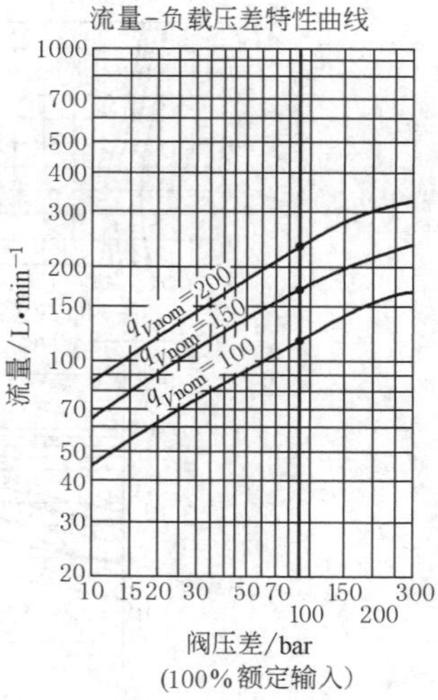


注：$q_{V\mathrm{nom}}$为名义额定流量

注：压力单位 1bar=0.1MPa。

**表 22-6-37　　博世力士乐电反馈三级电液伺服阀 4WSE3EE（16，25，32）静、动态性能**

流量-负载特性(公差±10%),100%控制量

通径16

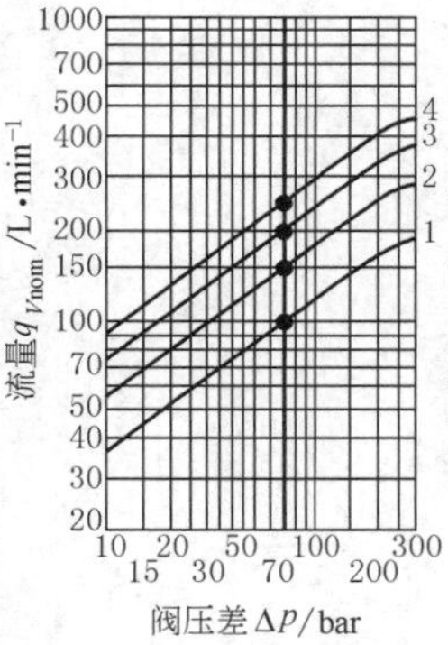


额定流量
曲线1——100L/min
曲线2——150L/min
曲线3——200L/min
曲线4——300L/min

通径25

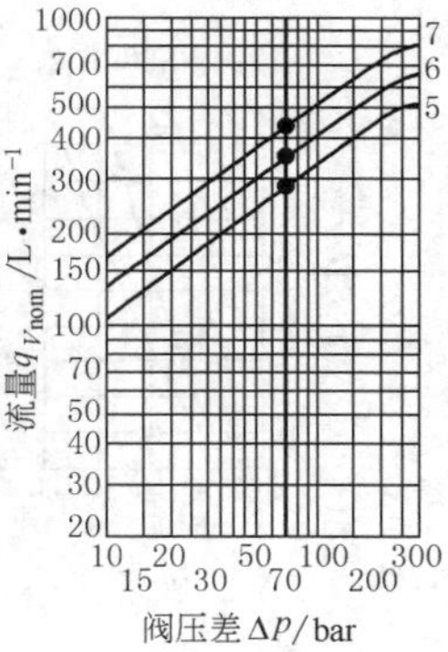


额定流量
曲线5——300L/min
曲线6——400L/min
曲线7——500L/min

通径32

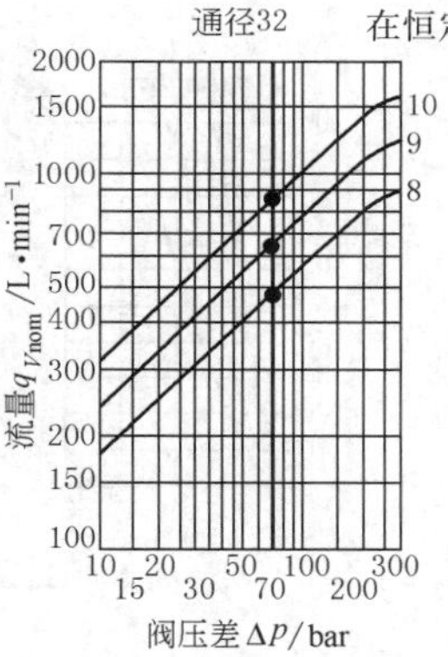


额定流量
曲线8——500L/min
曲线9——700L/min
曲线10——1000L/min

在恒定阀压差下的流量/输入信号特性的公差范围

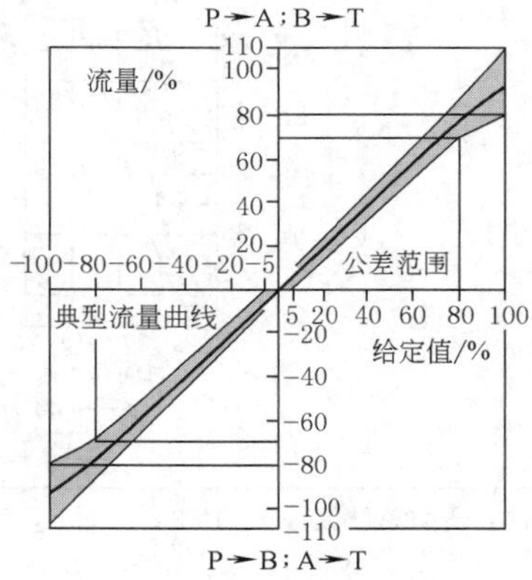


频率响应特性 $p_p=315$bar

通径16

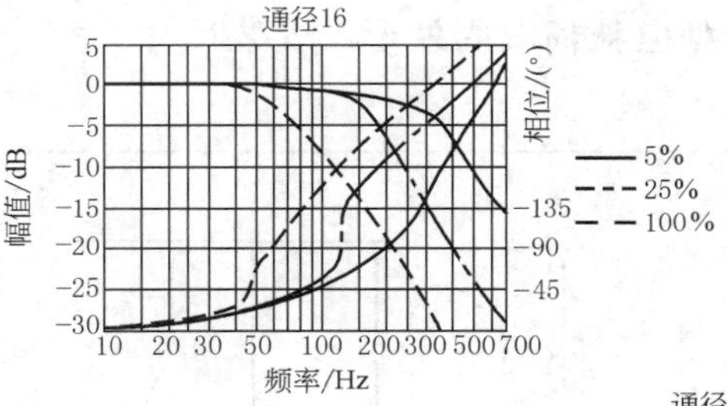


通径25

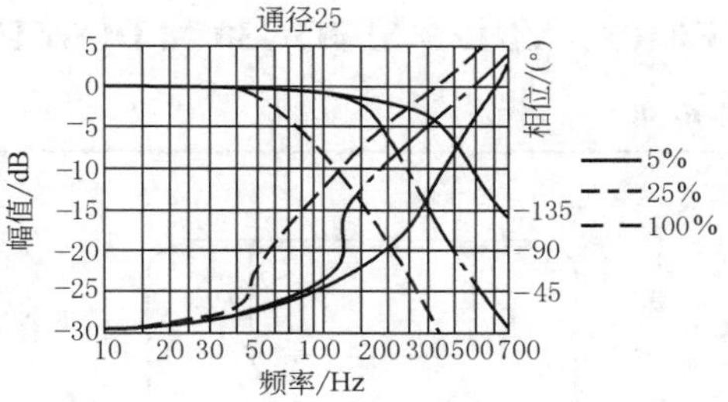


通径32

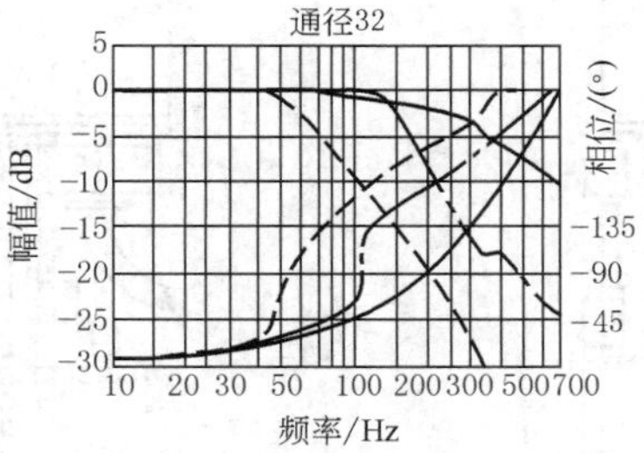


工作压力和输入幅值在-90°的频率关系

通径16

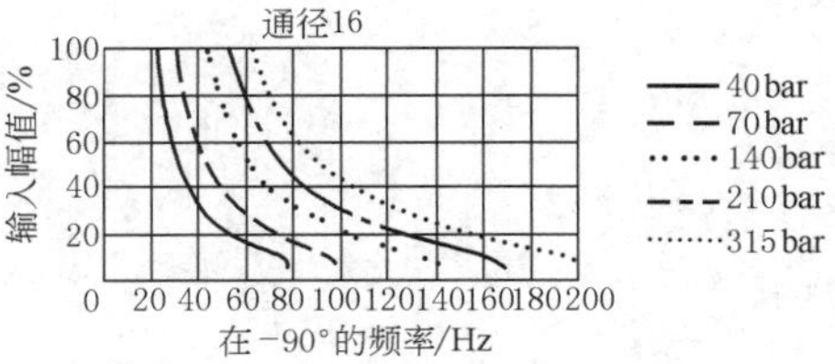


通径25

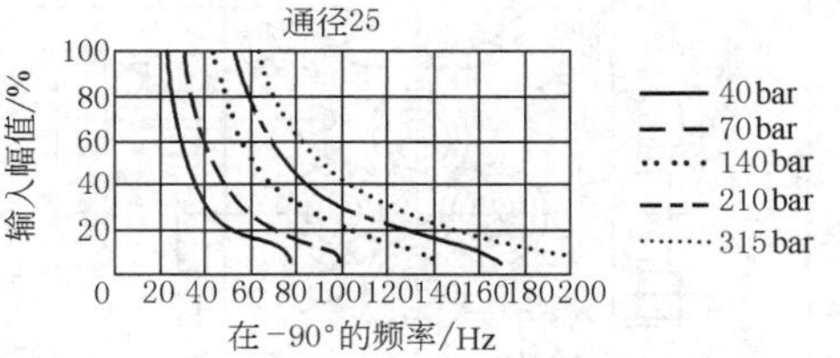


通径32

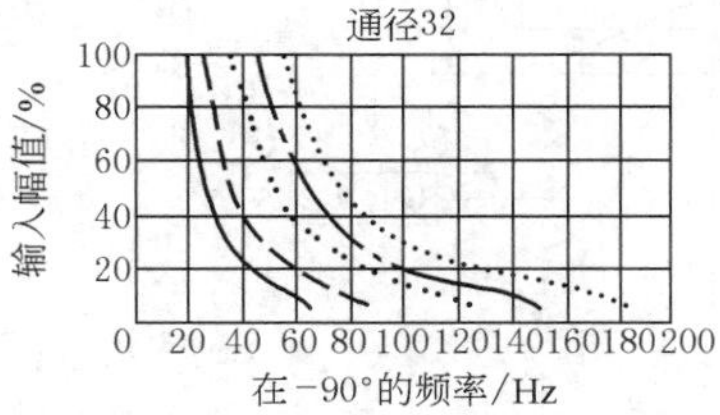

续表

阶跃响应特性

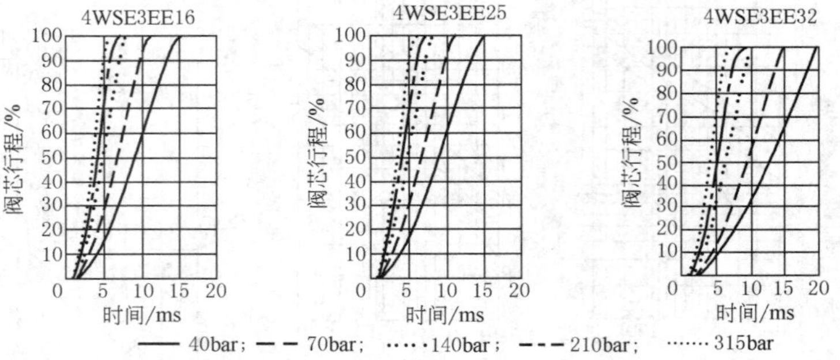


注：压力单位 1bar = 0.1MPa。

## 1.3 电液伺服阀的外形及安装尺寸

### 1.3.1 FF101、YF12、MOOG30 和 DOWTY30 型电液伺服阀外形及安装尺寸

表 22-6-38 mm

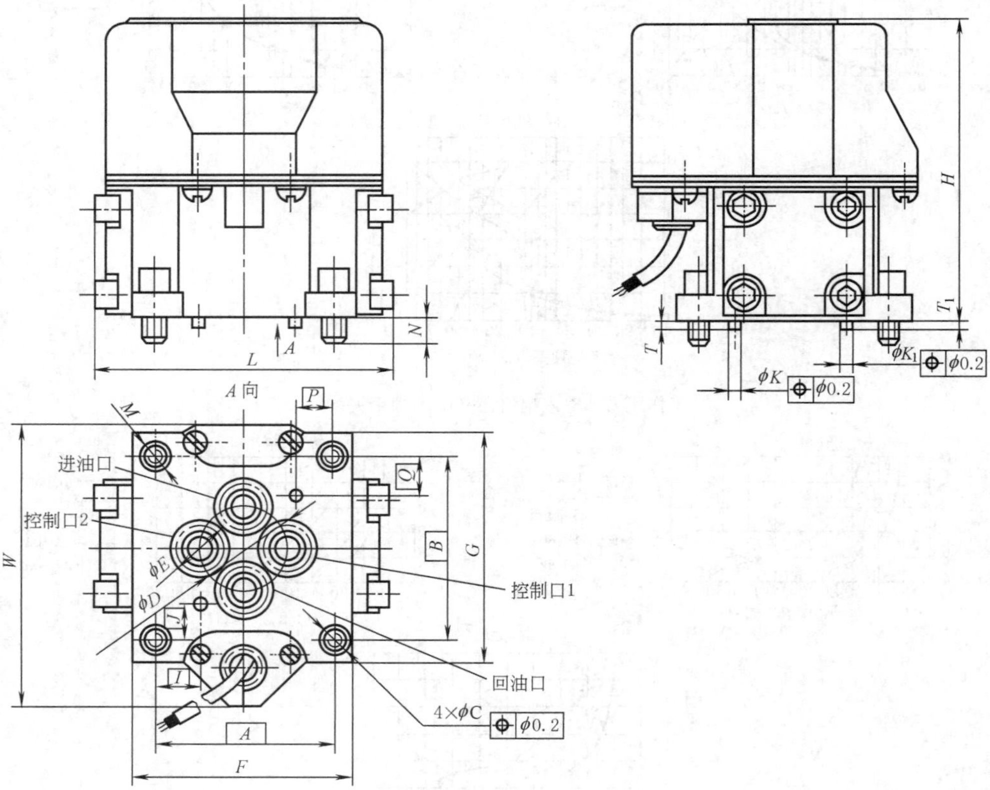

续表

| 型号 | A | B | C | D | E | F | G | H | I | J | 备注 |
|---|---|---|---|---|---|---|---|---|---|---|---|
| FF101 | 24 | 26 | 4.5 | 12.5 | 8 | 30 | 32.6 | 40.6 | 5 | 6 | — |
| YF12 | 24 | 26 | 3.5 | 12.5 | 8 | — | 32 | 38.5 | — | — | — |
| MOOG30 | 23.8 | 26.2 | 3.9 | 12.2 | 7.9 | 40.6 | 33.6 | 39.1 | — | — | — |
| DOWTY30 | 23.8 | 26.2 | 4.5 | 12.2 | 7.9 | 29.7 | 30.2 | 37.8 | — | — | — |
| 型号 | K | $K_1$ | L | M | N | P | Q | T | $T_1$ | W | 备注 |
| FF101 | 1.5 | — | 40.8 | M4 | 5.5 | — | — | 2.5 | — | 39.5 | — |
| YF12 | — | 1.5 | 41 | M4 | 5.5 | 5 | 6 | — | 2 | 39.5 | — |
| MOOG30 | — | — | — | — | — | — | — | — | — | 40.2 | — |
| DOWTY30 | 1.6 | 1.6 | 49 | — | — | — | — | 1.5 | 1.5 | 30.2 | 电缆沿端盖方向伸出 |

## 1.3.2 FF102、YF7、MOOG31、MOOG32、DOWTY31 和 DOWTY32 型伺服阀外形及安装尺寸

表 22-6-39　　mm

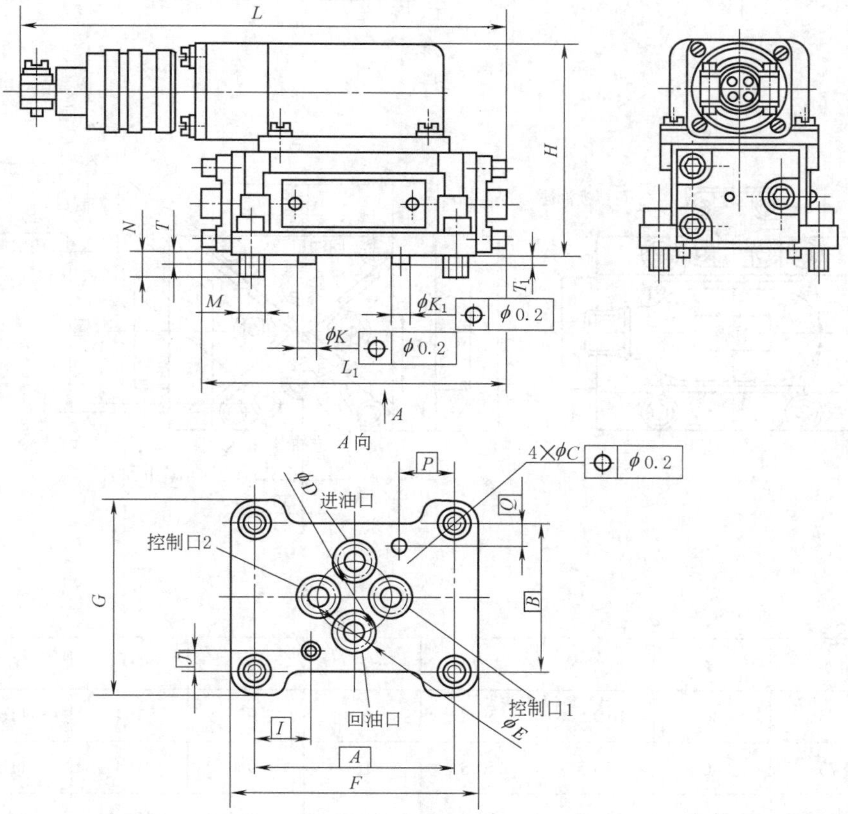


| 型号 | A | B | C | D | E | F | G | H | I | J | K | $K_1$ | L | $L_1$ | M | N | P | Q | T | $T_1$ |
|---|---|---|---|---|---|---|---|---|---|---|---|---|---|---|---|---|---|---|---|---|
| FF102 | 44 | 34 | 4.5 | 16 | 10 | 52 | 43 | 48 | 12 | 5 | 2.6 | — | 107 | 66 | M4 | 5.7 | — | — | 2.5 | — |
| YF7 | 44 | 34 | 4.5 | 16 | 10 | 52 | 43 | 47.5 | 12 | 5 | 2.5 | — | 102 | 66 | M4 | 5.7 | — | — | 1.5 | — |
| MOOG31 | 42.9 | 34.1 | 5.2 | 15.9 | 10.6 | 51.8 | 45.2 | 46.2 | — | — | — | 2.5 | 78.2 | 66 | — | — | 11.5 | 4.4 | — | 2 |
| MOOG32 | 42.9 | 34.1 | 5.2 | 19.8 | 12.7 | 51.8 | 45.2 | 46.2 | — | — | — | 2.5 | 78.2 | 66 | — | — | 11.5 | 4.4 | — | 2 |
| DOWTY31 | 42.8 | 34.1 | 5.2 | 15.9 | 10.7 | 51.8 | 44.7 | 46 | — | — | — | 2.5 | 75.4 | 66 | — | — | 11.5 | 4.4 | — | 2.5 |
| DOWTY32 | 42.8 | 34.1 | 5.2 | 19.8 | 12.6 | 51.8 | 44.7 | 46 | — | — | — | 2.5 | 75.1 | 66 | — | — | 11.5 | 4.4 | — | 2.5 |

## 1.3.3 FF113、YFW10 和 MOOG72 型电液伺服阀外形及安装尺寸

表 22-6-40 mm

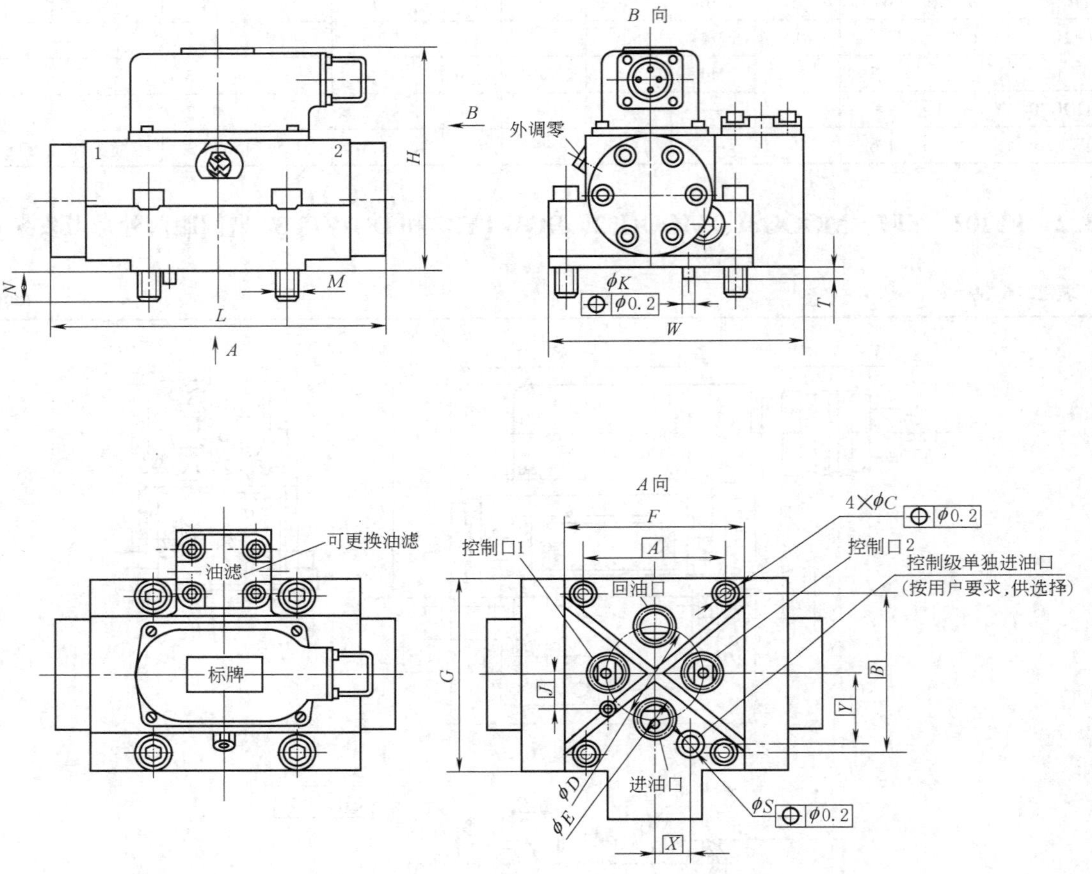


| 型号 | A | B | C | D | E | F | G | H | J |
|---|---|---|---|---|---|---|---|---|---|
| FF113 | 73 | 86 | 10.5 | 50.8 | 15.8 | 92 | 104 | 116 | 19 |
| YFW10 | 73 | 86 | 10.5 | 50.8 | 16 | 94 | 104 | 116 | 19 |
| MOOG72 | 72.3 | 85.7 | 10.3 | 50.8 | 18.9 | 90.4 | 103.1 | 114.3 | 19.1 |
| 型号 | K | L | M | N | T | X | Y | W | S |
| FF113 | 6 | 175 | M10 | 15 | 7 | 19 | 38 | 130 | 12.7 |
| YFW10 | 6 | 175 | M10 | — | 6 | 19 | 36 | 130 | — |
| MOOG72 | 6.3 | 170.7 | M10 | — | 7.1 | 19.1 | 38.1 | 129 | 12.7 |

## 1.3.4 FF106A、FF118 和 FF119 型伺服阀外形及安装尺寸

表 22-6-41

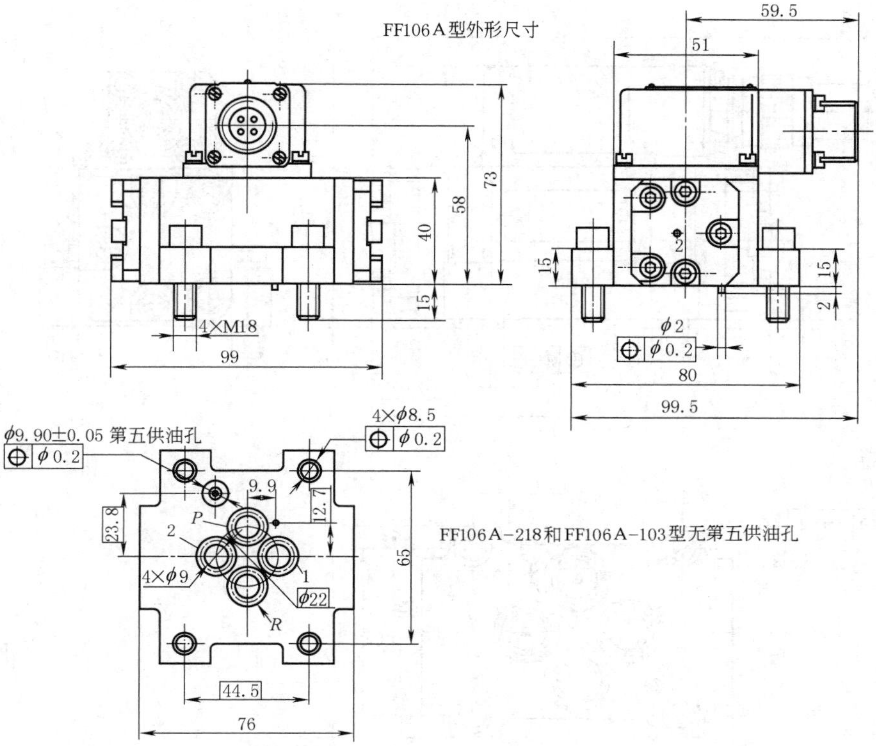


FF118及FF119型外形尺寸

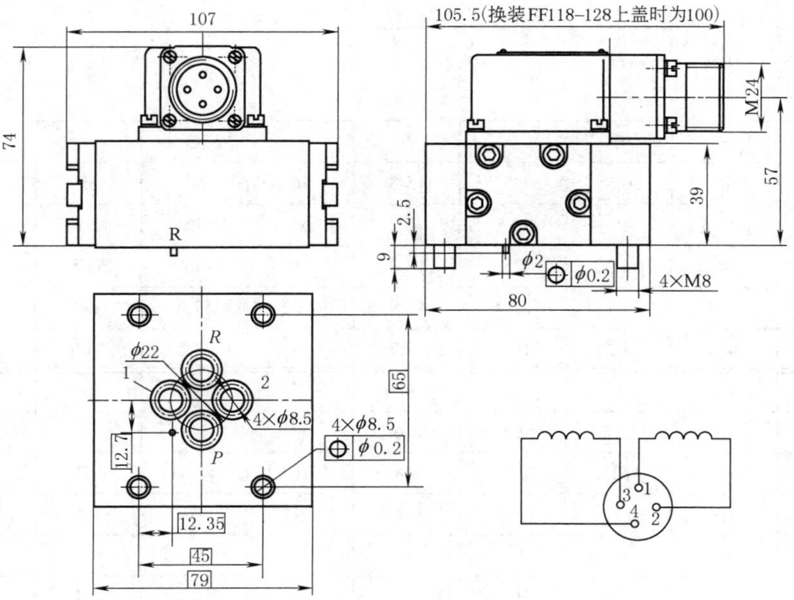

## 1.3.5 FF106、FF130、YF13、MOOG35 和 MOOG34 型电液伺服阀外形及安装尺寸

表 22-6-42 mm

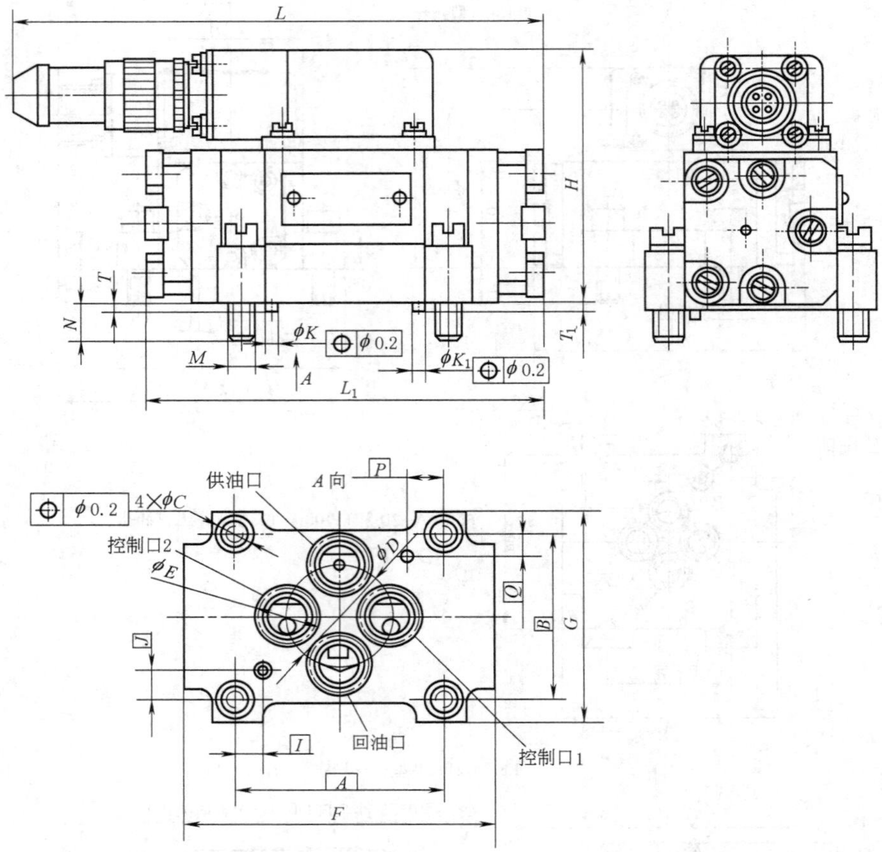


| 型号 | A | B | C | D | E | F | G | H | I | J |
|---|---|---|---|---|---|---|---|---|---|---|
| FF106 | 50 | 44 | 6.5 | 25 | 15.8 | 76 | 56 | 65 | 7 | 7 |
| FF130 | 42.8 | 34.14 | 4.5 | 19.8 | 12.7 | 64 | 45 | 50 | — | — |
| YF13 | 50 | 44 | 6.5 | 25 | 15.8 | 76 | 56 | 64.5 | 7 | 7 |
| MOOG35 | 50.8 | 44.5 | 6.7 | 25.4 | 15.9 | 76.2 | 57.4 | 64 | — | — |
| MOOG34 | 42.9 | 34.1 | 5.2 | 19.8 | 12.7 | — | 45.8 | 48.5 | — | — |
| 型号 | K | $K_1$ | L | $L_1$ | M | N | P | Q | T | $T_1$ |
| FF106 | 2.5 | — | 130 | 97 | M6 | 9 | — | — | 2 | — |
| FF130 | 2.5 | — | 112.5 | 90 | M4 | 10 | 11.53 | 4.37 | — | 2.5 |
| YF13 | 2.5 | — | 117 | — | M6 | — | — | — | 2 | — |
| MOOG35 | — | 2.5 | 96 | 96 | — | — | 6.4 | 9.5 | — | 2.5 |
| MOOG34 | — | 2.5 | 82 | 76.2 | — | — | 11.5 | 4.4 | — | 2 |

注：MOOG35 和 MOOG34 型的 L 尺寸为不带插头的尺寸。MOOG34 型两端盖与图示不同，为四个螺栓固定。

## 1.3.6 QDY 型伺服阀外形及安装尺寸

**表 22-6-43** mm

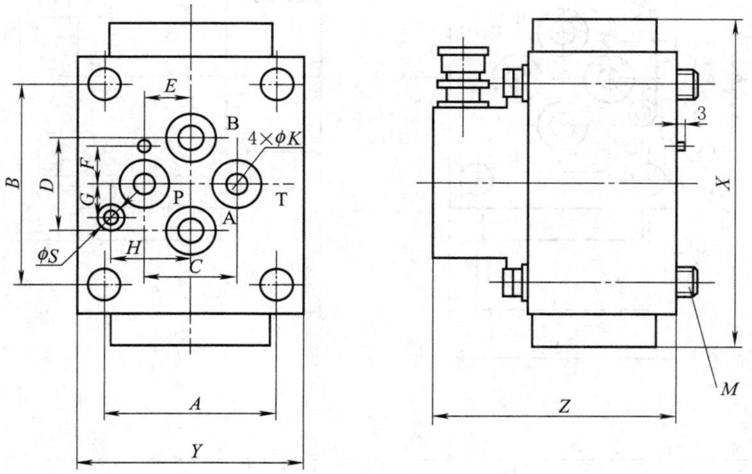


| 型号 | A | B | C | D | E | F | G | H | S | K | X | Y | Z | M |
|---|---|---|---|---|---|---|---|---|---|---|---|---|---|---|
| QDY3 | 86 | 73 | 51 | 51 | — | — | — | — | — | 20 | 235 | 118 | 148 | M10 |
| QDY8 | 65 | 44.4 | 22 | 22 | — | — | — | — | — | 10 | 95 | 81 | 75 | M8 |
| QDY18 | 208 | 220 | 90 | 94 | — | — | — | — | — | 40 | 480 | 250 | 240 | M16 |
| QDY6 | 65 | 44.4 | 22 | 22 | — | — | — | — | — | 10 | 95 | 81 | 75 | M8 |
| QDY10 | 86 | 73 | 51 | 51 | — | — | — | — | — | 18 | 143 | 129 | 115 | M10 |
| QDY11B | 86 | 73 | 51 | 51 | — | — | — | — | — | 18 | 180 | 129 | 136 | M10 |
| QDY12 | 65 | 44.4 | 22 | 22 | — | — | — | — | — | 10 | 95 | 119 | 76 | M8 |
| QDY14 | 46 | 60 | 22 | 22 | — | — | — | — | — | 10 | 98 | 56 | 76 | M6 |
| QDY15 | 34 | 43 | 16 | 16 | — | — | — | — | — | 5 | 98 | 52 | 79 | M5 |

注：表中所列外形与实际相差极大，外廓尺寸只提供所占空间大小。

## 1.3.7 SFL 型伺服阀外形和安装尺寸

**表 22-6-44** mm

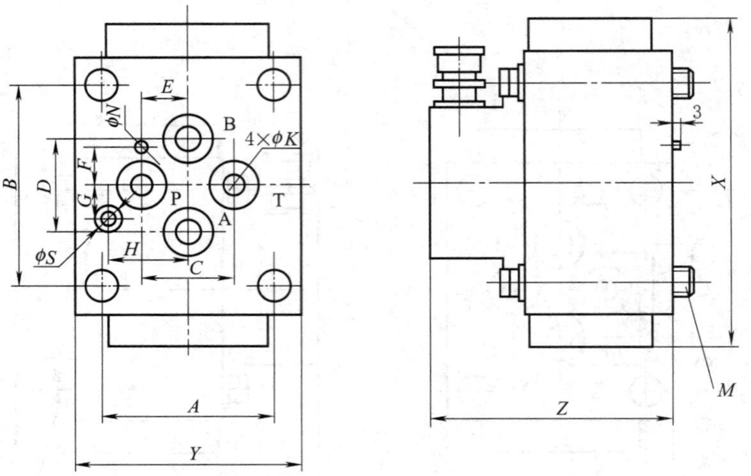


| 型号 | *A* | *B* | *C* | *D* | *E* | *F* | *G* | *H* | *S* | *K* | *FN* | *X* | *Y* | *Z* | *M* |
|---|---|---|---|---|---|---|---|---|---|---|---|---|---|---|---|
| SFL212 | 34 | 43 | 20 | 20 | 12.5 | 10 | — | — | — | 7 | 3 | 90.8 | 45 | 50 | M5 |
| SFL213 | 65 | 44 | 22 | 22 | 12.5 | 10 | — | — | — | 8.2 | 2.5 | 100 | 82 | 68 | M8 |
| SFL214 | 86 | 73 | 35 | 35 | 19 | 15 | — | — | — | 12.5 | 2.5 | 120.9 | 129 | 104 | M10 |
| SFL218 | 65 | 44.4 | 22 | 22 | 12.7 | 10 | 11 | 24 | 8 | 10 | 1.5 | 90 | 81 | 82.5 | M8 |
| SFL222 | 34 | 43 | 20 | 20 | 12.5 | 10 | — | — | — | 7 | 3 | 90.8 | 45 | 50 | M5 |
| SFL223 | 65 | 44 | 22 | 22 | 12.8 | 10.4 | — | — | — | 9 | 1.5 | 82 | 81 | 82 | M8 |
| SFL224 | 86 | 73 | 35 | 35 | 19 | 15 | — | — | — | 12.5 | 2.5 | 120.9 | 104 | 90 | M10 |
| SFL225 | 96 | 73 | 51 | 51 | 29 | 25 | — | — | — | 16 | 2.5 | 170 | 104 | 95 | M10 |
| SFL232 | 34 | 43 | 20 | 20 | 12.5 | 10 | — | — | — | 7 | 3 | 90.8 | 45 | 50 | M5 |
| SFL233 | 65 | 44 | 22 | 22 | 12.8 | 10.4 | — | — | — | 9 | 1.5 | 82 | 81 | 82 | M8 |
| SFL234 | 86 | 73 | 35 | 35 | 19 | 15 | — | — | — | 12.5 | 2.5 | 120.9 | 104 | 90 | M10 |
| SFL235 | 86 | 73 | 51 | 51 | 29 | 25 | — | — | — | 16 | 2.5 | 170 | 10495 | M10 | — |
| SFL311 | 108 | 120 | 58 | 58 | — | — | — | — | — | 22 | — | 270 | 132 | 155 | M12 |

注：表中所列外形和实际相差较大，外廓尺寸只提供所占空间。

## 1.3.8 FF131、YFW06、QYSF-3Q、DOWTY$^{4551}_{4659}$和 MOOG78 型伺服阀外形及安装尺寸

表 22-6-45　　　　mm

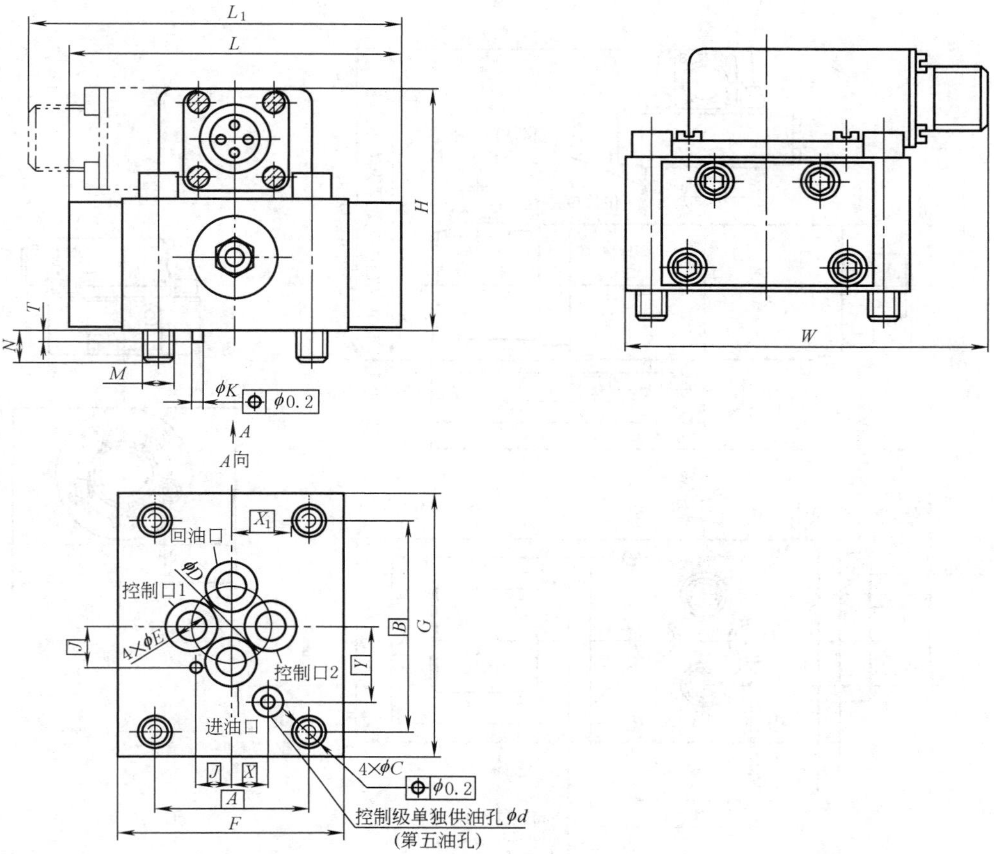


| 型号 | A | B | C | D | E | F | G | H | I | J |
|---|---|---|---|---|---|---|---|---|---|---|
| FF131 | 44.5 | 65 | 8.5 | 22.5 | 12.7 | 69 | 81 | 70 | 9.9 | 12.7 |
| YFW06 | 44.5 | 65 | 8.5 | 22.5 | 14.5 | 66 | 81 | 65.1 | 10 | 12.7 |
| QYSF-3Q | 44.5 | 65 | 8.5 | 24 | — | 66 | 82 | 72 | — | — |
| DOWTY$^{4551}_{4659}$ | 44.5 | 65.1 | 8.3 | 22.2 | 14.2 | 64.8 | 81.3 | 67.8 | 9.9 | 12.7 |
| MOOG78 | 92 | 60.3 | 8.5 | 44.5 | 16 | 77.2 | 111.8 | 103.4 | 20.6 | 20.6 |
| 型号 | K | L | $L_1$ | M | X | Y | d | W | N | T |
| FF131 | 2.3 | 96 | 94 | M8 | 9.9 | 23.8 | 12.7 | 94 | 9 | 2.5 |
| YFW06 | 2.5 | 86 | — | M8 | — | — | — | — | — | 23.1 |
| QYSF-3Q | — | 92 | 91 | — | — | — | — | — | — | — |
| DOWTY$^{4551}_{4659}$ | 2.4 | 97.6 | — | M8 | — | — | — | — | 14.3 | 3.1 |
| MOOG78 | 3.0 | 146 | — | M8 | — | — | — | 145.9 | — | 3.1 |

注：表中各阀外形相差较大，外形尺寸只表示其所占安装空间。

## 1.3.9 FF109 和 DYSF-3G-$^{1}_{11}$型电反馈三级阀外形及安装尺寸

表 22-6-46 mm

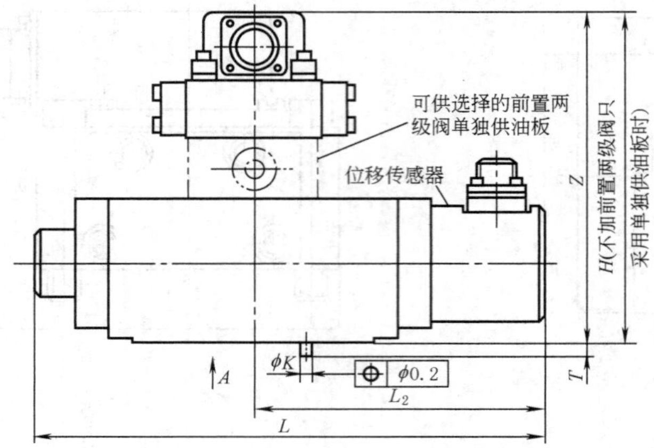


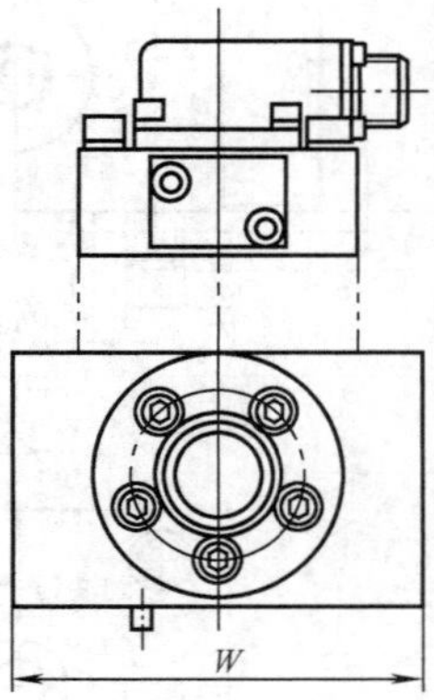


A向

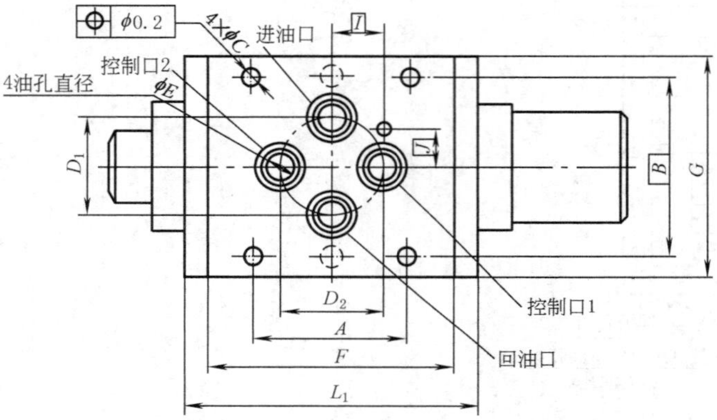


| 型号 | $A$ | $B$ | $C$ | $D_1$ | $D_2$ | $E$ | $F$ | $G$ | $H$ | 先导阀 |
|---|---|---|---|---|---|---|---|---|---|---|
| FF109 | 76.2 | 80 | 10.5 | 38 | 38 | 18 | 143 | 102 | 118 | FF102 |
| DYSF-3G-1 | 76.4 | 100 | 10.7 | 42 | 42 | — | 125 | 120 | 139 | DYSF-3Q |
| DYSF-3G-11 | 90 | 105 | 10.7 | 50 | 50 | — | 130 | 130 | 177 | DYSF-3Q |

| 型号 | $I$ | $J$ | $K$ | $L$ | $L_1$ | $L_2$ | $T$ | $W$ | $Z$ | 先导阀 |
|---|---|---|---|---|---|---|---|---|---|---|
| FF109 | — | — | — | 218.1 | 143 | 133.5 | — | 102.8 | — | FF102 |
| DYSF-3G-1 | — | — | — | 250 | 125 | — | — | 120 | — | DYSF-3Q |
| DYSF-3G11 | — | — | — | 2268 | 170 | 168 | — | 130 | — | DYSF-3Q |

注：1. 表中所列各阀外形相差极大，外廓尺寸只提供该阀所占安装空间。

2. 尺寸 $Z$ 随先导阀和先导级是否单独供油而变。

## 1.3.10 SV（CSV）和 SVA 型电液伺服阀外形及安装尺寸

**表 22-6-47** mm

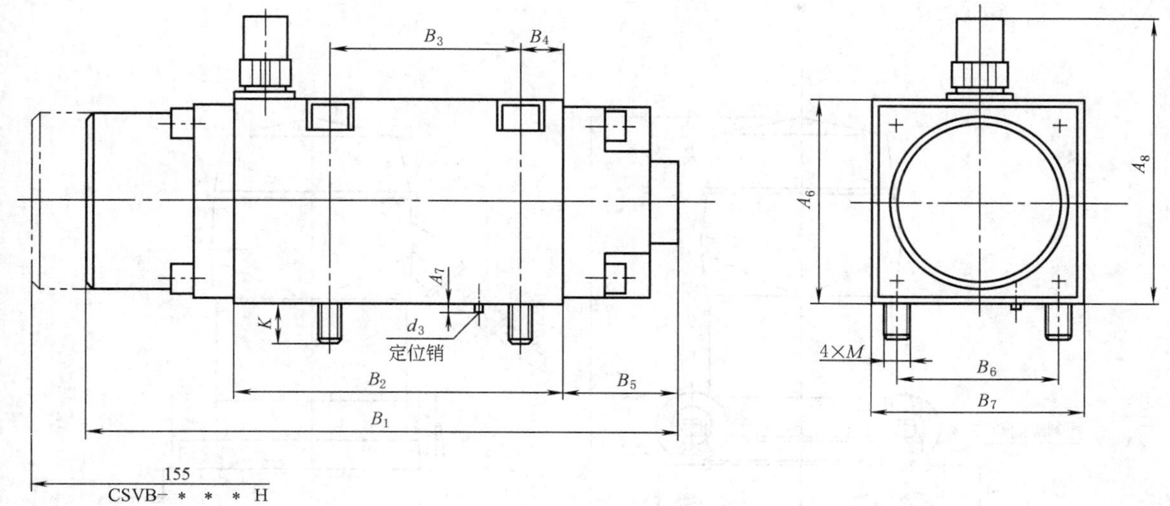


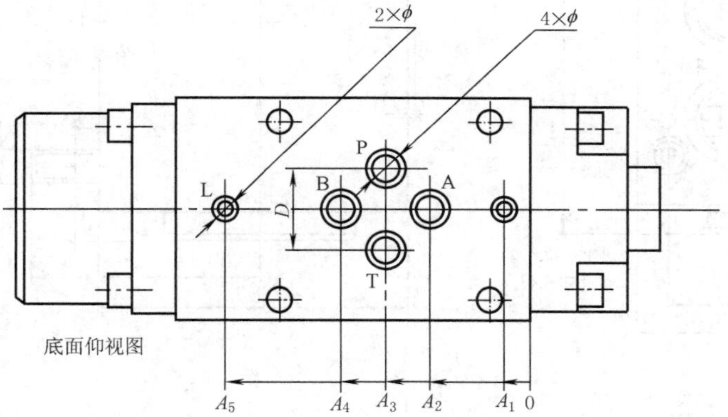


| 型号 | $A_1$ | $A_2$ | $A_3$ | $A_4$ | $A_5$ | $A_6$ | $A_7$ | $A_8$ | $B_1$ | $B_2$ | $B_3$ |
|---|---|---|---|---|---|---|---|---|---|---|---|
| SV8 | 10.5 | 27.5 | 40 | 52.5 | 87 | 65 | 2.5 | — | 170 | 102 | 52 |
| SV10 | 20 | 44.5 | 70 | 95.5 | 120 | 90 | 2.5 | — | 258 | 161 | 73 |
| SVA8 | 15.5 | 32.5 | 45 | 57.5 | 92 | 65 | 2.5 | 100 | 175 | 107 | 52 |
| SVA10 | 30 | 54.5 | 80 | 105.5 | 130 | 95 | 2.5 | 130 | 270 | 169 | 73 |

| 型号 | $B_4$ | $B_5$ | $B_6$ | $B_7$ | $D$ | $d_3$ | 2×$\phi$ | 4×$\phi$ | $K$ | $M$ | 备注 |
|---|---|---|---|---|---|---|---|---|---|---|---|
| SV8 | 14 | 30 | 52 | 65 | 25 | $\phi$2.5 | 4 | 10 | 12 | M8 | — |
| SV10 | 33.5 | 37 | 86 | 108 | 51 | $\phi$3 | 5 | 18 | 14.5 | M10 | — |
| SVA8 | 19 | 30 | 52 | 65 | 25 | $\phi$2.5 | 4 | 10 | 14 | M8 | — |
| SVA10 | 43.5 | 41 | 86 | 108 | 51 | $\phi$2.5 | 5 | 19 | 14.5 | M10 | — |

### 1.3.11 YJ741、YJ742 和 YJ861 型电液伺服阀外形及安装尺寸

表 22-6-48　　mm

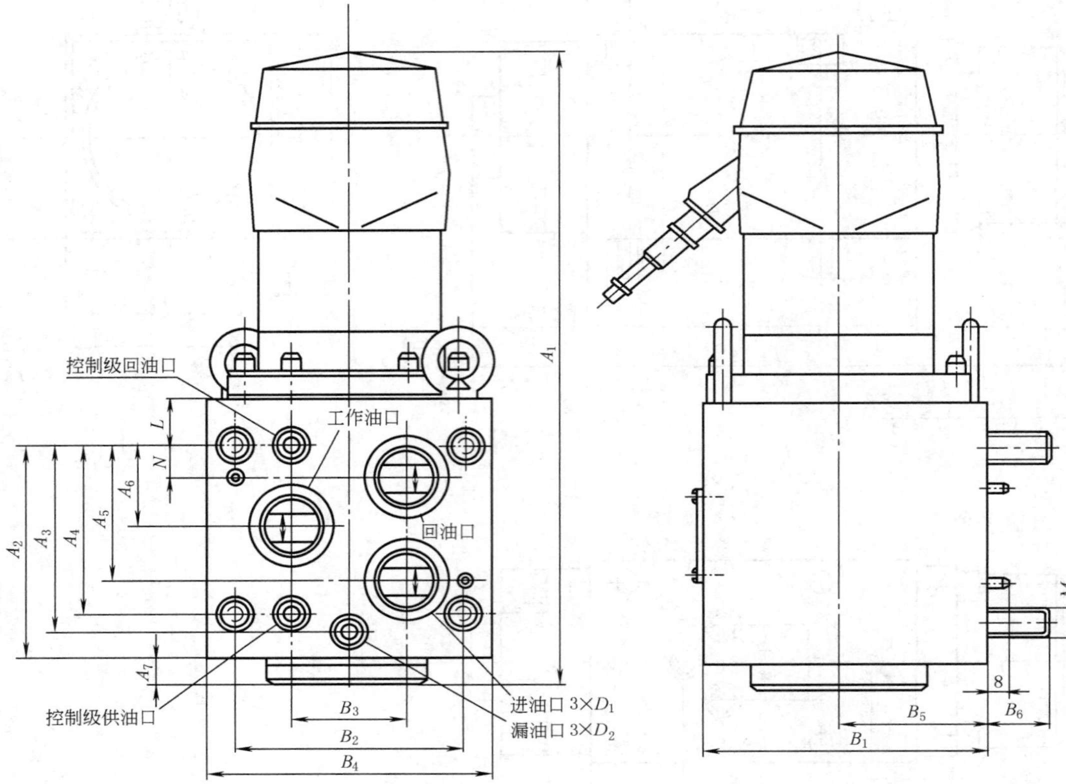


| 型号 | $A_1$ | $A_2$ | $A_3$ | $A_4$ | $A_5$ | $A_6$ | $A_7$ | $N$ | $L$ |
|---|---|---|---|---|---|---|---|---|---|
| YJ 741 | 290 | 115 | 75 | 70 | 55 | 35 | 14 | 15 | 20 |
| YJ 742 | 309 | 143 | 104 | 104 | 74 | 46 | 12 | 18 | 23 |
| YJ 861 | 344 | 175 | 139 | 127 | 103 | 64 | 12 | 27 | 21 |
| 型号 | $B_1$ | $B_2$ | $B_3$ | $B_4$ | $B_5$ | $B_6$ | $D_1$ | $D_2$ | $M$ |
| YJ 741 | 120 | 96 | 50 | 115 | 60 | 17 | $\phi$24 | $\phi$10 | M12 |
| YJ 742 | 152 | 120 | 60 | 150 | 78 | 25 | $\phi$32 | $\phi$10 | M16 |
| YJ 861 | 178 | 144 | 64 | 166 | — | 25 | $\phi$45 | $\phi$10 | M18 |

## 1.3.12 CSDY 和 Abex 型电液伺服阀外形及安装尺寸

表 22-6-49

mm

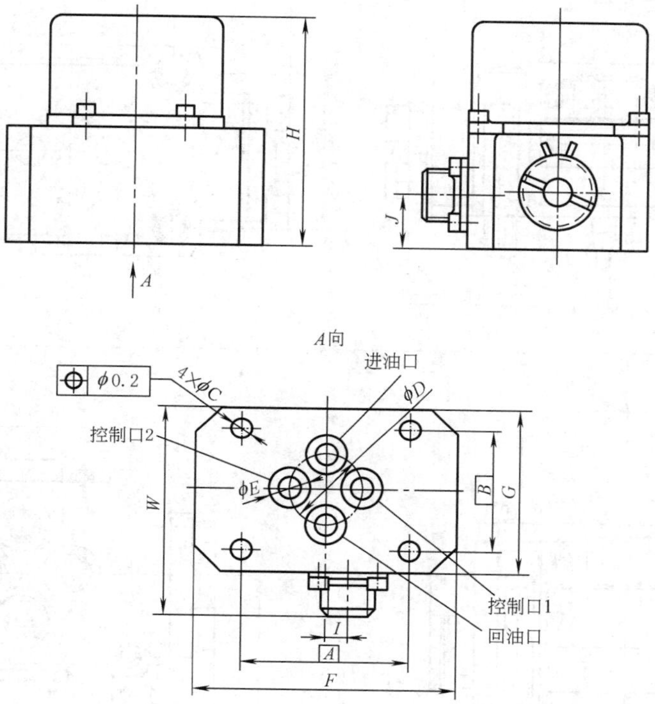


| 型号 | A | B | C | D | E | F | G | H | I | J | L | W | (实际外形与图示的差异) |
|---|---|---|---|---|---|---|---|---|---|---|---|---|---|
| CSDY 1 | 43 | 34 | 5.5 | 16 | 4.5 | 60 | 44 | — | — | — | — | — | — |
| CSDY 3 | 51 | 44 | 6.5 | 25 | 10 | 82 | 64 | — | — | — | — | — | — |
| CSDY 5 | 86 | 73 | 8.5 | 35 | 12 | 110 | 85 | — | — | — | — | — | — |
| Abex 410 | 42.8 | 34.1 | 5.1 | 15.9 | — | 60.7 | 44.8 | 61.7 | 6.1 | 15.2 | — | 59.3 | — |
| Abex 415 | 42.9 | 34.1 | 5.1 | 19.8 | — | 70.3 | 44.8 | 61.7 | 6.1 | 15.2 | — | 59.3 | — |
| Abex 420 | 50.8 | 44.5 | 6.9 | 25.4 | — | — | 60.2 | 71.1 | 7.6 | 18.3 | 100.1 | 70.2 | 两端盖突出壳体,总外形长为 L |
| Abex 425 | 88.9 | 44.5 | 8.3 | 34.9 | — | 108 | 57.7 | 80.8 | 17.5 | 27.8 | 131.3 | 72.9 | 两端盖为平板,三螺钉固定,总外形长为 L |

## 1. 3. 13 FF129 和 FF134 型伺服阀外形和安装尺寸

表 22-6-50 mm

FF129 外形和安装尺寸

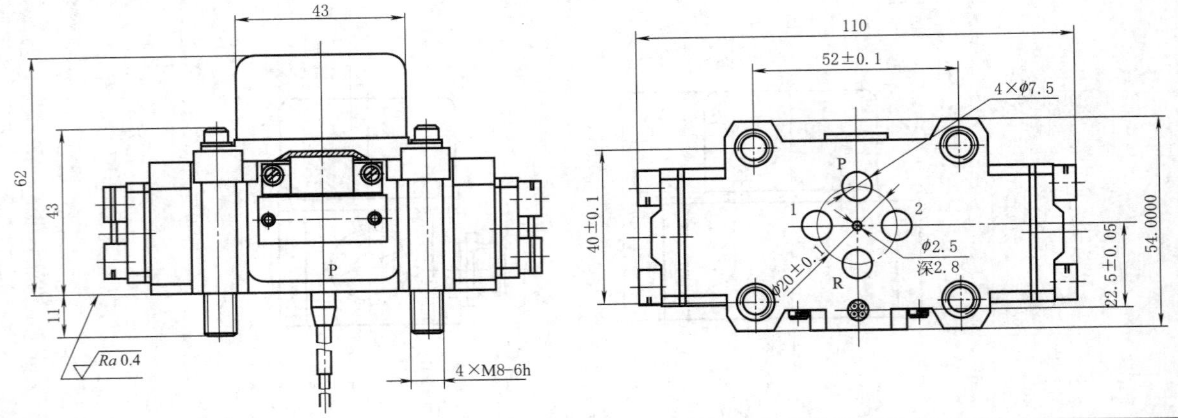


FF134 外形和安装尺寸

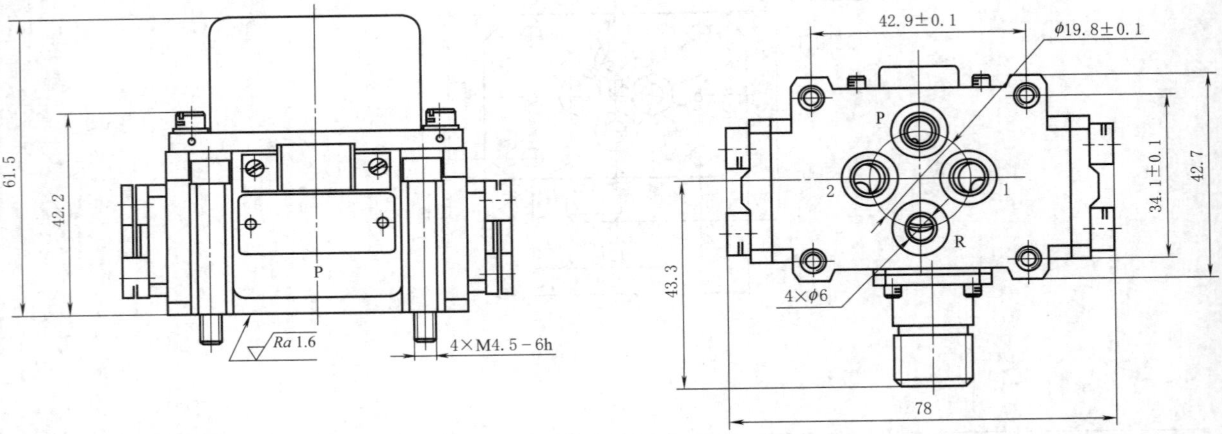


FF129 和 FF134 阀工作原理图

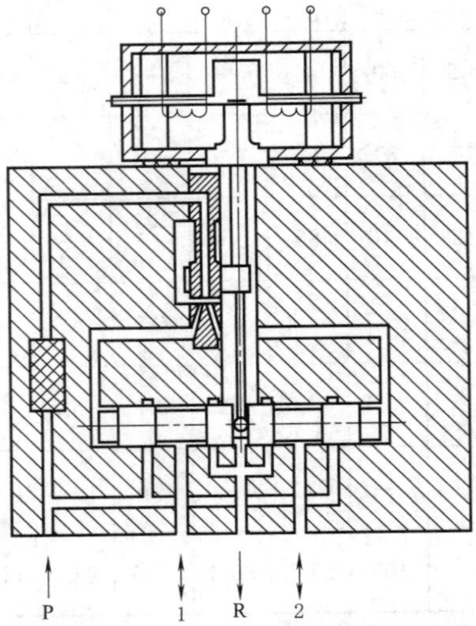

## 1.3.14 FF133、QDYD-1-40、QDYD-1-100 型伺服阀外形及安装尺寸

**表 22-6-51**

mm

FF133、QDYD−1−40、QDYD−1−100外廓尺寸

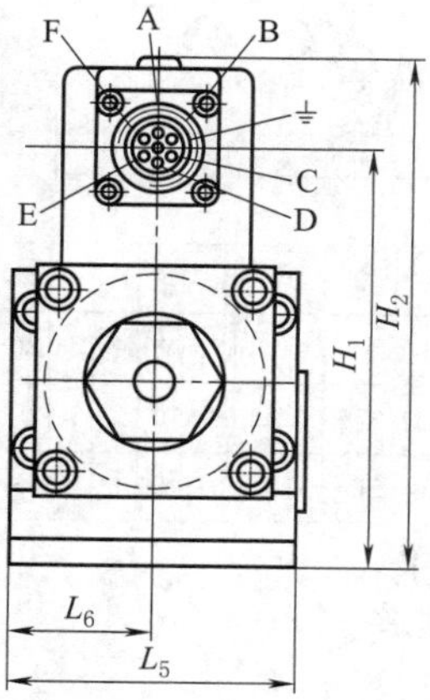


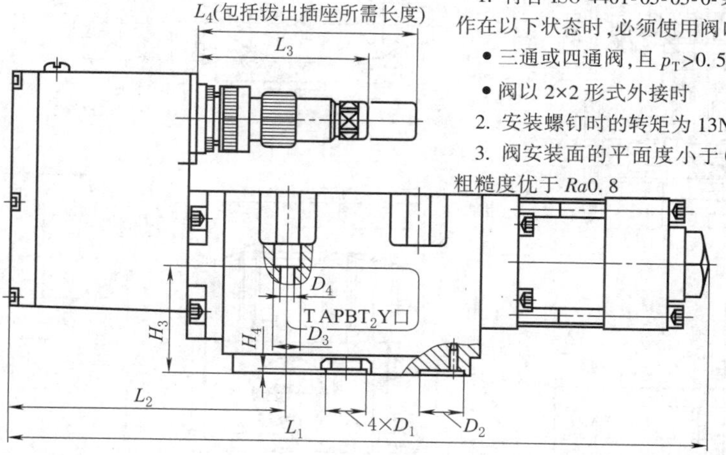


注意：

1. 符合 ISO 4401-05-05-0-94 标准，若阀工作在以下状态时，必须使用阀口 Y：
   - 三通或四通阀，且 $p_T$>0.5MPa 时
   - 阀以 2×2 形式外接时
2. 安装螺钉时的转矩为 13N·m
3. 阀安装面的平面度小于 0.025mm，表面粗糙度优于 $Ra$0.8

FF133、QDYD−1−40安装面

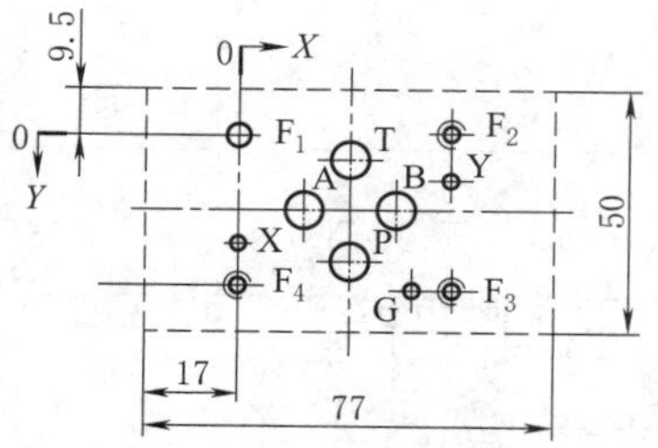


QDYD−1−100安装面

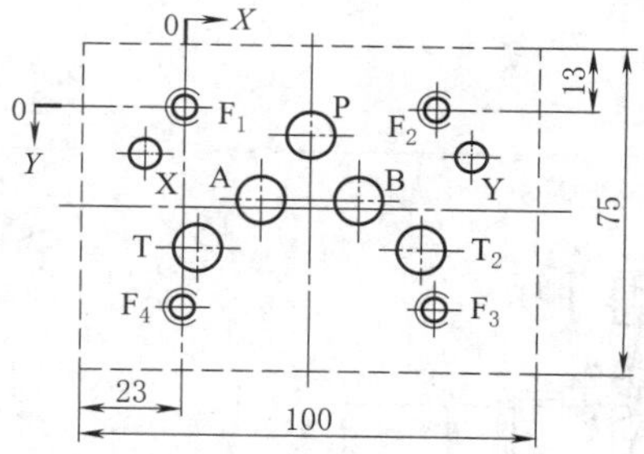


FF133、QDYD-1-40、QDYD-1-100 型阀安装尺寸

| 型号 | 坐标 | P | A | B | T | $T_2$ | Y | $F_1$ | $F_2$ | $F_3$ | $F_4$ |
|---|---|---|---|---|---|---|---|---|---|---|---|
| FF133 | 尺寸 | ϕ7.5 | ϕ7.5 | ϕ7.5 | ϕ7.5 | — | ϕ3.1 | M5 | M5 | M5 | M5 |
| | $X$ | 21.5 | 12.75 | 30.25 | 21.5 | — | 40.5 | 0 | 40.5 | 40.5 | 0 |
| | $Y$ | 25.9 | 15.5 | 15.5 | 5.1 | — | 9 | 0 | −0.75 | 31.75 | 31 |
| QDYD-1-40 | 尺寸 | ϕ7.5 | ϕ7.5 | ϕ7.5 | ϕ7.5 | — | ϕ3.1 | M5 | M5 | M5 | M5 |
| | $X$ | 21.5 | 12.7 | 30.2 | 21.5 | — | 40.5 | 0 | 40.5 | 40.5 | 0 |
| | $Y$ | 25.9 | 15.5 | 15.5 | 5.1 | — | 9 | 0 | −0.75 | 31.75 | 31 |
| QDYD-1-100 | 尺寸 | ϕ11.2 | ϕ11.2 | ϕ11.2 | ϕ11.2 | ϕ11.2 | ϕ6.3 | M6 | M6 | M6 | M6 |
| | $X$ | 27 | 16.7 | 37.3 | 3.2 | 50.8 | 62 | 0 | 54 | 54 | 0 |
| | $Y$ | 6.3 | 21.4 | 21.4 | 32.5 | 32.5 | 11 | 0 | 0 | 46 | 46 |

FF133、QDYD-1-40、QDYD-1-100 型阀外形尺寸

| 型号 | $L_1$ | $L_2$ | $L_3$ | $L_4$ | $L_5$ | $L_6$ | $H_1$ | $H_2$ | $D_1$ | $D_2$ | $D_3$ | $D_4$ |
|---|---|---|---|---|---|---|---|---|---|---|---|---|
| FF133 | 239 | — | 143 | — | 48 | 24 | 87 | 113 | ϕ12.4 | ϕ11 | — | — |
| QDYD-1-40 | 246 | 111.4 | 71 | 91 | 48 | 24 | 86.8 | 110.2 | ϕ12.4 | ϕ11 | ϕ9.5 | ϕ5.4 |
| QDYD-1-100 | 290 | 114.7 | 71 | 91 | 72 | 36 | 111.8 | 136 | ϕ15 | ϕ15.7 | ϕ18.7 | ϕ6.5 |

### 1.3.15 MOOG760、MOOG G761 和 MOOG G631 型电液伺服阀外形及安装尺寸

表 22-6-52

mm

G631原理图

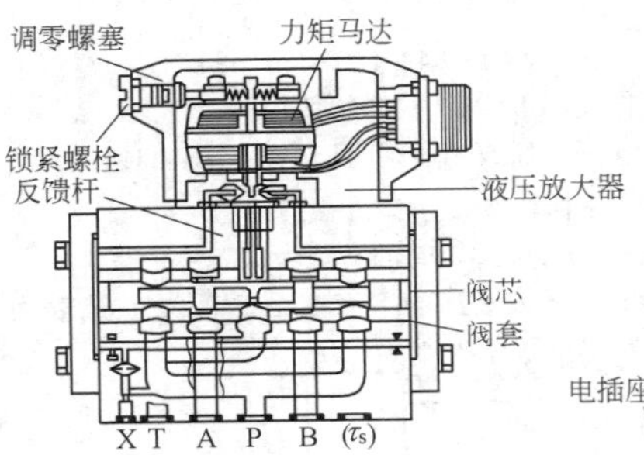


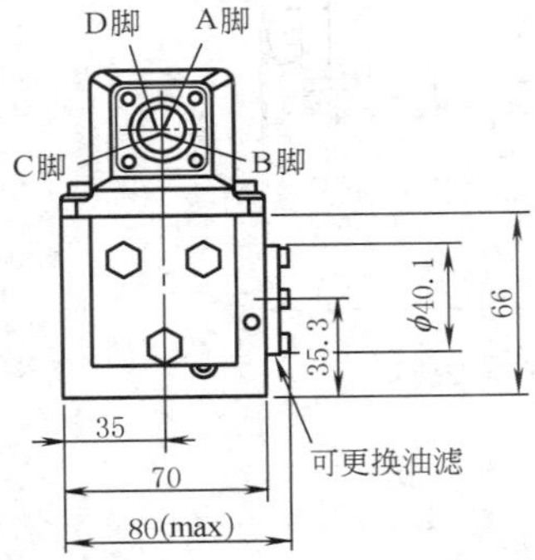


MOOG G631外形尺寸

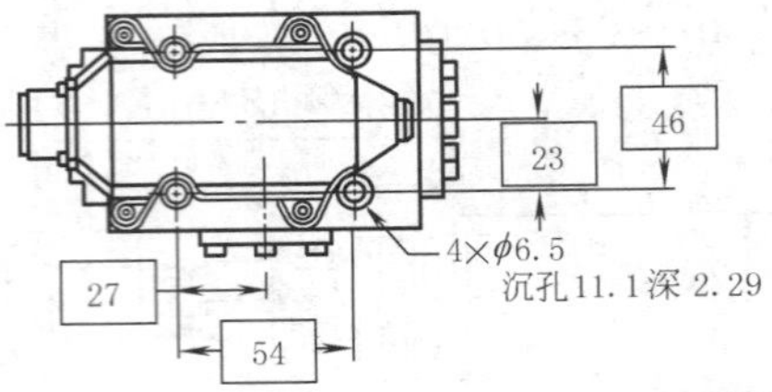


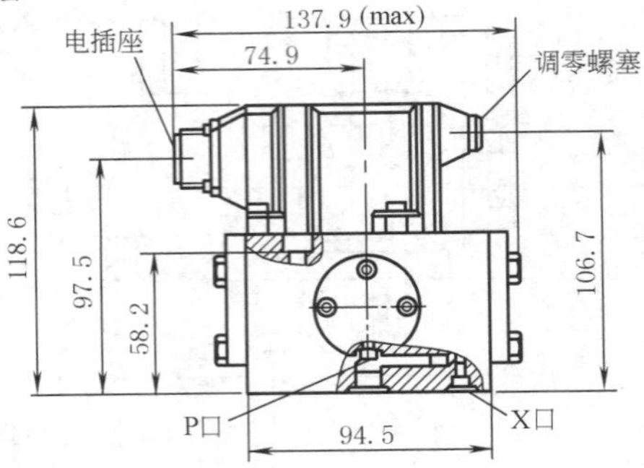


MOOG G631安装尺寸

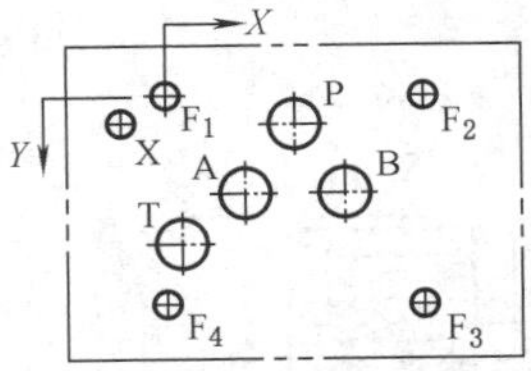


| 坐标 | P | A | B | T | X | $F_1$ | $F_2$ | $F_3$ | $F_4$ |
|---|---|---|---|---|---|---|---|---|---|
| 尺寸 | ϕ11.2 | ϕ11.2 | ϕ11.2 | ϕ11.2 | ϕ5.3 | M6 | M6 | M6 | M6 |
| $X$ | 27 | 16.7 | 37.3 | 3.2 | −9 | 0 | 54 | 54 | 0 |
| $Y$ | 6.3 | 21.4 | 21.4 | 32.5 | −6.4 | 0 | 0 | 46 | 46 |

MOOG G761及MOOG760 外形尺寸

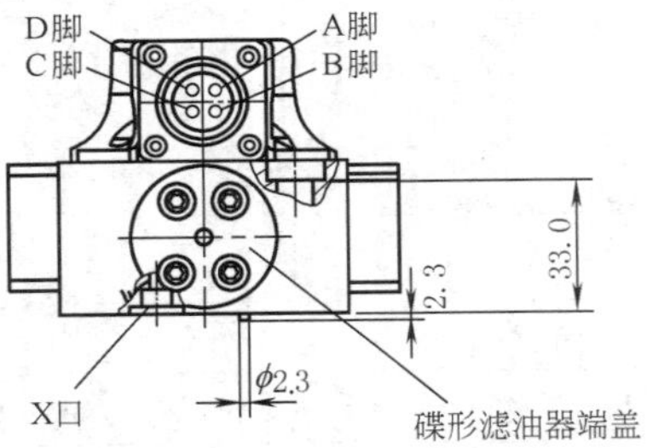


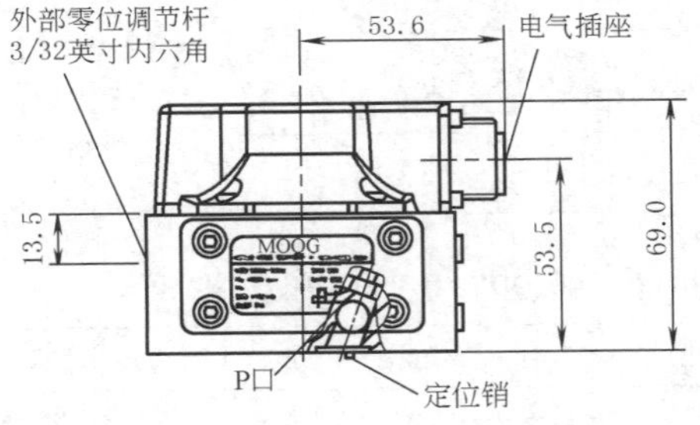


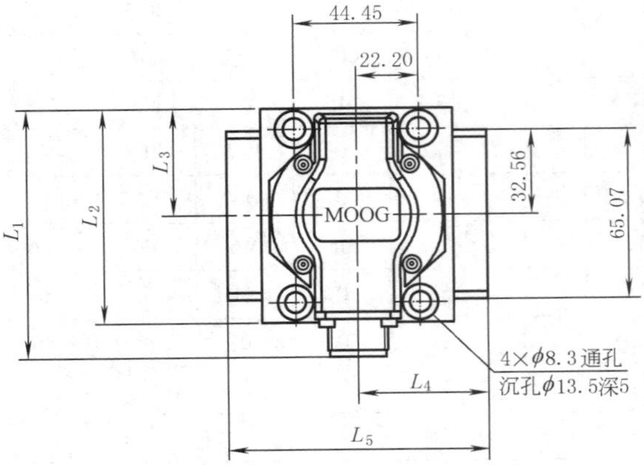


MOOG760及MOOG G761原理图

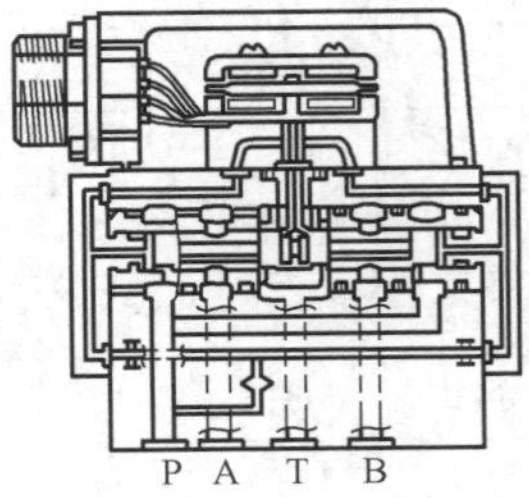


MOOG G761安装尺寸

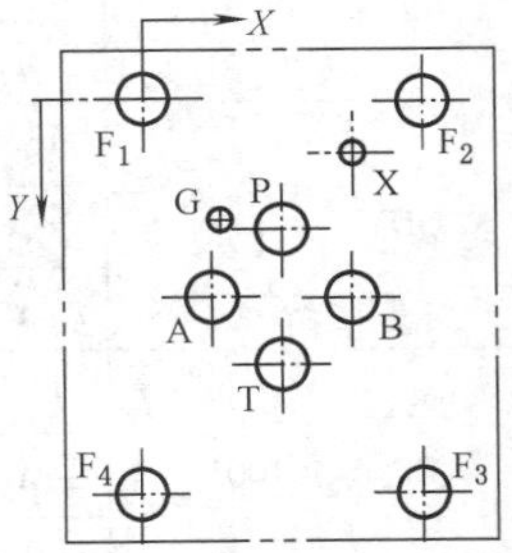


NOOG760安装尺寸
除X口(ϕ4.0)
$X$=39.2,$Y$=49.5之外
其余尺寸完全相同

| 型　号 | $L_1$ | $L_2$ | $L_3$ | $L_4$ | $L_5$ |
|---|---|---|---|---|---|
| MOOG G761 | 94.1 | 81 | 40.5 | 46.7 | 93.5 |
| MOOG760 | 97.3 | 87.4 | 43.7 | 48 | 96 |

| 坐标 | P | A | B | T | X | G | $F_1$ | $F_2$ | $F_3$ | $F_4$ |
|---|---|---|---|---|---|---|---|---|---|---|
| 尺寸 | ϕ7.9 | ϕ7.9 | ϕ7.9 | ϕ7.9 | ϕ4.0 | ϕ3.6 | M8 | M8 | M8 | M8 |
| $X$ | 22.2 | 11.1 | 33.3 | 22.2 | 33.3 | 12.3 | 0 | 44.4 | 44.4 | 0 |
| $Y$ | 21.4 | 32.5 | 32.5 | 43.6 | 8.7 | 19.8 | 0 | 0 | 65.0 | 65.0 |

## 1. 3. 16 MOOG D633、D634 系列直动式电液伺服阀外形及安装尺寸

表 22-6-53

mm

注意：

1. 符合 ISO 4401-05-05-0-94 标准

若阀工作在以下状态时，必须使用阀口 Y：

- 三通或四通阀，且 $p_T$>0. 5MPa 时
- 阀以 2×2 形式外接时

2. 安装螺钉时的扭矩为 13N · m

3. 阀安装面的平面度小于 0. 025mm，表面粗糙度数值小于 0. 8μm

D633,D634 系列外形(廓)尺寸

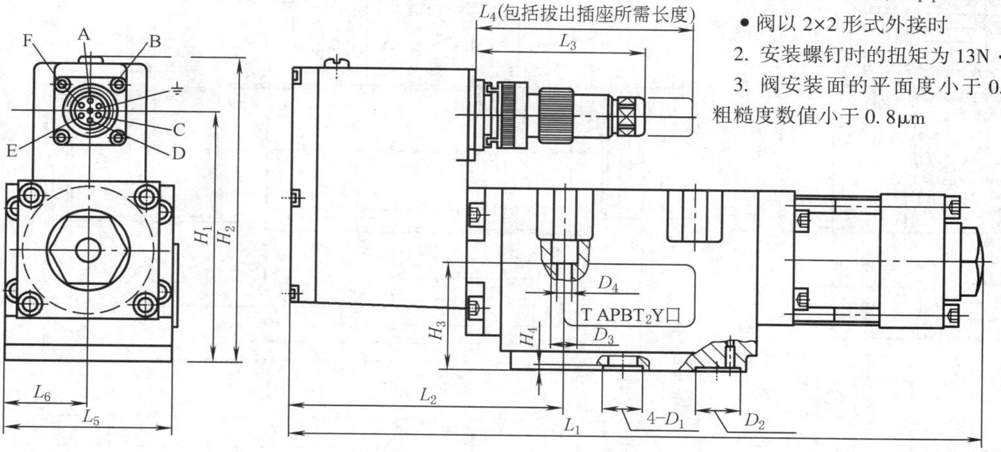


D633 系列安装面

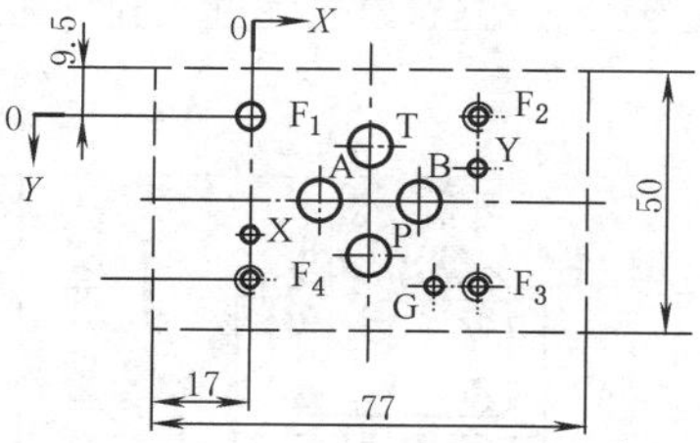


D634 系列安装面

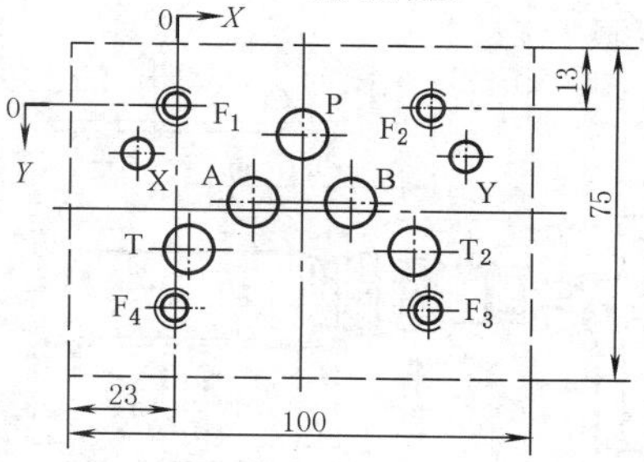


D633，D634 系列安装尺寸

X 口不能钻孔，阀上无此孔的密封圈

| 型 号 | 坐标 | P | A | B | T | $T_2$ | X | Y | $F_1$ | $F_2$ | $F_3$ | $F_4$ | G |
|---|---|---|---|---|---|---|---|---|---|---|---|---|---|
| D633 | 尺寸 | $\phi$7.5 | $\phi$7.5 | $\phi$7.5 | $\phi$7.5 | $\phi$7.5 | — | $\phi$3.3 | M5 | M5 | M5 | M5 | 4 |
| | *X* | 21.5 | 12.7 | 30.2 | 21.5 | — | — | 40.5 | 0 | 40.5 | 40.5 | 0 | 33 |
| | *Y* | 25.9 | 15.5 | 15.5 | 5.1 | — | — | 9 | 0 | −0.75 | 31.75 | 31 | 31.75 |
| D634 | 尺寸 | $\phi$11.2 | $\phi$11.2 | $\phi$11.2 | $\phi$11.2 | $\phi$11.2 | — | $\phi$11.2 | M6 | M6 | M6 | M6 | — |
| | *X* | 27 | 16.7 | 37.3 | 3.2 | 50.8 | — | 62 | 0 | 54 | 54 | 0 | — |
| | *Y* | 6.3 | 21.4 | 21.4 | 32.5 | 32.5 | — | 11 | 0 | 0 | 46 | 46 | — |

D633，D634 系列外形尺寸

| 型号 | $L_1$ | $L_2$ | $L_3$ | $L_4$ | $L_5$ | $L_6$ | $H_1$ | $H_2$ | $H_3$ | $H_4$ | $D_1$ | $D_2$ | $D_3$ | $D_4$ |
|---|---|---|---|---|---|---|---|---|---|---|---|---|---|---|
| D633 | 239 | 105 | 71 | 91 | 49 | 24. 5 | 87 | 113 | 47 | 1.3 | $\phi$12.4 | $\phi$11 | $\phi$9.5 | $\phi$5.4 |
| D634 | 290 | 116 | 71 | 91 | 72 | 36 | 122 | 148 | 47 | 1.3 | $\phi$15.7 | $\phi$18.7 | $\phi$11 | $\phi$6.5 |

## 1.3.17 MOOG D791 和 D792 型电反馈三级阀外形及安装尺寸

表 22-6-54　　mm

D791系列外形尺寸

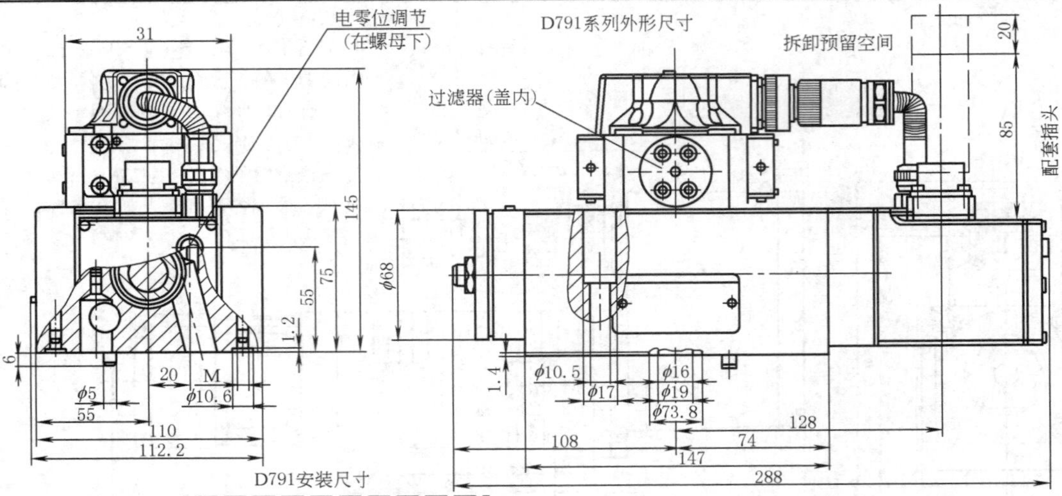


D791安装尺寸

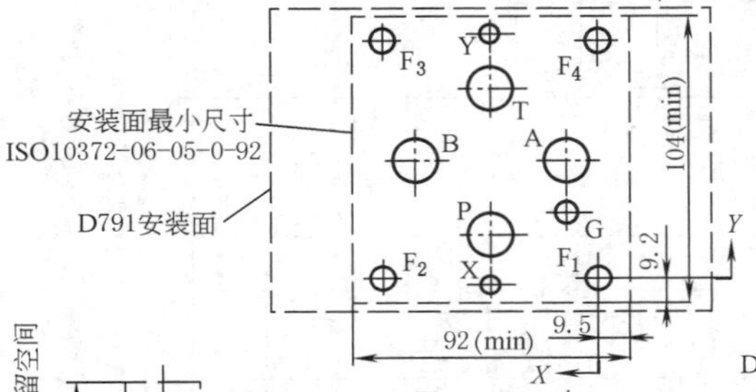


| 坐标 | P | A | B | T | G | X | Y | $F_1$ | $F_2$ | $F_3$ | $F_4$ |
|---|---|---|---|---|---|---|---|---|---|---|---|
| 尺寸 | ϕ16 | ϕ16 | ϕ16 | ϕ16 | ϕ8 | ϕ6 | ϕ6 | M10 | M10 | M10 | M10 |
| *X* | 36.5 | 11.1 | 61.9 | 36.5 | 11.1 | 36.5 | 36.5 | 0 | 73 | 73 | 0 |
| *Y* | 17.4 | 42.8 | 42.8 | 68.2 | 23.7 | −2.6 | 88.2 | 0 | 0 | 85.6 | 85.6 |

D792系列外形尺寸

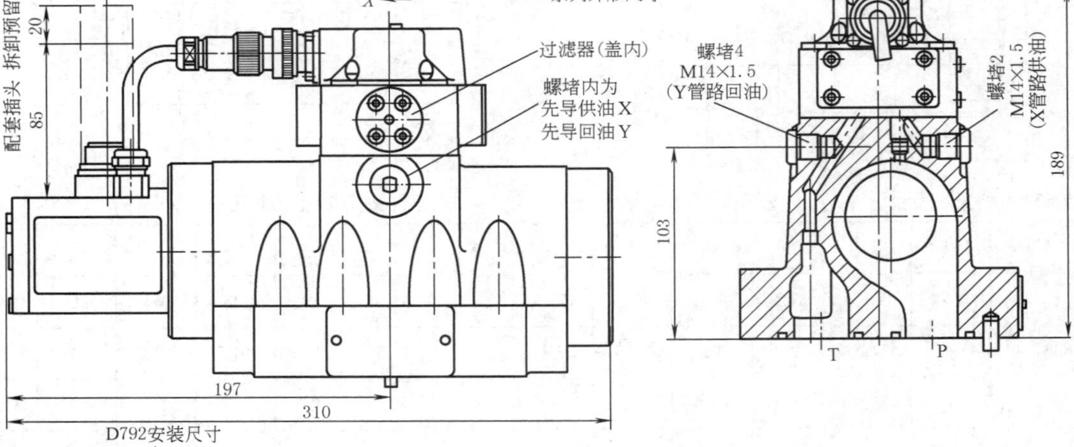


D792安装尺寸

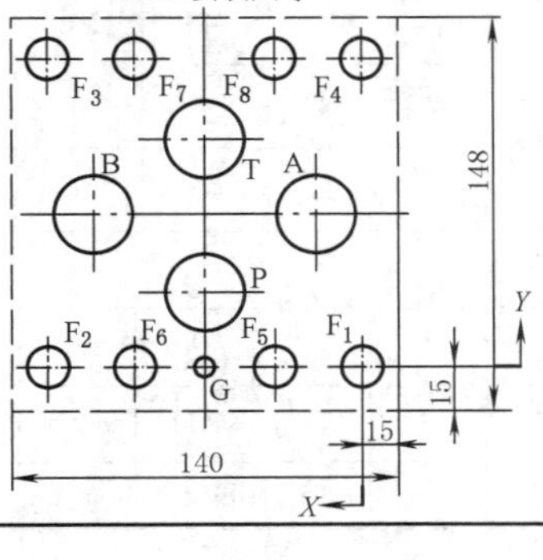


| 坐标 | P | A | B | T | G | $F_1$ | $F_2$ | $F_3$ | $F_4$ | $F_5$ | $F_6$ | $F_7$ | $F_8$ |
|---|---|---|---|---|---|---|---|---|---|---|---|---|---|
| 尺寸 | ϕ28 | ϕ28 | ϕ28 | ϕ28 | ϕ8 | M16 | M16 | M16 | M16 | M16 | M16 | M16 | M16 |
| *X* | 55.4 | 15.8 | 95.0 | 55.4 | 55.4 | 0 | 110.8 | 110.8 | 0 | 31.5 | 79.3 | 79.3 | 31.5 |
| *Y* | 30.1 | 58.7 | 58.7 | 87.3 | 0 | 0 | 0 | 117.4 | 117.4 | 0 | 0 | 117.4 | 117.4 |

## 1.3.18 MOOG D662~D665 系列电液伺服阀外形及安装尺寸

表 22-6-55

mm

D662、D663、D664和D665外形图

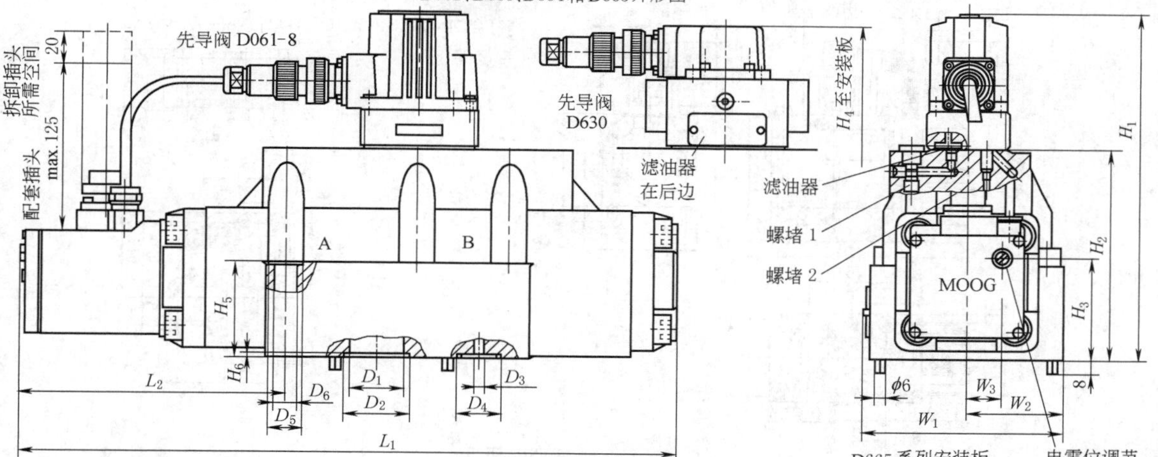


D662系列安装板　D663和 D664系列安装板　D665 系列安装板

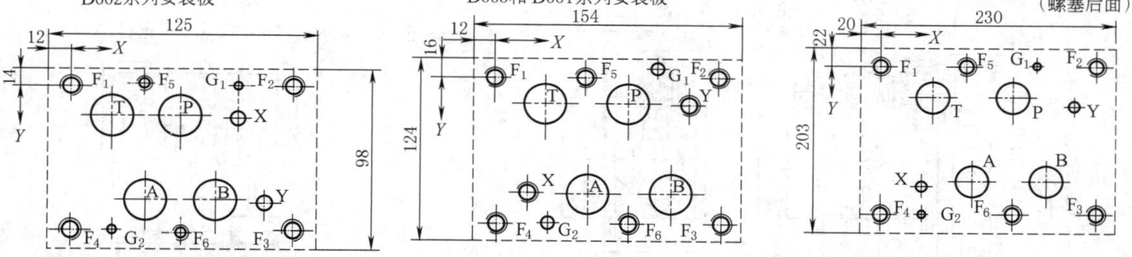


安装面需符合 ISO 4401-08-07-0-94 标准。对最大流量，安装板的 P、T、A 和 B 口直径必须分别为 20mm（D662 系列），28mm（D663 系列），32mm（664 系列），50mm（665 系列）。安装面平面度在 100mm 距离内小于等于 0.01mm，表面粗糙度 $Ra<0.8\mu m$

D662~D665 系列安装尺寸

| D662 | P | A | T | B | X | Y | $G_1$ | $G_2$ | $F_1$ | $F_2$ | $F_3$ | $F_4$ | $F_5$ | $F_6$ |
|---|---|---|---|---|---|---|---|---|---|---|---|---|---|---|
| 尺寸 | $\phi$20 | $\phi$20 | $\phi$20 | $\phi$20 | $\phi$6.3 | $\phi$6.3 | $\phi$4 | $\phi$4 | M10 | M10 | M10 | M10 | M6 | M6 |
| $X$ | 50 | 34.1 | 18.3 | 65.9 | 76.6 | 88.1 | 76.6 | 18.3 | 0 | 101.6 | 101.6 | 0 | 34.1 | 50 |
| $Y$ | 14.3 | 55.6 | 14.3 | 55.6 | 15.9 | 57.2 | 0 | 69.9 | 0 | 0 | 69.9 | 69.9 | -1.6 | 72.5 |
| D663 | P | A | T | B | X | Y | $G_1$ | $G_2$ | $F_1$ | $F_2$ | $F_3$ | $F_4$ | $F_5$ | $F_6$ |
| 尺寸 | $\phi$28 | $\phi$28 | $\phi$28 | $\phi$28 | $\phi$11.2 | $\phi$11.2 | $\phi$7.5 | $\phi$7.5 | M12 | M12 | M12 | M12 | M12 | M12 |
| $X$ | 77 | 53.2 | 29.4 | 100.8 | 17.5 | 112.7 | 94.5 | 29.4 | 0 | 130.2 | 130.2 | 0 | 53.2 | 77 |
| $Y$ | 17.5 | 74.6 | 17.5 | 74.6 | 73 | 19 | -4.8 | 92.1 | 0 | 0 | 92.1 | 92.1 | 0 | 92.1 |
| D664 | P | A | T | B | X | Y | $G_1$ | $G_2$ | $F_1$ | $F_2$ | $F_3$ | $F_4$ | $F_5$ | $F_6$ |
| 尺寸 | $\phi$32 | $\phi$32 | $\phi$32 | $\phi$32 | $\phi$11.2 | $\phi$11.2 | $\phi$7.5 | $\phi$7.5 | M12 | M12 | M12 | M12 | M12 | M12 |
| $X$ | 77 | 53.2 | 29.4 | 100.8 | 17.5 | 112.7 | 94.5 | 29.4 | 0 | 130.2 | 130.2 | 0 | 53.2 | 77 |
| $Y$ | 17.5 | 74.6 | 17.5 | 74.5 | 73 | 19 | -4.8 | 92.1 | 0 | 0 | 92.1 | 92.1 | 0 | 92.1 |
| D665 | P | A | T | B | X | Y | $G_1$ | $G_2$ | $F_1$ | $F_2$ | $F_3$ | $F_4$ | $F_5$ | $F_6$ |
| 尺寸 | $\phi$50 | $\phi$50 | $\phi$50 | $\phi$50 | $\phi$11.2 | $\phi$11.2 | $\phi$7.5 | $\phi$7.5 | M20 | M20 | M20 | M20 | M20 | M20 |
| $X$ | 114.3 | 82.5 | 41.3 | 147.6 | 41.3 | 168.3 | 147.6 | 41.3 | 0 | 190.5 | 190.5 | 0 | 76.2 | 114.3 |
| $Y$ | 35 | 123.8 | 35 | 123.8 | 130.2 | 44.5 | 0 | 158.8 | 0 | 0 | 158.8 | 158.8 | 0 | 158.8 |

D662~D665 外形尺寸

| 型号 | $L_1$ | $L_2$ | $W_1$ | $W_2$ | $W_3$ | $H_1$ | $H_2$ | $H_3$ | $H_4$ | $H_5$ | $H_6$ | $D_1$ | $D_2$ | $D_3$ | $D_4$ | $D_5$ | $D_6$ |
|---|---|---|---|---|---|---|---|---|---|---|---|---|---|---|---|---|---|
| D662 | 317 | 154 | 95 | 49 | 20 | 190 | 107 | 51 | 181 | 45 | 2 | $\phi$20 | $\phi$26.5 | $\phi$7 | $\phi$13.9 | $\phi$18 | $\phi$18 |
| D663 | 385 | 157 | 118 | 58 | 20 | 213 | 130 | 63 | 204 | 57 | 2 | $\phi$32 | $\phi$39 | $\phi$6.3 | $\phi$25 | $\phi$20 | $\phi$13.5 |
| D664 | 385 | 157 | 118 | 58 | 20 | 213 | 130 | 63 | 204 | 57 | 2 | $\phi$32 | $\phi$39 | $\phi$6.3 | $\phi$25 | $\phi$20 | $\phi$13.5 |
| D665 | 497 | 171 | 200 | 99 | 20 | 349 | 229 | 112 | 388 | 59 | 2.8 | $\phi$50 | $\phi$60 | $\phi$3.2 | $\phi$17 | $\phi$33 | $\phi$22 |

## 1.3.19 博世力士乐电反馈三级阀 4WSE3EE（16、25、32）尺寸

表 22-6-56

元件尺寸

4WSE3EE16

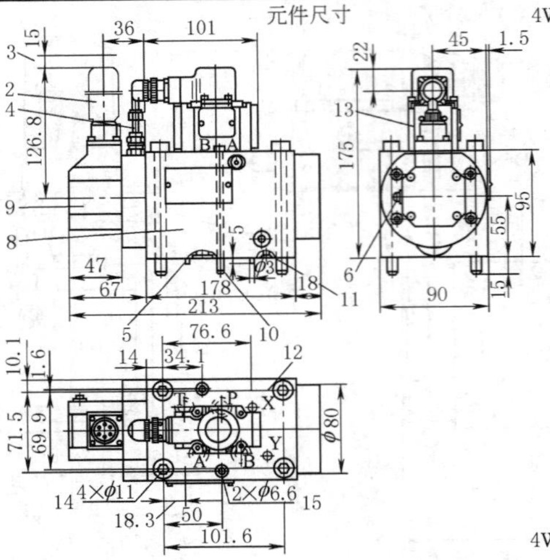

冲洗板

符合DIN 24 340 A 16型（单位:mm）　通径 16

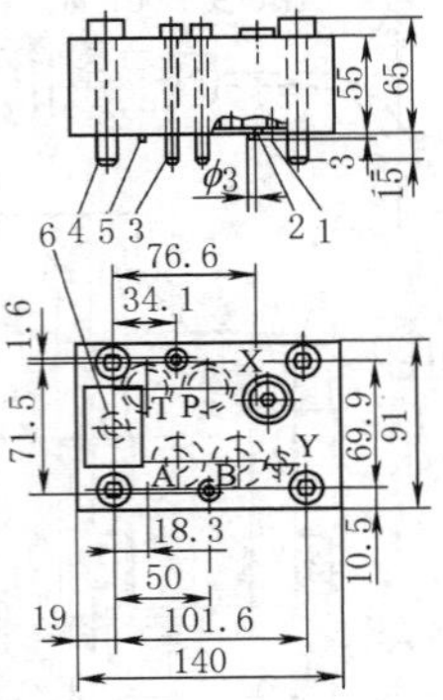

4WSE3EE25

元件尺寸

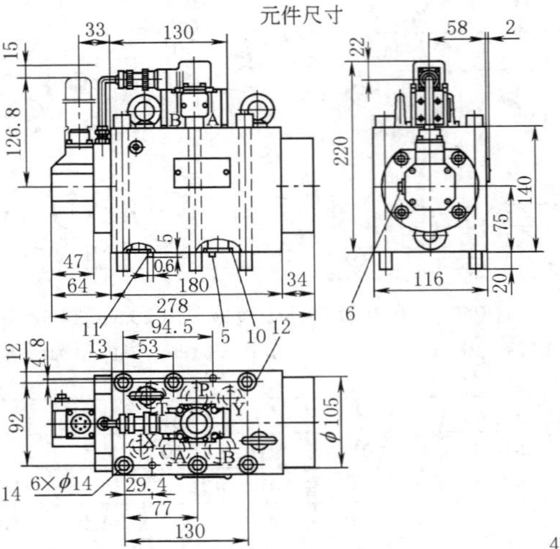

冲洗板

符合DIN 24 340 A 25型（单位:mm）　通径 25

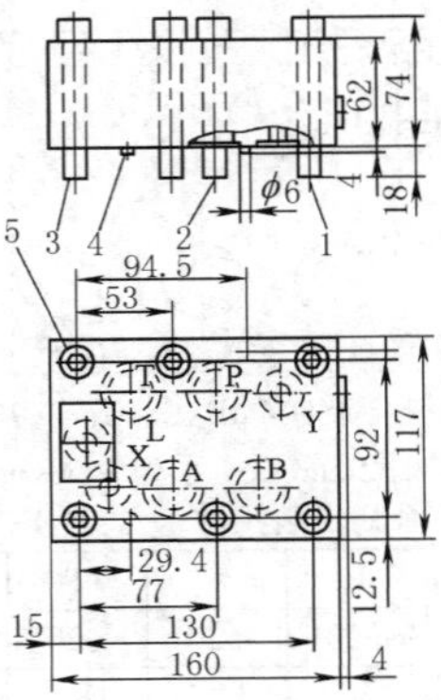

4WSE3EE32

元件尺寸

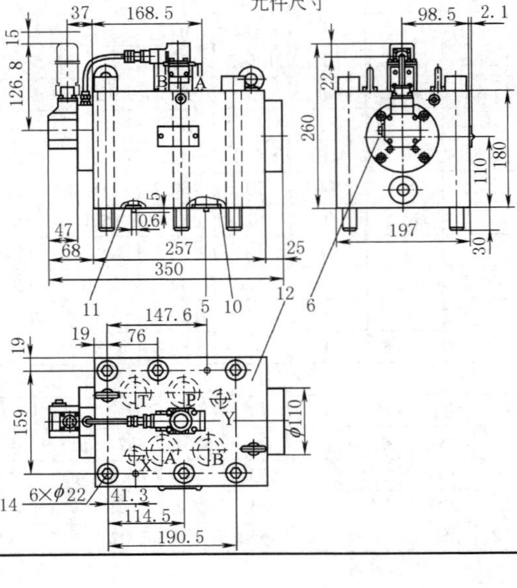

冲洗板

符合DIN 24 340 A 32型（单位:mm）　通径 32

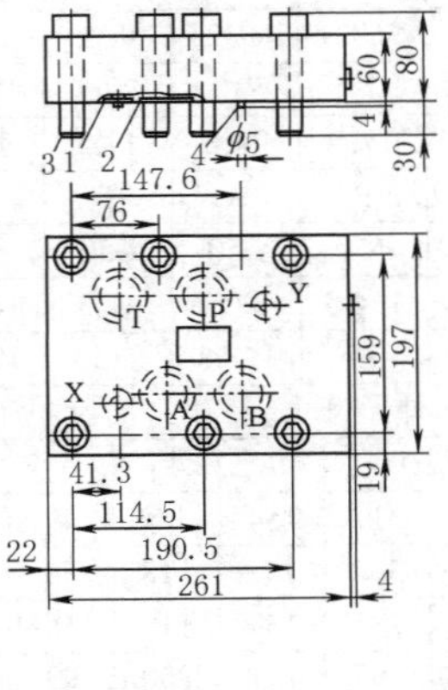

## 1.3.20 PARKER DY 型电液伺服阀外形及安装尺寸

表 22-6-57

mm

外廓尺寸

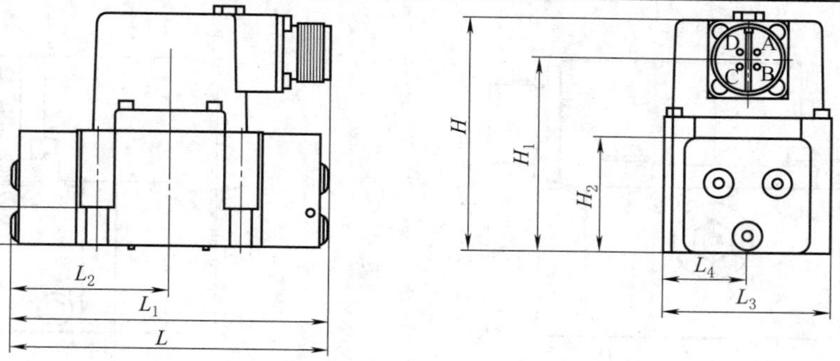


安装面尺寸

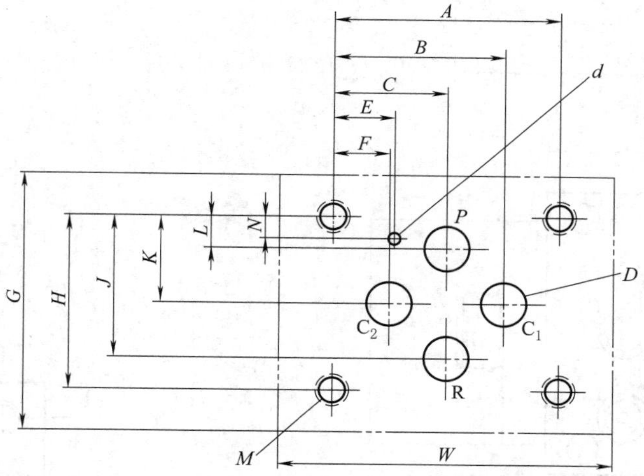


DY 型阀安装尺寸

| 型号 | *A* | *B* | *C* | *E* | *F* | *G* | *H* | *J* | *K* | *L* | *N* | *W* | *D* | *M*[3] | *d* |
|---|---|---|---|---|---|---|---|---|---|---|---|---|---|---|---|
| DY01[1] | 42.9 | 32.2 | 21.4 | 11.5 | 10.6 | 50.8 | 34.1 | 27.9 | 17.1 | 6.3 | 4.4 | 63.5 | 8.24 | #1/4-20NC-2B 深 9.53 | $\phi$2.39 深 4.78 |
| DY15, | 57.2 | 41.5 | 28.6 | 18.7 | 15.9 | 69.9 | 54.0 | 39.7 | 27.0 | 14.3 | 14.3 | 88.9 | 11.13 | #5/16-18NC-2B 深 15.88 | $\phi$2.39 深 4.78 |
| DY45 | 82.6 | 64.1 | 41.3 | 20.7 | 18.4 | 101.6 | 24.1 | 64.9 | 42.1 | 19.2 | 21.4 | 127 | 20.65 | #3/8-16-NC-2B 深 19.05 | $\phi$3.18 深 6.35 |
| DY3H[2] | 44.5 | 28.6 | 22.2 | — | 15.9 | 36.8 | 30.48 | 24.13 | 15.24 | 6.35 | — | 50.8 | — | #8-32-UNF-2B 深 9.53 | — |

DY 型阀外形尺寸

| 型号 | *L* | $L_1$ | $L_2$ | $L_3$ | $L_4$ | *H* | $H_1$ | $H_2$ | $H_3$ |
|---|---|---|---|---|---|---|---|---|---|
| DY01 | 86.1 | 75.9 | 38 | 50.8 | 25.4 | 72.4 | 60.3 | 35.6 | 12.8 |
| DY12 | 95.7 | 95.1 | 47.6 | 50.8 | 25.4 | 72.4 | 60.3 | 35.6 | 12.8 |
| DY15 | — | 100.6 | 50.3 | 69.9 | 34.9 | 87.6 | 75.6 | 50.8 | — |
| DY25 | 114.4 | 100.6 | 50.3 | 69.9 | 34.9 | 101.6 | 79.8 | 50.8 | — |
| DY45 | 162.1 | — | 81 | 101 | 50.8 | 127 | 114.3 | 76.2 | 44.4 |
| DY3H | 50.8 | — | — | 36.8 | — | 93.5 | — | — | 20.3 |

① DY01、DY05、DY10、DY12 四种阀，DY15 和 DY25 两种阀的安装尺寸完全相同。DY01、DY05、DY10 三种阀的安装面尺寸完全相同。

② DY3H 和 DY6H 安装尺寸完全相同。插座向上，其外形尺寸为产品所占最大空间尺寸。尺寸孔 $PC_1$、$C_2$ 的 *D* 为 3×$\phi$4.96mm，孔 R 为 $\phi$6.2mm。

③ 尺寸 *M* 为英制螺纹，其表示方法是：螺纹直径-每英寸牙数，系列代号-精度等级。其中 NC 表示粗牙，UNF 表示细牙。2B 表示内螺纹精度等级。

## 1.3.21 PARKER SE 系列、PH76 系列、BD 系列伺服阀外形及安装尺寸

表 22-6-58 mm

外廓尺寸

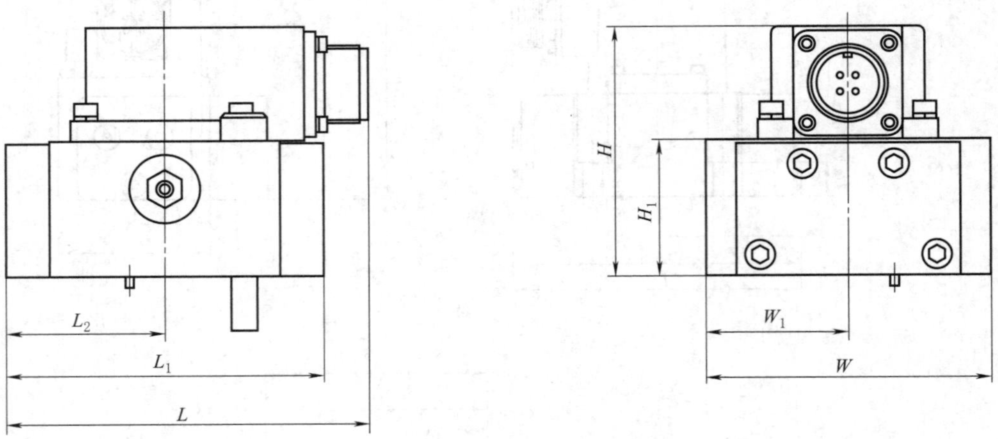


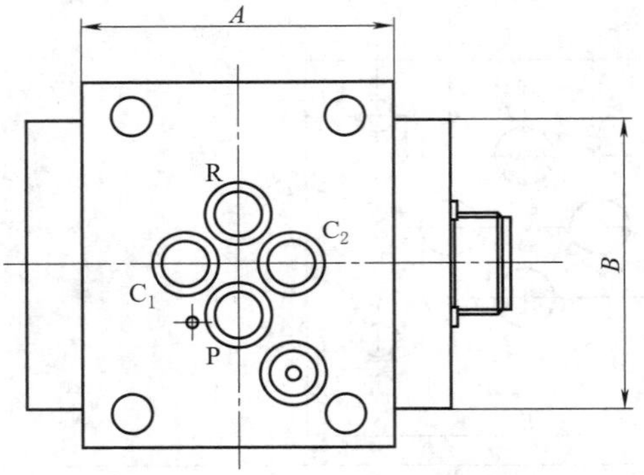


安装面尺寸

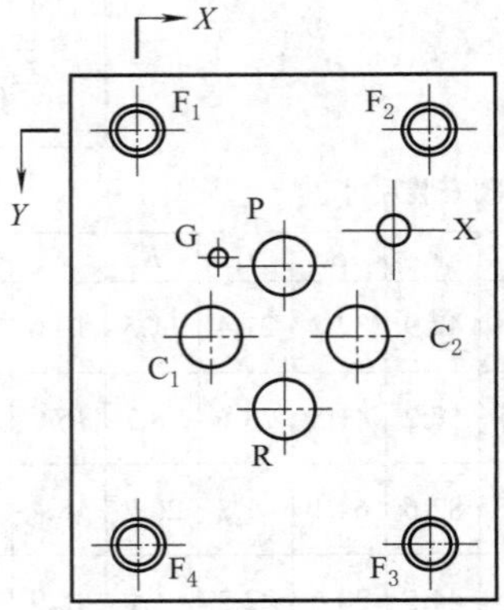


外形尺寸

| 型号 | $A$ | $B$ | $L$ | $L_1$ | $L_2$ | $H$ | $H_1$ | $W$ | $W_1$ |
|---|---|---|---|---|---|---|---|---|---|
| SSEMT | 34.0 | 34.0 | 43.0 | 34.0 | — | 40.0 | — | 39.0 | 23.8 |
| SE05 | 64.6 | 47.5 | 101.3 | 88.8 | 44.4 | 72.4 | — | 47.5 | — |
| SE10 | 64.4 | 47.5 | 101.3 | 88.8 | 44.4 | 72.4 | — | 47.5 | — |
| SE15 | 64.4 | 47.5 | 101.3 | 88.8 | 44.4 | 72.4 | — | 47.5 | — |
| SE20 | 64.8 | 64.8 | 101.3 | 88.8 | 44.4 | 71.7 | 39.0 | 80.0 | 40.0 |
| SE2E | 64.8 | 64.8 | 121.6 | — | 44.3 | 90.8 | 39.0 | 80.0 | 40 |
| SE60 | 139.8 | 104.1 | 171.2 | 139.8 | — | 118.0 | 87 | 104.1 | — |
| PH76 | 65.0 | 82 | 99.6 | 807 | — | 66 | 8.4 | 78.8 | — |
| BD15 | 61.0 | 81.3 | 115.4 | 106.4 | 53.3 | 110.9 | 50.3 | 81.3 | — |
| BD30 | 108.0 | 76.2 | 181.1 | 181.1 | 90.4 | 129.5 | 69.9 | 76.2 | 38.1 |

续表

安装尺寸

| 型号 | | P | $C_1$ | R | $C_2$ | G | X | $F_1$ | $F_2$ | $F_3$ | $F_4$ |
|---|---|---|---|---|---|---|---|---|---|---|---|
| SEMT | 尺寸 | $\phi$3.8max | $\phi$3.8max | $\phi$3.8max | $\phi$3.8max | $\phi$2.5 深 2.0 | — | M4 深 14 | M4 深 14 | M4 深 14 | M4 深 14 |
| | $X$ | 11.9 | 5.5 | 11.9 | 18.0 | 4.8 | — | 0 | 23.8 | 23.8 | 0 |
| | $Y$ | 7.0 | 13.1 | 19.2 | 13.1 | 6.0 | — | 0 | 0 | 26.2 | 26.2 |
| SE05 | 尺寸 | $\phi$5max | $\phi$5max | $\phi$5max | $\phi$5max | $\phi$3.5 深 4 | — | M5 深 16 | M5 深 16 | M5 深 16 | M5 深 16 |
| | $X$ | 21.4 | 13.5 | 21.4 | 24.3 | 11.5 | — | 0 | 42.8 | 42.8 | 0 |
| | $Y$ | 9.2 | 17.1 | 25.0 | 17.1 | 4.4 | — | 0 | 0 | 34.2 | 34.2 |
| SE10 | 尺寸 | $\phi$7.5max | $\phi$7.5max | $\phi$7.5max | $\phi$7.5max | $\phi$3.5 深 4 | — | M5 深 16 | M5 深 16 | M5 深 16 | M5 深 16 |
| | $X$ | 21.4 | 11.5 | 2.4 | 31.3 | 11.5 | — | 0 | 42.8 | 42.8 | 0 |
| | $Y$ | 7.2 | 17.1 | 27.0 | 17.1 | 4.4 | — | 0 | 0 | 34.2 | 34.2 |
| SE15 | 尺寸 | $\phi$8max | $\phi$8max | $\phi$8max | $\phi$8max | $\phi$3.5 深 4 | — | M6 深 18 | M6 深 18 | M6 深 18 | M6 深 18 |
| | $X$ | 21.4 | 9.5 | 21.4 | 33.3 | 11.5 | — | 0 | 42.8 | 42.8 | 0 |
| | $Y$ | 5.1 | 17.1 | 29.0 | 17.1 | 4.4 | — | 0 | 0 | 34.2 | 34.2 |
| SE2N | 尺寸 | $\phi$12.7max | $\phi$12.7max | $\phi$12.7max | $\phi$12.7max | — | — | M10 深 22 | M10 深 22 | M10 深 22 | M10 深 22 |
| | $X$ | 44.5 | 27.0 | 44.5 | 61.9 | — | — | 0 | 88.9 | 88.9 | 0 |
| | $Y$ | 4.8 | 22.3 | 39.7 | 22. 3 | — | — | 0 | 0 | 44.5 | 44.5 |
| SE20 | 尺寸 | $\phi$8.2max | $\phi$8.2max | $\phi$8.2max | $\phi$8.2max | $\phi$3.5 深 2 | $\phi$5 | M8 深 22 | M8 深 22 | M8 深 22 | M8 深 22 |
| | $X$ | 22.2 | 11.1 | 22.2 | 33.3 | 12.3 | 33.3 | 0 | 44.4 | 44.4 | 0 |
| | $Y$ | 21.4 | 32.5 | 43.6 | 32.5 | 19.8 | 8.7 | 0 | 0 | 65.0 | 65.0 |
| SE2E | 尺寸 | $\phi$8.2max | $\phi$8.2max | $\phi$8.2max | $\phi$8.2max | $\phi$3.5 深 2 | $\phi$5 | M8 深 22 | M8 深 22 | M8 深 22 | M8 深 22 |
| | $X$ | 22.2 | 11.1 | 22.2 | 33.3 | 12.3 | 33.3 | 0 | 44.4 | 44.4 | 0 |
| | $Y$ | 21.4 | 32.5 | 43.6 | 32.5 | 19.8 | 8.7 | 0 | 0 | 65.0 | 65.0 |
| SE60 | 尺寸 | $\phi$17.5max | $\phi$17.5max | $\phi$17.5max | $\phi$17.5max | $\phi$8 深 2 | $\phi$5 | M10 深 30 | M10 深 30 | M10 深 30 | M10 深 30 |
| | $X$ | 36.5 | 11.1 | 36.5 | 61.9 | 11.1 | 55.6 | 0 | 73 | 73 | 0 |
| | $Y$ | 17.4 | 42.8 | 68.2 | 42.5 | 23.7 | 4.7 | 0 | 0 | 85.7 | 85.7 |
| PH76 | 尺寸 | $\phi$8.2max | $\phi$8.2max | $\phi$8.2max | $\phi$8.2max | $\phi$3.5 深 2 | $\phi$5 | M8 深 22 | M8 深 22 | M8 深 22 | M8 深 22 |
| | $X$ | 22.2 | 11.1 | 22.2 | 33.3 | 12.3 | 49.5 | 0 | 44.4 | 44.4 | 0 |
| | $Y$ | 21.4 | 32.5 | 43.6 | 32.5 | 19.8 | 39 | 0 | 0 | 0 | 65.0 |
| BD15 | 尺寸 | $\phi$8.2max | $\phi$8.2max | $\phi$8.2max | $\phi$8.2max | $\phi$2.3 深 2.3 | — | M8 深 22 | M8 深 22 | M8 深 22 | M8 深 22 |
| | $X$ | 22.2 | 11.0 | 22.2 | 33.4 | 12.3 | — | 0 | 44.6 | 44.6 | 0 |
| | $Y$ | 21.3 | 32.5 | 43.7 | 32.5 | 19.8 | — | 0 | 0 | 0 | 65.0 |
| BD30 | 尺寸 | $\phi$15.9max | $\phi$15.9max | $\phi$15.9max | $\phi$15.9max | $\phi$3.3 深 3.8 | — | M8 深 22 | M8 深 22 | M8 深 22 | M8 深 22 |
| | $X$ | 46.05 | 23.55 | 46.05 | 68.05 | — | — | 0 | 92.1 | 92.1 | 0 |
| | $Y$ | 7.9 | 30.16 | 52.4 | 30.16 | — | — | 0 | 0 | 60.3 | 60.3 |

注：各阀外形相差较大，所有尺寸只表示各阀所占安装空间。

## 1.3.22 PARKER VCD 直接驱动阀 D1FP * S、D1FP、D3FP * 3、D3FP 外形及安装尺寸

**表 22-6-59** mm

D1FP * S 和 D1FP 系列伺服阀外形尺寸

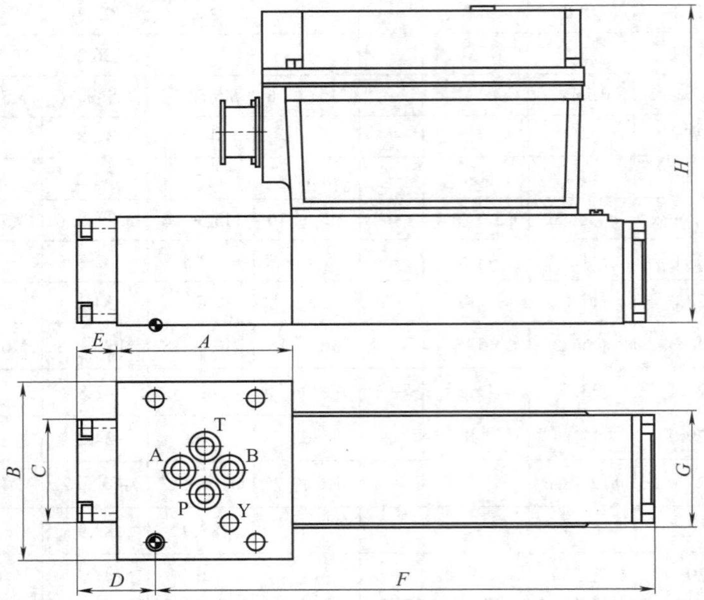


① D1FP * S 阀安装面尺寸按 ISO 10372-04-04-0-92；D1FP 阀安装面尺寸按 DIN 24340/ISO 4401/CETOP RP121/NFPA

② D1FP 阀安装面上和上图所示相比，孔 P 和孔 T 相互对调

③ D1FP * S 的安装螺栓为 4×M8×40（DIN 912 12.9），拧紧力矩 33N·m±15%，D1FP 的安装螺栓为 4×M5×30（DIN 912 12.9），拧紧力矩 6.8N·m±15%

| 型号 | *A* | *B* | *C* | *D* | *E* | *F* | *G* | *H* |
|---|---|---|---|---|---|---|---|---|
| D1FP * S | 76 | 82 | 47 | 33 | 17.5 | 223 | 51 | 143 |
| D1FP | — | 48 | 48 | 35 | — | 216 | 51 | 145 |

D3FP * S 和 D3FP 系列伺服阀外形尺寸

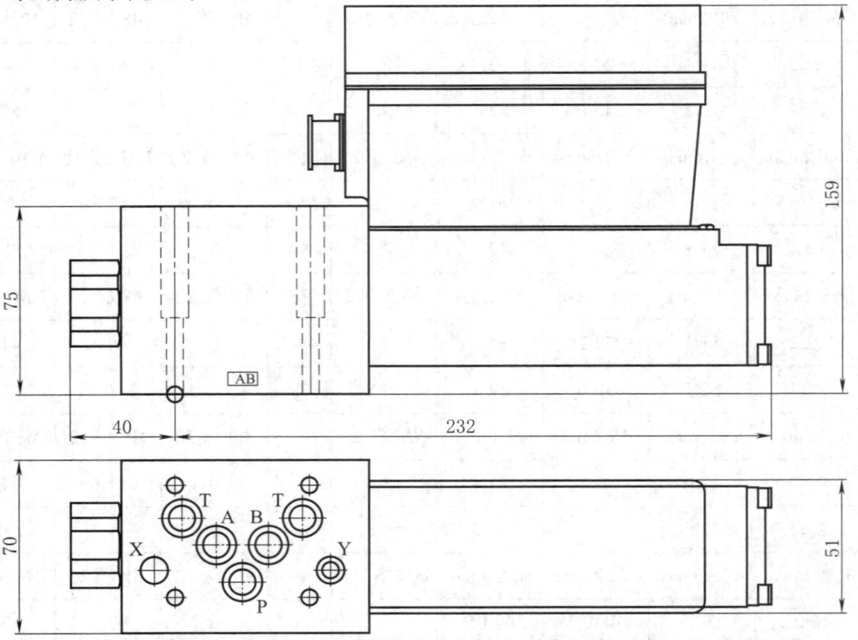


① 上图所示为 D3FP * 3 的外形尺寸，D3FP 的外形尺寸除阀高为 155 外，其余尺寸和 D3FP * 3 完全相同

② D3FP * 3 和 D3FP 阀的安装面按 DIN 24340/ISO 4401/CETOP RP121/NFPA

③ 两系列阀的安装螺栓均为 4×M6×40（DIN 912 12.9），其拧紧力矩为 13.2N·m±15%

## 1. 3. 23 MOOG D636、D637 系列比例伺服阀外形及安装尺寸

**表 22-6-60**

mm

带 CANopen 现场总线插头的 D636 阀外形尺寸

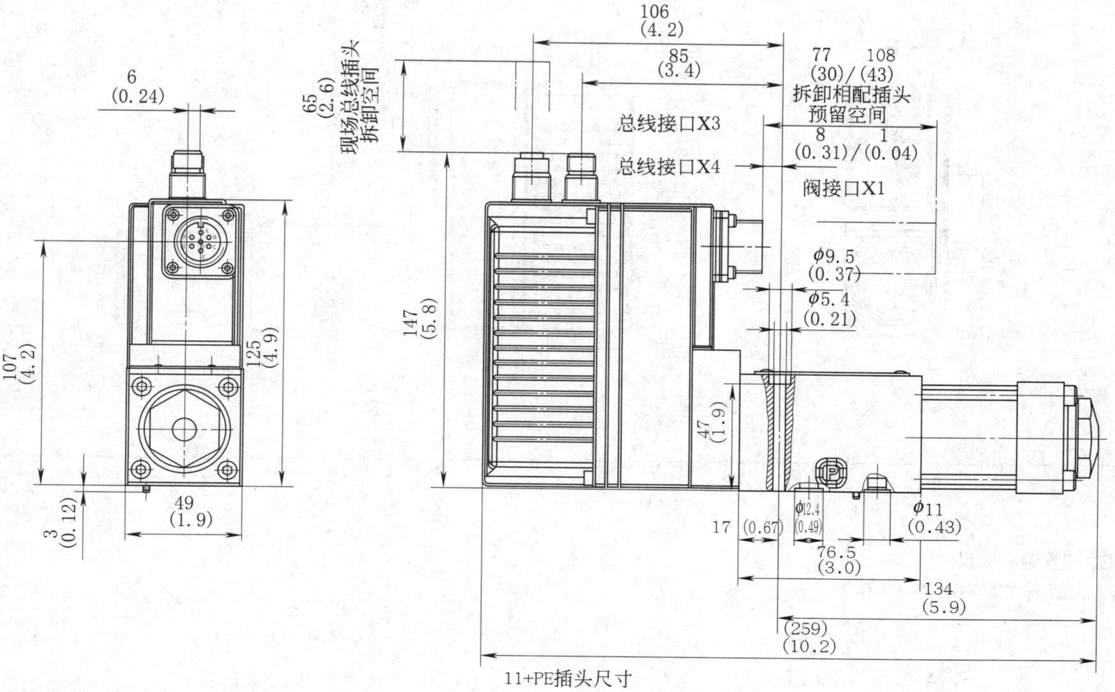


括号( )内为对应的英寸单位数值

带 PROFIBUS-DP 或 ETHERCAT 现场总线插头的 D636 阀外形尺寸

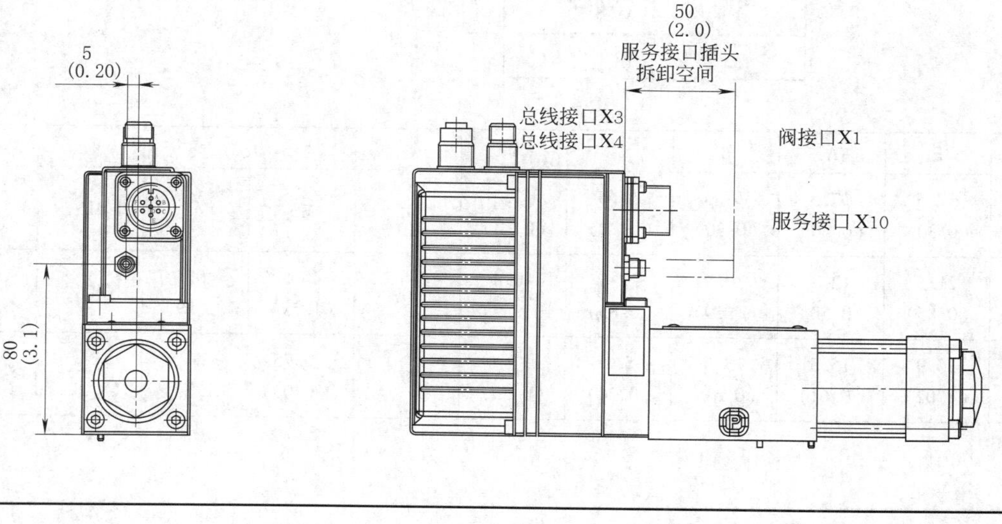

续表

带模拟输入插头的 D636 阀外形尺寸

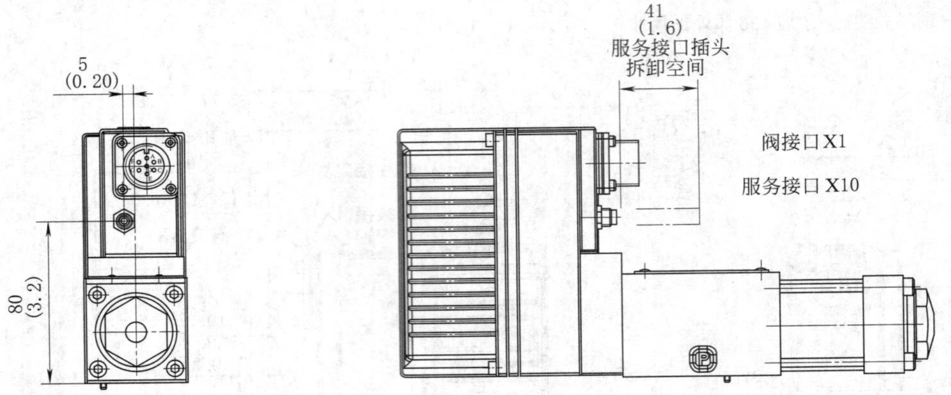




D636 阀安装底面尺寸
安装表面按 ISO 4401-03-03-0-05

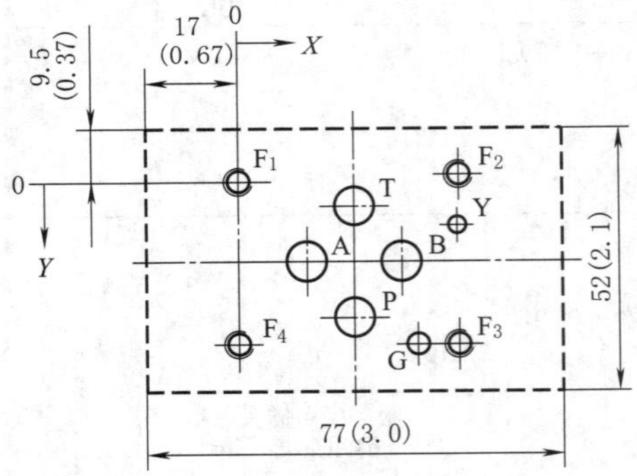


安装面平面度<0.01mm/100mm
表面粗糙度 $Ra$=0.8μm

| 尺寸 | P | A | B | T | Y | $F_1$ | $F_2$ | $F_3$ | $F_4$ | G |
|---|---|---|---|---|---|---|---|---|---|---|
| 尺寸 | ϕ7.5 (0.30) | ϕ7.5 (0.30) | ϕ7.5 (0.30) | ϕ7.5 (0.30) | ϕ3.3 (0.13) | M5 | M5 | M5 | M5 | ϕ4 (0.16) |
| *X* | 21.5 (0.85) | 12.7 (0.50) | 30.2 (1.19) | 21.5 (0.85) | 40.5 (1.59) | 0 | 40.5 (1.59) | 40.5 (1.59) | 0 | 33 (1.30) |
| *Y* | 25.9 (1.02) | 15.5 (0.61) | 15.5 (0.61) | 5.1 (0.20) | 9 (0.35) | 0 | −0.75 (−0.03) | 31.75 (1.25) | 31 (1.22) | 31.75 (1.25) |

续表

带 CANBUS 总线插头的 D637 阀外形尺寸

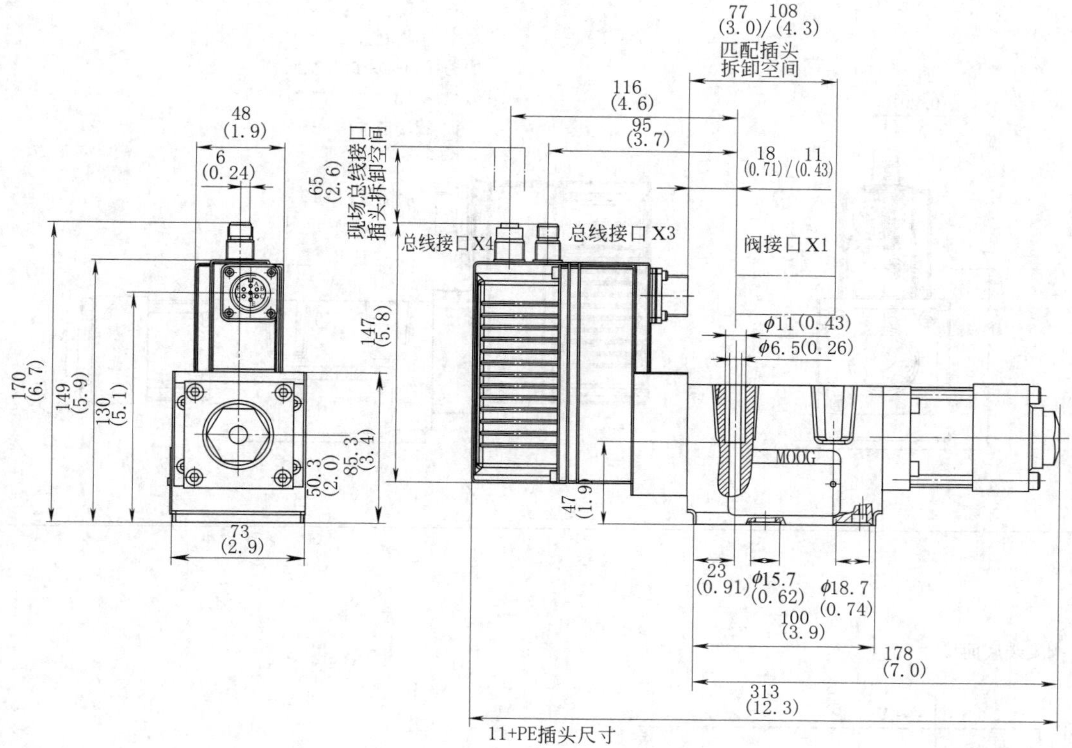


带 PROFIBUS- DP 或 ETHERCAT 现场总线插头的 D637 阀外形尺寸

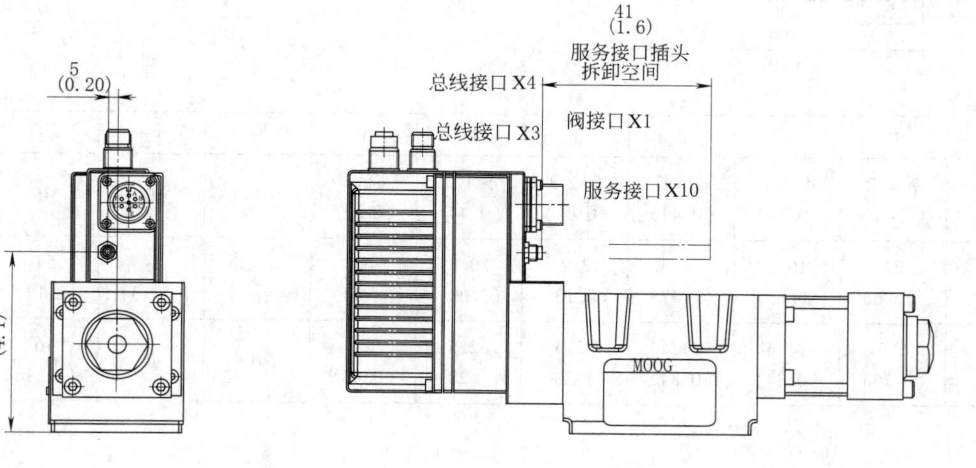

续表

带模拟输入插头的 D637 阀外形尺寸

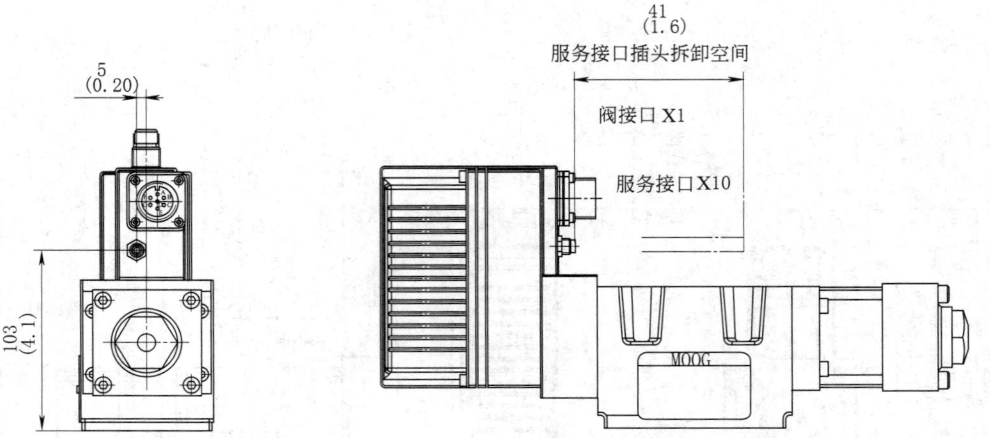


D637 阀安装底面尺寸

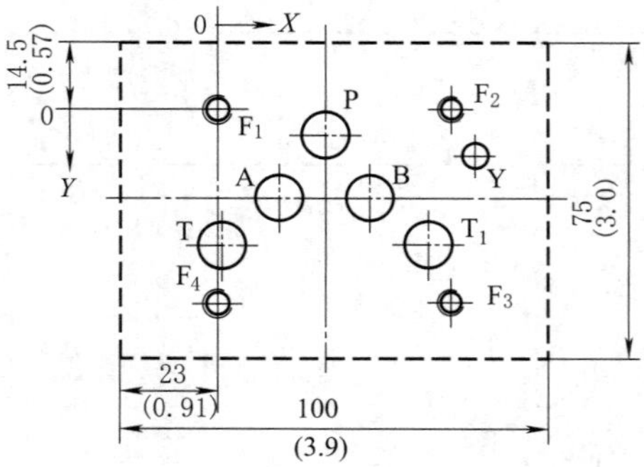


① 安装表面按 ISO 4401-05-05-0-05,无 X 孔

② 安装面平面度<0. 01mm/100mm,平均表面粗糙度 $Ra=0.8\mu m$

| | P | A | B | T | $T_1$ | Y | $F_1$ | $F_2$ | $F_3$ | $F_4$ |
|---|---|---|---|---|---|---|---|---|---|---|
| 尺寸 | $\phi$11. 2 (0. 44) | $\phi$11. 2 (0. 44) | $\phi$11. 2 (0. 44) | $\phi$11. 2 (0. 44) | $\phi$11. 2 (0. 44) | $\phi$6. 3 (0.25) | M6 | M6 | M6 | M6 |
| *X* | 27 (1. 06) | 16. 7 (0. 66) | 37. 3 (1. 47) | 3. 2 (0. 13) | 50. 8 (2. 00) | 62 (2. 44) | 0 | 54 (2. 13) | 54 (2. 13) | 0 |
| *Y* | 6. 3 (0. 25) | 21. 4 (0. 84) | 21. 4 (0. 84) | 32. 5 (1. 28) | 32. 5 (1. 28) | 11 (0. 43) | 0 | 0 | 46 (1. 81) | 46 (1. 81) |

## 1.3.24 ATOS 公司 DLHZO 和 DLKZOR 型比例伺服阀外形及安装尺寸

**表 22-6-61**　　　　mm

DLHZO 型阀外形及安装尺寸
ISO 4401:2005
安装面符合:4401-03-02-0-05 标准(见样本 P005)(对于/Y 选项,安装面:4401-03-03-0-05 没有 X 口)
紧固螺栓:4 个 M5×50 内六角螺栓,12.9 级
拧紧力矩=8N·m
密封圈:4×OR108;1×OR2025/70
A、B、P、T 口尺寸:$\phi$=7.5mm(max)
Y 口尺寸:$\phi$=3.2mm(仅对与/Y 选项)

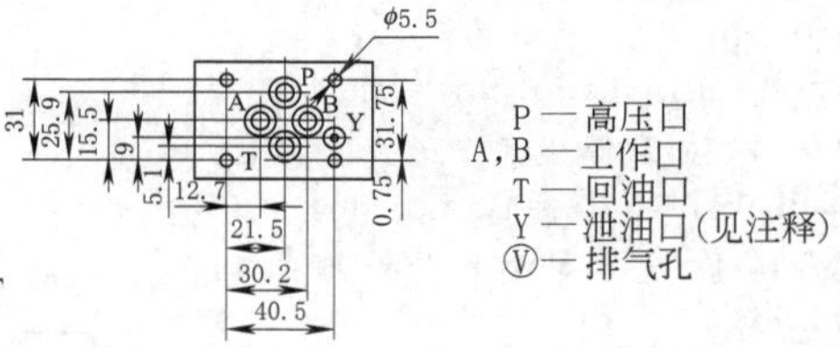


DLHZO－T

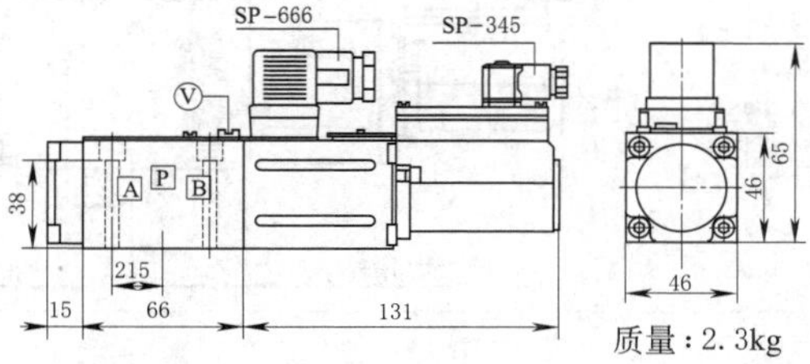


质量:2.3kg

DLHZO－TE

对选项/B,比例电磁铁和位置传感器都在 A 口一侧
Ⓥ—排气口
-TE 型
① 虚线—12 芯插头 SP-ZH-12P 配用带选项/Z 的阀

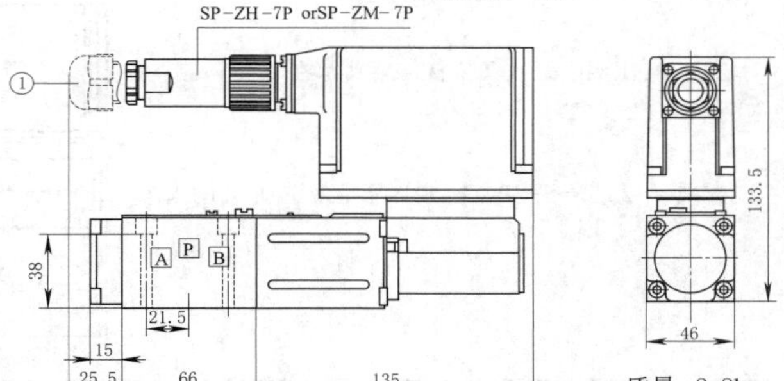


质量:2.8kg

DLHZO－TES

-TES 型
① 虚线—12 芯插头 SP-ZH-12P,选项/SF、/SL、/SP、/Z 配用
② 虚线—M8 型插头 SP-ZH-4P-M8/5 带 5m 长电缆连接压力或力传感器(选项/SL、/SP),M8 型插头 SP-ZH-4P-M8/2-2 带 2 根 2m 长电缆连接 2 个压力传感器(选项/SF)

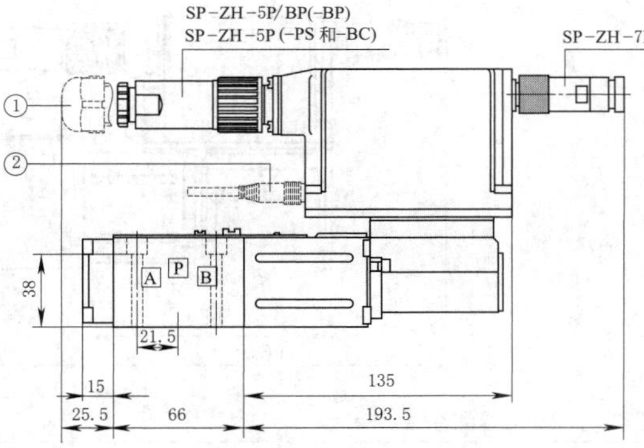


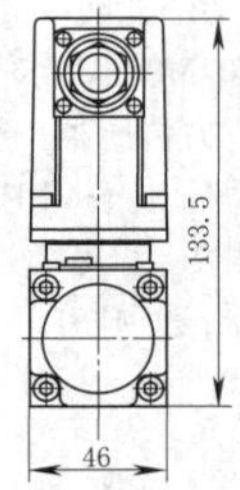


质量:2.8kg

对选项/B,比例电磁铁,位置传感器和电子放大器都在 A 口一侧

电源插头和通讯插头的型号(需单独订购)

| 阀的形式 | -T | | -TE、-TES | | -TE/Z<br>-TES/Z、/SF、/SL、/SP | TES-PS、-BC | TES-BP | TES/SF、/SL、/SP |
|---|---|---|---|---|---|---|---|---|
| 插头型号 | SP-666 | SP-345 | SP-ZH-7P | SP-ZM-7P | SP-ZH-12P | SP-ZH-5P | SP-ZH-5P/BP | SP-ZH-4P-M8/＊① |
| 保护等级 | IP 65 | IP 65 | IP 67 | IP 67 | IP 65 | IP 67 | IP 67 | IP 67 |

第 22 篇

续表

DLZOR 型阀外形及安装尺寸
ISO 4401:2005
安装面:4401-05-04-0-05 标准(见样本 P005)(对于/Y 选项,安装面符合:4401-05-05-0-05 标准,无 X 口)
紧固螺栓:4 个 M6×40 内六角螺栓,12.9 级
拧紧力矩=15N·m
密封圈:5×OR2050;1×OR108
A、B、P、T 口尺寸:$\phi$=11.2mm(max)
Y 口尺寸:$\phi$=5mm(仅对/Y 选项)

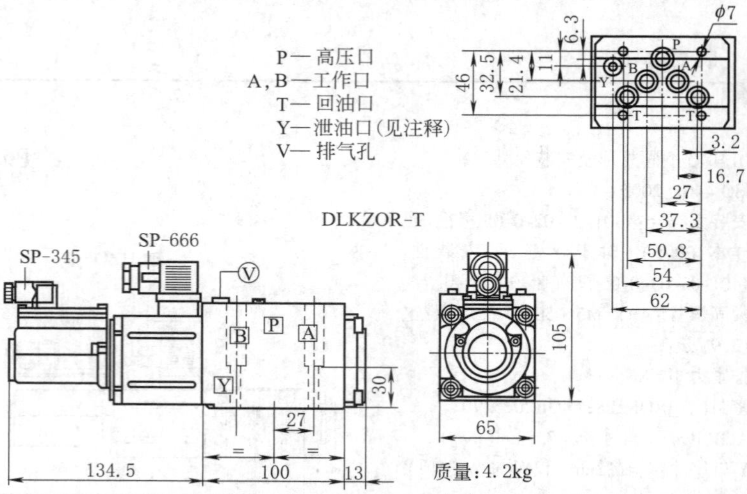


对选项/B,比例电磁铁和位置传感器都在 A 口一侧
Ⓥ—排气口
-TE 型
① 虚线—12 芯插头 SP-ZH-12P 配用带选项/Z 的阀

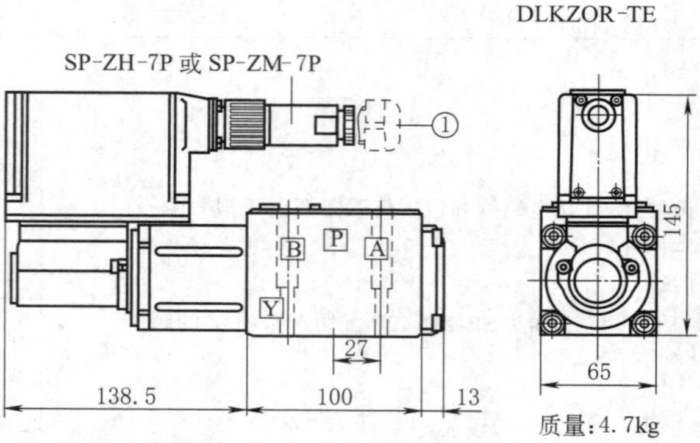


-TES 型
① 虚线—12 芯插头 SP-ZH-12P,选项/SF、/SL、/SP、/Z 配用
② 虚线—M8 型插头 SP-ZH-4P-M8/5 带 5m 长电缆连接压力或力传感器(选项/SL、/SP),M8 型插头 SP-ZH-4P-M8/2-2 带 2 根 2m 长电缆连接 2 个压力传感器(选项/SF)

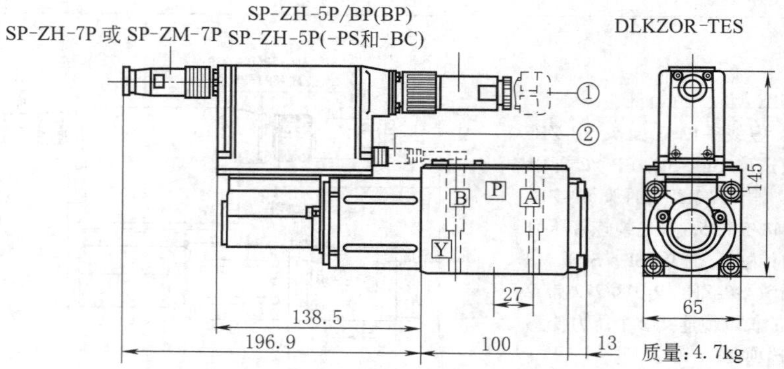


对选项/B,比例电磁铁,位置传感器和电子放大器都在 A 口一侧

电源插头和通信插头的型号(需单独订购)

| 阀的形式 | -T | | -TE、-TES | | -TE/Z<br>-TES/Z、/SF、/SL、/SP | TES-PS、-BC | TES-BP | TES/SF、/SL、/SP |
|---|---|---|---|---|---|---|---|---|
| 插头型号 | SP-666 | SP-345 | SP-ZH-7P | SP-ZM-7P | SP-ZH-12P | SP-ZH-5P | SP-ZH-5P/BP | SP-ZH-4P-M8/ * ② |
| 保护等级 | IP 65 | IP 65 | IP 67 | IP 67 | IP 65 | IP 67 | IP 67 | IP 67 |

① M8 型插头 SP-ZH-4P-M8/5 带 5M 长电缆连接压力/力传感器(对选项/SL、SP)。

② M8 型插头 SP-ZH-4P-M8/5 带 5m 长电缆连接压力/力传感器(对选项/SL、/SP),M8 型接头 SP-ZH-4P-M8/2-2 带 2 根 2m 长电缆连接 2 个压力传感器(对选项/SF)。

## 1.4 伺服放大器

### 1.4.1 YCF-6 型伺服放大器

表 22-6-62

| 应用及特点 | 适用于驱动各种型号的伺服阀和调节器,满足其在不同系统中的控制需要,其功率输出级采用共地端电流负反馈型式,输出电流稳定,不受线圈电阻和负载的影响,且具有输出短路保护特性 | | | | | |
|---|---|---|---|---|---|---|
| 主要性能参数 | | | | | | |
| 指令信号 | 反馈信号电压/V | 输出电流 | 等效输出阻抗/kΩ | 信号输入阻抗/kΩ | 频率响应/kHz | 外形尺寸/mm |
| ±1~10V;<br>或 4~20mA | ±1~10 | ±30mA~±1.5A | >5 | >10 | 0~5 | 280×120×250 |

YCF-6 框图和接线图

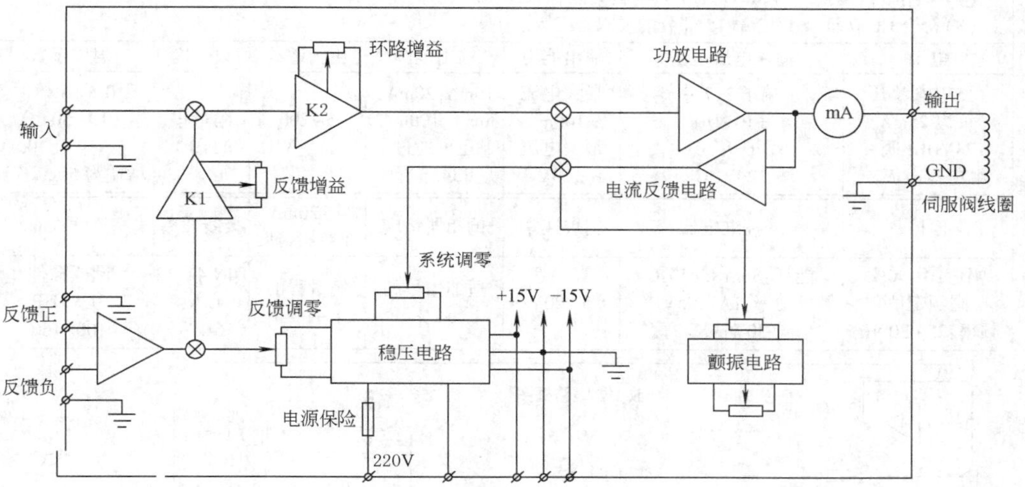


面板结构

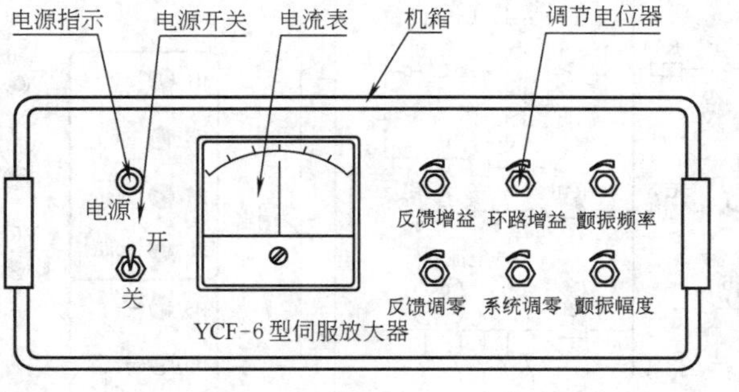


后板结构

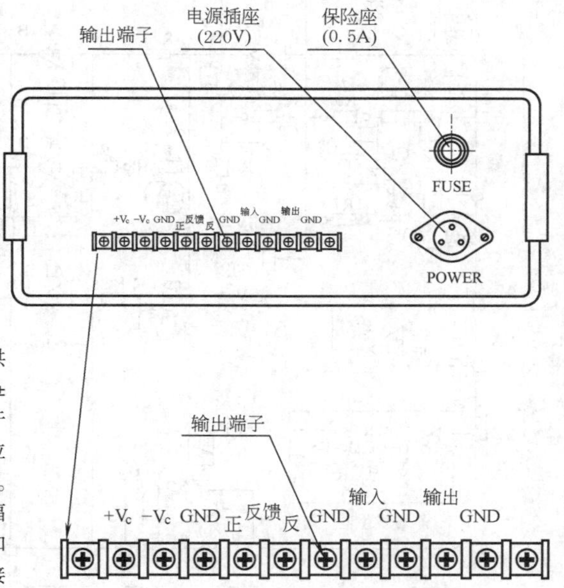


说明:交流 220V 电源由电源插头接入本机,为机内稳压电源供电。稳压电源输出为±15V DC,供机内使用。并有输出端子将±15VDC 引出,供外部传感器或基准电源使用(外部使用电流应小于 100mA)。指令信号由“输入”端接入;反馈信号由“反馈负”或相位相反的“反馈正”接入;输出到伺服阀的电流信号由“输出”端输出。放大器具有反馈信号调零、环路增益、反馈增益、系统调零、颤振幅值及颤振频率调整等调节功能。电流表指示伺服阀电流的大小和方向。接线时伺服阀线圈一端接放大器的“输出”,另一端接“GND”。反馈信号一端接接线端子“反馈负”,另一端接“GND”

注:YCF-6 型伺服放大器由北京机械自动化研究所生产。

## 1.4.2 MOOG G122-202A1 系列伺服放大器

表 22-6-63

| | |
|---|---|
| 应用 | 主要用于驱动闭环控制系统中的电液伺服阀。也可以用于需要与指令信号或指令信号与反馈信号之差成正比的电流或电压信号作为输出之处 |
| 特点 | (1)前面板为用户亲和设计。其上装有调整放大器增益、输入信号灵敏度、零偏、颤振信号的控制器及 I/O(输入/输出)信号测试点。LED 指示灯和阀电流测试点也在前面板上,指示灯的亮度变化反映了阀电流的情况,从而使电液伺服系统的调试更方便快速,不需要示波器<br>(2)比例-积分-微分(PID)控制器用跳线选择,快捷、方便<br>(3)五个开关选择电流输出范围<br>(4)有两个可调、一个固定的输入接口<br>(5)电流反馈,可消除负载阻抗的影响<br>(6)附加三个功能块:①倒相器,使指令信号与反馈信号具有相反的极性,用跳线选择;②将 4~10mA 成比例地变成 0~10V 输出的变换器,用于界面处理测试信号;③斜坡发生器,用于控制位移指令的变化速率,从而控制执行器的速度<br>(7)采用欧板模式。与 MOOG127 系列板架兼容<br>(8)符合 CE 认证及 FCC 第 15 部分的要求 |

| 性能参数 | 电源 | 输入电压范围 | 输出能力 | 输出范围 | 比例增益 | 线性度 | 温度系数 | 频率响应 |
|---|---|---|---|---|---|---|---|---|
| | ±15VDC 稳压(每边 25mA)<br>±24VDC(阀+继电器电流) | 端子 3,7…<br>±10VDC<br>端子 9…0~120VDC | 最大电流<br>±100mA<br>最大电压<br>±10V | 10mA,20mA,50mA,100mA,还可通过 R34 选择 | 5~200 mA/V | 满量程的±3% | 0.1mV/℃<br>(10~50℃)<br>(输入电阻 100Ω,增益为 50mV/V) | −3dB,<br>$f$>800Hz,<br>带感性负载 1 亨 |
| | 颤振 | 外控继电器 | 斜坡速率 | 倒相器精度 | 4~20mA 变换器精度 | 接线插头 | 尺寸/mm | 质量/kg |
| | 幅值:0~40% 阀额定值<br>频率:25~300Hz | 能耗:8mA×24VDC<br>触发功率:1A/125VDC,30Wmax | 0.5~20V/s | 适加信号的±1% | 满量程的±1% | DIN 41612 C 型 64 芯 | 欧式插件 3U×7HP 100×160 | 0.16 |

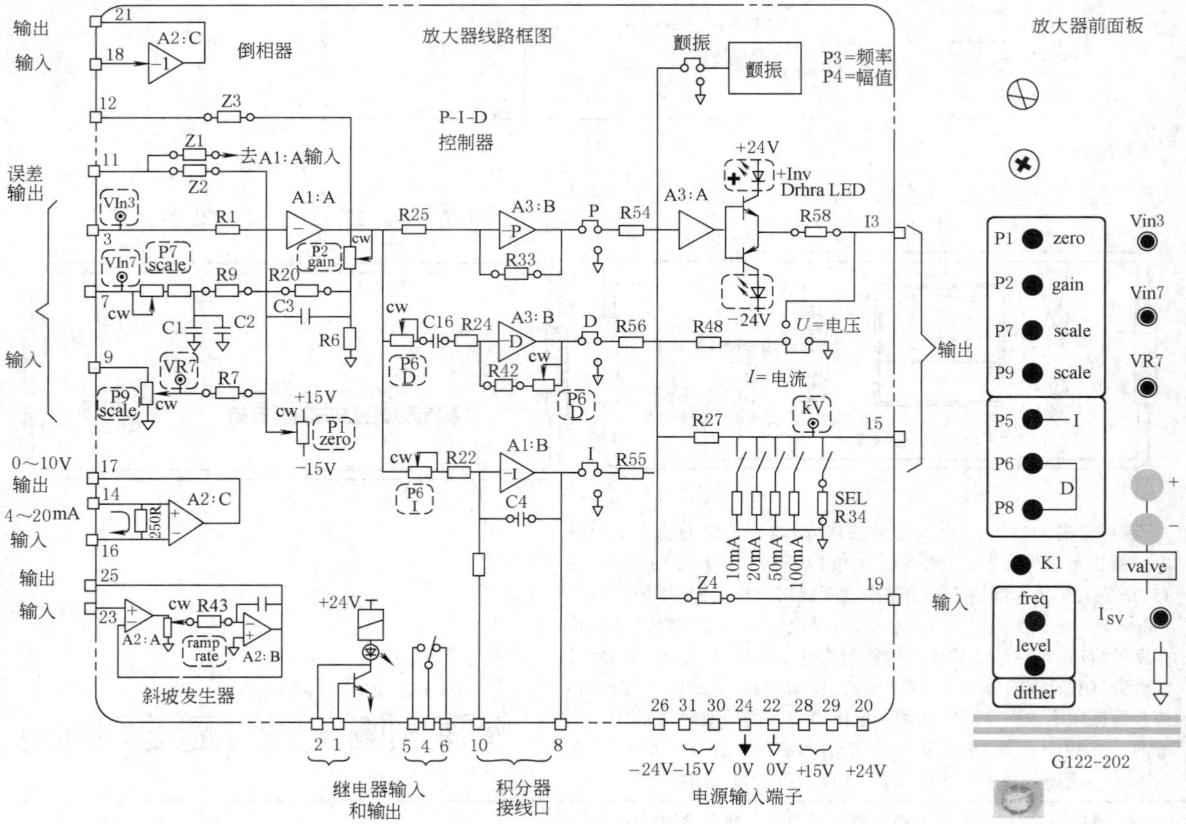

续表

| 前面板调整 | | | | | | | 前面板测试点 | | 指示器 |
|---|---|---|---|---|---|---|---|---|---|
| 输入灵敏度 | 零偏 | 比例增益 | 微分增益 | 积分增益 | 颤振 | 斜坡速率 | 输入电压 | 输出电压 | LED |
| 信号 $V_{in}7$→P7<br>信号 $V_{R7}$→P9<br>(0…100%) | P1<br>(±750mV) | P2 | P6,P8 | P5 | 幅值<br>频率 | 不在前面板 | 端子3信号在 $V_{in}3$<br>端子7信号在 $V_{in}7$<br>端子9信号在 $V_{in}9$ | 1sv电压<br>与阀电流<br>成正比 | +和-<br>表示阀<br>电流 |

MOOG G122-202A1 系列典型位置回路接线图

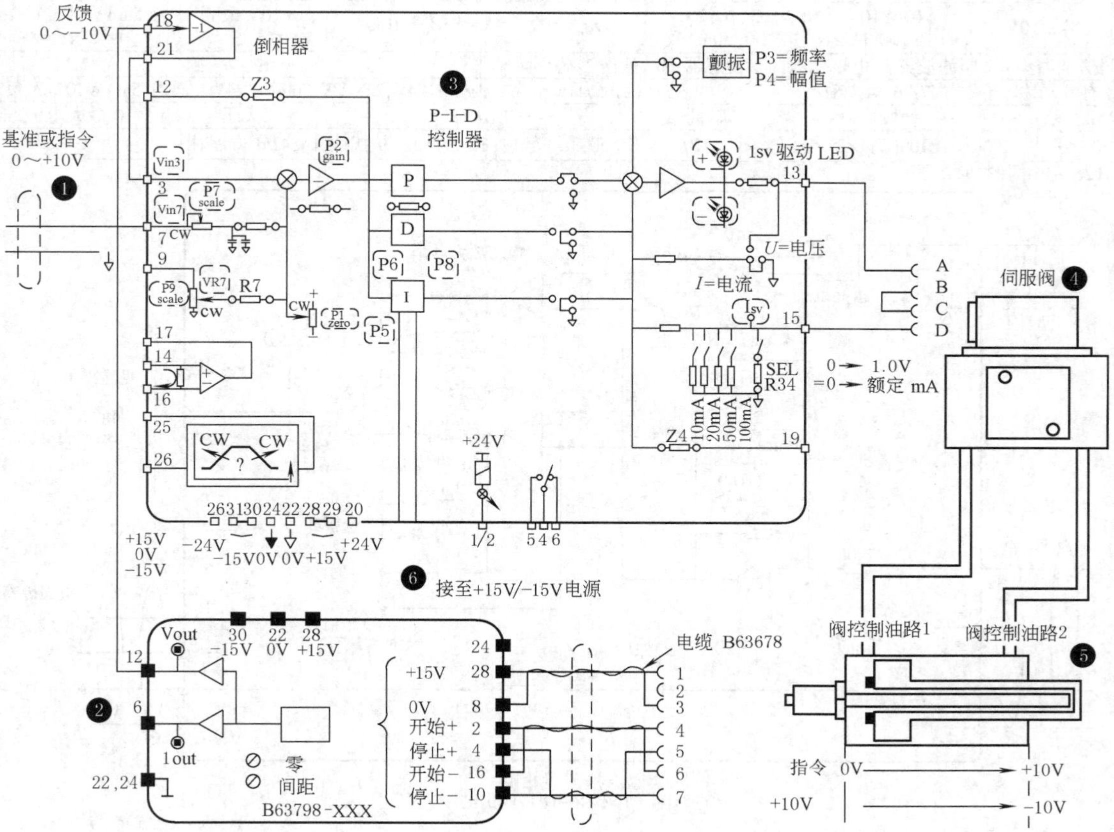


回路说明

(1)指令通道:0~+10V 指令或基准信号加于端子7。通过电位器P7进行调节且低通滤波器起作用

(2)反馈通道:0~+10V 的传感器信号加于倒相器的端子18。该信号被转换为0~-10V 输出到端子21,然后进入综合放大器级的输入端子

(3)PID 伺服放大器

综合放大器:将指令信号与传感器信号进行比较,并将得到的误差信号进行放大。放大倍数由P2调节。“GAIN(增益)”电位计及经放大的信号可以在端子12进行监控。这样被放大的位置误差信号连续通过PID级。注意,本例作为单一的P(比例)控制器使用,且未使用颤振

输出级:输出级驱动阀,而前面板上的两个LED(1sv)则指示驱动信号的极性和幅值

(4)伺服阀和执行器:控制油按指令方向进入液压缸,并使其运动

(5)传感器和控制器:位移传感器反馈一个成比例的信号到控制器将其转换成0~+10V 的反馈信号

## 1.4.3 MOOG G123-815 缓冲放大器

**表 22-6-64**

| | |
|---|---|
| 应用及其技术特点 | (1)缓冲放大器 G123-815 用在电液位置闭环控制系统中作为 PLC 和 MOOG 阀、位移传感器的接口,将二者的标准输入和输出模块接合在一起,从而简化了 PLC 在位置闭环中的应用<br>(2)缓冲放大器解决了 PLC±10V 输出和阀驱动要求之间常见的互不兼容问题<br>(3)缓冲放大器解决了阀信号和位移传感器信号数字量噪声的滤波问题。PLC±10V 输出通过开关选择的指令滤波器将数字量噪声滤波后,转换为开关选择的两个输出:第一个是±10V;第二个是开关选择的±5~±100mA 的电流输出。这适用于绝大多数 MOOG 电反馈(efb)和力反馈(mfb)伺服阀。位移传感器信号在送到 PLC 模拟输入模块之前先经过缓冲放大器滤波,从而保证了传感器和外界噪声不会影响闭环<br>(4)缓冲放大器被安装在一个精密的 DIN 导轨上,并被有效屏蔽,从而避免了电磁干扰和辐射干扰<br>(5)缓冲放大器需 24V 电源。前面板测试点和阀驱动 LED 显示灯方便了调试和试车 |

技术性能及参数

| 阀驱动输入 | 阀驱动输出 | 阀驱动电流 | 阀驱动测试点 | 传感器测试点 | VvLED 指示灯 | IvLED 指示灯 |
|---|---|---|---|---|---|---|
| 0~±10V | 0~±10V<br>0~±100mAmax | ±5,10,20,<br>30,50mA | $Z_0=10k$ | $Z_0=10k$ | ±10V 最亮<br>+=红,-=绿 | ±5mA\100mA 最亮<br>+=红;-=绿 |

| 阀滤波器型式 | 阀滤波器截止频率选择 | 传感器测试滤波器截止频率 | 电源 |
|---|---|---|---|
| 有源,单极 | 7;16;34;72Hz | 154(1±10%)Hz | 标称 24V,22~28V;20mA@24V 空载;145mA@100mA 负载 |

| 温度/℃ | 尺寸/mm | 质量/g | CE 认证 | C 认证 | 端子 10 最大电流/mA |
|---|---|---|---|---|---|
| 0~40 | 100(长)×108(高)×22.5(深) | 120 | EN 50081.1 辐射;EN 50082.2 抗扰性 | AS4251.1 辐射 | 500 |

G123-815 框图和接线图

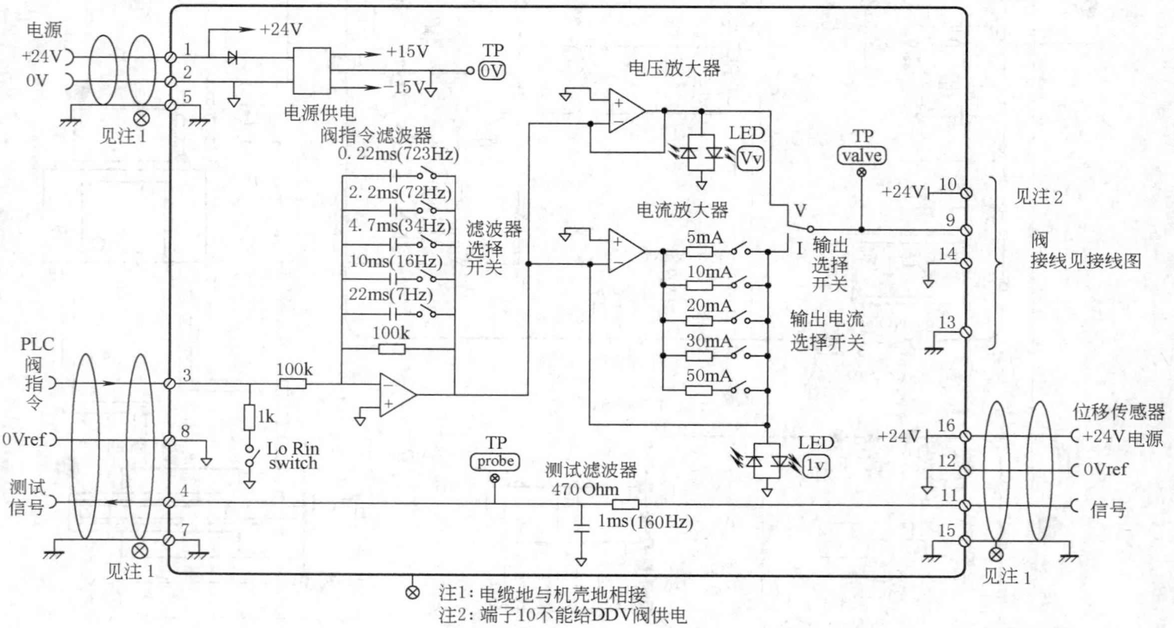


注1:电缆地与机壳地相接
注2:端子10不能给DDV阀供电

阀接线图

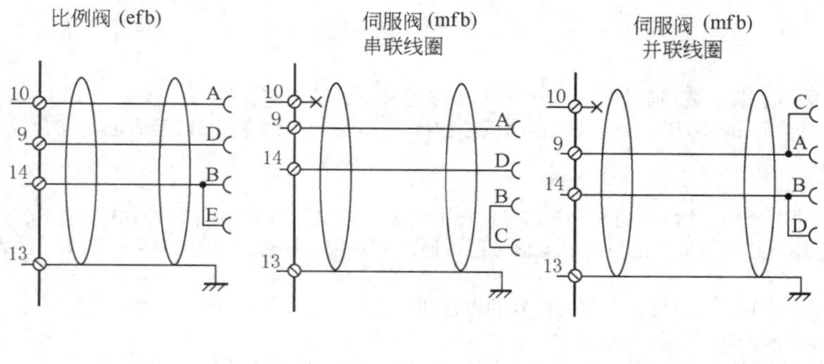


G123－815 前面板

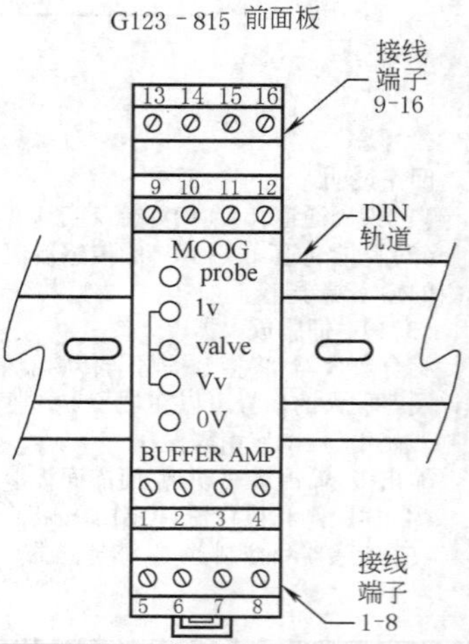

## 1.4.4 MOOG G122-824PI 伺服放大器

**表 22-6-65**

| | | | | | |
|---|---|---|---|---|---|
| 应用和特点 | (1)该放大器是一款用户可以自行配置的通用放大器。用户可以通过放大器内置的选择开关选择比例控制、积分控制或比例积分控制。放大器的许多特性可通过面板上的电位计或内置开关进行调整<br>(2)前面板为用户亲和式设计,设有 LED 指示灯和测试插孔,方便用户调试和使用<br>(3)具有三个输入口　输入 1:单端输入并具有可调电位计使输入信号衰减,调整范围为 10%~100%,这样可输入最大 100V 而与要求 10V 的输入信号匹配。输入 2:单端输入,通过插入式电阻 $R34$(100kΩ)可产生 0~10V 的输入信号。输入 3:反馈输入,差动信号 4~20mA 或±10V 通过开关选择,最大±15V。这三个输入端口都可以作为指令信号和反馈信号输入口,但必须使它们极性相反<br>(4)反馈放大器带有零位和增益两个可调电位计使得信号不会出现 0V,且在前面板上有其测试点,方便用户设置和调试。同时还有一个任选的插入式电阻 $R16$ 可对放大器输出微分(超前或 D)<br>(5)放大器带有到位信号比较器,可对 PLC 提供到位信号,以使其执行在控制顺序器程序中预设的下一步动作<br>(6)该放大器有使能信号输入口,以便在工作时打开积分器的常闭触点释放积分器,并闭合输出放大器与输出端子之间的常开触点。常闭触点将积分短路是为防止积分器在回路不工作时过度输出<br>(7)放大器安装在精密 DIN 轨道上并符合 CE 认证 | | | | |
| 技术性能及参数 | 输入 1 | $100V_{max}$,可由开关选择延迟 55ms | 技术性能及参数 | 到位 | ±10%阀驱动信号,20mA,$40V_{max}$ |
| | 输入 2 | 插入电阻 100k,输入±10V | | 阶跃测试按钮 | -50%阀驱动信号 |
| | 反馈输入 | 差动 4~20mA 或±10V,开关选择$±15V_{max}$ | | 阀供电 | 接线端子 14,300mAmax |
| | 反馈放大器 | 0,±10V;增益 1~10;可通过插入电阻及固定电容对反馈信号进行微分(任选) | | 颤振信号 | 200Hz 固定频率,±10%阀驱动信号开关选择(开/关) |
| | 反馈励磁 | +10V@ 10mA | | 前面板测试点 | 阀信号±10V(所有信号选择)<br>反馈放大器输出信号<br>信号 0V |
| | 偏差放大器 | 单位增益,偏压±1.5V | | | |
| | 比例放大器 | 增益 1~20 | | | |
| | 积分器增益 | $1\sim45s^{-1}$ | | 前面板调节电位器 | 输入 1 定标<br>偏差放大器调零<br>P 增益调节<br>I 增益调节<br>颤振幅值调节<br>反馈放大器增益调节<br>反馈放大器零位调节 |
| | 积分器输入 | 开关选择偏差放大器输出信号或比例放大器输出信号 | | | |
| | 使能 | 继电器,+24V@ 8mA,17~32V | | | |
| | 输出放大器 | 开关可选:±10V,±5mA,±10mA,±20mA,±30mA,±50mA,最大±100mA(选 20+30+50)单端输出,回地 | | | |
| | 前面板指示灯 | Vs:内部供电-绿色;阀驱动正-红色,负-绿色;允许-黄色;到位-绿色 | | 电源 | 标称 24V,22~28V:75mA@ 24V,无载;200mA@ 100mA 载荷 |
| | 安装 | DIN 轨道;IP20 | | 温度/℃ | 0~40 |
| | 尺寸/mm | 100(宽)×108(高)×45(深) | | 质量/g | 180 |
| | C 认证 | AS4251.1 辐射 | | CE 认证 | EN 50081.1 辐射;IEC 61000-6-2 抗扰度 |
| 开关选择 | ①输入延迟开或关。②反馈输入 4~20mA 或±10V。③比例控制、积分控制或二者组合。④积分器输入信号来自单位增益偏差信号或被放大了的偏差信号。⑤积分限制。⑥电流或电压输出。⑦输出电流值。⑧颤振信号接入或关闭 | | | | |
| 插入电阻 | ①输入 2,100k,给出±10V 输入。②反馈微分端子,未装。③比例增益范围,100k,增益 1%~20%。④输入 2 直接接到输出放大器,未装 | | | | |

G122-824 接线框图

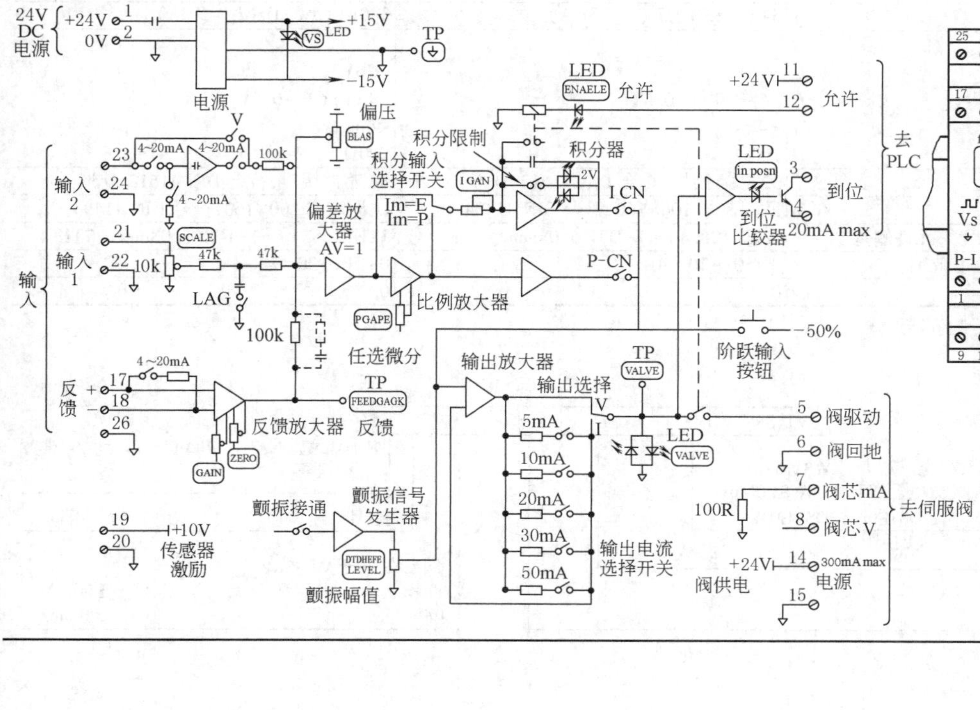


G122-824 前面板

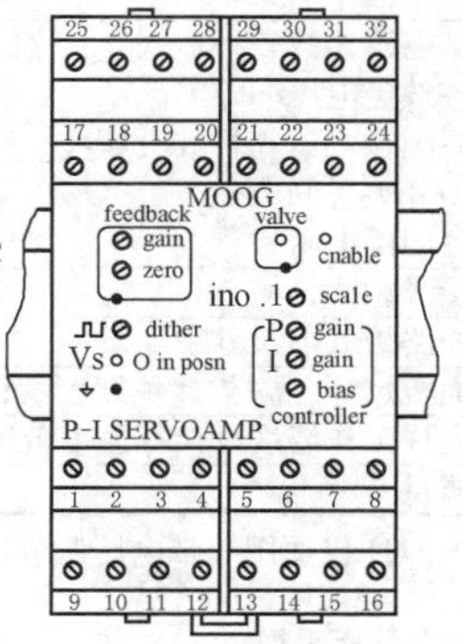

## 1.4.5 博世力士乐 VT-SR1 和 VT-SR2 系列伺服放大器

表 22-6-66 技术性能及参数

| | |
|---|---|
| 应用 | VT-SR1 型用于带位置电反馈的伺服阀；VT-SR2 型用于不带位置电反馈的伺服阀 |
| 工作原理及其特点 | 放大器通过由双极型晶体管组成的反向脉冲输出级进行控制。输出级可以通过互锁释放电路进行开/关切换，并可由面板上的 LED 显示。继电器开关电压由跳线(J12 和 J13)设定为 0V 或+$U_B$(工作在+$U_B$ 侧)<br>输出级由带内置颤振信号发生器的电流调节器组成。颤振信号幅值通过电位器进行调节。PD 调节器用于先导级给定电流值。实际控制电流值即误差电流由面板上的指示灯显示<br>PD 调节器只对位置反馈信号进行处理<br>阀零点通过 T 板上的电位器 R3(面板上“NP”)进行调节<br>要求对称的工作电压±$U_B$ 采用错极保护。放大器可选用 PID 调节器、PI 调节器及备用常开触点继电器。P 和 D 可通过面板设定。发光二极管“H1”可以显示调节器的开关状态，“H3”则显示继电器的工作状态(继电器吸合灯亮) |

技术性能参数

| 技术参数 | | VT-SR1 | VT-SR2 |
|---|---|---|---|
| 工作电压： | | | |
| 带电压调节器 | $U_B$ | ±24VDC | ±24VDC |
| —上限值 $U_B(t)$max | | ±28VDC | ±28VDC |
| —下限值 $U_B(t)$min | | ±22VDC | ±22VDC |
| 不带电压调节器(工作和辅助电压) $U_B$；$U_M$ | | ±24VDC；±15VDC | ±24VDC；±15VDC |
| —上限值 $U_B(t)$max；$U_M(t)$max | | ±28VDC；±15.2VDC | ±24VDC；±15.2VDC |
| —下限值 $U_B(t)$min；$U_M(t)$min | | ±22VDC；±14.8VDC | ±22VDC；±14.8VDC |
| 电流消耗(不带阀)($U_B$=±24V)① | $I$ | <150mA | <150mA |
| 输入口 | | | |
| —给定信号输入口 1(主阀芯位置) | $U_e$ | 0～±10V($R_e$=50kΩ) | 0～±10V($R_e$=50kΩ) |
| —给定信号输入口 2(主阀芯位置)接 J9 | $U_e$ | 0～±10V($R_e$=50kΩ) | 0～±10V($R_e$=50kΩ) |
| —实际信号(主阀芯位置反馈) | $U_e$ | | 0～±10V($R_e$=50kΩ) |
| —互锁释放(继电器电路) | $U_e$ | ±24V 接 J13；0V 接 J12($R_e$=700Ω) | ±24V 接 J13；0V 接 J12($R_e$=700Ω) |
| —调节器选择开关(继电器电路) | $U_e$ | ±24V 接 J13；0V 接 J12($R_e$=700Ω) | ±24V 接 J13；0V 接 J12($R_e$=700Ω) |
| —备用继电器(继电器电路) | $U_e$ | ±24V 接 J13；0V 接 J12($R_e$=700Ω) | ±24V 接 J13；0V 接 J12($R_e$=700Ω) |
| 输出口： | | | |
| —调节后的输出电压① | $U_M$ | ±15V±2%；150mA | ±15(1±2%)V；150mA |
| —阀电流 | $I_{max}$ | ±60mA | ±60mA/±100mA |
| —阀电流给定值(接 J10) | $U_a$ | -10V≡+60mA(测量输出) | -10V≡+60mA/+100mA(测量输出) |
| —继电器选择电压 | $U$ | +24V(+$U_B$) | +24V(+$U_B$) |
| 颤振信号 | $f$ | 340(1±5%)Hz($I_{ss}$=3mA) | 340(1±5%)Hz($I_{ss}$=3mA) |
| 继电器参数 | | | |
| —额定电压 | $U$ | +26V | +26V |
| —吸合电压和释放电压 | $U$ | >13V；1.3～6.5V | >13V；1.3～6.5V |
| —开关时间 | $t$ | <4ms | <4ms |
| —线圈电阻 | $R$ | 700Ω | 700Ω |
| 接线型式 | | 32 芯插接板，符合 DIN 41612，D 形 | 32 芯插接板，符合 DIN 41612，D 形 |
| 线路板外形尺寸 | /mm | 欧洲制式 100×160，符合 DIN 41494 | 欧洲制式 100×160，符合 DIN 41494 |
| 面板尺寸：高-焊接侧宽度-元件侧宽度 | | 3HE(128.4mm)-ITE(5.08mm)-7TE | 3TE(128.4mm)-ITE(5.08mm)-7TE |
| 允许工作温度及储存温度范围 | / | 0～50；-20～70 | 0～50；-20～70 |
| 质量 | /kg | 0.2 | 0.2 |

① 仅适用于带电压调节器形式。

订货明细

VT-SR * - 1X * - * * *

1=带位置电反馈的伺服阀放大器。阀型号 4WS2EE
2=不带位置电反馈的伺服阀放大器。阀型号 4WS2EM6
4WS2EM10，4WS2EM16，4DS1E02，3DS2EH10

1X=10～19 系列(10～19 系列更换外部)

0= 不带 ±15V 电压调节器
1=带±15V 电压调节器

其他要求如带/不带 PID 调节器：带/不带备用继电器等

阀型号代号 (用于 VT-SR1)

阀电流(用于 VT-SR2)
60= ±60mA
100= ±100mA

**表 22-6-67　　　　VT-SR1 和 VT-SR2 系列伺服放大器框图和接线图**

VT-SR1 框图及接线图

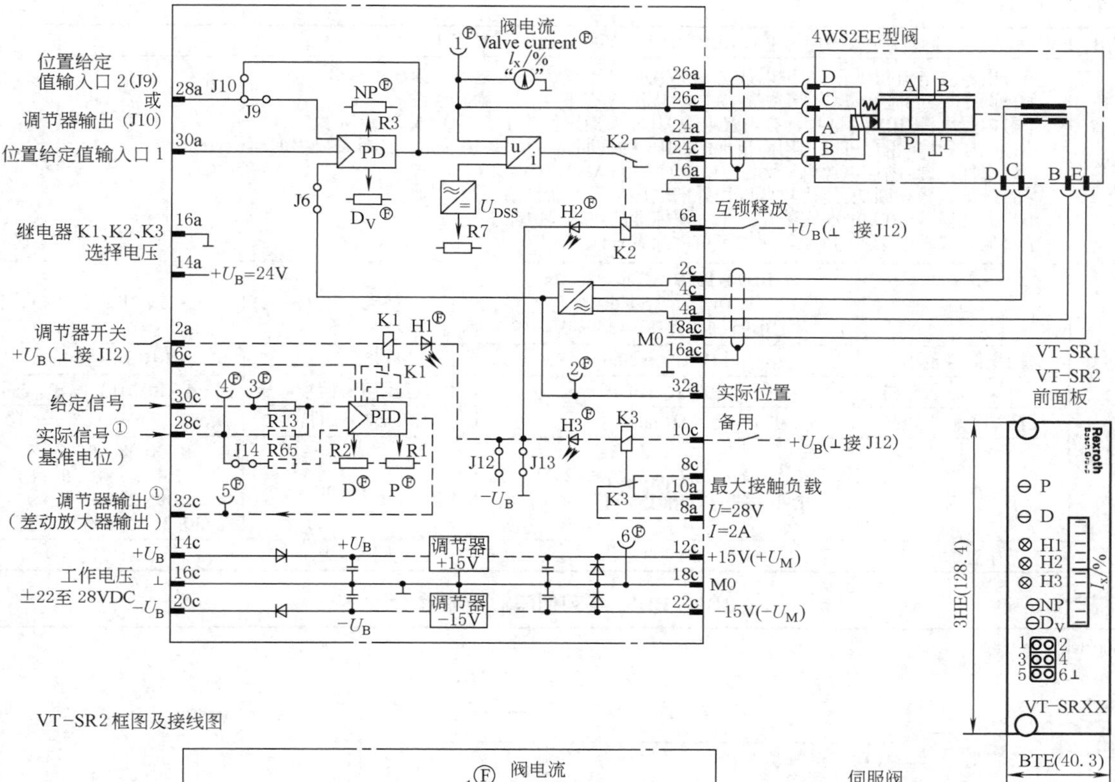


VT-SR2 框图及接线图

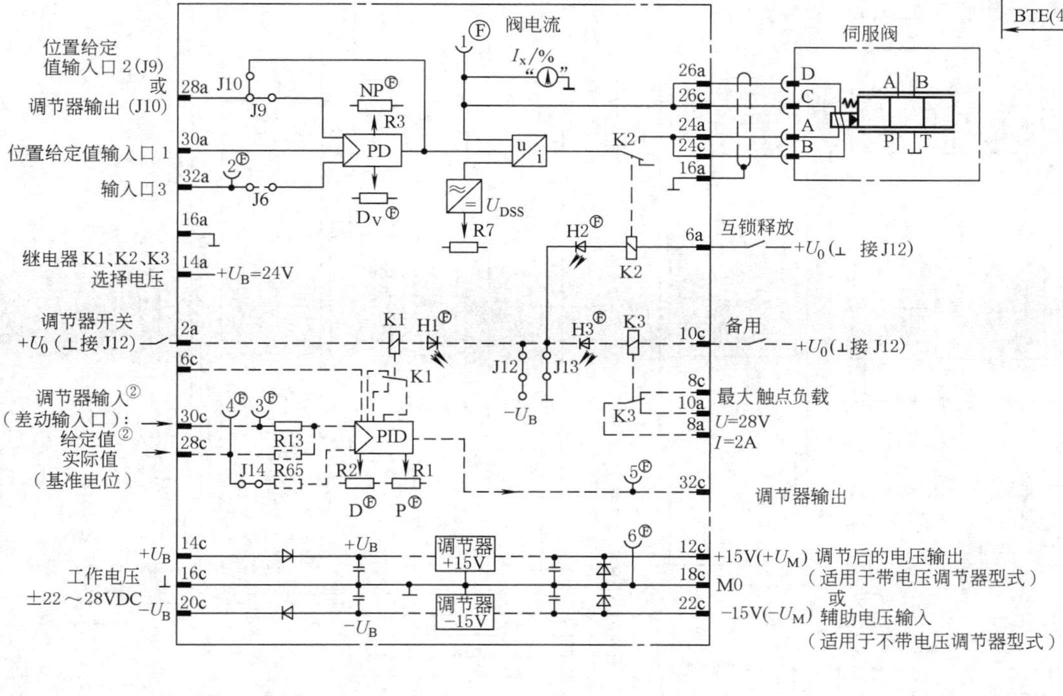


① 如取掉R13，接上 J14 和 R65 则调节器输入口变为差动输入。Ⓕ＝位于面板上。

② 当取掉R13，并接上 J14 和 R65 则调节器输入口变为差动输入。Ⓕ＝位于面板上。

## 1.4.6 PARKER BD90/95 系列伺服放大器

**表 22-6-68**

| | | | | |
|---|---|---|---|---|
| 应用 | BD90/95 系列高性能放大器与 PARKER BD 和 DY 型伺服阀配套使用 | | | |
| 特点 | (1)电压或电流指令:用户可以任选±14V DC 电压或±28mA 电流作为输入指令信号<br>(2)两个不同的输入反馈放大器:内、外回路都有比例-积分-微分增益<br>(3)内置电源-BD90:自身具有内置电源,其输入额定值为 115V AC 或 230V AC<br>(4)励振回路:用户可以选用面板上的 60Hz 励振回路,也可以输入自己的外部励振回路<br>(5)基准电源:基准电源电压为±15V DC@ 350mA 和±10V DC@ 50mA<br>(6)外部逻辑切断信号:用户可以用外部电压信号切断供给伺服阀的信号<br>(7)方便安装:BD90/95 安装在一个方便标准的快接式电路卡座内<br>(8)插入式端子束:用户无需从端子束中除去导线 | | | |
| 技术性能及参数 | 电源 | BD90-115V AC 或 230V AC@ 30mA,50/60Hz<br>BD95-±15V DC@ 350mA | 基准电压 | ±15V DC@ 350mA |
| | 指令信号范围 | ±14V DC,±28mA | 输出电压 | ±10V DC@ 50mA |
| | 指令端子输入阻抗 | 100kΩ(min) | 外部逻辑切断信号电压 | 4~10V DC,漏输入 |
| | 反馈端子输入阻抗 | 50kΩ(min) | 切断信号阻抗 | 10kΩ |
| | 电流输出 | 1.5~150mA,$I_{线圈}R_{线圈}\leqslant 12.5$V<br>(BD90 端子 J33 和 J35 可达 200mA) | 尺寸/cm | BD90 380,0(长)×1.75(宽)×82.6(高)<br>BD95 285.8(长)×30.2(宽)×44.5(高) |
| | 工作温度范围 | 0~70℃ | 防护等级 | 未评定 |

**表 22-6-69** **BD90/BD95 系列伺服放大器框图**

BD90 伺服放大器

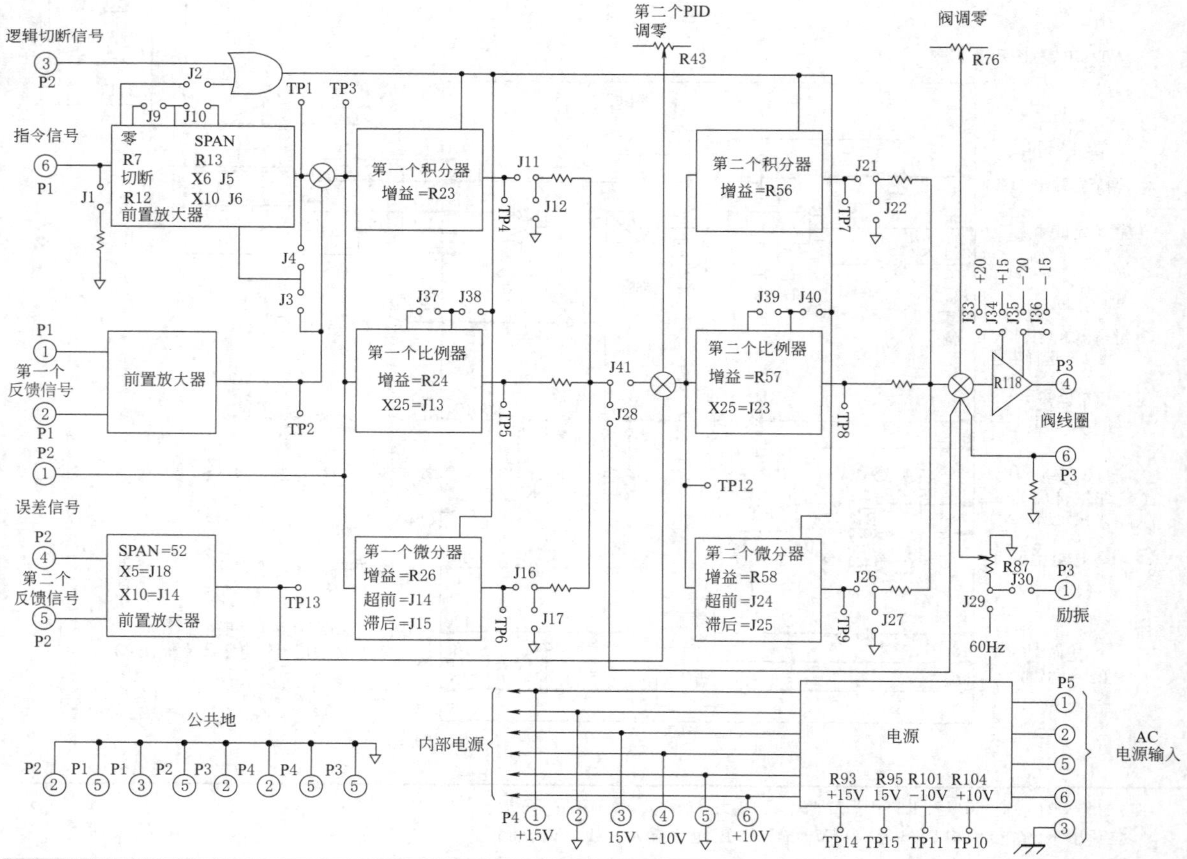

续表

BD95 伺服放大器

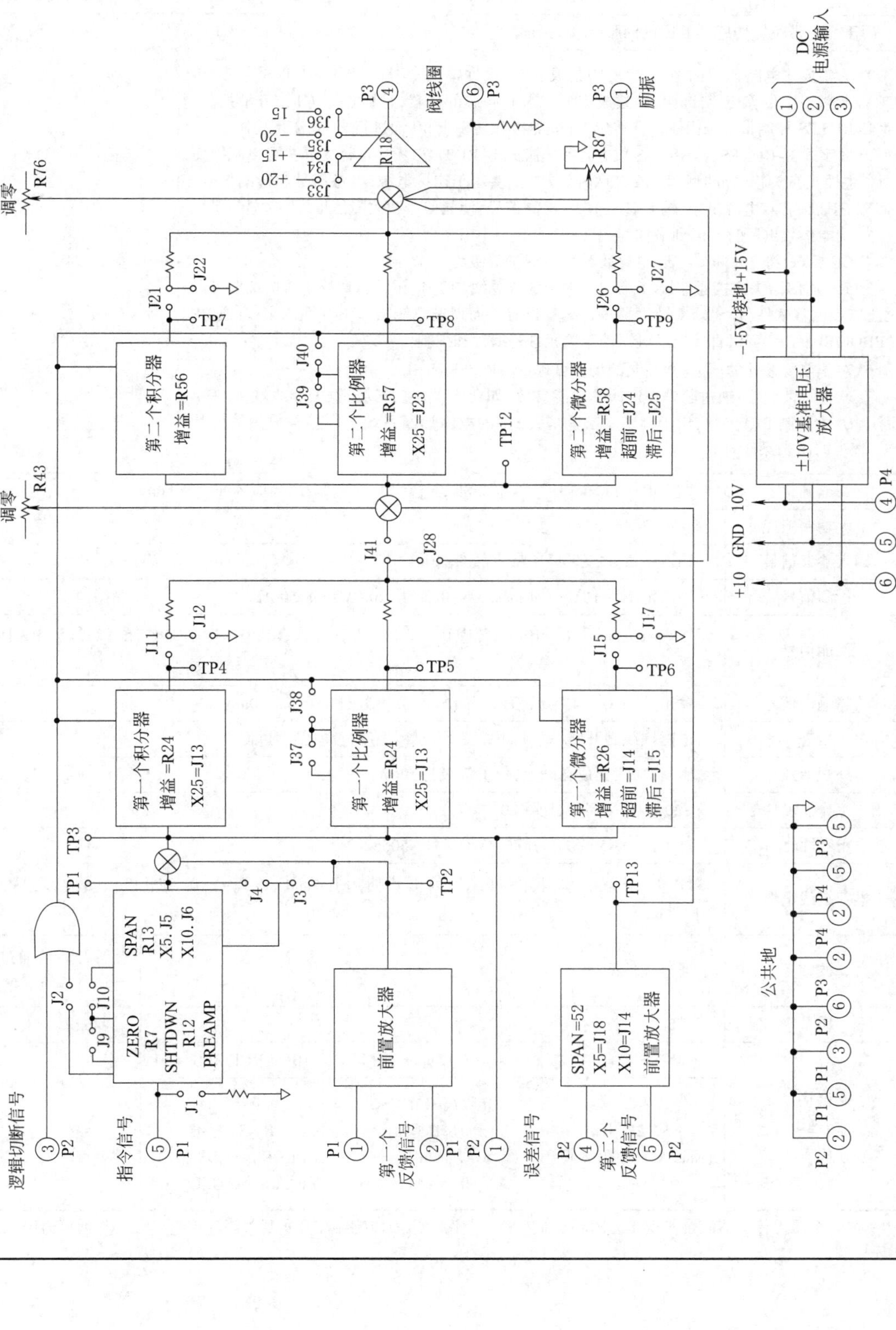

## 1.4.7 ATOS 公司 E-RI-TES、E-RI-LES 型数字式集成电子放大器和 E-RI-TE、E-RI-LE 型模拟式集成电子放大器

表 22-6-70

<table>
<tr><td>项目</td><td colspan="4">E-RI-TES 和 E-RI-LES</td><td>E-RI-TE 和 E-RI-LE</td></tr>
<tr><td>应用</td><td colspan="4">用于 atos 带位置传感器的比例伺服阀或比例阀</td><td></td></tr>
<tr><td>特点</td><td colspan="4">① 为集成式电路，与 atos 公司比例阀集成安装，根据输入参考信号，E-RI-TES 和 E-RI-TE 控制带一个位移传感器的直动式或先导式滑阀阀芯的位置，从而进行方向/流量控制，而 E-RI-LES 控制带 2 个内置位移传感器(先导级和功率级)从而进行方向/流量控制<br>② 数字式 E-RI-TES、E-RI-LES 放大器和模拟式 E-RI-TE 放大器电器主插头可以互换使用。主插头有 7 芯(标准型)和 12 芯两种。7 芯插头用于连接电源、参考信号和检测信号，而 12 芯插头有双电源供电、输入参考信号、检测信号、使能信号和故障信号(带/Z 选项)<br>③ 功能参数出厂时预调到最佳<br>④ CE 标志，符合 EMC 标准(电磁兼容性)；保护等级为 IP67<br>⑤ 5 芯通信插头连接通信接口，可选串口-PS 或总线-BC 和-BP 接口，数字通信接口可以通过 PC 电脑软件(E-SW)对放大器进行编程设置。而现场总线接口 BC(CANopen)或 BP(PROFIBUS DP)可以直接通过机器控制单元进行编程和控制<br>⑥ 对于需要额外的压力/力控制的场合可选项/SP、/SF 和 SL①<br>⑦ 软件特性包含：通过软件设定阀的功能参数，如死区、增益、斜坡、颤振和线性度；有 4 套压力/力控制 PID 参数，用于调整动态响应；完整的故障诊断系统可以检查放大器的状态；直观的图表操作界面</td><td>同左①~④</td></tr>
<tr><td rowspan="15">技术性能及参数</td><td>电源</td><td colspan="4">额定电压：+24V DC　整流滤波：$V_{rms}=21\sim32_{max}$ 最大峰值脉冲 10%$V$pp</td></tr>
<tr><td>最大功率消耗</td><td colspan="4">50W</td></tr>
<tr><td>输入参考信号</td><td colspan="4">输入阻抗：$R_i=50k\Omega$(电压范围±100V DC)；$R_i=316k\Omega$(电流范围 4~20mA)</td></tr>
<tr><td>检测信号</td><td colspan="4">输出范围：±10V DC@ max5mA；电流 4~20mA@ max500Ω</td></tr>
<tr><td>使能信号</td><td colspan="4">输入阻抗：电压 $R_1$>10kΩ；范围 0~5V DC(非使能状态)；9~24V DC(使能状态)，5~9V DC(不接受)</td></tr>
<tr><td>故障输出信号</td><td colspan="4">输出范围：0~24V DC(开状态>24V；关状态<1V)@ max50mA</td></tr>
<tr><td>报警</td><td colspan="4">电磁铁线圈开路/短路；电缆短线报警；温度过高；温度过低</td></tr>
<tr><td>外观形式</td><td colspan="4">密封盒式，集成在阀上，保护等级为 IP67</td></tr>
<tr><td>工作温度</td><td colspan="4">-20~60℃(储藏温度-20~70℃)</td></tr>
<tr><td>电磁兼容性(EMC)</td><td colspan="4">抗磁性：EN50081-2 标准；抗干扰：EN50082-2 标准</td></tr>
<tr><td>推荐接线电缆</td><td colspan="4">LiYCY 屏蔽电缆，长度 40m 以内推荐使用 0.5mm² 线缆；电源和电磁铁接线线缆推荐使用 1.5mm²</td></tr>
<tr><td>调整</td><td colspan="3">通过软件调整</td><td>移开后盖通过电位计调整偏流和增益</td></tr>
<tr><td>质量</td><td colspan="3">475g</td><td>445g</td></tr>
<tr><td rowspan="2">通讯接口<br>物理层<br>协议</td><td>-PS 串口</td><td>-BC CANopen 接口</td><td>-BP PROFIBUS 接口</td><td rowspan="2"></td></tr>
<tr><td>RS232C 串口<br>Atos ASC11 码编码</td><td>光隔离 CAN ISO<br>11898 标准<br>CANopen 接口<br>EN 50325-4+DS408</td><td>光隔离 CAN<br>Rs485 标准<br>PROFIBUS DP 接口<br>EN 50170-2/IEC61158</td></tr>
</table>

① SP—与一个压力传感器配合实现压力闭环控制。SF—与两个压力传感器配合实现力闭环控制。SL—与远程力敏元件配合实现力闭环控制。

**表 22-6-71　E-RI-TES、E-RI-LES 型数字放大器和 E-RI-TE、E-RI-LE 型模拟式放大器相关参数**

E-RI-TES 和 E-RI-LES 型数字放大器选型

E-RI　-　TE　S　-　PS　-　01H　*　**　/*

集成式电子放大器

TE—一级压力传感器比例阀
LE—两级压力传感器比例阀

S—数字式

PS—RS232 串行接口
BC—CAN-BUS 接口
BC—PROFIBUS-DP 接口

01H—单电磁铁比例阀
05H—双电磁铁比例阀(仅对-TES型)

选项
I—4～20mA电流型输入参考信号和监测信号
Z—双电源供电(12芯插头)
S*—增加压力/力的闭环控制

设计号

设定代号(见注释)

注释：设定代号表示集成式放大器与所匹配的比例阀。当放大器备件订货时，将根据设定代号进行出厂预设

E-RI-TES 和 E-RI-LES 型数字放大器电气和接线方框图(7 芯插头)

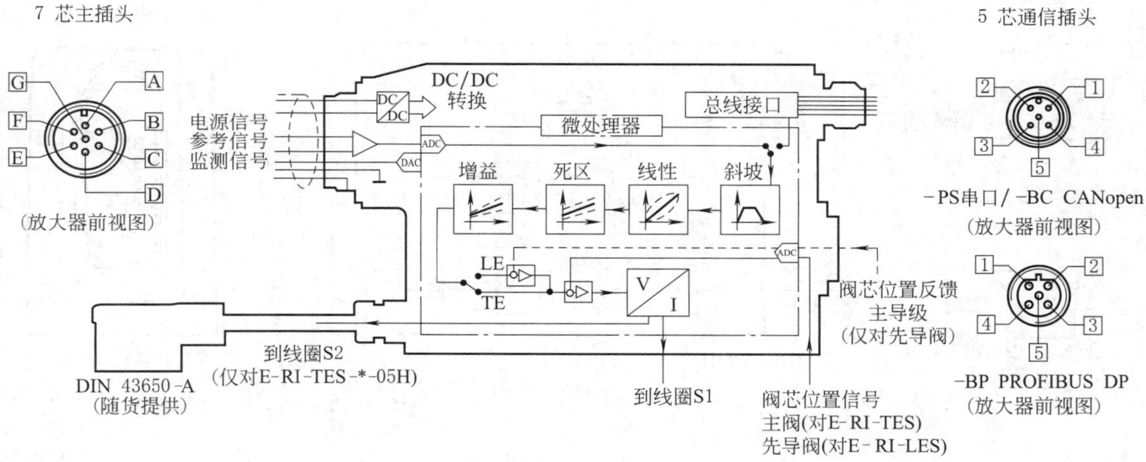


E-RI-TES 和 E-RI-LES 接线方框图-/Z 选项(12 芯)

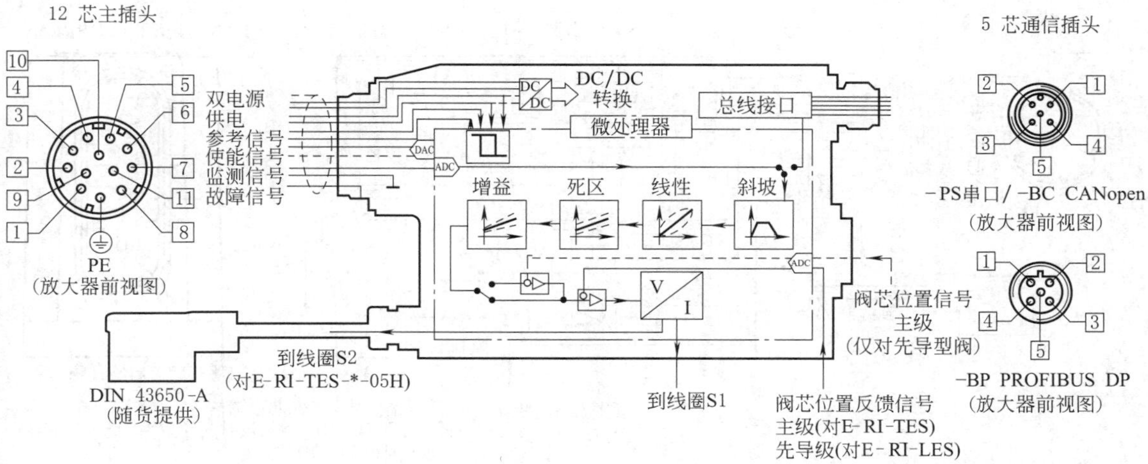

续表

E-RI-TE 和 E-RI-LE 型模拟式放大器选型

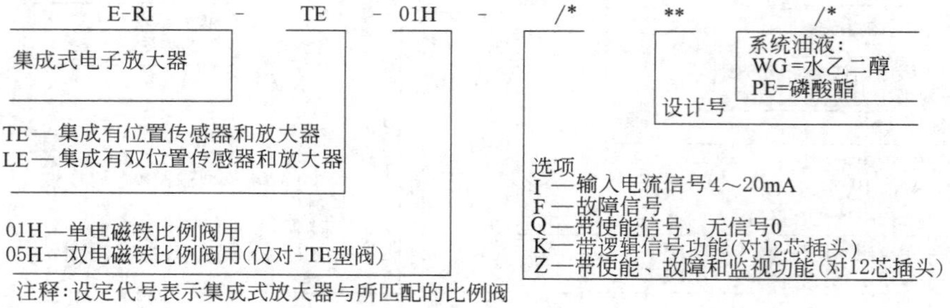


E-RI-TE 和 E-RI-LE 接线方框图-标准型(7 芯插头)

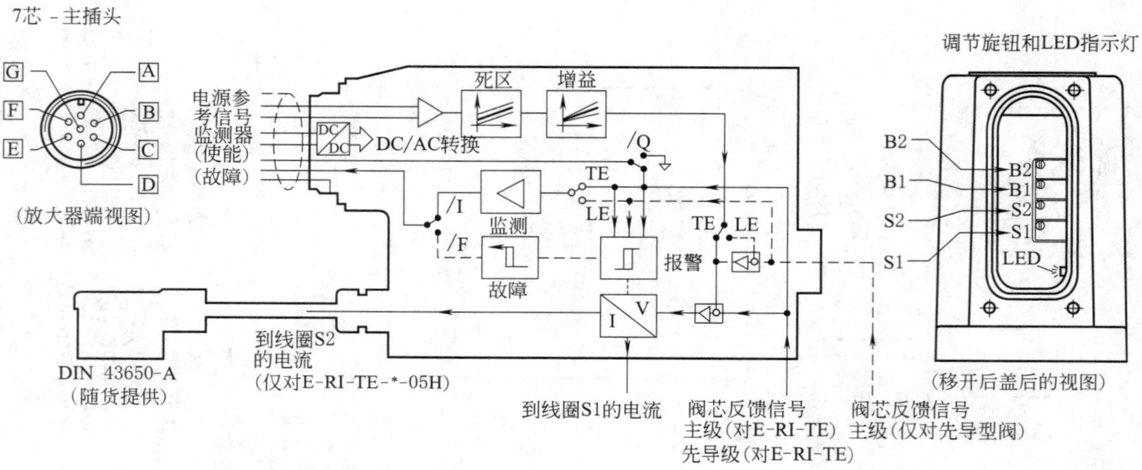


E-RI-TE 和 E-RI-LE 接线方框图-选项/Z 和/K(12 芯插头)

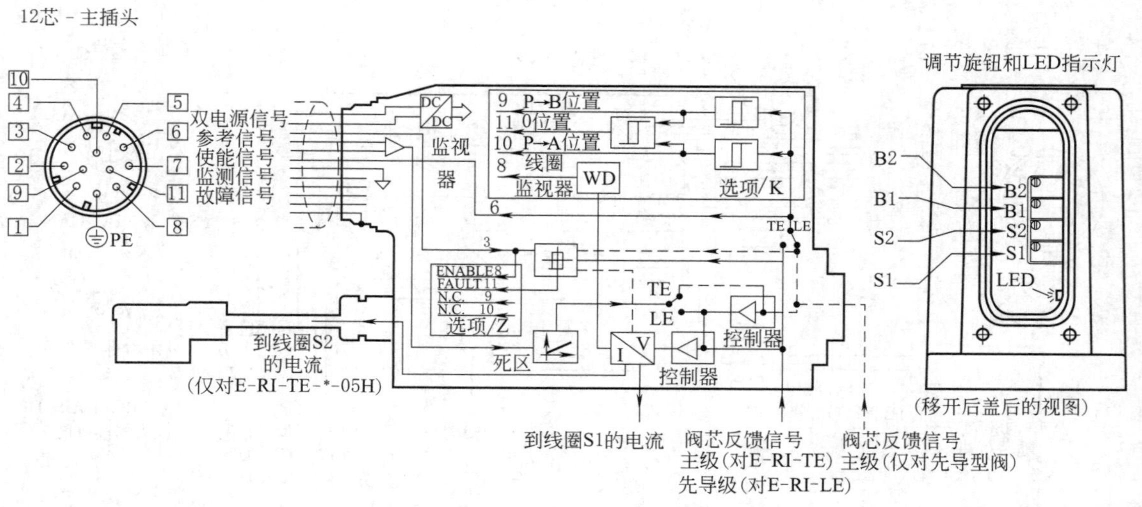

续表

E-RI-TES、E-RI-LES、E-RI-TE、E-RI-LE 放大器主电气插头特性

| 型号 | SP-ZH-7P | SP-ZM-7P | SP-ZH-12P |
|---|---|---|---|
| 类型 | 插孔型七芯直圆插头 | 插孔型七芯直圆插头 | 插孔型 12 芯直圆插头 |
| 标准 | DIN 43563-BF6-3-PG11 标准 | MIL-C-5015G 标准 | DIN 43563 |
| 材料 | 玻璃纤维加强塑料 | 铝合金 | 玻璃纤维加强塑料 |
| 电缆屏蔽管 | PG11 | PG11 | PG16 |
| 电缆尺寸 | LICY (7×0.75)$mm^2$ 最长 20m<br>(7×1)$mm^2$ 最长 40m | LICY (7×0.75)$mm^2$ 最长 20m<br>(7×1)$mm^2$ 最长 40m | LICY (10×0.14)$mm^2$(信号)<br>(3×1)$mm^2$ |
| 连接方式 | 焊接 | 焊接 | 夹紧后焊接 |
| 保护等级(DIN 40050 标准) | IP 67 | IP 67 | IP 65 |

E-RI-TES 和 E-RI-LES 放大器通信插头特性

| 项目 | -PS 型串口插头 | -BC 型 CANopen 插头 | -BP PROFIBUS DP 插头 |
|---|---|---|---|
| 型号 | SP-ZH-5P | SP-ZH-5P | SP-ZH-5P/BP |
| 类型 | 插孔型 5 芯圆直插头 | 插孔型 5 芯圆直插头 | 插针型 5 芯直圆插头 |
| 标准 | M12-IEC 60947-5-2 | M12-IEC 60947-5-2 | M12-IEC 60947-5-2 |
| 材料 | 塑料 | 塑料 | 塑料 |
| 电缆密封夹 | PG9 | PG9 | PG9 |
| 电缆尺寸 | LICY 5×0.25 屏蔽 | CANbus 标准(301DSP) | PROFIBUS 标准 |
| 连接类型 | 螺钉接线端子 | 螺钉接线端子 | 螺钉接线端子 |
| 防护等级(DIN 40050 标准) | IP 67 | IP 67 | IP 67 |



E-RI-TES 和 E-RI-LES 数字集成放大器外形及插头尺寸

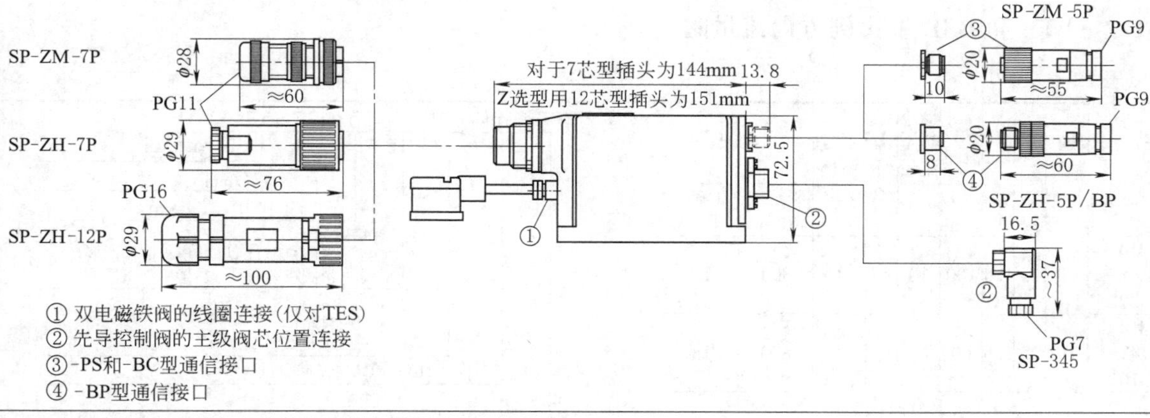


E-RI-TE 及 E-RI-LE 模拟式集成电子放大器外形和插头尺寸

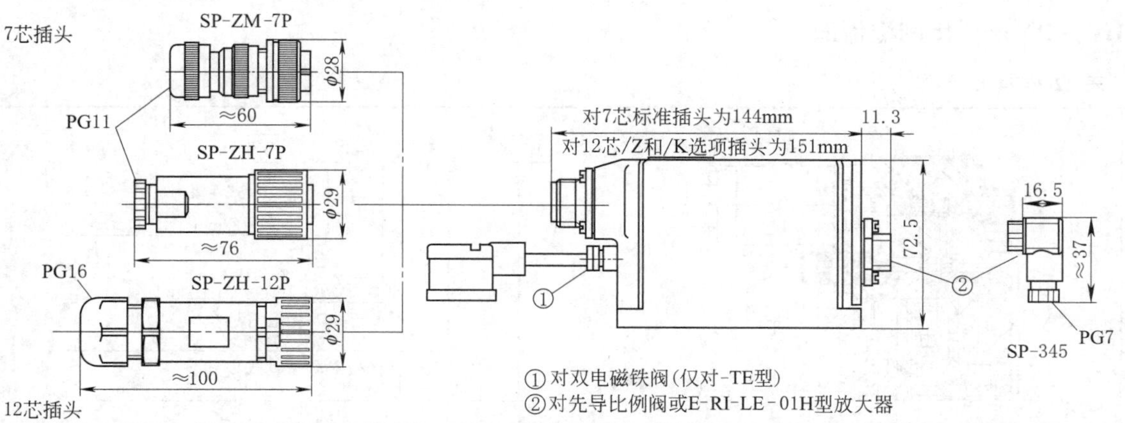

# 2 比例阀主要产品

## 2.1 国内比例阀主要产品

### 2.1.1 BQY-G 型电液比例三通调速阀

表 22-6-72　　技术性能

| | 型　号 | 公称通径/mm | 工作压力/MPa | | | 工作流量/L·min$^{-1}$ | | | 线性度/% | 滞环/% | 阶跃响应/s | 生产厂 |
|---|---|---|---|---|---|---|---|---|---|---|---|---|
| | | | 额定 | 最高 | 最低 | 额定 | 最大 | 最小 | | | | |
| 技术性能 | BQY-G16 | 16 | 25 | 31.5 | 1.5 | 63 | 80 | 6.3 | 5 | 3 | 0.25 | 上海液压件二厂 |
| | BQY-G25 | 25 | 25 | 31.5 | 1.5 | 160 | 200 | 16 | 5 | 3 | 0.25 | |
| | BQY-G32 | 32 | 25 | 31.5 | 1.5 | 250 | 320 | 25 | 5 | 3 | 0.25 | |

特性曲线

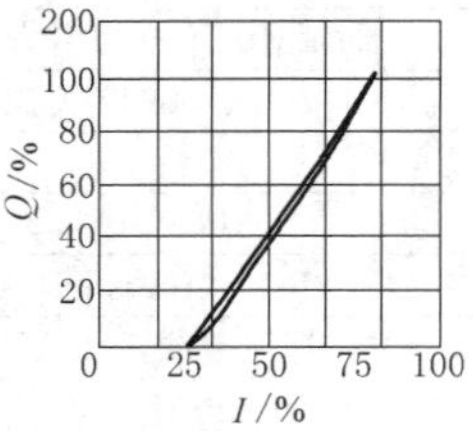

静态特性曲线

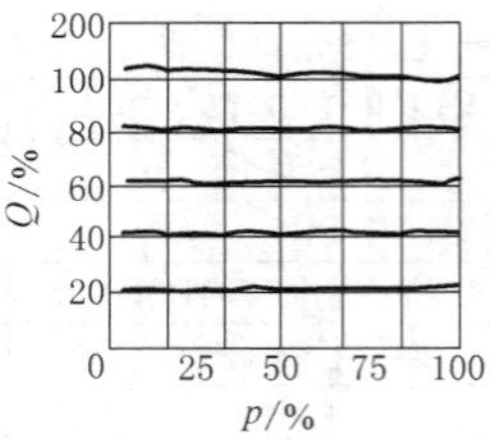

负载特性曲线

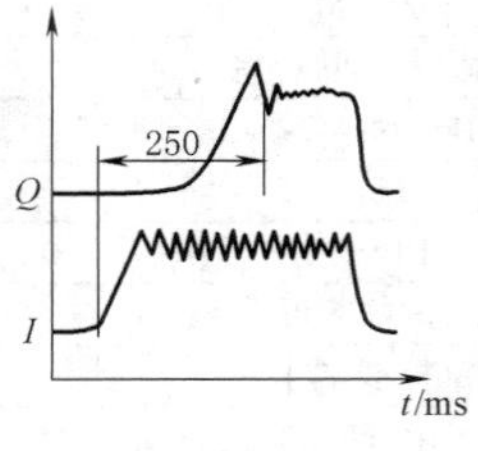

阶跃曲线

型号意义：

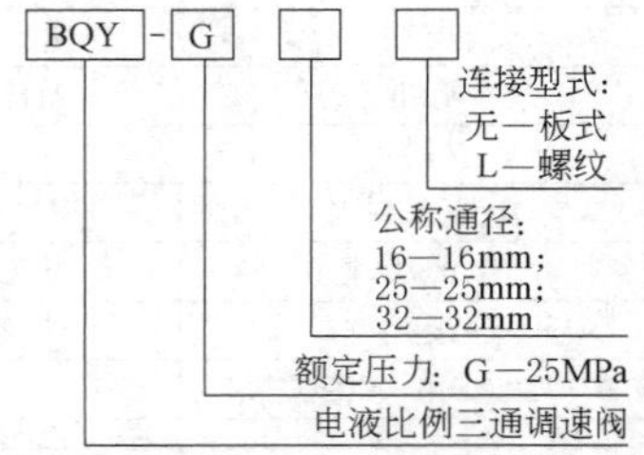


### 2.1.2 BFS 和 BSL 型比例方向流量阀

表 22-6-73

| 型　号 | 通径 /mm | 压力/MPa | | 公称流量 | 最小额定流量 | 滞环 /% | 重复精度 /% | 线圈 | |
|---|---|---|---|---|---|---|---|---|---|
| | | 额定 | 最低 | L·min$^{-1}$ | | | | 额定电流/mA | 直流电阻/Ω |
| 34BFS O/Y-G20L | 20 | 25 | 1.5 | 100 | 10 | <7 | 1 | 800 | 18 |
| 34BFL O/Y-G16L | 16 | 25 | 1.5 | 60 | 6 | <7 | 1 | 800 | 18 |
| 生产厂 | 上海液压件二厂 | | | | | | | | |

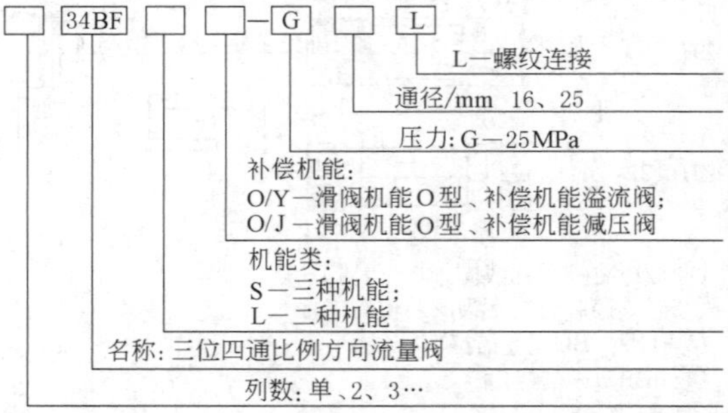


### 2.1.3 BY※型比例溢流阀

表 22-6-74

结构及型号意义

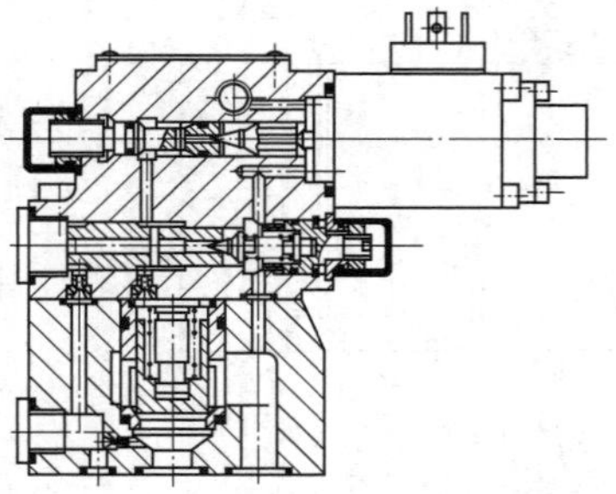

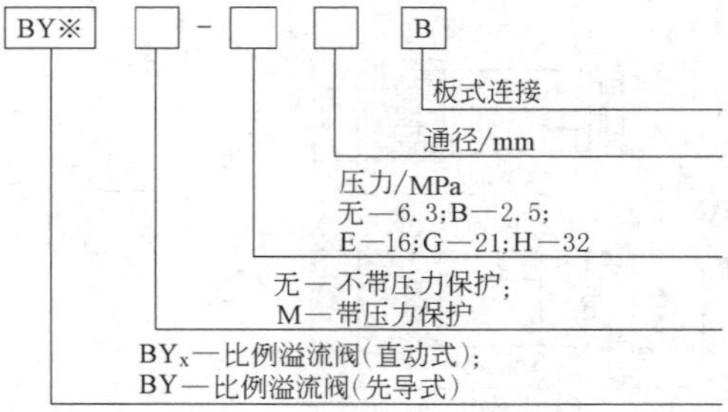

续表

| 技术性能 | 型号 | 公称通径/mm | 流量/L·min$^{-1}$ | 压力/MPa | 线性度/% | 滞环/% | 重复精度/% | 频宽/Hz | 放大器 | | 控制电流/mA | | 线圈电阻/Ω | 生产厂 |
|---|---|---|---|---|---|---|---|---|---|---|---|---|---|---|
| | | | | | | | | | 直流 | 交流 | 最大 | 最小 | | |
| 技术性能 | $BY_x$-※4 | 4 | 0.7~3 | 无—6.3<br>B—2.5<br>E—16<br>G—21<br>H—32 | 5 | <5 | 1 | 8<br>(-3dB) | MD-1型 | BM-1型 | 800 | 200 | 19.5 | 杭州精工液压机电有限公司 |
| | BY※-※10 | 10 | 85 | | | | | | | | | | | |
| | BY※-※20 | 20 | 160 | | | | | | | | | | | |
| | BY※-※32 | 32 | 300 | | | | | | | | | | | |

## 2.1.4 3BYL型比例压力-流量复合阀

表 22-6-75

| 型号 | | | 3BYL-※63B | 3BYL-※125B | 3BYL-※250B | 3BYL-※500B | 型号意义 |
|---|---|---|---|---|---|---|---|
| 最高使用压力/MPa | | | 25 | 25 | 25 | 25 | 3BYL - □ □ B<br>B：板式连接<br>□：流量/L·min$^{-1}$ 125,250,500<br>□：压力/MPa E—16;G—21<br>3BYL：三通比例压力——流量复合阀 |
| 额定流量/L·min$^{-1}$ | | | 63 | 125 | 250 | 500 | |
| 流量调整范围/L·min$^{-1}$ | | | 1~125 | 1~125 | 2.5~250 | 5~500 | |
| 流量系统 | 压差/MPa | | ≤1 | ≤1 | ≤1 | ≤1 | |
| | 滞环/% | | ≤5 | ≤5 | ≤5 | ≤5 | |
| | 线性度误差/% | | ≤5 | ≤5 | ≤5 | ≤5 | |
| | 控制电流/mA | | 200~700 | 200~700 | 200~700 | — | |
| 压力系统 | 调压范围/MPa | E | 1.3~16 | 1.3~16 | 1.4~16 | 1.5~16 | |
| | | G | 1.3~21 | 1.3~21 | 1.4~21 | 1.5~21 | |
| | 滞环/% | | ≤5 | ≤5 | ≤5 | ≤5 | |
| | 线性度误差/% | | ≤5 | ≤5 | ≤5 | ≤5 | |
| | 控制电流/mA | | 200~800 | 200~800 | 200~800 | 200~800 | |
| 生产厂 | | | 杭州精工液压机电有限公司 | | | | |

## 2.1.5 4BEY型比例方向阀

表 22-6-76

| 型号 | 公称通径/mm | 流量/L·min$^{-1}$ | 压差/MPa | 滞环/% | 对称度/% | 重复精度/% | 油温/℃ | 放大器 | | 控制电流/mA | | 线圈电阻/Ω | 型号意义 |
|---|---|---|---|---|---|---|---|---|---|---|---|---|---|
| | | | | | | | | 直流 | 交流 | 最大 | 最小 | | |
| 4BEY※-※10 | 10 | 85 | ≤1 | 4 | 12 | 1 | -10~60 | MD-1型 | BM-1型 | 800 | 200 | 19.5 | 4BE Y □ - □ □ B<br>B：板式连接<br>□：通径<br>□：压力/MPa 无—6.3;G—21 E—16;H—32<br>□：型式：A—A型；C—C型<br>Y：先导阀外部回油<br>4BE：四通比例方向阀 |
| 4BEY※-※16 | 16 | 150 | | | | | | | | | | | |
| 生产厂 | 杭州精工液压机电有限公司 | | | | | | | | | | | | |

## 2.1.6 BY 型比例溢流阀

表 22-6-77

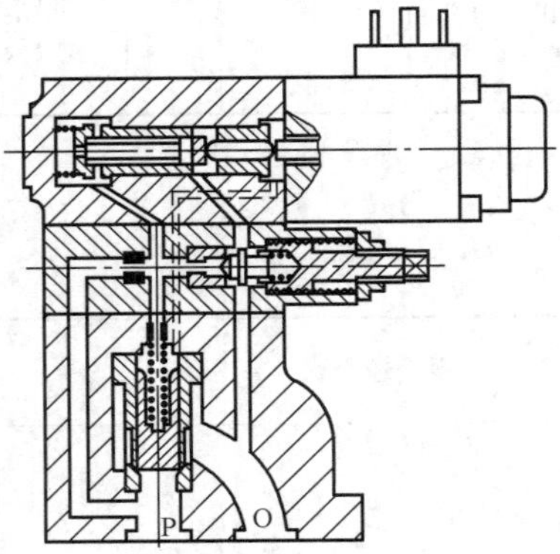


BY型比例溢流阀结构图

| 型 号 | 公称通径/mm | 额定压力/MPa | 最大/额定流量/L·min$^{-1}$ | 线性度/% | 滞环/% | 重复精度/% | 卸荷压力/MPa | 频宽/Hz | 质量/kg |
|---|---|---|---|---|---|---|---|---|---|
| BY-※6A | 6 | H:31.5<br>G:25<br>F:20<br>E:16<br>D:10<br>C:6.3<br>B:2.5 | 6/2 | 3 | 3 | 1 | 0.6 | 15 | 1.9 |
| BYY-※10A | 10 | | 200/100 | 7.5 | | | | 6~10 | 4.4 |
| BYY-※20A | 20 | | 400/150 | | | | | | 6.8 |
| BYY-※16A | 16 | | 150/70 | | | | | | 5.9 |
| BYY-※25A | 25 | | 200/100 | | | | | | 6.3 |
| BYY-※32A | 32 | | 450/250 | | | | | | 9 |
| 生产厂 | 宁波电液比例阀厂(6个型号),上海液压件二厂(后3个型号) | | | | | | | | |

型号意义:

BY □ - □ □ □

BY—比例溢流阀

无—直动式;Y—先导式

压力/MPa
B—2.5;D—10;F—20;
C—6.3;E—16;G—25;H—31.5

公称通径/mm

无—滑阀型;
A—锥阀型

## 2.1.7 BJY 型比例减压阀

表 22-6-78　　技术性能及型号意义

| 型 号 | 公称通径/mm | 出口额定压力/MPa | 额定流量/L·min$^{-1}$ | 线性度/% | 滞环/% | 重复精度/% | 最低控制压力/MPa | 频宽/Hz | 质量/kg | 生产厂 |
|---|---|---|---|---|---|---|---|---|---|---|
| BJY-※16A | 16 | G:25<br>F:20<br>E:16<br>D:10 | 100 | 8 | 3 | 1 | 0.8 | 6~10 | 5.9 | 宁波电液比例阀厂 |
| BJY-※32A | 32 | | 300 | | | | | | 9.7 | |

型号意义:

BJY - □ □ □

先导式比例减压阀

压力等级/MPa

公称通径

A—锥阀式;
无—滑阀式

## 2.1.8 DYBL 和 DYBQ 型比例节流阀

表 22-6-79　　技术性能及型号意义

| 型 号 | 公称通径/mm | 额定流量/L·min$^{-1}$ | 压力等级/MPa | 最低工作压差/MPa | 线性度/% | 滞环/% | 重复精度/% | 频宽/Hz | 质量/kg | 生产厂 |
|---|---|---|---|---|---|---|---|---|---|---|
| DYBQ-※16 | 16 | 63　30　15 | H:31.5<br>G:25<br>F:20<br>E:16<br>D:10 | 1.0 | 4 | 3 | 1 | 10 | 6.6 | 宁波电液比例阀厂、上海液压件二厂 |
| DYBQ-※25 | 25 | 200/100 | | 1.2 | | | | 8 | 12.5 | |
| DYBQ-※32 | 32 | 400/150 | | | | | | | 20.3 | |
| DYBL-※16 | 16 | 150/70 | | 1.0 | | | | | 6 | |
| DYBL-※32 | 32 | 200/100 | | 1.2 | | | | | 7.5 | |

型号意义:

□ - □ □

公称通径/mm

压力/MPa

DYBQ—电液比例流量阀;
BL—比例节流阀

## 2.1.9 BPQ 型比例压力流量复合阀

**表 22-6-80**

型号意义：

BPQ − □ □

- 比例压力流量复合阀 —— BPQ
- 压力级/MPa E—16；P—20
- 公称通径/mm

<table>
<tr><th rowspan="2">型　　号</th><th rowspan="2">公称通径/mm</th><th rowspan="2">最高工作压力/MPa</th><th colspan="4">压　力　控　制</th><th colspan="4">流　量　控　制</th><th rowspan="2">流量调节范围/L·min<sup>-1</sup></th><th rowspan="2">频宽/Hz</th><th rowspan="2">质量/kg</th></tr>
<tr><th>压力调节范围/MPa</th><th>额定流量/L·min<sup>-1</sup></th><th>滞环/%</th><th>重复精度/%</th><th>额定流量/L·min<sup>-1</sup></th><th>压差/MPa</th><th>滞环/%</th><th>重复精度/%</th></tr>
<tr><td>BPQ-※16</td><td>16</td><td>E:16<br>F:20</td><td>1.0~16<br>1.0~20</td><td>810</td><td><1</td><td>1</td><td>810</td><td>0.6</td><td><1</td><td>1</td><td>1~125</td><td>8</td><td>15.5</td></tr>
</table>

注：1. 泄油背压不得大于 0.2MPa。
2. 为使预先设定的压力稳定，阀通过的流量不小于 $10L \cdot min^{-1}$。
3. 安全阀设定压力比最高压力高 2MPa。
4. 生产厂家为宁波电液比例阀厂。

## 2.1.10 4B 型比例方向阀

**表 22-6-81**

<table>
<tr><th></th><th>名　　称</th><th>型　　号</th><th>额定流量/L·min<sup>-1</sup></th><th>公称通径/mm</th><th>主阀最高工作压力/MPa</th><th>主阀最低工作压差/MPa</th><th>滞环/%</th><th>重复精度/%</th><th>响应时间/ms</th><th>频宽/Hz</th><th>质量/kg</th><th>生产厂</th></tr>
<tr><td rowspan="9">技术性能</td><td>直动式比例方向阀</td><td>34B-※6</td><td>16</td><td>6</td><td rowspan="9">31.5</td><td rowspan="3">1.0</td><td rowspan="2"><5</td><td rowspan="2"><2</td><td rowspan="8"><100</td><td rowspan="5"><10</td><td>2.5</td><td rowspan="9">宁波电液比例阀厂</td></tr>
<tr><td>直动式比例方向阀</td><td>34B-※10</td><td>32</td><td>10</td><td>7.5</td></tr>
<tr><td>先导式比例方向阀</td><td>34BY-※10</td><td>85</td><td>10</td><td rowspan="3"><6</td><td rowspan="3"><3</td><td>7.8</td></tr>
<tr><td>先导式比例方向阀</td><td>34BY-※16</td><td>150</td><td>16</td><td rowspan="2">1.3</td><td>12.2</td></tr>
<tr><td>先导式比例方向阀</td><td>34BY-※25</td><td>250</td><td>25</td><td>18.2</td></tr>
<tr><td>电反馈直动式比例方向阀</td><td>34BD-※6</td><td>16</td><td>6</td><td rowspan="3">1.0</td><td rowspan="4"><1</td><td rowspan="4"><1</td><td rowspan="2"><15</td><td>2.7</td></tr>
<tr><td>电反馈直动式比例方向阀</td><td>34BD-※10</td><td>32</td><td>10</td><td>7.7</td></tr>
<tr><td>电反馈先导式比例方向阀</td><td>34BDY-※10</td><td>80</td><td>10</td><td rowspan="2"><10</td><td>8.0</td></tr>
<tr><td>电反馈先导式比例方向阀</td><td>34BDY-※16</td><td>150</td><td>16</td><td>1.3</td><td><150</td><td>11.0</td></tr>
</table>

型号意义：

□ 4B □ □ □ □ □ □ □ □

- 2—2 位；3—3 位
- 4 通比例方向阀
- 无标记—不带电反馈；D—带电反馈
- 无标记—直动式；Y—先导式
- 滑阀机能
- 压力等级/MPa D—10；E—16；F—20；G—25；H—31.5
- 公称通径/mm
- 1MPa 压差下名义流量/L·min⁻¹
- 先导供油方式：无标记—内供内排；X—外供内排；Y—内供外排；XY—外供外排
- 附加功能

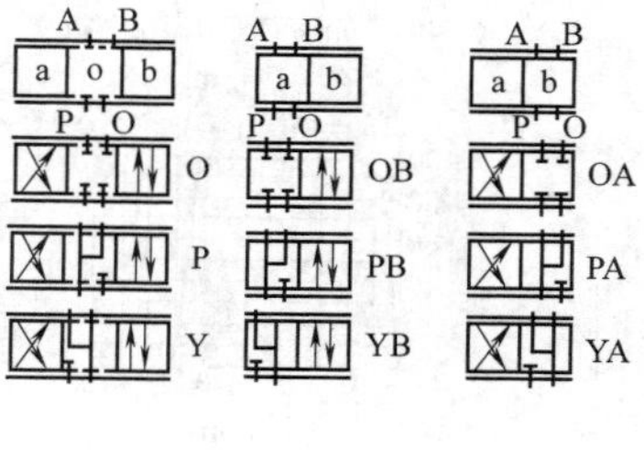

### 2.1.11 4WRA 型电磁比例换向阀

表 22-6-82

**技术性能、型号意义**

| | | | |
|---|---|---|---|
| 通径/mm | | 6 | 10 |
| 工作压力/MPa | A、B、P 口 | 32 | 32 |
| | O 口 | 16 | 16 |
| 流量/L·min$^{-1}$ | | 43 | 95 |
| 过滤要求/μm | | ≤20 | |
| 重复精度/% | | <3 | <2 |
| 滞环/% | | <6 | <5 |
| -3dB 下的频率响应/Hz | | 5 | 3 |
| 介质 | | 矿物油、磷酸酯液 | |
| 介质温度/℃ | | -20~70 | |
| 介质黏度/m$^2$·s$^{-1}$ | | $(2.8\sim380)\times10^{-6}$ | |
| 质量/kg | 二位阀 | 1.75 | 5.9 |
| | 三位阀 | 2.5 | 7.5 |
| 电源 | | 直流,24V | |
| 单个电磁铁最大电流/A | | 1.5 | |
| 线圈电阻/Ω | (在20℃)冷值 | 5.4 | 10 |
| | 最大热态值 | 8.1 | 15 |
| 最高环境温度/℃ | | 50 | |
| 线圈温度/℃ | | 150 | |
| 绝缘要求 | | IP65 | |
| 配套放大器(24V 桥式整流) | | VT-3013S30<br>VT-3017S30 | VT-3014S30<br>VT-3018S30 |

型号意义:

4WRA □ □ □ 10B □ □ □ Z4 □ □

通径 6—6mm；10—10mm

过渡状态机能滑阀机能

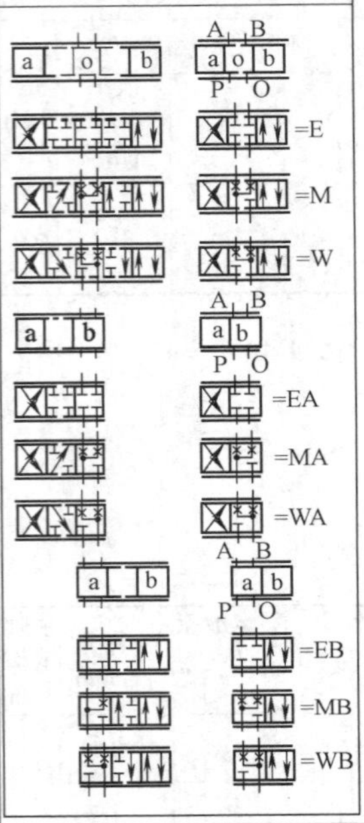


10系列

24—直流 24V

无标记—无手动按钮；N—带手动按钮

无标记—无特殊保护；J—海水保护

$Z_4$—插头

M—矿物油；V—磷酸酯油

其他说明

流量

6通径 5~8L·min$^{-1}$名义流量(在1MPa阀压降下)
10~13L·min$^{-1}$名义流量(在1MPa阀压降下)
20~17L·min$^{-1}$名义流量(在1MPa阀压降下)

10通径 10~18L·min$^{-1}$名义流量(在1MPa阀压降下)
20~27L·min$^{-1}$名义流量(在1MPa阀压降下)
40~50L·min$^{-1}$名义流量(在1MPa阀压降下)

注:海水保护无$Z_4$

**特性曲线**

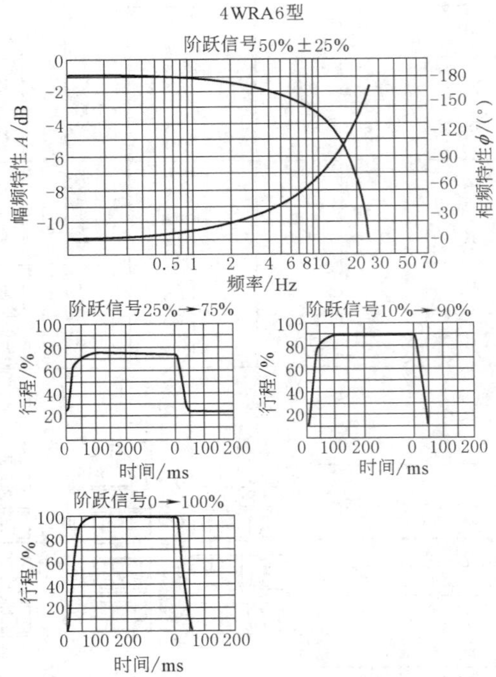


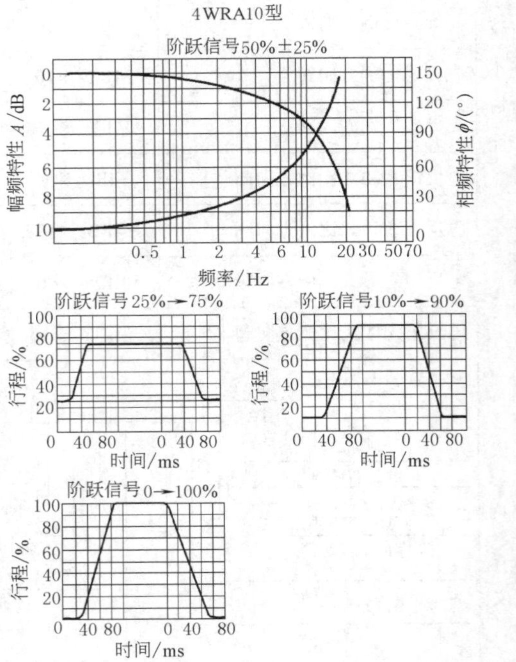


注：生产厂家为北京华德液压集团液压阀分公司。

## 2.1.12 4WRE 型电磁比例换向阀

**表 22-6-83**

| | | | | |
|---|---|---|---|---|
| 技术性能 | 通径/mm | | 6 | 10 |
| | 工作压力/MPa | A、B、P 口 | 32 | 32 |
| | | O 口 | 16 | <16 |
| | 最大流量/L·min$^{-1}$ | | 65 | 260 |
| | 过滤要求/μm | | ≤20 | |
| | 重复精度/% | | <1 | <1 |
| | 滞环/% | | <1 | <1 |
| | 响应灵敏度/% | | ≤0.5 | ≤0.5 |
| | -3dB 下的频率响应/Hz | | 6 | 4 |
| | 介质 | | 矿物油、磷酸酯液 | |
| | 介质温度/℃ | | -20~70 | |
| | 介质黏度/m$^2$·s$^{-1}$ | | $(2.8\sim380)\times10^{-6}$ | |
| | 质量/kg | 二位阀 | 1.91 | 5.65 |
| | | 三位阀 | 2.66 | 7.65 |
| | 电源 | | 直流,24V(或 12V) | |
| | 电磁铁最大电流/A | | 1.5 | |
| | 线圈电阻/Ω | (在 20℃)冷值 | 5.4 | 10 |
| | | 最大热态值 | 8.1 | 15 |
| | 最高环境温度/℃ | | 50 | |
| | 线圈温度/℃ | | 150 | |
| | 绝缘要求 | | IP65 | |
| | 配套放大器 | 有两个斜坡时间 | VT-5001S20<br>VT-5002S20<br>(二位四通阀用) | |
| | | 有一个斜坡时间 | VT-5005S10<br>VT-5005S10<br>(三位四通阀用) | |
| | 位移传感器 | | | |
| | 电气测量系统 | | 差动变压器 | |
| | 工作行程/mm | | ±4.5 直线 | |
| | 线性度/% | | 1 | |
| | 线圈电阻/Ω | Ⅰ R20 | 56 | |
| | | Ⅱ R20 | 112 | |
| | | Ⅲ R20 | 112 | |
| | 电感/mH | | 6~8 | |
| | 频率/kHz | | 2.5 | |
| | 生产厂 | | 北京华德液压集团液压阀分公司 | |

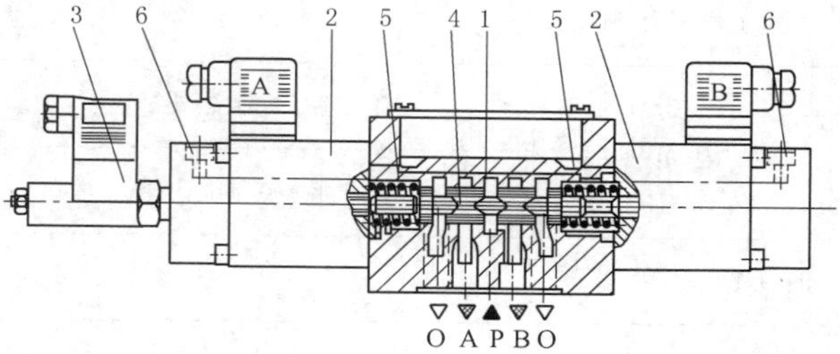


1—阀体；2—比例电磁铁；3—位置传感器；
4—阀芯；5—复位弹簧；6—放气螺钉

型号意义：

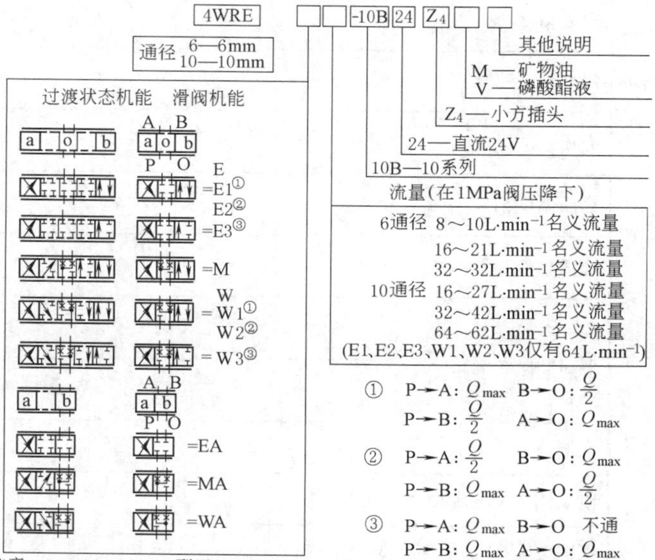


注意：4WRE6…10B/…型无E1、E2、E3、W1、W2、W3机能（对于再生控制，液压缸无杆端与A口全通）

## 2.1.13 4WR$_H^Z$ 型电液比例方向阀

表 22-6-84

| | | | | | | |
|---|---|---|---|---|---|---|
| 技术性能 | 通径/mm | | 10 | 16 | 25 | 32 |
| | 先导阀压力/MPa | 控制油外供 | 3~10 | | | |
| | | 控制油内供 | <10(大于 10 时需加减压阀 ZDR60$P_2$-30/75YM) | | | |
| | 主阀工作压力/MPa | | 32 | 35 | | |
| | 回油压力/MPa | T 腔(控制油外排) | 32 | 25 | | 15 |
| | | T 腔(控制油内排) | 3 | | | |
| | 油口 Y | | 3 | | | |
| | 先导控制油体积(当阀芯运动 0~100%)/$cm^3$ | | 1.7 | 4.6 | 10 | 26.5 |
| | 控制油流量(X 或 Y,输入信号 0~100%)/L·$min^{-1}$ | | 3.5 | 5.5 | 7 | 15.9 |
| | 主阀流量 $Q_{max}$/L·$min^{-1}$ | | 270 | 460 | 877 | 1600 |
| | 过滤精度/μm | | ≤20 | | | |
| | 重复精度/% | | 3 | | | |
| | 滞环/% | | 6 | | | |
| | 介质 | | 矿物油、磷酸酯液 | | | |
| | 介质温度/℃ | | -20~70 | | | |
| | 介质黏度/$m^2 \cdot s^{-1}$ | | $(2.8\sim380)\times10^{-6}$ | | | |
| | 质量/kg | 二位阀 | 7.4 | 12.7 | 17.5 | 41.8 |
| | | 三位阀 | 7.8 | 13.4 | 18.2 | 42.2 |
| | 电源 | | 直流,24V | | | |
| | 电磁铁名义电流/A | | 0.8 | | | |
| | 线圈电阻/Ω | | 在(20℃)冷值下 19.5,最大热态值 28.8 | | | |
| | 环境温度/℃ | | 50 | | | |
| | 线圈温度/℃ | | 150 | | | |
| | 先导电流/A | | ≤0.02 | | | |
| | 生产厂 | | 北京华德液压集团液压阀分公司、天津液压件一厂、天津液压件二厂、上海立新液压件厂 | | | |

续表

**型号意义**

4WR□□□□□□□□□□□□□

H—液动阀；
Z—电液阀

通径 10—10mm；
16—16mm；
25—25mm；
32—32mm

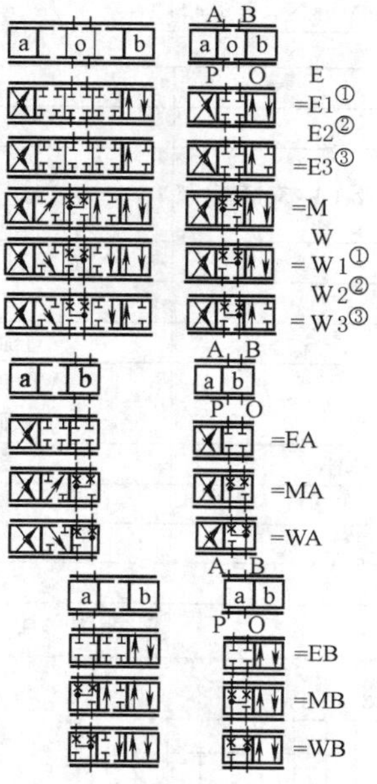


名义流量(在1MPa压降下)：
10通径 25—25L·min⁻¹；
50—50L·min⁻¹；
85—85L·min⁻¹
(*E1、E2、E3、W1、W2、W3仅有85L·min⁻¹)

16通径100—100L·min⁻¹；
150—150L·min⁻¹
(*E1、E2、E3、W1、W2、W3仅有150L·min⁻¹)

25通径270—270L·min⁻¹；
325—325L·min⁻¹
(*E1、E2、E3、W1、W2、W3仅有325L·min⁻¹)

32通径360—360L·min⁻¹；
520—520L·min⁻¹
(*E1、E2、E3、W1、W2、W3仅有520L·min⁻¹)

30B—30系列

6A—湿式6通径先导阀
(不适于WRH及不带先导的WRZ型)

24—24V(标准型)
(不适于WRH及不带先导的WRZ型)

无标记—不带手动按钮；
N—带手动按钮
(不适用于WRH及不带先导的WRZ型)

无标记—无特殊保护；
J—耐海水保护

无标记—控制油外供外排；
E—控制油内供外排；
ET—控制油内供内排；
T—控制油外供内排
(WRH型无E、ET、T)

$Z_4$—$Z_4$型插头连接(不适用于WRH及不带先导的WRZ型及J型)

无标记—不带减压阀；
$D_2$—带减压阀ZDR6DP$_2$-30/75YM(不适用WRH型及不带先导的4WRZ型)

M—矿物油；
V—磷酸酯液

其他说明

① 对于阀芯型式E1和W1
P→A：$Q_{max}$ B→O：$\frac{Q}{2}$
P→B：$\frac{Q}{2}$ A→O：$Q_{max}$

② 对于阀芯型式E2和W2
P→A：$\frac{Q}{2}$ B→O：$Q_{max}$
P→B：$Q_{max}$ A→O：$\frac{Q}{2}$

③ 对于阀芯型式E2和W3
P→A：$Q_{max}$ B→O：不通
P→B/A→O：$Q_{max}$

对于再生控制，将液压缸无杆端与油口A全通

**结构图**

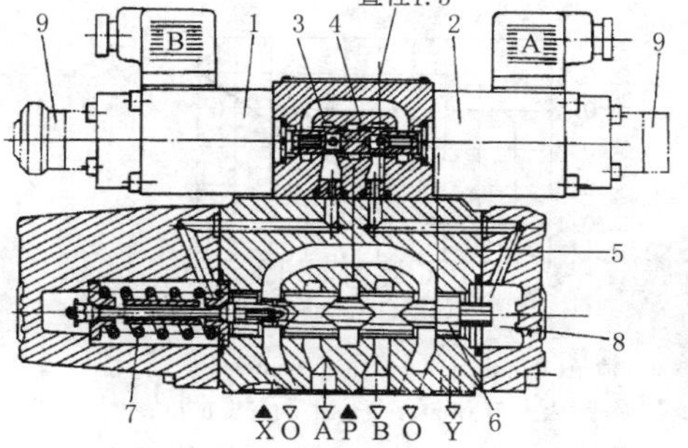


4WRZ型比例阀结构图

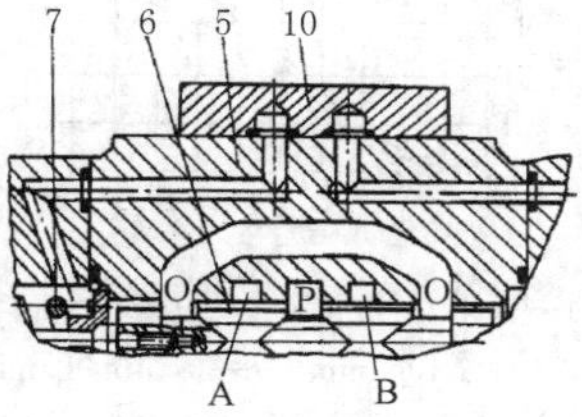


4WRH型比例阀结构图

1,2—比例电磁铁；
3—先导阀；
4—先导阀芯；
5—主阀；
6—主阀芯；
7—弹簧；
8—先导腔；
9—应急手动操作按钮；
10—盖板

## 2.1.14 DBETR 型比例压力溢流阀

表 22-6-85

**型号意义**

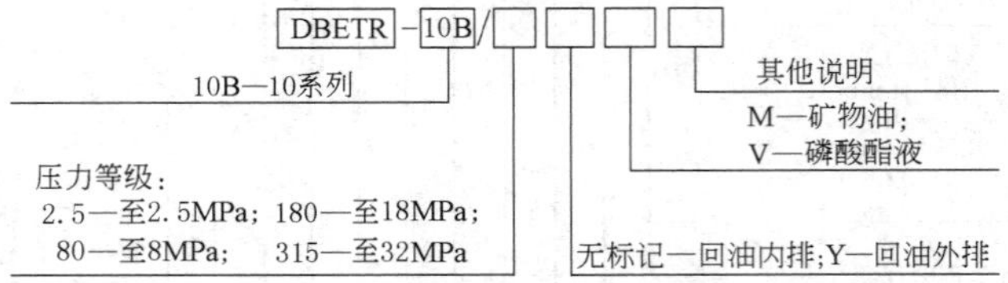


**技术性能**

| 项目 | | 数值 |
|---|---|---|
| 最高设定压力/MPa | 压力级 25 | 2.5 |
| | 压力级 80 | 8 |
| | 压力级 180 | 18 |
| | 压力级 315 | 31.5 |
| 最低设定压力 | | 见特性曲线 |
| 最高工作压力/MPa | O 口带压力调节 | 0.2 |
| | O 口 | 10 |
| | P 口 | 312 |
| 最大流量/L·min$^{-1}$ | 压力级 25 | 10 |
| | 压力级 80 | 3 |
| | 压力级 180 | 3 |
| | 压力级 315 | 2 |
| 过滤精度/μm | | ≤20(为保证性能和延长寿命,建议≤10) |

| 项目 | | 数值 |
|---|---|---|
| 重复精度/% | | ≤0.5 |
| 滞环/% | | ≤1 |
| 线性度/%(压力等级在3~32MPa) | | ≤1.5 的最高设定压力 |
| 介质 | | 矿物油,磷酸酯 |
| 介质温度/℃ | | -20~70 |
| 电源 | | 直流,24V |
| 配套放大器 | | VT-5003S30(与阀配套供应) |
| 振荡频率(传感器)/kHz | | 2.5 |
| 线圈电阻/Ω | (在 20℃)冷值 | 10 |
| | 最大热态值 | 13.9 |
| 环境温度/℃ | | +50 |
| 生产厂 | | 北京华德液压集团液压阀分公司 |

**特性曲线**

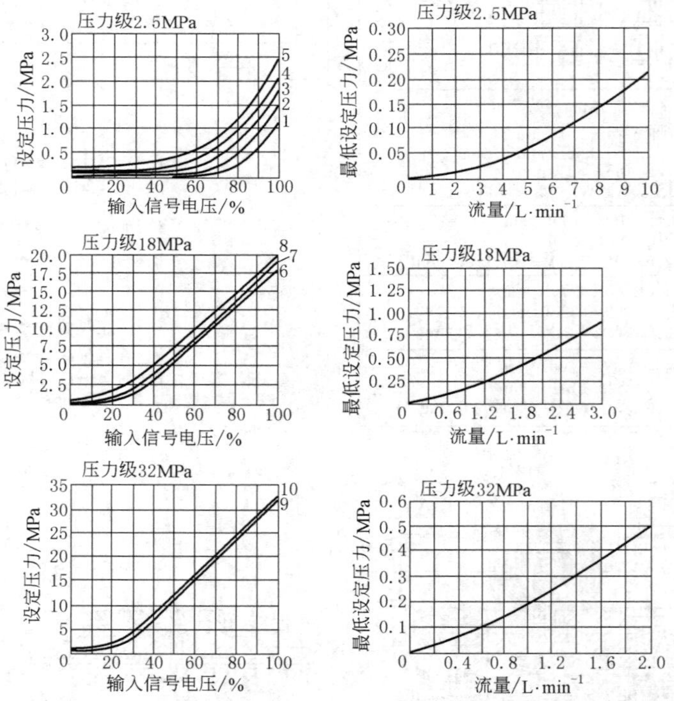


1—流量2L·min$^{-1}$；2—流量4L·min$^{-1}$；3—流量6L·min$^{-1}$；4—流量8L·min$^{-1}$；5—流量10L·min$^{-1}$；6—流量0.5L·min$^{-1}$；7—流量1.5L·min$^{-1}$；8—流量1.5L·min$^{-1}$；9—流量1L·min$^{-1}$；10—流量2L·min$^{-1}$

## 2.1.15 DBE/DBEM 型比例溢流阀

**表 22-6-86**

**型号意义**

DBE□□□-30B/□□□□

- 无标记—不带高压保护；M—带最高压力保护
- 无标记—先导式溢流阀；C—不带主阀芯的先导阀(不标明通径)；C—插入式溢流阀(标明通径10和30)；T—作为遥控阀用的先导阀
- 通径 10—10mm；20—25mm；30—32mm
- 30B—30系列(30～39)连接安装尺寸相同
- 压力级 50—至5MPa；100—至10MPa；200—至20MPa；315—至32MPa
- Y—控制油内供外排；XY—控制油外供外排
- M—矿物油；V—磷酸酯液
- 其他说明

**技术性能**

| | | | | |
|---|---|---|---|---|
| 最高工作压力/MPa | 油口A、B、X | | 32 | |
| 回油压力/MPa | Y口 | | 无压回油箱 | |
| 最高设定压力/MPa | 5,10,20,32(与压力级相同) | | | |
| 最低设定压力/MPa | 与Q有关,见特性曲线 | | | |
| 最高设定压力保护装置设定压力范围/MPa | 设定压力/MPa | | | |
| | 5 | 10 | 20 | 32 |
| | 1～6 | 1～17 | 1～22 | 1～34 |
| 阀的最高压力保护设定压力范围/MPa | 额定压力/MPa | | | |
| | 5 | 10 | 20 | 32 |
| | 6～8 | 12～14 | 22～24 | 34～36 |
| 介质温度/℃ | -20～70 | | | |
| 电源 | 直流,24V | | | |
| 配套放大器 | VT-2000 S/K 40(与阀配套供应) | | | |
| 控制电流/A | 0.1～0.8 | | | |

| | | | |
|---|---|---|---|
| 最大流量/L·min$^{-1}$ | 规格 10 | 规格 20 | 规格 30 |
| | 200 | 400 | 600 |
| 先导阀流量/L·min$^{-1}$ | 0.7～2 | | |
| 过滤精度/μm | ≤20(为保证性能和延长寿命建议≤10) | | |
| 重复精度/% | <±2 | | |
| 滞环/% | 有颤振±1.5$p_{max}$,无颤振±4.5$p_{max}$ | | |
| 线性度/% | ±3.5 | | |
| 切换时间/ms | 30～150 | | |
| 典型的总变动/% | ±2(最高压力$p_{max}$下) | | |
| 介质 | 矿物油,磷酸酯 | | |
| 线圈电阻/Ω | (在20℃)冷值 | 19.5 | |
| | 最大热态值 | 28.8 | |
| 环境温度/℃ | 50 | | |
| 生产厂 | 北京华德液压集团液压阀分公司、上海立新液压件厂 | | |

**特性曲线**

DBE10、20和30/DBET型输入压力/电流要求曲线

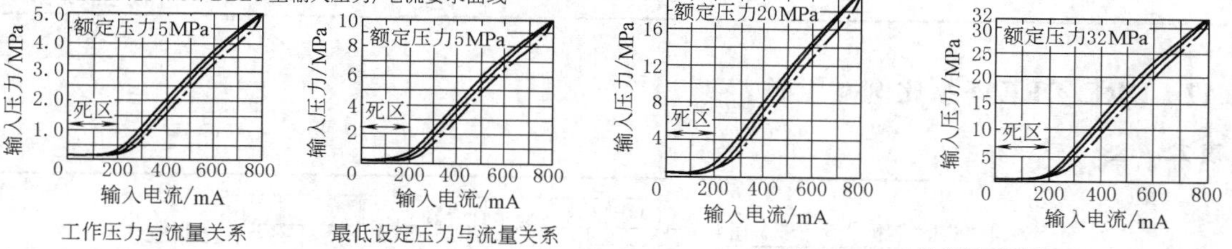


工作压力与流量关系　　最低设定压力与流量关系

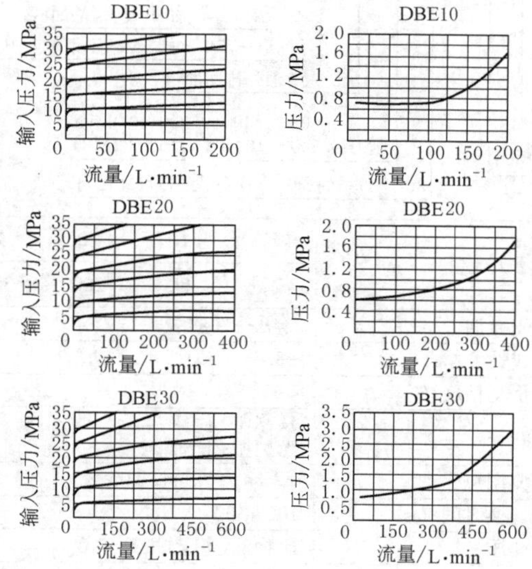


DBE10；20和30型 27L·min$^{-1}$ 的流量下测得

DBET型在0.8L·s$^{-1}$的流量下测得

迟滞：有颤振 ——— 无颤振 —·—

为了得到最低设定压力，先导电流不超过0.1A

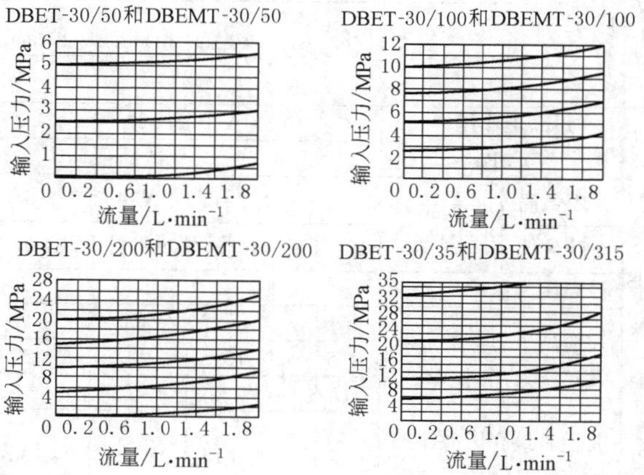

## 2.1.16 3DREP6 三通比例压力控制阀

表 22-6-87

**型号意义**

3DREP6 □ 10B / □ A □ □ □ □ □

- 控制形式：A—A腔；B—B腔；C—A和B腔
- 10B—10系列（10～19）安装尺寸相同
- 压力等级：16—压力2～10MPa；25—压力3～10MPa；45—压力5～10MPa
- 24—直流24V
- 无标记—无手动按钮；N—带手动按钮
- 无标记—标准保护；J—耐海水
- Z4—小方直角；插头
- M—矿物油；V—磷酸酯液
- 其他说明

**技术性能**

| | | |
|---|---|---|
| 工作压力/MPa | A、B、P口 | 10（若超过10则在进口装 $ZDR6DP_2$-30/…型减压阀） |
| | T口 | 3 |
| 最大流量/$L\cdot min^{-1}$ | | 15（$\Delta p=5MPa$） |
| 过滤精度/μm | | ≤20（为保证性能和延长寿命建议≤10） |
| 重复精度/% | | ≤1 |
| 滞环/% | | ≤3 |
| 灵敏度（分辨率）/% | | ≤1 |
| 灵敏度（阀值）/% | | ≤1 |
| 介质温度/℃ | | -20～70 |

| | | |
|---|---|---|
| 介质黏度/$m^2\cdot s^{-1}$ | | $(2.8\sim380)\times10^{-6}$ |
| 质量/kg | | C型为2.6，A和B型为1 |
| 电源 | | 直流，24V |
| 每个电磁铁名义电流/A | | 0.8 |
| 先导电流/A | | ≤0.02 |
| 线圈电阻/Ω | （在20℃）冷值 | 19.5 |
| | 最大热态值 | 28.8 |
| 环境温度/℃ | | +50 |
| 线圈温度/℃ | | +150 |
| 生产厂 | | 北京华德液压集团液压阀分公司、宁波电液比例阀厂 |

## 2.1.17 DRE/DREM 型比例减压阀

表 22-6-88

**型号意义**

DRE □ □ □ -30B / □ Y □ □ □

- 无标记-无最高压力保护；M-带最高压力保护
- 无标记-先导比例减压阀；CN-10通径先导阀（不标通径）；CN-10通径插入式比例减压阀（标通径10）；CH-20、30通径先导阀（不标通径）；CH-20、30通径插入式比例减压阀（标通径20或30）
- 通径10—10mm，20—25mm，30—32mm
- 30B-30系列（30～39）安装连接尺寸相同
- 压力级：50—5MPa，100—10MPa，200—20MPa，315—32MPa
- Y-先导油外排回油箱
- 无标记-带单向阀；M-不带单向阀
- 无标记-矿物油；V-磷酸酯液
- 其他说明

**技术性能**

| | | | | | |
|---|---|---|---|---|---|
| 最高工作压力/MPa | | A、B腔 32 | | | |
| | | Y口 无压回油箱 | | | |
| A腔最高 | 设定压力/MPa | 分别与压力级相同 | | | |
| A腔最低 | | 与流量有关（详见特性曲线） | | | |
| 最高压力保护 | | | | | |
| 在最高压力保护下的设定压力范围/MPa | | 压力级/MPa | | | |
| | | 5 | 10 | 20 | 31.5 |
| | | 1～6 | 1～12 | 1～22 | 1～34 |
| 装配时最高压力保护设定值/MPa | | 6～8 | 12～14 | 22～24 | 34～36 |

| | | | | |
|---|---|---|---|---|
| 最大流量/$L\cdot min^{-1}$ | 规格 | 10 | 20 | 30 |
| | 流量 | 80 | 200 | 300 |
| 先导油 | 详见特性曲线 | | | |
| 线性度/% | ±3.5 | | | |
| 重复精度/% | <±2 | | | |
| 滞环 | 有颤振±2.5%$p_{max}$，无颤振±4.5%$p_{max}$ | | | |
| 典型总变动 | ±2%$p_{max}$见特性曲线 | | | |
| 切换时间/ms | 100～300 | | | |
| 介质 | 矿物油、磷酸酯液 | | | |
| 温度/℃ | -20～70 | | | |

续表

| | | | | |
|---|---|---|---|---|
| 技术性能 | 过滤要求/μm | ≤20 | 最高环境温度/℃ | 50 |
| | 电源 | 直流 | 绝缘要求 | IP65 |
| | 最小控制电流/A | 0.1 | 生产厂 | 北京华德液压集团液压阀分公司、上海立新液压件厂 |
| | 最大控制电流/A | 0.8 | | |
| | 线圈电阻/Ω | 20℃下19.5,最大热态值28.8 | | |
| 特性曲线 | 见下图 | | | |

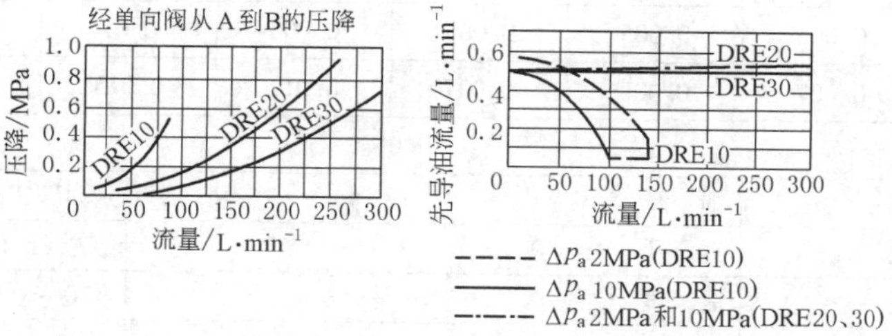


工作曲线-DRE10、20和30型的进口压力/输入电流

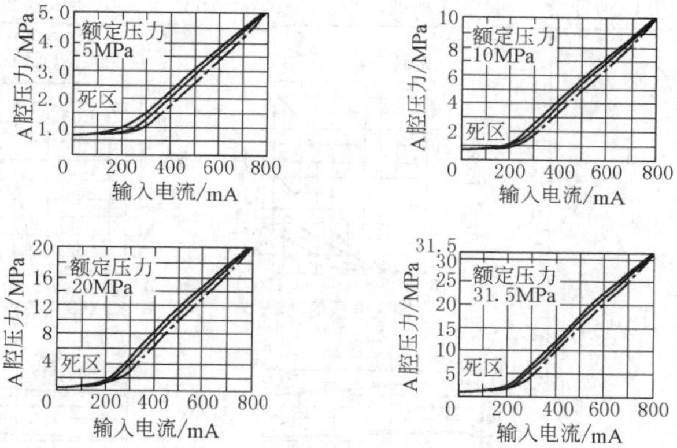


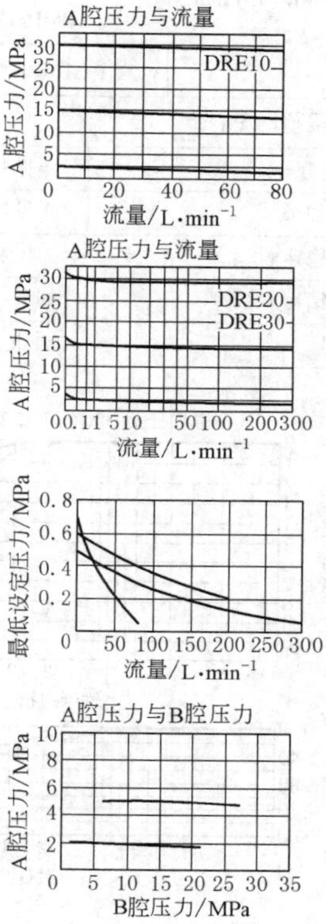


DRE10、20和30型在从A到B流量为6L·min⁻¹下测得

迟滞：有颤振———；无颤振— · —

为了能得到最低可设定压力，先导电流不得超过100mA

## 2.1.18 ZFRE6型二通比例调速阀

表 22-6-89

型号意义

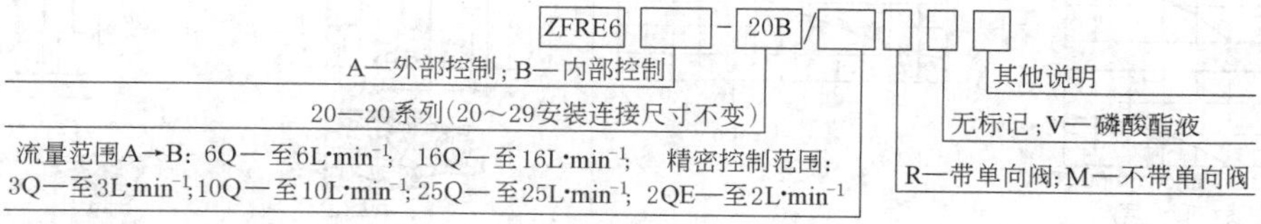

续表

| | | | | | | | | |
|---|---|---|---|---|---|---|---|---|
| 技术性能 | 最高工作压力/MPa | | A腔　21 | | | | | |
| | 最大流量/L・min$^{-1}$ | 型式 | 2QE | 3Q | 6Q | 10Q | 16Q | 25Q |
| | | 流量 | 25 | 3 | 6 | 10 | 16 | 25 |
| | 最小流量/L・min$^{-1}$ | 至10MPa | 0.015 | 0.015 | 0.025 | 0.05 | 0.07 | 0.1 |
| | | 至21MPa | 0.025 | 0.025 | 0.025 | 0.05 | 0.07 | 0.1 |
| | 最大泄漏量/L・min$^{-1}$ | | Δ$p$(A→B)输入信号为0时 | | | | | |
| | | 5MPa | 0.004 | 0.004 | 0.004 | 0.006 | 0.007 | 0.01 |
| | | 10MPa | 0.005 | 0.005 | 0.005 | 0.008 | 0.01 | 0.015 |
| | | 21MPa | 0.007 | 0.007 | 0.007 | 0.012 | 0.015 | 0.022 |
| | 最小压差/MPa | | 0.6~1 | | | | | |
| | 压降(B→A) | 详见特性曲线 | 滞　环 | | | | $<\pm1\%Q_{max}$ | |
| | 流量调节 | 详见特性曲线 | 介　质 | | | | 矿物油、磷酸酯液 | |
| | 流量稳定性 | 详见特性曲线 | 温　度/℃ | | | | −20~70 | |
| | 重复精度/% | $<1\%Q_{max}$ | 过滤要求/μm | | | | ≤20 | |
| | 生产厂 | 北京华德液压集团液压阀分公司、上海立新液压件厂、天津液压件一厂、天津液压件二厂 | | | | | | |

特性曲线

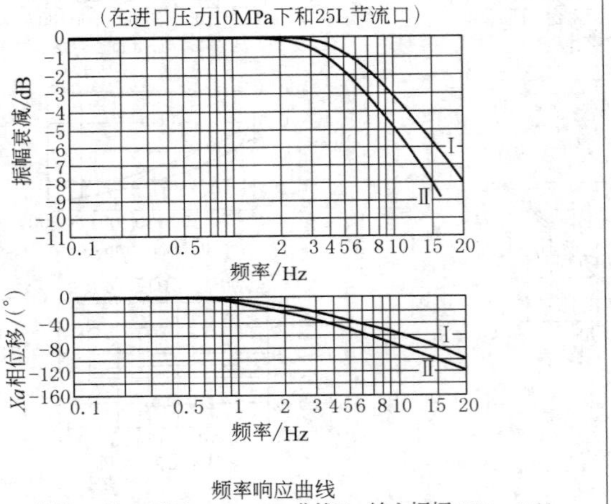


频率响应曲线
曲线Ⅰ　输入振幅0～100%；曲线Ⅱ　输入振幅45%～55%

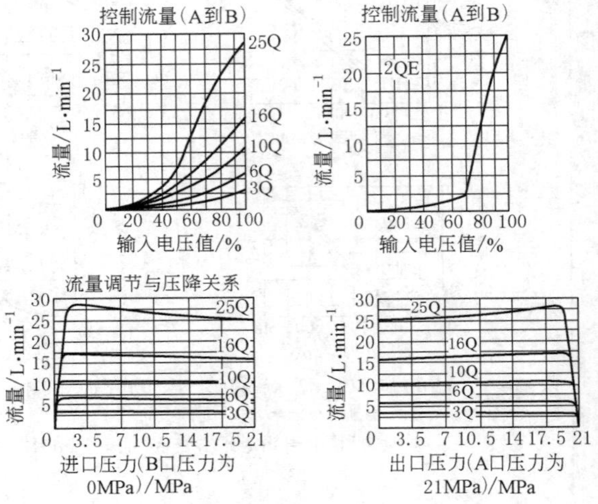


工作曲线

流量曲线与外形

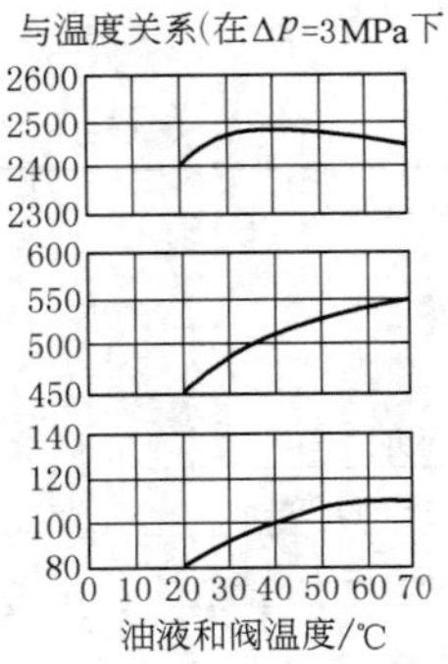


流量温度关系

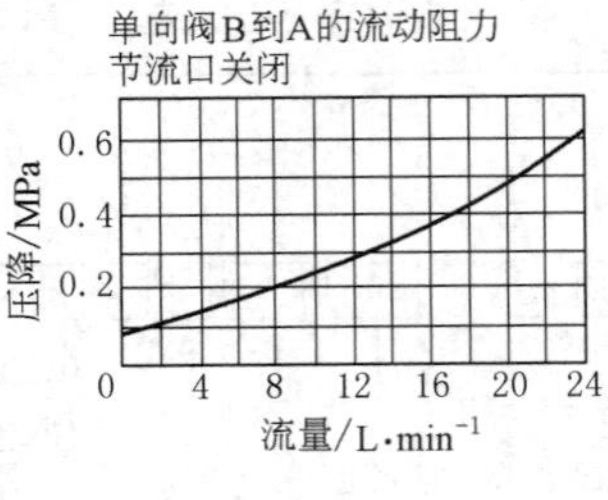


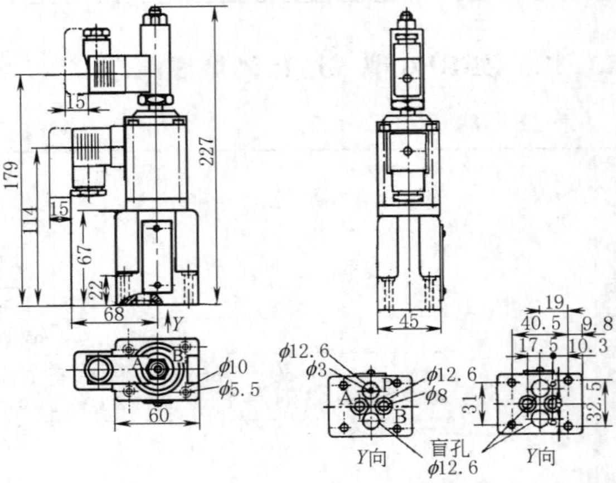


2FRE6A...型　　2FRE6B...型

## 2.1.19 ZFRE※型二通比例调速阀

表 22-6-90

**结构及型号意义**

ZERE □*□ − □40B□ / □ □ □ □

10—10通径；
16—16通径

40B—40系列
（40～49—安装连接尺寸不变）

无标记—压力补偿器上没有行程限制器；
B—压力补偿器上有行程限制器

无标记—矿物油；
V—磷酸酯液

其他细节用文字说明

| A到B流量 | | | |
|---|---|---|---|
| 10通径 | | | 16通径 |
| 线性 | 递增 | 两级递增 | 线性 |
| 5L—至5L·min$^{-1}$<br>10L—至10L·min$^{-1}$<br>16L—至16L·min$^{-1}$<br>25L—至25L·min$^{-1}$<br>50L—至50L·min$^{-1}$<br>60L—至60L·min$^{-1}$ | 5Q—至5L·min$^{-1}$<br>10Q—至10L·min$^{-1}$<br>16Q—至16L·min$^{-1}$<br>25Q—至25L·min$^{-1}$ | 2QE—至2L·min$^{-1}$<br>50QE—至50L·min$^{-1}$ | 80L—至80L·min$^{-1}$<br>100L—至100L·min$^{-1}$<br>125L—至125L·min$^{-1}$<br>160L—至160L·min$^{-1}$ |

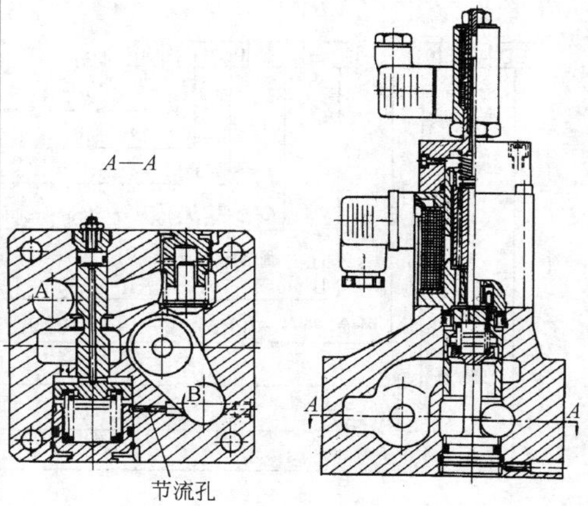


**技术性能**

| | | | | | | | | | | | |
|---|---|---|---|---|---|---|---|---|---|---|---|
| 最高工作压力/MPa | | 32 | | | | | | | | | |
| 最小压差/MPa | | 10 通 径 | | | | | 16 通 径 | | | | |
| | | 0.3~0.8 | | | | | 0.6~1 | | | | |
| A 到 B 压差/MPa | 节流口打开 | 0.1 | 0.12 | 0.15 | 0.2 | 0.3 | 0.35 | 0.16 | 0.19 | 0.24 | 0.31 |
| | 节流口关闭 | 0.17 | 0.2 | 0.25 | 0.3 | 0.5 | 0.6 | 0.3 | 0.36 | 0.45 | 0.6 |
| 流量 $Q_{max}$/L·min$^{-1}$ | 线性+递增 | 5 | 10 | 16 | 25 | 50 | 60 | 80 | 100 | 125 | 160 |
| | 2 级递增 | 40 | | | | | | | | | |
| 滞环/% | | <±1$Q_{max}$ | | | | | | | | | |
| 重复精度/% | | <1$Q_{max}$ | | | | | | | | | |
| 介质 | | 矿物油、磷酸酯液 | | | | | | | | | |
| 温度/℃ | | -20~70 | | | | | | | | | |
| 过滤要求/μm | | ≤20 | | | | | | | | | |
| 质量/kg | | 10 通径为 6,16 通径为 8.3 | | | | | | | | | |
| 电源 | | 直流 24V | | | | | | | | | |
| 线圈电阻/Ω | | 20℃冷态 10,最大热态值 13.9 | | | | | | | | | |
| 最高环境温度/℃ | | 50 | | | | | | | | | |
| 最大功率/V·A | | 50 | | | | | | | | | |
| 传感器电阻/Ω | | 20℃下：Ⅰ—56；Ⅱ—56；Ⅲ—112 | | | | | | | | | |
| 传感器阻抗/mH | | 6~8 | | | | | | | | | |
| 传感器振荡频率/kHz | | 2.5 | | | | | | | | | |
| 生产厂 | | 北京华德液压集团液压阀分公司、上海立新液压件厂 | | | | | | | | | |

## 2.1.20 ED 型比例遥控溢流阀

表 22-6-91 技术性能和型号意义

ED G - 01 □ - □ - □ - PN T13 - 50

- 50：设计号
- T13：O口节流
- PN：P口节流：PN—无节流（标准）
- 安全阀：无—无安全阀；1—有安全阀
- 压力调节范围/MPa B—0.5～7；C—1～16；H—1.2～5
- 用途：无—一般用途；V—用于溢流阀泄油
- 01：通径代号
- G—板式连接
- ED—电液比例遥控溢流阀

| 型　　号 | EDG-01※-※-※-P※T※-50 |
|---|---|
| 最高工作压力/MPa | 25 |
| 最大流量/L·min$^{-1}$ | 2 |
| 最小流量/L·min$^{-1}$ | 0.3 |
| 二次压力调整范围/MPa | B：0.5～7<br>C：1～16<br>H：1.2～25 |
| 额定电流/mA | EDG-01※-B：800<br>EDG-01※-C：800<br>EDG-01※-H：950 |
| 线圈电阻/Ω | 10 |
| 重复精度/% | 1 |
| 滞环/% | <3 |
| 质量/kg | 2 |
| 生产厂 | 榆次油研液压公司 |

## 2.1.21 EB 型比例溢流阀

表 22-6-92

外形及型号

EB G - □ - □ - □ - 50

- 50：设计号
- T—无安全阀；无—带安全阀
- 压力调节范围/MPa
- 通径代号 03、06、1
- G：板式连接
- EB—电液比例溢流阀

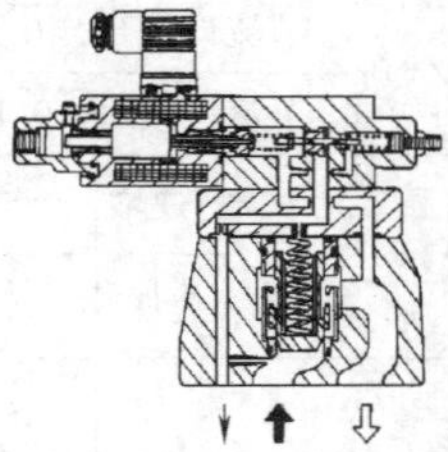

技术性能

| 型　　号 | EBG-03-※-※-50 | EBG-06-※-※-50 | EBG-10-※-※-50 |
|---|---|---|---|
| 最高工作压力/MPa | 25 | 25 | 25 |
| 最大流量/L·min$^{-1}$ | 100 | 200 | 400 |
| 最小流量/L·min$^{-1}$ | 3 | 3 | 3 |
| 二次压力调整范围/MPa | C：※～16　H：※～25 | | |
| 额定电流/mA | EBG-03-C：770<br>EBG-03-H：820 | EBG-06-C：750<br>EBG-06-H：800 | EBG-10-C：730<br>EBG-10-H：780 |
| 线圈电阻/Ω | 10 | 10 | 10 |
| 重复精度/% | 1 | 1 | 1 |
| 滞环/% | <2 | <2 | <2 |
| 质量/kg | 5.6 | 6.3 | 10 |
| 生产厂 | 榆次油研液压公司 | | |

最低压力调整特性

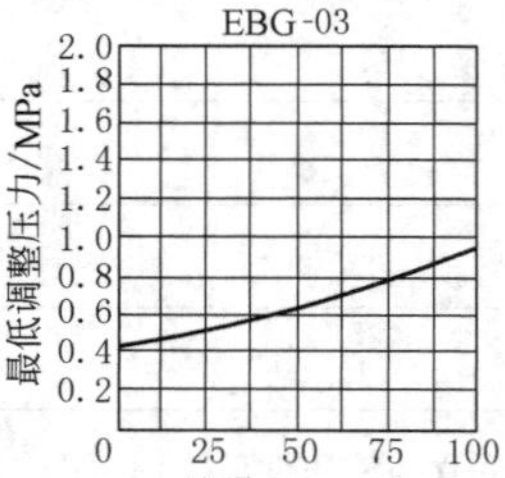


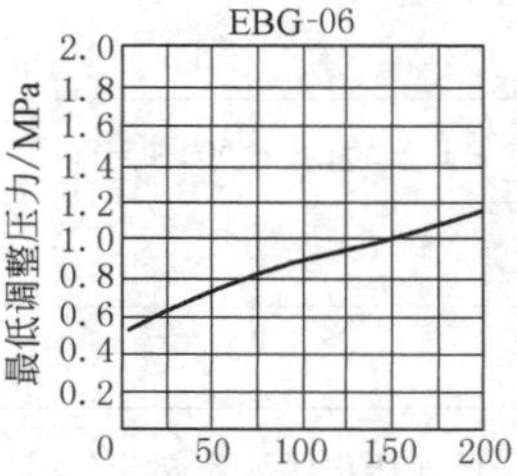


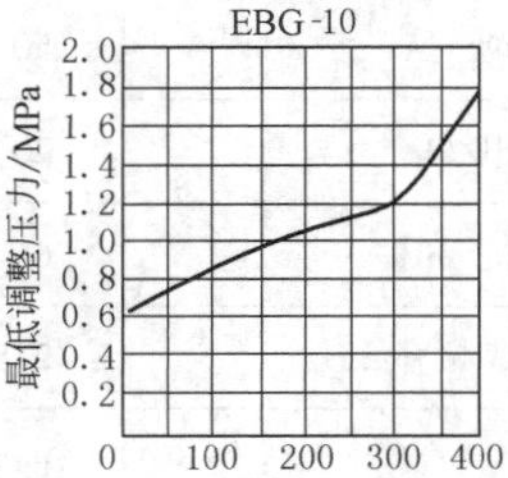

## 2.1.22 ERB 型比例溢流减压阀

表 22-6-93 结构、技术性能及型号意义

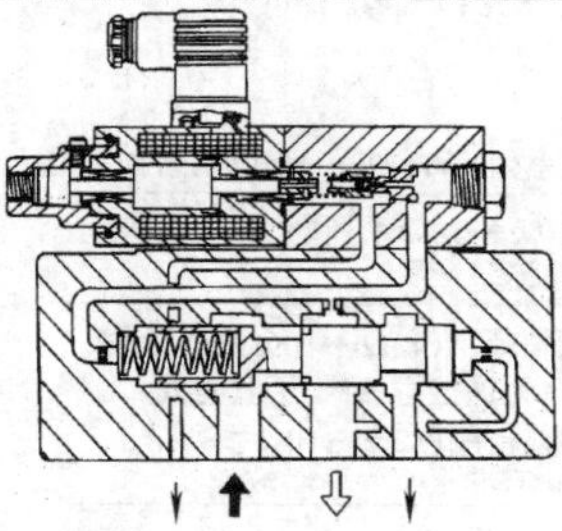

ER G — □ — □ — 50

- 50：设计号
- 二次压力调整范围/MPa：B—0.8～;C—1.2～14;H—1.5～21
- 通径代号 0,6,10
- G—板式连接
- ERB—比例溢流减压阀

| 型　号 | ERBG-06-※-50 | ERBG-10-※-50 |
|---|---|---|
| 最高工作压力/MPa | 25 | 25 |
| 最大流量/L · min$^{-1}$ | 100 | 250 |
| 最大溢流流量/L · min$^{-1}$ | 35 | 15 |
| 二次压力调整范围/MPa | B:0.8～7　C:1.2～14　H:1.5～21 | |
| 额定电流/mA | ERBG-06-B:800<br>ERBG-06-C:800<br>ERBG-06-H:950 | ERBG-10-B:800<br>ERBG-10-C:800<br>ERBG-10-H:950 |
| 线圈电阻/Ω | 10 | 10 |
| 重复精度/% | 1 | 1 |
| 滞环/% | <3 | <3 |
| 质量/kg | 12 | 13.5 |
| 生产厂 | 榆次油研液压公司 | |

## 2.1.23 EF(C)G 型比例（带单向阀）流量阀

表 22-6-94

外形及型号

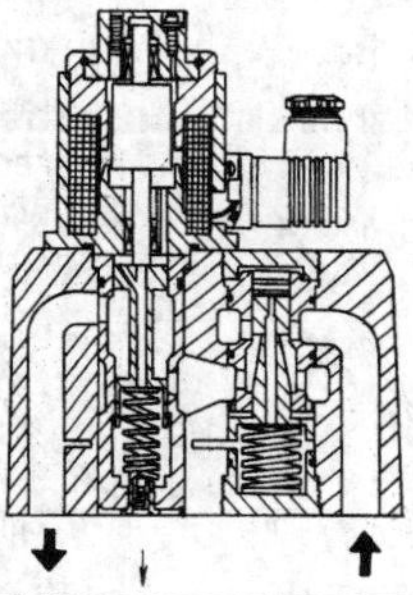

EF※ G — □ — □ — 31

- 31：设计号
- 最大调整流量/L · min$^{-1}$
- 通径代号
- G–板式连接
- EF–电液比例流量控制阀
- EFC–电液比例带单向阀的流量控制阀

技术性能

| 型　号 | 最高使用压力/MPa | 流量调整范围/L · min$^{-1}$ | 最低工作压差/MPa | 自由流量（仅EFC）/L · min$^{-1}$ | 额定电流/mA | 线圈电阻/Ω | 滞环/% | 重复精度/% | 质量/kg | 生产厂 |
|---|---|---|---|---|---|---|---|---|---|---|
| EFG / EFCG -02- 10 / 30 -31 | 21 | 10:0.3～10<br>30:0.3～30 | 0.6 | 40 | 600 | 45 | <5 | 1 | 8.2 | 榆次油研液压公司 |
| EFG / EFCG -03- 60 / 125 -26 | 21 | 60:2～60<br>125:2～125 | 1 | 130 | 600 | 45 | <7 | 1 | 12.5 | |
| EFG / EFCG -06-250-22 | 21 | 3～250 | 1.3 | 280 | 600 | 45 | <7 | 1 | 25 | |
| EFG / EFCG -10-500-11 | 21 | 5～500 | 2 | 550 | 700 | 45 | <7 | 1 | 51 | |

输入电流-流量特性曲线

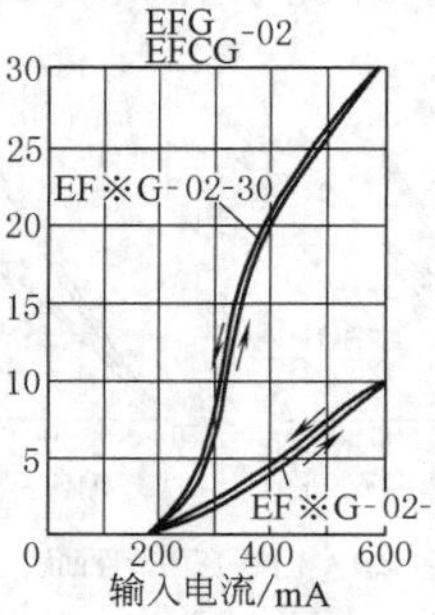


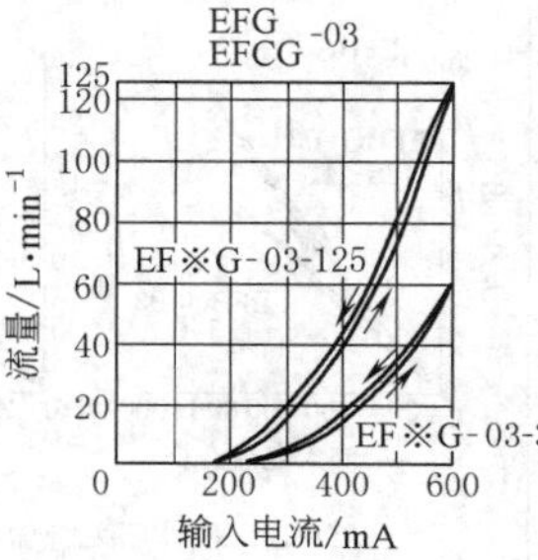


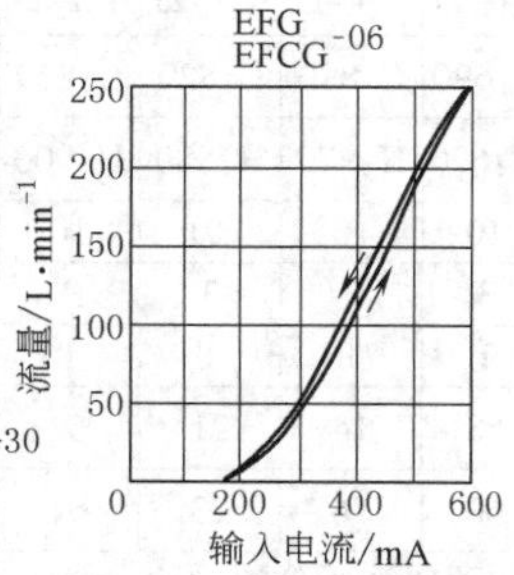


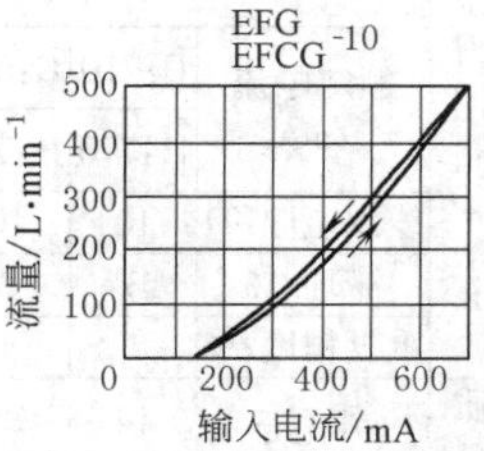

## 2.1.24 EFB 型比例溢流调速阀

表 22-6-95　　结构、技术性能、特性曲线及型号意义

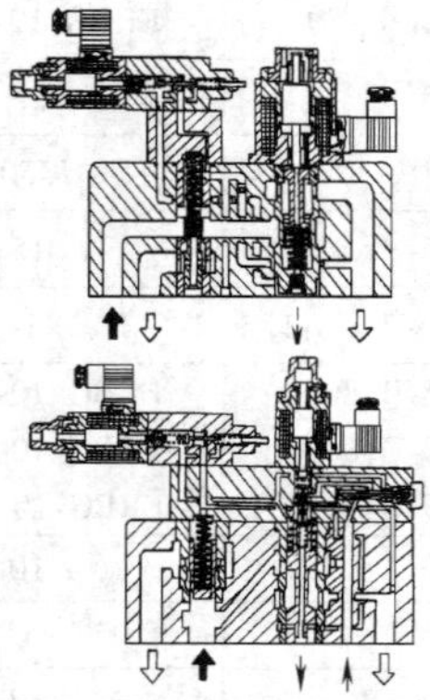

EFB G-□-□-□-□-□

- 设计号：15(40Ω—10Ω系列) 50(10Ω—10Ω系列)
- 流量控制型式(仅10Ω—10Ω系列)：无—内腔型;E—外腔型
- 比例遥控溢流阀压力调整范围(40Ω—10Ω系列)：C、H—见技术规格;无—无遥控溢流阀、带安全阀
- 比例先导溢流阀压力调整范围(10Ω—10Ω系列)：C、H—见技术规格;无—不带比例先导溢流阀
- 最大调节流量/L·min$^{-1}$
- 通径代号
- G—板式连接
- EFB—比例溢流调速阀

| 型号 | | 40Ω—10Ω 系列 | | | 10Ω—10Ω 系列 | | |
|---|---|---|---|---|---|---|---|
| | | EFBG-03-125-※-15 | EFBG-06-250-※-15 | EFBG-10-500-※-15 | EFBG-03-125-※-50 | EFBG-06-250-※-50 | EFBG-10-500-※-50 |
| 最高工作压力/MPa | | 25 | 25 | 25 | 25 | 25 | 25 |
| 最大流量/L·min$^{-1}$ | | 125 | 250 | 500 | 125 | 250 | 500 |
| 流量调节范围/L·min$^{-1}$ | | 1~125 | 2.5~250 | 5~500 | 1~125 | 2.5~250 | 5~500 |
| 最低控制压力/MPa | | — | — | — | 1.5 | 1.5 | 1.5 |
| 所需控制流量/L·min$^{-1}$ | 正常 | — | — | — | 1 | 1 | 1 |
| | 瞬时 | — | — | — | 3 | 4 | 4 |
| 流量控制 | 额定流量/A | 680 | 580 | 700 | 800 | 750 | 900 |
| | 线圈电阻/Ω | 43.5 | 43.5 | 43.5 | 10 | 10 | 10 |
| | 阀压差/MPa | 0.6 | 0.7 | 0.9 | 0.6 | 0.7 | 0.9 |
| | 滞环/% | <7 | <7 | <7 | <3 | <3 | <3 |
| | 重复精度/% | 1 | 1 | 1 | 1 | 1 | 1 |
| 压力控制 | 压力调节范围/MPa | C:1.4~14 | C:1.5~14 | C:1.6~14 | C:1.2~16 | C:1.4~16 | C:1.5~16 |
| | | H:1.4~21 | H:1.5~21 | H:1.6~21 | H:1.4~25 | H:1.4~25 | H:1.5~25 |
| | 额定电流/mA | C:710 | C:690 | C:690 | C:890 | C:820 | C:820 |
| | | H:770 | H:730 | H:690 | H:970 | H:880 | H:900 |
| | 线圈电阻/Ω | 10 | 10 | 10 | 10 | 10 | 10 |
| | 滞环/% | 3 | 3 | 3 | 3 | 3 | 3 |
| | 重复精度/% | 1 | 1 | 1 | 1 | 1 | 1 |
| 质量/kg | 不带先导溢流阀 | 14 | 28 | 58 | 14 | 21 | 62 |
| | 带先导溢流阀 | 16 | 30 | 60 | 16 | 23 | 64 |
| 生产厂 | | 榆次油研液压公司 | | | | | |

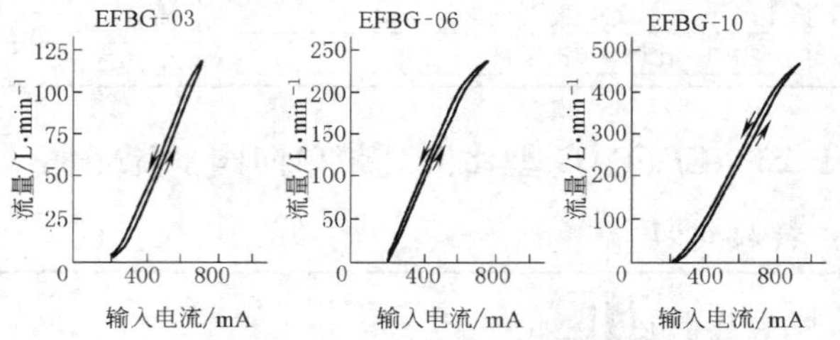


10Ω-10Ω系列电液比例溢流调速阀输入电流-流量特性曲线

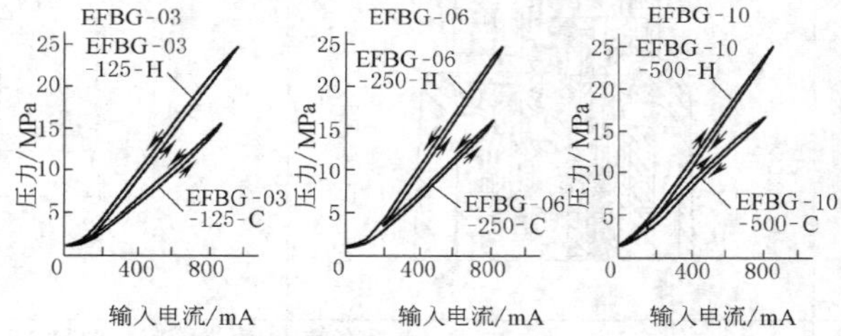


10Ω-10Ω系列电液比例溢流调速阀输入电流-压力特性曲线

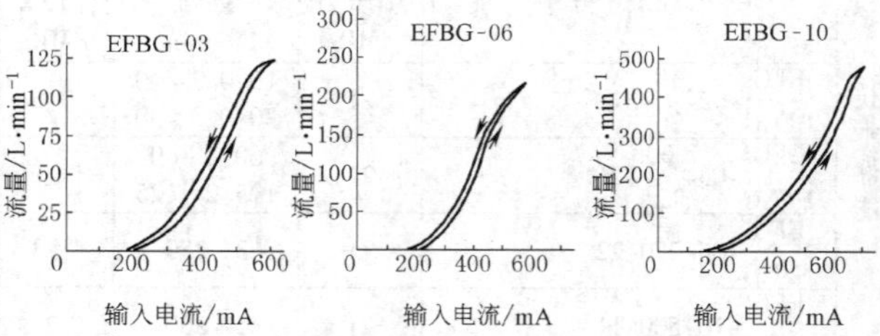


40Ω-10Ω系列电液比例溢流调速阀输入电流-流量特性曲线

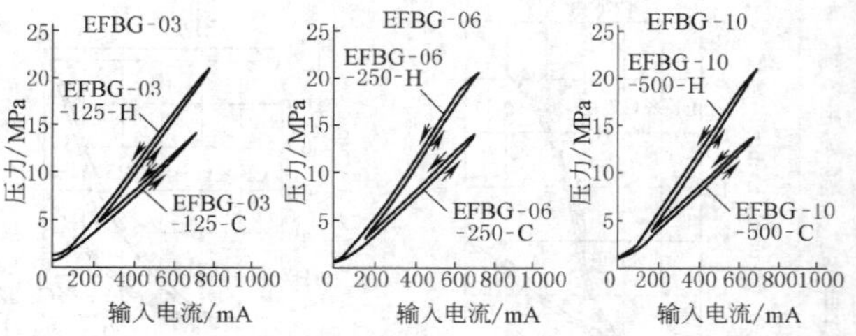


40Ω-10Ω系列电液比例溢流调速阀输入电流-压力特性曲线

## 2.2 国外电液伺服阀主要产品

### 2.2.1 BOSCH 比例溢流阀（不带位移控制）

表 22-6-96

| | NG6(直动式) | NG6(先导式) | NG10(先导式) |
|---|---|---|---|
| 结构图 | 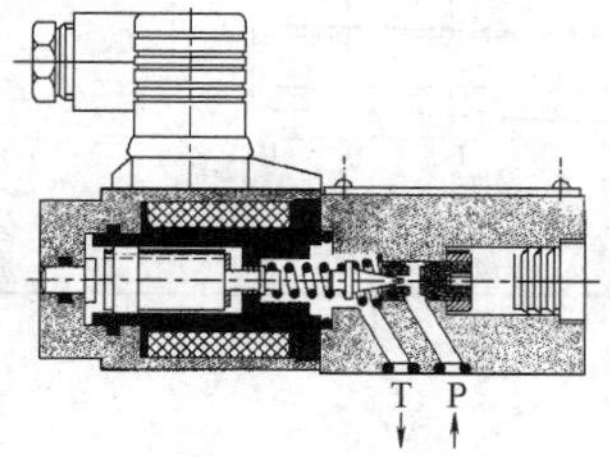 | 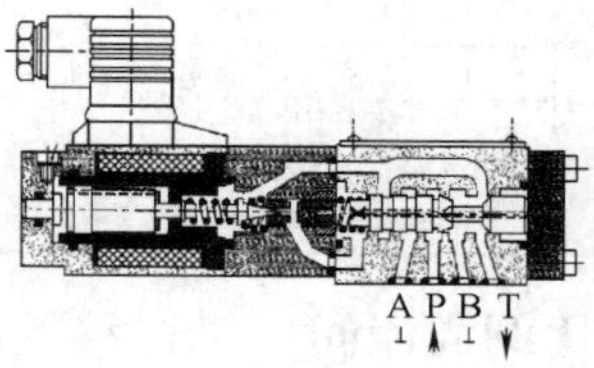 | 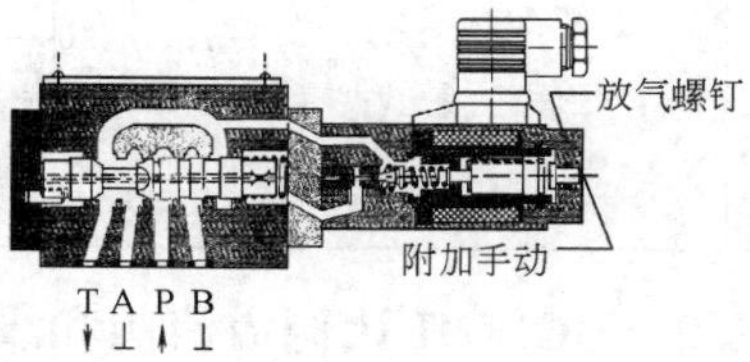 |

| | 型号 | 板式,NG6(ISO 4401)直动 | | | | 板式,NG6(ISO 4401)先导 | | | 板式,NG10(ISO 4401)先导 | | | |
|---|---|---|---|---|---|---|---|---|---|---|---|---|
| 技术性能 | 额定流量/L · min$^{-1}$ | 1. 0(最大 1. 5) | | | | 40 | | | 120 | | | |
| | 额定压力/MPa | 8 | 18 | 25 | 31. 5 | 8 | 18 | 31. 5 | 8 | 18 | 25 | 31. 5 |
| | 最低压力/MPa | 0. 3 | 0. 4 | 0. 6 | 0. 8 | 0. 7 | 0. 8 | 1. 0 | 0. 9 | 1. 0 | 1. 1 | 1. 2 |
| | 最高工作压力/MPa | P 口:31. 5 | | | | | | | | | | |
| | | T 口:25(静态) | | | | | | | | | | |
| | 暂载率 | 100% | | | | | | | | | | |
| | 电磁铁连接型式 | DIN 43 650/ISO 4400 连接件 | | | | | | | | | | |
| | 电磁铁电流/A | 0. 8 | | 2. 5 | | 0. 8 | | 2. 5 | 0. 8 | | 2. 5 | |
| | 线圈阻抗/Ω | 22 | | 2. 5 | | 22 | | 2. 5 | 22 | | 2. 5 | |
| | 功率/V · A | 18 | | 25 | | 18 | | 25 | 18 | | 25 | |
| | 配套放大器 | 0. 8A/18V · A | K:1M45-0. 8A | M:1M08-12GC1 | P:AS0. 8-V | | | | | | | |
| | | 2. 5A/25V · A | K:1M45-2. 5A | M:1M25-12GC1 | P:AS2. 5-V B | | | | | | | |
| | 滞环 | ≤±2% | | | | | | | | | | |
| | 分辨率 | ≤±1. 5% | | | | | | | | | | |
| | 响应时间<br>100%指令信号 | 上升:<30ms<br>下降:<70ms | | | | 上升:<30ms<br>下降:<70ms | | | 上升:<300ms<br>下降:<300ms | | | |
| | 工作介质 | 符合 DIN 51524…535 液压油,使用其他液压油时,先向厂家咨询 | | | | | | | | | | |
| | 黏度范围/mm$^2$ · s$^{-1}$ | 20~100(推荐),最大范围(10~800) | | | | | | | | | | |
| | 油液温度/℃ | −20~80 | | | | | | | | | | |
| | 介质清洁度 | NAS1638-8 或 ISO 4406-17/14 | | | | | | | | | | |

特性曲线

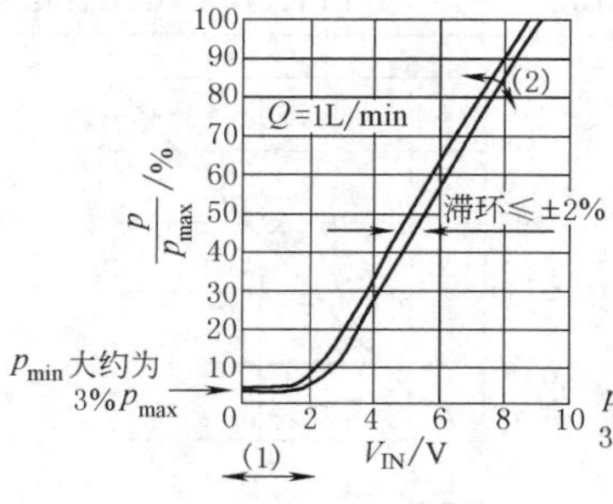


NG6(直动)

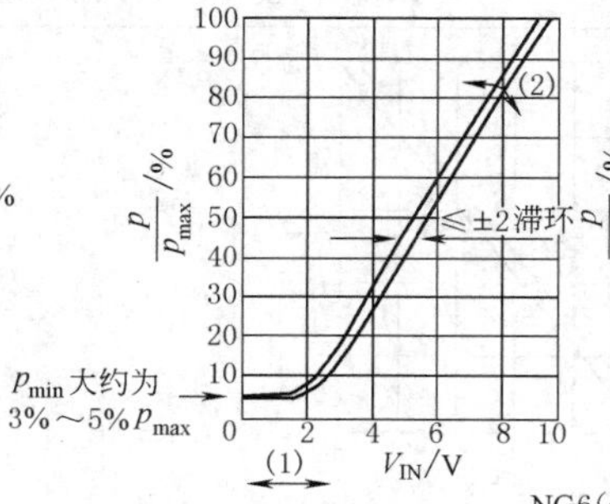


NG6(先导)

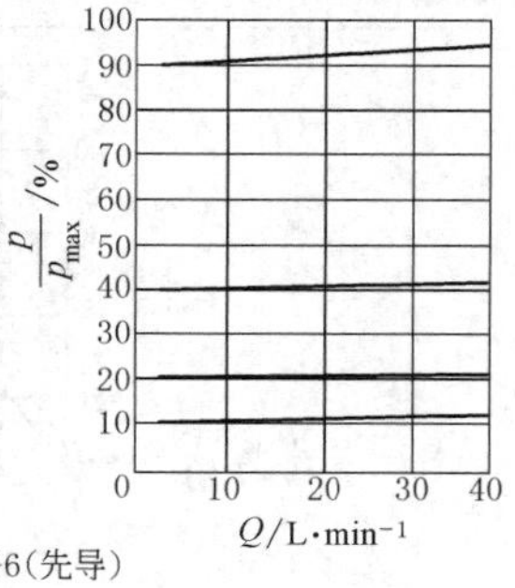


(1)零位调整;(2)增益调整

续表

| | |
|---|---|
| 特性曲线 | 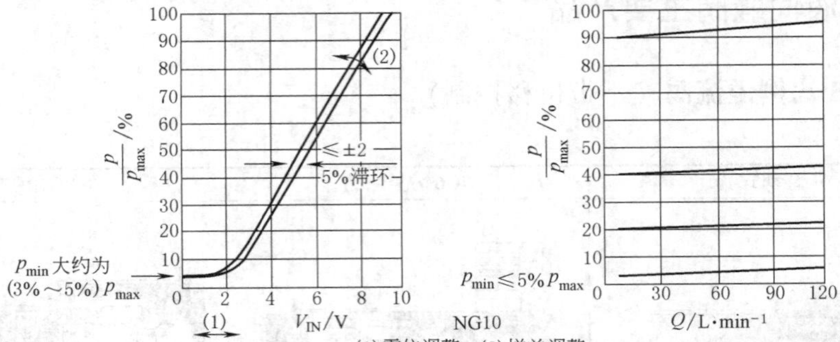 |



NG10

(1)零位调整；(2)增益调整

## 2.2.2 BOSCH 比例溢流阀和线性比例溢流阀（带位移控制）

表 22-6-97

| | NG6 | NG6 线性 |
|---|---|---|
| 结构图 | 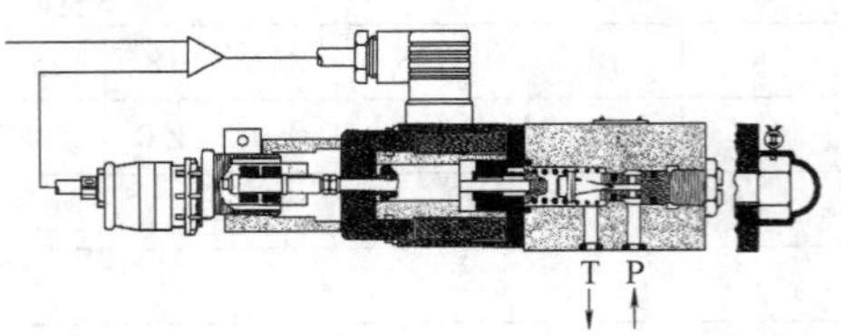 | 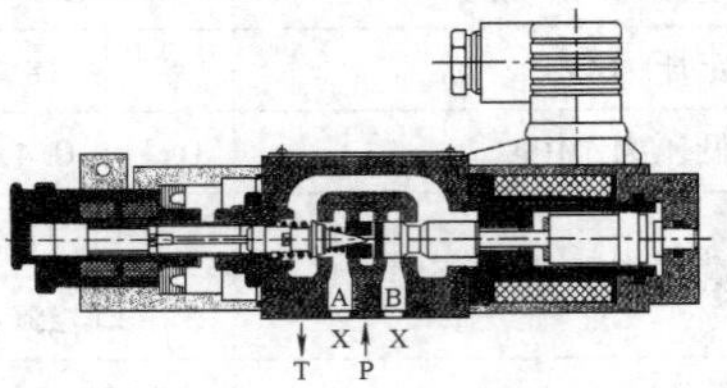 |



| | 型号 | | NG6(带位移反馈) | | | | | NG6 线性 | | | |
|---|---|---|---|---|---|---|---|---|---|---|---|
| 技术性能 | 额定流量/L·min⁻¹ | | 1.0(3.0) | | | | | | | | |
| | 工作压力范围/MPa | | 0.1~2.5 | | | 0.3~8, 0.4~18, 0.5~25, 0.6~31.5 | | | | | |
| | 最低压力/MPa | | 0.1 | 0.3 | 0.4 | 0.5 | 0.6 | 0.3 | 0.4 | 0.5 | 0.6 |
| | 最高工作压力/MPa | P | 31.5 | | | | | 31.5 | | | |
| | | T | 0.2 | | | | | ≤20 | | | |
| | 工作介质 | | 符合 DIN 51524…535 液压油，使用其他液压油时，先向厂家咨询 | | | | | | | | |
| | 黏度范围/mm²·s⁻¹ | | 20~100(推荐)，最大范围(10~800) | | | | | | | | |
| | 油液温度/℃ | | -20~80 | | | | | | | | |
| | 介质清洁度 | | NAS1638-8 或 ISO 4406-17/14，通过采用 $\beta_x=75$ 过滤器达到 $x=10$ | | | | | | | | |
| | 滞环/% | | ≤±0.3 | | | | | ≤±1 | | | |
| | 分辨率/% | | ≤±0.2 | | | | | ≤±0.8 | | | |
| | 响应时间/ms<br>100%指令信号 | | 45<br>25ms(特征参数对应 PV60) | | | | | 45<br>25ms(特征参数对应放大器 PDL1) | | | |
| | 传感器连接形式 | | 特殊连接件 | | | | | | | | |
| | 电磁铁电流/A | | 最大 3.7 | | | | | 最大 2.7 | | | |
| | 线圈阻抗/Ω | | 2.5(20℃) | | | | | | | | |
| | 功率/V·A | | 50 | | | | | 25 | | | |
| | 配套放大器 | | PV60, PV60-RGC1, PV60-RGC3 | | | | | PDL1, PDL1-RFC1, PDL1-RGC3 | | | |

特性曲线

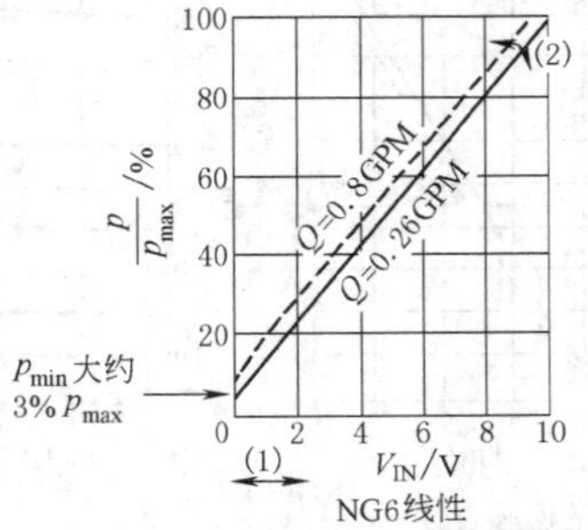



NG6线性

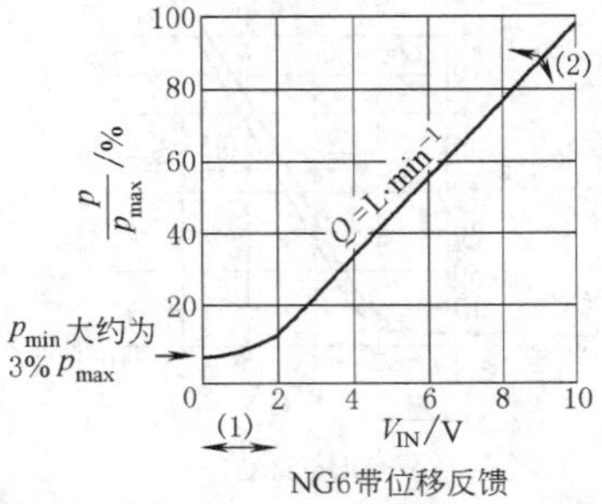



NG6带位移反馈

注：流量单位 1GPM=3.791 L·min⁻¹ (1)零位调整；(2)增益调整

## 2.2.3 BOSCH NG6 带集成放大器比例溢流阀

表 22-6-98

结构外形及性能曲线

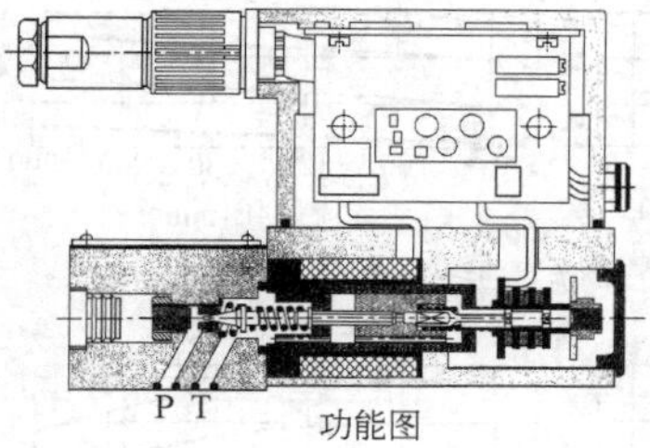


功能图

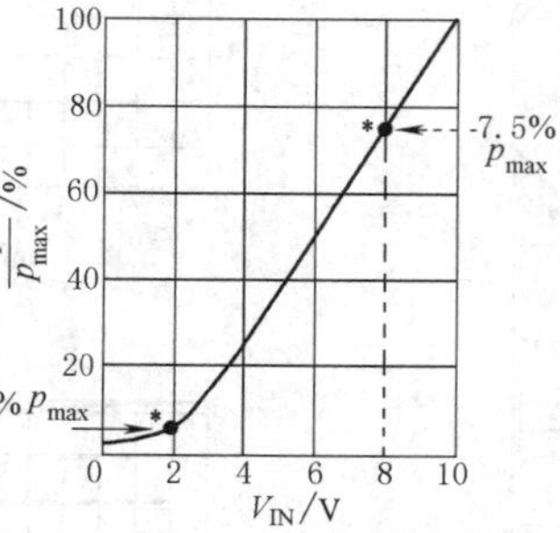


* 工厂设定；± 制造公差(5%)

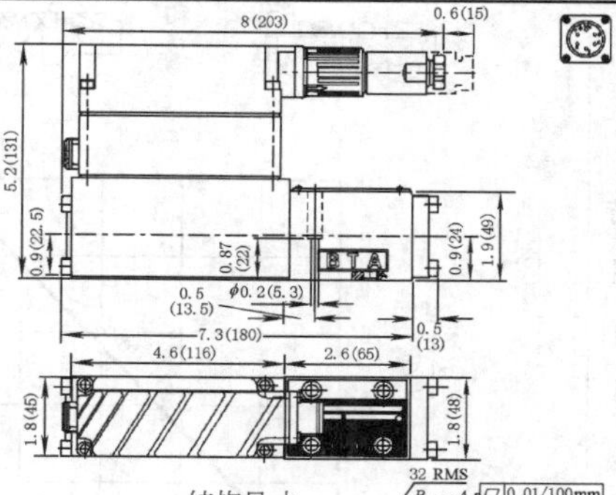


结构尺寸

| | | | | | | |
|---|---|---|---|---|---|---|
| 技术性能 | 安装类型 | 板式，连接尺寸符合 NG6(ISO 4401) | | 安装位置 | 任意 | |
| | 环境温度/℃ | −20～50 | | 油液温度/℃ | −20～80 | |
| | 工作介质 | 符合 DIN 51524-535 液压油，使用其他油液时，先向厂家咨询 | | 黏度范围/$mm^2 \cdot s^{-1}$ | 20～100(推荐)<br>10～800(最大) | |
| | 清洁度 | 通过采用 $\beta_x = 75$ 过滤器达到 $x = 10$，允许污染等级 NAS 1638-8，ISO 4406-17/14 | | | | |
| | 额定流量/$L \cdot min^{-1}$ | 1.0(最大 1.5) | | 工作压力范围/MPa(当 $Q = 1L \cdot min^{-1}$) | 0.3～8.0，0.4～18，0.5～25，0.8～31.5 | |
| | 最高工作压力/MPa | | | P 口：31.5 | T 口：≤0.2(静态 25) | |
| | 滞环 | ≤0.2% | 分辨率 | ≤0.1% | 制造公差 | ≤±5% |
| | 响应 100%指令信号<br>响应 10%指令信号 | 30ms<br>10ms | 温漂 | <1%，当 $\Delta T = 72°F(22℃)$ | | |
| | 暂载率 | 100% | 防护等级 | IP 65DIN 40050 和 IEC 14434/5 | | |
| | 连接 | 7 芯插头 Pg11 | 电源：端子 A：<br>B：OV | 额定 24V DC<br>最小 21V DC/最大 40V DC，最大波纹 2V DC | | |

## 2.2.4 BOSCH NG10 比例溢流阀和比例减压阀（带位移控制）

表 22-6-99

功能图

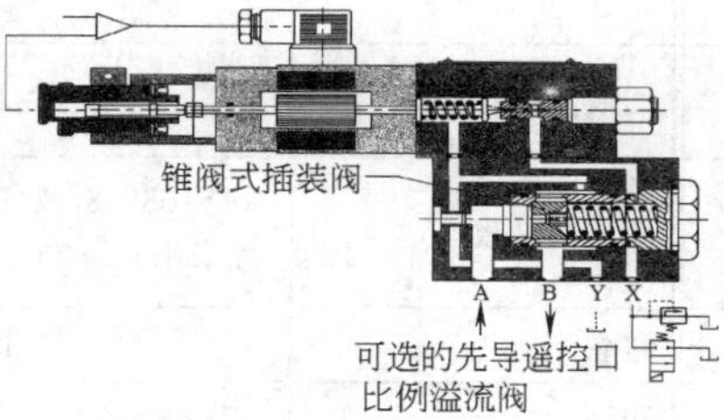


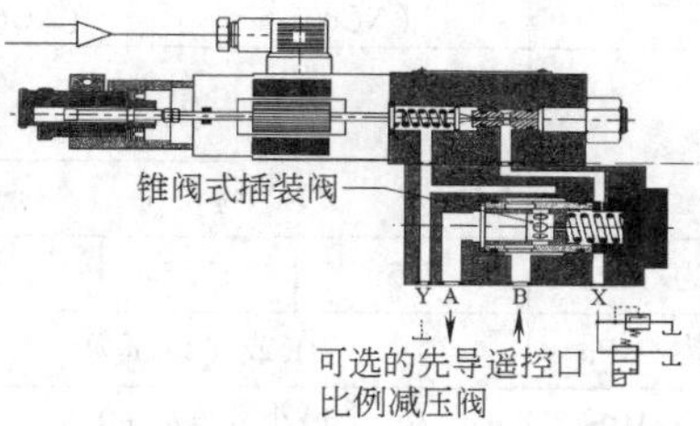


| | | | | | |
|---|---|---|---|---|---|
| 技术性能 | 额定流量/$L \cdot min^{-1}$ | | 120 | 介质清洁度 | NAS1638-8 或 ISO 4406-17/14，通过采用 $\beta_x = 75$ 过滤器达到 $x = 10$ |
| | 公称压力/MPa | | 18，31.5 | | |
| | 最低压力/MPa | | 0.6，0.8 | 滞环/% | ≤±0.1 |
| | 最高工作压力/MPa | A，B | 31.5 | 分辨率/% | ≤±0.5 |
| | | Y | 0.2 控制油外排 | 响应时间(100%指令信号) | 80ms |
| | | X | 31.5 先导遥控 | 位移传感器连接形式 | 特殊连接件 |
| | 工作介质 | | 符合 DIN 51524…535 液压油，使用其他液压油时，先向厂家咨询 | 电磁铁电流/A | 最大 3.7 |
| | | | | 线圈阻抗 R20/Ω | 2.5 |
| | | | | 功率/W | 50 |
| | 黏度范围/$mm^2 \cdot s^{-1}$ | | 20～100(推荐)，最大范围(10～800) | 配套放大器 | PV60，PV60-RGC1，PV60-RGC3 |
| | | | | 质量/kg | 9.5 |
| | 油液温度/℃ | | −20～80 | | |

续表

<table>
<tr><td>特性曲线</td><td>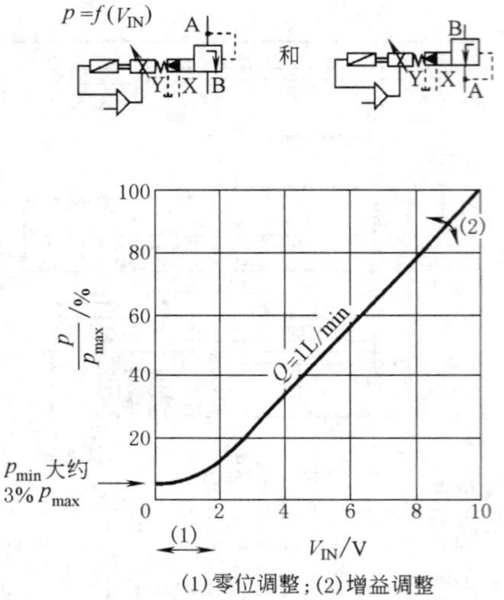

(1)零位调整；(2)增益调整</td><td>溢流阀流量曲线
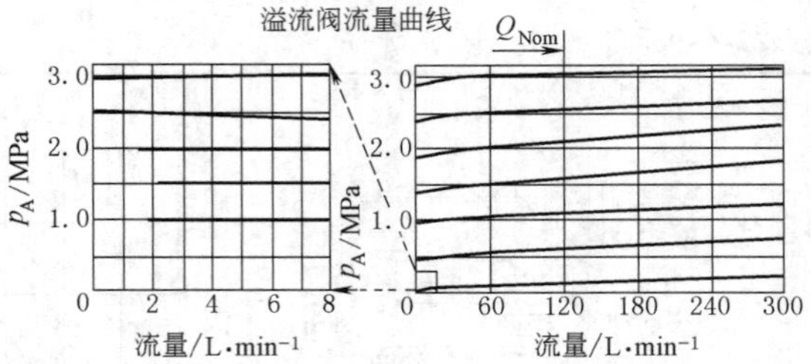

减压阀流量曲线
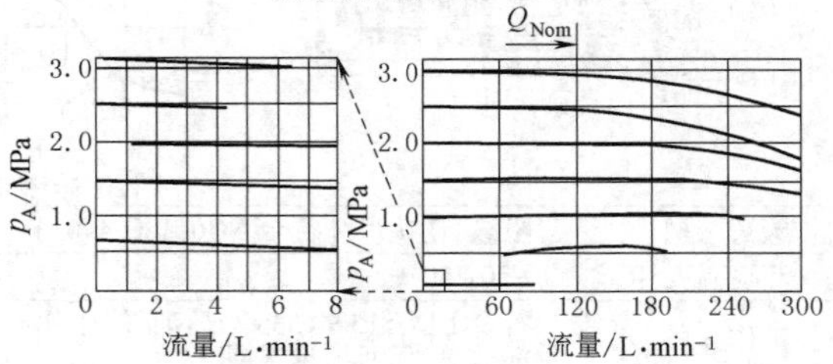
</td></tr>
</table>

## 2.2.5 BOSCH NG6 三通比例减压阀（不带/带位移控制）

表 22-6-100

<table>
<tr><td>功能图</td><td>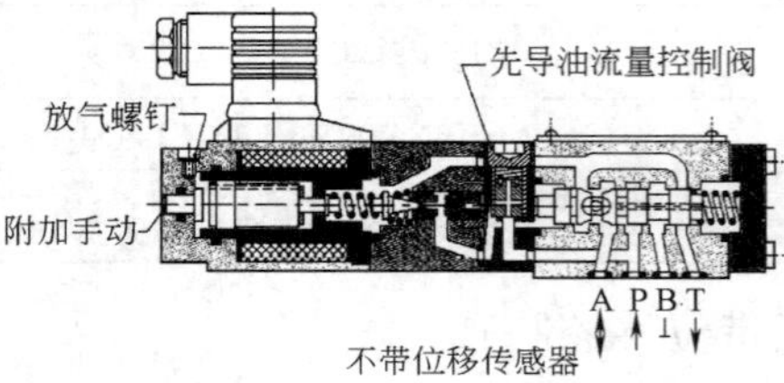

不带位移传感器</td><td>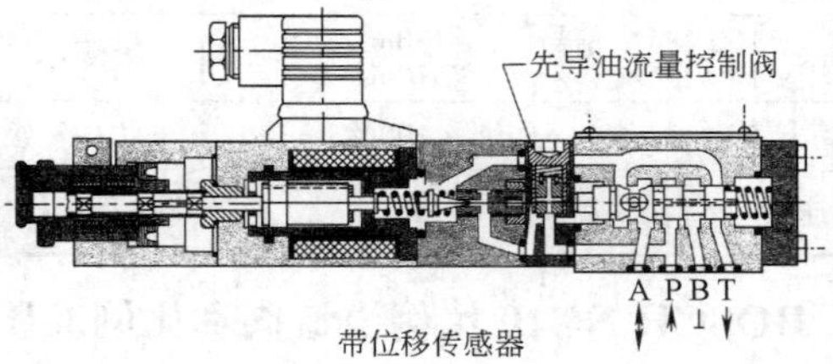

带位移传感器</td></tr>
</table>

<table>
<tr><td rowspan="14">技术性能</td><td colspan="2">型　号</td><td colspan="2">不带位移传感器（NG6）</td><td>带位移传感器（NG6）</td><td>型　号</td><td>不带位移传感器（NG6）</td><td>带位移传感器（NG6）</td></tr>
<tr><td colspan="2">额定流量</td><td colspan="3">40</td><td>油液温度/℃</td><td colspan="2">-20~80</td></tr>
<tr><td colspan="2">控制油流量</td><td colspan="3">约 0.6</td><td rowspan="2">介质清洁度</td><td colspan="2" rowspan="2">NAS1638-8 或 ISO 4406-17/14，通过采用 $\beta_x=75$ 过滤器达到 $x=10$</td></tr>
<tr><td colspan="2">A 口公称压力/MPa</td><td>7.5</td><td>17.5</td><td>31</td></tr>
<tr><td colspan="2">A 口最低压力/MPa</td><td colspan="3">0，或 T 口压力</td><td>暂载率</td><td colspan="2">100%</td></tr>
<tr><td colspan="2">P 口进口压力/MPa</td><td colspan="3">最小 $p_p=p_A+0.5$</td><td>滞环</td><td>≤±2%</td><td>≤±1%</td></tr>
<tr><td rowspan="2">最高工作压力/MPa</td><td>A，B</td><td colspan="3">31.5</td><td rowspan="2">响应时间<br>100%指令信号</td><td rowspan="2">上升：80ms<br>下降：≤250ms</td><td rowspan="2">50ms<br>（100%指令信号）<br>20ms<br>（10%指令信号）</td></tr>
<tr><td>T</td><td colspan="3">25 B 堵住</td></tr>
<tr><td colspan="2" rowspan="3">工作介质</td><td colspan="3" rowspan="3">符合 DIN 51524…535 液压油，使用其他液压油时，先向厂家咨询</td><td>传感器连接形式</td><td colspan="2">特殊连接件</td></tr>
<tr><td>电磁铁电流/A</td><td>最大 0.8</td><td>最大 2.5</td></tr>
<tr><td>线圈阻抗 R20/Ω</td><td>22</td><td>2.5</td></tr>
<tr><td colspan="2" rowspan="3">黏度范围/$mm^2 \cdot s^{-1}$</td><td colspan="3" rowspan="3">20~100（推荐），最大范围（10~800）</td><td>功率/V·A</td><td>18</td><td>25</td></tr>
<tr><td>配套放大器</td><td>1M45-0.8A，1M0.8-RGC1，AS0.8-V</td><td>PDV45，PV45-RGC1，PV45-RGC3</td></tr>
<tr><td>质量/kg</td><td>2.3</td><td>2.4</td></tr>
</table>

续表

| | | |
|---|---|---|
| 特性曲线 | 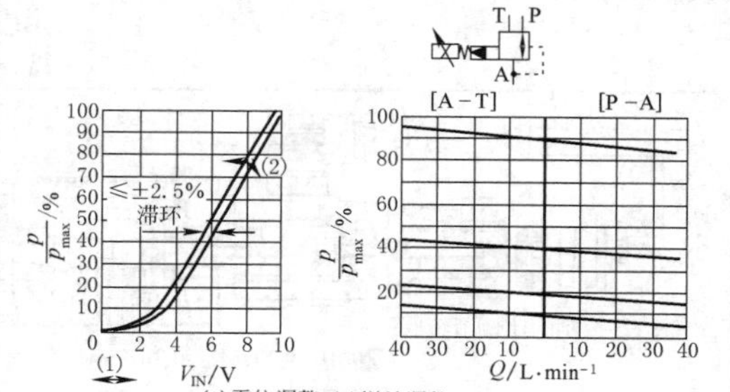<br>(1)零位调整;(2)增益调整<br>NG6不带位移传感器 | 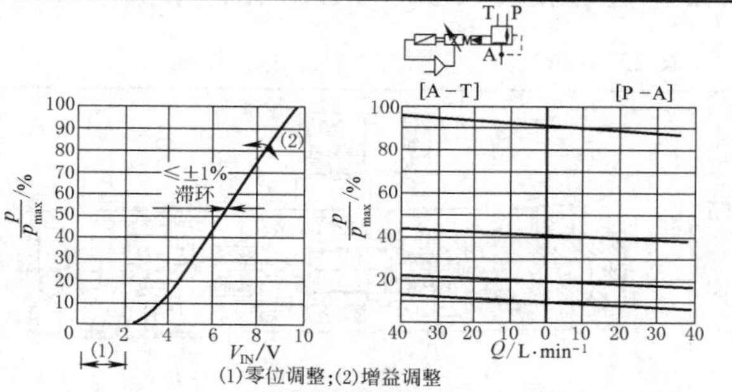<br>(1)零位调整;(2)增益调整<br>NG6带位移传感器 |

## 2.2.6 BOSCH NG6、NG10 比例节流阀（不带位移控制）

**表 22-6-101**

功能图

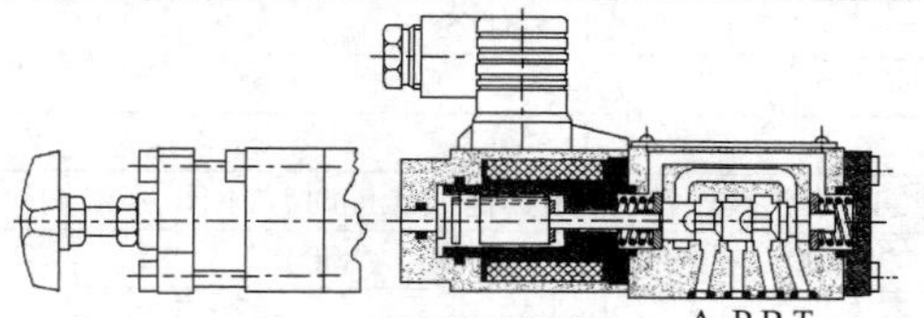

NG6比例节流阀

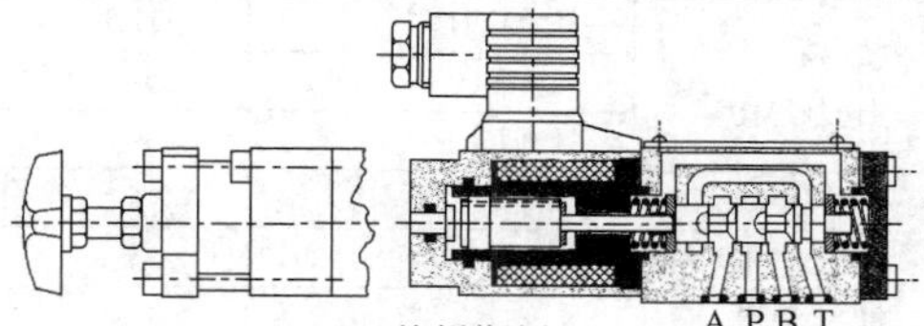

NG10比例节流阀

技术性能

| 型号 | | NG6 | NG10 |
|---|---|---|---|
| | | 比例节流阀 | |
| $\Delta p$=0.8MPa 公称流量/L·min$^{-1}$ | | 每个通道 18 或 35 | 每个通道 40 或 80 |
| 泄漏/节流口 $I$=0 ($\Delta p$=10MPa) | | ≤80cm$^3$/min | ≤150cm$^3$/min |
| 最高工作压力/MPa | P,A,B 口 | 31.5 | |
| | T 口 | 25 | |
| 工作介质 | | 符合 DIN 51524…535 液压油,使用其他液压油时,先向厂家咨询 | |
| 黏度范围/mm$^2$·s$^{-1}$ | | 20~100(推荐),最大范围 10~800 | |
| 油液温度/℃ | | −20~80 | |
| 介质清洁度 | | NAS1638-8 或 ISO 4406-17/14,通过采用 $\beta_x$=75 过滤器达到 $x$=10 | |

| 型号 | NG6 | NG10 |
|---|---|---|
| | 比例节流阀 | |
| 暂载率/% | 100(9VDC) | |
| 滞环/% | ≤±2 | ≤±5 |
| 灵敏度/% | ≤±1.5 | ≤±3 |
| 响应时间/ms 100%指令信号 | 上升:50 下降:20 | 上升:100 下降:100 |
| | (特征参数对应 1M45-2.5A) | |
| 电磁铁电流/A | 最大 2.5 | 最大 2.5 |
| 线圈阻抗 $R_{20}$/Ω | 3.0 | 5.8 |
| 功率/W | 25(max) | 50(max) |
| 配套放大器 | 1M45-2.5A,AS2.5-V,PV45-RGC3 | 1M45-2.5A,AS2.5-V,1M25-RGC1 |
| 质量/kg | 2 | 2.3 |

特性曲线

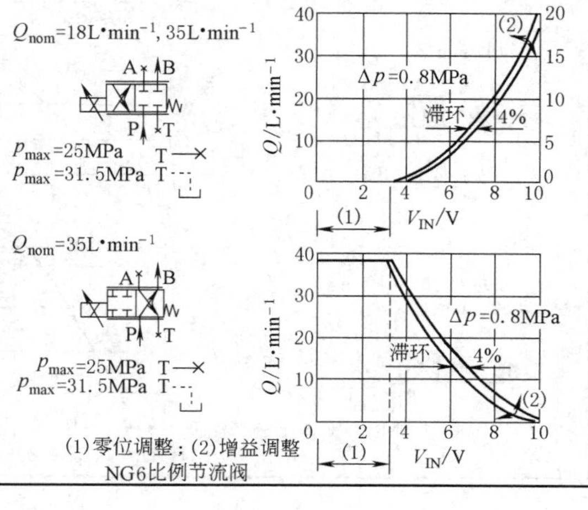

(1)零位调整；(2)增益调整
NG6比例节流阀

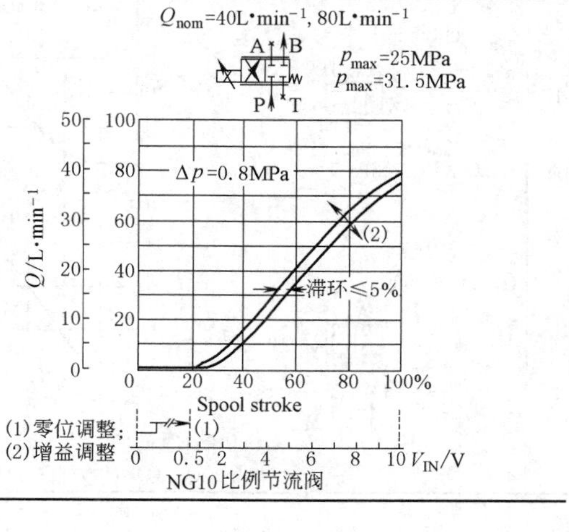

NG10比例节流阀

## 2.2.7 BOSCH NG6、NG10 比例节流阀（带位移控制）

表 22-6-102

结构图

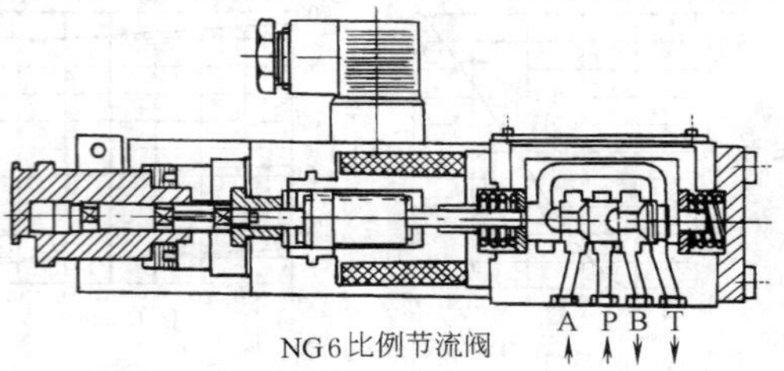


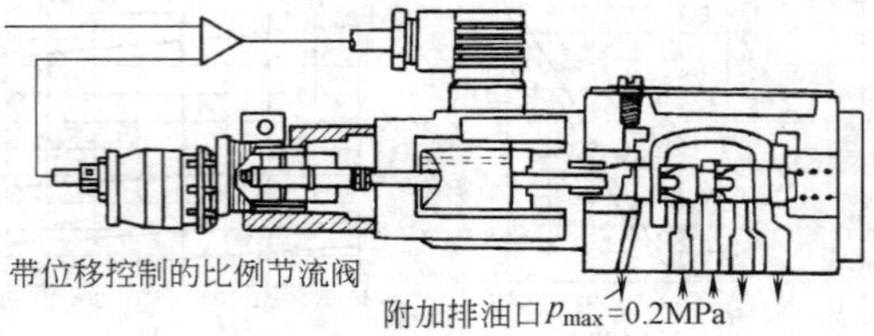


技术性能

| 型号 | | NG6 比例节流阀 | | | NG10 比例节流阀 | | |
|---|---|---|---|---|---|---|---|
| $\Delta p$=0.8MPa /L·min$^{-1}$ | 公称流量 | 10 | 20 | 35 | 20 | 40 | 80 |
| 泄漏/节流口 $I=0$ ($\Delta p$=10MPa) | | ≤80cm$^3$/min | | | | | |
| 最高工作压力/MPa | P、A、B 口 | 31.5 | | | 31.5 | | |
| | T 口 | 25 | | | 25 | | |
| | L 口 | | | | ≤0.2 | | |
| 工作介质 | | 符合 DIN 51524…535 液压油，使用其他液压油时，先向厂家咨询 | | | | | |
| 黏度范围/mm$^2$·s$^{-1}$ | | 20~100（推荐），最大范围（10~800） | | | | | |
| 油液温度/℃ | | -20~80 | | | | | |
| 介质清洁度 | | NAS1638-8 或 ISO 4406-17/14，通过采用$\beta_x$=75 过滤器达到$x$=0 | | | | | |
| 暂载率/% | | 100（9VDC） | | | 100 | | |
| 滞环/% | | ≤±0.3 | | | ≤±0.3 | | |
| 灵敏度/% | | ≤±0.2 | | | ≤±0.2 | | |
| 响应时间/ms | | ≈12 | | | ≈25 | | |
| 100%指令信号 | | （特征参数对应放大器 QV45） | | | ≈15ms（特征参数对应放大器 QV60） | | |
| 电磁铁电流/A | | 最大 2.7 | | | 最大 3.7 | | |
| 线圈阻抗 $R_{20}$/Ω | | 3.0 | | | 2.5 | | |
| 功率/W | | 25(max) | | | 50(max) | | |
| 配套放大器 | | QV45，QV45-RGC1，QV45-RGC3 | | | QV60，QV60-RGC1，QV60-RGC3 | | |

特性曲线

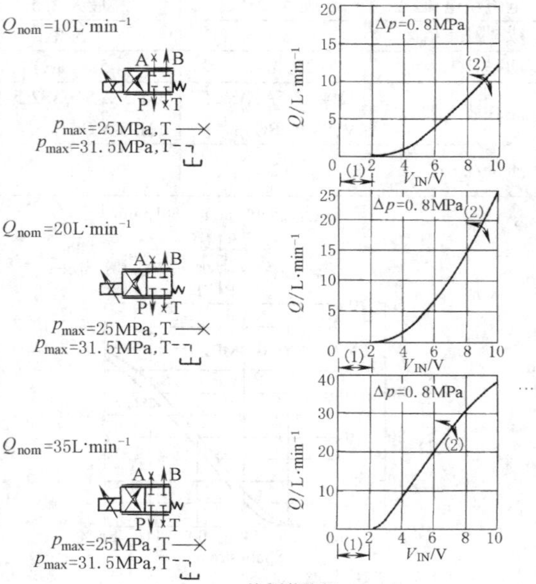


NG 6 比例节流阀

(1)零位调整；(2)增益调整

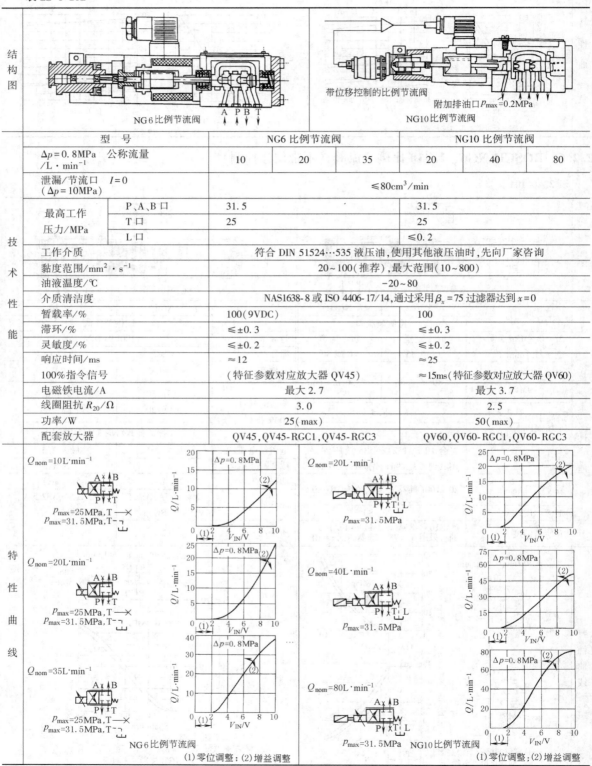

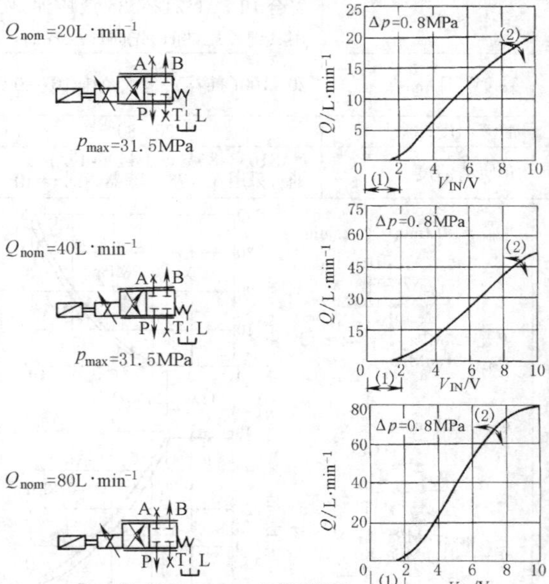


NG10比例节流阀

(1)零位调整；(2)增益调整

## 2.2.8 BOSCH NG10 带集成放大器比例节流阀（带位移控制）

**表 22-6-103**

| | | | | |
|---|---|---|---|---|
| 技术性能 | 公称流量($\Delta p$=0.5MPa)/L·min$^{-1}$ | | 50 | 80 |
| | 泄漏/节流口 $\Delta p$=10MPa　$I$=0 | | ≤80cm$^3$/min | |
| | 最高工作压力/MPa | P、A、B 口 | 31.5 | |
| | | T 口 | 20 | |
| | 工作介质 | | 符合 DIN 51524…535 液压油，使用其他液压油时，先向厂家咨询 | |
| | 黏度范围/mm$^2$·s$^{-1}$ | | 20~100(推荐)，最大范围(10~800) | |
| | 油液温度/℃ | | -20~80 | |
| | 介质清洁度 | | NAS1638-8 或 ISO 4406-17/14，通过采用 $\beta_x$=75 过滤器达到 $x$=10 | |
| | 电磁铁连接类型 | | 7 芯插头，PG11 | |
| | 电源　端子 A:,B: | | 额定 24V DC，最小 21V DC/最大 40V DC，最小波动 2V DC | |
| | 功率 | | 最大 30V·A | |
| | 外接保险丝 | | 2.5$A_F$ | |
| | 输入信号 端子D:$V_{in}$ E:0V | | 0~10V | |
| | | | 差动放大器 | |
| | | | $Ri$=100kΩ | |
| | 相对于 0V 最高差动输入电压 | | D→B，最大 18V DC | |
| | | | E→B | |
| | 测试信号 | | 0~10V，与主阀芯位移成比例 | |
| | 接地安全引线 | | 只有当电源变压器不符合 VDE0551 时才需要 | |
| | 推荐电缆 | | 7 芯屏蔽电缆　用 18AWG，最大距离：19.8m；用 16AWG，最大距离：38m | |
| | 调整 | | 工厂设定 | |
| | 滞环/% | | ≤±0.3 | |
| | 灵敏度/% | | ≤±0.2 | |
| | 响应时间/ms | 100%指令信号 | ≈25 | |
| | | 10%指令信号 | ≈10 | |
| | 温漂 | | <1%，当 $\Delta T$=40℃ | |
| | 质量 | | 7.1kg | |

特性曲线

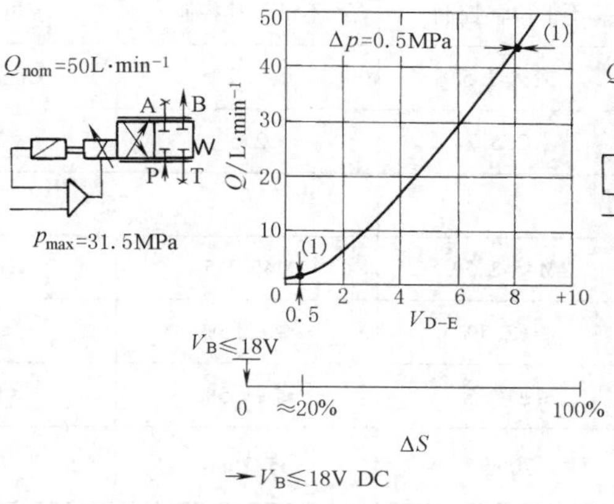


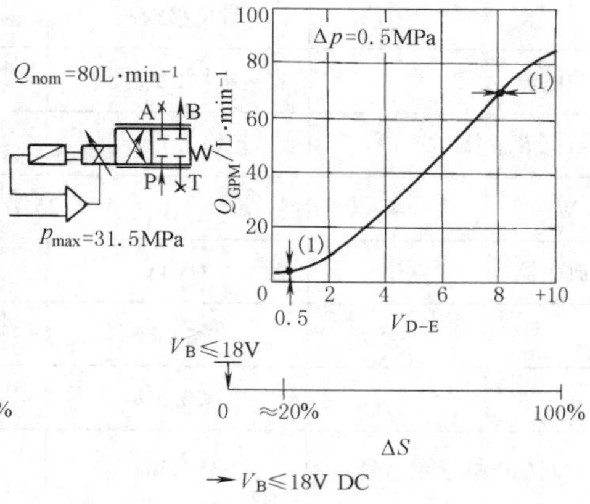


(1) 工厂设定≤±3%

## 2.2.9 BOSCH 比例流量阀（带位移控制及不带位移控制）

表 22-6-104

**结构图**

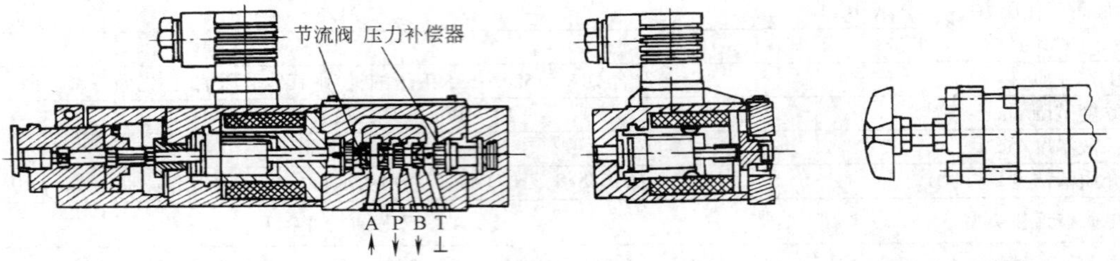


(a) 带位移控制　(b) 不带位移控制　(c) 带附加手动

**技术性能**

| 型号 | | NG6(ISO 4401)比例流量阀 | | | | NG10(ISO 4401)比例流量阀 | |
|---|---|---|---|---|---|---|---|
| 公称流量 /L·$min^{-1}$ | 进油 | — | 30 | 30 | 35 | 65 | 80 |
| | 控制 | 2.6 | 7.5 | 10 | 35 | | |
| 可控 $Q_{min}$/L·$min^{-1}$ | | 10 | — | 40 | 50 | | |
| 最高工作压力 /MPa | A,B 口 | 25 或 10 | | | | | |
| | T 口 | 堵住 | | | | | |
| | P 口 | 堵住或 25 残油口 | | | | | |
| 最低压差 A→B/MPa | | $Q_{nom}$=2.6L·$min^{-1}$及 7.5L·$min^{-1}$,0.4~0.6MPa | | | | 0.8 | |
| | | $Q_{nom}$=10L·$min^{-1}$及 35L·$min^{-1}$,1~1.4MPa | | | | | |
| 工作介质 | | 符合 DIN 51524~535 液压油,使用其他液压油时,先向厂家咨询 | | | | | |
| 黏度范围 | | 20~100$mm^2 \cdot s^{-1}$(推荐),最大范围(10~800$mm^2 \cdot s^{-1}$) | | | | | |
| 油液温度 | | -20~80℃ | | | | | |
| 介质清洁度 | | NAS1638-8 或 ISO 4406-17/14,通过采用 $\beta_x$=75 过滤器达到 $x$=10 | | | | | |

| 位移传感器连接类型 | 特殊连接件 | | | |
|---|---|---|---|---|
| | 带位移控制 | 不带位移控制 | 不带位移控制 | 带位移控制 |
| 电磁铁电流/A | 最大 2.7 | 最大 2.5 | 最大 2.5 | 最大 2.7 |
| 线圈阻抗 $R_{20}$/Ω | 2.7 | 2.5 | 2.5 | 2.7 |
| 功率/W | 25 | | 25 | |
| 配套放大器 | QV45 | 1M45-2.5A | 1M45-2.5A | QV45 |
| 滞环 | ≤1% | ≤±2.5% | ≤±2.5% | ≤1% |
| 分辨率 | ≤0.5% | ≤±1.5% | ≤±1.5% | ≤0.5% |
| 响应时间(100%指令信号) | 35/25ms | 70ms | 35/25ms | 70ms |
| 最大负载变化时响应时间 | ≤30ms | ≤30ms | ≤45ms | ≤45ms |

续表

| | |
|---|---|
| NG6 比例流量阀特性曲线 | 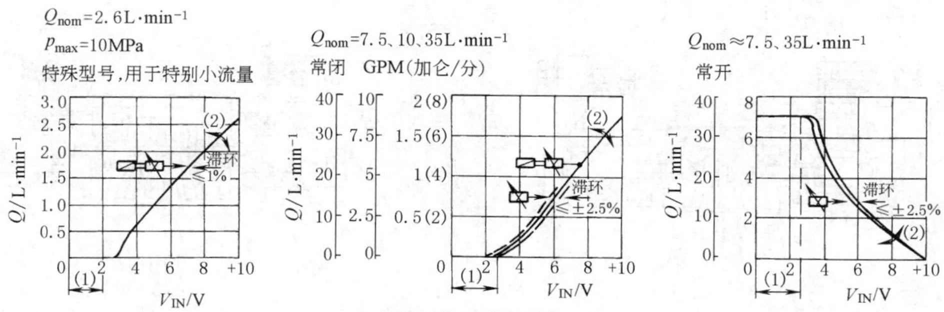<br>(1)零位调整;(2)增益调整<br>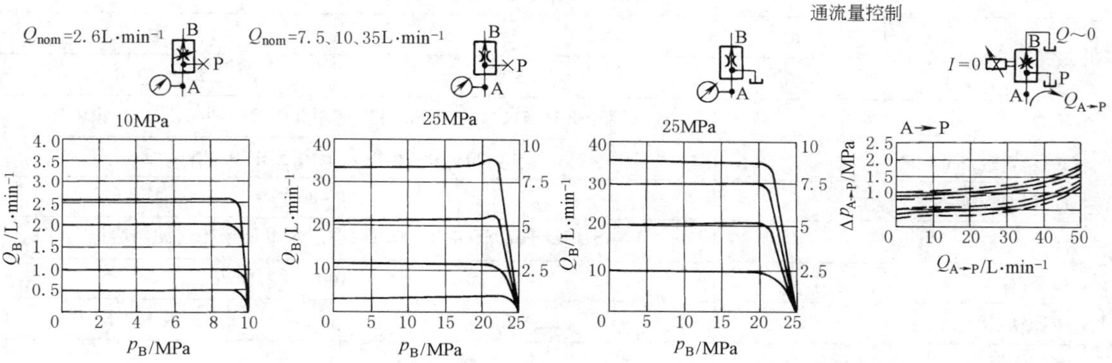 |
| NG10 比例流量阀特性曲线 | 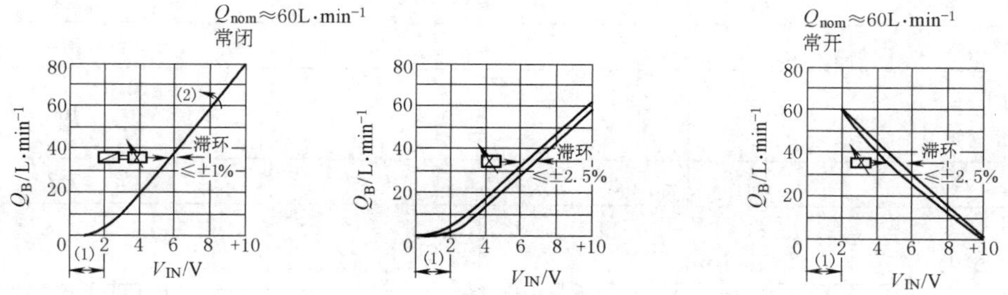<br>(1)零位调整;(2)增益调整<br>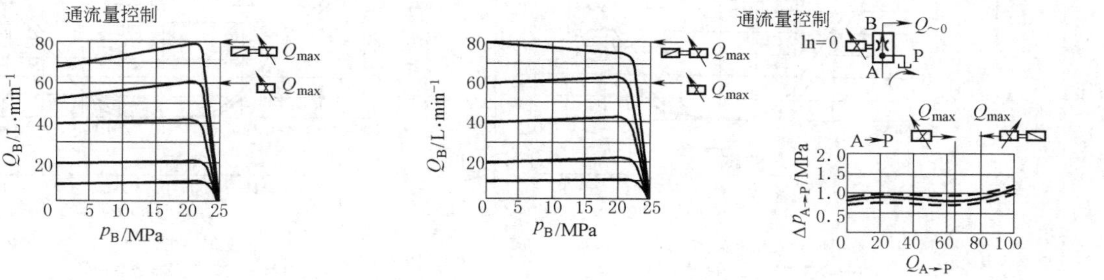 |

## 2.2.10 BOSCH 不带位移传感器比例方向阀

表 22-6-105

**结构图**

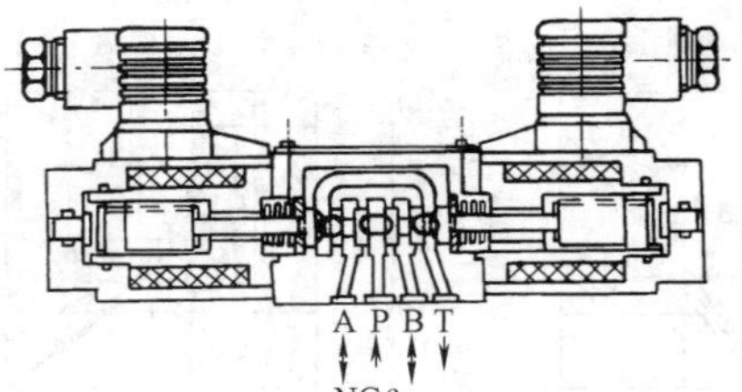


NG6

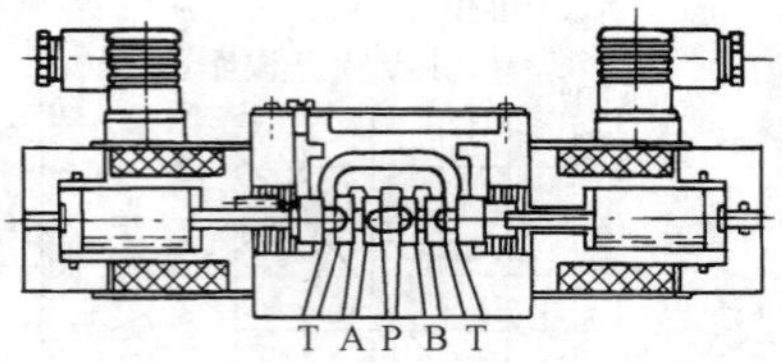


NG10

**技术性能**

| 型号 | | NG6 | NG10 |
|---|---|---|---|
| 公称流量/L·min$^{-1}$ | | 7.5、18 或 35($\Delta p$=0.8MPa) | 40、80、80：45($\Delta p$=0.8MPa) |
| 最高工作压力/MPa | P,A,B 口 | | 31.5 |
| | T 口 | 25 | 25(L 口:0.2) |
| 工作介质 | | 符合 DIN 51524~535 液压油,使用其他液压油时,先向厂家咨询 | |
| 黏度范围/mm$^2$·s$^{-1}$ | | 20~100(推荐),最大范围 10~800 | |
| 油液温度/℃ | | -20~80 | |
| 介质清洁度 | | NAS1638-8 或 ISO 4406-17/14,通过采用 $\beta_x$=75 过滤器达到 $x$=10 | |
| 暂载率/% | | 100 | |
| 电磁铁电流/A | | 最大 2.5 | 最大 2.5 |
| 线圈阻抗 $R_{20}/\Omega$ | | 3.0 | 5.8 |
| 功率/W | | 最大 25 | 最大 50 |
| 配套放大器 | | 2M45-2.5A,2M2.5-RGC2,2CH./2.5A,25P | |
| 滞环/% | | ≤4 | ≤6 |
| 分辨率/% | | ≤3 | ≤4 |
| 响应时间/ms (100%指令信号) | | 70 | 100 |
| 质量/kg | | 2.6 | 7.7 |

**特性曲线**

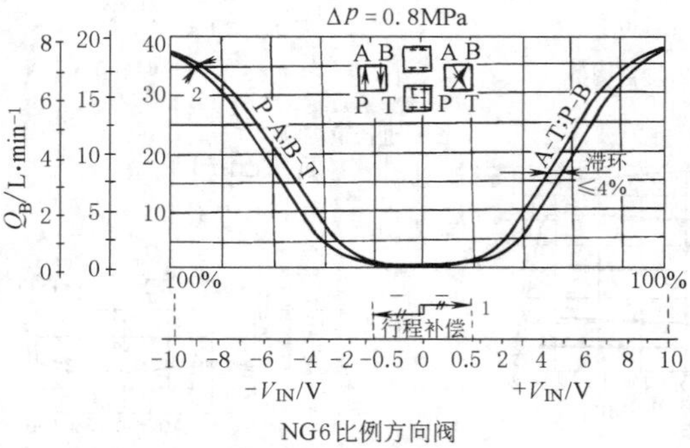


NG6比例方向阀

1—零位调整；2—增益调整

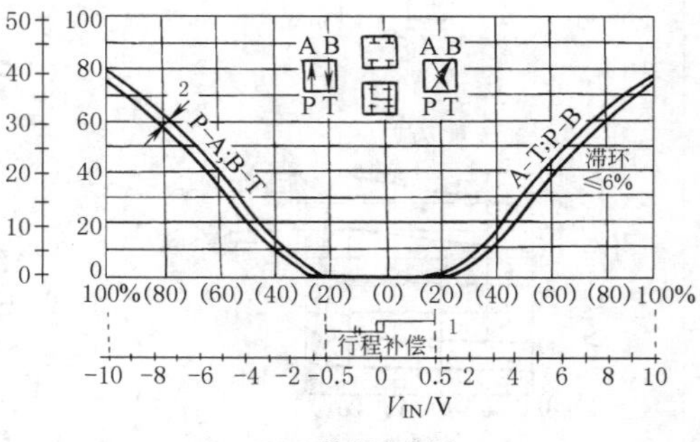


NG10比例方向阀

1—零位调整；2—增益调整

## 2.2.11 BOSCH 比例方向阀（带位移控制）

表 22-6-106

结构图

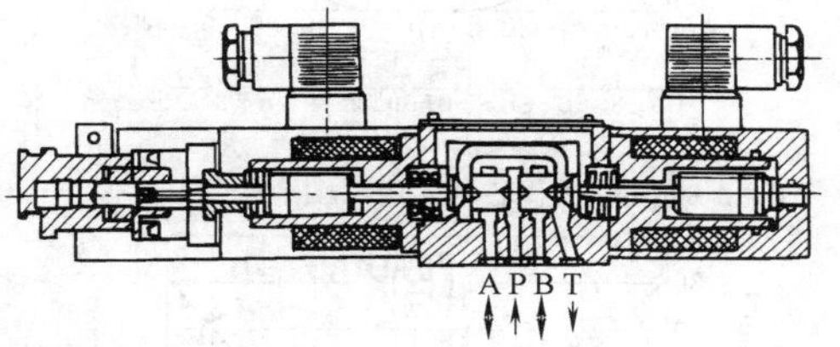


NG6（带位移控制）

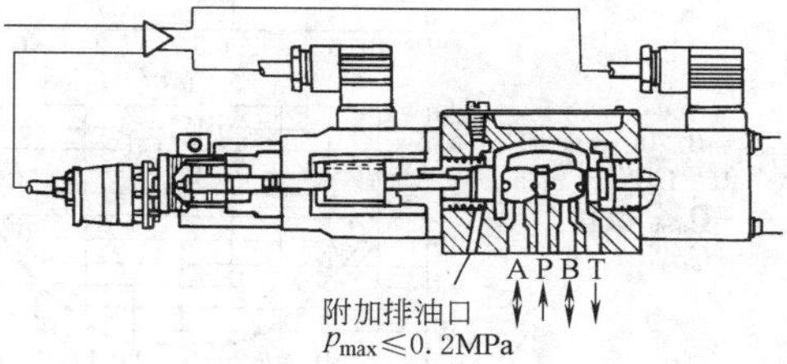


NG10（带位移控制）

技术性能

| 型号 | | NG6 | | | | NG10 | | | |
|---|---|---|---|---|---|---|---|---|---|
| 公称流量/L·min$^{-1}$ $\Delta p=0.8$MPa 时 | | 7.5 | 10 | 20 | 35 | 40 | 80 | 80：45 | |
| 最高工作压力/MPa | P,A,B 口 | 31.5 | | | | 31.5 | | | |
| | T 口 | 25 | | | | 25 | | | |
| | L 口 | | | | | 0.2 | | | |
| 工作介质 | | 符合 DIN 51524~535 液压油，使用其他液压油时，先向厂家咨询 | | | | | | | |
| 黏度范围/mm$^2$·s$^{-1}$ | | 20~100（推荐），最大范围（10~800） | | | | | | | |
| 油液温度/℃ | | -20~80 | | | | | | | |
| 介质清洁度 | | NAS1638-8 或 ISO 4406-17/14，通过采用 $\beta_x=75$ 过滤器达到 $x=10$ | | | | | | | |
| 暂载率/% | | 100 | | | | | | | |
| 电磁铁电流/A | | 最大 2.7 | | | | 最大 3.7 | | | |
| 线圈阻抗 $R_{20}$/Ω | | 3.0 | | | | 2.5 | | | |
| 功率/W | | 最大 25 | | | | 最大 50 | | | |
| 配套放大器 | | WV45-RGC2 | | | | WC60-RGC2 | | | |
| 滞环/% | | ≤0.3 | | | | ≤0.75 | | | |
| 灵敏度/% | | ≤0.2 | | | | ≤0.5 | | | |
| 制造公差 $p_{max}$ | | ≈5% | | | | ≈10% | | | |
| 响应时间/ms | 100%指令信号 | 30 | | | | 50 | | | |
| | 10%指令信号 | 15 | | | | 20 | | | |

续表

特性曲线

$Q_{nom}$=7.5、10L·min$^{-1}$
阀芯01及01+L
—— $Q_{nom}$=10L
---- $Q_{nom}$=7.5L

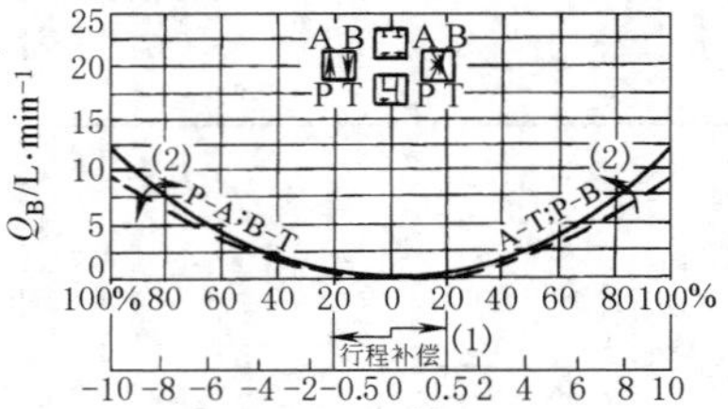


$Q_{nom}$=18、20L·min$^{-1}$
阀芯01及L10
—— $Q_{nom}$=10L
---- $Q_{nom}$=7.5L

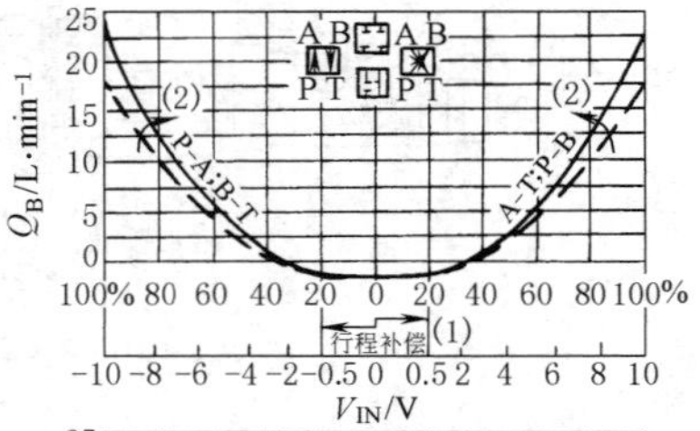


$Q_{nom}$=35L·min$^{-1}$
阀芯01及01+L

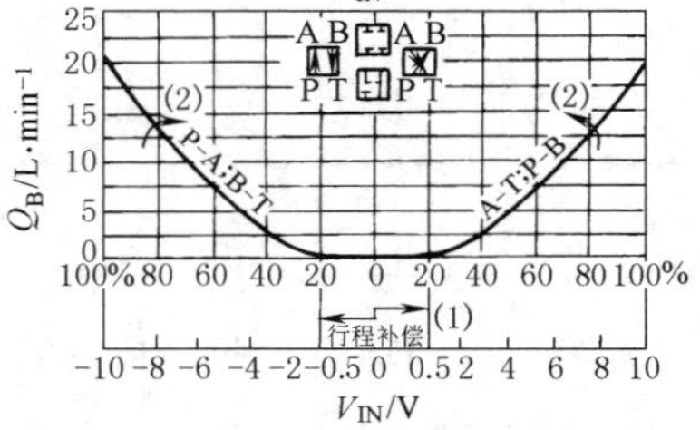


NG6的曲线

$Q_{nom}$=40L·min$^{-1}$，阀芯01及01=L

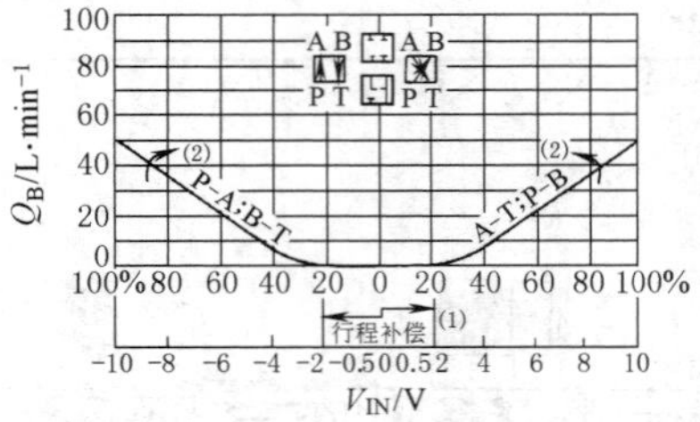


$Q_{nom}$=80L·min$^{-1}$，阀芯01及01=L

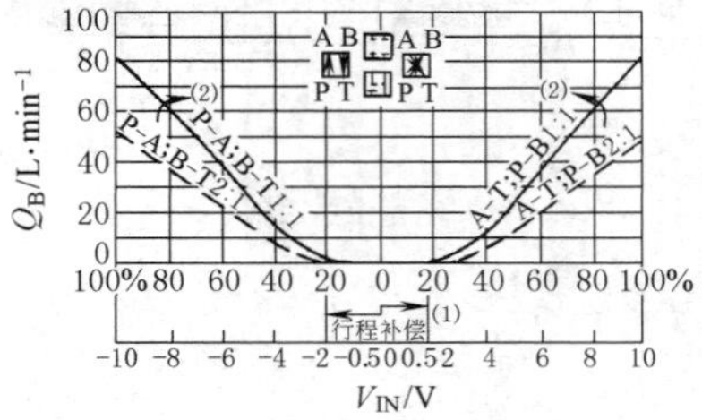


NG10的曲线

(1)零位调整；(2)增益调整

## 2.2.12 BOSCH 带集成放大器比例方向阀

**表 22-6-107**

结构图

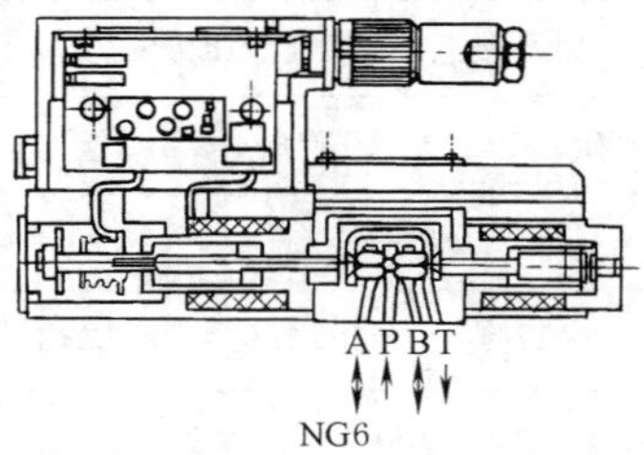


NG6

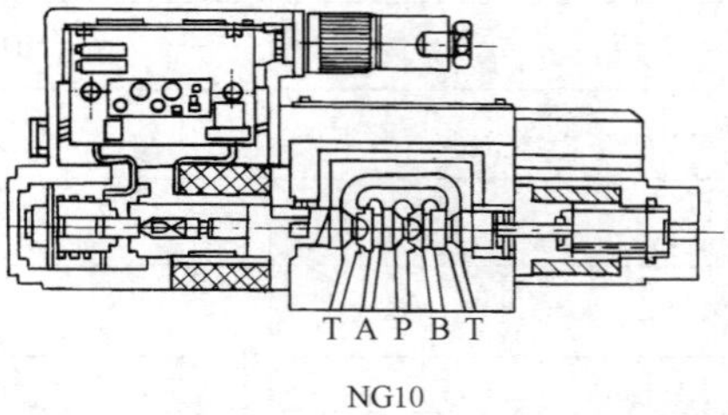


NG10

| | | NG6(ISO 4401) | | NG10(ISO 4401) | |
|---|---|---|---|---|---|
| 技术性能 | 型号 | NG6(ISO 4401) | | NG10(ISO 4401) | |
| | Δp=0.5MPa/台肩 | 4.7　18 | 8.5　32 | 50 | 80 |
| | 公称流量(8V 时)$Q_A$/L·min$^{-1}$ | 14(+/-3%) | 25(+/-3%) | 35(+/-3%) | 70(+/-3%) |
| | 泄漏 | A B P T ≤80$cm^3$/min | | 80$cm^3$/min | |
| | 最高工作压力/MPa　P,A,B 口 | 31.5 | | | |
| | 最高工作压力/MPa　T 口 | 20 | | | |
| | 工作介质 | 符合 DIN 51524~535 液压油，使用其他液压油时，先向厂家咨询 | | | |
| | 黏度范围/$mm^2·s^{-1}$ | 20~100(推荐)，最大范围(10~800) | | | |
| | 油液温度/℃ | -20~80 | | | |
| | 介质清洁度 | NAS1638-8 或 ISO 4406-17/14，通过采用 $\beta_x$=75 过滤器达到 $x$=10 | | | |
| | 暂载率/% | 100 | | | |
| | 电磁铁连接类型 | 7 芯插头，PG11 | | | |
| | 电源：端子 A、B | 额定 24V DC，最小 21V DC/最大 40V DC，最大波动 2V DC | | | |
| | 功率/W | 30 | | 50 | |

续表

| | 型号 | | NG6(ISO 4401) | | NG10(ISO 4401) | |
|---|---|---|---|---|---|---|
| 技术性能 | 外接保险丝 | | $2.5A_F$ | | | |
| | 输入信号:端子 D、E | | 0~+10V,差动放大器,$Ri=100\text{k}\Omega$ | | | |
| | 相对于 0V 最高差动输入电压 | | D→B<br>E→B 最大 18V DC | | | |
| | 测试信号 | | 0~+10V,与主阀芯位移成比例 | | | |
| | 端子 | F:$V_{test}$ | $R_a=10\text{k}\Omega$ | | | |
| | | C:0V | | | | |
| | 接地安全线 | | 只有电源变压器不符合 VDE0551 时才需连接 | | | |
| | 推荐电缆 | | 7 芯屏蔽电缆 18AWG,最大距离:19.8m;16AWG,最大距离:38m | | | |
| | 调整 $U_{D-E}+8V=$(工厂设定)±3%,额定 $Q(\Delta p=0.5\text{MPa})/\text{L}\cdot\text{min}^{-1}$ | | 14 | 25 | 35 | 70 |
| | 典型 $Q_n/\text{L}\cdot\text{min}^{-1}$ | | 18 | 32 | 50 | 80 |
| | 配套放大器 | | QV45 | | | |
| | 滞环/% | | ≤0.3 | | | |
| | 分辨率/% | | ≤0.2 | | | |
| | 响应时间/ms | 100%指令信号 | 30 | | 50 | |
| | | 10%指令信号 | 5 | | 15 | |
| | 温漂/% | | <1(当 ΔT=40℃) | | | |
| | 质量/kg | | 3.9 | | 8.8 | |

特性曲线

$Q_{nom}=18\text{L}\cdot\text{min}^{-1}, \Delta p=0.5\text{MPa}$

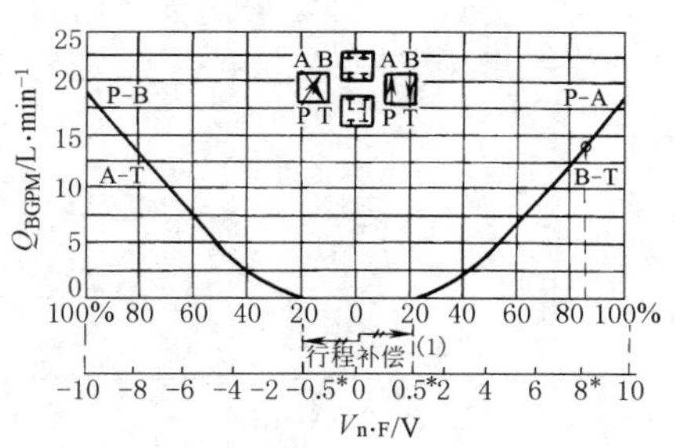


$Q_{nom}=50\text{L}\cdot\text{min}^{-1}, \Delta p=0.5\text{MPa}$

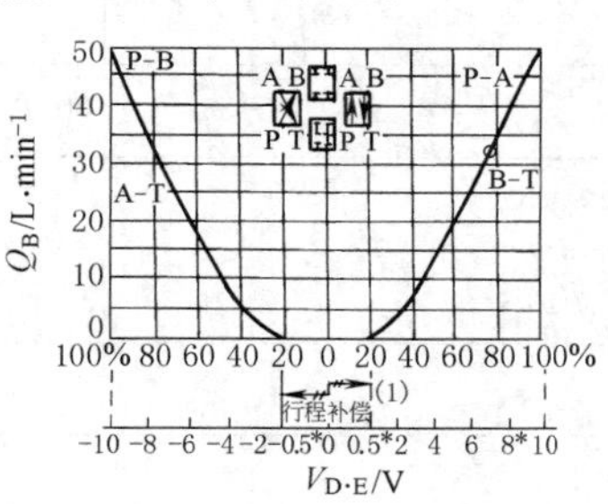


$Q_{nom}=35\text{L}\cdot\text{min}^{-1}, \Delta p=0.5\text{MPa}$

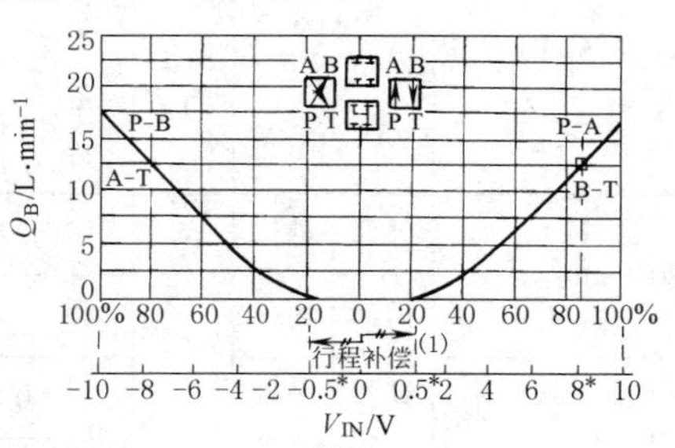


$Q_{nom}=80\text{L}\cdot\text{min}^{-1}, \Delta p=0.5\text{MPa}$

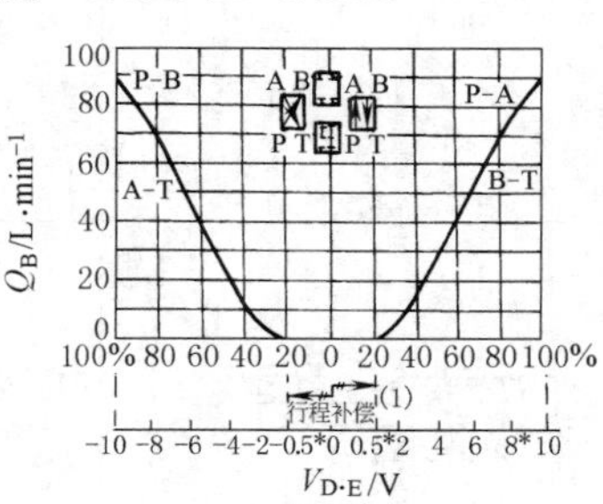


NG6　　NG10

(1)工厂设定　　(1)零位调整　　(1)工厂设定≤±3%

## 2.2.13 比例控制阀

表 22-6-108

| | 型号 | NG10 | NG16 | NG25 | NG32 |
|---|---|---|---|---|---|
| 技术性能 | 公称流量($\Delta p=0.5\text{MPa}$)/$\text{L}\cdot\text{min}^{-1}$ | 80 | 180 | 350 | 1000 |
| | 最大流量/$\text{L}\cdot\text{min}^{-1}$ | 170 | 450 | 900 | 2000 |

续表

| | 型号 | | NG10 | NG16 | NG25 | NG32 |
|---|---|---|---|---|---|---|
| 技术性能 | 最高工作压力/MPa | P,A,B 口 | 35 | | | |
| | | T 口 | 25 | | | |
| | 先导级控制压力/MPa | | (X 口及 P 口)最低 0.8,最高 25 | | | |
| | 零位泄漏 $p=10\text{MPa}$ | 主级/$\text{L}\cdot\text{min}^{-1}$ | 0.25 | 0.4 | 0.6 | 1.2 |
| | | 先导级/$\text{L}\cdot\text{min}^{-1}$ | 0.15 | 0.15 | 0.35 | 1.1 |
| | 先导阀 $Q_n/\text{L}\cdot\text{min}^{-1}$ | | 2 | 4 | 12 | 40 |
| | 工作介质 | | 符合 DIN51524~535 液压油,使用其他液压油时,先向厂家咨询 | | | |
| | 黏度范围/$\text{mm}^2\cdot\text{s}^{-1}$ | | 20~100(推荐),最大范围(10~800) | | | |
| | 油液温度/℃ | | -20~80 | | | |
| | 介质清洁度 | | NAS1638-8 或 ISO 4406-17/14,通过采用 $\beta_x=75$ 过滤器达到 $x=10$ | | | |
| | 中位正遮盖量 | | 18%~22%阀芯行程 | | | |
| | 滞环/% | | <0.1(不可测) | | | |
| | 温漂/% | | <1(当 $\Delta T=20\sim50℃$) | | | |
| | 响应时间/ms 100%信号变化 | $p_x=10\text{MPa}$ | 40 | 80 | 80 | 130 |
| | | $p_x=1\text{MPa}$ | 150 | 250 | 250 | 500 |
| | 暂载率/% | | 100 | | | |
| | 电磁铁电流/A | | 最大 2.7 | | | |
| | 线圈阻抗 $R_{20}/\Omega$ | | 2.4 | | | |
| | 功率/V·A | | 最大 25 | | | |
| | 配套放大器 | | 2STV,2STV-RGC2 | | | |

| | 符号 1:1+2:1 | NG | $Q_{nom}(\Delta p=0.5\text{MPa})$ $Q_A:Q_B$ | 控制油 P/X | 控制油 T/Y | 质量/kg | 型号标记 |
|---|---|---|---|---|---|---|---|
| 型号及标记 | 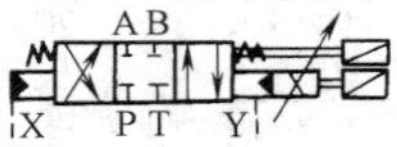 | 10 | 80:80 | 外部 | 外部 | 8.35 | 0 811 404 180 |
| | | | | 内部 | 内部 | | |
| | | | 80:50 | 外部 | 外部 | | 0 811 404 181 |
| | | | | 内部 | 内部 | | 0 811 404 182 |
| | 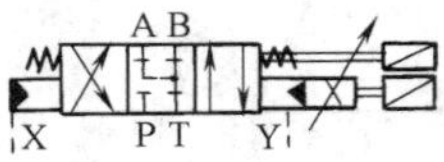 | | 80:80 | 外部 | 外部 | | 0 811 404 183 |
| | | | | 内部 | 内部 | | 0 811 404 188 |
| | | | 80:50 | 外部 | 外部 | | 0 811 404 184 |
| | | | | 内部 | 内部 | | 0 811 404 185 |

续表

| | 符　号　1：1+2：1 | NG | $Q_{nom}$($\Delta p$=0.5MPa) $Q_A$：$Q_B$ | 控制油 | | 质量/kg | 型号标记 |
|---|---|---|---|---|---|---|---|
| | | | | P/X | T/Y | | |
| 型号及标记 | 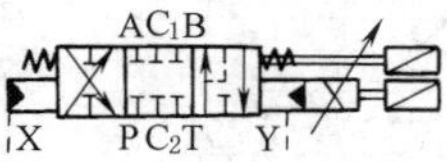 | 16 | 180：180 | 外部 | 外部 | 10.2 | 0 811 404 210 |
| | | | | 内部 | 内部 | | |
| | | | 180：120 | 外部 | 外部 | | 0 811 404 212 |
| | | | | 内部 | 内部 | | |
| | 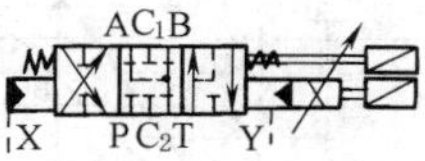 | | 180：180 | 外部 | 外部 | | 0 811 404 209 |
| | | | | 内部 | 内部 | | |
| | | | 180：120 | 外部 | 外部 | | 0 811 404 213 |
| | | | | 内部 | 内部 | | |
| | 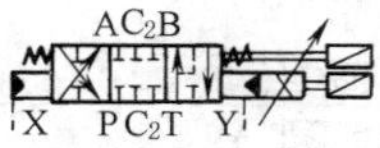 | 25 | 350：350 | 外部 | 外部 | 18 | 0 811 404 407 |
| | | | | 内部 | 内部 | | |
| | | | 350：230 | 外部 | 外部 | | 0 811 404 408 |
| | | | | 内部 | 内部 | | |
| | 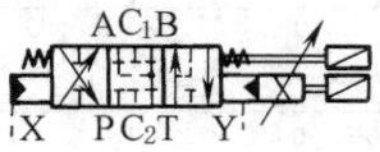 | | 350：350 | 外部 | 外部 | | 0 811 404 406 |
| | | | | 内部 | 内部 | | |
| | | | 350：230 | 外部 | 外部 | | 0 811 404 409 |
| | | | | 内部 | 内部 | | |
| | 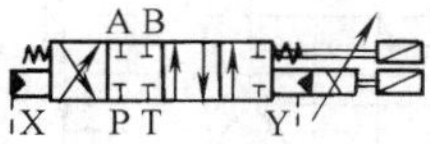 | 10 | 80：50：10 | 外部 | 外部 | 8.35 | 0 811 404 186 |
| | | | | 内部 | 内部 | | |
| | | 16 | 180：120：30 | 外部 | 外部 | 10.2 | 0 811 404 214 |
| | | | | 内部 | 内部 | | |
| | | 25 | 350：230：60 | 外部 | 外部 | 18 | 0 811 404 420 |
| | | | | 内部 | 内部 | | |
| |  | 10 | 80：50：10 | 外部 | 外部 | 8.35 | 0 811 404 187 |
| | | | | 内部 | 内部 | | |
| | | 16 | 180：120：30 | 外部 | 外部 | 10.2 | 0 811 404 211 |
| | | | | 内部 | 内部 | | |
| | | 25 | 350：230：60 | 外部 | 外部 | 18 | 0 811 404 421 |
| | | | | 内部 | 内部 | | |
| | 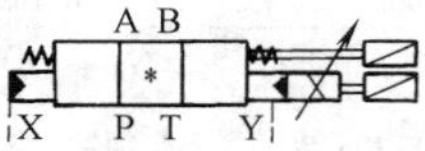 | 32 | 按需要确定,$Q$=1000L·min$^{-1}$ | | | 80 | 0 811 404··· |
| | | | 1000：1000L·min$^{-1}$ 中位机能  01 X/Y 外部 | | | | 0 811 404 500 |

**表 22-6-109**

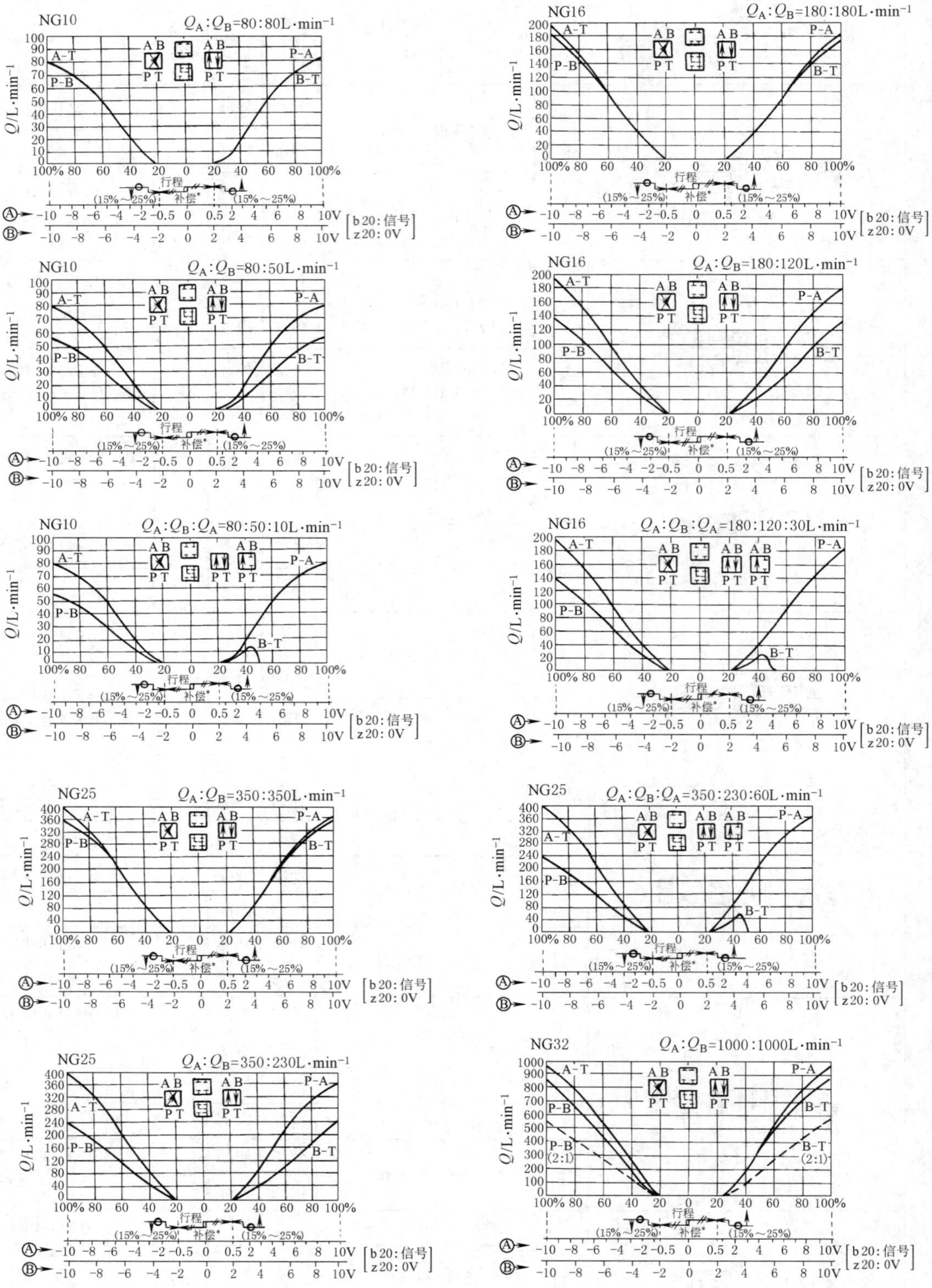


($\Delta p$=0.5MPa; $\nu$=36mm²·s⁻¹)　放大器: Ⓐ 带缓冲, ⊖ 0811405073; Ⓑ 不带缓冲, ⊖ 0811405063

## 2.2.14 插装式比例节流阀

表 22-6-110

**结构图**

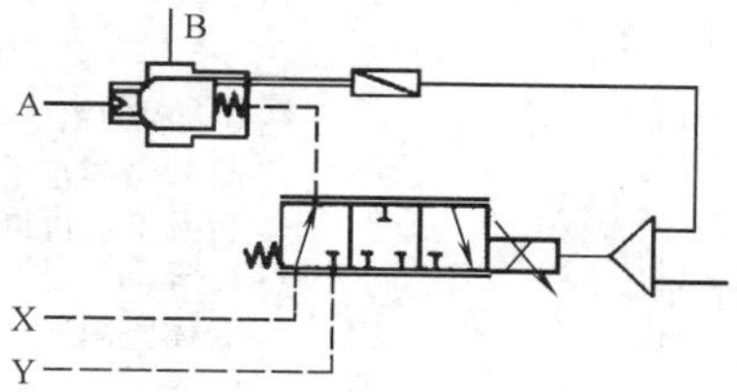


NG25, 32, 40, 50

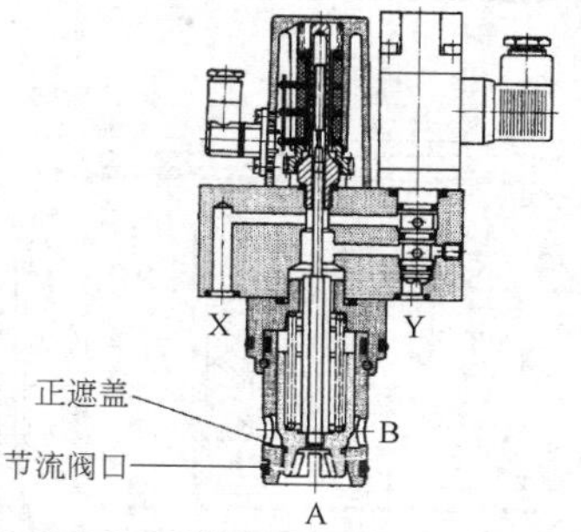


**技术性能**

| 型号 | | NG25 | NG32 | NG40 | NG50 |
|---|---|---|---|---|---|
| 公称流量($p=0.5$MPa)/L · min$^{-1}$ | | 7.5 | 18 | 40 | |
| 最高工作压力/MPa | A,B,X 口 | 31.5 | | | |
| | T 口 | 25 | | 25 | |
| 最低进口压力/MPa | | A→B:1.2,B→A:2.0 | | | |
| 先导阀泄漏($p=10$MPa 时) | | X→Y:大约<0.4L · min$^{-1}$,X→A 插装阀中,无泄漏 | | | |
| 控制油回油 | | 有可能情况下零压,最高 10MPa | | | |
| 控制油流量/L · min$^{-1}$ 当 $p=10$MPa,并具最高动态响应时 | | 5 | 5 | 10 | 23 |
| 工作介质 | | 符合 DIN51524~535 液压油,使用其他液压油时,先向厂家咨询 | | | |
| 黏度范围/mm$^2$ · s$^{-1}$ | | 20~100(推荐),最大范围(10~800) | | | |
| 油液温度/℃ | | -20~80 | | | |
| 介质清洁度 | | NAS1638-8 或 ISO 4406-17/14,通过采用 $\beta_x=75$ 过滤器达到 $x=10$ | | | |
| 暂载率/% | | 100 | | | |
| 电磁铁电流/A | | 最大 2.7 | | | |
| 线圈阻抗 $R_{20}$/Ω | | 2.4 | | | |
| 功率/W | | 最大 25 | | | |
| 配套放大器 | | 2/2V,2/2-RGC1 | | | |
| 滞环/% | | <0.2 | | | |
| 响应时间/ms | 100%指令信号 | 50 | 90 | 100 | 120 |
| | 10%指令信号 | 20 | 30 | 40 | 45 |
| 质量/kg | | 3.9 | 5 | 7.1 | 11.2 |

**特性曲线**

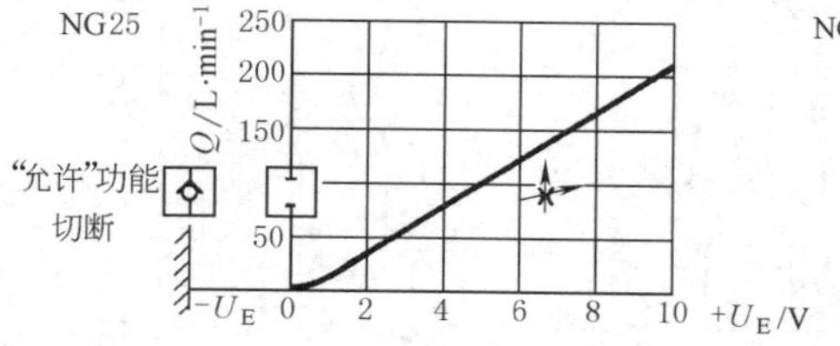


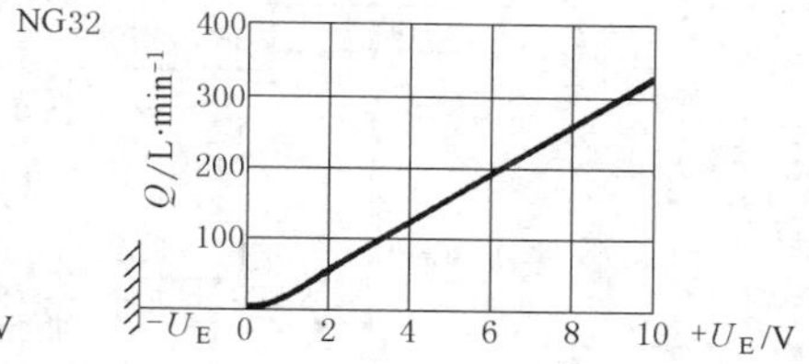


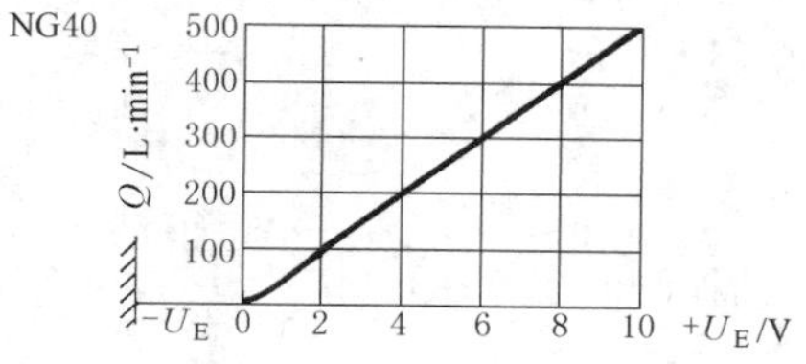


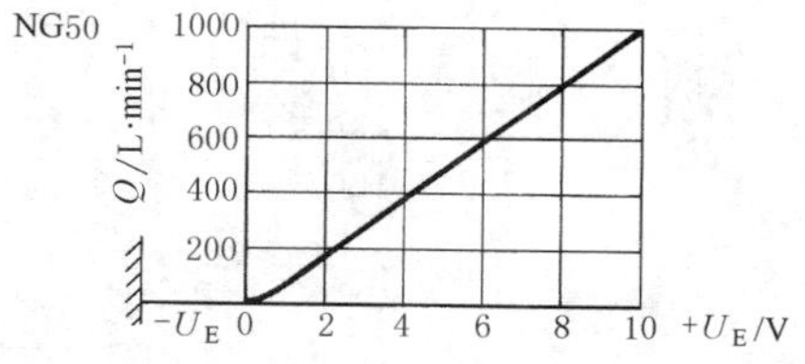


$\Delta p=0.5$MPa, $\nu=36$mm$^2$ · s$^{-1}$

## 2.2.15 BOSCH 插头式比例放大器

**表 22-6-111**

**结构图**

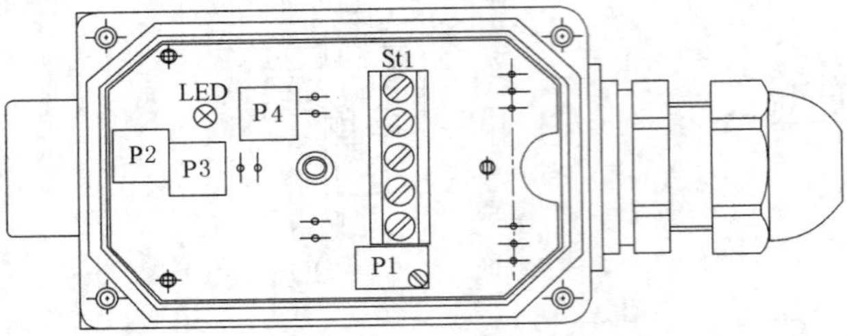


P1—缓冲时间；P2—增益；P3—零位；P4—颤振频率；

St1—接线端子；LED—$U_8$ 指示

· 0~10V DC 差动输入
· 打开金属盖子，缓冲，颤振，零位及增益可调整
· CE 认可
· 壳体坚固

**技术性能**

| 型号 | AS 2.5-mA | AS 0.8-V | AS 2.5-V |
|---|---|---|---|
| 输出方式 | 2.5A 线圈，4~20mA 控制信号 | 800mA 线圈，0~10V DC 控制信号 | 2.5A 线圈，0~10V DC 控制信号 |
| 电流/功率/(A/W) | 2.5/25 | 0.8/18 | 2.5/25 |
| 质量/kg | 0.15 | | |
| 缓冲时间 | 10ms~5s | | |
| 颤振频率范围/Hz | 80~350，工厂预设 | | |
| 零位补偿范围 | 见特性曲线 | | |
| 特点 | LED(绿)：电源上电时输入输出短路保护<br>PWM 输出级<br>快速充放电，高响应<br>采用电位器进行调整 | | |

**原理图**

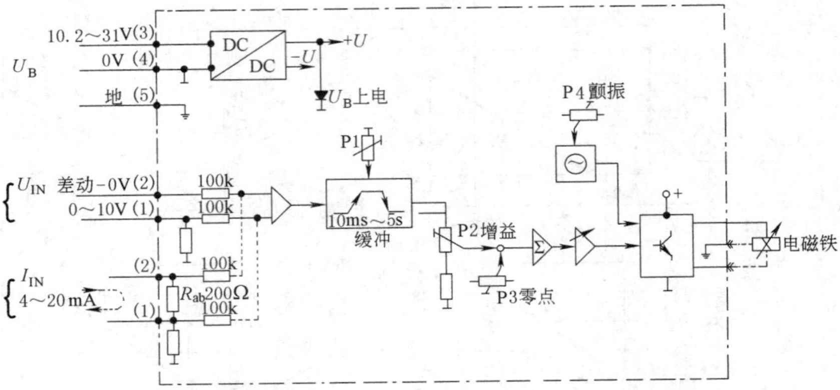


Ⓐ 0 811 405 143：0 811 405 144；

Ⓑ 0 811 405 145

续表

| | |
|---|---|
| 特性曲线 | 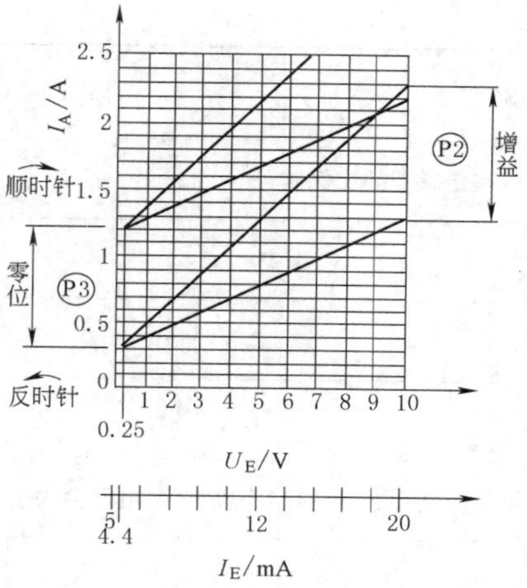 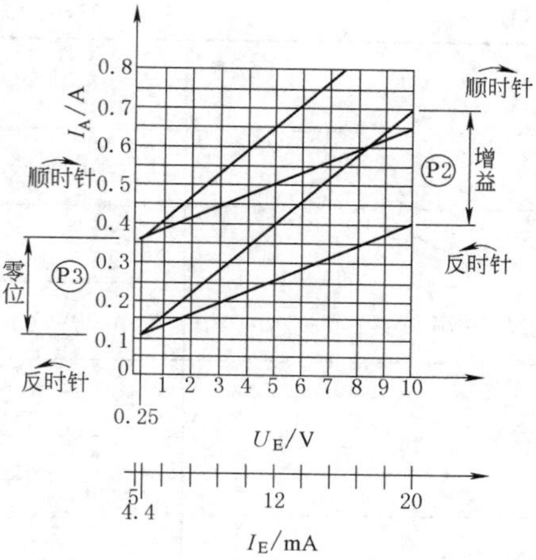 |

## 2.2.16 BOSCH 单通道/双通道盒式放大器

**表 22-6-112**

| | | |
|---|---|---|
| 技术性能 | 应用对象 | 所有不带位移控制的比例阀 |
| | 质量/kg | (单通道/双通道)0.5/0.6 |
| | 电磁铁电流/功率 | 2.5A/25W |
| | 输出到比例电磁铁信号 | 脉宽调制信号 $I_{max}=2.5A$ |
| | 电缆长度及截面尺寸 | 电磁铁　可达 65ft(20m):18AWG |
| | | 可达 130ft(40m):14AWG |
| | 特点 | 输入输出短路保护;PWM 输出级;快速充放电,高响应 |
| 原理图 | 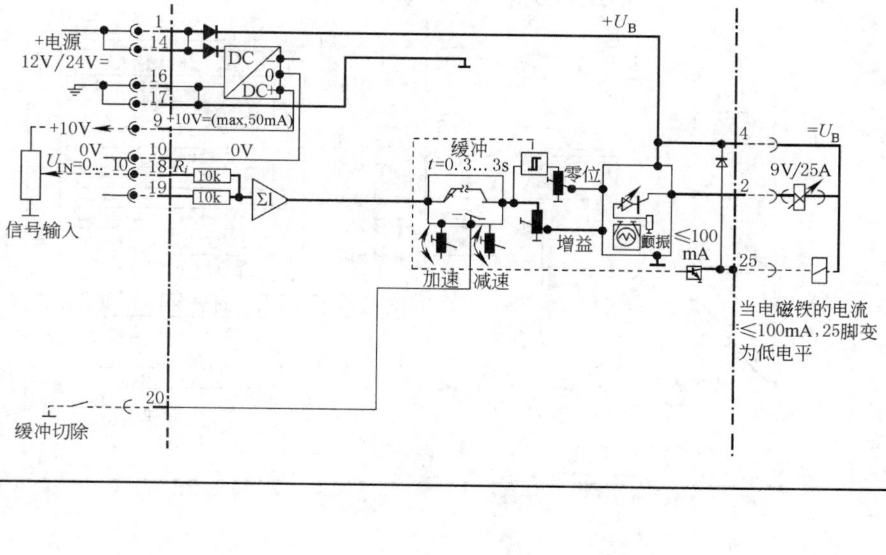 | |

## 2.2.17 BOSCH 模块式放大器 1

表 22-6-113

| | | | |
|---|---|---|---|
| 技术性能 | 型号 | 1M0.8-RGC1 | 1M2.5-RGC1 |
| | 应用对象 | 用于单电磁铁、不带位移传感器的比例阀 | |
| | 质量/kg | 0.25 | |
| | 铁磁铁电流/功率 | 0.8A/20W | 2.5A/35W |
| | 输入电流/A | 1.25 | 1.5 |
| | | 当输入电压较低,以及电磁铁连线较长时,电流会大于上述值 | |
| | 功率(典型)/V·A | 30 | 35 |
| | 输出到比例铁磁铁信号(9)、(10) | 脉宽调制信号 $I_{max}$=2.5A | |
| | 缓冲时间/s | 0.05~5 | |
| | 调整 | 0.05~5s | |
| | | 零位 | |
| | | 增益 | |
| | | 缓冲时间 | |
| | 特点 | 输入输出短路保护 | |
| | | PWM 输出级快速充放电,高响应 | |

原理图

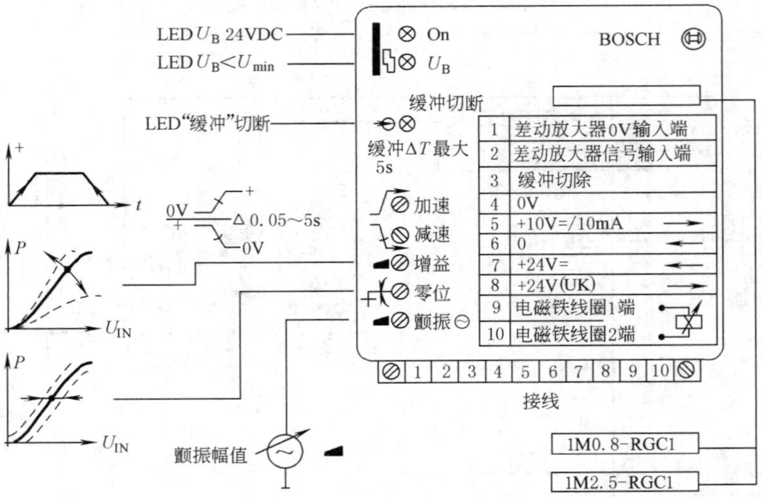

## 2.2.18 BOSCH 模块式放大器 2

表 22-6-114

| | | |
|---|---|---|
| 技术性能 | 型号 | 1M2.5-RGC2 |
| | 应用对象 | 用于两个 2.5A 电磁铁、不带位移传感器的比例阀 |
| | 质量/kg | 0.3 |
| | 铁磁铁 | 2.5A/25W |
| | 输入电流/A | 1.5 |
| | | 当输入电压较低,以及电磁铁连线较长时,电流会大于上述值 |
| | 最大功率消耗/V·A | 35 |
| | 给定信号:(2)<br>OV(1) | 0~+10±0.3~10V<br>差动放大($R_i$=100kΩ) |
| | 输出到比例电磁铁信号 1—2 | 脉宽调制信号 $I_{max}$=2.5A |
| | 外控缓冲切断 | (3):6~40VDC(额定 10VDC) |
| | 缓冲时间/s | 0.05~5 |
| | 调整 | 零位,缓冲时间 |
| | | 增益,颤振幅值 |
| | 特点 | 输入输出短路保护 |
| | | PWM 输出级 |
| | | 快速充放电,高响应 |
| 原理图 | 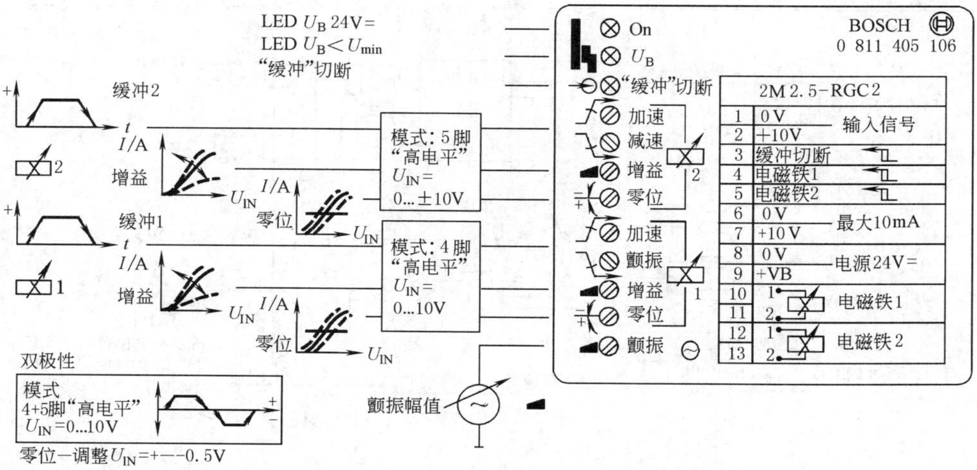 | |

## 2.2.19 BOSCH 单通道放大器（不带位移控制，带缓冲）

表 22-6-115

面板

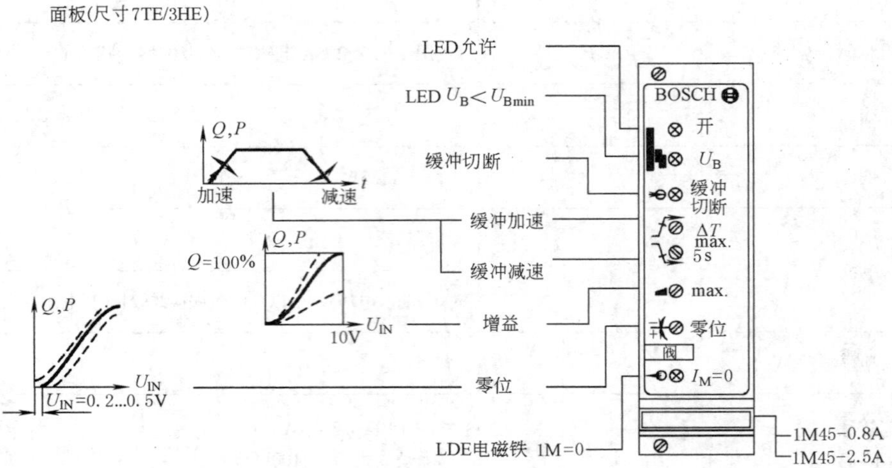


技术性能

| | | | |
|---|---|---|---|
| 技术性能 | 型号 | 1M45-2.5A | 1M45-0.8A |
| | 应用对象 | 所有不带位移控制的比例阀 | 不带位移控制的比例压力阀 |
| | 质量/kg | 0.2 | |
| | 电缆长度及截面尺寸 | 电磁铁可达 65ft(20m),18AWG | |
| | | 连线可达 130ft(40m),14AWG | |
| | 阀响应时间(100%信号变化)/ms | 50 | |
| | 阀滞环/% | <4 | |
| | 缓冲时间/s | 0.05~5 | |
| | 调整 | 零位[ $U_{IN} \leqslant 0.3$ (0.5) VDC] | |
| | | 增益 $U_{IN}$ = 10V 缓冲时间 | |
| | 特点 | 输入输出短路保护 | |
| | | PWM 输出级,快速充放电,高响应 | |

原理图

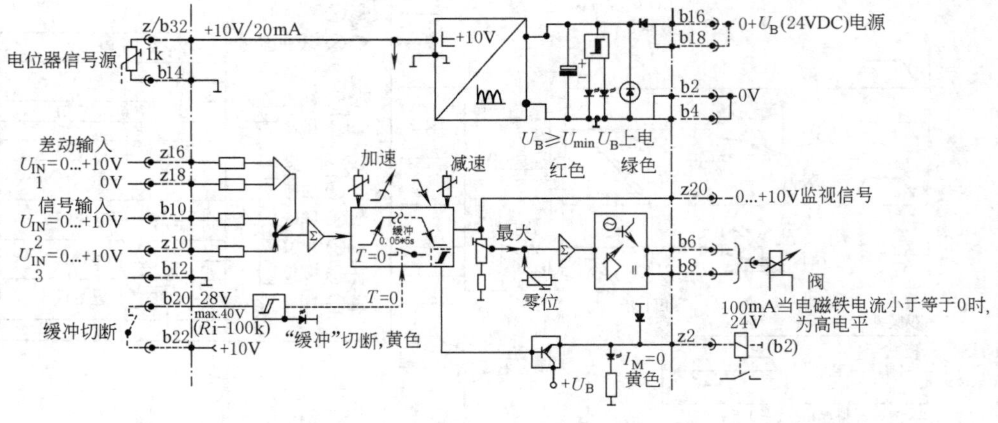

## 2.2.20 BOSCH 双通道双工放大器

表 22-6-116

| | | | |
|---|---|---|---|
| 技术性能 | 型号 | 2M45-2.5A | |
| | 应用对象 | 所有不带位移控制的比例阀 | |
| | 电磁铁 | 2.5A/25W | |
| | 质量/kg | 0.25 | |
| | 电缆长度及截面尺寸 | 电磁铁可达:65ft,18AWG | |
| | | 连线可达:130ft,14AWG | |
| | 单通道单向工作输入信号 $U_{IN}=0\sim+10V$ | 通道 1 | 通道 2 |
| | | b26 和/或 z24 | z12 和/或 z14 |
| | | 二通道中,都以 b12 作为控制零的参考点 | |
| | 双通道双向工作输入信号 $U_{IN}=0\sim\pm10V$ | 要么是差动输入信号 z16/z18(0V),要么是以 b12 为控制零参考点,输入脚为 b10 或 z10 输入信号;放大器处于双向工作时,在 b26/z24Ω 及 z12/z14Ω 脚不能有任何信号 | |
| | 双向工作时的输出 | $U_{IN}$=+时:通道 1(b6/b8);$U_{IN}$=−时:通道 2(z2/z4) | |
| | 缓冲时间/s | 0.05~5 可调 | |
| | 缓冲切断 | 通道 1 | 通道 2 |
| | | b20 | b22 |
| | | V=6...40,来自 b32 的 10V | |
| | 特点 | 输入输出短路保护,PWM 输出级 | |
| 原理图 | 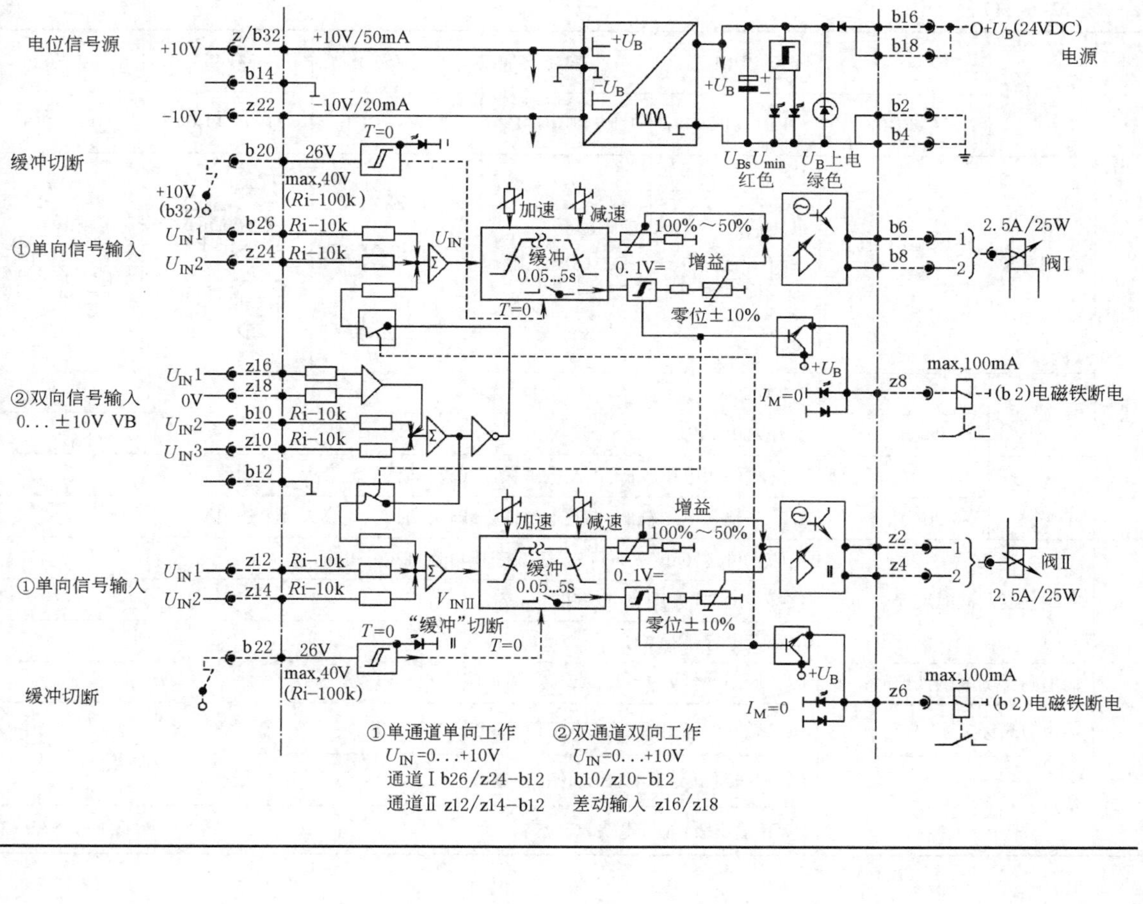 | | |

续表

| | |
|---|---|
| 面板 | 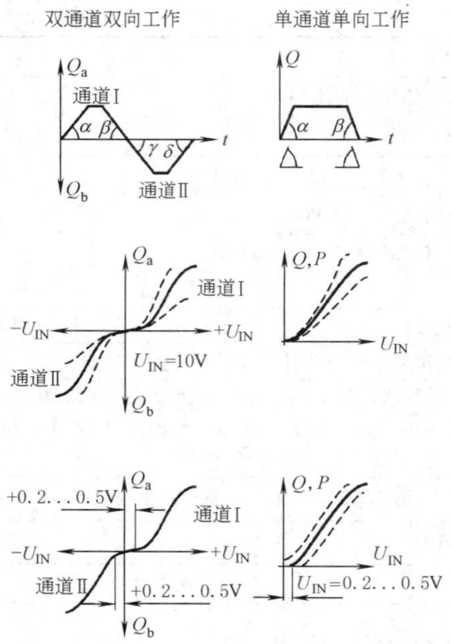 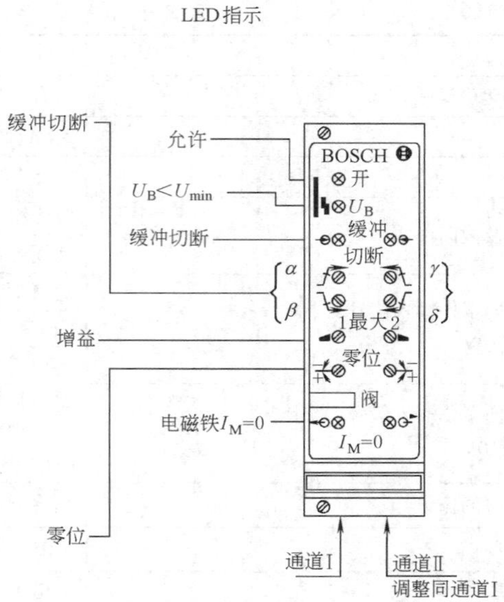 |

## 2.2.21 BOSCH 不带缓冲的比例阀放大器

表 22-6-117

| | | | | | | | |
|---|---|---|---|---|---|---|---|
| 技术性能 | 型号 | * - | PDL1 | PV45 | PV60 | QV45 | QV60 |
| | | * -PGC1 | PDL1-PGC1 | PV45-PGC1 | PV60-PGC1 | QV45-PGC1 | QV60-PGC1 |
| | 应用对象 | | 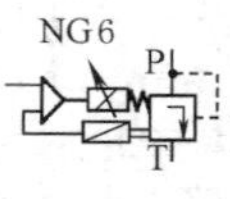 | 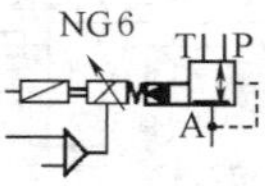 | 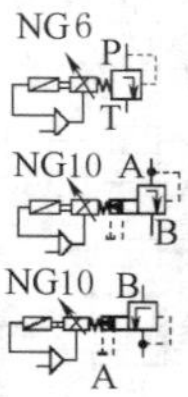 | 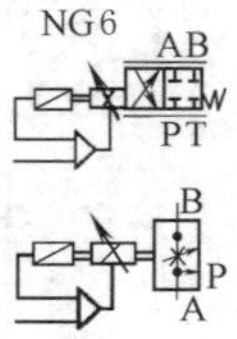 | 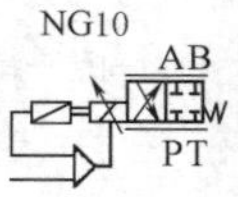 |
| | 铁磁铁 | * - | 2.7A/25W | | | | |
| | | * -PGC1 | 3.7A/50W | | | | |
| | 额定电流/A | * - | 1.5(当输入电压较低,以及电磁铁连线较长时,电流会大于上述值) | | | | |
| | | * -PGC1 | 2.2(当输入电压较低,以及电磁铁连线较长时,电流会大于上述值) | | | | |
| | 电缆长度及截面尺寸 | | 电磁铁可达:65ft(20m),18AWG;连线可达:130ft(40m),14AWG | | | | |
| | | | 位移传感器:最长 150ft,100Pf/m | | | | |
| | | | 电源及电容:18AWG | | | | |
| | 输出到比例电磁铁信号 | | 脉宽调制信号 $I_{max}$=2.7A,脉宽调制信号 $I_{max}$=3.7A | | | | |
| | 输出短路保护 | | 接电磁铁的输出级;接 LVDT 信号;电位器信号源 | | | | |
| | 特点 | | LVDT 电缆断路监测,PID 位移控制 | | | | |
| | | | PWM 输出级;充放电快,响应高 | | | | |

表 22-6-118　PAL1、PV45、PV60、QV45 和 QV60 等

| | |
|---|---|
| 原理图 | 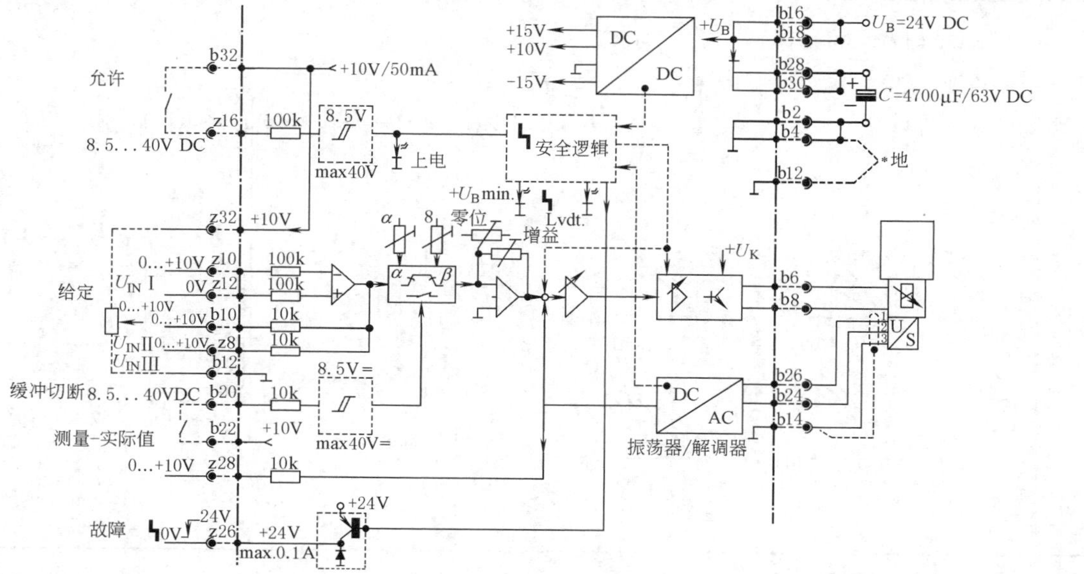  |
| 面板 | 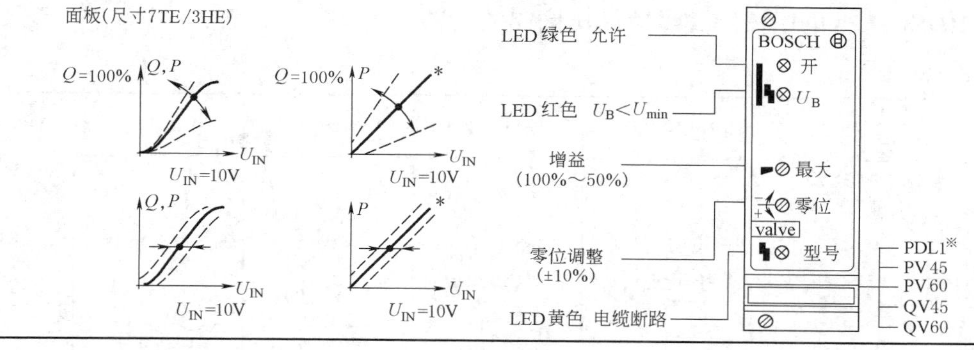  |

表 22-6-119　PAL1-PGC1、PV45-PGC1、PV60-PGC1、QV45-PGC1 和 QV60-PGC1 等

| | |
|---|---|
| 原理图 | 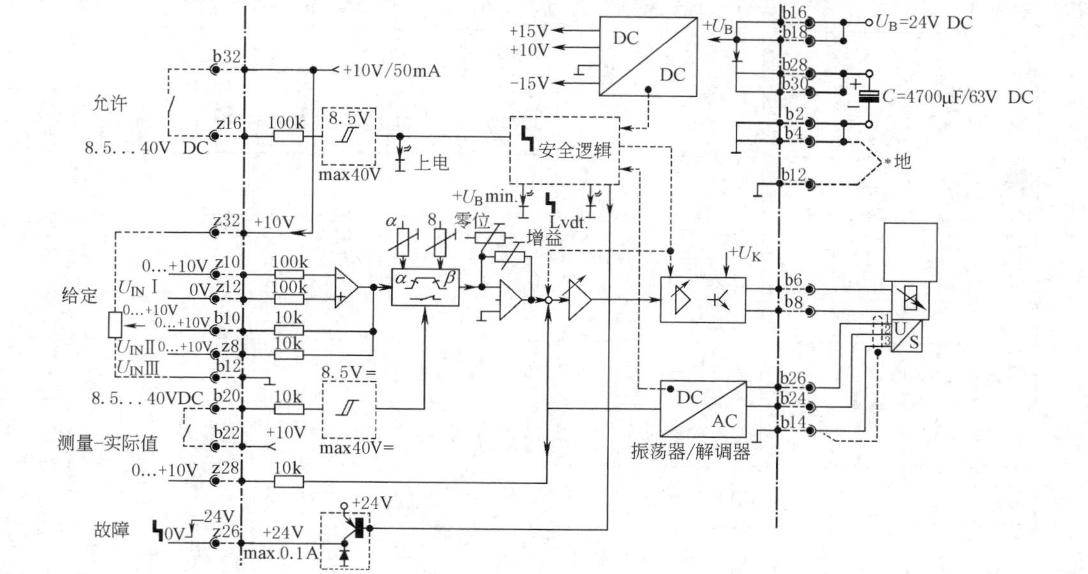  |

续表

| | |
|---|---|
| 面板 | 面板(尺寸7TE/3HE)<br>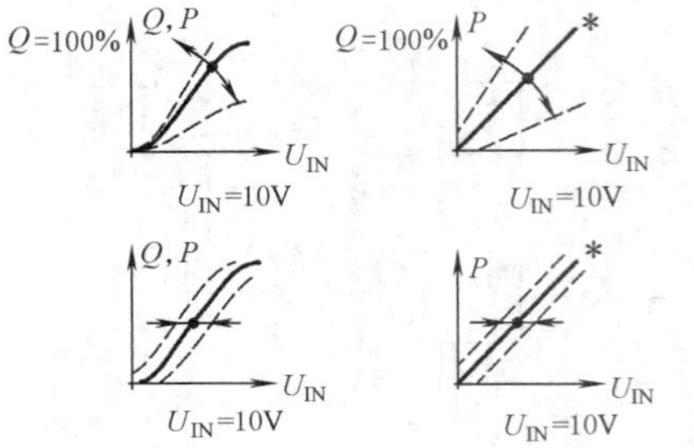<br>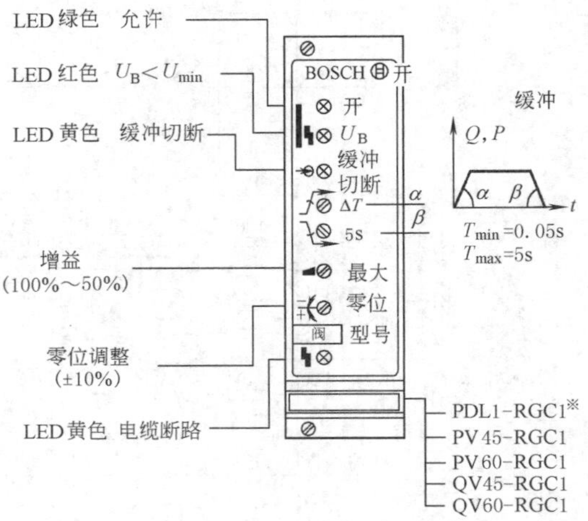 |

## 2.2.22 BOSCH带电压控制式缓冲的比例阀放大器

表 22-6-120

| | 型号 | PDL1-PGC3 | PV45-PGC3 | PV60-PGC3 | QV45-PGC3 | QV60-PGC3 |
|---|---|---|---|---|---|---|
| | 应用对象 | 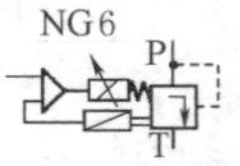 | 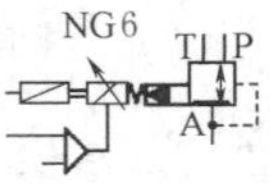 | 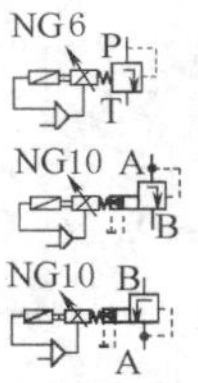 | 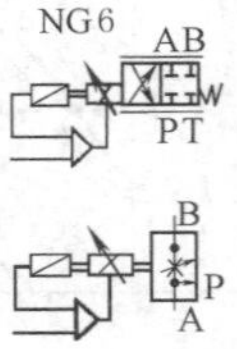 | 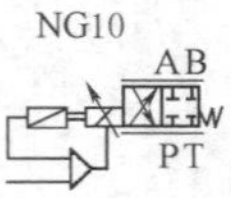 |
| 技术性能 | 铁磁铁 | 2.7A/25W | 2.7A/50W | 3.7A/50W | 2.7A/25W | 2.7A/50W |
| | 额定电流/A | 1.5 | 1.5 | 2.2 | 1.5 | 1.5 |
| | | 当输入电压较低,以及电磁铁连线较长时,电流会大于上述值 | | | | |
| | 最大功率/W | 35 | 35 | 55 | 35 | 35 |
| | 电缆长度及截面尺寸 | 电磁铁可达:65ft,18AWG;连线可达:130ft,14AWG | | | | |
| | | 位移传感器:3芯20AWG屏蔽线最长150ft | | | | |
| | | 电源及电容:18AWG | | | | |
| | 输出到比例电磁铁信号 | 脉宽调制信号 $I_{max}=2.7A$,脉宽调制信号 $I_{max}=3.7A$ | | | | |
| | 输出短路保护 | 接电磁铁的输出级;接LVDT信号;电位器信号源 | | | | |
| | 特点 | LVDT电缆断路监测,PID位移控制 | | | | |
| | | PWM输出级充放电快,响应高 | | | | |

**表 22-6-121　PAL1-PGC3、PV45-PGC3、PV60-PGC3、QV45-PGC3 和 QV60-PGC3 等**

面板

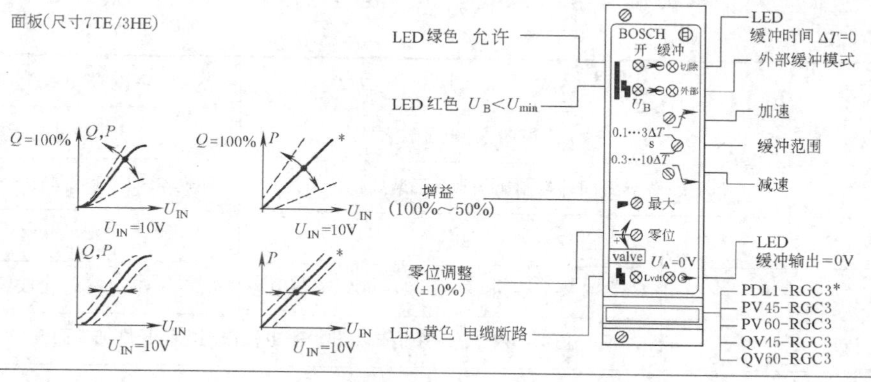


原理图

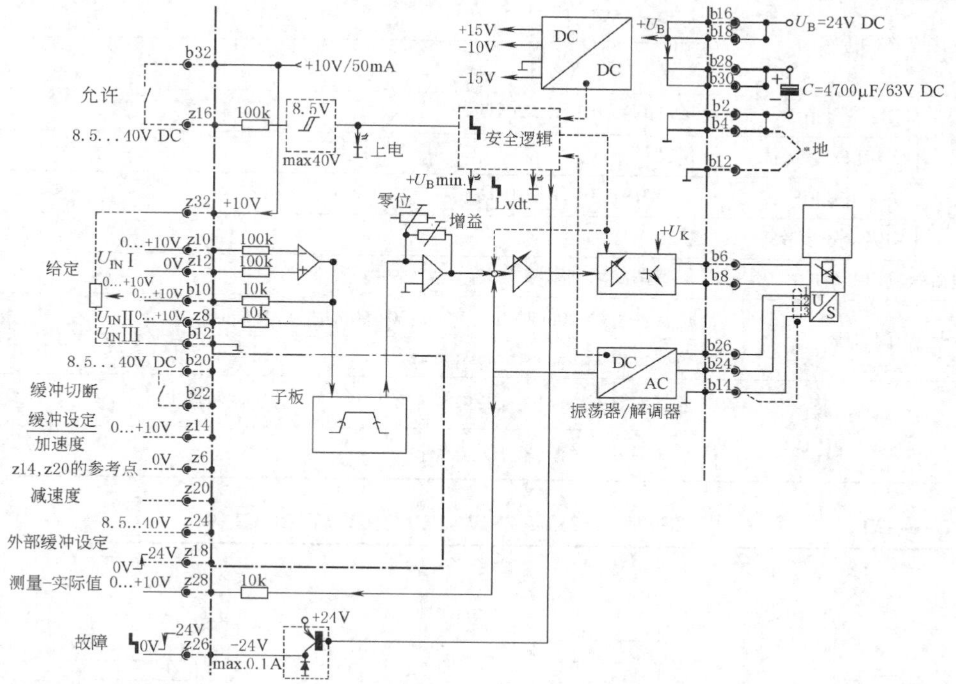


子板

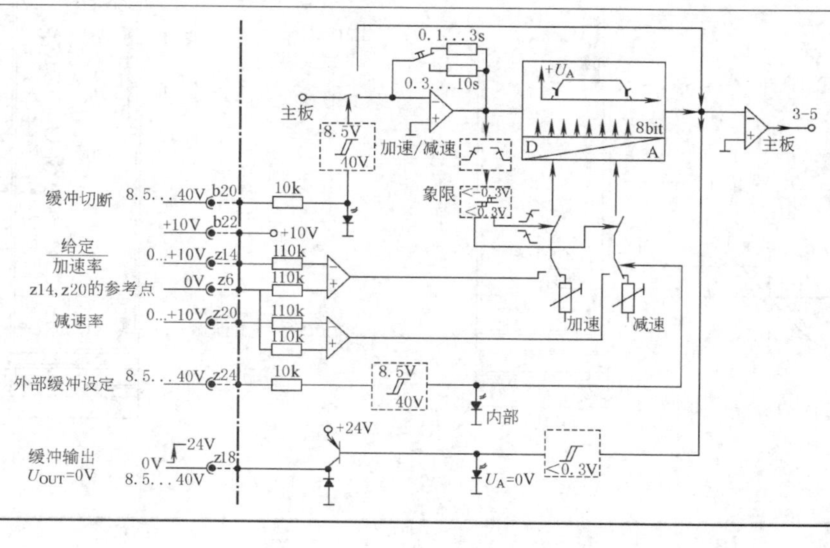

## 2.2.23 BOSCH 功率放大器（带与不带缓冲电子放大器）

表 22-6-122

| | | | | | | |
|---|---|---|---|---|---|---|
| | 型号 | | 2STV | 2/2V | 2STV-RGC2 | 2/2V-RGC1 |
| | | | 不带缓冲电子放大器 | | 带缓冲电子放大器 | |
| 技术性能 | 应用对象 | | 先导式闭环控制比例阀 | 插装式比例节流阀 | 先导式 4/3 比例方向阀 | 插装式比例节流阀 |
| | 质量/kg | | 0.2 | | 0.25 | |
| | 电源 $U_B$ 至 $z_2$-$b_2$ | | 24V DC 额定值，电源电压 21～40V，交流电压整流，$U_{ms}$=21～28V（全波单相整流） | | | |
| | 输入电流 | | 1.5A，该值会随着 $U_B$ 最小值减小和控制电磁铁用电缆长度加长而升高 | | | |
| | 位移传感器电源 | | b 30：-15V | | | |
| | | | z 30：+15V | | | |
| | 先导级 | 实际信号值 | b 22：0～±10V，$R_i$>20kΩ | | | |
| | | 实际信号参考值 | b 24 | | | |
| | 主级 | 实际信号值 | b 26：0～±10V，$R_i$>20kΩ | | | |
| | | 实际信号参考值 | b 28 | | | |
| | 电磁铁输出 b 6-b 8 | | 脉宽调制式电流调节，$I_{max}$=2.7A | | | |
| | 放大器/阀引线 | | 电磁铁引线：20m 时为 $1.5mm^2$；20～60m 时为 $2.5mm^2$ | | | |
| | | | 位移传感器：4mm×0.5mm（屏蔽） | | | |
| | 特点 | | 测量回路开路保护；带 PID 调节的位移控制；脉宽调制输出级 | | | |
| | | | 快速激发和关断；输出短路保护 | | | |

表 22-6-123　　2STV、2/2V 和 2STV-RGC2、2/2V-RGC1 等

面板

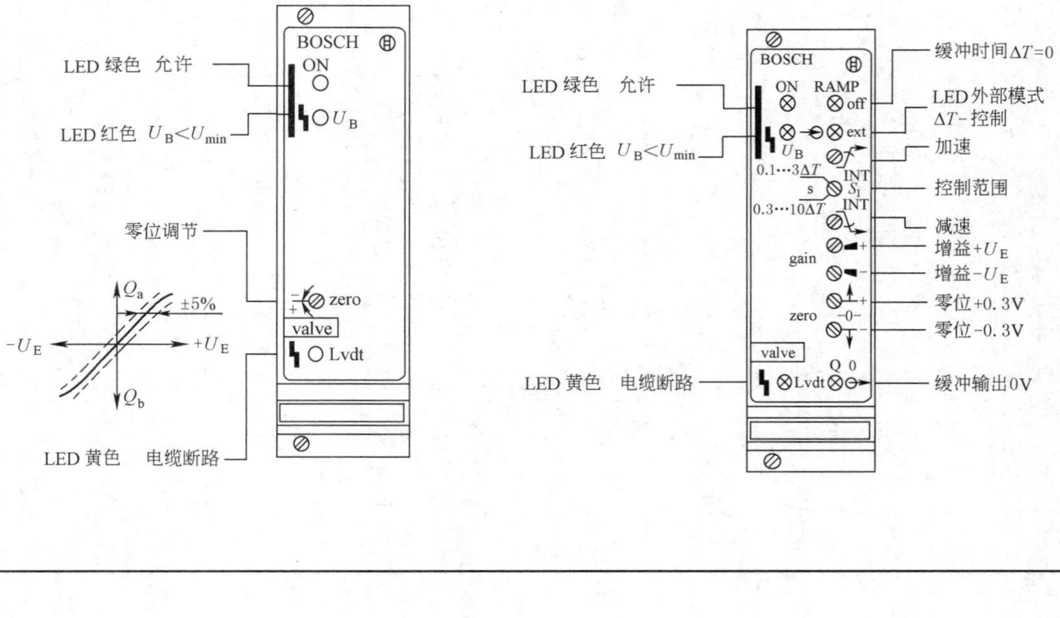

表 22-6-124

| | |
|---|---|
| 2STV 原理图 | 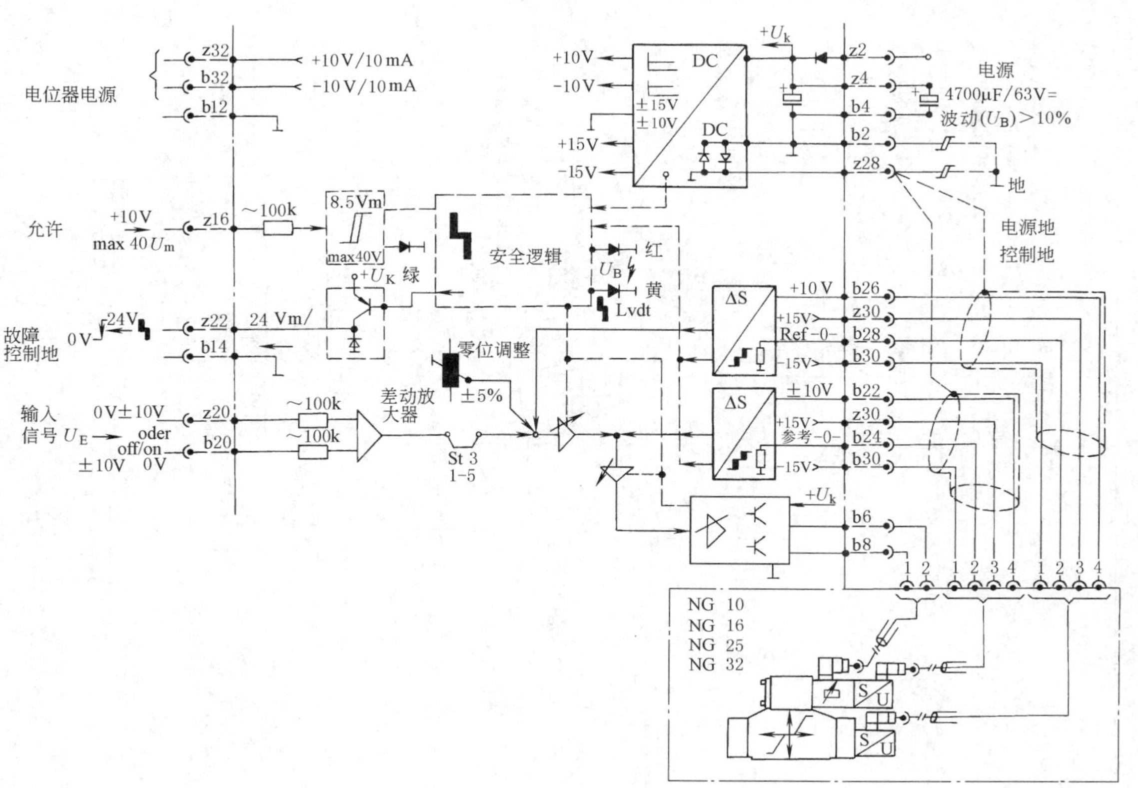  |
| 2STVRGC2 原理图 | 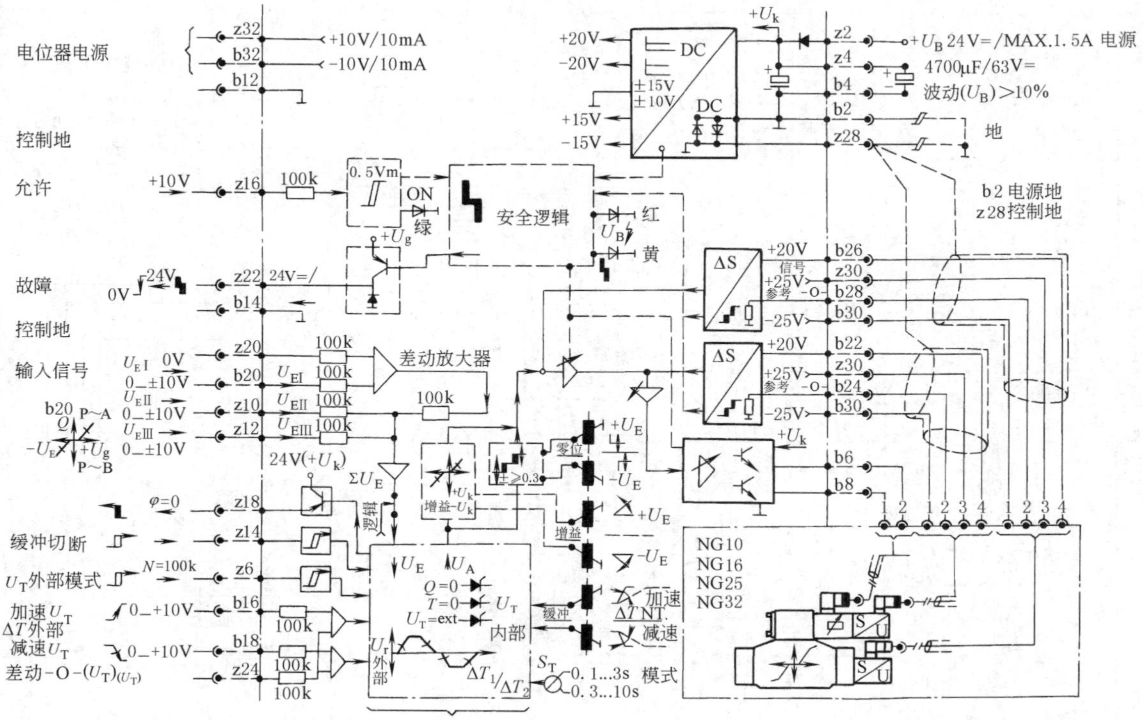  |

续表

2/2V 原理图

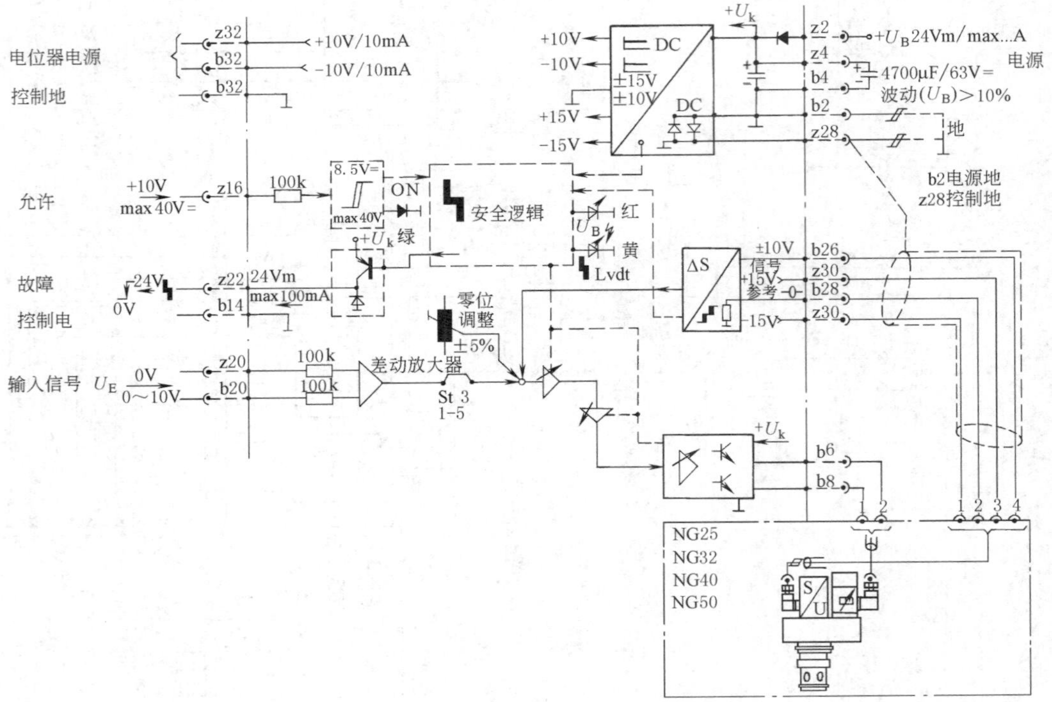


2/2V-RGC1 原理图

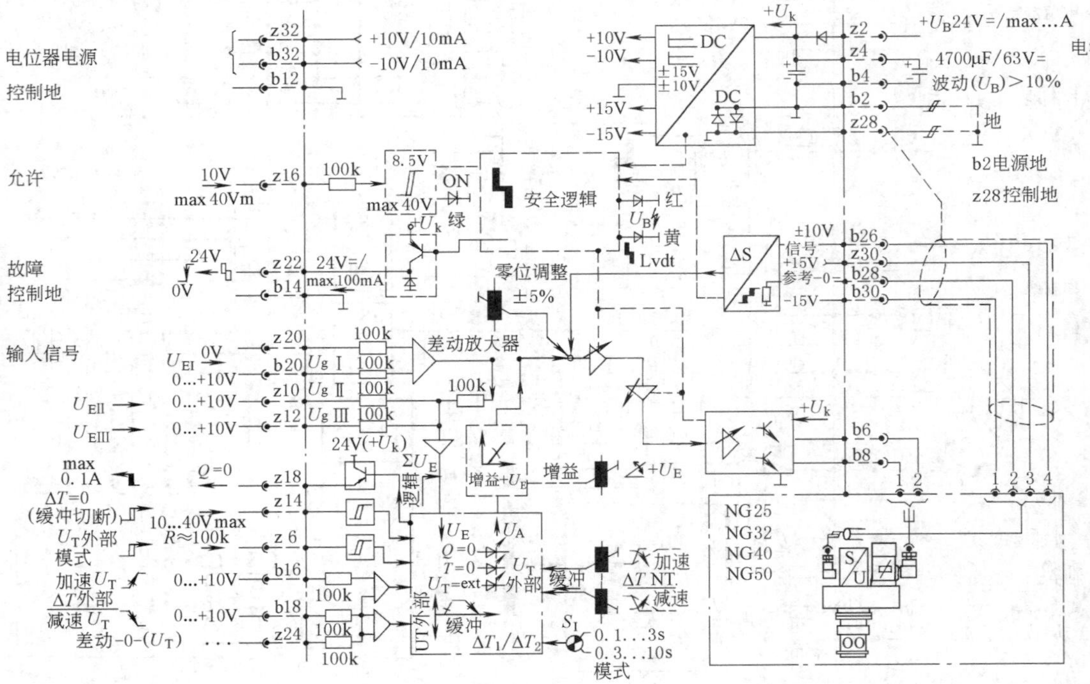


第22篇

## 2.2.24 力士乐（REXROTH）DBET 和 DBETE 型/5X 系列比例溢流阀

表 22-6-125

**结构图**

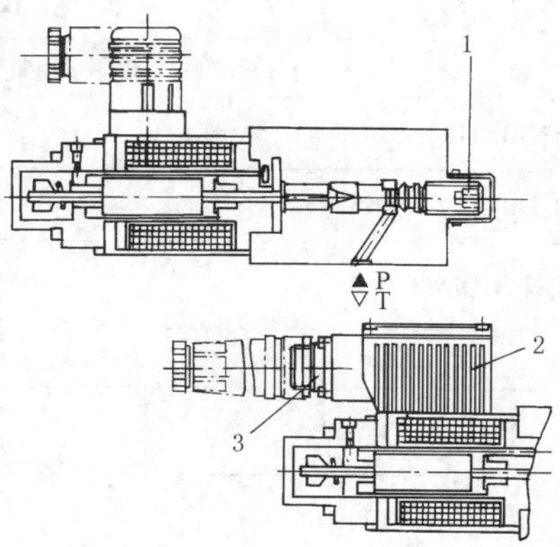


DBETE(带内置式放大器)：

其功能和结构与 DBET 类似,只是在比例电磁铁上多了控制放大器的外壳 2,电源电压及给定值电压通过插头 3 接入

出厂前每个阀的给定值-压力-特性曲线都经过精确调节[阀座 1 处的零点以及放大器中 $I_{max}$-电位计(R30)的调节精度],其差别很小

利用其中的两个电位计可以单独调节建立起压力以及卸掉压力所需的斜坡时间

**型号意义**

DBET □ - 5X / □ G24 □ □ *

- DBET：比例溢流阀
- □：无代号—使用外部放大器；E—带内置放大器
- 5X：5X—50～59系列（50～59：安装及连接尺寸不变）
- □：压力等级：50—5.0MPa；100—10.0MPa；200—20.0MPa；315—31.5MPa；350—35.0MPa
- G24：G24—放大器的电源电压：24V，直流
- □：DBET的电气接线：K4—带符合DIN43 650-AM2的插头；不带插座，插座需单独供货<br>DBETE的电气接线：K31—带符合DIN43 563—AM6-3的插头；不带插座，插座需单独供货
- □：M—丁腈橡胶密封，适合于矿物油介质(HL,HLP)；V—氟橡胶密封
- *：其他要求用文字说明

**技术性能**

| | | | | | |
|---|---|---|---|---|---|
| 最高工作压力(P 口)/MPa | | 35.0 | 流量/L·$min^{-1}$ | 最大 2 | |
| 最高调定压力/MPa | 压力等级 5.0MPa | 5.0 | 给定值为零时的最低调定压力 | 见特性曲线 | |
| | 压力等级 10.0MPa | 10.0 | | | |
| | 压力等级 20.0MPa | 20.0 | 回油压力(油口 T) | 单独无背压地回油箱 | |
| | 压力等级 31.5MPa | 31.5 | | | |
| | 压力等级 35.0MPa | 35.0 | | | |
| 油液污染度 | | NAS1638-9 级 | | | |
| 油液温度范围/℃ | | -20~80 | | | |
| 黏度范围/$mm^2 \cdot s^{-1}$ | | 15~380 | | | |
| 滞环(见压力特性曲线)/% | | 最高调定压力的±1.5 | 考虑滞环特性曲线;在压力递增的情况下，同型号元件的给定值-压力特性曲线的误差 | DBET | 最高调定压力的±2.5% |
| 重复精度/% | | <最高调定压力的±2 | | | |
| 线性度/% | | 最高调定压力的±3.5 | | DBETE | 最高调定压力的±1.5% |
| 动作时间/ms | | 30~150（与具体设备有关） | | | |

续表

<table>
<tr><td rowspan="9">技术性能</td><td>电源电压</td><td colspan="2">24V DC</td><td rowspan="4">电气接线</td><td rowspan="4">单独订货</td><td rowspan="2">DBET</td><td>带符合 DIN43 650-AM2 标准的插头</td></tr>
<tr><td>最小控制电流</td><td>DBET 和 DBETE</td><td>100mA</td><td>插座符合标准 DIN43 650-AF2/PN11</td></tr>
<tr><td rowspan="2">最大控制电流</td><td>DBET</td><td>800mA</td><td rowspan="2">DBETE</td><td>带符合 E DIN43 563-AM6-3 标准的插头</td></tr>
<tr><td>DBETE</td><td>1600mA</td><td>插座符合标准 E DIN43 563-BF6-3/PN11</td></tr>
<tr><td rowspan="2">电磁铁线圈电阻/Ω</td><td>20℃时的冷值</td><td colspan="5">DBET 为 19.5;DBETE 为 5.4</td></tr>
<tr><td>最大热值</td><td colspan="5">DBET 为 28.8;DBETE 为 7.8</td></tr>
<tr><td>通电率</td><td>DB</td><td colspan="3">阀的保护形式符合 DIN40 050</td><td colspan="2">IP 65</td></tr>
<tr><td colspan="2">用于 DBETE 的放大器</td><td colspan="5">内置于阀内</td></tr>
<tr><td colspan="2">用于 DBET 的放大器<br>欧洲制式(单独订货)</td><td colspan="3">模拟式</td><td colspan="2">VT-VSPA1-1<br>VT2000</td></tr>
</table>

**表 22-6-126**

特性曲线

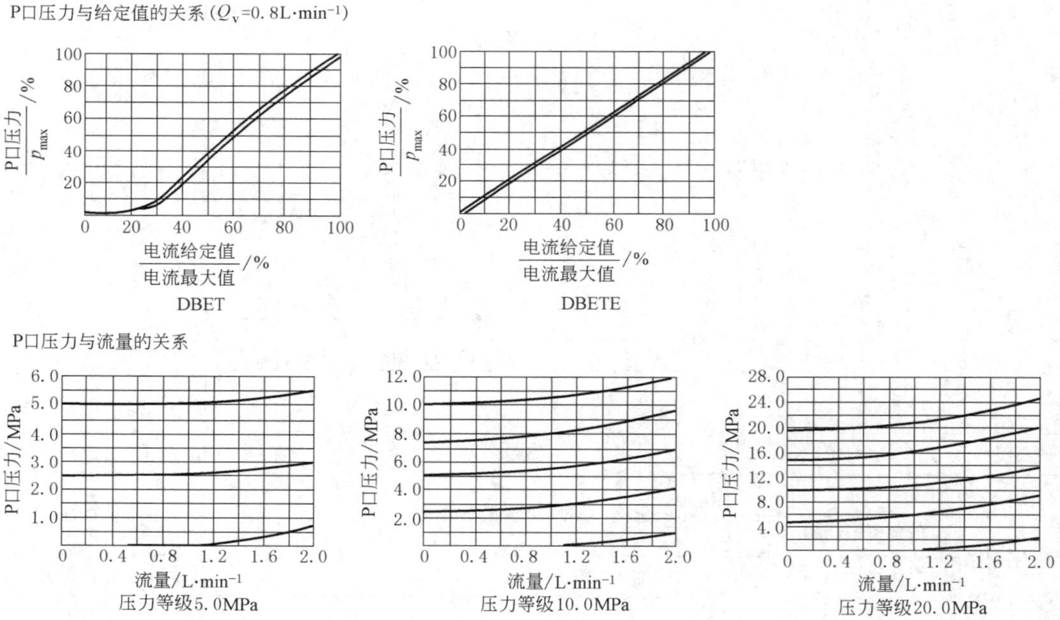


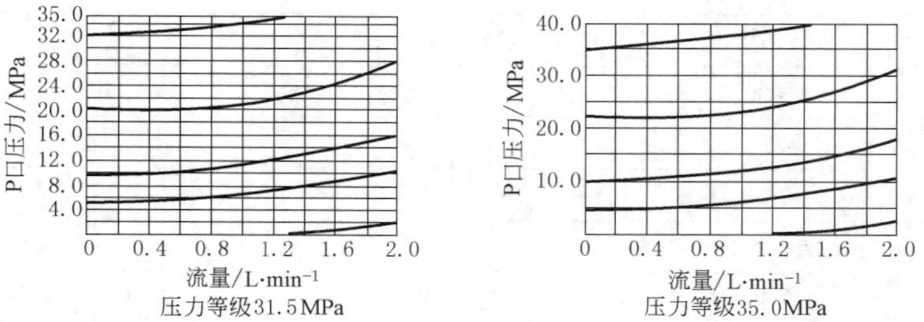


测量特性曲线时，T口无背压

续表

**特性曲线**

给定值为0时，P口的最低调定压力

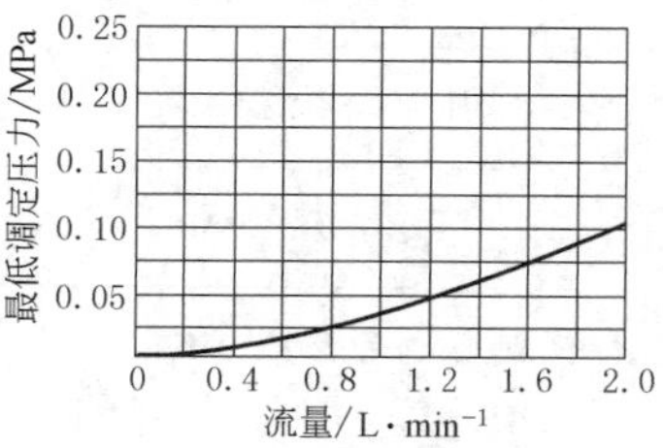


压力等级5.0MPa

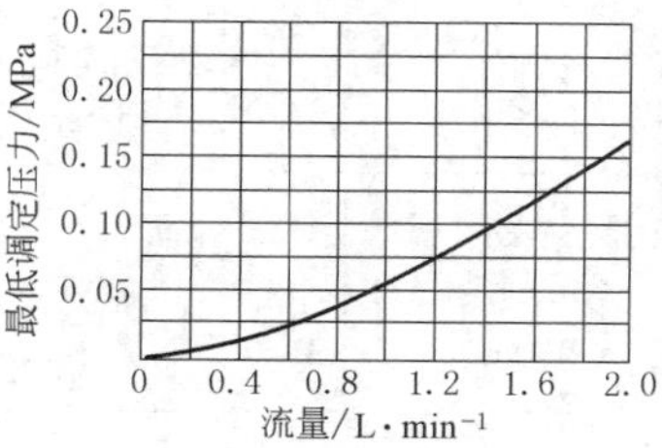


压力等级10.0MPa

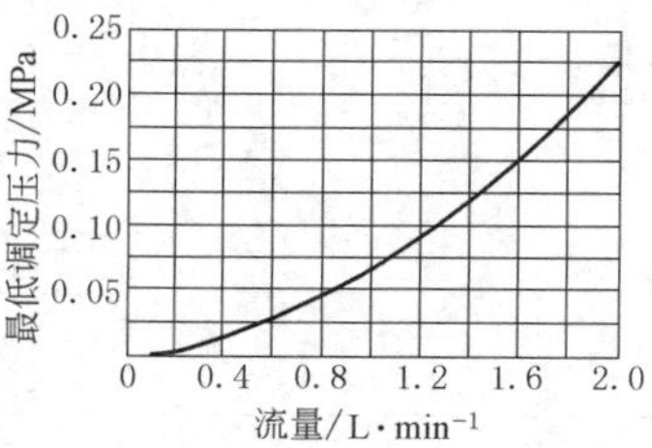


压力等级20.0MPa

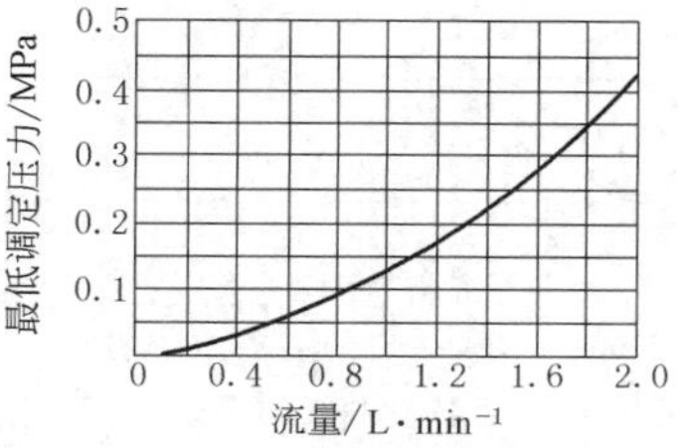


压力等级31.5MPa

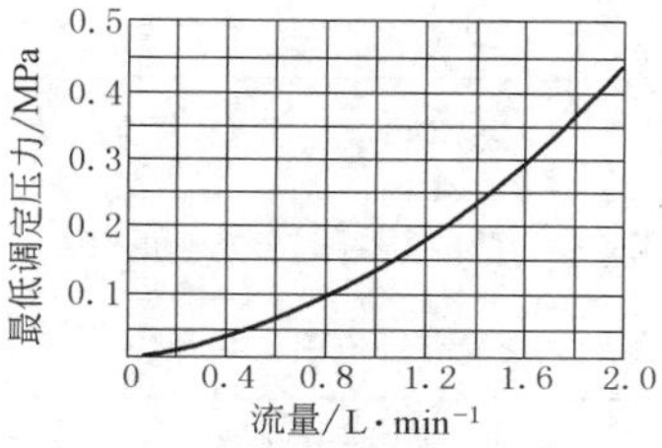


压力等级35.0MPa

测量特性曲线时，T口无背压

说明：为了能达到最低调定压力，起始电流不得超过100mA

## 2.2.25 力士乐（REXROTH）DBETR/1X 系列比例溢流阀（带位置反馈）

**表 22-6-127**

**结构图及型号意义**

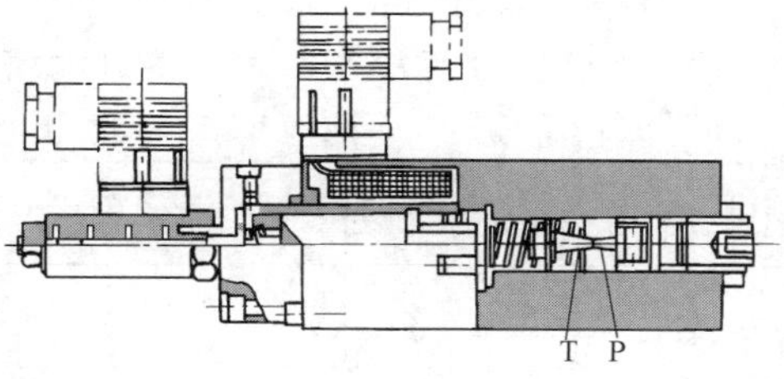


Typ DBETR-1X/...

DBETR-1X □/□ G24 E4 □ □

- DBETR：比例溢流阀
- 1X：10～19 系列（10～19：安装及连接尺寸不变）
- 第一个□：压力等级：30—至3.0MPa；80—至8.0MPa；180—至18.0MPa；230—至23.0MPa；315—至31.5MPa；350—至35.0MPa
- G24：电控部分电源电压：直流，24V
- E4：电气接线：E4—带符合DIN43 650-AM2的插头，用于比例电磁阀的接线，以及Hirschmann公司的插头GSA20，用于比例阀的接线；不带插座，插座需单独供货
- 倒数第二个□：M—NBR-密封，适用于符合DIN51 524的矿物油介质(HL,HLP)；V—FKM密封
- 最后一个□：其他要求用文字说明

**技术性能**

液压参数（测量条件：$\nu=41\ mm^2 \cdot s^{-1}$，$t=50$ ℃）

| | | | | |
|---|---|---|---|---|
| 最高工作压力/MPa | P口 | 35.0 | 给定值为零时的最低调定压力 | 见特性曲线 |
| | T口，调压时 | 0.2 | | |
| 不带压力调节，T口截止/MPa | | 10.0 | 回油压力（油口T） | 单独无背压地回油箱 |

续表

| | | | | | | |
|---|---|---|---|---|---|---|
| 技术性能 | 最高调定压力 | 压力等级 3.0MPa | 3.0 | 最大流量/L·min$^{-1}$ | 压力等级 3.0MPa | 3 |
| | | 压力等级 8.0MPa | 8.0 | | 压力等级 8.0MPa | 3 |
| | | 压力等级 18.0MPa | 18.0 | | 压力等级 18.0MPa | 3 |
| | | 压力等级 23.0MPa | 23.0 | | 压力等级 23.0MPa | 3 |
| | | 压力等级 31.5MPa | 31.5 | | 压力等级 31.5MPa | 2 |
| | | 压力等级 35.0MPa | 35.0 | | 压力等级 35.0MPa | 2 |
| | 黏度范围/mm$^2$·s$^{-1}$ | | 15~380 | | | |
| | 油液污染度 | | NAS1683-9 级 | | | |
| | 油液温度范围/℃ | | -20~80 | | | |
| | 滞环(见压力特性曲线) | | 最高-20~80<调定压力的 1% | | 考虑滞环特性曲线;在压力递增的情况下,同型号元件的给定值-压力特性曲线的误差 | 最高调定压力的±3% |
| | 重复精度 | | <最高调定压力的 0.5% | | | |
| | 线性度 | | <最高调定压力的 1.5% | | | |
| | 阶跃响应特性 $T_u+T_g$ (0~100%)/ms | | 与具体设备有关 | | $p_{min}-p_{max}$ | $p_{max}-p_{min}$ |
| | | | 压力等级 30,80,180 | | 100 | 50 |
| | | | 压力等级 230,315,350 | | 150 | 100 |
| | 电源电压 | | 24V DC | 电气接线 | 带符合 DIN43 650-AM2 标准的插头 | |
| | 最大功率消耗 | | 50V·A | | 插座符合标准 DIN43 650-AF2/PN11 | |
| | 线圈电阻/Ω | 20℃时的冷值 | 10 | 通电率 | 100% | |
| | | 最大热值 | 13.9 | 保护型式符合 DIN40 050 | IP 65 | |
| | 振荡器频率 | 2.5kHz | 感抗 | 6~8mH | | |
| | 感应器线圈电阻冷值电阻/Ω | 线圈之间 20℃时 | 1 和 2 | 2 和接地 | 接地和 1 | |
| | | | 31.5 | 45.5 | 31.5 | |
| | 阀的保护型式符合 DIN40 050 | IP 65 | 电气接线 | 带 Hirschmann 公司的插头 GSA | | |
| | | | | 插座为 Hirschmann 公司的 GM209N9(Pg9) | | |
| | 欧洲制式 | 模拟式 | VT 5003 | | | |
| | | 数字式 | VT-VRPD-1 | | | |
| | 模块式 | | VT 11 025 | | | |

表 22-6-128

特性曲线

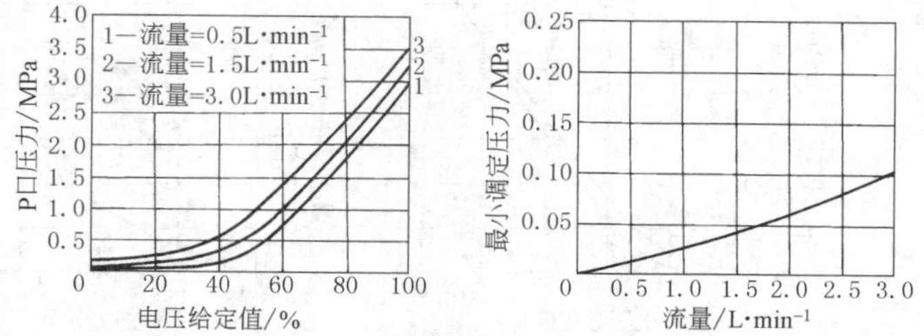


压力等级3.0MPa

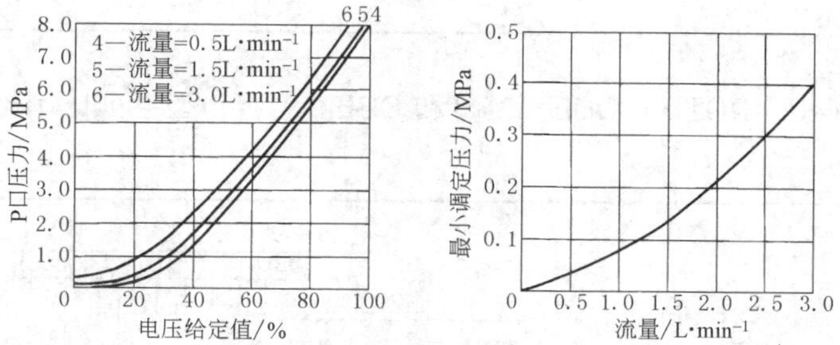


压力等级8.0MPa

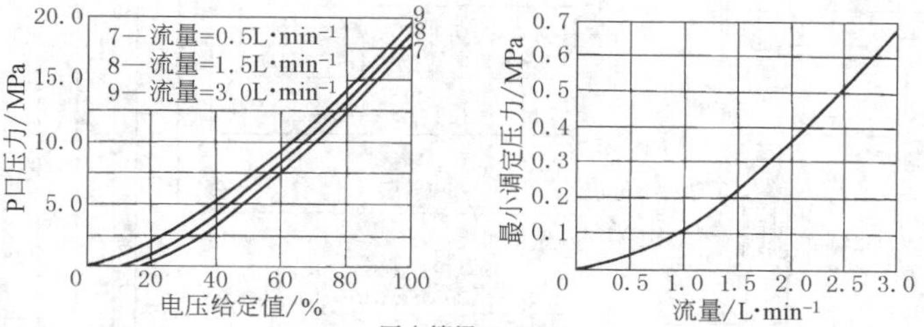


压力等级18.0MPa

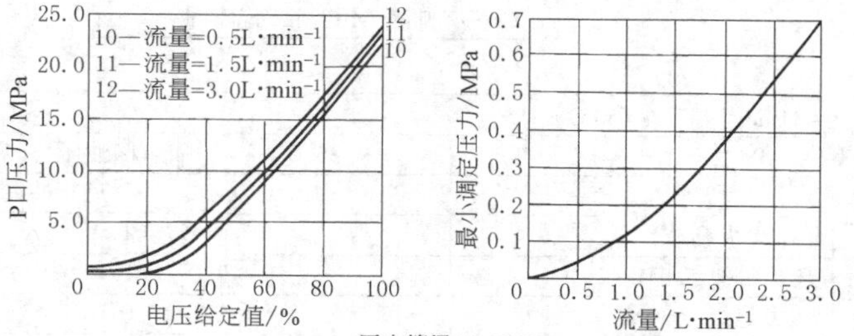


压力等级23.0MPa

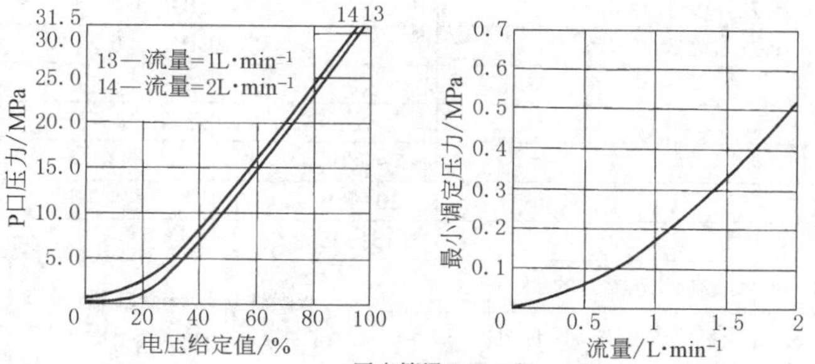


压力等级31.5MPa

第22篇

续表

| | |
|---|---|
| 特性曲线 | 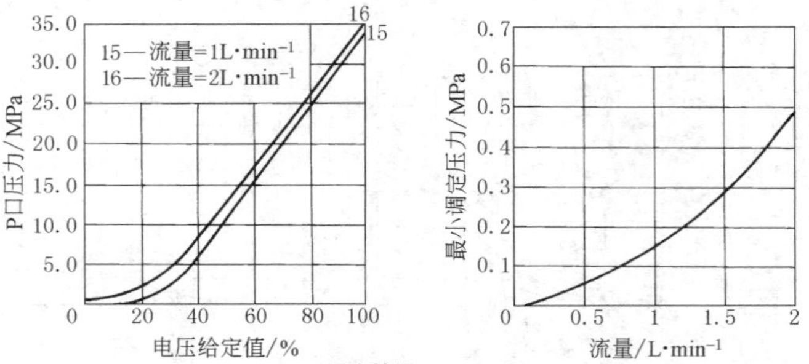<br>压力等级35.0MPa |

## 2.2.26 力士乐（REXROTH）DBE（M）和 DBE（M）E 型系列比例溢流阀

**表 22-6-129**

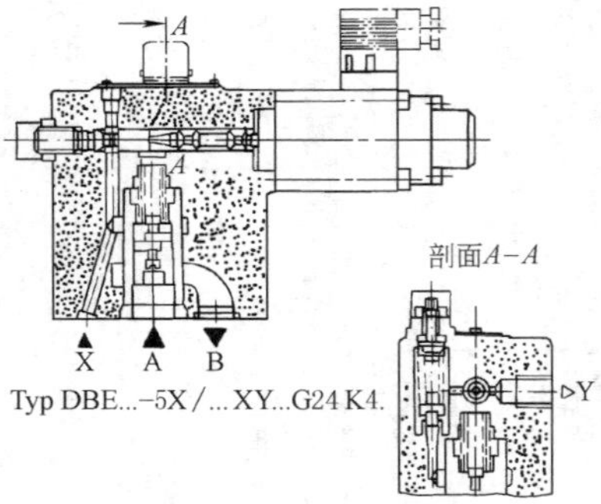

Typ DBE...-5X/...XY...G24 K4.

Typ DBEM...-5X/...用最高压力安全阀

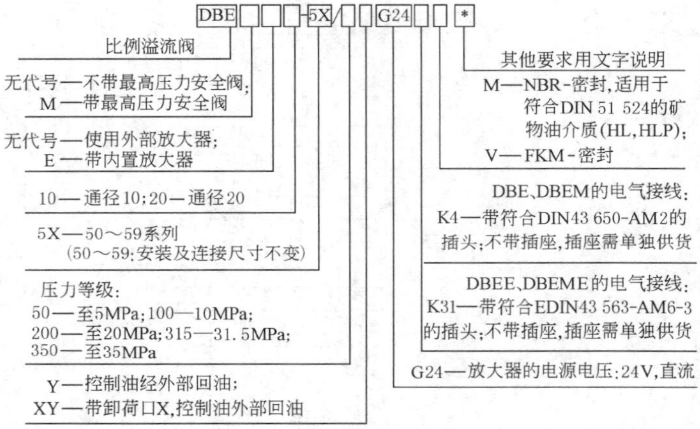


（结构及型号）

| 技术性能 | | | | | |
|---|---|---|---|---|---|
| 液压参数(测量条件:$\nu=41mm^2 \cdot s^{-1}$,$t=50℃$) | | | | | |
| 最高工作压力 A、B、X 口/MPa | | 35.0 | | 回油压力(Y 口) | 单独无背压地回油箱 |
| 给定值为零时的最低调定压力 | | 见特性曲线 | | | |
| 最高调定压力/MPa | (可无级调节) | 调节范围 | | | 供货时的状态 |
| | 压力等级 5.0MPa | 3.0~7.0 | | | 7.0 |
| | 压力等级 10.0MPa | 5.0~13.0 | | | 13.0 |
| | 压力等级 20.0MPa | 9.0~23.0 | | | 23.0 |
| | 压力等级 31.5MPa | 15.0~35.0 | | | 35.0 |
| | 压力等级 35.0MPa | 20.0~39.0 | | | 39.0 |
| 最大流量/$L \cdot min^{-1}$ | | 200 | | | 400 |
| 控制油流量/$L \cdot min^{-1}$ | | 0.5~1.8 | | | 0.5~2.1 |
| 黏度范围/$mm^2 \cdot s^{-1}$ | | 15~380 | | | |
| 油液温度范围/℃ | | -20~80 | | | |
| 油液污染度 | | NAS1638-9 级 | | | |

| | | | | |
|---|---|---|---|---|
| 滞环(见压力特性曲线) | 最高调定压力的±1.5% | 考虑滞环特性曲线;在压力递增的情况下,同型号元件的给定值-压力特性曲线的误差 | DBE<br>DBEM | 最高调定压力的±2.5% |
| 重复精度 | <最高调定压力的±2% | | | |
| 线性度 | 最高调定压力的±3.5% | | DBEE<br>DBEME | 最高调定压力的±1.5% |
| 阶跃响应时间/ms | 150(与具体设备有关) | | | |

续表

| | | | | | | | |
|---|---|---|---|---|---|---|---|
| 技术性能 | 电源电压 | | 24V DC | 电气接线 | 单独订货 | DBE、DBEM | 带符合 DIN43 650-AM2 标准的插头 |
| | 最小控制电流/mA | | 100 | | | | 插座符合标准 DIN43 650-AF2/PN11 |
| | 最大控制电流/mA | DBE、DBEM | 1600 | | | DBEE、DBEME | 带符合 E DIN43 563-AM6-3 标准的插头 |
| | | DBEE、DBEME | 1440~1760 | | | | 插座符合标准 E DIN43 563-BF6-3/PN11 |
| | 电磁铁线圈电阻/Ω | 20℃时的冷值 | 5.4 | | | | |
| | | 最大热值 | 7.8 | | | | |
| | 通电率 | | 100% | 阀的保护型式符合 DIN40 050 | | | IP 65 |
| | 用于 DBEE、DBEME 的放大器 | | | 内置于阀内 | | | |
| | 用于 DBE、DBEM 的放大器 | | | 模拟式 | | | VT-VSPA1-1 |
| | 欧洲制式 | | | 数字式 | | | VT-VSPD-1 |
| | (单独订货) | | | 模拟式 | | | VT11 131 |
| | 模块式放大器 | | | 20℃时的冷值 | | | VT11 030 |
| | 电磁铁线圈电阻 | | | 最大热值 | | | DBET 为 28.8Ω；DBETE 为 7.8Ω |

**表 22-6-130**

特性曲线

调定压力与流量的关系

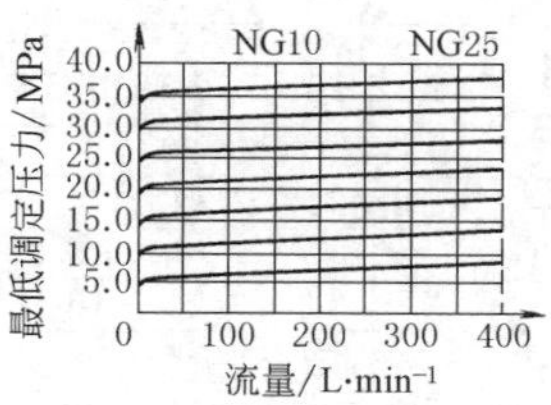


给定值为零时的最低调定压力

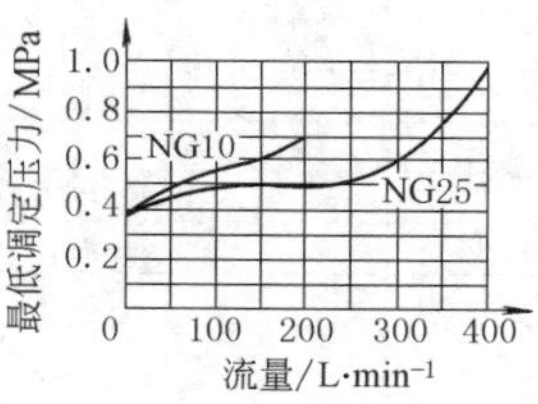


给定值-压力特性曲线（测量时流量27L·min⁻¹）

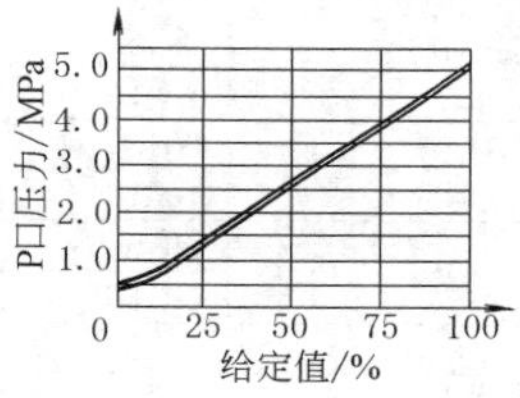


压力等级5.0MPa

上述曲线是在B口的压力在整个流量范围内均等于零的情况下获得的

说明：为了达到最低调定压力，起始电流不应大于100mA

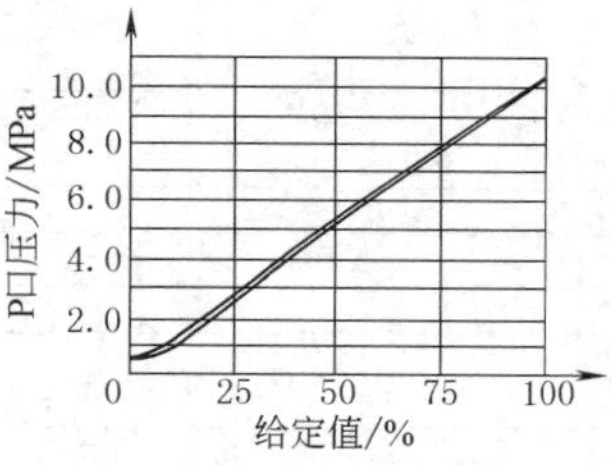


压力等级10.0MPa

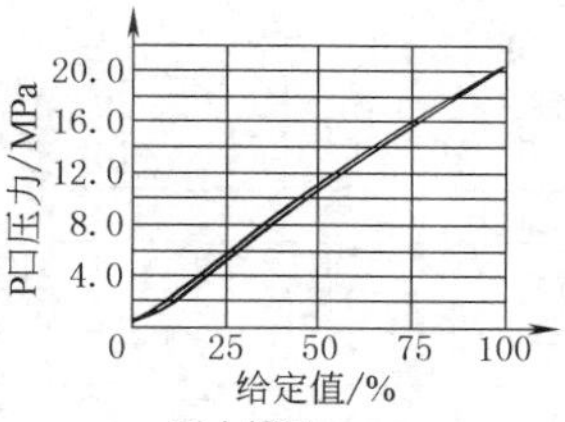


压力等级20.0MPa

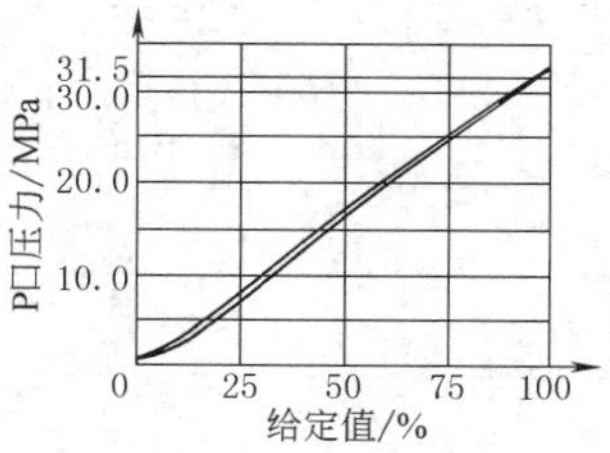


压力等级31.5MPa

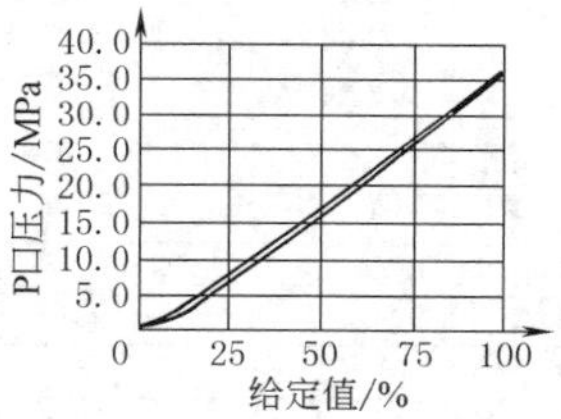


压力等级35.0MPa

## 2.2.27 力士乐（REXROTH）二位四通和三位四通比例方向阀

表 22-6-131

**结构及型号意义**

型号:4WRA6...-2X/...

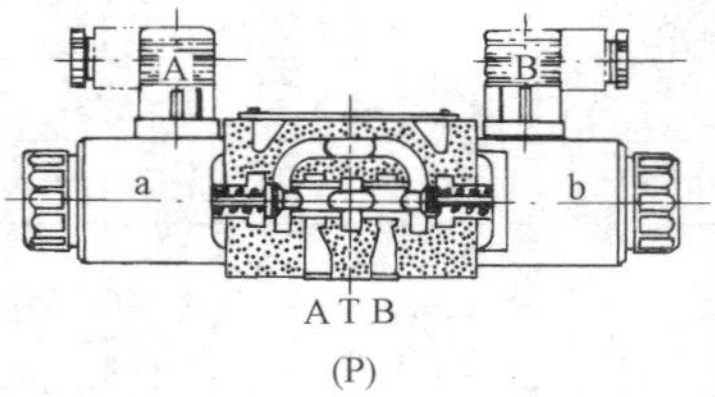


型号:4WRAE10...2X/...

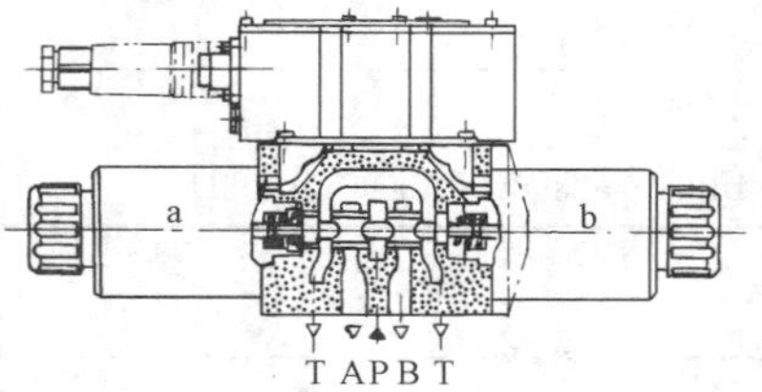


4WRA □ □ □ □ -2X/G24 □ □/□ V *

无代号—不带内置放大器;
E—带内置放大器(标准放大器)

6—通径6;
10—通径10

机能符号

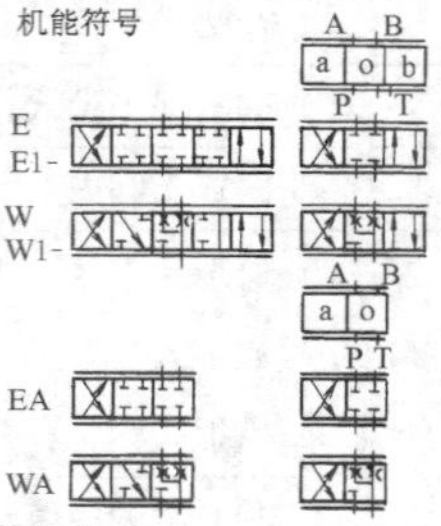


对于机能符号E1和W1

P→A:$Q_{V\,max}$　　B→T:$Q_V/2$

P→B:$Q_V/2$　　A→T:$Q_{V\,max}$

说明：对于阀芯W,WA,在中位时A口至T口,以及B口至T口约有相当于额定通径3%的通流面积

其他要求用文字说明

V—氟橡胶密封,适用于符合DIN51 524标准的液压油(HL,HLP)

用于WRA及WRAE
A1—给定值输入±10V;
F1—给定值输入 -4~20mA

WRA的电气接线型式:
K4②—带符合DIN43 650-AM2的插头,不带电线插座，电线插座单独订货

WRAE的电气接线型式:
K31②—带符合E DIN43 563-AM6-3标准的插头，不带电线插座,电线插座需单独订货

无代号—无特殊保护要求;
J①—抗海水腐蚀(仅用于NG6)

G=24—电源电压:24V DC

20~29系列
2x—(20~29系列:安装和连接尺寸不变)

阀的压差为1MPa时的额定流量:
NG6
07—7L·min⁻¹;15—15L·min⁻¹;30—26L·min⁻¹;
NG10
30—30L·min⁻¹;60—60L·min⁻¹;

① 有关电气保护的内容向厂家咨询

② 只用于NG6;对于保护型式“J”=抗海水腐蚀,只能选“K31”

**技术性能**

| 项目 | | | WRA | WRAE |
|---|---|---|---|---|
| 阀的型号 | | | WRA | WRAE |
| 工作压力/MPa | P,A,B口 | | 31.5 | |
| | T口 | | 21 | |
| $p=1$MPa时的额定流量/L·min$^{-1}$ | NG6 | | 7,15 和 26 | |
| | NG10 | | 30 和 60 | |
| 允许最大流量/L·min$^{-1}$ | NG6 | | 42(双流量回路时可达 80) | |
| | NG10 | | 75(双流量回路时可达 140) | |
| 质量/kg | NG6 | | 2.0 | 2.2 |
| | NG10 | | 6.6 | 6.8 |
| 工作介质 | | | 符合 DIN51 524 标准的矿物油 | |
| 液压油温度范围/℃ | | | 20~80(优先选择 40~50) | |
| 黏度范围/mm$^2$·s$^{-1}$ | | | 20~380(优先选择 20~46) | |
| 最高油液允许污染度 | | | NAS 1638 9 级推荐使用过滤器的过滤比:$\beta_x \geqslant 75, x=10$ | |
| 滞环/% | | | ≤5 | |
| 反向误差/% | | | ≤1 | |
| 灵敏度/% | | | ≤0.5 | |
| 频率响应(相位差-90°,信号 50%)/Hz | | NG6 | 25 | 25 |
| | | NG10 | 10 | 10 |
| 信号的型式 | | | 直流,模拟 | |
| 给定值信号 | 电压输入 | NG6/V | ±10 | ±10 |
| | | NG10/V | ±10 | ±10 |
| | 电流输入 | NG6/mA | 4~20 | 4~20 |
| | | NG10/mA | 4~20 | 4~20 |
| 每个电磁铁的最大电流/A | | | 2.5 | 2.5 |
| 电磁铁线圈电阻/Ω | 20℃时的冷值 | | 2 | 2 |
| | 最大热值 | | 3 | 3 |
| 通电率/% | | | 100 | |
| 线圈温度/℃ | | | 可达 150 | |
| 电气接线单独订货 | WRA | | 带符合 DIN43 650-AM2 标准的插头 | |
| | | | 插座符合 DIN43 650-AF2/PN11 | |
| | WRAE | | 带符合 DIN43 650-AM6-3 标准的插头 | |
| | | | 插座符合 DIN43 650-BF6-3/PN11 | |
| 欧洲制式的放大器 | | | VT-VSPA2-1-1X | 内置于阀内 |
| 欧洲制式的数字放大器 | | | VT-VSPD-1-1X | |
| 电源电压 | 额定电压/V DC | | 24 | |
| | 下限值/V | | 21/22 | 19 |
| | 上限值/V | | 35 | |
| 放大器的电流消耗 | $I_{max}$/A | | 1.8 | 1.8 |
| | 最大脉冲电流/A | | 3 | 3 |

表 22-6-132

**特性曲线1**

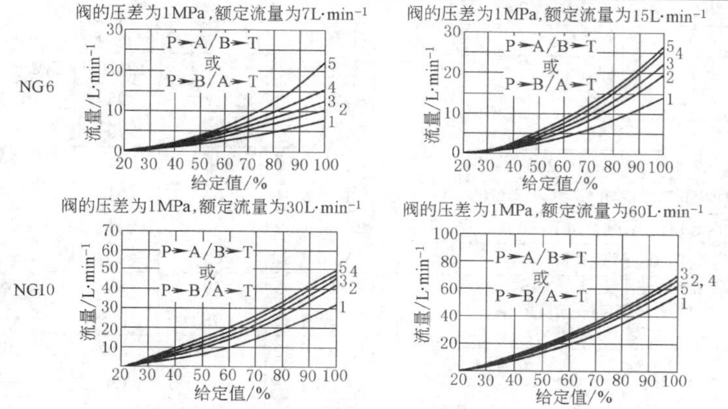


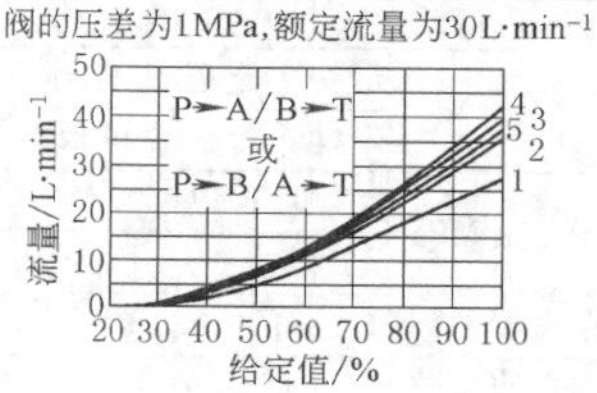


1— $p$=1MPa恒定
2— $p$=2MPa恒定
3— $p$=3MPa恒定
4— $p$=5MPa恒定
5— $p$=10MPa恒定

$p$为阀的压差(入口压力减去负载压力,再减去回油压力)

测试条件:$\nu$=46mm²·s⁻¹和$t$=40℃

**特性曲线2**

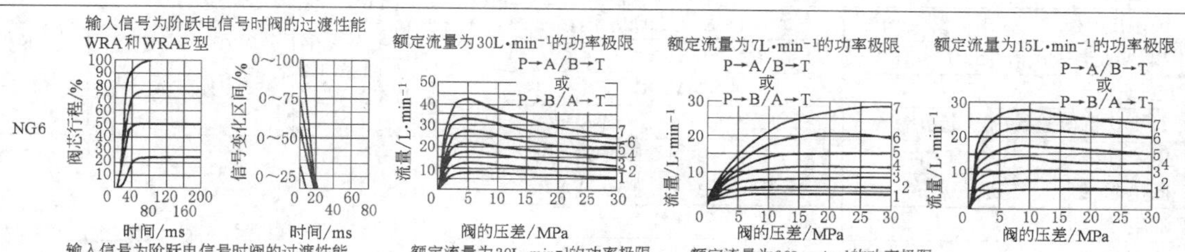


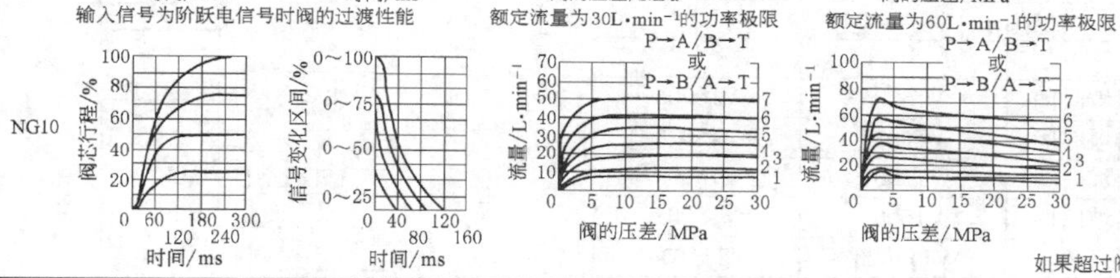


1—给定值=40%
2—给定值=50%
3—给定值=60%
4—给定值=70%
5—给定值=80%
6—给定值=90%
7—给定值=100%

测试条件:$\nu$=46mm²·s⁻¹和$t$=40℃

如果超过阀的功率极限,阀芯的运动会失稳

## 2.2.28 力士乐(REXROTH)4WRE,1X系列比例方向阀

表 22-6-133

**型号意义**

4WRE □ □ □ -1X/24 z4/□ □

6—通径6;
10—通径10

机能符号

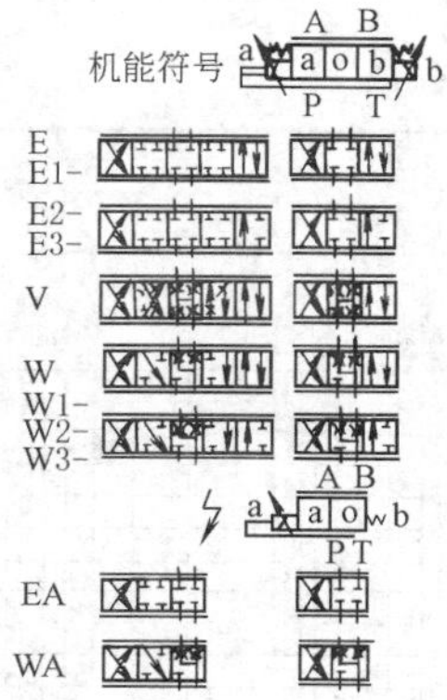


阀的压差为1MPa时的额定流量:
通径6(机能E和W)
08—10L·min⁻¹;16—21L·min⁻¹;32—32L·min⁻¹;
对于机能E2-,W2-,只有在其额定流量达到$Q_{v\,max}$时才可能达到该流量通径10(机能E和W)
16—27L·min⁻¹;32—42L·min⁻¹;64—62L·min⁻¹

对于机能E1-和W1-:
P→A:$Q_{v\,max}$　B→T:$Q_v/2$
P→B:$Q_v/2$　A→T:$Q_{v\,max}$

对于机能E2-和W2-:
P→A:$Q_v/2$　B→T:$Q_{v\,max}$
P→B:$Q_{v\,max}$　A→T:$Q_v/2$

对于机能E3-和W3-:
P→A:$Q_{v\,max}$　B→T:截止
P→B:$Q_v/2$　A→T:$Q_{v\,max}$
(对于差动回路,液压缸底部与A口相接)

1X—10~19系列(10~19系列:安装和连接尺寸不变)

电控部分供电电压:
24—24VDC

电气接线型式:
z4—符合DIN43 650的插头

其他要求用文字说明
M—丁腈橡胶密封,适用于符合DIN51 524的矿物油(HL,HLP)
V—氟橡胶密封,适用于磷酸酯(HPD-R)

说明:
对于机能W,W1-,W2-,W3-和WA,在中位时,A→T和B→T约有相当于额定通径3%的通流面积

续表

| 型号 | | | NG6 | NG10 |
|---|---|---|---|---|
| 技术性能 | 质量/kg | 带一个电磁铁的阀 | 1.9 | 5.7 |
| | | 带两个电磁铁的阀 | 2.7 | 7.7 |
| | 工作压力/MPa | P,A,B 口 | 0~31.5 | |
| | | T 口 | 0~16 | |
| | 允许最大流量/L·min$^{-1}$ | | 65 | 260 |
| | 工作介质 | | 符合 DIN51 524 标准的矿物油,磷酸酯 | |
| | 液压油温度范围/℃ | | 20~80(优先选择 40~50) | |
| | 黏度范围/mm$^2$·s$^{-1}$ | | 15~380(优先选择 20~46) | |
| | 污染度 | | 最高油液允许污染度：NAS 1638 9 级推荐使用过滤器的过滤比：$\beta_x \geqslant 75$，$x=10$ | |
| | 滞环/% | | <1 | |
| | 重复精度/% | | <1 | |
| | 灵敏度/% | | ≤额定信号的 0.5% | |
| | 频率响应(-3dB,信号±100%)/Hz | | 6 | 4 |
| | 电压 | | 24V DC | |
| | 每个比例电磁铁的额定功率/W | | 12.5 | 22.5 |
| | 电磁铁线圈电阻/Ω | 20℃时的冷值 | 5.4 | E, W 08 |
| | | 最大热值 | 8.1 | EA, WA 08 |
| | 通电率 | | 连续 | |
| | 线圈温度/℃ | | 可达 150 | |
| | 放大器的电气参数 | | | |
| | 放大器单独供货 | 带一个可调斜坡时间 | VT5005 | VT5006 |
| | | 带一个可调斜坡时间 | VT5024 | VT5025 |
| | | 带五个可调斜坡时间 | VT5007 | VT5008 |
| | | 带两个可调斜坡时间 | VT5001 | VT5002 |
| | | 模块式放大器 | VT11023 | VT11024 |
| | | 模块式放大器 | VT11074 | VT11075 |
| | 感应位移传感器 | | | |
| | 电测系统 | | LVDT | 3 |
| | 测量行程/mm | | ±2.8 | ±4 |
| | 线性公差/% | | 1 | |
| | 电气接线 | | 2 芯插头+PE/$Pg$11 | |
| | 符合 DIN40 050 的保护型式 | | IP65 | |
| | 感抗/mH | | 6~8 | |
| | 振荡器频率/kHz | | 2.5 | |

| 功率域 | | | | |
|---|---|---|---|---|
| 通径 | 机能符号/额定流量 | 压差为 $p$ 时的流量/L·min$^{-1}$ 6MPa | 12MPa | 18MPa(max) |
| 6 | E,W 08 | 27 | 25 | 23 |
| | EA,WA 08 | (28) | (40) | — |
| | E,W 16 | 38 | 34 | 29 |
| | EA,WA 16 | (65) | (51) | — |
| | E,W 32 | 52 | 41 | 36 |
| | EA,WA 32 | (65) | (58) | — |
| 10 | E,W 16 | 49 | 80 | 65 |
| | EA,WA 16 | (98) | (115) | — |
| | E,W 32 | 130 | 110 | 100 |
| | EA,WA 32 | (180) | (150) | — |
| | E,W 64<br>EA,WA 64<br>E1,W1<br>E2,W2<br>E3,W3 | 180<br>(260) | 130<br>(180) | 110<br>— |

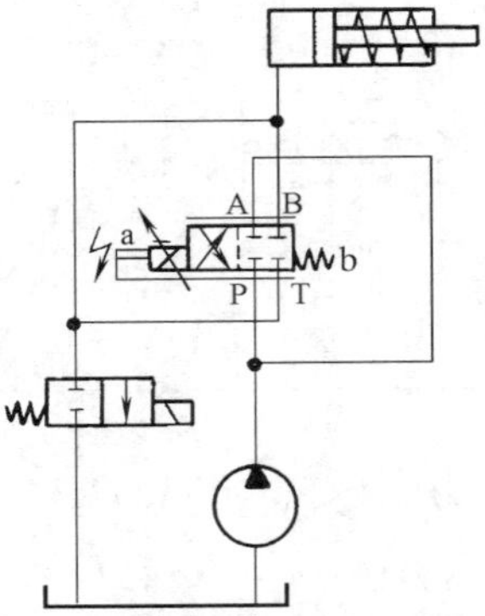


双流量回路

备注:括号中的值用于双流量回路

**表 22-6-134**

频率响应特征曲线

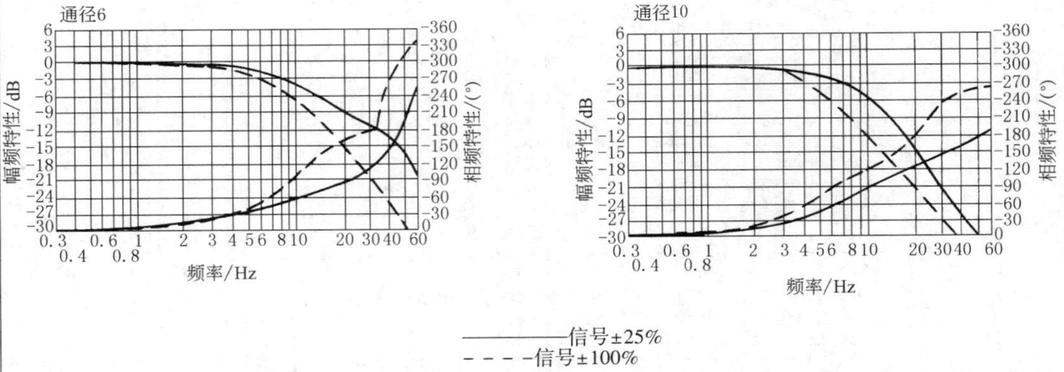

续表

**阶跃信号过渡过程**

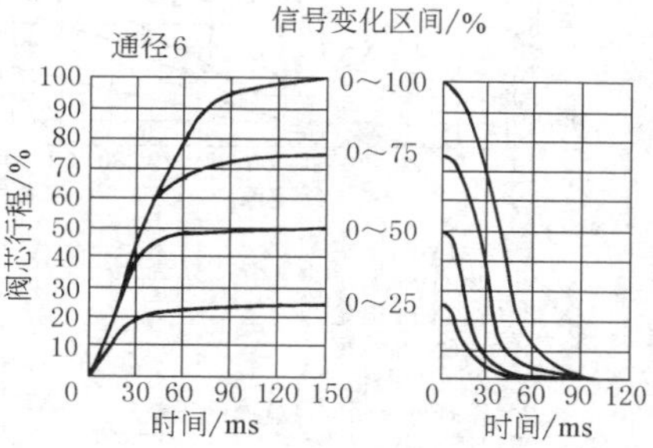


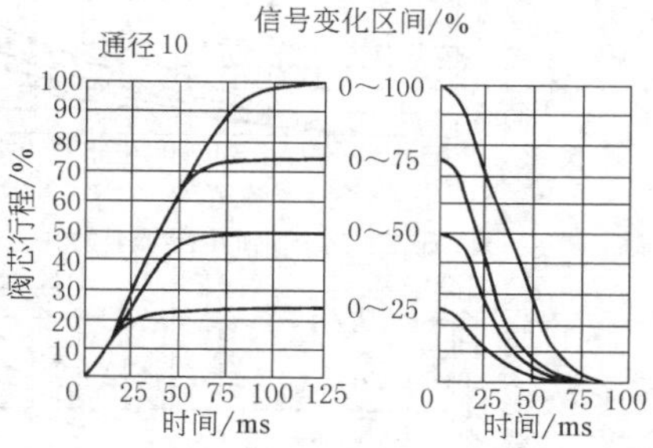


**4WRE6V… 型特性曲线**

压力增益的范围
（测量条件：$p_0$=10MPa）

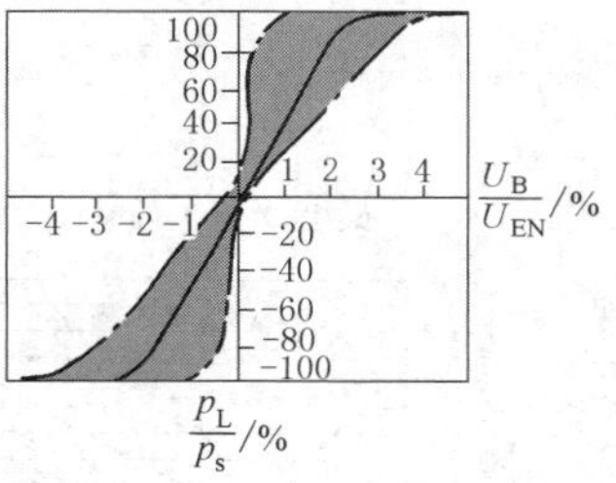


零流量区域
（测量条件：$p_0$=10MPa）

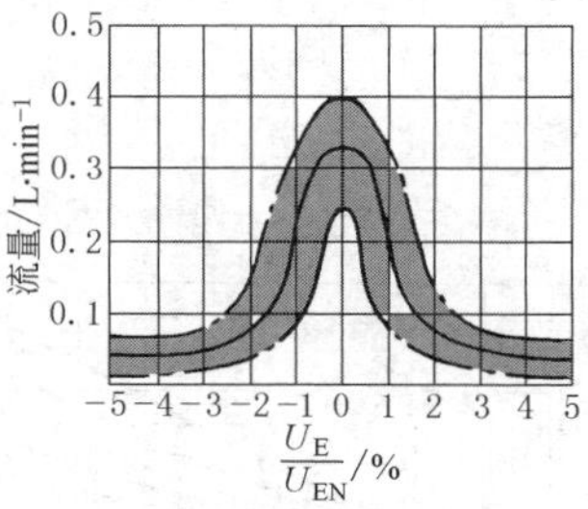


阀的压差为1MPa时的额定流量为11L·min⁻¹

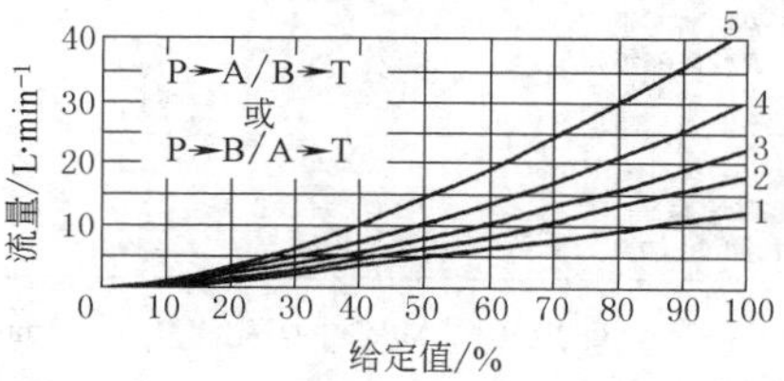


阀的压差为1MPa时的额定流量为23L·min⁻¹

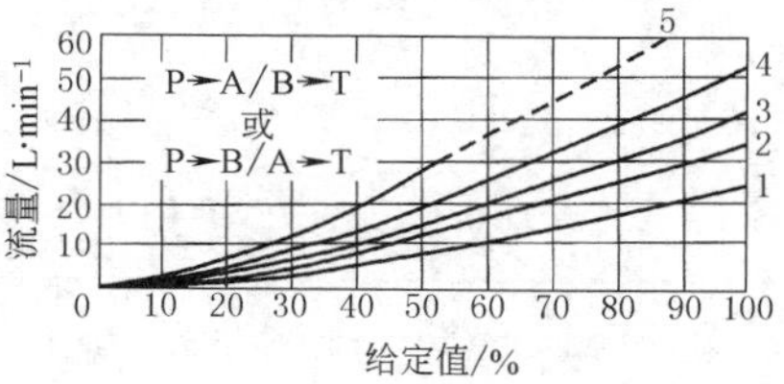


阀的压差为1MPa时的额定流量为36L·min⁻¹

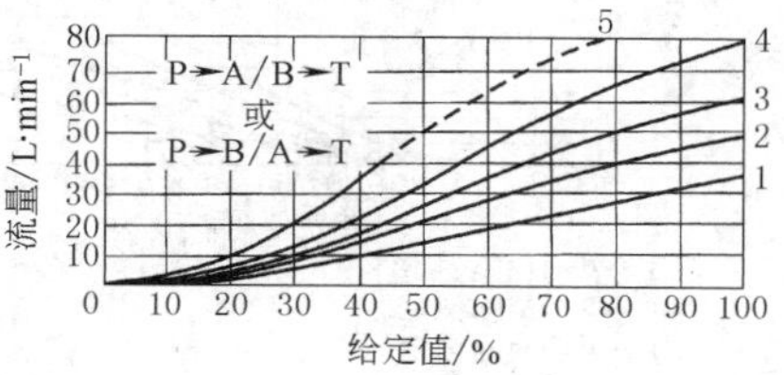


1—$p$=1MPa恒定
2—$p$=2MPa恒定
3—$p$=3MPa恒定
4—$p$=5MPa恒定
5—$p$=10MPa恒定
$p$为符合DIN24 311的阀的压差
（进口压力减去负载压力和回油压力）
说明：请注意功率域

续表

| | |
|---|---|
| 4WRE6$\frac{E}{W}$V…型特性曲线 | 阀的压差为1MPa时的额定流量为10L·min⁻¹<br>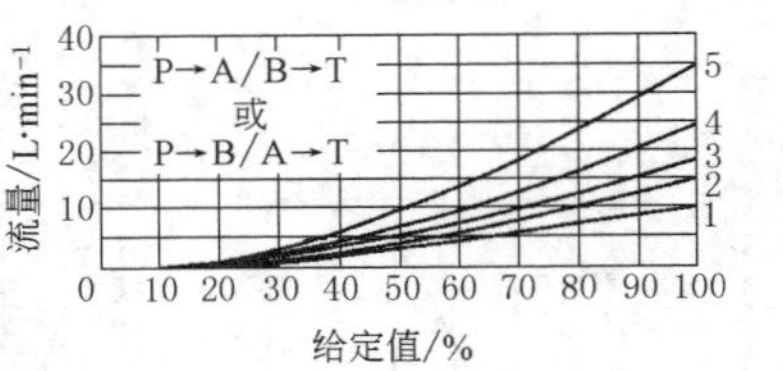<br><br>阀的压差为1MPa时的额定流量为32L·min⁻¹<br>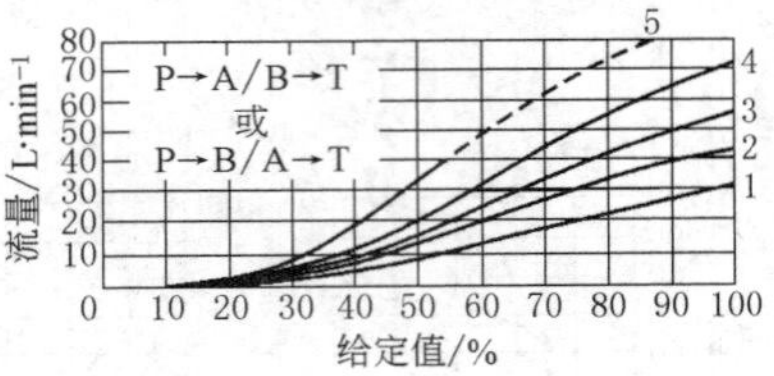<br><br>阀的压差为1MPa时的额定流量为21L·min⁻¹<br>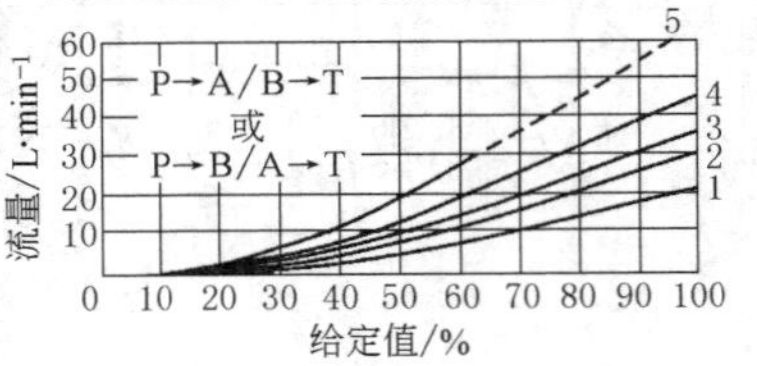<br><br>1—$p$=1MPa恒定<br>2—$p$=2MPa恒定<br>3—$p$=3MPa恒定<br>4—$p$=5MPa恒定<br>5—$p$=10MPa恒定<br>$p$为符合DIN24 311的阀的压差<br>(进口压力减去负载压力和回油压力)<br>说明:1.请注意功率域<br>2.请注意E1-、E2-和W1-、W2-的订货型号 |
| 4WRE10V…型特性曲线 | 压力增益的范围<br>(测量条件:$p_0$=10MPa)<br>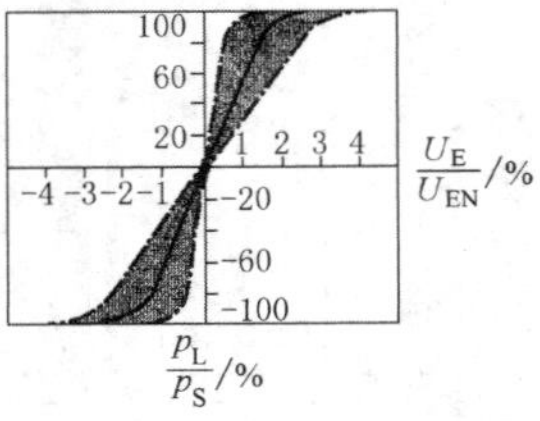<br><br>零流量区域<br>(测量条件:$p_0$=10MPa)<br>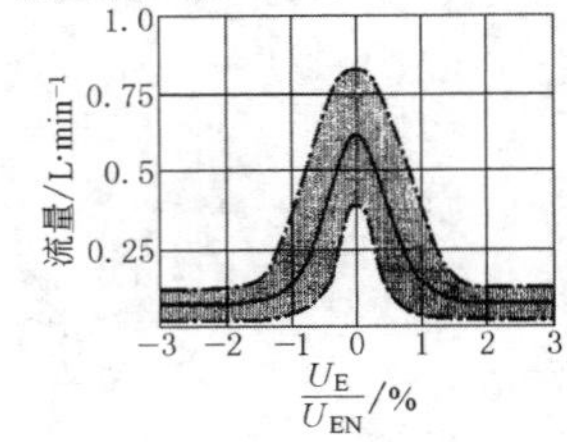<br><br>阀的压差为1MPa时的额定流量为32L·min⁻¹<br>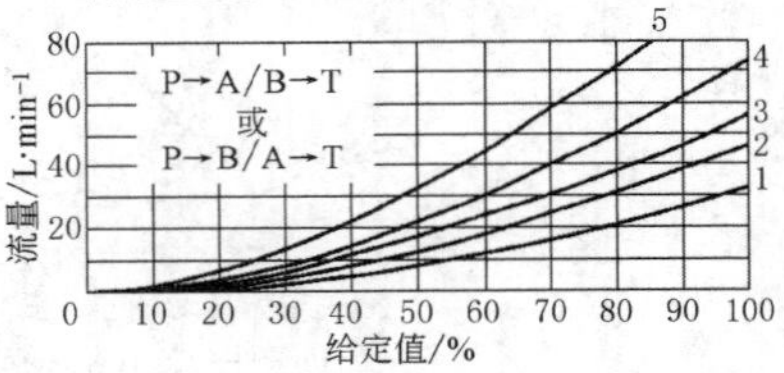<br><br>1—$p$=1MPa恒定<br>2—$p$=2MPa恒定<br>3—$p$=3MPa恒定<br>4—$p$=5MPa恒定<br>5—$p$=10MPa恒定<br>阀的压差为1MPa时的额定流量为51L·min⁻¹<br>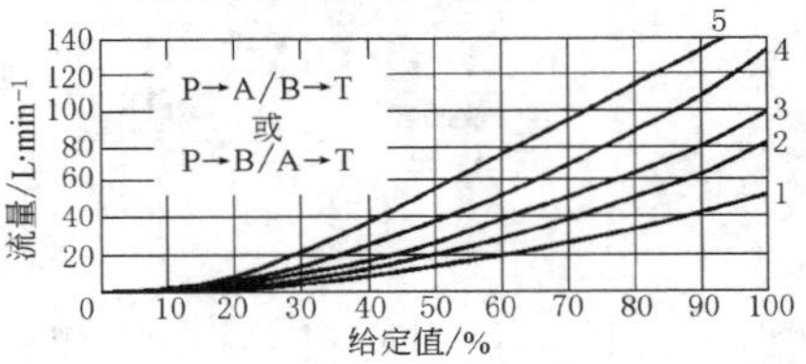<br><br>阀的压差为1MPa时的额定流量为62L·min⁻¹<br>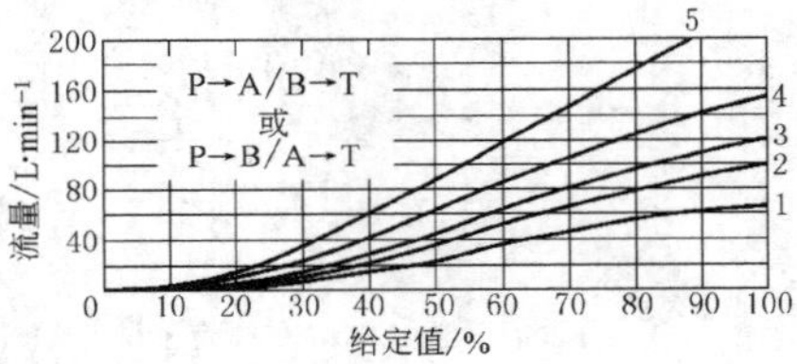<br><br>1—$p$=1MPa恒定<br>2—$p$=2MPa恒定<br>3—$p$=3MPa恒定<br>4—$p$=5MPa恒定<br>5—$p$=10MPa恒定<br>$p$为符合DIN24 311的阀的压差<br>(进口压力减去负载压力和回油压力)　说明:请注意功率域 |
| 4WRE10$\frac{E}{W}$V…型特性曲线 | 阀的压差为1MPa时的额定流量为27L·min⁻¹<br>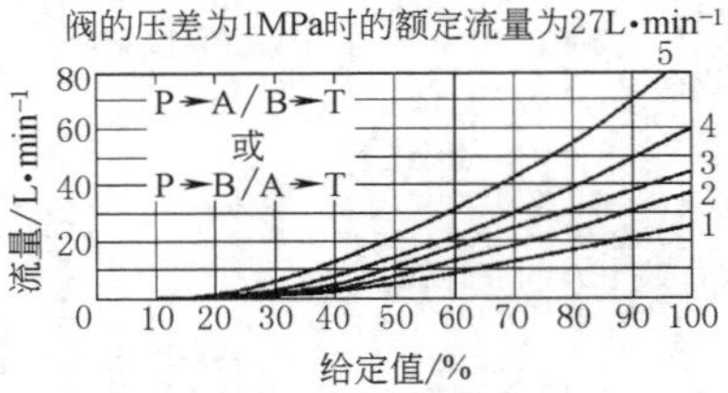<br><br>阀的压差为1MPa时的额定流量为62L·min⁻¹<br>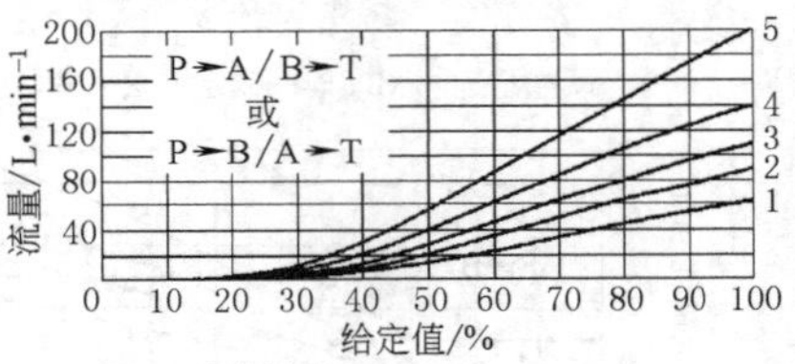<br><br>阀的压差为1MPa时的额定流量为42L·min⁻¹<br>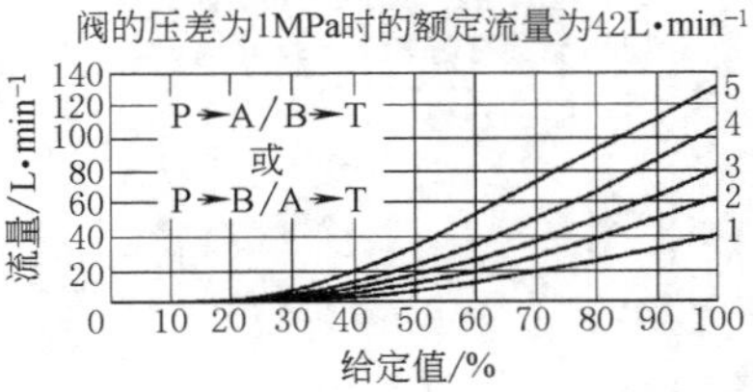<br><br>1—$p$=1MPa恒定<br>2—$p$=2MPa恒定<br>3—$p$=3MPa恒定<br>4—$p$=5MPa恒定<br>5—$p$=10MPa恒定<br>$p$为符合DIN24 311的阀的压差<br>(进口压力减去负载压力和回油压力)<br>说明:1.请注意功率域<br>2.请注意E1-、E2-、W1-和W2-的订货型号 |

## 2.2.29 力士乐（REXROTH）三位四通高频响 4WRSE，3X 系列比例方向阀

表 22-6-135

型号意义

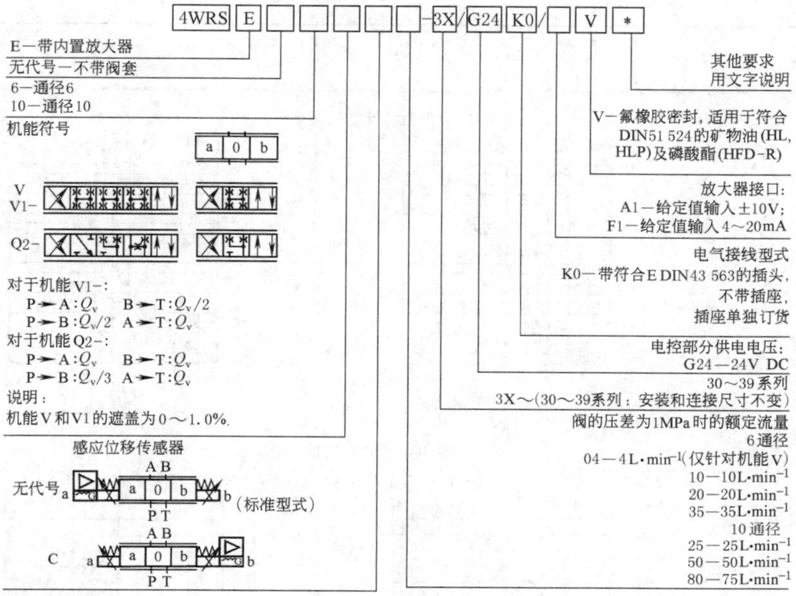


| | 型号 | | NG6 | NG10 |
|---|---|---|---|---|
| 技术性能 | 质量/kg | | 3.0 | 7.3 |
| | 工作压力/MPa | P,A,B 口 | 31.5 | 31.5 |
| | | T 口 | 31.5 | 31.5 |
| | 额定流量 $Q_{vnom}$(1±10%)/L·min$^{-1}$ (Δp=1MPa 时,Δp 为阀的压差) | | 4 | 25 |
| | | | 10 | 50 |
| | | | 20 | 75 |
| | | | 35 | — |
| | 允许最大流量 | | 80 | 180 |
| | 工作介质 | | 符合 DIN51 524 标准的矿物油 | |
| | 液压油温度范围/℃ | | 20~80(优先选择 40~50) | |
| | 黏度范围/mm$^2$·s$^{-1}$ | | 20~380(优先选择 20~46) | |
| | 污染度 | | 最高油液允许污染度:MAS 1638 9 级<br>推荐使用过滤器的过滤比:$\beta_x \geq 75, x=10$ | |
| | 滞环/% | | ≤0.05 | |
| | 反向误差/% | | ≤0.03 | |
| | 灵敏度/% | | ≤0.03 | |
| | 电压的型式 | | 直流电压 | |
| | 信号的方式 | | 模拟 | |
| | 每个电磁铁的最大电流/A | | 2.5 | 2.5 |
| | 零点补偿/% | | ≤1 | |
| | 零点漂移 | 介质温度/%/10K | <0.1 | <0.1 |
| | | 工作压力/%/10MPa | <0.5 | <0.3 |

续表

| | | |
|---|---|---|
| 技术性能 | 电气接线<br>单独订货 | 带符合 EDIN43 563 AM6 的标准插头<br>插座符合标准 EDIN43 563-BF6-3/PN11 |
| | 放大器 | 已集成入阀内 |

**表 22-6-136**

特性曲线

压力-输入信号特性曲线（V型机能）$p_S$=10MPa

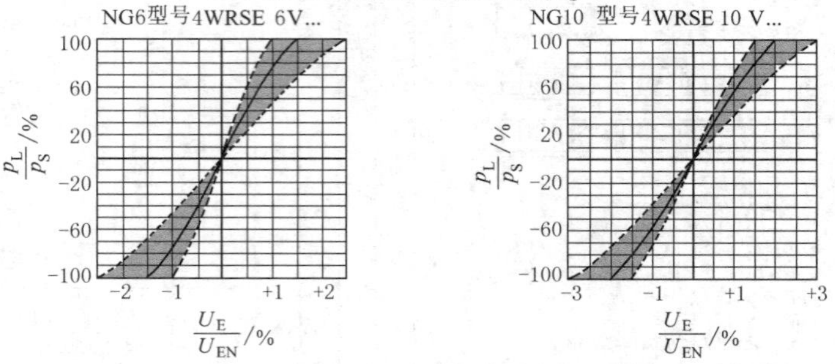


泄漏油流量特性曲线（典型型式）

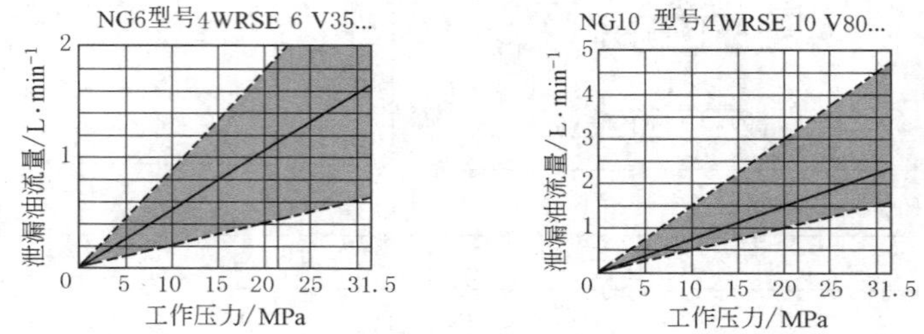


阀的压差为0.1MPa或阀的单边压差为0.5MPa时典型流量曲线

阀芯机能为V.V1

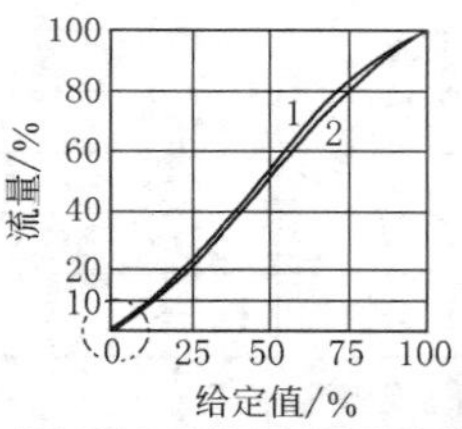

经过零点的形式与阀所属系列有关
阀的遮盖为：−1%～1%

1—额定流量为35L·min$^{-1}$；2—额定流量为10L·min$^{-1}$
流量为20L·min$^{-1}$的阀芯的特性曲线位于曲线1和2之间

阀芯机能为Q2

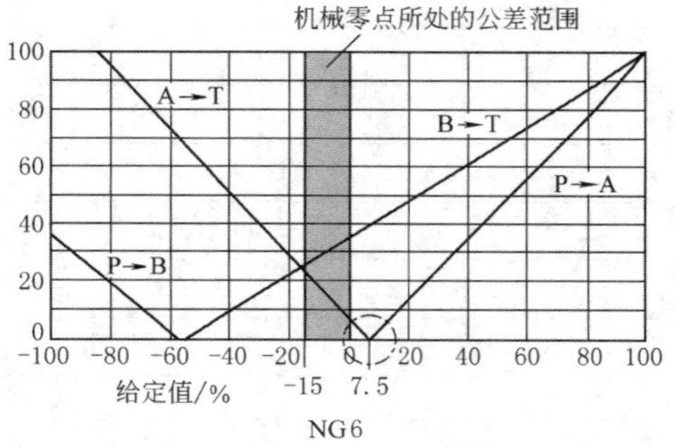


阀芯机能为V.V1

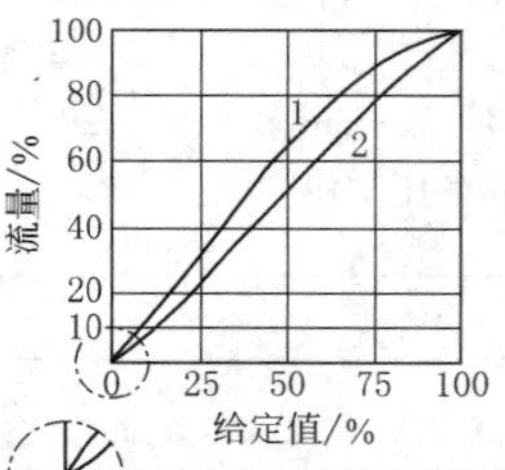

经过零点的形式与阀所属系列有关
阀的遮盖为：−1%～1%

1—额定流量为75L·min$^{-1}$；2—额定流量为25L·min$^{-1}$
流量为50L·min$^{-1}$的阀芯的特性曲线位于曲线1和2之间

阀芯机能为Q2

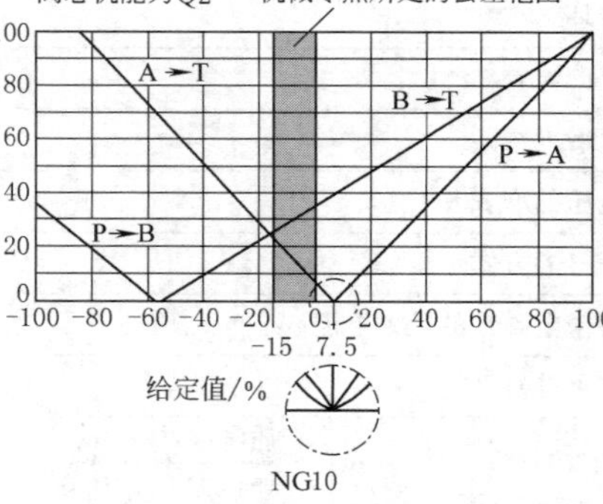

续表

**阶跃响应曲线**

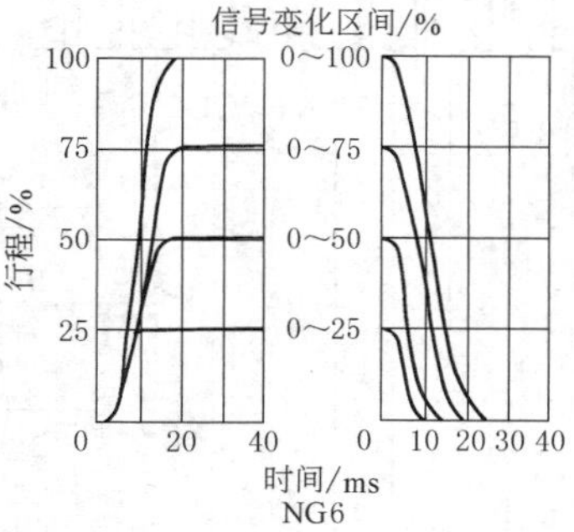


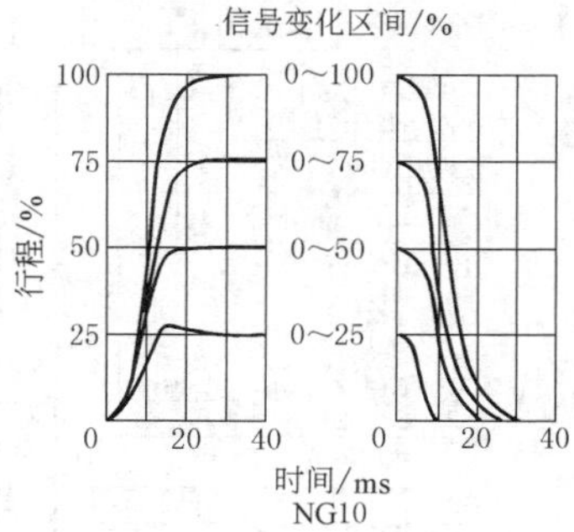


**频率响应曲线**

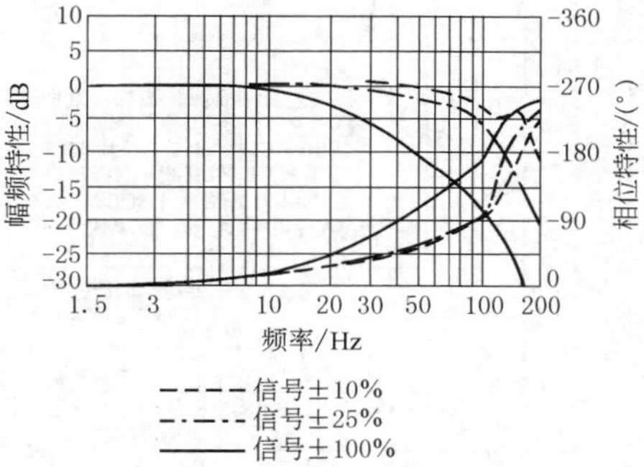


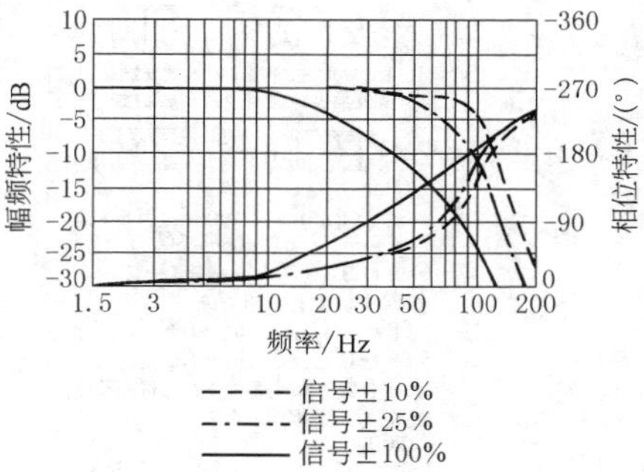


**流量-负载曲线**

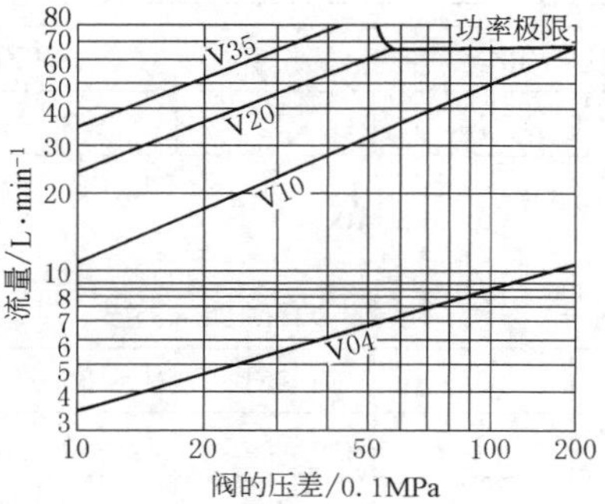


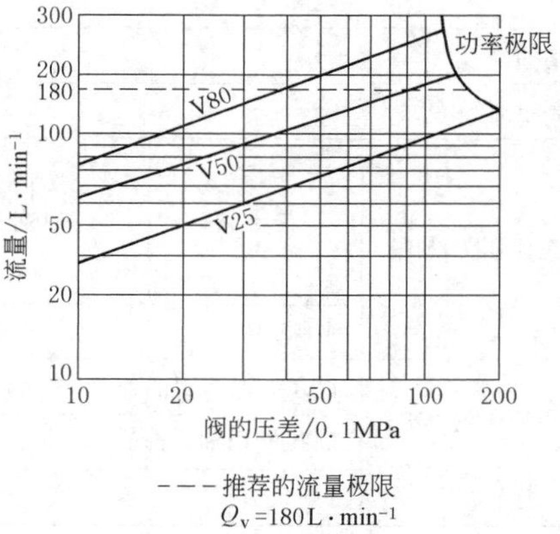

## 2.2.30 力士乐（REXROTH）WRZ，WRZE 和 WRH 7X 系列比例方向阀

表 22-6-137

**型号意义**

4/5WR_ □ □ □ □ -7X / □ □ □ □ □ □ / □ □ □ *

H—液控换向
Z—电液控换向

仅用于WRZ：
无代号—外控放大器
E—带有内置放大器

10—通径10；
16—通径16；
25—通径25；
32—通径32；
52—通径52（4NR-法兰连接）
52—通径52（5NR-板式连接）

机能符号

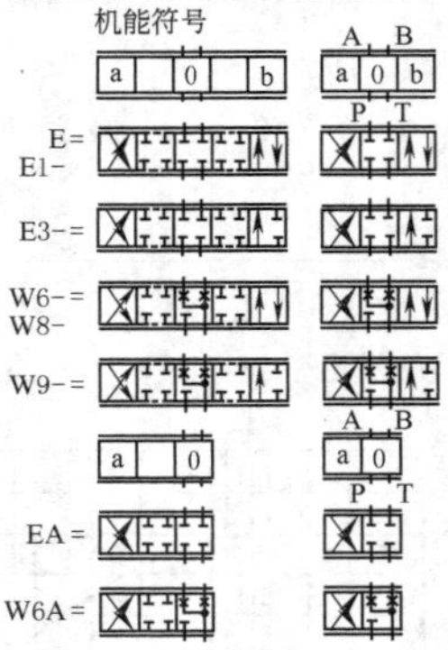


对于机能E1-和W8-：
P➤A：$Q_{v\max}$　B➤T：$Q_v/2$
P➤B：$Q_v/2$　A➤T：$Q_{v\max}$
对于机能E3-和W9-：
P➤A：$Q_{v\max}$　B➤T：截止
P➤B：$Q_v/2$　A➤T：$Q_{v\max}$
（组成差动回路时，液压缸底部接口应与A口相连）
说明：
对于机能W6-，W8-，W9-，W6A在“0”位时A➤T，B➤T约有小于额定通径2%的通流面积

阀的压差为1MPa时的额定流量
25、50、85—10通径的阀
100、150—16通径的阀
220、325—25通径的阀
360、520—32通径的阀
1000—52通径的阀

7X—70～79系列（70～79：安装尺寸及接线方式不变）

无代号—板式结构
F—法兰式连接结构（仅用于NG52）

6E②—线圈可单独拆卸的比例电磁铁

电控部分供电电压
G24②—24VDC（标准配置）

无代号—无辅助手动
N9②③—带内藏式辅助手动

无代号—非特殊保护型式
J—抗海水腐蚀

控制油的进油和回油
无代号—外供控制油，外部回油
E—内供控制油，外部回油
ET—内供控制油，内部回油
T—外供控制油，内部回油
（对于NG52和4WRH只能是“无代号”）

WRZ的电气接线：
K4②④—带符合DIN43 650-AM2标准的插头，不带插座，插座单独订货
WRZE的电气接线：
K31②④—带符合EDIN43 563-AM 6-3标准的插头，不带插座，插座单独订货

无代号—用于WRH和WRZ
对于4WRZE
AI—给定值输入±10V
FI—给定值输入4～20mA

无代号—不用减压阀
D3②—带减压阀
ZDR 6 DP0-4X/40YM-W80（已调定）

M①—聚氨酯-密封
V—氟橡胶密封

其他要求用文字说明

注：
①适用于符合标准DIN51 524的矿物油（HL，HLP）
②对于不带先导阀的4WRZ和4WRH不含此项
③对于结构型式“J”➤用“N”代替“N9”
④对于结构型式“J”=抗海水腐蚀，只采用“K31”的型式

**技术性能**

| 阀的型号 | | | WRZ | | WRZE | | |
|---|---|---|---|---|---|---|---|
| 额定通径 | NG | | 10 | 16 | 25 | 32 | 52 |
| 工作压力/MPa | 先导阀 | 一外控<br>一内控 | 3～10 | | | | 2～10<br>— |
| | | | 装有“D3”时：10～35 | | | | |
| | 主阀，≈ | | 31.5 | 35 | 35 | 35 | 35 |
| 回油压力/MPa ≈ | T(R)（控制回油外泄） | | 31.5 | 25 | 25 | 15 | 25 |
| | T（控制回油内泄） | | 3 | 3 | 3 | 3 | — |
| | Y | | 3 | 3 | 3 | 3 | 3 |
| 控制阀流量/cm$^3$ | | | 1.7 | 4.6 | 10 | 26.5 | 54.3 |
| 输入阶跃信号时，X 和 Y 流量/L·min$^{-1}$ | | | 3.5 | 5.5 | 7 | 15.9 | 7 |
| 主阀的流量/L·min$^{-1}$，≈ | | | 170 | 460 | 870 | 1600 | 2800 |

续表

| | | | | | |
|---|---|---|---|---|---|
| 技术性能 | 工作介质 | | | 符合 DIN51 524 标准的矿物油 | |
| | 液压油温度范围/℃ | | | 20~80(优先选择 40~50) | |
| | 黏度范围/$mm^2 \cdot s^{-1}$ | | | 20~380(优先选择 20~46) | |
| | 污染度 | | | 最高油液允许污染度:NAS 1638 9 级,7 级(先导)<br>推荐使用过滤器的过滤比:$\beta_x \geqslant 75, x=15, x=5$(先导) | |
| | 滞环/% | | | ≤6 | |
| | 电压的型式 | | | 直流电压 | |
| | 信号的方式 | | | 模拟 | |
| | 给定值遮盖/% | | | 15 | |
| | 最大电流/A | | | 1.5 | 2.5 |
| | 电磁铁线圈电阻/Ω | 20℃时的冷值 | | 4.8 | 2 |
| | | 最大热值 | | 7.2 | 3 |
| | 线圈温度/℃ | | | ≈150 | |
| | 电气接线 | WRZ | | 带符合 DIN43 563 AM2 标准的插头,插座符合标准 DIN43 563-AF2/PN11 | |
| | | WRZE | | 带符合 DIN43 563-AM6-3 标准的插头,插座符合标准 DIN43 563-BF 6-3/PN11 | |
| | WRZE 的内置式放大器 | | | | 内置于阀内 |
| | 电流消耗 | $I_{max}$/A | | — | 1.8 |
| | | 脉冲电流/A | | — | 3 |
| | 给定值信号 | 结构 Al/V | | — | ±10 |
| | | 结构 Fl/V | | — | 4~20 |
| | WRZ 的外控放大器 | | | | |
| | 模拟式放大器 | 带一个斜坡调节 | | VT-VSPA2-50-1X/T1 | |
| | | 带五个斜坡调节 | | VT-VSPA2-50-1X/T5 | |
| | 欧洲标准 | | | VT-VSPA2-51-1X | |
| | 欧洲制式的数字放大器 | | | VT-VSPD-1-1X/ | |
| | 模块式放大器 | | | VT 11 118-1X/ | |
| | 质量/kg | 板式连接 | NG 10 | 7.8 | 8.0 |
| | | | NG 16 | 13.4 | 13.6 |
| | | | NG 25 | 18.2 | 18.4 |
| | | | NG 32 | 42.2 | 42.4 |
| | | | NG 52 | 79.5 | 79.7 |
| | | 法兰连接 NG 52 | | 77.5 | 77.7 |

表 22-6-138

NG10，阀的机能“E，W6-，EA，W6A”

阀的压差为1MPa时，额定流量为25L·min⁻¹

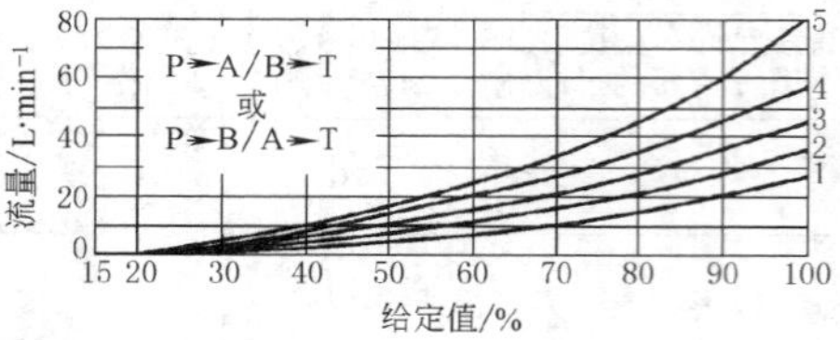


阀的压差为1MPa时，额定流量为50L·min⁻¹

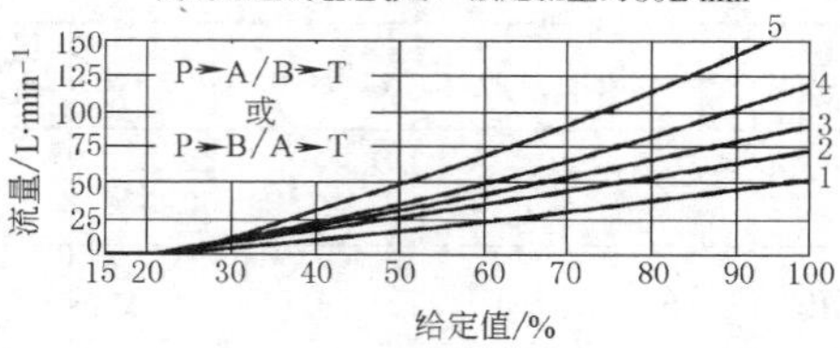


阀的压差为1MPa时，额定流量为85L·min⁻¹

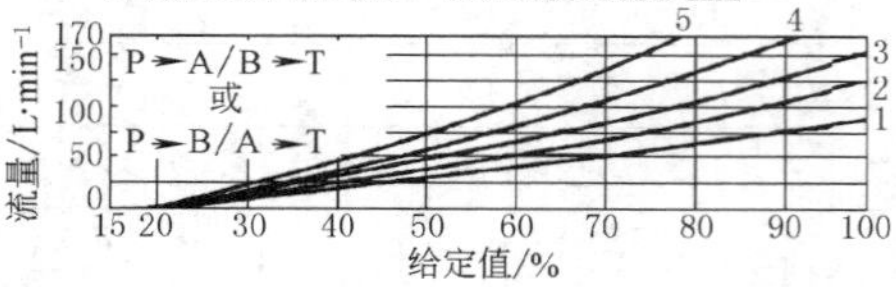


1—$p$=1MPa恒定
2—$p$=2MPa恒定
3—$p$=3MPa恒定
4—$p$=5MPa恒定
5—$p$=10MPa恒定
$p$为符合标准DIN24 311规定的阀的压差
（入口压力减去负载压力，再减去回油压力）
输入信号为阶跃电信号时的过渡机能，$p_{st}$=5MPa

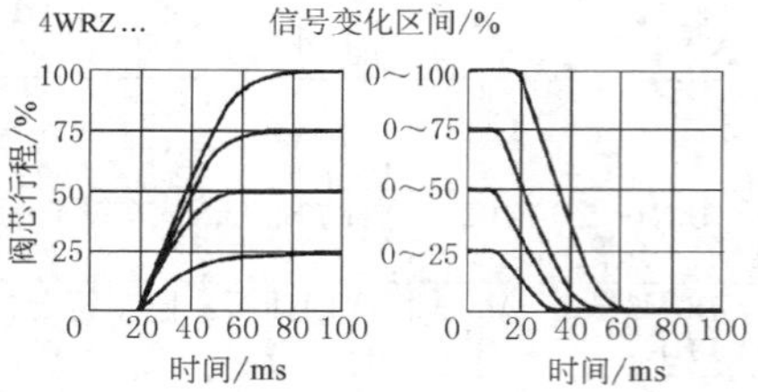


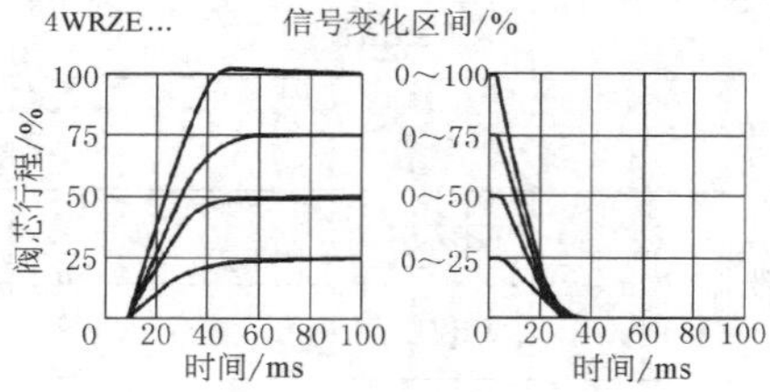


NG16，阀的机能“E，W6-，EA，W6A”

阀的压差为1MPa时，额定流量为100 L·min⁻¹

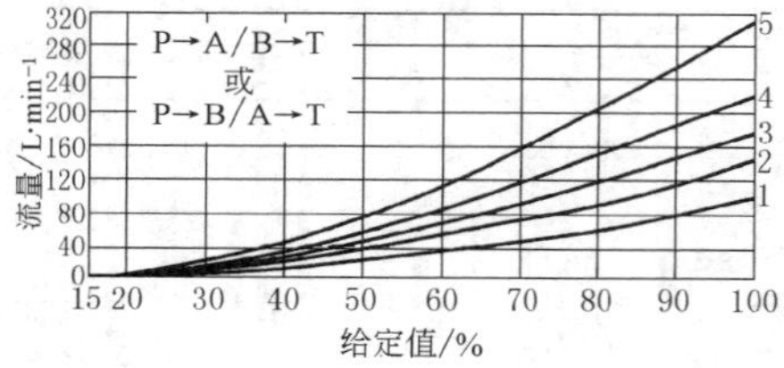


阀的压差为1MPa时，额定流量为150L·min⁻¹

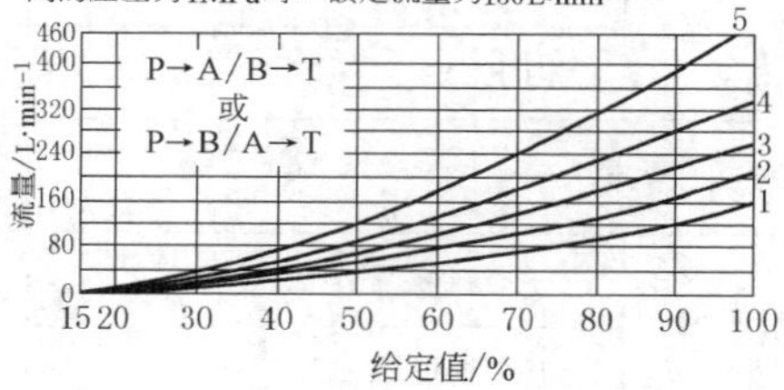


1—$p$=1MPa恒定；2—$p$=2MPa恒定；3—$p$=3MPa恒定；
4—$p$=5MPa恒定；5—$p$=10MPa恒定
$p$为符合标准DIN24 311规定的阀的压差（入口压力减去负载压力，再减去回油压力）
输入信号为阶跃电信号时的过渡机能，$p_{st}$=5MPa

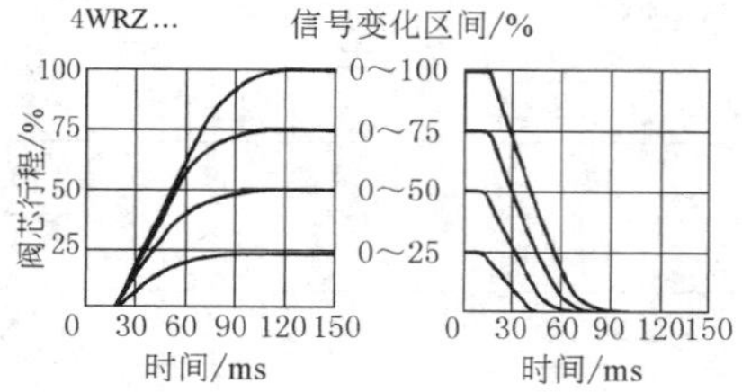


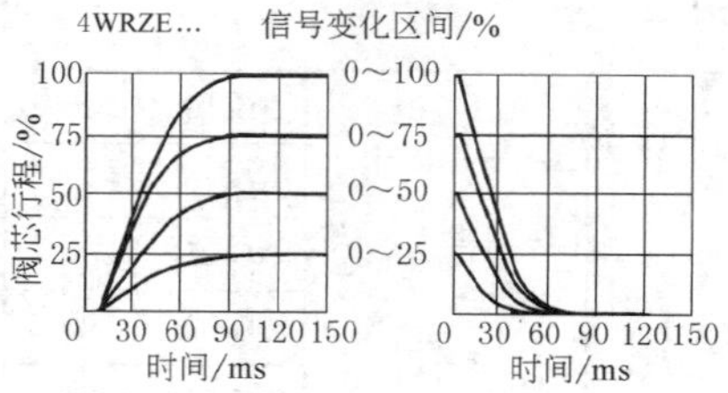

NG25,阀的机能“E,W6-,EA,W6A”

特性曲线(测量条件:$\nu=46\text{mm}^2\cdot\text{s}^{-1}$,$t=40℃$)

阀的压差为1MPa时，额定流量为220L·min⁻¹

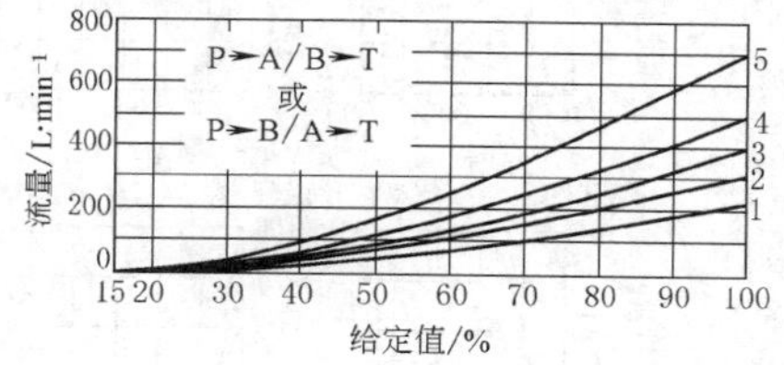


阀的压差为1MPa时，额定流量为325 L·min⁻¹

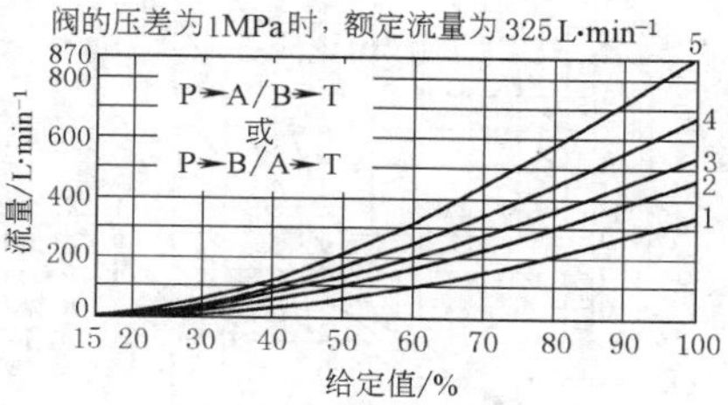


1—$p$=1MPa恒定;2—$p$=2MPa恒定;3—$p$=3MPa恒定;

4—$p$=5MPa恒定;5—$p$=10MPa恒定

$p$为符合标准DIN24 311规定的阀的压差(入口压力减去负载压力,再减去回油压力)

输入信号为阶跃电信号时的过渡机能,$p_{st}$=5MPa

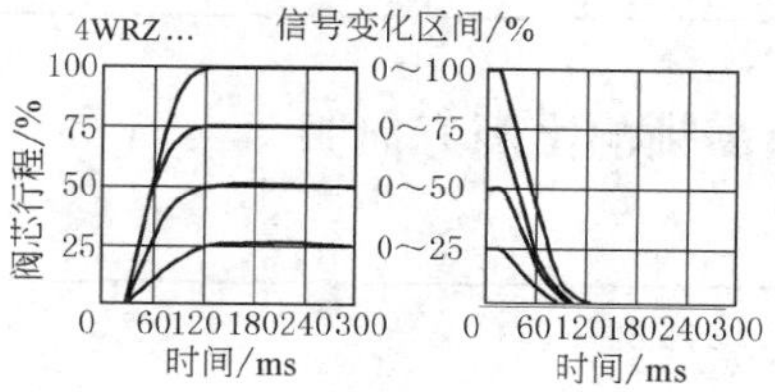


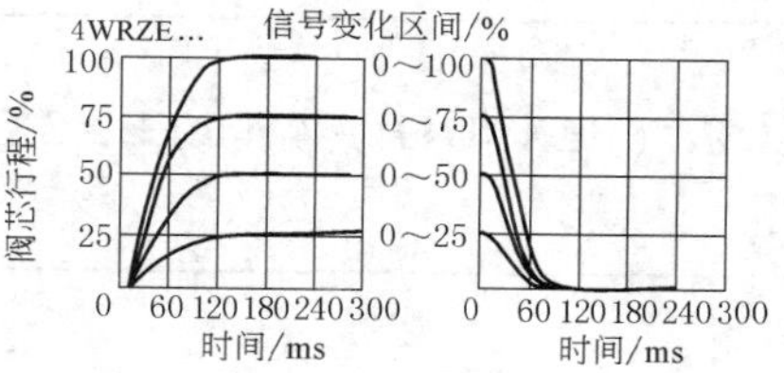


NG32,阀的机能“E,W6-,EAZ,W6A”

阀的压差为1MPa时，额定流量为360L·min⁻¹

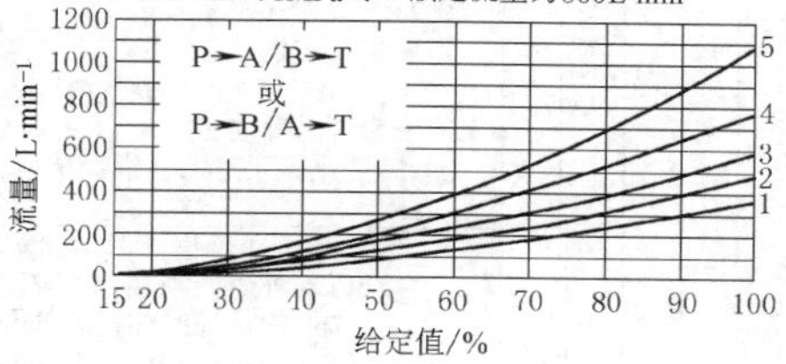


阀的压差为1MPa时，额定流量为520L·min⁻¹

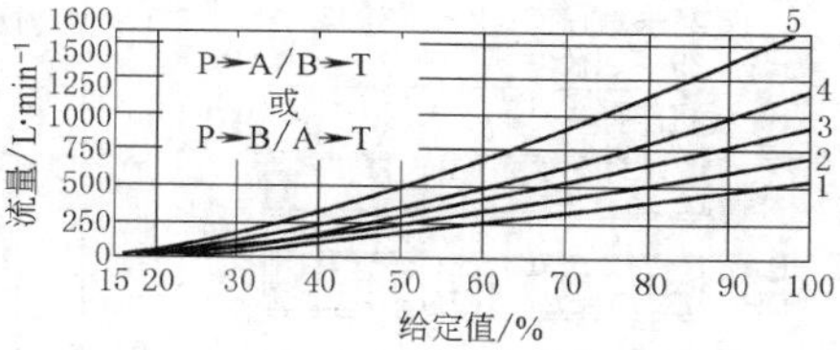


1—$p$=1MPa恒定;2—$p$=2MPa恒定;3—$p$=3MPa恒定;

4—$p$=5MPa恒定;5—$p$=10MPa恒定

$p$为符合标准DIN24 311规定的阀的压差(入口压力减去负载压力,再减去回油压力)

输入信号为阶跃电信号时的过渡机能,$p_{st}$=5MPa

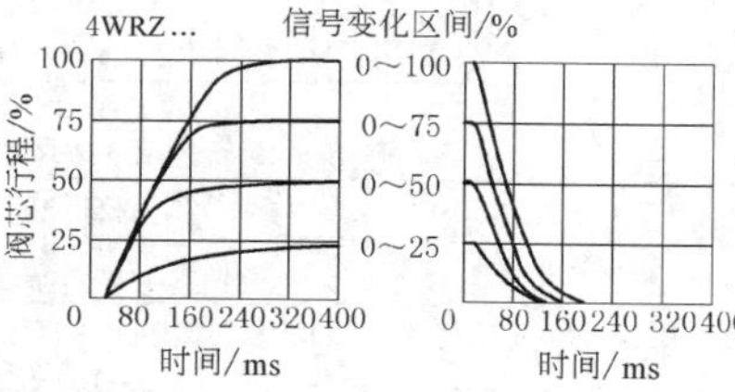


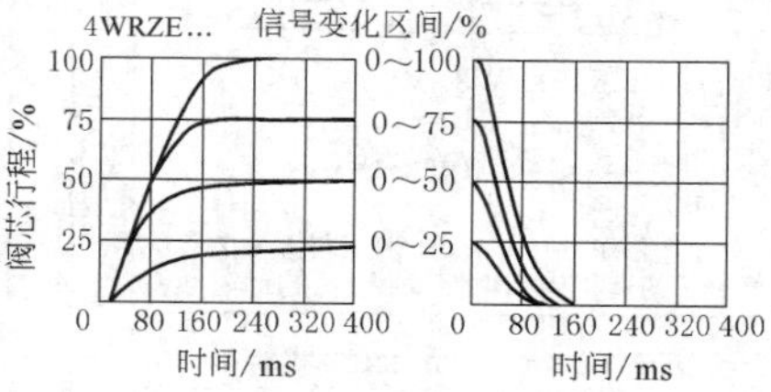

续表

**特性曲线**

NG52，阀的机能“E，W6-，EA，W6A”　　（测量条件：$\nu = 46mm^2 \cdot s^{-1}$，$t = 40℃$）

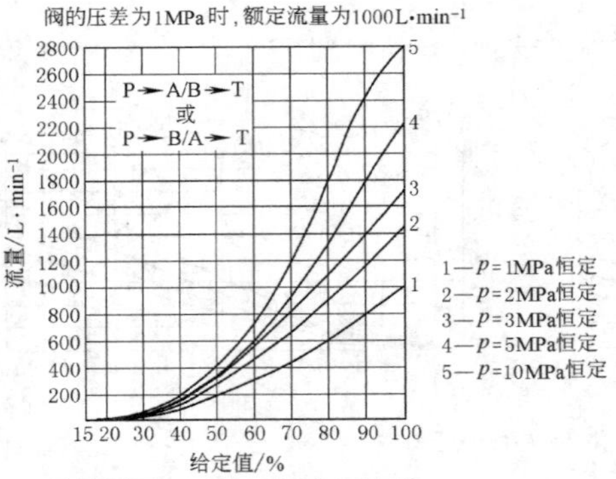


p为符合标准DIN24 311规定的阀的压差
（入口压力减去负载压力，再减去回油压力）

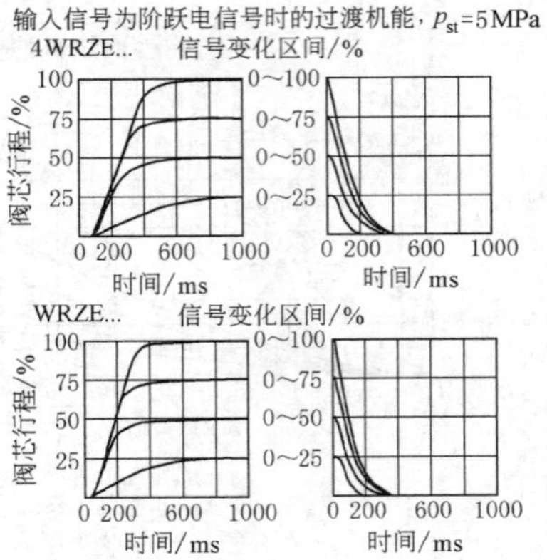


## 2.2.31 力士乐（REXROTH）4WRTE，3X系列高频响比例方向阀

**表 22-6-139**

**型号意义**

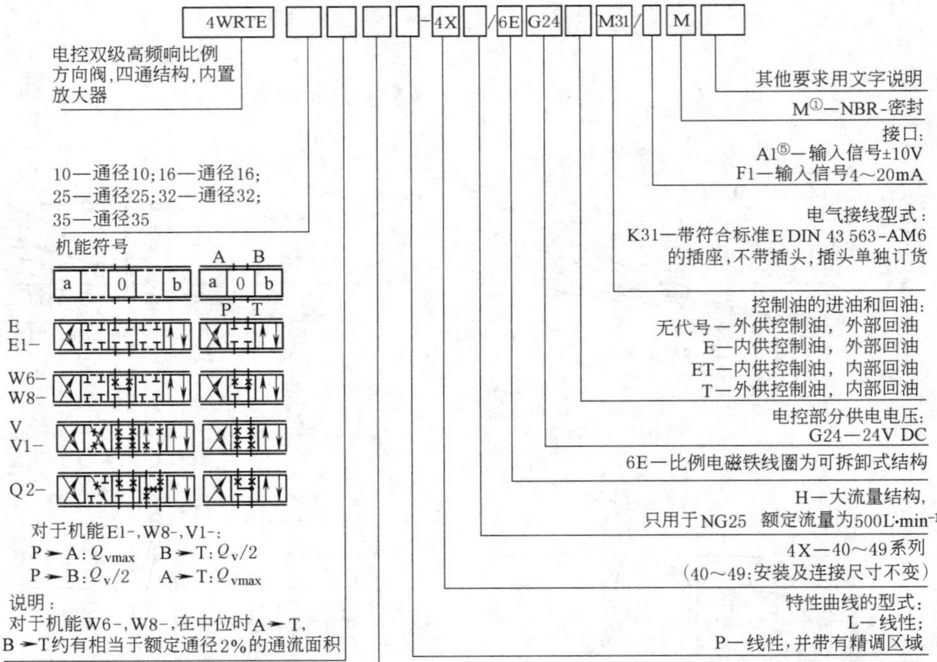


注：
① 适用于符合标准 DIN51 524的矿物油(HL,HLP)
② 对于机能为E,W6-,V的阀只供特性曲线为L(线性)的产品
③ 对于机能为E1-,W8-,V1-的阀只供特性曲线为L(线性)的产品
④ 只有 NG25的阀方有大流量结构型式
⑤ 在用4X系列的产品替代3X系列的产品时接口部分应为A5

续表

| | 规格型号 | | NG10 | NG16 | NG25 | NG25 | NG32 | NG35 |
|---|---|---|---|---|---|---|---|---|
| 技术性能 | 质量/kg | | 8.7 | 11.2 | 16.8 | 17 | 31.5 | 34 |
| | 工作压力/MPa | 先导阀:进油压力 | 2.5~31.5 | | | | | |
| | | 主阀:接口 P,A,B ≈ | 31.5 | 35 | 35 | 21 | 35 | 35 |
| | 回油压力/MPa | T 口(控制油回油内泄) | 静压<10 | | | | | |
| | | T 口(控制油回油外泄) ≈ | 31.5 | 25 | 25 | 21 | 25 | 25 |
| | | Y 口 | 静压<10 | | | | | |
| | 额定流量 $Q_{VN}$/L·min$^{-1}$<br>(±10%。Δ$p$=1MPa,<br>Δ$p$ 为阀的压差) | | 25<br>50<br>100 | —<br>125<br>200 | —<br>220<br>350 | —<br>—<br>500 | —<br>400<br>600 | —<br>—<br>1000 |
| | 主阀的流量(最高允许值)/L·min$^{-1}$ | | 170 | 460 | 870 | 1000 | 1600 | 3000 |
| | 控制阀芯位移(第三级)/mm | | ±3.5 | ±5 | ±6 | ±6 | ±9 | ±12 |
| | 输入阶跃信号时,X 和 Y 流量/L·min$^{-1}$ | | 7 | 14 | 20 | 20 | 27 | 29 |
| | 工作介质 | | 符合 DIN51 524 标准的矿物油 | | | | | |
| | 液压油温度范围/℃ | | 20~80(优先选择 40~50) | | | | | |
| | 黏度范围/mm$^2$·s$^{-1}$ | | 20~380(优先选择 20~46) | | | | | |
| | 污染度 | | 最高油液允许污染度:NAS 1638 9 级,7 级(先导)<br>推荐使用过滤器的过滤比:$\beta_x \geqslant 75$,$x=15$,$x=5$(先导) | | | | | |
| | 滞环/% | | ≤0.1 | | | | | |
| | 灵敏度/% | | ≤0.05 | | | | | |
| | 电压的型式 | | 直流电压 | | | | | |
| | 信号的方式 | | 模拟 | | | | | |
| | 最大功率/W | | 72(平均值为 24) | | | | | |
| | 电气接线 | | 带符合标准 E DIN43 563 AM6 的插座 | | | | | |
| | 单独订货 | | 带符合标准 E DIN43 563-BF6-3/PN11 的插头<br>带符合标准 E DIN43 563-BF6-3/PN13.5 的插头 | | | | | |
| | 控制放大器 | | VT13060(内置于阀内) | | | | | |

**表 22-6-140**

主阀的泄漏油流量

阀的机能为E,W6和V

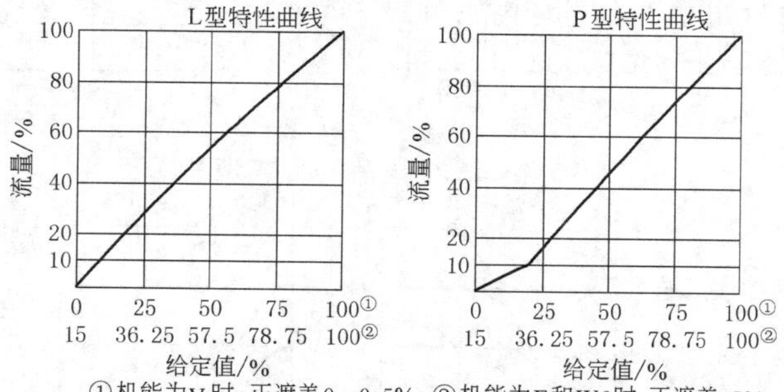


①机能为V时,正遮盖0~0.5%;②机能为E和W6时,正遮盖15%

带先导阀(阀芯机能:V)

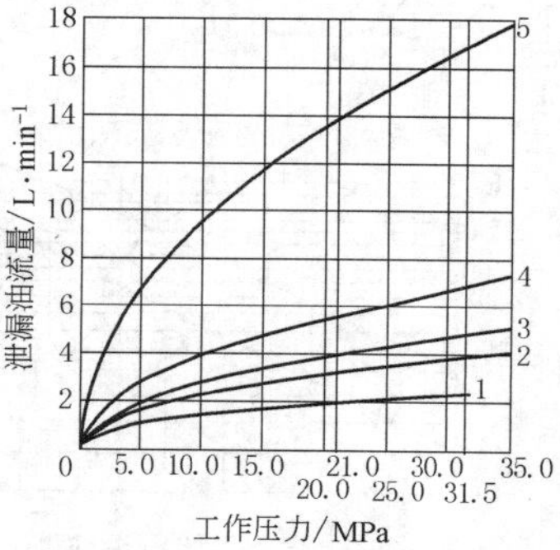


阀的机能为$Q_2$

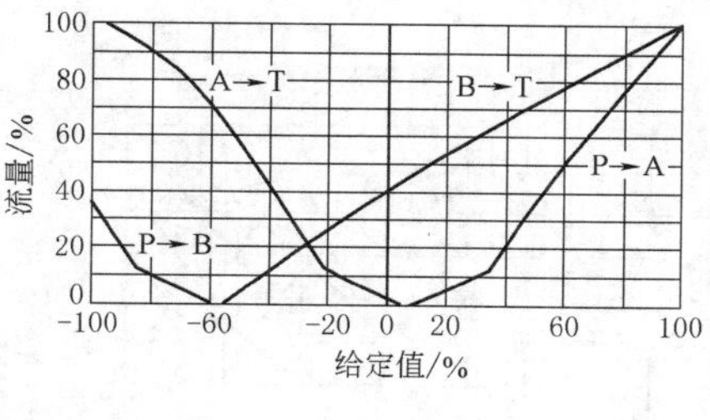


1—通径10;2—通径16;3—通径25(大流量结构);4—通径32;5—通径35

续表

| | |
|---|---|
| 压力-输入信号 | 压力-输入信号特性曲线（阀芯机能：V）<br>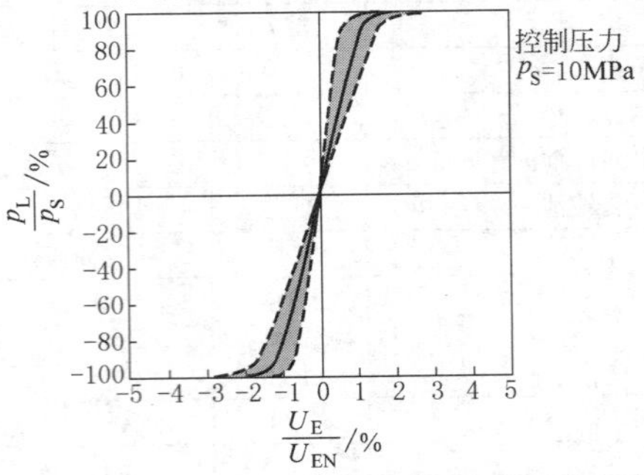<br> |
| 特性曲线 | 测量条件：$p_S=10MPa$，$\nu=32mm^2\cdot s^{-1}$和$t=40℃$<br>NG10<br>输入信号为阶跃电信号时的过渡机能<br>信号变化区间/%<br>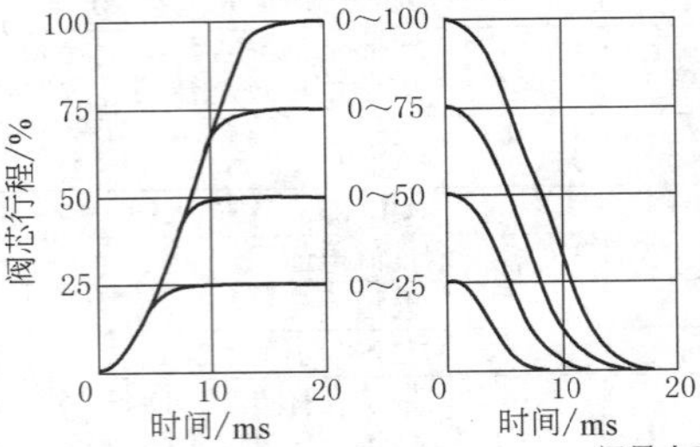<br><br>频率响应特性曲线<br>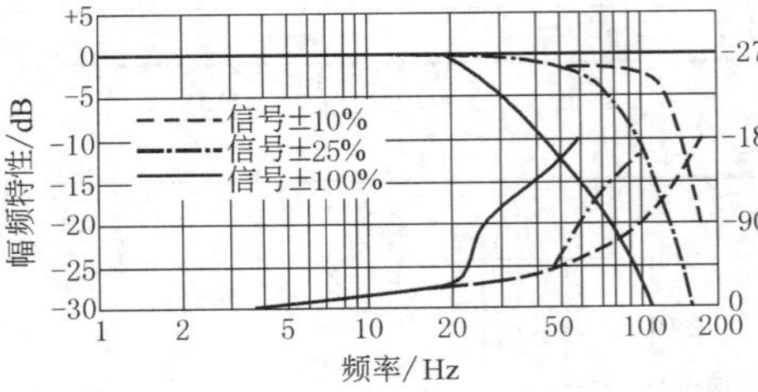<br><br>阀最大开度时的流量-负载曲线（公差±10%）<br>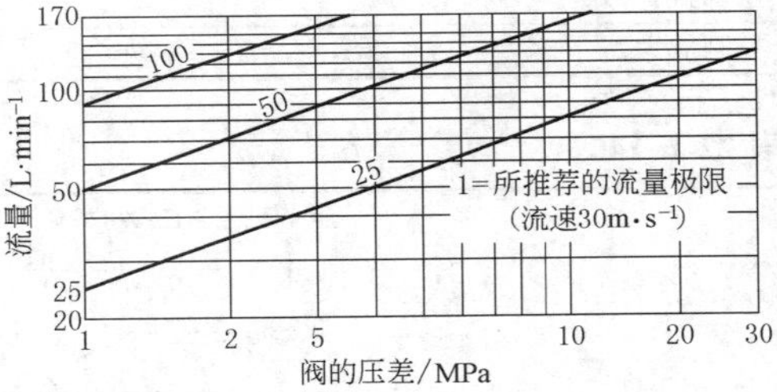<br><br>NG16<br>输入信号为阶跃电信号时的过渡机能<br>信号变化区间/%<br>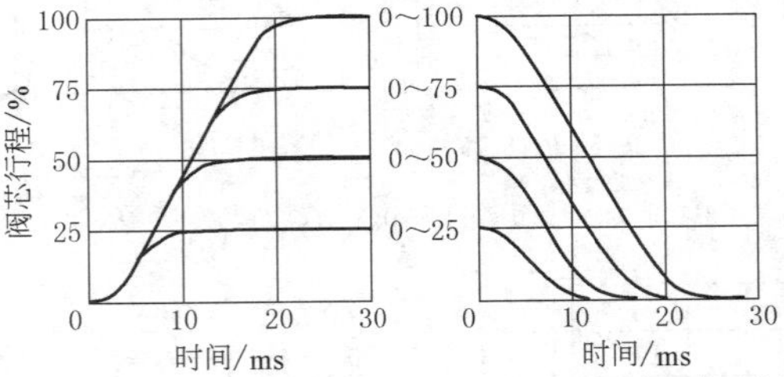<br><br>频率响应特性曲线<br>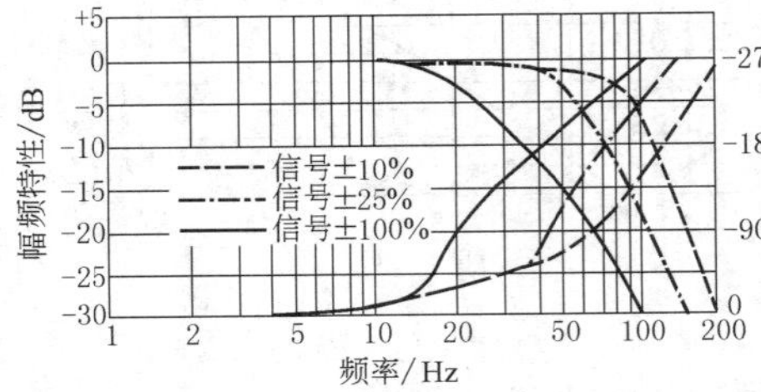<br><br>阀最大开度时的流量-负载曲线（公差±10%）<br>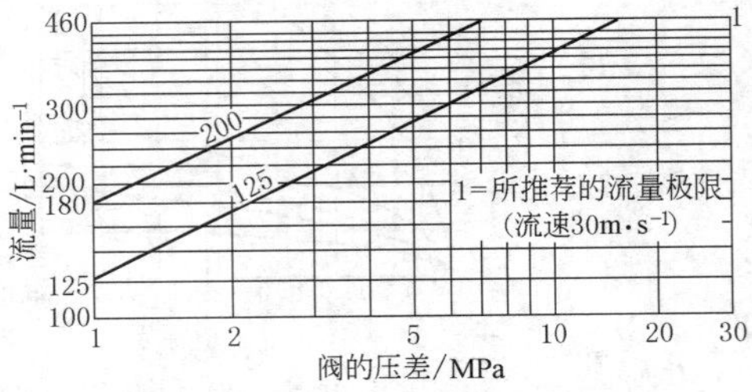<br> |

续表

特性曲线

测量条件：$p_S=10MPa$，$\nu=32mm^2\cdot s^{-1}$ 和 $t=40℃$

NG25

输入信号为阶跃电信号时的过渡机能

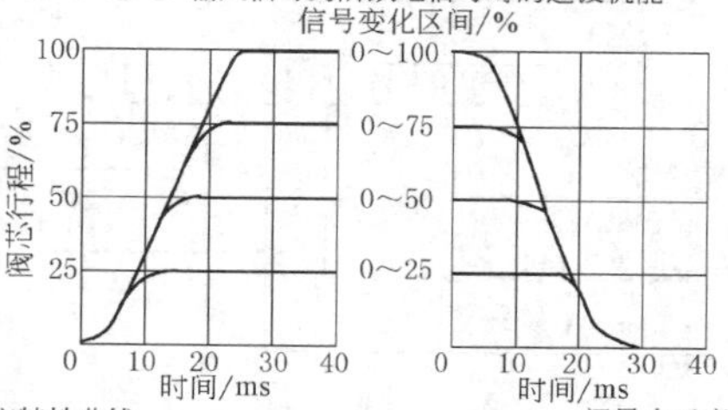


频率响应特性曲线

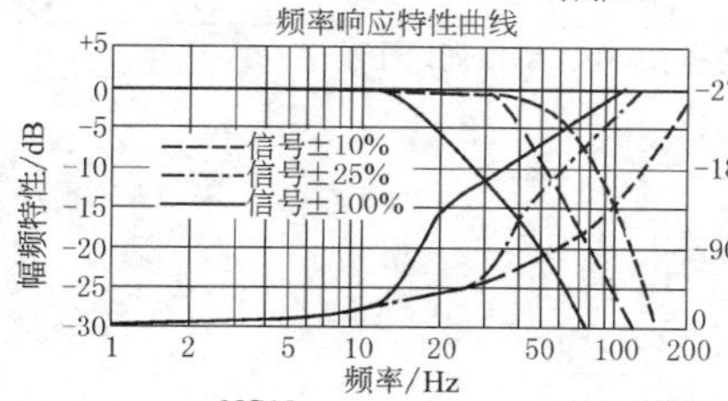


阀最大开度时的流量-负载曲线（公差±10%）

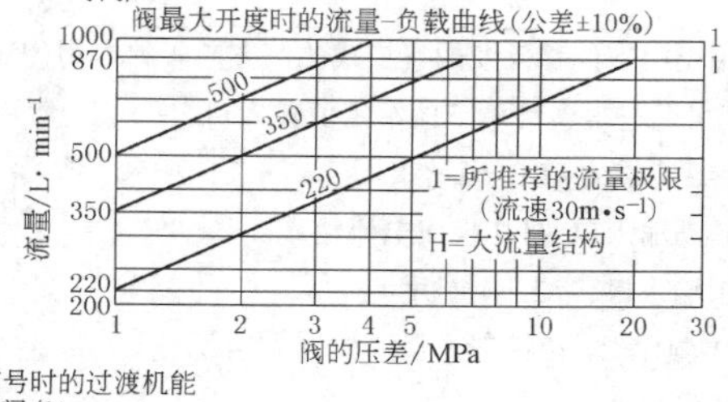


NG32

输入信号为阶跃电信号时的过渡机能

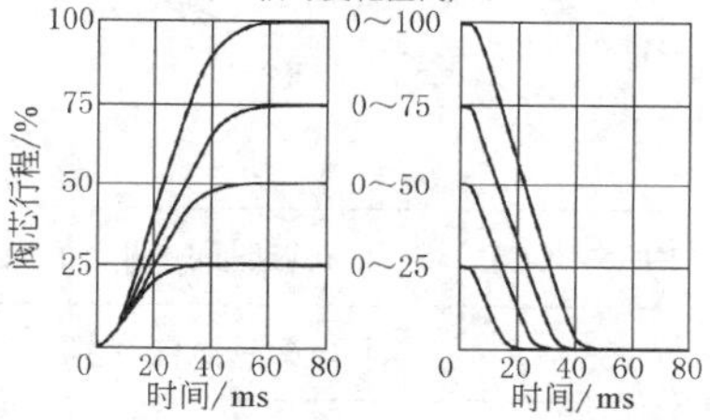


频率响应特性曲线

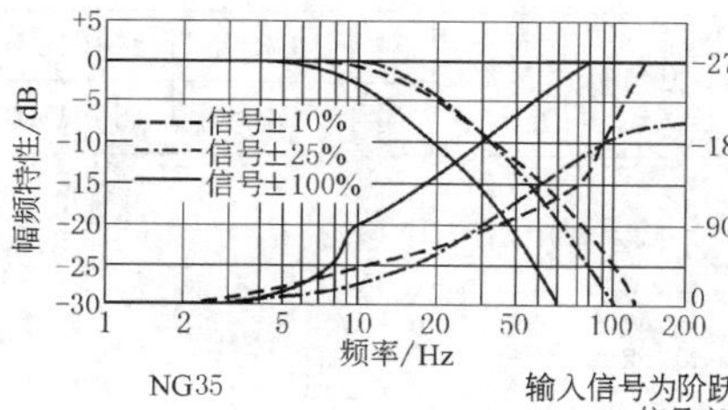


阀最大开度时的流量-负载曲线（公差±10%）

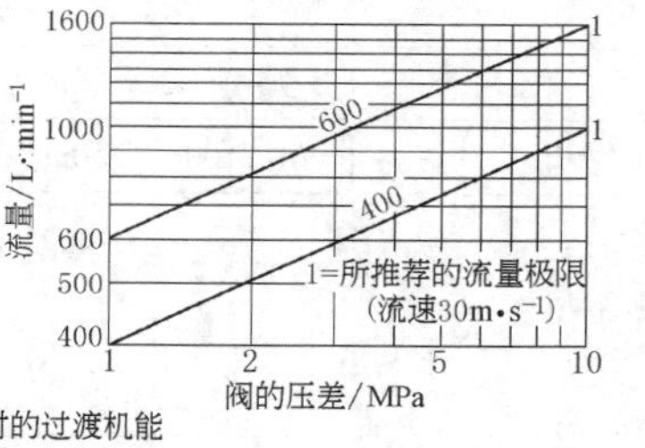


NG35

输入信号为阶跃电信号时的过渡机能

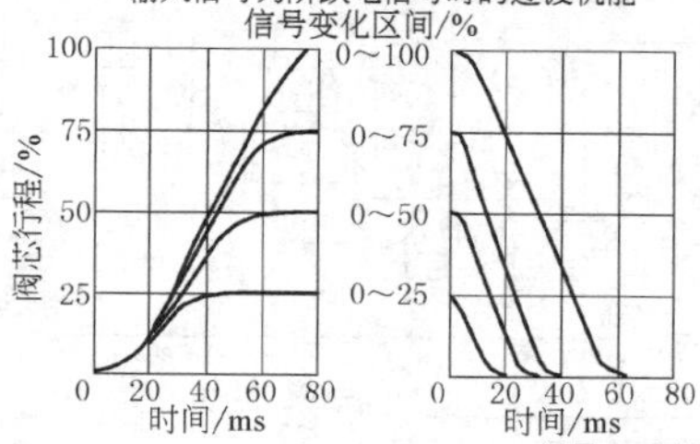


阀最大开度时的流量-负载曲线（公差±10%）

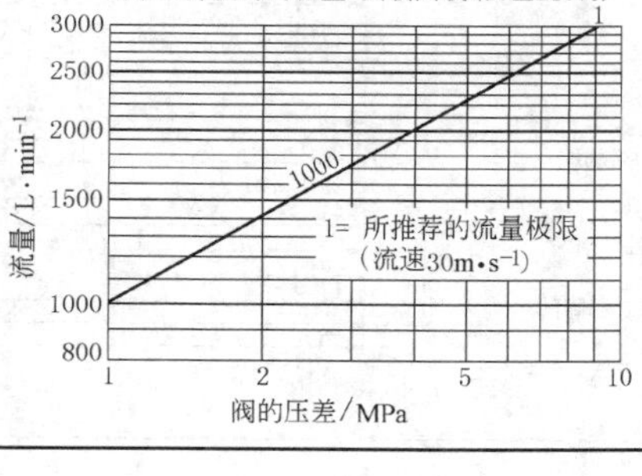


频率响应特性曲线

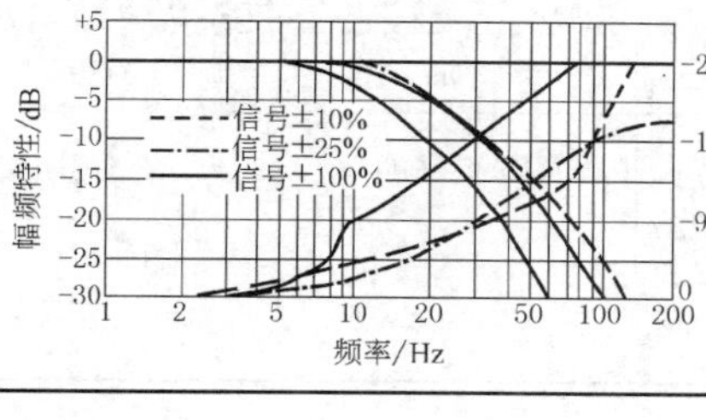

## 2.2.32 力士乐（REXROTH）VT-VSPA2-1，1X系列电子放大器

表 22-6-141

**型号意义**

VT-VSPA2 - 1 - 1X / □ *

- VT-VSPA2：用于比例阀的控制，模拟量输出，带两个输出端
- 1—用于控制比例方向阀4WRA6和4WRA10（2X系列以上）的放大器
- 1X—10～19系列（10～19：技术参数和接线型式不变）
- □：T1—1个可调斜坡时间；T5—5个可调斜坡时间
- *：其他要求用文字说明

**特点**

(1)可用于不带位移反馈的直控式比例方向阀的控制（4WRA，通径：6，10，2X 系列以上）

(2)4 个可通过电位计调节的给定值输入口

(3)4 个给定值的 LED-显示

(4)带差动输入口，可切换成电流输入

(5)互锁输入口，带 LED-显示

(6)LED-显示“预备状态”

(7)阶跃发生器

(8)斜坡发生器，带有一个或五个斜坡时间调节

(9)两个电流脉宽调制输出端

(10)电源部分带有错极保护

**技术参数**

| | | | | |
|---|---|---|---|---|
| 工作电压 $U_B$ | 24V DC（22～35V DC） | 斜坡时间（调节范围）$t$ | | 30ms～约 1s 或 5s |
| 电流消耗 $I$ | <2A | 电磁铁电流，电阻 | | $I_{max}=2.5A$；$R_{20}=2$ |
| 功率消耗 $P_s$ | <50V · A | 起始电流 $I$ | | 50(1±25%)mA |
| 保险 $I_s$ | 3.15A | 脉冲频率 $f$ | 对于 NG6 阀 | 300(1±10%)Hz |
| 电流实际值 $I_A$，$I_B$ | 0～2500mA±50mA；$R$=1k | | 对于 NG10 阀 | 180(1±10%)Hz |

**VT-4SPA2-1X/T1 接线图**

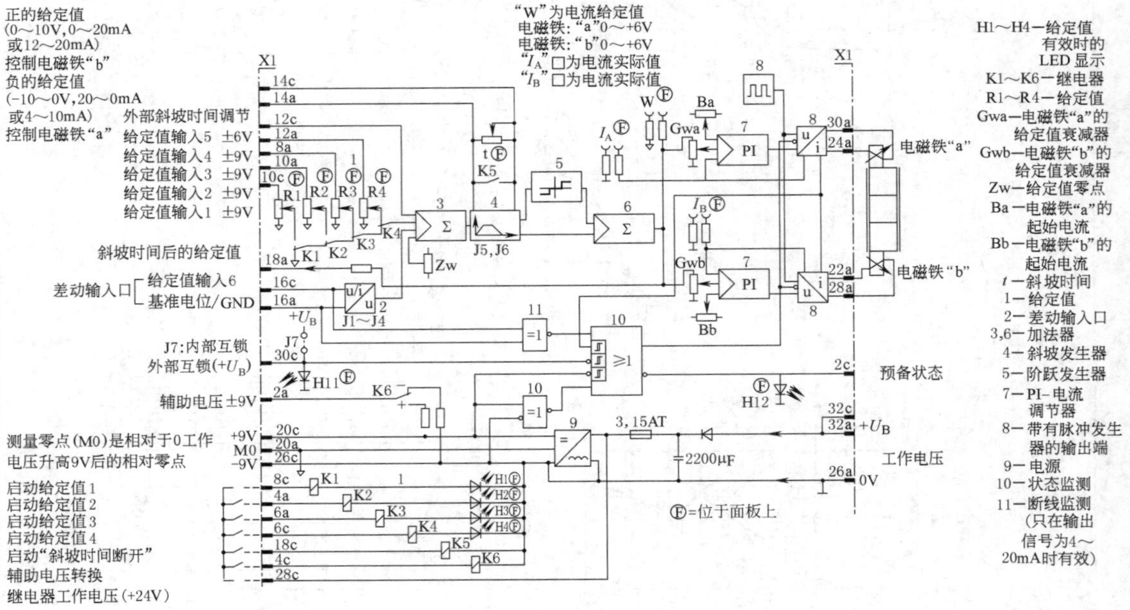

续表

| | |
|---|---|
| VT-VSPA2-101X/T5 接线图 | 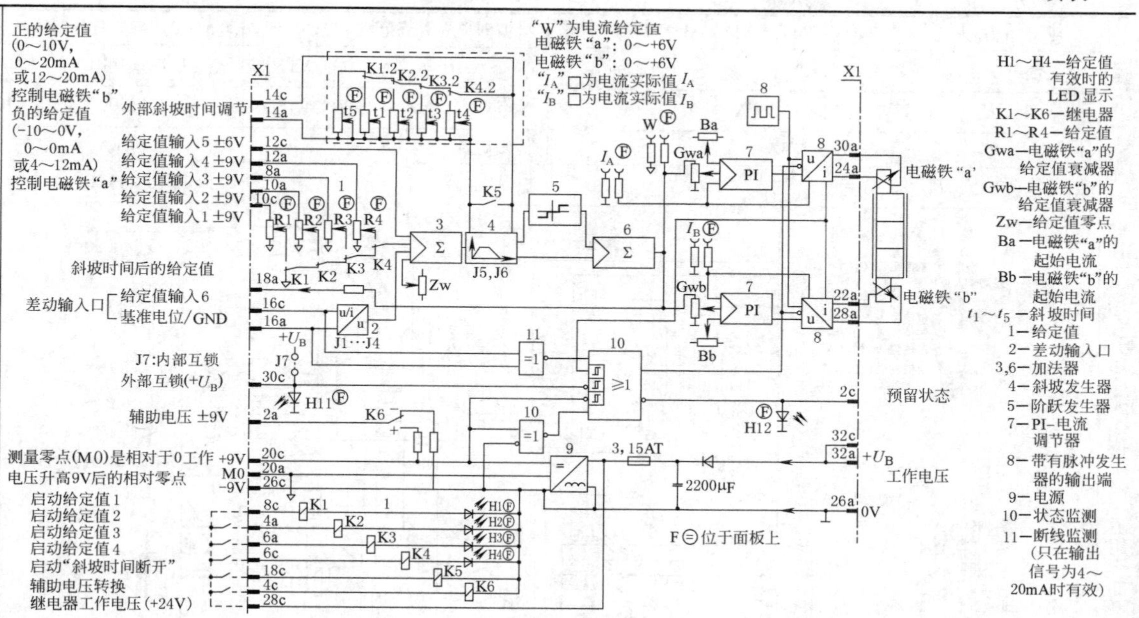 |
| 特性曲线 | 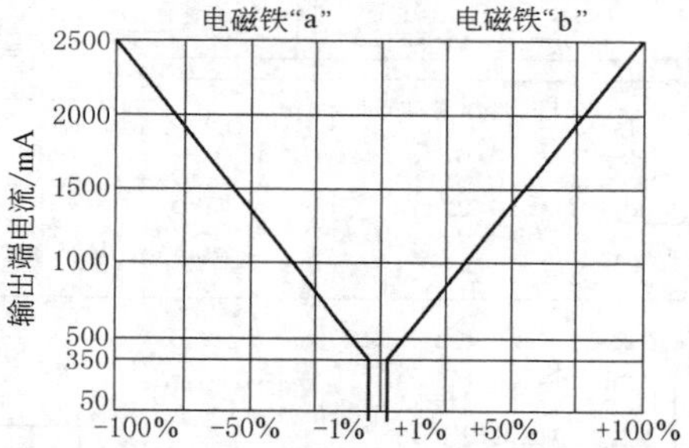 |

## 2.2.33　力士乐（REXROTH）VT5005～5008，1X 系列电子放大器

**表 22-6-142**

| | |
|---|---|
| 型号意义 | 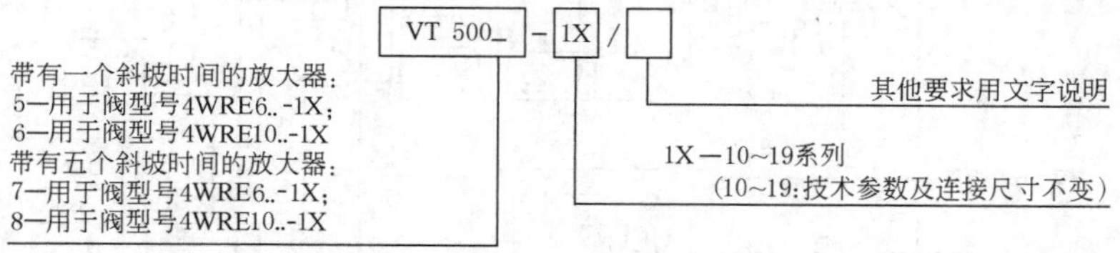 |
| 特点 | (1)可用于控制带有位移传感器的直控式比例方向阀(4WRE,1 系列)<br>(2)带差动输入口<br>(3)互锁输入口,带 LED-显示<br>(4)LED-显示"预备状态"<br>(5)阶跃发生器<br>(6)斜坡发生器<br>(7)五个可以通过电位计调节的斜坡时间(VT5007 和 VT5008)<br>(8)4 个可以通过电位计调节的给定值输入,带 LED 显示<br>(9)带有阀芯位置调节器<br>(10)两个电流脉宽调制输出端<br>(11)感应位移测量的振荡器及解调器,带有断线识别<br>(12)电源部分带有错极保护 |

续表

| | | | | | |
|---|---|---|---|---|---|
| 技术参数 | 工作电压 $U_B$ | 24V DC(22~35V DC) | 斜坡时间(调节范围) $t$ | | 30ms~约1s或5s(±25%) |
| | 电流消耗 $I$ | <2A | 电磁铁电流,电阻 | VT5005,VT5007 | $I_{max}=1.8(1\pm20\%)A, R_{20}=5.4$ |
| | 功率消耗 $P_s$ | <50V·A | | VT5006,VT5008 | $I_{max}=2.2(1\pm20\%)A, R_{20}=10$ |
| | 保险 $I_s$ | 2.5A | 起始电流 $I$ | | 50(1±25%)mA |
| | 电流实际值 $I_A, I_B$ | 0~2500mA±50mA;$R=1k$ | 振荡器频率 $f$ | | 2.5(1±10%)kHz |

VT5005和VT5006接线图(适用于17系列以后的产品)

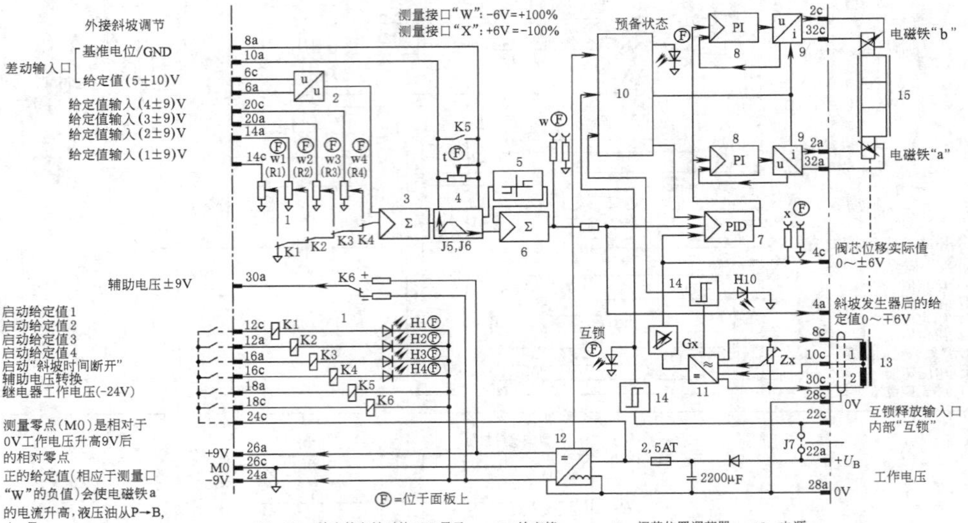


测量零点(M0)是相对于0V工作电压升高9V后的相对零点

正的给定值(相应于测量口"W"的负值)会使电磁铁a的电流升高,液压油从P→B,A→T

负的给定值(相应于测量口"W"的正值)会使电磁铁b的电流升高,并使液压油从P→A,B→T

H1~H4—给定值有效时的LED显示;K1~K6—切换继电器;R1~R4—给定值电位计;t—斜坡时间;1—给定值;2—差动放大器;3,6—加法器;4—斜坡发生器;5—阶跃发生器;7—阀芯位置调节器;8—电流调节器;9—输出端;10—监测;11—振荡器/解调器;12—电源;13—位移传感器;14—阈值识别器;15—比例阀

VT5007和VT5008接线图(适用于17系列以后的产品)

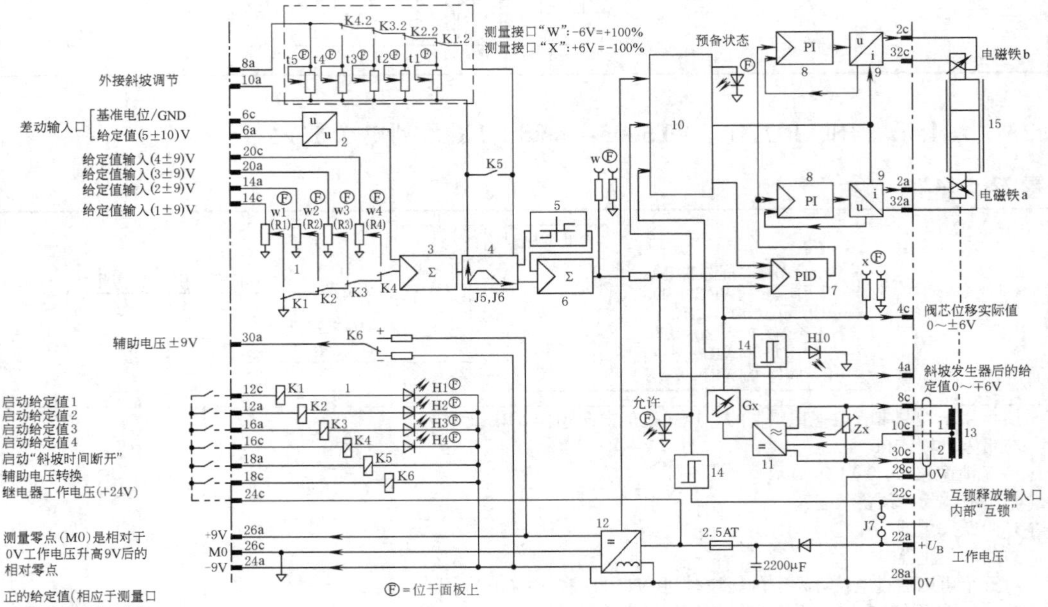


测量零点(M0)是相对于0V工作电压升高9V后的相对零点

正的给定值(相应于测量口"W"的负值)会使电磁铁a的电流升高,液压油从P→B,A→T

负的给定值(相应于测量口"W"的正值)会使电磁铁b的电流升高,并使液压油从P→A,B→T

H1~H4—给定值有效时的LED-显示;K1~K6—切换继电器;R1~R4—给定值电位计;t1~t5—斜坡时间;1—给定值;2—差动放大器;3—加法器;4—斜坡发生器;5—阶跃发生器;6—加法器;7—阀芯位置调节器;8—电流调节器;9—输出端;10—监测;11—振荡器/解调器;12—电源;13—位移传感器;14—阈值识别器;15—比例阀

## 2.2.34 力士乐（REXROTH）VT3000，3X 系列电子放大器

表 22-6-143

**型号意义**

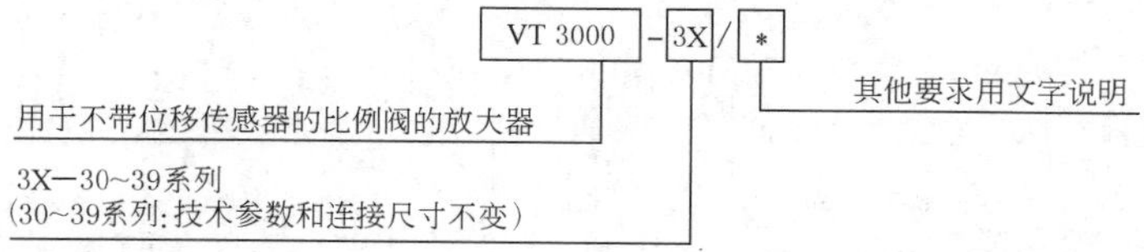


**特点**

(1)可用于不带位移反馈的先导式比例方向阀的控制(4WRZ)及直控式比例压力阀(DBEP6. 3DREP6)的控制
(2)4 个可通过电位计调节的给定值输入
(3)4 个给定值的 LED- 显示
(4)带差动输入口
(5)LED- 显示“预备状态”
(6)阶跃发生器
(7)斜坡发生器
(8)两个电流脉宽调制输出端
(9)电源部分带有错极保护

**技术参数**

| | | | |
|---|---|---|---|
| 工作电压 $U_B$ | 24V DC(22~39V DC) | 斜坡时间(调节范围)$t$ | 30ms~约 1s 或 5s |
| 电流消耗 $I$ | <1A | 电磁铁电流,电阻 | $I_{max}$=800mA,$R_{20}$=19.5 |
| 功率消耗 $P_s$ | — | 起始电流 $I$ | 20(1±25%)mA |
| 保险 $I_s$ | 2.5A | 脉冲频率 $f$ | 170(1±10%)Hz |
| 电流实际值 $I_A$,$I_B$ | 0~800mV,0~800mA | | |

**特性曲线及外形尺寸**

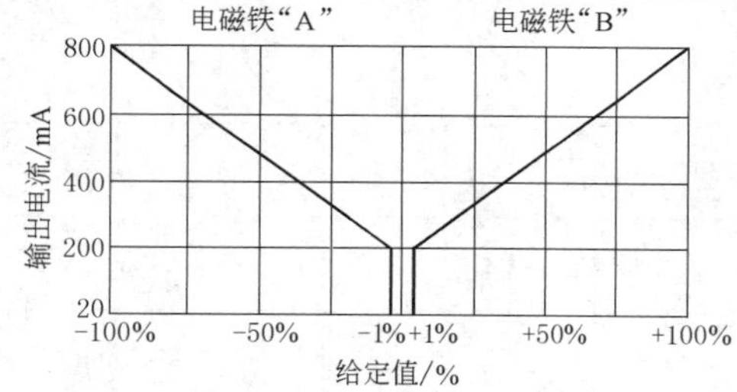


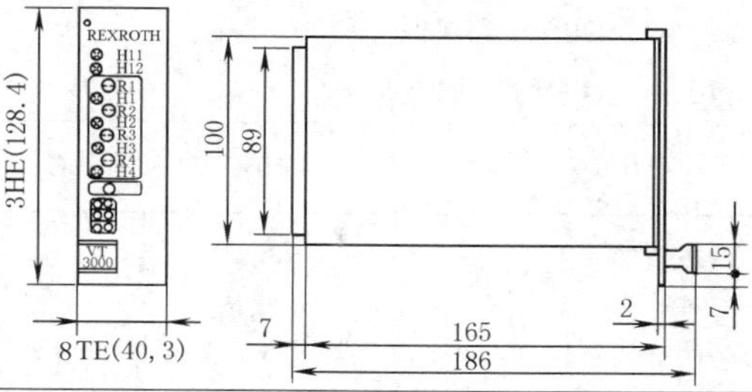


**方框图/接线图**

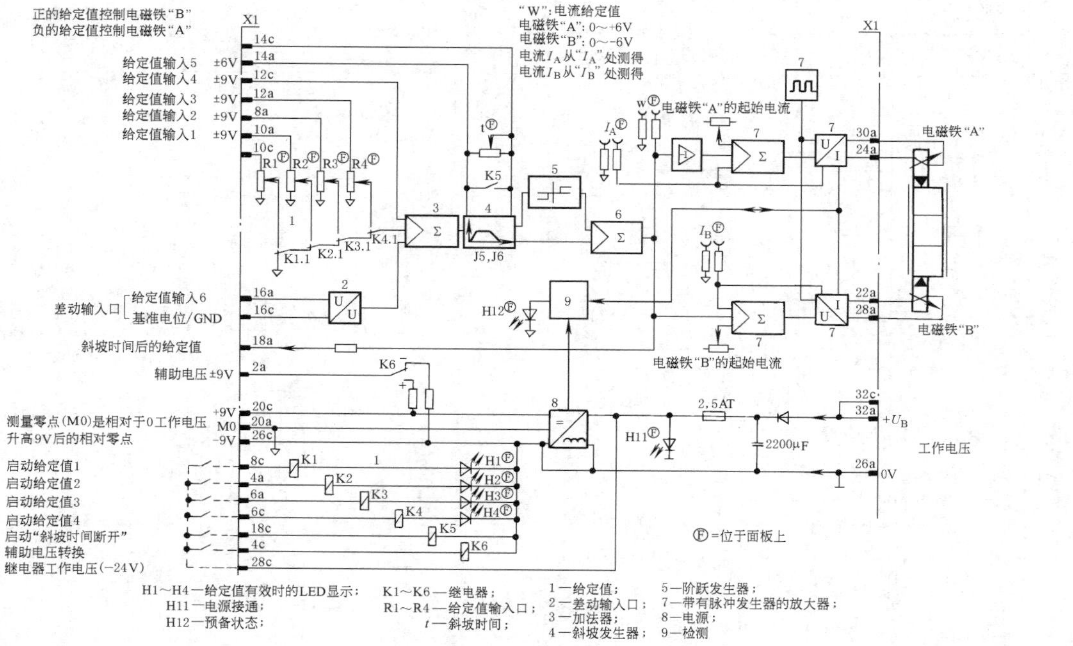


H1~H4—给定值有效时的LED显示；H11—电源接通；H12—预备状态；K1~K6—继电器；R1~R4—给定值输入口；$t$—斜坡时间；1—给定值；2—差动输入口；3—加法器；4—斜坡发生器；5—阶跃发生器；7—带有脉冲发生器的放大器；8—电源；9—检测

第 22 篇

## 2.2.35 力士乐（REXROTH）VT-VSPA1-1 和 VT-VSPA1K-1，1X 系列电子放大器

表 22-6-144

**型号意义**

VT-VSPA1 - □ - 1 - 1X / *

- VT-VSPA1：用于比例压力阀的控制，模拟量输出，带一个电磁铁
- □：无代号—带面板及32接点插接板；K—不带面板及带16接点的端子板
- 1X：1X—10～19系列（10～19：技术参数和接线型式不变）
- *：其他要求用文字说明

在替换放大器VT2000（至4X系列），VT2010，VT2013，或VT2023时，需要单独订购一个转接板4TE/3HE
订货号为：021004

**特点**

(1)可用于所有可供货的直控式及先导式的，不带位移反馈且只带一个电磁铁的比例压力阀的控制

(2)带差动输入口，可切换成电流输入

(3)附加给定值输入口 0～9V

(4)斜坡发生器，可对上升及下降斜坡时间单独进行调节

(5)脉宽调制输出端

(6)带“预备状态”显示（VT-VSPA1K-1 只带 LED-显示）

(7)电源部分带有错极保护

(8)电流输入口（4～20mA）带断线识别

(9)电磁铁电缆短路保护

(10)电磁铁电缆断线识别

**技术参数**

| | | | |
|---|---|---|---|
| 工作电压 $U_B$ | 24V DC（22～39V DC） | 斜坡时间（调节范围）$t$ | 30ms～约 1s 或 5s |
| 电流消耗 $I$ | <1.8A | 电磁铁电流 $I_{max}$，电阻 | 800mA，$R_{20}$ = 19.5 |
| 功率消耗 $P_S$ | <50V·A | 起始电流 $I$ | 50mA 或 100mA |
| 保险 $I_S$ | 2.5A | 脉冲频率 $f$ | 100Hz，200Hz，300Hz 或 370(1±10%)Hz |
| 电流实际值 $I_A$，$I_B$ | 0～800mA，0～1600mA | | |

**VT-VSPA1方框图/接线图**

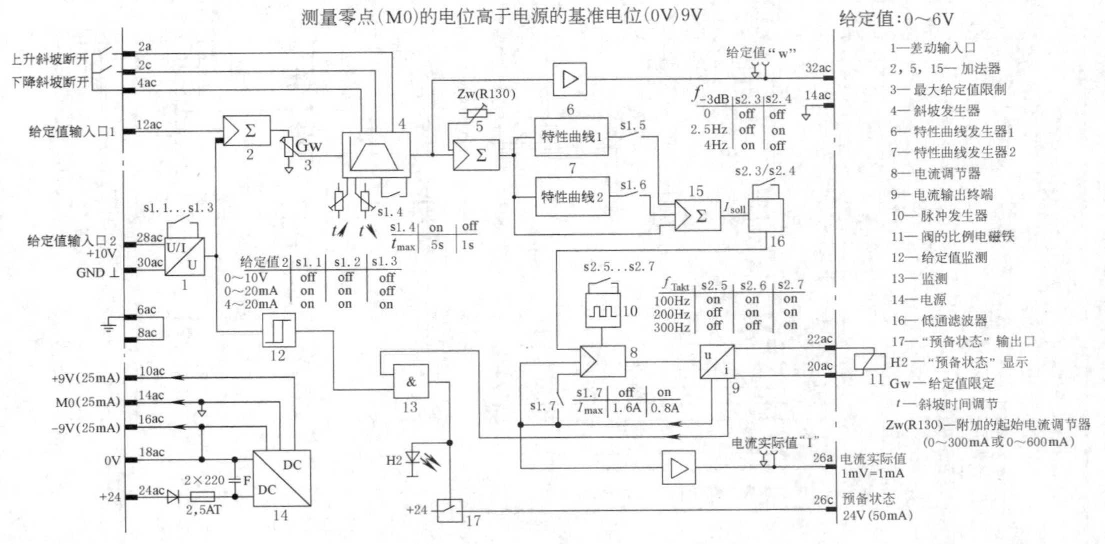

续表

VT-VSPA1K-1方框图/接线图

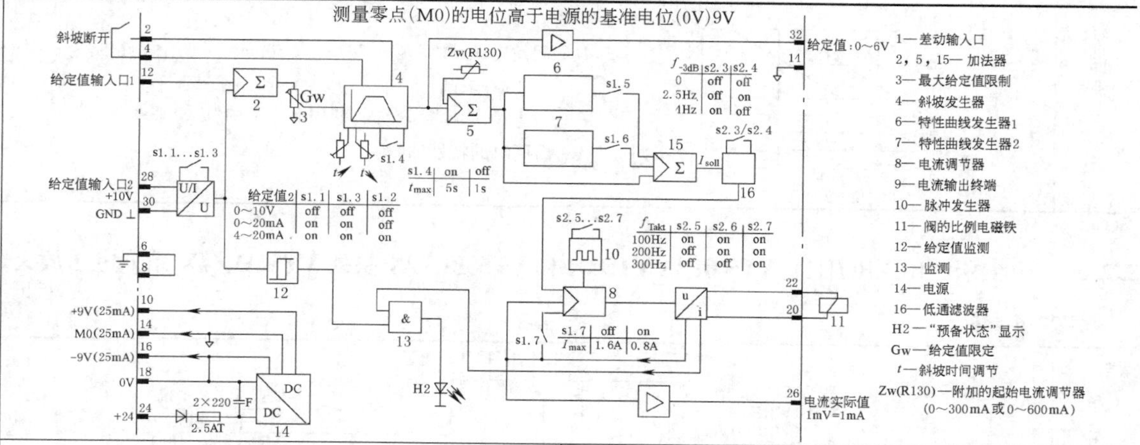


特性曲线及外形尺寸

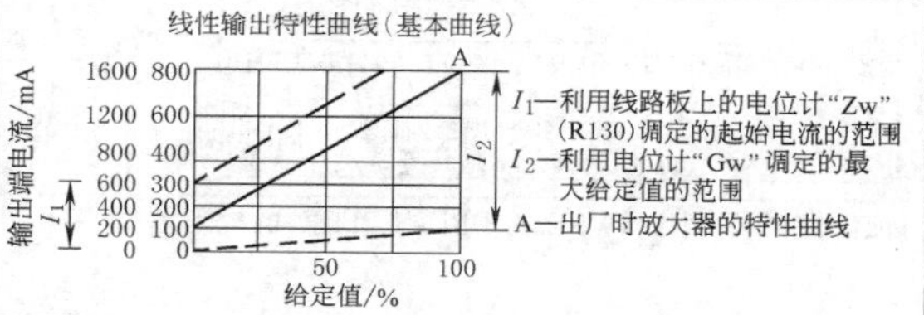


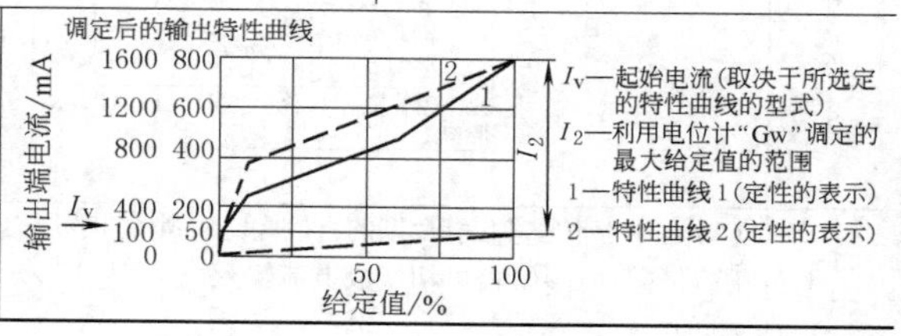


## 2.2.36 力士乐(REXROTH)VT2000，5X 系列电子放大器

表 22-6-145

| | |
|---|---|
| 型号意义 | VT 2000- 5X / * <br> 用于控制不带位移传感器的比例压力阀 <br> 5X—50～59系列 <br> (50～59:技术参数和接线型式不变) <br> *：其他要求请用文字说明 <br> 在替换VT2000(至4X系列)时,需要单独订购一个转接板4TE/3HE.订货号为:021004 |
| 特点 | (1)可用于直控式或先导式的,不带位移反馈的比例压力阀的控制 <br> (2)带差动输入口,可切换成电流输入 <br> (3)附加给定值输入口 0~9V <br> (4)斜坡发生器,可对上升及下降斜坡时间单独进行调节 <br> (5)脉宽调制输出端 <br> (6)电源部分带有错极保护 <br> (7)电磁铁电缆短路保护 |

| 技术参数 | | | | |
|---|---|---|---|---|
| | 工作电压 $U_B$ | 24V DC(22~35V DC) | 斜坡时间(调节范围)$t$ | 30ms~约 1s 或 5s |
| | 电流消耗 $I$ | <1A | 电磁铁电流,电阻 | $I_{max}=800mA, R_{20}=19.5$ |
| | 功率消耗 $P_S$ | <25V·A | 起始电流 $I$ | 0~300mA |
| | 保险 $I_S$ | 2.5A | 脉冲频率 $f$ | 100Hz 或 200Hz;±10% |
| | 电流实际值 $I_A, I_B$ | 0~800mV,0~800mA±10mA | | 取决于开关“S2”状态 |

VT2000方框图/接线图

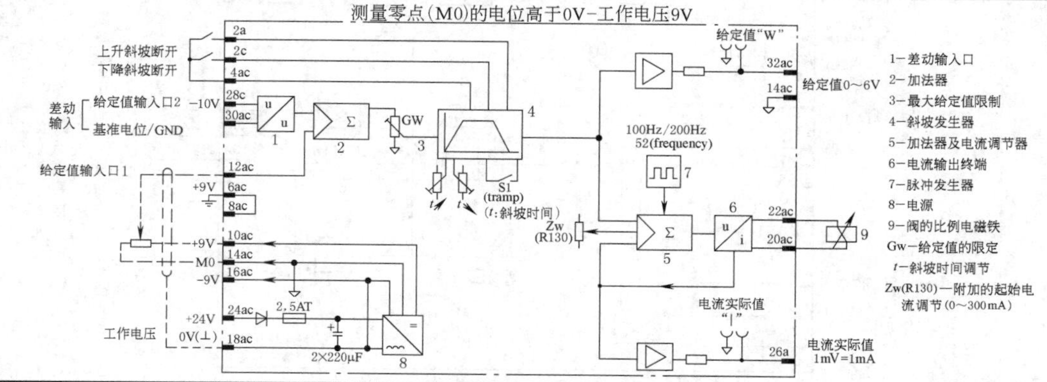

续表

| | |
|---|---|
| 特性曲线及外形尺寸 | 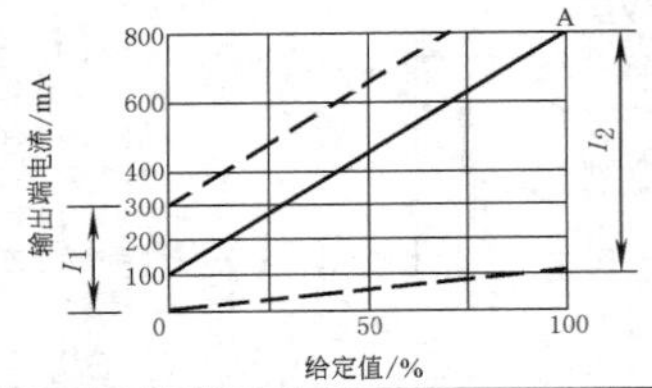 $I_1$—起始电流调节范围(0~约300mA)利用线路板上的Zw(R130)来调<br>$I_2$—最大给定值调节范围,利用面板上的"Gw"来调节<br>A—出厂时的特性曲线 |

## 2.2.37 力士乐(REXROTH)VT5001至VT5004和VT5010,2X系列VT5003,4X系列电子放大器

表 22-6-146

| | |
|---|---|
| 型号意义 | 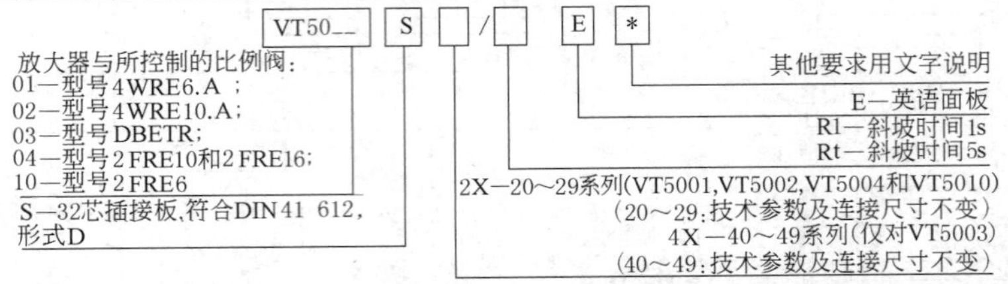 |
| 特点 | (1)适用于带阀芯位移反馈的直控式比例阀(方向-压力和流量控制阀;型号:4WRE..A、DBETR、2FRE)的控制<br>(2)带差动输入口,可切换成电流输入<br>(3)滤波<br>(4)稳压<br>(5)自振荡输出终端<br>(6)感应位移传感器的振荡器和解调器<br>(7)PID调节器<br>(8)装有一个用于"断开"斜坡时间的继电器<br>(9)斜坡发生器<br>(10)具有断线识别功能,及LED-显示 |

| 技术参数 | | | | |
|---|---|---|---|---|
| 工作电压 $U_B$ | 24V DC(22~35V DC) | 斜坡时间(调节范围)$t$ | | 30ms~约1s或5s |
| 电流消耗 $I$ | <2A | 电磁铁电流,电阻 | VT5001 | $I_{max}=1.8(1\pm20\%)A$;$R_{20}=5.4$ |
| 功率消耗 $P_S$ | <50V·A | | VT5002,3,4,10 | $I_{max}=2.2(1\pm20\%)A$;$R_{20}=10$ |
| 保险 $I_S$ | 2.5A | 脉冲频率 $f$ | | 0.5~3kHz |
| 电流实际值 $U/I_B$ | -6V(最大负载电流5mA) | 振荡频率 $f$ | | 2.5(1±10%)kHz |

方框图/接线图

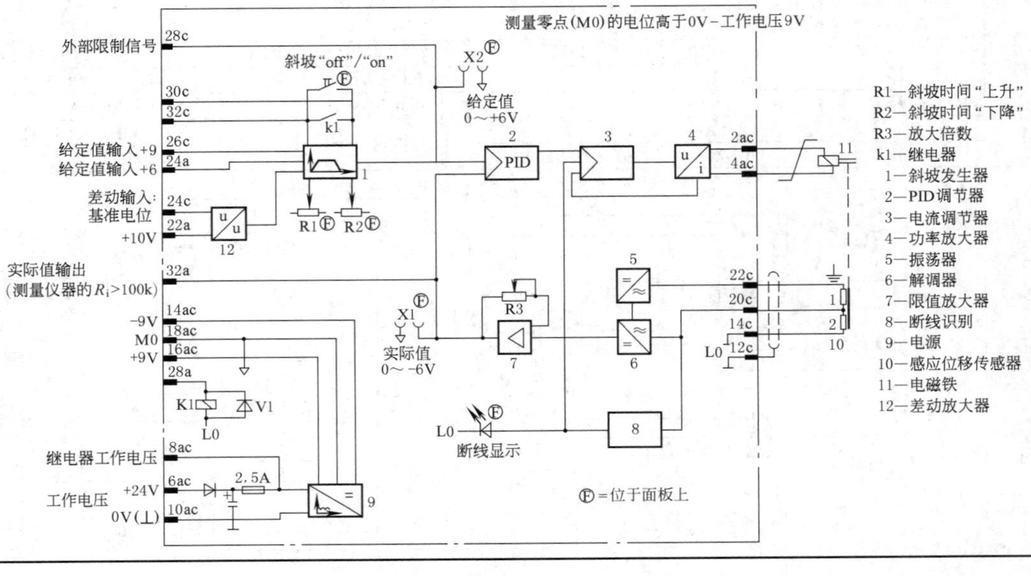

# 3 伺服液压缸

## 3.1 国内生产的伺服液压缸

### 3.1.1 优瑞纳斯的 US 系列伺服液压缸

表 22-6-147

| | |
|---|---|
| 型号意义 | 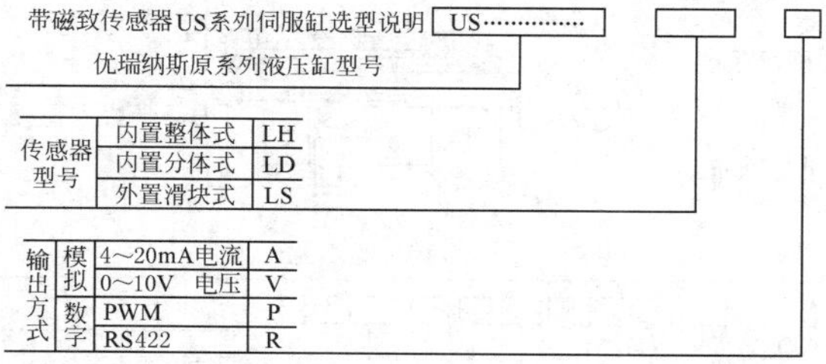 |
| 结构型式与特点 | 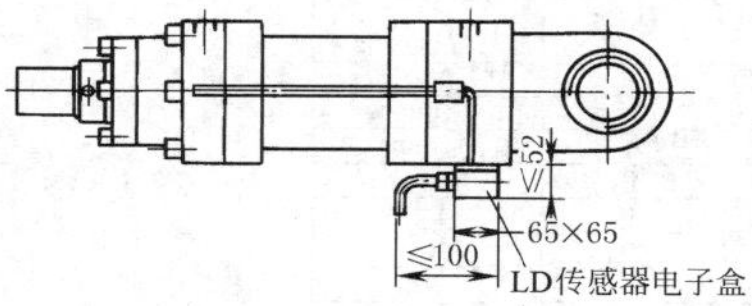<br>LD 型传感器<br>适用于尾部耳环式液压缸，缸体外增加一个 65mm×65mm×52mm 的电子盒。传感器维修、更换不方便<br>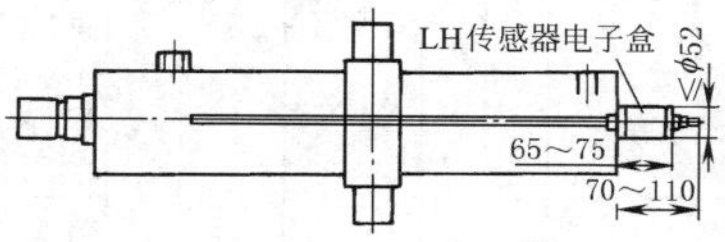<br>LH 型传感器<br>适用于缸底耳环以外任何型式的液压缸。将在缸尾部增加一个直径约为 52mm，长约 72mm 的电子盒。传感器维修、安装、更换方便<br>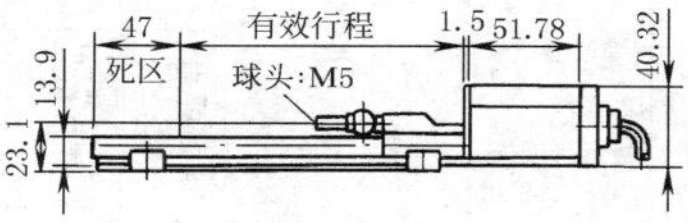<br>LS 型传感器<br>适用于所有安装结构的液压缸。传感器的安装、维修、更换方便。传感器的拉杆需带防转装置 |

表 22-6-148　　传感器技术参数

| 类型 | LH | LD | LS |
|---|---|---|---|
| 输出型式 | 模拟输出或数字输出均可 | | |
| 测量数据 | 位置 | | |
| 输出型式 | 模拟输出 | 数字输出 | |
| 测量范围 | 最小 25mm，最长十几米；LS 型模拟：25~2540mm；LS 型数字：25~3650mm | | |
| 分辨率 | 无限（取决于控制器 D/A 与电源波动） | 一般为 0.1mm（最高达 0.005mm，需加配 MK292 界面卡） | |
| 非线性度 | 满量程的±0.02%或±0.05%（以较高者为准） | | |
| 滞后 | <0.02mm | | |
| 位置输出 | 0~10V<br>4~20mA | 开始/停止脉冲（RS422 标准）<br>PWM 脉宽调制 | |
| 供应电源 | +24(1±10%)V DC | | |
| 耗电量 | 120mA | 100mA；LS 型模拟/数字均为 100mA | |
| 工作温度 | 电子头：-40~70℃（LH）；-40~80℃（LD）<br>敏感元件：-40~105℃ | | |
| 温度系数 | $<15\times10^{-6}/℃$ | | |
| 可调范围 | 5%可调零点及满量程 | | |
| 更新时间 | 一般≤3ms | 最快每秒 10000 次（按量程而变化）<br>最慢＝[量程(in)+3]×9.1μs | |
| 工作压力 | 静态：34.5MPa（5000psi）；峰值：69MPa（10000psi）；LS 型无此项 | | |
| 外壳 | 耐压不锈钢；LS 型为铝合金外壳，防尘、防污、防洒水，符合美国 IP67 标准 | | |
| 输送电缆 | 带屏蔽七芯 2m 长电缆 | | |

表 22-6-149　　　　　　　　　　　　**磁致传感器接线**

| 输出型式 | LH、LD、LS 型传感器模拟输出 | LH、LD、LS 型传感器数字输出 |
|---|---|---|
| 红或棕色 | +24V DC 电源输入 | 24V DC 电源输入 |
| 白色 | 0V DC 电源输入 | 0V DC 电源输入 |
| 灰或橙色 | 4~20mA 或 0~10V 信号输出 | PWM 输出(-),RS422 停止(-) |
| 粉或蓝色 | 4~20mA 或 0~10V 信号回路 | PWM 输出(+),RS422 停止(+) |
| 黄色 | | PWM 询问脉冲(+),RS422 开始(+) |
| 绿色 | | PWM 询问脉冲(-),RS422 开始(-) |
| | 金属屏蔽网接地防止信号受干扰 | 金属屏蔽网接地防止信号受干扰 |

## 3.1.2　海德科液压公司伺服液压缸

表 22-6-150

结构图

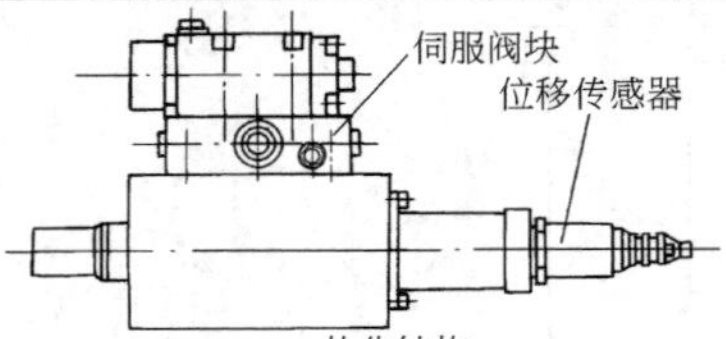

一体化结构

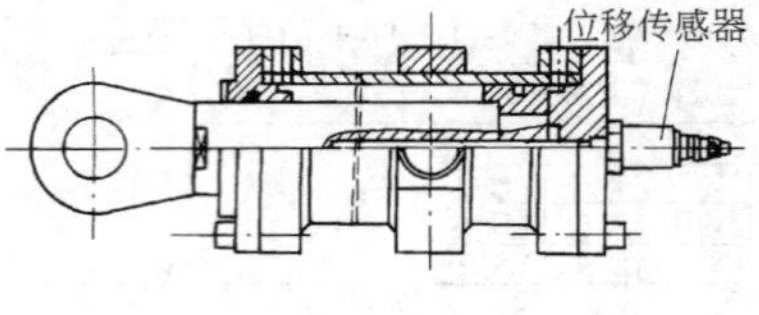

传感器外置

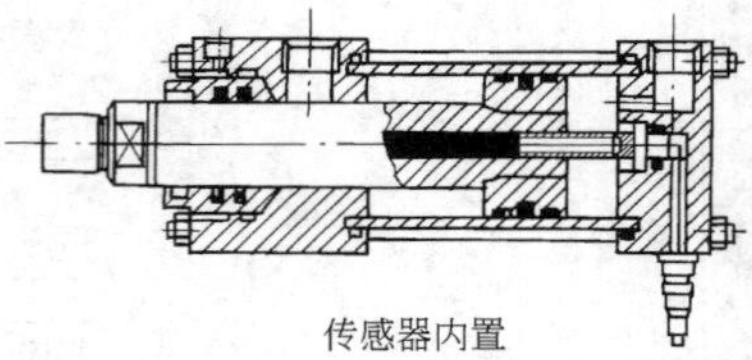
传感器内置

型号意义

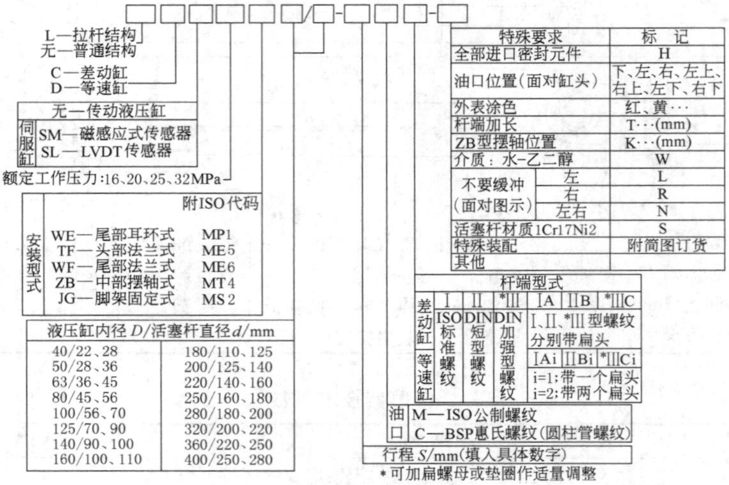


位移传感器技术性能

| 项目 | | |
|---|---|---|
| 输出型式 | 模拟输出或数字输出均可 | |
| 测量数据 | 位置 | |
| 输出型式 | 模拟输出 | 数字输出 |
| 测量范围 | 最小 25mm,最长十几米;LS 型模拟:25~2540mm,LS 型数字:25~3650mm | |
| 分辨率 | 无限(取决于控制器 D/A 与电源波动) | 一般为 0.1mm(最高达 0.005mm,需加配 MK292 界面卡) |
| 非线性度 | 满量程的±0.02%或±0.05%(以较高者为准) | |
| 滞后 | <0.02mm | |
| 位置输出 | 0~10V<br>4~20mA | 开始/停止脉冲(RS422 标准)<br>PWM 脉宽调制 |
| 供应电源 | +24(1±10%)V DC | |
| 耗电量 | 120mA | 100mA;LS 型模拟/数字均为 100mA |
| 工作温度 | 电子头:-40~70℃(LH);-40~80℃(LD)<br>敏感元件:-40~105℃ | |
| 温度系数 | $<15\times10^{-6}$/℃ | |
| 可调范围 | 5%可调零点及满量程 | |
| 更新时间 | 一般≤3ms | 最快每秒 10000 次(按量程而变化)<br>最慢=[量程(in)+3]×9.1μs |
| 工作压力 | 静态:34.5MPa(5000psi);峰值:69MPa(10000psi);LS 型无此项 | |
| 外壳 | 耐压不锈钢;LS 型为铝合金外壳,防尘、防污、防洒水,符合美国 IP67 标准 | |
| 输送电缆 | 带屏蔽七芯 2m 长电缆 | |

续表

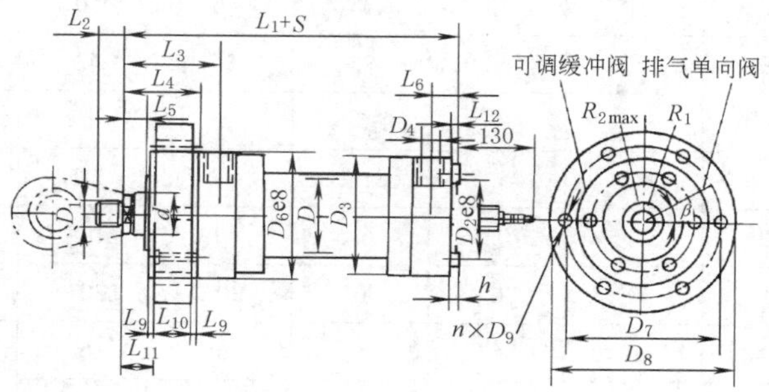


| | | | | | | | | | | | |
|---|---|---|---|---|---|---|---|---|---|---|---|
| 外形尺寸 | $D$ | | 40 | 50 | 63 | 80 | 100 | 125 | 160 | 180 | 200 |
| | $d$ | | 22/28 | 28/36 | 36/45 | 45/56 | 56/70 | 70/90 | 100/110 | 110/125 | 125/140 |
| | $L$(缓冲长度) | | 20 | 20 | 25 | 30 | 35 | 50 | 55 | 65 | 70 |
| | $D_1$ | Ⅰ型 | M16×1.5 | M22×1.5 | M30×2 | M36×2 | M48×2 | M56×2 | M80×3 | M100×3 | M110×3 |
| | | Ⅱ型 | M16×1.5 | M22×1.5 | M28×1.5 | M35×1.5 | M45×1.5 | M58×1.5 | M80×2 | M100×2 | M110×2 |
| | | Ⅲ型 | M18×2 | M24×2 | M30×2 | M39×3 | M50×3 | M64×3 | M90×3 | M100×3 | M110×4 |
| | $D_2$ | | 50 | 64 | 75 | 95 | 115 | 135 | 180 | 200 | 215 |
| | $D_3$ | | 80 | 100 | 120 | 140 | 170 | 205 | 265 | 290 | 315 |
| | $D_4$ | 公制 | M18×1.5 | M22×1.5 | M27×2 | M27×2 | M33×2 | M42×2 | M42×2 | M150×2 | M50×2 |
| | | 英制 | G$^3/_8$ | G$^1/_2$ | G$^3/_4$ | G$^3/_4$ | G1 | G1$^1/_4$ | G1$^1/_4$ | G1$^1/_2$ | G1$^1/_2$ |
| | $D_6$ | | 90 | 110 | 130 | 145 | 175 | 210 | 275 | 300 | 320 |
| | $D_7$ | | 108 | 130 | 155 | 170 | 205 | 245 | 325 | 360 | 375 |
| | $D_8$ | | 130 | 160 | 185 | 200 | 245 | 295 | 385 | 420 | 445 |
| | $D_9$ | | 9.5 | 11.5 | 14 | 14 | 18 | 22 | 26 | 26 | 33 |
| | $L_1$ | | 226 | 234 | 262 | 275 | 325 | 382 | 475 | 515 | 540 |
| | $L_2$ | Ⅰ型 | 22 | 30 | 40 | 50 | 63 | 75 | 95 | 112 | 112 |
| | | Ⅱ型 | 16 | 22 | 28 | 35 | 45 | 58 | 80 | 100 | 110 |
| | | Ⅲ型 | 30 | 35 | 45 | 55 | 75 | 95 | 120 | 140 | 150 |
| | $L_3$ | | 76 | 80 | 89.5 | 87.5 | 112.5 | 129.5 | 160 | 175 | 180 |
| | $L_4$ | | 54 | 58 | 67 | 65 | 85 | 97 | 120 | 130 | 135 |
| | $L_5$ | | 17 | 20 | 20 | 20 | 30 | 30 | 35 | 35 | 40 |
| | $L_6$ | | 32 | 32 | 27.5 | 37.5 | 32.5 | 37.5 | 50 | 50 | 50 |
| | $L_9$ | | 5 | 5 | 5 | 5 | 5 | 5 | 10 | 10 | 10 |

续表

| | | | | | | | | | | |
|---|---|---|---|---|---|---|---|---|---|---|
| 外形尺寸 | $L_{10}$ | 30 | 30 | 35 | 35 | 45 | 50 | 60 | 70 | 75 |
| | $L_{11}$ | 19 | 23 | 27 | 25 | 35 | 42 | 50 | 50 | 50 |
| | $L_{12}$ | 5 | 5 | 5 | 5 | 5 | 5 | 10 | 10 | 10 |
| | $R_2$ | 56.5 | 61 | 75.5 | 81.5 | 99 | 113 | 149 | 172.5 | 182.5 |
| | $R_3$ | 53 | 57.5 | 70.5 | 76.5 | 81 | 107 | 139 | 158.5 | 168.5 |
| | $\beta$ | 30° | 30° | 30° | 30° | 30° | 30° | 45° | 45° | 45° |
| | $n$ | 6 | 6 | 6 | 6 | 6 | 6 | 8 | 8 | 8 |
| | $h$ | 10 | 12.5 | 15 | 15 | 20 | 25 | 30 | 30 | 37.5 |
| | 注:位移传感器内置式和一体化结构的部分尺寸未列出,不在表中的尺寸可另咨询 | | | | | | | | | |

## 3.2 国外生产的伺服液压缸

### 3.2.1 力士乐（REXROTH）伺服液压缸



**表 22-6-151**

| | 推力/kN | 行程/mm | 额定压力/MPa | 回油槽压力/MPa | 安装位置 | 工作介质 | 介质温度/℃ | 黏度/$mm^2 \cdot s^{-1}$ | 工作液清洁度 |
|---|---|---|---|---|---|---|---|---|---|
| 技术性能 | 10~1000 | 50~500 每50增减 | 28 | ≥0.2 | 任意 | 矿物油 DIN51524 | 35~50 | 35~55 | NAS1638-7级 |

| | | 位移传感器 | 超声波位移传感器 |
|---|---|---|---|
| 位移传感器技术性能 | 测量长度/mm | 100~550,每50mm增减 | |
| | 速度 | 任选(响应时间与测量长度有关) | |
| | 电源电压/V | +1~+5 | ±12~±15(150mA) |
| | 输出 | 模拟 | RS422(脉冲周期) |
| | 电缆长度/m | ≤25 | ≤25 |
| | 分辨率/mm | 无限的 | 0.1(与测量长度有关) |
| | 线性度/% | ±0.25(与测量长度有关) | ±0.05(与测量长度有关) |
| | 重复性/% | | ±0.001(与测量长度有关) |
| | 滞环/mm | | 0.02 |
| | 温漂/(mm/10K) | | 0.05 |
| | 工作温度/℃ | -40~80 | 传感器:-40~66;传感器杆:-40~85 |

结构型式

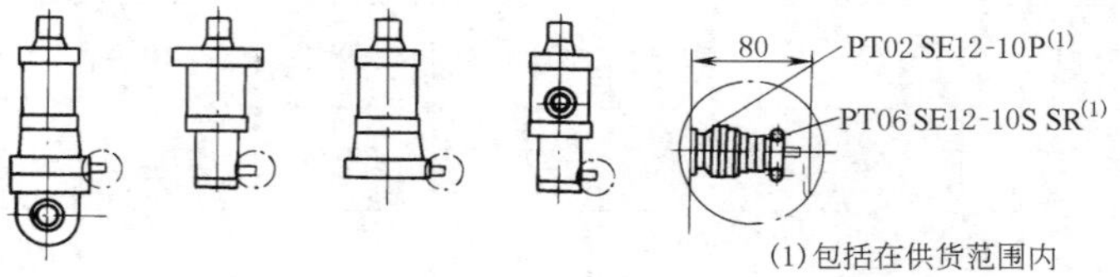


(1)包括在供货范围内

续表

| | | |
|---|---|---|
| 偏载曲线 | 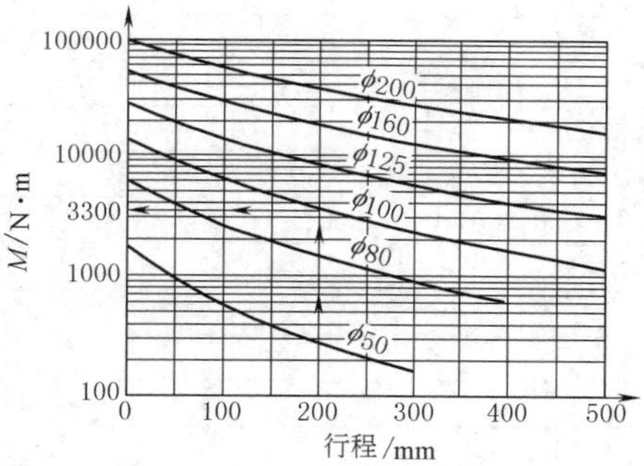 | 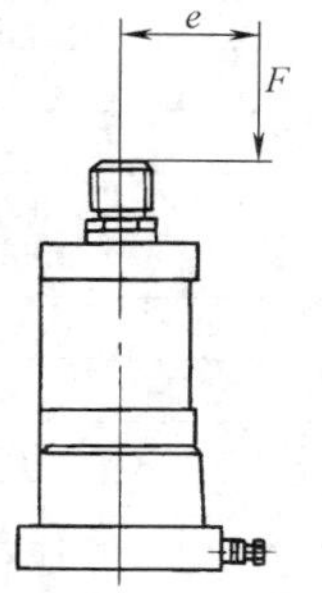 |

能承受的最大偏心扭矩 $M$

$$M=F\cdot e$$

$M$—扭矩，N·m；
$F$—作用力，kN；
$e$—偏心距，mm

例如：
行程为200mm
杆径为100mm
作用力 $F=63$kN

$$e=\frac{M}{F}=\frac{3300}{63}$$

$e=52.38$mm

**型号意义**

CGS 280 □ □/□-□ T 1X/□□□□□□

CGS 伺服缸，双伸杆
额定压力：28MPa
安装型式：B—底部耳环；C—前端法兰；D—底部法兰；E—中间耳轴

| 公称推力/kN | 杆径/mm | 缸径/mm |
|---|---|---|
| 10 | 50 | 55 |
| 16 | 50 | 57 |
| 25 | 50 | 61 |
| 40 | 50<br>80 | 66<br>91 |
| 63 | 50<br>80<br>100 | 74<br>97<br>114 |
| 100 | 80<br>100<br>125 | 106<br>133<br>143 |
| 160 | 80<br>100<br>125 | 118<br>133<br>152 |
| 250 | 100<br>125<br>160 | 148<br>166<br>194 |
| 400 | 125<br>160 | 186<br>211 |
| 600 | 160<br>200 | 235<br>264 |
| 1000 | 200 | 295 |

行程：500—行程为500mm
杆端轴承 T—球轴承
系列：1X—10至19外部结构不变
规格(辅板或带伺服阀块安装)：06-6，10-10，16-16，25-25，32-32
连接类型：A—辅板；Z—带伺服阀块
杆端：A—外螺纹；B—内螺纹
油液：M—密封，适用于矿物油 DIN51 524(HL,HLP)；A—氟橡胶密封，适用于磷酸酯(HFD-R)
密封型式：D—标准；A—无密封
位置传感器：L—LVDT，电源式；T—超声波

## 3.2.2 MOOG 伺服液压缸

表 22-6-152

**结构图及型号意义**

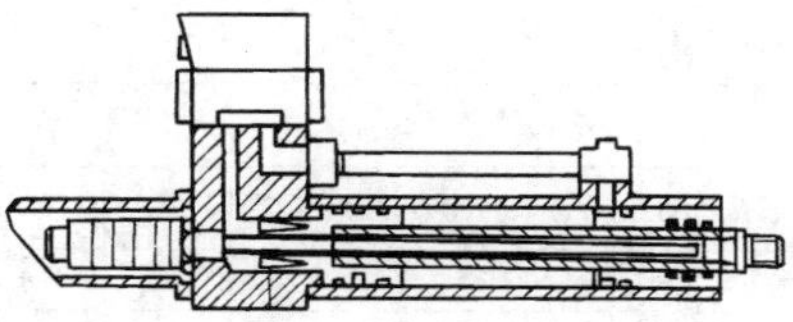

M85×-□×××-□×××-□×××-□×××

缸径/in
2.0，2.5，3.25，4.0，5.0
杆径/in
1.0，1.375，1.75，2.0，2.5
行程/mm
216，320，400，500，600，800，1000，1200，1500或订做
安装方式：
FF—前法兰；
MF—中间耳轴

续表

| | | |
|---|---|---|
| 技术性能 | 压力/MPa | 最大 21 |
| | 工作温度/℃ | -5~+65 |
| | 工作介质 | 矿物油 |
| | 缸径/in | 2.0,2.5,3.25,4.0,5.0 |
| | 杆径/in | 1.0,1.375,1.75,2.0,2.5 |
| | 行程/mm | 216,320,400,500,600,800,1000,1200,1500 或订做 |
| | 安装方式 | 前端法兰/中间耳轴 |
| | 线性度/% | <0.05F.S. |
| | 分辨率/% | <0.01F.S. |
| | 重复性/% | <0.01F.S. |
| | 温漂/(mm/10K) | Probe:0.005 F.S./℃ |
| | | 控制器:0.005F.S./℃ |
| | 频率响应/Hz | 约 1000 |
| | 输出信号 | 0~10V,0~20mA(或其他要求输出值) |
| | 电源电压/V | +15V(105/185mA)(冲击),-15V(23mA) |
| | 零调整/% | ±5 F.S. |

## 3.2.3 M085 系列伺服液压缸

表 22-6-153

型号意义

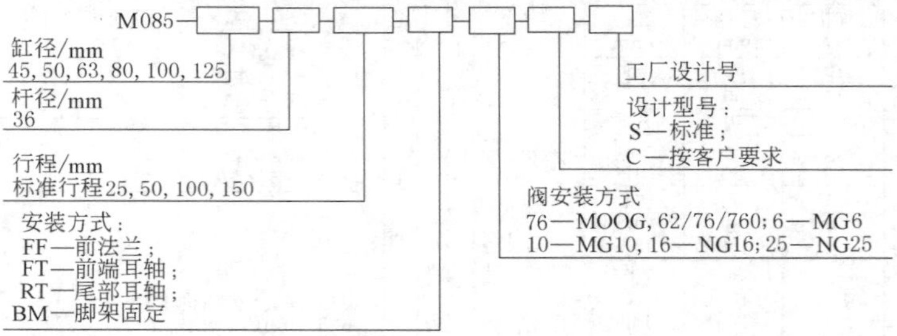


外形尺寸

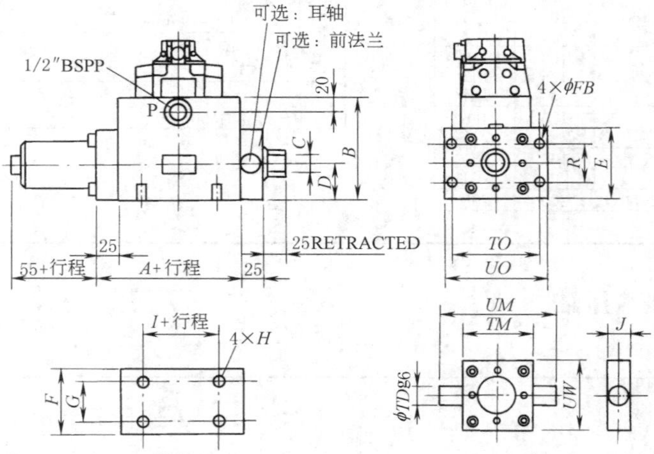


脚架　　耳轴

| 型号 | A | B | C | D | F | G | H | I | J | 法兰 | | | | | 耳轴 | | | |
|---|---|---|---|---|---|---|---|---|---|---|---|---|---|---|---|---|---|---|
| | | | | | | | | | | R | E | TO | UO | ϕFB | UM | TM | UW | ϕTD |
| M085-50-36-*** | 132 | 110 | M24*2*45 | 46 | 90 | 60 | M10×15 | 27 | 32 | 65 | 90 | 117 | 145 | 14 | 144 | 94 | 90 | 32 |
| M085-63-36-*** | 140 | 125 | M24*2*45 | 46 | 90 | 70 | M10×15 | 35 | 32 | 65 | 90 | 117 | 145 | 14 | 144 | 94 | 90 | 32 |
| M085-80-36-*** | 140 | 145 | M24*2*45 | 58 | 106 | 80 | M12×18 | 35 | 40 | 83 | 115 | 149 | 180 | 18 | 164 | 110 | 115 | 40 |

## 3.2.4 阿托斯（Atos）伺服液压缸

表 22-6-154

**结构图**

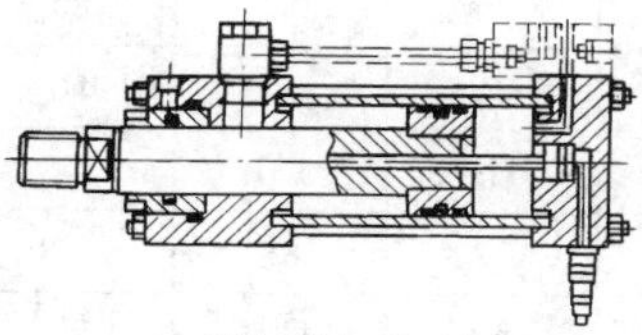

CKP型伺服液压缸剖面图

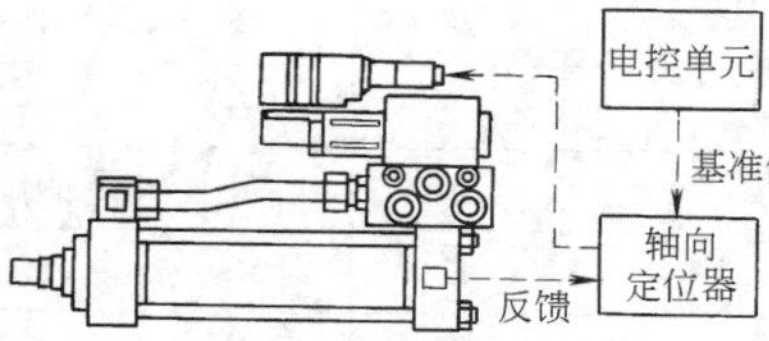


带比例阀的伺服液压缸控制方框图

**传感器的主要特性**

| 传感器类型 | 分辨率 | 线性度/% | 重复性/% | 最高速度/m·s$^{-1}$ | 温度范围/℃ | 温度系数/%·℃$^{-1}$ | 标准行程/mm | 最大行程/mm |
|---|---|---|---|---|---|---|---|---|
| 电阻式 | 无限 | ±0.025 | ≤0.01 | 1 | -20~70 | ±0.1 | 100,200,300,400,500,700,900 | 2000 |
| 感应式（VRVT） | 无限 | ±0.20 | ≤0.02 | 2 | -30~80 | ±0.02 | 100,200,300,400,500,700,900 | 1000 |
| 感应式（LVDT） | 无限 | ±0.25 | ≤0.02 | 2 | -20~80 | ±0.002 | 100(±50)200(±100)300(±150) | 300(±150) |
| 电磁式 | 无限 | ±0.05 | ≤0.001 | 2 | -20~65 | ±0.02 | 100,200,300,400,500,700,900 | 2000 |

**型号意义**

CK P / 10 50 / 36 * 0500 - S 2 0 8 K Q 20

液压缸系列：
CK—符号，ISO 6020-2和DIN24554标准；
CH—用相对法兰装配的系列缸（对$\phi$63～200mm）

内置传感器：
P—电阻式；M—电磁式；
V—VRVT感应式；
W—LVDT感应式

一体化底板：
00—没有底板；
10—CETOP03底板(CK※40～200)；
20—CETOP05R底板(CK※40～200)
W—LVDT感应式

缸径/mm

活塞杆径/mm

行程/mm，选用以下标准行程：
CKP，CKM，CKV—100，200，300，400，500，700，900
CKW:100，200，300
其他尺寸请订做

安装方式

| | 参照ISO | | 参照ISO |
|---|---|---|---|
| X—基本型 | — | L—中间耳轴 | MI4 |
| C—双耳轴 | MP1 | N—前法兰 | ME5 |
| D—单耳轴 | MP3 | P—后法兰 | ME6 |
| E—底座 | MS2 | S—关节轴承 | MP5 |
| G—前耳轴 | MT1 | | |

缓冲器：对于CK※63～200仅前端有
0—无缓冲器；2—前端缓冲

支承环：
2—50mm；4—100mm；6—150mm；8—200mm

密封圈：
8—腈橡胶+PTFE和聚亚胺酯，速度可达1m/s；
2—氟橡胶+PTFE适用于高油温，速度可达1m/s；
4—腈橡胶+PTFE，速度可达1m/s；
0—用于高频率，微小行程，特殊油液的场合
CKP型伺服液压缸，不采用密封方式0、2、4

H—活塞杆螺母符号DIN24554；
K—NIKROM提供的活塞杆在符合ISO 2768的盐雾环境下可保持350h；
T—淬火后镀铬（仅对CKM类缸）；
A—输出信号电流4～20mA；
V—输出信号电压0～10V

使用特别传感器行程时注明

设计号，
在订购备件时需标明

**结构类型**

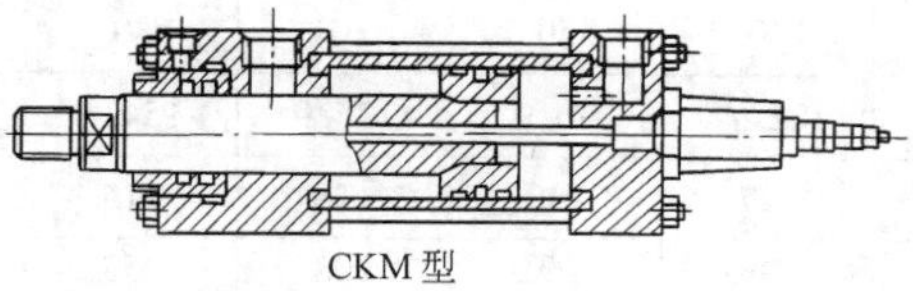

CKM 型

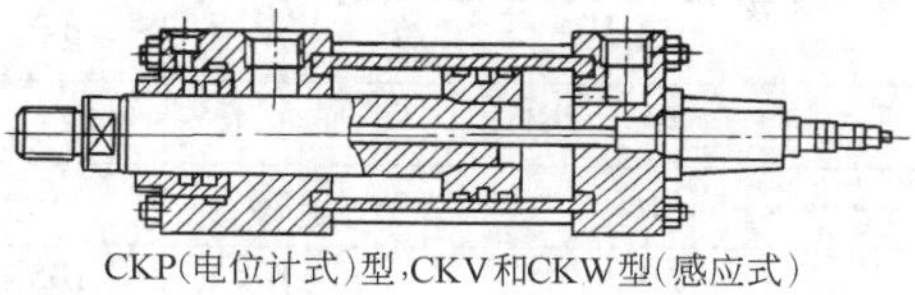

CKP（电位计式）型，CKV和CKW型（感应式）

续表

| | | | | | | | | | | |
|---|---|---|---|---|---|---|---|---|---|---|
| 安装尺寸/mm | 活塞直径 | | 40 | 50 | 63 | 80 | 100 | 125 | 160 | 200 |
| | 活塞杆直径 | | 28 | 36 | 45 | 56 | 70 | 90 | 110 | 140 |
| | *A* | | 28 | 36 | 45 | 56 | 63 | 85 | 98 | 112 |
| | $A_1$(后缀 H) | | — | — | — | 36 | 45 | 56 | 63 | 85 |
| | *AA* | | 59 | 74 | 91 | 117 | 137 | 178 | 219 | 269 |
| | *B*19 | | 42 | 50 | 60 | 72 | 88 | 108 | 133 | 163 |
| | *CBA*16 | | 20 | 30 | 30 | 40 | 50 | 60 | 70 | 80 |
| | *CD* | | 14 | 20 | 20 | 28 | 36 | 45 | 56 | 70 |
| | *CF* | | 40 | 60 | 60 | 80 | 100 | 120 | 140 | 160 |
| | *CH* | | 22 | 30 | 39 | 48 | 62 | 80 | 100 | 128 |
| | *CX* | 值 | 20 | 25 | 30 | 40 | 50 | 60 | 80 | 100 |
| | | 公差 | $^{0}_{-0.012}$ | | | | | $^{0}_{-0.015}$ | | $^{0}_{-0.02}$ |
| | *D*(DIN3654-4) | | 25 | 29 | 29 | 36 | 36 | 42 | 42 | 52 |
| | *E* | | 63 | 75 | 90 | 115 | 130 | 165 | 205 | 245 |
| | *EE*(BSP) | | $^3/_8$″ | $^1/_2$″ | $^1/_2$″ | $^3/_4$″ | $^3/_4$″ | 1″ | 1″ | 1-$^1/_4$″ |
| | *EP* | | 13 | 17 | 19 | 23 | 30 | 38 | 47 | 57 |
| | *EW* h14 | | 20 | 30 | 30 | 40 | 50 | 60 | 70 | 80 |
| | *EX* | | 16 | 20 | 22 | 28 | 35 | 44 | 55 | 70 |
| | *F* | | 10 | 16 | 16 | 20 | 22 | 22 | 25 | 25 |
| | *FB* H13 | | 11 | 14 | 14 | 18 | 18 | 22 | 26 | 33 |
| | *GA* | | 55 | 61 | 61 | 70 | 72 | 80 | 83 | 101 |
| | *J* | | 38 | 38 | 38 | 45 | 45 | 58 | 58 | 76 |
| | *KK* | | M20×1.5 | M27×2 | M33×2 | M42×2 | M48×2 | M64×3 | M80×3 | M100×3 |
| | $KK_1$(后缀 H) | | — | — | — | M27×2 | M33×2 | M42×2 | M48×2 | M64×2 |
| | *L* | | 19 | 32 | 32 | 39 | 54 | 57 | 63 | 82 |
| | *LH* | | 31 | 37 | 44 | 57 | 63 | 82 | 101 | 122 |
| | $LT_{min}$ | | 25 | 31 | 38 | 48 | 58 | 72 | 92 | 116 |
| | $MR_{max}$ | | 17 | 29 | 29 | 34 | 50 | 53 | 59 | 78 |
| | $MS_{max}$ | | 29 | 33 | 40 | 50 | 62 | 80 | 100 | 120 |
| | *MT*(预紧力矩)/N·m | | 20 | 70 | 70 | 160 | 160 | 460 | 820 | 1160 |
| | *R* | | 41 | 52 | 65 | 83 | 97 | 126 | 155 | 190 |
| | *RD* | | 62 | 74 | 88 | 105 | 125 | 150 | 170 | 210 |
| | *SB* | | 11 | 14 | 18 | 18 | 26 | 26 | 33 | 39 |
| | *ST* | | 12.5 | 19 | 26 | 26 | 32 | 32 | 38 | 44 |
| | *TC* | | 63 | 76 | 89 | 114 | 127 | 165 | 203 | 241 |
| | *TD* | | 20 | 25 | 32 | 40 | 50 | 63 | 80 | 100 |
| | *TG* | | 41.7 | 52.3 | 64.3 | 82.7 | 96.9 | 125.9 | 154.9 | 190.2 |
| | *TM* | | 76 | 89 | 100 | 127 | 140 | 178 | 215 | 279 |
| | *TO* | | 87 | 105 | 117 | 149 | 162 | 208 | 253 | 300 |

续表

| | | 活塞直径 | 40 | 50 | 63 | 80 | 100 | 125 | 160 | 200 |
|---|---|---|---|---|---|---|---|---|---|---|
| | | *TS* | 83 | 102 | 124 | 149 | 172 | 210 | 260 | 311 |
| | | *UM* | 108 | 129 | 150 | 191 | 220 | 278 | 341 | 439 |
| | | $UO_{max}$ | 110 | 130 | 145 | 180 | 200 | 250 | 300 | 360 |
| | | *US* | 103 | 127 | 161 | 186 | 216 | 254 | 318 | 381 |
| | | *UT* | 95 | 116 | 139 | 178 | 207 | 265 | 329 | 401 |
| | | *UW* | 70 | 88 | 98 | 127 | 141 | 168 | 205 | 269 |
| | | *VD* | 12 | 9 | 13 | 9 | 10 | 7 | 7 | 7 |
| | | *VE* | 22 | 25 | 29 | 29 | 32 | 29 | 32 | 32 |
| | | *VL* | 3 | 4 | 4 | 4 | 5 | 5 | 5 | 5 |
| | | *WF*（1） | 35 | 41 | 48 | 51 | 57 | 57 | 57 | 57 |
| | | *WH*（1） | 25 | 25 | 32 | 31 | 35 | 35 | 32 | 32 |
| | | *XG*（1） | 57 | 64 | 70 | 76 | 71 | 75 | 75 | 85 |
| | | *XS*（1） | 45 | 54 | 65 | 68 | 79 | 79 | 86 | 923 |
| 安装尺寸/mm | | CH 缸的最小行程 | — | — | 150 | 150 | 200 | 200 | 300 | 300 |
| | | L 安装方式的最小行程 | 19 | 27 | 41 | 48 | 51 | 71 | 94 | 96 |
| | | $XV_{min}$ | 107 | 117 | 132 | 147 | 158 | 180 | 198 | 226 |
| | | $XV_{max}$ | 100+行程 | 90+行程 | 91+行程 | 99+行程 | 107+行程 | 109+行程 | 104+行程 | 130+行程 |
| | | *Y* | 62 | 67 | 71 | 77 | 82 | 86 | 86 | 98 |
| | 加行程和支承环 | *PJ* | 85 | 74 | 80 | 93 | 101 | 117 | 130 | 165 |
| | | *SS* | 110 | 92 | 86 | 105 | 102 | 131 | 130 | 172 |
| | | *XC*（2） | 184 | 191 | 200 | 229 | 257 | 289 | 308 | 381 |
| | | XO（2） | 190 | 190 | 206 | 238 | 261 | 304 | 337 | 415 |
| | | $ZB_{max}$（2） | 178 | 176 | 185 | 212 | 225 | 260 | 279 | 336 |
| | | *ZJ*（2） | 165 | 159 | 168 | 190 | 203 | 232 | 245 | 299 |

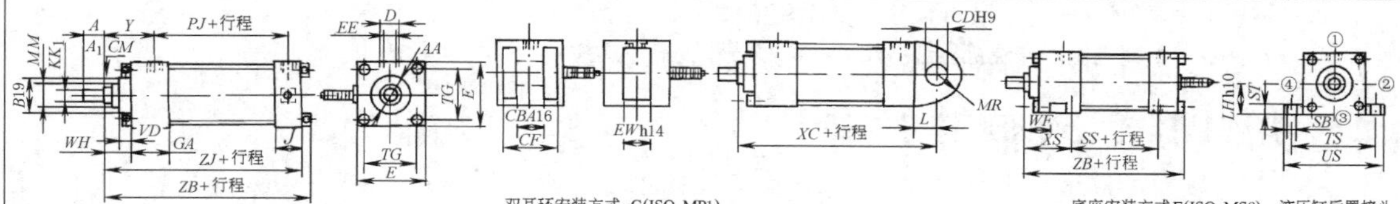


基本配置：K

双耳环安装方式：C(ISO MP1)
单耳环安装方式：D(ISO MP3)

底座安装方式 E(ISO MS2)…液压缸后置接头

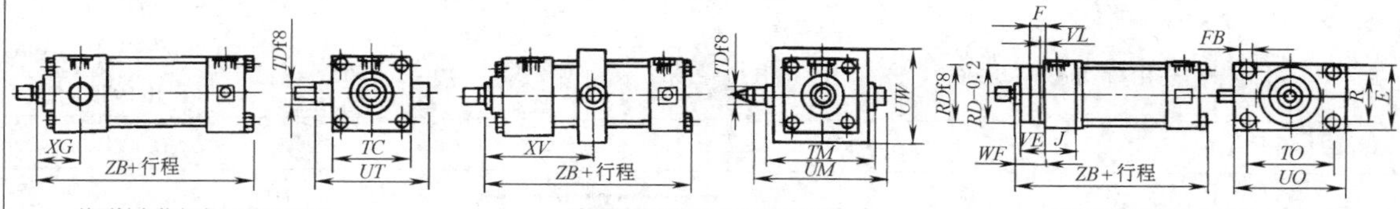


前耳轴安装方式：G(ISO MT1)

中间耳轴安装方式：L(ISO MT4)

前法兰安装方式：N(ISO ME5)

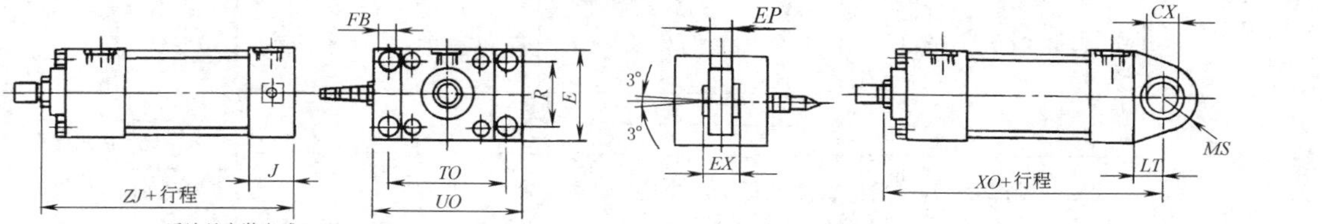


后法兰安装方式：P(ISO ME6)

关节轴承安装方式：S(ISO MP5)

注：1. 对于 CKP 有效，关于 CKM、CKV、CKM 可咨询厂家；对于 CKP、CKV、CKW 有效，对于 CKM 可咨询厂家。

2. 对于 L 固定方式，*XV* 值必须在 $XV_{min}$ 和 $XV_{max}$ 之间，并在型号代码中标明。对于采用 L 固定方式的液压缸，如果标准行程小于表中所列的最小值，需增加适当的隔离环，同时在计算总液压缸长度时加上环长。

3. 内螺纹：活塞杆端和油口扩大。

### 3.2.5 JBS 系列伺服液压缸

表 22-6-155

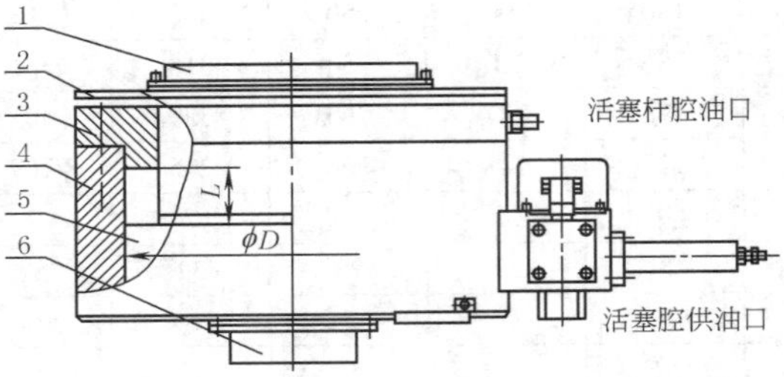


1—均压垫；2—罩盖；3—缸盖；4—缸体；
5—活塞；6—传感器罩

标记方法：

JBS— D × L— □ — □

- □：密封：进口件为 $W_1$，国产不标
- □：安装型式：S 为上置式，下置式不标
- L：行程 L：mm
- D：缸径 D：mm
- JBS：伺服液压缸

**基 本 参 数**

| 缸径 D/mm | 200 | 250 | 320 | 380 | 450 | 500 | 560 | 630 | 700 | 780 | 840 |
|---|---|---|---|---|---|---|---|---|---|---|---|
| 公称推力/kN | 502 | 785 | 1286 | 1814 | 2543 | 3140 | 3939 | 4985 | 6154 | 7642 | 8862 |
| 行程范围/mm | ≤300 | | | | | | | | | | |
| 缸速/m·s$^{-1}$ | ≤15 | | | | | | | | | | |
| 位移精度/mm | 0.002 | | | | | | | | | | |
| 压力范围/MPa | ≤21 | | | | | | | | | | |
| 油液清洁度等级 | ISO 4406：<14/11 | | | | | | | | | | |
| 油液运动黏度范围/mm$^2$·s$^{-1}$ | 15～100 | | | | | | | | | | |
| 使用环境温度/℃ | -20～+60 | | | | | | | | | | |

注：1. 本系列液压缸采用集成结构，由液压缸本体、位移和压力检测传感器、伺服阀油路块和安全防护组件等组成，广泛应用于轧制设备。

2. 缸径可按用户要求特殊订货。其他尺寸订货时提供。

3. 生产厂：中国重型机械研究院机械装备厂。



### 3.2.6 各国液压、气动图形符号对照

表 22-6-156

| 国别 | | 中国 GB/T 786.1—2009 | 日本 JIS B 0125—1984 | 国际[1] ISO 1219—1:1991 | 美国 ANSI/Y32.10—1967 (R 1979)[2] |
|---|---|---|---|---|---|
| 1. 基本符号 | | | | | |
| 线 | 实线 | ———— | | | |
| | | 表示工作管路、控制供给管路、回油管路、电气线路 | 表示主管路、控制供给管路、电气线路 | 表示工作管路、回油管路和馈线 | 表示主路、轴 |
| | 虚线 | — — — — — — | | | — — — — 表示先导控制管路 |
| | | 表示控制管路、泄油管路或放气管路、过滤器、过渡位置 | | | — — — — — — 表示泄油或放气管路 |
| | 点画线 | ——·——·——·—— | | | |
| | | 表示组合元件框线 | | | |
| | 双线 | ═══ | 表示机械连接的轴、操纵杆、活塞杆等 | | |

续表

| 国别 | | 中国<br>GB/T 786. 1—1993 | 日本<br>JIS B 0125—1984 | 国际[①]<br>ISO 1219—1:1991 | 美国<br>ANSI/Y32. 10—1967<br>(R 1979)[②] |
|---|---|---|---|---|---|
| 圆、半圆和圆点 | 大圆、半圆 | 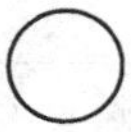<br>表示一般能量转换元件(泵、马达、压缩机) | | <br>表示限定旋转角度的马达或泵 | 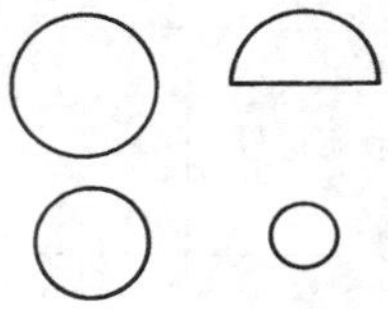<br>尺寸可视重要性和清晰度而变 |
| | 中圆 | 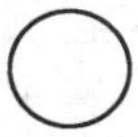 | | | |
| | | 表示测量仪表 | 表示测量仪表、回转接头 | 表示测量仪表 | |
| | 小圆 |  | | | |
| | | 表示单向元件、旋转接头、机械铰链、滚轮 | 表示单向元件、滚轮、机械铰链 | 表示单向阀、回转接头等 | |
| | 小小圆和圆点 |  | | | |
| | | 表示管路连接点、滚轮轴 | | | |
| 箭头 | 直箭头或斜箭头 | <br>表示直线运动、流体流过阀的通路和方向、热流方向 | | |  <br>箭头在符号内平行于符号的短边,表示该元件是压力补偿的 |
| | 长斜箭头(可调性符号) |  | | | |
| | | 可调节的泵、弹簧、电磁铁等 | | | 箭头以约45°的方向贯穿符号(注:向右或左均可) |
| 弧线箭头(表示转动方向) | |  | | | 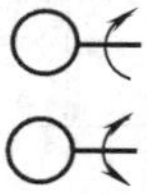 |
| | | |  | 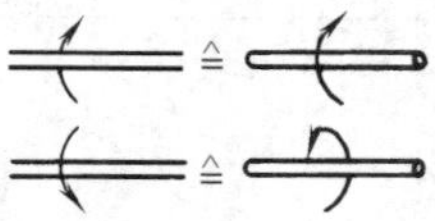 | |

续表

| 国别 | 中国 GB/T 786.1—1993 | 日本 JIS B 0125—1984 | 国际[①] ISO 1219—1:1991 | 美国 ANSI/Y32.10—1967 (R 1979)[②] |
|---|---|---|---|---|
| 弹簧 |  |  |  | 同 GB/T 786.1 |
| 电气符号 |  | | 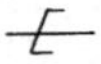 | |
| 节流符号 |  | | | |
| 封闭油,气路或油、气口 |  | | | |
| 正方、长方形符号 |  | | | |
| | 1—控制元件、除电动机外的原动机;2—调节器件(过滤器、分离器、油雾器和热交换器等);3—缸、阀;4—蓄能器重锤;5—执行器中的缓冲器;6—二位阀;7—三位阀;8—虚线表示过渡位置,图为二位阀 | | | 1、2、3—基本符号,尺寸可视重要性和清晰度而变 |
| 电磁操纵器 |  | | | |
| 正三角形(实心为液压;空心为气动) | ▲ △ | | | |
| | 传压方向、流体种类、能源 | | | 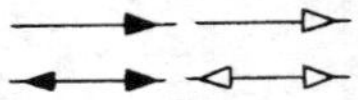 |
| 单向阀简化符号的阀座 |  | | | |
| 油箱 |  | | | |
| 固定符号 | 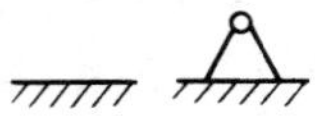 | | | |
| 原动机 | M | | | |
| 温度指示或温度控制 |  | | | |

续表

| 国别 | | | 中国<br>GB/T 786.1—1993 | 日本<br>JIS B 0125—1984 | 国际①<br>ISO 1219—1:1991 | 美国<br>ANSI/Y32.10—1967<br>(R 1979)② |
|---|---|---|---|---|---|---|
| 2. 管路连接及接头 | | | | | | |
| 连接管路 | | | 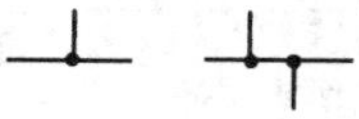 | | | 同 GB/T 786.1 或<br>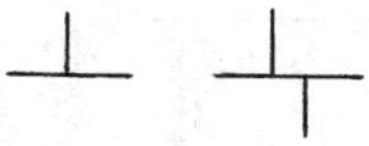 |
| 交叉管路 | | |  |  | 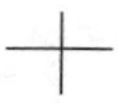 | 同 GB/T 786.1 JIS 或<br> |
| 软管连接 | | |  | | | |
| 放气装置 | | | 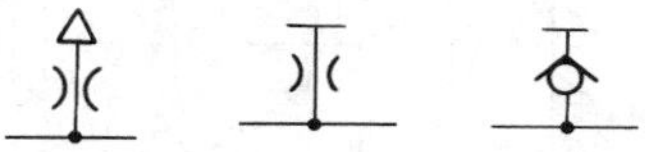<br>连续放气 间断放气 单向放气 | | 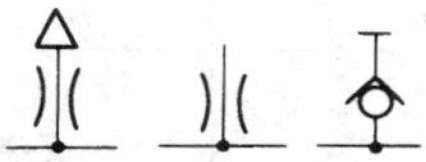 | <br>排放总管 |
| 排气口 | | | 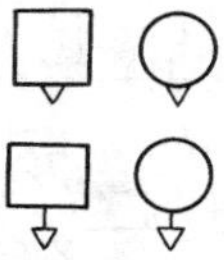<br>不带连接措施<br>带连接措施 | 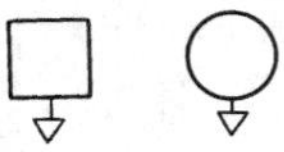 | 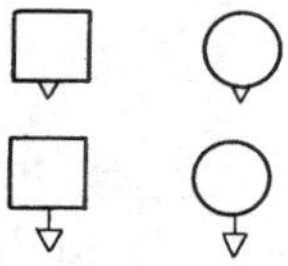 | 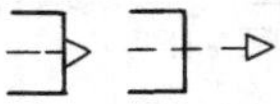 |
| 堵头 | | | |  | | 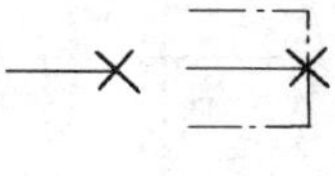 |
| 供测压、输出动力的可卸堵头 | | | | | | |
| 快换接头 | 不带单向阀 | 卸开状态 | 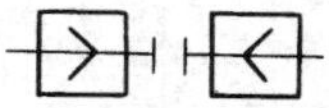 | 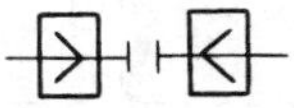 | 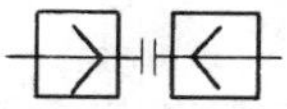 | 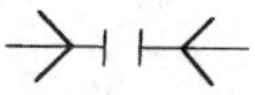 |
| | | 接头组 | 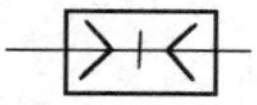 | | 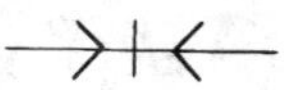 | 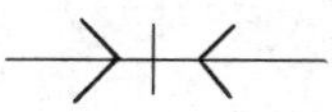 |
| | 带单向阀 | 卸开状态 | 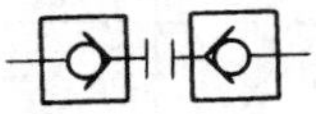 | 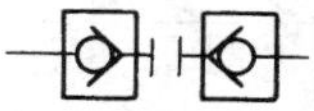 | 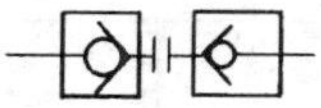 | 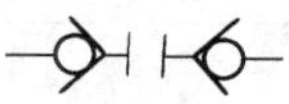 |
| | | 接头组 | 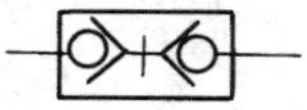 | | 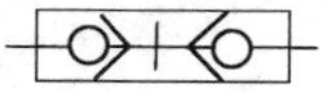 | 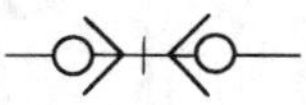 |

续表

| 国别 | | 中国 GB/T 786.1—1993 | 日本 JIS B 0125—1984 | 国际[1] ISO 1219—1:1991 | 美国 ANSI/Y32.10—1967 (R 1979)[2] |
|---|---|---|---|---|---|
| 回转接头 | 单通路 | 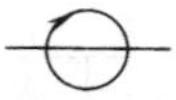 |  单向回转 | 同 GB/T 786.1 | |
| | 三通路 | 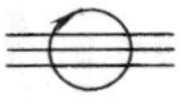 | 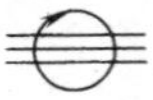 双向回转 | 同 GB/T 786.1 |  |

3. 泵和马达

| | | | | | |
|---|---|---|---|---|---|
| 液压泵 | 单向（栏中左图）和双向（栏中右图）定量液压泵 | 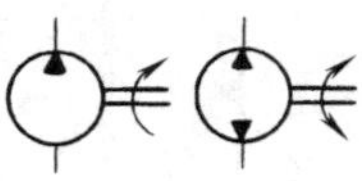 | 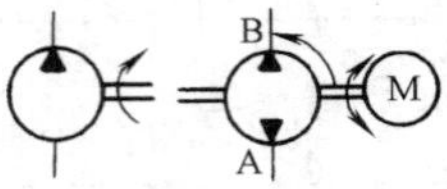 | 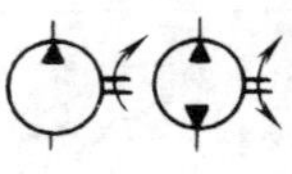 | 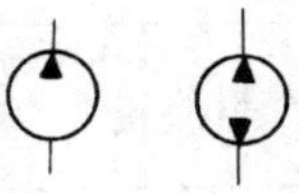 |
| | 单向（栏中左图）和双向（栏中右图）变量液压泵 | 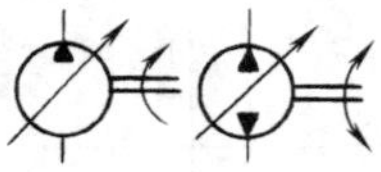 | 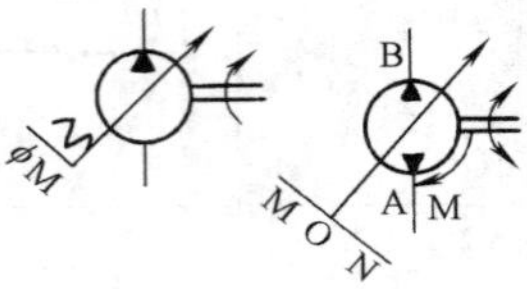 |  | 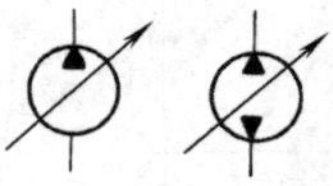 |
| 液压泵 | 压力补偿变量泵 | 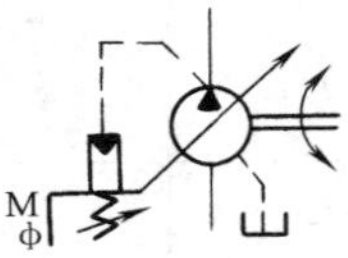 | 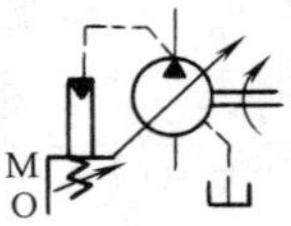 | 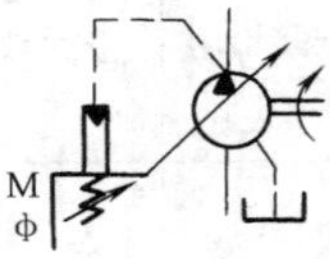 | 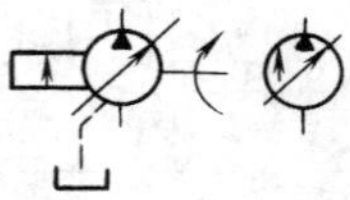 详细符号 简化符号 |
| 空气压缩机和真空泵 | | | | | 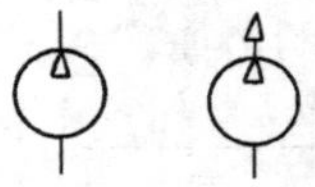 空气压缩机 真空泵 |
| 定量马达 | 单向 | 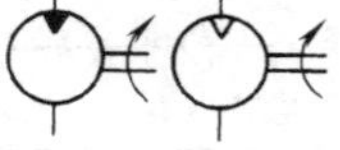 | | | 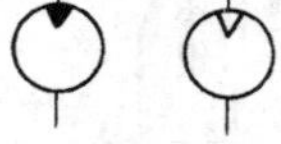 |
| | 双向 | 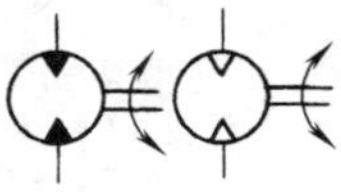 | 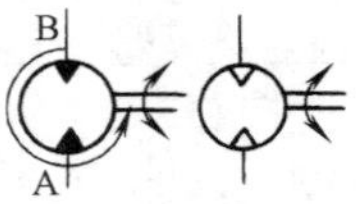 | 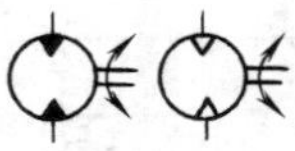 | 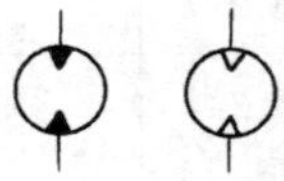 |

续表

| 国别 | | 中国 GB/T 786.1—1993 | 日本 JIS B 0125—1984 | 国际[1] ISO 1219—1:1991 | 美国 ANSI/Y32.10—1967 (R 1979)[2] |
|---|---|---|---|---|---|
| 变量马达 | 单向 | 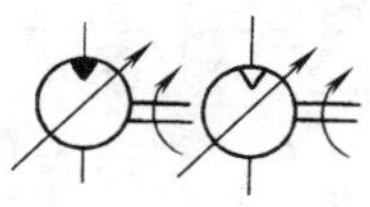 | 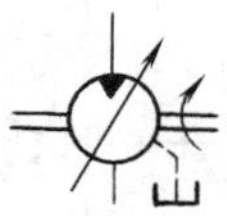 | 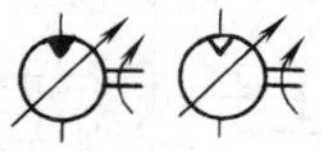 |  |
| 变量马达 | 双向 | 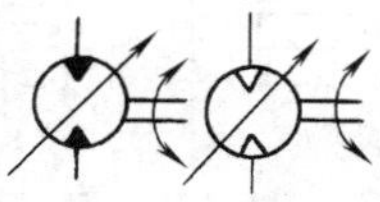 | 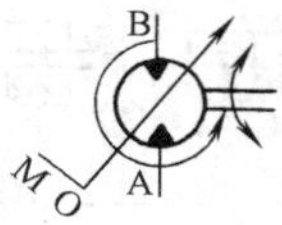 | 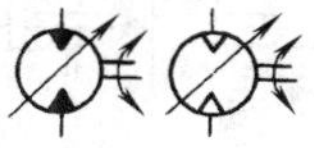 |  |
| 液压泵-马达 | 定量 | 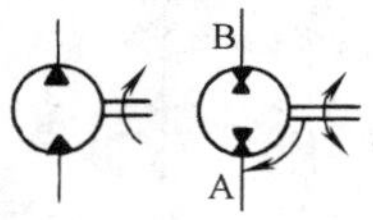 | | 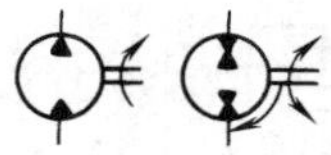 | |
| 液压泵-马达 | 变量 | 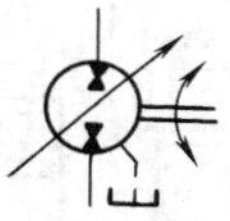 | 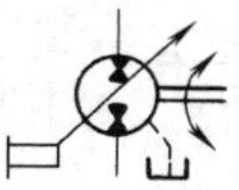 | 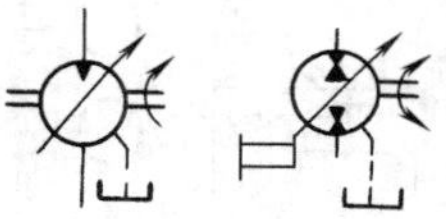 | 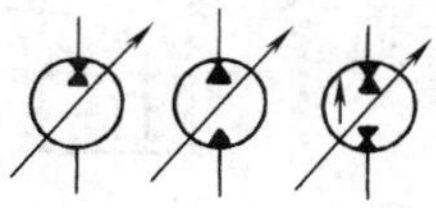 |
| 液压整体式传动装置 | |  | |  | |
| 摆动马达 | | 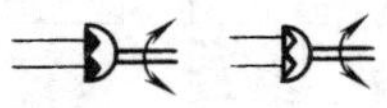 | 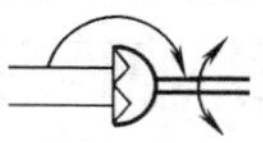 | 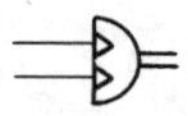 |  |

4. 缸

| | | 详细符号 | 简化符号 | 详细符号 | 简化符号 | 详细符号 | 简化符号 | |
|---|---|---|---|---|---|---|---|---|
| 单作用缸 | 单活塞杆缸 | 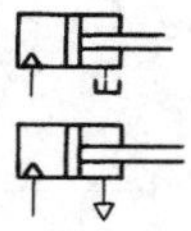 | 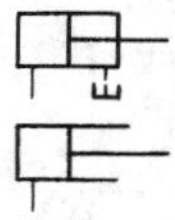 | 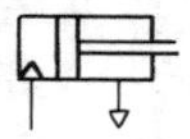 | 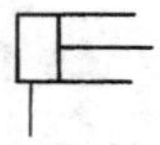 | 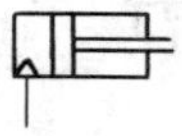 |  | |
| 单作用缸 | 弹性件作用复位单活塞杆缸 | 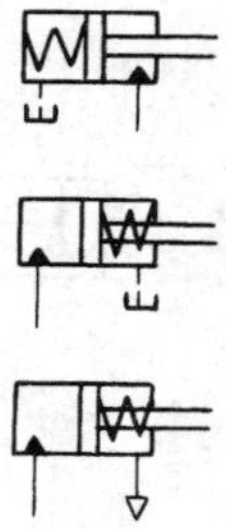 | 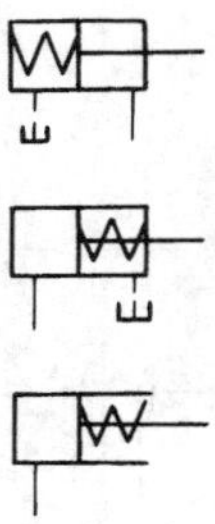 | 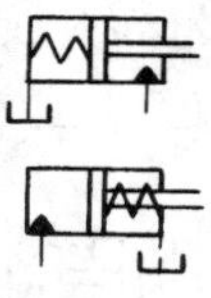 | 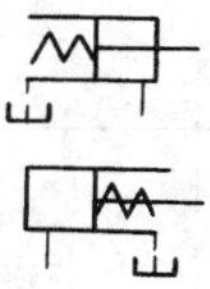 | 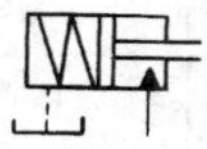 | 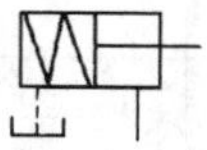 | 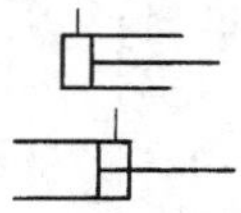 |

续表

<table>
<tr><td colspan="2">国　别</td><td colspan="2">中　国<br>GB/T 786.1—1993</td><td colspan="2">日　本<br>JIS B 0125—1984</td><td colspan="2">国　际[①]<br>ISO 1219—1:1991</td><td>美　国<br>ANSI/Y32.10—1967<br>(R 1979)[②]</td></tr>
<tr><td rowspan="3">双作用缸</td><td></td><td>详细符号</td><td>简化符号</td><td>详细符号</td><td>简化符号</td><td>详细符号</td><td>简化符号</td><td></td></tr>
<tr><td>单活塞杆缸</td><td>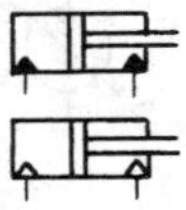</td><td>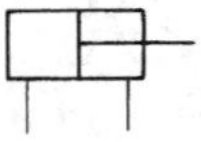</td><td></td><td>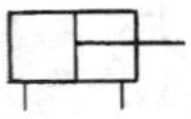</td><td></td><td></td><td>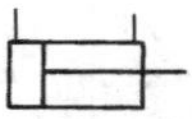</td></tr>
<tr><td>双活塞杆缸</td><td>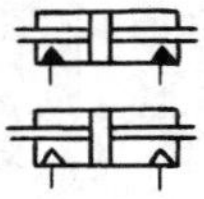</td><td>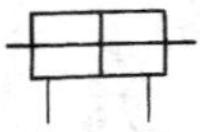</td><td>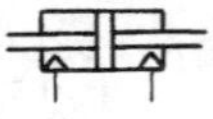</td><td>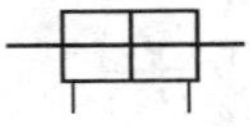</td><td>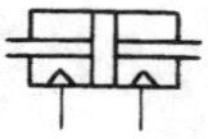</td><td>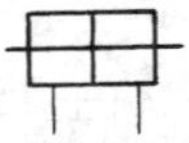</td><td>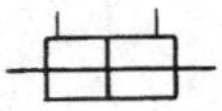</td></tr>
<tr><td rowspan="3">双作用缓冲缸</td><td></td><td>单向缓冲</td><td>双向缓冲</td><td>详细符号</td><td>简化符号</td><td>详细符号</td><td>简化符号</td><td></td></tr>
<tr><td>不可调缓冲缸</td><td>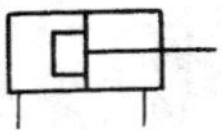</td><td>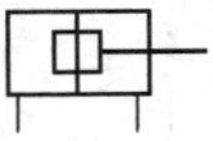</td><td></td><td></td><td></td><td></td><td>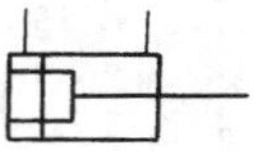 双向缓冲</td></tr>
<tr><td>可调缓冲缸</td><td>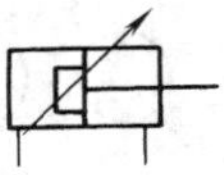</td><td>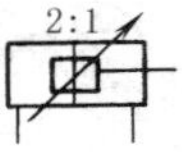</td><td>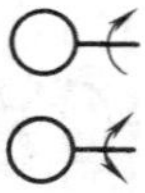</td><td>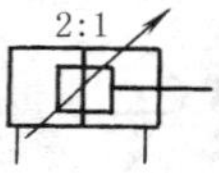</td><td>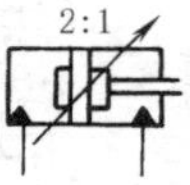</td><td>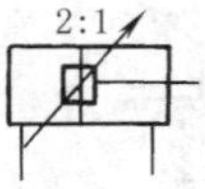</td><td>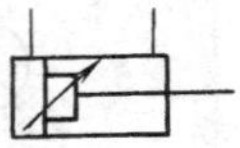 单向缓冲</td></tr>
<tr><td colspan="8">缸的杆径与缸孔径之比对回路功能有特殊意义时使用的符号</td><td>不带缓冲　带双向缓冲<br>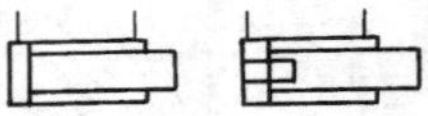</td></tr>
<tr><td rowspan="2">伸缩缸</td><td>单作用式</td><td colspan="4">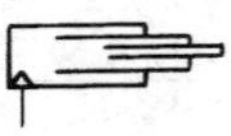</td><td colspan="2">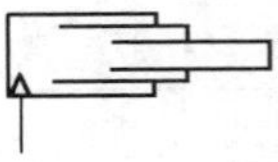</td><td></td></tr>
<tr><td>双作用式</td><td colspan="4"></td><td colspan="2">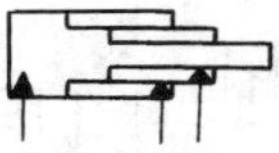</td><td></td></tr>
<tr><td rowspan="3">增压器</td><td></td><td>单程作用</td><td>连续作用</td><td>单程作用</td><td>连续作用</td><td>单程作用</td><td>连续作用</td><td rowspan="3">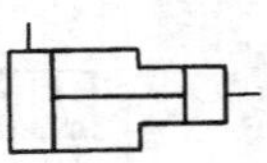</td></tr>
<tr><td>相同介质</td><td></td><td></td><td></td><td></td><td></td><td></td></tr>
<tr><td>不同介质</td><td>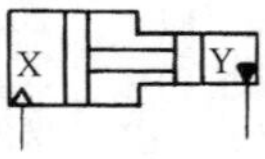</td><td>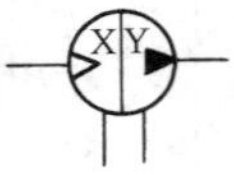</td><td>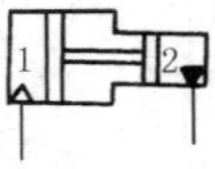</td><td>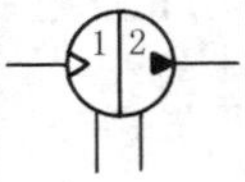</td><td>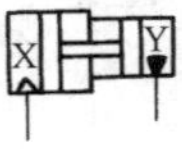</td><td>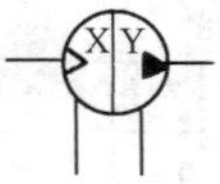</td></tr>
</table>

2：1为活塞面积比

续表

| 国别 | | 中国 GB/T 786.1—1993 | 日本 JIS B 0125—1984 | 国际[①] ISO 1219—1:1991 | 美国 ANSI/Y32.10—1967 (R 1979)[②] |
|---|---|---|---|---|---|
| 气-液转换器 | | 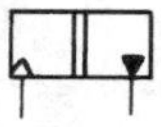 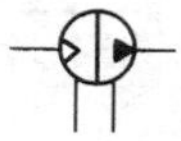 | 同GB/T 786.1 同GB/T 786.1 | 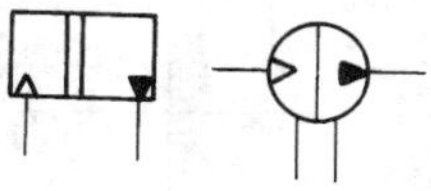 | |
| 5. 控制方法 | | | | | |
| 人力控制 | 不指明控制方式时的一般符号 | 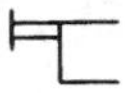 | | | 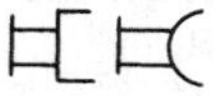 |
| | 按钮式 | 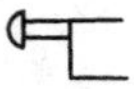 | | | 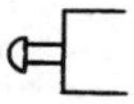 |
| | 拉钮式 | 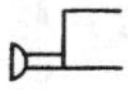 |  | 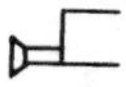 | |
| | 按-拉式 | 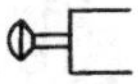 | 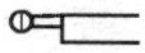 | 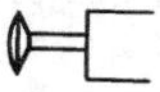 | |
| | 手柄式 | 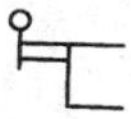 | | | 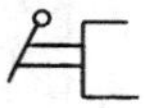 |
| | 踏板式 | 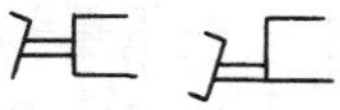 单向控制 双向控制 |  |  | 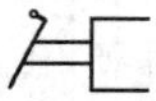 |
| 机械控制 | 顶杆式 | 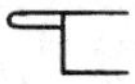 | | | |
| | 可变行程控制式 |  | 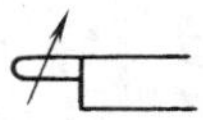 |  | |
| | 弹簧控制式 |  | 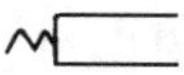 |  | |
| | 滚轮式 | 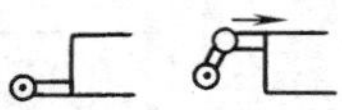 两个方向操纵 单向操纵 | 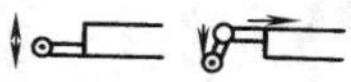 | 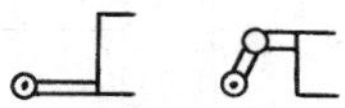 可通过滚轮式 | |
| | 其他 |  | | | 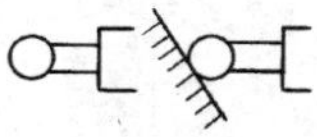 |

续表

| 国别 | | 中国 GB/T 786.1—1993 | 日本 JIS B 0125—1984 | 国际[①] ISO 1219—1:1991 | 美国 ANSI/Y32.10—1967 (R 1979)[②] |
|---|---|---|---|---|---|
| 机械控制装置 | 定位装置 | 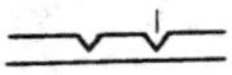 | 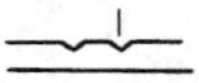 | 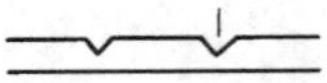 | 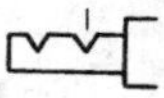 |
| | 锁定装置 | 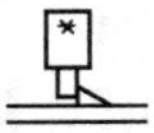<br>* 为开锁控制方法的符号 | |  | |
| | 弹跳机构 |  |  |  | |
| | 杆 |  | | 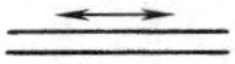 | |
| | 轴 |  | |  | |
| 直线运动电气控制 | 注:本电气控制以下各栏,右图为可调节式 | | | | 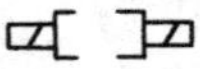 |
| | 单线圈式 | <br>比例电磁铁、力矩马达等 | | 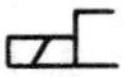 | |
| | 双线圈式 | <br>力矩马达 | | | |
| 旋转运动电气控制-电动机控制 | | 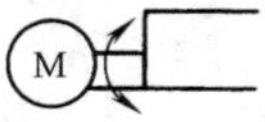 | | | 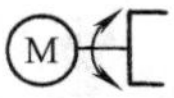 |
| 直接压力控制 | 加压或卸压控制 | 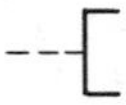 | | | |
| | 差动控制 | 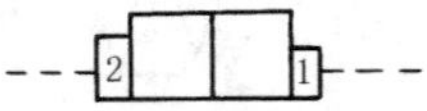 | | 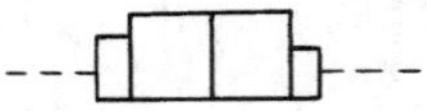 | |
| | 外部或内部压力控制 | 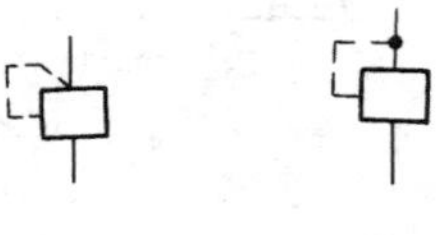<br>内部压力控制　外部压力控制 | | 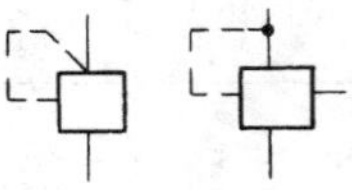 | |

续表

| 国别 | | 中国<br>GB/T 786.1—1993 | 日本<br>JIS B 0125—1984 | 国际[1]<br>ISO 1219—1:1991 | 美国<br>ANSI/Y32.10—1967<br>(R 1979)[2] |
|---|---|---|---|---|---|
| 先导压力控制(间接压力控制) | 加压控制 | 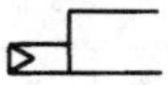<br>内部压力控制 | 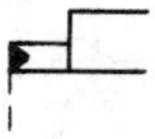<br>外部压力控制 | 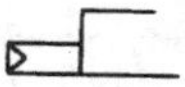<br>内部压力控制 | 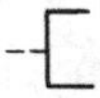 <br>外部供给 内部供给 |
| | 卸压控制 | 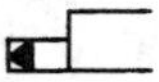<br>内部压力控制 | 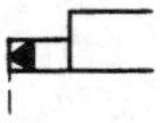<br>外部压力控制 | 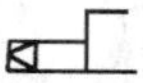 | 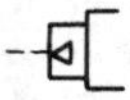 <br>外部卸压控制 内部卸压控制 |
| | 差动控制 | | | | 详细符号<br>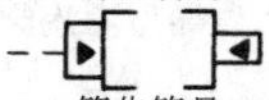<br>简化符号<br>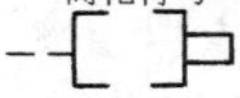 |
| 伺服控制 | | | | |  |
| 反馈 | 电反馈 | 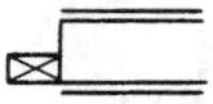 | | 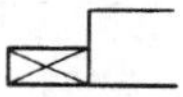<br>一般符号 | |
| | 机械反馈 | 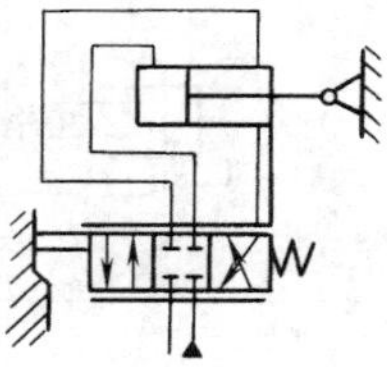 | 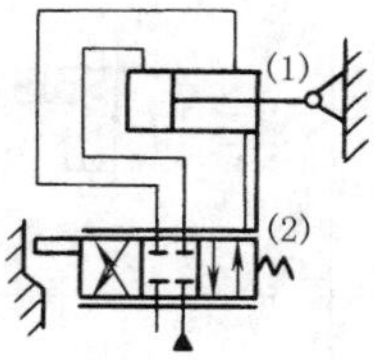 | 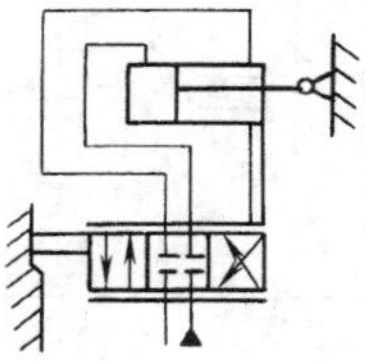 | |
| 复合控制 | 顺序控制(先导"与"控制) | 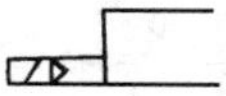<br>电-气控制 | | 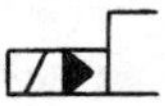 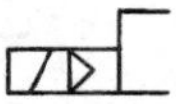<br>左图为电-液控制;<br>右图为电-气控制 | 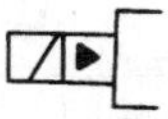<br>电-液控制 |
| | 选择控制("或"控制) | 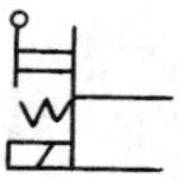 | 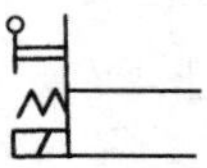 | 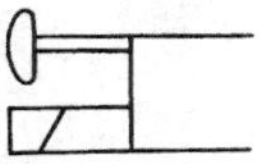 | 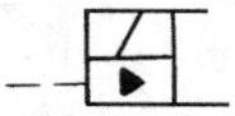 |

续表

| 国 别 | | 中 国<br>GB/T 786.1—1993 | 日 本<br>JIS B 0125—1984 | 国 际[①]<br>ISO 1219—1:1991 | 美 国<br>ANSI/Y 32.10—1967<br>(R 1979)[②] |
|---|---|---|---|---|---|
| 6. 压力控制阀 | | | | | |
| 溢流阀 | 内部压力控制(直动型) | 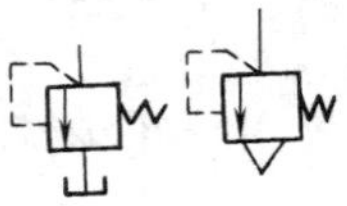 | 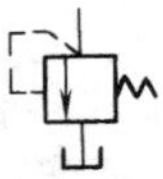 | 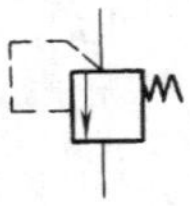 | 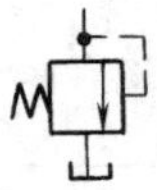 |
| | 外部压控制(直动型) | 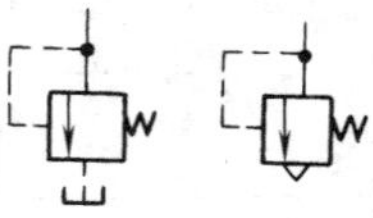 | | | |
| | 先导型溢流阀 | 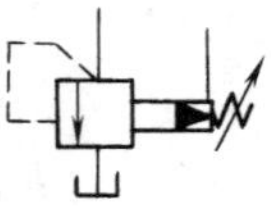 | 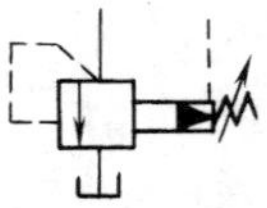 | 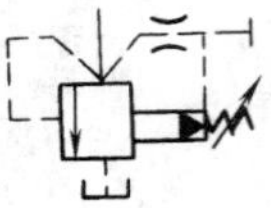 | |
| | 比例溢流阀和定比溢流阀 | 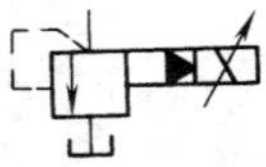<br>先导型比例电磁溢流阀 | | | |
| 减压阀 | 定压减压阀 | 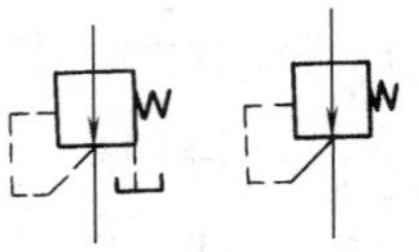 | 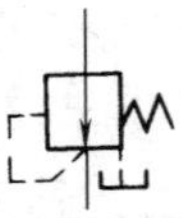 | 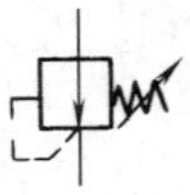 | 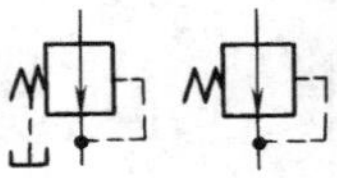 |
| | 外控减压阀、先导型减压阀 | 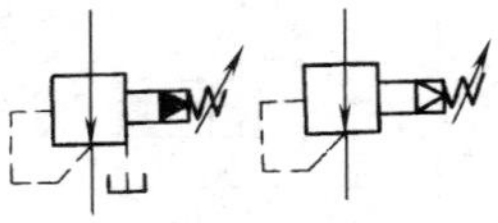<br>先导型 | 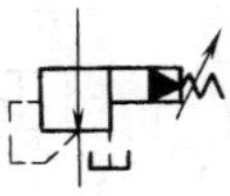<br>先导型 | 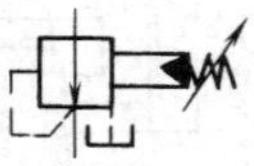 | |
| | 溢流减压阀 | 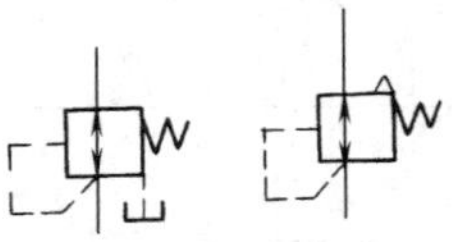 | 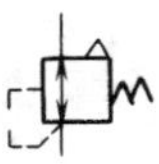 | 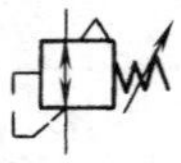 | 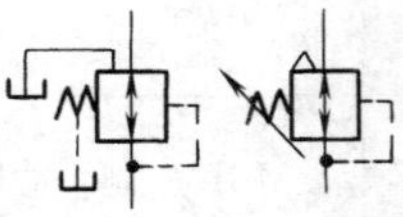 |
| | 定差减压阀 | 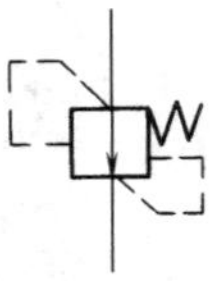 | | | |
| | 定比减压阀 | 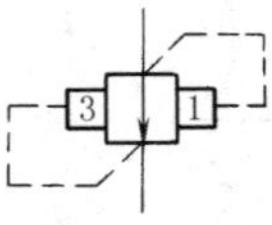<br>减压比:1/3 | | | |

续表

| 国别 | | 中国 GB/T 786.1—1993 | 日本 JIS B 0125—1984 | 国际① ISO 1219—1:1991 | 美国 ANSI/Y 32.10—1967 (R 1979)② |
|---|---|---|---|---|---|
| 顺序阀 | 内部压力控制 | 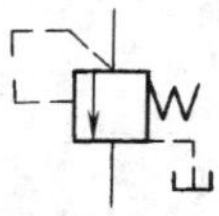 | | 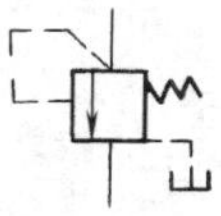 | 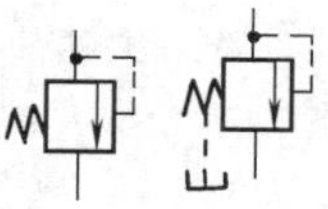 |
| | 外部压力控制 | 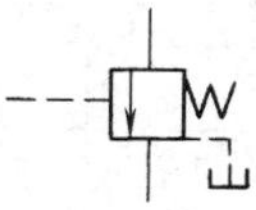 | 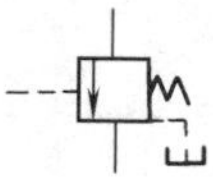 | | |
| 卸荷阀 | | 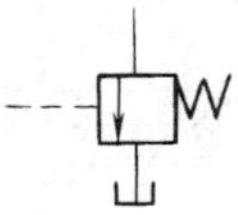 | 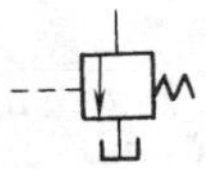 | | |

7. 流量控制阀

| | | | | | |
|---|---|---|---|---|---|
| 节流阀 | 不可调节流阀 |  | | | |
| | 可调节流阀 | 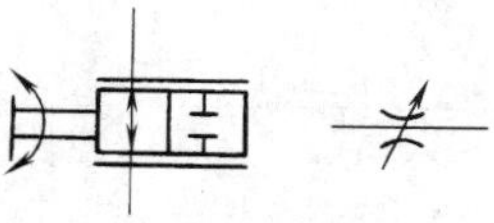 详细符号 简化符号 | 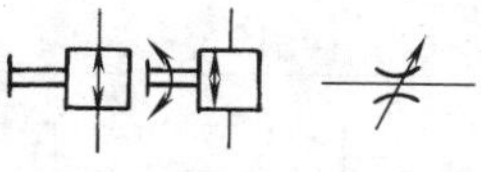 详细符号 简化符号 | 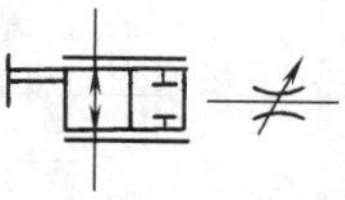 详细符号 简化符号 | 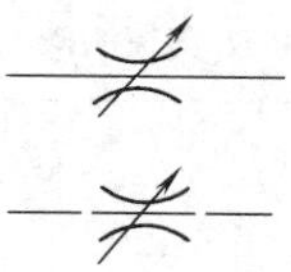 |
| 减速阀 | | 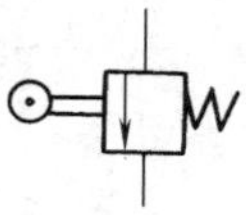 | 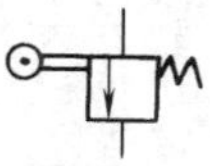 | 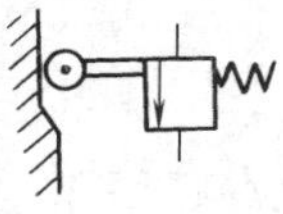 | |
| 截止阀 | |  | | | |
| 调速阀 | 一般调速阀和带单向阀的调速阀 | 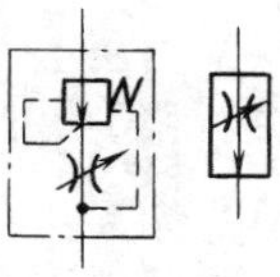 详细符号 简化符号 | 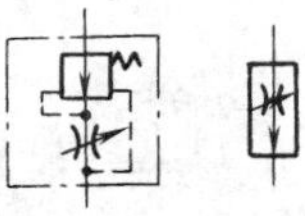 详细符号 简化符号 | 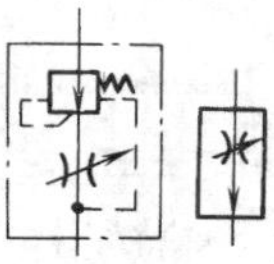 详细符号 简化符号 | 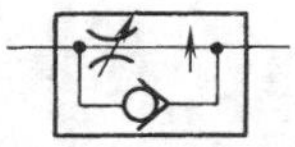 带单向阀的调速阀 |
| | 带温度补偿的调速阀和带单向阀的温度补偿调速阀 | 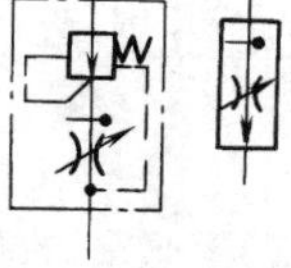 详细符号 简化符号 | 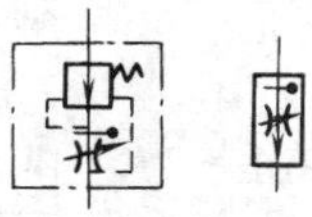 | 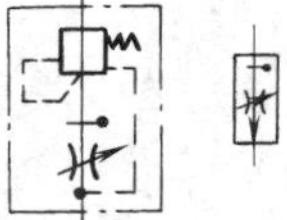 详细符号 简化符号 | 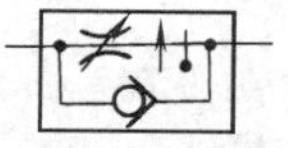 带单向阀的温度补偿调速阀 |

续表

| 国别 | | 中国<br>GB/T 786.1—1993 | 日本<br>JIS B 0125—1984 | 国际[①]<br>ISO 1219—1:1991 | 美国<br>ANSI/Y 32.10—1967<br>(R 1979)[②] |
|---|---|---|---|---|---|
| 调速阀 | 旁通型调速阀 | 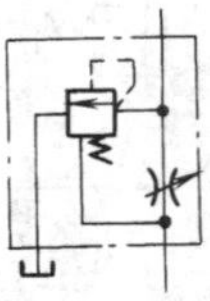 | 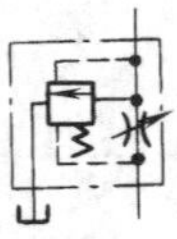 | 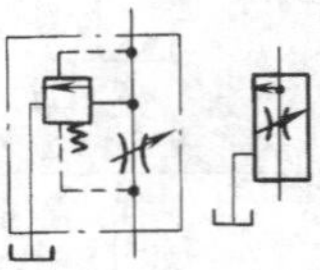 | |
| 分集流阀 | 分流阀 | 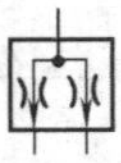 | | | |
| | 集流阀 |  | | | |
| | 分流-集流阀 | 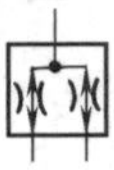 | | | |

8. 方向控制阀

| | | | | |
|---|---|---|---|---|
| 单向阀 | 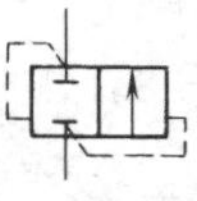 详细符号  简化符号 | | | |
| | 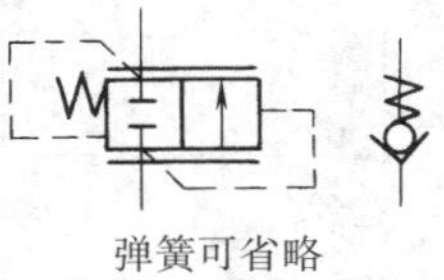 弹簧可省略 | 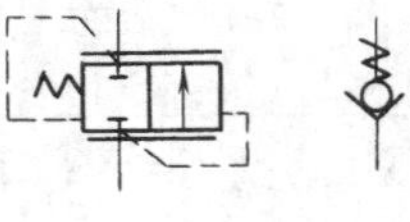 |  | 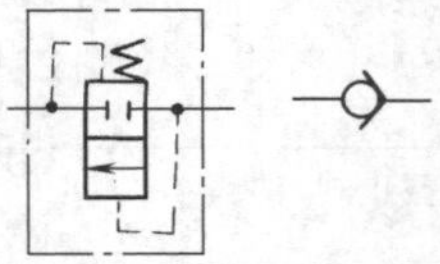 |
| 液(气)控单向阀 | 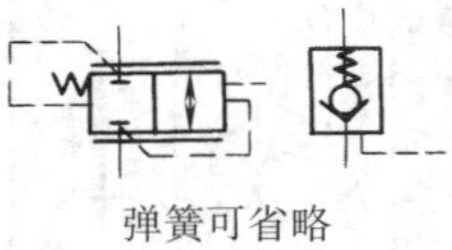 弹簧可省略 | 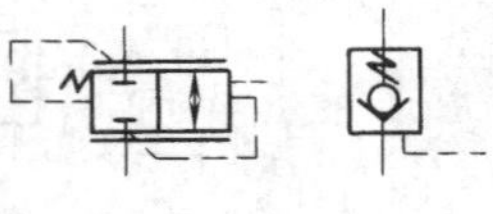 | 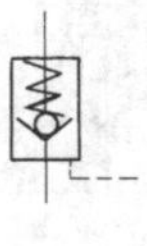 | 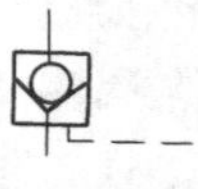 |
| | 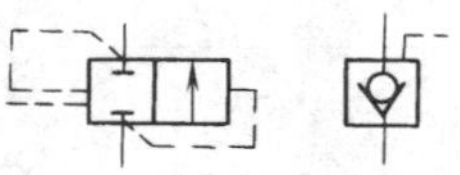 | | |  |
| 高压优先(或门型)梭阀 | 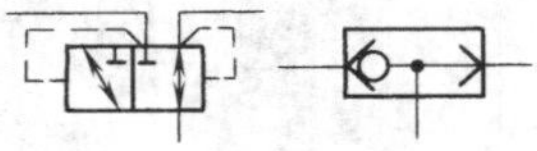 | | | 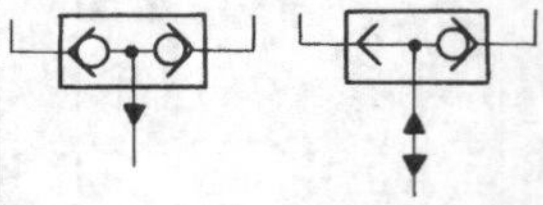 单向流动 允许反流 |

续表

| 国别 | 中国 GB/T 786.1—1993 | 日本 JIS B 0125—1984 | 国际[①] ISO 1219—1:1991 | 美国 ANSI/Y 32.10—1967 (R 1979)[②] |
|---|---|---|---|---|
| 低压优先(与门型)梭阀 | 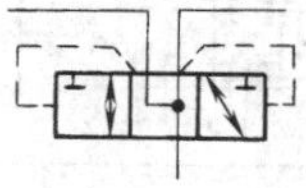 | 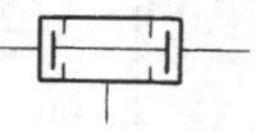 | 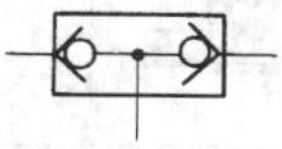 | |
| 快速排气阀 | 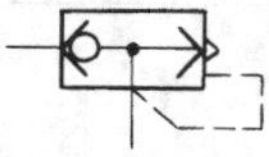 | 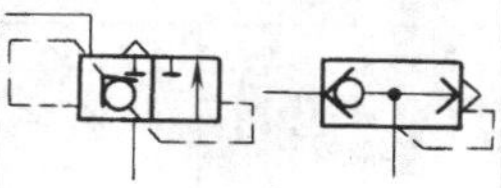 | 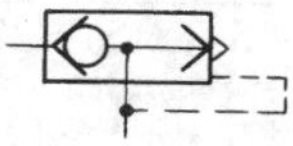 | |
| 换向阀 二位二通阀 常闭式 | 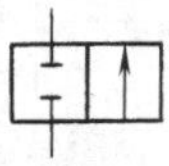 | 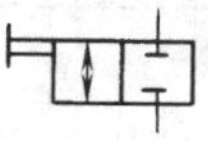 | 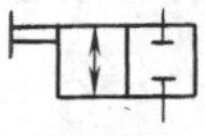 | 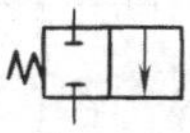 |
| 换向阀 二位二通阀 常开式 | 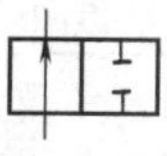 | | | 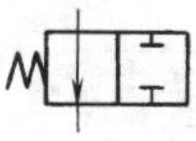 |
| 换向阀 二位三通阀 | 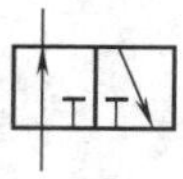 | | | 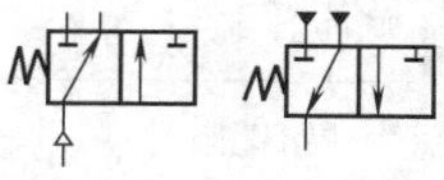 分配器 双压(转换器) |
| 换向阀 二位四通阀 | 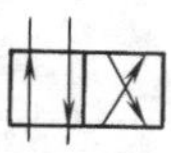 | 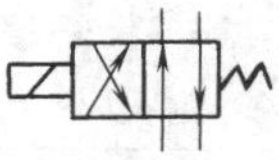 电磁二位四通 | | 同 GB/T 786.1 |
| 换向阀 二位五通阀 | 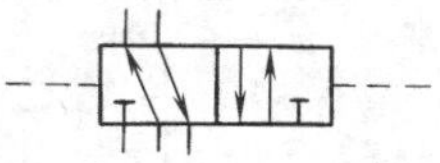 | 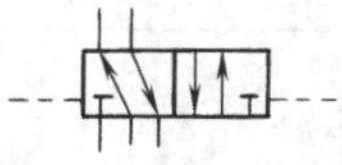 液控 |  液控 |  |
| 换向阀 带中间过渡位置的二位阀 | 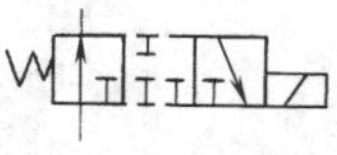 电磁二位三通 | 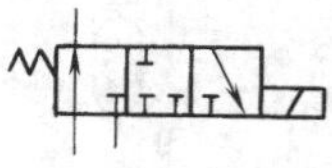 电磁二位三通 | 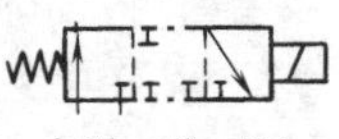 电磁二位三通 |  电磁二位四通 |
| 换向阀 电液换向阀 | 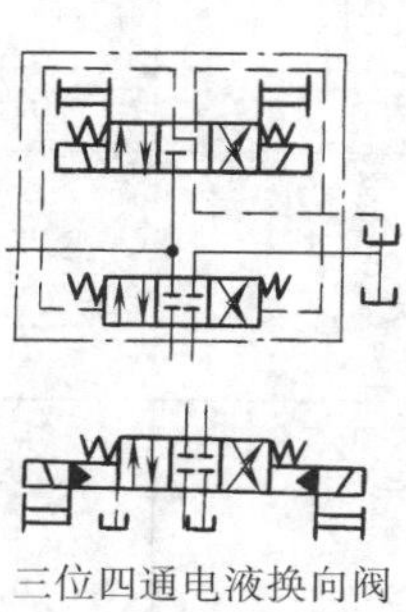 三位四通电液换向阀 | 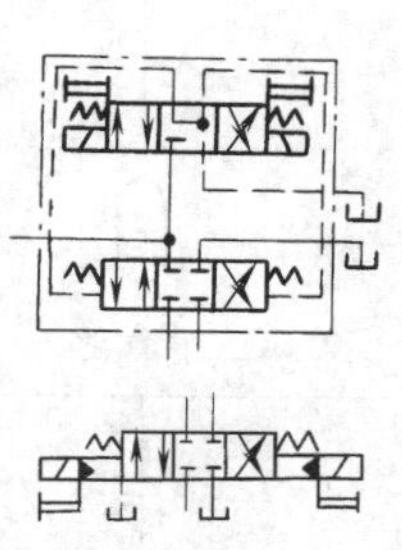 三位四通电液换向阀 | 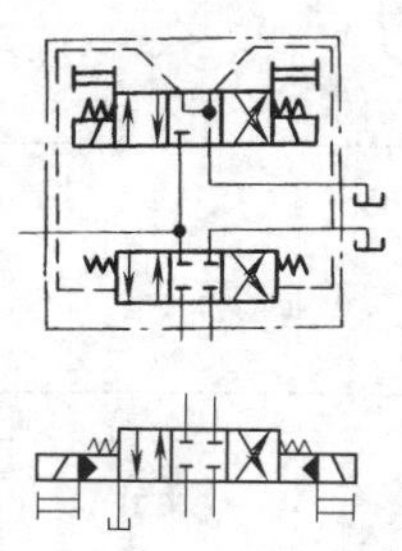 三位四通电液换向阀 | |

续表

| 国别 | | 中国<br>GB/T 786. 1—1993 | 日本<br>JIS B 0125—1984 | 国际[①]<br>ISO 1219—1:1991 | 美国<br>ANSI/Y 32. 10—1967<br>(R 1979)[②] |
|---|---|---|---|---|---|
| 四通伺服阀 | | 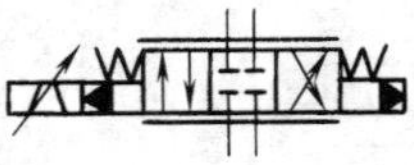 | 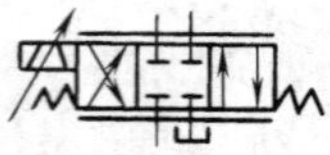 | 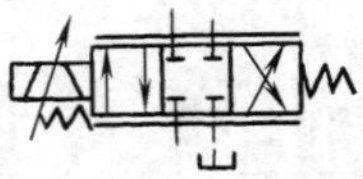 | |

9. 辅件和其他装置

| | | 中国 | 日本 | 国际 | 美国 |
|---|---|---|---|---|---|
| 通大气式油箱 | 管端在液面以上 |  | | | 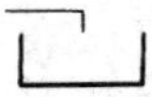 |
| 通大气式油箱 | 管端在液面以下 | 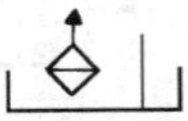<br>带空气滤清器 | | 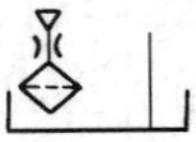 | 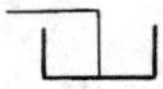 |
| 通大气式油箱 | 管端连接于油箱底部 | 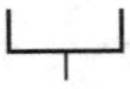 | | | 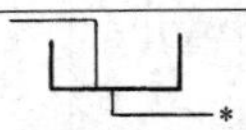<br>* 表示管路在油箱之下进入或引出的 |
| 通大气式油箱 | 局部泄油或回油使用符号 | 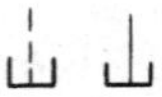 | | | 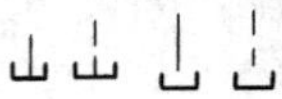 |
| 密闭式或加压油箱 | | 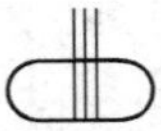 | | |  |
| 气罐 | | 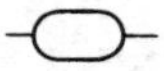 | | | |
| 辅助气瓶 | |  | | | |
| 蓄能器 | 蓄能器一般符号 |  | | | |
| 蓄能器 | 弹簧式 |  | | |  |
| 蓄能器 | 气体式 | <br>隔离式 | | | |
| 蓄能器 | 重锤式 |  | | | 同 GB/T 786. 1 |

续表

| 国别 | 中国 GB/T 786.1—1993 | 日本 JIS B 0125—1984 | 国际① ISO 1219—1:1991 | 美国 ANSI/Y 32.10—1967 (R 1979)② |
|---|---|---|---|---|
| 油温调节器 |  | 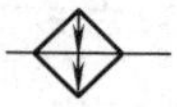 | 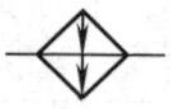 |  使温度保持在两个预设界限之内 |
| 加热器 |  | | | 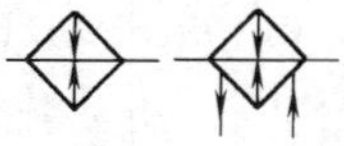 |
| 冷却器 | 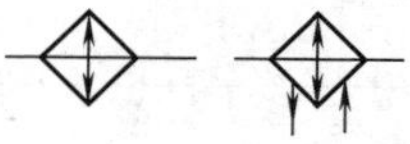 | | | 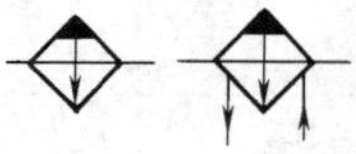 |
| 过滤器 | 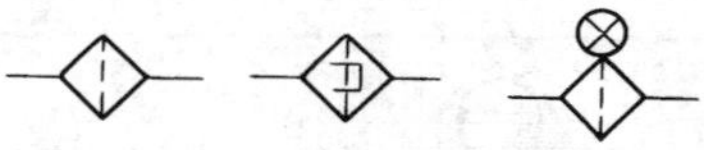 一般符号　带磁性滤芯　带污染指示器 | | | 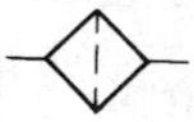 |
| 分水排水器 | 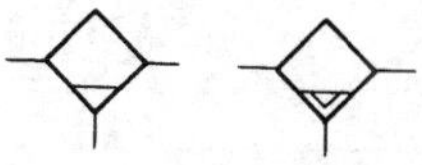 人工放水　自动放水 | | | |
| 空气过滤器 | 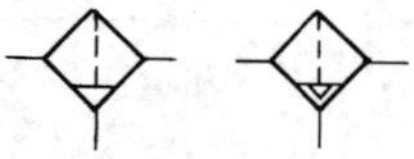 人工排出　自动排出 | | 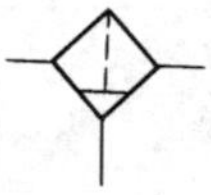 | 同 GB/T 786.1 |
| 除油器 | 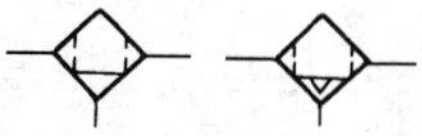 人工排出　自动排出 | | | |
| 空气干燥器 | 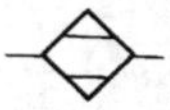 | | | |
| 油雾器 | 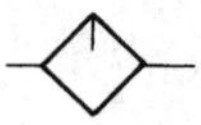 | | | 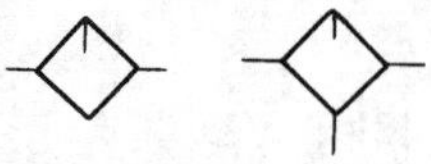 无排放装置　带人工排放 |

续表

| 国别 | | 中国<br>GB/T 786.1—1993 | 日本<br>JIS B 0125—1984 | 国际[①]<br>ISO 1219—1:1991 | 美国<br>ANSI/Y 32.10—1967<br>(R 1979)[②] |
|---|---|---|---|---|---|
| 消声器 | | 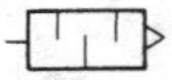 | | | |
| 检测器或指示器 | 压力指示器 |  | | | |
| | 压力表（计） |  | | | 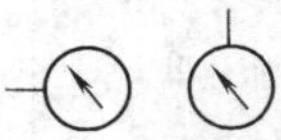 |
| | 压差计 |  | | | |
| | 温度计 |  | | | 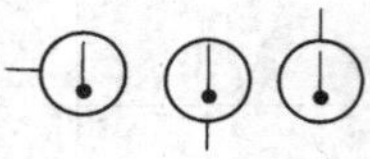 |
| | 液面计 |  | | | |
| | 检流计 |  | | | |
| | 流量计 | 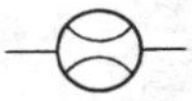 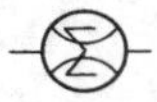 累计流量计 | | | |
| | 转速表 | 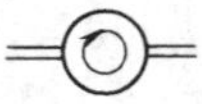 | | | |
| | 转矩仪 |  | | | |
| 压力继电器 | | 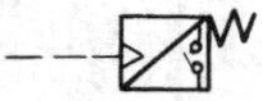 详细符号 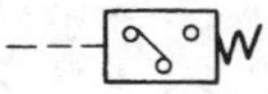 一般符号 | 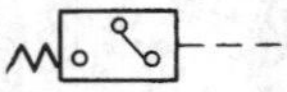 详细符号  一般符号 | 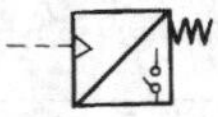 | 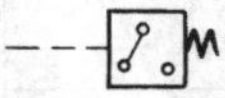 |
| 行程开关 | |  详细符号 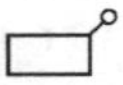 一般符号 | | 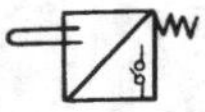 | |
| 模拟传感器 | | 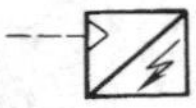 | | 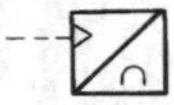 | |

续表

| 国 别 | 中 国<br>GB/T 786.1—1993 | 日 本<br>JIS B 0125—1984 | 国 际①<br>ISO 1219—1:1991 | 美 国<br>ANSI/Y 32.10—1967<br>(R 1979)② |
|---|---|---|---|---|
| 电动机 | 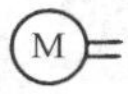 | | |  |
| 原动机(电动机除外) | 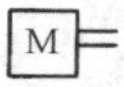 | | |  |
| 气源调节装置 | 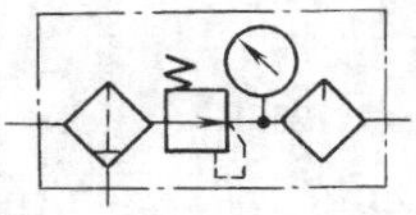<br>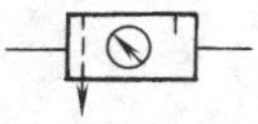<br>垂直箭头表示分离器 | | 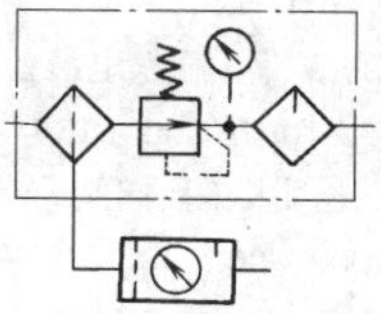 | 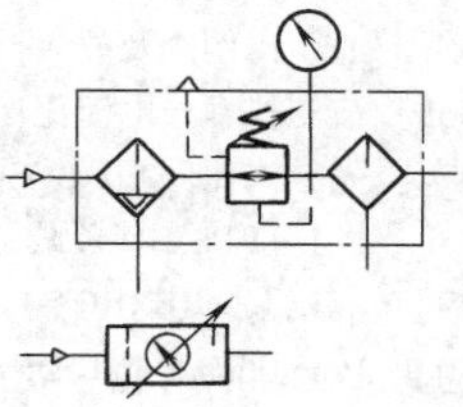 |
| 压力源 | 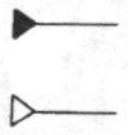 | | | 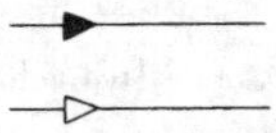 |

① 德国标准 DINISO 1291-1—1996、英国标准 BS 2917-1—1993 与 ISO 1219—1：1991 同，本表不再另列栏目。

②"R 1979" 表示该标准于 1979 年予以确认（Reaffirmed）继续有效。这种确认对标准文本的内容未作任何修改。

## 参 考 文 献


[1] 绪芳胜彦著. 现代控制工程. 卢伯英等译. 北京：科学出版社，1976.

[2] 李友善. 自动控制原理. 北京：国防工业出版社，1989.

[3] 袁著祉等. 现代控制理论在工程中的应用. 北京：科学工业出版社，1985.

[4] 顾瑞龙. 工程控制理论. 北京：北京科学技术出版社，1990.

[5] Hoostetter G H. Design of Feedback Control Systems. CBS College Publishing，1982.

[6] Martin Healey. Principles of Automatic Control. Hodder and Stouthton，1975.

[7] 现代控制理论入门. 马植衡编译，关肇直校. 北京：国防工业出版社，1982.

[8] 卢长耿. 液压控制系统的分析与设计. 北京：煤炭工业出版社，1991.

[9] 李洪人. 液压控制系统. 北京：国防工业出版社，1981.

[10] Viersma TJ. Analysis，Synthesis and Design of Hydraulic Servosystems and Pipelines. Amsterdan：Elsevier Scientific Publishing Company，1980.

[11] H. E. 梅里特. 液压控制系统. 北京：科学出版社，1976.

[12] J. F. 布拉克伯思等编著. 液压气动控制. 北京：科学出版社，1965.

[13] 卢长耿. 液压伺服系统讲座. 机床与液压，1977~1980.

[14] 顾瑞龙. 控制理论及电液控制系统. 北京：机械工业出版社，1984.

[15] 刘长年. 液压伺服系统的分析与设计. 北京：科学出版社，1985.

[16] 中国矿业大学北京研究生部流体动力研究室. 液压系统污染控制论文集. 1988.

[17] 夏志新. 液压污染控制. 中国机械工程学会液压气动专业委员会，1986.

[18] 通过控制污染来延长比例阀和伺服阀寿命. Pierre Sulpice. PALL 过滤器（中国）有限公司技术资料.

[19] 污染控制与过滤原理. Pierre Sulpice，PALL 过滤器（中国）有限公司技术资料.

[20] 液压与润滑系统油液污染控制指南. Vickers，Vickers 液压系统（中国）有限公司技术资料.

[21] 卢长耿. 高精度高响应液压压下系统的综合污染控制及其工业实践. 液压与气动，2001，(8).


第 22 篇

[22] 欧阳黎明编著. MATLAB 控制系统设计. 北京：国防工业出版社，2001.
[23] 范影乐，杨胜天，李铁编著. MATLAB 仿真应用详解. 北京：人民邮电出版社，2001.
[24] 陈桂明. 应用 MATLAB 建模与仿真. 北京：科学出版社，2001.
[25] The Mathworks. MATLAB 2006b Help Demos-Simbydraulics，Mathworks，2006.
[26] 电液比例控制阀，BOSCH，(NG6、10).
[27] 工业液压元件（第二册）伺服及比例阀和配件，电器配件.
[28] 电液比例技术与电液闭环比例技术的理论与应用，BOSCH.
[29] Stetigventile，Regelungssysteme. REXROTH. Elektronik-Komponenten RD00155-1.
[30] Proportional-Regel-und Servoventile. REXROTH. Elektronik-Komponenten und-System RD29003/04，1993.
[31] 吴根茂等编著. 实用电液比例技术. 杭州：浙江大学出版社，1993.
[32] 径向柱塞泵（6）. BOSCH. 198776/0228，AKY002/2.
[33] 液压暨电子技术/工业技术用元件及系统. VICKERS.
[34] 液压传动教程·第二册·比例与伺服技术. REXROTH.
[35] 通用比例阀及放大器. REXROTH.
[36] 液压技术与电液比例技术图文集. 国家电液控制工程技术研究中心编，2001.
[37] 先导式比例阀. BOSCH，NG10…NG50（13）.
[38] PSL 和 PSV 型负载敏感式比例多路换向阀. WAVE，D7700-3.
[39] 液压泵. REXROTH，RC10002/06.
[40] Proportional-und Servoventile-Technik（Der Hydraulik Trainer Band 2）. REXROTH，RD00291/12.
[41] 电液比例多路阀资料汇编. 浙江大学流体传动与控制国家重点实验室，1995.
[42] Proportional Eletrohydraulic Controls. ATOS，KF96-0/E.
[43] 工业用液压技术手册. 第 3 版. VICKERS.
[44] Mobile Hydraulic Products. PARKER.
[45] MOOG Industrial Literrature Resource（Revision Sept. 04）. MOOG Inc..
[46] 电液伺服阀. 中国航空附件研究所.
[47] 15 Series Servovalves. www. moog. com.
[48] 液压传动阀—比例阀. ETN VICKERS.
[49] 泵，阀，电子技术，成套设备. Parker 产品样本 2500/C&E.
[50] Industrial Hydraulics. Pumps，Motors，Valves，Electronics，Systems. Parker Catalogue HY11-2500/UK，July 2005.
[51] 吴根茂等编著. 新编实用电液比例技术. 杭州：浙江大学出版社，2006.
[52] 路甬祥主编. 液压气动技术手册. 北京：机械工业出版社，2002.

机械设计手册

第六版

第5卷

HANDBOOK OF MECHANICAL DESIGN

# 第23篇 气压传动

主要撰稿 王雄耀 彭光正 张百海 王涛 陈金兵

审稿 吴筠 徐文灿 房庆久 成大先

23

# 第 1 章 基础理论

## 1 各国液压、气动符号对照

表 23-1-1

| 国别 | | 中国<br>GB/T 786.1—2009 | 日本<br>JIS B 0125—1984 | 国际①<br>ISO 1219-1:1991 | 美国<br>ANSI/Y32.10—1967<br>(R 1979)② |
|---|---|---|---|---|---|
| 1. 基本符号 | | | | | |
| 线 | 实线 | ———————— | | | |
| | | 表示工作管路、控制供给管路、回油管路、电气线路 | 表示主管路、控制供给管路、电气线路 | 表示工作管路、回油管路和馈线 | 表示主管路、轴 |
| | 虚线 | — — — — — — — — | | | — — — — — — —<br>表示先导控制管路<br>- - - - - - - - - - -<br>表示泄油或放气管路 |
| | | 表示控制管路、泄油管路或放气管路、过滤器、过渡位置 | | | |
| | 点画线(表示组合元件框线) | ———·———·———·——— | | | |
| | 双线 | ═════ 表示机械连接的轴、操纵杆、活塞杆等 | | | |
| 圆、半圆和圆点 | 大圆、半圆 | ○ 表示一般能量转换元件(泵、马达、压缩机) | | ◗ 表示限定旋转角度的马达或泵 | ○ ◠<br>○ ∘<br>尺寸可视重要性和清晰度而变 |
| | 中圆 | ○ | | | |
| | | 表示测量仪表 | 表示测量仪表、回转接头 | 表示测量仪表 | |
| | 小圆 | ∘ | | | |
| | | 表示单向元件、旋转接头、机械铰链、滚轮 | 表示单向元件、滚轮、机械铰链 | 表示单向阀、回转接头等 | |
| | 小小圆和圆点 | ● | | | |
| | | 表示管路连接点、滚轮轴 | | | |
| 箭头 | 直箭头或斜箭头 | ↙ ↑ ↕<br>表示直线运动、流体流过阀的通路和方向、热流方向 | | | →<br>箭头在符号内平行于符号的短边,表示该元件是压力补偿的 |
| | 长斜箭头(可调性符号) | ↗ | | | |
| | | 可调节的泵、弹簧、电磁铁等 | | | 箭头以约 45°的方向贯穿符号(注:向右或左均可) |

续表

| 国　别 | 中国<br>GB/T 786.1—2009 | 日本<br>JIS B 0125—1984 | 国际[①]<br>ISO 1219-1:1991 | 美国<br>ANSI/Y32.10—1967<br>(R 1979)[②] |
|---|---|---|---|---|
| 弧线箭头和轴转动方向 |  | | | 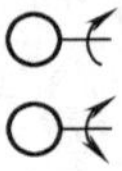 |
| | |  | 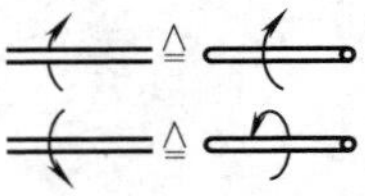 | |
| 弹簧 |  |  |  | 同 GB/T 786.1 |
| 电气符号 |  | |  | |
| 节流符号 |  | | | |
| 封闭油，气路或油、气口 |  | | | |
| 正方、长方形符号 | <br>1　2　3　4　5　6　7　8 | | | |
| | 1—控制元件、除电动机外的原动机；2—调节器件（过滤器、分离器、油雾器和热交换器等）；3—缸、阀；4—蓄能器重锤；5—执行器中的缓冲器；6—二位阀；7—三位阀；8—虚线表示过渡位置，图为二位阀 | | | 1、2、3—基本符号，尺寸可视重要性和清晰度而变 |
| 电磁操纵器 |  | | | |
| 正三角形（实心为液压；空心为气动） |  | | | |
| | 传压方向、流体种类、能源 | | | 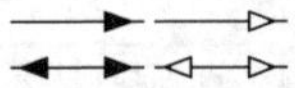 |
| 单向阀简化符号的阀座 |  | | | |
| 油箱 |  | | | |
| 固定符号 | 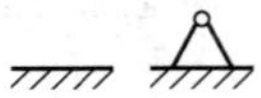 | | | |
| 原动机 | M | | | |
| 温度指示或温度控制 |  | | | |
| 2. 管路连接及接头 | | | | |
| 连接管路 | 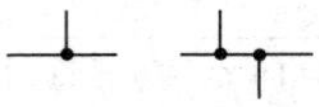 | | | 同 GB/T 786.1 或<br>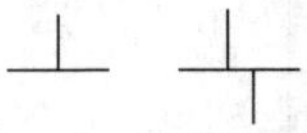 |
| 交叉管路 |  | 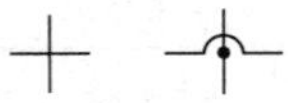 |  | 同 GB/T 786.1 或 JIS 或<br> |
| 软管连接 |   | | | |
| 放气装置 | 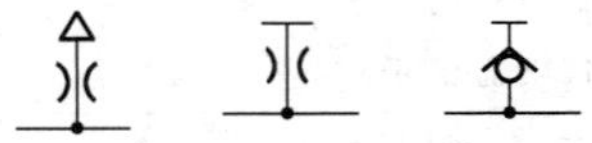<br>连续放气　间断放气　单向放气 | | 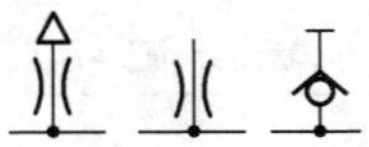 | 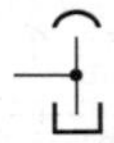<br>排放总管 |
| 排气口 | 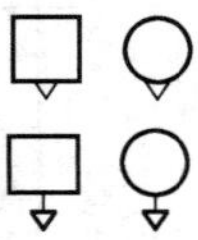<br>不带连接措施<br>带连接措施 |  | 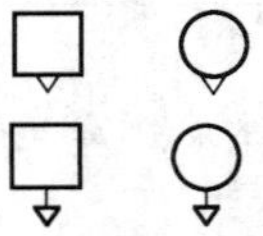 | 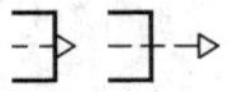 |

续表

| 国别 | 中国 GB/T 786.1—2009 | 日本 JIS B 0125—1984 | 国际[①] ISO 1219-1:1991 | 美国 ANSI/Y32.10—1967 (R 1979)[②] |
|---|---|---|---|---|
| 堵头 | | | | |
| 供测压、输出动力的可卸堵头 | | | | |
| 快换接头 不带单向阀 卸开状态 | | | | |
| 快换接头 不带单向阀 接头组 | | | | |
| 快换接头 带单向阀 卸开状态 | | | | |
| 快换接头 带单向阀 接头组 | | | | |
| 回转接头 单通路 | | 单向回转 | 同 GB/T 786.1 | |
| 回转接头 三通路 | | 双向回转 | 同 GB/T 786.1 | |
| 3. 泵和马达 | | | | |
| 液压泵 单向（栏中左图）和双向（栏中右图）定量液压泵 | | B A M | | |
| 液压泵 单向（栏中左图）和双向（栏中右图）变量液压泵 | | φM B A M MON | | |
| 液压泵 压力补偿变量泵 | M φ | M O | M φ | 详细符号 简化符号 |
| 空气压缩机和真空泵 | | | | 空气压缩机 真空泵 |
| 定量马达 单向 | | | | |
| 定量马达 双向 | | B A | | |

续表

| 国别 | | 中国 GB/T 786.1—2009 | 日本 JIS B 0125—1984 | 国际① ISO 1219-1:1991 | 美国 ANSI/Y32.10—1967 (R 1979)② |
|---|---|---|---|---|---|
| 变量马达 | 单向 | 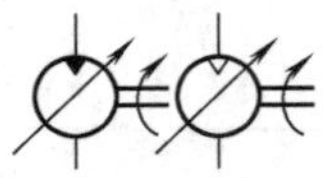 | 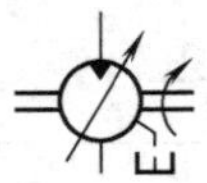 |  | 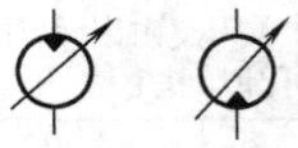 |
| 变量马达 | 双向 | 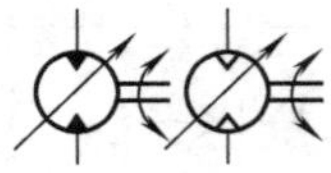 | 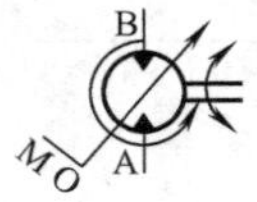 |  |  |
| 液压泵-马达 | 定量 | 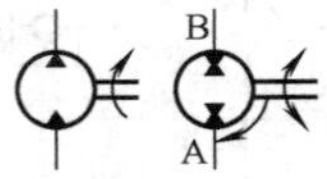 | |  | |
| 液压泵-马达 | 变量 |  | 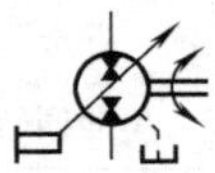 | 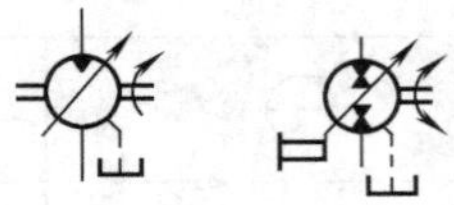 | 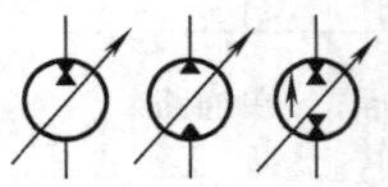 |
| 液压整体式传动装置 | |  | |  | |
| 摆动马达 | | 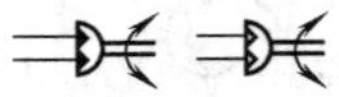 | 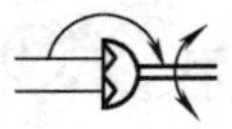 | 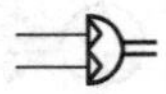 | 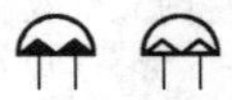 |
| 4. 缸 | | | | | |
| 单作用缸 | 单活塞杆缸 | 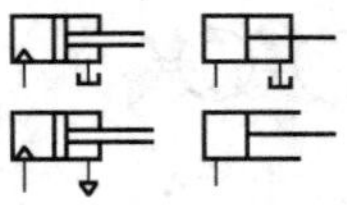 详细符号 简化符号 | 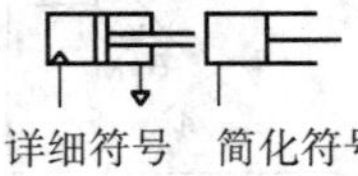 详细符号 简化符号 | 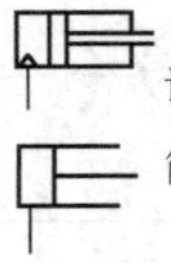 详细符号 简化符号 | 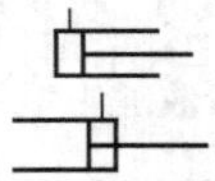 |
| 单作用缸 | 弹性件作用复位单活塞杆缸 | 详细符号 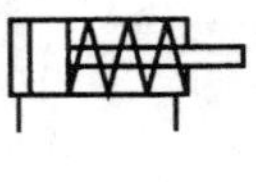 | 详细符号 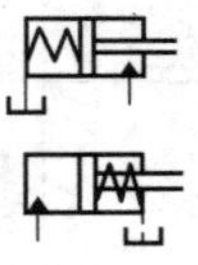 简化符号 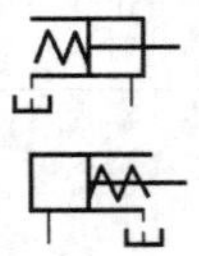 | 详细符号 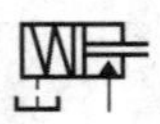 简化符号 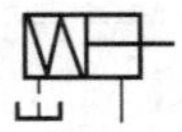 | |
| 双作用缸 | 单活塞杆缸 | 详细符号 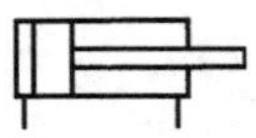 | 详细符号  简化符号 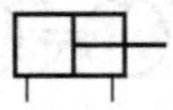 | 详细符号 简化符号 | 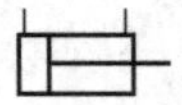 |
| 双作用缸 | 双活塞杆缸 | 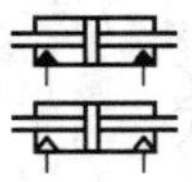 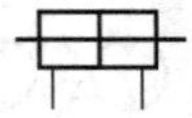 |  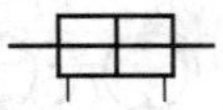 | 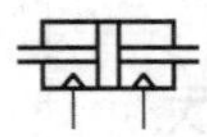 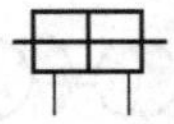 | 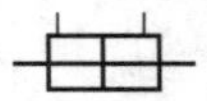 |

续表

| 国别 | | 中国 GB/T 786.1—2009 | | 日本 JIS B 0125—1984 | | 国际① ISO 1219-1:1991 | | 美国 ANSI/Y32.10—1967 (R 1979)② |
|---|---|---|---|---|---|---|---|---|
| | | 单向缓冲 | 双向缓冲 | 详细符号 | 简化符号 | 详细符号 | 简化符号 | |
| 双作用缓冲缸 | 不可调缓冲缸 | 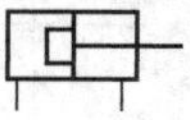 | 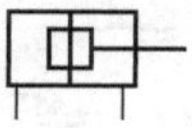 | | | | | 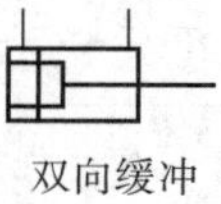 双向缓冲 |
| 双作用缓冲缸 | 可调缓冲缸 | 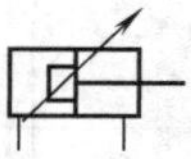 | 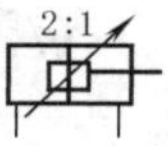 | 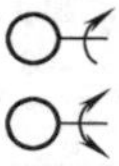 2∶1为活塞面积比 | 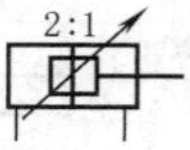 |  | 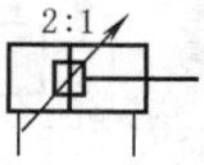 | 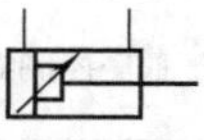 单向缓冲 |
| 缸的杆径与缸孔径之比对回路功能有特殊意义时使用的符号 | | | | | | | | 不带缓冲 带双向缓冲 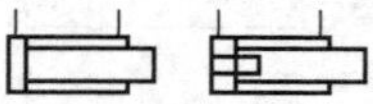 |
| 伸缩缸 | 单作用式 | 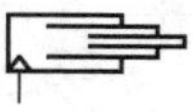 | | | | 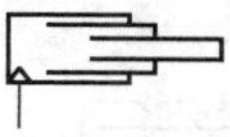 | | |
| 伸缩缸 | 双作用式 | 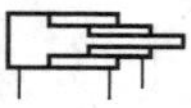 | | | | 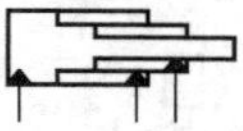 | | |
| 增压器 | | 单程作用 | 连续作用 | 单程作用 | 连续作用 | 单程作用 | 连续作用 | 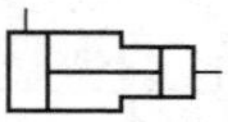 |
| 增压器 | 相同介质 | | | | | | | |
| 增压器 | 不同介质 | 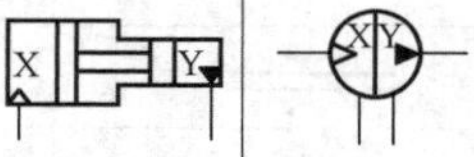 | | 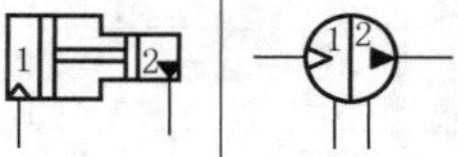 | | 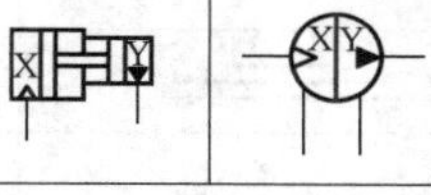 | | |
| 气-液转换器 | | 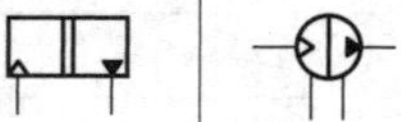 | | 同GB/T 786.1 | 同GB/T 786.1 | 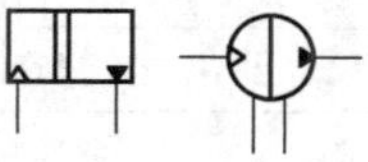 | | |
| 5. 控制方法 | | | | | | | | |
| 人力控制 | 不指明控制方式时的一般符号 | 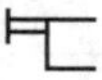 | | | | | | 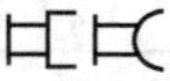 |
| 人力控制 | 按钮式 | 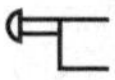 | | | | | | 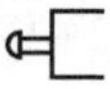 |
| 人力控制 | 拉钮式 | 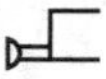 | | 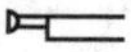 | | 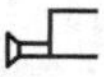 | | |
| 人力控制 | 按拉式 | 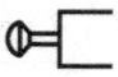 | | 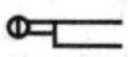 | | 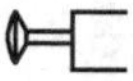 | | |
| 人力控制 | 手柄式 | 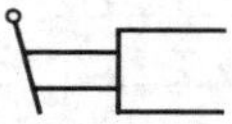 | |  | | | | 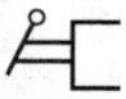 |
| 人力控制 | 踏板式 | 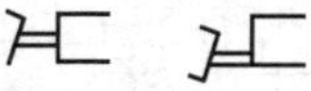 单向控制 双向控制 | | 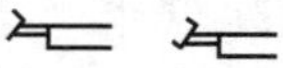 | |  | | 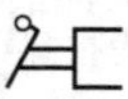 |

续表

| 国别 | | 中国<br>GB/T 786.1—2009 | 日本<br>JIS B 0125—1984 | 国际[①]<br>ISO 1219-1:1991 | 美国<br>ANSI/Y32.10—1967<br>(R 1979)[②] |
|---|---|---|---|---|---|
| 机械控制 | 顶杆式 |  | | | |
| | 可变行程控制式 |  | 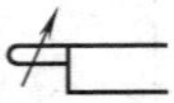 |  | |
| | 弹簧控制式 |  | 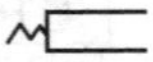 |  | |
| | 滚轮式 | <br>两个方向操纵 单向操纵 | 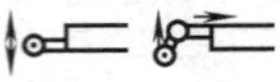 | 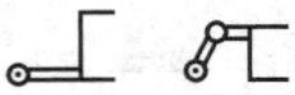<br>可通过滚轮式 | |
| | 其他 |  | | | 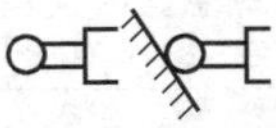 |
| 机械控制装置 | 定位装置 | 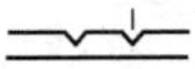 | 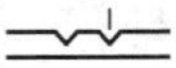 | 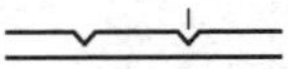 | 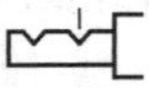 |
| | 锁定装置 | 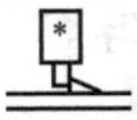<br>*为开锁控制方法的符号 | |  | |
| | 弹跳机构 | 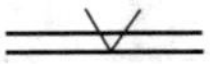 | 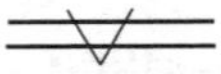 | 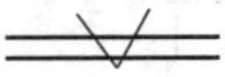 | |
| | 杆 |  | |  | |
| | 轴 |  | |  | |
| 直线运动电气控制 | | 注:本电气控制以下各栏,右图为可调节式 | | |  |
| | 单线圈式 | <br>比例电磁铁、力矩马达等 | |  | |
| | 双线圈式 | <br>力矩马达 | | | |
| 旋转运动电气控制-电动机控制 | | 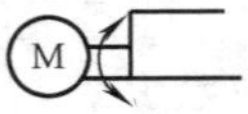 | | |  |
| 直接压力控制 | 加压或卸压控制 | 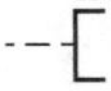 | | | |
| | 差动控制 | 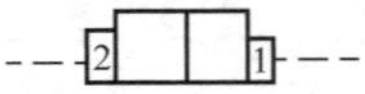 | | 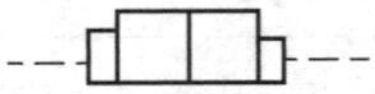 | |
| | 外部或内部压力控制 | <br>内部压力控制 外部压力控制 | | 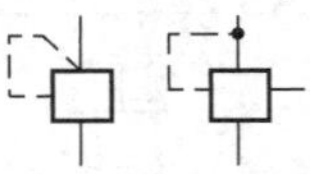 | |

第23篇

续表

| 国别 | | 中国 GB/T 786.1—2009 | 日本 JIS B 0125—1984 | 国际[①] ISO 1219-1:1991 | 美国 ANSI/Y32.10—1967 (R 1979)[②] |
|---|---|---|---|---|---|
| 先导压力控制(间接压力控制) | 加压控制 | 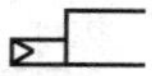 内部压力控制 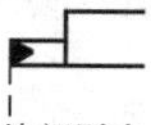 外部压力控制 | | 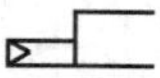 内部压力控制 |  外部供给  内部供给 |
| | 卸压控制 | 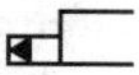 内部压力控制 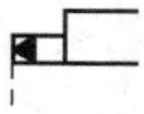 外部压力控制 | | 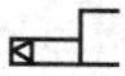 | 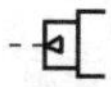 外部卸压控制  内部卸压控制 |
| | 差动控制 | | | | 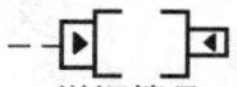 详细符号 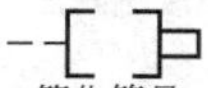 简化符号 |
| 伺服控制 | | | | | 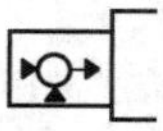 |
| 反馈 | 电反馈 | 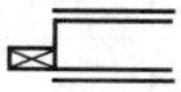 | | 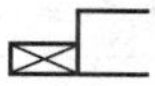 一般符号 | |
| | 机械反馈 | 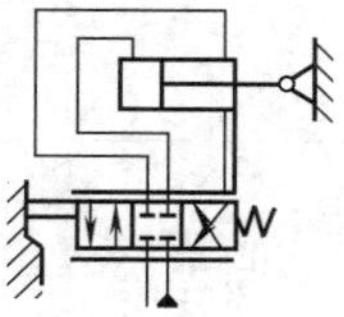 | 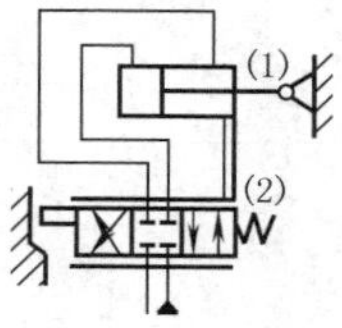 | 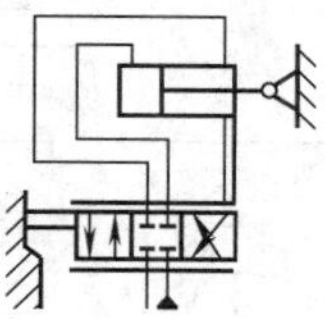 | |
| 复合控制 | 顺序控制(先导“与”控制) | 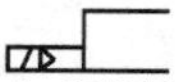 电-气控制 | | 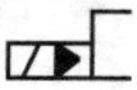 电-液控制 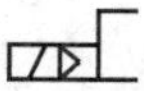 电-气控制 | 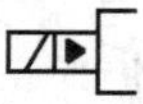 电-液控制 |
| | 选择控制(“或”控制) | 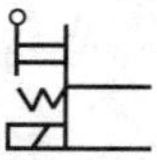 | 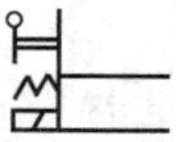 | 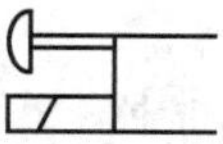 |  |
| 6. 压力控制阀 | | | | | |
| 溢流阀 | 内部压力控制(直动型) | 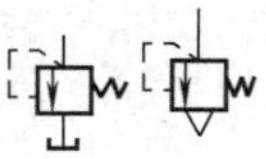 | 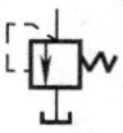 | 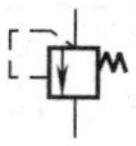 | 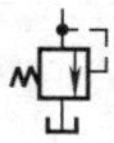 |
| | 外部压力控制(直动型) | 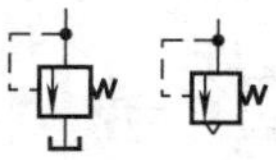 | | | |
| | 先导型溢流阀 | 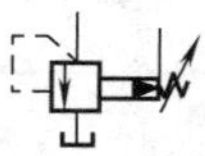 | 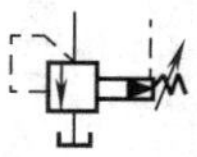 | 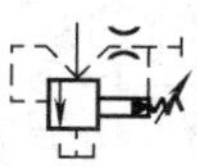 | |
| | 比例溢流阀和定比溢流阀 | 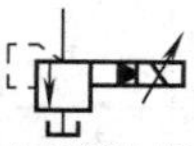 先导型比例电磁溢流阀 | | | |

第23篇

续表

| 国别 | | 中国<br>GB/T 786.1—2009 | 日本<br>JIS B 0125—1984 | 国际①<br>ISO 1219-1:1991 | 美国<br>ANSI/Y32.10—1967<br>(R 1979)② |
|---|---|---|---|---|---|
| 减压阀 | 定压减压阀 | 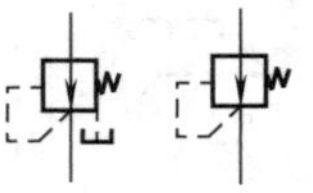 | 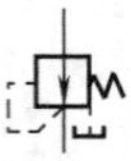 |  | 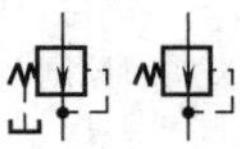 |
| | 外控减压阀、先导型减压器 | 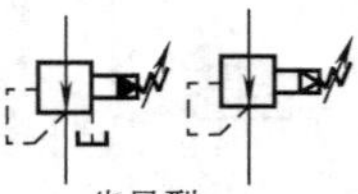<br>先导型 | 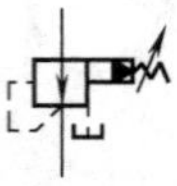<br>先导型 | 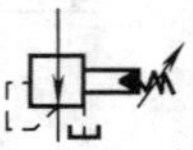 | |
| | 溢流减压阀 | 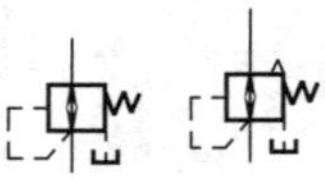 |  |  | 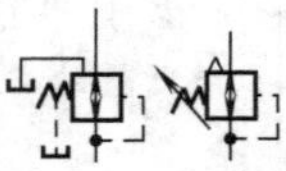 |
| | 定差减压阀 | 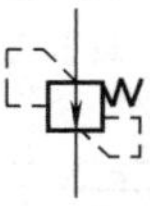 | | | |
| 定比减压阀(栏中未注明者)、定比调压阀(栏中注明) | | 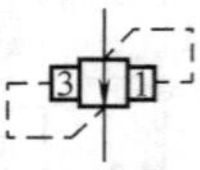<br>减压比:1/3 | | | |
| 顺序阀 | 内部压力控制 | 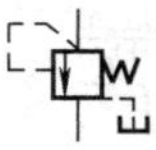 | | 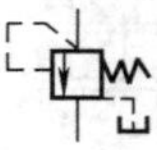 | 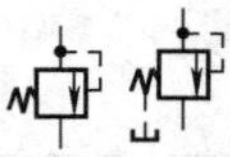 |
| | 外部压力控制 | 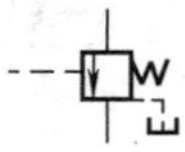 | 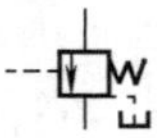 | | |
| 卸荷阀 | | 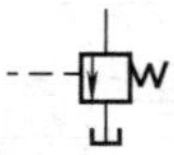 | 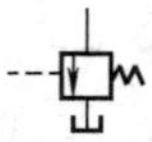 | | |
| 7. 流量控制阀 | | | | | |
| 节流阀 | 不可调节流阀 |  | | | |
| | 可调节流阀 | 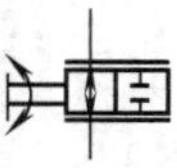 详细符号<br> 简化符号 |  详细符号<br> 简化符号 | 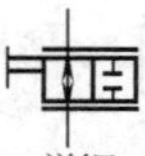 详细符号<br> 简化符号 |  |
| 减速阀 | | 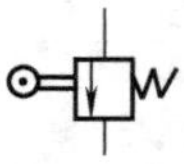 | 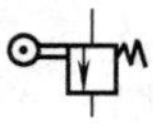 | 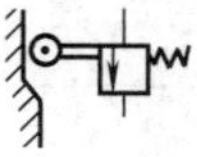 | |
| 截止阀 | |  | | | |

续表

| 国别 | | 中国<br>GB/T 786.1—2009 | 日本<br>JIS B 0125—1984 | 国际①<br>ISO 1219-1:1991 | 美国<br>ANSI/Y32.10—1967<br>(R 1979)② |
|---|---|---|---|---|---|
| 调速阀 | 一般调速阀和带单向阀的调速阀 | 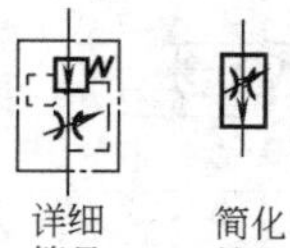<br>详细符号　简化符号 | 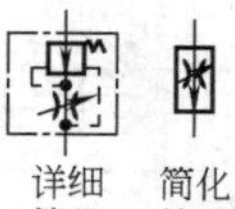<br>详细符号　简化符号 | 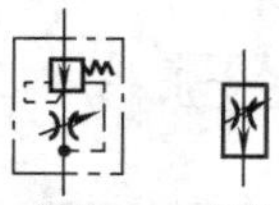<br>详细符号　简化符号 | <br>带单向阀的调速阀 |
| | 带温度补偿的调速阀和带单向阀的温度补偿调速阀 | 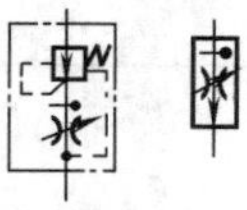<br>详细符号　简化符号 | 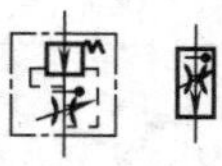<br>详细符号　简化符号 | 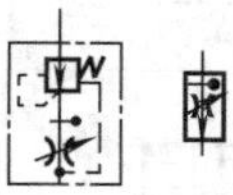<br>详细符号　简化符号 | <br>带单向阀的温度补偿调速阀 |
| | 旁通型调速阀 | 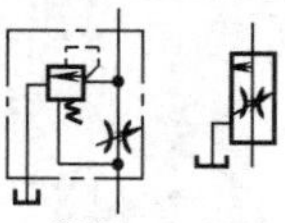<br>详细符号　简化符号 | 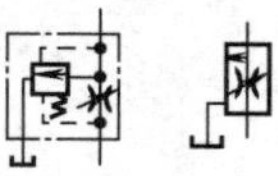<br>详细符号　简化符号 | 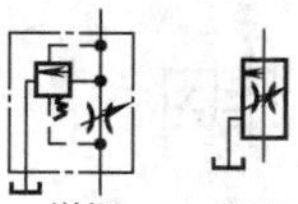<br>详细符号　简化符号 | |
| 分集流阀 | 分流阀 |  | | | |
| | 集流阀 |  | | | |
| | 分流-集流阀 |  | | | |
| 8. 方向控制阀 | | | | | |
| 单向阀 | | 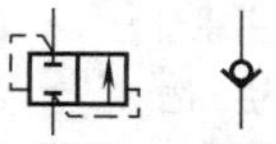<br>详细符号　简化符号 | | | |
| | | <br>弹簧可省略<br>详细符号　简化符号 | <br>详细符号　简化符号 |  | 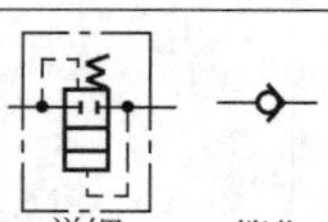<br>详细符号　简化符号 |
| 液(气)控单向阀 | | 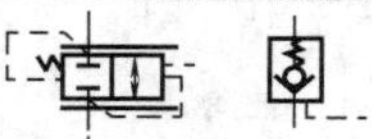<br>弹簧可省略<br>详细符号　简化符号 | 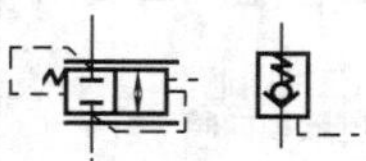<br>详细符号　简化符号 | 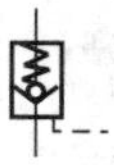 | 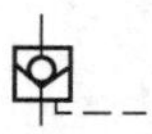 |
| | | 详细符号 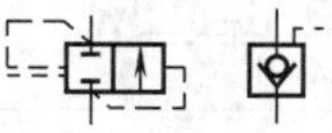 简化符号 | | |  |
| 高压优先(或门型)梭阀 | | 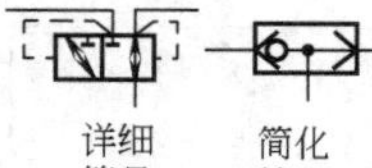<br>详细符号　简化符号 | | | 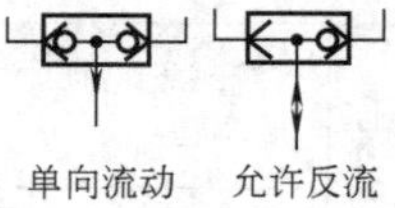<br>单向流动　允许反流 |
| 低压优先(与门型)梭阀 | | 详细符号 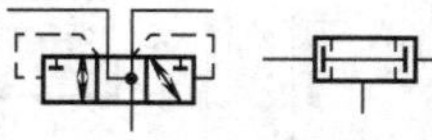 简化符号 | | 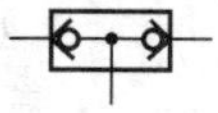 | |

续表

| 国别 | 中国 GB/T 786.1—2009 | 日本 JIS B 0125—1984 | 国际[①] ISO 1219-1:1991 | 美国 ANSI/Y32.10—1967 (R 1979)[②] |
|---|---|---|---|---|
| 快速排气阀 | 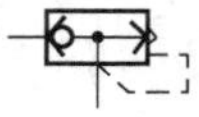 | 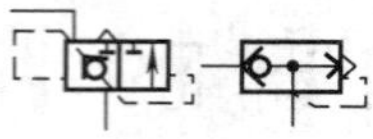 | 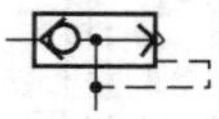 | |
| 换向阀 二位二通阀 常闭式 | 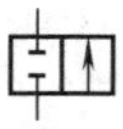 | 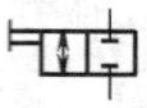 |  | 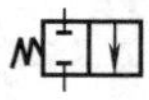 |
| 换向阀 二位二通阀 常开式 | 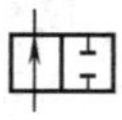 | | | 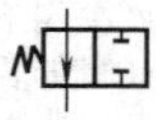 |
| 换向阀 二位三通阀 |  | | | 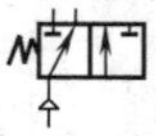 分配器  双压(转换器) |
| 换向阀 二位四通阀 | 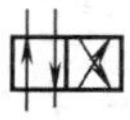 | 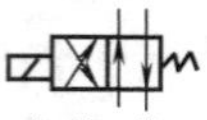 电磁二位四通 | | 同 GB/T 786.1 |
| 换向阀 二位五通阀 |  |  液控 |  液控 |  |
| 换向阀 带中间过渡位置的二位阀 | 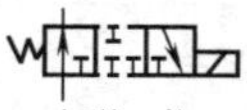 电磁二位三通 | 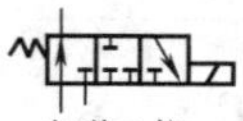 电磁二位三通 | 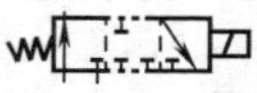 电磁二位三通 |  电磁二位四通 |
| 换向阀 电液换向阀 | 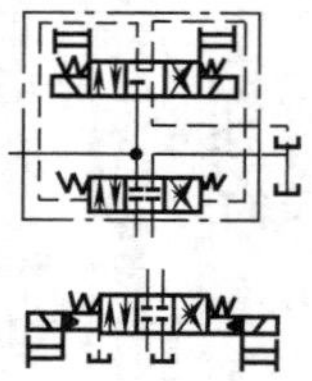 三位四通电液换向阀 | 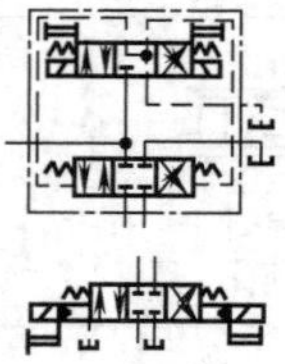 三位四通电液换向阀 | 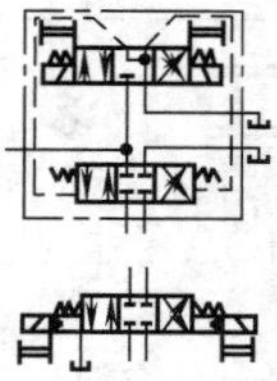 三位四通电液换向阀 | |
| 四通伺服阀 | 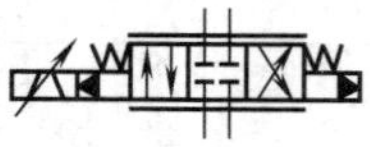 | 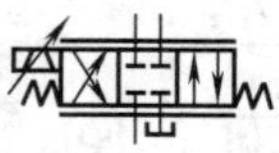 | 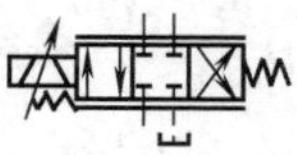 | |

9. 辅件和其他装置

| | | | | |
|---|---|---|---|---|
| 通大气式油箱 管端在液面以上 |  | | | 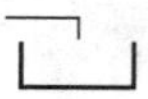 |
| 通大气式油箱 管端在液面以下 | 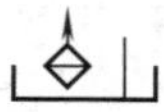 带空气滤清器 | | 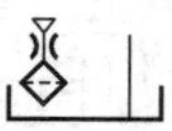 | 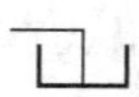 |

续表

| 国别 | | 中国 GB/T 786.1—2009 | 日本 JIS B 0125—1984 | 国际[1] ISO 1219-1:1991 | 美国 ANSI/Y32.10—1967 (R 1979)[2] |
|---|---|---|---|---|---|
| 通大气式油箱 | 管端连接于油箱底部 | 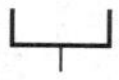 | | | 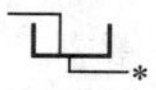 *表示管路在油箱之下进入或引出的 |
| 通大气式油箱 | 局部泄油或回油使用符号 | 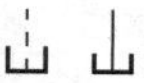 | | | 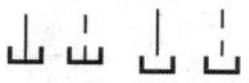 |
| 密闭式或加压油箱 | | 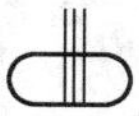 | | |  |
| 气罐 | |  | | | |
| 辅助气瓶 | |  | | | |
| 蓄能器 | 蓄能器一般符号 |  | | | |
| 蓄能器 | 弹簧式 |  | | |  |
| 蓄能器 | 气体式 |  隔离式 | | | |
| 蓄能器 | 重锤式 |  | | | 同 GB/T 786.1 |
| 油温调节器 | |  |  | 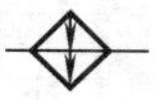 |  使温度保持在两个预设界限之内 |
| 加热器 | |  | | | 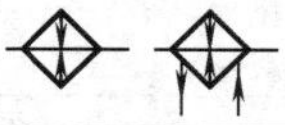 |
| 冷却器 | | 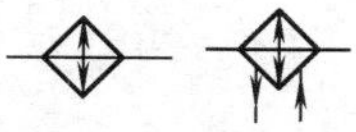 | | | 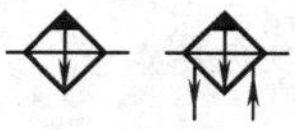 |
| 过滤器 | |  一般符号  带磁性滤芯 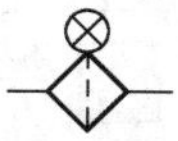 带污染指示器 | | |  |
| 分水排水器 | | 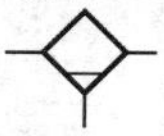 人工放水  自动放水 | | | |
| 空气过滤器 | | 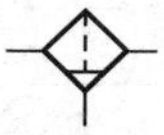 人工排出 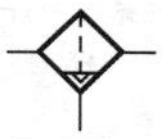 自动排出 | | 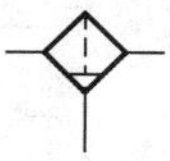 | 同 GB/T 786.1 |
| 除油器 | |  人工排出 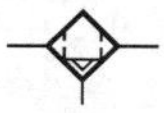 自动排出 | | | |

续表

| 国别 | 中国 GB/T 786.1—2009 | 日本 JIS B 0125—1984 | 国际[①] ISO 1219-1:1991 | 美国 ANSI/Y32.10—1967 (R 1979)[②] |
|---|---|---|---|---|
| 空气干燥器 |  | | | |
| 油雾器 |  | | | 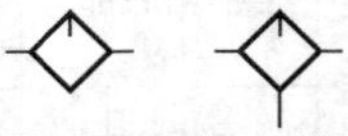 |
| 消声器 | 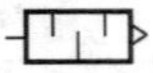 | | | |
| 检测器或指示器：压力指示器 |  | | | |
| 检测器或指示器：压力表(计) |  | | |  |
| 检测器或指示器：压差计 |  | | | |
| 检测器或指示器：温度计 |  | | | 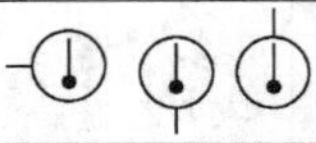 |
| 检测器或指示器：液面计 |  | | | |
| 检测器或指示器：检流计 |  | | | |
| 检测器或指示器：流量计 |  | | | |
| 检测器或指示器：转速表 |  | | | |
| 检测器或指示器：转矩仪 |  | | | |
| 压力继电器 | 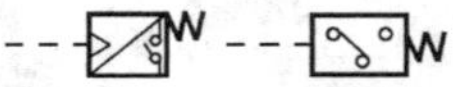 | 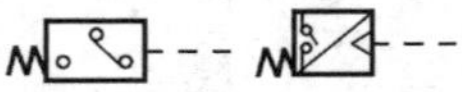 | 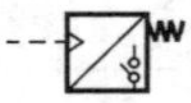 | 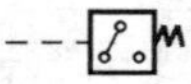 |
| 行程开关 |  | | 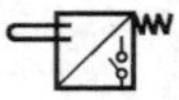 | |
| 模拟传感器 | 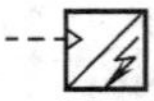 | | 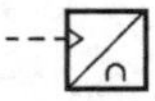 | |
| 电动机 | 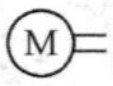 | | |  |
| 原动机(电动机除外) | 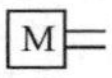 | | |  |
| 气源调节装置 | 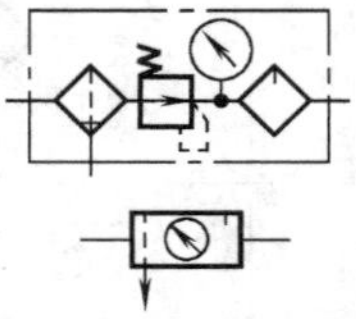 | | 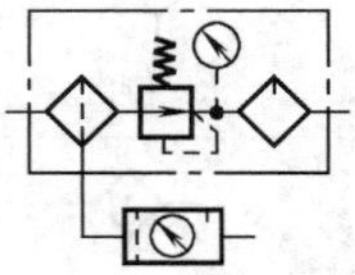 | 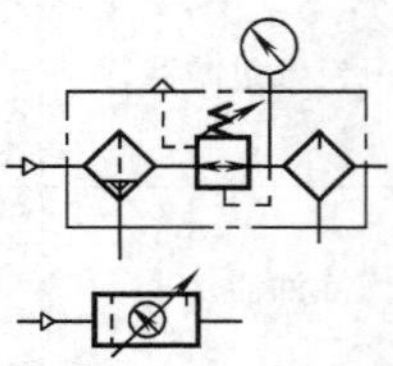 |

续表

| 国 别 | 中国<br>GB/T 786.1—2009 | 日本<br>JIS B 0125—1984 | 国际[①]<br>ISO 1219-1:1991 | 美国<br>ANSI/Y 32.10—1967<br>(R 1979)[②] |
|---|---|---|---|---|
| 压力源 | | 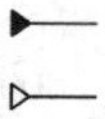 | | 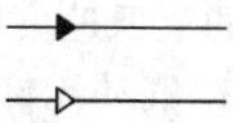 |

① 德国标准 DIN ISO 1291-1—1996、英国标准 BS 2917-1—1993 与 ISO 1219-1：1991 同，本表不再另列栏目。
② “R 1979” 表示该标准于 1979 年予以确认继续有效。这种确认对标准文本的内容未作任何修改。

# 2　气动技术特点与流体基本公式

## 2.1　气动基础理论的研究与气动技术特点

### 2.1.1　气动基础理论、气动技术的研究内容

① 力的研究
- 气缸力与速度的关系（气缸动态时的推力变化及仿真）。
- 气缸的受力分析（侧向力、转矩、转动惯量等）。
- 气动压力的比例控制。
- 气动冲击力的研究和解决（缓冲力的分析与缓冲器的配置）。
- 气动摩擦力的分析与综合解决（新材料、新结构、密封件、润滑脂）等。

② 速度的研究
- 气缸高速和低速特性。
- 气缸的速度调节（用单向节流阀、气动伺服定位技术）。
- 高速软制动（气动 ABS 系统）。

③ 位置（行程）
- 多位控制和气动伺服定位控制技术。
- 模块化多轴系统的位置控制与气动机械手定位控制。

④ 信号转换
- 不同介质的信号转换（气/电、真空/电、电/真空、电/气）。
- 同种介质的各功率之间的放大（气先导控制、电先导控制等）。

⑤ 新材料、新工艺、新技术的开发应用（纳米涂层、油脂等）。
⑥ 气动应用计算、仿真软件、控制/诊断技术等。
⑦ 低功耗、高寿命、微型化（包括微气动技术的开发、硅工艺）、密封技术。
⑧ 标准化、模块化、功能集成并更加灵活（机电一体化、通信、传感技术、生物技术等）、即插即用（包括机电混合解决方案）。



### 2.1.2　气动技术的特点

① 无论从技术角度还是成本角度来看，气缸作为执行元件是完成直线运动的最佳形式。如同用电动机来完成旋转运动一样，气缸作为线性驱动可在空间的任意位置组建它所需要的运动轨迹，运动速度可无级调节。

② 工作介质是取之不尽、用之不竭的空气，空气本身无须花钱（但与电气和液压动力相比产生气动能量的成本最高），排气处理简单，不污染环境，处理成本低。

③ 空气的黏性小，流动阻力损失小，便于集中供气和远距离的输送（空压机房到车间各使用点）；利用空气的可压缩性可储存能量；短时间释放以获得瞬时高速运动。

④ 气动系统的环境适应能力强，可在−40~+50℃的温度范围、潮湿、溅水和有灰尘的环境下可靠工作。纯

气动控制具有防火、防爆的特点。

⑤ 对冲击载荷和过载载荷有较强的适应能力。

⑥ 气缸的推力在 1.7~48230N，常规速度在 50~500mm/s 范围之内，标准气缸活塞可达到 1500mm/s，冲击气缸达到 10m/s，特殊状况的高速甚至可达 32m/s。气缸的低速平稳目前可达 3mm/s，如与液压阻尼缸组合使用，气缸的最低速度可达 0.5mm/s。

⑦ 气动元件可靠性高、使用寿命长。阀的寿命大于 3000 万次，高的可达 1 亿次以上；气缸的寿命在 5000km 以上，高的可超过 10000km。

⑧ 气动技术在与其他学科技术（计算机、电子、通信、仿生、传感、机械等）结合时有良好的相容性和互补性，如工控机、气动伺服定位系统、现场总线、以太网 AS-i、仿生气动肌腱、模块化的气动机械手等。

### 2.1.3 气动与其他传动方式的比较

表 23-1-2 气动、液压、电气三种传动与控制的比较

| | 气 动 | 液 压 | 电 气 |
|---|---|---|---|
| 能量的产生和取用 | (1)有静止的空压机房(站)或可移动的空压机<br>(2)可根据所需压力和容量来选择压缩机的类型<br>(3)用于压缩机的空气取之不尽 | (1)有静止的空压机房(站)或可移动的液压泵站<br>(2)可根据所需压力和容量来选择泵的类型 | 主要是水力、火力和核能发电站 |
| 能量的储存 | (1)可储存大量的能量,而且是相对经济的储存方式<br>(2)储存的能量可以作驱动甚至作高速驱动的补充能源 | (1)能量的储存能力有限,需要压缩气体作为辅助介质,储存少量能量时比较经济<br>(2)储存的能量可以作驱动甚至作高速驱动的补充能源 | (1)能量储存很困难,而且很复杂<br>(2)电池、蓄电池能量很小,但携带方便 |
| 能量的输送 | 通过管道输送较容易,输送距离可达 1000m,但有压力损失 | 可通过管道输送,输送距离可达 1000m,但有压力损失 | 很容易实现远距离的能量传送 |
| 能量的成本 | 与液压、电气相比,产生气动能量的成本最高 | 介于气动和电气之间 | 成本最低 |
| 泄漏 | (1)能量的损失<br>(2)压缩空气可以排放在空气中,一般无危害 | (1)能量的损失<br>(2)液压油的泄漏会造成危险事故并污染环境 | 与其他导电体接触时,会有能量损失,此时碰到高压有致命危险并可能造成重大事故 |
| 环境的影响 | (1)压缩空气对温度变化不敏感,一般无隔离保护措施,-40~+80℃(高温气缸+150℃)<br>(2)无着火和爆炸的危险<br>(3)湿度大时,空气中含水量较大,需过滤排水<br>(4)对环境有腐蚀作用的气缸或阀应采取保护措施,或用耐腐蚀材料制成气缸或阀<br>(5)有扰人的排气噪声,但可通过安装消声器大大降低排气噪声 | (1)油液对温度敏感,油温升高时,黏度变小,易产生泄漏,-20~+80℃(高温油缸+220℃)<br>(2)泄漏的油易燃<br>(3)液压的介质是油,不受温度变化的影响<br>(4)对环境有腐蚀作用的油缸和阀应采取保护措施或采用耐蚀材料制成油缸或阀<br>(5)高压泵的噪声很大,且通过硬管传播 | (1)当绝缘性能良好时,对温度变化不敏感<br>(2)在易燃、易爆区域应采用保护措施<br>(3)电子元件不能受潮<br>(4)在对环境有腐蚀作用的环境下,电气元件应采取隔离保护措施。就总体而言,电子元件的抗腐蚀性最差<br>(5)在较多电流线圈和接触电气频繁的开关中,有噪声和激励噪声,但可控制在车间范围内 |
| 防振 | 稍加措施,便能防振 | 稍加措施,便能防振 | 电气的抗振性能较弱,防振也较麻烦 |
| 元件的结构 | 气动元件结构最简单 | 油压元件结构比气动稍复杂(表现在制造加工精度) | 电气元件最为复杂(主要表现在更新换代) |
| 与其他技术的相容性 | 气动能与其他相关技术相容,如电子计算机、通信、传感、仿生、机械等 | 能与相关技术相容,比气动稍差一些 | 与许多相关技术相容 |

续表

| | 气　动 | 液　压 | 电　气 |
|---|---|---|---|
| 操作难易性 | 无需很多专业知识就能很好地操作 | 与气动相比,液压系统更复杂,高压时必须要考虑安全性,应严格控制泄漏和密封问题 | (1)需要专业知识,有偶然事故和短路的危险<br>(2)错误的连接很容易损坏设备和控制系统 |
| 推力 | (1)由于工作压力低,所以推力范围窄,推力取决于工作压力和气缸缸径,当推力为 1N ~ 50kN 时,采用气动技术最经济<br>(2)保持力(气缸停止不动时),无能量消耗 | (1)因工作压力高,所以推力范围宽<br>(2)超载时的压力由溢流阀设定,因此保持力时也有能量消耗 | (1)推力需通过机械传动转换来传递,因此效率低<br>(2)超载能力差,空载时能量消耗大 |
| 力矩 | (1)力矩范围小<br>(2)超载时可以达到停止不动,无危害<br>(3)空载时也消耗能量 | (1)力矩范围大<br>(2)超载能力由溢流阀限定<br>(3)空载时也消耗能量 | (1)力矩范围窄<br>(2)过载能力差 |
| 无级调速 | 容易达到无级调速,但低速平稳调节不及液压 | 容易达到无级调速,低速也很容易控制 | 稍困难 |
| 维护 | 气动维护简单方便 | 液压维护简单方便 | 比气动、液压要复杂,电气工程师要有一定技术背景 |
| 驱动的控制(直线、摆动和旋转运动) | (1)采用气缸可以很方便地实现直线运动,工作行程可达 2000mm,具有较好的加速度和减速特性,速度约为 10 ~ 1500mm/s,最高可达 30m/s<br>(2)使用叶片、齿轮齿条制成的气缸很容易实现摆动运动。摆动角度最大可达 360°<br>(3)采用各种类型气动马达可很容易实现旋转运动,实现反转方便 | (1)采用液压气缸可以很方便地实现直线运动,低速也很容易控制<br>(2)采用液压缸或摆动执行元件可很容易地实现摆动运动。摆动角度可达 360°或更大<br>(3)采用各种类型的液压马达可很容易地实现旋转运动。与气动马达相比,液压马达转速范围窄,但在低速运行时很容易控制 | (1)采用电流线圈或直线电动机仅做短距离直线移动,但通过机械机构可将旋转运动变为直线运动<br>(2)需通过机械机构将旋转运动转化为摆动气缸<br>(3)对旋转运动而言,其效率最高 |

自动线高节拍的运行控制中很多采用了气动技术。就机械、液压、气动、电气等众多控制技术而言，究竟应该选用哪一门技术作驱动控制，首先应考虑从信号输入到最后动力输出的整个系统，尽管在考虑某个环节时往往会觉得采用某一门技术较合适，但最终决定选用哪一个控制技术还基于诸多因素的总体考虑，如：成本、系统的建立和掌握程度的难易，结构是否简单，尤其是对力和速度的无级控制等因素。除此之外，系统的维修保养也是不可忽视的因素之一。目前很多制造厂商要求自己的生产流水线对市场变化的响应时间要快，即要允许在自己的生产流水线上方便改动某些部件或在短时间内重新设置其少量部件后，便能很快投入生产，使产品生产厂商在短时间内或在该产品的市场数量需求不是很大的情况下，也能保证市场需求，保证新产品的供应。



## 2.1.4　气动系统的组成

气动系统组成按控制过程分，包括气源、信号输入、信号处理及最后的命令执行四个步骤（见图 23-1-1）。

① 气源部分　是以空气压缩机、储气罐开始。一些气动专业人员接触更多的是气源处理单元（过滤、干燥、排气、减压和油雾这一工序）。

② 信号输入部分　主要考虑被控对象能采用的信号源。在简单的气动控制系统中，其中手动按钮操作阀可作为控制运动起始的主要手段。在复杂的气动控制系统中，压力开关、传感器的信号、光电信号和某些物理量转换信号等都列入信号输入这一部分。

③ 信号处理有两种方式　气控和电控。气动以气动逻辑元件为主题，通过梭阀、双压阀或顺序阀组成逻辑控制回路。有些气动制造厂商已制造出气动逻辑控制器（如十二步顺序动作的步进器），更多地使用 PLC 或工控机控制。目前大多数气动制造厂商通过内置 PLC 的阀岛产品把信号处理和命令执行合并为一个控制程序。列入这部分的气动辅件有消声器、气管、接头等。

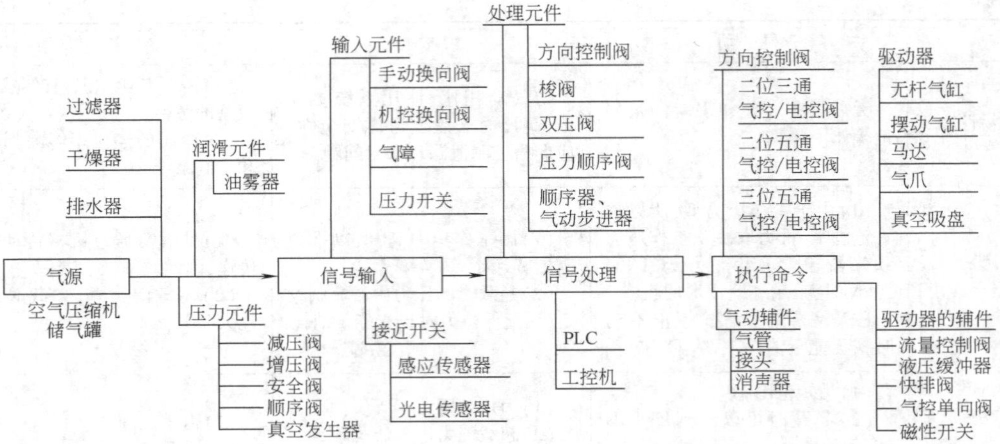


图 23-1-1　气动系统组成及控制过程

④ 命令执行　主要包括方向控制阀和驱动器。这里提到的方向控制阀是指接受了信号处理后被命令去控制驱动器，与信号处理过程中的方向控制阀原理是一致的，只是所处地位不同。驱动器是气动系统中最后要完成的主要目标，包括气缸、无杆气缸、摆动气缸、马达、气爪及其空吸盘。这部分的辅件有控制气缸速度的流量控制阀、快排阀，其他辅件有液压缓冲器和磁性开关。

## 2.1.5　气动系统各类元件的主要用途

表 23-1-3　各类元件的主要用途

| 类别 | 名称 | | 用途特点 |
|---|---|---|---|
| 气源设备 | 空气压缩机 | | 是气压传动与控制的动力源，常用 1.0MPa 压力等级的气压 |
| | 后冷却 | | 消除压缩空气中大部分的水分、油污和杂质等 |
| | 气罐 | | 稳压和储能用 |
| 气源处理元件 | 过滤器 | | 在气源设备之后继续消除压缩空气中的残留水分、油污和灰尘等，可选择 40μm、10μm、5μm、1μm、0.01μm |
| | 干燥器、油雾器 | | 进一步清除空气中的水分 |
| | 自动排水器、三联件 | | 常与过滤器合并使用，自动排除冷凝水 |
| 气动控制元件 | 压力控制 | 减压阀 | 压力调节、稳压之用 |
| | | 增压阀 | 增压(常用于某一支路的增压) |
| | 流量控制 | 单向节流阀 | 控制气缸的运动速度 |
| | | 快速排气阀 | 可使气动元件或气缸腔室内的压力迅速排出 |
| | 方向控制 | 人控阀 | 用人工方式改变气体流动方向或通断的元件 |
| | | 机控阀 | 用机械方式改变气体流动方向或通断的元件 |
| | | 单向阀 | 气流只能从一个方向流动，反方向不能通过的元件 |
| | | 梭阀 | 两个入口中只要一个入口有输入，便有输出 |
| | | 双压阀 | 两个入口都有输入时，才能有输出 |
| | | 气控阀 | 用气控改变气体流动方向的元件 |
| | | 电磁阀 | 用电控改变 |
| | | 阀岛 | 阀岛是一种集气动电磁阀、控制器(可内置 PLC 或带多针的整套系统控制单元的现场总线协议接口的控制器)、电输入/输出模块 |
| 气动执行元件 | 通用气缸 | 气缸 | 做直线运动的执行机构 |
| | | 摆动气缸 | 小于 360°角度范围内做往复摆动的气缸 |
| | | 气马达 | 把压缩空气的压力能转换成机械能的转换装置。输出力矩和转速 |
| | 导向驱动装置 | 内置导轨气缸 | 气缸内置机械轴承或滚珠轴承，具有较高的转矩或承载能力 |
| | | 模块化导向驱动装置 | 内置轴承或滚珠轴承的气缸，具有模块化拼装结构，可组成二维、三维的运动 |
| | | 气动机械手 | 内置滚珠轴承与其他模块化气缸接口的直线驱动器，可承受 500N 径向负载和 50N·m 转矩 |
| | | 气爪 | 具有抓取功能，与其他气缸组合成为一个抓取装置 |
| | | 液压缓冲器 | 有缓冲功能 |

续表

| 类别 | 名　称 | 用途特点 |
|---|---|---|
| 真空元件 | 真空发生器 | 利用压缩空气、文丘里原理产生一定真空度的元件 |
| | 真空吸盘 | 利用真空来吸物体的元件 |
| | 真空压力开关 | 利用真空度转换成电信号的触头开关元件 |
| | 真空过滤器 | 能过滤进入真空发生器入口的大气中灰尘的元件 |
| 其他辅助元件 | 气管 | 连接管路用 |
| | 接头 | 连接管路用 |
| | 传感器 | 信号转换元件 |
| | 接近开关 | 大多用于探测气缸位置 |
| | 压力传感器 | 压力与电信号转换元件，用于探测某个压力 |
| | 光电传感器 | 光与电的转换元件，用于探测某个物体的存在 |
| | 气动传感器 | 利用空气喷射对接近某一物体的感测所产生压力变化后发出的信号，显示一个对象的存在及距离 |

## 2.2　空气的性质

### 2.2.1　空气的密度、比容、压力、温度、黏度、比热容、热导率

**表 23-1-4**　　**空气的物理性质**

| 名称 | 符号 | 含义、公式、数据 | 符号意义 |
|---|---|---|---|
| 密度 | $\rho$ | 单位体积空气所具有的质量称为密度<br>$\rho=\frac{M}{V}=\frac{1}{v}$　(kg/m³)<br>单位质量气体所占的体积称为比容<br>$v=\frac{V}{M}=\frac{1}{\rho}$　(m³/kg)<br>空气的密度与其所处的状态有关<br>对于干空气<br>$\rho=3.482\times10^{-3}p/T$　(kg/m³)<br>对于湿空气<br>$\rho=3.482\times10^{-3}(p-0.378\varphi p_b)/T$　(kg/m³) | $M$——均质气体的质量，kg<br>$V$——均质气体的体积，m³<br>$p$——空气的绝对压力，Pa<br>$T$——空气的热力学温度，K<br>$\varphi$——相对湿度，%<br>$p_b$——湿度为273K时饱和水蒸气分压力，Pa |

比容 $v$：a. 干空气的密度和比容(1个大气压下)

| 温度 $t$/℃ | 密度 $\rho$/kg·m$^{-3}$ | 比容 $v$/m³·kg$^{-1}$ | 绝对黏度/Pa·s | 运动黏度/m²·s$^{-1}$ |
|---|---|---|---|---|
| −10 | 1.3425 | 0.7449 | $1.67\times10^{-5}$ | $1.24\times10^{-5}$ |
| −5 | 1.3170 | 0.7593 | $1.695\times10^{-5}$ | $1.29\times10^{-5}$ |
| 0 | 1.2935 | 0.7731 | $1.716\times10^{-5}$ | $1.33\times10^{-5}$ |
| 5 | 1.270 | 0.7874 | $1.74\times10^{-5}$ | $1.37\times10^{-5}$ |
| 10 | 1.2474 | 0.8017 | $1.77\times10^{-5}$ | $1.42\times10^{-5}$ |
| 15 | 1.2258 | 0.8158 | $1.79\times10^{-5}$ | $1.46\times10^{-5}$ |
| 20 | 1.2052 | 0.8279 | $1.82\times10^{-5}$ | $1.51\times10^{-5}$ |
| 25 | 1.1846 | 0.8442 | $1.84\times10^{-5}$ | $1.55\times10^{-5}$ |
| 30 | 1.1650 | 0.8583 | $1.86\times10^{-5}$ | $1.60\times10^{-5}$ |
| 35 | 1.1464 | 0.8723 | $1.88\times10^{-5}$ | $1.64\times10^{-5}$ |
| 40 | 1.1278 | 0.8867 | $1.91\times10^{-5}$ | $1.69\times10^{-5}$ |

压力(压强) $p$：

| 含义、公式、数据 | 符号意义 |
|---|---|
| 由于气体分子热运动而互相碰撞，在容器的单位面积上产生的力的统计平均值为气体的压力，用 $p$ 表示<br>工程上有两种计压方法：以绝对真空为计压起点所计压力称为绝对压力，以 $p_{abs}$ 表示；以"大气压力"为计压起点所计压力称为表压力。压力表所测得的压力就是表压力，用符号 $p_a$ 表示。设"大气压"为 $p_a$，则<br>$p_{abs}=p_g+p_a$ | 国际单位制中，压力单位为Pa，1Pa=1N/m²<br>工程计算中，为简化计算，常取 $p_a$=0.1MPa |

b. 各种压力单位的换算关系

| 帕 Pa | 巴 bar | 标准大气压 atm | 千克力/厘米² kgf/cm² | 米水柱 mH₂O | 毫米汞柱 mmHg | 磅力/英寸² lbf/in² |
|---|---|---|---|---|---|---|
| 1 | $10^{-5}$ | $0.99\times10^{-5}$ | $1.02\times10^{-5}$ | $10.2\times10^{-5}$ | $75\times10^{-4}$ | $14.5\times10^{-5}$ |
| $10^5$ | 1 | 0.986 | 1.02 | 10.2 | 750.2 | 14.5 |
| 101325 | 1.013 | 1 | 1.033 | 10.33 | 760 | 14.7 |
| 98070 | 0.981 | 0.968 | 1 | 10 | 736 | 14.22 |
| 6894.8 | 0.0689 | 0.068 | 0.07 | 0.703 | 51.71 | 1 |

续表

| 名称 | 符号 | 含义、公式、数据 | 符号意义 |
|---|---|---|---|
| 温度 | $t$ 或 $T$ | 表示气体分子热运动动能的统计平均值称为气体的温度。国际上常用两种温标<br>(1)摄氏温度　这是热力学百分度温标，规定在标准大气压下纯水的凝固点是0℃，沸点是100℃<br>(2)热力学温度　热力学温度的间隔与摄氏温度相同<br>$T=273+t$　(K) | $t$——摄氏温度，℃<br>$T$——热力学温度，K |
| 黏度 | $\mu$、$\nu$ | 流体流动时，在流体中产生摩擦阻力的性质称为黏度，黏性的大小用黏度表示。根据牛顿定律，流体流动时产生的内摩擦力或切应力 $\tau$ 与速度梯度成正比，即<br>$\tau=\mu\dfrac{dw}{dy}$<br>气体的绝对黏度随其温度升高而增加。流体的绝对黏度 $\mu$ 与其密度 $\rho$ 之比，称为运动黏度 $\nu$<br>$\nu=\mu/\rho$　($m^2/s$) | $\mu$——绝对黏度(或动力黏度)<br>$dw$——相邻两层流体间的相对滑动速度<br>$dy$——相邻两层流体间的法向距离<br>$dw/dy$——流体相对滑动的速度梯度<br>绝对黏度 $\mu$ 的 SI 单位为Pa·s<br>1Pa·s=1N·s/m²<br>在标准大气压下空气的黏度见本表中 a |
| 比热容 | $c$ | 1kg 流体温度变化 1K 时与外界交换的热量，称为气体的比热容。气体的比热容与过程进行的条件有关。当过程是在容积不变条件下进行时，其比热容为比定容热容 $c_V$；在定压条件下进行时，其比热容为比定压热容 $c_p$<br>$\begin{cases}c_p-c_V=R\\c_p/c_V=\gamma\end{cases}$ | $c$——流体的比热容，kJ/(kg·K)<br>$R$——气体常数，N·m/(kg·K)<br>$\gamma$——比热容比。对完全气体 $\gamma=\kappa$($\kappa$ 为等熵指数)，其值只与气体分子的原子数有关，单原子气体为1.66，双原子气体为1.4，三原子以上的气体常数近似为1.33 |

c. 各种气体的气体常数和比热容

| 气体 | 分子式 | 原子数 | 分子量 | 气体常数 $R$ /N·m·kg⁻¹·K⁻¹ | 低压时的比热容 /kJ·kg⁻¹·K⁻¹ $c_p$ | $c_V$ | 比热容比 $\gamma=\dfrac{c_p}{c_V}$ |
|---|---|---|---|---|---|---|---|
| 氦 | He | 1 | 4.003 | 2077 | 5.200 | 3.123 | 1.67 |
| 氢 | $H_2$ | 2 | 2.016 | 4124.5 | 14.32 | 10.19 | 1.4 |
| 氮 | $N_2$ | 2 | 28.02 | 296.8 | 1.038 | 0.742 | 1.4 |
| 氧 | $O_2$ | 2 | 32.00 | 260 | 0.917 | 0.657 | 1.39 |
| 空气 | — |  | 28.97 | 287.1 | 1.004 | 0.718 | 1.4 |
| 二氧化碳 | $CO_2$ | 3 | 44.01 | 188.9 | 0.845 | 0.656 | 1.29 |
| 水蒸气 | $H_2O$ | 3 | 18.016 | 461.4 | 1.867 | 1.406 | 1.33 |

| 名称 | 符号 | 含义、公式、数据 | 符号意义 |
|---|---|---|---|
| 热导率 | $\lambda$ | 从温度为 $T_1$(K)的部分，通过截面积 $A$($m^2$)、长 $l$(m)的导热体向温度为 $T_2$(K)的另一部分导热时，单位时间所传递的热量为 $Q$<br>$Q=\lambda A(T_1-T_2)/t$　(kJ/h) | $\lambda$——热导率，kJ/(m·h·K) |

d. 空气的热导率

| 温度/℃ | -50 | 0 | 20 | 50 | 100 |
|---|---|---|---|---|---|
| 热导率/kJ·m⁻¹·h⁻¹·K⁻¹ | 0.074 | 0.087 | 0.092 | 0.100 | 0.112 |



## 2.2.2　气体的状态变化

表 23-1-5

| | | |
|---|---|---|
| 气体的状态变化 | 用以表示气体在某一瞬间物理特性的总标志称为气体的状态。在给定状态下表示物理特性所用的参数称为状态参数。常用温度、绝对压力和比容(或密度)作为气体的基本状态参数。此外，还有内能、焓和熵也是气体的状态参数 | |
| | (1)基本状态和标准状态 | 在温度为273K，绝对压力在标准大气压条件下，干空气的状态称为基准状态<br>在温度为293K，绝对压力在标准大气压，相对湿度为65%条件下，空气的状态称为标准状态 |

续表

| | | |
|---|---|---|
| 气体的状态变化 | (2)完全气体和完全气体的状态方程 | 假想一种气体，它的分子是一些弹性的、不占据体积的质点，各分子之间无相互作用力，这样一种气体称为完全气体。完全气体在任一平衡状态时，各基本状态参数之间的关系为<br>$pV=RT$<br>或 $pV=mRT$（称为完全气体的状态方程式） |
| | (3)实际气体与完全气体的差别 | 上述完全气体实际上是不存在的。任何实际气体，各分子间有相互作用力，且分子占有体积，因而具有内摩擦力和黏性，实际气体的密度越大，与完全气体的差别也越大。实际气体不遵循完全气体的状态方程式，它只在温度不太低、压力不太高的条件下近似地符合完全气体的状态方程式<br>在工程计算中，为考虑实际气体与完全气体的差别，常引入修正系数 $Z$（称为压缩率），这时实际气体的状态方程式可写成<br>$pV=ZRT$ |
| | 下表为奥托（Otto）等测定的空气的压缩率值。由该表可知，在气动技术所使用的压力范围（≤2MPa）内，压缩率值几乎等于1。因此，在气动系统的计算中，可以把压缩空气看作完全气体 | |

空气的压缩率 $Z=pV/RT$ 值

| 温度 $t$/℃ | 压力 $p$/MPa | | | | | |
|---|---|---|---|---|---|---|
| | 0 | 1 | 2 | 3 | 5 | 10 |
| 0 | 1 | 0.9945 | 0.9895 | 0.9851 | 0.9779 | 0.9699 |
| 50 | 1 | 0.9990 | 0.9984 | 0.9981 | 0.9986 | 1.0057 |
| 100 | 1 | 1.0012 | 1.0027 | 1.0045 | 1.0087 | 1.0235 |
| 200 | 1 | 1.0031 | 1.0064 | 1.0097 | 1.0168 | 1.0364 |

## 2.2.3 干空气与湿空气

**表 23-1-6**

| 名称 | | 含义、公式、数据 | 符号意义 |
|---|---|---|---|
| 干空气与湿空气 | | 完全不含水蒸气的空气称为干空气。大气中的空气或多或少总含有水蒸气，由干空气与水蒸气组成的混合气体，称为湿空气 | |

在基准状态下，干空气的标准组成成分

| 物质 | 氮($N_2$) | 氧($O_2$) | 氩(Ar) | 二氧化碳($CO_2$) |
|---|---|---|---|---|
| 体积/% | 78.09 | 20.95 | 0.93 | 0.03 |
| 质量/% | 75.53 | 23.14 | 1.28 | 0.05 |

| 名称 | | 含义、公式、数据 | 符号意义 |
|---|---|---|---|
| 干空气与湿空气 | 湿空气中的水分 | 一般情况下的湿空气中，水蒸气含量较少，水蒸气分压力较低，而其相应的饱和温度低于当时的空气温度，因而湿空气中的水蒸气大多处于过热状态。这种由空气和过热水蒸气组成的混合气体，称为未饱和湿空气，它可作为理想混合气体处理<br>在某温度下的湿空气中，若水蒸气分压力高于该温度下的饱和水蒸气分压力或湿空气的温度低于该水蒸气分压力下的露点温度时，湿空气中水蒸气的含量达到最大值，这时的湿空气就称为饱和湿空气。若在饱和湿空气中再增加水蒸气或使温度低于露点温度，均将会有水滴析出 | |
| | 空气干湿程度的表示法 | (1)绝对湿度　$1m^3$ 湿空气中所含水蒸气的质量称为湿空气的绝对湿度，以 $x$ 表示。它即湿空气中水蒸气的密度 $\rho_s$<br>$x=\rho_s=m_s/V$　($kg/m^3$) | $m_s$——水蒸气的质量，kg<br>$V$——湿空气的体积，$m^3$ |
| | | (2)相对湿度　湿空气中水蒸气密度与同温度下饱和水蒸气密度之比，也就是湿空气中水蒸气分压力与同温度下饱和水蒸气分压力之比，称为相对湿度，用符号 $\varphi$ 以百分数表示<br>$\varphi=\dfrac{p_s}{p_b}=\dfrac{p_s}{p_b}$<br>绝对湿度不能说明湿空气的吸水能力。相对湿度说明湿空气中水蒸气接近饱和的程度，又称为饱和度。它能说明吸水能力，值越小，吸收水蒸气的能力越大；值越大，吸收水蒸气的能力越小<br>当 $\varphi=0$ 时，$p_s=0$，空气绝对干燥<br>当 $\varphi=100\%$ 时，$p_s=p_b$，空气中水蒸气已达饱和，再无吸收水蒸气的能力 | |
| | | (3)含湿量　在含有 1kg 干空气的湿空气中所含有水蒸气的质量(g)，称为含湿量，以 $d$ 表示<br>$d=622p_s/p_g=622\varphi p_b/(p-\varphi p_b)$　(g/kg 干空气)<br>式中，空气压力 $p$、水蒸气分压 $p_s$、干空气分压 $p_g$ 和饱和水蒸气分压 $p_b$ 的单位均为 Pa。当相对湿度 $\varphi=100\%$ 时，即得该温度下最大含湿量，称为饱和含湿量 $d_b$<br>$d_b=622p_b/(p-p_b)$　(g/kg 干空气) | |

续表

| 名称 | 含义、公式、数据 | | | | | | 符号意义 | | |
|---|---|---|---|---|---|---|---|---|---|
| 干空气与湿空气 | 饱和湿空气 | | | | | | | | |
| | 温度 $t$/℃ | 饱和水蒸气分压力 $p_b$ /MPa | 饱和水蒸气密度 $\rho_b$ /g·m$^{-3}$ | 温度 $t$/℃ | 饱和水蒸气分压力 $p_b$ /MPa | 饱和水蒸气密度 $\rho_b$ /g·m$^{-3}$ | 温度 $t$/℃ | 饱和水蒸气分压力 $p_b$ /MPa | 饱和水蒸气密度 $\rho_b$ /g·m$^{-3}$ |
| | 100 | 0.1013 | | 29 | 0.004 | 28.7 | 13 | 0.0015 | 11.3 |
| | 80 | 0.0473 | 290.8 | 28 | 0.0038 | 27.2 | 12 | 0.0014 | 10.6 |
| | 70 | 0.0312 | 197.0 | 27 | 0.0036 | 25.7 | 11 | 0.0013 | 10.0 |
| | 60 | 0.0199 | 129.8 | 26 | 0.0034 | 24.3 | 10 | 0.0012 | 9.4 |
| | 50 | 0.0123 | 82.9 | 25 | 0.0032 | 23.0 | 8 | 0.0011 | 8.27 |
| | 40 | 0.0074 | 51.0 | 24 | 0.0030 | 21.8 | 6 | 0.0009 | 7.26 |
| | 39 | 0.0070 | 48.5 | 23 | 0.0028 | 20.6 | 4 | 0.0008 | 6.14 |
| | 38 | 0.0066 | 46.1 | 22 | 0.0026 | 19.4 | 2 | 0.0007 | 5.56 |
| | 37 | 0.0063 | 43.8 | 21 | 0.0025 | 18.3 | 0 | 0.0006 | 4.85 |
| | 36 | 0.0059 | 41.6 | 20 | 0.0023 | 17.3 | −2 | 0.0005 | 4.22 |
| | 35 | 0.0056 | 39.5 | 19 | 0.0022 | 16.3 | −4 | 0.0004 | 3.66 |
| | 34 | 0.0053 | 37.5 | 18 | 0.0021 | 15.4 | −6 | 0.00037 | 3.16 |
| | 33 | 0.0050 | 35.6 | 17 | 0.0019 | 14.5 | −8 | 0.0003 | 2.73 |
| | 32 | 0.0048 | 33.8 | 16 | 0.0018 | 13.6 | −10 | 0.00026 | 2.25 |
| | 31 | 0.0045 | 32.0 | 15 | 0.0017 | 12.8 | −16 | 0.00015 | 1.48 |
| | 30 | 0.0042 | 30.3 | 14 | 0.0016 | 12.1 | −20 | 0.0001 | 1.07 |

### 2.2.4 压缩空气管道水分计算举例

**例** 一台空压机在大气温度 $t_1=20℃$，相对湿度 $\varphi_1=80\%$的空压机房条件下工作，空气被压缩至 0.7 MPa（表压），通过后冷却器进入一个大储气罐。储气罐的压缩空气通过管道送至各车间使用。由于管道与外界的热交换，使进入车间的压缩空气$t_2=24℃$。各车间的平均耗气量 $Q=3m^3/min$（自由空气），求整个气源系统每小时冷凝水的析出量。

已知：$p_1=0.1013MPa$，$p_2=(0.7+0.1013)\ MPa=0.8013MPa$；$t_1=20℃$（$T_1=273K+20K=293K$）时，查表 23-1-6 可得到：$p_{b1}=0.0023\ MPa$，$\rho_{b1}=17.3g/m^3$；$t_2=24℃$（$T_2=273K+24K=297K$）时，$p_{b2}=0.003\ MPa$，$\rho_{b2}=21.8g/m^3$。

**解：**

（1）计算吸入相对湿度 $\varphi_1=80\%$的 1 m$^3$ 自由空气时实际水蒸气密度 $\rho_{s1}$ 和干空气分压力 $p_{g1}$

$$\rho_{s1}=\varphi_1\rho_{b1}=80\%\times17.3=13.84\ g/m^3$$

$$p_{g1}=p_1-\varphi_1 p_{b1}=0.1013-0.8\times0.0023=0.09946MPa$$

（2）进入车间压缩空气（$p_2=0.8013\ MPa$）的干空气分压力

$$p_{g2}=p_2-p_{b2}=0.8013-0.003=0.7983MPa$$

（3）根据表 23-1-5 理想气体的状态方程：$pV=RT$，对于一定质量的气体，压力和体积的积与热力学温度的商是个常数。理想气体的状态方程可写成 $p=\rho RT=\frac{m}{V}RT$（$\rho$—密度，kg/m$^3$；$m$—质量，kg；$V$—体积，m$^3$），得出$\frac{p_1V_1}{T_1}=\frac{p_2V_2}{T_2}$，则

$$V_2=\frac{p_{g1}V_1T_2}{p_{g2}T_1} \quad （V_2\text{：24℃时湿空气体积}）$$

计算 1m$^3$ 自由空气经压缩至 0.8 MPa（绝对压力）进入车间时体积 $V_2$

$$V_2=\frac{p_{g1}V_1T_2}{p_{g2}T_1}=\frac{0.09946\times1\times297}{0.7983\times293}=0.1263m^3$$

（4）车间整个气源系统每小时冷凝水的析出量为

$$m=60Q(\rho_{s1}V_1-\rho_{b2}V_2)=60\times3\times(13.84\times1-21.8\times0.1263)=1995.6g/h\approx2kg/h$$

## 2.3 空气热力学和流体动力学规律

### 2.3.1 闭口系统热力学第一定律（表 23-1-7）

### 2.3.2 闭口系统热力学第二定律

热力学第一定律只说明能量在传递和转换时的数量关系。热力学第二定律则要解决过程进行的方向、条件和

表 23-1-7

| 能量 | 含　义 | 符号及单位 |
|---|---|---|
| 热力学第一定律确定了各种形式的能量(热能、功、内能)之间相互转换关系,该定律指出:当热能与其他形式的能量进行转换时,总能量保持恒定。对于任何系统,各项能量之间的一般关系式为<br>进入系统的能量-离开系统的能量=系统中储存能量的变化 | | |
| 热量 | 由于温度不同,在系统与外界之间穿越边界而传递的能量称为热量。热量是通过物体相互接触处的分子碰撞或热辐射方式所传递的能量,其结果是高温物体把一部分能量传给了低温物体。热量传递过程并不需要物体的宏观运动。热量是过程量,不是状态参数 | $Q$——热量,J 或 kJ<br>$W$——功,J 或 kJ |
| 功 | 系统与外界之间通过宏观运动发生相互作用而传递的能量称为功<br>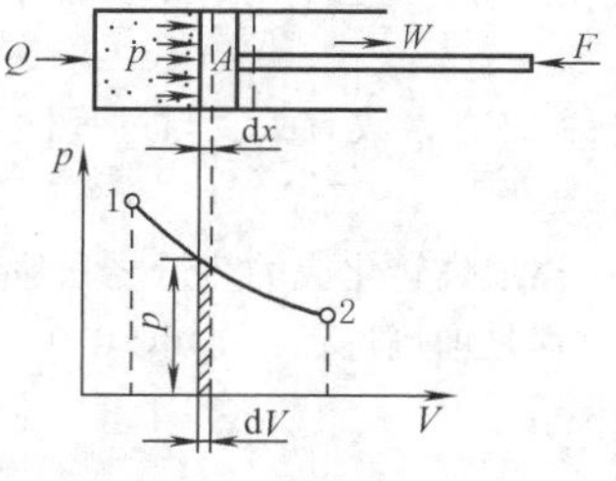<br><br>容积变化功计算图<br>左图所示气缸中,密封一定质量 $M$ 的气体,可动边界活塞的面积 $A$,活塞所受外力 $F$。当系统克服外力进行一个准平衡的膨胀过程,即由状态 1 变到状态 2 时,若不计摩擦,系统对外所做的功为<br>$W=\int_1^2 F\mathrm{d}x=\int_1^2 pA\mathrm{d}x=\int_1^2 p\mathrm{d}V$<br>在 $p$-$V$ 图上,功是过程曲线下的面积。可见,即使始态、终态相同的两个过程,若过程曲线不同,功的大小也不同,这说明功不是状态参数而是一个过程量 | |
| 内能 | 气体内部的分子、原子等微粒总在不停地运动,这种运动称为热运动。气体因热运动而具有的能量称为内能,它是储存于气体内部的能量<br>对于完全气体,分子间没有相互作用力,内位能为零,完全气体只有内功能。这时内能只是温度的函数。1kg 气体的内能称为比内能<br>$U=f(T)$<br>在气体的状态一定时,内能也有一定值,因而内能也是气体的状态参数 | $u$——比内能,J/kg 或 kJ/kg<br>$U$——内能,J 或 kJ<br>$q$——1kg 工质与外界变换的热量,J/kg 或 kJ/kg |
| 闭口系统的能量平衡方程式 | 上图所示气缸中密闭一定质量气体的系统为闭口系统。设系统由状态 1 变到状态 2 为一个准平衡过程,在此过程中系统吸热量为 $Q$,膨胀对外做功 $W$,系统内能变化 $\Delta U$。对于这种闭口系统,热力学第一定律可表述为:给予系统的热量应等于系统内能增量与对外做功之和。热力学第一定律方程式的微分形式为<br>$\mathrm{d}Q=\mathrm{d}U+\mathrm{d}W$<br>对 1kg 气体而言,有<br>$\mathrm{d}q=\mathrm{d}u+\mathrm{d}w=\mathrm{d}u+p\mathrm{d}v$ | |
| 焓 | 焓 $H$ 的定义为<br>$H=U+pV$<br>1kg 气体的比焓 $h$ 的定义为<br>$h=u+pv=u+RT$<br>在气动系统中,压缩空气从一处流到另一处,随着压缩空气移动而转移的能量就等于它的焓。当 1kg 气体流进系统时系统获得的总能量就是其内能 $u$ 与 1kg 气体的推动功 $pv$ 之和,即为比焓 $h$<br>在 $u$、$p$、$v$ 为定值时,$h$ 亦为定值,故焓为一个状态参数 | $H$——焓<br>$h$——比焓 |

深度等问题。其中最根本的是关于过程的方向问题。

若一个系统经过一个准平衡过程，由始态变到终态，又能经过逆向过程由终态变到始态，不仅系统没有改变，环境也恢复原状态，即在系统和环境里都不留下任何影响和痕迹，这种过程在热力学中称为可逆过程。否则称为不可逆过程。

可逆过程必为准平衡过程，而准平衡过程则是可逆过程的条件之一。对于不平衡过程，因为中间状态不可能确定，当然是不可逆过程。

于是，热力学第二定律可表述为：一切自发地实现的过程都是不可逆的。

熵是从热力学第二定律引出的，是一个状态参数。

熵用符号 $S$（$s$）表示，其定义为

$$\mathrm{d}S=\mathrm{d}Q/T \quad (\mathrm{J/K}) \tag{23-1-1}$$

1kg 气体的比熵为

$$\mathrm{d}s=\mathrm{d}q/T \quad (\mathrm{J\cdot kg^{-1}\cdot K^{-1}}) \tag{23-1-2}$$

在可逆过程中熵的增量等于系统从外界传入的热量除以传热当时的热力学温度所得的商。

熵的作用可从传热过程和做功过程对比看出。在表 23-1-7 $p$-$V$ 图上，功是过程曲线下的面积。同样，可作

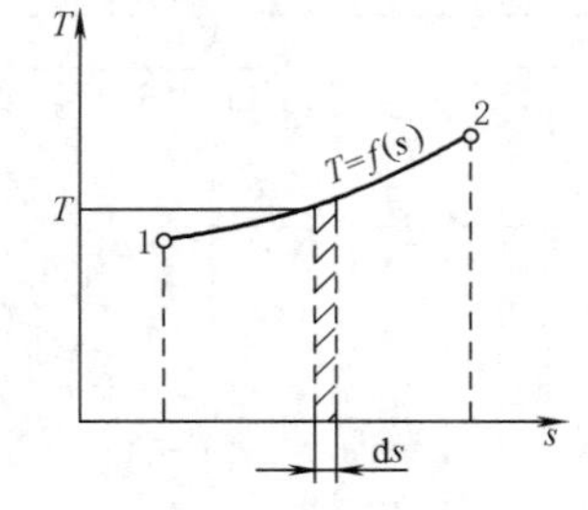


图 23-1-2　*T-s* 图

*T-s* 图，如图 23-1-2 所示。图中曲线 1-2 代表一个由状态 1 变到状态 2 的可逆过程，曲线上的点代表一个平衡状态。在此过程中对工质加入的热量为

$$q = \int_1^2 T\mathrm{d}s = \int_1^2 f(s)\,\mathrm{d}s \tag{23-1-3}$$

可见，在 *T-s* 图上，过程曲线下的面积就代表过程中加入工质的热量。*s* 有无变化就标志着传热过程有无进行。

从式（23-1-2）知，当工质在可逆过程中吸热时，熵增大；放热时，熵减小。因此，根据工质在可逆过程中熵是增大还是减小，就可判断工质在过程中是吸热还是放热。若系统与外界绝热，$\mathrm{d}q=0$，则必有 $\mathrm{d}s=0$，即熵不变，这样一个可逆的绝热过程称为等熵过程。

对于完全气体，比熵变化只与始态和终态参数有关，与过程性质无关，故完全气体的熵是一个状态参数。

在不可逆过程，总的比熵的变化应等于系统从外界传入的热量以及摩擦损失转化成的热量之和除以传热当时的热力学温度所得的熵。由于存在摩擦损失转换的热量，不可逆的绝热过程是增熵过程，即 $\mathrm{d}s>0$。

## 2.3.3　空气的热力过程

**表 23-1-8**

| 典型过程 | 含　　义 |
|---|---|
| 在气动技术中，为简化分析，假定压缩空气为完全气体，实际过程为准平衡过程或近似可逆过程，且在过程中工质的比热容保持不变，根据环境条件和过程延续时间不同，将过程简化为参数变化，具有简单规律的一些典型过程，即定容过程、定压过程、等温过程、绝热过程和多变过程，这些典型过程称为基本热力过程 | |
| 定容过程 | 一定质量的气体，若其状态变化是在体积不变的条件下进行的，则称为定容过程。由完全气体的状态方程式 $pV=MRT$，可得定容过程的方程为 $\frac{p_1}{T_1}=\frac{p_2}{T_2}$ |
| 定压过程 | 一定质量的气体，若其状态变化是在压力不变的条件下进行的，则称为定压过程。由 $pV=MRT$，可得定压过程的方程为 $\frac{V_1}{V_2}=\frac{T_1}{T_2}$ |
| 等温过程 | 一定质量的气体，若其状态变化是在温度不变的条件下进行的，则称为等温过程。由式 $pV=MRT$，可得等温过程的方程为 $p_1V_1=p_2V_2$ |
| 绝热过程 | 一定质量的气体，若其状态变化是在与外界无热交换的条件下进行的，则称为绝热过程。由热力学第一定律式 $\mathrm{d}q=\mathrm{d}u+p\mathrm{d}V$ 和完全气体的状态方程 $pV=RT$ 整理可得绝热过程的方程为 $pV^{\gamma}=$常数<br>或　$p/\rho^{\gamma}=$常数，$p/T^{\frac{\gamma}{\gamma-1}}=$常数　$\gamma$——比热容比 |
| 多变过程 | 一定质量的气体，若基本状态参数 *p*、*V* 和 *T* 都在变化，与外界也不是绝热的，这种变化过程称为多变过程。由热力学第一定律式 $\mathrm{d}q=\mathrm{d}u+p\mathrm{d}V$ 和完全气体的状态方程 $pV=RT$ 整理可得多变过程的方程为 $pV^n=$常数<br>式中，*n* 称为多变指数<br>当多变指数值为 $\pm\infty$、0、1、*k* 时，则多变过程分别为定容、定压、定温和绝热过程。将这些过程曲线作在右图所示同一 *p-V* 和 *T-s* 图上，可以看出 *n* 值的变化趋势<br>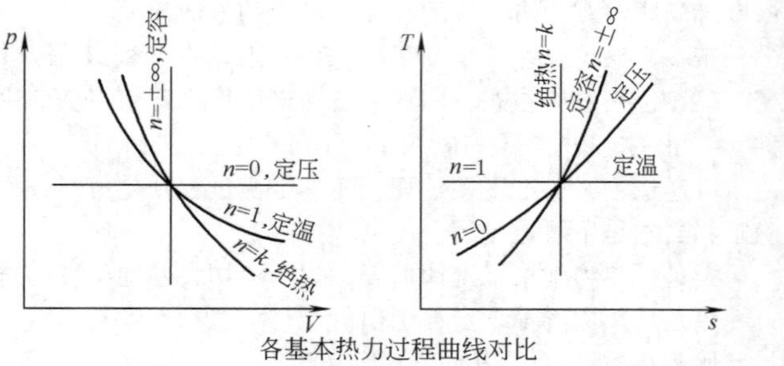<br><br>各基本热力过程曲线对比 |

## 2.3.4　开口系统能量平衡方程式

对图 23-1-3 所示的开口系统，取控制体如图中虚线所示。设过程开始前，气缸内无工质，初始储存能量为零，状态为 $p_1$、$V_1$、$T_1$ 的 1kg 工质流入气缸时，带入系统的总能量为 $h_1=u_1+p_1V_1$。工质在气缸内状态变化后终

态参数为 $p_2$、$V_2$、$T_2$。排出气缸时带出系统总能量为 $h_2=u_2+p_2V_2$。流经气缸时从热源获得热量 $q$，并对机器做功 $w_1$。设过程结束时，工质全部从气缸排出，系统最终储存能量又为零。于是由热力学第一定律得

$$w_1=(q-\Delta u)+(p_1V_1-p_2V_2)=w+(p_1V_1-p_2V_2) \tag{23-1-4}$$

式中，$w_1$ 是工质流经开口系统时工质对机器所做的功，即机器获得的机械能，称为技术功。若过程是可逆的，则过程可用连续曲线 1-2 示于图 23-1-3 上，式（23-1-4）可化成

$$w_1 = p_1V_1 + \int_1^2 p\mathrm{d}V - p_2V_2 = -\int_1^2 V\mathrm{d}p \tag{23-1-5}$$

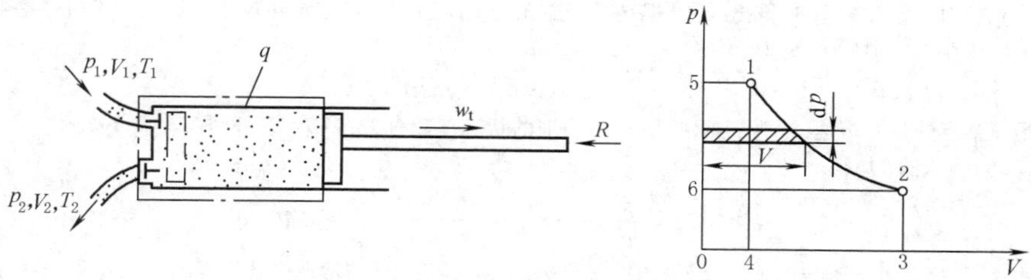


图 23-1-3　开口系统 $w_t$ 计算图

可逆过程的技术功可用式（23-1-5）计算，即是 $p$-$V$ 图上过程曲线左方的面积，若 d$p$ 为负，过程中工质的压力下降，则技术功 $w_1$ 为正，此时工质对机器做功，如蒸汽机、汽轮机、气缸和气马达等是这种情况；反之，若 d$p$ 为正，过程中工质的压力升高，则 $w_1$ 为负，这时机器对工质做功，如空气压缩机就是这种情况。

## 2.3.5　可压缩气体的定常管内流动

**表 23-1-9**

| | | |
|---|---|---|
| **（1）基　本　方　程** | | |
| 气体在管内作一维定常流动的特性可由四个基本方程即连续性方程、能量方程（伯努利方程）、状态方程和动量方程来描述 | | |
| 连续性方程 | 连续性方程是质量守恒定律在流体流动中的应用，即<br>$\left.\begin{array}{l}Q_m=\rho uA=常数\\ \mathrm{d}(\rho uA)=0\end{array}\right\}$<br>$Q_m$——流动每个截面的气体质量流量<br>$\rho$、$u$——气体的密度和平均流速<br>$A$——管道的截面积 | (1) |
| 动量方程 | 气体在管内作定常流动时，各能量头之间遵循如下方程<br>$\mathrm{d}\left(\dfrac{u^2}{2}\right)+\dfrac{\mathrm{d}p}{\rho}+\lambda\dfrac{\mathrm{d}x}{d}\times\dfrac{u^2}{d}=0$ | (2) |
| | 上式进行积分时，得<br>$\dfrac{u^2}{2}+\dfrac{p}{\rho}+\dfrac{\lambda lu^2}{2d}=常数$<br>$\lambda$——管道中的摩擦因数<br>$d$、$l$——管道内径和计算长度 | (3) |
| 能量方程 | 气体在管内流动时除了与外界交换热量 d$q$ 之外，还应该考虑气体摩擦所产生的热量 d$q_T$。假定气体分子以热能的形式全部吸收了摩擦损失的能量，可得能量方程式<br>$\mathrm{d}q=\mathrm{d}h+\mathrm{d}\left(\dfrac{w^2}{2}\right)$ | (4) |
| **（2）热　力　学　过　程　性　质** | | |
| 当将气体从外界吸收的热量写成 $\mathrm{d}q=c\mathrm{d}T$ | 将 $\mathrm{d}q=c\mathrm{d}T$ 代入式（4）积分，并考虑 $T=p/\rho R$，$c_p-c_V=R$，可得<br>$\dfrac{p}{\rho}+\dfrac{\gamma-1}{\gamma-\gamma_*}\times\dfrac{u^2}{2}=常数$<br>$\gamma_*=c/c_V$<br>从式（5）可得结论，当气体管流速度 $u$ 越低时，其状态变化过程就越接近等温过程 | (5) |

续表

| (2) 热力学过程性质 | |
|---|---|
| 当气体与外界无热交换时 $dq=0$ | 当 $dq=0$，由式(4)可得<br>$h_1+\frac{u_1^2}{2}=h_2+\frac{u_2^2}{2}=$常数 (6)<br>对于完全气体，应有<br>$\frac{\gamma}{\gamma-1}\times\frac{p_1}{\rho_1}+\frac{u_1^2}{2}=\frac{\gamma}{\gamma-1}\times\frac{p_2}{\rho_2}+\frac{u_2^2}{2}=$常数 (7)<br>式(7)直接由能量方程(5)推出，与过程是否可逆无关。既适用于可逆绝热过程也适用于不可逆绝热过程<br>由于声波在空气中的传播速度<br>$a=\sqrt{\gamma p/\rho}=\sqrt{\gamma RT}=20\sqrt{T}$ (8)<br>流场中某点的瞬时声速，称为当地声速，只与当地的状态参数有关，当 $T=293\text{K}$ 时，$a=343\text{m/s}$<br>将式(8)代入式(7)得<br>$\frac{p}{\rho}+\frac{\gamma-1}{\gamma}\times\frac{u^2}{2}=\frac{a^2}{\gamma}+\frac{\gamma-1}{\gamma}\times\frac{u^2}{2}=$常数 (9)<br>上式说明：当与外界无热交换时，若管内空气流速 $u$ 比声速 $a$ 小得多，则可看作等温流动过程。例如，当 $u=0.3a$ 时，式中第二项不到第一项的2%。只在 $u$ 较大时，温度才会升高而偏离等温过程 |
| 在工厂条件下，空气都是在非绝热管道中流动，且流速较低($u\leqslant0.1a$)。因此，在长的输气管道系统中，均可把空气的定常管内流动看作等温流动 | |

## 2.3.6 气体通过收缩喷嘴或小孔的流动

在气动技术中，往往将气流所通过的各种气动元件抽象成一个收缩喷嘴或节流小孔来计算，然后再作修正。

在计算时，假定气体为完全气体，收缩喷嘴中气流的速度远大于与外界进行热交换的速度，且可忽略摩擦损失。因此，可将喷嘴中的流动视为等熵流动。

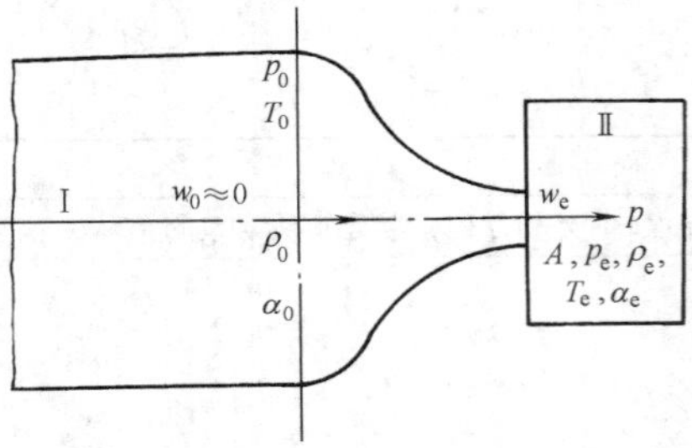

图 23-1-4

图 23-1-4 为空气从大容器（或大截面管道）Ⅰ经收缩喷嘴流向腔室Ⅱ。相比之下容器Ⅰ中的流速远小于喷嘴中的流速，可视容器Ⅰ中的流速 $u_0=0$。设容器Ⅰ中气体的滞止参数 $p_0$、$\rho_0$、$T_0$ 保持不变，腔室Ⅱ中参数为 $p$、$\rho$、$T$，喷嘴出口截面积为 $A$，出口截面的气体参数为 $p_e$、$\rho_e$、$T_e$。改变 $p$ 时，喷嘴中的流动状态将发生变化。

当 $p=p_0$ 时，喷嘴中气体不流动。

当 $p/p_0>0.528$ 时，喷嘴中气流为亚声速流，这种流动状态称为亚临界状态。这时室Ⅱ中的压力扰动波将以声速传到喷嘴出口，使出口截面的压力 $p_e=p$，这时改变压力 $p$ 即改变了 $p_e$，影响整个喷嘴中的流动。在这种情况下，由能量方程式［表 23-1-9 中式（5）］得出口截面的流速为

$$u_e=\sqrt{\frac{2\gamma}{\gamma-1}R(T_0-T)}=\sqrt{\frac{2\gamma}{\gamma-1}RT_0\left[1-\left(\frac{p}{p_0}\right)^{\frac{\gamma-1}{\gamma}}\right]}\quad(\text{m/s})\qquad(23\text{-}1\text{-}6)$$

由连续性方程和关系式 $\rho_e=\rho_0\left(\frac{p_e}{p_0}\right)^{\frac{1}{\gamma}}$ 可得流过喷嘴的质量流量计算公式

$$Q_m=SP_0\sqrt{\frac{2\gamma}{RT_0(\gamma-1)}\left[\left(\frac{p}{p_0}\right)^{\frac{2}{\gamma}}-\left(\frac{p}{p_0}\right)^{\frac{\gamma+1}{\gamma}}\right]}\quad(\text{kg/s})\qquad(23\text{-}1\text{-}7)$$

式中 $S$——喷嘴有效面积，$\text{m}^2$，$S=\mu A$；

$\mu$——流量系数，$\mu<1$，由实验确定；

$p_0$，$p_e$，$p$——分别为喷嘴前、喷嘴出口截面和室Ⅱ中的绝对压力，Pa，对于亚声速流，$p_e=p$；

$T_0$——喷嘴前的滞止温度，K。

式（23-1-7）中可变部分

$$\varphi\left(\frac{p}{p_0}\right)=\sqrt{\left(\frac{p}{p_0}\right)^{\frac{2}{\gamma}}-\left(\frac{p}{p_0}\right)^{\frac{\gamma+1}{\gamma}}} \tag{23-1-8}$$

称为流量函数。它与压力比（$p/p_0$）的关系曲线如图23-1-5所示，其中 $p/p_0$ 在0~1范围内变化，当流量达到最大值时，记为 $Q_{m*}$，此时临界压力比为 $\sigma_*$

$$\sigma_*=\frac{p_*}{p_0}=\left(\frac{2}{\gamma+1}\right)^{\frac{\gamma}{\gamma+1}} \tag{23-1-9}$$

对于空气，$\gamma=1.4$，$\sigma_*=0.528$。

当 $p/p_0\leqslant\sigma_*$ 时，由于 $p$ 减小产生的扰动是以声速传播的，但出口截面上的流速也是以声速向外流动，故扰动无法影响到喷嘴内。这就是说，$p$ 不断下降，但喷嘴内流动并不发生变化，则 $Q_{m*}$ 也不变，这时的流量也称为临界流量 $Q_{m*}$。当 $p/p_0=\sigma_*$ 时的流动状态为临界状态。临界流量 $Q_{m*}$ 为

$$Q_{m*}=Sp_0\sqrt{\frac{\gamma}{RT_0}}\left(\frac{2}{\gamma+1}\right)^{\frac{\gamma+1}{2(\gamma-1)}}\quad(\text{kg/s}) \tag{23-1-10}$$

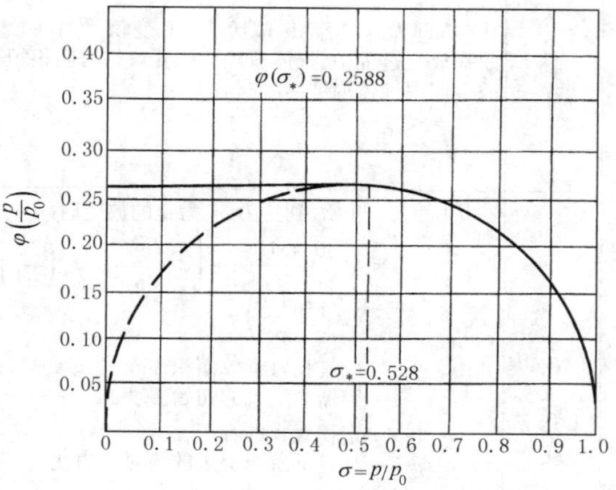


图 23-1-5　流量函数与压力比关系曲线

声速流的临界流量 $Q_{m*}$ 只与进口参数有关。

若考虑空气的 $\gamma=1.4$，$R=287.1\text{J/(kg·K)}$，则在亚声速流（$p/p_0>0.528$）时的质量流量为

$$Q_m=0.156Sp_0\varphi(p/p_0)/\sqrt{T}\quad(\text{kg/s}) \tag{23-1-11}$$

在 $p/p_0\leqslant0.528$，即声速流的质量流量为

$$Q_m=4.04\times10^{-2}Sp_0/\sqrt{T}\quad(\text{kg/s}) \tag{23-1-12}$$

在工程计算中，有时用体积流量，其值因状态不同而异。为此，均应转化成标准状态下的体积流量。

当 $p/p_0>0.528$ 时，标准状态下的体积流量为

$$Q_V=454Sp_0\varphi\left(\frac{p}{p_0}\right)\sqrt{\frac{293}{T_0}}\quad(\text{L/min}) \tag{23-1-13}$$

当 $p/p_0\leqslant0.528$ 时，标准状态下的体积流量为

$$Q_{V*}=454Sp_0\sqrt{\frac{293}{T_0}}\quad(\text{L/min}) \tag{23-1-14}$$

各式中符号的意义和单位与式（23-1-7）相同。

## 2.3.7　充、放气系统的热力学过程

**表 23-1-10**

| | |
|---|---|
| 充放气系统模型 | 图a为充放气系统模型，设从具有恒定参数的气源向腔室充气，同时又有气体从腔室排出，腔室中参数为 $p$、$\rho$、$T$，由热力学第一定律可写出<br>$dQ+h_s dM_s=dU+dW+hdM$　(1)<br>式中　$h_s$，$h$——分别为流进、流出腔室1kg气体所带进、带出的能量（即比焓）<br>$dM_s$——气源流进腔室的气体质量<br>$dM$——从腔室流出的气体质量<br>$dU$——室内气体内能增量<br>$dW$——室内气体所做的膨胀功<br>$dQ$——室内气体与外界交换的热量<br>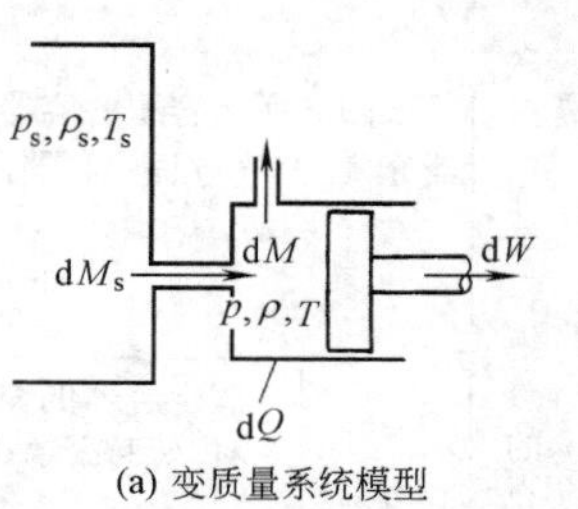<br><br>(a) 变质量系统模型 |
| 气容的放气过程 | 在气动系统中，有容积可变的变积气容，如活塞运动时的气缸腔室、波纹管腔室等；也有容积不变的定积气容，如储气罐、活塞不动时的气缸腔室等<br>图b所示为容积 $V(\text{m}^3)$ 的容器向大气放气过程。设放气开始前容器已充满，其初始气体参数 $p_s$、$\rho_s$、$T_s$，放气孔口的有效面积 $S=\mu A(\text{m}^2)$，放气过程中容器内气体状态参数用 $p$、$\rho$、$T$ 表示<br>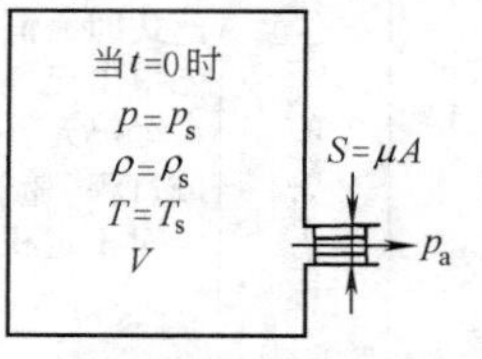<br><br>(b) 定积气容放气 |

续表

**气容的绝热放气过程**

**绝热放气的能量方程**

若放气时间很短，室内气体来不及与外界进行热交换，这种放气过程称为绝热放气。对于绝热放气，$dQ=0$，若只放气无充气，则 $dM_s=0$，由式（1）可得

$$-\gamma RT\mathrm{d}M=\gamma p\mathrm{d}V+V\mathrm{d}p \tag{2}$$

式（2）即为有限容积（包括定积和变积）气容的绝热放气能量方程式

在放气过程中，气体流经放气孔口的时间很短，且不计其中的摩擦损失，可认为放气孔口中的流动为等熵流动，故容器内气体温度为

$$T=T_s\left(\frac{p}{p_s}\right)^{\frac{\gamma-1}{\gamma}} \tag{3}$$

**定积气容绝热放气时间计算**

从压力 $p_1$ 开始，到压力 $p_2$ 为止的放气时间

$$t=\frac{0.431V}{S\sqrt{T_s}\left(\frac{p_a}{p_s}\right)^{\frac{\gamma-1}{2\gamma}}}\left[\varphi_1\left(\frac{p_a}{p_2}\right)-\varphi_1\left(\frac{p_a}{p_1}\right)\right]\ \text{(s)} \tag{4}$$

式中 $S$——放气孔口有效面积，$m^2$

$T_s$——容器中空气的初始温度，K

$V$——定积气容的容积，$m^3$

$p_a/p$——孔口下游与上游的绝对压力比

当 $0<p_a/p\leqslant 0.528$ 时 $\varphi_1(p_a/p)=(p_a/p)^{\frac{\gamma-1}{2\gamma}}$

当 $0.528<p_a/p<1$ 时

$$\varphi_1\left(\frac{p_a}{p}\right)=\sigma_*^{\frac{\gamma-1}{2\gamma}}+0.037\int_{p_a/p_*}^{p_a/p}\frac{\mathrm{d}(p_a/p)}{(p_a/p)^{\frac{\gamma+1}{2\gamma}}\varphi(p_a/p)}$$

与计时起点和终点压力比对应的值，均可由图 c 直接得出。若 $p_a/p_s<0.528$，式中分母 $(p_a/p_s)^{\frac{\gamma-1}{2\gamma}}=\varphi_1(p_a/p_s)$ 亦可由图 c 确定

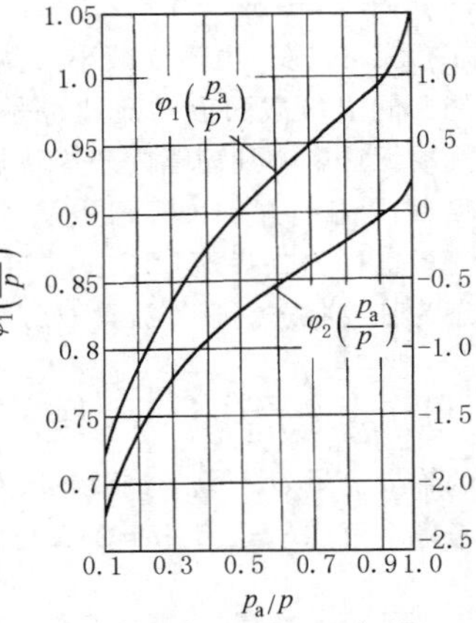


(c) 定积气容放气时间计算用曲线 $\varphi_1(p_a/p)$ 和 $\varphi_2(p_a/p)$

**定积气容等温放气时间计算**

当气容放气很缓慢，持续时间很长，室内气体通过器壁能与外界进行充分的热交换，使得容器内气体温度保持不变，即 $T=T_s$，这种放气过程称为等温放气过程。在等温放气条件下，气流通过放气孔口的时间很短，来不及热交换，且不计摩擦损失，仍可视为等熵流动

在等温条件下，从压力 $p_1$ 到压力 $p_2$ 为止的等温放气时间为

$$t=\frac{0.08619V}{S\sqrt{T_s}}\left[\varphi_2\left(\frac{p_a}{p_2}\right)-\varphi_2\left(\frac{p_a}{p_1}\right)\right]\ \text{(s)} \tag{5}$$

式中，$V$、$S$、$T_s$、$p_a/p$ 的意义和单位同式（4）

当 $0<p_a/p<0.528$ 时 $\varphi_2(p_a/p)=\ln(p_a/p)$

当 $0.528<p_a/p<1$ 时

$$\varphi_2\left(\frac{p_a}{p}\right)=\ln\frac{p_a}{p_*}+0.2588\int_{p_a/p_*}^{p_a/p}\frac{\mathrm{d}(p_a/p)}{(p_a/p)\varphi(p_a/p)}$$

与计时起点和终点压力比对应的 $\varphi_2(p_a/p)$ 值均可由图 c 直接确定

**气容绝热的充气过程**

如图 d 所示容积的容器，由具有恒定参数 $p_s$、$\rho_s$、$T_s$ 的气源，经过有效面积 $S$ 的进气孔口向容器充气，充气过程中容器内气体状态参数用 $p$、$\rho$、$T$ 表示

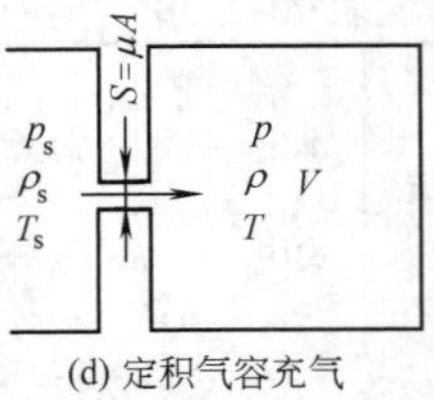


(d) 定积气容充气

**绝热充气的能量方程**

假定容器的充气过程进行得很快，室内气体来不及与外界进行热交换，这样的充气过程称为绝热充气过程

对绝热充气，$dQ=0$，若只充气无放气，则 $dM=0$，由式（1）可得

$$\gamma RT_s\mathrm{d}M_s=V\mathrm{d}p+\gamma p\mathrm{d}V \tag{6}$$

此式即为恒定气源向有限容积（包括定积和变积）气容绝热充气的能量方程。此式与式（2）有很大区别，由此式不能得出充气过程为等熵过程的结论

绝热充气过程中，多变指数 $n=\gamma T_s/T$。当充气开始时，容器内气体和气源温度均为 $T_s$，多变指数 $n=\gamma$，接近于等熵过程；随着充气的继续进行，容器内压力和温度升高，$n$ 减小，当压力和温度足够高时，$n\to 1$，接近等温过程

对于定积过程，若容器内初始压力 $p_0$，初始温度 $T_s$，则绝热充气至压力 $p$ 时容器内的温度为

$$T=\gamma T_s\Big/\left[1+\frac{p_0}{p}(\gamma-1)\right] \tag{7}$$

续表

| | | |
|---|---|---|
| 气容绝热的充气过程 | 定积气容绝热充气时间计算 | 对于定积气容，在充气过程中，气体流经气孔口的时间很短，且不计摩擦影响，可认为气体在进气孔口中的流动为等熵流动，可得从压力 $p_1$ 开始，到压力 $p_2$ 为止的绝热充气时间为<br>$t=\frac{6.156\times10^{-2}V}{\sqrt{T_s}S}\left[\varphi_1\left(\frac{p_2}{p_s}\right)-\varphi_1\left(\frac{p_1}{p_s}\right)\right]$ (s) (8)<br>当 $0<p/p_s<0.528$ 时 $\varphi_1(p/p_s)=p/p_s$<br>当 $0.528<p/p_s<1$ 时<br>$\varphi_1\left(\frac{p}{p_s}\right)=0.528+1.8116\left[\sqrt{1-\left(\frac{p_*}{p_s}\right)^{\frac{\gamma-1}{\gamma}}}-\sqrt{1-\left(\frac{p}{\;}\right)^{\frac{\gamma-1}{\gamma}}}\right]$<br>函数 $\varphi_1(p/p_s)$ 的值可由图 e 直接确定<br>式中 $V$——定积气容的容积，$m^3$<br>$S$——进气孔口有效面积，$m^2$<br>$T_s$——充气气源的温度，K<br>$p/p_s$——进气孔口下游与上游的绝对压力比<br>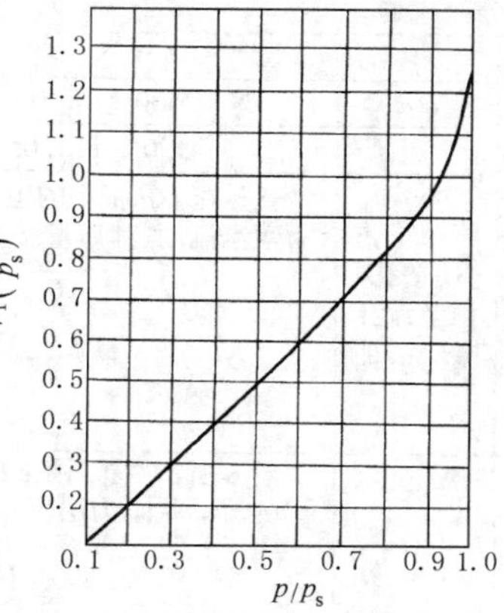<br>(e) 定积气容充气时间计算用曲线 $\varphi_1(p/p_s)$ |
| | 定积气容等温充气时间计算 | 当充气过程持续时间很长，腔内气体可与外界进行充分的热交换，使腔内气体温度保持不变，$T=T_s$ 时，这种充气过程称为等温充气过程。在等温充气过程中，气流通过进气孔口时间很短，来不及热交换，且不计摩擦影响，仍可视为等熵流动<br>定积气容等温充气过程从压力 $p_1$ 开始至压力 $p_2$ 为止的等温充气时间<br>$t=\frac{0.08619V}{\sqrt{T_s}S}\left[\varphi_1\left(\frac{p_2}{p_s}\right)-\varphi_1\left(\frac{p_1}{p_s}\right)\right]$ (s) (9)<br>式中各符号的意义和单位与式(8)同，函数值 $\varphi_1(p/p_s)$ 亦可由图 e 直接确定 |

## 2.3.8 气阻和气容的特性及计算

表 23-1-11

| 分类 | | | 特性及计算公式 | | 符号意义 |
|---|---|---|---|---|---|
| 气阻 | 气阻结构型式 按工作特征 | 恒定 | 气阻 | 如毛细管、薄壁孔 | 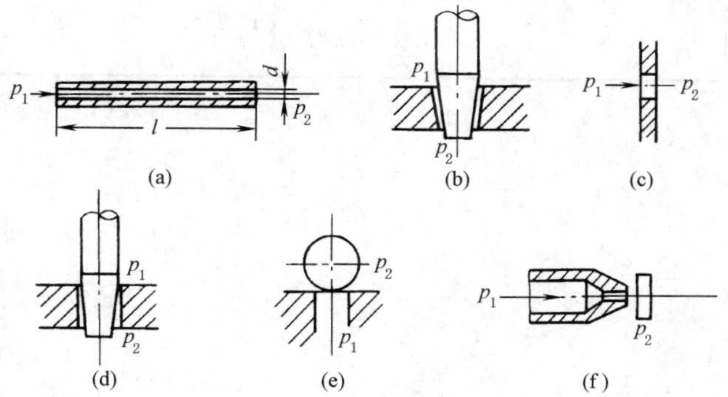<br>常用气阻型式<br>(a)毛细管；(b)圆锥-圆锥形针阀；(c)薄壁孔；(d)圆锥-圆柱形针阀；(e)球阀；(f)喷嘴-挡板阀 |
| | | 可变 | | 喷嘴-挡板阀、球阀 | |
| | | 可调 | | 针阀 | |
| | 按流量特征 | 线性 | | 流动状态为层流，其流量与压力降成正比，因而气阻 $R=\Delta p/Q_m$ 为常数 | |
| | | 非线性 | | 流动状态为紊流，其流量与压力降的关系是非线性的 | |
| | 毛细管恒节流孔线性气阻 | | 压缩空气流经毛细管时为层流流动，其质量流量 $Q_m$、体积气阻 $R_V$ 和质量气阻 $R_m$ 为<br>$Q_m=\frac{\pi d^4\rho}{128\mu l\varepsilon}\Delta p$ (kg/s)<br>$R_V=\frac{128\varepsilon\mu l}{\pi d^4}$ $(N\cdot s/m^5)$ $R_m=\frac{128\varepsilon\mu l}{\pi d^4\rho}$ $(Pa\cdot s/kg)$ | | $\Delta p$——气阻前后压力降，Pa<br>$\Delta p=p_1-p_2$<br>$d,l$——气阻直径和长度，m<br>$\varepsilon$——修正系数，其值见下表 |

续表

| 分类 | | 特性及计算公式 | 符号意义 |
|---|---|---|---|

毛细管气阻修正系数 $\varepsilon$

| $l/d$ | | 500 | 400 | 300 | 200 | 100 | 80 | 60 | 40 | 30 | 20 | 15 | 10 |
|---|---|---|---|---|---|---|---|---|---|---|---|---|---|
| $\varepsilon$ | 1 | 1.03 | 1.05 | 1.06 | 1.09 | 1.16 | 1.25 | 1.31 | 1.47 | 1.59 | 1.86 | 2.13 | 2.73 |

| 分类 | | 特性及计算公式 | 符号意义 |
|---|---|---|---|
| 气阻 | 薄壁孔<br>恒节流孔<br>非线性气阻 | 长径比 $l/d$ 很小的恒节流孔称为薄壁孔，压缩空气流过薄壁孔时为紊流流动，其质量流量 $Q_m$、体积气阻 $R_V$ 和质量气阻 $R_m$ 为<br>$Q_m=\mu A\sqrt{2\rho\Delta p}$ （kg/s）<br>$R_V=\rho\omega/(2\mu A)$ （$N\cdot s/m^5$）<br>$R_m=\omega/(2\mu A)$ （Pa·s/kg） | $\omega$——薄壁孔中的平均流速，m/s<br>$A$——薄壁孔流通面积，$m^2$<br>$\mu$——流量系数，由实验确定。在一般估算时，若取 $p_1$ 为上游压力，$p_2$ 为节流孔下游较远处的压力，可取$\mu=0.6$ |
| 气阻 | 环行缝隙式<br>可调线性<br>气阻 | 图 b 所示圆锥-圆锥形针阀的流通通道为一环形缝隙，流体在其中的流动状态为层流，其质量流量、体积气阻和质量气阻为<br>$Q_m=\dfrac{\pi d\delta^3\rho\varepsilon}{12\mu l}\Delta p$ （kg/s）<br>$R_V=\dfrac{128\mu l}{\pi d\delta^3\varepsilon}$ （$N\cdot s/m^5$）<br>$R_m=\dfrac{128\mu l}{\pi d\delta^3\rho\varepsilon}$ （Pa·s/kg）<br>质量流量 $Q_m$ 计算式也适用于气缸与活塞、滑阀等环行缝隙的泄漏量计算 | $\varepsilon$——偏心修正系数，$\varepsilon=l+1.5e/\delta$<br>$e$——阀芯与阀孔的偏心量，m<br>$\delta$——缝隙的平均径向间隙，m<br>$d,l$——缝隙的平均直径和长度，m<br>$\mu$——空气的绝对黏度，Pa·s |
| 气容 | | 由于气体可压缩，在一定容积腔室中所容的气体量将因压力不同而异。因而在气动系统中，凡能储存或放出气体的空间（各种腔室、容器和管道）均有气容的性质，有定积气容和可调气容之分。而可调气容在调定后的工作过程中，其容积也是不变的<br>一气室的气容在数量上就等于气室内发生单位压力变化所允许的气量变化值<br>$C_m=\dfrac{\int Q_m\mathrm{d}t}{\Delta p}=\dfrac{\mathrm{d}M}{\mathrm{d}p}$<br>工作过程中容积不变的多变质量气容和体积气容为<br>$C_m=\dfrac{V}{nRT}$ （$s^2\cdot m$）<br>$C_V=\dfrac{V}{\rho nRT}$ （$m^5/N$） | $V$——气室的容积，$m^3$<br>$n$——多变指数。多变指数依压力变化快慢而定。如变化很慢，能充分热交换时，视为等温过程$n=1$；当变化很快，来不及进行热交换时，视为绝热过程$n=\gamma=1.4$。实际气容的在 1～1.4 之间，低频信号可取 $n=1$，高频信号可取 $n=1.4$ |

# 第 2 章 压缩空气站、管道网络及产品

## 1 压缩空气设备的组成

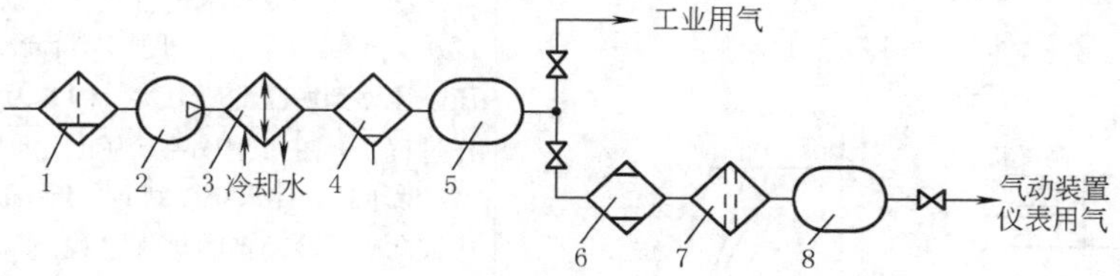


图 23-2-1 压缩空气设备

1—空气过滤器；2—空气压缩机；3—后冷却器；4—油水分离器；5,8—储气罐；6—空气干燥器；7—空气精过滤器

压缩空气系统通常由压缩空气产生和处理两部分组成。压缩空气产生是指空气压缩机提供所需的压缩空气流量。压缩空气的处理是指主管道空气过滤、后冷却器、油水分离器、储气罐、空气干燥器对空气的处理。当大气中的空气进入空压机进口时，空气中的灰尘、杂质也一并进入空压机内。因此需在空压机进口处安装主管道空气过滤机，尽可能减少、避免空压机中的压缩气缸受到不当磨损。经空压机压缩后的空气可达 140~180℃，并伴有一定量的水分、油分，必须对压缩机压缩后的气体进行冷却、油水分离、过滤、干燥等处理。

### 1.1 空压机

表 23-2-1 空压机的分类、工作原理和选用计算

<table>
<tr><td>项目</td><td colspan="4">简 图</td><td colspan="5">说 明</td></tr>
<tr><td>作用</td><td colspan="9">空气压缩机(简称空压机)的作用是将电能转换成压缩空气的压力能,供气动机械使用</td></tr>
<tr><td rowspan="4">分类</td><td rowspan="4">按压力大小分类</td><td>低压型(0.2~1.0MPa)</td><td rowspan="4">按流量等级分类</td><td>微型<1m³/min</td><td rowspan="4">按工作原理分类</td><td rowspan="2">容积型</td><td rowspan="2">按结构原理分类</td><td>往复式</td><td>活塞式和叶片式</td></tr>
<tr><td>中低压型(1.0~10MPa)</td><td>小型 1~10m³/min</td><td>旋转式</td><td>滑片式和螺杆式</td></tr>
<tr><td>高压型(10~100MPa)</td><td>中型 10~100m³/min</td><td rowspan="2">速度型</td><td colspan="3" rowspan="2">离心式和轴流式</td></tr>
<tr><td>超高压型(>100MPa)</td><td>大型>100m³/min</td></tr>
</table>

续表

| 项目 | | 简图 | 说明 |
|---|---|---|---|
| 工作原理 | 活塞式空压机 | 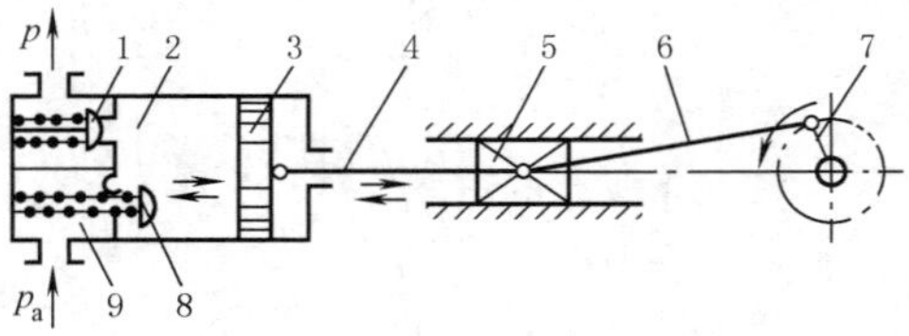<br>(a) 活塞式空压机工作原理<br>1—排气阀；2—气缸；3—活塞；4—活塞杆；5—滑块；6—连杆；7—曲柄；8—吸气阀；9—阀门弹簧<br>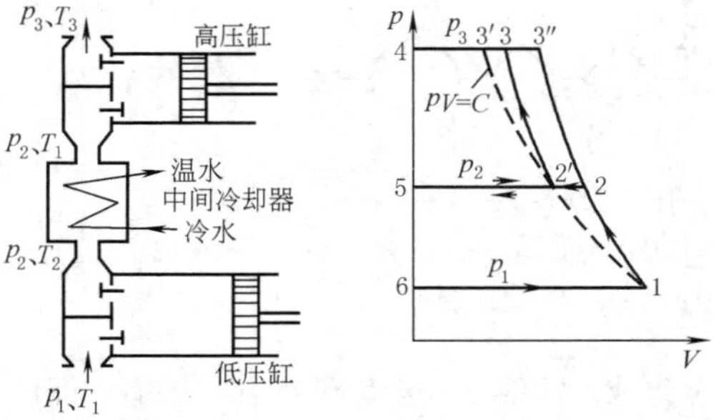<br>设备示意图 示功图<br>(b) 二级活塞式空压机压缩示意图 | 这是最常用的空压机形式。当活塞向右移动时，气缸内活塞左腔的压力低于大气压力，吸气阀开启，外界空气进入缸内，这个过程称为“吸气过程”。当活塞向左移动，缸内气体被压缩，这个过程称为“压缩过程”。当缸内压力高于输出管道内压力后，排气阀被打开，压缩空气输送至管道内，这个过程称为“排气过程”。活塞的往复运动是由电动机带动曲柄转动，通过连杆带动滑块在滑道内移动，这样活塞杆便带动活塞作直线往复运动<br>单级活塞式空压机在超过 0.6MPa 时，产生热量很大，其工作效率太低，故常采用两级活塞式空压机，其工作原理详见图 a。当空气经第Ⅰ级低压缸压缩后，压力由 $p_1$ 提高到 $p_2$，温度也由 $T_1$ 升到 $T_2$，然后经过中间冷却器在等压状态下与冷却水进行热交换，后一级压缩空气的温度从 $T_2$ 降至为 $T_3$（也可使 $T_3$ 降至 $T_1$），再进入第Ⅱ级高压缸压缩到所需的压力 $p_3$。图 b 为两级空压机设备的工作过程 $p$-$V$ 图，其中 6—1 为低压缸的吸气过程；曲线 1—2 为低压缸气体被压缩到 $p_2$ 的压缩过程；直线 2—5 为低压缸向中间冷却器的排气过程；直线 2—2′表明 $p_2$ 的压缩空气在冷却器中的等压冷却过程；直线 5—2′为冷却后的气体 $p_2$ 被再次吸入第Ⅱ级缸的吸气过程；曲线 2′—3 为在高压缸中气体被压缩到 $p_3$ 的压缩过程；直线 3—4 为高压缸的排气过程；曲线 1—2—3″表明如采用单级空压机压缩到 $p_3$ 时的压缩过程；曲线 1—2 和 2′—3 为两级空压机压缩到 $p_3$ 压力时的两次压缩过程。若最终压力为 1.0MPa，则第Ⅰ级通常压缩到 0.3MPa。设置中间冷却器是为了降低第Ⅰ级压缩空气出口的温度，以提高空压机的工作效率。活塞式空压机的功率为 2.2kW 和 7.5kW 时，其出口空气温度在 70℃左右；功率在 15kW 或以上时，其出口空气温度在 180℃左右 |
| | 滑片式空压机 | 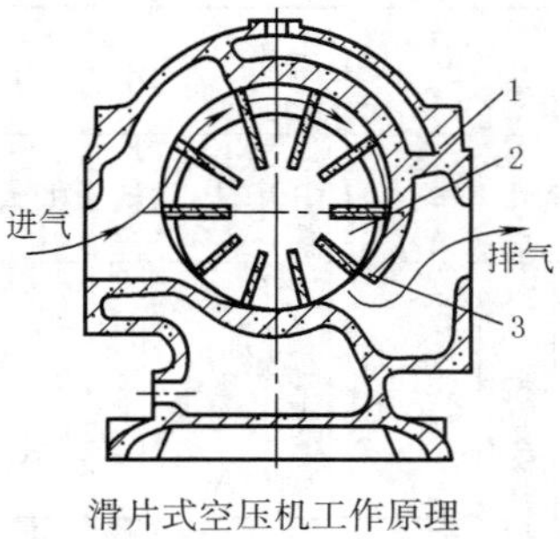<br>滑片式空压机工作原理<br>1—机体；2—转子；3—叶片 | 滑片式空压机的转子偏心地安装在定子内（气缸内壁），当转子旋转时，插在转子径向槽中的滑片在离心力的作用下，紧贴气缸内壁作回旋运动。此时由气缸内壁（定子）、两个相邻滑片及两个相邻滑片之间的一段、转子外表面围成的一个密封容积也逐渐变小。转子在经过左半部时吸入的空气经过压缩从右半部排气口排出，滑片式压缩机的进排气口不需吸气阀和排气阀。由于转子上安有多个滑片，转子每旋转一次将产生多次的吸气、排气，所以输出压力的脉动较小<br>目前，大多数滑片式空压机采用无油压缩的方式，即滑片选用非金属的自润滑材质（聚己酰亚胺）。转子在旋转时无须添加润滑油，压缩空气也不会被污染<br>滑片式空压机结构简单、制造容易、操作维修方便，适用于中小型压缩气源场合。但由于滑片和气缸内壁有较大的摩擦，能量损失较大、效率低（比同参数螺杆式空压机低 10%，比同参数活塞式空压机低 20%）。一般滑片式空压机的转速为 300～3000r/min，输出压力为 0.5～1MPa |

续表

| 项目 | | 简图 | 说明 |
|---|---|---|---|
| 工作原理 | 螺杆式空压机 | 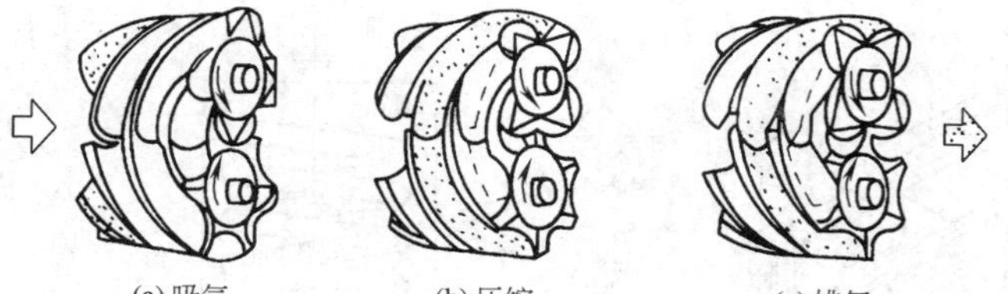<br>(a) 吸气　(b) 压缩　(c) 排气 | 两个啮合的螺旋转子以相反方向转动，它们当中自由空间的容积沿轴向逐渐减小，从而两转子间的空气逐渐被压缩。它可连续输出无脉动的大流量的压缩空气，无须设置储气罐，出口温度为60℃左右；加工精度要求高，有较强的中高频噪声，适用于中低压（0.7～1.5MPa）范围 |
| 工作原理 | 螺杆式空压机 | 螺杆式空压机是否需润滑可分为以下两种类型 | |
| 工作原理 | 螺杆式空压机 | 无油式螺杆空压机 | 螺杆间并不直接接触，相互之间存在一定间隙。运转靠一对斜齿轮的高速同步反向旋转传输动力，同时确保螺杆间的间隙，不需润滑，可输出不含油的压缩空气 |
| 工作原理 | 螺杆式空压机 | 喷油式螺杆空压机 | 喷入到壳体内的润滑油起润滑、冷却、密封和降低噪声的作用。此种型式没有同步齿轮。它的传输运动是靠阳螺杆直接拖动阴螺杆。润滑油在阴阳螺杆之间起密封作用（油膜） |

| 特性比较 | 类型 | 输出压力/MPa | 吸入流量/$m^3\cdot min^{-1}$ | 功率/kW | 振动 | 噪声 | 维护量 | 排气压力脉动 | 价格 | 排气方式 |
|---|---|---|---|---|---|---|---|---|---|---|
| | 活塞式 | 1.0 | 0.1～30 | 0.75～220 | 大 | 大 | 大 | 大 | 较低 | 断续排气，需设气罐 |
| | 螺杆式 | 1.0 | 0.2～67 | 1.5～370 | 小 | 小 | 小 | 无 | 高 | 连续排气，不需气罐，排出气体可不含油 |

| 选用计算 | | | |
|---|---|---|---|
| | 首先按空压机的特性要求，选择空压机类型。再根据气动系统所需的工作压力和流量两个参数，确定空压机的输出压力 $p_c$ 和吸入流量 $q_c$，最终选取空压机的型号 | | |
| | （1）空压机的输出压力 | $p_c=p+\sum\Delta p$ （MPa）<br>一般情况下，令 $\sum\Delta p=0.15\sim0.2$MPa | $p$——气动执行元件的最高使用压力，MPa<br>$\sum\Delta p$——气动系统的总压力损失，MPa<br>$q_b$——向气动系统提供的流量，$m^3/min$（标准状态）<br>$g_{max}$——气动系统的最大耗气量，$m^3/min$（标准状态）<br>$q_{sa}$——气动系统的平均耗气量，$m^3/min$（标准状态）<br>$k$——修正系数，主要考虑气动元件、管接头等各处的漏损、多台气动设备不一定同时使用的利用率以及增添新的气动设备的可能性等因素。一般可令 $k=1.3\sim1.5$<br>$p_1$——吸入空气的绝对压力，MPa<br>$p_c$——输出空气的绝对压力，MPa<br>$q_c$——空压机的吸入流量，$m^3/min$（标准状态）<br>$\kappa$——等熵指数，$\kappa=1.4$<br>$n$——中间冷却器个数 |
| | （2）空压机的吸入流量 | 不设气罐，$q_b=g_{max}$<br>设气罐，$q_b=q_{sa}$<br>$q_c=kq_b$ （$m^3/min$）（标准状态） | |
| | （3）空压机的功率 | $N=\frac{(n+1)\kappa}{\kappa-1}\times\frac{p_1q_c}{0.06}\left[\left(\frac{p_c}{p_1}\right)^{\frac{\kappa-1}{(n+1)\kappa}}-1\right]$ （kW） | |

## 1.2 后冷却器

**表 23-2-2　　后冷却器的分类、原理及选用**

| 项目 | | 简图及说明 |
|---|---|---|
| 作用 | | 空压机输出的压缩空气温度可达120℃以上，在此温度下，空气中的水分完全呈气态。后冷却器的作用就是将空压机出口的高温空气冷却至40℃以下，将大量水蒸气和变质油雾冷凝成液态水滴和油滴，以便将它们消除掉 |
| 分类 | 风冷式 | 不需冷却水设备，不用担心断水或水冻结。占地面积小、重量轻、紧凑、运转成本低、易维修，但只适用于入口空气温度低于100℃，且处理空气量较少的场合 |
| 分类 | 水冷式 | 散热面积是风冷式的25倍，热交换均匀，分水效率高，故适用于入口空气温度低于200℃，且处理空气量较大、湿度大、尘埃多的场合 |

续表

<table>
<tr><th>项目</th><th>简　图　及　说　明</th></tr>
<tr><td>工作原理</td><td>
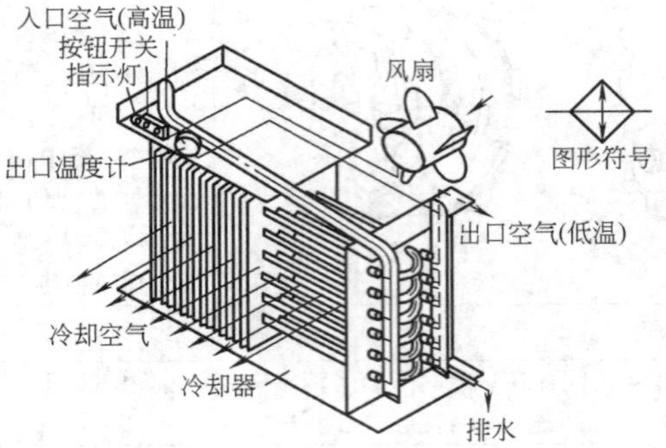

(a) 风冷式后冷却器的工作原理
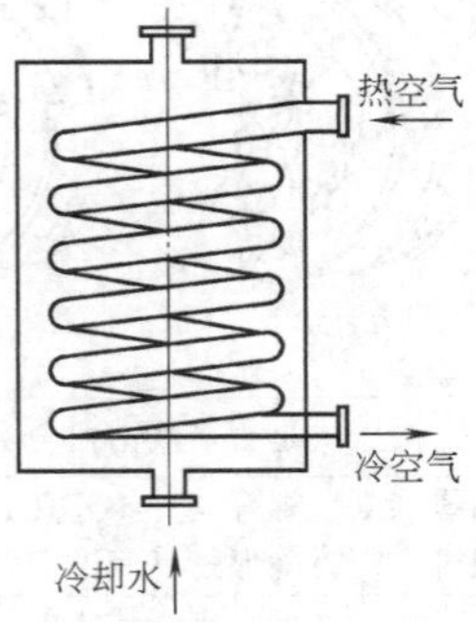

(b) 水冷式后冷却器<br>
图 a 风冷式后冷却器是靠风扇产生的冷空气吹向带散热片的热气管道来降低压缩空气温度的<br>
图 b 水冷式后冷却器是靠强迫输入冷却水沿热空气(热气管道)的反向流动,以降低压缩空气的温度。水冷式后冷却器出口空气温度约比冷却水的温度高 10℃左右<br>
后冷却器最低处应设置自动或手动排水器,以排除冷凝水和油滴等杂质</td></tr>
<tr><td>选用</td><td>根据系统的使用压力、后冷却器入口空气温度、环境温度、后冷却器出口空气温度及需要处理的空气量,选择后冷却器的型号<br>
当入口空气温度超过 100℃或处理空气量很大时,只能选用水冷式后冷却器</td></tr>
</table>

## 1.3 主管道过滤器

表 23-2-3　　过滤器的结构原理和选用

<table>
<tr><th>项目</th><th>说　　明</th></tr>
<tr><td>作用</td><td>安装在主管路(空压机及冷冻干燥器的前级)中。清除压缩空气中的油污、水分和粉尘等,以提高下游干燥器的工作效率,延长精密过滤器的使用时间</td></tr>
<tr><td>结构原理图</td><td>
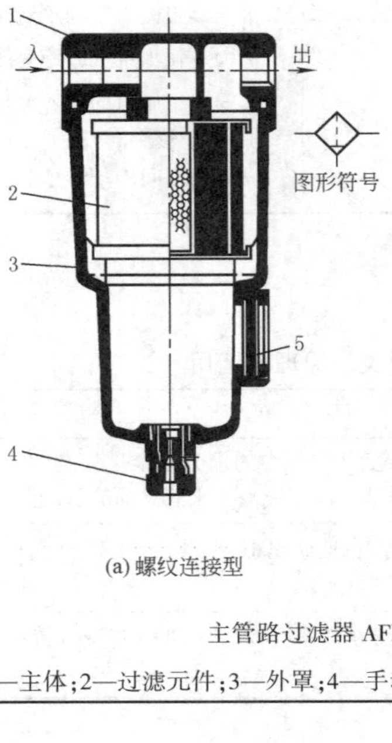

(a) 螺纹连接型
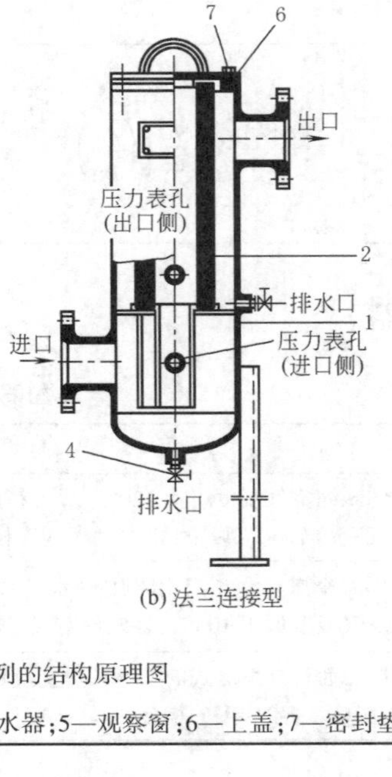

(b) 法兰连接型<br>
主管路过滤器 AFF 系列的结构原理图<br>
1—主体;2—过滤元件;3—外罩;4—手动排水器;5—观察窗;6—上盖;7—密封垫</td></tr>
</table>

续表

| 项目 | 说明 |
|---|---|
| 结构原理图 | 上图是主管路过滤器的结构原理图。通过过滤元件分离出来的油、水和粉尘等，流入过滤器下部，由手动（或自动）排水器排出<br>对于小型空压机，主管道过滤器可直接安装在空压机的吸气管上；对于大、中型空压机，可安装在室外空压机的进气管上，但与空压机主机距离不超过 10m，进气的周围环境应保持清洁、干燥、通风良好。该类过滤器进出口的阻力不大于 500Pa，过滤器容量为 $1mg/m^3$。通常主管道过滤的空气质量仅作一般工业供气使用，如需用于气动设备、气动自动化控制系统，还需在冷冻式干燥器后面添置所需精度等级的过滤器。目前，国外一些空压机制造厂商提高了主管道过滤器的过滤精度（3μm、0.01μm），但在主管道采用高等级的过滤器不符合经济原则 |
| 选用 | 应根据通过主管路过滤器的最大流量不得超过其额定流量，来选择主管路过滤器的规格，并检查其他技术参数也要满足使用要求 |

## 1.4 主管道油水分离器

主管道油水分离器是指安装在后冷却器下游的主管道，它与气动系统中除油型过滤器（俗称：油雾分离器）在用途上有所区别。主管道油水分离器（液气分离器）是压缩空气产生后的第一道过滤装置。特别是采用有油润滑空压机，在压缩过程中需要有一定量的润滑油，空气被压缩后产生高温、焦油碳分子以及颗粒物。为了减少对其下游的冷冻式干燥器（或吸附式干燥器）、标准过滤器等设施的污染程度，经过后冷却器之后，压缩空气（含冷凝水）必须在进入干燥器之前进行一次粗过滤。

**表 23-2-4　主管道油水分离器结构及原理**

| 形式 | 结构原理图 | 说明 |
|---|---|---|
| 旋转分离式 | 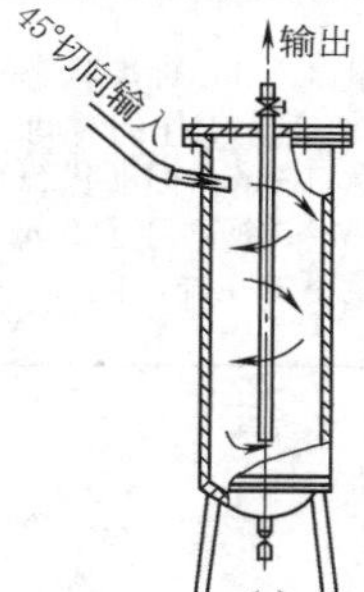(a) | 压缩空气从上部沿容器的切线方向进入油水分离器，气流沿着容器圆周做强烈旋转。油滴、油污、水等杂质在离心惯性力作用下被甩到壁面上，并随壁面沉落分离器底部。气体沿圆心轴线上的空心管而输出 |
| 阻挡式 | 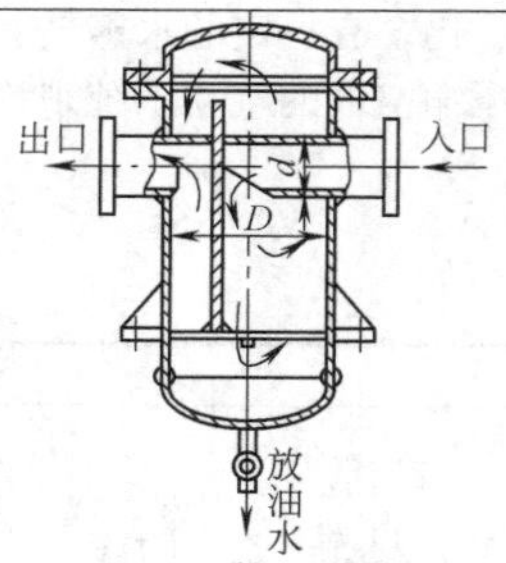(b) | 压缩空气进油水分离器时，受隔板阻挡产生局部环形内流。由于重力作用，油水、水分等被分离。该分离要求压缩空气在低压时速度不超过 1m/s，中压时速度不超过 0.5m/s，高压时速度不超过 0.3m/s |
| 水溶分离式 | 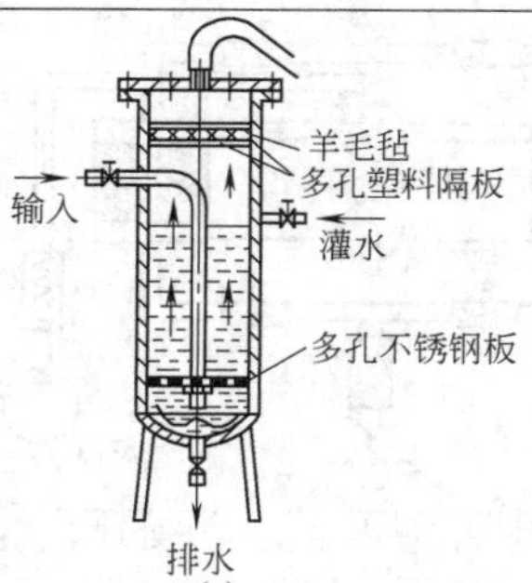(c) | 压缩空气管道安装于装有水的分离器的底部位置。用水过滤压缩空气中的油水、水、杂质等，清洗效果较好。该分离器使用一定时间后在容器水面上会漂浮一层油污、杂质，需定期清洗 |

第 23 篇

## 1.5 储气罐

表 23-2-5　　储气罐的组成及选用

| 项目 | 简　图　及　说　明 | |
|---|---|---|
| 作用 | 储气罐是为消除活塞式空气压缩机排出气流的脉动，同时稳定压缩空气气源系统管道中的压力和缓解供需压缩空气流量。此外，还可进一步冷却压缩空气，分离压缩空气中所含油分和水分 | |
| 类别及组成 | 右图是储气罐的外形图。气管直径在 1½in 以下为螺纹连接，在 2in 以上为法兰连接。排水阀可改装为自动排水器。对容积较大的气罐，应设人孔或清洁孔，以便检查或清洗<br>储气罐与冷却器、油水分离器等，都属于受压容器，在每台储气罐上必须配套有以下装置<br>(1)安全阀是一种安全保护装置，使用时可调整其极限压力比正常工作压力高约 10%<br>(2)储气罐空气进出口应装有闸阀，在储气罐上应有指示管内空气的压力表<br>(3)储气罐结构上应有检查用人孔或手孔<br>(4)储气罐底端应有排放油、水的接管和阀门<br>储气罐有立式和卧式两种型式，使用时，数台空压机可合用一个储气罐，也可每台单独配用，储气罐应安装在基础上。通常，储气罐可由压缩机制造厂配套供应 | 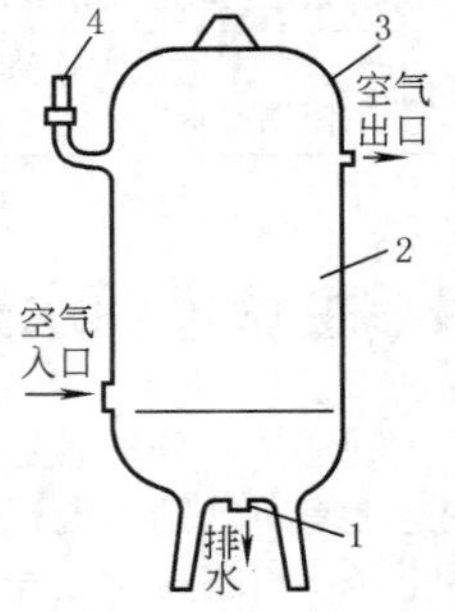<br>1—排水阀；2—气罐主体；3—压力表；4—安全阀 |
| 选用计算 | (1)当空压机或外部管网突然停止供气(如停电)，仅靠气罐中储存的压缩空气维持气动系统工作一定时间，则气罐容积 $V$ 的计算式为<br>$V \geqslant \frac{p_a q_{max} t}{60(p_1-p_2)}$　(L)<br>(2)若空压机的吸入流量是按气动系统的平均耗气量选定的，当气动系统在最大耗气量下工作时，应按下式确定气罐容积<br>$V \geqslant \frac{(q_{max}-q_{sa})p_a}{p} \times \frac{t'}{60}$　(L) | $p_1$——突然停电时气罐内的压力，MPa<br>$p_2$——气动系统允许的最低工作压力，MPa<br>$p_a$——大气压力，$p_a=0.1$MPa<br>$q_{max}$——气动系统的最大耗气量，L/min(标准状态)<br>$t$——停电后，应维持气动系统正常工作的时间，s<br>$q_{sa}$——气动系统的平均耗气量，L/min(标准状态)<br>$p$——气动系统的使用压力，MPa(绝对压力)，$p_s=0.1$MPa<br>$t'$——气动系统在最大耗气量下的工作时间，s |

## 1.6 干燥器

压缩空气经后冷却器、油水分离器、气罐、主管路过滤器得到初步净化后，仍含有一定的水蒸气，其含量的多少取决于空气的温度、压力和相对湿度的大小。对于某些要求提供更高质量压缩空气的气动系统来说，还必须在气源系统设置压缩空气的干燥装置。

在工业上，压缩空气常用的干燥方法有：吸附法、冷冻法和膜析出法。

表 23-2-6　　干燥器的分类、工作原理和选用

| 分类 | | 简　图　及　说　明 | |
|---|---|---|---|
| 吸附式干燥器 | 工作原理 | 加热再生式干燥器的工作原理采用两个吸附干燥筒，筒内放置硅胶干燥剂。利用硅胶在常温下吸附水分、在高温下脱附水分的特性，当第一个干燥筒的硅胶已经饱和时，将空气切换到第二个干燥筒内进行干燥，而第一个筒通过热风干燥法使硅胶干燥，以备下一次再用。两个筒交替进行干燥 | 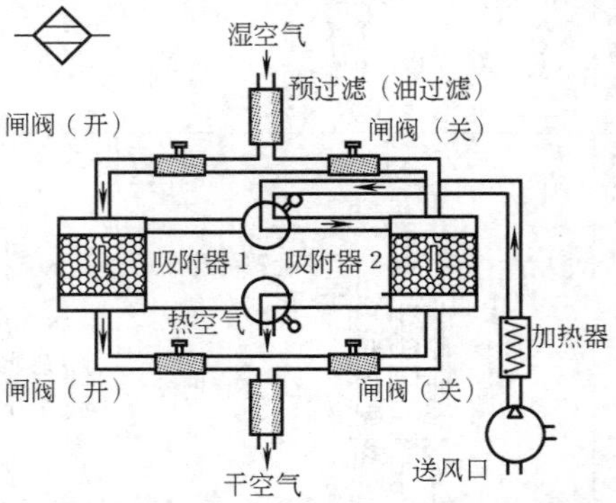 |
| | 选用 | 吸附式干燥器体积小、重量轻、易维护，大气压露点可达−50～−30℃。但处理流量小，故适合于处理空气量小、但干燥程度要求高的场合 | |

第 23 篇

续表

| 分类 | | 简　图　及　说　明 |
|---|---|---|
| 冷冻式干燥器 | 工作原理 | 压缩空气通过一个有制冷剂的热交换系统，把空气的温度降至露点温度。当需冷却的压缩空气通过干燥器内的热交换器外筒被预冷，再流入内筒被空气冷却到压力露点 2～5℃时，此时空气中的水蒸气被冷凝成水滴，从自动排水器排出。经过制冷干燥后的压缩空气再次于热交换器内侧加热，使其温度回复到周围环境的温度以避免输出口结霜，由温差出现发汗现象而锈蚀管道 |

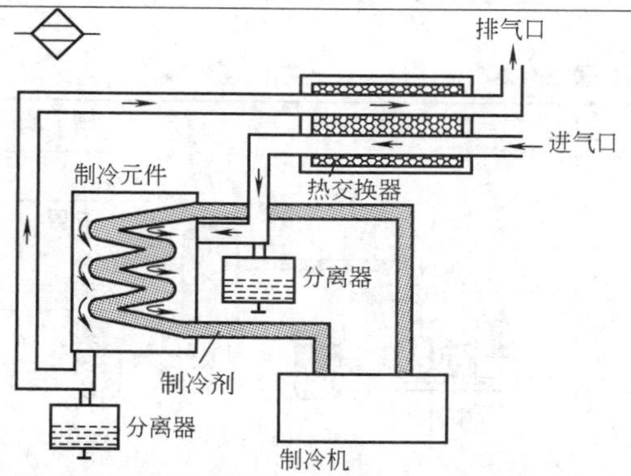


**冷冻式干燥器　选用**

修正后的处理空气量不得超过冷冻式干燥器产品所给定的额定处理空气量，依此来选择干燥器的规格

修正后的处理空气量由下式确定

$$q = q_c / (C_1 C_2) \quad [\text{L/min(标准状态)}]$$

式中　$q_c$——干燥器的实际处理空气量，L/min（标准状态）

$C_1$——温度修正系数，见下表

$C_2$——入口空气压力修正系数，见下表

冷冻式干燥器适用于处理空气量大、压力露点温度 2～10℃的场合。具有结构紧凑、占用空间较小、噪声小、使用维护方便和维护费用低等优点

| 温度修正系数 $C_1$ | 入口空气温度/℃ | 45 | | | 50 | | | 55 | | | 65 | | | 75 | | |
|---|---|---|---|---|---|---|---|---|---|---|---|---|---|---|---|---|
| | 出口空气压力露点/℃ | 5 | 10 | 15 | 5 | 10 | 15 | 5 | 10 | 15 | 5 | 10 | 15 | 5 | 10 | 15 |
| 环境温度/℃ | 25 | 0.6 | 1.35 | 1.35 | 0.6 | 1.35 | 1.35 | 0.6 | 1.35 | 1.35 | 0.6 | 1.35 | 1.35 | 0.6 | 1.35 | 1.35 |
| | 30 | 0.6 | 1.25 | 1.35 | 0.55 | 1.20 | 1.35 | 0.5 | 1.05 | 1.35 | 0.5 | 1.05 | 1.35 | 0.5 | 1.05 | 1.35 |
| | 32 | 0.6 | 1.25 | 1.35 | 0.55 | 1.15 | 1.35 | 0.45 | 0.95 | 1.25 | 0.45 | 0.95 | 1.25 | 0.45 | 0.95 | 1.25 |
| | 35 | 0.5 | 0.95 | 1.25 | 0.45 | 0.85 | 1.15 | 0.3 | 0.7 | 1.0 | 0.3 | 0.7 | 1.0 | 0.3 | 0.7 | 1 |
| | 40 | 0.25 | 0.70 | 1.0 | 0.2 | 0.65 | 0.9 | 0.1 | 0.5 | 0.8 | 0.1 | 0.5 | 0.8 | 0.1 | 0.5 | 0.8 |

| 入口空气压力修正系数 $C_2$ | | | | | | | | | | |
|---|---|---|---|---|---|---|---|---|---|---|
| 入口空气压力/MPa | 0.15 | 0.2 | 0.3 | 0.4 | 0.5 | 0.6 | 0.7 | 0.8 | 0.9 | 1.0 |
| 修正系数 $C_2$ | 0.65 | 0.68 | 0.77 | 0.84 | 0.9 | 0.95 | 1 | 1.03 | 1.06 | 1.08 |

**膜式干燥器　工作原理**

湿空气从中空的分子纤维膜内部流过时，空气中的水分透过分子膜向外壁析出。由此排除了水分的干燥空气得以输出。同时，部分干燥空气与透过分子膜外壁的水分一起排向大气，使分子膜能连续地排除湿空气中的水分

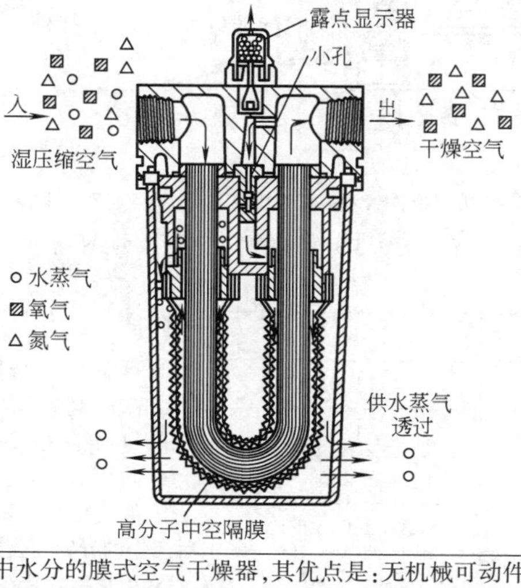


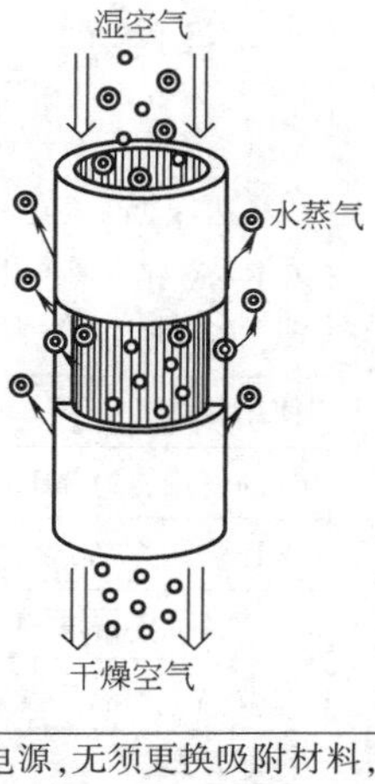


**膜式干燥器　选用**

采用高分子膜作为分离空气中水分的膜式空气干燥器，其优点是：无机械可动件，不用电源，无须更换吸附材料，重量轻，使用简便，可在高温、低温、腐蚀性和易燃易爆等恶劣环境中使用，工作压力范围广（0.4～2MPa），大气露点温度可达-70℃。但膜式空气干燥器的耗气量较大，达 20%～40%。目前膜式干燥器输出流量较小。当需要大流量输出时，可将若干个干燥器并联使用

## 1.7 自动排水器

表 23-2-7

| 形式 | 结构原理及技术参数 |
|---|---|
| 气动高负载型 | 见下 |

**气动高负载型**

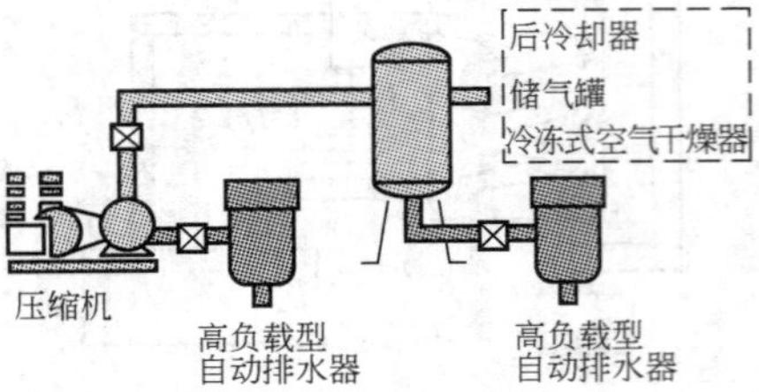


(a) 单个使用

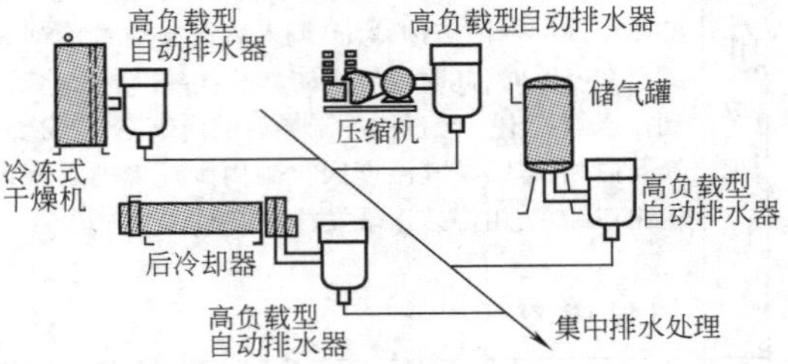


(b) 集中排水

① 高负载型自动排水器为浮子式设计，不需要电源，不会浪费压缩空气

② 可靠、耐用、适合水质带污垢的情况下操作

③ 不会受背压影响，适合集中排水

④ 内置手动开关，操作及维修方便

| 使用流体 | 压缩空气 | 最高使用压力/MPa | 1.6 |
|---|---|---|---|
| 接管口径 | $R_c$(PT)½ | 最低使用压力/MPa | 0.05 |
| 排水形式 | 浮子式 | 环境及流体温度/℃ | 5~60 |
| 自动排水阀形式 | 常开(在无压力下阀门打开) | 最大排水量/(L/min) | 400(水在压力 0.7MPa 的情况下) |
| 保证耐压力/MPa | 2.5 | 质量/kg | 1.2 |

**电动式**

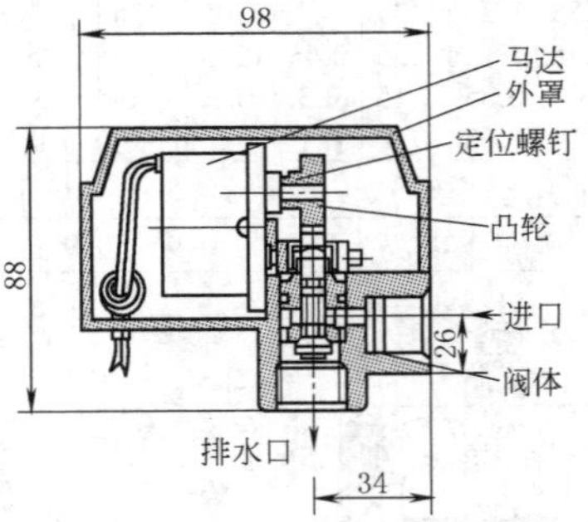


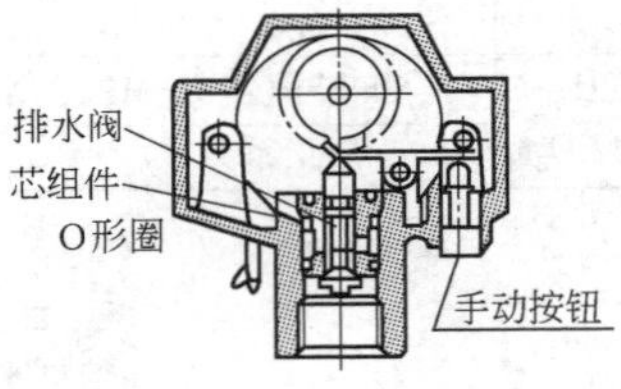


马达带动凸轮旋转，压下排水阀芯组件，冷凝水从排水口排出。它的入口为 $R_c$½(便于与压缩机输气管连接)，排水口为 $R_c$⅜，动作频率和排水的时间应与压缩机相匹配(每分钟 1 次，排水 2s；每分钟 2 次，排水 2s；每分钟 3 次，排水 2s；每分钟 4 次，排水 2s)

| 使用流体 | 空　气 |
|---|---|
| 最高使用压力/MPa | 1.0 |
| 保证耐压力/MPa | 1.5 |
| 环境及流体温度/℃ | 5~60 |
| 电源/V | AC 220,50Hz |
| 耗电量/W | 4 |
| 质量/kg | 0.55 |

① 可靠性高/高黏度流体亦可排出

② 耐污尘及高黏度冷凝水，可准确开闭阀门排水

③ 排水能力大，一次动作可排出大量的水

④ 防止末端机器发生故障

⑤ 储气罐及配管内部无残留污水，因此可防止锈及污水干后产生的异物损害后面的机器，排水口可装长配管

⑥ 可直接安装在压缩机上

注：参考 SMC 样本资料。

# 2 空气管道网络的布局和尺寸配备

## 2.1 气动管道最大体积流量的计算因素

决定气动管道最大体积流量的因素是：耗气设备的数量以及它们所需的空气消耗量，耗气的程度（并非所有设备都在同一时间内消耗空气），耗气设备和网络中的损耗泄漏，以及耗气设备的负载循环。

## 2.2 空气设备最大耗气均值的计算

耗气均值 $V_m$（L/s）可以通过下面的公式得出

$$V_m = \sum_{i=1}^{n}\left(A_i \times V_i \times \frac{CD_i}{100} \times SF_i\right) \tag{23-2-1}$$

式中 $i$——操作变量；

$n$——不同耗气设备的数量；

$A_i$——耗气设备数量；

$V_i$——每台设备的耗气量，L/s；

$CD_i$——负载循环，%，见表 23-2-8；

$SF_i$——同时性因数，见表 23-2-9；

$V_m$——耗气均值，L/s。

对上式进行修正后得到空气设备最大耗气量计算式

$$V_{最大} = \left[V_m + \left(V_m \times \frac{E_r}{100}\right) + \left(V_m \times \frac{E_r}{100} \times \frac{L_e}{100}\right)\right] \times 2$$

式中 $E_r$——为将来系统扩容预留出的消耗量，如 35%；

$L_e$——容许的泄漏值，如 10%；

$V_{最大}$——最大耗气量。

流量翻一番（×2）的目的是平衡设备在高峰负载时的耗气值。经验表明，空气的耗气均值在其最大耗气量的 20%~60%之间。

**表 23-2-8**

| 耗气设备 | 钻头 | 研磨机 | 凿锤 | 冲压机 | 注塑机 | 发爆机 | 气动拧紧工具 |
|---|---|---|---|---|---|---|---|
| *CD*/% | 30 | 40 | 30 | 15 | 20 | 10 | 80 |

**表 23-2-9**

| 耗气设备数量 | 1 | 2 | 3 | 4 | 5 | 6 | 7 | 8 | 9 | 10 | 11 | 12 | 13 | 14 | 15 | 100 |
|---|---|---|---|---|---|---|---|---|---|---|---|---|---|---|---|---|
| *SF* | 1 | 0.94 | 0.89 | 0.86 | 0.83 | 0.80 | 0.77 | 0.75 | 0.73 | 0.71 | 0.69 | 0.68 | 0.67 | 0.66 | 0.65 | 0.20 |

## 2.3 气动管道网络的压力损失

### 2.3.1 影响气动管道网络的压力损失的主要因素

影响气动管道网络的压力损失的因素有：管道长度、管道直径、管接件的数量及类型（变径、弯道）、管道中压力流量及管道泄漏等。

管道越长，损失就越大，这主要是由于管壁粗糙和流速引起的。表 23-2-10 反映了管径 $\phi=25$mm，管长 $l=10$m 的管道内不同的压缩空气流量的压力损失情况。

管道中闸阀、L形、T形接头、变径等连接件对流动阻力具有很大影响。为了方便工程计算，不同的管接件在不同直径情况下都有一个相应的转换成该直径的等效长度，见表23-2-11。

**表 23-2-10**

| 流量/L·s$^{-1}$ | 压力损失 Δ$p$/bar | 流量/L·s$^{-1}$ | 压力损失 Δ$p$/bar |
|---|---|---|---|
| 10 | 0.005 | 30 | 0.04 |
| 20 | 0.02 | | |

**表 23-2-11**

| 名　称 | 管接头 | | 管道直径/mm | | | | | | | | |
|---|---|---|---|---|---|---|---|---|---|---|---|
| | | | 9 | 12 | 14 | 18 | 23 | 40 | 50 | 80 | 100 |
| 闸阀 |  | 全开 | 0.2 | 0.2 | 0.2 | 0.3 | 0.3 | 0.5 | 0.6 | 1.0 | 1.3 |
| | | 半开 | | | | | 5 | 8 | 10 | 16 | 20 |
| L形接头 |  | | 0.6 | 0.7 | 1.0 | 1.3 | 1.5 | 2.5 | 3.5 | 4.5 | 6.5 |
| T形接头 |  | | 0.7 | 0.85 | 1.0 | 1.5 | 2.0 | 3.0 | 4.0 | 7.0 | 10 |
| 变径($2d$-$d$) | 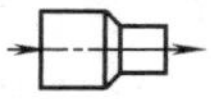 | | 0.3 | 0.4 | 0.45 | 0.5 | 0.6 | 0.9 | 1.0 | 2.0 | 2.5 |

## 2.3.2　气动管道网络的压力损失的计算举例

**例1**　下列的管接件要安装在内径为23mm的压缩空气管线内：2个闸阀、4个L形接头、1个变径接头、2个T形接头。要获得正确有效的管道长度，计算需增加多少同等直径长度的管道？

**解：**

$$L_{等效长度}=2\times0.3+4\times1.5+1\times0.6+2\times2.0=11.2\text{m}$$

$$L_{总长}=L_{实际}+\sum_{i=1}^{n}L_{等效长度}$$

式中　$n$——管接件的数目；

$L_{实际}$——实际等效长度；

$L_{总长}$——计算压力损失的管道计算长度。

凭经验简化得出公式的近似值为 $L_{总长}=1.6L_{实际}$。

工程设计中，管道的直径和长度（包括由球阀、管接件引起的等效长度）、实际工作压力和流量是已知的，通过图23-2-2可求得管道压力损失。

**例2**　当压缩空气通过长度为200m、内径估计为40mm的管道时会丧失多少压力？

**解：**假设体积流量为6L/s，操作压力为7bar，如图23-2-2所示，如果按照①到⑦的顺序依次键入输入值，那么⑧就代表损失的压力 Δ$p$=0.00034bar。

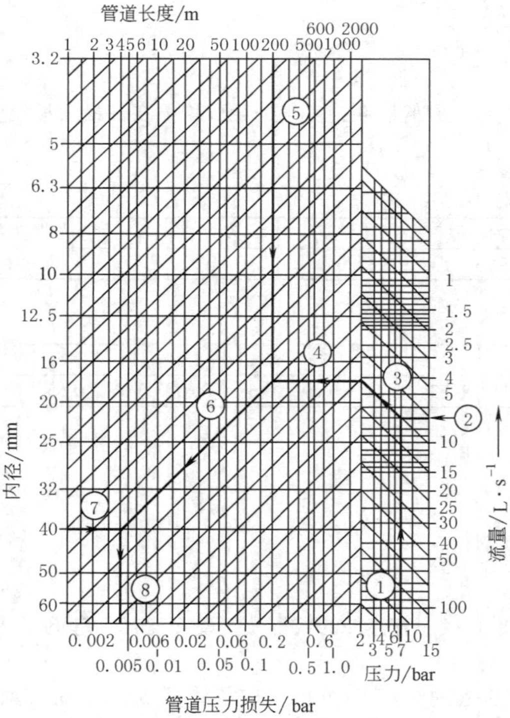


图23-2-2　管道压力损失的解析图

## 2.4　泄漏的计算及检测

### 2.4.1　在不同压力下，泄漏孔与泄漏率的关系

在不同的压力下，泄漏孔与泄漏率的关系见图23-2-3。

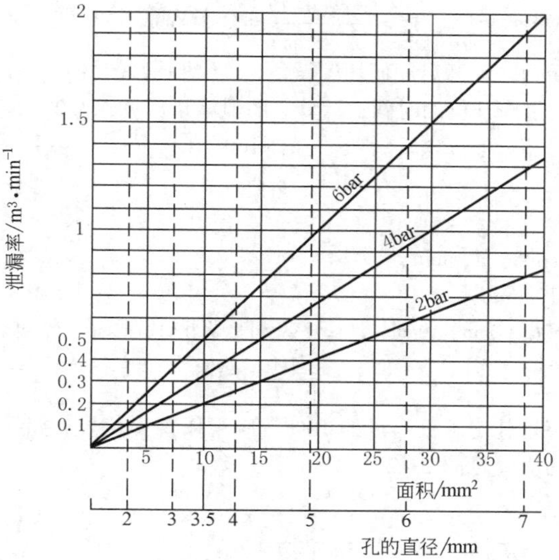


图 23-2-3　在不同压力下，泄漏孔与泄漏量的关系

压缩空气的成本上升，需要十分注意。管道方面小小的泄漏将导致成本急剧增加。图 23-2-3 表明在不同的压力条件下，泄漏孔与泄漏率的关系：一个直径为 3.5mm 的小孔在 6bar 压力下，它的泄漏量为 0.5m³/min，相当于 30m³/h。

## 2.4.2　泄漏造成的经济损失

泄漏的定义是因裂缝而导致的压缩空气的损耗，如表 23-2-12 所示。对于 $\phi=1$mm 的泄漏孔，每年将造成 1143 元的电费损失（电费以 0.635 元/kW 计算）。

**表 23-2-12**

| 漏孔直径/mm | 6bar 时的空气损耗/L·s⁻¹ | 每小时功率耗电/kW | 每年电费损失(每年以 6000h 计算)/元 |
|---|---|---|---|
| 1 | 1.3 | 0.3 | 1143 |
| 3 | 11.1 | 3.1 | 11811 |
| 5 | 31.0 | 8.3 | 31623 |
| 10 | 123.8 | 33 | 125730 |

## 2.4.3　泄漏率的计算及举例

与漏油、漏电不同的是，泄漏的压缩空气不会对环境造成危害。因此，人们通常不太重视被漏掉的压缩空气。

常见的计算泄漏的方法有两种：一种是在不开启任何耗气设备的情况下，经过一段时间，根据储气罐的压力下降来计算它的泄漏量，见式（23-2-2）

$$V_L=\frac{V_B(p_A-p_B)}{t} \tag{23-2-2}$$

式中　$V_L$——泄漏量，L/min；

$V_B$——储气筒的容量，L；

$p_A$——储气筒内的原始压力，bar；

$p_B$——储气筒内的最终压力，bar；

$t$——时间，min。

**例 1**　经测量，容积 $V_B$ 为 500L 的储气筒在 30min 的时间内压力 $p_a$ 从 9bar 下降到 7bar。请问该系统的泄漏率是多少？

根据式（23-2-2），系统泄漏率 $V_L$ 为

$$V_L=\frac{500\times(9-7)}{30}=33.3\text{L/min}$$

另一种是当系统产生了泄漏后（无开启任何耗气设备），为维持系统的正常工作压力，空压机需间断性地向系统补充压缩空气，通过空压机重新开机的时间，计算它的泄漏量，见式（23-2-3）

$$L_v=\frac{t_1\times100}{t_1+t_2}\tag{23-2-3}$$

式中　$L_v$——泄漏损耗率，%；

$t_1$——重新填满系统所需的时间，min；

$t_2$——空压机关闭的时间，min。

**例 2**　重新填满系统所需的时间 $t_1=1\text{min}$。10min 之后，空压机重新开启，泄漏率 $L_v$ 为

$$L_v=\frac{1\times100}{10+1}=9.1\%$$

值得注意的是，泄漏率如果超过空压机容量的 10%就应视作警告信号。如果需更精确计算泄漏率，可考虑取空压机若干个补充周期的平均值（见图 23-2-4）。

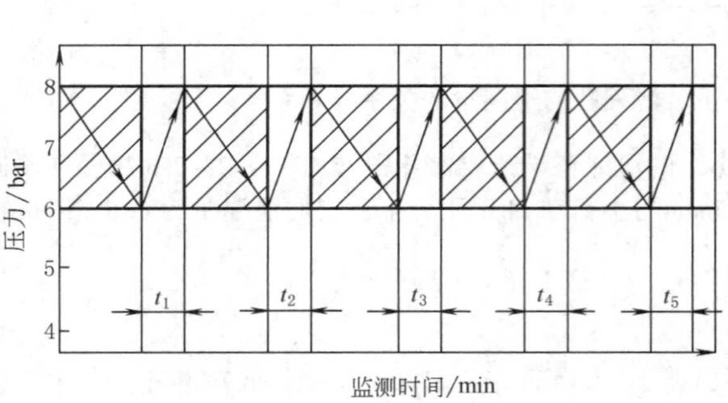

图 23-2-4　补充周期

$$V_L=\frac{V_k\times\sum_{i=1}^{n}t_i}{T}\tag{23-2-4}$$

式中　$V_k$——空压机的容量，$m^3/min$；

$t_i$——1 个周期所需的时间，min；

$n$——补充周期的次数；

$T$——测量总时间，min。

**例 3**　经测量，在 10min 内，空压机的容量 $V_k$ 为 $3m^3/min$，$n$ 为 5 次，总的补充时间是 2min，这就产生了下面的泄漏率。

根据式（23-2-4），得知 $V_k$ 为 $3m^3/min$，

$$V_L=\frac{3\times2}{10}=0.6m^3/min$$

事实上，$0.6m^3/min$ 的泄漏相当于空压机容量（$3m^3/min$）的 20%，应视作一个警告信号。

## 2.4.4　泄漏检测系统

常规检测泄漏的方法是用肥皂溶液刷洗可能泄漏的部位，有气泡就表示有泄漏。还有一种用于压缩空气网络系统的检测方法，见图 23-2-5，通过压力传感器测得压力数据，再通过信号转换由电脑作出数据评估。

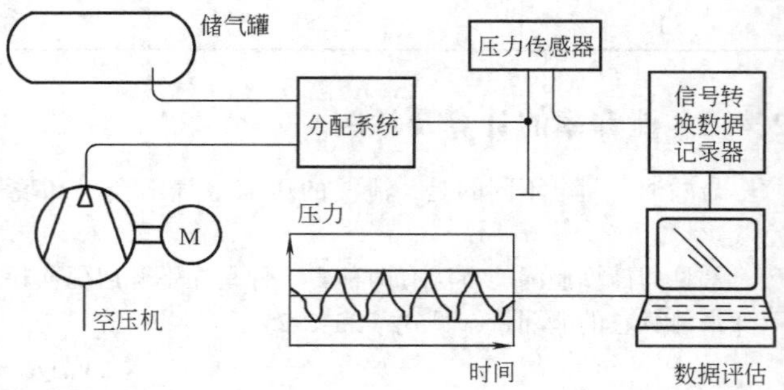

图 23-2-5　用于压缩空气网络系统的泄漏检测系统

## 2.4.5　压缩空气的合理损耗

不漏气的理论定义是 10mbar/s、10L/s 的泄漏速度。然而，在实际操作中并没有这种要求。泄漏速度在 10mbar/s、2L/s 到 10mbar/s、5L/s 是比较合适的。0.6bar 的压力损耗对操作压力在消耗点时为 7bar 的系统来说时一个可以接受的数值。

在自然界中，尽管空气取之不尽，但通过电能转换成压缩空气能源的代价是昂贵的。合理地使用压缩空气能源是工业界重要经济指标之一。目前，在气动系统中，应用的压缩机往往是现代的，但采用的压缩空气网络却仍然是陈旧、粗糙的，经常有 50%的电能被浪费了。因此解决泄漏、节约能耗是工程师需要关心并完成的重要工作之一。

0.03bar 在空气网络管道中压力损失是不可避免的。我们期望压力损失的值控制在：

| | |
|---|---|
| 主气管道 | 0.03bar |
| 分气管道 | 0.03bar |

| | |
|---|---|
| 连接管道 | 0.04bar |
| 干燥管道 | 0.3bar |
| 过滤管道 | 0.4bar |
| 三联件及管道 | 0.6bar |
| 总压力降 | 1.4bar |

## 2.5 压缩空气网络的主要组成部分

① 主管道　它将压缩空气从压缩机输送给有需要的车间（见图 23-2-6）。

② 分气管道（单树枝状、双树枝状、环状网络管道）通常是一个环路。它把车间里的压缩空气分配到各工作场所。

③ 连接管道　它是永久分配网中的最后一环，通常是一根软管。

④ 分支管道　这根管道从分气管道通到某一地方。它的终端是一个死结，这样做的好处是节约管道。

⑤ 环路　这种类型的管道呈封闭环状。它的好处是在管道中某些单独部分堵塞的情况下仍然可以向其他地方提供压缩空气，当邻近地方（如 A 处）消耗压缩空气的同时，其他位置（如 B 处）仍然有足够的压力；公称通径也很小。

⑥ 管接头和附件　如图 23-2-6 所示为配备了最重要元件的系统示意图，包括系统中用来控制压缩空气流动和元件装配的部分。需要强调的是，因为冷凝水的缘故，各条连接管路应该连接在分配管路的顶端，这就是所谓的“天鹅颈”。排除冷凝水的分支管道安装在气动网络中位置最低处的管道底部。如果冷凝水排水管和管道直接连接，则必须确保冷凝水不会因压缩空气的流动而被一起吹入管道。

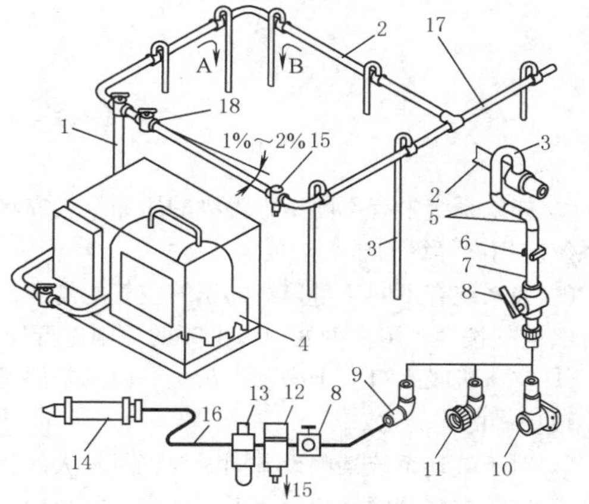


图 23-2-6　系统示意图

1—主管道；2—环状网络管道（分气管）；3—连接管道；4—空压机站；5—90°的肘接管道；6—墙箍；7—管道；8—球阀；9—90°肘接接头；10—墙面安装件；11—管道件（缩接）；12—过滤器；13—油雾器；14—驱动器；15—排水装置；16—软管；17—分气管道；18—截止阀（闸阀）

### 2.5.1 压缩空气管道的网络布局

压缩空气供气网络有三种供气系统：

① 单树枝状网络供气系统；

② 双树枝状网络供气系统；

③ 环状网络供气系统。

图 23-2-7 所示的环状网络供气系统阻力损失最小，压力稳定，供气可靠。

### 2.5.2 压缩空气应用原则

压缩空气的应用原则：应对系统消耗的总量进行准确的计算，选择合适的空压设备用量及压缩空气的质量等级。为了确保压缩空气的质量，应从大气进入空压机开始，直至输送到所需气动系统及设备之前，每一过程都需对压缩空气进行必要的预处理。对于空气质量等级要求的一个原则：如果系统中某一个系统和气动设备需要高等级的压缩空气，则必须向该系统提供与其所需等级相适应的压缩空气，如无需高等级压缩空气，则提供与它相应等级的压缩空气便可。即使同一个气动设备有不同空气质量等级需求，也应该遵守这一经济原则。追求压缩空气清洁的愿望是无止境的，但应注意如下事项。

① 选择系统所需的足够的压缩空气容量和压缩空气的质量等级标准。

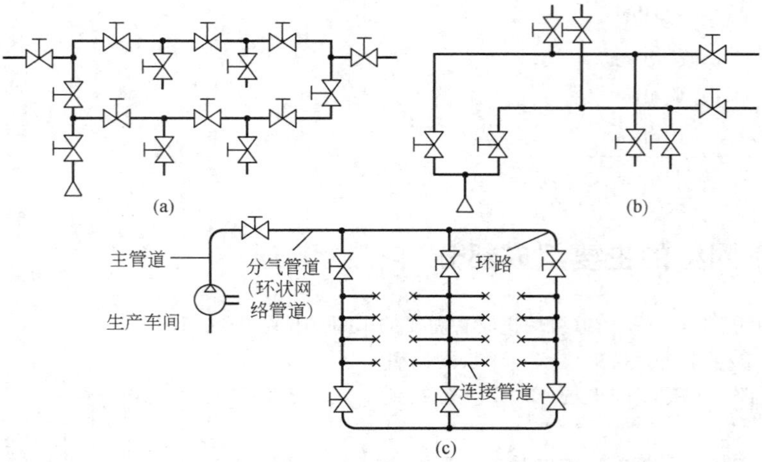


图 23-2-7　环状网络供气系统

② 如果系统中有不同压力等级的压缩空气要求，从经济角度出发，可考虑局部压力放大（增压器），避免整个系统应用高等级的压缩空气。

③ 如系统有不同质量等级的压缩空气的需求，从经济角度出发，压缩空气还是必须集中筹备，然后对所需高等级空气按照“用多少处理多少”的原则进行处理。

④ 空压机吸入口应干净、无灰尘、通风条件好、干燥。应充分注意：温暖潮湿的气候，空气在压缩过程中将生成更多的冷凝水。

⑤ 对于气动系统某些设备同时耗气量较大的状况，应在该气动支路安装一个小型储气罐，以避免压力波动。

⑥ 应该在气动网络管道最低点，安装收集冷凝水的排除装置。

⑦ 选择合理的空气网络管路、管接件和附件。

⑧ 应为将来系统扩容预留一定的压缩空气用量。

## 2.6　管道直径的计算及图表法

（1）管道直径的计算

气源系统中的管道直径与其通过的流量、工作压力、管道长度和压力损失等因素有关。

$$d=\sqrt[5]{1.6\times10^3\times V^{1.85}\times\frac{L}{\Delta p\times p_1}} \tag{23-2-5}$$

式中　$d$——管道内径，m；

$p_1$——工作压力，bar；

$\Delta p$——压力损失，Pa，应该不超过 0.1bar；

$L$——管道的名义长度，m，经过综合计算修正后；

$V$——流量，$m^3/s$。

**例**　在一个 300m 长的直管道，流量为 $21m^3/min$（$0.350m^3/s$），工作压力为 7bar（等于 700000Pa）时，管道直径 $d$ 应是多少？

$$d=\sqrt[5]{\frac{1.6\times10^3\times0.35^{1.85}\times300}{10000\times700000}}=0.099m\approx100mm$$

（2）利用 J Guest Gmbh 表查管道直径

根据 J Guest Gmbh 表（见表 23-2-13），可以管道长度和流量求聚酰胺管道外径（单位 mm）的近似值。

表 23-2-13 **J Guest Gmbh 表**

| 直径/mm 长度/mm 流量/L·min⁻¹ | 25 | 50 | 100 | 150 | 200 | 250 | 300 |
|---|---|---|---|---|---|---|---|
| 200 | 12 | 12 | 12 | 15 | 15 | 15 | 18 |
| 400 | 12 | 12 | 15 | 15 | 15 | 18 | 18 |
| 500 | 15 | 15 | 15 | 18 | 18 | 18 | 18 |
| 750 | 15 | 15 | 18 | 18 | 18 | 22 | 22 |
| 1000 | 15 | 15 | 18 | 18 | 22 | 22 | 22 |
| 1500 | 18 | 18 | 18 | 22 | 22 | 22 | 22 |
| 2000 | 18 | 18 | 22 | 22 | 22 | 28 | 28 |
| 3000 | 22 | 22 | 28 | 28 | 28 | 28 | 28 |
| 4000 | 28 | 28 | 28 | 28 | 28 | 28 | 28 |

注：对于环状的管道来说，它的流量将被分流，管道长度也将减为原来的一半。

**例** 在有效长度为 300m 的环状管路中，流量为 $2m^3/min$，工作压力为 7bar 时，管道直径 $d$ 应是多少？

**解**：因为管道是环状管路，因此它的流量和管道长度均减半，分别为 1000L/min 及 150m，按表 23-2-13 可查得管道直径为 18mm。

(3) 利用管道直线列线图查管道直径

当已知管道长度（包括管接件的压力损失转换成管道长度）、流量、工作压力和管道的压力降，可用图 23-2-8 查找相应的管道直径 $d$。

如管长 300m，流量 $1m^3/h$，工作压力 8bar，压力损失 $\Delta p$ 为 0.1bar，按步骤①到⑧得到 $D$ 轴上的交点，管道直径等于 100mm。

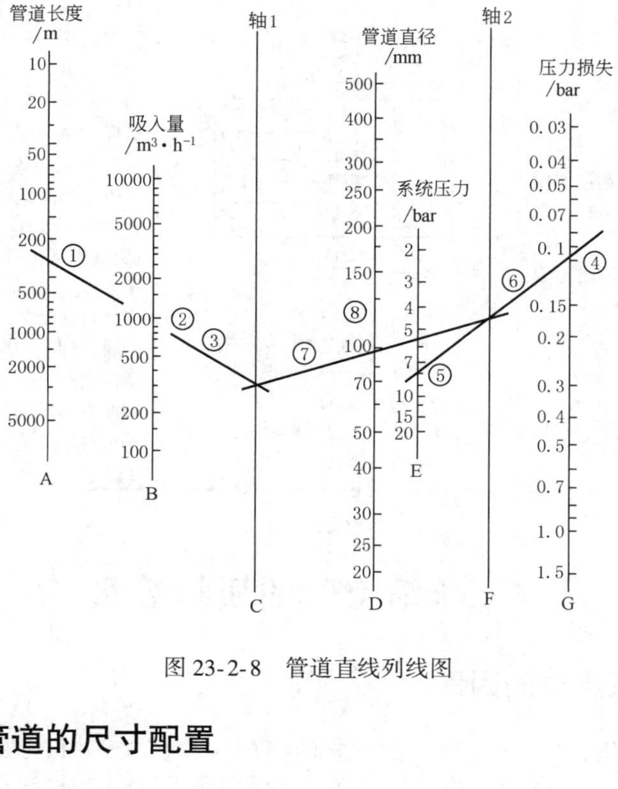


图 23-2-8 管道直线列线图

## 2.7 主管道与支管道的尺寸配置

主管道与支管道的配置可参照表 23-2-14。

表 23-2-14　　主管道与支管道的配置

| 主管道(环状网络管道) | | 支管路数量(支管道)<br>内径/mm | | | | | | | | |
|---|---|---|---|---|---|---|---|---|---|---|
| in | mm | 3 | 6 | 10 | 13 | 19 | 25 | 38 | 51 | 76 |
| ½ | 13 | 20 | 4 | 2 | 1 | — | — | — | — | — |
| ¾ | 19 | 40 | 10 | 4 | 2 | 1 | — | — | — | — |
| 1 | 25 | — | 18 | 6 | 4 | 2 | 1 | — | — | — |
| 1½ | 38 | — | — | 16 | 8 | 4 | 2 | 1 | — | — |
| 2 | 51 | — | — | — | 16 | 8 | 4 | 2 | 1 | — |
| 3 | 76 | — | — | — | — | 16 | 8 | 4 | 2 | 1 |

例如：内径为 51mm 的主管道能提供 16 根直径为 13mm 的支管道、或 8 根直径为 19mm 的支管道、或 4 根直径为 25mm 的支管道、或 2 根直径为 38mm 的支管道、或 1 根直径为 51mm 的支管道。

如果提供给耗气设备的压力太低，原因可能是以下某种：

① 分配网络的设计不当，或压缩机容量不够；

② 气路管道过细；

③ 泄漏率大；

④ 过滤器被堵住了；

⑤ 接头和过渡连接件的尺寸太小；

⑥ 太多的 L 形接头（增加了压力损失）。

# 3　增　压　器

表 23-2-15

| 功　　能 | 工作原理图 | 工作原理说明 |
|---|---|---|
| 工厂气路中的压力，通常不高于 1.0MPa。因此在下列情况时，可利用增压阀提供少量、局部高压气体<br>(1)气路中个别或部分装置需用高压<br>(2)工厂主气路压力下降，不能保证气动装置的最低使用压力时，利用增压阀提供高压气体，以维持气动装置正常工作<br>(3)不能配置大口径气缸，但输出力又必须确保<br>(4)气控式远距离操作，必须增压以弥补压力损失<br>(5)需要提高联动缸的液压力<br>(6)希望缩短向气罐内充气至一定压力的时间 | 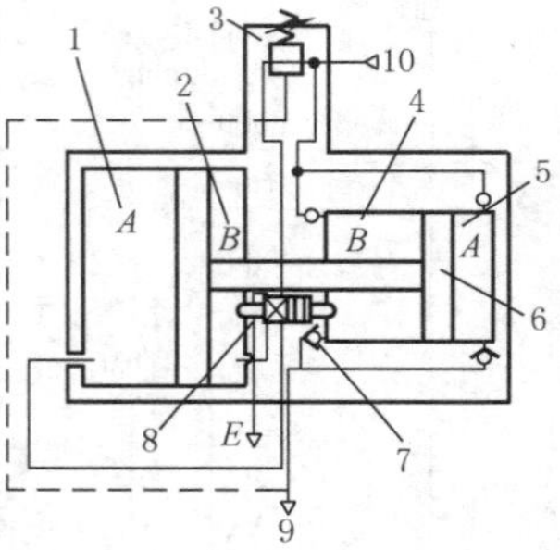<br>1—驱动室 $A$；2—驱动室 $B$；<br>3—调压阀；4—增压室 $B$；<br>5—增压室 $A$；6—活塞；<br>7—单向阀；8—换向阀；<br>9—出口侧；10—入口侧 | 输入气压分两路，一路打开单向阀小气缸的增压室 $A$ 和 $B$，另一路经调压阀及换向阀向大气缸的驱动室 $B$ 充气。驱动室 $A$ 排气。这样，大活塞左移，带动小活塞也左移，使小气缸 $B$ 室增压，打开单向阀从出口选出高压气体。小活塞移动到终端，使换向阀切换，则驱动室 $A$ 进气，驱动室 $B$ 排气，大活塞反向运动，增压室 $A$ 增压，打开单向阀从出口送出高压气体。出口压力反馈到调压阀，可使出口压力自动保持在某一值。当需要改变出口压力时，可调节手轮，便得到在增压范围内的任意设定的出口压力。若出口反馈压力与调压阀的可调弹簧力相平衡，增压阀就停止工作，不再输出流量 |



# 4　压缩空气的质量等级

## 4.1　影响压缩空气质量的因素

压缩空气可分为过滤干燥压缩空气及过滤干燥经油雾润滑的压缩空气。为了确保气动控制系统和气动元器件正常工作，必须使压缩空气在一个压力稳定、干燥和清洁的状态。任何情况下，要求过滤器去除大于 40μm 的污染物（标准滤芯）。压缩空气经处理后应为无油压缩空气。当压缩空气润滑时，必须采用 DIN 51524-HLP32 规定的油：40℃时油的黏度为 32cSt。油雾不能超过 25mg/m³（DIN ISO8573-1 第 5 类）。一旦阀使用润滑的压缩空气，以后工作时，就必须一直使用，因为油雾气体将冲走元件内基本润滑剂，从而导致故障。另外，系统千万不能过度润滑。为了确定正确的油雾设定，可进行以下简单的“油雾测试”：手持一页白纸，在控制气缸最远阀的排气口（不带消声器）约 10cm 距离，经一段时间后，白纸呈现淡黄色，上面的油滴可确定是否过度润滑。排气消声器的颜色和状态则提供了过度润滑的证据。醒目的黄色和滴下的油都表明润滑设置设定的油量太大。受污染或不正确润滑的压缩空气会导致气动元件的寿命缩短，必须至少每周对气源处理单元的冷凝水和润滑设定检查两次。这些操作必须列入机器的保养说明书中。即使需使用润滑的压缩空气，油雾器也应尽可能直接安装在气缸的上游，以避免整个系统都使用油雾空气。为了保护环境，尽可能不用油雾器。特殊应用场合有可能需要精细压缩空气过滤器。

不良的压缩空气将造成气缸和阀的密封圈以及移动部件迅速磨损，阀受到油污，消声器受到污染，管道、阀、气缸和其他元件受到腐蚀，润滑剂被破坏等。对某些特殊加工领域，如医药、食品、电子等行业，逃逸出去的压缩空气会损坏其产品。

影响压缩空气的质量有两个方面：压缩空气的来源与压缩空气的产生及储存设备。

① 压缩空气的来源　正确选择压缩机的安放地点是很重要的。压缩空气的进气口应选在温度低、无尘埃的地方。如将压缩机房建在通风良好而宽敞处，避免空压机的吸气口面对锅炉房蒸气泄漏处。

② 压缩空气的产生与储存设备　选择合适的压缩机（有油还是无油润滑）；注意压缩机进气口过滤器的过滤状况、储气罐和管道中的铁锈、管道密封剂；管道件加工残留的固态颗粒及储存设备中是否有水。压缩空气质量等级见表 23-2-16（空气微粒含量的等级）。

## 4.2　净化车间的压缩空气质量等级

**表 23-2-16　　ISO 14644.1 空气微粒含量的等级、颗粒度限制**　　微粒·m⁻³

| 等级 \ 粒径/μm | 0.1 | 0.2 | 0.3 | 0.5 | 1 | 5 | 最大含油量 /mg·m⁻³ | 压力露点最大值/℃ |
|---|---|---|---|---|---|---|---|---|
| ISO 第一级 | 10 | 2 | — | — | — | — | 0.01 | -70 |
| ISO 第二级 | 100 | 24 | 10 | 4 | — | — | 0.1 | -40 |
| ISO 第三级 | 1.000 | 237 | 102 | 35 | 8 | — | 1.0 | -20 |
| ISO 第四级 | 10.000 | 2.370 | 1.020 | 352 | 83 | 3 | 5 | +3 |
| ISO 第五级 | 100.000 | 23.700 | 10.200 | 3.520 | 832 | 29 | 25 | +7 |
| ISO 第六级 | 1000.000 | 237.000 | 102.000 | 35.200 | 8.320 | 293 | — | +10 |
| ISO 第七级 | | | | 352.000 | 83.200 | 2.930 | — | 不规定 |
| ISO 第八级 | | | | 3520.000 | 832.000 | 29.300 | | |
| ISO 第九级 | | | | 35200.000 | 8320.000 | 293.000 | | |

## 4.3　不同行业、设备对空气质量等级要求

对不同种类的设备，推荐不同质量等级的压缩空气，见表 23-2-17。

**表 23-2-17**

| 应用场合 | 悬浮固体 /μm | 水分的露点 /℃ | 最大含油量 /mg·m⁻³ | 推荐的过滤度 /μm |
|---|---|---|---|---|
| 采矿 | 40 | — | 25 | 40 |
| 清洗 | 40 | +10 | 5 | 40 |
| 焊机 | 40 | +10 | 25 | 40 |
| 机床 | 40 | +3 | 25 | 40 |
| 气缸 | 40 | +3 | 25 | 40 |
| 阀 | 40 或 50 | +3 | 25 | 40 或 50 |
| 包装领域 | 40 | +3 | 1 | 5~1 |
| 精确减压阀 | 5 | +3 | 1 | 5~1 |
| 测量空气领域 | 1 | +3 | 1 | 5~1 |
| 储存空气领域 | 1 | -20 | 1 | 5~1 |
| 喷漆空气领域 | 1 | +3 | 0.1 | 5~1 |
| 传感器 | 1 | -20 或-40 | 0.1 | 5~1 |
| 纯呼吸用空气 | 0.01 | — | — | -0.01 |

# 5　压缩空气站、增压器产品

## 5.1　环保冷媒冷冻式干燥器（SMC）

型号标记：IDFA [8] E — [23] — [ ]

规格号　电压　可选项

| 无记号 | 无 |
|---|---|
| A | 冷却压缩空气 |
| C | 铜管防锈处理 |
| K | 中压空气用（带液量比的金属杯） |
| L | 带重载型自动排水器 |
| R | 带漏电自动断路器 |
| T | 带运行、异常信号检出端子台 |

**表 23-2-18**

主要技术参数

| 规格形式 | 型号 | IDFA3E-23 | IDFA4E-23 | IDFA6E-23 | IDFA8E-23 | IDFA11E-23 | IDFA15E-23 | IDFA22E-23 | IDFA37E-23 |
|---|---|---|---|---|---|---|---|---|---|
| 空气流量(ANR)①/$m^3 \cdot h^{-1}$ | 出口压力露点 3℃ | 12 | 24 | 36 | 65 | 80 | 120 | 182 | 273 |
| | 出口压力露点 7℃ | 15 | 31 | 46 | 83 | 101 | 152 | 231 | 347 |
| | 出口压力露点 10℃ | 17 | 34 | 50 | 91 | 112 | 168 | 254 | 382 |
| 额定值 | 使用压力/MPa | 0.7 | | | | | | | |
| | 进口空气温度/℃ | 35 | | | | | | | |
| | 周围温度/℃ | 25 | | | | | | | |
| | 电压/V | 230 50Hz | | | | | | | |
| 使用范围 | 使用流体 | 压缩空气 | | | | | | | |
| | 进口空气温度/℃ | 5~50 | | | | | | | |
| | 最小进口空气压力/MPa | 0.15 | | | | | | | |
| | 最大进口空气压力/MPa | 1.0 | | | | | | | |
| | 周围温度/℃ | 2~40(相对湿度不大于85%) | | | | | | | |
| 电气规格 | 电源/V | 单相AC220~240(50Hz)电压可变范围-10%④ | | | | | | | |
| | 启动电流②/A | 8 | 8 | 9 | 11 | 19 | 20 | 22 | 22 |
| | 运转电流②/A | 1.2 | 1.2 | 1.2 | 1.4 | 2.7 | 3.0 | 4.3 | 4.3 |
| | 耗电量②/W | 180 | 180 | 180 | 208 | 385 | 470 | 810 | 810 |
| | 电流保护器③/A | 5 | | | | | 10 | | |
| 噪声(在50Hz电压下)/dB | | 50 | | | | | | | |
| 冷凝器 | | 散热板管型冷却方式 | | | | | | | |
| 冷媒 | | HFC134a | | | | | | HFC407C | |
| 冷媒填充量/g | | 150~5 | 200~5 | 230~5 | 270~5 | 290~5 | 470~5 | 420~5 | 730~5 |
| 空气进出口口径 | | ⅜ | ½ | ¾ | | | 1 | 1 | 1½ |
| 排水口口径(管外壁尺寸)/mm | | 10 | | | | | | | |
| 涂装规格 | | 密胺树脂烘烤涂装 | | | | | | | |
| 颜色 | | 本体外壳:10Y8/0.5(白色) | | | | | | | |
| 质量/kg | | 18 | 22 | 23 | 27 | 28 | 46 | 54 | 62 |
| 对应空压机(标准型)/kW | | 2.2 | 3.7 | 5.5 | 7.5 | 11 | 15 | 22 | 37 |

① ANR是指温度20℃,1个大气压和相对湿度65%的状态

② 此数值是在额定状态下的

③ 请安装漏电保护器(感度30mA)

④ 出现短期电力不足(包括连续电力不足时,再启动可能比正常情况下所用的时间要长,或由于有保护电路,即使来电也有可能不能正常启动)

续表

外 形 尺 寸

IDFA3E

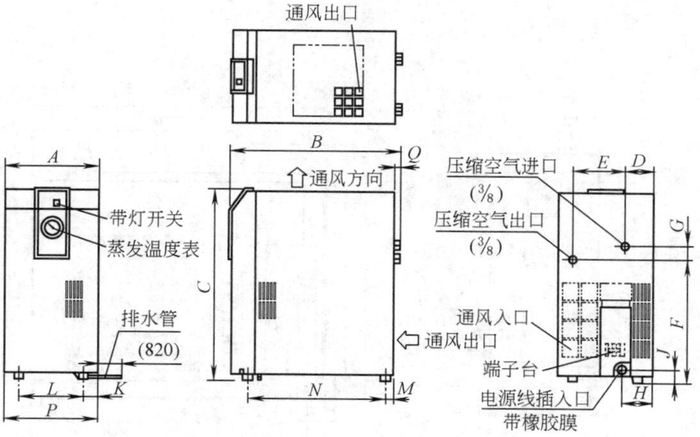


mm

| 型 号 | 口径尺寸 | *A* | *B* | *C* | *D* | *E* | *F* | *G* | *H* | *J* | *K* | *L* | *M* | *N* | *P* | *Q* |
|---|---|---|---|---|---|---|---|---|---|---|---|---|---|---|---|---|
| IDFA3E | 3/8 | 226 | 410 | 473 | 67 | 125 | 304 | 33 | 73 | 31 | 36 | 154 | 21 | 330 | 231 | 16 |

IDFA4E～11E

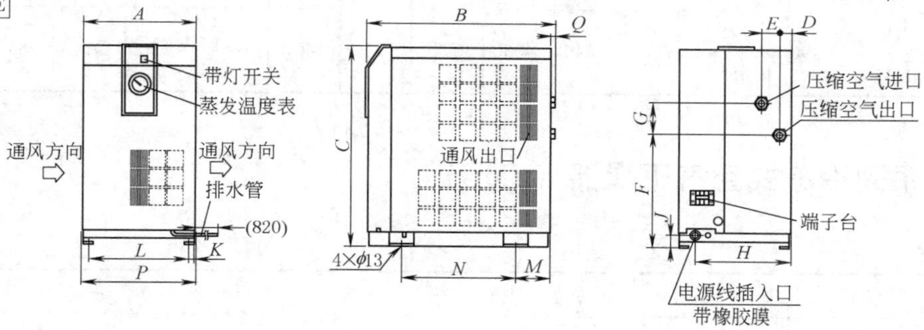


mm

| 型 号 | 口径尺寸 | *A* | *B* | *C* | *D* | *E* | *F* | *G* | *H* | *J* | *K* | *L* | *M* | *N* | *P* | *Q* |
|---|---|---|---|---|---|---|---|---|---|---|---|---|---|---|---|---|
| IDFA4E | 1/2 | 270 | 453 | 498 | 31 | 42 | 283 | 80 | 230 | 32 | 15 | 240 | 80 | 275 | 275 | 13 |
| IDFA6E | 3/4 | 270 | 455 | 498 | 31 | 42 | 283 | 80 | 230 | 32 | 15 | 240 | 80 | 275 | 275 | 15 |
| IDFA8E | 3/4 | 270 | 485 | 568 | 31 | 42 | 355 | 80 | 230 | 32 | 15 | 240 | 80 | 300 | 275 | 15 |
| IDFA11E | 3/4 | 270 | 485 | 568 | 31 | 42 | 355 | 80 | 230 | 32 | 15 | 240 | 80 | 300 | 275 | 15 |

IDFA15E

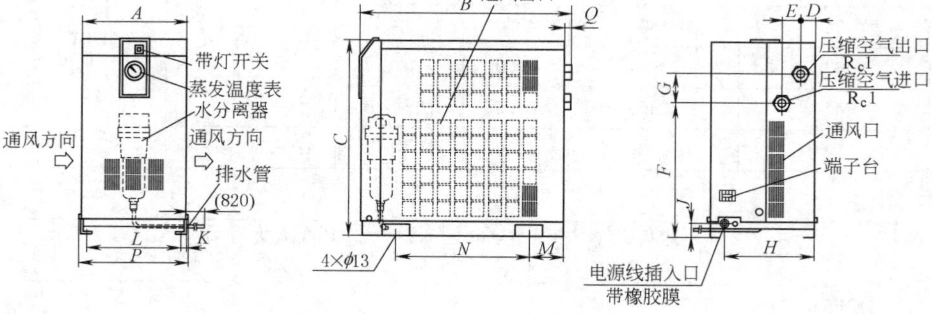


mm

| 型 号 | 口径尺寸 | *A* | *B* | *C* | *D* | *E* | *F* | *G* | *H* | *J* | *K* | *L* | *M* | *N* | *P* | *Q* |
|---|---|---|---|---|---|---|---|---|---|---|---|---|---|---|---|---|
| IDFA15E | 1 | 300 | 603 | 578 | 41 | 54 | 396 | 87 | 258 | 43 | 15 | 270 | 101 | 380 | 314 | 16 |

续表

| 外形尺寸 |
| --- |

IDFA22E～37E

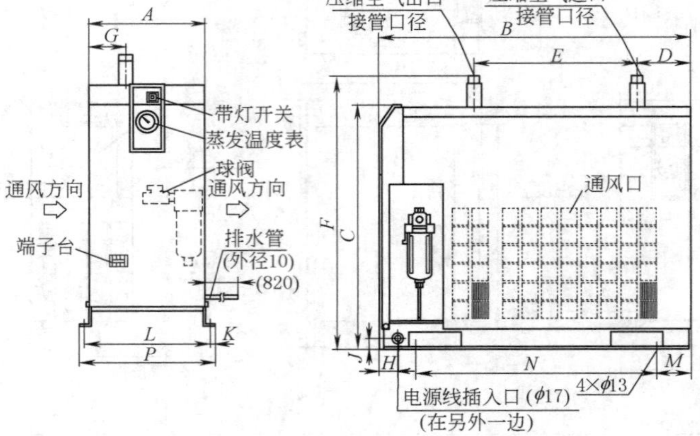


mm

| 型　号 | 口径尺寸 | *A* | *B* | *C* | *D* | *E* | *F* | *G* | *H* | *J* | *K* | *L* | *M* | *N* | *P* |
| --- | --- | --- | --- | --- | --- | --- | --- | --- | --- | --- | --- | --- | --- | --- | --- |
| IDFA22E | R1 | 290 | 775 | 623 | 134 | 405 | 698 | 93 | 46 | 25 | 13 | 314 | 85 | 600 | 340 |
| IDFA37E | R1½ |  | 855 |  |  |  |  |  |  |  |  |  |  | 680 |  |

## 5.2 IDF 系列冷冻式空气干燥器（SMC）

表 23-2-19

| 规格 | | | | | | | | |
| --- | --- | --- | --- | --- | --- | --- | --- | --- |
| 干燥器型号 | | 处理空气量（ANR）① /m³·min⁻¹ | 适合空压机功率 /kW | 消耗功率 /W | 接管口径 | 自动排水器型号 | 使用电压 | 漏电开关容量 /A |
| 中型 | IDF55C | 7.65 | 55 | 1400 | 2 | AD44-X445 | 三相 AC220V | 15 |
| | IDF75C | 10.5 | 75 | 2100 | | | | |
| 大型 | IDF120D | 20 | 120 | 2500 | 法兰 2½B | ADH4000-04 | | 30 |
| | IDF150D | 25 | 150 | 4000 | 法兰 3B | | | 45 |
| | IDF190D | 32 | 190 | 4900 | | | | 50 |
| | IDF240D | 43 | 240 | 6300 | 法兰 4B | | | 60 |
| | IDF370B② | 54 | 370 | 8100 | 法兰 6B | ADM200-042-8 | | 80 |

① 在下列条件下：

| 系　列 | 进口空气压力 /MPa | 进口空气温度 /℃ | 环境温度 /℃ | 出口空气压力露点 /℃ |
| --- | --- | --- | --- | --- |
| IDF55C-240D | 0.7 | 40 | 32 | 10 |
| IDF370B | | 35 | | |

② IDF370B 为水冷式冷凝器，其余系列为风冷式冷凝器

第 23 篇

续表

型 号 标 记

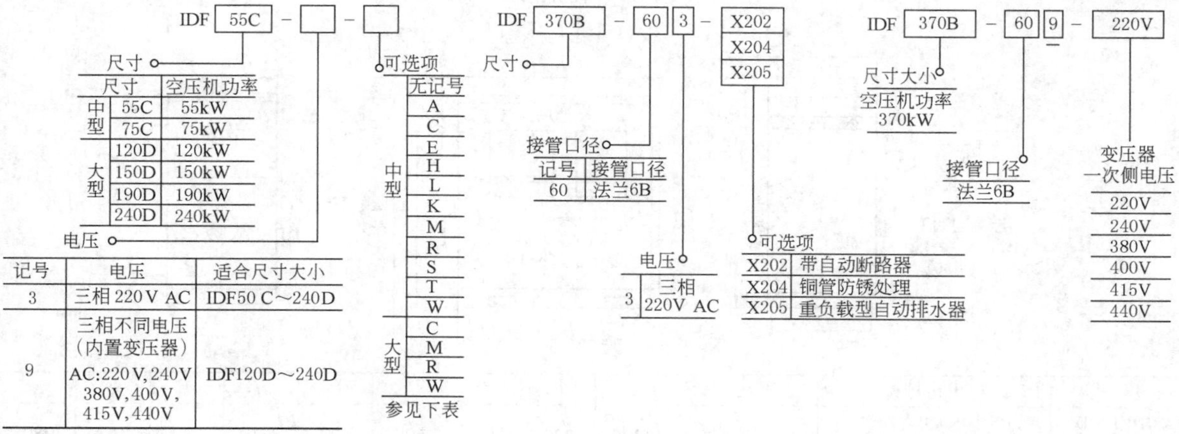


可选项

| 尺寸大小 \ 记号/内容 | A 冷却压缩空气 | C 铜管防锈处理 | E 带蒸发温度计 | H 中压空气用 | K 中压空气用（自动排水器带液位计的金属杯） | L 带重载型自动排水器 | M 带电动式自动排水器 | R 带涡电自动断路器 | S 电源端子台连接 | T 带信号远距离操作用端子台 | W 水冷式冷凝器 | 无记号 无 |
|---|---|---|---|---|---|---|---|---|---|---|---|---|
| 55C | ○ | ○ | 标准装备 | ○ | — | ○ | — | ○ | 标准装备 | ○ | ○ | ○ |
| 75C | ○ | ○ | | ○ | — | ○ | — | ○ | | ○ | ○ | ○ |
| 120D | — | ○ | | — | — | — | — | ○ | — | — | ○ | ○ |
| 150D | — | ○ | | — | — | — | ○ | ○ | — | — | ○ | ○ |
| 190D | — | ○ | | — | — | — | ○ | ○ | — | — | ○ | ○ |
| 240D | — | ○ | | — | — | — | ○ | ○ | — | — | ○ | ○ |

注：H和M、R和S、S和T、A和H、L和M不能组合，其他多个可选项的组合，按字母顺序排列表示

外 形 尺 寸

IDF15C～75C

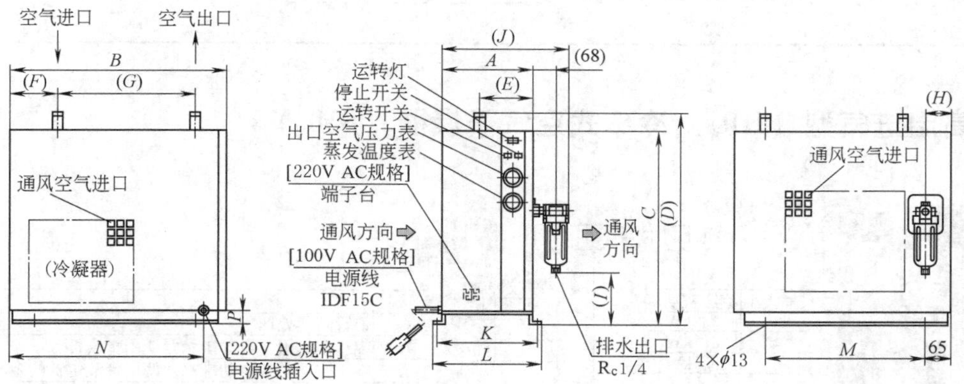


| 型 号 | 接管口径 | A | B | C | D | E | F | G | H | I | J | K | L | M | N | P |
|---|---|---|---|---|---|---|---|---|---|---|---|---|---|---|---|---|
| IDF55C | R2 | 405 | 850 | 850 | 930 | 85 | 98 | 405(610) | 722 | 247 | 508 | 433 | 461 | 700 | 800 | 30 |
| IDF75C | R2 | 425 | 850 | 900 | 980 | 85 | 98 | 405(610) | 722 | 297 | 528 | 433 | 481 | 700 | 800 | 30 |

注：（ ）是可选项规格的冷却压缩空气用的尺寸

第23篇

续表

外 形 尺 寸

IDF120D～240D

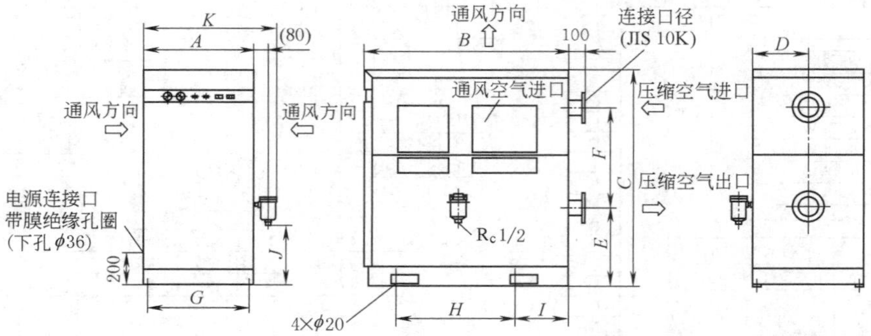


| 型 号 | 进出口连接 | A | B | C | D | E | F | G | H | I | J | K |
|---|---|---|---|---|---|---|---|---|---|---|---|---|
| IDF120D | JIS 10K 2B½法兰 | 650 | 1200 | 1300 | 325 | 470 | 600 | 600 | 660 | 330 | 365 | 780 |
| IDF150D | JIS 10K 3B 法兰 | | | | | | | | | | | |
| IDF190D | JIS 10K 3B 法兰 | 750 | 1510 | 1320 | 375 | 480 | 600 | 700 | 800 | 355 | 427 | 880 |
| IDF240D | JIS 10K 4B 法兰 | 770 | 1550 | 1640 | 385 | 703 | 730 | 700 | 800 | 355 | 592 | 900 |

IDF370B

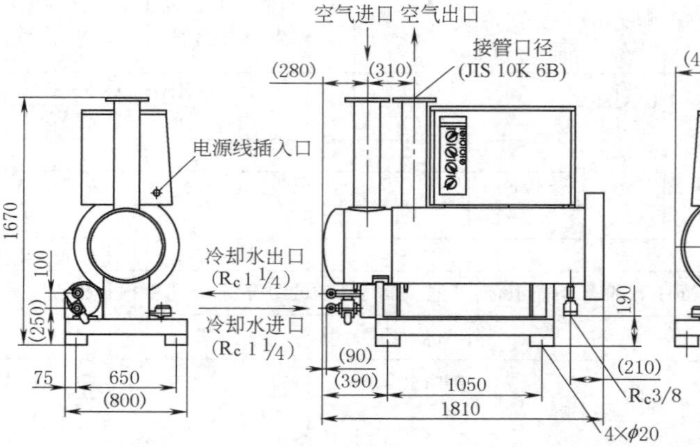


## 5.3 高温进气型（IDU）冷冻式空气干燥器（SMC）

型号标记:

IDU [4] E - [10] [ ] - [ ]

尺寸大小

| 尺寸大小 | 空压机功率 |
|---|---|
| 3 | 2.2kW |
| 4 | 3.7kW |
| 6 | 5.5kW |

电压

| | |
|---|---|
| 10 | 单相110V AC |
| 20 | 单相220V AC |

螺纹种类

| 无记号 | $R_c$ |
|---|---|
| F | G |
| N | NPT |

可选项

| 无记号 | 无 |
|---|---|
| C | 铜管防锈处理 |
| H | 中压空气用（自动排水器使用金属杯） |
| K | 中压空气用（自动排水器使用带液位计的金属杯） |
| L | 带重载型自动排水器 |
| M | 带电动式自动排水器 |
| R | 带漏电自动断路器 |
| S | 端子台连接（仅对单相110V AC） |
| T | 带运转异常信号端子台 |

注：R和S不能组合(因R上含S功能)，S和T不能组合(因T上含S功能)，其他可选项多个组合的场合，按字母顺序排列表示

**表 23-2-20**

规　格

| 干燥器型号 | 处理空气量(ANR)① /$m^3 \cdot min^{-1}$ | 进口空气温度 /℃ | 使用压力范围 /MPa | 环境温度 /℃ | 电源电压 /V AC | 消耗功率 /W | 漏电开关容量/A | 自动排水器型号 | 冷媒 | 接管口径 | 适合空压机功率 /kW |
|---|---|---|---|---|---|---|---|---|---|---|---|
| IDU3E | 0.32 | 5~80 | 0.15~1.0 | 2~40 | 单相 110 220 | 180 | 10 (110V AC) 5 (220V AC) | AD48 | HFC 134a | $R_c 3/8$ | 2.2 |
| IDU4E | 0.52 | | | | | 208 | | | | $R_c 1/2$ | 3.7 |
| IDU6E | 0.75 | | | | | 350 | | | | $R_c 3/4$ | 5.5 |

① 测定条件:进口空气压力为 0.7MPa,进口空气温度为 55℃,环境温度为 32℃,出口空气压力露点为 10℃

外　形　尺　寸

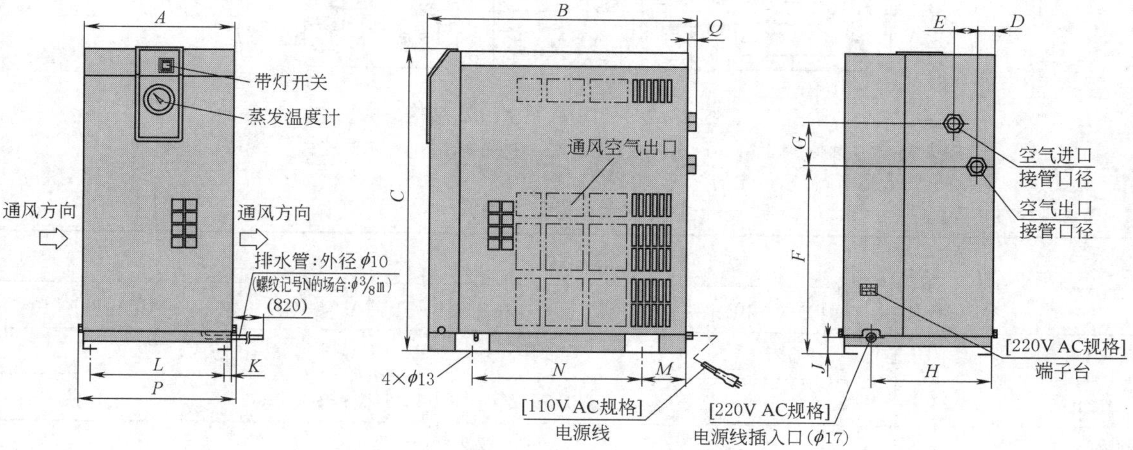


mm

| 型号 | 接管口径 | A | B | C | D | E | F | G | H | J | K | L | M | N | P | Q |
|---|---|---|---|---|---|---|---|---|---|---|---|---|---|---|---|---|
| IDU3E | $R_c 3/8$ | 270 | 455 | 498 | 31 | 42 | 283 | 80 | 230 | 32 | 15 | 240 | 80 | 275 | 284 | 15 |
| IDU4E | $R_c 1/2$ | | 483 | 568 | | | 355 | | | | | | | 300 | | 13 |
| IDU6E | $R_c 3/4$ | | 485 | | | | | | | | | | | | | 15 |

构　造　原　理

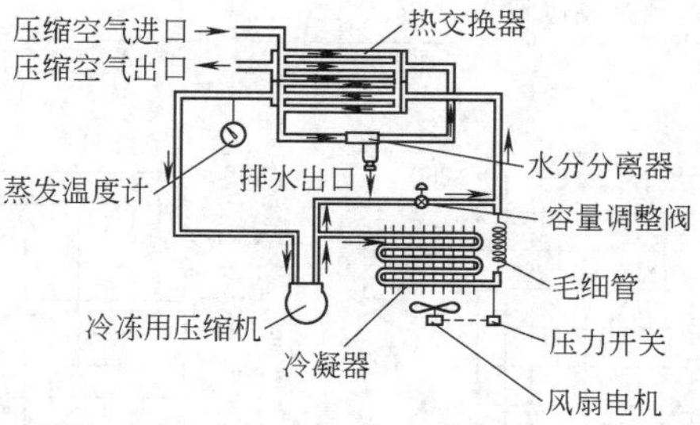


## 5.4　DPA 型增压器（Festo）

增压器是一种带双活塞，能压缩空气的压力增强器。当对 DPA 进行加压时，根据流量的大小，内置换向阀和单向阀能自动地把输出端的压力提高两倍。两端活塞的驱动气源是由换向阀控制的。当到达一定的行程终端位置，换向阀能自动换向，能在系统压力和最大的两倍系统压力之间随意地选择输出压力。

其参考值是通过一个手动操作的减压阀来设置的。该减压阀给输出端的运动活塞提供压缩空气，并确保增压器的稳定工作。当使用的系统压力未达到要求的输出压力时，增压器能自动启动。当达到输出压力时，增压器就自动停止工作，但是当压力下降时，增压器就又会动作。

优点：任意位置安装、使用寿命长、结构紧凑、完美设计、安装时可选择气缸 ADVU 的标准附件、通过阀驱动、用气量少、安装时间短。结构图见图 23-2-9。

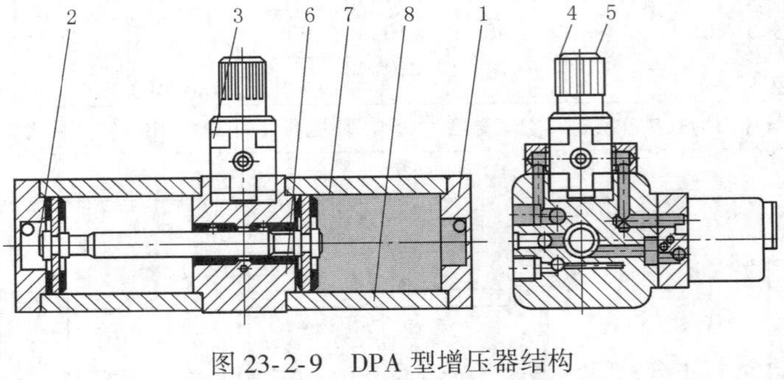


图 23-2-9　DPA 型增压器结构

1—插头盖；2—圆形螺母；3—阀；4—旋转手柄；5—防护盖；6—中间件；7—壳体；8—缸筒

**表 23-2-21　主要技术参数及外形尺寸**

主要技术参数

| 型　　号 | DPA-63-10 | DPA-100-10 | DPA-63-16 | DPA-100-16 |
|---|---|---|---|---|
| 气接口 | G⅜ | G½ | G⅜ | G½ |
| 工作介质 | 过滤压缩空气,未润滑,过滤等级为 5μm | | | |
| 结构特点 | 双活塞加压器 | | | |
| 安装位置 | 任意 | | | |
| 输入压力 $p_1$/bar | 2~8 | | 2~10 | |
| 输出压力 $p_2$/bar | 4~10① | | 4~16① | |
| 压力显示器 | G⅛(供货时) | G¼(供货时) | G⅛(供货时) | G¼(供货时) |
| 环境条件:环境温度+5~+60℃;耐腐蚀等级 2 | | | | |

① 输入压力和输出压力之间的压差至少要达到 2bar

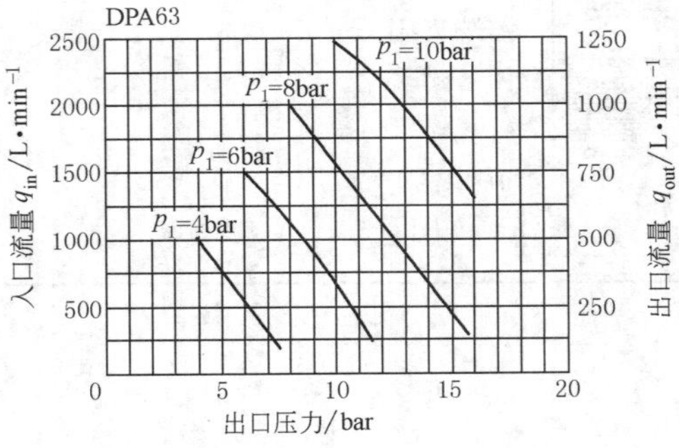


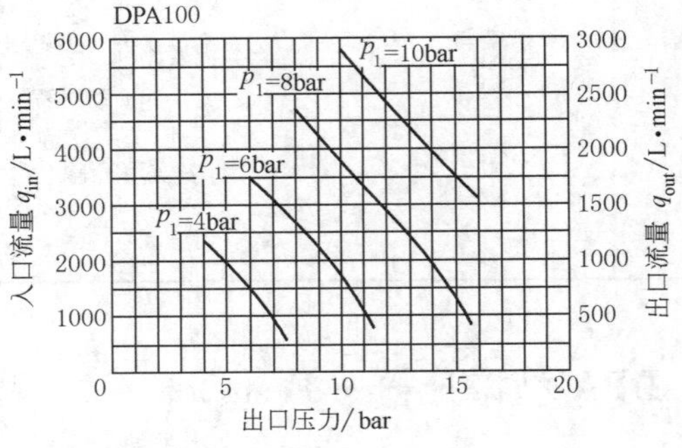

续表

外 形 尺 寸/mm

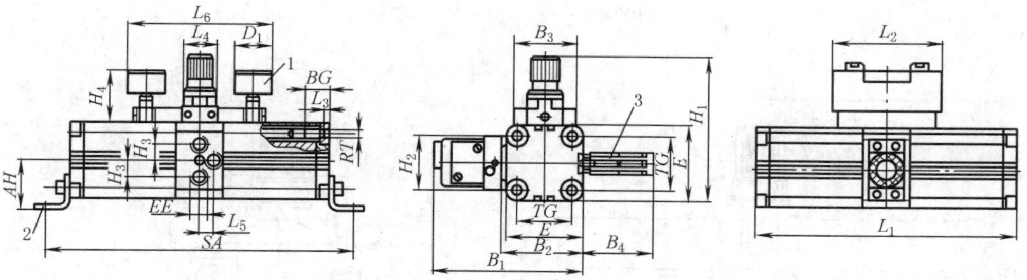


1—压力表组件；2 —脚架安装件HUA；3 — 消声器U

| 型　　号 | $AH$ | $B_1$ | $B_2$ | $B_3$ | $B_4$ | $BG$ | $D_1$ | $E$ | $EE$ | $H_1$ | $H_2$ |
|---|---|---|---|---|---|---|---|---|---|---|---|
| DPA-63-10 | 56.5 | 168 | 92.5 | 70 | 78 | 27 | 41 | 88 | G⅜ | 167 | 62 |
| DPA-63-16 | | | | | | | | | | | |
| DPA-100-10 | 81 | 221 | 133 | 102 | 106 | 33 | | 128 | G½ | 244 | 71 |
| DPA-100-16 | | | | | | | | | | | |

| 型　　号 | $H_3$ | $H_4$ | $L_1$ | $L_2$ | $L_3$ | $L_4$ | $L_5$ | $L_6$ | $RT$ | $TG$ | $SA$ |
|---|---|---|---|---|---|---|---|---|---|---|---|
| DPA-63-10 | 18.4 | 60 | 289 | 123.5 | 6 | 40 | 16 | 160.5 | M10 | 62 | 343 |
| DPA-63-16 | | | | | | | | | | | |
| DPA-100-10 | 27 | 73 | 367 | 145.5 | | 55 | 11 | 175 | | 103 | 433 |
| DPA-100-16 | | | | | | | | | | | |

## 5.5 VBA 型增压器（SMC）

**表 23-2-22**

| 使 用 条 件 | | | |
|---|---|---|---|
| 使用气体 | 空气 | 润滑 | 不需要[如需要，则可用透平 1 号油(ISO VG32)] |
| 最高供应压力 | 1.0MPa | 安装 | 水平 |
| 先导管接管口径 | $R_c$(PT)⅛ | 减压形式 | 溢流型 |
| 先导压力范围 | 0.1~0.5MPa | 环境和流体温度 | 0~50℃ |

规　　格

| 型　号 | 规　格 | | | | | 配件(可选项) | | | |
|---|---|---|---|---|---|---|---|---|---|
| | 类型 | 最大增压比 | 调节压力范围/MPa | 最大流量(ANR)①/L·min⁻¹ | 接管口径 $R_c$ | 压力表② | 消声器 | 气　容 | |
| VBA1110-02 | 手动控制型 | 2 倍 | 0.2~2 | 400 | ¼ | G27-20-R1 | AN200-02 | VBAT05A | VBAT10A |
| VBA1111-02 | | 4 倍 | | 80 | ¼ | | | | |
| VBA2100-03 | | 2 倍 | 0.2~1 | 1000 | ⅝ | G27-10-R1-X209 | AN300-03 | VBAT20A | |
| VBA4100-04 | | 2 倍 | | 1900 | ½ | G46-10-01 | AN400-04 | | — |
| VBA2200-03 | 先导压力控制型 | 2 倍 | | 1000 | ⅝ | G27-10-R1-X209 | AN300-03 | | VBAT10A |
| VBA4200-04 | | 2 倍 | | 1900 | ½ | G46-10-01 | AN400-04 | | — |

① 流量条件：VBA1110 为进＝出＝1.0MPa，VBA1111、VBA2100、VBA4100 为进＝出＝0.5MPa

② 每只增压阀需要压力表两个

第 23 篇

续表

外 形 尺 寸/mm

VBA2100-03 · VBA4100-04(手动控制)

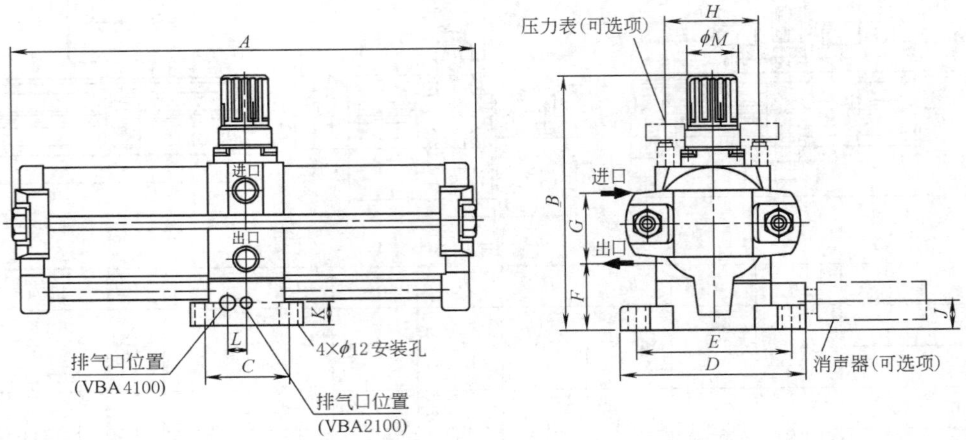


| 型 号 | 接管口径 | *A* | *B* | *C* | *D* | *E* | *F* | *G* | *H* | *J* | *K* | *L* | $\phi M$ |
|---|---|---|---|---|---|---|---|---|---|---|---|---|---|
| VBA2100-03 | $R_c\frac{3}{8}$ | 300 | 170 | 53 | 73 | 118 | 98 | 46 | 43 | 18 | 15 | — | 31 |
| VBA4100-04 | $R_c\frac{1}{2}$ | 404 | 207.5 | 96 | 116 | 150 | 130 | 62.8 | 62 | 17 | 15 | 20 | 40 |

VBA2200-03 · VBA4200-04(气控型)

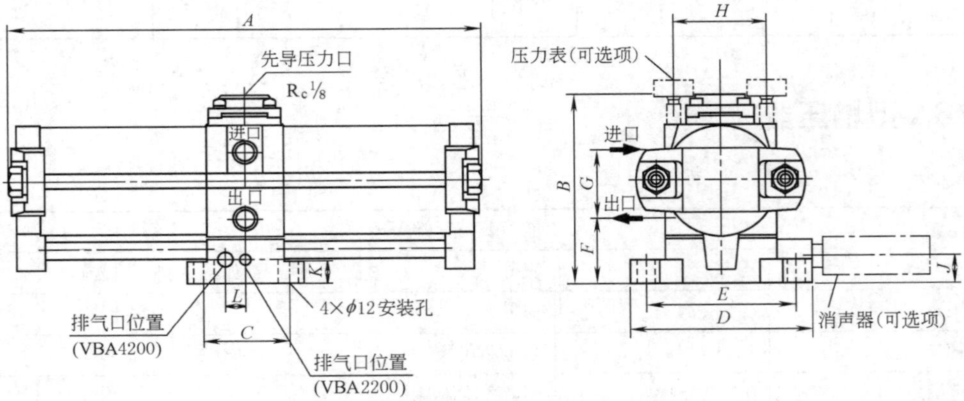


| 型 号 | 接管口径 | *A* | *B* | *C* | *D* | *E* | *F* | *G* | *H* | *J* | *K* | *L* |
|---|---|---|---|---|---|---|---|---|---|---|---|---|
| VBA2200-03 | $R_c\frac{3}{8}$ | 300 | 128.5 | 53 | 118 | 98 | 46 | 43 | 60.5 | 18 | 15 | — |
| VBA4200-04 | $R_c\frac{1}{2}$ | 404 | 167 | 96 | 150 | 130 | 62.8 | 62 | 90 | 17 | 15 | 20 |

# 第 3 章 压缩空气净化处理装置

## 1 空气净化处理概述

### 1.1 压缩空气处理

压缩空气是由经过压缩的大气组成的，大气有 78%的氮、21%的氧和 1%的其他气体（主要是氩）。大气压力的值取决于其所处地理位置是高于海平面还是低于海平面。海平面上的大气可取 $p_0$ = 1. 013bar。

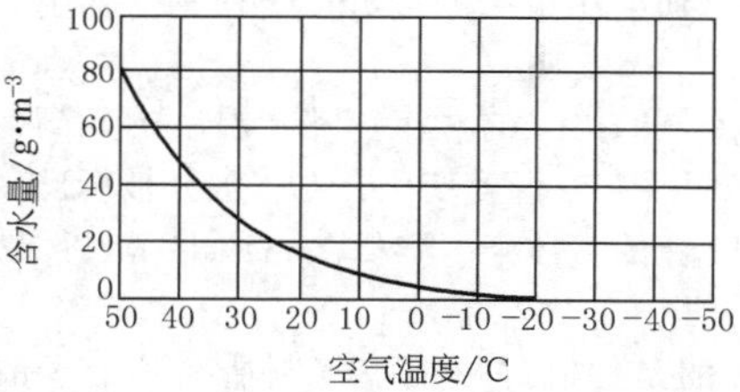


图 23-3-1 空气温度与含水量的关系

空气的最大含水量（100% 相对湿度）与温度有很大关系。不考虑气压，单位体积的空气可吸收一定量的水分。热空气可吸收更多的水分。湿度过高时，空气中的水分会凝结成水滴，见图 23-3-1。如果气温下降，如从 20℃降至 3℃，压缩空气的最大含水量将会从 18g/m$^3$ 降至 6g/m$^3$，压缩空气的含水量只有原来的 1/3，多余的水分（12g/m$^3$）以水滴（露珠）的形式析出。因此，空气中存有含水量，必须把水尽可能从压缩空气中除去，以免引起故障。

由于水以空气湿度的形式存在于空气中。在压缩空气冷却的过程中，有大量水分被析出。对压缩空气的干燥处理可防止对气动系统和设备的腐蚀及损坏。在加热的室内(<15℃)工作时，必须对压缩空气进行干燥，使之压力露点为 3℃（压力露点必须比介质的温度至少低 10℃，否则，就会在膨胀的压缩空气中结冰)。

在无油压缩机中，空气中吸入的油雾会导致油污残渣。这些油污不能起到润滑驱动器的作用，反而会造成敏感部件的阻塞。同样，对有油润滑的压缩机，在高温压缩下，油污将产生焦油和炭的颗粒，会对元件造成更大的伤害。

尘埃、铁锈颗粒：尘埃（如炭黑、研磨和腐蚀微粒）在凝结点会形成固体颗粒。海滨区域一般含尘量较低，但从海水中蒸发的水滴导致空气中的盐量较大。

尘埃按尺寸分类：粗尘>10μm，1μm<细尘<10μm 和尘雾<1μm。

### 1.2 压缩空气要求的净化程度

压缩空气必须净化，使之不会对系统造成故障和损坏。污染物会加速对滑动表面和密封件的磨损，会影响气动元件的功能和使用寿命。由于过滤器会增加气流的阻力，从经济角度出发，压缩空气应尽可能干净。压缩空气质量根据 DIN ISO 8573-1 标准分类（见表 23-3-1)，按级别规定了压缩空气允许的污染程度。

不同的应用场合采用不同质量的压缩空气。如需高质量的压缩空气，必须采用多个过滤器。如果仅采用一个精细过滤器，则使用寿命不长。

气源质量包括以下几部分：固态颗粒含量、水含量和油含量（油滴、油雾和油气)。

表 23-3-1 DIN ISO 8573-1 标准空气质量分类

| 分类 | 固态颗粒 | | 含水量 | 含油量 |
|---|---|---|---|---|
| | 最大颗粒尺寸/mm | 最大颗粒密度/mg·m$^{-3}$ | 最大压力露点/℃ | 最大含油浓度/mg·m$^{-3}$ |
| 1 | 0.1 | 0.1 | -70 | 0.01 |
| 2 | 1 | 1 | -40 | 0.1 |
| 3 | 5 | 5 | -20 | 1 |
| 4 | 15 | 8 | 3 | 5 |
| 5 | 40 | 10 | 7 | 25 |
| 6 | — | — | 10 | — |
| 7 | — | — | 不定义 | — |

## 1.3 压缩空气预处理

工厂中相当大的一部分能源费用花在压缩空气的供气和预处理方面。尽管如此，目前压缩空气预处理系统仍然没有受到重视。如今，现代化的压缩空气预处理系统的规格都非常精确，对改进操作结果做出了积极的贡献。

（1）环境因素

压缩空气供气成本上涨的一个原因就在于我们所处的环境（据资料报道，在德国汽车每年排放在空气中的污染物达1.6千万吨）。如果不对这类压缩空气进行过滤和清洁，后果是显而易见的，系统故障、机器故障以及生产停顿，更不要说对员工健康以及工作卫生状况的严重危害了。

三大污染物主要是一氧化碳、二氧化硫、氧化氮，其中一氧化碳约占8.2百万吨，二氧化硫占3百万吨，氧化氮占3.1百万吨。除了空气中悬浮的所有灰尘等杂质外，还必须考虑到空压机中的油分、磨损物、灰尘。因此，压缩空气最佳的预处理意味着在最大程度上除去所有有害的杂质。

除了固体和残余油分之外，环境空气中还含有大量的、完全分解（分子化）的蒸汽。随着温度的升高，空气可吸纳越来越多的湿气。这也意味着随着温度下降，水分将会析出。只要存在温度变化，就有水分被析出。在气动系统中，其后果就是：元件腐蚀、影响换向操作、磨损加剧、速度降低、污染、聚氨酯材质的密封件易乳化、元件寿命缩短。

实际上，并不可能除去压缩空气中所有的杂质和冷凝水，但重要的是控制好压缩空气制造和预处理的总成本。

（2）制造与预处理总成本的控制

1）系统的选择

系统选择时要基于如下考虑：吸入空气的水分含量（压缩空气在不同压力下吸收水分的能力），油雾润滑或无油润滑，压缩空气元件的结构与设计，压缩空气的生产（空压机的类型），集中式压缩空气站与分散式压缩空气站，集中式供气与分散式供气的比较，空压机的操作模式（中断型操作、闲置操作），二次冷却器（空气冷却与水冷却器）。如果系统中有不同压力等级的压缩空气要求，从经济角度出发，可考虑局部压力放大（增压器），避免整个系统应用高等级的压缩空气。如系统有不同质量等级的压缩空气的需求，从经济角度出发，压缩空气还是必须集中筹备，然后对所需高等级空气按照“用多少处理多少”的原则进行处理，应为将来系统扩容预留一定的压缩空气用量。

2）对不同净化处理装置的成本比较

比较的内容包括：压缩空气的干燥［冷凝式干燥、吸附式干燥器（加热再生法）、吸附式干燥器（冷却再生法）］中不同干燥系统的成本比较；压缩空气过滤［固体的过滤、预过滤器、精密过滤器、微型过滤器、亚微米级过滤器、活性炭过滤器（活性炭吸附装置）］；压缩空气的分配（管道材料、压力降和成本）。



# 2 过滤器

## 2.1 过滤器的分类与功能

标准型过滤器是最主要的气源净化装置之一。根据不同的空气质量等级要求，形成除水滤灰型的过滤器、除油型的过滤器及除臭型过滤器。除水滤灰型过滤器又可分成普通等级（5~20μm）、精细等级（0.1~1μm）和超精细等级（0.01μm）。表 23-3-2 是针对不同应用场合、不同空气质量要求的几种过滤系统，如系统 A、B、C、D、E、F、G。

**表 23-3-2　　不同场合、不同空气质量要求的几种过滤系统**

| 系　统 | 空气质量 | 应用场合 | 过滤后状况 |
|---|---|---|---|
| A<br>普通级 | 过滤:(5~20μm),排水 99%以下,除油雾(99%) | 一般工业机械的操作、控制,如气钳、气锤、喷砂等 | |
| B<br>精细过滤 | 过滤(0.3μm),排水 99%以下,除油雾(99.9%) | 工业设备,气动驱动,金属密封的阀、马达 | 主要排除灰尘和油雾,允许有少量的水 |
| C<br>不含水,<br>普通级 | 过滤:(5~20μm),排水:压力露点在-17℃以内,除油雾(99%) | 类似 A 过滤系统,所不同的是它适合气动输送管道中温度变化很大的耗气设备,适用于喷雾、喷镀 | 对除水要求较严,允许少量的灰尘和油雾 |
| D<br>精细级 | 过滤(0.3μm),排水:压力露点在-17℃以内,除油雾(99.9%) | 测试设备,过程控制工程,高质量的喷镀气动系统,模具及塑料注塑模具冷却等 | 对除水、灰尘和油雾要求较严 |
| E<br>超精细级 | 过滤(0.01μm),排水:压力露点在-17℃以内,除油雾(99.9999%) | 气动测量、空气轴承、静电喷镀。电子工业用于净化、干燥的元件。主要特点:对空气要求相当高,包括颗粒度、水分、油雾和灰尘 | 对除灰、除油雾和水都要求很严 |
| F<br>超精细级 | 过滤(0.01μm),排水:压力露点在-17℃以内,除油雾(99.9999%),除臭气 99.5% | 除了满足 E 系统要求外,还须除臭,用于医药工业、食品工业(包装、配置)、食品传送、酿造、医学的空气疗法、除湿密封等 | 同 E 系统,此外对除臭还有要求 |
| G | 过滤(0.01μm),排水:压力露点在-30℃以内,除油雾(99.9999%) | 该类过滤空气很干燥,用于电子元件、医药产品的存储、干燥的装料罐系统,粉末材料的输送、船舶测试设备 | 在 E 系统的基础上对除水要求最严,要求空气绝对干燥 |

## 2.2　除水滤灰过滤器

除水滤灰型过滤器是应用最广泛的过滤器，俗称过滤器。随着无油润滑技术的发展（无油润滑的空压机的崛起），除了在主管道配有油水分离装置，在大多数气动设备系统中都已采用除水型过滤器而省略了除油型过滤器。除水滤灰过滤器工作原理和性能参数如表 23-3-3 所示。

**表 23-3-3**

| | | |
|---|---|---|
| 工作原理 | 当压缩空气通过入口进入过滤器内腔作用于旋转叶片上,旋转叶片上有许多成一定角度的缺口,使空气沿切线方向产生强烈的旋转,空气中的固态杂质、水及油滴受离心力作用被甩至存水杯的内壁,并从空气中分离出来,沉至存水杯杯底。未过滤的压缩空气经过滤芯,使灰尘、杂质被过滤芯挡在圆周外部,并随旋转气流再次被甩在存水杯内壁,压缩空气直接从滤芯内部向出口排出。为了防止气体旋转将存水杯底积存的冷凝水卷起污染滤芯,在滤芯下部设有挡水板。存水杯中的冷凝水可通过操作排水阀被排出(排水阀底部可安装自动排水器) | 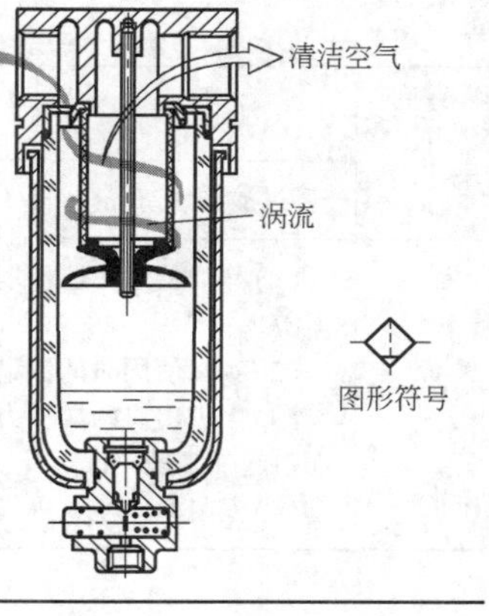 |

续表

<table>
<tr><td rowspan="4">性能参数</td><td>流量特征</td><td>指压缩空气经过过滤器造成的压力降与经过该过滤器流量之间的关系。通常，压力降随流量和过滤精度的增大而增加，合适的压力降的值应小于 0.05MPa</td></tr>
<tr><td>过滤精度</td><td>指通过滤芯的最大颗粒的直径。常规的滤芯精度分普通级（约为 5~10μm、20μm、40μm）、精细级（约为 0.1μm、0.3μm）、超精细级（约为 0.01μm，用于气动伺服、比例系统或气动组表，含喷嘴挡板结构）</td></tr>
<tr><td>过滤精度选择原则</td><td>应根据系统要求，下游气动阀门的结构特性［滑阀型、截止型、金属密封（硬配阀）］，不影响流量和压力，滤芯不被经常堵塞</td></tr>
<tr><td>分水效率</td><td>指通过过滤器后分离出的水分与进入过滤器前的压缩空气中所含水分之比（用%表示）。通常，分水效率在 0.8 以上</td></tr>
<tr><td>注意事项</td><td colspan="2">除水型过滤器主要去除空气中的杂质、水滴，却不能滤去空气中的水蒸气。因此，除水型过滤器应安装在干燥器下游，尽可能靠近耗气设备的进口处。如无自动排水装置，应定期（每天两次以上）进行手动操作排水。定期检查滤芯的堵塞情况，当进出气两端的压力降大于 0.5MPa 时，应及时予以更换。存水杯清洗应采用中性清洁剂，严禁使用有机溶剂清洗</td></tr>
</table>

## 2.3 除油型过滤器（油雾分离器）

除油型过滤器俗称油雾分离器，主要用于主管道过滤器和空气过滤器难以分离的（0.3~5μm）焦油粒子及大于 0.3μm 的锈末、碳类微粒。除油型过滤器工作原理如表 23-3-4 所示。

**表 23-3-4**

<table>
<tr><td>工作原理</td><td colspan="2">当含有油雾（0.3~5μm 焦油粒子等）的压缩空气通过聚凝式滤芯内部向外输出，微小的例子同布朗运动受阻产生相互之间的碰撞。粒子逐渐变大，合成较大油滴而进入多孔质的泡沫塑料层表面。由于重力的作用，油滴沉落到滤杯底部，以便清除，详见右图<br>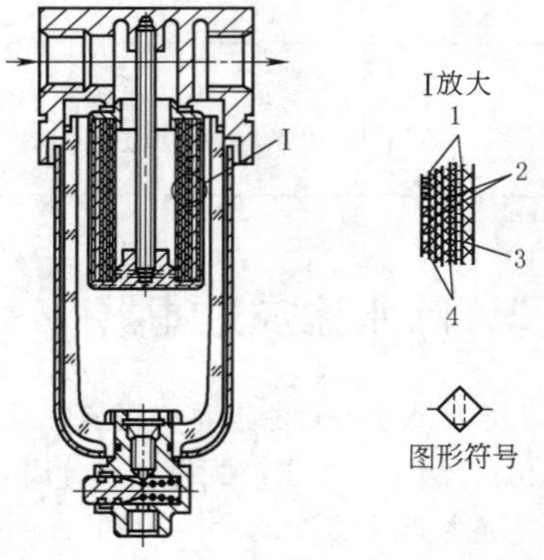<br><br>1—多孔金属筒；2—纤维层（0.3μm）；3—泡沫塑料；4—过滤纸</td></tr>
<tr><td rowspan="2">性能参数</td><td>滤芯材料</td><td>一般采用与油脂有较好糅合性的玻璃纤维、纤维素、陶瓷材料</td></tr>
<tr><td>过滤精度/μm</td><td>1、0.3、0.01</td></tr>
<tr><td>注意事项</td><td colspan="2">（1）除油型过滤器（油雾分离器）应安装在除水滤灰型（过滤器）的下游，高精度的油雾过滤器应安装在干燥器的下游<br>（2）实际使用时的流量不应超过最大允许流量，以防止油滴再次被雾化<br>（3）当进出口两端压力超过 0.07MPa 时，表明其滤芯堵塞严重，应及时更换，避免已被减少滤芯的通道，其流速增大而引起油滴被再次雾化<br>（4）安装时应注意进气口和出气口的位置，它与除水滤灰型过滤器有所不同</td></tr>
</table>

## 2.4 除臭过滤器

表 23-3-5

| | |
|---|---|
| 工作原理 | 除臭型过滤器用于清除压缩空气中的臭味粒子(气味及有害气体)。其结构类同于油雾分离器。压缩空气从进口处进入即直接通入滤芯的内侧容腔,在透过滤芯输出时,压缩空气中的臭味粒子(颗粒直径为0.002~0.003μm)被填充在超细纤维层内的活性炭所吸收<br>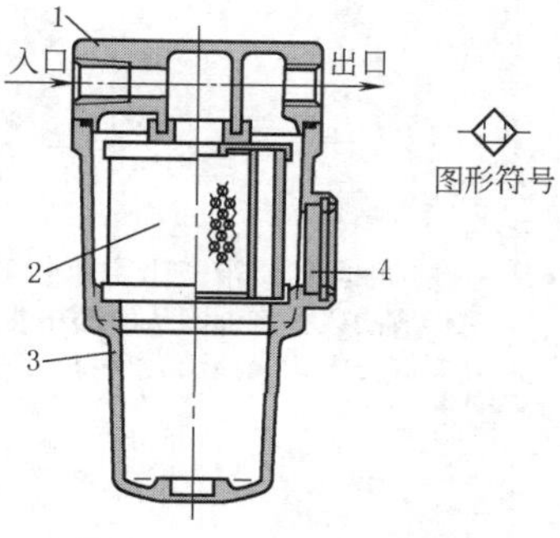<br><br>1—主体;2—滤芯;3—外罩;4—观察窗 |
| 使用注意事项 | (1)除臭型过滤器应安装在油雾分离器或高精度的油雾分离器下游,使用干燥的空气<br>(2)为了确保除臭特性,应定期更换滤芯,进出口两端的压力降超过0.1MPa时,应进行更换<br>(3)活性炭过滤滤芯对含有一氧化碳、二氧化碳、甲烷气体的气味难以去除 |

## 2.5 自动排水器

由空压机产生的压缩空气需经过许多气源处理过程（后冷却器、储气罐、干燥器等)。经过的每一道气源处理设备都将有一定量的污水（含混合在内的灰尘颗粒等杂质）需被及时排出，以免它重新被气流带入空气进入下一道处理设备以至前功尽弃。同时，气动管道在安装时成一定的斜度，在管线的低淌处（或拐弯处）也会积聚污水，需及时排出。通常人们见到的是气动设备进口处装有气源三大件（过滤、减压、油雾装置)。在过滤器下端装有自动排水器。在气源设备进口处及时排除冷凝水对系统的正常工作和提高气动元件的寿命具有重要意义。

自动排水器一般可分气动式和电动式两大类。气动式用于气动系统（流水线）和气动设备较多的情况，也可用于主管道气源设备。电动式可用于主管道气源处理设备，很少见到用于气动系统（流水线）和气动设备。

气动式自动排水可分为浮子式、弹簧式、差压式。下面简要介绍浮子式自动排水装置。

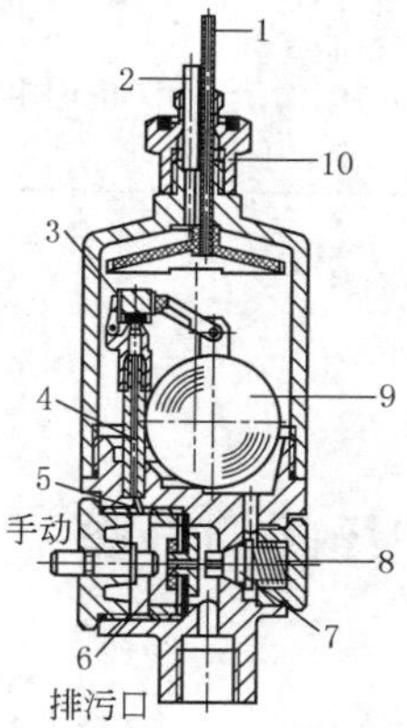

图 23-3-2 浮子式自动排水器
1—连接气管；2—排污管；3—密封堵头；4—通气管；5—节流通道；6—带膜片活塞；7—阀芯；8—弹簧；9—浮子；10—接口

图 23-3-2 为浮子式自动排水器。由接口 10 连接在需排冷凝水的容器下部（过滤器、储气罐等)。上部容器的气压、冷凝水分别通过上连接气管 1、排污管 2 与自动排水器内部相连。当冷凝水积累一定高度，浮子上浮，密封堵头 3 被提起，自动排水器内部的气压通过通气管 4、节流通道 5 作用于带膜片活塞 6，并使阀芯 7 克服弹簧 8 作用向右移动，冷凝水可从排污口排出。当冷凝水被排出，浮子在自重作用下下垂，堵死密封堵头，阀芯 7 在弹簧 8 的作用下堵住冷凝水与排污口的通道。该自动排水器也可用人力方式，按动手动按钮进行排污。

# 3 油 雾 器

表 23-3-6

| | |
|---|---|
| 结构及原理 | 比例油雾器将精密计量的油滴加入至压缩空气中。当气体流经文丘里喷嘴时形成的压差将油滴从油杯中吸出至滴盖。油滴通过比例调节阀滴入，通过高速气流雾化。油滴大小和气体的流量成正比 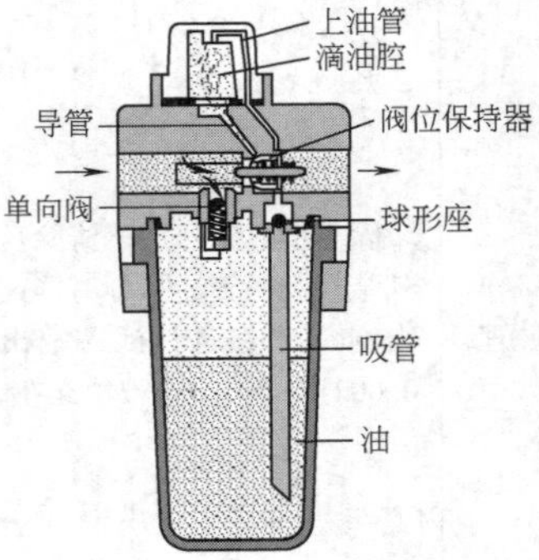 |
| 使用注意事项 | 压缩空气油雾润滑时应注意以下事项<br>(1)可使用专用油(必须采用 DIN 51524-HLP32 规定的油:40℃时油的黏度为 $32\times10^{-6}m^2/s$)<br>(2)当压缩空气润滑时,油雾不能超过 $25mg/m^3$(DIN ISO 8573-1 第 5 类)。压缩空气经处理后应为无油压缩空气<br>(3)采用润滑压缩空气进行操作将会彻底冲刷未润滑操作所需的终身润滑,从而导致故障<br>(4)油雾器应尽可能直接安装在气缸的上游,以避免整个系统都使用油雾空气<br>(5)系统切不可过度润滑。为了确定正确的油雾设定,可进行以下简单的“油雾测试”:手持一页白纸距离最远的气缸控制阀的排气口(不带消声器)约 10cm,经一段时间后,白纸呈现淡黄色,上面的油滴可确定是否过度润滑<br>(6)排气消声器的颜色和状态进一步提供了过度润滑的证据。醒目的黄色和滴下的油都表明润滑设置得太大<br>(7)受污染或不正确润滑的压缩空气会导致气动元件的寿命缩短<br>(8)必须至少每周对气源处理单元的冷凝水和润滑设定检查两次。这些操作必须列入机器的保养说明书中<br>(9)目前各气动元件厂商均生产无油润滑的气缸、阀等气动元件,为了保护环境或符合某些行业的特殊要求,尽可能不用油雾器<br>(10)对于可用/可不用润滑空气的工作环境,如果气缸的速度大于 1m/s,建议采用给油的润滑方式 |



# 4 减 压 阀

## 4.1 减压阀的分类

- 压力控制阀
  - 减压阀(调压阀)
    - 直动式(人工操纵,机械操纵)
      - 溢流式
      - 非溢流式
      - 恒量排气式
    - 先导式(内部先导,外部先导)
      - 溢流式
      - 恒量排气式
  - 溢流阀(安全阀)
    - 直动式(人工操纵、机械操纵)
    - 先导式(内部先导、外部先导)
  - 顺序阀

图 23-3-3 减压阀分类

## 4.2 减压阀基本工作原理

表 23-3-7

| | | | |
|---|---|---|---|
| 膜片式减压阀 | | 图 a 所示为应用最广的一种普通型直动溢流式减压阀，其工作原理是：顺时针方向旋转手柄（或旋钮）1，经过调压弹簧 2、3 推动膜片 5 下移，膜片又推动阀杆 7 下移，进气阀芯 8 被打开，使出口压力 $p_2$ 增大。同时，输出气压经反馈导管 6 在膜片 5 上产生向上的推力。这个作用力总是企图把进气阀关小，使出口压力下降，这样的作用称为负反馈。当作用在膜片上的反馈力与弹簧的作用力相平衡时，减压阀便有稳定的压力输出<br>当减压阀输出负载发生变化，如流量增大时，则流过反馈导管处的流速增加，压力降低，进气阀被进一步打开，使出口压力恢复到接近原来的稳定值。反馈导管的另一作用是当负载突然改变或变化不定时，对输出的压力波动有阻尼作用，所以反馈管又称阻尼管<br>当减压阀的进口压力发生变化时，出口压力直接由反馈导管进入膜片气室，使原有的力平衡状态破坏，改变膜片、阀杆组件的位移和进气阀的开度及溢流孔 10 的溢流作用，达到新的平衡，保持其出口压力不变<br>逆时针旋转手柄（旋钮）1 时，调压弹簧 2、3 放松，气压作用在膜片 5 上的反馈力大于弹簧作用力，膜片向上弯曲，此时阀杆的顶端与溢流阀座 4 脱开，气流经溢流孔 10 从排气孔 11 排出，在复位弹簧 9 和气压作用下，阀芯 8 上移，减小进气阀的开度直至关闭，从而使出口压力逐渐降低直至回到零位状态<br>由此可知，溢流式减压阀的工作原理是：靠近气阀芯处节流作用减压；靠膜片上力的平衡作用和溢流孔的溢流作用稳定输出压力；调节手柄可使输出压力在规定的范围内任意改变 | 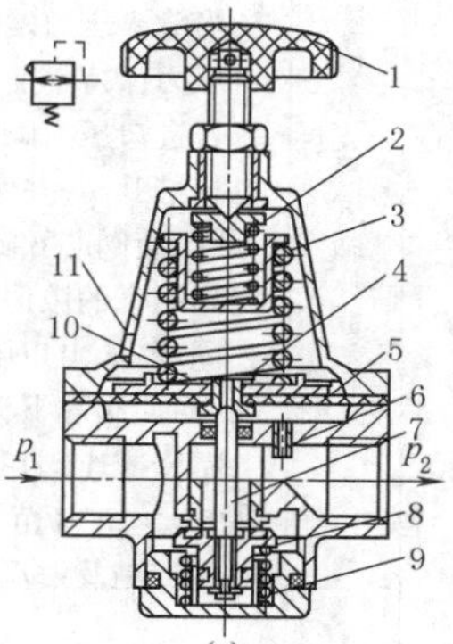<br>(a)<br>1—旋转手柄；2，3—调压弹簧；4—阀座；5—膜片；6—反馈导管；7—阀杆；8—阀芯；9—复位弹簧；10—溢流孔；11—排气孔 |
| 活塞式减压阀 | | 活塞式减压阀工作原理与膜片式减压阀工作原理大致相同，其区别在于膜片式的调压弹簧作用在膜片上，而活塞式减压阀的调压弹簧作用在活塞上。活塞式减压阀灵敏度不及膜片式的高，但活塞式减压阀能承受较高的工作压力 | 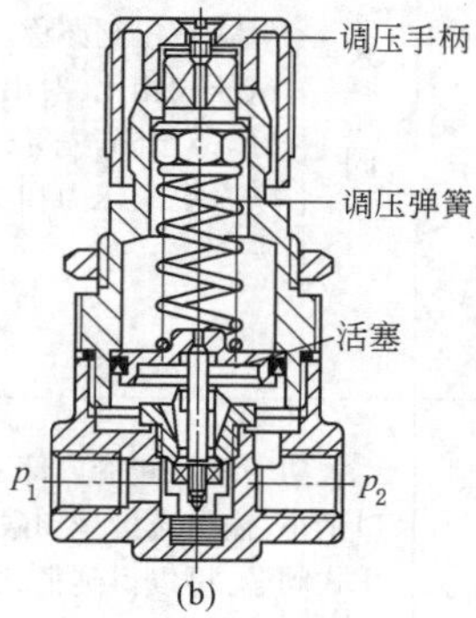<br>(b) |
| 精密减压阀 | 内部先导式减压阀 | 内部先导式减压阀亦被称为精密型减压阀，由于先导级放大功能，压力调节灵敏<br>由图 c 可知，内部先导式减压阀比直动式减压阀增加了由喷嘴 4、挡板 3（在膜片 11 上）、固定节流孔 9 及气室 B 所组成的喷嘴挡板放大环节；由于先导气压的调节部分采用了具有高灵敏度的喷嘴挡板结构，当喷嘴与挡板之间的距离发生微小变化时（零点几毫米），就会使 B 室中压力发生很明显的变化，从而引起膜片 10 有较大的位移，并控制阀芯 6 的上下移动，使阀口 8 开大或关小，提高了对阀芯控制的灵敏度，故有较高的调压精度<br>工作原理：当气源进入输入端后，分成两路，一路经进气阀口 8 到输出通道；另一路经固定节流孔 9 进入中间气室 B，经喷嘴 4、挡板 3、孔道 5 反馈至下气室 C，再由阀芯 6 的中心孔从排气口 7 排至大气 | 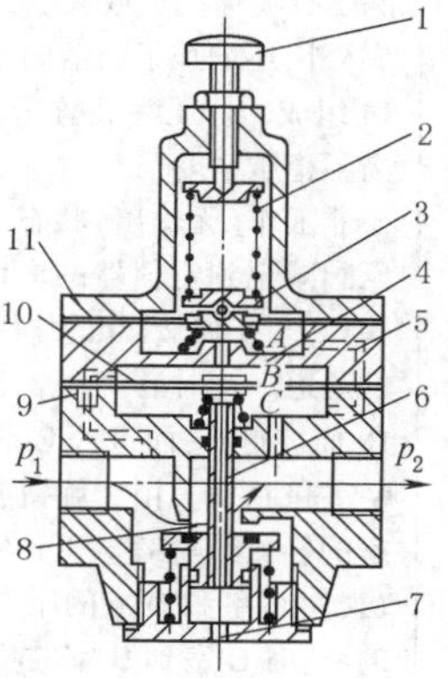<br>(c) 结构 |

续表

| | | | |
|---|---|---|---|
| 精密减压阀 | 内部先导式减压阀 | 当顺时针旋转手柄(旋钮)1到一定位置,使喷嘴挡板的间距在工作范围内,减压阀就进入工作状态,中间气室B的压力随间距的减小而增加,于是推动阀芯打开进气阀口8,即有气流流到输出口,同时经孔道5反馈到上气室A,与调压弹簧2的弹簧力相平衡<br>当输入压力发生波动时,靠喷嘴挡板放大环节的放大作用及力平衡原理稳定出口压力保持不变<br>若进口压力瞬时升高,出口压力也升高。出口压力的升高将使C、A气室压力也相继升高,并使挡板3随同膜片11上移一微小距离,而引起B室压力较明显地下降,使阀芯6随同膜片10上移,直至使阀口8关小为止,使出口压力下降,又稳定到原来的数值上<br>同理,如出口压力瞬时下降,经喷嘴挡板的放大也会引起B室压力较明显地升高,而使阀芯下移,阀口开大,使出口压力上升,并稳定到原数值上<br>精密减压阀在气源压力变化±0.1MPa时,出口压力变化小于0.5%。出口流量在5%~100%范围内波动时,出口压力变化小于0.5%。适用于气动仪表和低压气动控制及射流装置供气用 | 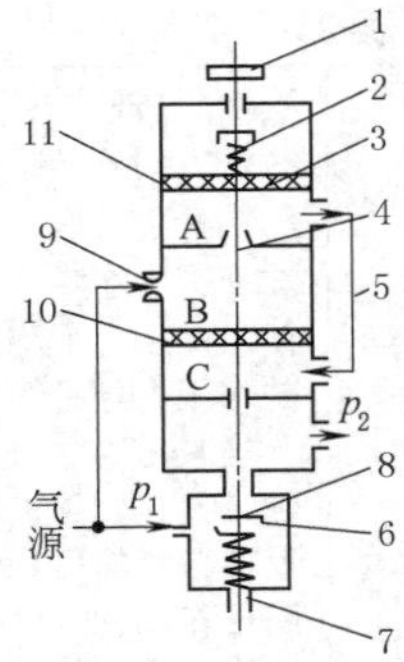<br><br>(d) 原理 |
| | 外部先导式减压阀 | 外部先导式减压阀也被称为远控型减压阀<br>图e为外部先导式减压阀,主阀的工作原理与直动式减压阀相同,在主阀的外部还有一只小型直动溢流式减压阀,由它来控制主阀,所以外部先导式减压阀亦称远距离控制式减压阀,外部先导式和内部先导式与直动式减压阀相比,对出口压力变化时的响应速度稍慢,但流量特性、调压特性好。对外部先导式,调压操作力小,可调整大口径如通径在20mm以上气动系统的压力和要求远距离(30m以内)调压的场合 | 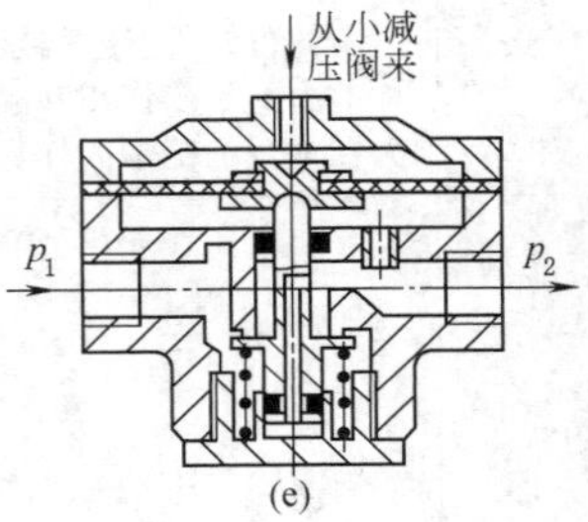<br><br>(e) |
| 大功率减压阀 | | 大功率减压阀的内部受压部分通常都使用膜片式结构,故阀的开口量小,输出流量受到限制。大功率减压阀的受压部分使用平衡截止式阀芯,可以得到很大的输出流量,故称为大容量精密减压阀<br>如图g所示为定值器,是一种高精度的减压阀,图h是其简化后的原理图,该图右半部分就是直动式减压阀的主阀部分,左半部分除了有喷嘴挡板放大装置(由喷嘴4、挡板8、膜片5、气室G、H等组成)外,还增加了由活门12、膜片3、弹簧13、气室E、F和恒节流孔14组成的恒压降装置。该装置可得到稳定的气源流量,进一步提高了稳压精度<br>非工作(无输出)状态下,旋钮7被旋松,净化过的压缩空气经减压阀减至到定值器的进口压力,由进口处经过滤网进入气室A、E,阀杆18在弹簧20的作用下,关闭进气阀19,关闭了A和B室之间的通道。这时溢流阀2上的溢流孔在弹簧17的作用下,离开阀杆18而被打开,而进入E室的气流经活门12、F室、恒节流孔14进入G室和D室。由于旋钮放松,膜片5上移,并未封住喷嘴4,进入G室的气流经喷嘴4到H室,B室,经溢流阀2上的孔及排气孔16排出,使G室和D室的压力降低。H和B是等压的,G和D也是等压的,这时G室到H室的喷嘴4很畅通,从恒节流孔14过来的微小流量的气流在经过喷嘴4之后的压力已很低,使H室的出口压力近似为零(这一出口压力即漏气压力,要求越小越好,不超过0.002MPa) | 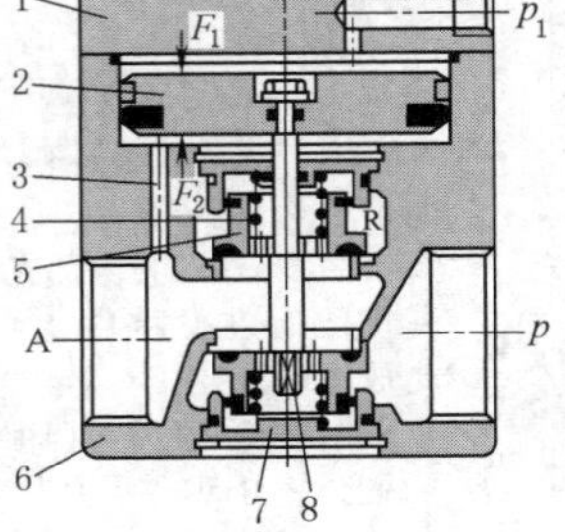<br><br>(f)<br>1—阀盖;2—调压活塞;3—反馈通道;4—弹簧;5—截止阀芯;6—阀体;7—阀套;8—阀轴 |

第23篇

续表

| | |
|---|---|
| 定值器 | 工作(即有输出)状态下(顺时针拧旋钮 7 时),压缩弹簧 6,使挡板 8 靠向喷嘴 4,从恒节流孔过来的气流使 G 和 D 的压力升高。因 D 室中的压力作用,克服弹簧 17 的反力,迫使膜片 15 和阀杆 18 下移,首先关闭溢流阀 2,最后打开进气阀 19,于是 B 室和大气隔开而和 A 室经气阻接通(球阀与阀座之间的间隙大小反映气阻的大小),A 室的压缩空气经过气阻降压后再从 B 室到 H 室而输出。但进入 B、H 室的气体有反馈作用,使膜片 15、5 又都上移,直到反馈作用和弹簧 6 的作用平衡为止,定值器便可获得一定的输出压力,所以弹簧 6 的压力与出口压力之间有一定的关系<br>假定负载不变,进口压力因某种原因增加,而且活门 12 和进气阀 19 开度不变,则 B、H、F 室的压力增加。其中 H 室的压力增加将使膜片 5 上抬,喷嘴挡板距离加大,G、D 室的压力下降,E、F 室的压力增加,将使活门 12,膜片 3 向上推移,使活门 12 的开度减小,F 室的压力回降。D 室压力下降和 B 室压力升高,使膜片 15 上移,进气阀 19 的开度减小,即气阻加大,使 H 室的压力回降到原来的出口压力。同样,假设输入压力因某种原因减小时,与上述过程正好相反,将使 H 室的压力回升到原先的输出压力<br>假设进口压力不变,出口压力因负载加大而下降,即 H、B 室压力下降,将使膜片 5 下移,挡板靠向喷嘴,G、D 室压力上升,活门 12 和进气阀 19 的开度增加,出口压力回升到原先的数值。相反,出口压力因负载减小而上升时,与上述正好相反,将使出口压力回降到原先的数值<br>对于定值器来说,气源压力在±10%范围内变化时,定值器的出口压力的变化不超过最大出口压力的 0.3%。当气源压力为额定值,出口压力为最大值的 80%时,出口流量在 0~600L 范围内变化,所引起的出口压力下降不超过最大出口压力的 1%<br>在气动检测、调节仪表及低压、微压装置中,定值器作为精确给定压力之用<br>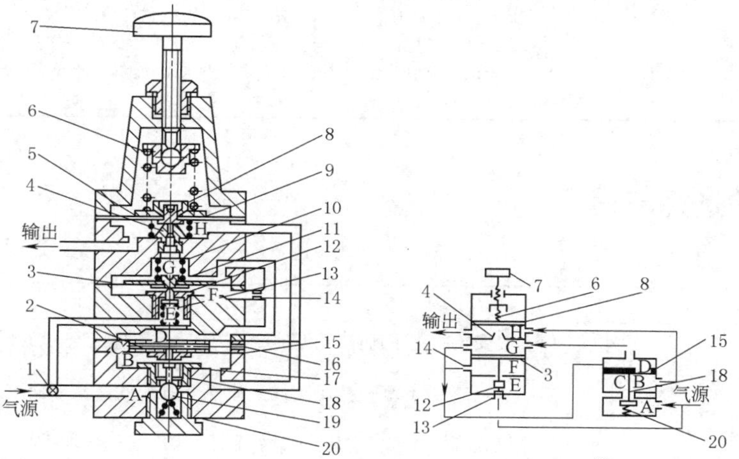<br><br>(g) (h)<br>1—过滤网;2—溢流阀;3,5—膜片;4—喷嘴;6—调压弹簧;7—旋钮;8—挡板;9,10,13,17,20—弹簧;11—硬芯;12—活门;14—恒节流孔;15—膜片(上有排气孔);16—排气孔;18—阀杆;19—进气阀 |



## 4.3 减压阀的性能参数

表 23-3-8

| 项　目 | 性　能　参　数 |
|---|---|
| 进口压力 $p_1$ | 气压传动回路中使用的压力多为 0.25~1.00MPa,故一般规定最大进口压力为 1MPa |
| 调压范围 | 调压范围是指减压阀出口压力 $p_2$ 的可调范围,在此范围内,要求达到规定的调压精度。一般进口压力应在出口压力的 80%范围内使用。调压精度主要与调压弹簧的刚度和膜片的有效面积有关<br>在使用减压阀时,应尽量避免使用调压范围的下限值,最好使用上限值的 30%~80%,并希望选用符合这个调压范围的压力表,压力表读数应超过上限值的 20% |

续表

| 项　　目 | 性　能　参　数 |
|---|---|
| 流量特性(也叫动特性) | 它是指减压阀在公称进口压力下,其出口空气流量和出口压力之间的函数关系,当出口空气流量增加,出口压力就会下降,这是减压阀的主要特性之一。减压阀的性能好坏,就是看当要求出口流量有变化时,所调定的出口压力 $p_2$ 是否在允许的范围内变化<br>减压阀开度最大时的流量为最大流量,在此值附近,出口压力急剧下降,而在连续负荷情况下,希望在此值的80%之内使用。图中的实线为流量增加时,虚线为流量减小时,流量增加到流量减少,两者之间产生滞后现象,波动值通常为0.01MPa左右<br>标准额定流量与输出压力 $p_2$ 的关系<br>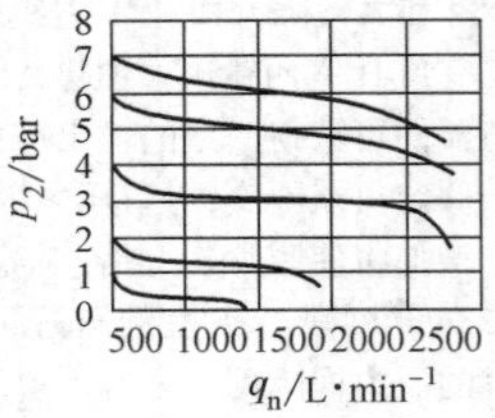<br> |
| 压力调节 | 当减压阀的进口压力为公称压力时,在规定的范围内均匀调节减压阀的出口压力,出口压力应均匀变化,无阶跃现象 |
| 压力特性(调压特性或静特性) | 它表示当减压阀的空气流量为定值时,由于进口压力的波动而引起出口压力的波动情况。出口压力波动越小,说明减压阀的压力特性越好。从理论上讲:进口压力变化时,出口压力应保持不变。实际上出口压力大约比进口压力低0.1MPa,才基本上不随进口压力波动而波动,一般出口压力波动量为进口压力波动量的百分之几。出口压力随进口压力而变化值不超过0.05MPa |
| 溢流特性 | 对于带有溢流结构的减压阀,在给定出口压力的条件下,当下游压力超过定值时,便造成溢流,以稳定出口压力。把出口压力与溢流流量的关系称为减压阀的溢流特性<br>对于溢流式减压阀希望下流压力超过给定值少而溢流最大。先导式减压阀的溢流特性比直动式要好 |

## 4.4 减压阀的选择与使用

表 23-3-9

| 选　　择 | 使　　用 |
|---|---|
| (1)根据气动控制系统最高工作压力来选择减压阀,气源压力应比减压阀最大工作压力大0.1MPa<br>(2)要求减压阀的出口压力波动小时,如出口压力波动不大于工作压力最大值的±0.5%,则选用精密型减压阀<br>(3)如需遥控时或通径大于20mm以上时,应尽量选用外部先导式减压阀 | (1)一般安装的次序是:按气流的流动方向首先安装空气过滤器,其次是减压阀,最后是油雾器<br>(2)注意气流方向,要按减压阀或定值器上所示的箭头方向安装,不得把输入、输出口接反<br>(3)减压阀可任意位置安装,但最好是垂直方向安装,即手柄或调节帽在顶上,以便操作。每个减压阀一般装一只压力表,压力表安装方向以方便观察为宜<br>(4)为延长减压阀的使用寿命,减压阀不用时,应旋松手柄回零,以免膜片长期受压引起塑性变形,过早变质,影响减压阀的调压精度<br>(5)装配前应把管道中铁屑等脏物吹洗掉,并洗去阀上的矿物油,气源应净化处理。装配时滑动部分的表面要涂薄层润滑油。要保证阀杆与膜片同心,以免工作时,阀杆卡住而影响工作性能 |



## 4.5 过滤减压阀

过滤减压阀的工作原理见图23-3-4,过滤减压阀是将空气过滤器和减压阀组成一体的装置,它基本上分两种,一种如图a所示,用于气动系统中的压力控制及压缩空气的净化。调压范围:0~0.80MPa及0~1.00MPa。随着工业的发展,要求气动元件小型化、集成化,这种形式的气动元件广泛用于轻工、食品、纺织及电子工业。另一种如图b所示,用于气动仪表、气动测量及射流控制回路,输出压力有0~0.16MPa、0~0.25MPa及0~0.60MPa三种。最大输出流量有3m$^3$/h、12m$^3$/h、30m$^3$/h三种。过滤元件微孔直径是40~60μm,有的可达5μm。这两种形式的空气过滤减压阀的工作原理基本相同;压缩空气由输入端进入过滤部分的旋风叶片和滤芯,使压缩空气得到净化,再经过减压部分减压至所需压力,而获得干净的空气输出。这样既起到净化气源又起到减压作用。其减压部分的工作原理与膜片式减压阀相同。

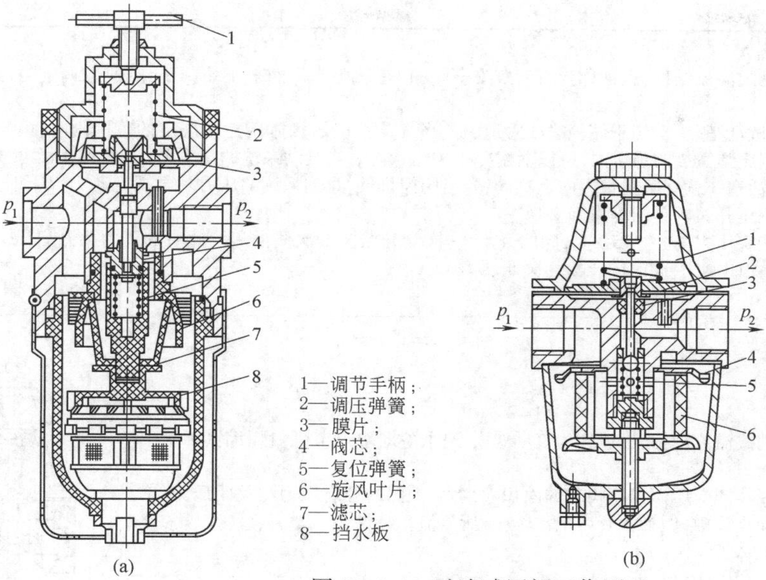


1—调节手柄；
2—调压弹簧；
3—膜片；
4—阀芯；
5—复位弹簧；
6—旋风叶片；
7—滤芯；
8—挡水板

1—调压弹簧；
2—膜片组件；
3—阀芯；
4—旋风叶片；
5—复位弹簧；
6—滤芯

图 23-3-4　过滤减压阀工作原理

# 5　溢　流　阀

## 5.1　溢流阀的功能

溢流阀的作用是当压力上升到超过设定值时，把超过设定值的压缩空气排入大气，以保持进口压力的设定值，因此溢流阀也称安全阀。溢流阀除用在储气罐上起安全保护作用外，也可装在气缸操作回路中起溢流作用。所以溢流阀是防止储气罐或气动装置及回路过载的安全保护装置。

溢流阀分类
- 直动式
  - 活塞式溢流阀
  - 膜片式溢流阀
  - 手拉式溢流阀
- 先导式

图 23-3-5　溢流阀的分类

## 5.2　溢流阀的分类、结构及工作原理

### 5.2.1　溢流阀的分类

溢流阀的分类如图 23-3-5 所示。

### 5.2.2　溢流阀的结构、工作原理及选用

表 23-3-10　　溢流阀结构、工作原理及选用

| | | | |
|---|---|---|---|
| 直动式溢流阀 | 活塞式溢流阀 | 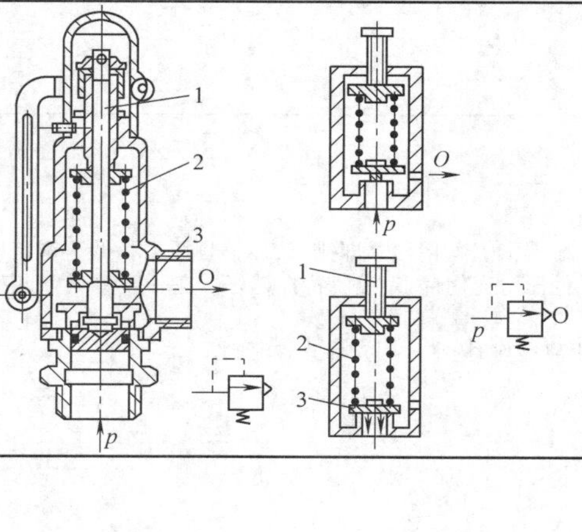 | 1—调节手柄；2—调压弹簧；3—活塞 |

续表

| | | |
|---|---|---|
| 直动式溢流阀 | 活塞式溢流阀 | 活塞式溢流阀是直动式溢流结构,也被称为直动式安全阀,它是靠调节手柄来压缩调压弹簧,以调定溢流时所需的压力<br>此阀结构简单,但灵敏性稍差,常用于储气罐或管道上。当气动系统的气体压力在规定的范围内时,由于气压作用在活塞3上的力小于调压弹簧2的预压力,所以活塞处于关闭状态。当气动系统的压力升高,作用在活塞3上的力超过了弹簧的预压力时,活塞3就克服弹簧力向上移动,开启阀门排气,直到系统的压力降至规定压力以下时,阀重新关闭。开启压力大小靠调压弹簧的预压缩量来实现<br>一般一次侧压力比调定压力高3%~5%时,阀门开启,一次侧开始向二次侧溢流。此时的压力为开启压力。相反比溢流压力低10%时,就关闭阀门,此时的压力为关闭压力 |
| | 膜片式溢流阀 | 膜片式溢流阀是直动式溢流结构,也被称为直动式安全阀,它是靠调节螺钉压缩其弹簧,以调定溢流时所需的压力<br>膜片式溢流阀由于膜片的受压面积比阀芯的面积大得多,阀门的开启压力与关闭压力较接近,即压力特性好,动作灵敏,但最大开启量比较小,所以流量特性差<br>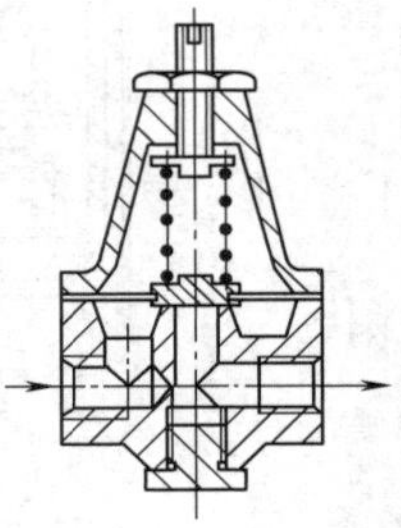 |
| | 手拉式安全阀 | 手拉式安全阀是直动式溢流结构,也被称为直动式安全阀,它是靠人工直接手拉圆环释放压力<br>手拉式安全阀(亦称突开式安全阀),阀芯为球阀,钢球外径和阀体间略有间隙,若超过压力调定值,则钢球略微上浮,而受压面积相当于钢球直径所对应的圆面积。阀为突开式开启,故流量特性好。这种阀的关闭压力约为开启压力的一半,即$p_{并}/p_{阀}\approx1.9\sim2.0$,所以溢流特性好。因此阀在迅速排气后,当回路压力稍低于调定压力时阀门便关闭。这种阀主要用于储气罐和重要的气路中<br>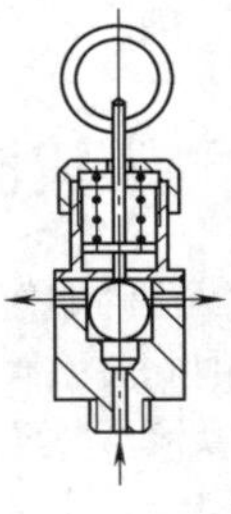 |
| 先导式安全阀 | | 这是一种外部先导式溢流阀,安全阀的先导阀为减压阀,由减压阀减压后的空气从上部先导控制口进入,此压力称为先导压力,它作用于膜片上方所形成的力与进气口进入的空气压力作用于膜片下方所形成的力相平衡。这种结构形式的阀能在阀门开启和关闭过程中,使控制压力保持不变,即阀不会产生因阀的开度引起的设定压力的变化,所以阀的流量特性好。先导式溢流阀适用于管道通径大及远距离控制的场合<br>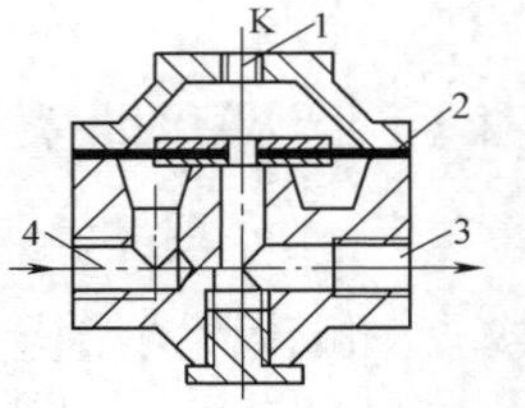<br><br>先导式溢流阀<br>1—先导控制口;2—膜片;3—排气口;4—进气口 |
| 选用 | | (1)根据需要的溢流量来选择溢流阀的通径<br>(2)对溢流阀来说,希望气动回路刚一超过调定压力,阀门便立即排气,而一旦压力稍低于调定压力便能立即关闭阀门。这种从阀门打开到关闭的过程中,气动回路中的压力变化越小,溢流特性越好。在一般情况下,应选用调定压力接近最高使用压力的溢流阀<br>(3)如果管径大(如通径15mm以上)并远距离操作时,宜采用先导式溢流阀 |

# 6 气源处理装置

## 6.1 GC 系列三联件的结构、材质和特性（亚德客）

表 23-3-11

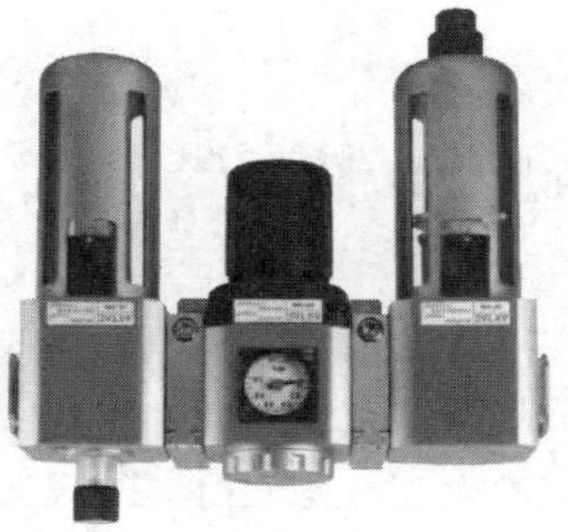

(a) 外形图

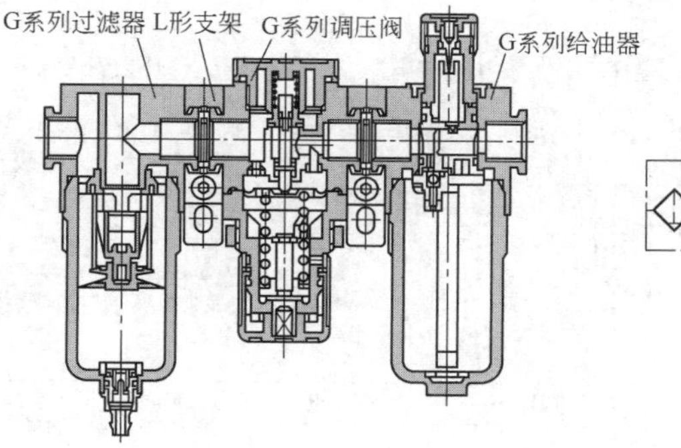


(b) 内部结构图

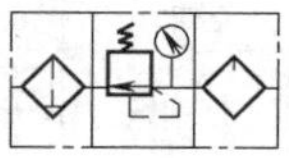

(c) 符号图

结构及外形尺寸

GC200

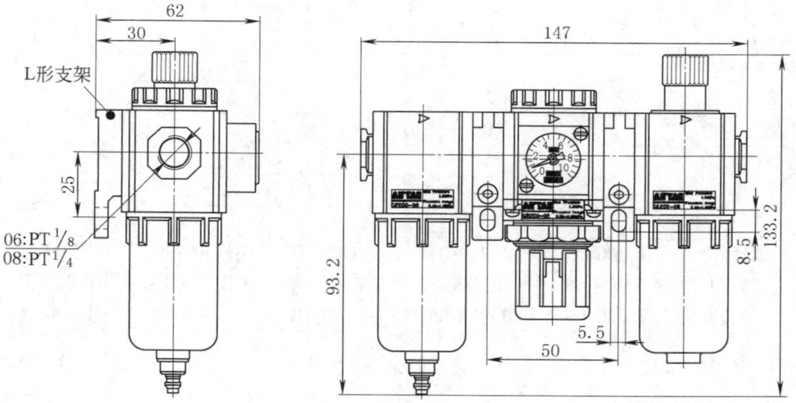


GC300

GC400

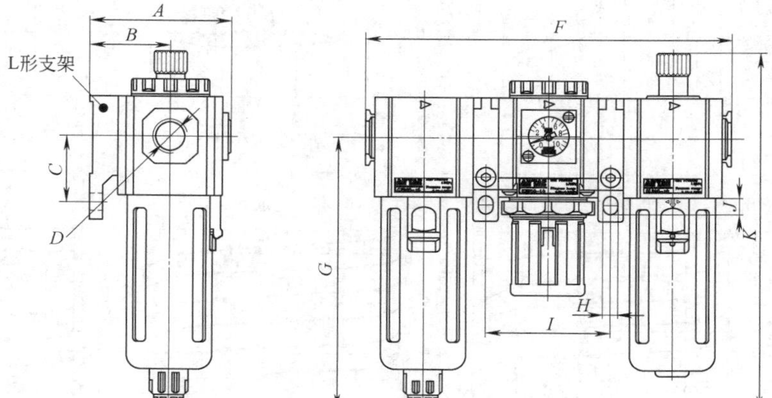

续表

**结构及外形尺寸**

| 型号 \ 尺寸 | *A* | *B* | *C* | *D* | *E* | *F* | *G* | *H* | *I* | *J* | *K* |
|---|---|---|---|---|---|---|---|---|---|---|---|
| GC 300-08 | 71 | 41.5 | 35 | PT¼ | PS⅛ | 188 | 143 | 6.5 | 64 | 9 | 188 |
| GC 300-10 | 71 | 41.5 | 35 | PT⅜ | PS⅛ | 188 | 143 | 6.5 | 64 | 9 | 188 |
| GC 300-15 | 71 | 41.5 | 35 | PT½ | PS⅛ | 188 | 143 | 6.5 | 64 | 9 | 188 |
| GC 400-10 | 85.5 | 50 | 40 | PT⅜ | PS¼ | 248 | 166.5 | 8.6 | 84 | 12 | 216 |
| GC 400-15 | 85.5 | 50 | 40 | PT½ | PS¼ | 248 | 166.5 | 8.6 | 84 | 12 | 216 |

**订购码**

GC200 — 08 — M — L — □ F 1 — W — G

| 系列代号 | 接管口径 | 排水方式 | 形式代码 | 压力表代码 | 压力表形式 | 刻度单位 | 过滤精度 | 牙形代码 |
|---|---|---|---|---|---|---|---|---|
| C200：G200系列调理组合 | 06：PT ⅛<br>08：PT ¼ | 空白：差压排水式<br>M：标准手排式<br>A：自动排水式* | 空白：标准型<br>L：低压型** | 空白：附表<br>N：不附表 | F：方形表<br>C：传统表 | 1：MPa<br>2：psi | 空白：40μm级<br>W：5μm级 | 空白：PT牙<br>G：PS牙<br>T：NPT牙 |
| C300：G300系列调理组合 | 08：PT ¼<br>10：PT ⅜<br>15：PT ½ | | | | | | | |
| C400：G400系列调理组合 | 10：PT ⅜<br>15：PT ½ | | | | | | | |

*：GC200系列无自动排水式：
**：低压型最大可调压力为：0.4MPa(58psi)

**型号规格与技术参数**

| 型号 | GC 200-06 | GC 200-08 | GC 300-08 | GC 300-10 | GC 300-15 | GC 400-10 | GC 400-15 |
|---|---|---|---|---|---|---|---|
| 工作介质 | 空气 | | | | | | |
| 接管口径 | PT⅛ | PT¼ | PT¼ | PT⅜ | PT½ | PT⅜ | PT½ |
| 滤芯精度/μm | 40或5 | | | | | | |
| 调节压力范围/MPa | 0.15~0.9(20~130psi) | | | | | | |
| 最大可调压力/MPa | 1.0(145psi) | | | | | | |
| 保证耐压力/MPa | 1.5(215psi) | | | | | | |
| 使用温度范围/℃ | 5~60 | | | | | | |
| 滤水杯容量/mL | 10 | | 40 | | | 80 | |
| 给油杯容量/mL | 25 | | 75 | | | 160 | |
| 建议润滑用油 | ISO VG 32或同级用油 | | | | | | |
| 质量/g | 580 | | 1300 | | | 2358 | |
| 构成元件 过滤器 | GF 200-06 | GF 200-08 | GF 300-08 | GF 300-10 | GF 300-15 | GF 400-10 | GF 400-15 |
| 构成元件 调压阀 | GR 200-06 | GR 200-08 | GR 300-08 | GR 300-10 | GR 300-15 | GR 400-10 | GR 400-15 |
| 构成元件 给油器 | GL 200-06 | GL 200-08 | GL 300-08 | GL 300-10 | GL 300-15 | GL 400-10 | GL 400-15 |

**压力特性**

适用型号：GC200

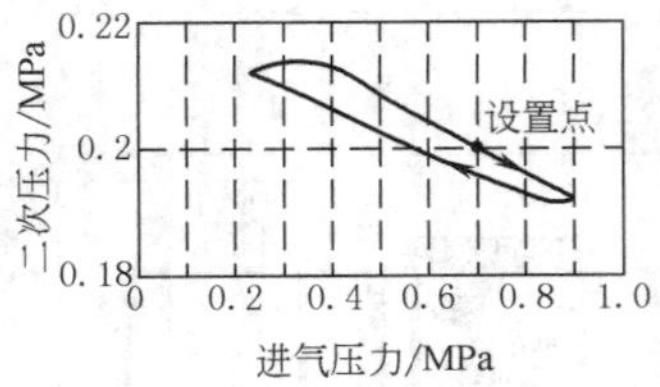


适用型号：GC300

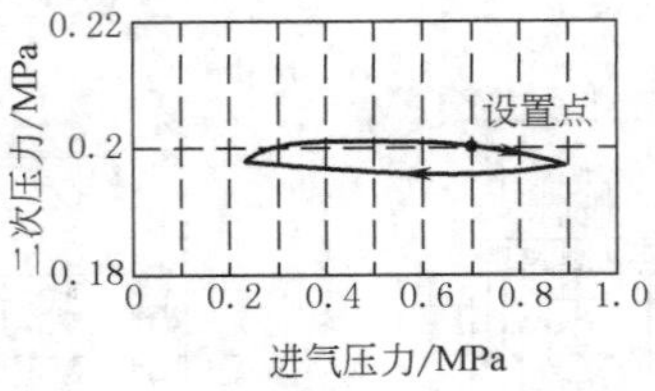


适用型号：GC400

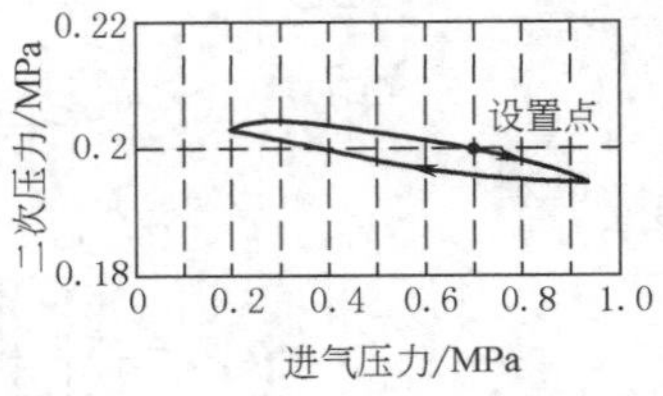


**流量特性**

适用型号:GC200　进气压力:0.7MPa

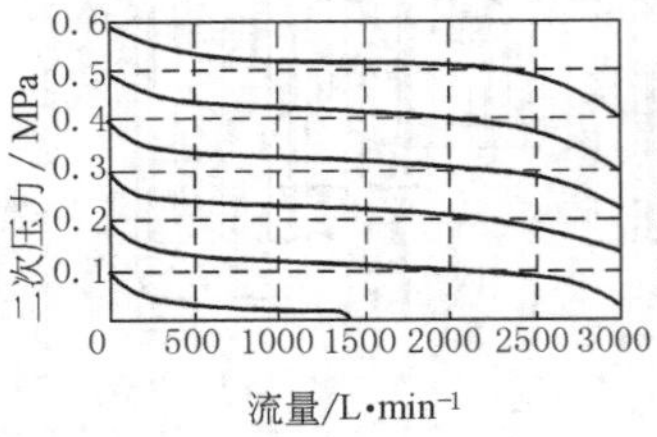


适用型号:GC300　进气压力:0.7MPa

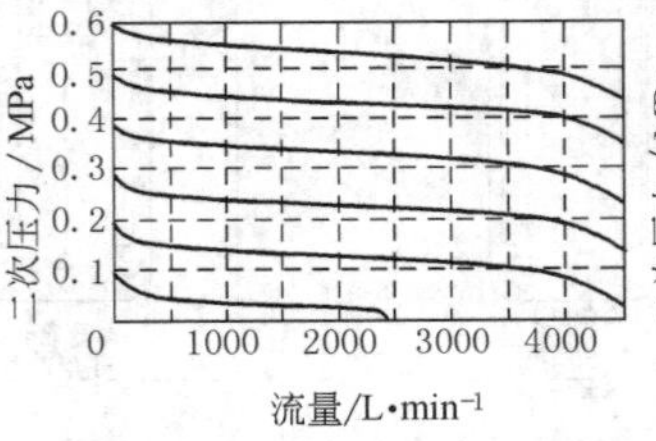


适用型号:GC400　进气压力:0.7MPa

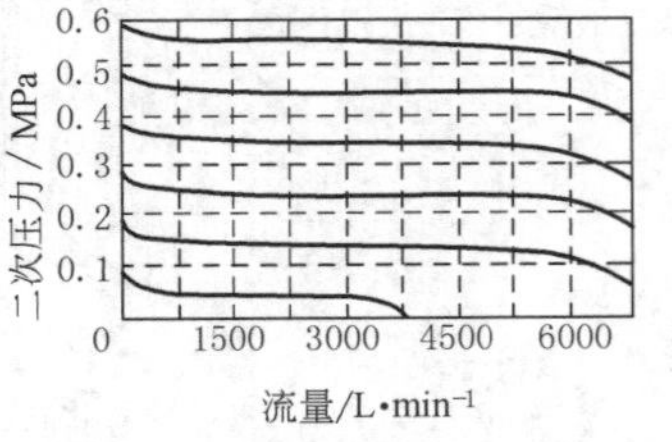

## 6.2 GFR 系列过滤减压阀结构、尺寸及特性（亚德客）

表 23-3-12

结构及外形尺寸

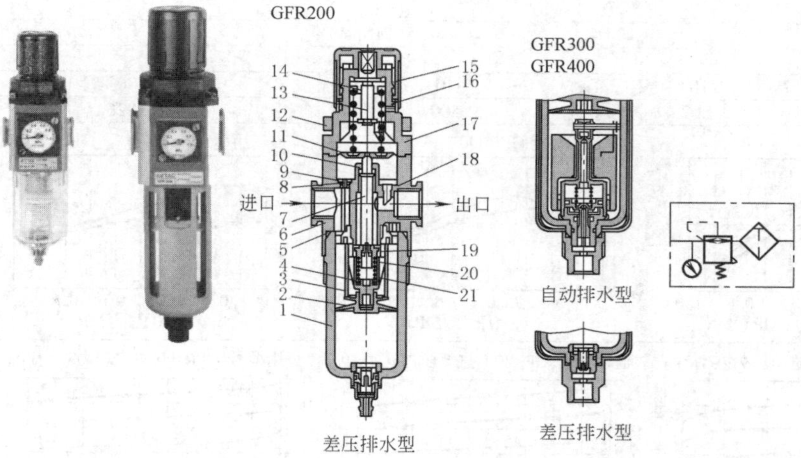


(a) 外形图　(b) 内部结构图　(c) 符号图

1—滤水杯；2—伞形固定座；3—滤芯；4—导流器；5，10，20—O 形环；6—调压滤水器本体；7—调压柱；8—单向阀；9—固定塞头；11—主调压膜片；12—固定环帽；13—主调压轴；14—主调压六角帽；15—主调压钮；16，21—弹簧；17—主调压座；18—反馈导管；19—调压塞头

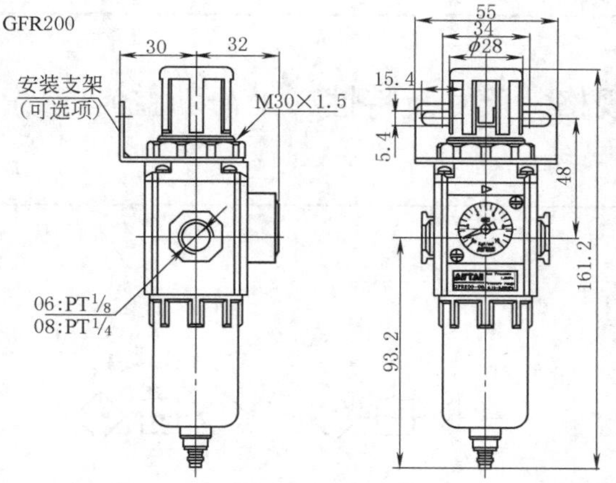


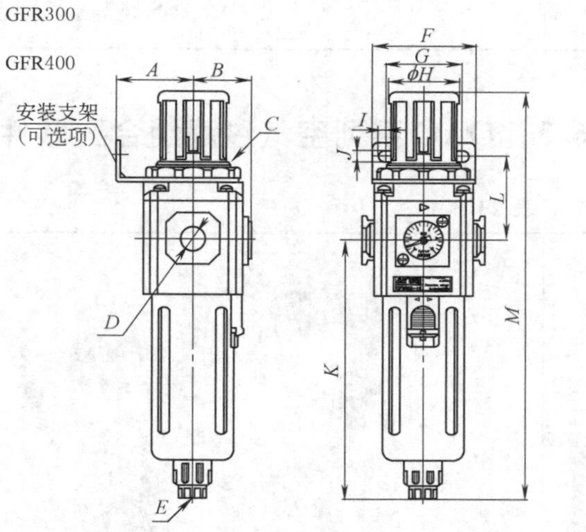


| 形号/符号 | A | B | C | D | E | F | G | H | I | J | K | L | M |
|---|---|---|---|---|---|---|---|---|---|---|---|---|---|
| GFR300-08 | 41 | 31 | M40×1.5 | PT¼ | PS⅛ | 53 | 40 | 38 | 8 | 6.5 | 143 | 46 | 225.6 |
| GFR300-10 | 41 | 31 | M40×1.5 | PT⅜ | PS⅛ | 53 | 40 | 38 | 8 | 6.5 | 143 | 46 | 225.6 |
| GFR300-15 | 41 | 31 | M40×1.5 | PT½ | PS⅛ | 53 | 40 | 38 | 8 | 6.5 | 143 | 46 | 225.6 |
| GFR400-10 | 50 | 40 | M55×2.0 | PT⅜ | PS¼ | 72 | 55 | 52 | 11 | 8.5 | 165.5 | 53 | 269.5 |
| GFR400-15 | 50 | 40 | M55×2.0 | PT½ | PS¼ | 72 | 55 | 52 | 11 | 8.5 | 165.5 | 53 | 269.5 |

订购码

GFR200 — 08 — M — L — □ — □ F 1 — W — G

| 系列代号 | 接管口径 | 排水方式 | 形式代码 | 支架代码 | 压力表代码 | 压力表形式 | 刻度单位 | 过滤精度 | 牙形代码 |
|---|---|---|---|---|---|---|---|---|---|
| GFR200：G200 系列调压过滤器 | 06：PT 1/8<br>08：PT 1/4 | 空白：差压排水式<br>M：标准手排式<br>A：自动排水式* | 空白：标准型<br>L：低压型** | 空白：附支架<br>J：不附支架 | 空白：附表<br>N：不附表 | F：方形表<br>C：传统表 | 1：MPa<br>2：psi | 空白：40μm级<br>W：5μm级 | 空白：PT 牙<br>G：PS 牙<br>T：NPT牙 |
| GFR300：G300 系列调压过滤器 | 08：PT 1/4<br>10：PT 3/8<br>15：PT 1/2 | | | | | | | | |
| GFR400：G400 系列调压过滤器 | 10：PT 3/8<br>15：PT 1/2 | | | | | | | | |

*：GFR200 系列无自动排水式
**：低压型最大可调压力为：0.4MPa(58psi)

续表

| | | | | | | | | |
|---|---|---|---|---|---|---|---|---|
| 型号规格与技术参数 | 型号 | GFR200-06 | GFR200-08 | GFR300-08 | GFR300-10 | GFR300-15 | GFR400-10 | GFR400-15 |
| | 工作介质 | 空气 | | | | | | |
| | 接管口径 | PT⅛ | PT¼ | PT¼ | PT⅜ | PT½ | PT⅜ | PT½ |
| | 滤芯精度/μm | 40 或 5 | | | | | | |
| | 调节压力范围/MPa | 0.15~0.9(20~130psi) | | | | | | |
| | 最大可调压力/MPa | 1.0(145psi) | | | | | | |
| | 保证耐压力/MPa | 1.5(215psi) | | | | | | |
| | 使用温度范围/℃ | 5~60 | | | | | | |
| | 滤水杯容量/mL | 10 | | 40 | | 80 | | |
| | 质量/g | 216 | | 500 | | 1026 | | |
| 压力特性 | 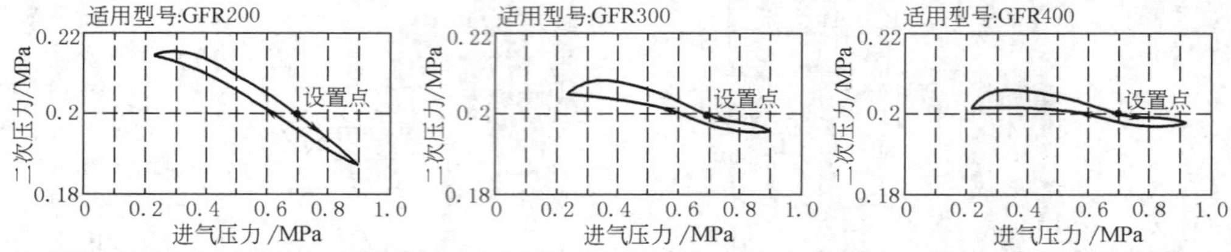 | | | | | | | |
| 流量特性 | 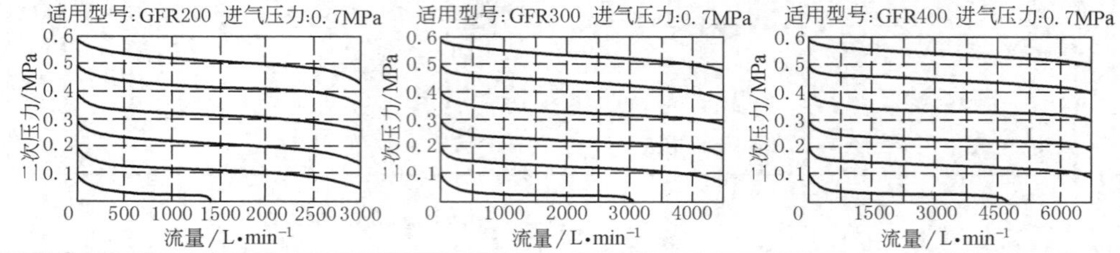 | | | | | | | |



## 6.3 QAC 系列空气过滤组合三联件规格、尺寸及特性（上海新益）

**表 23-3-13**

结构及外形尺寸

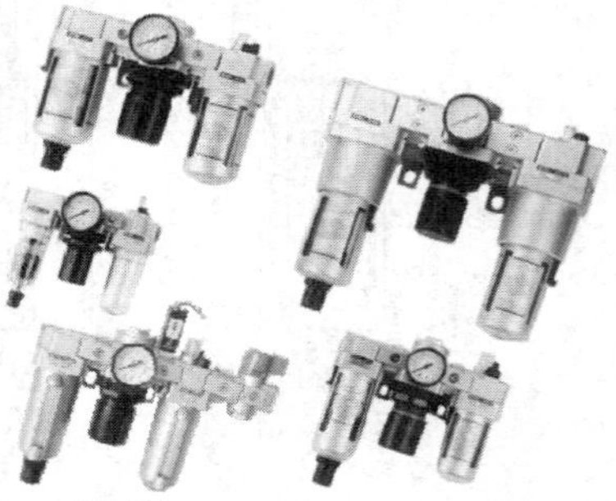

（带金属杯）

(a) 外形图

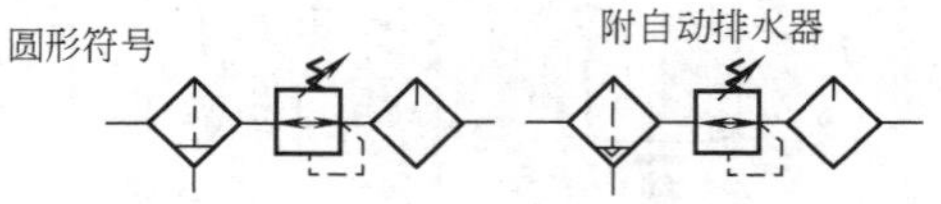


(b) 符号图

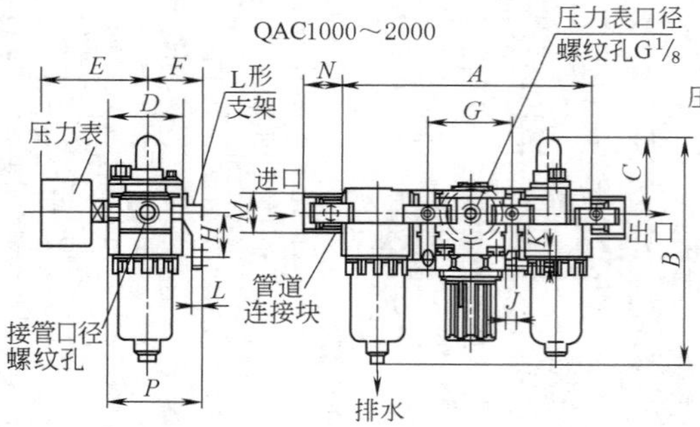


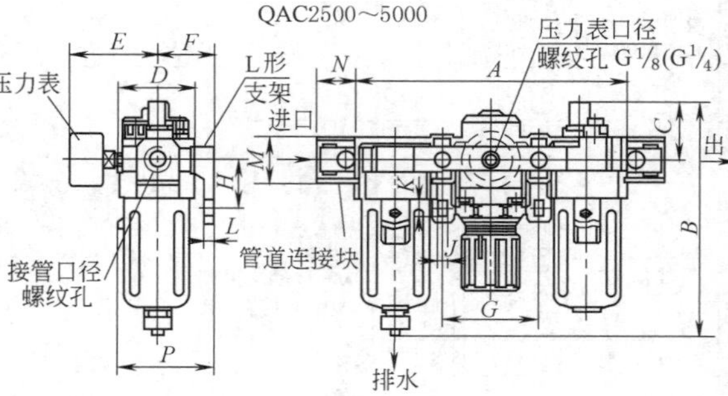

续表

| | 型号 | 口径(G) | *A* | *B* | *C* | *D* | *E* | *F* | *G* | *H* | *J* | *K* | *L* | *M* | *N* | *P* | 连自动排水器 *B* |
|---|---|---|---|---|---|---|---|---|---|---|---|---|---|---|---|---|---|
| 结构及外形尺寸 | QAC1000 | M5~0.8 | 91 | 84.5 | 25.5 | 25 | 26 | 25 | 33 | 20 | 4.5 | 7.5 | 5 | 17.5 | 16 | 38.5 | 105 |
| | QAC2000 | 1/8~1/4 | 140 | 125 | 38 | 40 | 56.8 | 30 | 50 | 24 | 5.5 | 8.5 | 5 | 22 | 23 | 50 | 159 |
| | QAC2500 | 1/4~3/8 | 181 | 156.5 | 38 | 53 | 60.8 | 41 | 64 | 35 | 7 | 11 | 7 | 34.2 | 26 | 70.5 | 194.5 |
| | QAC3000 | 1/4~3/8 | 181 | 156.5 | 38 | 53 | 60.8 | 41 | 64 | 35 | 7 | 11 | 7 | 34.2 | 26 | 70.5 | 194.5 |
| | QAC4000 | 3/8~1/2 | 238 | 191.5 | 41 | 70 | 65.5 | 50 | 84 | 40 | 9 | 13 | 7 | 42.2 | 33 | 88 | 230.5 |
| | QAC4000-06 | 3/4 | 253 | 193 | 40.5 | 70 | 69.5 | 50 | 89 | 40 | 9 | 13 | 7 | 46.2 | 36 | 88 | 232 |
| | QAC5000 | 3/4~1 | 300 | 271.5 | 48 | 90 | 75.5 | 70 | 105 | 50 | 12 | 16 | 10 | 55.2 | 40 | 115 | 310.5 |

| | | |
|---|---|---|
| 型号规格及技术参数 | 耐压试验压力/MPa | 1.5 |
| | 最高使用压力/MPa | 1.0 |
| | 环境及介质温度/℃ | 5~60 |
| | 过滤孔径/μm | 25 |
| | 建议用油 | 透平1号油(ISO VG32) |
| | 杯材料[②] | PC/铸铝(金属杯) |
| | 杯防护罩 | QAC1000~2000(无)　QAC2500~5000(有) |
| | 调压范围/MPa | QAC 1000:0.05~0.7<br>QAC2000~5000:0.05~0.85 |
| | 阀型 | 带溢流型 |

| 型号 | | 规格 | | | | | | | | 配件 |
|---|---|---|---|---|---|---|---|---|---|---|
| | | 组件 | | | 额定流量[①]/L·min⁻¹ | 接管口径(G) | 压力表口径(G) | 质量/kg | 支架/2个 | 压力表 |
| 手动排水型 | 自动排水型 | 过滤器 | 减压阀 | 油雾器 | | | | | | |
| QAC1000-M5 | — | QAF1000 | QAR1000 | QAL1000 | 90 | M5×0.8 | 1/16 | 0.26 | Y10L | QG27-10-R1 |
| QAC2000-01 | QAC2000-01D | QAF2000 | QAR2000 | QAL2000 | 500 | 1/8 | 1/8 | 0.74 | Y20L | QG36-10-01 |
| QAC2000-02 | QAC2000-02D | QAF2000 | QAR2000 | QAL2000 | 500 | 1/4 | 1/8 | 0.74 | Y20L | |
| QAC2500-02 | QAC2500-02D | QAF3000 | QAR2500 | QAL3000 | 1500 | 1/4 | 1/8 | 1.04 | Y30L | |
| QAC2500-03 | QAC2500-03D | QAF3000 | QAR2500 | QAL3000 | 1500 | 3/8 | 1/8 | 1.04 | Y30L | |
| QAC3000-02 | QAC3000-02D | QAF3000 | QAR3000 | QAL3000 | 2000 | 1/4 | 1/8 | 1.18 | Y30L | |
| QAC3000-03 | QAC3000-03D | QAF3000 | QAR3000 | QAL3000 | 2000 | 3/8 | 1/8 | 1.18 | Y30L | |
| QAC4000-03 | QAC4000-03D | QAF4000 | QAR4000 | QAL4000 | 4000 | 3/8 | 1/4 | 2.14 | Y40L | QG46-10-02 |
| QAC4000-04 | QAC4000-04D | QAF4000 | QAR4000 | QAL4000 | 4000 | 1/2 | 1/4 | 2.14 | Y40L | |
| QAC4000-06 | QAC4000-06D | QAF4000 | QAR4000 | QAL4000 | 4500 | 3/4 | 1/4 | 2.47 | Y50L | |
| QAC5000-06 | QAC5000-06D | QAF5000 | QAR5000 | QAL5000 | 5000 | 3/4 | 1/4 | 3.82 | Y60L | |
| QAC5000-10 | QAC5000-10D | QAF5000 | QAR5000 | QAL5000 | 5000 | 1 | 1/4 | 3.82 | Y60L | |

流量特性曲线(进口压力 $p_1$ = 0.7MPa)

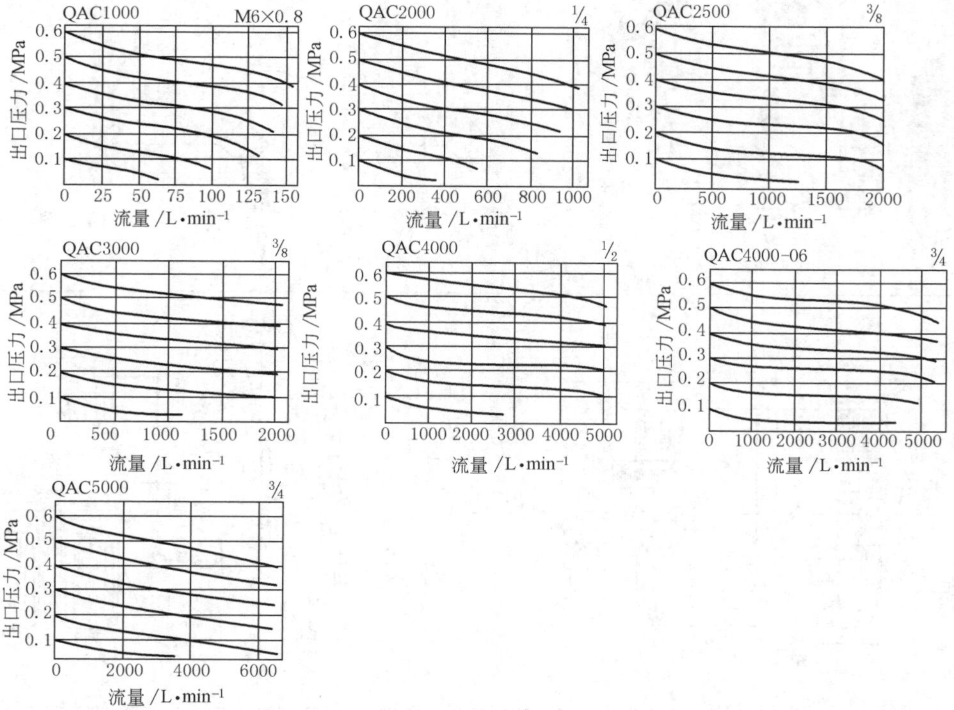

续表

| | |
|---|---|
| 压力特性曲线 | 进口压力 $p_1=0.7$MPa，出口压力 $p_2=0.2$MPa，流量 $Q=20$L/min 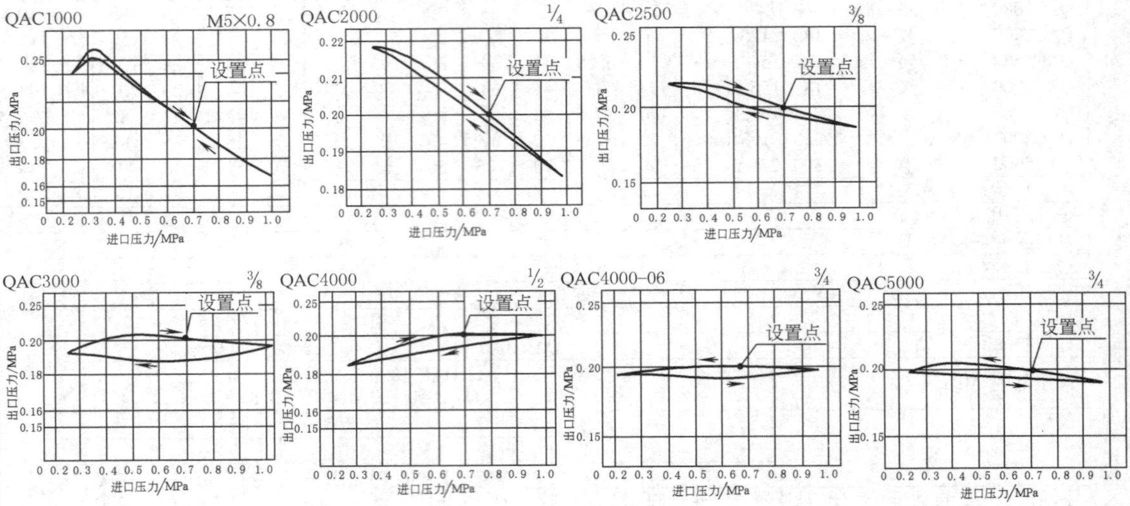  |

① 进口压力为 0.7MPa、出口压力为 0.5MPa 的情况下。② QAC2000~5000 空气过滤组合带有金属杯可供选择。

## 6.4 QAC 系列空气过滤组合（二联件）结构尺寸及产品型号（上海新益）

表 23-3-14

| | |
|---|---|
| 结构及外形尺寸 | 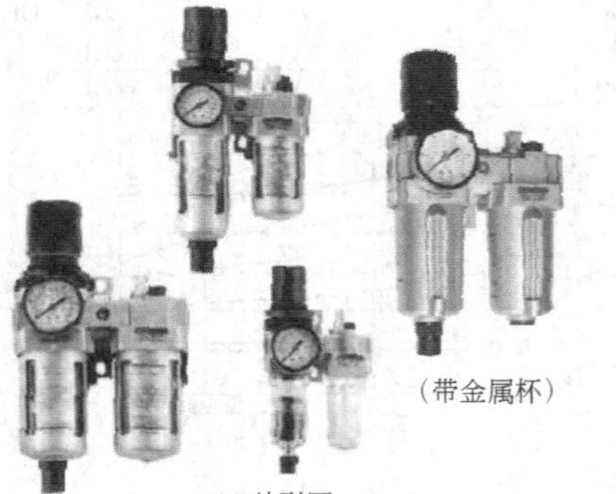 （带金属杯）<br>(a) 外形图<br>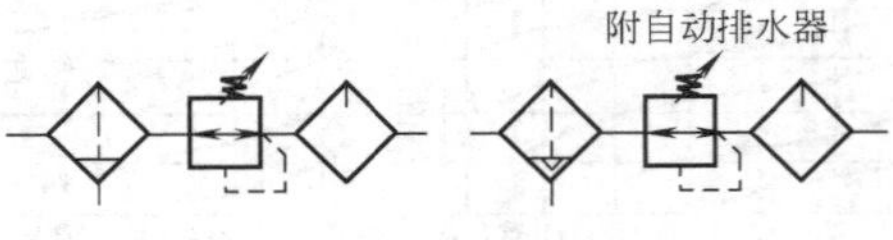 <br>(b) 符号图 |
| | 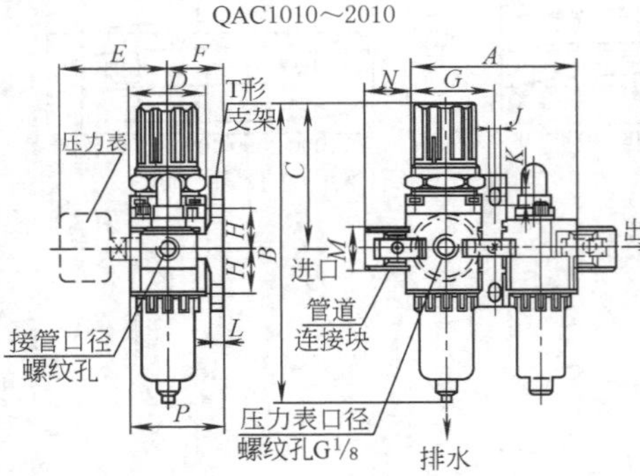 <br>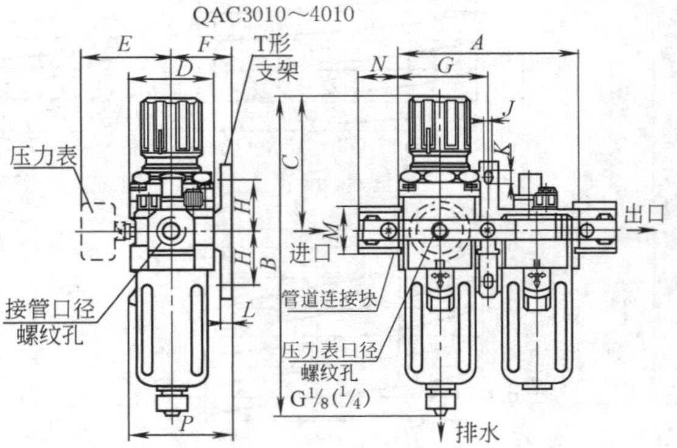  |

续表

| | 型号 | 口径(G) | A | B | C | D | E | F | G | H | J | K | L | M | N | P | 连自动排水器 B |
|---|---|---|---|---|---|---|---|---|---|---|---|---|---|---|---|---|---|
| 结构及外形尺寸 | QAC1010 | M5×0.8 | 58 | 109.5 | 50.5 | 25 | 26 | 25 | 29 | 20 | 4.5 | 7.5 | 5 | 17.5 | 16 | 38.5 | 130 |
| | QAC2010 | ⅛~¼ | 90 | 164.5 | 78 | 40 | 56.8 | 30 | 45 | 24 | 5.5 | 8.5 | 5 | 22 | 23 | 50 | 198.5 |
| | QAC3010 | ¼~⅜ | 117 | 211 | 92.5 | 53 | 60.8 | 41 | 58.5 | 35 | 7 | 11 | 7 | 34.2 | 26 | 70.5 | 249 |
| | QAC4010 | ⅜~½ | 154 | 262 | 112 | 70 | 70.5 | 50 | 77 | 40 | 9 | 13 | 7 | 42.2 | 33 | 88 | 310.5 |
| | QAC4010-06 | ¾ | 164 | 267 | 114 | 70 | 70.5 | 50 | 82 | 40 | 9 | 13 | 7 | 46.2 | 36 | 88 | 306 |

| | | |
|---|---|---|
| 型号规格及技术参数 | 耐压试验压力/MPa | 1.5 |
| | 最高使用压力/MPa | 1.0 |
| | 环境及介质温度/℃ | 5~60 |
| | 过滤孔径/μm | 25 |
| | 建议用油 | 透平1号油(ISO VG32) |
| | 杯材料② | PC/铸铝(金属杯) |
| | 杯防护罩 | QAC 1010~2010(无) QAC3010~4010(有) |
| | 调压范围/MPa | QAC1010:0.05~0.7<br>QAC2010~4010:0.05~0.85 |
| | 阀型 | 带溢流型 |

| 型号 | | 规格 | | | | | | | 配件 |
|---|---|---|---|---|---|---|---|---|---|
| | | 组件 | | 额定流量① | 接管口径 | 压力表 | 质量 | 支架 | 压力表 |
| 手动排水型 | 自动排水型 | 过滤器连减压阀 | 油雾器 | /L·min$^{-1}$ | (G) | 口径(G) | /kg | 2个 | |
| QAC1010-M5 | — | QAW1000 | QAL1000 | 90 | M5×0.8 | 1/16 | 0.22 | Y10T | QG27-10-R1 |
| QAC2010-01 | QAC2010-01D | QAW2000 | QAL2000 | 500 | ⅛ | ⅛ | 0.66 | Y20T | QG36-10-01 |
| QAC2010-02 | QAC2010-02D | QAW2000 | QAL2000 | 500 | ¼ | ⅛ | 0.66 | Y20T | |
| QAC3010-02 | QAC3010-02D | QAW3000 | QAL3000 | 1700 | ¼ | ⅛ | 0.98 | Y30T | |
| QAC3010-03 | QAC3010-03D | QAW3000 | QAL3000 | 1700 | ⅜ | ⅛ | 0.98 | Y30T | |
| QAC4010-03 | QAC4010-03D | QAW4000 | QAL4000 | 3000 | ⅜ | ¼ | 1.93 | Y40T | QG46-10-02 |
| QAC4010-04 | QAC4010-04D | QAW4000 | QAL4000 | 3000 | ½ | ¼ | 1.93 | Y40T | |
| QAC4010-06 | QAC4010-06D | QAW4000 | QAL4000 | 3000 | ¾ | ¼ | 1.99 | Y50T | |

① 进口压力为0.7MPa、出口压力为0.5MPa情况下。

② QAC2010~4010空气过滤组合带有金属杯可供选择。

## 6.5 费斯托精密型减压阀

**表 23-3-15**

| | |
|---|---|
| 结构 | 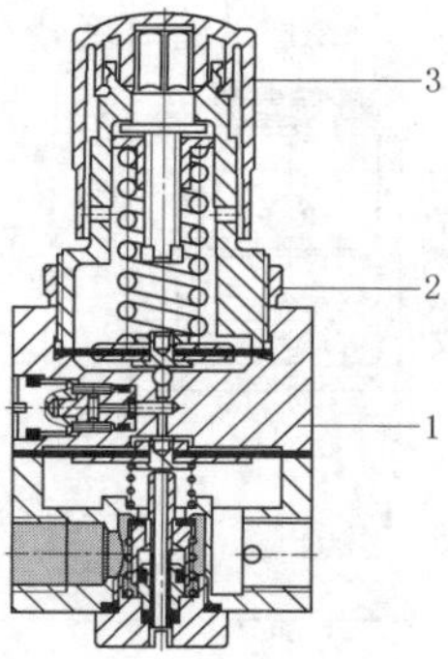 1—壳体,材料:铝;<br>2—滚花螺母,材料:聚碳酸酯/聚酰胺;<br>3—旋转手柄,材料:LRP 为聚醋酸酯<br>LRPS 为铝<br>密封材料:丁腈橡胶 |
| 特性 | 该精密减压阀通过膜片式的先导控制,作用于主阀芯调节工作压力(出口),因而具有良好的调压特性。在静态和动态使用时,压力精密调节;流量压力特性曲线的压力迟滞<0.02bar;当输入压力和流量改变时,具有快速响应的良好特性;输入压力的波动几乎全得到补偿 |

续表

| | | | | | |
|---|---|---|---|---|---|
| 环境条件 | 环境温度/℃ | -10～60 | | | |
| | 耐腐蚀等级(CRC) | 2 | | | |
| 主要技术参数 | 型号 | 精密减压阀 LRP | | 可锁定式精密减压阀 LRPS | |
| | 气接口 | G¼ | | | |
| | 工作介质 | 过滤压缩空气，润滑或未润滑，过滤等级≤40μm | | | |
| | 结构特点 | 先导驱动精密膜片式减压阀 | | | |
| | 安装形式 | 通过附件安装 | | | |
| | | 面板安装 | | | |
| | | 管式安装 | | | |
| | 安装位置 | 任意 | | | |
| | 最大迟滞量/mbar | 20 | | | |
| | 输入压力/bar | 1～12 | | | |
| | 压力调节范围/bar | | | | |
| | 0.7 | 0.05～0.7 | | | |
| | 2.5 | 0.05～2.5 | | | |
| | 4 | 0.05～4 | | | |
| | 10 | 0.1～10 | | | |
| 订货数据 | 压力调节范围/bar | 精密减压阀 LRP | | 可锁定式精密减压阀 LRPS | |
| | | 代号 | 型号 | 代号 | 型号 |
| | 0.05～0.7 | 159 500 | LRP-1/4-0,7 | 194 690 | LRPS-1/4-0,7 |
| | 0.05～2.5 | 162 834 | LRP-1/4-2,5 | 194 691 | LRPS-1/4-2,5 |
| | 0.05～4 | 159 501 | LRP-1/4-4 | 194 692 | LRPS-1/4-4 |
| | 0.1～10 | 159 502 | LRP-1/4-10 | 194 693 | LRPS-1/4-10 |
| 结构及外形尺寸 | 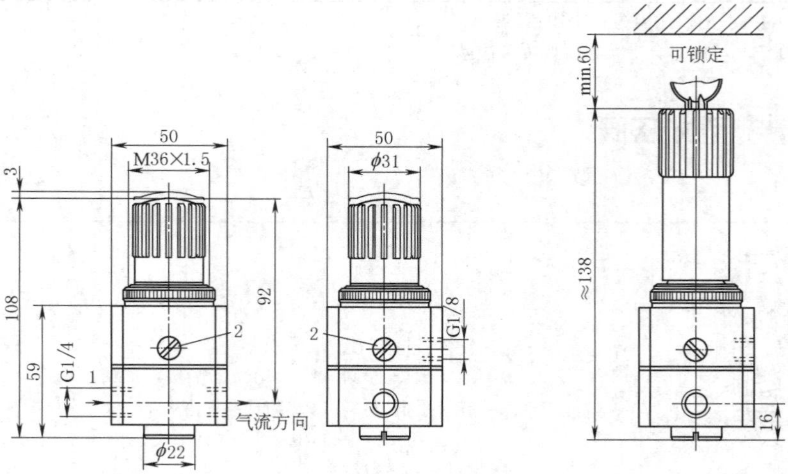 1—压力表接口；2—过滤节流螺钉 | | | | |
| 标准额定流量 $q_n$ /L·min$^{-1}$ | 压力调节范围/bar | LRP/LRPS | | | |
| | 0.7 | 800 | | | |
| | 2.5 | 1800 | | | |
| | 4 | 2000 | | | |
| | 10 | 2300 | | | |

续表

| | |
|---|---|
| 标准流量 $q_n$ 与输出压力 $p_2$ 的关系 | LRP(S)-1/4-0.7<br>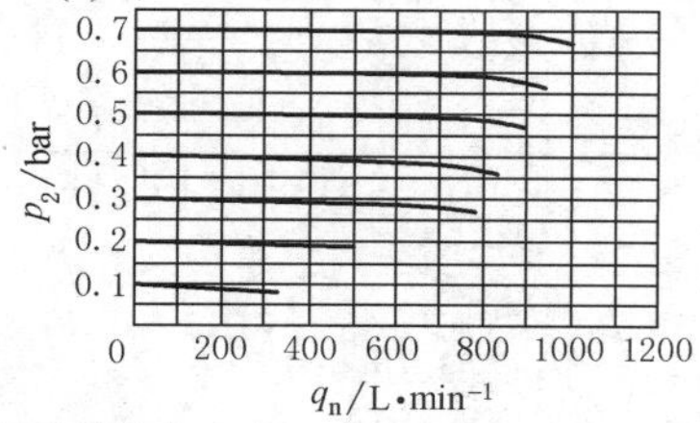<br>LRP(S)-1/4-2.5<br>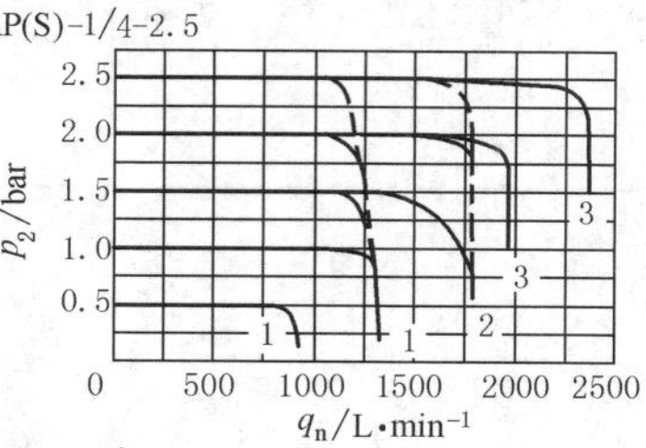<br>LRP(S)-1/4-4<br>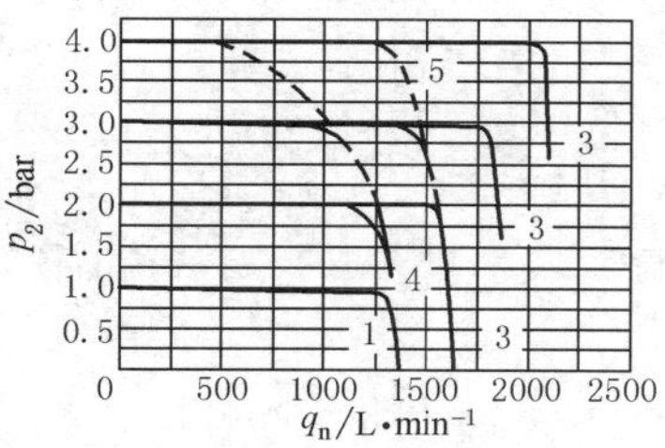<br>LRP(S)-1/4-10<br>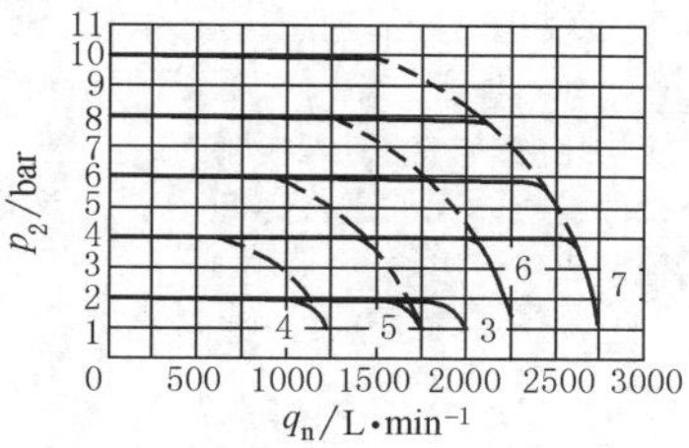<br>1—输入压力 $p_1=5\sim12$bar;<br>2—输入压力 $p_1=7\sim12$bar;<br>3—输入压力 $p_1=10\sim12$bar;<br>4—输入压力 $p_1=5$bar;<br>5—输入压力 $p_1=7$bar;<br>6—输入压力 $p_1=10$bar;<br>7—输入压力 $p_1=12$bar |
| 内部空气消耗 $q_n$ 和输入压力 $p_1$ 的关系 | 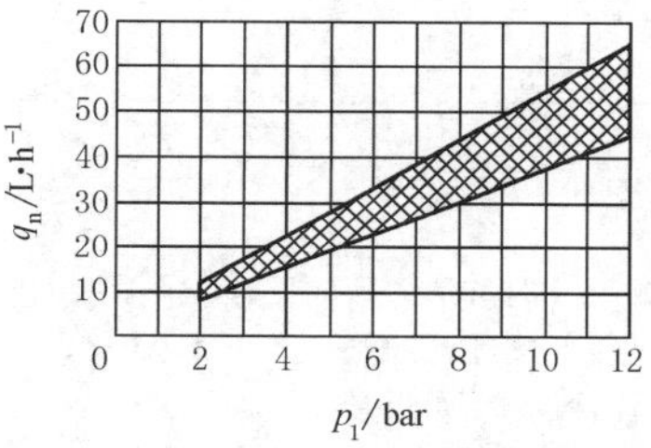 |
| 标准流量 $q_n$ 与输出超调压力 $p_2$ 的关系 | 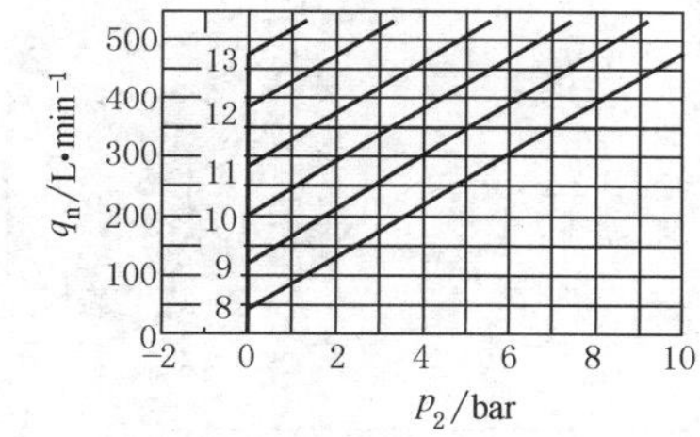<br>8—输出超调压力 $p_2=0.7$bar;<br>9—输出超调压力 $p_2=2$bar;<br>10—输出超调压力 $p_2=4$bar;<br>11—输出超调压力 $p_2=6$bar;<br>12—输出超调压力 $p_2=8$bar;<br>13—输出超调压力 $p_2=10$bar |
| 输出压力 $p_2$ 和输入压力 $p_1$ 的关系 | 输入压力变量 $q_n$=35L/min<br>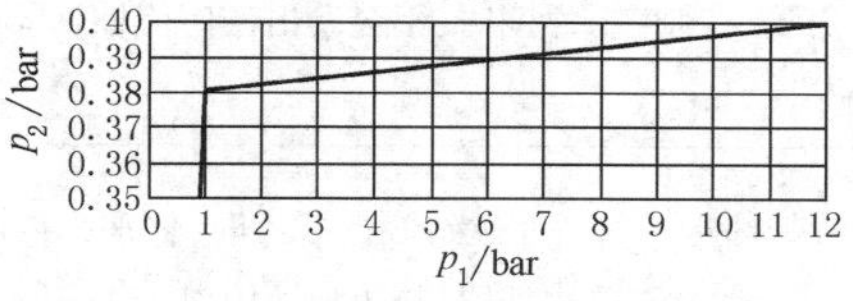<br>输入压力变量 $q_n$=220L/min<br>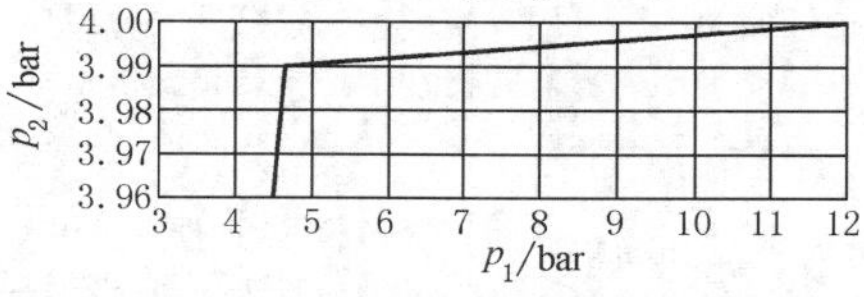<br>输入压力变量 $q_n$=55L/min<br>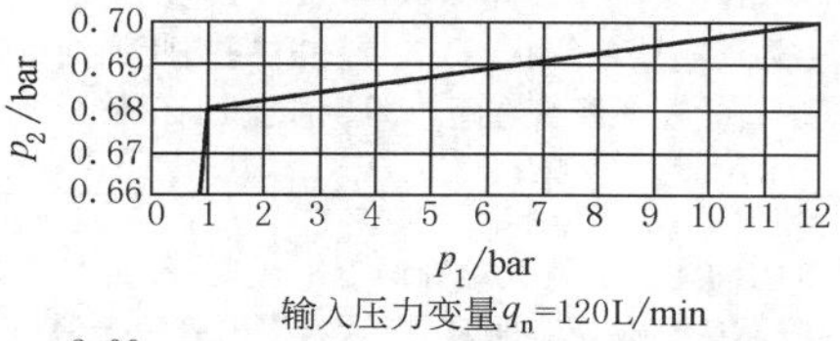<br>输入压力变量 $q_n$=340L/min<br>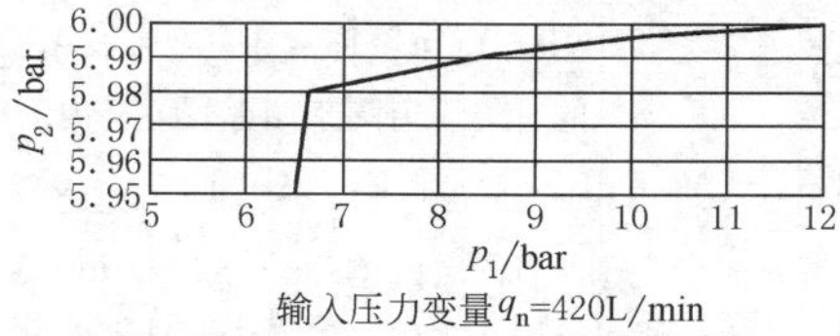<br>输入压力变量 $q_n$=120L/min<br>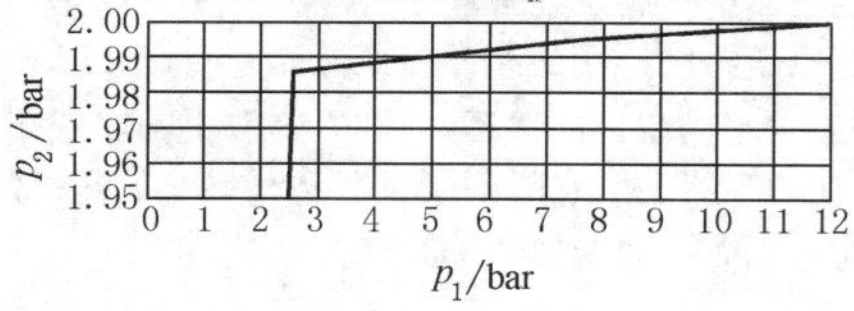<br>输入压力变量 $q_n$=420L/min<br>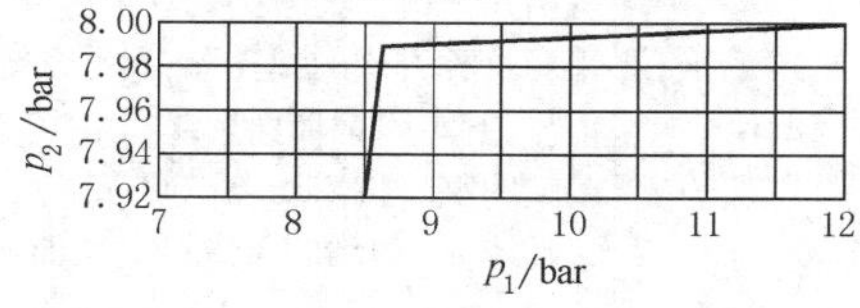 |

## 6.6 麦特沃克 Skillair 三联件（管道补偿）

表 23-3-16

| | | |
|---|---|---|
| 模块化组合的特点 | Skillair®气源处理元件采用了模块化设计的理念，各种功能模块可以进行任意的组合，如过滤器、减压阀、油雾器、渐增压启动阀等。同时模块化的结构使得现场维修更换非常方便，对任意部分元件或整体元件进行拆卸时，不会对其余部分元件或气管造成任何影响 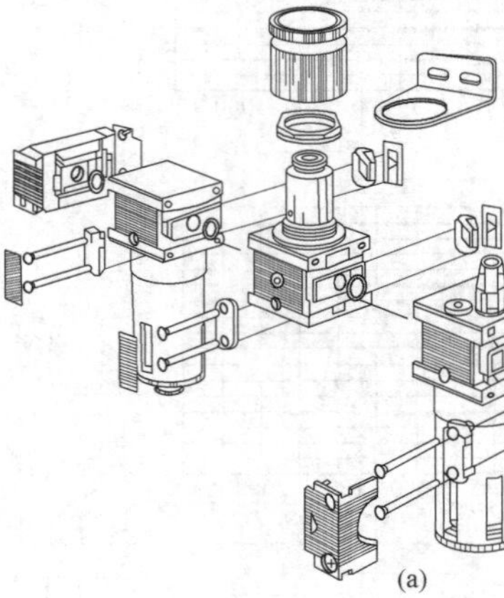 (a) | |
| 对管子长度偏差进行补偿 | SKILLAIR 400 系列为大流量系列，6.3bar 时的最大流量可以达到 20000L/min。通常该系列用于总进气的气源处理部分，因此所连接的管子都为硬管连接，如果管子在切割时长度有偏差，SKILLAIR 400 系列可以对长度偏差进行补偿。而且该系列的接头可以旋转滑动，因此在安装和拆卸的时候无需拆卸管子，大大减少了现场维护的工作量<br>如图 b 所示，松开端板上的螺钉，即可调整接头螺母的距离或进行旋转，调整完毕后拧紧螺钉进行固定 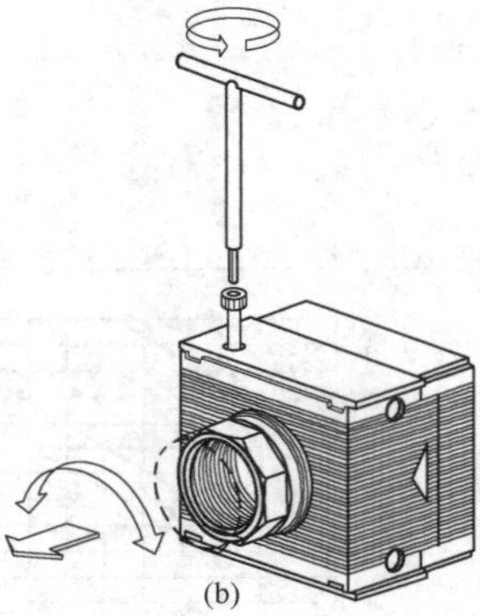 (b) | |
| 油雾器除传统加油方式外的其他加油方式 | 最低液面 ML | 有两种规格：300 系列和 400 系列。此型号的油雾器当液面达到最高和最低时，会发出两个控制信号，可用来控制声响报警器、警灯灯。当液面处于最高和最低之间时，不会发出任何信号。采用这种方式的油雾器直接在中控室就可监测油杯内的油位状况 |
| | 液面最低时自动加油 CAML | 有两种规格：300 系列和 400 系列。此型号的油雾器当液面达到最低液位时，储油杯内的电子指示器会发出一个电子信号去驱动加油装置，当油的液面达到最高液面时，指示器发出另一个信号，加油装置关闭。采用这种方式的油雾器，润滑系统的液面可以始终维持在最高和最低液面之间。如果只使用其中的一个信号，则可以把液面始终保持恒定状态（恒定为最高或最低状态）。要注意的是此加油方式只有当润滑油的进气压力高于油雾器虑杯内的压力的情况下，才能使系统在运作时也能给油杯加油 |
| | 降压式低液位加油 CDML | 有两种规格：300 系列和 400 系列。此型号的油雾器当液面达到最低液位时，储油杯内的电子指示器会发出一个电子信号去驱动加油装置，当油的液面达到最高液面时，指示器发出另一个信号，加油装置关闭。采用这种方式的油雾器，润滑系统的液面可以始终维持在最高和最低液面之间。如果只使用其中的一个信号，则可以把液面始终保持恒定状态（恒定为最高或最低状态）。和 CAML 不同之处在于该油雾器由一个常闭型二位二通电磁阀控制。电磁阀装在油雾器上。它降低了油杯内的压力，并使油杯可被充油（来自油罐）。油罐的位置可以比油雾器低（高度差最多可以达到 2m） |

## 6.7 不锈钢过滤器、调压阀、油雾器（Norgren 公司）

Norgren 公司采用不锈钢材质制作的过滤器、调压阀、油雾器产品在一些特定场合有良好的应用，如油田井口、海船、近海作业、食品工业和其他腐蚀环境，它的最高进口工作压力为 17bar、20bar，输出工作压力为 0~10bar，过滤器的流量为 3420L/min，调压阀的流量为 3000L/min，油雾器的流量为 2880L/min。

1/2″NPTF 螺纹为美国斜牙管螺纹。不锈钢过滤器、调压阀及油雾器的规格及性能参数见表 23-3-17。

表 23-3-17

外形及符号

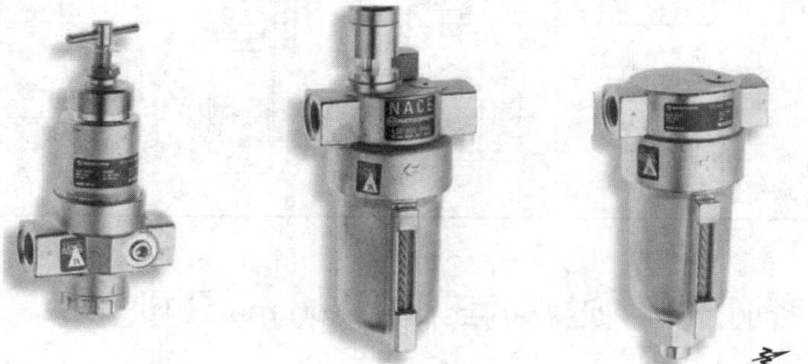

R22过滤器 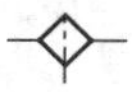  L22调压阀   F22油雾器 

| 过滤器 | 规格 | 流量/$dm^3 \cdot s^{-1}$* | 滤芯 | 排放 | 杯 | 型号 | 维修件 |
|---|---|---|---|---|---|---|---|
| | ½NPTF | 57 | 25 | 自动 | 金属杯 | F22-400-A2DA | F22-100A |
| | ½NPTF | 57 | 25 | 手动 | 金属杯 | F22-400-M2DA | F22-100M |

* 入口压力 6.3bar，压降 0.5bar 时的最大流量

| 调压阀 | 规格 | 流量/$dm^3 \cdot s^{-1}$* | 调压范围/bar | 工作方式 | 型号 | 维修件 |
|---|---|---|---|---|---|---|
| | ½NPTF | 50 | 0.4~10 | 泄气式 | R22-401-RNMA | R22-100R |
| | ½NPTF | 50 | 0.4~10 | 泄气式 | R22-401-NNMA | R22-100NR |

* 出口压力可调至 6bar；入口压力 10bar，出口压力 6.3bar 和压降 1bar 时的最大流量

| 润滑器 | 规格 | 流量/$dm^3 \cdot s^{-1}$ | 最小流量/$dm^3 \cdot s^{-1}$ | 工作方式 | 杯 | 杯容量/L | 型号 | 维修件 |
|---|---|---|---|---|---|---|---|---|
| | ½NPTF | 48 | 1.7 | 油雾 | 金属 | 0.2 | L22-400-OP8A | L22-100 |

入口压力 6.3bar，压降 0.5bar 时的最大流量

| 附件 | 支架 | 压力表 | 预式安装件 |
|---|---|---|---|
| |  |  |  |
| | F22 18-001-962<br>R22 18-001-962<br>L22 18-001-962 | 18-013-909 | 18-001-959（面板安装螺母和单支架） |

| 技术参数 | 介质 | 入口压力/bar | 压力表口 | 环境温度/℃ | 材料 | | |
|---|---|---|---|---|---|---|---|
| | | | | | 杯、端盖和调节螺钉 | 弹性材料 | 滤芯 |
| | 压缩空气 | 0~17（F22，L22）<br>0~20（R22） | ¼NPTF（R22） | −20~80 | 不锈钢 | 合成橡胶 | 烧结不锈钢 |

流量特性

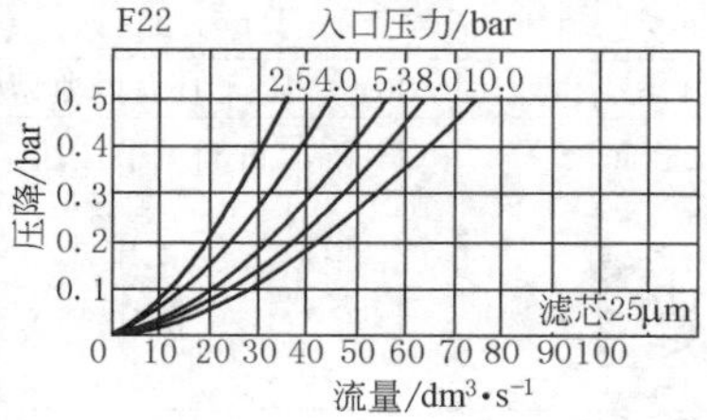


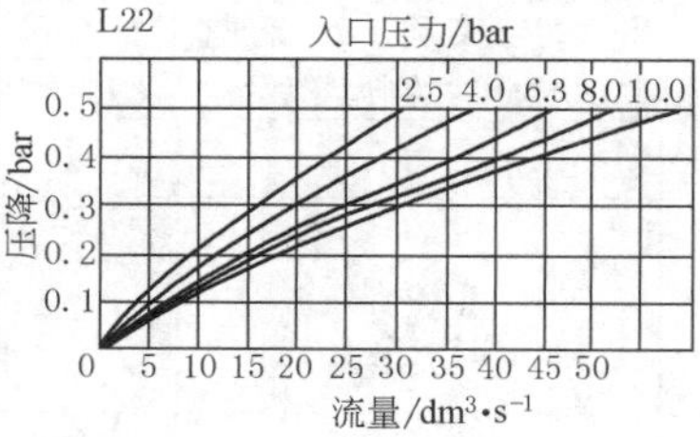


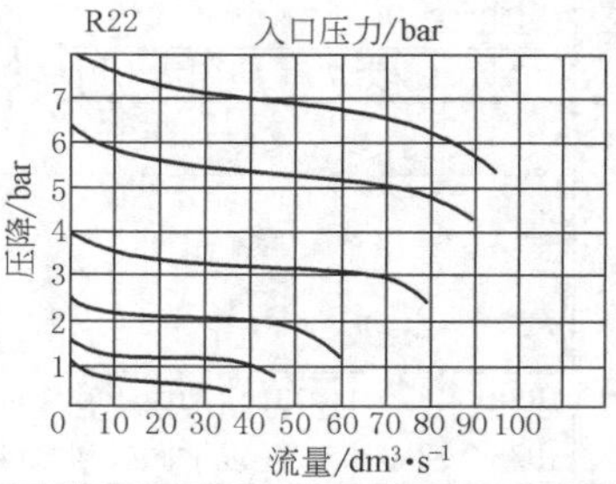

续表

| | F22 | R22 | L22 |
|---|---|---|---|
| 外形尺寸 | 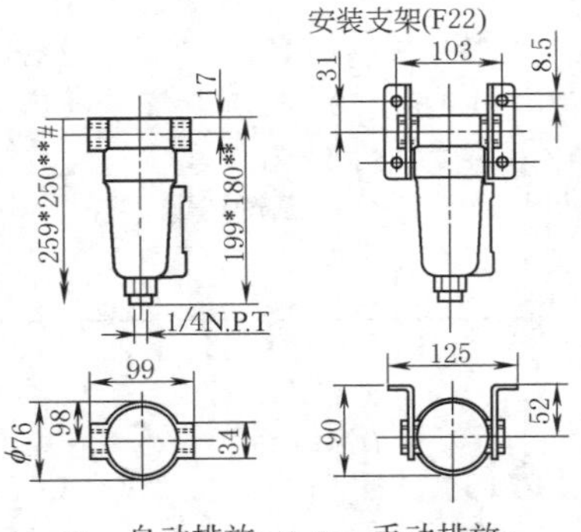<br>＊—自动排放；＊＊—手动排放；<br>#—拆卸杯子所需最小间隙 | 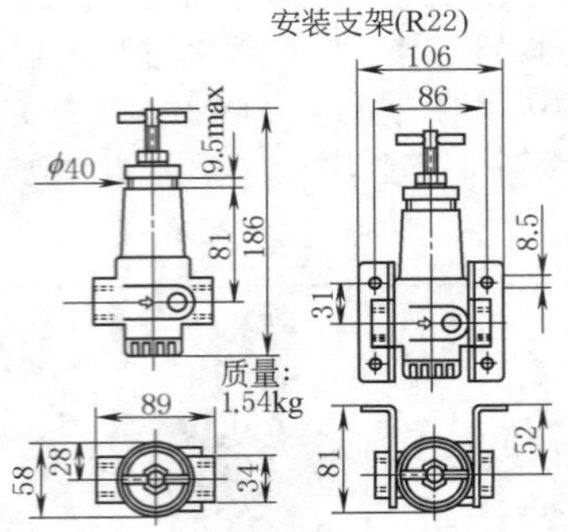 | 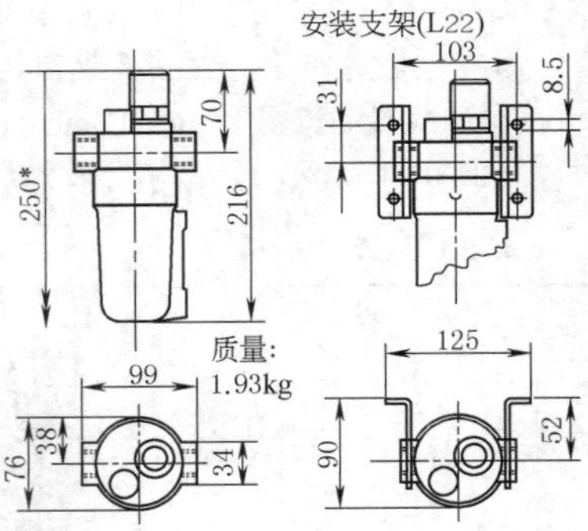 |

## 6.8 不锈钢精密调压阀、过滤调压阀（Norgren 公司）

**表 23-3-18**

外形及符号图

R38

B38

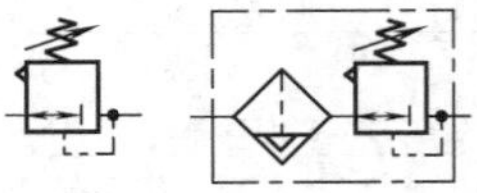

| 精密压力阀 | 规格 | 流量/dm$^3$·s$^{-1}$ | 调压范围/bar | 工作方式 | 型号 | 维修件 |
|---|---|---|---|---|---|---|
| | ¼NPTF | 8 | 0.04~2 | 泄气式 | R38-240-RNCA | R38-100R |
| | ¼NPTF | 8 | 0.07~4 | 泄气式 | R38-240-RNFA | R38-101R |
| | 流量为入口压力 7bar、设定压力 6.3bar 和压降 1bar 时的典型流量 | | | | | |

| 精密过滤阀-调压阀 | 规格 | 流量/dm$^3$·s$^{-1}$ | 滤芯 | 排放 | 杯 | 调压范围/bar | 工作方式 | 型号 |
|---|---|---|---|---|---|---|---|---|
| | ¼NPTF | 8* | 25 | 手动 | 金属杯 | 0.25~7 | 泄气式 | B38-244-B2KA |
| | ¼NPTF | 8* | 25 | 手动 | 金属杯 | 0.07~4 | 泄气式 | B38-244-B2FA |
| | ¼NPTF | 8* | 25 | 自动 | 金属杯 | 0.07~4 | 泄气式 | B38-244-A2FA |
| | ½NPTF | 50** | 25 | 自动 | 金属杯 | 0.3~9 | 泄气式 | B38-444-M2LA# |
| | ½NPTF | 50** | 25 | 自动 | 金属杯 | 0.3~9 | 泄气式 | B38-444-A2LA# |
| | *入口压力 7bar、设定压力 1bar 和压降 0.05bar 时的典型流量；**入口压力 12bar，设定压力 8bar 和压降 1bar 的典型流量 | | | | | | | |

| 附件 | 支架 | 压力表 | 安装面板 | 配料调节按钮 |
|---|---|---|---|---|
| |  |  |  |  |
| | R38　18-001-973(包括面板和螺母) | 18-013-913 | 5988-02(仅螺母) | 74630-04 |
| | B38　18-001-973(包括面板和螺母) | 18-013-913 | 5988-02(仅螺母) | 74630-04 |

续表

| 技术参数 | 介质 | 入口压力/bar | 环境温度/℃ | 材料 | | |
|---|---|---|---|---|---|---|
| | | | | 壳体、杯、端盖和调节旋钮 | 弹性材料 | 滤芯 |
| | 压缩空气 | 0~17<br>0~31(R38,B38) | -40~80 | 不锈钢 | 合成橡胶 | 高密聚丙烯(25μm)/烧结陶瓷(5μm) |

**流量特性**

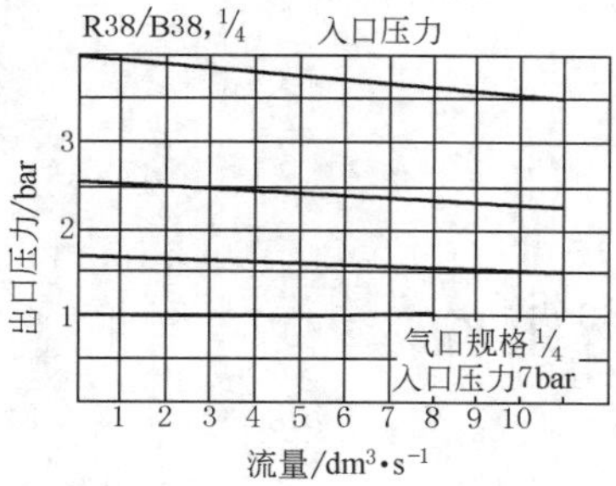


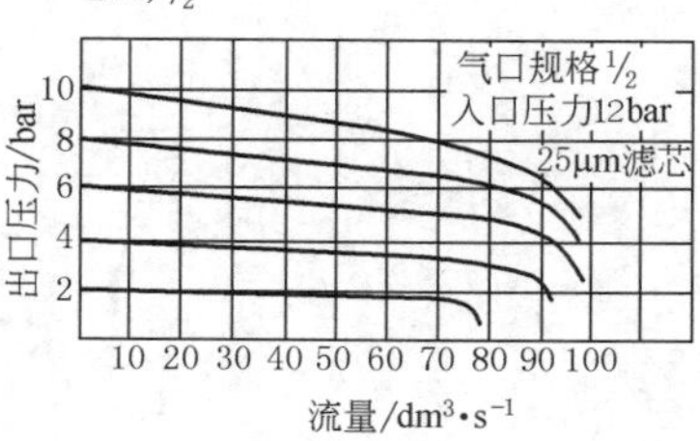


**外形尺寸**

R38(¼)

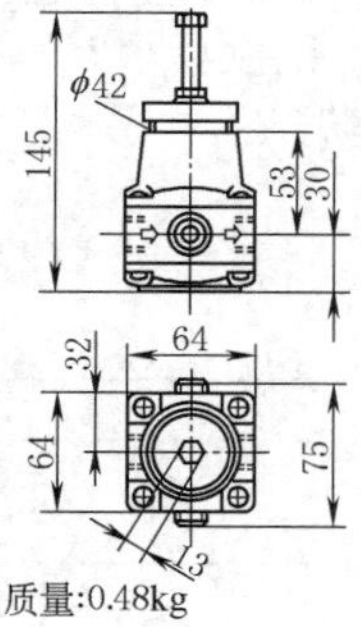


质量:0.48kg

B38(¼)

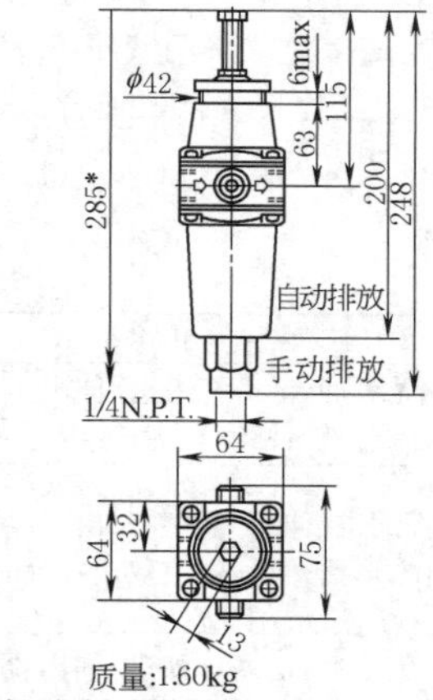


质量:1.60kg

*局部标于所需最小间隙

B38(½)

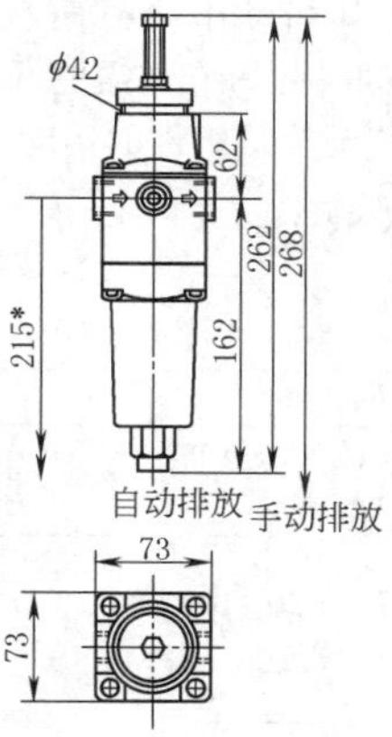


安装支架(R38)

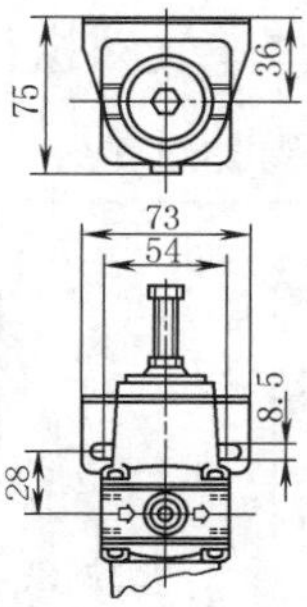


**应用**

Norgren 公司采用不锈钢材质制作的调压阀、过滤器调压阀产品在一些特定场合有良好的应用,如油田井口、海船、近海作业、食品工业等行业,它的最高进口工作压力为 17bar、31bar,不锈钢精密调压阀调压范围¼NPTF 为 0.04~2bar、0.07~4bar,精密过滤器调压阀调压范围¼NPTF 为 0.07~4bar、0.25~7bar,½NPTF 调压范围为 0.3~9bar,精密调压阀(¼)的流量为 480L/min,精密过滤器调压阀流量为 1500L/min

# 第4章 气动执行元件及产品

## 1 气动执行组件

### 1.1 气动执行组件的分类

在气动系统中，将压缩空气的压力能转化为机械能的一种传动装置，称为气动执行组件。它能驱动机械实现往复运动、摆动、旋转运动或夹持动作。由于气动的工作介质是气体，具有可压缩性，因此它的低速平稳运行速度在3~5mm/s以上（低速气缸特性）。如需更低的平稳速度，建议采用液压-气动联合装置来完成。

与液压执行组件相比，气动执行组件的运动速度更快、工作压力低、适合低输出力的场合。

#### 1.1.1 气动执行组件分类表

表 23-4-1

| | | | | | | |
|---|---|---|---|---|---|---|
| 气缸 | 普通类气缸 | 直线运动 | 单作用式（有杆气缸） | | 微型气缸($\phi$2~6) | 微型扁平气缸/螺纹气缸($\phi$2~16) |
| | | | | | 小型圆形气缸($\phi$8~25)(ISO 6432标准) | 缓冲/无缓冲;活塞杆缩进/伸出<br>活塞杆抗扭转;活塞杆加长/内、外螺纹 |
| | | | | | 紧凑型气缸($\phi$20~100)(ISO 21287标准) | 活塞杆缩进/伸出;活塞杆/内、外螺纹<br>派生:方形活塞杆;中空双出杆;耐高温;耐腐蚀;不含铜及PTFE材质 |
| | | | | | 普通型气缸($\phi$32~125)(ISO 15552标准) | 缓冲/无缓冲;活塞杆缩进/伸出;抗扭转<br>活塞杆加长/内、外螺纹/特殊螺纹 |
| | | | | | 膜片式气缸 | 膜片气缸<br>橡胶夹紧模块气缸 |
| | | | | | 气囊式气缸 | |
| | | | | | 气动肌肉 | |
| | | | 双作用式 | 有杆气缸 | 小型圆形气缸($\phi$8~25)(ISO 6432标准) | 缓冲/无缓冲<br>派生:活塞杆抗扭转;活塞杆加长/内、外螺纹/特殊螺纹;双出杆;中空双出杆;行程可调;耐腐蚀;活塞杆锁紧;不含铜及PTFE材质;可配用导向装置 |
| | | | | | 紧凑型气缸($\phi$20~100)(ISO 21287标准) | 派生:活塞杆抗扭转;活塞杆加长/内、外螺纹/特殊螺纹;双出杆/中空双出杆;耐高温;耐腐蚀;不含铜及PTFE材质;倍力、多位置 |
| | | | | | 普通型气缸($\phi$32~320)(ISO 15552标准) | 缓冲/无缓冲<br>派生:加长缓冲;活塞杆抗扭转;活塞杆加长螺纹/内、外螺纹/特殊螺纹;双出杆;中空双出杆;行程可调;阳极氧化铝质活塞杆/带皮囊保护套活塞杆;活塞杆防下坠;活塞杆锁紧;耐高温;耐腐蚀;低摩擦;低速;不含铜及PTFE材质;倍力;多位置;带阀;带阀及现场总线接口;清洁型气缸(易清洗);可配用导向装置 |

续表

| | | | | | | |
|---|---|---|---|---|---|---|
| 气缸 | 普通类气缸 | 直线运动 | 双作用式 | 有杆气缸 | 其他功能气缸 | 扁平型气缸/多面安装型气缸<br>伸缩气缸/进给分离装置<br>冲击气缸/止动气缸/气动增压/气 |
| | | | | 无杆气缸 | | 绳索气缸;钢带气缸<br>磁耦合无杆气缸;无杆气缸/带导轨无杆气缸/带锁紧机构无杆气缸 |
| | | 摆动运动 | 叶片式 | | | |
| | | | 齿轮齿条式 | | | |
| | | | 直线摆动夹紧/直线摆动组合式 | | | |
| | 导向驱动装置 | 直线导向驱动单元 | 导向装置(配普通气缸);导杆止动气缸;高精度导杆气缸 | | | |
| | | | 小型短行程滑块驱动器(紧凑/狭窄/扁平线性滑台);扁平型无杆直线驱动器(带导轨无杆气缸;带锁紧机构无杆气缸/内置位移传感器无杆气缸) | | | |
| | | 模块化导向系统装置 | 模块化驱动单元(*X-Y*/*X-Y-Z* 运动) | [扁平型无杆直线驱动器/微型滑块驱动器(*X-Y* 运动)]<br>双活塞气缸/双缸滑台驱动器(活塞杆运动/滑块运动)(*X-Y* 运动) | | |
| | | | | 组合直线驱动器(活塞杆运动)/组合滑块驱动器(滑块运动)(*X-Y-Z* 运动) | | |
| | | | 气动机械手(抓取与放置、线性门架、悬臂轴、三维门架)(*X-Y*/*X-Y-Z* 运动) | 驱动器 | 直线坐标气缸/轻型直线坐标气缸(扁平型无杆直线驱动器;带导轨无杆气缸;小型短行程滑块式驱动器;高速抓取单元;齿轮齿条摆动气缸) | |
| | | | | | 气爪/比例气爪 | |
| | | | | | 真空吸盘 | |
| | | | | 辅件 | 立柱<br>重载导轨<br>导轨角度转接板<br>液压缓冲器 | |
| 气马达 | 容积式 | 叶片式 | 单向回转式<br>双向回转式<br>双作用双向式 | | | |
| | | 活塞式 | 轴心活塞式 | | | |
| | | | 径向活塞式 | 有连接杆式<br>无连接杆式<br>滑杆式 | | |
| | | 齿轮式 | 双齿轮式<br>单齿轮式 | | | |
| | 涡轮式 | | | | | |

## 1.1.2 气动执行组件的分类说明

气动执行组件的分类主要以气缸结构(活塞式或膜片式)、缸径尺寸(微型、小型、中型、大型)、安装方式(可拆式或整体式)、缓冲方式(缓冲或无缓冲)、驱动方式(单作用或双作用)、润滑方式(给油或无给油)等来进行的。同时对一些低摩擦、低速、耐高温、磁性气缸(是否具备位置检测功能)及带阀气缸等均作为新产品来归类。

**表 23-4-2　　主要气动执行组件的说明**

**结　构　图**

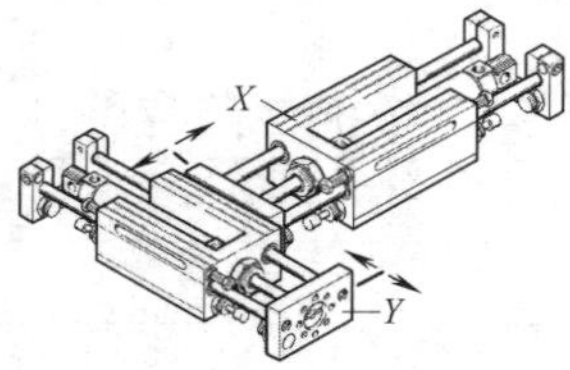


(a)直线驱动器与直线驱动器的组合

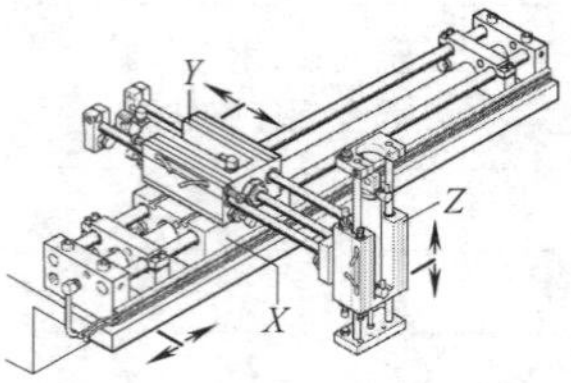


(b)直线驱动器与长行程滑块驱动

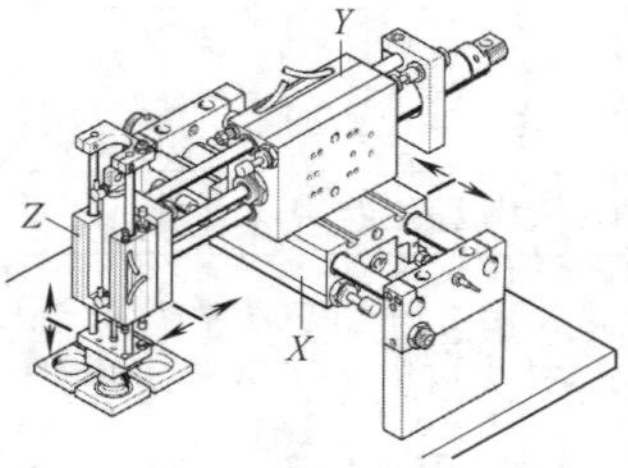


(c)直线驱动器与滑块驱动器组合

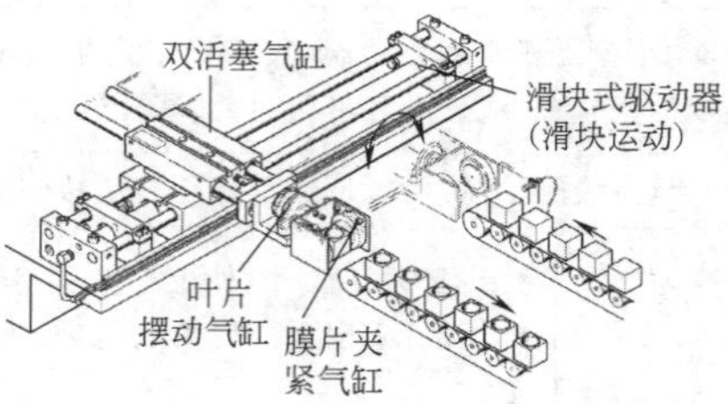


(d)滑块驱动器与双活塞气缸等组合

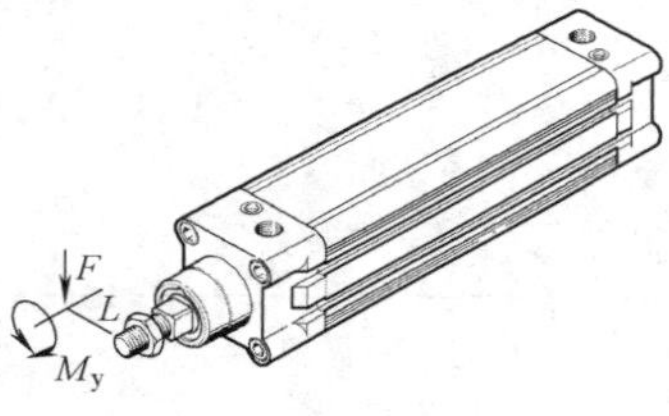


(e)普通气缸

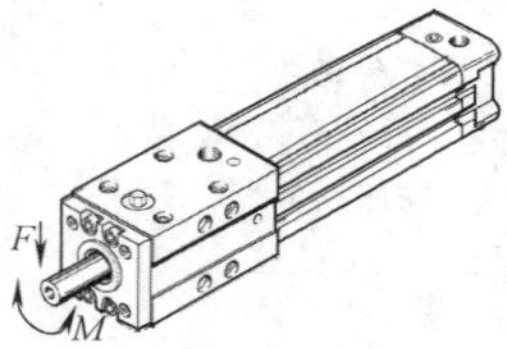


(f)高精度导杆气缸

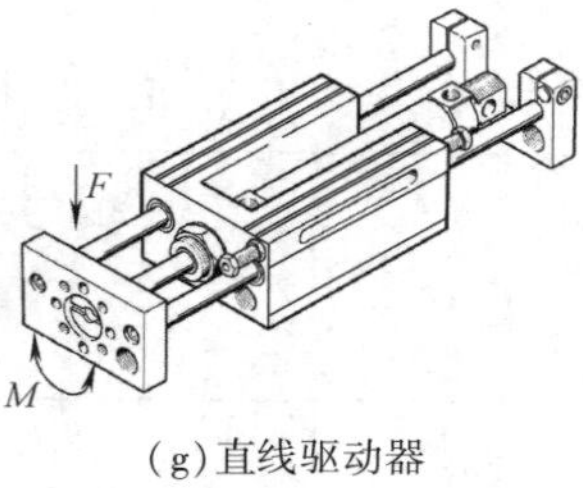


(g)直线驱动器

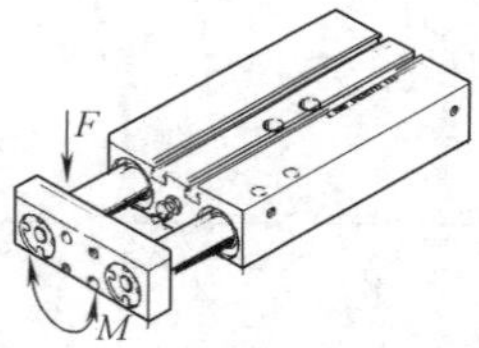


(h)双活塞驱动器

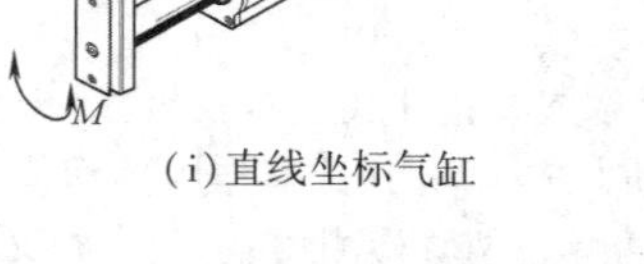


(i)直线坐标气缸

**说　　明**

随着气动技术的发展和标准化的深入，一个普通双作用气缸(在外部连接尺寸没有变化的情况下)均可派生(如图 e 所示)：耐高温、耐低温、耐腐蚀、低摩擦、低速、不含铜及 PTFE 材质气缸(适用某些特殊电子行业场合)、倍力、多位置、活塞杆锁紧(气缸长度有些增加)、防下坠(气缸长度有些增加)、带阀及现场总线接口等一系列特性气缸。气动执行元件向模块化的发展已成为一种趋势(见图 a、图 b、图 c)，这是现代自动化生产对市场快速反应的一种迫切需求。商品生产厂家需要在最短的时间内，针对不同的批量、尺寸、型号的商品能方便地改动或重新设置某些模块化的驱动部件，即能快速地投入生产，不用技术设计人员重新设计、制造。如图 d 所示，选用一个滑块式驱动器(滑块运动)、双活塞气缸、叶片式气缸和两个橡胶膜片气缸便可组成模块化的自动化驱动系统，完成两条流水线中的工件搬运工作。因此，设计人员所关心的是如何方便地选择现成已优化的气动机构

目前，气动执行组件可分为普通气缸和导向驱动装置。普通气缸需设计人员重新设计辅助导向机构。导向驱动装置(包括直线导向单元及模块化导向系统装置)则已内置了高精度导轨，大大强化了气缸径向承载和抗扭转的能力，设计人员不必再为自动流水线专门设计气缸的辅助导向机构及一系列与驱动有关的零部件(甚至于包括安装连接部件)。表 23-4-3 反映了普通气缸、高精度导杆气缸、直线驱动器、双活塞驱动器或直线坐标气缸不同的许用径向力 $F$、许用扭矩 $M$，而设计人员只需要去查找产品样本中驱动器允许的推力、某行程下的许用径向力 $F$、许用扭矩 $M$ 等数据，分析是否能满足实际工况要求(见图 e、图 f、图 g、图 h、图 i)。如满足条件可直接选用，极大缩短了设计人员在自动流水线设计制造、调试及加工的周期，既保证了市场需求，方便生产厂商，也大大降低了安装、转换生产和维修所花费的时间、费用，并确保生产质量

通常直线导向驱动单元是指单轴的导向机构。如：配普通气缸的导向装置、导杆止动气缸、高精度导杆气缸(见图 f)、小型短行程驱动器或带导轨的无杆气缸等。它也可组成模块化结构，如图 a 所示的直线驱动器与直线驱动器的组合

模块化导向系统装置分为模块化驱动单元以及气动机械手。通常从一开始设计时，便体现从系列化、自身系列的模块化及与其他执行驱动器相容的模块化设计思想

模块化驱动单元不仅可用于单轴的导向机构，更主要的功能则可组成 $X$-$Y$ 二轴(见图 a)或 $X$-$Y$-$Z$ 三轴运动机构(图 b、图 c、图 d)

**表 23-4-3　　主要气缸和驱动器的许用径向负载及许用扭矩**

| 名　　称 | （推力/拉力）/N | 许用径向负载/N | 扭矩/N·m | 重复精度/mm |
|---|---|---|---|---|
| 普通气缸 DNC-32-100 | 483/415 | 35 | 0.85 | ±0.1 |
| 高精度导杆气缸 DFP-32-100 | 483/365 | 45 | 8.5 | ±0.05 |
| 直线驱动器 SLE-32-100 | 483/415 | 140 | 5.7 | ±0.05 |
| 双活塞驱动器 DPZ-32-100 | 966/724 | 42<br>105（双出杆） | 1.3<br>3.0（双出杆） | ±0.05 |
| 直线坐标气缸 HMP-32-100 | 483/415 | 500 | 50 | ±0.01 |

# 1.2　普通气缸

## 1.2.1　普通气缸的工作原理

（1）双作用气缸工作原理

**表 23-4-4**

| 结构原理图 | 工　作　原　理 |
|---|---|
| 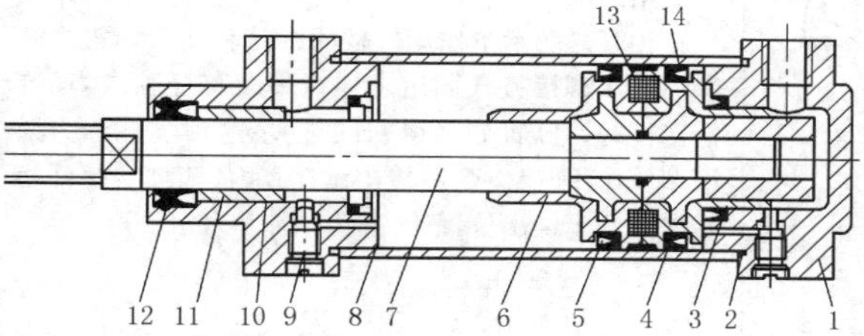<br>普通型单活塞杆双作用气缸<br>1—后缸盖；2—密封圈；3—缓冲密封圈；4—活塞密封圈；5—活塞；6—缓冲柱塞；7—活塞杆；8—缸筒；9—缓冲节流阀；10—导向套；11—前缸盖；12—防尘密封圈；13—磁铁；14—导向环 | 缸筒与前后端盖（配有密封圈）连接后，内腔形成一个密封的空间，在这个密封的空间内有一个与活塞杆相连的活塞，活塞上装有密封圈。活塞把这个密封的空间分成两个腔室，对有活塞杆一边腔室称有杆腔（或前腔），对无活塞杆的腔室称无杆腔（或后腔）<br>当从无杆腔端的气口输入压缩空气时，气压作用在活塞右端面上的力克服了运动摩擦力、负载等各种反作用力，推动活塞前进，有杆腔内的空气经该前端盖气口排入大气，使活塞杆伸出。同样，当有杆腔端气口输入压缩空气，活塞杆退回至初始位置。通过无杆腔和有杆腔的交替进气和排气，活塞杆伸出和退回，气缸实现往复直线运动<br>气缸端盖上未设置缓冲装置的气缸称为无缓冲气缸，缸盖上设置缓冲装置的气缸称为缓冲气缸。左图所示为缓冲气缸。缓冲装置由缓冲节流阀 9、缓冲柱塞 6 和缓冲密封圈 3 等组成。当气缸行程接近终端时，由于缓冲装置的作用，可以防止高速运动的活塞撞击缸盖的现象发生 |

（2）单作用气缸工作原理

这种气缸在端盖一端气口输入压缩空气使活塞杆伸出（或退回），而另一端靠弹簧、自重或其他外力等使活塞杆恢复到初始位置。

**表 23-4-5　　单作用气缸工作原理**

| | 原　理　图 | 工　作　原　理 |
|---|---|---|
| 工作原理 | (a) 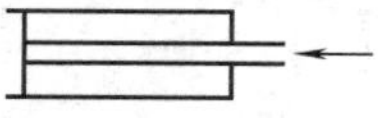 | 靠外力复位 |
| | (b) 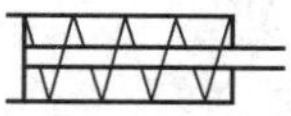 | 靠弹簧力复位 |
| | (c) 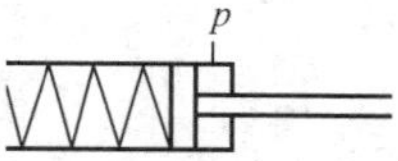 | 靠弹簧力复位 |

续表

| | 原理图 | 工作原理 |
|---|---|---|
| 工作原理 | (d) 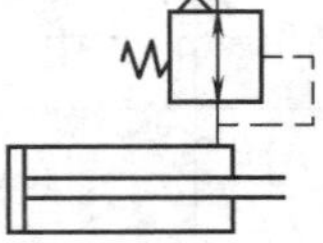 | 活塞杆的复位是由在气缸一侧输入预先调定的减压阀输入压力（如 0.05 MPa）来实现的。当活塞伸出时，有杆腔内的气体压力升高，多余的空气经减压阀溢流口排出 |
| | (e) 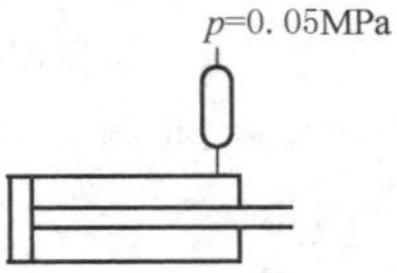 | 复位原理和图 d 所示一样，也是靠气压力复位的，只是用了一个充有气体的气罐（如 0.05 MPa），起缓冲作用，使复位的气压力较稳定 |
| 结构原理 | 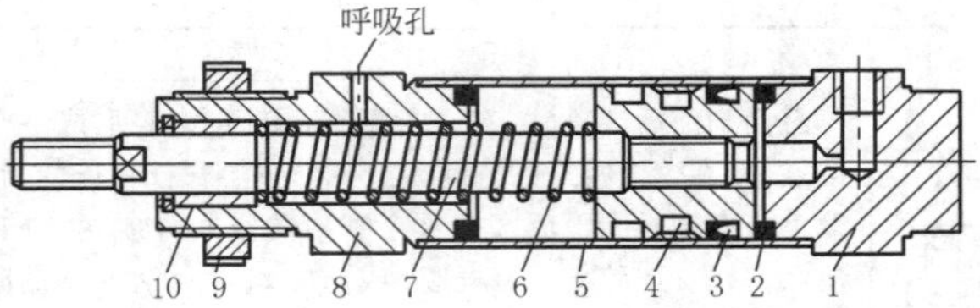<br>(f)单作用气缸结构原理<br>1—后缸盖；2—橡胶缓冲垫；3—活塞密封圈；4—导向环；5—活塞；6—弹簧；7—活塞杆；8—前缸盖；9—螺母；10—导向套 | 如图 f 所示为弹簧复位的单作用气缸，在活塞的一侧装有使活塞杆复位的弹簧，在另一端缸盖上开有呼吸用的气口。除此之外，其结构基本上和双作用气缸相同。图示单作用气缸的缸筒和前后端盖之间采用滚压铆接方式固定。弹簧装在有杆腔内，气缸活塞杆初始位置处于退回的位置，这种气缸称为预缩型单作用气缸；弹簧装在无杆腔内，气缸活塞杆初始位置处于伸出位置的，称为预伸型气缸 |

## 1.2.2 普通气缸性能分析

**表 23-4-6**

| | | |
|---|---|---|
| 理论输出力 | 公式 | 普通双作用气缸的理论推力 $F_0$ 为 $F_0=\frac{\pi}{4}D^2p$(N)<br>式中 $D$——缸径，m<br>$p$——气缸的工作压力，Pa<br>其理论拉力 $F_0$ 为 $F_0=\frac{\pi}{4}(D^2-d^2)p$<br>式中 $d$——活塞杆直径，m，估算时可令 $d=0.3D$<br>下图计算曲线列出了气缸在不同压力下的理论推力。计算参数表所示为普通双作用气缸的理论输出力<br>普通单作用气缸（预缩型）理论推力为 $F_0=\frac{\pi}{4}D^2p-F_{t2}$<br>其理论拉力为 $F_0=F_{t1}$<br>普通单作用气缸（预伸型）理论推力为 $F_0=F_{t1}$<br>其理论拉力为 $F_0=\frac{\pi}{4}(D^2-d^2)p-F_{t2}$<br>式中 $D$——缸径，m<br>$d$——活塞杆直径，m<br>$p$——工作压力，Pa<br>$F_{t1}$——单作用气缸复位弹簧的预紧力，N<br>$F_{t2}$——复位弹簧的预压量加行程所产生的弹簧力，N |

续表

理论输出力

计算曲线

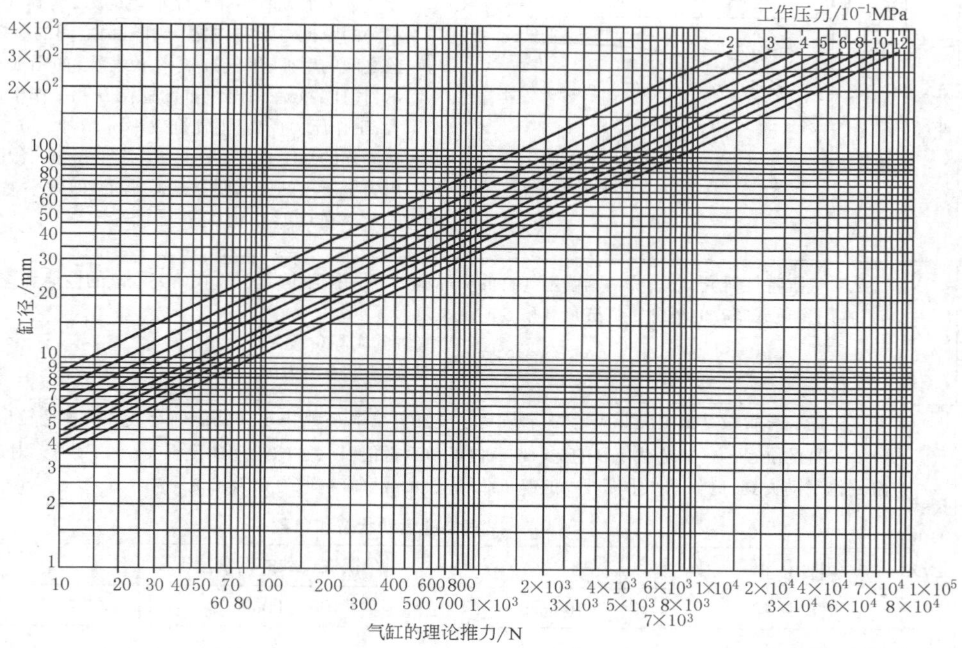


气缸的理论推力

计算参数

| 压力/$10^{-1}$MPa | 1 | 2 | 3 | 4 | 5 | 6 | 7 | 8 | 9 | 10 |
|---|---|---|---|---|---|---|---|---|---|---|
| 缸径/mm | 气缸理论输出力/N | | | | | | | | | |
| 8 | 5.0 | 10.0 | 15.0 | 20.0 | 25.1 | 30.1 | 35.1 | 40.1 | 45.2 | 50.2 |
| 10 | 7.8 | 15.7 | 23.5 | 31.4 | 39.2 | 47.1 | 54.9 | 62.8 | 70.6 | 78.5 |
| 12 | 11.3 | 22.6 | 33.9 | 45.2 | 56.5 | 67.8 | 79.1 | 90.4 | 102 | 113 |
| 16 | 20.0 | 40.1 | 60.2 | 80.3 | 100 | 121 | 141 | 161 | 181 | 200 |
| 20 | 31.4 | 62.8 | 94.2 | 126 | 156 | 188 | 219 | 251 | 283 | 314 |
| 25 | 49 | 98.1 | 147 | 196 | 245 | 294 | 343 | 393 | 442 | 490 |
| 32 | 80 | 160 | 241 | 322 | 402 | 482 | 562 | 643 | 723 | 803 |
| 40 | 125 | 251 | 376 | 502 | 628 | 753 | 879 | 1000 | 1130 | 1260 |
| 50 | 196 | 392 | 588 | 785 | 981 | 1180 | 1370 | 1570 | 1770 | 1960 |
| 63 | 311 | 623 | 934 | 1246 | 1560 | 1870 | 2180 | 2490 | 2800 | 3120 |
| 80 | 502 | 1000 | 1510 | 2010 | 2510 | 3010 | 3520 | 4020 | 4520 | 5020 |
| 100 | 785 | 1570 | 2350 | 3140 | 3920 | 4710 | 5490 | 6280 | 7060 | 7850 |
| 125 | 1230 | 2450 | 3680 | 4910 | 6130 | 7360 | 8590 | 9810 | 11000 | 12300 |
| 160 | 2010 | 4020 | 6030 | 8040 | 10100 | 12100 | 14100 | 16100 | 18100 | 20100 |
| 200 | 3140 | 6280 | 9240 | 12600 | 15600 | 18800 | 22000 | 25100 | 28300 | 31400 |
| 250 | 4910 | 9800 | 14700 | 19600 | 24500 | 29400 | 34300 | 39300 | 44200 | 49100 |
| 320 | 8040 | 16100 | 24100 | 32200 | 40200 | 48200 | 56300 | 64300 | 72300 | 80400 |

实际输出力

计算公式

普通双作用气缸的实际输出推力 $F_e$ 为 $F_e=\frac{\pi}{4}D^2p\eta$

实际输出拉力 $F_e$ 为 $F_e=\frac{\pi}{4}(D^2-d^2)p\eta$

普通单作用气缸的实际输出推力 $F_e$ 为 $F_e=\frac{\pi}{4}D^2p\eta-F_t$

续表

**实际输出力 — 效率曲线**

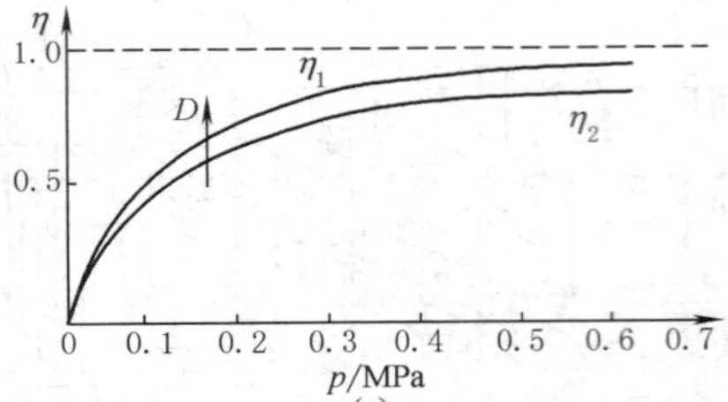

(a)

气缸未加载时实际所能输出的力，受到气缸活塞和活塞杆本身的摩擦力影响，如活塞和缸筒之间的摩擦、活塞杆和前缸盖之间的摩擦，用气缸效率 $\eta$ 表示，如图 a 气缸效率曲线所示，气缸的效率 $\eta$ 与气缸的缸径 $D$ 和工作压力 $p$ 有关，缸径增大，工作压力提高，则气缸效率 $\eta$ 增加。在气缸缸径增大时，在同样的加工条件、气缸结构条件下，摩擦力在气缸的理论输出力中所占的比例明显地减小了，即效率提高了。一般气缸的效率在 0.7~0.95 之间

**负载率 $\beta$ — 定义**

从对气缸特性研究知道，要精确确定气缸的实际输出力是困难的。于是，在研究气缸的性能和选择确定气缸缸径时，常用到负载率 $\beta$ 的概念。气缸负载率 $\beta$ 的定义是

$$\text{负载率}\ \beta=\frac{\text{气缸的实际负载}\ F}{\text{气缸的理论输出力}\ F_0}\times 100\%$$

**负载率 $\beta$ — 负载率的选取**

气缸的实际负载是由工况所决定的，若确定了气缸负载率 $\beta$，则由定义就能确定气缸的理论输出力 $F_0$，从而可以计算气缸的缸径。气缸负载率 $\beta$ 的选取与气缸的负载性能及气缸的运动速度有关（见下表）。对于阻性负载，如气缸用作气动夹具，负载不产生惯性力的静负载，一般负载率 $\beta$ 选取为 0.7~0.8

**气缸的运动状态和负载率**

| 阻性负载（静负载） | 惯性负载的运动速度 $v$ | | |
|---|---|---|---|
| | <100mm/s | 100~500mm/s | >500mm/s |
| $\beta\leqslant 0.8$ | $\beta\leqslant 0.65$ | ≤0.5 | ≤0.35 |

**气缸瞬态特性**

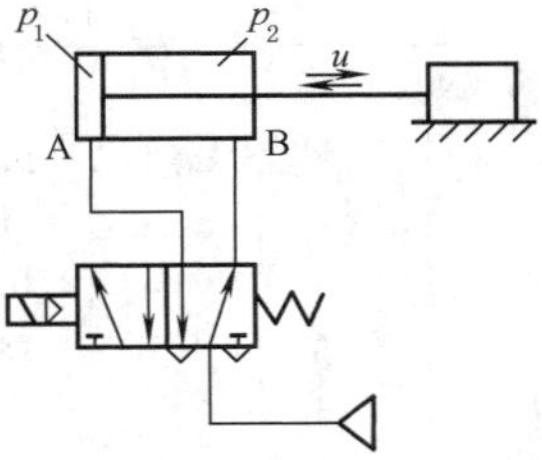

(b)单杆双作用气缸的运动状态示意图

电磁换向阀换向，气源经 A 口向气缸无杆腔充气，压力 $p_1$ 上升。有杆腔内气体经 B 口通过换向阀的排气口排气，压力 $p_2$ 下降。当活塞的无杆侧与有杆侧的压力差达到气缸的最低动作压力以上时，活塞开始移动。活塞一旦启动，活塞等处的摩擦力即从静摩擦力突降至动摩擦力，活塞稍有抖动。活塞启动后，无杆腔为容积增大的充气状态，有杆腔为容积减小的排气状态。由于外负载大小和充排气回路的阻抗大小等因素的不同，活塞两侧压力 $p_1$ 和 $p_2$ 的变化规律也不同，因而导致活塞的运动速度及气缸的有效输出力的变化规律也不同

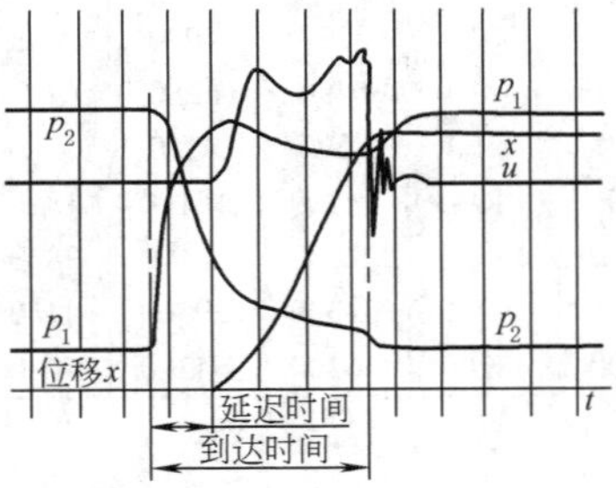

(c)气缸的特性曲线示意图

图 c 是气缸的瞬态特性曲线示意图。从电磁阀通电开始到活塞刚开始运动的时间称为延迟时间。从电磁阀通电开始到活塞到达行程末端的时间称为到达时间

从图 c 可以看出，在活塞的整个运动过程中，活塞两侧腔室内的压力 $p_1$ 和 $p_2$ 以及活塞的运动速度 $u$ 都在变化。这是因为有杆腔虽排气，但容积在减小，故 $p_2$ 下降趋势变缓。若排气不畅，$p_2$ 还可能上升。无杆腔虽充气，但容积在增大，若供气不足或活塞运动速度过快，$p_1$ 也可能下降。由于活塞两侧腔内的压差力在变化，又影响到有效输出力及活塞运动速度的变化。假如外负载力及摩擦力也不稳定的话，则气缸两腔的压力和活塞运动速度的变化更复杂

从气缸的瞬态特性可见，当气动系统的工作压力为 0.6MPa 时，对气缸的选型计算应采用 0.4MPa；对于速度大于 500mm/s，气缸的工作压力还要更低（类似于负载率 $\beta$ 中运动速度与阻性负载的关系）

续表

| | | | |
|---|---|---|---|
| 活塞运动速度特性 | 理论基准速度 | | 气缸在没有外负载力,并假定气缸排气侧以声速排气,且气源压力不太低的情况下,求出的气缸速度 $u_0$ 称为理论基准速度<br>$u_0=1920\frac{S}{A}$(mm/s)<br>式中　$S$——排气回路的合成有效截面积,$mm^2$;<br>$A$——排气侧活塞的有效面积,$cm^2$<br>理论基准速度 $u_0$ 与无负载时气缸的最大速度非常接近,故令无负载时气缸的最大速度等于 $u_0$。随着负载的加大,气缸的最大速度将减小 |
| 活塞运动速度特性 | 平均速度 | | 气缸的平均速度是气缸的运动行程 $L$ 除以气缸的动作时间(通常按到达时间计算)$t$。通常所指气缸使用速度都是指平均速度 |
| 活塞运动速度特性 | 标准气缸的使用速度 | | 标准气缸的使用速度范围大多是 50~500mm/s。当速度小于 50mm/s 时,由于气缸摩擦阻力的影响增大,加上气体的可压缩性,不能保证活塞作平稳移动,会出现时走时停的现象,称为“爬行”。当速度高于 1000mm/s 时,气缸密封圈的摩擦生热加剧,加速密封件磨损,造成漏气,寿命缩短,还会加大行程末端的冲击力,影响机械寿命。要想气缸在很低速度下工作,可采用低速气缸。缸径越小,低速性能越难保证,这是因为摩擦阻力相对气压推力影响较大的缘故,通常 $\phi$32mm 气缸可在低速 5mm/s 无爬行运行。如需更低的速度或在外力变载的情况下,要求气缸平稳运动,则可使用气液阻尼缸,或通过气液转换器,利用液压缸进行低速控制。要想气缸在更高速度下工作,需加长缸筒长度、提高气缸筒的加工精度,改善密封圈材质以减小摩擦阻力,改善缓冲性能等,同时要注意气缸在高速运动终点时,确保缓冲来减小冲击 |
| 气缸工作压力、耐压及泄漏 | 工作压力 | 气缸使用压力范围是指最低工作压力至最高工作压力的范围<br>最低工作压力是指保证气缸正常工作的最低供给压力。正常工作是指气缸能平稳运动且泄漏量在允许指标范围内,双作用气缸的最低工作压力一般为 0.05~0.1MPa,单作用气缸的最低工作压力一般为 0.15~0.25MPa,在确定气压最低工作压力时,应考虑换向阀的最低工作压力特性,一般换向阀的工作压力范围为 0.05~0.8MPa,或 0.25~1.0MPa(也有硬配阀为 0~1.0MPa)<br>最高工作压力是指气缸长时间在此压力作用下能正常工作而不损坏的压力 | |
| 气缸工作压力、耐压及泄漏 | 泄漏测试 | 供气压力不大于 150kPa 条件下的功能测试 | 试验时,气缸如有缓冲调节装置应完全打开,并将气缸水平放置,进行全行程的往复动作,活塞杆应平稳伸缩运行,并无爬行和振颤现象 |
| 气缸工作压力、耐压及泄漏 | 泄漏测试 | 150kPa 和 630kPa 供气压力下的泄漏测试 | 将气缸循环动作几次后,从无杆腔气口分别先后通入 150kPa 和 630kPa 的气体,使有杆腔气口与大气相通。采用能满足检测要求的测试方法和设备,记录气缸无杆腔的全部泄漏量。该泄漏量为以下部位的总泄漏量<br>a)有杆腔气口;<br>b)后端盖和气缸缸筒连接处;<br>c)无杆腔缓冲调节装置和单向阀的周围;<br>d)后端盖上的孔隙;<br>e)其他外部连接<br>当气缸循环动作几次后,从有杆腔气口分别先后通入 150kPa 和 630kPa 的气体,无杆腔气口与大气相通。采用能满足检测要求的测试方法和设备,测量气缸有杆腔的全部泄漏量。该泄漏量为以下场所的总泄漏量<br>a)无杆腔气口;<br>b)前端盖和气缸缸筒连接处;<br>c)有杆腔缓冲调节装置和单向阀周围;<br>d)前端盖上的孔隙;<br>e)任何其余外部连接;<br>f) 活塞杆突出部位的密封圈周围;<br>g) 前端盖和支承之间的连接处<br>泄漏量应不超过下表给出的规定值 |

续表

<table>
<tr><td rowspan="3">气缸工作压力、耐压及泄漏</td><td rowspan="3">泄漏测试</td><td>气缸直径/mm</td><td>8,10,12</td><td>16,20,25</td><td>32,40,50</td><td>63,80,100</td><td>125,160,200</td><td>250,320</td></tr>
<tr><td>泄漏量(ANR*)/$dm^3 \cdot h^{-1}$</td><td>0.6</td><td>0.8</td><td>1.2</td><td>2</td><td>3</td><td>5</td></tr>
<tr><td colspan="7">*见 ISO 8778<br>注:若用户对泄漏量有特定的限制,用户应同制造商协商相应的泄漏量和测试方法</td></tr>
<tr><td>630kPa供气压力下的缓冲测试</td><td colspan="8">在630kPa供气压力下使气缸往复工作,调节缓冲节流装置,使活塞在任何方向上到达行程终点前都应该得到有效减速,与端盖没有明显的撞击现象(仅适用于缓冲气缸)</td></tr>
<tr><td>耐压性能试验</td><td colspan="8">气缸通入1.5倍公称压力的气体,保压1min,各部件不得有松动、永久性变形及其他异常现象<br>气缸做出厂检验和产品交付验收时,用户和制造商协商决定是否进行耐压试验;属于以下情况者必须进行耐压试验<br>a) 新产品研制;<br>b)设计和工艺的改进或材质变更,可能使其耐压性能受影响时;<br>c)产品质量仲裁;<br>d)监督抽查等执法检查时</td></tr>
<tr><td rowspan="2">温度</td><td colspan="4">环境温度</td><td colspan="4">介质温度</td></tr>
<tr><td colspan="4">环境温度是指气缸所处工作场所的温度<br>通常,气动制造厂商根据不同类型的气缸将提供不同的环境温度参数。如:对于普通气缸的环境温度为0~+60℃或-20~+80℃。而对于带现场总线接口的带阀气缸仅限于-5~+50℃。对于大于或小于环境温度的气缸,应注意气缸磁性开关所处环境是否在允许值之下。缸内密封件材料在高温下会软化、低温下会硬化脆裂,都会影响密封性能</td><td colspan="4">介质温度是指流入气缸内的气体温度<br>对于高于+80℃或低于-20℃的气缸,称为耐高温气缸成耐超低温气缸。目前气动制造厂商制造的高温气缸可耐150℃,耐超低温气缸可达-55℃。同样,介质温度也会影响气缸正常工作。虽然气源经冷冻式干燥器清除了大部分水分,但空气中还会有残留的少量水蒸气冷凝成水,如温度太低时,以致结冰,将破坏气缸密封件</td></tr>
<tr><td rowspan="3">耐久性</td><td colspan="2">定义</td><td colspan="6">气缸耐久性是指气缸正常工作的寿命。对于普通气缸耐久性是以它运行行程的累积,是以公里数为技术指标。对于紧凑性气缸(指短行程气缸或夹紧功能的短行程气缸)耐久性是以它运行的频率次数的累积</td></tr>
<tr><td colspan="2">耐久性技术参数</td><td colspan="6">通常,气动制造厂商在其产品样本中不提供耐久性技术参数,如提供其寿命的话,往往根据其实验室的测试报告,换而言之,该测试条件是苛刻的,比如:对于压缩空气要求其压力露点为-40℃的干燥空气,过滤精度小于40μm,进口空气约1000L应有3~5滴润滑油,测试空气介质温度在23℃±5℃,压力在0.6MPa±0.03MPa,负载为某一值(如直径$\phi$16mm不锈钢材质的缸筒、行程为100mm的圆形缓冲气缸在水平测试时的负载0.05kg),频率为0.5Hz,运行速度为1m/s时,测得它的耐久性为5000km(或2000万次循环)。由于各气动厂商测试条件不同,与用户实际使用有较大差别,实际运行的耐久性与它的工作状况(负载、受力状况、是否柔性连接)、活塞速度、压缩空气的过滤等级、润滑状况等许多因素有关</td></tr>
<tr><td colspan="2">最高耐久性</td><td colspan="6">目前,根据国际上先进国家气动制造厂商实验室的检测报告资料查得:普通气缸的最高耐久性指标在2000~10000km之间,短行程紧凑气缸的最高耐久性指标在1000~3000万次循环之间(注意:由于测试条件、状况、负载等因素,气缸的耐久性指标是气动制造厂商实验室的检测报告资料数据乘0.5~0.6的系数)</td></tr>
<tr><td>气缸派生特性</td><td colspan="8">气缸的派生是指气缸在连接界面尺寸不变的情况下,仅改变某个零件的材料(如改变某密封件的材料和润滑脂使其成为耐高温气缸、改变活塞杆材质或镀层使其成为防焊渣或耐腐蚀气缸),增加某些零部件(如在前端盖上添置一个锁紧装置成为活塞杆锁紧气缸)</td></tr>
</table>



### 1.2.3 气缸设计、计算

1.2.3.1 缸径、壁厚、活塞杆直径与负载、弯曲强度和挠度的计算

**表 23-4-7**

## 缸径

### 计算步骤与计算公式

根据气缸所带的负载、运动状况及工作压力，气缸计算步骤如下

（1）根据气缸的负载，计算气缸的轴向负载力 $F$，常见的负载实例见下图

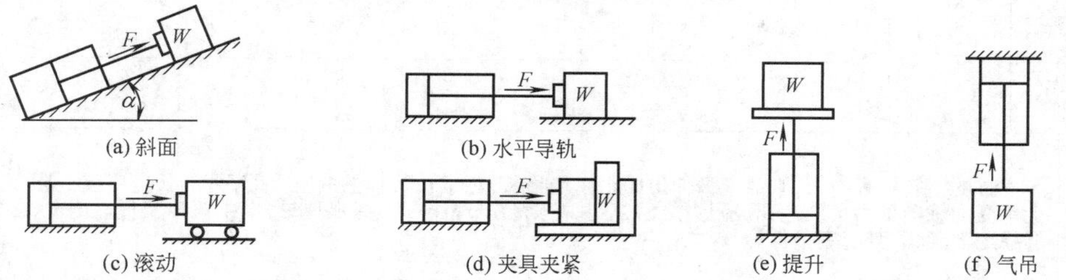


(a) 斜面　(b) 水平导轨　(c) 滚动　(d) 夹具夹紧　(e) 提升　(f) 气吊

（2）根据气缸的平均速度来选气缸的负载率 $\beta$。气缸的运动速度越高，负载率应选得越小

（3）假如系统的工作压力为 0.6MPa，气缸的工作压力计算应选为 0.4MPa。当系统的工作压力低于 0.6MPa 时，气缸的工作压力也应该调低

（4）由气缸的理论输出力计算公式（见下表）、负载率 $\beta$、工作压力 $p$ 即能计算缸径，然后再圆整到标准缸径

**气缸的理论输出力 $F_0$ 计算公式**

| 形式 | 双作用气缸 | 单作用气缸 | |
|---|---|---|---|
| | | 预缩型 | 预伸型 |
| 推力 | $\frac{\pi}{4}D^2p$ | $\frac{\pi}{4}D^2p-F_{t2}$ | $F_{t1}$ |
| 拉力 | $\frac{\pi}{4}(D^2-d^2)p$ | $F_{t1}$ | $\frac{\pi}{4}(D^2-d^2)p-F_{t2}$ |
| 活塞杆直径取 $d=0.3D$ | | | |

### 例题

**例**　气缸推动工件在导轨上运动，如上图所示。已知工件等运动件质量 $m=250\text{kg}$，工件与导轨间的摩擦因数 $\mu=0.25$，气缸行程 300mm，动作时间 $t=1\text{s}$，工作压力 $p=0.4\text{MPa}$，试选定缸径

**解**：气缸的轴向负载力　$F=\mu mg=0.25\times250\times9.8=612.5\text{N}$

气缸平均速度 $v=\frac{s}{t}=300/1=300\text{mm/s}$，选负载率 $\beta=0.5$

理论输出力　$F_0=\frac{F}{\beta}=612.5/0.5=1225\text{N}$

由上表可得双作用气缸缸径　$D=\sqrt{\frac{4F_0}{\pi p}}=\sqrt{\frac{4\times1225}{\pi\times0.4}}=62.4\text{mm}$

故选取双作用气缸缸径为 63mm

## 壁厚

一般气缸缸筒壁厚与内径之比 $\frac{\delta}{D}\leqslant\frac{1}{10}$

气缸缸筒承受压缩空气的压力，其壁厚可按薄壁筒公式计算

$$\delta=\frac{Dp_p}{2\sigma_p}$$

式中　$\delta$——缸筒壁厚，m

$p_p$——试验耐压力，Pa，取 $p_p=1.5p_{max}$

$\sigma_p$——缸筒材料许用应力，Pa，其计算公式为

$$\sigma_p=\frac{\sigma_b}{n}$$

$\sigma_b$——缸筒材料抗拉强度，Pa

$n$——安全系数，一般取 $n=6\sim8$

按公式计算出的壁厚通常都很薄，加工比较困难，实际设计过程中一般都需按照加工工艺要求，适当增加壁厚，尽量选用标准钢管或铝合金管

缸筒材料常用 20 钢无缝钢管、铝合金 2Al2、铸铁 HT150 和 HT200 等

国外缸径 8～25mm 的小型气缸缸筒与缸盖的连接为不可拆的滚压结构，缸筒材料选用不锈钢，壁厚为 0.5～0.8mm

下表列出了铝合金管和无缝钢管生产厂供应的管壁厚和气缸采用的壁厚

续表

| | 材料 | 缸径 | 20 | 25 | 32 | 40 | 50 | 63 | 80 | 100 | 125 | 160 | 200 | 250 | 320 |
|---|---|---|---|---|---|---|---|---|---|---|---|---|---|---|---|
| 壁厚/mm | 铝合金 2Al2 | 壁厚 | 2.5 | | | 2.5~3 | | | 3.5~4 | | 4.5~5 | | | | |
| | 20 钢无缝钢管 | | 2.5 | | | | 3 | | 3.5 | 4.5~5 | | 5.5~6 | | | |

**活塞杆稳定性及挠度验算 — 压杆稳定性验算 — 计算公式**

气缸的活塞行程越长，则活塞杆伸出的距离也越长，对于长行程的气缸，活塞杆的长度将受到限制。若在活塞杆上承受的轴向推力负载达到极限力之后，活塞杆就会出现压杆不稳定现象，发生弯曲变形。因此，必须进行活塞杆的稳定性验算，其稳定条件为

$$F\leqslant\frac{F_k}{n_k}$$

式中 $F$——活塞杆承受的最大轴向压力，N；

$F_k$——纵向弯曲极限力，N；

$n_k$——稳定性安全因数，一般取 1.5~4

极限力 $F_k$ 不仅与活塞杆材料、直径、安装长度有关，还与气缸的安装支承条件决定的末端因素 $m$（见下表）有关

**安装长度 $L$ 和末端因数 $m$**

| 安装方式 | 简图 | | |
|---|---|---|---|
| 铰支-铰支 $m=1$ | 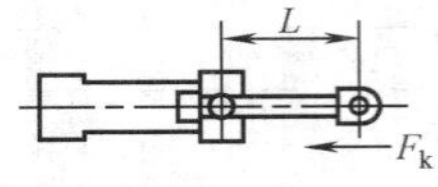 | 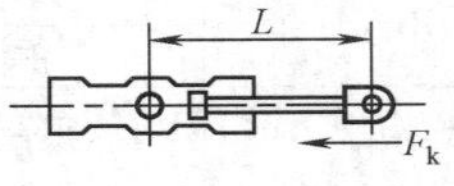 | 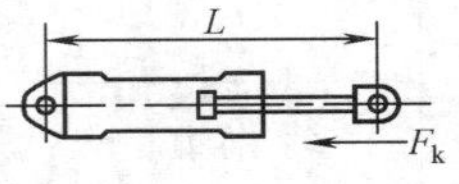 |
| 固定-自由 $m=1/4$ | 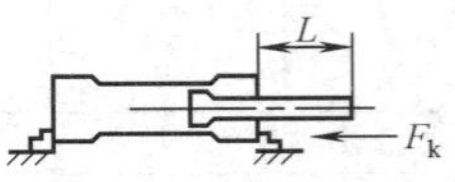 | 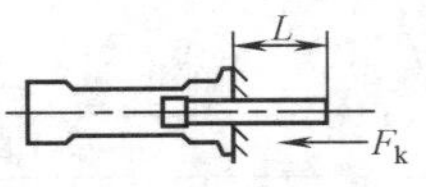 | 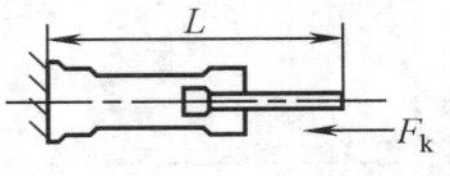 |
| 固定-铰支 $m=2$ | 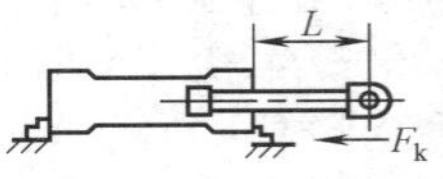 | 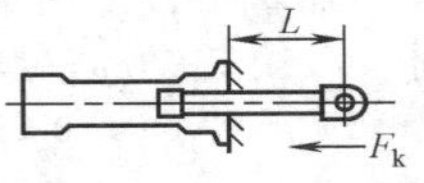 | 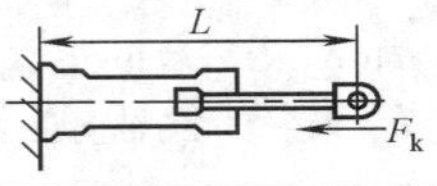 |
| 固定-固定 $m=4$ | 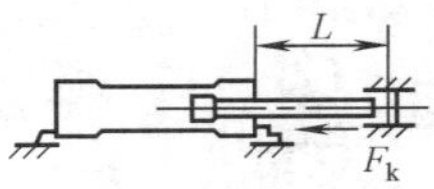 | 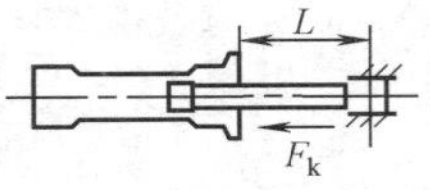 | 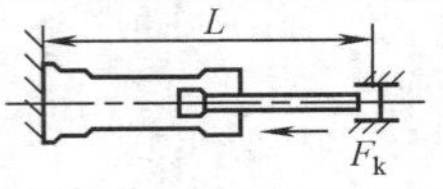 |

当细长比 $L/k\geqslant 85\sqrt{m}$ 时（欧拉公式） $$F_k=\frac{m\pi^2EJ}{L^2}$$

式中 $m$——末端因数

$E$——材料弹性模量，钢材 $E=2.1\times10^{11}$ Pa

$J$——活塞杆横截面惯性矩，$m^4$

$L$——气缸的安装长度，m

空心圆杆 $$J=\frac{\pi(d^4-d_0^4)}{64}$$

实心圆杆 $$J=\frac{\pi d^4}{64}$$

式中 $d$——活塞杆直径，m

$d_0$——空心活塞杆内径，m

当细长比 $L/k<85\sqrt{m}$ 时（戈登-兰肯公式）

$$F_k=\frac{fA}{1+\frac{\alpha}{m}\left(\frac{L}{k}\right)^2}$$

式中 $f$——材料抗压强度，钢材 $f=4.8\times10^8$ Pa

$A$——活塞杆横截面积，$m^2$

空心圆杆 $$A=\frac{\pi}{4}(d^2-d_0^2)$$

空心圆杆 $$A=\frac{\pi}{4}d^2$$

续表

**活塞杆稳定性及挠度验算 — 压杆稳定性验算**

**计算公式**

$\alpha$——实验常数，钢材 $\alpha=\dfrac{1}{5000}$

$k$——活塞杆横截面回转半径，m

空心圆杆 $k=\dfrac{\sqrt{d^2-d_0}}{4}$

实心圆杆 $k=\dfrac{d}{4}$

对于制造厂来说，按照上式可计算出气缸系列(缸径、活塞杆直径已确定)在最差的安装条件下，最大理论输出力时的最大安全行程(不是安装长度)。用户可按实际使用条件验算气缸活塞杆的稳定性。若计算出的极限力 $F_k$ 不能满足稳定性条件要求，则需更改气缸参数重新选型，或者与制造厂协商解决。也就是说，选用长行程气缸需考虑活塞杆的弯曲稳定性，活塞杆所带负载应小于弯曲失稳时的临界压缩力(取决于活塞杆直径和行程)

注：对于气缸的支承长度 $L$ 为两倍行程，其安装型式见上表($m=1$)，安全因数 $N_k$ 将取 5

用图表法查活塞杆直径与行程、最大径向负载及弯曲挠度，是一种简单的图示法，见右图。它是活塞杆直径、行程、径向负载和挠度的关系图

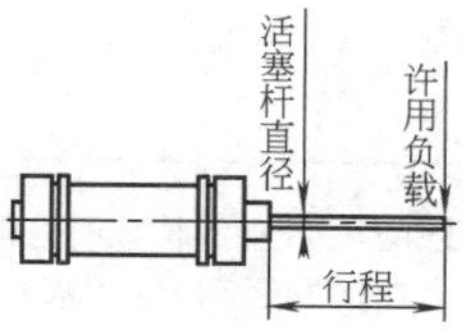


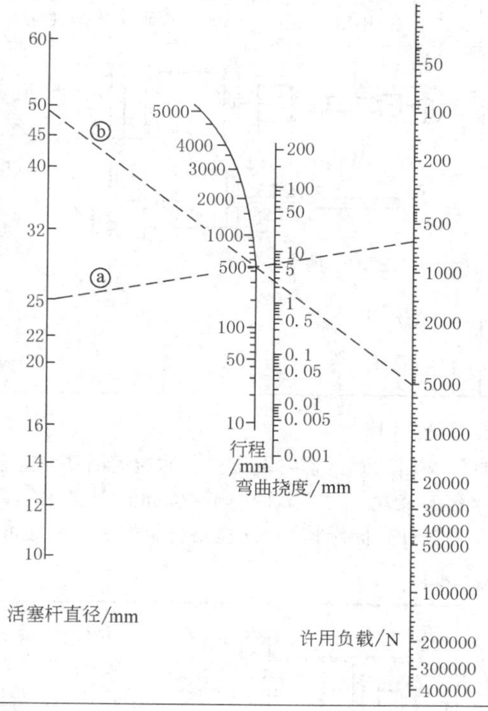


**例题**

**例 1** 一个气缸，其活塞杆直径为 $\phi$25mm，行程为 500mm

(a)它的最大径向负载及挠度为多少？

(b)如果要满足 5000N 的径向负载，它的活塞杆直径为多少？

**解**：(a)通过活塞杆直径为 $\phi$25mm 这一点，穿过行程为 500mm，画一条延长直线，分别与弯曲挠度与许用负载两个坐标轴相交，可得出其弯曲挠度为 7mm，最大的许用负载为 640N，因此无法满足要求

(b)通过许用负载 5000N 这一点，穿过行程为 500mm，画一条延长直线，分别与活塞杆直径和弯曲挠度两个坐标轴相交，可得出其弯曲挠度为 2.8mm，活塞杆直径为 $\phi$50mm

注：图示法表明的是理论上活塞杆直径与行程长度、最大径向负载及弯曲挠度的计算结果。当(a)的计算结果为活塞杆全部伸出时，弯曲挠度为 7mm(视工作实际状况能否接受)。通常公司产品样本中规定的径向力对活塞杆直径与行程、最大径向负载及弯曲挠度的计算、活塞杆稳定性计算，如下图所示

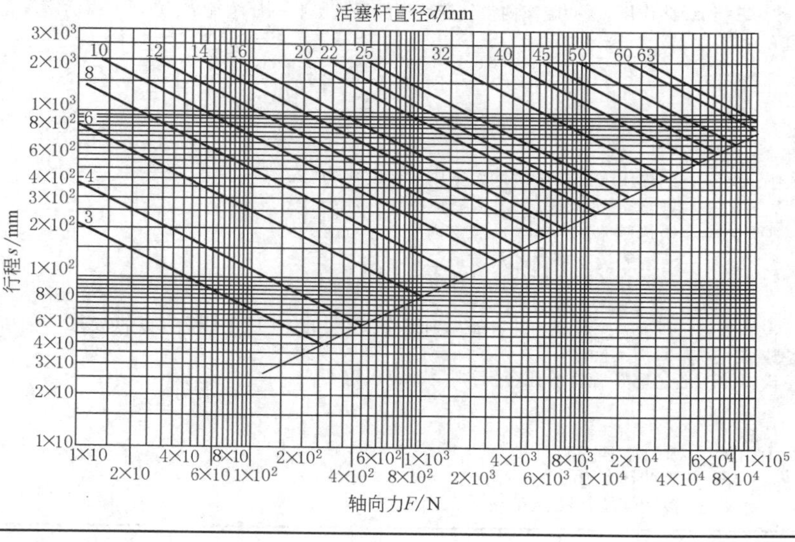

续表

| | | | |
|---|---|---|---|
| 活塞杆稳定性及挠度验算 | 压杆稳定性验算 | 例题 | **例2** 已知某普通气缸的缸径为50mm，活塞杆直径20mm，行程500mm，求活塞杆所能承受的最大轴向力<br>**解**：确定行程 $s=500\text{mm}$ 与活塞杆 $d=20\text{mm}$ 处直线的交点，至作用力 $F$ 的垂线，从而可确定该气缸所能承受的最大轴向力 $F=3000\text{N}$<br>**例3** 已知气缸轴向负载 $F=800\text{N}$，行程500mm，缸径50mm，求活塞杆直径<br>**解**：确定作用力 $F=800\text{N}$ 的垂线与 $s=500\text{mm}$ 处直线的交点。从图中所得最小的活塞杆直径为16mm |
| | 挠度（因头部自重下垂产生的）验算 | | 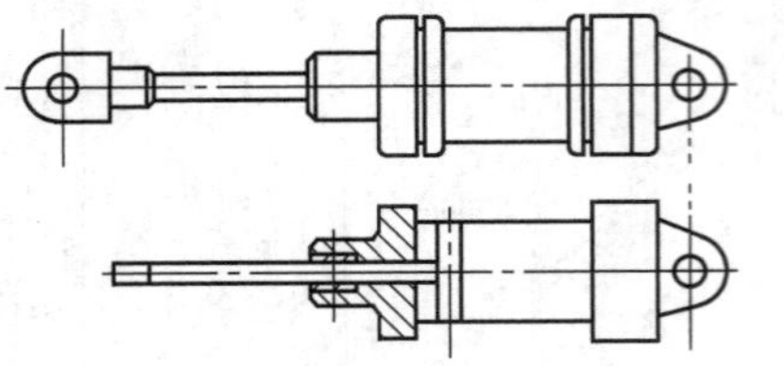<br>活塞杆水平伸出时为悬臂梁，如左图所示，其头部因自重下垂产生的挠度用下式计算<br>$$\delta=\frac{qs^4}{8EJ}$$<br>式中 $\delta$——挠度，cm<br>$s$——活塞杆伸出长度，cm<br>$E$——材料横向弹性模量，Pa<br>$q$——活塞杆1cm长的当量质量，kg<br>$J$——活塞杆横截面惯性矩，$\text{cm}^4$<br>空心圆杆 $J=\frac{\pi}{64}(d^4-d_0^4)$<br>实心圆杆 $J=\frac{\pi}{64}d^4$ |

1.2.3.2 缓冲计算

气缸活塞运动到行程终端位置，为避免活塞与缸盖产生机械碰撞而造成机件变形、损坏及极强的噪声，气缸必须采用缓冲装置。通常缸径小于16mm的气缸采用弹性缓冲垫，缸径大于16mm的气缸采用气垫缓冲结构（可调式时，为缓冲针阀结构）。这里要讨论的是气垫缓冲。

**表 23-4-8**

| | |
|---|---|
| 缓冲原理 | 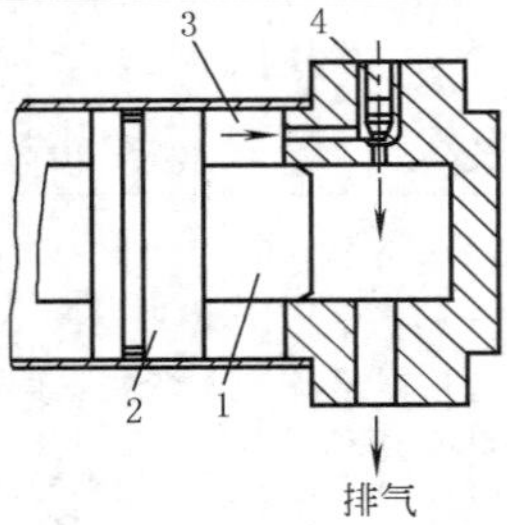<br><br>缓冲结构<br>1—缓冲柱塞；2—活塞；<br>3—缓冲气室；4—节流阀<br>气缸的缓冲装置由缓冲柱塞、节流阀和缓冲腔室等构成，左图所示为气缸缓冲装置实现缓冲的工作原理图。在活塞高速向右运动时，活塞右腔的空气经缸盖柱塞孔和进排气口排向大气。当气缸活塞杆行程一旦进入终端端盖内孔腔室时，缓冲柱塞依靠缓冲密封圈将终端端盖内孔腔室堵住。于是，封闭在活塞和缸盖之间的环形腔室内的空气只能通过节流阀排向大气。由于节流阀流通面积很小，环形腔室内的空气背压升高行程气垫作用，迫使活塞迅速减速，最后停下来。改变节流阀的开度，就可以调节缓冲速度<br>从缓冲柱塞封闭柱塞孔起，到活塞停下来为止，活塞所走的行程称为缓冲行程。缓冲装置就是利用形成的气垫（即产生背压阻力）和节流阻尼来吸收活塞运动产生的能量，达到缓冲的目的 |
| 计算公式 | 为了达到缓冲作用，缓冲腔室内空气绝热压缩所能吸收的压缩能 $E_p$ 必须大于活塞等运动部件所具有的功能 $E_d$，即 $E_p\geqslant E_d$<br>$$E_p=\frac{k}{k-1}p_1V_1\left[\left(\frac{p_2}{p_1}\right)^{\frac{k-1}{k}}-1\right] \quad (1)$$<br>$$E_d=\frac{1}{2}mv^2 \quad (2)$$<br>式中 $p_1$——绝热压缩开始时缓冲腔室内的绝对压力，Pa<br>$p_2$——绝热压缩结束时缓冲腔室内的绝对压力，Pa<br>$V_1$——绝热压缩开始时缓冲腔室内的容积，$\text{m}^3$<br>$m$——活塞等运动部件的总质量，kg<br>$v$——缓冲开始前活塞的运动速度，m/s<br>$k$——空气绝热指数，$k=1.4$<br>若 $E_p\geqslant E_d$，则认为气缸缓冲装置能起到缓冲作用。反之，则不能满足缓冲要求，应采取一定措施，如在气缸外部安装液压缓冲器<br>式(1)中，若忽略了腔室的死容积，则缓冲容积为<br>$$V_1=\frac{\pi}{4}(D^2-d_1^2)l \quad (3)$$<br>式中 $D$——气缸缸径，m<br>$d_1$——缓冲柱塞直径，m<br>$l$——缓冲柱塞长度，m |

续表

| | |
|---|---|
| 计算公式 | 将 $\frac{p_2}{p_1}=5$，空气绝热系数 $k=1.4$ 及 $V_1$ 代入式(1)<br>得 $E_p=3.19p_1(D^2-d_1^2)l$ (4)<br>式(4)是缓冲气缸缓冲装置所能吸收的缓冲能量的计算公式 |

国产气缸常用柱塞直径和缓冲长度/mm

| 缸径 | 柱塞直径 | 缓冲长度 | 缸径 | 柱塞直径 | 缓冲长度 |
|---|---|---|---|---|---|
| 32 | 16 | 10~15 | 100 | 32 | 25~30 |
| 40 | 20 | 15 | 125 | 38 | 25~30 |
| 50 | 24 | 20 | 160,200 | 55 | 25~30 |
| 63 | 25 | 20 | 250,320 | 63 | 30~35 |
| 80 | 30 | 25~30 | | | |

普通缓冲气缸所能吸收的动能示意图

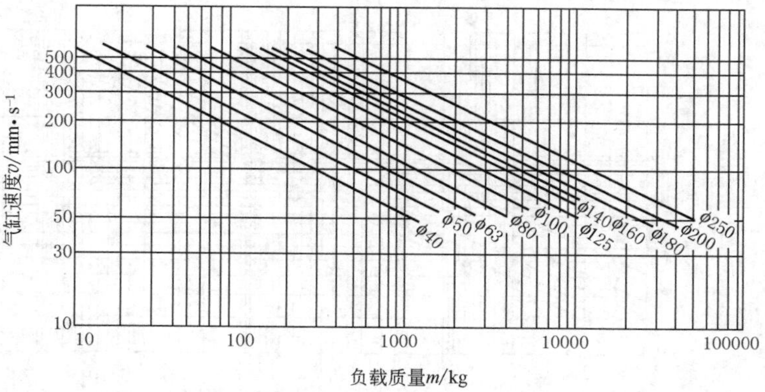


最后要特别指出，对于气缸之所以要讨论缓冲性能及其计算，是因为要防止气缸运动到行程末端时撞击缸盖，即气缸活塞具有运动速度。若活塞在末端处于静止状态时，无论加了再大的气压（能）都不必关心其会撞击缸盖（除强度问题外）。同样，气缸运动的速度决定于作用在活塞两侧的压力差 $\Delta p$ 产生的气压作用力克服了摩擦力（总阻力）的大小。因此，气缸缓冲计算时，只要考虑气缸运动的动能，而不必须计算活塞上作用的气压能、重力能及摩擦能。

#### 1.2.3.3 进、排气口计算

**表 23-4-9**

**标准尺寸**

通常气缸的进、排气口的直径大小与气缸速度有关，根据 ISO-15552、ISO-7180 规定（进排气口的公制尺寸按照 ISO 261，英制按 ISO 228-1 规定），气缸的进、排气口的直径见下表（ISO 标准规定）

mm

| 气缸直径 | 32 | 40 | 50 | 63 | 80 | 100 | 125 | 150 | 200 | 250 | 320 |
|---|---|---|---|---|---|---|---|---|---|---|---|
| 气口尺寸 | M10×1 (G⅛) | M14×1.5 (G¼) | M14×1.5 (G¼) | M18×1.5 (G⅜) | M18×1.5 (G⅜) | M22×1.5 (G½) | M22×1.5 (G½) | M27×2 (G¾) | M27×2 (G¾) | M33×2 (G1) | M33×2 (G1) |

**特殊设计**

如特殊设计的气缸，可按照下式进行计算

$$d_0=2\sqrt{\frac{Q}{\pi v}}\ (\mathrm{m})$$

式中，$Q$ 为工作压力下气缸的耗气量，$m^3/s$；$v$ 为空气流经进排气口的速度，一般取 $v=10\sim15m/s$。把计算的进排气口当量直径进行圆整后，按照 ISO 7180 进行调整

#### 1.2.3.4 耗气量计算

耗气量是指气缸往复运动时所消耗的压缩空气量，耗气量大小与气缸的性能无关，但它是选择空压机排量的重要依据。

第 23 篇

**表 23-4-10**

| | | |
|---|---|---|
| 最大耗气量 $Q_{\max}$ | 定义 | 指气缸活塞完成一次行程所需的耗气量 |
| | 计算公式 | $$Q_{\max}=0.047D^2S\frac{p+0.1}{0.1}\times\frac{1}{t}$$ 式中 $Q_{\max}$——最大耗气量，L/min(ANR)<br>$D$——缸径，cm<br>$S$——气缸行程，cm<br>$t$——气缸一次往复行程所需的时间，s<br>$p$——工作压力，MPa |
| 平均耗气量 | 定义 | 是由气缸内部容积和气缸每分钟的往复次数算出的耗气量平均值 |
| | 计算公式 | $$Q=0.00157ND^2S\frac{p+0.1}{0.1}(\mathrm{L/min})(\mathrm{ANR})$$ 式中 $N$——气缸每分钟的往复次数 |
| 耗气量计算曲线图 | | 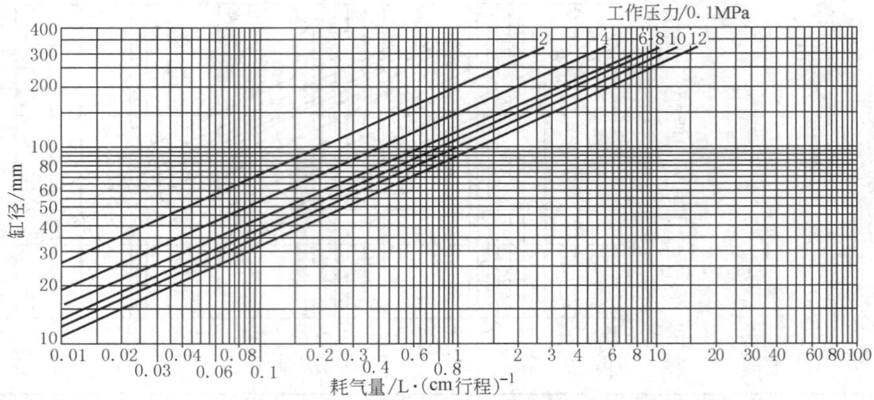<br>上图表示了耗气量与工作压力和缸径之间的关系。耗气量用单位行程的当量耗气量表示 |
| 例题 | | **例** 有一缸径为 50mm 的普通型双作用气缸，缸径 20mm，行程 500mm，工作压力 0.45MPa，求耗气量<br>**解**：根据上图所示，确定选定缸径处的横线与工作压力处直线之间的交点，然后确定耗气量，但所得的值必须乘以气缸行程(cm)。这里，对于无杆腔的耗气量近似为 0.09L/cm×50cm＝4.5L。对于有杆腔，计算耗气量时，还应用行程体积减去活塞杆的体积，若活塞杆直径为 20mm，其对应的耗气量应近似为 0.014L/cm×50cm＝0.7L。因此，有杆腔实际的耗气量为 3.8L，则对于一次往复行程气缸的总耗气量为 4.5L+3.8L＝8.3L<br>利用上述公式计算的耗气量仅为近似值，因为有时气缸内的空气并没有完全排放掉(特别是高速状况下)，实际所需耗气量可能低于图上所读的数据 |

1.2.3.5 连接与密封

**表 23-4-11**

| | 连接形式 | 简图 | 说明 | 连接形式 | 简图 | 说明 |
|---|---|---|---|---|---|---|
| 缸筒与缸盖的连接 | 拉杆式螺栓连接 | 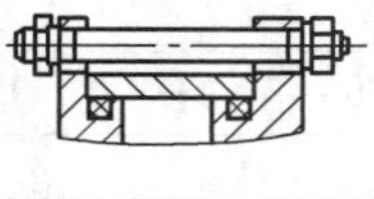 | 用拉杆式螺栓连接的结构应用很广，结构简单，易于加工，易于装卸 | 缸筒螺纹 | 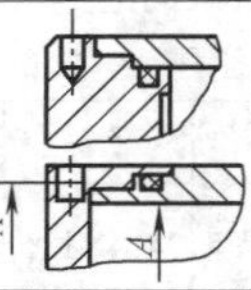 | 气缸外径较小，重量较轻，螺纹中径与气缸内径要同心，拧动端盖时，有可能把 O 形圈拧扭 |
| | | 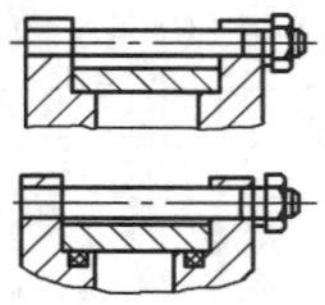 | 法兰尺寸比螺纹和卡环连接大，重量较重；缸盖与缸筒的密封可用橡胶石棉板或 O 形密封圈 | 卡环 | 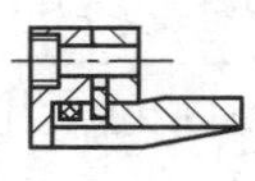 | 重量比用螺栓连接的轻，零件较多，加工较复杂，卡环槽削弱了缸筒，相应地要把壁厚加大 |
| | | | | | 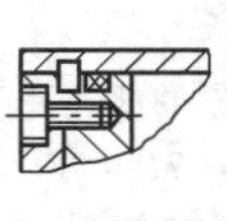 | 结构紧凑，重量轻，零件较多，加工较复杂；缸筒壁厚要加大；装配时 O 形圈有可能被进气孔边缘擦伤 |
| | 螺钉式 | 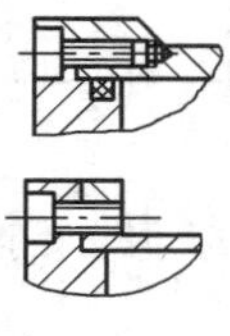 | 法兰尺寸比螺纹和卡环连接大，重量较重；缸盖与缸筒的密封可用橡胶石棉板或 O 形密封圈。缸筒为铸件或焊接件。焊后需进行退火处理 | 卡环尺寸 | 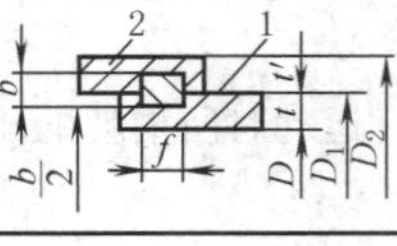 | 一般取 $h=l=t=t'$<br>1—缸筒；2—缸盖 |

续表

**缸筒与缸盖的连接**

拉杆式螺栓连接、螺钉式连接的螺栓允许静载荷/N

| 材料 | 螺栓直径/mm | | | | | | | | | | | |
|---|---|---|---|---|---|---|---|---|---|---|---|---|
| | M6 | M8 | M10 | M12 | M14 | M16 | M18 | M20 | M22 | M24 | M27 | M30 |
| Q235 | 736 | 1373 | 2354 | 3530 | 4903 | 7355 | 9807 | 13729 | 18633 | 22555 | 32362 | 44130 |
| 35 | 1177 | 2158 | 3727 | 5688 | 8336 | 11768 | 15691 | 23536 | 31381 | 39227 | 51975 | 72569 |

对于双头螺栓和螺栓连接，一般是四根螺栓，但是对于工作压力高于 1MPa 时，一定要校核螺栓强度，必要时增加螺栓数量，例如 6 根

**密封**

气缸的密封件选择，直接影响了气缸的性能及寿命。正确的设计选择和使用密封装置对保证气缸的正常工作非常重要

**密封件选择与使用条件**

| 运动速度 | 温度 | 介质 | 侧向负载 | 润滑脂及支承环 |
|---|---|---|---|---|
| 当气缸的运动速度很低(<3mm/s)时，要考虑设备运行是否出现“爬行”现象<br>当运动速度很高(>1m/s)时，要考虑起润滑作用的油膜可能被破坏，密封件因得不到很好的润滑而摩擦发热，导致寿命大大降低<br>建议聚氨酯或橡塑密封件在 0.15～1m/s 速度范围内工作比较适宜。当活塞速度大于 1m/s 时，应选用专用的润滑脂，并采用有油润滑的压缩空气 | 过低低温会使聚氨酯或橡塑密封件弹性降低，造成泄漏，甚至整个密封件变得发硬发脆。高温会使密封件体积膨胀、变软，造成运动时密封件摩擦阻力迅速增加<br>建议：聚氨酯或橡塑密封件工作温度范围-20～+80℃ | 工作介质应采用干燥、已被过滤的清洁压缩空气。对于南方潮湿地区，如过滤后压缩空气中仍水分较多时，不易采用聚氨酯材质的密封件，聚氨酯材质长时间遇水易产生乳化(注意选能耐水解聚氨酯材质) | 密封件加剧磨损破坏的一个重要因素是受侧向负载，通常，标准气缸活塞上一般装支承环，一般由自润滑耐磨材料制成，以保证气缸活塞杆能承受较大的负载。密封件和支承环起完全不同的功能，密封件作密封功能，支承环作活塞/活塞杆的支承定位(包括承受径向、侧向等负载)。密封件不能代替支承环承受负载。对于受侧向力大的气缸，必须采用承载能力较强的支承环，或采用含油铜烧结的支承环，或采用加宽支承环宽度，以防密封件在偏心的条件下工作引起泄漏和异样磨损 | 根据实际工况选择合适的润滑脂(高温、低温、低摩擦、低速)，并选择含油铜轴承还是自润滑轴承作支承环 |

**几种密封件形式 — 孔用密封件 — 孔用Yx密封件**

| 图形 | 说明 |
|---|---|
| 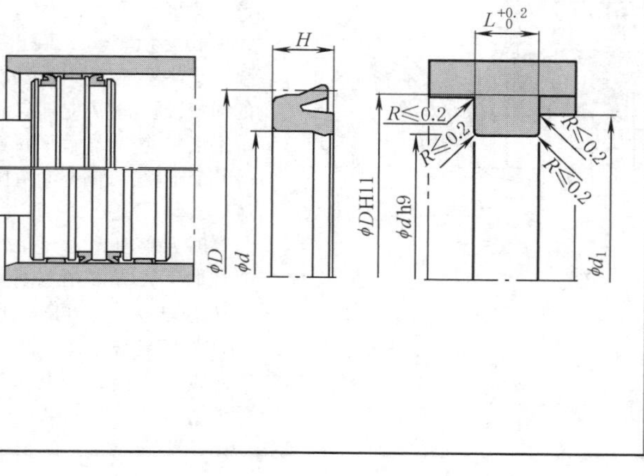 | Yx 密封件的横截面($H$ 和 $\phi D$-$\phi d$ 尺寸)很小，但密封性能却很好。真正与缸筒内壁面相接触而密封的表面面积较短，故摩擦力小。密封唇口的几何形状设计使它可以在含油润滑的空气以及无油空气中工作，并保持初始的储油进行润滑，具有较好的耐磨结构，安装时容易装入简单的沟槽中，无需挡圈或支撑件<br>工作压力：≤16bar；工作温度：丁腈橡胶-30～+80℃，聚氨酯-35～+80℃，氟橡胶-25～+200℃；表面速度：≤1m/s；介质：含油润滑的空气以及无油空气(装配时含润滑脂)<br>聚氨酯材质具有高强度低摩擦，长寿命等优点，但耐水解情况不如丁腈橡胶 |

续表

| | | | | 图　　形 | 说　　明 |
|---|---|---|---|---|---|
| 密封 | 几种密封件形式 | 孔用密封件 | 低摩擦密封件 | 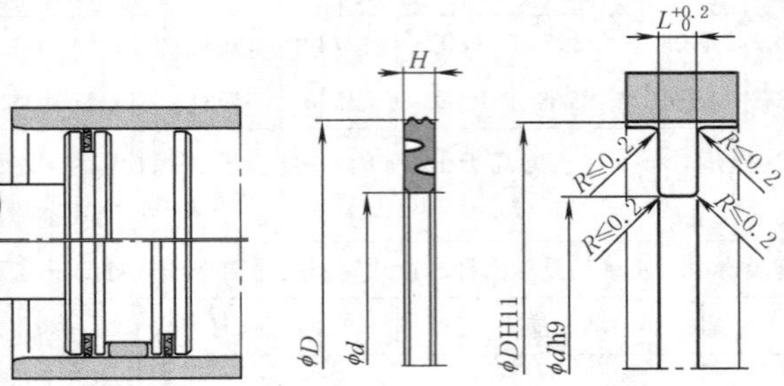 | 低摩擦密封件的横截面（尤其是 $H$ 尺寸）更小，结构更紧凑，可用于气缸和阀。它有两个微型的密封唇边，分别对其缸筒摩擦滑动面及活塞沟槽安装面起密封功能。上下两个密封唇边之间储有润滑脂。由于特殊密封几何形状，仅在 $H$ 长度尺寸有两个齿形突出物与缸筒内壁作摩擦滑动的密封（配置特殊润滑脂），因此静、动摩擦因数都很低，两个 V 形可使密封件具双向密封且运行平稳<br>工作压力：≤12bar；工作温度：-20～+100℃；表面速度：≤1m/s；介质：含油润滑的空气以及无油空气（装配时含特殊润滑脂） |
| | | | 低速密封件 | 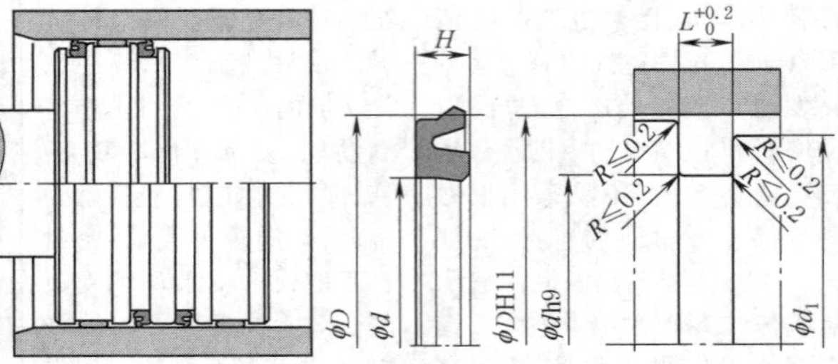 | 低摩擦密封件的横截面（$H$ 尺寸）比 Yx 密封件更小，与缸筒内壁作摩擦滑动的接触面更少，静、动摩擦因数也都很低，当选用某特种材质作密封时（配置特殊润滑脂），运动非常平稳<br>工作压力：≤16bar；工作温度：丁腈橡胶 -20～+80℃，聚氨酯 -35～+80℃；表面速度：≤1m/s；介质：含油润滑的空气以及无油空气（装配时含低速用特殊润滑脂） |
| | | | 三合一整体式密封件（密封、导向、缓冲） | 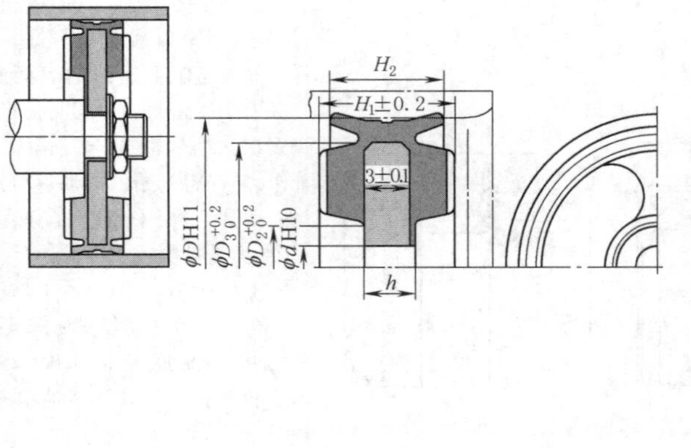 | 三合一整体式密封件是带双 U 形密封件和活塞整体硫化在一起。它有三个功能：密封、导向、缓冲。该密封件结构极其紧凑，从 $H$ 方向横平面（$H_1$ 为与缸筒密封件尺寸、$H_2$ 为缓冲平面尺寸）可以看出，该类密封件可使气缸轴向方向尺寸缩短，较多应用在紧凑型气缸上。整体活塞有以下的优点，不必自己加工活塞零件，购买后在活塞杆上简单固定即可应用，而无需其他的密封要求。三合一整体式密封件两端平面为橡胶材质（不必再配备弹性橡胶缓冲垫），该端平面上弹性橡胶缓冲垫有轮轱式的凹槽，通气时可立即启动（即使该活塞体端平面与前、后端盖平面紧贴）。密封唇口的几何形状，可储有润滑脂，大大改善摩擦条件，运行平稳。使用该三合一整体式密封件时无专用导向套，故活塞杆端处不易受径向负载（尤其在长行程情况下）<br>工作压力：≤16bar；工作温度：-30～+100℃（合成橡胶材料）；表面速度：≤1m/s；介质：含油润滑的空气以及无油空气（装配时含润滑脂） |

续表

| | | | | 图 形 | 说 明 |
|---|---|---|---|---|---|
| 密封 | 几种密封件形式 | 孔用密封件 | X型密封件 | 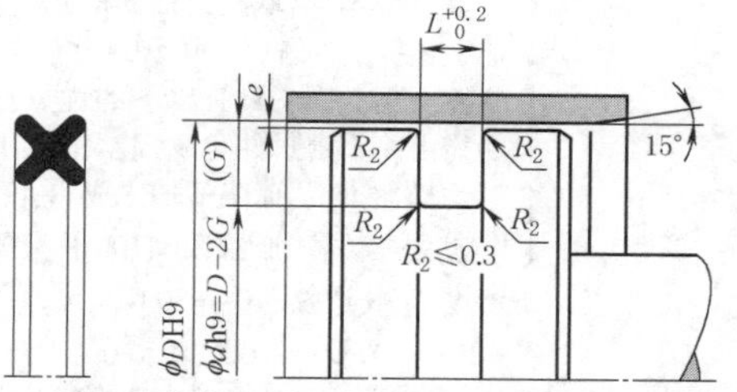 | “X”形圈也叫星形圈，因为它截面呈“X”形，它在动态、静态工况下都能适用，在同样工作环境下比O形圈有更多优点，如：密封面接触面小，摩擦阻力小，抗扭曲能力强，在沟槽中不易滚动等。具有双向密封功能<br>工作压力：≤12bar；工作温度：-30～80℃（丁腈橡胶）；表面速度：≤1m/s；介质：含油润滑的空气以及无油空气（装配时含润滑脂） |
| | | | 格莱圈 | 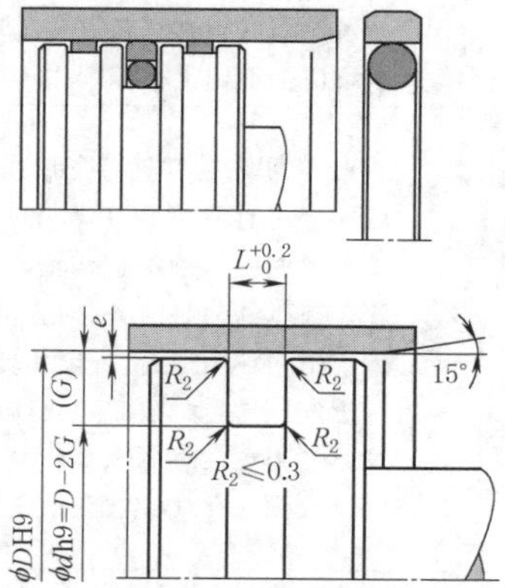 | 此类为孔用密封圈，可作双向密封。由一个抗磨的PTFE方形密封环（填充其他耐磨材料如青铜粉、石墨粉或玻璃粉的聚四氟乙烯混合物）和O形橡胶密封圈组成。O形圈不仅提供弹力，还提供补偿力，抗磨的PTFE方形密封环既起密封功能，又可作为活塞的支承导向。该组合密封圈摩擦因数非常小，特别适用既需承受重负载、又需摩擦因数极小的伺服气缸或油缸，具极小的启动和运动摩擦力，以致在低速下也确保平稳运行，无爬行现象。抗磨的PTFE方形密封环具高的耐化学介质（腐蚀特性）<br>工作压力：≤400bar；工作温度：-30～+100℃；表面速度：≤5m/s；介质：含油润滑的空气、无油空气、油、水等 |
| | | 轴用密封件 | Yx密封件 | 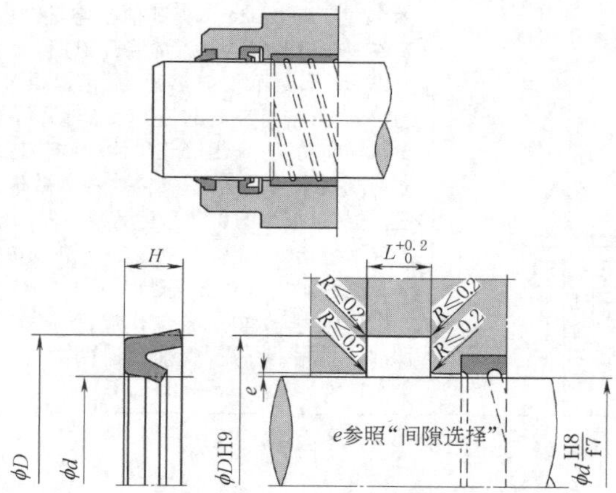 | Yx密封件的横截面（$H$和$\phi D$-$\phi d$尺寸）都很小，但密封性能却很好。由于密封接触面小，摩擦力小，并且由于特殊设计，因而不需要支撑挡圈<br>工作压力：≤16bar；工作温度：丁腈橡胶-30～+80℃，聚氨酯-35～+80℃，氟橡胶-25～+200℃；表面速度：≤1m/s；介质：含油润滑的空气以及无油空气（装配时含特殊润滑脂）<br>聚氨酯材质具有高强度低摩擦、长寿命等优点，但耐水解情况不如丁腈橡胶 |
| | | | Yx二联密封件（密封防尘） | 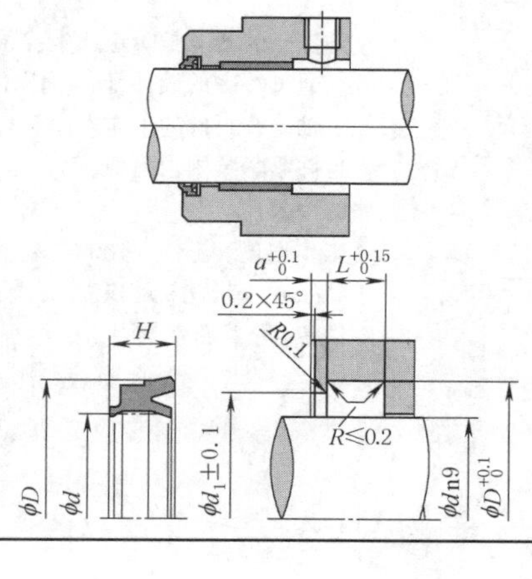 | Yx二联密封件的横截面（$H$和$\phi D$-$\phi d$尺寸）都很小，具有密封、防尘双重功能，这是专为小气缸及阀设计，与其他传统密封件相比，它具有以下的优点：密封和防尘的双重功能由一个密封件完成，最大限度地节省了空间，节省沟槽加工工序，从而降低加工成本，同时也降低密封件产品成本<br>工作压力：丁腈橡胶≤10bar、聚氨酯为≤16bar；工作温度：丁腈橡胶-10～+80℃，聚氨酯-35～+80℃，氟橡胶-25～+200℃；表面速度：≤1m/s；介质：含油润滑的空气以及无油空气（装配时含特殊润滑脂）<br>聚氨酯材质具有高强度低摩擦、长寿命等优点，但耐水解情况不如丁腈橡胶 |

续表

| | | | | 图　　形 | 说　　明 |
|---|---|---|---|---|---|
| 密封 | 几种密封件形式 | 轴用密封件 | 紧凑型Yx二联密封件（密封、防尘） | 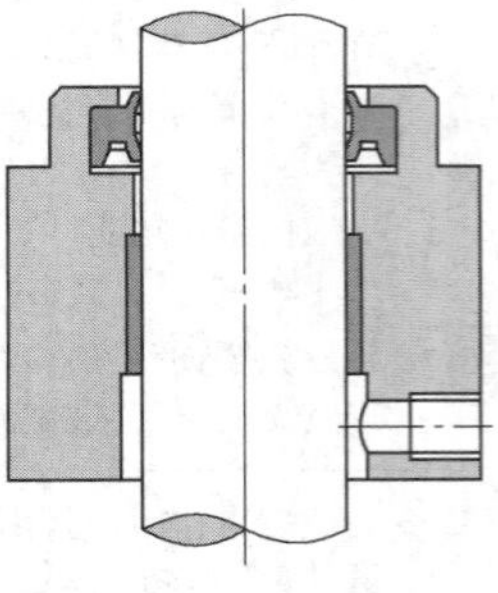 | 紧凑型 Yx 二联密封件的横截面（$H$ 和 $\phi D$-$\phi d$ 尺寸）比上述提到的 Yx 二联密封件空间物理尺寸更紧凑，摩擦力更低。它具有以下的优点：密封和防尘的双重功能由一个密封件完成，最大限度地节省了空间，简化了沟槽加工，从而降低加工成本，降低密封件产品成本<br>工作压力：丁腈橡胶≤10bar、聚氨酯为≤16bar；工作温度：丁腈橡胶-10～+80℃，聚氨酯-35～+80℃，氟橡胶-25～+200℃；表面速度：≤1m/s；介质：含油润滑的空气以及无油空气（装配时含特殊润滑脂）<br>聚氨酯材质具有高强度低摩擦、长寿命等优点，但耐水解情况不如丁腈橡胶 |
| | | | Yx三联密封件（密封、防尘、固定） | 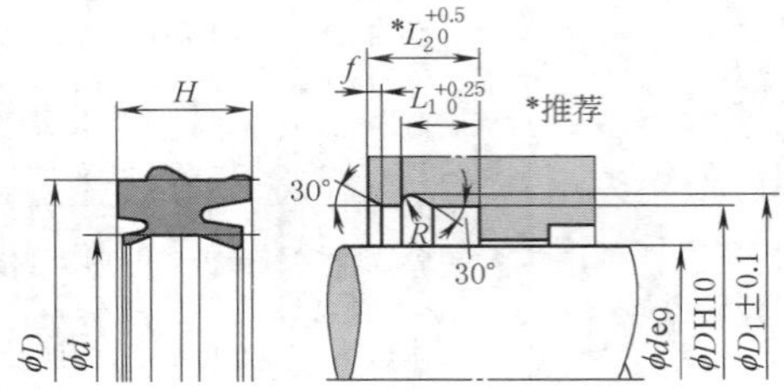 | Yx 三联密封件具有密封、防尘、固定三重功能，从横截面上可看到围绕在 $\phi D$ 的外圆有一轮圆周凸形面，该凸形面嵌入前端盖沟槽半橄圆处的凹形槽上，担当起 Yx 三联密封件在轴向方向的定位功能。可用于较大规格的轴用密封、防尘系统<br>工作压力：≤16bar；工作温度：35～+80℃（氟橡胶-10～+200℃）；表面速度：≤1m/s；介质：含油润滑的空气以及无油空气（装配时含特殊润滑脂） |
| | | | 斯特封密封件 | 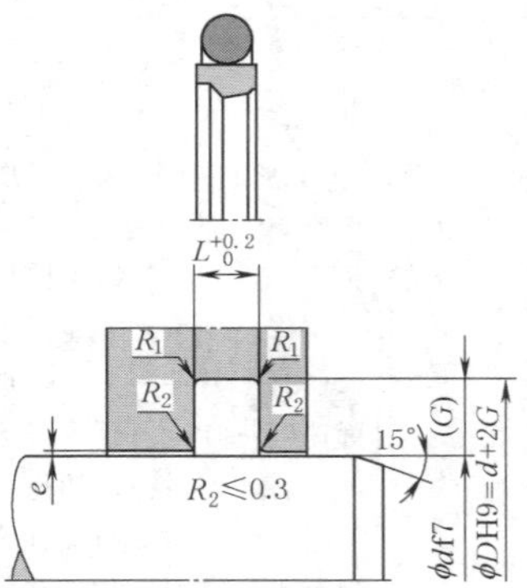 | 此类为轴用密封圈，可双向密封。由一个抗磨的 PTFE 方形密封环（填充其他耐磨材料如青铜粉、石墨粉或玻璃粉的聚四氟乙烯混合物）和 O 形橡胶密封圈组成。O 形圈不仅提供弹力，还提供补偿力，抗磨的 PTFE 方形密封环既起密封功能，又可作为活塞杆的支承导向功能。该组合密封圈摩擦因数非常小，特别适用既需承受重负载、又需摩擦因数极小的伺服气缸或油缸，具极小的启动和运动摩擦力，以致在低速下也确保平稳运行，无爬行现象。抗磨的 PTFE 方形密封环具高的耐化学介质（腐蚀特性）<br>工作压力：≤400bar；工作温度：-30～+100℃；表面速度：≤5m/s；介质：含油润滑的空气、无油空气、油、水等 |
| | | 防尘圈 | | 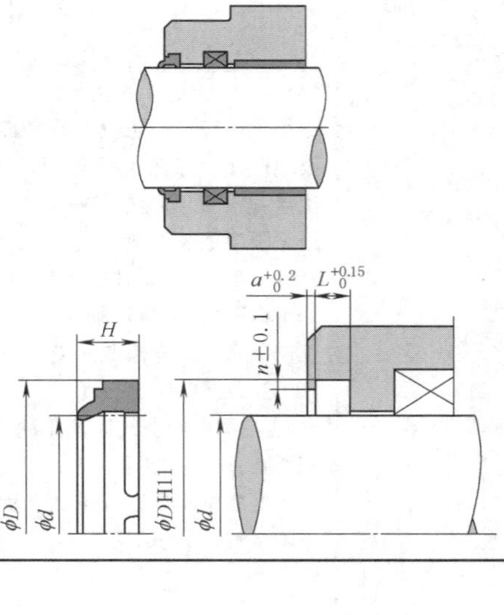 | 防尘圈的功能是防止灰尘、污物、沙粒及金属屑的进入。通过特殊的设计，防止刮伤，保护活塞杆表面，延长了轴向密封件的工作寿命。有过盈量的直径可保证密封件紧紧装入沟槽中，无需螺钉和托架，也不必要严格的公差<br>工作温度：-35～+100℃；表面速度：≤2m/s；材料：丁腈橡胶、聚氨酯、氟橡胶<br>注意：防尘圈在高速、长行程工况下，易带出装配沟槽 |

续表

| | | | | 图形 | 说明 |
|---|---|---|---|---|---|
| 密封 | 几种密封件形式 | 防尘圈 | 金属骨架防尘圈 | 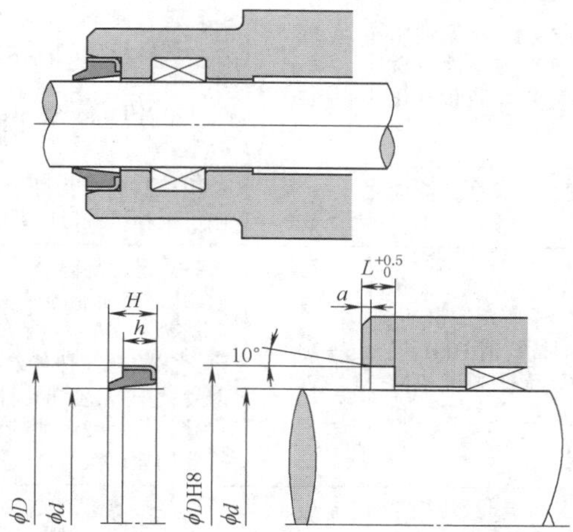 | 金属骨架防尘圈是防尘密封件与金属骨架硫化合成一体化结构防尘圈。安装时，将有过盈的直径金属骨架镶入前端盖沟槽内孔，并使其处于紧配合，防止在高速、长行程工况下，被带出装配沟槽。该防尘圈可防粉尘、脏物、砂粒和金属碎屑的侵入，在很大程度上可以防止剐伤，保护活塞杆表面滑动面，工作寿命长<br>工作温度：－35～＋80℃；表面速度：<2m/s；材料：丁腈橡胶、聚氨酯、氟橡胶 |
| | | | 双唇防尘圈 | 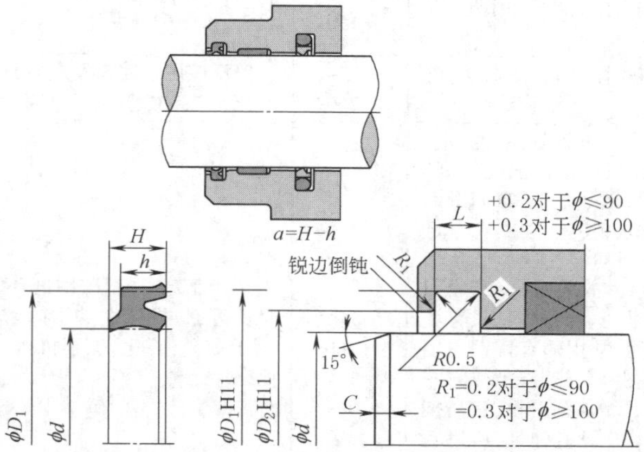 | 双唇防尘圈主要功能是防止粉尘、污物、砂粒及金属屑的进入轴向导向轴承处，这种特殊的设计使活塞杆在未伸出端盖内处于封闭状态，对活塞杆及轴向导向轴承（轴套）起了保护作用，大大地防止活塞杆被剐伤，也延长了轴用密封件的使用寿命<br>工作温度：－35～＋80℃；表面速度：≤2m/s |
| | | 缓冲密封垫圈 | | 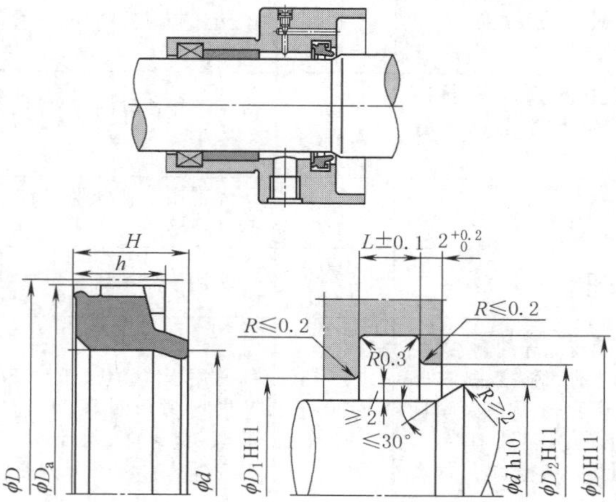 | 缓冲密封圈用途是：当缓冲小活塞在进入缓冲行程时，被压缩腔内的压缩空气只能通过小通孔（小通孔配有调节流量的针阀）向外排出，而不能通过活塞杆周围环形空间向排气口排出。该缓冲密封圈被安装在气缸端盖体内，即使在略有偏心的情况下，也可以自动对中，所以具有极佳的缓冲效果<br>压力：≤16bar（由于缓冲过程引起的压力上升已考虑在内）；工作温度：丁腈橡胶−20～+80℃，聚氨酯−35～+80℃；速度：≤1m/s；介质，含油润滑的空气以及无油空气（装配时含润滑脂） |

续表

| | | 名称 | 代号 | 主要特点 | 工作温度/℃ | 主要用途 |
|---|---|---|---|---|---|---|
| 密封 | 几种密封材料 | 丁腈橡胶 | NBR | 耐油性能好,能和大多数矿物基油及油脂相容。但不适用于磷酸酯系列液压油及含极性添加剂的齿轮油,不耐芳香烃和氯化烃、酮、胺、抗燃液 HFD | -40~+120 | 制造O形圈、气动、液压密封件等。适用于一般液压油、水乙二醇 HFC 和水包油乳化液 HFA、HFB、动物油、植物油、燃油,沸水、海水,耐甲烷、乙烷、丙烷、丁烷 |
| | | 橡塑复合 | RP | 材料的弹性模量大,强度高。其余性能同丁腈橡胶 | -30~+120 | 用于制造O形圈、Y形圈、防尘圈等。应用于工程机械液压系统的密封 |
| | | 氟橡胶 | FKM 或 FPM | 耐热、耐酸碱及其他化学药品。耐油(包括磷酸酯系列液压油),适用于所用润滑油、汽油、液压油、合成油等。耐抗燃液 HFD、燃油、链烃、芳香烃和氯化烃及大多数无机酸混合物。但不耐酮、胺、无水氨、低分子有机酸,例甲酸和乙酸 | -20~+200 | 特点是耐高温、耐天候、耐臭氧和化学介质,几乎耐所有的矿物基和合成基液压油。但遇蒸汽、热水或低温场合,有一定的局限。它的低温性能有限,与蒸汽和热水的兼容性中等,若遇这种场合,要选用特种氟橡胶。耐燃液压油的密封,在冶金、电力等行业用途广泛 |
| | | 硅橡胶 | PMQ 或 MVQ | 耐热、耐寒性好、耐臭氧及耐老化,压缩永久变形小,但机械强度低,不耐油,价格较贵,不易作耐油密封件 | -60~+230 | 适用于高、低温下食品机械、电子产品上的密封 |
| | | 聚丙烯酸酯橡胶 | ACM | 耐热优于丁腈橡胶,可在含极性添加剂的各种润滑油、液压油、石油系液压油中工作,耐水较差 | -20~+150 | 用于各种汽车油封及各种齿轮箱、变速箱中,可耐中高温 |
| | | 乙丙橡胶 | EPDM 或 EPM | 耐气候性好,在空气中耐老化、耐弱酸,可耐氟里昂及多种制冷剂,不适用于矿物油 | -55~+260 | 广泛应用于冰箱及制冷机械的密封。耐蒸汽至200℃、高温气体至150℃ |
| | | 聚四氟乙烯 | PTFE | 化学稳定性好,耐热、耐寒性好,耐油、水、气、化学药品等各种介质。机械强度较高,耐高压、耐磨性好,摩擦因数极低,自润滑性好。聚四氟乙烯有蠕动和冷流现象,在一定负荷的持续作用下时间的增长变形继续增加(该现象与温度有很大的关系)。纯聚四氟乙烯一般不能用作液压密封材料,只有填充型的 PTFE 才能使用,常用的有青铜粉填充和玻璃纤维填充,这些填充剂降低热膨胀系数,改善热传导能力,增加耐磨性,提高抗冷流(蠕变)性能。PTFE 没有弹性,所以它总是与橡胶弹性体一起使用,由它们提供所需的预紧力来完成完美的密封。如孔用的格莱圈或轴用的斯特封密封件 | -55~+260 | 用于制造密封环、耐磨环、导向环(带)、挡圈等,为机械上常用的密封材料。广泛用于冶金、石化、工程机械、轻工机械等几乎各个行业 |
| | | 尼龙 | PA | 耐油、耐温、耐磨性好,抗压强度高,抗冲击性能较好,但尺寸稳定性差 | -40~+120 | 用于制造导向环、导向套、支承环、压环、挡圈等 |
| | | 聚甲醛 | POM | 耐油、耐温、耐磨性好,抗压强度高,抗冲击性能较好,有较好的自润滑性能,尺寸稳定性好,但曲挠性差 | -40~+140 | 用于制造导向环、导向套、支承环、压环、挡圈等 |
| | | 氯丁橡胶 | CR | 良好的耐老化及盐水性能 | -30~+160 | 经常用于制冷业(如氟12)、黏合场合和户外环境 |
| | | 氟硅橡胶 | MFQ 或 FVMQ | 良好的耐高温和低温性能 | -100~+350 | 常用于需用耐油和抗燃的场合,如航天 |
| | | 聚氨酯 | PU 或 AU | 具有非常好的机械特性及优异的耐磨性,压缩变形小,拉伸强度高,剪切强度、抗挤压强度都非常高。具有中等耐油、耐氧及耐臭氧老化特性,+50℃以下的抗燃液 HFA 和 HFB。但不耐+50℃以上的水、酸、碱(耐水解聚氨酯例外) | -30~+110 | 常用于气动、液压系统中的往复密封,如Y形圈、U形圈等。广泛用于工程机械,如装载机、叉车、推土机、挖掘机液压缸的密封 |

续表

<table>
<tr><td rowspan="3">密封</td><td rowspan="3">支承环的选择</td><td>含油铜轴承支承环</td><td colspan="2">无油润滑轴承</td></tr>
<tr><td rowspan="2">含油铜轴承是由颗粒铜粉或青铜粉末经模具压制，在高温中烧结后整形，再经过润滑油真空浸润，成为孔隙中含浸有润滑油的多孔性合金制品。当轴与含油铜轴承作相对运动时，因轴与含油铜轴承之间的摩擦，使含油轴承的温度升高。润滑油渗出于其内径的摩擦表面，当轴停止相对运动时，润滑油又回流于含油铜轴承内部。因此，润滑油的消耗量非常小，可在不从外部供给润滑油的情况下，长期运转使用，非常适合于供油困难与避免润滑油污染的场合<br>含油铜轴承最大承载：150N/mm；最大滑动速度 2.5m/s<br>注：含油轴承可由铁基粉末等制成，考虑含油铜轴承作活塞杆支承环是出于两种金属材料相对摩擦运动，活塞杆不会被咬死</td><td colspan="2">该产品是以钢板为基体，中间烧结球形青铜粉，表面轧制聚四氟乙烯 PTFE 混合物、聚甲醛 POM、尼龙 PA 或酵醛树脂(加强纤维)，由卷制而成的滑动轴承</td></tr>
<tr><td>应 用 特 点<br><br>a)无油润滑或少油润滑，适用于无法加油或很难加油的场所，可在使用时不保养或少保养<br>b)耐磨性能好，摩擦因数小，使用寿命长<br>c)有适量的弹塑性，能将应力分布在较宽的接触面上，提高轴承的承载能力<br>d)静动摩擦因数相近，能消除低速下的爬行，从而保证机械的工作精度<br>e)能抑制或减少机械振动、降低噪声<br>f)在运转过程中能形成转移膜，起到保护对磨轴的作用，避免金属间的接触，无咬轴现象<br>g)对轴的硬度要求低，未经调质处理的轴都可使用，从而降低了相关零件的加工难度<br>h)薄壁结构、重量轻，可减少机械体积<br>i)钢背面可电镀多种金属，可在腐蚀介质中使用；目前已广泛应用于各种机械的滑动部位</td><td>产 品 特 性<br><br>最大承载压力 $140N/mm^2$<br>适用温度范围 -195~+270℃<br>最高滑动速度 5~15m/s<br>摩擦因数 $\mu$ 0.04~0.20</td></tr>
</table>

1.2.3.6 活塞杆的承载能力

活塞杆的承载能力，在 1.2.3.1“缸径、壁厚、活塞杆直径与挠度计算”章节中已有阐述，并有气缸活塞杆直径、行程、最大径向负载及弯曲挠度的图表法。这是理论上气缸活塞杆直径、行程、最大径向负载及弯曲挠度的计算结果。事实上，各个生产厂商产品样本中均提供气缸的行程与径向力关系的图表。这个数值比图表法得出的结果要精准得多。一般径向力负载的数值小于理论计算结果。举例说明见表 23-4-12。

**表 23-4-12**

<table>
<tr><td>标准气缸的负载特性</td><td>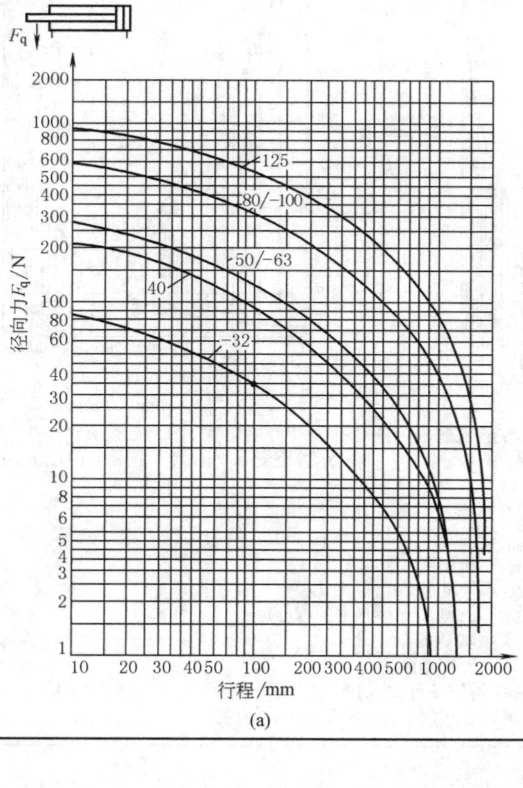

(a)</td><td>图 a 为某一气动厂家提供的符合 ISO 15552 标准的气缸(直径为 $\phi32$~125mm)的径向力与行程关系表。当缸径为 $\phi32$mm，行程为 100mm 时，它的许用径向力 $F_q=35N$</td></tr>
</table>

续表

以缸径 32mm 的方形活塞杆标准气缸为例说明气缸负载特性曲线的应用

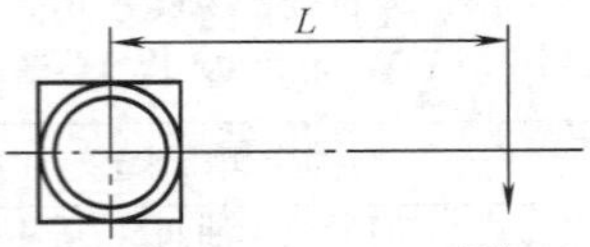


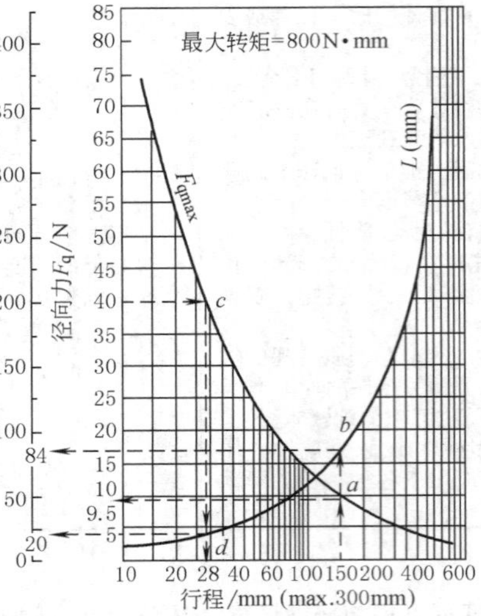


(b) 缸径32mm

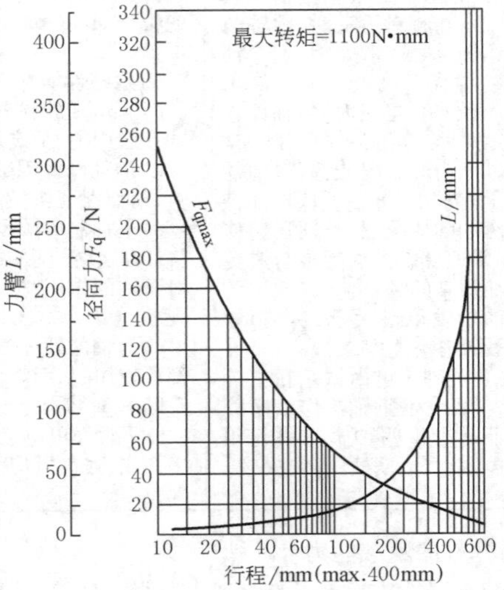


(c) 缸径 40 mm

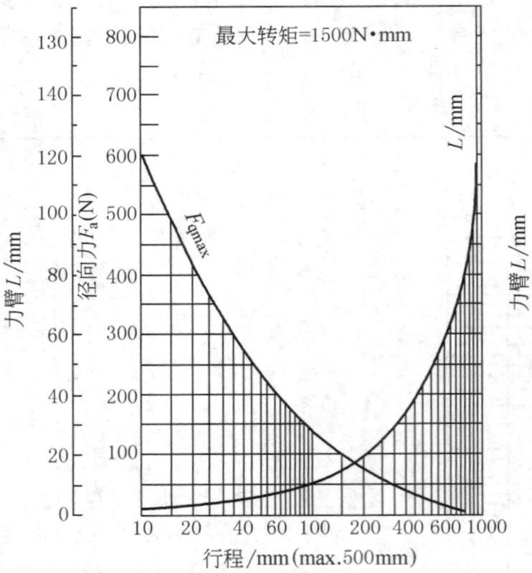


(d) 缸径50mm，63 mm

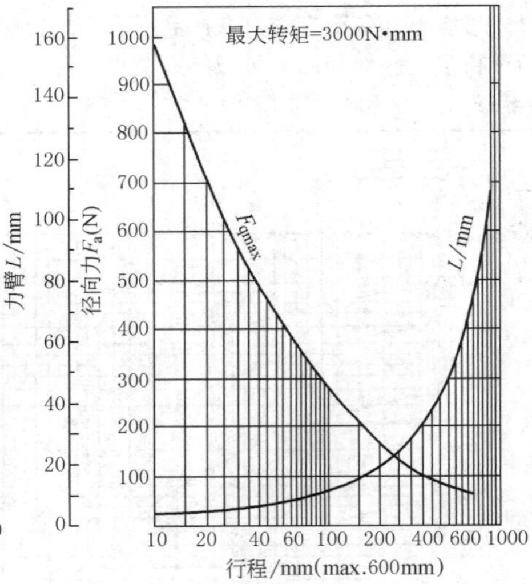


(e) 缸径80mm，100mm

**例 1**　若气缸直径为 $\phi$32mm,行程为 150mm,求方形气缸的许用径向力和许用力臂

查图 b,在行程 150mm 处向上引垂线与径向力 $F_q$ 曲线、力臂 $L$ 曲线分别相交 $a$、$b$ 两点。从 $a$、$b$ 两点分别画水平线,则可查得该气缸的许用径向力为 9.5N,许用力臂为 54mm

**例 2**　若气缸活塞杆上所承受的径向力为 40N,求方形气缸的许用行程和许用力臂

查图 b,在径向力 40N 处画一水平线与径向力 $F_q$ 曲线相交于 $c$ 点,并向下引垂线与力壁 $L$ 曲线交于 $d$,则可得该气缸活塞杆上受了径向力 40N 后,其许用行程仅为 28mm,许用力臂为 20mm

**例 3**　若气缸行程为 150mm,力臂为 100mm,求方形气缸的许用径向力

从图 b 上方得知缸径 $\phi$32mm 的最大转矩为 800N · m,则所承受的径向力为

$$F_0=\frac{\text{最大转矩 800N · mm}}{\text{力臂 100mm}}=8\text{N}$$

即气缸活塞杆上可承受的径向力为 8N,是许可的(由例 1 可知,方形气缸最大许用径向力为 9.5N)。许用承载能力是一个非常重要的指标。当所选气缸的径向力不能满足要求时,应选择气缸导向装置

方形活塞杆标准气缸的负载特性

第 23 篇

## 1.2.4 普通气缸的安装形式

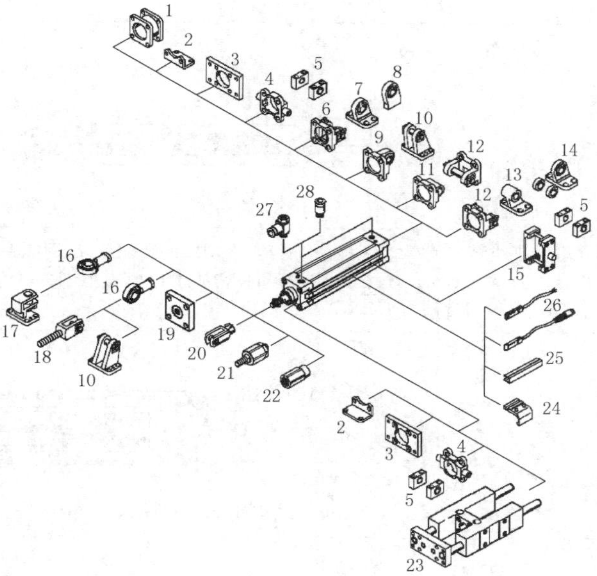

表 23-4-13

| 序号 | 名　称 | 说　明 |
|---|---|---|
| 1 | 连接组件 | 用于连接两个活塞直径相同的气缸,使之组成一个多位气缸 |
| 2 | 脚架安装件 | 用于轴承和端盖 |
| 3 | 法兰安装件 | 用于轴承或端盖 |
| 4 | 双耳轴 | 用于轴承或端盖 |
| 5 | 耳轴支座 | — |
| 6 | 双耳环安装件 | 用于端盖 |
| 7 | 球铰耳环支座 | 带球面轴承 |
| 8 | 球铰耳环支座 | 焊接合成,带球面轴承 |
| 9 | 双耳环安装件 | 带球面轴承,用于端盖 |
| 10 | 双耳环支座 | — |
| 11 | 双耳环安装件 | 用于端盖 |
| 12 | 双耳环安装件 | 用于端盖 |
| 13 | 单耳环支座 | — |
| 14 | 球铰耳环支座 | 带球面轴承 |
| 15 | 耳轴安装组件 Z-NCM | 用于安装到缸筒任意位置 |
| 16 | 关节轴承 SGS/C-RSGS | 带球面轴承 |
| 17 | 直角双耳环支座 LQG | — |

| 序号 | 名　称 | 说　明 |
|---|---|---|
| 18 | 双耳环 SGA | 带外螺纹 |
| 19 | 连接法兰 KSG | 用于补偿径向偏差 |
| | 连接法兰 KSZ | 用于补偿带抗扭转活塞杆气缸的径向偏差 |
| 20 | 双耳环 SG/CRSG | 允许气缸在一个平面内转动 |
| 21 | 自对中连接件 FK | 用于补偿径向和角度偏差 |
| 22 | 连接件 AD | 用于真空吸盘 |
| 23 | 导向装置 FENG | 防止在大转矩情况下气缸被扭转 |
| 24 | 安装组件 SMB-8-FENG | 用于接近传感器 SMT-8(和导向装置 FENG 一起安装到气缸上时) |
| 25 | 传感器槽盖 ABP-5-S | 保护传感器电缆,防止灰尘进入传感器槽 |
| 26 | 接近传感器 SME/SMT-8 | 可集成在缸筒内 |
| 27 | 单向节流阀 GRLA | 用于调节速度 |
| 28 | 快插接头 QS | 用于连接具有标准外径(符合 CETOP RP 54 P 标准)的气管 |

对于直线驱动气缸而言，它的运动轨迹受制于气缸缸筒内与端盖活塞杆处两对摩擦副。它是否能与要求的运动方向完全一致，取决于安装形式及安装时的误差。如果安装时的误差无法保证气缸的运动与实际要求一致，将损坏气缸的内壁及活塞杆，造成气缸漏气或无法使用。因此，对于在选择任何直线驱动气缸时，必须选择适合的柔性连接件。

## 1.2.5 气动执行件的结构、原理

表 23-4-14

| | | |
|---|---|---|
| 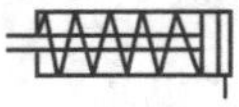 单作用微型气缸 | 结构图 | 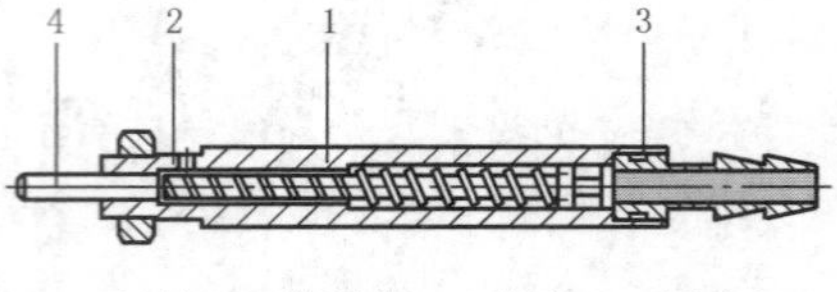 1—缸筒;2—轴承盖;3—端盖;4—活塞杆 |
| | 说明 | 小型气缸的细小结构使得它特别适合紧凑、多功能的装配系统,例如手机键盘测试系统。微型气缸直径为 $\phi$2.5mm、$\phi$4mm、$\phi$6mm,行程为 5~25mm,它的工作压力范围为 3.5~7bar,推力分别为 1.7N、6N、14N,最大弹簧复位力分别为 1.2N、2.9N、5.3N |
| 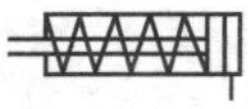 微型扁平气缸 | 结构图 | 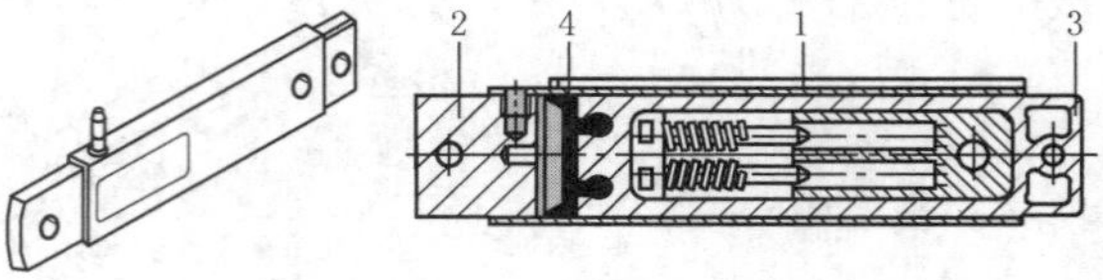 1—壳体;2—端盖;3—矩形活塞;4—密封 |
| | 说明 | 该气缸是目前世界上最小的抗转矩的微型气缸。它的工作压力范围为 3~6bar<br>活塞面积为 1.5mm×6.5mm 时,行程为 10mm;推力为 3N,弹簧复位力为 1N<br>活塞面积为 2.5mm×9mm 时,行程为 10mm 或 20mm;推力为 7.5~6N,弹簧复位力为3~2.8N<br>活塞面积为 5mm×20mm 时,行程为 25mm 或 50mm;推力为 42~38N,弹簧复位力为8~10.6N<br>活塞面积为 10mm×40mm 时,行程为 40mm(可安装接近传感器);推力为 205N,弹簧复位力为 28N |
| 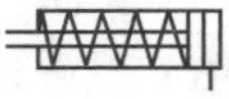 螺纹气缸 | 结构图 | 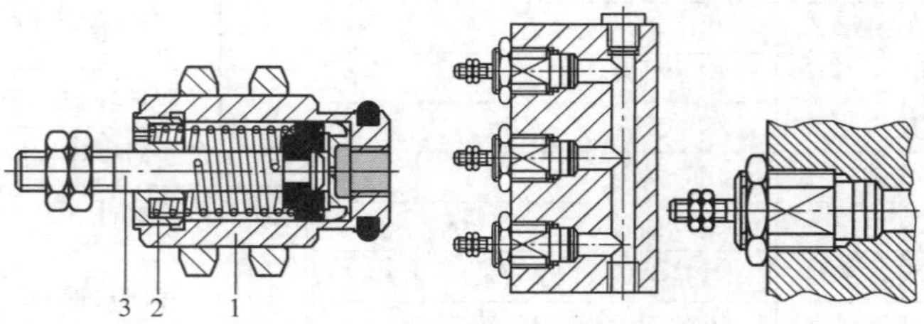 1—壳体;2—端盖;3—活塞杆 |
| | 说明 | 该微型螺纹气缸直径为 $\phi$6mm、$\phi$10mm、$\phi$16mm;行程为 5mm、10mm、15mm。工作压力范围为 1.5~8bar。6bar 时,推力分别为 14N、42N、109N,最大弹簧复位力分别为 2N、4N、10N。气缸外表面为螺纹,可直接旋入带有进气孔的部件中,也可通过壳体外部两个拼紧螺母与气缸支架或耳轴连接 |
| 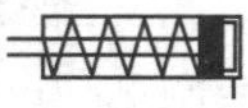 单作用小型圆形气缸 | 结构图 | 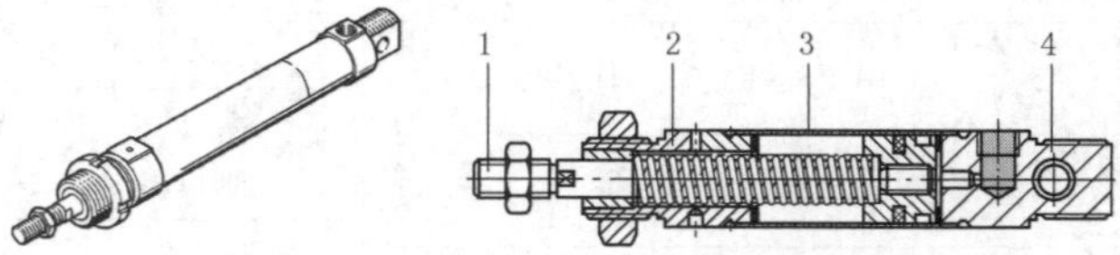 1—活塞杆;2—轴承端盖;3—缸筒;4—端盖 |
| | 说明 | 该气缸符合 ISO 6432 标准,直径范围 $\phi$8mm、$\phi$10mm、$\phi$16mm、$\phi$20mm、$\phi$25mm。对于单作用气缸而言,它的工作压力范围为 1.5~10bar,行程在 10~50mm 之间。最大推力分别为 24N、41N、61N、107N、169N 及 270N。弹簧返回力(行程在 50mm 时)分别为 2.8N、4.8N、3.9N、9.8N、13.6N、18.5N。目前已派生了 $\phi$32mm、$\phi$40mm、$\phi$50mm、$\phi$63mm。根据力平衡原理,单作用气缸输出推力必须克服弹簧的反作用力和气缸工作时的总阻力。为了防止活塞杆扭转,可采用方形活塞杆 |

第 23 篇

续表

| | | |
|---|---|---|
| 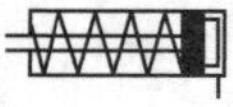<br>单作用紧凑型气缸 | 结构图 | 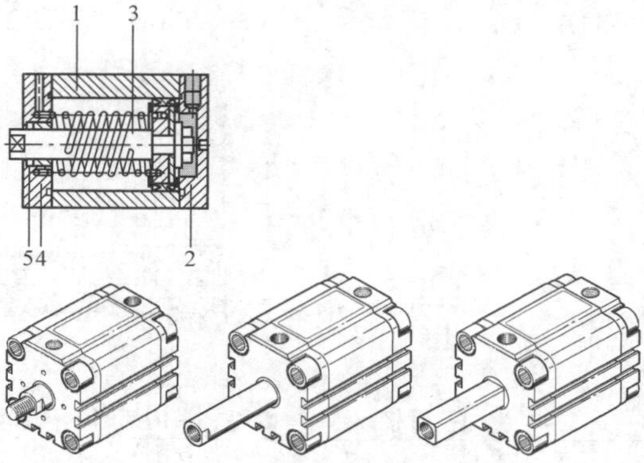<br>1—端盖;2—缸筒;3—活塞杆;4—法兰螺钉;5—密封 |
| | 说明 | 紧凑型气缸(ISO 标准称谓)。2004 年第一次颁发此类气缸尺寸标准 ISO 21287(直径 $\phi$20~100mm)。紧凑型气缸的特点是结构紧凑,与普通气缸相比,可节省 50%的空间。有的日本气动制造厂商称其薄型气缸,缸径为 $\phi$4~125mm。对于单作用气缸而言,其工作压力范围根据气缸缸径而定,$\phi$20~125mm 缸径的工作压力为 1~10bar;$\phi$12~16mm 缸径的工作压力为 1.5~10bar;$\phi$4~6mm 缸径的工作压力为 2.5(2.0)~8bar。气缸行程从2.5~25mm。选用时注意不同缸径下的推力、弹簧复位力<br>该单作用气缸的弹簧可安装在活塞正面,使活塞杆处于回缩状态,也可放在活塞后面,使活塞杆处于伸出状态;活塞杆有内螺纹和外螺纹,单出杆或双出杆(包括中间通孔的中空双出杆)。耐高温型气缸可派生耐低温紧凑型气缸。通常抗扭转双出杆的一端为方形活塞杆,另一端为圆形活塞杆及多种形式气缸 |
| 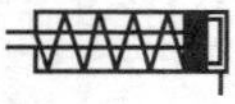<br>单作用普通型气缸 | 结构图 | 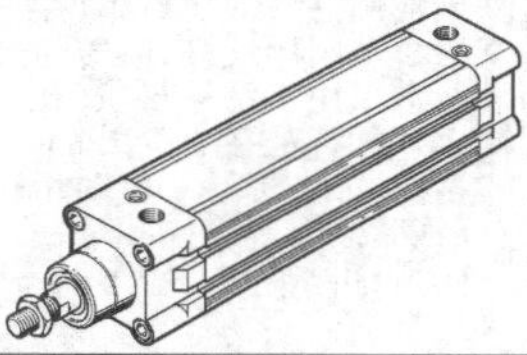 |
| | 说明 | 单作用气缸是双作用普通气缸的派生。它的连接安装界面尺寸符合 ISO 15552 标准。缸径 $\phi$32~100mm,行程在 25~100mm 之内。它的工作压力范围在 2~10bar。在 6bar 工作压力下,$\phi$32 缸径的推力为 392N、弹簧返回力为 50N;$\phi$100 缸径的推力为 4492N、弹簧返回力为 130N<br>单作用气缸的派生有:活塞杆抗扭转、活塞杆加长、内螺纹连接或特殊螺纹连接等形式 |
| 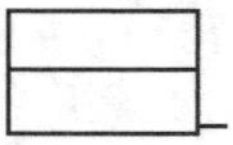<br>膜片式气缸(单作用):橡胶夹紧膜片气缸 | 结构图 | 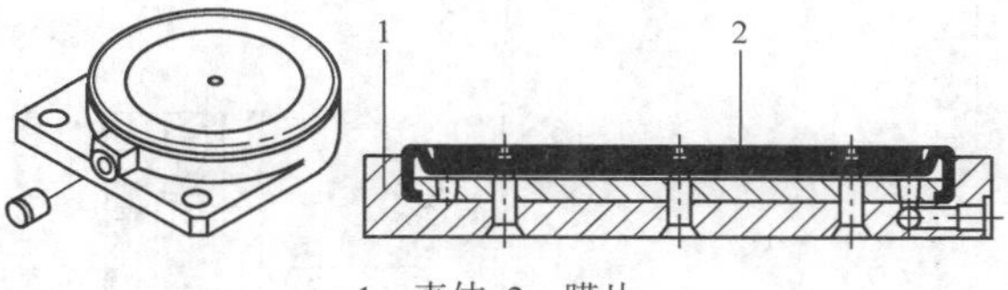<br>1—壳体;2—膜片 |
| | 说明 | 有矩形和圆形两类橡胶膜片。形状多为扁平状,节省空间。常用于夹紧应用场合。复位靠膜片的预张力完成<br>圆形:$\phi$12~63mm(即夹紧时作用力面积,非外形尺寸);行程为 3~5mm;夹紧力为55~1640N<br>矩形:10×3~20×180mm(即夹紧作用力面积,非外形尺寸);行程为 3~5mm;夹紧力为 95~1690N<br>注意:为防止夹紧膜片在气压作用下过度变形损坏,应选用防护板,以确保膜片变形不超过防护板确定的行程范围处 |
| 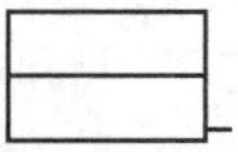<br>气囊气缸(单作用) | 结构图 |  |
| | 说明 | 气囊式气缸也属于单作用气缸,有单层(鼓形)和双层(波鼓形)两种。它的负载能力高,为 2~50kN。安装高度小,运动平稳,无爬行现象。国际上许多公司有此产品。可在恶劣、充满粉尘或水下环境正常工作。此气囊式气缸上下两块是金属钢板,伸缩运动靠橡胶材质的气囊。由于气囊由柔性材质制成,上面钢板承载时允许有一定的倾角(详见各公司样本)。它的尺寸规格可参见各公司样本(如缸径 $\phi$145~385mm)<br>注意:为了防止气囊在气压作用下过度伸张变形损坏,气缸的行程终点应安装有行程限位挡板 |

续表

| | | |
|---|---|---|
| 气动肌肉(单作用) | 结构图 | 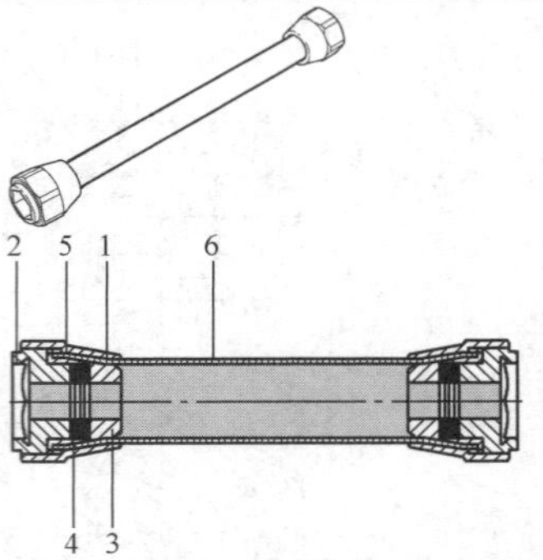<br>1—管接螺母;2—法兰;3—内部圆锥;4—盘形弹簧;5—密封圈;6—隔膜软管 |
| | 说明 | 气动肌肉是国际上新开发的一种单作用拉伸驱动器。它的初始力比同缸径气缸大10倍。该驱动器内部无可动部件,运动时平稳,无爬行现象。根据气压力不同,产生变形位置也不同。因此,其定位简单。它的复位靠排除气动肌肉内的空气,并由特殊材质编织的橡胶管靠自身收缩完成 |
| 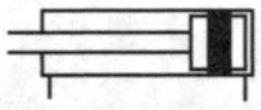<br>小型圆形气缸 | 结构图 | 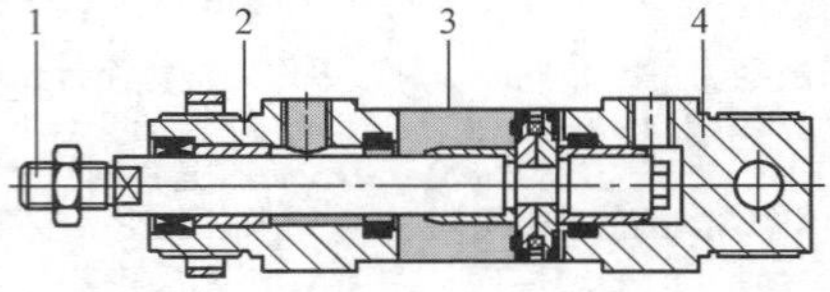<br>1—活塞杆;2—轴承端盖;3—缸筒;4—端盖 |
| | 说明 | 小型圆形气缸是常用的气动执行组件之一。国际标准ISO 6432详细规定其连接的界面尺寸。许多气动制造厂商生产的小型圆形气缸,端盖与缸体采用一体化的加工工艺(缸体与端盖滚压在一起工艺),结构简单。活塞杆通常采用不锈钢材质(也有的缸体为铝合金),活塞均为铝合金。其缓冲形式为弹性缓冲和可调气缓冲。它的直径在$\phi 8 \sim 25$mm,行程在500mm左右<br>气缸派生形式多样,如方形活塞杆防扭转、活塞杆加长或缩短、活塞杆内螺纹或特殊螺纹、耐腐蚀、行程可调、带活塞杆锁紧装置等功能<br>为了承受大径向力,可与导向装置配合使用(见图a)<br>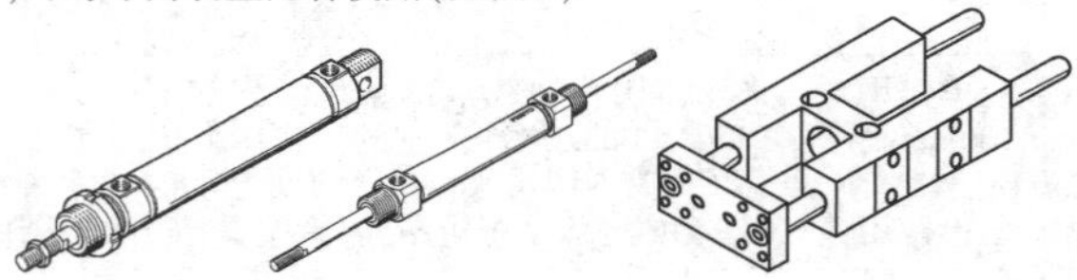<br>(a)<br>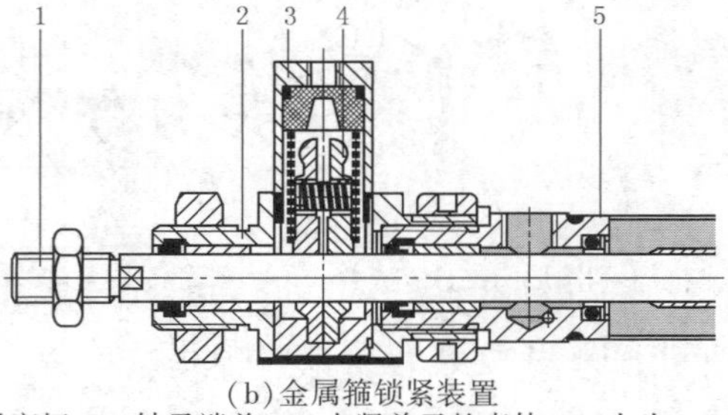<br>(b)金属箍锁紧装置<br>1—活塞杆;2—轴承端盖;3—夹紧单元的壳体;4—夹头;5—缸筒<br>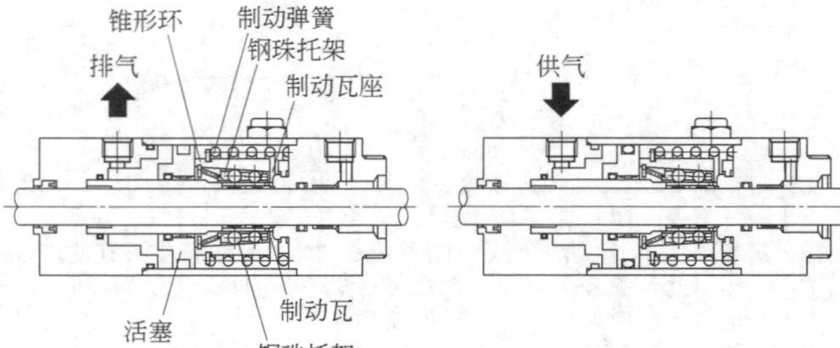<br>(c)轴瓦式锁紧装置(轴瓦式锁紧装置的夹紧力比金属箍锁紧装置大得多) |

续表

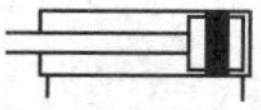

小型圆形气缸

说明

| 锁紧形式 | 活塞速度/mm·s$^{-1}$ | | | |
|---|---|---|---|---|
| | 100 | 300 | 500 | 1000 |
| 弹簧锁紧/mm | ±0.3 | ±0.6 | ±1.0 | ±2.0 |
| 最大静态负载 | 无气压时弹簧锁紧 | | | |
| 缸径/mm | $\phi$20 | $\phi$25 | $\phi$32 | $\phi$40 |
| 夹紧保持力/N | 215 | 335 | 550 | 860 |

备注：水平安装。电磁阀直接安装在锁紧装置气口（或附近）。负载在允许范围内

结构图

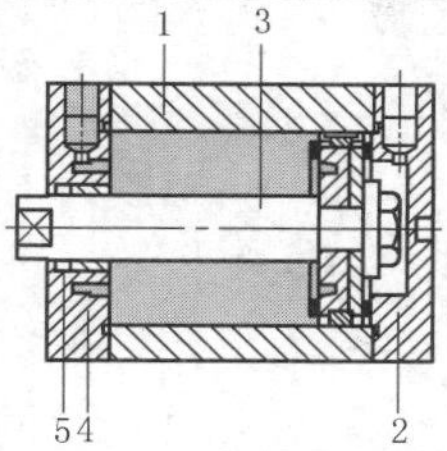


1—缸筒；2—端盖；3—活塞杆；4—法兰螺钉；5—动态密封

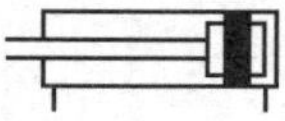

紧凑型气缸

说明

紧凑型气缸的特点是结构紧凑，在相同的驱动力情况下（与同缸径普通气缸相比），可节省50%的空间。但它的径向承载能力比普通气缸小

紧凑型气缸的国际标准是ISO 21287，有的日本气动制造厂商称其薄型气缸。需要注意的是以夹紧为主要功能的短行程气缸（行程为10~30mm）与紧凑型气缸的区别，短行程气缸并不受ISO 21287紧凑型气缸标准关于连接、安装界面尺寸规定的限制

紧凑型气缸派生形式多，有防扭转方形活塞杆、前端连接板附导向轴（见图d）、中空双出杆（活塞杆中芯为通孔形式）、耐高温、耐腐蚀、不含铜及聚四氟乙烯材质，并可组成倍力气缸（见图d）和多位置气缸（见图e）

$\phi$32~100mm紧凑型气缸在前后端盖处的连接附件可与ISO 15552标准的普通气缸的连接安装附件通用

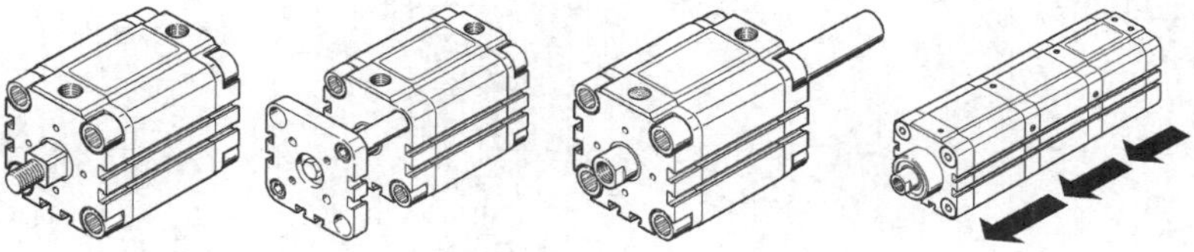

方形活塞杆　前端连接板　中空双出杆　倍力气缸

(d) 附导向轴（抗扭转）

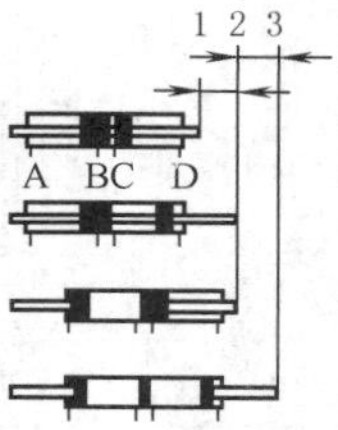


(e)多位置气缸原理（三个位置两个相同行程长度气缸终端相连）

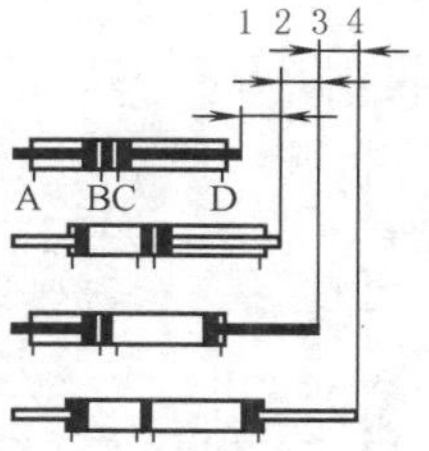


(f)四个位置（两个不同行程长度气缸终端相连）

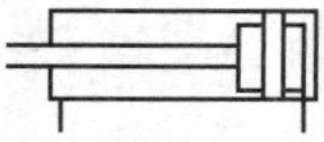

普通型气缸

结构图

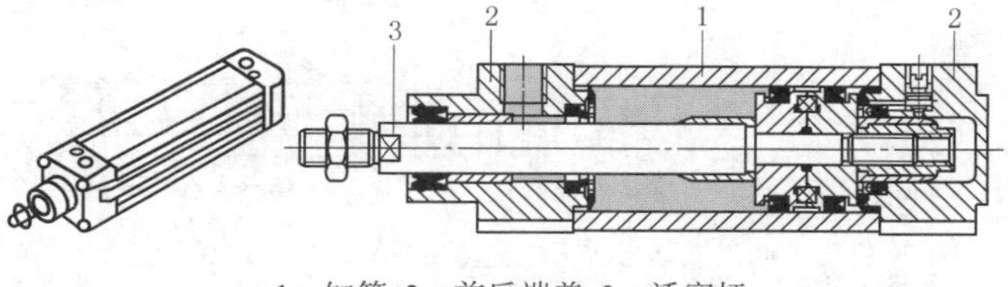


1—缸筒；2—前后端盖；3—活塞杆

续表

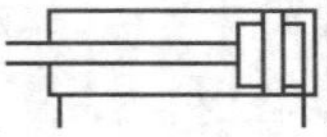

普通型气缸

**说明**

普通型气缸是气动系统中应用最广泛的气动执行器之一。普通型气缸的国际标准是 ISO 15552（取代原有的 ISO 6431 标准），缸径在$\phi$32～320mm，行程最长在 2000mm 左右。目前国际上应用最多的是$\phi$32～125mm 气缸。该标准还规定双出杆的连接尺寸界面，其缸筒均采用铝合金材质。普通型气缸在缓冲形式上有固定缓冲、带可调气缓冲及不带缓冲。常用的是带可调的气缓冲，以防运动终点冲击力。目前普通型气缸从外形轮廓来看，有型材气缸（端盖通过螺钉与缸体连接），也有四拉杆气缸（包括外形看似型材气缸，实质上型材内部均采用四拉杆形式）。当普通型气缸外表面具有沟槽型材均可直接安装位置行程开关。对圆筒形缸体、则需四拉杆连接，拉杆上需要配置位置行程开关附件和传感器。位置行程开关有气动舌簧行程开关、电子舌簧式行程开关、电感式行程开关。普通型气缸的派生形式很多，有活塞杆抗扭转、活塞杆加长、内螺纹连接或特殊螺纹连接、阳极氧化铝质活塞杆（防焊接飞溅）、活塞杆防下坠、活塞杆带锁紧装置、低速（3mm/s）、低摩擦、耐高温（150℃）、耐低温（-40℃）、耐腐蚀、不含铜及聚四氟乙烯材质（电子行业特殊场合）或带阀气缸等。为了承受大径向力，可与导向装置配合使用。多个普通气缸组合可形成倍力气缸、多位置气缸

注意：合适的使用气缸连接件（即活塞杆连接采用柔性连接杆）与导向装置配合使用（径向负载、修正系数、自重造成挠度及每 10N 负载造成变形挠度见下列图 h～图 j）

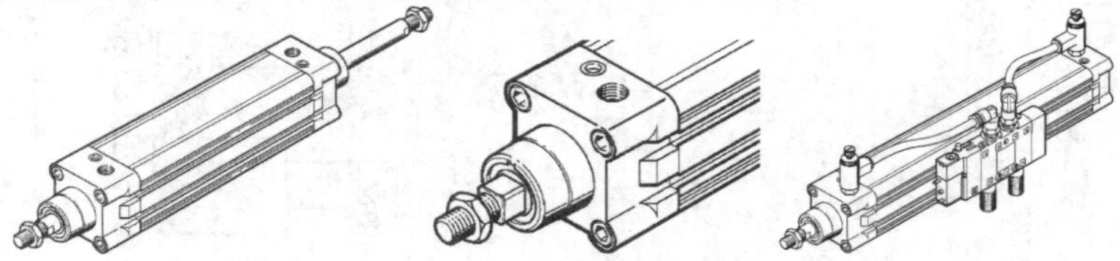

方形活塞杆　　带阀气缸

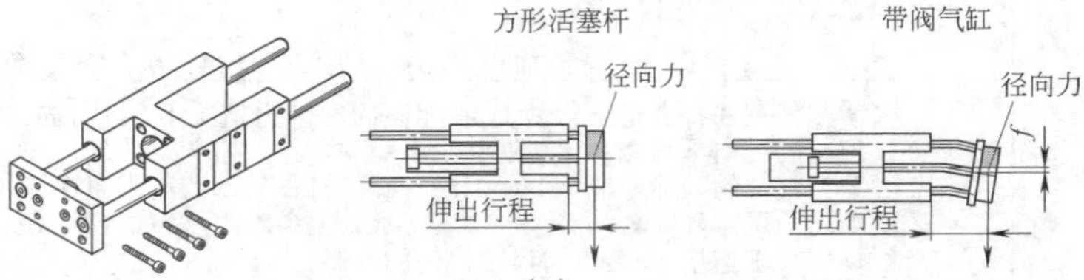


(g)

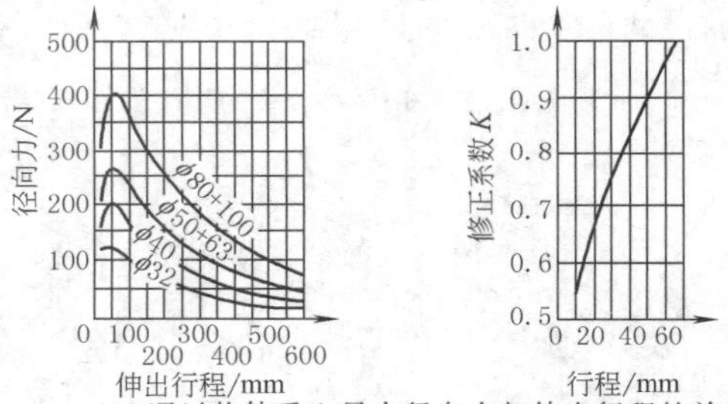


(h)通过物体重心最大径向力与伸出行程的关系

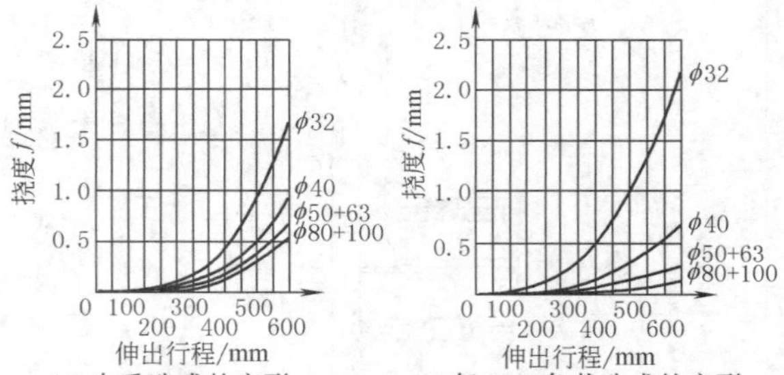


(i)自重造成的变形　　(j)每 10N 负载造成的变形

**行程可调气缸**

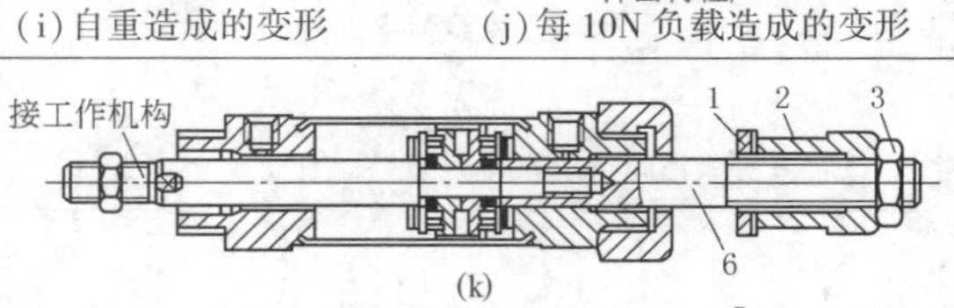


(k)

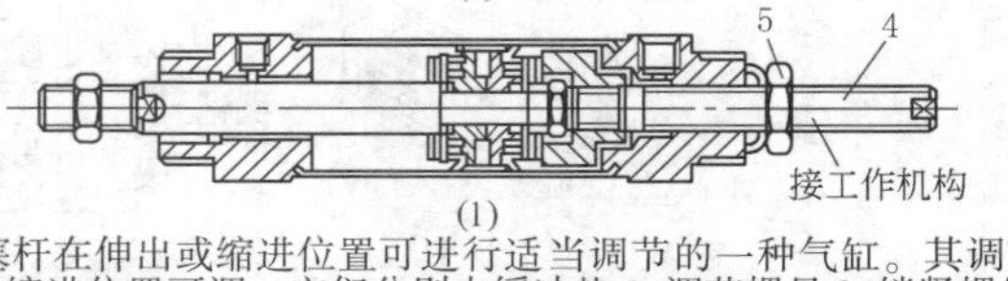


(l)

行程可调气缸是指活塞杆在伸出或缩进位置可进行适当调节的一种气缸。其调节结构有两种形式：图 k，伸出位置可调；图 l，缩进位置可调。它们分别由缓冲垫 1、调节螺母 2、锁紧螺母 3 和调节杆 6 或调节螺杆 4 和调节螺母 5 组成，4 接工作机构

续表

<table>
<tr>
<td></td>
<td>带皮囊保护装置气缸</td>
<td>保护活塞杆不受尘埃、焊渣飞溅等影响。一些日本气动制造厂商称其为带伸缩防护套型，耐热帆布防护套的耐温可达110℃<br>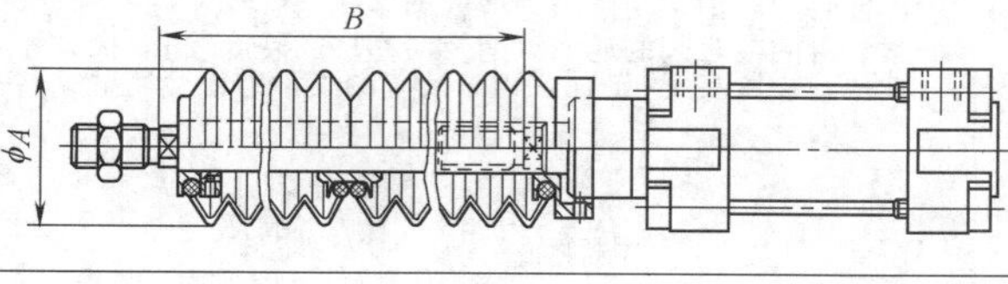<br></td>
</tr>
<tr>
<td>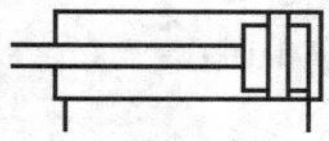<br>普通型气缸</td>
<td>活塞杆防下坠气缸</td>
<td>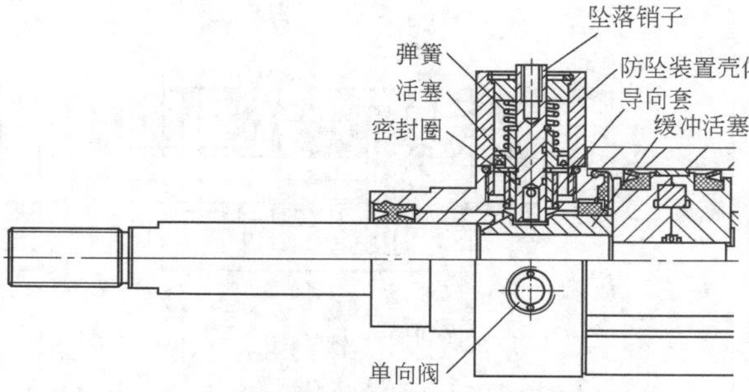<br><br>(m) 活塞杆伸出防下坠气缸工作原理<br>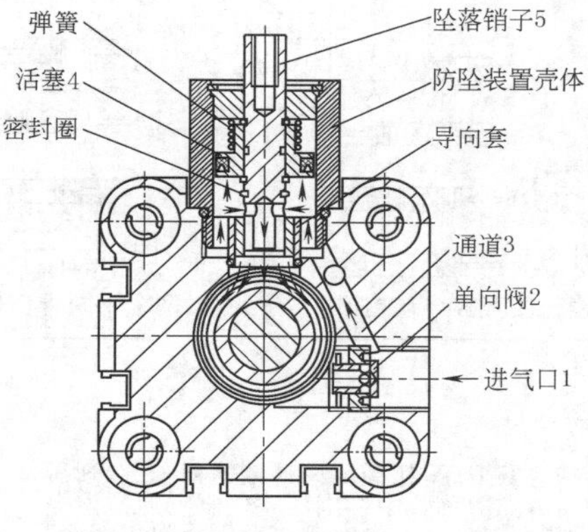<br><br>(n) 坠落销子抬起<br>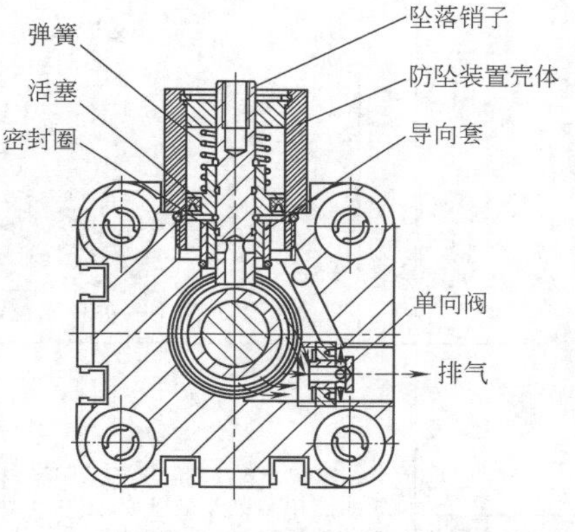<br><br>(o) 坠落销子锁住活塞<br>活塞杆防下坠气缸可分为活塞杆伸出时防下坠(图 m)、活塞杆缩回时防下坠或活塞杆伸出/缩回都需要防下坠三种状况。下面以活塞杆伸出防下坠为例<br>活塞杆伸出防下坠气缸的工作原理图如下(图 m)：当活塞杆在伸出状态下，坠落装置内的坠落销子在弹簧的作用下，插入气缸缓冲活塞的沟槽。用人力推活塞杆缩回无效。只有当前端盖进口处进入压缩空气后(如图 n)，使防坠落装置壳体内活塞往上运动，带动坠落销子抬起，使坠落销子与气缸的缓冲活塞沟槽脱离，活塞杆才能缩回。同样，当活塞杆伸出运动时，缓冲活塞左端面的倾斜倒角帮助其继续向左移动。一旦缓冲活塞的沟槽处于坠落销子位置时，坠落销子在弹簧作用下，使坠落销子卡入缓冲活塞<br>图 n 表明防坠销子脱开、活塞杆缩回的运动状态。当压缩空气进入前端盖进气口 1 时，单向阀 2 处于关闭状态，压缩空气进入通道 3，进入防坠装置壳体的腔内，推动活塞 4 上移，使坠落销子 5 抬起，并使坠落销子 5 的十字通孔与压缩空气相通。此时压缩空气便进入气缸的进气腔室，推动气缸活塞运动<br>图 o 表明活塞杆伸出运动时，气缸腔内压缩空气通过单向阀快速排气的状态</td>
</tr>
<tr>
<td></td>
<td>活塞杆锁气缸</td>
<td>金属箍锁紧装置<br>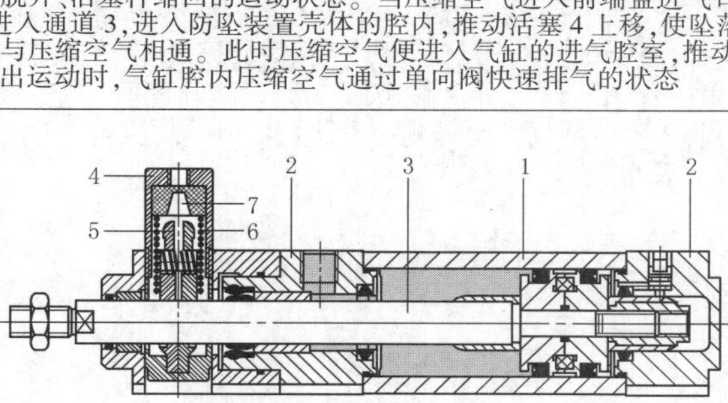<br><br>1—缸筒；2—前后端盖；3—活塞杆；4—锁紧装置壳体；5—夹头；6—弹簧；7—活塞<br>当锁紧装置内无压缩空气时，活塞 7 在弹簧的作用下处于复位状态，夹头 5 在其内部弹簧作用下，夹头呈开启状态，此时夹头 5 与活塞杆相接触的配合夹头部件夹紧其活塞杆，活塞杆不能运动<br>当压缩空气进入锁紧装置 4 时，活塞 7 向下运动，夹头 5 合拢。其夹头 5 与活塞杆相配的夹头部件与活塞杆脱开，活塞杆可自由移动。当压缩空气消失后，弹簧 6 使其活塞向上移动，夹头 5 再次呈开启状态，活塞杆再次被夹紧不能运动</td>
</tr>
</table>

续表

| | | |
|---|---|---|
| 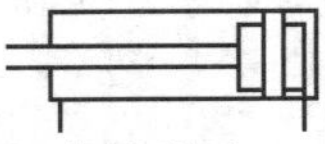<br>普通型气缸 | 活塞杆锁紧气缸 | 活塞杆锁紧气缸与活塞杆防下坠气缸之间的区别：活塞杆防下坠气缸是指活塞杆的锁紧只能在活塞杆伸出到终点或活塞杆缩回到终点时才有效。而活塞杆锁紧气缸可以在活塞的整个行程中有效。当活塞杆锁紧气缸用于运动中间位置刹车时，其定位精度、重复精度取决于气缸的运动速度、运动惯量、控制锁紧装置的电磁阀的换向时间及活塞杆的硬度、润滑状况等因素<br>轴瓦式锁紧装置（轴瓦式锁紧装置的夹紧力比金属箍锁紧装置大得多）<br>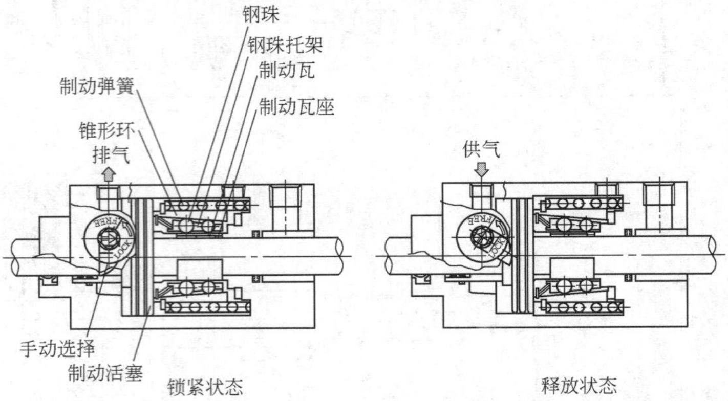<br>三个位置运动原理　　四个位置运动原理<br>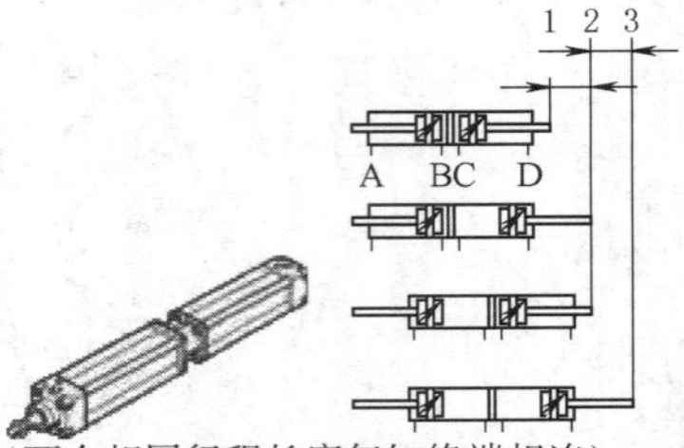<br>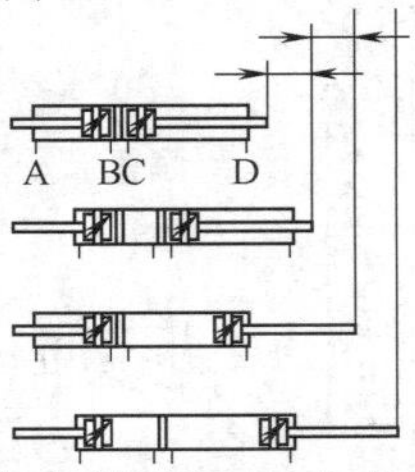<br>（两个相同行程长度气缸终端相连）　（两个不同行程长度气缸终端相连） |
| 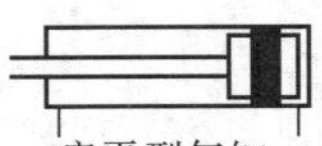<br>扁平型气缸 | | 扁平型气缸的特点是采用了特殊活塞形状，如椭圆形活塞结构，以达到活塞杆抗扭转效果。有的日本气动制造厂商称其为椭圆活塞气缸。通常该类气缸的缸径在 $\phi$12~63mm，气缸行程在1000mm以下，最大抗转矩为2N·m<br>扁平型气缸可派生双出杆（活塞杆中芯为通孔形式）、耐高温（150℃）<br>扁平型气缸有前、后法兰，双耳环支座，直角双耳环支座等连接件配用<br>注意：当扁平型气缸并列安装时，要注意其中某一气缸运动时，其活塞内磁铁会影响附近其他气缸的位置行程开关，因此要注意两气缸的安全间隔距离<br>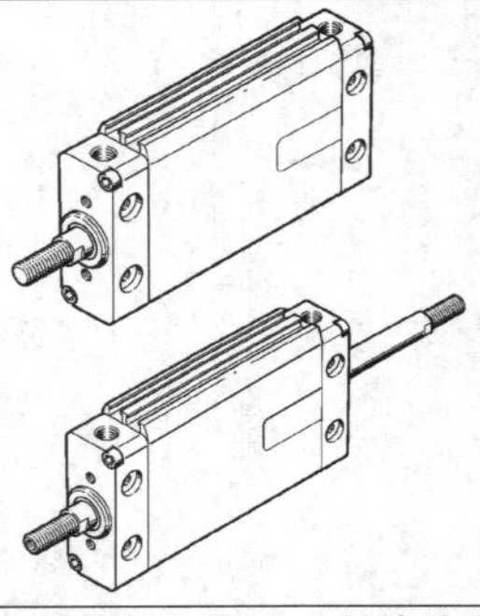 |
| 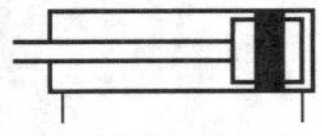<br>多面安装型气缸 | | 多面安装型气缸的特点是结构紧凑。带多面安装功能的气缸，通常不通过气缸连接件安装，往往被直接安装在所需位置上。有的日本气动制造厂商称其为自由安装气缸。此类气缸直径一般在 $\phi$6~32mm，行程在50mm之内。多面安装型气缸可有单作用或双作用之分<br>对于单作用气缸，应注意弹簧预紧力，参见下列图表<br>多面安装型气缸可派生双出杆（活塞杆中芯为通孔形式）、耐高温（150℃）<br>有些公司在活塞杆前端装有法兰连接板，活塞杆配备简易导向拉杆，以防活塞杆扭转（最大抗转矩为0.02N·m）<br>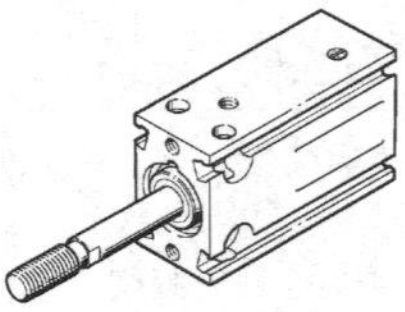<br>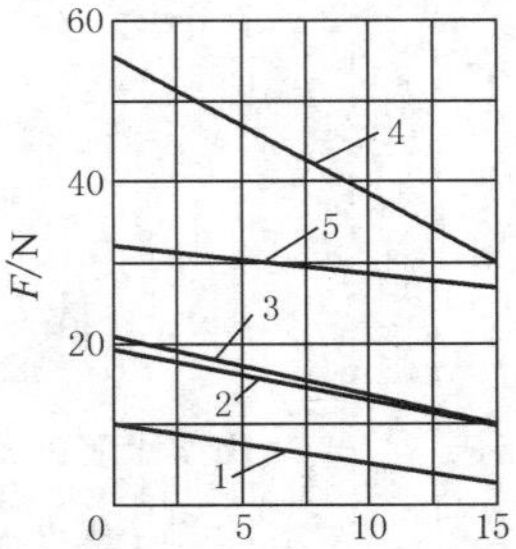<br>1—$\phi$10；2—$\phi$16；3—$\phi$20；4—$\phi$25；5—$\phi$32 |

续表

| | |
|---|---|
| 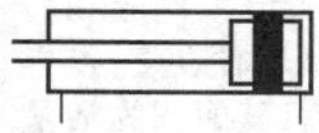 多面安装型气缸 | 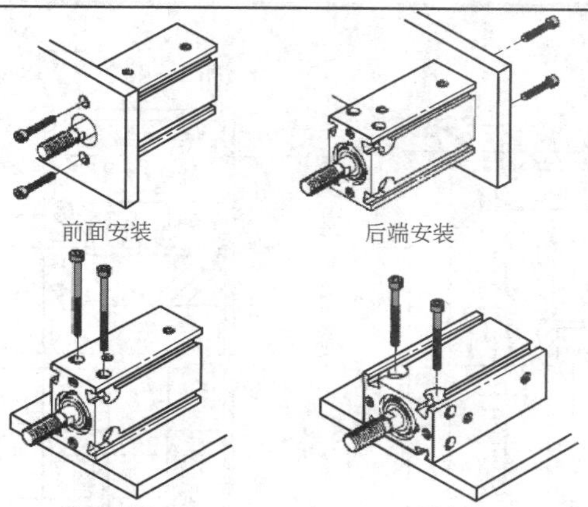  |
| 伸缩气缸 | 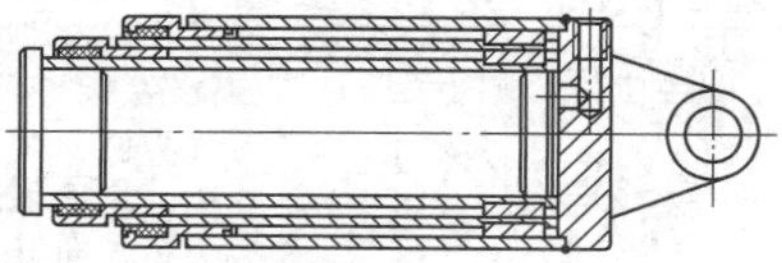 (p)单作用多层伸缩气缸 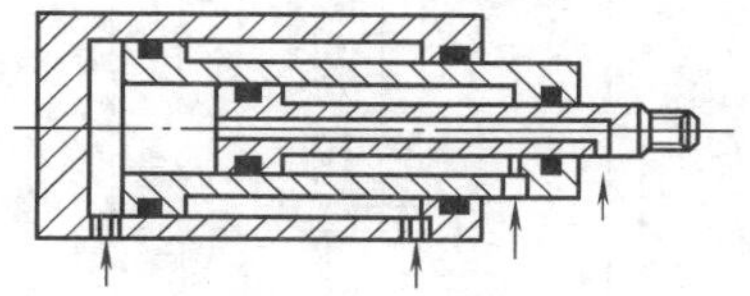 (q)双作用多层伸缩气缸<br>伸缩气缸的活塞杆由多段套筒状气缸组合而成,其特点是行程长但轴向尺寸小,径向尺寸较大。推力和速度随工作行程的变化而变化。气缸推力的计算以最后一级(直径最小)为基础。图 p 为单作用多层伸缩气缸简图,图 q 为双作用多层伸缩气缸简图 |
| 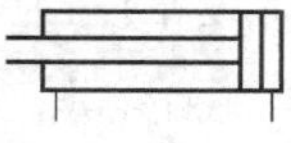 进给分离装置 | 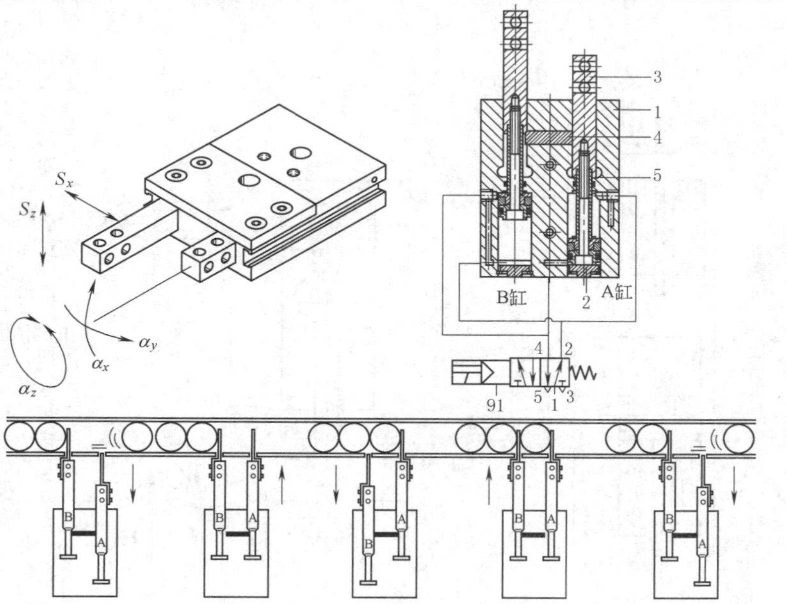  (r)<br>1—壳体;2—端盖;3—活塞;4—挡块;5—活塞杆<br>进给分离装置是一个在自动化输送过程中间隔分离工件的驱动装置。有的日本气动厂商称之为挡料气爪。该装置内集成了两个驱动器,以确保其中一个活塞杆挡板在完成一个往复运动之后,另一个活塞杆挡板才能开始运动,如图 r 所示。采用一个电磁阀和两个接近开关构成的气动系统,无需编程<br>原理介绍:电磁阀输出分两路,一路作用在 B 缸下端,另一路在 A 缸上端。作用在 A 缸上端的压缩空气使 A 缸活塞杆回缩。回缩后锁紧挡块 4 的一端作用在 A 缸粗活塞杆表面,另一端紧贴在 B 缸细活塞杆表面(嵌入 B 缸粗、细分界端面上),阻止 B 缸的活塞杆向下运动(挡块 4 的长度=两个气缸中心距-½粗活塞杆-½细活塞杆)。此时工件在输送带作用下向右移动,当电磁阀换向,压缩空气一路作用在 B 缸上端,另一路作用在 A 缸下端。B 缸上端得到压缩空气也不能立即使其活塞杆向下运动,此时,活塞杆被锁紧挡块 4 锁住,必须待 A 缸活塞杆伸出,挡块 4 的一边靠在 A 缸细活塞杆表面时,B 缸活塞杆才能回缩<br>进给分离装置一般应用在小工件的流水线上,一般被分离的工件最大重达 1.5kg,在 6bar 时的驱动推力最大为 200N 左右,驱动时间最长为 20ms,最大力矩为 9N·m 左右。进给分离装置外壳有装位置传感器的沟槽 |

续表

冲击气缸

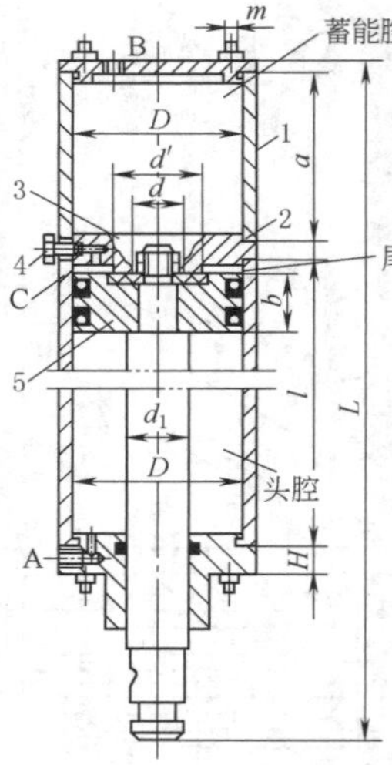


(s) 普通型冲击气缸

1—蓄能气缸；2—中盖；
3—中盖喷气口；
4—排气小孔；5—活塞；
A、B—进、排气孔；C—环形空间

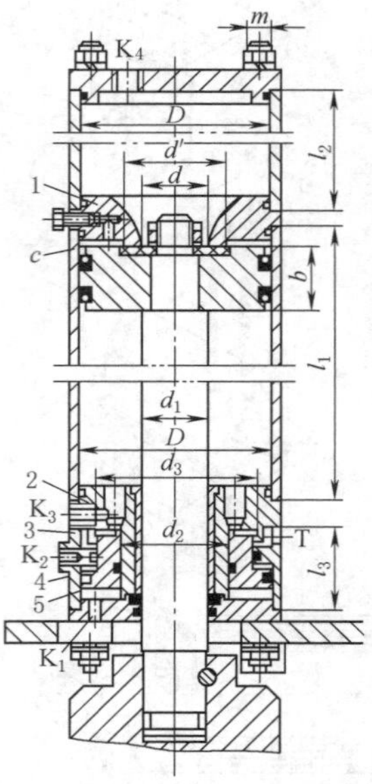


(t) 快排型冲击气缸的结构

1—中盖；2—快排导向盖；
3—快排密封垫；4—快排缸体；
5—快排活塞

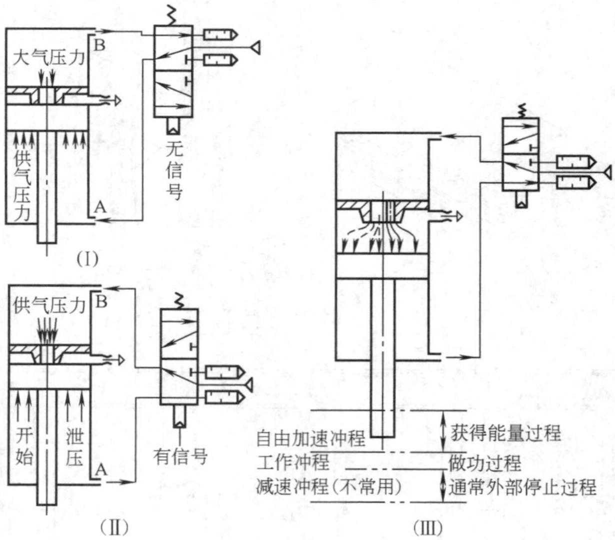


(u) 冲击气缸的工作过程

冲击气缸是一种结构简单、体积小、耗气功率较小，但能产生相当大的冲击力，能完成多种冲压和锻造作业的气动执行元件

图 s 为普通型冲击气缸。其中盖和活塞把气缸分成三个腔：蓄能腔、尾腔和前腔。前盖和后盖有气口以便进气和排气；中盖下面有一个喷嘴，其面积为活塞面积的 1/9 左右。原始状态时，活塞上面的密封垫把喷嘴堵住，尾腔和蓄能腔互不串气。其工作过程分三个阶段

(1)第一阶段见图 u 的Ⅰ，控制阀处于原始状态，压缩空气由 A 孔输入前腔、蓄能腔，经 B 孔排气，活塞上移，封住喷嘴，尾腔经排气小孔与大气相通

(2)第二阶段见图 u 的Ⅱ，气控信号使换向阀动作，压缩空气经 B 孔进入蓄能腔，前腔经 A 孔排气，由于活塞上端受力面积只有喷嘴口这一小面积，一般为活塞面积的 1/9，故在一段时间内，活塞下端向上的作用力仍大于活塞上端向下的作用力，此时为蓄能腔充气过程

(3)第三阶段见图 u 的Ⅲ，蓄能腔压力逐渐增加，前腔压力逐渐减小，当蓄能腔压力高于活塞前腔压力 9 倍时，活塞开始向下移动。活塞一旦离开喷嘴，蓄能腔内的高压气体迅速充满尾腔，活塞上端受力面积突然增加近 9 倍，于是活塞在很大压差作用下迅速加速，在冲程达到一定值(例如 50~75mm)时，获得最大冲击速度和能量。冲击速度可达到普通气缸的 5~10 倍，冲击能量很大，如内径 200mm、行程 400mm 的冲击气缸，能实现 400~500kN 的机械冲床完成的工作，因此是一种节能且体积小的产品

经以上三个阶段，冲击缸完成冲击工作，控制阀复位，准备下一个循环

图 t 是快排型冲击气缸，是在气缸的前腔增加了“快排机构”。它由开有多个排气孔的快排导向盖 2、快排缸体 4、快排活塞 5 等零件组成。快排机构的作用是当活塞需要向下冲时，能够使活塞下腔从流通面积足够大的通道迅速与大气相通，使活塞下腔的背压尽可能小。加速冲程长，故其冲击力及工作冲程都远远大于普通型冲击气缸。其工作过程是：(1)先使 $K_1$ 孔充气，$K_2$ 孔通大气，快排活塞被推到上面，由快排密封垫 3 切断从活塞下腔到快排口 T 的通道。然后 $K_2$ 孔充气，$K_3$ 孔排气，活塞上移。当活塞封住中盖 1 的喷气孔后，$K_4$ 孔开始充气，一直充到气源压力。(2)先使 $K_2$ 孔进气，$K_1$ 孔排气，快排活塞 5 下移，这时活塞下腔的压缩空气通过快排导向盖 2 上的八个圆孔，再经过快排缸体 4 上的八个方孔 T 直接排到大气中。因为这个排气通道的流通面积较大(缸径为 200mm 的快排型冲击气缸快排通道面积是 $36cm^2$，大于活塞面积的 1/10)，所以活塞下腔的压力可以在较短的时间内降低，当降到低于蓄气孔压力的 1/9 时，活塞开始下降。喷气孔突然打开，蓄能气缸内压缩空气迅速充满整个活塞上腔，活塞便在最短压差作用下以极高的速度向下冲击

这种气缸活塞下腔气体已经不像非快排型冲击气缸那样被急剧压缩，使有效工作行程可以加长十几倍甚至几十倍，加速行程很大，故冲击能量远远大于非快排型冲击气缸，冲击频率比非快排型提高约一倍

续表

| | |
|---|---|
| 冲击气缸 | 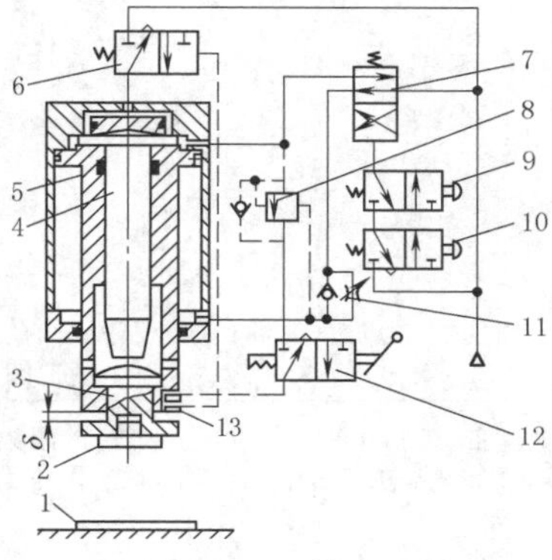<br><br>(v) 压紧活塞式冲击气缸<br>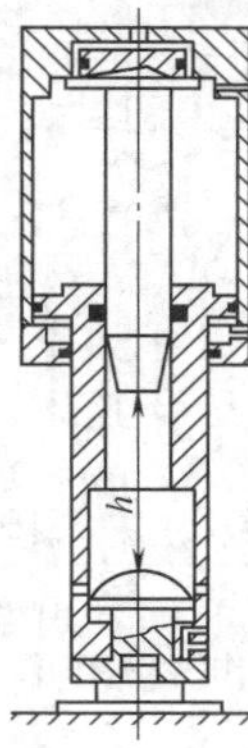<br><br>(w)<br>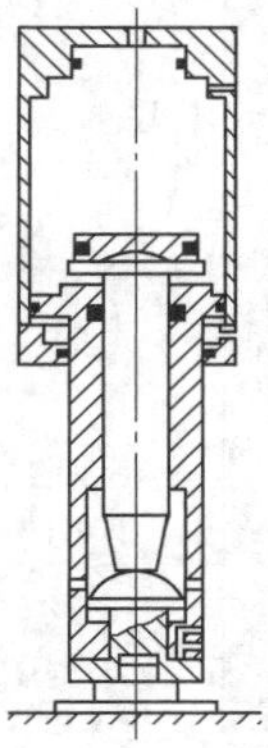<br>(x)<br>1—工件；2—模具；3—模具座；4—打击柱塞；<br>5—压紧活塞；6，7—气控阀；8—压力顺序阀；<br>9，10—按钮阀；11—单向节流阀；<br>12—手动选择阀；13—背压传感器<br>图 v 是压紧活塞式冲击气缸，它有一个压紧工件用的压紧活塞和一个施加打击力的打击柱塞。压紧活塞先将模具压紧在工件上，然后打击柱塞以很大的能量打击模具进行加工。由于它有压紧工件的功能，打击时可避免工件弹跳，故工作更加安全可靠<br>其工作原理为：图示状态压紧活塞处于上止点位置，打击柱塞被压紧活塞弹起。若同时操作按钮阀 9 和 10，使其换向，则主控阀 7 换向，使压紧活塞下降，下降速度可用单向节流阀 11 适当调节<br>打击柱塞的上端是一个直径较大的头部，插入气缸上端盖的凹室内，凹室内此时为大气压力。当压紧活塞的上腔充气时，气压也作用在打击柱塞头部的下端面上，使它仍保持在上止点。这样打击柱塞保持不动，压紧活塞下降直到模具 2 压紧工件为止，如图 w 所示<br>当压紧活塞上腔压力急剧上升，下腔压力急剧下降，压紧力达到一定值时，差压式压力顺序阀 8 接通，如果事先已将手动阀 12 置于接通位置，则差压顺序阀的输出压力就加到背压式传感器 13 上，如工件已被压紧，背压传感器的排气孔被工具座封住，传感器的输出压力使换向阀 6 换向，这时，压缩空气充入气缸上端盖的凹室，使打击柱塞启动，打击柱塞的头部一脱离凹室，预先已充入压紧活塞上腔的压缩空气就作用在它的上端面上，即压紧活塞的内部为大气压力，在很大的压差力作用下，打击柱塞便高速运动，获得很大的动能来打击模具而做功，如图 x 所示<br>打击完毕，松开阀 9、10、12，则气控阀 6、7 复位，压紧活塞就托着打击柱塞一起向上，恢复到图 v 所示状态<br>若在压紧活塞下降和压紧过程中，放开任一个按钮阀，压紧活塞能立即返回到起始状态，如果手动阀 12 置于断开位置，则只有压紧动作，而无打击动作。特别是设置了判别工件是否已被压紧用的背压传感器，当模具与工件不接触时，阀 6 不能换向，故没有空打的危险 |
| 止动气缸<br> | 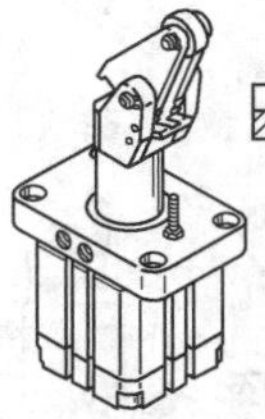<br>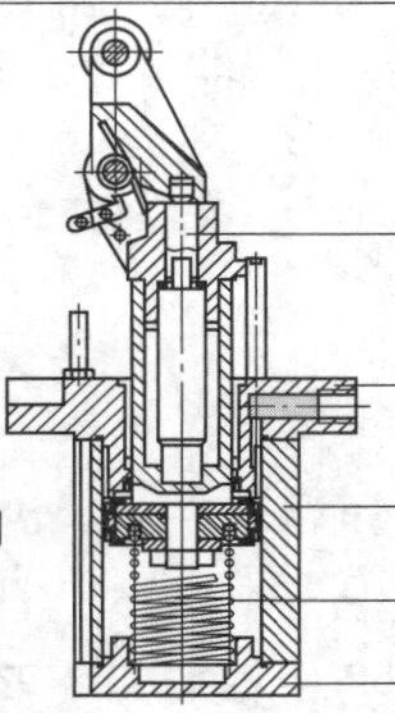<br><br>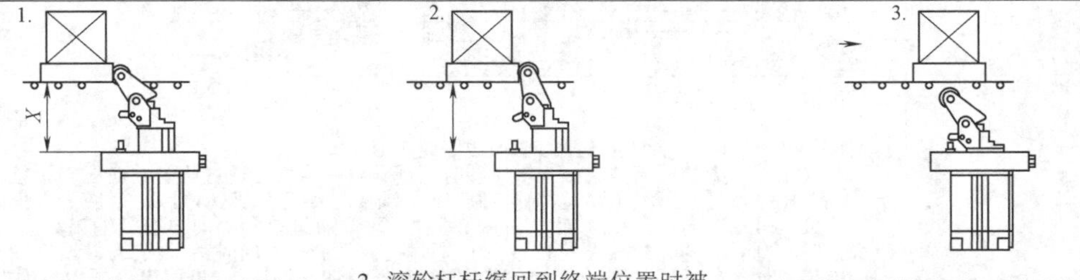<br><br>1. 通过活塞杆上的液压缓冲器，重物轻柔地止动<br>2. 滚轮杠杆缩回到终端位置时被卡紧，使得工件小车不会被缓冲器推回<br>3. 在压缩空气作用下，工件小车被释放，滚轮杠杆同时被释放 |

续表

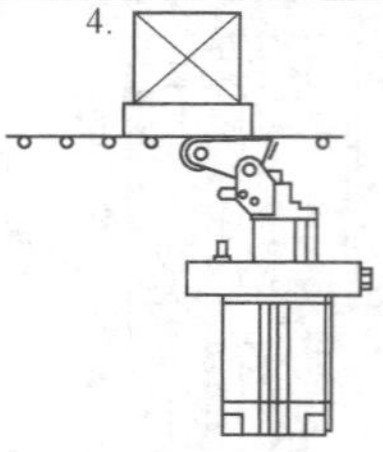


4. 活塞杆在弹簧力或压缩空气作用下伸出。为防止工件小车被举起,滚轮杠杆向后倾

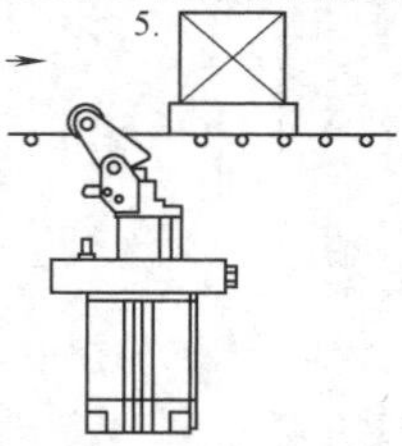


5. 滚轮杠杆在弹簧力作用下升起,以准备阻挡下一辆工件小车

止动气缸

止动气缸是阻止自动线上工件随输送带移动,并使其停在某一工位的阻挡气缸,有的日本气动厂商称其为定程杆气缸,有单作用、双作用两种形式。通常缸径在 $\phi 20 \sim 80$mm,工作压力在 10bar。被阻挡的工件质量与运行速度关系,见图 y

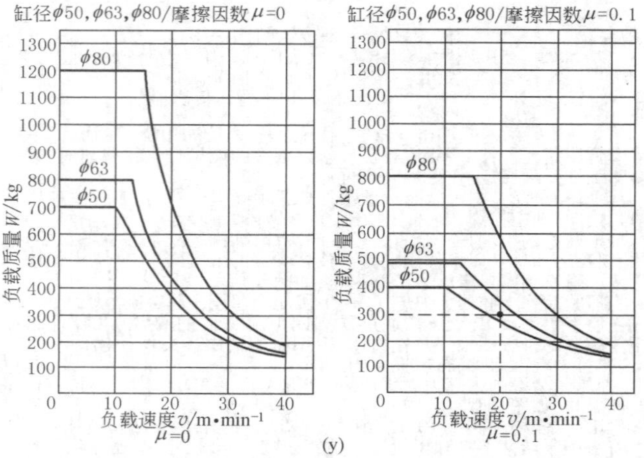


(y)

气动增压器

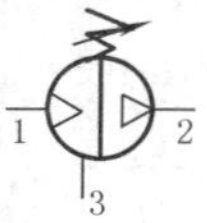


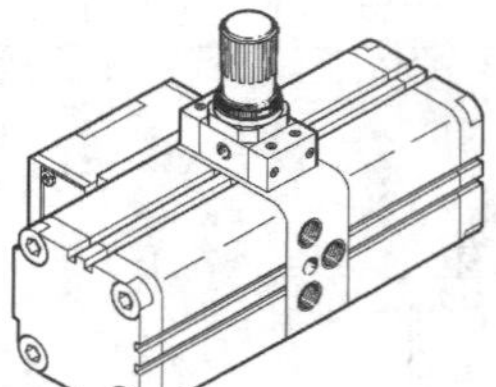

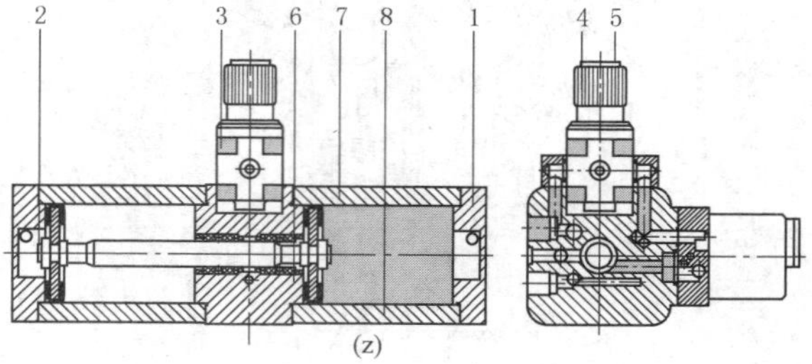


(z)

1—插头盖;
2—圆形螺母;
3—阀;
4—旋转手柄;
5—防护盖;
6—中间件;
7—壳体;
8—缸筒

增压器是将原来的压缩空气压力增加 2 倍或 4 倍

当原来某一压力的压缩空气接入增压器时,分两路:一路气源通过两个单向阀直接接入小气缸(增压用)两端(A 腔、B 腔),另一路气源则通过减压阀、换向阀通入大气缸(驱动用)的 B 腔。大气缸 A 腔通过电磁阀排气。当大气缸活塞向左移动时,小气缸的 B 腔增压,并通过单向阀向出口处输出高压气体;小活塞运动到终点,触动换向阀换向,大气缸 A 腔右移,B 腔通过换向阀排气。同时,小气缸 A 腔增压,增压的压缩空气通过单向阀向出口处输出高压气体。出口的高压压缩空气反馈到调压阀,可使出口压力自动保持在某一值,调节减压阀手柄,便能得到增压范围内的任意设定的出口压力

若出口反馈压力与调压阀的可调弹簧力相平衡,增压阀就停止运转,不再输出流量

续表

**气液增压缸**

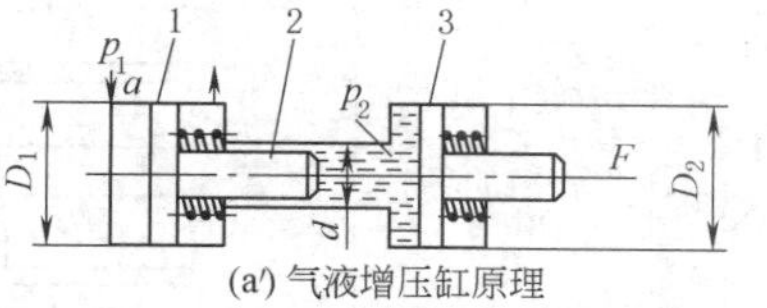


(a′) 气液增压缸原理

1—气缸；2—柱塞；3—油缸

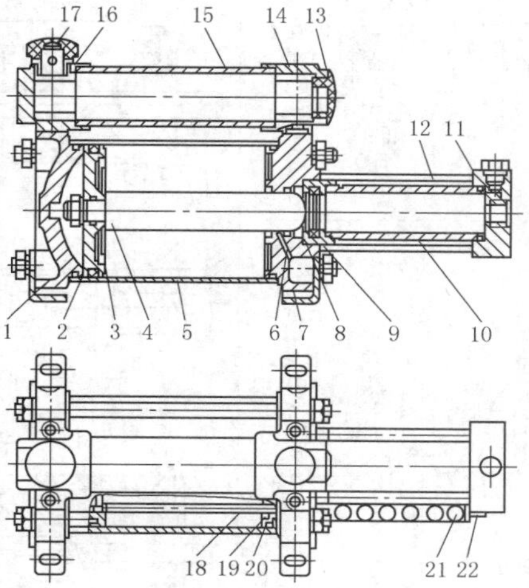


(b′) 直动式气液增压缸结构

1—气缸体后盖；2—活塞；3—显示杆支承板；4—活塞杆；5—气缸体；6—防尘密封圈；7—气缸体前盖；8—油缸端套；9—Y 形密封圈；10—油缸体；11—油缸端盖；12—螺栓；13—圆形油标；14—油缸前座；15—油筒；16—油筒后座；17—加油口盖；18—行程显示杆；19—O 形密封圈；20—压板；21—行程显示管；22—显示管支架

气液增压缸是以低压压缩空气为动力，按增压比转换为高压油的装置。其工作原理如图 a′所示。压缩空气从气缸 $a$ 口输入，推动活塞带动柱塞向前移动，当与负载平衡时，根据帕斯卡原理："封闭的液体能把外加的压强大小不变地向各个方向传递"，如不计摩擦阻力及弹簧反力，则由气缸活塞受力平衡求得输出的油压 $p_2$

$$\frac{\pi}{4}D^2p_1\times10^6=\frac{\pi}{4}d^2p_2\times10^6$$

$$p_2=\frac{D^2}{d^2}p_1$$

式中 $p_1$——输入气缸的空气压力，MPa

$p_2$——缸内的油压力，MPa

$D$——气缸活塞直径，m

$d$——气缸柱塞直径，m

$D^2/d^2$ 称为增压比，由此可见油缸的油压为气压的 $D^2/d^2$ 倍，$D/d$ 越大，则增压比也越大。但由于刚度和强度的影响，油缸直径不可能太小。因此通常取 $D/d=3.0\sim5.5$，一般取 $d=30\sim50$mm。机械效率为 80%~85%

气液增压缸的优点如下

(1)能将 0.4~0.6MPa 低压空气的能量很方便地转换成高压油压能量，压力可达 8~15MPa，从而使夹具外形尺寸小，结构紧凑，传递总力可达$(1\sim8)\times10^3$N，可取代用液压泵等复杂的机械液压装置

(2)由于一般夹具的动作时间短，夹紧工作时间长，采用气液增加装置的夹具，在夹紧工作时间内，只需要保持压力而无需消耗流量，在理论上是不消耗功率的，这一点是一般液压传动夹具所不能达到的

(3)油液只在装卸工件的短时间内流动一次，所以油温与室温接近，且漏油很少

图 b′是直动式气液增压缸。由气缸和油缸两部分组成，气缸由气动换向阀控制前后往复直线运动，气缸活塞杆就是油缸活塞。气缸活塞处于初始位置(缸压位置)时，油缸活塞处油缸脱开，此时增加缸上部的油筒内油液与夹具油路沟通，使夹具充满压力油，电磁阀通电后，压缩空气进入增压腔内，使气缸活塞 2 前进，先将油筒与夹具的油路封闭，活塞继续前进，就使夹具体内的油压逐步升高，起到增压、夹紧工件的作用。电磁阀失电后，增压缸活塞返回到初始位置，油压下降，气液夹具在弹簧力作用下使液压油回到油筒内

**气液阻尼缸**

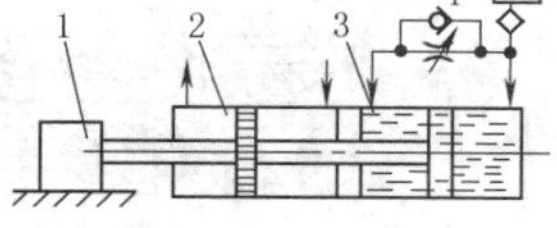


(c′) 串联式气液阻尼缸

1—负载；2—气缸；3—油缸；4—信号油杯

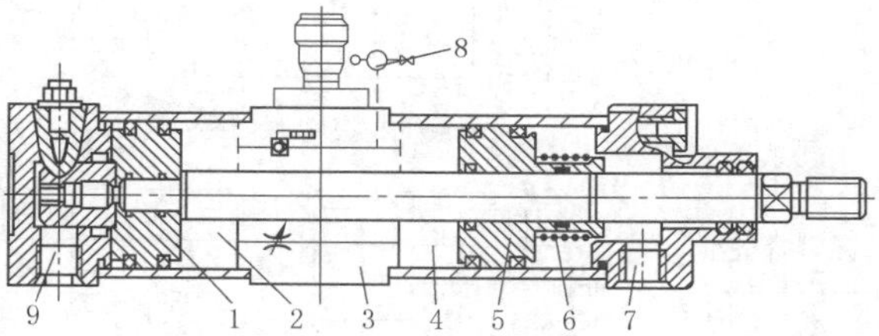


(d′) QGDa 气液精密调速缸结构图

1,5—活塞；2,4—油腔；3—控制装置；6—补偿弹簧；7,9—进排气口；8—压力容器

气缸的工作介质通常是可压缩的空气，气缸动作快，但速度较难控制，当负载变化较大时，容易产生"爬行"或"自走"现象。油缸的工作介质通常是不可压缩的液压油，动作不如气缸快，但速度易于控制，当负载变化较大时，不易产生"爬行"或"自走"现象。充分利用气动和液压的优点，用气缸产生驱动力，用油缸进行阻尼，可调节运动速度。工作原理是：当气缸活塞左行时，带动油缸活塞一起运动，油缸左腔排油，单向阀关闭，油只能通过节流阀排入油缸的右腔内，调节节流阀开度，控制排油速度，达到调节气-液阻尼气缸活塞的运动速度。液压单向节流阀可以实现慢速前进及快速退回。气控开关阀可在前进过程中的任意段实现快速运动

续表

| 类型 | 调速特性类型<br>类型 | 作用原理 | 结构示意图 | 特性曲线 | 应用 | 结构图例 |
|---|---|---|---|---|---|---|
| 气液阻尼缸 | 双向节流 | 在阻尼缸油路上装节流阀,使活塞往复运动的速度相同<br>采用节流阀调速 |  | 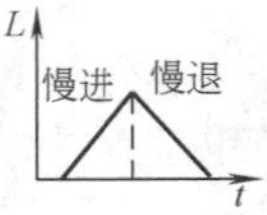 | 适用于空行程及工作行程都较短的场合($L<20$mm) | 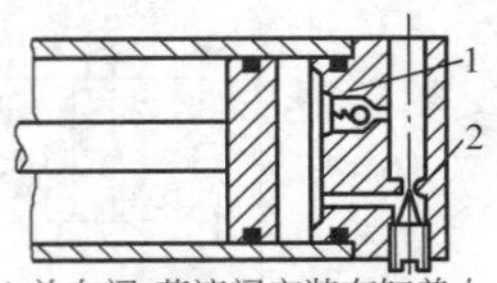(e′) 单向阀,节流阀安装在缸盖上<br>1—单向阀;2—节流阀 |
| | 单向节流 | 在调速油路中又并联了一只单向阀;慢进时单向阀关闭,快退时则打开,实现快速退回<br>采用单向阀与节流阀并联而成的速度控制阀调速 | 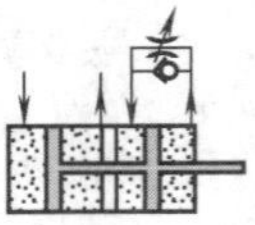 | 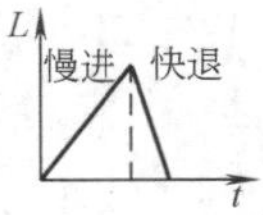 | 适用于空行程较短而工作行程较长的场合。见图 e′(缸径大于 60mm)和图 f′(小径) | 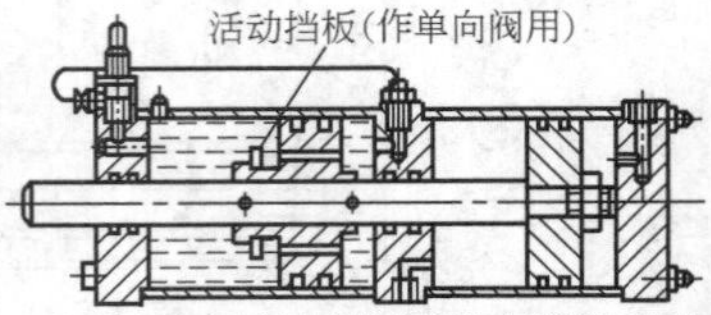(f′) 活塞上有挡板式单向阀的气液阻尼气缸 |
| | 快速趋进 | 在油缸 $f$ 点开小孔,开始时,右腔油从 $fgea$ 回路流入 $a$ 端,快速趋近。活塞移过 $f$ 点后,油液只能经节流阀流入 $a$ 端,实现慢进。退回时,单向阀打开,实现快退<br>采用快速趋进式线路连接调速 |  | 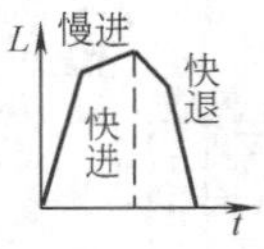 | 是常用的一种类型。快速趋进节省了空程时间,提高了劳动生产率。见图 g′和图 h′ | 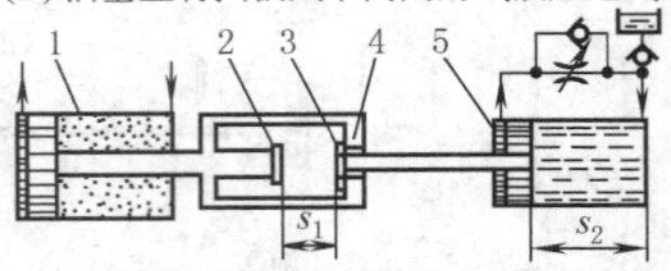(g′) 浮动连接气液阻尼气缸原理图<br>1—气缸;2—顶丝;3—T 形顶块;4—拉钩;5—油缸<br>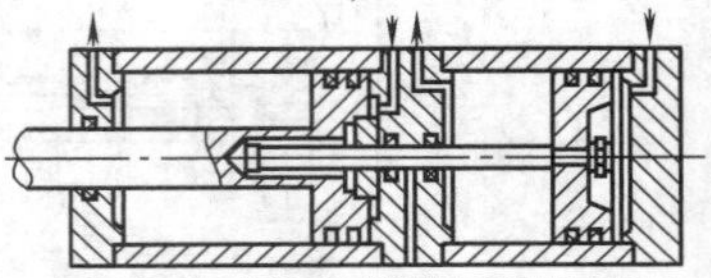(h′) 活塞杆内浮动连接的气液阻尼气缸 |
| | 需要匀速或低速($<20$mm/s)运动时,可采用气动-液压阻尼缸 | | | | | |
| 无杆绳索气缸 | 绳索气缸的活塞杆采用柔性的钢丝绳代替,钢丝绳外包裹一层尼龙,表面光洁,尺寸均匀,以确保绳索与气缸端盖的密封。当外部气压作用在活塞上时,绳索带动移动连接件运动<br>绳索气缸可采用小缸径、长行程的形式 | | | | | 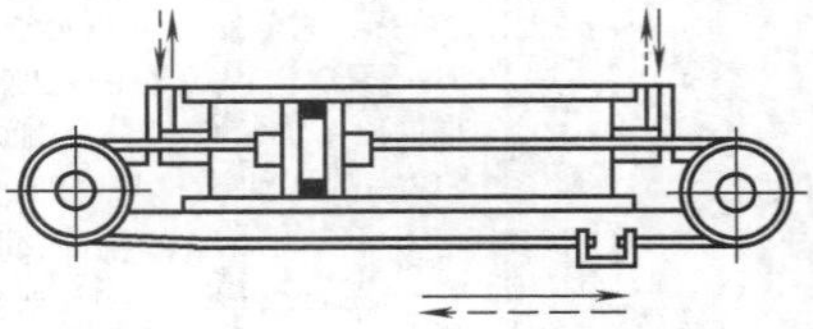 |
| 无杆磁耦合气缸<br> | 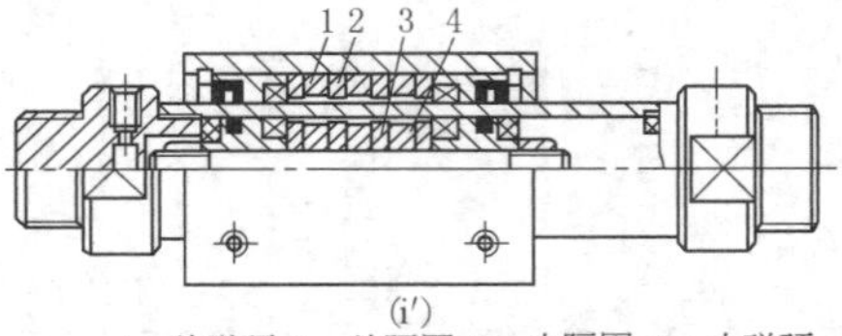(i′)<br>1—外磁环;2—外隔圈;3—内隔圈;4—内磁环 | | | | | 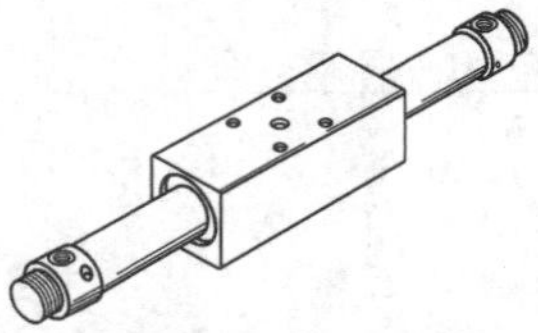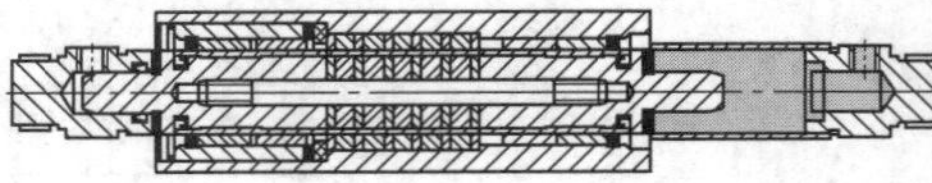 |

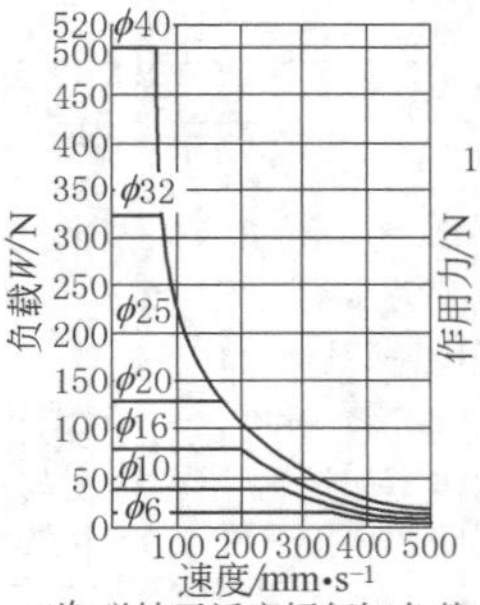

(j′) 磁性无活塞杆气缸负载与速度的关系

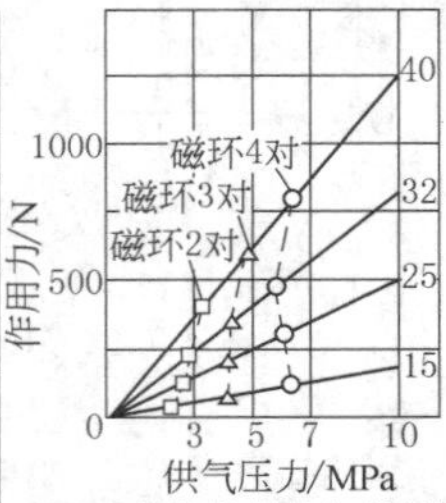

(k′) 理论作用力与磁环数目供气压力的关系

主要技术参数

| 气缸直径/mm | | | ϕ15 | ϕ25 | ϕ32 | ϕ40 |
|---|---|---|---|---|---|---|
| 磁铁吸力/N | 磁铁数目 | 4 | 112 | 300 | 470 | 800 |
| | | 3 | 69 | 210 | 340 | 600 |
| | | 2 | 20 | 130 | 230 | 400 |
| 行程长度/mm | | | 5~1000 | 5~2000 | 5~2000 | 5~2000 |

续表

<table>
<tr><td>无杆磁耦合气缸<br>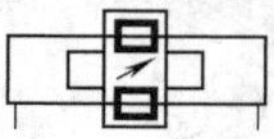</td><td colspan="2">是在活塞上安装一组强磁性的永久磁环，一般为稀土磁性材料。磁力线通过薄壁缸筒（不锈钢或铝合金无导磁材料等）与套在外面的另一组磁环作用，由于两组磁环极性相反，具有很强的吸力。当活塞在缸筒内被气压推动时，则在磁力作用下，带动缸筒外的磁环套一起移动。因此，气缸活塞的推力必须与磁环的吸力相适应。为增加吸力可以增加相应的磁环数目，磁力气缸中间不可能增加支撑点，当缸径≥25mm 时，最大行程只能≤2m；当速度快、负载重时，内外磁环易脱开，因此必须按图 j′所示的负载和速度关系选用。这种气缸重量轻、体积小、无外部泄漏，适用于无泄漏的场合，维修保养方便，但只限用于小缸径（6~40mm）的规格，可用于开闭门（如汽车车门，数控机床门）、机械手坐标移动定位、组合机床进给装置、无心磨床的零件传送，自动线输送料、切割布匹和纸张等</td></tr>
<tr><td rowspan="3">带导轨无杆气缸<br>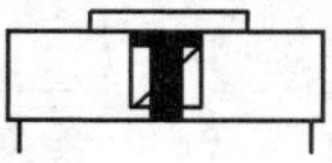</td><td colspan="2">在气缸缸管轴向开有一条槽，活塞与滑块在槽上部移动。为了防止泄漏及防尘需要，在开口部采用聚氨酯密封带和防尘不锈钢带固定在两端缸盖上，活塞与滑块连接为一体，带动固定在滑块上的执行机构实现往复运动。无活塞杆气缸最小缸径为 $\phi$8mm，最大为 $\phi$80mm，工作压力在 1MPa 以下，行程小于 10m。其输出力比磁性无活塞杆气缸要大，标准型速度可达 0.1~1.5m/s；高速型可达 0.3~3.0m/s。但因结构复杂，必须有特殊的设备才能制造，密封带 1 及 2 的材料及安装都有严格的要求，否则不能保证密封及寿命。受负载力小，为了增加负载能力，必须增加导向机构<br>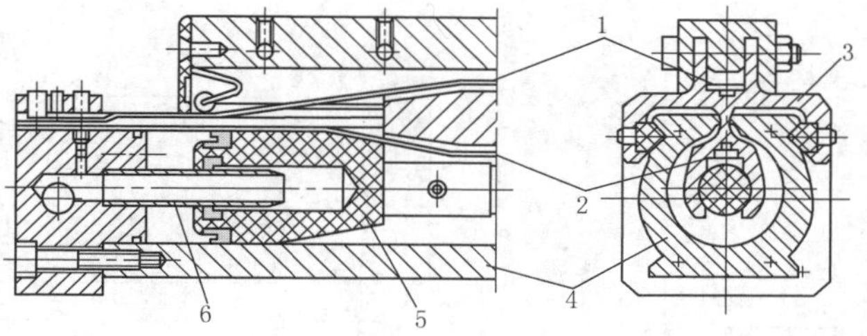<br>1—密封、防尘带；2—密封带；3—滑块；<br>4—缸筒；5—活塞；6—缓冲柱塞</td></tr>
<tr><td>最大许用支撑跨距 $L$ 和负载 $F$ 的关系</td><td>在气缸行程较长的情况下，需要中间支撑件以提高最大许用负载力<br>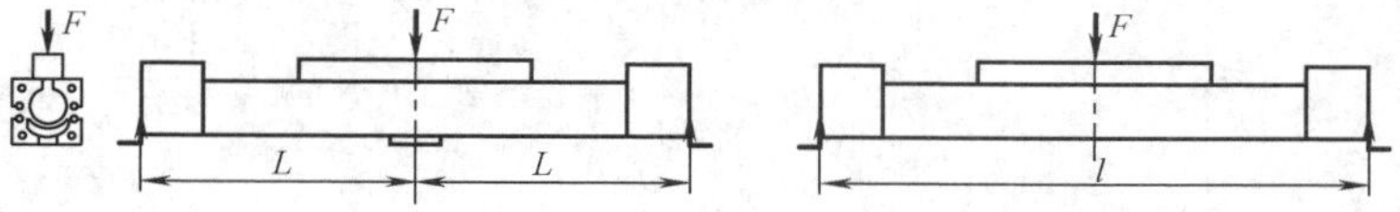<br>活塞直径 $\phi$18～40mm<br>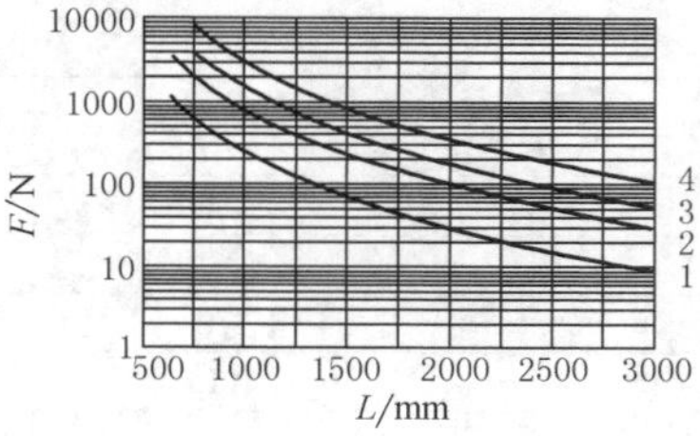<br>1—缸径 18；3—缸径 32；<br>2—缸径 25；4—缸径 40<br>活塞直径 $\phi$50～80mm<br>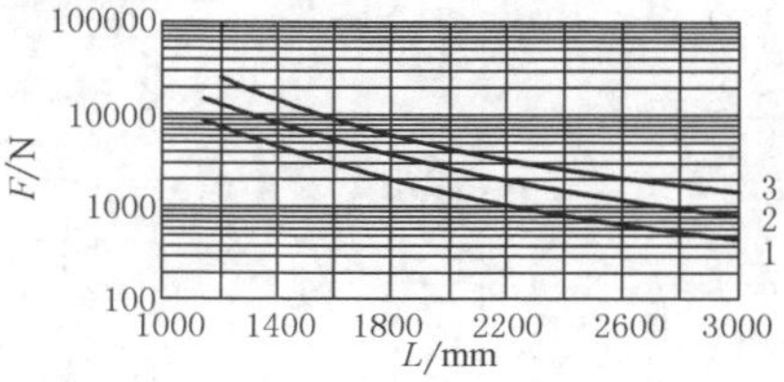<br>1—缸径 50；3—缸径 80；<br>2—缸径 63</td></tr>
<tr><td>最大许用活塞速度 $v$ 与移动负载 $m$ 的关系</td><td>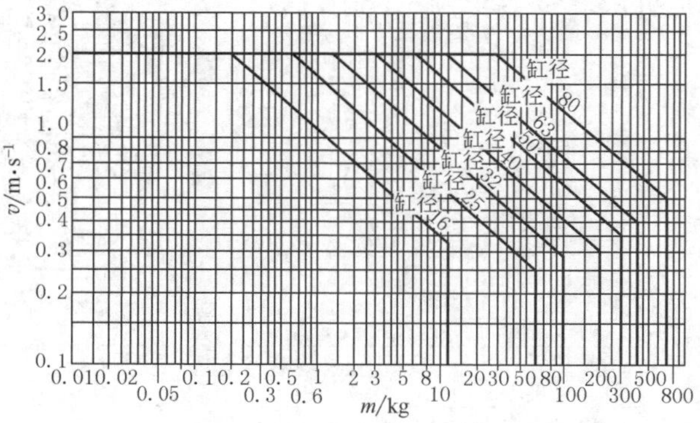</td></tr>
</table>

续表

**带导轨无杆气缸**

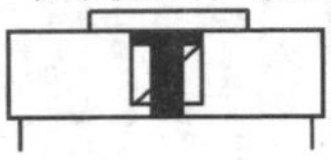

**许用力与转矩的关系**

气动制造厂商通常会提供该产品许用力与转矩的技术参数，如下表所示。无杆气缸的选择必须考虑其受力情况。当无杆气缸同时受到多个力或力矩的作用，除了满足负载条件（表格中的负载条件）以外，还必须满足其方程公式。当力和力矩不能满足要求时，可采用带重载导向装置

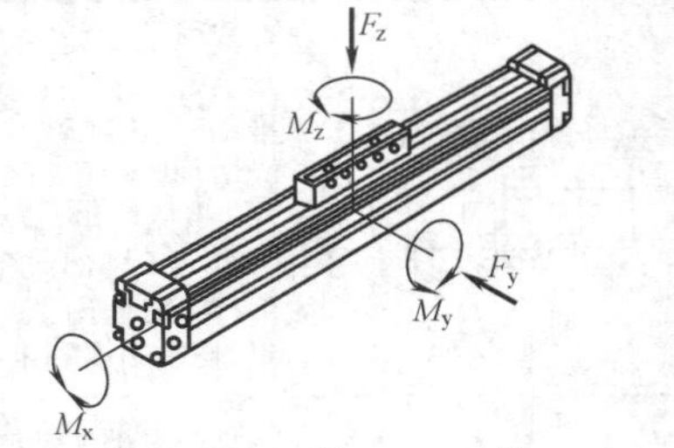


$$0.4\times\frac{F_z}{F_{zmax}}+\frac{M_x}{M_{xmax}}+\frac{M_y}{M_{ymax}}+0.2\times\frac{M_z}{M_{zmax}}\leqslant 1$$

$$\frac{F_z}{F_{zmax}}\leqslant 1\quad \frac{M_z}{M_{zmax}}\leqslant 1$$

| 许用力和转矩 \ 活塞直径 $\phi$ | 18 | 25 | 32 | 40 | 50 | 63 | 80 |
|---|---|---|---|---|---|---|---|
| $F_{ymax}$/N | — | | | | | | |
| $F_{zmax}$/N | 120 | 330 | 480 | 800 | 1200 | 1600 | 5000 |
| $M_{xmax}$/N·m | 0.5 | 1 | 2 | 4 | 7 | 8 | 32 |
| $M_{ymax}$/N·m | 11 | 20 | 40 | 60 | 120 | 120 | 750 |
| $M_{zmax}$/N·m | 1 | 3 | 5 | 8 | 15 | 24 | 140 |

**带重载导向装置**

气动制造厂商通常会提供该产品许用力与转矩的技术参数，如下表所示。带重载导向装置的选择，必须考虑其受力情况。当带重载导向装置的滑块同时受到多个力或力矩的作用，除了满足负载条件（表格中的负载条件）以外，还必须满足其方程公式

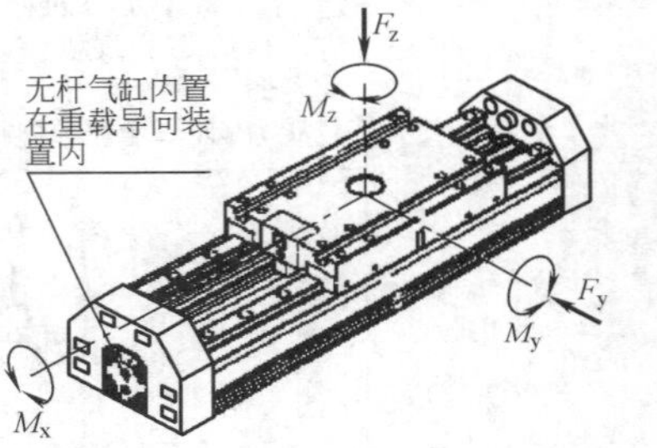


$$\frac{F_y}{F_{ymax}}+\frac{F_z}{F_{zmax}}+\frac{M_x}{M_{xmax}}+\frac{M_y}{M_{ymax}}+\frac{M_z}{M_{zmax}}\leqslant 1$$

| 许用力和转矩 \ 活塞直径 $\phi$ | HD18 | HD25 | HD40 |
|---|---|---|---|
| $F_{ymax}$/N | 1820 | 5400 | 5400 |
| $F_{zmax}$/N | 1820 | 5600 | 5600 |
| $M_{xmax}$/N·m | 70 | 260 | 375 |
| $M_{ymax}$/N·m | 115 | 415 | 560 |
| $M_{zmax}$/N·m | 112 | 400 | 540 |

**带锁紧机构的无杆气缸**

带锁紧机构的无杆气缸在无锁紧状态下，如图 m′所示。图 l′为锁紧状态。此时管子内无压缩空气，安装在滑台内的自动弹簧产生弹簧力，压下制动保持器及制动瓦 1，并紧压制动板传递到制动瓦 2 产生摩擦阻力，阻止无杆气缸滑台运动。当管子接入压缩空气后，上下两个气流通道内的压缩空气同时作用，两个制动膜片向上运动，制动膜片使制动保持器向上移动，制动弹簧受到压缩，制动瓦 1 脱开制动板及制动瓦 2，无杆气缸可自由移动

刹车精度如下表所示

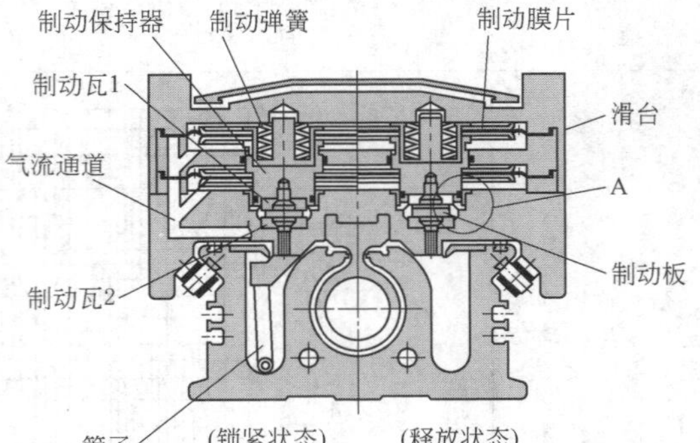


(l′)

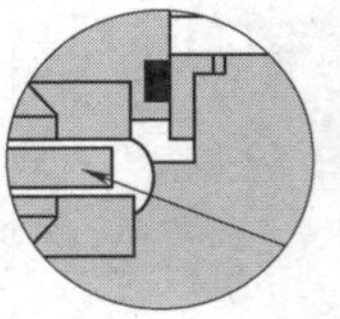

(m′) A 放大

| 活塞速度/mm·s$^{-1}$ | 100 | 300 | 500 | 800 | 1000 |
|---|---|---|---|---|---|
| 刹车精度/mm | ±0.5 | ±1.0 | ±2.0 | ±3.0 | ±4.0 |

制动夹紧力为气缸驱动力的 1.25 倍

续表

叶片式摆动气缸

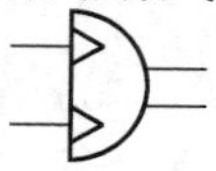

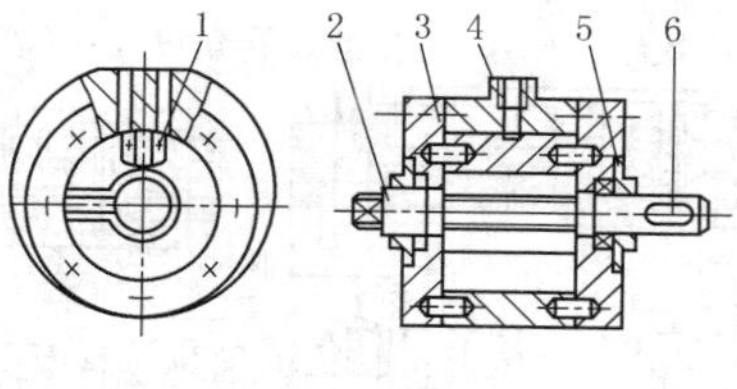

(n′) 单叶片式

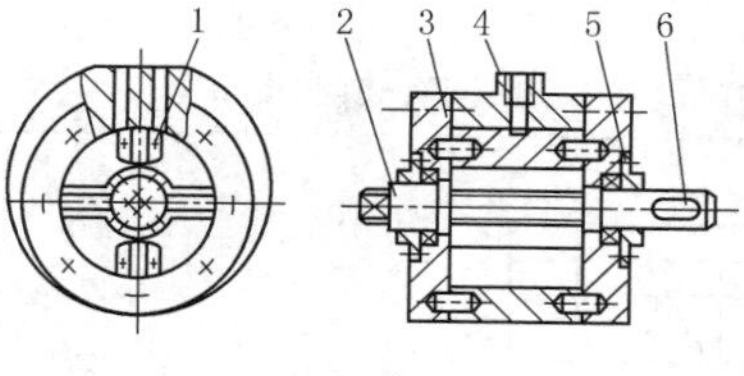

(o′) 双叶片式

叶片式摆动气缸
1—定块；2—叶片轴；3—端盖；
4—缸体；5—轴承盖；6—键

叶片式摆动气缸分为单叶片式和双叶片式两种。单叶片输出轴摆动角度大，小于 360°，双叶片输出轴摆动角小于 180°

它是由叶片轴转子（输出轴）、定子、缸体和前后端盖等组成。定子和缸体固定在一起，叶片轴密封圈整体硫化在叶片轴上，前后端盖装有滑动轴承。这种摆动气缸输出效率 $\eta$ 较低，因此，在应用上受到限制，一般只用在安装受到限制的场合，如夹具的回转、阀门开闭及工作转位等

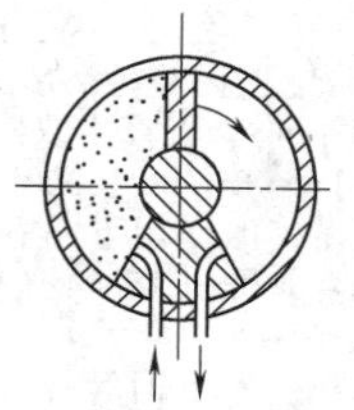

(p′) 单叶片工作原理

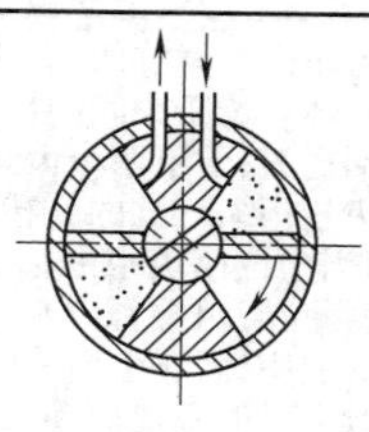

(q′) 双叶片工作原理

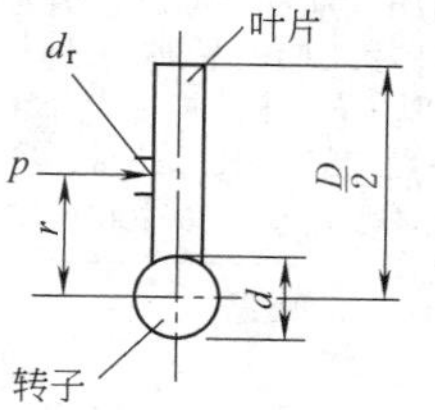


(r′) 单叶片摆动气缸
输出转矩计算图

在定子上有两条气路，单叶片左路进气时，右路排气，双叶片右路进气时，左路排气，压缩空气推动叶片带动转子顺时针摆动，反之，作逆时针摆动。通过换向阀改变进排气。因为单叶片式摆动气缸的气压力 $p$ 是均匀分布作用在叶片上（图 r′），产生的转矩即理论输出转矩 $T$

$$T=\frac{p\times10^6 b}{8}(D^2-d^2)\ (\mathrm{N\cdot m})$$

式中 $p$——供气压力，MPa
$b$——叶片轴向长度，m
$d$——输出轴直径，m
$D$——缸体内径，m

在输出转矩相同的摆动气缸中，叶片式体积最小，重量最轻，但制造精度要求高，较难实现理想的密封，防止叶片棱角部分泄漏是困难的，而且动密封接触面积大，阻力损失较大，故输出效率 $\eta$ 低，小于 80%

实际输出转矩

$$T_{实}=\eta(T)\ (\mathrm{N\cdot m})$$

齿轮齿条式气缸

齿轮齿条式气缸可分为单活塞齿轮齿条式气缸（单活塞齿条、单齿轮）和双活塞齿轮齿条式气缸（双活塞齿条、单齿轮）

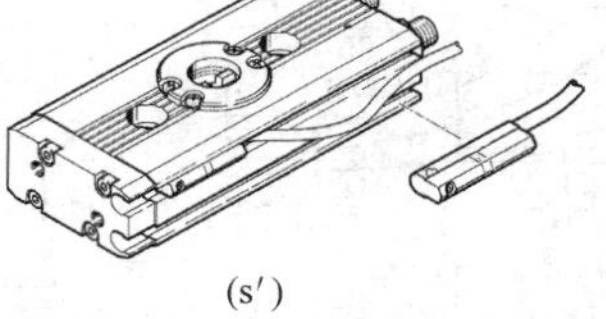

(s′)

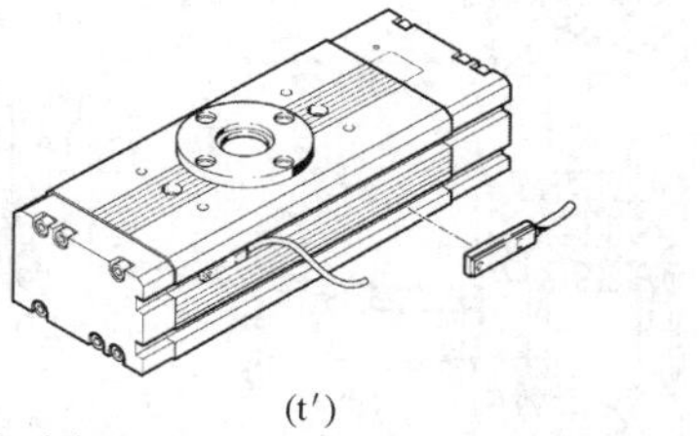

(t′)

由于双齿轮齿条式气缸体积小，输出转矩比单齿轮齿条式气缸大得多。目前工业上较多采用双齿轮齿条式气缸，双齿轮齿条式气缸的原理见图 u′

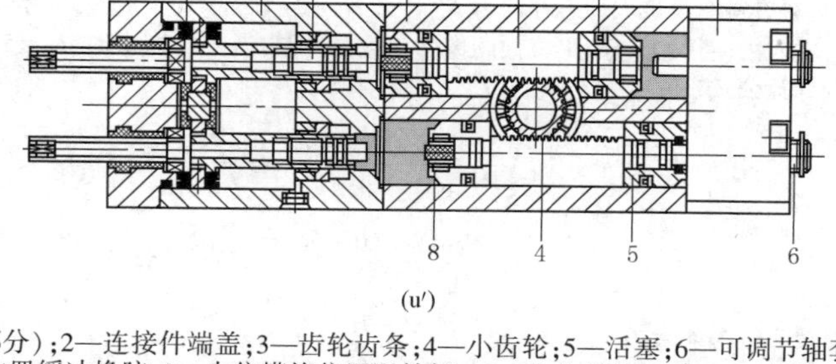

(u′)

1—缸筒（中心部分）；2—连接件端盖；3—齿轮齿条；4—小齿轮；5—活塞；6—可调节轴套；7—活塞密封；8—终端位置缓冲橡胶；9—中位模块位置阻挡杆；10—中位模块缸筒；11—中位模块大活塞

续表

| | |
|---|---|
| 齿轮齿条式气缸 | 双齿轮齿条气缸的每一个进/排气口各分两路，分别交叉作用于两个气缸的活塞腔室。上下两齿条均与左右活塞组合成一个整体。位于中间的齿轮分别与上下两个齿条啮合，因此当外部电磁阀其中一路输出工作压力分两路交叉进入两个气缸的活塞时，上下两个齿条分别相向运动，产生双倍的推力，使得齿轮旋转<br>双齿轮齿条气缸的旋转角度可分 90°、180°、360°。如与中位模块组合使用，可使原旋转角度在中间位置时产生停顿功能，即当中位模块中的活塞 11 在气压作用下向右推进，使得位置阻挡杆 9 向右移动，并伸进双齿轮齿条气缸的腔室，阻止下面一组齿条活塞 5 在下一循环向左继续运动时不能停在原来终端位置，此时缓冲橡胶接触到 9 即为中间位置。中间位置停顿原理见图 v′<br>双活塞齿轮齿条摆动气缸的缸径为 $\phi$6～50mm，共 9 个系列，符合 ISO 标准缸径系列，根据样本资料，它的转矩为 0.16～50N·m。比如，对于 $\phi$50mm 缸径的最大许用转动惯量为 $2000\times10^4$kg·m² 左右，指选用液压缓冲器最大许用转动惯量为 $2000\times10^4$kg·m²，最大许用转动惯量与摆动时间有关（见图 w′）<br>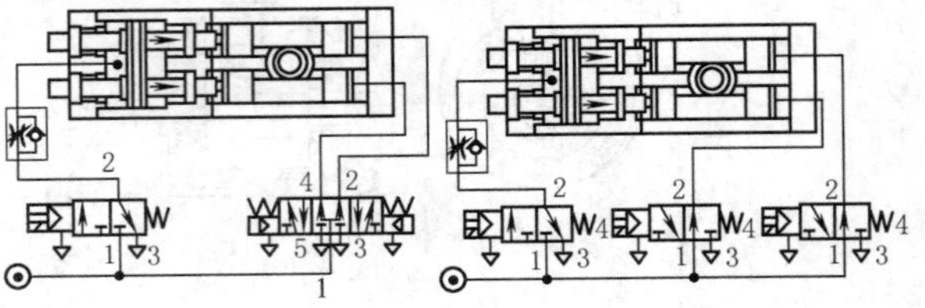<br>(v′) |
| | 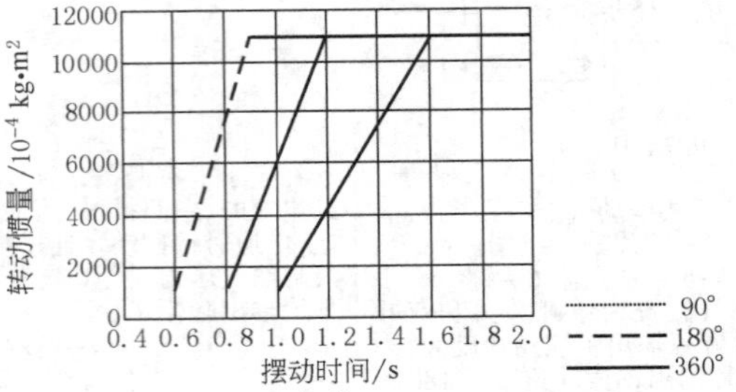<br>(w′)<br>通常制造厂商提供该产品的最大许用转动惯量、最大径向力、最大动态径向力等具体的技术参数<br>**例**　以 $\phi$16mm 齿轮齿条摆动气缸为例，现有两个静态负载，一个是作用于离开法兰平面朝 $Z$ 方向 15mm 的径向力 $F_y$ = 300N；另一个是作用于离 $X$ 轴中心朝 $V$ 方向 25mm 的轴向力（推力）$F_x$ = 100N，$\phi$16mm 缸径的齿轮齿条气缸是否满足上述负载<br>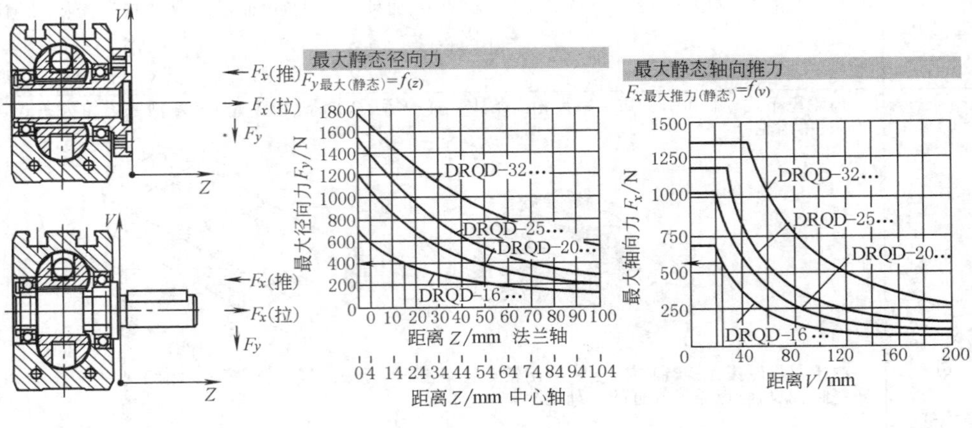<br>**解**：根据样本资料查得图表最大静态径向力 $F_y$ 与 $Z$ 方向距离的承载关系图，当 $Z$ = 15mm 时，$F_y$ = 400N<br>图表最大静态轴向力（推力）$F_x$ 与 $V$ 方向距离的承载关系图，当 $V$ = 25mm 时，$F_y$ = 550N<br>根据合力负载计算公式<br>$$\frac{F_{y(Z)}}{F_{y\max(Z)}}+\frac{F_{x推力(V)}}{F_{x推力最大(V)}}+\frac{F_{x拉力(V)}}{F_{v拉力最大(V)}}\leqslant 1$$<br>$$\frac{300N}{400N}+\frac{100N}{550N}\leqslant 1 \quad 0.75+0.182\leqslant 1$$<br>该气缸可以承受上述静态合力 |

续表

直线摆动夹紧气缸/直线摆动组合式气缸

直线摆动夹紧气缸

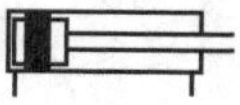

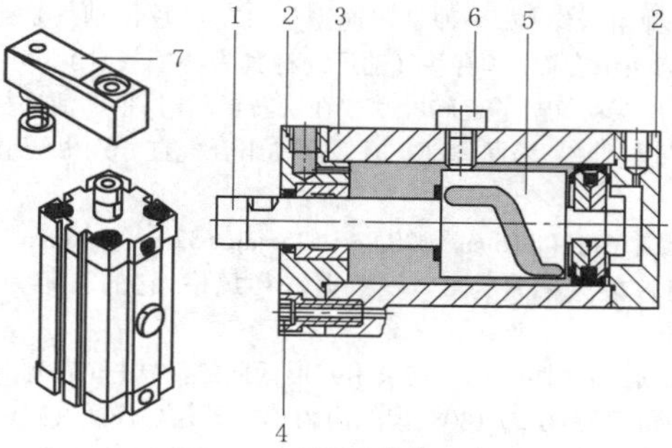


(x′)

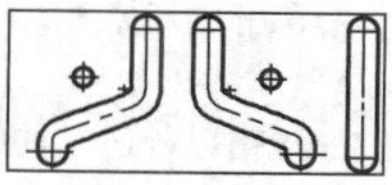

(y′)

1—活塞杆；2—轴承和端盖；3—缸筒；4—法兰螺钉；5—导向套筒；6—销钉；7—压紧块

图 y′为导向套筒三种槽形：左旋运动、右旋运动或直线运动

通常导向套筒 5 具有两条导向螺旋槽，通过销钉与活塞杆 1 固定连接，气缸缸筒 3 上旋入法兰螺钉 4，并使法兰螺钉 4 嵌入导向套筒的螺旋槽内。当压缩空气进入前腔（或后腔）时，推动活塞运动，使得活塞杆及导向套筒一起运动。由于法兰螺钉 4 在缸体上处于固定状态，迫使导向套筒的螺旋槽相对法兰螺钉 4 做旋转/直线组合运动。此时，固定在活塞杆前端的压紧块 7 便可完成直线或螺旋旋转运动

导向套筒有左旋和右旋两个螺旋槽。如果选定某一旋转方向，只需松开法兰螺钉，重新确认所需旋转方向的螺旋槽，然后使法兰螺钉嵌入该螺旋槽便可。下表为直线摆动夹紧气缸的夹紧行程和夹紧力

| 缸径/mm | 12 | 16 | 20 | 25 | 32 | 40 | 50 | 63 |
|---|---|---|---|---|---|---|---|---|
| 总的滑动行程/mm | 19/29 | 20/30 | 22/32 | 22/32 | 28/38 | 28/38 | 41/71 | 41/71 |
| 夹紧行程/mm | 10/20 | 10/20 | 10/20 | 10/20 | 10/20 | 10/20 | 20/50 | 20/50 |
| 夹紧力/N | 51 | 90 | 121 | 227 | 362 | 633 | 990 | 1682 |
| 转动角度/(°) | 90±1 | 90±1 | 90±1 | 90±1 | 90±1 | 90±1 | 90±1 | 90±1 |

直线摆动组合式气缸

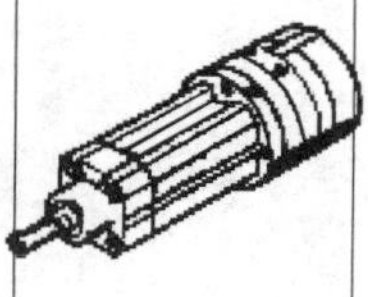

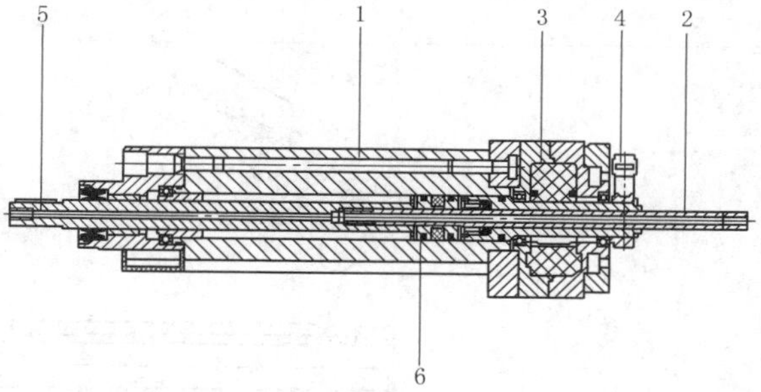


(a″) 直线摆动组合式气缸

1—缸筒；2—叶片摆动气缸方形主轴；3—旋转叶片；4—止动挡块；5—活塞杆；6—活塞轴承

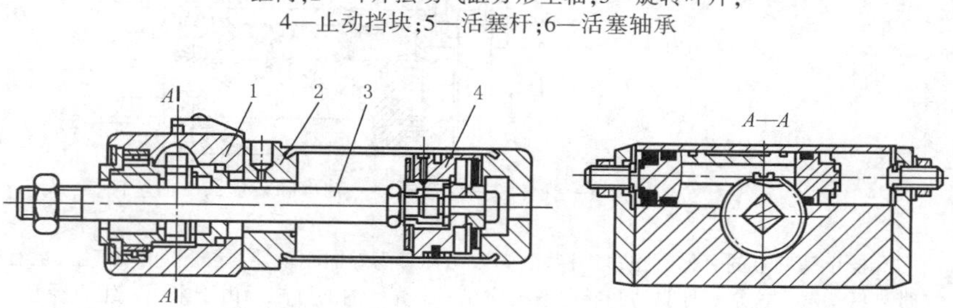


(b″) 伸摆气缸

1—齿轮齿条摆动气缸；2—气缸盖；3—方形活塞杆；4—主活塞

续表

| | | |
|---|---|---|
| 直线摆动夹紧气缸/直线摆动组合式气缸 | 直线摆动组合式气缸 | 图 a″为直线摆动组合气缸，有多种组合结构，一种是普通型气缸与叶片摆动气缸组合而成（称直线摆动组合式气缸）；另一种是普通型气缸和齿轮齿条组合而成（有些气动厂商称其为伸摆气缸）。叶片摆动气缸的主轴 2 为方形，与普通气缸的活塞杆 5 连成一体，叶片摆动气缸的旋转叶片 3 在旋转摆动时，带动活塞杆 5 使之摆动。它的直线靠作用在普通气缸部分的活塞 6，使其活塞杆伸出、缩回运动。直线摆动组合气缸分别由两组进、排气口控制直线和旋转摆动运动<br>该气缸的规格以普通气缸的缸径来命名（$\phi$16mm、$\phi$20mm、$\phi$25mm、$\phi$32mm、$\phi$40mm）。直线行程在 20～160mm 之间，最大基本摆角为 270°（活塞杆回转最大偏差为 2°）。根据缸径规格，它的转矩为 1. 25N · m、2. 5N · m、5N · m、10N · m、20N · m。<br>图 b″为普通型气缸与齿轮齿条组合的伸摆气缸。它采用方形截面的活塞杆（普通气缸活塞杆），在气缸前端盖处设计一个齿轮齿条摆动气缸，其摆动角度为 90°或 180°，齿轮内为正方形孔与普通气缸的方形活塞杆相配。因此，该驱动器的活塞杆上便可得到一个直线/旋转的复合运动。需要说明的是，直线运动的主活塞与方形活塞杆为铰接连接，即方形活塞杆作旋转摆动时，主活塞本身不作旋转运动，它的直线行程在 5～100mm 之间，缸径 $\phi$32 的转矩为 1N · m，缸径 $\phi$40 的转矩为 1. 9N · m |
| 导向装置（配普通气缸）/导杆止动气缸/高精度导杆气缸 | 导向装置（配普通气缸） | 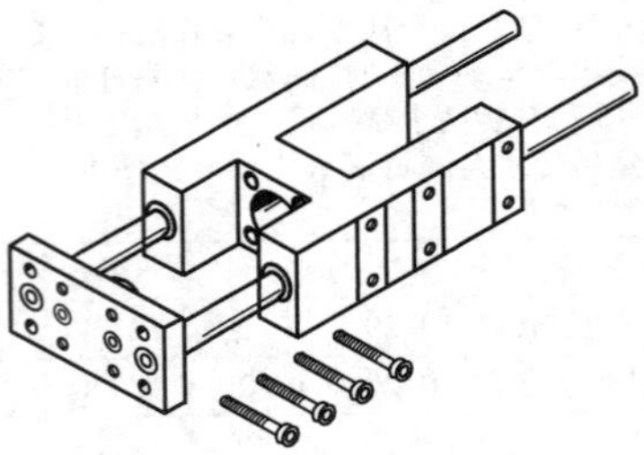<br>导向装置可防止活塞杆产生旋转并能承受较高的负载和转矩，所以与普通气缸配合使用十分广泛，符合 ISO 15552 的气缸连接界面尺寸。有的欧洲气动厂商也称其为气缸导向架。导向装置内的两个导杆的导向系统可采用滑动轴承或滚珠轴承，滑动轴承承载能力大，但运动速度不如滚珠轴承的导向系统 |
| | 导杆止动气缸 | 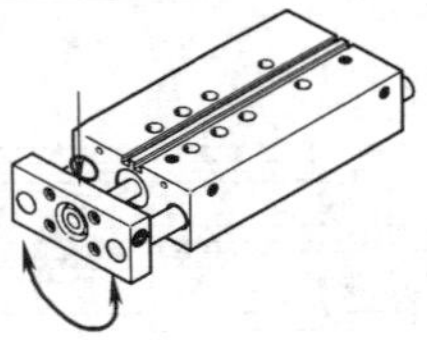<br>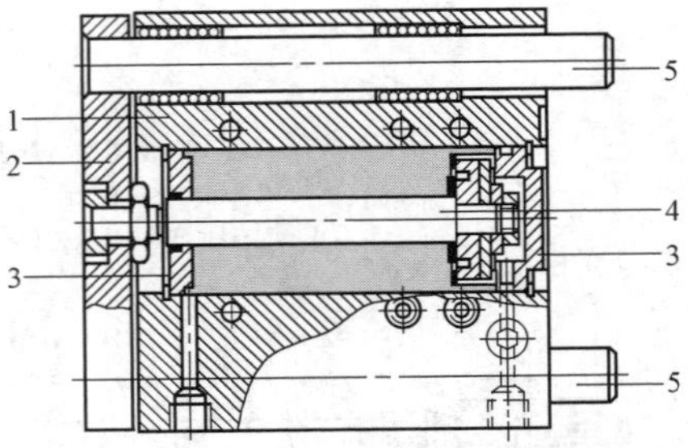<br><br>1—壳体；2—连接板；3—轴承和端盖；4—活塞杆；5—导杆<br>导杆止动气缸的名称有很多，一些欧洲公司称其为导向驱动器、导向和止动气缸，也有些日本气动厂商称其为新薄型带导杆气缸。这是一种驱动和导向系统均在一个壳体内的气缸。由于采用一组直径较大的导杆作导向系统，可承受较大的转矩和径向力。对于滑动轴承结构，导杆止动气缸有较大的刚度；对于循环滚珠轴承的导向系统，适用于低摩擦或速度特别高的运动状态。此类气缸直径在 $\phi$12～100mm 之间，行程在 10～200mm 之间。一些公司派生出小型导杆止动气缸，直径在 $\phi$4～10mm 之间，行程在 5～30mm 之间。通常气动组件制造厂商会提供它的最大负载、转矩及耐冲击能量，见下表 |

续表

导向装置（配普通气缸）/导杆止动气缸/高精度导杆气缸

导杆止动气缸

滑动轴承 GF 和循环滚珠轴承 KF 导向装置的最大有效负载 $F$（N）图表

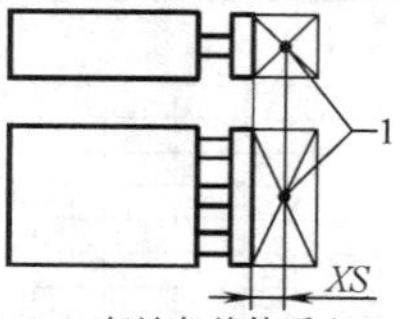


1—有效负载的重心

N

| 活塞直径 $\phi$ /mm | | XS /mm | 行程/mm | | | | | | | | | | |
|---|---|---|---|---|---|---|---|---|---|---|---|---|---|
| | | | 10 | 20 | 25 | 30 | 40 | 50 | 80 | 100 | 125 | 160 | 200 |
| 12 | GF | 25 | 28 | 24 | 23 | 21 | 31 | 28 | 22 | 19 | — | — | — |
| | KF | | 27 | 23 | 21 | 20 | 23 | 22 | 20 | 19 | — | — | — |
| 16 | GF | 50 | 63 | 56 | 53 | 51 | 73 | 67 | 55 | 49 | — | — | — |
| | KF | | 45 | 31 | 27 | 24 | 58 | 56 | 51 | 48 | — | — | — |
| 20 | GF | 50 | — | 67 | 64 | 61 | 110 | 103 | 86 | 77 | — | — | — |
| | KF | | — | 45 | 39 | 35 | 91 | 88 | 80 | 75 | — | — | — |
| 25 | GF | 50 | — | 121 | 116 | 112 | 123 | 115 | 96 | 86 | — | — | — |
| | KF | | — | 88 | 86 | 84 | 100 | 97 | 89 | 85 | — | — | — |
| 32 | GF | 50 | — | 188 | 180 | 173 | 161 | 150 | 166 | 150 | 168 | 146 | 127 |
| | KF | | — | 120 | 118 | 116 | 112 | 109 | 134 | 128 | 144 | 135 | 126 |
| 40 | GF | 50 | — | — | 180 | — | — | 150 | 166 | 150 | 168 | 146 | 127 |
| | KF | | — | — | 118 | — | — | 109 | 134 | 128 | 144 | 135 | 126 |
| 50 | GF | 50 | — | — | 257 | — | — | 216 | 234 | 212 | 229 | 200 | 174 |
| | KF | | — | — | 182 | — | — | 168 | 201 | 193 | 211 | 199 | 188 |
| 63 | GF | 50 | — | — | 257 | — | — | 216 | 234 | 212 | 229 | 200 | 174 |
| | KF | | — | — | 182 | — | — | 168 | 201 | 193 | 211 | 199 | 188 |
| 80 | GF | 125 | — | — | 276 | — | — | 311 | 352 | 329 | 304 | 274 | 245 |
| | KF | | — | — | 220 | — | — | 275 | 329 | 318 | 306 | 291 | 277 |
| 100 | GF | 125 | — | — | 452 | — | — | 509 | 568 | 533 | 494 | 446 | 400 |
| | KF | | — | — | 332 | — | — | 415 | 495 | 480 | 463 | 442 | 422 |

滑动轴承GF和循环滚珠轴承KF导向装置的许用转矩负载

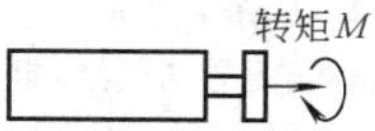


N·m

| 活塞直径 $\phi$ /mm | | 行程/mm | | | | | | | | | | |
|---|---|---|---|---|---|---|---|---|---|---|---|---|
| | | 10 | 20 | 25 | 30 | 40 | 50 | 80 | 100 | 125 | 160 | 200 |
| 12 | GF | 0.60 | 0.50 | 0.48 | 0.45 | 0.65 | 0.60 | 0.45 | 0.40 | — | — | — |
| | KF | 0.55 | 0.47 | 0.44 | 0.42 | 0.47 | 0.45 | 0.41 | 0.38 | — | — | — |
| 16 | GF | 1.44 | 1.30 | 1.23 | 1.18 | 1.68 | 1.56 | 1.28 | 1.14 | — | — | — |
| | KF | 1.03 | 0.71 | 0.62 | 0.55 | 1.34 | 1.29 | 1.18 | 1.12 | — | — | — |
| 20 | GF | — | 1.85 | 1.75 | 1.70 | 3.00 | 2.80 | 2.35 | 2.10 | — | — | — |
| | KF | — | 1.30 | 1.13 | 1.01 | 2.64 | 2.56 | 2.34 | 2.23 | — | — | — |
| 25 | GF | — | 4.15 | 3.95 | 3.80 | 4.20 | 3.90 | 3.25 | 2.90 | — | — | — |
| | KF | — | 3.00 | 2.92 | 2.85 | 3.40 | 3.30 | 3.02 | 2.89 | — | — | — |
| 32 | GF | — | 7.30 | 7.00 | 6.70 | 6.20 | 5.80 | 6.40 | 5.80 | 6.50 | 5.70 | 5.00 |
| | KF | — | 4.70 | 4.60 | 4.55 | 4.40 | 4.25 | 5.25 | 5.00 | 5.60 | 5.25 | 4.90 |
| 40 | GF | — | — | 7.90 | — | — | 6.55 | 7.25 | 6.55 | 7.35 | 6.40 | 5.55 |
| | KF | — | — | 5.20 | — | — | 4.80 | 5.90 | 5.65 | 6.35 | 5.95 | 5.55 |
| 50 | GF | — | — | 14.15 | — | — | 11.85 | 12.85 | 11.65 | 12.55 | 11.00 | 9.60 |
| | KF | — | — | 10.00 | — | — | 9.30 | 11.00 | 10.60 | 11.60 | 11.00 | 10.30 |
| 63 | GF | — | — | 15.90 | — | — | 13.30 | 14.45 | 13.10 | 14.10 | 12.30 | 10.70 |
| | KF | — | — | 11.30 | — | — | 10.50 | 12.50 | 12.00 | 13.20 | 12.40 | 11.70 |
| 80 | GF | — | — | 21.40 | — | — | 24.20 | 27.20 | 25.50 | 23.50 | 21.30 | 19.00 |
| | KF | — | — | 17.10 | — | — | 21.30 | 25.50 | 24.70 | 23.70 | 22.60 | 21.50 |
| 100 | GF | — | — | 42.40 | — | — | 47.80 | 53.40 | 50.10 | 46.40 | 42.00 | 37.60 |
| | KF | — | — | 25.70 | — | — | 32.20 | 38.40 | 37.20 | 35.90 | 34.20 | 32.70 |

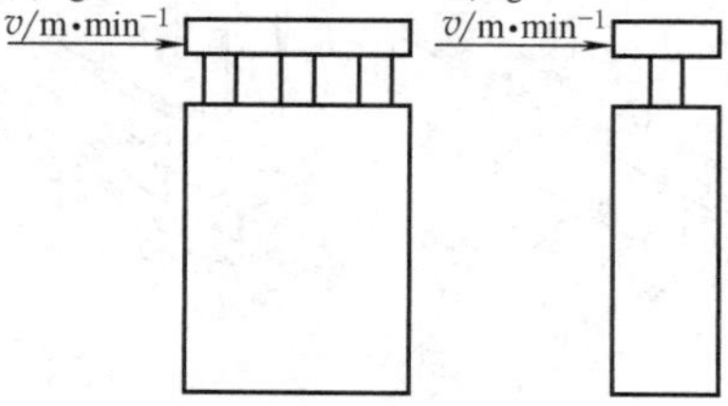

续表

| | | | |
|---|---|---|---|
| 导向装置（配普通气缸）/导杆止动气缸/高精度导杆气缸 | 导杆止动气缸 | 冲击质量 $m$ 与冲击速度 $v$ 之间的关系 | 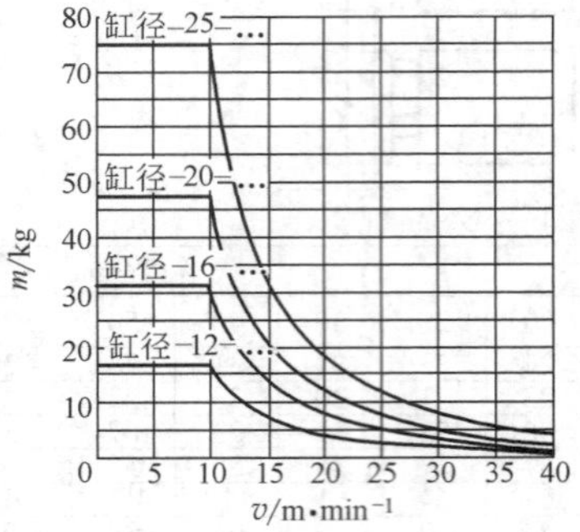 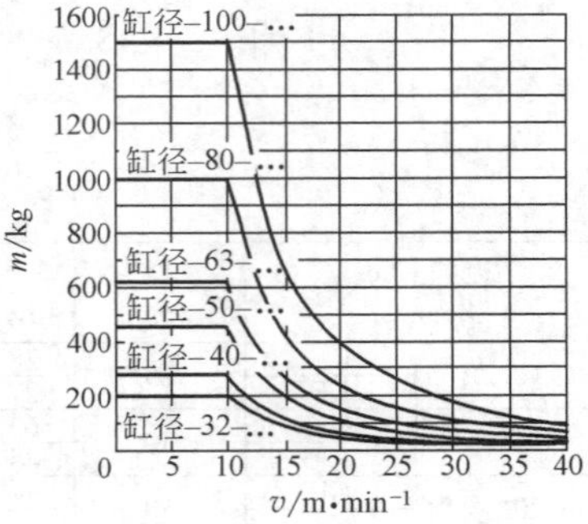 |
| | 高精度导杆气缸 | 说明 | 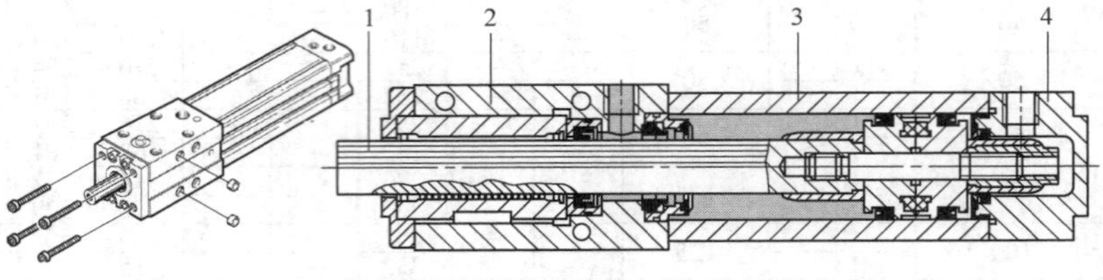<br>1—壳体；2—轴承端盖；3—缸筒；4—端盖<br>高精度导杆气缸的特点是气缸外形类同普通气缸，只是前端盖较长。其内部具有高精度导向装置（活塞杆与气缸前端盖之间运动摩擦副采用循环滚珠轴承），因此该气缸外形紧凑、导向精度高、活塞杆受径向力负载后挠度较小、抗转矩能力强，一些欧洲气动厂商称其为导向气缸，也有些日本气动厂商称其为高精度气缸。气缸的缸径在 $\phi$10～80mm 之间，工作行程在 25～500mm 之间。最大动态力矩在 0.2～75N·m。缸体外壳有行程开关安装槽，它的安装方式在前端盖处 |
| | | 通过内螺纹的安装方式 | 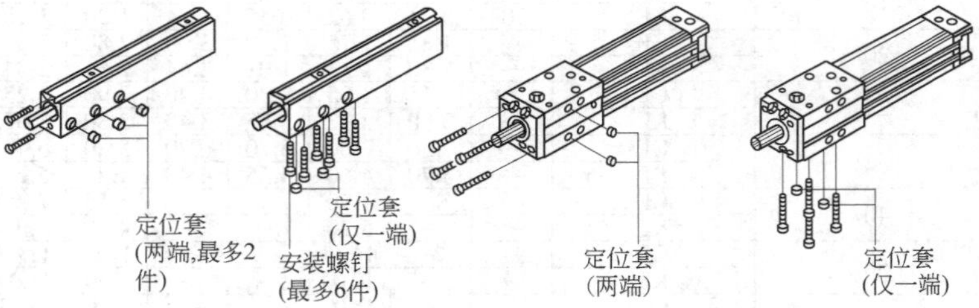 |
| | | 通过通孔的安装方式 | 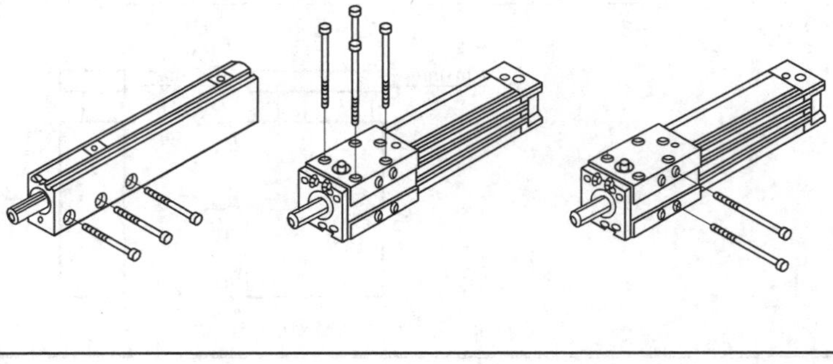 |

续表

| | | | |
|---|---|---|---|
| 导向装置（配普通气缸）/导杆止动气缸/高精度导杆气缸 | 高精度导杆气缸 | 实例 | 下面以缸径 $\phi$50mm 的高精度导杆气缸为例。气动制造厂商提供的活塞杆上最大许用动态径向力 $F_q$ 和力臂 $L$、活塞杆的挠度 $f$ 和径向力 $F_q$ 及活塞杆的扭转角度 $\alpha$ 和转矩 $M$ 的关系<br>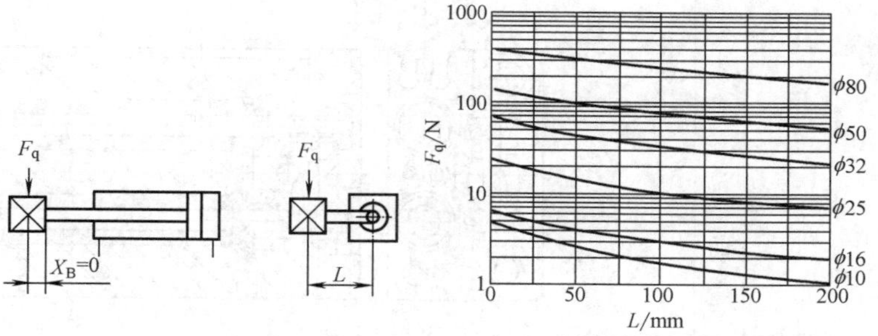<br><br>(c″)活塞杆上最大许用动态径向力$F_q$和力臂 $L$ 的关系<br>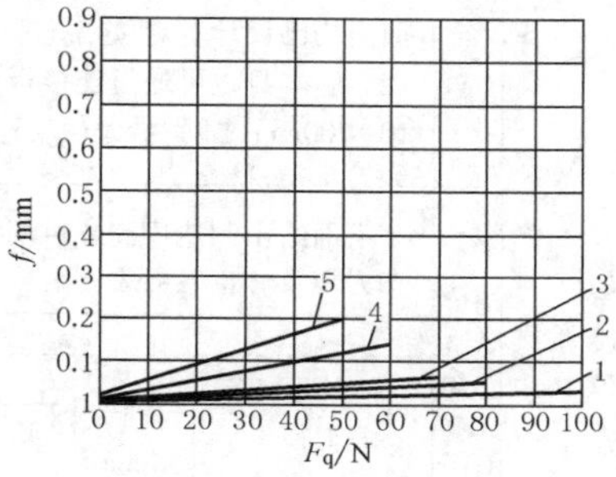<br><br>(d″)活塞杆的挠度 $f$ 和径向力$F_q$的关系<br>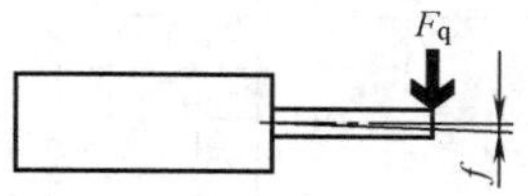<br><br>1— 50mm 行程；2— 80mm 行程；3—100mm 行程；4—160mm 行程；5—200mm 行程<br>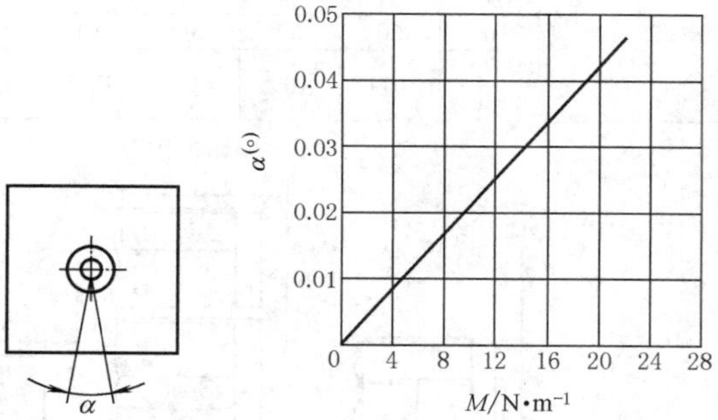<br><br>(e″)活塞杆的扭转角度 $\alpha$ 和转矩$M$的关系 |
| 扁平型无杆直线驱动器/小型短行程滑块驱动器 | 小型短行程滑块驱动器（紧凑/狭窄/扁平） | 概述 | 小型短行程滑块驱动器根据其外廓形状可分为紧凑型、狭窄型和扁平型滑块驱动器。一些欧美气动厂商统称其为小型滑台（精密/精巧性线性滑台）；一些日本气动厂商称其为气动滑台（窄型气动滑台、气动滑台、双缸型、分直线导轨、十字滚珠导轨、循环直线导轨等）。小型短行程滑块驱动器主要特性是滑块相对运动无间隙，并具有高转矩和高负载。由于小型短行程滑块驱动器为模块化设计，外形结构十分紧凑，不仅在普通场合下有良好的应用特性，在模块化的导向装置、气动机械手上均是不可缺少的重要组件之一 |

续表

小型短行程滑块驱动器/扁平型无杆直线驱动器 | 小型短行程滑块驱动器(紧凑/狭窄/扁平) | 紧凑型滑块驱动器

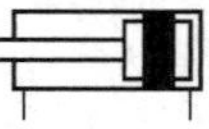

说明

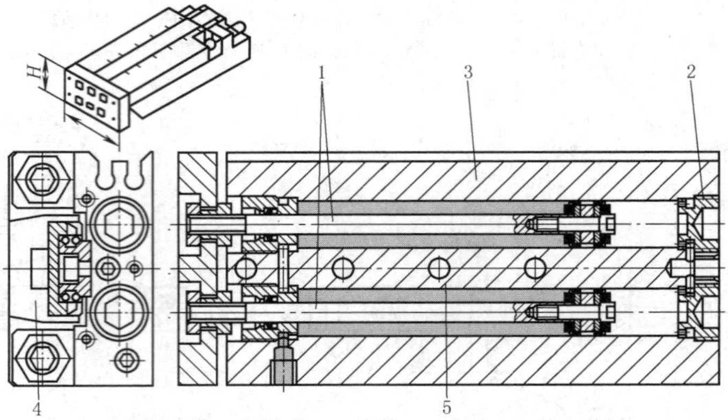


1—活塞杆;2—插头盖;3—壳体;4—滑块;5—导向装置

紧凑型滑块驱动器是一个大功率驱动器。它采用双缸同时推动滑台的紧凑型结构型式,气缸缸体上可安装弹性缓冲或液压缓冲器。大多数气动制造厂商将其设计成模块化结构,即滑台平面和前面均已设计有定位销孔及连接内螺纹。通过一些连接板可十分方便安装/被安装在其他驱动器上。它本身也可通过连接板与气爪等部件组合在一起使用。气缸缸径在 $\phi$6~25mm 之间,行程在 10~200mm 之间,最大运动速度 0.8m/s,重复精度为 0.2mm

实例

下面给出制造厂商提供的以缸径 $\phi$16mm 的紧凑型滑块驱动器为例:轴向、侧向和径向的动态、静态力矩及修正系数表

| 活塞直径 $\phi$/mm | 行程 /mm | 许用负载 静态 $M_{01}$ /N·m | 静态 $M_{02}$ /N·m | 静态 $M_{03}$ /N·m | 动态 $M_{01}$ /N·m | 动态 $M_{02}$ /N·m | 动态 $M_{03}$ /N·m | 修正系数 $A$ /mm | $B$ /mm | $C$ /mm |
|---|---|---|---|---|---|---|---|---|---|---|
| 16 | 10 | 18 | 18 | 19 | 6.1 | 6.1 | 4.2 | 20.7 | 33 | 15.3 |
| | 20 | | | | 4.7 | 4.7 | 3.4 | | | |
| | 30 | | | | 4.2 | 4.2 | 3.0 | | | |
| | 40 | | | | 3.8 | 3.8 | 2.7 | | | |
| | 50 | 21 | 21 | 20 | 4.6 | 4.6 | 2.8 | | | |
| | 80 | 34 | 34 | 27 | 6 | 6 | | 24 | | |
| | 100 | 60 | 60 | 36 | 9.1 | 9.1 | 3.2 | 31 | | |
| | 125 | 109 | 109 | 49 | 12.6 | 12.6 | 3.5 | 41 | | |
| | 150 | | | | | | | 54 | | |

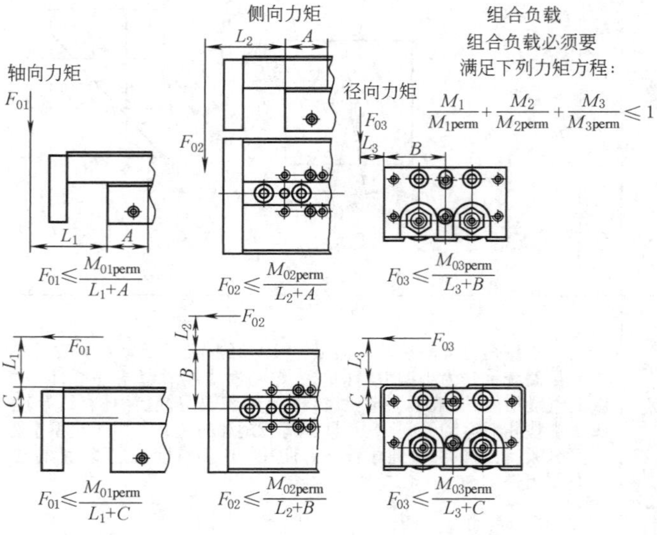

续表

**小型短行程滑块驱动器/扁平型无杆直线驱动器** — **小型短行程滑块驱动器(紧凑/狭窄/扁平)**

**紧凑型滑块驱动器**

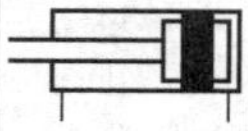

**实例**

以 $\phi$16mm 的紧凑型滑块驱动器为例：当该驱动器行程为 30mm，力臂 $L_1$ = 40mm，需知道其 $F_{01}$ 最大负载力

**解**：根据表格中的技术参数查得，$M_{01}$ = 18N · m，修正系数 $A$ = 20. 7mm

根据公式 $F_{01} \leqslant \frac{M_{01\text{perm}}}{L_1+A}$，$F_{01} \leqslant \frac{18N_m}{0.04m+0.0207m}$，$F_{01} \leqslant 296.54\text{N}$

由此得出，$\phi$16mm 的紧凑型滑块驱动器的轴向最大负载 $F_{01}$ 不得大于 296. 54N

图 f″给出制造厂商提供不同规格的活塞速度与工作负载质量的关系

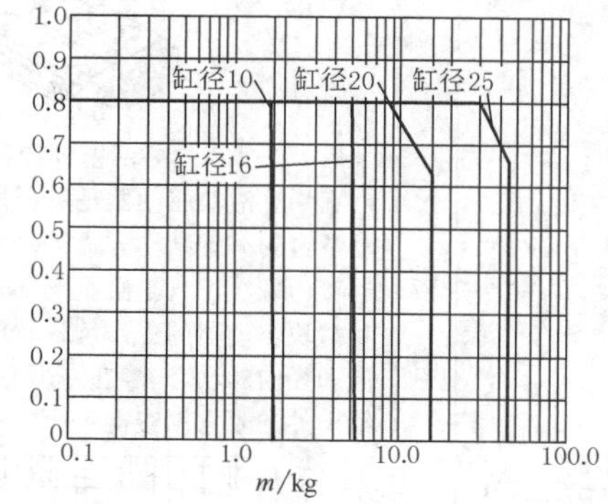


(f″)

**狭窄型滑块驱动器**

**说明**

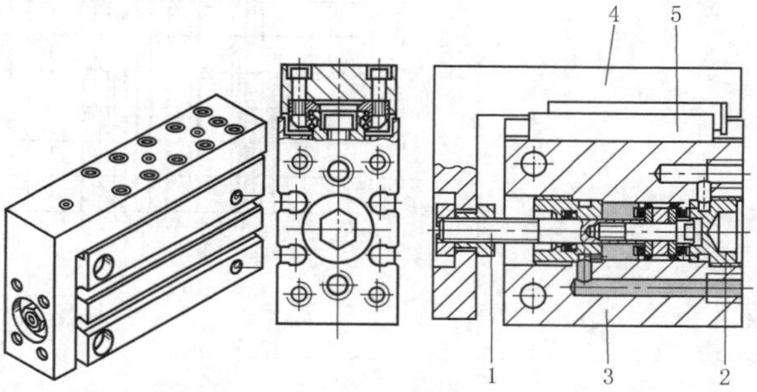


1—活塞杆；2—插头盖；3—壳体；4—滑块；5—导向装置

狭窄型滑块驱动器是一个单气缸与滑台(内置精密滚珠轴承)组合的驱动器，是由气缸推动滑台的一种结构方式，气缸终端为固定弹性缓冲。滑台平面和前面均有定位销孔和连接内螺纹。气缸缸径在 $\phi$6~16mm 之间，行程在 5~30mm 之间。下图给出不同规格的狭长形驱动器的工作负载与活塞速度的关系。该狭窄型滑块驱动器的轴向、侧向和径向的动态、静态许用力矩的计算与紧凑型滑块驱动器一样，可从气动制造厂商给出的图表数据查得

图 g″给出制造厂商提供不同规格的活塞速度与工作负载质量的关系

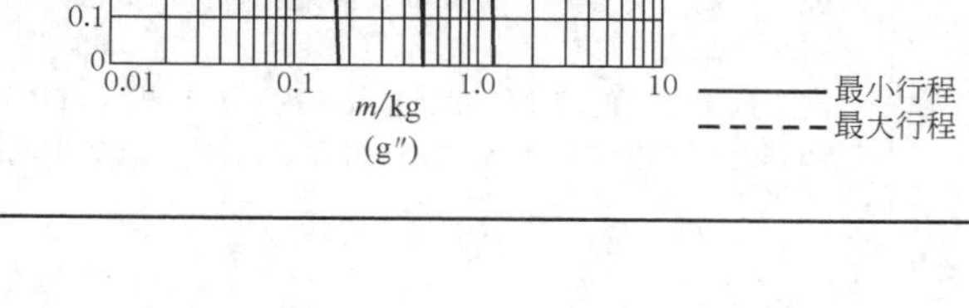


(g″)

第 23 篇

续表

<table>
<tr>
<td rowspan="2">小型短行程滑块驱动器/扁平型无杆直线驱动器</td>
<td>小型短行程滑块驱动器（紧凑/狭窄/扁平）</td>
<td>扁平型滑块驱动器<br>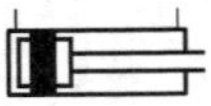</td>
<td>说明</td>
<td>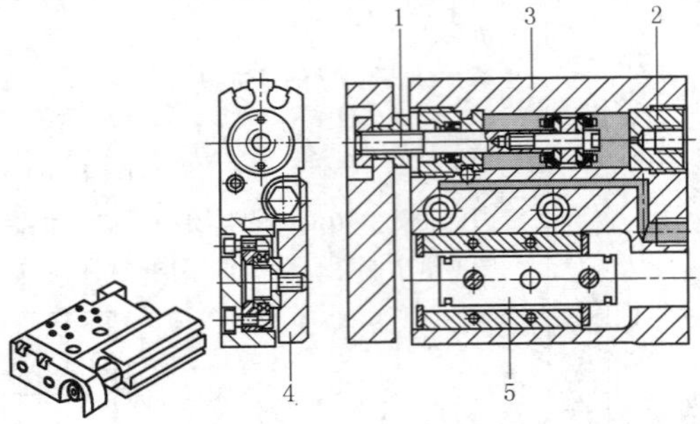

1—活塞杆；2—插头盖；3—壳体；4—滑块；5—导向装置<br>
扁平型滑块驱动器是一个气缸与滑台（内置精密滚珠轴承）结合的驱动器。气缸推动滑台的一种结构方式，气缸终端为固定弹性缓冲，滑台平面及前面均有定位销孔和连接内螺纹。气缸缸径为 $\phi 6\sim16$mm，行程在 10～80mm。图 h″给出不同规格的扁平型滑块驱动器的工作负载质量与活塞速度的关系。该扁平型滑块驱动器的轴向、侧向和径向的动态、静态许用力矩的计算与紧凑型滑块驱动器一样，可从气动制造厂商给出的图表数据查得<br>
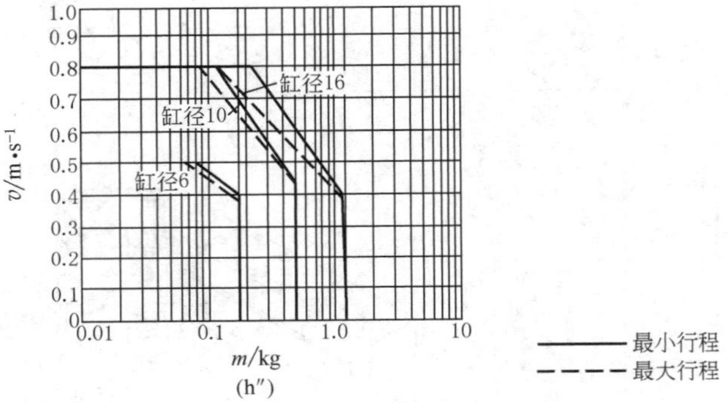

(h″)</td>
</tr>
<tr>
<td colspan="4">扁平型无杆直线驱动器<br>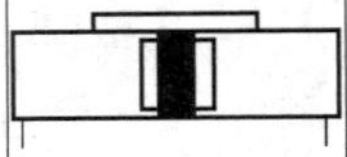</td>
<td>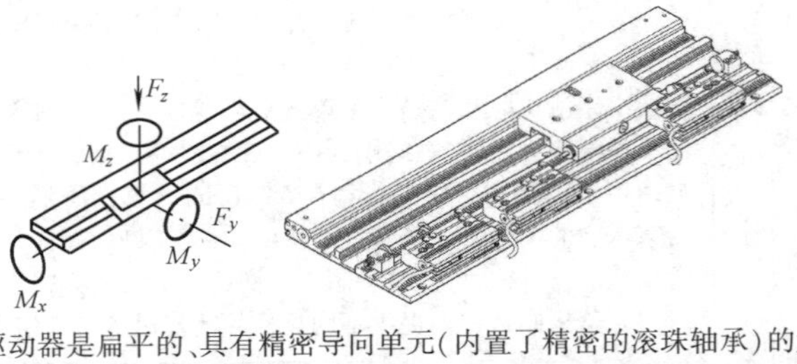

扁平型无杆直线驱动器是扁平的、具有精密导向单元（内置了精密的滚珠轴承）的无杆气缸，负载能力强。它的主要特性是非常扁平：当缸径为 $\phi 8$mm、宽为 53.5mm，它的高度仅为 15mm；当缸径为 $\phi 12$mm、宽为64.5mm，它的高度仅为 18.5mm；当缸径为 $\phi 18$mm、宽为 85.5mm，它的高度仅为 25.5mm，特别适合于对高度空间要求苛刻条件下的应用，它的工作行程按缸径系列分别为 100～500mm、100～700mm、100～900mm。最大运动速度为 1～1.5m/s。采用模块化设计及该驱动器具有多个中间停顿位置。停顿位置是由多个中间停顿位置模块来实现的，它是一个双作用 90°的摆动气缸（齿轮齿条原理制成）；停顿的位置可由用户使用螺钉和沟槽螺母将其固定在导轨上。一个中间停顿模块可实现一个中间位置。通过中间停顿位置模块上的带锁紧螺母的止动螺钉，可对中间定位位置进行精密微调，扁平型无杆直线驱动器两端配有终端挡块，终端挡块可对其终端位置进行精密的调节。该驱动器滑块两边装有带橡胶缓冲器或液压缓冲器<br>
注意选用合适的液压缓冲器与其相配。对某些空间要求苛刻的场合（如电子工业、小零件输送线），它能和其他小型滑块驱动器方便地组合成二轴、三轴的控制系统</td>
</tr>
</table>

续表

双活塞气缸和双缸滑台驱动器都是由两缸并列安装而成，驱动力增加一倍，空间节省一半。双活塞气缸的运动特征是缸体固定，活塞杆（含前法兰或后法兰）移动；对于双活塞气缸，一些欧洲公司称其为双活塞滑块驱动单元，一些日本气动制造厂商把两端方向出杆称为滑动装置气缸、单端方向出杆称为双联气缸。双活塞气缸和双缸滑台驱动器可组成两维运动

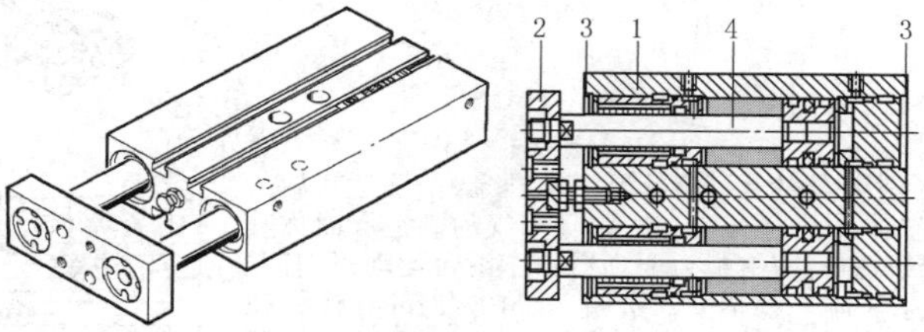


1—壳体；2—连接板；3—插头盖；4—活塞杆

双活塞气缸/双缸滑台驱动器

双活塞气缸

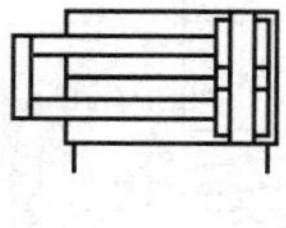

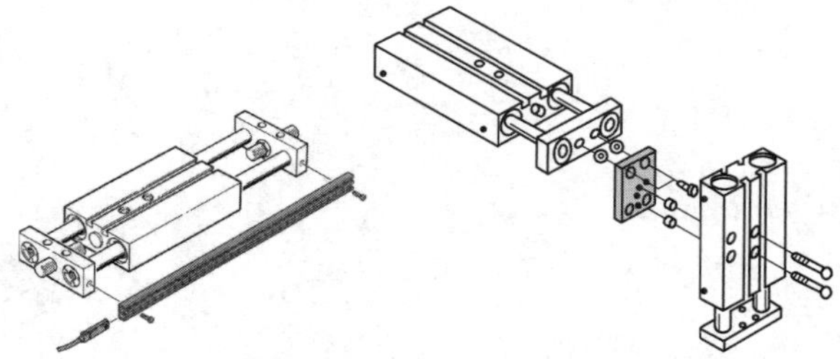

双活塞气缸可分为活塞杆单方向伸出（含前法兰），或活塞杆贯穿缸体两端伸出（含前、后法兰）。缸径为 $\phi$10～32mm，行程在 10～100mm 之间。活塞杆贯穿缸体的双活塞气缸的承载能力比活塞杆单方向伸出的高。由于该类驱动器可组成两维空间运动，主要技术特性是负载的径向力 $F_g$（由径向力作用下，不同行程产生的活塞杆挠度）及其许用转矩 $M$。双活塞气缸的导向装置可分为滑动轴承和循环滚珠轴承两种形式，滑动轴承的承载能力比循环滚珠轴承高，但循环滚珠轴承的运动阻力小，适用于高速运动

许用转矩 $M$ 和行程 $l$ 的关系

图 i″中曲线参考了 FESTO 公司的 DPZ 单向伸出杆、DPZJ 两端伸出杆产品（GF 为滑动轴承导轨、KF 为滚珠球轴承导轨）

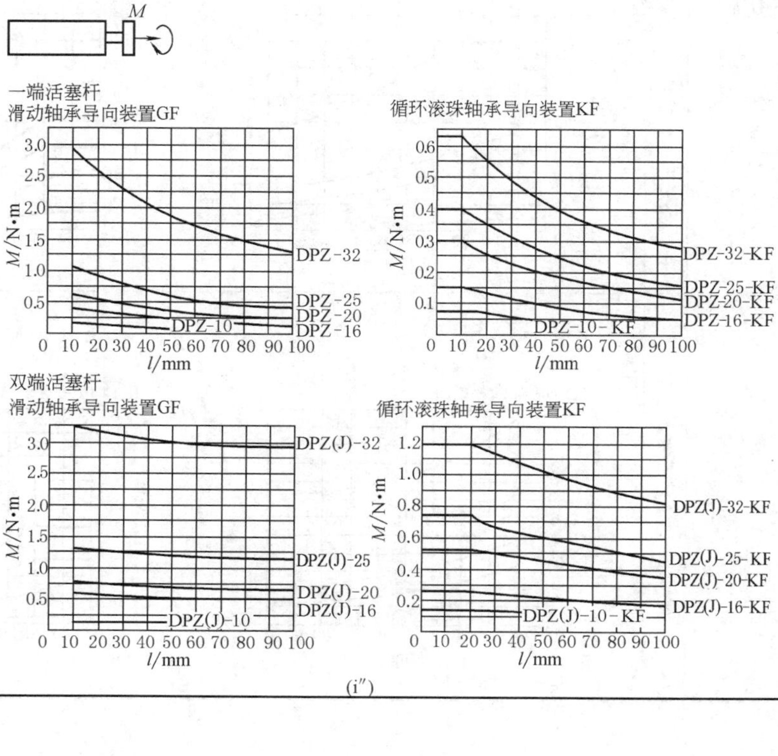


(i″)

续表

双活塞气缸/双缸滑台驱动器

双缸滑台驱动器

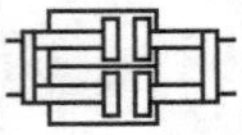

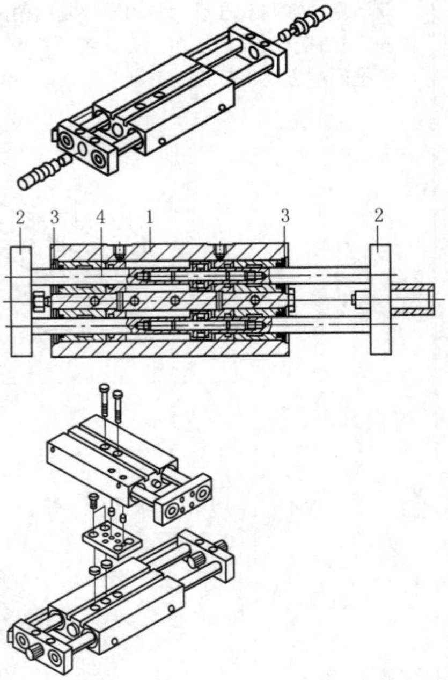


双缸滑台驱动器的运动特征是活塞杆(含前法兰或后法兰)固定,缸体(滑台)移动。一些日本气动制造厂商称其为滑动装置气缸。双缸滑台驱动器由于滑台运动,只有双活塞杆贯穿缸体一种形式。缸径为 $\phi$10~32mm,行程在10~100mm之间。其导向装置可分为滑动轴承和循环滚珠轴承两种形式,滑动轴承的承载能力比循环滚珠轴承高,但循环滚珠轴承的运动阻力小,适用于高速运动

1—壳体;2—连接板;3—插头盖;4—活塞杆

许用承载能力与行程之间的关系详见图 j″

下列曲线参考了 FESTO 公司的 SPZ 产品(GF 为滑动轴承导轨,KF 为滚珠轴承导轨)

许用径向力 $F_q$ 和行程 $l$ 的关系

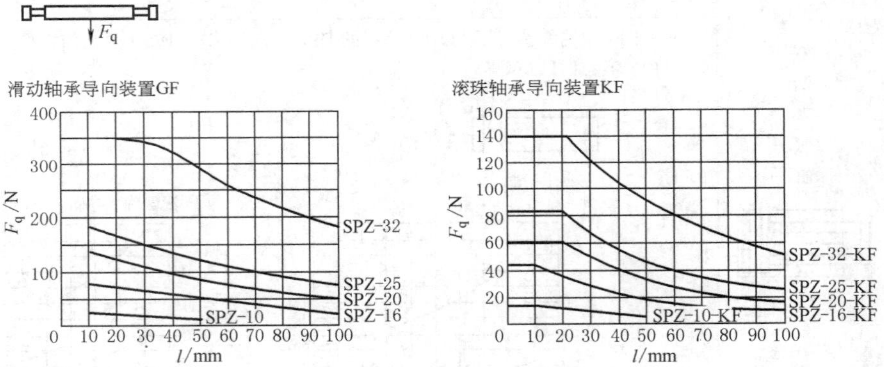


许用力矩 $M_L$ 和行程 $l$ 的关系

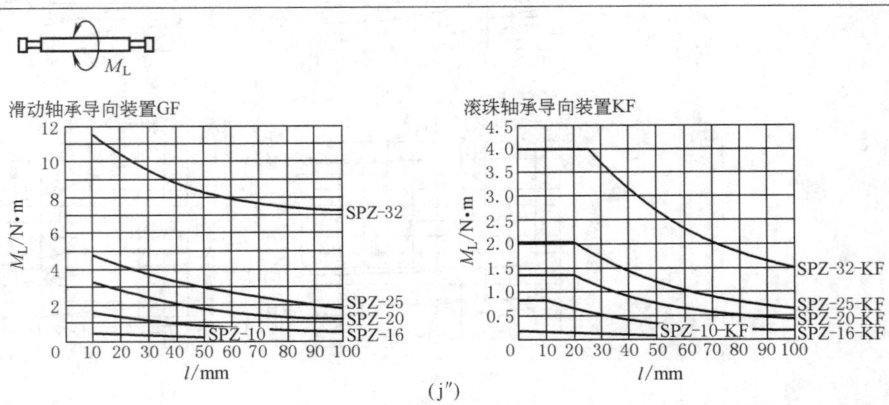


(j″)

续表

| | | |
|---|---|---|
| 组合型直线驱动器/组合型滑台驱动器/组合型长行程滑台驱动器 | 概述 | 组合型直线驱动器、组合型滑台驱动器、组合型长行程滑台驱动器既可根据需要单独选用，又可以相互组合成两维、三维驱动的模块化装置。它与双活塞气缸/双缸滑台驱动器所组成的模块化系统相比，其行程活动范围更长。它的组合见下图 k″<br>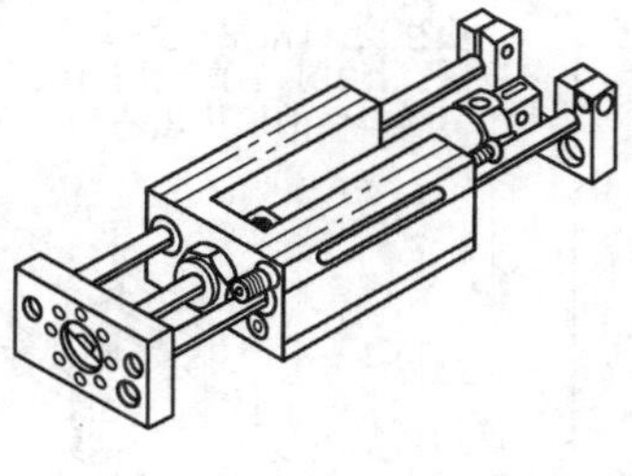 |
| | 组合型直线驱动器 | 组合型直线驱动器是普通圆形气缸和直线导向单元的组合，气缸活塞运动推动前法兰，气缸缸径为 $\phi$10~50mm，符合缸径标准系列，行程在 10~500mm 之间。直线导向单元的导向系统采用循环滚珠轴承，它的前端盖、后端盖可安装液压缓冲装置，组合式直线驱动器除了直接与另一个组合式直线驱动器及组合型长行程滑台驱动器直接连接组成两维、三维驱动的模块化装置之外，也可通过连接板与组合型滑台驱动器和其他驱动器连接成两维、三维驱动的模块化装置<br>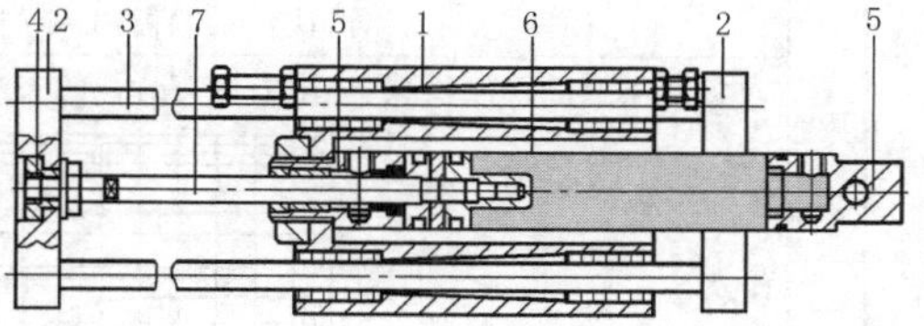<br><br>(k″)<br>1—壳体；2—连接板/端板；3—导杆；4—连接件；5—轴承和端盖；6—缸筒；7—活塞杆 |
| | | 该驱动器的许用负载、许用力矩与行程的关系详见图 l″和图 m″<br>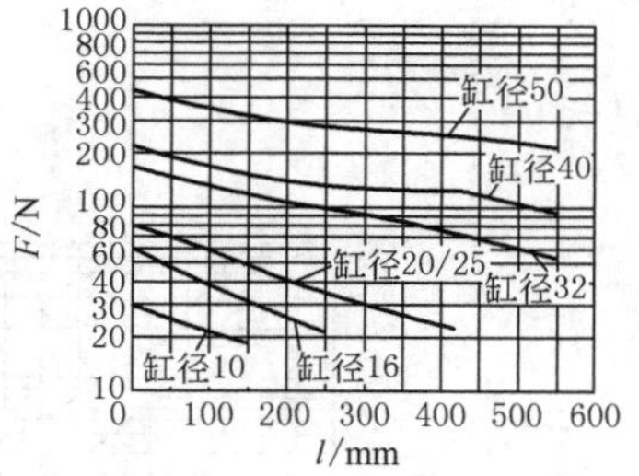<br><br>(l″) 许用有效负载 $F$ 和行程 $l$ 的关系<br>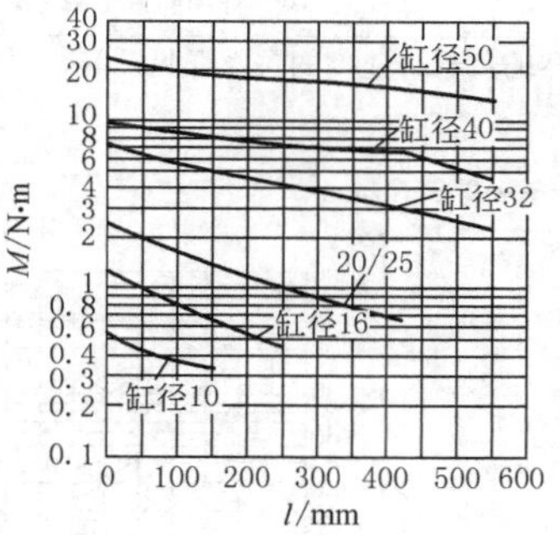<br><br>(m″) 许用力矩 $M$ 和行程 $l$ 的关系 |
| | | 该驱动器的负载与速度的关系详见图 n″<br>水平安装<br>$$F \geqslant m_L g$$<br>式中　$g$——9.81N/mm$^2$<br>$m_L$——质量，kg<br>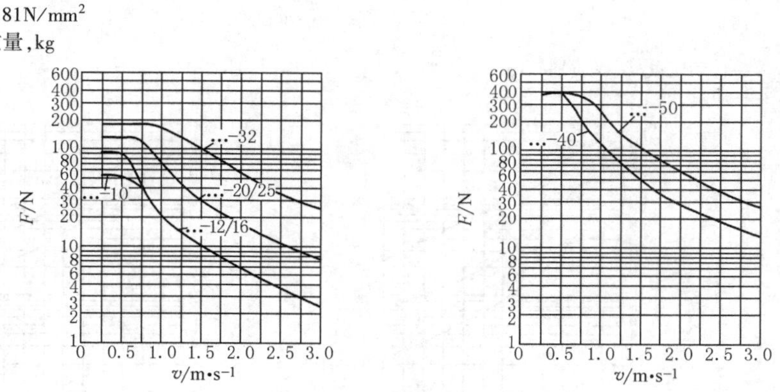<br><br>(n″) 许用缓冲器负载 $F$ 和冲击速度 $v$ 的关系 |

续表

组合型直线驱动器/组合型滑台驱动器/组合型长行程滑台驱动器

组合型滑台驱动器

组合型滑台驱动器是普通圆形气缸和一个滑块装置组合而成，气缸活塞杆与滑块连接在一起；气缸活塞运动推动滑块移动，气缸缸径为 $\phi$10～50mm，符合 ISO 缸径标准系列，行程在 10～500mm 之间。滑块与导杆之间采用循环滚珠轴承，滑块前、后两端面可装有液压缓冲器。通过滑块平面二沟槽、中心定位孔及连接过渡板，可与其他驱动器组成二维、三维驱动的模块化装置

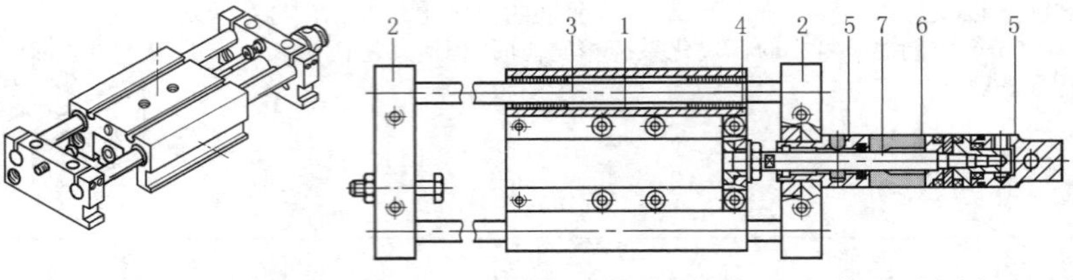


1—滑块；2—端板；3—导杆；4—连接件；5—轴承和端盖；6—缸筒；7—活塞杆

该驱动器的许用负载、许用力矩与行程的关系详见图 o″和图 p″

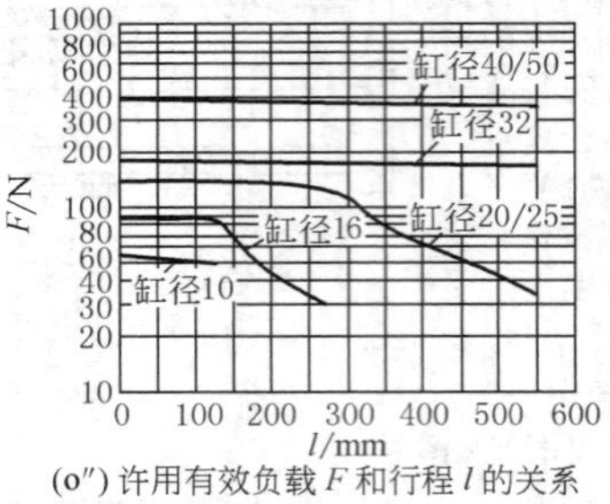


(o″) 许用有效负载 $F$ 和行程 $l$ 的关系

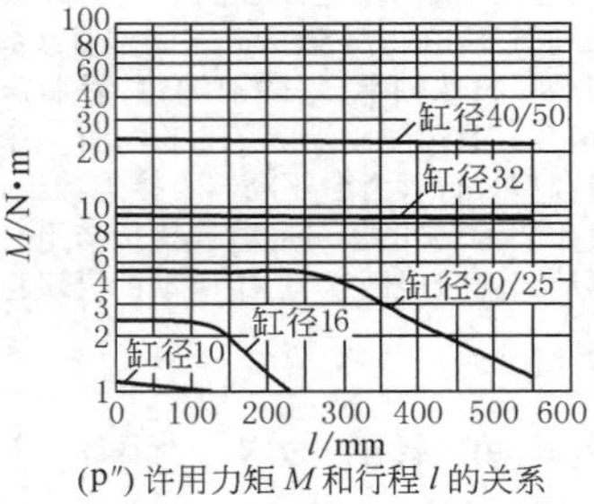


(p″) 许用力矩 $M$ 和行程 $l$ 的关系

该驱动器的负载与速度的关系详见图 q″

水平安装

$$F \geqslant m_L g$$

式中 $g$——9.81N/mm²

$m_L$——质量，kg

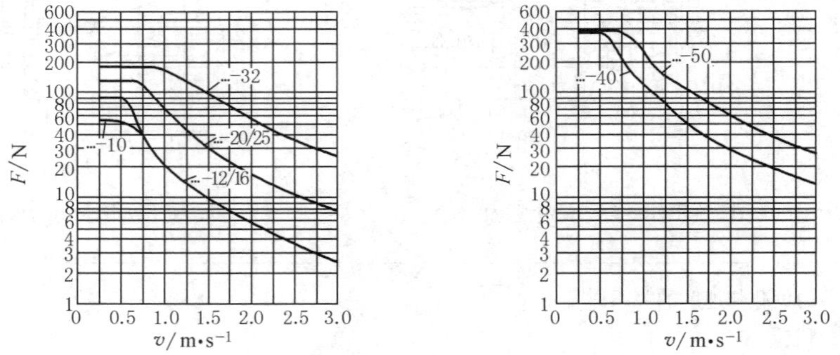


垂直安装

$$F \geqslant (m_L + m_E) g$$

式中 $g$——9.81N/mm²

$m_E$——移动质量（绝对质量），kg

$m_L$——质量，kg

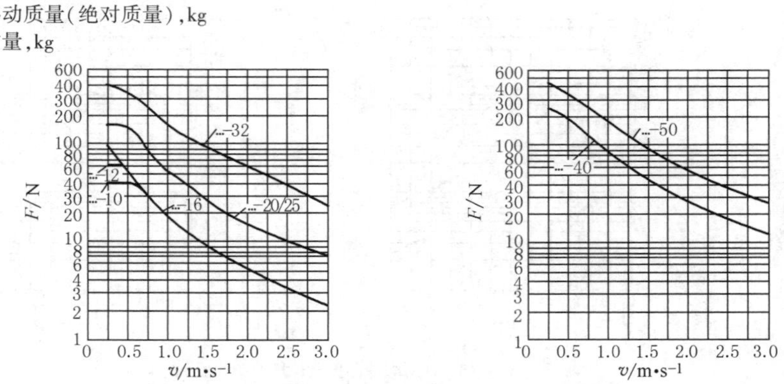


（q″）许用缓冲器负载 $F$ 和冲击速度 $v$ 的关系

续表

| | | |
|---|---|---|
| 组合型直线驱动器/组合型滑台驱动器/组合型长行程滑台驱动器 | 组合型长行程滑台驱动器 | 见下文 |

组合型长行程滑台驱动器是一个磁耦合的无杆气缸与一个滑台装置组合而成，无杆气缸的活塞磁性材料与围绕在无杆气缸的滑块内径处的磁性材料形成一对磁极。压缩空气推动气缸活塞移动，滑台装置也随之移动，所以往往是端板2固定，滑台1可被驱动。由于圆形气缸采用磁耦合式无杆气缸，故该类驱动器的工作行程较长，最长可达1500mm。磁耦合无杆气缸的缸径为$\phi$10~40mm。滑台前、后两端面可安装液压缓冲器。通过滑台平面的沟槽、中心定位孔及连接过渡板可与其他驱动器组成两维、三维驱动的模块化装置。由于该驱动器的驱动气缸采用磁耦合无杆气缸，因此，它的运动速度比组合型滑台驱动器小

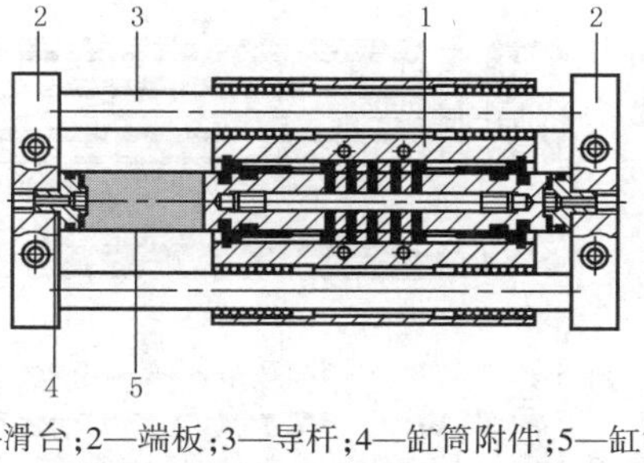


1—滑台；2—端板；3—导杆；4—缸筒附件；5—缸筒

图 r″~图 t″表明该驱动器许用负载、许用力矩与行程的关系及负载与速度的关系

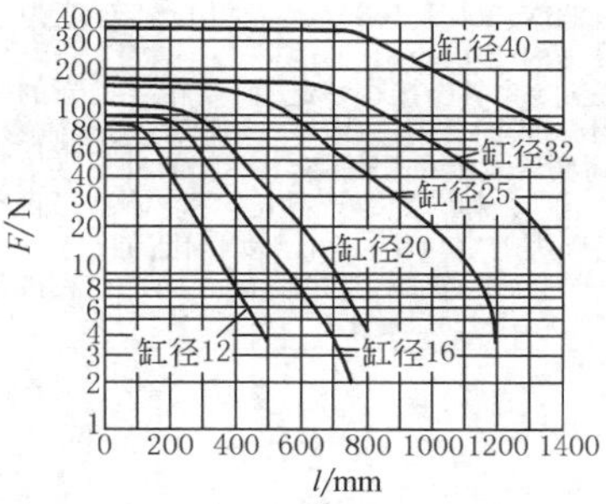


(r″) 许用有效负载$F$和行程$l$的关系

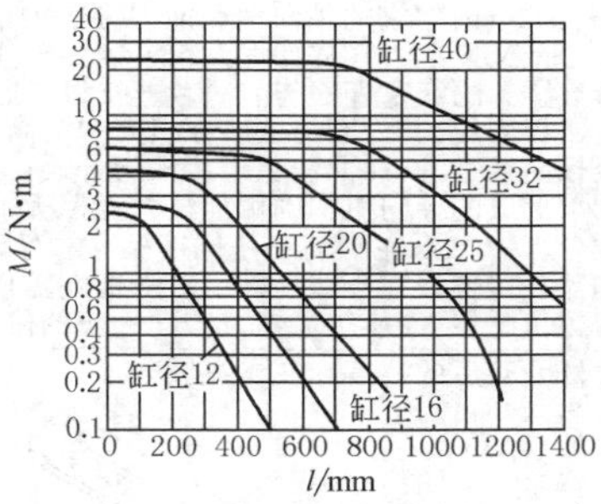


(s″) 许用力矩$M$和行程$l$的关系

水平安装

$$F \geqslant m_{L} g$$

式中 $g$——9.81N/mm²

$m_{L}$——质量，kg

垂直安装

$$F \geqslant (m_{L}+m_{E}) g$$

式中 $g$——9.81N/mm²

$m_{E}$——移动质量（静质量），kg

$m_{L}$——质量，kg

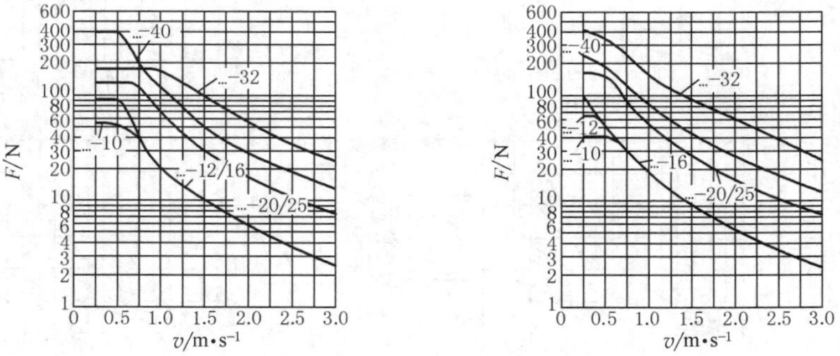


(t″) 缓冲器许用负载$F$和冲击速度$v$的关系

第23篇

续表

直线坐标气缸/轻型直线坐标气缸

直线坐标气缸

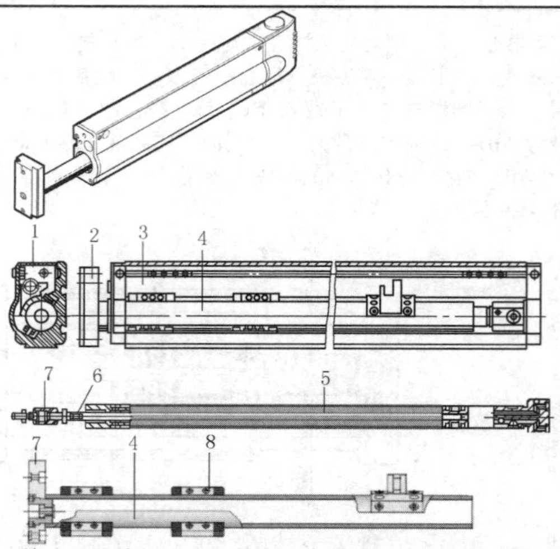


1—外壳盖;2—前法兰连接板;3—型材;4—高精度抛光的坚固导轨;5—圆形气缸;
6—活塞杆;7—柔性连接件;8—高精度循环滚珠轴承

直线坐标气缸是典型的模块化、集成化产品,是气动与机械结合完美的气动驱动器之一。依靠高精度抛光的坚固导轨和无间隙滚珠轴承,确保气缸有极高的刚性,导向管受载变形最小。其气动驱动器的缸径为 $\phi$16mm、$\phi$20mm、$\phi$25mm、$\phi$32mm,但它的径向承载能力分别可达 100N、200N、300N、500N;活塞杆抗转矩能力也分别为 20N·m、30N·m、40N·m、50N·m;气缸行程为 50~400mm,重复精度为±0.01mm

圆形气缸 5 的活塞杆 6 与前法兰连接板 2 通过柔性连接件 7 连接在一起,而高精度抛光的坚固导轨 4 一端面与前端法兰连接板固定,其外圆与安装在机壳中的高精度循环滚珠轴承 8 相配合。当圆形气缸活塞杆伸出运动时,带动前法兰连接板向外运动,而前法兰连接板向外运动又使得高精度抛光的坚固导轨一起向外运动。高精度抛光的坚固导轨与滚珠轴承形成的导向机构确保前法兰连接板承受高的径向力和转矩。产品出厂前,制造厂商已调整好循环滚珠轴承的间隙配合。带 V 形轮廓前法兰连接板上配有与外部连接用的定位销孔和连接螺孔,通过燕尾槽形的连接组件,可把其他驱动器直接连接在直线坐标气缸的前端盖板上。同样,直线坐标气缸的底部有同样结构的连接形式。直线坐标气缸配有位置传感器,液压缓冲器及中间停止的位置模块

活塞杆受载后的挠度形变参见图 u″

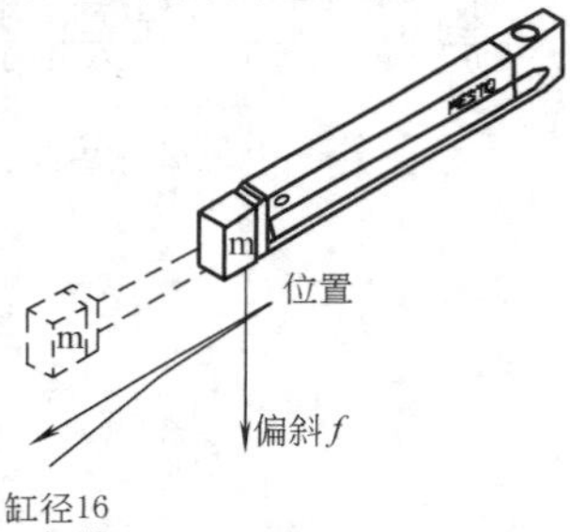


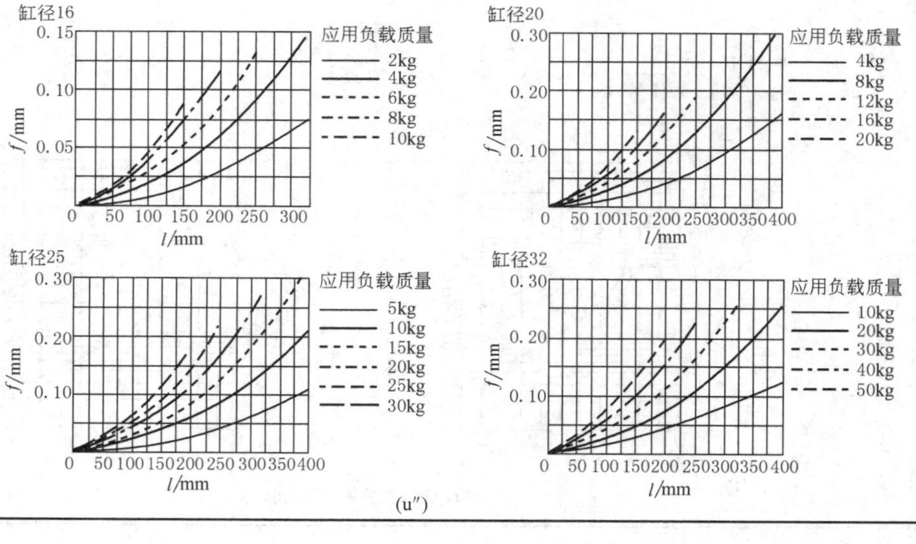


(u″)

续表

<table>
<tr>
<td rowspan="2">直线坐标气缸/轻型直线坐标气缸</td>
<td>直线坐标气缸</td>
<td>
最佳缓冲器行程条件下，许用垂直推进时间 $t$ 与行程长度和应用负载质量 $m$ 的关系见图 v″<br>
缸径 16/20/25/32*<br>
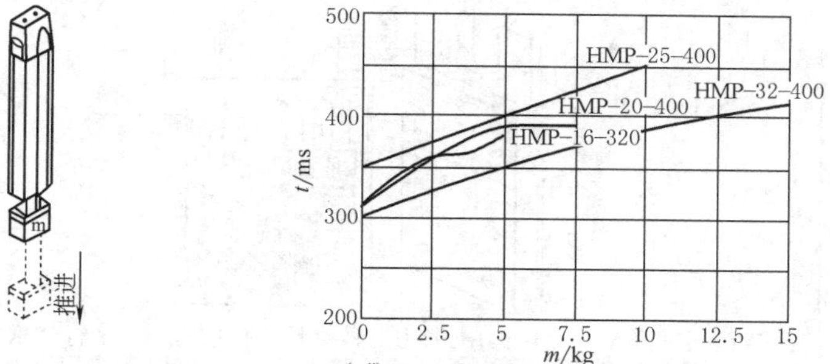

(v″)<br>
最佳缓冲器行程条件下，许用垂直返回时间 $t$ 与行程长度和应用负载质量 $m$ 的关系见图 w″<br>
缸径 16/20/25/32*<br>
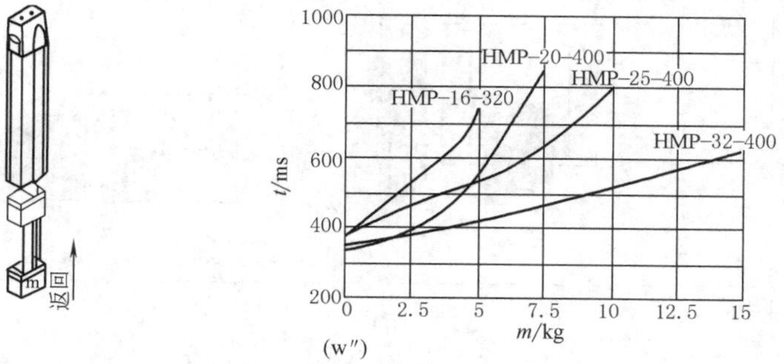

(w″)<br>
*其他额定行程在准备阶段
</td>
</tr>
<tr>
<td>轻型直线坐标气缸</td>
<td>
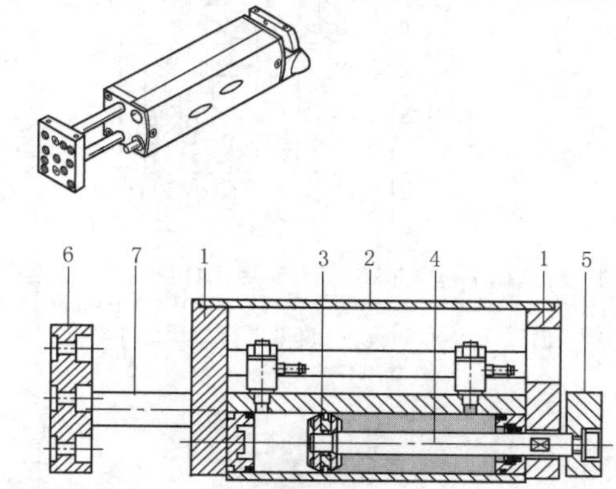

1—壳体端板；2—罩壳；3—活塞；4—活塞杆；5—后法兰板；6—前法兰板；7—导杆<br>
轻型直线坐标气缸是直线坐标气缸的派生产品，它与坐标气缸的主要区别在于重量非常轻，在抓取和放置等机械手操作系统中，它作为垂直运动（$Y$ 轴）的驱动单元，被安装在水平运动（$X$ 轴）驱动器的前法兰板上，大大减轻了水平运动方向驱动器的径向负载，动态性能极好。在带有一个附加安装气缸和一套附加制动组件的情况下可到达中间位置，或直线模块两终端位置之间任意位置的制动<br>
缸径为 $\phi$12mm、$\phi$16mm、$\phi$20mm，径向承载能力分别可达 20N、50N、100N；活塞杆抗转矩能力也分别为 0.7N·m、1.4N·m、2.4N·m；气缸行程为 30~200mm，重复精度为±0.02mm<br>
轻型直线坐标气缸由两个壳体端板 1、前法兰板 6、后法兰板 5、两根导杆 7、圆形气缸及壳体罩壳 2 等组成。两个壳体端板内侧分别固定两组滚珠轴承，两根导杆 7 通过两组滚珠轴承与前法兰板 6、后法兰板 5 构成一体。在两个壳体端板内还装有圆形气缸，当活塞 3 运动时，活塞杆 4 推动后法兰板 5 运动，则两个导杆 7 及前法兰板 6 也随之运动<br>
该驱动器许用负载、许用力矩与行程的关系及负载与速度的关系、活塞杆受载后的挠度形变与直线坐标气缸章节中所写一样，可参照气动组件制造厂商提供的产品样本
</td>
</tr>
<tr>
<td>气爪/比例气爪</td>
<td>气爪</td>
<td>常规的气爪一般可分为平行气爪、摆动气爪、旋转气爪、三点气爪。有些日本气动厂商将气爪分为两大类：平行气爪（平行开闭型）和支点开闭型气爪。平行开闭型气爪再可分为一般行程的平行气爪、宽型平行气爪、圆柱形爪体两气爪、圆柱形爪体三气爪、圆柱形爪体四气爪。支点开闭型气爪也再可分为肘接式开闭型气爪、凸轮式 180°开闭气爪、齿轮式 180°开闭气爪</td>
</tr>
</table>

续表

| | | | |
|---|---|---|---|
| 气爪/比例气爪 | 气爪 | 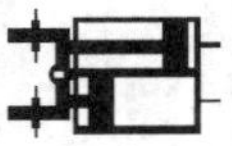<br>平行气爪 | 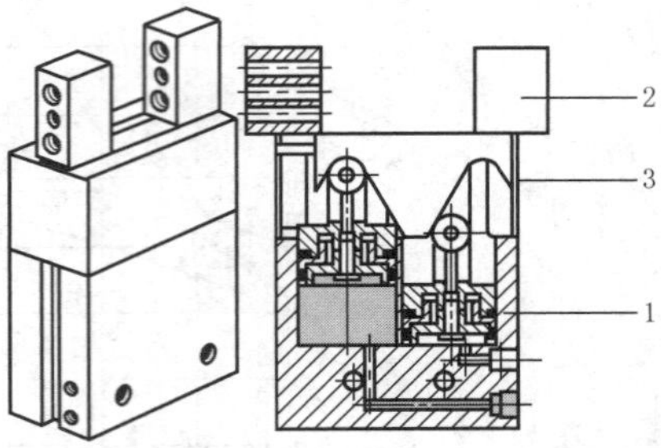<br><br>1—壳体；<br>2—气爪夹头；<br>3—端盖<br>平行气爪的移动距离较长，夹紧力与被夹持工件成直角。平行气爪的直径为 $\phi$16～40mm，行程 4～30mm（宽型气爪最大行程可达 200mm），夹紧力为 10～390N，重复精度为 0.01～0.02mm，最高工作频率为 4Hz。平行气爪夹具部分小齿形平面可改善与工件接触状况，增加夹紧摩擦力（见图 x″）。不仅能夹持平行的工件，借助于 V 形夹具，可夹圆柱体工件，对不同直径圆柱体夹持偏差在同一水平轴线上<br>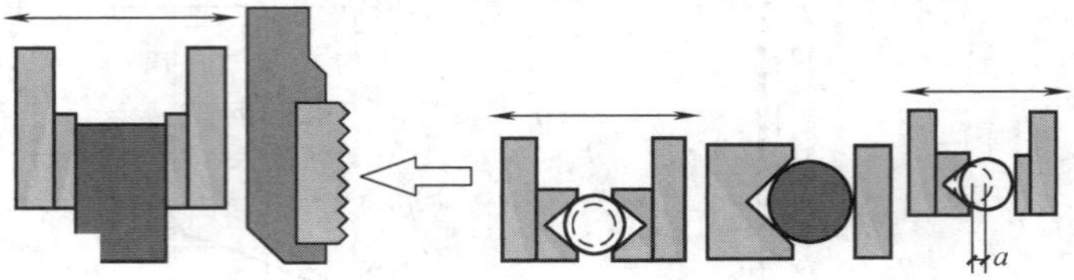<br><br>（x″） |
| | | 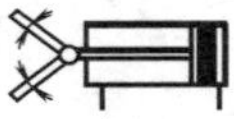<br>摆动气爪 | 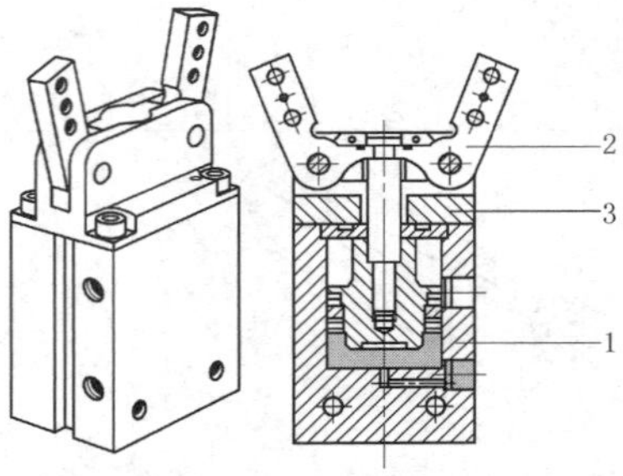<br><br>1—壳体；<br>2—气爪夹头；<br>3—端盖<br>气爪移动的距离比平行气爪小，打开转矩比合拢转矩大。摆动气爪的直径为 $\phi$10～40mm，单臂摆角为 20°，抓取力矩为 11～530N·cm，重复精度为 0.01～0.04mm，最高工作频率为 4Hz。工件形状和夹紧的行程需搭配得当，借助于 V 形夹具，可改善夹持效果。工件被夹持后所产生的偏差不在水平轴线上<br>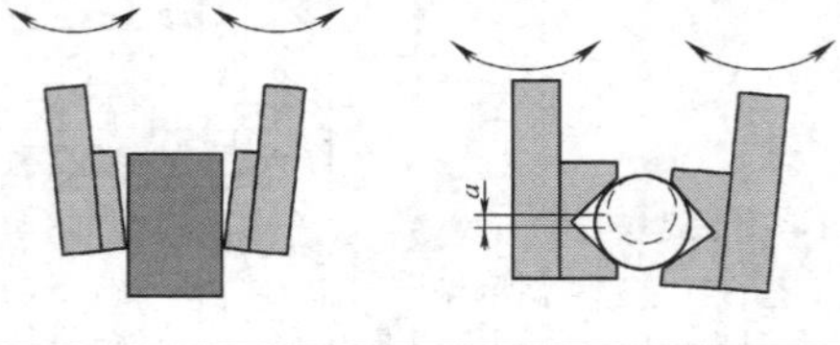<br> |
| | | 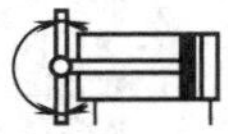<br>旋转气爪 | 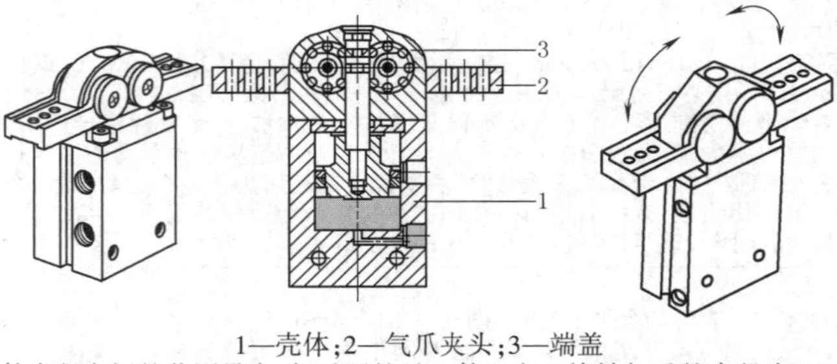<br><br>1—壳体；2—气爪夹头；3—端盖<br>旋转气爪与工件在径向间的范围最广，气爪可越过工件上方。旋转气爪的直径为 $\phi$10～40mm，气爪开度为 180°，抓取力矩为 6.6～250N·cm（内抓取时为 7.5～300N·cm），重复精度为±0.05mm，最高工作频率为 4Hz |

续表

| | | | |
|---|---|---|---|
| 气爪/比例气爪 | 气爪 | 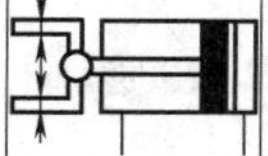 | 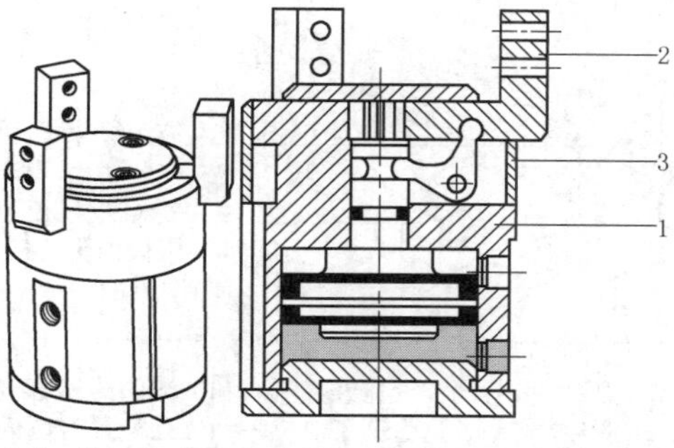 1—壳体；<br>2—气爪夹头；<br>3—端盖<br>三点气爪夹紧力大，转矩大，行程较小。适用于短轴类圆形内、外径夹持。中心定位好。三点气爪的直径为 $\phi$16～50mm（有的日本气动厂商为 $\phi$16～125mm），夹紧力为 30～320N，行程为 5～12mm，重复精度为 ±0.02mm，最高工作频率为 4Hz |
| | 比例气爪 | 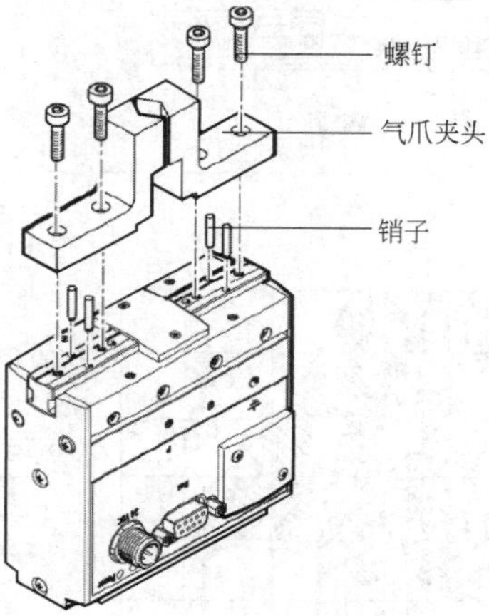 | 比例气爪是一个压力可以任意调节的气爪，单个气爪可作夹紧运动，也可两个气爪作夹紧运动。夹紧力比例可调，能对位置不正确的工件进行感触并抓取夹紧，或对夹具夹紧中心位置进行重新设置调整<br>比例气爪单个夹头的夹紧力为 5～50N，单个气爪的行程为 10mm，定位精度为±0.1mm |
| 真空吸盘 | 真空吸盘可分单层、双波纹、多波纹及其他几何形状。吸盘最小直径为 $\phi$1mm，最大直径可达 $\phi$200mm。适合不同形状工件的传送。负载转矩较小，简单方便。真空吸盘的材质有：丁腈橡胶、聚氨酯、Vulkollan 橡胶、硅橡胶、氟橡胶、丁腈橡胶（抗静电）<br>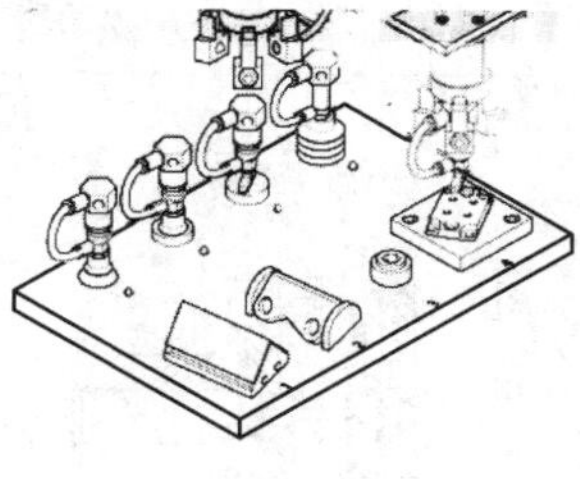 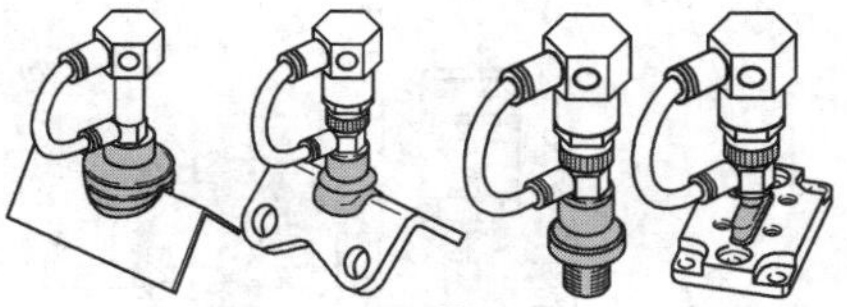<br>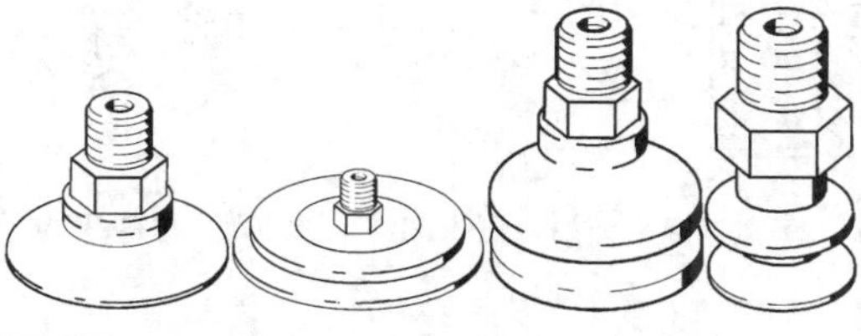 | | |
| | 波纹状圆形吸盘，两个褶 | 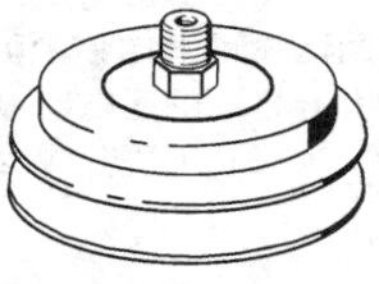 | 椭圆形吸盘<br>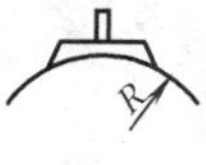  |

第23篇

续表

| | | |
|---|---|---|
| 液压缓冲器 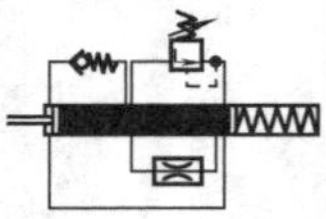 | 图 | 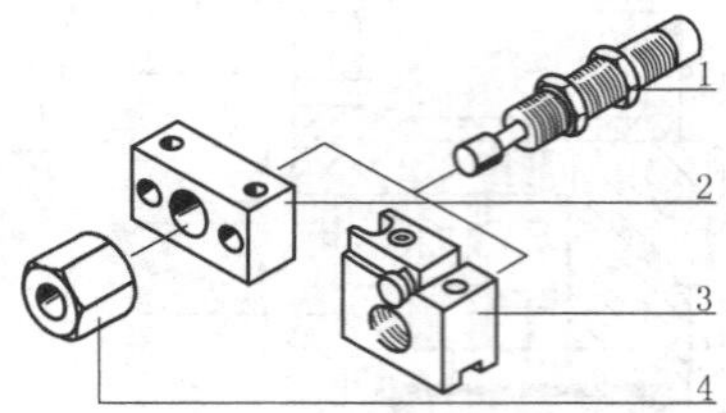<br>1—液压缓冲器,缓冲力曲线快速上升;<br>2—安装法兰,用于缓冲器;<br>3—安装法兰,用于带有止动套和位置感测的缓冲器;<br>4—限位挡块,用于缓冲器 |
| | 工作原理 | 对于自调节液压缓冲器,当油液流经溢流阀和节流阀的组合装置排出时,作用在活塞杆上的冲击能量转化为热能,逸散于空气中。这保证了对每一种许用能量范围内的缓冲要求,缓冲器都能自动适应。内置的压缩弹簧可把活塞杆推向原始位置<br>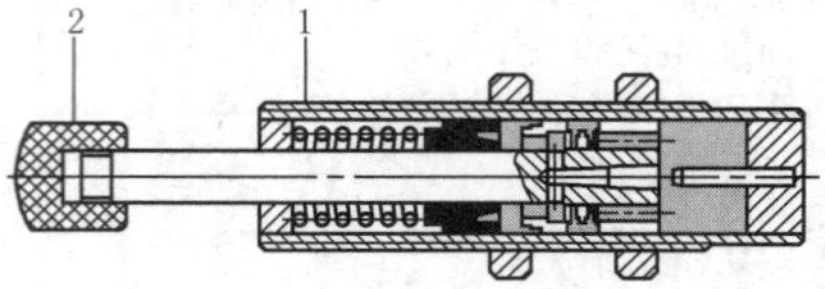<br>1—壳体;2—缓冲垫 |
| | 自调节缓冲器的选型图 | 冲击速度取决于质量 $m$<br>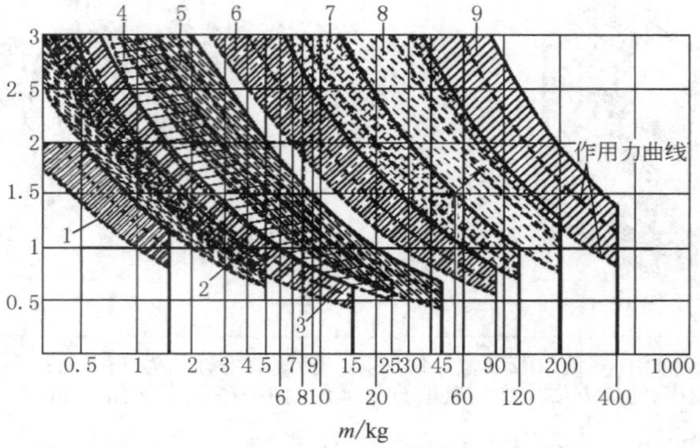<br>直径行程<br>1—5-5;<br>2—7-5-C;<br>3—8-8-C;<br>4—10-10-C;<br>5—12-12-C;<br>6—16-20-C;<br>7—20-25-C;<br>8—25-40-C;<br>9—32-60-C |
| 节流阀 | 结构图 | 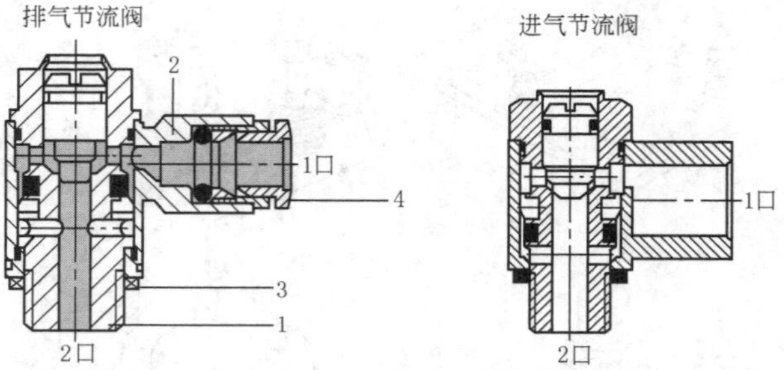<br>1—螺纹凸缘(材料:黄铜);2—旋转接头(材料:压铸锌);3—密封件(材料:聚酰胺);4—保持环(材料:聚缩醛) |
| | 说明 | 1口接电磁阀输出,2口接气缸。对排气节流阀而言,气缸的排气通过2口向1口流出。此时,V形密封圈在气压的作用下,紧贴单向阀阀体的内壁气流只能通过中间的圆孔与可调锥阀间隙向1口流出<br>对进气节流阀而言,气缸的排气可通过V形密封圈及中间内孔与锥阀的间隙向1口流出。因此,气缸在排气状态下,节流功能不存在。仅在1口流入进气节流阀时才起作用(此时V形圈在1口的气压作用下,紧贴单向阀阀体的内壁,气流只能通过可调锥阀与内孔的间隙进入) |

续表

| | | 气路符号 | 说　明 | 气路符号 | 说　明 |
|---|---|---|---|---|---|
| | | 双作用气缸,单向节流阀 | | | |
| | | 排气流量控制 | 进气流量控制 | 排气流量控制 | 进气流量控制 |
| 节流阀 | 节流功能和应用范围 | 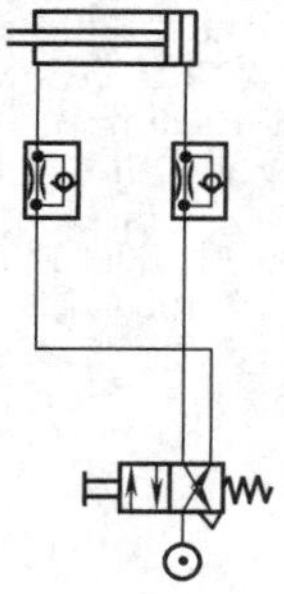 | 通过控制排气流量调节速度,进气流量不受控制而只对排气流量进行控制,这使得活塞保持在气垫之间移动(即使负载变化,也能改善动作特性) | 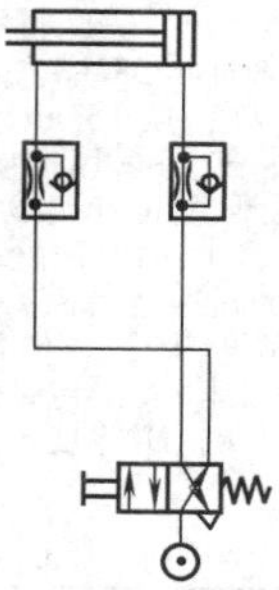 | 前进和返回行程速度可调,两个方向上空气流量相同 |

**气控单向阀**

通常情况下,当气流从2→1时,截止针阀底部弹簧力使密封件封死通道口,从2→1气流越大,密封性能越好,气流2→1处于截止(关闭状态)。相反,当气流从1→2时,气流压力克服密封件下面的弹簧力,截止针阀被导通,气流从1→2被导通。如要使气流从2→1被导通,则需在21气信号口给一个气压信号

如图y″所示,只要对21口施加控制信号,压缩空气即可流入或流出气缸。换而言之,如果21口没有信号,单向阀关闭气缸排气,气缸停止运动

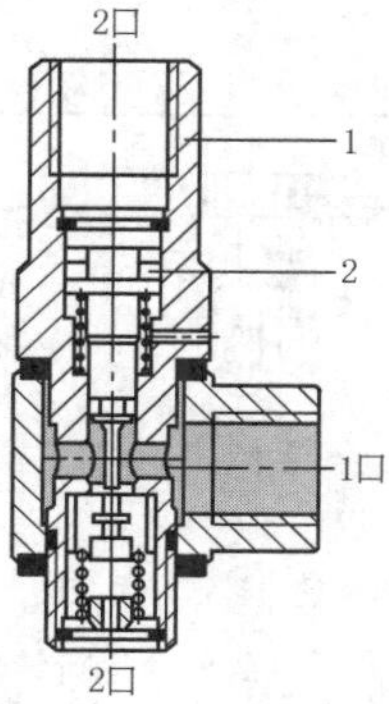


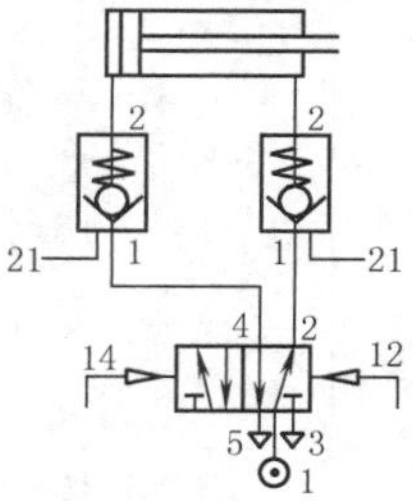


(y″) 单向阀控制
1—阀体;2—截止针阀

**快排阀**

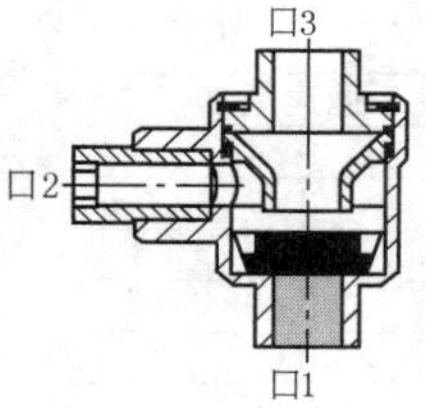


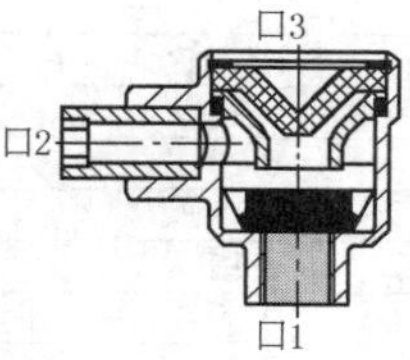


这类组件可增加单作用和双作用气缸回程时的活塞速度。压缩空气从控制阀输出,流入快排阀进气口1,并通过快排阀输出口2接气缸,此时,快排阀排气口3被密封件封死,气缸运动。当气缸返回运动时,压缩空气通过快排阀输出口2流出,此时,密封圈封死快排阀进气口1,压缩空气直接从排气口3排入大气(压缩空气不再经过气管从控制阀的排气口排出,大大缩短了排气的速度和流量)

**气缸用接近开关**

舌簧式接近开关:当磁场靠近时,触点闭合,从而产生开关信号

电感式接近传感器:当磁场靠近时,流过的电流发生变化,从而产生开关信号

气动式接近传感器:当磁场靠近时,阀被驱动,气动式接近传感器切换时产生气动输出信号,可作为下一步的驱动信号(气动输出信号)

焊接屏蔽式接近传感器:和电感式传感器的工作方式相同,但它有一个特点,当接近开关检测到交变磁场时,开关信号会被冻结,这样可防止焊接操作中的错误切换。可用于焊接操作产生很强的交变磁场场合

注意:气缸在高温和低温的应用场合下,请注意传感器工作的最高温度和环境温度

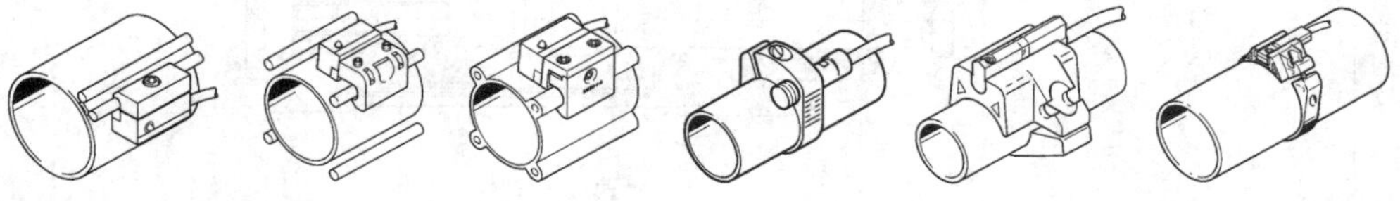

注:本栏示意图、表格数据参考FESTO公司、SMC公司、NORGREN公司。

## 1.2.6 高速气缸与低速气缸

**表 23-4-15**

**高速气缸**

**定义**

目前还未统一标准来定义何谓高速气缸。人们普遍认为当气缸运行速度大于 1m/s,可认为该气缸是作高速运动。实际上,气缸最高速度可达 60m/s。确切地说,60m/s 是不包括气缸开始启动及终点缓冲这两阶段的速度

**高速气缸试验系统及说明**

图 a、图 b 分别是以 17m/s 高速气缸的试验系统图及速度曲线图为例,说明高速气缸运行的条件和可行性。实验条件是以 FESTO 公司 DGP25 无杆气缸、行程为 3300mm(直径 $\phi$25 为样机并作修改),采用中泄式三位五通电磁阀(流量为 4600L/min,阀的换向时开 33ms/关 80ms,三位五通电磁阀的排气口安装 GRU 3/8 消声节流阀(最大流量 1800L/s),采用 PU13 气管(内径为 $\phi$13mm)长度为 2300mm,及液压缓冲器 YSR-16-20 作活塞终点缓冲(缓冲行程 20mm,最大缓冲能量 $W_{max}$ 为 32J、每小时为 130000J、最大残余能量为 0.16J、最大冲击负载为 160kg)。它的运动速度见图 b,在此曲线图中可见活塞开始速度为 0,在 0.5m 处活塞速度可达 17m/s 左右,在 1.7m 处活塞速度可达 23m/s 左右,当活塞运行在 3m 处,活塞速度降为 14m/s 左右,当活塞运行在 3.3m 时,此时在液压缓冲器的作用下,活塞速度被降为 0。为了满足高速运行需要足够流量,在三位五通进口处安装一个 10L 的储气灌,气缸的进排气口的位置在两个端盖轴心线上(见图 a),气缸活塞密封件采用聚四氟乙烯材质及特殊润滑脂,必须强调这里的高速运行是指整个行程中的中间平均速度(不包括启动和终点两个阶段速度),因此,必须是一个长行程(足够长的行程)的气缸。当气缸速度达到 60m/s 时,缓冲技术是需考虑的另一重要内容

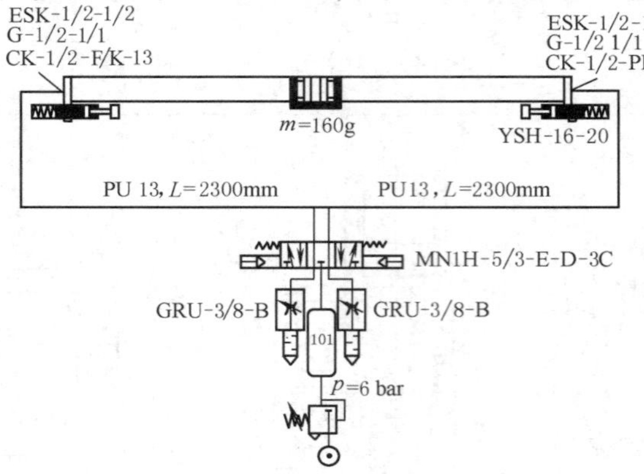


(a) 高速气缸试验系统图

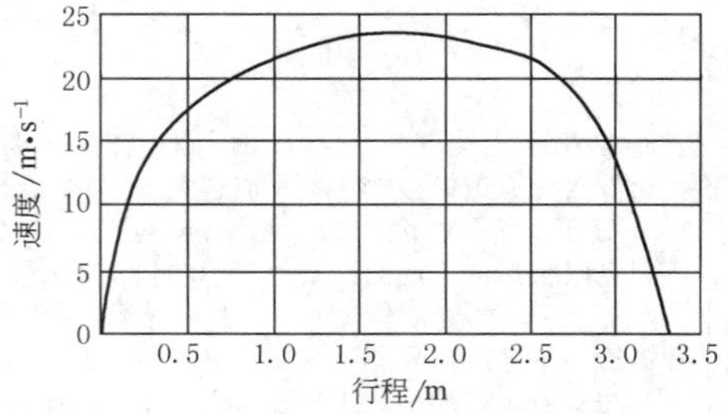


(b) 高速气缸速度曲线图

**低速气缸**

**定义**

低速气缸是指气缸具有平稳的低速运行特性,如最低速度约在 3mm/s 时,运行仍无爬行现象,需要说明的是:低速气缸与低摩擦气缸是两个不同的概念,不要把低摩擦气缸视作低速气缸,也不要把低速气缸误解为摩擦力低

**低摩擦气缸、低速气缸与标准气缸的启动压力比较**

从下表中可以看到低摩擦气缸、低速气缸与标准气缸在启动压力方面的比较,对于小缸径气缸,如 $\phi$32mm、$\phi$40mm 时,低速气缸的启动压力比标准气缸还要高

低摩擦气缸、低速气缸、标准气缸启动压力比较

| 气缸缸径 $\phi$/mm | 启动压力/bar | | |
|---|---|---|---|
| | 低摩擦气缸 | 标准气缸 | 低速气缸 |
| 32 | 0.12 | 0.22 | 0.34 |
| 40 | 0.09 | 0.20 | 0.27 |
| 50 | 0.07 | 0.18 | 0.18 |
| 63 | 0.05 | 0.15 | 0.10 |
| 80 | 0.04 | 0.09 | 0.08 |
| 100 | 0.03 | 0.06 | 0.06 |
| 125 | 0.03 | | |

**低速气缸与标准气缸的结构比较**

从图 c 可以比较低速气缸与标准气缸结构上的主要差异表现在密封件,低速气缸的活塞密封件比标准气缸的密封件小,但它与缸壁的接触面比标准气缸的密封件要大,密封件的材质、润滑油脂与标准气缸有所不同,可采用氟橡胶材质的密封件及 KLUBER 公司生产的特殊油脂

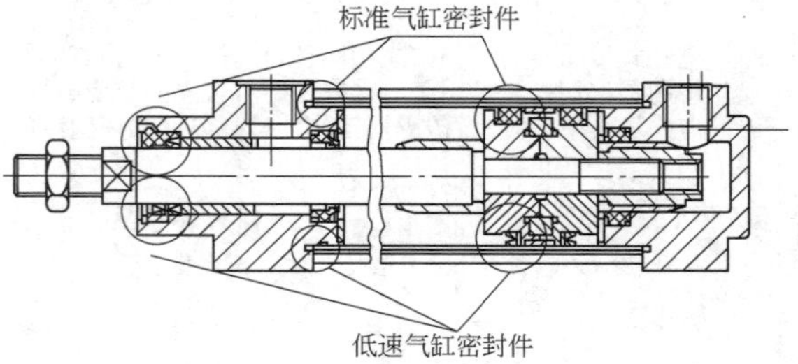


(c)

## 1.2.7 低摩擦气缸

表 23-4-16

| | |
|---|---|
| 密封结构 | 低摩擦气缸如图 a 所示，缸内的密封圈和活塞杆的密封圈与普通型气缸（见表 23-4-15）相比，有很大的不同。密封圈与缸筒的接触面非常狭小，密封件的材质、润滑油脂与标准气缸有所不同，可采用氟橡胶材质的密封件及 KLUBER 公司生产的特殊油脂，确保低摩擦<br>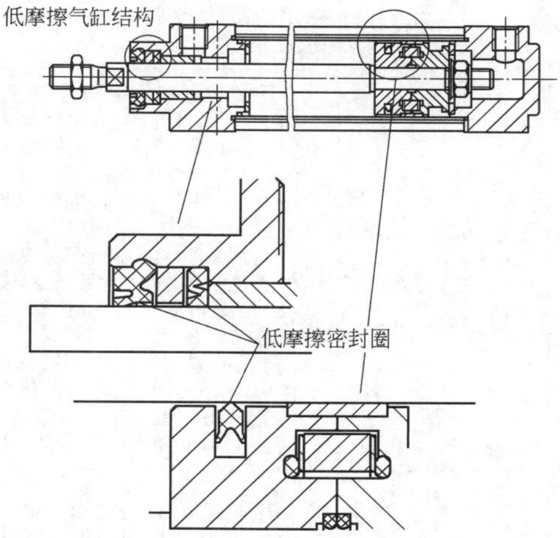<br>(a) |
| 技术特性 | 低摩擦气缸的特性是在确保不产生泄漏的条件下，尽量减少气缸的启动压力，它的特性并不表现在低速、恒速运行，而是表示气缸活塞的低摩擦阻力，灵敏的跟随能力，低的启动压力。在表 23-4-15 中可以看到低摩擦气缸的启动压力比标准气缸低一半左右，在小缸径方面（如 $\phi$32mm、$\phi$40mm 时），它的启动压力比标准气缸要低得多。如此低的启动压力能使气缸在任何时刻启动均具有灵敏的跟随特性。低摩擦气缸的低摩擦及灵敏的跟随特性，在气动伺服系统、纺织机、纺纱机、造纸机械中的应用非常重要。低摩擦气缸的另一个特性是气缸的摩擦力不会随着工作压力的变化而产生大的波动（见图 b）<br>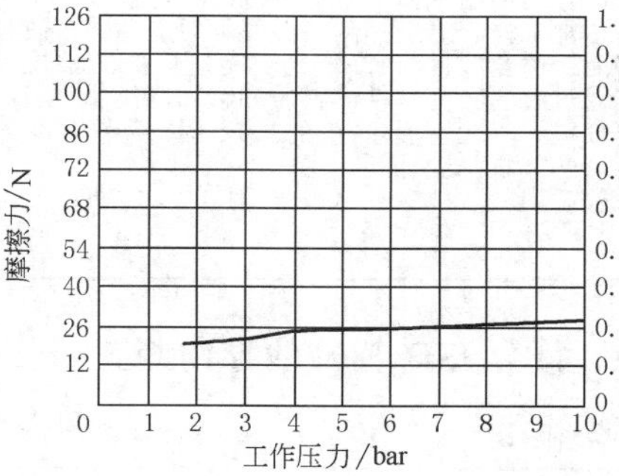<br>(b) |
| 应用实例 | 在纸张、纺织等许多卷绕行业应用中，由于气缸活塞在两侧压力相差很小的情况下仍能运动，表示此时活塞杆产生的推力或拉力均很小，使纸张、薄膜等产品在卷绕过程中不会被拉断。图 c 是低摩擦气缸在造纸行业上应用。当大卷筒的纸越卷越大时，单作用气缸活塞向右移动，由于该气缸采用单作用型式，活塞的另一端不是采用弹簧复位，而是采用精密减压阀，设定一个恒定的低压，使气缸另一侧既有背压，两侧压力又相差甚微，即相当于气缸低摩擦力，并使这个摩擦力趋于一个常量，避免纸张在卷绕过程中被拉断。低摩擦气缸的调速不应采用排气节流方式，排气节流将在活塞背部产生背压，使摩擦阻力加大<br>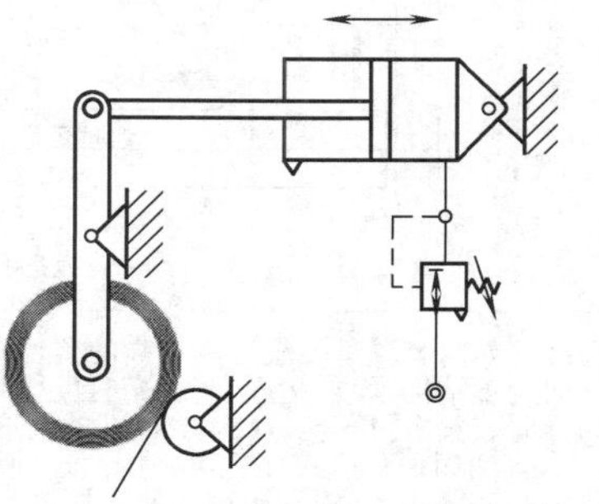<br>（c）低摩擦气缸在纸张卷绕上应用 |

## 1.2.8 耐超低温气缸与耐高温气缸

表 23-4-17

| | | |
|---|---|---|
| 耐超低温气缸 | 概述 | 在一些气动制造厂商的样本中,可以看到技术参数中工作温度范围一栏为-10~70℃或-20~80℃等。这里提到的-10℃或-20℃是属于该气缸在正常工作范围内的最低区域,并不是指专用的超低温气缸。专用的超低温气缸是指超出普通气缸样本的技术数据,比如:最低工作温度在-40℃或-55℃的区域范围 |
| | 专用的超低温气缸与常规气缸(-20℃)在结构上的区别 | 专用的超低温气缸与常规气缸(-20℃)之间在结构上的区别如下<br>(1)专用的超低温气缸活塞密封件直径尺寸与标准常规气缸活塞密封件直径尺寸一样,但橡胶材质不同,应选择专门适用超低温特性<br>(2)具有弹性特性的缓冲密封件必须适合于超低温特性的材质<br>(3)为了保护活塞杆的密封件不受结霜、冰的侵害,采用特殊的防尘圈(或采用铜质的防尘圈),使它能把冰从活塞杆上刮去<br>(4)活塞杆与前端盖内的摩擦副(导向衬套)长度可与标准常规气缸的摩擦副(导向衬套)尺寸一样,但材质也必须适用于超低温环境(特殊塑制摩擦副)<br>(5)活塞材质可与标准常规气缸活塞材质相同,如需在某些特殊行业(如冷冻食品加工、储存)可采用耐腐蚀的材质<br>(6)超低温气缸应采用特殊的润滑剂,它不仅仅要适合于超低温,同时也要考虑到在+80℃的环境下工作(如铁路机车从热带地区到寒冷地区等)<br>(7)当选用传感器时,应注意该传感器的环境使用温度范围<br>(8)当采用专用的超低温气缸时,需干燥、过滤精度为40μm的空气介质,压力露点 |
| | 专用的超低温气缸(≥-40℃)与低温气缸(≤-30℃)在结构上的区别 | 专用的超低温气缸(≥-40℃)与低温气缸(≤-30℃)之间在结构上的区别为:当气缸在低温工作环境(≤-30℃)时,需要采用特殊润滑油脂。但当气缸在超低温工作环境(≥-40℃)时,不仅需要采用特殊润滑油脂,而且密封件的材质也必须改变 |
| 耐高温气缸 | 通常耐高温气缸是指环境温度可达150℃时,气缸仍能正常工作。当选择耐高温气缸时应注意气缸位置传感器能否适合。目前,许多气动制造厂商的常规标准化气缸通过改变其密封件的材质和特殊润滑脂均可派生耐高温气缸。当环境温度超过250℃时,可考虑设计有水冷循环的气缸,见右图 | |

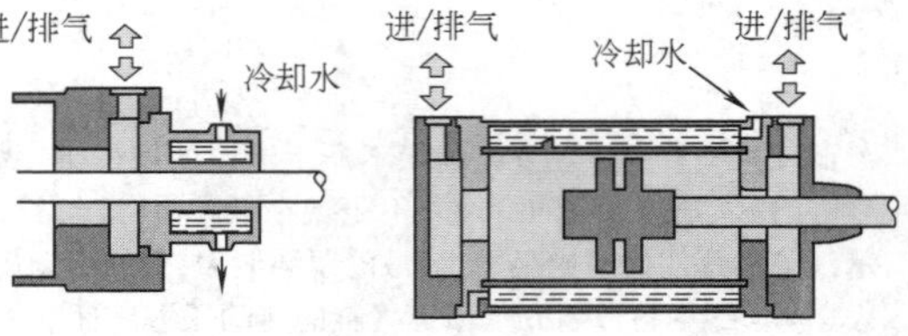

水冷循环气缸

## 1.2.9 符合ISO标准的导向装置

表 23-4-18

结构图

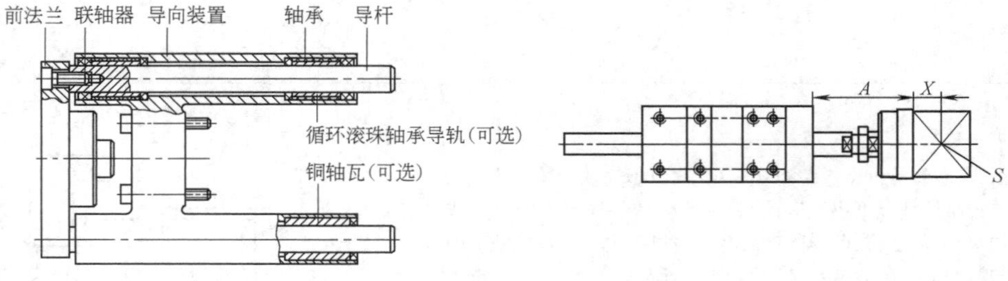

(a)
A—力壁伸出的距离;X—负载中心距离;S—工件的重心

| | |
|---|---|
| 说明 | 标准的导向装置可使气缸具有高的抗径向负载及抗高转矩负载能力。大多数气动制造厂商都提供此类导向装置,由于该类导向装置结构紧凑、坚固、精度高,且已形成符合ISO标准的系列产品,设计工程师不必自行设计辅助导向机构。该类标准的导向装置有:符合ISO 6432标准的圆形气缸及符合ISO 15552标准的普通型气缸。标准的导向装置可采用普通滑动轴承(如:含油铜轴瓦形式),也可采用滚珠轴承(循环滚珠轴承)如图a所示。铜轴瓦与滚珠轴承的区别在于导向装置承受负载能力及气缸速度(连续运行情况),铜轴瓦承受负载能力比循环滚珠轴承要大,但它运行速度或连续运行情况没有循环滚珠轴承好。图a是符合ISO 15552标准的普通型气缸的导向装置,它主要连接界面尺寸:活塞杆头部连接螺纹$KK$、气缸前端颈部处外圆尺寸$\phi B$、前(后)端盖四个连接螺钉位置尺寸$TG$及该连接内螺纹尺寸(包括其内螺纹深度),可参见本章ISO 15552标准普通型气缸简介 |

续表

| | |
|---|---|
| 负载与力臂伸出距离的关系 | 见下图 (b) |

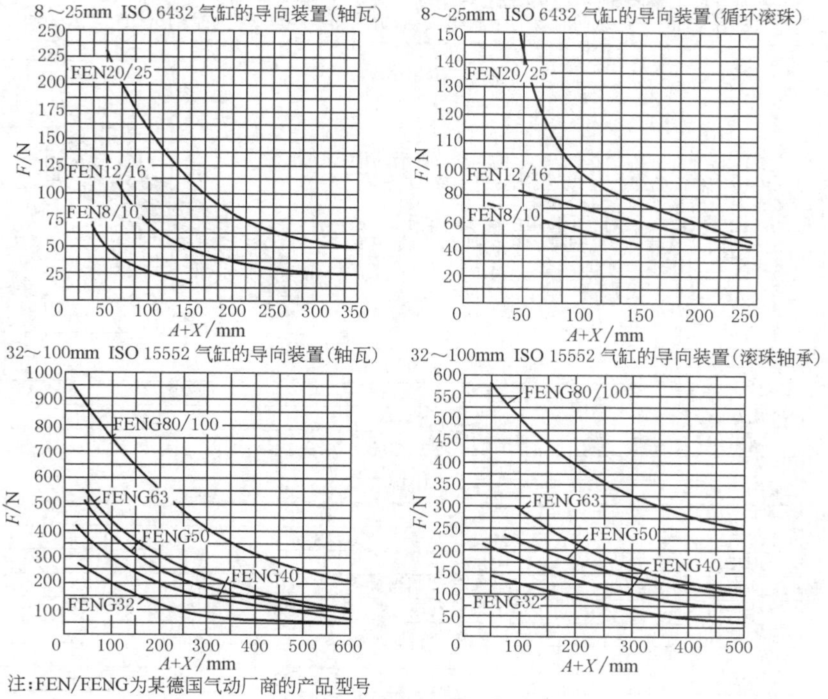


注:FEN/FENG为某德国气动厂商的产品型号

(b) 负载与力臂伸出距离的关系

## 1.2.10 无杆气缸

**表 23-4-19**

| | |
|---|---|
| 定义及应用 | 无杆气缸是一种无活塞杆伸出在外的特殊结构气缸(与普通标准气缸相比)。由于无活塞杆伸出在外,它运动时所占的空间比普通标准型气缸减少一半,在目前自动化生产线,尤其是组建模块化搬运、加工流水线中起着十分重要的作用 |
| 结构与工作原理 | 如图 a 所示,无杆气缸的缸筒形状是一个带开口槽的内孔为圆形的铝合金型材,见图 b 剖面图。无杆气缸的活塞/滑块为一个整体结构的部件,为了使活塞在缸筒内部运动有一个密闭的空间,在缸筒型材内孔开槽处采用了一根稍长于缸筒长度的密封带,穿过活塞/滑块部件,密封带两端固定在前后端盖顶部上方。同时,在型材开口处的外表面上,同样还有一根稍长于缸筒长度的钢带,也穿过活塞/滑块部件,钢带的两端固定在前后端盖顶部上方(在密封件上方)。钢带的功能是保护其内层的密封带不受外部脏物、灰尘的侵入。当压缩空气进入无杆气缸内部推动活塞时,滑块也随之运动。活塞运动的长度就是滑块运动的行程长度 |

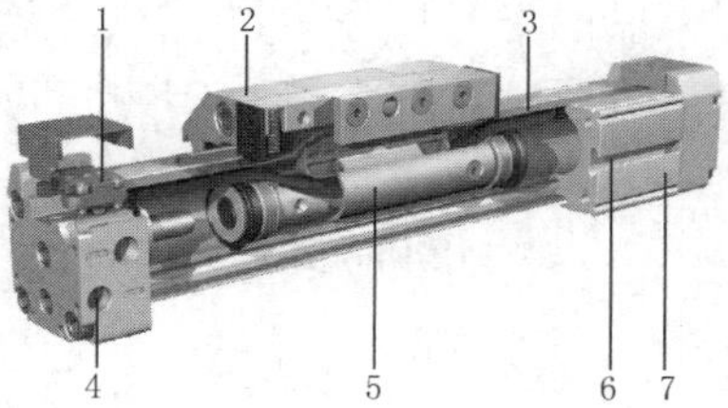


(a)

1—可调终端缓冲,可选,液压缓冲器,终端控制器 SPC11;2—滑块,永久地附加在驱动器上;3—封条,防止灰尘进入;4—供气口位置选择,端盖的三个面上可供选择;5—活塞;6—安装/传感器沟槽,用于集成接近传感器,附加沟槽用于沟槽螺母(气缸活塞直径大于等于 32mm);7—固定型材

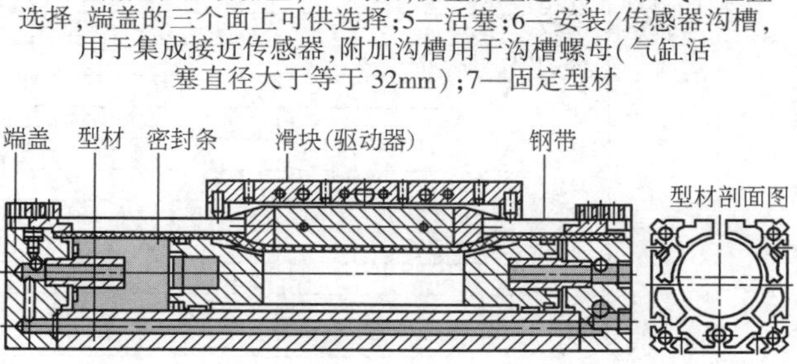


(b)

第 23 篇

续表

**不带导向装置的无杆气缸**

**特点**

不带导向装置的无杆气缸亦称直线驱动器，是一种最简单，也是最基本的无杆气缸驱动装置。由于无导向导轨的保护，滑块在运动时易受偏载影响，如负载的重心偏离滑块的中心位置，或受两侧面横向力及转矩破坏

**与外部部件的连接**

滑块与外部部件连接时应采用如图 c 所示的滑块连接件(滑块连接件既与滑块进行柔性连接，又能围绕滑块作少量上下摇摆浮动)

当无杆气缸较长时，可选用中间支撑件以增强无杆气缸的承载能力(见表 23-4-14 最大许用支撑跨距 $L$ 和作用力 $F$ 的关系)

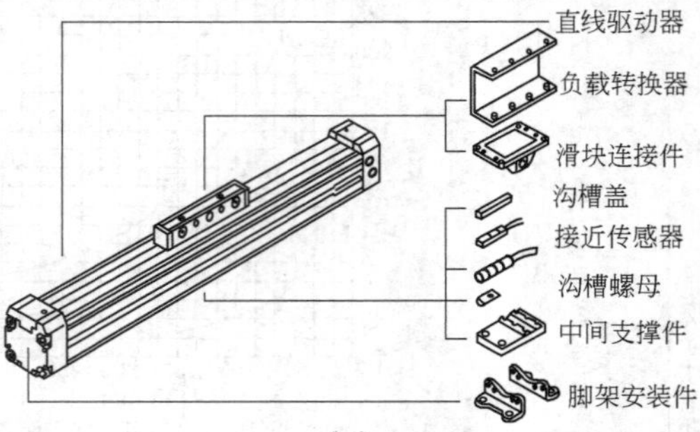


(c)

**不带导向装置的无杆气缸 — 主要技术参数**

| 活塞直径 $\phi$/mm | 18 | 25 | 32 | 40 | 50 | 63 | 80 |
|---|---|---|---|---|---|---|---|
| 结构特点 | 气动直线驱动器 | | | | | | |
| 抗扭转/导向装置 | 开槽的缸筒 | | | | | | |
| 操作模式 | 双作用 | | | | | | |
| 驱动原理 | 强制同步(沟槽) | | | | | | |
| 安装位置 | 任意 | | | | | | |
| 气接口 | M5 | G1/8 | | G1/4 | | G3/8 | G1/2 |
| 行程长度/mm | 10~1800 | 10~3000 | | | | | |
| 缓冲形式(PPV) | 两端具有可调缓冲器 | | | | | | |
| 缓冲长度/mm | 16 | 18 | 20 | 30 | | | 83 |
| 位置感测 | 通过磁铁 | | | | | | |
| 工作和环境条件 | | | | | | | |
| 活塞直径 $\phi$ | 18 | 25 | 32 | 40 | 50 | 63 | 80 |
| 工作介质 | 过滤压缩空气，润滑或未润滑 | | | | | | |
| 工作压力/bar | 2~8 | | | 1.5~8 | | | |
| 环境温度/℃ | -10~60 | | | | | | |

**力学分析**

**受力分析**

不带导向装置的无杆气缸(亦称直线驱动器)，如缸筒(或活塞)为圆形时，当滑块两侧面受大横向力时，活塞/滑块部件的剪切应力全部集中在其中间细腰部(即为缸筒开槽槽口的窄长部位)，活塞/滑块部件易折断。因此，不带导向装置的无杆气缸抗横向力能力较差，选用时应参照表 23-4-14，尤其是表中的 $M_{xmax}$ $M_{zmax}$。如采用加长驱动器 GV(即对活塞/滑块部件长度加长一倍)，其滑块两侧面受横向力能力及转矩可有所提高。如果缸筒(或活塞)为椭圆形，滑块两侧面受横向力能力比缸筒(或活塞)为圆形要好，但也不易受大横向力或力矩。通常，选用无杆气缸并非让其滑块直接驱动外部某一部件，或让其滑块直接承受力或力矩负载，而是需要有一套导轨系统来承受负载及转矩。否则，可选用带导向装置的无杆气缸。如果由于负载小、横向力小的工况条件而采用无杆气缸，其滑块与外部被驱动部件必须采用柔性连接(如滑块连接件)

**许用力与转矩**

由于无导向导轨的保护，滑块在运动时易受偏载影响，如负载的重心偏离滑块的中心位置，将会产生 $M_x$、$M_y$ 及 $M_z$ 转矩。即使负载的重心在滑块动中心位置，从气缸内的活塞中心(轴向中心线)至工件负载的重心之间的距离，在活塞运行时也将产生一个力矩 $M_Y$。选用何种型式、何种规格的无杆气缸时，应对无杆气缸进行受力分析，并根据气动制造厂商样本中提供的数据进行核算

如果驱动器同时受到多个力和力矩作用，除满足负载条件外，还必须满足下列方程

$$0.4\times\frac{F_z}{F_{zmax}}+\frac{M_x}{M_{xmax}}+\frac{M_y}{M_{ymax}}+0.2\times\frac{M_z}{M_{zmax}}\leqslant 1$$

$$\frac{F_z}{F_{zmax}}\leqslant 1 \quad \frac{M_z}{M_{zmax}}\leqslant 1$$

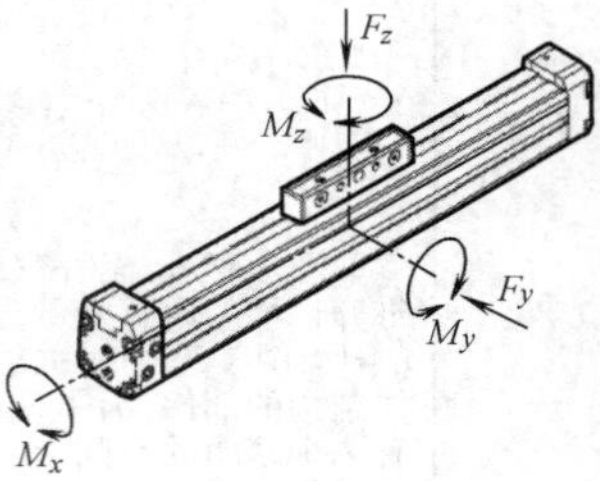


许用力和转矩

| 活塞直径 $\phi$/mm | 18 | 25 | 32 | 40 | 50 | 63 | 80 |
|---|---|---|---|---|---|---|---|
| 标准驱动器 GK | | | | | | | |
| $F_{ymax}$/N | — | | | | | | |
| $F_{zmax}$/N | 120 | 330 | 480 | 800 | 1200 | 1600 | 5000 |
| $M_{xmax}$/N·m | 0.5 | 1 | 2 | 4 | 7 | 8 | 32 |
| $M_{ymax}$/N·m | 11 | 20 | 40 | 60 | 120 | 120 | 750 |
| $M_{zmax}$/N·m | 1 | 3 | 5 | 8 | 15 | 24 | 140 |
| 加长驱动器 GV | | | | | | | |
| $F_{ymax}$/N | — | | | | | | |
| $F_{zmax}$/N | 120 | 330 | 480 | 800 | 1200 | — | — |
| $M_{xmax}$/N·m | 1 | 2 | 4 | 8 | 14 | 16 | — |
| $M_{ymax}$/N·m | 22 | 40 | 80 | 120 | 240 | 240 | — |
| $M_{zmax}$/N·m | 2 | 6 | 10 | 16 | 30 | 48 | — |

续表

**不带导向装置的无杆气缸**

**最大许用活塞速度 $v$ 和移动负载质量 $m$ 的关系**

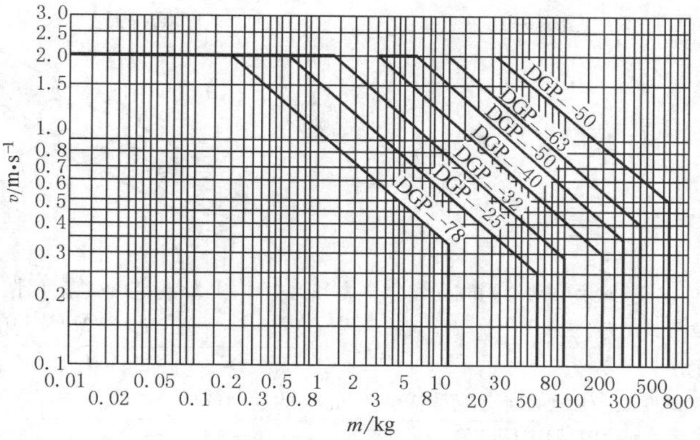


(d) 最大许用活塞速度 $v$ 和移动负载质量 $m$ 的关系

**最大许用支撑跨距 $L$ 和作用力 $F$ 的关系**

作用在滑块表面的力

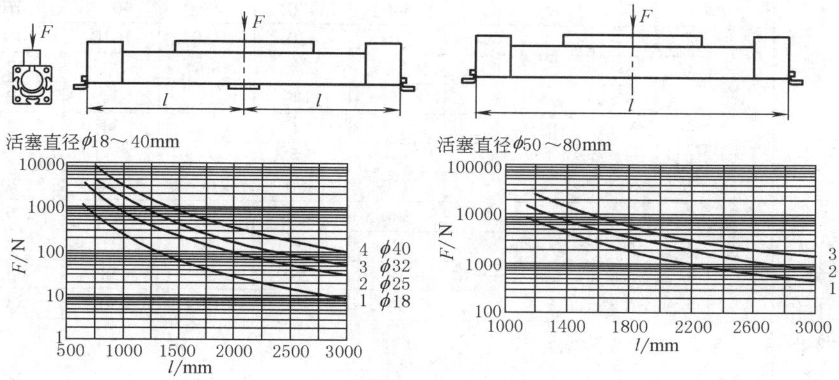


(e)

**带导向装置无杆气缸**

**概述**

带导向装置无杆气缸的导向有两种系统:一种导向系统采用滑动轴承(铜轴瓦),另一种采用带循环滚珠轴承。滑动轴承活塞许用速度比带循环滚珠轴承小,滑动轴承活塞最大许用速度为 1m/s,带循环滚珠轴承最大活塞许用速度可达 2m/s

带导向装置无杆气缸的最大许用支撑跨距 $L$ 和作用力 $F$ 的关系,与无杆气缸最大许用支撑跨距 $L$ 和作用力 $F$ 的关系是相同的

**技术参数**

| 项目 | | 18 | 25 | 32 | 40 | 50 | 63 | 80 |
|---|---|---|---|---|---|---|---|---|
| 活塞直径 $\phi$/mm | | 18 | 25 | 32 | 40 | 50 | 63 | 80 |
| 结构特点 | | 气动直线驱动器,带滑块 | | | | | | |
| 抗扭转/导向装置 | | 带滑块的导轨和滑动轴承导向装置 GF 或循环滚珠轴承导向装置 KF | | | | | | |
| 操作模式 | | 双作用 | | | | | | |
| 驱动原理 | | 强制同步(沟槽) | | | | | | |
| 安装位置 | | 任意 | | | | | | |
| 气接口 | | M5 | G⅛ | | G¼ | | G⅜ | G½ |
| 行程长度/mm | | 10~1800 | 10~3000 | | | | | |
| 缓冲形式 | | 两端具有可调缓冲器 | | | | | | |
| | | 两端具有自调节缓冲器 | | | | | | |
| 缓冲长度(PPV)/mm | | 16 | 18 | 20 | 30 | | | 83 |
| 位置感测 | | 通过磁铁 | | | | | | |
| 最大速度 | GF/m·s$^{-1}$ | 1 | | | | | | |
| | KF/m·s$^{-1}$ | 3 | | | | | | |
| | GA/m·s$^{-1}$ | — | 3 | | | — | | |
| 活塞直径 $\phi$/mm | | 18 | 25 | 32 | 40 | 50 | 63 | 80 |
| 工作介质 | | 过滤压缩空气,润滑或未润滑 | | | | | | |
| 工作压力/bar | | 2~8 | | | 1.5~8 | | | |
| 环境温度/℃ | | -10~60 | | | | | | |
| 派生型 GF 的耐腐蚀等级 CRC | | 2 | | | | | | |

续表

带导向装置的无杆气缸 — 许用力与许用转矩

**带滑动轴承导向装置**

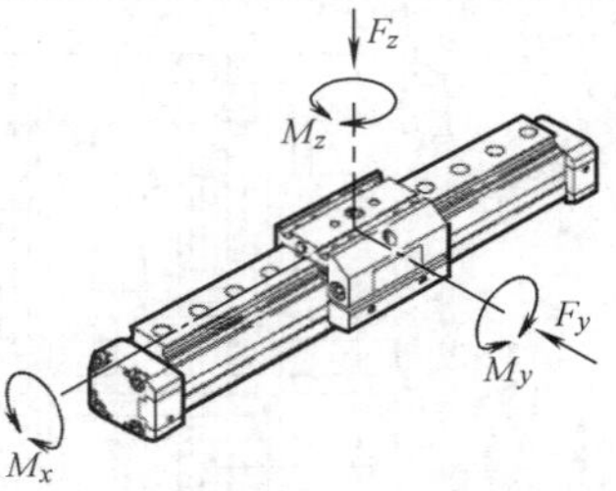


如果驱动器同时受到多个力和力矩作用,除满足负载条件外,还必须满足下列方程

$$\frac{F_y}{F_{ymax}}+\frac{F_z}{F_{zmax}}+\frac{M_x}{M_{xmax}}+\frac{M_y}{M_{ymax}}+\frac{M_z}{M_{zmax}}\leqslant 1$$

派生型的所有值都基于 0.2m/s 的运动速度

许用力和许用转矩

| 活塞直径 ϕ/mm | 18 | 25 | 32 | 40 | 50 | 63 | 80 |
|---|---|---|---|---|---|---|---|
| 标准滑块 GK | | | | | | | |
| $F_{y\text{最大}}$/N | 340 | 430 | 430 | 1010 | 1010 | 2000 | 2000 |
| $F_{z\text{最大}}$/N | 340 | 430 | 430 | 1010 | 1010 | 2000 | 2000 |
| $M_{xmax}$/N · m | 2.2 | 5.4 | 8.5 | 23 | 32 | 74 | 100 |
| $M_{ymax}$/N · m | 10 | 14 | 18 | 34 | 52 | 140 | 230 |
| $M_{zmax}$/N · m | 10 | 14 | 18 | 34 | 52 | 140 | 230 |
| 加长滑块 GV | | | | | | | |
| $F_{ymax}$/N | 330 | 400 | 395 | 930 | 870 | 1780 | — |
| $F_{zmax}$/N | 330 | 400 | 395 | 930 | 870 | 1780 | — |
| $M_{xmax}$/N · m | 2 | 5 | 8 | 21 | 28 | 66 | — |
| $M_{ymax}$/N · m | 18 | 25 | 30 | 58 | 83 | 235 | — |
| $M_{zmax}$/N · m | 18 | 25 | 30 | 58 | 83 | 235 | — |

**带循环滚珠轴承导向装置**

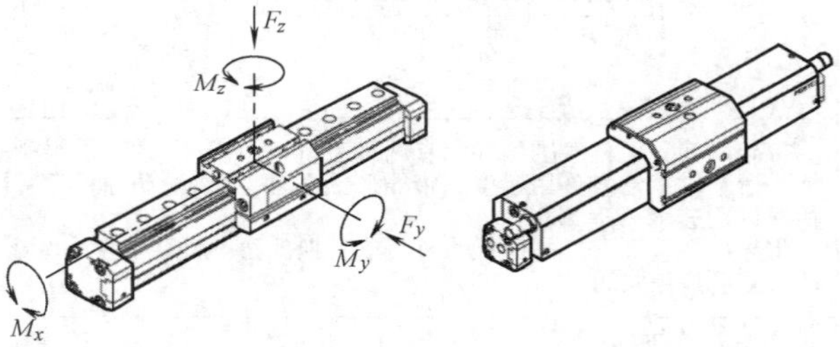


如果驱动器同时受到多个力和力矩作用,除满足负载条件外,还必须满足下列方程

$$\frac{F_y}{F_{ymax}}+\frac{F_z}{F_{zmax}}+\frac{M_x}{M_{xmax}}+\frac{M_y}{M_{ymax}}+\frac{M_z}{M_{zmax}}\leqslant 1$$

许用力和许用转矩

| 活塞直径 ϕ/mm | 18 | 25 | 32 | 40 | 50 | 63 | 80 |
|---|---|---|---|---|---|---|---|
| 标准滑块 GK | | | | | | | |
| $F_{ymax}$/N | 930 | 3080 | 3080 | 7300 | 7300 | 14050 | 14050 |
| $F_{zmax}$/N | 930 | 3080 | 3080 | 7300 | 7300 | 14050 | 14050 |
| $M_{xmax}$/N · m | 7 | 45 | 63 | 170 | 240 | 580 | 745 |
| $M_{ymax}$/N · m | 23 | 85 | 127 | 330 | 460 | 910 | 1545 |
| $M_{zmax}$/N · m | 23 | 85 | 127 | 330 | 460 | 910 | 1545 |
| 加长滑块 GV | | | | | | | |
| $F_{ymax}$/N | 930 | 3080 | 3080 | 7300 | 7300 | 14050 | — |
| $F_{zmax}$/N | 930 | 3080 | 3080 | 7300 | 7300 | 14050 | — |
| $M_{xmax}$/N · m | 7 | 45 | 63 | 170 | 240 | 580 | — |
| $M_{ymax}$/N · m | 45 | 170 | 250 | 660 | 920 | 1820 | — |
| $M_{zmax}$/N · m | 45 | 170 | 250 | 660 | 920 | 1820 | — |

续表

| | | |
|---|---|---|
| 带导向装置的无杆气缸 | 最大许用活塞速度 $v$ 和作用力 $F$ 的关系(滑动轴承导轨) | 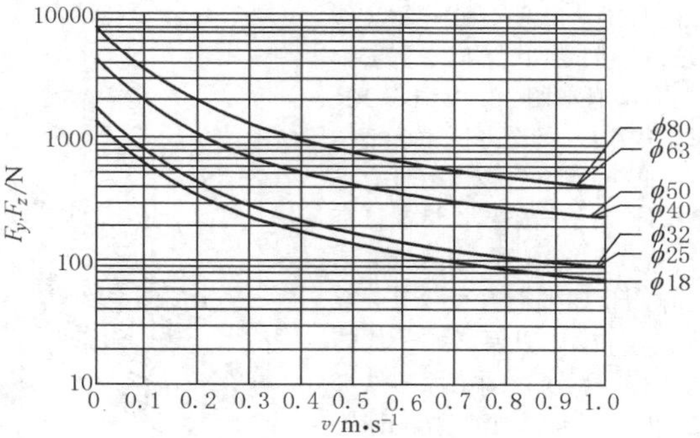 |
| | 最大许用活塞速度 $v$ 和许用转矩 $M$ 的关系(滑动轴承导轨) | 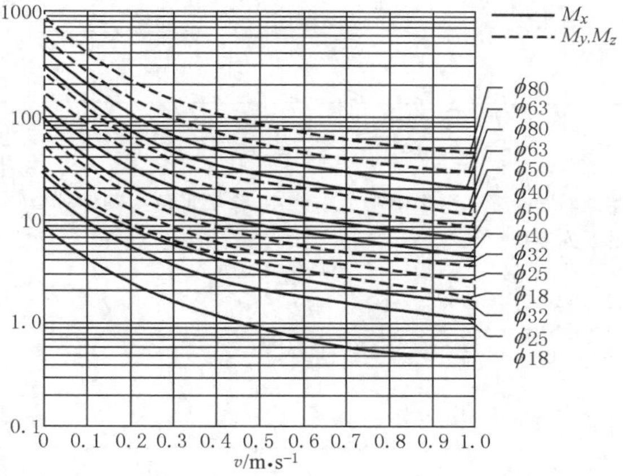<br>(f) |
| 无杆气缸的夹紧单元 | 结构与工作原理 | 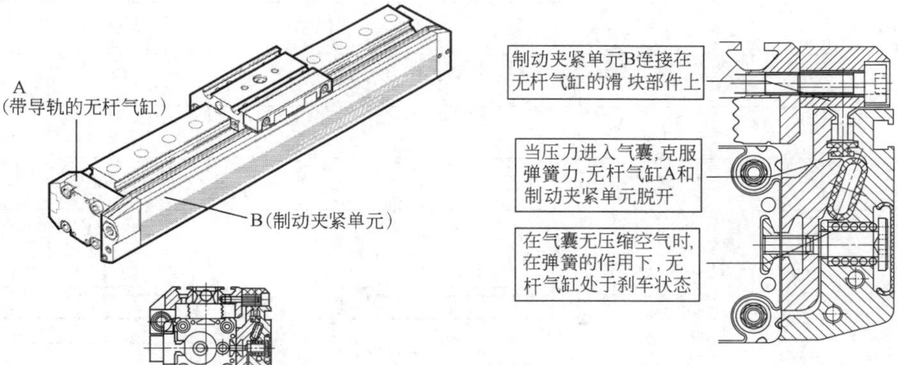<br>(g) |
| | 刹车精度与说明 | 无杆气缸的夹紧单元在无压缩空气时为制动刹车状态,一旦压缩空气进入夹紧单元(见图 g),无杆气缸的滑块便可往复运动。无杆气缸的夹紧单元的主要功能在系统关闭(无气源状态时),驱动机构能保持所需要的原来状态,因此该机构的功能设计是:无气压时为锁紧状态。无杆气缸制动刹车精度主要取决于活塞运行速度,活塞运行速度越高精度越低。当活塞运行速度在 100mm/s 时,制动刹车精度为±0.5mm;当活塞运行速度在 300mm/s 时,制动刹车精度为±1.0mm;当活塞运行速度在 500mm/s 时,制动刹车精度为±2.0mm。制动刹车精度与控制夹紧单元内压缩空气的关闭状况有关,如快速排空可提高制动刹车精度,但这不是真正解决定位控制的办法。夹紧单元功能并不在于定位,更不能期望有效地控制定位精度。如需控制定位精度,则可采用气动伺服控制,它的定位精度可在±0.2mm |

续表

**带重载导向装置的无杆气缸**

**装置图及说明**

带重载导向装置其本身不是一个气动驱动器，它是由一个导向机构、一个重载导轨装置、左右配有两组液压缓冲装置、一个工作滑台等组成，如图 h 所示。工作滑台正上面有两条长沟槽，该沟槽可插入长条形沟槽螺母，每根长条形沟槽螺母有四个内螺纹，可作负载或附件的固定，工作滑台上还有若干个内螺纹（可作负载或附件的固定）、定位销（以便确认工件的重心位置），工作滑台正反面与无杆气缸的滑块相连，无杆气缸工作时滑块被驱动，无杆气缸的滑块将带动重载导向装置的工作滑台移动，工件负载是由带重载导向装置的导轨来支撑，无杆气缸不承受工件负载

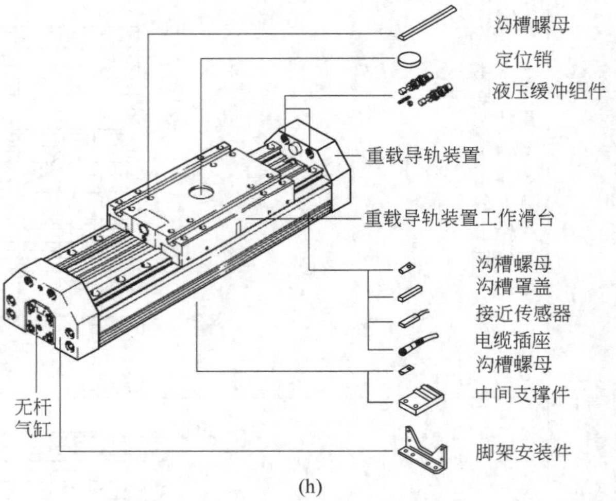

(h)

**许用力和许用力矩**

如果驱动器同时受到多个力和力矩作用，除满足负载条件外，还必须满足下列方程

$$\frac{F_y}{F_{ymax}}+\frac{F_z}{F_{zmax}}+\frac{M_x}{M_{xmax}}+\frac{M_y}{M_{ymax}}+\frac{M_z}{M_{zmax}}\leqslant 1$$

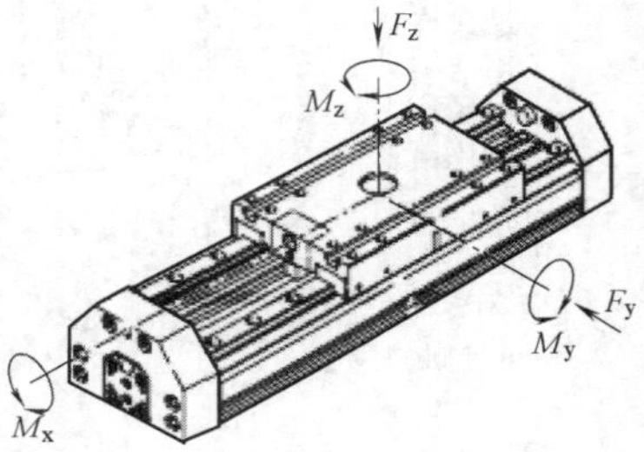


| 活塞直径 $\phi$/mm | HD18 | HD25 | HD40 |
|---|---|---|---|
| $F_{ymax}$/N | 1820 | 5400 | 5400 |
| $F_{zmax}$/N | 1820 | 5600 | 5600 |
| $M_{xmax}$/N·m | 70 | 260 | 375 |
| $M_{ymax}$/N·m | 115 | 415 | 560 |
| $M_{zmax}$/N·m | 112 | 400 | 540 |

**最大许用支撑跨距 $l$ 和作用力 $F$ 的关系**

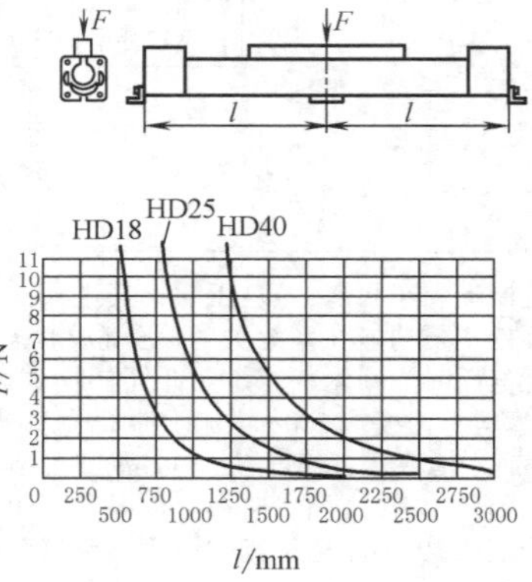


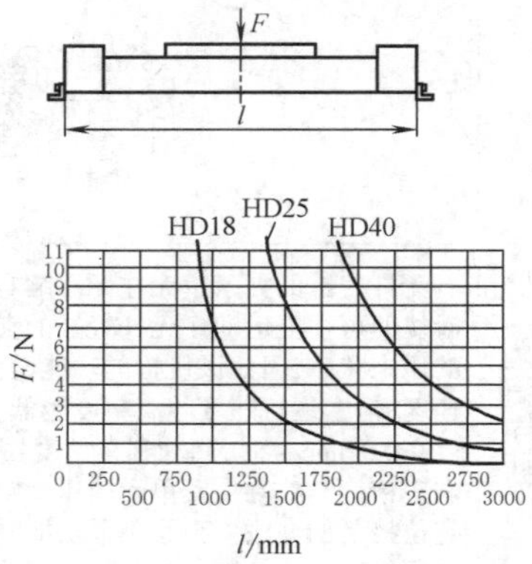

## 1.2.11 叶片式摆动气缸

**表 23-4-20**

**概述**

叶片式摆动气缸使活塞杆作旋转摆动运动,与单齿轮齿条摆动气缸相比,它的工作转矩大,旋转摆动角度最大为 270°(见图 a),与棘轮装置配用可制成气分度工作台

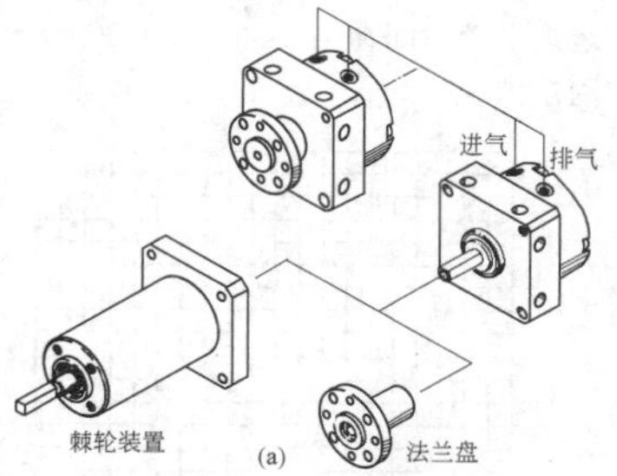

(a)

**工作原理**

**原理图**

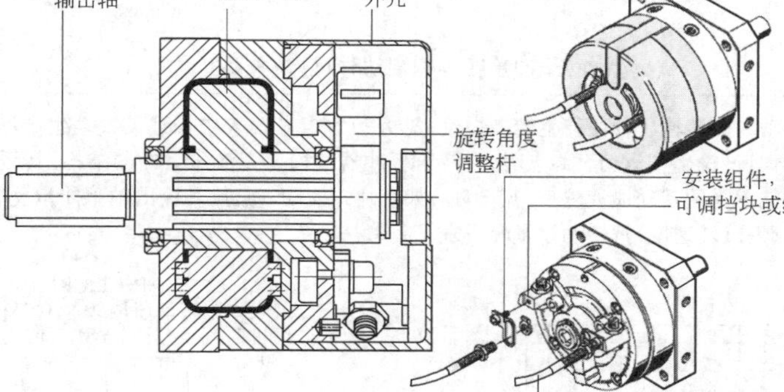

(b)

**说明**

叶片式摆动气缸工作原理如图 b 所示,旋转叶片、输出轴及旋转角度调整杆三者固定在一起,当外部压缩空气推动旋转叶片时,则使输出轴及旋转角度调整杆一起旋转摆动。旋转摆动角度是靠调整外部的可调挡块(止动挡块),在叶片式摆动气缸后壳体离轴中心半径方向有一圈沟槽,可调挡块(止动挡块)通过螺钉被固定在沟槽上,如要改变旋转摆动的角度,则在沟槽内调整可调挡块(止动挡块)位置便可。有一定厚度的叶片只能作小于 360°的旋转摆动,由于两个可调挡块的物理尺寸的缘故,因此叶片式摆动气缸的最大旋转摆动可设定在 270°。叶片式摆动气缸的缓冲是靠外部的液压缓冲器来实现,它的位置检测也是通过安装在外部的电感式接近传感器来获取

**技术参数**

叶片式摆动气缸目前还无 ISO 国际标准(指安装界面、外形尺寸),因此各国气动厂商根据自己的设计的结构,如叶片活塞的臂长,会产生不同的力矩,也会有不同的转动惯量和速度特性等

| 活塞直径 $\phi$/mm | | 12 | 16 | 25 | 32 | 40 |
|---|---|---|---|---|---|---|
| 气接口 | | M5 | | | G1/8 | |
| 结构特点 | | 叶片驱动的摆动气缸 | | | | |
| 工作介质 | | 过滤压缩空气,润滑或未润滑 | | | | |
| 缓冲形式 | | 任意一端具有不可调缓冲;一端自调节缓冲器;双滚自调节缓冲器 | | | | |
| 最大摆角/(°) | 不带缓冲器 | 270 | 270 | 270 | 270 | 270 |
| | 带缓冲器(CR/CL) | 254 | 254 | 258 | 258 | 255 |
| | 带两个缓冲器(CC) | 238 | 238 | 246 | 246 | 240 |
| 最大许用频率(最大摆角情况)/Hz | 不带缓冲器 | 2 | | | | |
| | 带缓冲器 | 1.5 | 1 | | 0.7 | |
| 外部挡块限制摆动角度的条件 | 最小许用止动半径/mm | 15 | 17 | 21 | 28 | 40 |
| | 最大许用冲击力/N | 90 | 160 | 320 | 480 | 650 |
| 缓冲角度/(°) | 不带缓冲器 | 1.8~2.1 | 1.3~2.1 | 1.1~1.9 | 0.9~1.7 | 1.4~2.1 |
| | 带缓冲器 | 13 | 12 | 10 | 12.5 | 15 |
| 摆角可调/(°) | | 不带缓冲器-5~1;带缓冲器→1/4.2~28 | | | | |
| 在最大摆角,压力为 6bar 时的耗气量(理论值)/$cm^3$ | | 82 | 163 | 288 | 632 | 1168 |
| 工作压力/bar | | 2~10 | | 1.5~10 | | |
| 温度范围/℃ | | -10~60 | | | | |
| 力和力矩 | | | | | | |
| 6bar 时的力矩/N·m | | 1.25 | 2.5 | 5 | 10 | 20 |
| 最大许用轴上径向负载/N | | 45 | 75 | 120 | 200 | 350 |
| 最大许用轴上轴向负载/N | | 18 | 30 | 50 | 75 | 120 |
| 最大许用轴上转动惯量/kg·$m^2$ | 不带缓冲器 | $0.35\times10^{-4}$ | $0.7\times10^{-4}$ | $1.1\times10^{-4}$ | $1.1\times10^{-4}$ | $2.4\times10^{-4}$ |
| | 带缓冲器 | $7\times10^{-4}$ | $12\times10^{-4}$ | $16\times10^{-4}$ | $21\times10^{-4}$ | $40\times10^{-4}$ |

第 23 篇

续表

| | |
|---|---|
| 缓冲角度与旋转摆动时间的关系 | 上表中提到的缓冲角度(带缓冲器与不带缓冲器)一栏,其本质表现在缓冲距离,缓冲角度越大则说明缓冲距离也越长,对于无液压缓冲器制动形式,当旋转摆动速度很高时(摆动时间越小时),其终点动能越大,会对输出轴/旋转角度调整杆造成损毁。从图 c 可看到采用固定挡块曲线的图内,如摆动时间在 10ms 时允许的摆动角度为 0.6°~0.7°,而采用内置液压缓冲器曲线的图表内摆动时间在 10ms 时允许摆动角度为 4.2°<br>固定挡块<br>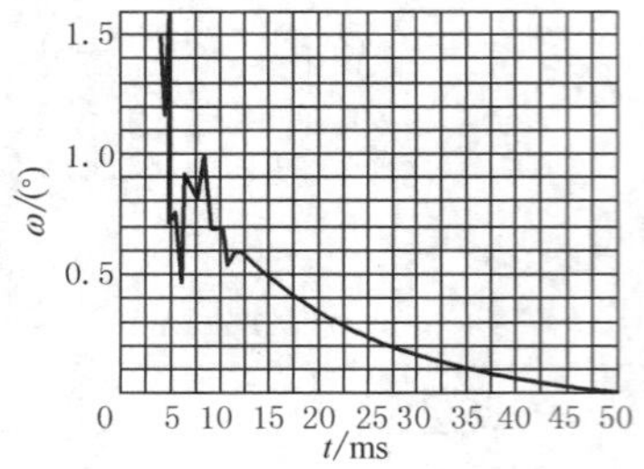<br><br>内置液压缓冲器<br>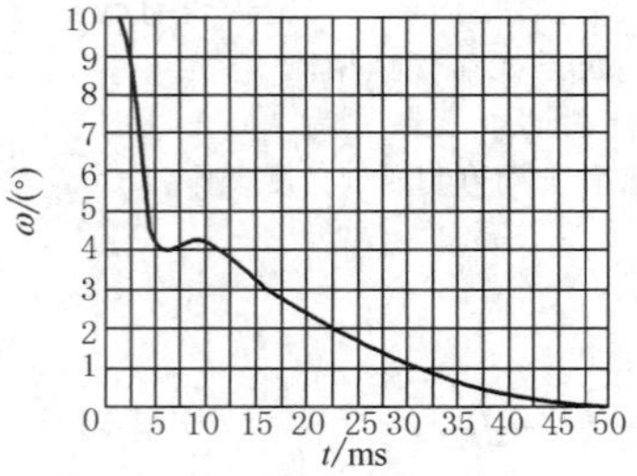<br><br>(c)缓冲(缓冲角度 ω 和摆动时间 t 的关系) |
| 转动惯量与摆动时间的关系 | 叶片式摆动气缸作旋转摆动时旋转输出轴便产生转动惯量(见力和力矩表),表中描述某气动生产厂商的叶片式摆动气缸的输出轴允许最大的转动惯量,输出轴运动至终点时,有液压缓冲器结构比无液压缓冲器结构,其缓冲承受的惯量要大得多,而旋转摆动时间越短,能承受的转动惯量越小(见图 d),如叶片式摆动气缸旋转输出轴承能承受转动惯量不够大时,意味着需加装单向节流阀,调慢旋转速度,把转动惯量降下来<br>不带缓冲器<br>DSM-12-270-P<br>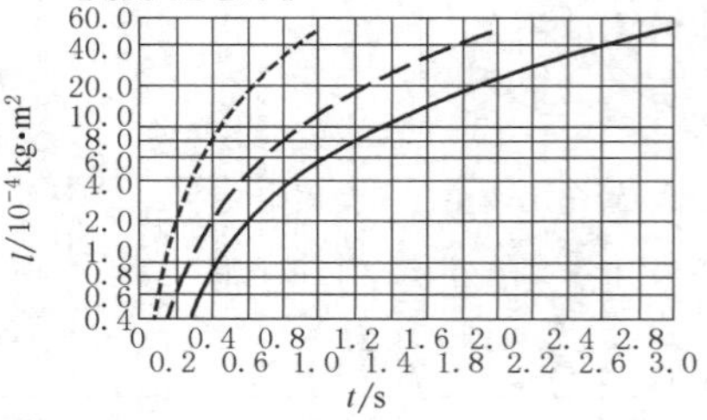<br><br>带缓冲器<br>DSM-12-270-P-CL/CR/CC<br>最大许用转动惯量 $80\times10^{-4}$ kg·m$^2$<br>缓冲时间 缓冲器 YSR5.5C 大约 0.1s<br>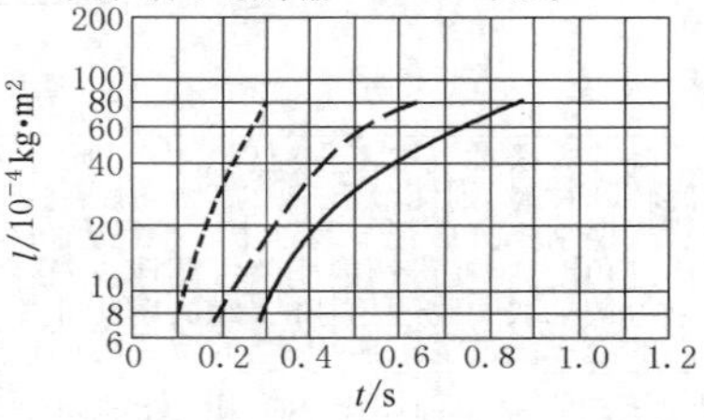<br><br>不带缓冲器<br>DSM-16-270-P<br>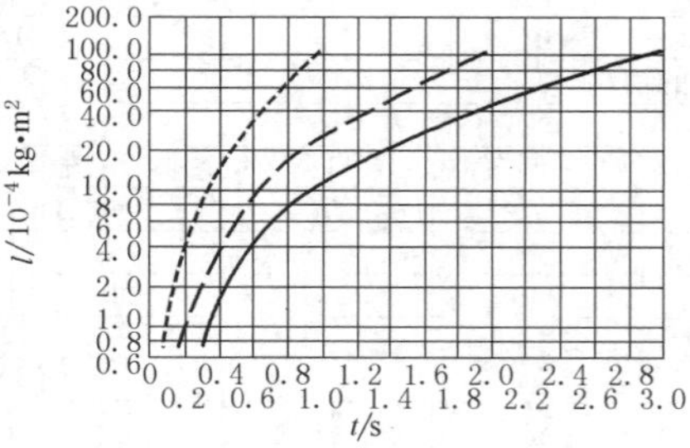<br><br>带缓冲器<br>DSM-16-270-P-CL/CR/CC<br>最大许用转动惯量: $200\times10^{-4}$ kg·m$^2$<br>缓冲时间 缓冲器 YSR 7.5C 大约 0.1s<br>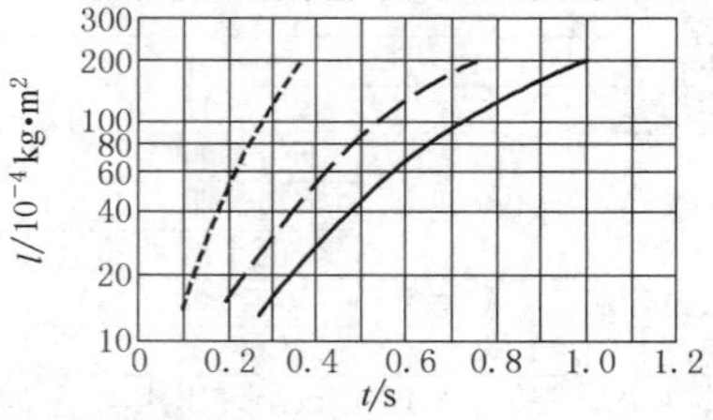<br><br>不带缓冲器<br>DSM-25-270-P<br>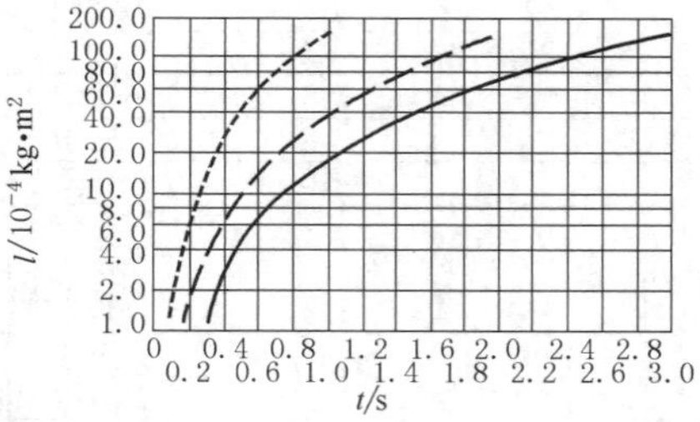<br><br>带缓冲器<br>DSM-25-270-P-CL/CR/CC<br>最大许用转动惯量: $280\times10^{-4}$ kg·m$^2$<br>缓冲时间 缓冲器 YSR 7.5C 大约 0.1s<br>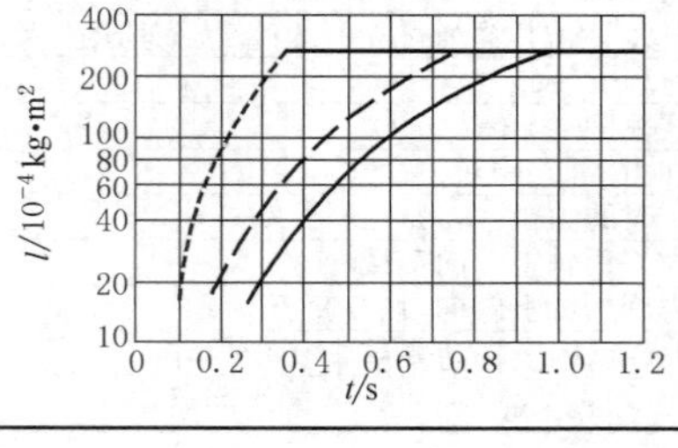<br> |

续表

**转动惯量与摆动时间的关系**

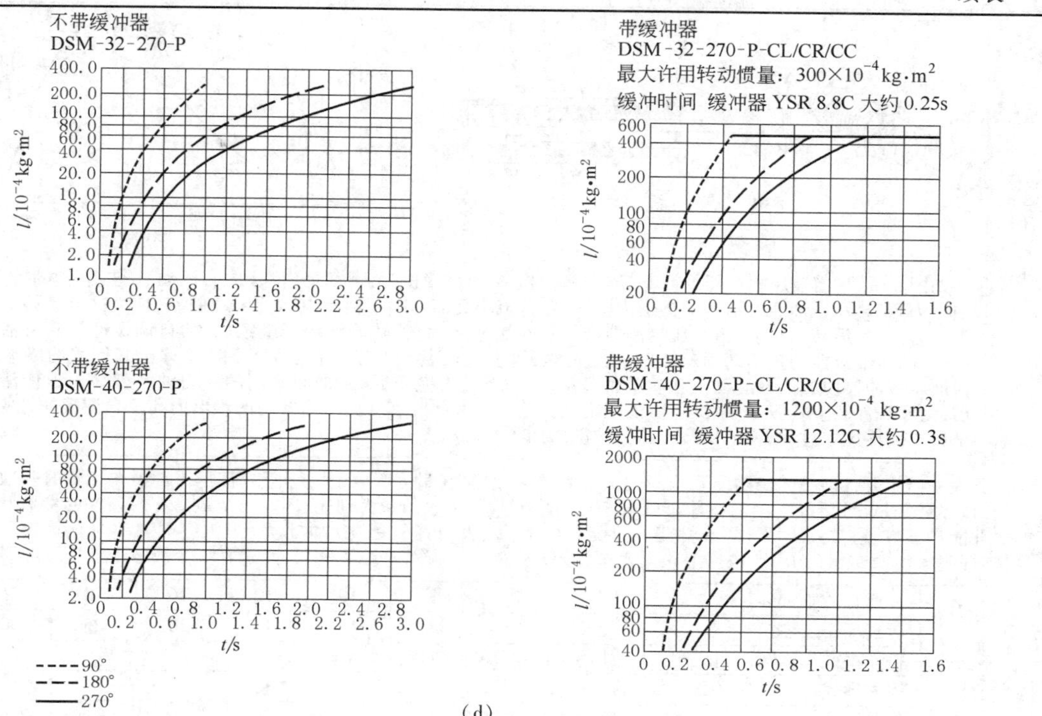


(d)

注：DSM 为某德国气动厂商叶片式摆动气缸的型号

YSR 为某德国气动厂商液压缓冲器的型号

**例题**

一个 DSM-25-270-P 的叶片式摆动气缸在旋转的时候，0.4s 内旋转 180°，气爪和负载的转动惯量为 4.5×10$^{-4}$ kg·m$^2$，问是否需要使用单向节流阀或带液压缓冲器

解：从图 d 中查 DSM-25-270-P 的图表，许用转动惯量为 6.5×10$^{-4}$ kg·m$^2$，因此叶片式摆动气缸可不用单向节流阀，也不需要液压缓冲器

**叶片式摆动气缸作旋转分度**

鉴于叶片式摆动气缸能产生大的转矩，它的旋转角度可任意设置调整（不带缓冲的调节角度可从 −5°~1°），因此，它具备分度的条件，叶片式摆动气缸与棘轮装置（见图 e）组合在一起便可作为专用的工作台分度，该分度装置的最小分度角度为 3°，它的分度精度取决于摆动速度和负载。叶片式摆动气缸作旋转分度在自动流水线上应用广泛

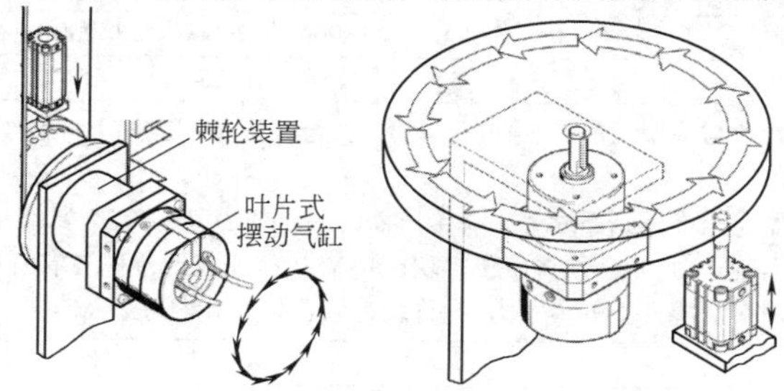


(e)

## 1.2.12 液压缓冲器

表 23-4-21

| | |
|---|---|
| 概述 | 液压缓冲器用于吸收冲击动能，并减小撞击时产生的振动和噪声的液压组件。液压缓冲不需要外部供油系统，之所以称液压组件是因为其内部储有液压油，当外部有一个冲击能（某质量物体以一定的速度）作用时，液压油受挤压并通过节流流入储能油腔起到缓冲功能。液压缓冲器在气动驱动中地位越来越重要，它不再仅仅充当普通气缸在缓冲能力不足时的缓冲辅助装置，更在开发导向驱动装置中应用广泛。对于带导轨的导向驱动装置而言，由于导轨的导向驱动装置结构极其紧凑，很少再能在驱动活塞空间里设有缓冲的物理空间尺寸，因此，当驱动器承载且运动速度高时，驱动器运动终点的缓冲往往由液压缓冲器来承担。总之液压缓冲器在提高生产效率、延长机械寿命、简化机械设计、降低维护成本、降低振动噪声等方面应用广泛 |

续表

**工作原理**

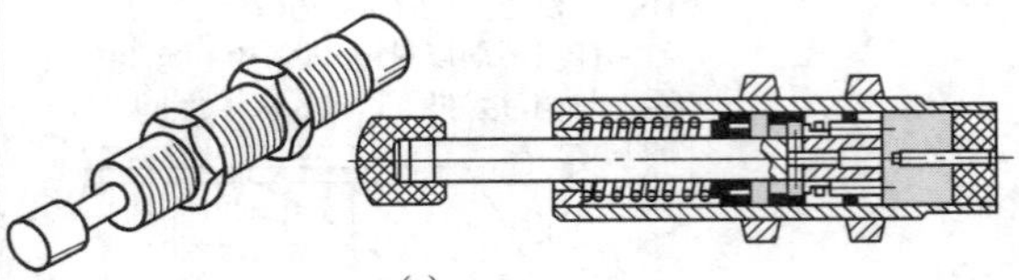

(a)

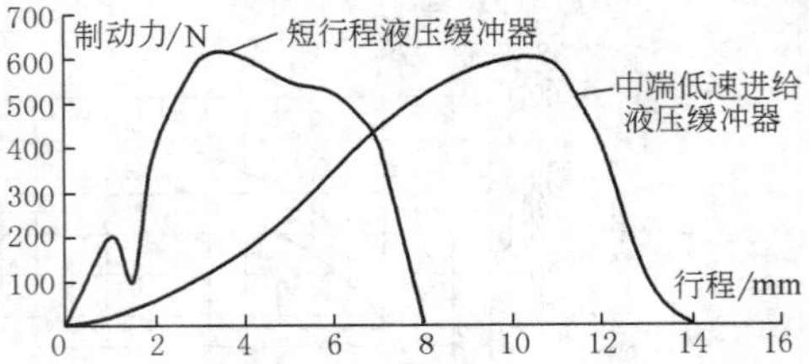


(b)

如图 a 所示，当液压缓冲器的活塞杆端部受到运动物体撞击时，活塞杆内移（向右运动），迫使活塞底部腔室的液压油压力骤升，高压油通过活塞的锥形内孔、固定节流小孔高速喷入活塞左边的蓄油腔室，使大部分动能通过液压油转为压力能，然后转为热能，由液压缓冲器金属外壳逸散至大气，随着活塞杆继续内移，自调缓冲针阀将活塞内孔越关越小，高压油只能通过活塞固定节流小孔喷入活塞左边的蓄油腔室，直至活塞平稳位移至其行程的终端（注意：不要使液压缓冲器内的活塞运动至缓冲器底端盖上）。当外力撤销后，蓄油腔室内的压力油及弹簧力迫使活塞杆再次伸出，活塞底部腔室扩张产生负压，蓄油腔室又返至活塞底部腔室。由于活塞内的锥形内孔及自调缓冲针阀在关闭过程呈压力线性递增过程，使液压缓冲器的制动力如图 b 所示

液压缓冲器主要性能技术参数是每个行程中最大的缓冲能量（最大吸收能），考虑到液压缓冲器在工作时吸收动能转换成热量，该热量必须得以释放（降温），不能仅仅考虑每次行程能吸收的最大动能，还有一个最高使用频率的参数和每小时最大的缓冲能量参数，通常液压缓冲器在性能上的技术参数还须表明其承受最大冲击力（最大终端制动力）、最大耐冲击速度和复位时间（≤0.2s 或≤0.4s）。根据上述主要参数数据及实际工况缓冲位置和尺寸，选择一个或数个液压缓冲器

**主要技术参数**

**FESTO 自调式液压缓冲器 YSR 系列技术参数**

| 活塞直径 ϕ/mm | 5 | 7 | 8 | 10 | 12 | 16 | 20 | 25 | 32 |
|---|---|---|---|---|---|---|---|---|---|
| 行程/mm | 5 | 5 | 8 | 10 | 12 | 20 | 25 | 40 | 60 |
| 操作模式 | 液压缓冲器，带复位弹簧 | | | | | | | | |
| 缓冲形式 | 自调节 | | | | | | | | |
| 安装形式 | 带锁紧螺母的螺纹 | | | | | | | | |
| 冲击速度/$m \cdot s^{-1}$ | 0.05～2 | 0.05～3 | | | | | | | |
| 产品质量/g | 9 | 18 | 30 | 50 | 70 | 140 | 240 | 600 | 1250 |
| 环境温度/℃ | −10～+80 | | | | | | | | |
| 复位时间①/s | ≤0.2 | | | | | | | ≤0.4 | ≤0.5 |
| 最小插入力②/N | 5.5 | 8.5 | 15 | 20 | 27 | 42 | 80 | 143 | 120 |
| 最大终端制动力③/N | 200 | 300 | 500 | 700 | 1000 | 2000 | 3000 | 4000 | 6000 |
| 最小复位力④/N | 0.7 | 1 | 3.1 | 4.5 | 6 | 6 | 14 | 14 | 21 |
| 每次行程的最大缓冲能量/J | 1 | 2 | 3 | 6 | 10 | 30 | 60 | 160 | 380 |
| 每小时的最大缓冲能量/J | 8000 | 12000 | 18000 | 26000 | 36000 | 64000 | 92000 | 150000 | 220000 |
| 许用质量范围/g | 1.5 | 5 | 15 | 25 | 45 | 90 | 120 | 200 | 400 |

① 规定的技术参数与环境温度有关，超过 80℃时，最大质量和缓冲工件必须下降约 50%，在−10℃时，复位时间可能长达 1s

② 这是将缓冲器完全推进到回缩终端位置所需的最小的力，该值在外部终端位置延伸的情况下相应减小

③ 如果超出最大制动力，则必须将限位挡块（如：YSRA）安装到行程终端前 0.5mm 处

④ 这是可以作用在活塞杆上的最大力，允许缓冲器（如：伸出杆）完全伸出

**SMC 可调型液压缓冲器 RBOEM 系列（大型）**

| 型号 | 规格 | | | | | | | | |
|---|---|---|---|---|---|---|---|---|---|
| | 最大吸收能/J | 吸收行程/mm | 冲击速度/$m \cdot s^{-1}$ | 每小时最大吸收能量/$J \cdot h^{-1}$ | 当量质量范围/kg | 最大推进力/N | 环境温度/℃ | 弹簧力/N | |
| | | | | | | | | 伸出 | 压回 |
| RB-OEM1.5M×1 | 260 | 25 | 0.3～3.6 | 126000 | 25～3400 | 2890 | −10～+80 | 49 | 68 |
| RB-OEM1.5M×2 | 520 | 50 | | 167000 | 45～6500 | 2890 | | 32 | 68 |
| RB-OEM1.5M×3 | 780 | 75 | | 201000 | 54～9700 | 2890 | | 32 | 78 |
| RB-OEM2.0M×2 | 1360 | 50 | | 271000 | 75～12700 | 6660 | | 76 | 155 |
| RB-OEM2.0M×4 | 2710 | 100 | | 362000 | 118～18100 | 6660 | | 69 | 160 |
| RB-OEM2.0M×6 | 4070 | 150 | | 421000 | 130～23600 | 6660 | | 90 | 285 |
| RB-OEM3.0M×2 | 2300 | 50 | 0.3～4.3 | 372000 | 195～31700 | 12000 | | 110 | 200 |
| RB-OEM3.0M×3.5 | 4000 | 90 | | 652000 | 215～36000 | 12000 | | 110 | 200 |
| RB-OEM3.0M×5 | 5700 | 125 | | 933000 | 220～51000 | 12000 | | 71 | 200 |
| RB-OEM3.0×6.5 | 7300 | 165 | | 1215000 | 300～56700 | 12000 | | 120 | 330 |

续表

| | | | |
|---|---|---|---|
| 液压缓冲器类型 | 自调式 | 标准型 | 这种自调节液压缓冲器，当油液流经溢流阀和节流阀的组合装置时，作用在活塞杆上的冲击能量转化为热能，逸散于空气中。这保证了对每一种许用能量范围内的缓冲要求，缓冲器都能自动适应。内置的压缩弹簧可把活塞杆推回原始位置 |
| | | 耐冷却液型 | 它的主要技术性能与标准型液压缓冲器一样，只是在有活塞杆伸出端的液压缓冲器头部加装双层密封结构，在冷却液飞溅的工作区域内，防止外部切削液（油性溶液）导入其内部 |
| | | 短行程型 | 它是标准型液压缓冲器的派生，尽管缓冲行程较短，缓冲过程力的上升较急骤，短行程液压缓冲器在短行程条件下，仍具足够缓冲特性，较适合在当缓冲空间尺寸有限及旋转装置（有旋转角度如下例2）的状况下进行缓冲 |
| | | 终端低速进给型 | 它的缓冲行程比短行程液压缓冲器长，缓冲过程力的上升较慢且平稳，尤其可应用于抓取和装配技术系统中的各种应用场合。具有以下功能：通过自调节的液压缓冲器具有低速进给特性进行缓冲，它的耐冲击速度范围较大，可达到0.05～3m/s |
| | 可调型 | | 对于可调型液压缓冲器，当油液通过压力控制阀排出时，冲击能量转化为热能，逸散于空气中。内置的压缩弹簧把活塞杆推回原始位置。通过调节圈数可以无级调节缓冲动作，调节可在工作过程中进行。缓冲器可用作终端制动装置，承受规定的最大冲击力。在其外部安装接近传感器进行终端位置感测，终端位置精密调节，其重复精度可达±0.02mm |
| | | 耐冲击力型 | 耐冲击力型液压缓冲器，通常有内置弹簧调节及外部安置弹簧调节，通过调节圈数来完成对大负载的冲击缓冲 |
| | | 低速进给型 | 低速进给型液压缓冲器主要用于气动进给单元的低速缓冲，使进给运动平稳，它最大耐冲击速度仅为0.3m/s，速度快慢可进行调节。通过调节圈可无级调节制动速度。适用于0.1m/s以下的低进给速度 |

**计算与举例**

**计算公式**

对液压缓冲器计算时，应确定下列值，即冲击时的有效值：作用力 $A$、等效质量 $m_{equiv}$、冲击速度 $v$。为了选择合适的缓冲器，在缓冲器最大缓冲能量选择上确保不超出下列值：如每一次行程内所允许的能量负载在 $W_{min}=25\%$、$W_{max}=100\%$，推荐每一次行程 $W_{opt}=50\%\sim100\%$，同时，还要确保每小时最大缓冲能量、最大残余能量、最大终端制动力均不能超过液压缓冲器实际数值

直线运动计算公式

$$W_{total}=\frac{1}{2}mv^2+As<W_{max}$$
$$W_h=W_{total}N<W_{hmax}$$

旋转运动计算公式

$$m_{equiv}=\frac{J}{R^2}$$
$$v=\omega R$$
$$A=\frac{M}{R}+mg\sin\alpha\ \frac{a}{R}$$
$$A=F+G（水平运动）$$
$$A=F+mg\sin\alpha（斜面运动）$$
$$G=mg\sin\alpha$$

特殊情况：$\alpha=0°$时水平运动，$G=0$

$\alpha=90°$时向下运动，$G=mg$

$\alpha=90°$时向上运动，$G=-mg$

式中，$v$ 为冲击速度，m/s；$m_{equiv}$ 为等效质量，kg；$g$ 为重力加速度，9.81m/s²；$s$ 为缓冲器行程，m；$\alpha$ 为冲击角，(°)；$W_{total}$ 为缓冲功/行程，J；$W_h$ 为每小时缓冲功，J；$J$ 为转动惯量，kg·m²；$R$ 为质量中心与缓冲器间的距离，m；$\omega$ 为角速度，rad/s；$M$ 为驱动力矩，N·m；$a$ 为重心与质量中心之间的距离；$N$ 为每小时行程数；$A$ 为附加作用力，N；$F$ 为气缸作用力与摩擦力之差，N；$G$ 为质量产生的力

**例题**

**例1　已知**：$m_{equiv}=m=50$kg，$m=50$kg，$v=1.5$m/s，$\alpha=45°$，$F=190$N，$\phi$20mm，$p=6$bar时，每小时行程数 $N$ 为1800

**求**：每个行程所需的缓冲能量 $W_{total}$ 及每小时所需的缓冲能量 $W_h$，并选择液压缓冲器的规格

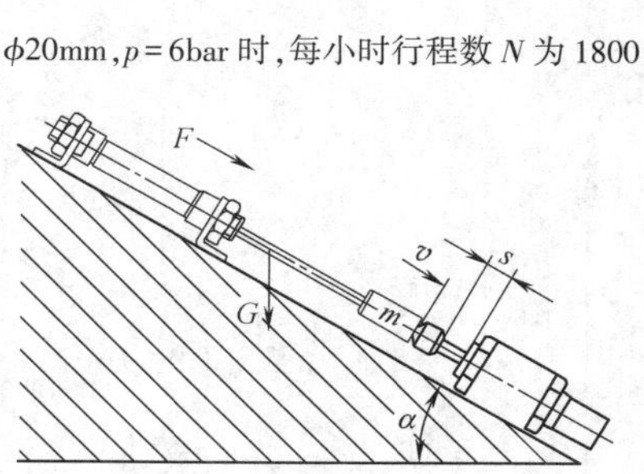


**解**：$A=F+mg\sin\alpha=190\text{N}+50\times9.81\times\sin\alpha\text{N}=537\text{N}$

$m_{equiv}=m=50$kg

$W_{total}=1/2mv^2+As=1/2\times50\times1.5^2+537\times0.04=78\text{J}$

$W_h=W_{total}N=78\times1800=140000\text{J}$

如果选择FESTO公司YSR-25-40或YSR-25-40-C规格液压缓冲器（$\phi$25mm、行程40mm），根据样本查得：YSR-25-40每次行程的最大缓冲能量 $W_{max}=160$J及每小时最大缓冲能量 $W_h=293000$J；YSR-25-40每次行程的最大缓冲能量 $W_{max}=160$J及每小时最大缓冲能量 $W_h=150000$J。对上述应用，两种缓冲器都适用。进一步的选择以调节装置和规格为依据。两种情况的利用率为49%

如果选择SMC公司RB-OEM-1.5×2规格液压缓冲器（外径M42×1.5mm、行程50mm），它每次行程的最大缓冲能量 $W_{max}=520$J及每小时最大缓冲能量 $W_h=167000$J。该液压缓冲器适用

第23篇

续表

| | | |
|---|---|---|
| 计算与举例 | 例题 | **例 2　已知**：$J=2\text{kg}\cdot\text{m}^2$，$\omega=4\text{rad/s}$，$R=0.5\text{m}$，$M=20\text{N}\cdot\text{m}$，每小时行程数 $N$ 为 900<br>**求**：每个行程所需的缓冲能量 $W_{total}$ 及每小时所需的缓冲能量 $W_h$，并选择液压缓冲器的规格<br>**解**：$m_{equiv}=J/R^2=8\text{kg}$，$v=\omega R$，$A=M/R=40\text{N}$<br>$W_{total}=1/2mv^2+As=1/2\times8\times2^2+40\times0.02=17\text{J}$<br>$W_h=W_{total}N=17\times900=15300\text{J}$<br>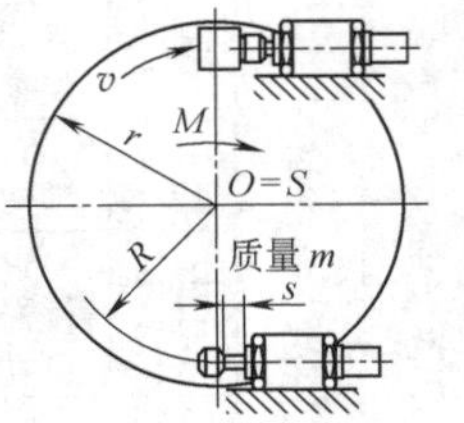<br>如果选择 FESTO 公司 YSR-16-20 或 YSR-16-20-C 规格液压缓冲器（$\phi$16mm、行程 20mm），根据样本查得：YSR-16-20 每次行程的最大缓冲能量 $W_{max}=32\text{J}$ 及每小时最大缓冲能量 $W_h=130000\text{J}$<br>YSR-16-20-C 每次行程的最大缓冲能量 $W_{max}=30\text{J}$ 及每小时最大缓冲能量 $W_h=64000\text{J}$。对上述应用，两种缓冲器都适用。进一步的选择以调节装置和规格为依据。两种情况的利用率分别为 53%和 57%<br>如果选择 SMC 公司 RB-OEM-0.5 规格液压缓冲器（外径 M20×1.12mm），它每次行程的最大缓冲能量 $W_{max}=29.4\text{J}$ 及每小时最大缓冲能量 $W_h=32000\text{J}$，利用率为 58%。该缓冲器适用。如选择 RB1412（外径 M14×1.5mm、行程 12mm），它每次行程的最大缓冲能量 $W_{max}=19.6\text{J}$，运动频率 45 次/分，可得出每小时最大缓冲能量可 $W_h=52920\text{J}$，利用率为 87%。该液压缓冲器适用 |
| 选用液压缓冲器注意事项 | | （1）安装液压缓冲器时，应注意缓冲器行程稍留有余量，不能让缓冲器内的活塞撞击其底座。如要求终点位置精确时，应让缓冲器内置于空心的金属圆柱体挡块内，以提高定位精度<br>（2）安装液压缓冲器时，应注意其轴心线与负载运动的轴心线一致，轴心偏角不得大于 3°，对于旋转角度的缓冲角度而言，应选择短行程液压缓冲器，并使缓冲行程与旋转摆动半径之比小于 0.05<br>（3）如果需安装两个以上的液压缓冲器时，注意同步动作<br>（4）严禁在液压缓冲器外部螺纹喷漆、校压，以避免影响散热效果及发生壁薄漏油<br>（5）液压缓冲器的机架有足够的刚度，液压缓冲器的锁紧螺母按其使用说明书的力矩操作，过紧易损坏其外部螺纹，过松易使其松动而被撞坏<br>（6）液压缓冲器不能在有腐蚀的环境下工作，避免与切削油、水、灰尘、脏物等接触 |

## 1.2.13　气动肌肉

**表 23-4-22**

| | | |
|---|---|---|
| 原理 | 结构图 |  |
| 原理 | 说明 | 气动肌腱是一种拉伸驱动器，它模仿自然肌腱的运动。气动肌腱由一个收缩系统和合适的连接器组成。这个收缩系统由一段被高强度纤维包裹的密封橡胶管组成。纤维形成了一个三维的菱形网状结构。当内部有压力时，管道就径向扩张，轴向方向产生收缩，因此产生了拉伸力和肌腱纵向的收缩运动。拉伸力在收缩开始时最大，并与行程成线性比例关系减小。气动肌腱的收缩最大可达 25%，即它的工作行程就是气动肌腱额定长度的 25% |
| 连接结构 | 连接件示意图 | 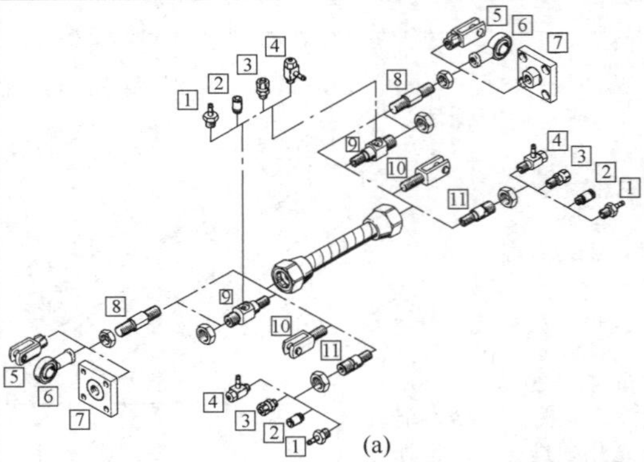<br>(a)<br>1—N 快插接头，用于连接具有标准内径的气管；<br>2—QS 快插接头，用于连接具有标准外径（符合 CEOOP RP SAP 标准）的气管；<br>3—CK 快拧接头，用于连接具有标准内径的气管；<br>4—GRLA 单向节流阀，用于调节速度；<br>5—SG 双耳环，允许气动肌腱在一个平面内转动安装；<br>6—SGS 关节轴承，带球面轴承；<br>7—KSG/KSZ 连接件，用于补偿径向偏差；<br>8—MXAD-T 螺纹销，用于连接驱动器附件；<br>9—MXAD-R 径向连接件，用于连接驱动器附件和径向供气口；<br>10—SGA 双耳环，带外螺纹，用于直接安装到气动肌腱上；<br>11—MXAD-A 轴向连接件，用于连接驱动器附件和轴向供气口 |
| 连接结构 | 说明 | 气动肌肉作为驱动器，与普通气缸一样，图 a 是其与各种连接辅件的示意图。通过径向连接件 9 可与螺纹销 8 连接，并通过螺纹销 8 可与双耳环 5、关节轴承 6、连接件 7 和外部运动部件形成柔性驱动结构。气动肌肉的进/排气气口，可采用快插接头 1、2，或快拧接头 3，或单向节流阀 4 与径向连接件 9 连接，并将压缩空气输进气动肌肉腔内。进/排气气口可采用单端进/出方式，也可采用两端进/出方式 |

续表

气动肌肉的技术参数与特性 — 主要技术参数

| 规格 | 10 | 20 | 40 |
|---|---|---|---|
| 气接口 | ➡连接件 MXAD-…,从 1/5. 6-18 起 | | |
| 工作介质 | 过滤压缩空气,润滑或未润滑(其他介质根据要求而定) | | |
| 结构特点 | 高强度纤维收缩隔膜 | | |
| 工作方式 | 单作用,拉 | | |
| 内径/mm | 10 | 20 | 40 |
| 额定长度/mm | 40~9000 | 60~9000 | 120~9000 |
| 最大附加负载,自由悬挂/kg | 30 | 80 | 250 |
| 可从地面提起的最大附加负载,开始位置并未受到预拉伸/kg | 68 | 160 | 570 |
| 最大许用收缩(行程)/mm | 额定长度的 20% | | 额定长度的 25% |
| 室温下的放松长度/mm | 气管长度的 3% | | |
| 重复精度/mm | 小于等于额定长度的 1% | | |
| 最大许用预拉伸①/mm | 额定长度的 3% | | |
| 最大收缩时的直径扩张量②/mm | 23 | 40 | 75 |
| 迟滞,不带/带负载 | 小于等于额定长度的 5%/2.5% | 小于等于额定长度的 4%/2% | |
| 最大角度误差 | ±1°,两个固定接口的轴之间 | | |
| 最大平行度误差 | 两接口之间每 100mm 长度的误差是 2mm | | |
| 不带附加负载时的速度(6bar 时)/$m \cdot s^{-1}$ | 0.001~1.5 | 0.001~2 | |
| 安装型式 | 带附件 | | |
| 安装位置 | 任意(如果出现径向力则需要外部导向装置) | | |
| 工作压力/bar | 0~8 | 0~6 | |
| 环境温度/℃ | 5~60 | | |
| 耐腐蚀等级 CRC③ | 2 | | |
| 理论值/N | 650 | 1600 | 5700 |
| 达到预拉伸时要求的力/N | 300 | 800 | 2500 |
| 力的补偿/N | 400 | 1200 | 4000 |

①当附加有效的最大许用自由悬挂负载时,也相应得到了最大拉伸

②直径上的扩张决不能用于夹紧

③耐腐蚀等级 2,符合 Festo 960070 标准

元件必须具备一定的耐腐蚀能力,外部可视元件具备基本的涂层表面,直接与工业环境或与冷却液、润滑剂等介质接触

特性

气动肌肉产生的收缩力(拉伸力)很大,是同径气缸的 10 倍,与普通气缸不同的是,气动肌肉在开始受到压缩空气作用后产生的收缩力(拉伸力)很大,收缩行程越大收缩产生的作用力越小(见图 g 作用力/收缩位移),不像普通气缸产生的力与行程无关(理论上),见图 b。另外一个特性是气动肌肉产生的收缩力与供气压有关,供气压力越高收缩行程也越长,这一特性可使气动肌肉用作简单的定位用途。气动肌肉内部无机械零部件,运动平滑,无爬行、无颤抖现象,它的收缩行程改变与供气压力见图 c。气动肌肉重量轻,所占空间很小,具高动态特性,频率高达 100Hz。由于它无活塞杆裸露在外,可在肮脏环境下运转。它与普通类气缸相比,在低速 0.001mm/s、加速度 100m/s$^2$ 下具有很大优势。无论在夹紧、高加速、振荡、定位、运动无爬行等应用领域越来越能发挥其优越特性。对于频率大于 2Hz 的气动系统,采取的措施是两端供气、一端装快排阀,如图 d 所示。对于频率大于 10Hz 的系统配置,可采用二位三通高速换向阀。二位三通高速换向阀的进气口处配置储气罐,储气罐与阀尽可能接近,阀与气动肌肉的安装也尽可能接近,接头和管路的尺寸尽可能大些。尽可能采用轴向供气的方式,如图 e 所示。对于需作简单定位的气动系统,可在二位三通供气处与一个气动比例阀相连,控制/调节气动比例阀压力则可获得定位位置,如图 f 所示

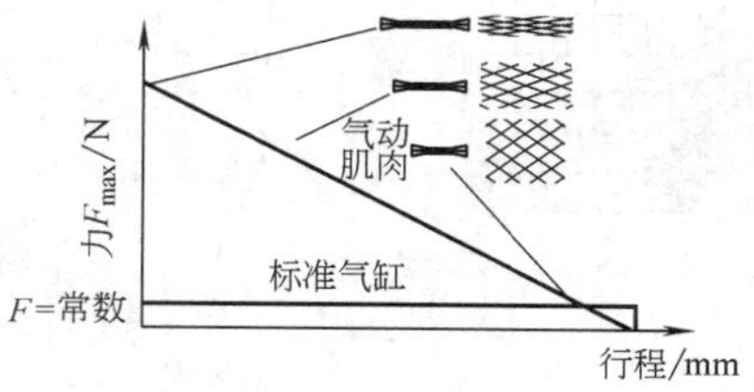


(b)

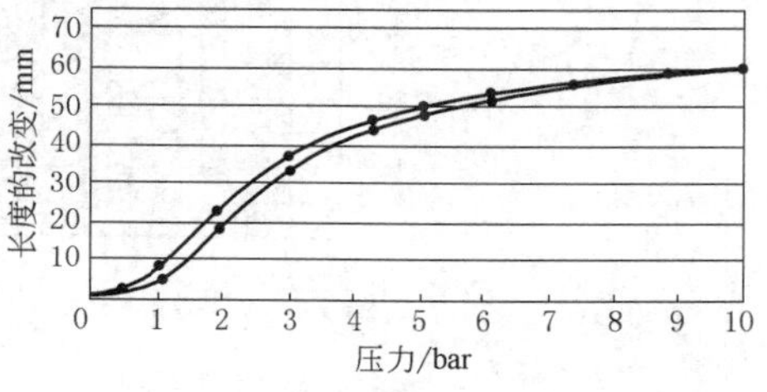


(c) 气动肌腱压力行程及滞后关系

续表

| | | |
|---|---|---|
| 气动肌肉的技术参数与特性 | 特性 | 见下图 (d)、(e)、(f)、(g) |

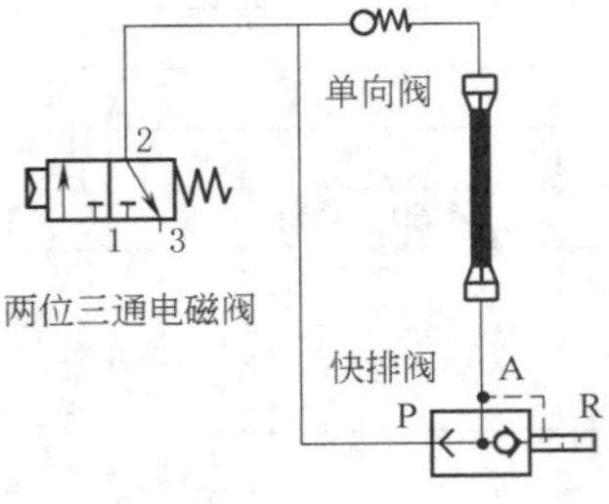


(d)

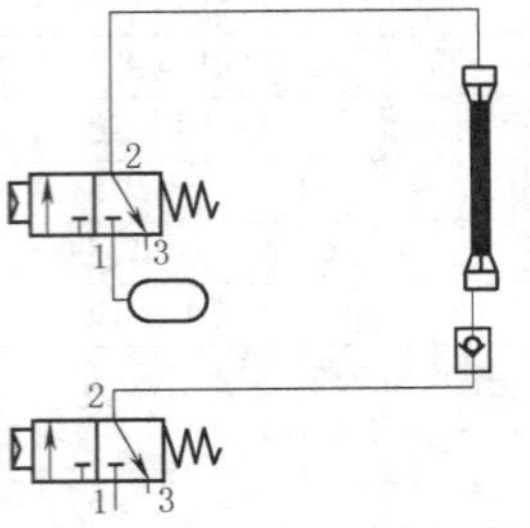


(e)

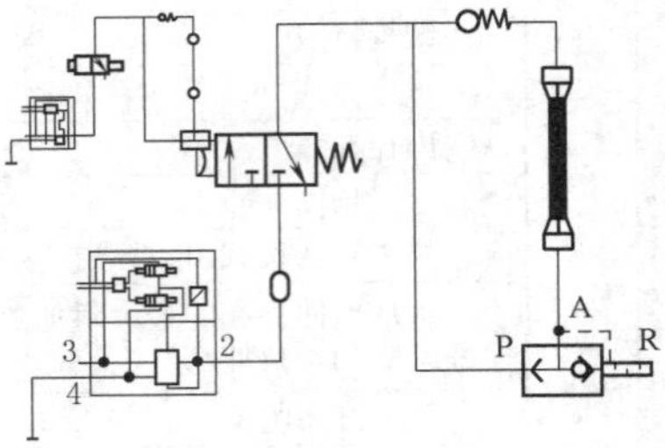


(f)

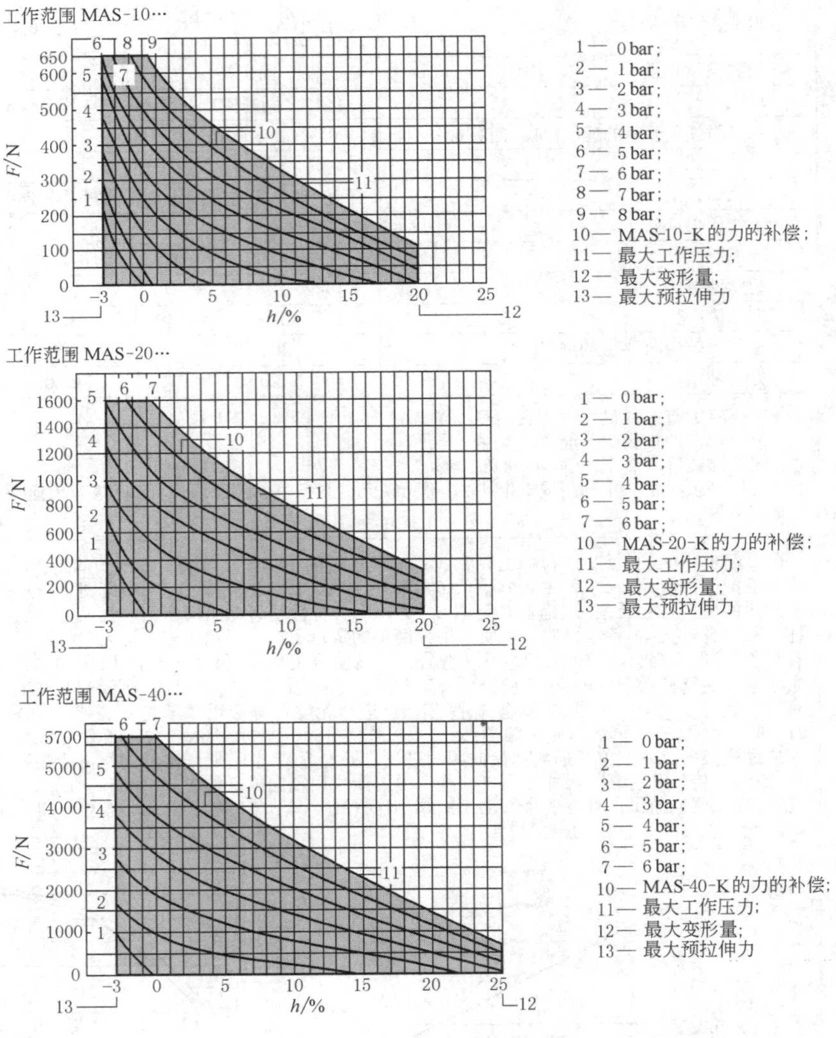


(g)作用力/收缩位移图

续表

计算举例

**例 1　已知**:一个气动肌肉在静止状态时拉伸力为 0N,气动肌腱把一个 80kg 的恒定负载从支撑面提升到 100mm 处。工作压力为 6bar

**求**:合适的气动肌腱的尺寸(直径和额定长度)

**解**:(1)确定所需肌腱的规格

根据拉力来确定合适的气动肌腱直径。如所需提起 80kg 的负载,即拉伸力为 800N,根据图 g 中的拉力,就可选择 MAS-20-…,即为图 h 所示的作用力/位移表

(2)标出负载作用点 1

在 MAS-20-…的作用力/位移图表上标出负载作用点 1,当拉伸力 $F=0$N 时,压力 $p=0$bar

(3)标出负载作用点 2

在作用力/位移图表上标出负载用点 2,作用力 $F=800$N,压力 $p=6$bar

(4)读取长度变化

读取 $X$ 轴上两负载作用点之间肌腱的长度变化(收缩量以%表示)。结果:10.7%的收缩量

(5)计算额定长度

如果行程为 100mm,肌腱的额定长度就是把该行程除以上述收缩量的百分比。结果:100mm/10.7%=935mm

(6)结论

应订购额定长度为 953mm 的气动肌腱。在无外力作用下,为了将 80kg 的负载提升到 100mm,则需要气动肌腱 MAS-20-N935-AA-…(N 表示气动肌腱的额定长度,未包括安装所需长度,气动肌腱被剪下长度大于额定长度。AA 表示标准材料为氯丁二烯)

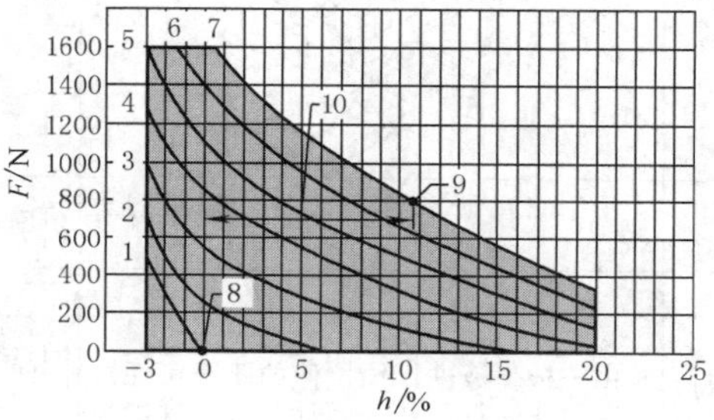


1— 0 bar;
2— 1 bar;
3— 2 bar;
4— 3 bar;
5— 4 bar;
6— 5 bar;
7— 6 bar;
8—负载作用点1;
9—负载作用点2;
10—长度变化=10.7%

(h)作用力/位移表

**例 2　已知**:需气动肌肉作张力弹簧功能,当被拉伸状态时它的力为 2000N,收缩状态时它的力为 1000N,所需行程(弹簧长度)为 50mm,气动肌肉的工作压力为 2bar

**求**:合适的气动肌腱的尺寸(直径和额定长度)

**解**:(1)确定所需肌腱的规格

确定最合适的气动肌腱直径。如所需的力为 2000N,根据图 g 中的拉力,就可选择 MAS-40-,即为图 i 作用力/位移表

(2)标出负载作用点 1

在 MAS-40-…的作用力/位移图表上标出负载作用点 1,作用力 $F=2000$N,压力 $p=2$bar

(3)标出负载作用点 2

在作用力/位移图表上标出负载作用点 2,作用力 $F=1000$N,压力 $p=2$bar

(4)读取长度变化

读取 $X$ 轴上两负载作用点之间肌腱的长度变化(收缩量以%表示)。结果:7.5%的收缩量

(5)计算额定长度

如果行程为 50mm,肌腱的额定长度就是把该行程除以上述收缩量的百分比。结果:50mm/7.5%=667mm

(6)结论

应订购额定长度为 667mm 的气动肌腱。当把气动肌腱作为张力弹簧时,如果力的大小为 2000N,弹簧的行程是 50mm,那么所需的气动肌腱是 MAS-40-N667-AA-…

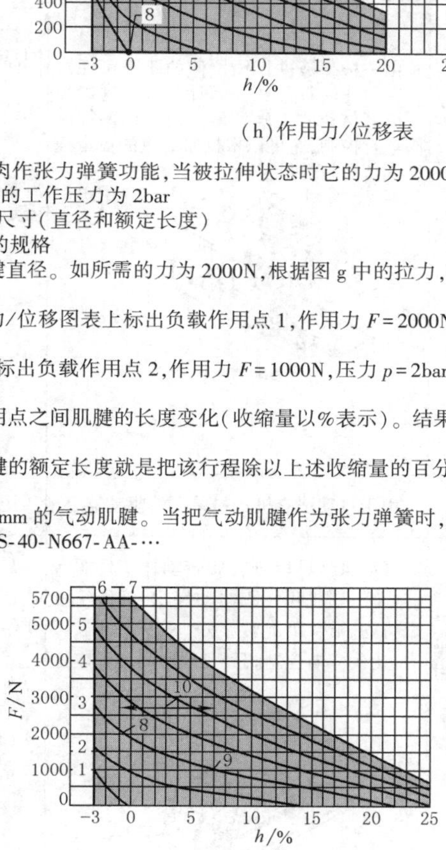


1— 0bar;
2— 1bar;
3— 2bar;
4— 3bar;
5— 4bar;
6— 5bar;
7— 6bar;
8—负载作用点1;
9—负载作用点2;
10—长度变化=7.5%

(i)

作用力/位移表

续表

| | | | | |
|---|---|---|---|---|
| 概述 | | 气动肌肉的初始力与加速度大，无摩擦，运动频率高，停止柔和，可应用在钻孔、切削、压榨、冲压、印刷等行业；气动肌肉的夹紧力大，重量轻，容易调整，也可应用在大负载机械手等行业；气动肌肉的动态性能非常好，动作频率高，维护方便，还可应用在送料带、排序、振动料斗器等行业；气动肌肉的运动平滑，低速运行无爬行，可控性好，可应用在张力控制、磨、抛光、焊接、定量给料设备、传送带纠偏等行业；气动肌肉的密封结构，耐恶劣环境，无泄漏，可应用在木材加工、铸造、采矿、建筑业(混凝土)、陶瓷等行业 | | |
| 应用举例 | 作用力大 | 用于纸板箱打孔的驱动器 | 用于标签冲孔的驱动器 | 用于切割塑料型材的飞刀的驱动器 |
| | | 气动肌腱动态性好，加速度大，运动频率高，动力强劲，能产生很好的打孔效果。使用偏心杆可进一步增强这些特性。通过两根机械弹簧实现耐磨系统的复位<br>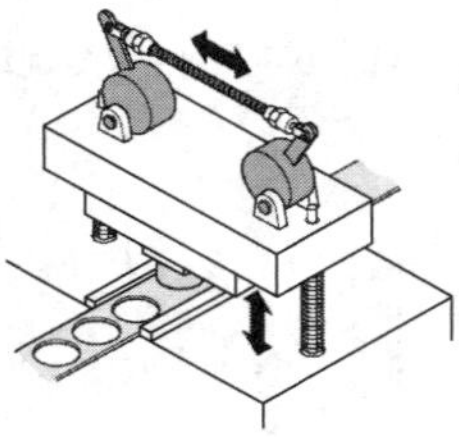 | 气动肌腱重量轻，且没有移动部件(如：活塞)，因此具备很高的循环速率。这种简单的结构(使用两个弹簧和一个肌腱进行预拉伸)替代了使用气缸时要用到的复杂的滚轮杠杆夹紧系统。在可能的范围内将频率从3Hz提高到5Hz。迄今为止已达到五千多万次工作循环<br>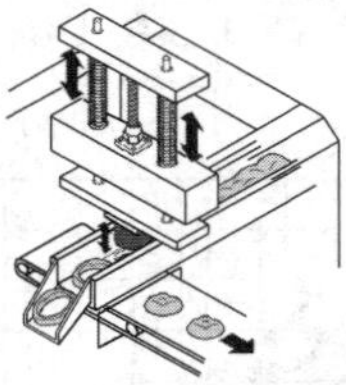 | 气动肌腱的各种性能在该应用中得到了理想的运用：行程开始时能立即迅速加速，确保有足够大的力分割塑料型材，同时柔和软停止可使飞刀平稳到达终端位置<br>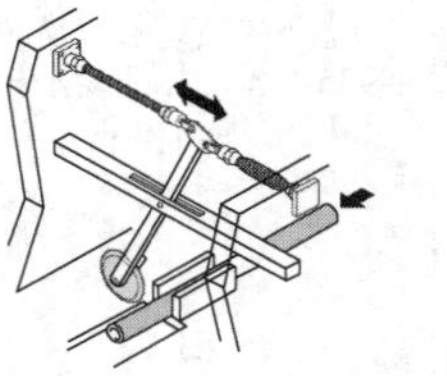 |
| | 无爬行移动 | 用于卷绕设备的制动驱动装置 | 用于自动研磨机上计量分配器的驱动器 | 用于卷绕过程中的走带纠偏控制 |
| | | 无摩擦的肌腱可使卷轴匀速和缓地制动，以确保在恒定速度下进行高精度卷带。使用比例控制阀(它的信号由力传感器调节)进行控制<br>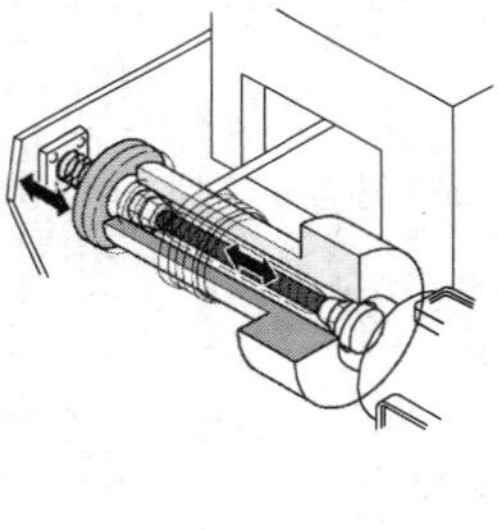 | 由一根弹簧进行预拉伸的肌腱可无跳动且匀速地打开和关闭计量阀。这确保了研磨材料的正确计量。使用比例控制阀进行控制，它可以根据研磨机的皮带速度调节颗粒数量<br>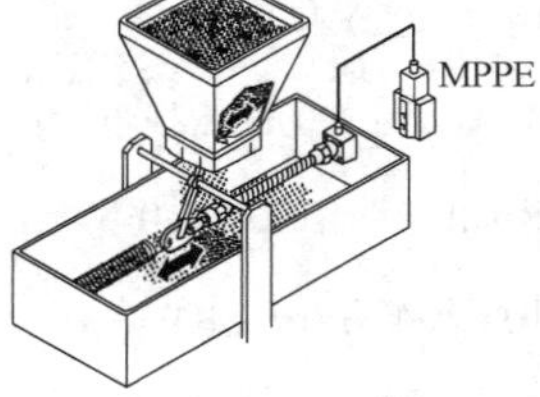 | 目的：匀速卷起纸、金属薄片或纺织品<br>要求：无摩擦驱动器，具有快速响应特性<br>解决方法：气动肌腱。传感器一检测到边缘不对齐就用2个气动肌腱替代活动标架上的转轴。这意味着走带边缘是100%对齐的<br>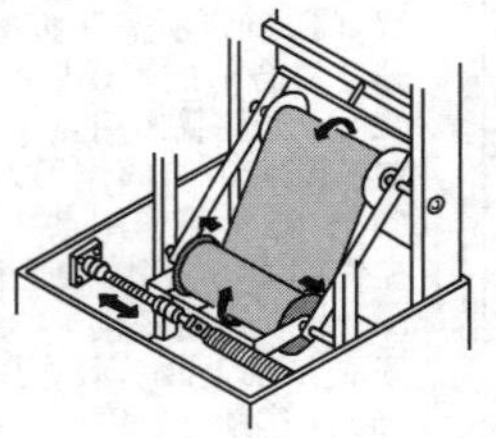 |
| | 简单的定位系统 | 简单的提升设备，用于处理混凝土板和车轮辕 | 用于自动洗衣机送料单元的驱动器 | 用于提升设备 |
| | | 只需调节压力即可实现中间位置。通过手柄式阀为气动肌腱加压或泄压，使工件按要求提升或者下降。气动肌腱长度可长达9m，适用于各种应用场合<br>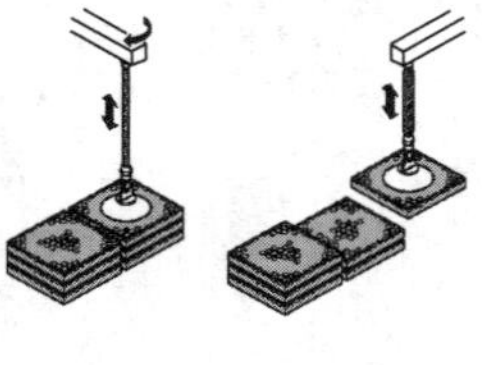 | 气动肌腱可以进行旋转动作。就像人体一样，屈肌和伸肌驱动齿轮，该齿轮可以将送料单元旋转120°。通过调节压力，比例方向控制阀可实现中间位置定位<br>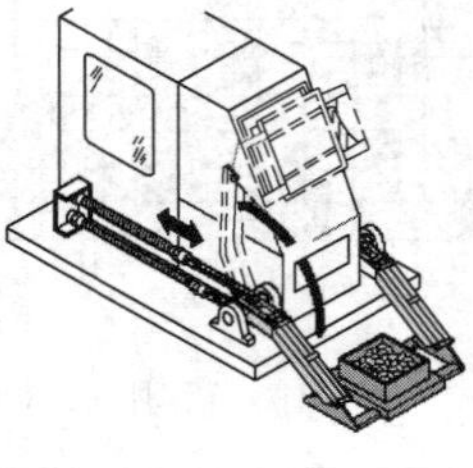 | 只需若干个滑轮及若干根气动肌肉便可提升重物，控制气动肌肉的供给压力便可控制提升所需高度<br>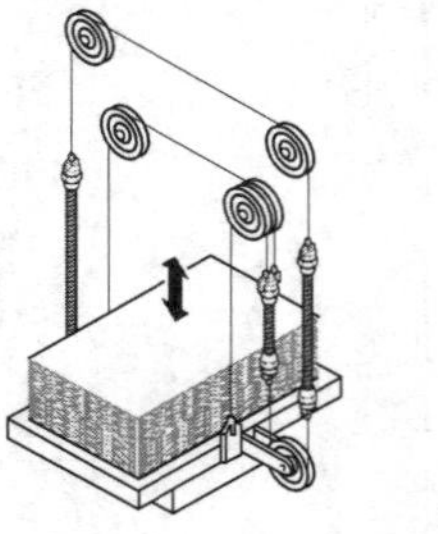 |

续表

| | | | |
|---|---|---|---|
| 应用举例 | 作比例定位控制 | 辊轴张力控制<br>辊轴张力控制在纸张、薄膜、布料等行业是常见的控制方式之一，气动肌肉可根据压力变化形成位移变化，气动肌肉无爬行，动态频响高，可灵敏地反馈到辊轴间的位移<br>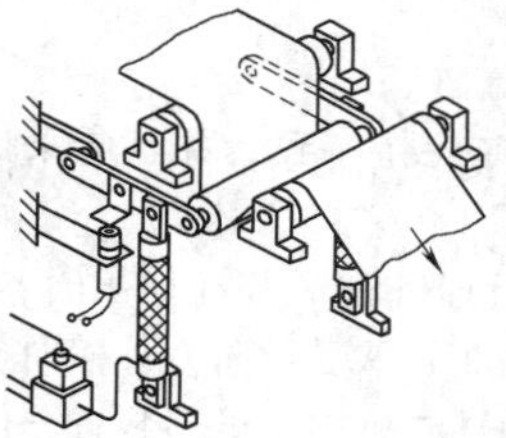 | 进料闸门的控制<br>当料斗内装满原料时，料斗仓门的开启需很大的力，此时气动肌肉既要随时打开仓门，又要快速关小仓门（MPPE 为 Festo 气动比例阀，可调节气动肌肉腔内压力，即调节料斗仓门开口度）<br>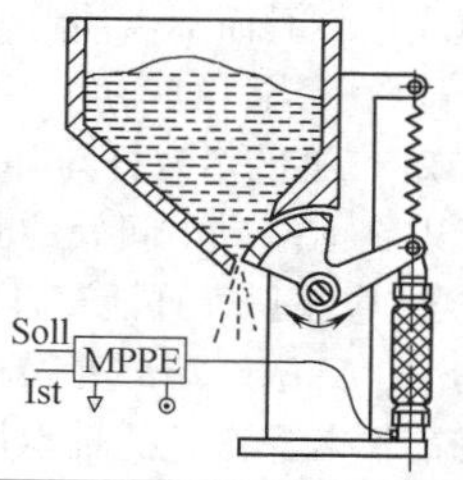 |
| | 恶劣的环境条件 | 棘爪的驱动装置<br>不受污垢影响的气动肌腱因其重量轻、关闭夹头时作用力大而成为棘爪的理想驱动装置。气动肌键完全封闭的系统适用于仓库环境，甚至在恶劣的条件下使用也不会影响其寿命<br>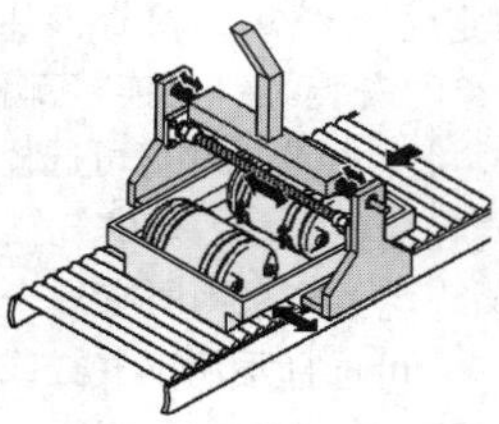 | 抛光机上应用<br>不受抛光后污物影响的气动肌腱。其作用力大，且易调节抛光压力，压紧抛光时无振颤，是抛光机的理想驱动装置<br>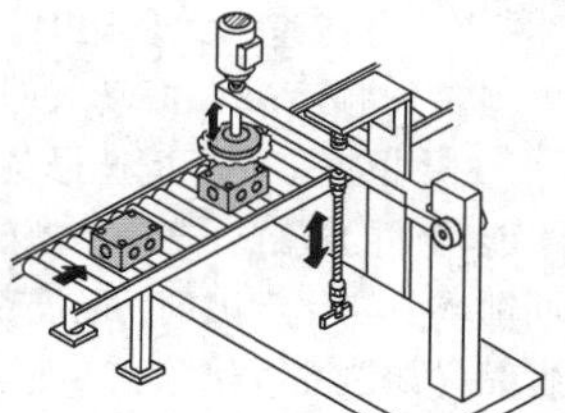 |
| | 动态特性 | 用于分类/止动装置的驱动器<br>气动肌腱速度快，加速性能好，是传输过程中实现分类和止动功能的理想驱动器。由于响应时间短，因此环速率大幅度提高<br>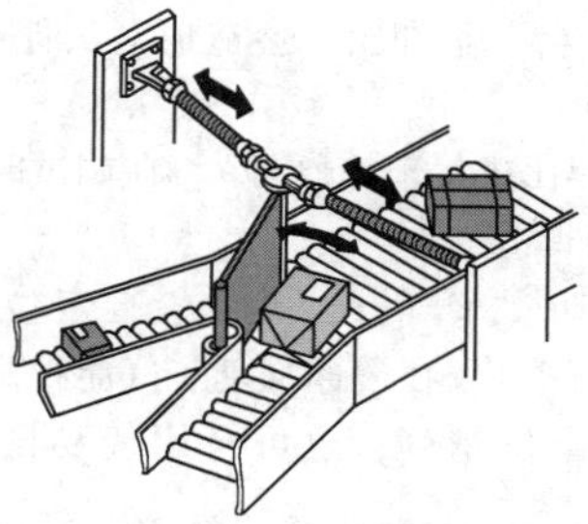 | 用于振动送料斗的驱动器<br>在送料过程中，送料斗和贮存仓容易发生堵塞问题。气动肌腱可方便地在 10~90Hz 之间无级调节一个气动振动器，这样就确保了持续传送<br>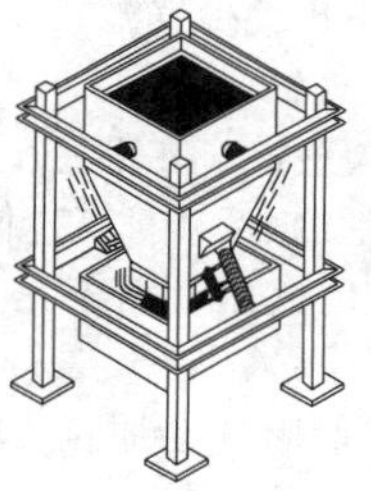<br>用于检测不合格产品<br>当生产流水线在高速输送时，传感器上检测到不合格产品需立即被分拣出，气动肌腱速度快，加速性能好，可较好适应流水线高速输送特性<br>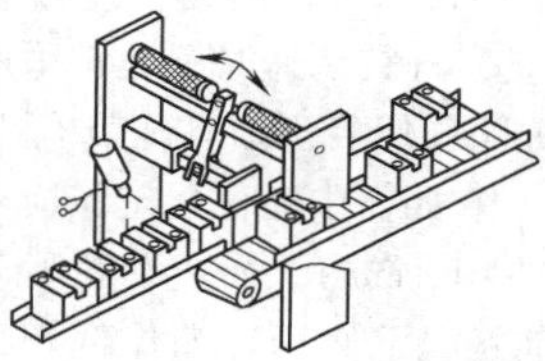 |
| | 注意事项 | (1)如气动肌肉长时间内部充压，且位置不变，会因此变松弛，作用力会减弱。或虽内部无施压，也不能长时间承担一个静态的负载（譬如超过 500h），否则气动肌肉比原来会有明显的松弛<br>(2)气动肌肉最大收缩率不得超过 25%，收缩率越大时，寿命越短且此时产生的拉伸力越小<br>(3)气动肌肉使用寿命在 10 万~1000 万次，收缩率越小寿命越长，压力越低寿命越长，负载越小寿命越长，温度在20~60℃时，寿命越长<br>(4)大于 60℃的情况下持续使用，会使橡胶过早老化，但短时间的使用是允许的(譬如十几秒)。当温度低于 5℃的情况时，气动肌肉可动态应用，由于压缩空气在气动肌肉腔内运动会产生热量，但不能期望等待此运动的热量升到 20℃，如果需要在低于 20℃或高于 60℃范围下应用，则要对橡胶的成分进行改变，其他特性(材料的耐久性)也会有所变化<br>(5)影响频率的因素有：收缩行程、负载、压力、温度、阀、气源管路等。气动肌肉的最高频率可达 100Hz，但收缩率在很小的情况可达 10 亿次。对于高频率气动肌肉通常采用高速阀，高速阀进口处装有储气筒，气动肌肉供气采用两端轴向进/排气方式，以利于其均匀受压力及保持气流通畅、冷却<br>(6)气动肌肉受压径向膨胀，但不能用其径向作为夹紧使用。因为在收缩时，会与被夹物体之间产生磨损，导致气动肌肉的损坏<br>(7)气动肌肉沿着滑轮绕过时，会发生弯曲变形，滑轮的直径应至少是气动肌腱内径的 10 倍<br>(8)气动肌肉安装时应避免扭曲或受偏心负载，见图 j | 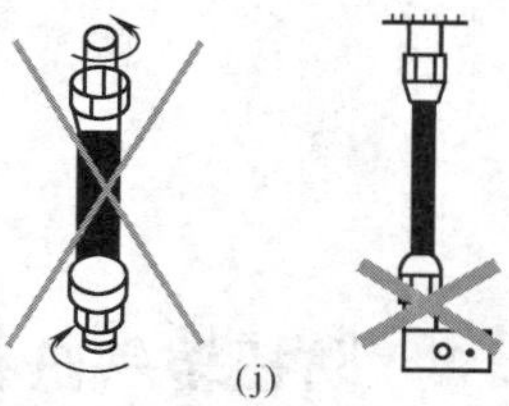<br>(j) |



## 1.3 普通气缸应用注意事项

① 使用清洁干燥的压缩空气。对给油润滑气缸，则需提供经过过滤、润滑的压缩空气，并保持长期得到润滑的压缩空气，润滑油应采用专用油（1 号透平油），不得使用机油、淀子油等，避免对 NBR 橡胶件的损坏。对不给油润滑气缸，既可适应过滤、无润滑油的压缩空气，也可适应长期得到润滑的压缩空气（作为给油气缸一

样来应用)，但不应该有时供油，有时又不供油，因为无给油气缸活塞活塞杆处的摩擦副采用自润滑材料，气缸经过一定时间的运行磨合，已在其运动部件的接触表面形成一层自润滑的薄膜，时而供油将冲掉已形成的自润滑的薄膜层，时而不供油将使其摩擦副再次磨合。

通常，当气缸速度大于 1m/s 时，应采用给油润滑气缸。

② 气缸的活塞杆与外部被连接负载运动时轴心线应保持一致，并且应采用柔性连接件，对于长行程气缸，应考虑在前端或中间处的支承连接方式。

③ 应注意气缸活塞杆端部的受力情况，尤其当长行程气缸活塞杆伸出时，其活塞杆实质上是一个悬臂梁受力情况，活塞杆端部处因其自重而下垂，如在活塞杆端部处承受径向力、横向负载或偏心负载，会使气缸缸筒内壁和前端盖支撑处的轴承加剧磨损而漏气。应采用附加导向机构、导向装置，使活塞杆只提供驱动动力，让导向机构来承受力和力矩。或采用高精度导杆气缸、导向驱动装置内合适的驱动器。

④ 当高速、大负载时，应考虑增设液压缓冲器，需定时（经常）检查液压缓冲器的锁紧螺母是否松动。另外当工作频度高、振动大时，也需定时（经常）检查所有的安装螺钉、连接部件是否松动。

⑤ 根据工作环境选择各种类型气缸，对肮脏、灰尘、切屑、焊渣的环境可选择活塞杆带保护罩的气缸。对活塞杆不能转动的气缸可选择活塞杆防旋转的气缸。对活塞杆上受径向负载、力矩的气缸可选择带导轨的导向驱动器。对有腐蚀环境如化学试剂、防腐剂、清洗剂、切屑液以及酸、碱环境，应采用所有外表面和活塞杆均防腐处理的气缸。对食品（奶制品、奶酪）与医药相接触或接近的工作环境场合，可选择不锈钢气缸或易清洗气缸。对电子行业的显像管生产厂应采用不含铜、四氟乙烯及硅材质的气缸。对汽车喷漆流水线上应采用不含 PWIS（油漆润湿缺陷物质，如硅、脂肪、油、蜡等）特殊气缸。对防爆环境下应选择符合专门用于机械设备防爆等级标准的气缸。

⑥ 注意气缸位置传感器（干簧式、电感式磁性开关）的工作环境是否适合，如高温、低温、强磁场。对于四拉杆式气缸，气缸位置传感器安装在某个四拉杆上，应注意因气缸长期运转振动后四拉杆被旋转一角度，造成气缸位置传感器测不到磁性活塞的位置信号。

⑦ 垂直安装气缸在无压缩空气时（下班关掉气源），活塞杆因自重会下垂伸出，会造成对其他部件的损坏，应采用带活塞杆锁紧装置的气缸或防下坠气缸。

⑧ 气缸调速时，通常采用排气节流阀型式（在平稳、爬行特性方面比进气节流阀好）。在调试时应先将节流阀关闭，然后逐渐打开节流开口度，以免气缸活塞杆高速伸出伤及人和其他物件。

⑨ 如需中间位置定位应考虑采用多位气缸，而不是首先考虑止动刹车气缸，多位气缸定位精度高（约 0.05~0.1mm），而止动刹车气缸定位精度低（约0.5~2mm），止动刹车气缸仅在慢速移动、气压稳定、活塞杆上无油状况下使用。如作简单的定位也可采用气动肌肉。如需有高的定位精度，也可采用气动伺服定位技术（±0.2mm）或电伺服技术（0.02mm）。

# 2　气动产品的应用简介



## 2.1　防扭转气缸在叠板对齐工艺上的应用

表 23-4-23

| | | |
|---|---|---|
| 应用原理 | 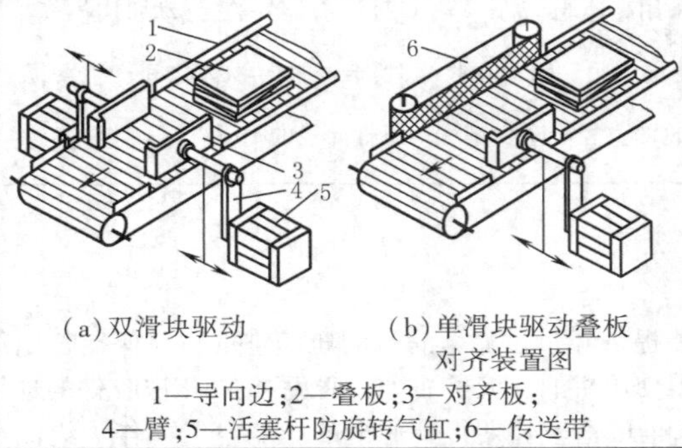<br>(a) 双滑块驱动　(b) 单滑块驱动叠板对齐装置图<br>1—导向边；2—叠板；3—对齐板；4—臂；5—活塞杆防旋转气缸；6—传送带 | 在板料工件包装、传送、打包之前，必须排列整齐。以前往往通过传送带上的阻挡滚轮来实现在连续输送过程中的工件的排列。然而，在该实例中，则采用了一对活塞杆防旋转气缸制成的气动滑块（对齐板），使得工件不仅能对齐，而且能调整工件的纵向位置。防扭转气缸带角尺的前端形挡块（对齐板 4），使工件在传送带运转时在此位置被停止，可以调整传送带上工件在横向位置之间的间距，由于采用活塞杆防扭转气缸制成的气动滑块，气缸在伸出运动时活塞杆不会旋转，因此对齐板在伸出作横向驱动对齐时，也不会作旋转而损坏输送。图 b 在单滑块驱动中，在常用的滚轮对齐中，则需要良好的工作条件，在对齐方向（纵向和横向）上工件必须光滑，以免工件损坏另一侧传送带。在此例中，对活塞杆防扭转气缸的用途作了很好的诠释。对齐操作由检测工件的传感器触发驱动（图中未显示） |

续表

| | |
|---|---|
| 适用组件 | ①活塞杆防扭转气缸:扁平气缸或方活塞杆气缸,防扭转气缸或双活塞气缸;②单气控阀;③接近开关;④漫射式传感器;⑤气动增计数器 |

## 2.2 气动产品在装配工艺上的应用

### 2.2.1 带导轨气缸/中型导向单元在轴承衬套装配工艺上的应用

表 23-4-24

| | |
|---|---|
| 应用原理 | 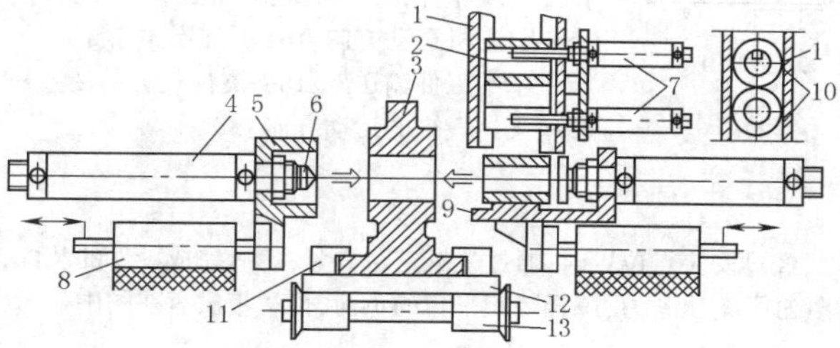<br>1—料架;2—连接件(轴承轴衬);3—工件;<br>4—中心棒对中气缸;5—反向支撑和夹紧套筒;<br>6—对中顶针;7—分配器驱动气缸;<br>8—导向单元(带导轨气缸/中型导向单元);<br>9—连接件的V形支撑;10—分配器销;<br>11—工件的夹紧爪;12—工件托架;<br>13—滚子传送带<br>在使用纵向施压的轴套装配中(把轴承轴衬2装配在工件3的内孔),两个被装配的组件必须保证同轴度要求,这一点相当重要。在这个例子中,为了达到这一点,采用了一个反支撑夹紧套筒5固定在气缸上,通过中心芯棒对中气缸进给,将对中顶针6(中心芯棒)定位在工件3另一边的内孔上,这个操作可提高装配同轴度,然后通过气缸将衬套压入到轴承中。所有这些动作都是由气动完成的,包括衬套的分离、夹紧,安装完成后,对中机构和压紧机构退回,工件托架进入到下一道工序<br>带导轨气缸/中型导向单元可承受较大的径向负载,活塞杆伸出受载时,挠度变形小,能确保左、右两边的同轴度 |
| 适用组件 | ①标准圆形气缸;②中型导向驱动单元;③单气控阀;④接近开关;⑤管接头;⑥安装附件 |

### 2.2.2 三点式气爪/防扭转紧凑型气缸在轴类装配卡簧工艺上的应用

表 23-4-25

| | |
|---|---|
| 应用原理 | 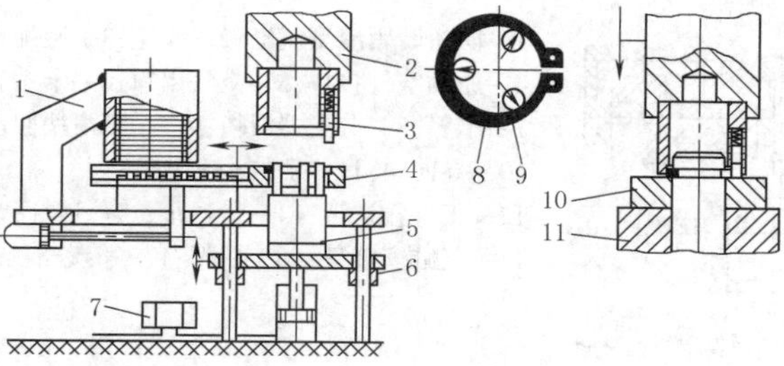<br>1—卡簧料架;2—装配头;3—带锥;4—供料滑;<br>5—三点气爪;6—升降台;7—张紧力调压阀;<br>8—卡簧;9—夹具手指;10—连接件;<br>11—基本工件<br>在机械工程的设备当中,经常采用卡簧来固定组件,目前已有多种装置可安装卡簧。在上面的例子中,卡簧从物料架中分离出来,并被输送到平台上,一旦卡簧被分离出来后,就通过三点气爪将其撑开,然后通过带锥销夹住,输送到安装位置,松开带锥销,卡簧即可固定到需要的轴上。在这个操作中,要注意卡环不能被过分地拉伸,不然要导致塑料变形,三点气爪的张紧力通过一个调压阀调整,径向气爪的特点可十分精确地定位于轴的中心,与工件定位中心对齐。防扭转紧凑型气缸能确保卡簧与三点气爪的垂直精度。装配头采用气压驱动 |
| 适用组件 | ①三点气爪;②紧凑型气缸;③调压阀;④单气控阀;⑤防旋转紧凑型气缸或小型短行程滑块驱动器;⑥接近开关;⑦管接头;⑧安装附件 |

### 2.2.3 特殊轴向对中气缸/紧凑型气缸等在轴类套圈装配工艺上的应用

表 23-4-26

| | |
|---|---|
| 应用原理 | 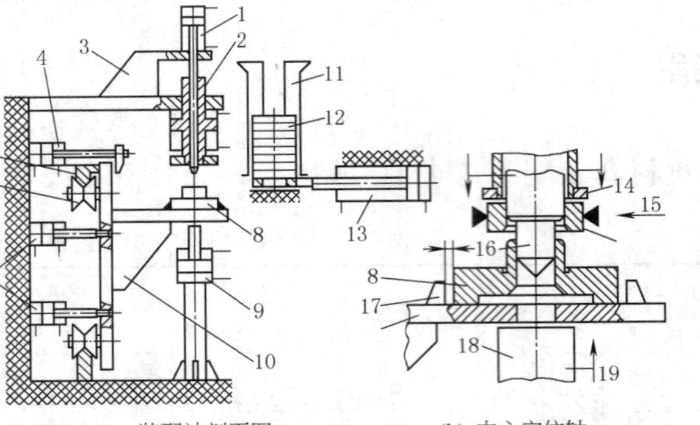<br>(a) 装配站剖面图　(b) 中心定位轴<br>1—特殊轴向对中气缸;2—压紧气缸;3—支撑机架;<br>4—紧凑型气缸(夹紧)或摆动夹紧气缸;<br>5—导向架;6—支撑滚子;7—止动气缸;<br>8—工件;9—支撑气缸;10—移动平台;11—料架;<br>12—安装零件;13—分配器气缸;14—压力环;<br>15—分配机运动方向;16—中心定位销;<br>17—基本工件输送架;18—支撑气缸的活塞杆;<br>19—支撑气缸的运动方向<br>这种装配设备的传送系统往往分布在循环导轨上,经过安装点位置时,通过气缸定位夹紧,然后完成零件的装配,在安装前通过特殊轴向对中气缸定位轴的对中,同时支撑气缸平衡压紧力,减轻装配平台的负荷,传送带没有在图中显示,可以通过链传动,也可以通过自带的单独电机驱动 |
| 适用组件 | ①标准圆形气缸;②紧凑型气缸;③紧凑型气缸或摆动夹紧气缸;④接近开关;⑤安装附件;⑥管接头 |

### 2.2.4 小型滑块驱动器/防扭转紧凑型气缸在内孔装配卡簧工艺上的应用

表 23-4-27

| | |
|---|---|
| 应用原理 | 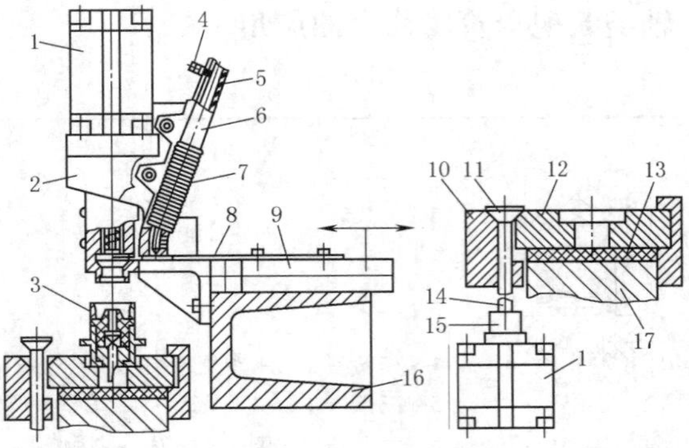<br>(a) 安装台的剖面图　(b) 工件输送架定位和夹紧<br>1—防扭转紧凑型气缸;2—支座;3—装配模块;<br>4—压缩空气接口;5—空气出口;6—卡簧料架;<br>7—卡簧;8—分配器滑块;9—小型滑块驱动器;<br>10—导向块;11—定位和夹紧杆;<br>12—工件输送架;13—传送带;14—连杆;<br>15—气缸安装件;16—机架;17—传送带系统<br>卡簧料架为一管子状的芯棒,为了防止在移动时粘在一起,采用压缩空气喷入料架管,然后通过侧壁的小孔排出,从而保证卡簧和料架管间的低摩擦。分配器滑块在压力推杆作用下带动每个卡簧,由于往下运动,卡簧和平面互相接触,当卡簧到达定位后,卡簧分离进入工件的环形槽中,由小型滑块驱动器驱动分配器滑块移至装配模块上方。同时,工件输送架被定位夹紧(IF Werner 系统),最后完成卡簧的装配。定位夹紧杆用于工件输送架的固定和释放,通过短行程气缸完成 |
| 适用组件 | ①防扭转紧凑型气缸;②接近开关;③单气控阀;④紧凑型气缸;⑤安装附件;⑥管接头 |

## 2.2.5 防扭转气缸、倍力气缸对需内芯插入部件进行的预加工工艺装配上的应用

表 23-4-28

<table>
<tr><td>应用原理</td><td>一些工件在加工和夹紧的过程中很容易变形，为了防止变形、保证加工精确性，必须要给工件装一个临时的芯棒以便进行加工处理，利用图示的系统可以达到这个目的。这个系统采用部分自动化。芯棒首先用人工方式放到送料器上，然后将工件移到夹紧位置，通过左、右边的气缸夹住，然后进行轴向气缸的定位加工操作。之后，轴向气缸退回，另一气缸（本图未画出）将加工好的工件输送到出料传送带上。夹套必须在加工完成以后去掉。通过手工将工件传送到下一工位</td><td>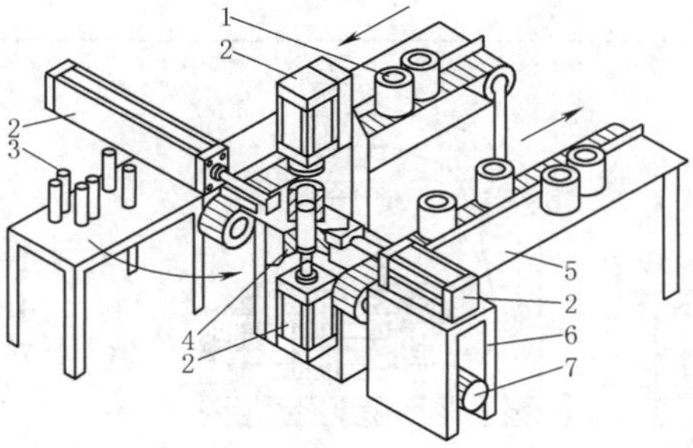<br>1—工件；2—轴向气缸：倍力气缸，水平气缸（防扭转紧凑型气缸或扁平气缸）；3—芯棒（安装）；4—支撑台；5—成品出料；6—传送带驱动；7—驱动马达</td></tr>
<tr><td>适用组件</td><td colspan="2">①扁平气缸；②安装附件；③倍力气缸；④双手安全启动模块；⑤单气控阀；⑥接近开关；⑦管接头；⑧标准气缸；⑨安装脚架</td></tr>
</table>

## 2.2.6 标准气缸/倍力气缸在木梯横挡的装配工艺的应用

表 23-4-29

<table>
<tr><td>应用原理</td><td>虽然铝型材的梯子已变得越来越流行，但传统的木头梯子依然在生产。安装横挡条的工作可通过气缸实现，并能做到压力均衡。为了能较好地完成该工作，特别需要注意的是工件（横挡）必须被安装在一条直线上，支撑架由弹簧钢制成。完成这一操作的方法很简单，而且还可以将这一方法用于其他同类的操作。例如，多个气缸冲压能被用来制作家具。也可将此方法推广，例如，通过一个钻模用于安装气缸，或用于安装侧面托架</td><td>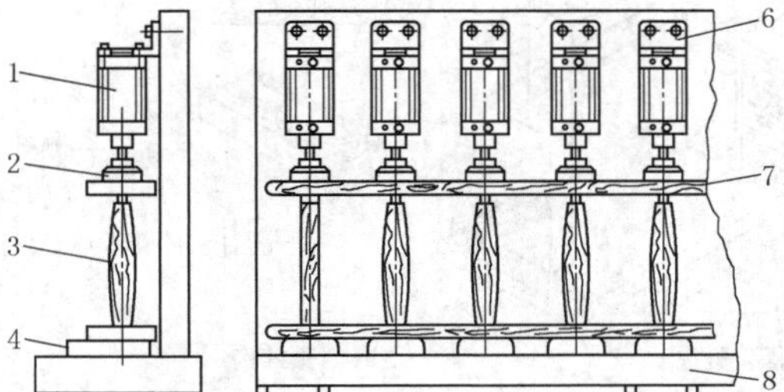<br>1—气缸或倍力气缸；2—压块；3—木制横挡；4—支撑；5—基架；6—安装脚架；7—梯子侧板；8—压合工作台</td></tr>
<tr><td>适用组件</td><td colspan="2">①标准气缸或倍力气缸；②接近开关；③单气控阀；④安装脚架；⑤双手安全启动模块；⑥安装附件；⑦管接头</td></tr>
</table>

## 2.3 夹紧工艺应用

### 2.3.1 倍力气缸/放大曲柄机构对工件的夹紧工艺的应用

表 23-4-30

| | |
|---|---|
| 应用原理 | 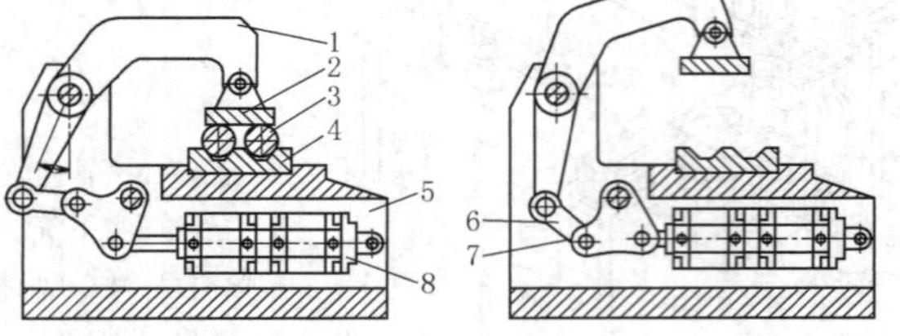<br>1—夹紧臂;2— 压紧块;3— 工件;<br>4—V 形夹具;5—设备体;6—杠杆;<br>7—连杆;8—倍力气缸<br><br>在产品加工中,夹紧是一个基本的功能。正确的夹紧在保证高质量工件中扮演着很重要的角色。一个浮动压块保证把工件夹紧在 V 形夹具中的力是固定不变的,可以看到力传递路径中包含杠杆,该杆能在完全伸展的时候产生一个很大的面向夹具的压紧力 $F$,该力被两个工件分配,所以每个工件所受的力为 $F/2$。当夹紧装置打开的时候,必须要有足够的空间来放入工件,同时有必要用吹气清洁夹具,虽然如此,在加工完 5~20 个工件以后,夹紧点必须清理一下,必要时在无损伤的情况下把工件取出,为此目的,也可以使用直线摆动夹紧气缸。这些设备都有很好的保护措施,而且已经实现模块化,可大大简化系统的设计工作。夹紧臂的打开角可以在 15°~135°之间调节 |
| 适用组件 | ①倍力气缸;②接近开关;③单气控阀;④双耳环;⑤安装脚架;⑥安装附件;⑦管接头 |

### 2.3.2 膜片气缸对平面形工件的夹紧工艺的应用

表 23-4-31

| | |
|---|---|
| 应用原理 | 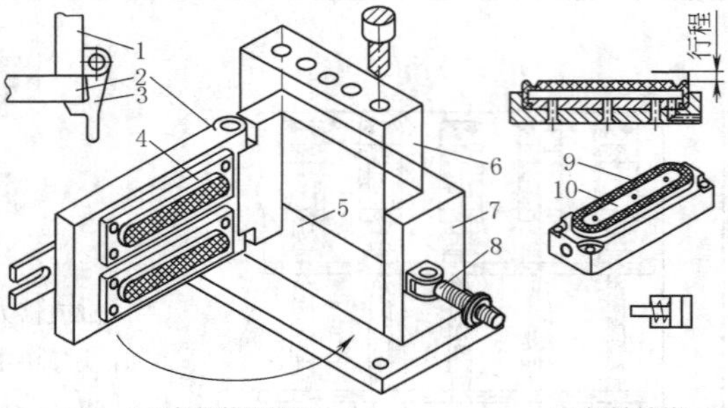<br>(a) 夹紧装置视图　　(b) 门锁结构<br><br>1—侧壁;2—夹紧门;3—门锁;<br>4—夹紧模块(膜片气缸);5—清洁孔(未画出);<br>6—工件;7—夹具箱体;8—紧固螺栓;<br>9—膜片式夹紧气缸;10—膜片式夹紧气缸的压紧面<br><br>夹紧装置不仅能很好地夹紧,而且也需要进出料方便。图 a 和图 b 展示了一个为 V 形工件钻孔的夹紧装置,夹紧力是由气动产生的,这些气动部件是和夹紧闸门连在一起的,闸门开得很大,这样就允许工件从闸门处送进或移出,而没有碰撞的危险。通过一个简单的紧固螺栓将门关闭或打开,如图所示,夹紧装置设备下面的支撑面的特点是应有一个易清除切屑的通口,它允许加工后的碎片很有效地被移除。膜片式夹紧气缸上带有金属压力盘来保护橡胶膜片过度变形并免受磨损(如图中的 10)。膜片式夹紧气缸的使用使夹具设计变得简单。这些气缸可以是圆形和矩形的,而且可以是不同的尺寸 |
| 适用组件 | ①膜片式夹紧气缸;②单气控阀;③安装附件;④管接头 |

## 2.3.3 防扭转紧凑型气缸配合液压系统的多头夹紧系统的应用

表 23-4-32

| | |
|---|---|
| 应用原理 | 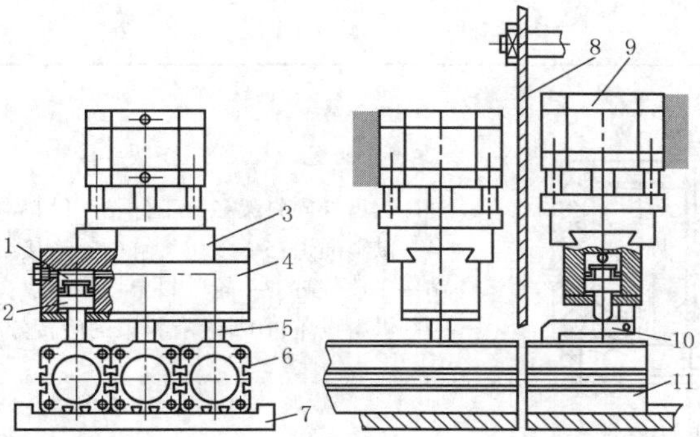<br>1—油腔；2—压力活塞；3—夹具体；<br>4—适配器；5—压力活塞杆；6—工件（型材）；<br>7—夹具支撑；8—圆形锯片；9—气缸；<br>10—夹紧杠杆；11—锯开的工件<br>多头夹紧系统在切断加工中有一定优势。上图所示为将铝型材切断的示意图，每次三个。然而，平行夹紧要具备能弥补加工的型材尺寸上的轻微差异，例如，可采用一组碟形弹簧。图中采用的是一种液压的方法，也叫“液体弹簧”，是一种被动的液压系统。当给油腔加压时，由于存在一个空行程，必须考虑有足够的冲程容积，否则，小活塞就不能移动，从而也不能传递压力。如果适配器做成可互换的，就可以完成各种不同的轮廓尺寸材料的加工，这样就增加了夹紧设备的柔性 |
| 适用组件 | ①紧凑型气缸；②单气控阀；③接近开关；④安装附件；⑤管接头 |

## 2.3.4 摆动夹紧气缸对工件的夹紧工艺的应用

表 23-4-33

| | |
|---|---|
| 应用原理 | 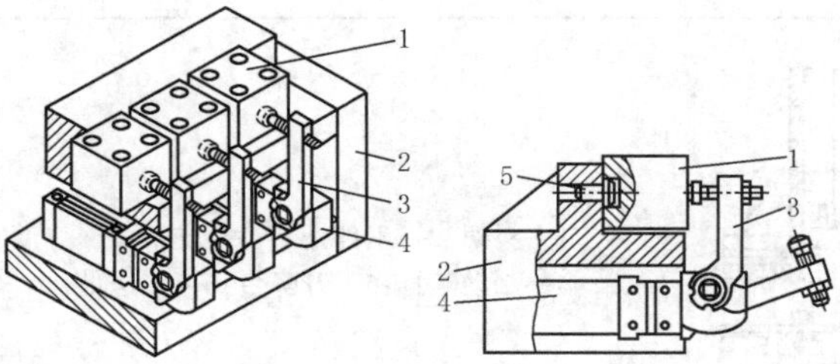<br>1—工件；2—设备体；3—夹具臂；<br>4—杠杆夹具；5—中心销<br>多夹紧设备具有节省辅助加工时间的优点，可大大提高生产率。因此，多夹紧设备常被用在大批量生产的操作中。在上图中，摆动夹紧气缸被平行布置，这种装置由于采用了经过细长化设计的特殊夹具而实现，减少了夹紧设备的机械复杂性。夹具臂打开时呈 90°，通过夹具气缸上面的工件很容易被送入，而在其他类型的设备中通常不是这样。夹具的打开角度大，也能很好地保护工件免受加工碎屑的破坏。由于夹紧臂能很好地从工件那里分开，这种装置也可适合于自动化供料，只要装上一个可抓放处理装置即可 |
| 适用组件 | ①摆动夹紧气缸；②接近开关；③单气控阀；④安装附件；⑤管接头 |

## 2.4 气动产品在送料（包括储存、蓄料）等工艺上的应用

### 2.4.1 多位气缸对多通道工件输入槽的分配送料应用

表 23-4-34

| | |
|---|---|
| 应用原理 | 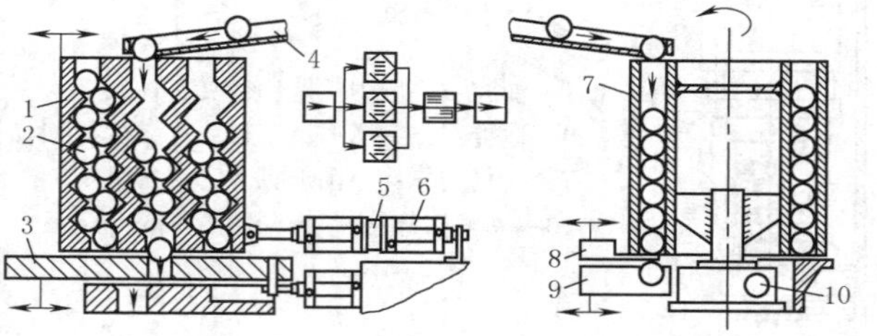<br><br>(a) 滑块型料架　　(b) 旋转型料架<br>1—锯齿导向料架；2—工件；3—供料滑块；4—供料通道；5—多位气缸中间连接组件；6—多位气缸；7—轮鼓料架；8—挡块；9—供料设备；10—装有料架的旋转分度盘<br>缓冲存储在物流中是非常有用的，它可以缓解机器或工作站间步调的不匹配性。为了增加缓冲量，可平行地安装多个料架，如图 a 和图 b 所示。进料高度由传感器检测（未显示），料架由多位气缸或气动旋转分度盘驱动。工件在通过每一个锯齿形通道时，都被重新校直，这时允许空的料架进料而不会导致工件过度堆积。在图 b 所示的方法中，在轮鼓的周边上安装了 4 个料架 |
| 适用组件 | ①单气控阀；②单向流量阀；③双耳环；④旋转分度盘；⑤安装附件；⑥管接头 |

### 2.4.2 止动气缸对前一站储存站的缓冲蓄料应用

表 23-4-35

| | |
|---|---|
| 应用原理 | 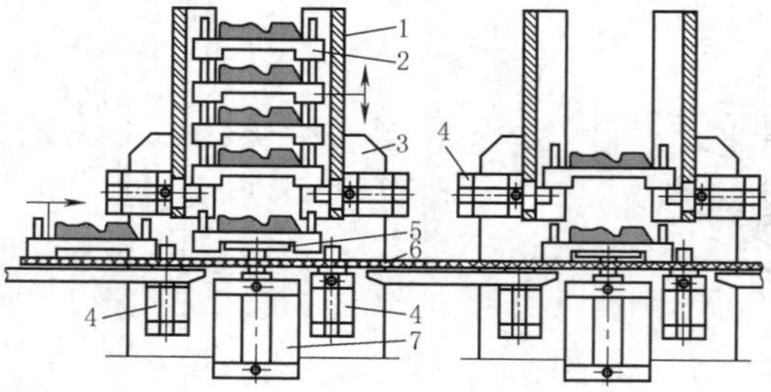<br><br>1—料架；2—工件托架；3—支架；4—制动气缸；5—升降台；6—传送带；7—气缸<br>现代化生产线上的工作站一般都是比较宽松地连在一起，因为这样比固定的连接能产出更多的产品。原因在于当一个工作站出现故障的情况下，其他的工作站一般能继续工作，至少在一定的时间内是可以的。为了达到这一点，必须在工作站之间装上物料堆放缓冲器。在正常情况下，工件托架是一直往前走的，然而，如果下一个工作站出现故障，工件托架就被从传送线上取下，缓冲起来，当缓冲器被填满以后，上位工作站必须停止工作，上图说明了这种功能的设计方法。为了保证缓冲器的堆料和出料操作顺利进行，上位的工件托架必须被暂时停住。气缸在上举、锁定和阻挡工件托架上可以起到很好的作用。缓冲存储的设计是不复杂的 |
| 适用组件 | ①制动气缸；②接近开关；③单气控阀；④紧凑型气缸或防扭转紧凑型气缸；⑤单向流量阀；⑥安装附件；⑦管接头 |

## 2.4.3 双活塞气缸对工件的抓取和输送

表 23-4-36

| | |
|---|---|
| 应用原理 | 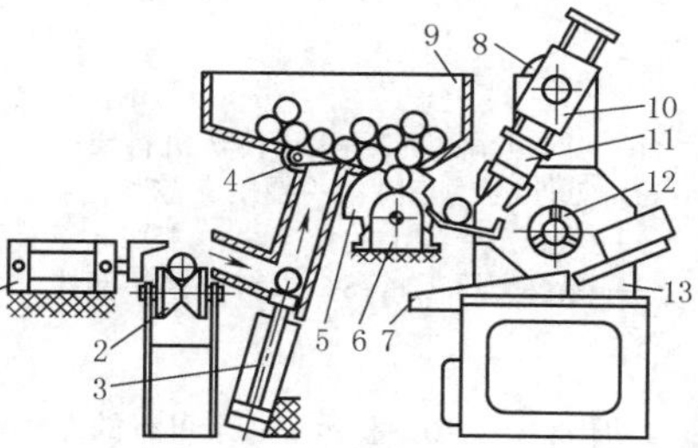<br>1—推进缸；2—滚子传送带（连接传送带）；<br>3—插入气缸；4—装有弹簧的棘爪；5—进料器；<br>6—摆动气缸；7—输出槽；8—直线摆动组合单元；<br>9—堆料架；10—直线单元；11—夹具；<br>12—夹紧装置；13—机床<br><br>缓冲存储的任务就是缓解生产线上机器和机器间的不协调，提供一种较为松弛的连接，这种连接在个别机器出现故障的情况下可发挥巨大的作用。上图所示为一个缓冲存储从传送带接取条状工件（例如，直径在 10~30mm 之间，长为 150~600mm），并暂时储存在中间料架中，在需要的时候，把工件输出到加工机器中。所有的动作可全部由气动组件完成。从滚子传送带推过来的工件通过插入气缸将其送入到堆料架中存储，当工件从堆料架中移出的时候，工件被一摆动供料设备分开，并通过一个三轴机械手输送到下一个机器中，系统的循环时间大约为 5s |
| 适用组件 | ①紧凑型气缸；②标准气缸；③安装脚架；④叶片式摆动气缸；⑤双活塞气缸；⑥平行气爪；⑦接近开关；⑧单气控阀；⑨安装附件；⑩管接头 |

## 2.4.4 中间耳轴型标准气缸在自动化车床的供料应用

表 23-4-37

| | |
|---|---|
| 应用原理 | 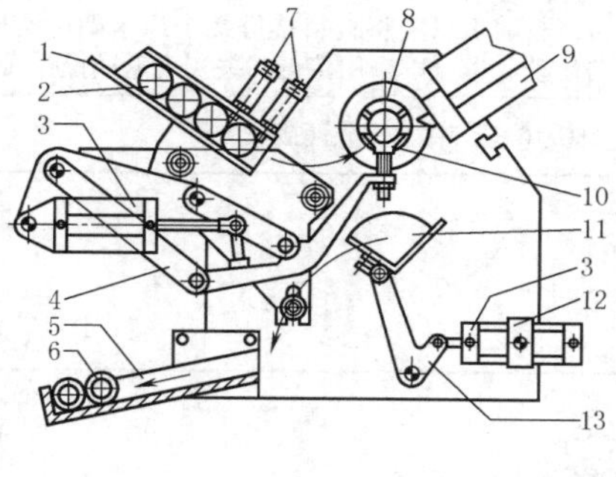<br>1—圆形工件的料架；2—工件（未加工）；<br>3—气缸（尾部带耳轴型气缸）；4—四连杆机构（双摇杆）；<br>5—出料斜槽；6—加工完的工件；7—供料用气缸；<br>8—夹具；9—刀具滑块；10—供料设备；<br>11—出料装置；12—摆动关节；13—杠杆<br><br>上图所示为自动车床的供料和出料机构。V 形的高度可调，托架从料架中取出一个未加工的工件，并把工件输送到机床主轴的中心。为了实现这个目标，采用一个带尾部耳轴气缸，通过曲柄机构把工件从出料斜槽 5 中取出送入夹具 8 中，在这个位置被一个凸轮（未显示）推进到夹具中，加工完后，工件落入出料托盘中，通过一个带中间耳轴气缸，把托盘随后向输出斜槽倾斜。整个设备是装在一个基座上的，并与机器上工具的区域连接。在加工过程中，工件托架必须要转到一个离开加工碎屑的位置 |
| 适用组件 | ①标准气缸（带尾部耳轴或带中间耳轴）；②接近开关；③安装脚架；④双耳环；⑤单向流量阀；⑥耳轴支座；⑦安装附件；⑧管接头 |

## 2.4.5 标准气缸在螺纹滚压机供料上的应用

表 23-4-38

| | |
|---|---|
| 应用原理 | 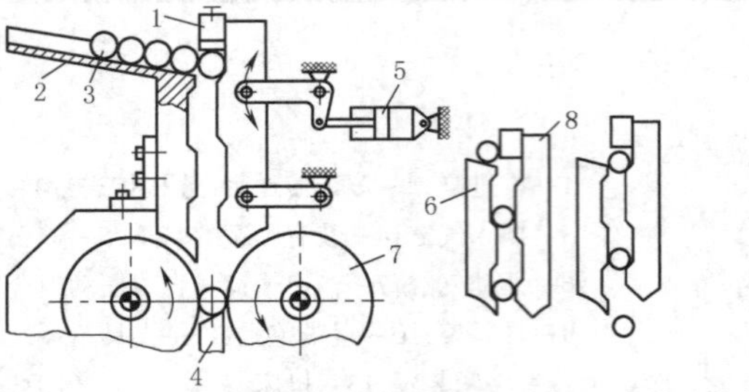<br>1—可调升降块；2—滚子传送机料架；<br>3—工件（未加工）；4—硬质支撑臂；<br>5—气缸；6—固定的导向块；<br>7—螺纹滚压工具；8—供料可移动部件<br>滚压螺纹是一种很有效的无切削成形操作，整个加工过程通过自动化实现。图中显示了一个可行的方法，工件以很有序的方式从一供料系统传到机器的滚子传送机料架中，供料的可移动部件经过精巧设计，操作驱动一次，输送一个工件，当工件逐步地在下运动时，每一步都进行自定向，当工件到达支撑臂上的时候，已完全水平。通过螺纹机的螺纹方向进给，加工完毕的工件自动进入到成品收集箱中。这个装置的原理，也适合于带轴肩的或带头部的工件 |
| 适用组件 | ①标准气缸；②接近开关；③双耳环；④安装脚架；⑤单向流量阀；⑥安装附件；⑦管接头 |

## 2.4.6 带后耳轴的标准气缸在涂胶机供料上的应用

表 23-4-39

| | |
|---|---|
| 应用原理 | 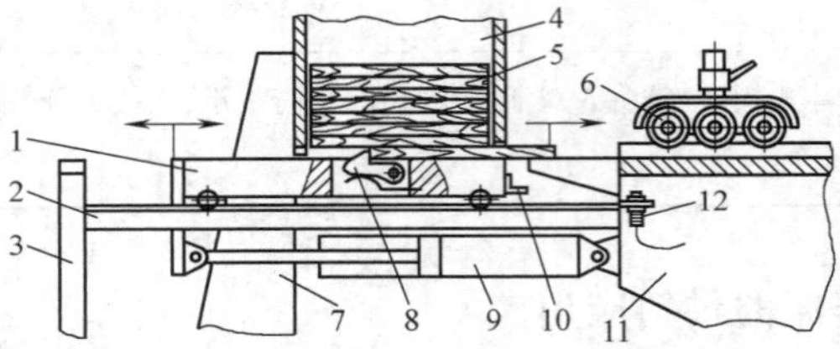<br>1—供料滑块；2—支撑导轨；<br>3—支架；4—料架；5—工件；<br>6—滚子供料装置；7—料架支撑；<br>8—驱动爪；9—带后耳轴气缸；<br>10—接近开关感应块；11—加工工具；<br>12—接近开关<br>现代供料技术所追求的目标是减少产品对操作人员的伤害或至少允许一个操作人员控制好几台机器，更进一步的目标是提高供料速度，并提供更好的监测，更好地利用机器的性能。图中所示为一个平的细长条或板料的供料设备，将板料送到机器上去加工。工件通过一驱动爪（在宽度方向装有好几个爪）将板料从料架中移走，并被推进到滚子供料设备中，并把工件推到工具下面（未显示）或涂胶传送带上。供料滚子外包一层橡胶，驱动爪只要将板料推进几个毫米即可实现驱动。供料滑块沿着 V 或 U 形的导轨运动直到感应传感器动作，并使其反向运动。也可以采用接近开关实现返回操作 |
| 适用组件 | ①标准气缸；②双耳环；③安装脚架；④接近开关；⑤单向流量阀；⑥安装附件；⑦管接头 |

## 2.4.7 标准气缸在圆杆供料装置上的应用

表 23-4-40

| | |
|---|---|
| 应用原理 | 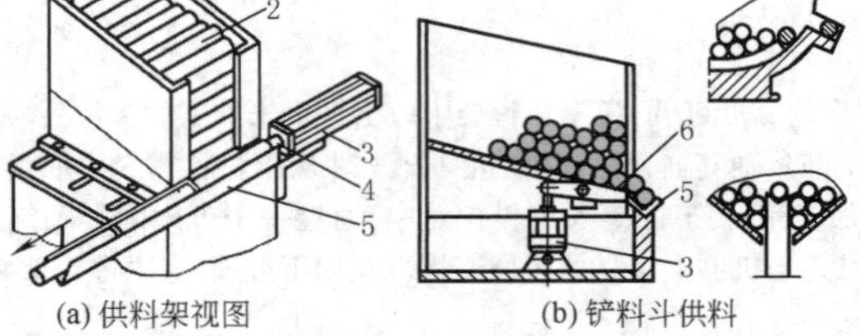<br>(a) 供料架视图　(b) 铲料斗供料<br>1—料架；2—工件；3—气缸；<br>4—带推压头的活塞杆；<br>5—斜槽；6—杠杆<br>装配机械和加工机械中，经常需要对圆杆或管子进行供料，而且最好是用自动化实现的。图中所示为一堆料架供料装置，每次操作一次取一件工件。料架宽度可以调整以适应不同长度的工件。料架出口处装有一个振动器（摇杆），以防止工件的堵塞，否则，由于摩擦力和重力的作用，工件间会出现"桥"接现象，从而阻止进一步的前进。这种供料设备可用于无芯磨床的供料。堆料架也可通过铲料斗（图 b）进行供料，铲子从料架中上下一次输出一个工件 |
| 适用组件 | ①标准气缸；②安装脚架；③接近开关；④单气控阀；⑤单向流量阀；⑥紧凑型气缸；⑦旋转法兰；⑧双耳环；⑨安装附件；⑩管接头 |

## 2.4.8 无杆气缸/双活塞气缸/平行气爪/阻挡气缸在底部凹陷工件上抓取供料的应用

表 23-4-41

| | |
|---|---|
| 应用原理 | 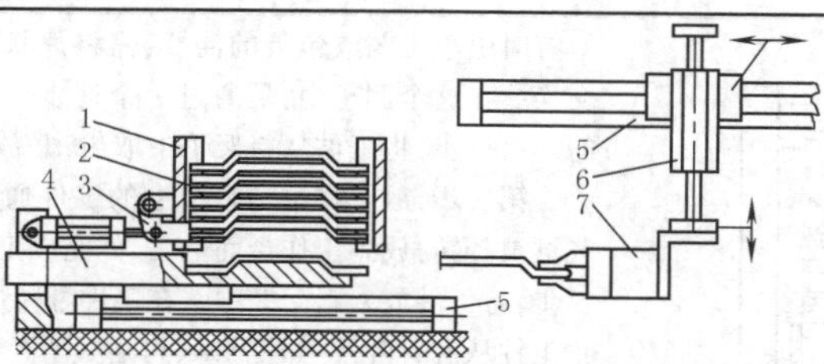 1—料架;2—工件(如片状金属冲压件);<br>3—阻挡杠杆;4—供料滑块;<br>5—无杆气缸;6—升降机构;7—气爪<br>底部有槽的工件不能用滑块简单地从料架中推出,因为它们的形状不允许这样做,图中所示的方法中,这个问题是通过一根阻挡杠杆来解决的。当供料滑块已经伸出供料的时候,将阻挡杠杆打开,允许料架中的物料向下移动并和供料滑块的平面区域接触,然后关闭阻挡杠杆重新夹住料架中的堆积物料,只有最下面的物料没有被夹住,当供料滑块退回时,工件才能掉到滑块成形的托架上,现在滑块又往前移动,把工件送往机器供料的处理设备中去 |
| 适用组件 | ①无杆气缸(带导轨的无杆气缸或双活塞气缸);②接近开关;③单气控阀;④单向流量阀;⑤平行气爪;⑥连接适配器;⑦紧凑型气缸;⑧旋转法兰;⑨双耳环;⑩安装附件;⑪管接头 |

## 2.4.9 叶片式摆动气缸在供料装置分配送料上的应用

表 23-4-42

| | |
|---|---|
| 应用原理 | 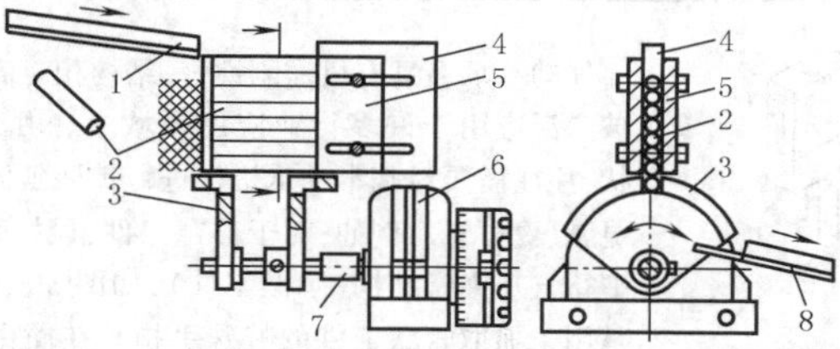 1—输入通道;2—工件;<br>3—旋转供料机构;4—纵向调节板;<br>5—堆料架;6—叶片式摆动气缸;<br>7—联轴器;8—输出通道<br>如图所示是为小工件使用而设计的装置,这些小工件纵向地从上位机上传送过来,通过该装置,将工件传送到下一步的测量设备中去。这个装置能存储一定数量的工件,可起到工序间的缓冲作用。在必要的时候,料架也可以毫不费力地用手工填满。当工件从料架中出去的时候,需要被分开,在这个例子中,是通过一个摆动气缸旋转机构实现的。料架和旋转机构的宽度可通过纵向调节板 4 进行调整,从而可适应各种长度的工件。对于不同直径的工件,自然就需配装不同的料架和旋转机构 |
| 适用组件 | ①摆动气缸;②安装脚架;③接近开关;④单气控阀或阀岛;⑤安装附件;⑥管接头 |

## 2.4.10 抗扭转紧凑型气缸实行步进送料

表 23-4-43

| | |
|---|---|
| 应用原理 | 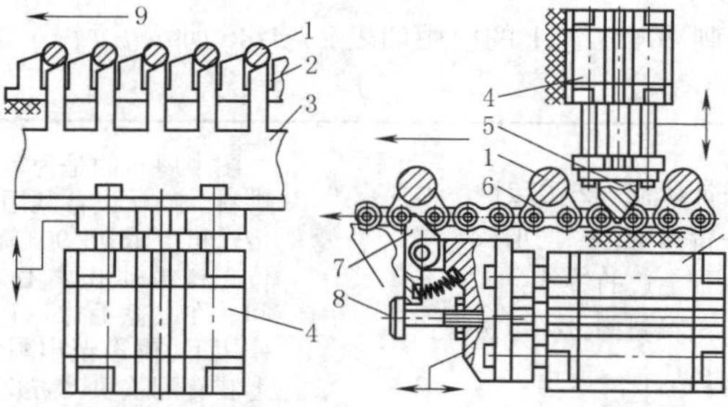 (a) 升降托架系统　(b) 分度链系统<br>1—工件;2—固定托架;3—升降托架;<br>4—紧凑型气缸;5—楔形锁定销;<br>6—工件托架的特殊连杆;7—可移动的棘爪;<br>8—可调螺母(阻挡);9—工件的运动方向<br>无论在堆料或其他场合,都需要用到工件的有序供料,如:装配、测试、加工或其他生产操作。图 a 所示的上升支架推进系统是很简单的,只需短行程气缸作为驱动就已经足够了。当工件被提升时,它们就会向传送机方向滚动,每一个都向前移动一个位置。用链条,也很容易得到分度运动(图 b),在这种情况下,驱动的是一只气缸,当气缸返回时,链条被保持在原位上,而楔形定位销能很好地保持工件的位置。这种装置已被制成标准的商业设备,配上工件输送架即可 |
| 适用组件 | ①抗扭转紧凑型气缸;②接近开关;③单气控阀;④单向流量阀;⑤安装附件;⑥管接头 |

### 2.4.11 叶片式摆动气缸（180°）对片状工件的正反面翻转工艺的应用

表 23-4-44

<table>
<tr><td>应用原理</td><td>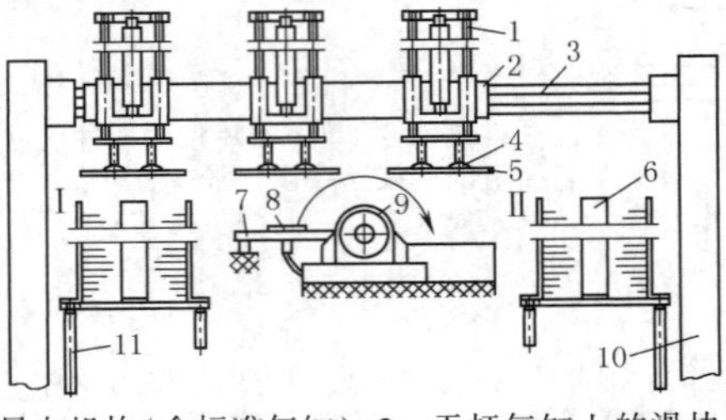

1—导向机构(含标准气缸)；2—无杆气缸上的滑块；3—无杆气缸；4—吸盘；5—工件；6—堆料架；7—翻转台；8—椭圆吸盘；9—摆动气缸；10—机架；11—料架支撑<br><br>有时由于工艺或包装的需要，需将片状工件的上下面交换。在这个例子中，是通过一个逐步传输的操作实现的。第一步，将工件从料架Ⅰ中取出，并放置在翻转台7上。第二步，放置在翻转台7上的工件通过叶片式摆动气缸被翻转，放到工作台面上，工件完成正反面交换。第三步，将工件放入料架Ⅱ中。在工件翻转过程中，为了防止工件从翻转叶片上掉下来，可通过真空吸住。所有必要的运动都可通过使用标准气动组件来得到。此设备对工件的处理过程可防止对工件的破坏。垂直升降气缸的行程应能保证工件到达料架的底部</td></tr>
<tr><td>适用组件</td><td>①无杆气缸；②标准气缸和导向装置或导杆止动气缸；③真空安全阀或真空发生器；④单气控阀或阀岛；⑤接近开关；⑥摆动气缸，⑦吸盘或椭圆吸盘；⑧安装附件；⑨管接头</td></tr>
</table>

### 2.4.12 平行气爪的应用

表 23-4-45

<table>
<tr><td>应用原理</td><td>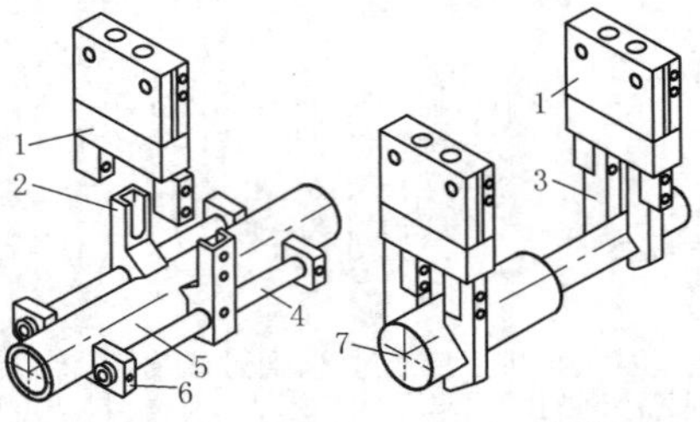

(a) 用于长料夹紧的气爪　　(b) 平行气爪<br>1—平行气爪；2—特殊手指；3—V 形手指；4—保持架；5—被夹物(管子)；6—支撑爪；7—阶梯轴<br><br>气动手爪夹具有机械刚性好、结构相对简单等特点，它们被广泛应用于许多行业应用领域中。由于工件的特殊形状，往往需要对基本手爪机构进行扩展延伸，使手爪能夹得更紧、更可靠。例如，对于长臂工件，最好采用带 V 形爪的平行气爪夹具结构(圆形工件)，如图 b 所示。图 a 所示的是用于抓取管状工件的特殊手指。在操作过程当中，这两者都提供了很好的防意外转矩力的保护，并消除了在夹具中的定位误差。当然，如果需要长时间的运行，必须详细观察夹具的负载曲线。如果有必要，可选择一个更大的气爪</td></tr>
<tr><td>适用组件</td><td>①平行气爪；②单气控阀；③接近开关；④连接适配器(气爪过渡连接板)；⑤管接头；⑥安装附件</td></tr>
</table>

## 2.5 气动产品在冲压工艺上的应用

双齿轮齿条摆动气缸/导杆止动气缸在铸件去毛刺冲压工艺上的应用如表 23-4-46 所示。

表 23-4-46

<table>
<tr><td>应用原理</td><td>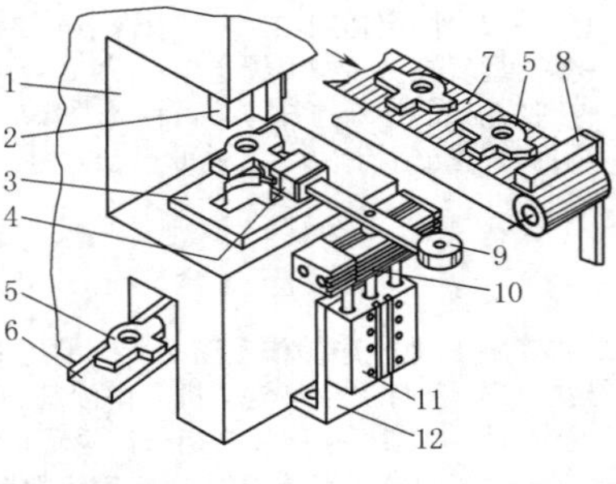

1—冲床；2—去毛边冲压上模；<br>3—带孔板；4—气爪；<br>5—带毛边的铸件；<br>6—出料斜槽；7—传送带；<br>8—挡块；9—配重；<br>10—摆动气缸；<br>11—升降滑块气缸(导杆止动气缸)；<br>12—安装托架<br><br>图中展示的是为铸件去毛边提供进料。操作设备利用气爪将铸件从传送机上取出，90°旋转摆动后，定位于料板孔和去毛边冲压上模之间。在去完毛边以后，工件在重力作用下，输送至出料箱中。摆动臂上装有配重块以防止超载而导致导轨的磨损。在末端位置上装有可调液压缓冲器。该工序也可以通过其他的气动驱动结构来实现，如采用直线轴的多轴控制装置</td></tr>
<tr><td>适用组件</td><td>①摆动气缸和适配连接板；②平行气爪；③接近开关；④单气控阀或阀岛；⑤导杆止动气缸或小型滑块气缸；⑥安装附件；⑦管接头</td></tr>
</table>

## 2.6 气动产品在钻孔/切刻工艺上的应用

### 2.6.1 无杆气缸/直线坐标气缸在钻孔机上的应用

表 23-4-47

| | |
|---|---|
| 应用原理 | 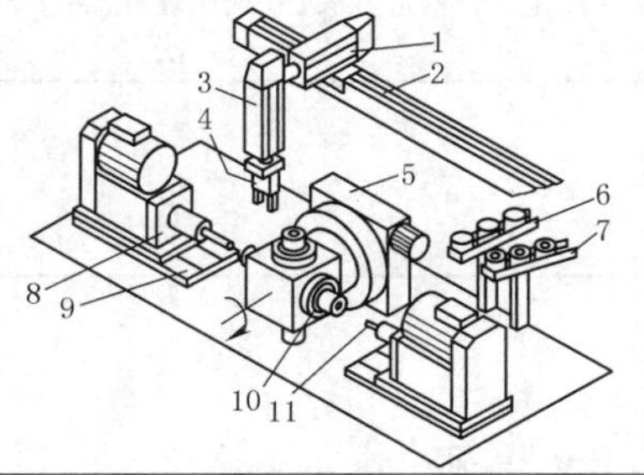<br>1—直线坐标气缸；<br>2—无杆气缸；<br>3—直线坐标气缸；<br>4—平行气爪；<br>5—气动旋转分度工作台；<br>6—进料斜槽；<br>7—出料斜槽；8—丝杠单元；<br>9—直线供料单元；<br>10—气动夹头；<br>11—切削或钻孔工具<br>对中、大批量的小工件进行钻孔、埋头钻和车倒角是机械加工中的典型操作。为了这些操作而设计特殊的装置是必要的。在这个例子当中，工件的运输工具包括大功率的气动夹头，此夹头在旋转分度工作台的帮助下，对水平轴进行分度，气动的抓放单元用来装载和卸载。如果该装置用在带有垂直工作丝杠的钻/磨机械中，在装载位置上，可进行进一步的工序操作。平行安装的液压缓冲器可以缓冲供料动作 |
| 适用组件 | ①气动夹头；②单气控阀或阀岛；③组合滑台驱动器；④液压缓冲器；⑤直线坐标气缸；⑥平行气爪或 3 点气爪；⑦带导轨的无杆气缸；⑧接近开关；⑨气动旋转分度工作台 |

### 2.6.2 液压缓冲器等气动组件在钻孔机上的应用

表 23-4-48

| | |
|---|---|
| 应用原理 | 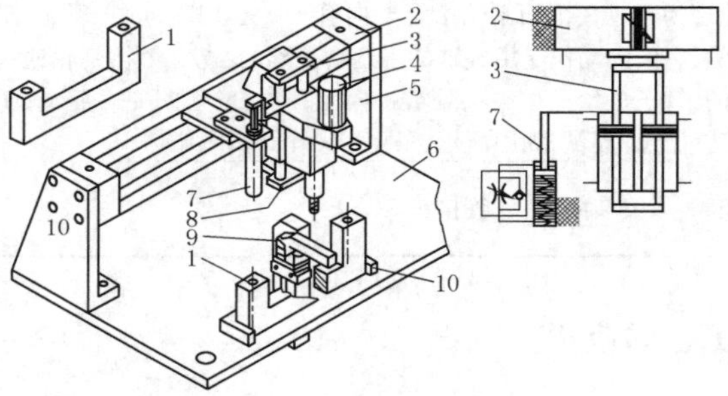<br>1—工件；2—无杆气缸；3—带安装架的连接件；4—钻机马达；5—固定脚架；6—基座；7—液压缓冲器；8—垂直导向单元（双活塞气缸）；9—摆动夹紧气缸；10—工件挡块<br>在这类钻孔设备中，工件的插入和移去是靠人工来进行的，通过一个摆动夹紧气缸 9 将工件固定，在第一个孔钻完后，钻孔设备由无杆气缸移到第二个孔的位置钻孔。钻头供给装置通过一个液压缓冲器进行缓冲，这种设备的特色在于大多数部件采用了通用标准部件，因此，能够在没有详细设计图纸的情况下进行安装。一个工人能够同时操作这样的或同类型的多台机器，这种装置还可以用来进行测试或标号操作 |
| 适用组件 | ①带导轨的无杆气缸；②安装附件；③单气控阀；④摆动夹紧气缸；⑤液压缓冲器；⑥接近开关；⑦双活塞气缸；⑧双手操作安全启动模块 |

### 2.6.3 带液压缓冲器的直线单元在管子端面倒角机上的应用

表 23-4-49

| | |
|---|---|
| 应用原理 | 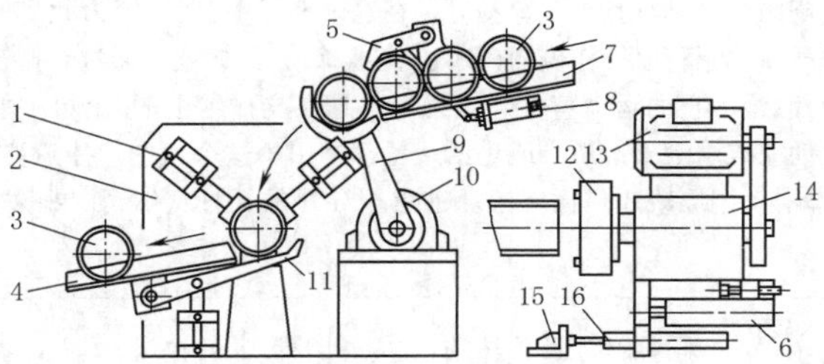<br>1—夹紧气缸；2—机架；<br>3—加工工件；4—输出传送带；<br>5—送料分配器；<br>6—直线驱动单元（小型短行程滑块驱动器）；<br>7—滚子传送料架；8—气缸；<br>9—送料臂；10—旋转驱动单元（叶片式摆动气缸）；<br>11—出料单元；12—切削头；13—电动机；<br>14—传动轴部分；15—挡块；<br>16—液压缓冲器 |

续表

| | |
|---|---|
| 应用原理 | 经常有不同长度的管件需要倒角,此机两端带有可调装置以适应不同长度的管件。气缸 8 通过送料分配器 5 将工件送入送料臂 9,送料臂 9 中的工件在叶片式摆动气缸作旋转运动后将工件送入待加工位置。并由夹紧气缸夹紧后,由直线驱动单元 6 作进给倒角切削,它的进给速度可通过直线驱动单元 6 上的单向节流阀和液压缓冲器 16 来完成。从例子中可以看出,工件从一个滚子传送带取出,经过加工以后被送到另一个滚子传送带。工件在加工的时候必须夹紧,以防切削加工时工件移动。通过一个液压缓冲器被与工作平台平行运动,可保证工作平台的平滑进给 |
| 适用组件 | ①小型滑块或导杆止动气缸;②无杆气缸或重载导轨;③单气控阀;④摆动气缸;⑤接近开关;⑥液压缓冲器;⑦紧凑型气缸;⑧圆形气缸;⑨安装附件 |

## 2.6.4 倍力气缸在薄壁管切割机上的应用

表 23-4-50

| | |
|---|---|
| 应用原理 | 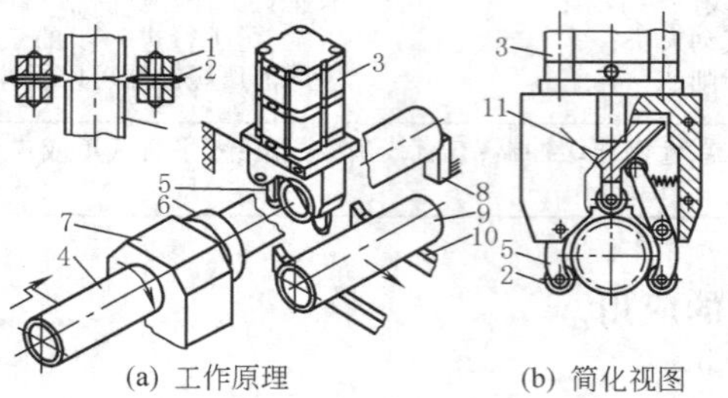<br>(a) 工作原理　(b) 简化视图<br>1—切割轮轴承;2—切割轮;3—倍力气缸;4—管子;5—切割轮杠杆;6—导向;7—空心轴驱动;8—可调挡块;9—加工后的管子;10—传送带;11—楔形件<br>薄壁管子可以通过切割轮切割而减少浪费,工作原理为通过 3 个切割轮沿管壁向管子中心切割,可实现无碎屑切割。三个切割轮中的两个是装在通过边缘驱动的杠杆上的,它们的动作是由气缸的主运动得到的,这三个切割轮通过纯机械方式被连在一起。供料速度是通过排气节流来控制的,管子进给是由夹头处被推向阻挡块处,切割完之后,管子被输出到一个滚子传送带上。本装置所需的动力由一个合适的气缸提供,如图所示,采用了一个倍力气缸 |
| 适用组件 | ①倍力气缸;②单向节流阀;③接近开关;④单气控阀;⑤安装附件;⑥管接头 |

## 2.6.5 无杆气缸在薄膜流水线上高速切割工艺的应用

表 23-4-51

| | |
|---|---|
| 应用原理 | 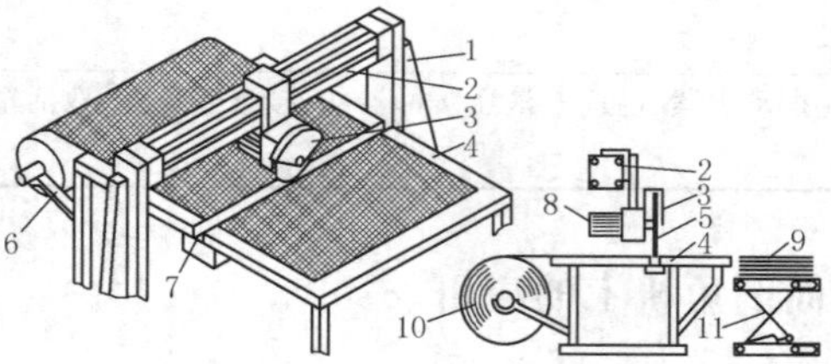<br>1—支撑;2—无杆气缸;3—裁剪机构;4—工作台;5—圆形切割机;6—织物卷的支撑臂;7—连接器;8—电机;9—切下工件的安放台;10—织物卷;11—升降桌<br>在纺织工业和机械工业中都需要用到切割,如切割纺织布、地毯、工艺织物等。在这个例子中,展示了为此目的而设计的一台相当简单的设备。切割刀具在带导轨的无杆气缸的驱动下,作侧向(横向)高速移动,其速度可通过对排气节流控制来调节,由于背压的作用使气缸的运行更加平稳,改善了它的运动特性。织物卷是悬在支撑臂上的,出料一般通过手工完成,但在需要大批量切割的时候也可以通过自动完成。滚子传送带或进给装置都可用于这个目的。注意:当选用无杆气缸时,其滑块需进行力、转矩、速度分析,是选择滑动型导轨还是循环滚珠轴承型导轨的无杆气缸,如果不选择带导轨的无杆气缸,应自行设计增加辅助导向机构 |
| 适用组件 | ①带导轨的无杆气缸或电动伺服缸;②接近开关;③单向流量阀;④单气控阀;⑤安装附件;⑥管接头 |

## 2.7 气动产品在专用设备工艺上的应用

### 2.7.1 紧凑型气缸/倍力气缸在金属板材弯曲成形上的应用

表 23-4-52

| | |
|---|---|
| 应用原理 | 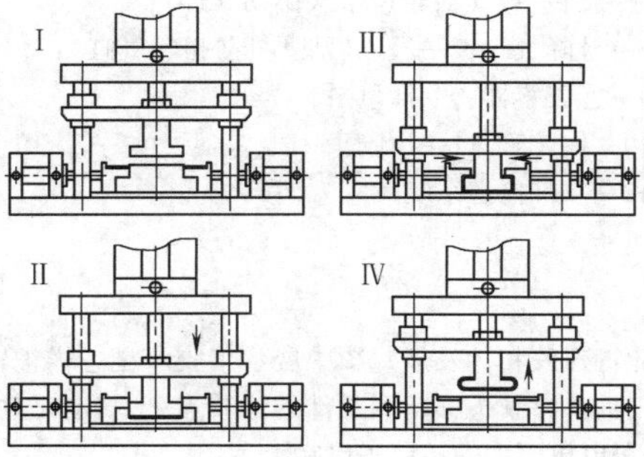<br>气动弯曲工具<br>如图所示，Ⅰ~Ⅳ为弯曲工序，带 2 个或 4 个导向柱的模架和直线导向件都是标准件<br>在无需复杂的冲压机或液压冲压机的情况下，应用气缸在几个方向动作及标准的商业化模架，小的弯曲工作也能生产出来，而且也有很好的性能。左图显示了一个弯曲加工的工序。只有在垂直动作已经完成的情况下，横向弯曲爪才能动作，因此顺序控制器需要由接近开关来保证位置检测，完成加工的工件必须从弯曲加工滑枕中取走。在全自动操作的情况下，新的加工工件的放入与已完成工件的取走是同步的。如果单气缸的力不够，可使用倍力气缸 |
| 适用组件 | ①紧凑型气缸或倍力气缸；②自对中连接件（用于气缸活塞杆连接）；③标准气缸；④接近开关；⑤单气控阀；⑥安装附件 |

### 2.7.2 抽吸率升降可调整的合金焊接机上应用

表 23-4-53

| | |
|---|---|
| 应用原理 | 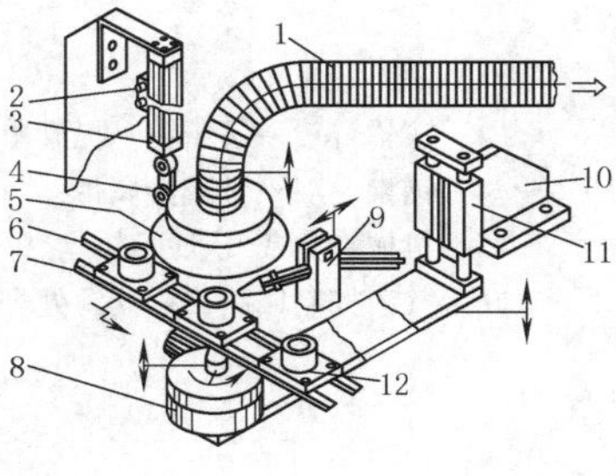<br>1—吸管；2—3 位 5 通换向阀；<br>3—气缸；4—连接铰；<br>5—护罩；6—传送系统；<br>7—基本工件；8—旋转单元；<br>9—焊枪支座；10—机架；<br>11—直线驱动单元（双活塞滑台）；<br>12—焊接装配<br>合金焊接台，通过吸臂吸取有害的物质<br>气体吸臂的任务就是尽可能在最接近释放有害物质（烟气、水蒸气、灰尘或油漆飞溅物）的地方，把有害物质吸除。此例对轴衬进行焊接，当工作台被输送到旋转单元位置时，双活塞滑台把装有旋转单元的工作台面提升，焊枪固定，旋转单元以一定速度旋转 360°，同时，抽吸护罩通过气动装置下降靠近有害物产生点，焊接完成后，吸取护罩上升，工件移动至下一工位<br>抽吸护罩的位置由一个三位五通阀控制，考虑抽吸臂的尺寸和重量，作用在活塞杆上的侧向力是否在允许的范围之内，是否有必要采用辅助直线导轨 |
| 适用组件 | ①标准气缸；②三位五通电磁换向阀；③双耳环；④安装附件；⑤接近开关；⑥双活塞滑台 |

### 2.7.3 双齿轮齿条/扁平气缸在涂胶设备上的应用

表 23-4-54

| | |
|---|---|
| 应用原理 | 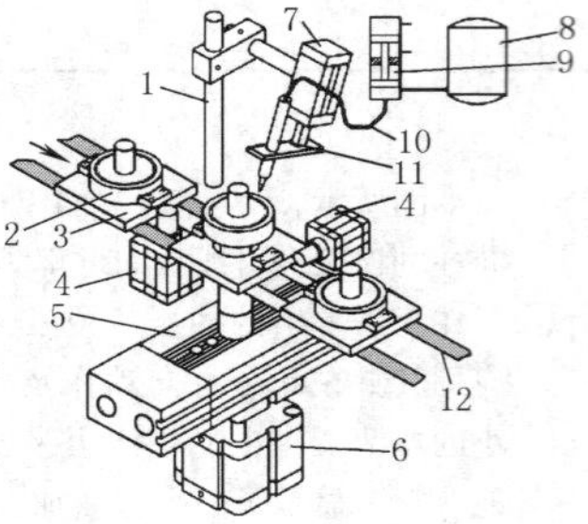<br>1—支架;2—尚未涂胶的装配工件;<br>3—工件输送架;4—止动气缸;<br>5—旋转单元(齿轮齿条式摆动气缸);<br>6—升降气缸;7—气缸(活塞杆防扭转气缸);<br>8—盛胶容器;9—计量泵;<br>10—供胶管;11—涂胶头;<br>12—双带传送系统<br>涂胶工艺的应用在工业上越来越广泛,这归功于高性能特殊胶料的发展。图中展示了胶水是怎样被输送到待处理涂胶点上的。首先将工件从工件输送架上举起,然后通过气缸将涂胶头移动到工件的涂胶点上,转动工件即可完成涂胶。旋转单元必须能方便精细地调节旋转速度,当然,也可采用电机驱动的转台实现旋转 |
| 适用组件 | ①活塞杆防扭转紧凑型气缸;②单气控阀;③接近开关;④摆动气缸;⑤扁平气缸或标准气缸或小型滑块;⑥管接头;⑦安装附件;⑧止动气缸 |

### 2.7.4 普通气缸配置滑轮的平衡吊应用

表 23-4-55

| | |
|---|---|
| 应用原理 | 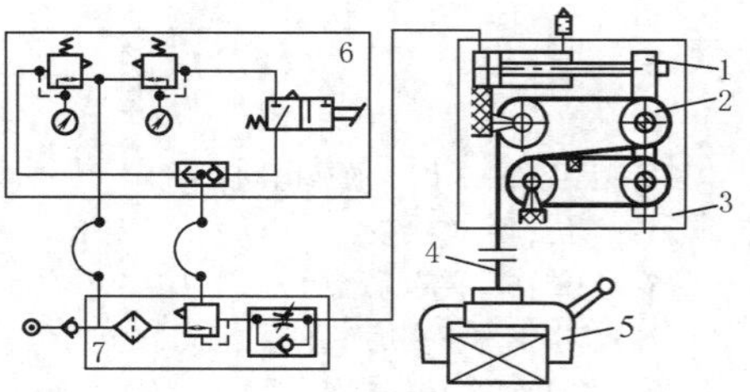<br>平衡吊<br>1—滚轴臂;2—滚子;3—提升单元;<br>4—钢索、链条、带或金属带;<br>5—机械夹具或气动手爪;<br>6—气动控制回路;7—气源处理单元<br>平衡吊是手工操作的提升设备,可克服工件的重力而悬挂移动,这避免了剧烈体力劳动,由于平衡吊的动作不是预先编好程序的,这就需要由气动产生的平衡力,通常由气缸产生。气缸活塞杆伸出前端与滚轴臂固定,气缸活塞杆伸出运动,则钢索将工件吊起。也可以采用气动肌肉,其重量更轻,提升力更大。图中的气动回路是为单负载设计的,也可以用于多负载的设计。为了使能够适应工件重量的变化(在安全工作范围内),必须在负载和提升设备之间安装重量检测装置,所检测的重量用于控制气动的平衡力。平衡吊在最近几年使用得非常普遍 |
| 适用组件 | ①标准气缸;②单气控阀;③接近开关;④单向流量阀;⑤减压阀;⑥单向阀;⑦“或”门;⑧安装附件;⑨管接头 |

## 2.8 气动肌肉的应用

### 2.8.1 气动肌肉作为专用夹具的应用

表 23-4-56

| | |
|---|---|
| 应用原理 | 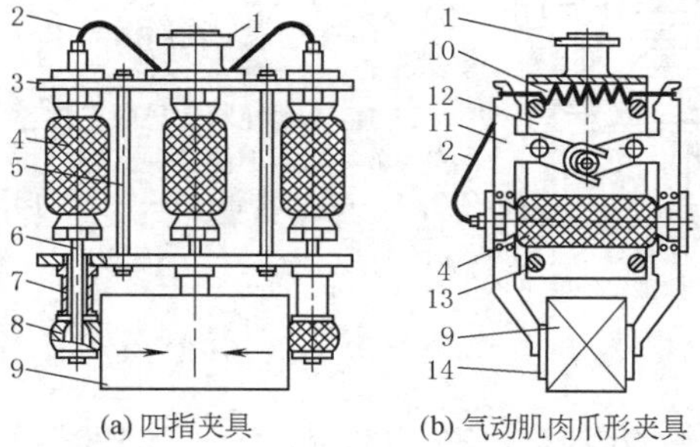<br>(a) 四指夹具　(b) 气动肌肉爪形夹具<br>1—夹具法兰;2—压缩空气供给;<br>3—基座;4—气动肌肉;<br>5—连接柱;6—张紧柱;<br>7—导向套筒;8—橡胶体(厚壁管);<br>9—工件;10—复回弹簧;<br>11—夹具手指;12—基座;<br>13—定位销;14—夹具爪<br>气动专用夹具<br>对于大体积物体的夹紧经常需要特殊的解决办法,这要求夹紧行程也必须很大。气动肌肉的采用为这种夹紧提供了新的办法。在图 a 中,这些肌肉通过张紧柱使橡胶体变形,这样就产生了预期的夹紧效果。图中显示的夹具结构简单,具有模型化的手指效果,而且比采用气缸或液压缸的夹具要轻。抓住物被轻轻地夹住,这样能防止损坏工件表面,如油漆、抛光或印刷面<br>在图 b 中,当气动肌肉张紧时,肌肉的张力转化为夹具指头的运动。气动肌肉的使用寿命至少在 1000 万次以上,更突出的优点是:比气缸能耗要低,同时不受灰尘、水和沙子的影响 |
| 适用组件 | ①气动肌肉;②单气控阀;③管接头;④安装附件 |

### 2.8.2 气动肌肉在机械提升设备上的应用

表 23-4-57

| | |
|---|---|
| 应用原理 | 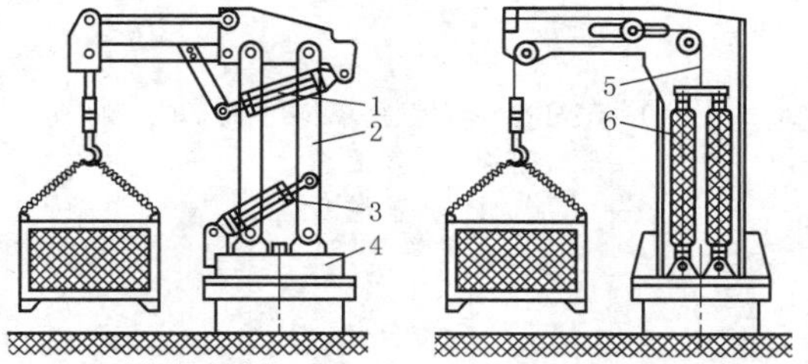<br>(a) 连杆提升系统　(b) 利用气动肌肉来产生提升力<br>1—驱动下臂气缸;2—耦合齿轮单元;<br>3—驱动上臂气缸;4—底座(360°转盘);<br>5—钢索、链、带;6—气动肌肉<br>机械提升单元<br>在每个工厂车间中,都需要提升工件、托板、材料或装置,有许多现成的商业设备可选用。然而,在许多特殊场合中,客户往往需要自制一些提升设备,例如气缸被接在平行四边形臂上从而形成类似于起重机的设备。通过采用气动肌肉,也很容易实现,如图 b 所示的例子中,通过滑轮放大机构,使有效行程比气动肌肉产生的行程大一倍,气动肌肉的行程大约为肌肉长度的 20%,如果两个肌肉被平行放置,那么上举力也将翻倍。上面所示的各种设备都装在旋转台上,这样就允许进行 360°的操作。对于行程较大的场合,这种类型的提升机构就不能显示其优势。然而,在许多应用中,小行程就足够了。上述两种系统都能被设计成安装在天花板上 |
| 适用组件 | ①标准气缸;②双耳环;③安装脚架;④单气控阀;⑤接近开关;⑥气动肌肉;⑦安装附件;⑧管接头 |

### 2.8.3 气动肌肉在轴承装/卸工艺上的应用

表 23-4-58

| | |
|---|---|
| 应用原理 | 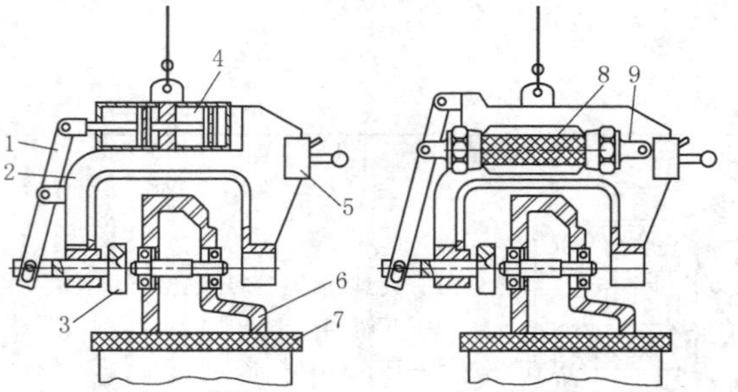<br>(a) 由串联驱动 (b) 由气动肌肉驱动<br>移动式气动压紧装置<br>1—杠杆;2—C 形框架;<br>3—压力盘;4—气缸(倍力气缸);<br>5—手动控制和导向组件;<br>6—基本工件;7—支撑台;<br>8—气动肌肉;9—气动肌肉固定件<br>在大型工件的装配工作中,例如各种各样的轴承压装,经常需要工件在现场的情况下执行装配操作,也就是说,不在装配线上。在修理操作中也经常是这样。因此,压紧装置必须是移动和悬挂式的,以便到达工件附近。压力缸和压紧装置的杠杆连在一起,通过杠杆把力施加到压力盘上。也可以用气动肌肉来代替普通的气缸,由于气动肌肉产生拉力是同缸径气缸拉力的 10 倍,这就减轻了压紧装置的重量,并只需施加较小的力就可使它在三维空间内移动。图 b 中,安装了两条气动肌肉,由于和第一条在视图上重合,因此在图中不能看见。如果安上合适的工具,用这个装置也能实现拆除设备的操作 |
| 适用组件 | ①止动气缸;②带传感感测功能的二位三通阀;③安装附件;④管接头;⑤“与”门;⑥接近开关 |

## 2.9 真空/比例伺服/测量工艺的应用

### 2.9.1 止动气缸在输送线上的应用

表 23-4-59

| | |
|---|---|
| 应用原理 | 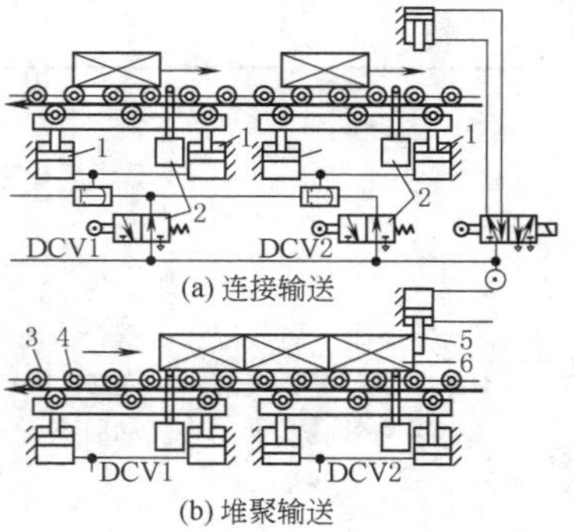<br>(b) 堆聚输送<br>储运输送<br>1—气缸;2—带传感感测功能的二位三通阀;<br>3—驱动带;4—支撑滚子;<br>5—止动气缸;6—输送工件<br>储运机主要用于对堆积物料的传送,对于滚子传送机而言,还应具有驱动传送和等待排列(装有物料的工件)两种机能。当气缸压紧驱动带 3 并使它紧贴支撑滚轴 4 时,工件被不断输送。反之,气缸没有压紧驱动带 3,并使它与支撑滚轴 4 脱开时,工件就失去输送动力源而被停止输送。传送带装有止动气缸和若干带传感感测功能的二位三通阀(DCV1 和 DCV2…),一旦带传感感测功能的二位三通阀得到工件到达信号,立即切换二位三通阀使其排气,使气缸 1 退回,气缸没有压紧驱动带 3,并使它与支撑滚子 4 脱开时,工件就失去输送动力源而被停止输送,同时发信号给控制止动气缸电磁阀使其伸出挡住工件(见图 b) |
| 适用组件 | ①止动气缸;②带传感感测功能的二位三通阀;③安装附件;④管接头;⑤“与”门;⑥接近开关 |

## 2.9.2 多位气缸/电动伺服轴完成二维工件的抓取应用

表 23-4-60

| | |
|---|---|
| 应用原理 | 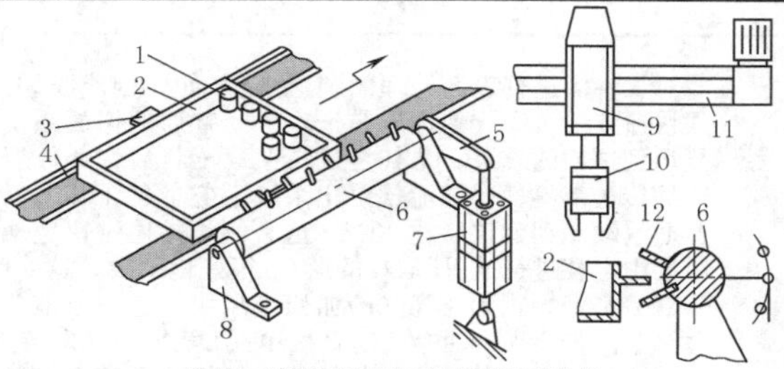<br>分度工件输送架的轮鼓控制设备<br>1—工件；2—工件输送架；3—定位耳；4—传送带；5—驱动臂；6—轮鼓控制器；7—三位气缸；8—安装脚架；9—升降单元(直线坐标气缸)；10—气爪；11—伺服定位轴；12—凸轮销<br><br>为了完成工件的卸料或堆料，经常需要有两个独立的伺服定位轴组成的机械手才能实现。如果将其中的一个定位轴换成由带凸轮销的轮鼓控制，则系统的花费会相应减少。这些凸轮销是以一定的间隔排列的，间隔距离与工件输送架中的工件间隔距离相同。当轮鼓前后摆动时，输送架就向前移动一个工件的行距。为了有时能让输送架没有阻挡地通过，轮鼓控制必须具有一个中间位置，在本系统中，采用了一个 3 位气缸来完成轮鼓的前、后和中间定位。如果工件不是一排一排，而是一个个被抓取，当然最好采用伺服定位轴，也有采用扁平气缸组成的系统，对于更大的距离，则可使用定位气缸 |
| 适用组件 | ①多位气缸；②平行气爪；③接近开关；④单气控阀；⑤直线坐标气缸或电动伺服轴；⑥安装附件；⑦管接头 |

## 2.9.3 直线坐标气缸（多位功能）/带棘轮分度摆动气缸在二维工件的抓取应用

表 23-4-61

| | |
|---|---|
| 应用原理 | 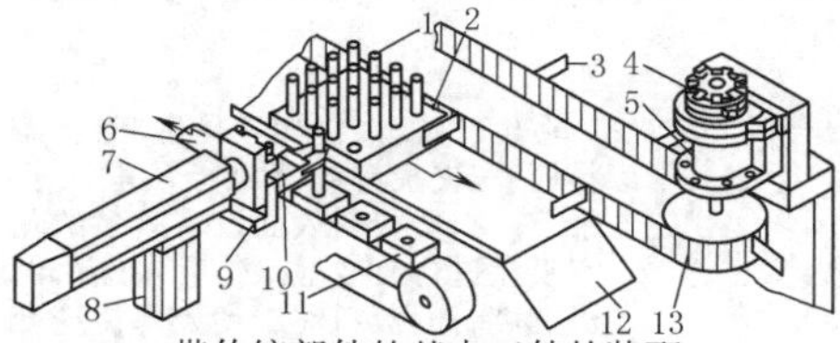<br>带传统部件的基本工件的装配<br>1—连接件；2—工件料架；3—驱动；4—摆动气缸；5—棘轮单元；6—传动系统；7—带中间定位坐标气缸；8—支撑；9—小型滑块；10—气抓；11—基本工件或工件架；12—空料架出口；13—传送链<br><br>该图显示了在装配过程中经常碰到的问题——将销插入到孔中。带孔的物体可能是工件架或是一个基本工件。为了能一排一排地抓取销，水平坐标气缸必须具备中间定位功能，工件料架的步进运动由叶片式摆动气缸与棘轮装置组成的步进机构来完成。虽然整个过程包括好几个工序，但通过采用简单的气动组件即可实现。通过具有中间定位功能的坐标气缸，可达到很高的重复精度 |
| 适用组件 | ①小型滑块；②直线坐标气缸；③连接适配器；④平行气爪；⑤叶片式摆动气缸；⑥接近开关；⑦单气控阀或常用阀岛；⑧安装脚架；⑨棘轮单元；⑩安装附件；⑪管接头 |

## 2.9.4 直线组合摆动气缸/伺服定位轴在光盘机供料系统上的应用

表 23-4-62

| | |
|---|---|
| 应用原理 | 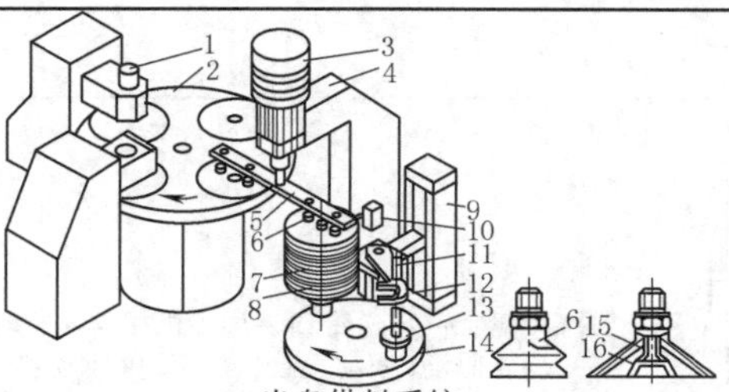<br>光盘供料系统<br>1—加工；2—旋转分度盘；3—直线摆动组合气缸；4—框架；5—旋转臂；6—波纹管吸盘；7—堆积光盘；8—旋转单元；9—伺服定位轴；10—接近开关；11—料架杆；12—升降摇臂；13—支撑盘；14—料架；15—吸盘；16—将光盘中心与真空区域分隔开<br><br>这个例子展示了光盘是怎样从料架输送到机器中的工装。升降臂可将料架 14 上的光盘提升，通过接近开关检测，保证最上面的光盘在接近开关检测的位置。当转动臂将光盘传送到旋转分度盘上进行加工，取料和卸料同时进行。对没有中心孔的光盘采用普通的吸盘即可，而对那些有中心孔的光盘，需采用复合吸盘将光盘中心与真空区域分隔开(见右图底部)。伺服定位轴跟踪补偿料架 14 上被不断取走的高度，以确保吸盘能吸得到光盘 |
| 适用组件 | ①直线摆动组合气缸；②吸盘或波纹管吸盘；③电动缸；④步进电机或位置控制器；⑤接近开关；⑥叶片式摆动气缸/棘轮装置(用于旋转分度盘)；⑦单气控阀；⑧漫射式传感器；⑨安装附件；⑩管接头 |

## 2.9.5 气动软停止在生产线上快速喂料

表 23-4-63

| | |
|---|---|
| 应用原理 | 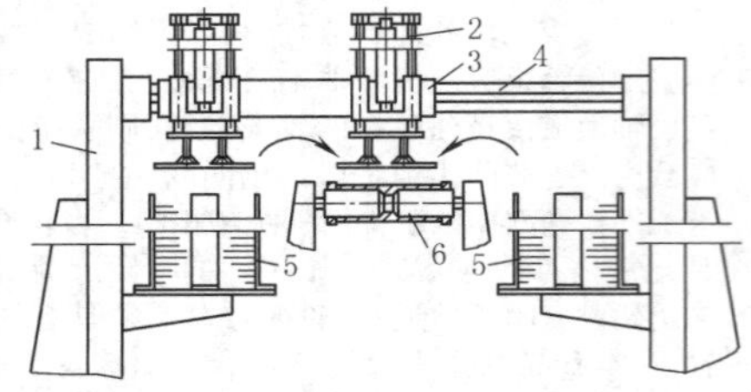生产线的交替供料<br>1—框架；2—气动直线单元(气缸与导向装置)；3—滑块；4—无杆气缸；5—料架；6—到生产线的传送供料装置<br>对工件需进行表面处理的装置来说，如印刷或胶黏，工件必须快速连续被安放到传送带上。一个普通的抓放系统往往不能达到预期的效果。尤其是从料架取出料后快速放置在生产线的传送带，采用“智能软停止系统”，它能使工作时间比使用普通气动驱动节省高达 30%。这个例子是通过快速地从两个料架中交替进行放置/取料的形式，很好地解决了这一问题，它依靠一个带导轨无杆气缸的加长型滑块一送一放地巧妙取料思路来同步实现。两个气动直线单元(气缸与导向装置)的主要功能是真空吸盘的抓取与放置。如果传送带上安装了工件运输工具，工件是被精确地安装在这些运输工具中的，那么供给系统的动作必须和运输带的动作同步进行 |
| 适用组件 | ①有导向装置标准气缸或导杆止动气缸；②带导轨无杆气缸或“智能软停止系统”：无杆气缸、位移传感器、流量比例伺服阀、智能软停止控制器单气控阀或阀岛；③接近开关；④吸盘；⑤真空发生器；⑥真空安全阀 |

## 2.9.6 真空吸盘在板料分列输送装置上应用

表 23-4-64

| | |
|---|---|
| 应用原理 | 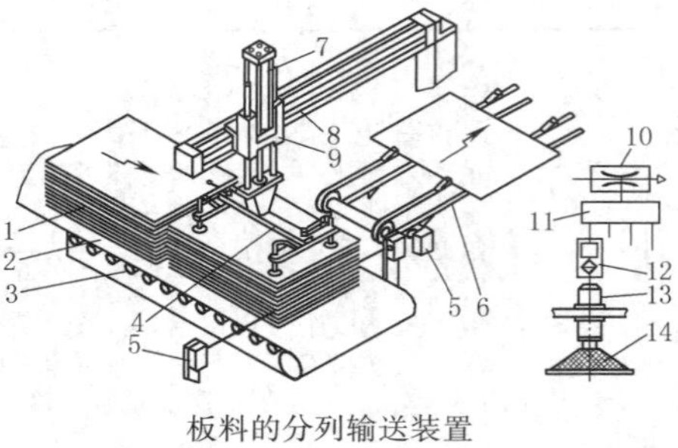板料的分列输送装置<br>1—叠板；2—传送带；3—支撑滚；4—吸盘臂；5—传感器；6—分列传送带；7—气缸；8—无杆气缸；9—导向机构；10—真空发生器；11—分配器；12—真空安全阀；13—高度补偿器；14—真空吸盘<br>在生产线上，例如家具生产线，需要将硬纸板、塑料板、三夹板和硬纤维板从堆垛中提起，放到传送带上。只要板料表面没有太多的孔，就可以通过真空吸盘进行有效地操作。在这个例子中，连续输送机把堆着的板料输送到分列传送带上，通过传感器进行定位控制。真空吸盘的数量和尺寸取决于工件的重量。吸盘通过安装的弹簧以弥补高度误差(最大约 5mm) |
| 适用组件 | ①标准气缸与带导向装置或小型滑块；②真空发生器；③单气控阀或阀岛；④分气块；⑤带导轨的无杆气缸；⑥高度补偿器；⑦接近开关；⑧光电传感器；⑨装配附件；⑩吸盘；⑪传感器；⑫真空安全阀 |

## 2.9.7 真空吸盘/摆动气缸/无杆气缸对板料旋转输送上的应用

表 23-4-65

| | |
|---|---|
| 应用原理 | 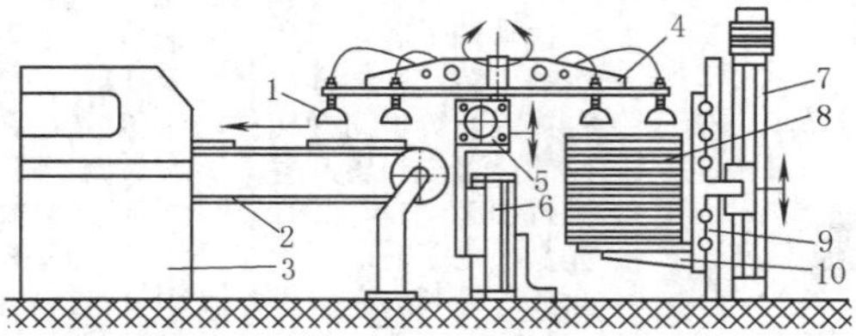板料的旋转输送<br>1—吸盘；2—传送带；3—加工机械；4—旋转手臂；5—旋转驱动(摆动气缸)；6—升降驱动；7—丝杠驱动单元；8—叠板；9—直线导向；10—升降平台<br>在这个例子中，加工机械的工作材料为板料，吸盘安装于对称臂上，吸料和放料同时进行。这种平行操作能节省时间。堆放的板料一步一步上升，使每次吸取板料的高度相同，吸盘上装有补偿弹簧。当板料取完后，升降平台必须复位和装料，在这段时间内，加工机械无法供料，这是对操作不利的方面。如果要利用这一段时间，则需要提供两套升降工作平台 |
| 适用组件 | ①带导轨的无杆气缸或小型滑块；②单气控阀；③丝杠驱动单元；④传感器；⑤安装附件；⑥摆动气缸 |

## 2.9.8 特殊吸盘/直线组合摆动气缸缓冲压机供料上的应用

表 23-4-66

**应用原理**

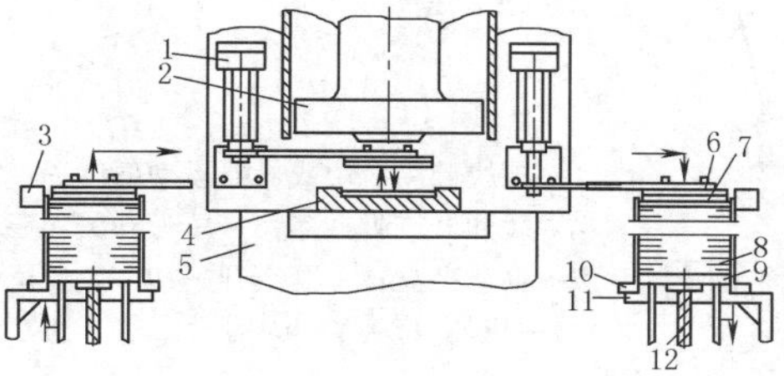


1—直线/摆动组合气缸；2—冲压锤；3—接近开关；4—冲模；5—冲压机架；6—旋转手臂；7—吸盘；8—工件（平）；9—升降盘；10，11—料架；12—升降轴

给冲压机供料

经常会遇到对较小的、平的工件进行供料，例如在冲压床上进一步加工（印章、弯曲、切割、切割一定的尺寸等）。为了能使工件精确地被放到模具上去，在这一例子当中，使用的不是一个普通的吸盘，而是一个能保证工件精密定位的吸盘，这一点对柔性工件来说尤为重要。送料和去料操作由两个摆动臂执行，每个摆动臂的执行部件都为一个直线/摆动组合气缸。料架是活动设计的，工件由丝杠上下驱动，接近开关检测料架的工件的位置，并按一定的时间控制步进。进料机构和出料机构设计相同。如果进料和出料操作由同一个处理单元执行，就会减少产品的产量，因为之后的同步操作会变得不可能。由于需求量大，相同操作单元的使用，可大大缩减成本

**适用组件**

①直线摆动组合气缸；②液压缓冲器；③单气控阀或阀岛；④接近开关；⑤漫射式传感器；⑥真空发生器；⑦真空安全阀；⑧安装附件

## 2.9.9 气障（气动传感器）/摆动气缸在气动钻头断裂监测系统上的应用

表 23-4-67

**应用原理**

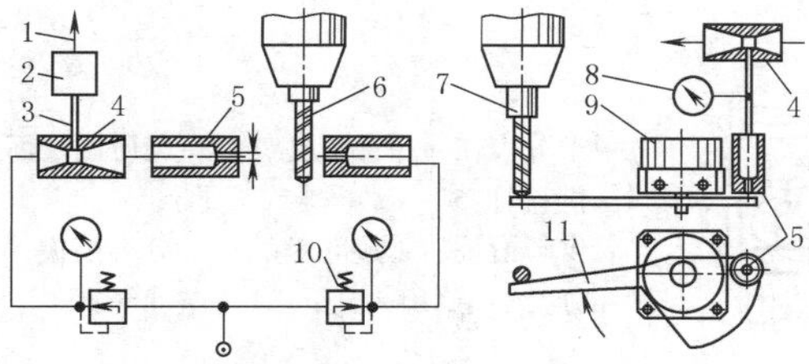


(a) 带射流的非接触型检测　(b) 通过触头杆检测

气动的钻头断裂检测系统

1—电信号；2—真空开关；3—真空气管；4—文丘里喷管；5—喷嘴；6—被测物（钻头）；7—夹头；8—真空表；9—摆动气缸；10—调压阀；11—触头杆

工具被损的检测是自动化生产中一个重要的部分，已有许多的设备可以实现这种检测。图 a 所示的是一种非接触式的通过气障检测钻头存在的方法，如果钻头损坏了，它就不再反射气流，这可以通过检测压力得到，喷嘴直径为 1mm，标定长度大约是 4mm。图 b 中，钻头由触头杠杆检测，如果钻头损坏，触头杠杆就会顺时针旋转，这样就会把喷嘴打开，同样系统压力的改变暗示着工具已损坏。这些装置的优点是检测位置能以 0.1mm 的位置精度调整。当然，在测量进行之前，钻头必须用空气或冷却剂喷枪清洗。同时可以通过装在摆动气缸上的接近开关检测钻头的损坏程度

**适用组件**

①间隙传感器；②摆动气缸；③真空发生器；④安装件；⑤接近开关；⑥调压阀；⑦真空开关；⑧安装附件；⑨管接头

## 2.9.10 利用喷嘴挡板感测工件位置的应用

表 23-4-68

<table>
<tr><td>应用原理</td><td>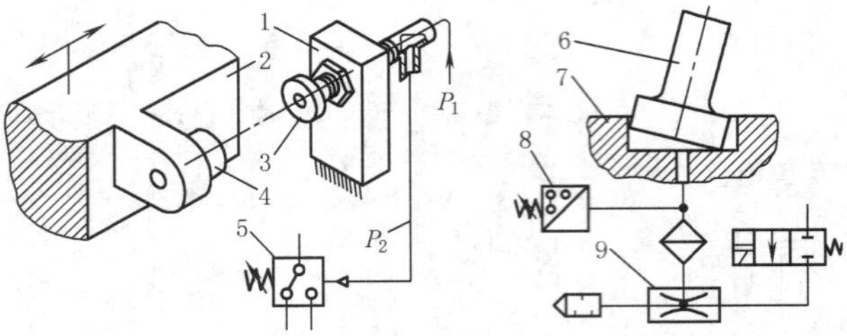


(a) 末端检测　　(b) 检测工件的位置

1—挡块；2—滑块或机器运动部件；3—阻挡螺栓；4—缓冲器或吸振器；5—压力开关；6—工件；7—真空夹盘；8—真空开关；9—文丘里喷管；$P_1$—供压；$P_2$—背压

用压缩空气检测

用户在使用压缩空气作为动力的操作过程中，经常希望能利用压缩空气来达到检测的目的，这是完全可行的。图 a 介绍了一种简单的方法，将钻头阻挡螺栓换成射流喷嘴，即可实现钻头的自动检测并发出停止信号。当滑块接到上面的时候，背压就会改变，这可通过压力开关检测，这种结构组成了一个复合功能的组件，可提供了位置调整和传感器实现的功能。在图 b 的例子中，工件通过吸盘夹紧，如果夹紧点没有到位或由于碎屑或工件倾斜，正常的真空就不能建立，通过真空开关可以检测真空是否建立。如果由真空发生器产生的真空不足，就要使用高性能的真空泵</td></tr>
<tr><td>适用组件</td><td>①真空发生器；②压力开关；③二位二通阀；④真空开关；⑤安装附件；⑥管接头</td></tr>
</table>

## 2.9.11 带导轨无杆气缸在滚珠直径测量设备上的应用

表 23-4-69

<table>
<tr><td>应用原理</td><td>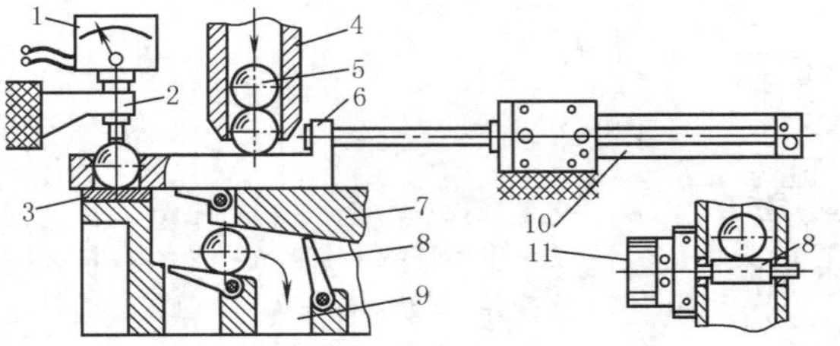


1—千分表；2—千分表托架；3—硬质测量面；4—供料管；5—工件（球或滚子）；6—供料滑块；7—旋转模块；8—分类挡板；9—分类通道；10—气缸；11—摆动气缸

检测直径的设备

在选择性装配操作中，工件要根据公差的一致性被选出来并配对。在实际中，这就意味着装配的工件必须预先分成公差组，图中显示了圆形对称工件的直径检验装置，供料滑块把工件分开并把它们插入到测试装置中，这个装置也可以是通过无接触方式操作的那一种，当供料滑块退回时，根据测试结果分别进入各自的分类通道。每个分类通道闸门将由叶片式摆动气缸来驱动。无杆气缸有一个连接导向块（即供料滑块），这意味着不需要采用带导向的无杆气缸，在这个应用中，也可使用其他的带不含旋转的活塞杆的气缸</td></tr>
<tr><td>适用组件</td><td>①高精度导向气缸或防扭转紧凑型气缸；②叶片式摆动气缸；③接近开关；④单气控阀；⑤管接头；⑥安装附件</td></tr>
</table>

### 2.9.12　倍力气缸在传送带上的张紧/跑偏工艺上的应用

表 23-4-70

| | |
|---|---|
| 应用原理 | 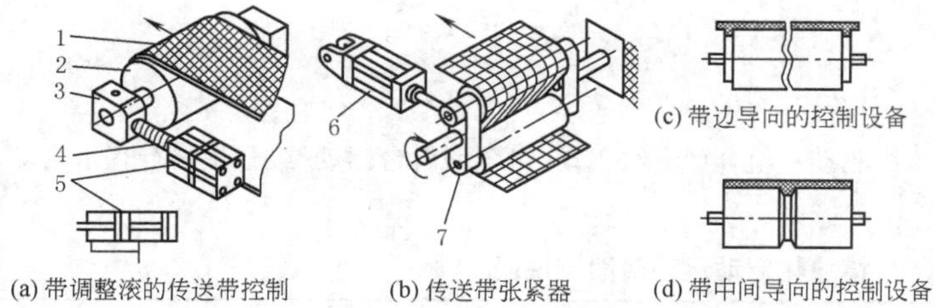<br>(a) 带调整滚的传送带控制　(b) 传送带张紧器　(c) 带边导向的控制设备　(d) 带中间导向的控制设备<br>1—传送带；2—辊轴；3—旋转轴承；4—压力弹簧；5—倍力气缸；6—气缸；7—辊轴张紧臂<br>传送带上的张紧功能<br>传送带系统一般都装有驱动、导向、张紧和调整滚子。为了保证传送带的正常工作，必须要保证两个功能，即笔直的路线传送和正确的传送带拉紧力。笔直的路线可以通过调整微呈凹形的辊轴，有 30～40mm 的调整范围就足够了。机械的边缘导向也可用作保证传送带的笔直线路，在这个系统中，传送带在边缘或中心提供了合适的缩颈，如图 c 和 d 所示。对于传送带的拉紧也有许多办法，在这个例子中，传送带空的侧面是以 S 形的方式通过一对拉紧滚子（如图 b 所示），所需的张力可以通过调节气缸的压力调整。拉紧和控制功能也可以组合到一个单滚子的结构中 |
| 适用组件 | ①倍力气缸；②调压阀；③接近开关；④标准气缸；⑤安装脚架；⑥双耳环；⑦单气控阀；⑧安装附件、管接头 |

## 2.10　带导轨无杆气缸/叶片摆动气缸在包装上的应用

表 23-4-71

| | |
|---|---|
| 应用原理 | 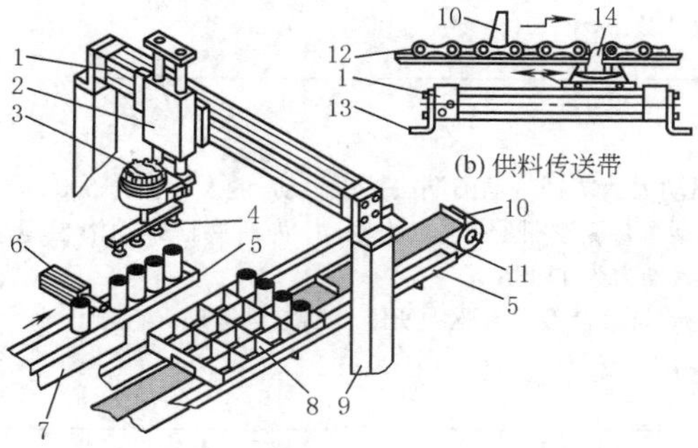<br>(b) 供料传送带　(a) 装置视图<br>1—带导轨无杆气缸；2—升降滑块（小型滑台气缸）；3—叶片式摆动气缸；4—吸盘；5—侧面导向；6—止动气缸；7—直线振动传送机；8—包装的产品；9—支撑框架；10—驱动块；11—输送带；12—链；13—脚架；14—供料棘爪<br>罐头包装<br>图中所示的是四个成一组的包装罐头或同类物体的包装设备，四个产品是被同时抓取移动，这个动作只需要采用具有两端定位的直线驱动单元。从流水线输送过来四个一组的产品由四个真空吸盘收住，通过叶片式摆动气缸旋转 90°被送入包装箱内，包装箱的步进移动（被放入的二排产品的节距）如示意图所示，可以通过采用气缸带动一个棘爪机构来实现。如果摆动气缸能够产生足够的转矩，也可以用它来完成步进操作。类似动作也可以用于打开包装的工序中。机械夹具也可以用来代替吸盘的操作 |
| 适用组件 | ①带导轨无杆气缸；②止动气缸；③叶片式摆动气缸或齿轮齿条式摆动气缸；④真空吸盘；⑤管接头；⑥气爪；⑦接近开关；⑧单气控阀；⑨小型滑块气缸；⑩标准气缸；⑪真空发生器；⑫真空安全阀；⑬安装附件 |

# 3 导向驱动装置

## 3.1 模块化驱动

双活塞气缸/双缸滑台驱动器组成二维驱动；组合型直线驱动/组合型滑台驱动/组合型长行程滑台驱动组成二维或三维驱动。

**表 23-4-72　　　　模块化驱动运动简图及说明**

| 简　图 | 说　明 |
|---|---|
| 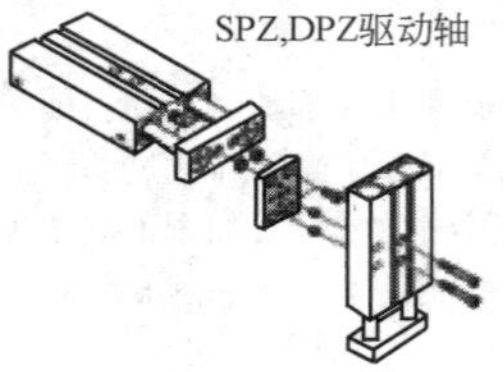<br>(a) | 双活塞气缸的最大行程为 100mm,它前端法兰板能承受最大径向力(对于滑动轴承:行程 50mm 为 108N,行程 100mm 为 102N;对于循环滚珠轴承:行程 50mm 为 35N,行程 100mm 为 27N)。另外,双活塞气缸前端法兰板能承受最大转矩(对于滑动轴承:行程 100mm 为 28N・m;对于循环滚珠轴承,行程 100mm 为 0.85 N・m) |
| 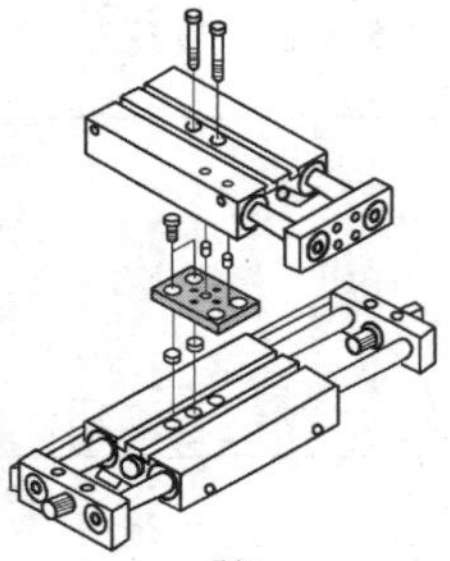<br>(b) | 双缸滑台驱动器的最大行程为 100mm,滑台能承受最大径向力(对于滑动轴承:行程 50mm 为 280N,行程 100mm 为 180N;对于循环滚珠轴承:行程 50mm 为 92N,行程 100mm 为 55N)。另外,双缸滑台驱动器上滑台能承受最大转矩(对于滑动轴承:行程 100mm 为 7.2 N・m;对于循环滚珠轴承:行程 100mm 为 1.5 N・m) |
| 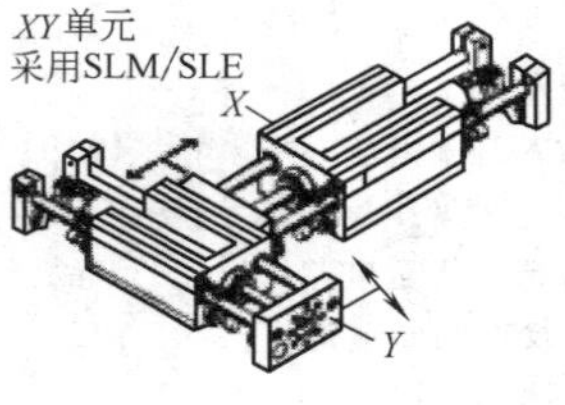<br>(c) | 组合型直线驱动为活塞杆带动前端法兰板运动,最大行程为 500mm,最大推力为 1178N。组合型滑台驱动(圆形气缸为驱动)为活塞杆带动滑台运动,最大行程为 500mm,最大推力为 1148N<br>组合型直线驱动与组合型滑台驱动所组合的二维运动 |
| 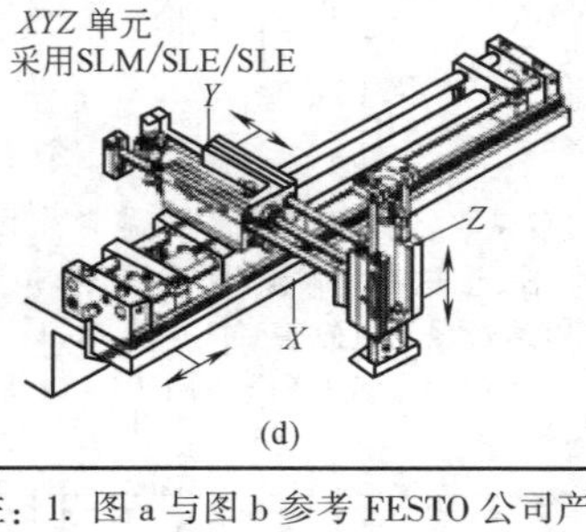<br>(d) | 组合型直线驱动与组合型长行程滑台驱动组成的三维运动如图 d 所示。组合型长行程滑台内置磁耦合无杆气缸,磁耦合无杆气缸带动滑台运动,因此行程较长,最大行程为 1500mm,最大推力为 754N |

注：1. 图 a 与图 b 参考 FESTO 公司产品，其中双活塞气缸（FESTO 产品为双活塞气缸 DPZ），双缸滑台驱动器（FESTO 产品为滑块驱单元、双活塞 SPZ）。

2. 图 c 和图 d 参考 FESTO 公司产品：其中组合型直线驱动与组合型直线驱动所组合的二维运动（FESTO 产品为直线驱动单元 SLE）；组合型直线驱动与组合型长行程滑台驱动的二维运动（FESTO 产品为直线驱动单元 SLE、带导向滑块 SLM）。

## 3.2 抓取和放置驱动

抓取和放置驱动原应归类于气动机械手范畴，由于抓取和放置驱动在气动自动化领域中的应用越来越广泛，也越来越细分，随着大量、模块化带导轨驱动器的诞生，各国气动制造厂商纷纷开发符合抓取和放置驱动的自动化要求产品，根据它模块化、结构紧凑、组合方便等特征，已形成一个抓取和放置驱动体系。当然，它还能与其他普通气缸、导向驱动单元以及电缸等组成完美的自动化体系，本手册把它归类于导向驱动装置来叙述。

该导向驱动装置主要用于抓放、分拣、托盘传送等自动流水线上，在中、小规模自动流水线上应用十分广泛。尤其适合结构紧凑、循环周期短、灵活、精度要求高的场合。随着工业化的不断发展，新产品、新技术将不断补充到气动机械手系统中，已出现的气驱动与电驱动混合模块化组合驱动系统将成为新的发展趋势。从运动结构形式上可分为抓放驱动、线性门架驱动、悬臂驱动三大类。

该导向驱动装置在设计或选用上可根据工作负载、期望工作节拍、实际行程、是否需要中间定位（几个定位点）、位置定位精度及重复精度、现场环境（如多粉尘、局部高温、洁净等级高等）等参数进行选择。

**表 23-4-73　导向驱动装置按运动结构形式及驱动方式分类**

| | | |
|---|---|---|
| 按运动形式分类 | 抓放驱动 | 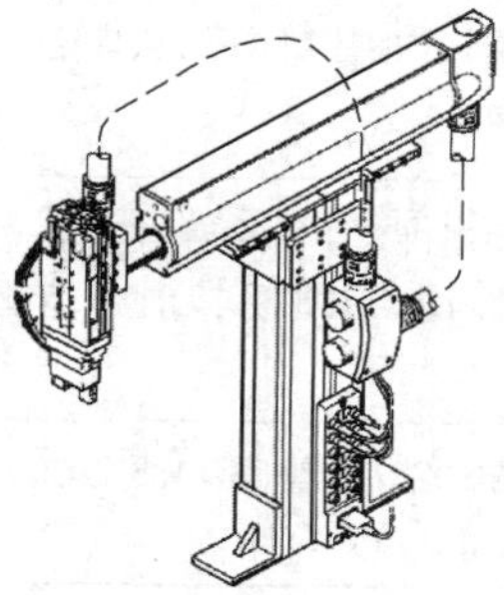<br>(a) 抓放系统 |
| | 线性门架驱动 | 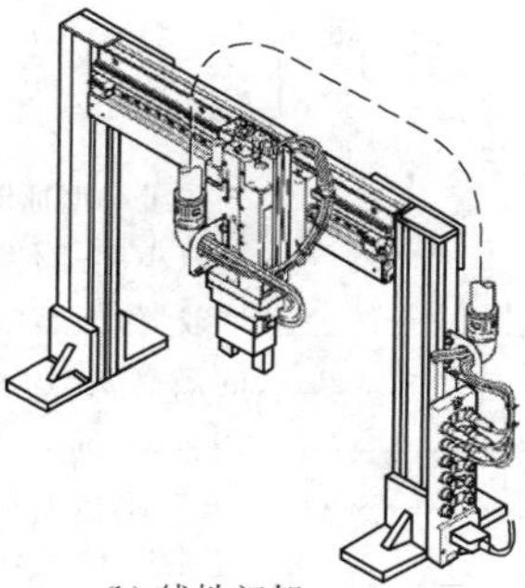<br>(b) 线性门架<br>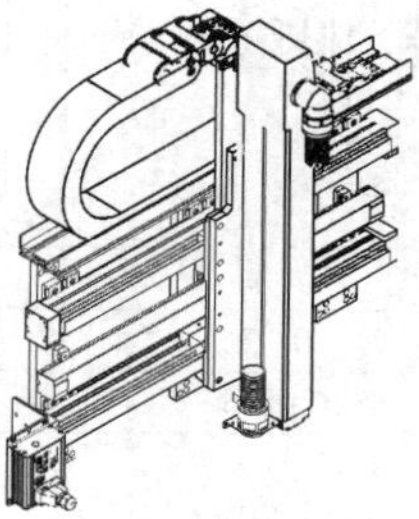<br>(c) 二维线性门架<br>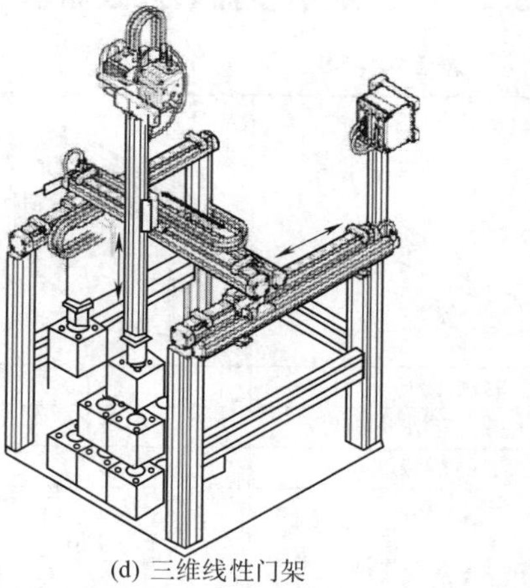<br>(d) 三维线性门架 |
| | 悬臂驱动 | 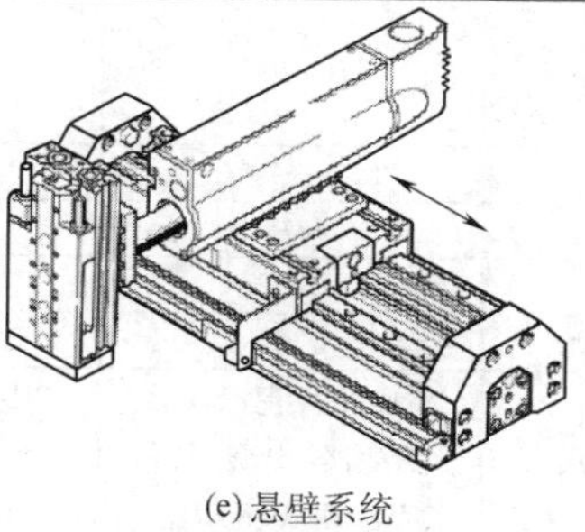<br>(e) 悬壁系统 |

续表

| | | |
|---|---|---|
| 按驱动方式分类 | 气驱动(气动轴) | 气驱动可以选择直线坐标气缸、无杆气缸、短行程滑块驱动器、高速抓取单元、齿轮齿条摆动气缸、气爪、吸盘及框架构件等元器件 |
| | 电驱动(电动轴) | 电驱动可以选择电驱动轴(齿带式驱动轴或丝杠式驱动轴),它们分别可与步进马达、步进马达控制器、连接组件组合成一种方式,也可与伺服马达、伺服马达控制器、连接组件等组合成另一种方式 |
| | 气驱动/电驱动混合形式 | |
| 按控制方式分类 | 一般气动控制 | |
| | 气动伺服控制 | 气动伺服系统是气动任意位置定位的控制技术,从理论上讲,它可完成 99 个程序模式,512 个中间停止(定位)位置,它的最高定位精度为±0.2mm |
| | 气动软停止控制 | 气动软停止控制是气动伺服控制机理下的一种派生定位控制,采用气动软停止控制形式,能使运动节拍提高 20%~30%,并使被移动工件运动到终点时平稳、无冲击,某些气动制造厂商提供的气动软停止控制还可以有两次停止(定位精度±0.1~0.2mm) |
| | 电控制 | 电驱动轴可分齿带和丝杠型两种结构,丝杠型电驱动轴重复定位精度高,为 0.02mm,而齿带电驱动轴的重复精度一般为 0.1mm(垂直方向重复精度为 0.4mm) |

## 3.2.1 二维小型抓取放置驱动

**表 23-4-74**

| 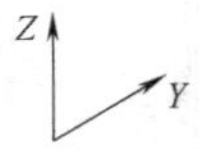 | | 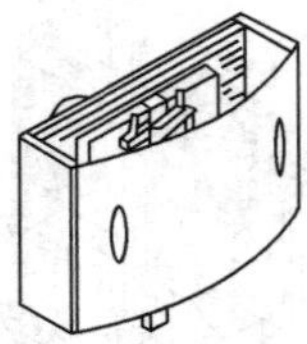 | 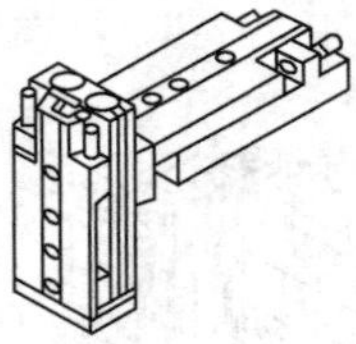 | 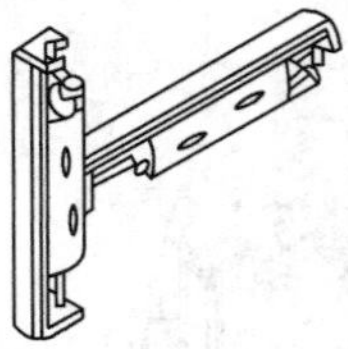 | 二维小型抓取放置驱动装置主要以小型工件、短行程的精确抓取放置(或装配)为主,一般工件的最高负载为 3kg,行程通常在 20~200mm。循环周期短、速度高、要求机械刚性强。如采用高速抓取单元:它的工作负载为 0.7~1.6kg,最小工作循环周期为 0.6~1.0s,$Y$ 轴的行程范围为52~170mm,$Z$ 轴的行程范围为 20~70mm。常见采用两个小型短行程滑块驱动器相互组合分式,或两个轻型直线坐标气缸相组合的方式 |
|---|---|---|---|---|---|
| 驱动系统 | | 气动 | 气动 | 气动 | |
| 最大工作负载/kg | | 0~1.6 | 0~3 | 0~3 | |
| 工件负载/kg | | 0~0.1 | 0~0.5 | 0~2 | |
| 行程范围/mm | $Y$ 轴(水平) | 52~170 | 0~200 | 0~200 | |
| | $Z$ 轴(垂直) | 20~70 | 0~200 | 0~200 | |
| 中间位置/mm | $Y$ | — | — | 1 | |
| | $Z$ | — | — | 1 | |
| 重复精度/mm | $Y$ | ±0.01 | 0.02 | 0.02 | |
| | $Z$ | ±0.01 | 0.02 | 0.02 | |
| 标准型实例 | | 高速抓取单元 | 小型短行程滑块式驱动器/小型短行程滑块式驱动器 | 轻型直线坐标气缸/轻型直线坐标气缸 | |

### 3.2.2 二维中型/大型抓取放置驱动

表 23-4-75

| 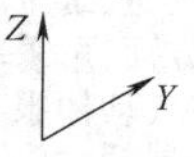 | 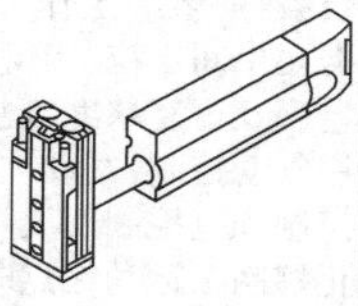 | 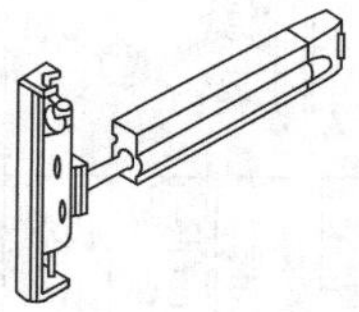 | 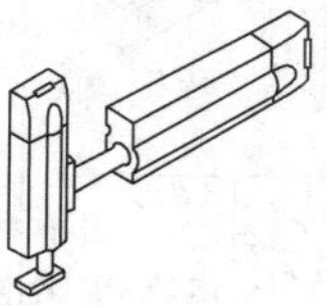 |
|---|---|---|---|
| 驱动系统 | 气动 | 气动 | 气动 |
| 最大工作负载/kg | 0~6 | 0~6 | 0~10 |
| 工件负载/kg | 0~1 | 0~3 | 0~5 |
| *Y* 轴行程范围(水平)/mm | 0~400 | 0~400 | 0~400 |
| *Z* 轴行程范围(垂直)/mm | 0~200 | 0~200 | 0~400 |
| *Y* 中间位置/mm | 1 | 1 | 1 |
| *Z* 中间位置/mm | — | 1 | 1 |
| *Y* 重复精度/mm | 0.02 | 0.02 | 0.02 |
| *Z* 重复精度/mm | 0.02 | 0.02 | 0.01 |
| 标准型实例 | 直线坐标气缸/小型短行程滑块式驱动器 | 直线坐标气缸/轻型直线坐标气缸 | 直线坐标气缸/直线坐标气缸 |

中型抓取和放置驱动装置的抓取工件的最高负载为 6kg,它的水平方向(*Y* 轴)行程在 50~400mm,垂直方向(*Z* 轴)行程在20~200mm。一般可采用一个直线坐标气缸(水平方向)与一个小型短行程滑块驱动器相互组合的方式,或采用一个直线坐标气缸(水平方向)与一个轻型直线坐标气缸(垂直方向)相互组合的方式。该类系统装置机械刚性好,可靠性和精度高;模块化组合结构使得部件更换、添置十分容易;可采用气爪或真空吸盘抓取和放置工件

大型抓取和放置驱动装置的抓取工件的最高负载为 10kg,它的水平方向(*Y* 轴)行程在50~400mm,垂直方向(*Z* 轴)行程也在50~400mm。由于工件负载高,运动速度较高,对系统结构上要求刚性好,可采用一个直线坐标气缸(水平方向)与另一个直线坐标气缸(垂直方向)相互组合的方式。该类系统装置机械刚性好,可靠性和精度高;模块化组合结构使得部件更换、添置十分容易;可采用气爪或真空吸盘抓取和放置工件

### 3.2.3 二维线性门架驱动

表 23-4-76

| 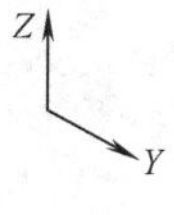 | 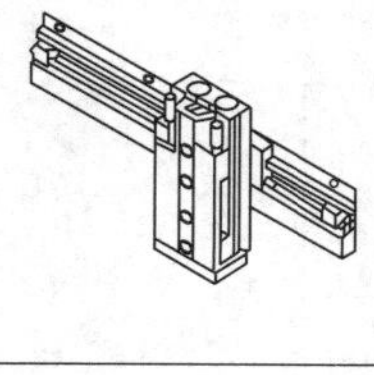 | 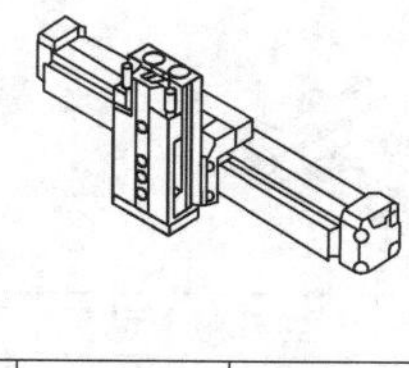 | | | |
|---|---|---|---|---|---|
| 驱动系统 | 气动 | 气动软停止 | 伺服气动 | 丝杠电驱动 | 齿带电驱动 |
| 最大工作负载/kg | 0~2 | 0~6 | | | |
| 工件负载/kg | 0~1 | 0~2 | | | |
| *Y* 轴行程范围(水平)/mm | 0~900 | 0~3000 | 100~1600 | 100~1000 | 100~2000 |
| *Z* 轴行程范围(垂直)/mm | 0~200 | 0~200 | 0~200 | 0~200 | 0~200 |
| *Y* 中间位置/mm | 1~4 | — | 任意 | | |
| *Z* 中间位置/mm | — | — | | | |
| *Y* 重复精度/mm | 0.02 | 0.02 | 0.4 | ±0.02 | ±0.1 |
| *Z* 重复精度/mm | 0.02 | 0.02 | | | |
| 标准型实例 | 扁平型无杆直线驱动器/小型短行程滑块式驱动器 | 无杆气缸/小型短行程滑块式驱动器 | | 电驱动/小型短行程滑块式驱动器 | |

线性门架驱动是一个主要提供长距离的工件搬运、插放、加载、卸载,工件的加工、测量、检测等功能的系统。根据工作负载、期望的工作节拍、实际行程、是否需要中间定位(几个定位点)、位置定位精度及重复精度、现场环境等方面,可采用气动控制、气动软停止控制、气动伺服控制和电控制四大主要方式。气动软停止控制在运动终点时平稳、无冲击力,速度比气动驱动提高 30%。气动伺服价格便宜、操作方便、无过载损毁现象,定位精度为±0.2mm(垂直方向定位精度在0.4mm);电伺服比气伺服贵,定位精度为±0.1~±0.02mm。对于较小工作负载 2kg,可采用扁平型无杆气缸与小型短行程滑块驱动器相组合的驱动结构,其水平方向的工作行程在 900mm 之内。对于工作负载 6kg,其线性门架的水平方向的工作行程有四种:第一种,应用气动元器件以气动软停止作为驱动的最长工作行程为 3000mm;第二种,以气动元器件作为驱动的气动伺服运动的最长工作行程为 1600mm;第三种,以电丝杠驱动轴作为驱动的电伺服运动的最长工作行程为 1000mm;第四种,以电齿带驱动轴作为驱动的电伺服运动它的最长工作行程为 21000mm

续表

| 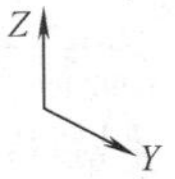 | 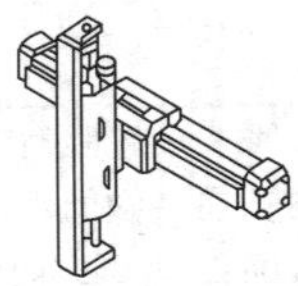 | | | | 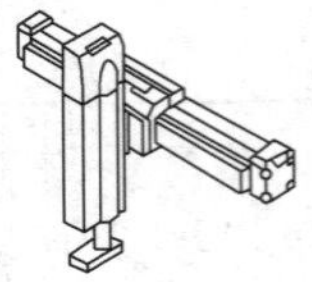 | | | | 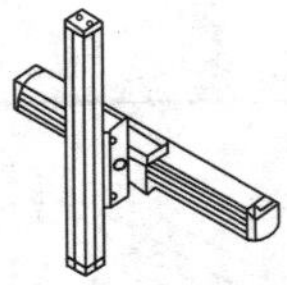 | | | |
|---|---|---|---|---|---|---|---|---|---|---|---|---|
| 驱动系统 | 气动软停止 | 伺服气动 | 丝杠电驱动 | 齿带电驱动 | 气动软停止 | 伺服气动 | 丝杠电驱动 | 齿带电驱动 | 气动软停止 | 伺服气动 | 丝杠电驱动 | 齿带电驱动 |
| 最大工作负载/kg | 0~4 | | | | 0~10 | | | | 0~10 | | | |
| 工件负载/kg | 0~3 | | | | 0~5 | | | | 0~5 | | | |
| Y 轴行程范围（水平）/mm | 0~3000 | 100~1600 | 100~1000 | 100~2000 | 0~3000 | 100~1600 | 100~1000 | 100~2000 | 0~3000 | 100~1600 | 100~1000 | 100~2000 |
| Z 轴行程范围（垂直）/mm | 0~200 | 0~200 | 0~200 | 0~400 | 0~400 | 0~400 | 0~400 | 0~400 | 0~800 | 0~800 | 0~800 | 0~800 |
| Y 中间位置/mm | — | 任意 | | | — | 任意 | | | — | 任意 | | |
| Z 中间位置/mm | 1 | | | | 1 | | | | — | 任意 | | |
| Y 重复精度/mm | 0.02 | 0.4 | ±0.02 | ±0.1 | 0.02 | 0.4 | ±0.02 | ±0.1 | 0.02 | 0.4 | ±0.02 | ±0.1 |
| Z 重复精度/mm | 0.02 | | | | 0.01 | | | | ±0.05 | | | |
| 标准型实例 | 无杆气缸/轻型坐标气缸 | | 电驱动/轻型坐标气缸 | | 无杆气缸/坐标气缸 | | 电驱动/无杆气缸 | | 无杆气缸/电驱动 | | 电驱动/电驱动 | |

线性门架驱动是一个主要提供长距离的工件搬运、插放、加载、卸载，工件的加工、测量、检测等功能的系统。根据工作负载、期望的工作节拍、实际行程、是否需要中间定位（几个定位点）、位置定位精度及重复精度、现场环境等方面，可采用气动控制、气动软停止控制、气动伺服控制和电控制四大主要方式。气动软停止控制在运动终点时平稳、无冲击力，速度比气动驱动提高 30%。气动伺服价格便宜、操作方便、无过载损毁现象，定位精度为±0.2mm（垂直方向定位精度在 0.4mm）；电伺服比气伺服贵，定位精度为±0.1~±0.02mm。对于较小工作负载 2kg，可采用扁平型无杆气缸与小型短行程滑块驱动器相组合的驱动结构，其水平方向的工作行程在 900mm 之内。对于工作负载 6kg，其线性门架的水平方向的工作行程有四种：第一种，应用气动元器件以气动软停止作为驱动的最长工作行程为 3000mm；第二种，以气动元器件作为驱动的气动伺服运动的最长工作行程为 1600mm；第三种，以电丝杠驱动轴作为驱动的电伺服运动的最长工作行程为 1000mm；第四种，以电齿带驱动轴作为驱动的电伺服运动它的最长工作行程为 21000mm

### 3.2.4 三维悬臂轴驱动

**表 23-4-77**

| 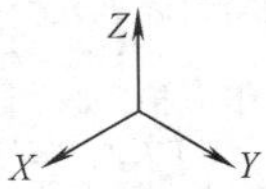 | | 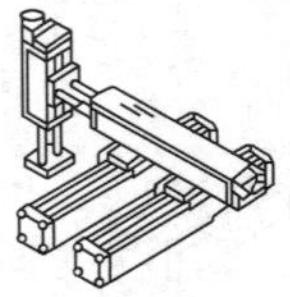 | | | |
|---|---|---|---|---|---|
| 驱动系统 | | 气动软停止 | 伺服气动 | 丝杠电驱动 | 齿带电驱动 |
| 最大工作负载/kg | | 0~3 | | | |
| 工件负载/kg | | 0~2 | | | |
| 行程范围/mm | X 轴（水平） | 0~3000 | 100~1600 | 100~1000 | 100~2000 |
| | Y 轴（水平） | 0~200 | 0~200 | 0~200 | 0~200 |
| | Z 轴（垂直） | 0~200 | 0~200 | 0~200 | 0~200 |
| 中间位置/mm | X | — | 任意 | | |
| | Y | 1 | | | |
| | Z | 1 | | | |
| 重复精度/mm | X | 0.02 | 0.4 | ±0.02 | ±0.1 |
| | Y | 0.02 | | | |
| | Z | 0.02 | | | |

三维悬臂轴驱动是一种三维运动的结构模式，当其中有二维运动方向的工作行程在较小的状况（Y 轴、Z 轴的工作行程在约 200~400mm 时），为了减少空间，可采用三维悬臂结构。三维悬臂结构的工件负载比三维门架结构能力小，一般工件负载在 3~6kg 左右

续表

| | | | | | | | | | | |
|---|---|---|---|---|---|---|---|---|---|---|
| 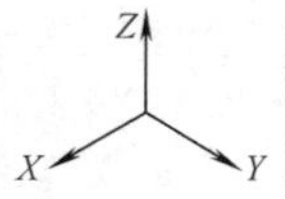 | | 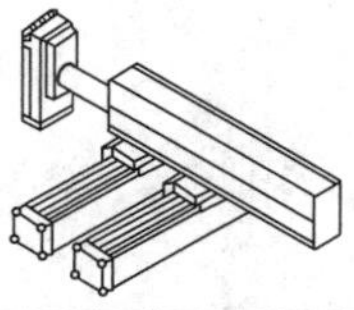 | | | | 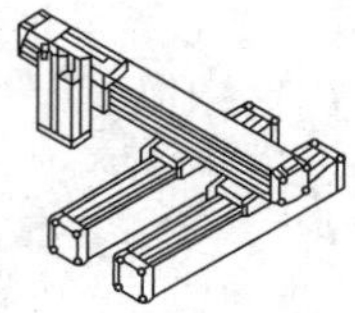 | | | | |
| 驱动系统 | | 气动软停止 | 伺服气动 | 丝杠电驱动 | 齿带电驱动 | 气动软停止 | 伺服气动 | 丝杠电驱动 | 齿带电驱动 | 三维悬臂轴驱动是一种三维运动的结构模式，当其中有二维运动方向的工作行程在较小的状况（Y轴、Z轴的工作行程在约200~400mm时），为了减少空间，可采用三维悬臂结构。三维悬臂结构的工件负载比三维门架结构能力小，一般工件负载约在3~6kg左右 |
| 最大工作负载/kg | | 0~6 | | | | 0~6 | | | | |
| 工件负载/kg | | 0~1 | | | | 0~2 | | | | |
| 行程范围/mm | X轴（水平） | 0~3000 | 100~1600 | 100~1000 | 100~2000 | 0~3000 | 100~1600 | 100~1000 | 100~2000 | |
| | Y轴（水平） | 0~400 | 0~400 | 0~400 | 0~400 | 0~3000 | 0~1600 | 100~1000 | 100~2000 | |
| | Z轴（垂直） | 0~200 | 0~200 | 0~200 | 0~200 | 0~200 | 0~200 | 0~200 | 0~200 | |
| 中间位置/mm | X | — | 任意 | | | — | 任意 | | | |
| | Y | 1 | | | | — | 任意 | | | |
| | Z | — | | | | — | | | | |
| 重复精度/mm | X | 0.02 | 0.4 | ±0.02 | ±0.1 | 0.02 | 0.4 | ±0.02 | ±0.1 | |
| | Y | 0.01 | | | | 0.01 | | | | |
| | Z | 0.02 | | | | 0.02 | | | | |
| 标准型实例 | | 无杆气缸/直线坐标/短行程滑块式驱动器 | | 电驱动/直线坐标气缸/短行程滑块式驱动器 | | 无杆气缸/无杆气缸/短行程滑块式驱动器 | | 电驱动/电驱动短行程滑块式驱动器 | | |

## 3.2.5 三维门架驱动

表 23-4-78

| | | | | | | | | | |
|---|---|---|---|---|---|---|---|---|---|
| 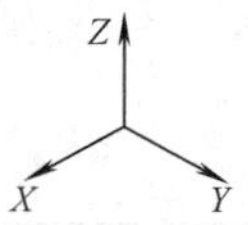 | 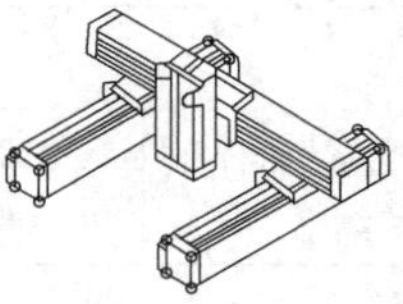 | | | | 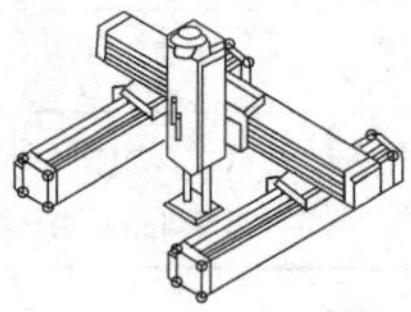 | | | | |
| 驱动系统 | 气动软停止 | 伺服气动 | 丝杠电驱动 | 齿带电驱动 | 气动软停止 | 伺服气动 | 丝杠电驱动 | 齿带电驱动 | 三维门架驱动是一个三维运动的结构模式，当其中有一维运动方向的工作行程较小时（Z轴的工作行程在约200~400mm时），可采用三维门架驱动结构，它的工作负载能力要比三维悬臂轴驱动强，通常在6~10kg左右 |
| 最大工作负载/kg | 0~6 | | | | 0~4 | | | | |
| 工件负载/kg | 0~2 | | | | 0~3 | | | | |
| X轴行程范围（水平）/mm | 0~3000 | 100~1600 | 100~1000 | 100~2000 | 0~3000 | 100~1600 | 100~1000 | 100~2000 | |
| Y轴行程范围（水平）/mm | 0~3000 | 100~1600 | 100~1000 | 100~2000 | 0~3000 | 100~1600 | 100~1000 | 100~2000 | |
| Z轴行程范围（垂直）/mm | 0~200 | 0~200 | 0~200 | 0~200 | 0~200 | 0~200 | 0~200 | 0~200 | |
| X中间位置/mm | — | 任意 | | | 气动软停止 | 任意 | | | |
| Y中间位置/mm | — | 任意 | | | 气动软停止 | 任意 | | | |
| Z中间位置/mm | — | | | | 1 | | | | |
| X重复精度/mm | 0.02 | 0.4 | ±0.02 | ±0.1 | 0.02 | 0.4 | ±0.02 | ±0.1 | |
| Y重复精度/mm | 0.02 | 0.4 | ±0.02 | ±0.1 | 0.02 | 0.4 | ±0.02 | ±0.1 | |
| Z重复精度/mm | 0.02 | | | | 0.02 | | | | |
| 标准型实例 | 无杆气缸/无杆气缸/短行程滑块式驱动器 | | 电驱动/电驱动/短行程滑块式驱动器 | | 无杆气缸/无杆气缸/轻型直线坐标气缸 | | 电驱动/电驱动/轻型直线坐标气缸 | | |

第23篇

续表

| 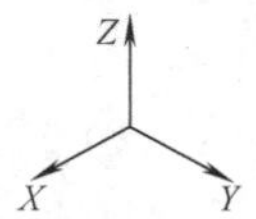 | 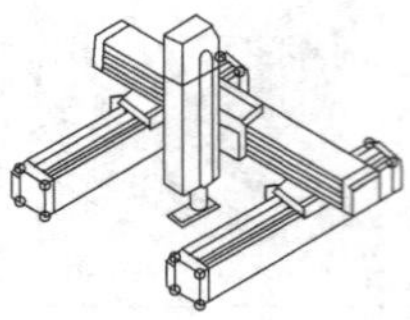 | | | | 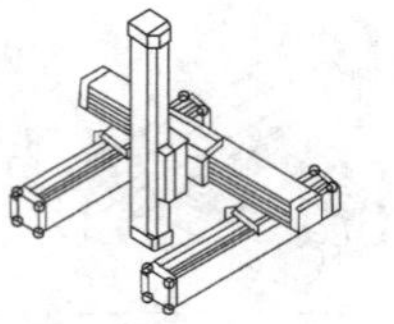 | | | | |
|---|---|---|---|---|---|---|---|---|---|
| 驱动系统 | 气动软停止 | 伺服气动 | 丝杠电驱动 | 齿带电驱动 | 气动软停止 | 伺服气动 | 丝杠电驱动 | 齿带电驱动 | 三维门架驱动是一个三维运动的结构模式，当其中有一维运动方向的工作行程较小时（$Z$ 轴的工作行程在约 200～400mm 时），可采用三维门架驱动结构，它的工作负载能力要比三维悬臂轴驱动强，通常在 6～10kg 左右 |
| 最大工作负载/kg | 0～10 | | | | 0～10 | | | | |
| 工件负载/kg | 0～5 | | | | 0～5 | | | | |
| $X$ 轴行程范围（水平）/mm | 0～3000 | 100～1600 | 100～1000 | 100～2000 | 0～3000 | 100～1600 | 100～1000 | 100～2000 | |
| $Y$ 轴行程范围（水平）/mm | 0～3000 | 100～1600 | 100～1000 | 100～2000 | 0～3000 | 100～1600 | 100～1000 | 100～2000 | |
| $Z$ 轴行程范围（垂直）/mm | 0～400 | 0～400 | 0～400 | 0～400 | 0～3000 | 600～1600 | 600～1000 | 600～2000 | |
| $X$ 中间位置/mm | — | 任意 | | | — | 任意 | | | |
| $Y$ 中间位置/mm | — | 任意 | | | — | 任意 | | | |
| $Z$ 中间位置/mm | 1 | | | | — | 任意 | | | |
| $X$ 重复精度/mm | 0.02 | 0.4 | ±0.02 | ±0.1 | 0.02 | 0.4 | ±0.02 | ±0.1 | |
| $Y$ 重复精度/mm | 0.02 | 0.4 | ±0.02 | ±0.1 | | | | | |
| $Z$ 重量精度/mm | 0.01 | | | | | | | | |
| 标准型实例 | 无杆气缸/无杆气缸/直线坐标气缸 | | 电驱动/电驱动/直线坐标气缸 | | 无杆气缸/无杆气缸/无杆气缸 | | 电驱动/电驱动/电驱动 | | |

## 3.3 气动驱动与电动驱动的比较

气动系统和电动系统实际上并不应该排斥，相反，这只是一个要求不同的问题。气动驱动的优势显而易见，如：面对灰尘、油脂、水、潮湿、清洁剂等恶劣环境条件时，气动驱动器非常坚固耐用，气动驱动器容易安装，能提供典型的抓取功能，价格便宜且操作方便。当气动驱动器与相应的传感器、阀或阀岛相结合时，气动驱动器可达到自由定位功能。

当作用力快速增大且需要精确定位时，带伺服马达的电驱动具有优势。面对精确要求、同步运转、可调节和规定的定位编程的应用场合，电驱动是最佳的选择。由电动直线驱动器、丝杠式和齿带驱动器，甚至多级驱动方案以及传动装置、带闭环定位控制器的伺服或步进马达所组成的电驱动系统能够补充气动系统的不足之处。

对于用户而言，寻求合适且性价比高的驱动技术十分重要，并使所有组件都能以最简单而可靠的方式实现其功能。理想的状况是把气动和电驱动器两者的优点结合在机电模块化抓取和放置系统中，通过即插即用的方式实施合适的解决方案。

当前，世界各国许多气动厂商及电动轴（线性导轨）制造厂商已有二维、三维气动/电动的驱动轴（二维、三维抓取/放置；二维、三维悬臂轴；二维、三维线性门架）产品问世，如德国的 FESTO 公司、Rexroth Bosch 公司、Afag AG 公司、Schunk 公司、IAI industrieroboter GMBH 公司、美国的 Parker Automation 公司、日本的 SMC 公司。

# 4 气　　爪

## 4.1 气爪的分类

- 气爪
  - 常规气爪
    - 普通气爪
      - 平行（二爪、三爪、四爪）
      - 摆动
      - 旋转
    - 带滚珠轴承导轨气爪
  - 比例气爪

## 4.2 影响气爪选择的一些因素及与工件的选配

表 23-4-79　　影响气爪选择的因素及与工件的选配

<table>
<tr><th>项　目</th><th colspan="2">说　　明</th></tr>
<tr><td rowspan="5">影响气爪选择的因素</td><td>工件</td><td>规格、形状、质量、温度、灵敏度、材料</td></tr>
<tr><td>外围设备</td><td>控制系统、定位精度、循环时间</td></tr>
<tr><td>过程参数</td><td>力、循环时间、重复定位精度</td></tr>
<tr><td>抓取装置</td><td>定位精度、加速度、速度</td></tr>
<tr><td>工作环境</td><td>温度、灰尘、操作空间</td></tr>
<tr><td>工件的类型</td><td colspan="2">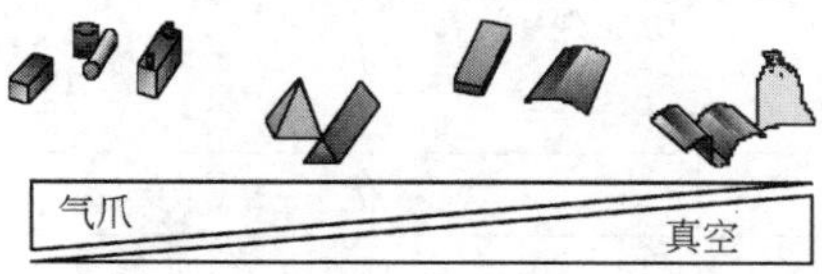
</td></tr>
<tr><td>工件的尺寸比例</td><td colspan="2">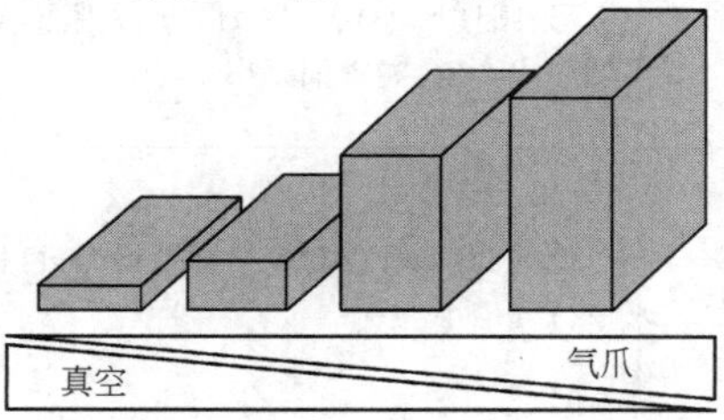
</td></tr>
<tr><td>工件的选配及特殊的抓取方式</td><td colspan="2">
<table>
<tr><th>工件 / 气爪</th><th></th><th></th><th></th><th></th></tr>
<tr><td>平行</td><td>非常好</td><td>非常好</td><td>非常好</td><td>麻烦</td></tr>
<tr><td>20° 摆动</td><td>麻烦</td><td>好</td><td>非常好</td><td>麻烦</td></tr>
<tr><td>90° 旋转</td><td>好</td><td>好</td><td>非常好</td><td>麻烦</td></tr>
<tr><td>三爪</td><td>麻烦</td><td>非常好</td><td>麻烦</td><td>麻烦</td></tr>
<tr><td>真空</td><td>非常好</td><td>非常好</td><td>好</td><td>非常好</td></tr>
</table>
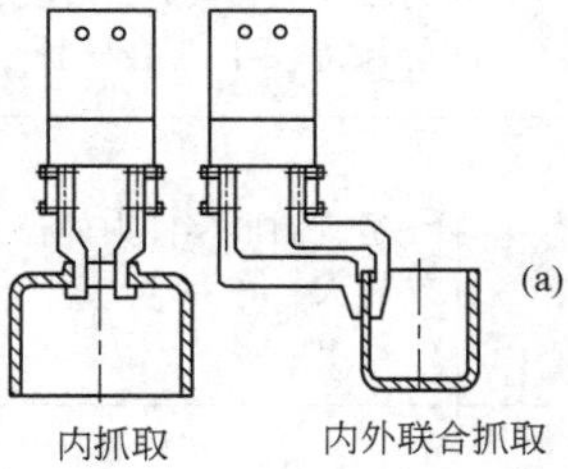
内抓取　　内外联合抓取
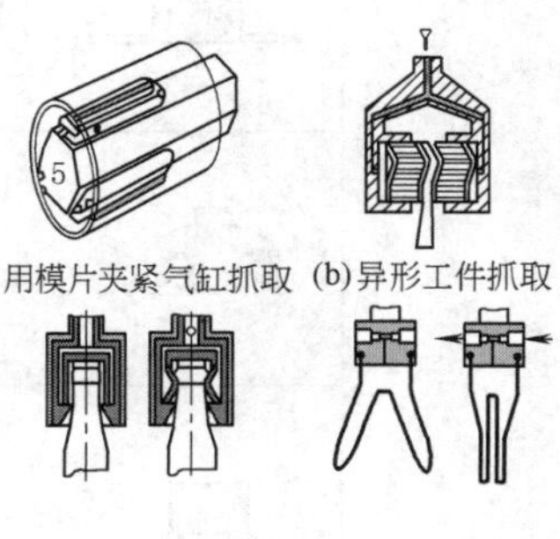
(a) 用模片夹紧气缸抓取　(b) 异形工件抓取</td></tr>
</table>

续表

| 项目 | 说明 | |
|---|---|---|
| 对工件的夹紧点与气爪辅助夹具的选择 | 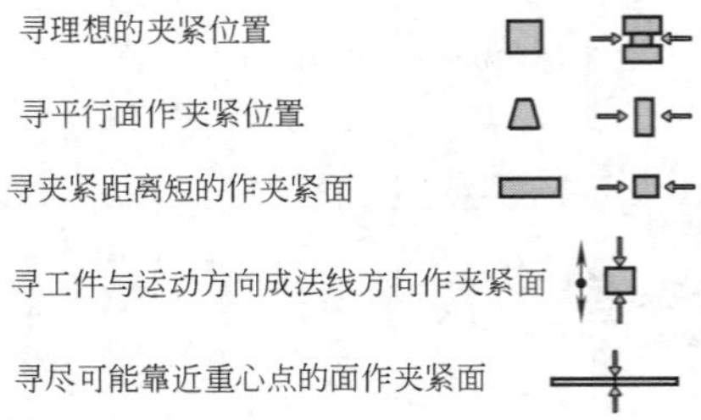 | 辅助夹具<br>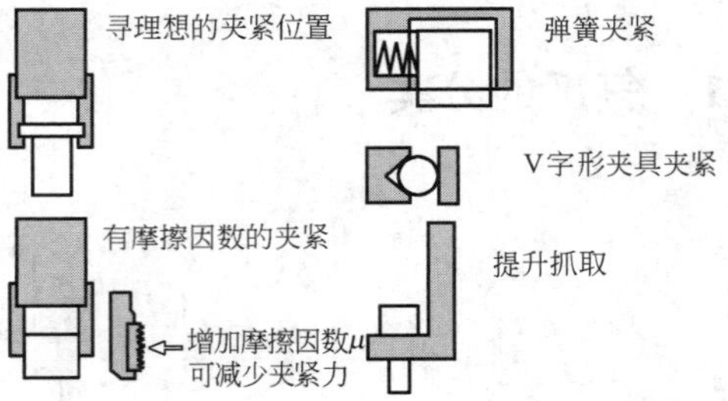 |
| 对工件运动方向的选择 | 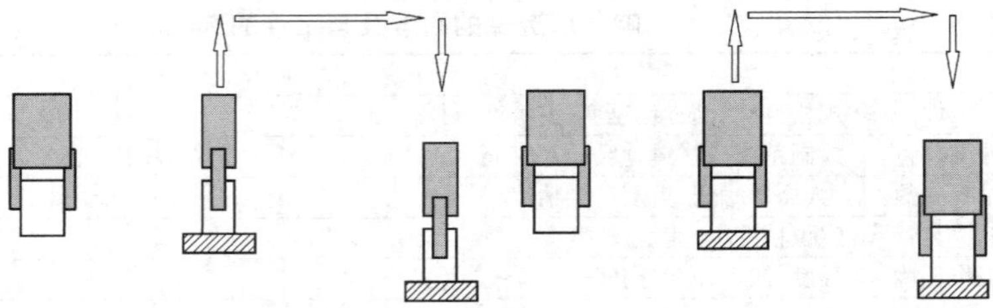<br>(a) 工件按切线方向运动,工件易脱落<br>(b) 工件按法线方向运动,工件不易脱落 | |

| 各种气爪的优缺点 | 气爪 | | 优点 | 缺点 |
|---|---|---|---|---|
| | 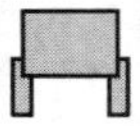 | 平行 | 工件规格范围广(配合气爪夹具可夹紧方形、圆柱形等),夹紧力大。夹紧面与接触面成直角,夹紧偏差小 | 价格比摆动气爪高,气爪尺寸较大(需要较长的行程) |
| |  | 摆动 | 价格低,如行程与规格配合得当,行程较平行气爪小 | 对平行面工件的接触,不如平行气爪<br>沿着圆弧轨迹夹紧工件,对抓取尺寸不一的圆柱体零件,夹持中心线位置会改变 |
| | 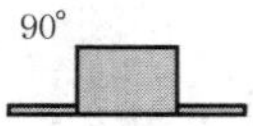 | 旋转 | 工作移动范围广,可从气爪上方越过对于肘接式的旋转气爪,通过曲柄装置可获得较大的夹紧力,即使没有气压,夹紧力也能保持,零件不会松脱 | 占用工件周边空间较大 |
| |  | 三爪 | 适宜圆形零件内外径抓取,自对中,负载转矩大 | 对工件形状有较大限制,即使圆形工件,也不宜采用较长行程 |
| | 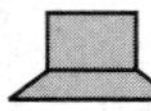 | 真空吸盘 | 简单、方便,适用范围广 | 负载转矩小 |

## 4.3 气爪夹紧力计算

**表 23-4-80** 气爪夹紧力计算

| 气爪类别 | 受力分析 | 计算公式 | 说明 |
|---|---|---|---|
| 平行、旋转、摆角气爪(二爪) | 机械锁紧 | | 这里指的夹紧力 $F_G$ 是每个夹头的夹紧力,并且需考虑到在一定加速度的情况下夹紧工件运动时所需的夹紧力<br>对于摆角和旋转气爪来说,夹紧力 $F_G$ 必须换算成夹紧转矩 $M_G$<br>$M_G=F_G\times r$(N·m)<br>式中 $r$—力臂,m<br>$m$—工件质量,kg<br>$g$—重力加速度,$g_0\approx 10\mathrm{m/s^2}$<br>$a$—动态运动时产生的加速度,$\mathrm{m/s^2}$<br>$S$—安全系数<br>$\alpha$—V 形气爪夹头的摆角,(°)<br>$\mu$—气爪夹头与工件的摩擦因数 |
| | 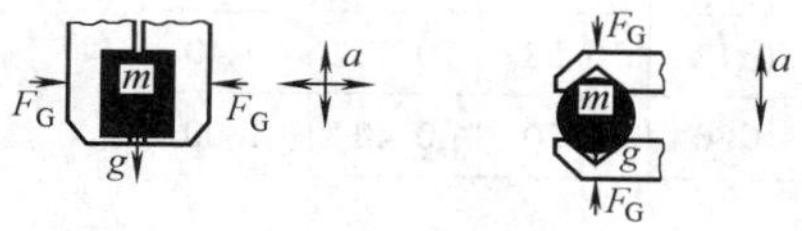 | $F_G=m\times(g+a)\times S$(N) | |
| | 机械锁紧带 V 形气爪夹具 | | |
| | 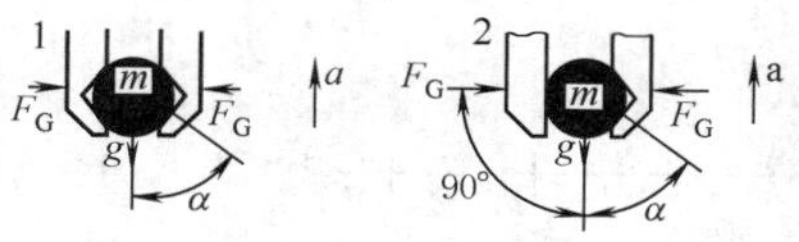 | 1<br>$F_G=\dfrac{m\times(g+a)}{2}\times\tan\alpha\times S$(N)<br>2<br>$F_G=m\times(g+a)\times\tan\alpha\times S$(N) | |
| | 摩擦锁紧 | | |
| | 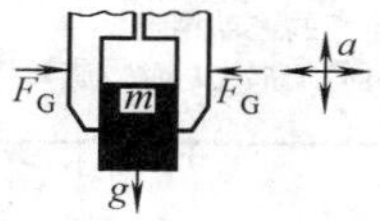 | $F_G=\dfrac{m\times(g+a)}{2\times\mu}\times S$(N) | |
| | 摩擦锁紧 | | |
| | 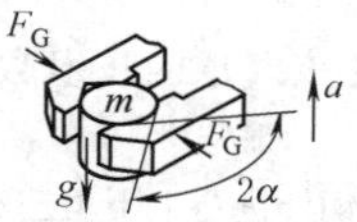 | $F_G=\dfrac{m\times(g+a)}{2\times\mu}\times\sin\alpha\times S$(N) | |
| 三爪 | 机械锁紧 | | |
| | 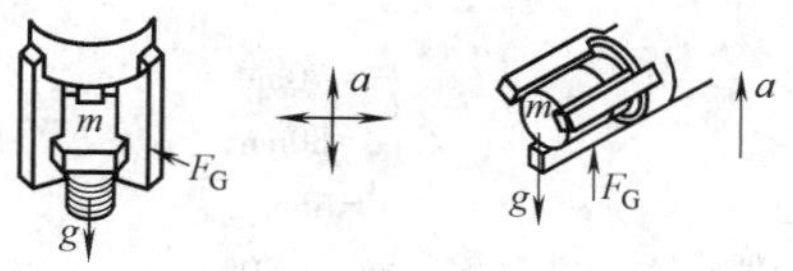 | $F_G=m\times(g+a)\times S$(N) | |
| | 机械锁紧带 V 形气爪夹具 | | |
| | 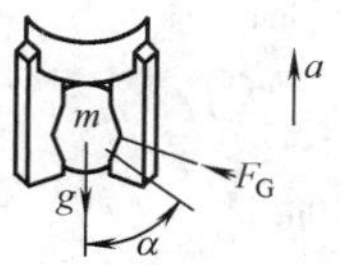 | $F_G=\dfrac{m\times(g+a)}{3}\times\tan\alpha\times S$(N) | |
| | 摩擦锁紧 | | |
| | 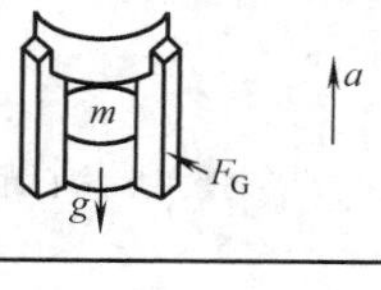 | $F_G=\dfrac{m\times(g+a)}{3\times\mu}\times S$(N) | |

续表

**工件与气爪夹头的摩擦因数 $\mu$**

| 摩擦因数 $\mu$ | | 工件材质 | | | | |
|---|---|---|---|---|---|---|
| | | ST | STI | AL | ALI | R |
| 气爪夹头材质 | ST | 0.25 | 0.15 | 0.35 | 0.20 | 0.50 |
| | STI | 0.15 | 0.09 | 0.21 | 0.12 | 0.30 |
| | AL | 0.35 | 0.21 | 0.49 | 0.28 | 0.70 |
| | ALI | 0.20 | 0.12 | 0.28 | 0.16 | 0.40 |
| | R | 0.50 | 0.30 | 0.70 | 0.40 | 1.00 |

ST—钢；STI—涂润滑油钢；AL—铝；ALI—涂润滑油铝；R—橡胶

**安全系数 $S$**

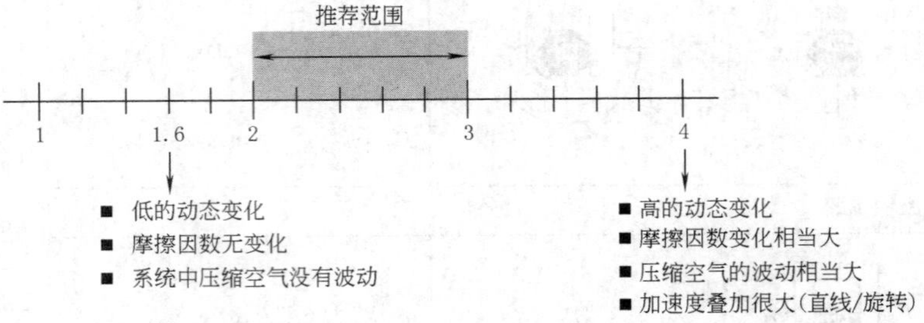


## 4.4 气爪夹紧力计算举例

当计算出气爪抓取工件时的夹紧力后，需核对气动制造厂商提供的该气爪的技术数据（通常，气动制造厂商会提供该气爪静态、动态许用夹紧力和许用转矩）。

**例 1** 以 FESTO 产品样本举例，用平行气爪提举一个质量为 0.7kg 的圆环形钢件进行上下恒速送料运动。具体尺寸和形状如图 1 所示。

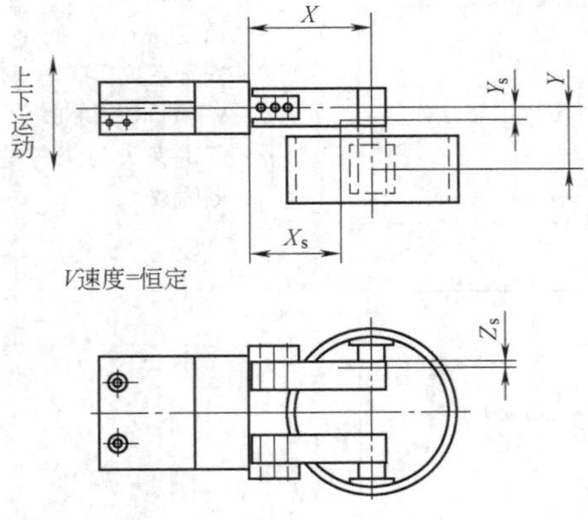


| | |
|---|---|
| 力臂 | $X=70\text{mm}$ |
| 偏心距 | $Y=30\text{mm}$ |
| 工作压力 | $p=6\text{bar}$ |
| 圆环形钢件质量 | $m=0.70\text{kg}$ |
| 气爪夹头质量 | $m_f=0.2\text{kg}$ |
| 气爪夹头重心力臂 | $X_s=60\text{mm}$ |
| | $Y_s=8\text{mm}$ |
| | $Z_s=3\text{mm}$ |
| 循环时间 | $t=1\text{s}$ |
| 提举加速度 | $a=0\text{m/s}^2$ |

图 1

根据公式 $F=\frac{m\times g\times S}{2\times\mu}$，选取 $g=9.81\text{m/s}^2$，安全系数 $S=4$，$\mu=0.15$

计算后得出，夹紧力 $F=0.7\times9.81\times4/(2\times0.15)=91.56\text{kg}\cdot\text{m/s}^2=91.56\text{N}$

根据计算结果，如选择 FESTO 公司样本中的平行气爪 HGP-25，公司产品样本将会提供力臂与夹紧力/偏心距与夹紧力的图表（见图 2 和图 3）、气爪的许用力矩及附加的气爪夹头质量和关闭时间的推荐图表等。

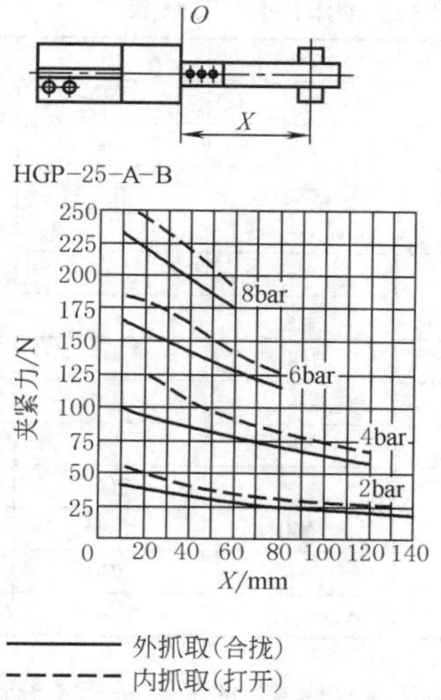


图 2　夹紧力与工作压力及力壁 X 的关系

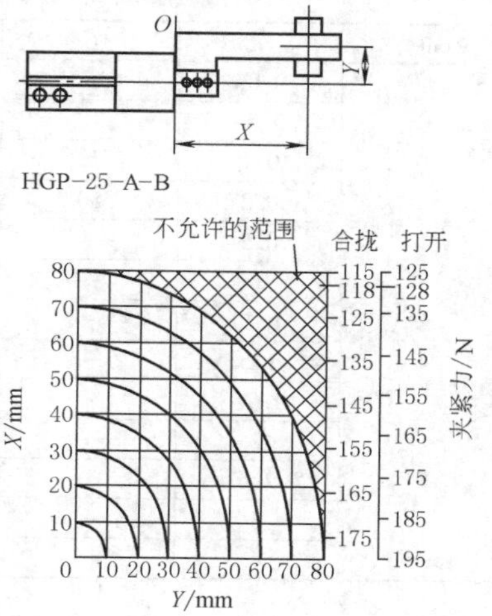


图 3　6bar 时，夹紧力与力壁 X，偏心距 Y 的关系

第一步：验算夹紧力。

由于此例为复合坐标，故选择图 2 进行验算。

在图表中确定力臂 X（X=70mm）及偏心距 Y（Y=30mm）相交，通过交点画一弧线，与垂直坐标（力臂 X 处）相交，过该交点画一横线，读取合拢与打开时的数值（合拢时为 118N，打开时为 128N）。

根据图表得出，该公司提供的 HGP-25 的平行气爪在上述条件下，夹紧力为 118N，大于 91.56N。

第二步：验算力矩。

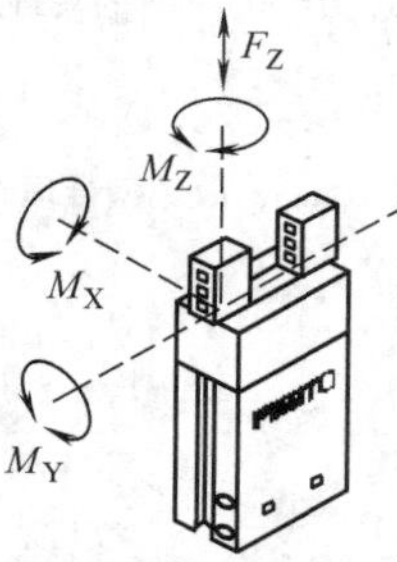


| 活塞直径 ϕ/cm | 6 | 10 | 16 | 20 | 25 | 35 |
|---|---|---|---|---|---|---|
| 最大许用力 $F_Z$/N | 14 | 25 | 90 | 150 | 240 | 380 |
| 最大许用力矩 $M_X$/N · m | 0.1 | 0.5 | 3.3 | 6 | 11 | 25 |
| 最大许用力矩 $M_Y$/N · m | 0.1 | 0.5 | 3.3 | 6 | 11 | 25 |
| 最大许用力矩 $M_Z$/N · m | 0.1 | 0.5 | 3.3 | 6 | 11 | 25 |

$M_X$=91.56N×7 cm（力臂 X）=637N · cm=6.37N · m，查表后 HGP-25 最大许用力矩 $M_X$ 为 11N · m，6.37<11，因此 $M_X$ 没有问题。

$M_Y=(2\times m_f\times g\times X_s)+(M\times g\times X)=(2\times0.2\times9.81\times6)+(0.7\times9.81\times7)=71.6$N · cm=0.716N · m，查表后 HGP-25 最大许用力矩 $M_Y$ 为 11N · m，0.716<11，因此 $M_Y$ 没有问题（注意此例条件为气爪水平安装时抓取工件，上下抓取运动）。

$M_Z$=91.56N×3cm（力臂 Y）=274.68N · cm=2.7468N · m，查表后 HGP-25 最大许用力矩 $M_Z$ 为 11N · m，2.7468<11，因此 $M_Z$ 没有问题（注意此例条件为气爪水平安装时抓取工件，上下抓取运动）。

需要说明的是，该例运动加速度为 0，如果气爪在有加速度的情况下，上述公式需要修改，如 $M_Y=[2\times m_f\times(g+a)\times X_s]+[M\times(g+a)\times X]$。

第三步：验算夹头的工作频率。

如果气爪辅助夹具负载增加，意味着动能增加，可能损坏气爪部件，要么需对辅助夹具的最大质量进行限制，要么需对气爪夹紧运动时间（打开或关闭）进行限制。下表是不同规格（带外部气爪）手指和应用负载时打开或关闭的时间关系表。

气爪质量为 0.2kg，即重量约 2N，从表中可知，打开或关闭的时间不能超过 200ms（0.2s），满足此例中循环时间小于 1s 的条件。

如果验算所得结果超出数值，则应该选用更大规格的气爪或者缩短力臂或降低安全系数或改变夹头的摩擦因数或降低工作压力。

**例 2**　根据 SMC 公司样本，对该公司 MHZ□2-16 平行气爪计算、选择。

给出条件：气爪夹持重物如图 4 所示。气爪水平放置，夹持重物 0.1kg，夹持重物外径，夹持点距离 L=30mm，向下外伸量 H=10mm，使用压力 0.4MPa。

**不同规格（带外部气瓜）手指和应用负载时打开或关闭的时间关系表**

| 活塞直径 $\phi$/cm | | 6 | 10 | 16 | 20 | 25 | 35 |
|---|---|---|---|---|---|---|---|
| HGP/N | 0.06 | 5 | — | — | — | — | — |
| | 0.08 | 10 | — | — | — | — | — |
| | 0.1 | 20 | — | — | — | — | — |
| | 0.2 | 50 | — | — | — | — | — |
| | 0.5 | — | 100 | — | — | — | — |
| | 1 | — | 200 | 100 | — | — | — |
| | 1.25 | — | — | — | 100 | — | — |
| | 1.5 | — | 300 | 200 | — | 100 | — |
| | 1.75 | — | — | — | 200 | — | — |
| | 2 | — | — | 300 | — | 200 | 100 |
| | 2.5 | — | — | — | 300 | — | — |
| | 3 | — | — | — | — | 300 | 200 |
| | 4 | — | — | — | — | — | 300 |

1）计算夹持力：由图5可知，$n$ 个手指的总夹持力产生的摩擦力 $n\mu F$ 必须大于夹持工件的重力 $mg$，考虑到搬送工件时的加速度及冲击力等，必须设定一个安全系数 $\alpha$，故应满足

$$n\mu F>\alpha mg$$

即

$$F>\frac{\alpha mg}{n\mu}=\beta mg$$

式中 $\mu$——摩擦因数，一般 $\mu=0.1\sim0.2$；

$\alpha$——安全系数，一般 $\alpha=4$；

$\beta=\frac{\alpha}{n\mu}$，对2个手指，$\beta$ 取10~20，对3个手指，$\beta$ 取7~14，对4个手指，$\beta$ 取5~10。

本例若选用2个手指，则必要夹持力 $F=20mg=(20\times0.1\times9.8)\text{N}=19.6\text{N}$。从图6可知，$p=0.4\text{MPa}$，$L=30\text{mm}$ 时的夹持力为24N，大于必要夹持力，故选 MHZ□2-16 是合格的。

2）夹持点距离的确认：夹持点距离必须小于允许外伸量，否则会降低气爪的使用寿命。

由图7可知，MHZ□2-16 气爪当 $L=30\text{mm}$，$p=0.4\text{MPa}$ 时的允许外伸量为13mm，大于实际外伸量10mm，故选型合理。

3）手指上外力的确认：MHZ□2 系列的最大允许垂直负载及力矩见下表及图8。

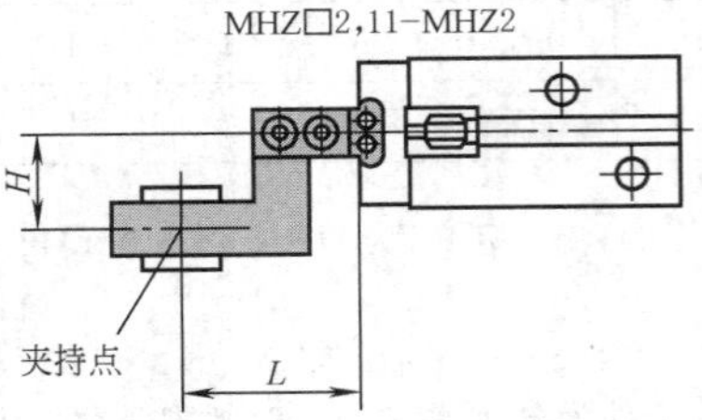


图4　气爪夹持重物例

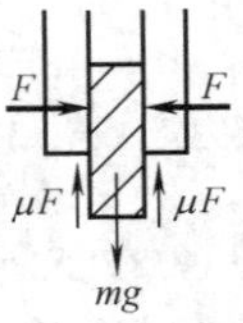


图5　夹持力计算用图

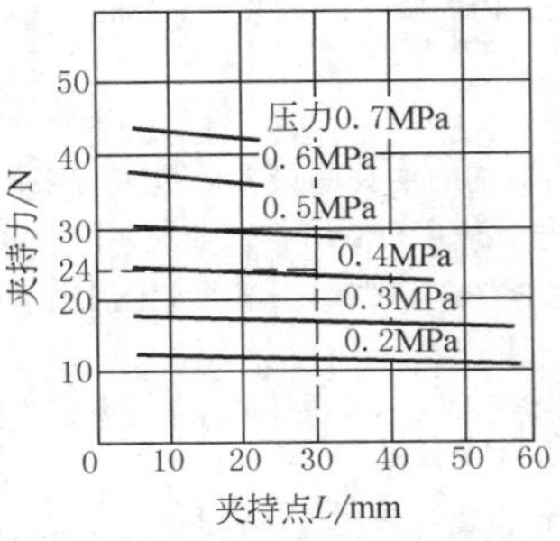


图6　MHZ□2-16 外径夹持

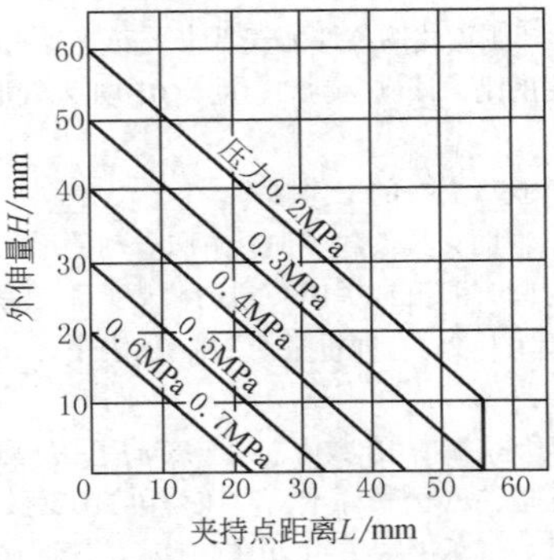


图7　MHZ□2-16 的允许外伸量

**MHZ□2 系列的最大允许垂直负载及力矩**

| 型　　号 | 允许垂直负载 $F_V$/N | 最大允许力矩/N·m | | |
|---|---|---|---|---|
| | | 弯曲力矩 $M_p$ | 偏转力矩 $M_y$ | 回转力矩 $M_r$ |
| MHZ□2-6 | 10 | 0.04 | 0.04 | 0.08 |
| MHZ□2-10 | 58 | 0.26 | 0.26 | 0.53 |
| MHZ□2-16 | 98 | 0.68 | 0.68 | 1.36 |
| MHZ□2-20 | 147 | 1.32 | 1.32 | 2.65 |
| MHZ□2-25 | 255 | 1.94 | 1.94 | 3.88 |
| MHZ□2-32 | 343 | 3.00 | 3.00 | 6.00 |
| MHZ□2-40 | 490 | 4.50 | 4.50 | 9.00 |

从上表可知，MHZ□2-16 的允许垂直负载为 98N，最大允许弯曲力矩及偏转力矩均为 0.68N·m，最大允许回转力矩为 1.36N·m，本例仅存在弯曲力矩 $M_p = mgL = (0.1 \times 9.8 \times 0.03)\text{N}\cdot\text{m} = 0.0294\text{N}\cdot\text{m}$，远小于最大允许弯曲力矩，故选型合格。

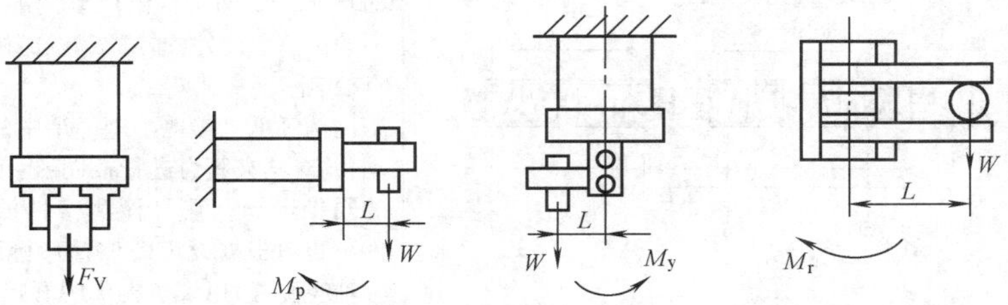

(a) 垂直负载　(b) 弯曲力矩　(c) 偏转力矩　(d) 回转力矩

图 8　垂直负载及各种力矩的示意图

## 4.5　气爪选择时应注意事项

① 增加额外的夹头重量，将会增加运动质量，增高了动能，在夹头运动到终点位置时，会损坏气爪。

② 夹头安装在气爪时，应使用定位销。

③ 夹头的重复精度为±0.02mm，气爪的复位精度为 0.2mm。

④ 气爪不应在侵蚀性介质、焊接火花、研磨粉尘的场合下使用。不要在未节流的情况下操作气爪。

⑤ 要注意工件的运动方向，尤其在加速度情况下。

⑥ 在抓取工件时，还应考虑其周围的空间（见图 23-4-1），气爪的张开角度不能影响相邻的工件。

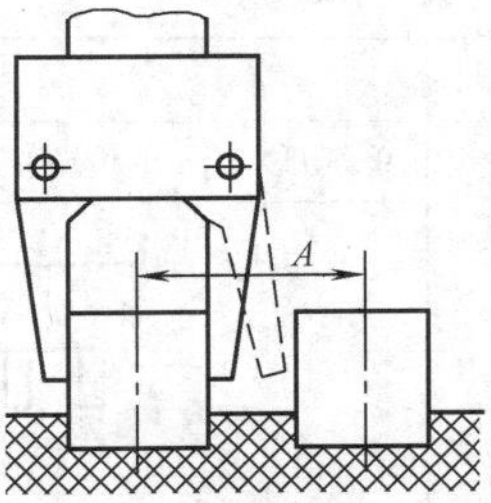

图 23-4-1

## 4.6　比例气爪

表 23-4-81　**比例气爪的结构及原理**

<table>
<tr><th>项目</th><th>简　　图</th><th>说　　明</th></tr>
<tr><td>结构</td><td>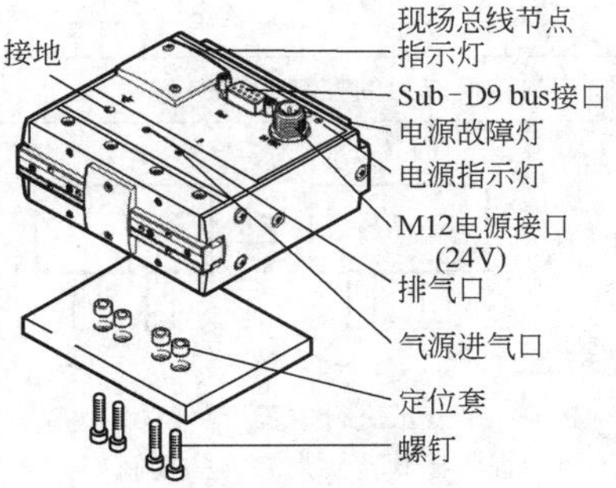

(a) 平板连接
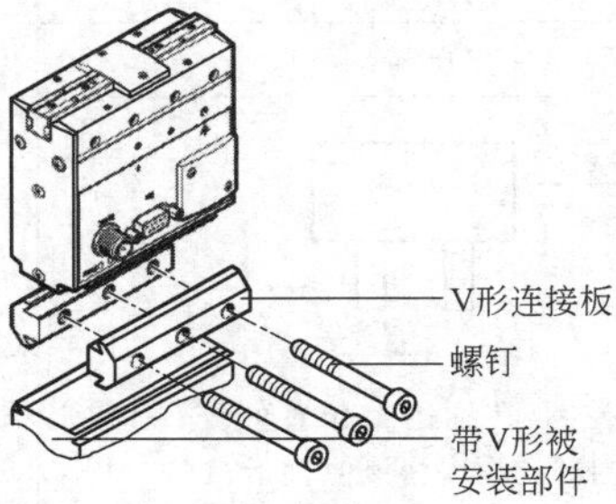

(b) V形槽连接</td><td>比例气爪由一个 M12 接口的电源(24V)及指示灯、一个 Sub-D9 的 Profibus-DP 接口及现场总线节点指示灯、一个气源接口(6 bar)及排气口、一个接地接口等组成。其内部由一个带两个活塞的驱动器，两个带滚动轴承导轨的气爪、六个二位三通压电阀、压力传感器、电源控制电路板、过程控制电路板、通信硬件、位置检测印刷电路板等组成</td></tr>
</table>

续表

| 项目 | 简　　图 | 说　　明 |
|---|---|---|
| 原理 | 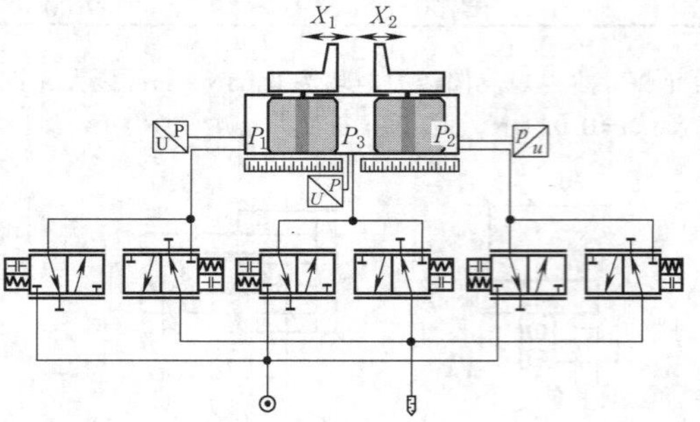 | 比例气爪的驱动是由气缸驱动器来实现的;气缸缸体内安装了左右两个独立的活塞,每个活塞都与外部的气爪相连,因此每个活塞的运动则表示单个气爪的移动。应用三组(六个 3/2)压电阀对高灵敏度的比例气爪进行控制,该压电阀实质上是一个无泄漏、动态性能较佳的伺服比例阀。一组连接到气缸气腔的左端,另一组连接到气缸气腔的右端,第三组连接到左右两个活塞中间的气缸。三个腔室内的压力均由三个压力传感器来监测及控制,三组压电阀控制各腔室内的压力,通过调节活塞(气爪)两端气缸腔室内的压力,则实现气爪夹紧力的调节。此外,通过安装位置传感器,对气爪位置进行控制<br>比例气爪可实现两个气爪中的任意一个气爪单独运动,并对其夹紧力进行控制;也可实现两个气爪自对中的同步运动。它可检测工件的位置(感触后夹紧工件),也可根据设定的位置自行调节(夹头打开时的中心轴线位置)以及对夹头的开口度进行调整控制,还可对夹紧力进行逐步增加、减少,直至为零的控制<br>比例气爪有 1 个气源接口、1 个 24V 的供电接口以及 1 个用于 Profibus-DP 的控制信号接口,比例气爪把整个控制及通信软件集成在其内部 |

**表 23-4-82　　比例气爪的功能及技术参数**

| 项目 | 说　　明 | |
|---|---|---|
| 功能 | 单气爪/二气爪位置控制 | 单气爪/二气爪力控制 |
| | 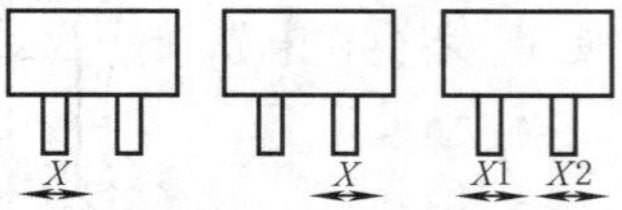单个气爪/二个气爪同时向设定的位置移动 | 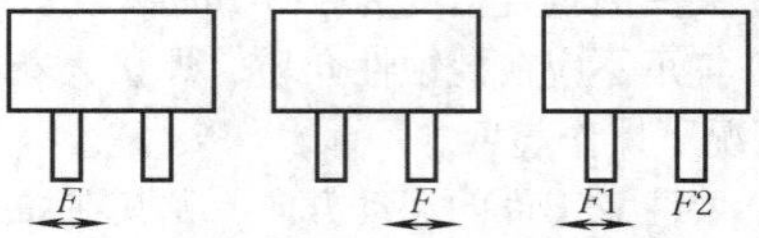单个气爪/二个气爪同时作夹紧力控制 |
| | 位置转换成力的控制($X$-$F'$) | 力的控制转换成位置控制($F$-$X'$) |
| | 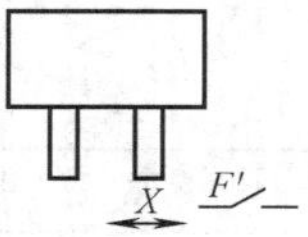对其中一个气爪进行定位,在定位过程中,当气爪夹头作用力达到规定数值时,其内部的控制程序将该值置于设定的"1"的力开关状态 | 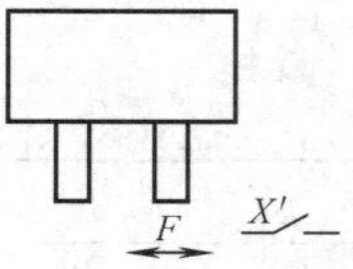对其中一个气爪的夹紧力 $F$ 进行控制,如气爪夹紧力达到规定数值时,其内部的控制程序将该值置于设定的"1"的位置开关状态 |
| | 位置控制前/后的力的控制($F1$-$X'$-$F2$) | 位置控制转换成力的控制($X$-$X'$-$F$) |
| | 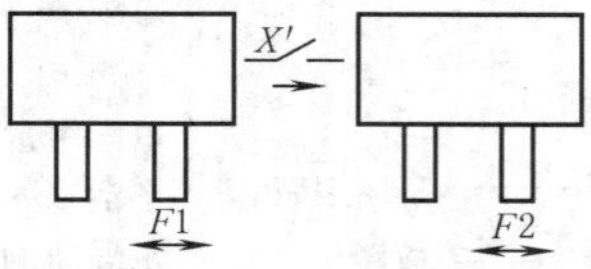当对某一气爪进行夹紧力控制,在到达 $X'$ 位置前,$F1$ 有效。到达 $X'$ 位置后,$F2$ 有效。其内部的程序将该值置于"1"的力开关状态 | 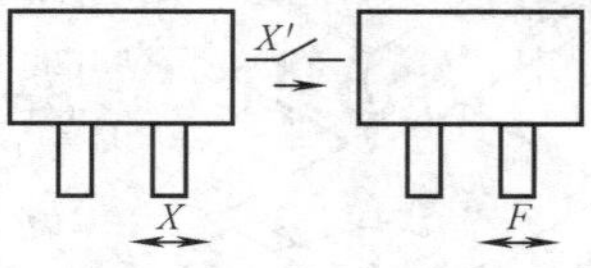对其中一个气爪进行位置控制,在到达 $X'$ 位置时,内部的控制程序将其转换为 $F$ 力的控制 |

续表

<table>
<tr><th>项目</th><th colspan="2">说　明</th></tr>
<tr><td rowspan="13">功<br>能</td><td>位置定位转换成力的控制($X$-$F'$-$F$)</td><td>力的控制转换成位置定位($F$-$X'$-$X$)</td></tr>
<tr><td>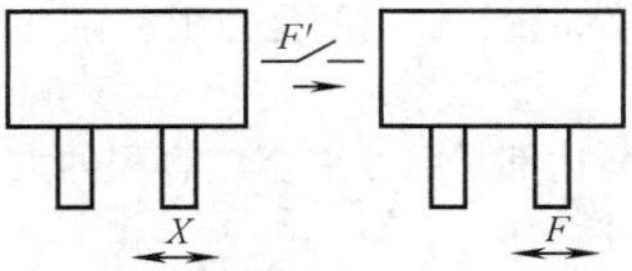

对其中一个气爪进行位置定位控制时,当气爪夹紧力达到规定数值,其内部的控制程序将该值置于“1”的力 $F'$ 开关状态,然后再转化为力的控制模式,并开始对力 $F$ 的控制</td><td>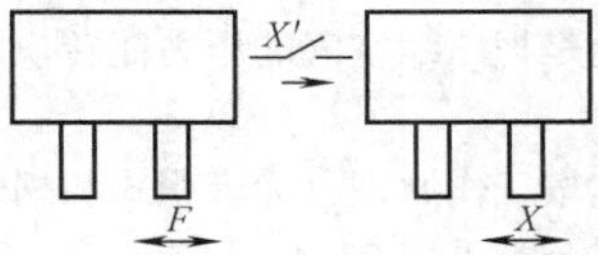

对其中一个气爪进行力控制,在夹紧力控制过程中,达到规定的位置 $X'$ 时,其内部的控制程序将该值置于“1”的位置开关状态,然后再转化为位置控制模式,并开始向设定的位置 $X$ 移动</td></tr>
<tr><td>气爪位置可自由移动的力控制</td><td>校正夹紧中心线后夹紧($X_M$-$F$)</td></tr>
<tr><td>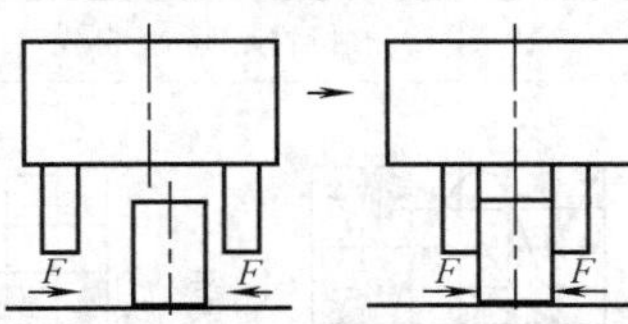

气爪以设定的力 $F$ 的夹紧,夹紧力可进行控制。气爪位置可自由移动</td><td>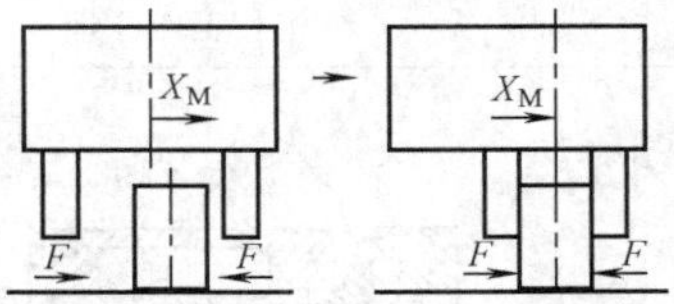

气爪在校正了夹紧中心线 $X_M$ 位置前提下,以设定的夹紧力进行夹紧</td></tr>
<tr><td>校正气爪开口度和夹紧中心线后夹紧($X/X_{开口度}$-$X_M$-$X_M/F$)</td><td>夹紧后移动夹紧中心位置($F$-$S$-$X_M$)</td></tr>
<tr><td>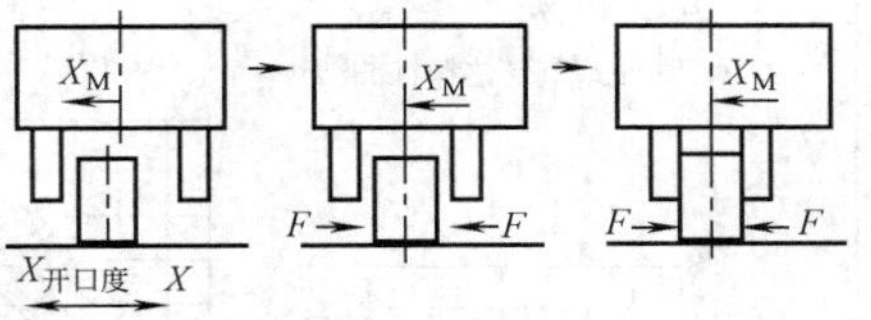

首先对气爪进行位置控制(气爪的 $X_{开口度}$ 及夹紧中心线 $X_M$),使其符合设定要求,初步定位完成后,即转化为以校正夹紧中心线 $X_M$ 为前提的夹紧力控制,并再次校正中心位置 $X_M$</td><td>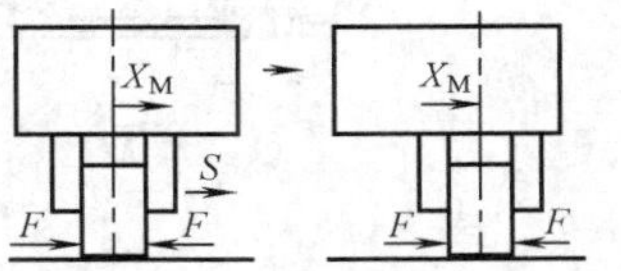

气爪在校正了夹紧力 $F$ 的情况下,移动到设定的夹紧中心位置 $X_M$,移动时有一个速度指标 $S$,将规定气爪进行移动的速度</td></tr>
<tr><td>校正夹紧中心线后转化为开口度控制($X_M$－$F$＝0－$X_{开口度}$)</td><td>夹紧中心线和开口度定位</td></tr>
<tr><td>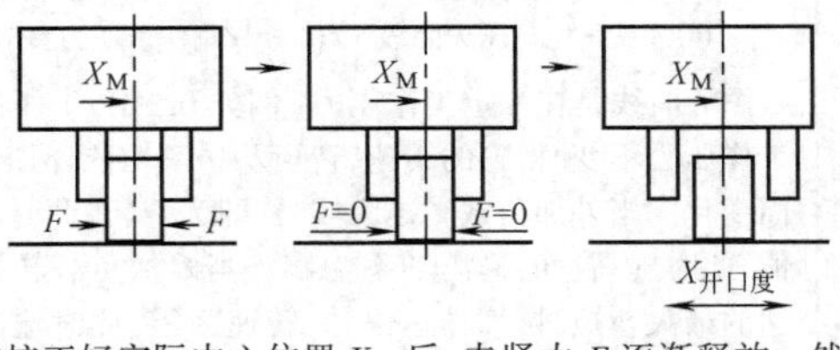

在校正好实际中心位置 $X_M$ 后,夹紧力 $F$ 逐渐释放。然后控制装置转化为对开口度的定位控制</td><td>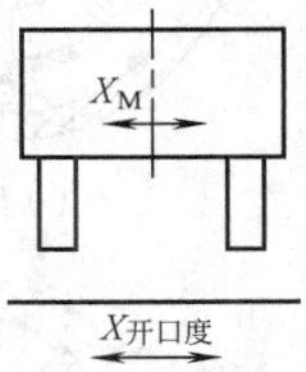

气爪夹头按照设定的夹紧中心线和开口度移动定位</td></tr>
<tr><td colspan="2">压紧(黏合)应用</td></tr>
<tr><td colspan="2">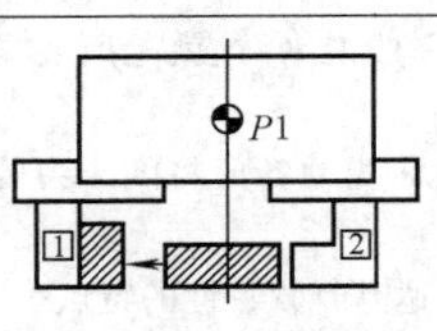

对两个部件进行黏合,气爪夹头 2 将其中一个部件压向另一个部件,压力可调,最大可达 50N。气爪 1 停滞不动。两个部件完成黏合</td></tr>
<tr><td>技术参数</td><td colspan="2">比例气爪单个夹头的夹紧力为 5～50N,单个气爪的行程为 10mm,定位精度为±0.1mm,重量为 600g</td></tr>
</table>

# 5 气　马　达

气马达是把压缩空气的压力能转换成机械能的又一能量转换装置，输出的是力矩和转速，驱动机构实现旋转运动。

气马达按工作原理分为容积式和蜗轮式两大类。容积式气马达都是靠改变空气容积的大小和位置来工作的，按结构型式分类见表 23-4-83。

## 5.1　气马达的结构、原理和特性

**表 23-4-83**

| 名称 | 结构和工作原理 | 特性和特性曲线 |
|---|---|---|
| 叶片式气马达 | 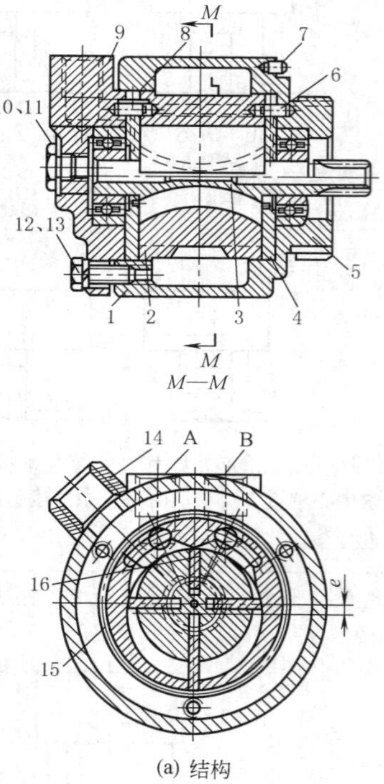<br>(a) 结构<br>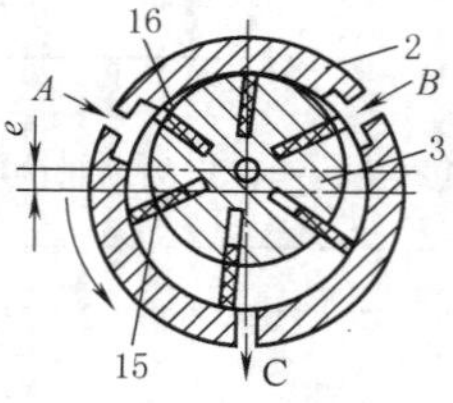<br>(b) 工作原理<br>1—机体；2—定子；3—转子；<br>4，8—前、后密封圈；5—轴承；<br>6，7—圆柱销；9—机盖；<br>10～13—螺塞；<br>14—排气管；15、16—叶片 | 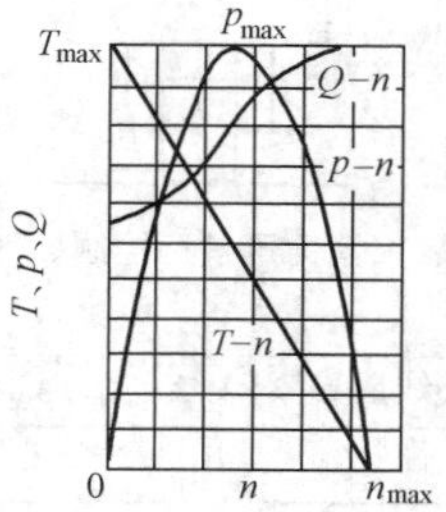<br>(c) 叶片式气马达特性曲线<br>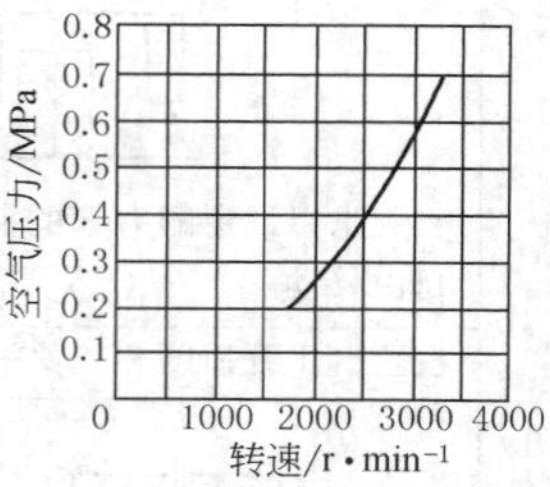<br>(d) 转速-空气压力曲线<br>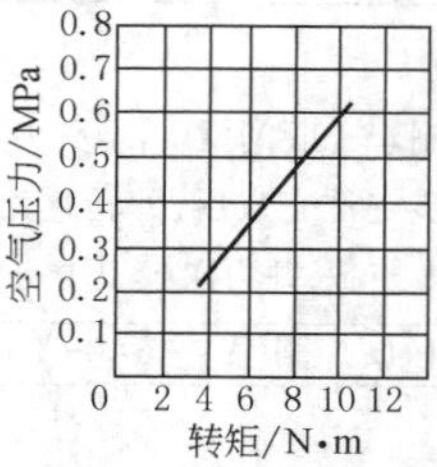<br>(e) 转矩-空气压力曲线<br>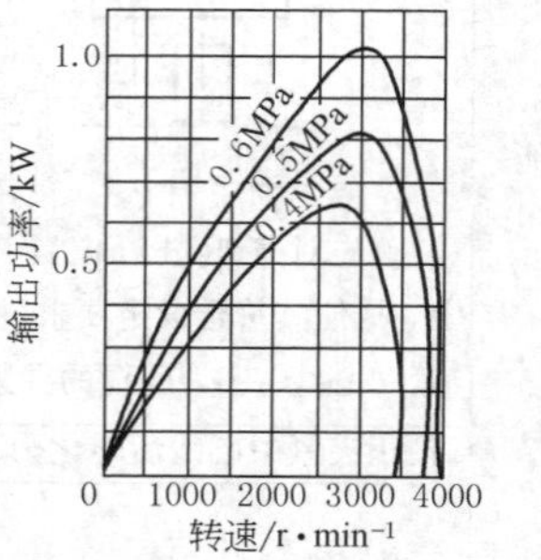<br>(f) 功率与空气压力、转速关系曲线<br>图 c 曲线是在一定工作压力（例如 0.5MPa）下作出的。在工作压力不变时，它的转速、转矩及功率均依外加负载的变化而变化。当外加负载转矩为零时，即为空转，此时转速达最大值，此时气马达的输出功率为零。当外加负载转矩等于气马达的最大转矩时，气马达停转，转速为零，此时输出功率也为零。当外加负载转矩约等于气马达最大转矩的一半 $\left(\frac{1}{2}T_{max}\right)$ 时，其转速为最大转速的一半 $\left(\frac{1}{2}n_{max}\right)$。此时气马达输出功率达最大值。一般说来，这就是所要求的气马达额定功率<br>在工作压力变化时，特性曲线的各值将随压力的变化而有较大的变化<br>由以上可知，叶片式气马达具有软特性的特点<br>（1）转速与空气压力的关系　单纯就转速而言，气马达的转速只跟空气流量直接发生关系，但是流量-压力之间有着有机的联系，尤其对可压缩性的空气而言，气马达的转速可以转化 |

续表

| 名称 | 结构和工作原理 | 特性和特性曲线 |
|---|---|---|
| 叶片式气马达 | (1)结构　叶片式气马达主要由定子 2、转子 3、叶片 15 及 16 等零件组成。定子上有进、排气用的配气槽孔，转子上铣有长槽，槽内装有叶片。定子两端有密封盖，密封盖上有弧槽与两个进排气孔 A、B 及各叶片底部相通转子与定子偏心安装，偏心距为 $e$。这样由转子的外表面定子的内表面、叶片及两端密封盖就形成了若干个密封工作空间<br>(2)工作原理　叶片式气马达与叶片式液压马达的原理相似。压缩空气由 A 孔输入时，分成两路：一路经定子两端密封盖的弧形槽进入叶片底部，将叶片推出，叶片就是靠此气压推力及转子转动时的离心力的综合作用而较紧密地抵在定子内壁上。压缩空气另一路经 A 孔进入相应的密封工作空间，在叶片 15 和 16 上，产生相反方向的转矩，但由于叶片 15 伸出长，作用面积大，产生的转矩大于叶片 16 产生的转矩，因此转子在两叶片上产生的转矩差作用下按逆时针方向旋转。做功后的气体由定子的孔 C 排出，剩余残气经孔 B 排出，若改变压缩空气输入方向，即改变转子的转向 | 为跟空气压力的关系，其关系曲线如图 d 所示。当空气压力降低时，转速也降低，可用下式进行概算<br>$$n=n_x\sqrt{\frac{p}{p_x}}\quad(\mathrm{r/min})$$<br>式中　$n$——实际供给空气压力下的转速，r/min<br>$n_x$——设计空气压力下的转速，r/min<br>$p$——实际供给的气源压力，MPa<br>$p_x$——设计供给的空气压力，MPa<br>(2)转矩与空气压力的关系　气马达的转矩，大体上是随空气压力的升降成比例的升降。可用下式进行概算<br>$$T=T_x\frac{p}{p_x}\quad(\mathrm{N\cdot m})$$<br>式中　$T$——实际供给空气压力下的转矩，N·m<br>$T_x$——标准空气压力下的转矩，N·m<br>$p$——实际供给的空气压力，MPa<br>$p_x$——设计规定的标准空气压力，MPa<br>转矩与空气压力的关系曲线如图 e 所示<br>(3)功率与空气压力的关系　从上述分析中，可以求出气马达的功率<br>$$N=\frac{T_n}{9.54}\quad(\mathrm{W})$$<br>式中　$T_n$——转矩，N·m<br>$n$——转速，r/min<br>由于空气压力的变化，转矩、转速的变动而导致功率的变化如图 f 所示。气马达的效率<br>$$\eta=\frac{N_{实}}{N_{理}}\times100\%$$<br>式中　$N_{实}$——输出的有效功率，即实际输出功率，W<br>$N_{理}$——理论输出功率，W |
| 活塞式气马达 | 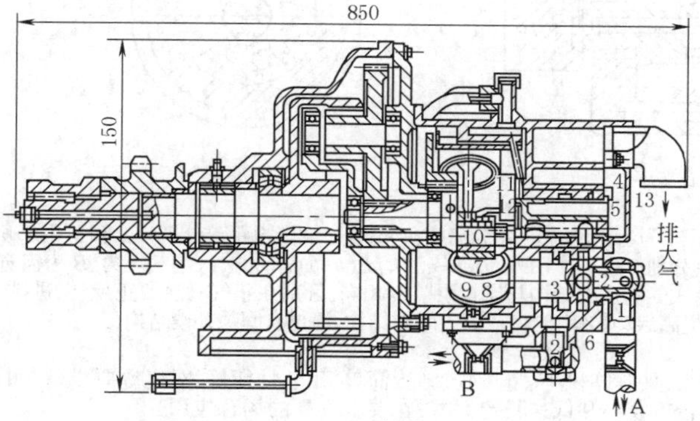<br><br>(g) 结构 | 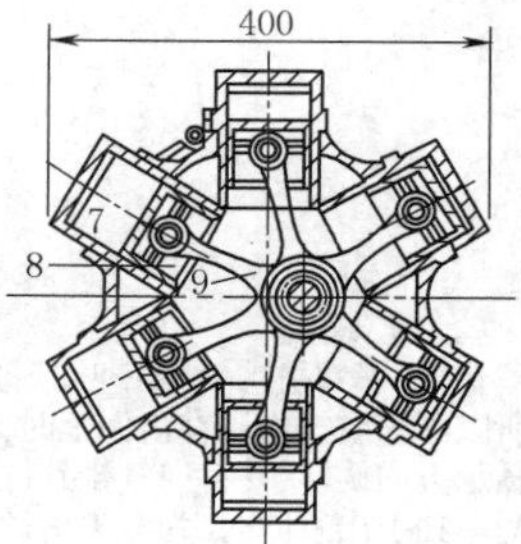<br><br>1—气管接头；2—空心螺栓；3—进、排气阻塞；4—配气阀套；5—配气阀；6—壳体；7—气缸；8—活塞；9—连杆；10—曲轴；11—平衡铁；12—连接盘；13—排气孔盖 |

续表

**活塞式气马达**

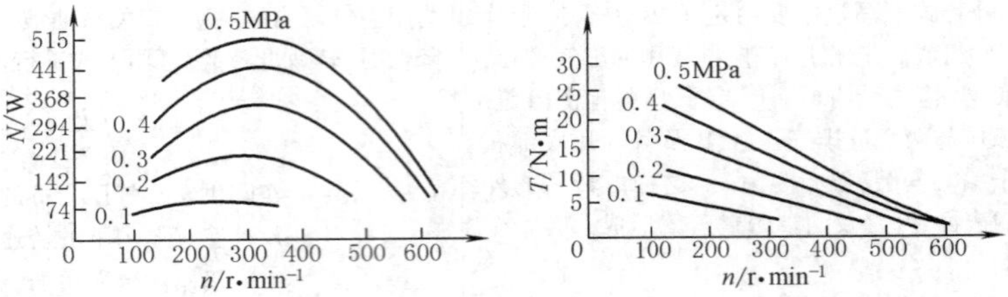


*N-n* 功率曲线　　*T-n* 转矩曲线

(h) 活塞式气马达特性曲线

(1)结构和工作原理

活塞式气马达是依靠作用于气缸底部的气压推动气缸动作来实现气马达功能的。活塞式气马达一般有4~6个气缸，为达到力的平衡，气缸数目大多数为双数。气缸可配置在径向和轴向位置上，构成径向活塞式气马达和轴向活塞式气马达两种。图g是六缸径向活塞带连杆式气马达结构原理。六个气缸均匀分布在气马达壳体的圆周上，六个连杆同装在曲轴的一个曲拐上。压缩空气顺序推动各活塞，从而带动曲轴连续旋转。但是这种气缸无论如何设计都存在一定量的力矩输出脉动和速度输出脉动

如果使气马达输出轴按顺时针方向旋转时，压缩空气自*A*端经气管接头1、空心螺栓2、进排气阻塞3、配气阀套4的第一排气孔进入配气阀5，经壳体6上的进气斜孔进入气缸7，推动活塞8运动，通过连杆带动曲柄10旋转。此时，相对应的活塞作非工作行程或处于非工作行程末端位置，准备做功。缸内废气经壳体的斜孔回到配气阀，经配气阀套的第二排孔进入壳体，经空心螺栓及进气管接头，由B端排至操纵阀的排气孔而进入大气

平衡铁11固定在曲轴上，与连接盘12衔接，带动气阀转动，这样曲轴与配气阀同步旋转，使压缩空气进入不同的气缸内顺序推动各活塞工作

气马达反转时，压缩空气从B端进入壳体，与上述的通气路线相反。废气自A端排至操纵阀的排气孔而进入大气中

配气阀转到某一角度时，配气阀的排气口被关闭，缸内还未排净的废气由配气阀的通孔经排气孔盖13，再经排气弯头而直接排到大气中

输出前必须减速，这样在结构上的安排是使气马达曲轴带动齿轮，经两级减速后带动气马达输出轴旋转，进行工作

(2)工作特性

活塞式气马达的特性如图h所示。最大输出功率即额定功率，在功率输出最大的工况下，气马达的输出转矩为额定输出转矩，速度为额定转速

活塞式气马达主要用于低速、大转矩的场合。其启动转矩和功率都比较大，但是结构复杂、成本高、价格贵

活塞式气马达一般转速为250~1500r/min，功率为0.1~50kW

**齿轮式气马达**

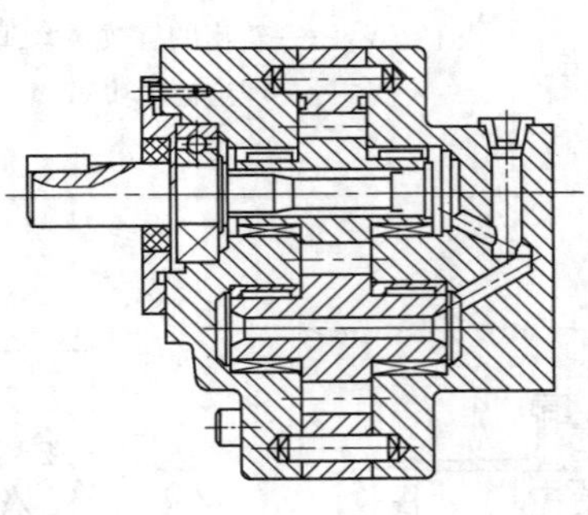

(i) 结构

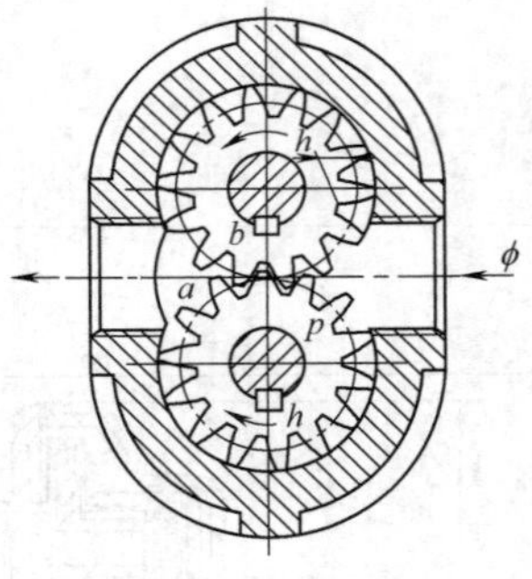


(j) 原理

(1)工作原理

齿轮式气马达结构原理如图i和图j所示，$p$为齿轮啮合点，$h$为齿高，啮合点$p$到齿根距离分别为$a$和$b$，由于$a$和$b$都小于$h$，所以压缩空气作用在齿面上时，两齿轮上就分别产生了作用力$pB(h-a)$和$pB(h-b)$（$p$为输入空气压力，$B$为齿宽），使两齿轮按图示方向旋转，并将空气排到低压腔。齿轮式气马达的结构与齿轮泵基本相同，区别在于气马达要正反转，进排气口相同，内泄漏单独引出。同时，为减少启动静摩擦力，提高启动转矩，常做成固定间隙结构，但也有间隙补偿结构

(2)特点

齿轮式气马达与其他类型的气马达相比，具有体积小、重量轻、结构简单、工艺性能好、对气源要求低、耐冲击惯性小等优点。但转矩脉动较大，效率较低，启动转矩较小和低速稳定性差，在要求不高的场合应用

如果采用直齿轮，则供给的压缩空气通过齿轮时不膨胀，因此效率低。当采用人字齿轮或斜齿轮时，压缩空气膨胀60%~70%，为提高效率，要使压缩空气在气马达体内充分膨胀，气马达的容积就要大

小型气马达能达到10000r/min左右，大型气马达能达到1000r/min左右。功率能达到几十千瓦。断流率小的气马达的空气消耗量每千瓦为40~45$m^3$/min左右

直齿轮气马达大都可以正反转动，采用人字齿轮的气马达则不能反转

## 5.2 气马达的特点

表 23-4-84

| 特　点 | 说　明 |
|---|---|
| 可以无级调速 | 只要控制进气阀或排气阀的开闭程序，控制压缩空气流量，就能调节气马达的输出功率和转速 |
| 可实现瞬时换向 | 操纵气阀改变进排气方向，即能实现气马达输出轴的正反转，且可瞬时换向，几乎可瞬时升到全速，如叶片式气马达可在1.5转的时间内升到全速；活塞式气马达可以在不到1s的时间内升至全速。这是气马达的突出优点。由于气马达的转动部分的惯性矩只相当于同功率输出电机的几十分之一，且空气本身重量轻、惯性小，因此，即使回转中负载急剧增加，也不会对各部分产生太大的作用力，能安全地停下来。在正反转换向时，冲击也很小 |
| 工作安全 | 在易燃、高温、振动、潮湿、粉尘等不利条件下均能正常工作 |
| 有过载保护作用 | 不会因过载而发生故障。过载时气马达只会降低转速或停车，当过载解除后即能重新正常运转，并不产生故障 |
| 具有较高的启动转矩 | 可带负载启动。启动、停止迅速 |
| 功率范围及转速范围较宽 | 功率小到几百瓦，大到几万瓦；转速可以从0~25000r/min或更高 |
| 长时间满载连续运转，温升较小 | |
| 操纵方便、维修简便 | 一般使用0.4~0.8MPa的低压空气，所以使用输气管要求较低，价格低廉 |

## 5.3 气马达的选择与使用

表 23-4-85

| | | |
|---|---|---|
| 选择 | 选择气马达的根本依据是负载情况。在变负载场合主要考虑的因素是转速的范围，以及满足工作情况所需的力矩。对于均衡负载情况下，工作速度是最主要的因素<br>叶片式气马达经常使用于变速、小转矩的场合，而活塞式气马达常用于低速、大转矩的场合，它在低速运转时，具有较好的速度控制及较少的空气消耗量<br>最终选择哪一种气马达，需根据负载特性与气马达特性的匹配情况来确定。在实际应用中，齿轮式气马达应用较少，主要是用叶片式和活塞式气马达 | |
| 性能比较 | 下表是叶片式与活塞式气马达的性能比较，供选用气马达时参考 | |
| | 叶　片　式 | 活　塞　式 |
| | 转速高，可达3000~25000r/min | 转速比叶片式低 |
| | 单位质量所产生的功率大 | 单位质量所产生的功率小 |
| | 在相同功率条件下，叶片式比活塞式重量轻 | 重量较大 |
| | 启动转矩比活塞式小 | 启动低速性能好，能在低速及其他任何速度下拖动负载，尤其适合要求低速与启动转矩大的场合 |
| | 在低速工作时，耗气量比活塞式大 | 低速工作时，能较好地控制速度，耗气量较小 |
| | 无配气机构和曲柄机构，结构简单，外形尺寸小 | 有配气机构和曲柄机构，结构复杂，制造工艺较困难，外形尺寸大 |
| | 由于无曲柄连杆机构，旋转部分能均衡运转，因而工作比较稳定 | 旋转部分均衡运转比叶片式差，但工作稳定性能满足使用要求，并能安全工作 |
| | 检修维护要求比活塞式要高 | 检修维护要求较低 |

续表

| | |
|---|---|
| 使用 | 从气马达的特性可见，气马达的工作适用性能很强，可应用于要求安全、无级变速、启动频繁，经常换向、高温、潮湿、易燃、易爆、负载启动、不便人工操纵及有过载的场合<br>当要求多种速度运转，瞬时启动和制动，或可能经常发生失速和过负荷的情况时，采用气马达要比别的类似设备价格便宜，维护简便 |
| 润滑 | 润滑是气马达正常工作不可缺少的一环，气马达得到正常良好的润滑后，可在两次检修期间至少实际运转 2500~3000r/min。一般进入气马达的压缩空气中含油量为 80~100 滴/min，润滑油为 20 或 30 号机油<br>润滑方式是在气马达操纵阀前安装油雾器，并按期补油，以便雾状油混入压缩空气后再进入气马达中，从而得到不间断的良好润滑 |

# 6　气动执行组件产品介绍

## 6.1　小型圆形气缸（$\phi$8~25mm）

### 6.1.1　ISO 6432 标准气缸（$\phi$8~25mm）连接界面的标准尺寸

ISO 6432 标准的气缸是指该气缸（$\phi$8~25mm）关于连接界面的尺寸标准化，有些尺寸必须规定一致，如关于气缸活塞杆头部的螺纹，需与外部驱动件相连，该尺寸 *KK*、*AM* 必须规定一致（nom），包括公差 <tol>。而有些尺寸只作限制（如 max、min），如气缸外形尺寸 *E* 或气缸外径 *D* 尺寸作了最大不能超过 max 这一类限定。规定一致的连接尺寸有许多，有些是气缸本体上基础尺寸，有些涉及与外部过渡连接尺寸（外部机架、外部连接件相配合）。气缸本体上基础尺寸有：*KK*、*AM*、*EE*、*W*、*EW*、*XC*、*CD*、*BE*、*WF*、*XS*、*NH*。与外部过渡连接尺寸有：*TF*、*FB*、*TR*、*AB*。符合 ISO 6432 标准的气缸必须使其尺寸符合上述的规定和限定。

理论参考点是指以气缸活塞杆螺纹终点作为参考点，如 *XC* 是指气缸活塞杆螺纹终点至气缸后耳环连接内孔中心线间尺寸，*W* 是指气缸活塞杆螺纹终点至前法兰前平面间尺寸，*WF* 是指气缸活塞杆螺纹终点至气缸前端盖正平面间尺寸，*XS* 是指气缸活塞杆螺纹终点至前端脚架两个安装孔中心线之间的尺寸。

**表 23-4-86**　　mm

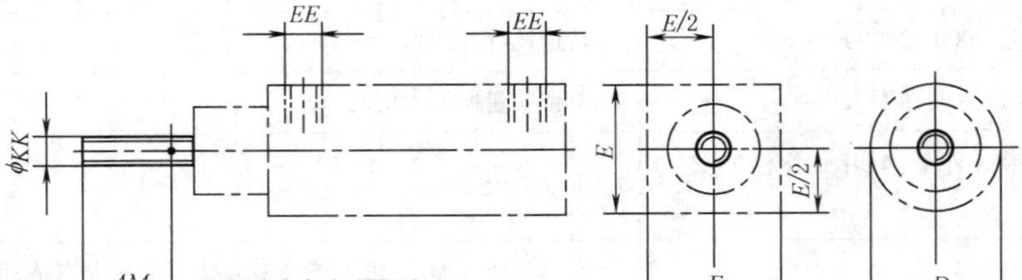


| $\phi$ | *AM* | | *KK* | *EE* | | *E* | *D* |
|---|---|---|---|---|---|---|---|
| | nom | tol | | mm | in | max | max |
| 8 | 12 | | M4×0.7 | M5×0.8 | | 18 | 20 |
| 10 | 12 | | M4×0.7 | M5×0.8 | | 20 | 22 |
| 12 | 16 | 0 | M6×1 | M5×0.8 | | 24 | 26 |
| 16 | 16 | −2 | M6×1 | M5×0.8 | | 24 | 27 |
| 20 | 20 | | M8×1.25 | | G⅛ | 34 | 40 |
| 25 | 22 | | M10×1.25 | | G⅛ | 34 | 40 |

续表

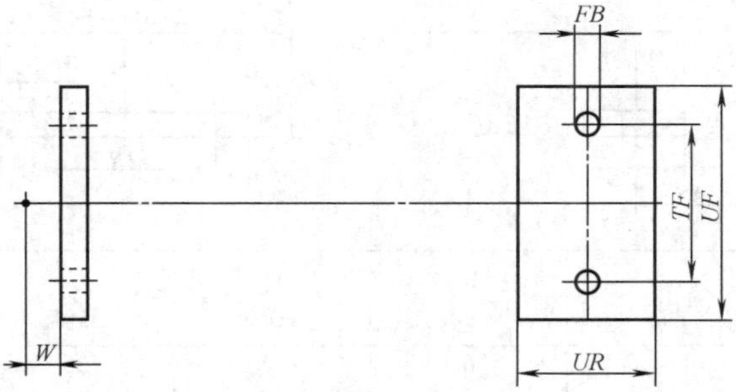


| $\phi$ | *W*<br>±1.4 | *FB*<br>H13 | *TF*<br>Js14 | *UF*<br>max | *UR*<br>max |
|---|---|---|---|---|---|
| 8 | 13 | 4.5 | 30 | 45 | 25 |
| 10 | 13 | 4.5 | 30 | 53 | 30 |
| 12 | 18 | 5.5 | 40 | 55 | 30 |
| 16 | 18 | 5.5 | 40 | 55 | 30 |
| 20 | 19 | 6.6 | 50 | 70 | 40 |
| 25 | 23 | 6.6 | 50 | 70 | 40 |

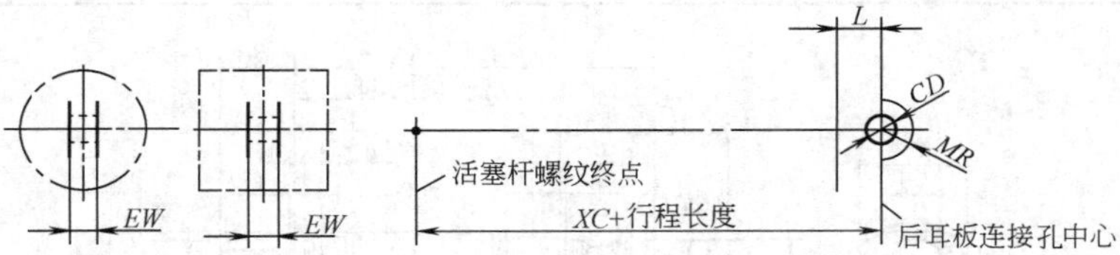


| $\phi$ | *EW*<br>d13 | *XC*<br>±1 | *L*<br>min | *CD*<br>H9 | *MR*<br>max |
|---|---|---|---|---|---|
| 8 | 8 | 64 | 6 | 4 | 18 |
| 10 | 8 | 64 | 6 | 4 | 18 |
| 12 | 12 | 75 | 9 | 6 | 22 |
| 16 | 12 | 82 | 9 | 6 | 22 |
| 20 | 16 | 95 | 12 | 8 | 25 |
| 25 | 16 | 104 | 12 | 8 | 25 |

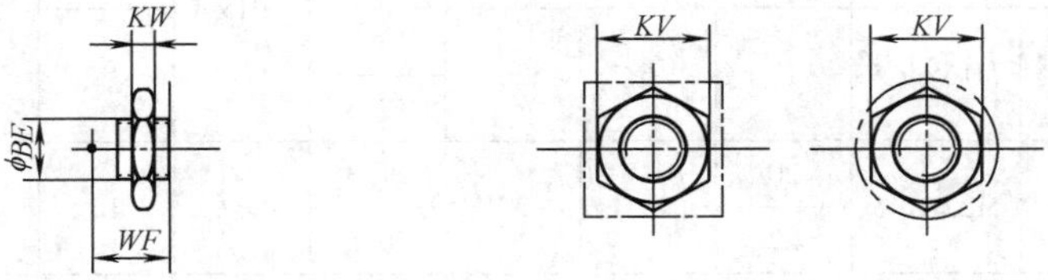


| $\phi$ | *BE* | *KW*<br>max | *KV*<br>max | *WF*<br>±1.2 |
|---|---|---|---|---|
| 8 | M12×1.25 | 7 | 19 | 16 |
| 10 | M12×1.25 | 7 | 19 | 16 |
| 12 | M16×1.5 | 8 | 24 | 22 |
| 16 | M16×1.5 | 8 | 24 | 22 |
| 20 | M22×1.5 | 11 | 32 | 24 |
| 25 | M22×1.5 | 11 | 32 | 28 |

续表

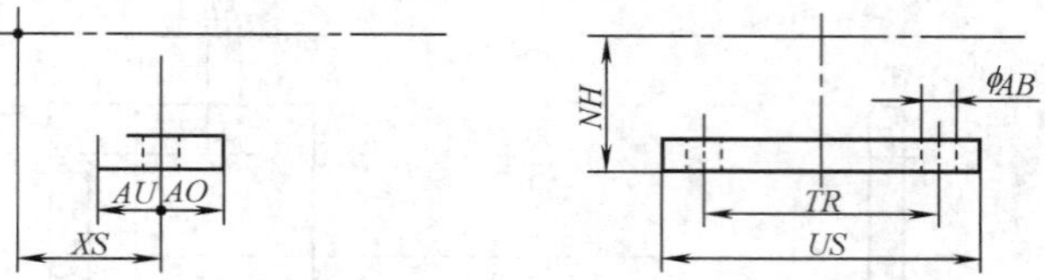


| φ | XS<br>±1.4 | AU<br>max | AO<br>max | NH<br>±0.3 | TR<br>Js14 | US<br>max | AB<br>H13 |
|---|---|---|---|---|---|---|---|
| 8 | 24 | 14 | 6 | 16 | 25 | 35 | 4.5 |
| 10 | 24 | 14 | 6 | 16 | 25 | 42 | 4.5 |
| 12 | 32 | 16 | 7 | 20 | 32 | 47 | 5.5 |
| 16 | 32 | 16 | 7 | 20 | 32 | 47 | 5.5 |
| 20 | 36 | 20 | 8 | 25 | 40 | 55 | 6.6 |
| 25 | 40 | 20 | 8 | 25 | 40 | 55 | 6.6 |

## 6.1.2 ISO 6432 标准小形圆形气缸

表 23-4-87 mm

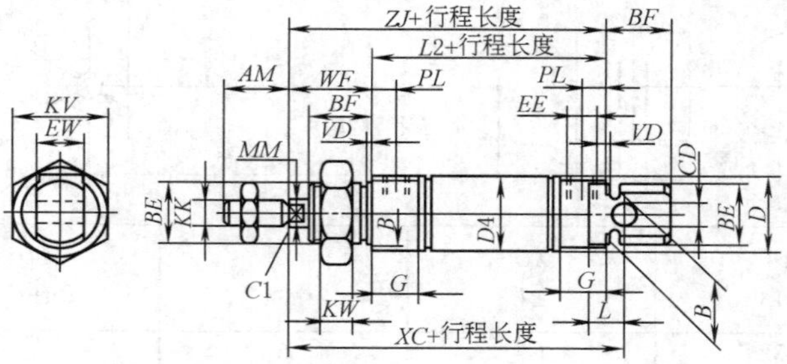


| φ | AM | B<br>φ<br>h9 | BE | BF | CD<br>φ | D<br>φ<br>E10 | D4<br>φ | EE | EW | G | KK | KV |
|---|---|---|---|---|---|---|---|---|---|---|---|---|
| 8 | 12 | 12 | M12×1.25 | 12 | 4 | 15 | 9.3 | M5 | 8 | 10 | M4 | 19 |
| 10 | | | | | | | 11.3 | | | | | |
| 12 | 16 | 16 | M16×1.5 | 17 | 6 | 20 | 13.3 | | 12 | | M6 | 24 |
| 16 | | | | | | | 17.3 | | | | | |
| 20 | 20 | 22 | M22×1.5 | 20 | 8 | 27 | 21.3 | G⅛ | 16 | 16 | M8 | 32 |
| 25 | 22 | | | 22 | | | 26.5 | | | | M10×1.25 | |

| φ | KW | L | L2 | MM<br>φ<br>f8 | PL | VD | WF | XC<br>±1 | ZJ | =C 1 |
|---|---|---|---|---|---|---|---|---|---|---|
| 8 | 6 | 6 | 46 | 4 | 6 | 2 | 16 | 64 | 62 | — |
| 10 | | | | | | | | | | |
| 12 | 8 | 9 | 50 | 6 | | | 22 | 75 | 72 | 5 |
| 16 | | | 56 | | | | | 82 | 78 | |
| 20 | 11 | 12 | 68 | 8 | 8.2 | | 24 | 95 | 92 | 7 |
| 25 | | | 69.5 | 10 | | | 28 | 104 | 97.2 | 9 |

续表

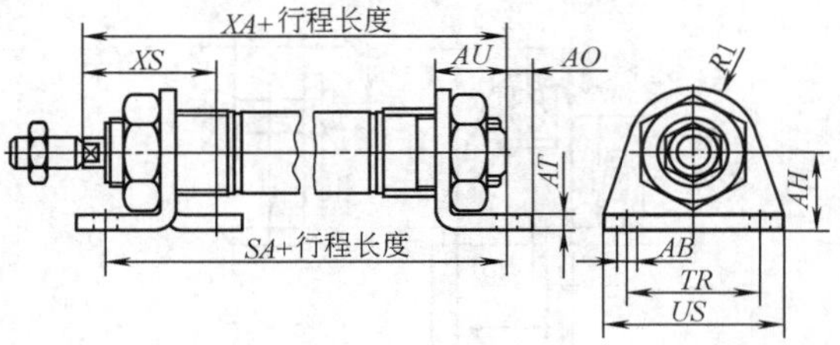


| ϕ | AB ϕ | AH | AO | AT | AU | R1 | SA | | TR | US | XA | | XS | |
|---|---|---|---|---|---|---|---|---|---|---|---|---|---|---|
| | | | | | | | | -KP | | | | -KP | | -KP |
| 8,10 | 4.5 | 16 | 5 | 3 | 11 | 10 | 68 | 97 | 25 | 35 | 73 | 102 | 24 | — |
| 12 | 5.5 | 20 | 6 | 4 | 14 | 13 | 78 | 116 | 32 | 42 | 86 | 124 | 32 | — |
| 16 | 5.5 | 20 | 6 | 4 | 14 | 13 | 84 | 122 | 32 | 42 | 92 | 130 | 32 | — |
| 20 | 6.6 | 25 | 8 | 5 | 17 | 20 | 102 | 149 | 40 | 54 | 109 | 156 | 36 | — |
| 25 | 6.6 | 25 | 8 | 5 | 17 | 20 | 103.5 | 151.5 | 40 | 54 | 114.5 | 162.5 | 40 | — |

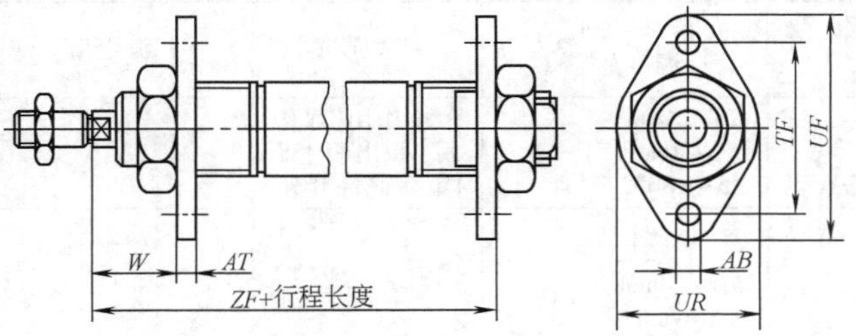


| ϕ | AB ϕ | AT | TF | UF | UR | W | ZF | |
|---|---|---|---|---|---|---|---|---|
| | | | | | | | | -KP |
| 8,10 | 4.5 | 3 | 30 | 40 | 25 | 13 | 65 | 94 |
| 12 | 5.5 | 4 | 40 | 53 | 30 | 18 | 76 | 114 |
| 16 | 5.5 | 4 | 40 | 53 | 30 | 18 | 82 | 120 |
| 20 | 6.6 | 5 | 50 | 66 | 40 | 19 | 97 | 144 |
| 25 | 6.6 | 5 | 50 | 66 | 40 | 23 | 102.5 | 150.5 |

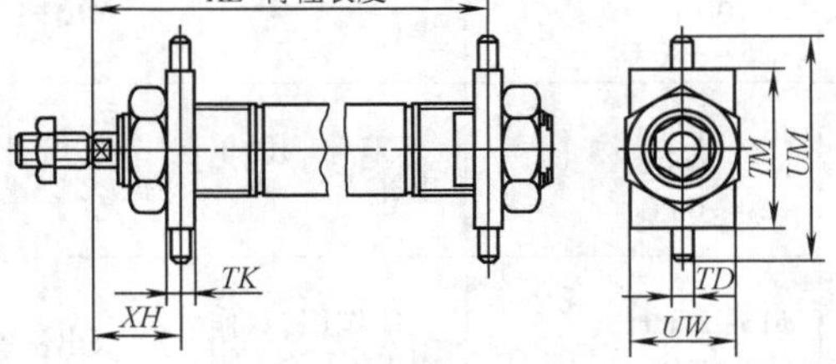


| ϕ | TD ϕ f8 | TK | TM | UM | UW | XH | XL | | 质量 /g | 代号 | 型号 |
|---|---|---|---|---|---|---|---|---|---|---|---|
| | | | | | | | | -KP | | | |
| 8,10 | 4 | 6 | 26 | 38 | 20 | 13 | 65 | 94 | 20 | 8608 | WBN-8/10 |
| 12 | 6 | 8 | 38 | 58 | 25 | 18 | 76 | 114 | 50 | 8609 | WBN-12/16 |
| 16 | 6 | 8 | 38 | 58 | 25 | 18 | 82 | 120 | 50 | 8609 | WBN-12/16 |
| 20 | 6 | 8 | 46 | 66 | 30 | 20 | 96 | 143 | 70 | 8610 | WBN-20/25 |
| 25 | 6 | 8 | 46 | 66 | 30 | 24 | 101.5 | 149.5 | 70 | 8610 | WBN-20/25 |

续表

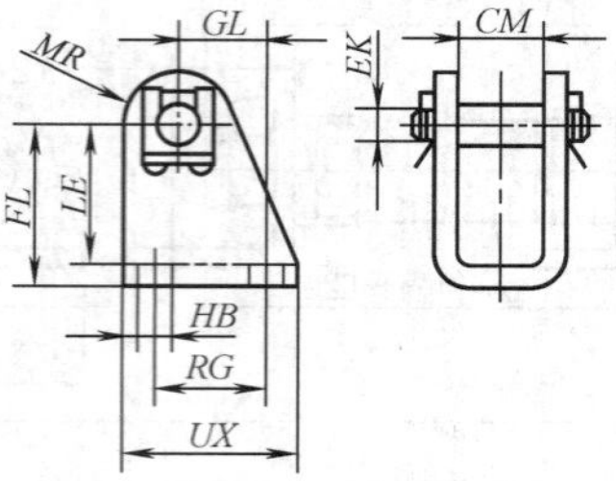


| 适用直径 $\phi$ | $CM$ | $EK$ $\phi$ | $FL$ | $GL$ | $HB$ | $LE$ | $MR$ | $RG$ | $UX$ |
|---|---|---|---|---|---|---|---|---|---|
| 8,10 | 8.1 | 4 | 24+0.3/−0.2 | 13.8 | 4.5 | 21.5 | 5 | 12.5 | 20 |
| 12,16 | 12.1 | 6 | 27+0.3/−0.2 | 13 | 5.5 | 24 | 7 | 15 | 25 |
| 20,25 | 16.1 | 8 | 30+0.4/−0.2 | 16 | 6.6 | 26 | 10 | 20 | 32 |

**表 23-4-88　　符合 ISO 6432 标准的国内外气动厂商名录**

| 厂　商 | | 型　号 | 缸径、压力、温度范围 | 基本形式 | 派生型 | 备注（单位:mm） |
|---|---|---|---|---|---|---|
| 国内厂商 | 亚德客 AIRTAC | MI（不锈钢） | $\phi$8~25mm<br>0.5~7bar<br>−5~+80℃ | 单作用、双作用、单出杆、带阀/带磁性开关 | | |
| | 亿日 EASUN | EMAL（铝合金）<br>EMA（不锈钢） | $\phi$16~40mm<br>0.5~9bar<br>−5~+70℃ | | | $XC$ 尺寸：<br>$\phi$16 为 91<br>$\phi$20 为 102<br>$\phi$16 为 88<br>$\phi$20 为 103<br>$\phi$25 为 107 |
| | 方大 Fangda | 10Y-1（不锈钢） | $\phi$8~25mm<br>1~10bar<br>−25~+80℃ | 单作用、双作用、单出杆、带阀/带磁性开关 | 后端盖为平端形 | $XC$ 尺寸：<br>$\phi$8 为 74<br>$\phi$10 为 74<br>$\phi$12 为 81、$\phi$16 为 89 |
| | | 10Y-2（铝合金） | $\phi$8~50mm<br>1~10bar<br>−25~+80℃ | 双作用单出杆、带阀/带磁性开关 | 后端盖为平端形 | $XC$ 尺寸：<br>$\phi$8 为 74<br>$\phi$10 为 74<br>$\phi$12 为 81、$\phi$16 为 89 |
| | 恒立 Hengli | QGX（不锈钢）<br>QGY（铝合金） | $\phi$16~25mm<br>1~10bar<br>−25~+80℃ | 双作用单出杆 | 双出杆 | $XC$ 尺寸：<br>$\phi$16 为 85<br>$\phi$20 为 101，$\phi$25 为 104.5 |
| | 华能 Huaneng | QGCX | $\phi$12~40mm<br>1.5~8bar<br>−5~+60℃ | 双作用单出杆 | 双出杆、行程可调、多位置、倍力 | $XC$ 尺寸：<br>$\phi$12 为 75<br>$\phi$16 为 82<br>$\phi$20 为 95 |
| | 佳尔灵 JELPC | MA（不锈钢） | $\phi$16~25mm<br>1~9bar | 单作用、双作用单出杆 | 双出杆、行程可调 | $XC$ 尺寸：<br>$\phi$16 为 85<br>$\phi$20 为 100<br>$\phi$25 为 102 |
| | | MAL（铝合金） | $\phi$16~25mm<br>1~9bar | 单作用、双作用单出杆 | 双出杆、行程可调 | $XC$ 尺寸：<br>$\phi$16 为 72<br>$\phi$20 为 94<br>$\phi$25 为 96 |
| | 天工 STNC | TGA（不锈钢） | $\phi$16~40mm<br>1~9bar<br>−5~+70℃ | 单作用、双作用单出杆 | 双出杆、行程可调 | $XC$ 尺寸：<br>$\phi$16 为 85<br>$\phi$20 为 100<br>$\phi$25 为 102 |
| | | TGM（铝合金） | $\phi$20~40mm<br>1~9bar | 单作用、双作用单出杆 | 双出杆、行程可调 | $XC$ 尺寸：<br>$\phi$20 为 94<br>$\phi$25 为 96 |

续表

| 厂商 | | 型号 | 缸径、压力、温度范围 | 基本形式 | 派生型 | 备注(单位:mm) |
|---|---|---|---|---|---|---|
| 国内厂商 | 新益 Xinyi | QC85 | $\phi$10～25mm<br>1～15bar<br>5～+80℃ | 单活塞出杆、双作用 | | |
| | 永坚 Yongjian | IQGx | $\phi$8～25mm<br>0.2～10bar<br>-10～+60℃ | 单活塞出杆、双作用 | | |
| 国外厂商 | Bosch Rexroth | OCT | $\phi$10～25mm<br>1.5～10bar<br>-20～+75℃ | 单作用、双作用 | 双出杆、中空双出杆、活塞杆抗旋转 | |
| | | OCT 带 SF1 | $\phi$25mm<br>0～10bar<br>0～+50℃ | 双作用 | 双出杆 | 带集成行程测量系统 SF1 |
| | Camozzi | 16、24 和 25 系列 | $\phi$8～25mm<br>双作用:1～10bar<br>单作用:2～10bar<br>0～+80℃ | 单作用、双作用、带/不带磁性开关 | 双出杆、活塞杆伸出、活塞杆缩进 | |
| | | 94 和 95 系列(不锈钢) | $\phi$12～25mm<br>1～10bar<br>0～+80℃ | 单作用、双作用、带/不带缓冲 | 双作用双出杆 | |
| | Festo | DSN/ESN | $\phi$8～25<br>1～10bar<br>-20～+80℃ | 单作用、双作用 | 双出杆(S2)、活塞杆带锁紧装置 | |
| | | DSNU/ESNU | $\phi$8～25mm<br>$\phi$8:1.5～10bar<br>$\phi$10～25:1～10bar-20～+80℃ | 单作用、双作用、带/不带位置感测 | 活塞杆加长外螺纹(K2),活塞杆缩短外螺纹(K6)、特殊螺纹(K5)抗扭转活塞杆、双出杆(S2)、耐高温(150℃)、活塞杆带夹紧单元(KP)、低摩擦、高耐腐蚀(R3)、加长活塞杆(K8)、双端加长活塞杆(K9) | |
| | Metal Work | ISO 6432 | $\phi$8～25mm<br>1～10bar<br>-10～+80℃ | 单作用、双作用、带/不带磁性开关 | 双出杆 | |
| | Norgren | RM/28000/M | $\phi$10～25mm<br>2～10bar<br>-10～+80℃ | 单作用 | 活塞杆加长 | |
| | | RM/8000/M | $\phi$10～25mm<br>1～10bar<br>-10～+80℃ | 双作用 | 双出杆、可调缓冲、活塞杆抗扭转、活塞杆带锁紧单元 | |
| | Parker | P1A | $\phi$10～25mm<br>1～10bar<br>-20～+80℃ | 单作用、双作用 | 双出杆、中空双出杆、活塞杆伸出、活塞杆缩回、高温(120℃)、低温(-40℃) | |
| | Pneumax | 1200 | $\phi$8～50mm<br>1～10bar<br>-5～+70℃ | 单作用、双作用、带/不带磁性开关 | 活塞杆伸出、活塞杆缩进、不锈钢活塞杆、活塞杆抗旋转、活塞杆锁紧 | 仅 $\phi$8～25 符合 ISO 6432 标准 |
| | SMC | C85 | $\phi$10～25mm<br>1～15bar<br>5～+80℃ | 单活塞出杆、单作用、双作用 | 活塞杆抗旋转 | |

注：以上公司均以开头字母顺序排列。

第 23 篇

## 6.1.3 非 ISO 标准小型圆形气缸

**表 23-4-89** mm

类型

双作用型

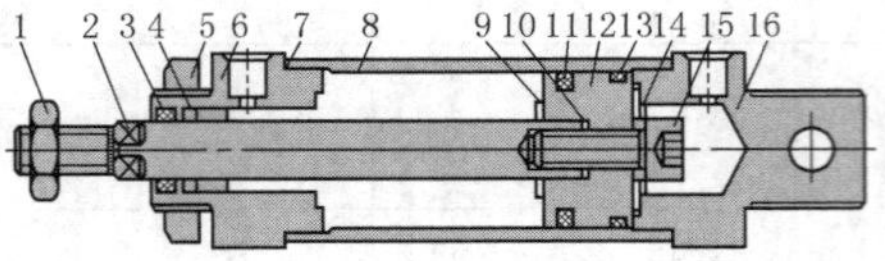


单作用活塞杆缩回型

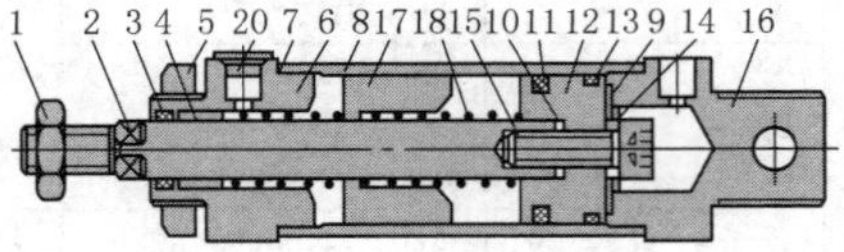


单作用活塞杆伸出型

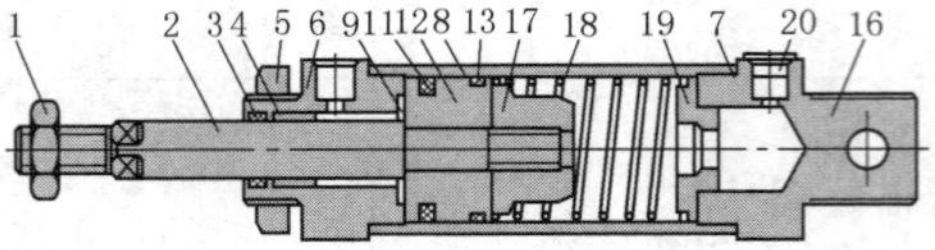


1—螺母；2，10—活塞杆；3—前盖密封圈；4—含油轴承；5—前盖螺母；6—前盖；7—管壁；8—铝管；9—防撞垫片；11，12—活塞；13—耐磨环；14—后垫圈；15—内六角螺栓；16—后盖；17—弹簧连接座；18—弹簧；19—弹簧座；20—消音片

双作用型尺寸

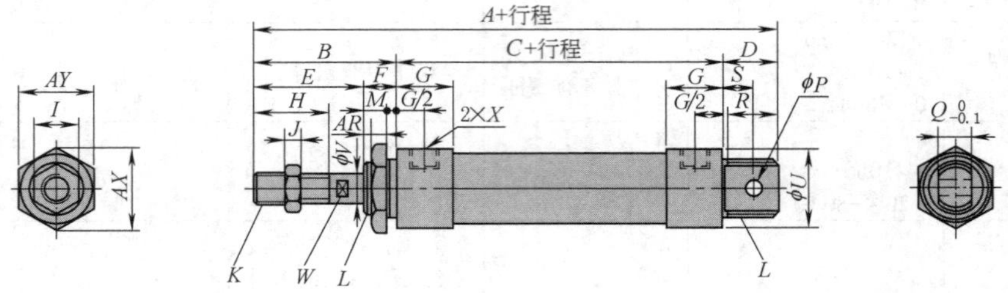


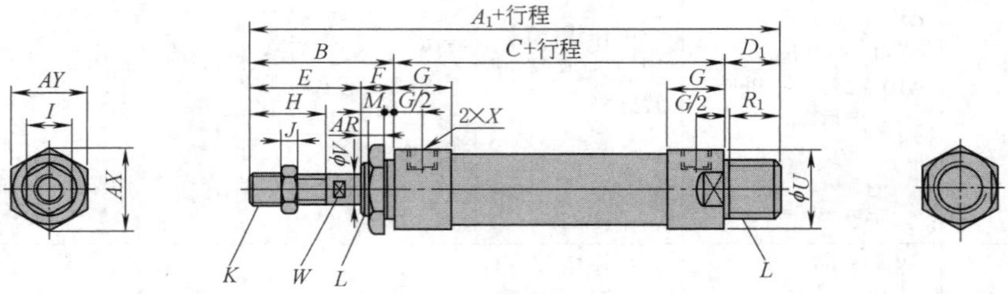


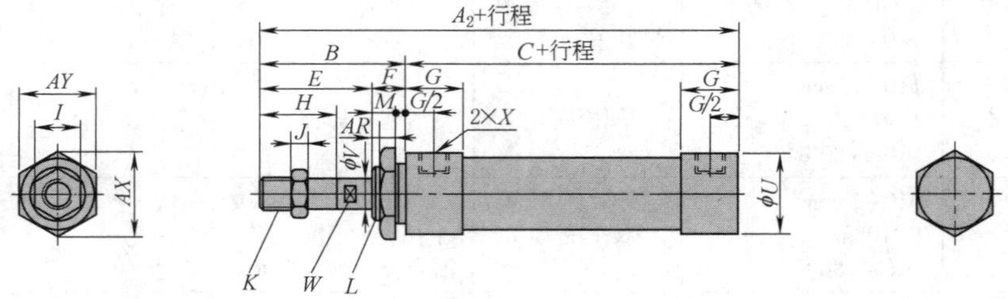


| 内径 | $A$ | $A_1$ | $A_2$ | $B$ | $C$ | $D$ | $D_1$ | $E$ | $F$ | $G$ | $H$ | $I$ | $J$ | $K$ |
|---|---|---|---|---|---|---|---|---|---|---|---|---|---|---|
| 20 | 131 | 122 | 110 | 40 | 70 | 21 | 12 | 28 | 12 | 16 | 20 | 12 | 6 | M8×1.25 |
| 25 | 135 | 128 | 114 | 44 | 70 | 21 | 14 | 30 | 14 | 16 | 22 | 17 | 6 | M10×1.25 |
| 32 | 141 | 128 | 114 | 44 | 70 | 27 | 14 | 30 | 14 | 16 | 22 | 17 | 6 | M10×1.25 |
| 40 | 165 | 152 | 138 | 46 | 92 | 27 | 14 | 32 | 14 | 22 | 24 | 17 | 7 | M12×1.25 |

| 内径 | $L$ | $M$ | $P$ | $Q$ | $R$ | $R_1$ | $S$ | $U$ | $V$ | $W$ | $X$ | $AR$ | $AX$ | $AY$ |
|---|---|---|---|---|---|---|---|---|---|---|---|---|---|---|
| 20 | M22×1.5 | 10 | 8 | 16 | 19 | 10 | 12 | 29 | 8 | 6 | PT1/8 | 7 | 33 | 29 |
| 25 | M22×1.5 | 12 | 8 | 16 | 19 | 12 | 12 | 34 | 10 | 8 | PT1/8 | 7 | 33 | 29 |
| 32 | M24×2.0 | 12 | 10 | 16 | 25 | 12 | 15 | 39.5 | 12 | 10 | PT1/8 | 8 | 37 | 32 |
| 40 | M30×2.0 | 12 | 12 | 20 | 25 | 12 | 15 | 49.5 | 16 | 14 | PT1/4 | 9 | 47 | 41 |

续表

单作用活塞杆缩回型尺寸

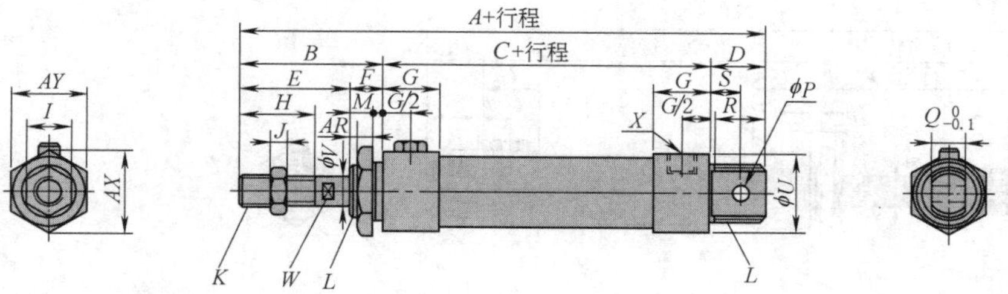


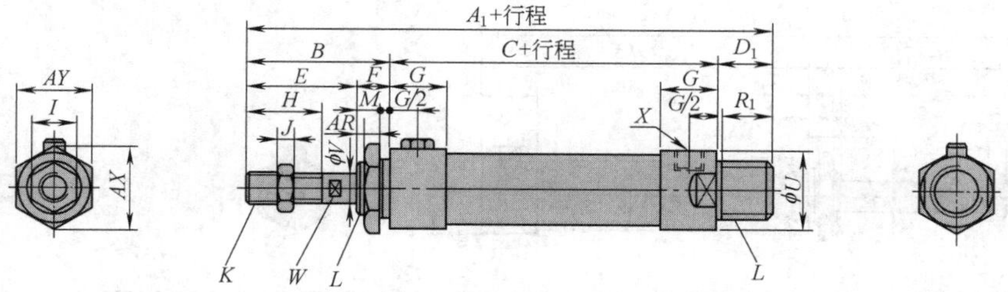


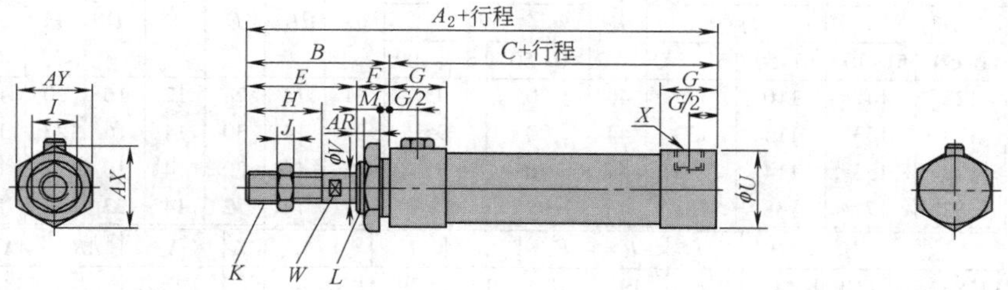


| 内径 | A 行程 0~50 | A 行程 51~100 | $A_1$ 行程 0~50 | $A_1$ 行程 51~100 | $A_2$ 行程 0~50 | $A_2$ 行程 51~100 | B | C 行程 0~50 | C 行程 51~100 | D | $D_1$ | E | F | G | H | I | J |
|---|---|---|---|---|---|---|---|---|---|---|---|---|---|---|---|---|---|
| 20 | 131 | 156 | 122 | 147 | 110 | 135 | 40 | 70 | 95 | 21 | 12 | 28 | 12 | 16 | 20 | 12 | 6 |
| 25 | 135 | 160 | 128 | 153 | 114 | 139 | 44 | 70 | 95 | 21 | 14 | 30 | 14 | 16 | 22 | 17 | 6 |
| 32 | 141 | 166 | 128 | 153 | 114 | 139 | 44 | 70 | 95 | 27 | 14 | 30 | 14 | 16 | 22 | 17 | 6 |
| 40 | 165 | 190 | 152 | 177 | 138 | 163 | 46 | 92 | 117 | 27 | 14 | 32 | 14 | 22 | 24 | 17 | 7 |

| 内径 | K | L | M | P | Q | R | $R_1$ | S | U | V | W | X | AR | AX | AY |
|---|---|---|---|---|---|---|---|---|---|---|---|---|---|---|---|
| 20 | M8×1.25 | M22×1.5 | 10 | 8 | 16 | 19 | 10 | 12 | 29 | 8 | 6 | PT1/8 | 7 | 33 | 29 |
| 25 | M10×1.25 | M22×1.5 | 12 | 8 | 16 | 19 | 12 | 12 | 34 | 10 | 8 | PT1/8 | 7 | 33 | 29 |
| 32 | M10×1.25 | M24×2.0 | 12 | 10 | 16 | 25 | 12 | 15 | 39.5 | 12 | 10 | PT1/8 | 8 | 37 | 32 |
| 40 | M12×1.25 | M30×2.0 | 12 | 12 | 20 | 25 | 12 | 15 | 49.5 | 16 | 14 | PT1/4 | 9 | 47 | 41 |

单作用活塞杆伸出型尺寸

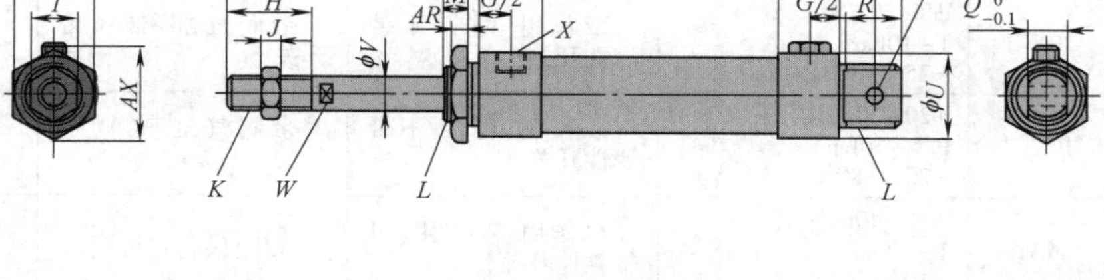

续表

单作用活塞杆伸出型尺寸

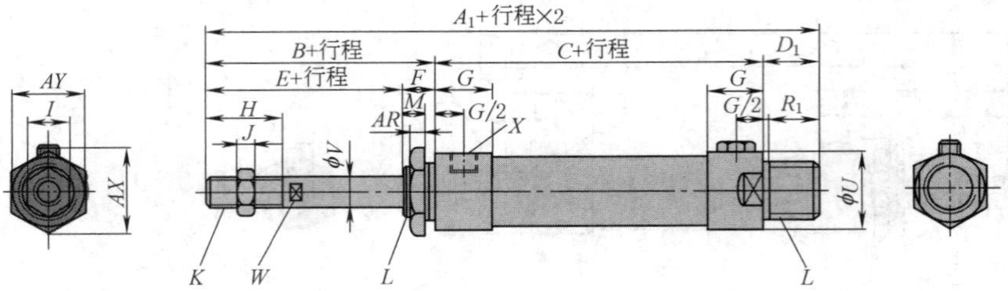


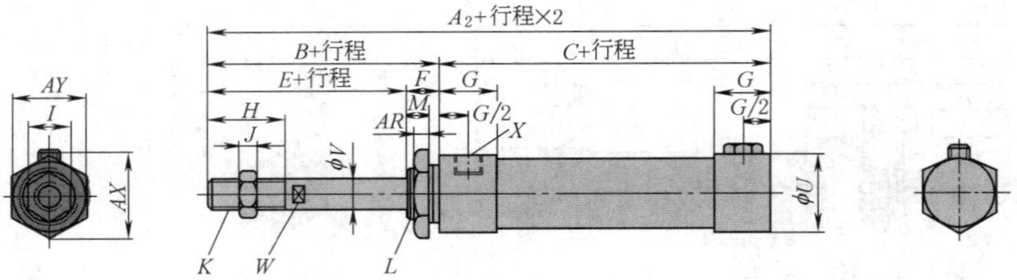


| 内径 | A 行程 0~50 | A 行程 51~100 | $A_1$ 行程 0~50 | $A_1$ 行程 51~100 | $A_2$ 行程 0~50 | $A_2$ 行程 51~100 | B | C 行程 0~50 | C 行程 51~100 | D | $D_1$ | E | F | G | H | I | J |
|---|---|---|---|---|---|---|---|---|---|---|---|---|---|---|---|---|---|
| 20 | 131 | 156 | 122 | 147 | 110 | 135 | 40 | 70 | 95 | 21 | 12 | 28 | 12 | 16 | 20 | 12 | 6 |
| 25 | 135 | 160 | 128 | 153 | 114 | 139 | 44 | 70 | 95 | 21 | 14 | 30 | 14 | 16 | 22 | 17 | 6 |
| 32 | 141 | 166 | 128 | 153 | 114 | 139 | 44 | 70 | 95 | 27 | 14 | 30 | 14 | 16 | 22 | 17 | 6 |
| 40 | 165 | 190 | 152 | 177 | 138 | 163 | 46 | 92 | 117 | 27 | 14 | 32 | 14 | 22 | 24 | 17 | 7 |

| 内径 | K | L | M | P | Q | R | $R_1$ | S | U | V | W | X | AR | AX | AY |
|---|---|---|---|---|---|---|---|---|---|---|---|---|---|---|---|
| 20 | M8×1.25 | M22×1.5 | 10 | 8 | 16 | 19 | 10 | 12 | 29 | 8 | 6 | PT1/8 | 7 | 33 | 29 |
| 25 | M10×1.25 | M22×1.5 | 12 | 8 | 16 | 19 | 12 | 12 | 34 | 10 | 8 | PT1/8 | 7 | 33 | 29 |
| 32 | M10×1.25 | M24×2.0 | 12 | 10 | 16 | 25 | 12 | 15 | 39.5 | 12 | 10 | PT1/8 | 8 | 37 | 32 |
| 40 | M12×1.25 | M30×2.0 | 12 | 12 | 20 | 25 | 12 | 15 | 49.5 | 16 | 14 | PT1/4 | 9 | 47 | 41 |

国内生产非ISO标准小型圆形气缸的厂商名录见表23-4-90。

**表 23-4-90**

| 厂商 | 型号 | 缸径、压力、温度范围 | 基本形式 | 派生型 | 备　注 |
|---|---|---|---|---|---|
| 亚德客 Airtac | MAL | φ20~40mm<br>双作用:1~9bar<br>单作用:2~9bar<br>-5~+70℃ | 单作用、双作用、可带/不带磁性开关 | 双出杆、双出杆带可调缓冲 | |
| | MA | φ16~63mm<br>双作用:1~9bar<br>单作用:2~9bar<br>-5~+70℃ | 单作用、双作用 | 双出杆、双出杆带可调缓冲 | |
| 亿日 Easun | EMAL | φ20~40mm<br>0.5~9bar<br>0~+70℃ | 双作用、可带/不带磁性开关 | | |
| 方大 Fangda | 10Y-1 | φ8~50mm<br>1~10bar<br>-25~+80℃ | 双作用、可带/不带磁性开关 | 带阀气缸、带阀带开关 | |
| | 10Y-2 | φ20~40mm<br>0.5~10bar<br>-25~+80℃ | 双作用、可带/不带磁性开关 | 带阀气缸、带阀带开关 | |
| 盛达 SDPC | MAL | φ16~40mm<br>1~10bar<br>-10~+70℃ | 单作用、双作用、可带磁性开关 | 双出杆、行程可调 | |

续表

| 厂商 | 型号 | 缸径、压力、温度范围 | 基本形式 | 派生型 | 备注 |
|---|---|---|---|---|---|
| 法斯特 Fast | QGX | $\phi$10~25mm<br>2~6.3bar<br>-25~+80℃ | 单出杆、无缓冲 | | |
| | QM | $\phi$20~40mm<br>2~8bar<br>-20~+60℃ | 带/不带磁性开关 | 带防护套 | |
| 恒立 Hengli | QGY | $\phi$16~63mm<br>双作用:1~8bar<br>单作用:2~8bar<br>-5~+80℃ | 单作用、双作用、可带/不带磁性开关 | 双出杆、带可调缓冲、带锁紧装置、带导向装置 | 按理论参考点至后耳环销孔中心 *XC* 尺寸：$\phi$32 为 128.5，$\phi$40 为 132.5。*B* 尺寸：$\phi$32 为 48，$\phi$40 为 56 |
| 佳尔灵 Jiaerling | MA | $\phi$20~40mm | 单作用、双作用、可带/不带磁性开关 | 双出杆、行程可调 | |
| 天工 STNC | TGM | $\phi$20~40mm<br>1~9bar<br>-5~+70℃ | 单作用、双作用、可带/不带磁性开关 | 双出杆、行程可调 | |
| 新益 Xinyi | QMAL | $\phi$20~40mm<br>1~10bar<br>-10~+60℃ | 单作用、双作用、可带/不带磁性开关 | 双出杆 | |

注：以上公司均以开头字母顺序排列。

## 6.2 紧凑型气缸

### 6.2.1 ISO 21287 标准紧凑型气缸（$\phi$20~100mm）连接界面尺寸

ISO 21287 紧凑型气缸（$\phi$20~100mm）是指该气缸关于连接界面的尺寸标准化，有些尺寸必须规定一致，如关于气缸活塞杆头部的螺纹，需与外部驱动件相连，该尺寸 *KK*、*A* 必须规定一致（nom），包括公差（tol）。而有些尺寸只作限制（如 max、min），如气缸外形尺寸 *E* 作了最大不能超过 max 这一类限定。规定一致的连接尺寸有许多，有些是气缸本体上基础尺寸：*KK*、*A*、*WH*、*ZA*、*ZB*、*KF*、*TG*、*RT*、*XD*、*ZB*、*ZF*、*XA*。与外部过渡连接尺寸有：*EW*、*FL*、*CD*、*TF*、*FB*、*AU*、*AB*、*TR*、*SA* 等。符合 ISO 21287 标准的气缸必须使其尺寸符合上述的规定和限定。

ISO 21287 紧凑型气缸是在 ISO 15552 标准普通气缸之后诞生的，与 ISO 15552 标准气缸有相近关系，主要表现在 *TG* 尺寸，*TG* 尺寸是一个重要尺寸，是气缸与外部连接最主要、应用最广的连接尺寸（与前法兰、后法兰、后耳环、角架等）。ISO 21287 紧凑型气缸对 *TG* 尺寸的标准制定上，仅对 $\phi$20、$\phi$25 规格作了规定，而 $\phi$32、$\phi$40、$\phi$50、$\phi$63、$\phi$80、$\phi$100 规格的 *TG* 连接尺寸参照 ISO 15552 的规定执行。

**表 23-4-91** mm

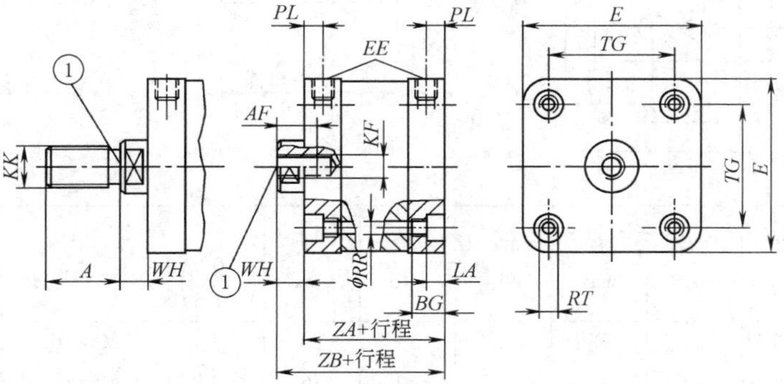

续表

| 缸径 | AF | A | WH | | ZA | | ZB[①] | | KF | KK | EE[②] | BG | RR | TG | | E | RT | LA | PL |
|---|---|---|---|---|---|---|---|---|---|---|---|---|---|---|---|---|---|---|---|
| | min | $\left(\begin{smallmatrix}0\\-0.5\end{smallmatrix}\right)$ | nom | tol | nom | tol | nom | tol | | | | min | min | nom | tol | max | | max | min |
| 20 | 10 | 16 | 6 | ±1.4 | 37 | ±0.5 | 43 | ±1.4 | M6 | M8×1.25 | M5 | 15 | 4.1 | 22 | ±0.4 | 38 | M5 | 5 | 5 |
| 25 | 10 | 16 | 6 | ±1.4 | 39 | ±0.5 | 45 | ±1.4 | M6 | M8×1.25 | M5 | 15 | 4.1 | 26 | ±0.4 | 41 | M5 | 5 | 5 |
| 32 | 12 | 19 | 7 | ±1.6 | 44 | ±0.5 | 51 | ±1.6 | M8 | M10×1.25 | G1/8 | 16 | 5.1 | 32.5 | ±0.5 | 50 | M6 | 5 | 7.5 |
| 40 | 12 | 19 | 7 | ±1.6 | 45 | ±0.7 | 52 | ±1.6 | M8 | M10×1.25 | G1/8 | 16 | 5.1 | 38 | ±0.5 | 58 | M6 | 5 | 7.5 |
| 50 | 16 | 22 | 8 | ±1.6 | 45 | ±0.7 | 53 | ±1.6 | M10 | M12×1.25 | G1/8 | 16 | 6.4 | 46.5 | ±0.6 | 70 | M8 | 5 | 7.5 |
| 63 | 16 | 22 | 8 | ±1.6 | 49 | ±0.8 | 57 | ±1.6 | M10 | M12×1.25 | G1/8 | 16 | 6.4 | 56.5 | ±0.7 | 80 | M8 | 5 | 7.5 |
| 80 | 20 | 28 | 10 | ±2.0 | 54 | ±0.8 | 64 | ±2.0 | M12 | M16×1.5 | G1/8 | 17 | 8.4 | 72 | ±0.7 | 96 | M10 | 5 | 7.5 |
| 100 | 20 | 28 | 10 | ±2.0 | 67 | ±1.0 | 77 | ±2.0 | M12 | M16×1.5 | G1/8 | 17 | 8.4 | 89 | ±0.7 | 116 | M10 | 5 | 7.5 |

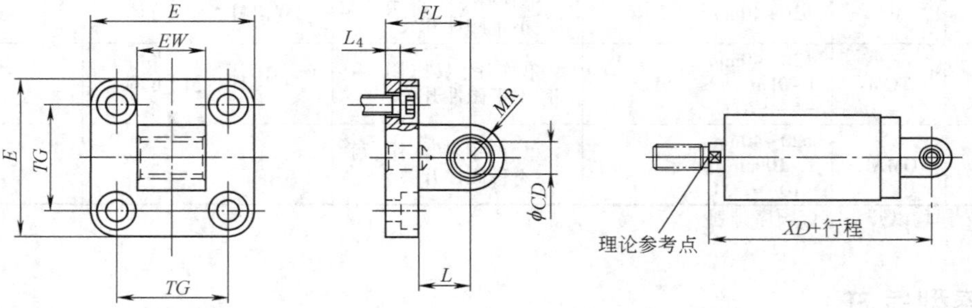


| 缸径 | E<br>max | EW<br>$\left(\begin{smallmatrix}-0.2\\-0.6\end{smallmatrix}\right)$ | TG<br>±0.2 | FL<br>±0.2 | L<br>min | $L_4$<br>$\left(\begin{smallmatrix}+0.3\\0\end{smallmatrix}\right)$ | CD<br>H9 | MR<br>max | 螺纹 | XD |
|---|---|---|---|---|---|---|---|---|---|---|
| 20 | 38 | 16 | 22 | 20 | 12 | 3 | 8 | 9 | M5×16 | 63 |
| 25 | 41 | 16 | 26 | 20 | 12 | 3 | 8 | 9 | M5×16 | 65 |

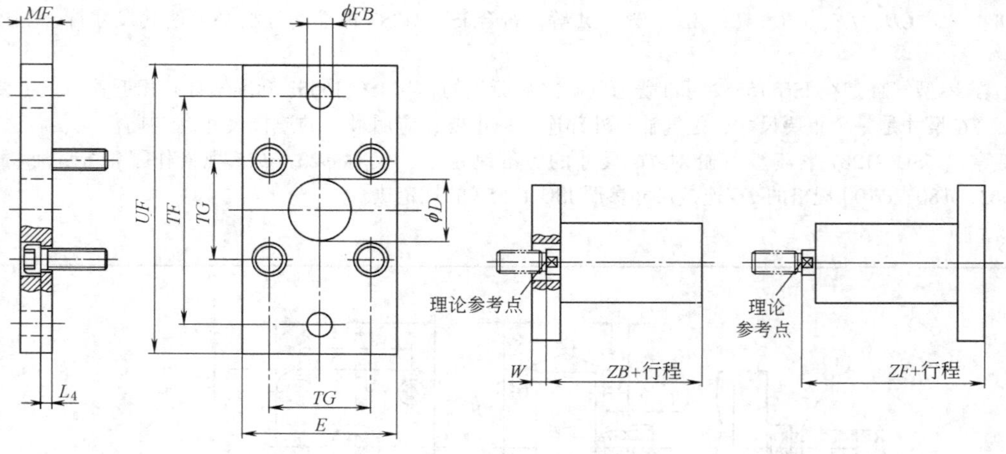


| 缸径 | D<br>H11 | FB<br>H13 | TG<br>±0.2 | E<br>max | MF<br>js14 | TF<br>js13 | UF<br>max | $L_4$<br>$\left(\begin{smallmatrix}0\\-0.5\end{smallmatrix}\right)$ | 螺纹 | W<br>ref | ZF | ZB |
|---|---|---|---|---|---|---|---|---|---|---|---|---|
| 20 | 16 | 6.6 | 22 | 38 | 8 | 55 | 70 | 3 | M5×16 | 2 | 51 | 43 |
| 25 | 16 | 6.6 | 26 | 41 | 8 | 60 | 76 | 3 | M5×16 | 2 | 53 | 45 |

续表

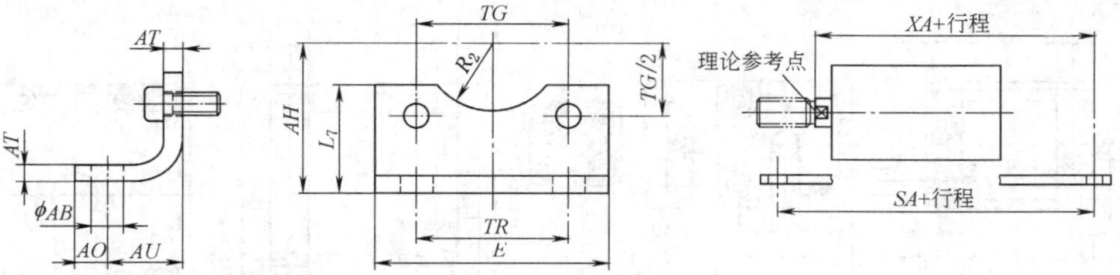


| 缸径 | AB | TG | E | TR | AO | AU | AH | $L_7$ | AT | 螺纹 | $R_2$ | SA | | XA | |
|---|---|---|---|---|---|---|---|---|---|---|---|---|---|---|---|
| | H14 | ±0.2 | max | js14 | max | ±0.2 | js16 | ±2 | ±0.5 | | | nom | tol | nom | tol |
| 20 | 7 | 22 | 38 | 22 | 7 | 16 | 27 | 22 | 4 | M5×16 | — | 69 | ±1.25 | 59 | ±1.25 |
| 25 | 7 | 26 | 41 | 26 | 7 | 16 | 29 | 22 | 4 | M5×16 | — | 71 | | 61 | |
| 32 | 7 | 32.5 | 50 | 32 | 7 | 16 | 33.5 | 24.5 | 4 | M6×16 | 15 | 76 | | 67 | |
| 40 | 10 | 38 | 58 | 36 | 9 | 18 | 38 | 26 | 4 | M6×16 | 17.5 | 81 | | 70 | |
| 50 | 10 | 46.5 | 70 | 45 | 9 | 21 | 45 | 31 | 5 | M8×20 | 20 | 87 | | 74 | |
| 63 | 10 | 56.5 | 80 | 50 | 9 | 21 | 50 | 31 | 5 | M8×20 | 22.5 | 91 | ±1.6 | 78 | ±1.6 |
| 80 | 12 | 72 | 96 | 63 | 11 | 26 | 63 | 40.5 | 6 | M10×20 | 22.5 | 106 | | 90 | |
| 100 | 14.5 | 89 | 116 | 75 | 13 | 27 | 74 | 47 | 6 | M10×20 | 27.5 | 121 | | 104 | |

① 仅供参考。

② 符合 ISO 16030。

注：一般行程 $S \leqslant 500$mm。

## 6.2.2 ISO 21287 标准紧凑型气缸（$\phi$32～125mm）

ISO 21287 标准为 2004 年新标准，国内许多厂商均在开发考虑之中，国外一些气动制造厂商纷纷推出该系列产品，该系列产品都以型材气缸为主，有些气动制造厂商把该系列进行扩展，向下扩展为 $\phi$12mm、$\phi$16mm，向上扩展到 $\phi$125mm。对于大缸径的缸端盖采用六个螺钉连接以确保强度。

**表 23-4-92** mm

双作用型

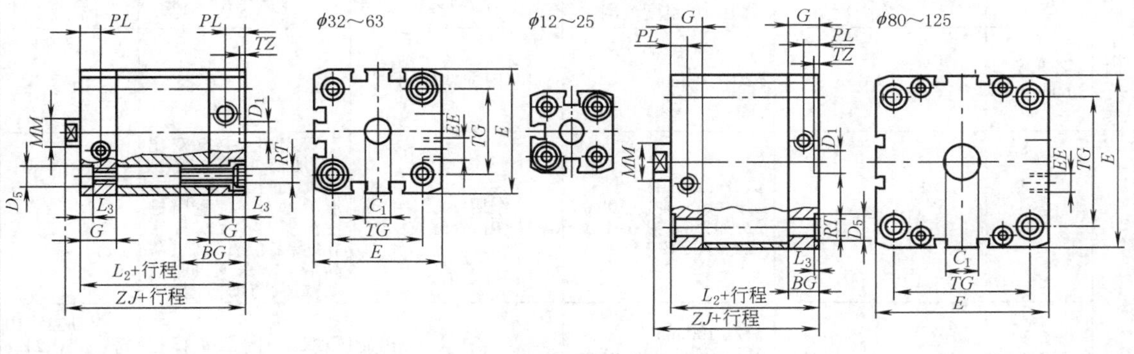


| 缸径 | BG | $\phi D_1$ | $\phi D_5$ | E | EE | G | $L_2$ | $L_3$ | $\phi MM$ | PL | RT | TZ | TG | ZJ | $C_1$ |
|---|---|---|---|---|---|---|---|---|---|---|---|---|---|---|---|
| | | H9 | F9 | | | | 最大 | $\begin{pmatrix}+0.2\\0\end{pmatrix}$ | h8 | $\begin{pmatrix}+0.2\\0\end{pmatrix}$ | | $\begin{pmatrix}+0.1\\0\end{pmatrix}$ | ±0.2 | | h13 |
| 12 | 17 | 9 | 6 | $27.5^{+0.3}_{0}$ | M5 | 10.5 | 35 | 3.5 | 6 | 6 | M4 | 2.1 | 16 | 40 | 5 |
| 16 | | | | $29^{+0.3}_{0}$ | | 11 | | | 8 | | | | 18 | | 7 |
| 20 | 19.5 | | 9 | $35.5^{+0.3}_{0}$ | | 12 | 37 | 5 | 10 | | M5 | | 22 | 43 | 9 |
| 25 | | | | $39.5^{+0.3}_{0}$ | | | 39 | | | | | | 26 | 45 | |
| 32 | 27 | | | $47^{+0.3}_{0}$ | G⅛ | 15 | 44 | | 12 | 8.2 | M6 | | 32.5 | 50 | 10 |
| 40 | | | | $54.5^{+0.3}_{0}$ | | | 45 | | | | | | 38 | 51 | |
| 50 | | 12 | 12 | $65.5^{+0.3}_{0}$ | | | | | 16 | | M8 | | 46.5 | 53 | 13 |
| 63 | | | | $75.5^{+0.3}_{0}$ | | | 49 | | | | | | 56.5 | 57 | |
| 80 | 16.5 | | 14 | $95.5^{+0.6}_{0}$ | | 16.5 | 54 | 2.6 | 20 | 8.2 | M10 | 2.6 | 72 | 63 | 17 |
| 100 | 21.5 | | | $113.5^{+0.6}_{0}$ | | 21.5 | 67 | 2.6 | | 10.5 | | | 89 | 76 | |
| 125 | 20 | | — | $134.6^{+0.3}_{0}$ | G¼ | 20 | 81 | — | 25 | | M12 | | 110 | 92 | 21 |

续表

单作用型

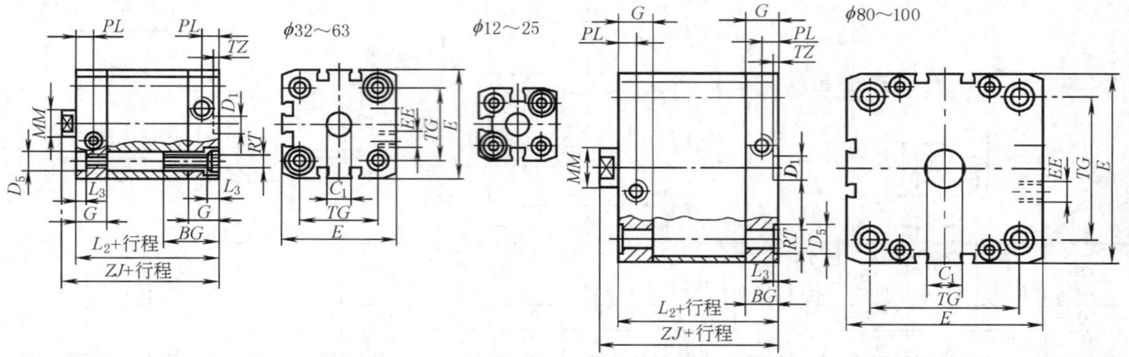


| 缸径 | $BG$ | $\phi D_1$ H9 | $\phi D_5$ F9 | $E$ | $EE$ | $G$ | $L_2$ 最大 | $L_3$ $\binom{+0.2}{0}$ | $\phi MM$ h8 | $PL$ $\binom{+0.2}{0}$ | $RT$ | $TZ$ $\binom{+0.1}{0}$ | $TG$ ±0.2 | $ZJ$ | $C_1$ h13 |
|---|---|---|---|---|---|---|---|---|---|---|---|---|---|---|---|
| 12 | 17 | 9 | 6 | $27.5^{+0.3}_{0}$ | M5 | 10.5 | 35 | 3.5 | 6 | 6 | M4 | 2.1 | 16 | 40 | 5 |
| 16 | | | | $29^{+0.3}_{0}$ | | 11 | | | 8 | | | | 18 | | 7 |
| 20 | 19.5 | | 9 | $35.5^{+0.3}_{0}$ | | 12 | 37 | 5 | 10 | | M5 | | 22 | 43 | 9 |
| 25 | | | | $39.5^{+0.3}_{0}$ | | | 39 | | | | | | 26 | 45 | |
| 32 | 27 | | | $47^{+0.3}_{0}$ | G⅛ | 15 | 44 | | 12 | 8.2 | M6 | | 32.5 | 50 | 10 |
| 40 | | | | $54.5^{+0.3}_{0}$ | | | 45 | | | | | | 38 | 51 | |
| 50 | | 12 | 12 | $65.5^{+0.3}_{0}$ | | | | | 16 | | M8 | 2.6 | 46.5 | 53 | 13 |
| 63 | | | | $75.5^{+0.3}_{0}$ | | | 49 | | | | | | 56.5 | 57 | |
| 80 | 16.5 | | 14 | $95.5^{+0.6}_{0}$ | | 16.5 | 54 | 2.6 | 20 | 8.2 | M10 | | 72 | 63 | 17 |
| 100 | 21.5 | | | $113.5^{+0.6}_{0}$ | | 21.5 | 67 | | | 10.5 | | | 89 | 76 | |

**表 23-4-93　国内外生产 ISO 21287 标准紧凑型气缸的厂商名录**

| 厂商 | | 型号 | 缸径<br>压力/温度范围 | 基本形式 | 派生型 | 备　注 |
|---|---|---|---|---|---|---|
| 国内厂商 | 佳尔灵<br>Jiaerling | JDA | ϕ20～100mm | 单作用、双作用 | | |
| 国外厂商 | Festo | ADN/AEN | ϕ12～125mm<br>ϕ12～16mm：1～10bar<br>ϕ20～125mm：0.6～10bar<br>-20～+80℃ | 单作用、双作用、带磁性、内/外螺纹 | 双出杆、中空双出杆、加长外螺纹、特殊螺纹、加长活塞杆、方形活塞杆、高耐腐蚀性活塞杆、活塞杆带导向、多位置气缸、耐高温（150℃）、低速、低摩擦、防爆、防尘 | |
| | Metal Work | CMPC | ϕ12～100mm<br>ϕ12～32mm：0.6～10bar<br>ϕ40～100mm：0.4～10bar<br>-10～+80℃ | 单作用、双作用、带磁性、内/外螺纹 | 双出杆、活塞杆抗扭转、倍力气缸、多位置气缸 | 仅 ϕ32～100mm 符合 ISO 21287 标准，ϕ100mm 头部螺纹 *KK* 尺寸不符合标准 |
| | Norgren | RM/19200/MX，…/M | ϕ20～125mm<br>1～10bar<br>-5～+80℃ | 单作用、双作用、带磁性、内/外螺纹 | 双出杆、活塞杆抗扭转、活塞杆带导向、带导向装置 | |
| | Numatics | K | ϕ12～100mm<br>0.2～10bar<br>-20～+80℃ | 单作用、双作用 | 双出杆 | ϕ100mm 不符合 ISO 21287 标准 |
| | Pneumax | Europe | ϕ12～100mm | 单作用、双作用 | 双出杆、活塞杆抗扭转、串联气缸 | ϕ32～100mm 符合 ISO 21287 标准 |
| | SMC | C55 | ϕ20～63mm<br>0.5～10bar<br>-10～+70℃ | 单作用、双作用、可带/不带磁性 | | |

注：以上公司均以开头字母顺序排列。

## 6.2.3 国产非 ISO 标准紧凑型气缸（$\phi$12～100mm）

表 23-4-94

mm

类型

双作用型　　单作用用活塞杆缩回型　　单作用用活塞杆伸出型

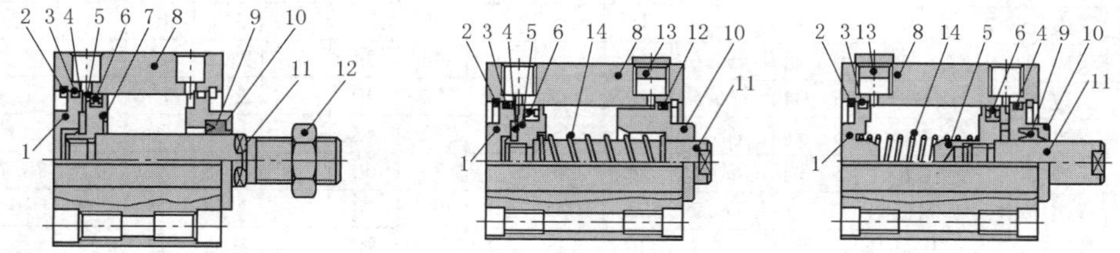

1—后盖；2—C 形扣环；3—前后盖；4—防撞垫片；5—活塞；6—活塞；7—防撞垫片；8—本体；9—前后密封圈；10—前盖；11—活塞杆；12—螺母；13—消音器；14—弹簧

| 内径 | | 12,16 | 20 | 25 | | 32,40,50,63,80,100 | |
|---|---|---|---|---|---|---|---|
| 复动型 | 不附磁 | 5～60 每 5 一级 | 5～85 每 5 一级 | 5～90 每 5 一级 | 100～110 每 10 一级 | 5～90 每 5 一级 | 100～130 每 10 一级 |
| | 附磁 | 5～50 每 5 一级 | 5～75 每 5 一级 | 5～90 每 5 一级 | 100 | 5～90 每 5 一级 | 100～120 每 10 一级 |
| 最大行程 | | 60 | 100 | 120 | | 130 | |
| 单动型 | 不附磁 | 5～30 每 5 一级 | 5～30 每 5 一级 | 5～30 每 5 一级 | | 5～30 每 5 一级 | — |
| | 附磁 | 5～30 每 5 一级 | 5～30 每 5 一级 | 5～30 每 5 一级 | | 5～30 每 5 一级 | — |
| 最大行程 | | 30 | | | | | — |

标准型、标准型带磁性开关尺寸

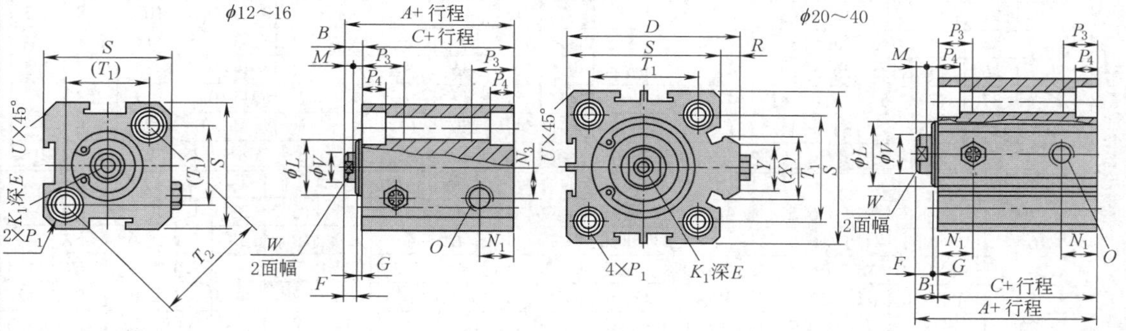


| 内径 | 标准型 A | 标准型 $B_1$ | 标准型 C | 附磁型 A | 附磁型 $B_1$ | 附磁型 C | D | E 行程≤10 | E 行程>10 | F | G | $K_1$ | L | M | $N_1$ | $N_3$ |
|---|---|---|---|---|---|---|---|---|---|---|---|---|---|---|---|---|
| 12 | 22 | 5 | 17 | 32 | 5 | 27 | — | 6 | | 4 | 1 | M3×0.5 | 10.2 | 2.8 | 6.3 | 6 |
| 16 | 24 | 5.5 | 18.5 | 34 | 5.5 | 28.5 | — | 6 | | 4 | 1.5 | M3×0.5 | 11 | 2.8 | 7.3 | 6.5 |
| 20 | 25 | 5.5 | 19.5 | 35 | 5.5 | 29.5 | 36 | 8 | | 4 | 1.5 | M4×0.7 | 15 | 2.8 | 7.5 | — |
| 25 | 27 | 6 | 21 | 37 | 6 | 31 | 42 | 10 | | 4 | 2 | M5×0.8 | 17 | 2.8 | 8 | — |
| 32 | 31.5 | 7 | 24.5 | 41.5 | 7 | 34.5 | 50 | 12 | | 4 | 3 | M6×1 | 22 | 2.8 | 9 | — |
| 40 | 33 | 7 | 26 | 43 | 7 | 36 | 58.5 | 12 | | 4 | 3 | M8×1.25 | 28 | 2.8 | 10 | — |
| 50 | 37 | 9 | 28 | 47 | 9 | 38 | 71.5 | 15 | | 5 | 4 | M10×1.5 | 38 | 2.8 | 10.5 | — |
| 63 | 41 | 9 | 32 | 51 | 9 | 42 | 84.5 | 15 | | 5 | 4 | M10×1.5 | 40 | 2.8 | 11.8 | — |
| 80 | 52 | 11 | 41 | 62 | 11 | 51 | 104 | 15 | 20 | 6 | 5 | M14×1.5 | 45 | 4 | 14.5 | — |
| 100 | 63 | 12 | 51 | 73 | 12 | 61 | 124 | 18 | 20 | 7 | 5 | M18×1.5 | 55 | 4 | 20.5 | — |

续表

标准型、标准型带磁性开关尺寸

| 内径 | O | $P_1$ | $P_3$ | $P_4$ | R | S | $T_1$ | $T_2$ | U | V | W | X | Y |
|---|---|---|---|---|---|---|---|---|---|---|---|---|---|
| 12 | M5×0.8 | 双边:ϕ6.5 牙:M8×0.8 通孔:ϕ4.2 | 12 | 4.5 | — | 25 | 16.2 | 23 | 1.6 | 6 | 5 | — | — |
| 16 | M5×0.8 | 双边:ϕ6.5 牙:M5×0.8 通孔:ϕ4.2 | 12 | 4.5 | — | 29 | 19.8 | 28 | 1.6 | 6 | 5 | — | — |
| 20 | M5×0.8 | 双边:ϕ6.5 牙:M5×0.8 通孔:ϕ4.2 | 14 | 4.5 | 2 | 34 | 24 | — | 2.1 | 8 | 6 | 11.3 | 10 |
| 25 | M5×0.8 | 双边:ϕ8.2 牙:M6×1.0 通孔:ϕ4.6 | 15 | 5.5 | 2 | 40 | 28 | — | 3.1 | 10 | 8 | 12 | 10 |
| 32 | PT⅛ | 双边:ϕ8.2 牙:M6×1.0 通孔:ϕ4.6 | 16 | 5.5 | 6 | 44 | 34 | — | 2.15 | 12 | 10 | 18.3 | 15 |
| 40 | PT⅛ | 双边:ϕ10 牙:M8×1.25 通孔:ϕ6.5 | 20 | 7.5 | 6.5 | 52 | 40 | — | 2.25 | 16 | 14 | 21.3 | 16 |
| 50 | PT¼ | 双边:ϕ11 牙:M8×1.25 通孔:ϕ6.5 | 25 | 8.5 | 9.5 | 62 | 48 | — | 4.15 | 20 | 17 | 30 | 20 |
| 63 | PT¼ | 双边:ϕ11 牙:M8×1.25 通孔:ϕ6.5 | 25 | 8.5 | 9.5 | 75 | 60 | — | 3.15 | 20 | 17 | 28.7 | 20 |
| 80 | PT⅜ | 双边:ϕ14 牙:M12×1.75 通孔:ϕ9.2 | 25 | 10.5 | 10 | 94 | 74 | — | 3.65 | 25 | 22 | 36 | 26 |
| 100 | PT⅜ | 双边:ϕ17.5 牙:M14×2 通孔:ϕ11.3 | 30 | 13 | 10 | 114 | 90 | — | 3.65 | 32 | 27 | 35 | 26 |

单作用活塞杆伸出型、单作用活塞杆伸出型带磁性开关尺寸

ϕ12～16

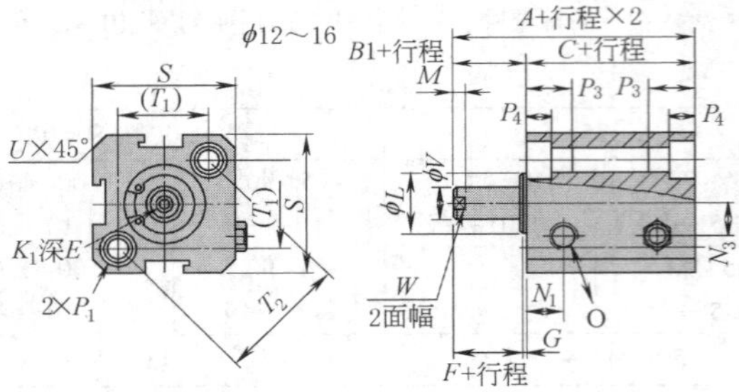


ϕ20～40

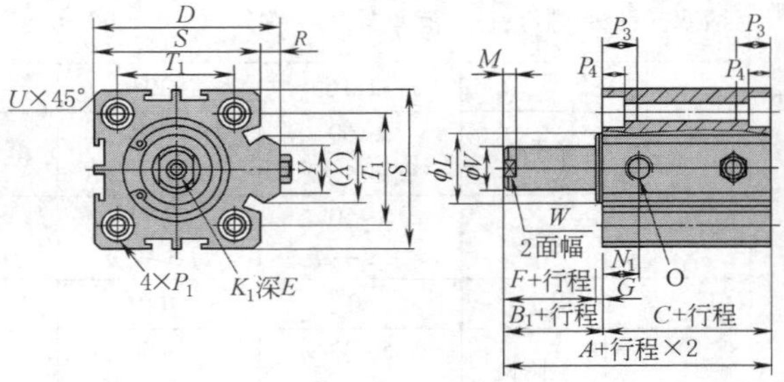


| 内径 | 标准型 A 行程 ≤10 | 标准型 A 行程 >10 | 标准型 $B_1$ | 标准型 C 行程 ≤10 | 标准型 C 行程 >10 | 附磁型 A 行程 ≤10 | 附磁型 A 行程 >10 | 附磁型 $B_1$ | 附磁型 C 行程 ≤10 | 附磁型 C 行程 >10 | D | E | F | G | $K_1$ | L | M | $N_1$ | $N_3$ |
|---|---|---|---|---|---|---|---|---|---|---|---|---|---|---|---|---|---|---|---|
| 12 | 32 | 42 | 5 | 27 | 37 | 42 | 52 | 5 | 37 | 47 | — | 6 | 4 | 1 | M3×0.5 | 10.2 | 2.8 | 6.3 | 6 |
| 16 | 34 | 44 | 5.5 | 28.5 | 38.5 | 44 | 54 | 5.5 | 38.5 | 48.5 | — | 6 | 4 | 1.5 | M3×0.5 | 11 | 2.8 | 7.3 | 6.5 |
| 20 | 35 | 45 | 5.5 | 29.5 | 39.5 | 45 | 55 | 5.5 | 39.5 | 49.5 | 36 | 8 | 4 | 1.5 | M4×0.7 | 15 | 2.8 | 7.5 | — |
| 25 | 37 | 47 | 6 | 31 | 41 | 47 | 57 | 6 | 41 | 51 | 42 | 10 | 4 | 2 | M5×0.8 | 17 | 2.8 | 8 | — |
| 32 | 41.5 | 51.5 | 7 | 34.5 | 44.5 | 51.5 | 61.5 | 7 | 44.5 | 54.5 | 50 | 12 | 4 | 3 | M6×1 | 22 | 2.8 | 9 | — |
| 40 | 43 | 53 | 7 | 36 | 46 | 53 | 63 | 7 | 46 | 56 | 58.5 | 12 | 4 | 3 | M8×1.25 | 28 | 2.8 | 10 | — |

| 内径/符号 | O | $P_1$ | $P_3$ | $P_4$ | R | S | $T_1$ | $T_2$ | U | V | W | X | Y |
|---|---|---|---|---|---|---|---|---|---|---|---|---|---|
| 12 | M5×0.8 | 双边:ϕ6.5 牙:M5×0.8 通孔:ϕ4.2 | 12 | 4.5 | — | 25 | 16.2 | 23 | 1.6 | 6 | 5 | — | — |
| 16 | M5×0.8 | 双边:ϕ6.5 牙:M5×0.8 通孔:ϕ4.2 | 12 | 4.5 | — | 29 | 19.8 | 28 | 1.6 | 6 | 5 | — | — |
| 20 | M5×0.8 | 双边:ϕ6.5 牙:M5×0.8 通孔:ϕ4.2 | 14 | 4.5 | 2 | 34 | 24 | — | 2.1 | 8 | 6 | 11.3 | 10 |
| 25 | M5×0.8 | 双边:ϕ6.5 牙:M5×0.8 通孔:ϕ4.6 | 15 | 5.5 | 2 | 40 | 28 | — | 3.1 | 10 | 8 | 12 | 10 |
| 32 | PT⅛ | 双边:ϕ8.2 牙:M6×1.0 通孔:ϕ4.6 | 16 | 5.5 | 6 | 44 | 34 | — | 2.15 | 12 | 10 | 18.3 | 15 |
| 40 | PT⅛ | 双边:ϕ10 牙:M8×1.25 通孔:ϕ6.5 | 20 | 7.5 | 6.5 | 52 | 40 | — | 2.25 | 16 | 14 | 21.3 | 16 |

活塞杆头部螺纹尺寸

ϕ12～16

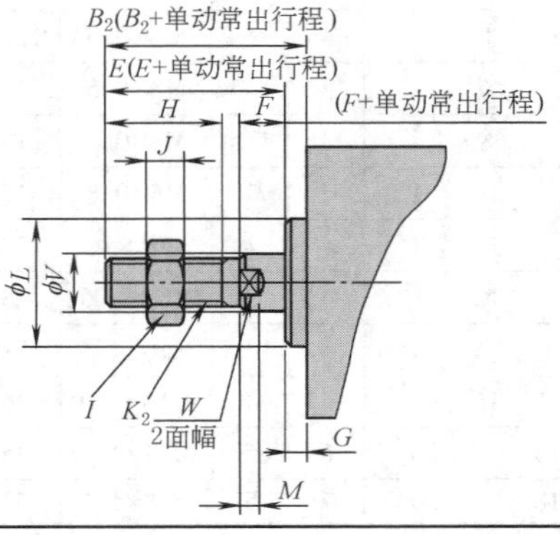


ϕ20～100

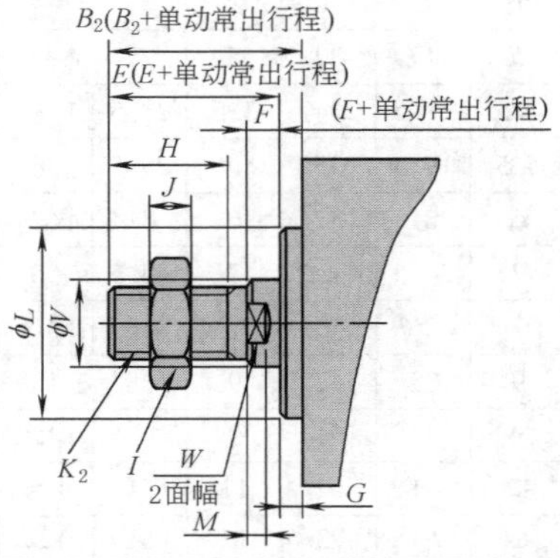

续表

| | 内径 | $B_2$ | $E$ | $F$ | $G$ | $H$ | $I$ | $J$ | $K_2$ | $L$ | $M$ | $V$ | $W$ |
|---|---|---|---|---|---|---|---|---|---|---|---|---|---|
| 活塞杆头部螺纹尺寸 | 12 | 17 | 16 | 4 | 1 | 10 | 8 | 4 | M5×0.8 | 10.2 | 2.8 | 6 | 5 |
| | 16 | 17.5 | 16 | 4 | 1.5 | 10 | 8 | 4 | M5×0.8 | 11 | 2.8 | 6 | 5 |
| | 20 | 20.5 | 19 | 4 | 1.5 | 13 | 10 | 5 | M6×1.0 | 15 | 2.8 | 8 | 6 |
| | 25 | 23 | 21 | 4 | 2 | 15 | 12 | 6 | M8×1.25 | 17 | 2.8 | 10 | 8 |
| | 32 | 25 | 22 | 4 | 3 | 15 | 17 | 6 | M10×1.25 | 22 | 2.8 | 12 | 10 |
| | 40 | 35 | 32 | 4 | 3 | 25 | 19 | 8 | M14×1.5 | 28 | 2.8 | 16 | 14 |
| | 50 | 37 | 33 | 5 | 4 | 25 | 27 | 11 | M18×1.5 | 40 | 2.8 | 20 | 17 |
| | 63 | 37 | 33 | 5 | 4 | 25 | 27 | 11 | M18×1.5 | 40 | 2.8 | 20 | 17 |
| | 80 | 44 | 39 | 6 | 5 | 30 | 32 | 13 | M22×1.5 | 45 | 4 | 25 | 22 |
| | 100 | 50 | 45 | 7 | 5 | 35 | 36 | 13 | M26×1.5 | 55 | 4 | 32 | 27 |

双作用双出杆型、双作用双出杆型带行程可调气缸结构

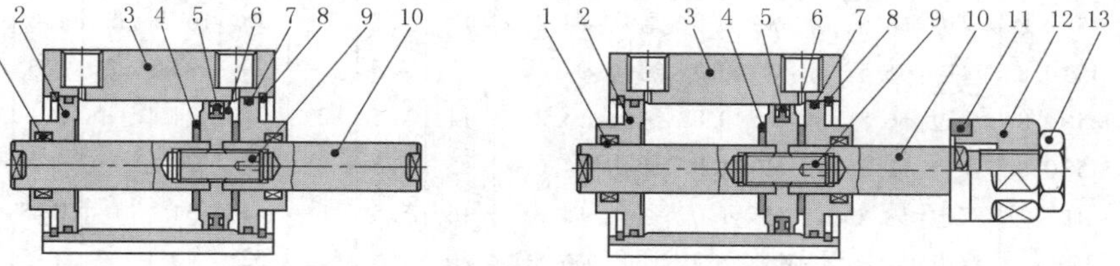


1—前盖密封圈；2—前盖；3—本体；4—防撞垫片；5，6—活塞；7—前后盖；8—C 形扣环；9—固定螺钉；10—活塞杆；11—可调螺母垫片；12—可调螺母；13—螺母

双作用双出杆型、双作用双出杆型带磁性开关尺寸

$\phi$12～16

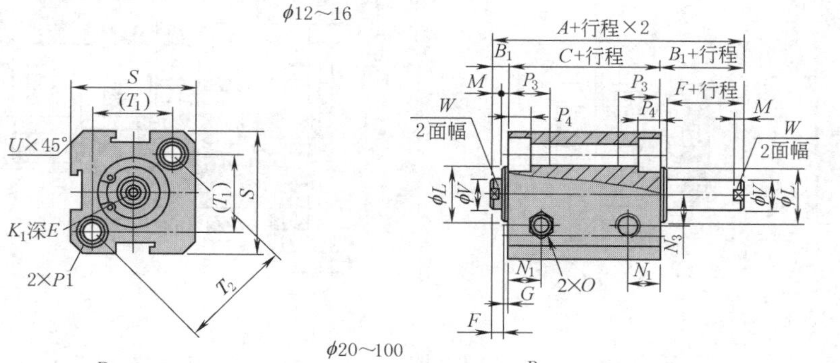


$\phi$20～100

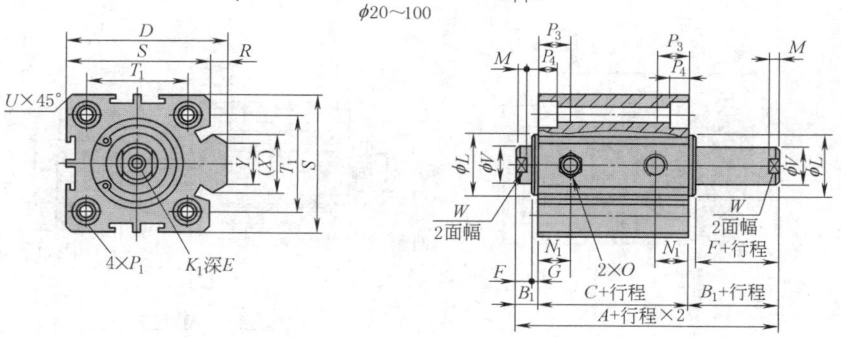

续表

双作用双出杆型、双作用双出杆型带磁性开关尺寸

| 内径 | 标准型 A | 标准型 $B_1$ | 标准型 C | 附磁型 A | 附磁型 $B_1$ | 附磁型 C | D | E 行程≤10 | E 行程>10 | F | G | $K_1$ | L | M | $N_1$ | $N_3$ |
|---|---|---|---|---|---|---|---|---|---|---|---|---|---|---|---|---|
| 12 | 27 | 5 | 17 | 37 | 5 | 27 | — | 6 | | 4 | 1 | M3×0.5 | 10.2 | 2.8 | 6.3 | 6 |
| 16 | 29.5 | 5.5 | 18.5 | 39.5 | 5.5 | 28.5 | — | 6 | | 4 | 1.5 | M3×0.5 | 11 | 2.8 | 7.3 | 6.5 |
| 20 | 30.5 | 5.5 | 19.5 | 40.5 | 5.5 | 29.5 | 36 | 8(行程=5时为6.5) | | 4 | 1.5 | M4×0.7 | 15 | 2.8 | 7.5 | — |
| 25 | 33 | 6 | 21 | 43 | 6 | 31 | 42 | 10(行程=5时为7) | | 4 | 2 | M5×0.8 | 17 | 2.8 | 8 | — |
| 32 | 38.5 | 7 | 24.5 | 48.5 | 7 | 34.5 | 50 | 8 | 12 | 4 | 3 | M6×1 | 22 | 2.8 | 9 | — |
| 40 | 40 | 7 | 26 | 50 | 7 | 36 | 58.5 | 9 | 12 | 4 | 3 | M8×1.25 | 28 | 2.8 | 10 | — |
| 50 | 46 | 9 | 28 | 56 | 9 | 38 | 71.5 | 11 | 15 | 5 | 4 | M10×1.5 | 38 | 2.8 | 10.5 | — |
| 63 | 50 | 9 | 32 | 60 | 9 | 42 | 84.5 | 11 | 15 | 5 | 4 | M10×1.5 | 40 | 2.8 | 11.8 | — |
| 80 | 63 | 11 | 41 | 73 | 11 | 51 | 104 | 14 | 20 | 6 | 5 | M14×1.5 | 45 | 4 | 14.5 | — |
| 100 | 75 | 12 | 51 | 85 | 12 | 61 | 124 | 18 | 20 | 7 | 5 | M18×1.5 | 55 | 4 | 20.5 | — |

| 内径 | O | $P_1$ | $P_3$ | $P_4$ | R | S | $T_1$ | $T_2$ | U | V | W | X | Y |
|---|---|---|---|---|---|---|---|---|---|---|---|---|---|
| 12 | M5×0.8 | 双边:ϕ6.5 牙:M5×0.8 通孔:ϕ4.2 | 12 | 4.5 | — | 25 | 16.2 | 23 | 1.6 | 6 | 5 | — | — |
| 16 | M5×0.8 | 双边:ϕ6.5 牙:M5×0.8 通孔:ϕ4.2 | 12 | 4.5 | — | 29 | 19.8 | 28 | 1.6 | 6 | 5 | — | — |
| 20 | M5×0.8 | 双边:ϕ6.5 牙:M5×0.8 通孔:ϕ4.2 | 14 | 4.5 | 2 | 34 | 24 | — | 2.1 | 8 | 6 | 11.3 | 10 |
| 25 | M5×0.8 | 双边:ϕ8.2 牙:M6×1.0 通孔:ϕ4.6 | 15 | 5.5 | 2 | 40 | 28 | — | 3.1 | 10 | 8 | 12 | 10 |
| 32 | PT1/8 | 双边:ϕ8.2 牙:M6×1.0 通孔:ϕ4.6 | 16 | 5.5 | 6 | 44 | 34 | — | 2.15 | 12 | 10 | 18.3 | 15 |
| 40 | PT1/8 | 双边:ϕ10 牙:M8×1.25 通孔:ϕ6.5 | 20 | 7.5 | 6.5 | 52 | 40 | — | 2.25 | 16 | 14 | 21.3 | 16 |
| 50 | PT1/4 | 双边:ϕ11 牙:M8×1.25 通孔:ϕ6.5 | 25 | 8.5 | 9.5 | 62 | 48 | — | 4.15 | 20 | 17 | 30 | 20 |
| 63 | PT1/4 | 双边:ϕ11 牙:M8×1.25 通孔:ϕ6.5 | 25 | 8.5 | 9.5 | 75 | 60 | — | 3.15 | 20 | 17 | 28.7 | 20 |
| 80 | PT3/8 | 双边:ϕ14 牙:M12×1.75 通孔:ϕ9.2 | 25 | 10.5 | 10 | 94 | 74 | — | 3.65 | 25 | 22 | 36 | 26 |
| 100 | PT3/8 | 双边:ϕ17.5 牙:M14×2 通孔:ϕ11.3 | 30 | 13 | 10 | 114 | 90 | — | 3.65 | 32 | 27 | 35 | 26 |

双作用双出杆行程可调型、双作用双出杆行程可调型带磁性开关尺寸

$\phi$12～16

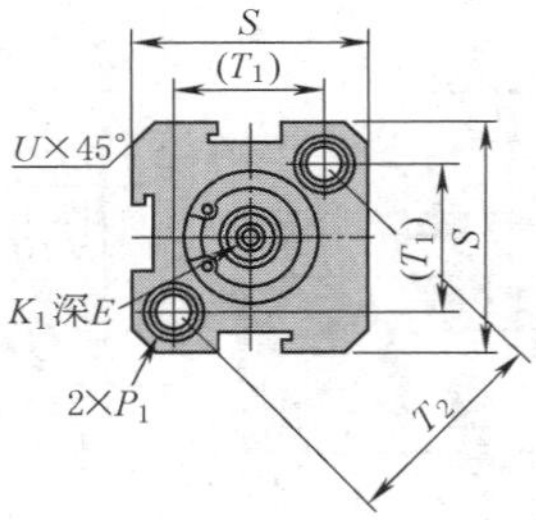


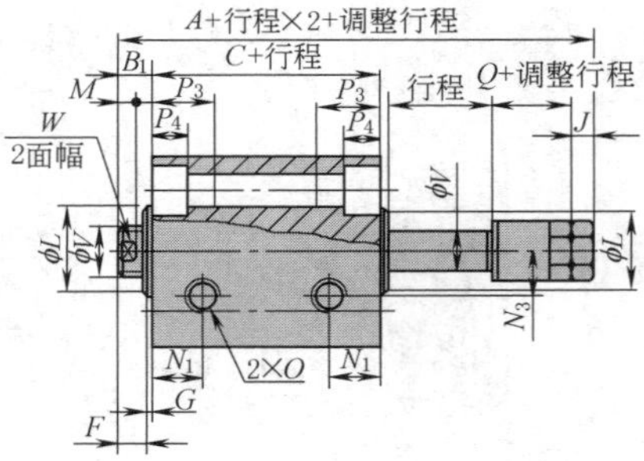


$\phi$20～100

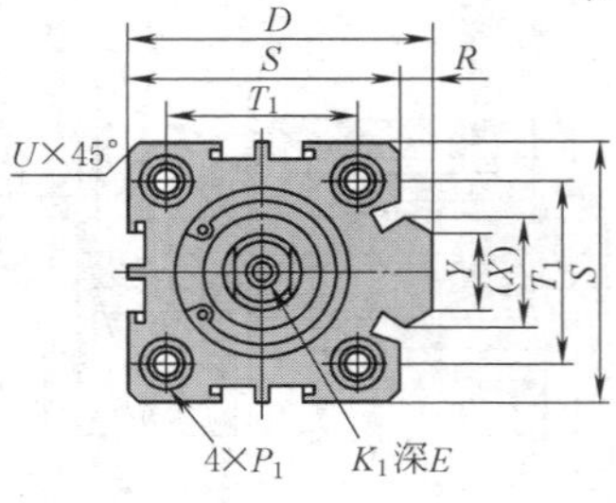


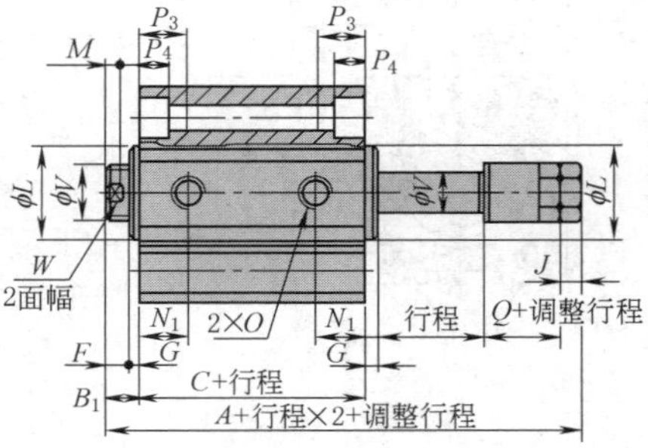

续表

双作用双出杆行程可调型、双作用双出杆行程可调型带磁性开关尺寸

| 内径 | 标准型 A | 标准型 $B_1$ | 标准型 C | 附磁型 A | 附磁型 $B_1$ | 附磁型 C | D | E 行程≤10 | E 行程>10 | F | G | J | $K_1$ | L | M | $N_1$ | $N_3$ |
|---|---|---|---|---|---|---|---|---|---|---|---|---|---|---|---|---|---|
| 12 | 40 | 5 | 17 | 50 | 5 | 27 | — | 6 | | 4 | 1 | 4 | M3×0.5 | 10.2 | 2.8 | 6.3 | 6 |
| 16 | 42.5 | 5.5 | 18.5 | 52.5 | 5.5 | 28.5 | — | 6 | | 4 | 1.5 | 4 | M3×0.5 | 11 | 2.8 | 7.3 | 6.5 |
| 20 | 47.5 | 5.5 | 19.5 | 57.5 | 5.5 | 29.5 | 36 | 8(行程=5时为6.5) | | 4 | 1.5 | 5 | M4×0.7 | 15 | 2.8 | 7.5 | — |
| 25 | 54 | 6 | 21 | 64 | 6 | 31 | 42 | 10(行程=5时为7) | | 4 | 2 | 6 | M5×0.8 | 17 | 2.8 | 8 | — |
| 32 | 61.5 | 7 | 24.5 | 71.5 | 7 | 34.5 | 50 | 8 | 12 | 4 | 3 | 6 | M6×1 | 22 | 2.8 | 9 | — |
| 40 | 65 | 7 | 26 | 75 | 7 | 36 | 58.5 | 9 | 12 | 4 | 3 | 8 | M8×1.25 | 28 | 2.8 | 10 | — |
| 50 | 73 | 9 | 28 | 83 | 9 | 38 | 71.5 | 11 | 15 | 5 | 4 | 11 | M10×1.5 | 38 | 2.8 | 10.5 | — |
| 63 | 77 | 9 | 32 | 87 | 9 | 42 | 84.5 | 11 | 15 | 5 | 4 | 11 | M10×1.5 | 40 | 2.8 | 11.8 | — |
| 80 | 94 | 11 | 41 | 104 | 11 | 51 | 104 | 14 | 20 | 6 | 5 | 13 | M14×1.5 | 45 | 4 | 14.5 | — |
| 100 | 105 | 12 | 51 | 115 | 12 | 61 | 124 | 18 | 20 | 7 | 5 | 13 | M18×1.5 | 55 | 4 | 205 | — |

| 内径 | O | $P_1$ | $P_3$ | $P_4$ | Q | R | S | $T_1$ | $T_2$ | U | V | W | X | Y |
|---|---|---|---|---|---|---|---|---|---|---|---|---|---|---|
| 12 | M5×0.8 | 双边:$\phi$6.5 牙:M5×0.8 通孔:$\phi$4.2 | 12 | 4.5 | 13 | — | 25 | 16.2 | 23 | 1.6 | 6 | 5 | — | — |
| 16 | M5×0.8 | 双边:$\phi$6.5 牙:M5×0.8 通孔:$\phi$4.2 | 12 | 4.5 | 13 | — | 29 | 19.8 | 28 | 1.6 | 6 | 5 | — | — |
| 20 | M5×0.8 | 双边:$\phi$6.5 牙:M5×0.8 通孔:$\phi$4.2 | 14 | 4.5 | 16 | 2 | 34 | 24 | — | 2.1 | 8 | 6 | 11.3 | 10 |
| 25 | M5×0.8 | 双边:$\phi$8.2 牙:M6×1.0 通孔:$\phi$4.6 | 15 | 5.5 | 19 | 2 | 40 | 28 | — | 3.1 | 10 | 8 | 12 | 10 |
| 32 | PT⅛ | 双边:$\phi$8.2 牙:M6×1.0 通孔:$\phi$4.6 | 16 | 5.5 | 21 | 6 | 44 | 34 | — | 2.15 | 12 | 10 | 18.3 | 15 |
| 40 | PT⅛ | 双边:$\phi$10 牙:M8×1.25 通孔:$\phi$6.5 | 20 | 7.5 | 21 | 6.5 | 52 | 40 | — | 2.25 | 16 | 14 | 21.3 | 16 |
| 50 | PT¼ | 双边:$\phi$11 牙:M8×1.25 通孔:$\phi$6.5 | 25 | 8.5 | 21 | 9.5 | 62 | 48 | — | 4.15 | 20 | 17 | 30 | 20 |
| 63 | PT¼ | 双边:$\phi$11 牙:M8×1.25 通孔:$\phi$6.5 | 25 | 8.5 | 21 | 9.5 | 75 | 60 | — | 3.15 | 20 | 17 | 28.7 | 20 |
| 80 | PT⅜ | 双边:$\phi$14 牙:M12×1.75 通孔:$\phi$9.2 | 25 | 10.5 | 24 | 10 | 94 | 74 | — | 3.65 | 25 | 22 | 36 | 26 |
| 100 | PT⅜ | 双边:$\phi$17.5 牙:M14×2 通孔:$\phi$11.3 | 30 | 13 | 24 | 10 | 114 | 90 | — | 3.65 | 32 | 27 | 35 | 26 |

双作用多位置气缸、双出杆双作用多位置气缸结构图

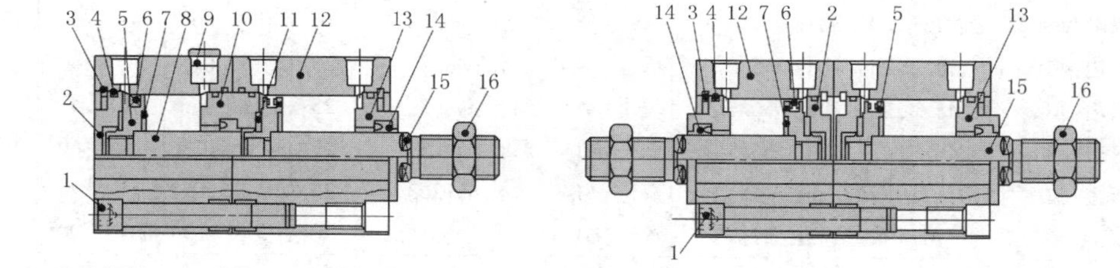

1—连接螺栓;2—后盖;3—C形扣环;4—前后盖;5,6—活塞;7,11—防撞垫片;8,15—活塞杆;9—消声器;10—连接座;12—本体;13—前盖;14—前盖密封圈;16—螺母

双作用多位置气缸、双作用多位置气缸带磁性开关尺寸

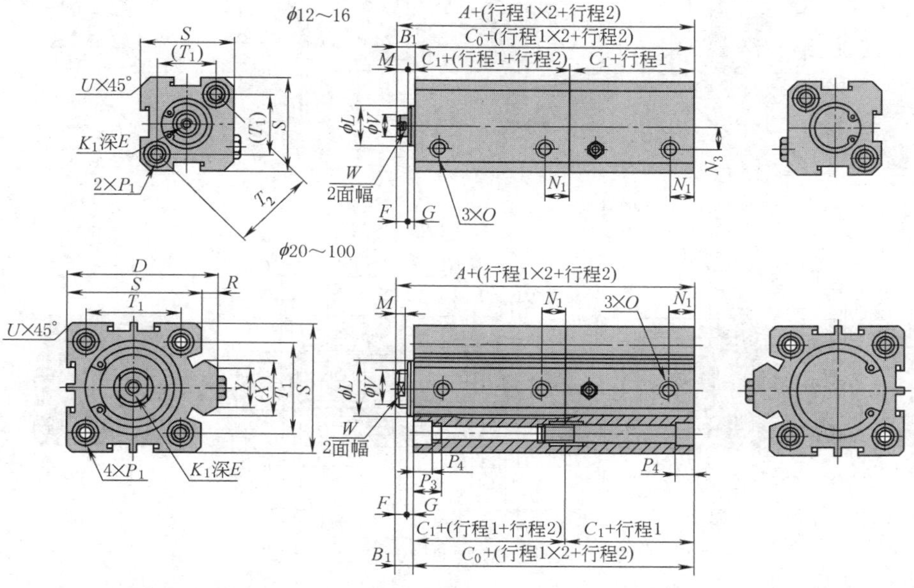

续表

双作用多位置气缸、双作用多位置气缸带磁性开关尺寸

| 内径 | 标准型 |  |  |  | 附磁型 |  |  |  | D | E |  | F | G | $K_1$ | L | M | $N_1$ | $N_3$ | O | X | Y | W |
|---|---|---|---|---|---|---|---|---|---|---|---|---|---|---|---|---|---|---|---|---|---|---|
|  | A | $B_1$ | $C_0$ | $C_1$ | A | $B_1$ | $C_0$ | $C_1$ |  | 行程≤10 | 行程>10 |  |  |  |  |  |  |  |  |  |  |  |
| 12 | 39 | 5 | 34 | 17 | 59 | 5 | 54 | 27 | — | 6 |  | 4 | 1 | M3×0.5 | 10.2 | 2.8 | 6.3 | 6 | M5×0.8 | — | — | 5 |
| 16 | 42.5 | 5.5 | 37 | 18.5 | 62.5 | 5.5 | 57 | 28.5 | — | 6 |  | 4 | 1.5 | M3×0.5 | 11 | 2.8 | 7.3 | 6.5 | M5×0.8 | — | — | 5 |
| 20 | 44.5 | 5.5 | 39 | 19.5 | 64.5 | 5.5 | 59 | 29.5 | 36 | 8 |  | 4 | 1.5 | M4×0.7 | 15 | 2.8 | 7.5 | — | M5×0.8 | 11.3 | 10 | 6 |
| 25 | 48 | 6 | 42 | 21 | 68 | 6 | 62 | 31 | 42 | 10 |  | 4 | 2 | M5×0.8 | 17 | 2.8 | 8 | — | M5×0.8 | 12 | 10 | 8 |
| 32 | 56 | 7 | 49 | 24.5 | 76 | 7 | 69 | 34.5 | 50 | 12 |  | 4 | 3 | M6×1 | 22 | 2.8 | 9 | — | PT1/8 | 18.3 | 15 | 10 |
| 40 | 59 | 7 | 52 | 26 | 79 | 7 | 72 | 36 | 58.5 | 12 |  | 4 | 3 | M8×1.25 | 28 | 2.8 | 10 | — | PT1/8 | 21.3 | 16 | 14 |
| 50 | 65 | 9 | 56 | 28 | 85 | 9 | 76 | 38 | 71.5 | 15 |  | 5 | 4 | M10×1.5 | 38 | 2.8 | 10.5 | — | PT1/4 | 30 | 20 | 17 |
| 63 | 73 | 9 | 64 | 32 | 93 | 9 | 84 | 42 | 84.5 | 15 |  | 5 | 4 | M10×1.5 | 40 | 2.8 | 11.8 | — | PT1/4 | 28.7 | 20 | 17 |
| 80 | 93 | 11 | 82 | 41 | 113 | 11 | 102 | 51 | 104 | 15 | 18 | 6 | 5 | M14×1.5 | 45 | 4 | — |  | PT3/8 | 36 | 26 | 22 |
| 100 | 114 | 12 | 102 | 51 | 134 | 12 | 122 | 61 | 124 | 18 | 20 | 7 | 5 | M18×1.5 | 55 | 4 | — |  | PT3/8 | 35 | 26 | 27 |

| 内径 | $P_1$ | $P_2$ | $P_3$ | $P_4$ | R | S | $T_1$ | $T_2$ | U | V |
|---|---|---|---|---|---|---|---|---|---|---|
| 12 | 双边:ϕ6.5　牙:M5×0.8　通孔:ϕ4.2 | — | 12 | 4.5 | — | 25 | 16.2 | 23 | 1.6 | 6 |
| 16 | 双边:ϕ6.5　牙:M5×0.8　通孔:ϕ4.2 | — | 12 | 4.5 | — | 29 | 19.8 | 28 | 1.6 | 6 |
| 20 | 双边:ϕ6.5　牙:M5×0.8　通孔:ϕ4.2 | 双边:ϕ6.5　通孔:ϕ5.2 | 14 | 4.5 | 2 | 34 | 24 | — | 2.1 | 8 |
| 25 | 双边:ϕ8.2　牙:M6×1.0　通孔:ϕ4.6 | 双边:ϕ8.2　通孔:ϕ6.2 | 15 | 5.5 | 2 | 40 | 28 | — | 3.1 | 10 |
| 32 | 双边:ϕ8.2　牙:M6×1.0　通孔:ϕ4.6 | 双边:ϕ8.2　通孔:ϕ6.2 | 16 | 5.5 | 6 | 44 | 34 | — | 2.15 | 12 |
| 40 | 双边:ϕ10　牙:M8×1.25　通孔:ϕ6.5 | 双边:ϕ10　通孔:ϕ8.2 | 20 | 7.5 | 6.5 | 52 | 40 | — | 2.25 | 16 |
| 50 | 双边:ϕ11　牙:M8×1.25　通孔:ϕ6.5 | 双边:ϕ11　通孔:ϕ8.5 | 25 | 8.5 | 9.5 | 62 | 48 | — | 4.15 | 20 |
| 63 | 双边:ϕ11　牙:M8×1.25　通孔:ϕ6.5 | 双边:ϕ11　通孔:ϕ8.5 | 25 | 8.5 | 9.5 | 75 | 60 | — | 3.15 | 20 |
| 80 | 双边:ϕ14　牙:M12×1.75　通孔:ϕ9.2 | 双边:ϕ14　通孔:ϕ12.3 | 25 | 10.5 | 10 | 94 | 74 | — | 3.65 | 25 |
| 100 | 双边:ϕ17.5　牙:M14×2　通孔:ϕ11.3 | 双边:ϕ17.5　通孔:ϕ14.2 | 30 | 13 | 10 | 114 | 90 | — | 3.65 | 32 |

双作用双出杆多位置气缸、双作用双出杆多位置气缸带磁性开关尺寸

ϕ12～16

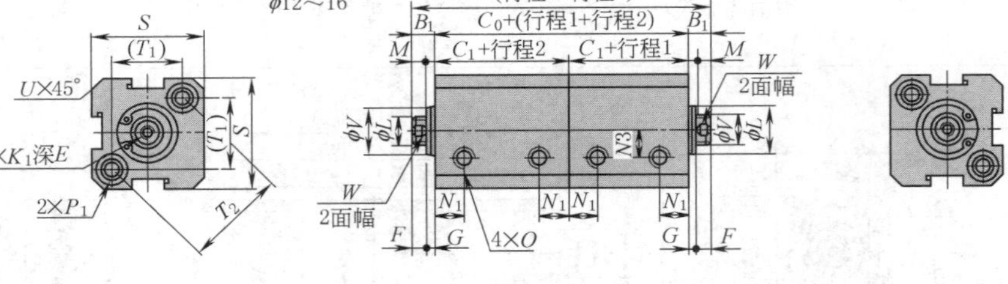


ϕ20～100

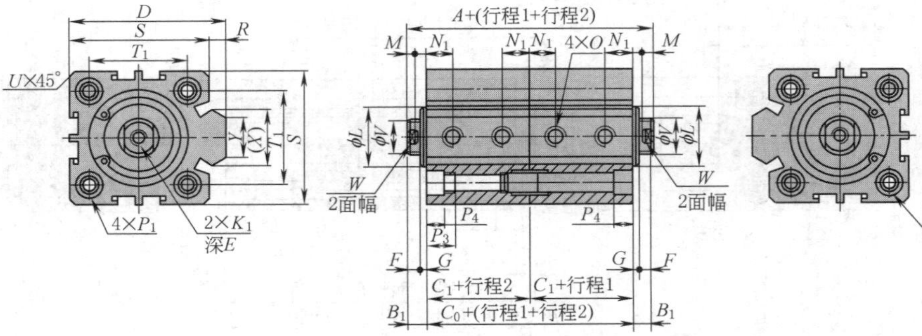

续表

双作用双出杆多位置气缸、双作用双出杆多位置气缸带磁性开关尺寸

| 内径 | 标准型 |  |  |  | 附磁型 |  |  |  | D | E |  | F | G | $K_1$ | L | M | $N_1$ | $N_3$ | O | X | Y | W |
|---|---|---|---|---|---|---|---|---|---|---|---|---|---|---|---|---|---|---|---|---|---|---|
|  | A | $B_1$ | $C_0$ | $C_1$ | A | $B_1$ | $C_0$ | $C_1$ |  | 行程≤10 | 行程>10 |  |  |  |  |  |  |  |  |  |  |  |
| 12 | 44 | 5 | 34 | 17 | 64 | 5 | 54 | 27 | — | 6 |  | 4 | 1 | M3×0.5 | 10.2 | 2.8 | 6.3 | 6 | M5×0.8 | — | — | 5 |
| 16 | 48 | 5.5 | 37 | 18.5 | 68 | 5.5 | 57 | 28.5 | — | 6 |  | 4 | 1.5 | M3×0.5 | 11 | 2.8 | 7.3 | 6.5 | M5×0.8 | — | — | 5 |
| 20 | 50 | 5.5 | 39 | 19.5 | 70 | 5.5 | 59 | 29.5 | 36 | 8 |  | 4 | 1.5 | M4×0.7 | 15 | 2.8 | 7.5 | — | M5×0.8 | 11.3 | 10 | 6 |
| 25 | 54 | 6 | 42 | 21 | 74 | 6 | 62 | 31 | 42 | 10 |  | 4 | 2 | M5×0.8 | 17 | 2.9 | 8 | — | M5×0.8 | 12 | 10 | 8 |
| 32 | 63 | 7 | 49 | 24.5 | 83 | 7 | 69 | 34.5 | 50 | 12 |  | 4 | 3 | M6×1 | 22 | 2.8 | 9 | — | PT1/8 | 18.3 | 15 | 10 |
| 40 | 66 | 7 | 52 | 26 | 86 | 7 | 72 | 36 | 58.5 | 12 |  | 4 | 3 | M8×1.25 | 28 | 2.8 | 10 | — | PT1/8 | 21.3 | 16 | 14 |
| 50 | 74 | 9 | 56 | 28 | 94 | 9 | 76 | 38 | 71.5 | 15 |  | 5 | 4 | M10×1.5 | 38 | 2.8 | 10.5 | — | PT1/4 | 30 | 20 | 17 |
| 63 | 82 | 9 | 64 | 32 | 102 | 9 | 84 | 42 | 84.5 | 15 |  | 5 | 4 | M10×1.5 | 40 | 2.8 | 11.8 | — | PT1/4 | 28.7 | 20 | 17 |
| 80 | 104 | 11 | 82 | 41 | 124 | 11 | 102 | 51 | 104 | 15 | 20 | 6 | 5 | M14×1.5 | 45 | 4 | 14.5 | — | PT3/8 | 36 | 26 | 22 |
| 100 | 126 | 12 | 102 | 51 | 146 | 12 | 122 | 61 | 124 | 18 | 20 | 7 | 5 | M18×1.5 | 55 | 4 | 20.5 | — | PT3/8 | 35 | 26 | 27 |

| 内径 | $P_1$ | $P_2$ | $P_3$ | $P_4$ | R | S | $T_1$ | $T_2$ | U | V |
|---|---|---|---|---|---|---|---|---|---|---|
| 12 | 双边:ϕ6.5　牙:M5×0.8　通孔:ϕ4.2 | — | 12 | 4.5 | — | 25 | 16.2 | 23 | 1.6 | 6 |
| 16 | 双边:ϕ6.5　牙:M5×0.8　通孔:ϕ4.2 | — | 12 | 4.5 | — | 29 | 19.8 | 28 | 1.6 | 6 |
| 20 | 双边:ϕ6.5　牙:M5×0.8　通孔:ϕ4.2 | 双边:ϕ6.5　通孔:ϕ5.2 | 14 | 4.5 | 2 | 34 | 24 | — | 2.1 | 8 |
| 25 | 双边:ϕ8.2　牙:M6×1.0　通孔:ϕ4.6 | 双边:ϕ8.2　通孔:ϕ6.2 | 15 | 5.5 | 2 | 40 | 28 | — | 3.1 | 10 |
| 32 | 双边:ϕ8.2　牙:M6×1.0　通孔:ϕ4.6 | 双边:ϕ8.2　通孔:ϕ6.2 | 16 | 5.5 | 6 | 44 | 34 | — | 2.15 | 12 |
| 40 | 双边:ϕ10　牙:M8×1.25　通孔:ϕ6.5 | 双边:ϕ10　通孔:ϕ8.2 | 20 | 7.5 | 6.5 | 52 | 40 | — | 2.25 | 16 |
| 50 | 双边:ϕ11　牙:M8×1.25　通孔:ϕ6.5 | 双边:ϕ11　通孔:ϕ8.5 | 25 | 8.5 | 9.5 | 62 | 48 | — | 4.15 | 20 |
| 63 | 双边:ϕ11　牙:M8×1.25　通孔:ϕ6.5 | 双边:ϕ11　通孔:ϕ8.5 | 25 | 8.5 | 9.5 | 75 | 60 | — | 3.15 | 20 |
| 80 | 双边:ϕ14　牙:M12×1.75　通孔:ϕ9.2 | 双边:ϕ14　通孔:ϕ12.3 | 25 | 10.5 | 10 | 94 | 74 | — | 3.65 | 25 |
| 100 | 双边:ϕ17.5　牙:M14×2　通孔:ϕ11.3 | 双边:ϕ17.5　通孔:ϕ14.2 | 30 | 13 | 10 | 114 | 90 | — | 3.65 | 32 |

**表 23-4-95　　国产非 ISO 标准紧凑型气缸的厂商名录**

| 厂　商 | 型　号 | 缸径、压力、温度范围 | 基本形式 | 派　生　型 | 备　　注 |
|---|---|---|---|---|---|
| 亚德客 Airtac | SDA | ϕ12~100mm<br>单作用:2~9bar<br>双作用:1~9bar<br>-5~+70℃ | 单作用、双作用、可带/不带磁性 | 双出杆型(指活塞杆前端、后端均伸出)、行程可调型、多位置型、双出杆多位置型 |  |
| 亿日 Easun | ESDA | ϕ12~100mm<br>单作用:1~9bar<br>双作用:0.5~9bar<br>0~+70℃ | 单作用、双作用、可带/不带磁性 | 行程可调、双出杆型 |  |
| 方大 Fangda | QGY | ϕ20~100mm<br>标准型、带磁性开关型:1~10bar<br>单作用及前弹簧带开关型:2~10bar<br>-25~+80℃ | 单作用、双作用、可带/不带磁性 |  |  |
| 法斯特 Fast | DQG Ⅰ | ϕ12~100mm<br>1.5~10bar<br>-25~+80℃ | 可带/不带磁性 | 串联气缸、行程可调、带导向装置、双活塞型、双出杆型 |  |
| 恒立 Hengli | QGC | ϕ12~100mm<br>单作用:3~10bar<br>双作用:1~10bar<br>-5~+60℃ | 单作用、双作用、可带/不带磁性 | 多位气缸、倍力气缸 |  |
| 华能 Huaneng | QGD Ⅱ | ϕ12~100mm | 单作用、双作用、可带/不带磁性 | 双出杆型、倍力气缸、多位置气缸 |  |

## 6.3 ISO 15552 标准普通型气缸

### 6.3.1 ISO 15552 标准普通型气缸（$\phi$32～320mm）

ISO 15552 标准普通型气缸（$\phi$32～320mm）的最早前身是 ISO 6431 标准（1983 年），由于 ISO 6431 标准不能满足工业界对其互换性的要求，于是在 ISO 6431 标准基础上再增加了对 *TG*、$\phi B$、*WH* 和 $l_8$、*RT* 等尺寸的一致性规定，开始形成 VDMA 24562 标准（1992 年），直至 2004 年正式颁布 ISO 15552 标准。新颁发的 ISO 15552 标准普通型气缸增加了双出杆（气缸两端均有伸出活塞杆）尺寸的规定。新补充的规定尺寸也是应用最广、最重要的互换性尺寸，如 *TG* 尺寸：通过 *TG* 尺寸可直接固定气缸或固定连接辅件（前法兰、后法兰、气缸导向装置、单耳环连接件、双耳环连接件等）。$\phi B$ 尺寸可使气缸在作固定时能方便定中心。新增加 *WH* 和 $l_8$ 尺寸的规定，实质上是把该气缸的总长作了统一的规定（ISO 6431 标准已对 *A* 长度作了规定）。因此 ISO 15552 标准在连接界面上的尺寸互换性几乎是百分之百。

**表 23-4-96　　ISO 15552 标准普通型气缸基本尺寸（$\phi$32～320mm）**　　mm

单出杆型气缸

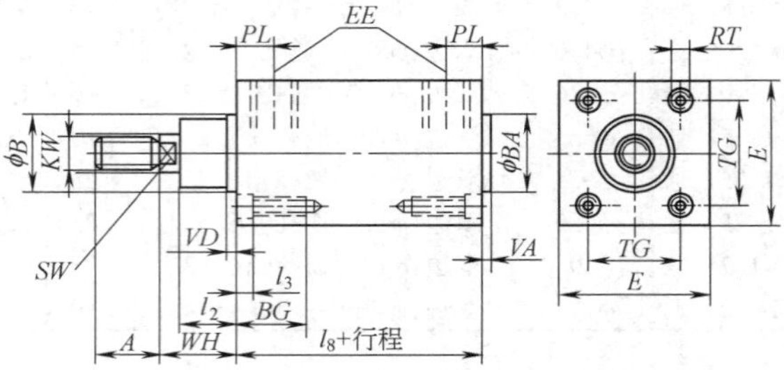


| 缸径 | *A* (0/−2) | *B* *BA* d11 | *BG* min | *E* max | *KK*(依据 ISO 4395) | $l_2$ nom | $l_2$ tol | $l_3$ max | $l_8$ nom | $l_8$ tol | *PL* min | *RT* | *SW* | *TG* nom | *TG* tol | *VA* (0/−1) | *VD* min | *WH* nom | *WH* tol |
|---|---|---|---|---|---|---|---|---|---|---|---|---|---|---|---|---|---|---|---|
| 32 | 22 | 30 | 16 | 50 | M10×1.25 | 20 | 0 −5 | 5 | 94 | ±0.4 | 13 | M6 | 10 | 32.5 | ±0.5 | 4 | 4 | 26 | ±1.4 |
| 40 | 24 | 35 | 16 | 58 | M12×1.25 | 22 | | 5 | 105 | ±0.7 | 14 | M6 | 13 | 38 | ±0.5 | 4 | 4 | 30 | ±1.4 |
| 50 | 32 | 40 | 16 | 70 | M16×1.5 | 29 | | 5 | 106 | ±0.7 | 14 | M8 | 17 | 46.5 | ±0.6 | 4 | 4 | 37 | ±1.4 |
| 63 | 32 | 45 | 16 | 85 | M16×1.5 | 29 | | 5 | 121 | ±0.8 | 16 | M8 | 17 | 56.5 | ±0.7 | 4 | 4 | 37 | ±1.8 |
| 80 | 40 | 45 | 17 | 105 | M20×1.5 | 35 | | 0 | 128 | ±0.8 | 16 | M10 | 22 | 72 | ±0.7 | 4 | 4 | 46 | ±1.8 |
| 100 | 40 | 55 | 17 | 130 | M20×1.5 | 38 | | 0 | 138 | ±1 | 18 | M10 | 22 | 89 | ±0.7 | 4 | 4 | 51 | ±1.8 |
| 125 | 54 | 60 | 20 | 157 | M27×2 | 50 | 0 −10 | 0 | 160 | ±1 | 18 | M12 | 27 | 110 | ±1.1 | 6 | 6 | 65 | ±2.2 |
| 160 | 72 | 55 | 24 | 195 | M36×2 | 60 | | 0 | 180 | ±1.1 | 25 | M16 | 36 | 140 | ±1.1 | 6 | 6 | 80 | ±2.2 |
| 200 | 72 | 75 | 24 | 238 | M36×2 | 70 | 0 −15 | 0 | 180 | ±1.6 | 25 | M16 | 36 | 175 | ±1.1 | 6 | 6 | 95 | ±2.2 |
| 250 | 84 | 90 | 25 | 290 | M42×2 | 80 | | 0 | 200 | ±1.6 | 31 | M20 | 46 | 220 | ±1.5 | 10 | 10 | 105 | ±2.2 |
| 320 | 96 | 110 | 28 | 353 | M48×2 | 90 | | 0 | 220 | ±2.2 | 31 | M24 | 55 | 270 | ±1.5 | 10 | 10 | 120 | ±2.2 |

双出杆型气缸

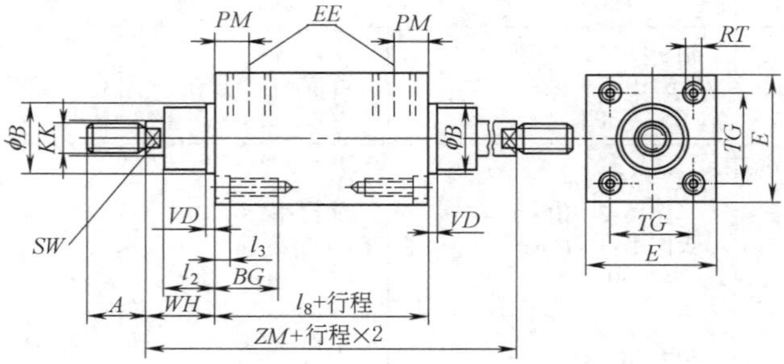

续表

| 缸径 | A $\binom{0}{-2}$ | B d11 | BG min | E max | KK(依据 ISO 4395) | $l_2$ nom | $l_2$ tol | $l_3$ max | $l_8$ nom | $l_8$ tol | PM min | RT | SW | TG nom | TG tol | VD min | WH nom | WH tol | ZM nom | ZM tol |
|---|---|---|---|---|---|---|---|---|---|---|---|---|---|---|---|---|---|---|---|---|
| 32 | 22 | 30 | 16 | 50 | M10×1.25 | 20 | 0<br>−5 | 5 | 94 | ±0.4 | 13 | M6 | 10 | 32.6 | ±0.5 | 4 | 26 | ±1.4 | 146 | $\binom{+3.0}{-1.5}$ |
| 40 | 24 | 35 | 16 | 58 | M12×1.25 | 22 | | 5 | 105 | ±0.7 | 14 | M6 | 13 | 38 | ±0.5 | 4 | 30 | ±1.4 | 165 | |
| 50 | 32 | 40 | 16 | 70 | M16×1.5 | 29 | | 5 | 106 | ±0.7 | 14 | M8 | 17 | 46.5 | ±0.6 | 4 | 37 | ±1.4 | 180 | |
| 63 | 32 | 45 | 16 | 85 | M16×1.5 | 29 | | 5 | 121 | ±0.8 | 16 | M8 | 17 | 56.5 | ±0.7 | 4 | 37 | ±1.8 | 195 | |
| 80 | 40 | 45 | 17 | 105 | M20×1.5 | 35 | | 0 | 128 | ±0.8 | 16 | M10 | 22 | 72 | ±0.7 | 4 | 46 | ±1.8 | 220 | |
| 100 | 40 | 55 | 17 | 130 | M20×1.5 | 38 | | 0 | 138 | ±1 | 18 | M10 | 27 | 89 | ±0.7 | 4 | 51 | ±1.8 | 240 | $\binom{+3.5}{-2.0}$ |
| 125 | 54 | 60 | 20 | 157 | M27×2 | 50 | 0<br>−10 | 0 | 160 | ±1 | 18 | M12 | 27 | 110 | ±1.1 | 6 | 65 | ±2.2 | 290 | |
| 160 | 72 | 65 | 24 | 195 | M36×2 | 60 | | 0 | 180 | ±1.1 | 25 | M16 | 36 | 140 | ±1.1 | 6 | 80 | ±2.2 | 340 | |
| 200 | 72 | 75 | 24 | 238 | M36×2 | 70 | 0<br>−15 | 0 | 180 | ±1.6 | 25 | M16 | 36 | 175 | ±1.1 | 6 | 95 | ±2.2 | 370 | $\binom{+4.0}{-2.5}$ |
| 250 | 84 | 90 | 25 | 290 | M42×2 | 80 | | 0 | 200 | ±1.6 | 31 | M20 | 46 | 220 | ±1.5 | 10 | 105 | ±2.2 | 410 | |
| 320 | 96 | 110 | 28 | 353 | M48×2 | 90 | | 0 | 220 | ±2.2 | 31 | M24 | 55 | 270 | ±1.5 | 10 | 120 | ±2.2 | 460 | |

双出杆型气缸

| 缸径 | D H11 | FB H13 | TG nom | TG tol | E max | R JS14 | MF JS14 | TF JS14 | UF max | $L_4$ $\binom{0}{0.5}$ | 螺栓尺寸 | W nom | W tol | ZF nom | ZF tol |
|---|---|---|---|---|---|---|---|---|---|---|---|---|---|---|---|
| 32 | 30 | 7 | 32.5 | ±0.2 | 50 | 32 | 10 | 64 | 86 | 5 | M6×20 | 16 | ±1.6 | 130 | ±1.25 |
| 40 | 35 | 9 | 38 | ±0.2 | 58 | 36 | 10 | 72 | 96 | 5 | M6×20 | 20 | | 145 | |
| 50 | 40 | 9 | 46.5 | ±0.2 | 70 | 45 | 12 | 90 | 115 | 6.5 | M8×20 | 25 | | 155 | |
| 63 | 45 | 9 | 56.5 | ±0.2 | 85 | 50 | 12 | 100 | 130 | 6.5 | M8×20 | 25 | ±2 | 170 | ±1.6 |
| 80 | 45 | 12 | 72 | ±0.2 | 105 | 63 | 16 | 126 | 165 | 9 | M10×25 | 30 | | 190 | |
| 100 | 55 | 14 | 89 | ±0.2 | 130 | 75 | 16 | 150 | 187 | 9 | M10×25 | 35 | | 205 | |
| 125 | 60 | 16 | 110 | ±0.3 | 157 | 90 | 20 | 180 | 224 | 10.5 | M12×25 | 45 | ±2.5 | 245 | ±2 |
| 160 | 65 | 18 | 140 | ±0.3 | 195 | 115 | 20 | 230 | 280 | 9.5 | M16×30 | 60 | | 280 | |
| 200 | 75 | 22 | 175 | ±0.3 | 238 | 135 | 25 | 270 | 320 | 12.5 | M16×30 | 70 | | 300 | |
| 250 | 90 | 26 | 220 | ±0.3 | 290 | 165 | 25 | 330 | 395 | 10.5 | M20×30 | 80 | | 330 | |
| 320 | 110 | 33 | 270 | ±0.3 | 353 | 200 | 30 | 400 | 475 | 15 | M24×40 | 90 | | 370 | ±2.5 |

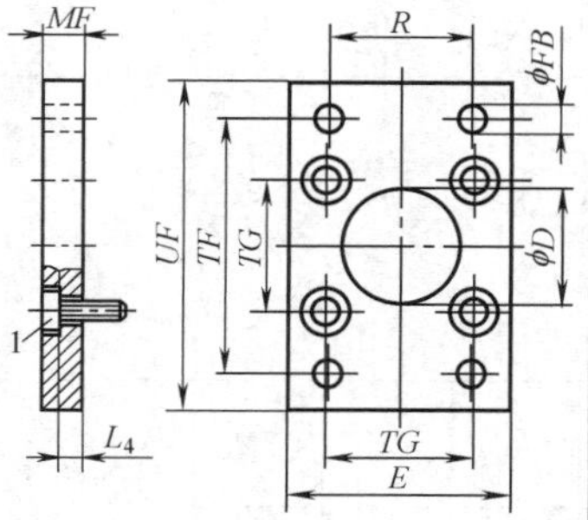


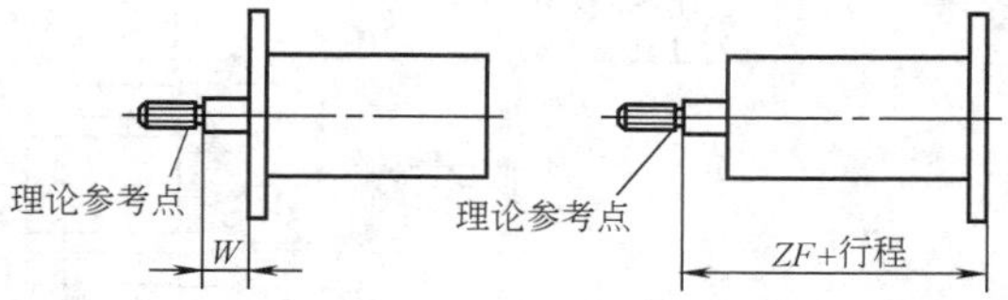


| 缸径 | E max | UB h14 | CB H14 | TG nom | TG tol | FL ±0.2 | $L_1$ min | L min | $L_4$ ±0.5 | D H11 | CD H9 | MR max | 螺栓尺寸 | XD nom | XD tol |
|---|---|---|---|---|---|---|---|---|---|---|---|---|---|---|---|
| 32 | 50 | 45 | 26 | 32.5 | ±0.2 | 22 | 4.5 | 12 | 5.5 | 30 | 10 | 11 | M6×20 | 142 | ±1.25 |
| 40 | 58 | 52 | 28 | 38 | | 25 | 4.5 | 15 | 5.5 | 35 | 12 | 13 | M6×20 | 160 | |
| 50 | 70 | 60 | 32 | 46.5 | | 27 | 4.5 | 15 | 6.5 | 40 | 12 | 13 | M8×20 | 170 | |
| 63 | 85 | 70 | 40 | 56.5 | | 32 | 4.5 | 20 | 6.5 | 45 | 16 | 17 | M8×20 | 190 | |
| 80 | 105 | 90 | 50 | 72 | | 36 | 4.5 | 20 | 10 | 46 | 16 | 17 | M10×25 | 210 | ±1.6 |
| 100 | 130 | 110 | 60 | 89 | | 41 | 4.5 | 25 | 10 | 55 | 20 | 21 | M10×25 | 230 | |
| 125 | 157 | 130 | 70 | 110 | ±0.3 | 50 | 7 | 30 | 10 | 60 | 25 | 26 | M12×25 | 275 | ±2 |
| 160 | 195 | 170 | 90 | 140 | | 55 | 7 | 35 | 10 | 65 | 30 | 31 | M16×30 | 315 | |
| 200 | 238 | 170 | 90 | 175 | | 60 | 7 | 35 | 11 | 75 | 30 | 31 | M16×30 | 335 | |
| 250 | 290 | 200 | 110 | 220 | | 70 | 11 | 45 | 11 | 90 | 40 | 41 | M20×35 | 375 | |
| 320 | 353 | 220 | 120 | 270 | | 80 | 11 | 50 | 15 | 110 | 45 | 46 | M24×40 | 420 | ±2.5 |

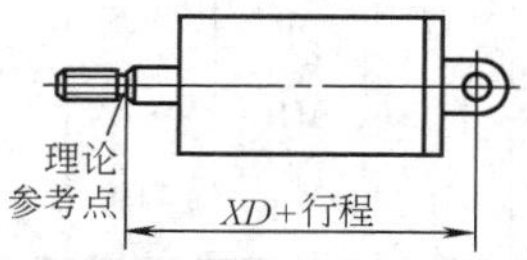

## 6.3.2 ISO 15552 标准气缸（$\phi$32～125mm）

ISO 15552 标准气缸外表型式有四拉杆及型材型式，目前型材气缸最大缸径为 $\phi$125mm，超过 $\phi$125mm 均采用四拉杆型式。有些缸径（$\phi$32～125mm）气缸外表看似型材型式，但缸筒和前后端盖的连接是采用四拉杆型式。

**表 23-4-97　　ISO 15552 标准气缸普通型气缸尺寸（$\phi$32～125mm）**　　mm

单出杆型

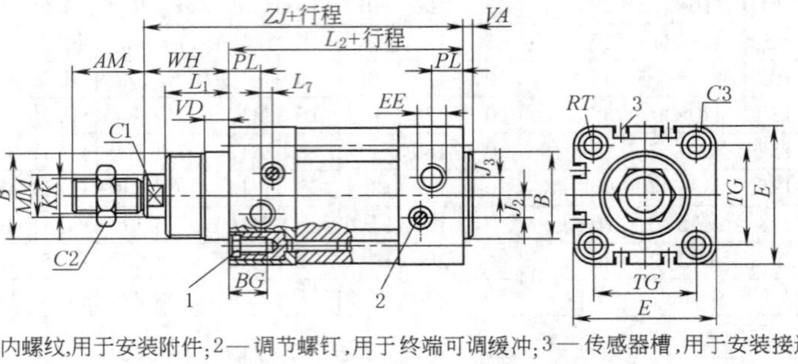


1—六角螺钉，带内螺纹，用于安装附件；2—调节螺钉，用于终端可调缓冲；3—传感器槽，用于安装接近传感器SME/SMT-8

| 缸径 | AM | $\phi B$ d11 | BG | E | EE | $J_2$ | $J_3$ | KK | $L_1$ | $L_2$ |
|---|---|---|---|---|---|---|---|---|---|---|
| 32 | 22 | 30 | 16 | 45 | G1/8 | 6 | 5.2 | M10×1.25 | 18 | 94 |
| 40 | 24 | 35 | 16 | 54 | G1/4 | 8 | 6 | M12×1.25 | 21.5 | 105 |
| 50 | 32 | 40 | 17 | 64 | G1/4 | 10.4 | 8.5 | M16×1.5 | 28 | 106 |
| 63 | 32 | 45 | 17 | 75 | G3/8 | 12.4 | 10 | M16×1.5 | 28.5 | 121 |
| 80 | 40 | 45 | 17 | 93 | G3/8 | 12.5 | 8 | M20×1.5 | 34.7 | 128 |
| 100 | 40 | 55 | 17 | 110 | G1/2 | 12 | 10 | M20×1.5 | 38.2 | 138 |
| 125 | 54 | 60 | 22 | 134 | G1/2 | 13 | 8 | M27×2 | 46 | 160 |

| 缸径 | $L_7$ | $\phi MM$ f8 | PL | RT | TG | VA | VD | WH | ZJ | C1 | C2 | C3 |
|---|---|---|---|---|---|---|---|---|---|---|---|---|
| 32 | 3.3 | 12 | 15.6 | M6 | 32.5 | 4 | 10 | 26 | 120 | 10 | 16 | 6 |
| 40 | 3.6 | 16 | 14 | M6 | 38 | 4 | 10.5 | 30 | 135 | 13 | 18 | 6 |
| 50 | 5.1 | 20 | 14 | M8 | 46.5 | 4 | 11.5 | 37 | 143 | 17 | 24 | 8 |
| 63 | 6.6 | 20 | 17 | M8 | 56.5 | 4 | 15 | 37 | 158 | 17 | 24 | 8 |
| 80 | 10.5 | 25 | 16.4 | M10 | 72 | 4 | 15.7 | 46 | 174 | 22 | 30 | 6 |
| 100 | 8 | 25 | 18.8 | M10 | 89 | 4 | 19.2 | 51 | 189 | 22 | 30 | 6 |
| 125 | 14 | 32 | 18 | M12 | 110 | 6 | 20.5 | 65 | 225 | 27 | 36 | 8 |

为了实现互换，ISO 15552 气缸中的 AM、KK、$\phi B$、TG、WH、ZJ、RT 尺寸保持一致。此外，BG、VD 为下限尺寸，E 为上限尺寸

双出杆型

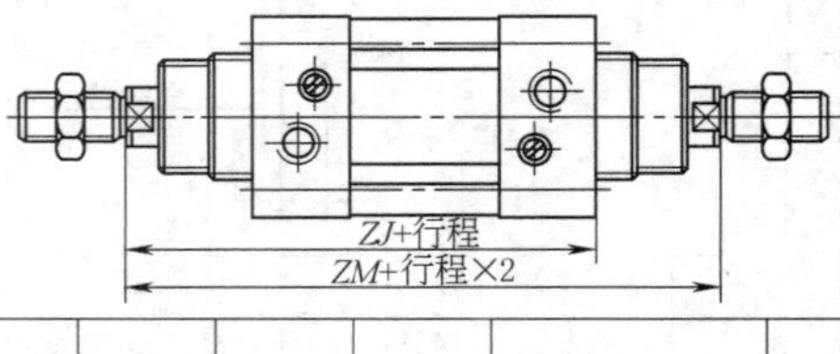


| 缸径 | AM | B $\phi$ d11 | BG | E | EE | $J_2$ | $J_3$ | KK | $L_1$ | $L_2$ | ZM |
|---|---|---|---|---|---|---|---|---|---|---|---|
| 32 | 22 | 30 | 16 | 45 | G1/8 | 6 | 5.2 | M10×1.25 | 18 | 94 | 148 |
| 40 | 24 | 35 | 16 | 54 | G1/4 | 8 | 6 | M12×1.25 | 21.5 | 105 | 167 |
| 50 | 32 | 40 | 17 | 64 | G1/4 | 10.4 | 8.5 | M16×1.5 | 28 | 106 | 183 |
| 63 | 32 | 45 | 17 | 75 | G3/8 | 12.4 | 10 | M16×1.5 | 28.5 | 121 | 199 |
| 80 | 40 | 45 | 17 | 93 | G3/8 | 12.5 | 8 | M20×1.5 | 34.7 | 128 | 222 |
| 100 | 40 | 55 | 17 | 110 | G1/2 | 12 | 10 | M20×1.5 | 38.2 | 138 | 240 |
| 125 | 54 | 60 | 22 | 134 | G1/2 | 13 | 8 | M27×2 | 46 | 160 | 291 |

| 缸径 | L7 | MM $\phi$ f8 | PL | RT | TG | VA | VD | WH | ZJ | C1 | C2 | C3 |
|---|---|---|---|---|---|---|---|---|---|---|---|---|
| 32 | 3.3 | 12 | 15.6 | M6 | 32.5 | 4 | 10 | 26 | 120 | 10 | 16 | 6 |
| 40 | 3.6 | 16 | 14 | M6 | 38 | 4 | 10.5 | 30 | 135 | 13 | 18 | 6 |
| 50 | 5.1 | 10 | 14 | M8 | 46.5 | 4 | 11.5 | 37 | 143 | 17 | 24 | 8 |
| 63 | 6.6 | 20 | 17 | M8 | 56.5 | 4 | 15 | 37 | 158 | 17 | 24 | 8 |
| 80 | 10.5 | 25 | 16.4 | M10 | 72 | 4 | 15.7 | 46 | 174 | 22 | 30 | 6 |
| 100 | 8 | 25 | 18.8 | M10 | 89 | 4 | 19.2 | 51 | 189 | 22 | 30 | 6 |
| 125 | 14 | 32 | 18 | M12 | 110 | 6 | 20.5 | 65 | 225 | 27 | 36 | 8 |

为了实现互换，ISO 15552 气缸中的 AM、KK、$\phi B$、TG、WH、ZM、RT 尺寸保持一致。此外，BG、VD 为下限尺寸，E 为上限尺寸

**表 23-4-98　　ISO 15552 标准的连接型式及连接件尺寸**　　mm

### 脚架式

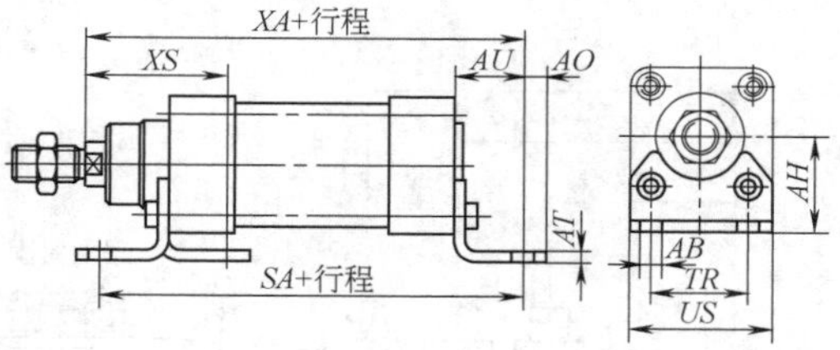


| 适用直径 | ϕAB | AH | AO | AT | AU | SA 基本气缸 | SA KP | TR | US | XA 基本气缸 | XA KP | XS |
|---|---|---|---|---|---|---|---|---|---|---|---|---|
| 32 | 7 | 32 | 6.5 | 5 | 24 | 142 | 187 | 32 | 45 | 144 | 189 | 45 |
| 40 | 10 | 36 | 9 | 5 | 28 | 161 | 214 | 36 | 54 | 163 | 216 | 53 |
| 50 | 10 | 45 | 10.5 | 6 | 32 | 170 | 237 | 45 | 64 | 175 | 242 | 62 |
| 63 | 10 | 50 | 12.5 | 6 | 32 | 185 | 261 | 50 | 75 | 190 | 266 | 63 |
| 80 | 12 | 63 | 15 | 6 | 41 | 210 | 305 | 63 | 93 | 215 | 310 | 81 |
| 100 | 14.5 | 71 | 17.5 | 6 | 41 | 220 | 318 | 75 | 110 | 230 | 328 | 86 |
| 125 | 16.5 | 90 | 22 | 8 | 45 | 250 | 375 | 90 | 131 | 270 | 395 | 102 |

备注：尺寸 SA、XA 一栏中的 KP 表示带活塞杆锁紧装置的气缸

### 前/后法兰板式

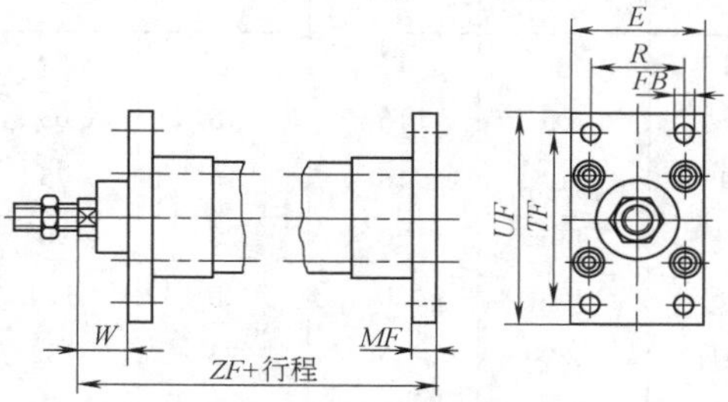


| 适用直径 | E | ϕFB H13 | MF | R | TF | UF | W | ZF 基本气缸 | ZF KP |
|---|---|---|---|---|---|---|---|---|---|
| 32 | 45 | 7 | 10 | 32 | 64 | 80 | 16 | 130 | 175 |
| 40 | 54 | 9 | 10 | 36 | 72 | 90 | 20 | 145 | 198 |
| 50 | 65 | 9 | 12 | 45 | 90 | 110 | 25 | 155 | 222 |
| 63 | 75 | 9 | 12 | 50 | 100 | 120 | 25 | 170 | 246 |
| 80 | 93 | 12 | 16 | 63 | 126 | 150 | 30 | 190 | 285 |
| 100 | 110 | 14 | 16 | 75 | 150 | 175 | 35 | 205 | 303 |
| 125 | 132 | 16 | 20 | 90 | 180 | 210 | 45 | 245 | 370 |

备注：尺寸 ZF 一栏中的 KP 表示带活塞杆锁紧装置的气缸

### 前端耳轴式

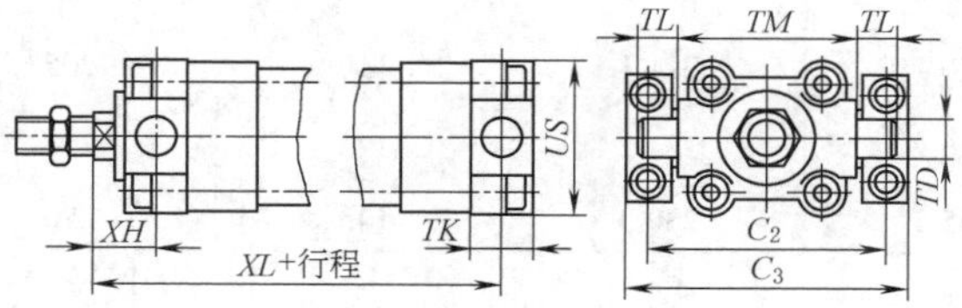


| 适用直径 | $C_2$ | $C_3$ | ϕTD e9 | TK | TL | TM | US | XH | XL 基本气缸 | XL KP |
|---|---|---|---|---|---|---|---|---|---|---|
| 32 | 71 | 86 | 12 | 16 | 12 | 50 | 45 | 18 | 128 | 173 |
| 40 | 87 | 105 | 16 | 20 | 16 | 63 | 54 | 20 | 145 | 198 |
| 50 | 99 | 117 | 16 | 24 | 16 | 75 | 64 | 25 | 155 | 222 |
| 63 | 116 | 136 | 20 | 24 | 20 | 90 | 75 | 25 | 170 | 246 |
| 80 | 136 | 156 | 20 | 28 | 20 | 110 | 93 | 32 | 188 | 283 |
| 100 | 164 | 189 | 25 | 38 | 25 | 132 | 110 | 32 | 208 | 306 |
| 125 | 192 | 217 | 25 | 50 | 25 | 160 | 131 | 40 | 250 | 375 |

备注：尺寸 XL 一栏中的 KP 表示带活塞杆锁紧装置的气缸

续表

**中间耳轴式**

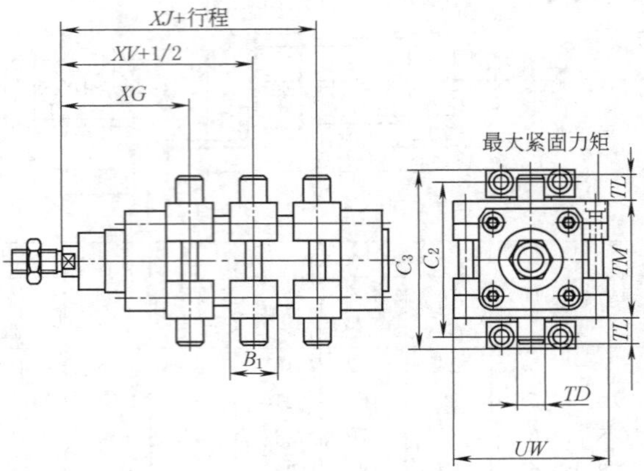


| 适用直径 | $B_1$ | $C_2$ | $C_3$ | $\phi TD$ e9 | TL | TM | UW | XG 基本气缸 | XG KP |
|---|---|---|---|---|---|---|---|---|---|
| 32 | 30 | 71 | 86 | 12 | 12 | 50 | 65 | 66.1 | 111.1 |
| 40 | 32 | 87 | 105 | 16 | 16 | 63 | 75 | 75.6 | 128.6 |
| 50 | 34 | 99 | 117 | 16 | 16 | 75 | 95 | 83.6 | 150.6 |
| 63 | 41 | 116 | 136 | 20 | 20 | 90 | 105 | 93.1 | 169.1 |
| 80 | 44 | 136 | 156 | 20 | 20 | 110 | 130 | 103.9 | 198.9 |
| 100 | 48 | 164 | 189 | 25 | 25 | 132 | 145 | 113.8 | 211.8 |
| 125 | 50 | 192 | 217 | 25 | 25 | 160 | 175 | 134.7 | 259.7 |

| 适用直径 | XJ | | XV | |
|---|---|---|---|---|
| | 基本气缸 | KP | 基本气缸 | KP |
| 32 | 79.9 | 124.9 | 73 | 118 |
| 40 | 89.4 | 142.4 | 82.5 | 135.5 |
| 50 | 96.4 | 163.4 | 90 | 157 |
| 63 | 101.9 | 177.9 | 97.5 | 173.5 |
| 80 | 116.1 | 211.1 | 110 | 205 |
| 100 | 126.2 | 224.2 | 120 | 218 |
| 125 | 155.3 | 280.3 | 145 | 270 |

备注：尺寸 XJ、XV 一栏中的 KP 表示带活塞杆锁紧装置的气缸

**中间耳轴支架**

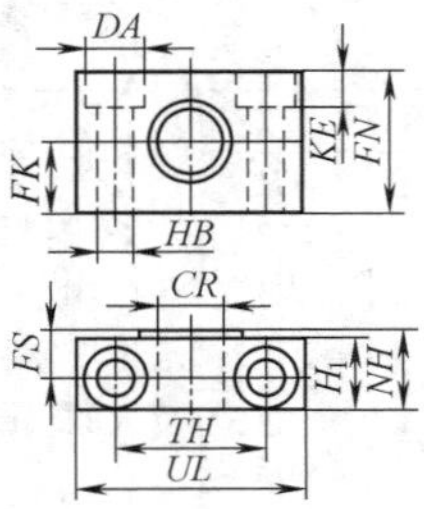


| 适用直径 | $\phi CR$ D11 | $\phi DA$ H13 | FK ±0.1 | FN | FS | $H_1$ | $\phi HB$ H13 | KE | NH | TH ±0.2 | UL |
|---|---|---|---|---|---|---|---|---|---|---|---|
| 32 | 12 | 11 | 15 | 30 | 10.5 | 15 | 6.6 | 6.8 | 18 | 32 | 46 |
| 40,50 | 16 | 15 | 18 | 36 | 12 | 18 | 9 | 9 | 21 | 36 | 55 |
| 63,80 | 20 | 18 | 20 | 40 | 13 | 20 | 11 | 11 | 23 | 42 | 65 |
| 100,125 | 25 | 20 | 25 | 50 | 16 | 24.5 | 14 | 13 | 28.5 | 50 | 75 |

续表

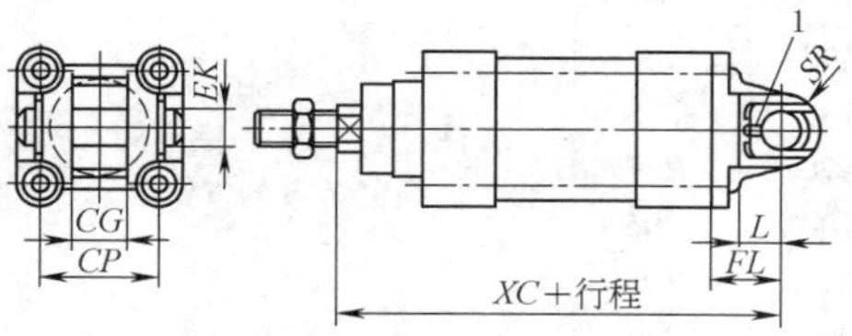


1—柱销带一个定位销防止旋转

| 适用直径 | CG<br>H14 | CP<br>d12 | $\phi EK$ | FL<br>±0.2 | L | SR | XC<br>基本气缸 | XC<br>KP | |
|---|---|---|---|---|---|---|---|---|---|
| 32 | 14 | 34 | 10 | 22 | 13 | 10 | 142 | 187 | 备注：尺寸 XC 一栏中的 KP 表示带活塞杆锁紧装置的气缸 |
| 40 | 16 | 40 | 12 | 25 | 16 | 12 | 160 | 213 | |
| 50 | 21 | 45 | 16 | 27 | 16 | 16 | 170 | 237 | |
| 63 | 21 | 51 | 16 | 32 | 21 | 16 | 190 | 266 | |
| 80 | 25 | 65 | 20 | 36 | 22 | 20 | 210 | 305 | |
| 100 | 25 | 75 | 20 | 41 | 27 | 20 | 230 | 328 | |
| 125 | 37 | 97 | 30 | 50 | 30 | 30 | 275 | 400 | |

耳环式

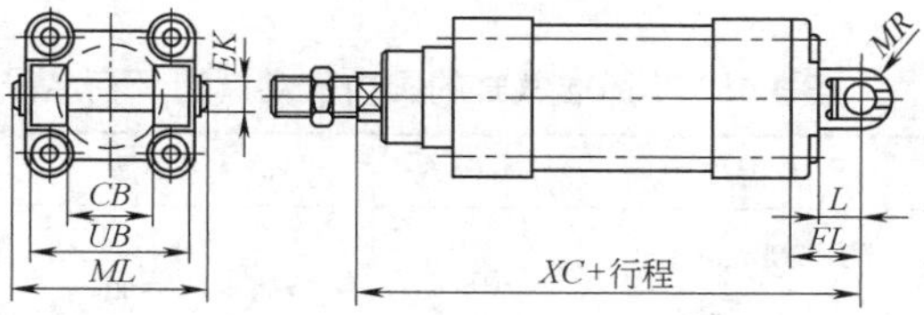


| 适用直径 | CB<br>H14 | $\phi EK$<br>e8 | FL<br>±0.2 | L | ML | MR | UB<br>h14 | XC<br>基本气缸 | XC<br>KP | |
|---|---|---|---|---|---|---|---|---|---|---|
| 32 | 26 | 10 | 22 | 13 | 55 | 10 | 45 | 142 | 187 | 备注：尺寸 XC 一栏中的 KP 表示带活塞杆锁紧装置的气缸 |
| 40 | 28 | 12 | 25 | 16 | 63 | 12 | 52 | 160 | 213 | |
| 50 | 32 | 12 | 27 | 16 | 71 | 12 | 60 | 170 | 237 | |
| 63 | 40 | 16 | 32 | 21 | 83 | 16 | 70 | 190 | 266 | |
| 80 | 50 | 16 | 36 | 22 | 103 | 16 | 90 | 210 | 305 | |
| 100 | 60 | 20 | 41 | 27 | 127 | 20 | 110 | 230 | 328 | |
| 125 | 70 | 25 | 50 | 30 | 148 | 25 | 130 | 275 | 400 | |

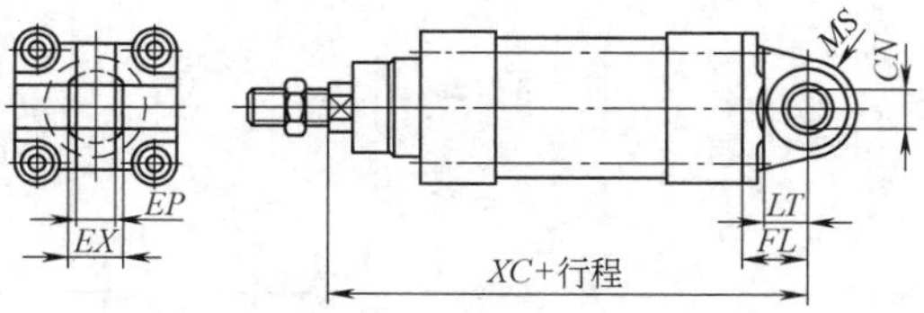


| 适用直径 | $\phi CN$ | EP<br>±0.2 | EX | FL<br>±0.2 | LT | MS | XC<br>基本气缸 | XC<br>KP | |
|---|---|---|---|---|---|---|---|---|---|
| 32 | 10 | 10.5 | 14 | 22 | 13 | 15 | 142 | 187 | 备注：尺寸 XC 一栏中的 KP 表示带活塞杆锁紧装置的气缸 |
| 40 | 12 | 12 | 16 | 25 | 16 | 17 | 160 | 213 | |
| 50 | 16 | 15 | 21 | 27 | 18 | 20 | 170 | 237 | |
| 63 | 16 | 15 | 21 | 32 | 21 | 22 | 190 | 266 | |
| 80 | 20 | 18 | 25 | 36 | 22 | 27 | 210 | 305 | |
| 100 | 20 | 18 | 25 | 41 | 27 | 29 | 230 | 328 | |
| 125 | 30 | 25 | 37 | 50 | 30 | 39 | 275 | 400 | |

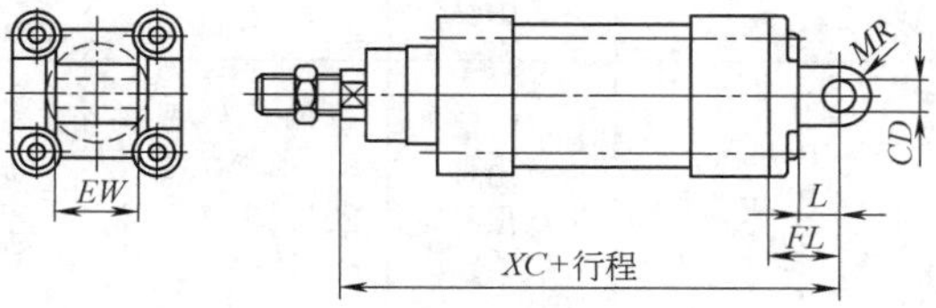

续表

<table>
<tr><td rowspan="2"></td><td rowspan="2">适用直径</td><td rowspan="2">$\phi CD$</td><td>$EW$</td><td>$FL$</td><td rowspan="2">$L$</td><td rowspan="2">$MR$</td><td colspan="2">$XC$</td><td rowspan="9">备注:尺寸 $XC$ 一栏中的 $KP$ 表示带活塞杆锁紧装置的气缸</td></tr>
<tr><td>h14</td><td>±0.2</td><td>基本气缸</td><td>$KP$</td></tr>
<tr><td rowspan="7">耳环式</td><td>32</td><td>10</td><td>26</td><td>22</td><td>13</td><td>10</td><td>142</td><td>187</td></tr>
<tr><td>40</td><td>12</td><td>28</td><td>25</td><td>16</td><td>12</td><td>160</td><td>213</td></tr>
<tr><td>50</td><td>12</td><td>32</td><td>27</td><td>16</td><td>12</td><td>170</td><td>237</td></tr>
<tr><td>63</td><td>16</td><td>40</td><td>32</td><td>21</td><td>16</td><td>190</td><td>266</td></tr>
<tr><td>80</td><td>16</td><td>50</td><td>36</td><td>22</td><td>16</td><td>210</td><td>305</td></tr>
<tr><td>100</td><td>20</td><td>60</td><td>41</td><td>27</td><td>20</td><td>230</td><td>328</td></tr>
<tr><td>125</td><td>25</td><td>70</td><td>50</td><td>30</td><td>25</td><td>275</td><td>400</td></tr>
</table>

## 6.3.3 国内外 ISO 15552 标准气缸制造厂商名录

**表 24-4-99　　ISO 15552 标准气缸的国内气动制造厂商名录**

<table>
<tr><td>厂商</td><td>型号</td><td>缸径、压力、温度范围</td><td>基本形式</td><td>派生型</td><td>备注　(单位:mm)</td></tr>
<tr><td>亚德客<br>Airtac</td><td>SI 系列型材气缸</td><td>$\phi$3~200mm<br>1~9bar<br>-5~+70℃</td><td>单出杆<br>双出杆</td><td>耐高温(150℃);可调缓冲</td><td>样本中仅标注 ISO 气缸,未注明 VDMA 24562</td></tr>
<tr><td>亿日<br>Easun</td><td>ESI</td><td>$\phi$32~100mm<br>0.5~9bar<br>-5~+70℃</td><td>单出杆<br>双出杆</td><td>耐高温(150℃);可调缓冲</td><td></td></tr>
<tr><td>恒立<br>Hengli</td><td>QGM 系列型材气缸</td><td>$\phi$3~125mm<br>10bar<br>-5~+80℃</td><td>双出杆</td><td>耐高温(150℃);多位置气缸;带阀气缸;可调缓冲</td><td>$\phi$63 颈部尺寸为 40,$\phi$32 的 $ZB$ 尺寸为 130,$\phi$50 四个螺钉内螺纹为 M6</td></tr>
<tr><td>华能<br>Huaneng</td><td>QGBM 米字形型材气缸</td><td>$\phi$3~100mm<br>1.5~8bar<br>-10~+70℃</td><td>单出杆</td><td></td><td><table>
<tr><td>缸径</td><td>$RT$</td><td>$BG$</td><td>$WH$</td><td>$B$</td></tr>
<tr><td>$\phi$32</td><td>M5</td><td>13</td><td></td><td></td></tr>
<tr><td>$\phi$40</td><td>M5</td><td>13</td><td></td><td></td></tr>
<tr><td>$\phi$50</td><td>M6</td><td>15</td><td></td><td></td></tr>
<tr><td>$\phi$63</td><td>M6</td><td>19</td><td>40</td><td>42</td></tr>
<tr><td>$\phi$80</td><td>M8</td><td>21</td><td>48</td><td>48</td></tr>
<tr><td>$\phi$100</td><td>M8</td><td>21</td><td>53</td><td>52</td></tr>
</table></td></tr>
<tr><td>佳尔灵<br>Jiaerling</td><td>SI 系列型材气缸</td><td>$\phi$3~100mm</td><td>单出杆</td><td></td><td>$BG$ 尺寸:$\phi$32 为 12,$\phi$40 为 12,<br>$\phi$50 为 12,$\phi$63 为 12,<br>$\phi$80 为 15,$\phi$100 为 15</td></tr>
<tr><td rowspan="2">天工<br>STNC</td><td>TGD 系列型材气缸</td><td>$\phi$3~100mm<br>1~9bar<br>-5~+70℃</td><td rowspan="2"></td><td rowspan="2"></td><td rowspan="2">$WH+l_8$ 尺寸:$\phi$125 为 225,$\phi$160 为 260</td></tr>
<tr><td>TGK 系列四拉杆气缸</td><td>$\phi$1~200mm<br>1~9bar<br>-10~+70℃</td></tr>
<tr><td rowspan="2">新益<br>Xinyi</td><td>QC95/QC95-B 系列型材气缸</td><td>$\phi$3~200mm<br>1~10bar<br>5~+60℃</td><td>单出杆<br>双出杆</td><td></td><td></td></tr>
<tr><td>QDNC 系列型材气缸</td><td>$\phi$3~100mm<br>1~10bar<br>5~+60℃</td><td>单出杆<br>双出杆</td><td>加长外螺纹 $K_2$;前端活塞杆内螺纹 $K_3$;加长活塞杆 $K_8$</td><td><table>
<tr><td>缸径</td><td>$BG$</td><td>缸径</td><td>$BG$</td></tr>
<tr><td>$\phi$32</td><td>10.6</td><td>$\phi$63</td><td>15</td></tr>
<tr><td>$\phi$40</td><td>10.5</td><td>$\phi$80</td><td>15.7</td></tr>
<tr><td>$\phi$50</td><td>11.5</td><td>$\phi$100</td><td>19.2</td></tr>
</table></td></tr>
</table>

注：以上公司均以开头字母顺序排列。

**表 23-4-100　　ISO 15552 标准气缸的国外气动制造厂商名录**

| 厂商 | 型　号 | 缸径、压力、温度范围 | 基本形式 | 派　生　型 |
|---|---|---|---|---|
| Bosch Rexr-oth | PRA | $\phi$32～125mm<br>1～10bar<br>-20～+80℃ | 双作用、磁性有缓冲 | |
| | PRB | $\phi$32～100mm<br>1～10bar<br>-20～+80℃ | 单作用、双作用、双出杆 | 耐高温、高耐腐蚀 |
| | 523 系列型材气缸 | $\phi$32～320mm<br>10bar<br>-20～+70℃ | 单作用、双作用、双出杆 | 防转动活塞杆 |
| | Euromec 168 系列型材气缸 | $\phi$32～100mm<br>10bar<br>-20～+70℃ | | |
| CKD | SCW 系列型材气缸 | $\phi$32～100mm<br>10bar<br>-10～+60℃ | | |
| Camozzi | 60 系列四拉杆气缸 | $\phi$32～100mm<br>1～10bar<br>0～+80℃<br>(干燥空气:-20℃) | 单作用:单出杆(带/不带磁性);双出杆(带/不带磁性)<br>双作用:单出杆;双出杆(带/不带磁性) | |
| | 61 系列带内置四拉杆的型材气缸 | $\phi$32～100mm<br>1～10bar<br>0～+80℃<br>(干燥空气:-20℃) | 单作用:单出杆(带/不带磁性)<br>双作用:单出杆;双出杆(带/不带磁性) | 带阀气缸 |
| | 90 系列不锈钢气缸 | $\phi$32～200mm<br>1～10bar<br>0～+80℃<br>(干燥空气:-20℃) | 单作用(带磁性):单出杆<br>双作用(带磁性):可调缓冲 | |
| Festo | DNC 系列型材气缸 | $\phi$32～125mm<br>0.6～12bar<br>-20～+80℃ | 可带/不带磁性 | 两端缓冲及可调缓冲、活塞杆加长、活塞杆螺纹加长、活塞杆上特殊螺纹、方形活塞杆、两端出杆、两端空心出杆、活塞杆端部为六角、低速、低摩擦、耐高温(150℃)、高耐腐蚀、氧化铝活塞杆(防焊渣)、不含钢和聚四氟乙烯、多位置、倍力、可配导向装置、活塞杆带锁紧装置、带阀气缸 |
| | DNCB 系列型材气缸 | $\phi$32～100mm<br>0.6～12bar<br>-20～+80℃ | | 可组成多位置气缸、可配导向装置 |
| | DNG 系列型材气缸 | $\phi$32～320mm<br>12bar<br>-20～+80℃ | | 两端出杆、不锈钢活塞杆、耐高温(150℃)、高耐腐蚀、多位置、可配导向装置 |
| | CDN 系列型材气缸 | $\phi$32～100mm<br>0.6～12bar<br>-20～+80℃(带位移传感器为60℃) | | 两端出杆、不锈钢活塞杆、耐高温(150℃)、高耐腐蚀、多位置、可配导向装置<br>备注:易清洗型气缸的位置传感器在气缸内部 |
| Metal Work | ISO 6431 VDMA 系列 A 型型材气缸 | $\phi$32～125mm<br>10bar<br>-20～+80℃ | 单作用 126、双作用、单出杆、双出杆 | 型材表面具有安装传感器的沟槽、耐高温(150℃)、低温(-35～+80℃)、加长缓冲、活塞杆锁紧、可配导向装置、低摩擦(129 系列)、带阀气缸、倍力气缸、多位置 |
| | ISO 6431 VDMA 系列型材气缸 | $\phi$32～125mm<br>10bar<br>-20～+80℃ | 单作用 126、双作用、单出杆、双出杆 | 耐高温(150℃)、低温(-35～+80℃)、加长缓冲、活塞杆锁紧、可配导向装置、低摩擦(123 系列)、带阀气缸、倍力气缸、多位置、传感器需安装附件固定 |

续表

| 厂商 | 型　号 | 缸径、压力、温度范围 | 基本形式 | 派　生　型 |
|---|---|---|---|---|
| Norgren | PRA/181000<br>183000<br>带内置四拉杆型材气缸 | $\phi$32～100mm<br>2～10bar<br>-20～+80℃ | 单作用、活塞杆缩回(181000)、活塞杆伸出(183000)、单出杆 | 标准型M、防转活塞杆$N_2$、特殊防尘/密封$W_2$、加长活塞杆$M_u$、加长活塞杆及特殊防尘/密封$W_6$ |
| | PRA/182000带内置四拉杆型材气缸 | $\phi$32～125mm<br>1～16bar<br>-20～+80℃ | 双作用、双出杆$J_m$、无缓冲$M_w$ | 标准型M、特殊防尘/密封$W_2$、低摩擦$X_2$、带防护皮囊活塞杆$M_G$、低摩擦无缓冲$X_4$、双出杆特殊防尘/密封$W_4$、多位置气缸$M_T$、防转活塞杆$N_2$、带锁紧装置$L_4$、为装导向架而将缸体转90° MIL、加长活塞杆$M_u$、加长活塞杆及特殊防尘/密封$W_6$ |
| | RA/28000/M<br>28300/M<br>四拉杆 | $\phi$32～100mm<br>2～10bar<br>-20～+80℃ | 单作用、活塞杆缩回(28000/M)、活塞杆伸出(28300/M) | 标准型M、特殊防尘/密封$W_2$、防转活塞杆$N_2$、加长活塞杆$M_u$ |
| | RA/8000四拉杆 | $\phi$32～320mm<br>1～16bar<br>(新样本P37:1～10bar)<br>-20～+80℃ | 双作用、标准型M、双出杆$J_m$、无缓冲$M_w$ | 特殊防尘/密封$W_2$、低摩擦$X_2$、带防护皮囊活塞杆$M_G$、低摩擦无缓冲$X_4$、双出杆特殊防尘/密封$W_4$、多位置气缸$M_T$、防转活塞杆$N_2$、带锁紧装置$L_4$、加长活塞杆$M_u$、加长活塞杆及特殊防尘/密封$W_6$、带福克斯波罗定位器气缸$P_1/P_2/P_3/P_4$、带西门子定位气缸$P_5/P_6/P_7/P_8$ |
| | PVA/8000M<br>带内置四拉杆型材气缸 | $\phi$32～100mm<br>1～16bar<br>-20～+80℃ | 双作用、标准型M、双出杆$J_m$ | 专用防尘/密封$W_2$、双出杆专用防尘/密封$W_4$、多位置气缸$M_T$、加长活塞杆$M_u$、加长活塞杆及特殊防尘/密封$W_6$<br>注:洁净车间,用于食品工业 |
| | KA/8000<br>不锈钢气缸,四拉杆型 | $\phi$32～200mm<br>1～16bar<br>-10～+80℃ | 双作用、带/不带磁性、标准型M、双出杆$J_m$、无缓冲$M_w$ | 专用防尘/密封$W_2$、双出杆专用防尘/密封$W_4$、多位置气缸$M_T$、加长活塞杆$M_u$、加长活塞杆及特殊防尘/密封$W_7$<br>注:洁净车间,用于食品工业 |
| Numatics | VE/VF型材气缸 | $\phi$32～100mm<br>0.8～10bar<br>-20～+80℃ | VE单出杆,无磁性;VG单出杆,带磁性;VF双出杆,无磁性;VH双出杆,带磁性 | VT为倍力气缸;可与导向装置配用;滚动轴承FHK;滑动轴承FHG |
| | ZG/ZH四拉杆气缸 | $\phi$32～250mm<br>0.8～10bar<br>-20～+80℃ | ZG单出杆,有磁性;ZE单出杆,无磁性;ZH双出杆,有磁性;ZF双出杆,无磁性 | 可与导向装置配用;滚动轴承FHK;滑动轴承FHG |
| Parker | P1E系列内置四拉杆型材气缸 | $\phi$32～200mm<br>0～10bar<br>-10～+70℃(Viton材料:-10～+180℃) | 双作用(带磁性S或不带磁性A)、单出杆、双出杆M | 活塞杆加长、活塞杆锁紧C、耐高温(180℃,第四组数字)、活塞杆带防护罩E、中空双出杆F(第三组数字) |
| | P1C系列内置四拉杆型材气缸 | $\phi$32～125mm<br>1～10bar<br>0～+80℃(干燥空气:-20℃) | 双作用双出杆F(第三组数字) | 活塞杆加长D(第七组数字)、带阀气缸(第七组数字)、耐高温(150℃,F/G第四组数字)、低温L/K(第四组数字)、锁紧气缸L/M(第一组数字)、多位置气缸T/S、低压(液压)J(第四组数字)、可配导向装置A/B/C(第五组数字) |
| Pneumax | 1380—1381—1382系列气缸 | $\phi$32～100mm<br>1～10bar<br>-5～+70℃ | 双出杆 | 反向连接(背接式)气缸、串联气缸 |
| SMC | C95 | $\phi$32～100mm<br>0.5～10bar<br>-10～+60℃ | 单出杆 | |

注：以上公司均以开头字母顺序排列。

## 6.3.4 非 ISO 标准普通型气缸（$\phi$32～125mm）

表 23-4-101

mm

| 缸径 | 标准行程 | 最大行程 | 容许行程 |
|---|---|---|---|
| 32 | 25 50 75 80 100 125 150 160 175 200 250 300 350 400 450 500 | 1000 | 2000 |
| 40 | 25 50 75 80 100 125 150 160 175 200 250 300 350 400 450 500 600 700 800 | 1200 | 2000 |
| 50 | 25 50 75 80 100 125 150 160 175 200 250 300 350 400 450 500 600 700 800 900 1000 | 1200 | 2000 |
| 63 | 25 50 75 80 100 125 150 160 175 200 250 300 350 400 450 500 600 700 800 900 1000 | 1500 | 2000 |
| 80 | 25 50 75 80 100 125 150 160 175 200 250 300 350 400 450 500 600 700 800 900 1000 | 1500 | 2000 |
| 100 | 25 50 75 80 100 125 150 160 175 200 250 300 350 400 450 500 600 700 800 900 1000 | 1500 | 2000 |

规格系列

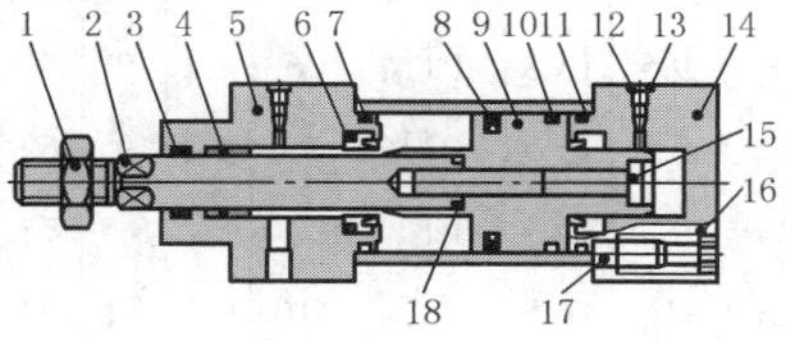


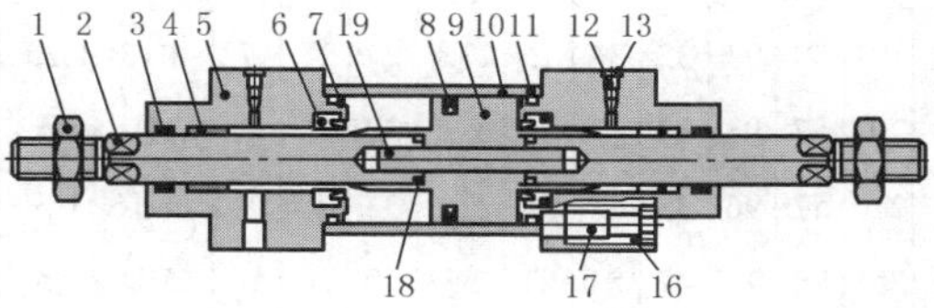


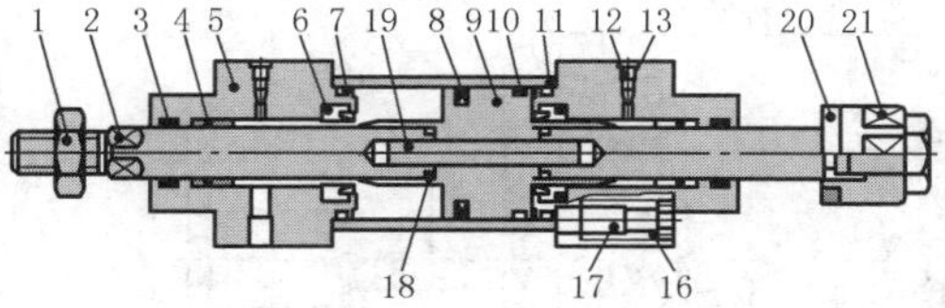


1—螺母；
2,18—活塞杆；
3—前盖密封圈；
4—含油轴承；
5—前盖；
6—缓冲；
7—管壁；
8,9—活塞；
10—耐磨环；
11—本体；
12—缓冲防漏；
13—缓冲调整螺钉；
14—后盖；
15—内六角螺栓；
16—支柱螺母；
17—支柱；
19—连接螺栓；
20—可调螺母垫片；
21—可调螺母

标准型气缸尺寸

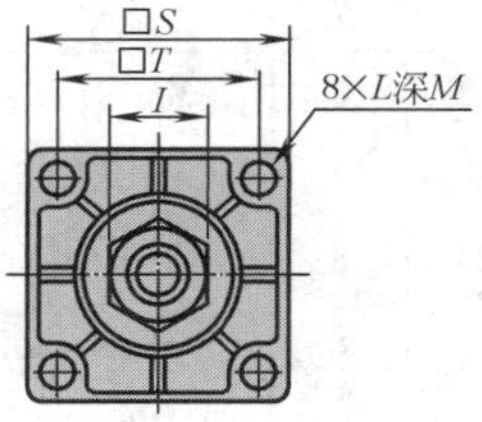


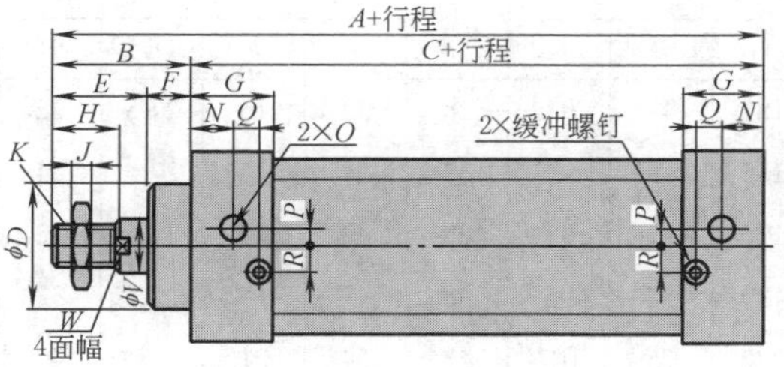


| 缸径 | A | B | C | D | E | F | G | H | I | J | K | L | M | N | O | P | Q | R | S | T | V | W |
|---|---|---|---|---|---|---|---|---|---|---|---|---|---|---|---|---|---|---|---|---|---|---|
| 32 | 140 | 47 | 93 | 28 | 32 | 15 | 27.5 | 22 | 17 | 6 | M10×1.25 | M6×1 | 9.5 | 13.7 | PT⅛ | 3.5 | 7.5 | 7 | 45 | 33 | 12 | 10 |
| 40 | 142 | 49 | 93 | 32 | 34 | 15 | 27.5 | 24 | 17 | 7 | M12×1.25 | M6×1 | 9.5 | 13.5 | PT¼ | 6 | 8.2 | 9 | 50 | 37 | 16 | 14 |
| 50 | 150 | 57 | 93 | 38 | 42 | 15 | 27.5 | 32 | 23 | 8 | M16×1.5 | M6×1 | 9.5 | 13.5 | PT¼ | 8.5 | 8.2 | 9 | 62 | 47 | 20 | 17 |
| 63 | 153 | 57 | 96 | 38 | 42 | 15 | 27.5 | 32 | 23 | 8 | M16×1.5 | M8×1.25 | 9.5 | 13.5 | PT⅜ | 7 | 8.2 | 8.5 | 75 | 56 | 20 | 17 |
| 80 | 182 | 75 | 107 | 47 | 54 | 21 | 33 | 40 | 26 | 10 | M20×1.5 | M10×1.5 | 11.5 | 16.5 | PT⅜ | 10 | 9.5 | 14 | 94 | 70 | 25 | 22 |
| 100 | 188 | 75 | 113 | 47 | 54 | 21 | 33 | 40 | 26 | 10 | M20×1.5 | M10×1.5 | 11.5 | 16.5 | PT½ | 11 | 9.5 | 14 | 112 | 84 | 25 | 22 |

续表

双出杆型气缸尺寸

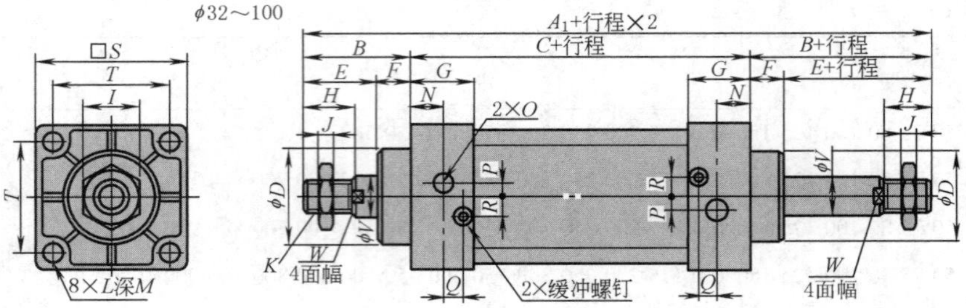


| 缸径 | $A_1$ | B | C | D | E | F | G | H | I | J | K | L | M | N | O | P | Q | R | S | T | V | W |
|---|---|---|---|---|---|---|---|---|---|---|---|---|---|---|---|---|---|---|---|---|---|---|
| 32 | 187 | 47 | 93 | 28 | 32 | 15 | 27.5 | 22 | 17 | 6 | M10×1.25 | M6×1 | 9.5 | 13.7 | PT⅛ | 3.5 | 7.5 | 7 | 45 | 33 | 12 | 10 |
| 40 | 191 | 49 | 93 | 32 | 34 | 15 | 27.5 | 24 | 17 | 7 | M12×1.25 | M6×1 | 9.5 | 13.5 | PT¼ | 6 | 8.2 | 9 | 50 | 37 | 16 | 14 |
| 50 | 207 | 57 | 93 | 38 | 42 | 15 | 27.5 | 32 | 23 | 8 | M16×1.5 | M6×1 | 9.5 | 13.5 | PT¼ | 8.5 | 8.2 | 9 | 62 | 47 | 20 | 17 |
| 63 | 210 | 57 | 96 | 38 | 42 | 15 | 27.5 | 32 | 23 | 8 | M16×1.5 | M8×1.25 | 9.5 | 13.5 | PT⅜ | 7 | 8.2 | 8.5 | 75 | 56 | 20 | 17 |
| 80 | 257 | 75 | 107 | 47 | 54 | 21 | 33 | 40 | 26 | 10 | M20×1.5 | M10×1.5 | 11.5 | 16.5 | PT⅜ | 10 | 9.5 | 14 | 94 | 70 | 25 | 22 |
| 100 | 263 | 75 | 113 | 47 | 54 | 21 | 33 | 40 | 26 | 10 | M20×1.5 | M10×1.5 | 11.5 | 16.5 | PT½ | 11 | 9.5 | 14 | 112 | 84 | 25 | 22 |

双出杆、行程可调型气缸尺寸

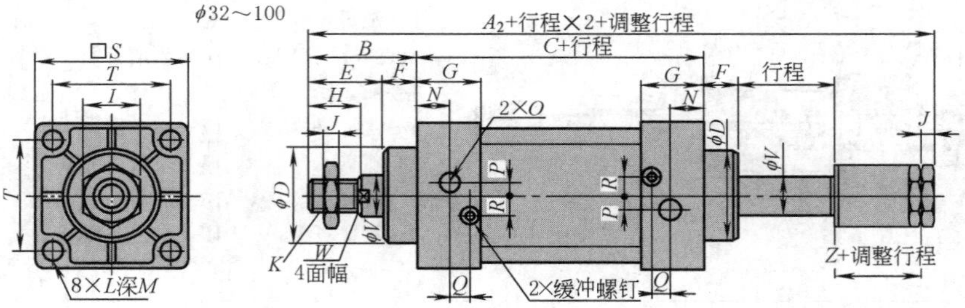


| 缸径 | $A_2$ | B | C | D | E | F | G | H | I | J | K | L |
|---|---|---|---|---|---|---|---|---|---|---|---|---|
| 32 | 182 | 47 | 93 | 28 | 32 | 15 | 27.5 | 22 | 17 | 6 | M10×1. 25 | M6×1 |
| 40 | 185 | 49 | 93 | 32 | 34 | 15 | 27.5 | 24 | 17 | 7 | M12×1.25 | M6×1 |
| 50 | 196 | 57 | 93 | 38 | 42 | 15 | 27.5 | 32 | 23 | 8 | M16×1.5 | M6×1 |
| 63 | 199 | 57 | 96 | 38 | 42 | 15 | 27.5 | 32 | 23 | 8 | M16×1.5 | M8×1.25 |
| 80 | 242 | 75 | 107 | 47 | 54 | 21 | 33 | 40 | 26 | 10 | M20×1.5 | M10×1.5 |
| 100 | 248 | 75 | 113 | 47 | 54 | 21 | 33 | 40 | 26 | 10 | M20×1.5 | M10×1.5 |

| 缸径 | M | N | O | P | Q | R | S | T | V | W | Z |
|---|---|---|---|---|---|---|---|---|---|---|---|
| 32 | 9.5 | 13.7 | PT⅛ | 3.5 | 7.5 | 7 | 45 | 33 | 12 | 10 | 21 |
| 40 | 9.5 | 13.5 | PT¼ | 6 | 8.2 | 9 | 50 | 37 | 16 | 14 | 21 |
| 50 | 9.5 | 13.5 | PT¼ | 8.5 | 8.2 | 9 | 62 | 47 | 20 | 17 | 23 |
| 63 | 9.5 | 13.5 | PT⅜ | 7 | 8.2 | 8.5 | 75 | 56 | 20 | 17 | 23 |
| 80 | 11.5 | 16.5 | PT⅜ | 10 | 9.5 | 14 | 94 | 70 | 25 | 22 | 29 |
| 100 | 11.5 | 16.5 | PT½ | 11 | 9.5 | 14 | 112 | 84 | 25 | 22 | 29 |

续表

安装附件尺寸

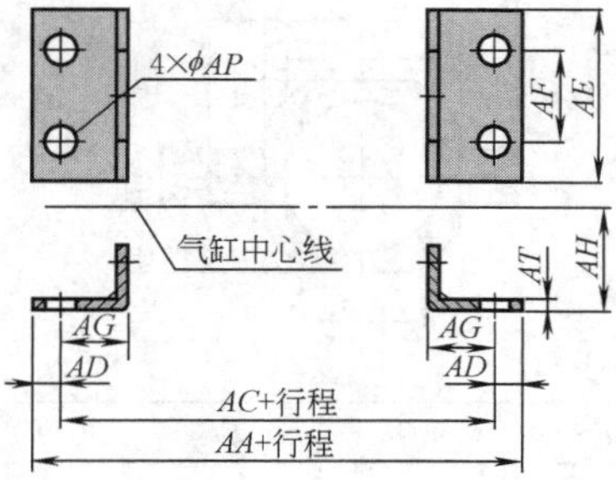


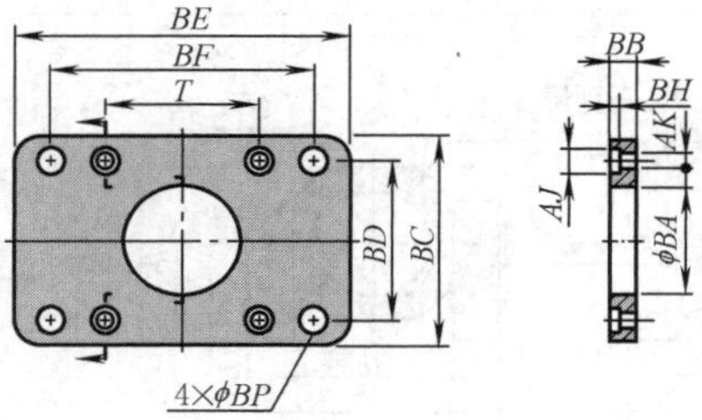


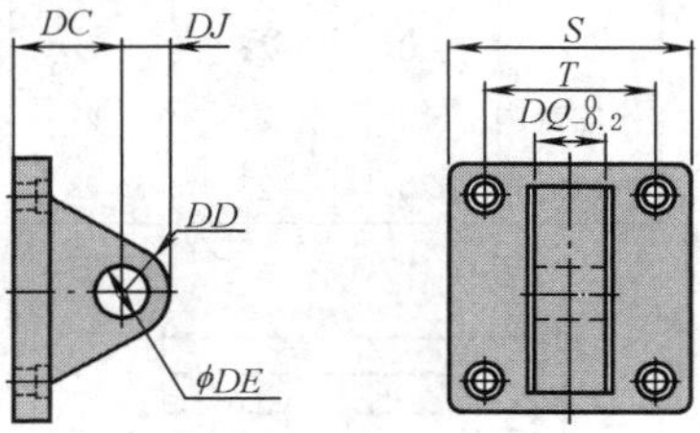


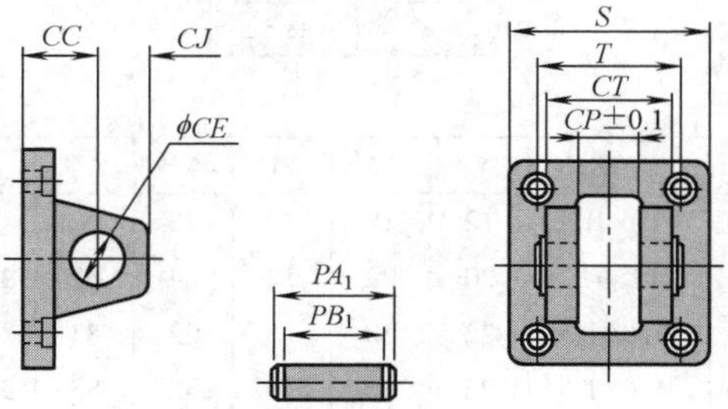


| 缸径 | 32 | 40 | 50 | 63 | 80 | 100 |
|---|---|---|---|---|---|---|
| *AA* | 153 | 169 | 173 | 184 | 189 | 209 |
| *AC* | 134 | 140 | 149 | 158 | 168 | 174 |
| *AD* | 9.5 | 14.5 | 12 | 13 | 16 | 18 |
| *AE* | 50 | 57 | 68 | 80 | 97 | 112 |
| *AF* | 33 | 36 | 47 | 56 | 70 | 84 |
| *AG* | 20.5 | 23.5 | 28 | 31 | 30 | 30 |
| *AH* | 28 | 30 | 36.5 | 41 | 49 | 57 |
| *AP* | 9 | 12 | 12 | 12 | 14 | 14 |
| *AT* | 3 | 3 | 3 | 3 | 4 | 4 |
| 缸径 | 32 | 40 | 50 | 63 | 80 | 100 |
| *BA* | 28.3 | 32.3 | 38.3 | 38.3 | 47.3 | 47.3 |
| *BB* | 10 | 10 | 10 | 12 | 16 | 16 |
| *BC* | 47 | 52 | 65 | 76 | 95 | 115 |
| *BD* | 33 | 36 | 47 | 56 | 70 | 84 |
| *BE* | 72 | 84 | 104 | 116 | 143 | 162 |
| *BF* | 58 | 70 | 86 | 98 | 119 | 138 |
| *BH* | 6.5 | 6.5 | 6.5 | 8.5 | 10.5 | 10.5 |
| *AJ* | 10.5 | 10.5 | 10.5 | 13.5 | 16.5 | 16.5 |
| *AK* | 6.5 | 6.5 | 6.5 | 8.5 | 10.5 | 10.5 |
| *BP* | 7 | 7 | 9 | 9 | 11 | 11 |
| *T* | 33 | 37 | 47 | 56 | 70 | 84 |
| 缸径 | 32 | 40 | 50 | 63 | 80 | 100 |
| *S* | 48 | 50 | 62 | 75 | 94 | 112 |
| *T* | 33 | 37 | 47 | 56 | 70 | 84 |
| *DC* | 34 | 34 | 34 | 34 | 48 | 48 |
| *DD* | 14 | 14 | 15 | 15 | 20 | 20 |
| *DE* | 12 | 14 | 14 | 14 | 20 | 20 |
| *DJ* | 14 | 14 | 15 | 15 | 20 | 20 |
| *DQ* | 16 | 20 | 20 | 20 | 32 | 32 |
| 缸径 | 32 | 40 | 50 | 63 | 80 | 100 |
| *CC* | 19 | 19 | 19 | 19 | 32 | 32 |
| *CE* | 12 | 14 | 14 | 14 | 20 | 20 |
| *CJ* | 13 | 13 | 15 | 15 | 21 | 21 |
| *CP* | 16.3 | 20.3 | 20.3 | 20.3 | 32.3 | 32.3 |
| *CT* | 32 | 44 | 52 | 52 | 64 | 64 |
| $PA_1$ | 41 | 51.8 | 60.3 | 60.3 | 73.8 | 73.8 |
| $PB_1$ | 33.5 | 45.5 | 54 | 54 | 65.5 | 65.5 |
| *S* | 48 | 50 | 62 | 75 | 94 | 112 |
| *T* | 33 | 37 | 47 | 56 | 70 | 84 |

续表

安装附件尺寸

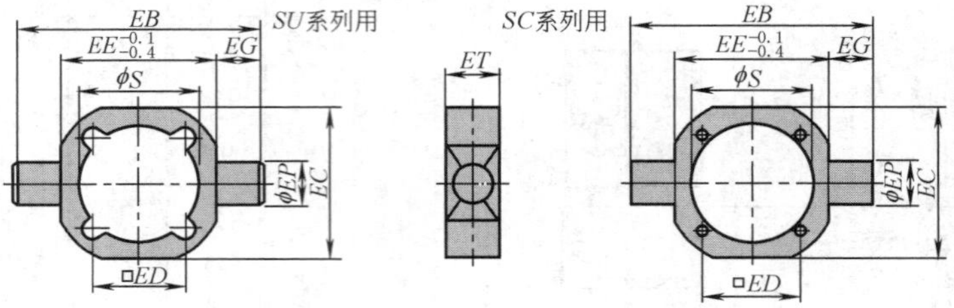


| 缸径 | EB | EC | ED | EE | EG | EP | ET | S |
|---|---|---|---|---|---|---|---|---|
| 40 | 113 | 63 | 37 | 63 | 25 | 25 | 30 | 45.5 |
| 50 | 126 | 76 | 47 | 76 | 25 | 25 | 30 | 55.5 |
| 63 | 138 | 88 | 56 | 88 | 25 | 25 | 30 | 68.5 |
| 80 | 164 | 114 | 70 | 114 | 25 | 25 | 35 | 87.5 |
| 100 | 182 | 132 | 84 | 132 | 25 | 25 | 40 | 107.5 |

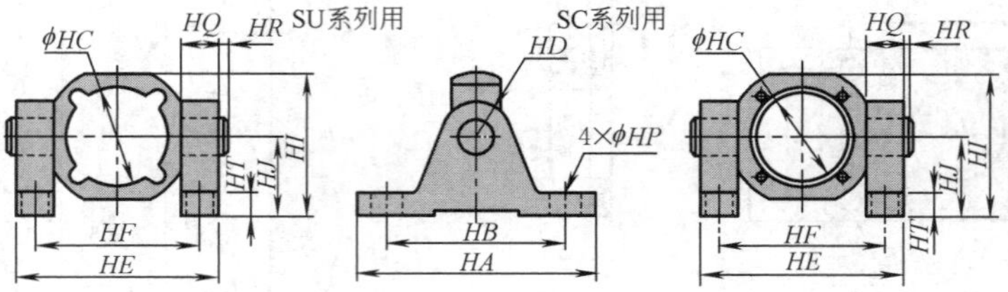


| 缸径 | HA | HB | HC | HD | HE | HF | HI | HJ | HQ | HR | HT | HP |
|---|---|---|---|---|---|---|---|---|---|---|---|---|
| 40 | 105 | 80 | 45.5 | 22 | 109 | 86 | 81.5 | 50 | 23 | 2 | 12 | 12 |
| 50 | 105 | 80 | 55.5 | 22 | 122 | 99 | 88 | 50 | 23 | 2 | 12 | 12 |
| 63 | 105 | 80 | 68.5 | 22 | 134 | 111 | 94 | 50 | 23 | 2 | 12 | 12 |
| 80 | 110 | 85 | 87.5 | 22 | 160 | 137 | 127 | 70 | 23 | 2 | 12 | 13 |
| 100 | 110 | 85 | 107.5 | 22 | 178 | 155 | 136 | 70 | 23 | 2 | 12 | 13 |

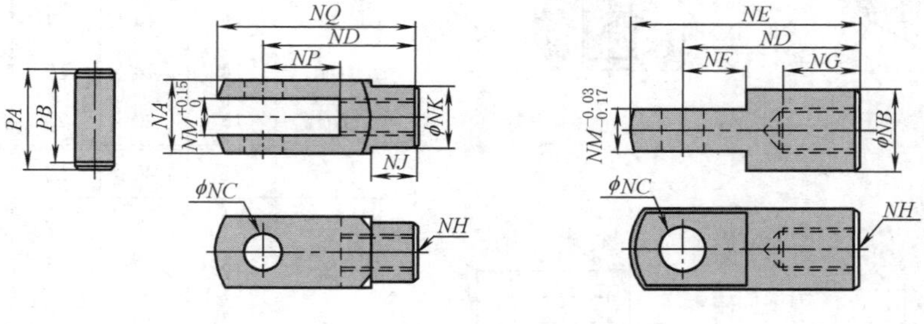


| 缸径 | NA | NB | NC | ND | NE | NF | NG | NH | NJ | NK | NM | NP | NQ | PA | PB |
|---|---|---|---|---|---|---|---|---|---|---|---|---|---|---|---|
| 32 | 19 | 20 | 10 | 40 | 52 | 15 | 20 | M10×1.25 | 12 | 18 | 10 | 20 | 52 | 25 | 19.5 |
| 40 | 25.4 | 24 | 12 | 48 | 67 | 24 | 20 | M12×1.25 | 20 | 23 | 12 | 24 | 62 | 32.8 | 26.5 |
| 50 | 32 | 32 | 16 | 64 | 89 | 32 | 23 | M16×1.5 | 22 | 30 | 16 | 32 | 83 | 39.3 | 33 |
| 63 | 32 | 32 | 16 | 64 | 89 | 32 | 23 | M16×1.5 | 22 | 30 | 16 | 32 | 83 | 39.3 | 33 |
| 80 | 44.4 | 40 | 20 | 80 | 112 | 40 | 30 | M20×1.5 | 30 | 39 | 20 | 40 | 105 | 53.3 | 45 |
| 100 | 44.4 | 40 | 20 | 80 | 112 | 40 | 30 | M20×1.5 | 30 | 39 | 20 | 40 | 105 | 53.3 | 45 |

续表

安装附件尺寸

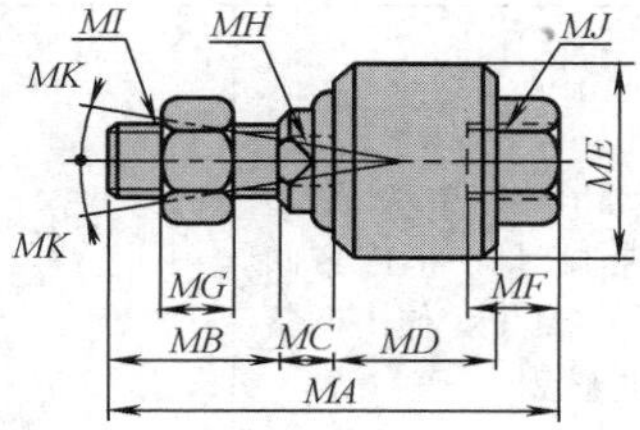


| 缸径 | *MA* | *MB* | *MC* | *MD* | *ME* | *MF* | *MG* | *MH* | *MI* | *MJ* | *MK* |
|---|---|---|---|---|---|---|---|---|---|---|---|
| 32 | 58 | 22 | 7 | 21 | 26 | 11.5 | 7 | 10 | M10×1.25 | M10×1.25 | 12° |
| 40 | 58 | 22 | 8 | 21 | 28 | 11.5 | 8 | 12 | M12×1.25 | M12×1.25 | 12° |
| 50 | 90 | 27 | 10 | 41 | 44.5 | 20 | 10 | 17 | M16×1.5 | M16×1.5 | 7° |
| 63 | 90 | 27 | 10 | 41 | 44.5 | 20 | 10 | 17 | M16×1.5 | M16×1.5 | 7° |
| 80 | 102 | 29 | 13 | 46 | 53 | 24 | 13 | 22 | M20×1.5 | M20×1.5 | 10° |
| 100 | 102 | 29 | 13 | 46 | 53 | 24 | 13 | 22 | M20×1.5 | M20×1.5 | 10° |

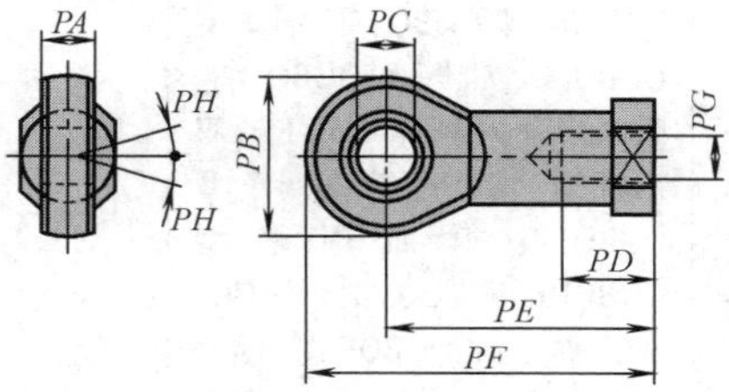


| 缸径 | *PA* | *PB* | *PC* | *PD* | *PE* | *PF* | *PG* | *PH* |
|---|---|---|---|---|---|---|---|---|
| 32 | 11 | 26 | 10 | 21 | 43 | 56 | M10×1.25 | 13° |
| 40 | 12 | 30 | 12 | 24 | 50 | 65 | M12×1.25 | 13° |
| 50 | 15 | 38 | 16 | 33 | 64 | 83 | M16×1.5 | 15° |
| 63 | 15 | 38 | 16 | 33 | 64 | 83 | M16×1.5 | 15° |
| 80 | 18 | 46 | 20 | 40 | 77 | 100 | M20×1.5 | 15° |
| 100 | 18 | 46 | 20 | 40 | 77 | 100 | M20×1.5 | 15° |

注：摘录亚德客 SU 普通气缸资料。

**表 23-4-102　　非 ISO 标准普通型气缸厂商名录**

| 厂商 | 型号 | 缸径压力/温度范围 | 基本形式 | 派生型 | 备注(单位:mm) |
|---|---|---|---|---|---|
| 亚德客 Airtac | SU | $\phi$32～100mm<br>1～9bar<br>-5～+70℃ | 可带/不带磁性 | 可调缓冲、两端出杆 SUD、两端出杆带可调缓冲 SUJ、耐高温(150℃)、多位置、倍力、可配导向装置、活塞杆带锁紧装置、带阀气缸 | |
| 亿日 Easun | ESC 四拉杆气缸、ESU 米字形型材气缸、ESF 型材气缸 | $\phi$32～160mm | 两侧可调缓冲<br>可带/不带磁性 | 可调缓冲,两端出杆,行程可调,倍力,多位置,带阀气缸耐高温(150℃) | |
| 方大 Fangda | 10B-5 | $\phi$32～100mm<br>0.5～10bar<br>-25～+80℃ | 两侧可调缓冲 | 基本型 | |
| | 10A-5 | $\phi$32～100mm<br>0.5～10bar<br>(标准型/带开关型);<br>1.5～8bar(带阀型/带阀带开关型)<br>-25～+80℃ | 可带/不带磁性 | 标准型 10A-5、带开关型 10A-5R、带阀型 10A-5V、带阀带开关型 10A-5K | |
| | 10A-2 | $\phi$125～250mm<br>1～10bar<br>-25～+80℃ | 可带/不带磁性 | 基本型 SD | |
| 法斯特 Fast | LM | $\phi$32～100mm<br>0.49～9.8bar<br>-25～+80℃ | 可带/不带缓冲 | 基本型 SD、带缓冲标准型 LMB、无缓冲型 LMA | *T* 尺寸:$\phi$32 为 32 |
| | LG | $\phi$32～125mm<br>0.5～10bar<br>-25～+80℃ | 可带/不带磁性 | 带缓冲标准气缸 LGB、无缓冲 LGA、带磁性开关型 LGK、带阀气缸 LGF、带开关带阀型 LGKF、双活塞杆型 LGL、双活塞型 LGS、增力气缸 LGJ、三位气缸 LGC、返程调行程型 LGT,进程调行程型 LGTa | *T* 尺寸:$\phi$32 为 32 |

续表

| 厂商 | 型号 | 缸径压力/温度范围 | 基本形式 | 派生型 | 备注(单位:mm) |
|---|---|---|---|---|---|
| 华能<br>Huaneng | GPM | $\phi$32~100mm<br>1.5~10bar<br>(标准型/带开关型);<br>1.5~7bar<br>($\phi$32 带阀型/带阀带开关型);<br>1.5~9bar(带阀型/带阀带开关型);<br>-5~+60℃ | 可带/不带磁性 | 标准型 GPM、带开关型 GPM-K、带阀型 GPM-F、带阀带开关型 GPM-FK、伸出调整型、返回调整型 | |
| | QGBQ | $\phi$32~100mm<br>1.5~10bar<br>(标准型/带开关型);<br>1.5~7bar<br>($\phi$32 带阀型/带阀带开关型);<br>1.5~9bar(带阀型/带阀带开关型);<br>-5~+60℃ | 可带/不带磁性 | 标准型 QGBQ、带开关型 QGBQ -K、带阀型 QGBQ -F、带阀带开关型 QGBQ -FK、双出杆型 QGBQS、伸出调整型 QGBQST、返回调整型 QGBQFT、串联气缸 QGBQC、双行程气缸 QGBQE、多行程气缸 QGBQP、带导向气缸 QG-BQDH(Q) | |
| 佳尔灵<br>Jiaerling | SC 四拉杆 | $\phi$32~200mm<br>1~9bar<br>0~70℃ | 可带/不带磁性 | 行程可调型 | |
| 天工<br>STNC | TGC 四拉杆气缸、TGU 米字形气缸 | $\phi$32~100mm<br>-5~+70℃<br>1~9bar | 可带/不带磁性 | 行程可调型,双出杆,多位置<br>行程可调型,双出杆 | |
| 新益<br>Xinyi | QSC | $\phi$32~100mm<br>1~10bar<br>-10~+60℃ | 可带/不带磁性 | 基本型 SD、双活塞型、行程可调型、多位气缸、串联气缸、带阀气缸 | |
| 永坚<br>Yongjian | QGBI | $\phi$32~125mm | 可带/不带磁性 | QGBP 抗扭转气缸<br>QGBI-KF 带阀气缸 | $\phi D$ 尺寸:<br>$\phi$32 为 $\phi$24<br>$\phi$40 为 $\phi$30<br>$\phi$50 为 $\phi$34<br>$\phi$63 为 $\phi$34<br>$\phi$80 为 $\phi$39<br>$\phi$100 为 $\phi$39<br>$\phi$125 为 $\phi$46 |
| 盛达<br>SDPC | SC 四拉杆<br>SU 米字形气缸 | $\phi$32~200mm | 两侧可调缓冲 | 可调缓冲、两端出杆 | |
| | | 1~10bar | 可带/不带磁性 | 行程可调,倍力,多位置 | |
| | | -10~+70℃ | | 带阀气缸耐高温(150℃) | |

注:以上公司均以开头字母顺序排列。

# 第5章 方向控制阀、流体阀、流量控制阀及阀岛

## 1 方向控制阀

### 1.1 方向控制阀的分类

在各类气动元件中，方向控制阀的品种规格繁多，本章仅对常用方向控制阀的原理、结构、性能及参数做基础介绍，以便于选用。

表 23-5-1

| | | | |
|---|---|---|---|
| 按阀内气流流动方向分 | 方向控制阀 | 换向型方向控制阀(简称换向阀) | 是指可以改变气流流动方向的控制阀,如气控阀、电磁阀、机械控制换向阀等 |
| 按阀内气流流动方向分 | 方向控制阀 | 单向型方向控制阀 | 是指仅允许气流沿着一个方向流动的控制阀,如单向阀、梭阀、双压阀和快速排气阀等 |
| 按控制方式分 | 常用控制方式 | 常用的控制方式有气压控制、电磁控制、人力控制和机械控制四类 | |
| 按控制方式分 | 常用控制方式 | 电磁阀：单线圈、双线圈 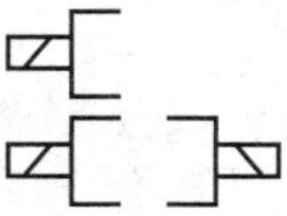 | 机控阀：直动圆头、滚轮、单向滚轮(空返回)、弹簧复位、位于中心弹簧复位 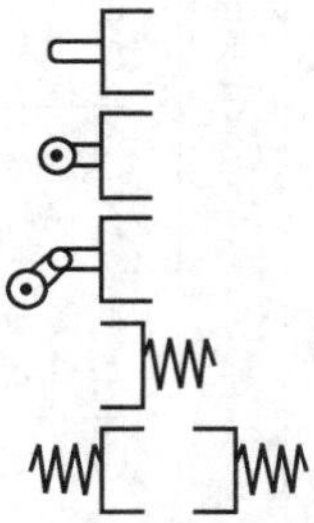 |
| 按控制方式分 | 常用控制方式 | 带手动装置,先导式、双线圈  | |
| 按控制方式分 | 常用控制方式 | 气压阀：直动式、先导式 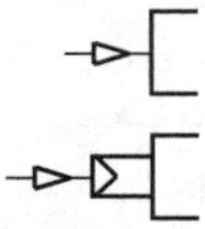 | 人控阀：普通式、按钮、手柄、带锁紧机构,手柄操作、脚踏式 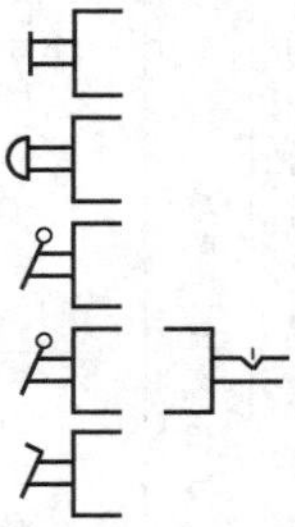 |
| 按控制方式分 | 气压控制 | 用气压力来操纵阀切换的控制方式,这种阀称为气压控制型换向阀,简称气控阀。气控阀在易燃、易爆、潮湿、粉尘大、强磁场、高温等恶劣的工作环境中,工作安全可靠 | |
| 按控制方式分 | 气压控制 | 加压控制阀 | 是指输入的控制气压足够推动主阀换向。常用在纯气动控制系统中,这种控制方式有单气控和双气控之分 |
| 按控制方式分 | 气压控制 | 卸压控制 | 是指控制阀内控制腔腔室的内气压,当压力降至某一值时阀便被切换 |

续表

| | | | |
|---|---|---|---|
| 按控制方式分 | 气压控制 | 差压控制 | 是利用阀芯两端受气压作用的有效面积不等，在气压的作用下产生的作用力之差值，使阀切换 |
| | | 延时控制 | 是利用气流经过小孔或缝隙节流后向气室里充气，当气室里的压力升至一定值后使阀切换，从而达到信号延时输出的目的。纯气动控制系统中的延时阀便按此原理制成 |
| | 电磁控制 | 原理 | 利用电磁线圈通电时，静铁芯对动铁芯产生磁吸力，使阀切换以改变气流方向的阀，称为电磁换向阀，简称电磁阀。电磁阀有二位二通阀、二位三通阀、二位四通阀、二位五通阀、三位五通阀等 |
| | | 分类 | 电磁换向阀有直动式和先导式之分。对于二位二通阀、二位三通阀有常开、常闭之分 |
| | | 特点 | 电磁控制换向阀易于实现电、气联合控制，常用的是利用可编程控制器（PLC）的输出，直接驱动电磁换向阀的电磁线圈使其换向。如 PLC 控制器的一个输出点为 7.5W 时，它能控制 5 个功耗为 1.5W 的电磁线圈，并能实现远距离操作，故得到广泛应用。目前，市场上已出现阀岛，其中换向阀采用的便是电磁控制换向阀 |
| | 人力控制 | | 依靠人力使阀切换的换向阀，称为人力控制换向阀，简称人力阀。它可分为手动阀和脚踏阀两大类<br>人控阀与其他控制方式相比，使用频率较低，动作速度较慢。因操纵力不宜大，故阀的通径较小，操作灵活。人控阀在手动气动系统中，一般用来直接操纵气动执行机构。在半自动和自动系统中，多作为信号阀使用 |
| | 机械控制 | | 用凸轮、撞块或其他机械外力使阀换向的阀称为机械控制换向阀，简称机控阀。这种阀常用作信号阀使用。当湿度特别大，粉尘多或强磁场场合，或不宜采用电气位移传感器时，可采用机械控制，但不适合复杂的控制系统 |
| 按动作方式分 | 直动式 | | 按动作方式分类是指换向阀的驱动是直动式（直接驱动）还是先导式（二级驱动） |
| | | | 直动式是在电磁力或气压控制力或机械驱动力或人力的直接作用下，使换向阀的阀芯被切换成另一状态位置，改变输出方向。直动式阀一般通径较小，电磁吸铁的功耗小，对于小型、微型电磁阀可直接采用直动式电磁阀 |
| | 先导式 | | 先导式电磁阀是微型或小型电磁阀（作先导控制）和主阀组合而成，利用控制小型电磁阀的输出压力（俗称先导压力），使控制阀主阀芯切换（通过利用小型电磁阀的输出压力作用活塞使其产生较大力，推动主阀阀芯），以获得先导式电磁阀的大通径的输出流量，因此先导式电磁阀主要特性是用小功耗的电磁线圈获得对大通径电磁阀的控制，而此小功耗的先导电磁阀的电磁线圈又可在 PLC 可编程控制器的输出允许值范围内 |
| | 先导式分类 | | 先导式电磁阀可分为内部先导（俗称内先导）与外部先导（俗称外先导） |
| | | 内先导 | 内先导的气源由主阀提供，因此过低的气源压力不能推动主阀阀芯前级的活塞，内先导式电磁阀的工作压力有一个范围，为 2~10bar，2bar 是最小工作压力，低于 2bar 工作则不正常，内先导电磁阀不能用于真空换向系统 |
| | | 外先导 | 外先导的气源是由外部专门提供（在系统中另接一路气源给外部先导控制口），不受主阀气源压力大小的影响，故外先导的工作压力可从 0~10bar，可用于低压，也可以用于真空-1~10bar |
| 按阀的通口数目或切换状态数分 | 按阀的通口数目分 | | 阀的通口数目是指阀的切换通口数目，阀的切换通口包括供气口、输出口、排气口。不包括控制口数目。按切换通口数目分，有二通阀、三通阀、四通阀、五通阀等 |
| | | 换向阀的通口数与图形符号 | （见下表） |
| | | | 二通阀有两个口，即一个供气口（用 P 表示）和一个输出口（用 A 表示）<br>三通阀有三个口，除 P 口、A 口外增加一个排气口（用 R 或 O 表示）；也可以是两个供气口（$P_1$、$P_2$ 表示）和一个输出口，作为选择阀（选择两个不同大小的压力值）；或一个供气口和两个输出口，作为分配阀<br>二通阀、三通阀有常通和常断之分。常通型是指阀的控制口未加控制（即零位）时，P 口和 A 口相通。反之，常断型在零位时，P 口和 A 口是断开的<br>四通阀有四个口，除 P、A、R 外，还有一个输出口（用 B 表示）。通路为 P→A、B→R 或 P→B、A→R<br>五通阀有五个口，除 P、A、B 外，有两个排气口（用 R、S 或 $O_1$、$O_2$ 表示）。通路为 P→A、B→S 或 P→B、A→R。五通阀也可以变成选择式四通阀，即两个输入口（$P_1$ 和 $P_2$）、两个输出口（A 和 B）和一个排气口 R。两个输入口供给压力不同的压缩空气<br>此外，也有五个通口以上的阀 |

换向阀的通口数与图形符号：

| 名称 | 二通 | | 三通 | | 四通 | 五通 |
|---|---|---|---|---|---|---|
| | 常断 | 常通 | 常断 | 常通 | | |
| 符号 | 见下图 | | | | | |

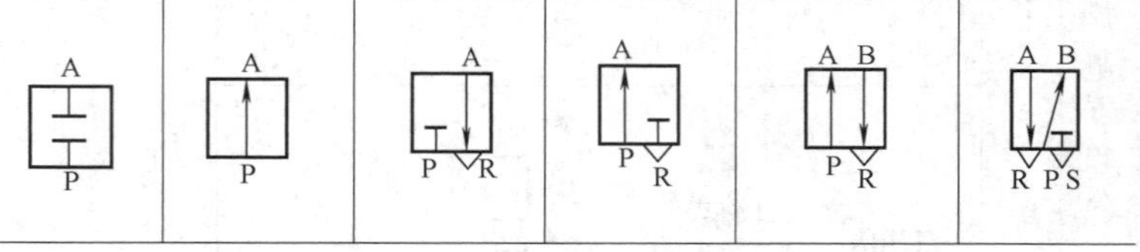

续表

按阀的通口数目或切换状态数分 | 按切换状态数分

方向控制阀的切换状态称为“位置”，有几个切换状态就称为几位阀（如二位阀、三位阀）。阀在未加控制信号时的原始状态称为零位。当阀为零位位置时，它的气路处于通路状态称常通型（俗称常开型），反之，称为常断型（俗称常闭型）

阀的切换状态是由阀芯的工作位置决定的，详见下表。阀芯具有两个工作位置的阀称为二位阀；阀芯具有三个工作位置的阀称为三位阀。对于两个位置阀而言，有两个通口的二位阀称为二位二通阀，它可实现气路的通或断。有三个通口的二位阀称为二位三通阀，在不同的工作位置，可实现P、A相通，或A、R相通。常用的还有二位四通阀和二位五通阀。对于三个位置阀而言，当阀芯处于中间位置时，各通口呈关断状态时，被称为中封式三位五通阀。如供气口与两个输出口相通，两个排气口封闭，被称为中间加压式三位五通阀。如供气口与两个输出口、两个排气口都相通，被称为中间卸压式三位五通阀。各通口之间的通断状态分别表示在一个长方块的各方块上，就构成了换向阀的图形符号

阀的通路数和切换位置综合表示法

| 通路数 | 二位 | 三位 | | |
|---|---|---|---|---|
| | | 中间封闭 | 中间加压 | 中间卸压 |
| 二通 | 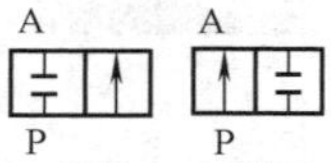 常断 常通 | | | |
| 三通 | 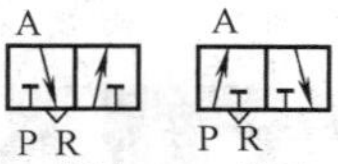 常断 常通 |  | | |
| 四通 | 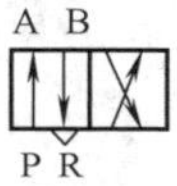 |  |  |  |
| 五通 | 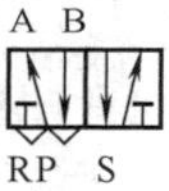 | 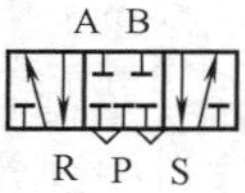 |  | 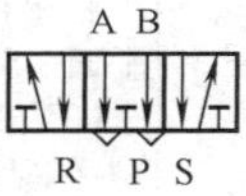 |

| | 气口 | 数字表示 | 字母表示 | 气口 | 数字表示 | 字母表示 |
|---|---|---|---|---|---|---|
| 两种表示方法的比较 | 输入口 | 1 | P | 排气口 | 5 | R |
| | 输出口 | 2 | B | 输出信号清零的控制口 | (10) | (Z) |
| | 排气口 | 3 | S | 控制口 | 12 | Y |
| | 输出口 | 4 | A | 控制口 | 14 | Z(X) |

这里需说明，阀的气口可用字母表示，也可用数字表示（符合ISO 5599标准）

| 气口用字母表示 | | 气口用数字表示（二位五通阀和三位五通阀） | |
|---|---|---|---|
| A、B、C | 输出口（工作口） | 1 | 输入口（进气口） |
| P | 输入口（进气口） | 2、4 | 输出口（工作口） |
| R、S、T | 排气口 | 3、5 | 排气口 |
| L | 泄露口 | 12、14 | 控制口 |
| X、Y、Z | 控制口 | 10 | 输出信号清零的控制口 |
| | | 81、91 | 外部控制口 |
| | | 82、84 | 控制气路排气口 |

续表

**按阀芯结构分**

有截止式、滑柱式、滑块式和间隙式(硬配阀)四类

**截止式换向阀**

截止式换向阀也被称为提动式阀，一些日本气动制造厂商称其为座阀式。由于截止式阀阀芯密封靠橡胶或聚氨酯材质的垫圈进行平面密封(圆平面)，密封性能优异，常被用于二位二通或二位三通电磁阀(见图a)。当阀的通口多时，制造结构复杂，许多气动制造厂商通过两个二位三通阀来构成一个二位五通阀的功能(见图b)。也有些气动制造厂商采用同轴截止式结构制成二位五通换向阀(见图c)

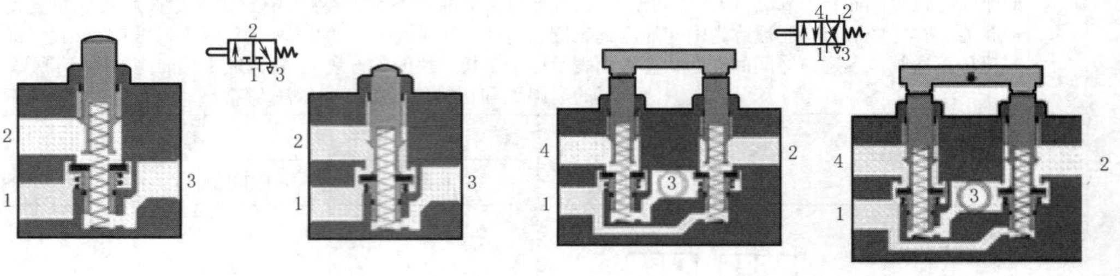


(a) (b)

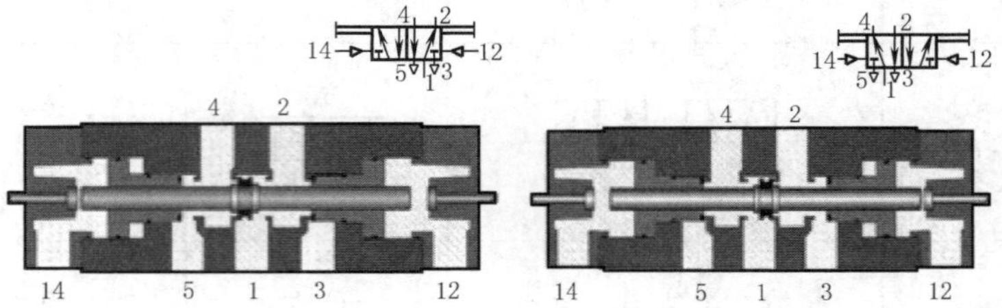


(c)

特点

(1)适用于大流量的场合。因阀的行程短，流通阻力小，同样通径规格的阀，截止式比滑柱式外形小

(2)阀芯始终受背压的作用，这对密封是有利的。截止式阀一般采用软质平面密封方式(聚氨酯材质)，故泄漏很少。没有滑阀密封时需采用过盈密封(无滑阀密封时产生的摩擦力)，对空气要求最低，如有灰尘、脏物换向时，软质平面密封上的灰尘、脏物将被气流吹走(见图c)，一些气动元件制造厂商称它为耐脏气源电磁换向阀

(3)在高压或大流量时，要求的换向力较大，换向冲击力较大。故截止式阀常采用平衡阀芯结构或使用大的先导控制活塞使阀换向。大通径的截止式阀宜采用先导式控制方式

(4)截止式阀在换向的瞬间，输入口、输出口和排气口可能发生同时相通而窜气现象

(5)可适用于无油润滑的工作介质

(6)同轴截止式阀芯结构是具有截止式和滑柱式两者的优点，而避开其缺点的一种结构形式

**滑柱式换向阀**

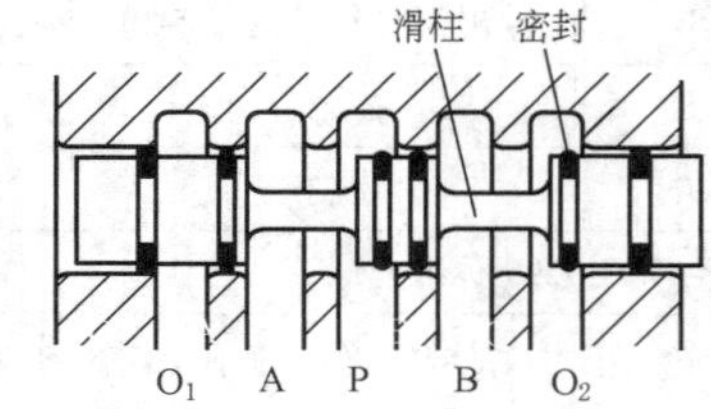


(d)

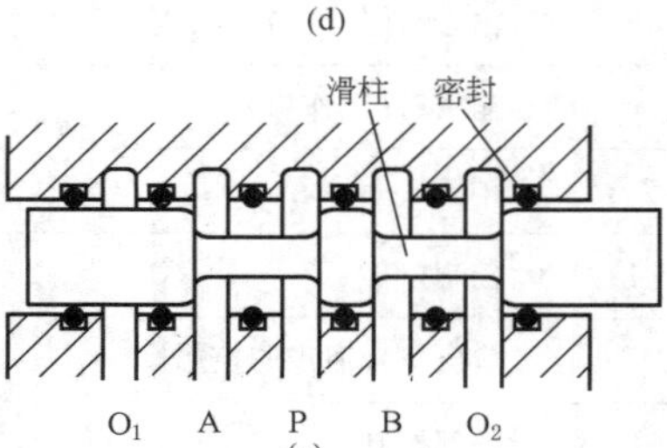


(e)

滑柱式换向阀被称为滑阀型换向阀，采用软质密封材质(即橡胶O形圈或特种形状密封圈)，它有两种密封安装方式，一种是将O形圈套在滑柱上，随阀芯(滑柱)一起移动(见图d)。另一种是将O形圈固定在衬套上，衬套与阀体内孔为过盈配合，阀芯(滑柱)在衬套内移动，O形圈不动(见图e)。前一种阀加工简单，制造成本低，在同等流量情况下，阀体积小。后一种阀加工比前一种复杂，在同等流量情况下，阀体积大，但性能优良，寿命长

(1)阀芯结构对称，容易做成具有记忆功能，即信号消失，仍能保持原有阀芯的位置

(2)结构简单。切换时，不承受类似截止式阀的阀芯受背压状态，故换向力相对要小，动作灵敏

(3)对气源净化处理要求较高，应使用含有油雾润滑的压缩空气(除非是无油润滑的换气阀)。有些软质密封阀受静摩擦力影响，一段时间没有使用(或长期在仓库存放)初始换向力将会很高，几次手动操作换向才能使其恢复正常

续表

| | | | |
|---|---|---|---|
| 按阀芯结构分 | 滑板式换向阀 | 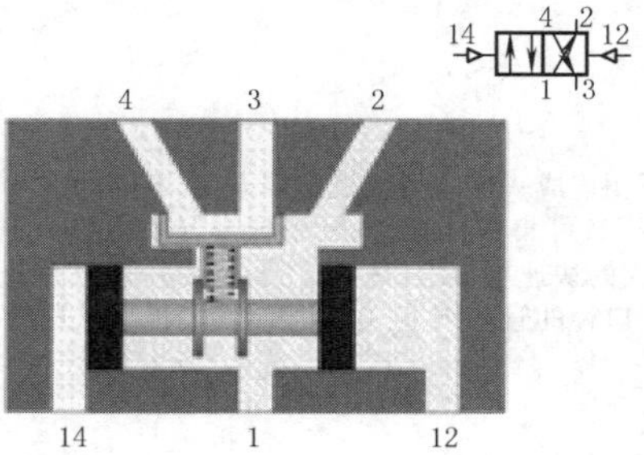<br>(f) | 如图 f 所示，阀的换向是靠改变滑板与阀座上孔的相对位置来实现，其特点为<br>(1)结构简单，容易设计为多位多通换向阀，尤其用于手控二位三通、二位四通阀<br>(2)滑块与阀座间的滑动密封采用研磨配合(一般用陶瓷材质)，会有一定的泄漏<br>(3)寿命较长 |
| | 间隙式换向阀 | 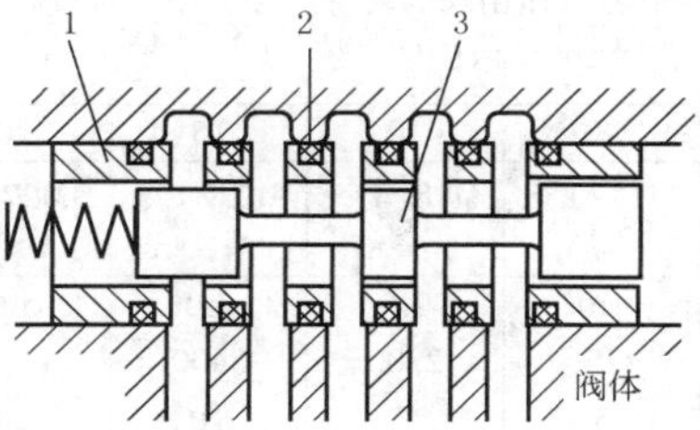<br>(g)<br>1—滑套；2—O 形圈；3—滑柱 | 间隙式换向阀也被称为硬配式阀，阀芯采用的是金属材质，阀体采用的是另一种金属材质，阀芯与阀体通过研配方式(即间隙配合)装配。为了便于研配工艺，采用阀芯与阀套进行研配，阀套通过 O 形圈固定于阀体内。见图 g<br>(1)工作压力范围较软质密封阀高，控制压力小，切换灵敏，换向频率高<br>(2)寿命长，制造成本高<br>(3)允许工作温度、介质温度较高<br>(4)对气源净化处理要求最高。空气的过滤精度在 1μm<br>(5)对阀的安装有要求，不易垂直安装 |
| 按连接方式分 | 阀的连接方式有管式连接、板式连接、集装式连接和法兰连接等几种 | | |
| | 管式、板式、集装式连接 | 见下 | |

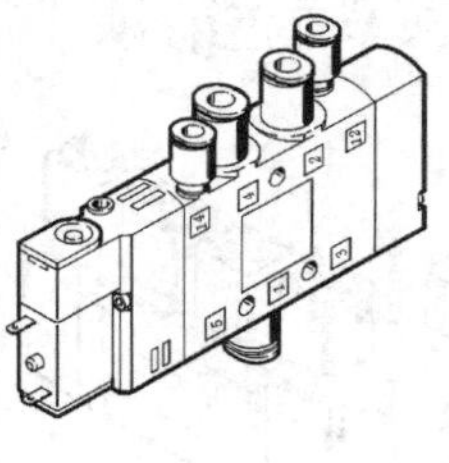

(h) 管式连接

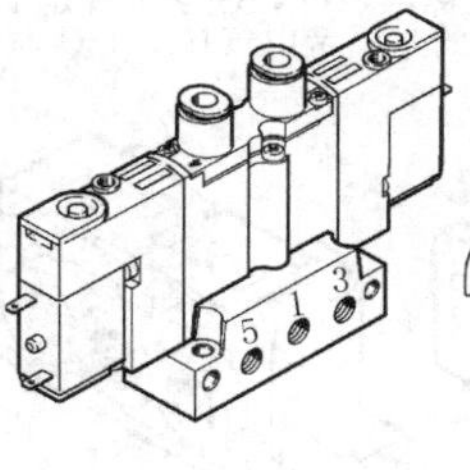

(i) 单个半管式连接

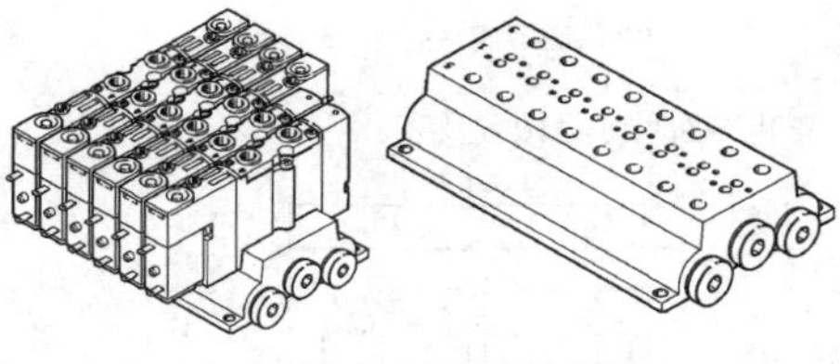

(j) 集成板半管式连接

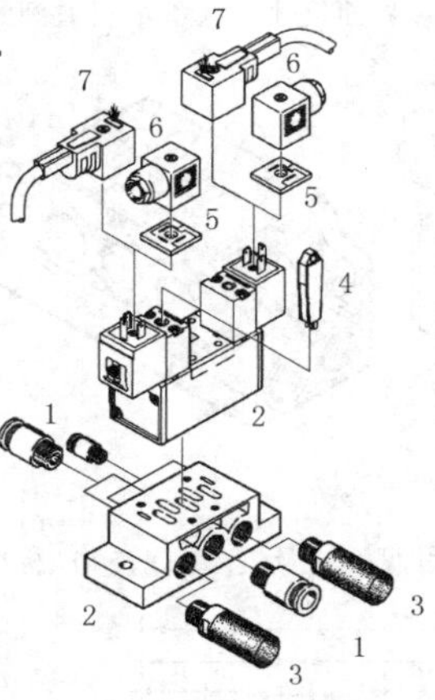


(k) 单个板接式有侧面安装

| | |
|---|---|
| 1—快插接头 QS | 用于连接具有标准外径的压气管，符合 CEFOP RD54 标准 |
| 2—单个底座 NAS | 侧面接口 |
| 3—消音器 | 安装在排气口 |
| 4—手动控制工具 AIXI | |
| 5—发光密封件 M...LO | 用于显示开关状态 |
| 6—插座、带/不带电缆 MSSO、KMK、KMC | |
| 7—电磁阀 | 气口型式符合 ISO 5599.1 标准 |

管式连接有三种连接方式，第一种是管式连接(俗称管式阀)，在阀的工作口、供气口、排气口拧上消声器，气管与气接头相连(见图 h)，若用插入式快速接头或不复杂的气路系统，采用管式连接较方便。第二种是单个半管式连接(俗称半管式阀)，在阀的工作口拧上气接头，气管与气接头相连，而供气口、排气口则安装在气路板上，(见图 i)。第三种是集成板半管式连接(俗称半管式集成连接)，在阀的工作口拧上气接头，气管与气接头相连，而供气口、排气口则安装在气路板上，气路板上采用统一供气、统一排气的方式(见图 j)

板式连接是指需配用专门的连接板，阀固定在连接板上，阀的工作口、供气口及排气口都在气路板上。ISO 5599 标准、ISO 15407 标准即属于该板式连接方式。板式连接有单个板接方式和集成板接方式两种，单个板接方式根据阀在接管的位置可分有侧面安装，(见图 k，一侧为进气口、排气口，另一则为工作口)，及底面安装(进气口、排气口、工作口全在底部)，目前采用底面安装方式较少。这两种板式安装的阀在装拆、维修时不必拆卸管路，这对复杂的气路系统很方便

续表

**按连接方式分** — 集成板连接式、法兰连接式

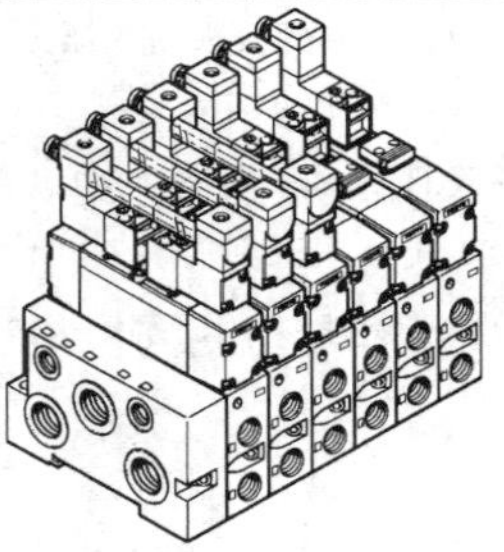

(l) 集成板连接式

是将多个板式连接板相连成一体的集成板连接方式，各阀的进气口、工作口或排气口可以共用(各阀的排气口可集中排气，也可单独排气)。这种方式不仅节省空间，大大地减少接管，便于阀的快速更换维修。见图1，是另一种应用最广泛的连接方式

法兰连接主要用于大口径的管道阀上，作为控制阀是极少采用的

**按阀的流通能力分**

通径是指阀的主流通道上最小面积的通流能力，即孔径的大小，单位为mm。这个值只允许在一定范围内对不同的元件进行比较。具体比较时，还必须考虑标准额定流量。国内气动行业业界习惯用阀的公称通径大小直接反映阀的流通能力大小，用户使用不是很方便。国际上气动厂商样本上除了标明通径(或截面积)，还清楚写明标准额定流量

下表为阀的公称通径及相应的接管螺纹和流通能力的表达值

| 公称通径/mm | | 3 | 4 | 6 | 8 | 10 | 15 | 20 | 25 |
|---|---|---|---|---|---|---|---|---|---|
| 接管螺纹 | 公制 | M5×0.8 | M5×0.8 | M10×1 | M14×1.5 | M18×1.5 | M22×1.5 | M27×2 | M33×2 |
| | 英制 | G ⅛ | G ⅛ | G ⅛ | G ¼ | G ⅜ | G ½ | G ¾ | G 1 |
| $K_F$、$C$ 值/$m^3 \cdot h^{-1}$ | | 0.15 | 0.3 | 0.5 | 1.0 | 2.0 | 3.0 | 5.6 | 9.6 |
| 标准额定流量 $Q_{Mn}$/$L \cdot min^{-1}$ | | 170 | 340 | 570 | 1150 | 2300 | 3400 | 6300 | 10900 |
| 额定流量/$m^3 \cdot h^{-1}$ | | 0.7 | 1.4 | 2.5 | 5 | 7 | 10 | 20 | 30 |
| 在额定流量下压降/kPa | | ≤20 | ≤20 | ≤20 | ≤15 | ≤15 | ≤15 | ≤12 | ≤12 |

需要特别说明的是在实际应用中，不能盲目根据阀的接口通径大小(接口螺纹大小)来认定它能否与气缸相配用，必须根据阀的流量来选择(从产品样本中查得)，一个气动元件制造厂商不同型号、相同接管螺纹的阀有不同的流量(有的相差很大)，不同的气动元件制造厂商相同接管螺纹的阀其流量也各不相同

**按ISO标准分**

ISO阀是指对于底座安装的气控或电控阀来说，其安装底面尺寸符合ISO 5599国际标准。这种标准具有技术先进、安装及维修时互换方便等优点，世界上大部分制造厂商遵循这一标准。ISO 5599.1规定的是不带电气接头安装界面尺寸。ISO 5599.2规定的是带电气接口安装界面尺寸。从图m可看到的是不带电气接头ISO阀安装界面的立体结构

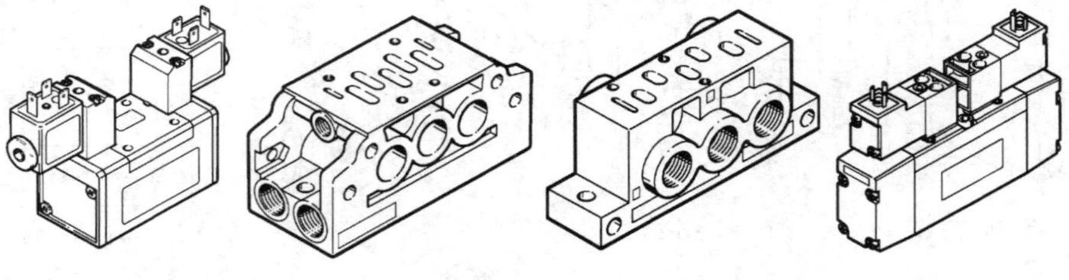

ISO 5599阀与底板　　　　ISO 15407阀与底板

(m)

ISO 5599标准其安装界面尺寸见图n及表。ISO 15407标准安装界面尺寸见图o及表

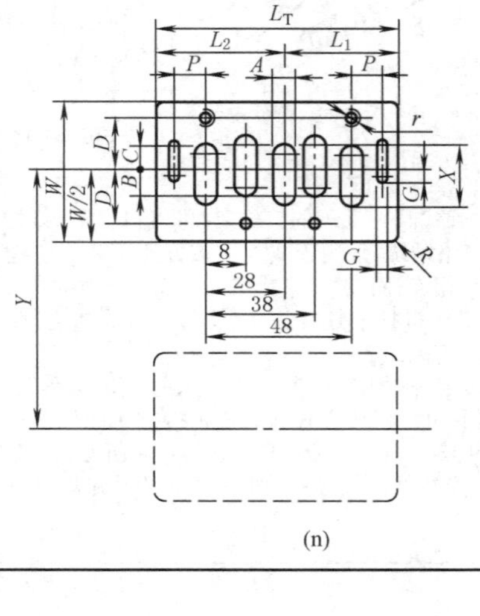


(n)

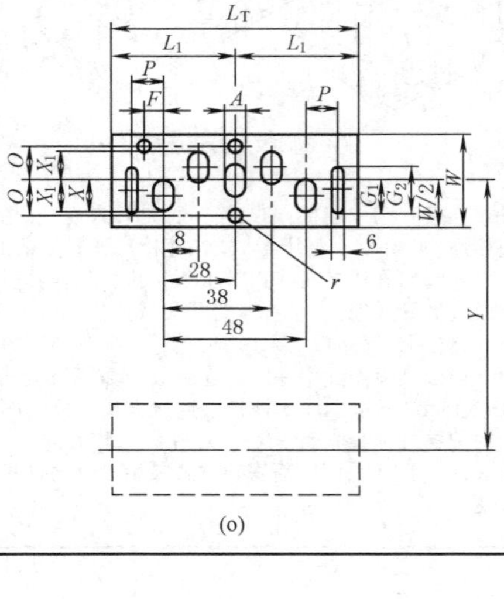


(o)

续表

ISO 5599 阀安装面尺寸(不带电气接头)/mm（按ISO标准分）

| 规格 | $A$ | $B$ | $C$ | $D$ | $G$ | $L_1$ (min) | $L_2$ (min) | $L_T$ (min) | $P$ | $R$ (max) | $r$ | $W$ (min) | $X$ | $Y$ | 气孔面积/$mm^2$ |
|---|---|---|---|---|---|---|---|---|---|---|---|---|---|---|---|
| 1 | 4.5 | 9 | 9 | 14 | 3 | 32.5 | — | 65 | 8.5 | 2.5 | M5×0.8 | 38 | 16.5 | 43 | 79 |
| 2 | 7 | 12 | 10 | 19 | 3 | 40.5 | — | 81 | 10 | 3 | M6×1 | 50 | 22 | 56 | 143 |
| 3 | 10 | 16 | 11.5 | 24 | 4 | 53 | — | 106 | 13 | 4 | M8×1.25 | 64 | 29 | 71 | 269 |
| 4 | 13 | 20 | 14.5 | 29 | 4 | 64.5 | 77.5 | 142 | 15.5 | 4 | M8×1.25 | 74 | 36.5 | 82 | 438 |
| 5 | 17 | 25 | 18 | 34 | 5 | 79.5 | 91.5 | 171 | 19 | 5 | M10×1.5 | 88 | 42 | 97 | 652 |
| 6 | 20 | 30 | 22 | 44 | 5 | 95 | 105 | 200 | 22.5 | 5 | M10× 1.5 | 108 | 50.5 | 119 | 924 |

ISO 15407 阀安装面尺寸/mm（按ISO标准分）

| 规格 | $A$ | $B$ | $D$ | $F$ | $G^*$ | $G_1$ | $G_2$ | $L_1$ min | $L_T$ min | $P$ | $T$ | $U$ | $V$ | $W$ min | $X$ | $X_1$ | $Y$ | 气孔面积/$mm^2$ |
|---|---|---|---|---|---|---|---|---|---|---|---|---|---|---|---|---|---|---|
| 18 | 3.5 | 7 | 6.25 | 3 | 2 | 8 | 6 | 25 | 60 | 5 | M3 | $\phi3.2$ | 4 | 18 | 6.5 | 6.25 | 19 | 20 |
| 20 | 5.5 | 9.5 | 8.5 | 5 | 3 | 13 | 9 | 33 | 66 | 8.5 | M4 | $\phi3.2$ | 4 | 20 | 8 | 8.5 | 27 | 43 |

## 1.2 方向控制阀的工作原理

**表 23-5-2**

直动式电磁阀

结构图

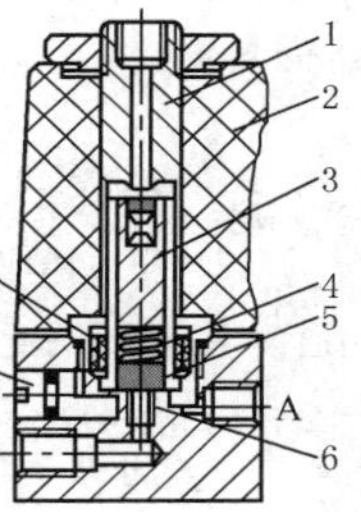


(a)二位二通直动式电磁阀
1—静铁芯;2—线圈;3—动铁芯;4,8—弹簧;5—密封垫;6—阀座;7—手动装置

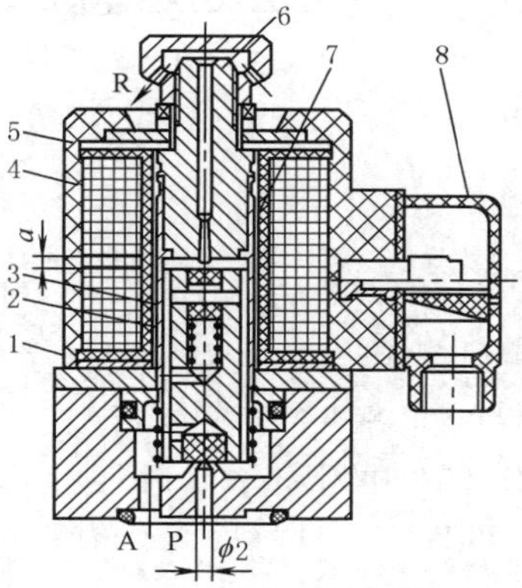


(b)二位三通直动式电磁阀
1—下导磁板;2—动铁芯;3—隔磁套管;4—线圈;5—上导磁板;6—静铁芯;7—分磁环;8—接线盒

图 a 所示为二位二通直动式电磁阀,动铁芯为螺管式(I 型),在动铁芯端部带有密封橡胶垫,可直接封住阀座孔口。这种阀的换向行程短,公称通径为0. 5~2. 5mm,功率低,是一种小流量阀

图 b 所示为二位三通直动式电磁阀,图示位置为阀处于断电关闭状态,动铁芯在弹簧力的作用下,使铁芯上的密封垫与阀座保持良好的密封。此时,P、A 不通,A、R 相通,阀没有输出。当通电时,动铁芯受电磁力作用被吸向上,P、A 相通,排气口封闭,阀有输出

使用直动式的双电控电磁阀应特别注意的是,两侧的电磁铁不能同时通电,否则将使电磁线圈烧坏。为此,在电气控制回路上,通常设有防止同时通电的联锁回路

工作原理

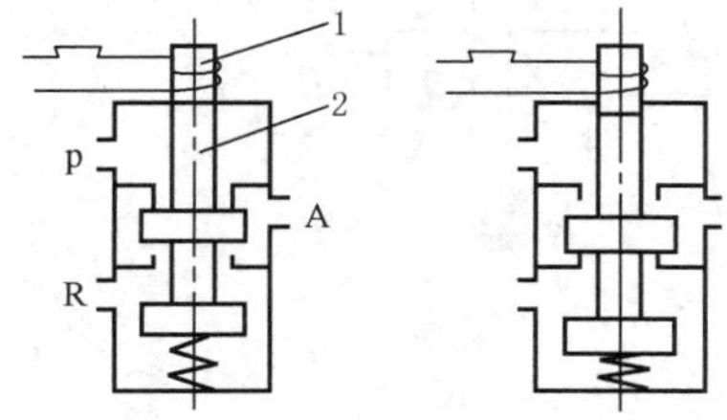


($c_1$) 线圈1通电时的状态　($c_2$) 线圈2通电时的状态

(c) 单电控直动式电磁阀工作原理

1—电磁铁;2—阀芯

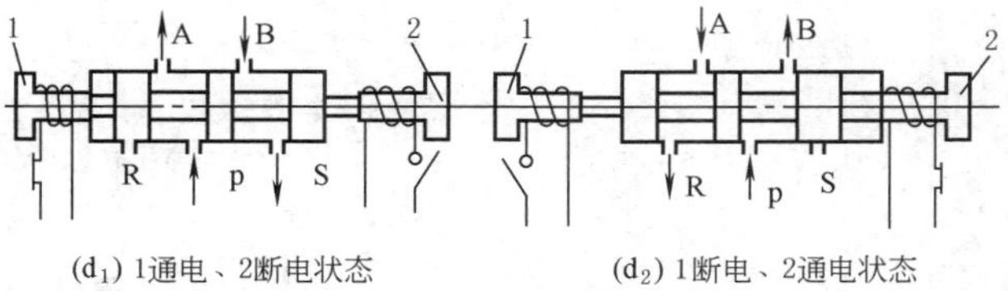


($d_1$) 1通电、2断电状态　($d_2$) 1断电、2通电状态

(d) 双电控直动式电磁阀

直动式电磁阀是利用电磁力直接推动阀杆(阀芯)换向。根据阀芯复位的控制方式,有单电控和双电控两种,图 c 所示为单电控直动式电磁阀工作原理图。图 $c_1$ 所示电磁线圈未通电时,P、A 断开,阀没有输出。图 $c_2$ 所示电磁线圈通电时,电磁铁推动阀芯向下移动,使 P→A 接通,阀有输出

图 d 所示为双电控直动式电磁阀工作原理图,图 $d_1$ 所示电磁铁 1 通电,电磁铁 2 为断电状态,阀芯 3 被推至右侧,A 口有输出,B 口排气。若电磁铁 1 断电,阀芯位置不变,仍为 A 口有输出,B 口排气,即阀具有记忆功能,图 $d_2$ 所示为电磁铁 1 断电、电磁铁 2 通电状态,阀芯被推至左侧,B 口有输出,A 口排气。同样,电磁铁 2 断电时,阀的输出状态保持不变

直动式电磁阀特点是结构简单、紧凑、换向频率高。但用于交流电磁铁时,如果阀杆卡死就有烧坏线圈的可能。阀杆的换向行程受电磁铁吸合行程的限制,因此只适用于小型阀。通常将直动式电磁阀称为电磁先导阀

先导式电磁阀 | 结构及工作原理

先导式电磁阀是由小型直动式电磁阀和大型气控换向阀构成，又称作电控换向阀

按先导式电磁阀气控信号的来源可分为自控式（内部先导）和他控式（外部先导）两种。直接利用主阀的气源作为先导级气源来控制阀换向被称为自控式电磁阀，通常称为内先导。内先导电磁阀使用方便，但在换向的瞬间会出现压力降低的现象，特别是在输出流量过大时，有可能造成阀换向失灵。为了保证阀的换向性能或降低阀的最低工作压力，由外部供给气压作为主阀控制信号的阀称为他控式电磁阀

由先导式电磁阀的构成原理可知，有单电控、双电控、三位五通。电控换向阀的结构形式和规格极其繁多

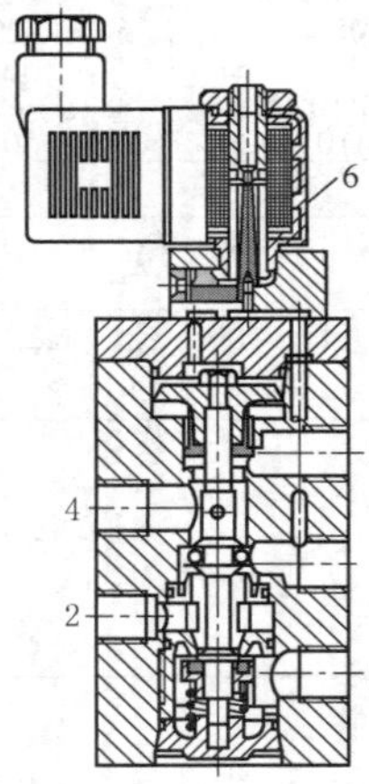


(e) 单电控二位五通先导电磁阀

1，5—供气口；2—排气口；
3，4—输出口；6—电磁线圈

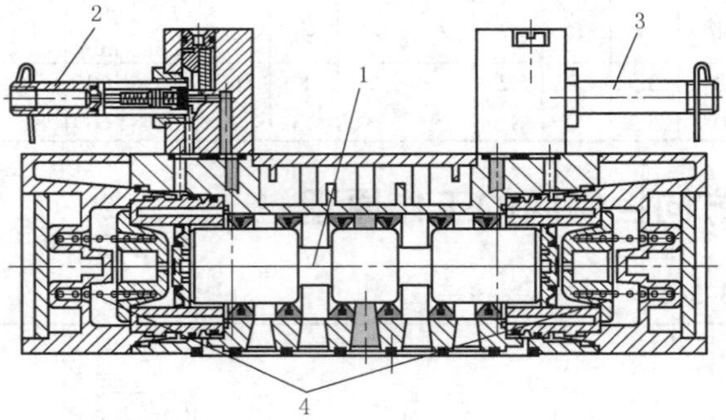


(f) 双线圈三位五通先导电磁阀

1—阀芯；2，3—线圈；4—弹簧

图 e 所示为一种单电控二位五通先导电磁阀。采用了同轴截止式柔性密封结构，具有截止式和滑柱式特点，换向行程小，结构简单，摩擦力低，密封可靠，对气源净化要求较低。手动按钮可用来检查阀的工作状态及回路调试时用。它的工作原理如图 h 所示：在供气口 1 分出一条分支气路通往电磁线圈 14 的先导气口处（由电磁线圈中动铁芯端面橡胶封死），当电磁线圈通电时，动铁芯被吸往上移动，电磁线圈 14 的先导气口被打开，压缩空气通过前端盖进入阀体活塞腔室内，推动活塞向下移动，即活塞带动阀芯向下移动（阀芯切换），1 与 4 相通，4 有输出；与此同时 3 与 2 接通，2 排气。断电时，阀杆在弹簧力作用下复位，输出状态如图所示

通常，单电控阀在控制电信号消失后复位方式有弹簧复位、气压复位及弹簧加气压的混合复位三种。采用气压复位比弹簧复位可靠，但工作压力较低或波动时，则复位力小，阀芯动作不稳定。为弥补不足，可加一个复位弹簧，形成复合复位，同时可以减小复位活塞直径

图 f 为一种双线圈三位五通先导电磁阀。当电磁线圈 2 或 3 都断电时，阀杆在弹簧力作用下处于中间平衡位置，此时，阀的 4 口、2 口都没有输出，即该阀为中封式。当电磁线圈 2 或 3 都通电时，阀换向。电磁先导阀控制气路气体经 4 和 2 口排入大气，也可去掉端盖密封直接排入大气

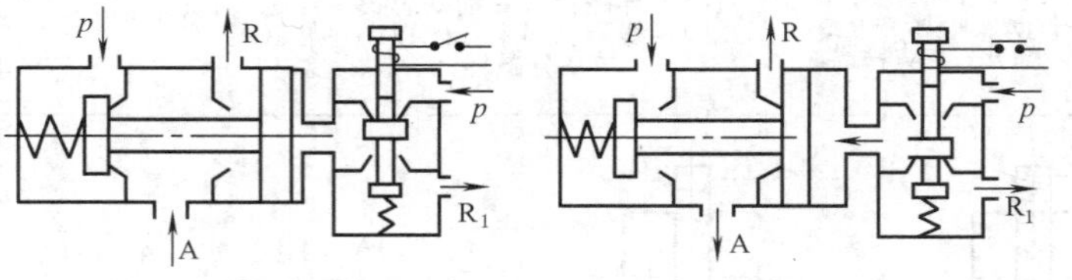


($g_1$) 断电状态　　($g_2$) 通电状态

(g) 先导式单电控换向阀工作原理

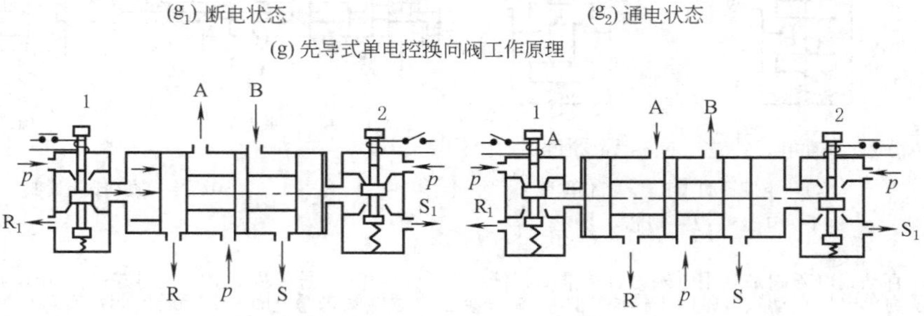


($h_1$) 电磁先导阀1通电　　($h_2$) 电磁先导阀2通电

(h) 先导式双电控换向阀工作原理

1，2—电磁先导阀

图 g 所示为单电控先导式换向阀的工作原理，它是利用直动式电磁阀输出的先导气压来操纵大型气控换向阀（主阀）换向的，该阀的电控部又称电磁先导阀。图 h 所示为双电控先导式换向阀的工作原理图

## 1.3 电磁换向阀主要技术参数

**表 23-5-3**

<table>
<tr><td rowspan="3">工作压力范围</td><td colspan="2">换向阀的工作压力范围是指阀能正常工作时输入的最高或最低(气源)压力范围。所谓正常工作是指阀的灵敏度和泄漏量应在规定指标范围内。阀的灵敏度是指阀的最低控制压力、响应时间和工作额度在规定指标范围内<br>最高工作压力主要取决于阀的强度和密封性能,常见的为 1.0MPa、0.8MPa,有的达 1.6MPa<br>最低工作压力与阀的控制方式、阀的结构型式、复位特性以及密封型式有关</td></tr>
<tr><td>内先导</td><td>自控式(内先导)换向阀的最低工作压力取决于阀换向时的复位特性,工作压力太低,则先导控制压力也低,作用于活塞的推力也低,当它不能克服复位力时,阀不能被换向工作。如减小复位力,阀开关时间过长,动作不灵敏</td></tr>
<tr><td>外先导</td><td>他控式(外先导)换向阀的工作压力与先导控制功能无关,先导控制的气源为另行供给。因此,其最低工作压力主要取决于密封性能,工作压力太低,往往密封不好,造成较大的泄漏</td></tr>
<tr><td>控制压力</td><td colspan="2">控制压力是指在额定压力条件下,换向阀能完成正常换向动作时,在控制口所加的信号压力。控制压力范围就是阀的最低控制压力和最高控制压力之间的范围<br>最低控制压力的大小与阀的结构型式,尤其对于软密封滑柱式阀的控制压力与阀的停放时间关系较大。当工作压力一定时,阀的停放时间越长,则最低控制压力越大,但放置时间长到一定以后,最低控制压力就稳定了。上述现象是由于橡胶密封圈在停放过程中与金属阀体表面产生亲和作用,使静摩擦力增加,对差压控制的滑阀,控制压力却随工作压力的提高而增加。这些现象在选用换向阀时应予注意。而截止式阀或同轴截止式阀的最低控制压力与复位力有关。外先导阀与工作压力关系不大,但内先导阀与工作压力有关,必须有一个最低的工作压力范围</td></tr>
<tr><td>介质温度和环境温度</td><td colspan="2">流入换向阀的压缩空气的温度称为介质温度,阀工作场所的空气温度称为环境温度。它们是选用阀的一项基本参数,一般标准为 5~60℃。若采用干燥空气,最低工作温度可为-5℃或-10℃<br>如要求阀在室外工作,除了阀内的密封材料及合成树脂材料能耐室外的高、低温外,为防止阀及管道内出现结冰现象,压缩空气的露点温度应比环境温度低 10℃。流进阀的压缩空气,虽经过滤除水,但仍会含少量水蒸气,气流高速流经元件内节流通道时,会使温度下降,往往会引起水分凝结成水或冰<br>环境温度的高或低,会影响阀内密封圈的密封性能。环境温度过高,会使密封材料变软、变形。环境温度过低,会使密封材料硬化、脆裂。同时,还要考虑线圈的耐热性</td></tr>
<tr><td rowspan="2">流量特性</td><td colspan="2">表示气动控制阀流量特性的常用方法</td></tr>
<tr><td>声速流导 $c$ 和临界压力比 $b$</td><td>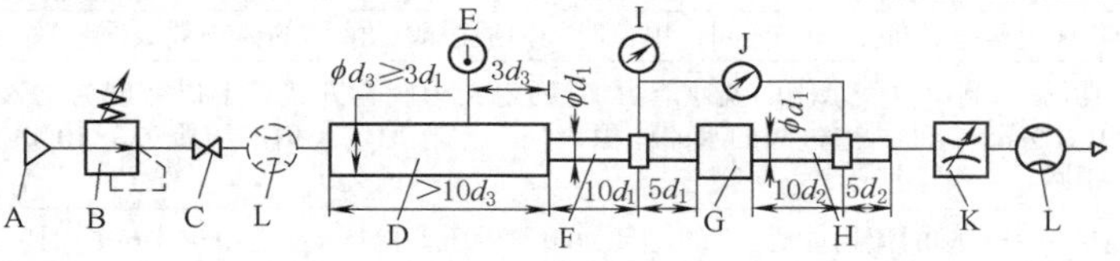<br>(a₁) 适用于元件具有出入接口的试验回路<br>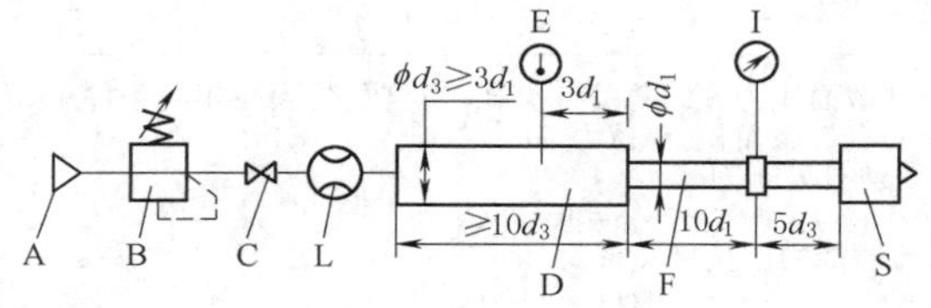<br>(a₂) 适用于出口直接通大气的试验回路<br>(a) ISO 6358标准的试验装置回路<br>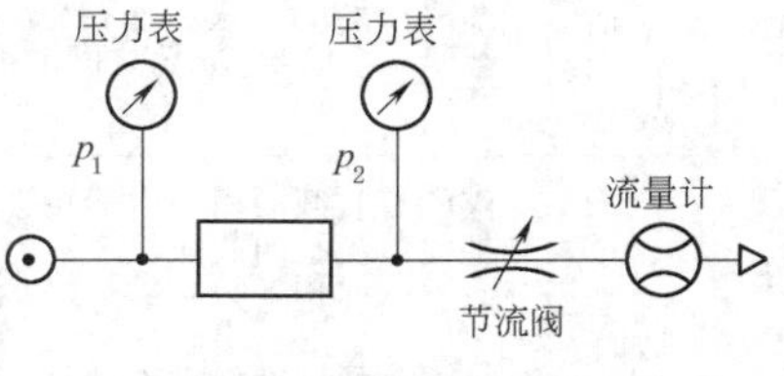<br>(b) 标准额定流量的测试回路<br>A—压缩气源和过滤器;B—调压阀;C—截止阀;D—测温管;E—温度测量仪;F—上游压力测量管;G—被测试元件;H—下游压力测量管;I—上游压力表或传感器;J—差动压力表(分压表)或传感器;K—流量控制阀;L—流量测量装置<br>图 a 所示为 ISO 6358 标准测试元件流量性能的回路,其中图 $a_1$ 适用于被测元件具有出入接口的试验回路,图 $a_2$ 适用于元件出口直接通大气的试验回路。测试时,只要测定临界状态下气流达到的 $p_1^*$、$T_1^*$ 和 $Q_m^*$ 以及任一状态下元件的上游压力 $p_1$ 以及通过元件的压力降 $\Delta p$ 和流量 $Q_m$,分别代入式(1)和式(2)可算出 $c$ 值和 $b$ 值。若已知元件的 $c$ 和 $b$ 参数,可按式 3 和式 4 计算通过元件的流量<br>国际标准 ISO 6358 气动元件流量特性中,用声速流导 $c$ 和临界压力比 $b$ 来表示方向控制阀的流量特性。参数 $c$、$b$ 分别按下式计算<br>$$c=\frac{Q_m^*}{\rho_0 p_1^*}\sqrt{\frac{T_1^*}{T_0}}\quad (m^4\cdot s/kg) \qquad (1)$$<br>$$b=1-\frac{\dfrac{\Delta p}{p_1}}{1-\sqrt{1-\left(\dfrac{Q_m}{Q_m^*}\right)^2}} \qquad (2)$$</td></tr>
</table>

续表

| | | | |
|---|---|---|---|
| 流量特性 | 声速流导 $c$ 和临界压力比 $b$ | | 当 $\frac{p_2}{p_1} \leqslant b$ 时，元件内处于临界流动<br>$$Q_m^* = c p_1^* \rho_0 \sqrt{\frac{T_0}{T^*}} \ (\mathrm{kg/s}) \quad (3)$$<br>当 $\frac{p_2}{p_1} \geqslant b$ 时，元件内处于亚声速流动<br>$$Q_m = Q_m^* \sqrt{1-\left(\frac{\frac{p_2}{p_1}-b}{1-b}\right)^2} \quad (4)$$<br>式中　$p_1^*$——处于临界状态下元件的上游压力，Pa<br>$T_1^*$——处于临界状态下元件的上游温度，K<br>$Q_m^*$——处于临界状态下元件的流量，kg/s<br>$\Delta p$——被测元件前后两端压降，Pa<br>$p_1$——被测元件上游压力，Pa<br>$Q_m$——通过元件的质量流量，kg/s<br>$T_0$——标准状态下的温度，$T_0=(273+20)$K<br>$\rho_0$——标准状态下的空气密度，$\rho_0=1.209\mathrm{kg/m^3}$<br>用 ISO 6358 气动元件流量标准的一组参数 $b$ 和 $c$ 能完整地表征方向控制阀的流量特征，参数含义明确。$c$ 值反映了折算成标准温度下处于临界状态的气动元件，单位上游压力所允许通过的最大体积流量值，该值越大，说明气动元件的流量性能越好；$b$ 值反映了气动元件达到临界状态所必需的条件，在相同的流量条件下，$b$ 值越大则说明在气动元件上产生的压力降越小 |
| | 标准额定流量 $Q_{Nn}$ | | 标准额定流量 $Q_{Nn}$ 是指在标准条件下的额定流量，其单位是 L/min。额定流量 $Q_n$ 是指在额定条件下测得的流量。图 b 所示为用于测量标准额定流量的回路<br>通常对方向控制阀来说，测试时调定的输入电压 $p_1$ 为 0.6MPa，输出压力为 0.5MPa，通过被测元件的流量（ANR）即为标准额定流量 $Q_{Nn}$ |
| | 流通能力 $C$ 值，$K_V$ 值及流量系数 $C_V$ 值 | | 阀的流通能力是指在规定压差条件下，阀全开时，单位时间内通过阀的液体的体积数或质量数 |
| | | 公制 | $C$ 值（或 $K_V$ 值）是公制单位表示阀的流通能力，它的定义为阀全开状态下以密度为 $1\mathrm{g/cm^3}$ 的清水在阀前后压差保持 $10\mathrm{N/cm^2}$，每小时通过阀的水的体积数（$\mathrm{m^3}$）。按原定 $C$ 值的压差 $9.8\times10^4$Pa，$K_V$ 值的压差为 1bar，两者基本相同 |
| | | 英制 | $C_V$ 值是英制单位表示阀的流通能力，它的定义为阀前后压差保持 1psi（6894.76Pa）时，每分钟流过 60°F（15.6℃）水的加仑数（美制加仑数，lu. s. gal=3.785L）<br>$C$ 值与 $C_V$ 值之间的换算关系为<br>$$C_V=1.167C$$ |
| | 有效截面积 $S$ | | 阀的有效截面积是指某一假想的截面积为 $S$ 的薄壁节流孔，当该孔与阀在相同条件下通过的空气流量相等时，则把此节流孔的截面积 $S$ 称为阀的有效截面积，单位为 $\mathrm{mm^2}$<br>有效截面积 $S$ 与流量系数 $C_V$ 的换算关系为<br>$$S=16.98C_V$$<br>换向阀的标准额定流量 $Q_{Nn}$ 与流通能力的换算关系为<br>$$Q_{Nn}=1100K_V$$<br>$$Q_{Nn}=984C_V$$ |
| 切换时间 | | | 2007 年底，我国参照 ISO 12238:2001 国际标准，对过去的换向时间称谓改为切换时间。切换时间是指出气口只有一个压力传感器连接时，从电气或者气动的控制信号变化开始，到相关出气口的压力变化到额定压力的 10%时所对应的滞后时间。换向阀切换时间的测试方法见图 c<br>新的切换时间规定与旧的换向时间定义和数值都不同，新的切换时间是在规定的工作压力、输出口不接负载的条件下，从一开始给控制信号（接通）到阀的输出压力上升到输入压力 10%，或下降到原来压力 90%的时间<br>影响阀的切换时间因素是复杂的，它与阀的结构设计有关，与电磁线圈的功率有关（换向力的大小），与换向行程有关，与复位可动部件弹簧力及密封件在运动时摩擦力等因素均有关（密封件结构、材质等）<br>通常直动式电磁阀比先导式电磁阀的换向时间短，双电控阀比单电控阀的换向时间短，交流电磁阀比直流电磁阀的换向时间短，二位阀比三位阀的换向时间短，小通径的阀比大通径阀的换向时间短<br>注意：当选用某一个阀时，切换时间是表征了阀的动态性能，是一个重要参数。要注意区分各个国家（美国、欧洲、日本、德国）对阀切换时间的规定（详见第 13 章），美国、欧洲、日本、德国对“阀开关时间测试”的比较，并详细问清楚该阀在样本上注明的切换时间的日期、或是新 ISO 标准还是旧 ISO 标准<br>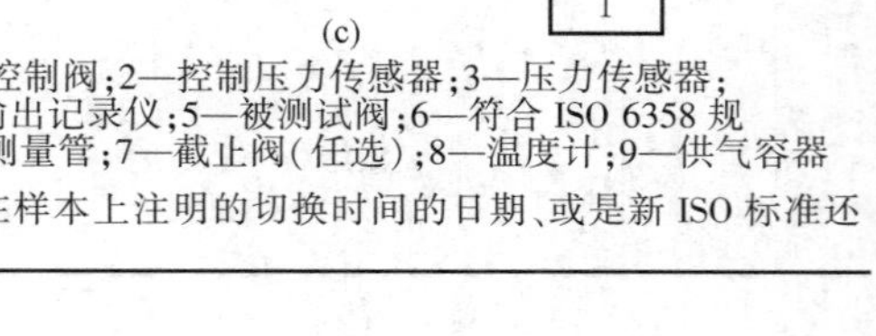<br>(c)<br>1—控制阀；2—控制压力传感器；3—压力传感器；4—输出记录仪；5—被测试阀；6—符合 ISO 6358 规定的压力测量管；7—截止阀（任选）；8—温度计；9—供气容器 |

续表

**最高换向频率**

阀的最高换向频率是指换向阀在额定压力下在单位时间内保证正常换向的最高次数，也称为最高工作频率(Hz)。影响换向频率的因素，与切换时间的讨论相同

"频度"是每分钟时间内完成的动作次数，不要与"频率"相混淆。频率是指每秒钟内完成的动作次数，是国际单位制中具有专门名称的导出单位 Hz($s^{-1}$)

最高换向频率与阀的本身结构、阀的切换时间、电磁线圈在连续高频工作时的温升及阀出口连续的负载容积大小有关，负载容积越大，换向频率越低，电磁阀通径越大，换向频率也越低。直动式阀比先导式换向频率高，间隙密封(硬配合阀)比弹性密封换向频率要高，双电控比单电控高，交流比直流要高

**防护等级**

电气设备的防护等级：欧美地区气动制造厂商均采用 EN 60 529 标准对电气设备的防护，带壳体的防护等级通过标准化的测试方法来表示。防护等级用符合国际标准代号 IP 表示，IP 代码用于对这类防护等级的分类。欧美地区气动制造厂商样本中在电磁阀或电磁线圈上通常印有 IP65 字样，下表列出了防护代码的含义。IP 代码由字母 IP 和一个两位数组成。有关两位数字的定义见下表

第 1 数字的含义：数字 1 表示人员的保护。它规定了外壳的范围，以免人与危险部件接触。此外，外壳防止了人或人携带的物体进入。另外，该数字还表示对固体异物进入设备的防护程度

第 2 数字的含义：数字 2 表示设备的保护。针对由于水进入外壳而对设备造成的有害影响，它对外壳的防护等级做了评定

IP65，6 表示第一代码编号：对电磁阀而言，表示固体异物、灰尘进入阀体的保护等级值；

5 表示第二代码编号：对电磁阀而言，表示水滴、溅水或浸入的保护等级值

IP　6　5

| 代码字母 | | |
|---|---|---|
| IP | 国际防护 | — |

| 代码编号 1 | 说明 | 定义 |
|---|---|---|
| 0 | 无防护 | — |
| 1 | 防止异物进入，50mm 或更大 | 直径为 50mm 的被测物体不得穿透外壳 |
| 2 | 防止异物进入，12.5mm 或更大 | 直径为 12.5mm 的被测物体不得穿透外壳 |
| 3 | 防止异物进入，2.5mm 或更大 | 直径为 2.5mm 的被测物体完全不能进入 |
| 4 | 防止异物进入，1.0mm 或更大 | 直径为 1mm 的被测物体完全不能进入 |
| 5 | 防止灰尘堆积 | 虽然不能完全阻止灰尘的进入，但灰尘进入量应不足以影响设备的良好运行或安全性 |
| 6 | 防止灰尘进入 | 灰尘不得进入 |

| 代码编号 2 | 说明 | 定义 |
|---|---|---|
| 0 | 无防护 | — |
| 1 | 防护水滴 | 不允许垂直落水滴对设备有危害作用 |
| 2 | 防护水滴 | 不允许斜向(偏离垂直方向不大于 15°)滴下的水滴对设备有任何危害作用 |
| 3 | 防护喷溅水 | 不允许斜向(偏离垂直方向不大于 60°)滴下的水滴对设备有任何危害作用 |
| 4 | 防护飞溅水 | 不允许任何从角度向外壳飞溅的水流对设备有任何危害作用 |
| 5 | 防护水流喷射 | 不允许任何从角度向外壳喷射的水流对设备有任何危害作用 |
| 6 | 防护强水流喷射 | 不允许任何从角度对准外壳喷射的水流对设备有任何危害作用 |
| 7 | 防护短时间浸入水中 | 在标准压力和时间条件下，外壳即使只是短时期内浸入水中，也不允许一定量的水流对设备造成任何危害作用 |
| 8 | 防护长期浸入水中 | 如果外壳长时间浸入水中，不允许一定量的水流对设备造成任何危害作用<br>制造商和用户之间的使用条件必须一致，该使用条件必须比代码 7 更严格 |
| 9K | 防护高压清洗和蒸汽喷射清洗的水流 | 不允许高压下从任何角度直接喷射到外壳上的水流对设备有任何危害作用 |

食品加工行业通常使用防护等级为 IP65（防尘和防水管喷水）或 IP67（防尘和能短时间浸水）的元件。对某些场合究竟采用 IP65 还是 IP67，取决于特定的应用场合，因为对每种防护等级有其完全不同的测试标准。一味强调 IP67 比 IP65 等级高并不一定适用。因此，符合 IP67 的元件并不能自动满足 IP65 的标准

续表

| | | | |
|---|---|---|---|
| 泄漏量 | | | 阀的泄漏量有两类,即工作通口泄漏量和总体泄漏量。工作通口泄漏量是指阀在规定的试验压力下相互断开的两通口之间内泄漏量,它可衡量阀内各通道的密封状态。总体泄漏量是指阀所有各处泄漏量的总和,除其工作通口的泄漏外,还包括其他各处的泄漏量,如端盖、控制腔等。泄漏量是阀的气密性指标之一,是衡量阀的质量性能好坏的标志。它将直接关系到气动系统的可靠性和气源的能耗损失。泄漏与阀的密封型式、结构型式、加工装配质量、阀的通径规格、工作压力等因素有关 |
| 耐久性 | | | 耐久性是指阀在规定的试验条件下,在不更换零部件的条件下,完成规定工作次数,且各项性能仍能满足规定指标要求的一项综合性能,它是衡量阀性能水平的一项综合性参数<br>阀的耐久性除了与各零件的材料、密封材料、加工装配有关外,还有两个十分重要因素有关,即阀本身设计结构及压缩空气的净化处理质量(如需合适的润滑状况)<br>某些国外气动厂商对阀测试条件是:过滤精度为 5μm 干燥润滑的压缩空气,工作压力为 6bar,介质温度为 23℃,频率为 2Hz 条件下进行,目前,各气动制造厂商的耐久性指标平均为 2 千万次以上,一些上乘的电磁阀可达 5 千万次,1 亿次以上 |
| 电气结构及特性 | | | 电磁阀实际上是一种机电一体化产品,电磁部分实际上是一种低压电器,所以电气性能也是电磁阀的一项基本要求。它除了包括保护等级、功耗、线圈温升、绝缘电阻、绝缘耐压、通电持续率(表示阀是连续工作,还是断续工作)等方面的要求外,还有其他功能是否齐全,如:直流电磁铁、交流电磁铁的电压规格,接线座的几种形式,指示灯、发光密封件,电脉冲插板和延时插板及保护电路等<br>电磁阀工作电源有交、直流两种,额定频率为 50Hz。常用的交流电压有 24V、36V(目前应用较少)、48V、110V(50/60Hz)、230V(50/60Hz);直流电压有 12V、24V、42V、48V。一般允许电压波动为额定电压的-15%~+10% |
| | 电磁铁 | | 电磁铁是电磁阀的主要部件,主要由线圈、静铁芯和动铁芯构成。它利用电磁原理将电能转变成机械能,使动铁芯做直线运动。根据其使用的电源不同,分为交流电磁铁和直流电磁铁两种。电磁阀中常用电磁铁有两种结构型式:T型和I型 |
| | | T 型 | T 型电磁铁:交流电磁铁在交变电流时,铁芯中存在磁滞涡流损失,通常交流电磁铁芯用高导磁的矽钢片层叠制成,T 型电磁铁可动部件重量大,动作冲击力大,行程大,吸力也大。主要用于行程较大的直动式电磁阀 |
| | | I 型 | I 型电磁铁:直流电磁铁不存在磁滞涡流损失,故铁芯可用整块磁性材料制成,铁芯的吸合面通常制成平面状或圆锥形。I 型电磁铁结构紧凑,体积小,行程短,可动部件轻,冲击力小,气隙全处在螺管线圈中,产生吸力较大,但直流电磁铁需防止剩磁过大,影响正常工作。直流电磁铁和小型交流电磁铁,常适用于作小型直动式和先导式电磁阀<br>对于 50Hz 的交流电,每秒有 100 次吸力为零,动铁芯因失去吸力而返回原位,此时,瞬时又将受交变电流影响,收力又开始增加,动铁芯又重新被吸合,形成动铁芯振动也就是蜂鸣声<br>预防措施:被分磁环包围部分磁极中的磁通与未被包围部分磁极中的磁通有时差,相应产生的吸力也有时差,故使某任一瞬时动铁芯的总吸力不等于零,可消除振动。分磁环的电阻越小越好(如黄铜、紫铜材质),但过于小时,也会使流过分磁环的电流过大,损耗也大 |
| | 接线座(图 d) | | 电磁阀的接线在阀的使用中是简单而重要的一步,接线应方便、可靠,不得有接触不良、绝缘不良和绝缘破损等,同时还应考虑电磁阀更换方便<br>随着电磁阀品种规格增多,适用范围扩大,接线方式也多样化,如图 d 所示为常用的接线方式:直接出线式、接线座式、DIN 插座式、接插座式 |
| | | 直接出线式 | 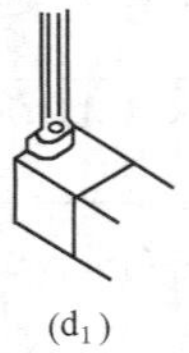<br>$(d_1)$<br>直接从电磁阀的电磁铁的塑封中引出导线,并用导线的颜色来表示 AC、DC 及使用电压等参数。使用时,直接与外部端子接线 |
| | | 接线座式 | <br>$(d_2)$<br>接线座与电磁铁或电磁阀制成一体,适用接线端子将接线固定的接线方式 |
| | | DIN 插座式 | 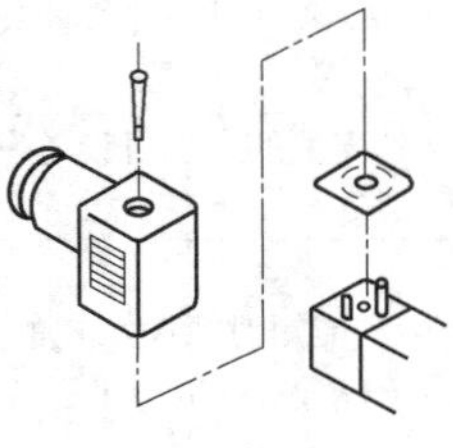<br>$(d_3)$<br>这是按照德国 DIN 标准设计的插座式接线端子的接线方式。对于直流电接线规定,1 号端子接正极,2 号端子接负极 |

续表

| | | | |
|---|---|---|---|
| | 接插座式 | | 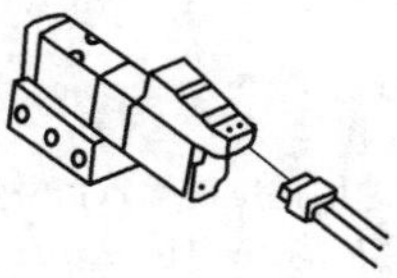<br>(d₄)<br>在电磁铁或电磁阀上装设的接插座接线方式，带有连接导线的插口附件 |
| 10.电气结构及特性 | 保护电路（图e） | | 电磁阀的电磁线圈是感性负载。在控制回路接通或断开的瞬态过渡过程中，电感两端储存或释放的电磁能产生的峰值电压（电流）将击穿绝缘层，也可能产生电火花而烧坏触点（通常都涂保护材料）。若在回路中加上吸收电路，可使电磁能以缓慢的稳定速度释放，从而避免上述不利影响。如图e所示为保护电路 |
| | | RC电路 | 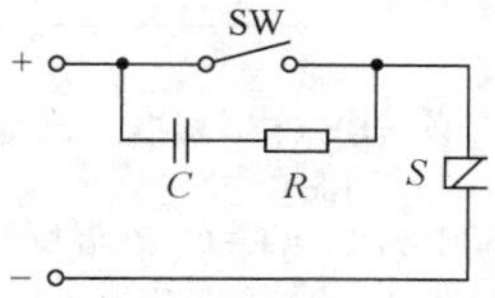<br>($e_1$)<br>图$e_1$为最简单的RC吸收保护电路，就是在触点上串联一个电容，以吸收电磁能。为了防止回路开关接通时电流全部通过电容释放，可以串联一个限流电阻。RC吸收电路有各种形式，仅适用R、C元件时，电容应该选用金属纸介质型或金属塑料介质型，介电常数大，峰值电压1000V；电阻应选用线绕电阻或金属膜电阻，功率0.5W |
| | | 二极管电路 | 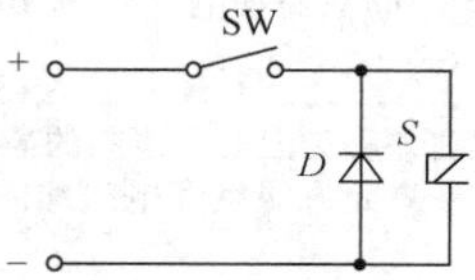<br>($e_2$)<br>图$e_2$为用于直流电的吸收保护电路。在直流电路中，如果确定了直流电极性，只需在线圈上并联一个二极管即可。必须注意，这将延长电磁线圈的断电时间 |
| | | 稳压二极管电路 | 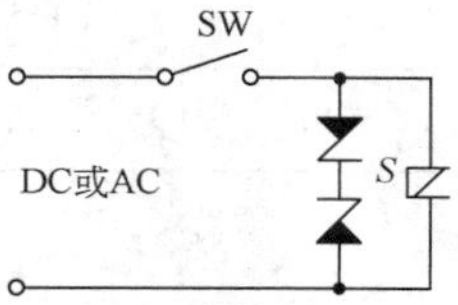<br>($e_3$)<br>图$e_3$为采用稳压二极管的吸收保护电路，两个稳压二极管反向串联后并联在线圈上，这是一种适应性更强的吸收电路。它可适用于DC和AC电路，且避免了电磁线圈的断电时间延迟，但是当电压大于150V时，必须将几个稳压二极管串联使用 |
| | | 变阻器电路 | 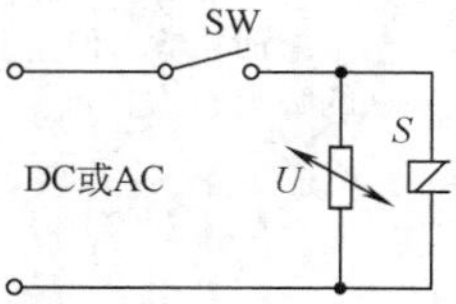<br>($e_4$)<br>图$e_4$为采用变阻器的吸收保护电路，变阻器是一种衰减电流电压的理想元件。只有当超过额定电压时，漏电流才增加。变阻器适用于DC和AC电路 |
| | 指示灯和发光密封件 | | 电磁铁上装了指示灯就能从外部判别电磁阀是否通电，一般交流电用氖灯，直流电用发光二极管（LED）来显示。现有一种发光密封件，通电后能发黄光，安装在插头和电磁阀之间，起到密封及通电指示作用，且带有保护电路，如图f所示<br>12~24V DC<br>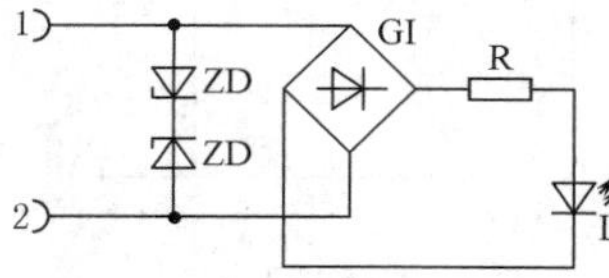<br>($f_1$)<br>230V DC/AC±10%<br>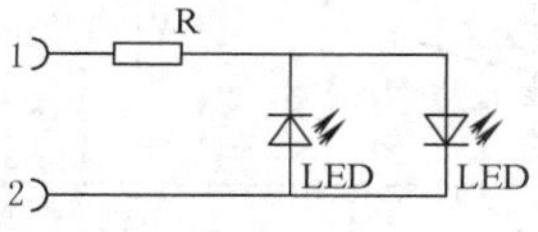<br>($f_2$)<br>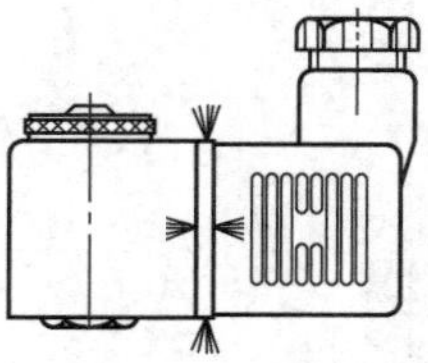<br>($f_3$) |

续表

**电气结构及特性 — 电脉冲插板和延时插板**

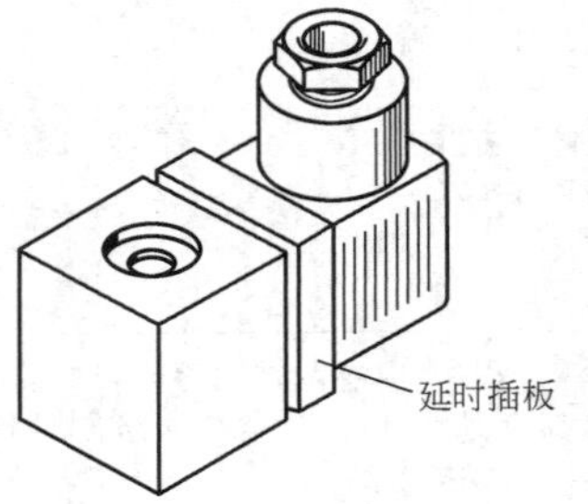

(g)

电脉冲插板是一个电子计时器,将脉宽大于 1s 的输入信号转化为脉宽为 1s 的输出信号。如果输入信号的脉宽小于 1s,则输出信号脉宽与输入相等。插板上的黄色 LED 显示脉 1s 的输出信号。插板安装在插头和电磁线圈之间

延时插板是一个电子定时器,其延时时间在 0~10s 范围内调节。输入信号后, 经选定的延时时间,产生输出信号。延时插板安装在插头和电磁线圈之间,见图 g

**通电持续率**

通电持续率表示阀的电磁线圈能否连续工作的一个参数指标。根据 DIN VDE 0580 标准,100%通电持续率测试只用于带电磁线圈的电气部件。该测试显示了电磁线圈进行 100%通电持续率工作的功能

当电磁线圈在最大许用电压下工作(连续工作 S1,符合 DIN VDE 0580 标准),电磁线圈在温度柜(空气无对流状况)中能承受最大的许用环境温度,在密封工作管路中承受最大的许用工作压力时,电磁线圈至少可工作 72h。然后需要进行下列测试:①释放电流的测量,断电状态下的释放特性;②当直接通电时,用最小的工作电压和最不适宜的压力比吸动衔铁的启动性能;③泄漏测量,该过程需重复进行直至该测试已持续通电至少达 1000h,然后检查密封气嘴有否损坏。终止测试的条件是:启动特性及泄漏下降或超出到括号内的极限数值之下(如释放电流>1.0mA,启动电压>UN+10%,泄漏>10L/h)

**温升与绝缘种类**

电磁阀线圈通电后就会发热,达到热稳定平衡时的平均温度与环境温度之差称为温升。线圈的最高允许温升是由线圈的绝缘种类决定的(见下表)。电磁阀的环境温度由线圈的绝缘种类决定的最高允许温度和电磁线圈的温升值来决定,一般电磁阀线圈为 B 中绝缘,最高允许温度则为 130℃

| 绝缘种类 | A | E | B | F | H |
|---|---|---|---|---|---|
| 允许温升/℃ | 65 | 80 | 90 | 115 | 140 |
| 最高允许温升/℃ | 105 | 120 | 130 | 155 | 180 |

**吸力特性**

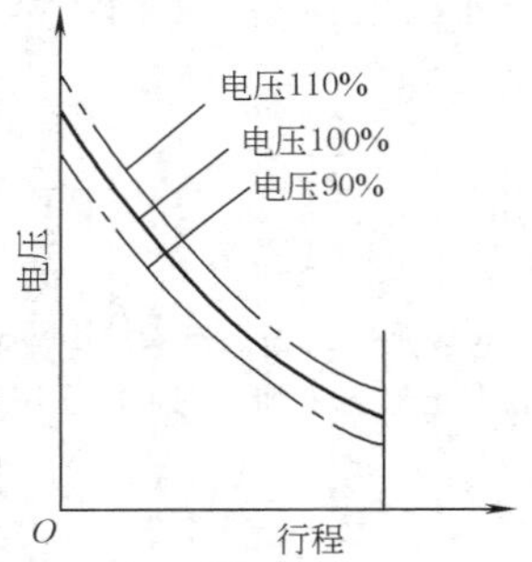

(h)

图 h 为行程与吸力特性曲线。交流电磁铁与直流电磁铁特性是相似的,当电压增加或行程减少时,两者的吸力都呈增加趋势。但是,当动铁芯行程较大时,由于两者的电流特性不同,直流电磁铁的吸力将大幅度下降,而交流电磁铁吸力下降较缓慢

**启动电流与保持电流**

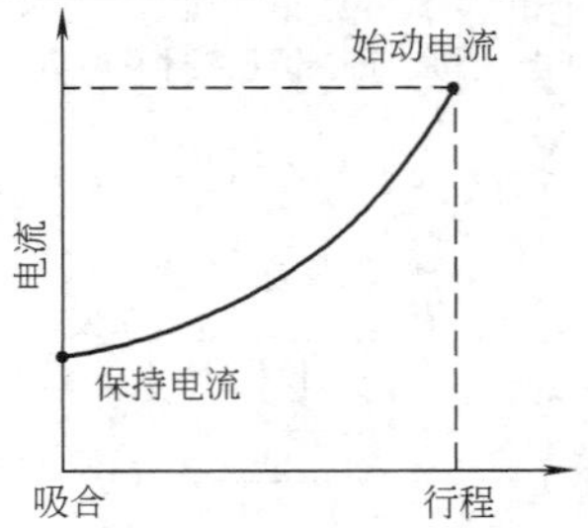

$(i_1)$ 交流电磁铁

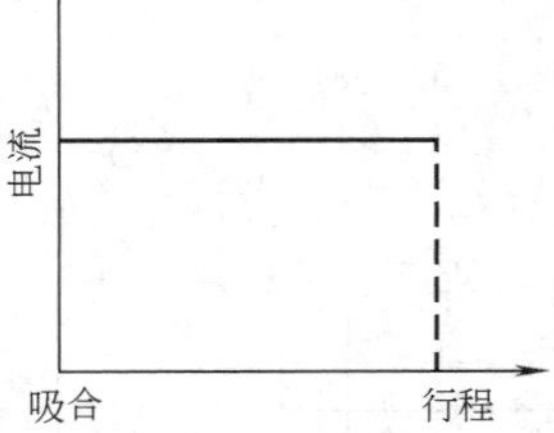

$(i_2)$ 直流电磁铁

(i) 行程与电流特性曲线

续表

| | | |
|---|---|---|
| 启动电流与保持电流 | | 当交流电磁铁工作电压确定后，励磁电流大小虽与线圈的电阻值有关，但还受到行程的影响，行程大，磁阻大，励磁电流也大，最大行程时的励磁电流（也称启动电动）由图 $i_1$ 可见，交流电磁铁启动时，即动铁芯的行程最大时，启动电流最大。随着动铁芯移动行程逐渐缩短，电流也逐渐变小。当电磁铁已被吸住的电流称为保持电流。一般电磁阀的启动电流为保持电流的2~4倍，对于大型交流电磁阀，它的启动电流可达保持电流10倍以上，甚至更大。当铁芯被卡住，启动电流持续流过时，线圈发热剧升，甚至于烧毁。交流电磁铁不宜频繁通断，其寿命不如直流电磁铁长。对于直流电磁铁而言，其线圈电流仅取决于线圈电阻，与行程无关。如图 $i_2$ 所示，直流电磁铁的电流与行程无关，在吸合过程中始终保持一定值。故动铁芯被卡住时也不会烧毁线圈，直流电磁铁可频繁通、断，工作安全可靠。但不能错接电压，错接高压电时，流过电流过大，线圈即会烧毁 |
| 功率 | | 在设计电磁阀控制回路时，需计算回路中电流等参数。计算时应注意，交流电磁铁的功率用视在功率 $P=U\cdot I$ 计算，单位为V·A，已知交流电磁阀的视在功率为16V·A，使用电压为220V，则流过交流电磁阀的电流为73mA。直流电磁阀用消耗功率 $P$ 计算，单位为W。例如，若已知直流电磁阀的消耗功率为2W，使用电压为24V，则流过直流电磁铁的电流为83mA |
| 防爆特性 | 特性 | 防爆电磁阀不仅仅指电磁线圈，阀体本身也有防爆的等级等技术要求。详见第13章气动相关技术标准中7小节关于防爆标准的标准及说明，电磁线圈按用于电子设备的防爆产品型号的说明（见第13章），阀体按用于机械设备的防爆产品型号的说明（见第13章）。各种防爆型式［充油型o、正压型p、充砂型q、隔爆型d、增安型e、本质安全型i(ia、ib)、浇封型m、气密型h、无火花型n见表23-13-6］。电磁阀防爆的型式、等级等技术要求，是由电磁阀工作的环境决定的 |
| | 举例 | 如：FESTO公司MSF…EX防爆电磁线圈符合ATEX规定，也符合VDE0580规范，绝缘等级F，通电持续率100%，防护等级IP65，可用于直流工作电压DC 24V及交流工作电压AC24V、110V、220V、230V、240V。其ATEX防爆标志：Ⅱ2 GD EEx mⅡT5（该防爆线圈为浇封型，可用于2爆炸区、2类设备组、易爆气体尘埃场合、保护等级Ⅱ、线圈表面温度为100℃），或Ⅱ3 GD EEx nAⅡ T 130℃X（该防爆线圈为无火花本安型，可用于2爆炸区、3类设备组、易爆气体尘埃场合、保护等级Ⅱ、线圈表面温度为130℃）。在使用交流电压时的功率系数为0.7 |

## 1.4 方向控制阀的选用方法

**表 23-5-4**

| | | |
|---|---|---|
| 选用原则 | 总体原则 | 为了使管路简化，减少品种和数量，降低成本，合理地选择各种气动控制阀是保证气动自动化系统可靠地完成预定动作的重要条件<br>首先根据应用场合（工作压力、工作温度、气源净化要求等级等）确定采用电磁控制还是气压控制，是采用滑阀型电磁阀还是截止型电磁阀或间隙型电磁阀（硬配阀），然后根据工艺逻辑关系要求选择电磁阀通口数目及阀切换位置时的功能，如二位二通、二位三通（常开型、常闭型）、二位五通（单电控、双电控）、三位五通（中封式、中泄式、中压式）。接着应考虑阀的流量、功耗、切换时间、防护等级、通电持续率，与此同时究竟选用管式阀、半管式阀、板式阀或是ISO板式阀，通常当需要几十个阀时，大都采用集成板接式连接方式 |
| | 具体原则 | ①根据流量选择阀的通径。阀的通径是根据气动执行机构在工作压力状态下的流量值来选取的。目前国内市场的阀流量参数有各种不同的表示方法，阀的通径不能表示阀的真实流量，如G¼的阀通径为8mm，也有的为6mm。阀的接口螺纹也不能代表阀的实际流量，必须明确所选阀实际流量L/min，这些在选择时需特别注意<br>②根据要求选用阀的功能及控制方式，还须注意应尽量选择与所需型号相一致的阀，尤其对集成板接式阀而言，如用二位五通阀代替二位三通阀或二位二通阀，只需将不用的孔口用堵头堵上即可。反之，用两个二位三通阀代替一个二位五通阀，或用两个二位二通阀代替一个二位三通阀的做法一般不推荐，只能在紧急维修时暂用<br>③根据现场使用条件选择直动阀、内先导阀、外先导阀。如需用于真空系统，只能采用直动阀和外先导阀<br>④根据气动自动化系统工作要求选用阀的性能，包括阀的最低工作压力、最低控制压力、响应时间、气密性、寿命及可靠性。如用气瓶惰性气体作为工作介质，对整个系统的气密性要求严格。选择手动阀就应选择滑柱式阀结构，阀在换向过程中各通口之间不会造成相通而产生泄漏<br>⑤应根据实际情况选择阀的安装方式。从安装维修方面考虑板式连接较好，包括集成式连接，ISO 5599.1标准也是板式连接。因此优先采用板式安装方式，特别是对集中控制的气动控制系统更是如此。但管式安装方式的阀占用空间小，也可以集成板式安装，且随着元件的质量和可靠性不断提高，已得到广泛应用。对管式阀应注意螺纹是G螺纹、R螺纹，还是NPT螺纹<br>⑥应选用标准化产品，避免采用专用阀，尽量减少阀的种类，便于供货、安装及维护。最后要指出，选用的阀应该技术先进，元件的外观、内在质量、制造工艺是一流的，有完善的质量保证体系，价格应与系统的可靠性要求相适应。这一切都是为了保证系统工作的可靠性 |

续表

| | |
|---|---|
| 使用注意事项 | ①安装前应查看阀的铭牌，注意型号、规格与使用条件是否相符，包括工作压力、通径、螺纹接口等。接通电源前，必须分清电磁线圈是直流型还是交流型，并看清工作电压数值。然后，再进行通电、通气试验，检查阀的换向动作是否正常。可用手动装置操作，检查阀是否换向。但待检查后，务必使手动装置复原<br>②安装前应彻底清除管道内的粉尘、铁锈等污物。接管时应防止密封带碎片进入阀内。如用密封带时，螺纹头部应留1.5~2个螺牙不绕密封件，以免断裂密封带进入阀内<br>③应注意阀的安装方向，大多数电磁阀对安装位置和方向无特别要求，有指定要求的应予以注意<br>④应严格管理所用空气的质量，注意空压机等设备的管理，除去冷凝水等有害杂质。阀的密封元件通常用丁腈橡胶制成，应选择对橡胶无腐蚀作用的透平油作为润滑油（ISO VG32）。即使对无油润滑的阀，一旦用了含油雾润滑的空气后，则不能中断使用。因为润滑油已将原有的油脂洗去，中断后会造成润滑不良<br>⑤对于双电控电磁阀应在电气回路中设联锁回路，以防止两端电磁铁同时通电而烧毁线圈<br>⑥使用小功率电磁阀时，应注意继电器接点保护电路RC元件的漏电流造成的电磁阀误动作。因为此漏电流在电磁线圈两端产生漏电压，若漏电压过大时，就会使电磁铁一直通电而不能关断，此时要接入漏电阻<br>⑦应注意采用节流的方式和场合，对于截止式阀或有单向密封的阀，不宜采用排气节流阀，否则将引起误动作。对于内部先导式电磁阀，其入口不得节流。所有阀的呼吸孔或排气孔不得阻塞<br>⑧应避免将阀装在有腐蚀性气体、化学溶液、油水飞溅、雨水、水蒸气存在的场所，注意，应在其工作压力范围及环境温度范围内工作<br>⑨注意手动按钮装置的使用，只有在电磁阀不通电时，才可使用手动按钮装置对阀进行换向，换向检查结束后，必须返回，否则，通电后会导致电磁线圈烧毁<br>⑩对于集成板式控制电流阀，注意排气背压造成其他元件工作不正常，特别对三位中泄式换向阀，它的排气顺畅与否，与其工作有关。采取单独排气以避免产生误动作 |

## 1.5 气控换向阀

表 23-5-5

| | |
|---|---|
| 二位三通/二位五通/三位五通气控阀 | 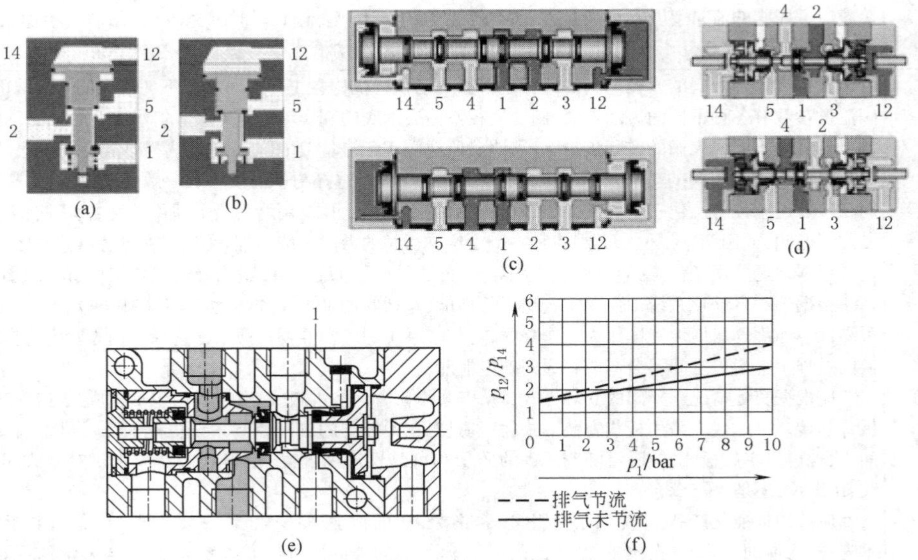<br>(a) (b) (c) (d) (e) (f) |

续表

| | |
|---|---|
| 二位三通/二位五通/三位五通气控阀 | 气控换向阀是靠外加的气压使阀换向的。这外加的气压力称为控制压力。气控阀有二位二通/二位三通/二位五通/三位五通,图 a 和图 b 为二位三通工作原理示意图。气控阀按控制方式有单气控和双气控两种。图 c 所示为滑柱式双气控阀的动作原理图,双气控阀具有记忆性能,当给控制口 12 一个控制气压(长信号或脉冲信号),工作口 2 便有输出压力,即使控制信号 12 取消后,阀的输出仍然保持在信号消失前工作口 2 状态。当给控制口 14 一个控制气压(长信号或脉冲信号),原工作口 2 的输出被切换到工作口 4,即使控制信号 14 消失后,阀的输出仍然保持在工作口 4 状态。气控阀与电磁阀在结构上的区别是没有电磁换向阀两旁的先导电磁阀部件。图 d 所示的为带手动控制装置同轴截止式双气控二位五通阀的动作原理图。双气控阀与单气控阀的区别是当控制信号消失,靠弹簧力或气弹簧复位,如图 e 所示,图 f 表示最低控制压力与工作压力之间的关系,从图中曲线可知当阀的排气口装上节流阀后,阀最低控制压力有所提高,这是由阀内排气通道给先导活塞背压所致<br>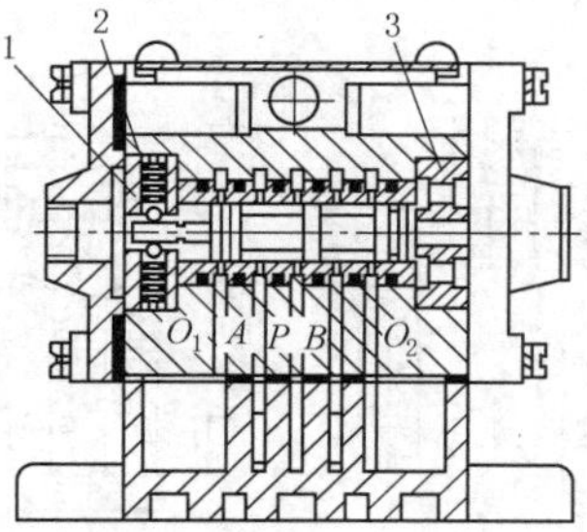<br>(g)<br>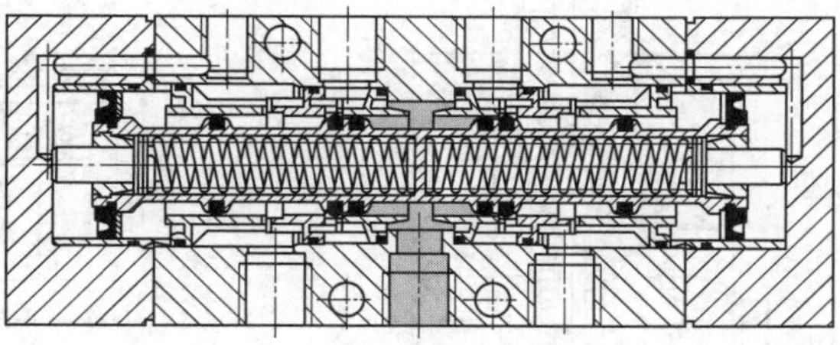<br>(h)<br>1—定位环;2—钢球;3—限位环<br>图 g 是二位五通双气控间隙配合阀(硬配阀)。阀套与阀芯采用不同金属材质经研配而成,它的间隙为 0.5~1μm。阀芯设有定位装置(钢珠、弹簧锁紧定位)。使用这种间隙密封应重视使用的空气净化质量,防止阀套于阀芯组件污染<br>需要补充说明,通常同属一个系列电磁阀和气控阀,它们的主要部件能互换,只要将电磁阀的电磁先导部分卸掉,加上盖板就能成为气控阀<br>图 h 是双气控中封型三位阀。在零位时,滑柱依靠两侧的弹簧和对中活塞保持在中间封闭位置。当控制口有控制信号时,阀换向 |
| 差压控制 | 差压控制气控阀属于双气控阀的派生。它的气动符号见下左图。<br>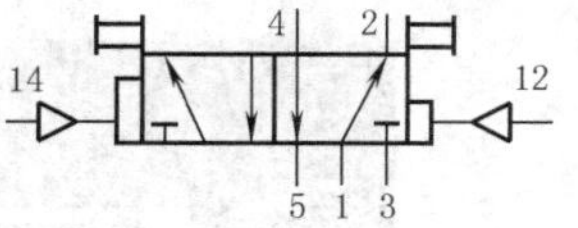<br>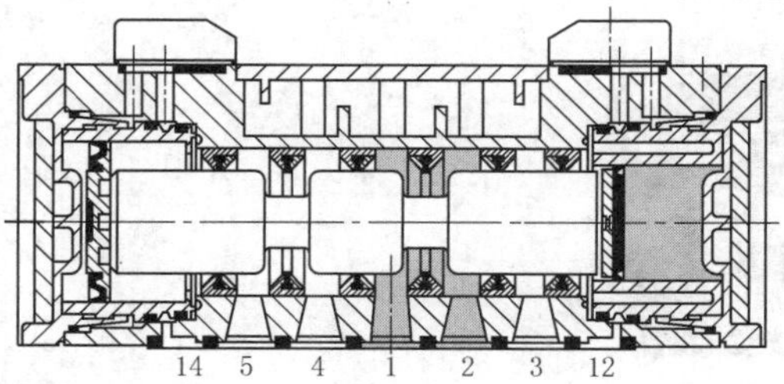<br>(i)<br>图 i 是二位五通差压控制阀的结构原理图。利用气阀两端控制腔室的面积差,14 口的控制腔室面积大于 12 口的控制腔室面积,形成差压工作原理,所谓的差压工作原理即当 12 口的控制腔室有气压控制时,工作口 2 有输出压力、工作口 4 排气。反之,当 14 口的控制腔室有气压控制时,工作口 4 有输出压力、工作口 2 排气。但 12、14 两端的控制口同时有相同压力控制信号时,由于 14 口的控制腔室面积大于 12 口的控制腔室面积,则工作口 4 有输出压力。当 12 控制口和 14 控制口同时失去控制信号时,阀芯按 14 主控功能使其位置停留在工作口 4 有输出 |

## 1.6 机控换向阀

**表 23-5-6　　　　机控阀的组成、分类和工作原理**

<table>
<tr><td>组成、分类</td><td>机控阀是靠机械外力驱动使阀芯切换，由主阀体与机械操作机构两大部件组成。按主阀体切换位置功能可分为二位二通、二位三通、二位四通，按主阀体气路通路状态可分常通型（常开型）、常断型（常闭型），按主阀体切换工作原理可分为直动式、先导式。按机械操作机构可分为直动式、滚轮式、杠杆滚轮式、单向杠杆滚轮式（有些气动厂商亦称可通过式，返回时阀不切换）、旋转杠杆式（有些气动厂商亦称可调杠杆滚轮式）、弹簧触须式（有些气动厂商亦称可调杆式）</td></tr>
<tr><td>直动式二位三通机控阀</td><td>直动式二位三通主阀体原理见图 a，机械操作机构外形尺寸参数见图 b<br>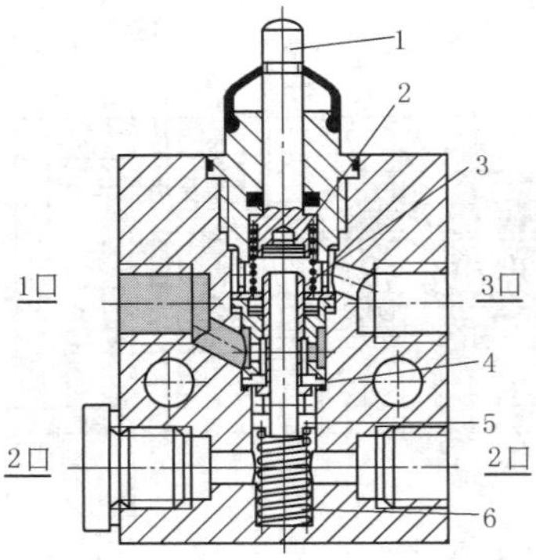

(a)<br>1—驱动杆；2—驱动杆密封；3—阀芯杆；<br>4—阀芯杆密封；5—弹簧座；6—弹簧<br>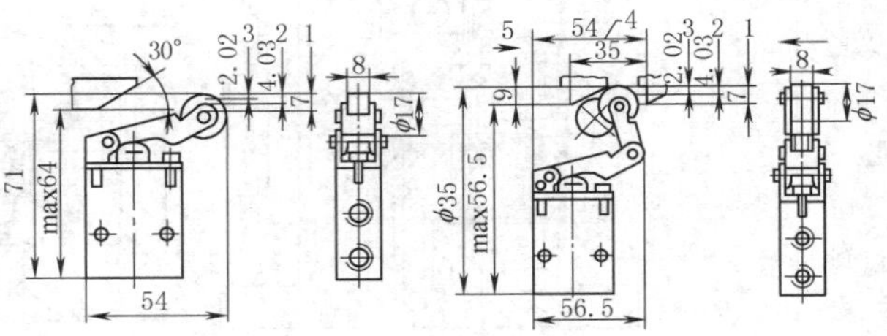

(b)<br>1—起始开度；2—最大开度；3—最大行程；<br>4—最小驱动行程；5—驱动方向<br>直动式二位三通主阀体原理：该主阀体为截止式结构，当驱动杆受外力作用后向下移动，驱动杆上密封件封死空芯的阀芯杆，并推动空芯的阀芯杆克服弹簧力向下位移，此时，被空芯阀芯杆密封件封死的阀口被打开，工作气口 1 与输出气口 2 导通，原来输出气口 2 通过空芯的阀芯杆内腔向排气口 3 的通道被驱动杆上密封件封死。当外力去除后，弹簧复位力推动阀芯座并使阀芯杆往上移动，空芯阀芯杆密封件封死的阀口，工作气口 1 与输出气口 2 被封死，输出气口 2 通过空芯的阀芯杆内腔向排气口 3 排出。左面输出气口 2 根据需要可用堵头封塞，也可改为右面封死<br>小型直动式二位三通机控阀可有 M5、G⅛接口，流量为 80L/min，130L/min，阀体有工程塑料或压铸锌合金材质</td></tr>
<tr><td>先导式二位三通机控阀</td><td>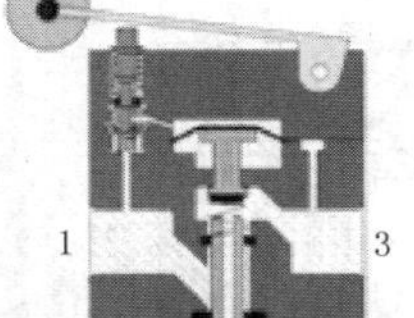

(c)<br>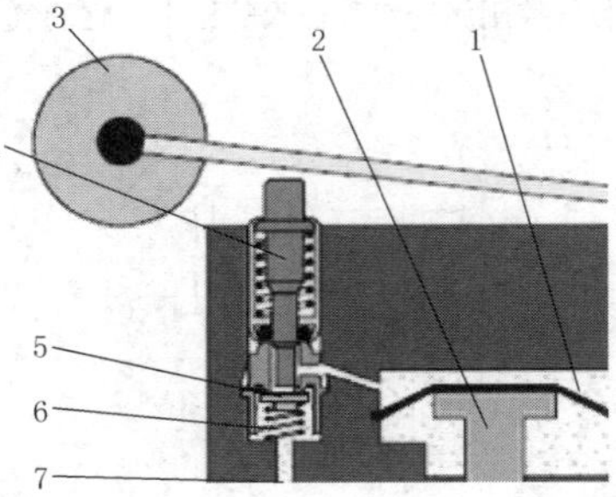

(d)<br>1—先导室膜片；<br>2—先导活塞；<br>3—滚轮；<br>4—先导阀杆；<br>5—密封垫；<br>6—弹簧；<br>7—先导气路通道<br>图 c 是先导式二位三通常闭型机控阀的工作原理示意图，该阀的工作原理与直动式二位三通不同的部分见图 d 先导阀部分，当滚轮未被压下时，来自先导气源通道的压缩空气（来自于工作气源口 1），在弹簧力的作用下，由密封垫把阀口封死，当滚轮被压下时，先导阀杆下移，推开密封垫，先导气源通道的压缩空气与先导室导通，压缩空气作用在先导室膜片产生大的推力推动先导活塞，先导活塞下移。先导活塞的密封件封死主阀阀芯的中间通孔（关闭输出口 2 与排气口 3 的通路见图 c），并使主阀阀芯克服弹簧力后继续下移，被空心阀芯杆密封件封死的阀口被打开，气源工作口 1 与输出口 2 导通。先导式二位三通机控阀可使机械控制滚轮的驱动力在 6bar 时仅 1.8N，该阀流量为 120L/min</td></tr>
</table>

续表

**旋转杠杆式机控阀**

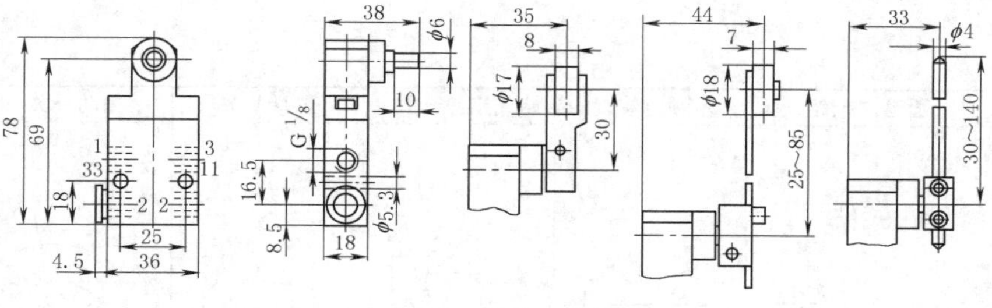


(f)

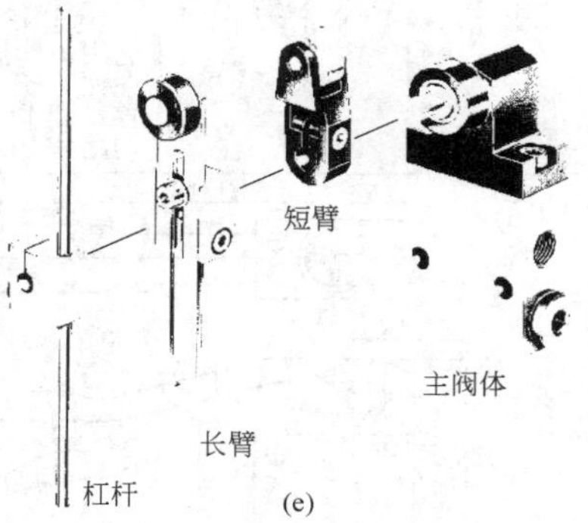


(e)

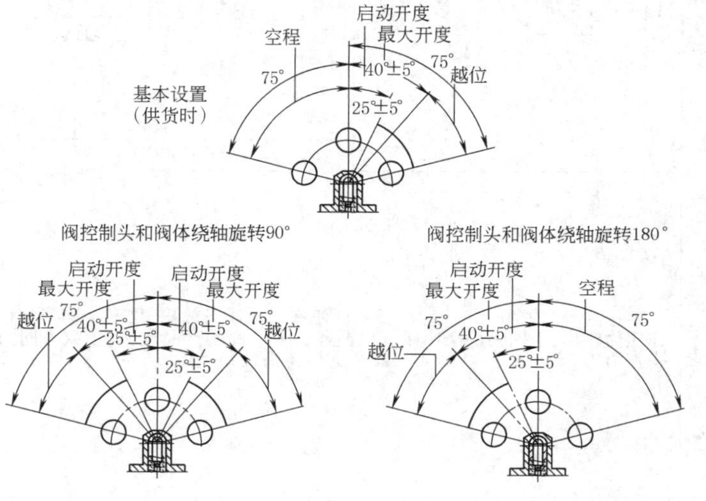


(g)

旋转杠杆式机控阀由主阀体与机械操作机构两大部件组成，见图 e。它的机械驱动部件根据需要可配置杠杆型(有些气动厂商亦称可调杆式)、长臂型、短臂型(图 f)。短臂型驱动力为 7N，长臂型、杠杆型驱动力低于 7N(根据调整后长度，驱动力会有不同)，主阀体上转动控制头可调整驱动范围(见图 g)

**弹簧触须式机控阀**

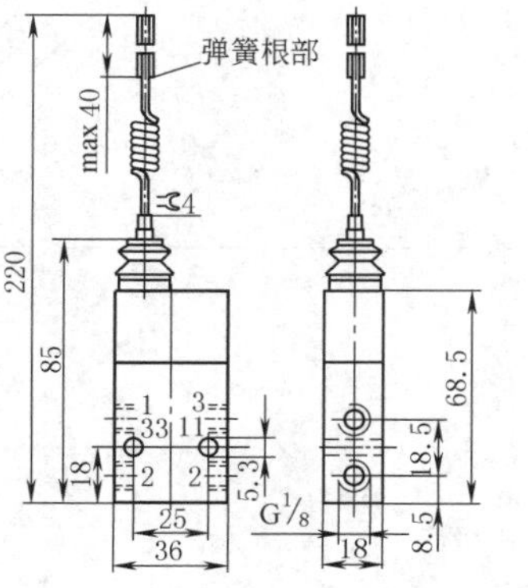


(h)

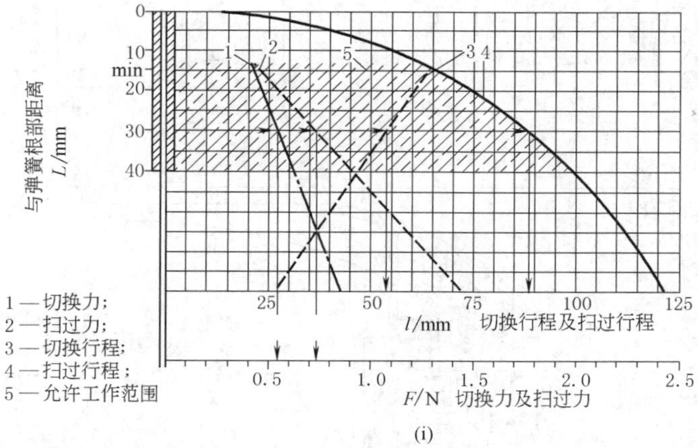


(i)

弹簧触须式机控阀见图 h，采用先导控制方式，只需要很小的驱动力，特别适合于控制对象在不同轴向位置或不在一个平面上的场合。该阀可以在任何与弹簧触须轴向垂直的方向上驱动。它的驱动力见图 i

例：当与弹簧根部距离 30mm、在切换行程为 54mm 时，其切换力为 0.57N。在扫过行程为 88mm 时，其扫过力为 0.75N

## 1.7 人力控制阀

表 23-5-7

| | 按钮开关 | 蘑菇式按钮开关 | 带锁定装置的蘑菇式按钮开关 | | 选择开关 | 拨动开关 | 钥匙开关 |
|---|---|---|---|---|---|---|---|
| 面板操作阀 | 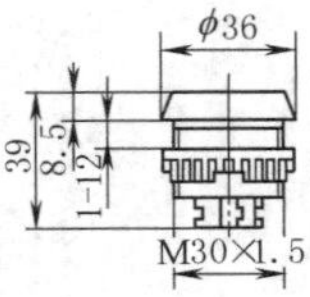 | 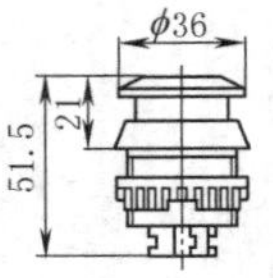 | 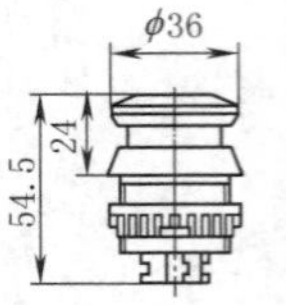 | 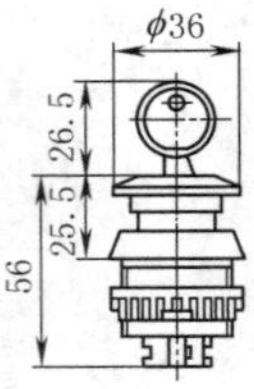 | 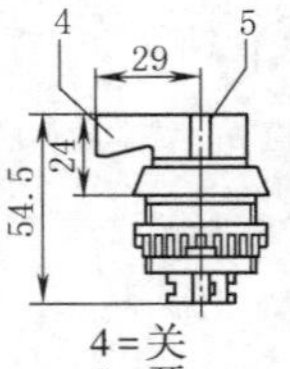<br>4＝关<br>5＝开 | 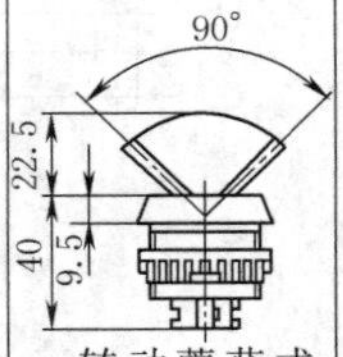<br>转动蘑菇式按钮上的锁定环即可开锁 | 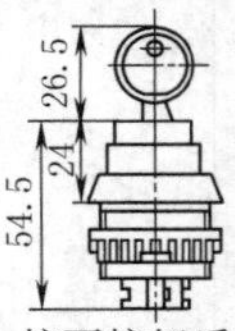<br>按下按钮后，按钮被锁住，只能用钥匙打开，在两个开关位置都可以拔出钥匙<br>锁定开关只能用钥匙操作，在两个开关位置都可以拔出钥匙 |
| | | | 可锁定 | | | | |
| 二位三通手压式操作阀 | 手压式操作阀操作简便，压下手柄便有工作压力输出，松开手柄即复位，无工作压力输出，手柄无记忆功能。根据各制造厂商的产品规格、参数不同，查得其操作力为 24N，流量 600L/min，材质为压铸铝合金 | | | | | 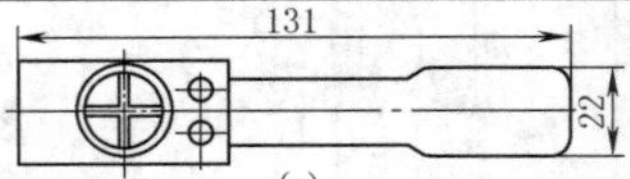<br>(a)<br>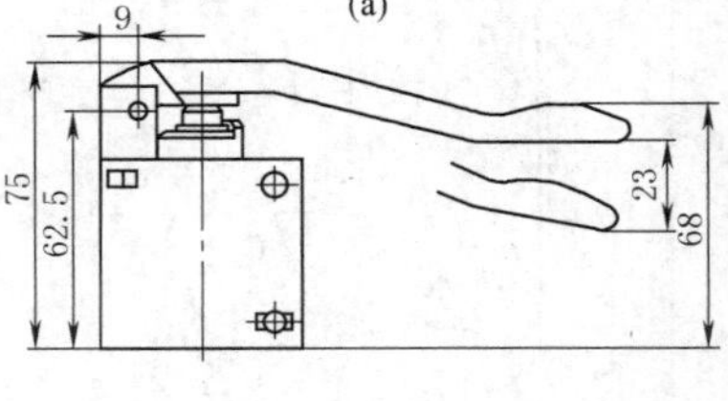<br>(b) | |
| 二位三通旋转式手动操作阀 | 旋转式手动操作阀操作简便，旋转手柄便有工作压力输出，可停在旋转后的位置（有记忆功能），并能清楚辨别该阀实际位置。根据各制造厂商的产品规格、参数不同，查得其操作力为 22N，流量 600L/min，材质为压铸铝合金 | | | 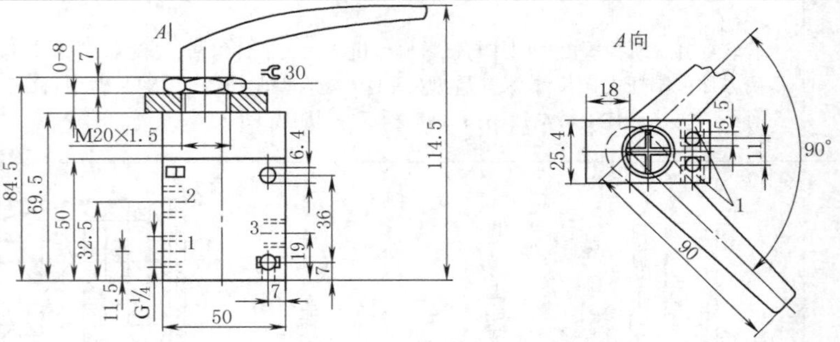<br>(c) | | | |
| 三位四通手柄操作阀 | | | 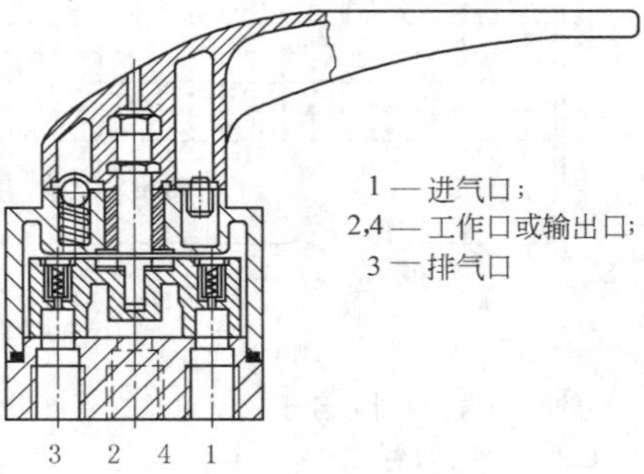<br>1 — 进气口；<br>2,4 — 工作口或输出口；<br>3 — 排气口 | | 底部接口<br>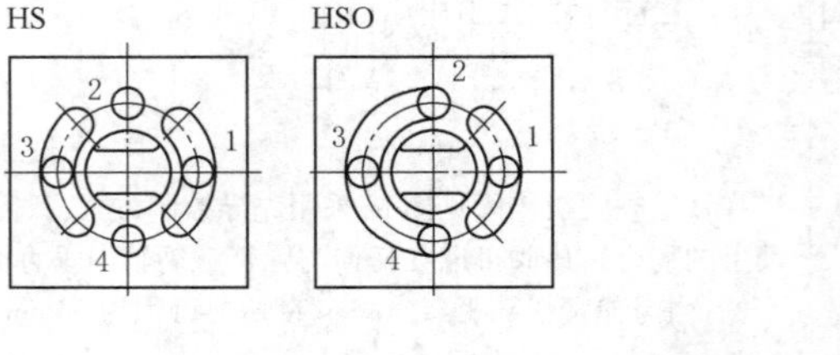 | | |
| | | | (d) | | | | |

续表

**三位四通手柄操作阀**

三位四通手柄操作阀以改变气路方向及直接控制驱动气缸为目标，它有中封式、中泄式。当气缸活塞运行速度较慢时，利用中封式三位四通手柄操作阀可使气缸做暂停动作，也可利用中泄式三位四通手柄操作阀使气缸处于排气状态，气缸活塞可做自由移动。旋转手柄后可停在旋转后的位置（有记忆功能），并能清楚辨别该阀实际位置。根据各制造厂商的产品规格、参数不同，查得其中一些规格的操作力12～26N，流量130～3500L/min，小规格阀的材质为工程塑料、大规格的为压铸铝合金

**脚踏阀**

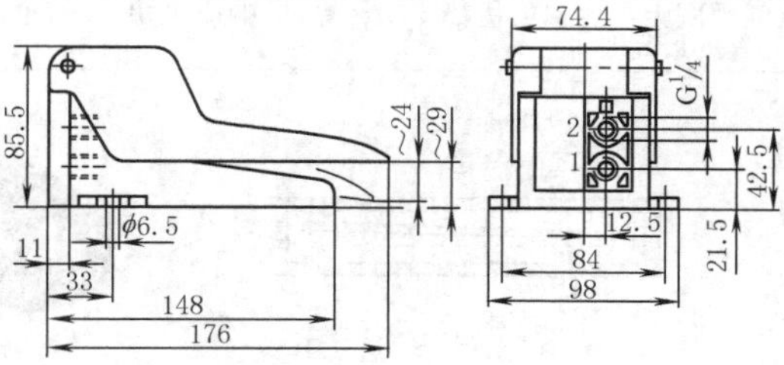

(e)

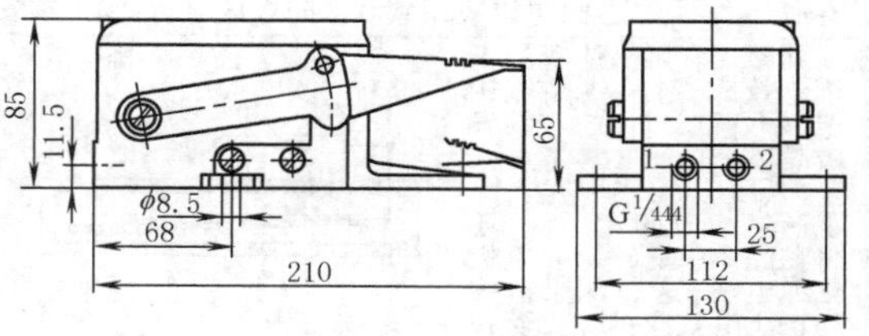

(f) 带机械锁定装置

1—进气口；2—工作口

脚踏阀是用脚操作，不影响人的双手操作，在半自动流水线上应用也较广泛。图e为无记忆功能的脚踏阀，当脚踩下踏板后，阀被切换，脚一离开踏板，阀即刻恢复原状无输出压力。图f为带记忆功能的脚踏阀，当脚踩一下踏板后，阀就被切换，脚踏阀内的机械锁紧装置将其锁定，即使脚已离开踏板，脚踏阀仍保持有输出压力，只有再次驱动脚踏板后，阀才能恢复原始位置。为了防止被人误踩，应配有保护罩壳。根据各制造厂商的产品规格和参数不同，查得其中一些规格的操作力：无记忆功能的为52N，带记忆功能的为69N。流量600L/min，材质为压铸铝合金

**手拉阀**

传统对手拉阀的应用是将其安置在气源三联件之前，当停机需机修时，作释放系统内的气压之用，另外也适用气动控制系统的压力调节和排气之用。可用于真空系统。手拉阀的工作原理如图g所示，图中位置气口1与气口2断路，气口2→气口3排气。如果圆桶形壳体往左移动，气口1→气口2呈通路状态，气口3无排气

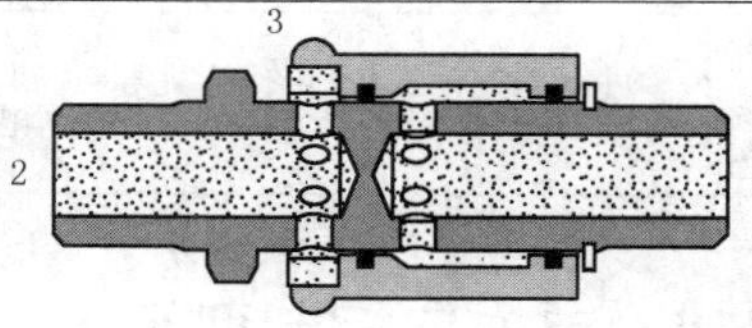


(g)

**气动双手启动模块**

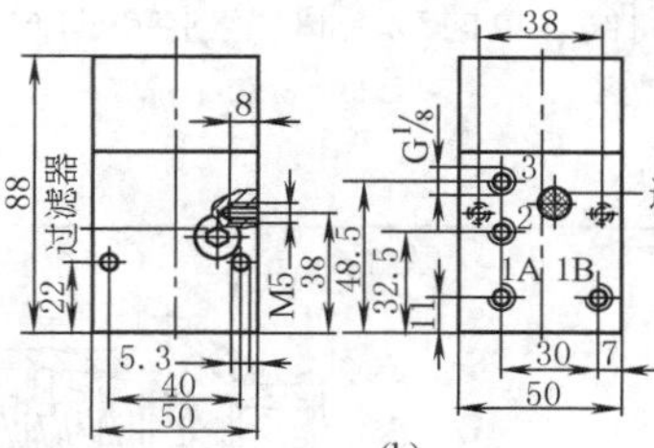


(h)

1A，1B—进气口；
2—工作口或输出口；
3—排气口

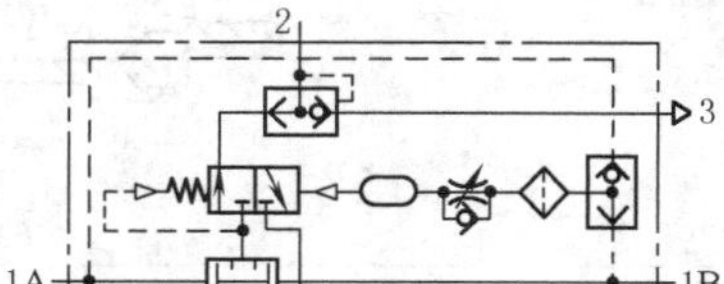


(i)

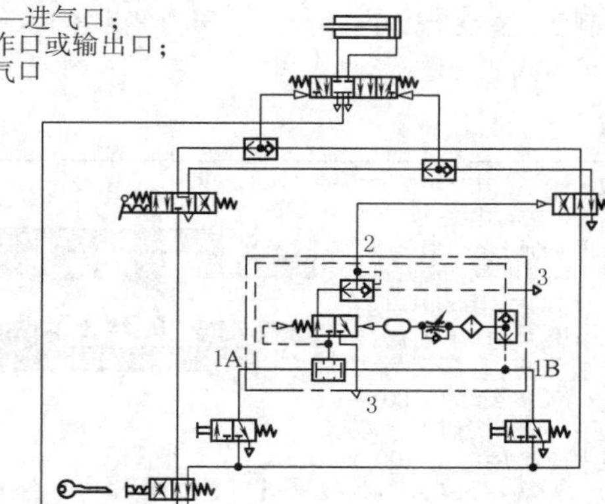


(j)

气动双手启动模块用于手动操作可能对操作者有危险的场合（如启动气缸时），或其他要求启动时操作者双手不接触危险区的设备。只有通过两个二位三通手动操作阀同步向两个输入口$P_1$与$P_2$(0.2～0.5s内)输入压力，输出口A才有连续输出信号，需要说明的是超过0.5s气动双手启动模块便失效，以确保安全。当关闭一个或两个按钮阀，输出口的流量立即中断，与A口相连接的气缸或阀复位。气动双手启动模块工作原理如图i所示，1A、1B分别接的是两个二位三通手动操作阀输出工作口，无论对1A信号还是1B信号而言，它们都一端接双压阀（与门逻辑元件），一端接梭阀（或门逻辑元件），然后把双压阀的输出信号、梭阀的输出信号再与二位三通差压阀进行一次与的逻辑运算，双压阀的压力输出分二路，一路作二位三通差压阀的工作气源，另一路作二位三通差压阀的控制信号，直接接入二位三通差压阀的左端。而梭阀的压力输出需通过单向节流阀及气容装置（即延时功能0.2～0.5s）再到达二位三通差压阀的右端，问题的关键是当梭阀的压力输出还未到达二位三通差压阀的右端时，二位三通差压阀已通过与的运算，于是信号压力通过快排阀及口2给出一个正常工作的压力信号。如果双手不同步，则梭门的信号经过0.2～0.5s先到达二位三通差压阀右端控制口，二位三通差压阀与快排阀处于断路状态，确保安全启动要求。符合EU机械标准89/392/EU，Appendix 4和CE认证。符合EN 954标准1类（仅与压力顺序阀，例如VD-3-PK-3连接），符合EN 574标准Ⅲ型。气动双手启动模块在双手操作气路图中的实例见图j

## 1.8 压电阀

**表 23-5-8**

| | |
|---|---|
| 特点 | 作为气动技术中创新革命性的产品,压电阀进入市场已有十几年历史。压电阀本质上应属于电磁控制范畴,但它又不同于常规电磁控制(采用电磁铁作为电-机械转换级,把电控制信号转换为机械的位移,推动阀芯,实现气路的切换),而是把压电材料的电-机械转换特性引入到气动控制阀中,作为气动阀的电-机械转换级,所以与常规电磁控制相比是完全的全新技术。作为常规电磁控制(电磁铁)有价格低廉、操作使用方便等优点;其缺点是功耗较大、响应速度不够快、存在发热及有电磁干扰等。采用了压电技术的控制方式,在性能上有着传统气动阀无可比拟的优势。功耗更低、响应更快、没有电磁干扰、寿命长及不会发热,可以应用到0区防爆区域,达到了本安防爆的最高要求 |
| 工作原理 | 其原理利用晶体管的正压电效应,对某些晶体构造中不存在对称中心的异极晶体,如加在晶体上张紧力、压应力或切应力,除了产生相应的变形外,还将在晶体中诱发出介电极化或电场,这一现象被称为正压电效应;反之,若在这种晶体上加上电场,从而使该晶体产生电极化,则晶体也将同时出现应变或应力,这就是逆压电效应。两者通称为压电效应。利用逆压电效应原理,在晶体上给予一定的电压、电流,晶体也将按一定线性比例产生形变<br>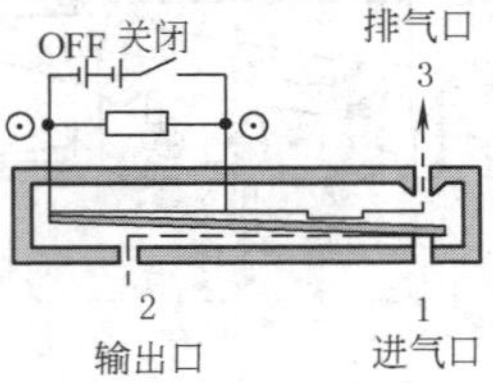<br>(a)<br>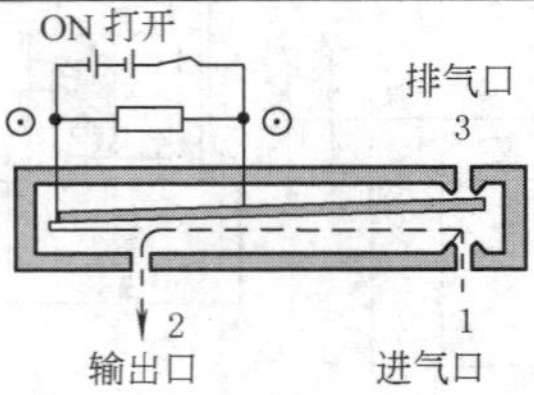<br>(b)<br><br>(c)<br>如图a和图b所示的压电阀二位三通换向示意图,1口为进气口,2口为输出气口,3口为排气口,阀中间的弯曲部件为压电材料组成的压电片。当没有外加电场作用时,阀处于图a状态:进气口关闭,输出气口2经排气口3通大气。当在压电阀片上外加控制电场后,压电阀片产生变形上翘(见图b),上翘的压电阀片关闭了排气口3,同时进气口1和输出气口2连通。这样就完全实现了传统二位三通电磁换向阀的功能 |
| 技术参数 | 可用于直动式,也可作为先导级,可作为开关型,也可作为比例型控制。图c为二位三通压电阀,质量仅6g,额定流量为1.5L/min,工作压力为2~8bar,工作电压为24V,工作温度为-30~+80℃,切换时间为2ms,切换功率为0.014MW |

## 1.9 单方向控制型阀

单方向控制型阀如考虑方向、流量、压力等因素时,可分单向阀、单向节流阀、气控单向阀、梭阀、双压阀、快排阀、延迟阀、顺序阀等。

**表 23-5-9**

| | |
|---|---|
| 单向阀 | 单向阀仅允许气流从一个方向通过,而相反方向则关断。如图a所示,单向阀一端装有弹簧,因此当另一端进气时需克服弹簧力,单向阀有一个开启力(即最低工作压力)。单向阀两端有多种连接型式:有两端为快插式连接(流量约为100~2000L/min)、一端有快插另一端为外螺纹连接(流量约为100~2300L/min)及两端均为外螺纹连接见图b(流量约为100~5500L/min)<br>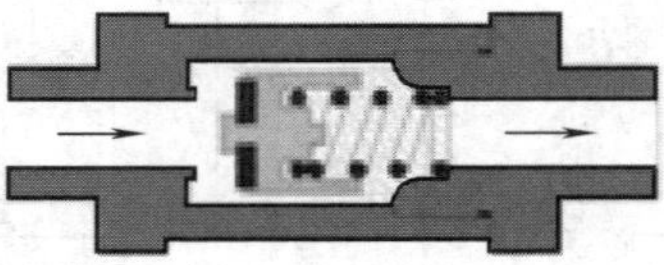<br>(a)<br>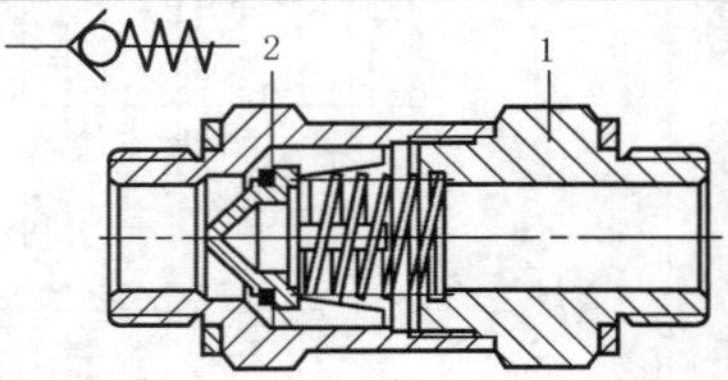<br>(b) |
| 气控单向阀 | 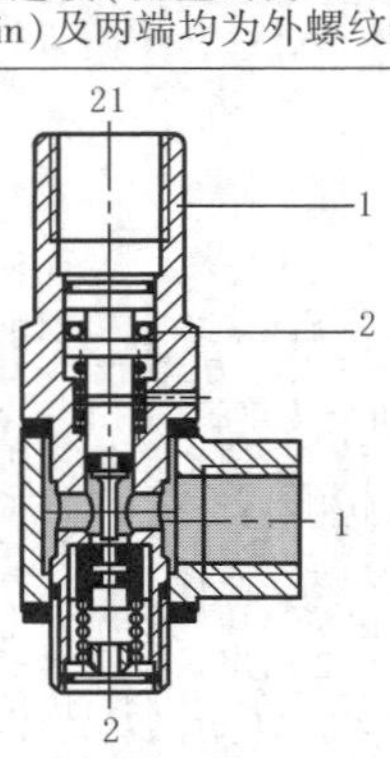<br>(c)<br>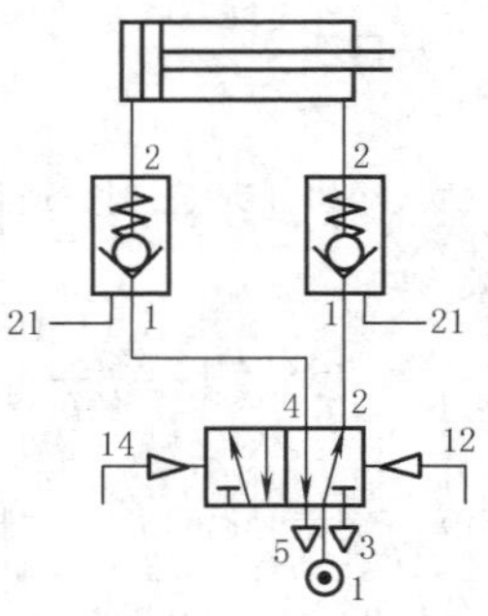<br>(d)<br>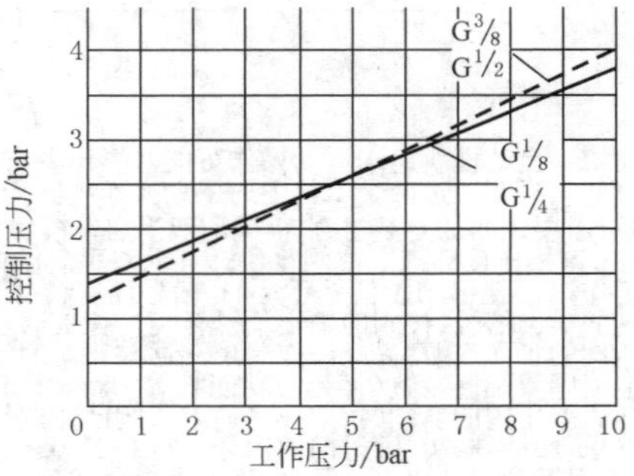<br>(e) |

续表

| | |
|---|---|
| 气控单向阀 | 气控单向阀是由一个单向阀和一个先导功能的部件组合而成的,如图 c 所示当压缩空气从口 1 向口 2 方向流通时,气流推向密封垫而流出口 2,当压缩空气从口 2 向口 1 方向流通时,气流被密封垫封死而使口 2 与口 1 关闭,此时如要导通,须靠先导控制口 12 进入一个控制压力(先导控制的活塞面积大于密封垫封阀口的环形密封面),推动阀芯下移,推开密封垫,口 2 与口 1 导通。图 d 是气控单向阀在气缸停止上的应用示意,如果要先对 21 施加控制信号,压缩空气即可流入或流出气缸。但当控制信号复位时(即取消时),单向阀关闭,气缸排气,气缸停止运动。先导控制压力的大小与系统的工作压力有关,见图 e |
| 梭阀和双压阀 | 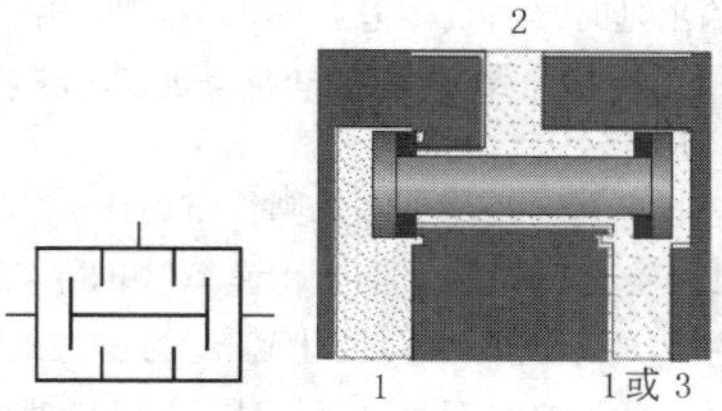<br>(f)<br>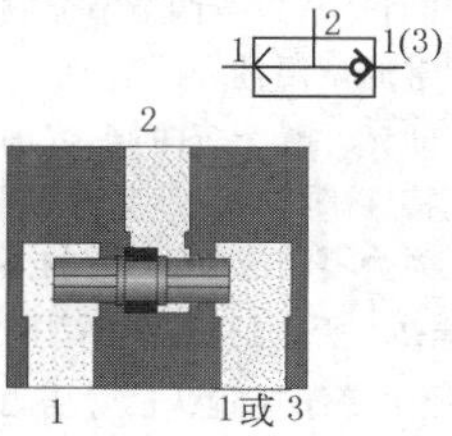<br>(g)<br>梭阀、双压阀为气动系统中的逻辑元件,梭阀为或门逻辑功能,双压阀为与门逻辑功能。梭阀的工作原理如图 f 所示:只要左面 1 口或右面的 1 或 3 口有输入压力,2 口总是有输出压力。双压阀的工作原理如图 g 所示,只有当左面 1 口及右面的 1 或 3 口同时有输入压力,2 口才会有输出压力。梭阀的工作压力为 1~10bar,流量为 120~5000L/min,接口螺纹为 M5、G⅛、G¼、G½。双压阀的工作压力为 1~10bar,流量为 100~550L/min,接口螺纹为 M5、G⅛ |
| 快排阀 | <br>(h)<br>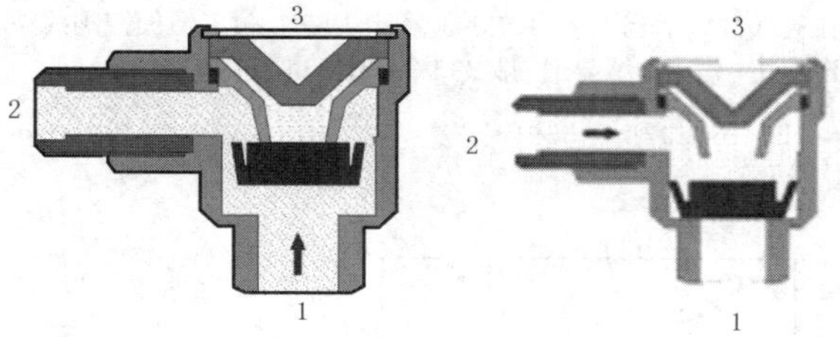<br>(i)<br>快排阀(见图 h)可增加单作用和双作用气缸回程时的活塞速度。它的工作原理如图 i 所示,压缩空气从 1 口流入,通过快速排气阀气口 2 到气缸,此时排气口 3 关闭。当气口 1 处的压力下降时(或气缸排气时),压缩空气从气口 2 到快排阀内,通过密封件把气口 1 封死,并向气口 3 直接排向外界。避免了气缸排气需借道经过换向阀另一个工作气口再向排气口排气。因此,通常快排阀都直接安装到气缸的排气口上。快速排气阀气口 3 配置消音器可大大减少排气噪声。快排阀的接口为 G⅛~G½,流量为 300~6500L/min |
| 延迟阀 | 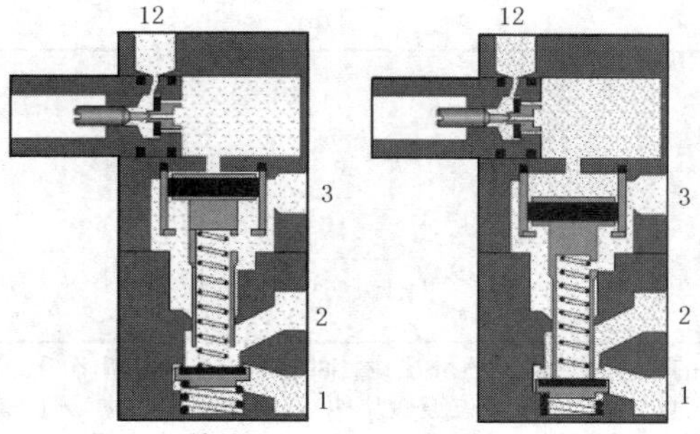<br>($j_1$)　($j_2$)<br>(j)<br>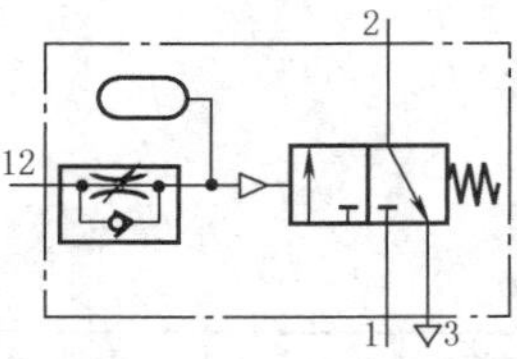<br>(l)<br>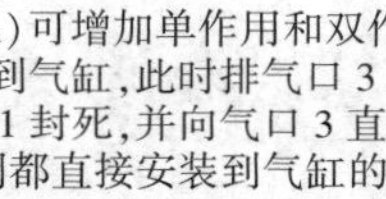<br>($k_1$)阻容环节示意图<br>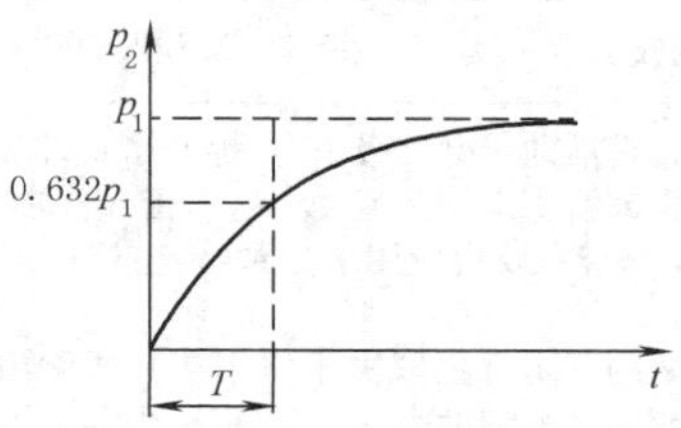<br>($k_2$)特性曲线<br>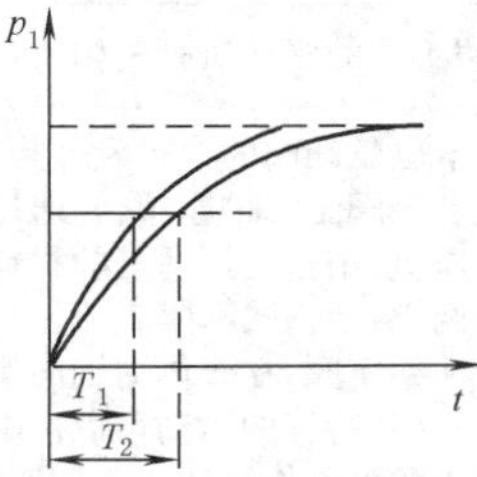<br>($k_3$)充气压力曲线<br>(k)阻容延时原理 |

续表

| | |
|---|---|
| 延迟阀 | 图 j 所示为延时阀，由二位三通阀、单向阀、节流阀和气室组成。压缩空气由接口 1(P) 向阀供气，控制信号从 12(Z) 口输入，经节流阀节流流入气室。当气室中的充气压力达到阀的动作压力时，阀切换，输出口 2(A) 就有输出<br>如果要使延时阀回到它的初始位置，那么控制管道一定要排空。空气通过与节流阀并联的单向阀从气室流出，经排放通道排向大气。此时，阀才能回到初始位置<br>若要调整延时时间的长短，只要调节节流阀的开度，延时时间范围一般在 0~30s。若再附加气室，延时时间还可延长<br>延时阀有常断型和常通型两种。图 $j_1$ 所示为常断型（输出延时接通），图 $j_2$ 所示为常通型（输出延时断开）<br>利用延时控制的气动元件称为延时阀。延时阀是一种时间控制元件，它的气动符号如图 l 所示。它是利用气阻和气容构成的节流盲室的充气特性来实现气压信号的延时，如图 k 所示<br>若气室内的初始压力为零，在温度不变的条件下，当输入阶跃信号压力 $p_1$ 后，则气室内压 $p_2$ 随时间变化的速度取决于阻容时间常数 $T$。因 $T=RC$，所以只要改变气阻或气容，就可调整充气压力 $p_2$ 的变化速率，如图 $k_3$ 曲线所示。同时，由图 $k_2$ 曲线说明，阻容时间常数 $T$ 等于在阶跃信号压力输入下，气室内的充气压力 $p_2$ 变化到 $p_1$ 的 63.2%所需的时间。通常，气动延时阀的动作压力选择在 $0.6p_1$ 左右。即从信号输入到有输出的这段时间间隔就是延时阀的延时时间，亦为时间常数 |
| 顺序阀 | 顺序阀实质是一种压力控制阀，当一个与压力相关的信号启动时，如气缸的气夹头夹紧力已达到最低压力范围时，可让进刀机构启动。它的气动符号如图 m 所示，由一个调压阀和一个二位三通气控阀组成。顺序阀的工作原理如图 n 所示，原始状态是工作气口 1 的工作压力作用在阀芯小端面上，阀芯右移，阀芯上密封件将封闭气源口 1 与输出口 2 的通道，气源口 1→输出口 2 关闭、排气口 3→输出口 2 导通，即使气源口 1 无工作压力，阀芯小端面上弹簧也将气源口 1→输出口 2 关闭。当调压阀底部出现控制压力 12 时（该控制压力可通过螺栓、大弹簧调节），推动调压阀底部大活塞上移，原被封死的气源口 1 的分支气路随调压阀底部大活塞上移而被导通，并作用在二位三通气控阀的阀芯大端面上，大端面（起先导活塞之用）左移，顺序阀阀芯的气源口 1→输出口 2 导通、排气口 3→输出口 2 关闭<br>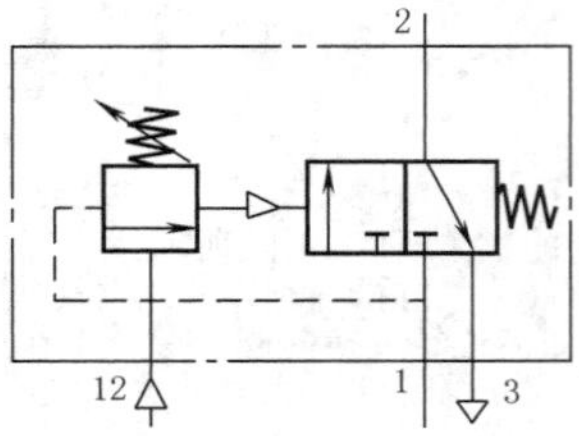<br><br>(m)<br>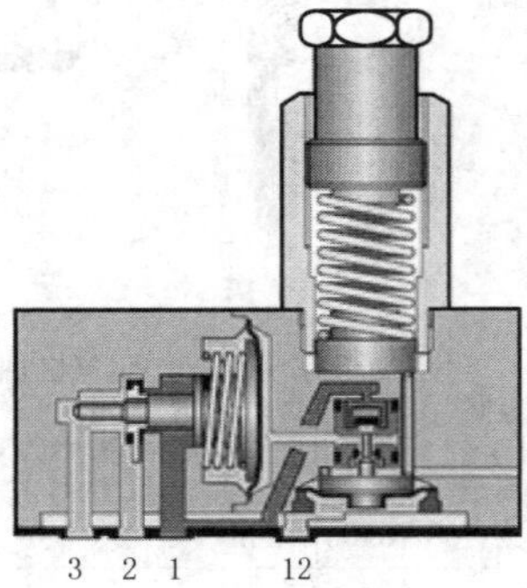<br><br>(n) |

# 2 流 体 阀

**表 23-5-10**

| | | |
|---|---|---|
| 概述 | | 通用流体控制阀是为各种具有中性、腐蚀性、冷热等特性的液体、气体、蒸汽介质设计的装置，用于切断、分配、混合或调节流体的流量、压力等。流体控制阀可分为二位二通、二位三通、二位四通、二位五通几种，最常用的是二位二通。二位二通阀有入口和出口，具有两个切换位置（开和关）。在其基本或启动位置，阀一般是常闭(NC)。对于某些应用，如用于安全控制系统，发生停电时，在基本位置，阀必须常开(NO) |
| 分类 | | 按照不同的驱动执行机构，将流体控制阀分为三类：电磁驱动、压力驱动和电动马达驱动 |
| 电磁驱动 | 座阀 | 电磁驱动阀的执行元件是电磁线圈，它借助于电磁吸引力，提升密封件（打开通路）或迫使其紧贴阀座（关闭通路）。宝硕电磁阀是一种座阀，它通过防漏隔膜或活塞来切断流动。这些密封件轴向移动打开或关闭座阀。座阀具有非常好的密封质量，结合使用适当的材料（如金属/塑料）就可应用于各种特定的使用条件。按照不同的结构类型，将流体控制阀分为两类：活塞式和隔膜式<br>活塞座阀：在阀体内轴向运动的活塞的开闭行程取决于作用在其两侧面积差上的阀门出入口的压差。根据驱动的方法，这些行程的运动可以由电磁线圈或弹簧来辅助完成。活塞座阀可承受很高的工作压力，该阀的制造材料易于选择，适用于各种工作流体。隔膜座阀：隔膜座阀的工作原理与活塞座阀基本相同，其密封膜片在本体和阀盖之间，其行程移动量由隔膜的型式和弹性决定。这种的阀相对比较便宜、紧凑，最适合在供水系统中使用 |

续表

| | | | |
|---|---|---|---|
| 电磁驱动 | 驱动方式 | 直动式 | 有些气动厂商称直动式为直接电磁驱动，这种驱动类型不需要任何工作压力或压差来实现切换功能，在0bar以上就可工作。当电磁线圈断电时（阀处于关闭状态），动铁芯借助于流体压力被弹簧力压在阀座上（图a）。当电磁线圈通电时，则动铁芯被吸进去，阀门打开（图b）。最大工作压力和流量直接取决于阀座直径（额定直径）和电磁线圈的吸力<br>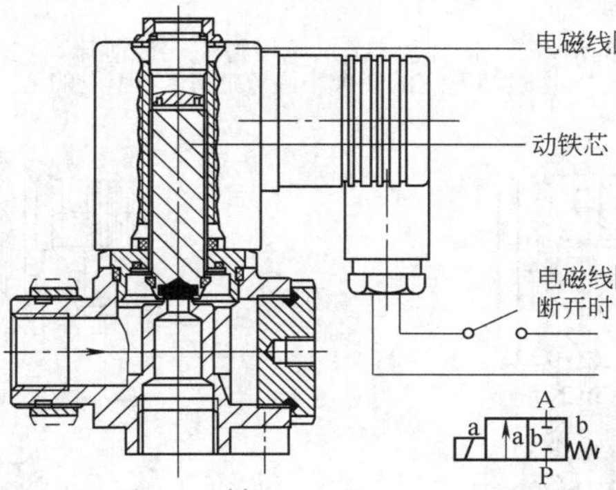<br>(a)<br>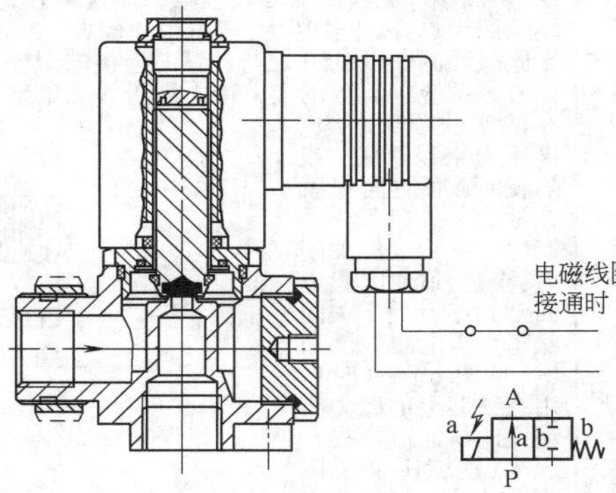<br>(b) |
| | | 先导式 | 有些气动厂商称先导式为间接电磁驱动，这种阀根据压差或先导原理（伺服原理）进行工作，利用流体的压力来打开或关闭阀座。先导系统起到增压的作用，这样即使使用磁力较小的电磁线圈（与直接驱动型阀相比），也能控制在高压下高速流动的流体（活塞和隔膜均可用作主阀座的密封件）<br>常闭型工作原理：隔膜式见图c、活塞式见图e。当电磁线圈断电，其动铁芯上密封垫圈关闭泄流口（先导阀阀座），系统中P处的上游压力高于A处的输出下游压力，通过隔膜上的小溢流孔（穿通隔膜并通向先导阀阀座端口上），在隔膜的顶部（或活塞）积累。该压力乘以隔膜（或活塞）顶部的面积就在隔膜（或活塞）上产生了一个大的关闭力，并迫使隔膜返回到阀座上，处于关闭状态。当电磁线圈通电时，作用在铁芯上的磁力将动铁芯从泄流口提升起来，这就降低了隔膜（或活塞）上方空间的压力，并与阀A侧的压力达到了平衡。由于能从溢流通道流出的流体大于隔膜上小溢流孔流过的流体，所以隔膜（或活塞）顶部的压力还会继续下降，作用在隔膜（或活塞）上的P处的较高的上游压力所产生的打开力比较大，该力将隔膜从阀座上提起（只要P和A处之间的压差保持为规定值），阀就会处于打开状态（隔膜式见图d、活塞式见图f）。根据阀的类型，该规定值位于0.5~1bar之间。当电磁线圈断电，动铁芯在弹簧力的作用下，关闭先导阀处泄流口。隔膜（或活塞）上方再次积累与P侧相同的压力，该作用力推动隔膜（或活塞）紧靠在阀座上。间接电磁驱动阀的流体的流动方向固定不变<br>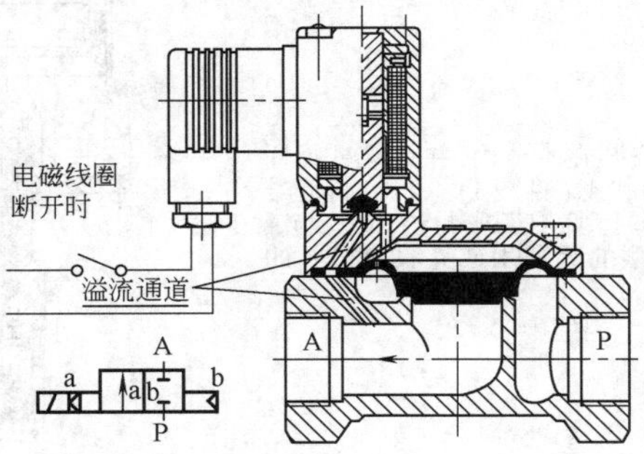<br>(c)<br>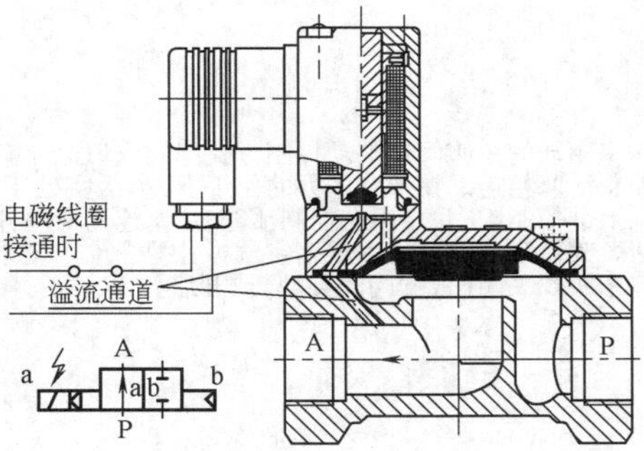<br>(d)<br>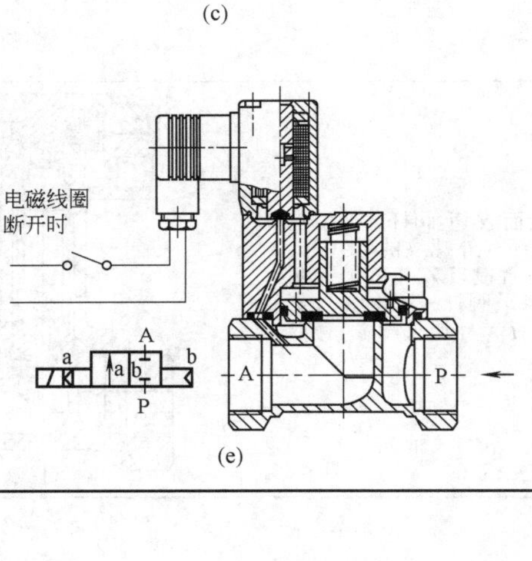<br>(e)<br>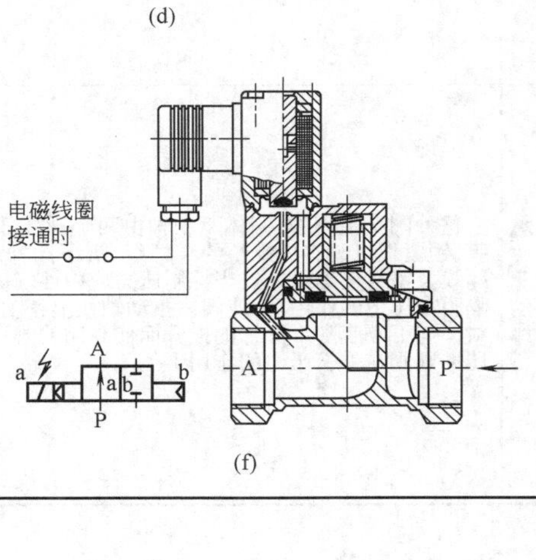<br>(f) |

续表

| | | | |
|---|---|---|---|
| 电磁驱动 | 驱动方式 | 强制式 | 有些气动厂商称强制式为强制提升电磁驱动，以这种方式驱动的阀是直接驱动和间接驱动方式的组合。电磁线圈铁芯（先导级）和活塞（或隔膜）之间的机械耦合辅助运动（活塞型机械耦合辅助或隔膜型机械耦合辅助），被称为强制提升。该操作方法不需要最小压差，即使压差为0bar，阀也可工作。由于在没有压力辅助、压差不足时必须能打开阀，所以该电磁线圈需要较强吸力。这种方式驱动的阀既具有直接驱动的特点，无需最小工作压力限制，又具备间接驱动的优点，高工作压力，流量也比较大<br>电磁线圈断电见图g，与动铁芯连接的阀杆（先导阀的活塞）关闭泄流口（先导阀阀座），该泄流口与活塞（或隔膜）同心。系统中P处的上游压力高于A处的输出下游压力，通过活塞上的2个小溢流通孔（隔膜上的1个小溢流通孔）在活塞的顶部积累。该压力乘以活塞（或隔膜）顶部的面积就在活塞（或隔膜）上产生了一个大的关闭力，于是，迫使隔膜返回到阀座上处于关闭状态。当电磁线圈通电（见图h），这时作用在铁芯上的磁力将动铁芯从泄流口提升起来，这就降低了隔膜（或活塞）上方空间的压力，并与阀A侧的压力达到了平衡。由于能从溢流通道流出的流体多于隔膜上小溢流孔流过的流体，所以隔膜（或活塞）顶部的压力还会继续下降，作用在隔膜（或活塞）上P处的较高的上游压力所产生的打开力比较大，该力将隔膜从阀座上提起，阀就会处于打开状态。见图g、图h，强制式的打开动作与先导控制完全相同，两者之间存在差别是：强制式阀在动铁芯运动到一定行程后，通过螺纹咬合件（机械耦合）使活塞（或隔膜）同时也被拉到打开位置。因此，这种阀的开启和保持开启不需压差<br>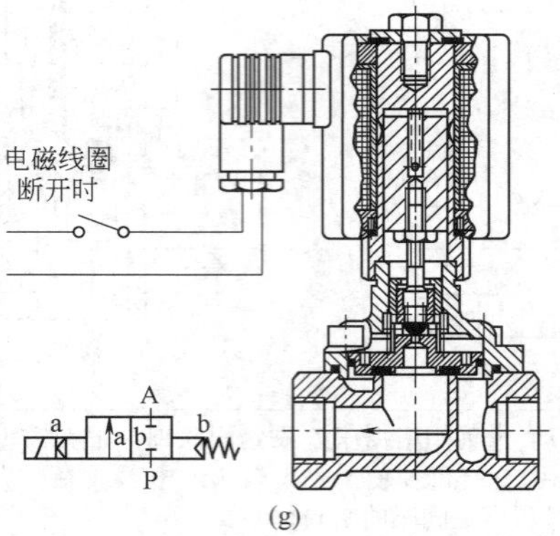<br>(g)<br>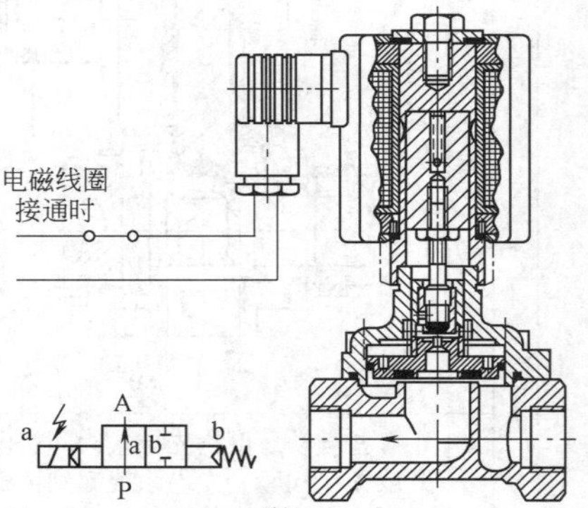<br>(h)<br>电磁线圈断电，阀芯在弹簧力的作用下关闭泄流口。活塞（或隔膜）上方通过溢流通孔的流体再次积累到与P侧相同的压力，该作用力迫使活塞（或隔膜）返回到阀座上。如果没有或者只有微小的压差，先导阀芯在活塞上方弹簧的力作用下关闭。这种阀流体的流动方向固定不变 |
| 压力驱动 | 角座阀 | | 活塞驱动的角座阀是气动控制方式的阀座以某个角度安装在本体内，并且经过阀杆与控制活塞相连。在弹簧压力的作用下，主活塞处于关闭状态（见图i）。当控制信号进入上部控制腔，并作用在控制活塞，活塞连同活塞杆一起上移，打开密封垫，使P与A导通。其控制压力可采用压缩空气或中性气体。这种类型的阀利用或克服流过阀的流体来实现关闭（根据阀的类型）或开启<br>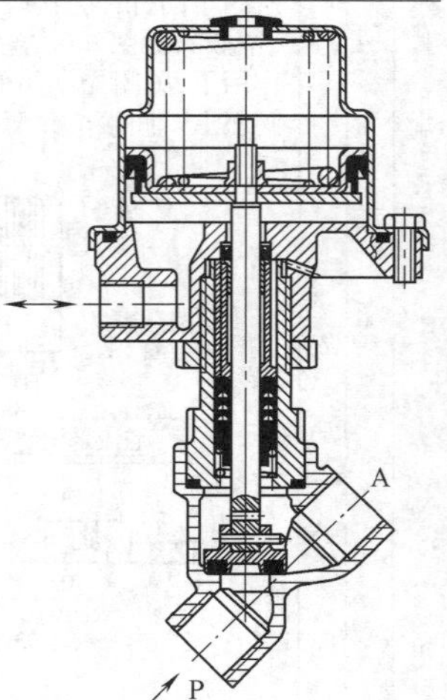<br>(i) |
| | 隔膜驱动座阀 | | 这种阀是常闭的，阀体驱动轴由两个阀杆部件相连接而成，上阀杆部件由隔膜、锁紧螺母与有内螺纹的阀杆组成，下阀杆部件由头部有外螺纹的活塞杆、隔膜及密封垫等组成。当控制压力或中性气体压力进入控制口Z，上腔的控制隔膜在压力的作用下，使阀体驱动轴往上移动（上阀杆与下阀杆一起上移），密封垫与下隔膜随下阀杆的提升而使封闭的阀口打开，P与A导通见图j。释放压力则阀在弹簧压力的作用下关闭<br>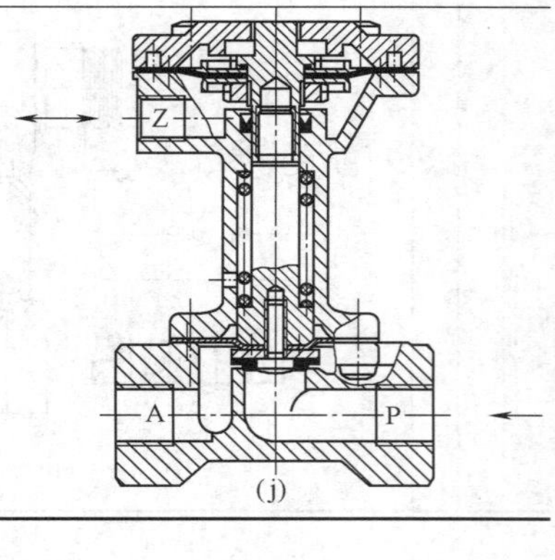<br>(j) |

续表

| | | | |
|---|---|---|---|
| 压力驱动 | 隔膜驱动隔膜阀 | 这种类型的阀的阀腔由两个腔组成，下腔被横梁对称分割，这个横梁就形成了阀座。上腔中有一个隔膜，该隔膜经过阀杆与第 2 个隔膜相连。一旦控制压力释放，这个隔膜上侧的弹簧就会使阀关闭（见图 k）。下隔膜的作用是密封，当它被压在阀座上时就会将阀关闭。流体流动是双向的。这种阀完全适用于含有颗粒的流体 | 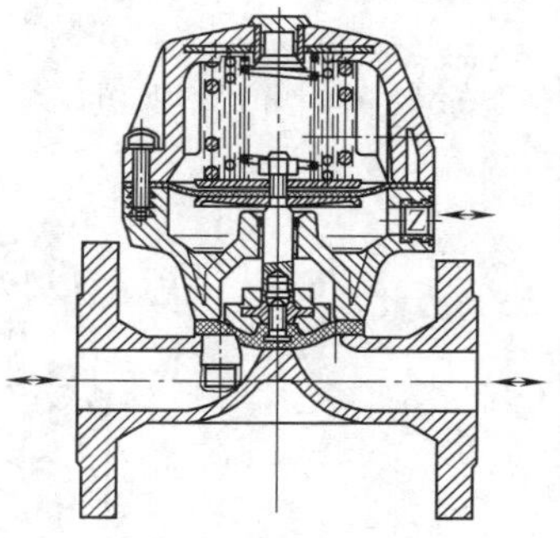 (k) |
| | 强制提升的间接驱动活塞阀 | 如图 l 所示的强制提升的间接驱动活塞阀，这种阀利用流过阀的流体压力来辅助阀的打开和关闭。当阀关闭时，管路压力辅助弹簧将阀关闭。当在控制气压的作用下提起执行元件中的活塞时，位于主阀中心的泄流孔被打开，压力经过出口 A 被释放。所产生的压差使得主活塞完全提升，并且将阀打开。这种类型的阀适用于高压场合 | 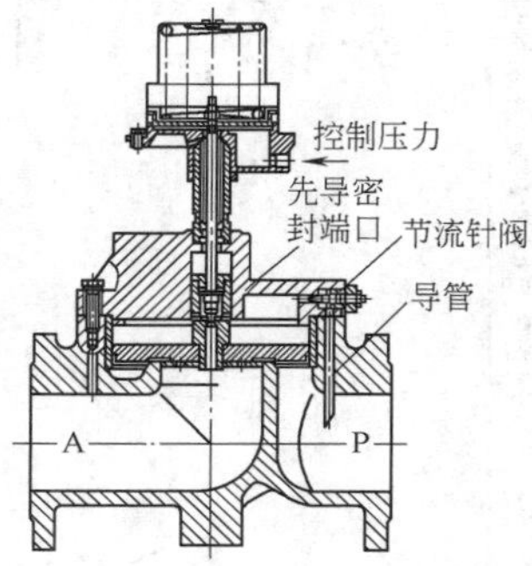  (l) |

# 3 Namar 阀

**表 23-5-11**

| | | |
|---|---|---|
| 概述 | 过程控制 Namar 阀，是指专门用于控制大通径阀门（闸阀、蝶阀、球阀等）的电磁阀。在水厂、污水处理、石油化工管道、化纤、造纸、印染等领域中，这些传统的大通径阀门（闸阀、蝶阀、球阀等）往往采用电动及手动的控制方式。目前，各气动元件制造厂商纷纷开始采用 Namar 阀控制气动直线驱动器或气动摆动驱动器，对闸阀、蝶阀、球阀等进行开/关自动化操作。应用气动控制方式能节省高达 50%的成本，还能节省后期昂贵的维修费用（气动元件维修简便），所以它们要比替代产品的性价比高。除此之外，一些相关的气动产品，如阀岛（以 30 多种不同的现场总线协议来控制气动驱动）、气动直线驱动器、气动摆动驱动器等相继出现，使得对闸阀、蝶阀、球阀等的控制操作更加简单，系统更加可靠（如在灰尘、污染、高温、严寒和水及防爆性环境），并具有抗过载和连续负载的能力。采用气动控制确保了快速安装和调试，可无级调速。各气动元件制造厂商纷纷开始进入该领域，并定义它为过程控制行业 | |
| Namar阀及ISO型Namar阀基本技术参数 | Namar 阀是指电磁阀输出接口标准符合 VDI/VDE3845 规定（见图 a）。Namar 阀可采用截止阀结构，一般为先导控制方式，以获得较大流量（900L/min），但必须采用弹簧复位型式，并具有手动控制装置（需有锁定功能）。电压有直流电压：12、24、42、48V DC（±10%），交流电压：24、42、48、110、230、240V DC（±10%）［50～60Hz（±5%）］。如有防爆要求，则需标明如 ATEX Ⅱ2 GcT4。保护等级 IP65<br>ISO 型 Namar 阀采用滑柱式阀结构，先导控制方式，以获得较大流量（1000L/min），但必须采用弹簧复位型式，并具有手动控制装置（需有锁定功能）。电压有直流电压：12、24、42、48V DC（±10%），交流电压：24、42、48、110、230、240V AC（±10%）［50～60Hz（±5%）］。保护等级 IP65 | 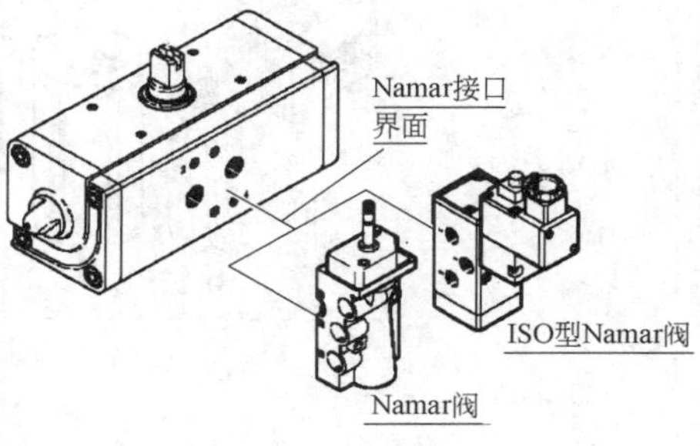  (a) |

续表

| | |
|---|---|
| Namar阀及ISO型Namar阀的尺寸 | Namar 阀的尺寸见图 b<br>ISO 型 Namar 阀的尺寸见图 c<br>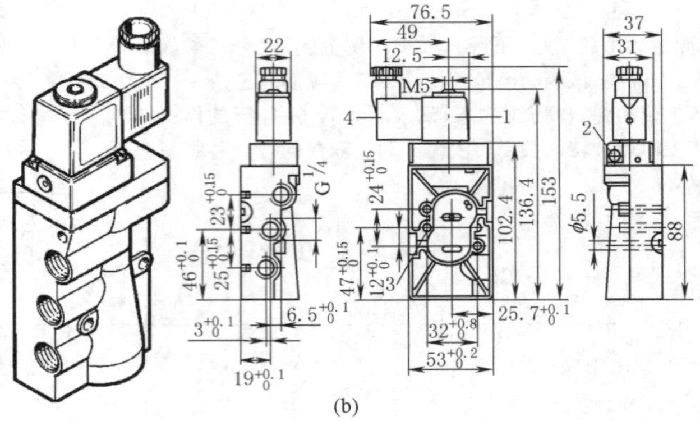<br>(b)<br>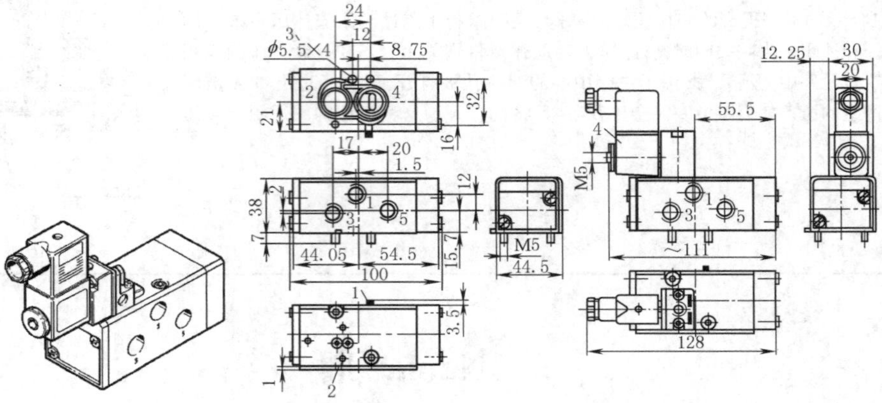<br>(c) |
| Namar阀及ISO型Namar阀的应用气路图 | Namar 阀及 ISO 型 Namar 阀对气动驱动器的安装见图 d。当采用双作用气动直线驱动器或气动摆动驱动器时应选用二位五通单电控电磁阀，而对于单作用气动直线驱动器或气动摆动驱动器可选用二位三通电磁阀。图 e 为二位五通单电控、二位三通单电控控制气动摆动驱动器的气动原理图<br>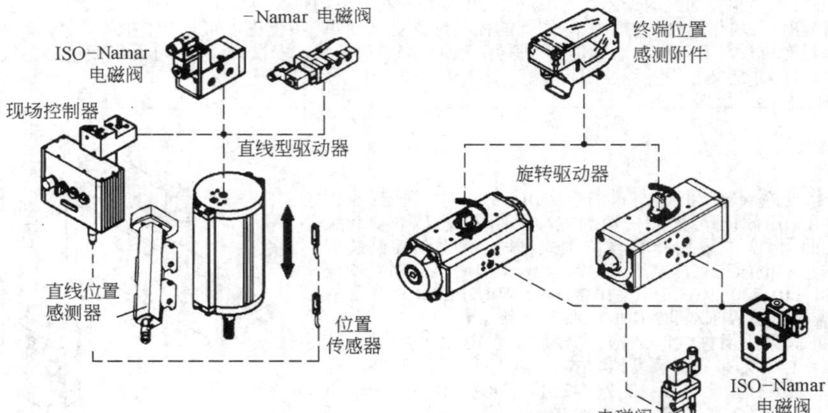<br><br>(d) |

第 23 篇

续表

**Namar阀及ISO型Namar阀的应用气路图**

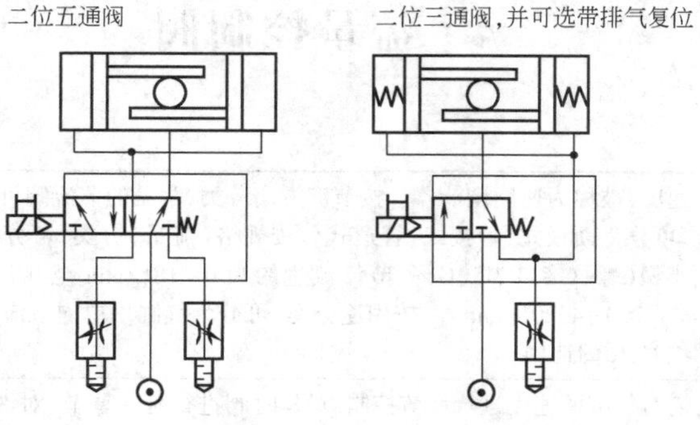


(e)

**气动与电动驱动大通径阀门比较**

图 f 为 Namar 阀在大通径阀门中的各种驱动方式:图 $f_1$ 为人力驱动(闸阀),图 $f_2$ 为人力驱动(蝶阀),图 $f_3$ 为电驱动(闸阀),图 $f_4$ 为气动驱动(闸阀)。气动驱动与电驱动的优势比较见下表

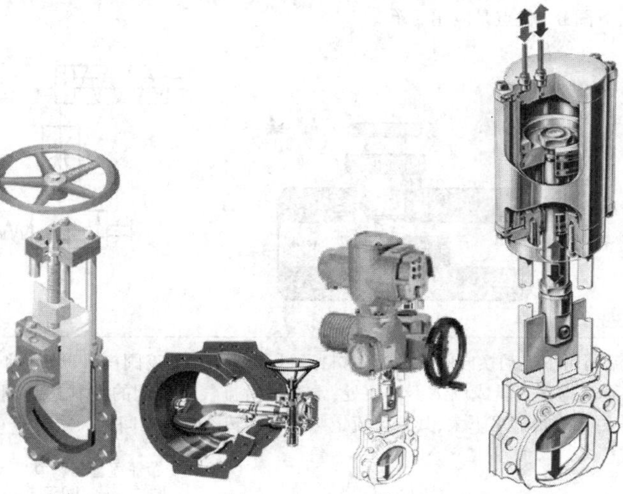

($f_1$) ($f_2$) ($f_3$) ($f_4$)

(f)

| 电　动 | 气　动 |
|---|---|
| (1)采用电驱动 | (1)采用气力控制:直线驱动或旋转驱动 |
| (2)三相电源(5 芯),控制电缆(至少 12 芯) | (2)6bar 工作压力,二根气管,控制电缆 2 芯 |
| (3)输出速度固定(刀闸阀 *DN*200 打开约 30s) | (3)速度为开 2s、关 20s<br>可任意调节(刀闸阀 *DN*200 打开约 2s) |
| (4)电源失效(控制回路、电源)而无法使用。对于 *DN*200 刀闸阀,至少要人工旋转手轮 16×40=640 次 | (4)如气源故障,可使用具有压力的可移动式气瓶,确保其安全位置(或使其处于开或关,或保持状态) |
| (5)持续通电时间有限制。要注意冷凝水、密封圈有防腐要求,要求永久加热 | (5)防护等级 IP68,甚至于安装在水下,温度不会上升 |
| (6)由于需要特殊的防爆设施,会增加费用 | (6)EX 安全论证,无额外费用 |
| (7)需维修、对齿轮加油、对螺杆的螺纹进行清洗,发热情况需检查,需要更换密封件 | (7)无需特殊维护,无需润滑。这样不会因使用润滑油而影响水质(如在水处理场合) |
| (8)螺杆在没有润滑的情况下,所需转矩会大幅度增加,机械加剧磨损,效率低 | (8)采用气动控制,可不含润滑油,效率高。整个磨损较小(密封件磨损),无跳动现象 |
| (9)需通过多圈数驱动才能到达终点,而且精确位置调整需花费时间 | (9)可通过机械挡块调节对终点位置控制。可通过调节压力来调节输出力和力矩 |
| (10)需要技术娴熟的电工来检测故障,故障检测需测量回路而供电为高电压 | (10)对于故障检测,无需特殊技能要求,无需特殊检测设备,只要通过对漏气检测及观察 LED 指示灯,供电为低电压 |
| (11)在野外遇雷击时电器元件会全部损毁 | (11)在野外遇雷击时,仅仅损坏 Namar 阀的电磁阀圈,其他影响甚微 |
| (12)整个机构较复杂,如:供电 400V AC/50Hz 包括插头连接、继电器板、电源板、保险丝板 | (12)整个机构较简单,可采用阀岛控制,如:现场总线接口,用一根双芯电缆便可完成 |

# 4 流量控制阀

**表 23-5-12**

**分类**

节流阀常常用来调节气缸速度，被称为速度调节器。按节流方向分类，常见的节流阀可分为双向节流、单向进气节流、单向排气节流。按连接方式分类，可分为面板式、管接式、管道式。按规格（流量）分类，可分为微型（精密型、节流流量约为 0～1.7L/min 至 0～-40L/min）、小型（螺纹接口 M5、G⅛、节流流量约为 0～18L/min 至 0～40L/min）、标准型（螺纹接口G⅛～G¾、节流流量约为 0～95L/min 至 0～4320L/min）。按用途分类，可分为气缸用单向节流阀、控制阀用排气节流阀、位置控制用行程节流阀。注意连接螺纹 G、R 的选用

**原理**

**概述**

在气动系统的控制中，需对气缸的速度进行调节控制，对延时阀进行延时调节，对油雾器的油雾流量进行调节控制，这类调节是以改变管道的截面积来实现。实现流量单向制的方法有两种：一种是不可调的流量控制，如毛细管、孔板等；另一种是可调的流量控制，如针阀、喷嘴挡板机构等

**节流阀 — 双向节流阀**

如图 a 所示是一个双向流量控制的节流阀，相对单向节流阀而言，它不受方向限制，通常应用于单作用气缸和小型气缸的速度调节，见图 b。优点是应用简单

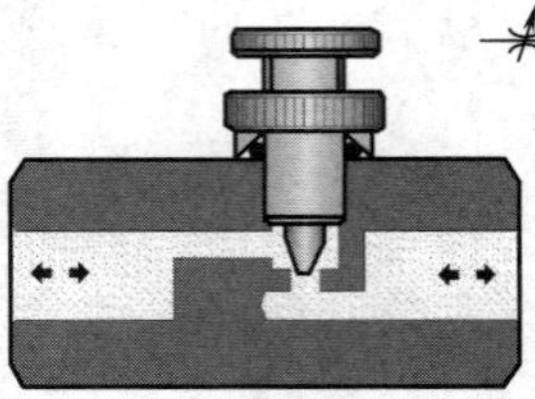

(a)

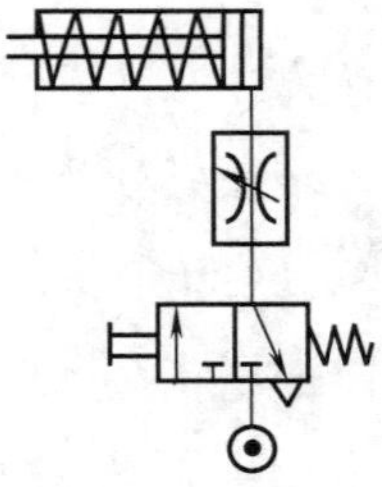

(b)

**节流阀 — 排气口节流阀**

常见排气口节流阀用于气动换向阀处的排气口，通过调节排气节流阀内针阀的开口度达到对气缸速度的调节（见图 c）。当气缸在远离操作人员或调试不方便处，常通过对排气节流阀的控制达到调节气缸活塞速度的目的。其规格、节流流量及消声噪声指标见下表，其节流流量与调节旋转圈数 $n$ 之间的关系见图 d

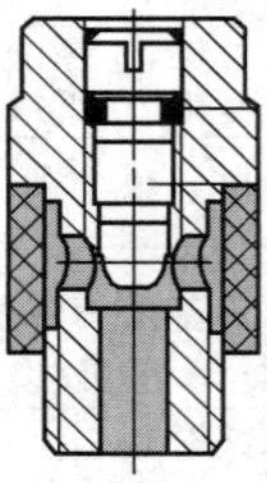

(c)

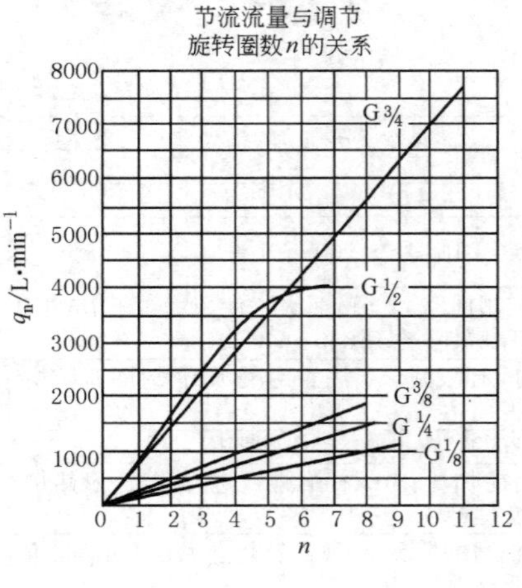


(d)

| 标准额定流量（节流流量）/L·min$^{-1}$ | | G⅛ | G¼ | G⅜ | G½ | G¾ |
|---|---|---|---|---|---|---|
| 不带消声装置 | | 2～520 | 2～996 | 3～2000 | 3～3600 | — |
| 带消声装置 | | 0～1000 | 0～1500 | 0～1700 | 0～4000 | 0～8000 |
| 噪声等级 | 不带消声装置/dB(A) | 85 | 80 | 87 | 90 | — |
| | 带消声装置/dB(A) | 74 | 80 | 74 | 76 | 80 |

第 23 篇

续表

原理 | 单向节流阀 | 普通单向节流阀

如图e所示，常见单向节流阀用于气缸活塞速度的调节，最广泛应用的是排气型单向节流阀。单向节流阀的主要指标是无节流方向时通过的流量和节流方向时流过的流量、节流流量与调节转动圈数 $n$ 之间的曲线是否呈比例线性（曲线光滑）。图f为接口从G1/8～G3/4单向节流阀的标准额定流量 $q_{nN}$（节流流量）与调节转动圈数 $n$ 的流量曲线。要避免只按螺纹接口（与气缸螺纹接口）相同就选择某规格的单向节流阀。要明确其通过流量和节流流量，如下表所示。为了防止已调整完毕的单向节流阀被其他人随意调整、拨弄，可在调整螺钉外部套上（旋入）安全罩，见图g

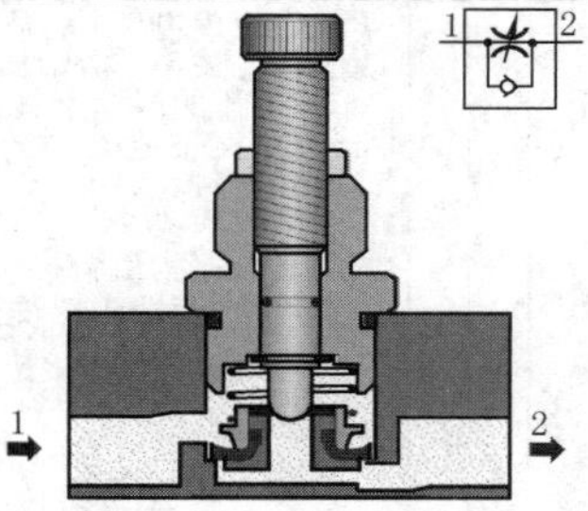

(e)

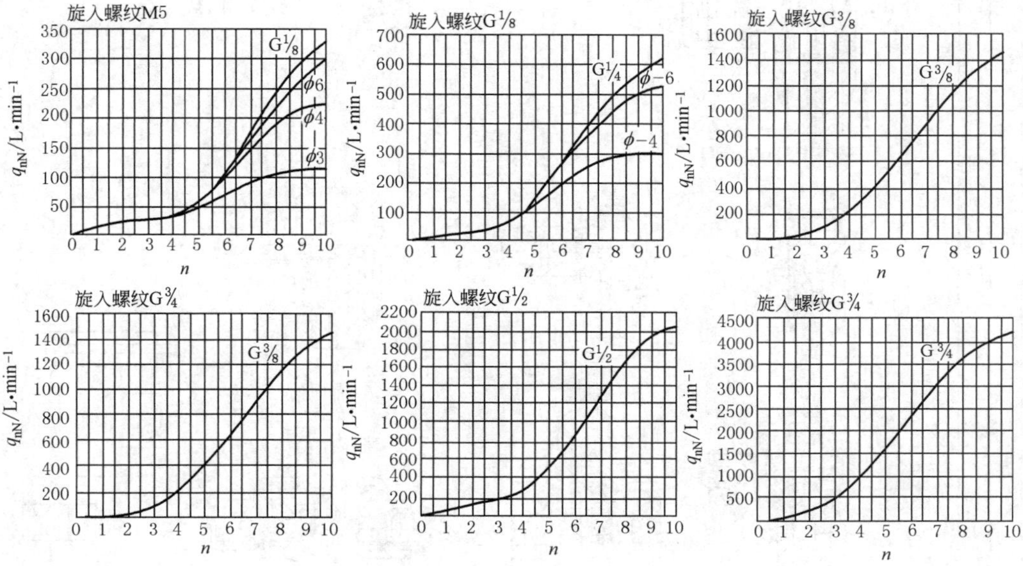

(f)

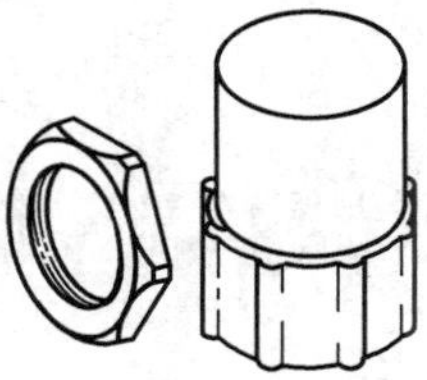
(g)

| 标准额定流量（6bar→5bar时）$q_{nN}$/L·min$^{-1}$ | | | | | | | |
|---|---|---|---|---|---|---|---|
| 旋入螺纹 | | M5 | G1/8 | G1/4 | G3/8 | G1/2 | G3/4 |
| 单向节流功能，控制排气流量/L·min$^{-1}$ | | | | | | | |
| 排气节流阀 | 节流方向 | 0～95 | 0～340 | 0～610 | 0～1450 | 0～2100 | 0～4320 |
| | 无节流方向 | 76～95 | 260～420 | 450～820 | 970～1600 | 1550～2200 | 3220～4720 |
| 单向节流功能，控制进气流量/L·min$^{-1}$ | | | | | | | |
| 进气节流阀 | 节流方向 | 0～95 | 0～340 | 0～610 | — | — | — |
| | 无节流方向 | 76～95 | 260～420 | 450～820 | — | — | — |
| 节流功能/L·min$^{-1}$ | | | | | | | |
| 节流阀（双向）节流方向 | | 0～95 | — | — | — | — | — |

续表

| | | | |
|---|---|---|---|
| 原理 | 单向节流阀 | 排气型节流阀 | 工作原理：见图 h，从口 1 进入的压缩空气有两个通路通向口 2，一个通路是顺着喇叭形密封圈背面，使喇叭形密封圈的外径减小，与阀体内孔的密封面产生环状间隙通道，压缩空气几乎无阻力地流向口 2，而另一个通路通向节流针阀，被节流的压缩空气从阀体内的孔流向口 2。当气缸的排气从口 2 进入向口 1 排出时，压缩空气同样分成两个支路，一个支路是压缩空气顺着十字形通路的侧向通道作用于喇叭形密封圈正面，并使喇叭形密封圈紧贴阀体内孔，该气道被密封。压缩空气只能从阀内节流针阀处流过，调节针阀的开口度则可调节气缸活塞的运动速度<br>连接型式：从图 i 可看出，$i_1$ 为快插式，滚花螺母调节；$i_2$ 为快插式，埋入阀体内的一字槽旋凿调节（防止其他人员随意调节）；$i_3$ 为倒钩接头连接式，埋入阀体内的一字槽旋凿调节；$i_4$ 为快拧接头式，埋入阀体内的一字槽旋凿调节；$i_5$ 为板式连接，两端阴螺纹，滚花螺母调节；$i_6$ 管道式，两端为快插式，滚花螺母调节<br>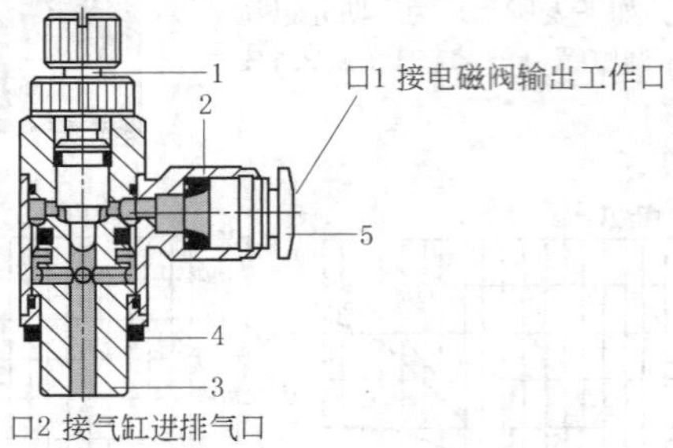<br>(h)<br>1—调节螺钉，材料为不锈钢；<br>2—旋转接头，材料为压铸锌；<br>3—螺纹凸缘，材料为精制铝合金（M5：镀镍黄铜）；<br>4—密封件，材料为丁腈橡胶；<br>5—保持环，材料为聚缩醛（树脂）<br>以上材料均不含铜和聚四氟乙烯<br>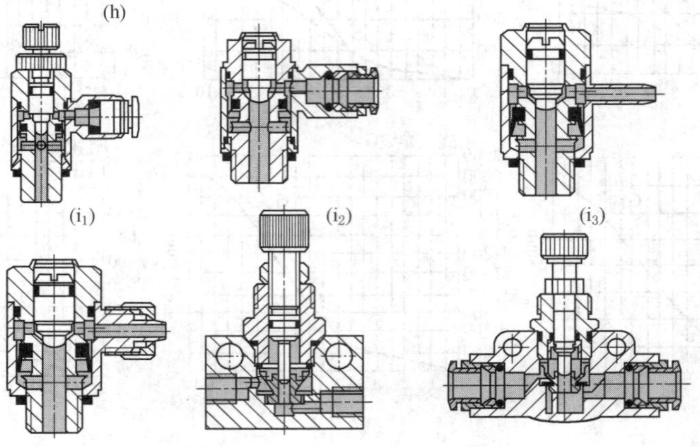<br>($i_1$) ($i_2$) ($i_3$) ($i_4$) ($i_5$) ($i_6$)<br>(i)<br>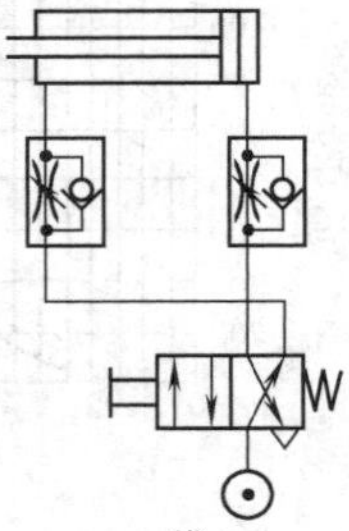<br>(j)<br>图 j 为通过排气流量调节活塞速度的气路图。该排气型单向节流阀的进气流量不受控制，而只对排气流量进行控制，这使得活塞运动时始终有背压作用（即保持在气垫之间做运动），即使负载变化，也能大大改善活塞运动特性。通常气缸调速都采用排气型节流阀。该节流阀前进和返回行程速度可调。两个方向上空气流量相同 |
| | | 进气型节流阀 | 图 k 为通过进气气流量调节活塞速度的气路图。该进气型单向节流阀的进气流量受到针阀流通截面的控制，而对排气流量不控制，气缸排气端不受限制，排气通畅，因此对气缸活塞运动的背压作用（即保持在气垫之间做运动）较小，气缸活塞运动容易爬行<br>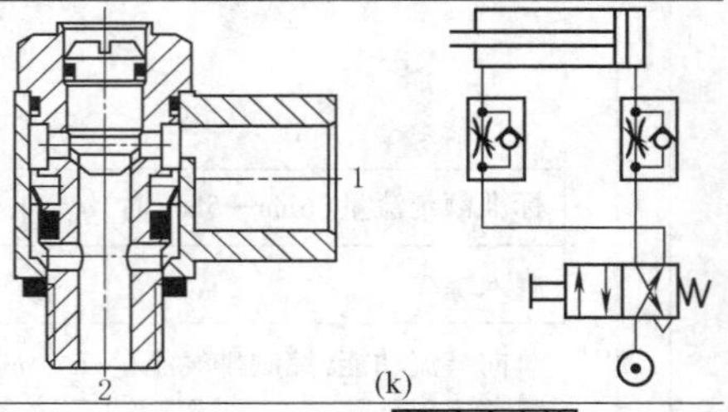<br>(k) |
| | | 排气与进气都节流 | 排气与进气都节流的气路如图 l 所示，需接两个单向节流阀，单作用气缸的活塞杆伸出时的速度通过调整单向节流阀 1 实现，活塞杆返回时的速度通过调整单向节流阀 2 实现<br>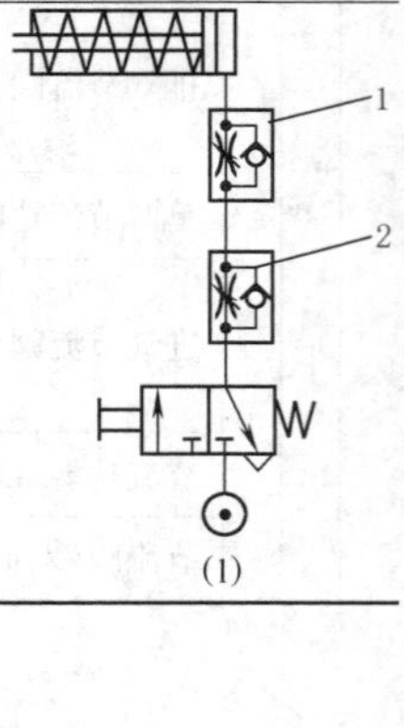<br>(l) |

续表

**原理 — 单向节流阀 — 精密型单向节流阀**

精密型单向节流阀为高精度调节装置，其调节螺钉安装在有刻度标记的外壳圆盘上，见图 m(便于精确调节)。按节流流量大小，它可分为调节流量 0~1.7L/min，0~19L/min，0~38L/min。主要用于调节气缸活塞的低速运行(5mm/s左右)

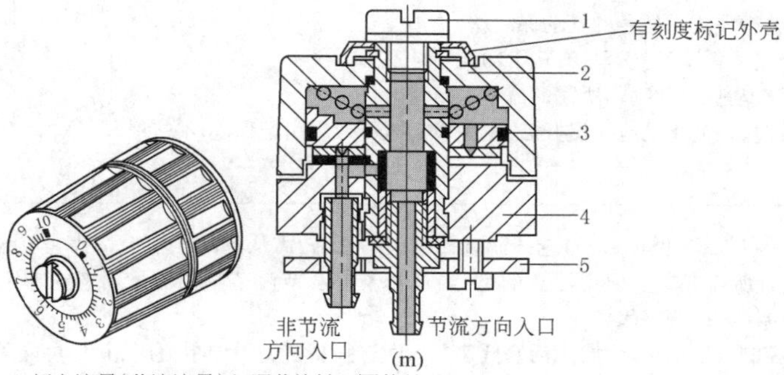


(m)

1—调节螺钉，材料为黄铜；
2—阀体，材料为聚酰酸，加强型；
3—密封件，材料为丁腈橡胶；
4—底座，材料为精制铝合金；
5—安装板，材料为精制铝合金

额定流量(节流流量)与调节旋转 $n$ 圈的关系

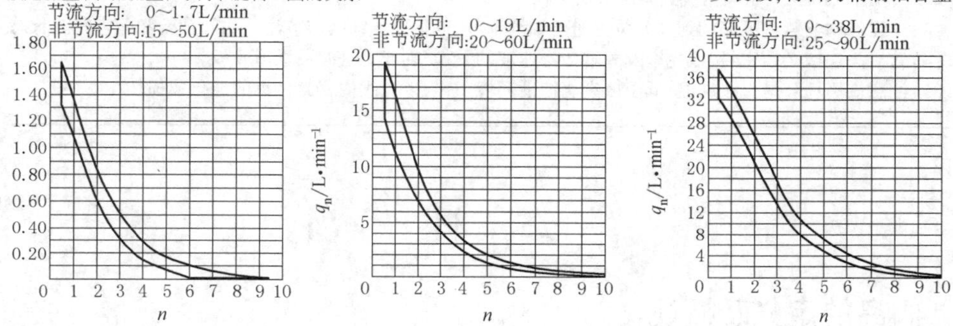


(n)

**原理 — 气动保险丝原理及选用 — 设置气动保险丝原因**

在气动元件或气动工具的使用中，尤其是安装或维护时，最常见的职业伤害之一就是由于气管脱落或破损造成的人身伤害，由于气管中有高压空气，形成高压喷流或软管鞭打，从而危及附近人员或设备，其中尤以眼部伤害居多，如果管端还带有接头，则更为危险

美国 OSHA 标准规定，所有内径超过½in 的软管均应在气源或支线处设置安全装置来降低气压，避免气管脱落造成事故。而如何既在软管供气连接处采用可靠的安全防护装置，又不妨碍正常的使用功能，则成为一个重要课题

**原理 — 气动保险丝原理及选用 — 气动保险丝原理**

如图 $o_1$ 所示，气动保险丝安装于固定或刚性管件与弹性管件之间，它可以检测到软管或接头处由于脱落或破损而造成的突然压降，自动截断气流，避免事故。当软管重新正常安装后，气动保险丝复位，气流可恢复正常流动

正常气流流动状况下，气动保险丝两端气压压力相同，保险丝内部的弹簧力使截止阀保持打开；当软管或接头处由于脱落或破损而造成突然压降时，进口压力会克服弹簧力和降低后的出口压力，将内部截止阀关闭。作为导流装置，一条细小的流通通径使气流以很小的流量排向下游；当故障排除、管路正常时，通过导流装置，下游压力逐渐恢复正常，气动保险丝两端气压压力重又相同，弹簧复位，截止阀打开，气流恢复正常流动

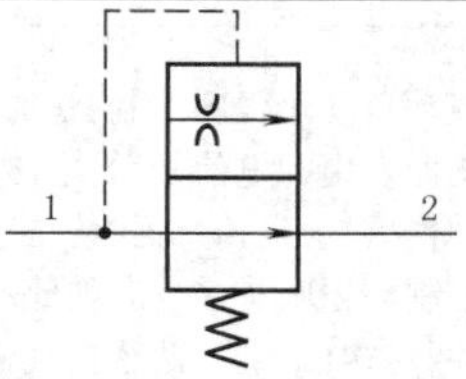


($o_1$) 气动保险丝原理图

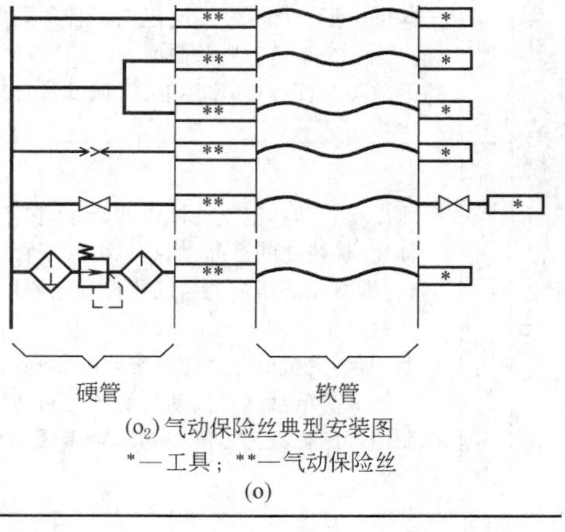


($o_2$) 气动保险丝典型安装图

*—工具；**—气动保险丝

(o)

续表

| | | | | |
|---|---|---|---|---|
| 原理 | 单向节流阀 | 气动保险丝原理及选用 | 使用方法 | (1)气动保险丝的气口规格应与供气管路公称口径相同<br>(2)如果软管太长,应选择大流量型号的气动保险丝<br>(3)安装后应检查每个气动保险丝是否具有正常功能<br>(4)启动系统必须提供气动保险丝动作所需的流量<br>(5)有截止阀装在上游时,该截止阀应缓慢开启,避免由于减压效应引起保险丝关闭 |
| 选择及使用 | | | | (1)不能仅仅根据气动驱动器的接口螺纹(俗称通径)选择流量控制阀的规格,需从产品样本上查找它节流方向的流量范围及非节流方向的流量范围是否符合所需要求。值得注意的是,当选择了符合节流范围的流量而忽视非节流方向的流量(即节流阀全开时流量)时,将浪费电磁阀的规格尺寸<br>(2)选用排气型单向节流阀用于控制气缸活塞运动,当活塞低速运行时选择精密型单向节流阀,并尽可能采用安装在离气缸最近的距离,减少控制阀至气缸间的管道容积<br>(3)速度的调节螺钉不能调到关死位置时还继续调节,以免损坏针阀与节流孔的同轴度和配合间隙状态<br>(4)管接头连接必须密封,以免影响气缸活塞速度的平稳(对于低速运行尤其重要)<br>(5)注意应用场合是否在高温、低温或有腐蚀性环境工作,以免阀内密封件提前老化或损坏 |

# 5 阀 岛

## 5.1 阀岛的定义及概述

表 23-5-13

| | | |
|---|---|---|
| 阀岛的定义 | | 阀岛是一种集气动电磁阀、节点控制器(具有多种接口及符合多种总线协议)、电输入输出部件(具有传感器输入接口及电输出、模拟量输入输出接口、AS-i 控制网络接口),经过组装调试的整套系统控制单元<br>一些气动制造厂商针对一些少量而十分简单的控制,采用把由共用进气、排气等功能气路板(气路底板)与阀组合成一整体,经过测试的集装阀组亦归入阀岛的范畴内,称其为带单个线圈接口的阀岛(也有称各自配线的阀岛) |
| 传统气动自动化程序控制与阀岛比较 | 传统的气动自动化程序控制 | 传统的气动自动化程序控制,是通过把 PLC 的输出与电磁换向阀的电磁线圈用电缆一对一相接。当电磁线圈得到可编程控制器发出的电信号后,电磁换向阀则有换向输出,电磁换向阀通过气管的连接驱动一个气动执行器。气动执行器完成动作后,触发传感器,使传感器发出反馈信号到 PLC 进入下一步的动作程序。这种一对一的接线方式决定了有多少个控制动作则有多少对如此一一对应的电缆及气管的连接(对于一个二位五通的双电控电磁阀,需要接入一对进气气管、两对输出气管、两个排气消音器及两根与电磁线圈相接的电线)。对于一个庞大的控制程序来说,就有许多极其烦琐的接线工作(包括电缆、气管)。通常在气动自动化控制领域内,机械工程师负责机械设计、气动执行元件、电磁阀的选型、安装等工作;电气工程师则负责 PLC 程序控制器的程序编写及电磁阀、传感器与 PLC 的电缆接线等工作。当一个系统发生故障时,往往难以区分究竟是因气动元件的质量、管路的堵塞、泄漏等意外问题还是电缆虚焊、短路等故障,这两方面都给制造、调试及常规的维护保养工作带来判断困难 |
| | 目前气动自动化控制:阀岛 | 阀岛是气动和电气一体化的产品,它已把气动电磁阀、节点控制器、电输入/输出部件等组合在一起,通过调试成为一体化、模块化的产品,用户只需用气管将电磁阀的输出连接到相对应的气动执行机构上,通过计算机对其进行程序编辑,即可完成所需的自动化控制任务<br>从自动化控制角度出发,每一个最终用户永远不会满足于现状。他们需要实现智能分散、模块化概念,体积小,减少控制柜尺寸,机电一体化,控制和网络成为单一的单元,即插即用,及控制过程的扦测、错误诊断<br>如图 a 所示,目前,气动自动化控制已经经历了以上四个阶段:传统的接线方式、带多针插头的第一代阀岛(有些气动制造厂商称其为省配线阀岛)、带现场总线的第二代阀岛、内置 PLC 现场总线的阀岛 |

续表

| | | |
|---|---|---|
| 传统气动自动化程序控制与阀岛比较 | 目前气动自动化控制：阀岛 | 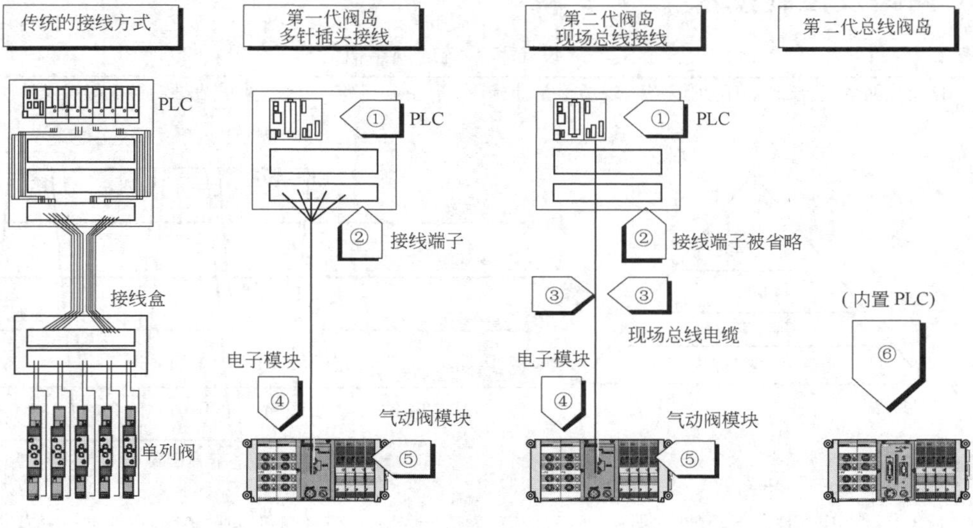<br><br>(a)<br>对带多针节点的阀岛(省配线阀岛)而言,可编程控制的输入/输出信号连接在其外围电设备的一个接线盒上;带多芯电缆的多针插头一头连接在接线盒上,另一头接在阀岛的多针接插件的接口上。当采用带多芯电缆阀岛时,还需要一定的工作量,用人工来连接接线盒与多针插头的连线工作。第二代现场总线阀岛开发后,接线工作完全被简化。PLC 可编程控制器与阀岛之间的接口简化为一根二芯或四芯的电缆连接。而对于内置 PLC 现场总线的阀岛而言,PLC 可编程控制器已内置于阀岛之内,不存在电缆连接,阀岛作为从站时,应该与其上位机(IPC 工控机)接一根电缆。现场总线的通信硬件常用的是 RS485,而不采用 RS232 插座。RS232 一般用于计算机短距离的传输,它采用一根电缆的接线方式。无论外界的电位剧增或骤减,它相对于接地线都会产生一个错误的信号。而对称性的传输是采用两根电缆的接线方式,发出两个不同相位信号 A 与 B。当它受到外界电位剧增或骤减时,两个信号的电位差值保持不变(测量的是两根电缆之间的电位差,而不是电缆与接地之间的电位差)详见图 b。因此,工业现场总线常用的是对称性的传输<br>未来的工业自动化控制将更强调,工厂的商务网、车间的制造网络和现场级的仪表、设备网络(包括远距离现场设备实时性监控)构成畅通的透明网络,并与 Web 功能相结合,同时与工厂的电子商务、物资供应链和 ERP 等形成整体。也许,随着计算机的进一步发展,CPU 微型芯片的低成本普及,微芯片在分散装置中的应用,以太网将作为传输通信,它的一端与计算机控制器相接(来自计算机的数据无需转换可直接使用),另一端接到智能元件(如阀岛,阀岛便可解释来自计算机控制器的数据),几千里之外,对设备进行诊断、遥控也将成为一种可能。目前,专家们正努力解决以太网通信速率,通信的实时性、可互操作性、可靠性、抗干扰性和本质安全等问题,同时研究开发相关高速以太网技术的现场设备、网络化控制系统和系统软件。一旦解决了上述难题,工业现场设备间的通信就可应用一网到底的以太网技术<br>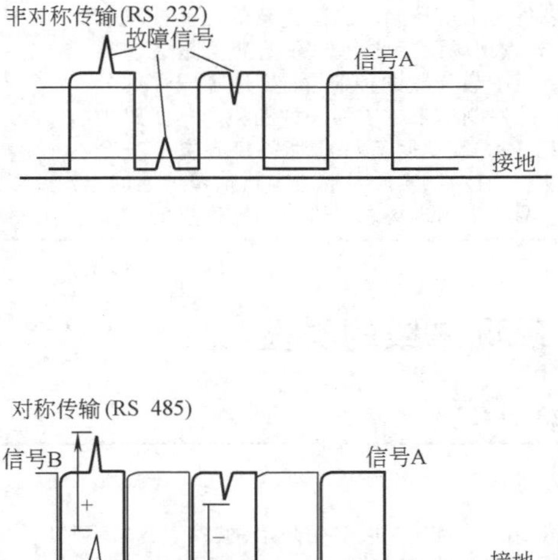<br><br>(b) |

## 5.2 网络及控制技术

**表 23-5-14　　设备和系统的网络概念**

| | |
|---|---|
| 网络关系及性能等级与特性 | 自动化网络(传感器和驱动器等级、现场等级、控制等级、企业等级)的网络关系见图 a,性能等级及特性见图 b<br>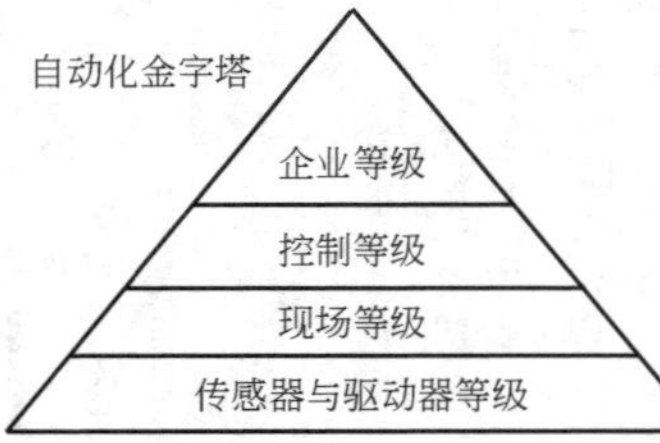<br>(a)<br>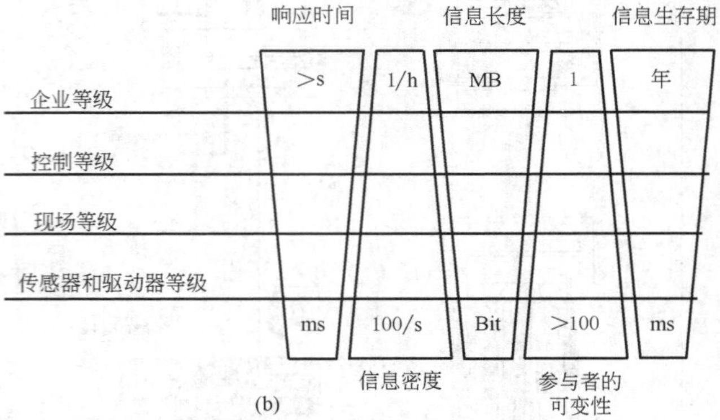<br>(b)<br>企业等级:(通常情况下)复杂数据包的远程传输(大部分数据具有较低的时间敏感度)主要关注集成过程的可视化和追踪,还包括生产系统的接口<br>控制等级:单个过程中的生产程序和数据或相互连接且必须同步的系统元件,是不同 PLC 之间通信的典型方式<br>现场等级:通过快速可靠的总线将某一设备或某一生产阶段中复杂的设备和数据联网<br>传感器和驱动器等级:单个设备元件中快速、实时的通信方式,属于最低等级。处理所有驱动器和传感器的信号状态和诊断信息(数字量和模拟量信号处理) |
| 工厂现场总线 | 20 世纪 80 年代之前,工业自动化的控制是由单板机或 PLC 与现场设备、仪表一对一的连接。现场设备或仪表采用的是 4~20mA 的模拟量信号,与控制室进行信息传输。随着自动化控制规模的不断扩大、智能化程度不断提高,控制的点数也变得越来越多。庞大的控制以致需要几千根电缆的连接,质量达几吨。因此,原先一对一的连接控制方式不能满足自动化的需求。随着计算机的高速发展,分布在工厂各处的智能化设备、及智能化设备与工厂控制层之间连续的交换控制数据,导致现场设备之间的数据交换量飞速猛涨。集中与分散的控制,尤其是区域性的分布式的控制越来越成为一种趋势。基于这种需要,各大气动制造厂商都各自开发了一个现场总线技术,实质是通过串行信号传输的方式并以一定数据格式(即现场总线的类型)实现控制系统中的信号双向传递。两个采用现场总线进行信息交换的对象之间只需一根两芯或四芯的电缆连接(见图 c)<br>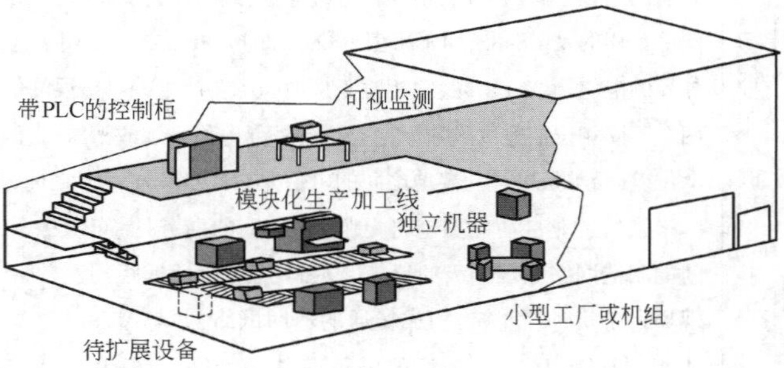<br>(c) |

## 5.3 现场总线的类型

**表 23-5-15**

| | |
|---|---|
| 现场总线国际标准化概况 | 自 20 世纪 80 年代中期开始,世界上各大控制厂商及标准化组织推出了多种互不兼容的现场总线协议标准,据不完全统计,迄今为止世界上已出现过的总线有近 200 种。不同标准的现场产品不能互换,给用户造成极大的不便。从 1984 年起,IEC(国际电工委员会)/TC65(工业过程测量及控制技术委员会)和 ISA(美国仪表学会)就开始了制订国际标准的工作,最终在 1999 年 12 月通过了一个包含了多种互不兼容的协议的标准,即 IEC 61158 国际标准 |

续表

| | |
|---|---|
| 现场总线国际标准化概况 | IEC 61158Ed.3.0 对现场总线模型进行了阐述，分成总论、物理层规范和服务定义、数据链路服务定义、数据链路协议规范、应用层服务定义、应用层协议规范 6 个部分，它的用户层功能块是 IEC 61804 标准，再加上 IEC 61784（连续与断续制造用行规集，草案）构成一个完整的现场总线标准<br>该标准包括了目前国际上用于过程工业及制造业的 8 类主要的现场总线协议<br>类型 1，IEC 61158 技术规范。这是由 IEC/ISA 负责制订的，曾试图使之成为统一的国际标准的一个技术规范，基金会现场总线 FF 的 H1（低速现场总线）是它的一个子集<br>类型 2，ControlNet 现场总线。美国 AB 公司、Rockwell 开发，ControlNet International（CI）组织支持<br>类型 3，Profibus 现场总线。德国西门子公司开发，Profibus 用户组织（PNO）支持。欧洲现场总线标准三大总线之一<br>类型 4，PNet 现场总线。丹麦 Process Data 公司开发，PNet 用户组织支持。欧洲现场总线标准三大总线之一<br>类型 5，FF HSE（High Speed Ethernet，高速以太网）。现场总线基金会 FF 开发的 H2（高速现场总线）<br>类型 6，SwiftNet 现场总线。美国 SHIP STAR 协会主持制定，波音公司支持<br>类型 7，WorldFIP 现场总线。法国 WorldFIP 协会制订并支持。欧洲现场总线标准三大总线之一<br>类型 8，Interbus 现场总线。德国 Phoenix Contact 公司开发，Interbus Club 支持<br>上述 8 种总线中，类型 1 是为过程控制开发的，支持总线供电和本质安全。类型 2（ControlNet）为监控级总线，它的底层（设备级）总线为 DeviceNet，两者有着共同的应用层。类型 3（Profibus）有 3 个部分（Profibus FMS、Profibus DP 和 Profibus PA），采用不同的物理层，分别用于监控级、断续生产的制造业的现场级和过程控制的现场级。类型 4（PNet）多用于食品、饲养业、农业及工业一般自动化。类型 5（FF HSE）是与之配套的高速现场总线，用于对时间有苛刻要求或数据量较大的场合，如断续生产的制造业，以及监控级。类型 6（SwiftNet）主要用于航空航天领域。类型 7（WorldFIP）也有不同的物理层，可用于过程控制和制造业的现场级。类型 8（Interbus）主要用于制造业的现场级（设备级）或一般自动化<br>除了 IEC 61158 外，IEC 及 ISO 还制定了一些特殊行业的现场总线国际标准<br>1993 年 ISO/TC 22/SC3（公路车辆技术委员会电气电子分委员会）发布 的 ISO 11898 公路车辆—数字信息交换—用于高速通信的 CAN 以及低速标准 ISO 11519<br>由于 CAN 没有规定应用层和物理接口，一些组织给它制定了不同的应用层和物理接口标准，构成了几种完整的现场总线协议，其中比较有名的如 DeviceNet、SDS 以及 CANopen 等<br>其中 IEC SC17B（低压配电与控制装置分委员会）发布的国际标准 IEC 62026 低压配电与控制装置—控制器与设备接口（CSIs）。这个标准包括了已有的 4 种现场总线：2000 年 7 月发布的 DeviceNet、SDS（Smart distributed system）和 AS-i（Actuator sensor interface），以及 2001 年 11 月审议通过的 Seriplex 总线（Serial multiplexed control Bus）<br>在众多标准的现场总线中，与工厂自动化、气动制造厂商关系密切的有以下 10 大现场总线，即 Profibus、Interbus、DeviceNet、CANopen、ABB CS31、Moeller Suconet、Allen-Bradley1771 远程 I/O、CC-Link、IP-Link、AS-i 及 ProfiNet 以太网总线等。各气动厂商通过阀岛上的各种现场总线节点来支持它们。针对特定的现场总线类型，系统需要有功能强大的集中式 PLC 以及主站接口来支持。在设备数量较少但输入/输出点数较多、整个系统的功能复杂但对通信水平的要求较高时，现场总线是最理想的控制方案。在这种情况下，接线简单、诊断和维护简便等优点将会超过为现场总线主站接口和专业技术所支付的额外费用 |
| Profibus总线系统 | Profibus 是一个非专利、开放式的现场总线系统，其网络关系见图 a，在生产和过程自动化领域的应用非常广泛<br>Profibus 支持下列最大值：①12 Mbps；②127 个站点；③200m 的总线长度<br>Profibus 允许在不改变接口的情况下对不同生产厂商设备之间的数据进行交换。系统的非专利性和开放式特点符合欧洲标准 EN 50170<br>Profibus 用户组织（PNO）及其附属组织代表了所有使用及解决 Profibus 方案的用户及制造商的利益<br>Profibus 有三种不同的类型：<br>Profibus-DP、Profibus-PA、Profibus-FMS<br>Profibus-DP：自动化系统和分散式外围设备之间的通信速度经优化的类型。Profibus DP 非常适用于生产自动化场合。Profibus DP 的工作速率较任何 CAN 网络（DeviceNet，CANopen 等）快得多，后者最高只有 1MB<br>Profibus-PA：用于过程自动化应用领域的类型。Profibus PA 可通过总线进行数据的通信和能量的传递<br>Profibus-FMS：单元一级通信任务的解决方案，如 PC 和 PLC 之间的通信<br>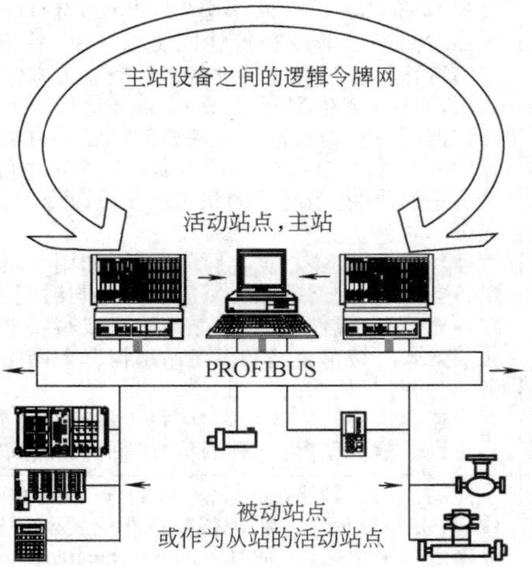<br><br>(a)<br>Profibus 的基本特性：Profibus 用在活动站点，如 PLC 或 PC（指的是主站设备）上和用在被动站点，如传感器或驱动器（用作从站设备）上是有区别的<br>有三种不同的传输方式：①RS-485 传输，针对 DP 和 FMS，用一根两芯电缆；②IEC 1158-2 传输，针对 PA；③光纤电缆<br>网络布局：线性总线，两端带活动的总线终端<br>介质：屏蔽的双绞电缆<br>插头：9 针 Sub-D 插头<br>总线长度：①12 Mbps 时为 100m（不带中继器），②1.5Mbps 时为 200m<br>站点数量：每个阶段有 32 个站点，不带中继器。带中继器时最多可扩展到 127 个站点<br>传输速度：9.6kbps，19.2kbps，93.75kbps，187.5kbps，500kbps，1500kbps 至 12Mbps |

续表

| | |
|---|---|
| Interbus总线系统 | Interbus 是一个非专利、开放式且可靠的现场总线系统,在生产和过程自动化方面应用非常广泛<br>Interbus 允许在不改变接口的情况下对不同生产厂家设备之间的数据进行快速交换。系统的非专利性和开放式特点符合欧洲标准 EN 50 254。Interbus Club 代表了所有使用及解决 Interbus 方案的用户及制造商的利益<br>Interbus 是一种符合闭环协议的 I/O 传输方式。Interbus 传输方式有多种不同的物理类型<br>①用于通信的现场总线,如在控制箱中<br>②Interbus 闭合回路,用于连接带少量 I/O 的元件<br>③远程总线,用于距离较长的情况<br>所有的通信方式使用同一种有效的 Interbus 协议。Interbus 的基本特性:Interbus 基于主站/从站访问方式进行工作,因此总线主站也可作为与主控器或总线系统的链接<br>有三种不同的传输方式:①与负载无关的电流信号,用于闭合回路;②RS-485 传输,用于远程总线;③光纤电缆,用于采用 Rugged Line 技术的远程总线<br>网络布局:环形分布,即所有站点在封闭的传输回路都是激活的<br>介质(远程总线):屏蔽的双绞电缆(2×2 导体+平衡器)<br>介质(闭合回路):一般的非屏蔽两芯电缆<br>插头(远程总线):①9 针圆形插头;②9 针 Sub-D 插头;③Rugged Line 技术<br>插头(闭合回路):快插技术<br>总线长度(远程总线):①两设备之间的距离为 400m;②最长的距离为 12.8km<br>总线长度(闭合回路):①两设备之间的距离为 20m;②最长的距离为 200m<br>站点数量:最多 512 个<br>传输速度:500kbps;2Mbaud<br>系统结构:Phoenix Contact 的软件 CMD 可作为非专利的配置、启动和诊断工具使用 |
| DeviceNet总线系统 | DeviceNet 是一种低成本的现场总线,用于工业设备,如限位开关、光学传感器、阀岛、频率转换器和操作面板。它能降低所需的高成本线路数量,提高设备一级的诊断功能<br>DeviceNet 的基本特性:DeviceNet 通信是基于以广播为媒介的控制器域网络(CAN)的,最初是由 Bosch 公司为汽车部分开发的,以安全且性价比高的网络来替代汽车上使用的昂贵线路。尽管 CAN 能支持几千个节点且数据速率高达 1MB,但 DeviceNet 仅限 64 个节点和 125、250 以及 500KB 速率工作的网络。它是一种主—从连接基网络,主设备由一个从设备请求连接,然后两个设备进行非控制和 I/O 数据连接的协商。一旦建立 I/O 连接,主设备使用查询、循环状态改变的通信方式与从设备通信(见图 b)。针对汽车结构在传输可靠性和抗干扰能力上的高要求,以及在温度变化较大场合所需的功能性,使得 CAN 成为工业自动化领域数据传输的最理想硬件基础。由"开放式 DeviceNet 供应商协会"ODVA 规定的开放式网络标准指的是 DeviceNet 符合非专利特性的要求。由"特别兴趣小组"SIG 成员制作的特殊设备行规使得设备的替换非常方便<br>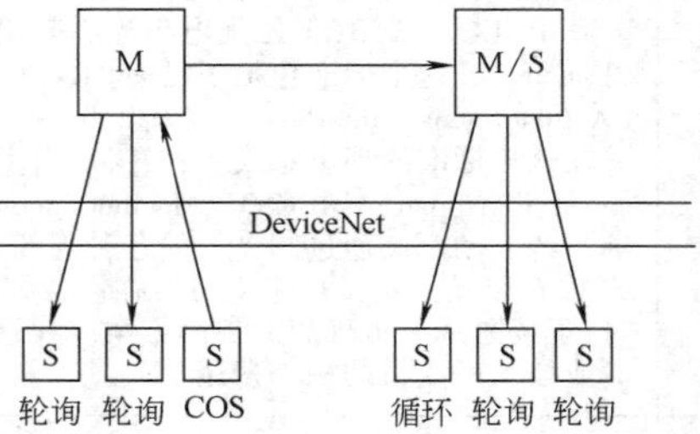<br><br>(b)<br>DeviceNet 派生型概况:DeviceNet 是基于生产商/消费者模型工作的,因此,数据源取代接收器。任何人需要数据源中的数据都可收到数据。设备如此配置是为了在状态改变的情况下能提供信息,然后给网络发送一个相应的数据包(带有设备 ID)。在网络上,任何需要这个信息的人都可接收到数据包<br>状态的改变:当对象的状态已发生改变时,数据只能由生产商发送。"Heartbeat"在传输中断间隙监控预发送和预接收状态<br>循环通信:设备数据与时间无关,如用于温度传感器的数据。设备数据以相当低的频率、但有规律的时间间隔进行传递,这将使得网络的频带宽度和那些与时间有关的设备无关<br>补充信息:事件驱动、非循环读取或写入来自特定站点的数据。对于设备一级的诊断数据,这种方法非常典型。各种通信方式支持单主站和多主站结构。在网络中,对于一些从站来说,控制器相当于是一个主站,而对于更高一级的主站,它同时起从站的作用<br>位选通信:最多 64 个站点,每个站点同时分配一位。每一位可作为一个请求来发送数据或被设备直接用作输出数据<br>轮询通信:所有带这种通信设置的设备都以循环、预定义顺序发送数据交换的请求 |
| CANopen总线系统 | 控制器局域网络(简称为 CAN)于 1983 年开发,1986 年开始投入市场。它主要是为汽车行业元件的联网而开发的。目前,CAN 已成为一种现代化汽车、公交车、货车、火车和实用车辆的标准网络。在 20 世纪 90 年代中期对基于 CAN 的协议进行了定义,包括:DeviceNet、Smart Distributed System、CANopen。当其他总线系统还处于开发阶段的时候,以"自动化领域的 CAN"(简称 CiA)命名的 CAN 用户组织于 1992 年成立。为了确保 CANopen 设备之间的兼容性,CiA 和用户及制造商共同合作,致力开发合适的规格说明<br>CANopen 总线系统的基本原理和特点简介如下<br>网络拓扑结构:线性网络,其结构与多路主站系统的结构相当。每个总线站点接收其他站点的所有信息,并可在任何时候发送它自己的信息<br>总线长度:根据规定,最大的总线长度在很大程度上取决于所用的波特率,10kbps 时为 5000m,1000kbps 时为 40m<br>站点数量:最多可对 127 个总线节点赋址<br>传输速度:10~1000kbps。对于 CAN 总线,通常通过总线对 CAN 收发器供电。在这种情况下使用 4 芯总线电缆,可通过分支线路进行连接。但分支线路的长度是有限制的,且大小与波特率有关<br>CANopen 支持两种基本消息:过程数据消息 PDO 和服务数据消息 SDO。过程数据消息 PDO 用于高优先级、少批量消息。而服务数据消息 SDO 用于大批量、低优先级消息 |

续表

| | |
|---|---|
| CANopen总线系统 | 过程数据消息(PDO)实时数据必须快速传输。使用高级的优先级标识码,最大的数据长度为8个字节。数据的传输可以是以下几种方式:①事件驱动;②同步;③循环;④基于请求<br>服务数据消息(SDO)用于参数数据的传输。使用初级的优先级标识码。在这种情况下,数据的长度不限于8个字节。典型SDO数据包括:①超时;②掩值;③映射参数 |
| ABB CS31总线系统 | ABB的总线系统适用于自动化技术的所有领域<br>ABB总线系统的基本原理和特点简介如下<br>总线站点:ABB公司的现场总线最多可将63个现场总线站点连接到现场总线主站上<br>波特率:数据以恒定的波特率187.5kbps传输<br>总线接口:总线接口基于带主站/从站结构的RS 485<br>输入/输出:每个现场总线地址最多可处理16个输入/输出。带多于16个输入/输出的阀岛最多占用4个现场总线地址 |
| Moeller Suconet总线系统 | 基于RS 485的总线系统,可选择CP分支扩展<br>Moeller Suconet总线系统的基本原理和特点简介如下<br>总线站点:Suconet K现场总线最多可连接98个总线站点<br>波特率:总线接口波特率为187.5或375kbps,取决于结构特点、总线长度等<br>总线接口:总线接口基于带主站/从站结构的RS 485 |
| Allen Bradley 1771远程I/O | 远程I/O通用网络是一个用于Rockwell/Allen Bradley公司的SLC500和PLC5控制器的I/O网络,用来控制分散式设备(如分散安装的I/O底座、I/O模块)和智能化设备(如电驱动器、显示器和控制单元)<br>Allen Bradley 1771远程I/O总线系统的基本原理和特点简介如下<br>总线基于主站/从站模型工作,因此控制器的扫描器总是主站(见图c)。当从站从主站接收到一个请求时,从站才有所响应<br>波特率:Twinax电缆的全长为3000m,用作传输介质。最大的波特率为230.4kbps<br>配置:从站可作为逻辑机架进行配置,机架有以下规格:①1/4机架;②1/2机架;③3/4机架;④1机架。数据可在主站和从站之间以32、64、96或128位分段(根据机架的规格而定)进行交换,或通过总线最多以64字为块进行发送<br>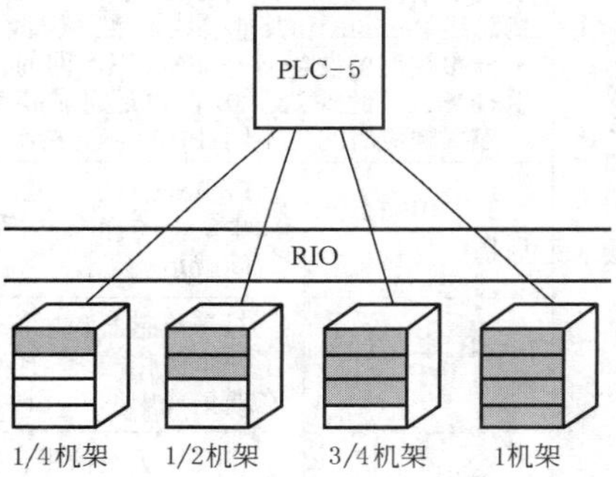<br><br>(c) |
| CC-Link总线系统 | Mitsubishi公司(控制和通信)开发的总线系统,可进行CP分支的扩展<br>CC-Link总线系统的基本原理和特点简介如下<br>总线站点:所有接口类型(Sub-D或端子条)都有集成的T形分配器功能,因此支持输入和输出总线电缆的连接<br>波特率:156~10000kbps。通过DIL开关在硬件上进行设定<br>总线接口:采用RS 485传输技术的集成接口是为典型的CC-Link3线连接技术而设计的(符合CLPA CC-Link规定V1.11) |
| IP-Link总线系统 | 由Beckhoff公司开发的光纤电缆(FOC)现场总线。该现场总线是一个环形总线。使用光纤电缆使其可用于存在许多干扰的场合<br>IP-Link总线系统的基本原理和特点简介如下<br>总线站点:最多可连接124个站点<br>波特率:2000kbps<br>总线接口:总线接口采用的是两个IP-Link光纤电缆接头 |
| AS-i总线系统 | AS-i是一个非专利、开放式安装系统,在有关最低等级的分散式生产和过程自动化的生产中占有很大的份额,且所占比例在逐步增大<br>AS-i总线系统的基本原理和特点简介如下<br>AS-i系统允许通过一根电缆对功率和数据进行传递。采用站点与黄色电缆相连接的先进技术,较低的连接成本,这些都意味着即使站点只带少量的输入和输出(带两个芯片的阀岛最多能带8个输入和8个输出)也可联网<br>采用这种系统类型,安装成本可降低26%~40%,这一点已得到了证明。对于要将单个或一小组驱动器、阀和传感器连接到主站控制器上这种情况,该系统是降低成本的理想之选。新的开发,如参数化Profile7.4或AS-i工作安全性概念为新的应用领域开辟了道路。系统的非专利性和开放式特点符合欧洲标准EN 50 295和国际标准IEC 62 026-2。已获得认证的产品上有AS国际协会的标志。AS国际协会及其附属组织指的是所有对AS-i感兴趣的制造商 |

续表

<table>
<tr><td>AS-i总线系统</td><td colspan="2">特性：①主—从站原理；②非专利产品；③在线路布局上无限制条件；④只通过一根两芯电缆即可连接电源和传输数据；⑤抗干扰能力强；⑥介质：未屏蔽电缆 $2\times1.5mm^2$；⑦每个 AS-i 分支上可为 8 个输出提供数据和电源传输；⑧在 31 个从站的情况下，每个从站上最多有 4 个输入和 4 个输出；⑨在 62 个从站的情况下，每个从站上最多有 4 个输入和 3 个输出（A/B 操作，符合规定 V2.1）；⑩在 31 个从站的情况下，每个从站带 4 个模拟量输入或输出；⑪构架 7.3：每个从站的模拟量值（16 位，符合规定 V2.1）；⑫构架 7.4：可对通信方式进行参数设定，如每个从站 16×16 位（符合规定 V2.1）；⑬模块，用于控制箱（IP20）和恶劣的工业环境（IP65，IP67）；⑭绝缘置换技术；⑮电缆长度 100m，使用中最多可扩展至 500m；⑯高效的故障控制；⑰调试简单；⑱通过总线接口进行电子方式地址选择<br>优点：①简单的连接技术。一根电缆用于连接电源和传输数据；电缆剖面的特殊外形可防止极性错误，具有故障控制功能，故无需屏蔽；采用绝缘压紧连接技术保证了即插即运行<br>②气动应用场合的理想之选。可对局部范围内的小批量现场驱动器进行控制，也可对分散于较大区域的单个驱动器进行控制。该总线系统气管长度短，提高循环速度，降低耗气量。AS-i 元件具有安装和通信双重功效<br>③功能强大的系统元件。AS-i 技术从属于目前已广泛使用的现场总线技术，是对现场总线技术的有力补充</td></tr>
<tr><td rowspan="4">ProfiNet以太网总线</td><td colspan="2">ProfiNet 是源自 ProfiBus 现场总线国际标准组织（PI）的开放的自动化总线标准。它基于工业以太网标准，使用 TCP/IP 协议和 IT 标准，实现自动化技术与实时以太网技术的统一，能够无缝集成其他现场总线系统<br>ProfiNet 可将所有工厂自动化功能甚至高性能驱动技术应用均包括在内。开放式标准可适用于工业自动化的所有相关要求：工业可兼容安装技术、网络管理简单和诊断、实时功能、通过工业以太网集成分布式现场设备等<br>ProfiNet 符合已有 IT 标准，并支持 TCP/IP，确保了公司范围内各部门间的通信交流。现有技术或现场总线系统与该一致性基础设施在管理层面和现场层面均可集成。这样，分布式现场设备可通过 ProfiNet 与工业以太网直接相连。设备网络结构的一致性同时可确保整个生产厂的通信一致性。同时，通过代理服务器技术，ProfiNet 可以无缝的集成现场总线 ProfiBus 和其他总线标准，从而较好地保护了原有投资<br>分布式现场设备与 ProfiNet 以太网的相互连接，具有良好的系统协同性，适用于严峻的工业环境（高温场和杂散发射/EMC）。此外，实时功能也是完成最新通信任务的当务之急<br>根据响应时间的不同，ProfiNet 支持下列三种通信方式</td></tr>
<tr><td>TCP/IP 标准通信</td><td>ProfiNet 基于工业以太网技术，使用 TCP/IP 和 IT 标准。而 TCP/IP 是 IT 领域内关于通信协议方面事实上的标准，尽管其响应时间大概在 100ms 的量级，但对于工厂控制级的应用来说，这个响应时间就足够了</td></tr>
<tr><td>实时（RT）通信</td><td>对于传感器和执行器设备之间的数据交换，系统对响应时间的要求更为严格，因此，ProfiNet 提供了一个优化的、基于以太网第二层（Layer2）的实时通信通道，通过该实时通道，极大地减少了数据在通信栈中的处理时间，ProfiNet 实时通信（RT）的典型响应时间是 5~10ms</td></tr>
<tr><td>等时同步实时（IRT）通信</td><td>在现场级通信中，对通信实时性要求最高的是运动控制（Motion Control），ProfiNet 的等时同步实时（Isochronous Real-Time，IRT）技术可以满足运动控制的高速通信需求，在 100 个节点下，其响应时间要小于 1ms，抖动误差要小于 1μs，以此来保证及时的、确定的响应</td></tr>
</table>

## 5.4 阀岛的分类

表 23-5-16

<table>
<tr><td>按气动阀的标准化及阀岛模块化的结构分类</td><td>按气动阀的标准化及阀岛模块化的结构分<br>- 标准型<br>  - ISO 5599-2 阀<br>  - ISO 15407 阀<br>- 通用型<br>  - 紧凑型（各公司开发的批量产品）<br>  - 坚固的模块结构<br>  - 常规气动阀门结构<br>- 专用型<br>  - 行业<br>  - 易清洗、防爆<br><br>（1）按气动阀的标准化分，可分为符合 ISO 5599-2、ISO 15407 标准化阀的阀岛（指采用 ISO 5599-2、ISO 15407 安装连接界面尺寸的阀）<br>（2）按阀岛模块化结构分，可分为紧凑型阀岛（指一个阀岛集成阀的数量虽不多，但通过分散安装，仍能完成 64 点的控制）；坚固的模块化结构（控制节点在阀岛的中央或在阀岛的左侧）通常是指该阀岛底座、电输入/输出模块、节点控制模块均采用金属（铝合金）材料，结构坚固，可对气动阀门和电输入/输出模块作扩展；常规气动阀门结构阀岛指的是，各气动元件制造厂都会有自己独立开发的集成化模块结构阀岛产品，许多厂商采用最好的电磁阀作为阀岛气动阀<br>（3）专用型阀岛指的是特殊领域，如电子行业、用于食品的易清洗结构或防爆场合用的阀岛等。除此之外，还应该考虑阀岛的结构（底座模块化、底座半管式）、该阀岛可组成的最多阀位数量（阀岛的扩展能力）、阀的流量、工作压力（先导、正压、负压）、压力分区的数量、阀岛的 IP 防护等级等因素</td></tr>
</table>

续表

<table>
<tr><td rowspan="4">按阀岛电接口连接技术分类</td><td colspan="2">为了连接主站控制器(或 PLC),阀岛支持三种不同的电接口连接方式:单个线圈接口(各自配线)、多针接口(省配线)、现场总线接口(可编程阀岛)</td></tr>
<tr><td>带单个线圈接口的阀岛(各自配线)</td><td>带现场总线接口的阀岛</td></tr>
<tr><td>通过把一些阀和共用进、排气的气路板组装、测试后形成带单个线圈接口的阀岛。每个阀的电磁线圈都是独立的,连接电缆是预先装配好的,或配有独立的插头,并与控制器连接<br>电磁线圈的切换状态由插头或阀上的 LED 显示<br>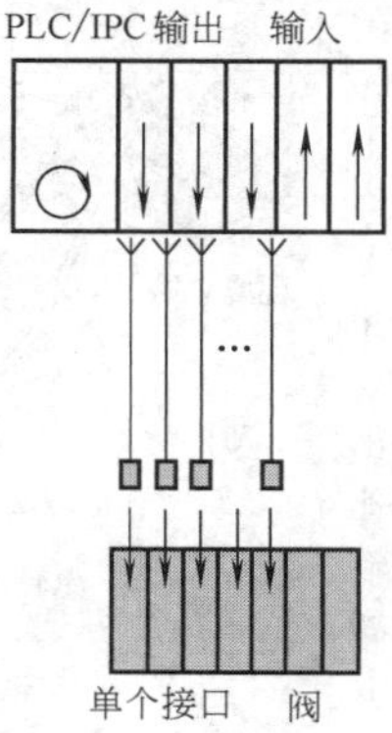<br>(a)</td><td>通过一根串行连接电缆来控制阀岛。这根电缆可连接多个阀岛。阀岛采用标准化的现场总线协议(如 Profibus-DP、Interbus、DeviceNet 或 AS-i)进行通信。除了驱动电磁线圈外,还可通过输入模块来读取气动驱动器上终端位置的感测信息。现有多种用于分散式输入或附加输出的连接方式(如 M12、M8 或夹紧端子)<br>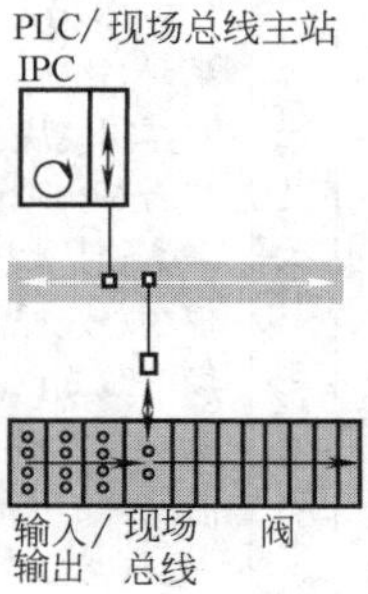<br>(b)</td></tr>
<tr><td>带多针接口的阀岛(省配线阀岛)<br>为节省安装空间,用于驱动电磁线圈的信号线组合在多针插头接口内。它们通过预制多针电缆连接到主站控制器上。多针电缆以平行接线的方式连接到控制器上。电磁线圈的切换状态由阀岛上的 LED(已分配给相应的阀)来显示<br>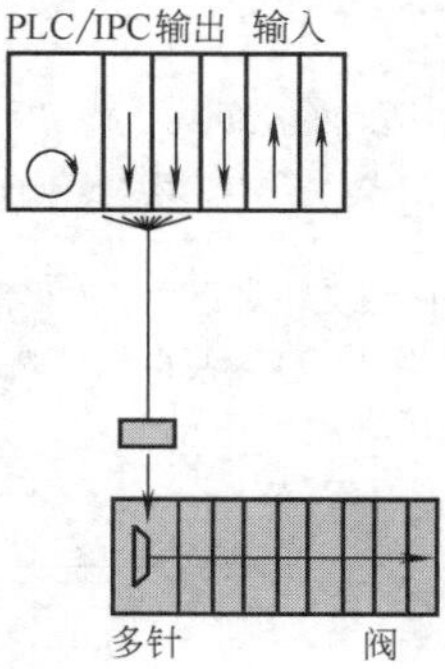<br>(c)</td><td>可编程阀岛<br>无需附加 PLC,阀岛自身集成的控制器就可实现包括气动元件、传感器和其他外围设备在内的整个程序的运行。作为人机界面(MM1)进行工作的控制单元可通过集成的串行接口连接在一起。阀岛既可作为现场总线从站,与主站控制器进行通信,也可作为现场总线主站来控制附加的阀岛或通用的现场总线模块<br>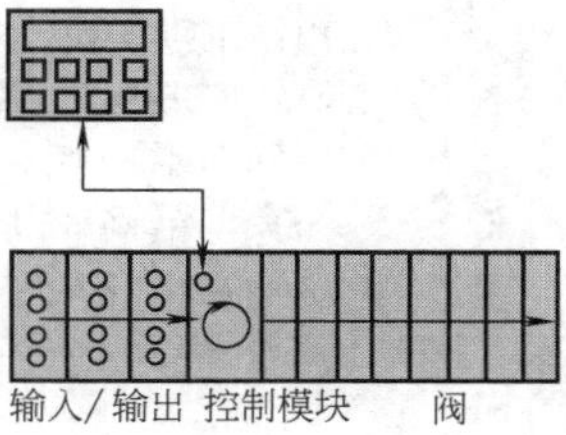<br>(d)</td></tr>
<tr><td>按总线控制安装系统方式分类</td><td>直接连接方式(含AS-i):CP直接安装</td><td>如图 e,阀岛的接口可直接接入现场总线,阀岛的配置已确定(如八个阀位)。有一个分支的扩展模块,可以被允许接附加阀岛和电输入/输出模块。扩展的模块可直接安装在现场,所有的电信号通过一根电缆进行传输完成。表明扩展模块上不需要其他的安装。此类安装系统非常适合于控制少量气动驱动器及读入已赋值的终端位置感测,由于结构紧凑,因此非常适合于安装在执行单元上(如安装在机器人的手臂上)<br>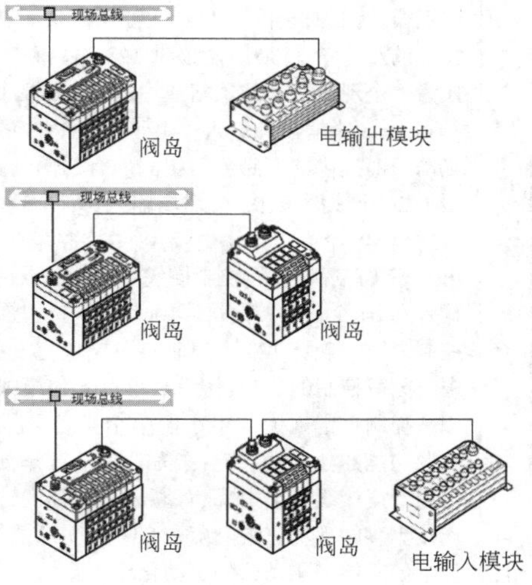<br>(e)</td></tr>
</table>

续表

| | | |
|---|---|---|
| 按总线控制安装系统方式分类 | 分散安装系统(CP现场总线节点/EX500系列系统)(含AS-i) | 如图f所示，现场总线节点有两种型式：一种是以一个单独现场总线节点（网关）接入现场总线网络（如FESTO公司称其为CP现场总线节点，SMC公司称其为EX500系列系统）；另一种是与模块化阀岛组合在一起，以其中的控制模块（网关）型式存在于阀岛内（如FESTO公司称其为CP现场总线控制模块）<br>不管是CP现场总线节点（EX500系列系统），还是CP现场总线控制模块，安装分布的模式是一样的：从一个现场总线节点（网关）为始点，通过电缆连接到阀岛（或输出模块），然后再通过电缆连接到输入模块（传感器或其他需处理的电信号），每条分支最多可有16点输出、16点输入，每条分支扩展的总长不超过10m。对于一个CP现场总线节点（网关）或现场总线控制模块（网关），它的分散安装系统最多都可扩展4条分支<br>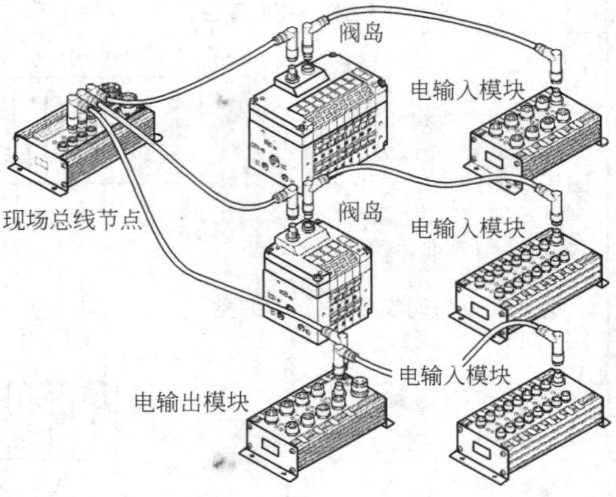<br><br>(f)<br>CP现场总线节点（EX500系列系统）与现场总线控制模块的区别：CP现场总线节点（EX500系列系统）能更好兼顾各分支、各分散现场设备（驱动器/传感器）在10m半径之内，或能更自由地安装在各离散驱动器/传感器相对适宜的空间内。而CP现场总线控制模块因已被组合在阀岛内，阀岛的气动阀为了靠近它的驱动器距离，会影响CP现场总线控制模块与各分支、各分散现场设备（驱动器/传感器）之间的最佳距离<br>此类安装系统适合于分散的现场区域，而每一个现场区域又相对集中了许多需控制的驱动器或传感信号。另外，高速设备要求动作元件具有较短的循环周期以及较短的气管长度，这使得气动阀必须安装在离气缸很近的地方。分散安装系统就是为了满足这些要求而开发（不必逐个对阀接线） |
| 按总线控制安装系统方式分类 | 模块化安装系统(含AS-i) | 如图g所示，模块化安装系统是具有直接连接方式和分散安装系统两种功能，其实质也是一种直接连接方式，即阀岛的接口可直接接入现场总线。CP现场总线控制模块作为一个分散安装系统的一部分控制功能，内置于阀岛的控制节点模块内，对于内置PLC主控器控制节点模块，有些功能强大的小型PLC最多能提供128输出和128输入，而当它作为一个现场总线的从站或主站，最多带31现场总线的从站和1048个输出和输入。由于各种PLC的功能不一，各个气动厂商提供的产品各不相同。有的阀岛控制节点模块最多带26个线圈位，96个现场输入，96个现场输出（48数字量输出、48个模拟量输出或48数字量输出、18个模拟量输出），带CP现场总线控制模块可用于分散的现场区域64个输入和64个输出控制（2~10m），AS-i主控模块可扩展连接控制分散的现场124个控制点。模块化安装系统是一个集中与分散控制的典型，作为对单机工作模式而言，它不仅能用来控制一定规模的中小型单个设备，还可用来实现具有离散功能的独立子系统；作为对主站工作模式而言，它不仅可用于连接既有集中、又有离散在现场的输入和输出，还可连接更多的现场总线站点（或从站），以及担负需要处理大量电传感器和驱动器的自动化任务<br>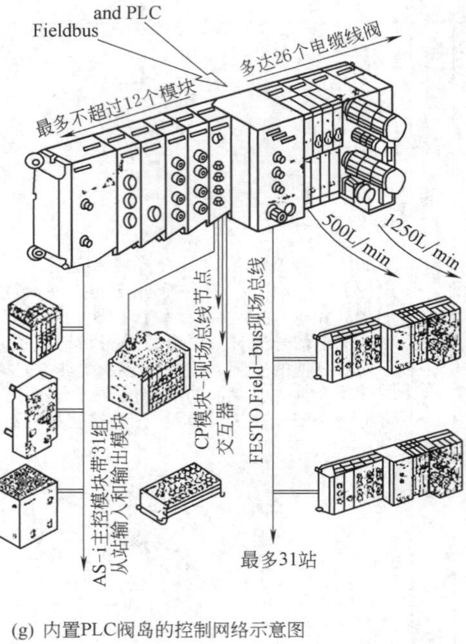<br><br>(g) 内置PLC阀岛的控制网络示意图 |

## 5.5 阀岛的结构及特性（以坚固的模块型结构的阀岛为例）

**表 23-5-17**

**坚固的模块型结构的阀岛**

如图 a 所示为坚固的模块型结构的阀岛。防护等级为 IP65，由三大主要部分组成：气动模块（见图 b）、电输入/输出模块及节点控制模块，见图 c（带 CP 现场总线控制模块或含 AS-i）。有多种电连接方式：带多针接口的（省配线阀岛），所有通用现场总线，内置可编程控制器现场总线接口的。阀的外壳采用金属材料，电输入/输出模块也采用金属材料，通过阀上的 LED 可显示故障

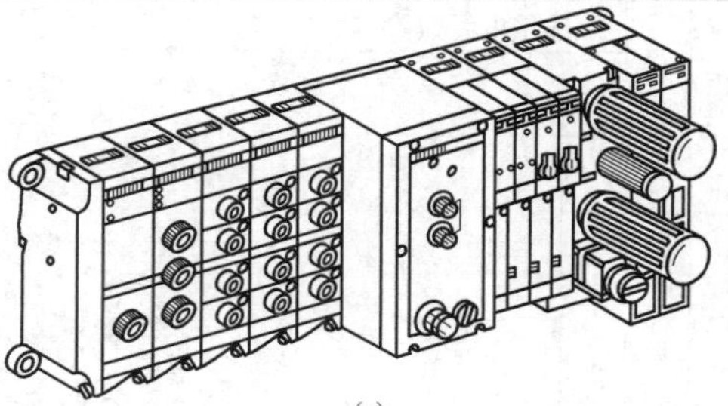

(a)

**气动模块部分**

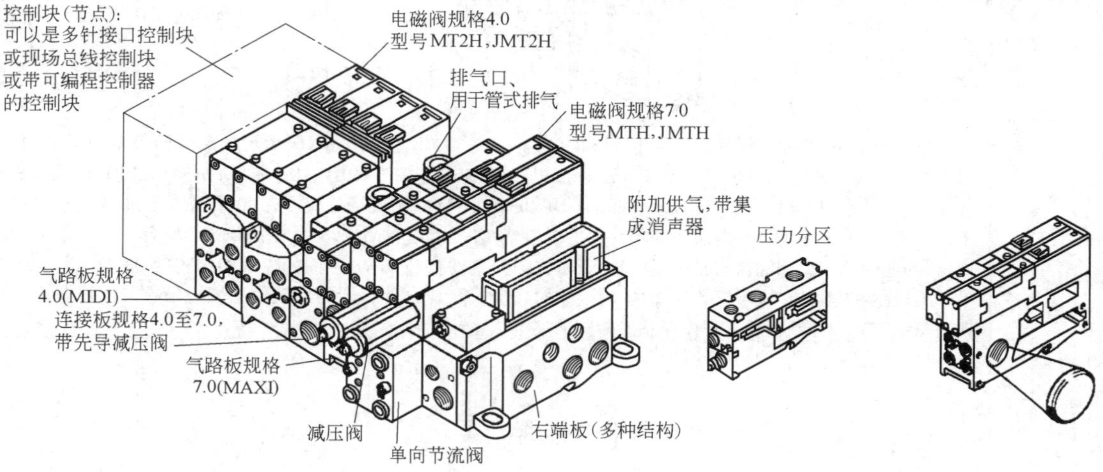


(b)

气动模块部分见图 b，将电磁阀组合在一起就形成了具有公共气源的阀气路板。这降低了所需气管的数量，使整个单元更容易安装。它的气动阀位最多可扩展到 26 个单电控阀位（26 线圈），该阀岛由两种规格的电磁阀组成，通径为 4.0（500L/min）和 7.0（1300L/min）。工作压力为 4～8bar，带先导进气的工作压力为 -0.9～+10bar。通径为 4.0 的响应时间开为 12ms、关为 25ms 左右；通径为 7.0 的响应时间开为 25ms、关为 30ms 左右。气动模块上可选择二位五通单电控阀（弹簧复位、带外接先导型的气复位）、二位五通双电控阀（带外接先导型的气复位）、带外接先导三位五通电控阀（中封式、中泄式、中压式），所有的阀都带手控装置，有非锁定式、锁定式及防止被激活保护型（根据要求）。利用堵头可使阀岛具有多个压力分区，包括真空操作，气路板底座也分 4.0 规格和 7.0 规格，当需要有两种规格阀时，可选用规格转换气动板底座。此外还可安装集成化的减压阀和单向节流阀模块。适用于单电控的气路板上可安装两个阀，配有两个分配地址，对于适用于双电控阀的气路板上也可安装两个阀，配有四个分配地址。如果在一个适用于双电控阀的气路板上安装一个双电控阀和一个单电控阀，则一个地址将被丢失

**控制节点模块**

阀岛的控制节点模块，可分为带多针接口节点的控制模块及带现场总线接口节点的控制模块。带现场总线接口节点的控制模块还可分为带可编程控制器现场总线接口节点的控制模块及不带可编程控制器现场总线接口节点的控制模块

**多针接口的节点**

多针接口的节点：如图 c。阀岛可配置多针节点，除了控制阀，相应的传感器的反馈信号通过一条共用的多针电缆集合传输到控制柜（上位机）。该节点如采用圆形插头，最多可带 24 个气动控制阀电磁线圈，如采用 Sub-D 插头，最多可带 22 个气动控制阀电磁线圈，另外最多可有 24 个输入信号（以 Festo 坚固的模块型结构的 03 型阀岛为例）。带多针接口的阀岛可与目前所有的控制系统或工业 PC 的 I/O 卡连接。集中控制系统要求一个功能强大的 PLC，相应地带大量的 I/O 卡，与现场总线设备必须通过较复杂的并行线连接

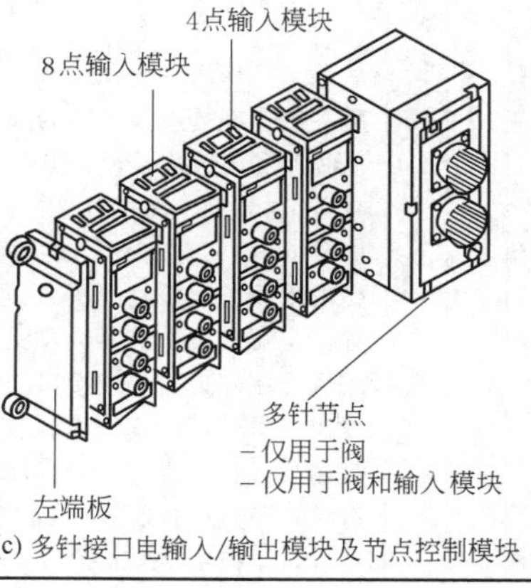


(c) 多针接口电输入/输出模块及节点控制模块

续表

**控制节点模块 — 总线接口节点**

在模块化电设备系统中，总线接口节点的控制模块相当于系统的心脏，它处理着更高一级控制器和主站的通信连接，具有大量附加功能的 PLC 程序器可直接通过现场总线节点模块中执行，现场总线节点模块还担当电输入/输出模块、传感器的电源（如电磁线圈和电输出的负载电源）及系统监测和诊断（如电源状态、电磁线圈短路或断路、传感器及连接电缆故障等）

**带现场总线接口节点**

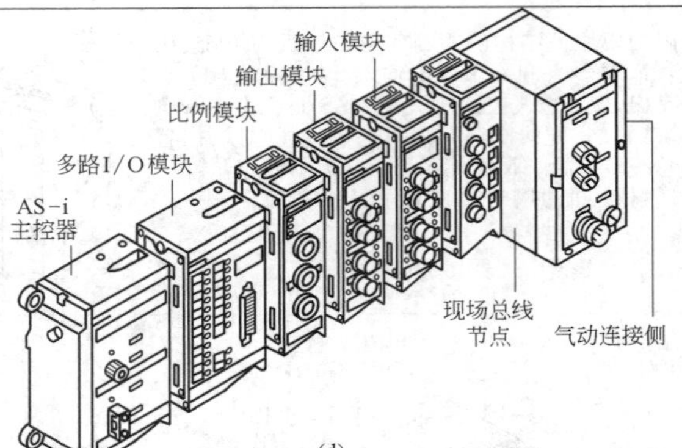


(d)

该总线节点可带 26 个气动控制阀电磁线圈，电输入点/输出点的数量取决于现场总线的类型和气动阀的个数［如对于 Festo、ABB（CS31）、SUCONETK、Interbus、Allen-Bradley（1771RIO）、DeviceNet、ASA（FIPIO）的现场总线，可有 60 个输入点和 64 个输出点，对于 Profibus-DP、Interbus-FOC 的现场总线可有 90 个输入点和 74 个输出点］。对于模拟量的输入/输出也将取决于现场总线的类型（如 Interbus、DeviceNet、Interbus-FOC 均有 8 个模拟量的输入/输出，其他的总线类型能否有模拟量的输入/输出需要查询）（以 Festo 坚固的模块型结构的 03 型阀岛为例）。除了阀的控制和电输出外，配置 AS-i 模块（作主站），同时，相应的传感器的反馈信息被记录在外围设备内，并通过现场总线传递到控制柜中。程序控制诊断阀的欠电压、传感器的欠电压、输出短路等

**带可编程控制器现场总线接口的节点**

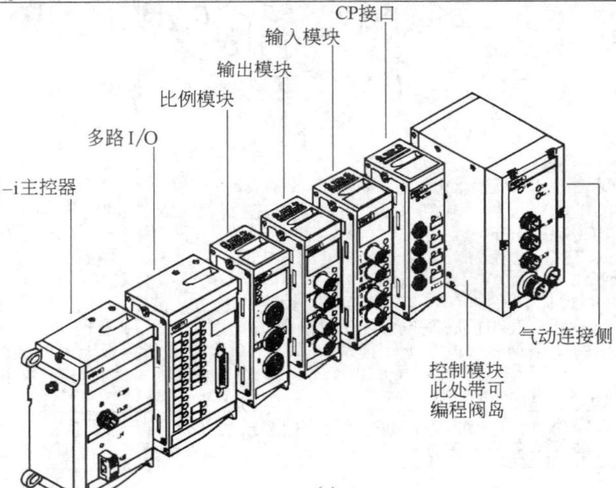


(e)

除了能作为现场总线节点作控制器之外，带可编程控制器现场总线接口还可担当主站的主控器功能。带可编程控制器现场总线接口的阀岛可配置各种控制模块（带 Festo PLC 或带 Siemens PLC 或 Allen-Bradley PLC），除对阀控制和电输出之外，相应传感器的反馈信号被记录在阀岛内，并通过内置集成的 PLC 自动对这些反馈信息进行处理，通过现场总线可进行扩展及网络化。该总线节点对本站阀岛最多可带 26 个气动控制阀电磁线圈，就本站阀岛而言，它有 128 个数字量输入信号和 128 个数字量输出信号（含 26 个气动控制阀电磁线圈）。另外，对于特殊的现场总线控制模块，它还能带 64 个数字量输入点和 64 个数字量输出点。对那些既需处理模拟量输入信号，如设定驱动阀上的参数及反馈信息（温度、压力、流量、注入高度等），又需要处理控制器的模拟量输出信号，带可编程控制器现场总线接口的节点还提供专门模拟量输入/输出信号，最多可有 36 个模拟量输入信号、12 个模拟量输出信号。带可编程控制器现场总线接口的节点可作为从站或主站应用，如作为主站（主控器），最多可带 31 个现场总线从站，最多不超过 1048 个输入/输出点（以 Festo 坚固的模块型结构的 03 型阀岛为例）。对于带现场总线接口节点的控制模块（包括带可编程控制器节点模块）采用常用的现场总线有 ABB（CS31）、SUCONETK、Interbus、Allen-Bradley（1771RIO）、DeviceNet、ASA（FIPIO）、Festo 等

续表

| | | | |
|---|---|---|---|
| | | 电输入/输出模块 | 可分为数字量输入模块、数字量输出模块、模拟量输入/输出模块、附加电源、电接口。对于坚固的模块型结构的03型阀岛而言，最多有12个电的输入、输出模块。其中，对于数字量输入模块，有8点的输入模块(PNP/NPN)、4点的输入模块(PNP/NPN)或16点的输入模块(PNP带Sub-D插头)。对于数字量输出模块，有4点的输出模块(PNP)或大电流的4点输出模块(PNP/NPN，每个输出点为2A)。对于数字量输入/输出模块：有12个输入点、8个输出点；而对于模拟量输入/输出模块，有3个输入、1个输出的模拟量模块(0~10V；4~20mA)或1个输入/1个输出的模拟量模块(用于比例阀)。对某一公司的各种阀岛，欲采用多少个电输入/输出模块，取决于采用何种现场总线类型的节点 |
| | | 附加电源 | 附加电源为大电流输出模块提供最大为25A的负载电流。它安装在大电流输出模块的右侧，如图f所示<br>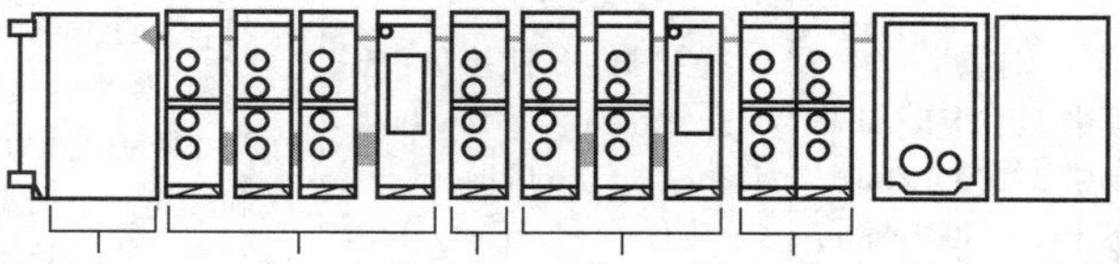<br><br>(f)<br>1—I/O模块，带4/8点输入(PNP/NPN)或4点输出(仅PNP 0.5A)或多路I/O模块，带12/80；<br>2—大电流输出(PNP/NPN)2×大电流电源(灰色接口)至最后的大电流输出模块就停止供电；<br>3—附加电源24V/25A；<br>4—节点；<br>5—阀 |
| 控制节点模块 | 总线接口节点 | AS-i模块 | AS-i模块也称为“AS-i主站接口”，其连接网络见图g，是为每个站点带少量输入/输出的简单通信设计的，一般站点有4或8个输入/输出。AS-i主站(作为阀岛中的网关)可提供一种从AS-i到较高级现场总线协议的良好连接，并控制AS-i网络。连接于该模块的从站将由AS-i主站进行管理。它们的输入/输出信号既可通过相邻的现场总线传输给更高一级的控制器(带现场总线主站的工业PC)，也可以传输给控制模块(节点)。在建立AS-i系统时，AS-i主站将和所需的从站一起连接到AS-i数据电缆上(黄色电缆)。每个从站首先被分配一个唯一地址，AS-i组合电缆也是通过黄色数据电缆为所有站点提供电源。在建立好所有的连接并确认所选的地址没有重叠后，当前的配置情况就可以通过配置接头进行读取和保存。于是总线站点的输入或输出被不断地更新并与更高一级的现场总线节点或控制模块进行交换。每一个站点以及AS-i诊断数据都被赋予一个固定的I/O地址域。它可连接31个从站，124个输出和124个输入<br>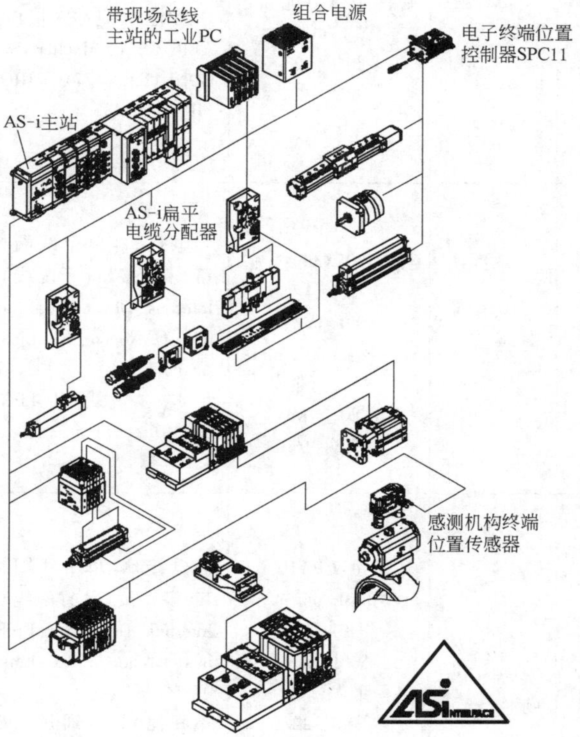<br><br>(g) |

第23篇

## 5.6 Festo 阀岛及 CPV 阀岛

### 5.6.1 Festo 阀岛概述

Festo 公司阀岛有三种类型：①标准型阀岛；②通用型阀岛；③专用型阀岛。详见表 23-5-18。

表 23-5-18

| 类别 | 型　号 | 流量阀位/线圈 | 电接口和其他总线 | 特　　性 |
|---|---|---|---|---|
| 标准型阀岛 | 04 型阀岛 | 流量：<br>规格 1：1200L/min；<br>规格 2：2300L/min；<br>规格 3：4500L/min<br>最多可带<br>阀位：16<br>线圈：16 | 电接口：多针接口（省配线）、Interbus、DeviceNet、Profibus<br>其他总线：Festo FB、ABB CS31、Moeller SUCONETK；1771 RIO、FIP10、DH485 | 符合 ISO 5599-2 标准安装界面。坚固的金属结构，IP 65，各种类型的阀功能齐全，最高工作压力为 16bar，电压为 12V DC，120V AC，并有多个压力分区，可集成节流阀和减压阀。所有的阀有手控装置，并配有保险丝。带 LED 显示，通过现场总线/控制模块可传递诊断信息，能快速发现并修理故障。可带 AS-i 主站，有 CP 分散安装系统接口。大电流的输出模块（PNP/NPN：2A），模拟量输入/输出模块 |
| 标准型阀岛 | 44 型阀岛 | 流量：<br>规格 02：500L/min；<br>规格 01：1000L/min<br>最多可带<br>阀位：32<br>线圈：32 | 电接口：多针接口（省配线）、Interbus、DeviceNet、Profibus<br>其他总线：Festo FB、ABB CS31、Moeller SUCONETK；1771 RIO、FIP10、DH485 | 符合 ISO 15407-1 标准安装界面。坚固的金属结构，IP 65，各种类型的阀功能齐全，最高工作压力为 10bar，电压为 24V DC，24V AC，12V DC，110V AC，230V AC，并有多个压力分区，可集成节流阀和减压阀。所有的阀有手控装置，并配有保险丝。带 LED 显示，通过现场总线/控制模块可传递诊断信息，能快速发现并修理故障。可带 AS-i 主站，有 CP 分散安装系统接口。模拟量/数字量输入/输出模块 |
| 通用型阀岛 | 10 型紧凑型 CPV 阀岛 | 流量：CPV10：<br>400L/min；<br>CPV14：<br>800L/min；<br>CPV18：1600L/min；<br>最多可带<br>阀位：8<br>线圈：16 | 电接口：单个线圈接口、多针接口（省配线）、Interbus、DeviceNet、Profibus、CANopen、CC-Link、As-i<br>其他总线：IP-Link、CPV Direct 现场总线 | 结构尺寸小，重量轻，流量大，适合现场安装。连接管路短，响应速度高。IP 65，最高工作压力为 10bar，电压为 24V DC，具有多种气动阀的功能，压力分区，可用于真空。提供多种电连接技术，无论是单个阀的接口还是带多种扩展可能性的总线系统，都可对各种类型的阀进行驱动。电输入和输出模块的集成能为各种安装理念提供性价比高的解决方法。所有的阀有手控装置 |
| 通用型阀岛 | 12 型紧凑型 CPA 阀岛 | 流量：CPA10：<br>300L/min；<br>CPA14：<br>600L/min<br>最多可带<br>阀位：22<br>线圈：单个接口可有 44 个 | 电接口：单个线圈接口、多针接口（省配线）、Interbus、DeviceNet、Profibus、CANopen、CC-Link、As-i<br>其他总线：通过 CPX 进行现场总线连接，Ethernet Modbus TCP | 结构尺寸小，重量轻，金属外壳坚固，最多可扩展至 44 个线圈。IP 65，最高工作压力为 10bar，电压为 24V DC，可在任何时候对单个阀进行转换/扩展。阀体有手控装置：按钮式、锁定式、加罩式，电磁线圈 100% 通电持续率。具有多种气动阀的功能，有多个压力区域，可与模块化的电外围设备（如与集成的电输入输出模块以及控制节点为一体的 CPX 电控终端）组合使用。可对每个阀进行诊断、故障参数化。使用 LED 以及手持诊断显示屏进行现场诊断 |

续表

| 类别 | 型　号 | 流量阀位/线圈 | 电接口其他总线 | 特　　性 |
|---|---|---|---|---|
| 通用型阀岛 | 03 型坚固的模块化阀岛 | 流量：Midi：500L/min<br>Maxi：1250L/min<br>最多可带<br>阀位：16<br>线圈：26 | 电接口：多针接口(省配线)、Interbus、DeviceNet、Profibus、CAN-open、CC-Link<br>其他总线：通过 CPX 进行现场总线连接，Ethernet Modbus TCP | 阀岛和阀的外壳都为坚固的金属结构，IP 65，可用于恶劣的环境，最高工作压力为 10bar，电压为 24V DC。阀体有手控装置：非锁定式、锁定式以及防止被激活的保护型。电磁线圈 100%通电持续率。具有多种气动阀的功能，有多个压力区域，可与模块化的电外围设备(如与集成的电输入输出模块以及控制节点为一体的 CPX 电控终端)组合使用。可对每个阀进行诊断、故障参数化。使用 LED 以及手持诊断显示屏进行现场诊断。大电流的输出模块(PNP/NPN：2A)可用于液压阀，模拟量/数字量输入/输出模块。对于带内置可编程控制器的阀岛，有 CP 分散安装系统接口。可带 AS-i 主站 |
| | 02 型老虎阀岛 | 流量：<br>G1/8：750L/min<br>G1/8加长型：1000L/min<br>G1/4：1300L/min<br>G1/4加长型：1600L/min<br>最多可带<br>阀位：16<br>线圈：16 | 电接口：多针接口(省配线)、Interbus、DeviceNet、Profibus<br>其他总线：Festo FB、ABB CS31、Moeller SU-CONETK；1771 RIO | 阀岛和阀的外壳都为坚固的金属结构，老虎阀截止式的结构能适应较恶劣的气源和工作环境。IP 65，最高工作压力为 10bar，电压为 24V DC。阀体有手控装置：非锁定式、锁定式。电磁线圈 100%通电持续率。具有多种气动阀的功能，有多个压力区域，可与模块化的电外围设备(如与集成的电输入输出模块以及控制节点为一体的 CPX 电控终端)组合使用。可对每个阀进行诊断、故障参数化。使用 LED 以及手持诊断显示屏进行现场诊断。大电流的输出模块(PNP/NPN：2A)可用于液压阀，模拟量/数字量输入/输出模块。对于带内置可编程控制器的阀岛，有 CP 分散安装系统接口。可带 AS-i 主站 |
| | 32 型模块化 MPA 阀岛 | 流量：360L/min<br>最多可带<br>阀位：32<br>线圈：64 | 电接口：多针接口(省配线)、Interbus、DeviceNet、Profibus、CAN-open、CC-Link<br>其他总线：通过 CPX 进行现场总线连接，Ethernet Modbus TCP | MPA 阀岛是与 CPX 电终端模块一起开发的灵活的模块化阀岛。它可以与控制节点组成一体 MPA 阀岛，CPX 电的输入/输出模块为其外围设备，也可以与 CPX 电的输入/输出一起组成一个模块化阀岛 MPA 阀岛+CPX 电终端。外壳为坚固的金属结构，IP 65，工作压力为-0.9~10bar，电压为 24V DC。阀体有手控装置：按钮式、旋转/锁定式、带保护盖。阀上有 LED 显示。电磁线圈 100%通电持续率。具有多种气动阀的功能，有多个压力区域。由于与 CPX 外围设备相连，所以它有先进的内部通信系统。可以诊断每个模块、每个通道、每个阀线圈的故障信号，包括电源的关闭与不稳定、气源的关闭与不稳定、传感器/执行器以及连接电缆的故障。可带 AS-i 主站，有 CP 分散安装系统接口。模拟量/数字量输入/输出模块。有墙面安装以及 H 型导轨安装方式 |
| 专用型阀岛 | 80 型智能立方体 CPV SC1 阀岛 | 流量：170L/min<br>最多可带<br>阀位：16<br>线圈：16 | 电接口：多针接口(省配线) | 外壳和连接螺纹都采用金属材料，因此非常坚固，尺寸比 10 型紧凑型 CPV 更小。重量轻，非常适合于在有限的空间内对小型驱动器进行操作。有多个压力区域，可直接安装在运动的系统/部件上。采用二位二通阀(常闭)、二位三通阀(常开/常闭)阀及二位五通阀(单电控/双电控)，工作压力为-0.9~7bar，电压为 24V DC。IP 40，阀体有手控装置：按钮式、锁定式、加置式。当环境温度为 40℃时，电磁线圈为 100%通电持续率。带 Sub-D 接口或扁平电缆接口，具电磁兼容性：抗干扰等级符合 EN 50081-2 标准“工业领域的抗干扰”；干扰辐射等级符合 EN 61000-6-2 标准“工业领域的干扰辐射”(最长信号线长度为 10m) |

续表

| 类别 | 型号 | 流量阀位/线圈 | 电接口其他总线 | 特性 |
|---|---|---|---|---|
| 专用型阀岛 | 82型智能立方体 CPA SC1 阀岛 | 流量:150L/min;最多可带 阀位:20 线圈:32 | 电接口:单个线圈接口 多针接口(省配线) | 小型结构紧凑型阀岛,外壳和连接螺纹都采用金属材料,因此非常坚固。工作压力为-0.9~10bar,电压为24V DC。电磁线圈100%通电持续率。IP 40,阀体有手控装置:非锁定式、旋转后锁定。每个阀位的信号有LED显示。具有多种气动阀的功能。带Sub-D接口或扁平电缆接口,具电磁兼容性:抗干扰等级符合EN 50081-2标准"工业领域的抗干扰";干扰辐射等级符合EN 61000-6-2标准"工业领域的干扰辐射"(最长信号线长度为10m) |
| | 小型 MH1 阀岛 | 流量:17L/min 最多可带 阀位:22 线圈:22 | 电接口:单个线圈接口;多针接口(省配线) | 小型结构阀,流量为10~14L,采用直动式二位二通阀(常闭)及二位三通阀(常开/常闭)。响应时间为4ms |
| | 小型 MH2 阀岛 | 流量:100L/min 最多可带 阀位:10 线圈:10 | 电接口:单个线圈接口;多针接口(省配线) | 阀岛为紧凑型扁平结构,采用直动式高速阀。响应时间小于2ms。气动阀为二位三通及二位二通型式(常开/常闭)。工作压力为-0.9~8bar,电压为24V DC |
| | 15型易清洗型 CDVi 阀岛 | 流量:650L/min 最多可带 阀位:12 线圈:24 | 电接口:多针接口(省配线)DeviceNet 其他总线:Ethernet Powerlink | 阀岛和阀均由高耐腐蚀聚合材料制成,满足食品工业清晰需求(符合清洁型设备设计原则和卫生标准的DIN EN 1672-2标准和清洁型机械设计要求的DIN ISO 14159标准):无棱边、没有很小的弯曲半径、无裂缝、污垢不易堆积、阀与阀之间的空间容易清洗、耐腐蚀。阀岛在供货前经过完全的装配和功能测试,IP 65/67,电磁线圈100%通电持续率。工作压力为-0.9~10bar,电压为24V DC。有多个压力分区 |

## 5.6.2 CPV 阀岛简介

CPV 阀岛是一个结构紧凑的阀岛（C 表示 Compact，P 表示 Performance，V 表示 Valve Terminal）。所有的阀都是以阀片的形式组合在一起，结构极其紧凑，也大大降低了阀的自重。阀片有两种功能（如 2 个两位三通阀）。CPV 有三种规格（CPV 10：阀宽 100mm，流量 400L/min；CPV14：阀宽 14mm，流量 800L/min；CPV 18：阀宽 18mm，流量 1600L/min）。CPV 阀岛有多种电连接技术。如单个线圈接口（独立插座）、多针接口（省配线）、现场总线、带 AS-i 接口。CPV 阀岛最多可扩 8 片阀，16 个线圈。CPV 阀岛总线连接方式分直接连接方式和分散安装系统（EX500 系列系统）。对于分散安装系统（EX500 系列系统），最多可有 4 条分支，与现场总线节点连接（见表 23-5-16 图 f）。为了确保每条分支通过连接后电缆通信总长不超过 10m。该节点可置于各分散现场驱动器（或阀岛、传感器）中央位置。所有的阀片都配备有本地诊断状态 LED，通过现场总线可实现对每条 CP 分支的诊断。此类安装系统适合于分散的现场区域，而每一个现场区域又相对集中了许多需控制的驱动器或传感信号。

表 23-5-19　　**CPV10 阀岛**

外形图

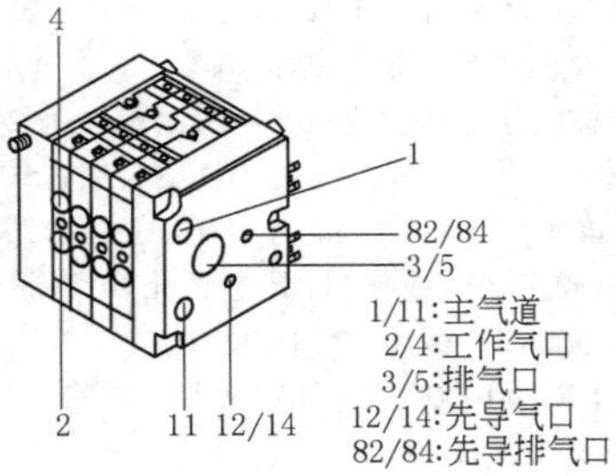


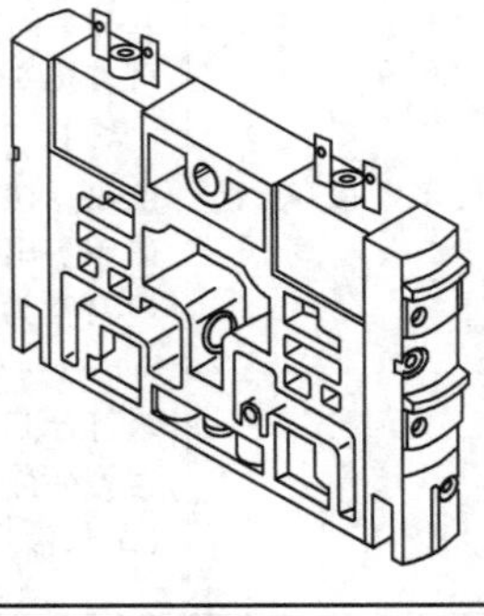

| 代码 | 阀功能 |
|---|---|
| M | 二位五通阀,单电控 |
| F | 二位五通阀,单电控,快速切换 |
| J | 二位五通阀,双电控 |
| N | 2个二位三通阀,常开 |
| C | 2个二位三通阀,常闭 |
| H | 2个二位三通阀,1个常开,1个常闭 |
| G | 三位五通阀,中封式 |
| D | 2个二位二通阀,常闭 |
| I | 2个二位二通阀,1个常开,1个常闭 |

第 23 篇

续表

| | | | | | | | | | | | | | | |
|---|---|---|---|---|---|---|---|---|---|---|---|---|---|---|
| | | 阀功能 | | 二位五通阀 | | | 二个二位三通阀原始位置 | | | 三位五通阀中位 | 2个二位两通阀原始位置 | | 真空发生器 | |
| | | | | 单电控 | 快速切换 | 双电控 | 常开 | 常闭 | 1×常开<br>1×常闭 | 常闭 | 常闭 | 1×常开<br>1×常闭 | | 带喷射脉冲 |
| 主要技术参数 | 阀功能参数 | 阀功能订货代码 | | M | F | J | N | C | H | G | D | I | A | E |
| | | 结构特点 | | 电磁驱动活塞式滑阀 | | | | | | | | | | |
| | | 宽度/mm | | 10 | | | | | | | | | | |
| | | 公称通径/mm | | 4 | | | | | | | | | | |
| | | 润滑 | | 润滑可延长使用寿命,不含PWIS(不含油漆润湿缺陷物质) | | | | | | | | | | |
| | | 安装方式 | | 通过气路板安装 | | | | | | | | | | |
| | | | | 墙式安装 | | | | | | | | | | |
| | | | | H型导轨安装 | | | | | | | | | | |
| | | 安装位置 | | 任意位置 | | | | | | | | | | |
| | | 手控装置 | | 按钮式、锁定式或加盖式 | | | | | | | | | | |
| | | 额定流量(不带接头)/L·min$^{-1}$ | | 400 | | | | | | | | | | |
| | | 气动连接(括号内的连接尺寸用于气路板) | | | | | | | | | | | | |
| | | 气动连接 | | 通过端板 | | | | | | | | | | |
| | | 进气口 1/11 | | G1/8 | | | | | | | | | | |
| | | 排气口 3/5 | | G3/8(G1/4) | | | | | | | | | | |
| | | 工作气口 2/4 | | M7 | | | | | | | | | | |
| | | 先导气口 12/14 | | M5(M7) | | | | | | | | | | |
| | | 先导排气口 82/84 | | M5(M7) | | | | | | | | | | |
| | 工作压力/bar | 阀功能订货代码 | | M | F | J | N | C | H | G | D | I | A | E |
| | | 不带先导进气 | | 3~8 | | | | | | | | | | |
| | | 带先导进气 $p_1=p_{11}$ | | -0.9~+10 | | | | | | | | | | |
| | | 先导压力 $p_{12}=p_{14}$ | | 3~8 | | | | | | | | | | |
| | 响应时间/ms | 阀功能订货代码 | | M | F | J | N | C | H | G | D | I | A | E |
| | | 响应时间 | 开启 | 17 | 13 | — | 17 | 17 | 17 | 20 | 15 | 15 | — | 15 |
| | | | 关闭 | 27 | 17 | — | 25 | 25 | 25 | 30 | 17 | 17 | — | 17 |
| | | | 切换 | — | — | 10 | — | — | — | — | — | — | — | |
| | 工作和环境条件 | 阀功能订货代码 | | M | F | J | N | C | H | G | D | I | A | E |
| | | 工作介质 | | 过滤压缩空气,润滑或未润滑,惰性气体 | | | | | | | | | | |
| | | 过滤等级/μm | | 40 | | | | | | | | | | |
| | | 环境温度/℃ | | -5~+50(真空发生器:0~+50) | | | | | | | | | | |
| | | 介质温度/℃ | | -5~+50(真空发生器:0~+50) | | | | | | | | | | |
| | | 耐腐蚀等级 CRC① | | 2②(真空发生器) | | | | | | | | | | |

① 耐腐蚀等级1,符合Festo 940070标准
元件只需具备耐腐蚀能力,运输和贮存防护,这些元件无基本涂层要求,譬如,内部元件或位于盖子下面的元件
② 耐腐蚀等级2,符合Festo 940070标准
元件必须具备一定的耐腐蚀能力,外部可视元件具备基本的涂层表面,可直接与工业环境或与冷却液、润滑剂等介质接触

续表

| | | | | |
|---|---|---|---|---|
| 主要技术参数 | 电参数 | 带 CP 接头的 CP 阀岛的电磁兼容性 | | 抗干扰等级符合 EN 61000-6-4 标准,"工业领域的抗干扰" |
| | | | | 干扰辐射等级①符合 EN 61000-6-2 标准,"工业领域的干扰辐射" |
| | | 触电防护等级(有直接接触和间接接触的防护措施,符合 EN 60204-1/IEC 204 标准) | | 由 PELV 供电单元提供 |
| | | 防爆等级 | | 符合 EU Directive 94/9/EU 标准,113G/D EEx nAllT5-5°C<$T_a$<+50℃ T80℃ IP65 |
| | | | | 符合 UL429,CSA22.2 No.139 标准 |
| | | CE 标志 | | 符合 EU Directive 89/336/EU 标准 |
| | | 工作电压 | | 24V DC(+10%~15%) |
| | | 边沿陡度(仅对于 IC 和 MP) | | >0.4V/ms 到达大电流相的最短电压上升时间 |
| | | 残波幅值/$V_{pp}$ | | 4 |
| | | 功耗/W | | 0.6(21V 时 0.45);(CPV10-M11H…0.65) |
| | | 通电持续率 | | 100% |
| | | 带辅助先导气 $p_1=p_{11}$ | | −0.9~+10 |
| | | 防护等级,符合 EN 60529 标准 | | IP65(在装配完成状态下,适用于所有信号输入类型) |
| | | 相对空气湿度 | | 95%非冷凝水 |
| | | 抗振强度 | | 符合 DIN/IEC 68/EN 60068 标准,第 2~6 部分 |
| | | 防振 | | 符合 DIN/IEC 68/EN 60068 标准,第 2~27 部分 |
| | | 持续防振 | | 符合 DIN/IEC 68/EN 60068 标准,第 2~29 部分 |
| | | ① 最大的信号线长度是 30m | | |
| | 继电器板 | 工作电压 | | 20.4~26.4V DC |
| | | 功耗 | | 1.2W |
| | | 继电器的数日 | | 2 个,带电绝缘输出 |
| | | 负载电流回路 | | 每个为 1A/24V DC+10% |
| | | 继电器响应时间 | 开启 | 5ms |
| | | | 关闭 | 2ms |
| CPV 阀岛的压力分区 | 借隔离板进行压力分区 | 通过隔离板可将 CPV 划分成 2 至 4 个压力分区。<br>实例:压力分区<br>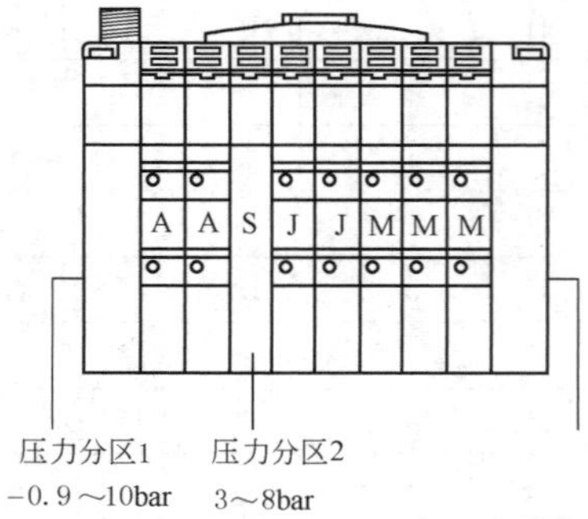 | | 气口 1 和 11 不同的压力在每个阀上产生两个压力等级。例如,为了节约能量,利用较高的压力来使气缸驱动器前进,而较小的压力则使气缸驱动器后退。隔离板 S 可切断排气通道 3/5 以及进气通道 1 和 11。隔离板 T 用来隔离供气通道 1 和 11,使得压缩空气从阀片的左侧供给或从阀片的右侧供给。规格 10、规格 14、规格 18 的 CPV 阀岛的内先导及外先导分区导通或隔断状况见表 23-5-20<br>CPV 阀岛的一个显著特点是它的两个端板能对阀片进行供气和排气,见左图。大通道的截面积保证了大流量,即便多个阀同时切换。端板上安装了大面积消声器,内/外先导气源压缩空气从两个独立通道(进气口 1/11)对每个阀进行供给。阀通过大截面的集成排气通道(排气口 3/5)进行排气。这种结构使得它具有独一无二的功能性和灵活性。通过终端或真空装置的组合来实现多个压力分区是最简单的方法。阀岛可从左端板或右端板供给,或左右端板同时供给。除了下面列出的组合,也可以根据需要进行其他端板组合 |
| | 端板 | 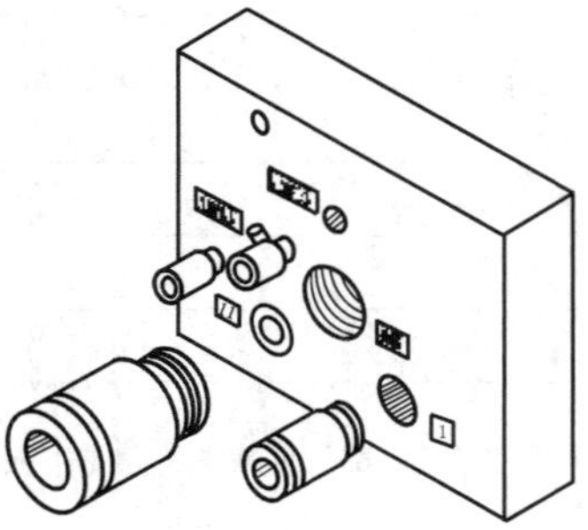 | | 先导气源分为内先导气源和外光导气源<br>内先导气源:如果气接口 1 的气源压力为 3~8bar,选用内先导气源。内先导气源从右端板进行分支。先导气口 12/14 不用。外先导气源:如果气接口 1 的气源压力为 3bar 或 8bar,选用外先导气源。在这种情况下,先导气口 12/14 的压力为 3~8bar。如果需要通过压力开关阀在系统中实现缓慢增压,那么就需使用外先导供气,这样可使接通时控制压力就已达到一个很高的值<br>左图为一个带外先导气源的左端板。排气口 3/5 和 82/84 可以连接螺纹接头或消声器。对于内先导气源输入时,端板上没有接口 12/14和 11,接口 12/14 在内部与接口 1 连通。而接口 82/84 总是存在的,且需与消声器相连 |

**表 23-5-20　　规格 10、14 及 18 的 CPV 阀岛的许用端板组合**

| 许用的端板组合 | | | | | |
|---|---|---|---|---|---|
| 代码 | 先导供气类型及图形符号 | 规格 10 | 规格 14 | 规格 18 | 注 意 事 项 |
| U | 内先导<br>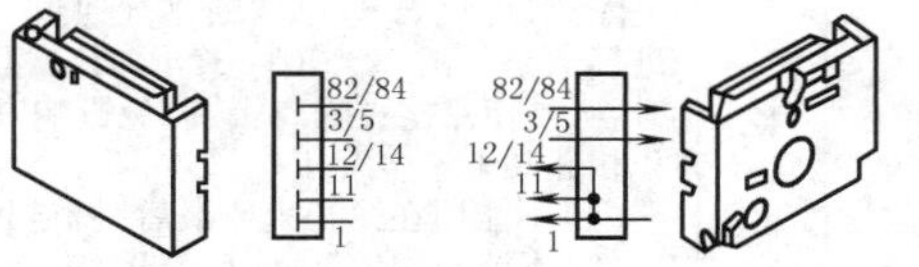 | √ | √ | √ | (1)仅右端板供气<br>(2)不允许压力分区<br>(3)不适用于真空状态 |
| V | 内先导<br>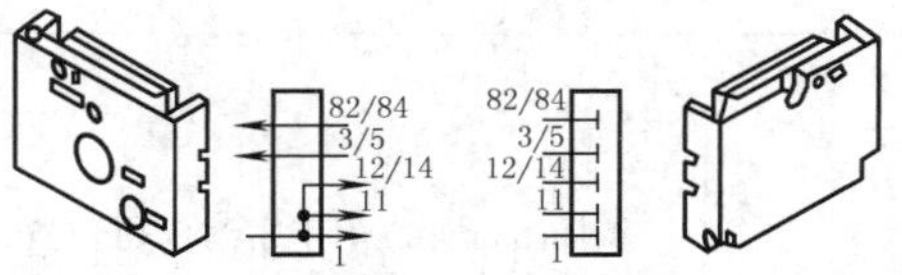 | √ | √ | √ | (1)仅左端板供气<br>(2)不允许压力分区<br>(3)不适用于真空状态 |
| Y | 内先导<br>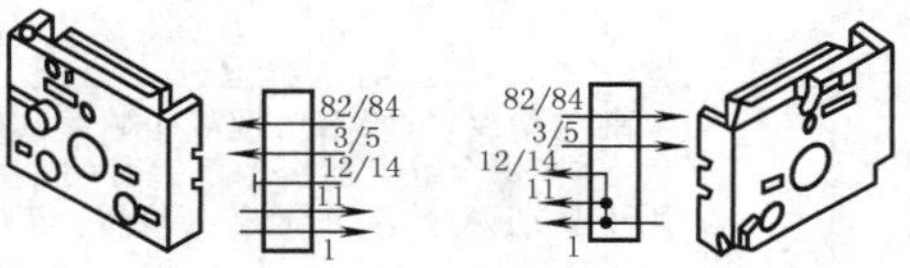 | √ | √ | √ | (1)左右端板同时供气<br>(2)最多可有 3 个压力分区<br>(3)隔离板左侧的阀适用于真空状态 |
| W | 外先导<br>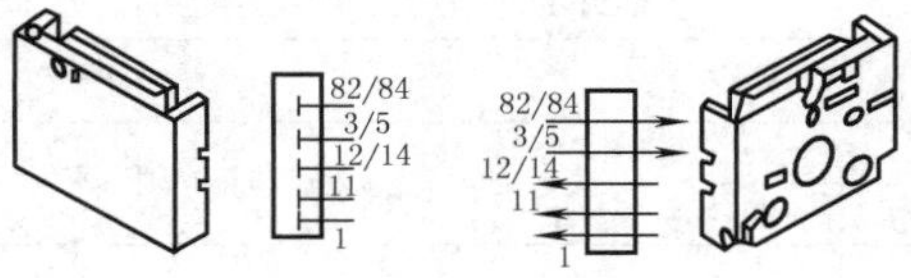 | √ | √ | √ | (1)仅右端板供气<br>(2)不允许压力分区<br>(3)适用于真空状态 |
| X | 外先导<br>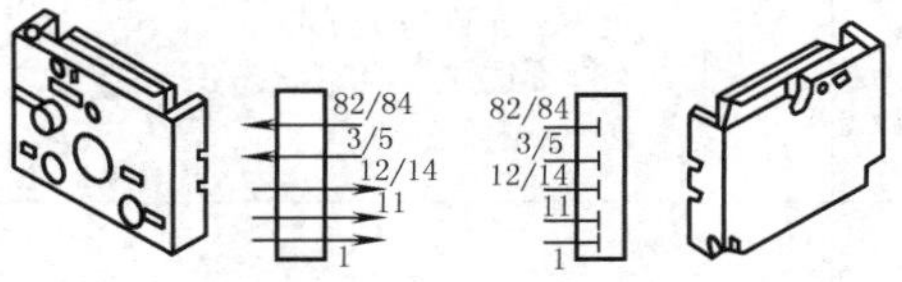 | √ | √ | √ | (1)仅左端板供气<br>(2)不允许压力分区<br>(3)适用于真空状态 |
| Z | 外先导<br>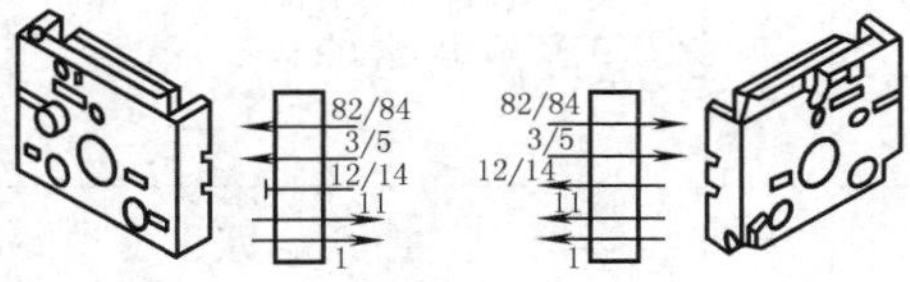 | √ | √ | √ | (1)左右端板同时供气<br>(2)最多可有 4 个压力分区<br>(3)适用于真空状态 |
| T | 隔离板(用于形成压力分区):<br>供气通道]被隔离<br>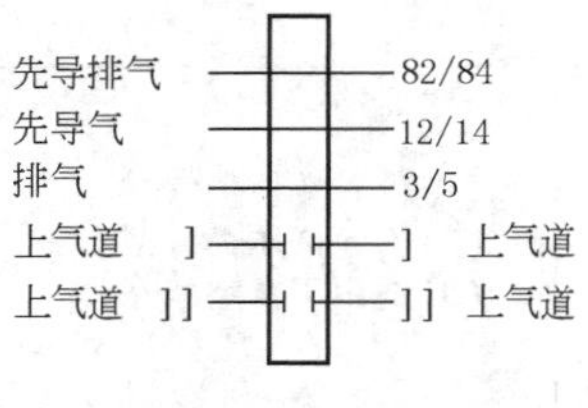 | √ | √ | √ | 隔离板(代码 T)用来分隔进气口(]和]])通道,提供两个压力分区<br>(1)不能用在第一个或最后一个阀位上<br>(2)不能与供气 A、B、C、D、U、V、W、X 一起使用 |

续表

| 隔离板 | | | | | |
|---|---|---|---|---|---|
| 代码 | 先导供气类型及图形符号 | 规格 | | | 注意事项 |
| | | 10 | 14 | 18 | |
| S | 隔离板(用于形成压力分压)<br>供气通道]和排气通道3/5被隔离<br>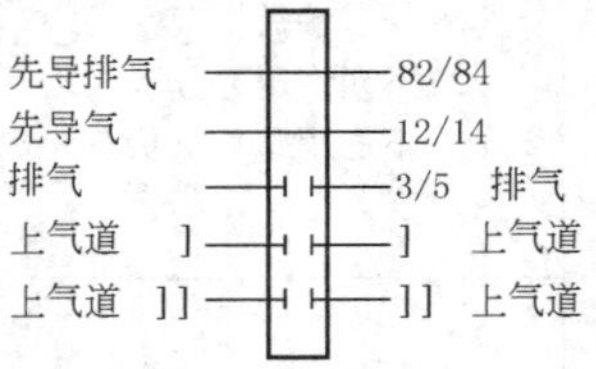<br> | √ | √ | √ | 隔离板(代码S)可切断排气通道3/5以及进气通道]和]]当有一个压力分区为真空时,必须使用这种隔离板,以免影响真空或防止相邻阀上产生背压<br>(1)不能用在第一个或最后一个阀位上<br>(2)不能与供气A、B、C、D、U、V、W、X一起使用(单边供气) |
| L | 空位(备用位置)<br>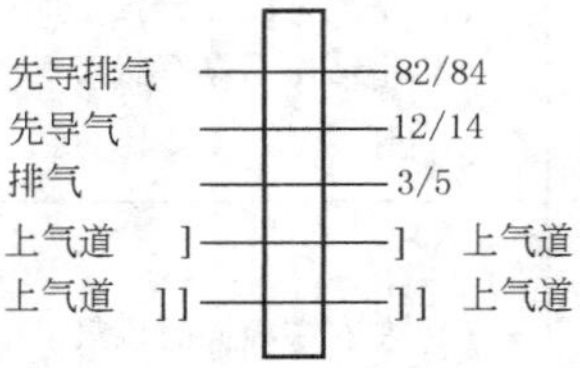<br> | √ | √ | √ | 盖板(代码L)用于密封保留位置,便于以后安装阀片 |
| R | 继电器板(2个常开触点)<br>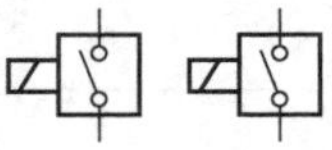 | √ | √ | — | 继电器板(代码R),带常开触点,也可用来代替阀,每个继电器板上都带有两个继电器,用于驱动两个电绝缘输出装置,负载容量:24V DC]A<br>(1)连接电缆KRP-J-24…<br>(2)不能使用说明标签支架 |

| 许用的端板组合 | | | | | |
|---|---|---|---|---|---|
| 代码 | 先导供气类型及图形符号 | 规格 | | | 注意事项 |
| | | 10 | 14 | 18 | |
| A | 内先导<br>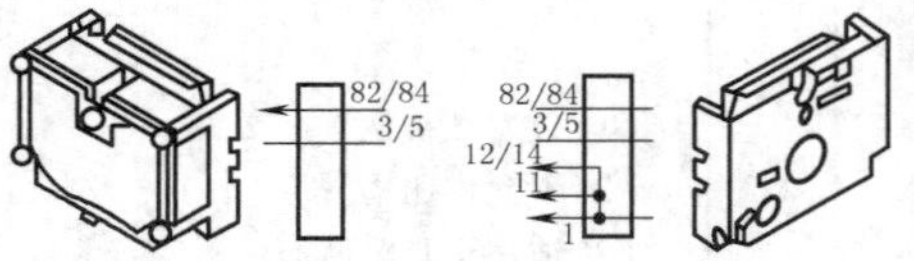<br> | √ | √ | √ | (1)仅右端板供气<br>(2)不允许压力分区<br>(3)不适用于真空状态 |
| B | 内先导<br>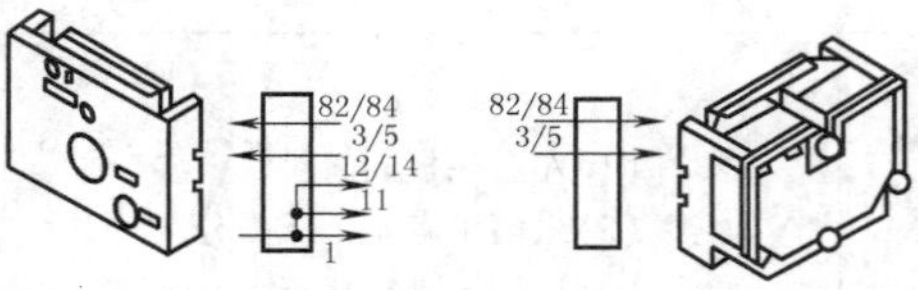<br> | √ | √ | √ | (1)仅左端板供气<br>(2)不允许压力分区<br>(3)不适用于真空状态 |
| D | 外先导<br>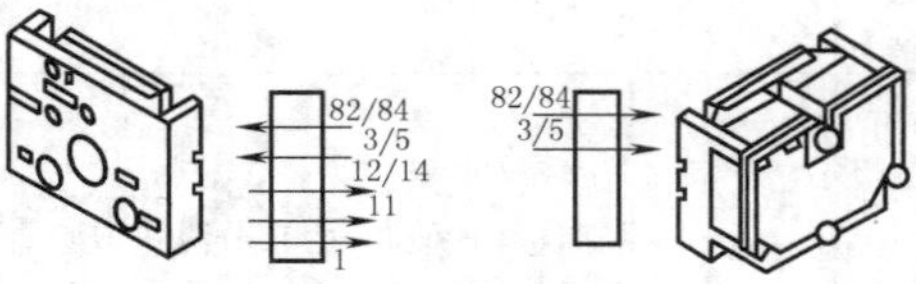<br> | √ | √ | √ | (1)仅左端板供气<br>(2)不允许压力分区<br>(3)适用于真空状态 |
| C | 外先导<br>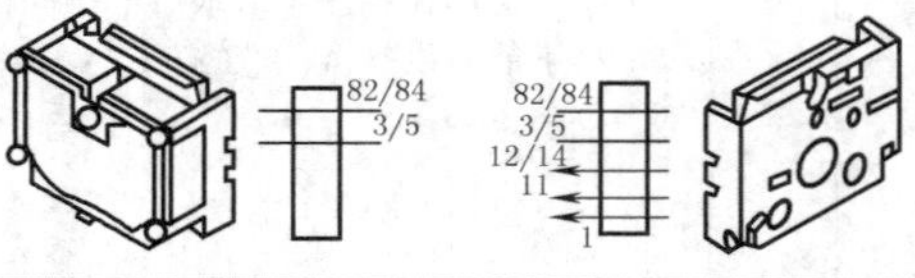<br> | √ | √ | √ | (1)仅右端板供气<br>(2)不允许压力分区<br>(3)适用于真空状态 |

续表

许用的端板组合,用于气路板

| 代码 | 先导供气类型及图形符号 | 规格 |  |  | 注意事项 |
|---|---|---|---|---|---|
|  |  | 10 | 14 | 18 |  |
| Y | 内先导<br>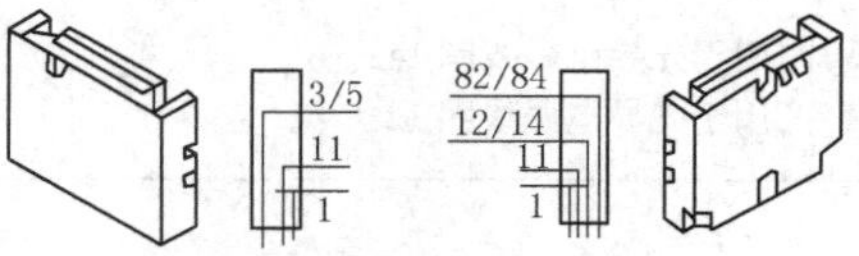 | √ | √ | √ | (1)供气口在气路板上<br>(2)只能用隔离板(代码T)进行压力分区<br>(3)最多可有2个压力分区<br>(4)隔离板左侧的阀适用于真空状态<br>(5)只能用于附件M、P、V(气路板) |
| Z | 外先导<br>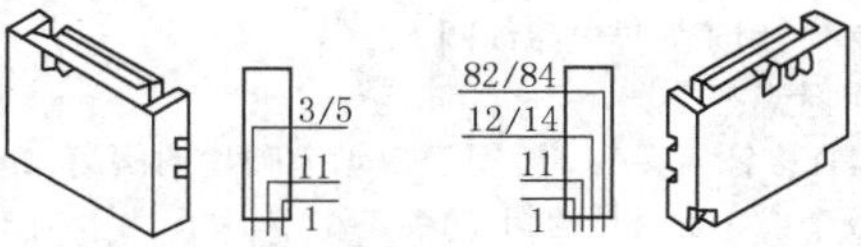 | √ | √ | √ | (1)供气口在气路板上<br>(2)只能用隔离板(代码T)进行压力分区<br>(3)最多可有3个压力分区<br>(4)适用于真空状态<br>(5)只能用于附件M、P、V(气路板) |
| G | 内先导<br>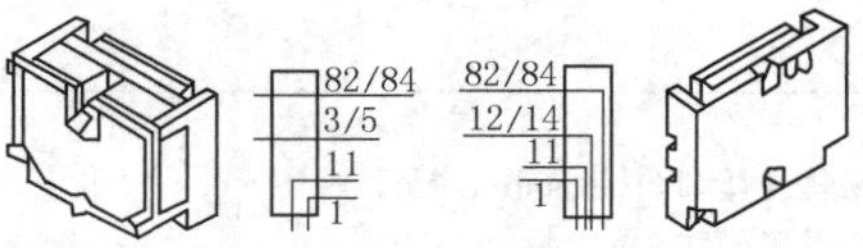 | √ | √ | √ | (1)供气口在气路板上<br>(2)通过大面积消声器进行排气<br>(3)只能用隔离板(代码T)进行压力分区<br>(4)最多可有3个压力分区<br>(5)不适用于真空状态<br>(6)只能用于附件M、P、V(气路板) |
| K | 内先导<br>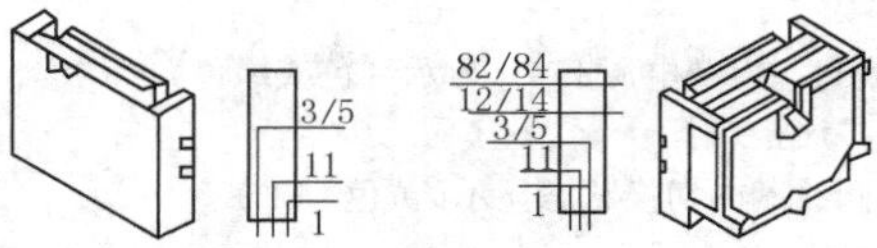 | √ | √ | √ | (1)供气口在气路板上<br>(2)通过大面积消声器进行排气<br>(3)允许压力分区<br>(4)最多可有3个压力分区<br>(5)与隔离板组合,适用于真空状态<br>(6)只能用于附件M、P、V(气路板) |
| J | 内先导<br>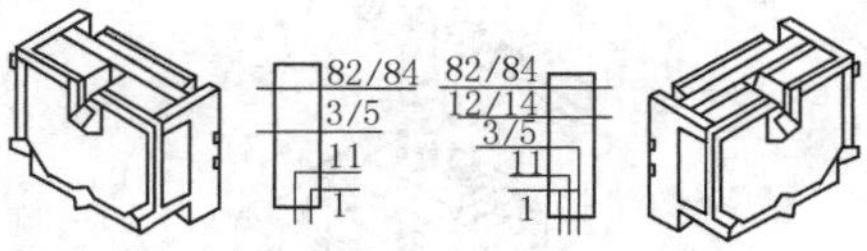 | √ | √ | √ | (1)供气口在气路板上<br>(2)通过大面积消声器进行排气<br>(3)允许压力分区<br>(4)最多可有3个压力分区<br>(5)隔离板左侧的阀适用于真空状态<br>(6)只能用于附件M、P、V(气路板) |
| F | 外先导<br>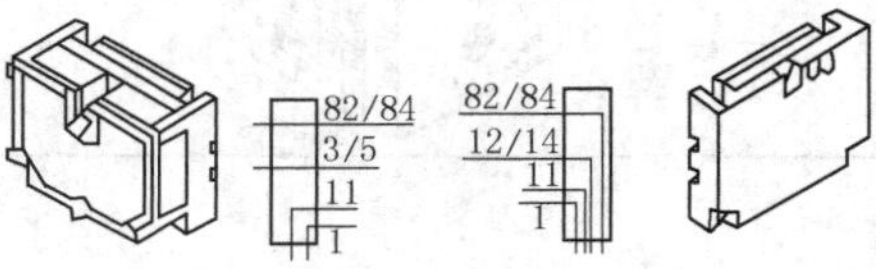 | √ | √ | √ | (1)供气口在气路板上<br>(2)通过大面积消声器进行排气<br>(3)只能用隔离板(代码T)进行压力分区<br>(4)最多可有4个压力分区<br>(5)适用于真空状态<br>(6)只能用于附件M、P、V(气路板) |
| E | 外先导<br>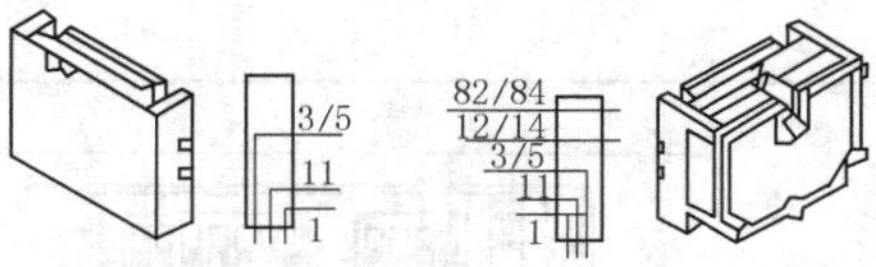 | √ | √ | √ | (1)供气口在气路板上<br>(2)通过大面积消声器进行排气<br>(3)只能用隔离板(代码T)进行压力分区<br>(4)最多可有4个压力分区<br>(5)适用于真空状态<br>(6)只能用于附件M、P、V(气路板) |
| H | 外先导<br>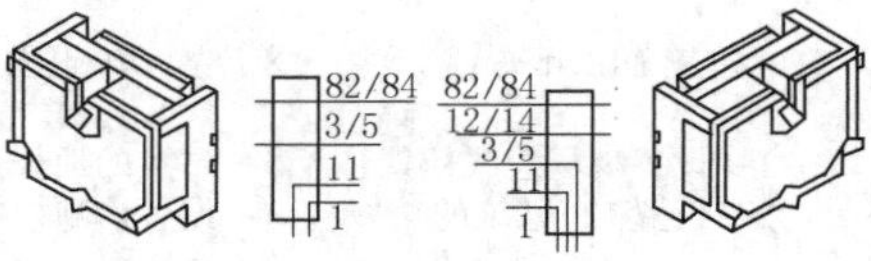 | √ | √ | √ | (1)供气口在气路板上<br>(2)通过大面积消声器进行排气<br>(3)允许压力分区<br>(4)适用于真空状态<br>(5)只能用于附件M、P、V(气路板) |

表 23-5-21　　**CPV 阀岛的电连接方式**

| | | |
|---|---|---|
| 带独立插座的 | 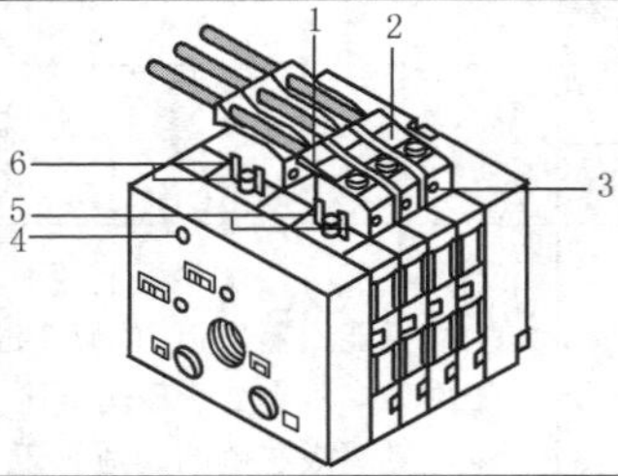 | 1—预安装连接插座，用于每个先导电磁线圈；<br>2—说明标签（用于每个连接插座）；<br>3—黄色 LED，用于每个先导电磁线圈（对应每个连接插座）的信号状态显示；<br>4—接地端；<br>5—舌簧片，用于先导电磁线圈 14；<br>6—舌簧片，用于先导电磁线圈 12 |
| 带多针接口（MP）的 | 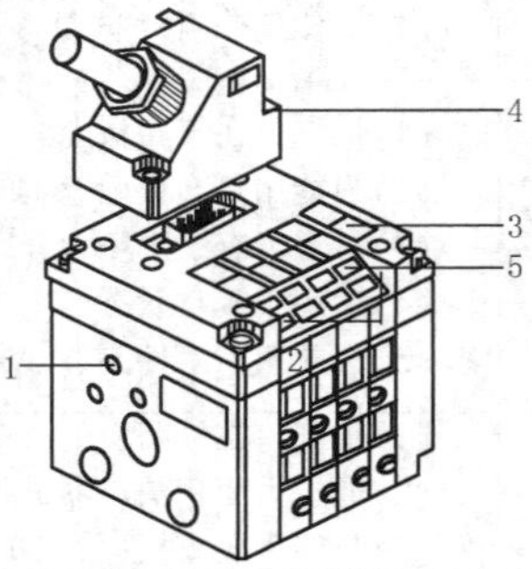 | 1—接地端；<br>2—舌簧片，用于先导电磁线圈 12；<br>3—说明标签；<br>4—Sub-D 多针插头（9 针，用于带 4 个阀片的阀岛；25 针，用于带 6 个或 8 个阀片的阀岛）；<br>5—黄色 LED，用于先导电磁线圈的信号状态显示 |
| 带直接安装接口的 | 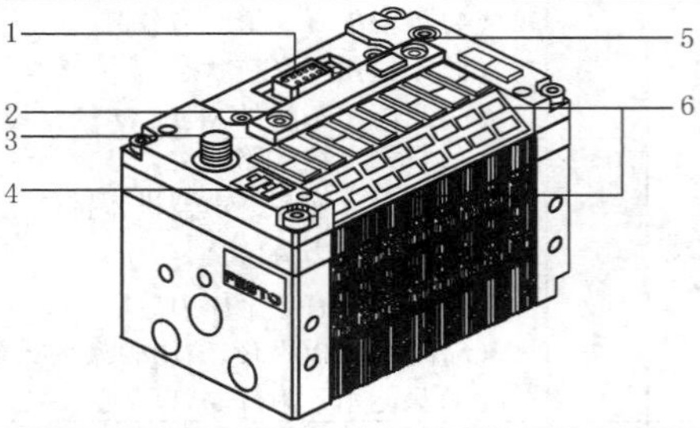 | 1—现场总线接口（9 针 sub-D 插座）；<br>2—开关设置模块（可以拆卸）；<br>3—电子部件的工作电源接口/CP 阀的负载电源接口（4 针 M12 插头）；<br>4—总线状态以及电源 LED（显示红色或绿色）；<br>5—CP 扩展接口；<br>6—CP 阀线圈的切换状态显示（黄色 LED） |
| 带AS-i（附加电源和电输入）的 | 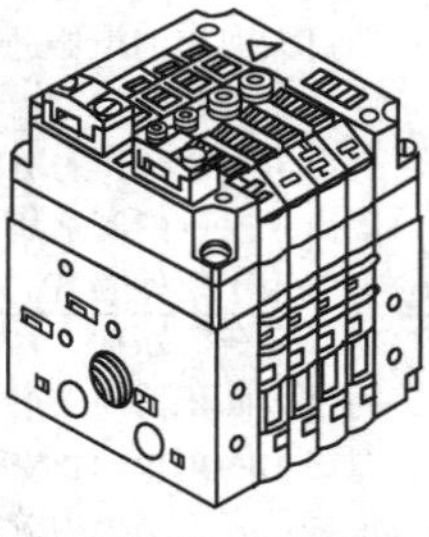 | CP连接系统的 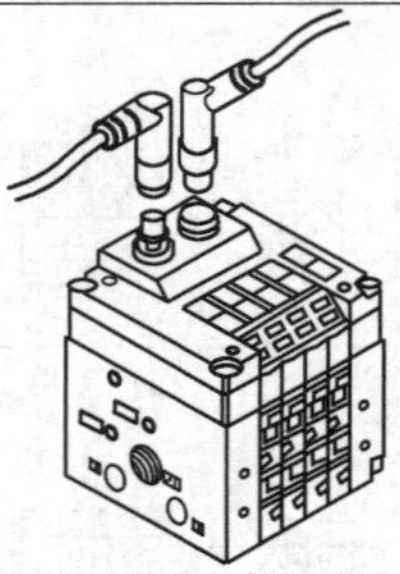 |

## 5.7　CPV 直接安装型阀岛使用设定

表 23-5-22

| | | |
|---|---|---|
| 使用设定的方法 | 对 CPV 直接安装型阀岛的许多设定需要打开阀岛顶端盖上的开关模块（罩板），见图 a，可见两组 DIL 选择开关，可设置现场总线协议，设置 CP 系统的扩展，站点地址的选择及设置诊断模式，如图 b 所示。 | 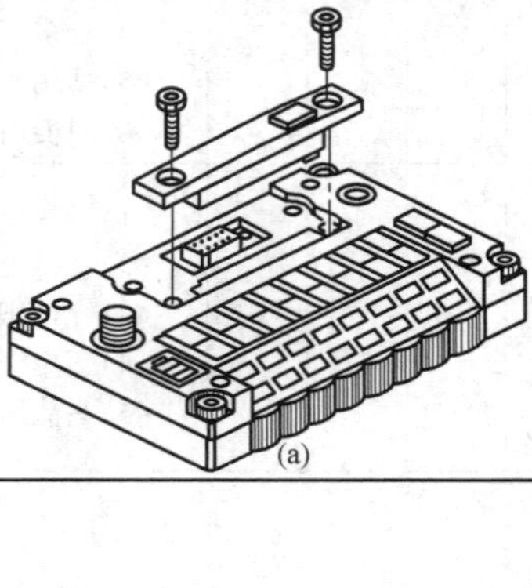<br>(a)<br>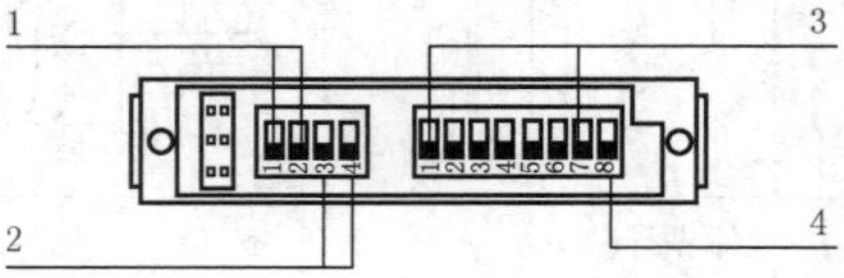<br>4 位置 DIL 开关　　8 位置 DIL 开关<br>1—设置现场总线协议；　3—站点的地址选择开关；<br>2—设置 CP 系统的扩展；　4—设置诊断模式<br>（b） |

续表

**设置现场总线协议**

CPV Direct 可以运作于以下四种协议中的任意一种。具体选择时可通过 4 位置 DIL 开关中的 1 和 2 号开关进行设置

按照下表方式设置现场总线协议

| PROFIBUS-DP | Festo 现场总线 | ABB CS31 | SUCOnet K |
|---|---|---|---|
| 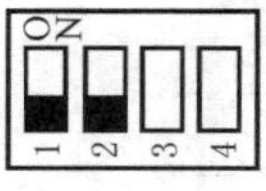 | 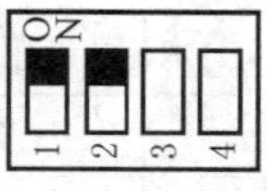 | 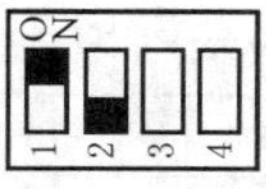 | 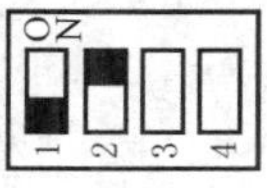 |

**设置CP系统的扩展**

CPV 直接安装型阀岛的系统扩展有六种方式，其中 1 为 CPV 直接安装型阀岛，2 为 CP 连接电缆，3 为输入模块(即外部的传感器及其他电信号通过该模块接入 CPV 直接安装型阀岛)，4 为输出模块(即 CPV 直接安装型阀岛的对外输出控制点)，5 为 CPV 或 CPA 紧凑型阀岛，其详细扩展方法见下表

| CP 系统的扩展 | | | 4 位置 DIL 开关的组件设定位置 |
|---|---|---|---|
| CPV Direct | CP 阀岛的输出模块 | 输入模块 | |
|  | | |  |
| 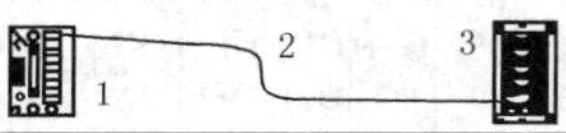 | | |  |
| 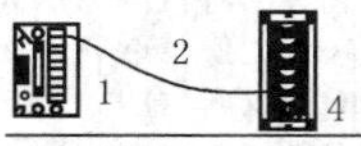 | | |  |
| 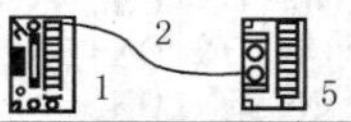 | | |  |
| 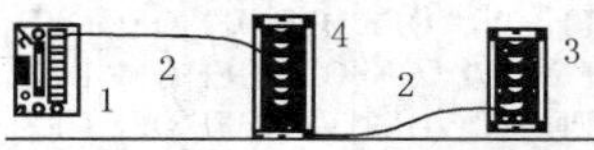 | | |  |
| 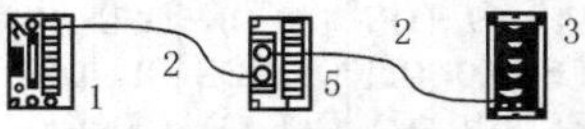 | | |  |
| CP系统的最大电缆总长不应超过10m | | | |

1—CPV Direct；
2—CP 连接电缆 0.5m，2m，5m，8m；
3—CP 输入模块，带 16 个输入点(8 个 M12，16 个 M8 插头)；
4—CP 输出模块，带 8 个输出点(8 个 M12 插头)；
5—CPV 或 CPA 阀岛

**站点地址的选择和编号**

可通过 8 位置 DIL 开关设置现场总线站点的编号，见图 c。

1—设置站点编号
· PROFIBUS-DP
· ABB CS31
· SUCOnet K
(8-位置 DIL 开关，No. 1…7)；
2—设置站点编号
· Festo 现场总线(8-位置 DIL 开关，1…6)

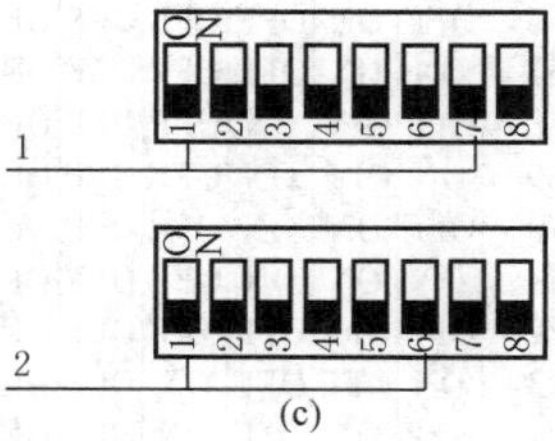


(c)

对于 ABB CS31 协议和 Festo 现场总线，DIL 开关的前六位已足够满足站点设置的需求。换而言之，对于 ABB CS31 协议来说，DIL 开关 7 必须设在 OFF 的位置。而对于 Festo 现场总线，DIL 开关 7、8 用于设定波特率

表 1　DIL 开关值

| DIL 开关位置 | 1 | 2 | 3 | 4 | 5 | 6 | 7 |
|---|---|---|---|---|---|---|---|
| 值 | $2^0$ | $2^1$ | $2^2$ | $2^3$ | $2^4$ | $2^5$ | $2^6$ |
| | 1 | 2 | 4 | 8 | 16 | 32 | 64 |

表 2　端点编号

| 设置站点编号：05 (=1+4) | 设置站点编号：38 (=2+4+32) |
|---|---|
| 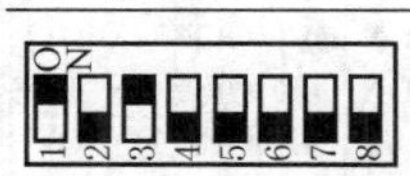 | 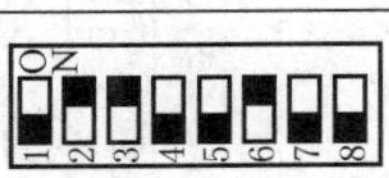 |

续表

站点地址的选择和编号

阀岛总线的地址值 = $\sum$DIL 开关值　可根据 DIL 开关值(表 1)对 DIL 开关的站点进行编排,见表 2

例:地址 $5=2^0+2^2$,地址 $38=2^1+2^2+2^5$

Profibus-DP、Festo 现场总线、ABB CS31、Moeller SUCOnet K 的许用站点编号见表 3

DIL 开关的站点 0~125 编号设置见表 4

表 3

| 协　　议 | 地址名称 | 许用的站点编号 |
|---|---|---|
| PROFIBUS-DP | PROFIBUS 地址 | 0,…,125 |
| Festo 现场总线 | 现场总线地址 | 1,…,63 |
| ABB CS31 | CS31 模块地址 | 0,…,60 |
| Moeller SUCOnet K | — | 2,…,98 |

表 4

站点编号 0~83 各个 DIL 开关的位置

| 站点编号 | 1 | 2 | 3 | 4 | 5 | 6 | 7 | 站点编号 | 1 | 2 | 3 | 4 | 5 | 6 | 7 | 站点编号 | 1 | 2 | 3 | 4 | 5 | 6 | 7 |
|---|---|---|---|---|---|---|---|---|---|---|---|---|---|---|---|---|---|---|---|---|---|---|---|
| 0 | OFF | OFF | OFF | OFF | OFF | OFF | OFF | 42 | OFF | ON | OFF | ON | OFF | ON | OFF | 84 | OFF | OFF | ON | OFF | ON | OFF | ON |
| 1 | ON | OFF | OFF | OFF | OFF | OFF | OFF | 43 | ON | ON | OFF | ON | OFF | ON | OFF | 85 | ON | OFF | ON | OFF | ON | OFF | ON |
| 2 | OFF | ON | OFF | OFF | OFF | OFF | OFF | 44 | OFF | OFF | ON | ON | OFF | ON | OFF | 86 | OFF | ON | ON | OFF | ON | OFF | ON |
| 3 | ON | ON | OFF | OFF | OFF | OFF | OFF | 45 | ON | OFF | ON | ON | OFF | ON | OFF | 87 | ON | ON | ON | OFF | ON | OFF | ON |
| 4 | OFF | OFF | ON | OFF | OFF | OFF | OFF | 46 | OFF | ON | ON | ON | OFF | ON | OFF | 88 | OFF | OFF | OFF | ON | ON | OFF | ON |
| 5 | ON | OFF | ON | OFF | OFF | OFF | OFF | 47 | ON | ON | ON | ON | OFF | ON | OFF | 89 | ON | OFF | OFF | ON | ON | OFF | ON |
| 6 | OFF | ON | ON | OFF | OFF | OFF | OFF | 48 | OFF | OFF | OFF | OFF | ON | ON | OFF | 90 | OFF | ON | OFF | ON | ON | OFF | ON |
| 7 | ON | ON | ON | OFF | OFF | OFF | OFF | 49 | ON | OFF | OFF | OFF | ON | ON | OFF | 91 | ON | ON | OFF | ON | ON | OFF | ON |
| 8 | OFF | OFF | OFF | ON | OFF | OFF | OFF | 50 | OFF | ON | OFF | OFF | ON | ON | OFF | 92 | OFF | OFF | ON | ON | ON | OFF | ON |
| 9 | ON | OFF | OFF | ON | OFF | OFF | OFF | 51 | ON | ON | OFF | OFF | ON | ON | OFF | 93 | ON | OFF | ON | ON | ON | OFF | ON |
| 10 | OFF | ON | OFF | ON | OFF | OFF | OFF | 52 | OFF | OFF | ON | OFF | ON | ON | OFF | 94 | OFF | ON | ON | ON | ON | OFF | ON |
| 11 | ON | ON | OFF | ON | OFF | OFF | OFF | 53 | ON | OFF | ON | OFF | ON | ON | OFF | 95 | ON | ON | ON | ON | ON | OFF | ON |
| 12 | OFF | OFF | ON | ON | OFF | OFF | OFF | 54 | OFF | ON | ON | OFF | ON | ON | OFF | 96 | OFF | OFF | OFF | OFF | OFF | ON | ON |
| 13 | ON | OFF | ON | ON | OFF | OFF | OFF | 55 | ON | ON | ON | OFF | ON | ON | OFF | 97 | ON | OFF | OFF | OFF | OFF | ON | ON |
| 14 | OFF | ON | ON | ON | OFF | OFF | OFF | 56 | OFF | OFF | OFF | ON | ON | ON | OFF | 98 | OFF | ON | OFF | OFF | OFF | ON | ON |
| 15 | ON | ON | ON | ON | OFF | OFF | OFF | 57 | ON | OFF | OFF | ON | ON | ON | OFF | 99 | ON | ON | OFF | OFF | OFF | ON | ON |
| 16 | OFF | OFF | OFF | OFF | ON | OFF | OFF | 58 | OFF | ON | OFF | ON | ON | ON | OFF | 100 | OFF | OFF | ON | OFF | OFF | ON | ON |
| 17 | ON | OFF | OFF | OFF | ON | OFF | OFF | 59 | ON | ON | OFF | ON | ON | ON | OFF | 101 | ON | OFF | ON | OFF | OFF | ON | ON |
| 18 | OFF | ON | OFF | OFF | ON | OFF | OFF | 60 | OFF | OFF | ON | ON | ON | ON | OFF | 102 | OFF | ON | ON | OFF | OFF | ON | ON |
| 19 | ON | ON | OFF | OFF | ON | OFF | OFF | 61 | ON | OFF | ON | ON | ON | ON | OFF | 103 | ON | ON | ON | OFF | OFF | ON | ON |
| 20 | OFF | OFF | ON | OFF | ON | OFF | OFF | 62 | OFF | ON | ON | ON | ON | ON | OFF | 104 | OFF | OFF | OFF | ON | OFF | ON | ON |
| 21 | ON | OFF | ON | OFF | ON | OFF | OFF | 63 | ON | ON | ON | ON | ON | ON | OFF | 105 | ON | OFF | OFF | ON | OFF | ON | ON |
| 22 | OFF | ON | ON | OFF | ON | OFF | OFF | 64 | OFF | OFF | OFF | OFF | OFF | OFF | ON | 106 | OFF | ON | OFF | ON | OFF | ON | ON |
| 23 | ON | ON | ON | OFF | ON | OFF | OFF | 65 | ON | OFF | OFF | OFF | OFF | OFF | ON | 107 | ON | ON | OFF | ON | OFF | ON | ON |
| 24 | OFF | OFF | OFF | ON | ON | OFF | OFF | 66 | OFF | ON | OFF | OFF | OFF | OFF | ON | 108 | OFF | OFF | ON | ON | OFF | ON | ON |
| 25 | ON | OFF | OFF | ON | ON | OFF | OFF | 67 | ON | ON | OFF | OFF | OFF | OFF | ON | 109 | ON | OFF | ON | ON | OFF | ON | ON |
| 26 | OFF | ON | OFF | ON | ON | OFF | OFF | 68 | OFF | OFF | ON | OFF | OFF | OFF | ON | 110 | OFF | ON | ON | ON | OFF | ON | ON |
| 27 | ON | ON | OFF | ON | ON | OFF | OFF | 69 | ON | OFF | ON | OFF | OFF | OFF | ON | 111 | ON | ON | ON | ON | OFF | ON | ON |
| 28 | OFF | OFF | ON | ON | ON | OFF | OFF | 70 | OFF | ON | ON | OFF | OFF | OFF | ON | 112 | OFF | OFF | OFF | OFF | ON | ON | ON |
| 29 | ON | OFF | ON | ON | ON | OFF | OFF | 71 | ON | ON | ON | OFF | OFF | OFF | ON | 113 | ON | OFF | OFF | OFF | ON | ON | ON |
| 30 | OFF | ON | ON | ON | ON | OFF | OFF | 72 | OFF | OFF | OFF | ON | OFF | OFF | ON | 114 | OFF | ON | OFF | OFF | ON | ON | ON |
| 31 | ON | ON | ON | ON | ON | OFF | OFF | 73 | ON | OFF | OFF | ON | OFF | OFF | ON | 115 | ON | ON | OFF | OFF | ON | ON | ON |
| 32 | OFF | OFF | OFF | OFF | OFF | ON | OFF | 74 | OFF | ON | OFF | ON | OFF | OFF | ON | 116 | OFF | OFF | ON | OFF | ON | ON | ON |
| 33 | ON | OFF | OFF | OFF | OFF | ON | OFF | 75 | ON | ON | OFF | ON | OFF | OFF | ON | 117 | ON | OFF | ON | OFF | ON | ON | ON |
| 34 | OFF | ON | OFF | OFF | OFF | ON | OFF | 76 | OFF | OFF | ON | ON | OFF | OFF | ON | 118 | OFF | ON | ON | OFF | ON | ON | ON |
| 35 | ON | ON | OFF | OFF | OFF | ON | OFF | 77 | ON | OFF | ON | ON | OFF | OFF | ON | 119 | ON | ON | ON | OFF | ON | ON | ON |
| 36 | OFF | OFF | ON | OFF | OFF | ON | OFF | 78 | OFF | ON | ON | ON | OFF | OFF | ON | 120 | OFF | OFF | OFF | ON | ON | ON | ON |
| 37 | ON | OFF | ON | OFF | OFF | ON | OFF | 79 | ON | ON | ON | ON | OFF | OFF | ON | 121 | ON | OFF | OFF | ON | ON | ON | ON |
| 38 | OFF | ON | ON | OFF | OFF | ON | OFF | 80 | OFF | OFF | OFF | OFF | ON | OFF | ON | 122 | OFF | ON | OFF | ON | ON | ON | ON |
| 39 | ON | ON | ON | OFF | OFF | ON | OFF | 81 | ON | OFF | OFF | OFF | ON | OFF | ON | 123 | ON | ON | ON | OFF | ON | ON | ON |
| 40 | OFF | OFF | OFF | ON | OFF | ON | OFF | 82 | OFF | ON | OFF | OFF | ON | OFF | ON | 124 | OFF | OFF | ON | ON | ON | ON | ON |
| 41 | ON | OFF | OFF | ON | OFF | ON | OFF | 83 | ON | ON | OFF | OFF | ON | OFF | ON | 125 | ON | OFF | ON | ON | ON | ON | ON |

第 23 篇

续表

**设置CPV直接安装型阀岛现场总线波特率**

**Festo现场总线协议**

表5　现场总线协议波特率的设定

| 31.25kBd | 62.5kBd | 187.5kBd | 375kBd |
|---|---|---|---|

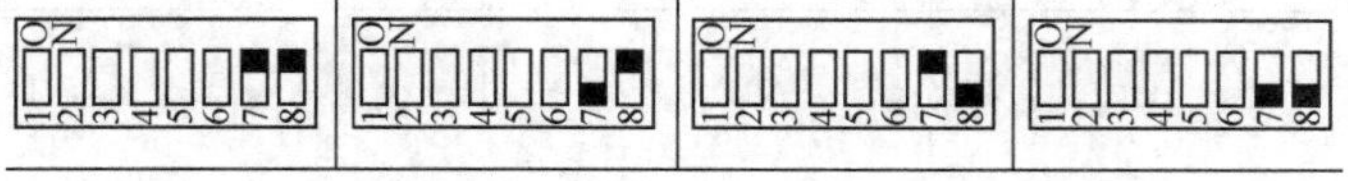

Festo 现场总线协议需要设定波特率，见表 6。DIL 开关 7 和 8 用于设定波特率

表 6

| 波特率/kBd | 现场总线长度(max)/m | 分支线路所允许的最大长度/m |
|---|---|---|
| 9. 6 | 1200 | 500 |
| 19. 2 | 1200 | 500 |
| 93. 75 | 1200 | 100 |
| 187. 5 | 1000 | 33. 3 |
| 500 | 400 | 20 |
| 1500 | 200 | 6. 6 |
| 3000~12000 | 100 | — |

**其他协议**

对于 Profibus-DP、SUCOnet K 和 ABB CS31 协议，CPV 直接安装型阀岛可自动识别其波特率，Profibus-DP 协议(9. 2~12MBd)、SUCOnet K 协议(187. 5~375kBd)、ABB CS31 协议只使用 187. 5kBd 的波特率。波特率与现场总线/分支线路的最大长度见表 6

Profibus-DP 现场总线和分支线路的最大许用长度视波特率而定。应使用两芯的屏蔽双绞线

**CPV直接安装型阀岛地址的设定**

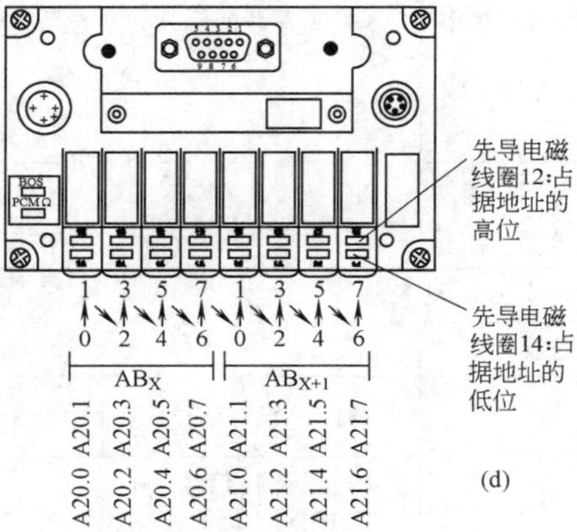


(d)

不管实际配备了多少个阀线圈，带现场总线 CPV 直接安装型阀岛始终占用 16 个输出地址。这将使 CPV 阀岛在今后扩展时不再需要改变地址

一个阀位始终占有 2 个地址，即使该阀位上装配的是空位板或压力隔离板，也同样占有 2 个地址

如果阀位上装备的是双电控阀，则地址的分配情况见图 d，先导电磁线圈 14 占据地址的低位，先导电磁线圈 12 占据地址的高位

对于单电控电磁阀来说，其高位地址将被空置

**CPV直接安装型阀岛电源、总线、电磁阀的故障诊断模式**

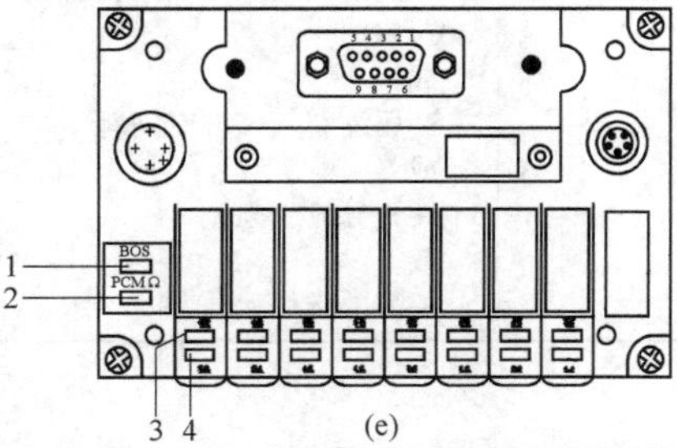


(e)

1—红色 LED，总线状态/错误(总线)；

2—绿色 LED，工作电压显示(电源)；

3—黄色 LED 组，显示电磁线圈 12 的状态；

4—黄色 LED 组，显示电磁线圈 14 的状态

通过 LED 进行总线、电源、线圈的诊断，见图 e。CPV 阀岛顶盖上的 LED 被用来指示 CPV 阀岛的运行状态

**电源诊断**

正常工作状态时，绿色电源 LED 亮起，见下表

| LED | 颜　色 | 工　作　状　态 | 错　误　处　理 |
|---|---|---|---|
| 电源 | 绿色亮起 | 正常 | 无 |
| 电源 | 灭掉 | 电子元件的工作电源未开启 | 检查工作电源连接情况(针脚 1) |
| 电源 | 绿色<br>快速闪烁 | CP 阀的负载电源<20. 4V | 检查负载电源(针脚 2) |
| 电源 | 绿色<br>慢速闪烁 | CP 阀的负载电源<10V | 检查负载电源(针脚 2) |

续表

<table>
<tr><td rowspan="13">CPV直接安装型阀岛电源、总线、电磁阀的故障诊断模式</td><td rowspan="7">总线诊断</td><td colspan="4">总线出现故障红灯亮起，见下表</td></tr>
<tr><td>LED</td><td>颜　色</td><td>运 行 状 态</td><td>故 障 处 理</td></tr>
<tr><td>电源<br>○</td><td>灭掉</td><td>电子元件的工作电源未开启</td><td>检查工作电源连接情况（针脚1）</td></tr>
<tr><td>总线<br>☼</td><td>红色<br>亮起</td><td>硬件故障</td><td>需要维修保养</td></tr>
<tr><td>总线<br>☼</td><td>红色<br>快速闪烁</td><td>PROFIBUS 地址未被允许</td><td>纠正地址设置（0，…，125）</td></tr>
<tr><td>总线<br>☼</td><td>红色<br>慢速闪烁<br>（间隔为1s）</td><td>现场总线连接不正确，可能的原因<br>（1）站点编号设置不正确（譬如：地址被分配了两次）<br>（2）被切断或是现场总线模块有问题<br>（3）中断，短路或现场总线连接有问题<br>（4）配置有问题，主控器的配置2开关模块中的设定</td><td>检查<br>（1）地址设定<br>（2）现场总线模块<br>（3）现场总线连接<br>（4）主控器的配置和开关模块中的设定</td></tr>
<tr><td>总线<br>☼</td><td>短暂闪烁红色</td><td>（1）开关模块缺失<br>（2）开关模块有故障</td><td>（1）插入开关模块<br>（2）更换开关模块</td></tr>
<tr><td rowspan="4">阀（电磁线圈）诊断</td><td colspan="4">每个电磁线圈配备一个黄色的LED，该LED指示电磁线圈的切换状态，见下表</td></tr>
<tr><td>LED</td><td>颜　色</td><td>阀线圈的切换位置</td><td>含　义</td></tr>
<tr><td>○</td><td>灭掉</td><td>基本位置</td><td>逻辑0（没有信号）</td></tr>
<tr><td>☼</td><td>黄色灯<br>亮起</td><td>（1）切换位置<br>或<br>（2）基本位置</td><td>（1）逻辑1（信号存在）<br>（2）逻辑1但：<br>—阀的负载电压低于允许的范围（<20.4VDC）<br>或<br>—压缩空气气源有问题<br>或<br>—先导排气阻塞<br>或<br>—需要维修保养</td></tr>
</table>

## 5.8 Metal Work 阀岛

Metal Work 公司的阀岛有两种类型：Mach16 标准型阀岛以及 MULTIMACH 系列阀岛。其中 Mach16 标准型阀岛可选择多阀位气路板安装及模块化组合气路板安装两种方式。最多可带 16 个电磁线圈（单电控为 16 个阀），流量为 750L/min。阀的功能有二位五通单电控或双电控（弹簧复位或气复位），三位五通中封式、中泻式、中压式，详见表 23-5-23。

MULTIMACH 系列共有三种类型的阀岛：MM Multimach、HDM Multimach 以及 CM Multimah。MULTIMACH 为紧凑型模块化阀岛，最多可连接 24 个阀，提供多种进气端板和中间隔断板可以选择。MULTIMACH 系列阀岛共有三种不同流量可以选择：$\phi$4 快插接头，200L/min；$\phi$6 快插接头，500L/min；$\phi$8 快插接头，800L/min。该系列阀岛的创新之处在于可同时在一个阀岛上安装三种不同流量的阀，并可以用不同流量的阀来替换原先的阀。这一理念让用户实现了对空间和成本的最优化利用，使装置能满足各种性能要求。阀的功能有二位三通常开或常闭型、二位五通单电控或双电控型、三位五通中封式。

MULTIMACH 系列阀岛可连接 4 种总线节点，PROFIBUS-DP、INTERBUS-S、CAN-OPEN、DEVICENET，每个节点模块可管理 24 个输出口。同时该节点模块可以扩展最多 15 个输入输出模块，包括 8 点开关量的输入和输出模块、4 点模拟量的输入和输出模块。而且为了最大限度利用总线节点模块上的 24 个输出口，可通过一个双输出口接口将这些输出口分配给若干个阀组，甚至可以是单个阀。

**表 23-5-23**

| 型号 | | 流量 | 电接口 | 特性 |
|---|---|---|---|---|
| | | 阀位/线圈 | | |
| Mach16 标准阀岛 | | 750L/min | 多针接口<br>PROFIBUS-DP | 可选多阀位气路板或模块化底座,各种派生型可适合不同的要求。IP65,最高工作压力为 10bar,电压为 24V DC 和 24V AC |
| | | 阀位:16<br>线圈:16 | | |
| MULTIMACH<br>系列阀岛 | MM MULTIMACH | $\phi$4 快插接头,200L/min<br>$\phi$6 快插接头,500L/min<br>$\phi$8 快插接头,800L/min | 多针接口<br>PROFIBUS-DP<br>INTERBUS-S<br>CAN-OPEN<br>DEVICENET | 结构紧凑,重量轻,流量大。配置灵活,多种流量的阀可混装一体。IP51,电压为 24V DC,具有多种气动阀的功能,可进行任意压力分区,两个工作口可输出不同压力,可用于真空。电磁线圈 100%通电持续率,所有阀都有手控装置 |
| | | 阀位:24<br>线圈:24 | | |
| | HDM<br>MULTIMACH | $\phi$4 快插接头,200L/min<br>$\phi$6 快插接头,500L/min<br>$\phi$8 快插接头,800L/min | 多针接口<br>PROFIBUS-DP<br>INTERBUS-S<br>CAN-OPEN<br>DEVICENET<br>ASI | 具有 MM MULTIMAC 的所有特性。一体化的阀模块,金属壳体,IP65,可用于恶劣的环境。圆弧倒角的外形设计不易积灰,便于清洗。金手指触点的电连接方式使得阀片的安装、拆卸非常方便,提高了现场维护的效率 |
| | | 阀位:16<br>线圈:16 | | |
| | CM MULTIMACH | $\phi$4 快插接头,200L/min<br>$\phi$6 快插接头,500L/min<br>$\phi$8 快插接头,800L/min | 多针接口<br>PROFIBUS-DP<br>INTERBUS-S<br>CAN-OPEN<br>DEVICENET | 具有 HDM MULTIMACH 的所有特性,IP65。每个阀模块都带有自诊断功能,并通过 LED 进行故障指示。阀岛通过扩展可连接 24 点输入信号 |
| | | 阀位:22<br>线圈:22 | | |

## 5.9 Norgren 阀岛

Norgren 有多种类型的阀岛，其核心产品系列有两种：VM 和 VS 系列，见表 23-5-24。

VM 系列旗舰阀岛为紧凑型阀片阀岛，有 10mm 和 15mm 两种规格，此阀岛省空间、流量大，阀体为高性能的复合材料结构，轻便美观且坚固耐用，具有极强的耐环境能力。超过 1500 万种配置组合使其适用于广泛工业领域的各种应用需求，由于阀的可互换性，可灵活迅速改变配置；阀岛最多可配置 20 个阀位，阀位增减方便，多重压力可在单个阀岛内实现控制；安装方式可选择 DIN 导轨、直插、面板和子底座等；所适用的总线接口及协议几乎涵盖所有市场领先的协议，也可选择单体配线、多针接口、D 型接插件等多种连接方式，还可实现控制和诊断通过现场总线的每个输出；专业的软件选型工具，13 种文件格式的 2D、3D CAD 图可实现轻松的设计选型。

VS 系列阀岛有 18mm 和 26mm 两种规格，具有金属密封和橡胶密封两种阀芯密封方式，金属密封式寿命长，可达两亿次循环，橡胶密封式则流量大，且两种方式的阀还可混装，实现最大的灵活性；此阀岛符合 NEMA 4，CE，ATEX 和 UL 429 等多种认证，符合 CNOMO 标准，具有 IP65 防护等级；可与 FD67 分布式的 I/O 系统兼容，组成离散系统，从 FD67 节点直接控制阀岛；无论是 G 或 NPTF 型接口，都允许对每一片阀单独供压，具有符合 ISO 15407-2 的接口界面尺寸。

表 23-5-24

| 型　　号 | 流　　量<br>阀　　位 | 可适用总线协议及连接方式 | 特　　性 |
|---|---|---|---|
| VM 系列旗舰阀岛 | VM10,430L/min;<br>VM15,1000L/min | 总线协议:Profibus Dp、Interbus-S、DeviceNet、CANopen、AS-interface、AB RIO 等<br>其他接线规格:单体配线,D 型接插件,25、44 多针接口等 | 省空间、流量大,可实现最佳流动率与尺寸比;经优化设计的复合材料结构轻便美观且坚固耐用,耐环境能力强;超过 1500 万种配置组合,适用于最广泛的工业领域;各类功能齐全,阀位增减方便,可实现安全联锁、实现对现场总线每个输出的控制和诊断;平衡式转子设计使阀同时适用于压力与真空;符合 CE、UL、ATEX 等认证,防护等级 IP65<br>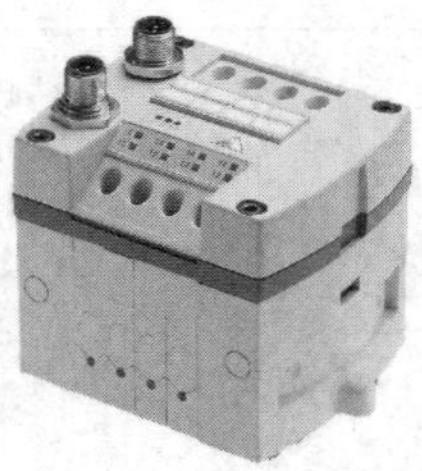 |
| | 2~20 位 | | |
| VS 系列底板集成阀岛 | VS18,550~650L/min;<br>VS26,1000~1350L/min | 总线协议:Profibus Dp、Interbus-S、DeviceNet、CANopen、AS-interface、AB RIO 等<br>其他接线规格:单体配线,D 型接插件,9、15、25、44 多针接口等 | 模块化、可实现离散控制;结构坚固、两种阀芯密封、寿命长达 2 亿次循环;各类功能齐全,阀位增减方便,易维护;高度的安装灵活性,接口界面尺寸符合 ISO 15407-2;符合 NEMA 4, CE, ATEX 和 UL 429 等多种认证,符合 CNOMO 标准,具有 IP65 防护等级<br>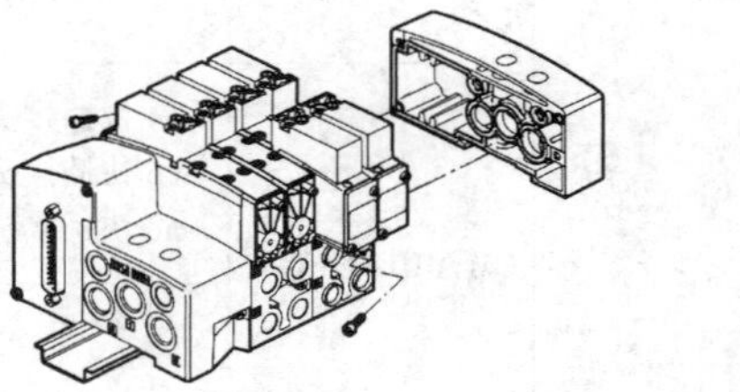 |
| | 2~16 位 | | |



## 5.10　SMC 阀岛

SMC 公司总线阀岛按照配线方式分为三种类型，详见表 23-5-25。①单输出型（EX12* 和 EX14*），此类阀岛没有输入点控制，最多可控制 16 个输出点数，即 16 个电磁线圈。适合的电磁阀有：SV 系列、SX 系列、SY 系列、SQ 系列、SJ 系列、VQ 系列和 VQC 系列等。②输入、输出一体型（EX240，EX250，EX245 系列），此类总线阀岛的 SI 单元最多可以控制 32 个输入点和 32 个输出点（共 64 点），即：可以输入 32 个磁性开关等传感器的信号，还可以控制 32 个电磁线圈。输入块的插座有 M8 和 M12 两种，每个阀岛最多可安装 8 个输入块，每块最多可输入 4 个点。适合的电磁阀有：SV 系列、VQ 系列、VQC 系列和 VSR 系列等。③分散型网关单元（EX500、EX510 系列），连接结构见图，一个网关单元最多有 4 个分支，每个分支用 M12 插头或快插端子接到集装式阀岛的 SI（串行接口）单元上，每个分支可以控制 16 个点的输入和 16 个点的输出，因此每个网关单元最多可控制 64 个输入点和 64 个输出点（共 128 点），EX500 网关单元到集装阀的电缆最长为 5m，EX510 网关单元到集装阀的电缆最长可到 20m；EX500 的输入块采用 M8 或 M12 的插头接入传感器等信号，EX510 的输入块采用快插端子接入传感器信号。适合的电磁阀有：SV 系列、VQC 系列、SY 系列、SYJ 系列和 VQZ 系列等。

表 23-5-25

| 型号 | 流量<br>阀位 | 适合的总线接口及协议 | 特性 |
|---|---|---|---|
| SV 系列 | 240L/min;460L/min;910L/min;1300L/min<br>最大 16 位或 20 位 | 总线接口单元:EX120;EX126;EX121;EX250;EX245;EX500<br>总线协议:Interbus、DeviceNet、Profibus-Dp, CC-Link AS-I;EtherNet/IP(以太网);CAN Open<br>其他接线规格:圆孔插针,D 型插头,扁平电缆,单体配线 | 分为盒式连接和拉杆连接两种类型,防护等级 IP67,多种模块可选。功耗 0.6W,可带单独继电器输出。各类阀机能齐全,有四位双三通阀<br>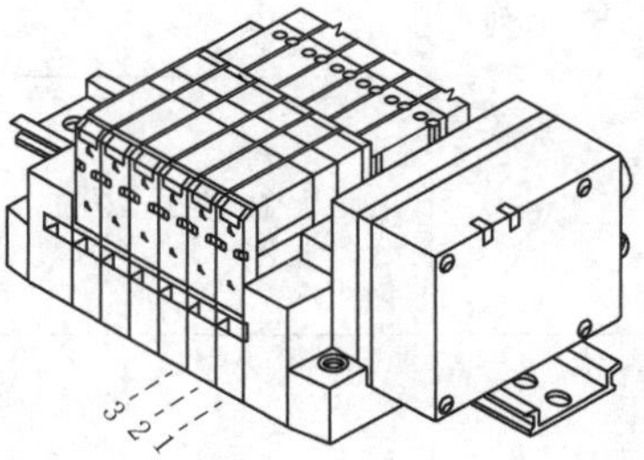 |
| VQC 系列 | 250L/min; 800L/min;2000L/min<br>最大 16 位或 24 位 | 总线接口单元:EX126;EX240;EX250;EX245;EX500<br>总线协议:Interbus、DeviceNet、Profibus-Dp,CC-Link AS-I;EtherNet/IP(以太网);CAN Open<br>其他接线规格:圆孔插针,D 型插头,扁平电缆,单体配线;集中引线 | 阀芯密封分为金属密封和橡胶密封两种,最快响应时间 12ms,寿命最长两亿次,阀座间采用端子排连接形式,增减方便。防护等级 IP67,多种模块可选,各类阀机能齐全<br>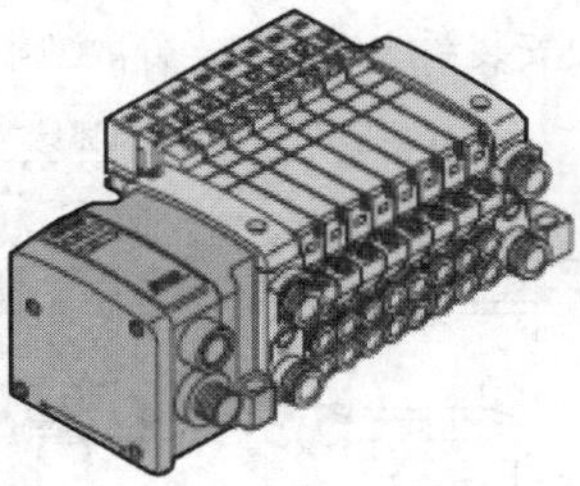 |
| VQ 系列 | 140L/min;250L/min;620L/min;2100L/min;3900L/min<br>最大 16 位、18 位或 24 位 | 总线接口单元:EX120;EX121;EX123;EX124;EX240<br>总线协议:Interbus、DeviceNet、Profibus-Dp,CC-Link<br>其他接线规格:D 型插头,扁平电缆,单体配线;集中引线;端子盒连接 | 分为金属密封和橡胶密封两种形式;高响应 20ms 以下,长寿命(金属密封 1 亿次),防护等级 IP65,多种模块可选,阀位增减方便,大流量,抗污染能力强,多种接线方式可选<br>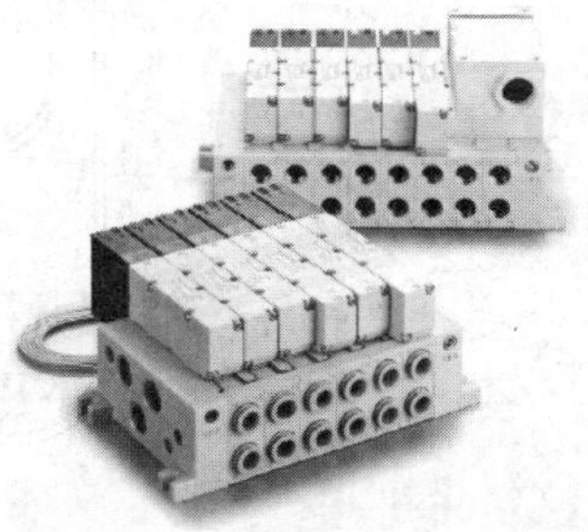 |

续表

| 型　号 | 流　量 | 适合的总线接口及协议 | 特　性 |
|---|---|---|---|
| | 阀　位 | | |
| SY 系列 | 290L/min；900L/min；1400L/min；2500L/min | 总线接口单元：EX121；EX122；EX510<br>总线协议：DeviceNet、Profibus-DP，CC-Link<br>其他接线规格：D 型插头，扁平电缆，单体配线；集中引线；M8 端子连接；端子盒连接 | 阀体紧凑，多种出线方式可选，最低功耗 0.1W。多种集装板形式，多种模块可选<br> |
| | 最大 16 位 或 20 位 | | |
| SJ 系列 | 80L/min；120L/min | 总线接口单元：EX180；EX510<br>总线协议：DeviceNet、CC-Link<br>其他接线规格：D 型插头，扁平电缆，单体配线 | 小流量，低功耗新型电磁阀，大小阀可以混装，连接增减方便<br>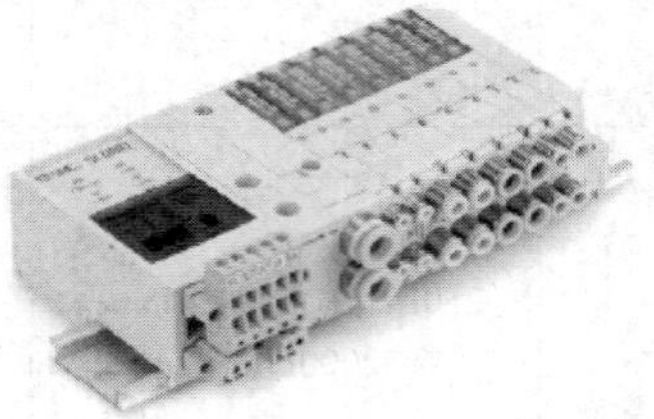 |
| | 最大 32 位 | | |

分散安装系统（SMC：分散型串联 EX500 系列系统）构成图见图 23-5-1。

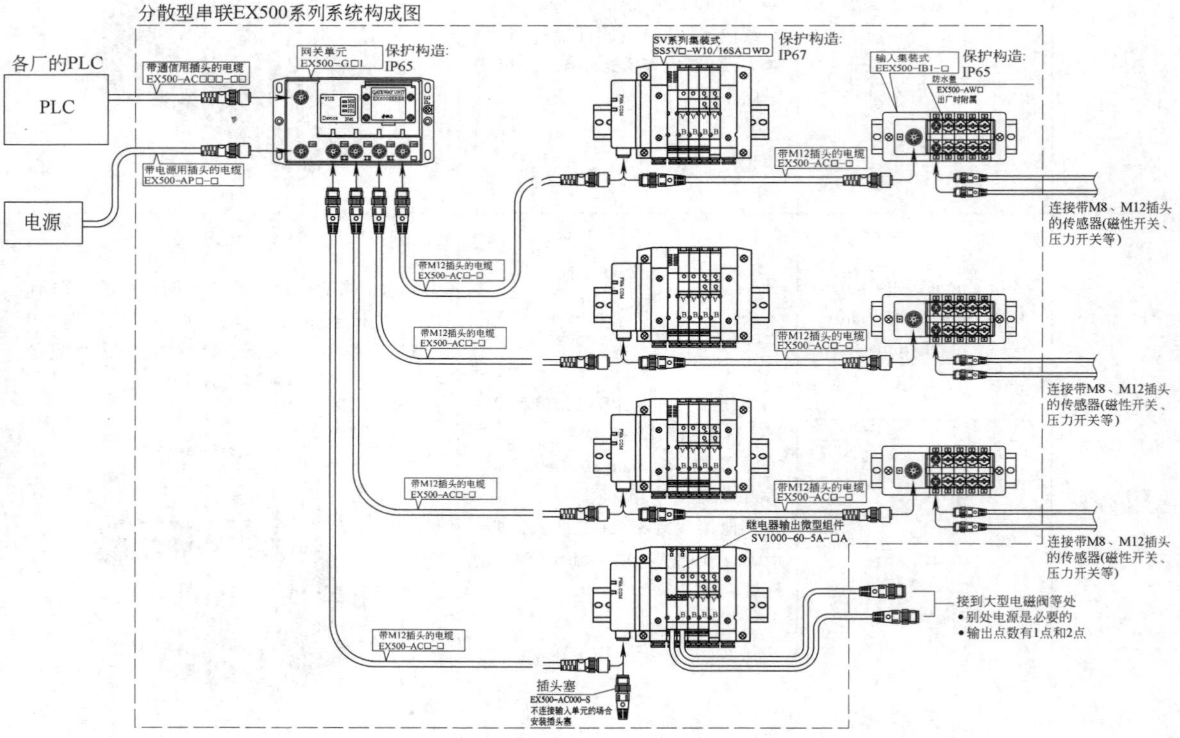


图 23-5-1

## 5.11 阀岛选择的注意事项

准确选择阀岛应考虑的因素：应用的工业领域、设备的管理状况、分散的程度、电接口连接技术、总线控制安装系统及网络。

表 23-5-26

| 考虑因素 | 内　容 |
|---|---|
| 应用的工业领域 | 需要考虑阀岛应用在哪一个工业领域(如食品和包装行业、轻型装配、过程自动化、电子、汽车、印刷等)及环境(如恶劣环境、灰尘、焊屑飞溅、易腐蚀、洁净车间、防爆车间等),以选择坚固型阀岛还是专用型阀岛等 |
| 设备的管理状况 | 对该设备的管理判断:有否近期设备的更新、中长期设备的可扩展性以及将来是否接入管理层网络,以选择何种可扩展程度的阀岛及总线或以太网技术 |
| 分散的程度 | 对于少量的有一些离散区域的、每个区域有一定数量的驱动器的;或者一个车间流水线有许多离散的区域、每个区域都有相对集中与部分离散的现场驱动设备的,诸如此类可选择使用紧凑型分散安装系统的阀岛或带主控器(或可编程控制器)、坚固型的模块化阀岛 |
| 电接口连接技术 | 可根据工厂已有的实际状况(选择某公司 PLC 技术)、被控制的点的数量、复杂程度,以选择是带单个电磁线圈电接口的阀岛或带多针接口(省配线)或现场总线接口的阀岛 |
| 总线控制安装系统及网络 | 总线控制安装系统将取决于被控设备的数量及其分散程度等因素。对于少量的现场驱动器,可采用紧凑型直接安装型阀岛;对于一定数量、离散的现场驱动器,可采用安装系统的紧凑型阀岛;而对于一个中型的设备或小型的工厂(近 1000 个输入/输出点),可采用带可编程控制的坚固型模块化阀岛。对于采用何种总线或网络技术,取决于工厂对自动化程度的规划以及诊断的需求或采用某个现场总线(Profibus、Interbus、DeviceNet、CANopen、CC-Link)或某种以太网网络技术(Ethernet/IP、Easy IP、Modbus/TCP等)<br>除此之外,还应该考虑的是阀岛的经济性,如保护等级(是否需要 IP 65)、阀的规格(流量)与数量、I/O的数量(多少个模拟量输入/输出,多少个数字量输入/输出)、传感器以及插头的型式、AS-i 的控制(经济型) |

# 6　几种电磁阀产品介绍

## 6.1 国内常见的二位三通电磁阀

国内许多气动厂商都生产二位三通电磁阀，表 23-5-27 以佳尔灵、天工二位三通阀为例列出了尺寸参数，表 23-5-28 列出了符合 3V 阀尺寸的国内气动厂商，这些阀的安装连接尺寸几乎是一致的（阀安装在集成气路板上时，在气源口中心线附近两个对称穿孔如 3V110-M5 中的 2×$\phi$3.3）。一些气动厂商生产二位三通的连接尺寸并不一致，如方大 Fangda、法斯特 Fast、恒立 Hengli、华能 Huaneng、新益 Xinyi、盛达气动 SDPC 等。这些二位三通均有同系列的气控阀，如 3A110、3A210、3A310 等，连接尺寸与电磁阀相同，只是取消电磁线圈部分，本章节不作叙述。详细的技术资料请登录各厂商的网址查询（见表 23-5-44）。

**表 23-5-27**

尺寸参数

3V110—M5型

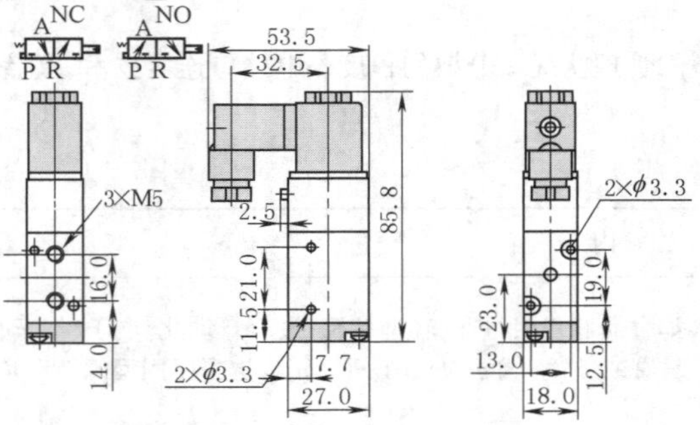


3V110—06型

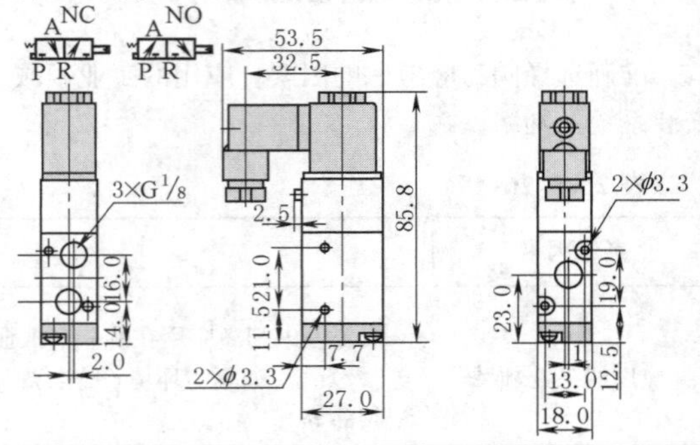


3V120—M5型

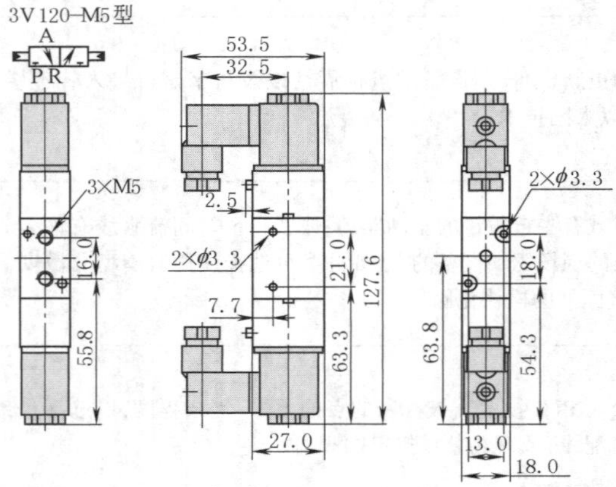


3V120—06型

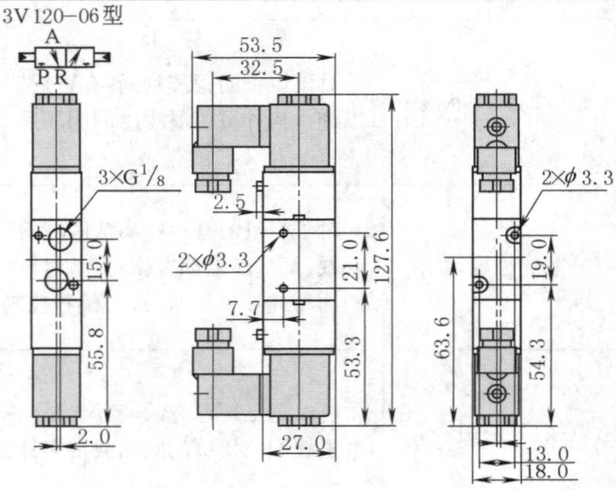


3V210—06型

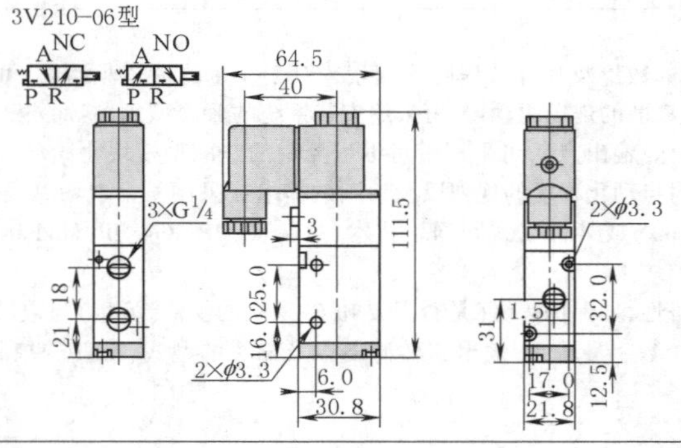


3V210—08型

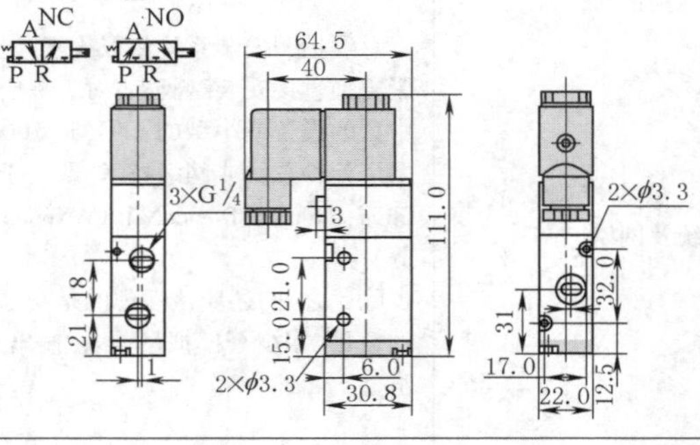


3V220—06型

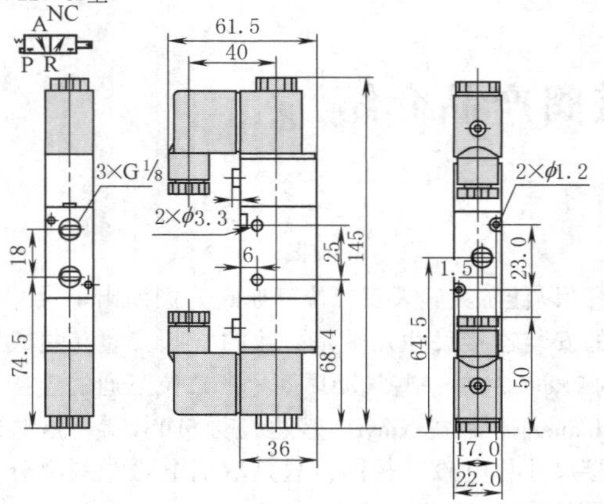


3V220—08型

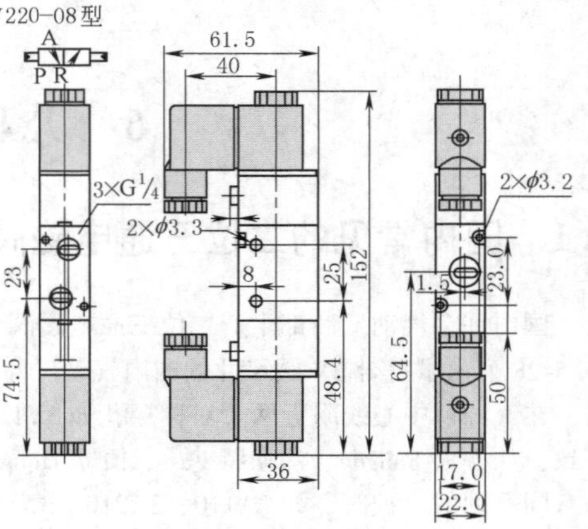

续表

尺寸参数

3V310-08型

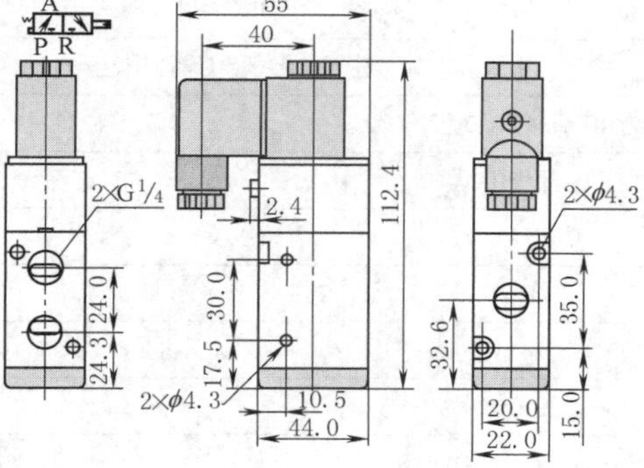


3V310-10型

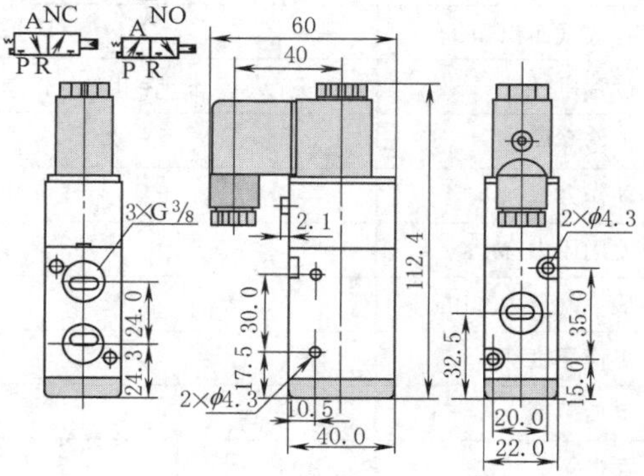


3V320-08型

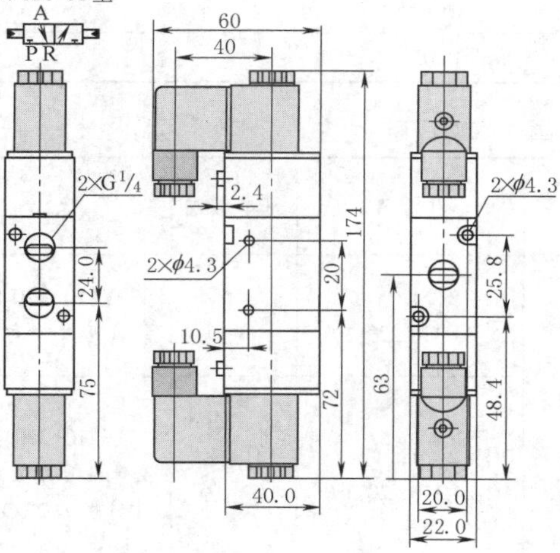


3V320-10型

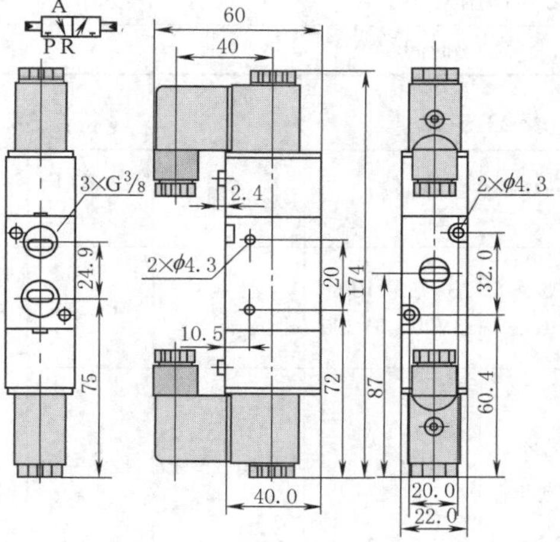


3V410-15型

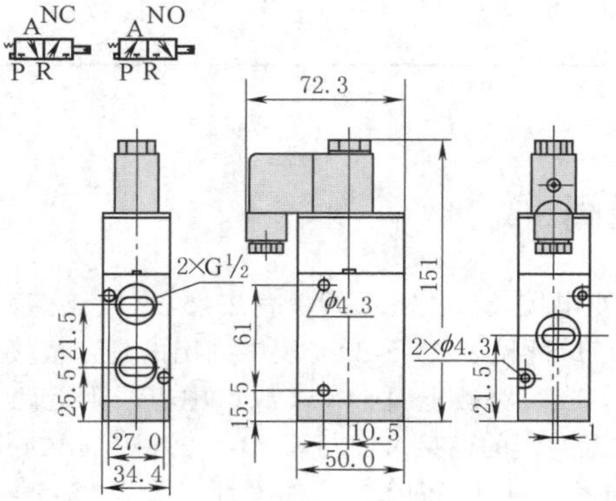


3V420-15型

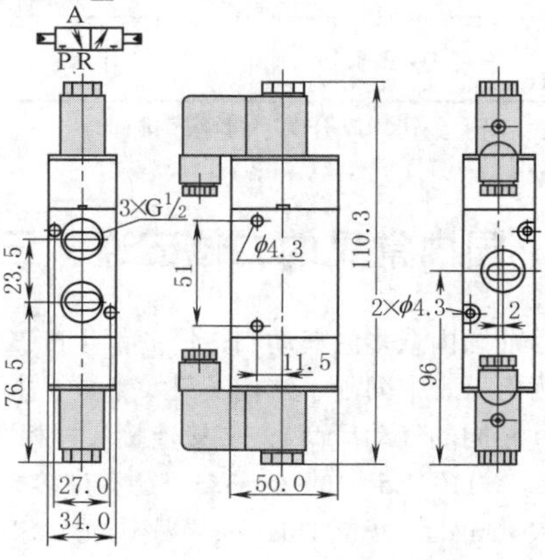

续表

| | 型　号 | 3V310-08 | 3V320-08 | 3A310-08 | 3A320-08 | 3V310-10 | 3V320-10 | 3A310-10 | 3A320-10 |
|---|---|---|---|---|---|---|---|---|---|
| 主要技术参数 | 位置数 | 二位三通 | | | | 二位三通 | | | |
| | 有效截面积/mm² | 25( $C_v$ = 1.40) | | | | 30( $C_v$ = 1.68) | | | |
| | 接管口径 | 进气 = 出气 = 排气 = G¼ | | | | 进气 = 出气 = G⅜, 排气 = G¼ | | | |
| | 工作介质 | 经 40μm 过滤的空气 | | | | | | | |
| | 动作方式 | 内部先导式 | | | | | | | |
| | 使用压力/MPa | 0.15~0.8 | | | | | | | |
| | 最大耐压力/MPa | 1.2 | | | | | | | |
| | 工作温度/℃ | 5~50 | | | | | | | |
| | 电压范围 | ±10% | | | | | | | |
| | 耗电量 | AC:5.5V · A;DC:4.8W | | | | | | | |
| | 绝缘性及防护等级 | F 级, IP65 | | | | | | | |
| | 接线形式 | 出线式或端子式 | | | | | | | |
| | 最高动作频率 | 5 次/秒 | | | | | | | |
| | 最短励磁时间/s | 0.05 | | | | | | | |

**表 23-5-28　符合 3V 阀尺寸的国内气动厂商**

| 厂商 | 型号 | 公称通径 | 气接口尺寸 | 压力/温度范围 | 电压/V | 基本形式 | 备　注 |
|---|---|---|---|---|---|---|---|
| 亚德客 Airtac | 3V1、3V100、3V200、3V300 | | M5、3/8 | 0~8bar;<br>-5~+60℃ | DC:12,24;<br>AC:24,110,220,380 | | 3V210、220 的板接安装连接尺寸为 30/17 |
| 亿日 Easun | 3V2、3V3 | 14、16、25、30 | 1/8、3/8 | 1.5~9bar;<br>-10~+60℃ | DC:12,24;<br>AC:24,110,220,380 | 单电控、双电控 | 3V210、220 及 3V310、330 的板接安装连接尺寸分别为 22/17、31/20 |
| 佳尔灵 Jiaerling | 3V100、3V200、3V300、3V400 | | M5、1/2 | | DC:12,24;<br>AC:24,110,220,380 | 单电控、双电控、气控阀 | |
| 天工 SNTC | TG23 系列 | | | | | | |

注：以上公司均以开头字母顺序排列。



## 6.2　国内常见的二位五通、三位五通电磁阀

目前国内众多的气动制造厂商都生产二位五通单电控、双电控及三位五通阀。表 23-5-29 以亚德客 4V 系列产品为例，表中列出了结构及尺寸参数、主要技术参数，生产厂商见表 23-5-30（表中列出的是在板接连接界面上尺寸相同的气动厂商）。板接连接尺寸相同是指阀安装在集成气路板上时，在气源口中心线附近两个对称穿孔，如 3V110-M5 中的 2×$\phi$3.3。还有许多气动厂商生产二位五通阀的连接尺寸与表 23-5-29 中给出的并不一致，如方大 Fangda、华能 Huaneng、盛达气动 SDPC 等。详细的技术资料可查询各厂商的网址（见表 23-5-44）。两位五通的气控阀，如 4A100、4A200、4A300、4A400 等，连接尺寸与电磁阀相同，只是取消电磁线圈部分，本章不作叙述，尺寸均与下列图相同。

**表 23-5-29**

主要结构及尺寸参数

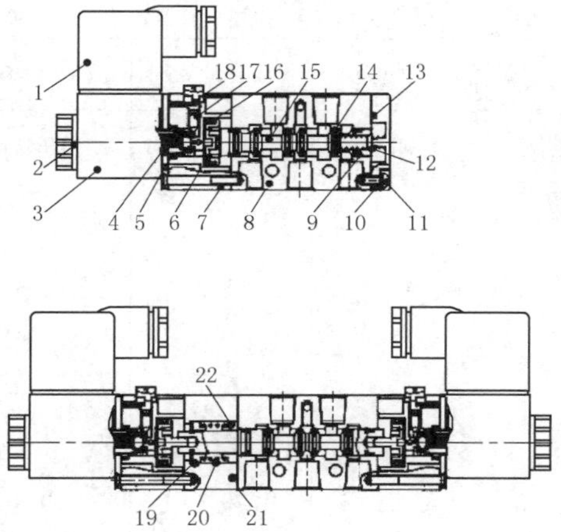


1—端子；2—固定螺母；3—线圈；4—可动铁；5—固定铁片；6—活塞；7—引导本体；8—本体；9—耐磨环；10—底盖；11—螺钉；12，17，20—弹簧；13—止泄垫；14—O 令；15—轴芯；16—异型 O 令；18—手动销；19，22—弹簧座；21—侧盖

4V110

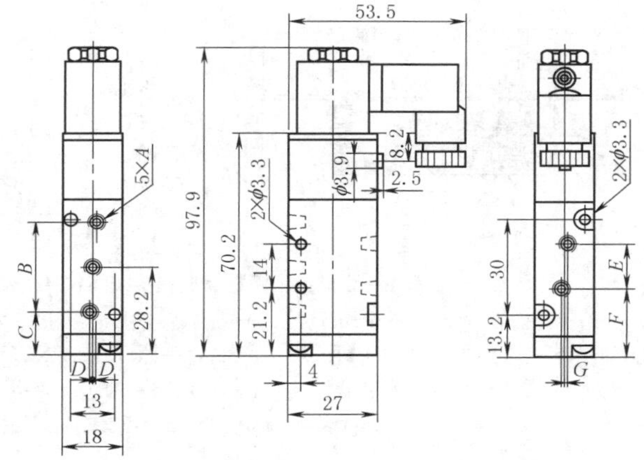


mm

| 尺寸/型号 | 4V110-M5 | 4V110-06 |
|---|---|---|
| *A* | M5×0.8 | PT⅛ |
| *B* | 27 | 28 |
| *C* | 14.7 | 14.2 |
| *D* | 0 | 1 |
| *E* | 14 | 16 |
| *F* | 21.2 | 20.2 |
| *G* | 0 | 3 |

4V120

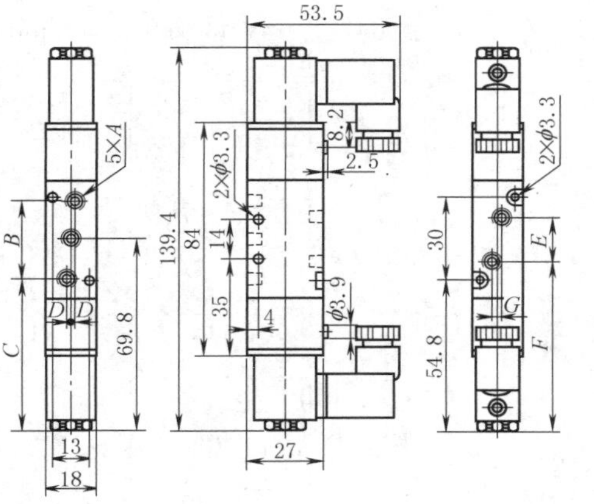


mm

| 尺寸/型号 | 4V120-M5 | 4V120-06 |
|---|---|---|
| *A* | M5×0.8 | PT⅛ |
| *B* | 27 | 28 |
| *C* | 56.2 | 55.7 |
| *D* | 0 | 1 |
| *E* | 14 | 16 |
| *F* | 62.7 | 61.7 |
| *G* | 0 | 3 |

续表

主要结构及尺寸参数

4V130

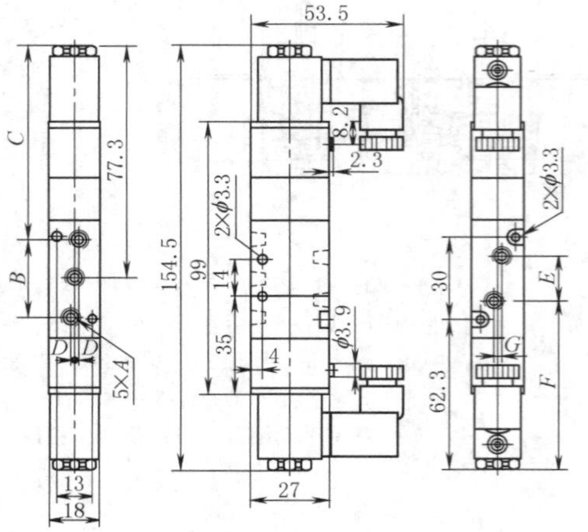


mm

| 尺寸/型号 | 4V130-M5 | 4V130-06 |
| --- | --- | --- |
| *A* | M5×0.8 | PT⅛ |
| *B* | 27 | 28 |
| *C* | 63.8 | 63.3 |
| *D* | 0 | 1 |
| *E* | 14 | 16 |
| *F* | 70.3 | 69.3 |
| *G* | 0 | 3 |

4V200

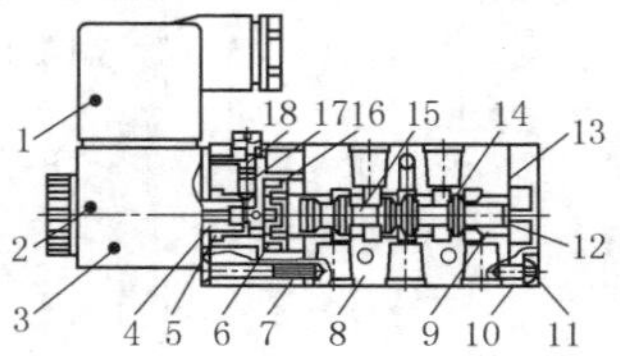


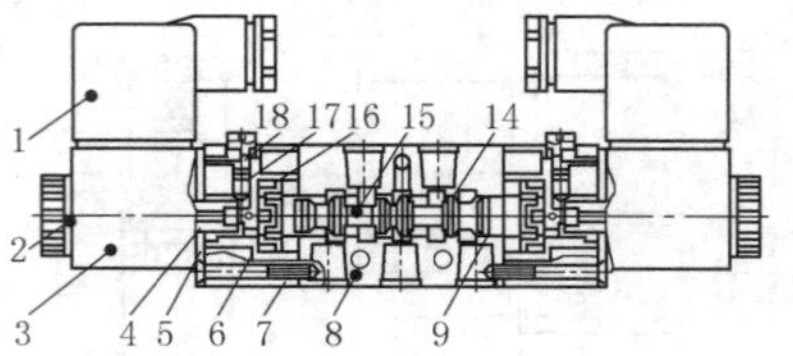


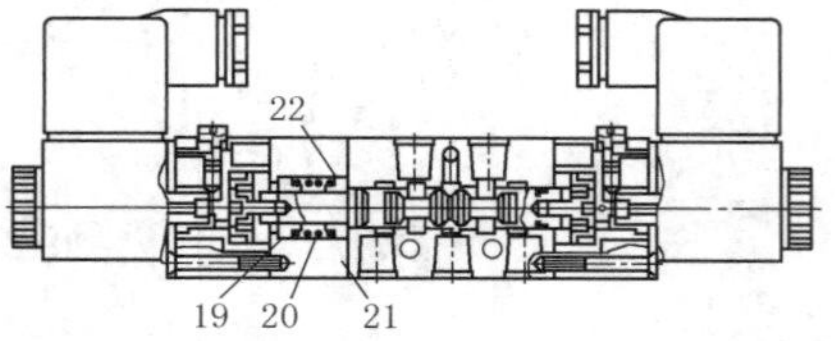


1—端子；2—固定螺母；3—线圈；4—可动铁；5—固定铁片；6—活塞；7—引导本体；8—本体；9—耐磨环；10—底盖；11—螺钉；12，17，20—弹簧；13—止泄垫；14—O 令；15—轴芯；16—异型 O 令；18—手动销；19，22—弹簧座；21—侧盖

4V210

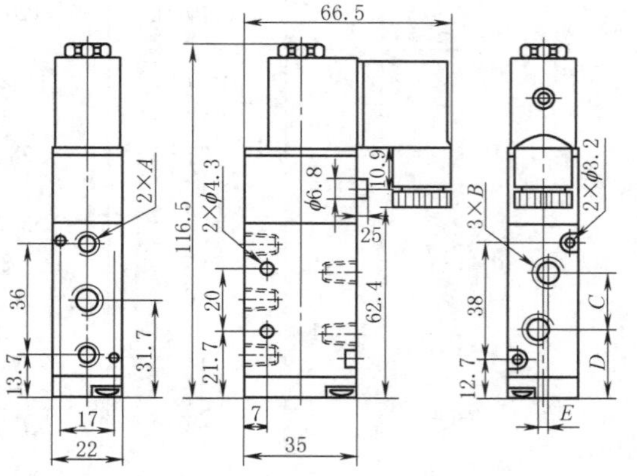


mm

| 尺寸/型号 | 4V210-06 | 4V210-08 |
| --- | --- | --- |
| *A* | PT⅛ | PT⅛ |
| *B* | PT⅛ | PT¼ |
| *C* | 18 | 21 |
| *D* | 22.7 | 21.2 |
| *E* | 0 | 3 |

第 23 篇

续表

主要结构及尺寸参数

4V220

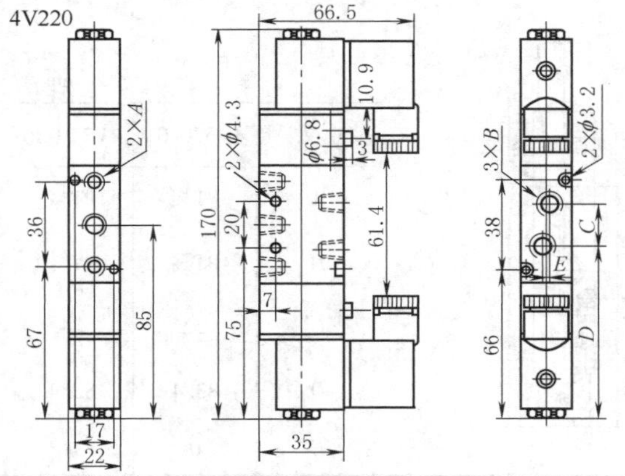


mm

| 尺寸/型号 | 4V220-06 | 4V220-08 |
|---|---|---|
| A | PT1/8 | PT1/8 |
| B | PT1/8 | PT1/4 |
| C | 18 | 21 |
| D | 76 | 74.5 |
| E | 0 | 3 |

4V230

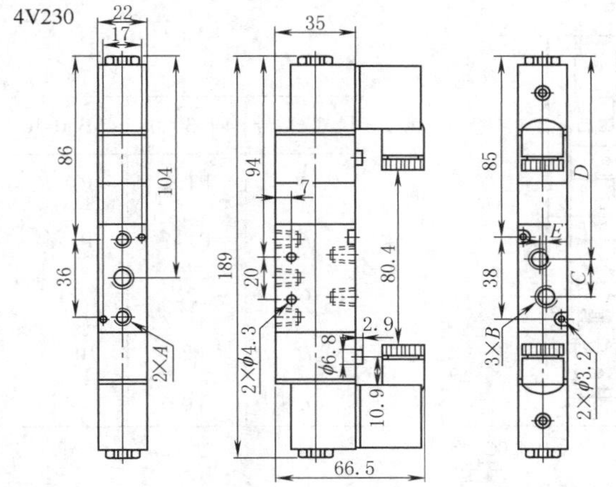


mm

| 尺寸/型号 | 4V230-06 | 4V230-08 |
|---|---|---|
| A | PT1/8 | PT1/8 |
| B | PT1/8 | PT1/4 |
| C | 18 | 21 |
| D | 95 | 93.5 |
| E | 0 | 3 |

4V300

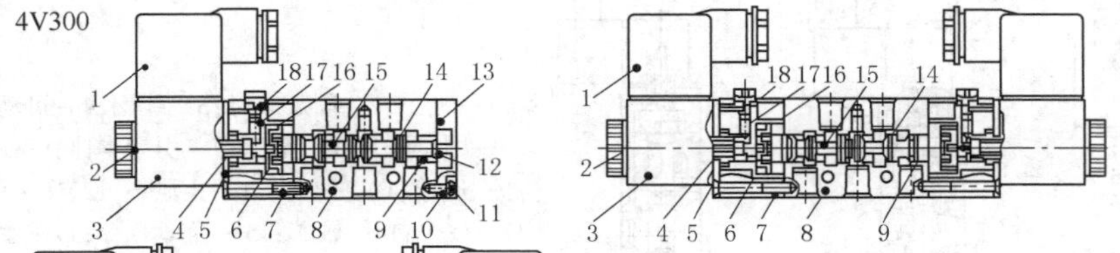


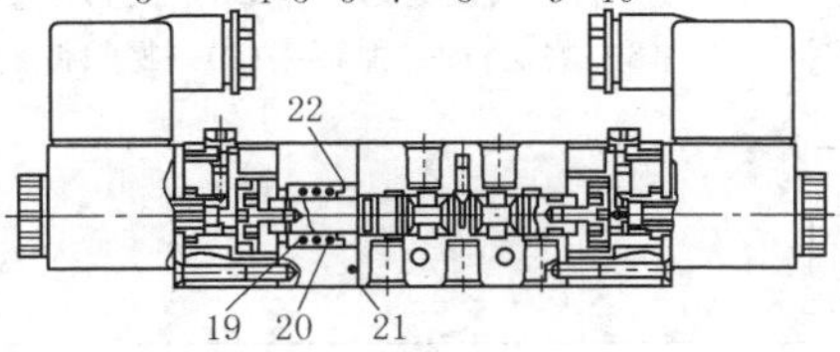


1—端子;2—固定螺母;3—线圈;4—可动铁;5—固定铁片;6—活塞;7—引导本体;8—本体;9—耐磨环;10—底盖;11—螺钉;12,17,20—弹簧;13—止泄垫;14—O 令;15—轴芯;16—异型 O 令;18—手动销;19,22—弹簧座;21—侧盖

4V310

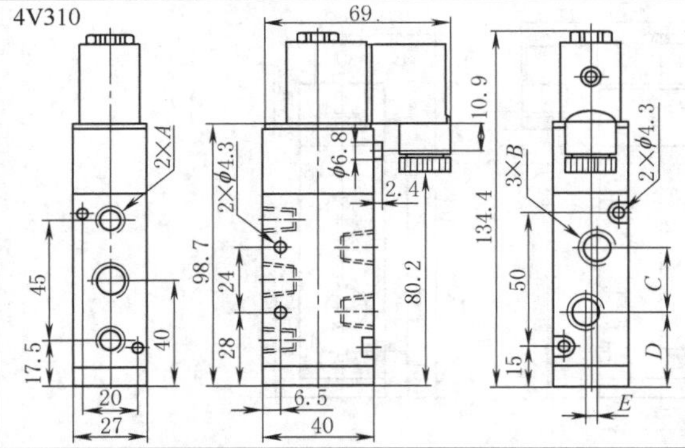


mm

| 尺寸/型号 | 4V310-08 | 4V310-10 |
|---|---|---|
| A | PT1/4 | PT1/4 |
| B | PT1/4 | PT3/8 |
| C | 22 | 24 |
| D | 29 | 28 |
| E | 0 | 4 |

续表

主要结构及尺寸参数

4V320

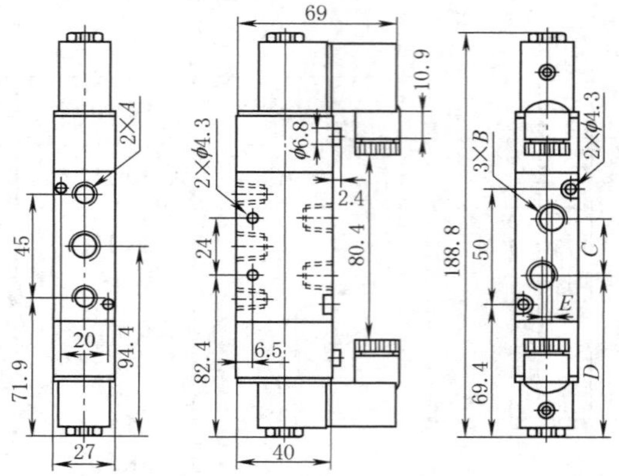


mm

| 尺寸/型号 | 4V320-08 | 4V320-10 |
|---|---|---|
| *A* | PT$\frac{1}{4}$ | PT$\frac{1}{4}$ |
| *B* | PT$\frac{1}{4}$ | PT$\frac{3}{8}$ |
| *C* | 22 | 24 |
| *D* | 83.4 | 82.4 |
| *E* | 0 | 4 |

4V330

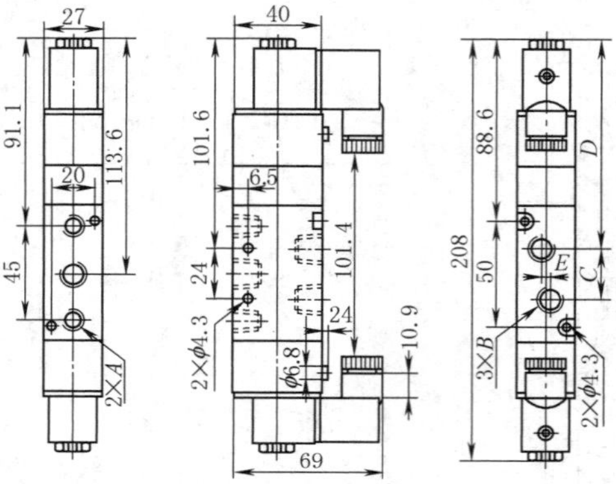


mm

| 尺寸/型号 | 4V330-08 | 4V330-10 |
|---|---|---|
| *A* | PT$\frac{1}{4}$ | PT$\frac{1}{4}$ |
| *B* | PT$\frac{1}{4}$ | PT$\frac{3}{8}$ |
| *C* | 22 | 24 |
| *D* | 102.6 | 101.6 |
| *E* | 0 | 4 |

4V400

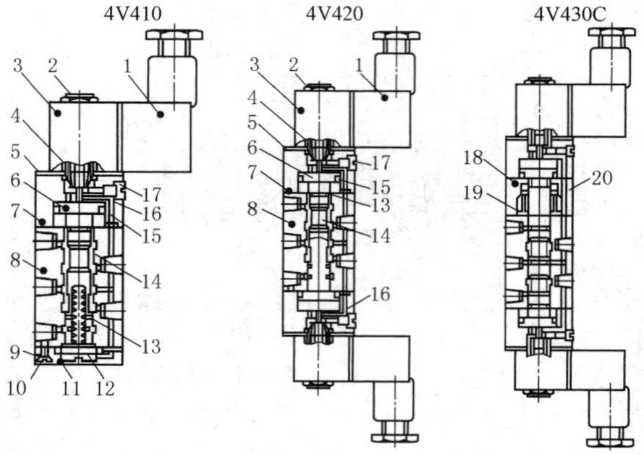


1—端子；2—固定螺母；3—线圈；4—可动铁；5—固定铁片；6—活塞；7—引导本体；8—本体；9—底盖；10—螺钉；11—止泄垫；12,16—弹簧；13—O 令；14—轴芯；15—异型 O 令；17—手动销；18—侧盖；19—弹簧座；20—复归弹簧

4V410

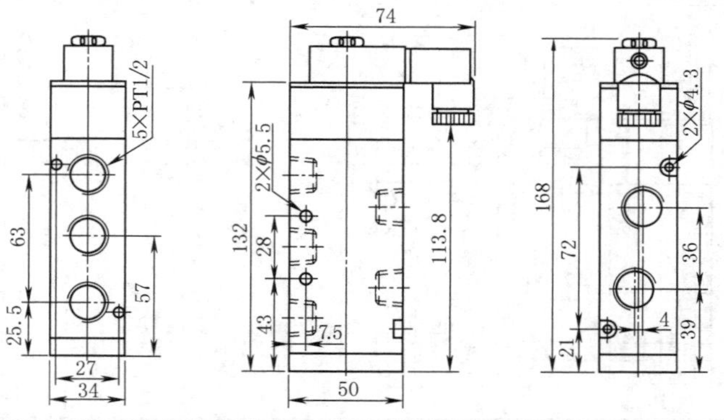

续表

主要结构及尺寸参数

4V420

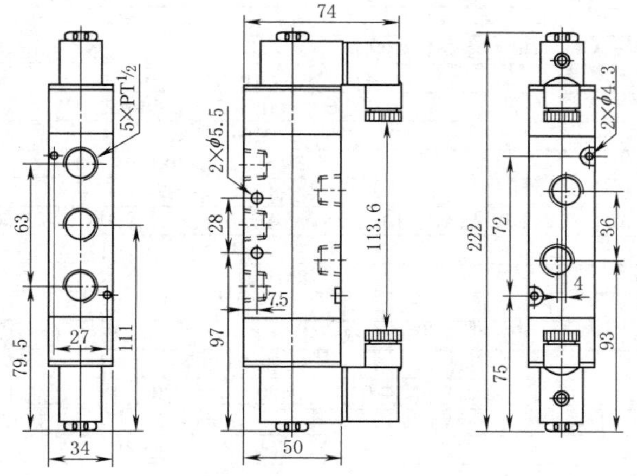


4V430

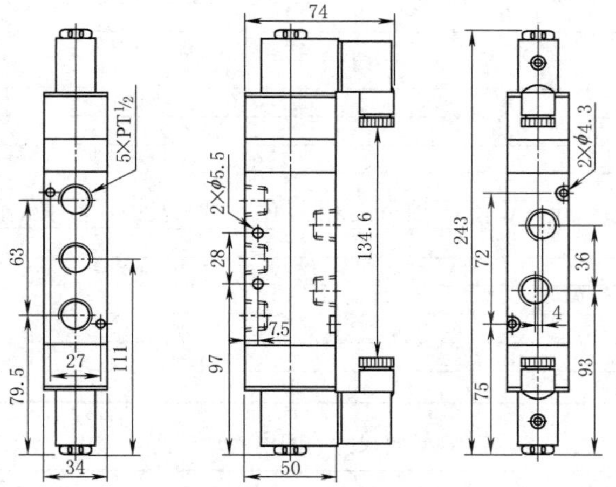


主要技术参数

| 项目/型号 | 4V110-M5 | 4V120-M5 | 4V130C-M5 | 4V130E-M5 | 4V130P-M5 | 4V110-06 | 4V120-06 | 4V130C-06 | 4V130E-06 | 4V130P-06 |
|---|---|---|---|---|---|---|---|---|---|---|
| 工作介质 | 空气(经 40μm 滤网过滤) | | | | | | | | | |
| 动作方式 | 内部先导式 | | | | | | | | | |
| 位置数 | 五口二位 | | 五口三位 | | | 五口二位 | | 五口三位 | | |
| 有效截面积/$mm^2$ | 5.5($C_v$=0.31) | | 5($C_v$=0.28) | | | 12($C_v$=0.67) | | 9($C_v$=0.50) | | |
| 接管口径 | 进气=出气=排气=M5 | | | | | 进气=出气=排气=PT⅛ | | | | |
| 润滑 | 不需要 | | | | | | | | | |
| 使用压力/kgf·$cm^{-2}$ | 1.5~8.0(21~114psi) | | | | | | | | | |
| 最大耐压力/kgf·$cm^{-2}$ | 12(170.6psi) | | | | | | | | | |
| 工作温度/℃ | −5~60(−41~140℉) | | | | | | | | | |
| 电压范围 | ±10% | | | | | | | | | |
| 耗电量 | AC:3.0VA;DC:2.5W | | | | | | | | | |
| 绝缘性 | F 级 | | | | | | | | | |
| 保护等级 | IP65(DIN40050) | | | | | | | | | |
| 接电形式 | 直接出线式或端子式 | | | | | | | | | |
| 最高动作频率 | 5 次/秒 | | 3 次/秒 | | | 5 次/秒 | | 3 次/秒 | | |
| 最短励磁时间/s | 0.05 | | | | | | | | | |
| 质量/g | 120 | 175 | 200 | 200 | 200 | 120 | 175 | 200 | 200 | 200 |
| 项目/型号 | 4V210-06 | 4V220-06 | 4V230C-06 | 4V230E-06 | 4V230P-06 | 4V210-08 | 4V220-08 | 4V230C-08 | 4V230E-08 | 4V230P-08 |
| 工作介质 | 空气(经 40μm 滤网过滤) | | | | | | | | | |
| 动作方式 | 内部先导式 | | | | | | | | | |

续表

| 主要技术参数 | | | | | | | | | | |
|---|---|---|---|---|---|---|---|---|---|---|
| 位置数 | 五口二位 | | 五口三位 | | | 五口二位 | | 五口三位 | | |
| 有效截面积/$mm^2$ | 14($C_v$=0.78) | | 12($C_v$=0.67) | | | 16($C_v$=0.89) | | 12($C_v$=0.67) | | |
| 接管口径 | 进气=出气=排气=PT⅛ | | | | | 进气=出气=PT¼,排气=PT⅛ | | | | |
| 润滑 | 不需要 | | | | | | | | | |
| 使用压力/MPa | 0.15~0.8(21~114psi) | | | | | | | | | |
| 最大耐压力/MPa | 1.2MPa(170psi) | | | | | | | | | |
| 工作温度/℃ | −5~60(23~140℉) | | | | | | | | | |
| 电压范围 | −15%~+10% | | | | | | | | | |
| 耗电量 | AC:220V,2.0VA;AC:110V,2.5VA;AC:24V,3.5VA;DC:24V,3.0W;DC:12V,2.5W | | | | | | | | | |
| 耐热等级 | B级 | | | | | | | | | |
| 保护等级 | IP65(DIN 40050) | | | | | | | | | |
| 接电形式 | 端子式 | | | | | | | | | |
| 最高动作频率 | 5次/秒 | | 3次/秒 | | | 5次/秒 | | 3次/秒 | | |
| 最短励磁时间/s | 0.05以下 | | | | | | | | | |
| 质量/g | 220 | 320 | 400 | 400 | 400 | 220 | 320 | 400 | 400 | 400 |

| 项目/型号 | 4V410-15 | 4V420-15 | 4V430C-15 | 4C430E-15 | 4V430P-15 |
|---|---|---|---|---|---|
| 工作介质 | 空气(经40μm滤网过滤) | | | | |
| 动作方式 | 内部引导式 | | | | |
| 位置数 | 五口二位 | | 五口三位 | | |
| 有效截面积/$mm^2$ | 50($C_v$=2.79) | | 30($C_v$=1.67) | | |
| 接管口径 | 进气=出气=排气=PT½ | | | | |
| 润滑 | 不需要 | | | | |
| 使用压力/$kgf \cdot cm^{-2}$ | 1.5~8.0(21~114psi) | | | | |
| 最大耐压力/$kgf \cdot cm^{-2}$ | 12(170.6psi) | | | | |
| 工作温度/℃ | −5~60(−41~140℉) | | | | |
| 电压范围 | −15%~+10% | | | | |
| 耗电量 | AC:380V,2.5VA;AC:220V,2.0VA;AC:110V,2.5VA;AC:24V,3.5VA;DC:24V,3.0W;DC:12V,2.5W | | | | |
| 绝缘性 | F级 | | | | |
| 保护等级 | IP65(DIN 40050) | | | | |
| 接电形式 | 端子式 | | | | |
| 最高动作频率 | 3次/秒 | | | | |
| 最短励磁时间/s | 0.05 | | | | |
| 质量/g | 590 | 770 | 770 | 770 | 770 |

**表 23-5-30　　符合4V阀尺寸的国内气动厂商**

| 厂　商 | 型　号 | 公称通径 | 气接口尺寸 | 压力/温度范围 | 电压/功耗 | 基本形式 |
|---|---|---|---|---|---|---|
| 亚德客 Airtac | 4V100 | 5.5、5、12、9 | M5、⅛ | 1.5~8bar;−5~+60℃ | DC:2.5W;AC:3.0VA | 内部先导式 |
| | 4V200 | 12、14、16 | ⅛、¼ | 1.5~8bar;−5~+60℃ | DC:12V、24V;AC:24V、110V、220V | 内部先导式 |
| | 4V300 | 18、25、30 | ¼、⅜ | 1.5~8bar;−5~+60℃ | DC:12V、24V;AC:24V、110V、220V | 内部先导式 |
| | 4V400 | 30、50 | ½ | 1.5~8bar;−5~+60℃ | DC:12V、24V;AC:24V、110V、220V | 内部先导式 |
| 亿日 Easun | 4V2 | 12、14、16 | ⅛、¼ | 1.5~9bar;5~+60℃ | DC:3.0W;AC:4.0V·A | 内部先导式 |
| | 4V3 | 18、25、30 | ¼、⅜ | 1.5~9bar;5~+60℃ | DC:3.0W;AC:4.0V·A | 内部先导式 |
| 法斯特 Fast | 4V系列 | 10、14、25、50 | ⅛~½ | 1.7~7bar;5~+50℃ | DC:12V、24V;AC:24V/50~60Hz、110V/50~60Hz、220V/50~60Hz、380V/50~60Hz | 内部先导式 |
| 佳尔灵 Jiaerling | 4V系列 | 有效截面积($mm^2$):12、16、30、50 | M5;G⅛、G¼、G⅜、G½ | 1.5~8bar;5~+50℃ | DC:12V、24V;AC:24V/50~60Hz、110V/50~60Hz、220V/50~60Hz、380V/50~60Hz | 单电控、双电控、三位五通 |
| 天工 STNC | TG2500系列 | 6、8、10、15 | G⅛、G¼、G⅜、G½ | 1.5~8bar;−5~+50℃ | DC:24V;AC:110V、220V | 内部先导式 |
| 新益 Xinyi | XC4V系列 | 有效截面积($mm^2$):12、17.1、40、64.8 | G⅛、G¼、G⅜、G½ | 单电控:1.5~10bar;双电控:1~10bar、5~+50℃ | DC:24V;AC:36V/50Hz、110V/50Hz、220V/50Hz | 内部先导式 |

注:以上公司均以开头字母顺序排列。

## 6.3 QDC 系列电控换向阀

国内曾引进 Taiyo 的 SR 系列的二位五通单电控、双电控及三位五通阀。表 23-5-31 以 QDC 系列引进产品为例，表中列出主要技术参数、结构及尺寸参数，国内生产厂商见表 23-5-32（表中列出的是在板接连接界面上尺寸相同的气动厂商）。板接连接尺寸相同是指阀安装在集成气路板上时，在气源口中心线附近两个对称穿孔，如 QDC 型 3mm 中 2×$\phi$2.8，6mm 中 2×$\phi$3.3。QDC 系列电控换向阀集成板式安装尺寸参数见表 23-5-31 二位五通的气控阀的安装连接尺寸与电磁阀相同，只是取消电磁线圈部分，本章节不作叙述。

QDC 系列无给油润滑电控换向阀是引进、消化吸收国外先进技术后开发的新产品，它具有小型化、轻型化、动作灵敏、低功耗、性能良好、可集成安装等特点，是国内相同通径系列中体积最小的电磁阀，可以用微电信号直接控制，适用于机电一体化领域，它广泛用于各行各业的气动控制系统中，尤其适用于电子、医药卫生、食品包装等洁净无污染的行业。

**表 23-5-31**

| | | | | |
|---|---|---|---|---|
| 尺寸参数 | 3mm，管接 | 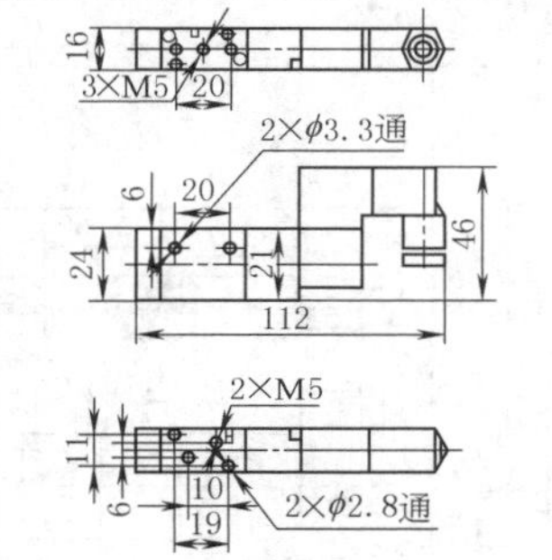<br>3mm 二位五通单电控换向阀(管接) | 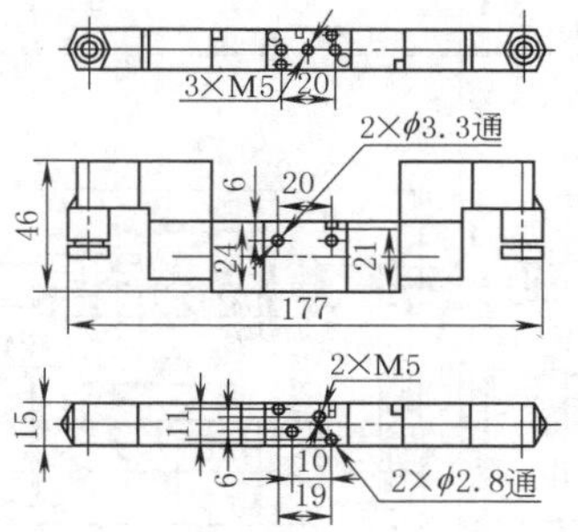<br>3mm 二位五通双电控换向阀(管接) | 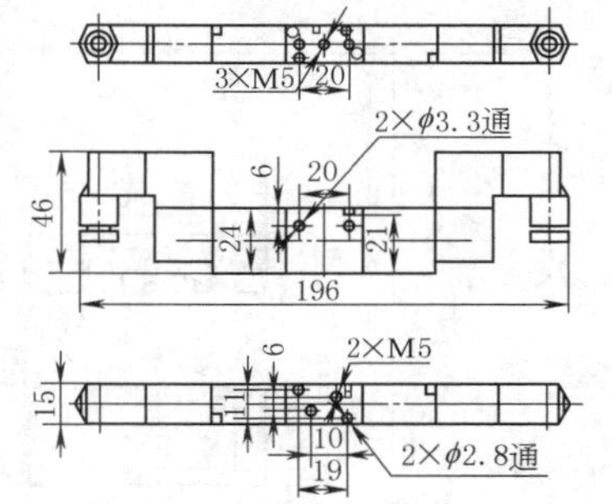<br>3mm 三位五通双电控换向阀(管接) |
| | 6mm，管接 | 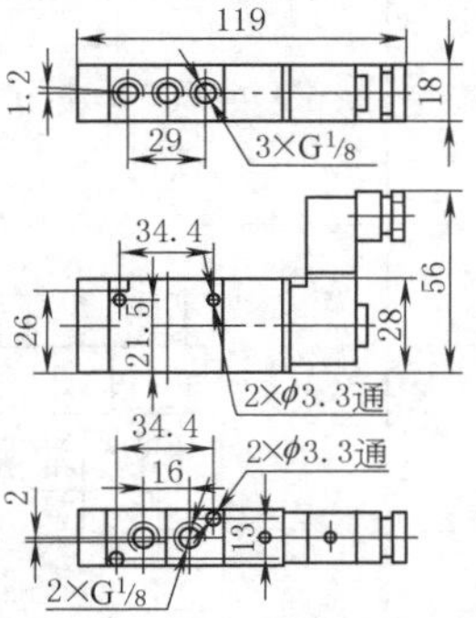<br>6mm二位五通单电控换向阀(管接) | 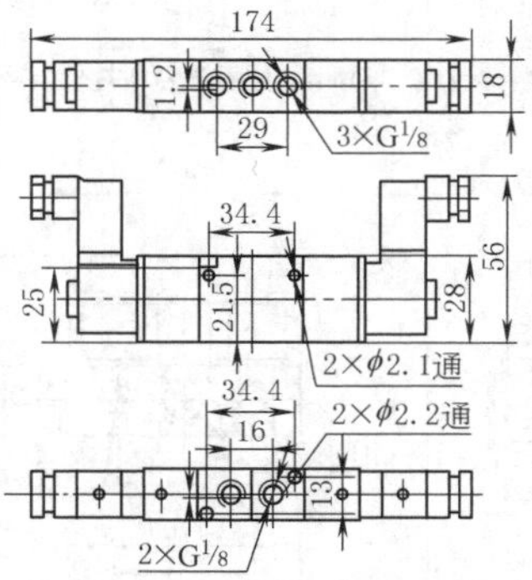<br>6mm二位五通双电控换向阀(管接) | 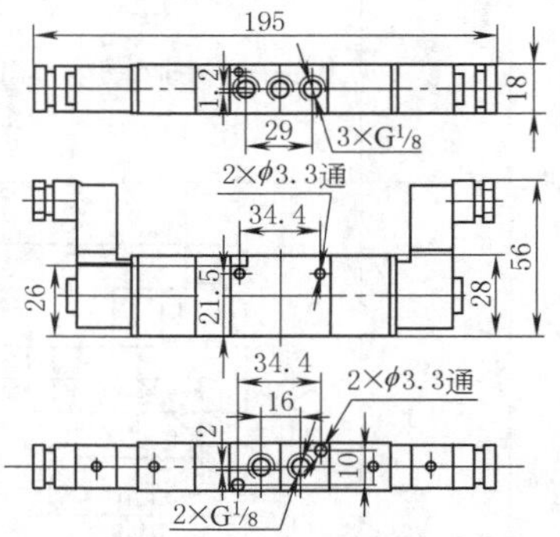<br>6mm三位五通双电控换向阀(管接) |
| | 8mm，管接 | 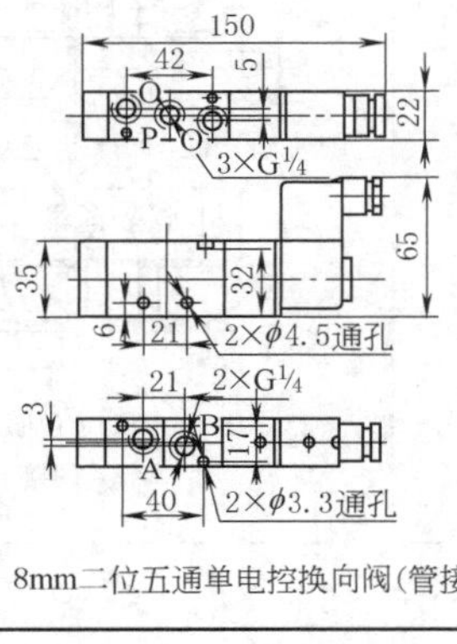<br>8mm二位五通单电控换向阀(管接) | 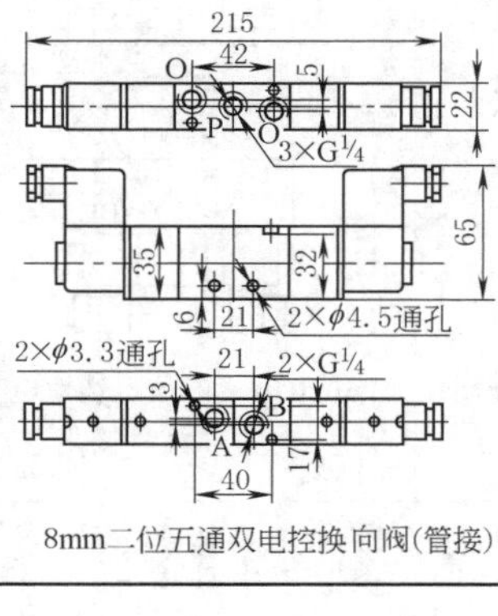<br>8mm二位五通双电控换向阀(管接) | 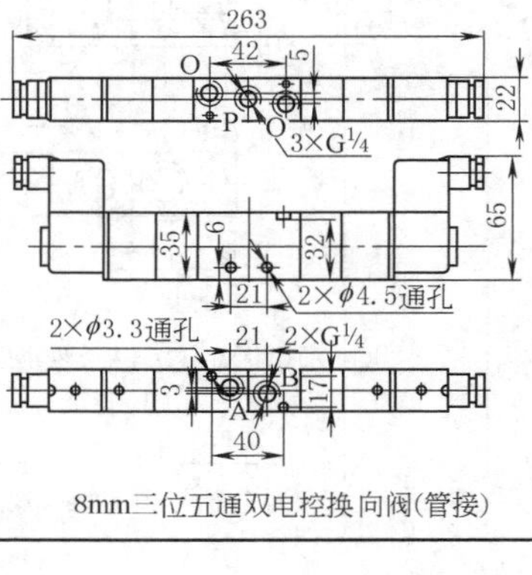<br>8mm三位五通双电控换向阀(管接) |

续表

| | | | | |
|---|---|---|---|---|
| 尺寸参数 | 10mm,管接 | 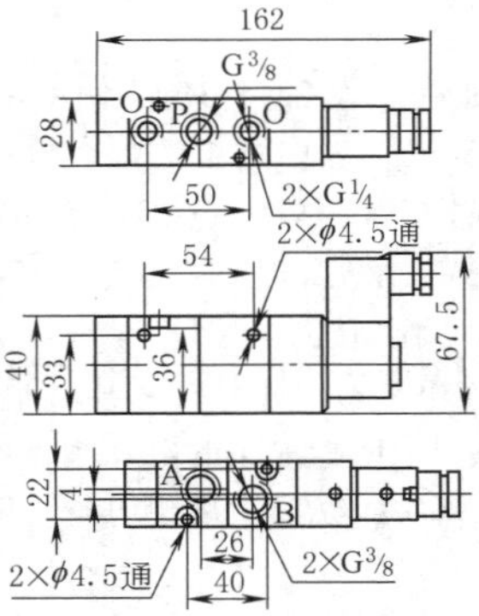10mm二位五通单电控换向阀(管接) | 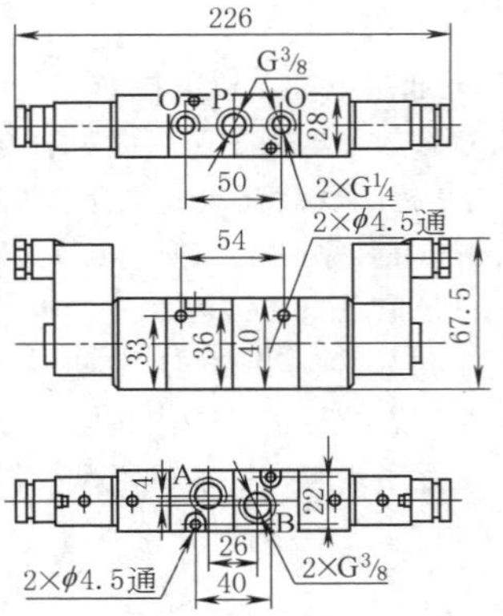10mm二位五通双电控换向阀(管接) | 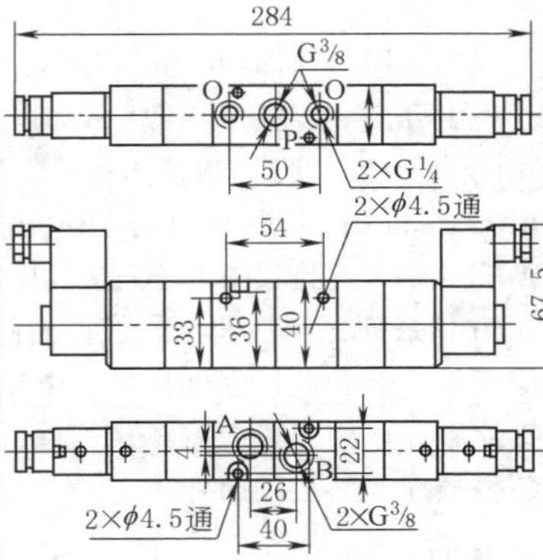10mm三位五通双电控换向阀(管接) |
| | 15mm,管接 | 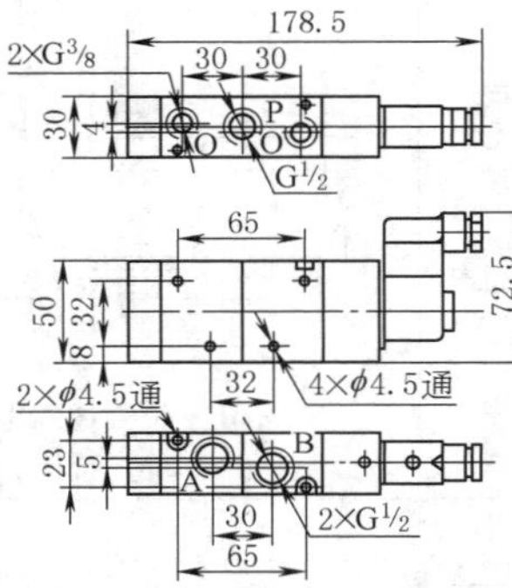15mm二位五通单电控换向阀(管接) | 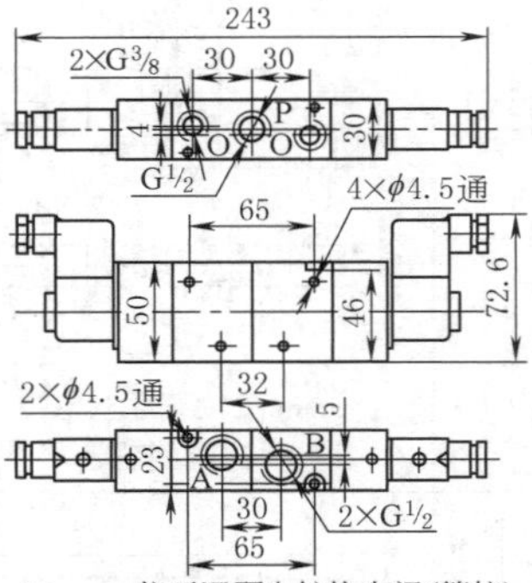15mm二位五通双电控换向阀(管接) | 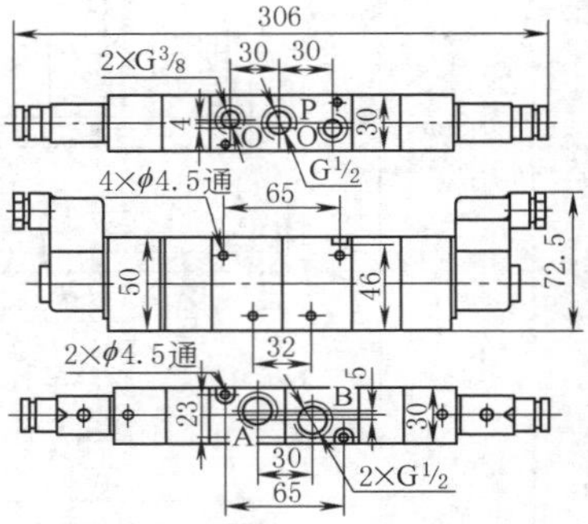15mm三位五通双电控换向阀(管接) |
| | 25(20)mm,管接 | 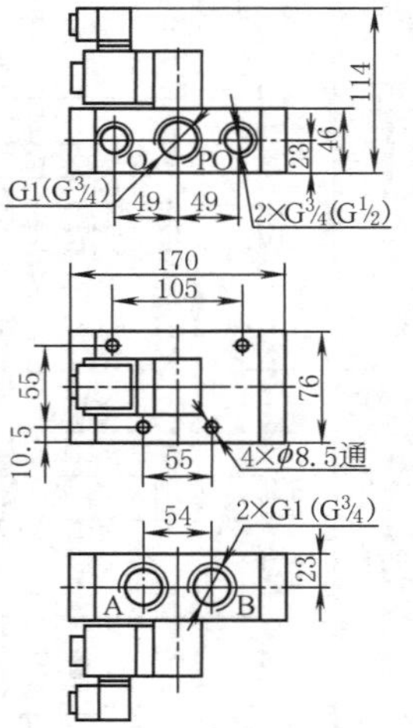25(20)mm二位五通单电控换向阀(管接) | 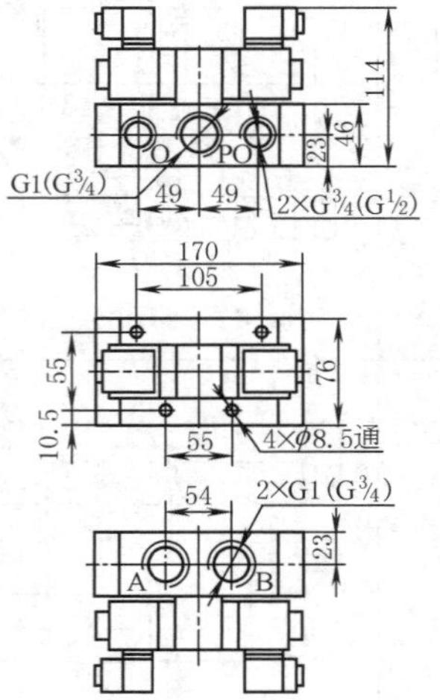25(20)mm二位五通双电控换向阀(管接) | 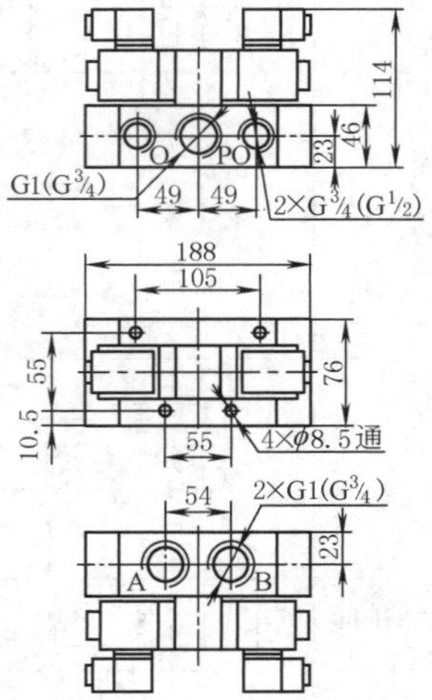25(20)mm三位五通双电控换向阀(管接) |
| | | 注:括号内的螺纹尺寸为通径20mm的气口螺纹尺寸 | | |

续表

<table>
<tr><td rowspan="4">尺寸参数</td><td>3mm，板接</td><td>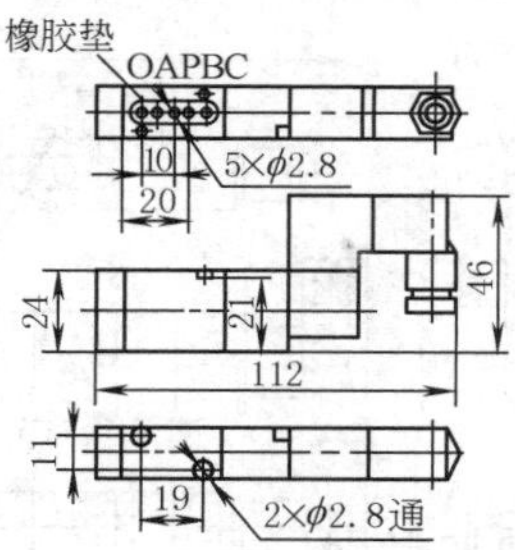<br>3mm 二位五通单电控换向阀（板接）</td><td>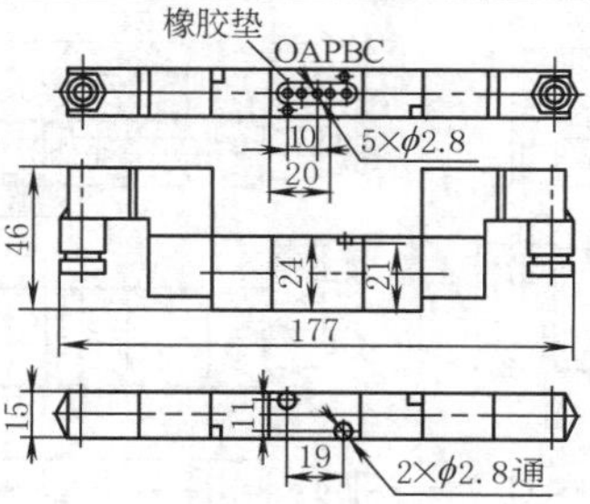<br>3mm 二位五通双电控换向阀（板接）</td><td>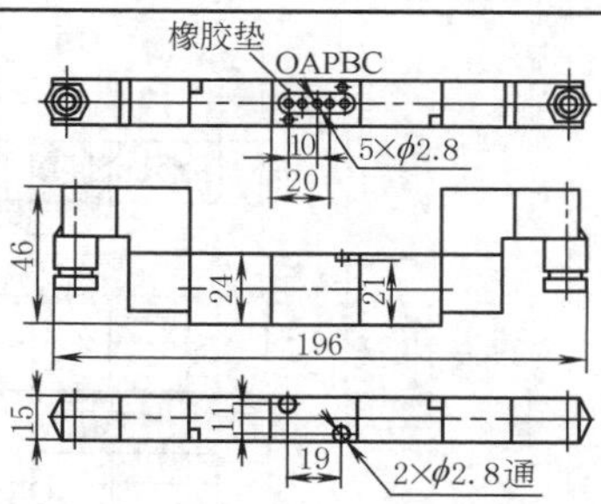<br>3mm 三位五通双电控换向阀（板接）</td></tr>
<tr><td>6mm，板接</td><td>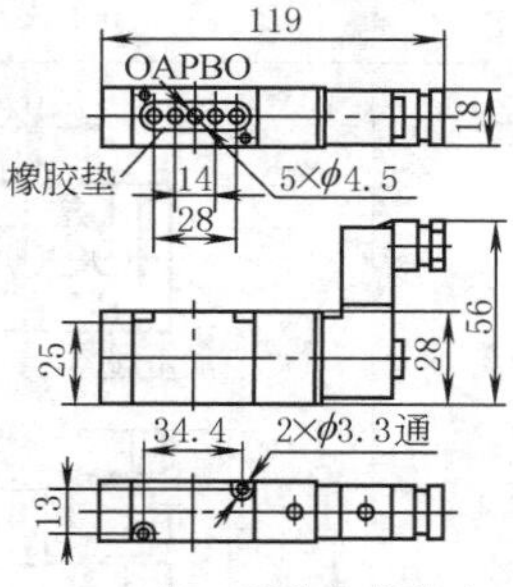<br>6mm 二位五通单电控换向阀（板接）</td><td>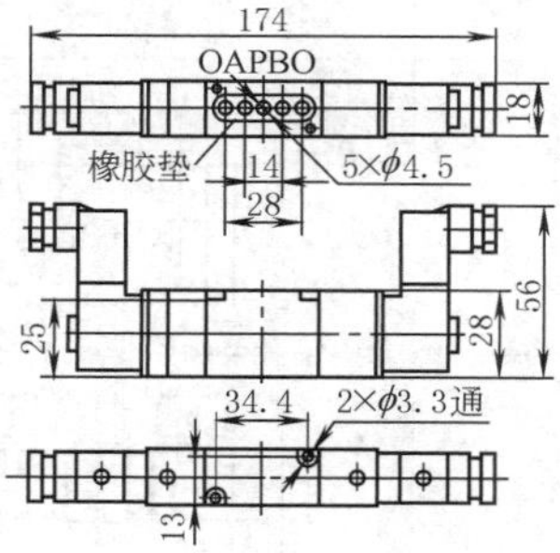<br>6mm 二位五通单电控换向阀（板接）</td><td>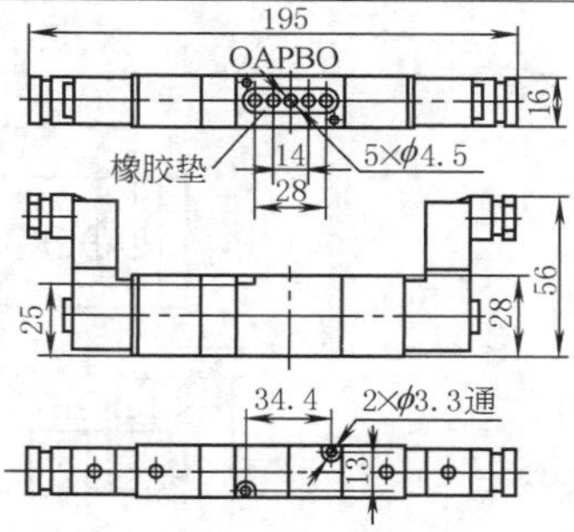<br>6mm 三位五通单电控换向阀（板接）</td></tr>
<tr><td>8mm，板接</td><td>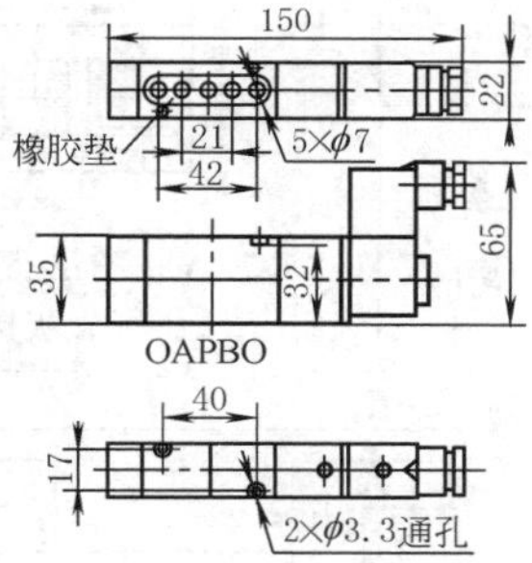<br>8mm 二位五通单电控换向阀（板接）</td><td>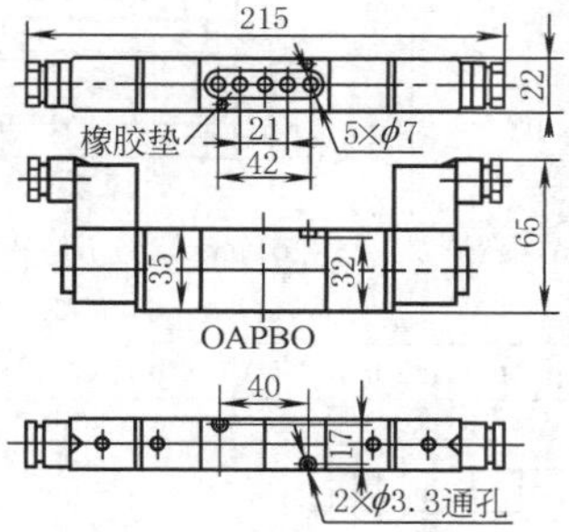<br>8mm 二位五通双电控换向阀（板接）</td><td>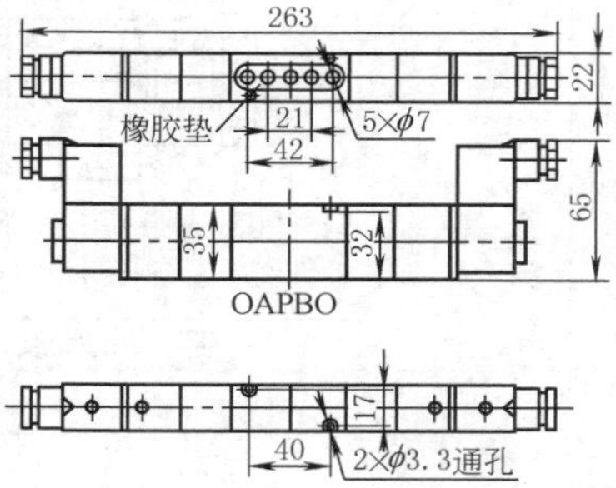<br>8mm 三位五通双电控换向阀（板接）</td></tr>
<tr><td>10mm，板接</td><td>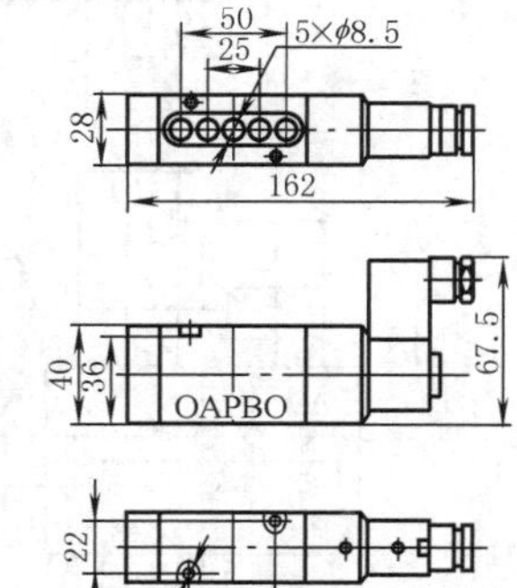<br>10mm 二位五通单电控换向阀（板接）</td><td>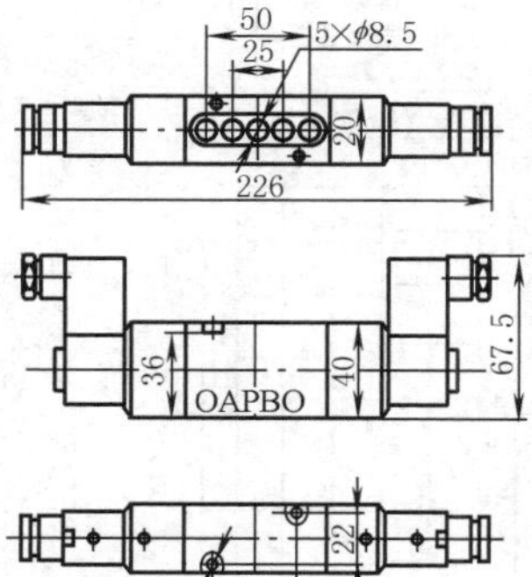<br>10mm 二位五通双电控换向阀（板接）</td><td>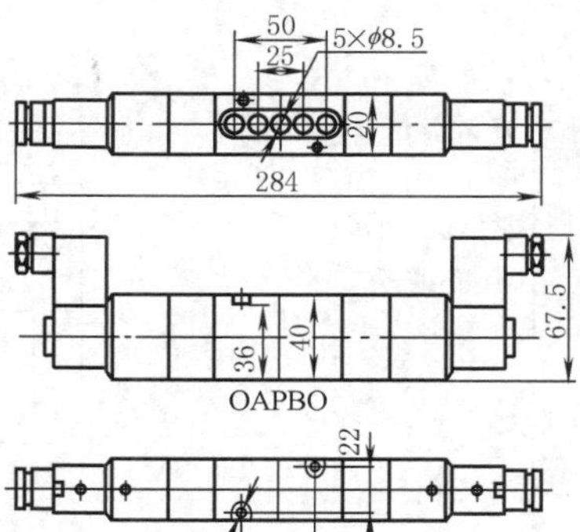<br>10mm 三位五通双电控换向阀（板接）</td></tr>
</table>

续表

| | | | | |
|---|---|---|---|---|
| 尺寸参数 | 15mm,板接 | 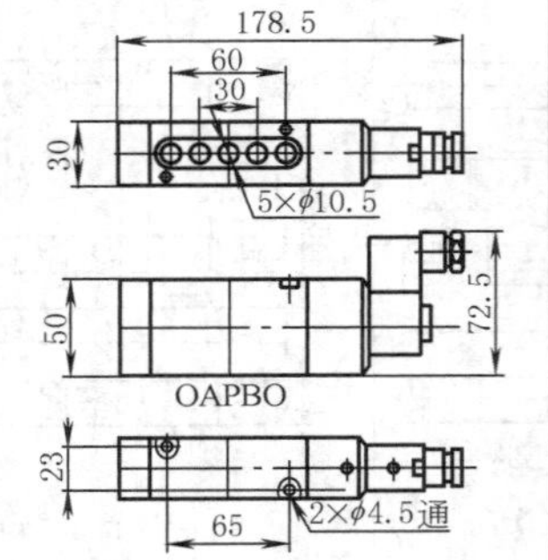<br>15mm 二位五通单电控换向阀(板接) | 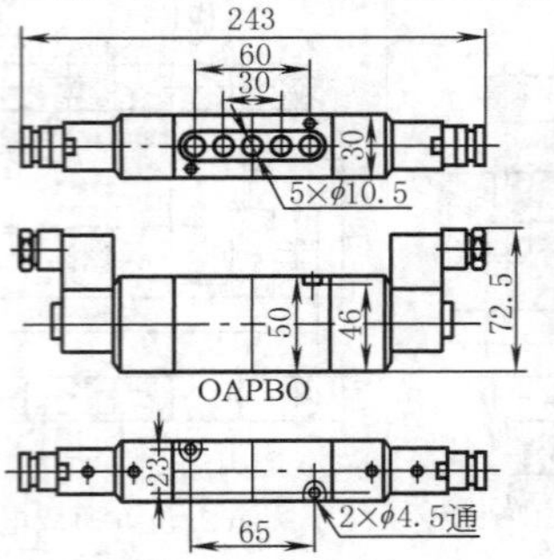<br>15mm 二位五通双电控换向阀(板接) | 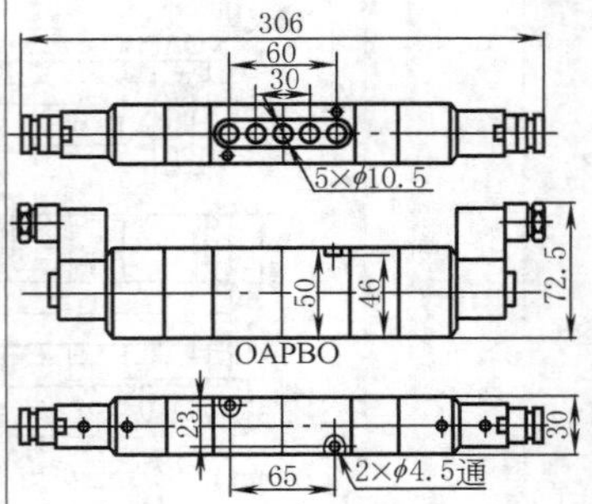<br>15mm 三位五通双电控换向阀(板接) |
| | 25(20)mm,板接 | 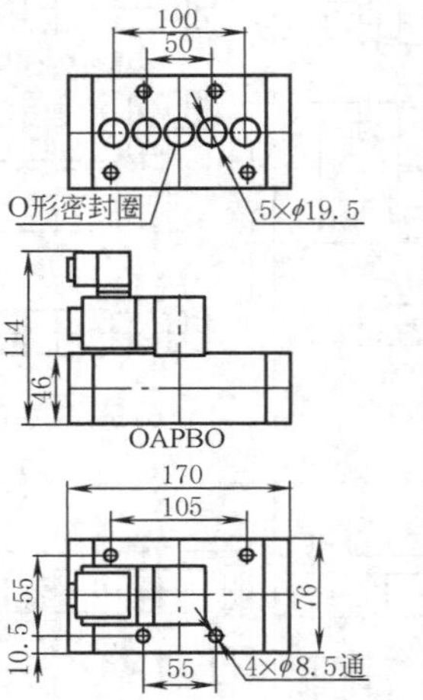<br>25(20)mm 二位五通单电控换向阀(板接) | 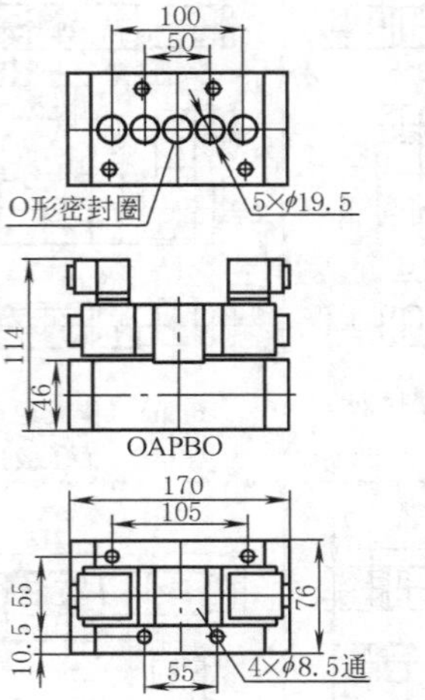<br>25(20)mm 二位五通双电控换向阀(板接) | 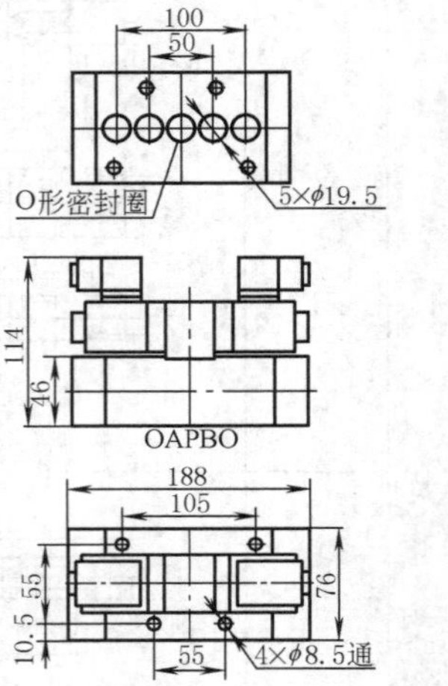<br>25(20)mm 三位五通双电控换向阀(板接) |
| | | 注:括号内的螺纹尺寸为通径 20mm 的气口螺纹尺寸 | | |
| | 3mm 电控换向阀,M型集装式、E型集装式尺寸 | 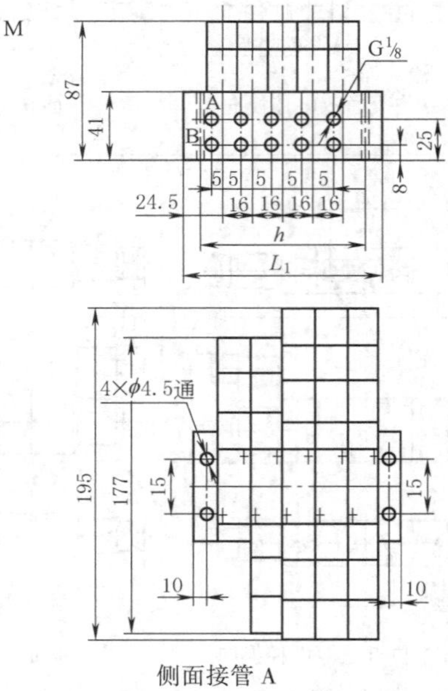<br>侧面接管 A | | 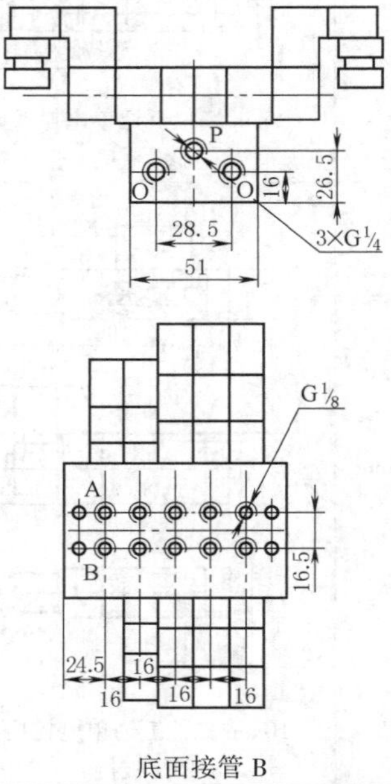<br>底面接管 B |

续表

**尺寸参数**

**3mm电控换向阀，M型集装式、E型集装式尺寸**

E

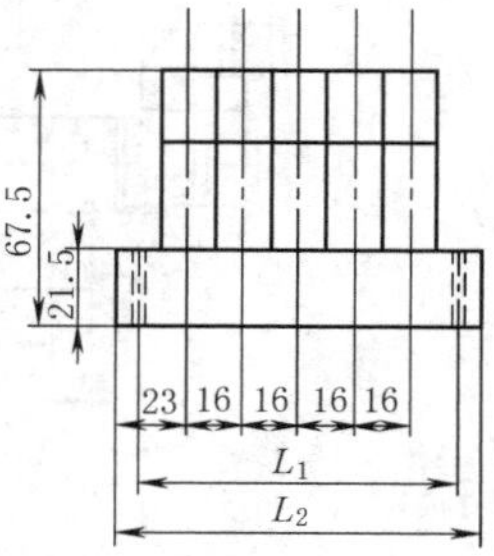


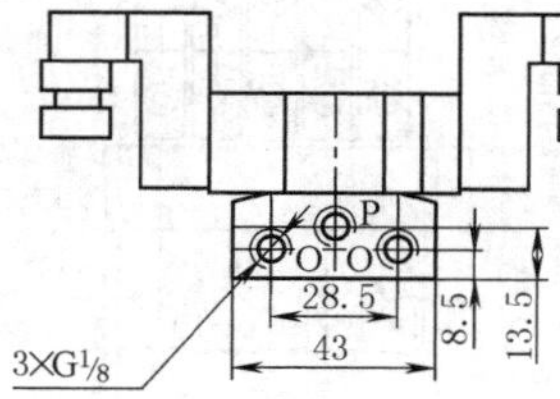


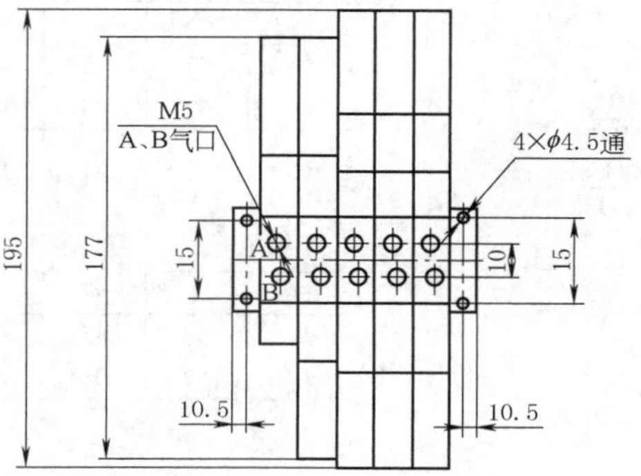


M型集装式　　mm

| 件数 | 2 | 4 | 6 | 8 | 10 |
|---|---|---|---|---|---|
| $L_1$ | 45 | 77 | 109 | 141 | 173 |
| $L_2$ | 65 | 97 | 129 | 161 | 193 |

E型集装式　　mm

| 件数 | 2 | 4 | 6 | 8 | 10 |
|---|---|---|---|---|---|
| $L_1$ | 41 | 73 | 105 | 137 | 169 |
| $L_2$ | 62 | 94 | 126 | 158 | 190 |

**6mm电控换向阀，M型集装式、E型集装式尺寸**

M

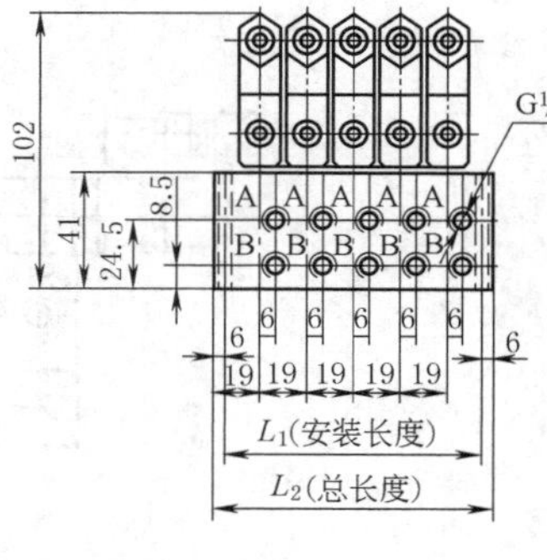


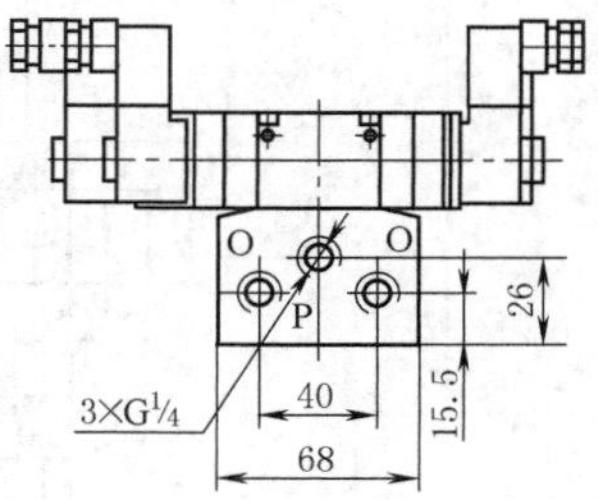


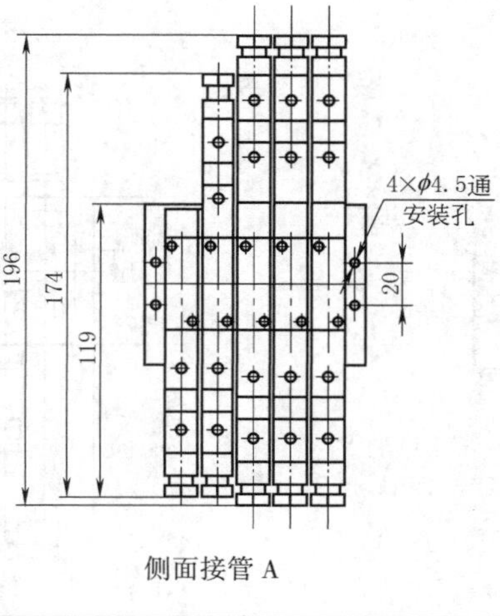


侧面接管 A

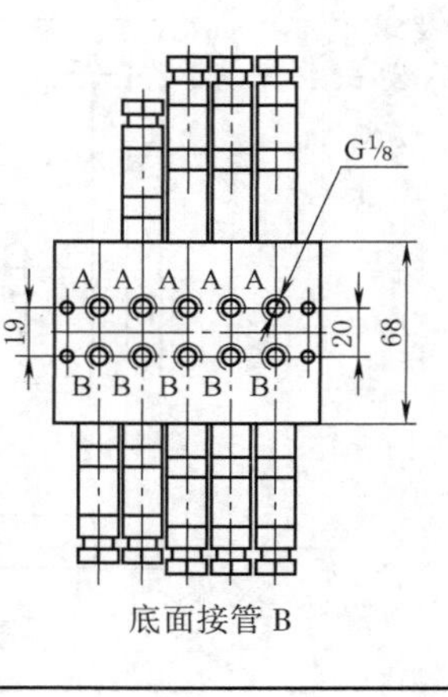


底面接管 B

续表

尺寸参数

6mm 电控换向阀，M 型集装式、E 型集装式尺寸

E

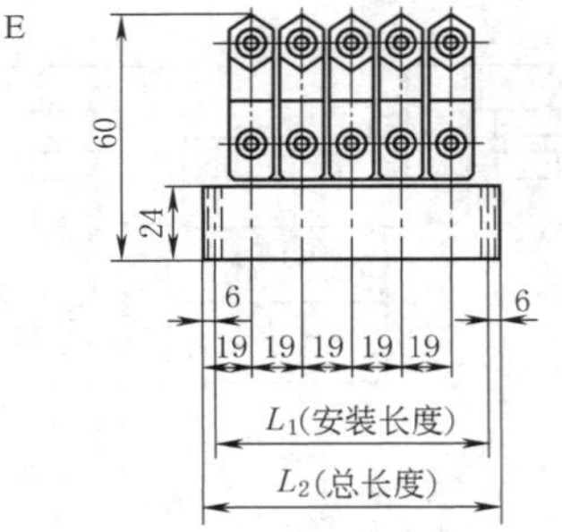


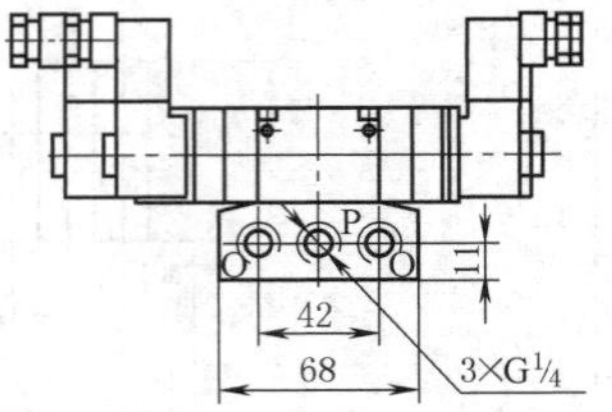


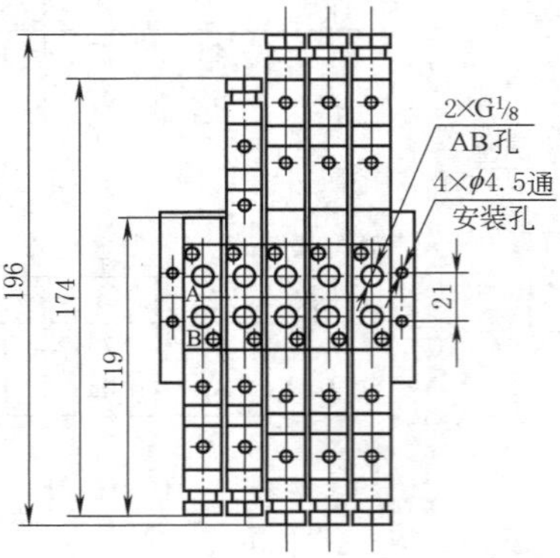


M 型集装式 mm

| 件数 | 2 | 4 | 6 | 8 | 10 |
|---|---|---|---|---|---|
| $L_1$ | 47 | 85 | 123 | 161 | 199 |
| $L_2$ | 57 | 95 | 133 | 171 | 209 |

E 型集装式 mm

| 件数 | 2 | 4 | 6 | 8 | 10 |
|---|---|---|---|---|---|
| $L_1$ | 47 | 85 | 123 | 161 | 199 |
| $L_2$ | 57 | 95 | 133 | 171 | 209 |

8mm 电控换向阀，M 型集装式、E 型集装式尺寸

M

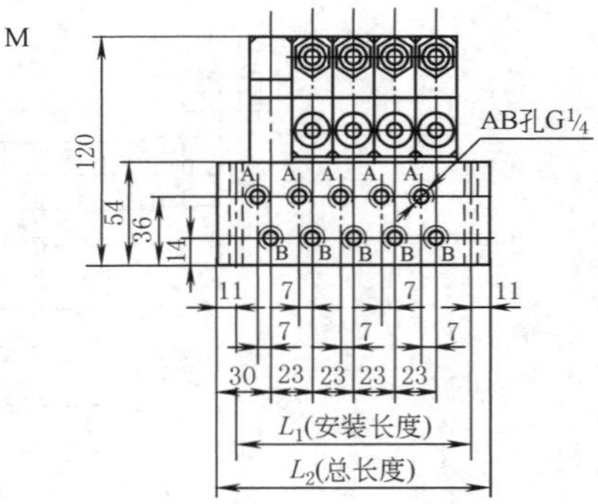


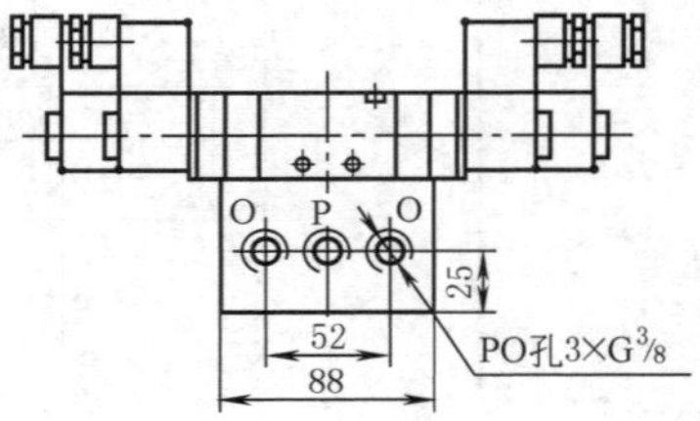


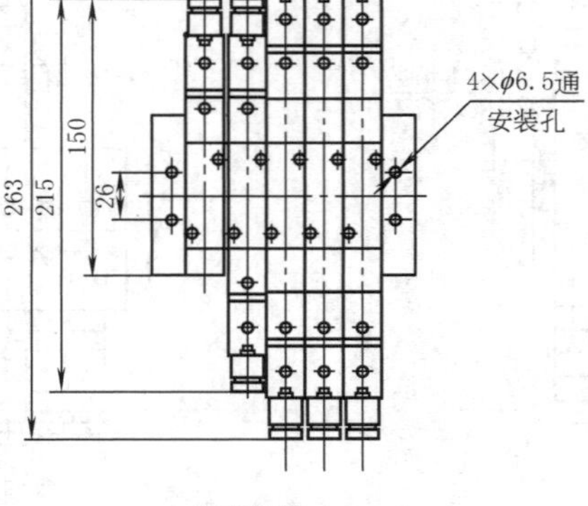


侧面接管 A

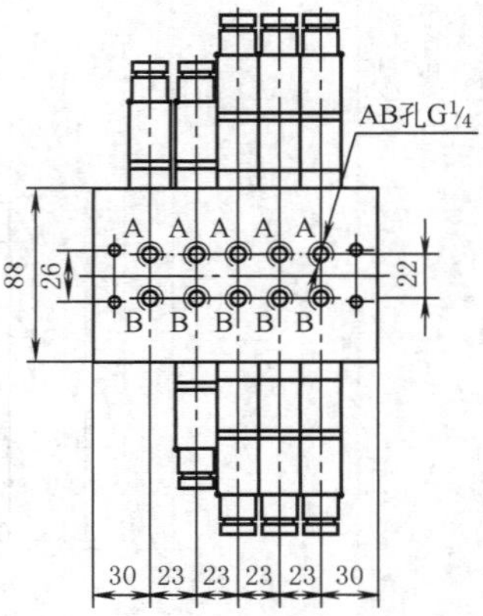


底面接管 B

续表

尺寸参数

8mm 电控换向阀，M 型集装式、E 型集装式尺寸

E

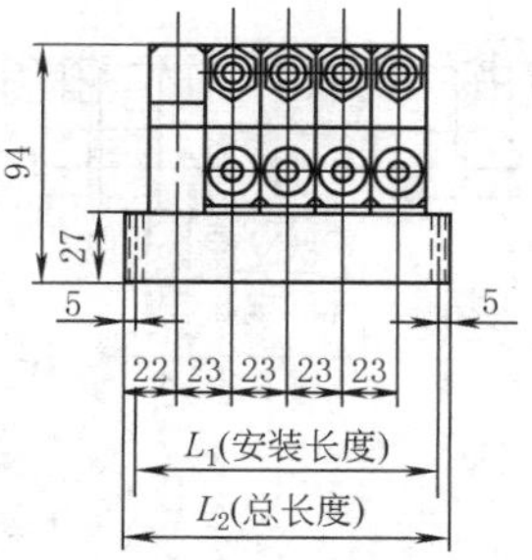


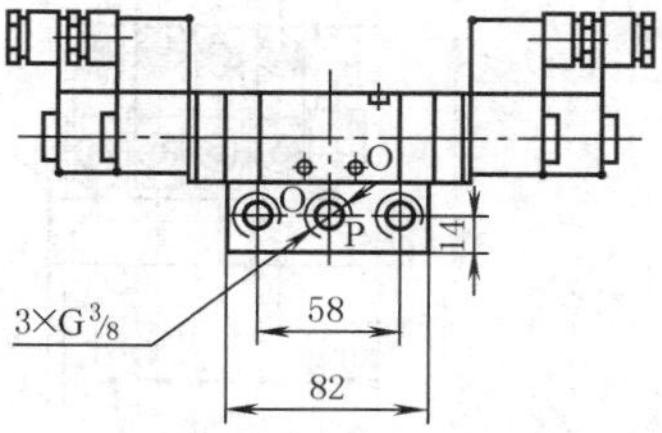


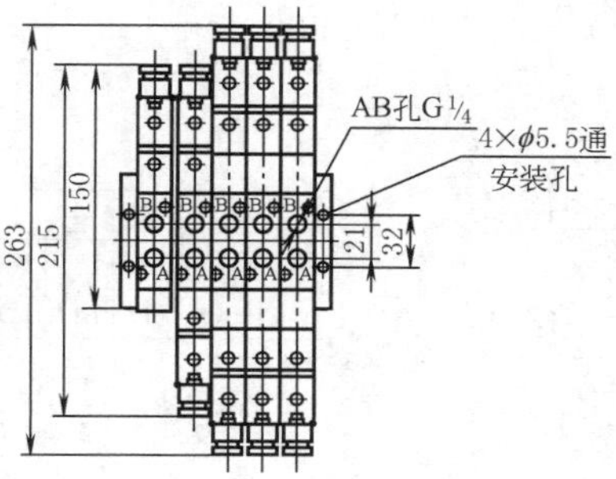


M 型集装式 mm

| 件数 | 2 | 4 | 6 | 8 | 10 |
|---|---|---|---|---|---|
| $L_1$ | 61 | 107 | 153 | 199 | 245 |
| $L_2$ | 83 | 129 | 175 | 221 | 267 |

E 型集装式 mm

| 件数 | 2 | 4 | 6 | 8 | 10 |
|---|---|---|---|---|---|
| $L_1$ | 57 | 103 | 149 | 195 | 241 |
| $L_2$ | 67 | 113 | 159 | 205 | 251 |

10mm 电控换向阀，M 型集装式、E 型集装式尺寸

M

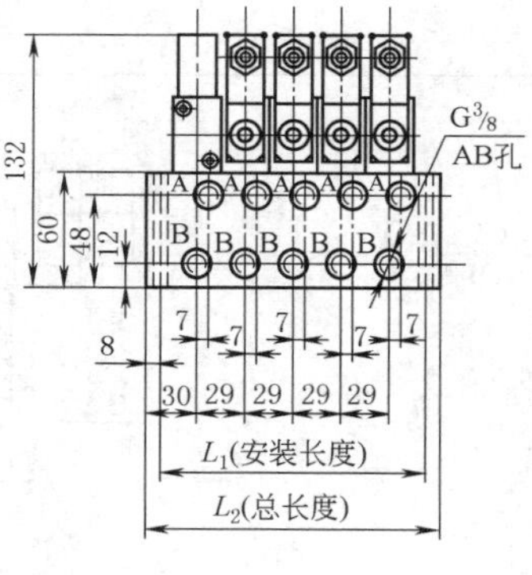


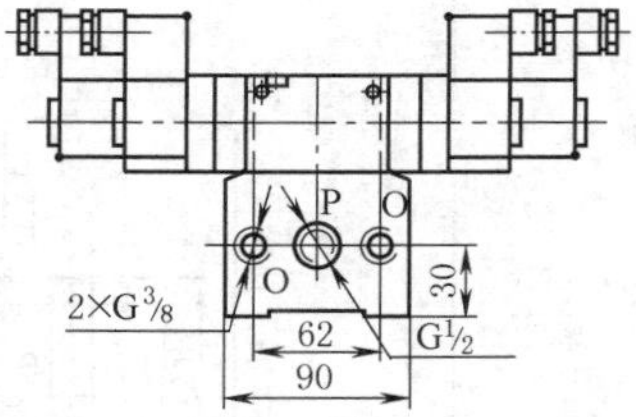


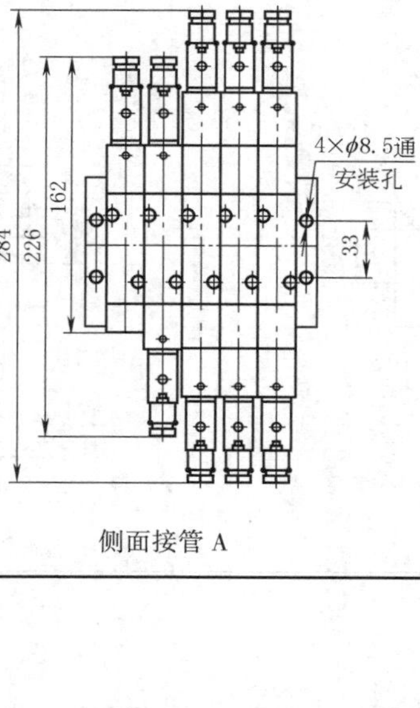


侧面接管 A

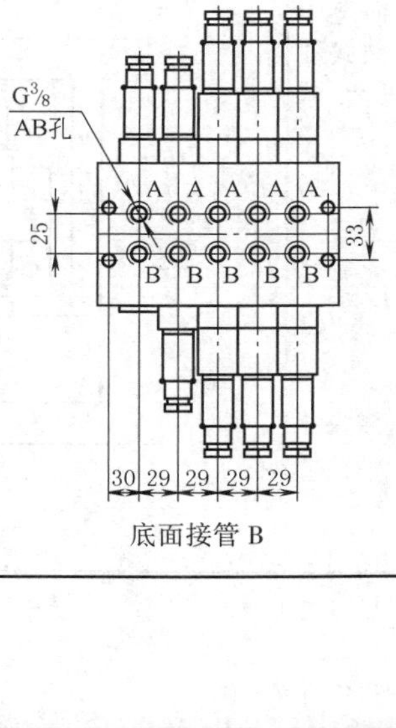


底面接管 B

第 23 篇

续表

尺寸参数

10mm 电控换向阀，M型集装式、E型集装式尺寸

E

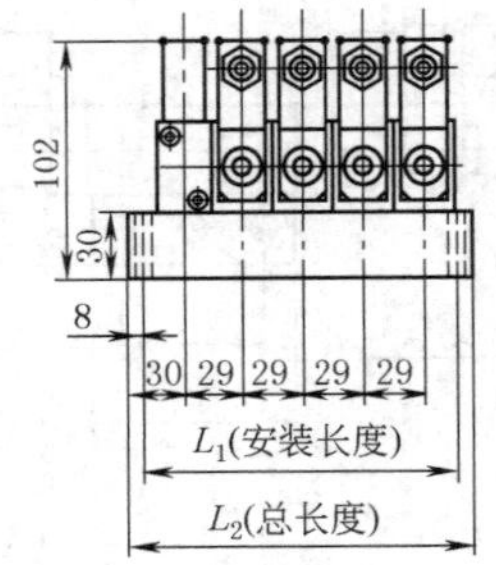


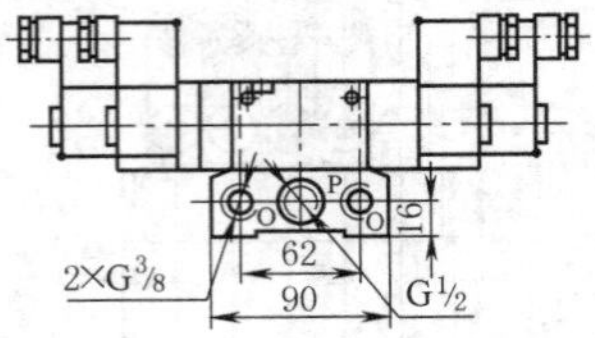


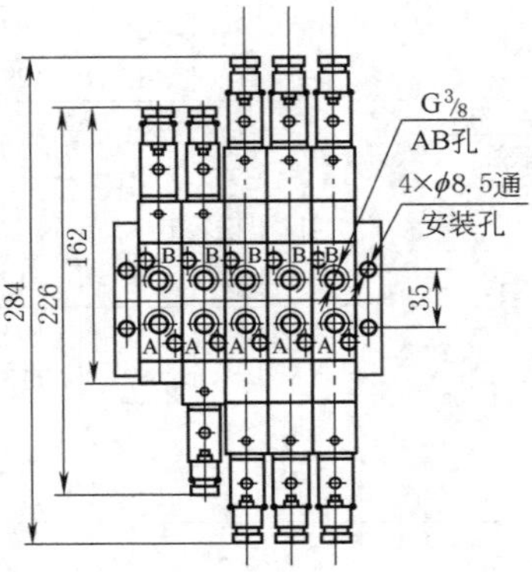


mm

| 件数 | 2 | 3 | 4 | 5 | 6 | 7 | 8 | 9 | 10 |
|---|---|---|---|---|---|---|---|---|---|
| $L_1$ | 73 | 102 | 131 | 160 | 189 | 218 | 247 | 276 | 305 |
| $L_2$ | 89 | 118 | 147 | 176 | 205 | 234 | 263 | 292 | 321 |

15mm 电控换向阀，M型集装式、E型集装式尺寸

M

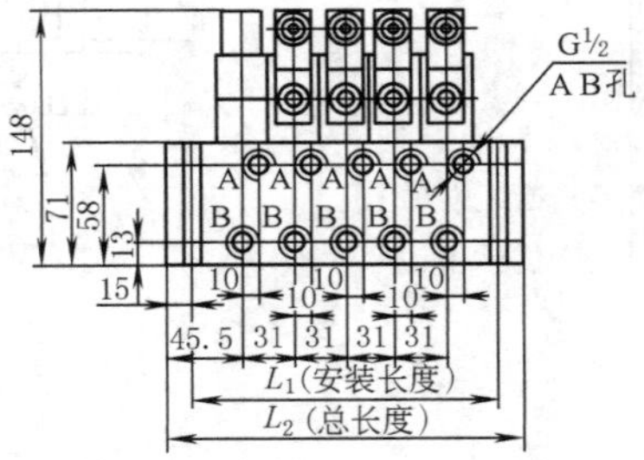


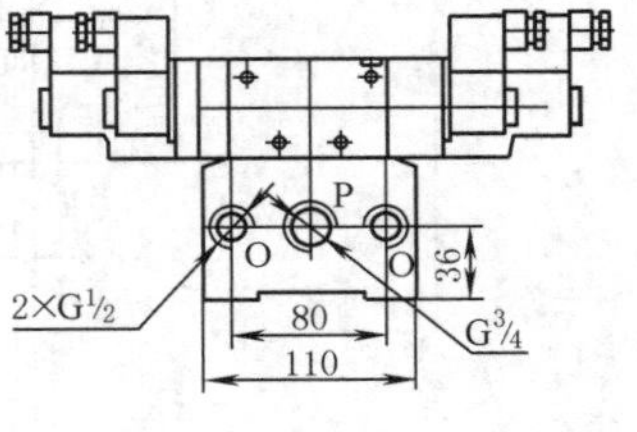


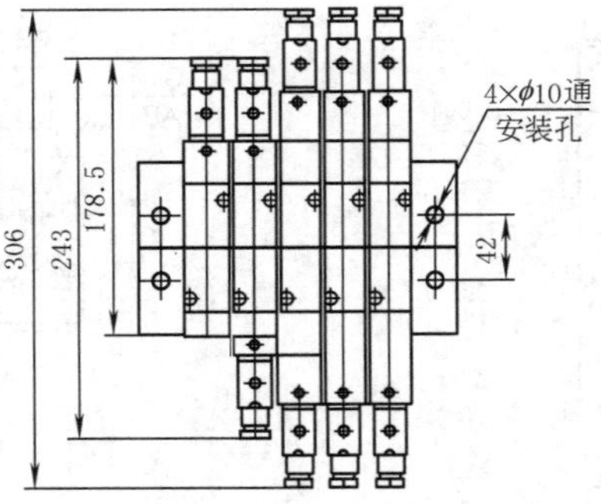


侧面接管A

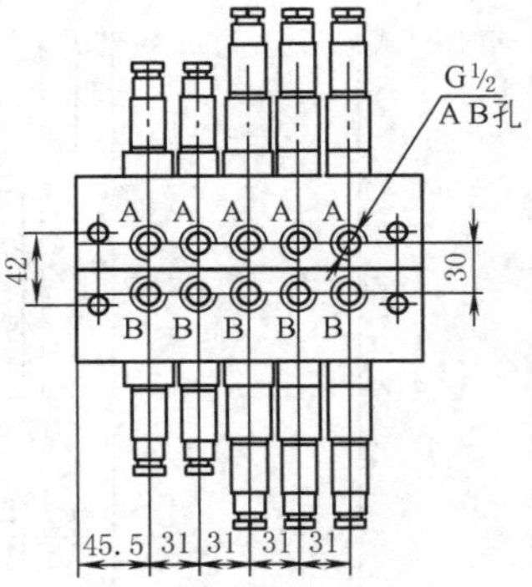


底面接管B

续表

| 尺寸参数 | 15mm 电控换向阀，M型集装式、E型集装式尺寸 | E |
|---|---|---|

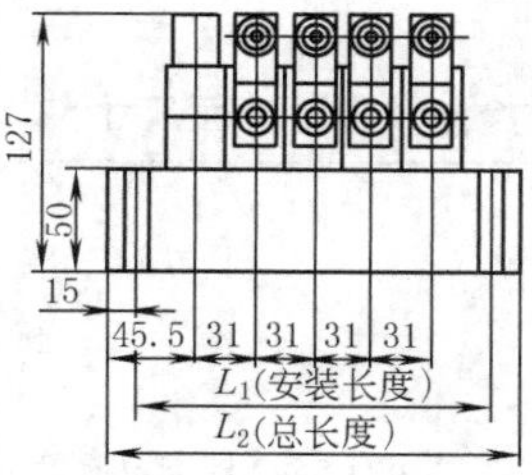


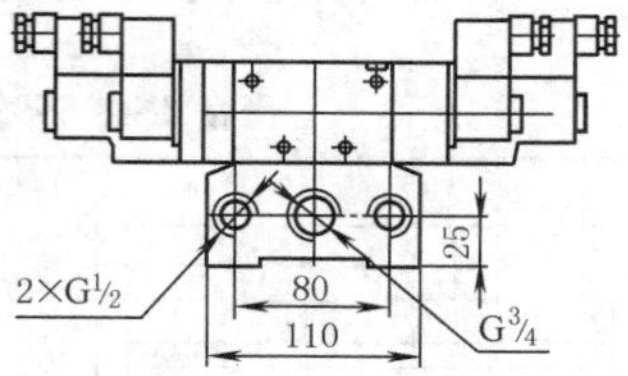


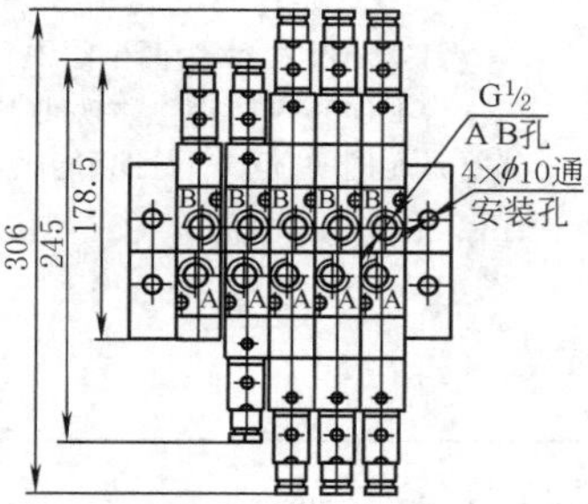


mm

| 件数 | 2 | 3 | 4 | 5 | 6 | 7 | 8 | 9 | 10 |
|---|---|---|---|---|---|---|---|---|---|
| $L_1$ | 92 | 123 | 154 | 185 | 216 | 247 | 278 | 309 | 340 |
| $L_2$ | 122 | 153 | 184 | 215 | 246 | 277 | 308 | 339 | 370 |

| 主要技术参数 | | | | | | | | |
|---|---|---|---|---|---|---|---|---|
| 公称通径/mm | | 3 | 6 | 8 | 10 | 15 | 20 | 25 |
| 工作压力范围/bar | 二位阀 | 1.5~8 | | | | | | |
| | 三位阀 | 2.5~8 | | | | | | |
| 使用温度范围/℃ | | -10~+55(但在不冻结条件下) | | | | | | |
| 有效截面积/mm² | 二位阀 | ≥3 | ≥10 | ≥20 | ≥40 | ≥60 | ≥110 | ≥190 |
| | 三位阀 | ≥3 | ≥5 | ≥10 | ≥20 | ≥40 | ≥60 | ≥110 |
| 工作电压/V | | AC:220,50Hz;DC:24 | | | | | | |
| 允许电压波动/% | | -15~+10 | | | | | | |
| 换向时间/s | | ≤0.03 | ≤0.04 | | ≤0.06 | | ≤0.10 | |
| 工作介质 | | 经过滤的压缩空气，可有油或无给油润滑 | | | | | | |
| 消耗功率/W | | | | 3 | | | AC:9,DC:7 | |

**表 23-5-32　　　　符合 QDC 阀尺寸的国内气动厂商**

| 厂　商 | 型号 | 公称通径/mm | 气接口尺寸 | 压力/温度范围 | 电压/V | 基本形式 |
|---|---|---|---|---|---|---|
| 方大 Fangda | Q25DC | 3、6、8、10、15、20、25 | M5、$R_c$½ | 1.5~8bar;-10~+55℃ | DC:24;AC:220 | 单电控、双电控 |
| | Q35DC | 3、6、8、10、15、20、25 | M5、$R_c$½ | 2.5~8bar;-10~+55℃ | DC:24;AC:220 | 单电控、双电控 |
| 华能 Huaneng | SR530 | 4.5、4 | M5、$R_c$⅛ | 单电控:1.5~7bar,双电控:1~7bar,三位五通:1.5~7bar;0~+50℃ | DC:12、24;AC:110、220 | 单电控、双电控 |
| | SR540 | 9、10 | $R_c$⅛、$R_c$¼ | 单电控:1.5~7bar,双电控:1~7bar,三位五通:1.5~7bar;0~+50℃ | DC:12、24;AC:110、220 | 单电控、双电控 |
| | SR550 | 13、15 | $R_c$⅛、$R_c$¼ | 单电控:1.5~9bar,双电控:1~9bar,三位五通:2~9bar;0~+50℃ | DC:12、24;AC:110、220 | 单电控、双电控 |
| | SR551 | 18、20 | $R_c$¼、$R_c$⅜ | 单电控:1.5~9bar,双电控:1~9bar,三位五通:2~9bar;0~+50℃ | DC:12、24;AC:110、220 | 单电控、双电控 |
| | SR561 | 30、35、40 | $R_c$⅜、$R_c$½ | 单电控:1.5~9bar,双电控:1~9bar,三位五通:2~9bar;0~+50℃ | DC:12、24;AC:110、220 | 单电控、双电控 |

注：以上公司均以开头字母顺序排列。

## 6.4 符合 ISO 5599 标准的电磁换向阀

**表 23-5-33　符合 ISO 5599 标准电磁换向阀主要界面尺寸**

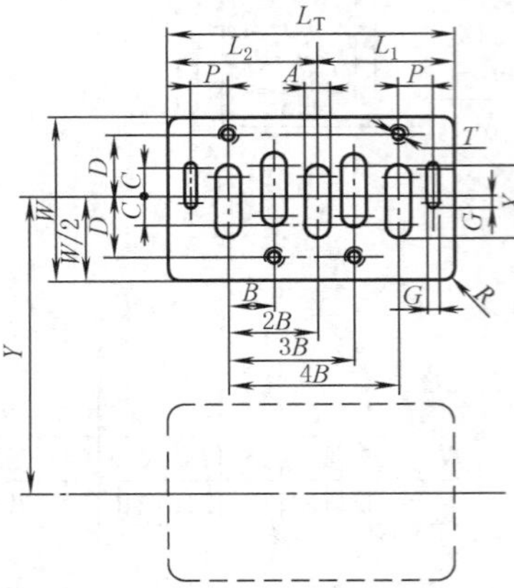

ISO 5599 标准电磁换向阀最主要界面尺寸反映在 B、D、W 及 Y，如表 23-5-33 中有三角记号。2B、4B、D 为四个螺钉安装尺寸，W 为两个阀中心距离，即反映阀的宽度。凡符合 ISO 5599 标准电磁换向阀，2B、4B、D 四个螺钉安装尺寸是相同的，但 W 尺寸只能比其小

**表 23-5-34　ISO 阀安装面尺寸（不带电气接头）**　mm

| 规格 | A | B | C | D | G | $L_1$ (min) | $L_2$ (min) | $L_T$ (min) | P | R (max) | T | W (min) | X | Y | 气孔面积 /mm² |
|---|---|---|---|---|---|---|---|---|---|---|---|---|---|---|---|
| 1 | 4.5 | 9 | 9 | 14 | 3 | 32.5 | — | 65 | 8.5 | 2.5 | M5×0.8 | 38 | 16.5 | 43 | 79 |
| 2 | 7 | 12 | 10 | 19 | 3 | 40.5 | — | 81 | 10 | 3 | M6×1 | 50 | 22 | 56 | 143 |
| 3 | 10 | 16 | 11.5 | 24 | 4 | 53 | — | 106 | 13 | 4 | M8×1.25 | 64 | 29 | 71 | 269 |
| 4 | 13 | 20 | 14.5 | 29 | 4 | 64.5 | 77.5 | 142 | 15.5 | 4 | M8×1.25 | 74 | 36.5 | 82 | 438 |
| 5 | 17 | 25 | 18 | 34 | 5 | 79.5 | 91.5 | 171 | 19 | 5 | M10×1.5 | 88 | 42 | 97 | 652 |
| 6 | 20 | 30 | 22 | 44 | 5 | 95 | 105 | 200 | 22.5 | 5 | M10×1.5 | 108 | 50.5 | 119 | 924 |

**表 23-5-35　ISO 5599 标准阀的主要技术参数**

ISO 5599 标准阀是具气动底座的板式阀，板式连接有单个板接方式和集成板接两种（按 ISO 标准分类），有电控和气控两种控制方式，ISO 5599 标准阀具内先导或外先导两种动作方式，有气弹簧复位功能或机械弹簧复位，下列图以德国 FESTO MN1H 系列产品为例，主要技术参数见本表，单电控电磁阀和三位五通电控电磁阀结构及尺寸参数见表 23-5-36

不同系列的 ISO 阀的区别主要反映在功耗上，电插座尺寸上，电接口标准上（有的接口标准符合 EN175301-803、A 型，有的采用圆形 4 针电插口 M12×1 等），不同的工作电压上，还反映在开关时间上。表 23-5-40 列出的是在板接连接界面上尺寸相同的气动厂商名单、产品型号

| | | | | |
|---|---|---|---|---|
| 主要技术参数 | ISO 规格 | 1 | 2 | 3 |
| | 阀功能 | 二位五通，单电控 | | |
| | 结构特点 | 滑阀 | | |
| | 密封原理 | 软性 | | |
| | 驱动方式 | 电 | | |
| | 复位方式 | 机械弹簧或气弹簧 | | |
| | 先导控制方式 | 先导控制 | | |
| | 先导气源 | 内先导或外先导 | | |
| | 流动方向 | 单向 | | |
| | 排气功能 | 带流量控制 | | |
| | 手控装置 | 通过附件，锁定 | | |
| | 安装方式 | 通孔安装 | | |
| | 安装位置 | 任意位置 | | |
| | 公称通径/mm | 8 | 11 | 14.5 |
| | 标准额定流量/$L \cdot min^{-1}$ | 1200 | 2300 | 4500 |
| | 阀位尺寸/mm | 43 | 56 | 71 |
| | 底座上的气接口 | G¼ | G⅜ | G½ |
| | 产品质量/g | 450 | 710 | 1000 |
| | 排气噪声级/dB(A) | 85 | | |

续表

| | | | | | | | | |
|---|---|---|---|---|---|---|---|---|
| 工作和环境条件 | 复位方式 | | | | 气复位 | | 机械复位 | |
| | 工作介质 | | | | 过滤压缩空气,润滑或未润滑<br>真空 | | | |
| | 工作压力/bar | 内先导气源 | | | 2~10 | | 3~10 | |
| | | 外先导气源 | | | -0.9~+16 | | -0.9~+16 | |
| | 先导压力/bar | | | | 2~10 | | 3~10 | |
| | 环境温度/℃ | | | | -10~50 | | | |
| | 介质温度/℃ | | | | -10~50 | | | |
| 阀的响应时间/ms | 二位五通单电控 | ISO 规格 | 1 | | 2 | | 3 | |
| | | 复位方式 | 气动 | 机械 | 气动 | 机械 | 气动 | 机械 |
| | | 开 | 23 | 17 | 46 | 24 | 49 | 33 |
| | | 关 | 32 | 39 | 69 | 62 | 71 | 74 |
| | 二位五通双电控 | ISO 规格 | 1 | | 2 | | 3 | |
| | | | | 14 口为主控信号 | | 14 口为主控信号 | | 14 口为主控信号 |
| | | | 18 | 12:18ms;14:15ms | 21 | 12:24ms;14:21ms | 21 | 12:24ms;14:21ms |
| | 三位五通电控 | ISO 规格 | 1 | | 2 | | 3 | |
| | | | 开 | 关 | 开 | 关 | 开 | 关 |
| | | 带 N1 型电磁线圈 | | | | | | |
| | | 中封式 | 20 | 44 | 33 | 82 | 33 | 82 |
| | | 中泄式 | 20 | 46 | 36 | 84 | 36 | 84 |
| | | 中压式 | 20 | 46 | 35 | 78 | 35 | 78 |
| 电参数 | N1 型电磁线圈 | | | | | | | |
| | 电接口 | | | | 插头,方形结构,符合 EN175301-803 标准,A 型 | | | |
| | 工作电压 | 直流电压/V | | | 24 | | | |
| | | 交流电压/V | | | 110/230(50~60Hz) | | | |
| | 线圈特性 | 直流电/W | | | 2.5 | | | |
| | | 交流电/V·A | | | 开关:7.5<br>保持:5 | | | |
| | 防护等级符合 EN 60529 标准 | | | | IP65 | | | |

**表 23-5-36　　MN1H 系列单、双电控及三位五通电磁阀**

MN1H系列的单电控电磁阀结构图及尺寸参数

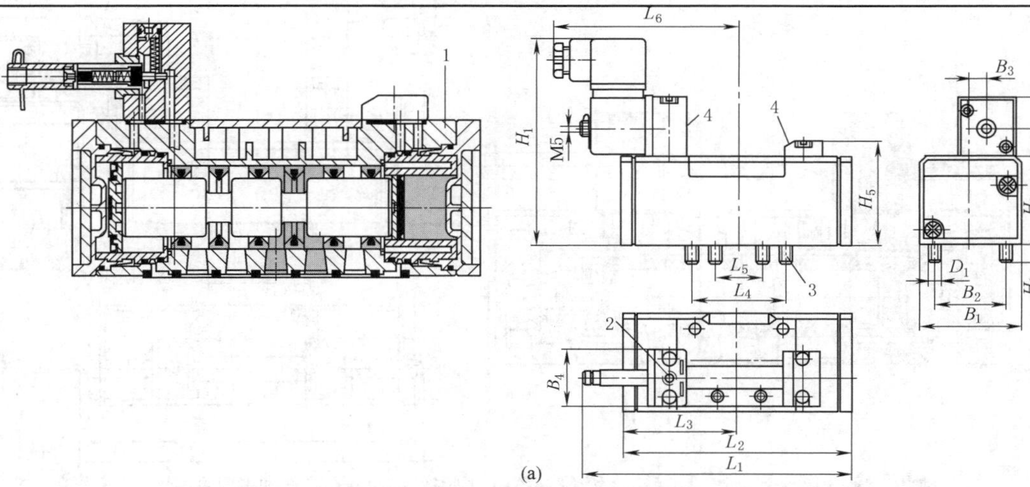


(a)

1—阀体,材料为压铸合金、聚醋酸酯,其密封件材料为丁腈橡胶(两者材料中都不含铜和四氟乙烯)
2—手控装置;3—安装螺钉;4—标牌槽

mm

| 型号 | | $B_1$ | $B_2$ | $B_3$ | $B_4$ | $D_1$ | $H_1$ | $H_2$ | $H_3$ | $H_4$ | $H_5$ | $L_1$ | $L_2$ | $L_3$ | $L_4$ | $L_5$ | $L_6$ |
|---|---|---|---|---|---|---|---|---|---|---|---|---|---|---|---|---|---|
| ISO 规格 1 | MN1H-5/2 | 42 | 28 | 6 | 30 | M5 | 106 | 74 | 38 | 9 | 46.5 | 117.5 | 87.6 | 43.8 | 36 | 18 | 89 |
| | MN1H-5/2-FR | | | | | | | | | | | 128 | 98 | | | | |
| ISO 规格 2 | MN1H-5/2 | 54 | 38 | 9 | 30 | M6 | 116 | 84 | 48 | 9.5 | 56.5 | 147.6 | 123.4 | 61.7 | 48 | 24 | 98 |
| | MN1H-5/2-FR | | | | | | | | | | | 161.5 | 140.7 | | | | |
| ISO 规格 3 | MN1H-5/2 | 65 | 48 | 12 | 30 | M8 | 123 | 91 | 55 | 12 | 63.5 | 169 | 145.4 | 72.7 | 64 | 32 | 109 |
| | MN1H-5/2-FR | | | | | | | | | | | 184.8 | 164.7 | | | | |

续表

**MN1H系列的双电控电磁阀结构图及尺寸参数**

双电控电磁阀技术参数除了复位方式仅采用机械弹簧复位外，开关时间与单电控电磁阀不同（ISO 规格 1 号阀：开 18ms、换向开 15ms，ISO 规格 2 号阀：开 24ms、换向开 21ms，ISO 规格 3 号阀：开 24ms、换向开 21ms），通常双电控的开关时间比单电控的开关时间要快，重量与单电控电磁阀不同；双电控电磁阀的工作压力为 2～10bar。其余技术指标参数可参考表 23-5-34。双电控电磁阀结构图及尺寸参数可见图 b

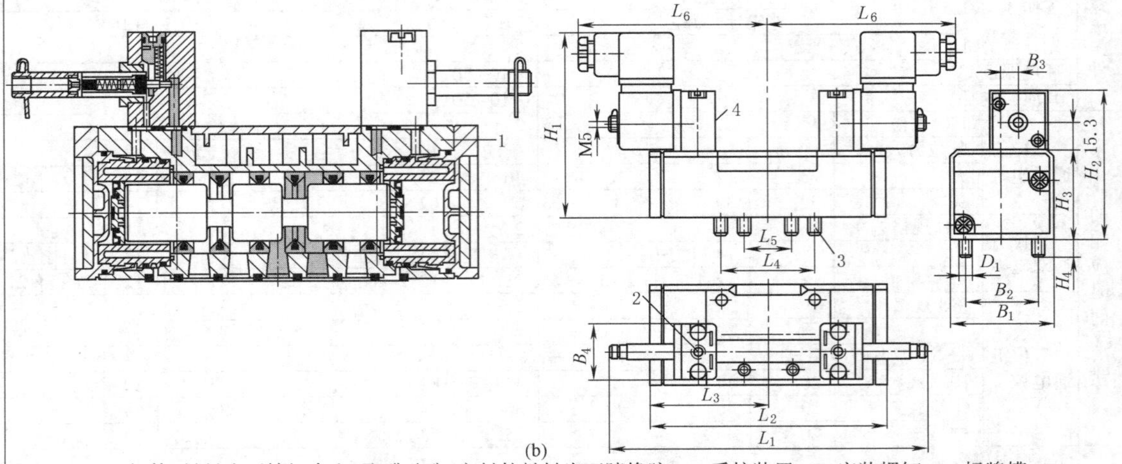


(b)

1—阀体，材料为压铸铝合金，聚醋酸酯，密封件材料为丁腈橡胶；2—手控装置；3—安装螺钉；4—标牌槽

mm

| ISO 规格 | $B_1$ | $B_2$ | $B_3$ | $B_4$ | $D_1$ | $H_1$ | $H_2$ | $H_3$ | $H_4$ | $L_1$ | $L_2$ | $L_3$ | $L_4$ | $L_5$ | $L_6$ |
|---|---|---|---|---|---|---|---|---|---|---|---|---|---|---|---|
| 1 | 42 | 28 | 6 | 30 | M5 | 106 | 74 | 38 | 9 | 147.3 | 87.6 | 43.8 | 36 | 18 | 89 |
| 2 | 54 | 38 | 9 | 30 | M6 | 116 | 84 | 48 | 9.5 | 165 | 123.4 | 61.7 | 48 | 24 | 98 |
| 3 | 65 | 48 | 12 | 30 | M8 | 123 | 91 | 55 | 12 | 185.7 | 145.4 | 72.7 | 64 | 32 | 109 |

**MN1H系列的三位五通电磁阀结构图及尺寸参数**

三位五通电磁阀技术参数除了复位方式仅采用机械弹簧复位外，开关时间与单电控电磁阀不同（ISO 规格 1 号阀：中封式开 20ms、关 44ms；中泄式开 20ms、关 46ms；中压式开 20ms、关 46ms。ISO 规格 2 号阀：中封式开 33ms、关 82ms；中泄式开 36ms、关 84ms；中压式开 35ms、关 78ms。ISO 规格 3 号阀：中封式开 33ms、关 82ms；中泄式开 36ms、关 84ms；中压式开 35ms、关 78ms）；三位五通的工作压力为 3～10bar。先导控制压力为 3～10bar 其余技术指标参数可参考表 23-5-34。三位五通电磁阀结构图及尺寸参数见图 c 和图 d

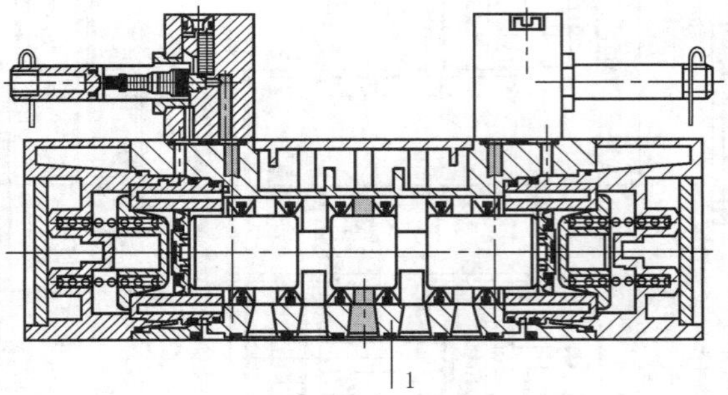


(c)

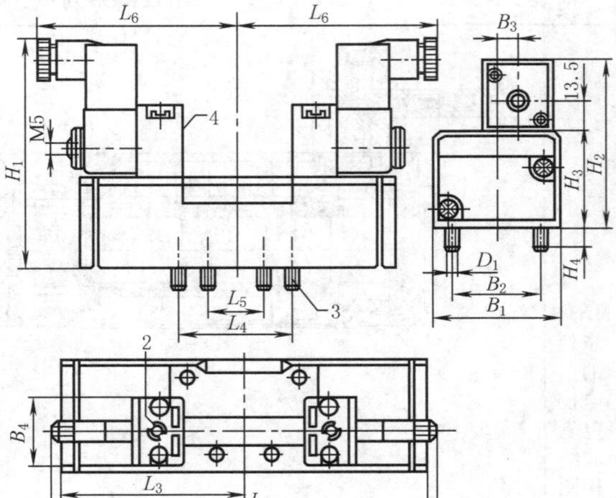


(d)

1—阀体材料为压铸铝合金、聚醋酸酯，密封件材料为丁腈橡胶（材料不含铜和聚四氟乙烯）；2—手控装置；3—安装螺钉；4—标牌槽

mm

| ISO 规格 | 1 | 2 | 3 | ISO 规格 | 1 | 2 | 3 |
|---|---|---|---|---|---|---|---|
| $B_1$ | 42 | 54 | 65 | $H_4$ | 9 | 9.5 | 12 |
| $B_2$ | 28 | 38 | 48 | $L_1$ | 142.6 | 160 | 181 |
| $B_3$ | 6 | 9 | 12 | $L_2$ | 108.4 | 158 | 184 |
| $B_4$ | 30 | 30 | 30 | $L_3$ | 54.2 | 79 | 92 |
| $D_1$ | M5 | M6 | M8 | $L_4$ | 36 | 48 | 64 |
| $H_1$ | 100 | 110 | 117 | $L_5$ | 18 | 24 | 32 |
| $H_2$ | 70.3 | 80.3 | 87.3 | $L_6$ | 89 | 98 | 109 |
| $H_3$ | 38 | 48 | 55 | | | | |

表 23-5-37 符合 ISO 5599 标准换向阀生产厂商

| 厂 商 | 型 号 | ISO 规格 | 流量/接口尺寸 | 压力/温度范围 | 电压/V | 电接口形式 | 基本形式 |
|---|---|---|---|---|---|---|---|
| CKD | PV5-6<br>PV5-8 | 1 号<br>2 号 | $R_c$ ¼:25mm²;$R_c$ ⅜:28mm²;$R_c$ ½: 55mm²; $R_c$ ¾:63mm² | 1.5~10bar;<br>-10~+60℃ | DC:12、24<br>功耗:1.8W<br>AC:100、200 | | 5/2 单电控、5/2 双电控、5/3 电控 |
| Festo | MN1H | 1 号<br>2 号<br>3 号 | 1200L/min、<br>2300L/min、<br>4500L/min | 2~16bar;<br>-10~+60℃ | DC:24<br>AC:110/230(50~60Hz) | 方形,符合 EN 175301-803、A 型 | 5/2 单电控(气控)、5/2 双电控(气控),5/3 电控(气控) |
| | MFH | 1 号<br>2 号<br>3 号 | 1200L/min、<br>2300L/min、<br>4500L/min | 2~16bar;<br>-10~+60℃ | DC: 12、24、42、48<br>AC: 24、42、48、110、230、240(50~60Hz) | F 型线圈 | 5/2 单电控(气控)、5/2 双电控(气控)、5/3 电控(气控) |
| | MDH | 4 号 | | | | | |
| | MEBH | 1 号<br>2 号<br>3 号 | | | | | |
| Metal Work | ISV 电控阀 | 1 号<br>2 号 | 1100L/min、<br>2700L/min | 1~10bar;<br>-10~+60℃ | DC:12、24<br>AC:24、110、220 | DIN 43650 A 型、M12 | IPV 为气控阀 |
| Norgren | ISO STAR | 1 号<br>2 号<br>3 号 | 1230L/min、<br>2450L/min、<br>4400L/min | 1~16bar;<br>-15~+50℃ | DC:12、24<br>AC: 24、48、110、220 | CNOMO 型或 DIN 43650 A 型 | 复位有气弹簧或机械弹簧 |
| Numetics | ISO 5599i-12<br>ISO 5599i-23<br>ISO 5599i-34 | 1 号<br>2 号<br>3 号 | | 0~16bar;<br>-20~+80℃ | | | 金属密封阀 |
| Parker | DX1<br>DX2<br>DX3 | 1 号<br>2 号<br>3 号 | | -0.9~12bar;<br>-10~+60℃ | | | |
| Pneumax | ISO 5599 | 1 号<br>2 号<br>3 号 | 90L/min、<br>1600L/min、<br>3600L/min | 2~10bar | | | |
| SMC | VP7-6<br>VP7-8 | 1 号($R_c$⅜)<br>2 号($R_c$¾) | 1600L/min、<br>3600L/min | 1.5~9bar;<br>5~+50℃ | DC:12、24<br>AC:110、220 | | VS7-6、VS7-8 为金属密封 |

表 23-5-38 符合 ISO 15407 标准的电磁换向阀

ISO 15407 标准阀是具有气动底座的板式阀,板式连接有单个板接方式和集成板接两种(其主要连接的界面尺寸详见表 23-5-1),有电控和气控两种控制方式,ISO 15407 标准阀具内先导或外先导两种动作方式,有气弹簧复位功能或机械弹簧复位,下列图参照德国 FESTO MN2H 系列产品为例,主要技术参数见本表,单电控电磁阀,双电控电磁阀和三位五通电控电磁阀结构及尺寸参数见表 23-5-39 及表中图

不同系列的 ISO 阀的区别主要反映在功耗上、电插座尺寸上、电接口标准上(有的接口标准符合 EN175301-803、A 型,有的采用圆形 4 针电插口 M12×1 等)、不同的工作电压、开关时间上。表 23-5-40 列出的是在板接连接界面上尺寸相同的气动厂商名单、产品型号

| | | | |
|---|---|---|---|
| 主要技术参数 | ISO 规格 | 02 | 01 |
| | 阀功能 | 2 个两位三通,单电控 | |
| | 结构特点 | 滑阀 | |
| | 密封原理 | 软性 | |
| | 驱动方式 | 电 | |
| | 复位方式 | 气弹簧 | |
| | 先导控制方式 | 先导控制 | |
| | 先导气源 | 内先导 | |
| | 流动方向 | 单向 | |
| | 排气功能 | 带流量控制 | |
| | 手控装置 | 通过附件,锁定 | |
| | 安装方式 | 通孔安装 | |
| | 安装位置 | 任意位置 | |
| | 公称通径/mm | 6 | 8 |
| | 标准额定流量/$L\cdot min^{-1}$ | 440 | 950 |

续表

| | | | | | | | |
|---|---|---|---|---|---|---|---|
| 主要技术参数 | 阀位尺寸/mm | | | 19 | | 27 | |
| | 气接口 | 1,2,3,4,5 | | G1/8 | | G1/4 | |
| | | 12,14 | | M5 | | M5 | |
| | 产品质量/g | | | 210 | | 320 | |
| | 排气噪声级/dB(A) | | | 75 | | | |
| 工作和环境条件 | ISO 规格 | | | 02 | | 01 | |
| | 工作介质 | | | 过滤压缩空气,润滑或未润滑<br>真空 | | | |
| | 工作压力/bar | 内先导气源 | | 2~10 | | | |
| | | 外先导气源 | | -0.9~10 | | -0.9~16 | |
| | 先导压力/bar | | | 2~10 | | | |
| | 环境温度/℃ | | | -10~+50 | | | |
| | 介质温度/℃ | | | -10~+50 | | | |
| 阀的响应时间/ms | 二位五通单电控 | ISO 规格 | | 02 | | 01 | |
| | | 复位方式 | | 气 | 机械 | 气 | 机械 |
| | | 开 | | 23 | 18 | 31 | 24 |
| | | 关 | | 27 | 34 | 43 | 58 |
| | 二位五通双电控 | ISO 规格 | | 02 | | 01 | |
| | | | | | 14 口为主控信号 | | 14 口为主控信号 |
| | | 开/转换 | | — | 16 | — | 16 |
| | | 关/转换 | | 16 | 16 | 18 | 18 |
| | 三位五通电控 | ISO 规格 | | 02 | | 01 | |
| | | 中封式 | 开 | 17 | | 23 | |
| | | | 关 | 22 | | 52 | |
| | | 中泄式 | 开 | 18 | | 23 | |
| | | | 关 | 28 | | 52 | |
| | | 中压式 | 开 | 18 | | 23 | |
| | | | 关 | 30 | | 52 | |
| 电参数 | 电接口　结构 | | | 插头,方形结构,符合 EN 175301-803 标准,C 型 | | | |
| | | | | 中间插头,圆形结构,M12×1 | | | |
| | 工作电压 | 直流电压/V | | 12,14+10%/-15% | | | |
| | | 交流电压/V | | 24,110/230±10%(50~60Hz) | | | |
| | 线圈特性 | 直流电压/W | | 1.5 | | | |
| | | 交流电/V·A | | 开关:3<br>保持:2.4 | | | |
| | 防护等级符合 EN 60529 标准 | | | IP65(与插座组合使用) | | | |
| | CE 标志 | | | 符合 EU 指令 73/23/EEC | | | |

**表 23-5-39　　MN2H 系列单、双电控及三位五通电控阀**

MN2H 单电控阀的主要界面尺寸

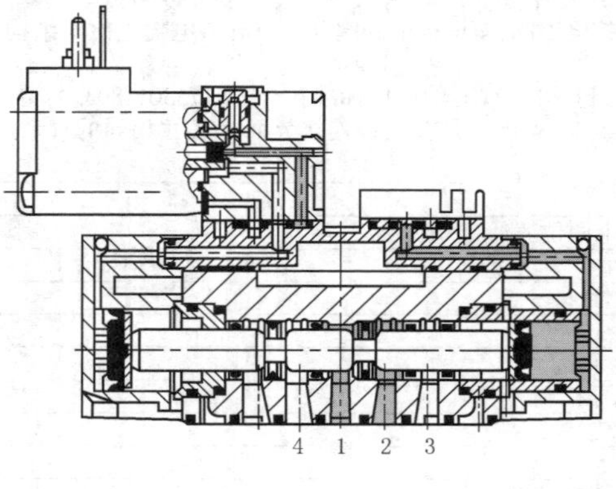


(a)

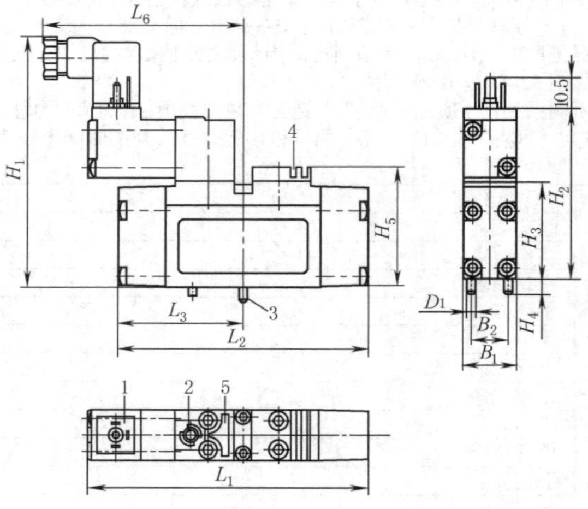


1—插座上的电缆接口符合 EN 175301-803 标准,C 型;2—手控装置;3—安装螺钉;4—标牌夹槽

续表

MN2H单电控阀的主要界面尺寸

mm

| 型号 | | $B_1$ | $B_2$ | $D_1$ | $H_1$ | $H_2$ | $H_3$ | $H_4$ | $H_5$ | $L_1$ | $L_2$ | $L_3$ | $L_6$ |
|---|---|---|---|---|---|---|---|---|---|---|---|---|---|
| ISO规格02 | MN2H-5/2 | 18 | 12.5 | M3 | 92 | 59.5 | 34 | 5 | 39 | 95.5 | 85 | 42.5 | 70 |
| | MN2H-5/2-FR | | | | | | | | | 107.5 | 97 | | |
| ISO规格01 | MN2H-5/2 | 26.2 | 19 | M4 | 93 | 60.5 | 35 | 7 | 42 | 109 | 110 | 55 | 71 |
| | MN2H-5/2-FR | | | | | | | | | | | | |

MN2H双电控阀的主要界面尺寸

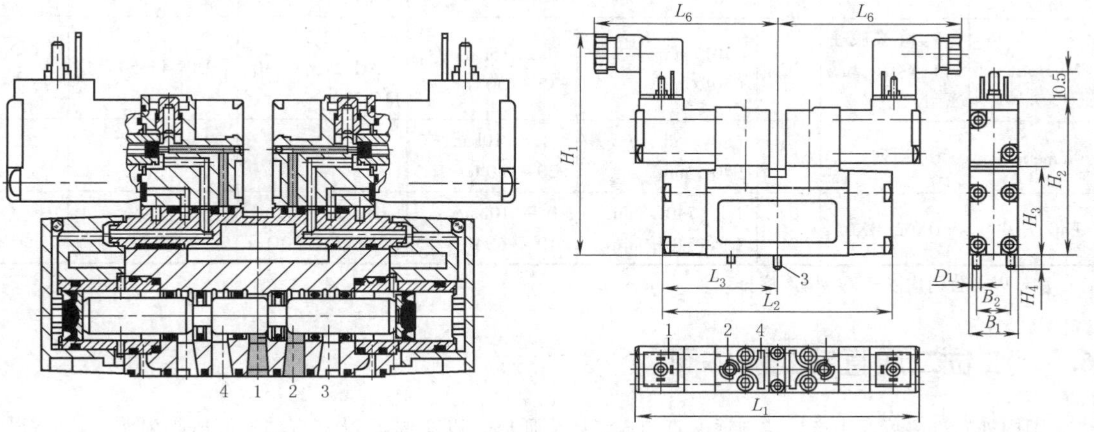


(b)

1—插座上的电缆接口符合 EN 175301-803 标准,C 型;2—手控装置;3—安装螺钉;4—标牌夹槽

mm

| ISO 规格 | 02 | 01 | ISO 规格 | 02 | 01 |
|---|---|---|---|---|---|
| $B_1$ | 18 | 26.2 | $H_4$ | 5 | 7 |
| $B_2$ | 12.5 | 19 | $L_1$ | 106 | 108 |
| $D_1$ | M3 | M4 | $L_2$ | 85 | 110 |
| $H_1$ | 92 | 93 | $L_3$ | 42.5 | 55 |
| $H_2$ | 59.5 | 60.5 | $L_6$ | 70 | 71 |
| $H_3$ | 34 | 35 | | | |

MN2H三位五通电控阀的主要界面尺寸

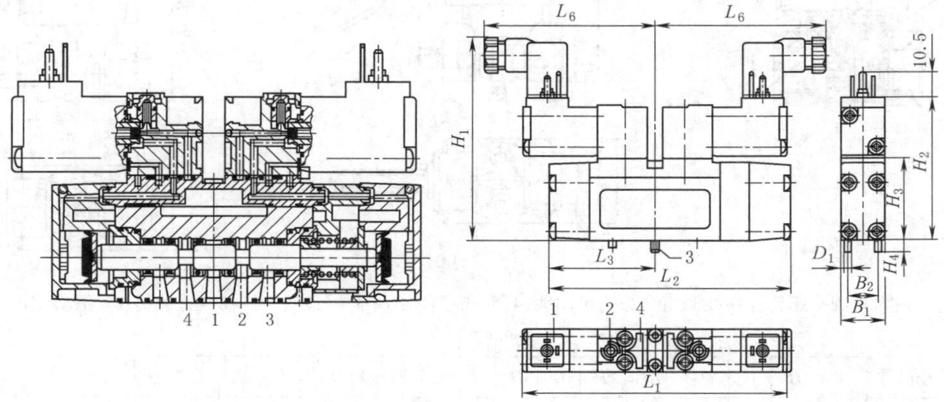


(c)

1—插座上的电缆接口符合 EN 175301-803 标准,C 型;2—手控装置;3—安装螺钉;4—标牌夹槽

mm

| ISO 规格 | $B_1$ | $B_2$ | $D_1$ | $H_1$ | $H_2$ | $H_3$ | $H_4$ | $L_1$ | $L_2$ | $L_3$ | $L_6$ |
|---|---|---|---|---|---|---|---|---|---|---|---|
| 02 | 18 | 12.5 | M3 | 92 | 59.5 | 34 | 5 | 106 | 97 | 42.5 | 70 |
| 01 | 26.2 | 19 | M4 | 93 | 60.5 | 35 | 7 | 108 | 124 | 55 | 71 |

表 23-5-40　　　　符合 ISO 15407 标准换向阀生产厂商名单

| 厂　商 | 型　号 | ISO 规格 | 接口尺寸/流量 | 压力/温度范围 | 电压/V | 电接口型式 | 备　注 |
|---|---|---|---|---|---|---|---|
| Festo | MN2H | 02<br>01 | G⅛:500L/min<br>G¼:1000L/min | -0.9~10bar;<br>-10~50℃ | DC:12、24<br>AC: 24、110/230(50~60Hz) | EN 175301-803、C 型,M12×1 | |
| Metal Work | MACH18 | 02 | 470L/min | -0.9~10bar;<br>-10~+60℃ | DC:24<br>AC:24、110、220 | DIN 43650 C 型 | |
| Norgren | V41(橡胶密封)、V40(金属密封) | 02 | 570L/min、<br>650L/min | -0.9~16bar;<br>-15~+50℃ | DC:12、24<br>AC:24、48、110、115、230 | DIN 43650 C 型 | V40 工作温度为-15~+80℃ |
| Numetics | CL 系列 | | 680L/min、<br>940L/min | 1.8~10bar;<br>-20~+80℃ | | | |
| Parker | DX02、DX01 | 02<br>01 | G⅛:740L/min<br>G¼:540L/min | -0.9~10bar;<br>-10~+60℃ | DC:24<br>AC:110/50Hz | DIN 43650 C 型、M12 | |

注：以上公司均以开头字母顺序排列。

## 6.5　二位二通直动式流体阀

国内外有许多厂商生产二位二通的直动式流体介质阀。以亚德客 2DV 直动式流体阀为例，其内部结构、技术参数和流量特性曲线图见表 23-5-41。

国内许多厂商生产该类型的阀如亿日、佳尔灵、天工、恒立、华能、盛达气动等，详细技术资料请查阅各厂商的网址（表 23-5-44）。

表 23-5-41

结构及外部尺寸

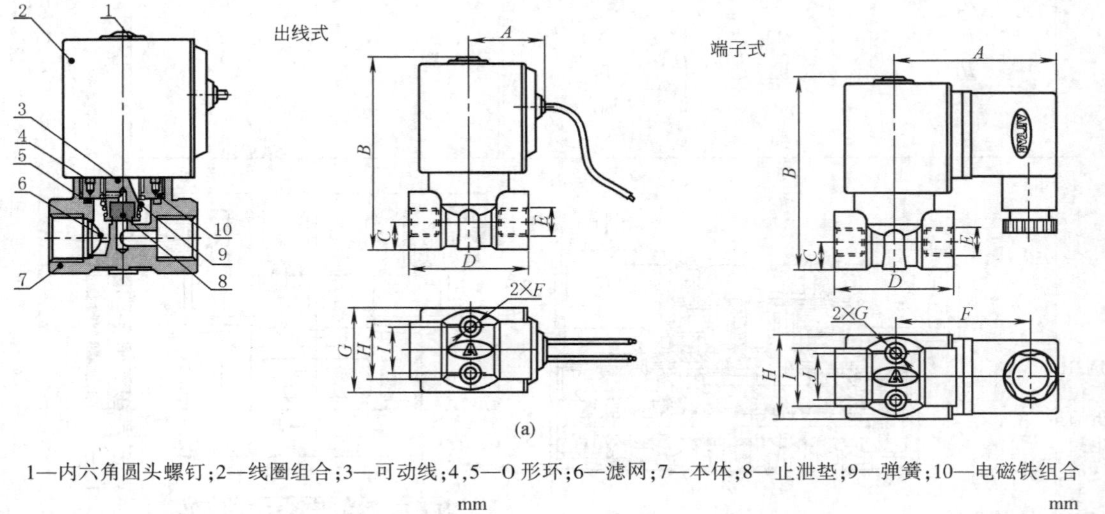


(a)

1—内六角圆头螺钉;2—线圈组合;3—可动线;4,5—O 形环;6—滤网;7—本体;8—止泄垫;9—弹簧;10—电磁铁组合

mm

| 型号尺寸 | A | B | C | D | E | F | G | H | I |
|---|---|---|---|---|---|---|---|---|---|
| 2DV030-06 | 25.3 | 66.6 | 9.5 | 40 | PT1/8 | M5 | 29.5 | 20 | 16 |
| 2DV030-08 | 25.3 | 66.6 | 9.5 | 40 | PT1/4 | M5 | 29.5 | 20 | 16 |
| 2DV040-10 | 33.6 | 87.4 | 13 | 52 | PT3/8 | M5 | 39 | 26 | 23 |
| 2DV040-15 | 33.6 | 87.4 | 13 | 52 | PT1/2 | M5 | 39 | 26 | 23 |

mm

| 型号尺寸 | A | B | C | D | E | F | G | H | I | J |
|---|---|---|---|---|---|---|---|---|---|---|
| 2DV030-06 | 54.3 | 66.6 | 9.5 | 40 | PT1/8 | 45 | M5 | 29.5 | 20 | 16 |
| 2DV030-08 | 54.3 | 66.6 | 9.5 | 40 | PT1/4 | 45 | M5 | 29.5 | 20 | 16 |
| 2DV040-10 | 64.3 | 87.4 | 13 | 52 | PT3/8 | 52.8 | M5 | 39 | 26 | 23 |
| 2DV040-15 | 64.3 | 87.4 | 13 | 52 | PT1/2 | 52.8 | M5 | 39 | 26 | 23 |

续表

| | 型号 | 2DV030-06 | | | 2DV030-08 | | | 2DV040-10 | | | 2DV040-15 | | |
|---|---|---|---|---|---|---|---|---|---|---|---|---|---|
| 技术参数 | 作动方式 | 直动式 | | | | | | | | | | | |
| | 形式 | 常闭型 | | | | | | | | | | | |
| | 压力条件 | 高压型（H 型） | 标准型 | 大流星（L 型） | 高压型（H 型） | 标准型 | 大流星（L 型） | 高压型（H 型） | 标准型 | 大流星（L 型） | 高压型（H 型） | 标准型 | 大流星（L 型） |
| | 流通孔径/mm | 2.0 | 3.0 | 4.0 | 2.0 | 3.0 | 4.0 | 3.0 | 4.0 | 6.0 | 3.0 | 4.0 | 6.0 |
| | $C_v$ 值 | 0.16 | 0.33 | 0.51 | 0.16 | 0.33 | 0.51 | 0.35 | 0.54 | 1.05 | 0.35 | 0.54 | 1.05 |
| | 接管口径 | PT⅛ | | | PT¼ | | | PT⅜ | | | PT½ | | |
| | 流体黏滞度 | 20CST 以下 | | | | | | | | | | | |
| | 最大操作压差/MPa | 高压型(H)；1.5(213psi)；标准型：1.0(142psi)；大流星型(L)：0.5(71psi) | | | | | | | | | | | |
| | 最大操作压差/MPa | 3.0(427psi) | | | | | | | | | | | |

环境及流体的温度：

| 温度条件 | 电源 | 使用流体温度/℃ 水（标准） | 使用流体温度/℃ 空气（标准） | 使用流体温度/℃ 油（标准） | 环境温度/℃ |
|---|---|---|---|---|---|
| 最高 | AC | 60 | 80 | 60 | 60 |
| 最高 | DC | 40 | 60 | 40 | 40 |
| 最低 | AC | 1 | -10① | -5② | -10 |
| 最低 | DC | | | | |
| 耐热等级 | | B 级线圈 | | | |

线圈规格：

| 型 号 | 电源 | 频率/Hz | 使用电压范围 | 耗电量 | 接电型式 | 温升/℃（标准电压） | 耐热等级 |
|---|---|---|---|---|---|---|---|
| 2DV030 | AC | 50 | -15%~+10% | 7.0V · A | 端子式出线式 | 35 | B 级 |
| 2DV030 | AC | 60 | -15%~+10% | 8.0V · A | 端子式出线式 | 40 | B 级 |
| 2DV030 | DC | — | ±10% | 8.0W | 端子式出线式 | 45 | B 级 |
| 2DV040 | AC | 50 | -15%~+10% | 16V · A | 端子式出线式 | 45 | B 级 |
| 2DV040 | AC | 60 | -15%~+10% | 20V · A | 端子式出线式 | 50 | B 级 |
| 2DV040 | DC | — | ±10% | 9.0W | 端子式出线式 | 55 | B 级 |

①露点：-10(℃)或更低；②50CST 以下

流量特性曲线

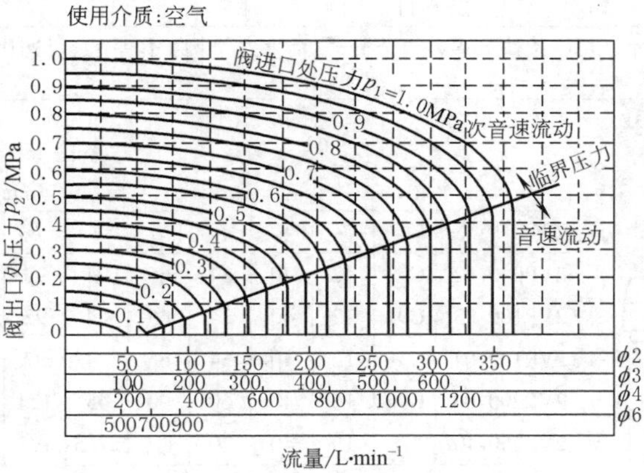


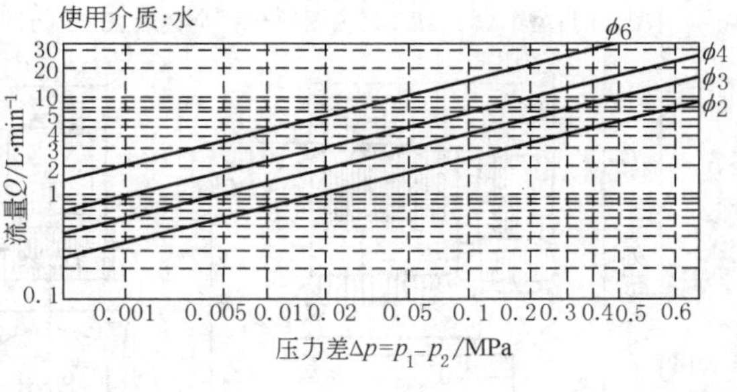


(b)

## 6.6 二位二通高温、高压电磁阀

国内有许多厂商生产二位二通的高温、高压电磁阀，以亿日高温 2VT 及高压 2VP 电磁阀为例进行说明（表 23-5-42）。国内许多厂商生产该类型的阀如佳尔灵、天工、华能、盛达气动等，详细技术资料请登录各厂商的网址查阅（表 23-5-44）。

**表 23-5-42**

**2VT 高温电磁阀**

介质温度可达到 180℃，活塞式结构工作平稳、寿命长，最高工作压力范围 0~16bar，适用于蒸气及运动黏度≤1mm²/s 的多种热介质，密封材料无污染，电磁线圈为热固性塑料全包覆，IP65 防护等级

外形尺寸

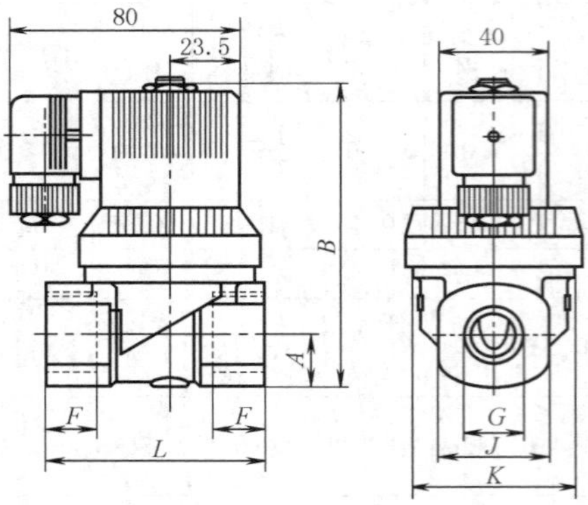


mm

| 型号/尺寸 | G | F | J | K | L | B | A |
|---|---|---|---|---|---|---|---|
| 2VT012-01 | G⅛ | 12 | 40 | 20 | 59 | 47 | 16 |
| 2VT020-02 | G¼ | 12 | 40 | 32 | 77 | 64 | 16 |
| 2VT030-02 | G¼ | 12 | 40 | 32 | 77 | 66 | 16 |
| 2VT040-02 | G¼ | 12 | 40 | 32 | 77 | 66 | 16 |
| 2VT050-02 | G¼ | 12 | 40 | 32 | 77 | 66 | 16 |
| 2VT060-02 | G¼ | 12 | 40 | 32 | 77 | 66 | 16 |
| 2VT080-02 | G¼ | 12 | 40 | 34 | 65 | 97 | 16 |
| 2VT100-03 | G⅜ | 12 | 40 | 34 | 65 | 97 | 16 |
| 2VT130-04 | G½ | 12 | 40 | 34 | 65 | 97 | 16 |
| 2VT250-06 | G¾ | 16 | 40 | 60 | 90 | 124 | 20 |
| 2VT250-10 | G1 | 18 | 40 | 60 | 90 | 124 | 20 |

技术参数

| 型号 | 公称通径 /mm | 接管螺纹 | 工作压力 /MPa | 环境温度 /℃ | 介质温度 | KV 值 /$m^3 \cdot h^{-1}$ | 功率消耗 AC/V·A | 功率消耗 DC/W | 电压/V |
|---|---|---|---|---|---|---|---|---|---|
| 2VT012-01 | 1.2 | G⅛ | 0~1.6 | -20~+55 | -0~+180 | 0.12 | 14 | 8 | AC（50/60Hz）：24、36、110、220、380 DC：12、24 |
| 2VT020-02 | 2 | G¼ | 0~1.0 | | | 0.16 | | | |
| 2VT020-02 | 3 | G¼ | 0~0.6 | | | 0.23 | | | |
| 2VT030-02 | 4 | G¼ | 0~0.6 | | | 3.6 | | | |
| 2VT040-02 | 5 | G¼ | 0~0.45 | | | 3.6 | | | |
| 2VT060-02 | 6 | G¼ | 0~0.3 | | | 3.6 | | | |
| 2VT080-02 | 8 | G¼ | 0.05~1.6 | | | 3.6 | | | |
| 2VT100-03 | 10 | G⅜ | 0.05~1.6 | | | 3.6 | | | |
| 2VT130-04 | 13 | G½ | 0.05~1.6 | | | 3.6 | | | |
| 2VT250-06 | 25 | G¾ | 0.05~1.6 | | | 11 | | | |
| 2VT250-10 | 25 | G1 | 0.05~1.6 | | | 11 | | | |

**2VP 高压电磁阀**

工作压力可达到 50bar，适用于运动黏度≤1mm²/s 的水、空气、乙炔等多种流体介质，活塞式结构工作平稳，可选用防爆型，浇封型 EX Ⅰ/Ⅱ T4，热固性塑料全包覆，IP65 防护等级

外形尺寸

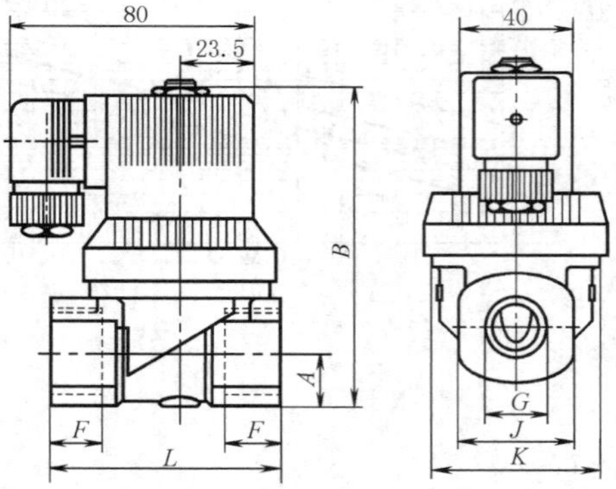


mm

| 型号/尺寸 | G | F | J | K | L | E | B | A |
|---|---|---|---|---|---|---|---|---|
| 2VP080-02 | G¼ | 12 | 40 | 34 | 65 | 24 | 97 | 16 |
| 2VP100-03 | G⅜ | 12 | 40 | 34 | 65 | 24 | 97 | 16 |
| 2VP130-04 | G½ | 12 | 40 | 34 | 65 | 24 | 97 | 16 |
| 2VP200-06 | G¾ | 16 | 40 | 60 | 90 | 45 | 124 | 20 |
| 2VP250-10 | G1 | 18 | 40 | 70 | 116 | 57.5 | 123 | 20.5 |

技术数据

| 型号 | 公称通径 /mm | 接管螺纹 | 工作压力 /MPa | 环境温度 /℃ | 介质温度 /℃ | KV 值 /$m^3 \cdot h^{-1}$ | 功率消耗 AC/V·A | 功率消耗 DC/W | 电源、电压 |
|---|---|---|---|---|---|---|---|---|---|
| 2VP080-02 | 8 | G¼ | 0.3~5.0 | -20~+55 | -0~+90 | 3.6 | 14 | 8 | AC(V) 50/60Hz 24、36、110、220、380 DC (V) 12、24 |
| 2VP100-03 | 10 | G⅜ | 0.3~5.0 | | | 3.6 | | | |
| 2VP130-04 | 13 | G½ | 0.3~5.0 | | | 3.6 | | | |
| 2VP200-06 | 20 | G¾ | 0.3~3.5 | | | 11 | | | |
| 2VP250-10 | 25 | G1 | 0.3~3.5 | | | 11 | | | |

## 6.7 二位二通角座阀

这种类型的阀利用或克服流过的流体来实现关闭或开启（根据阀的类型），通常采用外部先导控制，适用于中性气体、液体及高温（180℃）水蒸气，可以实现大流量操作，当工作介质为液体时，选择流体流向应防止水锤冲击。

国内有许多厂商生产二位二通角座阀。表 23-5-43 以新益 QASV200 系列为例，介绍其结构及主要技术参数、外形尺寸及流体控制压力等。

国内许多厂商生产该类型的阀如佳尔灵、天工、恒立、盛达气动等，详细技术资料请登录各厂商的网址查阅（见表 23-5-44）。

**表 23-5-43**

结构及技术参数

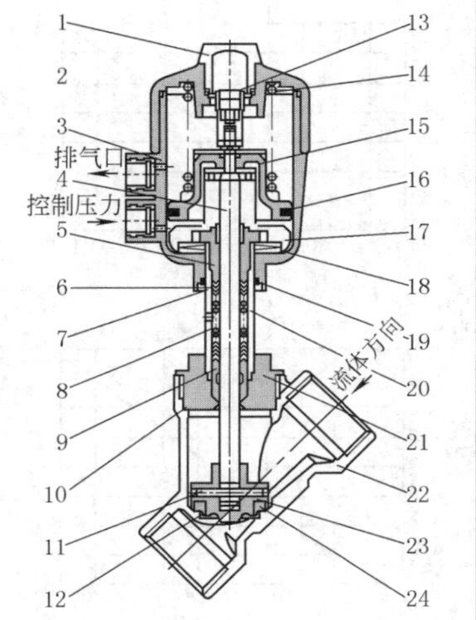


| 型　号 | QASV2□0 | QASV2□0G |
|---|---|---|
| 耐压试验压力/MPa | 2.4 | |
| 最高使用压力/MPa | 1.6 | |
| 控制压力范围/MPa | 0.4~1.0 | |
| 介质温度/℃ | -10~+180 | |
| 环境温度/℃ | -10~+60 | |
| 使用介质 | 中性、气态或液态流体 | |
| 控制介质 | 经过滤的压缩空气、中性气体 | |
| 阀体材料 | 不锈钢 | 炮铜 |
| 接管口径 | G½~G2½ | |

| 型　号 | 公称通径/mm | $C_v$ 值 | 接管口径 | 使用压力范围/MPa | 最小控制压力/MPa | 活塞直径 $\phi$/mm | 流向 |
|---|---|---|---|---|---|---|---|
| QASV2□0□-04 | 13 | 4.9 | G½ | 0~1.6 | 0.39 | 50 | 支座上方（总阀式） |
| QASV2□0□-06 | 20 | 9.3 | G¾ | | | | |
| QASV2□0□-10 | 25 | 22.2 | G1 | | 0.2 | 63 | |
| QASV2□0□-12 | 32 | 32.1 | G1¼ | | | | |
| QASV2□0□-14 | 40 | 49.0 | G1½ | | | | |
| QASV2□0□-20 | 50 | 60.7 | G2 | | | | |
| QASV2□0□-24 | 65 | 64.2 | G2½ | | 0.16 | 80 | |

| 序号 | 名称 | 材料 | 序号 | 名称 | 材料 |
|---|---|---|---|---|---|
| 1 | 视窗 | PC | 13 | 指示器 | 增强 N6 |
| 2 | 上盖 | 增强 N66 | 14 | 复位弹簧 | 65Mn |
| 3 | 壳体 | 增强 N66 | 15 | 活塞 | 增强 N66 |
| 4 | 活塞杆 | 不锈钢 | 16 | Z 形密封圈 | NBR |
| 5 | 螺套 | HPb59-1 | 17 | 限位盘 | 增强 N66 |
| 6 | 密封组件 | PTFE/FPM | 18 | 碟形弹簧 | 65Mn |
| 7 | 钢丝范围 | 65Mn | 19 | O 形圈 | NBR |
| 8 | 弹簧 | 65Mn | 20 | 连接筒 | HPb59-1 |
| 9 | 导套 | PTFE+填充料 | 21 | 开关 | HPb59-1 |
| 10 | 密封垫 | PTFE | 22 | 阀体 | SUS304/炮铜 |
| 11 | 连接销 | 不锈钢 | 23 | 阀芯 | HPb59-1 |
| 12 | 压圈 | 不锈钢 | 24 | 密封垫 | PTFE |

外形尺寸

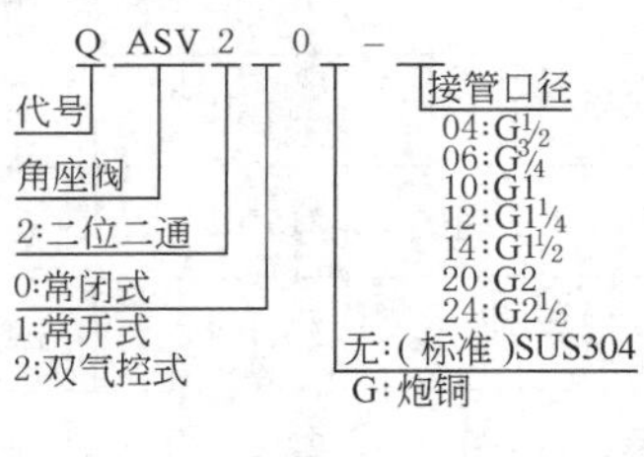


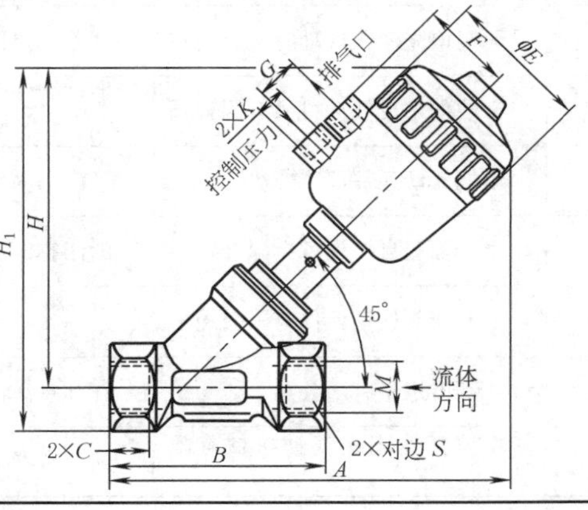

续表

| | 型号 | | 规格 | 公称通径 /mm | *A* | *B* | *C* | *φE* | *F* | *G* | *H* | $H_1$ | *K* | *M* | *S* |
|---|---|---|---|---|---|---|---|---|---|---|---|---|---|---|---|
| | 不锈钢阀体 | 炮铜阀体 | | | | | | | | | | | | | |
| 外形尺寸 | QASV2□0-04 | QASV2□0G-04 | DN13 | 13 | 173 | 85 | 12 | 64.5 | 44 | 24 | 137 | 154 | G½ | G½ | 27 |
| | QASV2□0-06 | QASV2□0G-06 | DN20 | 20 | 178 | 95 | 14 | 64.5 | 44 | 24 | 145 | 160 | G½ | G¾ | 32 |
| | QASV2□0-10 | QASV2□0G-10 | DN25 | 25 | 212 | 105 | 18 | 80.5 | 52 | 24 | 173 | 196.5 | G½ | G1 | 41 |
| | QASV2□0-12 | QASV2□0G-12 | DN32 | 32 | 226 | 120 | 18 | 80.5 | 52 | 24 | 186 | 208.5 | G½ | G1¼ | 50 |
| | QASV2□0-14 | QASV2□0G-14 | DN40 | 40 | 230 | 130 | 18 | 80.5 | 52 | 24 | 189 | 214 | G½ | G1½ | 55 |
| | QASV2□0-20 | QASV2□0G-20 | DN50 | 50 | 250 | 150 | 20 | 80.5 | 52 | 24 | 205 | 237.5 | G½ | G2 | 70 |
| | QASV2□0-24 | QASV2□0G-24 | DN65 | 65 | 298 | 185 | 25 | 101.5 | 60 | 24 | 241 | 283.5 | G½ | G2½ | 85 |

流体压力-控制压力曲线

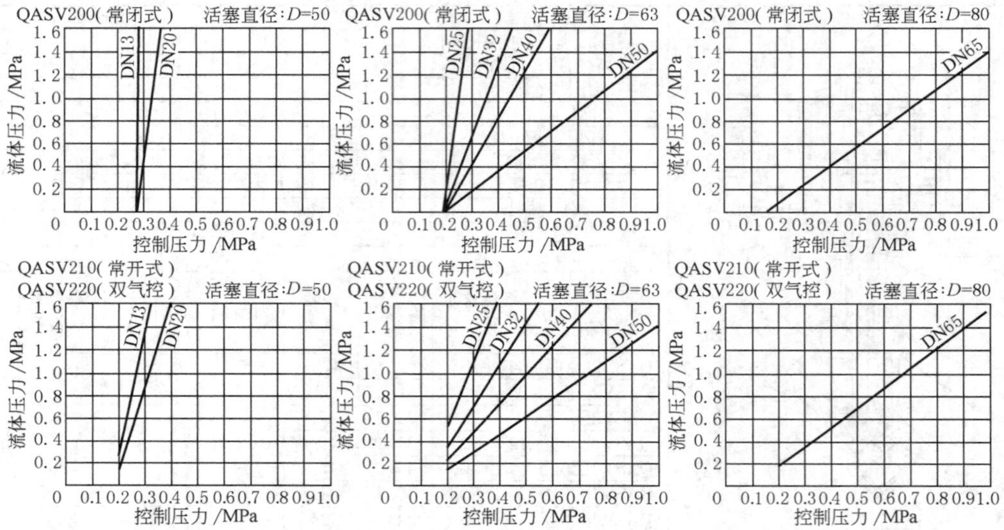


**表 23-5-44　各生产厂商的联系方式**

| | 公司简称 | 公称名称 | 地址 | 邮编 | 网址 |
|---|---|---|---|---|---|
| 国内气动厂商 | 亚德客 Airtac | 宁波亚德客自动化工业有限公司 | 浙江省奉化高新技术园区四明东路1号 | 315500 | www.airtacworld.com |
| | 亿日 Easun | 宁波亿日科技有限公司 | 宁波慈溪市经济开发区长池路739号 | 341000 | www.china-easun.com |
| | 方大 Fangda | 深圳市方大自动化系统有限公司 | 深圳市南山区西丽龙井方大城 | 518055 | www.fangda.com |
| | 法斯特 Fast | 烟台未来自动装备有限责任公司 | 烟台市芝罘区楚凤四街4号 | 264002 | www.YantaiFast.com |
| | 恒立 Hengli | 无锡恒立液压气动有限公司 | 江苏无锡市胡埭镇 | 214161 | www.wxhengli.com |
| | 佳尔灵 Jiaerling | 宁波佳尔灵气动机械有限公司 | 浙江省宁波市溪口镇中兴东路666号 | 315502 | www.jelpc.cn |
| | 华能 Huaneng | 华能气动元件厂 | 济南市高新区凤凰路1617号 | 250101 | www.jpc.com.cn |
| | 天工 STNC | 索诺工业自控设备有限公司 | 浙江省宁波市溪口工业园区 | 315502 | www.china-stnc.com |
| | 新益 Xinyi | 上海新益气动元件有限公司 | 上海市青浦区纪鹤公路2228号 | 201708 | www.xingyich.com.cn |
| | 永坚 Yongjian | 江都市永坚有限公司 | 江苏省江都市舜天路1号 | 225200 | www.yongjian.com |
| | 盛达 SDPC | 宁波盛达阳光气动机械有限公司 | 浙江省奉化市南山北路81号 | 315504 | www.cnsdpc.com |

续表

| 公司简称 | | 公称名称 | 地址 | 邮编 | 网址 |
|---|---|---|---|---|---|
| 国外气动厂商 | Bosch Rexroth | 博世力士乐(中国)有限公司 | 上海市浦东大道1号船舶大厦4楼 | 200120 | www.boschrexroth.com.cn |
| | Camozzi | 上海康茂胜气动控制元件有限公司 | 上海市虹口区仁德路415号 | 200434 | www.camozzi.com.cn |
| | Convum | 上海妙德空霸睦贸易有限公司 | 上海市普陀区中山北路2911号中关村科技大厦1305室 | 200063 | www.convum.com.cn |
| | CKD | 喜开理(中国)有限公司 | 江苏省无锡市国家高兴技术产业开发区101-C地块 | 214028 | www.ckd.com.cn |
| | Festo | 费斯托(中国)有限公司 | 上海浦东金桥出口加工区云桥路1156号 | 201206 | www.festo.com.cn |
| | Hoerbiger | 贺尔碧格(上海)有限公司 | 上海漕河泾新兴技术开发区贺阅路39号 | 200233 | www.hoerbiger.cn |
| | Koganei | 上海小金井国际贸易有限公司 | 上海市天山路600弄1号同达创业大厦2606-2607室 | 200051 | www.koganei.co.jp |
| | Metal Work | 麦特沃克气动元件(上海)有限公司 | 上海市宝山区富联三路3号C1栋 | 201906 | www.metalworkchina.cn |
| | Norgren | 诺冠 | 上海市漕河泾新兴技术开发区钦州北路1066号71号楼1-2楼 | 200233 | www.norgren.com.cn |
| | Numatics | 艾默生电气集团 | 上海市中山南路28号久事大厦16楼 | 200010 | www.numatics.com |
| | Parker | 派克汉尼汾流体传动产品(上海)有限公司 | 上海市金桥出口加工区云桥路280号 | 201206 | www.parker.com |
| | Pneumax | 纽迈司气动器材(上海)有限公司 | 上海松江九亭久富开发区金马路76号 | 201615 | www.pneumaxchina.com |
| | SMC | SMC(中国)有限公司 | 北京经济技术开发区兴盛街甲2号 | 100176 | www.smc.com.cn |

注：公司以开头字母顺序排列。

# 第6章 电-气比例/伺服系统及产品

## 1 概　　论

气动控制分为断续控制和连续控制两类。绝大部分的气压传动系统为断续控制系统，所用控制阀是开关式方向控制阀；而气动比例控制则为连续控制，所用控制阀为伺服阀或比例阀。比例控制的特点是输出量随输入量变化而相应变化，输出量与输入量之间有一定的比例关系。比例控制又有开环控制和闭环控制之分。开环控制的输出量与输入量之间不进行比较，而闭环控制的输出量不断地被检测，与输入量进行比较，其差值称为误差信号，以误差信号进行控制。闭环控制也称反馈控制。反馈控制的特点是能够在存在扰动的条件下，逐步消除误差信号，或使误差信号减小。

气动比例/伺服控制阀由可动部件驱动机构及气动放大器两部分组成。将功率较小的机械信号转换并放大成功率较大的气体流量和压力输出的元件称为气动放大器。驱动控制阀可动部件（阀芯、挡板、射流管等）的功率一般只需要几瓦，而放大器输出气流的功率可达数千瓦。

### 1.1 气动断续控制与气动连续控制区别

表 23-6-1

<table>
<tr>
<td>气动断续控制</td>
<td>
气动断续控制,仅限于对某个设定压力或某一种速度进行控制、计算。通常采用调压阀调节所需气体压力,节流阀调节所需的气体流量。这些可调量往往采用人工方式预先调制完成。而且针对每一种压力或速度,必须配备一个调压阀或节流阀与它相对应。如果需要控制多点的压力系统或多种不同的速度控制系统,则需要多个减压阀或节流阀。控制点越多,元件增加也越多,成本也越高,系统也越复杂,详见下图和表

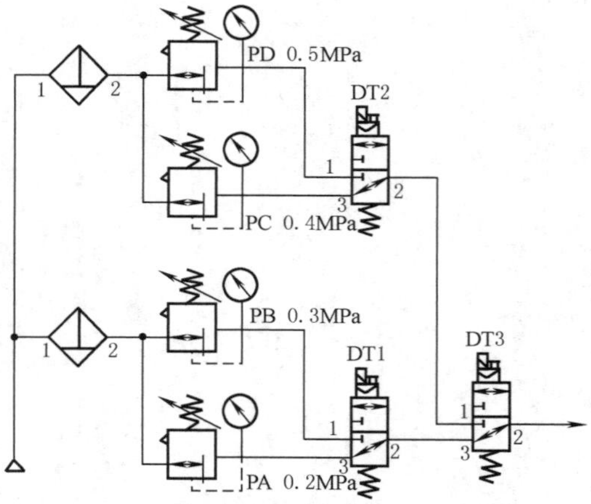

多点压力控制程序表

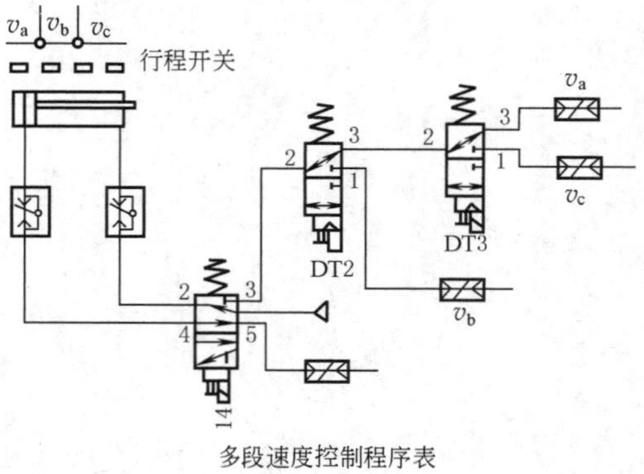

多段速度控制程序表
</td>
</tr>
</table>

续表

| 类别 | 多点压力程序表 | | | | | 气动多种速度控制程序表 | | |
|---|---|---|---|---|---|---|---|---|
| | 减压阀 | 电磁阀 DT1 | 电磁阀 DT2 | 电磁阀 DT3 | 输出压力 /MPa | 气缸进给速度 | 电磁线圈 DT2 | 电磁线圈 DT3 |
| 气动断续控制 | PA | 0 | 1/0 | 0 | 0.2 | $v_a$ | 0 | 0 |
| | PB | 1 | 1/0 | 0 | 0.3 | $v_b$ | 1 | 1/0 |
| | PC | 1/0 | 0 | 1 | 0.4 | $v_c$ | 0 | 1 |
| | PD | 1/0 | 1 | 1 | 0.5 | | | |
| | 上述多点压力控制系统及气缸多种速度控制系统是属于断续控制的范畴，与连续控制的根本区别是它无法进行无级量（压力、流量）控制 | | | | | | | |
| 气动连续控制 | 气动比例（压力、流量）控制技术属于连续控制一类。比例控制的输出量是随着输入量的变化而相应跟随变化，输出量与输入量之间存在一定的比例关系。为了获得较好的控制效果，在连续控制系统中一般引用了反馈控制原理 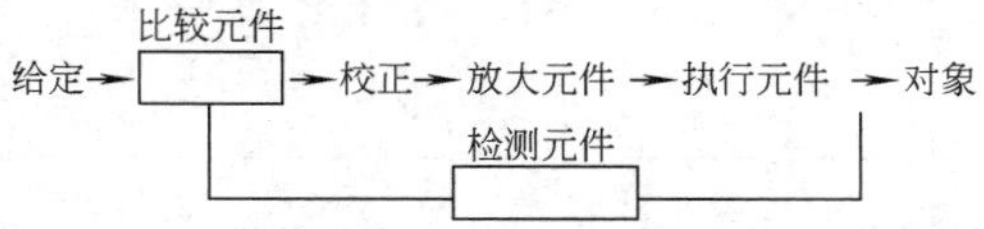 | | | | | | | |
| | 在气动比例压力、流量控制系统中，同样包括比较元件、校正系统放大元件、执行元件、检测元件。其核心分为四大部分：电控制单元、气动控制阀、气动执行元件及检测元件 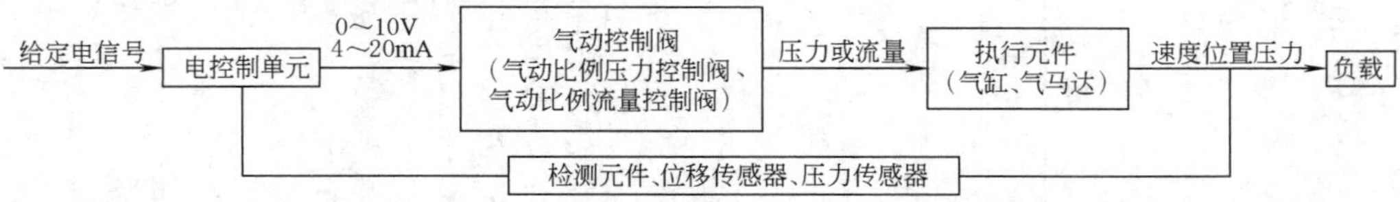 | | | | | | | |





## 1.2 开环控制与闭环控制

表 23-6-2

| 类别 | 图示 | 说明 |
|---|---|---|
| 开环控制回路 | 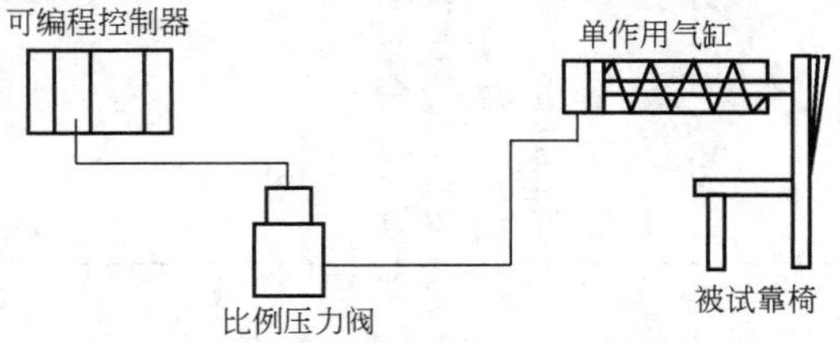 坐椅疲劳试验的开环控制回路 | 开环控制的输出量与输入量之间不进行比较，如图所示（对坐椅进行疲劳试验的开环控制）。当比例压力阀接受到一个正弦交变的电子信号（0～10V 或 4～20mA 的电信号），它的输出压力也将跟随一个正弦交变波动压力。它的波动压力通过单作用气缸作用在坐椅靠背上，以测试它的寿命情况 |
| 闭环控制回路 | 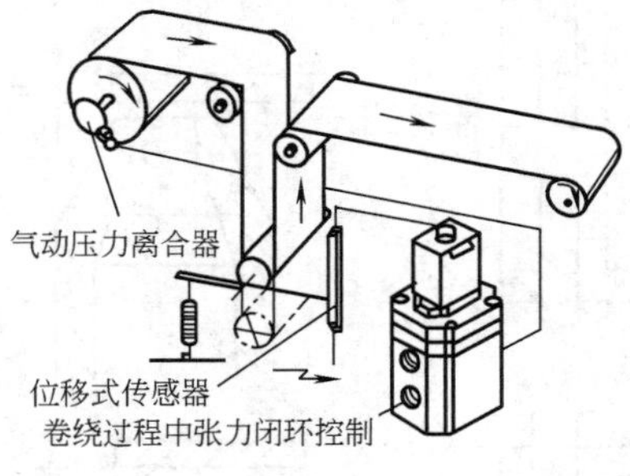 卷绕过程中张力闭环控制 | 闭环控制的输出量不断地被检测，并与输入量进行比较，从而得到差值信号，进行调整控制，并不断逐步消除差值，或使差值信号减至最小，因此闭环控制也称为反馈控制，如图所示。这是对纸张、塑料薄膜或纺织品的卷绕过程中张力闭环控制。比例压力阀的输出力作用在输出辊筒轴上的一气动压力离合器，以控制输出辊筒的转速。而比例压力阀的电信号来自于中间张力辊筒的位移传感器的电信号。张力辊筒拉得越紧（即辊筒在上限位置），位移传感器的电信号越小。比例压力阀的输出压力越低，作用在输出辊筒轴上的压力离合力也越小，输出辊筒转速加大。反之，输出辊筒转速减慢，以达到纸张塑料薄膜或布料的张力控制 |







## 1.3 气动比例阀的分类

- 气动比例阀
  - 压力阀
    - 力马达驱动式
    - 力矩马达驱动式
    - 电磁铁驱动式
    - PWM控制式
  - 流量阀—电磁铁驱动式

图 23-6-1　气动比例阀分类

# 2　电-气比例/伺服控制阀的组成

## 2.1　可动部件驱动机构（电-机械转换器）

表 23-6-3

| 名称 | 结构原理图 | 工　作　原　理 | 组成和优缺点 |
|---|---|---|---|
| 喷嘴挡板式 | 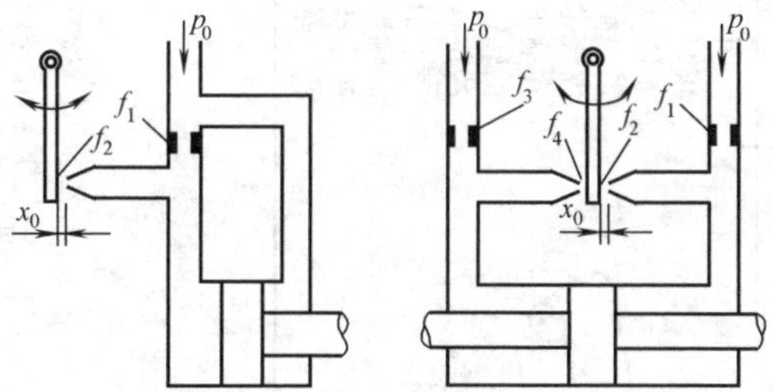(a) 喷嘴-挡板阀<br>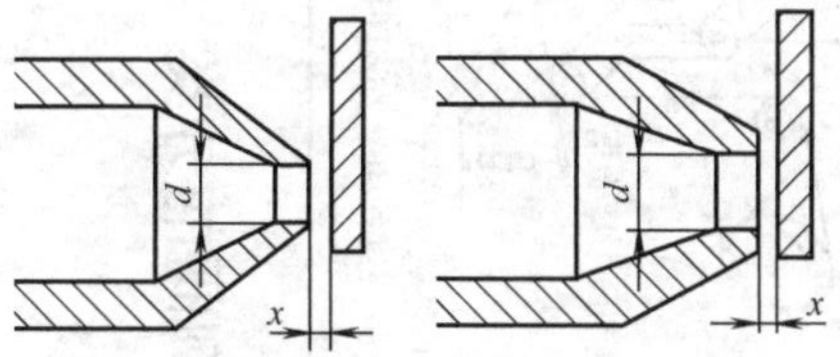(b) 喷嘴结构 | 喷嘴挡板可分为单喷嘴和双喷嘴两种，按结构型式不同，又可以分为锐边喷嘴挡板和平端喷嘴挡板两种（见图b）。锐边喷嘴挡板的控制作用是靠喷嘴出口锐边与挡板间形成的环形面积（节流口）来实现的，阀的特性稳定，制造困难。平端喷嘴挡板的喷嘴制成有一定边缘圆环形面积的平端，当喷嘴的平端不大时，阀的特性与锐边喷嘴挡板阀基本接近，性能也比较稳定 | 喷嘴挡板的特点是结构简单、灵敏度高、制造比较容易。故价格较低，对污染不如滑阀敏感，由于连续耗气，效率较低。一般用于小功率系统或作两级阀的前置级。在气动测量，气动调节仪表和气动伺服系统得到了广泛的作用 |

续表

| 名称 | 结构原理图 | 工作原理 | 组成和优缺点 |
|---|---|---|---|
| 直流比例电磁铁 | 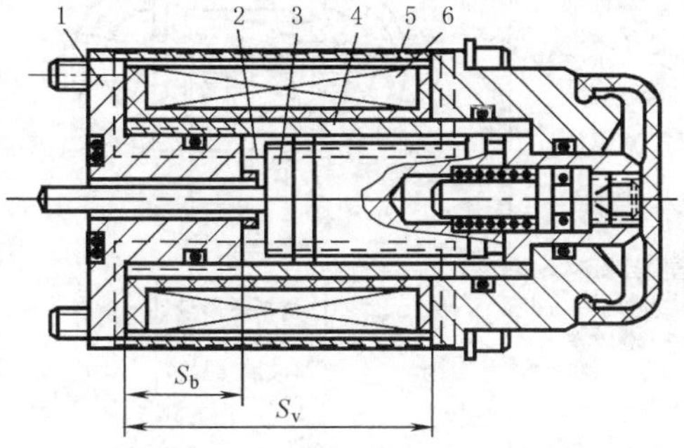<br>(c) 结构原理<br>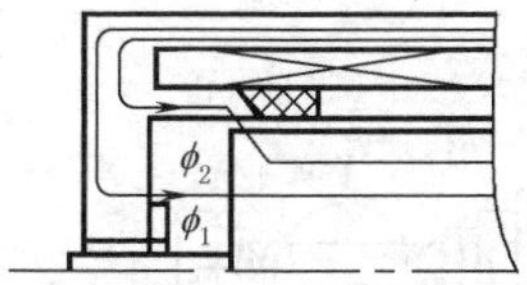<br>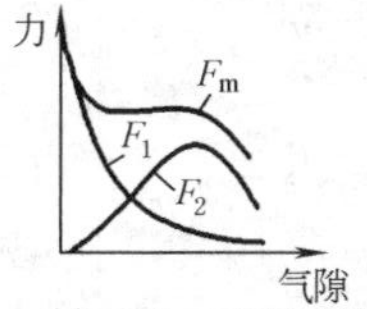<br>(d) 工作气隙附近磁路　(e) 位移-力特性曲线<br>直流比例电磁铁<br>1—极靴;2—工作气隙;3—衔铁;<br>4—导套;5—外壳;6—控制线圈 | 图 c 为一种典型的直流比例电磁铁的工作原理,其磁路(图中虚线所示)由前端盖极靴 1 经工作气隙 2、衔铁 3、径向非工作气隙、导套 4、外壳 5 回到前端盖极靴。导套分前后两段由导磁材料制成,中间用一段非导磁材料焊接。导套前段的锥形端部和极靴组合,形成盆形极靴。它的尺寸决定比例电磁铁的稳态特性曲线的形状。导套与壳体之间装入同心螺线管式控制线圈 6<br>当向控制线圈输入电流时,线圈产生磁势。磁路中的磁通量除部分漏磁通外,在工作气隙附近被分为两部分(如图 d),一部分磁通 $\Phi_1$ 沿轴向穿过气隙进入前端盖极靴,产生作用于衔铁上的轴向力为 $F_1$。气隙越小,$F_1$ 越大。另一部分磁通 $\Phi_2$ 则穿过径向间隙经盆口锥形周边回到外壳,这部分磁通产生作用于衔铁上的力为 $F_2$,其方向基本与轴向平行,并且由于是锥形周边,故气隙越小,$F_2$ 也越小。作用于衔铁上的总电磁力为<br>$F_m=F_1+F_2$<br>通过对盆口锥形结构尺寸的优化设计,使 $F_1$ 和 $F_2$ 受衔铁气隙大小的影响相互抵消,可以得到水平的位移-力特性曲线(如图 e)。但这种抵消作用只在一定的气隙范围内有效。因此一般直流比例电磁铁的位移-力特性分为三个区域:一是吸合区,二是工作区,三是空行程区。工作区内的位移-力特性呈水平直线。应适当控制比例阀的轴向尺寸,使阀的稳态工作点落在该区域内 | 直流比例电磁铁具有结构简单、价格低廉、输出功率-重量比大等优点,是目前流体比例控制技术中应用广泛的一种电-机械转换器。直流比例电磁铁在气动比例元件中直接驱动气动放大器,构成单级比例阀。这类电磁铁的缺点是频宽较窄。但通过减少线圈匝数、增大电流并采用带电流反馈的恒流型放大器等措施可以提高它的频宽<br>常见的直流比例电磁铁可分为力输出和位移输出两大类。位移输出比例电磁铁是在力输出的基础上采取衔铁位移电反馈或弹簧力反馈,获得与输入电信号成比例的位移量<br>直流比例电磁铁的数学模型<br>动态简化传递函数为<br>$\dfrac{F_m(s)}{U(s)}=\dfrac{K_u}{1+\dfrac{s}{a}}$　(1)<br>$a=\dfrac{R_c+R_p}{L_c}$<br>式中　$F_m$——输出力,N<br>$U$——放大器输入电压,V<br>$R_c$——控制线圈电阻,Ω<br>$R_p$——放大器内阻,Ω<br>$L_c$——控制线圈电感,H<br>$K_u$——电压-力增益,N/V<br>$s$——水平位移,m |
| 动铁式力马达 | 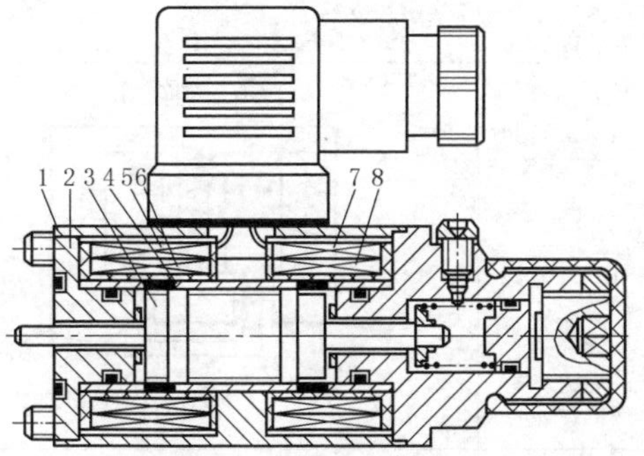<br>(f) 动铁式力马达 | 两激磁线圈极性相同互相串联连接,并由恒流电源供给激磁电流,产生极化磁场。由于左右磁路对称,极化磁场对衔铁的作用合力为零<br>两控制线圈极性相反互相串联或并联。输入控制电流后产生控制磁场,其方向和大小由输入电流确定。该磁场与极化磁场共同作用于衔铁,在左右工作气隙内产生差动效应,使衔铁得到输出力。由于采用激磁线圈和特殊的盆口尺寸,保证了输出力可双向连续比例控制,无零位死区。力马达的控制增益随激磁电流的大小而变,便于控制和调节<br>数学模型:动铁式力马达的动态传递函数具有与直流比例电磁铁相同的形式,只是参数有所不同 | 动铁式力马达具有驱动功率大、固有频率高等优点,可以输出推力和拉力,是一种较理想的电-机构转换器<br>动铁式力马达采用左右对称的平头盆形动铁式结构,由软磁材料制成的壳体 1,轭铁 2,衔铁 3,带隔磁环的导向套 4,激磁线圈 5、7 及控制线圈 6、8 等组成 |

续表

| 名称 | 结构原理图 | 工作原理 | 组成和优缺点 |
|---|---|---|---|
| 动圈式力马达 | 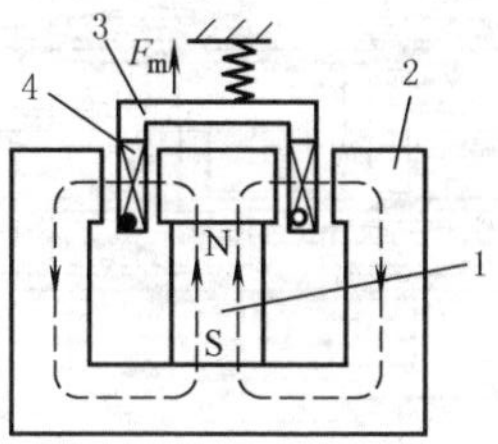<br>(g) 动圈式力马达 | 永久磁铁产生的磁路如图中虚线所示，它在工作气隙中形成径向磁场，载流控制线圈的电流方向与磁场强度方向垂直。磁场对线圈的作用力由下式确定<br>$$F_m=\pi DB_gN_cI \quad (2)$$<br>式中　$F_m$——动圈式力马达输出力，N<br>$D$——线圈平均直径，m<br>$B_g$——工作气隙内磁场强度，T<br>$N_c$——线圈匝数<br>$I$——线圈输入电流，A<br>可见 $F_m$ 与线圈输入电流 $I$ 之间存在正比关系<br>数学模型：动圈式力马达的动态传递函数，其形式与直流比例电磁铁的相同 | 图 g 是典型的动圈式力马达。它是由永久磁铁 1、导磁架 2、线圈架 3、线圈 4 等组成。其尺寸紧凑、线性行程范围大，线性好、滞环小、工作频带较宽。缺点是输出功率较小。由于它适用于干式工作环境，故在气动控制中应用较为普遍，可作为双级阀的先导级或小功率的单级阀 |
| 动圈式力矩马达 | 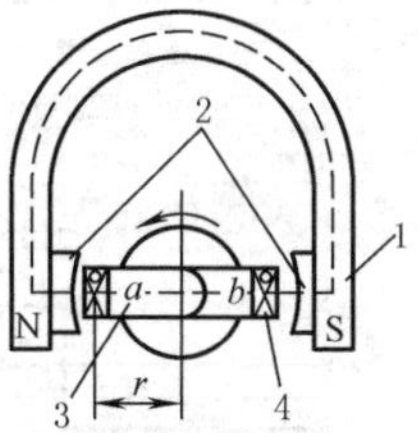<br>(h) 动圈式力矩马达 | 动圈式力矩马达的工作原理与动圈式力马达基本相似<br>永久磁铁产生的磁路如图中虚线所示，它在工作气隙中形成磁场，磁场方向如图所示。载流控制线圈的电流方向与磁场强度方向垂直，同时矩形线圈与转动轴相平行的两侧边 $a$ 和 $b$ 上的电流方向又相反，磁场对线圈产生力矩，其方向按左手法则判定，其大小由下式确定<br>$$M_m=2rWB_gN_cI \quad (3)$$<br>式中　$M_m$——动圈式力矩马达输出力矩，N·m<br>$W$——线圈侧边 $a$、$b$ 的边长，m<br>$r$——线圈侧边与转轴的平均距离，m<br>其余符号含义同上<br>数学模型：动圈式力矩马达的动态传递函数为<br>$$\frac{M_m(s)}{U(s)}=\frac{K_u}{1+\frac{s}{a}} \quad (4)$$<br>$$a=\frac{R_c+R_p}{L_c}$$ | 它是由永久磁铁 1、导磁架 2、矩形线圈架 3、线圈 4 等组成。矩形线圈架可绕中心轴转动 |
| 动铁式力矩马达 | 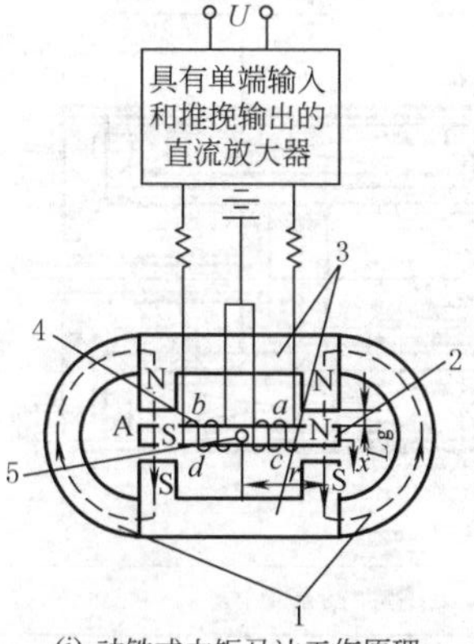<br>(i) 动铁式力矩马达工作原理 | 永久磁铁产生的磁路如图中虚线所示，沿程的四个气隙中通过的极化磁，通量相同。无电流信号时，衔铁由扭簧支承在上、下导磁架的中间位置，力矩马达无力矩输出。当有差动电流信号 $\Delta I$ 输入时，控制线圈产生控制磁通 $\Phi_c$。若控制磁场和永久磁铁的极化磁场方向如图所示，则气隙 $b$、$c$ 中的控制磁通与极化磁通方向相同，而在气隙 $a$、$d$ 中方向相反。因此气隙 $b$、$c$ 中合成磁通大于 $a$、$d$ 中的合成磁通，衔铁受到顺时针方向的磁力矩。当差动电流方向相反时，衔铁受到逆时针方向的磁力矩<br>动铁式力矩马达的线性度和稳定性受有效工作行程 $x$ 与工作气隙长度 $L_g$ 之比值$\frac{x}{L_g}$影响较大，一般要求$\frac{x}{L_g}<\frac{1}{3}$<br>数学模型：动铁式力矩马达动态传递函数的形式与式(4)相同，其中 $a$ 稍有不同，即为<br>$$a=(R_c+R_p)/(2L_c) \quad (5)$$ | 它由永久磁铁 1、衔铁 2、导磁架 3、控制线圈 4、扭簧支座 5 等组成<br>动铁式力矩马达具有很高的工作频宽，但其线性范围较窄 |

| 名称 | 结构原理图 | 工作原理 | 组成和优缺点 |
|---|---|---|---|
| 压电晶体驱动式 | 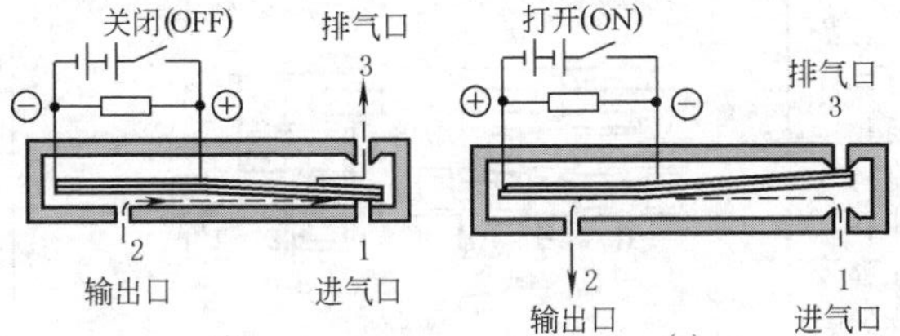<br>(j)　(k) | 把压电材料的电-机械转换特性引入到气动比例阀中，作为气动比例阀的电-机械转换级，这是一项不同于传统气动阀的全新技术。采用了压电技术的气动阀在性能上有着传统气动阀无可比拟的优势<br>其原理是利用晶体管的正压电效应：对于晶体构造中不存在对称中心的异极晶体，如加在晶体上的张紧力、压应力或切应力，除了产生相应的变形外，还将在晶体中诱发出介电极化或电场，这一现象被称为正压电效应；反之，若在这种晶体上加上电场，从而使该晶体产生电极化，则晶体也将同时出现应变或应力，这就是逆压电效应。两者通称为压电效应。利用逆压电效应原理，在晶体上给予一定的电压、电流，晶体也将按一定线性比例产生形变<br>如图 j 和图 k 所示的微型二位三通换向阀，1 口为进气口，2 口为输出口，3 口为排气口，阀中间的弯曲部件为压电材料组成的压电片。当没有外加电场作用时，阀处于图 j 状态；进气口 1 关闭，输出口 2 经排气口 3 通大气。当在压电阀片上外加控制电场后，压电阀片产生变形上翘（见图 k），上翘的压电阀片关闭了排口 3，同时进气口 1 和输出口 2 连通，这样就完全实现了传统二位三通电磁换向阀的功能 | |
| PWM 高速脉冲先导控制式 | 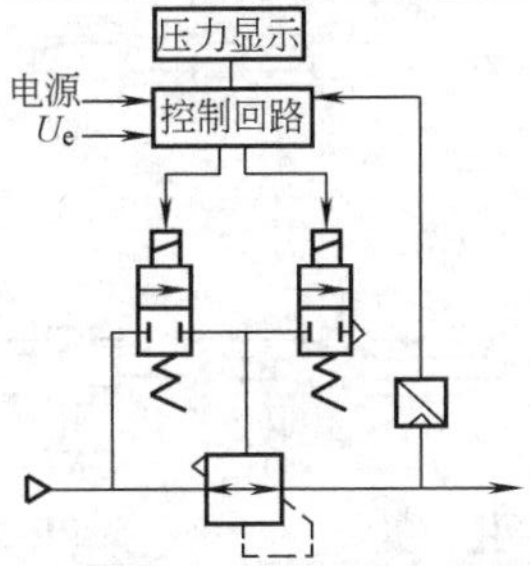<br>(l) 先导式比例压力阀的工作原理 | PWM 高速脉冲先导控制式利用 PWM（Pulse Width Modulation）脉冲宽度调制技术，采用脉宽调制技术将输入的模拟信号经脉冲调制器调制成具有一定频率和一定幅值的脉冲信号，脉冲信号放大后，控制两个二位二通高速电磁换向阀。二位二通电磁阀的输出具有一定的压力和流量，以控制它的负载，可作为气动比例阀的可动部件驱动机构（电-机械转换器）功能，即气动比例阀的先导前置级（见图 l）。同时，在 PWM 比例阀内设置了压力传感器，用来检测比例阀的输出压力。根据输出压力与输入信号压力的偏差进入 PWM 模块调节控制器，对两个二位二通电磁阀进行反馈，或对其进行进气补偿或排气释放，以达到所需要的平衡要求 | |

## 2.2 气动放大器（阀体）

表 23-6-4

| 名称 | 结构原理图 | 工作原理 | 组成和优缺点 |
|---|---|---|---|
| 射流管阀 | 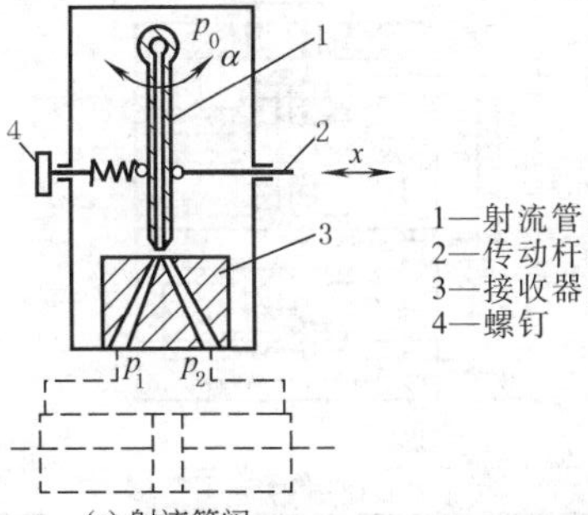<br>1—射流管；2—传动杆；3—接收器；4—螺钉<br>(a) 射流管阀 | 射流管阀由射流管和接受器两部分组成，通过螺钉 4 改变弹簧压缩量来调节射流管 1 的中位。射流管的偏转角由力马达通过传动杆 2 控制（也可以由力矩马达直接控制射流管偏转）。射流管的回转轴也是气源的供给管路。接收器 3 固定不动，它的两个接收孔的中心位于射流管的回转平面内。接收器的两输出孔分别与执行元件的两工作腔连接，如图 a 中虚线所示<br>射流管喷口有收缩形和拉伐尔形两种，前者可将气流加速到声速，而后者可将气源压力较高的气流加速到超声速。射流管的作用之一是接受力马达或力矩马达的控制信号，并将控制信号转换成射流管的偏转角 α；作用之二是将气体的压力能转变成动能<br>接收器中的两个接收通道是扩张形的，其作用是使高速气流减速，恢复压力能。射流管阀的实际工作原理是能量的转换和分配<br>射流管阀的应用虽没有喷嘴挡板阀那么广泛，但在动力控制系统中应用较多，有时也在二级阀中作功率级用。射流管阀也具有结构简单、对气源净化要求不高等优点。与喷嘴挡板阀相比，射流管阀的效率略高，在流量大、效率要求较高的控制系统中，均采用射流管阀<br>射流管阀适用的气源压力不宜太高。高速气流从射流管中喷出进入接收孔，而负载工作腔的一部分气体从接收孔返回大气，在这些流动过程中，射流管受到气流的反作用力。当射流管处于中位时，反作用力的合力通过射流管的转轴；当射流管偏转角增大时，射流管受到的气流反作用力矩也增大，该力矩方向与射流管的控制力矩方向相反，致使射流管产生振荡。过高的气源压力会引起控制系统的不稳定。经验表明，射流管阀的气源压力限制在 0.4MPa 以下为好 | 射流管阀的缺点是输出刚度低，中位功率损失大 |

续表

| 名称 | 结构原理图 | 工　作　原　理 | 组成和优缺点 |
| --- | --- | --- | --- |
| 膜片式喷嘴挡板 | 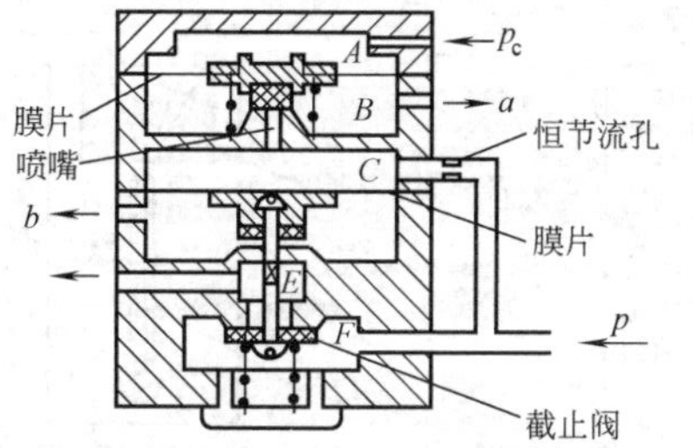<br>(b)膜片式喷嘴挡板阀结构原理 | 当气源进入放大器后，一部分气体进入 $F$ 室，另一部分气体经恒定节流孔进入 $C$ 室。当 $A$ 室无控制信号 $p_c$ 输入时，进入 $C$ 室的气体经喷嘴流入 $B$ 室再通过排气孔 $a$ 排向大气，在 $F$ 室内的气体压力作用下，截止阀关闭，输出口 $E$ 无气体输出。当控制信号 $p_c$ 输入 $A$ 室后，$A$、$B$ 室间的膜片在 $p_c$ 的作用下变形，堵住喷嘴，$C$ 室内气体不能排出，压力随之升高，达到一定压力值时推动 $C$ 室下的膜片，打开截止阀，接通 $p$ 与 $E$ 之间的通道，高压气流从输出口 $E$ 输出。当控制信号压力 $p_c$ 消失后，截止阀关闭，输出口 $E$ 与排气口 $b$ 接通排气<br>由上述工作原理分析可知，放大器实际上是一种微压控制阀，即用很小的压力气体作为输入控制信号，以获得压力较高、流量较大的气流输出<br>如图 b 所示的膜片式气动放大器是一个两级放大器，第一级是用膜片-喷嘴式进行压力放大，第二级是功率放大 | 该气动放大器由于没有摩擦部件和相对机械滑动部分，因此它有较高的灵敏度和较长的使用寿命。但其恒定节流孔小，工作中易被堵塞而失灵 |
| 滑阀 | 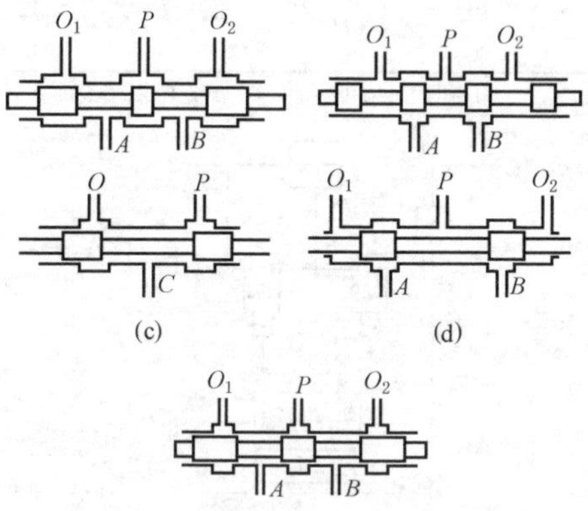<br>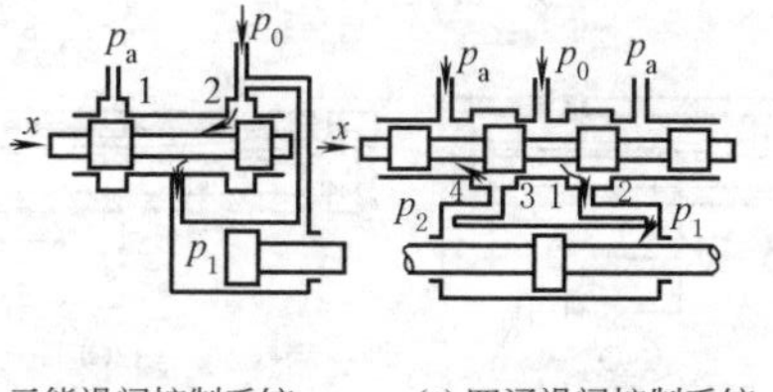<br>(f)三能滑阀控制系统　(g)四通滑阀控制系统<br>滑阀工作原理 | 根据阀芯形状的不同，滑阀分为柱形滑阀和滑板滑阀，柱形滑阀应用最广。柱形滑阀的阀芯是具有多凸肩的圆柱体，凸肩棱边与阀体（或阀套）内凹槽棱边组成节流口。根据凸肩的多少，滑阀分为二凸肩阀、三凸肩阀、四凸肩阀（见图 c～图 e）。按阀芯位于中位时节流口的开闭状况，滑阀又分为中开阀和中闭阀。中开阀又称正开口阀，阀芯凸肩与凹槽之间构成的是负重叠（负遮盖）量，如图 c 所示；中闭阀又有零开口阀（零重叠量）和负开口阀（正重叠量）两种，如图 d 和图 e 所示。与开关式方向阀分类相同，伺服/比例控制阀也有三通阀、四通阀、五通阀之分<br>柱形滑阀和滑板滑阀的工作原理相同，现以柱形滑阀为例进行分析<br>三通滑阀具有两个节流口，与差动气缸组成气动比例控制系统，如图 f 所示。当阀芯在力马达的作用下由中位（零位）向右移动一距离时，节流口 1 关死，节流口 2 打开，气缸无杆腔进气；当阀芯反向移动时，则节流口 2 关死，节流口 1 打开，气缸无杆腔排气。阀芯运动的方向受输入信号的极性控制，节流口开口量的大小受输入信号大小控制。可以用半桥气动回路描述三通滑阀的工作状态<br>图 g 所示为四通滑阀组成的控制系统。四通滑阀有四个节流口，节流口的开闭情况视滑阀的中开式或中闭式而不同。对零开口阀，当阀芯向某一方向运动时，两个节流口关闭，其余两个节流口流通面积逐渐增大；当阀芯由中位反向运动时，节流口的开闭情况恰好相反<br>对中开式四通滑阀，当阀芯的位移量小于中位时的负重叠量时，四个节流口都是可变的；当阀芯的位移量大于中位时的负重叠量时，工作情况与零开口阀相同<br>对负开口阀，当阀芯的位移量小于中位时的正重叠量时，四个节流口始终处于关闭状态。当阀芯位移超过上述正重叠量时，工作情况与零开口阀相同。由负开口阀组成的控制系统，存在明显的死区<br>四通滑阀的工作状态可用全桥气动回路来描述<br>五通滑阀与四通滑阀功能完全相同，仅比四通滑阀多一个排气口 | 与其他气动放大器相比，气动滑阀具有输出功率大，滑芯能实现静态平衡，控制功率小，中闭阀中位可以不消耗能量等特点。但滑阀的缺点也是明显的，阀芯与阀体（或阀套）构成的节流口，尺寸精度要求高，加工困难，生产成本高，由于气体的润滑性能差，阀芯与阀体（阀套）构成的摩擦副干摩擦力大，影响了控制系统的线性性能。这些缺点限制了滑阀在气动伺服控制系统中的应用 |

# 3　几种电-气比例/伺服阀

表 23-6-5

| 名称 | 结 构 原 理 图 | 工作原理、组成和特点 |
| --- | --- | --- |
| 喷嘴挡板式电气压力比例阀 | 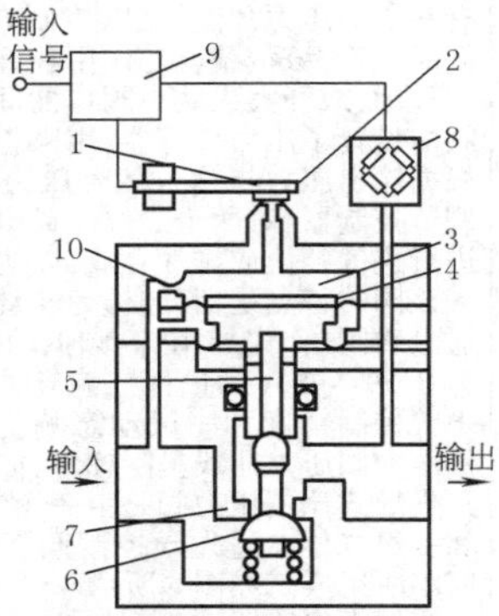<br>(a)喷嘴挡板式比例压力阀结构原理<br>1—挡板;2—喷嘴;3—喷嘴背压腔;4—膜片;5—排气阀;6—内阀;7—阀座;8—压力传感器;9—控制器;10—固定节流孔<br>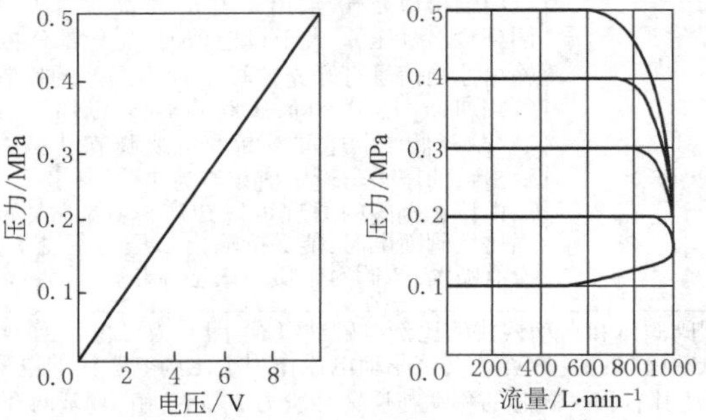<br>(b)电气比例阀静态特性曲线 | 图 a 所示为电-气比例阀(又称比例调节器)结构原理。它由控制器、喷嘴-挡板、膜片组件、压力传感器、内阀等主要部件组成。它是基于压力反馈的原理工作的,并可实现输入信号与输出压力成比例关系。当控制输入信号增大时,由压电晶体构成的挡板 1 靠近喷嘴 2,使喷嘴背压腔 3 内的压力上升,作用于膜片 4 上,压下排气阀 5,由于内阀 6 与排气阀连动,输出口被打开,压力气体通过输出口流向负载,成为输出。另外此压力气体通过压力传感器 8 转换成电信号,反馈到控制器 9 中,与控制输入信号进行比较,产生偏差信号,修正输出。这样通过不断的反馈以实现输出气体压力和控制输入信号成比例关系。图 b 为该电气比例阀的静态特性曲线图 |
| 动铁式比例压力阀 | 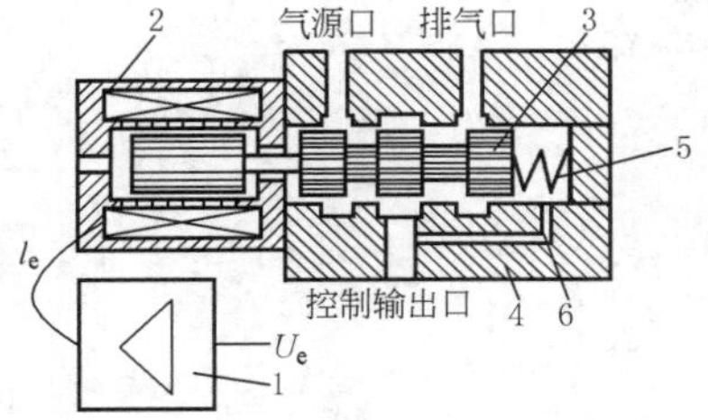<br>(c)比例压力控制阀<br>1—控制电路;2—比例电磁铁;3—阀芯;4—阀体;5—反馈弹簧;6—反馈气路<br>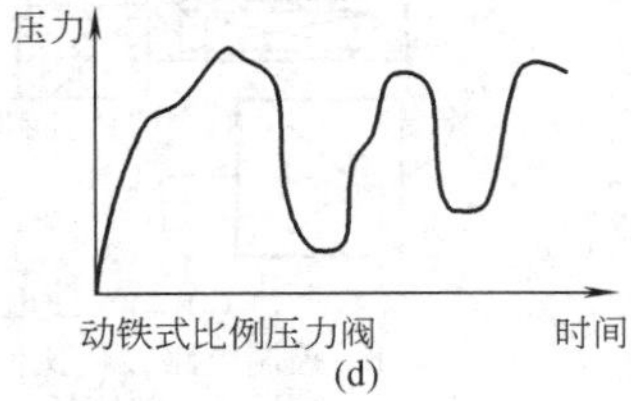<br>(d) | 动铁式比例压力控制阀是由一个二位三通的硬配阀阀体和比例电磁铁两大部分所组成,如图 c 所示。通常,比例电磁铁部分包含一个控制电路(包括一个比例放大器电路)。当输入电压信号(电流)经过比例放大器转换为与其成比例的驱动电流 $I_e$,该驱动电流作用于比例电磁阀的电磁线圈,使永久磁铁产生与 $I_e$ 成比例的推力 $F_e$,并作用于阀芯 3,使二位三通阀的阀口被打开,气源与输出口接通,形成输出气压,该气压经过气路 6 作用于阀芯底部产生反馈力 $F_f$ 并与电磁力相抵抗直至平衡。此时,满足下列方程式<br>$$F_f+X_0K_{XF}=F_e+\Delta F \qquad (1)$$<br>从图中看出反馈力　$F_f=A_fp_a$　(2)<br>又因为,电磁力 $F_e$ 与驱动电流 $I_e$ 成比例关系,因此,也同输入电压信号 $U_e$ 成比例关系,所以<br>$$F_e=K_{IF}I_e=K_{IF}K_{UI}U_e$$<br>式中,$K_{IF}$ 为比例电磁铁的电流-力增益;　$X_0$ 为反馈弹簧的预压缩力;$K_{UI}$ 为比例放大器的电压-电流增益;$K_{XF}$ 为反馈弹簧的刚性系数;$A_f$ 为阀芯底部截面积;$F_e$ 为电磁力;$p_a$ 为输出口 $A$ 的压力;$\Delta F$ 为摩擦力<br>$$K=\frac{K_{IF}K_{UI}}{A_f}$$(称比例阀的增益,或称比例系数)<br>动铁式比例压力阀的压力曲线随不同时间的输入信号而变化,如图 d 所示 |

第 23 篇

续表

| 名称 | 结构原理图 | 工作原理、组成和特点 |
|---|---|---|
| PWM比例压力阀 | 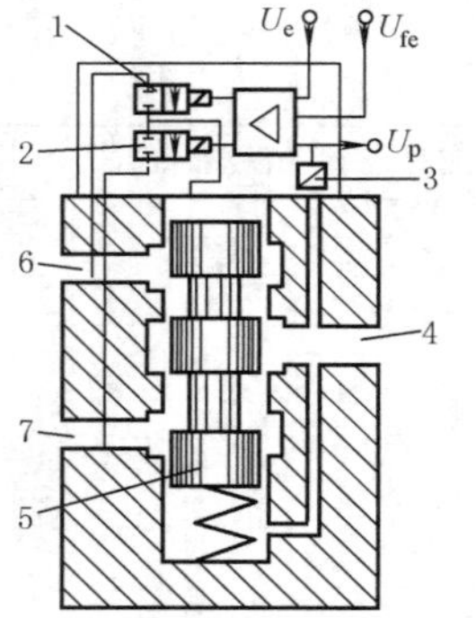<br><br>(e) 先导式比例压力阀<br>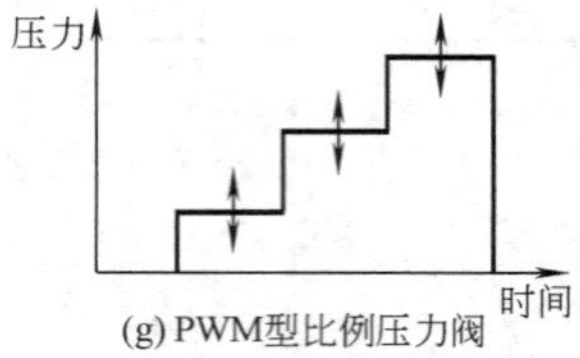<br><br>(g) PWM型比例压力阀<br>1,2—先导控制阀；<br>3—压力传感器；<br>4—输出口；<br>5—主阀芯（先导式放大器）；<br>6—气源口；<br>7—排气口；<br>$U_e$—输入信号；<br>$U_{fe}$—外反馈信号；<br>$U_p$—输出信号<br>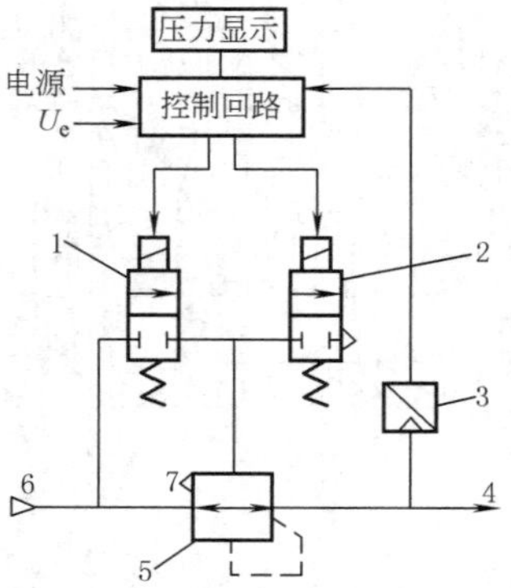<br><br>(f) 先导式比例压力阀的工作原理 | PWM（Pulse Width Modulation）比例压力阀的原理见图 f<br>PWM脉冲宽度调制的比例压力阀采用脉宽调制技术将输入的模拟信号经脉冲调制器调制成具有一定频率和一定幅值的脉冲信号，脉冲信号放大后，控制两个二位二通高速电磁换向阀。二位二通电磁阀的输出具有一定的压力和流量，以控制它的负载（对于PWM比例阀而言，该负载就是作用在弹簧上的阀芯，使阀芯上下移动，或开大或减小阀口的间隙）。同时，PWM比例阀内设置了压力传感器，用来检测比例阀的输出压力。根据输出压力与输入信号压力的偏差进入PWM模块调节控制器，对两个二位二通电磁阀进行反馈，或对其进行进气补偿或排气释放，以达到所需要的平衡要求<br>该阀的特点是，其结构为非释放型，驱动两个二位二通电磁阀（作先导用）高频振动时，耗气量低，控制精度为 0.5%～1%（满量程），响应时间为 0.2～0.5s，适用于中等控制精度和一般动态响应的控制场合。PWM比例压力阀压力曲线呈阶梯形，如图 g 所示<br>先导式比例压力阀是由一个二位三通的硬配阀阀体和一组二位二通先导控制阀、压力传感器和电子控制回路所组成。如图 e 所示<br>当压力传感器检测到输出口气压 $p_a$ 小于设定值时，先导部件的数字电路输出控制信号打开先导控制阀 1，使主阀芯上腔的控制压力 $p_0$ 增大。阀芯下移，气源继续向输出口充气，输出压力 $p_a$ 增高。当压力传感器检测到输出气压 $p_a$ 大于设定值时，先导部件的数字电路输出控制信号打开先导阀 2，使主阀芯的控制压力与大气相通，$p_0$ 适量下降，主阀芯上移，输出口与排气口相通，$p_a$ 降低。上述的不断的反馈调节过程一直持续到输出口的压力与设定值相符为止<br>由该比例阀的原理可以知道，该阀最大的特点就是当比例阀断电时，能保持输出口压力不变。另外，由于没有喷嘴，该阀对杂质不敏感，阀的可靠性高 |

**两位三通气动比例流量阀**

二位三通型气动比例流量阀是由一个二位三通硬配阀阀体和一动铁式的比例电磁铁组成，图 h 为二位三通型比例流量阀。当输入电压信号 $U_e$ 经过比例放大器转换成与其成比例的驱动电流 $I_e$，该驱动电流作用于比例电磁铁的电磁线圈，使永久磁铁产生与 $I_e$ 成比例的推力 $F_e$ 并作用于阀芯 3 使其右移。阀芯的移动与反馈弹簧力 $F_f$ 相抗衡，直至两个作用力相平衡，阀芯不再移动为止。此时满足以下方程式

$$F_f+X_0K_{XF}=F_e\pm\Delta F \tag{1}$$

$$F_f=K_{XF}X \tag{2}$$

$$F_e=K_{IF}I_e=K_{IF}X_{UI}U_e \tag{3}$$

将式(2)、式(3)代入式(1)整理后得

$$X\begin{cases}0 & U_e<\dfrac{X_0}{K}\\ KU_e-X_0-\dfrac{\Delta F}{K_{XF}} & U_e>\dfrac{X_0}{K}\pm\dfrac{\Delta F}{K_{XF}}\end{cases} \tag{4}$$

式中 $F_f$——反馈弹簧力

$X_0$——反馈弹簧预压缩量

$K_{XF}$——反馈弹簧刚性系数

$X$——阀芯的位移

$F_e$——电磁驱动力

$K_{IF}$——比例电磁铁的电流-力增益

$K_{UI}$——比例放大器的电压-电流增益

$I_e$——比例驱动电流

$U_e$——输入电压信号

$K$——为比例阀的增益，即比例系数，$K=\dfrac{K_{IF}K_{UI}}{K_{XF}}$

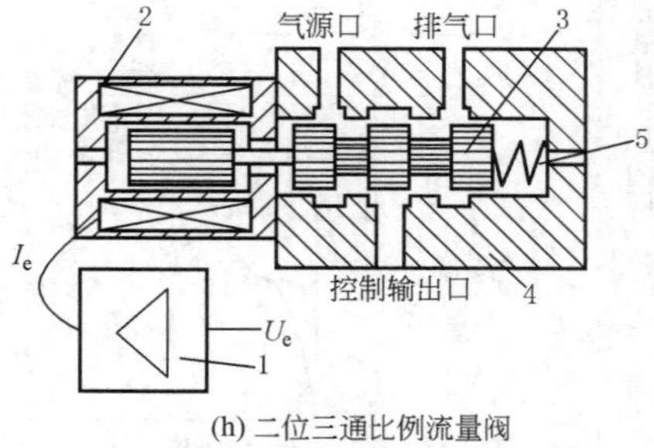


(h) 二位三通比例流量阀

1—控制电路；2—比例电磁铁；3—阀芯；4—阀体；5—反馈弹簧

从式(4)可见，阀芯的位移 $X$ 与输入电压信号 $U_e$ 基本成比例关系

续表

名称：三位五通比例流量阀(亦称气动伺服阀)

结构原理图：

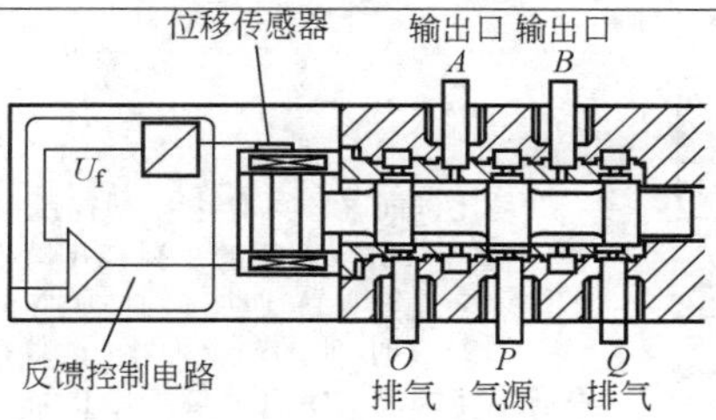


(i) 三位五通比例流量阀

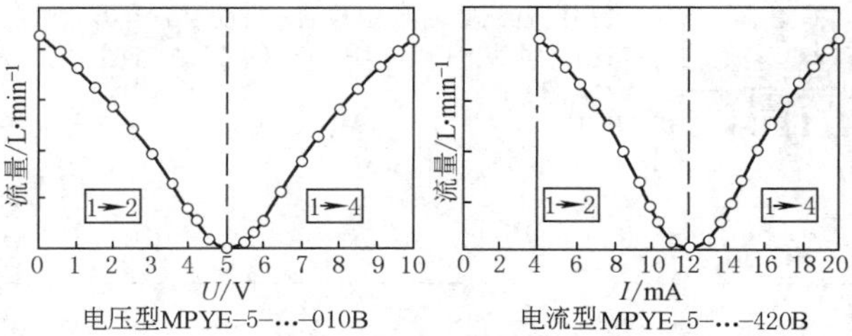


(j) 三位五通比例流量阀流量特性曲线

工作原理、组成和特点：

二位三通型比例流量阀仅对一输出流量进行控制，而三位五通型则同时对两个输出口进行跟踪控制。又因为此阀的动态响应频率高，基本满足伺服定位的性能要求，故也被称为气动伺服阀

三位五通比例流量阀是一个三位五通型硬配阀阀体与一个含动铁式的双向电磁铁的控制部分所组成，如图 i 控制放大器除了一个动铁式的双向电磁铁之外还有一个比例放大器、位移传感器及反馈控制电路。动铁式双向电磁铁与阀芯被做成一体

三位五通比例流量阀的工作原理是：在初始状态，控制放大器的指令信号 $U_e=0$，阀芯处于零位，此时气源口 $P$ 与 $A$、$B$ 两输出口同时被切断，$A$、$B$ 两口与排气口也切断，无流量输出；此时位移传感器的反馈电压 $U_f=0$。若阀芯受到某种干扰而偏离调定的零位时，位移传感器将输出一定的电压 $U_f$，控制放大器将得到的 $\Delta U=-U_f$ 放大后输出电流给比例电磁铁，电磁铁产生的推力迫使阀芯回到零位。若指令信号 $U_e>0$，则电压差 $\Delta U$ 增大，使控制放大器的输出电流增大，比例电磁铁的输出推力也增大，推动阀芯右移。而阀芯的右移又引起反馈电压 $U_f$ 增大，直至 $U_f$ 与指令电压 $U_e$ 基本相等，阀芯达到力平衡。此时：

$$U_e=U_f=K_fX(K_f \text{ 为位移传感器增益})$$

上式表明阀芯位移 $X$ 与输入信号 $U_e$ 成正比。若指令电压信号 $U_e<0$，通过上式类似的反馈调节过程，使阀芯左移一定距离。阀芯右移时，气源口 $P$ 与 $A$ 口连通，$B$ 口与排气口连通；阀芯左移时，$P$ 与 $B$ 连通，$A$ 与排气口连通。节流口开口量随阀芯位移的增大而增大

上述的工作原理说明带位移反馈的方向比例阀节流口开口量及气流方向均受输入电压 $U_e$ 的线性控制。这类阀的优点是线性度好，滞回小，动态性能高

三位五通比例流量阀的主要技术参数

| 规格 | M5 | G⅛LF | G⅛HF | G¼ | G⅜ |
|---|---|---|---|---|---|
| 最大工作压力/MPa | 1 | | | | |
| 工作介质 | 过滤压缩空气，精度 5μm，未润滑 | | | | |
| 设定值的输入电压/电流 | 0～10V DC<br>4～20mA | | | | |
| 公称流量/L·min$^{-1}$ | 100 | 350 | 700 | 1400 | 2000 |
| 电压 | 24V DC±25% | | | | |
| 电压脉动 | 5% | | | | |
| 功耗/W | 中位 2，最大 20 | | | | |
| 最大频率/Hz | 155 | 120 | 120 | 115 | 80 |
| 响应时间/ms | 3.0 | 4.2 | 4.2 | 4.8 | 5.2 |
| 迟滞 | 最大 0.3%，与最大阀芯行程有关 | | | | |

# 4 电-气比例/伺服系统的组成及原理

## 4.1 电-气比例/伺服系统的组成

表 23-6-6

电-气比例/伺服系统

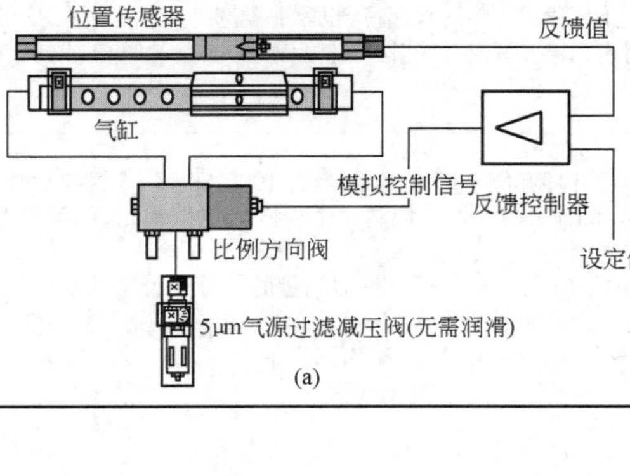


(a)

电-气比例/伺服系统由控制阀(气动比例伺服阀)、气动执行元件、传感器、控制器(比例控制器)组成

续表

<table>
<tr>
<td>气动比例伺服阀(三位五通气动流量伺服阀)</td>
<td>

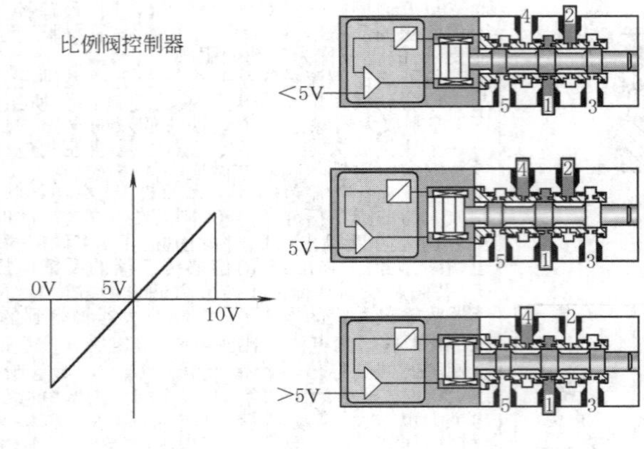


(b)

气动比例伺服阀可分电压型控制(0~10V)和电流型控制(4~20mA),它的主要技术特点表现在它的一个中间位置。即当气动比例伺服阀的控制信号处于5V或12mA时,它的输出为零(也就是整个气动伺服系统运作到达设定点的位置停止)。因此,气动比例伺服系统要满足一个条件,即输出=设定位置-当前位置+5V(电压型)。换而言之,驱动器到达其设定点位置时,就意味着设定位置-当前位置=0。此时,气动比例伺服阀只得到5V的控制信号,它无输出(见图b)

</td>
</tr>
<tr>
<td>气动执行元件</td>
<td>

气动执行元件可采用常规的普通气缸、无杆气缸或摆动气缸。为了要实现它的闭环控制,这些气动执行元件必须与位移传感器连接

</td>
</tr>
<tr>
<td>传感器</td>
<td>

与气动比例伺服阀配合使用的位移传感器有数字式位移传感器和模拟式位移传感器两大类

数字式位移传感器:采用磁致伸缩测量原理,它是一种非接触式、绝对测量方式,运行速度快、使用寿命长、保护等级高(IP65),一些气动制造厂商把数字式位移传感器内置于无杆气缸内部,电接口采用数字式、CAN带协议或接入伺服定位控制连接器(网关)。数字式位移传感器行程长度可从225~2000mm,环境温度-40~75℃,分辨率<0.01mm,最大耗电量为90mA,由于无接触方式,它的运行速度、加速度可任意

模拟式位移传感器:有两种连接方式,一种是采用滑块式(类似无杆气缸上的滑块)方式与气动驱动器连接,另一种是采用伸出杆(类似普通单出杆气缸上的活塞杆)方式与气动驱动器连接

(1)滑块式模拟式位移传感器采用有开口的型材,故需带密封条,它是一种接触式、绝对测量方式,电接口是4针插头(类型A DIN 63650),行程可从225~2000mm,环境温度-30~100℃,分辨率<0.01mm,由于该模拟式位移传感器为接触方式,它的运行速度为10m/s、加速度为200m/$s^2$,与驱动器连接处的球轴承在连接中的角度偏差允许在±1℃、平行偏差在±1.5mm,最大耗电量为4mA,防护等级为IP40

(2)伸出杆式模拟式位移传感器采用圆形的型材,故不需密封条。它是接触式,并可实现绝对位移测量,电接口是4针插头,行程可从100~750mm,环境温度-30~100℃,分辨率<0.01mm,由于该模拟式位移传感器为接触方式,它的运行速度为5m/s、加速度为200m/$s^2$,与驱动器连接处的球轴承在连接中的角度偏差允许在±12.5℃,最大耗电量为4mA,防护等级为IP65。该伸出杆模拟式位移传感器应与机器隔离安装,并通过关节球轴承连接,避免活塞杆的机械振动传递到传感器,在必要情况下应采用辅助电隔离措施确保隔离的效果

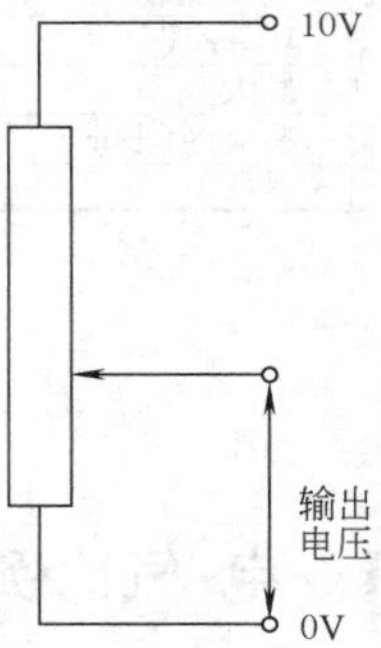


(c)

一般采用模拟量或数字量的位移传感器。模拟量位移传感器与气缸配套使用,可直接测量出气缸的位移,它可实现绝对位移测量。如:对于电压型气动比例伺服阀(0~10V型),也就是给位移传感器0~10V,当气缸达到某一位置时(即位移传感器也达到某一位置),实际上就反映了该点的阻值,该值就是反馈值,见图c

</td>
</tr>
<tr>
<td>控制器</td>
<td>

比例控制器(位置控制器)主要用于气动驱动器,是一种包含开环和闭环的控制器,具有100个程序、次级编程技术,它采用数字式的输入/输出,模拟量输入,具有Profibus、Device Net、Interbus接口,可控制一个至四个定位轴(包括可控制步进马达)。更详细技术参数需查阅各气动制造厂商提供的详细说明书

比例控制器与位移传感器、气动比例伺服阀、驱动器一起组成闭环控制,根据传感器测量的信号和设定的信号,按一定的控制规律计算并产生与气动伺服比例阀匹配的控制信号,另一个功能是为实现机器的工作程序控制所具备的软件程序功能(包括储存N个程序与运动模式、补偿负载变化的位置自我优化、输入输出简单顺序控制)

</td>
</tr>
</table>

## 4.2 电-气比例/伺服系统的原理

**表 23-6-7**

<table>
<tr>
<td>流量与设定电压(或设定电流)的关系</td>
<td>
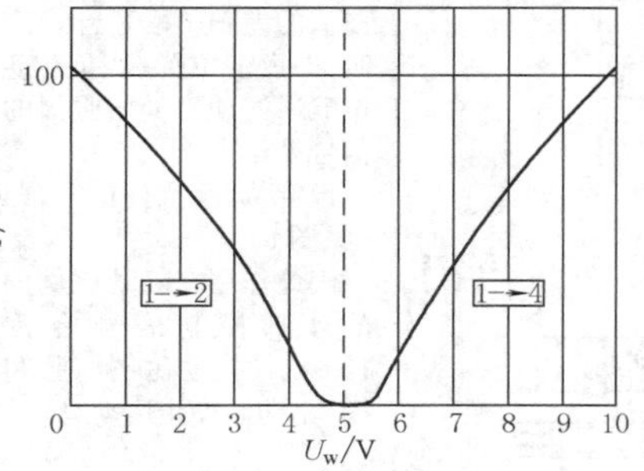


(a) 电压类型 MPYE-5-…-010-B<br>6→5bar 时流量 $q$ 与设定电压 $U$ 的关系

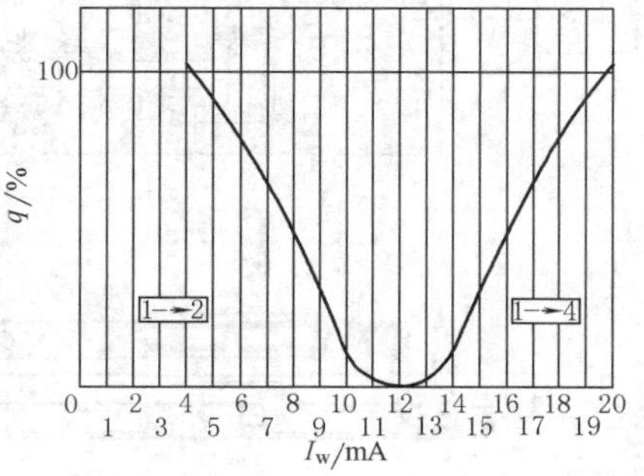


(b) 电流类型 MPYE-5-…-420-B<br>6→5bar 时流量 $q$ 与设定电流强度 $I$ 的关系

电压型三位五通气动流量伺服阀或电流型三位五通气动流量伺服阀的流量与设定电压(或设定电流)的关系见图 a、b 所示。

第一步:该系统启动时,必须让驱动器进行一个从头到尾自教性的运动,以认识起点、设定点、各点及终点位置时电压、电流的实际值

正常操作:控制器内具有驱动器到达设定点时获取的电压/电流信号,驱动器运动时的电压/电流信号(即当前位置信号)不断与控制器内的设定值进行比较
</td>
</tr>
<tr>
<td>设定位置小于当前位置</td>
<td>
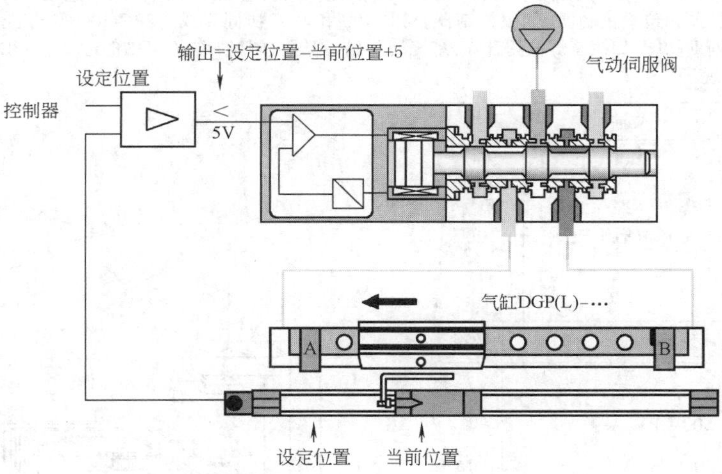


(c)
</td>
<td>当外部控制信号(设定值与当前值的差值)小于当前位置输出时,如图 c 所示,气动比例伺服阀右边的输出口输出,气缸往左运动,直至气缸运动到达设定位置</td>
</tr>
<tr>
<td>设定位置大于当前位置</td>
<td>
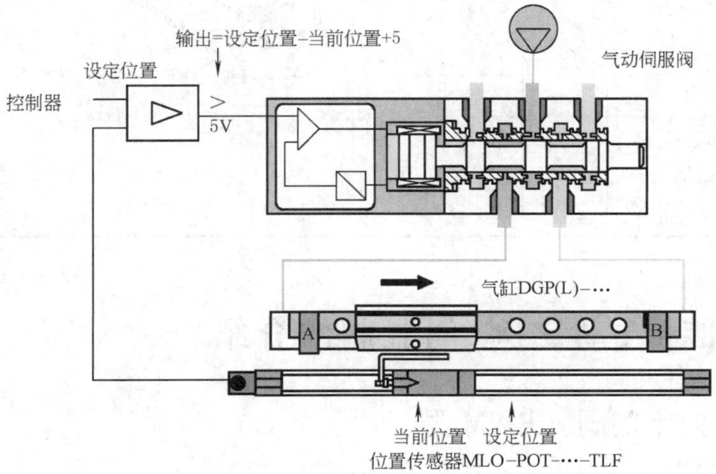


(d)
</td>
<td>当外部控制信号(设定值与当前值的差值)大于当前位置输出时,气动比例伺服阀左边的输出口输出,气缸往右运动,直至气缸运动到达设定位置,如图 d 所示</td>
</tr>
</table>

续表

| | | |
|---|---|---|
| 设定位置=当前位置 | 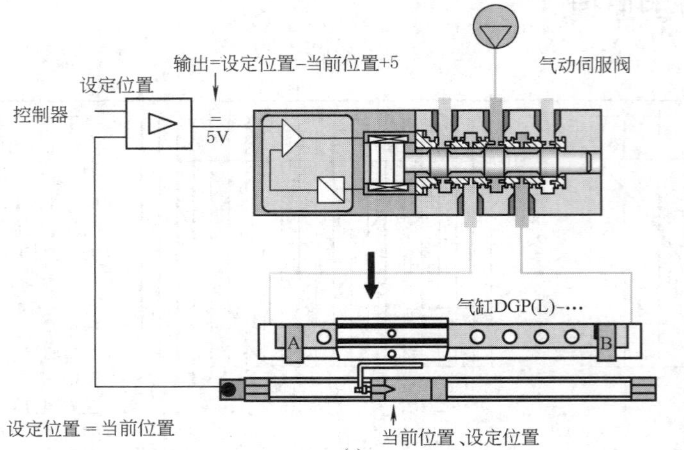<br>(e) | 当外部控制信号(设定值与当前值的差值)等于当前位置输出时,即设定位置-当前位置=0,三位五通气动流量伺服阀的反馈电信号处于:<br>设定位置-当前位置+5V=输出(见图e)<br>因此作用在气动比例伺服阀上的外部控制信号恰为5V或12mA,使气动比例伺服阀输出为零,驱动器停止运动 |

气动伺服定位的应用

现需焊接不在一条直线上三个焊点的汽车副车架面板,左右副车架面板对称共有六个点,焊枪固定,工件移动,工件由夹具气缸固定。由于焊点不在一直线上,而且工件在移动时,焊枪须避开工件上的夹具,所以工件须作二维运动。焊机机械结构如图f所示。整台多点焊机的控制由位置控制器(伺服控制器)SPC-100和PLC协同完成。SPC-100实现定位控制,采用NC语言编程。PLC完成其他辅助功能,如控制焊枪的升降,系统的开启、停等,并且协调$X$、$Y$轴的运动。SPC-100与PLC之间的协调通过握手信号来实现

| | 项目 | $X$轴 | $Y$轴 |
|---|---|---|---|
| 工况要求 | 移动范围/mm | 1200 | 250 |
| | 定位精度/mm | ±1 | ±1 |
| | 负载质量/kg | 200(包括机架) | 120 |
| | 工件质量(左梁、右梁)/kg | 4 | |
| | 工作周期/min | 2 | |

| | 名称 | 型号 | 数量 |
|---|---|---|---|
| 气动伺服系统组成元件 | 伺服控制器 | SPC-100-P-F | 2 |
| | 无杆气缸 | $X$轴 DGP-40-1500-PPV-A | 1 |
| | | $Y$轴 DGP-40-250-PPV-A | 1 |
| | 位移传感器 | $X$轴 MLO-POT-1500-TLF | 1 |
| | (模拟式) | $Y$轴 MLO-POT-300-TLF | 1 |
| | 比例阀 | MPYE-5-1/8-HF-10-B | 2 |

| | 项目 | $X$轴 | $Y$轴 |
|---|---|---|---|
| 多点焊机定位系统的运行参数 | 速度 $v$/m·s$^{-1}$ | 0.5 | 0.3 |
| | 加速度 $a$/m·s$^{-2}$ | 5 | 1 |
| | 定位精度/mm | ±0.2 | ±0.2 |

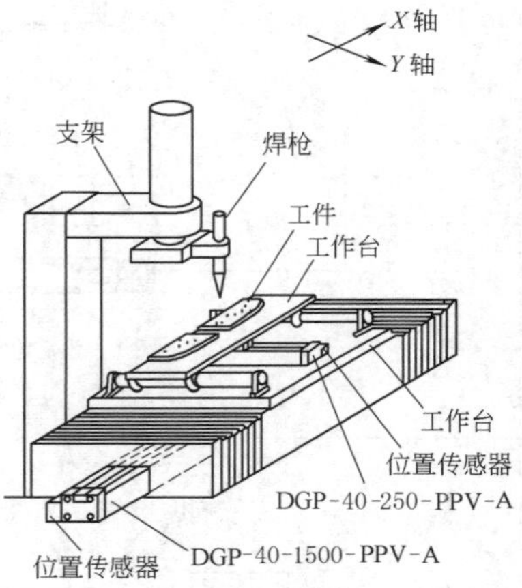

(f) 多点焊机机械结构

# 5 几种气动比例/伺服阀的介绍

## 5.1 Festo MPPE 气动压力比例阀(PWM型)

工作原理见第3节中PWM比例压力阀介绍。

**表 23-6-8**

**剖面视图、外形尺寸图**

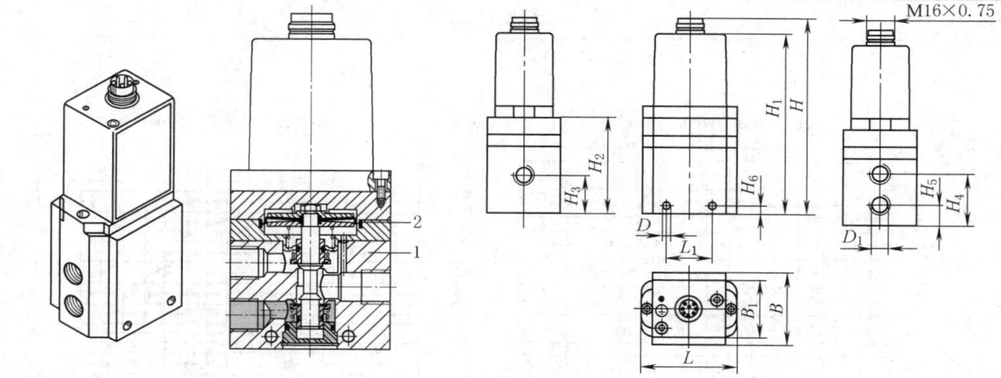


1—壳体(精制铝合金);2—隔膜(丁腈橡胶)

**主要技术参数**

| | | | | |
|---|---|---|---|---|
| 气接口 | | G⅛ | G¼ | G½ |
| 结构特点 | | 先导驱动活塞式减压阀 | | |
| 密封原理 | | 软性密封 | | |
| 驱动方式 | | 电 | | |
| 先导控制类型 | | 通过两位两通阀进行先导驱动 | | |
| 安装方式 | | 采用通孔安装 | | |
| 安装位置 | | 任意位置 | | |
| 公称通径/mm | 换气 | 5 | 7 | 11 |
| | 排气 | 5 | 7 | 12 |
| 标准额定流量/L·min$^{-1}$ | | 见下图 | | |
| 产品质量/g | | 710 | 920 | 2400 |

**尺寸**

mm

| 气接口 $D_1$ | $B$ | $B_1$ | $D$ | $H$ | $H_1$ | $H_2$ | $H_3$ | $H_4$ | $H_5$ | $H_6$ | $L$ | $L_1$ |
|---|---|---|---|---|---|---|---|---|---|---|---|---|
| G⅛ | 38 | — | $\phi$4.5 | 129.1 | 119.1 | 60.2 | 18.8 | 26.8 | 9.3 | 4 | 62 | 34 |
| G¼ | 48 | 38 | $\phi$4.5 | 140.7 | 130.7 | 63.6 | 25.3 | 34.8 | 13.8 | 5 | 62 | 30 |
| G½ | 76 | 38 | $\phi$7 | 194.6 | 184.6 | 117.5 | 53 | 74 | 32 | 18 | 86 | 50 |

端子分配

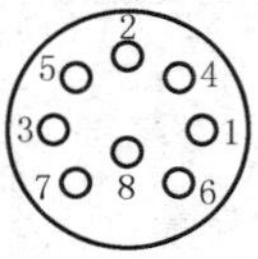


1. WH $X_{ext,in}$(外部实际输入值)
2. BN 接地
3. GN 接地
4. YE $W_{in}$(设定点输入值)
5. GY $10V_{out}$(供给外部电位计的电源)
6. PK $X_{out}$(实际输出值)
7. RD 24V DC(电源电压)
8. BU 接地

切换功能

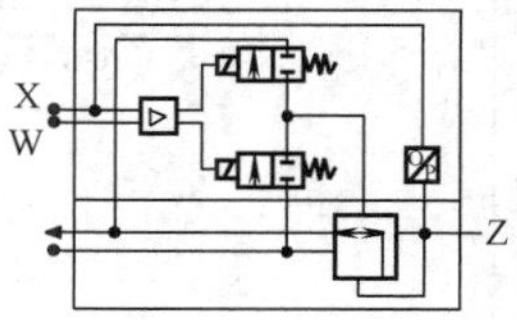


**流量 $q_n$ 与输出压力 $p_2$ 的关系**

气接口 G⅛

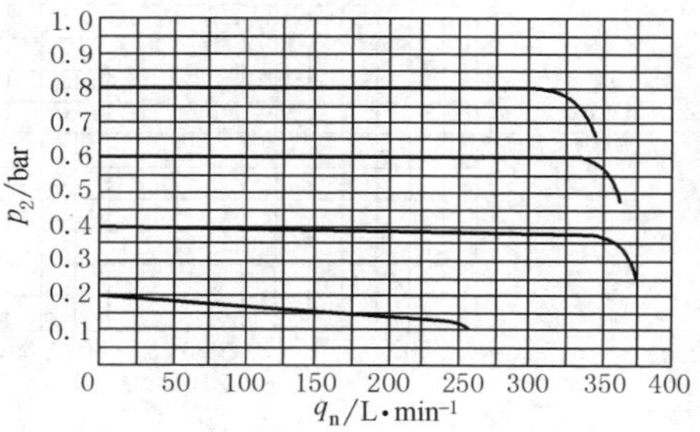


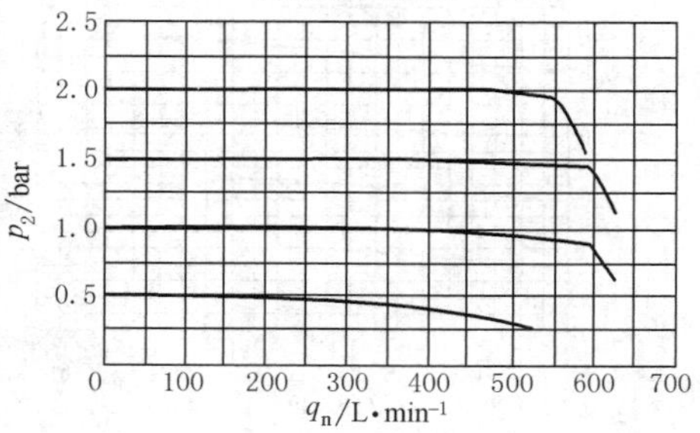

续表

| 流量 $q_n$ 与输出压力 $p_2$ 的关系 | 气接口 G¼ |
|---|---|

压力调节范围 0～6bar

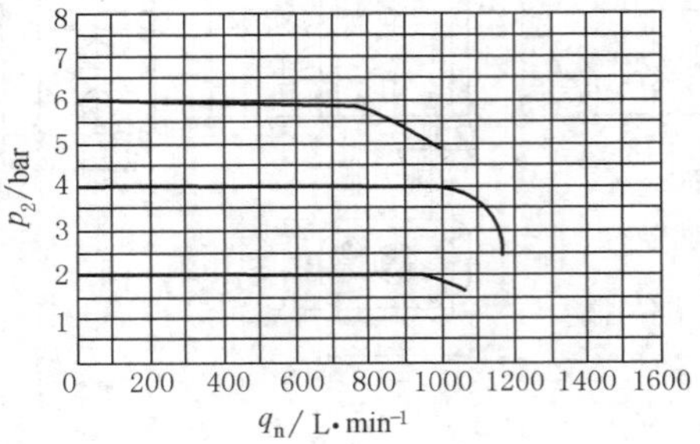


压力调节范围 0～10bar

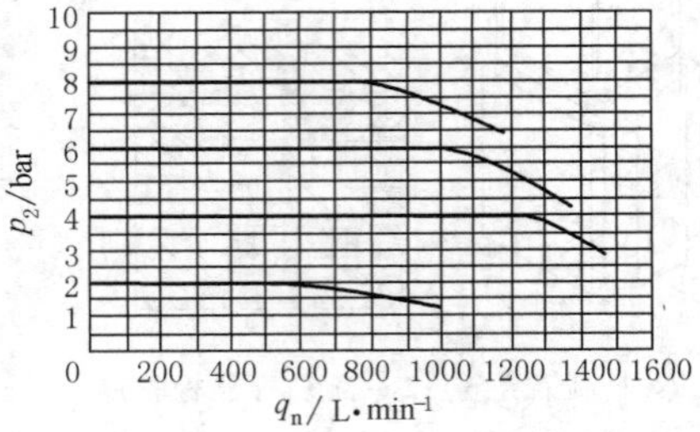


压力调节范围 0～1bar

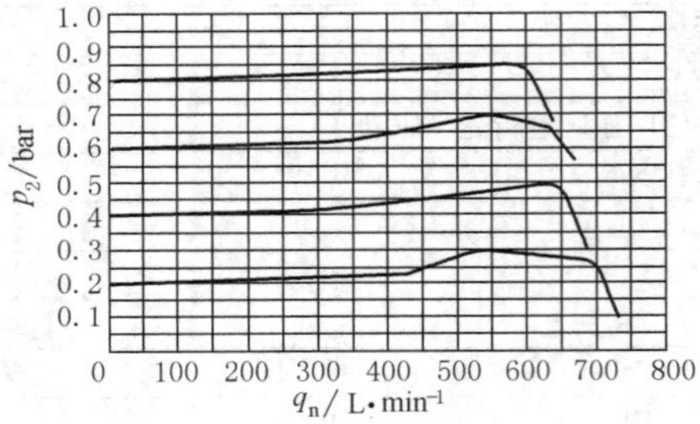


压力调节范围 0～2.5bar

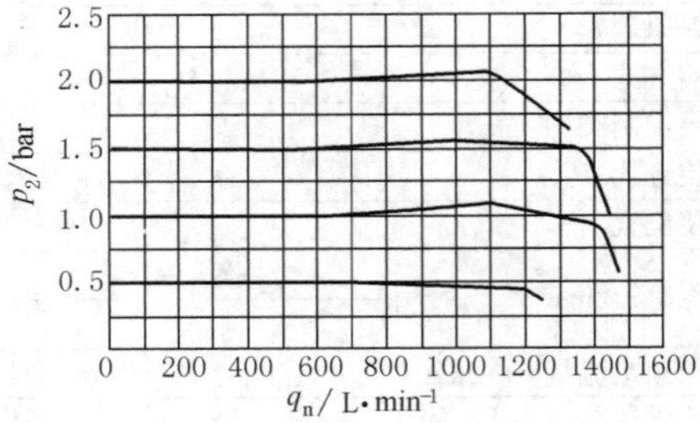


压力调节范围 0～6bar

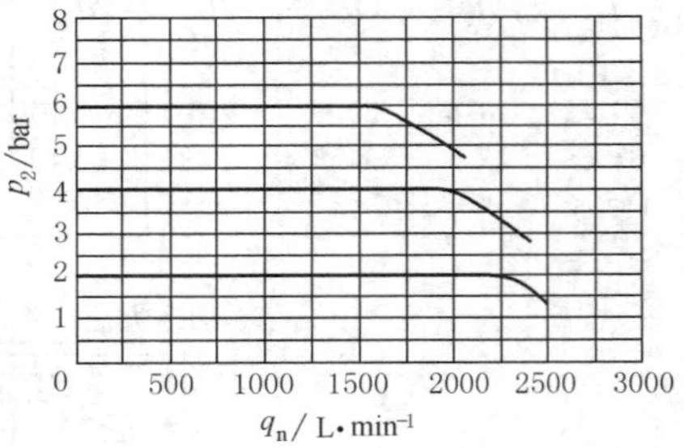


压力调节范围 0～10bar

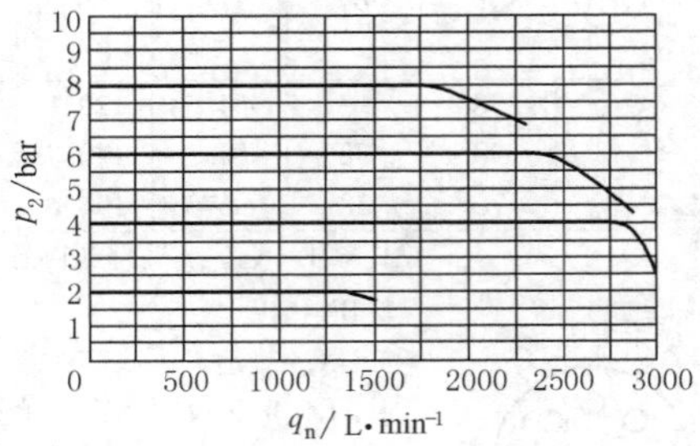


气接口 G½

压力调节范围 0～1bar

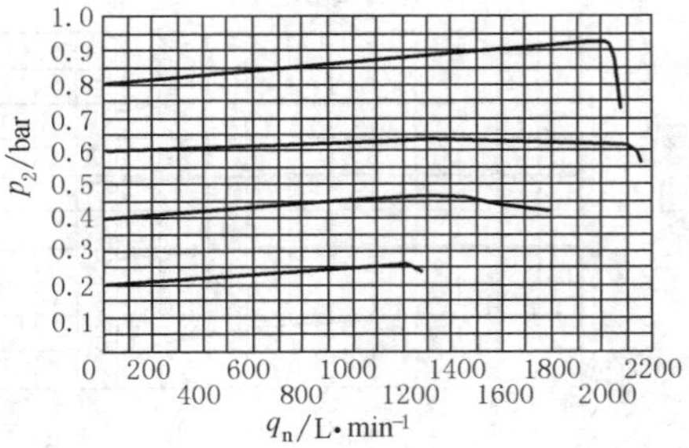


压力调节范围 0～2.5bar

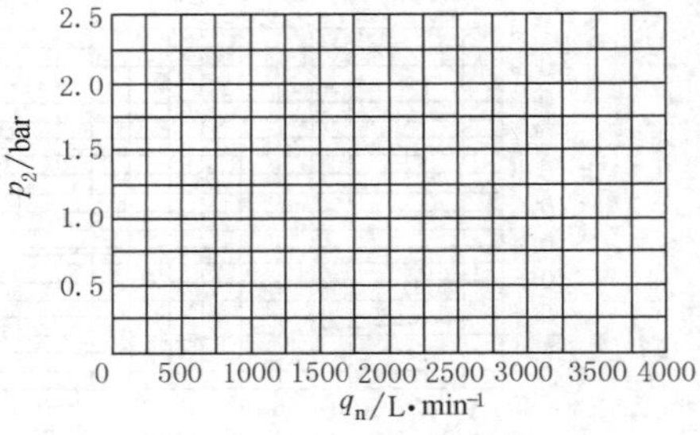

续表

**流量 $q_n$ 与输出压力 $p_2$ 的关系**

压力调节范围0～6bar

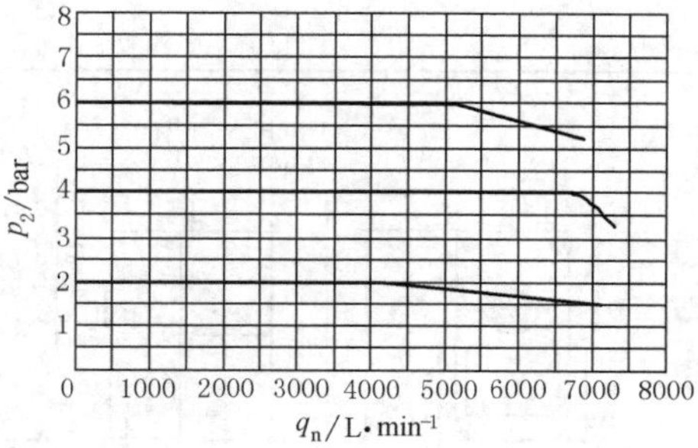


压力调节范围0～10bar

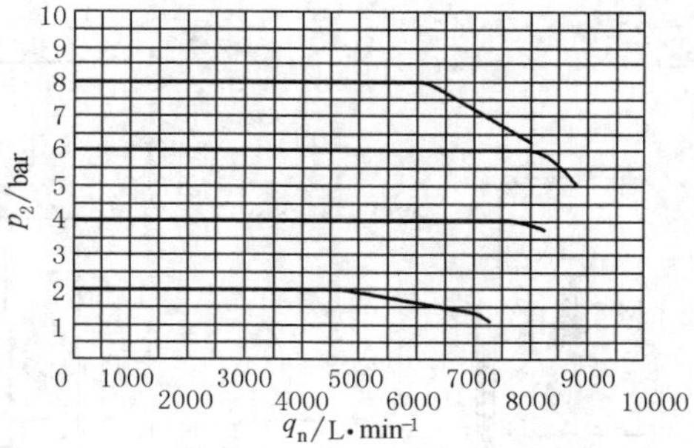


**气动压力比例阀的压力调节范围**

| 工作和环境条件 | | | | | 说明 |
|---|---|---|---|---|---|
| 压力调节范围/bar | 0～1 | 0～2.5 | 0～6 | 0～10 | |
| 工作介质 | 过滤压缩空气,润滑或未润滑中性气体 | | | | ①耐腐蚀等级 2,符合 Festo940 070 标准<br>要求元件具有一定的耐腐蚀能力,外部可视元件带有基本涂层,直接与工业环境或诸如冷却液或润滑剂等介质接触 |
| 输入压力/bar | 1.5～2 | 3.5～4.5 | 7～8 | 11～12 | |
| 最大迟滞/mbar | 30 | 40 | 40 | 50 | |
| 环境温度/℃ | 0～50 | | | | |
| 介质温度/℃ | 0～60 | | | | |
| 耐腐蚀等级 CRC① | 2 | 2 | 2 | 2 | |

| 在 $p_{1max}$ 下输出口 2 处的响应时间/阶跃响应/s | | | | | | | | | | 说明 |
|---|---|---|---|---|---|---|---|---|---|---|
| 压力调节范围/bar | | 0～1 | | 0～2.5 | | 0～6 | | 0～10 | | |
| 输出口 2 处的容积 | | 开① | 关② | 开① | 关② | 开① | 关② | 开① | 关② | |
| 0L | G⅛ | 0.095 | 0.165 | 0.100 | 0.180 | 0.100 | 0.190 | 0.125 | 0.220 | ① 开=(0～90%)$p_{2max}$<br>② 关=(100%～10%)$p_{2max}$ |
| | G¼ | 0.140 | 0.225 | 0.150 | 0.260 | 0.150 | 0.260 | 0.160 | 0.280 | |
| | G½ | 0.170 | 0.500 | 0.170 | 0.500 | 0.170 | 0.510 | 0.140 | 0.535 | |
| 0.7L | G⅛ | 0.140 | 0.250 | 0.180 | 0.310 | 0.220 | 0.340 | 0.250 | 0.380 | |
| | G¼ | 0.150 | 0.280 | 0.170 | 0.320 | 0.180 | 0.360 | 0.200 | 0.390 | |
| | G½ | 0.120 | 0.510 | 0.130 | 0.520 | 0.160 | 0.560 | 0.180 | 0.600 | |
| 2L | G⅛ | 0.340 | 0.730 | 0.380 | 0.990 | 0.430 | 1.250 | 0.600 | 1.160 | |
| | G¼ | 0.360 | 0.620 | 0.400 | 0.700 | 0.540 | 0.930 | 0.540 | 1.050 | |
| | G½ | 0.330 | 0.600 | 0.410 | 0.720 | 0.570 | 1.000 | 0.540 | 1.000 | |

| 电参数 | | | | | |
|---|---|---|---|---|---|
| 压力调节范围/bar | | 0～1 | 0～2.5 | 0～6 | 0～10 |
| 电接口 | | 圆形插头:符合 DIN 45326 标准,M16×0.75,8 针 | | | |
| 工作电压范围 $U_B$/V | | 18～30 | 18～30 | 18～30 | 18～30 |
| 残余脉动 | | 10% | | | |
| 功耗 $P_{max}$/W | | 3.6(在 30V DC 和 100%通电持续率时) | | | |
| 信号设定点输入值 | 电压 $U_W$/V | 0～10 | 0～10 | 0～10 | 0～10 |
| | 电流 $I_W$/mA | 4～20 | 4～20 | 4～20 | 4～20 |
| 信号实际输出值 | 电压 $U_X$/V | 0～10 | 0～10 | 0～10 | 0～10 |
| | 电流 $I_X$/mA | 4～20 | 4～20 | 4～20 | 4～20 |
| 外部信号实际输入值 | 电压 $U_{X,ext}$/V | 0～10 | 0～10 | 0～10 | 0～10 |
| | 电流 $I_{X,ext}$/mA | 4～20 | 4～20 | 4～20 | 4～20 |
| 防护等级(符合 DIN 60 529 标准) | | IP65(带连接插座时) | | | |
| 安全说明 | | 当电源电缆中断时,电压不稳定 | | | |
| 极性容错保护 | 设定点输入值<br>电压信号 0～10mV | 适用于所有电接口 | | | |
| | 设定点输入值<br>电流信号 4～20mA | 适用于工作电压 | | | |
| 短路保护 | | 无 | | | |

## 5.2 Festo MPPES 气动压力比例阀（比例电磁铁型）

表 23-6-9

剖视图、外形尺寸图

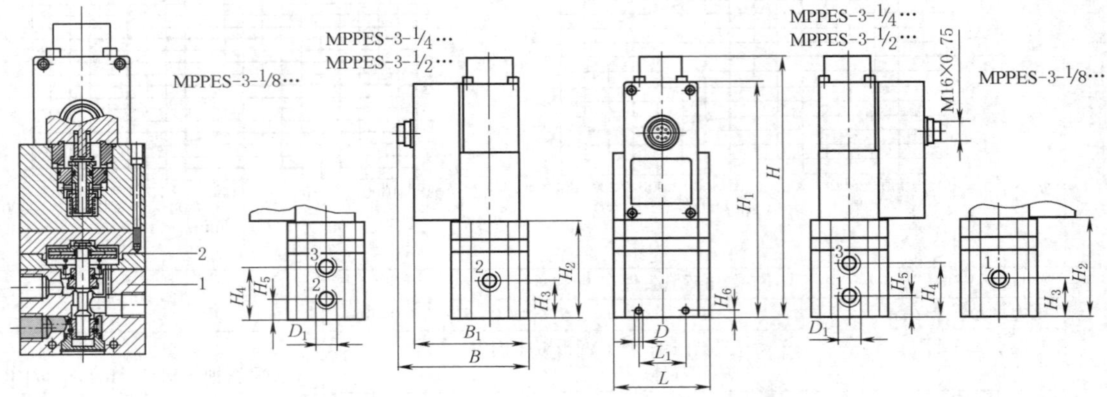


1—阀体(精制铝合金)；
2—隔膜(丁腈橡胶)

主要技术参数

| 气接口 | | G⅛ | G¼ | G½ |
|---|---|---|---|---|
| 结构特点 | | 直动活塞式减压阀 | 先导驱动活塞式减压阀 | |
| 密封原理 | | 软性密封方式 | | |
| 驱动方式 | | 电 | | |
| 先导控制方式 | | 直动式 | 通过两位两通阀进行先导驱动 | |
| 安装方式 | | 采用通孔安装 | | |
| 安装位置 | | 任意位置 | | |
| 公称通径/mm | 换气 | 5 | 7 | 11 |
| | 排气 | 5 | 7 | 12 |
| 标准额定流量/L·min$^{-1}$ | | 见下图 | | |
| 质量/g | | 915 | 1310 | 2670 |

工作原理见表 23-6-5 中动铁式比例压力阀

尺寸

mm

| 气接口 $D_1$ | $B$ | $B_1$ | $D$ | $H$ | $H_1$ | $H_2$ | $H_3$ | $H_4$ | $H_5$ | $H_6$ | $L$ | $L_1$ |
|---|---|---|---|---|---|---|---|---|---|---|---|---|
| G⅛ | 77.1 | 67.1 | 4.4 | 116.5 | 100 | 55 | 34 | 45 | 23 | 4 | 62 | 34 |
| G¼ | 82.1 | 72.1 | 4.5 | 170.2 | 153.7 | 63.7 | 25.3 | 34.8 | 13.8 | 5 | 62 | 30 |
| G½ | 96.1 | 86.1 | 7 | 227.1 | 210.6 | 120.6 | 53 | 74 | 32 | 18 | 86 | 50 |

接口

端子分配

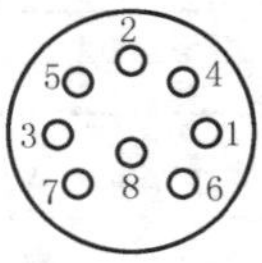


| 针脚 | 颜色 | 功能 |
|---|---|---|
| 1 | WH | 常闭 |
| 2 | BN | 接地 |
| 3 | GN | 接地 |
| 4 | YE | $W_{in}$(设定点输入值) |
| 5 | GY | 常闭 |
| 6 | PK | $X_{out}$(实际输出值) |
| 7 | RD | 24VDC(电源电压) |
| 8 | BU | 接地 |

切换功能

MPPES-3-1/8…

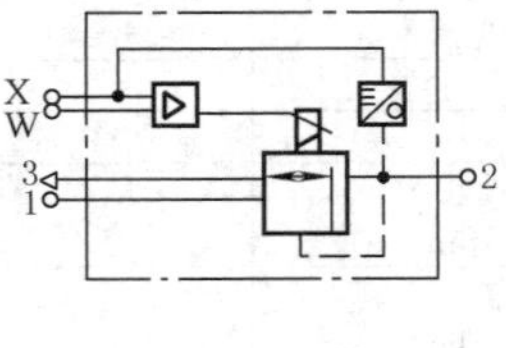


MPPES-3-1/4…/MPPES-3-1/2…

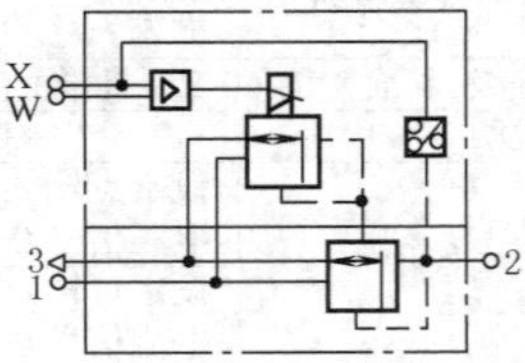

续表

**输出压力与流量的关系**

气接口 G¼

压力调节范围0～2bar

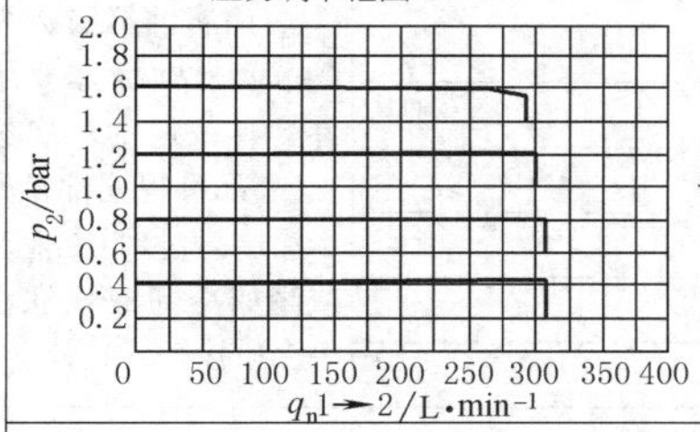


压力调节范围0～6bar

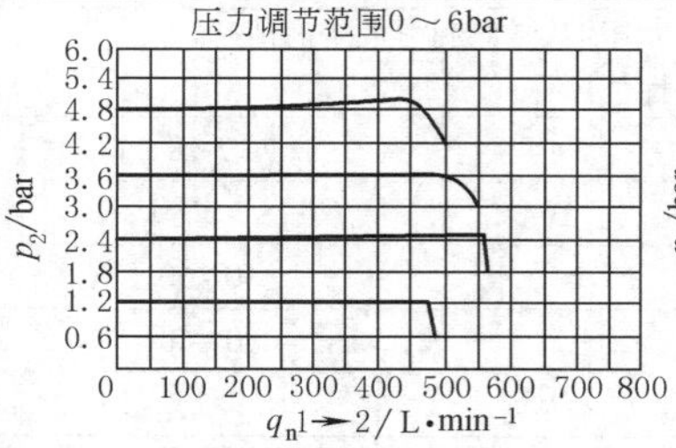


压力调节范围0～10bar

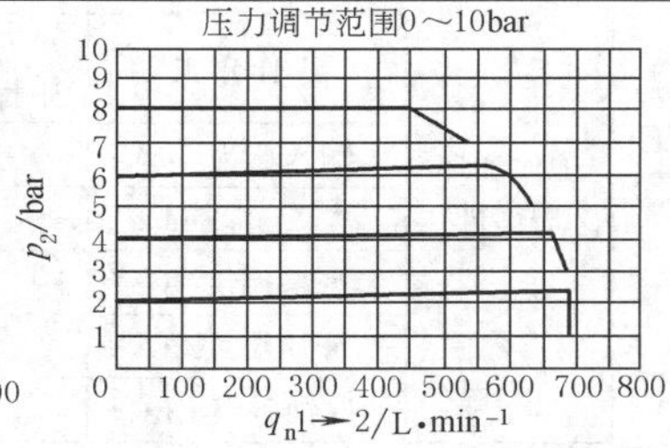


气接口 G¼

压力调节范围0～1bar

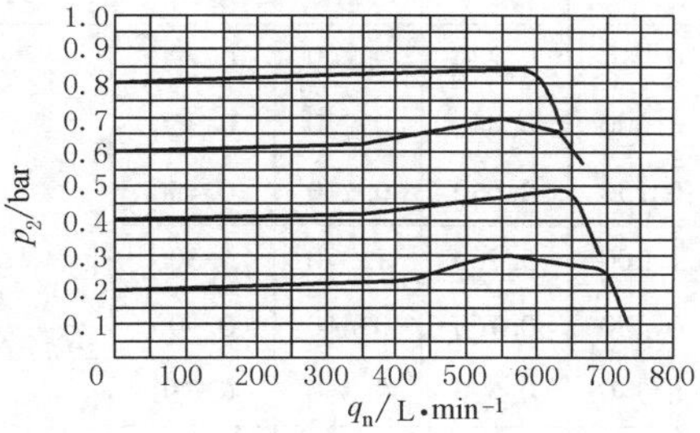


压力调节范围0～2.5bar

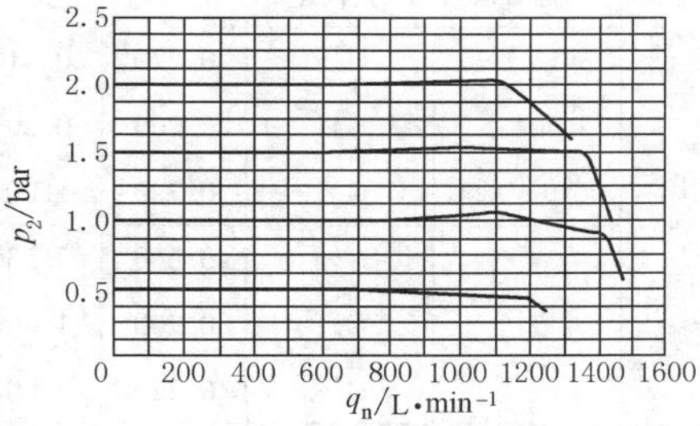


压力调节范围0～6bar

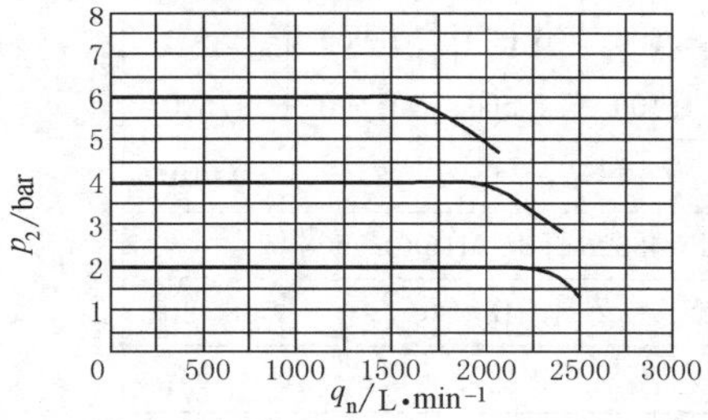


压力调节范围0～10bar

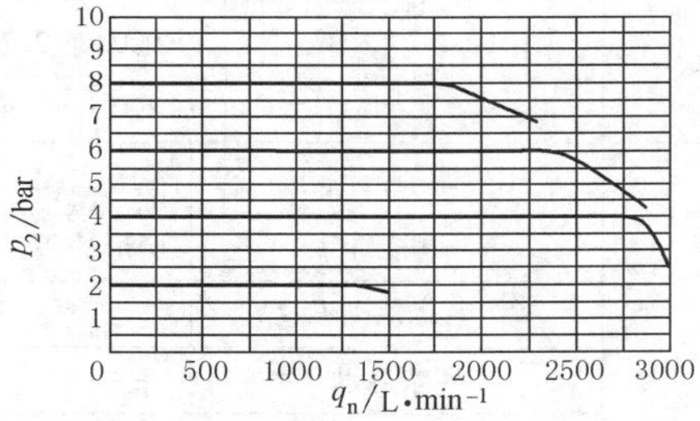


气接口 G½

压力调节范围0～1bar

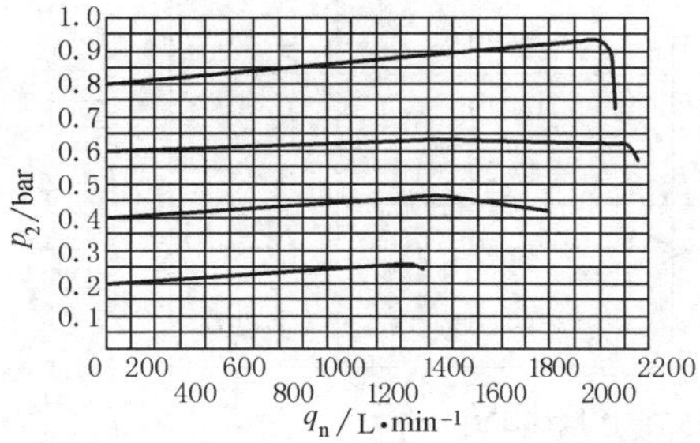


压力调节范围0～2.5bar

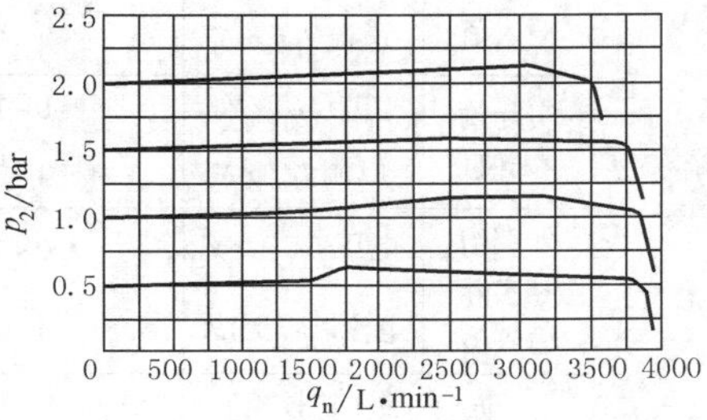


压力调节范围0～6bar

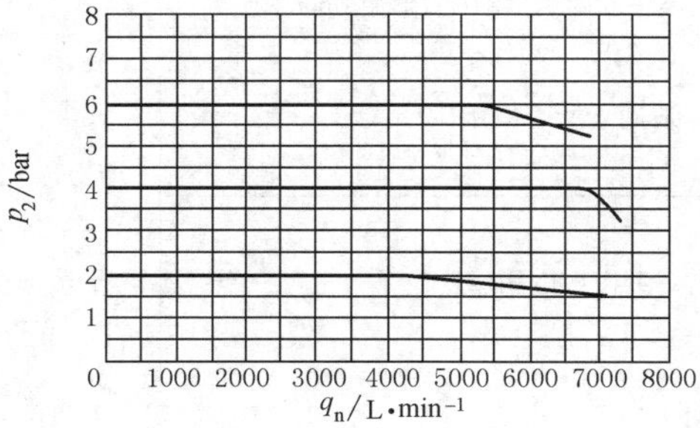


压力调节范围 0～10bar

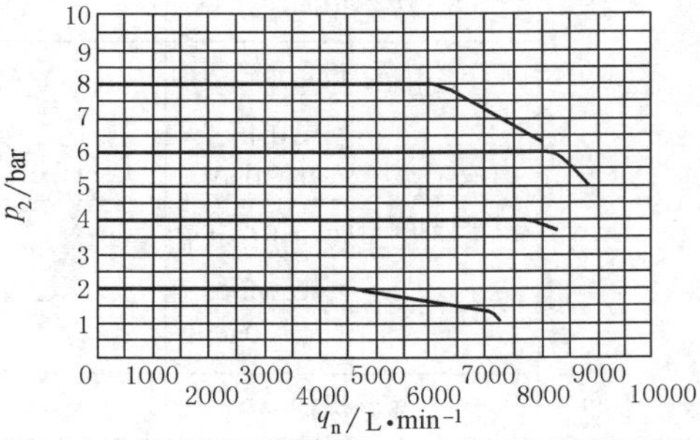

续表

气动压力比例阀的压力调节范围

| 项目 | 参数 | 0~2 | 0~6 | 0~10 | 说明 |
|---|---|---|---|---|---|
| 工作和环境条件 | 压力调节范围/bar | 0~2 | 0~6 | 0~10 | |
| 工作和环境条件 | 工作介质 | 过滤压缩空气,润滑或未润滑中性气体 | | | ① 耐腐蚀等级2,符合Festo940070标准要求元件具有一定的耐腐蚀能力,外部可视元件带有基本涂层,直接与工业环境或诸如冷却液或润滑剂等介质接触 |
| 工作和环境条件 | 输入压力/bar | 3~4 | 7~8 | 11~2 | |
| 工作和环境条件 | 最大迟滞/mbar | 10 | 50 | 50 | |
| 工作和环境条件 | 环境温度/℃ | 0~50 | | | |
| 工作和环境条件 | 介质温度/℃ | 0~60 | | | |
| 工作和环境条件 | 耐腐蚀等级 CRC① | 2 | 2 | 2 | |

| 项目 | | | 0~2 开① | 0~2 关② | 0~6 开① | 0~6 关② | 0~10 开① | 0~10 关② | 说明 |
|---|---|---|---|---|---|---|---|---|---|
| 在 $p_{1\max}$ 下输出口2处的响应时间/阶跃响应/s | 压力调节范围/bar | | 0~2 | | 0~6 | | 0~10 | | |
| | 输出口2处的容积 | | 开① | 关② | 开① | 关② | 开① | 关② | |
| | 01 | G1/8 | 0.220 | 0.410 | 0.210 | 0.280 | 0.200 | 0.290 | ①开=(0~90%)$p_{2\max}$<br>②关=(100%~10%)$p_{2\max}$ |
| | 01 | G1/4 | 0.200 | 0.890 | 0.200 | 0.640 | 0.200 | 0.360 | |
| | 01 | G1/2 | 0.220 | 1.000 | 0.230 | 0.660 | 0.230 | 0.450 | |
| | 21 | G1/8 | 0.660 | 2.530 | 1.200 | 5.760 | 1.370 | 6.300 | |
| | 21 | G1/4 | 0.200 | 1.000 | 0.450 | 0.760 | 0.460 | 0.900 | |
| | 21 | G1/2 | 0.320 | 1.000 | 0.340 | 0.570 | 0.350 | 0.630 | |
| | 101 | G1/8 | 2.700 | 2.800 | 5.150 | 24.000 | 5.800 | 27.000 | |
| | 101 | G1/4 | 0.900 | 2.700 | 1.500 | 3.000 | 1.900 | 3.400 | |
| | 101 | G1/2 | 0.800 | 1.400 | 1.100 | 1.500 | 1.300 | 1.800 | |

| 项目 | 参数 | | 0~2 | 0~6 | 0~10 |
|---|---|---|---|---|---|
| 电参数 | 压力调节范围/bar | | 0~2 | 0~6 | 0~10 |
| | 电接口 | | 圆形插头,符合 DIN 45326 标准,M16×0.75,8针 | | |
| | 工作电压范围 $U_B$/V | | 18~30 | 18~30 | 18~30 |
| | 残余脉动 | | 10% | | |
| | 功耗 $P_{\max}$/W | | 20(在30V DC时) | | |
| | 设定点输入值 | 电压 $U_W$/V | 0~10 | 0~10 | 0~10 |
| | 设定点输入值 | 电流 $I_W$/mA | 4~20 | 4~20 | 4~20 |
| | 实际输入值 | 电压 $U_X$/V | 0~10 | 0~10 | 0~10 |
| | 实际输入值 | 电流 $I_X$/mA | 4~20 | 4~20 | 4~20 |
| | 外部信号实际输入值 | 电压 $U_{X,ext}$/V | 0~10 | 0~10 | 0~10 |
| | 外部信号实际输入值 | 电流 $I_{X,ext}$/mA | 4~20 | 4~20 | 4~20 |
| | 防护等级(符合 DIN 60529 标准) | | IP65(带连接插座时) | | |
| | 安全说明 | | 当电源电缆中断时,输出压力降至0bar | | |
| | 极性容错保护 | 设定点输入值电压信号 0~10mV | 适用于所有电接口 | | |
| | 极性容错保护 | 设定点输入值电流信号 4~20mA | 适用于工作电压 | | |
| | 短路保护 | | 无 | | |

## 5.3 Festo MPYE 比例流量伺服阀（比例电磁铁型）

**表 23-6-10**

剖视图、外形尺寸

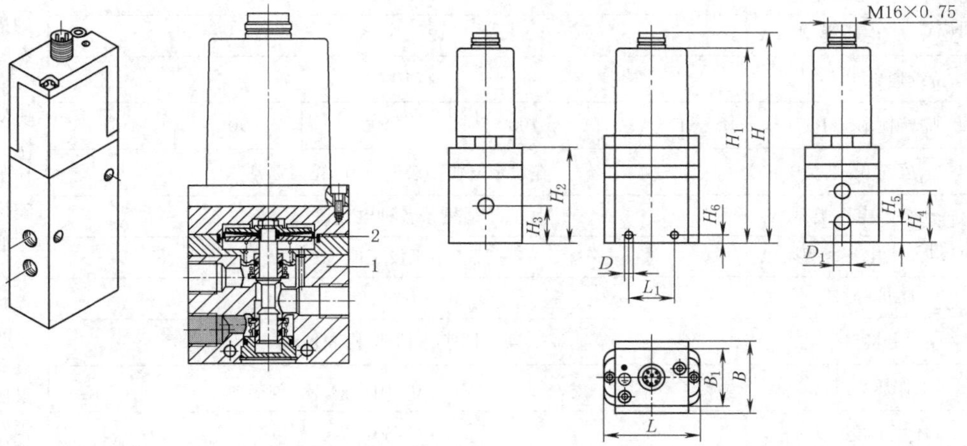


1—壳体（精制铝合金）；
2—隔膜（丁腈橡胶）

| | | | M5 | G⅛ | | G¼ | G⅛ | 说明 |
|---|---|---|---|---|---|---|---|---|
| 气接口 | | | | 低流量 | 高流量 | | | |
| 主要技术参数 | 阀功能 | | 三位五通阀，常用 | | | | | |
| | 结构特点 | | 滑阀、直动式，可控滑阀位置 | | | | | |
| | 密封原理 | | 硬性密封方式 | | | | | |
| | 驱动方式 | | 电动方式 | | | | | |
| | 复位方式 | | 机械弹簧 | | | | | |
| | 先导控制类型 | | 直动式 | | | | | |
| | 流动方向 | | 单向 | | | | | |
| | 安装方式 | | 采用通孔安装 | | | | | |
| | 安装位置① | | 任意位置 | | | | | ①在操作过程中，如果比例方向控制阀处于运动状态，则必须将其安装在与运动方向呈直角的方向上 |
| | 工作介质 | | 压缩空气，过滤（5μm），未润滑 | | | | | |
| | 公称通径/mm | | 2 | 4 | 6 | 8 | 10 | |
| | 标准额定流量/L·min$^{-1}$ | | 100 | 350 | 700 | 1400 | 2000 | |
| | 质量/g | | 290 | 330 | 330 | 530 | 740 | |
| 电参数 | 电源/V | | 17~30 | | | | | |
| | 最大电流消耗/mA | 在中间位置 | 100 | | | | | |
| | | 整个行程 | 1100 | | | | | |
| | 设定值 | 电压/V | 0~10 | | | | | |
| | | 电流/mA | 4~20 | | | | | |

续表

| | | 气接口 | | M5 | G¼ | | G¼ | G⅛ | 说　明 |
|---|---|---|---|---|---|---|---|---|---|
| | | | | | 低流量 | 高流量 | | | |
| 主要技术参数 | 电参数 | 最大迟滞①/% | | 0.4 | | | | | ①与滑阀的最大行程有关<br>②如果过比例方向控制阀会自动切断（至中间位置）<br>③与滑阀最大运动行程时间有关<br>④在操作过程中，如果比例方向阀处于运动状态，则必须将其安装在与运动方向呈直角的方向上 |
| | | 阀的中间位置 | 电压类型/V | 5(±0.1) | | | | | |
| | | | 电流类型/mA | 12(±0.16) | | | | | |
| | | 持续通电率②/% | | 100 | | | | | |
| | | 临界频率③/Hz | | 125 | 100 | 106 | 90 | 65 | |
| | | 安全设定 | | 在设定电源断裂时，中间位置激活 | | | | | |
| | | 极性容错保护 | 电压类型/V | 适用于各种电接口 | | | | | |
| | | | 电流类型/mA | 用于设定值 | | | | | |
| | | 防护等级 | | IP65 | | | | | |
| | | 电接口 | | 4针插座，圆形结构 M12×1 | | | | | |
| | 工作和环境条件 | 工作压力/bar | | 0~10 | | | | | |
| | | 环境温度/℃ | | 0~50 | | | | | |
| | | 抗振性能④ | | 符合 DIN/IEC 68 标准第 2-6 部分。强度等级 2 级 | | | | | |
| | | 抗持续冲击性④ | | 符合 DIN/IEC 68 标准第 2-27 部分，强度等级 2 级 | | | | | |
| | | CE 标志 | | 符合 89/336/EEC 标准（电磁兼容性标准） | | | | | |
| | | 介质温度/℃ | | 5~40，不允许压缩 | | | | | |

工作原理：详见本章 4.2 电-气比例/伺服系统的原理

尺寸/mm

| 气接口 $D_1$ | $B$ | $B_1$ | $D$ | $H$ | $H_1$ | $H_2$ | $H_3$ | $H_4$ | $H_5$ | $H_6$ | $L$ | $L_1$ |
|---|---|---|---|---|---|---|---|---|---|---|---|---|
| G⅛ | 38 | — | $\phi$4.5 | 129.1 | 119.1 | 60.2 | 18.8 | 26.8 | 9.3 | 4 | 62 | 34 |
| G¼ | 48 | 38 | $\phi$4.5 | 140.7 | 130.7 | 63.6 | 25.3 | 34.8 | 13.8 | 5 | 62 | 30 |
| G½ | 76 | 38 | $\phi$7 | 194.6 | 184.6 | 117.5 | 53 | 74 | 32 | 18 | 86 | 50 |

流量与电压、电流的关系

电压类型 MPYE-5-…-010-B
5bar时流量 $q$ 与设定电压 $U_W$ 的关系

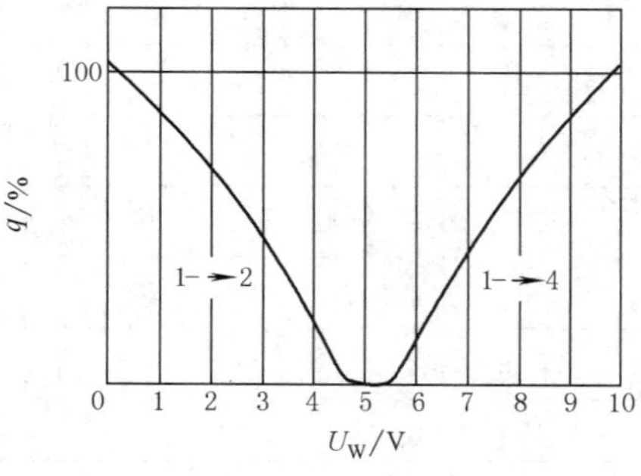


电流类型 MPYE-5-…-420-B
5bar时流量 $q$ 与设定电流 $I_W$ 的关系

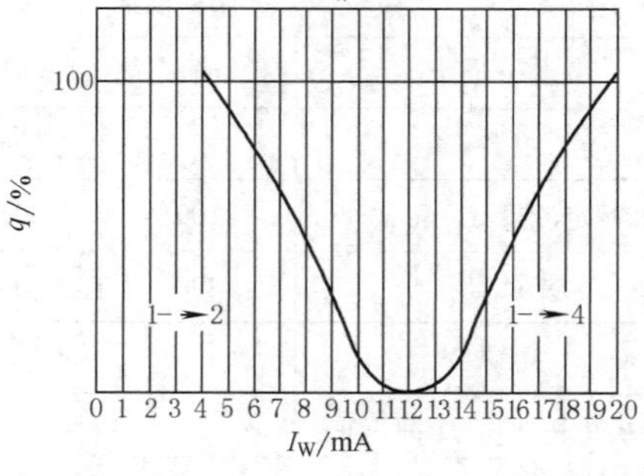


上图表示当阀获得不同电信号（电压 0~10V、4~20mA）时与流量的关系，可以看到当电压信号为 5V 或电流信号为 12mA 时，该阀输出为零

## 5.4 SMC IT600 压力比例阀（喷嘴挡板型）

IT 600 系列电-气比例转换器用于将电信号依比例转换成空气压力，输出压力范围 0.02～0.6MPa，响应快、流量大，电源连接部分单独隔离/耐压防爆构造、间距容易调整。

**表 23-6-11**

**外形尺寸图、工作原理图**

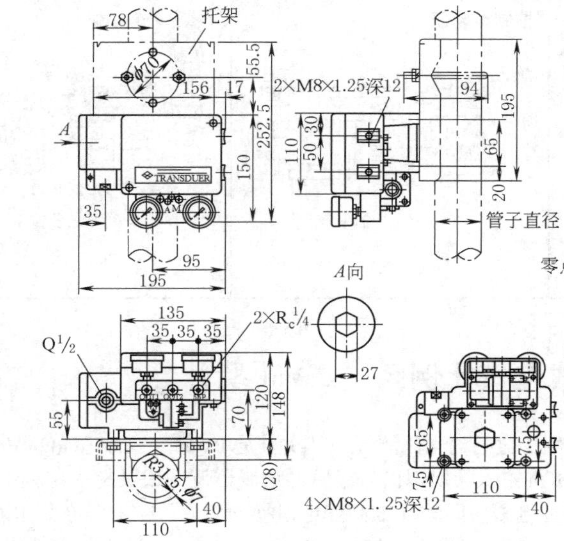


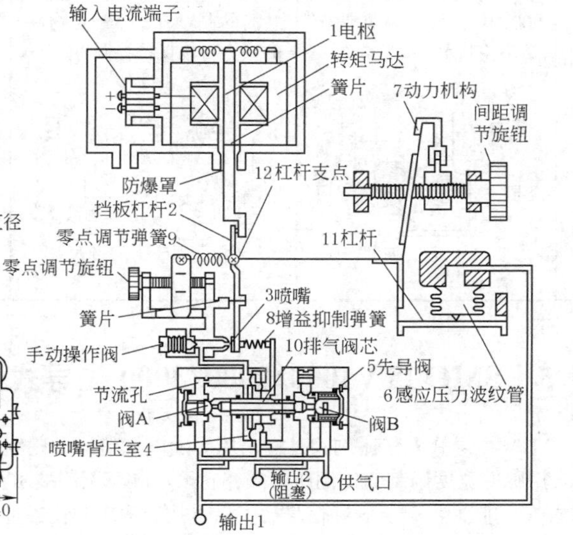


**工作原理**

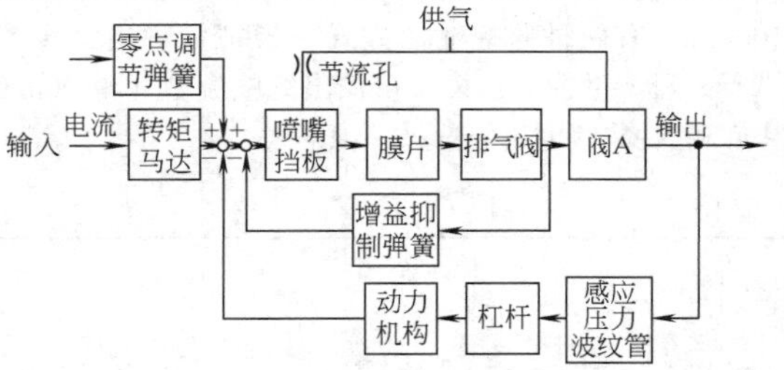


当输入电流增加时，转矩马达内的电枢 1 会受到一个顺时针的转矩把挡板杠杆 2 推向左边，结果喷嘴 3 和挡板之间的空隙增大，因而在喷嘴背压室 4 内的压力降低，同时它也把先导阀 5 的排气阀芯 10 移到了左边，使得输出口 1 的输出压力增加，增加的输出压力则经过先导阀 5 内部的路径到达感应压力波纹管 6，在波纹管内把压力转化成力，该力通过杠杆 11 作用在动力机构 7 上。由于这个力在杠杆支点 12 上会与由输入电流产生的力平衡，这样就会得到与输入电流成比例的输出空气压力。增益抑制弹簧 8 的作用就是立即把排气阀的运动反应给挡板杠杆，以促使循环稳定

若分别改变零点调节弹簧 9 的张力和动力机构 7 的角度，就可以对零点和间距作出调节

**主要技术参数**

| 型　号 | IT 600(强压力用) | IT 601(高压力用) |
|---|---|---|
| 供应压力/MPa | 0.14～0.24 | 0.24～0.7 |
| 输出压力/MPa | 0.02～0.1 最高 0.2 | 0.04～0.2，最高 0.6 |
| 输入电流/mA | DC4～20(标准) | |
| 输入电阻/Ω | 235(4～20mA，20℃) | |
| 线性度 | ±1.0%以内 | |
| 迟滞现象 | 0.75%以内 | |
| 重复精度 | ±0.5%以内 | |
| 空气消耗量(ANR)/L·min$^{-1}$ | 7(供应压力，0.14MPa) | 22(供应压力，0.7MPa) |
| 环境及流体温度 | -10～80℃ | |
| 供气口径 | $R_c$1/4(内螺纹) | |
| 接电口径 | G1/2(内螺纹) | |
| 防爆构造 | 耐压防爆机构 02G4 | |
| 材料 | (壳体)压铸铝 | |
| IT 600 型 0.1MPa 以上的压力，例如 0.02～0.14，0.02～0.16，0.02～0.2MPa，可利用间距调节来调校达到 | | |
| IT 601 型 0.2MPa 以上的压力，例如 0.04～0.3，0.04～0.5，0.04～0.6MPa，可利用间距调节来调校达到 | | |

型号表示方法：

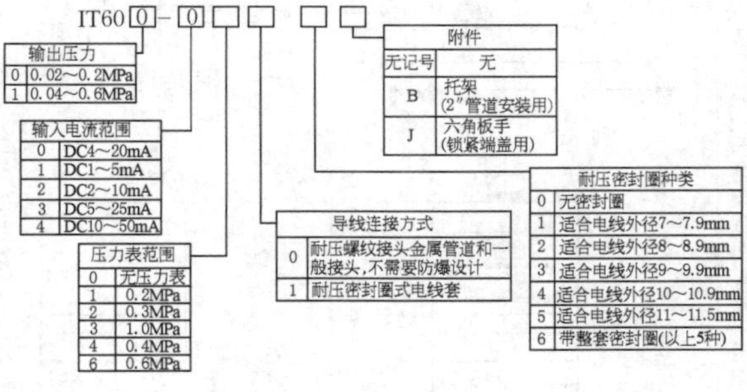


**附件**

| 名　称 | 型　号 | 备　注 | 名　称 | 型　号 | 备　注 |
|---|---|---|---|---|---|
| 托架 | P255010-5 | 固定管道用 | 耐压密封圈 | P224010-12-17 | 适合电线外径 mm，7～7.9，8～8.9，9～9.9，10～10.9，11～11.5，或一套五种 |
| 内六角螺钉扳手 | P22401B1 | 锁紧端盖用 | | | |

第 23 篇

续表

| | | | | |
|---|---|---|---|---|
| 应用例 | a. 小型调节阀操作的应用<br>电子调节器将差压传感器输入的压力信号转换成电流信号，然后输出4～20mA直流信号到IT 600，通过调节小型调节阀来控制水位<br>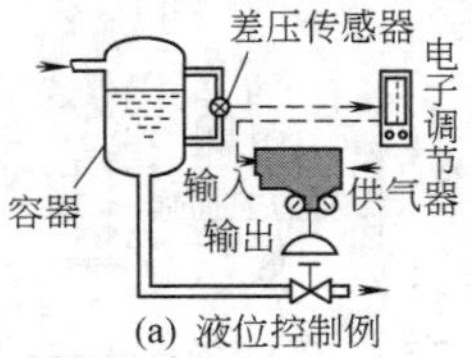<br><br>(a) 液位控制例 | b. 张力控制的应用<br>控制器收到由张力检测器发出的电信号来获知物料的张力情况，而IT 600收到由控制器发出的电流信号后，把它转换成气压信号来控制卷筒的制动压力，因此物料的张力得以保持控制<br>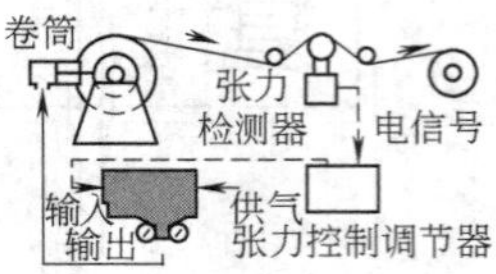<br><br>(b) 张力控制装置例 | c. 滚压控制装置的应用<br>压力传感器向压力控制仪器提供压力资料，然后控制仪器向IT 600发出电流信号，IT 600就把电流信号转换成气压信号发送给推动气缸，因而可以准确地控制滚轮压力<br>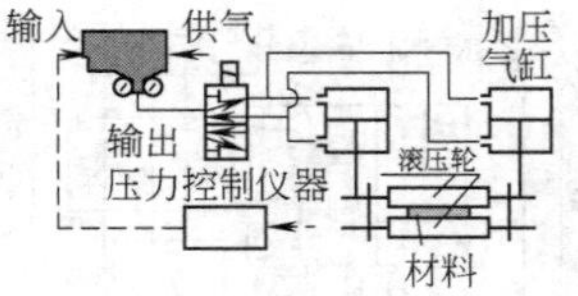<br><br>(c) 滚压控制装置例 | d. 流体的压力设定值应用<br>为避免由于温度波动而造成钢板厚度滚压不均匀，可以利用空气压力改变冷却液的供应，使滚轮的温度保持在某一范围内<br>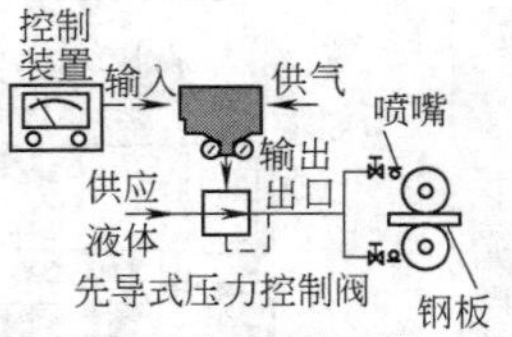<br><br>(d) 滚轮的冷却装置例 |

## 5.5 SMC ITV1000/2000/3000 先导式电气比例阀（PWM 型）

ITV 先导式电气比例阀是输出压力随电气信号成比例变化的电气比例阀，其实质是 PWM（Pulse Width Modulation）脉冲宽度调制的比例压力阀，它采用脉宽调制技术将输入的模拟信号经脉冲调制器调制成具有一定频率和一定幅值的脉冲信号，脉冲信号放大后，控制两个二位二通电磁换向阀（或高速电磁换向阀）。电信号可采用电流型（DC：4～20mA、0～20mA）或电压型（DC：0～5V、0～10V），最高供给压力为 2bar、10bar，设定的压力范围有 0.001～0.1MPa、0.001～0.5MPa、0.001～0.9MPa、-1～-100kPa，有两种监控输出方式（模拟量输出、开关量输出）可供选择，监控输出的模拟量输出和开关量输出只能选择一种参数模式，模拟量输出的电流型（4～20mA）和电压型（0～5V）也只能选择一种参数式。开关输出的 PNP 型和 NPN 型也只能选择一种形式。

**表 23-6-12**

ITV先导式电气比例阀外形尺寸图

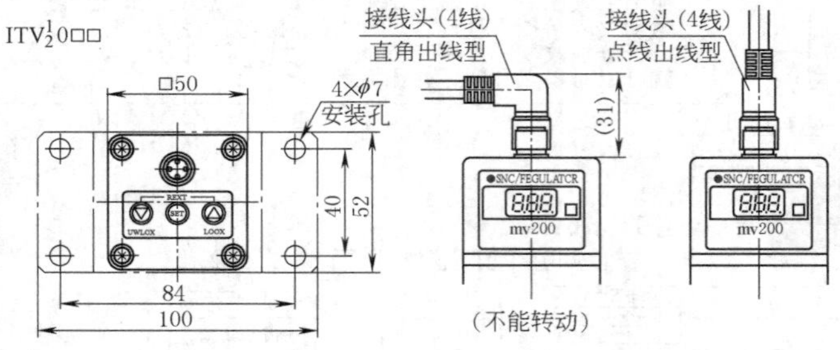


| 型号 | A | B | C | D | E | F | G | H | I |
|---|---|---|---|---|---|---|---|---|---|
| ITV10□□ | M3×0.5 | 40 | 71 | M4×0.7 | 11 | 8.5 | 1/8 | 1/8、1/4 | 22 |
| ITV20□□ | M5×0.8 | □36 | 93 | M5×0.8 | 19 | 13.5 | 1/4 | 1/4、3/8 | □36 |

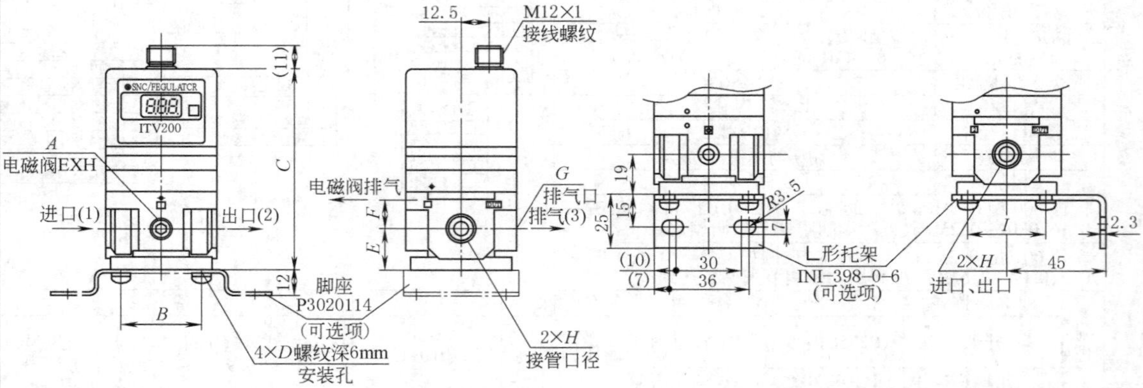

续表

**ITV先导式电气比例阀外形尺寸图**

ITV30□□

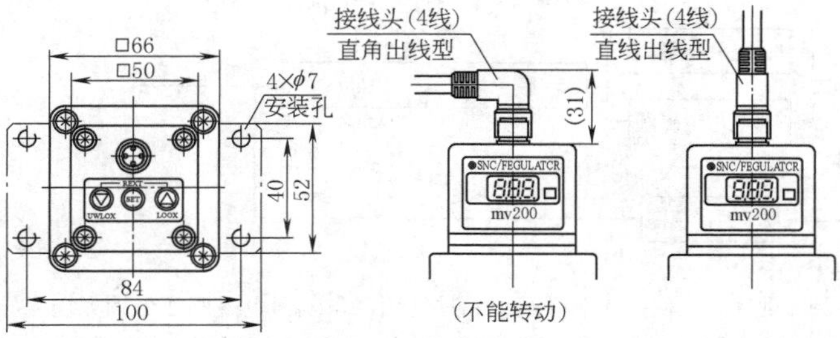

① 带LED数字式显示
② 可选择开关输出或模拟输出两种
③ 出线方式可选择直线型或直角型两种
④ 安装尺寸与T系列相同
⑤ 达IP65标准
⑥ 安装方式，可用托架等输出安装或与模块式过滤组合元件AF及AFM直接安装

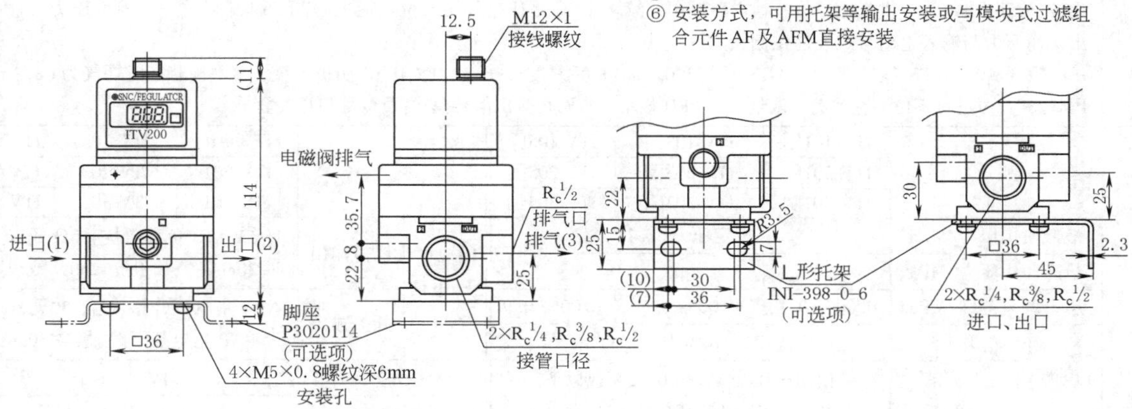


**ITV 1000/2000/3000先导式电气比例阀工作原理**

输入信号增大，供气用电磁阀1接通(ON)，排气用电磁阀2断开(OFF)。因此，供给压力通过供气用电磁阀作用于先导室3内，先导室内压力增大，作用于膜片4上

其结果是和膜片4联动的供气阀5被打开，供给压力的一部分就变成输出压力，这个输出压力通过压力传感器7反馈至控制回路。在这里，进行修正动作，直到输出压力与输入信号成比例，从而使输出压力总是与输入信号成比例变化

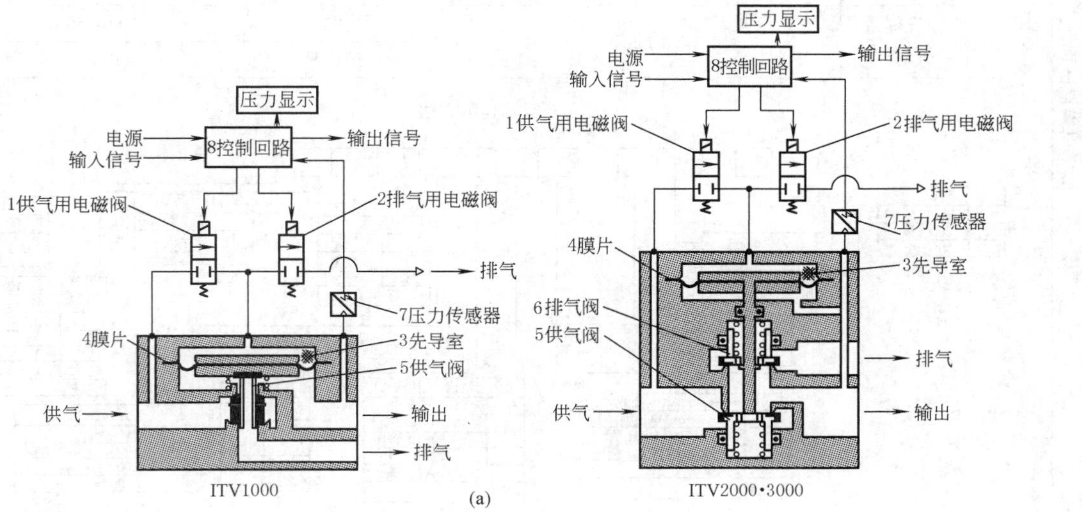


(a)

续表

**ITV 1000/2000/3000先导式电气比例阀工作原理**

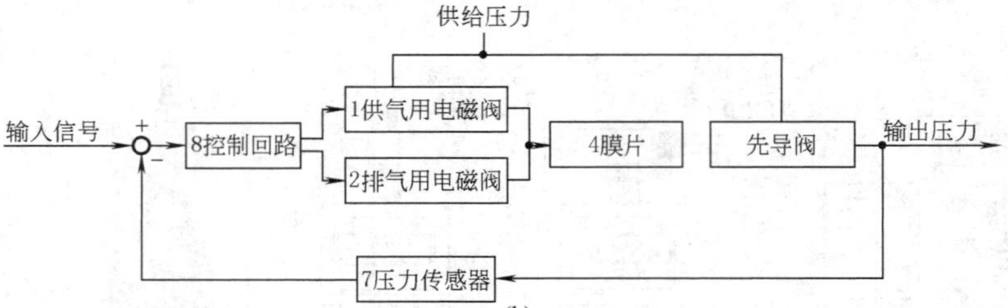

(b)

ITV先导式电气比例阀工作原理如图a所示，供气用二位三通电磁阀1和排气用二位三通电磁阀2分别充当先导腔室的压力递增或递减。当一个比例电信号输入到控制回路模块8时，通过控制回路模块内部电路的比较、放大后，输入给供气用二位三通电磁阀1电信号，供气用二位三通电磁阀1导通，压力进入先导腔室内膜片2，膜片2下压推动阀杆使供气阀5的阀座打开。输出口有压力输出，而此时排气阀6的阀座仍处于关闭状态。输出口的压力一方面输出到所需驱动器，另一方面通过通道反馈到压力传感器7，压力传感器得到压力信号转换成电信号反馈到控制回路模块8，与原来设定的目标值进行比较、修正，决定是让供气用二位三通电磁阀1继续增压，还是让排气用二位三通电磁阀2打开释放先导腔室压力，直到输出工作压力与输入电信号成线性比例关系

灵敏度≤0.2% FS，线性度≤±1% FS，迟滞≤0.5% FS，重复度≤±0.5% FS，IP 65防护等级。在平衡状态时耗气为0，在不加压状态时，可进行零位调整和满位调整。有LED显示。有两种输出信号模式：模拟量和开关量

**ITV先导式电气比例阀主要技术参数**

| 型号 | | ITV 101□<br>ITV 201□<br>ITV 301□ | ITV 103□<br>ITV 203□<br>ITV 303□ | ITV 105□<br>ITV 205□<br>ITV 305□ |
|---|---|---|---|---|
| 最低使用压力/MPa | | 设定压力-0.1 | | |
| 最高使用压力/MPa | | 0.2 | 1.0 | |
| 压力调节范围/MPa | | 0.005~0.1 | 0.005~0.5 | 0.005~0.9 |
| 电源 | 电压 | 24V DC~10% 12~15V DC | | |
| | 电流消耗量 | 使用电压24V DC，0.12A或以下<br>使用电压12~15V DC，0.18A或以下 | | |
| 输入信号 | 电流式/mA | 4~20，0~20 | | |
| | 电压式/V DC | 0~5，0~10 | | |
| | 预设输入 | 4点 | | |
| 输入阻抗 | 电流式 | 250Ω或以下 | | |
| | 电压式/kΩ | 约6.5 | | |
| | 预设输入/kΩ | 约2.7 | | |

| 型号 | | ITV 101<br>ITV 201<br>ITV 301 | ITV 103<br>ITV 203<br>ITV 303 | ITV 105<br>ITV 205<br>ITV 305 |
|---|---|---|---|---|
| 输出信号（电信号） | 模拟输出 | 1~5V DC（负载阻抗，1kΩ或以上）<br>4~20mA（负载阻抗，250Ω或以下） | | |
| | 开关输出 | NPN集电板开路，最高30V，30mA<br>PNP集电板开路，最高30mA | | |
| 线性度 | | 0.1% FS以内 | | |
| 迟滞现象 | | 0.5% FS以内 | | |
| 重复精度 | | ±0.5% FS以内 | | |
| 敏感度 | | 0.2% FS以内 | | |
| 温度/℃ | | ±0.12% FS以内 | | |
| 输出压力 | 精度 | ±3% FS | | |
| | 最小单位 | 0.01MPa | | |
| 环境温度 | | 0~50℃ | | |
| 保护级别 | | IP65标准 | | |

型号表示方法

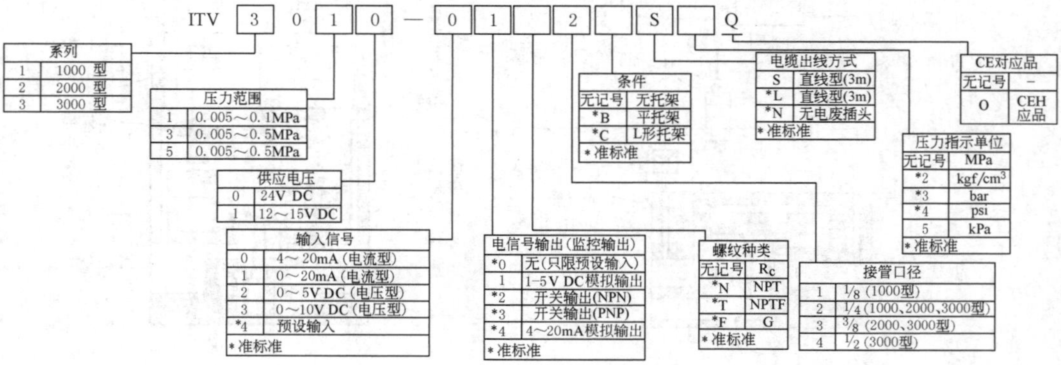


第23篇

续表

线性度、迟滞、重复精度、压力特性、流量特性、溢流特性

### ITV 101□系列

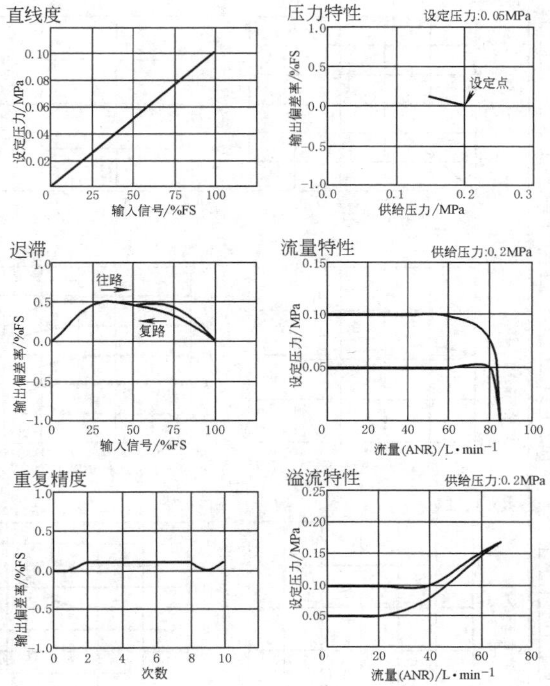


### ITV 201□系列

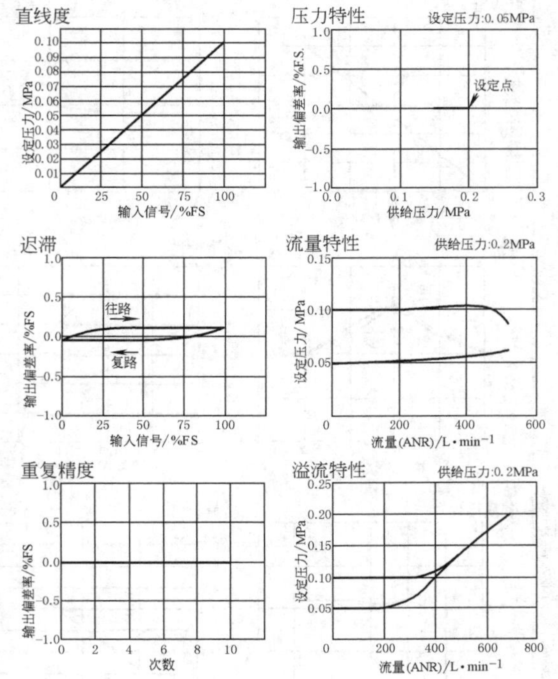


### ITV 301□系列

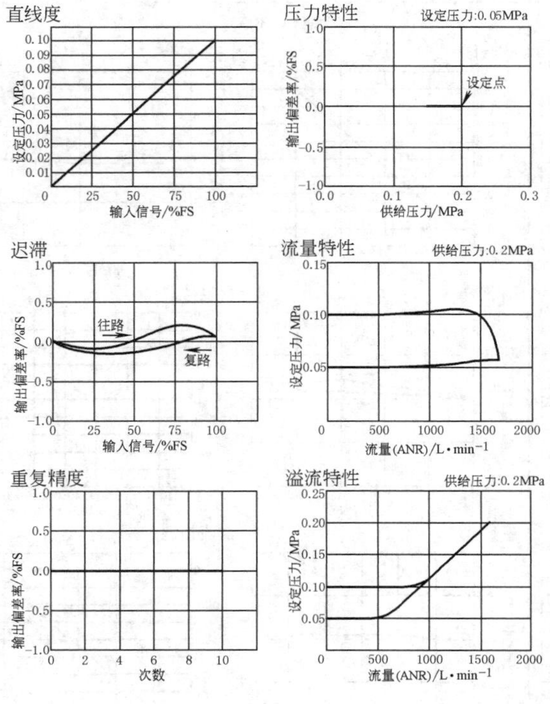


### ITV 203□系列

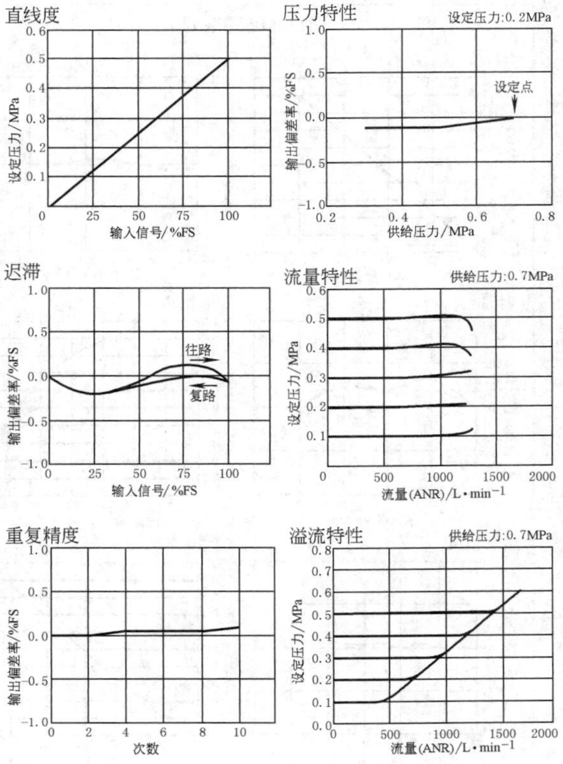

续表

线性度、迟滞、重复精度、压力特性、流量特性、溢流特性

ITV 103□系列

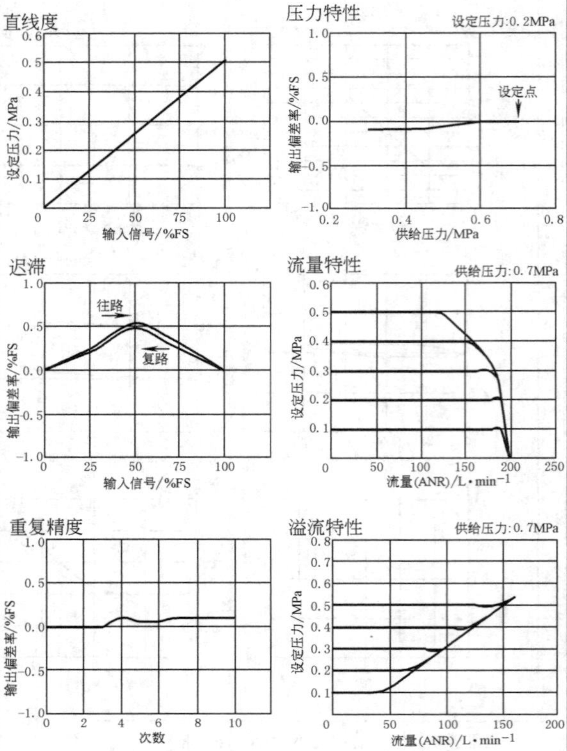


ITV 303□系列

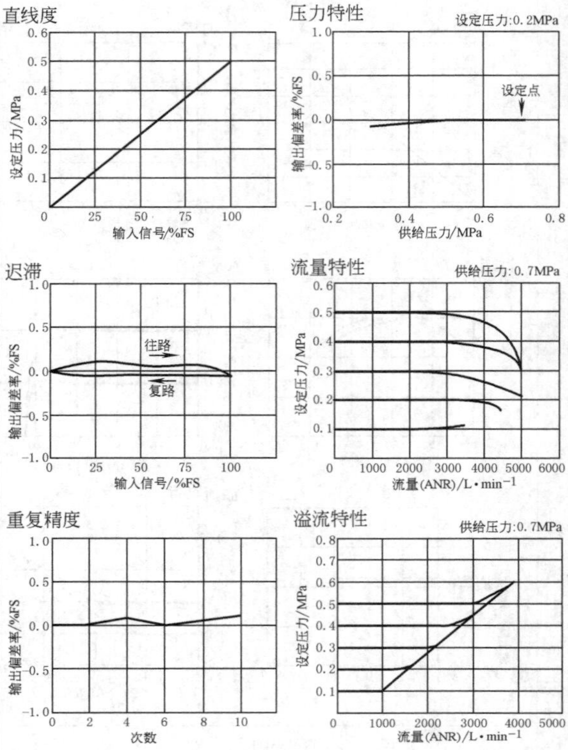


ITV 105□系列

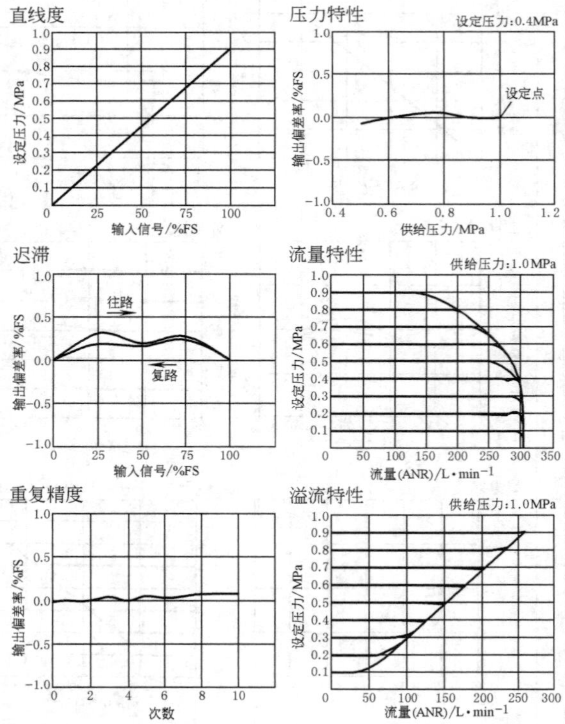


ITV 305□系列

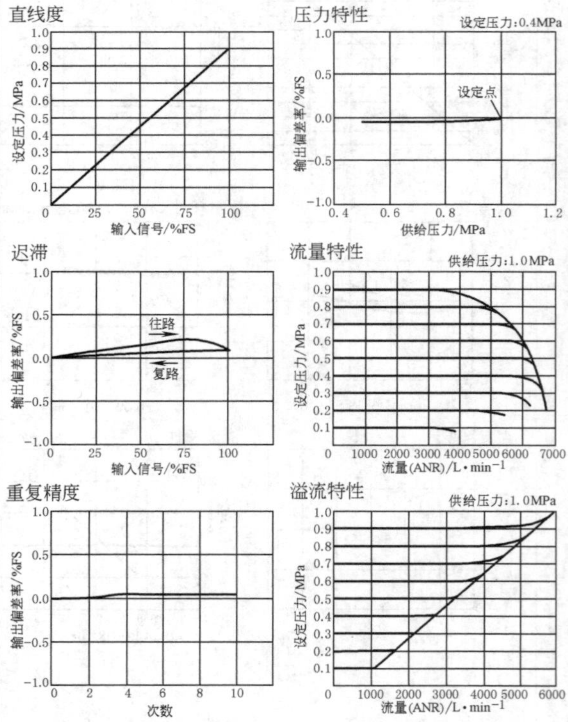

续表

线性度、迟滞、重复精度、压力特性、流量特性、溢流特性

ITV 205□系列

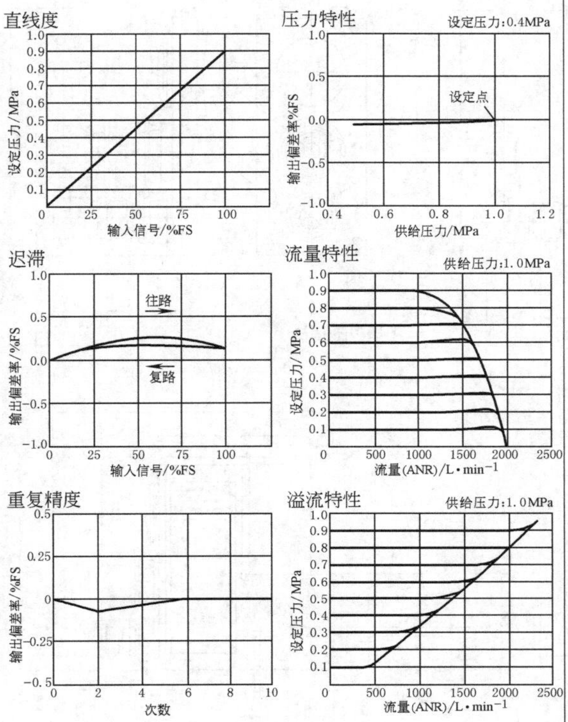


应用例

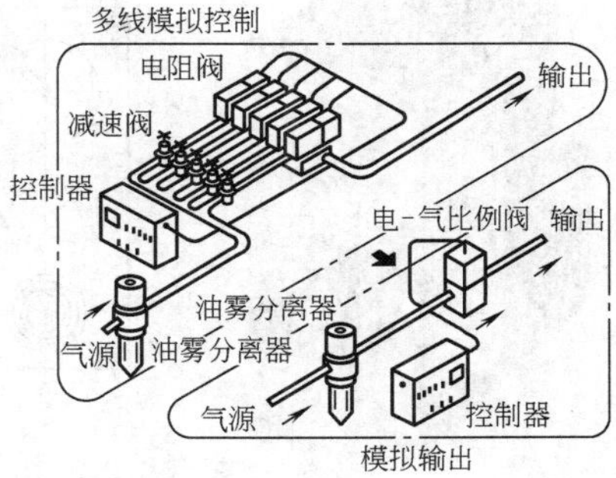


预设输入式控制及接线图

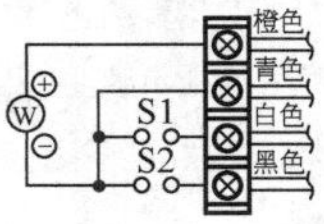


电源:24V DC

12~15V DC

P1~P4 预设输出压力的选择依靠 S1 和 S2 的开关组合决定

| | | | | |
|---|---|---|---|---|
| S1 | 关 | 开 | 关 | 开 |
| S2 | 关 | 关 | 开 | 开 |

建议其中一个压力设定为 0MPa,控制时比较安全

## 5.6 NORGREN VP22 系列二位三通比例阀

VP22 系列二位三通比例阀是直动式比例阀，用于闭环、高精度、高速场合，如可用于增压先导控制。

**表 23-6-13**

VP22系列三通比例压力阀外形尺寸图

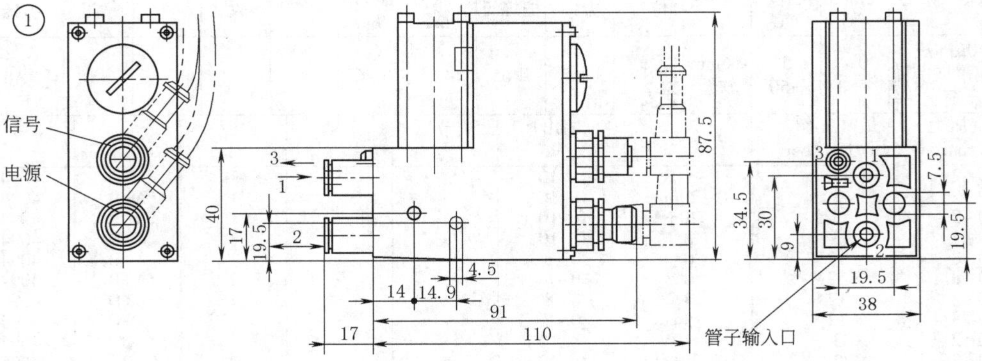

续表

## VP22系列三通比例压力阀外形尺寸图

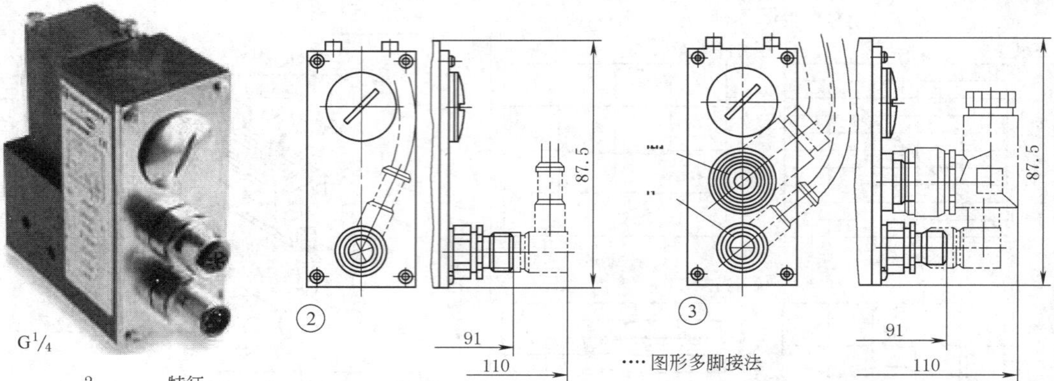


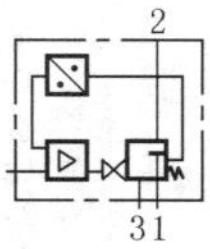


特征

闪相电子控制装置一体化
最小监测
优良的线性和响应灵敏度
快速的响应时间
可调放大控制
可调压力范围
设定点切换开关

安装件

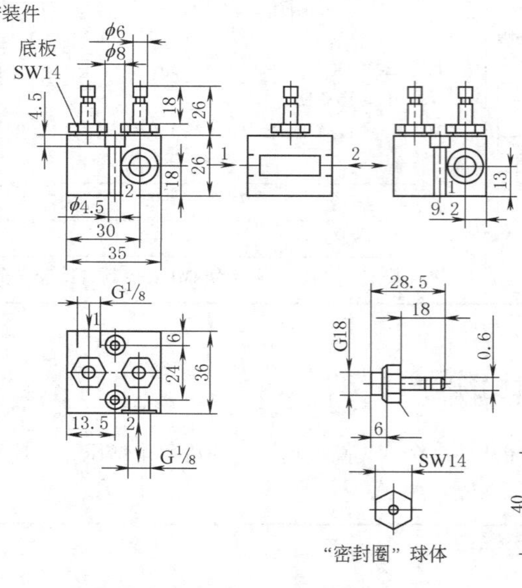


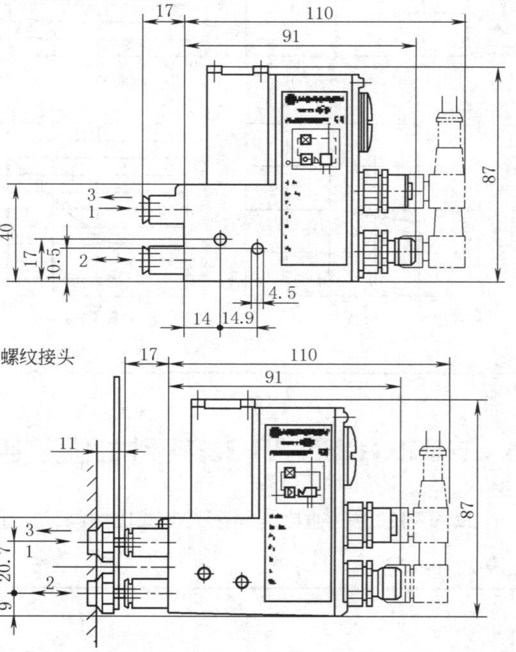


## VP22系列二位三通比例阀主要技术参数

| 介质不确定 | 工作环境温度/℃ | 介质温度/℃ | 连接 | 安装位置 | 流动方向 | 电气保护等级 | 最高工作压力/bar | 设定压力/bar | 磁 | 重复性 | 线性度 | 响应灵敏度 | 材料 | |
|---|---|---|---|---|---|---|---|---|---|---|---|---|---|---|
| | | | | | | | | | | | | | 壳体 | 密封件 |
| 经40μm过滤的润滑或非润滑压缩空气 | 0~+50 | -5~+50 | φ6mm软管 | 最好立式安装 | 固定 | IP65 | 12 | 0~6 | | | | | PA6 | NBR |

| 设定压力 $p_2$/bar | 最高工作压力 $p_1$/bar | 输入 | 输出/V | 调节压力 | | | | 型号 |
|---|---|---|---|---|---|---|---|---|
| 0~2 | 3 | 0~10V | 0~10 | · | · | 1 | A+D | 4094700.9000 |
| 0~2 | 3 | 0~20mA | 0~10 | · | · | 1 | A+B | 4094701.9000 |
| 0~2 | 3 | 4~20mA | 0~10 | · | · | 1 | A+B | 4094702.9000 |
| 0~2 | 3 | 8 | 0~10 | · | · | 3 | A+D | 4094703.9000 |
| 0~8 | 12 | 0 | 0~8 | · | · | 1 | A+B | 4094710.9000 |
| 0~8 | 12 | 0 | 0~8 | · | · | 1 | A+B | 4094711.9000 |
| 0~8 | 12 | 4 | 0~8 | · | · | 1 | A+D | 4094712.9000 |
| 0~8 | 12 | 8 | 0~8 | · | · | 3 | A+D | 4094713.9000 |
| 0~2 | 3 | 0~10V | 0~10 | · | — | 2 | C | 4095700.9000 |
| 0~2 | 3 | 0~20mA | 0~10 | · | — | 2 | C | 4095701.9000 |
| 0~2 | 3 | 4~20mA | 0~10 | · | — | 2 | C | 4095702.9000 |
| 0~8 | 12 | 0~8V | 0~8 | · | — | 2 | C | 4095710.9000 |
| 0~8 | 12 | 0~16mA | 0~8 | · | — | 2 | C | 4095711.9000 |
| 0~8 | 12 | | 0~8 | · | — | 2 | C | 4095712.9000 |

续表

| | | | | | |
|---|---|---|---|---|---|
| VP22系列二位三通比例阀线性度和流量特性 | 特性曲线 | 静态特性曲线 | 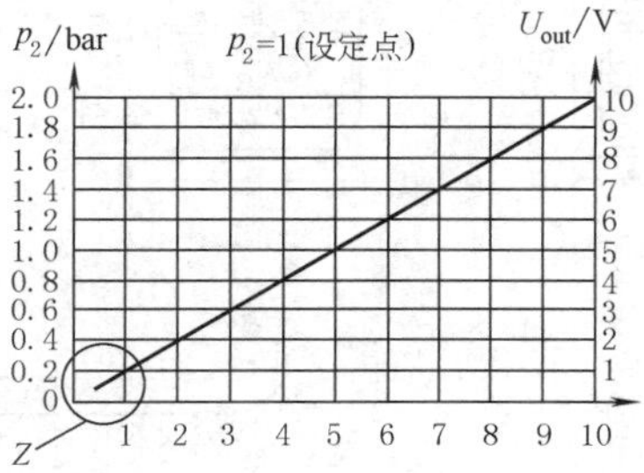<br>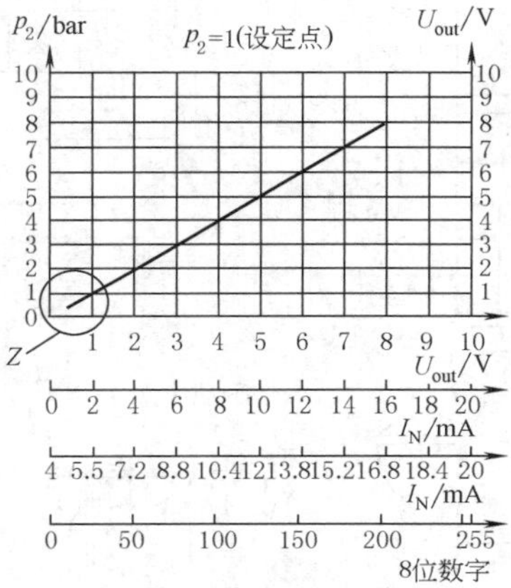<br>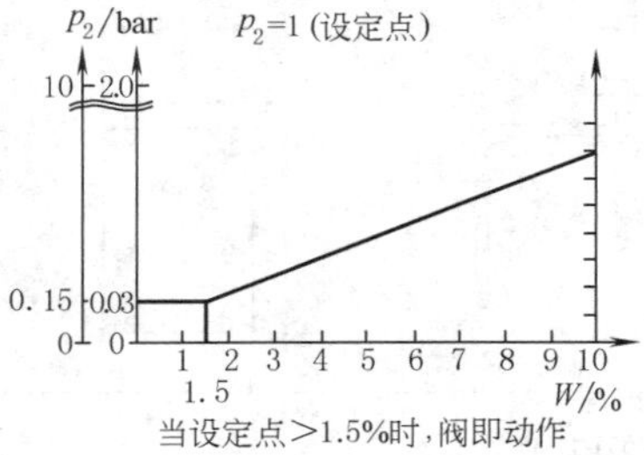<br>当设定点＞1.5%时，阀即动作 | 12bar工作压力时的流量特性曲线 | 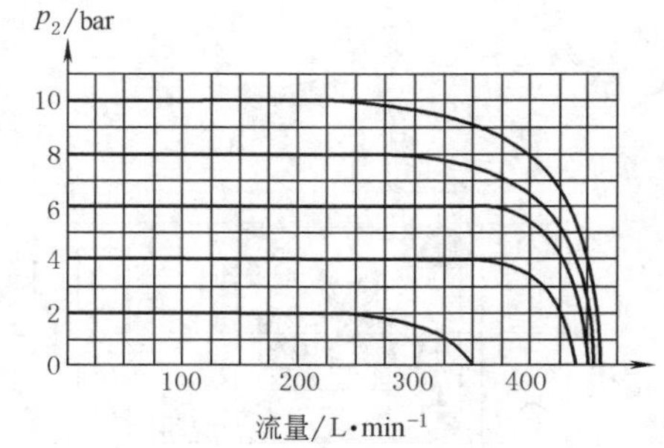 |
| | | | | 7bar工作压力时的流量特性曲线 | 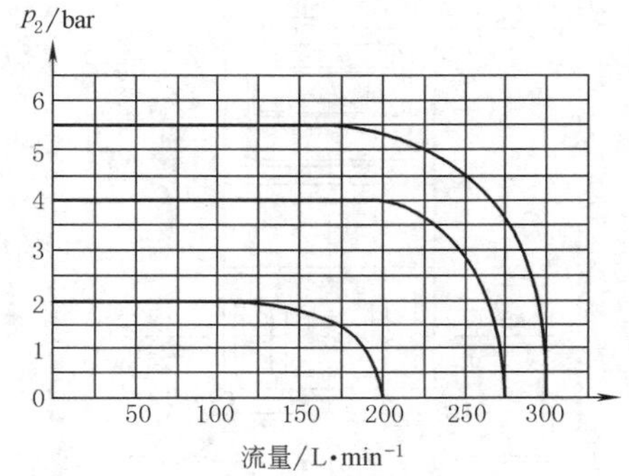 |
| | | | | 7bar工作压力时的流量特性曲线 | 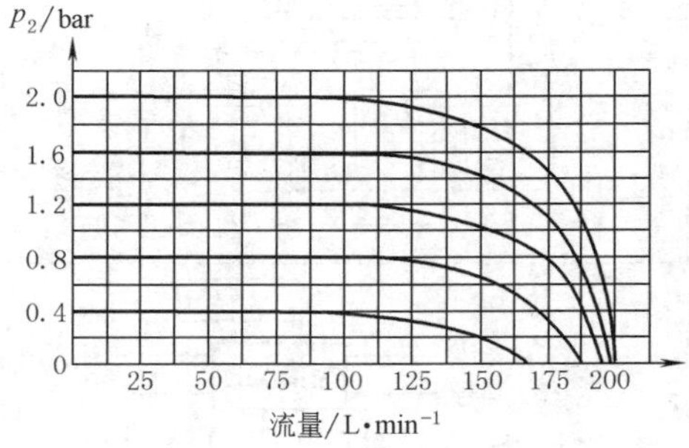 |

## 5.7 SMC ITV 2090/209 真空用电气比例阀（PWM 型）

ITV 2090/209 真空用电气比例阀是输出压力随电气信号成比例变化的电气比例阀，其实质是 PWM（Pulse Width Modulation）脉冲宽度调制的比例压力阀。它采用脉宽调制技术将输入的模拟信号经脉冲调制器调制成具有一定频率和一定幅值的脉冲信号，脉冲信号放大后，控制两个二位二通高速电磁换向阀。

灵敏度为 0.2%，线性度±1%（FS），迟滞 0.5%（FS），IP 65 防护等级。有 LED 显示。有两种输出信号模式：模拟量和开关量。

第23篇

表 23-6-14

**ITV 2090/209真空用电气比例阀的外形尺寸图/mm**

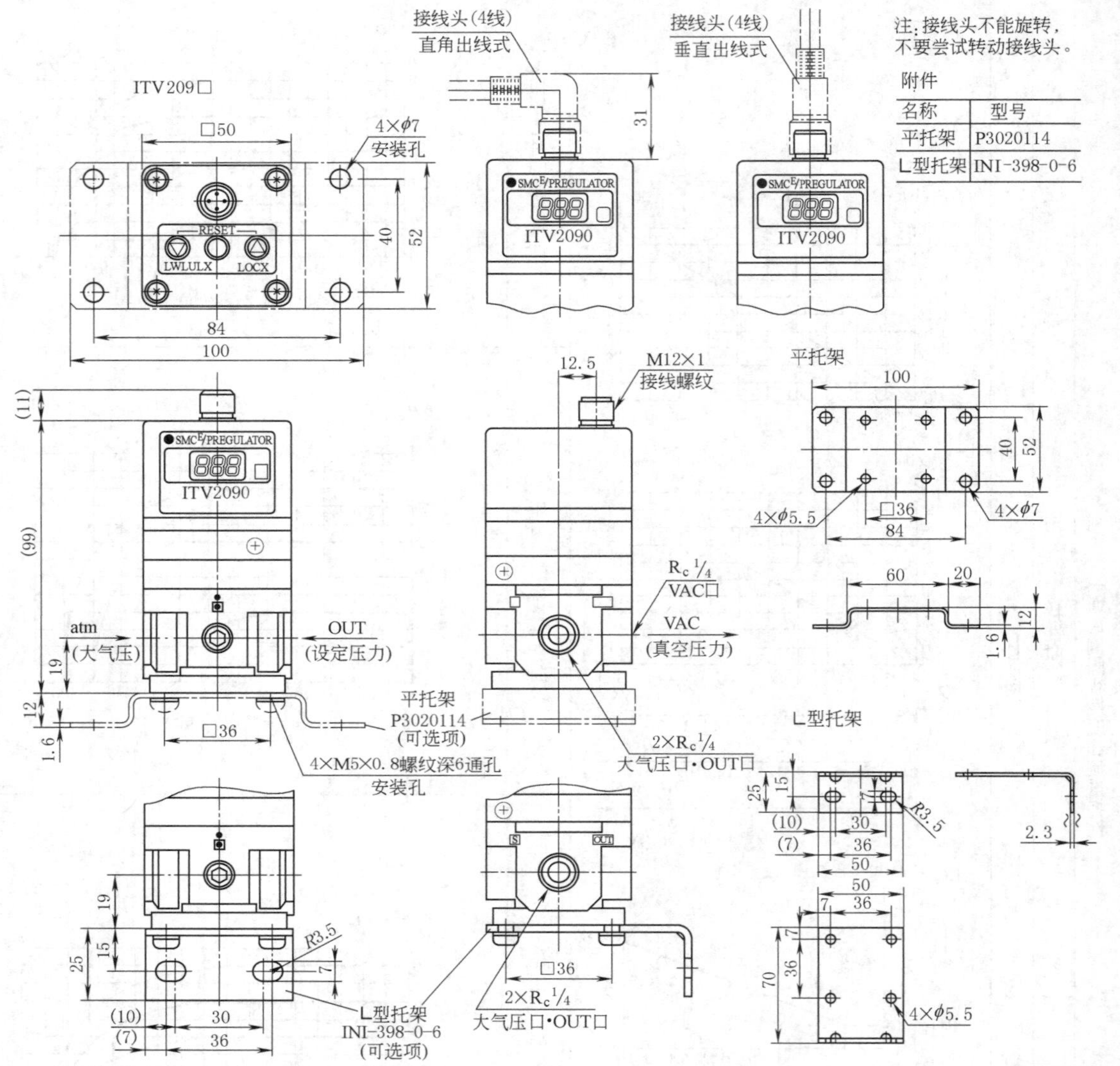


注：接线头不能旋转，不要尝试转动接线头。

附件

| 名称 | 型号 |
|---|---|
| 平托架 | P3020114 |
| L型托架 | INI-398-0-6 |

**工作原理**

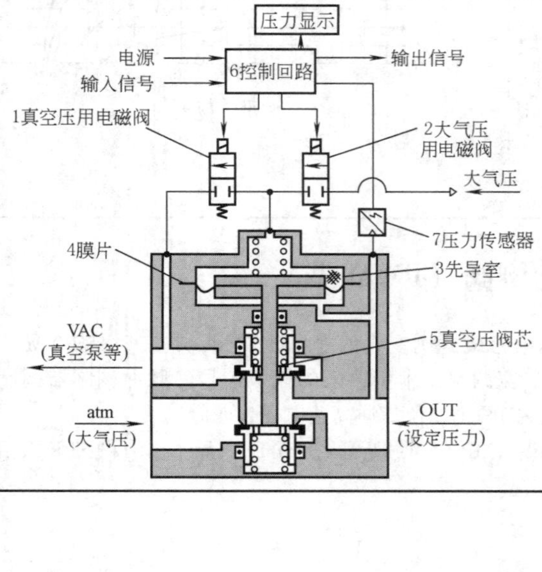


动作原理：

输入信号增大，真空压用电磁阀 1 接通，大气压用电磁阀 2 断开，则 VAC 口与先导室 3 接通，先导室的压力变成负压，该负压作用在膜片 4 的上部，其结果是与膜片 4 联动的真空压阀芯 5 开启，VAC 口与 OUT 口接通，则设定压力变成负压。此负压通过压力传感器 7 反馈至控制回路 8，在这里进行修正动作，直到 OUT 口的真空压力与输入信号成比例地变化

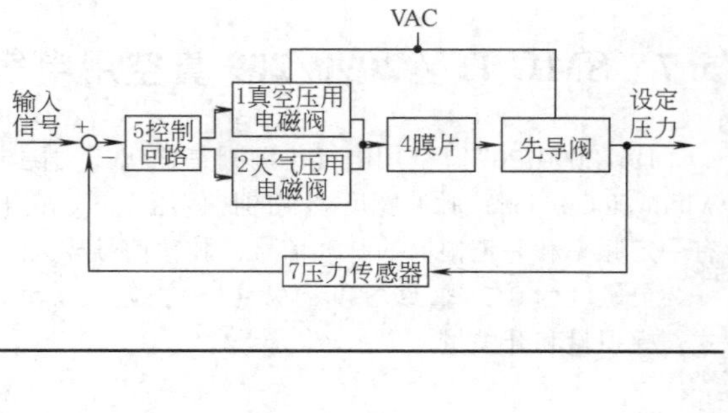

续表

ITV 2090/209真空用电气比例阀的主要技术参数

| 型　　号 | | ITV2090 | ITV2091 |
|---|---|---|---|
| 最低供给真空度/kPa | | 设定真空度+13.3 | |
| 最高供给真空度/kPa | | +101 | |
| 设定真空度范围/kPa | | 1.3~80 | |
| 电源 | 电压/V DC | 24~10% | 12~15 |
| | 消耗电流/A | 使用电压 24V DC:0.12 或以下<br>使用电压 12~15V DC:0.18 或以下 | |
| 输入信号 | 电流型①/mA | 4~20,0~20 | |
| | 电压型/V DC | 0~5,0~10 | |
| | 预设输入 | 4 点 | |
| 输入阻抗/kΩ | 电流型 | 250 或以下 | |
| | 电压型 | 约 6.5 | |
| | 预设输入 | 约 2.7 | |
| 输出信号②(电信号监控输出) | 模拟输出 | 1~5V DC(负载阻抗:1kΩ 或以上)<br>4~20mA(汇式)(负载阻抗:250Ω 或以上) | |
| | 开关输出 | NPN 集电极开路:最高 30V,30mA<br>PNP 集电极开路:最高 30mA | |
| 线性度 | | -1% FS 以内 | |
| 迟滞现象 | | 0.5% FS 以内 | |
| 重复精度 | | -0.5% FS 以内 | |
| 敏感度 | | 0.2% FS 以内 | |
| 温度特性/℃ | | -0.12% FS 以内 | |
| 输出压力指示 | 精度 | -3% FS 以内 | |
| | 单位 | kPa(最小为 1) | |
| 环境及流体温度/℃ | | 0~50(但未冻结) | |
| 保护构造 | | 相当 IP 65 | |

① 2 线式 4~20mA 没有,供应电压为 24V DC 或 12~15V DC

② 可选择模拟输出或开关输出,若选择开关输出,请选择 NPN 输出或 PNP 输出

型号标记:

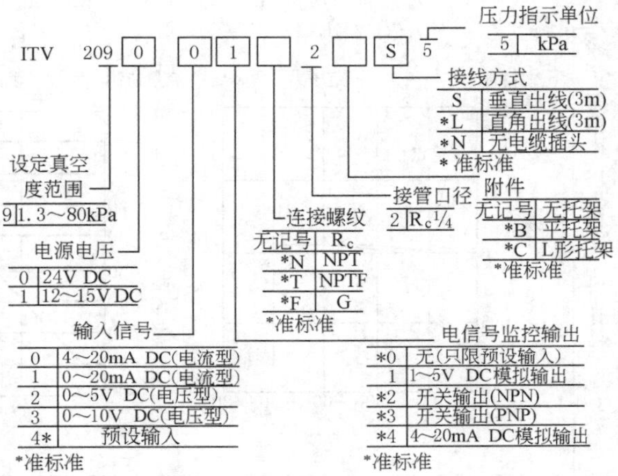


ITV 2090/209真空用电气比例阀的主要技术参数

配管配线图

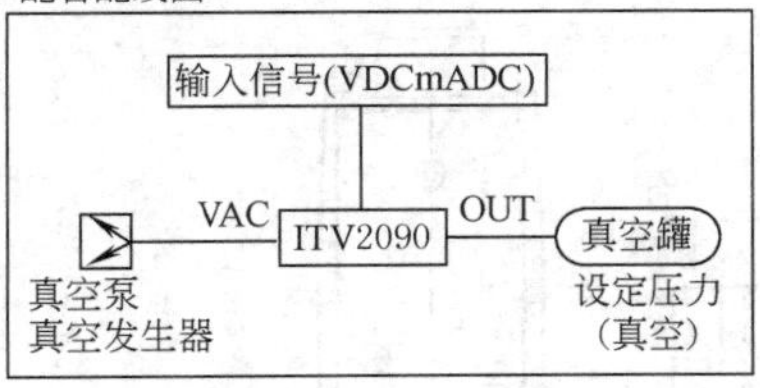


① 有 LED 跳字式显示

② 可选择开关输出或模拟输出两种

③ 接线方式可选择垂直出线式或直角出线式两种

④ 安装尺寸与 IT 系列相同

⑤ 保护等级达 IP 65

预设输入式控制及接线图

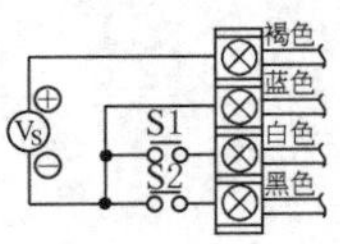


电源24V DC

12~15V DC

P1~P4 预设输出压力的选择依靠 S1 和 S2 的开、关组合决定

| S1 | 关 | 开 | 关 | 开 |
|---|---|---|---|---|
| S2 | 关 | 关 | 开 | 开 |
| 预设压力 | P1 | P2 | P3 | P4 |

注:建议其中一个预设压力设定为 0MPa,控制上会较安全

第 23 篇

续表

线性度、迟滞、重复精度、压力特性、流量特性

直线度

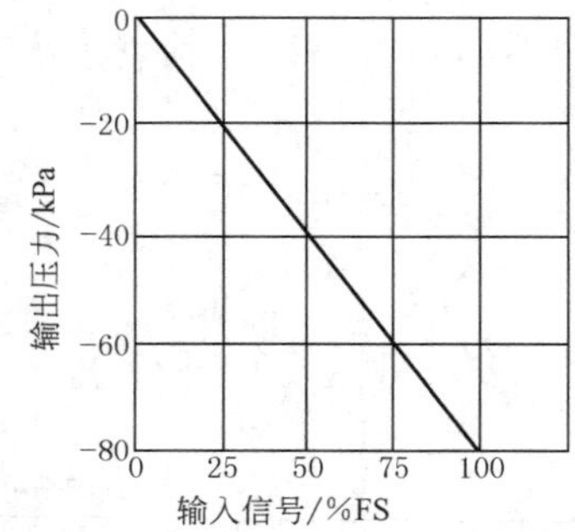


迟滞

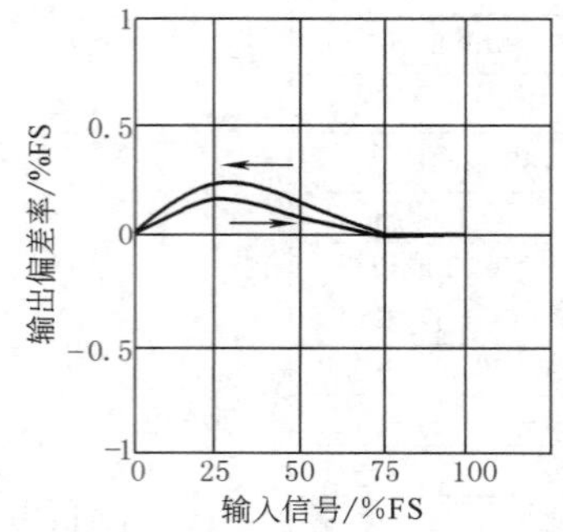


重复性

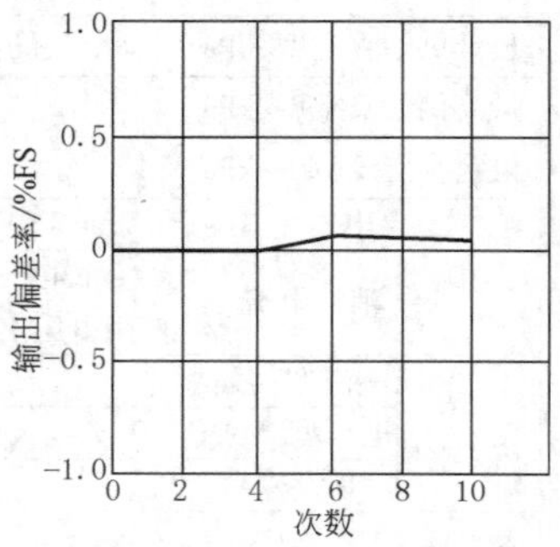


压力特性　　设定压力:-20kPa

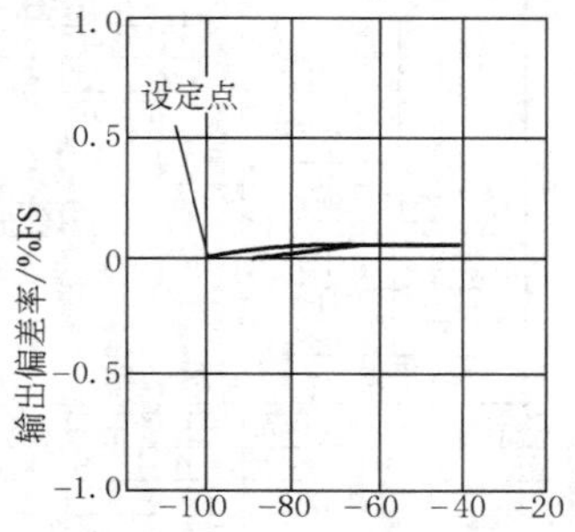


流量特性　　供给真空压力:-100kPa

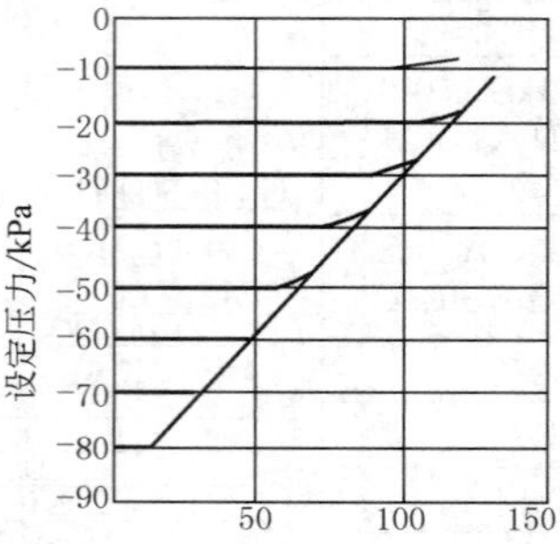


应用例:用模拟控制代替多级控制

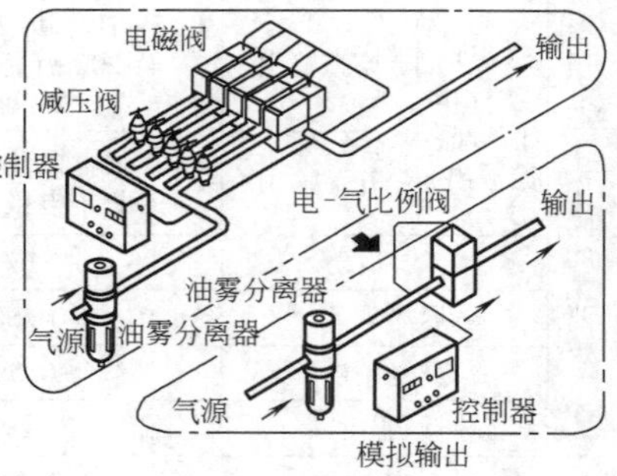


流量特性测定条件

① 测定时使用的真空泵的排气流量(ANR)500L/min

② 一次侧 VAC,压力-100kPa(二次侧流量0时)

③ 最大流量(ANR)132L/min(一次侧 VAC,压力-39kPa)

## 5.8 HOERBIGER PRE 压电式比例阀

有电压控制型（型号：PRE-U）与电流控制型（型号：PRE-1），三个压力范围。

**表 23-6-15**

mm

PRE压电式比例阀外形尺寸及工作原理图

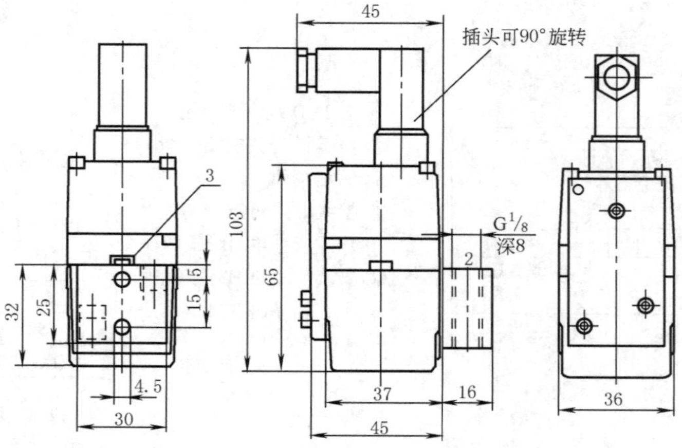


(a)带符合DIN43650-1C标准的插头及底板的尺寸图

续表

PRE压电式比例阀外形尺寸及工作原理图

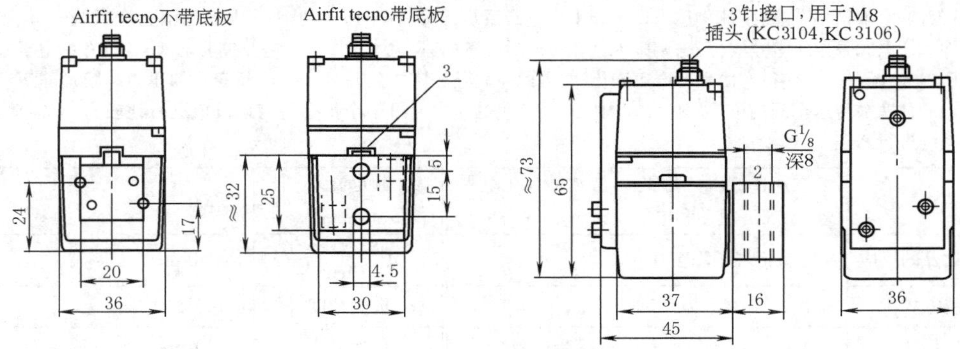


(b) 3针接口和底板型尺寸图

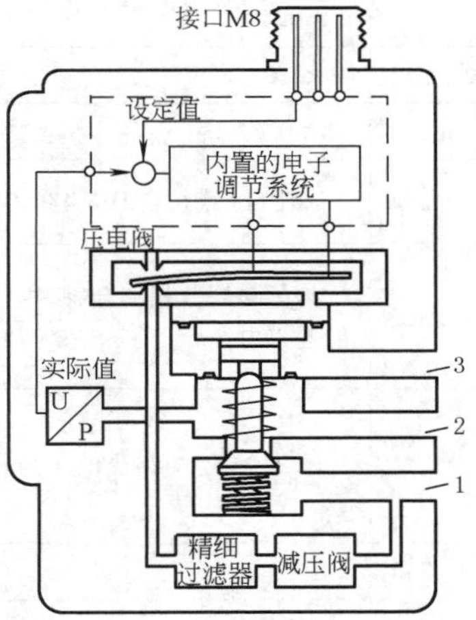


(c)

1—压缩空气气源P；2—输出口A；3—排气口R

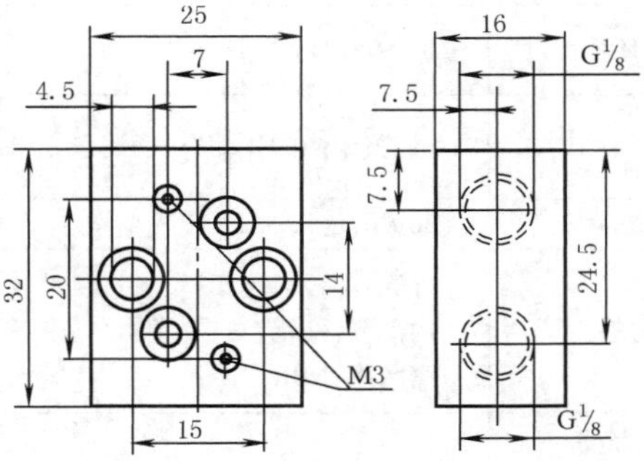

(d) $G^1/_8$单个底板

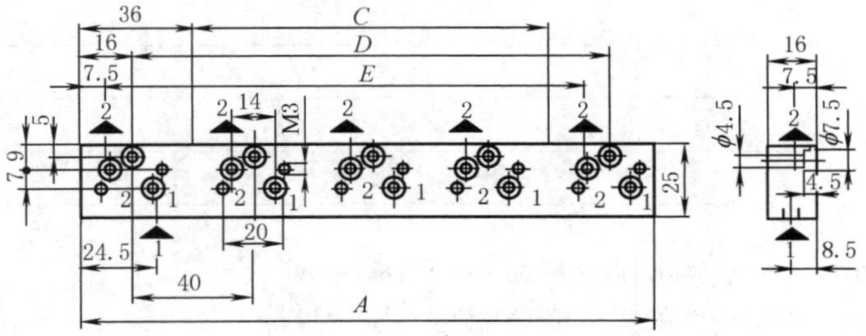

(e) $G^1/_8$多底板

| | 阀的数量 | 尺寸/mm | | | | 质量/kg |
|---|---|---|---|---|---|---|
| | | A | C | D | E | |
| $G^1/_8$多底板尺寸 | 2 | 72 | 0 | 40 | 40 | 0.07 |
| | 3 | 112 | 40 | 80 | 80 | 0.11 |
| | 4 | 152 | 80 | 120 | 120 | 0.15 |
| | 5 | 192 | 120 | 160 | 160 | 0.19 |
| | 6 | 232 | 160 | 200 | 200 | 0.23 |

续表

| | | | | |
|---|---|---|---|---|
| 工作原理 | Tecno阀的驱动部件不是传统比例压力调节阀中的电磁系统，而是一个压电阀，一个基于喷嘴折流板原理、包裹着压电陶瓷的元件。压电阀采用压电效应（压电陶瓷元件在通电后会弯曲，详见本章2.1压电晶体驱动式）。内置的电子控制系统将可变电压施加在元件上，使得弯曲程度产生变化，并因此对先导腔室内的膜片产生不断变化的压力。膜片的运动通过作用在弹簧上的柱塞被传送至阀的主要部件。在阀出口处产生的压力通过一个传感器与预设值进行比较，如有需要，可通过电子控制系统进行修正 | | | |
| PRE压电式比例阀主要技术参数 | 结构 | 三通比例压力调节阀，带PIEZO压电先导控制，有气动和电子反馈 | 额定流量/L·min$^{-1}$ | 200 |
| | 对电源故障的反应 | 2口把气压降至0 | 最大流量/L·min$^{-1}$ | 350 |
| | 安装方式 | 法兰 | 重复精度 | <0.5% |
| | 气口尺寸 | NW 2.5（不带底板）；G⅛（带底板） | 迟滞 | <0.5% |
| | 安装位置 | 任意 | 响应 | <0.5% |
| | 质量/kg | 0.160（不带底板）；0.215（带底板） | 线性度 | <1% |
| | 空气流动方向 | 进气：1口到2口；出气：2口到3口 | 耗气量/L·min$^{-1}$ | ≤0.6 |
| | 介质和环境温度 | 0~50℃ | 接口 | 3针M8或符合DIN 43650-1C标准 |
| | 介质 | 过滤、干燥的压缩空气，润滑或未润滑 | 电磁兼容性（EMC） | 为了与规范相吻合，必须使用屏蔽的连接电缆 |
| | 过滤等级 | 30μm；建议5μm | | |
| | 材料 | 外壳：阳极氧化铝；塑料<br>内部零件：铝，黄铜，塑料<br>密封圈：NBR | 输出电压/V | 0~1.25（2口最高电压为6.25） |
| | 进气压力范围/bar | 1.5~10 | 最大输出电流/mA | 1 |
| | 出气压力范围/bar | 0~8 | 输出电阻/Ω | 100Ω |
| | 电压控制型（型号：PRE-U）电子部分特性 | | | |
| PRE压电式比例阀主要技术参数 | 额定电压/V DC | 24±10% | | |
| | 额定功耗/W | 0.4 | | |
| | 最大余纹波 | 10% | | |
| | 耗电量/mA | 15mA | | |
| | 输入设定值 | 0~10V<br>输入设定值0~8bar时，临界值对应关系：0bar→0V，8bar→8V<br>输入设定值0~2bar时，临界值对应关系：0bar→0V，2bar→10V<br>输入设定值0~0.2bar时，临界值对应关系：0bar→0V，0.2bar→10V | | |
| | 输入电阻/kΩ | 61.5 | | |
| | 电流控制型（型号：PRE-1）电子部分特性 | | | |
| | 供电/mA | 4 | | |
| | 设定电流/mA | 4~20 | | |
| | 进气口最大电压 | 12.5V<br>输入设定值0~8bar时，临界值对应关系：0bar→4mA，8bar→20mA<br>输入设定值0~2bar时，临界值对应关系：0bar→4mA，2bar→20mA<br>输入设定值0~0.2bar时，临界值对应关系：0bar→4mA，0.2bar→20mA | | |
| | 输入电阻/Ω | ≤550 | | |
| | 切换时间/ms | 7 | | |

# 第 7 章 真空元件

## 1 真空系统的概述

气动技术中应用的真空元件品种越来越多，技术更新速度也越来越快，已成为气动技术中十分重要的一个分支。有些气动制造厂商专门把它列为真空技术，也有些气动制造厂商专门把它列为模块化机械手范畴。

表 23-7-1

<table>
<tr><td>真空度</td><td>在真空技术中，将低于当地大气压力的压力称为真空度。在工程计算中，为简化常取“当地大气压” $p_a$ = 0.1MPa。以此为基准，将绝对压力、表压力及真空度表示如图 a<br>ISO 规定的压力单位是帕斯卡（Pa）：1Pa = 1N/m²</td><td>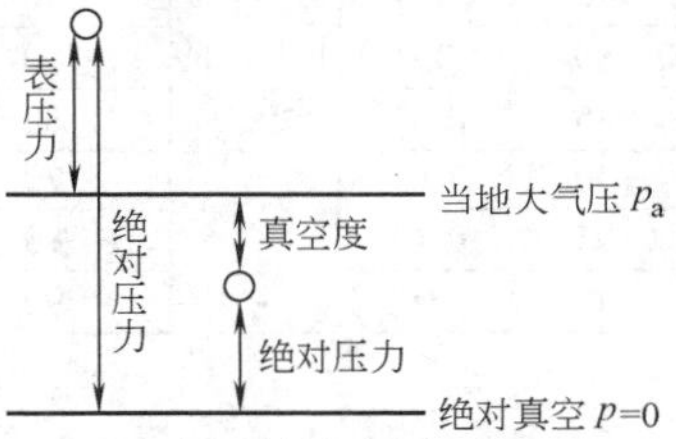

(a) 压力表示</td></tr>
<tr><td>真空度分类</td><td><table>
<tr><td>分类</td><td>压力范围（绝对）</td><td>应用</td></tr>
<tr><td>低真空</td><td>大气压力～1mbar</td><td>应用于工业的抓取技术<br>在实际应用中，真空水平通常以百分比的方式来表示，即真空度被表示为与其环境压力的比例。在真空应用中工件的材料和表面的加工程度也是至关重要的</td></tr>
<tr><td>中等真空</td><td>$10^{-3}$～1mbar</td><td>钢的去除气体，轻型灯泡的生产，塑料的干燥以及食品的冷冻干燥等</td></tr>
<tr><td>高真空</td><td>$10^{-3}$～$10^{-8}$mbar</td><td>金属的熔炼或退火，电子管的生产</td></tr>
<tr><td>超高真空</td><td>$10^{-8}$～$10^{-11}$mbar</td><td>金属的喷射，真空镀金属（外层镀金属）以及电子束熔化</td></tr>
</table>
真空范围从技术角度讲已经可以达到 $10^{-16}$ 的数量级，但在实际应用中一般将其分为较小的范围。图 b 的真空范围是按照物理特点和技术要求来划分的</td><td>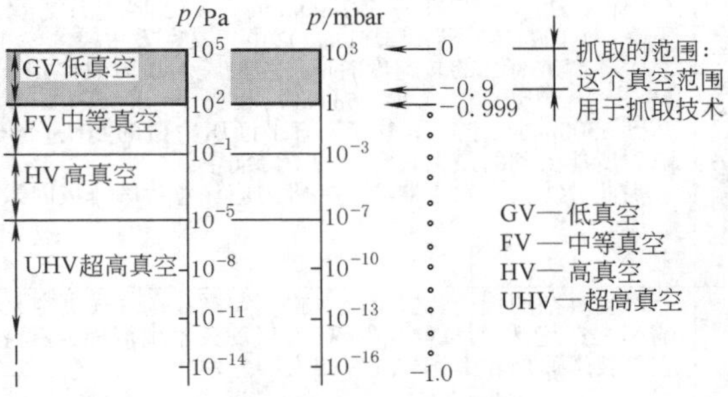

（b）</td></tr>
<tr><td>真空度单位换算</td><td colspan="2">工作压力可以两种不同的方式正确表达，即相对压力和绝对压力。相对压力为 0bar 的工作压力相当于 1bar 的绝对压力，这种表达方式也同样适用于真空。真空通常被表述为一个相对的工作压力值，即带有负号。最低压力值（即 100% 真空）就相当于−1bar 的相对工作压力<br>真空度以相对于绝对压力 0 数值表示。绝对压力 0 数值（即 0bar）是最低真空度，相当于 100% 真空。在这一真空范围内，1bar 为最大值，代表了大气压力<br>目前真空的法定计量单位仍旧是帕斯卡（Pa），但在实际应用中已很少采用这一单位。事实上更多采用的是 bar、mbar 以及真空度（%），尤其是在低真空的情况下（如抓取技术）</td></tr>
</table>

续表

## 真空度单位换算

最常用的压力单位之间的关系：100Pa＝1hPa；1hPa＝1mbar；1mbar＝0. 001bar

**真空度单位换算**

| 工作压力/bar | 真空/% | 绝对压力/bar |
|---|---|---|
| 6 | | 7 |
| 5 | | 6 |
| 4 | | 5 |
| 3 | | 4 |
| 2 | | 3 |
| 1 | | 2 |
| 0 | 0 | 1 |
| -0. 1 | 10 | 0. 9 |
| -0. 2 | 20 | 0. 8 |
| -0. 3 | 30 | 0. 7 |
| -0. 4 | 40 | 0. 6 |
| -0. 5 | 50 | 0. 5 |
| -0. 6 | 60 | 0. 4 |
| -0. 7 | 70 | 0. 3 |
| -0. 8 | 80 | 0. 2 |
| -0. 85 | 85 | 0. 15 |
| -0. 9 | 90 | 0. 1 |
| -0. 95 | 95 | 0. 05 |
| -1. 0 | 100 | 0 |

真空度与压力单位换算

| 单位 | bar | $N/cm^2$ | kPa | atm，$kgf/cm^2$ | $mH_2O$ | torr，mmHg | in Hg | psi |
|---|---|---|---|---|---|---|---|---|
| bar | 1 | 10 | 100 | 1. 0197 | 1. 0197 | 750. 06 | 29. 54 | 14. 5 |
| $N/cm^2$ | 0. 1 | 1 | 10 | 0. 1019 | 0. 1019 | 75. 006 | 2. 954 | 1. 45 |
| kPa | 0. 01 | 0. 1 | 1 | 0. 0102 | 0. 0102 | 7. 5006 | 0. 2954 | 0. 145 |
| atm，$kgf/cm^2$ | 9.807 | 98.07 | 980.7 | 1 | 1 | 7355.6 | 289.7 | 142.2 |
| $mH_2O$ | 0. 9807 | 9. 807 | 98. 07 | 1 | 1 | 735. 56 | 28. 97 | 14. 22 |
| torr，mmHg | 0. 00133 | 0. 01333 | 0. 1333 | 0. 00136 | 0. 00136 | 1 | 0. 0394 | 0. 0193 |
| in Hg | 0. 0338 | 0. 3385 | 3. 885 | 0. 03446 | 0. 03446 | 25. 35 | 1 | 0. 49 |
| psi | 0. 0689 | 0. 6896 | 6. 896 | 0. 0703 | 0. 0703 | 51. 68 | 2. 035 | 1 |

真空度与压力单位换算及绝对值和相对值的比较

| 相对压力/% | 剩余压力绝对值/bar | 压力相对值/bar | $N/cm^2$ | kPa | atm，$kgf/cm^2$ | $mH_2O$ | torr，mmHg | in Hg |
|---|---|---|---|---|---|---|---|---|
| 10 | 0.912 | -0. 101 | -1. 01 | -10. 1 | -1.03 | -0. 103 | -76 | -3 |
| 20 | 0. 810 | -0. 203 | -2. 03 | -20. 3 | -2.07 | -0. 207 | -152 | -6 |
| 30 | 0. 709 | -0. 304 | -3. 04 | -30. 4 | -3.1 | -0. 31 | -228 | -9 |
| 40 | 0. 608 | -0. 405 | -4. 05 | -40. 5 | -4.13 | -0. 413 | -304 | -12 |
| 50 | 0. 506 | -0. 507 | -5. 07 | -50. 7 | -5.17 | -0. 517 | -380 | -15 |
| 60 | 0. 405 | -0. 608 | -6. 08 | -60. 8 | -6.2 | -0. 62 | -456 | -18 |
| 70 | 0. 304 | -0. 709 | -7. 09 | -70. 9 | -7.23 | -0. 723 | -532 | -21 |
| 80 | 0. 202 | -0. 811 | -8. 11 | -81. 1 | -8.27 | -0. 827 | -608 | -24 |
| 90 | 0. 101 | -0. 912 | -9. 12 | -91. 2 | -9.3 | -0. 93 | -684 | -27 |

## 空气压力的变化对真空技术的影响

空气压力随海拔的上升而不断下降，这当然也会对真空技术甚至真空发生器本身产生影响。由于大气压力随海拔的上升而不断下降，因此所能获得的最大差压以及真空吸盘所能获得的最大吸力也会相应减小（见图 c）。即使真空发生器 80%的真空性能水平仍旧保持不变，它所产生的真空能力会随着海拔高度的上升而下降

在海平面的空气压力约为 1013mbar。如果在海平面上一个真空发生器可以产生 80%真空度，它即产生了约 0. 2bar（200mbar）的绝对压力，相当于-0. 8bar 的相对压力（工作压力）。如果在海拔 2000m 的高度时，空气压力仅为 763mbar（空气压力呈线性下降，每 100m 约下降 12. 5mbar），虽然真空发生器 80%的真空水平未变，但此时真空发生器产生 80%的真空度时所产生的绝对压力数值是不同的：［1013mbar -（763mbar ×0. 8）］＝ 0. 4026bar（402. 6mbar），相当于-0. 5974bar 的相对压力。同样，海拔高度达到 5500m 时，空气压力仅为海平面压力值的 50%（506mbar）。真空气爪的吸力会随着所能得到的最大真空度的下降而下降

因此计算真空发生器产生的吸力应注意考虑海拔因素

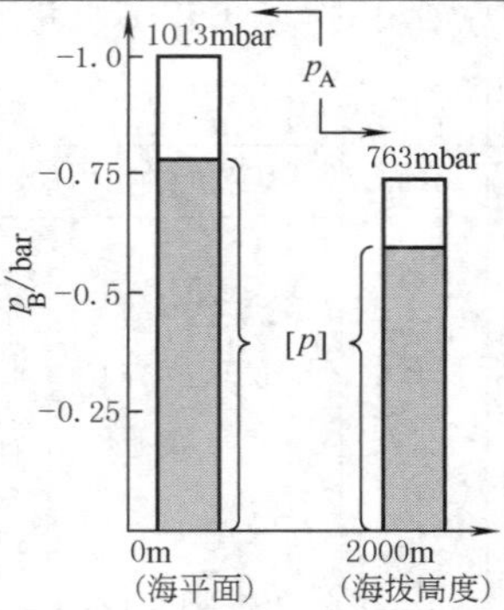


[p]=真空发生器的真空性能 ×80%

(c)

## 真空的产生装置及其工作原理

产生真空的传统装置有吸气式真空泵和送气式真空泵。在近代气动技术中有另一种产生真空的装置，以空气进入喷射嘴产生真空，称为真空喷射器（在气动技术中俗称为真空发生器）。真空发生器（真空喷射器）、吸气式真空泵和送气式真空泵技术原理和工作方式有很大的差别

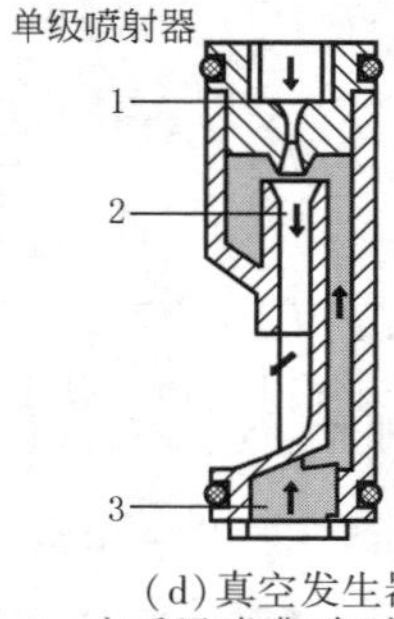


（d）真空发生器

1—文丘里喷嘴（气流喷嘴）；2—接收器喷嘴；3—真空口

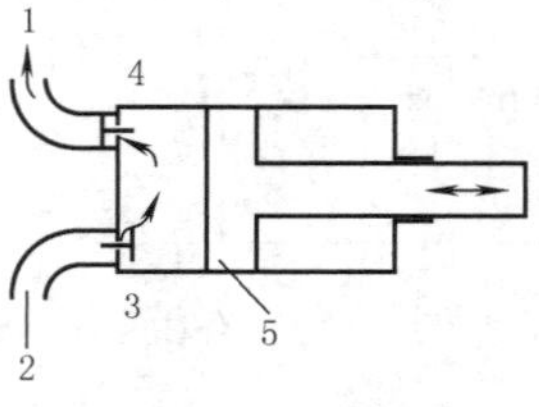


（e）送气式置换真空泵

1—压力一侧；2—吸气一侧；3—进气阀；4—排气阀；5—活塞

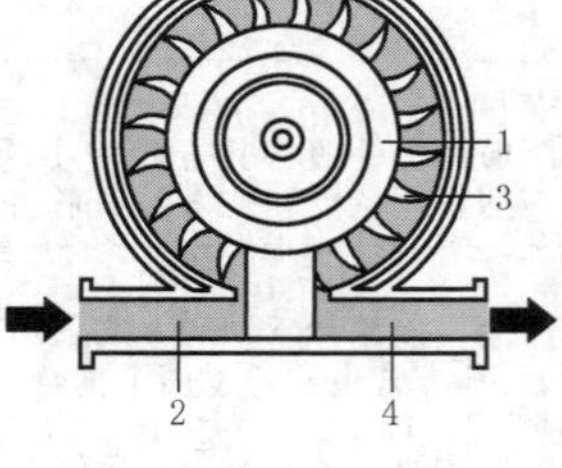


（f）真空送风机

1—叶轮；2—吸气侧；3—叶片；4—压缩

续表

| | | |
|---|---|---|
| 真空的产生装置及其工作原理 | 真空发生器 | 典型的喷射器包括一个气流喷嘴(文丘里喷嘴)和至少一个接收器喷嘴(根据结构原理而定)。压缩空气进入喷射器,气流在通过狭小的喷嘴(文丘里喷嘴)时流速被加速到音速的5倍。在喷射器的出口和接收器喷嘴的压缩空气在通过该缝隙时体积膨胀,并产生了吸气的效应,于是在这个装置的输出口(即真空口)就形成了真空 |
| | 送气式置换真空泵与送气式动力真空泵 | 在置换式真空泵(高真空,小流量)中,空气(气体)可自由流入扩张区域,然后通过机械方式进行关闭、压缩以及喷射。这类真空泵的主要特点是能达到很高的真空度,但流量相对较小<br>图e是这种真空泵的简图,它显示了这种置换式真空泵的工作原理。虽然在设计方案和构造上有所不同,但所有的泵在工作原理上都是相同的。其真空度最高可达到98%,维护成本低,但安装位置受到限制,尺寸较大<br>在动力真空泵(低真空,大流量)的真空形成的过程中,空气(气体)微粒在外部机械力的作用下被强制流入传送方向<br>这类真空泵的主要特点是所产生的真空度相对较低,但它们同时所能达到的流量(抽气能力)却很高 |
| | 吸气式真空泵 | 这种真空泵不能去除气体微粒,而是在真空系统内部将它们转换成液体、固体或是可吸着的状态。这样在封闭空间内的气体(空气)体积就会缩小,于是真空便产生了(如用医学针筒抽血) |
| | 真空送风机 | 真空送风机(图f)也被归为动力真空泵一类。这些真空发生装置是按照脉动原理进行工作的,也就是在旋转叶轮1将动能传递给空气的过程中,空气在吸气侧2被吸入并通过叶轮上的叶片3进行压缩。它可以在较短的时间内将较大的容积抽空,维护成本高 |
| | 真空压缩机 | 真空压缩机是另一种具有相似特性的动力真空泵。吸入的空气在通过多级叶轮室时在叶轮旋转产生离心力的作用下获得低脉动的压缩。和真空送风机一样,这类真空泵的流量也很大,可以在较短的时间内将较大的容积抽空,但维护成本高,形成的真空度较低 |

| 真空发生器(真空喷射器)和真空泵的特性比较 | 项　　目 | 真空发生器 | 真　空　泵 |
|---|---|---|---|
| | 真空度/kPa | 可达88 | 可达101.3 |
| | 吸入流量/$m^3 \cdot min^{-1}$ | -0.3 | -20 |
| | 尺寸大小 | 1 | 60 |
| | 重量 | 1 | 40 |
| | 结构 | 简单 | 复杂 |
| | 寿命 | 无可动部件,无需维修,寿命长 | 有可动部件,需要定期维修 |
| | 消耗功率 | 小(尤其对省气式组合发生器) | 较大 |
| | 安装 | 方便 | 不便 |
| | 与配套件的组合 | 容易(如气管短、细) | 困难(如气管壁厚、长) |
| | 真空的产生及消除 | 快 | 慢 |
| | 真空压力的脉动 | 无脉动,不需要真空管 | 有脉动,需要真空管 |
| | 产生真空的成本比 | 1 | 27 |
| | 应用场合 | 需要气源,宜从事流量不大的间歇工作,适合分散及集中点使用<br>适用于工业机器人、自动流水线、抓取放置系统、印刷、包装、传输等领域 | 适合连续的、大流量工作,不宜频繁启停,也不宜分散点使用<br>适用于抓取透气性较好、质量较轻的物件,如沙袋、纸板箱、刨花板(送气式动力真空泵) |

| | | | |
|---|---|---|---|
| 真空系统 | 组成 | 真空系统一般由真空压力源(真空发生器、真空泵)、吸盘(执行元件)、真空阀(控制元件有手动阀、机控阀、气控阀及电磁阀等)及辅助元件(管件接头、过滤器和消声器等)组成。有些元件在正压系统和负压系统中能够通用,如管接头、过滤器和消声器以及部分控制元件 | |
| | 真空由真空泵产生的回路 | 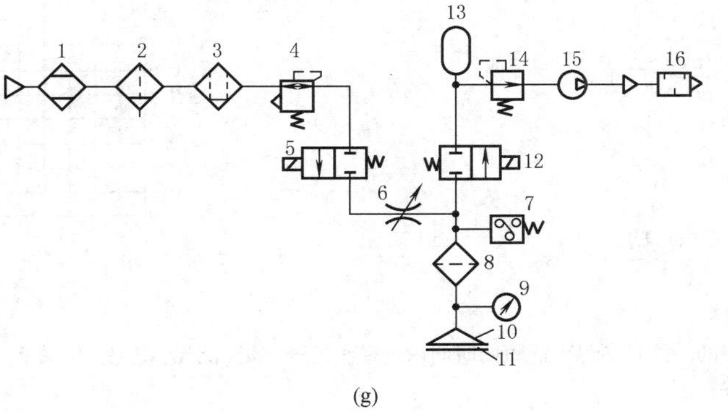<br><br>(g) | 典型真空回路(图g、图h)<br>1—冷冻式干燥机;<br>2—过滤器;<br>3—油雾分离器;<br>4—减压阀;<br>5—真空破坏阀;<br>6—节流阀;<br>7—真空压力开关;<br>8—真空过滤器;<br>9—真空表;<br>10—吸盘 |

续表

| | | | |
|---|---|---|---|
| 真空系统 | 真空由真空发生器产生的回路 | 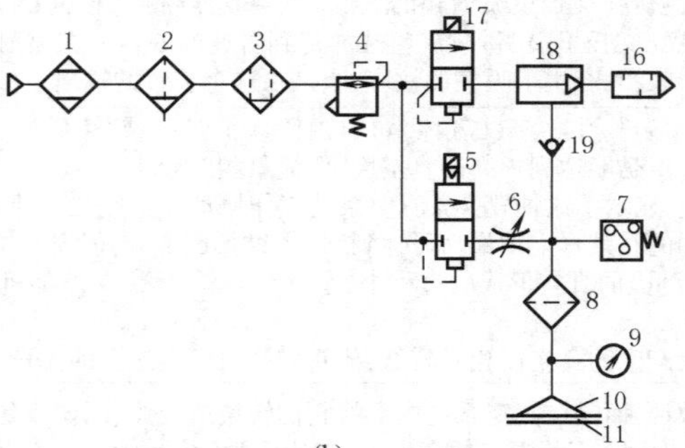<br>(h)<br>用真空发生器产生的真空回路，往往是正压系统的一部分，同时组成一个完整的气动系统 | 11—被吸吊物；<br>12—真空切换阀；<br>13—真空罐；<br>14—真空减压阀；<br>15—真空泵；<br>16—消声器；<br>17—供给阀；<br>18—真空发生器；<br>19—单向阀 |
| 应用 | 真空系统作为实现自动化的一种手段，已在电子、半导体元件组装、汽车组装、自动搬运机械、轻工机械、医疗机械、印刷机械、塑料制品机械、包装机械、锻压机械、机器人等许多方面得到广泛的应用。如真空包装机械中，包装纸的吸附、送标、贴标，包装袋的开启；电视机的显像管、电子枪的加工、运输、装配及电视机的组装；印刷机械中的双张、折面的检测，印刷纸张的运输；玻璃的搬运和装箱；机器人抓起重物，搬运和装配；真空成型、真空卡盘等。总之，对任何具有较光滑表面的物体，特别对于非金属且不适合夹紧的物体，如薄的柔软的纸张、塑料膜、铝箔、易碎的玻璃及其制品、集成电路等微型精密零件，都可以使用真空吸附，完成各种作业 | | |

## 2　真空发生器的主要技术参数

**表 23-7-2**

| | | | |
|---|---|---|---|
| 主要技术参数 | 真空发生器的主要技术参数为当在某一个工作压力时所产生的真空度（见图 a）<br>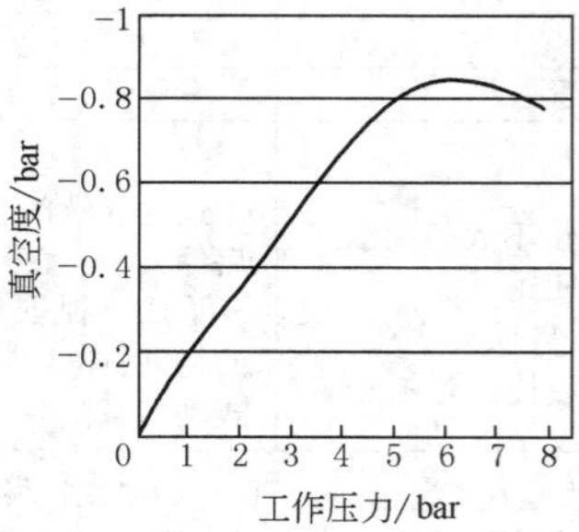<br>（a） | 重要参数 | 抽空时间——产生特定真空所需要的时间，s<br>耗气量——喷射器产生特定的真空所需消耗的空气量，L/min<br>效率——抽空时间、耗气量以及抽空容积<br>抽气流量——喷射器所能抽入的空气量，L/min |
| 真空发生器效率计算式 | $$\eta=\frac{1}{1+\frac{t_{\mathrm{E}}Q}{60V}}$$<br>式中　$\eta$——低压力时真空喷射器的效率<br>$t_{\mathrm{E}}$——抽空时间，s<br>$Q$——耗气量，L/min<br>$V$——抽空容积（标准容积），L<br>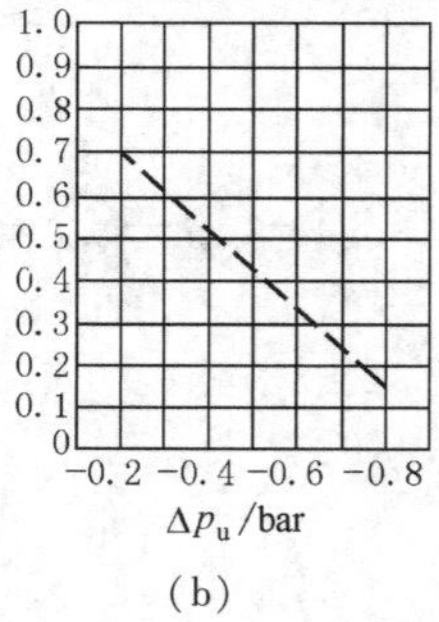<br>（b）<br>在实际应用中，真空喷射器的功能是在尽可能短的时间内以最小的耗气量（能耗）产生一定的真空，这是用来评判不同类型真空发生器性能的最客观的标准 | | |

续表

| | | |
|---|---|---|
| 真空发生器的抽空时间 | 衡量一个真空发生器性能的另一个重要指标，是看它在吸取一个不泄漏材料且达到一定的真空度时所需的时间多少。这一参数值就是真空发生器的抽空时间。在容积一定的情况下，抽空时间和真空压力的关系曲线是按比例上升的。也就是，当真空水平被抽得越高时，真空发生器的抽气能力将变得越弱，同时达到更高真空度所需的时间也越长（见图 c） | 抽空时间$t_E$和真空度$p_u$之间的关系<br>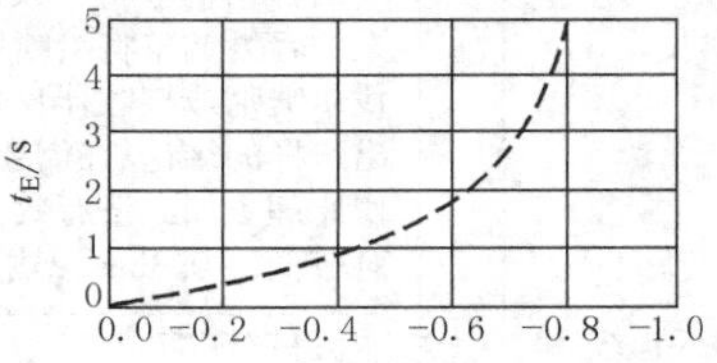<br><br>(c) |

## 2.1 单级真空发生器及多级真空发生器的技术特性

**表 23-7-3**

| | | |
|---|---|---|
| 单级真空喷射器 | | 喷射器包含了一个气流喷嘴（拉伐尔喷嘴）和一个接收器喷嘴。大气的抽取以及真空的产生分别发生于气室内和气流喷嘴与接收器喷嘴之间的缝隙处。压缩空气或吸入的大气在经过接收器喷嘴后直接通过连接的消声器排入大气（环境中） |
| 多级真空喷射器 | | 和单级喷射器一样，这一结构的喷射器也具有一个气流喷嘴（拉伐尔喷嘴），压缩空气在通过该气嘴时被加速到5倍于音速，然后进入接收器喷嘴。和单级喷射器不同的是，多级喷射器在第一个接收器喷嘴后面还有第二级甚至更多级的喷嘴，并且它们有着更大的通径并与下降的空气压力成比例。由第一级气室抽入的空气在与来自气流喷嘴的压缩空气混合后被用作其他气室的推进气流。然后同样在经过最后一个接收器喷嘴后通过消声器进行排放（进入大气） |
| 单级和多级真空喷射器的比较 | | 对单级和多级喷射器进行比较的目的是为了对一些实际应用中经常涉及的并且可被用于测量喷射器性能的变量及标准进行评价 |
| | 抽空时间耗气量效率 | 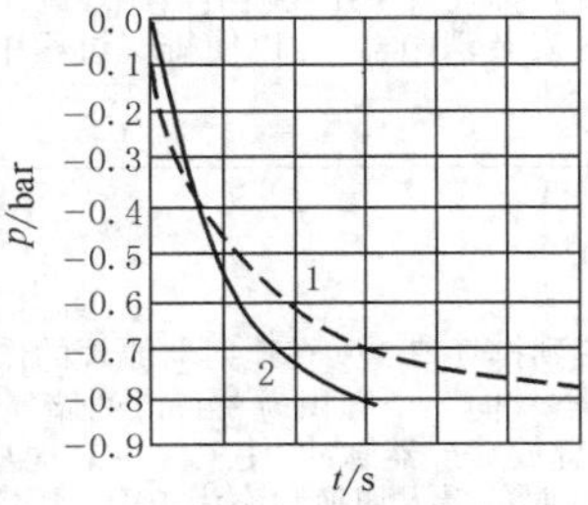<br><br>(a) 工作压力p和抽空时间t之间的关系<br>1—多级喷射器；<br>2—单级喷射器<br>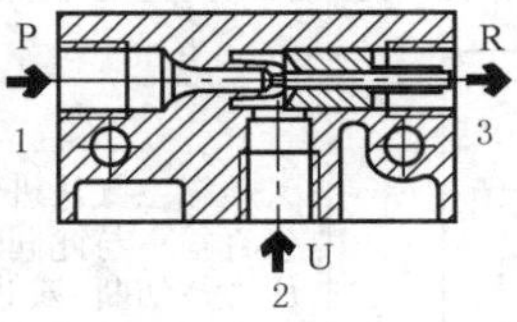<br><br>(b) 单级喷射器<br>1—进气口/气流喷嘴；器<br>2—真空/吸盘连接口；<br>3—排气口/接收器喷嘴<br>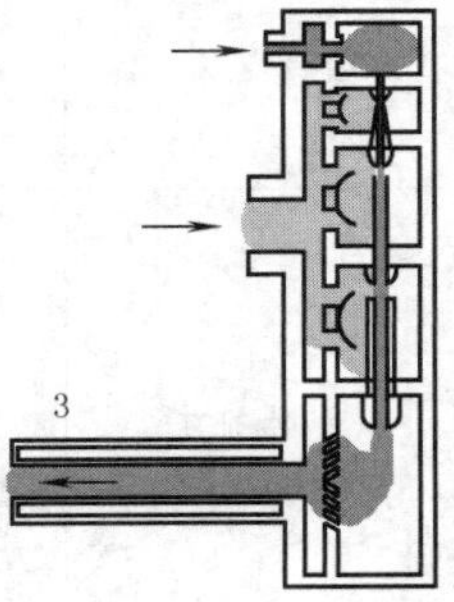<br><br>(c) 多级喷射器<br>抽空时间：一般来说若真空压力低于30%~50%，多级喷射器形成真空的速度或是说抽空特定容积的速度要快于单级喷射器。然而在实际应用中，经常需要达到−0.4~−0.8bar的压力或40%~80%的真空度<br>从图a的对比中可以看出，单级喷射器在这一范围内明显优于多级喷射器。所形成的真空度越高，多级喷射器所需时间越长。多级喷射器在“抽空时间”方面表现较差的原因在于：虽然其第二级以及随后几级的喷嘴具有较高的抽气能力，但它们在真空水平相对较低时就断开了，也就是说，当真空度较高时，只有第一级的喷嘴还在吸入空气，而第一级喷嘴的效率又远不及单级喷射器，因此使整个性能落后于单级结构。当然这一发现只能被看作是一般情况，只能用作参考。无论喷射器的结构如何，一旦相互作用的初值发生了变化，最终将得到不同的结果 |
| | 抽气流量 | 单级喷射器的抽气流量通常要比多级喷射器的低。为此在相同的时间段内，多级喷射器在低真空范围内（30%~50%）能抽入更多的空气。但是随着真空水平的不断上升（30%~50%），多级喷射器产生真空的速度明显落后于单级喷射器（参见图b和图c）。也就是说，随着真空度的增加，多级喷射器起初获得的大抽气流量将逐渐落后于单级喷射器的抽气流量 |
| | 噪声真空水平、供气时间 | 相比而言，单级喷射器所产生的噪声水平较高。由于压缩空气经过多级喷射器以后速度下降，在排入大气时，气流强度已减弱，因此多级喷射器的噪声水平要比单级喷射器低。单级喷射器在加装了合适的消声器后，其噪声大的缺点可以得到弥补。两种结构的喷射器都可以达到同样的真空水平，当然单级喷射器在速度上具有一定的优势。此外，在供气时间上两种结构的差别也不大，虽然单级结构所需输送的空气容积较小，但只是在时间上带来轻微的优势 |

续表

<table>
<tr><td rowspan="6">单级和多级真空喷射器的比较</td><td rowspan="6">综合测评结果</td><td colspan="3">两种结构基本上只在其特定的领域才能体现出各自的优势并证明其存在的意义。同时，还可以看到技术上的轻微调整将给喷射器带来多大的影响，以及两种工作原理如何被优化以适应各自的应用（如通过改变拉伐尔喷嘴或接收器喷嘴的直径）。这就是两种工作原理可以在效率或过程特性上脱颖而出的原因。只能得出这样的结论，在需要获得中等或较高真空的场合，单级喷射器的效果较好。其简单的设计结构使得这种工作原理更加经济有效，而且在外形尺寸上也比多级结构更容易管理。另一方面，多级喷射器在真空度要求相对较低（-0.3bar 以内）而速度要求较高或更注重于能源成本的场合有着更为理想的表现</td></tr>
<tr><td>变量/标准</td><td>单级喷射器</td><td>多级喷射器</td></tr>
<tr><td>抽气流量</td><td>一般</td><td>高<br>在 50%以下的低真空范围内</td></tr>
<tr><td>抽空时间</td><td>很短，见工作压力 $p$ 和抽空时间 $t$ 之间的关系表<br>在 30%~50%以上的高真空范围内</td><td>很短<br>在 30%~50%以下的低真空范围内</td></tr>
<tr><td>初期成本</td><td>低</td><td>相对较高</td></tr>
<tr><td>噪声情况</td><td>相对较高</td><td>低</td></tr>
</table>

## 2.2 普通真空发生器及带喷射开关真空发生器的技术特性

表 23-7-4

| 名　称 | 简　图 | 技　术　特　性 |
|---|---|---|
| 普通真空发生器 | 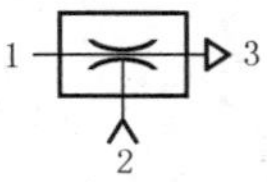 | 压缩空气从进气口 1 流到排气口 3 并在喷射器原理的作用下，在气口 2 产生真空。通过在排气口 3 安装消声器，可以使排气过程中所产生的噪声进一步降低 |
| 带喷射开关真空发生器 | 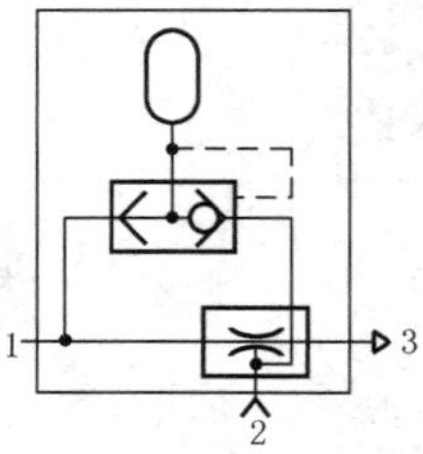 | 压缩空气从进气口 1 流到排气口 3 并在喷射器原理的作用下，在气口 2 产生真空。与此同时，压缩空气向一个容积为 $32cm^3$ 的储气罐充气，一旦输入压力被切断，该储气罐会释放喷射器脉冲，使工件可靠地从吸盘脱离。在压力为 6bar、抽气能力为 1m 时的最大切换频率为 10Hz |

## 2.3 省气式组合真空发生器的原理及技术参数

表 23-7-5

省气式组合真空发生器剖视图

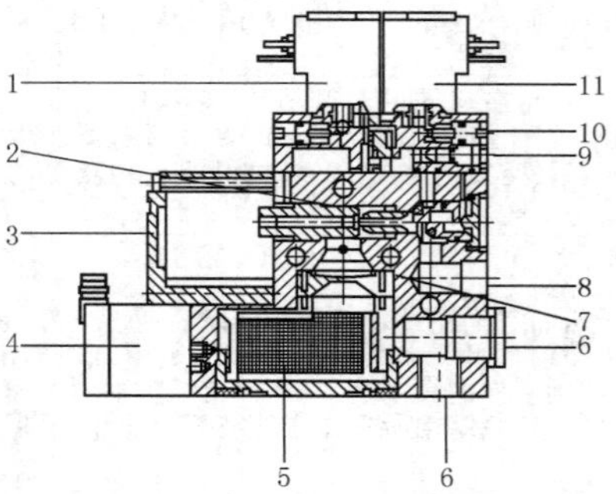


德国 FESTO 省气式组合真空发生器（型号 VDMAI）

1—电磁阀，用于控制喷射器脉冲；2—文丘里喷嘴（喷射器和接收器喷嘴）；3—特殊消声器；4—真空开关；5—过滤器，用于吸入的空气；6—两个真空口；7—单向阀；8—进气口；9—喷射器脉冲手控装置；10—手控装置；11—电磁阀，用于控制真空的产生

续表

| | | | |
|---|---|---|---|
| 工作原理 | 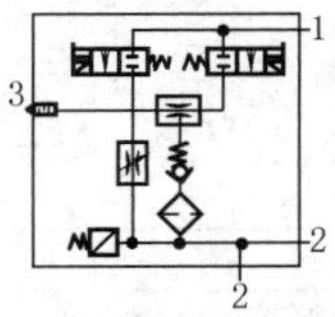<br>带空气节省回路 PNP 输出<br>1—进气口；2—真空口；3—排气口 | 省气式组合真空发生器的进气气源分别接入两个二位二通电磁阀(一个产生真空,另一个产生正压,破坏真空)。当产生真空的电磁阀通电时,阀被驱动,压缩空气从 1(P)流向 3(R),根据喷射原理在 2(V)产生真空。电磁阀断电时,吸气停止。集成的消声器能把排气噪声降至最低<br>一旦当产生真空的电磁阀的电压信号被切断,并且产生正压喷射的电磁阀被启动,真空口 2 的真空立即消失变为正压。集成的消声器能把气噪声降至最低<br>另外,增设了一个具有空气节省功能的真空开关。开关的两个电位计能够把真空度设置在一定的范围以内,以便吸住工件。当泄漏使真空水平下降至低于设定值时,开关产生一个脉冲信号,驱动产生真空的电磁阀工作,又产生一个高的真空度,以便吸住工件。在这个过程中,由于单向阀的作用,即使真空发生器的电磁阀不工作,真空度也能得到维持 | |
| 省气式组合真空发生器的零部件功能特性 | 零部件名称 | 功　　能 | 优　　点 |
| | 1—电磁阀,用于控制喷射器脉冲,二位三通阀,用于控制喷射器脉冲 | 一旦控制真空发生的电磁阀 11 断开,同时控制喷射器脉冲的电磁阀接通,气口 6 的真空会因为压缩空气的出现而立即消失 | (1)快速消除真空<br>(2)准确、迅速地释放工件<br>(3)缩短真空喷射器的工作周期 |
| | 2—文丘里喷嘴(喷射器和接收器喷嘴),是最重要的喷射器元件,用于真空的产生 | 当进气口 8 接上气源,压缩空气便进入气流喷嘴,喷嘴内狭窄的通径使气流的速度被提升到音速的 5 倍,加速后的气流由接收器喷嘴接收并直接导入消声器 3。此时,在气流喷嘴和接收器喷嘴之间便产生一个吸气效应,将空气从过滤器抽入,于是真空便在气口 6 处形成了 | 通过变化喷嘴的通径或是气源压力可以改变和控制喷射器的性能 |
| | 3—特殊消声器(封闭型、平面型或是圆形),用于降低排气时的噪声 | 消声器由透气的塑料或是金属合金制成。气流从喷嘴射出的速度达到音速的 5 倍,消声器能够对高速气流起到很好的缓冲作用,从而使得压缩空气(排出气体)在进入大气以前先进行降噪处理 | 在喷射器运行的过程中减小排气噪声 |
| | 4—真空开关,PNP 或 NPN 输出,用于压力监控 | 在真空开关上可以通过两个电位计对保持工件所需的真空度范围进行设定,一旦达到了这一真空范围,开关便会发出信号使电磁阀关闭真空发生器(空气节省功能),单向阀 7 用于维持真空状态,如果真空范围低于所要求的水平,信号会控制真空发生器重新打开,若是由于故障原因所需的真空水平再也无法实现,则真空发生器被关闭 | (1)空气节省功能:真空度达到要求水平时,真空发生器被关闭<br>(2)安全功能:在真空水平向上或向下超出规定值时对真空发生器进行控制 |
| | 5—过滤器,用于抽入的空气,带污浊度指示,40μm 过滤等级 | 在真空口 6 和真空发生器 2 或是单向阀 7 之间集成了一个大面积的塑料过滤器。在吸气操作中,空气在被吸入到真空发生器以前先被过滤,过滤器的可拆卸式视窗可指示过滤器的受污染程度 | (1)监控系统的受污染程度<br>(2)对元件起到防护作用<br>(3)有污浊显示,能确保维护保养工作的定期进行 |
| | 6—两个真空口(V)或(2),带内螺纹 | 真空元件可被连接在这里(例如真空气爪)。根据实际的应用要求,可以使用其中一个或是同时使用两个 | |
| | 7—内置式单向阀<br>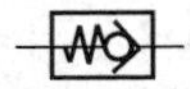 | 在真空发生器关闭以后,能有效防止吸入空气的倒流,从而避免对系统的真空水平产生影响 | 在真空发生器关闭以后使真空得以维持(结合真空开关 4 一起使用,便形成了空气节省功能) |
| | 8—进气口(P)或(1) | 产生真空所需的进气口(P)或(1)被集成在喷射器的壳体内 | |
| | 9—喷射器脉冲手动控制 | 气流的强度以及受其影响的工件脱离真空气爪的速度可以通过手动方式进行调整 | 便于根据实际的应用要求调整系统 |
| | 10—手控装置 | 不通过电信号而通过电磁阀上的柱塞对阀进行切换,但在电信号已经存在的情况下,不能手动使之无效 | 电磁阀的手控操控 |
| | 11—电磁阀,用于控制真空的产生,二位三通阀,用于控制真空的产生 | 当有信号驱动时,压缩空气流入真空发生器从而产生真空 | 结合真空开关 4 以及单向阀 7 一起使用,便形成了空气节省功能 |

## 2.4 真空发生器的选择步骤

表 23-7-6

| 步骤 | 内容 | 做法 |
|---|---|---|
| 1 | 确定系统总的容积(需要抽成真空的容积) | 必须先确定吸盘、吸盘支座以及气管的容积 $V_1$、$V_2$ 和 $V_3$,然后相加后算出总的容积<br>$V_{总}=V_1+V_2+V_3$ |
| 2 | 确定循环时间 | 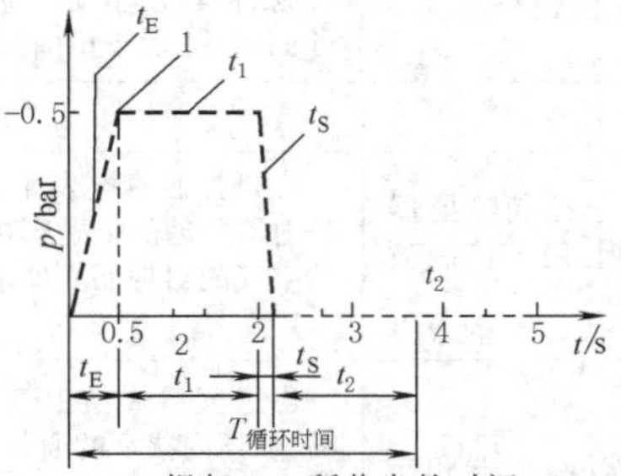<br>1—提起;2—所节省的时间<br>$T_{循环时间}$=抽空时间 $t_E$+抓取时间 $t_1$+供气时间 $t_S$+回复时间 $t_2$ |
| | 一次工作循环可以被分为若干个单独的时间间隔,因此需要分别进行测量或计算。将单个所需时间相加便得到了总的循环时间<br>抽空时间 $t_E$,可以在相应真空发生器的样本找到其数据<br>抓取时间 $t_1$,吸住工件以后抓取工件所需的时间,用秒表测量<br>供气时间 $t_S$,真空系统再次建立起真空压力以及释放工件所需的时间,可以在相应真空发生器的样本找到其数据<br>回复时间 $t_2$,真空系统释放工件回复到初始位置所需的时间,用秒表测量 | |
| 3 | 核查运作的经济性 | 确定每次工作循环的耗气量 $Q_C$,可以在相应真空发生器的样本找到其数据(确定每个循环的耗气量、每小时的工作循环次数,确定每小时的耗气量及每年的能源费用) |
| 4 | 将附加的功能/元件以及设计要求考虑在内 | 系统在性能、功能以及工作环境等方面的特定要求也必须在元件选型时加以考虑,如可靠性等 |

# 3 真空吸盘

## 3.1 真空吸盘的分类及应用

表 23-7-7

| | |
|---|---|
| 分类 | 真空吸盘直径从 $\phi$2~200mm,有数十种吸盘结构,常用的有六种,见图 a<br>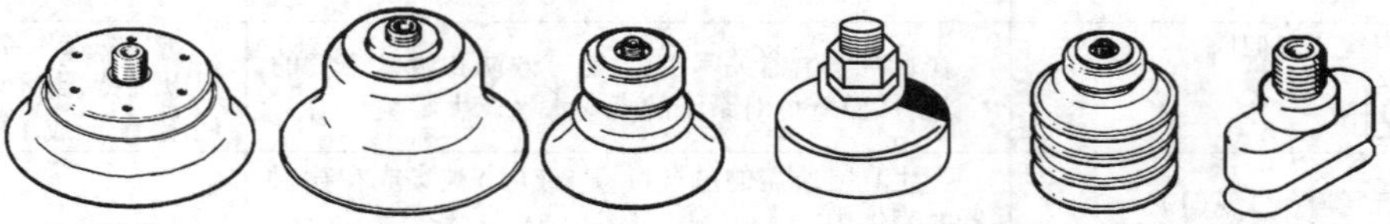<br>标准圆形　加深圆形　铃形　1.5褶波纹形　3.5褶波纹形　椭圆形<br>(a) 吸盘结构 |
| 应用 | 标准圆形吸盘能吸住表面光滑并且不透气的工件;波纹形吸盘适用于表面不平、弧形或倾斜的表面,如图 b 所示。根据不同的工件及应用场合,可选择不同材质的真空吸盘。材质有丁腈橡胶、聚氨酯、硅橡胶、氟橡胶、Vulkollan 等<br>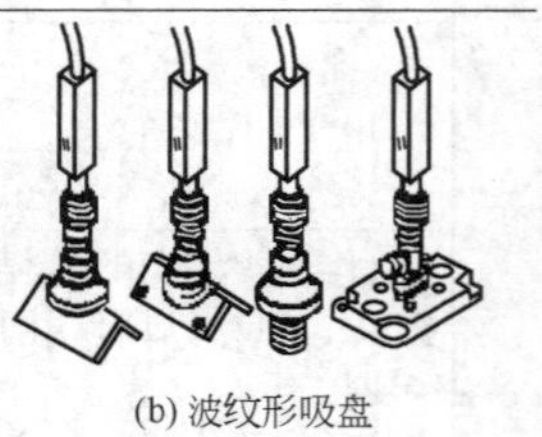<br>(b) 波纹形吸盘 |

## 3.2 真空吸盘的材质特性及工件材质对真空度的影响

工件的材质在真空的应用中起着决定性的作用。不透气的表面通常用60%~80%的真空度就能举起来。对于透气的材质而言，如果要达到某一真空度，则需要做进一步的计算，甚至要通过实验来决定。

表 23-7-8

| 材料特性 | 丁腈橡胶 | 聚氨酯 | Vulkollan | 硅橡胶 | 氟橡胶 | 丁腈橡胶（抗静电） |
|---|---|---|---|---|---|---|
| 材料代码 | N | U | T | S | F | NA |
| 颜色 | 黑色 | 蓝色 | 蓝色 | 白色透明 | 灰色 | 黑色中带点白 |
| 应用领域 | 常规应用 | 粗糙表面 | 汽车行业 | 食品行业 | 玻璃行业 | 电子行业 |
| 极高压力 | — | * | * | * | — | — |
| 食品加工 | — | — | — | * | — | — |
| 带油工件 | * | * | * * * | — | * | * |
| 环境温度高 | — | — | — | * | * | — |
| 环境温度低 | — | * | * | * | — | — |
| 光滑表面(玻璃) | * | * | * | — | * | — |
| 粗糙表面(本头、石头) | — | * | * * | — | — | — |
| 抗静电 | — | — | — | — | — | * |
| 留较少痕迹 | — | * | * | * | — | — |
| 耐受能力 | | | | | | |
| 大气 | * | * * | * * | * * * | * * * | * * |
| 耐撕扯 | * * | * * * | * * * | * | * * | * * |
| 耐磨损/耐摩擦 | * * | * * * | * * * | * | * * | * * |
| 永久变形 | * * | * | * * | * * | * * * | * * |
| 矿物类液压油 | * * * | * * * | * * * | — | * * * | — |
| 合成酯类液压油 | * | — | — | — | * | — |
| 非极性溶剂(例如白酒精) | * * * | * * | * * | — | * * * | — |
| 极性溶剂(例如丙酮) | — | — | — | — | — | — |
| 乙醇 | * * * | — | — | * * * | * | — |
| 异丙醇 | * * | — | — | * * * | * * * | — |
| 水 | * * * | — | — | * * | * * | — |
| 酸(10%) | — | — | — | * | * * * | — |
| 碱(10%) | * * | * | * | * * * | * * | — |
| 温度范围(长时间)/℃ | −10~+70 | −20~+60 | −20~+60 | −30~+180 | −30~+200 | −30~+70 |
| 肖氏硬度 | 50±5 | 60±5 | 60±5 | 50±5 | 60±5 | 50±5 |
| 特性 | 低成本 | 耐磨损 | 耐油污 | 可用于食品行业 | 耐化学腐蚀和耐温度 | 抗静电 |

注：* * * 非常适合；* * 比较适合；* 基本适合；—不适合。

## 3.3 真空吸盘运动时力的分析及计算、举例

表 23-7-9

| 运动方式 | 原理 | 计算公式 | 说明 |
|---|---|---|---|
| 情况 1 | 真空气爪处于水平位置，动作方向为垂直方向（最佳的情况） 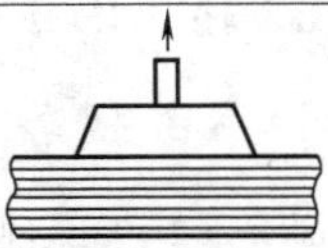 | $F_H=m(g+a)S$ | |
| 情况 2 | 真空气爪处于水平位置，动作方向为水平方向 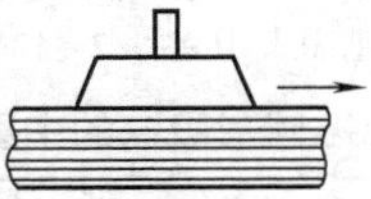 | $F_H=m(g+\frac{a}{\mu})S$ | $m$—质量，kg<br>$g$—重力加速度，$m/s^2$<br>$a$—加速度，$m/s^2$<br>$\mu$—摩擦因数<br>$S$—安全系数 |
| 情况 3 | 真空气爪处于垂直位置，动作方向为垂直方向（最糟糕的情况） 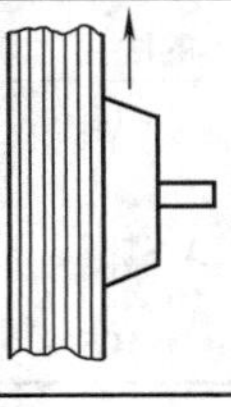 | $F_H=\frac{m}{\mu}(g+a)S$ | |

**例 1** 工件的提起与放下必须是柔性、平稳运动时的举例。

已知一个平整、光滑的钢板（钢板上有油，刚从锻压机中产出），长 200mm、宽 100mm、厚 2mm，需要做垂直提起（如情况 1 所示）；水平移动（如情况 2 所示）；90°旋转后垂直移动（如情况 3）。最大的加速度为 $5m/s^2$。提起的时间<0.5s，放下的时间为 0.1s，整个循环时间为 3.5s，安全系数 $S=1.5$（吸盘垂直安装/工件垂直运动时，$S=2$）。要求两个吸盘无振动地搬运工件，工件的提起与放下必须是柔性的。选择最佳的吸盘规格。

**解：** 步骤 1 计算工件质量

$$m=LWH\rho$$

式中 $m$——质量，kg；

$L$——长度，cm；

$W$——宽度，cm；

$H$——高度，cm；

$\rho$——密度，$g/cm^3$

$$m=20cm\times10cm\times0.2cm\times7.85g/cm^3=314g=0.314kg$$

步骤 2 选择合适的真空吸盘

根据工件的表面粗糙度，选真空吸盘形状为标准型为最佳方案（见下表）

| | | | |
|---|---|---|---|
| 标准吸盘 | 用于表面平整或有轻微起伏的工件，如钢板或硬板纸 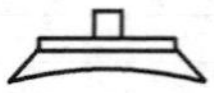 | 波纹型吸盘 | 用于（1）倾斜表面，从 5°到 30°，具体视吸盘的直径而定；（2）表面起伏或球形表面以及具有较大面积的弹性工件；（3）容易破碎的工件，如玻璃瓶可作为一种经济有效的高度补偿装置 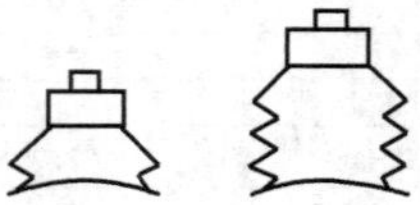 |
| 椭圆形吸盘 | 用于狭窄形或长条形工件，如型材或管道等 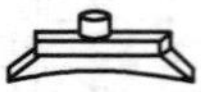 | 加深型吸盘 | 用于圆形或表面起伏较大的工件 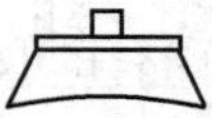 |

根据工件表面的光滑程度，并且带油的状态及耐磨、耐撕扯，参照真空吸盘的材质特性表，选择聚氨酯材质的真空吸盘。

步骤 3 计算保持力的大小

（1）当真空吸盘处于水平位置，工件为垂直运动时（如情况 1 所示）

$$F_H=m(g+a)S$$
$$=0.314kg\times(9.81m/s^2+5m/s^2)\times1.5=7N$$

（2）当真空吸盘处于水平位置，且工件也为水平运动时（如情况 2 所示）

$$F_H=m\left(g+\frac{a}{\mu}\right)S$$
$$=0.314kg\times\left(9.81m/s^2+\frac{5m/s^2}{0.1}\right)\times1.5=28N\ （带油的表面\ \mu=0.1）$$

（3）当真空吸盘处于垂直位置，工件为垂直运动时（如情况 3 所示）

$$F_H=\frac{m}{\mu}(g+a)S$$
$$=\frac{0.314kg}{0.1}\times(9.81m/s^2+5m/s^2)\times2=93N\ （吸盘垂直安装/工件垂直运动时，S=2）$$

在已知条件中说明两个气爪抓取，故每个气爪需大于 93N/2=47N，查下表取直径为 40mm 真空吸盘。

**标准圆形吸盘的主要技术参数**

| 吸盘直径 $\phi$/mm | 吸盘接口/mm | 有效吸盘直径 $\phi$/mm | 在-0.7bar 下的脱离力/N | 吸盘容积/$cm^3$ | 工件最小半径 $R$/mm | 最大高度补偿/mm | 质量/g |
|---|---|---|---|---|---|---|---|
| 20 | M6×1 | 17.6 | 16.3 | 0.318 | 60 | — | 6 |
| 30 | M6×1 | 18.4 | 40.8 | 0.867 | 110 | — | 9 |
| 40 | M6×1 | 26.5 | 69.6 | 1.566 | 230 | — | 16 |
| 50 | M6×1 | 33.3 | 105.8 | 2.387 | 330 | — | 22 |

**例 2** 当工件加速运动至终点，固定缓冲或可调气缓冲对其影响的举例。

如例图 1 所示工件 1kg，运动行程 150mm，吸盘与工件的摩擦因数 0.4，重力加速度 $g\approx10\text{m/s}^2$，直径为 55mm，吸盘的吸力为 106N，当安全系数选用 $S=2$ 时，分别计算：吸盘在垂直或水平抓取工件时，在弹性缓冲为 0.4mm 及可调气缓冲为 17mm 时，吸盘能否正常工作？

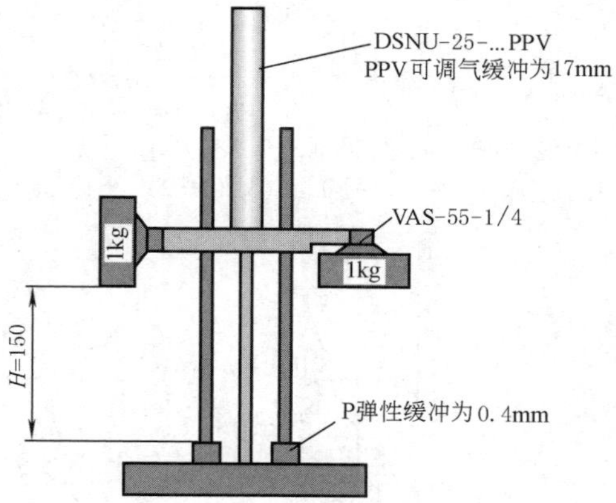


例图 1

（1）对水平抓取工件运动的分析（见下表）

计算分两种情况：对弹性缓冲为 0.4mm 时的计算；对可调气缓冲为 17mm 时的计算。

① 对弹性缓冲为 0.4mm 时的计算

第一阶段　计算工件在缓冲前，即 150mm（缓冲阶段 0.4mm 忽略不计）时的下落速度和时间 $t$。

| 型式 | 运动分析 | 型式 | 运动分析 |
|---|---|---|---|
| A | 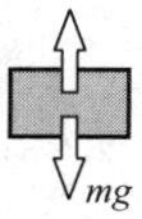  $v=0, F_{工件保持}=106\text{N}=F_{吸盘吸力}$ | B | 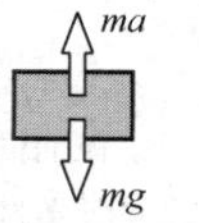  $v>0$，如果继续能吸住工件，$mg-ma=0, F_{R摩擦}=mg=ma, a=g, a>0$ |
| C | 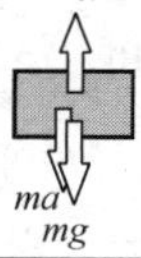  $v>0, mg-F_{停止}+ma=0$，工件运动停止阶段（缓冲开始）。如果工件不被脱落，吸盘有足够的摩擦力吸住工件，$F_{R摩擦}=ma=F_{停止}-mg<F_{吸盘吸力}$ $g=ma, a=g, a>0, F_{吸盘吸力}>mg-F_{停止}+ma=0, a=\dfrac{F_{停止}-mg}{m}$ | | |

$$H=\frac{1}{2}at^2,\ t=\sqrt{\frac{2H}{a}}=\sqrt{\frac{2H}{g}}=\sqrt{\frac{2\times0.15}{10}}=0.173\text{s}$$

$$v=at=gt=10\times0.173=1.73\text{m/s}$$

缓冲前工件的下落速度为 1.73m/s，时间为 0.173s。

第二阶段　计算工件在缓冲阶段即 0.4mm 时的时间及加速度

$$H_{缓冲}=\frac{1}{2}vt(H_{缓冲}=0.4\text{mm}),\ \text{速度}\ v=1.73\text{m/s}$$

$$t=\frac{2H_{缓冲}}{v}=\frac{2\times0.4\times10^{-3}}{1.73}=0.0046\text{s}$$

$$v=at,\ a=\frac{v}{t}=\frac{1.73}{0.0046}=3741\text{m/s}^2$$

由已知条件得知 $F_{吸盘吸力}=106\text{N}$，此时如果吸盘要继续吸住工件，必须大于真空吸盘理论上保持力 $F_{停止}$。

$$F_{R摩擦}=ma=1\text{kg}\times3741\text{m/s}^2=3741\text{N}$$

$$F_{停止}=mg+ma=10+3741\text{N}=3751\text{N}>106\text{N}(F_{吸盘吸力})$$

结论：不能使用 P 弹性缓冲。

② 对可调气缓冲为 17mm 时的计算

第一阶段　计算工件在缓冲前，即（150−17）mm 时的下落速度和时间 $t$

根据可调气缓冲，气缸可调气缓冲为 17mm，所以此时 $H_{缓冲}=(150-17)\text{mm}=133\text{mm}$。

根据前面公式

$$t=\sqrt{\frac{2H}{g}}=\sqrt{\frac{2\times0.133}{10}}=0.163\text{s}$$

$$v=gt=10\times0.163=1.63\text{m/s}$$

缓冲前工件的下落速度为 1.63m/s，时间为 0.163s。

第二阶段　计算工件在缓冲阶段即 17mm 时的时间及加速度

$$H_{缓冲}=\frac{1}{2}vt\ (H_{缓冲}=17\text{mm}),\ \text{速度}\ v=1.63\text{m/s}$$

$$t=\frac{2H_{缓冲}}{v}=\frac{2\times0.017}{1.63}=0.021\text{s}$$

$$v=at,\ a=\frac{v}{t}=\frac{1.63}{0.021}=77.6\text{m/s}^2$$

$$F_{\text{R摩擦}}=ma=1\text{kg}\times77.6\text{m/s}^2\approx78\text{N}$$

$$F_{\text{停止}}=mg+ma=10\text{N}+78\text{N}=88\text{N}<106\text{N}(F_{\text{吸盘吸力}})$$

结论：可使用 PPV 可调气缓冲。

（2）对垂直抓取工件运动的分析（见例图 2）

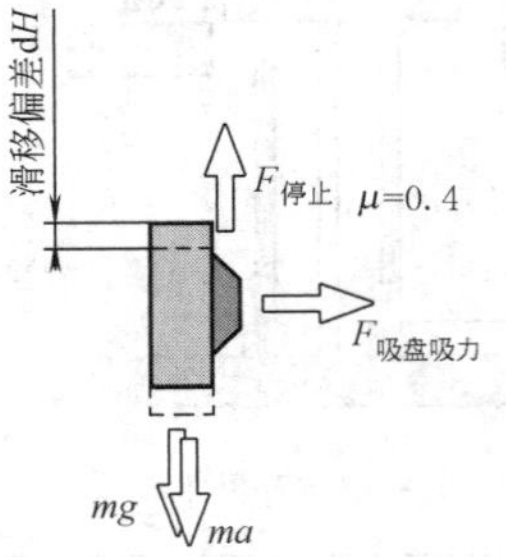

例图 2

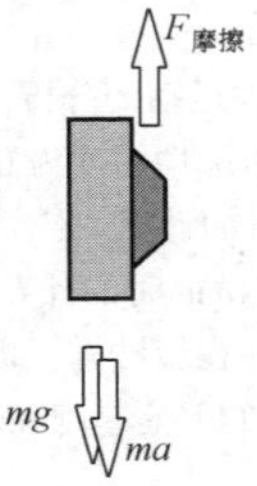

例图 3

$$F_{\text{摩擦}}=\mu F_{\text{吸盘吸力}}=0.4\times106\ =\ 42.4\text{N}<88\text{N}(F_{\text{停止}})$$

如果选用 P 弹性缓冲，工件将脱落。在前面对计算工件在缓冲阶段，即 17mm 时的时间及加速度已计算过 $F_{停止}=88\text{N}$，如果选用 PPV 可调气缓冲，$F_{停止}>F_{摩擦}$，此时工件有可能脱落或产生偏移，工件与吸盘会产生偏移。

（3）对缓冲阶段中偏移的计算（见例图 3）

如果工件进入缓冲阶段不脱落，$mg+ma-F_{摩擦}=0$，$F_{摩擦}\neq F_{停止}$，$ma=F_{摩擦}-mg$，此时 $a=\frac{42.4-1\times10}{1}=32.4\text{m/s}^2$，$\Delta t=0.021\text{s}$，$\text{d}H=\frac{1}{2}at^2=\frac{1}{2}\times32.4\times0.021^2=0.007\text{m}=7\text{mm}$。

结论：真空吸盘不宜采用固定缓冲形式（指气缸的缓冲形式）。

在高速情况下，必须考虑到惯性力。安全系数不宜太小，如上例所示，$F_{吸盘吸力}=106\text{N}$，计算后工件不脱落 $F_{停止}=88\text{N}$，$\frac{106}{88}=1.20$，安全系数为 1.2 是非常低的，也是危险的。为了防止在高速情况下工件产生偏移，$F_{摩擦}$是造成偏移的主要原因。

# 4 真空辅件

## 4.1 真空减压阀

**表 23-7-10**

| 结构图、图形符号 | 工 作 原 理 |
| --- | --- |
| 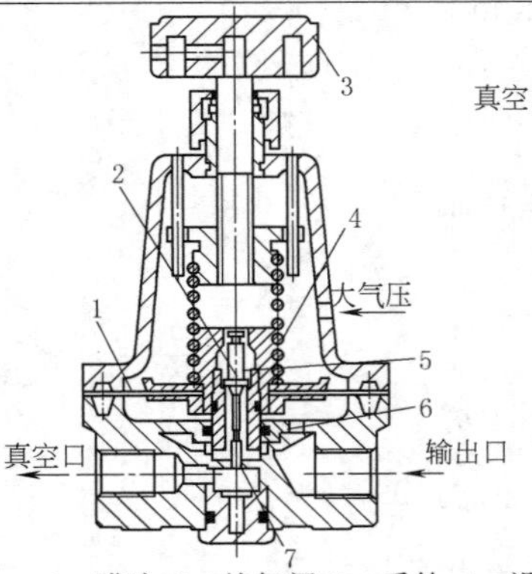  1—膜片；2—给气阀；3—手轮；4—设定弹簧；5—复位弹簧；6—反馈孔；7—给气口<br>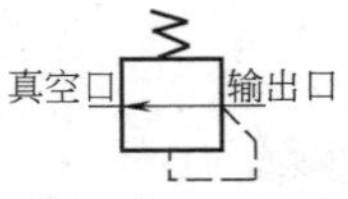  图形符号 | 真空减压阀是用来调节真空度的压力调节阀<br>真空减压阀的工作原理见左图，真空口接真空泵，输出口接负载用的真空罐。当真空泵工作后，真空口压力降低。顺时针旋转手轮，设定弹簧被拉伸，膜片上移，带动给气阀芯抬起，则给气口打开，输出口与真空口接通。输出真空压力通过反馈孔作用于膜片下腔。当膜片处于力平衡时，输出真空压力便达到一定值，且吸入一定流量。当输出真空压力上升时，膜片上移。阀的开度加大，则吸入流量增大。当输出压力接近大气压力时，吸入流量达最大值。反之，当吸入流量逐渐减小至零时，输出口真空压力逐渐下降，直至膜片下移，给气口被关闭，真空压力达最低值。手轮全松，复位弹簧推动给气阀，封住给气口，则输出口与大气相通 |

## 4.2 真空安全阀

**表 23-7-11**

| | | |
|---|---|---|
| 工作原理 | | 真空安全阀由弹簧1、浮子2、过滤器3、保持螺钉4和壳体5组成。当真空安全阀内部产生真空，吸盘6和大气相通时，浮子2一方面受到大气正压的作用使浮子向上推，另一方面又受到真空发生器内部(负压的作用)克服浮子内部的弹簧力，确保浮子向上。此时，浮子上端面与壳体5内孔紧贴，气体只能通过浮子末端小孔流动，见图a。当吸盘全部吸住工件时，真空安全阀到吸盘所有的腔室均在一个真空度的状况下，浮子2上下压差相同，浮子在弹簧力的作用下，向下移动，密封通道被打开。此时，吸盘在工件上的真空被确立起来，见图b<br>真空安全阀安装在真空发生器与吸盘之间，见图c。如果在真空产生的期间内，一个吸盘没被吸住，如图a所示，真空发生器内部的通道没打开(仅有微量正压进入)。其他分支系统不受负压的影响<br>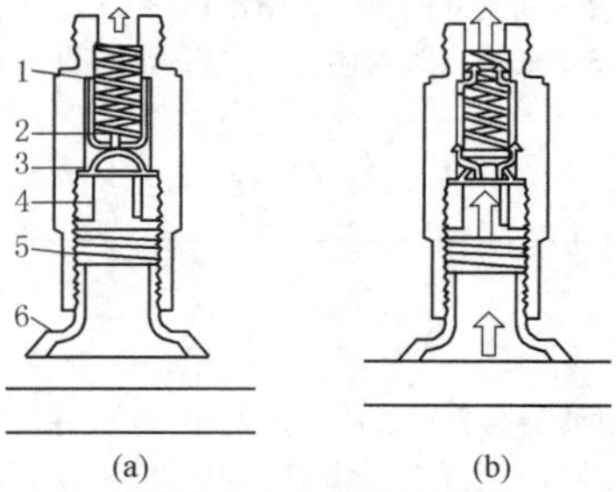<br><br>(a) (b)<br>真空安全阀结构原理图<br>1—弹簧；2—浮子；3—过滤器；4—保持螺钉；5—壳体；6—吸盘<br>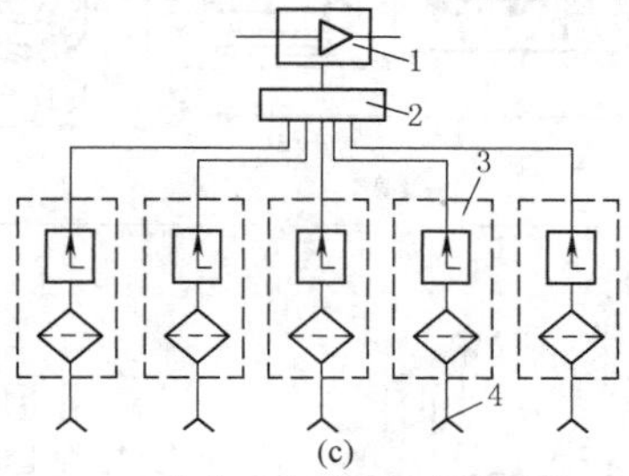<br><br>(c)<br>多个真空吸盘的真空系统<br>1—真空发生器；2—分配器；3—真空安全阀；4—吸盘 |
| 应用 | 带单向阀的真空吸盘 | 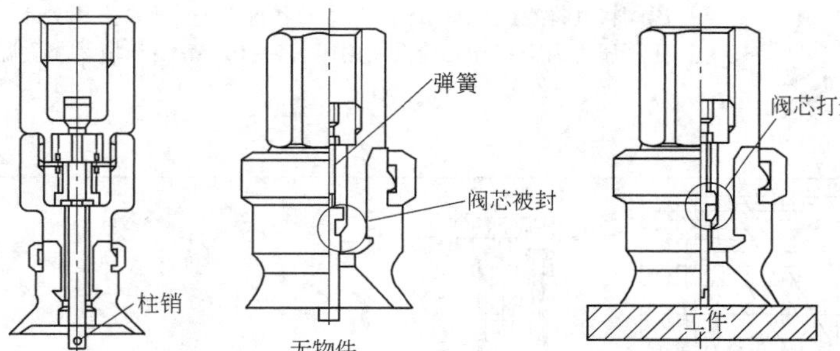<br><br>无物件 吸着物件<br>带单向阀的真空吸盘功能：接触工件表面时，吸盘内的单向阀柱销被往上推，单向阀通道被打开，管道内的真空导通<br>这类带单向阀的真空吸盘内，单向阀的弹簧力为1N。吸盘的直径为$\phi10$、$\phi13$、$\phi16$ |
| | 利用单个发生器同时吸住多个物体 | 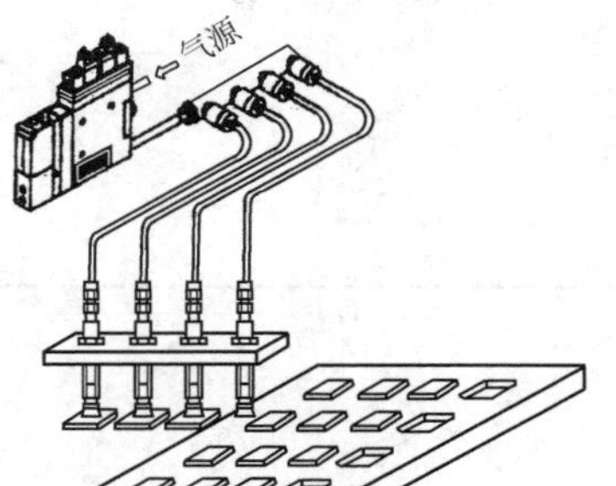<br><br>一个真空发生器接着四个分支真空气路，每个气路均装有带单向阀的真空发生器，尽管一个吸盘没有吸住工件，并不影响真空发生器其他三个气路 |
| | 允许吸着不规则尺寸的物体 | 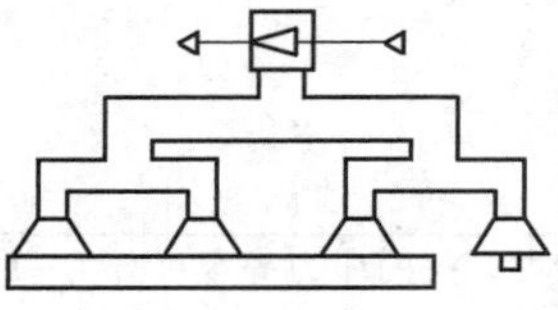<br>当工件凹凸不平、处于不规则状态时，如有足够吸力，带单向阀的真空发生器仍能吸住工件 |

## 4.3 真空过滤器

表 23-7-12

<table>
<tr><td colspan="2">真空过滤器原理及使用</td><td>真空过滤器的工作压力为-0.9~7bar,温度为0~40℃,它用于去除抽气方向的微粒杂质。可以作为气管管路总的轴向过滤器。过滤精度为50μm,流量为210L/min、70L/min或更小。与快拧接头配合使用<br>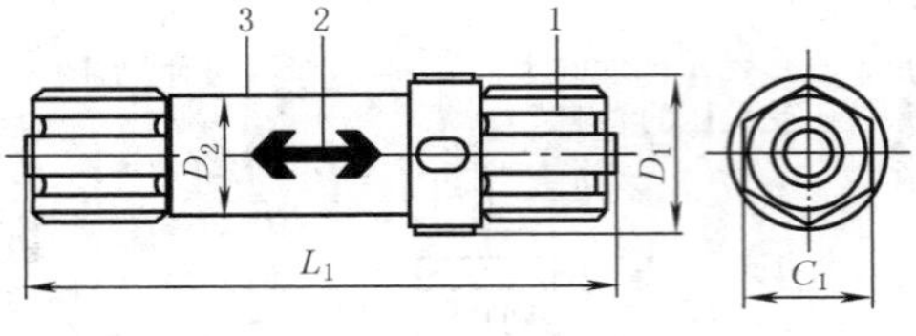<br><br>(a)<br>1—快拧接头,用于塑料气管;<br>2—气流方向由箭头指示;<br>3—采用透明壳体,过滤器污浊程度一目了然</td></tr>
<tr><td rowspan="2">真空用分水过滤器</td><td>原理及使用</td><td>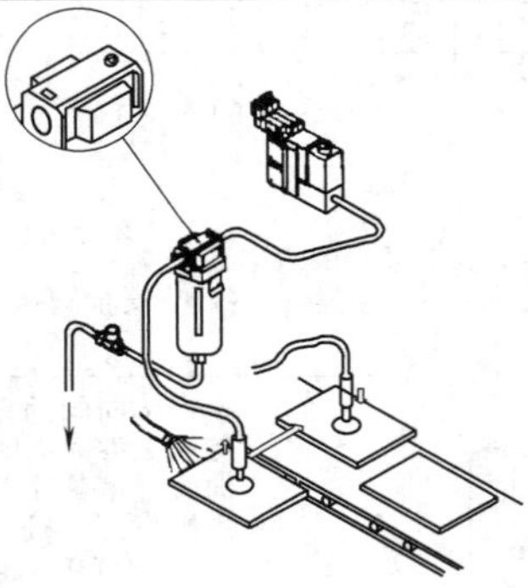<br>(b)<br>真空用分水过滤器与真空过滤器的使用方法类似,安装在真空吸盘与真空发生器之间,适合一个真空吸盘在吸取工件附近有较多水分的工作环境下(如图b中的清洗液),以确保真空发生器内的喷嘴不被阻塞。它能除去管道内90%的水分,当滤芯中的水分饱和时,不会产生压力降,可以方便地更换滤芯。当真空用分水过滤器的水分达到警戒线时,可打开二位二通电磁阀将其排空(在真空停止工作的状况时)。该真空用分水过滤器的最高使用压力为1.0MPa,最低使用压力为-0.1MPa;环境及介质温度为5~60℃</td></tr>
<tr><td>流量特性</td><td>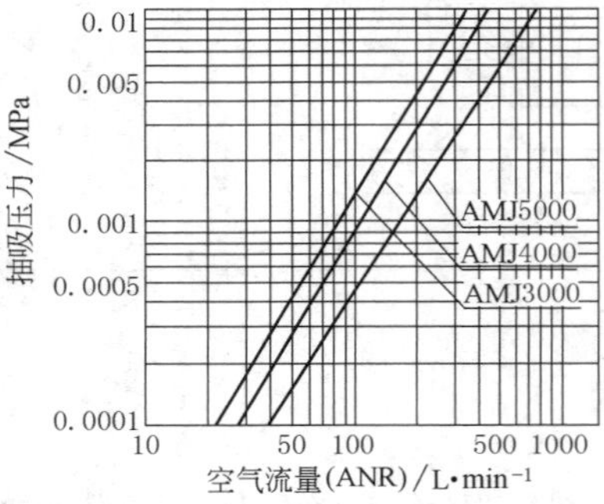<br><br>(c)<br>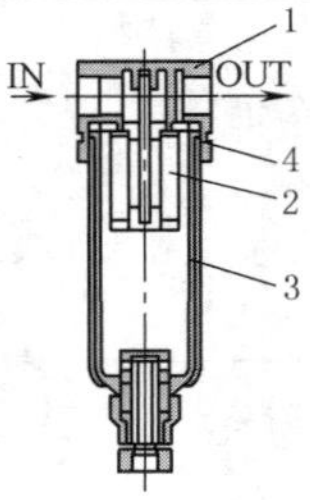<br><br>1—壳体;2—滤芯组件;<br>3—滤杯;4—O形圈</td></tr>
</table>

## 4.4 真空顺序阀

真空顺序阀的结构、动作原理、作用与压力顺序阀相同,只是用于负压控制,压力控制口在调压膜片上方,同样通过调节弹簧压缩量来调整控制压力(真空度)。

## 4.5 真空压力开关

表 23-7-13

| | |
|---|---|
| 分类 | 真空压力开关分为机械式与电子式(压敏电阻式开关型)。机械式真空压力开关的压力等级可分为-1~+1.6bar,-0.8~-0.2bar;电子式真空压力开关的压力等级可分为-1~+4bar,0~1bar,-1~1bar等。电子式真空压力开关有带指示灯自教模式的压力开关及带显示屏的数字式压力开关 |

续表

**机械式真空压力开关**

**工作原理**

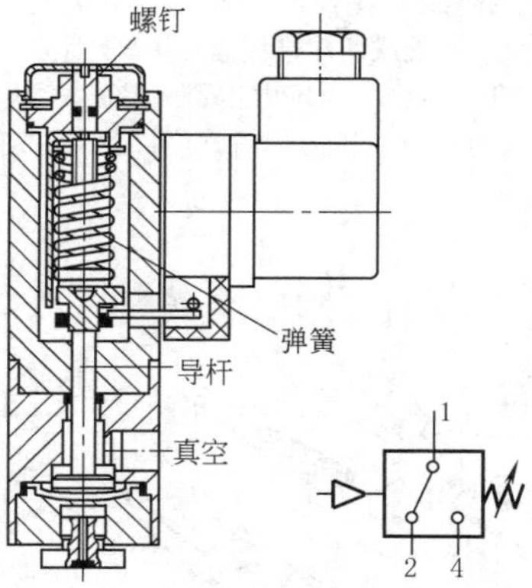


可调式机械真空压力开关是将压力开关信号转换成电信号。当真空口的压力增加时，导杆往上移动，带动微动开关向上位移。切换点的压力可通过调整真空开关上端的螺钉来达到调节弹簧力，以获得所需的真空切换点的压力

**主要技术参数**

| 型　　号 | VPEV-1/8 | VPEV-1/8-M12 |
|---|---|---|
| 机械部分 | | |
| 气接口 | G⅛ | |
| 测量方式 | 气/电压力转换器 | |
| 测量的变量 | 相对压力 | |
| 压力测量范围/bar | −1～+1.6 | |
| 阈值设定范围/bar | −0.95～−0.2 | |
| 转换后的阈值设定范围/bar | 0.16～1.6 | |
| 电连接 | 插头、方块形结构符合EN43650标准、A型 | 插头、圆形结构符合EN60947-5-2标准、M12×1、4针 |
| 安装方式 | 通过通孔 | |
| 安装位置 | 任意 | |
| 质量/g | 240 | — |
| 电部分 | | |
| 额定工作电压 | 250V AC | 48V AC |
| | 125V DC | 48V DC |
| 开关元件功能 | 转换开关 | |
| 开关状态显示 | 黄色LED | — |
| 防护等级，符合EN60529标准 | IP65 | |
| CE标志 | 73/23/EEC（低电压） | |

**工作及环境条件**

| 型　　号 | VPEV-1/8 | VPEV-1/8-M12 |
|---|---|---|
| 工作介质 | 过滤压缩空气，润滑或未润滑 | 过滤压缩空气，润滑或未润滑，过滤等级40μm |
| | 真空，润滑或未润滑 | 真空，润滑或未润滑 |
| 工作压力/bar | −1～+1.6 | |
| 环境温度/℃ | −20～+80 | |
| 介质温度/℃ | −20～+80 | |

**迟滞特性曲线**

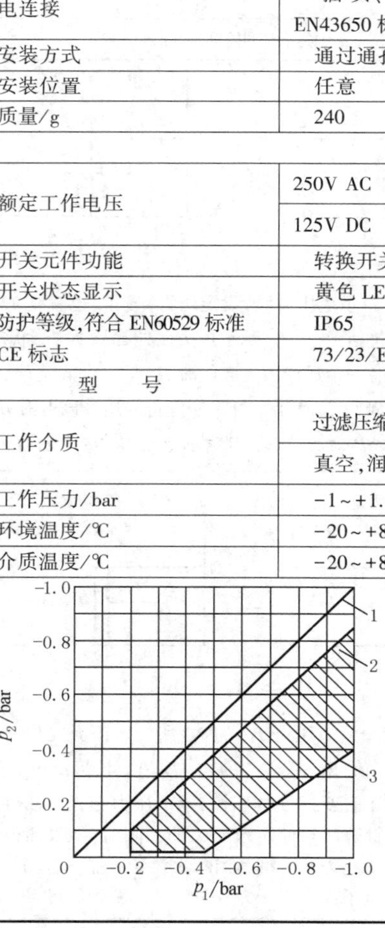


$p_1$—接通压力；

$p_2$—切断压力；

1—上限切换点；

2—将迟滞设定为最小时的下限切换点；

3—将迟滞设定为最大时的下限切换点

第23篇

续表

**电子式真空压力开关（带指示灯自教模式）**

**工作原理**

电子式真空压力开关是利用压敏电阻方式在不同的压力变化时可测得不同的电阻值，并转化为电流的变化。它的工作方式为 LED 闪熠显示。连接方式如图 a 所示，气接口一端或两端带快插接头，分别接真空发生器及真空吸盘。电子式真空压力开关尺寸小（紧凑），容易安装，调试非常方便。当压力达到所需值时，用小棒按一下按钮 2（见图 b），黄色 LED 指示灯 1 便开始闪熠显示，当确认该压力是所需压力值后，可再用小棒按一下按钮 2，黄色 LED 指示灯 1 便停止闪熠，该点压力值设定（编辑）便完成

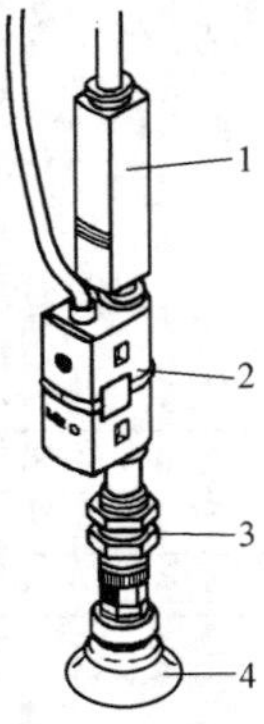


1—真空发生器；
2—压力开关；
3—吸盘支座；
4—吸盘

(a)

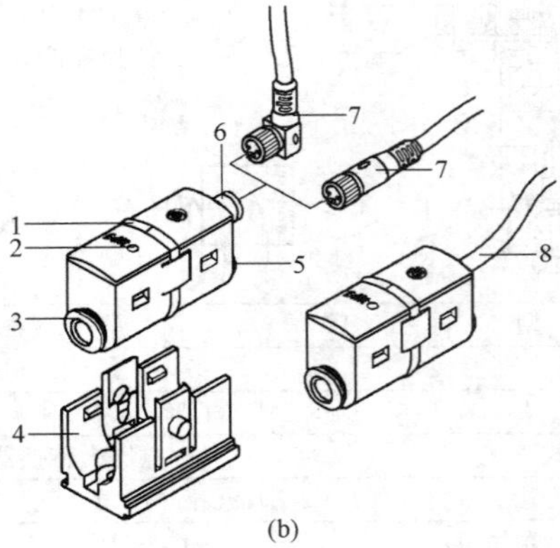


(b)

1—黄色 LED，四周可见；
2—编程按钮；
3—气接口；
4—嵌入式燕尾槽支架，用于墙面安装；
5—气接口或堵头；
6—插头 M8×1；
7—带电缆插座；
8—开放式电缆末端

**开关功能工作模式**

根据用户实际工况需求，配置四种不同的开关功能工作模式：0、1、2、3 模式（用户订货时需说明何种工作模式）。以常开触点方式为例说明四种不同的开关功能工作模式

| 模式 | 说明 |
|---|---|
| 模式 0：阈值比较器，具有固定迟滞，1 个示范压力 | 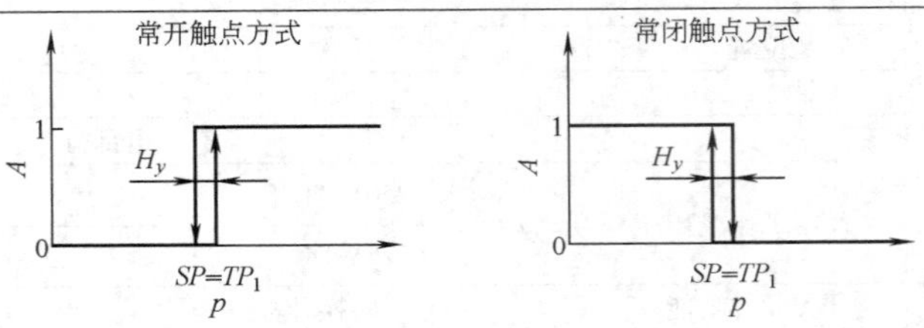 <br>作阈值（临界值）比较器。可有一个示范压力（所设定压力）显示，也就是 $TP_1$ 示范压力到达时，二进制信号 $A$ 处于 1（有）状态，包括大于 $TP_1$ 示范压力 $A$ 处都呈 1（有）状态，该点也可称为切换点 $SP$，$TP_1=SP$，当压力返回时有一个迟滞 $H_y$，该迟滞 $H_y$ 呈一个固定值，当压力越过迟滞 $H_y$，二进制信号 $A$ 处于 0（否）状态，黄色 LED 指示灯 1 便停止闪熠。该迟滞 $H_y$ 呈固定值<br>图中，$A$ 为二进制信号；$p$ 为压力；$SP$ 为切换点；$TP$ 为示范压力；$H_y$ 为迟滞 |
| 模式 1：阈值比较器，具有固定迟滞，2 个示范压力 | 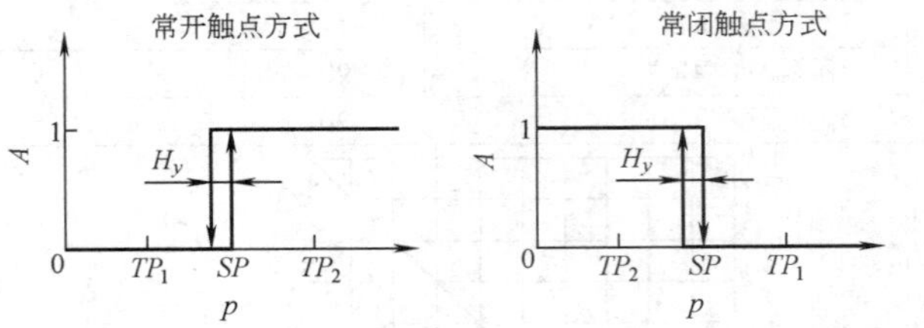 <br>作阈值（临界值）比较器。可有两个示范压力 $TP_1$、$TP_2$（所设定压力），但要求的压力切换点 $SP$ 处于设定（编辑）示范压力的中间值，即 $SP=1/2(TP_1+TP_2)$。该迟滞 $H_y$ 呈固定值<br>例如：有两个示范压力，示范压力 1 表明部件被抓住，示范压力 2 表明部件未被抓住。电子式真空压力开关在工作模式 1 时会计算所存储示范压力的中间值，如果测得的真空度低于中间值，则认为工件被抓住，电子式真空压力开关将其判断为接受工件。若测得的真空度高于中间值，则认为工件不能被完全抓住，电子式真空压力开关将其判断为不可接受工件并将其排出 |

续表

| | | 模　　式 | 说　　明 |
|---|---|---|---|
| 电子式真空压力开关（带指示灯自教模式） | 开关功能工作模式 | 模式 2：阈值比较器，具有可变迟滞，2 个示范压力 | 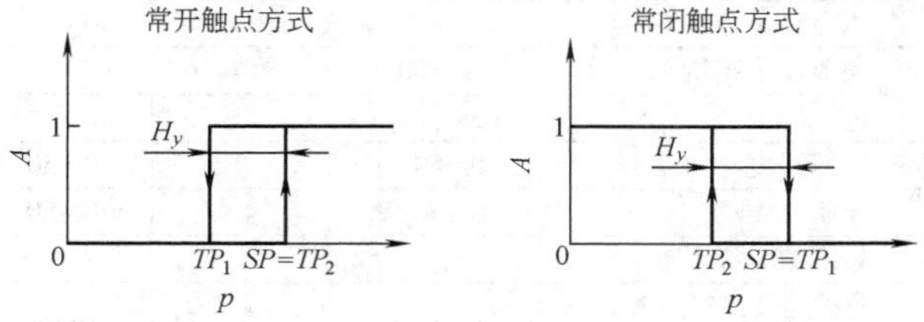<br>作阈值（临界值）比较器。可有两个示范压力 $TP_1$、$TP_2$（所设定压力），它的迟滞 $H_y$ 可调，当压力上升到 $TP_2$ 示范压力时，二进制信号 A 处于 1（有）状态，包括大于 $TP_2$ 示范压力 A 处都呈 1（有）状态，该点也可称为切换点 SP，即 $SP=TP_2$，当 $TP_2$ 压力返回到 $TP_1$ 时，二进制信号 A 仍处于 1（有）状态，只有当压力小于 $TP_1$ 时，二进制信号 A 才处于 0（否）状态，换而言之，该模式的特性是迟滞 $H_y$ 调正点恰好在 $TP_1$ 点上。该模式的工作压力从切换点 SP 计算，不限制 $TP_2$ 的上限压力，并允许工作压力下降在 $TP_1$ 前仍然有效 |
| | | 模式 3：区域设定值比较器，具有固定迟滞，2 个示范压力 | 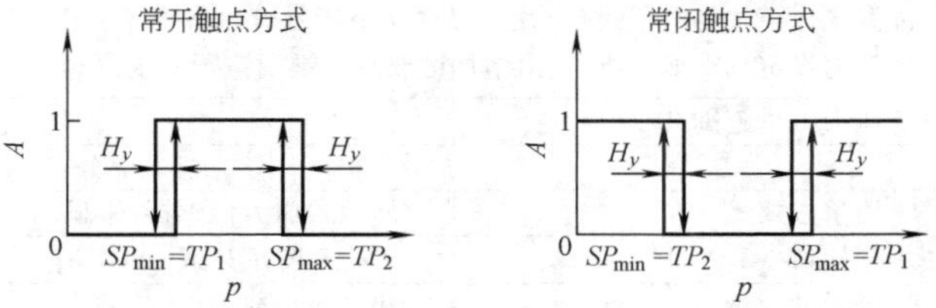<br>作阈值（临界值）比较器。可有两个示范压力 $TP_1$、$TP_2$（所设定压力），它的迟滞 $H_y$ 为固定值，它的工作模式被称 Windows 窗口式（区域设定），即工作压力在示范压力 $TP_2$ 与 $TP_1$ 区域之间，超过 $TP_2$ 或低于 $TP_1$ 时，二进制信号 A 都处于 0（否）状态。该模式的 $TP_1$ 和 $TP_2$ 都有固定迟滞 $H_y$ |

主要技术参数

电子式真空压力开关主要技术参数：电压为 15～30V DC，工作压力为 -1～+10bar（有些公司工作压力为 -1～+30bar），工作温度为 0～50℃，工作压力为测量精确度为 15%，切换点重复精度为±0.3

| 派生型 | V1 | D2 | D10 |
|---|---|---|---|
| 压力测量范围/bar | -1～0 | 0～2 | 0～10 |

| 机械部分 | | 电部分 | |
|---|---|---|---|
| 气接口 | 一端或两端带快插接头 QS-3、QS-4 或 QS-6 | 工作电压/V DC | 15～30 |
| | | 最大闲置电流/mA | 20 |
| 测量方式 | 压阻式压力开关 | 最大输出电流/mA | 100 |
| 测量的变量 | 相对压力 | | |
| 精确度① | 测量范围终值的±1.5% | 短路保护 | 脉冲型 |
| 切换点重复精度 | 测量范围终值的±0.3% | 极性容错 | 用于工作电压 |
| 迟滞 FS | 2% | 过载保护 | 是 |
| 温度系数 | ±0.5%/10K | 开关输出 | PNP |
| 响应时间/ms | 4 | | |
| 电连接 | M8×1 插头、3 针或 2.5m 电缆 | 开关元件功能 | 常开或常闭触点 |
| 安装方式 | 通过附件 | 显示方式 | 黄色 LED、四周可见 |
| 安装位置 | 任意② | CE 标志 | 89/336/EEC（EMC） |

①示范压力和切换压力之间的差

②应防止冷凝水在传感器内聚集

续表

| | | | | | |
|---|---|---|---|---|---|
| 电子式真空压力开关（带指示灯自教模式） | 工作和环境条件 | 派生型 | V1 | D2 | D10 |
| | | 工作介质 | 过滤压缩空气，润滑或未润滑 | | |
| | | 压力测量范围/bar | -1～0 | 0～2 | 0～10 |
| | | 阈值设定范围 | 0～100% | | |
| | | 过载压力/bar | 5 | 6 | 15 |
| | | 环境温度/℃ | 0～50 | 0～50 | 0～50 |
| | | 介质温度/℃ | 0～50 | 0～50 | 0～50 |
| | | 耐腐蚀等级 CRC | 2 | 2 | 2 |
| | | 防护等级，符合 EN60529 标准 | IP40 | IP40 | IP40 |

**电子式真空压力开关（带显示屏的数字压力开关）**

**工作原理**

带显示屏的数字式压力开关是利用压敏电阻方式在不同的压力变化时可测得不同的电阻值，并转化为电流的变化，它有 PNP 或 NPN 输出（如：1 个开关输出 PNP 型或 NPN 型，2 个开关输出 PNP 型或 NPN 型，1 个开关输出 PNP 型或 NPN 型和模拟量 0～10V 的输出，2 个开关输出 PNP 型或 NPN 型和模拟量 4～20mA 的输出）。可有 LCD 显示（便于操作）及发光 LCD 显示（便于读取）。有两个压力测量范围：-1～0bar；0～10bar。可进行相对压力和压差的测量。它的配置工作模式与电子式真空压力开关（带指示灯自教模式）相同，工作压力设定调整如图所示，由增加键或减少键调整所需压力

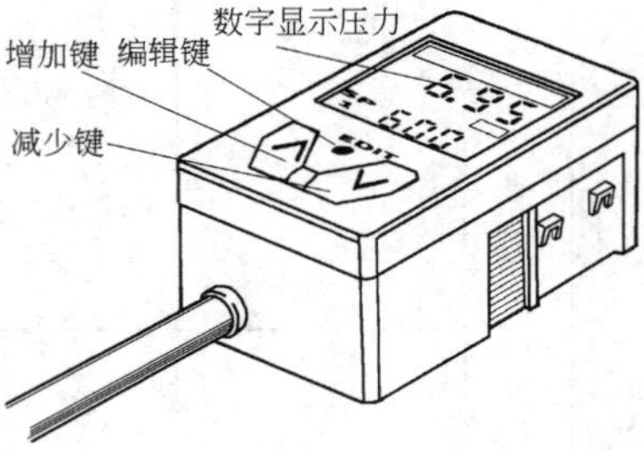


**主要技术参数**

| | | |
|---|---|---|
| 压力测量范围/bar | -1～0 | 0～10 |
| 机械部分 | | |
| 测量方式 | 压阻式压力传感器，带显示 | |
| 气接口 | R1/8，R1/4，G1/8或 QS-4 | |
| 测量的变量 | 相对压力或差压 | |
| 精确度 | 测量范围终值的±2% | |
| 切换点重复精度 | 0.3% | |
| 电连接 | 插头 M8×1 或 M12×1，圆形结构符合 EN 60947-5-2 标准 | |
| 安装方式 | 安装在气源处理单元，H 型导轨和连接板上 | |
| 安装位置 | 任意① | |
| ① 应防止冷凝水在传感器内聚集 | | |
| 电部分 | | |
| 工作电压范围/VDC | 15～30 | |
| 最大输出电流/mA | 150 | |
| 短路保护 | 脉冲方式 | |
| 极性容错 | 所有电连接 | |
| 开关输出 | PNP 或 NPN | |
| CE 标志 | 89/336/EEC（EMC） | |

**工作和环境条件**

| | | |
|---|---|---|
| 压力测量范围/bar | -1～0 | 0～10 |
| 工作介质 | 过滤压缩空气，润滑或未润滑 | |
| 压力测量范围/bar | -1～0 | 0～10 |
| 阈值设定范围/bar | -0.998～0.02 | 0.2～9.98 |
| 迟滞设定范围/bar | -0.9～0 | 0～9 |
| 过载压力/bar | 5 | 20 |
| 环境温度/℃ | 0～50 | |
| 介质温度/℃ | 0～50 | |
| 耐腐蚀等级 CRC | 2 | |
| 防护等级，符合 EN 60529 标准 | IP65 | |



## 4.6 真空压力表

不含铜、聚四氟乙烯和硅，真空压力范围在-1～0bar/-1～9bar，工作温度为-10～+60℃。真空压力表有不同

的工作原理，有机械式和数字式两种功能方式。常用的为机械压力表。真空压力表通过舌管弹簧进行模拟量的显示，在静态负载的情况下，可以达到3/4全量程；在间歇负载的情况下，只能达到2/3全量程。

### 4.7 真空高度补偿器/角度补偿器

真空高度补偿器（如图23-7-1所示）用于补偿因工件厚度不同造成的高度差，使抓取装置的过程中均能顺利抓取工件，并使抓取动作更加轻柔。

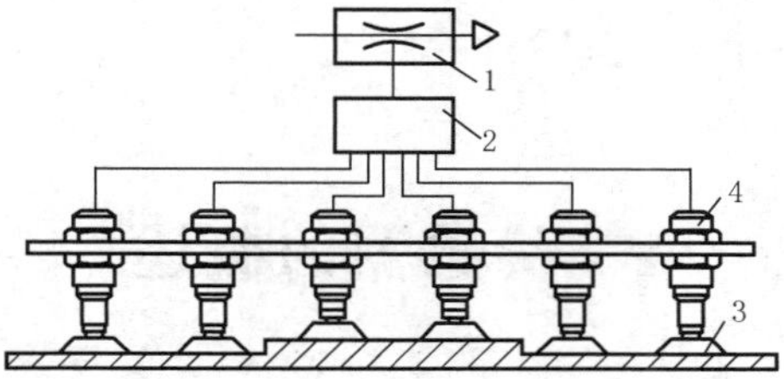


图23-7-1 真空高度补偿器

1—真空发生器；2—分配器；3—吸盘；4—高度补偿器

角度补偿器能确保吸盘最大限度地与具有不平整表面的工件接触。

## 5 真空元件选用注意事项

表23-7-14

| 选用考虑因素 | 注 意 事 项 |
|---|---|
| 从供给压缩空气上考虑 | 为防止真空发生器内喷嘴(细小直径)的堵塞,一是应采用过滤、无油润滑的压缩空气;二是在真空吸盘与真空发生器之间应安装真空过滤器,尤其是当工件为纸板材质或周围环境有粉尘、灰尘时 |
| 从系统上考虑 | (1)真空发生器的气源应在0.5~0.6bar,不宜过高或过低<br>(2)真空吸盘与真空发生器之间连接管道不宜过长或过粗,管道可被视作抽吸容积,大的抽吸容积将使抽吸时间延长<br>(3)为保证安全,在真空发生器的前级设置储气罐,以防停电或供气气源发生故障时,避免工件因失去真空而坠落<br>(4)当一个真空发生器带数个真空吸盘时,如一个真空吸盘脱落,整个真空系统会遭到破坏,故应在每个真空发生器上游安装真空保护器(表23-7-1中图d),或采用带单向阀结构的吸盘(见表23-7-11中图a、b)<br>(5)吸吊面积大的玻璃板、平板时会产生较大风阻,应采用足够保险的吸盘及合理均匀的分布位置<br>(6)在接头与阀,气管与接头,以及所有真空系统的连接处应确保完全密封(如采用可用于真空系统的组合封密垫圈)<br>(7)应当选择合适的真空发生器规格,过小时,建立真空时间过长,动作频率低;过大时,吸入流量过大、过快,与未吸着时的真空压力之差界限模糊,使真空开关设定变得困难 |
| 从工件上考虑 | (1)工件的形状、尺寸及重量:如对弯曲的工件可参见表23-7-7中图a、b,对于柔软的工件,如乙烯薄膜、纸,应采用带肋的小吸盘<br>(2)工件的透气性:需考虑工件表面的粗糙程度(光滑、粗糙);工件表面的清洁程度(潮湿、油腻、灰尘、黏滞、液体)等<br>(3)工件的最高温度:选择合适的吸盘材质,如氟橡胶、硅橡胶<br>(4)工件抓取时的定位精度:选择合适的吸盘形状或带围栏挡板(挡块)吸盘,并考虑吸盘是否处于工件的中心位置(如果用几个吸盘,应考虑中心对称及中心位置)<br>(5)工件的循环次数:选择合适的真空发生器规格、管道长度及直径<br>(6)最大加速度:应充分考虑工件运动方向及吸力不足时产生的偏移(见本章3.3节例2中例图3)<br>(7)工件的周围条件(耐化学性、是否用于食品行业、是否不含硅):需要哪种抓取方式(移位、旋转、转向) |
| 从维护上考虑 | (1)真空系统的测量、监视、调节及控制<br>(2)真空发生器的排气不得节流,更不得堵塞,否则真空性能会变得很差。因此要定期清洗其消声器及真空过滤器 |

# 第8章 传感器

## 1 传感器的概述

### 1.1 传感器概述

传感器应用非常广泛，尤其是近代科学技术的发展，许多学科都产生新的传感器技术。如智能传感器，将放大器集成在传感器内，或赋予传感器计算功能；生物传感器，由生物活性部分，如酶、菌与记录、处理生物反应的微电子部分组成；微观力学，将由硅蚀剂制成的薄膜、弹簧或摆动部件组成的传感器力学元件与芯片集成在一起，形成兼有芯片和出色机械特性、电子特性的微观传感器。

在气动技术及工业自动线上应用的基本传感器，见表 23-8-1。

表 23-8-1

| 用　途 | 探　测　内　容 |
|---|---|
| 探测公称数量 | 位置、距离、长度、行程、寿命次数、斜度、速度、加速度、旋转角度、旋转及工件表面特征等 |
| 探测力方向数量 | 作用力、重量、压力、扭矩和机械效率 |
| 探测物体存在与否 | 在自动流水线上应用十分广泛 |
| 探测物料数量 | 气态、液态、固态和物质的流速和填充数量 |
| 探测温度、热量值 | 温度、热量值 |
| 探测、评估光辐射量 | 辐射通量、辐射能、辐射强度、辐射度和光亮度，如颜色、光通量、光能、发光强度、亮度、照明度，此外还包括所有图像的处理系统 |
| 探测电学特征数量 | 基本电子特征数量包括：电压、电流、电源、电能、静电、电场力、磁场力以及电磁辐射 |
| 探测声波特征 | 声压、声能、音波和音频 |
| 探测条形码识别 | 光字符读取器、条形码读取器、磁条读取器和图像处理系统等 |



### 1.2 气动领域中常见传感器的分类说明

面对庞大的传感器类别、品种，对传感器的分类是一件困难的事，各种传感器分类首先要考虑其所需探测的物理数量（如探测公称数量：距离、长度、行程、寿命次数等），操作原理（电感型、电容型、磁感应型、光电型、超声波型等）和传感器类型（数字量、模拟量）等因素来进行。

如对一个阀切换频率的探测，必须根据需探测频率次数来选择传感器物理量纲中是属于低频传感器，还是高频传感器。

又如对气动位置是否到位的探测，则需根据其操作原理来选择，是采用机械式、接触式、舌簧式磁性接近开关，还是电感应接近式（无触点）。

再如对某一物体测量，需用模拟量转换传感器还是用数字量转换传感器，并根据实际工况需要。工业自动线较多采用数字式传感器，但对于司机倒车测量有无物体时，大多数采用模拟量传感器显示。

## 1.3　数字量传感器、模拟量传感器

**表 23-8-2**

<table>
<tr><td>数字量传感器</td><td colspan="3">数字量传感器产生二进制信号，如 101010…，即“开”和“关”两个状态。当物理变量达到某一个特定值时，就从一个状态切换成另一个状态。通常这个特定值是可以设置的<br>在很多情况下，当一个物体从远处接近传感器的切换点和远离传感器时切换点是不同的，这两个临界切换点的差异就被称为“迟滞”。迟滞现象在很多应用场合也是很受欢迎的。如它在关闭控制的时候能降低切换频率，改善系统的稳定性</td></tr>
<tr><td rowspan="4">模拟量传感器</td><td>工作原理</td><td>模拟量传感器能产生一个随物理值变化而不断变化的电子信号，形成连续状态，这种变化不一定呈直线型，但它可显示物理量值的实际大小（即数值）。常用模拟量电信号为 0～10V 或 4～20mA，模拟量输出电信号与活塞行程之间的关系如图所示，尽管在信号处理成本方面，模拟量比数字量的成本要高，但它能提供更多的信息</td><td>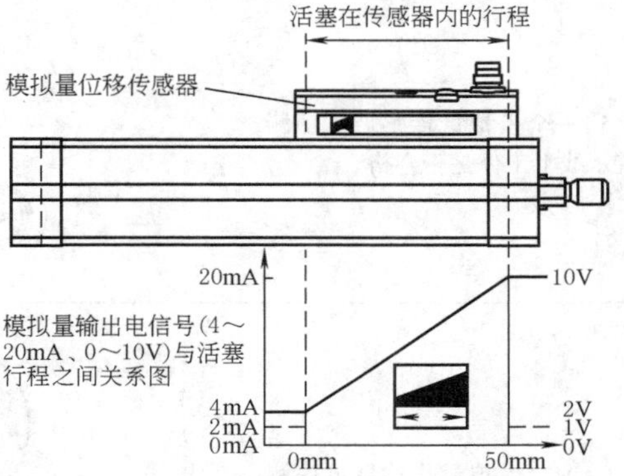
</td></tr>
<tr><td rowspan="3">应用实例</td><td>1. 一个模拟量传感器可探测不动作区域与动作区域，并可区别旋转圆周面或直平面三个不同阶段的动作区域</td><td>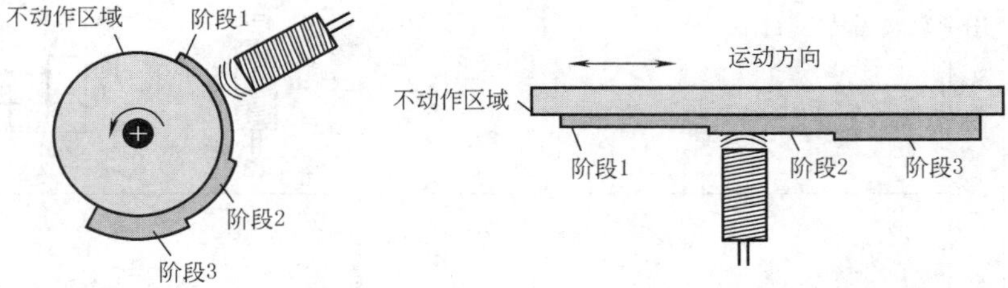
</td></tr>
<tr><td>2. 一个模拟量传感器可探测一工件接近的距离值或运动工件形状是斜面还是一个曲面</td><td>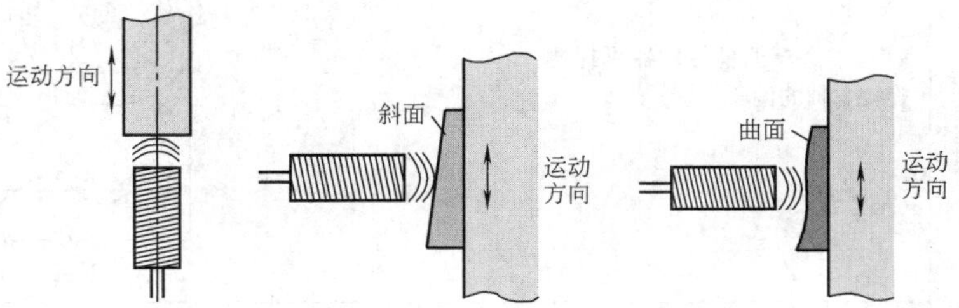
</td></tr>
<tr><td>3. 一个模拟量传感器安装在一个旋转运动工件外侧，可探测一个完整或不完整工件的旋转运动</td><td>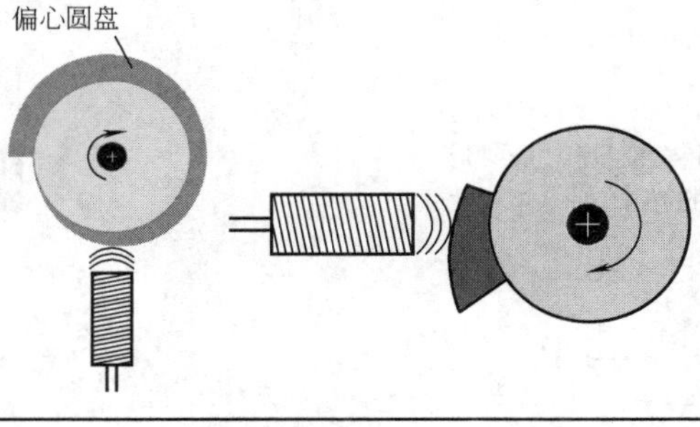
</td></tr>
</table>

续表

| | | | |
|---|---|---|---|
| 模拟量传感器 | 应用实例 | 4. 一个模拟量传感器可进行转换控制，将一个模拟量传感器探测的工件外形信号传输给可编程控制器，由可编程控制器的输出控制驱动器（按模拟量信号修正其移动路径），以获得一个等距离的相对运动，如对汽车外壳喷漆等 | 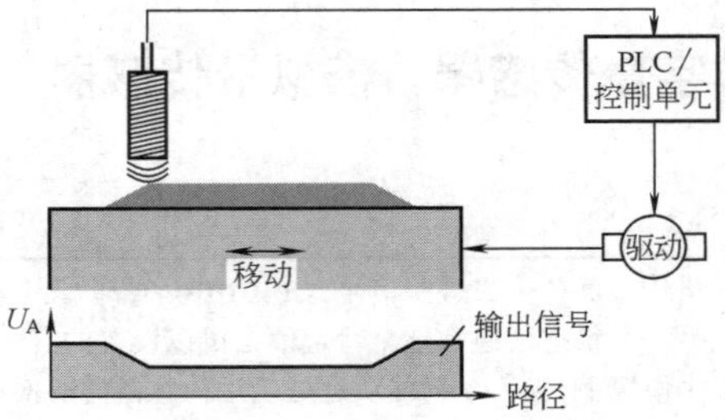 |
| | | 5. 一个模拟量传感器可探测流水线上工件是否合格 | 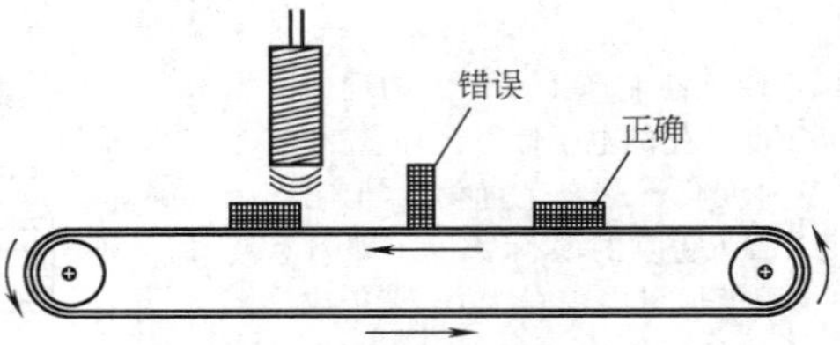 |
| | | 6. 一个模拟量传感器可探测某工件的旋转，是按顺时针方向旋转还是逆时针方向旋转 | 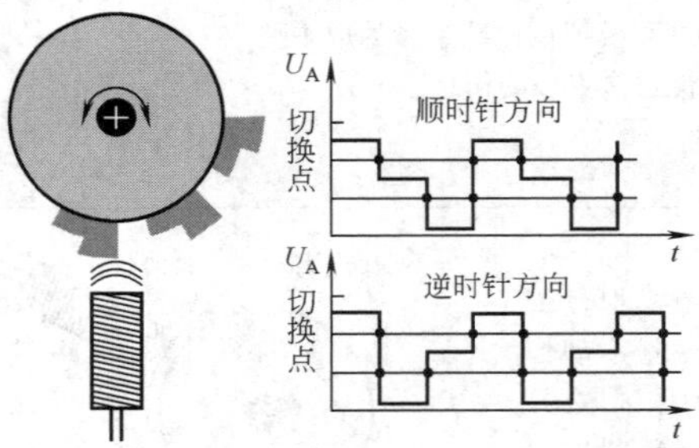 |
| | | 7. 一个模拟量传感器可探测旋转主轴的偏心 | 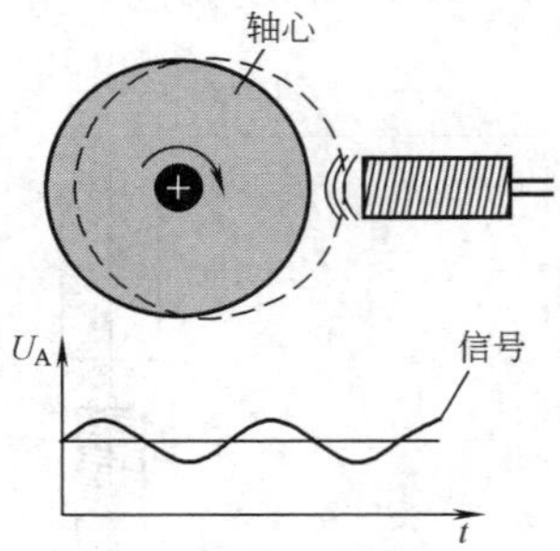 |
| | | 8. 用两个模拟量传感器可探测运动主轴的振动工况 | 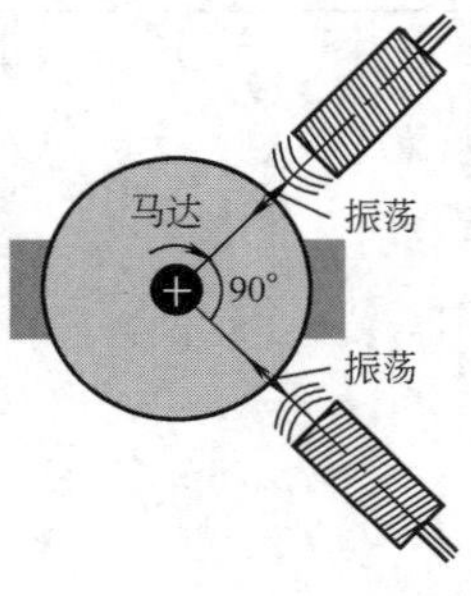 |

# 2　气缸位置传感器

**表 23-8-3**

| | | |
|---|---|---|
| 结构原理 | | 气缸位置传感器位于气缸活塞上的永磁体的磁场，可记录活塞的位置。气缸位置传感器必须满足与磁体协同工作，与磁体保持一定的距离和沟槽的几何形状和公差。气缸位置传感器被机械固定在驱动器沟槽中所需的位置。气缸的活塞前进或后退，开关信号状态就发生变化。该标准二进制开关信号在理论上可与可编程逻辑控制器（PLC）相连，并可用于控制过程处理顺序。气缸位置传感器的迟滞和开关行程取决于磁场、不同形状和规格的气缸。磁体的距离能改变对迟滞和开关行程的影响。不同的气缸/传感器组合需作实用检测以免不匹配。迟滞原理见图 a。重复精度：A 或 C 反复前进并在切换点确定偏差。用于非旋转驱动器的气缸位置传感器切换点的重复精度为±0.1mm<br>左→右运动：A 至 B＝开关行程；A 至 D＝迟滞<br>右→左运动：C 至 D＝开关行程；C 至 B＝迟滞<br>气缸位置传感器常以接近开关的形式较多，它以舌簧式磁性接近开关、电感应无触点接近开关、气动舌簧式行程开关较多。图 b 为气缸位置传感器的应用图<br>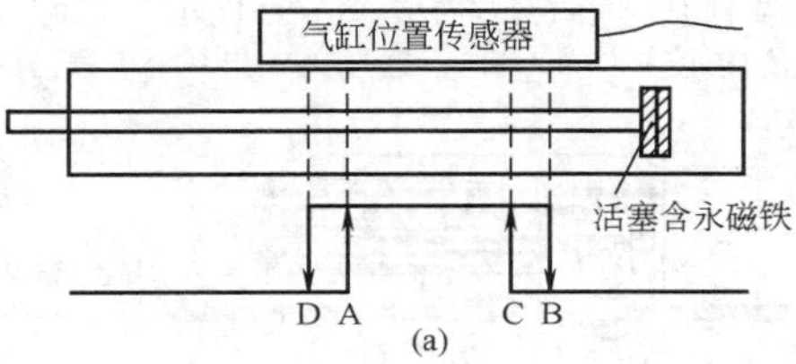<br>(a)<br>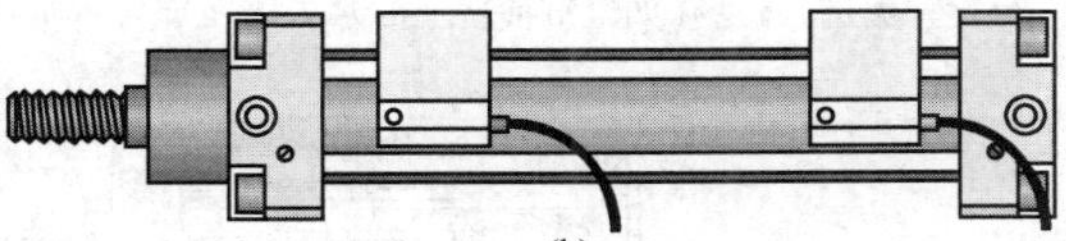<br>(b) |
| 舌簧式磁性接近开关 | 结构原理 | 舌簧式磁性接近开关被合成树脂塑封在一个盒子内，盒内充满惰性气体，当磁场趋近行程开关（如气缸活塞上的永久磁环）时，盒内的磁性舌簧接触片受磁力影响使其触点接通，行程开关输出一个电控信号，见图 c |
| | 主要技术特性 | 工作电压 12～30V DC；3～250V AC；开关精度为±0.1mm；最大的输出电流为 500mA；最大开关功率为 10W；接通时间，常开触点为≤0.5ms，常闭触点为≤2ms；防护等级 IP65、IP67；环境温度为-20～+60℃（耐热型为-40～+120℃）；有二芯电缆或三芯电缆。安装舌簧式磁性接近开关应注意其附近不能有太强的磁铁存在，否则将产生误动作，若多个气缸并列安装，需相隔 60mm 间隙为佳，以免气缸上的舌簧式磁性接近开关相互干扰。开关通入电流不易过大，一般为 0.3～0.5mA，以免在接通或断开时产生电弧损毁舌簧片，若开关与电感性负载连接时，应采用保护电路（见图 d）<br>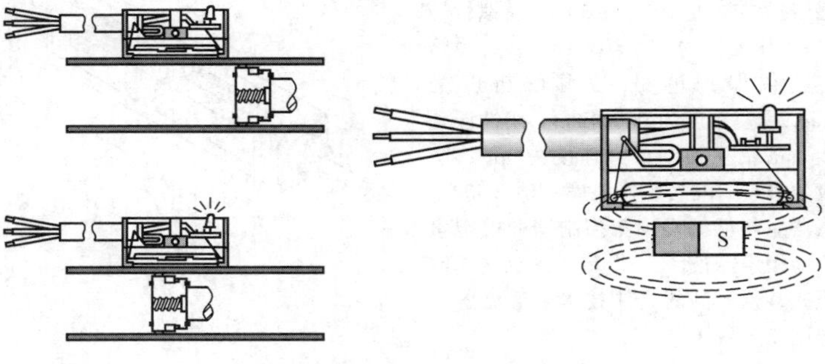<br>(c) 舌簧式磁性接近开关的内部电路示意图<br>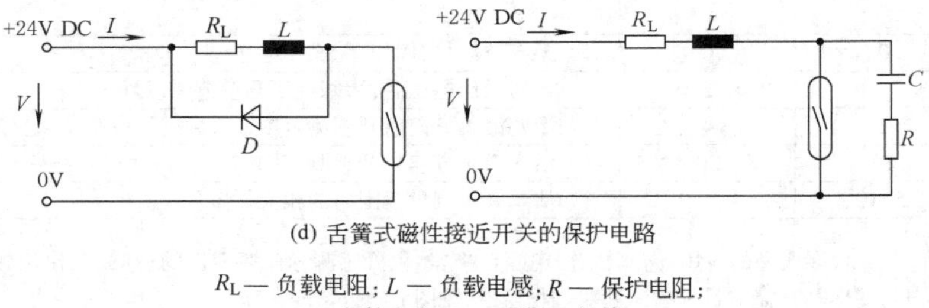<br>(d) 舌簧式磁性接近开关的保护电路<br>$R_L$— 负载电阻；$L$— 负载电感；$R$— 保护电阻；<br>$C$— 保护电容；$D$— 保护二极管 |

第 23 篇

续表

**电感应无触点接近开关**

**结构原理**

无触点接近开关由一个带铁磁性屏蔽层的谐振回路线圈组成。行程开关进入磁场(如气缸活塞上的永久磁环)时,屏蔽层内的磁场强度达到饱和,因此振荡回路的电流发生变化。此电流的变化通过一个放大器转化为输出信号。图 e 为电感应无触点接近开关,用于型材气缸的沟槽内,由于电感应无触点接近开关外形有插入槽的凸边,感应面方向不会插错,对于圆形气缸可用传感器支架,见图 f。对于应用在四拉杆上有托架的电感应无触点接近开关,注意感应面朝向气缸内壁面

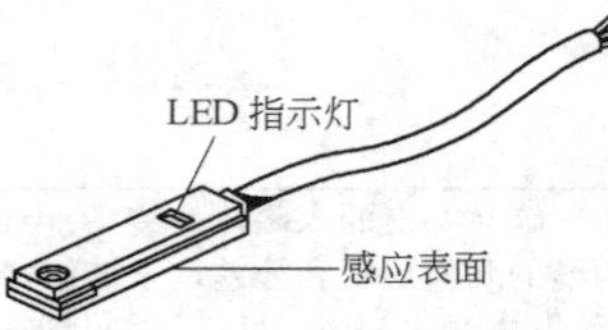

(e)

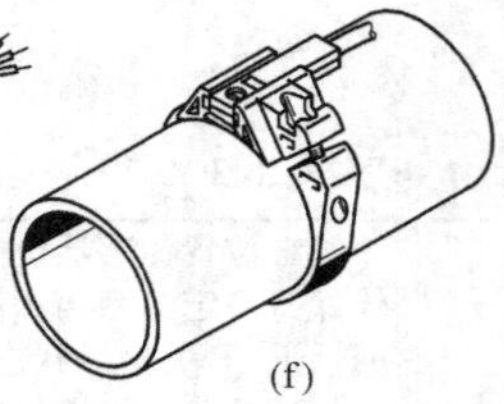
(f)

**主要技术参数**

工作电压有 10~30V DC 或 10~30V AC;开关精度范围为±0.1~±0.2mm(根据各型号规定);最大的输出电流范围为 100~500mA(根据各型号规定);最大开关功率范围为 3~10W(根据各型号规定);开关功能有 PNP、NPN;接通时间,常开触点为 ≤0.2ms,常闭触点为 ≤0.5ms;防护等级 IP65、IP67;环境温度为 −20~+60℃(耐热型为 −40~+120℃);有二芯电缆或三芯电缆

**气动舌簧式行程开关**

舌簧式行程开关在原理上相当于一个空气挡板,通常在行程开关里面有一个舌簧片将输入信号(P 口)的气流切断。当行程开关进入磁场(如气缸活塞上的永久磁环)时,舌簧片打开,气流接通(P 口—A 口)。通过 A 输出一个信号,见图 g、h

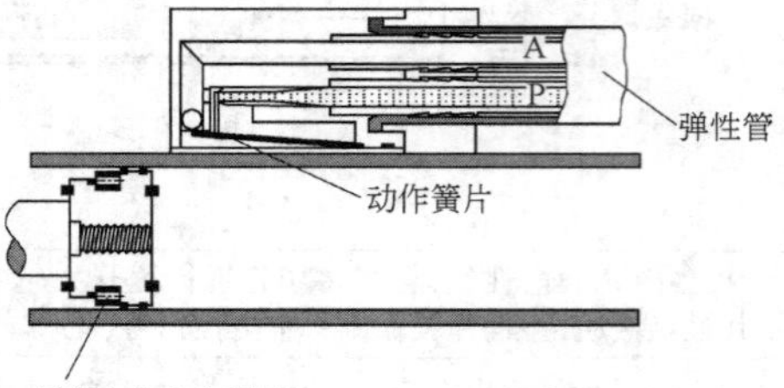

(g)

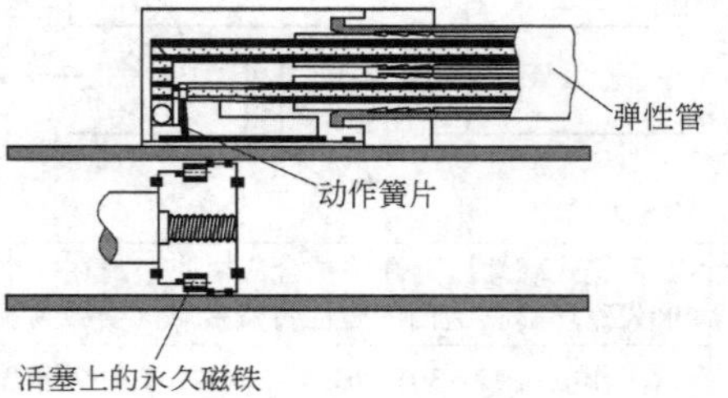

(h)

**模拟量气缸位置传感器**

**主要技术参数**

模拟量气缸位置传感器可检测活塞运动在 50mm 行程范围位置变化状况(见图 i),该传感器提供的 0~10V、0~20mA 模拟量输出信号,工作电压为 15~30V DC,具有短路保护、过载保护电路,位移解析度为 0.064mm,重复精度为 0.064mm。线性误差为 0.25mm,活塞运动最大速度为 3m/s,防护等级为 IP65、IP67,工作温度−20~+50℃。该传感器能与可编程逻辑控制器的模拟量输入直接相连,测量任一设定开关点之间的行程距离。该产品的具体技术参数见各气动制造厂商产品样本

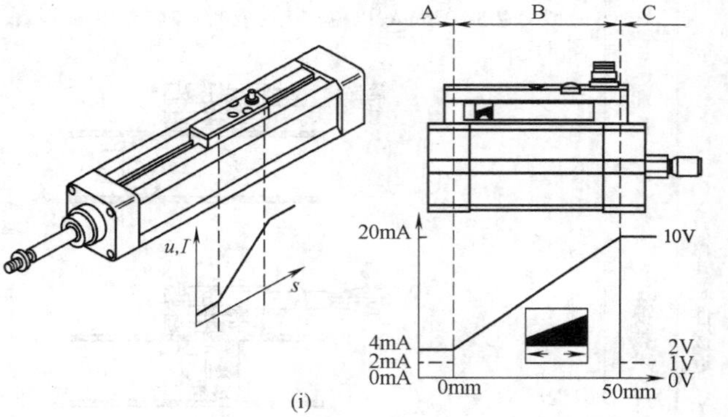

(i)

| 模拟量输出 | | 说　　明 | 范　围 |
|---|---|---|---|
| /V | /mA | | |
| 0 | 0 | 无有效信号,例如:无操作电压 | — |
| 1 | 2 | 接通操作电压后,活塞处于测量范围以外 | A,C |
| 2 | 4 | 活塞沿负方向离开感测范围 | A |
| 10 | 20 | 活塞沿正方向离开感测范围 | C |
| 2~10 | 4~20 | 活塞处于测量范围内的相关位置 | B |

**应用图例**

很多典型的应用场合(如连接过程、夹紧、位置感测、好/坏零件的检测、工作位置、质量检测、磨损监控、厚度感测),需对目标检测和对过程监控,见图 j~图 o

续表

模拟量气缸位置传感器

应用图例

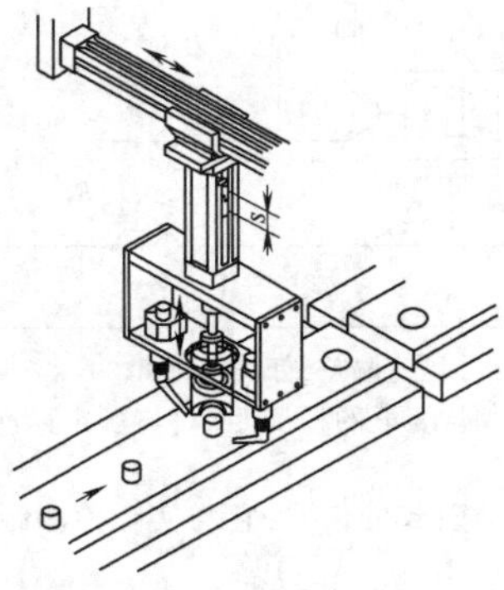

(j) 气缸完成热铆接，模拟量位置传感器控制着铆钉的进给任务

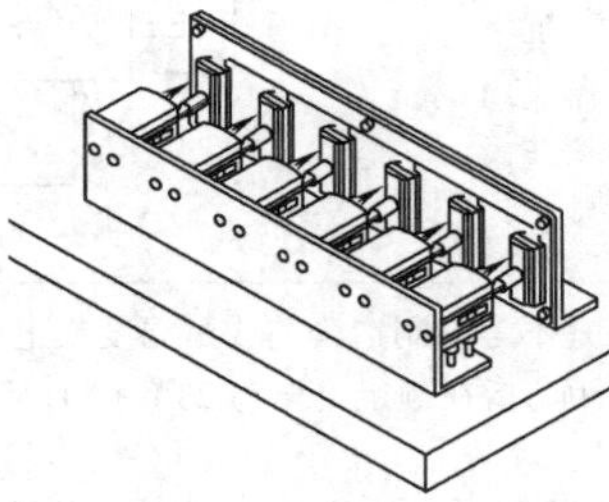

(k) 用模拟量气缸位置传感器监控压紧运动的挤压深度

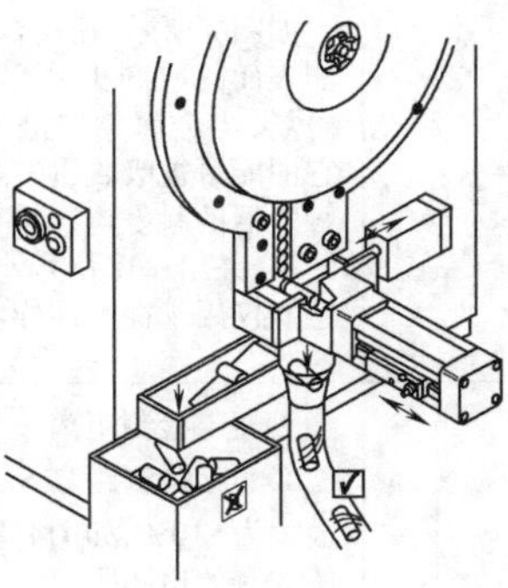

(l) 使用模拟量气缸位置传感器检测元件的长度和厚度，根据结果分拣好和坏的零件

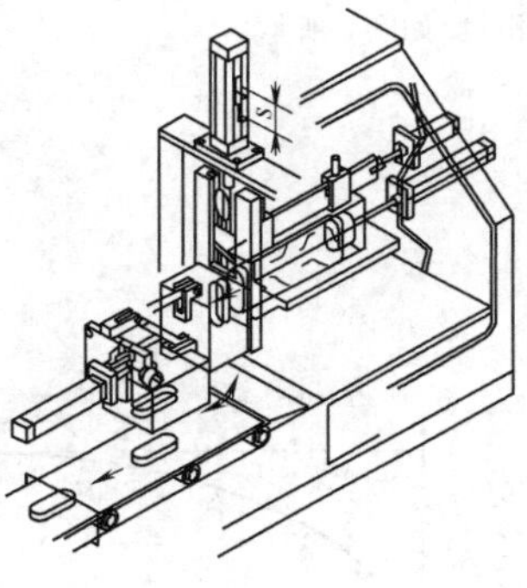

(m) 监控刀片的切削深度，当达到所需深度时，刀片就会马上缩回

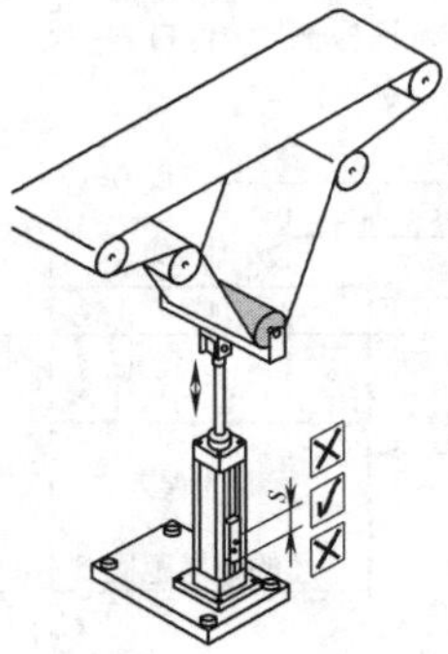

(n) 应用模拟量气缸位置传感器预先设定传送带张力（通过预先设定活塞位置区域）能检测和调整传送带恰当的张力

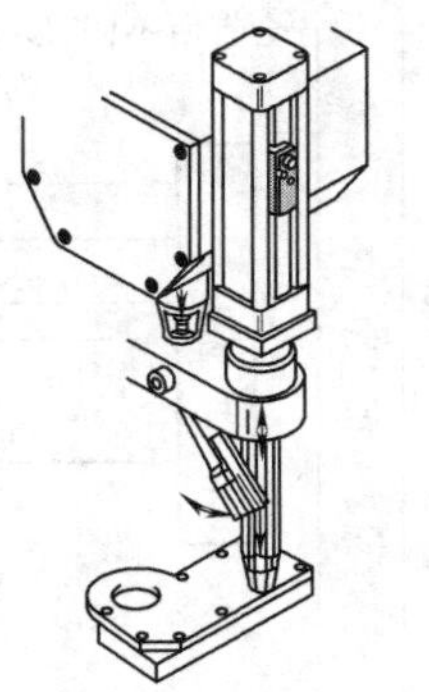

(o) 使用位置传感器检测螺钉旋具的进给运动和旋入深度，螺钉旋具的停止或倒转取决于深度

# 3 电感式传感器

**表 23-8-4**

| | |
|---|---|
| 结构原理及特点 | 电感式传感器是一种非接触式传感器，无需直接接触金属或电流物体就可获得响应。接近传感器是工业自动化技术中的基本元件之一。该传感器的核心元件是线圈，加载交流电后产生交变磁场。当磁场中有金属物体时其电阻和振幅就会发生变化。经过电子放大后，该变化就作为被测物体与线圈间距离的变量。由于迟滞的影响，物体朝着接近传感器方向移动的检测距离和物体朝另一方向移走的检测距离是存在差异的，这样可防止输出信号的振动。非接触式传感器具有以下特点：<br>①无机械磨损，使用寿命长。传感器的传感头无需配专用的机械装置（如滚轮、柱销、机械手柄等）<br>②不会因触点的污染或黏合而造成故障，也不会因为被测物碰撞而造成信号丢失<br>③无触头跳动，因而无切换故障<br>④切换频率大，切换频率高达 3000Hz<br>⑤抗振动<br>⑥系统全封装，防护等级高<br>⑦装配灵活<br>⑧传感器能感测所有穿过或停留在高频磁场中的金属物体 |

续表

| | | | |
|---|---|---|---|
| 电感式磁性传感器 | 工作原理 | | 如图 a 所示，振荡器的共鸣电路在感测表面区域产生一个交替的电波频率磁场，当金属物体进入该磁场区域时，它的能量被吸收，使振荡器停止。供给触发器的触发电压消失了，触发器输出转换，并给一个信号。电感应式磁性传感器仅用于探测能导电的物体 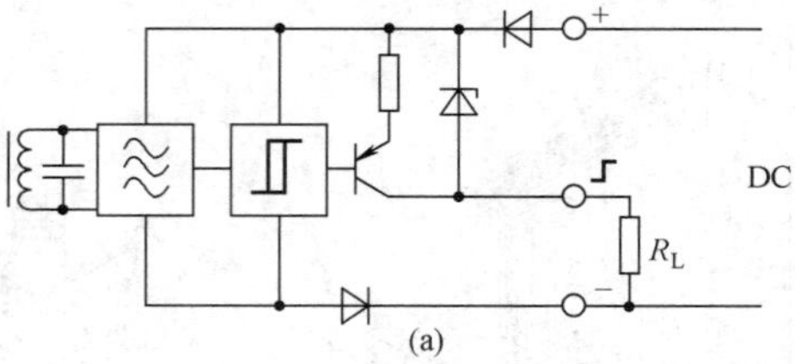  (a) |
| | 主要技术特性 | 检测距离 | ①额定检测距离 $S_n$：其特性值是不考虑制造公差或由温度或电压引起的偏差，如图 b 所示<br>②实际检测距离 $S_r$：实际检测距离指在额定电压与 23℃±5℃ 环境温度下的检测距离，与额定检测距离的偏差最大为±10%，如图 b 所示<br>③有效检测距离 $S_u$：是需考虑在指定范围内由电压和温度波动引起的偏差，它与实际检测距离可存在最大±10%偏差，如图 b 所示<br>④可靠检测距离 $S_a$：制造商承诺可靠检测距离适用于所有指定的工作条件。它为可靠设计提供了基础。在允许的工作条件下的检测距离，在以 0 到最小有效检测距离间取值，如图 b 所示<br>样本列出的检测距离是基于标准的检测物件的大小，如果是检测其他的目标（大多数的应用），实际的检测距离会有所不同，以下因素会影响到检测距离：材料、尺寸大小、厚度、平滑度，如图 c 所示<br>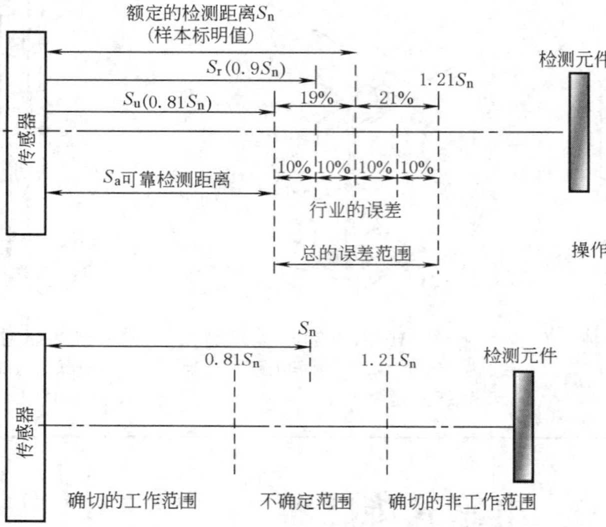  (b)<br>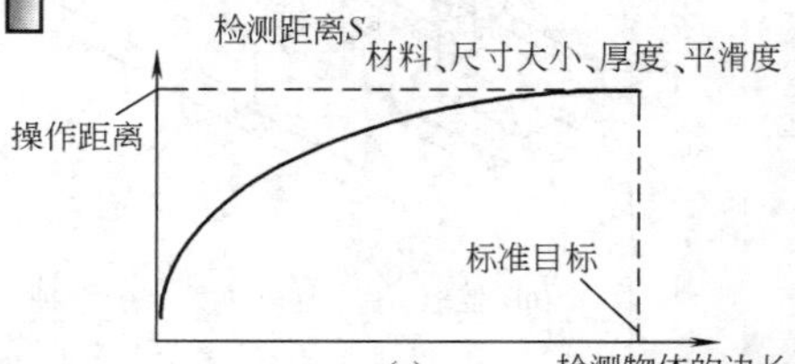  (c) |
| | | 重复精度 | 重复精度是指在 IEC 60947-5-2 和 EN60947-5-2 标准中定义的实际检测距离 $S_r$ 在 23℃±5℃ 环境温度和固定电压 UB 下经过 8h 运作后的重复精度。重复精度与该定义有关。连续测量通常会得到更精确的重复精度 |
| | | 切换频率 | 最大开关频率规定了在额定检测距离 $S_n$ 的一半以及持续脉冲与间隔比率为 1∶2 的情况下的每秒最大许用脉冲（见图 d）。该检测方法符合 IEC/EN 60947-5-2 标准 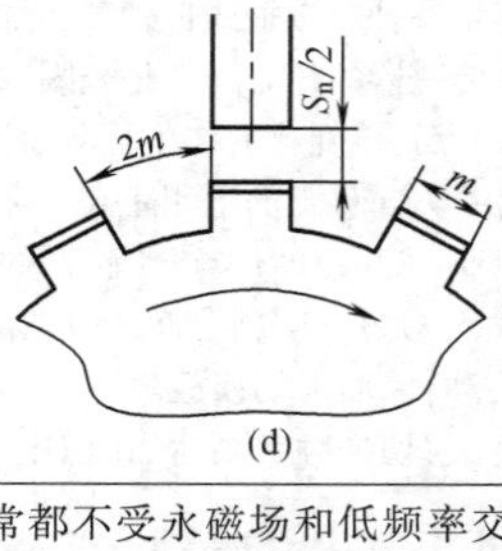  (d) |
| | | 磁场影响 | 抗强电磁场干扰型传感器抗磁场干扰。其他型号的传感器通常都不受永磁场和低频率交变磁场的影响。然而，强磁场会使传感器的铁线圈达到饱和状态，因此会增加检测距离或启动设备，但是，不会造成永久损坏。对于加长检测距离型传感器的几千赫兹或几十万赫兹（其他系列）的强磁场会大大削弱开关功能，因为这些设备的振荡器的频率正好处于该范围中。如果出现磁场干扰，建议使用屏蔽。对于接近传感器，过长电缆会导致输出端的电容负载对干扰更敏感，因此电缆长度不能超过 300m |

续表

<table>
<tr><td rowspan="3">电感式磁性传感器</td><td rowspan="3">主要技术特性</td><td>修正系数</td><td>规定的检测距离与指定测量条件有关(参见以上内容)。其他材料通常在检测距离上产生修正。对于每个独立的传感器和最常用的金属规定了相应的修正系数<br>修正系数:钢(St37 或 FE360)1,黄铜 0.35~0.5,铜 0.25~0.45,铝 0.35~0.50,不锈钢 0.6~1</td></tr>
<tr><td>带模拟量输出</td><td>带有模拟量输出的设备可提供模拟量信号,该信号与物体距离成比例,大多数的模型都有电压和电流的输出</td></tr>
<tr><td>齐平与非齐平安装</td><td>①齐平安装:电感应非接触式传感器在安装时,它的感应表面可埋入金属性的基座内,其安装尺寸如图 e 所示,在应用数个传感器时,传感器相互之间至少要保持一倍的传感器宽度 $d$<br>②非齐平安装:非齐平安装非接触式传感器的检测距离要大于齐平安装非接触式传感器,由于其头部感应面无内部屏蔽,因此在其周围必须无金属,在应用数个传感器时,传感器相互之间至少保持二倍的传感器外壳的距离,见图 f<br>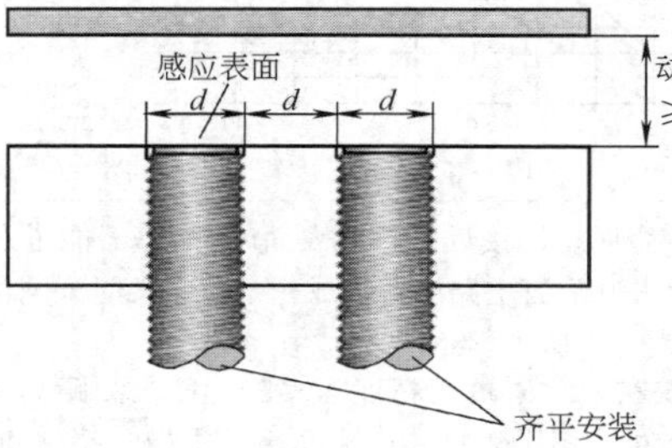<br><br>(e)<br>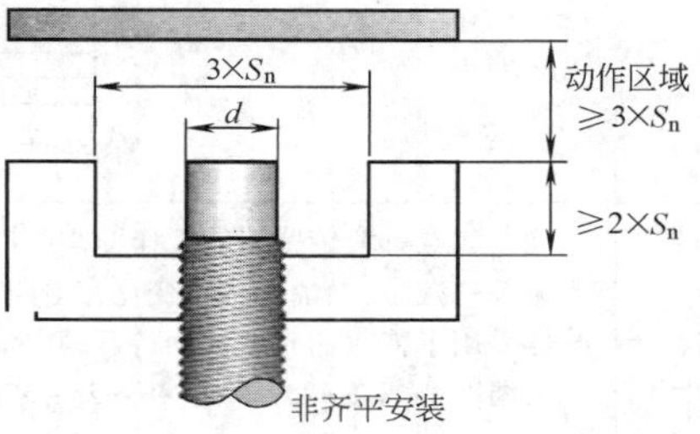<br><br>(f)</td></tr>
<tr><td>主要技术参数</td><td colspan="3">电感式传感器用来测定金属类材料,有常开功能或常闭功能,它的输出极性有 PNP 型或 NPN 型,工作电压为 10~30V DC、15~34V DC,20~265V AC。有齐平安装型和非齐平安装型两种,检测距离与规格有关(气动行业常用的最小距离有 0.8mm,较大距离有 15mm),根据不同规格的最大输出电流为 150~300mA,最高切换频率为 300~3000Hz(根据各型号规定),切换点的重复精度在±0.04~0.4mm 之间(根据各型号规定),迟滞 min0.01~迟滞 max3.3mm(根据各型号规定),具有极性容错保护和感应电压保护,防护等级为 IP65/67</td></tr>
<tr><td rowspan="2">类型</td><td colspan="2">距离型加长检测</td><td>由于采用了更精密的电子元件,再灌封时考虑更小的损耗,专用的振荡线圈及专用振荡器,所以检测距离加长,与标准型的电感式传感器相比检测距离提高 100%(齐平安装)</td></tr>
<tr><td colspan="2">抗强电磁场干扰型</td><td>抗强电磁场干扰型传感器的工作原理与普通电感应传感器相同,其特点是通过使用特种振荡器的核心材料和专用测试技术以实现在工作磁场下的较高稳定性。磁场稳定性的高低取决于磁场种类、传感器的结构尺寸,以及它在磁场中的位置和磁场类型(恒定型磁场或变更型磁场)。通常传感器制造厂商对流过导体的电流所产生的周围磁场做了测试,如图 g 所示,其磁场强度的计算公式为:$B\approx\frac{0.2\times I}{r}$(mT)<br>式中,$I$ 为流过导体的电流,A;$r$ 为导体中点的距离,mm;$B$ 为磁感应强度,mT。摘自 TURCK(图尔克)公司产品(Bi10S-Q26-AD4X-H1141/S34)等<br>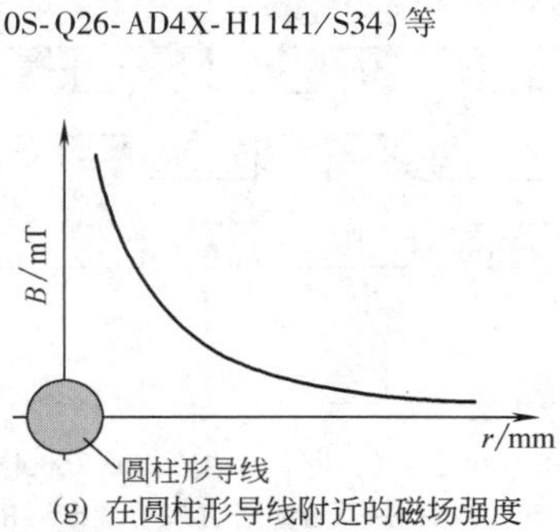<br><br>(g) 在圆柱形导线附近的磁场强度<br>
<table>
<tr><td rowspan="2">I/kA</td><td colspan="4">距离/mm</td></tr>
<tr><td>12.5</td><td>25</td><td>50</td><td>100</td></tr>
<tr><td>5</td><td>80mT</td><td>40mT</td><td>20mT</td><td>10mT</td></tr>
<tr><td>10</td><td>160mT</td><td>80mT</td><td>40mT</td><td>20mT</td></tr>
<tr><td>20</td><td>320mT</td><td>160mT</td><td>80mT</td><td>40mT</td></tr>
<tr><td>50</td><td>800mT</td><td>400mT</td><td>200mT</td><td>100mT</td></tr>
<tr><td>100</td><td>1600mT</td><td>800mT</td><td>400mT</td><td>200mT</td></tr>
</table></td></tr>
</table>

续表

| | | |
|---|---|---|
| 类型 | 带模拟量输出型 | 带模拟量输出的接近传感器可提供电信号，该电信号与传感器表面到金属物体之间的距离成比例。该输出信号也会根据所检测物体的规格和材料，对于额定检测距 $S_n$ 而言，不同的金属需要不同的修正系数。其功能可有：直接将直线运动转换成电信号，使用楔形传导元件将直线运动转换成电信号，将旋转运动转换成电信号，对金属工件的位置、规格和材料进行监控，将摆动或位移转换成电信号，见表 23-8-2<br>同普通电感应传感器的工作原理相同，当一个金属物体接近传感器表面时，振荡器能量发生变化，能量变小程度与被测金属体与传感器之间的距离有关，同时也是一个检测的标志，传感器内通过一个附加电路，将损耗转换成可测量的信号，经线性化处理后放大，在输出端产生一个模拟量的电压或电流信号（0~10V，0~20mA），工作电压为 15~30V DC，线性误差≤3%，温度误差≤±5%，重复精度≤2%，检测频率为 80~200Hz，摘自图尔克 Bi5-M18-LU、Ni8-M18-LU、Bi10-M30-LIU、Bi15-CP40-LIU…，如图 h 所示<br>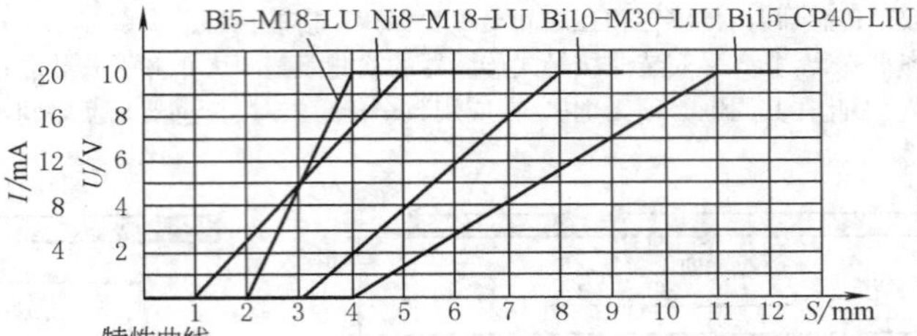<br>(h) |
| | 带宽温度范围型 | 同普通电感应传感器的工作原理相同，当一个金属物体接近传感器表面时，振荡器能量发生减小，能量减小影响振幅的减小，振幅的扰动变化在电路中被识别并在后置电路中转换成一个自定义的开关信号，所不同的是该传感器采用了特殊的元器件和特殊的电缆（耐高温）<br>其温度范围在-25~100℃或-25~120℃，误差在±20%，重复精度为≤2%，可检测距离为 1mm、1.5mm、2mm、5mm、10mm、15mm、20mm、30mm，IP65 防护等级，可应用于酿酒、奶制品设备、喷塑机、棒材和板材辊压机等 |
| | 带有时间延迟功能型 | 带有积分延时的电感式传感器的工作原理与普通式传感器一样，当一个金属物体靠近传感器的感应面时，振荡器系统的能量减少，振幅的扰动由电路识别并在后置电路中转换成一个开关信号<br>在该传感器的输出中装有一个可调的时间功能模块（0.05~20s），输出特性可用于接通延迟、关断延迟、接通/关断延迟，并可通过可转换的振荡器头上的电位器进行时间调节，如图 i 所示。可用于传输设备的阻塞监控和阻止碰撞<br>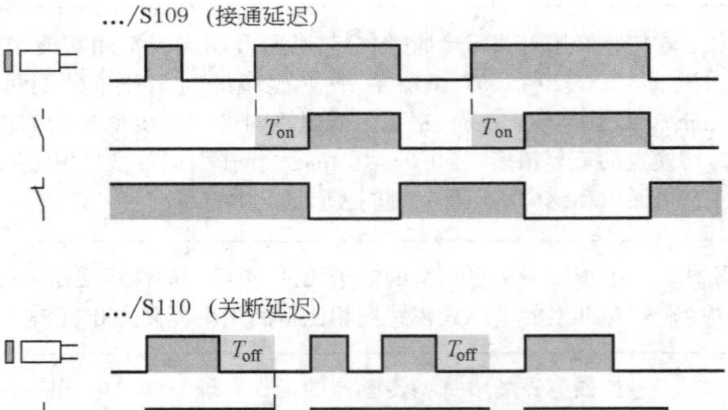<br>(i) |
| | 耐高压型 | 主要在液压领域中，它可被直接置于腐蚀性的介质之中和恶劣的环境下，能耐 10~500bar 高压，感应距离 1.2~2mm，输出端的放大器已组装在传感器内，无需额外的放大装置，其输出可直接与继电器相连 |

续表

**类型 — 对所有金属无衰减系数型**

传统型的电感式传感器在检测不同的金属时，其额定开关（检测）距离不同，即存在着衰减或修正系数。此传感器不存在该现象。由于它采用三个无铁氧体的空芯线圈系统，所以对交流直流磁场不再敏感。其特性如下：

①无衰减系数

②抗磁场干扰能力：由于不存在铁芯，所以该传感器对交/直流磁场不再敏感

③开关频率极大提高：采用理想的空芯线圈，与传统的传感器相比，开关频率提高 10 倍（1500Hz）

④开关有效检测距离较大：若与 37 钢材料的检测物体相比，其检测距离可提高 100%（非齐平安装）

⑤允许的环境温度范围宽：-30～+85℃

⑥防护等级为 IP67，可在水下工作，并可承受环境条件下的骤然变化，如食品加工领域

⑦工作电压：10～65V DC，短路自动保护

**类型 — 超声波**

一般常用的超声波传感器频率为 25kHz、27kHz、30kHz、40kHz、45kHz，由三个部分组成，超声波转换器、超声波发射器、超声波接收器

超声波转换器是产生超声波的元件，由压电氧化物制成，也称压电陶瓷振荡元件，陶瓷振荡元件受到压力（声波）就产生电信号或陶瓷振荡元件得到电压时则产生声波信号。超声波转换器产生的声波频率为 30～300kHz。当发射器发射出来的超声波脉冲作用到一个被检测物体上，经过一段时间后，被反射的声波又重新回到反射器上，根据声速和从发射器到被检测物体的距离，可计算出该超声波运行的时间，通常发射和接收的声波频率要相同，如图 j 所示

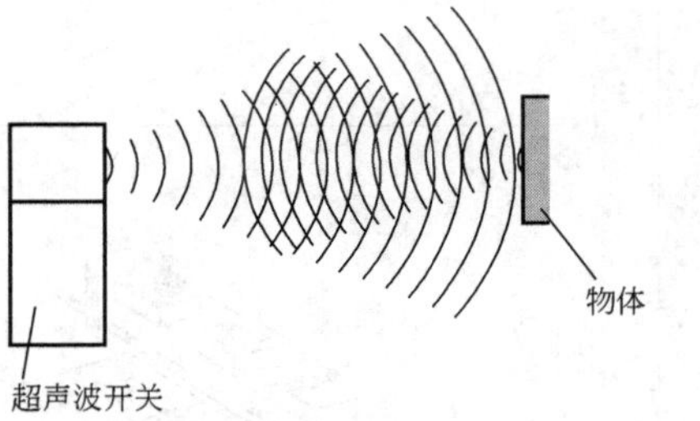


(j) 超声波开关的工作原理

常用的超声波传感器发射和接收可合并为一体，也可分开。超声波传感器可检测多种物体，例如不同形状的固体、液体。物体的颜色对测量没有影响，能可靠地检测透明物体，如玻璃和有机玻璃。常用于自动仓库、输送系统、食品行业、金属玻璃塑胶加工过程、对堆积物的监控等。超声波传感器有 LED 显示及可调电位器开关，可设定检测范围和灵敏度。需要注意的是，物体的粗糙度超过 0.15mm 时会使有效的检测距离减小，对于织物、泡状物、棉花及吸声物体也会使有效的检测距离减小。当几个超声波传感器同时工作时可能会引起干扰，这就要注意超声波传感器与物体之间的最小距离，该距离与发射角、可调范围、物体的位置、方位都有关。还需注意的是，选择最佳的工作频率和一个具有专利的干扰抑制电路，使金属颤动和空气压缩等外部噪声都不对信号探测产生影响。超声波传感器在空气之外的介质中使用时，灵敏度会受影响。大气压的波动为±5%时，对一个被测物体的参照点而言，可引起灵敏度的变化约为±0.6%

以 TURCK（图尔克）超声波传感器 BC10-M30-VP4X（直流型）、BC10-M30-AZ3X（交流型）为例，其技术参数如下：

| 技术参数 | BC10-M30-VP4X（直流型） | BC10-M30-AZ3X（交流型） |
|---|---|---|
| 动作距离 $S_n$/mm | 10 | 10 |
| 安装形式 | 齐平安装 | 齐平安装 |
| 工作电压 | 10～65V DC | 20～250V AC |
| 残波峰值/$V_{pp}$ | ≤10 | |
| 空载电流/mA | 6～12 | |
| 负载电流/mA | ≤200 | ≥5/≤500 |
| 最大电流（脉冲电流）/mA | | ≤8（≤10ms/5Hz） |
| 过载脱扣/mA | ≥220 | |
| 接通延时/ms | ≤25 | ≤60 |
| 瞬时保护 | 2kV，1ms，1kΩ | 5kV，10ms，10kΩ |
| 开关频率/Hz | 100 | 20 |
| 开关滞后/% | 2～20 | 2～20 |
| 温度误差/% | ±20 | ±20 |
| 重复精度/% | ≤2 | ≤2 |

续表

| | |
|---|---|
| <br>(k)<br>酸奶盒最后控制时，要检测铝制薄片是否存在。由小型功率大的接近开关在较远换向距离处完成 | 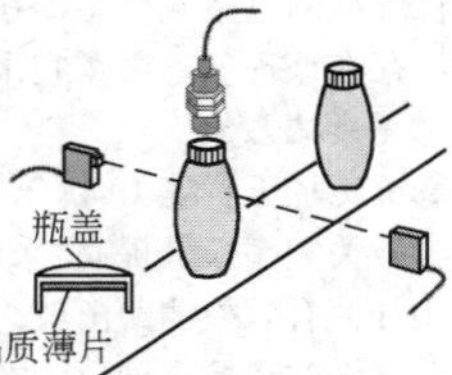<br><br>(l)<br>为了确保铝质密封薄片恰好附在瓶盖内部，传送带上安装了接近传感器。瓶子沿线通过时，对射式传感器向接近传感器发出一个同步信号，探测铝质薄片。如果查到出错，传感器将信号传送至气缸，拒收有瑕疵的产品 |
| 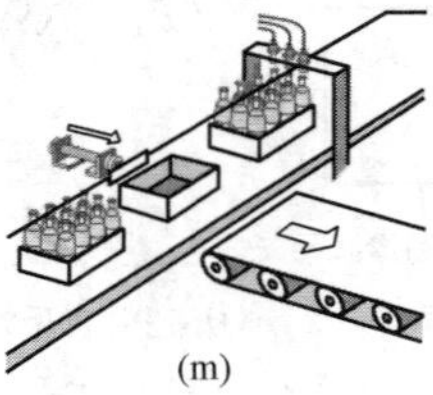<br>(m)<br>饮料瓶装厂内要对同步传送带进行空载托盘控制。电感式传感器探测每排有铝盖的瓶子，推动器分捡出空的托盘 | 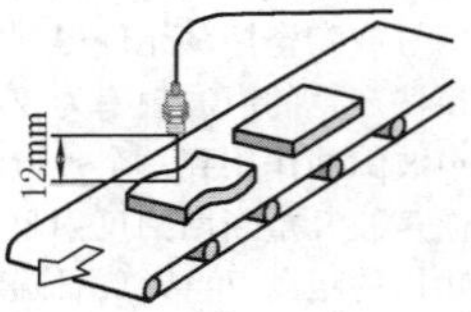<br><br>(n)<br>调节电感式传感器，使其能区分两种不同的送料零件 |
| 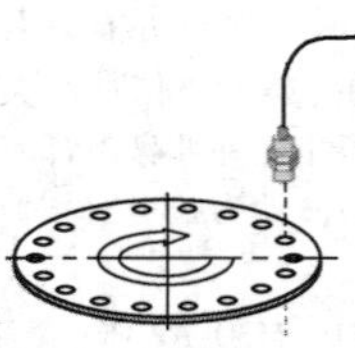<br>(o)<br>对于无法安装轴角编码器的大型或特殊机器，可以连接一个定制的带沟槽的或打孔的磁盘。为了探测沟槽或孔的速度、位置、前后运动，用电感式传感器来处理信号，频率可达5kHz。如果频率较低或周围温度很高的话，还可用对射式传感器 | 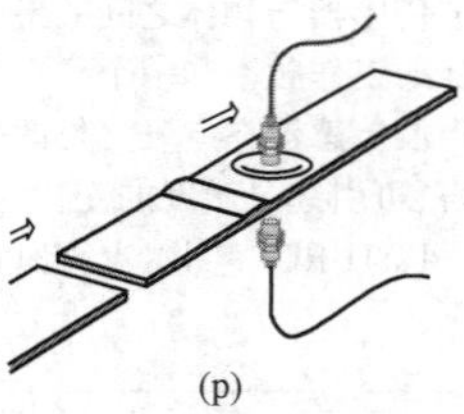<br>(p)<br>两个灵敏型电感式传感器分别安装在等待控制的钢带上下方，如果传感器探测到钢板厚度不一，就会发出一个信号 |
| 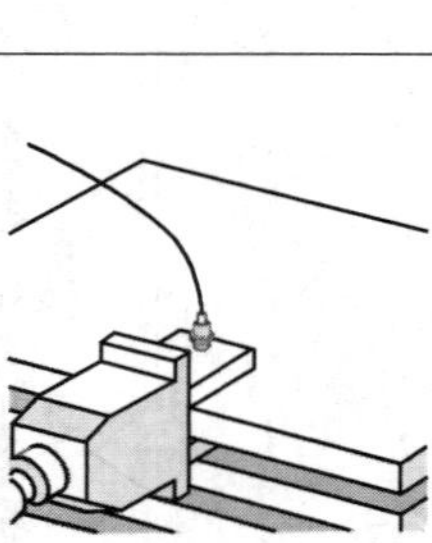<br>(q)<br>一个直径仅4mm的特别小的电感式传感器安装在气爪内。从抓起工件到放下，由传感器控制工件是否被气爪夹紧 | 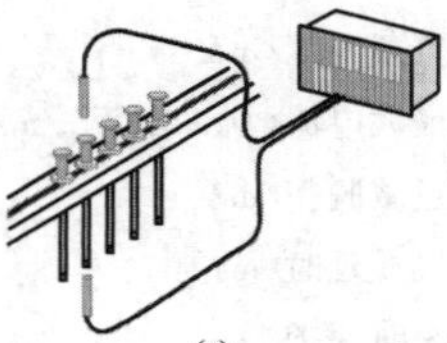<br>(r)<br>小型电感式传感器适用于快速清点小型金属铆钉的数目。在这个应用情况下，每分钟要清点1500个铆钉并随即包装。如果没有材料跟进，第二个传感器会及时发出信号 |

# 4 电容式传感器

**表 23-8-5**

**结构原理**

电容式传感器的感应表面由两个同轴金属电极构成，像打开的电容器的电极（图 a），电极 A 和电极 B 连接在高频振子的反馈回路中。该高频振子在无测试物体时不感应。当测试物体接近了传感器的表面时，就加入了由这两个电极构成的电场中，引起 A、B 之间的耦合电容增加，电路开始振荡，振荡的振幅由数据分析电路测得，并形成开关信号。电容式传感器既能被导体目标感应，也能被非导体目标感应。以导体为材料的测试目标对感应器的感应面产生一个电极，由极板 A 和极板 B 构成了串联电容 $C_a$ 和 $C_b$。如图 b 所示，该串联电容的电容量总是大于无测试目标时由电极 A 和电极 B 所构成的电容量。由于金属具有高传导性，所以金属测试目标可获得最大的开关距离（感应检测距离）。需要补充的是，在使用电容式传感器时不必像使用电感式传感器那样对不同的金属采用不同的校正因数：钢 $S_t=1.0\times S_n$，黄铜 $S_t=0.4\times S_n$。以非导体（包括绝缘体）为材料的测试目标，其电容量的增加取决于介电常数。表中列出的为普通固体材料和流体材料的介电常数，这些材料的介电常数均大于空气的介电常数（空气的介电常数=1）

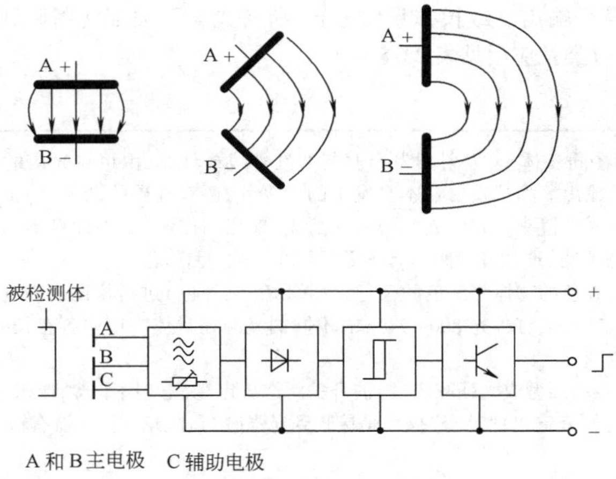


(a)

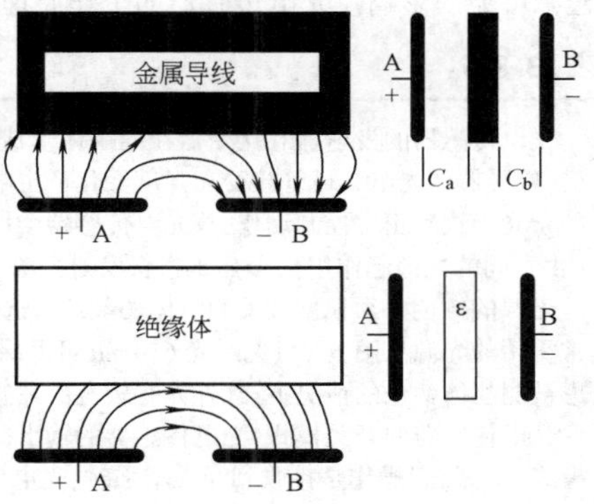


(b)

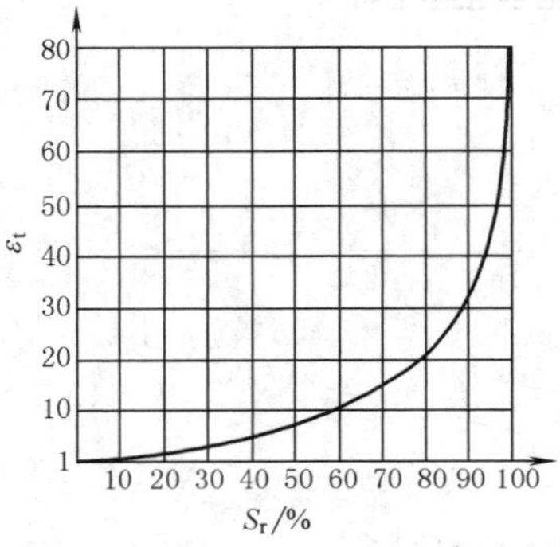


(c) 开关距离与电介质对应的特性曲线

一些重要材料的介电常数

| 材料 | 介电常数 | 材料 | 介电常数 |
|---|---|---|---|
| 空气、真空 | 1 | 酒精 | 25.8 |
| 合成树脂黏结剂 | 3.6 | 电木 | 3.6 |
| 赛璐珞 | 3 | 玻璃 | 5 |
| 云母 | 6 | 硬纸 | 4.5 |
| 硬橡胶 | 4 | 电缆胶皮化合物 | 2.5 |
| 大理石 | 8 | 油纸 | 4 |
| 纸 | 2.3 | 汽油 | 2.2 |
| 有机玻璃 | 3.2 | 聚酰胺 | 5 |
| 聚乙烯 | 2.3 | 聚丙烯 | 2.3 |
| 苯乙烯 | 3 | 聚乙烯化合物 | 2.9 |
| 陶瓷 | 4.4 | 纸板压制的碎屑 | 4 |
| 石蜡 | 2.2 | 石英玻璃 | 3.7 |
| 石英砂 | 4.5 | 硅 | 2.8 |
| 软橡胶 | 2.5 | 聚四氟乙烯 | 2 |
| 松节油 | 2.2 | 变压器油 | 2.2 |
| 水 | 80 | 木材 | 2.7 |

续表

| | |
|---|---|
| 影响工作性能的环境因素 | (1)温度影响　电容式传感器适用于温度变化范围为-25～+70℃,补偿温度偏差对电容式传感器比对电感式传感器更为关键<br>(2)接地影响　当导体材料的被测物接地时,开关距离就会增加,如果对灵敏度进行调整,就可抵消该增量<br>(3)温度、湿度、露水、灰尘影响　在实际使用中,传感器会受到潮湿、灰尘等因素的影响,导致传感器误动作。为克服此影响,传感器都装有补偿电极 C,该电路为负反馈电路的一部分<br>在某些情况下,温度补偿电路可能会起副作用,例如单页纸张可以在一定距离内被检测出来。但如果这张纸离感应面太近,就可能会启动补偿电路。这种"微小影响"被认为是一种需要抑制的干扰 |

# 5　光电传感器

光电传感器是一种感应其接收的光强度变化的电子器件。当被检测物体经过光电传感器发射出的光线时(根据检测模式的不同),物体吸收光线或将光线反射到光电传感器的收光器,使收光器收到光线(有/无、或强度产生变化),并将其被检测到变化转换为开关信号输出(或模拟量信号)。所有光电开关都使用调制光以排除周围光源可能的影响。光电传感器的工作原理、分类及应用见表 23-8-6。

**表 23-8-6**

| | |
|---|---|
| 结构及原理 | 光电传感器的发射器和接受器在同一体上或不在同一体上,发射器发出调制的红外线或红光,由可见光谱的接受器接受,接受器的光电二极管接受光强度变化产生电流输出。除了发射器本身发出的光之外,还有外界的杂光,为了避免外界的杂光干扰其正常控制动作,故光电传感器会加上光学镜头。好的光学镜头有滤光、聚焦的作用,滤去外界不相干的杂光(由不同的光谱起作用),聚焦是指将发射光源变成光束,增加发射距离且不受外界光影响,见图 a<br>光源的颜色必须根据被检测物体的颜色来选择,红色的物体与红色的标记宜用绿光(互补色)进行检测。光电传感器通常采用的光源见图 b。可见红光 650nm,可见绿光 510nm,红外光 800～940nm,不同的光源在具体应用中各有长处,在不考虑被测物体颜色的情况下,红外光有较宽的敏感范围<br>光电传感器的开关模式:光电传感器的输出(光强增强型或光强减弱型)的开关状态决定"亮态"操作或"暗态"操作两种模式。"亮态"操作是接收到光强增强时,光电传感器有输出;"暗态"操作是接收到光强减弱时,光电传感器有输出<br>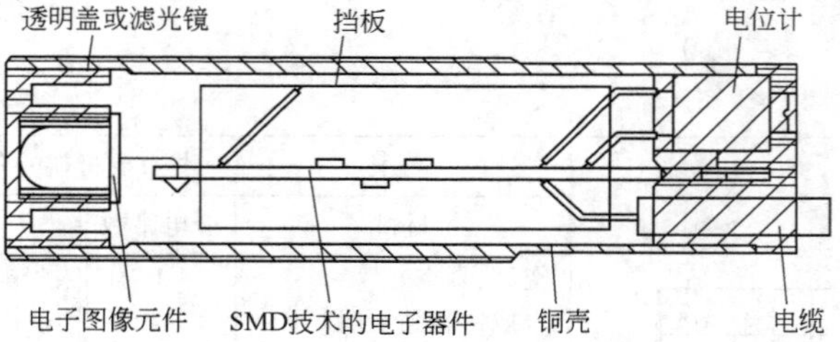<br><br>(a)<br>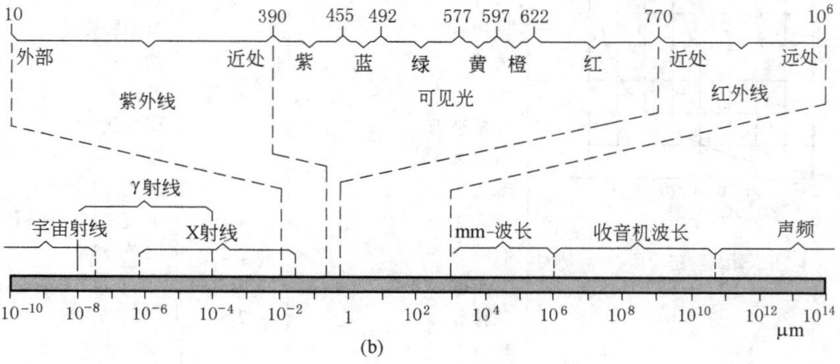<br><br>(b) |

续表

**类型 — 直接反射式传感器**

直接反射式光电传感器也被称为漫射式传感器,直接反射式光电开关集发光器和收光器于一体,当被检测物体经过时,将足够量的发光器发射的光线发射回收光器,于是光电开关产生检测信号。直接反射式"亮态"操作是物体出现,收光器收到光线。"暗态"操作是物体消失,光线被阻断

直接反射式光电开关的检测范围与被检测物体表面反射率有直接关系。当被检测物体表面光亮或透明时,直接反射式、聚焦式或定区域式光电开关是首选的检测模式

一些直接反射式光电开关没有透镜,检测距离很小,一般只有 130mm,但当用于检测表面光亮或透明的物体时非常可靠(毛糙表面不反射光或反射能力差故收光器收不到光)。最长达 1.8~2m(长距离),最小的有 0.08m

高反射率:二氧化钛 99%,柯达白色相纸 90%,白纸 70%

低反射率:碳 0.8%,黑纸 5%,柏油 5%~15%

**变型 — 聚焦式光电传感器**

聚焦式光电传感器(图 c)是直接反射式光电传感器的一种变型,只是发光器和收光器的透镜聚焦于特定距离的某点处。当被检测物体经过该点时,收光器将收到足够强的反射光线,光电传感器检测到并产生开关信号。聚焦式光电传感器"亮态"操作是物体出现,收光器收到光线;"暗态"操作是物体消失,光线被阻断

对透明物质的纠偏和定位来说,应首选聚焦式光电传感器,只要将被检测物质置于其检测深度范围即可。检测深度是指焦点两侧物质能被检测到的最大距离,且与物体反射率成正比关系

聚焦式光电传感器能检测低反射率物体,尤其还适于检测曲面物体的数量,如对在传送带上传送且相互间紧贴的瓶子计数

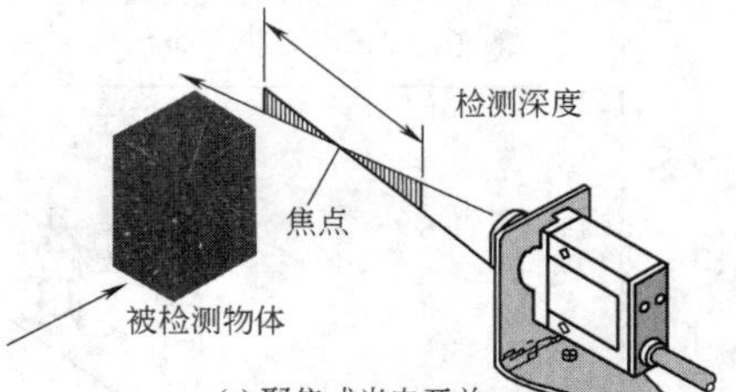


(c) 聚焦式光电开关

**变型 — 定区域式光电传感器**

定区域式光电传感器(图 d)是直接反射式光电传感器的另一种变型。这种光电传感器具有一个检测区域

定区域式光电传感器集一个发光器和两个收光器于一体,当被检测物体距该传感器距离增大时,1 号收光器接收到的光线强度将减小,而 2 号收光器接收到的光线强度将增大。只有当 1 号收光器收到的光线强度大于 2 号收光器收到的光线强度时,传感器才能检测到并产生开关信号。当 1 号收光器接收到的光线强度与 2 号收光器收到的光线强度相等时,被检测物与光电传感器的距离即为检测断面所在之处,所以在检测断面之外的物体将不引发检测开关信号。定区域式光电传感器"亮态"操作是物体出现,收光器收到光线;"暗态"操作是物体出现,光线被阻断

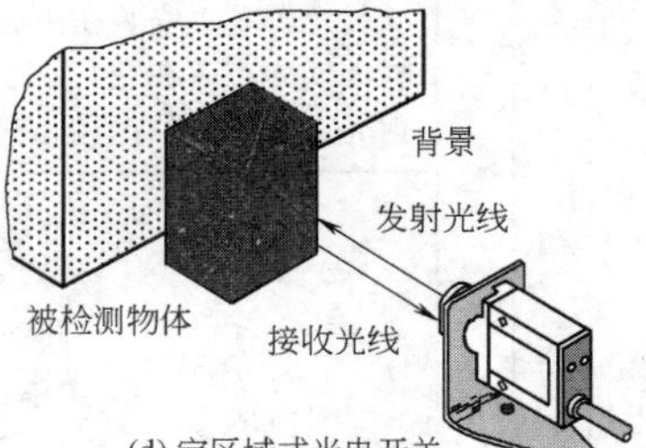


(d) 定区域式光电开关

**应用图例**

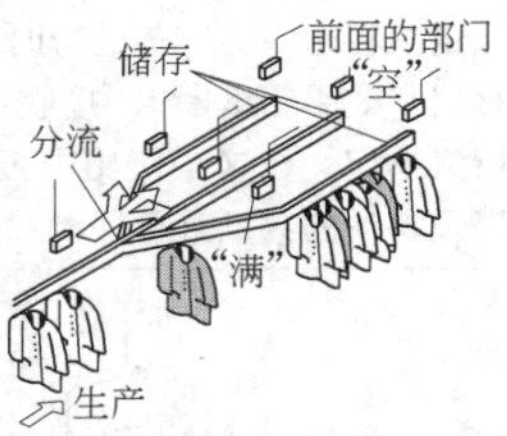


服装厂内将一些漫射式传感器组合在一起,控制服装的流向。漫射式传感器探测从生产部门送到的服装,每个储存支架上都安装了一些传感器探测装载的程度。如果某一支架上装满了衣服,下一个空着的支架就会移上去了

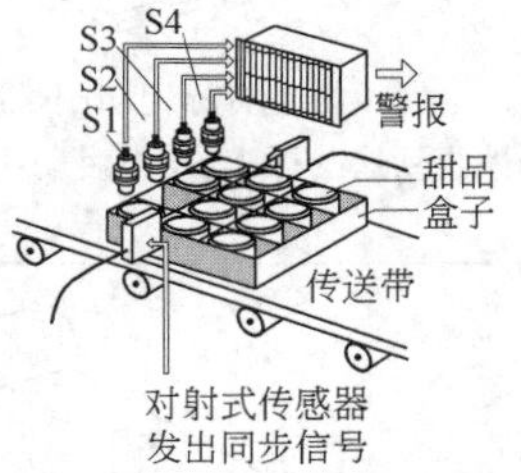


甜品放在盒内,分成 4 排,在传送带上移动。向发出同步信号的对射式传感器通电,S1~S4 这 4 个漫射式传感器检查每排甜品。这个步骤会重复 3 遍。如果并不是每排都装满了甜品,就会向过程控制发出警报

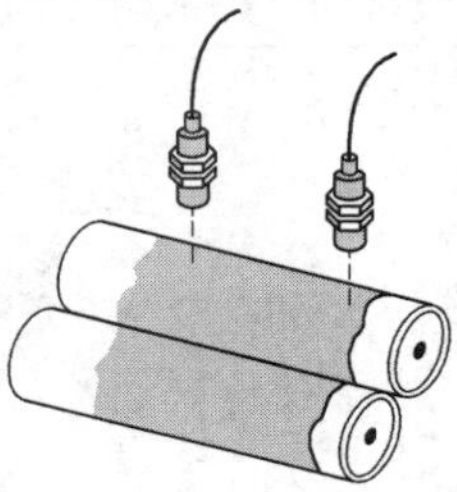

巧克力研磨设备的防干燥由漫射式传感器完成。如果研磨滚轮上的巧克力浆裂开,未涂巧克力浆的金属板就会相互摩擦。为了避免"干燥运转"带来的损坏,要用漫射式传感器监控该过程。深色巧克力浆吸收红外线光。如果巧克力浆裂开,未涂巧克力浆的滚轮表面就会反射光,传感器响应

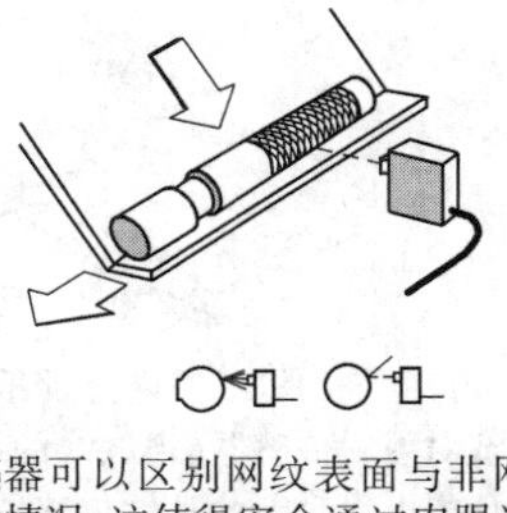

漫射式传感器可以区别网纹表面与非网纹表面在金属钉脚上折射情况,这使得安全通过肉眼进行控制变得可能

续表

| | | | | |
|---|---|---|---|---|
| 类型 | 直接反射式传感器 | 应用图例 | 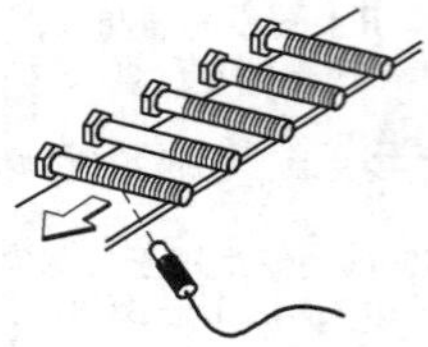<br>带与不带螺纹的圆形螺母在折射方面是不一样的。在螺钉生产中通过巧妙的排列传感器就能利用这一点。调节传感器，使它能注意到差别，并在探测到不带螺纹的螺母时发出一个信号 | 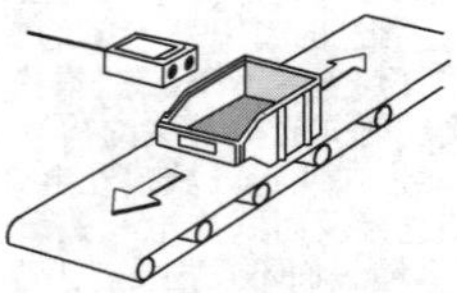<br>带方向识别功能的传感器根据盒子的运动方向区分哪些盒子装载了松散物。传感器只在盒子从左到右通过它的时候才会发出信号（盒子装载了物体）。已经清空且从右到左通过传感器（空载的盒子）不会被探测到 |
| | | | 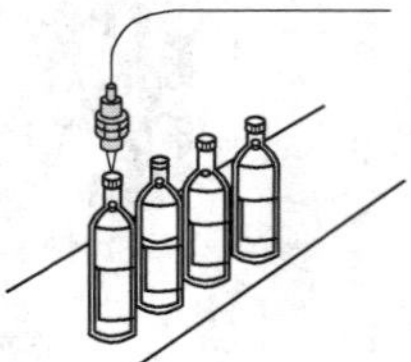<br>传感器垂直安装在传送带上，调节开关时间间隔，这样即使光束落在瓶口，瓶底也不会反射光束。瓶盖反射光束，传感器有所响应 | 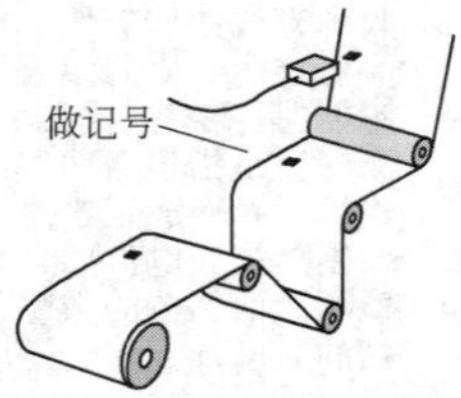<br><br>传感器可探测出沿固定长度裁开胶卷地方的记号。漫射式传感器探测胶卷上的记号，响应时间为3ms。传感器信号激活裁剪机 |
| | | | 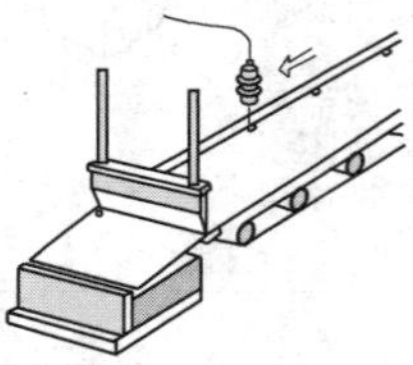<br>金属板材上有标记切割长度的标志。漫射式传感器探测到这些标志，发出启动切割的信号 | 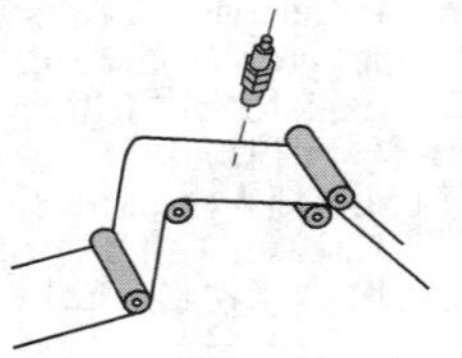<br>锡纸在送入滚筒传送带时，漫射式传感器监测是否有材料。如果锡纸断开，接收器不会接到任何信号，传感器无响应。在这个应用中，还可对透明、有颜色的材料以及抖动的锡纸进行探测 |
| | | | 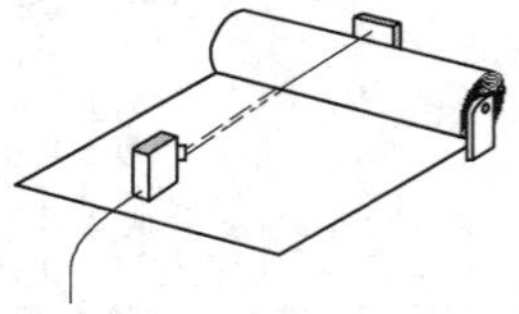<br>调节反射式传感器的位置，使其在纸筒即将变空的时候能发出一个信号，这可防止生产停止时间太长 | 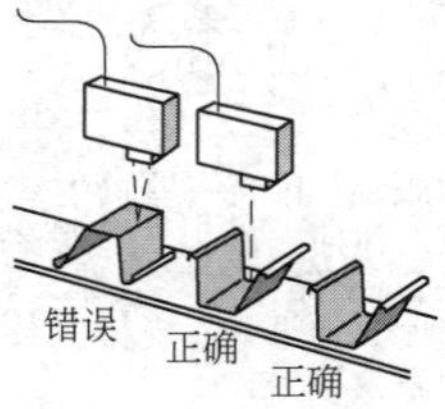<br><br>反射式传感器控制工件的位置 |
| | | | 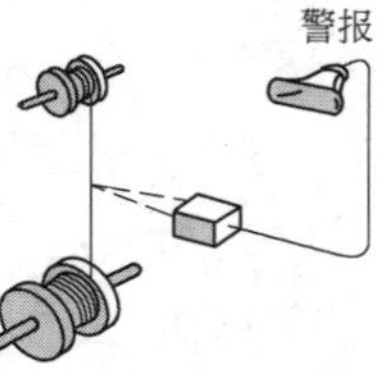<br><br>待卷绕的电线需进行断开控制。调节漫射式传感器或对射式传感器（视电线的厚度和之间的距离而定），使得电线没断的时候传感器能接受到发射器的信号。如果探测不到电线，传感器会指出电线断了。同样还可用于棉线、羊毛或乙烯线的状态检测 | <br>涡轮引擎的推进器会反射漫射式传感器的光束 |

续表

**类型 — 反射板式传感器**

**结构及原理**

反射板式光电传感器集发光器和收光器于一体(图 e)。发光器发出光线经过反射板反射返回收光器,当被检测物体经过且完全阻断光线时,光电传感器检测到并产生开关信号,如图 f 所示。反射板式光电开关最适用于检测大物体,如箱子、盒子等。反射板式传感器"亮态"操作是物体消失,收光器收到光线;"暗态"操作是物体消失,光线被阻断

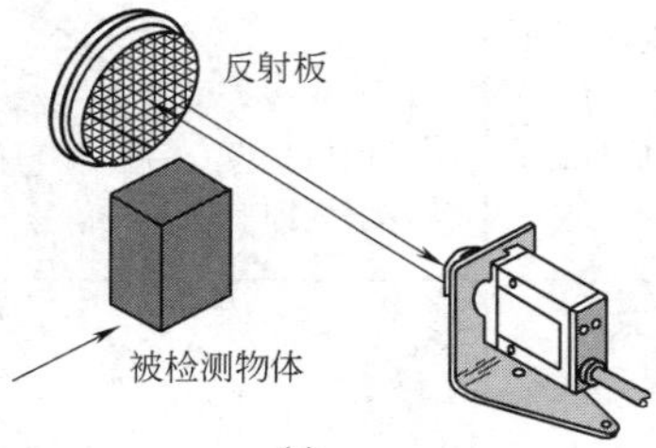

(e)

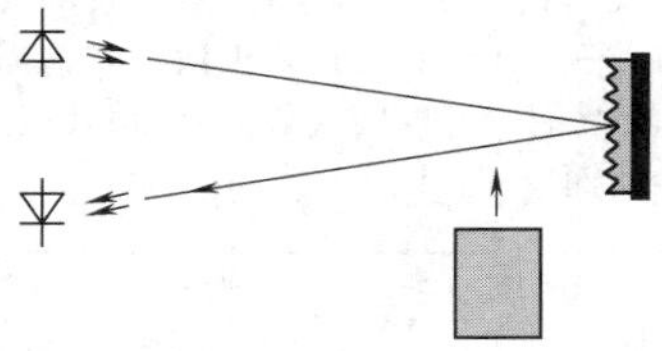
(f)

带偏光滤器:当反射板式光电传感器用于易导致错误信号的物体时(表面反射率较高的),必须使用带有偏光滤器的光电传感器,这种方式的光电传感器能够区分所接受的光线(也称偏振滤波器)是物体反射光,还是经过 90°偏转后从反射板反射回的光线

**检测距离、范围及工作裕量**

图 g 是部分不同尺寸、规格的反射板的检测距离的影响及其工作裕量曲线

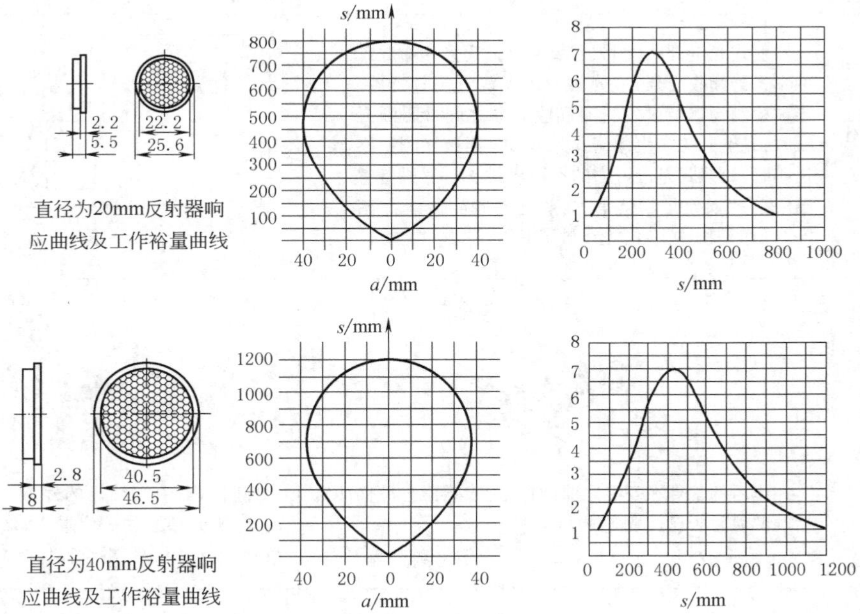

(g)

工作裕量:是指光电接收器接收超过正常所需的辐射能量值,如图 h 所示。由于灰尘的影响,物体的反射率改变或发射二极管的老化,工作裕量会随着时间的推移而逐渐减小,甚至不能正常工作。某些传感器配备了第二个 LED(绿色)显示,在传感器有效工作范围的 80%得到利用时,该 LED 亮起。而另一些传感器配有一个黄色 LED 显示,用以指示工作裕量不足时报警。这些都可以用来防止误操作的发生

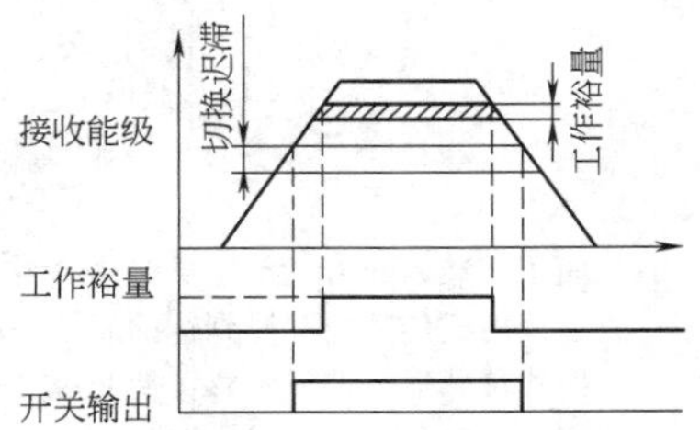

(h)

续表

| | | | | |
|---|---|---|---|---|
| 类型 | 反射板式传感器 | 应用图例 | 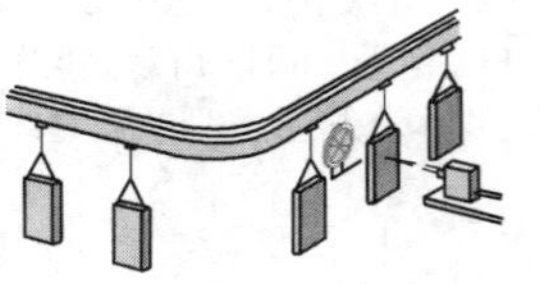<br>反射式传感器监测事先处理过的物体。这些物体挂在传送带上。在被送入上漆设备前需保持停止。如果湿的零件停止时间太长，会向预处理设备发出信号，命令后面应停止处理 | 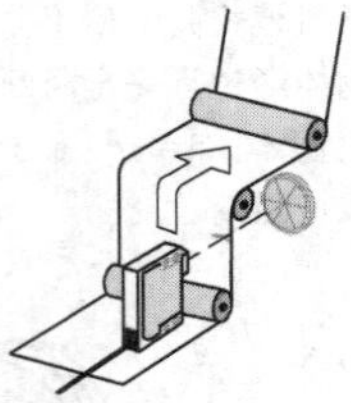<br>检查凸版卷筒材料边缘处是否有撕开或断裂的情况。如果光束穿过凸版卷筒上的撕口或裂口，反射式传感器立即发出一个信号 |
| | | | 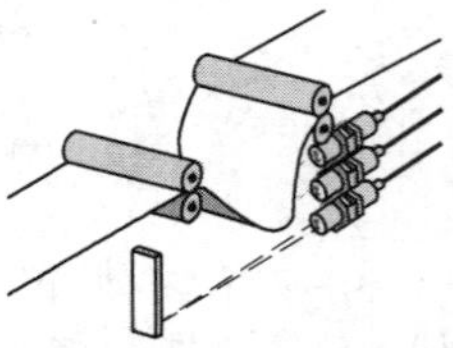<br>三个反射式传感器上下排列，单根光束的断开表明张力情况。传感器的输出信号传到驱动器控制，确保生产过程中张力保持恒定 | 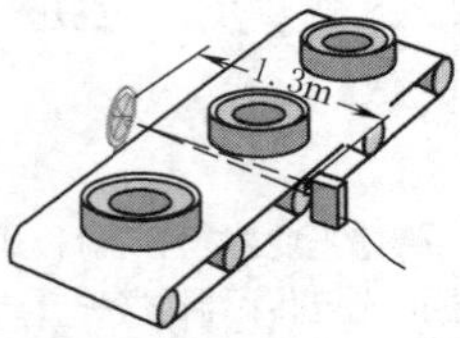<br><br>用反射传感器探测直径为1m的轮胎抵达传送带，信号的用途是计算生产量 |
| | 对射式传感器 | 工作原理 | 对射式光电开关（图i）包含相互分离且相对放置的发光器和收光器，发光器发出光线直至收光器。当被检测物体经过发光器和收光器之间且阻断光线时，光电开关产生检测开关信号。当被检测物不透明时，对射式是最可靠的检测模式。对射式传感器"亮态"操作是物体消失，收光器收到光线；"暗态"操作是物体出现，光线被阻断 | 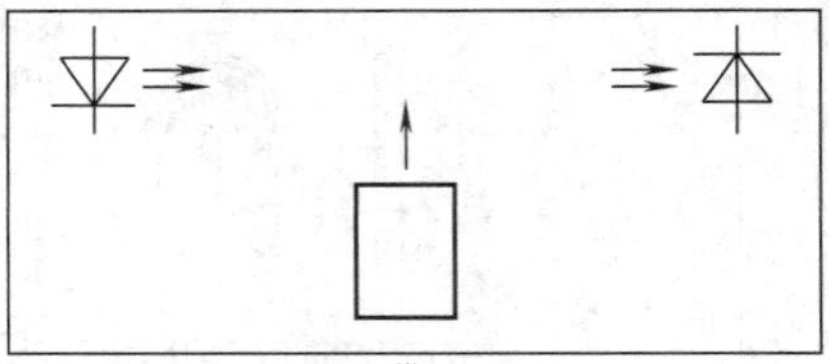<br>(i) |
| | | 应用图例 | 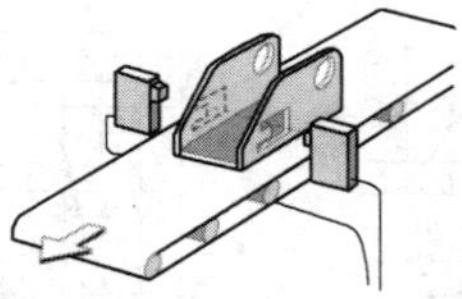<br>冲压后的工件在安装之前，对射式传感器会检查冲压后的凹块是否已经取走 | 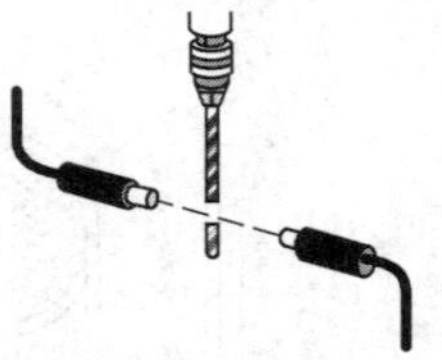<br>控制加工中心钻机的停顿。每个加工周期开始之前，钻机会移至测试位置，如果安装了钻头，会隔断光束，给出OK信号，继续操作 |
| | | | 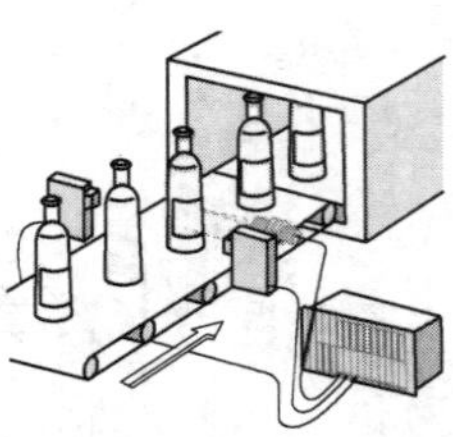<br>瓶子在装入纸箱之前，要对是否粘贴了标签进行检查。反射式传感器探测到达的瓶子，发出一个信号驱动对射式传感器。调节传感器使光束穿过瓶子，如果没有贴标签，就发出一个错误信号 | 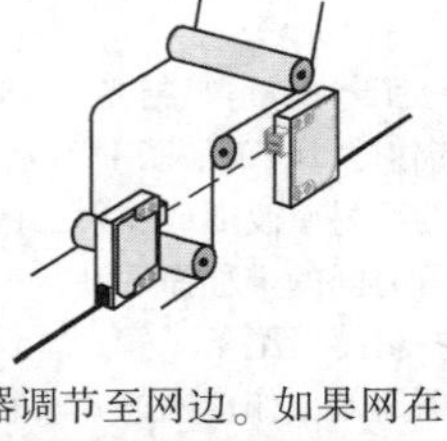<br>对射式传感器调节至网边。如果网在传感器感测范围内，光束被隔断，传感器发出信号，网边的运转得到纠正。该应用有助于防止网边倾斜或翘起 |

续表

**类型 — 对射式传感感 — 应用图例**

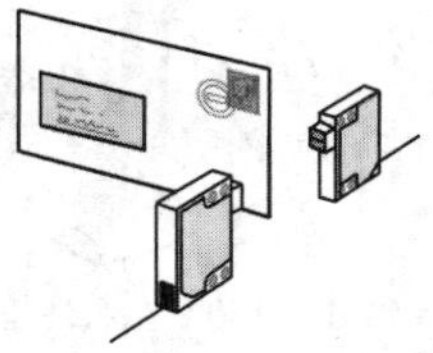

对射式传感器自动控制邮局信件的分拣

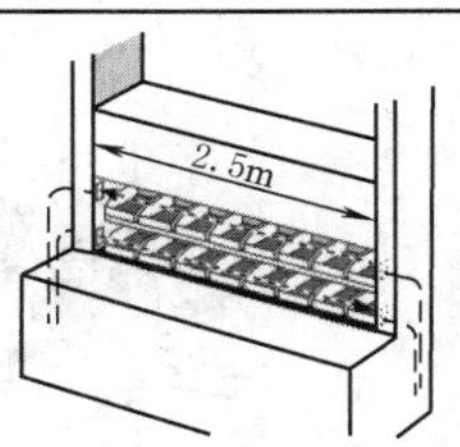


为了避免事故的发生，旋转仓库的触及区域安装了对射式传感器。一个传感器安装在区域上方，另一个安装在下方。如果有人在旋转期内接近仓库，对射式传感器会停止旋转。为了防止干扰，最好将发射器与接收器间隔排放。在这类应用中，通常使用常闭型传感器

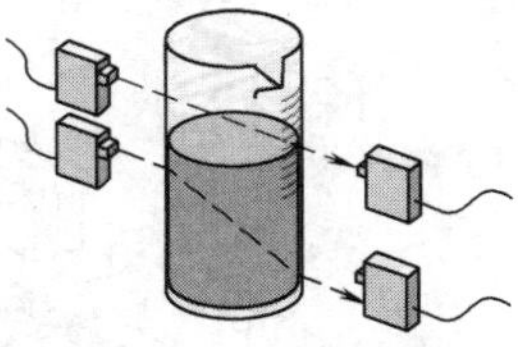

控制杯内液体的水平，当杯内无液体时，接受器直接接受发射器的红外光，而有液体时则折射一角度被接受

**类型 — 光纤传感器 — 结构及原理**

光纤电缆由一束玻璃纤维或由一条或几条合成纤维组成。光纤能将光从一处传导到另一处，甚至绕过拐角处。其工作原理是通过内部反射介质传递光线。光线通过具有高折射率的光纤材料和低折射率护套内表面，由此形成的光线在光纤内的反射式传递。光纤由芯部（高折射率）和护套（低折射率）组成。在光纤内，光被不断来回反射，产生全内反射，因而光能通过曲线路径，见图j。光纤传感器的应用示意见图k

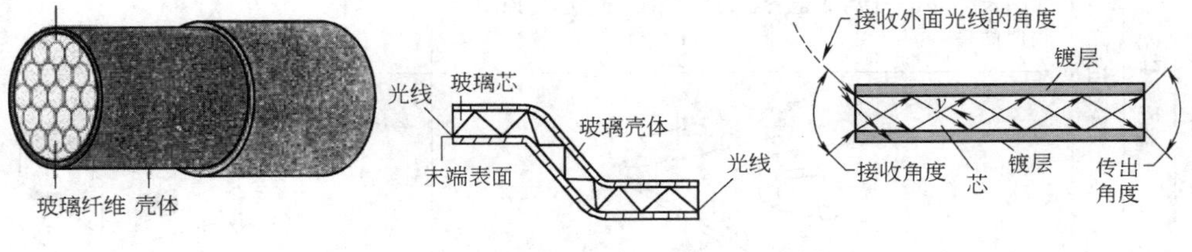


(j) 玻璃光纤结构

用塑料或玻璃光纤将检测光束导致被检测区域进行检测，单根光纤一般用于对射式检测，双股光纤一般用于直接反射式或反射板式检测

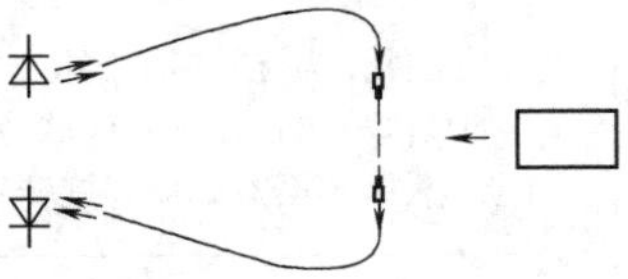

(k)

与光纤配套使用的光电传感器可以适用于多种应用，如：

① 检测小的物体　　⑤ 振动机器
② 有限的空间　　⑥ 有腐蚀性的大气
③ 较高的环境温度　　⑦ 固有的安全区域
④ 强电子场

玻璃光纤：

① 玻璃光纤可适应多种恶劣的检测环境，包括高温、高湿和腐蚀性环境
② 使用玻璃光纤可抗激烈的振动和冲击，同时具有抗电磁干扰的特性
③ 整体结构是由玻璃光纤、不锈钢、PVC、铜、硅胶和特氟隆材料组成
④ 可分对射式和漫射式两种光纤传感器产品
⑤ 外层：不锈钢软性导管　弯曲半径<25mm，温度-140～480℃
　　PVC 表皮　弯曲半径<12mm，温度-40～105℃
　　镀铬黄铜　弯曲半径<25mm，温度-20～250℃

塑料光纤：

① 在环境允许的条件下是玻璃光纤的廉价代用品
② 是检测小物体以及适应往复弯折运动检测环境
③ 可分对射式和漫射式两种光纤传感器产品
④ 外层：弯曲半径 25mm，温度-40～70℃（该数据仅作参考，更多规格的参数，请查阅各制造厂商的样本）

续表

| 类型 | | | | |
|---|---|---|---|---|
| 类型 | 光纤感应器 | 应用图例 | 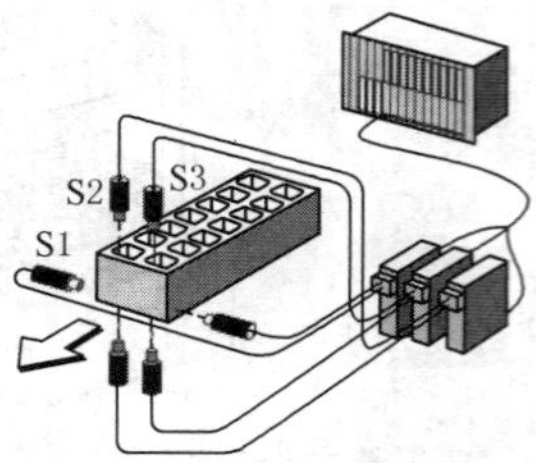 砖块生产后要检查是否全都剪切成形。这是由对射式传感器 S1(探测送到的砖块)以及另外两个检测剪切的对射式传感器 S2 和 S3 完成的。如果砖块到了 S1 的位置,传感器 S2 和 S3 必须发出 7 次信号以说明砖块通过检测 | 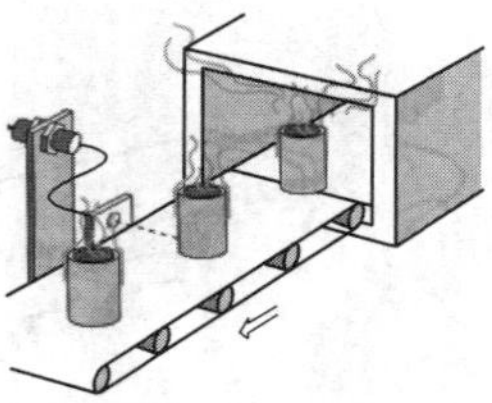 要对在 150℃左右环境温度下从搪瓷炉中刚送出的高温物体进行状态检测。环境温度很高,决定了非常有必要使用带金属罩的光纤电缆。在这种条件下,聚合光纤会融化 |
| | | | 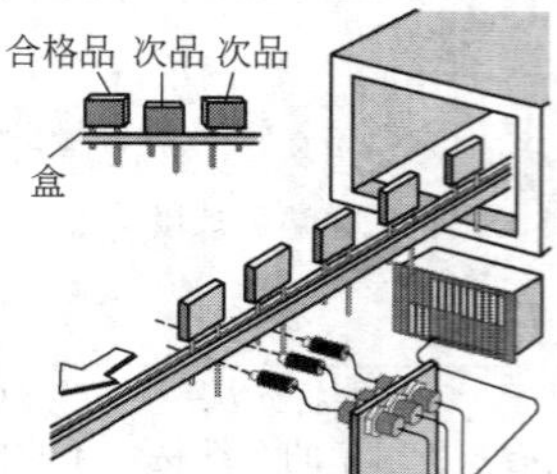 检查电容引线的侧面及盒内的提升是否调节正确。由漫射式传感器和光纤光缆完成。两个传感器检查引线的长度,第三个检查电容器之间的距离。连接控制器测评信号 | 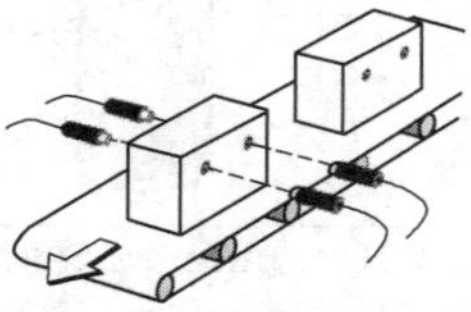 与光纤光缆相连的两个对射式传感器检查通过工件上是否有 2 个钻孔及其之间的距离。只有当两个传感器同时发出一个信号,才会在合适的位置钻孔 |
| | | | 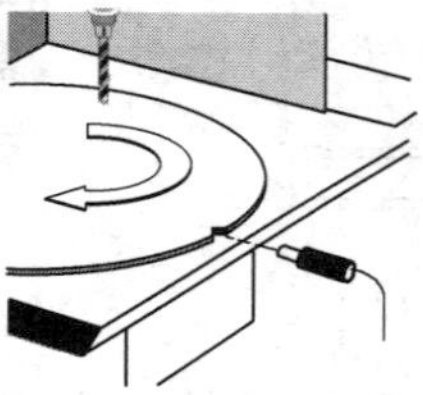 工件设为旋转时的定位。光传感器探测表面的反射,如果沟槽出现在感测区域,漫射式传感器探测不到光的反射,也不会有响应。旋转停止,零件完成定位 | 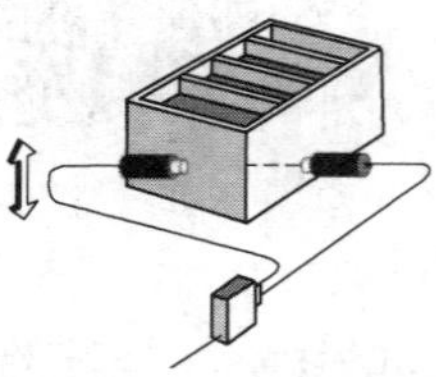 在对电池盒进行最后检测时,会对盒子边缘进行裂缝检测,以查找泄漏。这是由对射式传感器(带光纤光缆)完成的。调节传感器,就能检测到边缘处的裂缝 |
| | | | 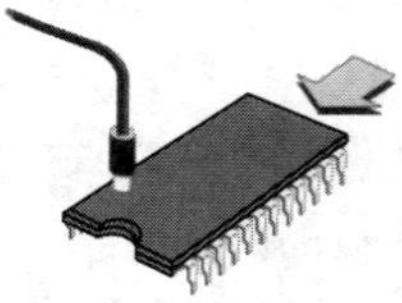 集成芯片在包装之前需对位置正确与否进行检查。带光纤光缆的漫射式传感器每分钟能检测 2000 个集成芯片外壳。位置不对的集成芯片被推了出去 | 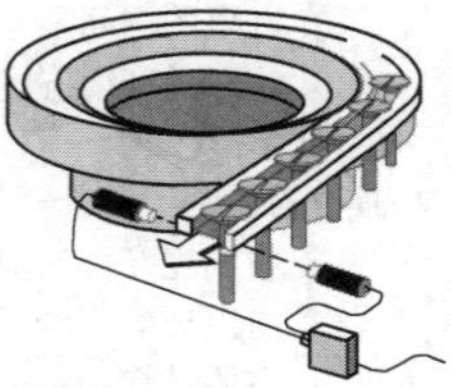 送料装置上安装了对射式传感器,能确切计算通过的螺钉的数目 |
| | | | 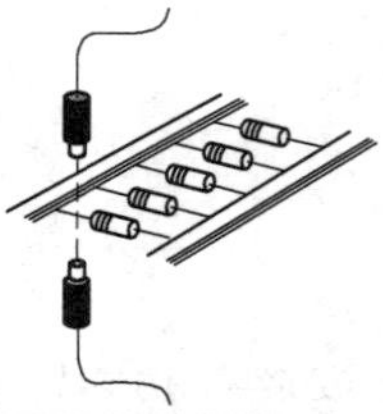 | 每分钟生产线上生产 10000 个电阻。为了实现对小型元件产量的准确计算,对射式传感器与光纤光缆相连,对齐放置,指向电阻 |

续表

**类型 — 颜色传感器 — 工作原理**

颜色传感器是漫射式传感器中的一种形式。颜色传感器的发光源有两种形式,一种是同时发出红(R)、绿(G)、蓝(B)光,见图 l,另一种是单一的白光,见图 m

单一白光源颜色传感器的工作原理:它是建立在使用一个光源的基础上,LED 发射可见白光,该传感器可远距离检测物体,与物体的尺寸大小无关。所检测的颜色被简单设置在示教程序内,为操作做准备。它会扫描该物体并与所记录的参考颜色进行比较,如匹配,则设定三个可用开关输出点的其中一个。由于颜色传感器具有五种可调公差值,所以它能最接近扫描到的颜色和最少偏离该颜色。该传感器也支持整个颜色范围的感测,这是一种非常灵活的方法,为印刷和绘画中不规则色彩结构的处理提供了很多方便

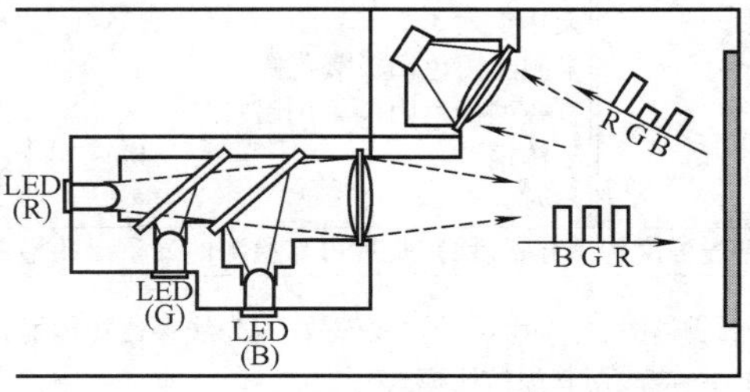

(l)

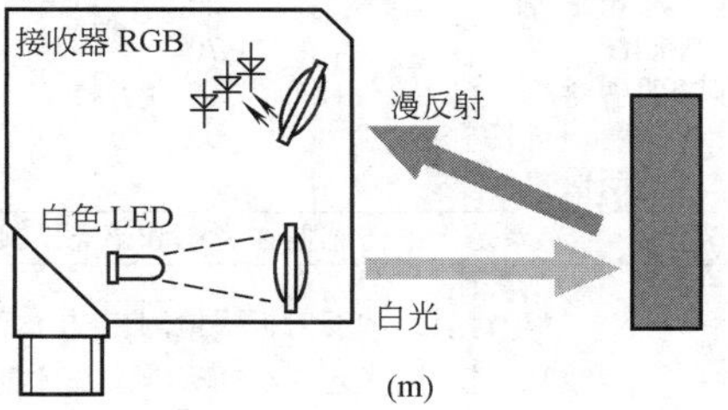

(m)

**类型 — 颜色传感器 — 主要技术参数**

以 Festo 公司的颜色传感器 SOEC-RT-Q50-PS-S-7L 为例,输出信号为 4~20mA 的模拟量信号,与测量距离成比例关系,检测范围为 80~300mm,采用激光可以进行精确的位置测量,距离的测量与被测物表面的颜色无关,分辨率差值为 0.1%,其他技术参数见下表

| | | |
|---|---|---|
| 技术参数 | 规格 | 50mm×50mm×17mm |
| | 工作范围/mm | 12~32 |
| | 光线形式 | 白光 |
| | 设置选项 | 示教功能<br>通过电接口设置示教功能 |
| 电参数 | 电接口 | 插头 M12×1,8 针 |
| | 工作电压范围/V DC | 10~30 |
| | 最大输出电流/mA | 100 |
| | 最大开关频率/Hz | 500 |
| | 短路保护 | 脉冲式 |
| | 极性容错保护 | 适用于所有电接口 |
| | 防护等级 | IP67 |
| 材料 | 壳体 | 丙烯酸丁二烯苯乙烯 |
| 工作和环境条件 | 环境温度/℃ | -10~+55 |
| | CE 标志(参见合格声明) | 符合 EU EMC 规定<br>符合 EU 低电压规定 |
| | 认证 | c UL us-Listed(OL)<br>C-Tick |

**类型 — 颜色传感器 — 应用图例**

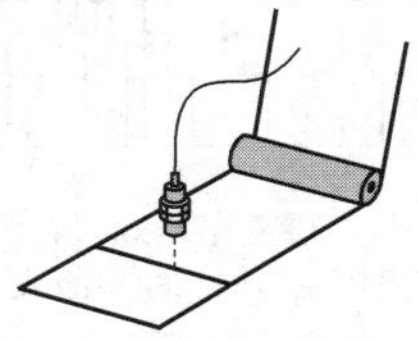

由于颜色与表面反差在折射方面的差异,甚至可能在一定程度上用标准照片传感器读取印刷记号。颜色或表面的巨大反差可用来探测纸张或塑料网上的黏合点

**过量增益**

过量增益是指光电传感器接收到的光强度超过启动光电传感器内放大器所需光能量强度的量度。过量增益系数见下表。系数为 1 代表启动光电传感器内放大器所需的最小能量;系数为 50 代表现时光电传感器收光器接受的光能量是启动放大器所需能量的 50 倍。对于反射率越低的物体,选择的过量增益的系数会较大,在一个特别干净的环境中,由于光电传感器的瞄准程度逐渐降低和 LED 因长时间工作而老化等原因,1.5 的过量增益系数将会是一个允许的安全系数

续表

过量增益

反射率及过量增益系数表

| 材料 | 反射率/% | 过量增益系数 | 材料 | 反射率/% | 过量增益系数 |
|---|---|---|---|---|---|
| 柯达片 | 90 | 1 | 不透明黑塑料 | 14 | 6.4 |
| 白纸 | 80 | 1.1 | 黑色橡胶 | 4 | 22.5 |
| 报纸 | 55 | 1.6 | 黑色泡沫地毯背面 | 2 | 45 |
| 餐巾纸 | 47 | 1.9 | 黑橡胶壁 | 1.5 | 60 |
| 硬纸板 | 70 | 1.3 | 未抛光铝面 | 140 | 0.6 |
| 洁净松木 | 75 | 1.2 | 天然铝面 | 105 | 0.9 |
| 干净粗木板 | 20 | 4.5 | 未抛光黑色阳极氧化铝 | 15 | 0.81 |
| 啤酒沫 | 70 | 1.3 | 直线型黑色阳极氧化铝 | 50 | 1.8 |
| 透明塑料瓶 | 40 | 2.3 | 不锈钢 | 400 | 0.2 |
| 半透明塑料瓶 | 60 | 1.5 | 木塞 | 35 | 2.9 |
| 不透明白塑料 | 87 | 1.0 | | | |

| | | |
|---|---|---|
| 可靠性检测的要素 | 光差 | 光差是光电传感器在亮态和暗态下接收到光强度的差异量度，是实现可靠检测的最重要的指标 |
| | 被检测物体的不透明性 | 对于对射式和反射板式检测，若检测透明的物体时，易产生误动作或失效，因光线穿透物体而被收光器接收，致使该检测过程因光差太小而失败。在此种情况下，应改用其他检测模式 |
| | 被检测物体的表面反射率 | 对于直接反射式、定区域式和聚焦式检测，光电传感器发出的光线需要被检测物表面将足够的光线反射回收光器，所以检测距离和被检测物表面反射率将决定收光器接收的光线强度，粗糙表面的反射率（如干净的粗木板）小于光滑表面反射率（如不锈钢），而且，被检测物表面必须垂直于光电传感器发射光线 |
| | 环境因素 | 见下文 |

环境因素：

光电传感器应用的环境将影响其长期工作的可靠性。光电传感器工作于最大检测距离状态时，因为光学透镜会被污染等原因，光电传感器将不可能长期可靠地工作，所以应根据产品自己的过量增益来确定最佳工作距离。如：在光学透镜易被污染或有烟、尘雾的环境中，光电传感器在应用中应保证更高的过量增益。每一个光电传感器都有一个相应的过量增益曲线，把这些曲线和一个简单的公式配合使用，就能估计出在不同条件下，每个光电开关的最大的可靠检测距离，下面将以轻度污染环境，举例说明

对于直接反射式光电开关，最大的可靠检测距离取决于被检测物体的表面反射率表和使用环境修正表

使用环境修正表

| 修正系数 | 环境状况 |
|---|---|
| 1.5 | 非常干净，在透镜和反射器上无污染 |
| 5 | 轻度污染和烟、灰尘 |
| 10 | 有污染，透镜和反射器上有油膜 |
| 50 | 有较大污染，有大量烟、灰尘，透镜和反射器上大量油膜 |

以德国 TURCK（图尔克）公司的 MB14-LU1-NP6X 传感器为例，当它检测印刷硬纸板，周围的环境为轻度污染时，从物体的表面反射率表和使用环境修正表中得出反射率 70%（过量增益系数 1.3）及相应的环境修正系数 5。两个系数相乘得出污染环境的过量增益系数：1.3×5=6.5

从图 n 过量增益与检测举例的曲线图得出，当污染环境的过量增益系数为 6.5 时，检测距离为 85mm

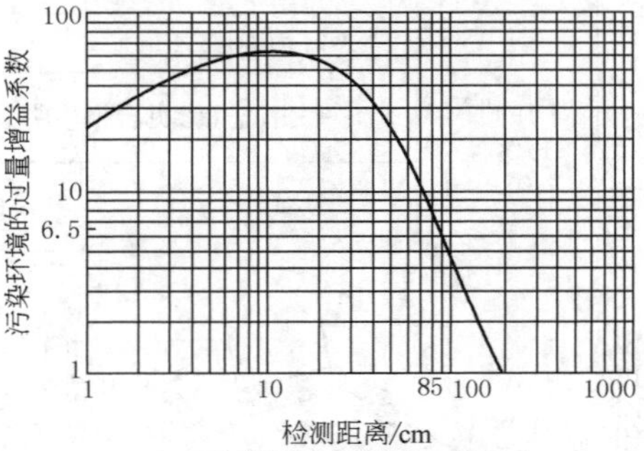


(n) 过量增益与检测距离曲线图

# 6 压力传感器

气压力达到设定值时，电触点便接通或断开的装置被称为压力传感器，也被称为压力开关或压力继电器，可

用于检测压力的大小、有或无，最高检测压力（气体为 25bar、流体可达 630bar）有开关量输出或模拟量输出（0~10V、4~20Ma）。压力传感器含真空压力的控制检测。压力传感器的类型、压力等级、主要技术指标见表 23-8-7。

**表 23-8-7**

| | | |
|---|---|---|
| 类型 | 压阻式 | 压阻式压力传感器的感测元件被夹在一个夹紧板上，压力感受是通过扩散或以离子型的硅蚀刻成半导体元件，它们在负载的情况下改变其电阻阻值 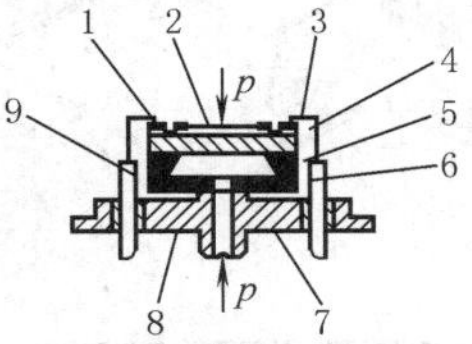  (a) 1—铝触点；2—钝化；3—压阻；4—Expitaxy 层；5—硅基；6—玻璃台；7—传感器壳体；8—金属连接层；9—连接层 |
| | 电容式 | 电容式压力传感器的电容可以改变，隔膜被设计成如电容器的面板。陶瓷膜的电容发生变化使相反电极产生倾斜的形变。传感器不能覆盖流体（当它进入系统时）。电容式压力传感器使用薄膜技术（用于电极结构）、厚膜技术（用于带信号处理）和微连接技术（用于陶瓷薄膜）等 |
| | 应变片式 | 由于采用了现代化技术，能高效地生产应变片压力传感器。如果使用夹持圆形膜片（测量膜片，通常由不锈钢制成）作为形变元件的话，可以使用插座形式的应变片。这些传感器元件非常小（如直径 7mm），测量栅格一圈上有四段，它们互相连接形成惠斯通电桥。变形元件规格的基础：拉伸应力 100μm/m＝有效负载 1% 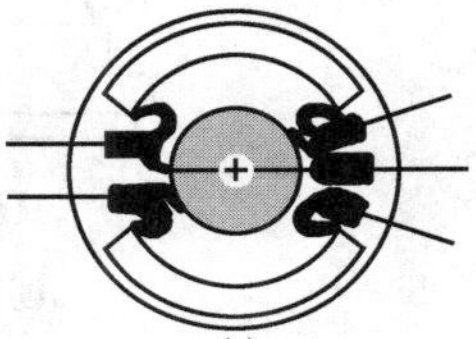 (b) |
| | 单片集成电路式 | 硅压力传感器适用的压力范围为 0~16 bar。使用薄膜技术和厚膜技术的压力传感器适用于整个压力范围。将它们与电子元件组合后还可实现示教功能。温度感应电阻可以集成在传感器结构中，用于检测介质的温度和补偿温度差。压力传感器的内部回路应力表组合形成压力感测桥。连接基本温度补偿（$R_1$、$R_2$） 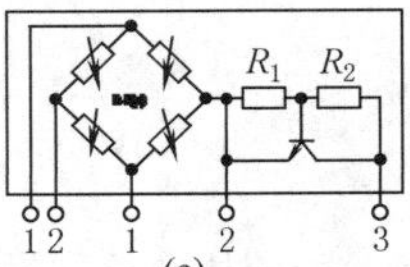  (c) 1—桥架输出电压；2—桥架电源；3—温度补偿 |
| | 机械式 | 可以将气信号转换成电信号，是一个转换开关。使用合适的大薄膜表面可以增加压力驱动力。可以调节开关压力的设备称之为压力开关 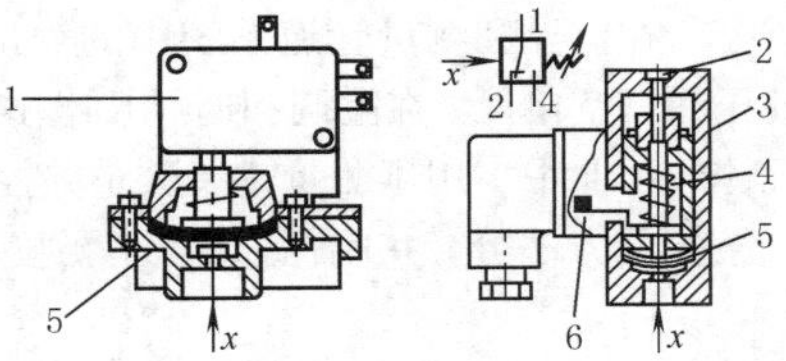  PE 转换器　压力开关 (d) 1—柱塞式微型开关；2—调节螺钉；3—活塞；4—压缩弹簧；5—隔膜；6—开关触点；x—气路方向 |
| 压力等级 | | 压力传感器按输入压力大小可分为低压型压力开关（-0.002~+0.25bar）、常压型压力开关（-1~+12bar）、高压型压力开关（-1~30bar）、超高压型压力开关（-1~630bar 或 800bar）；按输入信号可分为开关量输出信号或模拟量输出信号（0~10V 或 4~20mA）；按开关功能可分为常开触点或常闭触点；按信号显示功能可分为数字显示或指示灯显示；按电接口形式可分为方形插头（符合 DIN43650 标准 A 型、或 M12 圆插头 4 针）。按工作介质可分为专用于检测空气或检测多种流体介质（$CO_2$、$N_2$、氟里昂、润滑油、硅油） |
| 主要技术指标 | | ① 额定工作压力范围、设定工作压力范围、环境温度及工作介质温度、电源电压（DC、AC）、防护等级<br>② 迟滞（可调迟滞、上下限比较模式）、重复精度及线性，以及显示精度<br>③ 最大输出电流及与上位机的匹配（包括 PNP、N 或 NPN），或对所需检测压力进行编程、显示<br>④ 开关时间，触点型式（机械式最大输出电流达 5000mA、触点容量大、触点寿命短，电子式最大输出电流达 150mA、触点寿命长）<br>⑤ 防爆特性 |

续表

| | |
|---|---|
| 应用图例 | 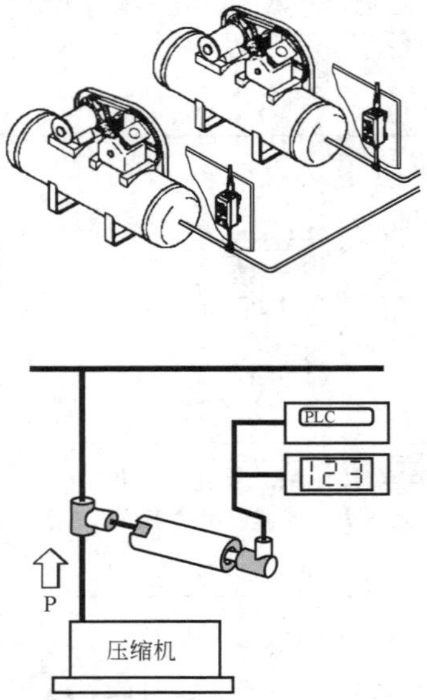<br>(e) 带显示功能的压力传感器SDE1作为基本压力监控元件安装在压缩机上<br>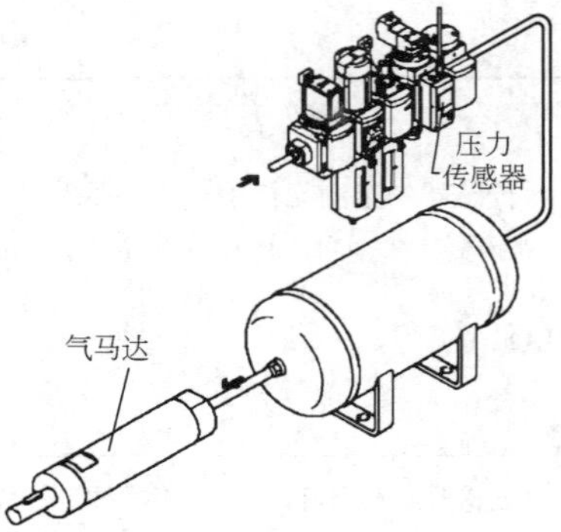<br>(f) 带显示功能的电子式压力传感器被安置在气源处理三大件上，实施对压力变化的监控并可控制气马达的操作 |

# 7　流量传感器

流量是指流体在单位时间内流过设备的数量，体积流量 $q_V=V/t$，质量流量 $q_m=m/t$。工业的生产过程中许多情况需测量流体实际流量及变化状态。如：在监控冷却液和润滑剂回路中，用于连续监控水冷点焊枪，如果冷却液耗完，这将导致焊点含糊不清，更有甚者，还会损坏焊枪尖端。因此，使用压力传感器和流量传感器对冷却液的进给和返还流量进行监控。在监控和测量管道系统中的输出流量，如水分配系统（防止泵枯竭）、放电监控、泄漏检测、伐木工业中液压和真空单元。在空调和通风技术中，用于监控通风系统、空调、过滤技术和风箱。在过程工程与使用液体和气体的工业中，用于测量罐装数量并控制流量。

流量传感器的种类（按测量方法分）、工作原理、主要技术参数及应用图例见表 23-8-8。

**表 23-8-8**

| | | | | |
|---|---|---|---|---|
| 测量方法 | 容积式 | 直接式 | 直接式容积流量计利用旋转测量空间方法和旋转活塞就可测得介质的容积(图 a) | 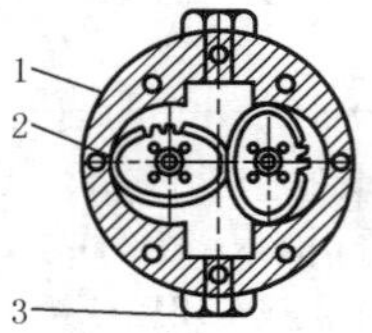<br>(a)<br>1—壳体；<br>2—椭圆形齿轮(不锈钢或塑料)；<br>3—接口 |
| | | 间接式 | 间接式容积流量计包括由流体运动设定的叶轮流量计。旋转数量近似于流量。旋转频率由磁场测得，再乘上输出室体积就可得到体积流量 | 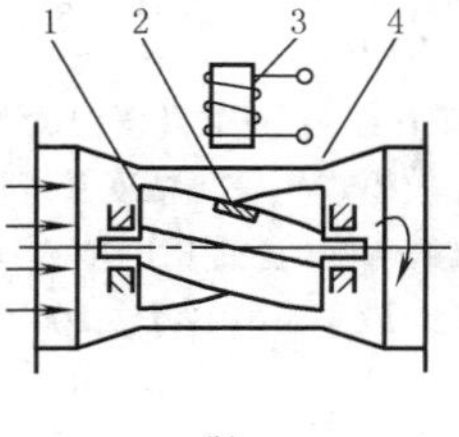<br>(b)<br>1—涡轮；<br>2—永磁体；<br>3—线圈；<br>4—流量管 |

续表

| | | | | |
|---|---|---|---|---|
| 测量方法 | 压差式 | | 压差式压力测量原理：采用流体在通过窄横截面时导致速度增加的物理变化特性。不同的孔径起着横截面收缩的作用。通过计算压力 $p_1$（孔前）和 $p_2$（孔后）之间的压差得出流量。该测量方法特别适用于液体和气体的大流量、高压、高温和腐蚀性介质中。然而，对于小流量而言，量热式测量方法更适合。60% 的孔板系统适用于工业应用场合 | 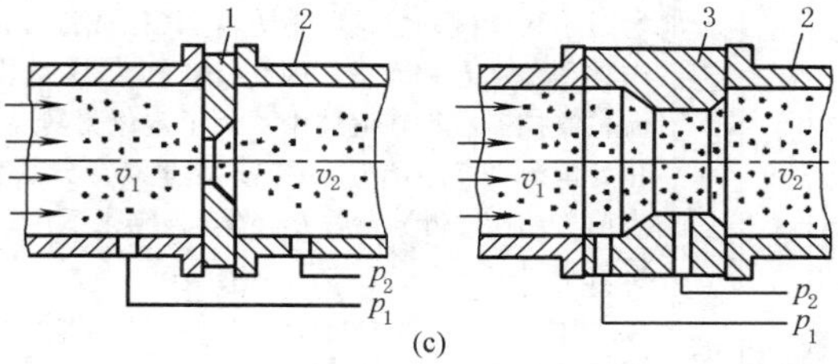(c)<br>1—标准孔板；2—流量管；3—文丘里喷嘴 |
| | 磁感式 | | 利用在磁场中可移动的电荷 $Q$ 产生的力测量流量。磁体产生磁感应强度 $B$，所需的电荷 $Q$ 以离子的形式存在于液体中，其两个相反的电极产生了电压。被测物在绝缘管道内流动，测量传感器从大量干扰噪声信号中分离出所需信号，所需的电压信号与平均流速成比例。为了使测量误差最小，将 3~5 倍的流量管直径区域作为稳定区域，同样适用于主要横截面的变化处或弯曲处。稳定区域长度的参考值还应用于大多数流量传感器中，因为有用的可靠信号只可在稳定流体区域（层流）中测得 | 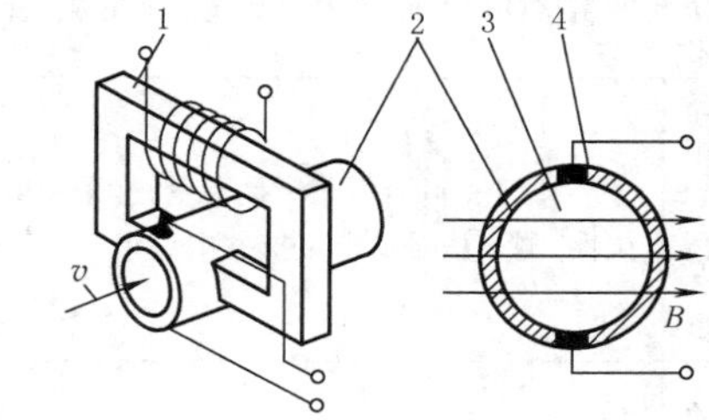(d)<br>1—电磁线圈；2—绝缘管道；3—流动介质；4—电极<br>$B$—磁感强度；$v$—流量 |
| | 基于Coriolis原理 | | 当流体通过 U 形流量管时就会产生 Coriolis 力（科里奥利力）。电磁转换器会引起流量管的振动，即使流量管中没有流体经过，也会产生振动。当介质流动就会保持振动模式，在肘接处引起振动，产生 Coriolis 力。电磁转换器测量应用灵敏励磁转换器，测量角度与质量流量成比例。因此，无需将体积流量转换成质量流量，可直接获得质量流量，单位为 kg/h。该方法也适用于中小型流量计测量流量，其测量精度大约为 0.5 %。以 Coriolis 力为基础的测量设备虽然很昂贵，但它可用于流量极小、短期测量、脉冲式流体、高温、低温、流量管未完全装满和高压等应用场合 | 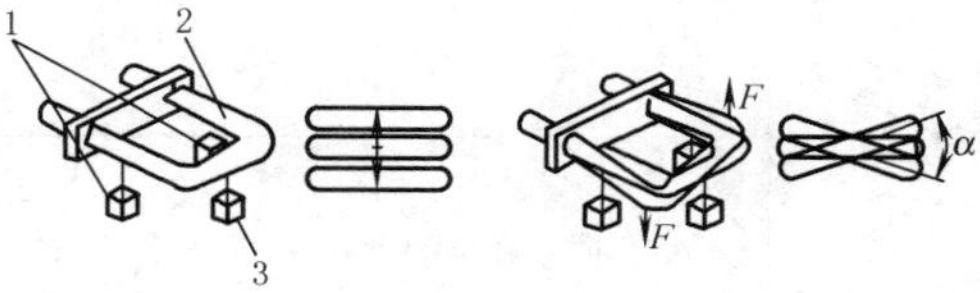介质不流动　　介质流动<br>(e)<br>1—转换器（校核扭矩）；2—流量管；3—励磁转换器 |
| | 使用超声波技术 | 原理 | 超声波能使您看清液体的内部，并可测得体积流量。这是由于声波能在流动的液体中传播，并随着传输介质的流速改变而改变。超声波流量计在流量管外部使用。为了将超声波技术用于既紧凑又便宜的流量计中，研发了超声波电容阵列膜，该膜由微系统技术进行生产。传感器和电子元件应集成于单个芯片上<br>对于传播时间法（传播原理）而言，液体必须是“洁净的”。两个探测器（相互呈 45°角）来回交替发送超声波信号见图 f。与流动方向相反的信号速度减慢，而与流动方向同向的信号速度加快。传播时间的差异（频率差异）不受物质和温度的影响，而与流速有关 | 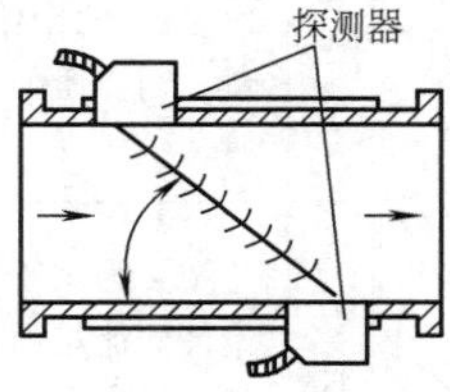(f) |
| | | Doppler 测量方法 | 对于 Doppler 测量方法而言，声音信号经由空气气泡或固体粒子反射获得。然而，对于反射物而言，这些粒子不能太小。反射体的相关运动（如高频）将声波压缩成短波。不同的频率变化直接成比例地反映在流速上。根据流量管的横截面和流速确定流量 | 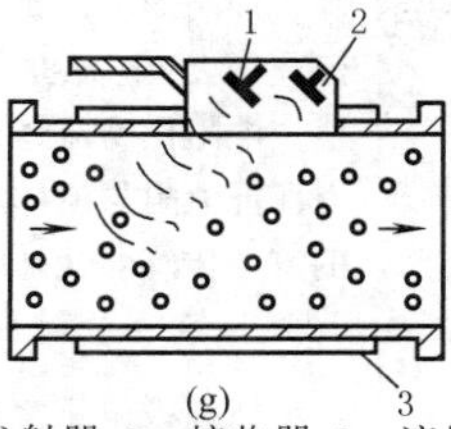(g)<br>1—发射器；2—接收器；3—流量管 |
| | | 漂移方法 | 对于漂移方法而言，定向声束的偏移是由流体引起的。因此，两个接收器存在输出振幅差异。当速度矢量在纵向和横向上叠加时，大量测量方法的运动模式可作图解说明 | 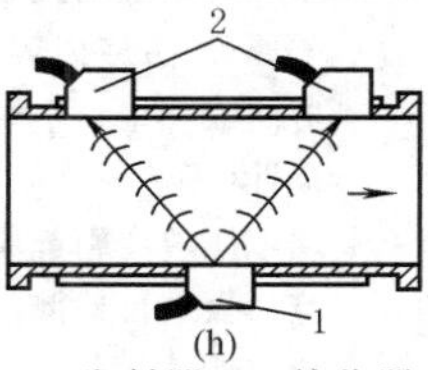(h)<br>1—发射器；2—接收器 |

续表

| | | | |
|---|---|---|---|
| 测量方法 | 量热式 | 原理 | 对于热能型的流量测量方法，气体或液体的体积流量取决于温度，从中得到温度差和变量。因此，该测量方法是热交换的量化过程。图i中，流量监控器浸没在流体中。为了避免测量误差，应在弯曲处或横截面变化处留出一段距离 $L$。量热式流量测量方法稳定区的最小长度为：测量点前 $L=10D$，测量点后 $L=6D$。该结果适用于测量装置中低湍流和主要层流中 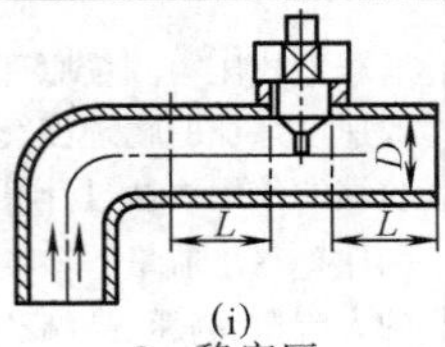  (i) $L$—稳定区 |
| | | 电热丝技术 | 该方法以热交换为基础。电热金属丝（温度依靠电阻）被用于气流中，并被冷却。对于热量以及热金属丝提供的阻抗的电数据与流速及横截面的流量（流量管内完全充满流体）有关 |
| | | 使用热电检测量 | NTC热变阻器用于流量测量，并采用电加热。通过流体冷却达到平衡状态。传感器的主要温度决定它的电阻抗性，测量信号从电阻抗性中获得 |
| | | 使用PTC热变阻器 | 采用PTC热变阻器使热源冷却下来。该变阻器与温度有关，并变得越来越耐高温了 |
| | | 以加热技术为基础 | 对于质量流量的评估来自于热平衡方法。该装置使用了一个加热元件和两个温度传感器。原理如图j所示，测量结构由芯片上的薄膜电阻构成。温度传感器S1测量流体的初始温度，元件H进行加热，温度传感器S2测量加热流体的温度。当加热输出端温度恒定时，两个传感器所测得的温度的温差就是体积流量。当介质处于静止状态时，温差为零 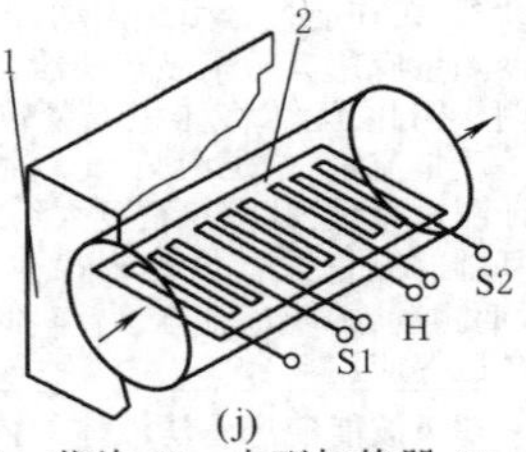  (j) 1—流体通道；2—芯片；H—小型加热器；S1—温度传感器；S2—温度传感器，用于测量输出温度 |
| | | 使用热膜流速计 | 图k为用于气体（压缩空气）的量热式质量流量计。流量通道或旁路中的铂片电阻平行分布于流体中。加热电阻器处于流体流动中并被冷却。控制器可以确保恒定的温度。因此，如果流速增大，电流也就增大，从而得到质量流量值。电阻作为流体温度的参照对象，控制器可以保证电阻与流体间的温差为恒定值。FESTO的流量传感器就是以此为原理的 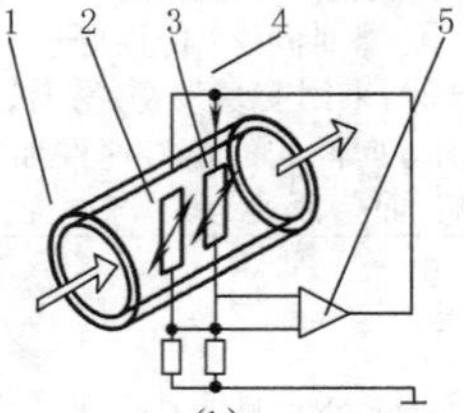  (k) 1—流体通道；2—薄膜电阻，用于测量流体温度；3—薄膜加热电阻器；4—加热电流；5—控制器 |
| | | 涡流流量法 | 流体挡板位于流道中，使流体流动产生涡流。漩涡的数量与流速成比例。图l说明了传感器的原理，带应力表的挡板位于流体中，并与层流方向成直角。空气流动时就会产生漩涡，并呈周期性（涡流频率）。该过程由局部压差交替产生，局部压差会引起柔性流体挡板发生振动。可由应力表进行检测。脉冲中断的频率与体积流量成比例 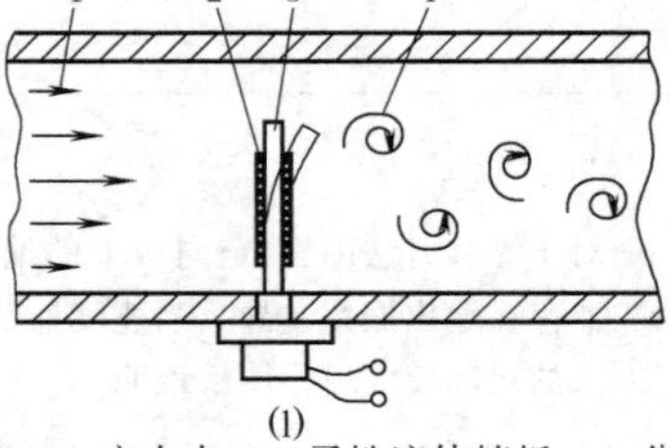  (l) 1—层流；2—应力表；3—柔性流体挡板；4—分离漩涡 |

第23篇

续表

<table>
<tr><td colspan="2">主要技术参数</td><td>流量传感器主要技术参数是流量规格(不同流量的有不同的应用),从单向流量检测分为低流量(0.05~0.5 L/min,0.1~1L/min,0.5~5L/min,1~10 L/min,5~50 L/min),中流量(10~200L/min),大流量(200~5000L/min)数种规格,还有从双向流量检测分,流量较小的规格有-0.05~+0.05 L/min,-0.1~+0.1 L/min,-0.5~+0.5 L/min,-1~+1 L/min,-5~+5 L/min,-10~+10 L/min。电输出有数字量输出(2×PNP、2×NPN)、模拟量输出(1~5V),在全范围内线性误差5%F.S,重复精度≤1%~2%F.S,响应时间<1s,工作压力-0.7~+7bar,介质温度0~50℃。工作介质:小流量为0.01μm、中流量及大流量为40μm,有数字显示或LED指示灯显示等。详细资料见各气动制造厂商样本</td></tr>
<tr><td rowspan="3">应用图例</td><td>小流量传感器</td><td>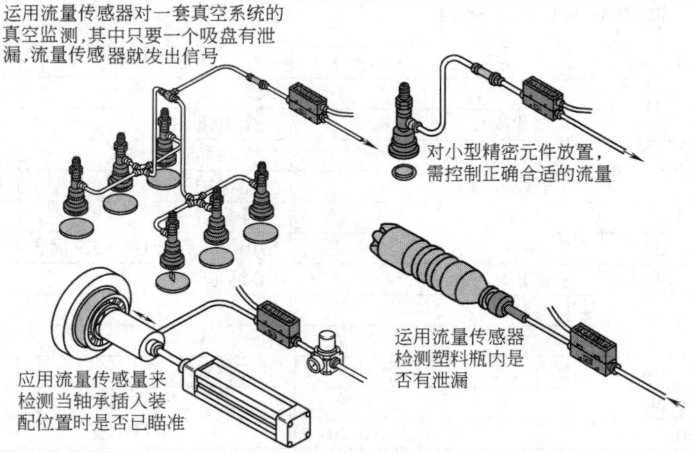
</td></tr>
<tr><td>中流量传感器</td><td>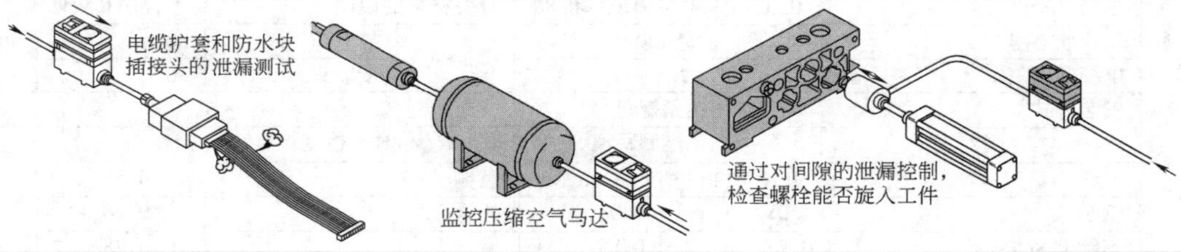
</td></tr>
<tr><td>大流量传感器</td><td>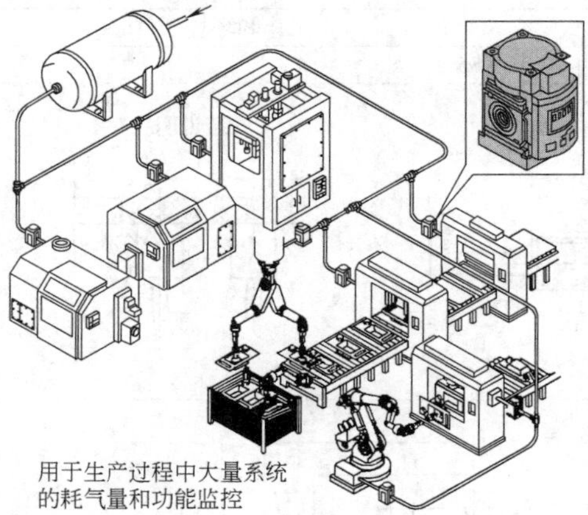
</td></tr>
</table>



# 8 传感器的产品介绍

## 8.1 电感式接近传感器SIEN-M12(Festo)

Festo公司电感式传感器有标准检测距离的传感器和加长检测距离的传感器，从外形上来说，有外壳是公制螺纹系列或外形为长方形结构系列，SIEN-M12是外壳为公制螺纹系列传感器的一种规格（该系列有M5、M8、M12、M18、M30等规格）。

**表 23-8-9**

**原理图与外观图**

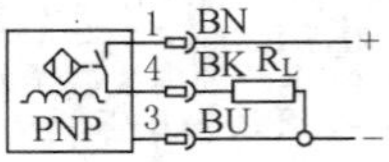


例如：带PNP输出和电缆的常开触点

外观图

**主要技术参数**

| 安装方式 | 齐平 | 非齐平 | 安装方式 | 齐平 | 非齐平 |
|---|---|---|---|---|---|
| **电参数** | | | | | |
| 开关元件功能 | 常开或常闭 | | 残余电流 /mA | ≤0.01 | |
| 开关输出 | PNP 或 NPN | | 最大切换频率 /Hz | 1200 | 800 |
| 电连接 | 电缆或插头 | | 短路保护 | 有,脉冲式 | |
| 工作电压范围 /V | DC:15~34 | | 极性容错保护 | 用于所有的电接口 | |
| 最大输出电流/mA $T<50℃$ | 200 | | 防护等级,符合 EN 60529 标准 | IP67 | |
| 最大输出电流/mA $T<85℃$ | 150 | | CE 标记 | 89/336/EEC(EMC) | |
| 电压降 /V | ≤3.2 | | | | |
| **结构** | | | | | |
| 额定检测距离 $S_n$/mm | 2 | 4 | 安装位置 | 任意 | |
| 可靠检测距离 $S_a$/mm | 1.62 | 3.24 | 材料 外壳 | 黄铜,镀镍 | |
| 切换点的重复精度 /mm | ±0.10 | ±0.20 | 材料 电缆护套 | 聚氨酯 | |
| 迟滞 /mm | 0.02~0.44 | 0.03~0.88 | 有关材料的说明 | 不含铜和聚四氟乙烯 | |
| 切换状态显示 | 黄色 LED | | 质量/g 带电缆 | 80 | 80 |
| 电缆长度 /m | 2.5 | | 质量/g 带插头 | 30 | 30 |
| 安装方式 | 用锁紧螺母 | | | | |
| **额定检测距离 $S_n$ 的修正系数(相对于检测板)** | | | | | |
| 材料 | SIEN-M12B… | SIEN-M12NB… | 黄铜 | $0.5S_n$ | $0.5S_n$ |
| 钢 St37 | $1.0S_n$ | $1.0S_n$ | 铝合金 | $0.4S_n$ | $0.5S_n$ |
| 不锈钢 St 18/8 | $0.7S_n$ | $0.8S_n$ | 铜 | $0.2S_n$ | $0.4S_n$ |
| **工作和环境条件** | | | | | |
| 环境温度 /℃ | −25~+85 | | | | |

**外形及安装尺寸**

**齐平安装　电缆**

**安装说明**

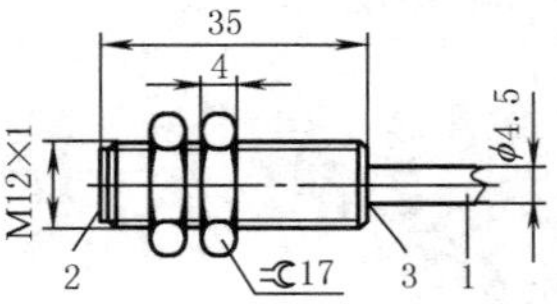


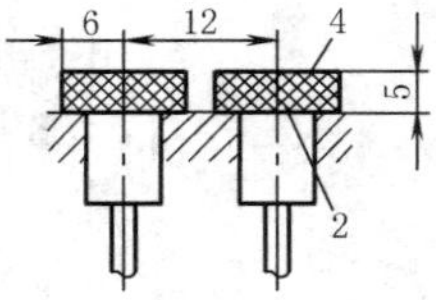


1—3 芯电缆,2.5m 长；
2—检测面；
3—黄色 LED,用于切换状态显示；
4—非金属区

**齐平安装　插头**

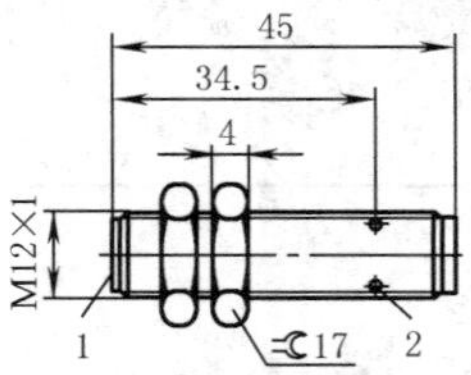


1—检测面；
2—4 个黄色 LED,用于切换状态显示

**非齐平安装　电缆**

**安装说明**

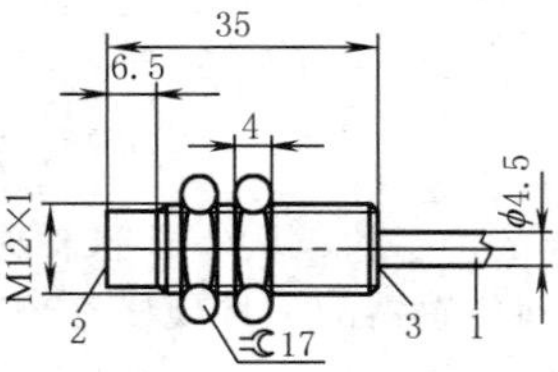


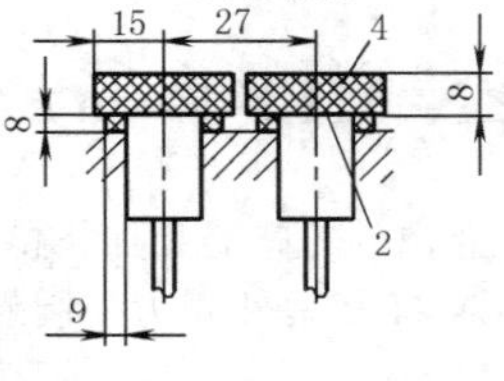


1—3 芯电缆,2.5m 长；
2—检测面；
3—黄色 LED,用于切换状态显示；
4—非金属区

续表

| | | | | |
|---|---|---|---|---|
| 外形及安装尺寸 | 非齐平安装 | 插头 | 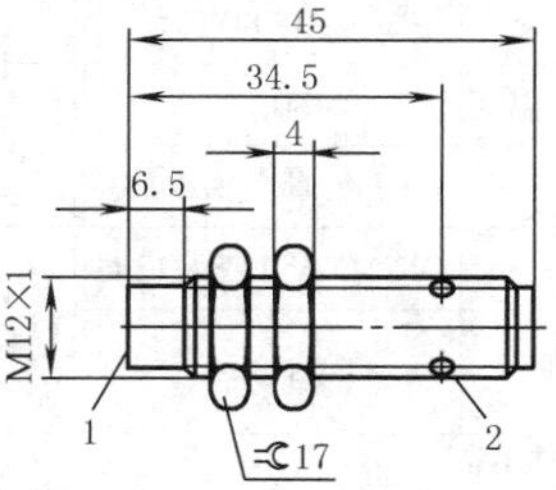 | 1—检测面；<br>2—4 个黄色 LED，用于切换状态显示 |
| | 针脚分配 | 用于带插头型传感器<br>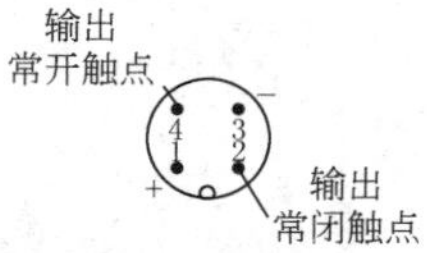 | | |

| 订货数据 | 开关输出 | 电连接 | | 电缆长度 | 安装 | | 订货号 | 型号 |
|---|---|---|---|---|---|---|---|---|
| | | 电缆 | 插头 M12×1 | /m | 齐平 | 非齐平 | | |
| | 常开触点 | | | | | | | |
| | PNP | 3 芯 | — | 2.5 | √ | | 150402 | SIEN-M12B-PS-K-L |
| | | — | 3 针 | — | √ | | 150403 | SIEN-M12B-PS-S-L |
| | | 3 芯 | — | 2.5 | | √ | 150410 | SIEN-M12NB-PS-K-L |
| | | — | 3 针 | — | | √ | 150411 | SIEN-M12NB-PS-S-L |
| | NPN | 3 芯 | — | 2.5 | √ | | 150400 | SIEN-M12B-NS-K-L |
| | | — | 3 针 | — | √ | | 150401 | SIEN-M12B-NS-S-L |
| | | 3 芯 | — | 2.5 | | √ | 150408 | SIEN-M12NB-NS-K-L |
| | | — | 3 针 | — | | √ | 150409 | SIEN-M12NB-NS-S-L |
| | 常闭触点 | | | | | | | |
| | PNP | 3 芯 | — | 2.5 | √ | | 150406 | SIEN-M12B-PO-K-L |
| | | — | 3 针 | — | √ | | 150407 | SIEN-M12B-PO-S-L |
| | | 3 芯 | — | 2.5 | | √ | 150414 | SIEN-M12NB-PO-K-L |
| | | — | 3 针 | — | | √ | 150415 | SIEN-M12NB-PO-S-L |
| | NPN | 3 芯 | — | 2.5 | √ | | 150404 | SIEN-M12B-NO-K-L |
| | | — | 3 针 | — | √ | | 150405 | SIEN-M12B-NO-S-L |
| | | 3 芯 | — | 2.5 | | √ | 150412 | SIEN-M12NB-NO-K-L |
| | | — | 3 针 | — | | √ | 150413 | SIEN-M12NB-NO-S-L |

## 8.2 18D 型机械式气动压力开关(Norgren)

**表 23-8-10**

| | |
|---|---|
| 外形、原理及特点 | <br>18D 气动压力开关 G¼，¼NPT 法兰<br>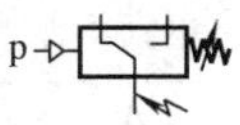<br>特点：<br>① 镀金接头<br>② 长寿命<br>③ 抗振 15g<br>④ 符合 UL 和 CSA 规范微动开关<br>⑤ 可直接与 Excelon 空气处理器装置相连接 |

续表

| | | | | | | | |
|---|---|---|---|---|---|---|---|
| 技术参数 | 介质 | 中性气体和液体 | 介质温度 | -10～80℃ | 开关频率 | | 100次/min |
| | 类型 | 膜片式 | 开关元件最高温度 | 80℃ | 保护等级 | | IP65 |
| | 安装方式 | 可选 | 重复性 | ±3%，真空为±4% | 质量 | | 0.2kg |
| | 工作压力 | -1～30bar | 电气接头 | DIN 43 650或M12×1 | 材料 | 壳体 | 铝 |
| | 介质黏度 | 最大可达1000mm²/s | 开关类型 | 微动开关 | | 密封件 | 丁腈橡胶，氟橡胶 |
| | | | | | | O形圈 | NBR |

| | 规格 | 类型 | 压力范围/bar | 切换压差/bar | 型号 | 图号 |
|---|---|---|---|---|---|---|
| DIN 43 650<br>接头参数 | G¼ | 内螺纹 | -1～1 | 0.25～0.35 | 0880110 | a |
| | G¼ | 内螺纹 | -1～0 | 0.15～0.18 | 0880100 | a |
| | ¼NPT | 内螺纹 | -1～0 | 0.15～0.18 | 0880120 | a |
| | G¼ | 内螺纹 | -1～0 | 0.15～0.18 | 0880126 | a |
| | — | 法兰 | -1～0 | 0.15～0.18 | 0881100# | c |
| | G¼ | 内螺纹 | 0.2～2 | 0.15～0.27 | 0880200 | a |
| | ¼NPT | 内螺纹 | 0.2～2 | 0.15～0.27 | 0880220 | a |
| | G¼ | 内螺纹 | 0.2～4 | 0.15～0.27 | 0880226 | a |
| | — | 法兰 | 0.2～2 | 0.15～0.27 | 0881200# | c |
| | G¼ | 内螺纹 | 0.5～8 | 0.25～0.65 | 0880300 | b |
| | ¼NPT | 内螺纹 | 0.5～8 | 0.25～0.65 | 0880320 | b |
| | G¼ | 内螺纹 | 0.5～8 | 0.25～0.65 | 0880326 | b |
| | — | 法兰 | 0.5～8 | 0.25～0.65 | 0881300# | c |
| | G¼ | 内螺纹 | 1～16 | 0.30～0.90 | 0880400 | b |
| | ¼NPT | 内螺纹 | 1～16 | 0.30～0.90 | 0880420 | b |
| | G¼ | 内螺纹 | 1～16 | 0.30～0.90 | 0880426 | b |
| | — | 法兰 | 1～16 | 0.30～0.90 | 0881400# | c |
| | G¼ | 内螺纹 | 1～30 | 1.00～5.00 | 0880600 | b |
| | ¼NPT | 内螺纹 | 1～30 | 1.00～5.00 | 0880620 | b |
| | 注：最大值，绝无影响喷漆应用的物质 | | | | | |
| M12×1<br>电气接头参数 | 规格 | 类型 | 压力范围/bar | 切换压差/bar | 型号 | 图号 |
| | G¼ | 内螺纹 | -1～0 | 0.15～0.18 | 0880160 | d |
| | G¼ | 内螺纹 | 0.2～2 | 0.15～0.27 | 0880260 | d |
| | G¼ | 内螺纹 | 0.5～8 | 0.25～0.65 | 0880360 | d |
| | G¼ | 内螺纹 | 1～16 | 0.30～0.90 | 0880460 | d |
| | G¼ | 内螺纹 | 1～30 | 1.00～5.00 | 0880660 | d |
| | — | 法兰 | -1～0 | 0.15～0.18 | 0881160 | e |
| | — | 法兰 | 0.2～2 | 0.15～0.27 | 0881260 | e |
| | — | 法兰 | 0.5～8 | 0.25～0.65 | 0881360 | e |
| | — | 法兰 | 1～16 | 0.30～0.90 | 0881460 | e |
| 流体应用 | 规格 | 类型 | 压力范围/bar | 切换压差/bar | 型号 | 图号 |
| | G¼ | 内螺纹 | 0.2～2 | 0.15～0.18 | 0880219 | a |
| | ¼NPT | 内螺纹 | 0.2～2 | 0.15～0.27 | 0880240 | a |
| | G¼ | 内螺纹 | 0.5～8 | 0.25～0.65 | 0880323 | b |
| | ¼NPT | 内螺纹 | 0.5～8 | 0.25～0.65 | 0880340 | b |

| | 负载等级 | 电流类型 | 负载类型 | 当在$U$(V)下最大持续电流/A | | | | | | 触头寿命 |
|---|---|---|---|---|---|---|---|---|---|---|
| | | | | 30 | 48 | 60 | 125 | 250 | | |
| 负载等级 | 标准（例如压缩机、电磁铁） | AC | 限性负载 | 12 | 5 | 5 | 5 | 5 | 5 | 开关次数>107 |
| | | AC | 感性负载 cosφ≈0.7 | 12 | 3 | 3 | 3 | 3 | 3 | |
| | | DC | 限性负载 | 12 | 5 | 1.2 | 0.8 | 0.4 | — | |
| | | DC | 感性负载 $L/R$=10ms | 12 | 3 | 0.5 | 0.35 | 0.05 | — | |
| | 低（例如压缩机、电磁铁） | AC | 限性负载 | 5 | 0.34 | 0.2 | 0.17 | 0.08 | 0.04 | 开关次数>107 |
| | | DC | 感性负载 $L/R$=10ms | 5 | 0.1 | 0.01 | — | — | — | |

续表

外形、安装尺寸

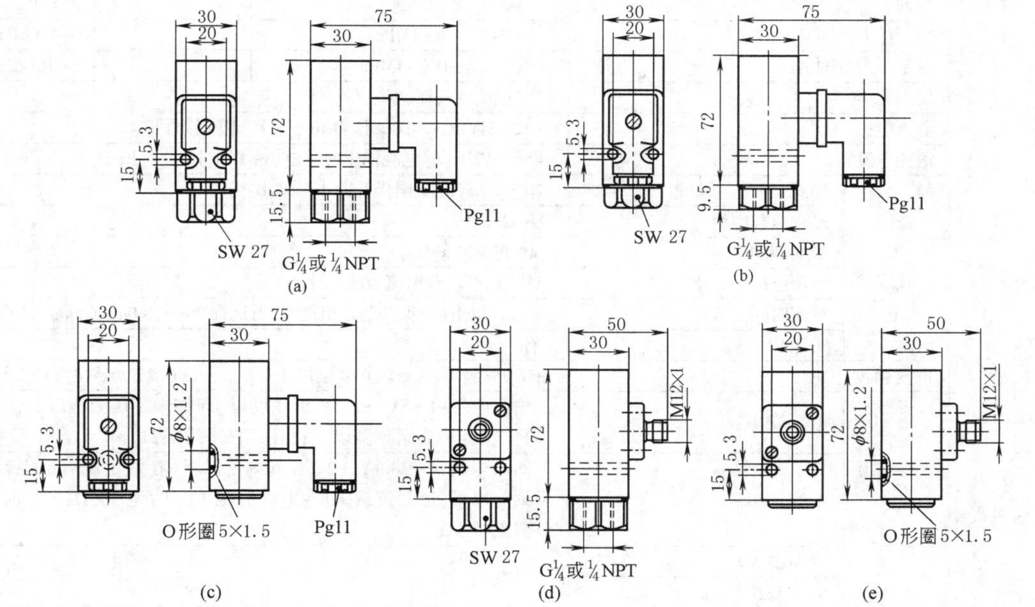


附件

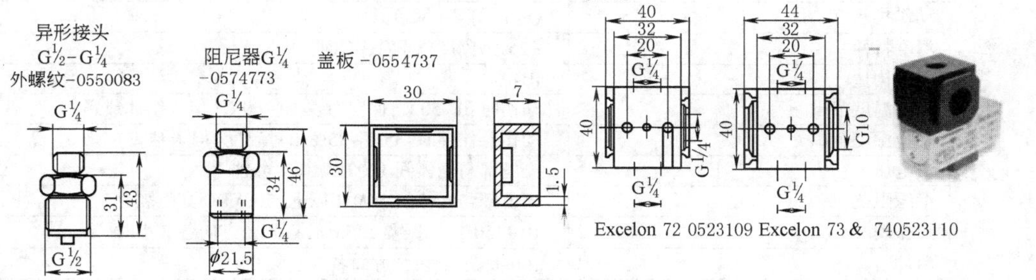


| 说明 | 型号 | 说明 | 型号 |
|---|---|---|---|
| M12×1,不带电缆 | 0523055 | M12×1,90°不带电缆 | 0523056 |
| M12×1,4 芯 2m 电缆 | 0523057 | M12×1,90° 4 芯 2m 电缆 | 0523058 |
| M12×1,4 芯 5m 电缆 | 0523052 | M12×1,90° 4 芯 5m 电缆 | 0523053 |



## 8.3 ISE30/ZSE30 系列高精度数字压力开关(SMC 公司)

表 23-8-11

外形及特点

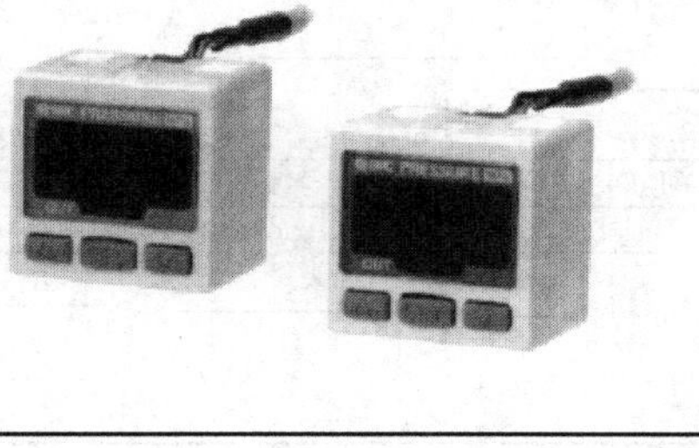

①数字用 2 色显示,可根据使用用途自由设定

②安装更省空间(与 ISE4E 相比较)

③显示值有微调功能

续表

| | | | ISE30 | ZSE30 |
|---|---|---|---|---|
| 技术参数 | 系列 | | ISE30 | ZSE30 |
| | 额定压力范围 | | 0~1MPa | -100~100kPa |
| | 设定压力范围 | | -0.1~1MPa | -101~101kPa |
| | 使用流体 | | 空气、惰性气体、不燃性气体 | |
| | 电源电压 | | (12~24VDC)±10%,脉动 10%以下(带逆接保护) | |
| | 消耗电流 | | 45mA 以下(但电流输出时在 70mA 以下) | |
| | 开关输出 | 形式 | NPN 或 PNP 集电极开路 1 个输出 | |
| | | 最大负载电流 | 80mA | |
| | | 最大施加电压 | 30V(NPN 输出时) | |
| | | 残留电压 | 1V 以下(负载电流 80mA 时) | |
| | | 响应时间 | 2.5ms 以下(带振荡防止机能时,可选择 20ms、160ms、640ms、1280ms) | |
| | | 短路保护 | 有 | |
| | 重复精度 | | ±0.2%满刻度,±1 个单位以下 | ±0.2%满刻度,±2 个单位以下 |
| | 模拟输出 | 电压输出 | 输出电压:1~5V,±2.5%满刻度以下(在额定压力范围)<br>直线度:±1%满刻度以下;输出阻抗:约 1kΩ | |
| | | 电流输出 | 输出电流:4~20mA,±2.5%满刻度以下(在额定压力范围);直线度:±1%满刻度以下;最大负载阻抗:电源电压 12V 时为 300Ω,24V 时为 600Ω,最小负载阻抗 5Ω | |
| | 迟滞 | 迟滞型 | 可变 | |
| | | 上下限比较型 | | |
| | 显示方式 | | 3 位数,7 段显示,2 色显示(红/绿),采样周期:5 次/秒 | |
| | 显示精度 | | ±2%满刻度,±1个单位(25℃) | ±2%满刻度,±2 个单位(25℃) |
| | 动作指示灯 | | ON 时灯亮(绿色) | |
| | 温度特性 | | ±2%满刻度以下(25℃时) | |
| | 保护构造 | | IP40 | |
| | 环境温度范围 | | 动作时:0~50℃,保存时:-10~60℃(但未结冰或霜) | |
| | 环境湿度范围 | | 动作及保存时:35%~85%相对湿度(但未结霜) | |
| | 耐电压 | | 充电部与壳体间 1000V AC,1 分钟 | |
| | 绝缘阻抗 | | 充电部与壳体间 50MΩ 以上(500VDC 高阻表) | |
| | 耐振动 | | 10~150Hz 总振幅 1.5mm,$X$、$Y$、$Z$ 方向各 2 小时 | |
| | 耐冲击 | | 100m/s$^2$,$X$、$Y$、$Z$ 方向各 3 次 | |
| | 接管口径 | | 01 规格:R$\frac{1}{8}$,M5×0.8;T1 规格:NPT$\frac{1}{8}$,M5×0.8 | |

配件(可选项)

托架安装(A)

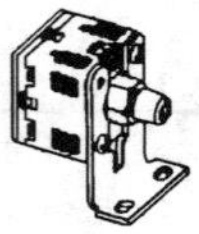

面板安装(B)

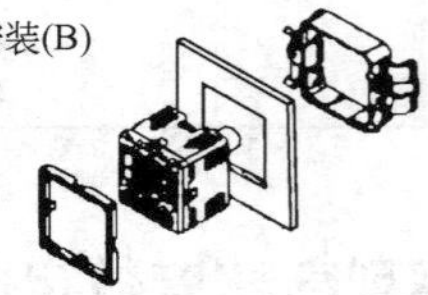

型号表示方法

正压用 ISE30 - [01] — [25] — [M] [ ] [ ]

低压、真空用 ZSE30 - [01] — [25] — [M] [ ] [ ]

配管规格

| | | |
|---|---|---|
| 01 | R$\frac{1}{8}$(带M5内螺纹) | |
| T1 | NPT$\frac{1}{8}$(带M5内螺纹) | |
| C4H | $\phi$4快换接头 | 直通接头型 |
| C6H | $\phi$6快换接头 | 直通接头型 |
| C4L | $\phi$4快换接头 | 弯头型 |
| C6L | $\phi$6快换接头 | 弯头型 |

输出规格

| | |
|---|---|
| 25 | NPN输出 |
| 65 | PNP输出 |
| 26 | 1~5V输出 |
| 28 | 4~20mA输出 |

单位规格

| | |
|---|---|
| 无记号 | 带单位转换功能 |
| M | SI单位固定 |

可选项1

| | |
|---|---|
| 无记号 | 无导线 |
| L | 带导线(2m长)插头 |

可选项2

| | |
|---|---|
| 无记号 | 无 |
| A | 托架安装 |
| B | 面板安装 |
| D | 面板安装+前保护盖 |

续表

**面板示意**

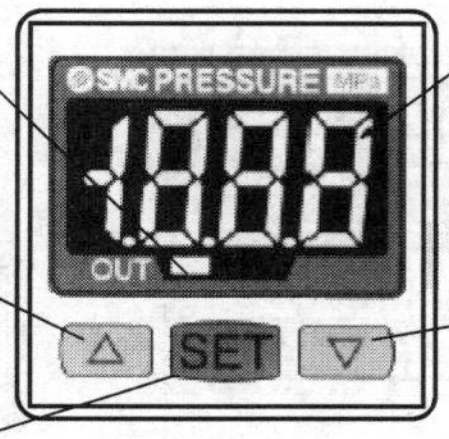


动作指示灯(绿)
指示开关的动作状态

LCD显示
指示当时的压力状态,设定模式的状态,被选择的显示单位,错误模式。可把单色(红或绿)显示切换成红色、绿色连动显示

▲升键
增加模式及开/关设定数值。在切换成峰值显示模式时使用

▼降键
减小模式及开/关设定数值。在切换成谷值显示模式时使用

设定键
各模式间的切换及设定值的确定时使用

重新设定键操作
同时压下升键及降键时则起重新设定的作用。异常情况发生的场合,用于清除

**回路及连接**

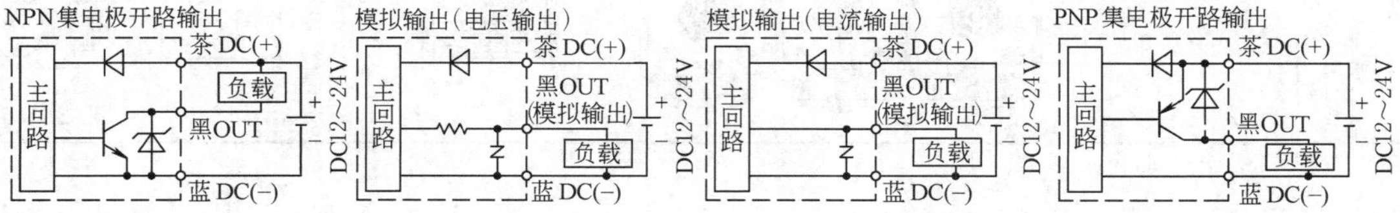


**外形及安装尺寸**

**外形尺寸**

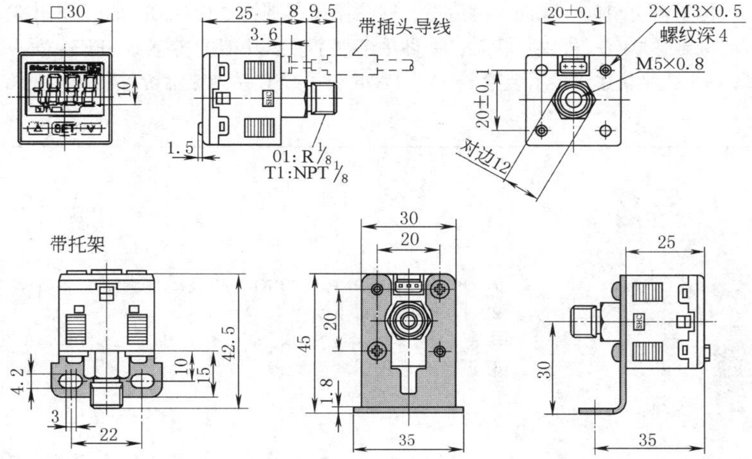


**面板安装尺寸**

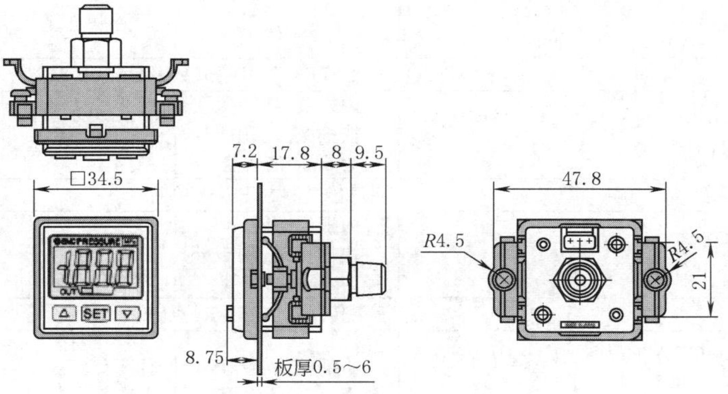

续表

| | | |
|---|---|---|
| 外形及安装尺寸 | 面板开孔尺寸 | 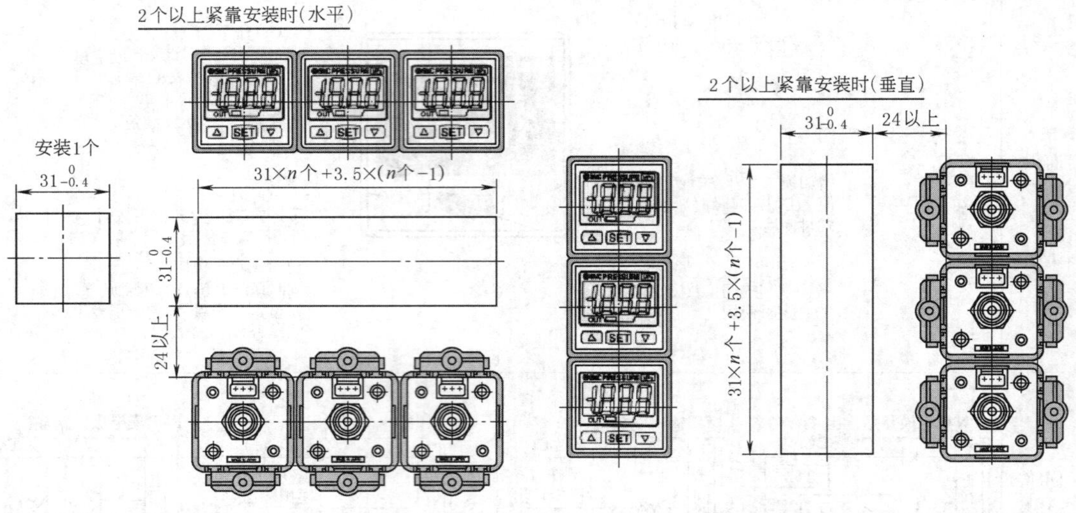 |

## 8.4 SFE系列流量传感器(Festo)

SFE系列的流量传感器可单向、双向检测流量，检测流量范围为0.05~50L/min，输出为开关量或模拟量输出，带数字显示功能。该流量传感器有三种供货状态，一种是带数字显示功能的传感器SFE3，另一种是不带数字显示功能的传感器SFET，还有一种是独立数字显示装置SFEV。Festo公司SFE系列流量传感器样本介绍如表23-8-12所示。

表 23-8-12

| | | | | | | | |
|---|---|---|---|---|---|---|---|
| 特征 | 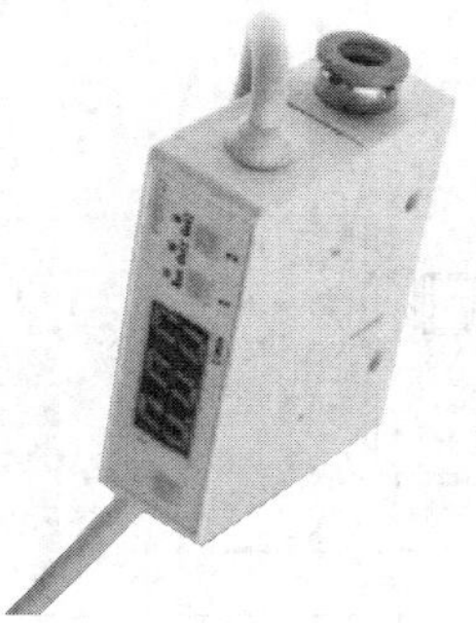 | ① 开关输出2×PNP或2×NPN以及模拟量输出1~5V<br>② 开关功能可自由编程<br>③ 3½个字符数字式显示<br>④ 派生型适用于真空状态 | | | | | |
| 性能范围 | 流量传感器 | 工作压力/bar | 流量测量范围/L·min$^{-1}$ | 气接口 | 安装型式 | 电输出 | |
| | | | | | | 数字量 | 模拟量 |
| | | 流量传感器SFE3，带有集成数字量显示 | | | | | |
| | | -0.7~+7 | 0.05~0.5，0.1~1，0.5~5，1~10，5~50 | 内螺纹G⅛<br>快插接头，用于外径为6mm的气管 | 通过安装通孔<br>通过安装支架 | 2×PNP<br>2×NPN | 1~5V |
| | | 流量传送器SFET-F，单向 | | | | | |
| | | -0.7~+7 | 0.05~0.5，0.1~1，0.5~5，1~10，5~50 | 内螺纹G⅛<br>快插接头，用于外径为6mm的气管 | 通过安装通孔<br>通过安装支架 | 2×PNP<br>2×NPN | 1~5V |
| | | 流量传送器SFET-R，双向 | | | | | |
| | | -0.9~+2 | -0.05~+0.05，-0.1~+0.1，-0.5~+0.5，-1~+1，-5~+5，-10~+10 | 快插接头，用于外径为4mm的气管 | 通过安装通孔<br>通过安装支架 | 2×PNP<br>2×NPN | 1~5V |

续表

| | | | 显示范围 /L · min$^{-1}$ | 电接口 | 安装型式 | 电输出 | |
|---|---|---|---|---|---|---|---|
| | | | | | | 数字量 | 模拟量 |
| 性能范围 | 流量显示器 | 用于流量传送器 SFET-F | 0.05～0.5,0.1～1,0.5～5,1～10,5～50 | 电缆 | 通过安装支架<br>前端面板式安装 | 2×PNP<br>2×NPN | 1～5V |
| | | 用于流量传送器 SFET-R | -0.05～+0.05,-0.1～+0.1,<br>-0.5～+0.5,-1～+1,<br>-5～+5,-10～+10 | 电缆 | 通过安装支架<br>前端面板式安装 | 2×PNP<br>2×NPN | 1～5V |

## 型号表示方法

SFE 3 – F 100 – L – W Q6 – 2P B – K1

| 型号 | |
|---|---|
| SFE | 流量传感器 |

| 结构特点 | |
|---|---|
| 3 | 带集成数字量显示 |
| T | 流量传送器 |
| V | 独立数字量显示 |

| 流量方向 | |
|---|---|
| F | 单向 |
| R | 双向 |

| 流量测量范围/L·min$^{-1}$ | | | |
|---|---|---|---|
| 单向 | | 双向 | |
| 005 | 0.05～0.5 | 0005 | -0.05～+0.05 |
| 010 | 0.1～1 | 0010 | -0.1～+0.1 |
| 050 | 0.5～5 | 0050 | -0.5～+0.5 |
| 100 | 1～10 | 0100 | -1～+1 |
| 500 | 5～50 | 0500 | -5～+5 |
| | | 1000 | -10～+10 |

| 连接电缆的长度 | |
|---|---|
| K1 | 1m |
| K3 | 3m |

| 模拟量输出 | |
|---|---|
| B | 1～5V |
| D | 3V±2V |

| 开关输出 | |
|---|---|
| 2P | 2×PNP |
| 2N | 2×NPN |

| 气接口 | |
|---|---|
| Q4 | 快插接头QS-4 |
| Q6 | 快插接头QS-6 |
| 18 | 内螺纹G$^1/_8$ |

| 安装 | |
|---|---|
| W | 墙面或平面安装 |

| 标度 | |
|---|---|
| L | 大气 |

## 外围设备 简图

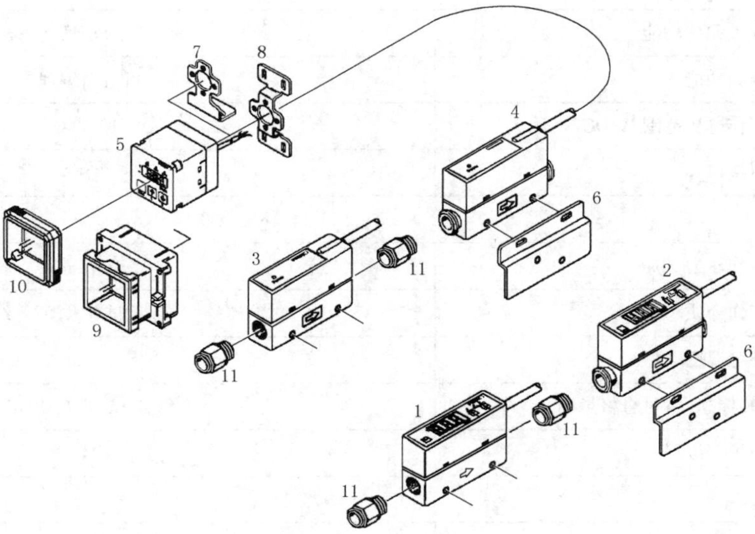


第 23 篇

续表

| | | | | | |
|---|---|---|---|---|---|
| 外围设备 | 附件 | 1 | 流量传感器 SFE3-…-W18,带内螺纹 | 7 | 安装支架 SFEV-BW1 |
| | | 2 | 流量传感器 SFE3-…-WQ,带 QS 快插接头 | 8 | 安装支架 SFEV-WH1 |
| | | 3 | 流量传感器 SFET-…-W18,带内螺纹 | 9 | 前端面板安装组件 SFEV-FH1 |
| | | 4 | 流量传感器 SFET-…-WQ,带 QS 快插接头 | 10 | 保护盖 SFEV-SH1 |
| | | 5 | 数字量显示 SFEV,用于流量传送器 | 11 | 快插接头 QS-⅛ |
| | | 6 | 安装支架 SFEZ-BW1 | | |

| | | | | | | | | | |
|---|---|---|---|---|---|---|---|---|---|
| 外围设备 | 订货数据 | 订货数据-附件 | | | | 订货数据-快插接头 | | | |
| | | 外形图 | 说明 | 订货号 | 型号 | 外形图 | 气管外径/mm | 订货号 | 型号 |
| | |  | 安装支架 | 538562 | SFEZ-BW1 |  | 保护盖 | 538566 | SFEV-SH1 |
| | | | | 538563 | SFEV-BW1 | | | | |
| | | | | 538564 | SFEV-WH1 | | | | |
| | |  | 前端面板安装组件 | 538565 | SFEV-FH1 |  | 4 | 186095 | QS-G⅛-4 |
| | | | | | | | 6 | 186096 | QS-G⅛-6 |
| | | | | | | | 8 | 186098 | QS-G⅛-8 |

| | | | | | | | | |
|---|---|---|---|---|---|---|---|---|
| 技术参数及订货数据 | 带有集成数字量显示 | 技术参数 | 流量测量范围/L·min$^{-1}$ | 0.05~0.5 | 0.1~1 | 0.5~5 | 1~10 | 5~50 |
| | | | 气接口 | QS-6 | | | | 内螺纹 G⅛ |
| | | | 显示形式 | 3½-字母数字字符 | | | | |
| | | | 精度/%FS① | 8 | 5 | | | |
| | | | 电参数 | | | | | |
| | | | 开关输出 | 2×PNP | | | | |
| | | | | 2×NPN | | | | |
| | | | 模拟量输出 /V | 1~5 | | | | |
| | | | 开关元件功能 | 可切换 | | | | |
| | | | 开关功能 | 可自由编程 | | | | |
| | | | 工作电压范围/V DC | 12~24 | | | | |
| | | | 电接口 | 电缆 | | | | |
| | | | 工作和环境条件 | | | | | |
| | | | 工作压力 /bar | -0.7~+7 | | | | |
| | | | 工作介质 | 过滤压缩空气,未润滑,过滤等级为 0.01μm | | | | |
| | | | 环境温度 /℃ | 0~50 | | | | |
| | | | CE 标志(参见合格声明) | 符合 EU EMC 规定 | | | | |
| | | | 防护等级 | IP40 | | | | |
| | | | 材料 | | | | | |
| | | | 壳体 | 聚氨酯 | | | | 聚氨酯,铝 |
| | | | 电缆护套 | 聚氯乙烯 | | | | |

续表

| | | 派生型 | 工作压力/bar | 模拟量输出/V | 流量测量范围/L·min$^{-1}$ | 开关输出 | | | |
|---|---|---|---|---|---|---|---|---|---|
| | | | | | | 2×PNP | | 2×NPN | |
| | | | | | | 订货号 | 型号 | 订货号 | 型号 |
| 带有集成数据量显示 | 订货数据 | 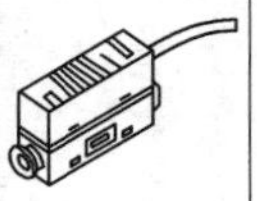 | −0.7～+7 | 1～5 | 0.05～0.5 | 538519 | SFE3-F005-L-WQ6-2PB-K1 | 538524 | SFE3-F005-L-WQ6-2NB-K1 |
| | | | | | 0.1～1 | 538520 | SFE3-F010-L-WQ6-2PB-K1 | 538525 | SFE3-F010-L-WQ6-2NB-K1 |
| | | | | | 0.5～5 | 538521 | SFE3-F050-L-WQ6-2PB-K1 | 538526 | SFE3-F050-L-WQ6-2NB-K1 |
| | | | | | 1～10 | 538522 | SFE3-F100-L-WQ6-2PB-K1 | 538527 | SFE3-F100-L-WQ6-2NB-K1 |
| | | | | | 5～50 | 538523 | SFE3-F500-L-W18-2PB-K1 | 538528 | SFE3-F500-L-W18-2NB-K1 |

技术参数及订货数据 — 不带数字量显示 — 技术参数

| | | | | | | |
|---|---|---|---|---|---|---|
| 电参数 | | | | | | |
| 模拟量输出/V | 1～5 | | | | | |
| 工作电压范围/V DC | 12～24 | | | | | |
| 电接口 | 电缆 | | | | | |
| 工作和环境条件 | | | | | | |
| 工作介质 | 过滤压缩空气,未润滑,过滤等级为0.01μm | | | | | |
| 环境温度/℃ | 0～50 | | | | | |
| 防护等级 | IP40 | | | | | |
| 技术参数(单向) | | | | | | |
| 流量测量范围/L·min$^{-1}$ | 0.05～0.5 | 0.1～1 | 0.5～5 | 1～10 | 5～50 | |
| 气接口 | QS-6 | | | | 内螺纹G⅛ | |
| 线性误差/%FS① | 8 | 5 | | | | |
| 工作压力/bar | −0.7～+7 | | | | | |
| CE标志 | 符合EU EMC规定 | | | | | |
| 壳体 | 聚酰胺 | | | | 聚酰胺,铝 | |
| 电缆护套 | 聚氯乙烯 | | | | | |
| 技术参数(双向) | | | | | | |
| 流量测量范围/L·min$^{-1}$ | −0.05～+0.05 | −0.1～+0.1 | −0.5～+0.5 | −1～+1 | −5～+5 | −10～+10 |
| 气接口 | QS-4 | | | | | |
| 线性误差/%FS① | 5 | | | | | |
| 工作压力/bar | −0.7～+7 | | | | | |
| CE标志 | 符合EU EMC规定 | | | | | |
| 壳体 | 聚酰胺 | | | | | |
| 电缆护套 | 聚氯乙烯 | | | | | |

订货数据

| 派生型 | 工作压力/bar | 模拟量输出/V | 流量测量范围/L·min$^{-1}$ | 订货号 | 型号 |
|---|---|---|---|---|---|
| 单向 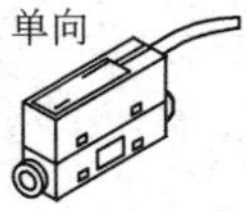 | −0.7～+7 | 1～5 | 0.05～0.5 | 538529 | SFET-F005-L-WQ6-B-K1 |
| | | | 0.1～1 | 538530 | SFET-F010-L-WQ6-B-K1 |
| | | | 0.5～5 | 538531 | SFET-F050-L-WQ6-B-K1 |
| | | | 1～10 | 538532 | SFET-F100-L-WQ6-B-K1 |
| | | | 5～50 | 538533 | SFET-F500-L-W18-B-K1 |
| 双向 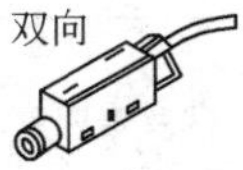 | −0.9～+2 | 3±2 | −0.05～+0.05 | 538534 | SFET-R0005-L-WQ4-D-K3 |
| | | | −0.1～+0.1 | 538535 | SFET-R0010-L-WQ4-D-K3 |
| | | | −0.5～+0.5 | 538536 | SFET-R0050-L-WQ4-D-K3 |
| | | | −1～+1 | 538537 | SFET-R0100-L-WQ4-D-K3 |
| | | | −5～+5 | 538538 | SFET-R0500-L-WQ4-D-K3 |
| | | | −10～+10 | 538539 | SFET-R1000-L-WQ4-D-K3 |

① %FS=测量范围中最后数值（满刻度）。

# 第 9 章 气动辅件

## 1 气管的分类

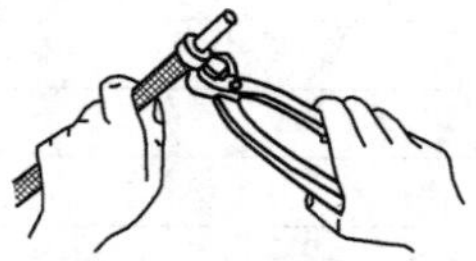

图 23-9-1 连接方式

气管可分金属管和非金属管两大类。金属管可分镀锌钢管、不锈钢管、紫铜管、铝合金管等；非金属管可分橡胶管、硬尼龙管、软尼龙管、聚氨酯管、加固编织层聚氯乙烯管，还有少量混合型管（内层为橡胶、外层为金属编织）。镀锌钢管一般用于工厂主管道；不锈钢管常被用在医疗机械、食品（奶制品、酸奶等）机械、肉类加工机械等；紫铜管一般用于中小型机械设备（固定以后不经常拆卸、耐高压、耐高温、牢固）。20 世纪 80 年代后，随着有机化学工业的发展，开发出许多由有机高分子材质制成的高性能软管（聚酰胺气管、聚氨酯等），这类气管具有易切断、拆装方便、可弯曲、弯曲半径小、内壁光滑、摩擦因数很小、不会生锈对系统造成危害等优良特性，尤其是快插接头问世以来，在气动系统中已基本代替传统橡胶管加夹固的连接方式（见图 23-9-1）。

### 1.1 软管

**表 23-9-1**

常规用气管 — 聚氨酯气管

材料:聚氨酯,可用于压缩空气(工作压力与温度的关系见图 a)及真空系统,不含卤素,不含 PWIS①,不含铜及聚四氟乙烯,可防紫外线及压裂特性,耐水解,可用于快插接头和快拧接头(见本章 2.3.1 和 2.3.3),适用于拖链的连接方式

| 外径/mm | 内径/mm | 工作压力/bar | 工作温度/℃ | 最小弯曲半径/mm | 质量/g·m$^{-1}$ |
|---|---|---|---|---|---|
| 3.0 | 2.1 | -0.95~10 | -35~+60 | 12.5 | 4 |
| 4.0 | 2.6 | -0.95~10 | -35~+60 | 17.0 | 9 |
| 6.0 | 4.0 | -0.95~10 | -35~+60 | 26.5 | 19 |
| 8.0 | 5.7 | -0.95~10 | -35~+60 | 37.0 | 30 |
| 10.0 | 7.0 | -0.95~10 | -35~+60 | 54.0 | 49 |
| 12.0 | 8.0 | -0.95~10 | -35~+60 | 62.0 | 77 |
| 16.0 | 11.0 | -0.95~10 | -35~+60 | 88.0 | 129 |

① PWIS(PW 表示油漆湿润,I 表示缺陷,S 表示物质)是指油面油漆时候使漆层表面出现许多凹痕

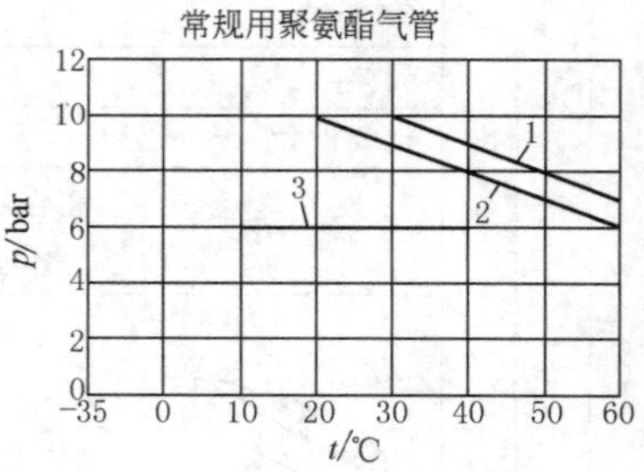


(a)

1—常规用聚氨酯气管；
2—阻燃气管；
3—防静电气管

常规用气管 — 聚酰胺气管

材料:聚酰胺,可用于压缩空气(工作压力与温度的关系见图 b)及真空系统,不含卤素,不含铜及聚四氟乙烯,可防紫外线及压裂特性,耐水解,耐化学特性及细菌环境,可用于快插接头、倒钩接头和快拧接头,适用于拖链的连接方式

在 14bar 下能安全应用,在高压操作下是一个经济的气管

续表

**常规用气管 — 聚酰胺气管**

| 外径/mm | 内径/mm | 工作压力/bar | 工作温度/℃ | 最小弯曲半径/mm | 质量/g·m$^{-1}$ |
|---|---|---|---|---|---|
| 4.0 | 2.9 | -0.95~17 | -35~+80 | 18.0 | 6 |
| 6.0 | 4.0 | -0.95~17 | -35~+80 | 32.0 | 16 |
| 8.0 | 5.9 | -0.95~17 | -35~+80 | 43.0 | 24 |
| 10.0 | 7.0 | -0.95~17 | -35~+80 | 58.0 | 42 |
| 12.0 | 8.4 | -0.95~17 | -35~+80 | 64.0 | 60 |
| 16.0 | 12.0 | -0.95~17 | -35~+80 | 94.0 | 92 |

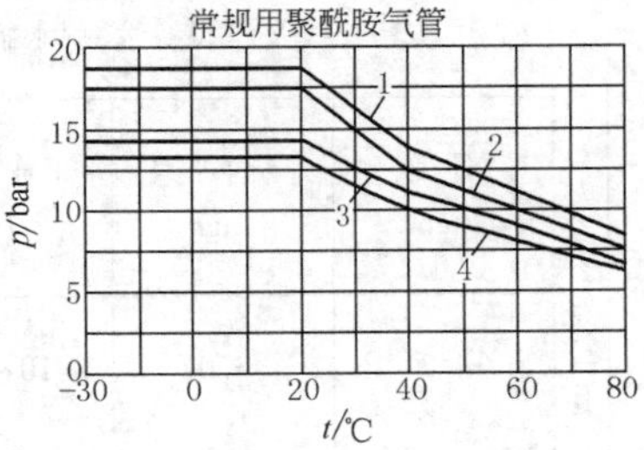

(b)

1—$\phi$6；2—$\phi$10、$\phi$12；3—$\phi$4、$\phi$8；4—$\phi$16

**带加固编织层聚氯乙烯气管**

材料：带加固编织层聚氯乙烯气管，可用于压缩空气及水，一般用于低压系统，适用于倒钩式接头

| 外径/mm | 内径/mm | 工作压力/bar | 工作温度/℃ | 质量/g·m$^{-1}$ |
|---|---|---|---|---|
| 3.0 | 1.5 | 0.25 | -10~+60 | 6 |
| 4.0 | 2.0 | 0.25 | -10~+60 | 12 |
| 5.0 | 3.0 | 0.25 | -10~+60 | 16 |
| 6.5 | 4.0 | 0.25 | -10~+60 | 25 |
| 12.0 | 8.0 | 0.25 | -10~+60 | 77 |

注：工作压力是指在最高温度下

**丁腈橡胶气管**

材料：丁腈橡胶，可用于压缩空气，最高工作压力为18bar，适用于倒钩式接头夹固形式

| 外径/mm | 内径/mm | 工作温度/℃ | 最小弯曲半径/mm | 质量/g·m$^{-1}$ |
|---|---|---|---|---|
| 13.0 | 6.0 | -20~+80 | 40 | 6 |
| 16.0 | 9.0 | -20~+80 | 50 | 12 |
| 23.0 | 13.0 | -20~+80 | 100 | 16 |
| 31.0 | 19.0 | -20~+80 | 200 | 25 |

**聚酰胺气管**

材料：聚酰胺，可用于压缩空气（工作压力与温度的关系见图c）及真空系统，不含卤素，不含PWIS，不含铜及聚四氟乙烯，可防紫外线及压裂特性，耐水解，耐化学特性及细菌环境，可用于倒钩接头和快拧接头，适用于拖链的连接方式

| 外径/mm | 内径/mm | 工作温度/℃ | 最小弯曲半径/mm | 质量/g·m$^{-1}$ |
|---|---|---|---|---|
| 4.3 | 3.0 | -30~+80 | 40 | 6 |
| 6.0 | 4.0 | -30~+80 | 50 | 12 |
| 8.2 | 6.0 | -30~+80 | 100 | 16 |

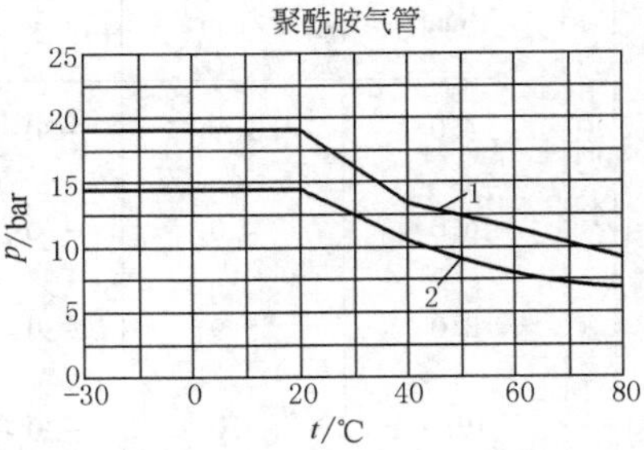

(c)

1—$\phi$4；2—$\phi$3、$\phi$6

续表

用于食品行业的气管

**聚乙烯气管**

材料：聚乙烯，可用于压缩空气（工作压力与温度的关系见图 d）及真空系统，不含卤素，不含 PWIS，不含铜及聚四氟乙烯，可防紫外线及压裂特性，耐水解，耐化学特性及细菌环境，可用于倒钩接头和快拧接头，适用于拖链的连接方式

| 外径 /mm | 内径 /mm | 工作温度 /℃ | 最小弯曲半径/mm | 质量 /g·m$^{-1}$ |
|---|---|---|---|---|
| 4.3 | 3.0 | −10～+35 | 18 | 7 |
| 6.0 | 4.0 | −10～+35 | 22.5 | 16 |
| 8.4 | 6.0 | −10～+35 | 39 | 25 |

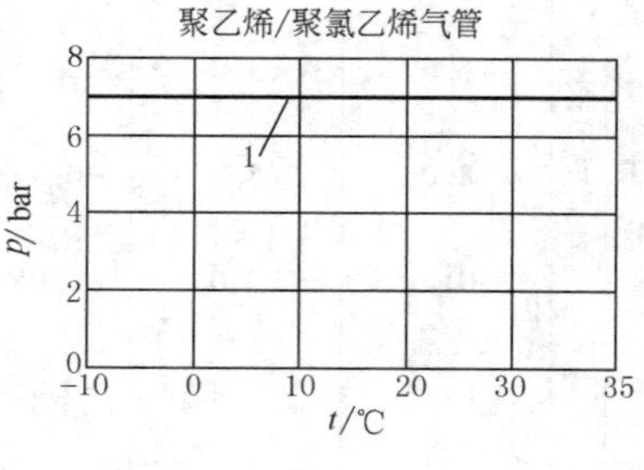


(d)

1—$\phi$9、$\phi$13

**耐水解气管**

材料：聚氨酯，可用于压缩空气（工作压力与温度的关系见图 e）及真空系统，不含卤素，不含 PWIS，不含铜及聚四氟乙烯，可防紫外线及压裂特性，耐水解，耐化学特性及细菌环境，可用于快插接头，适用于拖链的连接方式

可用于食品工业一区，尤其耐水解和耐微生物特性，可在潮湿环境，可与 60℃ 以下的水接触

| 外径 /mm | 内径 mm | 工作压力 /bar | 工作温度 /℃ | 最小弯曲半径/mm | 质量 /g·m$^{-1}$ |
|---|---|---|---|---|---|
| 3.0 | 2.1 | −0.95～10 | −35～+60 | 12 | 4.2 |
| 4.0 | 2.6 | −0.95～10 | −35～+60 | 16.0 | 8.5 |
| 6.0 | 4.0 | −0.95～10 | −35～+60 | 26.0 | 18.3 |
| 8.0 | 5.7 | −0.95～10 | −35～+60 | 37.0 | 18.7 |
| 10.0 | 7.0 | −0.95～10 | −35～+60 | 52.0 | 46.5 |
| 12.0 | 8.0 | −0.95～10 | −35～+60 | 62.0 | 72.9 |
| 16.0 | 11.0 | −0.95～10 | −35～+60 | 88.0 | 123 |

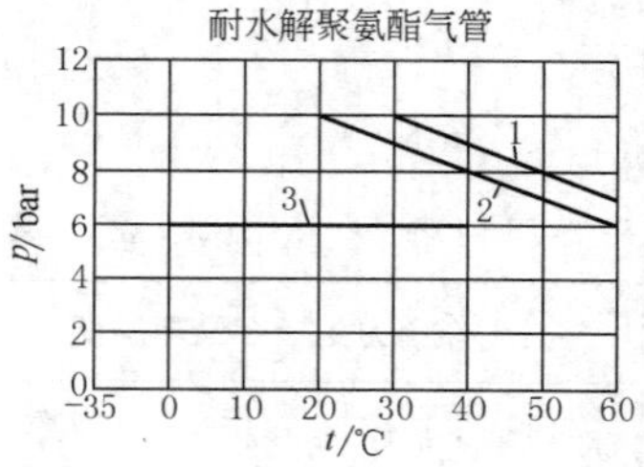


(e)

1—阻燃聚氨酯；2—耐水解聚氨酯；3—防静电聚氨酯

**耐清洁剂气管**

材料：聚乙烯，可用于压缩空气（工作压力与温度的关系见图 f）及真空系统，不含卤素，不含 PWIS，不含铜及聚四氟乙烯，可防紫外线及压裂特性，耐水解，耐化学特性及细菌环境，可用于快插接头、倒钩接头和快拧接头，适用于拖链的连接方式

适合食品工业二区，得到 FDA 认可，耐水解，有高的耐化学性能及耐大多数清洁剂的特性，可替代昂贵的不锈钢

| 外径 /mm | 内径 /mm | 工作温度 /℃ | 最小弯曲半径/mm | 质量 /g·m$^{-1}$ |
|---|---|---|---|---|
| 4.0 | 2.9 | −30～+80 | 25 | 5.6 |
| 6.0 | 4.0 | −30～+80 | 32 | 14.7 |
| 8.0 | 5.9 | −30～+80 | 50 | 21.4 |
| 10.0 | 7.0 | −30～+80 | 57 | 37.5 |
| 12.0 | 8.0 | −30～+80 | 65 | 54.0 |

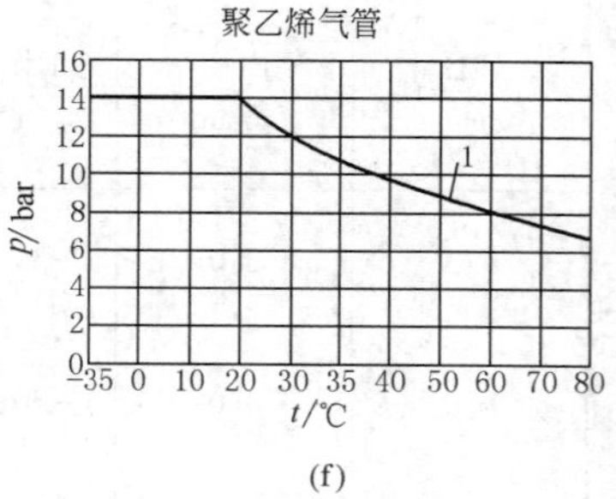


(f)

1—耐清洁剂聚乙烯气管

续表

**用于食品行业的气管 — 耐高温/耐酸碱气管(+150℃)**

材料:全氟烷氧基,可用于压缩空气(工作压力与温度的关系见图 g)及真空系统,不含卤素,不含 PWIS,不含铜及聚四氟乙烯,可防紫外线及压裂特性,耐水解,耐化学特性及细菌环境,可用于快插接头和快拧接头

尤其在耐高温,耐高压,耐酸碱,抗化学物质方面具有最好的特性。耐水解特性好,能避免清洁剂、润滑剂残余物的影响

| 外径 /mm | 内径 /mm | 最小弯曲半径/mm | 质量 /g·m$^{-1}$ |
|---|---|---|---|
| 4.0 | 2.9 | 37 | 12 |
| 6.0 | 4.0 | 50 | 34 |
| 8.0 | 5.9 | 110 | 49 |
| 10.0 | 7.0 | 140 | 87 |
| 12.0 | 8.4 | 165 | 125 |

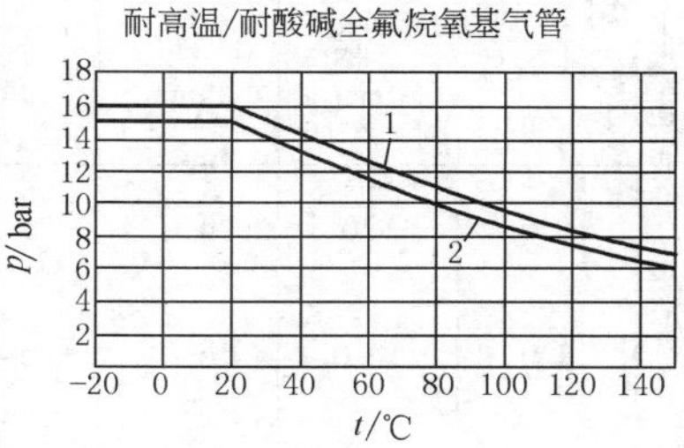


(g)

1—$\phi$6、$\phi$10、$\phi$12;2—$\phi$4、$\phi$8

**用于电子行业的气管 — 防静电气管**

材料:聚氨酯,可用于压缩空气(工作压力与温度的关系见图 h)及真空系统,不含卤素,不含 PWIS,不含铜及聚四氟乙烯,可防紫外线及压裂特性,耐水解,可用于快插接头,适用于拖链的连接方式

尤其具有突出的防静电、防紫外线特性,可用于电子行业

| 外径 /mm | 内径 /mm | 工作温度 /℃ | 最小弯曲半径/mm | 质量 /g·m$^{-1}$ |
|---|---|---|---|---|
| 4.0 | 2.5 | 0~+40 | 17 | 9 |
| 6.0 | 4.0 | 0~+40 | 26.5 | 19 |

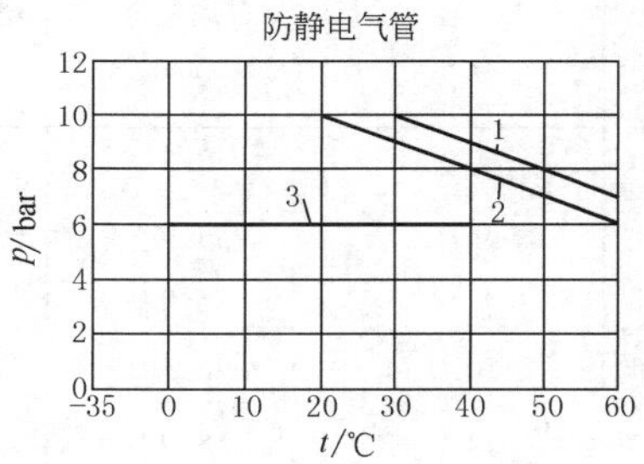


(h)

1—常规用聚氨酯气管;2—阻燃气管;3—防静电气管

**用于电子行业的气管 — 阻燃型气管**

材料:聚氨酯,可用于压缩空气(工作压力与温度的关系见图 i)及真空系统,不含卤素,不含 PWIS,不含铜及聚四氟乙烯,可防紫外线及压裂特性,耐水解,耐化学特性及细菌环境,可用于快插接头和快拧接头,适用于拖链的连接方式

弹性好,阻燃。符合 UL 94V0-V2 标准

| 外径 /mm | 内径 /mm | 工作温度 /℃ | 最小弯曲半径/mm | 质量 /g·m$^{-1}$ |
|---|---|---|---|---|
| 6.0 | 4.0 | -35~+60 | 26.5 | 20.0 |
| 8.0 | 5.7 | -35~+60 | 37.0 | 31.0 |
| 10.0 | 7.0 | -35~+60 | 54.0 | 51.0 |
| 12.0 | 8.0 | -35~+60 | 62.0 | 79.0 |

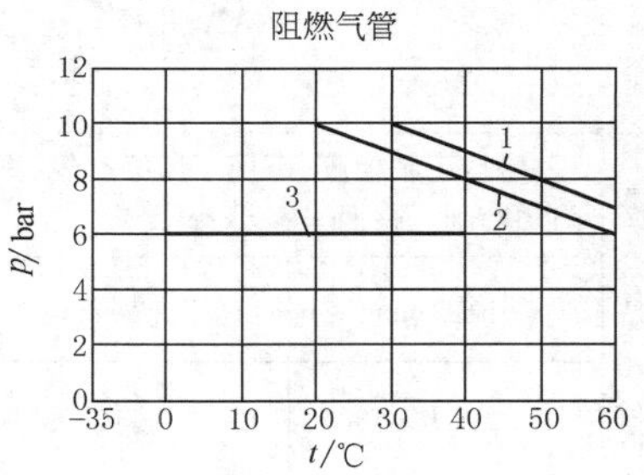


(i)

1—常规用聚氨酯气管;2—阻燃气管;3—防静电气管

续表

**用于汽车行业的防焊渣气管**

材料：聚氨酯，可用于压缩空气（工作压力与温度的关系见图 j）及真空系统，不含卤素，不含 PWIS，不含铜及聚四氟乙烯，可防紫外线及压裂特性，耐水解，耐化学特性及细菌环境，可用于快插接头和快拧接头，适用于拖链的连接方式

该气管为两层结构，外套内部为聚氯乙烯，气管为聚酰胺，不含铜及聚四氟乙烯。插入快插接头时，应剪去外套长度 $X$，见下表

用于汽车行业，防焊渣飞溅，耐阻燃，耐水解

| 用于快插接头的外径/mm | 外径/mm | 内径/mm | 工作温度/℃ | 外套的壁厚/mm | 剪去的外套长度 $X$/mm | 质量/$g \cdot m^{-1}$ |
|---|---|---|---|---|---|---|
| 6.0 | 8.0 | 4.0 | -30～+90 | 1.0 | 17.0 | 49.0 |
| 8.0 | 10.0 | 6.0 | -30～+90 | 1.0 | 18.0 | 65.0 |
| 10.0 | 12.0 | 7.5 | -30～+90 | 1.0 | 20.0 | 88.0 |
| 12.0 | 14.0 | 9.0 | -30～+90 | 1.0 | 23.0 | 133.0 |

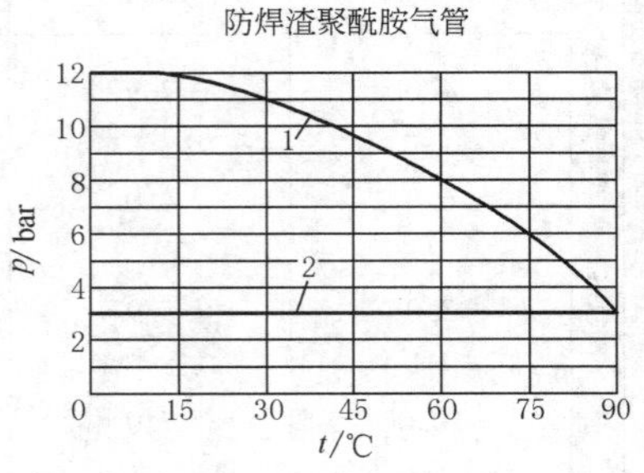


(j)

1—工作介质为空气；2—工作介质为油/水

**极软的聚氨酯气管**

材料：聚氨酯，该气管是极软的聚氨酯气管与内套管（铜管）组合使用的，见图 k。弯曲半径小，最适合狭窄空间使用。工作温度为-20～+60℃

| 外径/mm | 内径/mm | 最低工作压力/MPa | 最高工作压力/MPa | 最小弯曲半径/mm | 气管抗脱强度/N（快换接头的情况，无内管套） | 气管抗脱强度/N（快换接头的情况，有内管套） |
|---|---|---|---|---|---|---|
| 4.0 | 2.5 | -20～+40 | +40～+60 | 8.0 | 15.0 | 80.0 |
| 6.0 | 4.0 | -20～+40 | +40～+60 | 15.0 | 60.0 | 230.0 |
| 8.0 | 5.0 | -20～+40 | +40～+60 | 15.0 | 60.0 | 250.0 |
| 10.0 | 6.5 | -20～+40 | +40～+60 | 22.0 | 85.0 | 300.0 |
| 12.0 | 8.0 | -20～+40 | +40～+60 | 29.0 | 110.0 | 480.0 |

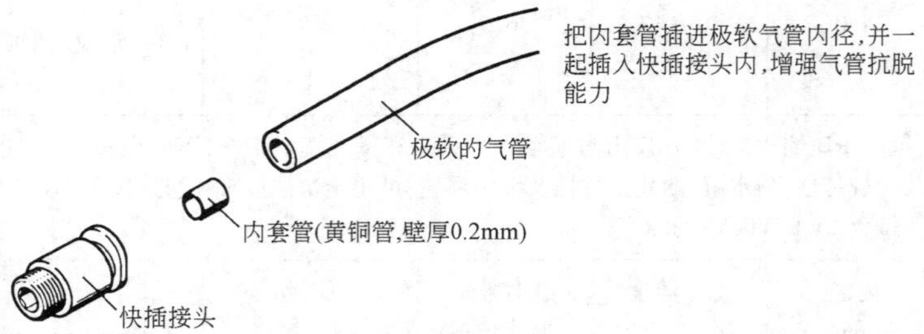


(k)

**外表带金属编织层的丁腈橡胶气管**

材料：丁腈橡胶，可用于压缩空气、真空系统及水，属于高强度气管，外表带金属编织层，用于快拧接头，防火花、防红热的切削和磨削。弯曲半径小

| 外径/mm | 内径/mm | 工作压力/bar | 工作温度/℃ | 最小弯曲半径/mm | 质量/$g \cdot m^{-1}$ |
|---|---|---|---|---|---|
| 7.0 | 4.0 | 0～12 | -20～+80 | 20.0 | 101 |
| 9.0 | 6.0 | 0～12 | -20～+80 | 30.0 | 140 |
| 12.0 | 9.0 | 0～12 | -20～+80 | 45.0 | 171 |

续表

**耐高压聚氨酯气管(20bar)**

套管：聚酰胺，可用于压缩空气及真空系统，最高耐压为20bar，耐化学特性，耐水解

| 外径/mm | 工作压力/bar | 工作温度/℃ |
|---|---|---|
| 6.0 | -0.95 ~+20 | -20 ~+80 |
| 8.0 | -0.95 ~+20 | -20 ~+80 |
| 10.0 | -0.95 ~+20 | -20 ~+80 |
| 12.0 | -0.95 ~+20 | -20 ~+80 |
| 16.0 | -0.95 ~+20 | -20 ~+80 |

**螺旋式聚酰胺气管**

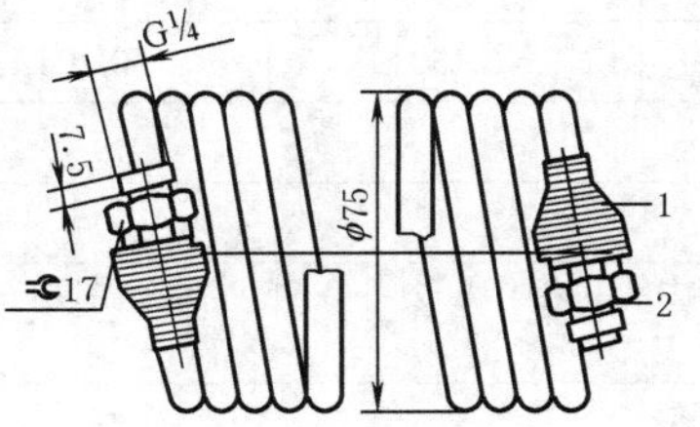


(l)

1—防折弹簧；2—密封圈

螺旋式聚酰胺气管长度预先裁定，气管两头有防折皱的弹簧，并配有旋转接头和密封圈，可用于拉伸移动的场合，见图l

材料：聚酰胺，可用于压缩空气(工作压力与温度的关系见图m)及真空系统，不含卤素，不含PWIS，不含铜及聚四氟乙烯，可防紫外线及压裂，耐水解，耐化学特性及细菌环境，适用于拖链的连接方式

该气管的环境温度为-30~80℃，抗机械损伤性能突出(由于气管两头有防折皱的弹簧，在使用时防止气管在移动时磨损及抗外界碰撞)

| 外径/mm | 内径/mm | 工作压力/bar | 工作温度/℃ | 最小弯曲半径/mm | 质量/g·m$^{-1}$ |
|---|---|---|---|---|---|
| 7.0 | 4.0 | 0~12 | -20~+80 | 20.0 | 101 |
| 9.0 | 6.0 | 0~12 | -20~+80 | 30.0 | 140 |
| 12.0 | 9.0 | 0~12 | -20~+80 | 45.0 | 171 |

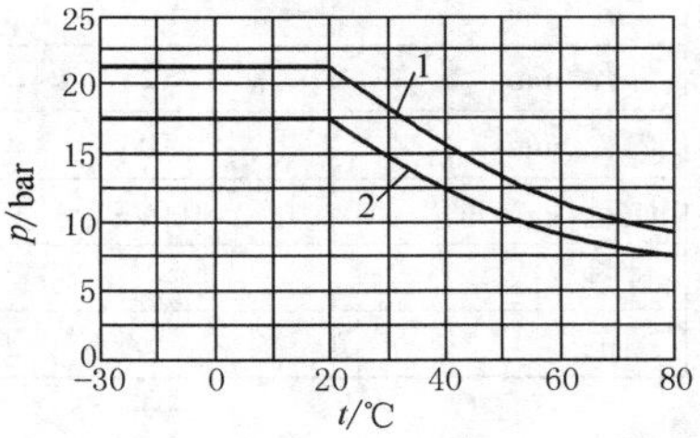


(m)

1—φ4；2—φ6

**螺旋式聚氨酯气管**

材料：聚氨酯，可用于压缩空气(工作压力与温度的关系见图n)及真空系统，不含卤素，不含PWIS，不含铜及聚四氟乙烯，可防紫外线及压裂特性，耐水解，耐化学特性及细菌环境，适用于拖链的连接方式

该气管弹性好，抗水解，带加强的编织层和旋转接头。气管长度预先裁定，气管两头有防折皱的弹簧，并配有旋转接头和密封圈。该气管的环境温度为-40~+60℃，低于螺旋式聚酰胺气管的环境温度

| 外径/mm | 内径/mm | 接口 | 工作长度/m |
|---|---|---|---|
| 9.5 | 6.4 | G¼ | 2.4 |
| | | | 4.8 |
| | | | 6 |
| 11.7 | 7.9 | G⅜ | 4.8 |
| | | | 6 |

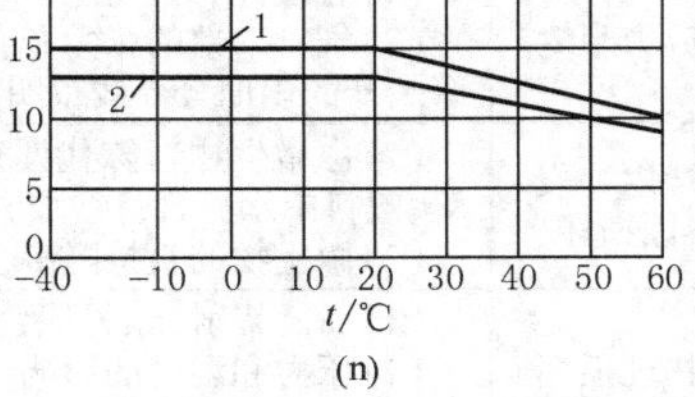


(n)

1—φ10×1.5mm；2—φ12×2mm

## 1.2 硬管

下面提到的硬管不是用于工厂主管道的硬管，较多是用于设备上的气动系统并要考虑能否与管接头（快插接头）方便地连接。

**表 23-9-2**

| | | | | | | |
|---|---|---|---|---|---|---|
| 聚酰胺气管 | 由高品质的聚酰胺制成的刚性管道(硬管),耐腐蚀,沿着管道直径方向有一定的韧性与弹性,无需保养。用于专用硬管系统的快插接头上。管道内壁光滑,气体流动阻力小。工作压力:-0.95~7bar,温度:-25~+75℃ | | | | | |
| | 主要技术参数 | | | | | |
| | 型号 | 聚酰胺气管 | | | | |
| | | 12×1.5 | 15×1.5 | 18×2 | 22×2 | 28×2.5 |
| | 工作介质 | 适用于压缩空气,真空和液体 | | | | |
| | 外径/mm | 12 | 15 | 18 | 22 | 28 |
| | 内径/mm | 9 | 12 | 14 | 18 | 23 |
| | 质量/$kg \cdot m^{-1}$ | 0.051 | 0.065 | 0.103 | 0.130 | 0.204 |
| | 材料 | 聚酰胺 | | | | |
| | 颜色 | 黑色 | | | | |
| 铝合金气管 | 刚性、耐腐蚀;用于专用硬管系统的快插接头上。管道内壁光滑,气体流动阻力小。工作压力:-0.95~7bar,温度:-30~+75℃ | | | | | |
| | 主要技术参数 | | | | | |
| | 型号 | 铝合金气管 | | | | |
| | | 12×1 | 15×1 | 18×1 | 22×1 | 28×1.5 |
| | 工作介质 | 适用于压缩空气,真空和液体 | | | | |
| | 外径/mm | 12 | 15 | 18 | 22 | 28 |
| | 内径/mm | 10 | 13 | 16 | 20 | 25 |
| | 质量/$kg \cdot m^{-1}$ | 0.093 | 0.119 | 0.144 | 0.178 | 0.337 |
| | 材料 | 精制铝合金 | | | | |
| | 颜色 | 银色 | | | | |

## 1.3 影响气管损坏的环境因素

**表 23-9-3**

| 分类 | 损坏原因 | 损坏介质 |
|---|---|---|
| 化学损坏 | (1)主要是酸碱使聚合物(气管)的分子结构裂开<br>(2)化学侵蚀造成气管表面裂开<br>(3)常见的介质残留物造成气管损坏(如盐) | 清洁剂、消毒剂、冷却液等 |
| 应力裂缝 | (1)有极性有机物质(醇、酯、酮)<br>(2)气管内部的张力和介质扩散造成分子间力的减小(如表现在单个裂缝、气管裂开的表面分界线很明显,光滑且实际上无任何变形) | 溶剂、润滑剂、碳氢化合物 |
| 微生物侵蚀损坏 | (1)由微生物新陈代谢产物造成的间接损坏(如酸的侵蚀、增塑剂中酶的分解、塑料中水分含量增加)<br>(2)微生物的直接降解,聚合物的成分为新陈代谢过程中碳和氢的来源 | 户外区域环境;垛、水道、高污染区域、潮湿温暖的环境(电缆通道) |
| 物理损坏 | (1)高能辐射(紫外线、X 射线、γ 射线)<br>(2)压力和温度的影响<br>(3)辐射造成大分子的分裂 | 户外区域:人为紫外线照射(如食品行业中的消毒) |

## 1.4 气管使用注意事项

气管切口垂直以确保密封质量、安装气管时不能扭曲、弯曲半径不能过小（注意各气管的最小弯曲半径）;如气管过长时应采用气管扣件固定，如气管随驱动器移动时应考虑配装拖链连接装置；气管管径选择过大浪费能量，选择过小时驱动器速度太慢。尤其关注密封性，不能泄漏。

# 2 螺纹与接头

管接头要求不漏气，拆装方便，可重复使用，由于世界各地区采用螺纹的制式不同，对阀、气缸等气动元件的连接造成不便。如对于英制标准管牙 G 螺纹，在连接过程中必须采用密封垫圈。但对于圆锥管 R 螺纹，则不需要密封垫，而且各种制式螺纹有些不能混用。因此，在气动系统设计、选用时必须注意这一细节。

## 2.1 螺纹的种类

按螺纹的种类分为：圆锥管螺纹（R）、公制螺纹（M）、英制标准管牙 G（BSP）、美国国家管用螺纹（NPT）、美国标准细牙螺纹（UNF）。

表 23-9-4 mm

| G(BSP)<br>英制标准管牙 | M<br>公制螺纹 | UNF 美国、英国、加拿大常用英制标准细牙螺纹 | NPT 美国国家管用螺纹(斜牙，主要用于美国) | 内径 | 外径 | 螺距和每英寸螺纹数 |
|---|---|---|---|---|---|---|
| | M3 | | | 2.4~2.5 | 2.8~2.9 | 0.5 |
| | | 10/32 | | 4.0~4.2 | 4.6~4.8 | 32 |
| | M5 | | | 4.1~4.3 | 4.8~4.9 | 0.8 |
| G⅛ | | | | 8.5~8.9 | 9.3~9.7 | 28TPI |
| | | | ⅛ | 8.5~8.9 | 9.3~9.7 | 29TPI |
| | M10×1 | | | 8.9~9.2 | 9.7~9.9 | 1.0 |
| | M10×1.25 | | | 8.6~8.9 | 9.7~9.9 | 1.25 |
| | M10 | | | 8.4~8.7 | 9.7~9.9 | 1.5 |
| | | 7/16-20 | | 9.7~10.0 | 10.9~11.1 | 20TPI |
| | M12×1.25 | | | 10.6~ | 11.7~11.9 | 1.25 |
| | M12×1.5 | | | 10.4~ | 11.7~11.9 | 1.5 |
| | M12 | | | 10.1~10.4 | 11.6~11.9 | 1.75 |
| | | ½-20 | | 11.3~11.6 | 12.4~12.7 | 20TPI |
| G¼ | | | | 11.4~11.9 | 12.9~13.1 | 19TPI |
| | | | ¼ | 11.4~11.9 | 12.9~13.1 | 18TPI |
| | M14×1.5 | | | 12.2~12.6 | 13.6~13.9 | 1.5 |
| | | 9/16-18 | | 12.7~13.0 | 14.0~14.2 | 18TPI |
| | M16×1.5 | | | 14.4~14.7 | 15.7~15.9 | 1.5 |
| | M16 | | | 13.8~14.2 | 15.6~15.9 | 2.0 |
| G⅜ | | | | 14.9~15.4 | 16.3~16.6 | 19TPI |
| | | | ⅜ | 14.9~15.4 | 16.3~16.6 | 18TPI |
| | M18×1.5 | | | 16.2~16.6 | 17.6~17.9 | 1.5 |
| | M20 | | | 17.3~17.7 | 19.6~19.9 | 2.5 |
| G½ | | | ½ | 18.6~19.0 | 20.5~20.9 | 14TPI |
| | M22×1.5 | | | 20.2~20.6 | 21.6~21.9 | 1.5 |
| | | ⅞-14 | | 20.2~20.5 | 22.0~22.2 | 14TPI |
| | | 13/16-12 | | 27.6~27.9 | 29.8~30.1 | 12TPI |
| | | ¾-16 | | 17.3~17.6 | 18.7~19.0 | 16TPI |
| | M24 | | | 20.8~21.3 | 23.6~23.9 | 3.0 |
| | M26×1.5 | | | 24.2~24.6 | 25.6~25.9 | 1.5 |
| G¾ | | | ¾ | 24.1~24.5 | 26.1~26.4 | 14TPI |
| | | 1 1/16-12 | | 24.3~24.7 | 26.6~26.9 | 12TPI |
| | M30×1.5 | | | 28.2~28.6 | 29.6~29.9 | 1.5 |
| | M30×2 | | | 27.4~27.8 | 29.6~29.9 | 2 |
| | M32×2 | | | 29.4~29.9 | 31.6~31.9 | 2 |
| G1 | | | | 30.3~30.8 | 33.0~33.2 | 11TPI |
| | | 1 5/16-12 | | 30.8~31.2 | 33.0~33.3 | 12TPI |
| | | | 1 | 30.3~30.8 | 32.9~33.4 | 11.5TPI |

续表

| G(BSP)<br>英制标准管牙 | M<br>公制螺纹 | UNF 美国、英国、加拿大常用英制标准细牙螺纹 | NPT 美国国家管用螺纹(斜牙,主要用于美国) | 内径 | 外径 | 螺距和每英寸螺纹数 |
|---|---|---|---|---|---|---|
| | M36×2 | | | 33.4~33.8 | 35.6~35.9 | 2 |
| | M38×1.5 | | | 36.2~36.6 | 37.6~37.9 | 1.5 |
| | | 1⅝-12 | | 38.7~39.1 | 40.9~41.2 | 12TPI |
| | M42×2 | | | 39.4~39.8 | 41.6~41.9 | 2 |
| G1¼ | | | | 39.0~39.5 | 41.5~41.9 | 11TPI |
| | | | 1¼ | 39.2~39.6 | 41.4~42.0 | 11.5TPI |
| | M45×1.5 | | | 43.2~43.6 | 44.6~44.9 | 1.5 |
| | M45×2 | | | 42.4~42.8 | 44.6~44.9 | 2 |
| | | 1⅞-14 | | 45.1~45.5 | 47.3~47.6 | 12TPI |
| G1½ | | | | 44.8~45.3 | 47.4~47.8 | 11TPI |
| | | | 1½ | 45.1~45.5 | 47.3~47.9 | 11.5TPI |
| | M52×1.5 | | | 50.2~50.6 | 51.6~51.9 | 1.5 |
| | M52×2 | | | 49.4~49.6 | 51.6~51.9 | 2 |
| G2 | | | | 56.7~ | 59.3~59.6 | 11TPI |

## 2.2 公制螺纹、G 螺纹与 R 螺纹的连接匹配

**表 23-9-5**

| 螺纹种类 | 公制螺纹 | G 螺纹 | R 螺纹 |
|---|---|---|---|
| 连接要求 | 圆柱形公制螺纹和 G 螺纹相类似,通过嵌入 O 形圈,确保密封 | 符合 DIN ISO 228-1 标准,螺纹较短,需要密封件密封,如密封件损坏可更换密封件,因此可重复使用 | 符合 DIN 2999-1 和 ISO 7/1 标准,自密封螺纹,密封在螺纹上,不需要密封平面,无需密封件,安装尺寸更小,可重复利用达 5 次 |
| 匹配要求 | 公制阳螺纹(外螺纹)只能与公制阴螺纹(内螺纹)相配<br>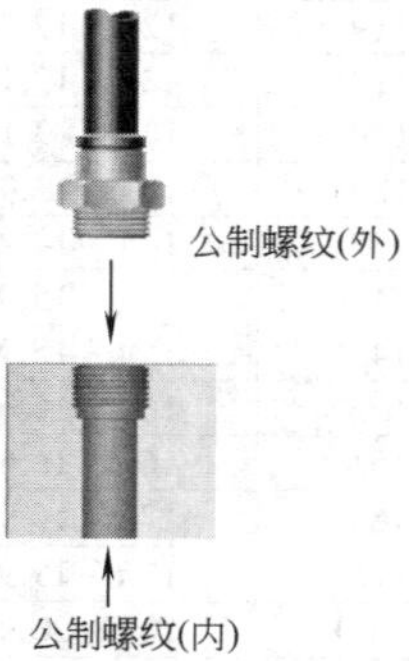<br> | G 阳螺纹(外螺纹)只能与 G 阴螺纹(内螺纹)相配<br>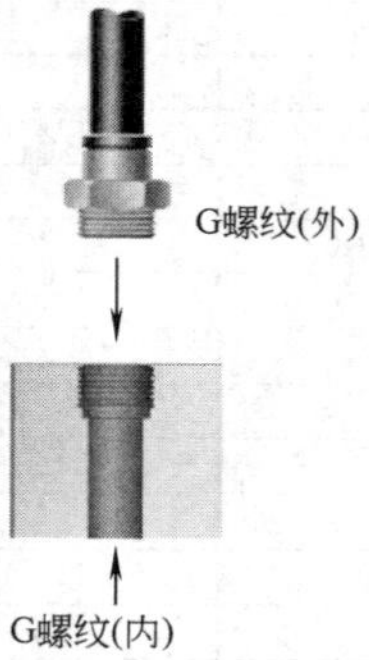<br> | R 阳螺纹(外螺纹)可与 G 阴螺纹(内螺纹)或 R 阴螺纹(内螺纹)相配<br>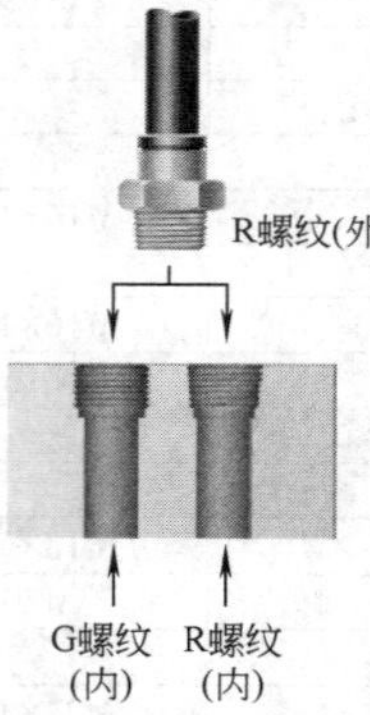<br> |



## 2.3 接头的分类及介绍

接头可根据材料、螺纹的种类、结构、气管的连接方式进行分类。

**表 23-9-6**

| 分类方式 | 类 别 | 特 征 |
|---|---|---|
| 按接头的材料分 | PBT(聚对苯二甲酸丁二醇酯) | |
| | 镀镍/镀铬黄铜 | |
| | 不锈钢 | |
| | 阻燃 | |

续表

| 分类方式 | 类　　别 | 特　　征 |
|---|---|---|
| 按与气管的连接方式分 | 快插（PBT/镀镍/镀铬黄铜/不锈钢） | 快插接头是应用最广泛的一种接头。凡人工能触摸的位置，均能轻松拆装，最高工作压力（PBT）为10bar。快插接头还可分为小型快插、标准快插、复合型快插、鼓形快插、金属快插、不锈钢快插、阻燃快插、硬管快插、自密封快插以及旋转快插接头（250～1500r/min）等 |
| | 倒钩 | 它可分为塑料、钢、铝、压铸锌合金、不锈钢等材质的倒钩接头。最高工作压力为8bar。可用于气管连接以及软管夹箍型连接 |
| | 快拧（塑料/铝合金/铜） | 可用手拧紧，连接安全可靠、适合于真空系统。塑料/铝合金的最高工作压力为10bar；铜的最高工作压力为18bar |
| | 卡套（黄铜） | 介质可用空气、油、水，低压液压系统。最高工作压力视管子而定（60bar） |
| | 快速（镀镍黄铜/钢） | 可实现快速替换气动设备/气动工具/注塑机模具等。由于插座内带有单向阀，免去了每次拆装时将管道内卸压为零的麻烦。最高工作压力为12bar或35bar |

## 2.3.1　快插接头简介

快插接头是最方便的即插即用的连接方式，尤其在一些气管连接非常不方便、困难的空间场合下，更能体现快插接头的优越性。

**表23-9-7**

| | |
|---|---|
| 分类及特点 | 快插接头主要分为小型、标准型、金属型、不锈钢型、阻燃型、复合型以及鼓形接头体组合七种类型（有的公司称它为插入式接头）<br>特点：（1）小型快插接头与标准型快插接头相比，其尺寸更紧凑，无论是外径尺寸还是长度方向的尺寸<br>（2）复合型快插接头通常是一绺可分成多支流的连接接头<br>（3）自密封型快插接头内置单向阀，管子插入为接通，管子拔出后，单向阀关闭，无压缩空气外泄<br>（4）旋转型快插接头是指螺纹被旋紧（固定）后与插气管的接头体做旋转运动，旋转型快插接头都内置轴承，转速为250～1500r/min，工作压力为10bar<br>（5）硬管快插接头用于聚酰胺气管和铝合金气管 |
| 连接结构 | 简单的“即插即用”<br>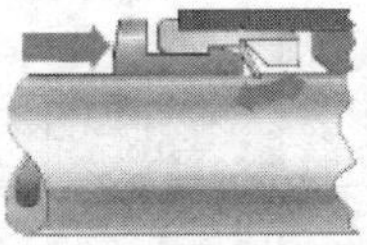<br>插入式接头内部的不锈钢片将气管牢固卡紧，而不损坏其表面。机械振动和压力波动被安全地吸收<br>压下端头，即可拔出气管<br><br>连接可靠<br>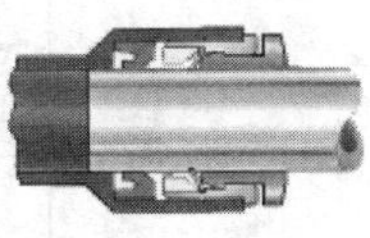<br>丁腈橡胶密封环保证了标准外径气管和快插管接头间的良好密封<br>标准气管可用于压缩空气和真空<br><br>自密封<br>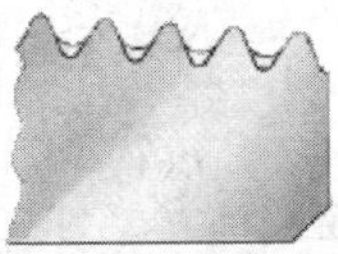<br>Festo插入式螺纹接头为镀镍黄铜元件。具有良好的耐腐蚀性。其ISO R螺纹上带有自密封的聚四氟乙烯涂层，这种接头在不加其他密封件的情况下可重复使用五次，具有良好的密封性能 |
| 安装方法 | 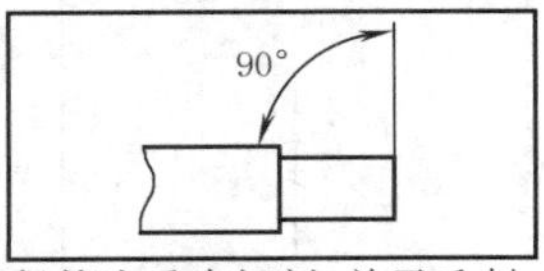<br><br>1. 确保管头垂直切割，并无毛刺，内管伸出长度必须正确<br><br>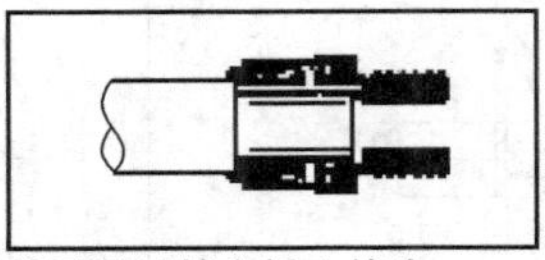<br>2. 把管子通过填充插入接头<br><br>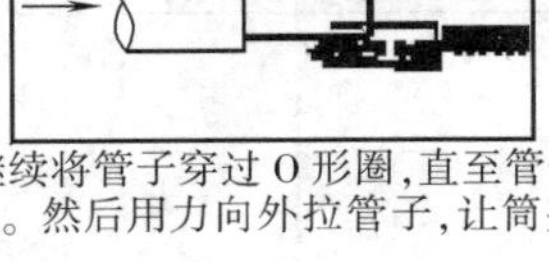<br>3. 继续将管子穿过O形圈，直至管子碰到管挡肩。然后用力向外拉管子，让筒夹将管子夹紧<br><br>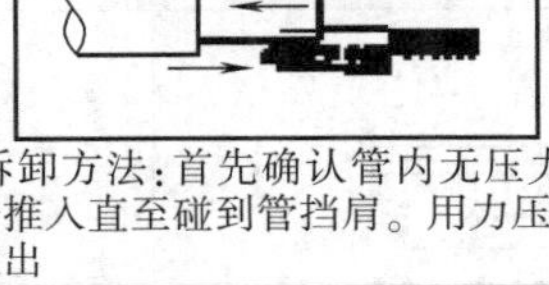<br>4. 拆卸方法：首先确认管内无压力气体，将管子推入直至碰到管挡肩。用力压筒夹将管子拉出<br><br>当接头与管子连接后，即接头螺纹被旋紧后，接头体可随气管的方向作360°范围内调整 |

**表 23-9-8** 小型快插接头 mm

| 形式 | 结构特点 | 接口 $D_1$ | | | | | 接口 $D_2$ |
|---|---|---|---|---|---|---|---|
| | | M 螺纹 | R 螺纹 | G 螺纹 | 气管外径 | 插入套管直径 $\phi$ | 气管外径 |
| 直通形结构 | 快插接头-外螺纹,带外六角 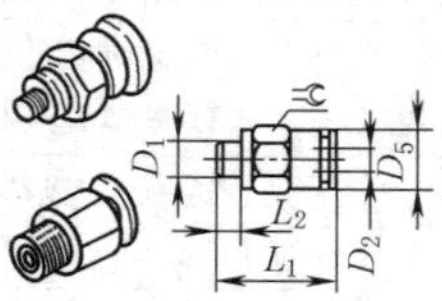 | M3 | — | — | — | — | 3,4 |
| | | M5 | | | | | 3,4,6 |
| | | — | R1/8 | G1/8 | — | — | 4,6 |
| | 快插接头-外螺纹,带内六角 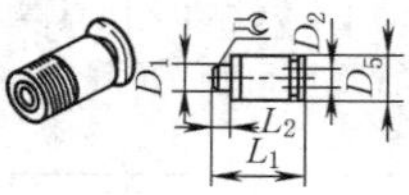 | M3 | — | — | — | — | 3,4 |
| | | M5 | | | | | 3,4,6 |
| | | M7 | R1/8 | G1/8 | | | 4,6 |
| | 快插接头-内螺纹,带外六角 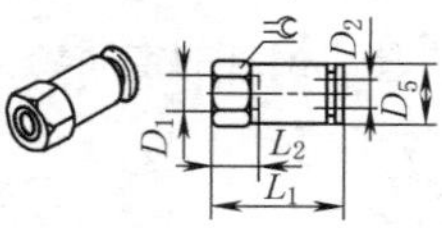 | M3 | — | — | — | — | 3,4 |
| | | M5 | | | | | 3,4 |
| | 快插接头-外螺纹,带内六角 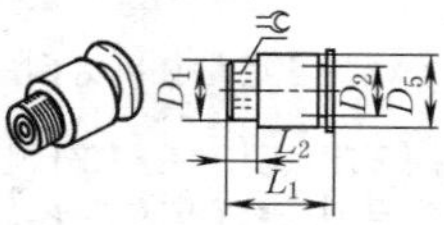 | M6×0.75 | — | — | — | — | 4 |
| | | M8×0.75 | | | | | 6 |
| | 快插接头 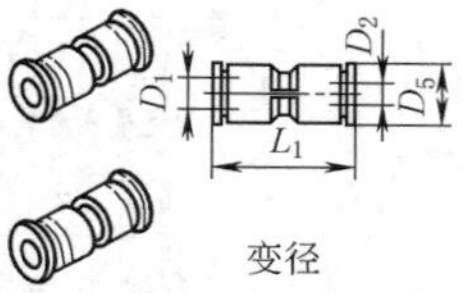 变径 | — | — | — | 3 | — | 3 |
| | | | | | 4 | | 4 |
| | | — | — | — | 6 | — | 6 |
| | | | | | 4 | | 3 |
| | | | | | 6 | | 4 |
| | 穿板式快插接头 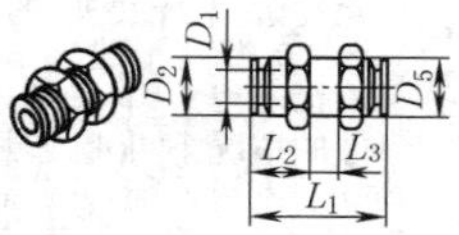 | — | — | — | 3 | — | — |
| | | | | | 4 | | |
| | | | | | 6 | | |
| | 插入式堵头 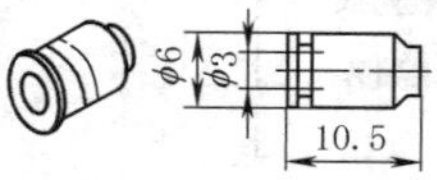 | — | — | — | 3 | — | — |
| | 快插接头,带轴套 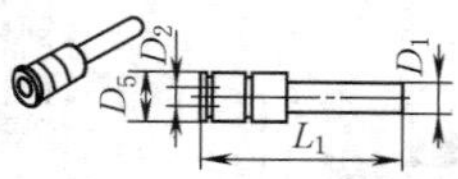 | — | — | — | — | 4 | 3 |
| | | | | | | 6 | 4 |
| | 空位堵头 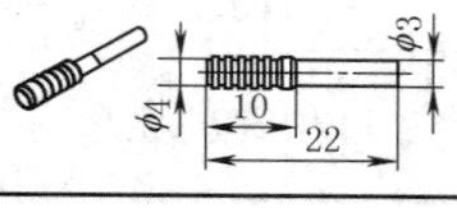 | — | — | — | — | 3 | — |

续表

| 形式 | 结构特点 | 接口 $D_1$ | | | | | 接口 $D_2$ |
|---|---|---|---|---|---|---|---|
| | | M 螺纹 | R 螺纹 | G 螺纹 | 气管外径 | 插入套管直径 $\phi$ | 气管外径 |
| L 形 | L 形快插接头，360°旋转-外螺纹，带外六角 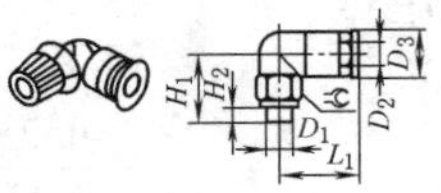 | M3 | — | — | — | — | 3,4 |
| | | M5 | | | | | 3,4,6 |
| | | M7 | R⅛ | G⅛ | | | 4,6 |
| | L 形快插接头，360°旋转-外螺纹，带外六角 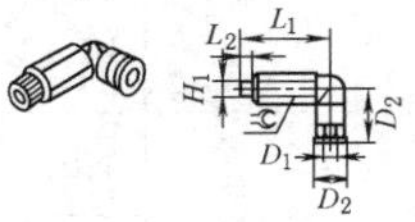 | M3 | — | — | — | — | 3,4 |
| | | M5 | | | | | 3,4,6 |
| | | M7 | R⅛ | G⅛ | | | 4,6 |
| | L 形快插接头 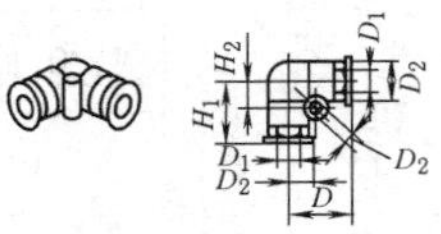 | — | — | — | 3 | — | — |
| | | | | | 4 | | |
| | | | | | 6 | | |
| | L 形快插接头，带套管 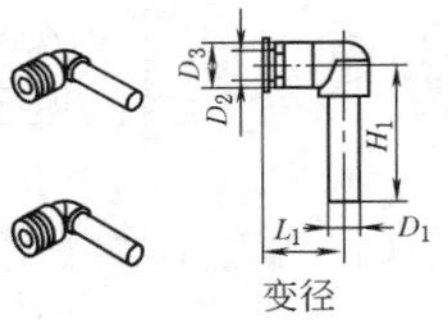 | — | — | — | — | 3 | 3 |
| | | | | | | 4 | 4 |
| | | | | | | 6 | 6 |
| | 变径 | — | — | — | — | 4 | 3 |
| | | | | | | 6 | 4 |
| T 形 | T 形快插接头，360°旋转-外螺纹，带外六角 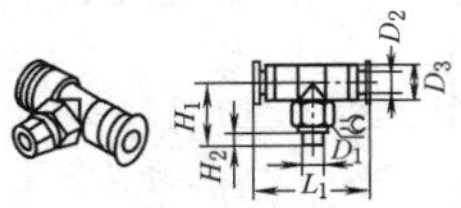 | M3 | — | — | — | — | 3,4 |
| | | M5 | | | | | 3,4,6 |
| | | — | R⅛ | G⅛ | | | 4,6 |
| | T 形快插接头，360°旋转-外螺纹，带外六角 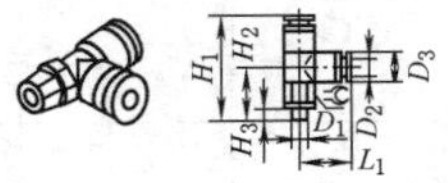 | M3 | — | — | — | — | 3,4 |
| | | M5 | | | | | 3,4,6 |
| | | — | R⅛ | G⅛ | | | 4,6 |
| | T 形快插接头 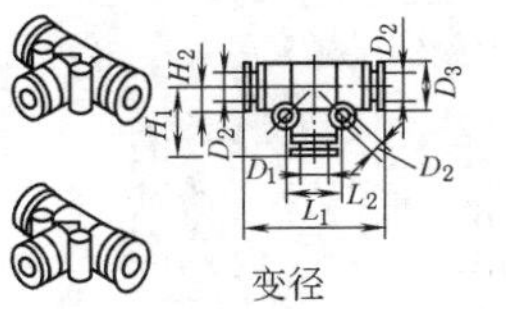 | — | — | — | 3 | — | 3 |
| | | | | | 4 | | 4 |
| | | | | | 6 | | 6 |
| | 变径 | — | — | — | 3 | — | 4 |
| | | | | | 4 | | 6 |
| X 形 | X 形快插接头 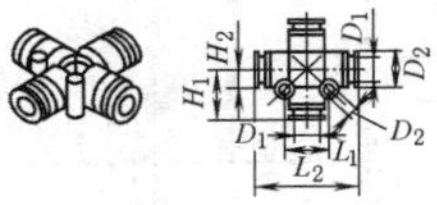 | — | — | — | 3 | — | — |
| | | | | | 4 | | |
| | | | | | 6 | | |
| Y 形 | Y 形快插接头 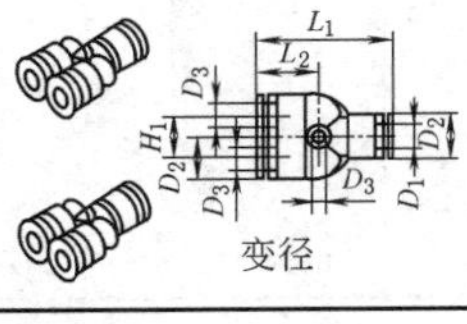 | — | — | — | 3 | — | 3 |
| | | | | | 4 | | 4 |
| | | | | | 6 | | 6 |
| | 变径 | — | — | — | 4 | — | 3 |
| | | | | | 6 | | 4 |

**表 23-9-9** 标准型快插接头 mm

| 形式 | 结构特点 | 接口 $D_1$ M螺纹 | 接口 $D_1$ R螺纹 | 接口 $D_1$ G螺纹 | 接口 $D_1$ 气管外径 | 接口 $D_1$ 插入套管直径 $\phi$ | 接口 $D_2$ 气管外径 | 接口 $D_2$ 插入套管直径 $\phi$ |
|---|---|---|---|---|---|---|---|---|
| 直通结构 | 快插接头-外螺纹,带外六角 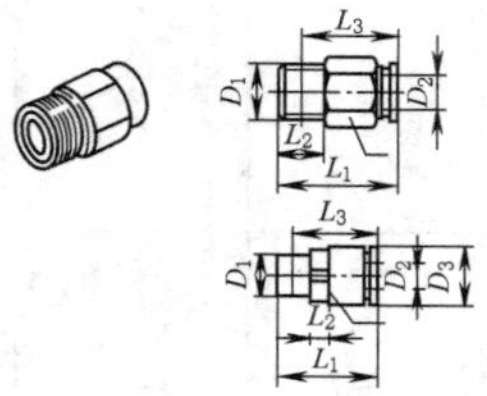 | — | R$\frac{1}{8}$ | G$\frac{1}{8}$ | — | — | 4,6,8,10 | — |
| | | | R$\frac{1}{4}$ | G$\frac{1}{4}$ | | | 4,6,8,10,12 | |
| | | | R$\frac{3}{8}$ | G$\frac{3}{8}$ | | | 6,8,10,12,16 | |
| | | | R$\frac{1}{2}$ | G$\frac{1}{2}$ | | | 10,12,16 | |
| | 快插接头-外螺纹,带内六角 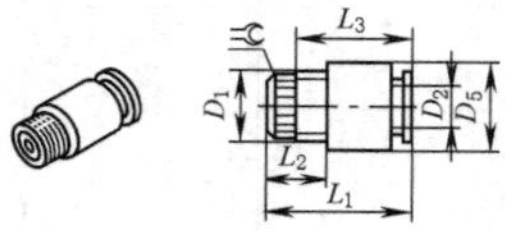 | — | R$\frac{1}{8}$ | G$\frac{1}{8}$ | — | — | 4,6,8,10 | — |
| | | | R$\frac{1}{4}$ | G$\frac{1}{4}$ | | | 6,8,10,12 | |
| | | | R$\frac{3}{8}$ | G$\frac{3}{8}$ | | | 8,10,12 | |
| | | | R$\frac{1}{2}$ | G$\frac{1}{2}$ | | | 10,12 | |
| | 快插接头-内螺纹,带外六角 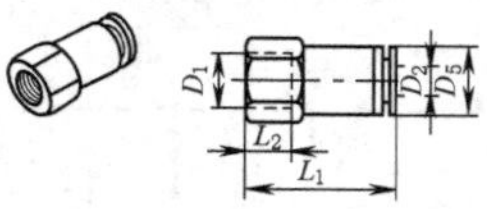 | — | — | G$\frac{1}{8}$ | — | — | 4,6,8 | — |
| | | | | G$\frac{1}{4}$ | | | 4,6,8,10,12 | |
| | | | | G$\frac{3}{8}$ | | | 6,8,10,12 | |
| | | | | G$\frac{1}{2}$ | | | 12,16 | |
| | 快插接头 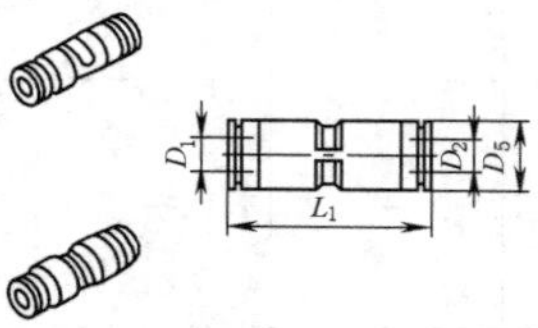 | — | — | — | 4 | — | 4 | — |
| | | | | | 6 | | 6 | |
| | | | | | 8 | | 8 | |
| | | | | | 10 | | 10 | |
| | | | | | 12 | | 12 | |
| | | | | | 16 | | 16 | |
| | 变径 | — | — | — | 6 | — | 4 | — |
| | | | | | 8 | | 4,6 | |
| | | | | | 10 | | 6,8 | |
| | | | | | 12 | | 8,10 | |
| | 穿板式快插接头 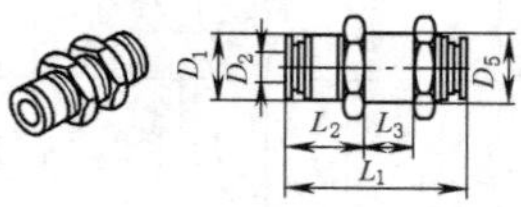 | — | — | — | 4 | — | — | — |
| | | | | | 6 | | | |
| | | | | | 8 | | | |
| | | | | | 10 | | | |
| | | | | | 12 | | | |
| | 穿板式快插接头,带固定凸缘 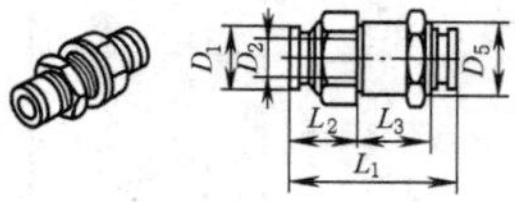 | — | — | — | 8 | — | — | — |
| | | | | | 10 | | | |
| | | | | | 12 | | | |

续表

| 形式 | 结构特点 | 接口 $D_1$ |  |  |  |  | 接口 $D_2$ |  |
|---|---|---|---|---|---|---|---|---|
|  |  | M 螺纹 | R 螺纹 | G 螺纹 | 气管外径 | 插入套管直径 $\phi$ | 气管外径 | 插入套管直径 $\phi$ |
| 直通结构 | 穿板式快插接头,带内螺纹<br>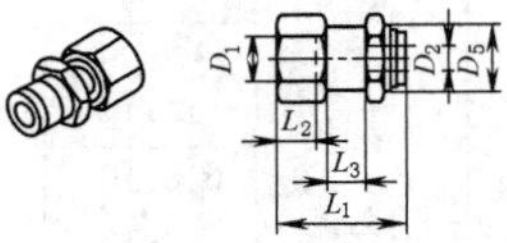 | — | — | G⅛ | — | — | 4,6,8 | — |
|  |  |  |  | G¼ |  |  | 4,6,8,10 |  |
|  |  |  |  | G⅜ |  |  | 6,8,10,12 |  |
|  |  |  |  | G½ |  |  | 12,16 |  |
|  | 插入式堵头<br>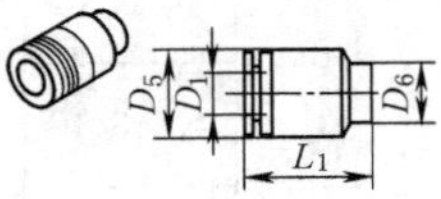 | — | — | — | 4 | — | — | — |
|  |  |  |  |  | 6 |  |  |  |
|  |  |  |  |  | 8 |  |  |  |
|  |  |  |  |  | 10 |  |  |  |
|  |  |  |  |  | 12 |  |  |  |
|  | 快插接头,带套管<br>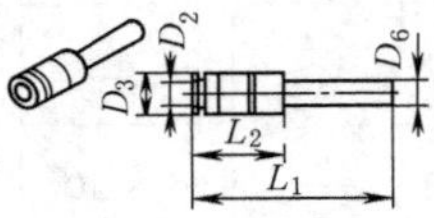 | — | — | — | — | 6 | 4 | — |
|  |  |  |  |  |  | 8 | 4,6 |  |
|  |  |  |  |  |  | 10 | 6,8 |  |
|  |  |  |  |  |  | 12 | 8,10 |  |
|  | 插入式堵头<br>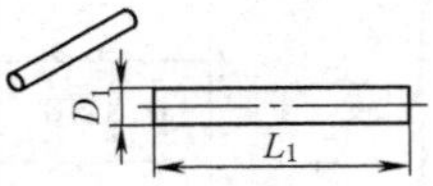 | — | — | — | — | 4 | — | — |
|  |  |  |  |  |  | 6 |  |  |
|  |  |  |  |  |  | 8 |  |  |
|  |  |  |  |  |  | 10 |  |  |
|  |  |  |  |  |  | 12 |  |  |
|  |  |  |  |  |  | 16 |  |  |
|  | 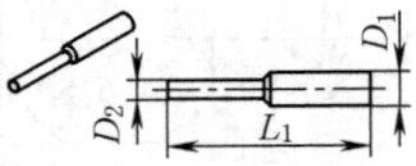变径 | — | — | — | — | 6 | — | 4 |
|  |  |  |  |  |  | 8 |  | 6 |
|  |  |  |  |  |  | 10 |  | 8 |
|  |  |  |  |  |  | 12 |  | 10 |
|  |  |  |  |  |  | 16 |  | 12 |
|  | 堵头<br>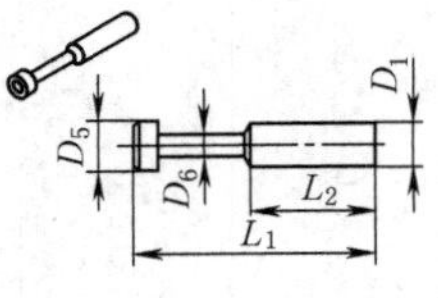 | — | — | — | — | 4 | — | — |
|  |  |  |  |  |  | 6 |  |  |
|  |  |  |  |  |  | 8 |  |  |
|  |  |  |  |  |  | 10 |  |  |
|  |  |  |  |  |  | 12 |  |  |
|  |  |  |  |  |  | 16 |  |  |

续表

| 形式 | 结构特点 | 接口 $D_1$ | | | | | 接口 $D_2$ | |
|---|---|---|---|---|---|---|---|---|
| | | M 螺纹 | R 螺纹 | G 螺纹 | 气管外径 | 插入套管直径 $\phi$ | 气管外径 | 插入套管直径 $\phi$ |
| L 形 | 快插接头，360°旋转-外螺纹，带外六角 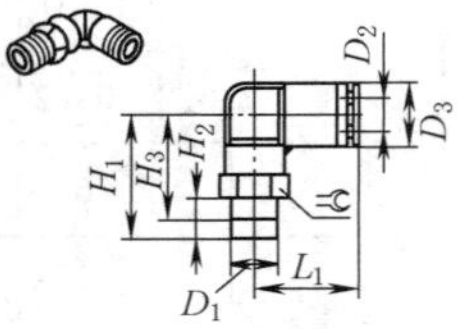 | — | R1/8 | G1/8 | — | — | 4,6,8,10 | — |
| | | | R1/4 | G1/4 | | | 4,6,8,10,12 | |
| | | | R3/8 | G3/8 | | | 6,8,10,12,16 | |
| | | | R1/2 | G1/2 | | | 10,12,16 | |
| | 加长快插接头，360°旋转-外螺纹，带外六角 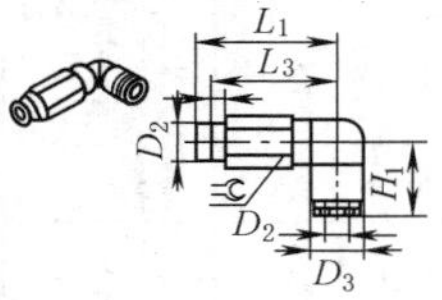 | — | R1/8 | G1/8 | — | — | 4,6,8 | — |
| | | | R1/4 | G1/4 | | | 4,6,8,10 | |
| | | | R3/8 | G3/8 | | | 6,8,10,12 | |
| | | | R1/2 | G1/2 | | | 10,12,16 | |
| | L 形快插接头-内螺纹，带外六角 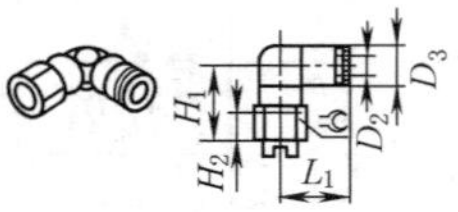 | — | — | G1/8 | — | — | 4,6,8 | — |
| | | | | G1/4 | | | 6,8,10 | |
| | | | | G3/8 | | | 8,10 | |
| | L 形快插接头，360°旋转-外螺纹，带内六角 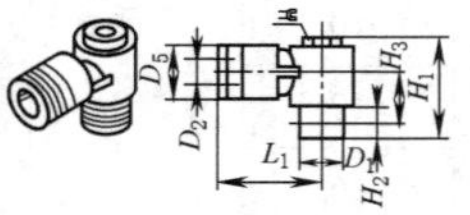 | — | R1/8 | G1/8 | — | — | 6,8 | — |
| | | | R1/4 | G1/4 | | | 6,8,10 | |
| | | | R3/8 | G3/8 | | | 8,10,12 | |
| | | | R1/2 | G1/2 | | | 12 | |
| | L 形快插接头，360°旋转-外螺纹，带外六角 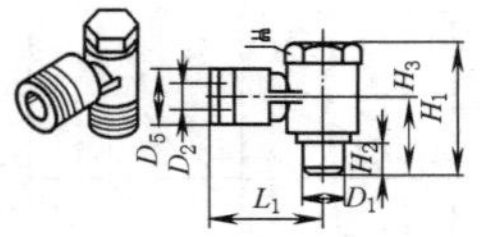 | M5 | — | — | — | — | 6 | — |
| | | — | R1/8 | G1/8 | — | — | 4,6,8 | — |
| | | | R1/4 | G1/4 | | | 6,8,10 | |
| | | | R3/8 | G3/8 | | | 8,10,12 | |
| | | | R1/2 | G1/2 | | | 12,16 | |
| | L 形快插接头 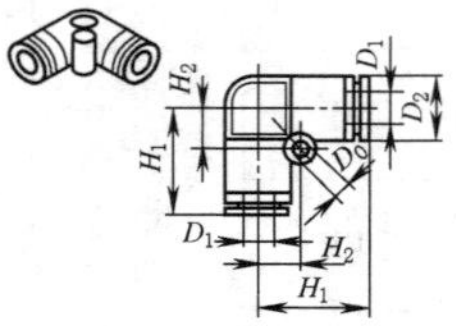 | — | — | — | 4 | — | — | — |
| | | | | | 6 | | | |
| | | | | | 8 | | | |
| | | | | | 10 | | | |
| | | | | | 12 | | | |
| | | | | | 16 | | | |

续表

| 形式 | 结构特点 | 接口 $D_1$ M螺纹 | 接口 $D_1$ R螺纹 | 接口 $D_1$ G螺纹 | 接口 $D_1$ 气管外径 | 接口 $D_1$ 插入套管直径 $\phi$ | 接口 $D_2$ 气管外径 | 接口 $D_2$ 插入套管直径 $\phi$ |
|---|---|---|---|---|---|---|---|---|
| L形 | L形快插接头,带套管 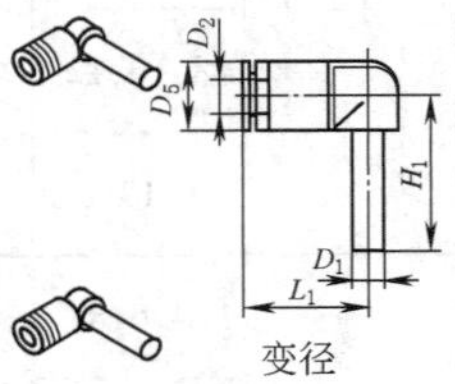 变径 | — | — | — | — | 4 | — | 4 |
| | | | | | | 6 | | 6 |
| | | | | | | 8 | | 8 |
| | | | | | | 10 | | 10 |
| | | | | | | 12 | | 12 |
| | | — | — | — | — | 4 | — | 6 |
| | | | | | | 6 | | 8 |
| | | | | | | 8 | | 10 |
| | | | | | | 10 | | 12 |
| | 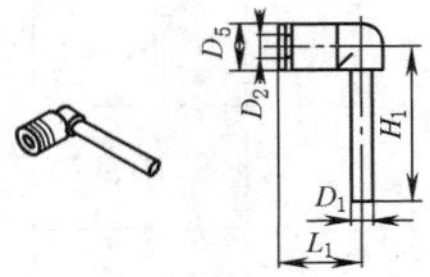 加长插入式套管 | — | — | — | — | 4 | — | 4 |
| | | | | | | 6 | | 6 |
| | | | | | | 8 | | 8 |
| | | | | | | 10 | | 10 |
| | | | | | | 12 | | 12 |
| T形 | T形快插接头,360°旋转-外螺纹,带外六角 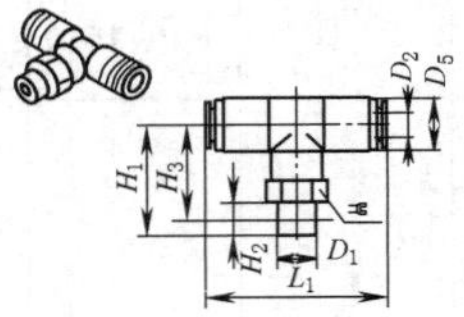 | — | R$\frac{1}{8}$ | G$\frac{1}{8}$ | — | — | 4,6,8,10 | — |
| | | | R$\frac{1}{4}$ | G$\frac{1}{4}$ | | | 4,6,8,10,12 | |
| | | | R$\frac{3}{8}$ | G$\frac{3}{8}$ | | | 6,8,10,12,16 | |
| | | | R$\frac{1}{2}$ | G$\frac{1}{2}$ | | | 10,12,16 | |
| | T形快插接头 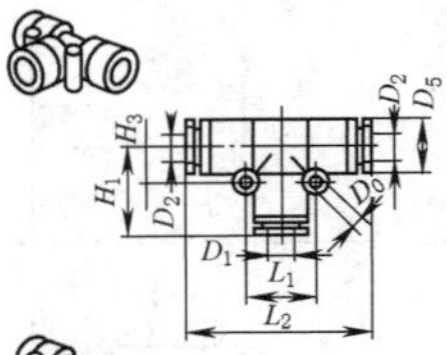 | — | — | — | 4 | — | 4 | — |
| | | | | | 6 | | 6 | |
| | | | | | 8 | | 8 | |
| | | | | | 10 | | 10 | |
| | | | | | 12 | | 12 | |
| | | | | | 16 | | 16 | |
| |  变径 | — | — | — | 6 | — | 4 | — |
| | | | | | 8 | | 4,6 | |
| | | | | | 10 | | 6,8 | |
| | | | | | 12 | | 8,10 | |
| | | | | | 16 | | 12 | |

续表

| 形式 | 结构特点 | 接口 $D_1$ M螺纹 | 接口 $D_1$ R螺纹 | 接口 $D_1$ G螺纹 | 接口 $D_1$ 气管外径 | 接口 $D_1$ 插入套管直径 $\phi$ | 接口 $D_2$ 气管外径 | 接口 $D_2$ 插入套管直径 $\phi$ |
|---|---|---|---|---|---|---|---|---|
| T形 | T形快插接头,360°旋转-外和内螺纹,带外六角 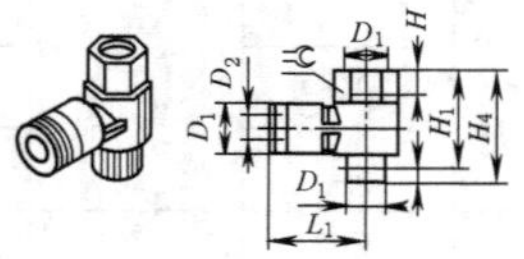 | — | R⅛ | G⅛ | — | — | 4,6,8 | — |
| | | | R¼ | G¼ | | | 6,8,10 | |
| | | | R⅜ | G⅜ | | | 8,10,12 | |
| | | | R½ | G½ | | | 12 | |
| | T形快插接头,360°旋转-外螺纹,带外六角 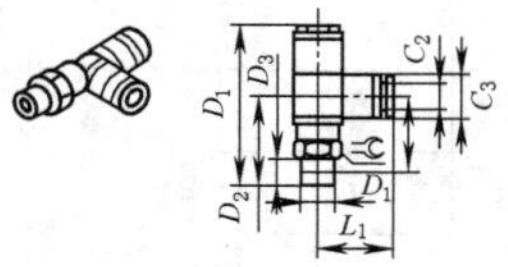 | — | R⅛ | G⅛ | — | — | 4,6,8 | — |
| | | | R¼ | G¼ | | | 6,8,10 | |
| | | | R⅜ | G⅜ | | | 8,10,12 | |
| | | | R½ | G½ | | | 12,16 | |
| 直角结构 | 快插接头-外螺纹,带外六角 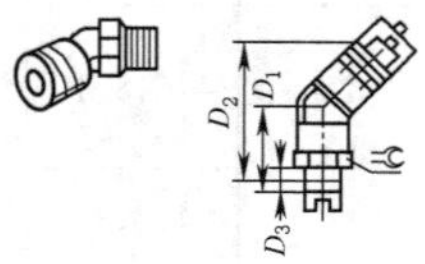 | — | R⅛ | — | — | — | 4,6,8 | — |
| | | | R¼ | | | | 6,8,10 | |
| | | | R⅜ | | | | 10,12 | |
| | | | R½ | | | | 12,16 | |
| | 快插接头,带套管 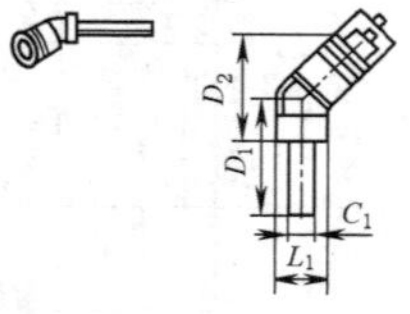 | — | — | — | 4 | — | — | 4 |
| | | | | | 6 | | | 6 |
| | | | | | 8 | | | 8 |
| | | | | | 10 | | | 10 |
| | | | | | 12 | | | 12 |
| X形 | X形快插接头 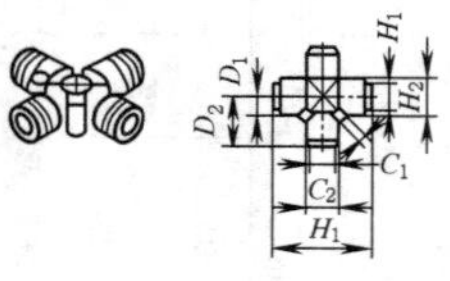 | — | — | — | 8 | — | — | — |
| | | | | | 10 | | | |
| | | | | | 12 | | | |
| Y形 | Y形快插接头,360°旋转-外螺纹,带外六角 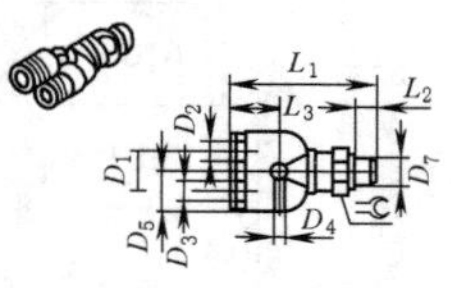 | M5 | — | — | — | — | 4,6 | — |
| | | — | R⅛ | G⅛ | | | 4,6,8 | |
| | | | R¼ | G¼ | | | 4,6,8,10 | |
| | | | R⅜ | G⅜ | | | 8,10,12 | |
| | | | R½ | G½ | | | 12 | |

续表

| 形式 | 结构特点 | 接口 $D_1$ | | | | | 接口 $D_2$ | |
|---|---|---|---|---|---|---|---|---|
| | | M 螺纹 | R 螺纹 | G 螺纹 | 气管外径 | 插入套管直径 $\phi$ | 气管外径 | 插入套管直径 $\phi$ |
| Y 形 | Y 形快插接头 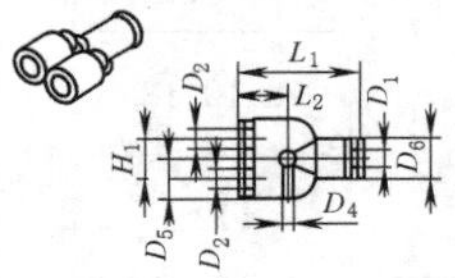 | — | — | — | 4 | — | 4 | — |
| | | | | | 6 | | 6 | |
| | | | | | 8 | | 8 | |
| | | | | | 10 | | 10 | |
| | | | | | 12 | | 12 | |
| | | | | | 16 | | 16 | |
| | 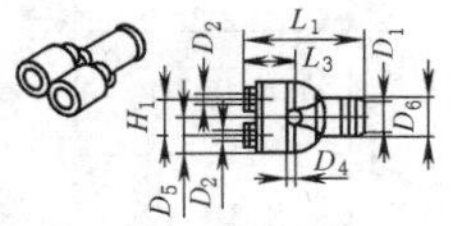 变径 | — | — | — | 6 | — | 4 | — |
| | | | | | 8 | | 4,6 | |
| | | | | | 10 | | 6,8 | |
| | | | | | 12 | | 8,10 | |
| | | | | | 16 | | 12 | |
| | Y 形快插接头,带套管 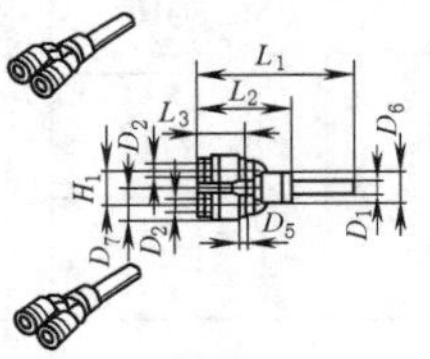 | — | — | — | — | 4 | 4 | — |
| | | | | | | 6 | 6 | |
| | | | | | | 8 | 8 | |
| | | | | | | 10 | 10 | |
| | | | | | | 12 | 12 | |
| | 变径 | — | — | — | — | 6 | 4 | — |
| | | | | | | 8 | 6 | |
| | | | | | | 10 | 8 | |
| | | | | | | 12 | 10 | |
| | Y 形快插接头,360°旋转-外螺纹,带外六角 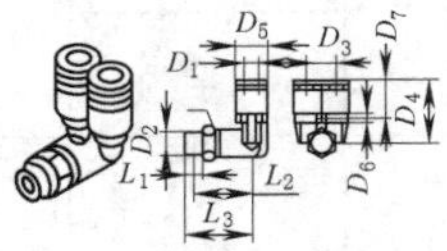 | — | R1/8 | G1/8 | — | — | 4,6,8 | — |
| | | | R1/4 | G1/4 | | | 6,8,10 | |
| | | | R3/8 | G3/8 | | | 8,10,12 | |
| | | | R1/2 | G1/2 | | | 12 | |
| | Y 形快插接头,360°旋转-外螺纹,带外六角 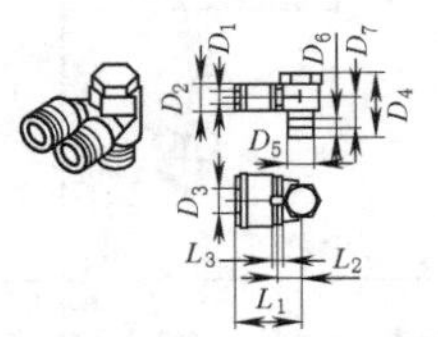 | — | R1/8 | G1/8 | — | — | 6 | — |
| | | | R1/4 | G1/4 | | | 8 | |
| | | | R3/8 | G3/8 | | | 10 | |
| | | | R1/2 | G1/2 | | | 12 | |
| | Y 形快插接头,360°旋转-外和内螺纹,带外六角 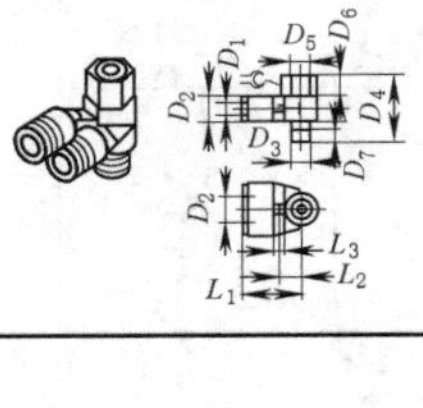 | — | R1/8 | G1/8 | — | — | 6 | — |
| | | | R1/4 | G1/4 | | | 8 | |
| | | | R3/8 | G3/8 | | | 10 | |
| | | | R1/2 | G1/2 | | | 12 | |

**表 23-9-10** **复合型快插接头** mm

| 形式 | 结构特点 | 接口 $D_1$ R螺纹 | 接口 $D_1$ G螺纹 | 接口 $D_1$ 气管外径 | 接口 $D_2$ 气管外径 | 接口 $D_3$ 气管外径 |
|---|---|---|---|---|---|---|
| L形 | 复合式接头,360°旋转-2个输出口 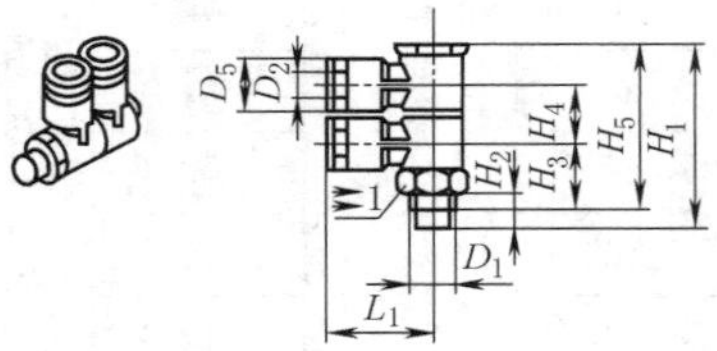 | R1/8 | G1/8 | — | 4,6,8 | — |
| | | R1/4 | G1/4 | | 6,8,10 | |
| | | R3/8 | G3/8 | | 8,10,12 | |
| | | R1/2 | G1/2 | | 12 | |
| | 复合式接头,360°旋转-3个输出口 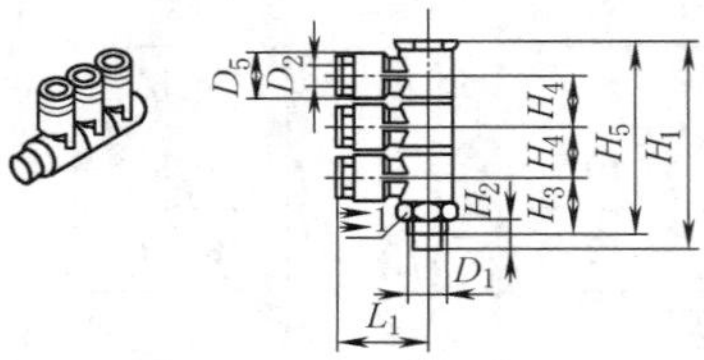 | R1/8 | G1/8 | — | 4,6,8 | — |
| | | R1/4 | G1/4 | | 6,8,10 | |
| | | R3/8 | G3/8 | | 8,10,12 | |
| | | R1/2 | G1/2 | | 12 | |
| | 复合式接头,360°旋转-4个输出口 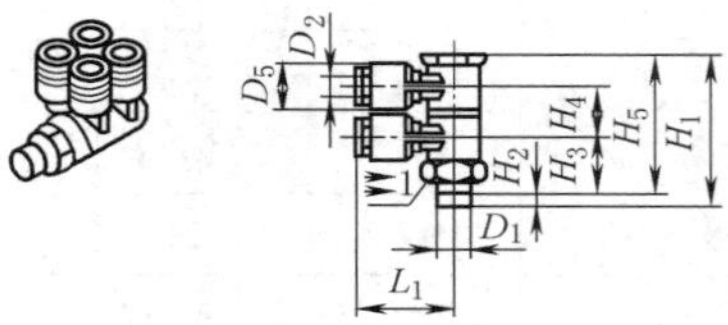 | R1/8 | G1/8 | — | 4,6,8 | — |
| | | R1/4 | G1/4 | | 6,8,10 | |
| | | R3/8 | G3/8 | | 8,10,12 | |
| | | R1/2 | G1/2 | | 12 | |
| | 复合式接头,360°旋转-6个输出口 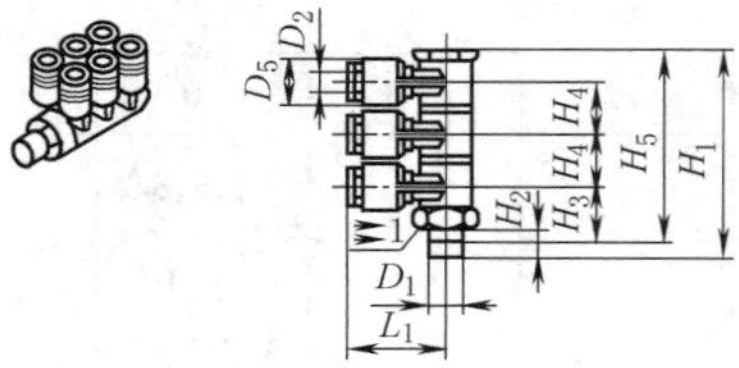 | R1/8 | G1/8 | — | 4,6,8 | — |
| | | R1/4 | G1/4 | | 6,8,10 | |
| | | R3/8 | G3/8 | | 8,10,12 | |
| | | R1/2 | G1/2 | | 12 | |
| | 复合式接头,360°旋转-4个输出口 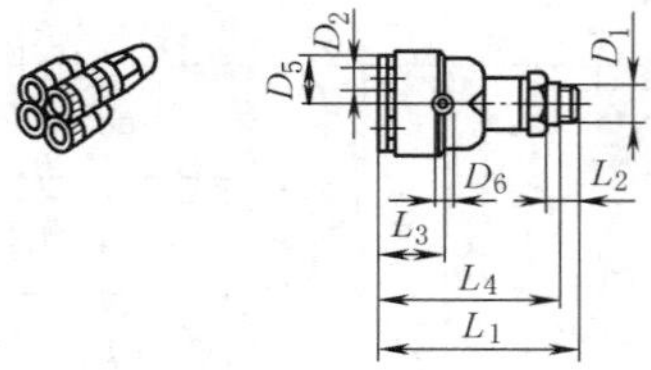 | R1/8 | G1/8 | — | 4,6 | — |
| | | R1/4 | G1/4 | | 4,6 | |
| | 复合式接头,360°旋转-4个输出口 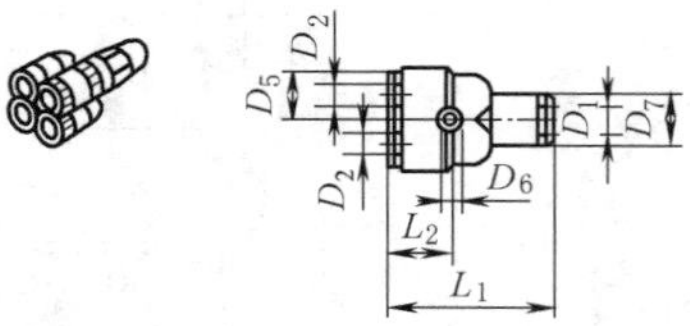 变径 | — | — | 6 | 4 | |
| | | | | 8 | 6 | |

续表

| 形式 | 结构特点 | 接口 $D_1$ | | | 接口 $D_2$ | 接口 $D_3$ |
|---|---|---|---|---|---|---|
| | | R 螺纹 | G 螺纹 | 气管外径 | 气管外径 | 气管外径 |
| T形 | 复合式接头,360°-3个输出口 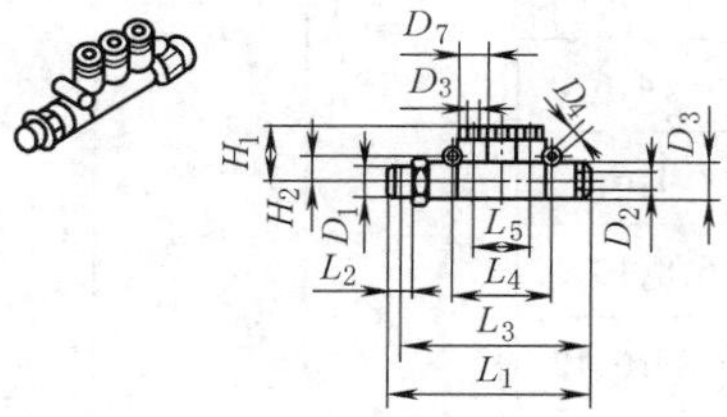 | $R\frac{1}{8}$ | $G\frac{1}{8}$ | — | 6 | 4 |
| | | $R\frac{1}{4}$ | $G\frac{1}{4}$ | — | 8 | 6 |
| | | $R\frac{3}{8}$ | $G\frac{3}{8}$ | — | 10 | 8 |
| | 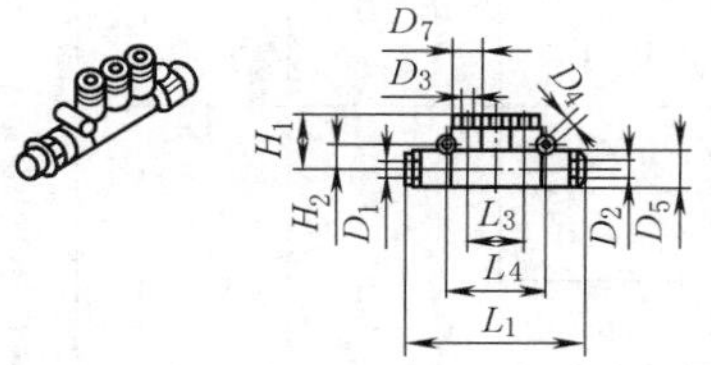 变径 | — | — | 6 | 6 | 4 |
| | | — | — | 8 | 8 | 6 |
| | | — | — | 10 | 10 | 8 |

**表 23-9-11　金属型快插接头**　mm

| 形式 | 结构特点 | 接口 $D_1$ | | | | | 接口 $D_2$ | |
|---|---|---|---|---|---|---|---|---|
| | | M 螺纹 | R 螺纹 | G 螺纹 | 气管外径 | 插入套管直径 $\phi$ | 气管外径 | 插入套管直径 $\phi$ |
| 直通结构 | 快插接头-外螺纹,带外六角 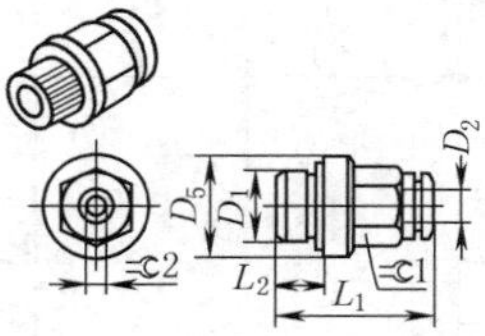 | M5 | — | — | 4,6 | — | — | — |
| | | M7 | — | — | 4,6 | — | — | — |
| | | — | — | $G\frac{1}{8}$ | 4,6,8 | — | — | — |
| | | — | — | $G\frac{1}{4}$ | 6,8,10,12 | — | — | — |
| | | — | — | $G\frac{3}{8}$ | 8,10,12 | — | — | — |
| | | — | — | $G\frac{1}{2}$ | 10,12 | — | — | — |
| | 快插接头-外螺纹,带内六角 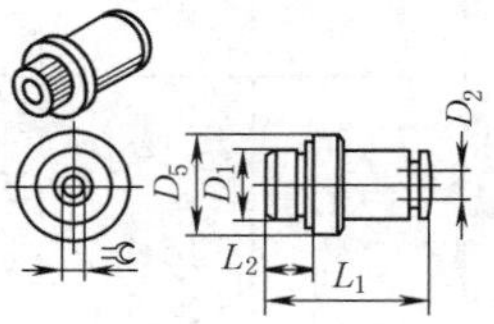 | M5 | — | — | 4 | — | — | — |
| | | M7 | — | — | 4,6 | — | — | — |
| | | — | — | $G\frac{1}{8}$ | 4,6,8 | — | — | — |
| | | — | — | $G\frac{1}{4}$ | 6,8,10,12 | — | — | — |
| | | — | — | $G\frac{3}{8}$ | 8,10,12 | — | — | — |
| | 快插接头-内螺纹,带外六角 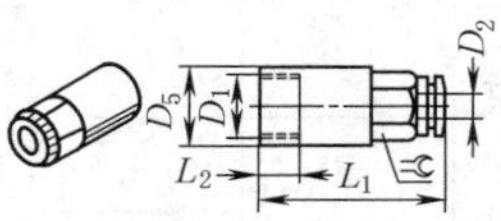 | — | — | $G\frac{1}{8}$ | 4,6,8 | — | — | — |
| | | — | — | $G\frac{1}{4}$ | 6,8 | — | — | — |
| | 穿板式快插接头-内螺纹,带外六角 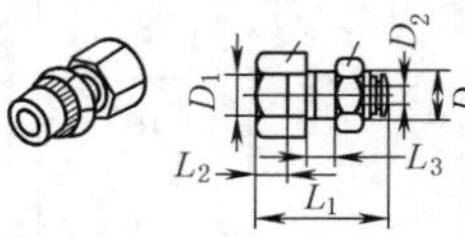 | — | — | $G\frac{1}{8}$ | 4,6,8 | — | — | — |
| | | — | — | $G\frac{1}{4}$ | 6,8 | — | — | — |

续表

| 形式 | 结构特点 | 接口 $D_1$ | | | | | 接口 $D_2$ | |
|---|---|---|---|---|---|---|---|---|
| | | M 螺纹 | R 螺纹 | G 螺纹 | 气管外径 | 插入套管直径 $\phi$ | 气管外径 | 插入套管直径 $\phi$ |
| 直通结构 | 快插接头,带套管 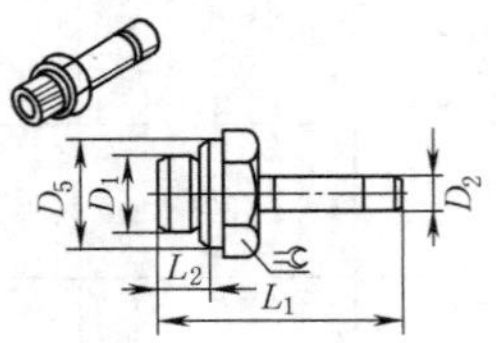 | M5 | — | — | 4,6 | — | — | — |
| | | M7 | | — | 4,6 | | | |
| | | — | | G1/8 | 4,6,8 | | | |
| | | | | G1/4 | 6,8,10,12 | | | |
| | | | | G3/8 | 8,10,12 | | | |
| | | | | G1/2 | 10,12 | | | |
| | 快插接头 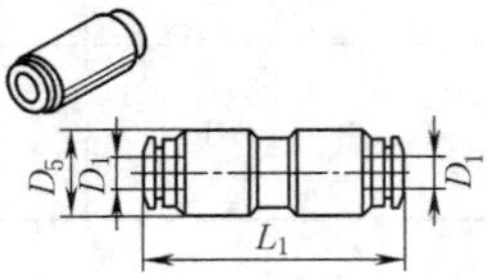 | — | — | — | 4 | — | — | — |
| | | | | | 6 | | | |
| | | | | | 8 | | | |
| | | | | | 10 | | | |
| | | | | | 12 | | | |
| | 穿板式快插接头 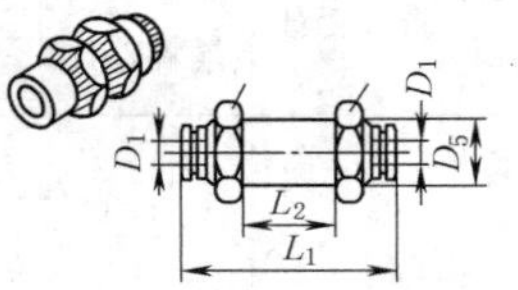 | — | — | — | 4 | — | — | — |
| | | | | | 6 | | | |
| | | | | | 8 | | | |
| | | | | | 10 | | | |
| | | | | | 12 | | | |
| | 快插接头,带套管 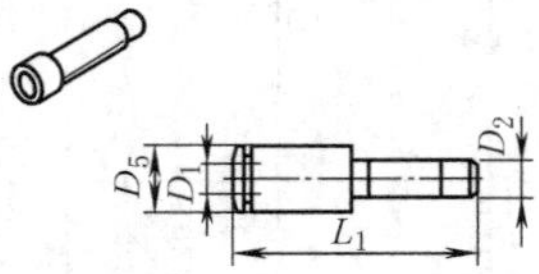 | — | — | — | 6 | — | — | 4 |
| | | | | | 8 | | | 4 |
| | | | | | 8 | | | 6 |
| | | | | | 10 | | | 4 |
| | | | | | 10 | | | 6 |
| | | | | | 10 | | | 8 |
| | | | | | 12 | | | 6 |
| | | | | | 12 | | | 8 |
| | | | | | 12 | | | 10 |
| | 插入式套管 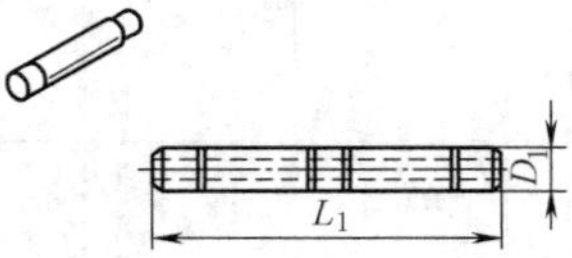 | — | — | — | 4 | — | — | 4 |
| | | | | | 6 | | | 6 |
| | | | | | 8 | | | 8 |
| | | | | | 10 | | | 10 |
| | | | | | 12 | | | 12 |
| | 堵头 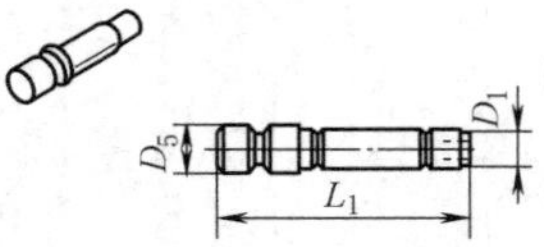 | — | — | — | — | — | 4 | — |
| | | | | | | | 6 | |
| | | | | | | | 8 | |
| | | | | | | | 10 | |
| | | | | | | | 12 | |

续表

| 形式 | 结构特点 | 接口 $D_1$ | | | | | 接口 $D_2$ | |
|---|---|---|---|---|---|---|---|---|
| | | M 螺纹 | R 螺纹 | G 螺纹 | 气管外径 | 插入套管直径 $\phi$ | 气管外径 | 插入套管直径 $\phi$ |
| L 形 | L 形快插接头,360°旋转-外螺纹,带外六角 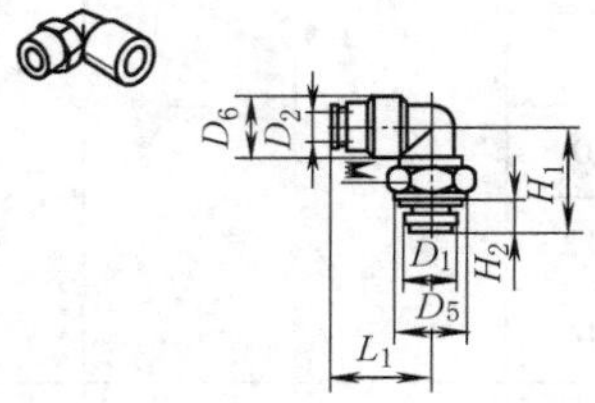 | M5 | — | — | 4,6 | — | — | — |
| | | M7 | | — | 4,6 | | | |
| | | — | | G1/8 | 6,8 | | | |
| | | | | G1/4 | 6,8,10,12 | | | |
| | | | | G3/8 | 8,10,12 | | | |
| | | | | G1/2 | 10,12 | | | |
| | L 形快插接头 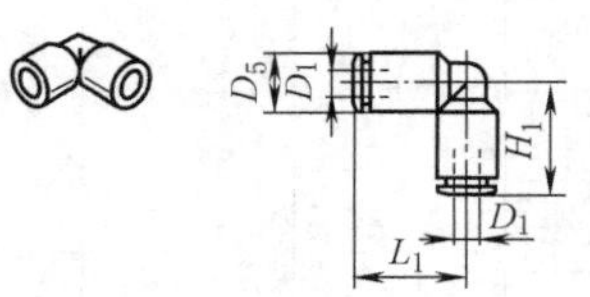 | — | — | — | 4 | — | — | — |
| | | | | | 6 | | | |
| | | | | | 8 | | | |
| | | | | | 10 | | | |
| | | | | | 12 | | | |
| T 形 | T 形快插接头,360°旋转-外螺纹,带外六角 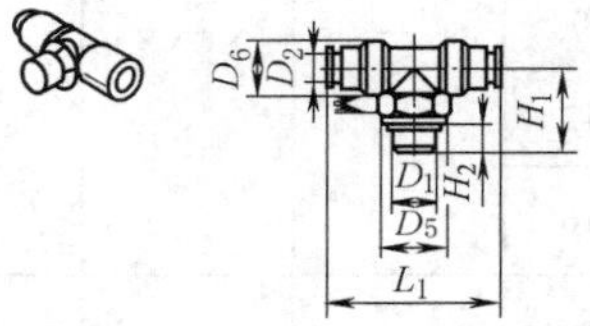 | M5 | — | — | 4,6 | — | — | — |
| | | M7 | | — | 4,6 | | | |
| | | — | | G1/8 | 6,8 | | | |
| | | | | G1/4 | 6,8,10,12 | | | |
| | | | | G3/8 | 8,10,12 | | | |
| | | | | G1/2 | 10,12 | | | |
| | T 形快插接头 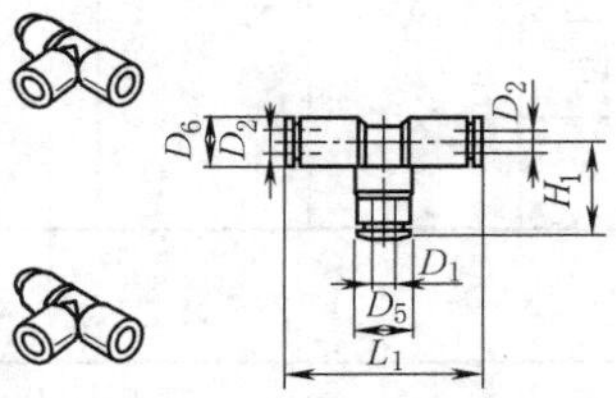 | — | — | — | 4 | — | 4 | — |
| | | | | | 6 | | 6 | |
| | | | | | 8 | | 8 | |
| | | | | | 10 | | 10 | |
| | | | | | 12 | | 12 | |
| | 变径 | — | — | — | 6 | — | 4 | — |
| | | | | | 8 | | 6 | |
| | | | | | 10 | | 8 | |
| | | | | | 12 | | 10 | |
| Y 形 | Y 形快插接头 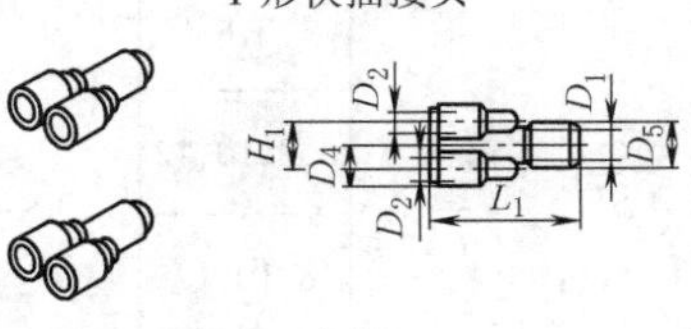 | — | — | — | 6 | — | 6 | — |
| | | | | | 8 | | 8 | |
| | | | | | 10 | | 10 | |
| | 变径 | — | — | — | 6 | — | 4 | — |
| | | | | | 8 | | 6 | |
| | | | | | 10 | | 8 | |

表 23-9-12　　不锈钢型快插接头　　mm

| 形式 | 结构特点 | 接口 $D_1$ M 螺纹 | 接口 $D_1$ R 螺纹 | 接口 $D_1$ G 螺纹 | 接口 $D_1$ 气管外径 | 接口 $D_1$ 插入套管直径 $\phi$ | 接口 $D_2$ 气管外径 | 接口 $D_2$ 插入套管直径 $\phi$ |
|---|---|---|---|---|---|---|---|---|
| 直通结构 | 快插接头-外螺纹，带内六角 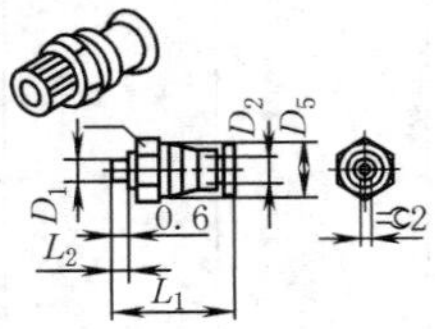 | M5 | — | — | 4，6 | — | — | — |
| | | M7 | — | | 4，6 | | | |
| | | — | R1/8 | | 6.8 | | | |
| | | | R1/4 | | 8，10 | | | |
| | | | R3/8 | | 10，12 | | | |
| | | | R1/2 | | 12，16 | | | |
| | 穿板式快插接头 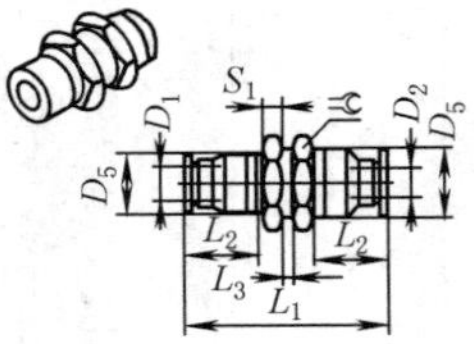 | — | — | — | 4 | — | — | — |
| | | | | | 6 | | | |
| | | | | | 8 | | | |
| | | | | | 10 | | | |
| | | | | | 12 | | | |
| | | | | | 12 | | | |
| L 形 | L 形快插接头，360°旋转-外螺纹，带内六角 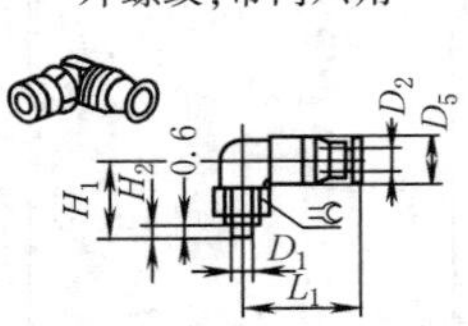 | M5 | — | — | 4，6 | — | — | — |
| | | — | R1/8 | | 6，8 | | | |
| | | | R1/4 | | 8，10 | | | |
| | | | R3/8 | | 10，12 | | | |
| | | | R1/2 | | 12，16 | | | |
| T 形 | T 形快插接头，360°旋转-外螺纹，带内六角 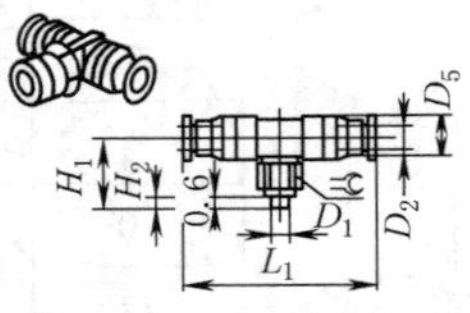 | M5 | — | — | 4，6 | — | — | — |
| | | — | R1/8 | | 6，8 | | | |
| | | | R1/4 | | 8，10 | | | |
| | | | R3/8 | | 10，12 | | | |
| | | | R1/2 | | 12，16 | | | |

表 23-9-13　　阻燃型快插接头　　mm

| 形式 | 结构特点 | 接口 $D_1$ M 螺纹 | 接口 $D_1$ R 螺纹 | 接口 $D_1$ G 螺纹 | 接口 $D_1$ 气管外径 | 接口 $D_1$ 插入套管直径 $\phi$ | 接口 $D_2$ 气管外径 | 接口 $D_2$ 插入套管直径 $\phi$ |
|---|---|---|---|---|---|---|---|---|
| 阻燃，符合 UL94V0 标准-用于塑料气管 PAN/PUN-V0 | | | | | | | | |
| 直通结构 | 快插接头-外螺纹，带外六角 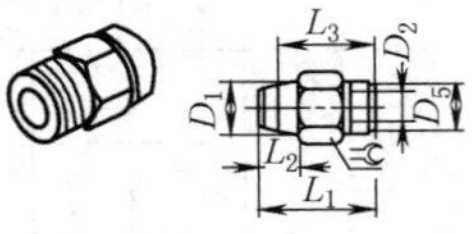 | — | R1/8 | G1/8 | — | — | 6，8 | — |
| | | | R1/4 | G1/4 | | | 6，8，10，12 | |
| | | | R3/8 | G3/8 | | | 8，10，12 | |
| | | | R1/2 | G1/2 | | | 10，12 | |

续表

| 形式 | 结构特点 | 接口 $D_1$ | | | | | 接口 $D_2$ | |
|---|---|---|---|---|---|---|---|---|
| | | M 螺纹 | R 螺纹 | G 螺纹 | 气管外径 | 插入套管直径 $\phi$ | 气管外径 | 插入套管直径 $\phi$ |
| 直通结构 | 快插接头 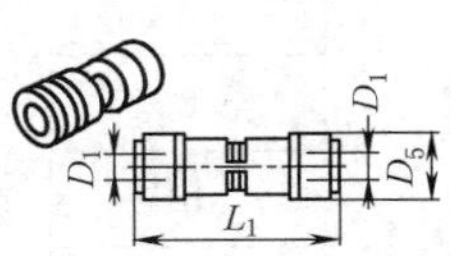 | — | — | — | 6 | — | — | — |
| | | | | | 8 | | | |
| | | | | | 10 | | | |
| | | | | | 12 | | | |
| L 形 | L 形快插接头-外螺纹，带外六角 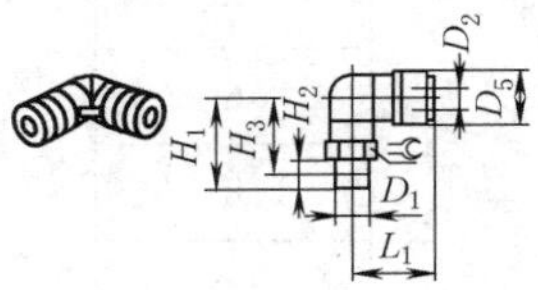 | — | R⅛ | G⅛ | — | — | 6,8 | — |
| | | | R¼ | G¼ | | | 6,8,10,12 | |
| | | | R⅜ | G⅜ | | | 8,10,12 | |
| | | | R½ | G½ | | | 10,12 | |
| | L 形快插接头 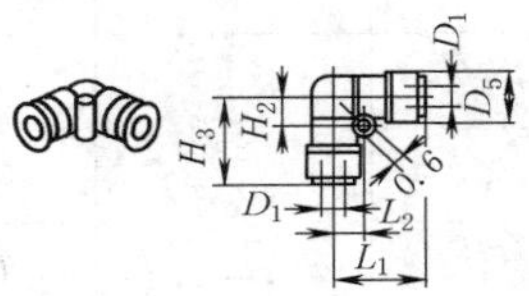 | — | — | — | 6 | — | — | — |
| | | | | | 8 | | | |
| | | | | | 10 | | | |
| | | | | | 12 | | | |
| T 形 | T 形快插接头-外螺纹，带外六角 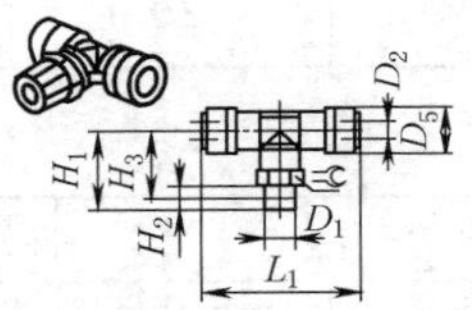 | — | R⅛ | G⅛ | — | — | 6,8 | — |
| | | | R¼ | G¼ | | | 6,8,10,12 | |
| | | | R⅜ | G⅜ | | | 8,10,12 | |
| | | | R½ | G½ | | | 10,12 | |
| | T 形快插接头 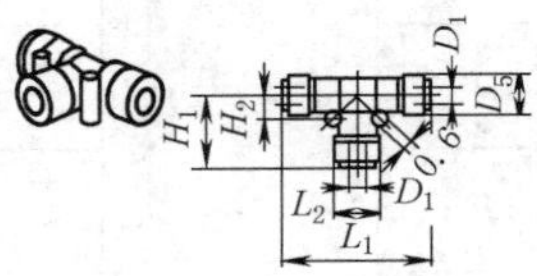 | — | — | — | 6 | — | — | — |
| | | | | | 8 | | | |
| | | | | | 10 | | | |
| | | | | | 12 | | | |

**表 23-9-14　　自密封型快插接头**　　mm

| 形式 | 结构特点 | 接口 $D_1$ | | | | 接口 $D_2$ |
|---|---|---|---|---|---|---|
| | | M 螺纹 | R 螺纹 | G 螺纹 | 气管外径 | 气管外径 |
| 直通结构 | 自密封快插接头-外螺纹，带外六角 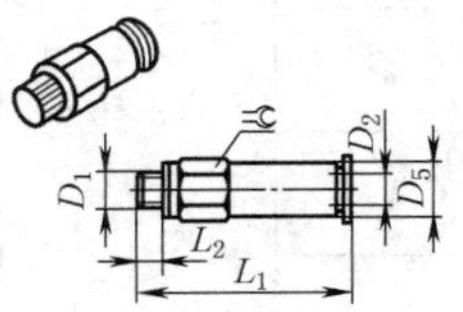 | M5 | — | — | — | 4,6 |
| | | — | R⅛ | G⅛ | | 4,6,8 |
| | | | R¼ | G¼ | | 6,8,10 |
| | | | R⅜ | G⅜ | | 8,10,12 |
| | | | R½ | G½ | | 12 |

续表

| 形式 | 结构特点 | 接口 $D_1$ | | | | 接口 $D_2$ |
|---|---|---|---|---|---|---|
| | | M 螺纹 | R 螺纹 | G 螺纹 | 气管外径 | 气管外径 |
| 直通结构 | 自密封快插接头<br>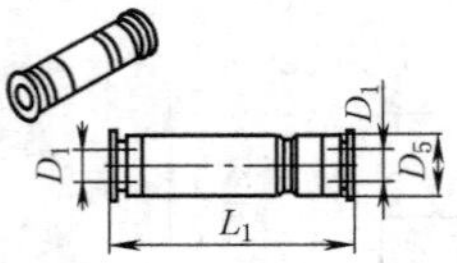 | — | — | — | 4 | — |
| | | | | | 6 | |
| | | | | | 8 | |
| | | | | | 10 | |
| | | | | | 12 | |
| | 穿板式快插接头<br>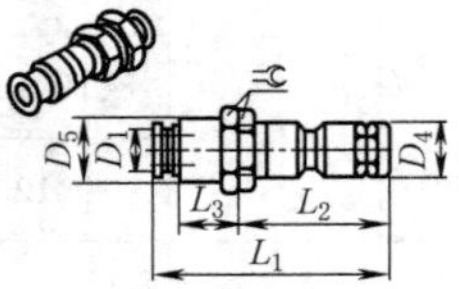 | — | — | — | 4 | — |
| | | | | | 6 | |
| | | | | | 8 | |
| | | | | | 10 | |
| | | | | | 12 | |
| L 形 | L 形自密封快插接头-360°手动旋转-外螺纹，带外六角<br>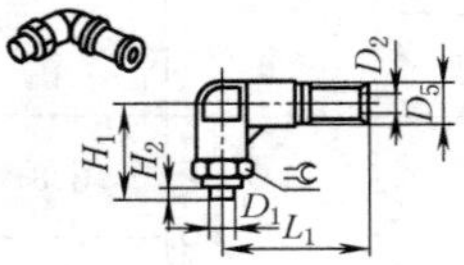 | M5 | — | — | — | 4,6 |
| | | — | R⅛ | G⅛ | | 4,6,8 |
| | | | R¼ | G¼ | | 6,8,10 |
| | | | R⅜ | G⅜ | | 8,10,12 |
| | | | R½ | G½ | | 12 |

表 23-9-15 **旋转型快插接头** mm

| 形式 | 结构特点 | 接口 $D_1$ | | | | 接口 $D_2$ |
|---|---|---|---|---|---|---|
| | | M 螺纹 | R 螺纹 | G 螺纹 | 气管外径 | 气管外径 |
| 直通结构 | 旋转快插接头，通过球轴承 360°旋转-外螺纹，带外六角<br>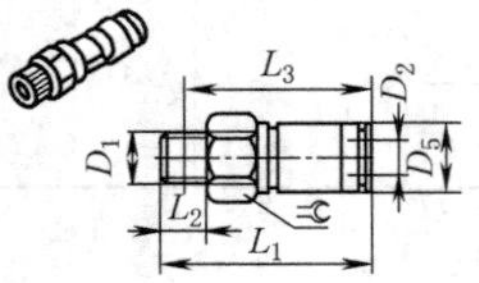 | M5 | — | — | — | 4,6 |
| | | — | R⅛ | G⅛ | | 4,6,8 |
| | | | R¼ | G¼ | | 6,8 |
| | | | R⅜ | G⅜ | | 8,10,12 |
| | | | R½ | G½ | | 12 |
| L 形 | L 形旋转快插接头，通过球轴承 360°旋转-外螺纹，带外六角<br>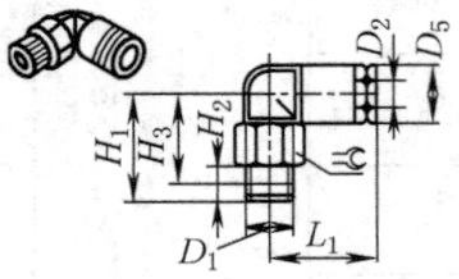 | M5 | — | — | — | 4,6 |
| | | — | R⅛ | G⅛ | | 4,6,8 |
| | | | R¼ | G¼ | | 6,8 |
| | | | R⅜ | G⅜ | | 8,10,12 |
| | | | R½ | G½ | | 12 |

**表 23-9-16** **硬管快插接头** mm

| 形式 | 结构特点 | 接口 $D_1$ | | | 接口 $D_2$ | |
|---|---|---|---|---|---|---|
| | | G 螺纹 | 气管<br>硬管外径 | 插入套管<br>直径 $\phi$ | 气管<br>硬管外径 | 插入套管<br>直径 $\phi$ |
| 直通结构 | 快插接头-外螺纹<br>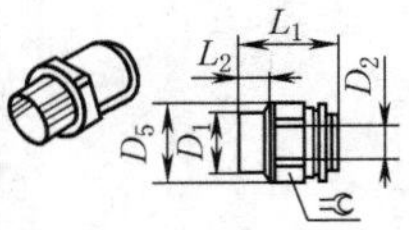 | G⅜ | — | — | 12 | — |
| | | G½ | | | 12,15,18 | |
| | | G¾ | | | 22 | |
| | 快插接头,带套管<br>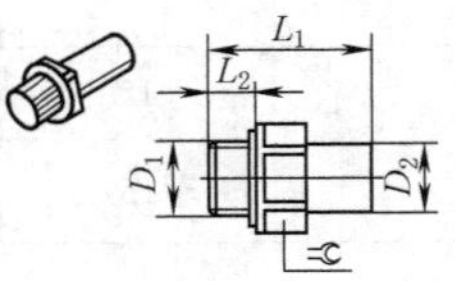 | G⅜ | — | — | 12,15 | — |
| | | G½ | | | 12,15,18,22 | |
| | | G¾ | | | 22 | |
| | | G1 | | | 28 | |
| | 快插接头<br>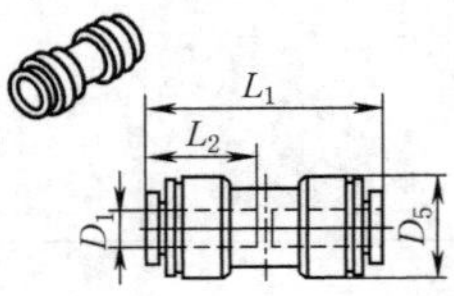 | — | 12 | — | — | — |
| | | | 15 | | | |
| | | | 18 | | | |
| | | | 22 | | | |
| | | | 28 | | | |
| | 快插接头,带套管<br>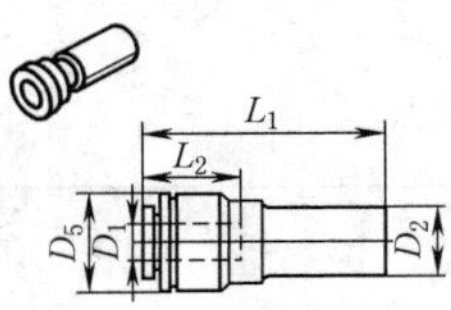 | — | 12 | — | — | 15 |
| | | | 15 | | | 18 |
| | | | 15 | | | 22 |
| | | | 18 | | | 22 |
| | | | 22 | | | 28 |
| | 插入式套管<br>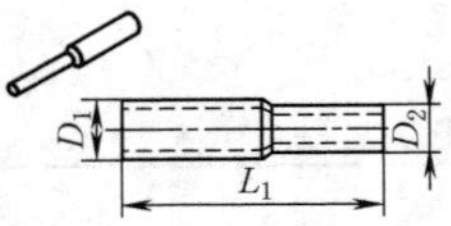 | — | — | 15 | — | 12 |
| | | | | 18 | | 16 |
| | | | | 22 | | 16 |
| | 堵头<br>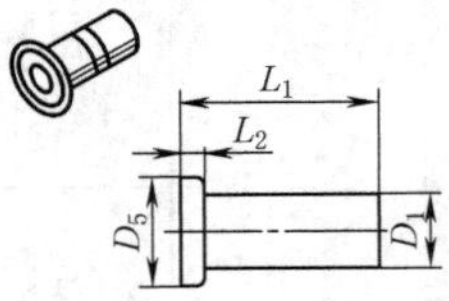 | — | — | 12 | — | — |
| | | | | 15 | | |
| | | | | 18 | | |
| | | | | 22 | | |
| | | | | 28 | | |
| L形 | L 形快插接头<br>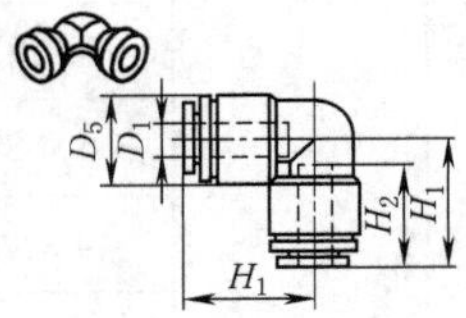 | — | 12 | — | — | — |
| | | | 15 | | | |
| | | | 18 | | | |
| | | | 22 | | | |
| | | | 28 | | | |

续表

| 形式 | 结构特点 | 接口 $D_1$ | | | 接口 $D_2$ | |
|---|---|---|---|---|---|---|
| | | G螺纹 | 气管硬管外径 | 插入套管直径 $\phi$ | 气管硬管外径 | 插入套管直径 $\phi$ |
| T形 | T形快插接头 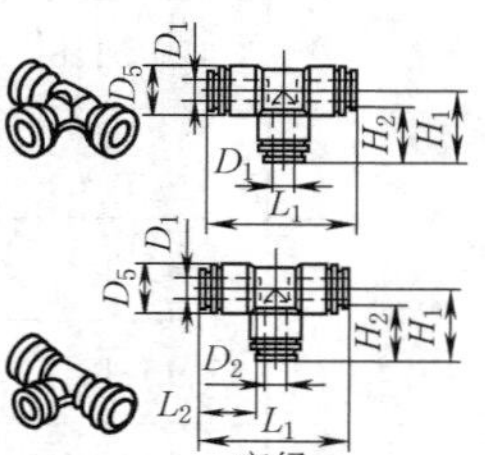 变径 | — | 12 | — | — | — |
| | | | 15 | | | |
| | | | 18 | | | |
| | | | 22 | | | |
| | | | 28 | | | |
| | | — | 18 | — | 15 | — |
| | | | 22 | | 15 | |
| 直通结构 | 分气块 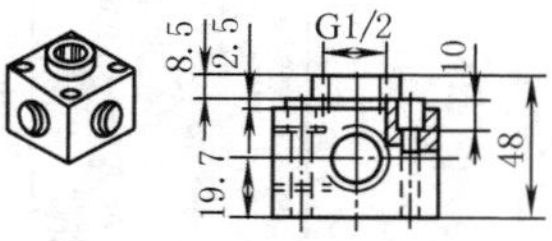 | — | | | | |
| | 水分离器 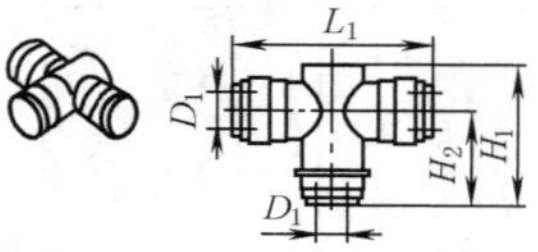 | | 22 | — | — | — |
| | | | 28 | | | |

## 2.3.2 倒钩接头

倒钩接头是一种插入式的连接方式，有直通形结构、L形结构、T形结构、V形结构、Y形结构等。可分为常用的倒钩接头、不锈钢倒钩接头、用于软管夹的倒钩接头。

表 23-9-17 常用的倒钩接头 mm

| 形式 | 结构特点 | 接口 $D_1$ | | | | 接口 $D_2$ | |
|---|---|---|---|---|---|---|---|
| | | M螺纹 | G螺纹 | 倒钩接头 | 气管内径 | 倒钩接头 | 气管内径 |
| 直通结构 | 倒钩接头，带外螺纹和外六角 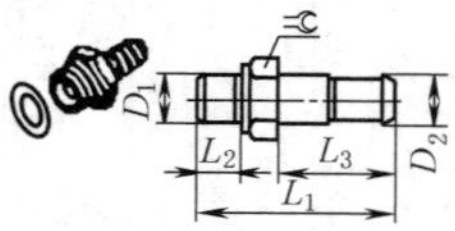 | M5 | — | — | — | 3.6 | 3 |
| | | | | | | 4.8 | 4 |
| | 倒钩接头，带外螺纹和外六角 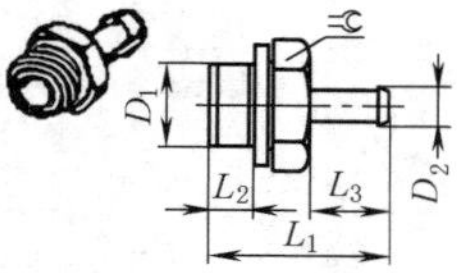 | M3 | — | — | — | 2.6,3.4 | 2,3 |
| | | M5 | — | | | 2.95,3.6,4.8 | 2,3,4 |
| | | — | G⅛ | | | 3.6,4.8,7 | 3,4,6 |
| | | — | G¼ | | | 4.8,7 | 4,6 |
| | | — | G⅜ | | | 7 | 6 |

续表

| 形式 | 结构特点 | 接口 $D_1$ |  |  |  | 接口 $D_2$ |  |
|---|---|---|---|---|---|---|---|
|  |  | M 螺纹 | G 螺纹 | 倒钩接头 | 气管内径 | 倒钩接头 | 气管内径 |
| 直通结构 | 穿板式倒钩接头<br>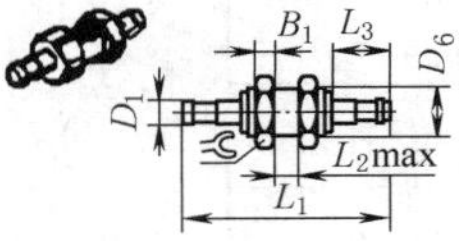 | — | — | 2.95 | 2 | — | — |
|  |  |  |  | 3.6 | 3 |  |  |
|  |  |  |  | 4.8 | 4 |  |  |
|  |  |  |  | 7 | 6 |  |  |
|  | 管接头<br>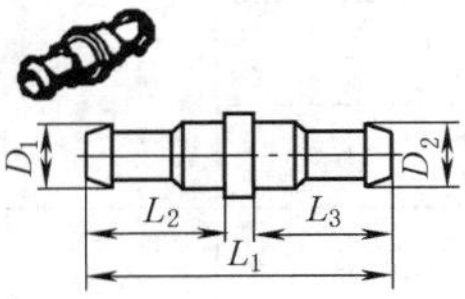 | — | — | 2.95 | 2 | 2.95 | 2 |
|  |  |  |  | 2.95 | 3 | 2.95 | 2 |
|  |  |  |  | 3.6 | 3 | 3.6 | 3 |
|  |  |  |  | 3.6 | 3 | 4.8 | 4 |
|  |  |  |  | 4.8 | 4 | 4.8 | 4 |
|  |  |  |  | 4.8 | 4 | 7 | 6 |
|  |  |  |  | 7 | 6 | 7 | 6 |
| L 形 | L 形倒钩接头，带外螺纹-360°旋转<br>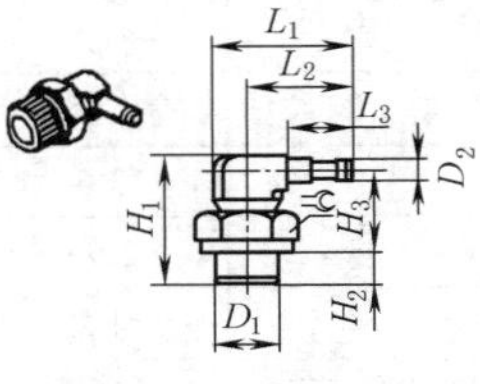 | M3 | — | — | — | 2.95，3.6 | 2，3 |
|  |  | M5 | — |  |  | 2.95，3.6，4.8 | 2，3，4 |
|  |  | — | G⅛ |  |  | 3.6，4.8，7 | 3，4，6 |
|  |  | — | G¼ |  |  | 4.8，7 | 4，6 |
|  |  | — | G⅜ |  |  | 7 | 6 |
|  | L 形倒钩接头，带外螺纹-延伸气管可 360°旋转<br>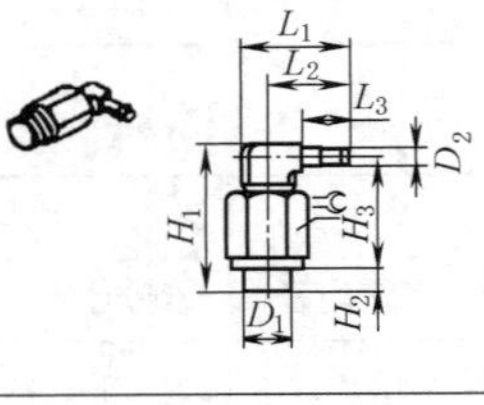 | M5 | — |  | — | 2.95，3.6，4.8 | 2，3，4 |
|  |  | — | G⅛ |  |  | 3.6，4.8，7 | 3，4，6 |
|  |  | — | G¼ |  |  | 4.8，7 | 4，6 |
|  |  | — | G⅜ |  |  | 7 | 6 |
|  | L 形倒钩接头<br>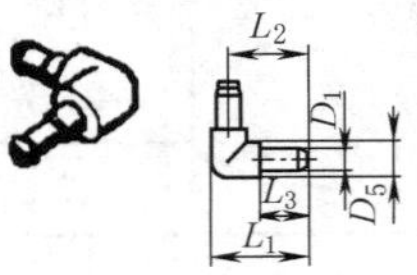 | — | — | 2.95 | 2 | — | — |
|  |  |  |  | 3.6 | 3 |  |  |
|  |  |  |  | 4.8 | 4 |  |  |
|  |  |  |  | 7 | 6 |  |  |
| T 形 | T 形倒钩接头，带外螺纹-360°旋转<br>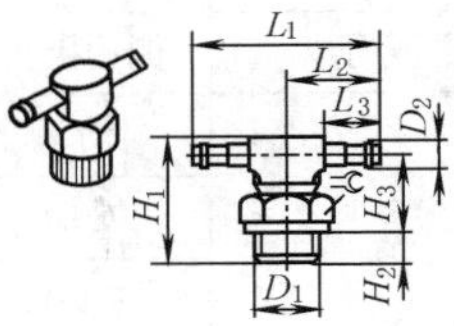 | M3 |  | — | — | 2.95，3.6 | 2，3 |
|  |  | M5 |  |  |  | 2.95，3.6，4.8 | 2，3，4 |
|  |  | — | G⅛ |  |  | 3.6，4.8，7 | 3，4，6 |
|  |  | — | G¼ |  |  | 4.8，7 | 4，6 |
|  |  | — | G⅜ |  |  | 7 | 6 |

续表

| 形式 | 结构特点 | 接口 $D_1$ | | | | 接口 $D_2$ | |
|---|---|---|---|---|---|---|---|
| | | M 螺纹 | G 螺纹 | 倒钩接头 | 气管内径 | 倒钩接头 | 气管内径 |
| T 形 | T 形倒钩接头 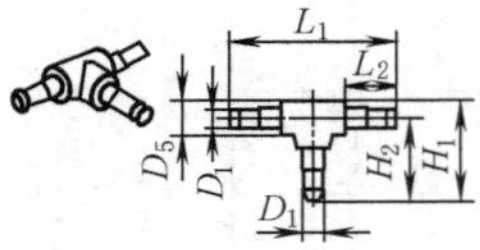  | — | — | 2.95 | 2 | — | — |
| | | | | 3.6 | 3 | | |
| | | | | 4.8 | 4 | | |
| | | | | 7 | 6 | | |
| V 形 | V 形倒钩接头 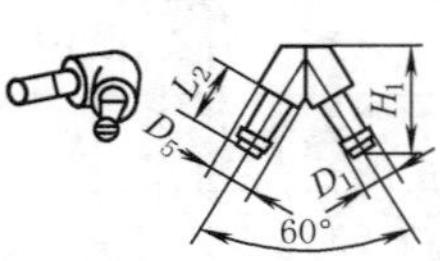  | — | — | 2.95 | 2 | — | — |
| | | | | 3.6 | 3 | | |
| | | | | 4.8 | 4 | | |
| | | | | 7 | 6 | | |
| Y 形 | Y 形倒钩接头 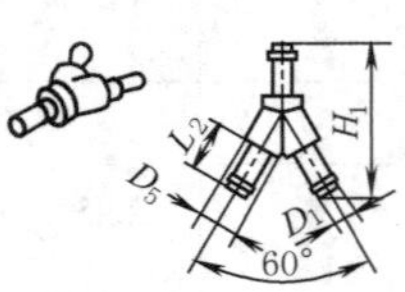  | — | — | 2.95 | 2 | — | — |
| | | | | 3.6 | 3 | | |
| | | | | 4.8 | 4 | | |
| | | | | 7 | 6 | | |
| T 形 | T 形倒钩接头 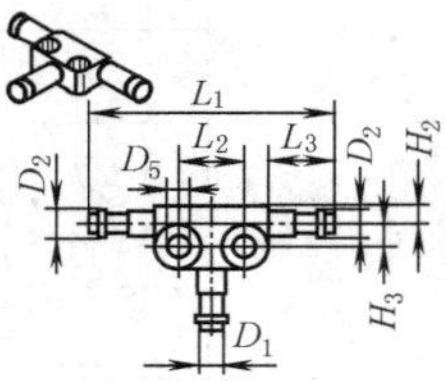  | — | — | 2.95 | 2 | 2.95 | 2 |
| | | | | 3.6 | 3 | 3.6 | 3 |
| | | | | 3.6 | 3 | 2.95 | 2 |
| | | | | 4.8 | 4 | 4.8 | 4 |
| | | | | 4.8 | 4 | 3.6 | 3 |
| | | | | 7 | 6 | 7 | 6 |
| | | | | 7 | 6 | 4.8 | 4 |

**表 23-9-18　　不锈钢倒钩接头**　　mm

| 形式 | 结构特点 | 接口 $D_1$ | | | | 接口 $D_2$ | |
|---|---|---|---|---|---|---|---|
| | | M 螺纹 | G 螺纹 | 倒钩接头 | 气管内径 | 倒钩接头 | 气管内径 |
| 直通结构 | 倒钩接头,带外螺纹和外六角-不锈钢型 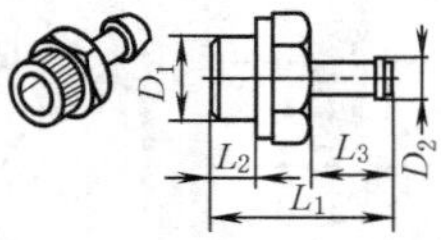  | M5 | — | — | — | 2.95,3.6,4.8 | 2,3,4 |
| | | | G⅛ | | | 3.6,4.8,7 | 3,4,6 |
| | | | G¼ | | | 4.8,7 | 4,6 |
| | | | G⅜ | | | 7 | 6 |

**表 23-9-19　　用于软管夹的倒钩接头**

| 形式 | 结构特点 | 接口 $D_1$ | | | | 接口 $D_2$ | |
|---|---|---|---|---|---|---|---|
| | | M 螺纹 | G 螺纹 | 倒钩接头 | 气管内径 | 倒钩接头 | 气管内径 |
| 直通结构 | 倒钩接头 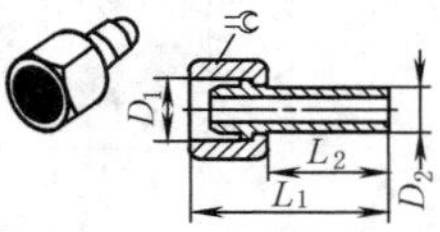  | — | G⅛ | — | — | 7 | 6 |
| | | | G¼ | | | 7,10 | 6,9 |
| | | | G⅜ | | | 7,10 | 6,9 |
| | | | G½ | | | 14.8 | 13 |

续表

| 形式 | 结构特点 | 接口 $D_1$ | | | | 接口 $D_2$ | |
|---|---|---|---|---|---|---|---|
| | | M 螺纹 | G 螺纹 | 倒钩接头 | 气管内径 | 倒钩接头 | 气管内径 |
| 直通结构 | 倒钩接头，带密封圈（铝和黄铜结构）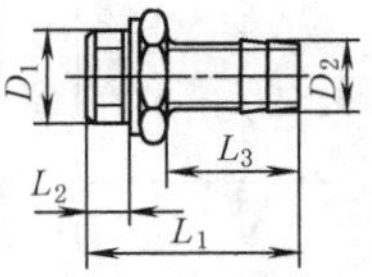 | — | G⅛ | — | — | 7 | 6 |
| | | | G¼ | | | 7,10 | 6,9 |
| | | | G⅜ | | | 7,10,14.8 | 6,9,13 |
| | | | G½ | | | 10.3,14.8 | 9,13 |
| | | | G¾ | | | 14.8,20.8 | 13,19 |
| | 管夹 | — | | | | | |

## 2.3.3 快拧接头

有的公司称它为套差式管接头，也有日本公司也称它为“嵌入式接头”。

快拧接头的连接方式如图 23-9-2 所示，将气管插入到倒钩接头终点位置时，用滚花螺母拧紧在接头上，直到用手拧紧为止。该种连接方式可靠，管子不会脱落，无泄漏，尤其适用于真空。

快拧接头有直通形结构、L 形结构、T 形结构、中空复合式分气接头结构等。

安装方法

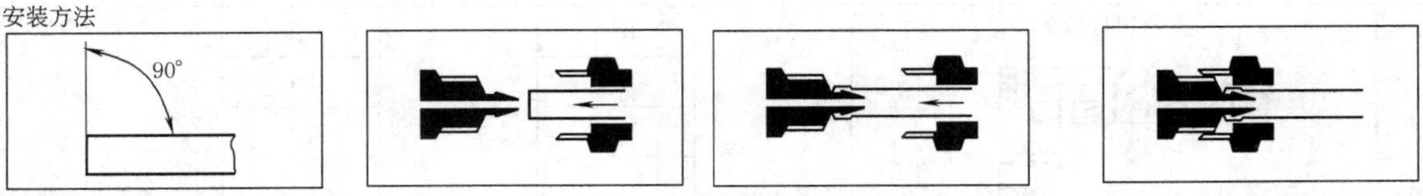


1.确保管子堵头垂直切割，并无毛刺　2.将滚花螺母套在管子上　3.将管子通过接头吊钩处，直至管子碰到接头凸出为止　4.将滚花螺母拧到接头上，直至用手拧紧为止，螺母上的外六角供拆卸用

图 23-9-2　快拧接头的连接方式

**表 23-9-20**　　mm

| 形式 | 结构特点 | 接口 $D_1$ | | 气管内径 | 不含铜和聚四氟乙烯 |
|---|---|---|---|---|---|
| | | M 螺纹 | G 螺纹 | | |
| 直通结构 | 快拧接头-内螺纹，带密封圈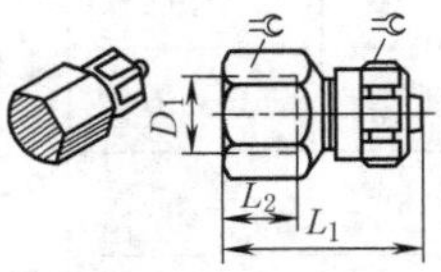 | 金属结构 | G⅛ | 3,4,6 | — |
| | | | G¼ | 4,6 | |
| | | | G⅜ | 6,9 | |
| | | | G½ | 13 | |
| | 快拧接头-外螺纹，带密封圈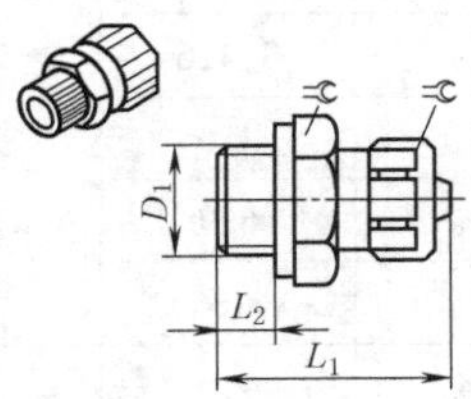 | M5 | — | 3,4 | — |
| | | —<br>金属结构 | G⅛ | 3,4,6 | |
| | | | G¼ | 4,6,9 | |
| | | | G⅜ | 6,9,13 | |
| | | | G½ | 13 | |
| | | —<br>塑料结构 | G⅛ | 3,4,6 | — |
| | | | G¼ | 4,6,9 | |
| | | | G⅜ | 6,9 | |

续表

| 形式 | 结构特点 | 接口 $D_1$ M 螺纹 | 接口 $D_1$ G 螺纹 | 气管内径 | 不含铜和聚四氟乙烯 |
|---|---|---|---|---|---|
| 直通结构 | 穿板式快拧接头-内螺纹,带密封圈<br>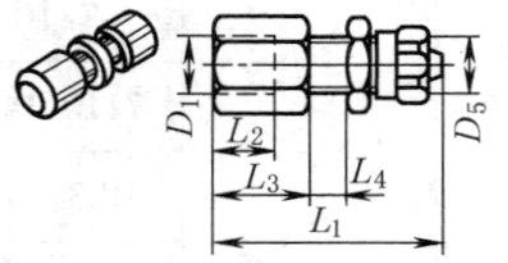 | M5 | — | 3 | — |
| | | — | G1/8 | 4 | |
| | | | G1/4 | 6 | |
| | | | G3/8 | 9 | |
| | 穿板式快拧接头<br>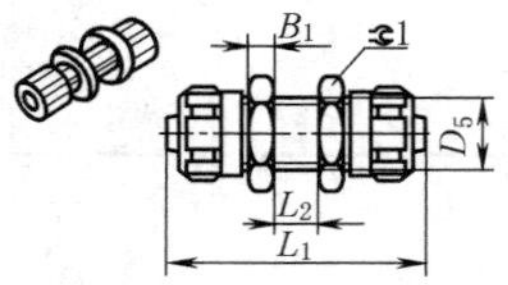 | —<br>金属结构 | — | 3,4,6,9 | — |
| | | —<br>塑料结构 | — | 3,4,6,9 | — |
| | 堵头,用于塑料气管接头和倒钩接头<br>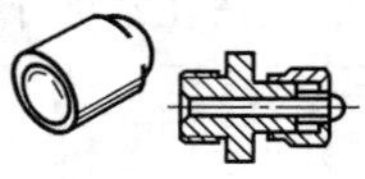 | — | — | 3,4,6,9 | — |
| L 形 | 直角快拧接头<br>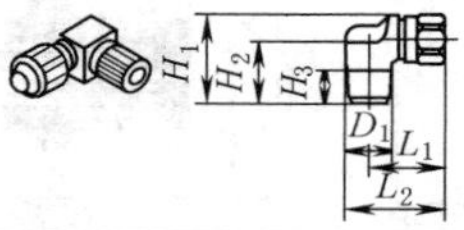 | — | R1/8 | 4,6 | — |
| | | | R1/4 | 4,6 | |
| | | | R3/8 | 6,9 | |
| | 直角快拧接头,可旋转,带两个密封圈<br>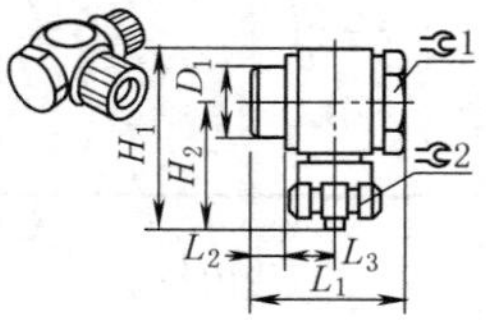 | M5 | — | 3,4 | — |
| | | —<br>金属结构 | G1/8 | 3,4,6 | |
| | | | G1/4 | 4,6,9 | |
| | | | G3/8 | 6,9,13 | |
| | | | G1/2 | 13 | |
| | | —<br>塑料结构 | G1/8 | 4,6 | — |
| | | | G1/4 | 4,6 | |
| | 直角快拧接头,带密封圈(360°旋转)<br>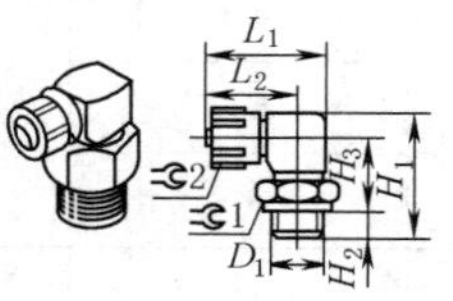 | M5 | — | 3,4 | — |
| | | — | G1/8 | 3,4,6 | |
| | | | G1/4 | 4,6 | |
| | | | G3/8 | 6 | |
| T 形 | T 形快拧接头,可旋转,带两个密封圈<br>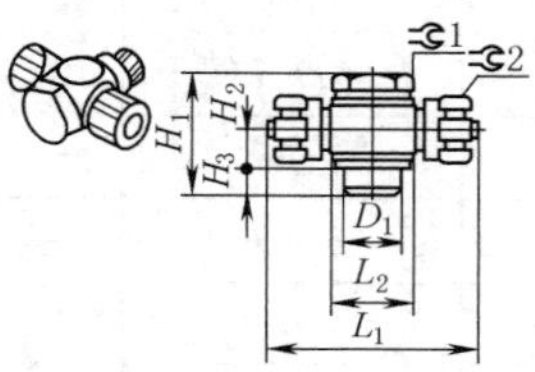 | M5 | — | 3,4 | — |
| | | —<br>金属结构 | G1/8 | 3,4,6 | |
| | | | G1/4 | 4,6 | |
| | | | G3/8 | 6,9 | |
| | | | G1/2 | 13 | |
| | | —<br>塑料结构 | G1/8 | 4,6 | — |
| | | | G1/4 | 4,6 | |

第 23 篇

续表

| 形式 | 结构特点 | 接口 $D_1$ M螺纹 | 接口 $D_1$ R螺纹 | 接口 $D_1$ G螺纹 | 气管内径 | 不含铜和聚四氟乙烯 |
|---|---|---|---|---|---|---|
| T形 | T形分气接头 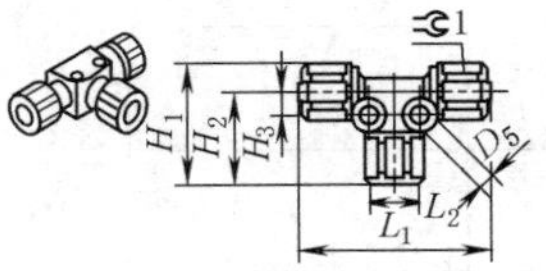 | — | — | — | 3 | — |
| | | | | | 4 | |
| | | | | | 6 | |
| | | | | | 9 | |
| | 锁紧螺母,用于CK管接头 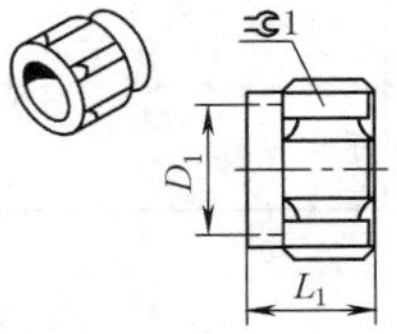 | 3,4, 6,9,13 金属结构 | — | — | — | — |
| | | 3,4,6,9 塑料结构 | — | — | — | — |
| 中空复合式分气接头 | 环形管接头,带两个密封 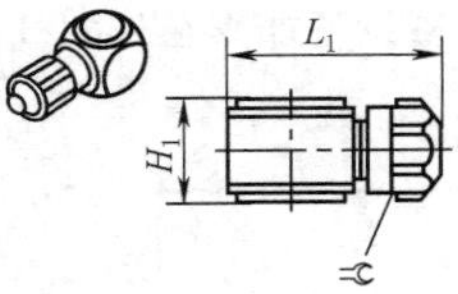 | M5 | | — | 3,4 | — |
| | | — 金属结构 | | $G\frac{1}{8}$ | 3,4,6 | |
| | | | | $G\frac{1}{4}$ | 4,6 | |
| | | | | $G\frac{3}{8}$ | 6 | |
| | | — 塑料结构 | | $G\frac{1}{8}$ | 4,6 | — |
| | | | | $G\frac{1}{4}$ | 4,6 | |
| | 环形管接头,带两个密封 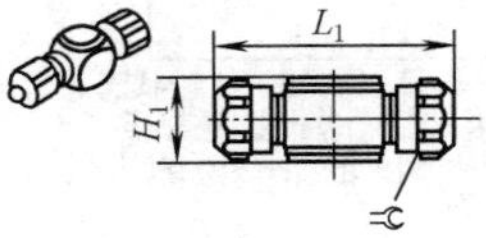 | M5 | | — | 3,4 | — |
| | | — 金属结构 | | $G\frac{1}{8}$ | 3,4,6 | |
| | | | | $G\frac{1}{4}$ | 4,6 | |
| | | | | $G\frac{3}{8}$ | 6 | |
| | | — 塑料结构 | | $G\frac{1}{8}$ | 4,6 | — |
| | | | | $G\frac{1}{4}$ | 4,6 | |
| | 中空螺栓,带1个环形管接头/带2个环形管接头/带3个环形管接头 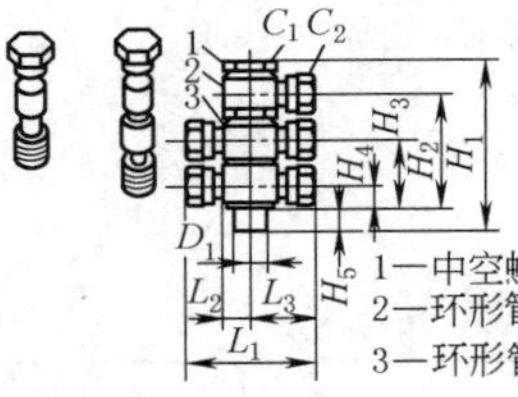 1—中空螺栓;2—环形管接头;3—环形管接头 | M5 | | $G\frac{1}{8}$ | 3,4,6 | — |
| | | | | $G\frac{1}{4}$ | 4,6 | |
| | | | | $G\frac{3}{8}$ | 6 | |
| | | M5 | | $G\frac{1}{8}$ | 3,4,6 | — |
| | | | | $G\frac{1}{4}$ | 4,6 | |
| | | | | $G\frac{3}{8}$ | 6 | |
| 用于带金属保护网的气管PX | | | | | | |
| 直通结构 | 快拧接头 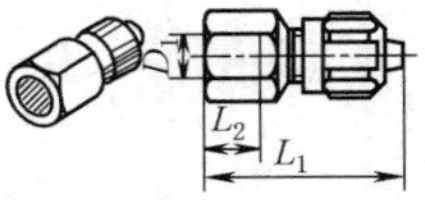 | — | | $G\frac{1}{8}$ | 4 | — |
| | | | | $G\frac{1}{4}$ | 6 | |
| | | | | $G\frac{3}{8}$ | 9 | |
| | 快拧接头 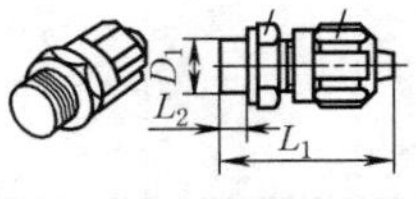 | — | | $G\frac{1}{8}$ | 4,6 | — |
| | | | | $G\frac{1}{4}$ | 4,6 | |
| | | | | $G\frac{3}{8}$ | 9 | |

续表

| 形式 | 结构特点 | 接口 $D_1$ | | 气管内径 | 不含铜和聚四氟乙烯 |
|---|---|---|---|---|---|
| | | M 螺纹 | G 螺纹 | | |
| L 形 | L 形快拧接头 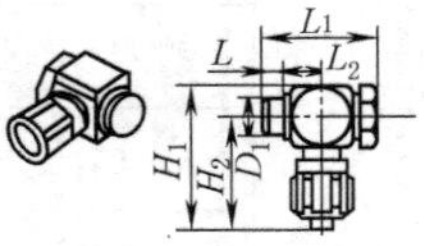 | — | G⅛ | 4 | — |
| | | | G¼ | 6 | |
| | | | G⅜ | 9 | |
| T 形 | T 形快拧接头 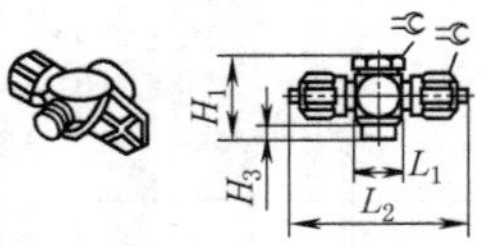 | — | G⅛ | 4 | — |
| | | | G¼ | 6 | |
| | | | G⅜ | 9 | |

## 2.3.4 卡套接头

卡套接头的连接方式如图 23-9-3 所示。卡套接头的连接气管为硬管（紫铜管），工作压力较高，抗机械撞击损坏较其他气管更好，但它的连接方式没有快插、快拧接头方便，可用于机械设备裸露在外的气动系统中（几乎不用更换）。

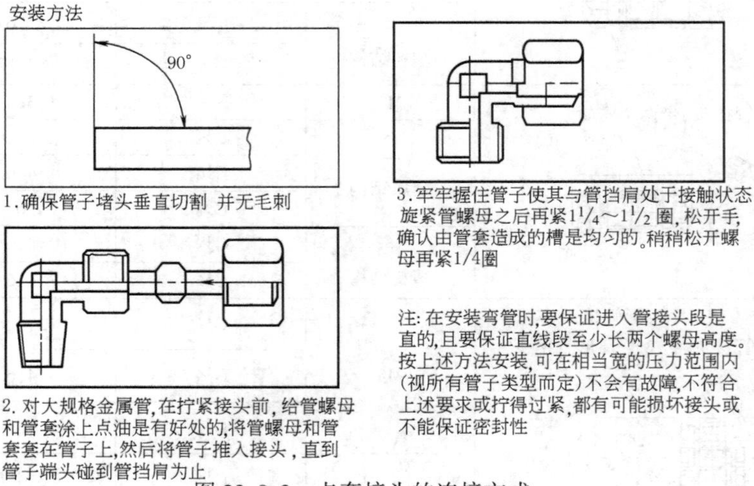

安装方法
90°
1.确保管子堵头垂直切割 并无毛刺
2. 对大规格金属管，在拧紧接头前，给管螺母和管套涂上点油是有好处的，将管螺母和管套套在管子上，然后将管子推入接头，直到管子端头碰到管挡肩为止
3.牢牢握住管子使其与管挡肩处于接触状态，旋紧管螺母之后再紧1¼～1½圈，松开手，确认由管套造成的槽是均匀的。稍稍松开螺母再紧1/4圈
注：在安装弯管时，要保证进入管接头段是直的，且要保证直线段至少长两个螺母高度。按上述方法安装，可在相当宽的压力范围内(视所有管子类型而定)不会有故障，不符合上述要求或拧得过紧，都有可能损坏接头或不能保证密封性


图 23-9-3 卡套接头的连接方式

**表 23-9-21** mm

| 形式 | 结构特点 | 接口螺纹 | | | | | 接口气管 | |
|---|---|---|---|---|---|---|---|---|
| | | M 螺纹 | R 螺纹 | G 螺纹 | 气管外径 | 插入套管直径 $\phi$ | 气管外径 | 插入套管直径 $\phi$ |
| 直通 | 卡套接头-外螺纹，带外六角 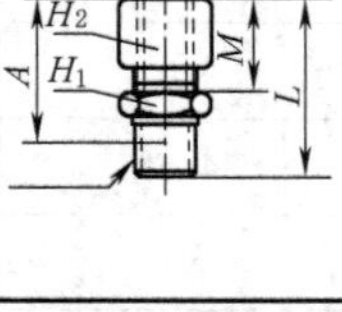 | — | — | — | — | — | — | — |
| | | — | R⅛ | G⅛ | | | | 4,6,8 |
| | | | R¼ | G¼ | | | | 4,6,8,10,12 |
| | | | R⅜ | G⅜ | | | | 6,8,10,12 |
| | | | R½ | G½ | | | | 10,12 |

续表

| 形式 | 结构特点 | 接口螺纹 | | | | | 接口气管 | |
|---|---|---|---|---|---|---|---|---|
| | | M 螺纹 | R 螺纹 | G 螺纹 | 气管外径 | 插入套管直径 $\phi$ | 气管外径 | 插入套管直径 $\phi$ |
| 直通结构 | 卡套接头-内螺纹,直通 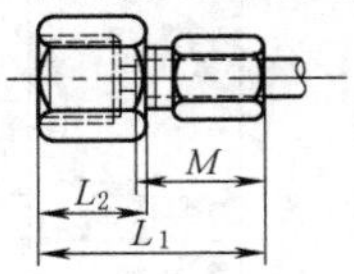  | — | — | — | — | — | — | — |
| | | — | R1/8 | G1/8 | | | | 4,6,8 |
| | | | R1/4 | G1/4 | | | | 4,6,8,10,12 |
| | | | R3/8 | G3/8 | | | | 6,8,10,12 |
| | | | R1/2 | G1/2 | | | | 10,12 |
| | 卡套接头-穿板(外螺纹) 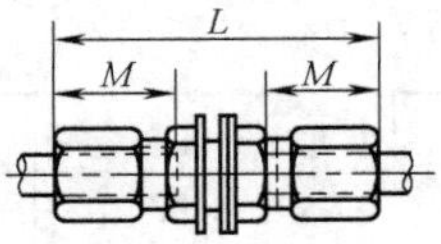  | — | — | — | — | 6 | — | 4 |
| | | | | | | 8 | | 4,6 |
| | | | | | | 10 | | 6,8 |
| | | | | | | 12 | | 8,10 |
| | | | | | | 16 | | 12 |
| | 卡套接头-穿板(内/外螺纹) 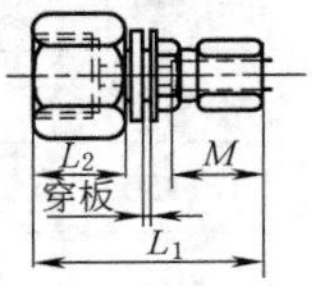  | — | — | — | — | 4 | — | 4 |
| | | | | | | 6 | | 6 |
| | | | | | | 8 | | 8 |
| | | | | | | 10 | | 10 |
| | | | | | | 12 | | 12 |
| L 形 | 卡套接头-L 形 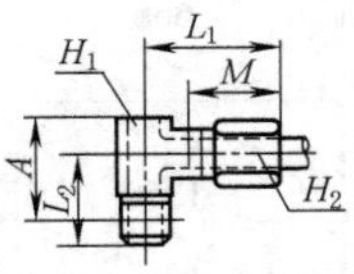  | — | R1/8 | G1/8 | — | — | — | 4,6,8 |
| | | | R1/4 | G1/4 | | | | 4,6,8,10,12 |
| | | | R3/8 | G3/8 | | | | 6,8,10,12 |
| | | | R1/2 | G1/2 | | | | 10,12 |
| | 卡套接头-L 形/加长 L 形,360°旋转 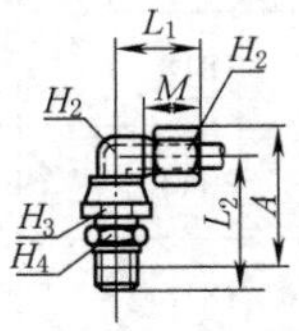  | — | R1/8 | G1/8 | — | — | — | 4,6,8 |
| | | | R1/4 | G1/4 | | | | 4,6,8,10,12 |
| | | | R3/8 | G3/8 | | | | 6,8,10,12 |
| | | | R1/2 | G1/2 | | | | 10,12 |
| T 形 | 卡套接头-T 形三通 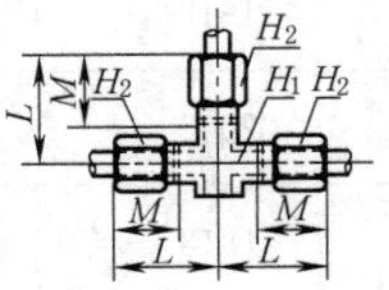  | — | — | — | 4 | — | — | 4 |
| | | | | | 6 | | | 6 |
| | | | | | 8 | | | 8 |
| | | | | | 10 | | | 10 |
| | | | | | 12 | | | 12 |
| | 卡套接头-T 形三通/螺纹 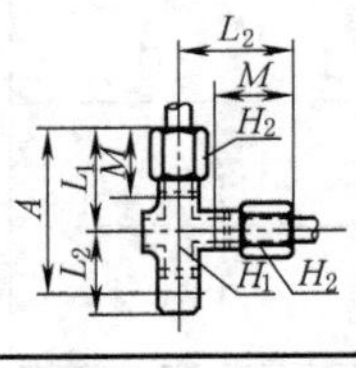  | — | R1/8 | G1/8 | — | — | — | 4,6,8 |
| | | | R1/4 | G1/4 | | | | 4,6,8,10,12 |
| | | | R3/8 | G3/8 | | | | 6,8,10,12 |
| | | | R1/2 | G1/2 | | | | 10,12 |

续表

| 形式 | 结构特点 | 接口螺纹 | | | | | 接口气管 | |
|---|---|---|---|---|---|---|---|---|
| | | M螺纹 | R螺纹 | G螺纹 | 气管外径 | 插入套管直径 $\phi$ | 气管外径 | 插入套管直径 $\phi$ |
| T形 | 卡套接头-T形三通/螺纹<br>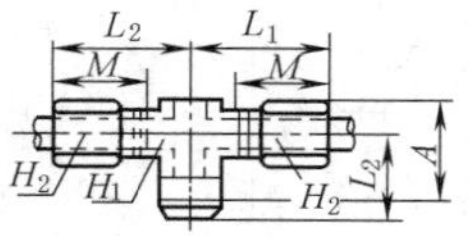<br> | — | R⅛ | G⅛ | — | — | — | 4,6,8 |
| | | | R¼ | G¼ | | | | 4,6,8,10,12 |
| | | | R⅜ | G⅜ | | | | 6,8,10,12 |
| | | | R½ | G½ | | | | 10,12 |

## 2.3.5 快速接头

**表 23-9-22**

| 功能 | 结构型式 | 简要描述 | 最大标准额定流量 /L·min$^{-1}$ | 公称通径 /mm |
|---|---|---|---|---|
| 对接式快速接头 | 单侧封闭<br>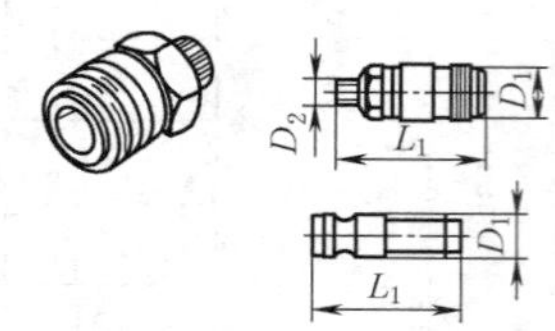<br> | 用于标准应用场合,不带安全功能 | 44 | 1.5 |
| | | | 139 | 2.7 |
| | | | 666 | 5 |
| | | | 1350 | 7.2 |
| | | | 2043 | 13 |
| | 双侧封闭<br>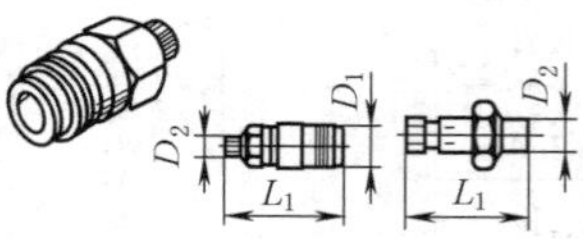<br> | 特别适用于含有液体介质的应用场合,因为在拆卸过程中两端都密封 | 666 | 5 |
| | | | 1350 | 7.2 |
| 安全对接式快速接头(外螺纹,钢结构) | 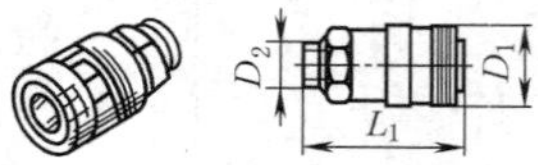<br> | 旋转卸压套排放系统压力,然后才能拆卸连接件 | 2043 | 7.8 |
| | | | 1818 | |
| 安全对接式快速接头(外螺纹,黄铜结构) | 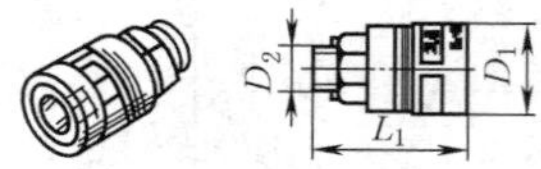<br> | 旋转卸压套排放系统压力,然后才能拆卸连接件 | 2043 | 7.8 |
| | | | 1818 | |
| 安全对接式快速接头(内螺纹) | 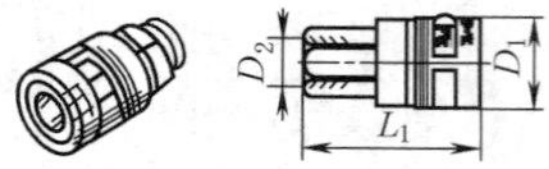<br> | 旋转卸压套排放系统压力,然后才能拆卸连接件 | 2043 | 7.8 |
| | | | 1818 | |
| 安全对接式快速接头(快拧接头,带管接螺母) | 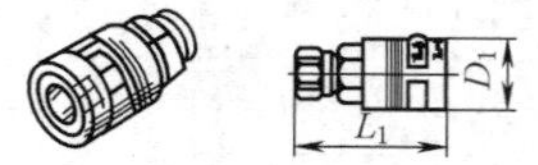<br> | 旋转卸压套排放系统压力,然后才能拆卸连接件 | 2043 | 7.8 |
| | | | 1818 | |
| 安全对接式快速接头(穿板式快拧接头,带管接螺母) | 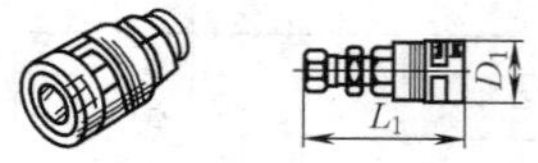<br> | 旋转卸压套排放系统压力,然后才能拆卸连接件 | 2043 | 7.8 |
| | | | 1818 | |
| 安全对接式快速接头(倒钩接头) | 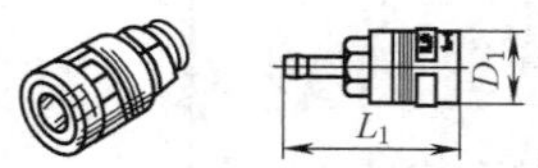<br> | 旋转卸压套排放系统压力,然后才能拆卸连接件 | 2043 | 7.8 |
| | | | 1818 | |

### 2.3.6 多管对接式接头

表 23-9-23

| 分类 | 结构图 | 特征 |
|---|---|---|
| 圆盘形多管接头 | 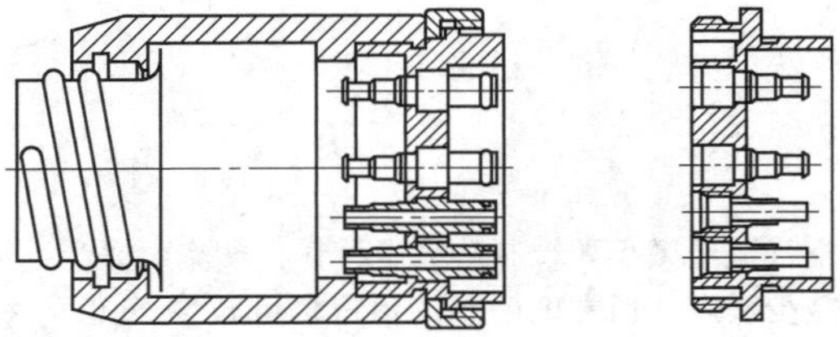 | 圆盘形多管接头：外壳由两个半圆环组成，可拆开，便于安装弹簧管。弹性管套可保护壳免受损伤。单个插头和插座分别标有编号，多管接头上的凹凸槽可防止不正确地插入，多管接头通过保持环卡紧。它的最多连接接头范围分别为5、7、8、12、16、22、32。外壳材料为塑料，插头为黄铜。接头型式为倒钩式接头（插内径为 $\phi2$、$\phi3$、$\phi4$、$\phi6$ 的气管）及快插接头（插外径为 $\phi4$、$\phi6$ 的气管） |
| 长方形多管接头 | 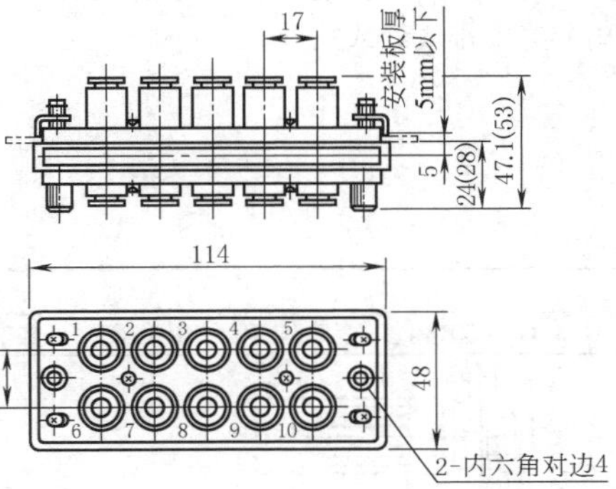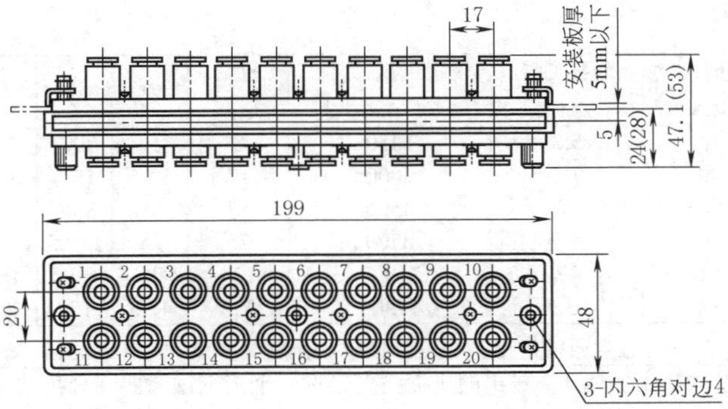 | 长方形多管接头：是预制的快插接头，可作为控制箱隔板式的输出口。最多连接接头范围为10~20。接头型式为倒钩式接头（插内径为 $\phi2$、$\phi3$、$\phi4$、$\phi6$ 的气管）及快插接头（插外径为 $\phi4$、$\phi6$ 的气管） |

# 3 消 声 器

## 3.1 概述

在气动系统中，气缸排气经换向阀的排气口排向大气，由于阀内的气路通道弯曲且狭窄，排气时余压较高，排气速度以近声速的流速从排气口排出，空气急剧膨胀后使气体产生振动，声音刺耳，噪声的大小与驱动器速度有关，驱动器速度越快，噪声也就越大。

噪声的大小用分贝（dB）度量，在距排气口处一米距离测得。按国际标准规定，八小时工作时人允许承受的最高噪声为90dB，四小时工作时人允许承受的最高噪声可为93dB，两小时工作时人允许承受的最高噪声可为96dB，一小时工作时人允许承受的最高噪声可为99dB，最高极限为115dB（减半时间可允许提高3dB）。噪声危害人体健康。消声器见图 23-9-4 和图 23-9-5。

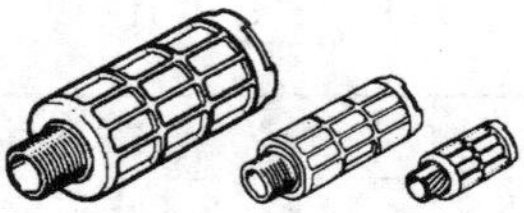

图 23-9-4

图 23-9-5

## 3.2 消声器的消声原理

消声器消声有几种方法，一种是让压缩空气流经微小颗粒制造吸声材料，气流摩擦产生热量，则使部分气体的压力能转成热能，从而减少排气压力能，减少噪声。通常电磁阀的消声器可减少 25dB 左右。另一种是让压缩空气在消声器内的大直径（容积）里扩散，让排出气压扩散降压，并在其内部碰撞、反射、扩散，以减弱排出压缩空气的速度和强度，最后通过小颗粒制造吸声材料排入大气，集中过滤消声器大多属此种方式。

如噪声还是太高可用足够大的排气管接入远离的集中排气处或室外。

## 3.3 消声器分类

表 23-9-24

| | | | |
|---|---|---|---|
| 金属、塑料、压铸金属及不锈钢消声器 | 连接螺纹 | 公制螺纹 | M3、M5 |
| | | 英制螺纹 | G⅛、G¼、G⅜、G½、G¾、G1 或 R⅛、R¼、R⅜、R½、R¾、R1、R1¼、R1½、R2 |
| | 主要技术参数（以压铸金属消声器为例） | | 见下图及下表 |

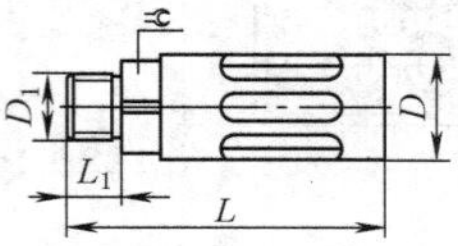


mm

| 气接口 $D_1$ | 噪声大小 /dB(A) | 公称通径 /mm | 标准额定流量 /L·min$^{-1}$ | 质量 /g | $D$ | $L$ | $L_1$ | ⊂ |
|---|---|---|---|---|---|---|---|---|
| G⅛ | <74 | 5.3 | 1450 | 8 | 16 | 39.2 | 5.5 | 14 |
| G¼ | <79 | 7.5 | 3000 | 17 | 19.5 | 55.6 | 6.5 | 17 |
| G⅜ | <80 | 9 | 4500 | 37 | 25 | 86.6 | 7.5 | 19 |
| G½ | <80 | 14 | 6500 | 75 | 28 | 116.5 | 9 | 24 |
| G¾ | <81 | 17 | 11000 | 120 | 38 | 138 | 10.5 | 32 |
| G1 | <82 | 23.5 | 17300 | 233 | 47.8 | 177 | 11.5 | 36 |

通常通径越小，噪声分贝越小，反之亦然

| | | |
|---|---|---|
| 集中过滤消声器 | 工作过程 | 用于净化从气动控制系统中排出的气体。排出的压缩空气经过一个精细过滤器（分离效果大于 99.99%），所有冷凝物（油和其他的污染物）都聚集在过滤消声器底部，通过排水阀放出。同时，排气的噪声大大降低 |
| | 主要技术参数及结构 | 见下表及下图 |
| | 适用范围 | 适用于对车间空气环境要求高的场合，如橡胶车间（空气不宜有油分子）、食品车间及清洁车间等 |

主要技术参数

| 型号 | LFU-½ | LFU-1 |
|---|---|---|
| 气接口 | G½ | G1 |
| 安装型式 | 螺纹 | |
| 安装位置 | 垂直方向±5° | |
| 标准额定流量① /L·min$^{-1}$ | 6000 | 12500 |
| 输入压力/bar | 0~16 | |
| 消声效果/dB(A) | 40 | |

① 在进口压力为 6bar 时，出口接大气时的流量

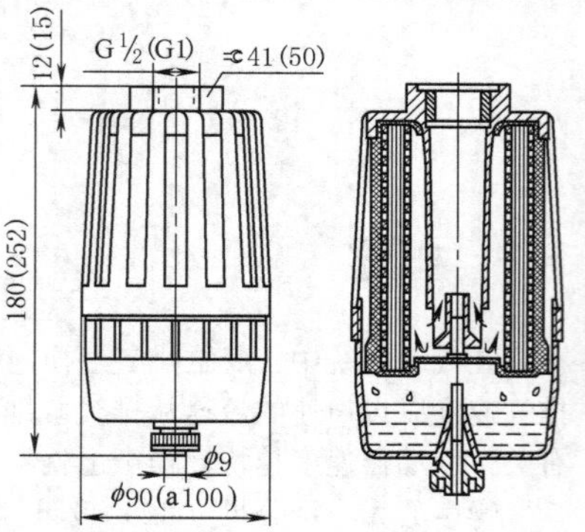

## 3.4 消声器选用注意事项

① 当选用塑料消声器时，注意周围环境（不会被碰撞、敲击），安装拧紧力不宜过大，不宜在有机溶剂场合下使用。

② 有些使用者嫌气缸速度太慢而拆除消声器是不允许的。这种操作不仅大幅度增加噪声，而且使得阀换向时从排气口吸入空气中的灰尘、杂质。

③ 消声器是气动系统与大气的交汇处，系统中的油分子与大气中的尘埃会使消声器的孔眼堵塞，需清洗（注意不要采用煤油或有机溶剂）。

④ 消声器排气时受热膨胀，会使空气中的水分在消声器上结冰，也需定期清洁。

⑤ 对于集中过滤消声器，必须定时定期更换滤芯。

⑥ 对于抗静电场合，应采用金属型消声器（包括滤芯应为铜烧结或不锈钢烧结）接地使用。

# 4 储 气 罐

储气罐（见图 23-9-6）有两个功能：一是用于补偿压力波动，当空气突然耗尽时，作为一个短暂的储能器；另外一个功能是当储气罐与延时节流阀相连时，可增加延时时间，可做真空及正压储蓄功能（-0. 95～+16bar）。储气罐测试符合 EC 指令 87/404 和欧洲 EC EN 286-1 标准。它的结构技术参数及尺寸见表 23-9-25。

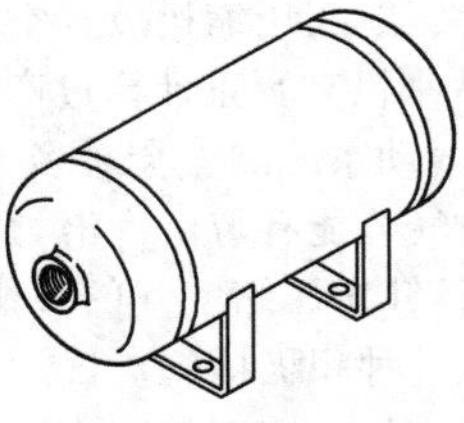

图 23-9-6 储气罐

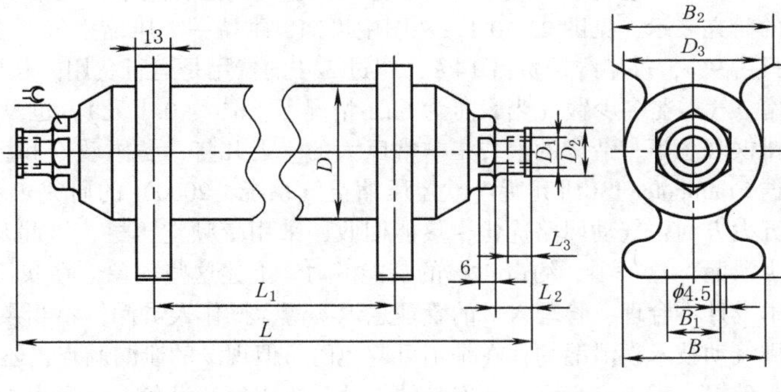


表 23-9-25 mm

| | | | | | | | |
|---|---|---|---|---|---|---|---|
| 气接口 | G⅛ | G¼ | G¼ | G½ | G1 | | |
| 冷凝水排放接口 | — | | | | G⅜ | | |
| 工作介质 | 空气或氮气 | | | | | | |
| 结构特点 | 无缝焊压力容器 | | | | | | |
| 安装型式 | 固定夹 | | | 通过安装支架上的通孔 | | | |
| 容积±10%/L | 0.1 | 0.4 | 0.75 | 2 | 5 | 10 | 20 |
| 工作压力/bar | -0.95～+16 | | | | | | |
| 适用于压力单元的 CE 标志 | — | | | | 97/23/EC | | |
| 温度范围/℃ | -10～+100(遵守气管和硬管的工作范围) | | | | | | |
| 材料 | 不锈钢 | | | | | | |
| 耐腐蚀等级/CRC | | | | | | | 3 |
| 质量/g | 226 | 543 | 736 | 1681 | 3581 | 6459 | |

| 规格 | B±2 | $B_1$ | $B_2$±2 | D | $D_1$ | $D_2$ | $D_3$ | H ±1 | $H_1$ ±1 | L ±1 | $L_1$ 最小 | $L_1$ 最大 | $L_2$ | $L_3$ | 扳手 |
|---|---|---|---|---|---|---|---|---|---|---|---|---|---|---|---|
| 0.1L,G⅛ | 51 | 14 | — | 40 | G⅛ | 15 | 42 | 43 | 28 | 132 | 13 | 50 | 10 | 6 | 19 |
| 0.4L,G¼ | 54 | 14 | — | 52 | G¼ | 19 | 54 | 50 | 34 | 140 | 13 | 150 | 14 | 9 | 27 |
| 0.75L,G¼ | 60 | 20 | 79 | 70 | G¼ | 19 | 72 | 61 | 34 | 248 | 13 | 140 | 14 | 9 | 27 |

# 第 10 章　气动技术节能

压缩空气作为一种清洁、环保、方便的能源广泛应用于工业生产中的各个领域，已成为工业生产所不可或缺的重要二次能源，尤其是随着气动技术应用越来越普及，压缩空气的消耗量也越来越大，据美国能源部（US Department of Energy）统计资料，平均占企业总电能消耗的 15%~30%，这一比例超出了很多人的想象，引起人们及各国政府的极大关注。

压缩空气的能耗引起技术人员对气动技术的反思，曾经对压缩空气系统认识方面存有一些误区：主要误区是认为压缩空气制造方便，只要一插上空压机电源就会产生压缩空气，只是添置一台空压机是很昂贵的。还有一个误区是空气免费的，取之不尽、用之不竭，或成本非常低廉，对电的消耗毫不在乎，其实压缩空气是昂贵的。作为二次能源，压缩空气是通过空压机由电转换而成，其电能的消耗非常巨大，根据理论计算，只有 19%的压缩机功率转化成可供使用的功，其他 81%的压缩功率作为热量被消耗浪费掉，压缩空气的制造成本是很高的。作为压缩空气系统中，它的最大成本来自产生压缩空气的运行成本，根据 Fraunhofer ISI 研究所（欧盟压缩空气系统，2000）的研究表示，见图 23-10-1，从图中可知，维持一个压缩空气系统运行的总成本中，购买压缩机以及空气预处理只占 9%，每年维护费占 14%，超过 3/4 的费用是运行费用。长期来，技术人员从来没有真正计算过产生 $1m^3$ 压缩空气需花多少钱（当表压为 6bar 情况下 $1m^3$ 约 0.1 元），也没有真正检查整个气动系统漏气会有多大，在这种错误观念下，造成的浪费是非常巨大的。近几年，各国政府和企业认识到压缩空气节能有着巨大潜力可挖，根据 Fraunhofer ISI 研究所（欧盟压缩空气系统，2000）的研究表示，见图 23-10-2，针对压缩空气的节能，总结了五大方面：气动回路优化，热能回收，采用变频空压机，检漏及减少泄漏及其他各种积极措施。仅“检漏及减少泄漏”这一项，约占 42%的节能潜力。上述这些现象，在我国使用压缩空气的工厂中普遍地存在。例如：技术设计不合理，管理人员的管理意识淡薄，操作人员操作不当及维修人员维修不力等等。尽管我们明白，只要应用气动技术，泄漏的存在是不可避免的，但现场的泄漏调查，还是出乎意料。随着系统装配误差及零部件的老化、破损，对于一个刚调试安装的气动系统或生产设备，会产生 5%~10%左右的泄漏；当使用期在 1~4 年期间，其泄漏会在 10%~30%不等；当使用期超过 5 年以上，其泄漏明显上升至 30%~70%，压缩空气泄漏非常大。据美国能源部（US Department of Energy）统计资料，大多数企业泄漏率为 30%~50%，管理上较好的企业泄漏为 10%~30%。由此可见，压缩空气节能是一个系统工程，值得引起重视。压缩空气节能系统工程分为气源系统配置合理；气动系统设计优化，合理地选择元件；压缩气质量的检测；常见的泄漏部位；操作人员正确的操作方法；空气管理体系。

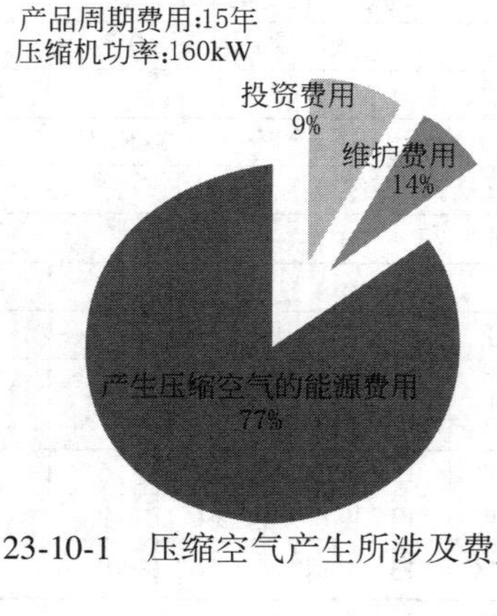


图 23-10-1　压缩空气产生所涉及费用

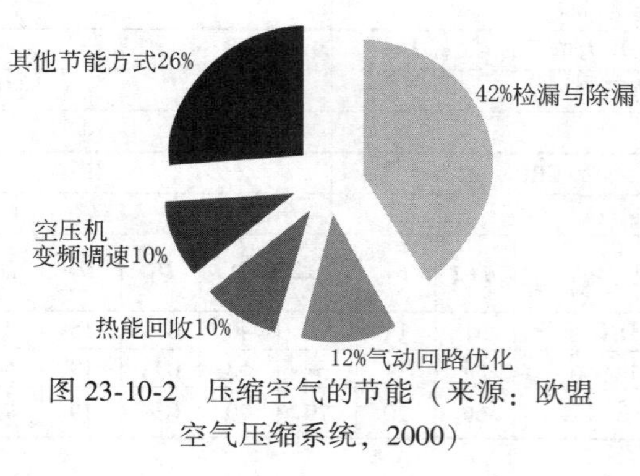


图 23-10-2　压缩空气的节能（来源：欧盟空气压缩系统，2000）

# 1 气源系统配置及改造

压缩空气通过空压机由电而转换而成，电能的消耗非常巨大，需最大限度地利用压缩机产能效益，优化压缩机配置及运行。摒弃压力设置过高，频繁启动，以保压为目的，或供给压力不合理等现象。

常见一些用户单位要求空压机供货商来帮助选择空压机的规格容量、气源压缩机的配置等，这绝对是本末倒置的做法。合理的压缩空气配置，不是空压机厂商臆想想判断，而是要对所有耗气设备进行随时间变压的耗气、压力分析，提供耗气量及耗气变化数据，作出一个科学性评估。对于一个已经使用压缩空气的用户而言，如要节约压缩空气消耗量，必须对已有耗气设备进行压缩空气消耗的分析，充分沟通，如图 23-10-3 所示，该分析报告是选择空压机容量，或对气源系统配置进行改造的依据之一。

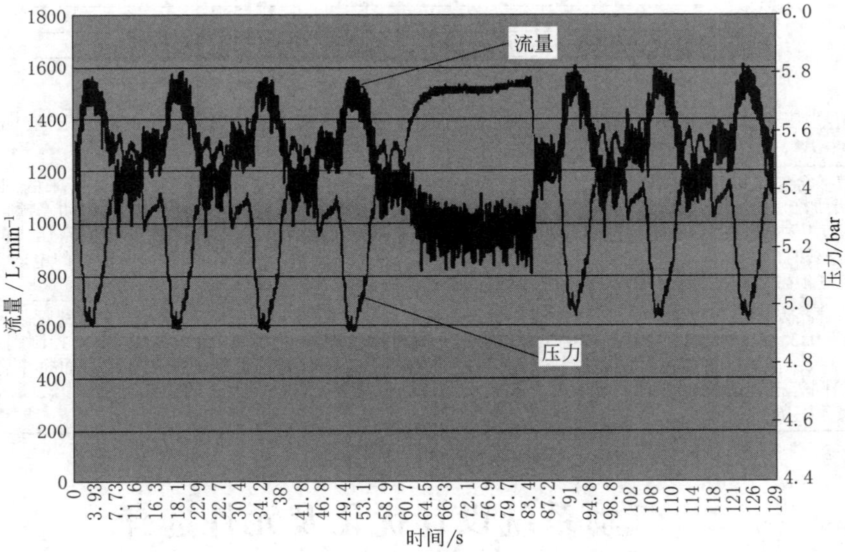


图 23-10-3 压缩空气消耗量的测量

压缩空气使用的总成本主要包括：设备投资成本、维修成本及电力消耗成本三个部分。按压缩机功率要求运行费用，通常每年占压缩空气使用总成本的 75%，甚至更高。电能消耗占压缩空气使用成本的比重最大，因此压缩机类型、配置、压力的选用不合理所造成的浪费是必须要解决的，因为这是常年运转的长期耗能，控制压缩空气的使用成本首先应该以正确选择空压机配置，降低电能消耗为主，或采用变频控制空压机的运行。

**表 23-10-1 空压机气源系统的配置**

| | | |
|---|---|---|
| 空压机节能措施 | 确认现场压缩空气消耗量及工作压力等级参数 | 在决定空压机的型式与规格之前，必须先确认以下各点：现场压缩空气消耗量、压缩空气品质、及工件压力等级参数。当了解了各支路压力等级需求数据后，结合目前压缩空气的实际需求，未来扩充时需求增加用量（10%～20%的裕度）。参照空压机厂商所提供的机器规范，即可估算出所需之空压机马力 |
| | 压力系统的选择原则 | ① 对于高压系统用气量较少的配置　当大多数用气设备的压力等级均在低于 5bar 压力以下时，对于少数需高压设备用气量也可同时并入低压系统中，但必须另购增压机，以提高供气的压力，供高压设备使用，或也可不并入低压系统，但使用独立设立的高压空压机来供气<br>② 对于低压系统用气量较少的配置　当大多数用气设备的压力等级需求均为稍高压力时，如均为 5～8bar、约占总量的 80%以上时，对于少数低压用气设备，可从其管道上直接接管，安装减压阀便可<br>③ 当高压/低压系统用气量相当的配置　系统压力等级的用气量相当，均超过总用气量的 30%，且单一压力等级的空压机马力达 100HP 以上时，可考虑针对每一压力等级，建独立的供气系统 |

续表

<table>
<tr><td>空压机型式的选用</td><td>① 对满负载状态而言，离心式空压机效率较高，因此适用于基本机组或负载变化不大之场合<br>② 在负载变化大的使用场合，为达到高效率运转，可利用多部机组调度运转，避免空压机全部运转而处于低效率、低负载运转<br>③ 具有进气阀门容量调节控制的空压机，虽能提供较为稳定压力的压缩空气输出，但使用此类机组时，也应使其在高负载下运转，输出供气量尽量接近额定供气量</td></tr>
<tr><td>合理选用工作压力</td><td>常见空压机输出压力7bar，降低输出压力至6bar，效率约可提升7.6%～9.1%，即每降低1bar的输出压力可提升效率4%～8%。由此可知，空压机输出压力的降低的确有助于效率上的提升与能源的节约
<table>
<tr><th rowspan="2">压力降/bar</th><th colspan="3">效率提升/%</th></tr>
<tr><th>一级压缩</th><th>二级压缩</th><th>三级压缩</th></tr>
<tr><td>4→3</td><td>20.1</td><td>18.0</td><td>17.4</td></tr>
<tr><td>5→4</td><td>14.5</td><td>12.8</td><td>12.3</td></tr>
<tr><td>6→5</td><td>11.2</td><td>9.9</td><td>9.4</td></tr>
<tr><td>7→6</td><td>9.1</td><td>7.9</td><td>7.6</td></tr>
<tr><td>8→7</td><td>7.6</td><td>6.6</td><td>6.3</td></tr>
<tr><td>9→8</td><td>6.6</td><td>5.6</td><td>5.3</td></tr>
<tr><td>10→9</td><td>5.7</td><td>4.9</td><td>4.6</td></tr>
<tr><td>11→10</td><td>5.1</td><td>4.3</td><td>4.1</td></tr>
<tr><td>12→11</td><td>4.5</td><td>3.8</td><td>3.6</td></tr>
</table>
举例：当压缩空气使用场合中只需3bar时，从7bar减压至3bar所需的电力消耗比4bar减压至3bar，理论上效率可提高约38.9%，见上表，以一级压缩机为例：[(1+0.091)×(1+0.112)×(1+0.145)−1]×100%=38.9%</td></tr>
<tr><td>多台空压机连锁控制节能系统</td><td>使用多台空压机并联运转是压缩空气系统的一个相当普遍的配置，此种配置，系统可能带来的问题是：当机组不做功，需增加卸载时间。具有进气阀门容量调节的控制机组，在低负载(低效率)运转，机组启动停顿频繁时，故障率增加<br>一般工厂中常见的空压机为避免马达启动停顿过于频繁，因此多设有卸载运转模式，而空压机的卸载运转也会耗电，为全载时的20%～50%(视空压机的机型及控制设计有所不同)。卸载时间越长，所浪费的电能也越大，为此，将变频器更好地融入到空压机控制系统当中，或适当添置一台变频空压机进行混合使用</td></tr>
<tr><td>管路的规划及管径的选择</td><td>评估管路设计是否正确，可以用压损的高低作为标准，从空压机的排气压力(输出压力)到管路末端的压力以不超过5%或0.35bar为原则。影响压损高低的气源处理辅件有冷却器、干燥机、储气罐、过滤器、控制阀、弯头、管径及管长等。其中冷却器、干燥机、过滤器、控制阀等组件，可从供货商处获得较正确的压损标准。而每个弯头的压损相当于8～10倍同等径管子长度的压损，应尽可能将弯头的使用量减少。管径的大小的选择可参考第2章空气管道网络的布局和尺寸配备</td></tr>
</table>

# 2　气动系统设计优化及元件选择

**表 23-10-2**　　**气动系统设计优化及元件选择**

<table>
<tr><td>管道长度和直径选择</td><td>阀与气缸之间连接管路</td><td>应该尽可能采用直径合适的管道，管路尽可能短一些。直径过大的气管和过长的管路不能带来任何的益处，反而会造成大量能源消耗，因为连接气缸与换向阀的管道也可被视作为气缸前腔或后腔腔室的延伸，这部分延伸的腔室是需要消耗压缩空气。管道过长还增加了机器制造成本(见图a)，直径过大的气管和过长的管路，增加运动的循环时间，图b表明在气管受压6bar时，分别为3mm内径、4mm内径、6mm内径及9mm内径时，气管受压后在不同长度条件下压缩空气流通的时间曲线图<br>
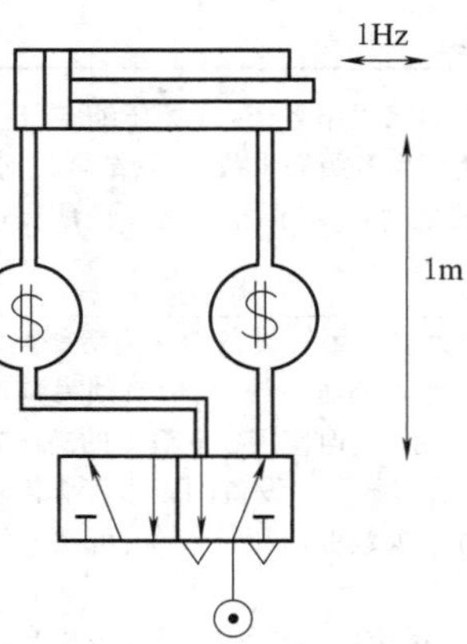

(a)<br>
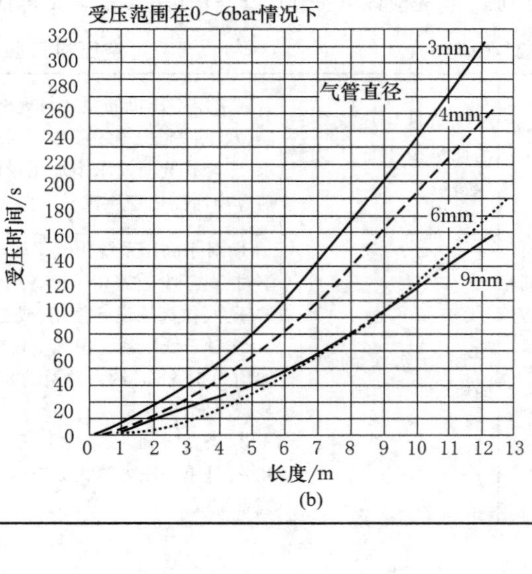

(b)</td></tr>
</table>

续表

**管道长度和直径选择**

**正确选择合适的连接气管**

ISO 标准气缸规定了气缸缸径与进气、排气口的尺寸，并没有规定连接气管的管径大小。大多数设计工程师在气动系统设计时，采用估算的方式，喜欢以气缸为中心，从气缸的进出口螺纹来选用换向电磁阀规格，由此选用电磁阀规格都偏大，然后根据偏大规格电磁阀的接口螺纹，再选择气管管径。例如：习惯使用 G1/8 连接口选 $\phi6\times\phi4$ 气管，G1/4 连接接口选 $\phi8\times\phi6$ 气管等，并没有根据气缸实际速度需要，不吝惜管径的大小和管路长度，造成整个气动回路的连接气管管径都过大，这种无谓浪费是可以克服的。见下表

例 1：当连接气缸与电磁阀的管道内径分别为 $\phi6$，$\phi8$，$\phi10$ 长度为 2m 时，$P$ 工作 = 6bar，每分钟 30 次的往复动作条件下，求管道所消耗的流量？

解①：内径为 6mm，长度为 2m 时所需流量 $Q_{2m}$

$Q_{1cm}=\pi d^2/4\times h\times P\times10^{-6}$（$Q_{1cm}$ 表示在 6bar 工作压力时，1cm 管道的体积流量。$d$ 表示为管道内径 mm，$h$ 表示为行程，$h=10$mm，$P$ 表示绝对压力 = 6bar+1bar = 7bar）

$Q_{1cm}=\pi6^2/4\times h\times P\times10^{-6}=28.26\times10\times7\times10^{-6}=0.001978\text{L/cm}$

$Q_{2m}=0.001978\text{L/cm}\times200\text{cm}\times30\times2=23.74\text{L/cm}$

解②：内径为 8mm、管道长度为 2m，则需 42.2L

解③：内径为 10mm、管道长度为 2m，则需 65.94L

对于内径为 10mm、管道长度为 2m 的气管，每次循环需无多消耗 2.2L，每天有多少循环？每年有多少循环？整个气动回路中有多少个气缸？消耗非常大

可以在气缸的连接接口采用一个变径的接头，以减小气管的管径

| （ISO 标准）管长/cm | 接口螺纹（ISO 标准） | 客户选用/mm |
|---|---|---|
| 32 | G1/8 | $\phi6\times\phi4$ |
| 40 | G1/4 | $\phi8\times\phi6$ |
| 50 | G1/4 | $\phi8\times\phi6$ |
| 63 | G3/8 | $\phi10\times\phi8$ |
| 80 | G3/8 | $\phi10\times\phi8$ |
| 100 | G1/2 | $\phi12\times\phi10$ |
| 125 | G1/2 | $\phi12\times\phi10$ |
| 160 | G3/4 | 内径 $\phi19$ |
| 200 | G3/4 | 内径 $\phi19$ |
| 250 | G1 | 内径 $\phi25$ |
| 320 | G1 | 内径 $\phi25$ |

**减小气管内径，省略单向节流阀**

减小气管内径的另一途径，是在某些工况条件许可情况下，如图 c 中右图省略二个单向节流阀，这也是一种好的选择，即由内径为 3mm 的气管替换 6mm 的气管。常见气缸回路中的配置是，一个气缸配两个单向节流阀来控制气缸运动，可实现无级调节气缸速度，也帮助了气缸速度过猛而产生冲击终端（气缸终端缓冲主要由气缸内置的缓冲装置完成）。但经常也遇到不需要调节速度的或速度也并不高的工况，此时，可选择较小的气管，则可以省略二个单向节流阀。在系统的循环时间允许的范围内，元件使用得越少，则设备的可靠性越高，并且安装成本越低。倘若使用不善，人工调试不当，也可能是问题的根源

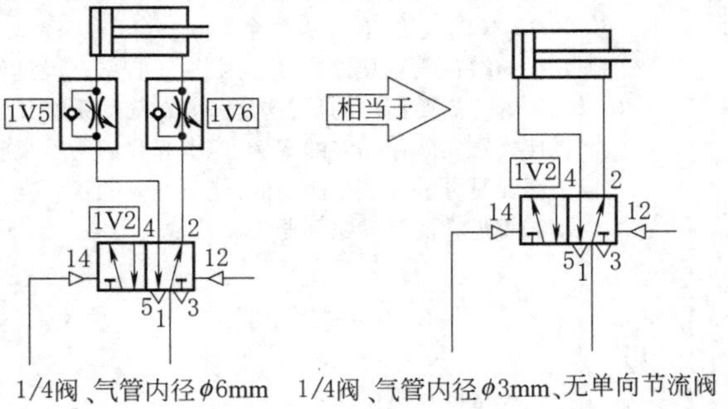


(c)

**正确连接歧管**

气动系统中，对公共出气口的供气也是相当重要的。为了避免采用 T 形连接器造成气路震荡和压降，采用大直径的管道来连接相应的连接器（见图 d），再由连接器连接相应的管道（根据分支管路的多少及同时供气时间来决定大直径管道的尺寸），如采用变径多路歧管连接接头。供气管道的内径分别是 6mm 和 9mm 应用在 G1/8 或 G1/4 的阀上

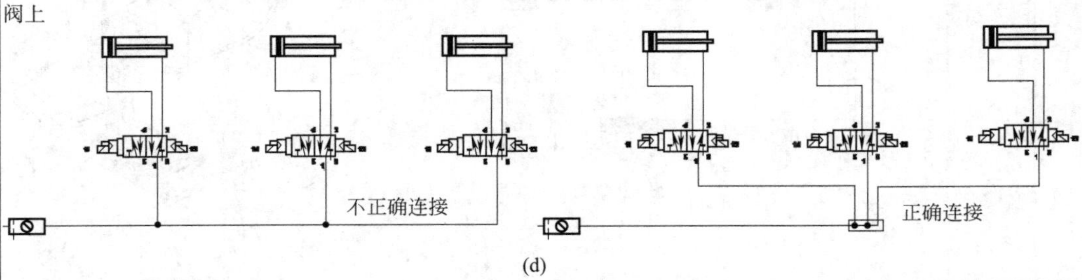


(d)

| | | |
|---|---|---|
| 管道长度和直径选择 | 采用带阀气缸 | 让阀与气缸之间的距离更近，是一个优化的节能气动回路，典型的案例：如带阀气缸大大节约了管道的耗能，提高气缸开启速度图 e，减少运动周期，提高生产率。如果环境比较恶劣，周围环境尘土飞扬，不宜采用带阀气缸，则可将阀门放入在一个带有 IP65 防护等级的控制柜中，再将控制箱放置在气缸最近的位置。如图 f<br>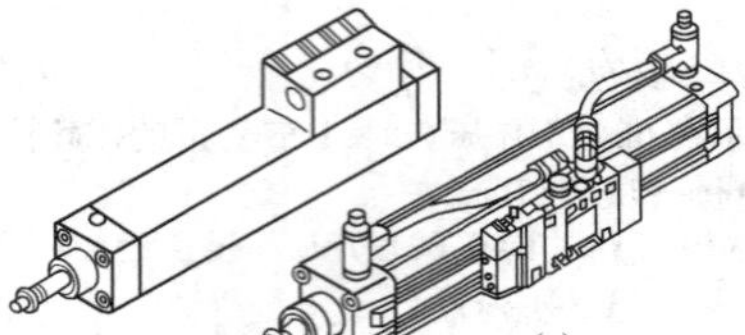<br>(e)<br>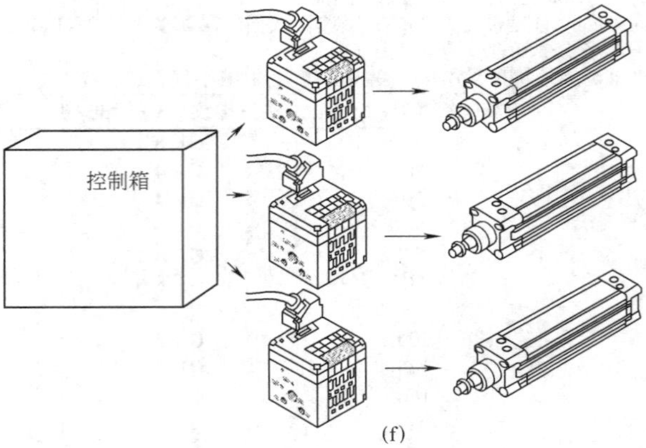<br><br>(f) |
| | 采用分散安装型阀岛 | 采用分散安装型阀岛，其中优点之一是节能，它可使阀与气缸之间的距离更近。见图 g 分散安装型阀岛，阀岛 2 到气爪的距离为 0.3m，0.3m 长的气管，仅有 34%残余空间（或称气动执行器之外的死区容积）。阀岛 1 与气爪之间为 3m 长的气管，有 65%残余空间（死区容积），分散安装型阀岛 2 比非分散安装型的阀岛 1 更靠近驱动器。可节约几乎 50%的管通压缩空气。因此，工程师在设计气动系统时，应该尽可能使分散型阀岛的每个分支阀岛靠近每个驱动装置。需要指出的是，这是需要在气动系统开始设计布局时便要考虑到的。经常会碰到，管路中压缩空气无谓消耗比气缸实际作功多的案例，应引起我们的重视<br>图 h 是分散安装型阀岛的，能更好兼顾各分支，各分散现场设备（驱动器/传感器）在 10m 半径之内，使阀岛的气动阀靠近它的气动驱动器。<br>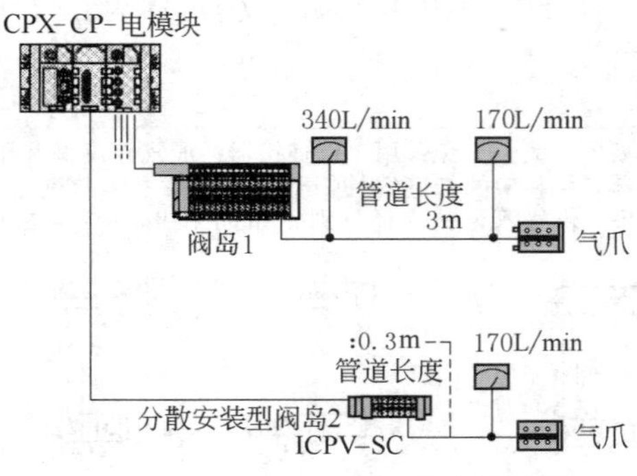<br><br>图3分散安装型阀岛<br>(g)<br>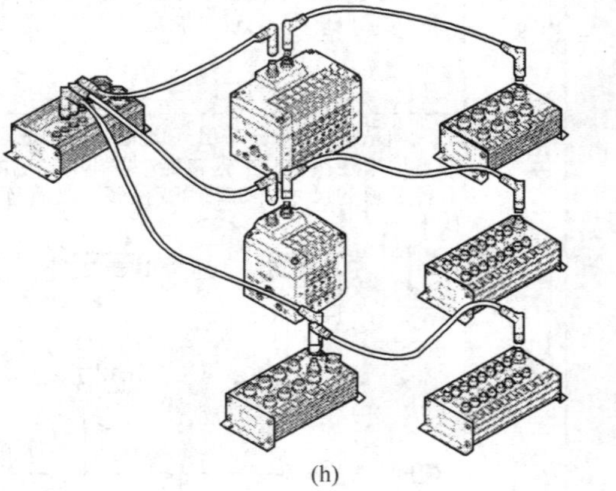<br>(h) |

续表

**避免选择过大的直径 — 避免选择直径大一号的气缸**

如果气缸直径尺寸加倍,就会产生8倍的动力,而不是2倍,因为直径和体积之间是立方的关系。过去,在遇到选择细长型气缸、考虑到径向负载时,传统意识上往往选择直径更大一号的气缸,以利于增加活塞杆刚度,增强它的抗径向负载能力,避免细长杆的受力状态。选用柔性安装件,或配用导向装置(图i),可避免压缩空气浪费。对于并非长行程气缸、径向负载大的运动状况,则是选择带导向装置的气缸(气缸直径小、抗扭转能力大),见图j,国际上,许多气动厂商纷纷推出带导向装置的驱动器

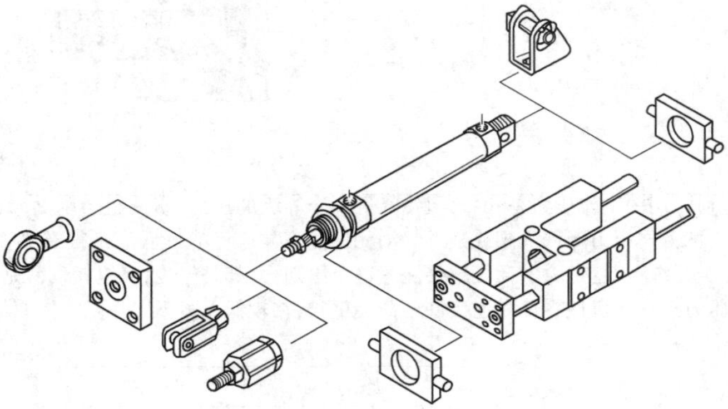

(i)

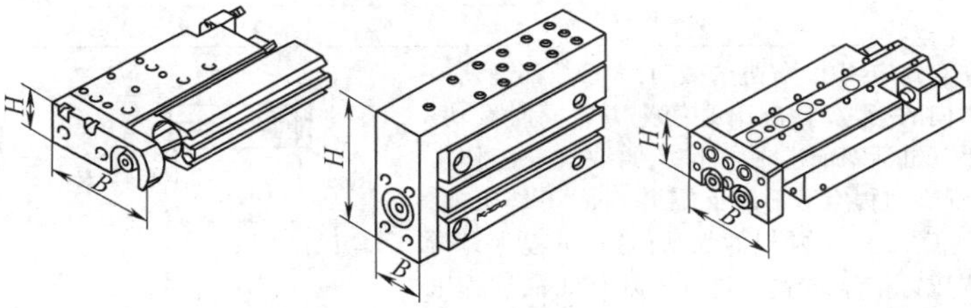


(j)

**避免行程长度过长**

通常,标准气缸的缸径与行程有规定,见下表,给出了某一缸径的气缸与最大的行程规范。当实际使用时行程与标准行程会有差异,如气缸活塞 $\phi25$,实际需要180mm行程,但它的标准行程是200mm,如选用200mm的行程,每个循环将会有2×20气缸缸体容积的压缩空气浪费(忽略活塞杆返回运动应扣除体积容量),在每个回路中,将多支出10%的压缩空气,设计工程师应采用优化的设计方案,选180mm行程气缸;或选160mm气缸,活塞杆加长20mm(如果回程空间允许),保证气缸伸出终端位置不变

| 活塞 | 标准行程/mm | | | | | | | | | | | | |
|---|---|---|---|---|---|---|---|---|---|---|---|---|---|
| | 10 | 25 | 40 | 50 | 80 | 100 | 125 | 160 | 200 | 250 | 320 | 400 | 至2000 |
| 8/10 | — | — | — | — | — | → | | | | | | | |
| 12/16 | — | — | — | — | — | — | — | — | → | | | | |
| 20 | — | — | — | — | — | — | — | — | — | — | → | | |
| 25 | — | — | — | — | — | — | — | — | — | — | — | → | |
| 32/40/50/63/80/100 | — | — | — | — | — | — | — | — | — | — | — | — | → |

续表

<table>
<tr>
<td>避免选择过大的直径</td>
<td>避免增加残余空间</td>
<td>如图 k 所示，常见有缓冲的普通型气缸有一个缓冲部分，显然增大了气缸内部额外的容量（对于无缓冲要求的场合），这将增加残余空间。紧凑型气缸是一个无缓冲的缸体，所以它无额外残余容量。薄膜型夹紧气缸是一个特殊的优化的例子，它适合于几个毫米（2～20mm）的夹紧之用，也无额外残余容量。对于行程短、以夹紧功能用的气缸，避免增加残余空间的一个方法是选择合适的气缸种类<br>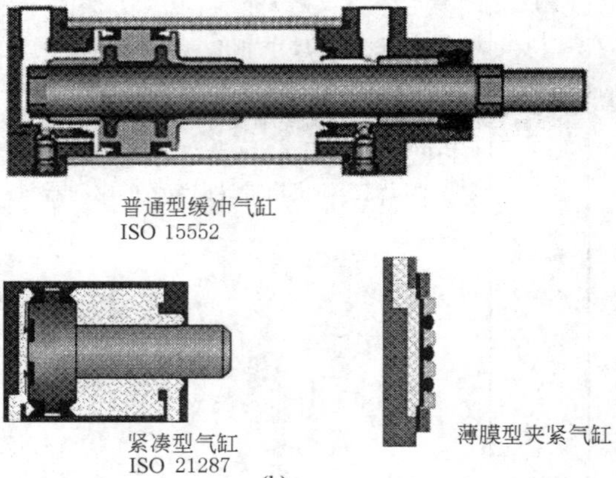<br><br>(k)</td>
</tr>
<tr>
<td rowspan="2">避免过度的压力</td>
<td>降低压力等级</td>
<td>气动中通常用的工作压力是 6bar，但每降低一个等级的压力，费用也会随之减少（见下表）。因此，在条件许可的情况下，把工作压力降低到阀或某一气动元件能正常运行的最低值是很有必要的，这是节能的一个重要原则，从气动整个系统看，越是大量耗气越要注意这个原则，尤其是气枪，气枪耗气就是一个典型例子。对于气缸、阀而言，降低压力意味着机械零件和连接件寿命会更长，在较低压力下工作是非常有优势的<br>
<table>
<tr><th>压力/bar</th><th>节约率</th></tr>
<tr><td>3</td><td>50%</td></tr>
<tr><td>4</td><td>33%</td></tr>
<tr><td>5</td><td>17%</td></tr>
<tr><td>6</td><td>0%</td></tr>
</table>
</td>
</tr>
<tr>
<td>减小气缸回程压力</td>
<td>在实践应用中，气缸的做功，大多数都是朝一个方向的，很少情况下是两个方向同时做功。如果气缸活塞前进时候作功，需要 6bar 工作压力，那么回程空载时不必需要 6bar 工作压力。图 l 左图是一个常规的气动回路，进程压力与回程压力相等，右图的进程压力为 6bar，回程压力为 3bar，于是节约了回程压缩空气的消耗<br>假如将一个减压阀放在气缸的上游端，见图 m 左图，虽然阀输出时二个压力相同，但减压阀能减少回程的压力，节约了回程压缩空气消耗。采用这种方法节约也是有局限的，即每个气缸上游需一个减压阀，换向阀与减压阀之间的管路还在 6bar 压力范围。在每个周期中，减压阀要不断地打开和关闭，导致一定的磨损。一种较好的办法是将减压阀放在电磁阀门的上游端（入气口），见图 m 右图，它对原有的设备不会带来任何不利，反而有额外的好处，回程压力较低，从换向阀与减压阀之间的管路已减小到 3bar 压力范围。该回路还可使一个减压阀同时扩展应用于几个气缸，更是一种额外的节省。减压阀安装在电磁阀的上游端，电磁阀进气压力可稳定在 3bar（或某一压力），当减压阀使气缸回程时，气缸排气通过电磁阀 5 口排出；气缸伸出时，由电磁阀 1 口通过减压阀 1 口排出（减压阀 1 口排出时会对气缸有点缓冲功能）。该回路尽管增加了一个减压器，但对于长期运行、频率越高的气缸运动，收益越大<br>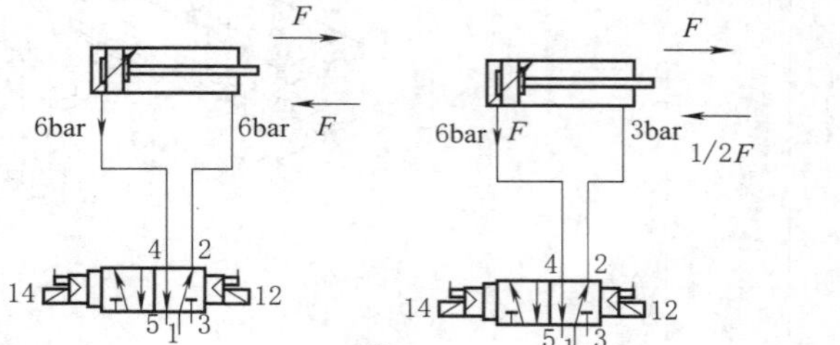<br><br>(l)<br>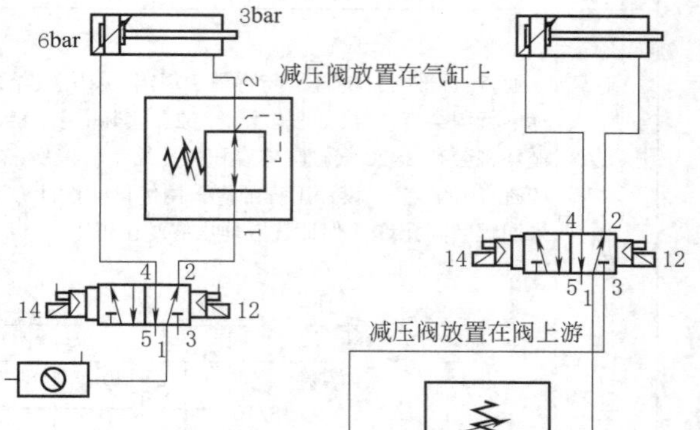<br><br>(m)</td>
</tr>
</table>

续表

| | | |
|---|---|---|
| 现代气动技中有许多节能的产品，在气动系统工程设计阶段开始时就要考虑，如节气型的喷气枪、省气源组合的真空发生器、阀岛等 | | |
| 合理选择节能型的气动元件 | 节气型的喷气枪 | 在制造加工业中广泛使用气枪，如吹净工件加工后遗下的铁屑、冷却液等。气枪的压缩空气浪费很大，有不少工厂由气枪消耗的压缩空气占总量的50%~70%。由于操作人员对压缩空气的成本不了解，总希望压力越高、喷嘴直径越大越好，有的直接用一根直型紫铜管，其耗能浪费异常惊人。图n表明在不同的压力条件下，泄漏孔与泄漏率的关系：一个直径为3.5mm的小孔在6bar压力下，它的泄漏量为0.5$m^3$/min，相当于30$m^3$/h<br>FESTO公司开发的LSP型低耗气喷气枪，设计的喷嘴直径为1.5mm，工作压力从0~10bar，6bar时耗气量为120L/min。如采用低工作压力，其耗气量随之锐减。同时改进喷枪杆、喷嘴形状，如图o弯杆型气枪可使吹气时更靠近需喷射的角落，大大缩短了喷吹距离，可节约大量的耗气。更换专用喷嘴，使其喷射的压缩空气扩展成一伞状喷射，效率更好。从图n可见，当气枪工作压力从6bar减至2bar时，其压缩空气消耗减少了2/3，而当气枪用内径6mm紫铜管作喷气，减至内径为2mm的节能型气枪时，其空气消耗从1.4$m^3$/min到0.15$m^3$/min，节缩了近90%的气源消耗<br>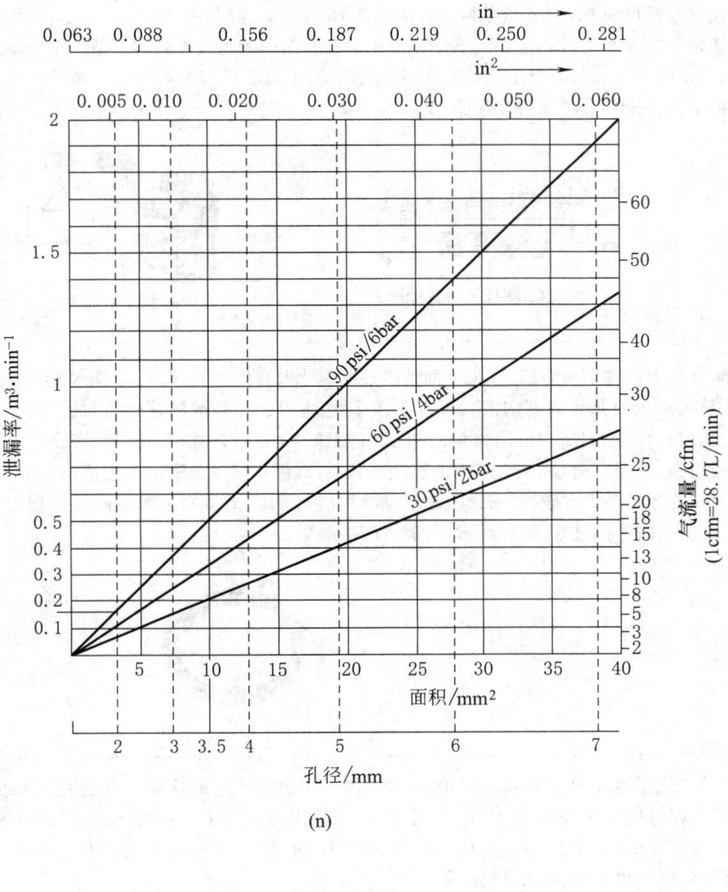<br>(n)<br>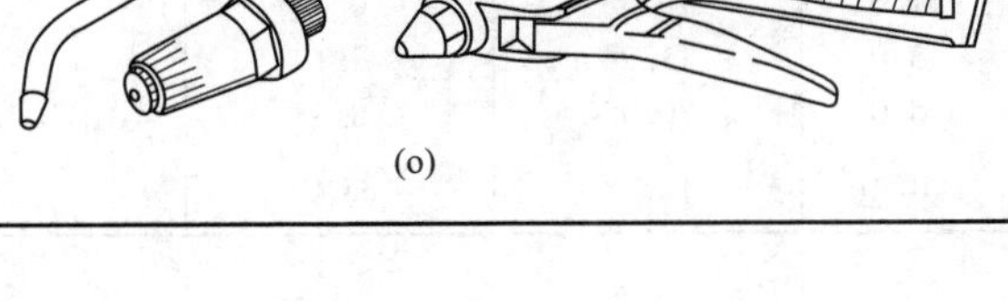<br>(o) |

续表

**合理选择节能型的气动元件**

**省气源的组合真空发生器**

省气源的组合真空发生如图 p 所示，它是集气动、真空、传感等技术于一体的省气式组合真空发生装置。过去只要使用真空，便考虑采用真空泵，由于真空泵处于连续运转状态，既耗电又噪声很大。省气式组合真空发生器仅需瞬间工作 0.5s 或 1s，便能产生-0.7bar 的真空压力，并在真空吸盘上始终保持所需的某一真空度。一旦当该吸盘的真空度降至某设定值时，该装置内的压力传感器自动发出信号再次启动产生真空的电磁阀，瞬间又产生-0.7bar 的真空压力，恢复到原设定值，使其真空吸盘达到所需原真空度。省气源的组合真空发生器尤其适合在自动线抓取等状态下工作，大大节约了电能

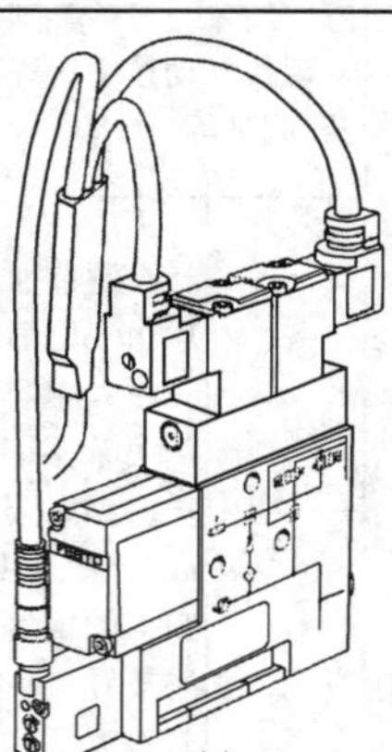
(p)

**快拧接头**

在使用 PU 塑料气管场合时，快拧接头比快插接头不易漏气。快拧接头依靠螺母内的底部斜锥面紧压 PU 气管，通过拧紧螺母使 PU 气管紧贴接头头部圆锥面，并锁紧，因此不易泄漏（见图 q），可放心用于真空管路。而快插接头是靠接头内卡簧夹紧 PU 气管，气动系统中电磁换向阀的每次换向，对气管、接头就是一个充压与泄压的转换变化过程，使卡簧产生涨紧与释压二种完全相反的运动，类似于做卡簧与气管的疲劳试验，PU 气管被卡簧越卡越紧，气管卡痕增大，易出现漏气或脱落（图 r）

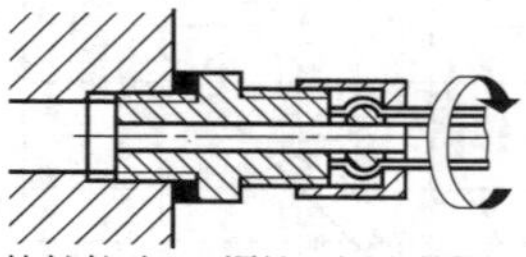
快拧接头（G螺纹+组合垫圈）

(q)

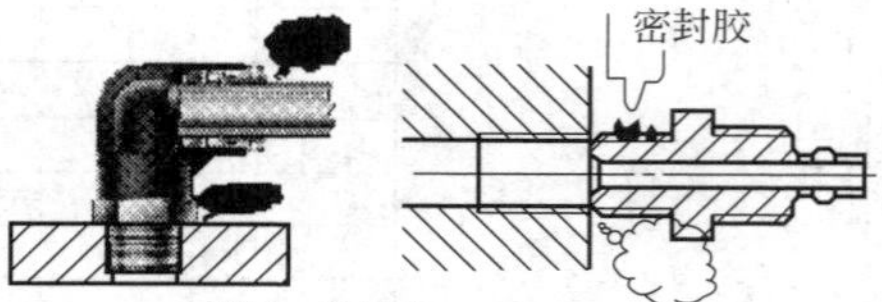

R螺纹+密封胶

(r)

**组合垫圈**

组合垫圈内置金属垫圈、其正反面及内外圈硫化着弹性橡胶，套入 G 螺纹上后，接头可直接旋入被连接的内螺纹（不需要加工 O 形密封圈沟槽），可方便、广泛地应用于 G 螺纹的连接密封，即使在很小的紧固力矩下，也能有效密封，见图 s。其密封压力可达 30bar。相比 R 螺纹、PT 螺纹的连接，是一种密封更可靠的、必不可少的元件，尤其在真空回路中，采用 G 螺纹、组合垫圈的连接方式，可确保真空系统密封而无泄漏。而 R 螺纹、PT 螺纹的密封状况将取决螺纹的牙形是否有破损、密封胶涂层厚薄和均匀程度、或生料带缠绕圈数和均匀性，重复使用取决于上次拧紧程度，如前一次拧得过紧，破坏牙形后，极易产生泄漏

(s)

**泄漏原因及预防措施**

空气泄漏不像核泄漏会毁灭世界那样可怕，不像电路发生短路易烧毁设备，也不像液压系统漏油破坏环境或诱发火灾。而气动系统中泄漏容易被发现，如管道上有一个小裂纹，会发出类似哨子一样的声音，这种泄漏称为永久性泄漏。永久性泄漏带来的能耗损失不可小觑，如工业用电以 0.685 元/kW 计，通过一个 5mm 的孔直接把空气送到大气中，每年以 6000h 来计算，意味着每年会损失约 3.41 万元，详见下表

| 直径/mm | 永久性泄漏（6 bar 1/s） | 每小时功率耗电/kW | 每年电费损失（每年以 6000h 计算）/元 |
| --- | --- | --- | --- |
| 1.0 | 1.238 | 0.3 | 1233 |
| 3.0 | 11.24 | 3.1 | 12741 |
| 5.0 | 30.95 | 8.3 | 34113 |
| 10.0 | 123.8 | 33.0 | 135630 |

续表

<table>
<tr><td rowspan="3">泄漏原因及预防措施</td><td>管道连接处的泄漏</td><td>常见气动元件泄漏的几个主要方面：如图 t 所示，硬管接头连接处，PU 软管与快插接头连接处，气缸前端盖密封件与活塞杆伸出处，端盖上与单向节流阀安装平面的连接接口处，气源处理器进/出口端与硬管连接处、压力表接口处，气路板上电磁阀与底板连接接口及快插接头与软管不垂直安装处等。在气动系统中，气管通常使用合成材料制成的，由于阳光的紫外线会使透明的管道变得又黄又脆，所以透明的管道现在已经过时了（这就是为何大多数管道都是有颜色的原因），如果这些气管弯曲极易造成泄漏或损坏，因此，建议用聚氨酯管道，因为这种管道灵活性很好并能适应小曲率的半径使用而不受阻塞<br>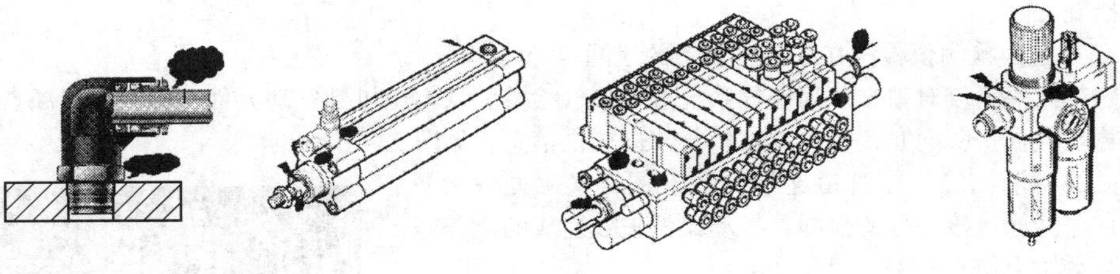<br>(t)</td></tr>
<tr><td>机械结构系统磨损、偏移</td><td>活塞杆的轴心线与移动部件之间的不同轴度误差，造成活塞杆轴套单边剧烈磨损，也造成气缸内活塞单边与缸筒内壁磨损。原因是，气缸安装未采用柔性连接方式（如活塞杆头部的 Y 型连接器、带关节轴承连接件，或气部尾部未采用耳环连接、球形支座连接方式等紧），下表表示不正确及正确的连接方式。在设计气动驱动机构时，应避免硬性连接，采用导向系统，或采用带导向装置的驱动器<br>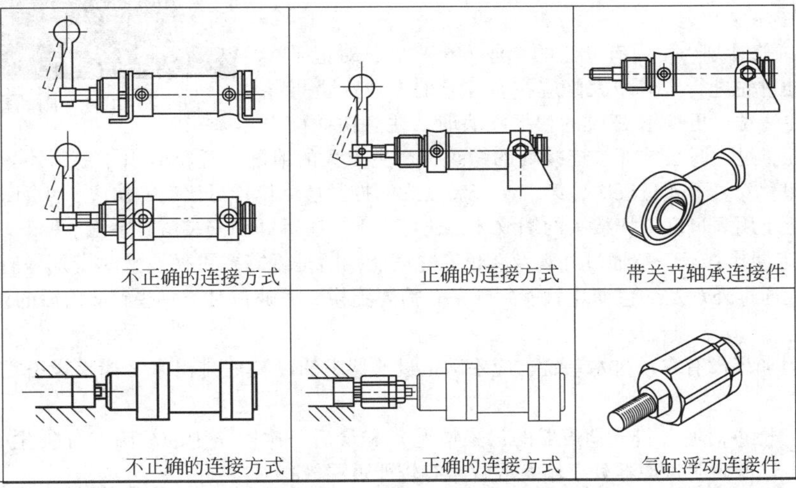<br></td></tr>
<tr><td>压缩空气质量恶化</td><td>压缩空气质量恶化，使气动元件提前失效，磨损加剧，密封件破损，元件漏气“带病工作”，直至停机。压缩空气质量的三大祸害是水分、油及颗粒尘埃。油、水会将气动元件的润滑脂冲走，增加密封件的磨损，造成漏气，水使得气动元件锈蚀，造成漏气（详见图 u、v，压缩空气管网中大量的冷凝物质及元件被腐蚀状况）。空气中的尘埃颗粒及压缩机油高温下形成的焦油、坚硬的碳化合物颗粒，破坏密封件并造成漏气，微粒会卡住阀芯造成故障。另外，压缩机在高温工作后的润滑油产物（基于酯类污油），最高含量 0.1mg/m$^3$，这些酯类污油会严重损害密封造成漏气，另外，压缩空气中含油量过高，会将气动元件的润滑脂冲走（最高允许 5mg/m$^3$）<br>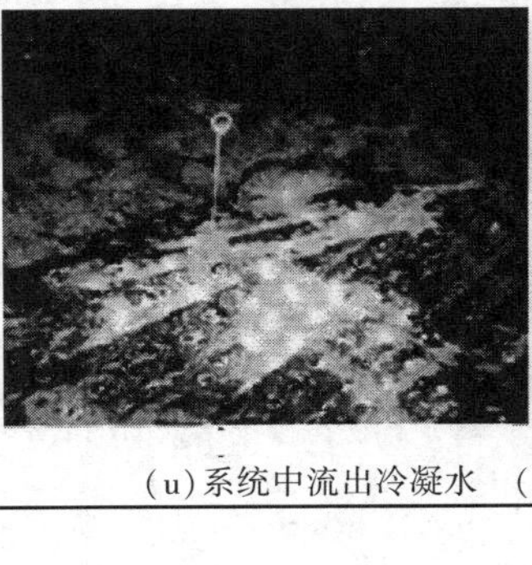 <br>(u)系统中流出冷凝水　(v)换向阀内部被水分锈蚀</td></tr>
</table>

# 3 泄漏检测、维修及建立状态监视系统

在气动系统中压缩空气质量会变坏是一个客观的事实，由此造成漏气情况总是存在的，问题是要尽早发现压缩空气质量恶化，并尽量延长、维持高质量的压缩空气。采用压缩空气质量分析仪，可在线测量出系统中使用的压缩空气露点温度，油分含量，杂质含量实际状况，根据测试结果来判断输送到气动元件的空气是否符合质量标准。随后采取措施加以纠正。同时，将每次测量的数据记录在案，以便不断追踪气源质量的变化，提前采取相应的改进措施。

（1）用超声检测仪检测在线运转设备的泄漏点

用超声波探测仪对整个压缩空气系统进行漏气检查，从空压机到气动元件，标记出泄漏点，对泄漏进行分类以便计算空气损失，同时，为后续维修与改进提供信息，见图 23-10-4。

常见的泄漏：发生在管道连接处的泄漏，气源处理装置、阀及气缸等处连接接头处的泄漏，气动元件失效造成的泄漏等。

（2）建立状态监视系

状态监视与诊断系统能及早地察觉出磨损以及系统压力和流量的变化，防止生产线停机。一旦发生停机，也能快速地找出故障位置。如：对气源三联件的检测，空气露点压力、与油分测量、空气颗粒度，让压缩空气质量保持在最佳水平，使得压缩空气能按需供给。

（3）维修

① 安排维修计划　可由有经验的专业人员来做，对记录在案的大泄漏处可先进行维修。大修应在有经验的专业人员指导下进行，如在清洗、更换 R 螺纹的快插接头时，注意快插接头拧紧力的掌控，过大时会拧坏被连接处的螺纹，产生更大的泄漏，过小时由于结合不紧密产生泄漏，一般的 R 螺纹接头拆卸和安装不超过五次，第二次安装接头的拧紧最终位置可比前一次多 1/4 圈，这样，既可保证拧紧的可靠性又不至于用力过度损坏接头的螺纹牙，还可为下一次拆卸和安装留有余地。

图 23-10-4　用超声波检测仪检泄漏

② 平时定期检查　一般通过外观及颜色变化就能判断是否需要更换。平时定期检查气源处理的排水装置与过滤芯，一般通过外观及颜色变化就能判断是否需要更换。另外，对于一些破旧落后的设备，进行设备的更新计划和实施。

a. 每天：如果没有自动排水装置，应手动把过滤器中的冷凝液排出来。如果设备需要润滑油，需要检查它的油平面位置。

b. 每周：检查污垢（排气消声器的污染情况）和最后一次回路中的故障（如发生的话），检查减压器中的压力表（压力过低表明过滤器处于堵塞或管路有较严重漏气）。

c. 每三个月：确认在连接件或套管处有无泄漏，如有必要时再次拧紧连接件/套管。或把硬质管改为聚氨酯材管，确认阀门中是否有泄漏，清理消声器和过滤器，确认通气口是否工作。

d. 每六个月：在没有通气的情况下，用手检查导杆是否是直的，有无松动，确认在关节连接件上的螺钉有无松弛。

③ 堵漏工作应该常态化　泄漏的存在并不可怕，需要对设备采取定期点检和维护。在工厂，完全堵死泄漏不现实，即使采取大规模的堵漏运动，半年后泄漏仍会重新出现。所以，对企业而言，堵漏工作应该常态化，必须将其作为一项日常工作来实施，这样才能将泄漏动态地控制在最低水平。

（4）员工培训

压缩空气节能，不仅仅针对操作员工，对全体员工都要进行技术培训：系统设计，采用何种控制技术（是采用气驱动或是电驱动），节能的气动元件选用，气动线路的节能考虑等。当然对操作员工方面，要提高员工在节能方面的技术知识，并让其了解如何维持压缩空气系统最佳工况的方法。

# 第11章　模块化电/气混合驱动技术

随着二进制数字技术的发展，现代工业中自动化流水线的控制速度越来越快、精度要求也越来越高，电驱动应用也越来越广泛。当面临诸如灰尘、油脂、水或清洁剂等恶劣的环境时，气动驱动器的优势显而易见，毋庸置疑，气动驱动器非常坚固耐用，容易安装，能提供典型的抓取功能，价格便宜且操作方便。电驱动器的特点是精确和灵活，在作用力快速增大且需要精确定位的情况下，带伺服马达的电驱动器更具优势。对于要求精确、同步运转、可调节和规定的定位编程的应用场合，电驱动器是最好的选择。

气驱动和电驱动并不互相排斥，相反，更是在一个自动化领域中，相互取长补短，优化解决驱动技术中的两种常见方案。在驱动技术的领域内，气动技术并不是总能符合各类驱动要求。而气动行业的厂商提供气驱动或电驱动的产品，表明这两门驱动技术在应用中不仅不存在排斥，而且可形成非常有效的互补，有利于自动化的方案选择上的自然性、客观性及必然性。一条流水线上有气驱动和电驱动互相搭配使用的情况是再正常不过的，而且或许往往是一种最佳的设计、最优化的应用方案。

对于用户来说，很重要的一件事是尽可能地为每一项任务寻找合适的且性价比高的驱动技术，并且让所有的元件都能以简单可靠的方式实现其功能。当所有的元件都来自同一家公司并且机械连接兼容的话，“电子系统与气动系统相互对立”的问题就不存在了。

## 1　电驱动与气驱动特性比较

比较这两种驱动，主要是看各自技术特性与成本因素。

在驱动控制技术中，可分开环控制与闭环控制两种形式。常见纯粹的气动驱动主要是用于开环控制系统，且大多数都设定终点位置为控制点位置，也有用于多位置的气动闭环控制，称气动伺服控制，其控制精度不高（最高精度是0.2mm）。而电驱动同样也可分开环控制与闭环控制，电驱动中的开环控制可设多个位置的控制点，显然与气动开环控制只能设一个终点位置比起来，性能优越得多。而且，用于闭环控制的电驱动其最高精度可达0.02mm，故在自动化闭环控制技术中，应用极其广泛。除了从控制方式、精度来分析它们各自的应用领域之外，气驱动与电驱动还有许多各自优势或劣势。例如：气驱动的力过载并不损坏驱动器，而电驱动轴受额定力限制，过载会产生大量热量，烧毁电机，为了防止过热，需增加散热机构（如水冷、风冷或压缩空气冷却）。

其次就是成本因素，通常以标准气缸为例，当它的成本为标准值1时，伺服气动的成本约是标准气缸的1.8倍左右，齿形带式的电驱动轴约为2倍左右，而滑动丝杆形式的电驱动轴是标准气缸的2.5倍左右，滚珠丝杆式的电驱动轴将达3倍左右，直线电机将高达4倍左右倍。

需要说明的是，混合驱动轴则是把上述各种驱动形式糅合在一起，把这两种技术结合起来，发挥各自的强项，使两门驱动控制相得益彰。详见表23-11-1。

**表23-11-1　电驱动与气驱动的特性比较**

| 技术参数 | 标准气缸 | 伺服气动 | 齿形带 | 滑动丝杠 | 滚珠丝杠 | 直线电机 | 混合驱动轴 |
|---|---|---|---|---|---|---|---|
| 负载/kg | 可达100 | 可达300 | 可达200 | 可达100 | 可达200 | 可达200 | 可达200 |
| 行程/m | 可达10 | 0.02~2 | 可达10 | 可达2 | 可达2 | 可达10 | 0.02~2 |
| 速度/(m/s) | 3 | 5 | 5~10 | 0.5 | 3~5 | 5~10 | 5 |
| 加速度/(m/s$^2$) | 30 | 50 | 100 | 30 | 50 | ≤250 | ≤250 |
| 精度/μm | 100 | 200 | 100 | 50 | 20 | 1 | 1 |
| 噪声 | 响(可耐受) | 响(可耐受) | 响 | 满意 | 中等 | 满意 | 中等 |
| 刚度 | 中等 | 中等 | 中等 | 非常高(反转) | 高 | 高 | 高 |

续表

| 技术参数 | 标准气缸 | 伺服气动 | 齿形带 | 滑动丝杠 | 滚珠丝杠 | 直线电机 | 混合驱动轴 |
|---|---|---|---|---|---|---|---|
| 成本(TCO) | 1 | 1.8×气动 | 2×气动 | 2.5×气动 | 3×气动 | 4×气动 | 3.5×气动(优化后甚至于还可降低) |
| 柔性 | 不可编程 | 可编程 | 可编程 | 可编程 | 可编程 | 可编程 | 可编程 |
| 功率密度 | 高 | 高 | 中等 | 中等 | 中等 | 低 | 高 |

# 2 模块化电驱动运动模式分类

以 FESTO 公司的产品为例：模块行化电驱动系统是一个多轴系统，有抓取和放置系统，直线式门架（二维直线门架），悬臂式驱动轴（三维系统），三维门架（三维系统），三角架电子轴系统（三维系统）等运动模式。

## 2.1 抓取和放置系统

抓取和放置系统，从抓取配置来分有两种方式，一种是连续的高速抓取模式，即采用的是一个高速抓取模块 HSP 与气动旋转驱动器或电伺服马达组成，见表 23-11-2（PP-1.0）；另一种是滑台气缸 DGSL 与小型滑台电缸 EGSL 组成（PP-2.0、PP-3.0）。FESTO 公司的抓取和放置运动模式以 PP 来表示，PP-1.0 表示最大负载力 1.6kg，PP-2.0 表示最大负载力为 4kg、PP-3.0 表示最大负载力为 6kg。

连续的高速抓取模式有 180°与 90°二种运动轨迹的产品，180°气驱动抓取以 HSP-AP 表示（HSP-AE 表示电驱动），90°气驱动抓取以 HSW-AP 表示（HSP-AE 表示电驱动），其最高抓取时间分别为 0.8~1.8s 及 0.8~1.2s，其他技术参数见表 23-11-2。表中列出的 2D 抓取搬运模式，其最大有效行程为 400mm，表格未列出其他气驱动器和电驱动的产品，如果 *Y* 轴、*Z* 轴行程较短时，则可采用其他短行程滑块气缸或其他类型的驱动器。可向 FESTO 公司咨询。

**表 23-11-2　　FESTO 公司抓取和设置系统产品技术参数**

| 类型 | 重要特性 | 结构特点 | 有效负载 | 最大有效行程 | 元件 |
|---|---|---|---|---|---|
| 连　接导向，高速抓放（180°）PP-1.0  | ·结构紧凑<br>·最大循环速度 100Hz<br>·智能行程调节<br>·等待位置，可自由编程位置(电驱动)<br>·易于调试<br>·易于安装 | 装配完整的抓取模块 | 最大 1.6kg | *Z* 轴：最大 20~70mm<br>*Y* 轴：最大 52~170mm | 气动：HSP-AP<br>电驱动：HSP-AE（配伺服马达 MTR-DCI） |
| 连接导向高速抓放（90°）PP-1.0  | ·结构紧凑<br>·最大循环速度 100Hz<br>·智能行程调节<br>·等待位置，可自由编程位置(电驱动)<br>·易于调试<br>·易于安装 | 装配完整的抓取模块 | 最大 1.6kg | 最大直线行程 90~175mm<br>工作行程 9~35mm | 气动：HSW-AP<br>电驱动：HSW-AE（配伺服马达 MTR-DCI） |
| 2D 抓放搬运 PP-2.0 PP-3.0  | ·结构非常坚固<br>·循环时间短<br>·高精度小型滑台式气缸 DGSL 和小型滑台式电缸 EGSL<br>·EGSA 动态响应优异，长行程时精度高<br>·HMP 功能强大 | 由滑台式驱动器/悬臂式电缸组成的抓取单元 | 最大 6kg | *Z* 轴：最大 400mm<br>*Y* 轴：最大 400mm | DGSL<br>EGSL<br>EGSA<br>HMP |

续表

| 智能伺服马达 MTR-DCI/<br>抓取模块 HSP(HSW) | 小型滑台电缸 EGSL/<br>小型滑台电缸 DGSL | 直线模块 HMP/摆动电缸 ERMB<br>+小型滑台气缸 DGSL |
|---|---|---|
| 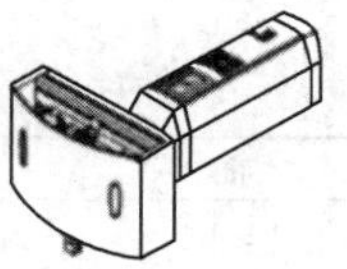 | 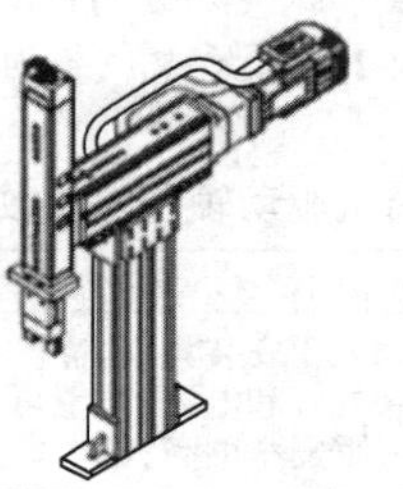 | 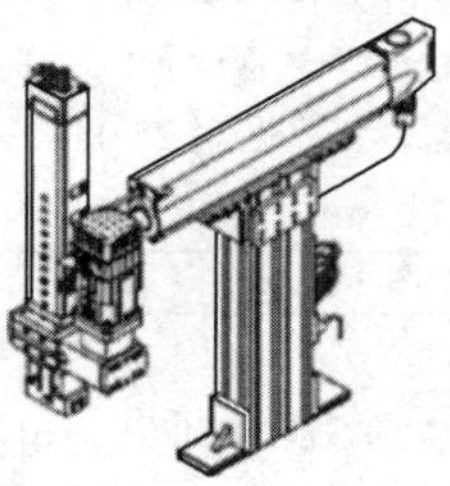 |

## 2.2 直线式门架（二维直线门架）

直线式门架是指 $Y$ 轴与 $Z$ 轴组成的一个平面运动，$Y$ 轴由无杆电驱器 EGC 或无杆气缸 DGC 等组成，$Z$ 轴可由电动小型滑台 EGSL、悬臂式电缸 DGEA 或气动小型滑台 GDSL、DNC 普通气缸等组成。采用电驱动后解决了中间位置的任意定位，重复精度视采用何种结构的电缸而定，最高重复精度为 0.02mm。直线门架常用于进给工作场合，门架最大行程为 8.5m，负载能力视驱动器而定，最高负载为 50kg。

FESTO 公司直线式门架的类型用 LP 来表示，LP-0.5 表示最大负载为 0.5kg，LP-1 表示最大负载为 1kg，以此类推。控制电驱动的伺服马达及马达控制器已是供应厂商一揽子的供应范围，用户只需提出负载、精度、行程，一个运动循环周期所需时间，供应商会提供一个即插即用的产品，其主要技术参数见表 23-11-3。

**表 23-11-3　　FESTO 公司直线式门架技术参数**

| 外形图 | 结构特点 | 重要特性 | | 轴 |
|---|---|---|---|---|
|  | ·采用单轴或双轴的直线门架<br>·垂直平面内，$Z$ 轴可自由运动 | ·采用安装集成，过程可靠性高<br>·气缸和电缸(位置可自由编程)<br>·重复精度高，集中式直接轴接口 | | $Y$ 轴：门架轴<br>EGC、DGC、DGCI<br>$Z$ 轴：小型滑台<br>EGSL，DGSL，DFM<br>悬臂式电缸<br>EGSA，DGEA<br>气缸 DNCE，DNC，DNCI<br>直线电缸 EGC |
| | 类型 | 有效负载/kg | 重复精度/mm | 行程/mm |
| | LP0.5 | 最大 0.5 | $Y$=最高±0.02<br>$Z$=最高±0.01 | $Y$=最大 1900<br>$Z$=最大 100 |
| | LP1 | 最大 1 | $Y$=最高±0.02<br>$Z$=最高±0.01 | $Y$=最大 5000<br>$Z$=最大 200 |
| 电缸的伺服驱动一揽子方案：<br>·伺服马达 EMMS-AS<br>·马达控制器 CMMP/S/D-AS | LP2 | 最大 2 | $Y$=最高±0.02<br>$Z$=最高±0.01 | $Y$=最大 8500<br>$Z$=最大 400 |
| | LP4<br>LP6<br>LP10 | 最大 4<br>最大 6<br>最大 10 | $Y$=最高±0.02<br>$Z$=最高±0.01 | $Y$=最大 8500<br>$Z$=最大 1000 |
| | LP15<br>LP25<br>LP50 | 最大 15<br>最大 25<br>最大 50 | $Y$=最高±0.02<br>$Z$=最高±0.02 | $Y$=最大 8500<br>$Z$=最大 1000 |



## 2.3 悬臂式驱动轴（三维系统）

悬臂式驱动系统由两个平行驱动器与一个抓放驱动单元组合而成，机械刚性高、结构坚固。在水平 $X$ 轴方向，可由一个电缸 EGC 和一个被动式导向轴 EGC-FA 组成平行驱动轴，或由一个气动无杆气缸 DGC 和一个被动动向轴 DGC-FA 组成平行驱动轴构成。$Y$ 轴则可采用悬臂式电缸 DGEA，也可采用气动直线模块 HMP。$Z$ 轴垂直方向可由电动小型滑台 EGSL 或气动小型滑台 DGSL 等组成。采用电驱动后解决了中间位置的任意定位。重复精度视采用电缸的结构而定，最高重复精度为0.02mm。对于有限的空间内，三维门架体积太大，如采用悬臂式电缸可使抓取工作完成后，抓取轴能从活动工作区域缩回。水平*X*轴最大行程为8.5m，最大悬臂行程（*Y*轴）可达400mm，负载能力视各类电缸特性而定，最高负载为50kg（如选用直线模块HMP）。

FESTO公司悬臂式驱动轴的类型用AL来表示，AL-2表示最大负载为2kg，AL-4表示最大负载为4kg，以此类推。其主要技术参数见表23-11-4。

**表 23-11-4　　FESTO公司悬臂式驱动轴技术参数**

<table>
<tr><th>外形图</th><th>结构特点</th><th colspan="2">重要特性</th><th>轴</th></tr>
<tr><td rowspan="5">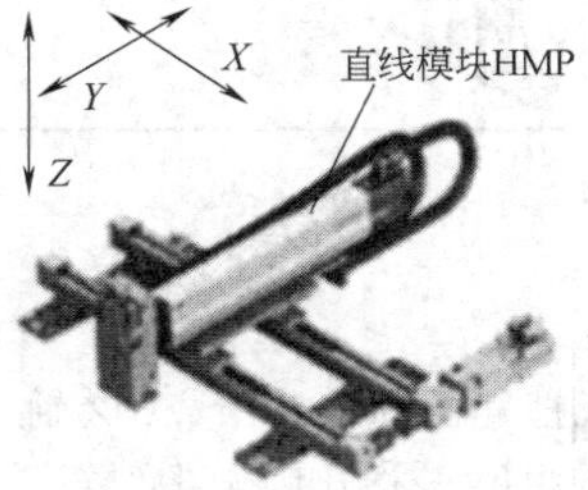<br>电缸的伺服驱动一揽子方案：<br>·伺服马达 EMMS-AS<br>·马达控制器 CMMP/S/D-AS</td><td>·悬臂式门架<br>·Z 轴在可用空间内自由运动</td><td colspan="2">·采用安装集成,过程可靠性高<br>·气缸和电缸(位置可自由编程)<br>·重复精度高,集中式直接轴接口</td><td>X 轴:门架轴<br>EGC、DGC<br>Y 轴:悬臂式轴<br>DGEA,HMP<br>Z 轴:小型滑台<br>DGSL,(EGSL)<br>悬臂式轴<br>DGEA,HMP</td></tr>
<tr><td>类型</td><td>有效负载/kg</td><td>重复精度/mm</td><td>行程/mm</td></tr>
<tr><td>AL2</td><td>最大 2</td><td>X=最高±0.02<br>Y=最高±0.02<br>Z=最高±0.02</td><td>X=最大 8500<br>Y=最大 400<br>Z=最大 150</td></tr>
<tr><td>AL4</td><td>最大 4</td><td>X=最高±0.02<br>Y=最高±0.02<br>Z=最高±0.02</td><td>X=最大 8500<br>Y=最大 400<br>Z=最大 300</td></tr>
<tr><td>AL6</td><td>最大 6</td><td>X=最高±0.02<br>Y=最高±0.02<br>Z=最高±0.02</td><td>X=最大 8500<br>Y=最大 300<br>Z=最大 400</td></tr>
</table>

## 2.4　三维门架（三维系统）

三维系统由水平门架和垂直门架组合而成，通常用于三维空间的任意运动，对于要求精度非常高、工件非常重、行程又很长的工况。如搬动轻型或较重型工件，位置精度很高，且行程较长的工况条件，在水平*X*轴方向，可由一个电缸EGC和一个被动式导向轴EGC-FA组成平行驱动轴，完成任意中间位置定位的需要。对于重型工件，则可采用二个电缸EGC，在*Y*轴上，同样根据工况要求可选择气驱动无杆气缸DGC或电缸EGC，*Z*轴上通常选用的方式是根据其行程确定：对于行程不超过200mm时可采用气驱动DGSL，行程不超过400mm时可采用气动导向驱动器DFM（亦称导杆止动气动），或视具体工况要求后定。

采用电驱动后解决了中间位置的任意定位，重复精度视采用电缸的结构而定，最高重复精度为0.02mm，水平*X*轴、*Y*轴及*Z*轴精度及行程见表23-11-5。FESTO公司三维门架的类型用RP来表示，RP-2表示最大负载为2kg，RP-4表示最大负载为4kg，以此类推。

**表 23-11-5　　FESTO公司三维门架技术参数**

<table>
<tr><th>外形图</th><th>结构特点</th><th>重要特性</th><th>轴</th></tr>
<tr><td>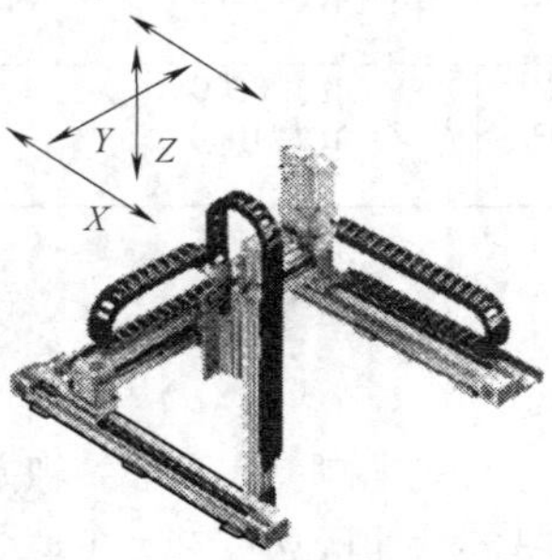<br>电缸的伺服驱动一揽子方案：<br>·伺服马达 EMMS-AS<br>·马达控制器 CMMP/S/D-AS</td><td>·采用单轴或双轴的三维门架<br>·Z 轴在可用空间内自由运动</td><td>·结构紧凑<br>·采用安装集成,过程可靠性高<br>·气缸和电缸(位置可自由编程)<br>·重复精度高,集中式直接轴接口<br>·动态响应优异,精度高</td><td>X 轴:门架轴 EGC<br>Y 轴:门架轴 EGC,<br>DGC,DGCI<br>Z 轴:小型滑台<br>EGSL,DGSL,DFM<br>悬臂式电缸 EGSA,<br>DGEA<br>气缸 DNCE,DNC,DNCI<br>直线电缸 EGC</td></tr>
</table>

续表

| 外形图 | 结构特点 | 重要特性 | | 轴 |
|---|---|---|---|---|
| | 类型 | 有效负载/kg | 重复精度/mm | 行程/mm |
| 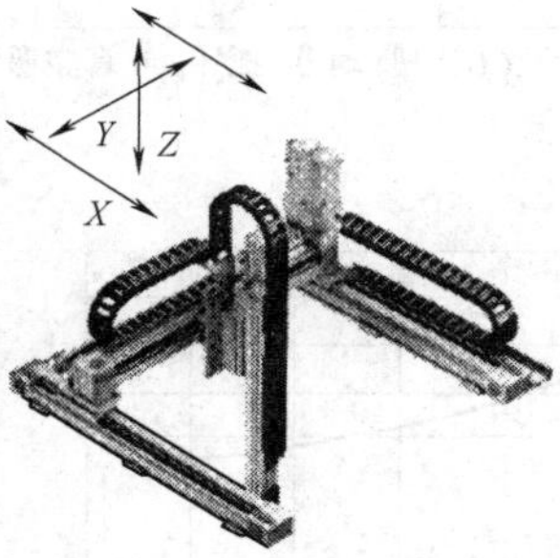<br><br>电缸的伺服驱动一揽子方案：<br>· 伺服马达 EMMS-AS<br>· 马达控制 CMMP/S/D-AS | RP0.3 | 最大 0.3 | X=最高±0.08<br>Y=最高±0.02<br>Z=最高±0.01 | X=最大 1900<br>Y=最大 500<br>Z=最大 500 |
| | RP0.5 | 最大 0.5 | X=最高±0.08<br>Y=最高±0.02<br>Z=最高±0.01 | X=最大 5000<br>Y=最大 1000<br>Z=最大 80 |
| | RP1 | 最大 1 | X=最高±0.08<br>Y=最高±0.02<br>Z=最高±0.01 | X=最大 8500<br>Y=最大 1000<br>Z=最大 200 |
| | RP2 | 最大 2 | X=最高±0.08<br>Y=最高±0.02<br>Z=最高±0.01 | X=最大 8500<br>Y=最大 1500<br>Z=最大 400 |
| | RP4 | 最大 4 | X=最高±0.08<br>Y=最高±0.02<br>Z=最高±0.01 | X=最大 8500<br>Y=最大 1500<br>Z=最大 1000 |
| | RP6<br>RP10 | 最大 6<br>最大 10 | X=最高±0.08<br>Y=最高±0.02<br>Z=最高±0.01 | X=最大 8500<br>Y=最大 2000<br>Z=最大 1000 |
| | RP15<br>RP25 | 最大 15<br>最大 25 | X=最高±0.08<br>Y=最高±0.02<br>Z=最高±0.02 | X=最大 8500<br>Y=最大 2000<br>Z=最大 1000 |
| | RP50 | 最大 50 | X=最高±0.08<br>Y=最高±0.02<br>Z=最高±0.02 | X=最大 8500<br>Y=最大 1500<br>Z=最大 1000 |

## 2.5　三角架电子轴系统（三维系统）

三角架电子轴系统是高速抓取单元，具有机器人功能特性，可在三维空间自由运动，定位精度很高，动态响应十分优异，每分钟最高可抓取 150 次，其技术参数参见表 23-11-6。由于三个电缸通过框架连接在一起呈金字塔结构，缓解了反馈到机器框架上的反向冲击力，对框架造成的振动小，装置十分坚固。

具有机器人功能的三角架电子轴系统在空间运动路径是：四个平移移动和一个回转运动，同时，它能完成精确位置的定位功能。三个标准的 DGE 齿形带电缸通过框架组成一个金字塔结构装置，前端部抓取单元与电缸（电缸滑块）的连接由与驱动器相平行的玻璃纤维增强塑料棒来完成，该塑料棒重量轻，使运动时质量降为最低限度，几乎可以使驱动力的动态响应达到最佳状态，同时，振动也降为最低程度。如果前端部位安装了高性能、精确的旋转驱动器，便成为三角架电子轴系统运动的第四个轴。

三角架电子轴是一个具有完整功能的系统、机电一体化、模块化的高级抓取装置，对于整个三角架电子轴系统而言，它还必须具有 SBOX-Q 摄像机、CMMP-AS 马达控制器（马达控制）、CMXR 运动控制器（用于 3D 运动控制）、示教盒 CDSA（用于对 CMXR 运动控制器编程），如抓取采用气爪、真空吸盘形式时，还需电磁阀、阀岛（远程 I/O）几大主要部件组成一个完整系统。三角架电子轴系统即插即用（安装、调试已完成），与其他方案（笛卡儿系统或机器人）相比，刚性高、振动小，动态响应性能佳，循环时间极短，重复精度极高，可停留在任意所需的中间位置。1kg 负载加速度可达 $50m/s^2$，速度可达 3m/s，对于小尺寸零件及空间局促的应用场合，其速度可达笛卡儿系统三倍左右。有效负载最高为 5kg。对于空间任意三维动作，高速抓放，精度及动态响应要求特别高的场合，可用于半配中小型的零件及较重工件的堆码。

FESTO 公司的三角架电子轴有四种规格，EXPT-45、EXPT-70、EXPT-95、EXPT-120，其工作区域

高度与工作区域直径有关，工作区域（圆周工作区域）直径越大，它的工作高度越小。

**表 23-11-6　　FESTO 三角架电子轴系统技术参数**

**技术参数**

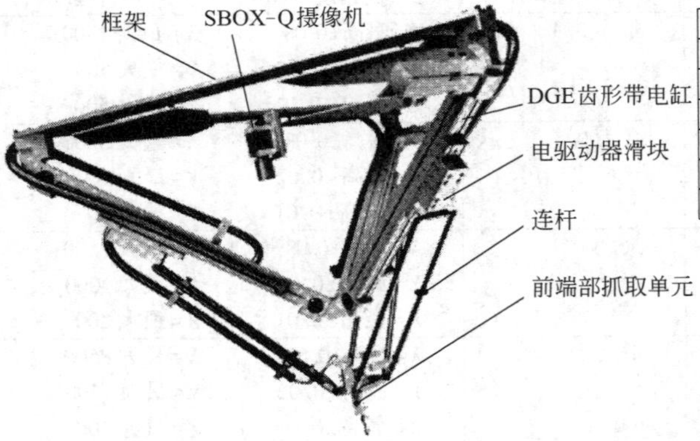


三角架电子轴 EXPT 技术参数

| | |
|---|---|
| 最大加速度 | $110m/s^2$ |
| 最大速度 | 7m/s |
| 重复精度 | ±0.1mm |
| 绝对精度 | ±0.5mm |
| 路径精度 | (<0.5m/s)±0.3mm |
| 动态响应下的最大有效负载 | 1kg |
| 最大有效载荷 | 5kg |

备注：包括前部头部单元（旋转驱动器/抓手/或真空吸盘方案）

| 有效负载/kg | 采摘率/(次/分钟) | 周速时间/ms |
|---|---|---|
| 0 | 150 | 400 |
| 1 | 116 | 520 |
| 2 | 96 | 630 |
| 3 | 85 | 710 |
| 4 | 78 | 770 |
| 5 | 72 | 830 |

备注：采摘率指 12 个来回的循环时间，抓取及等候时间除外

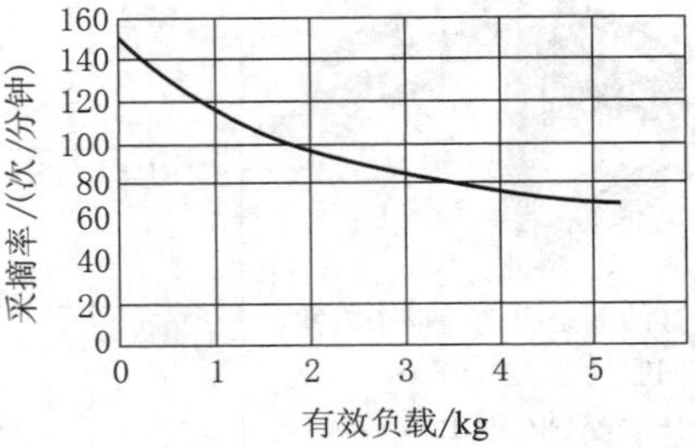


**组成**

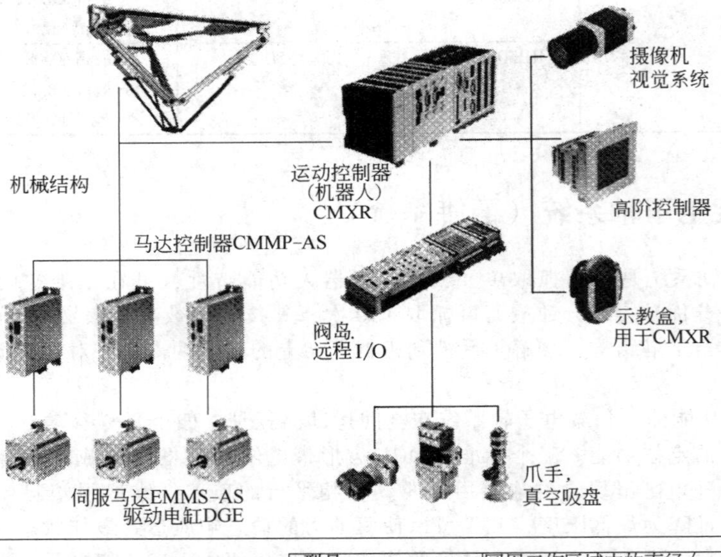


**规格**

三角架电子轴EXPT的工作区域范围

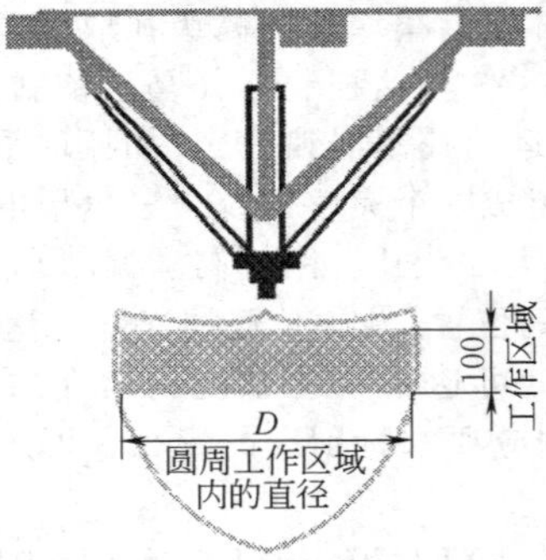


| 型号 | 圆周工作区域内的直径/mm |
|---|---|
| EXPT-45 | 450 |
| EXPT-70 | 700 |
| EXPT-95 | 950 |
| EXPT-120 | 1200 |

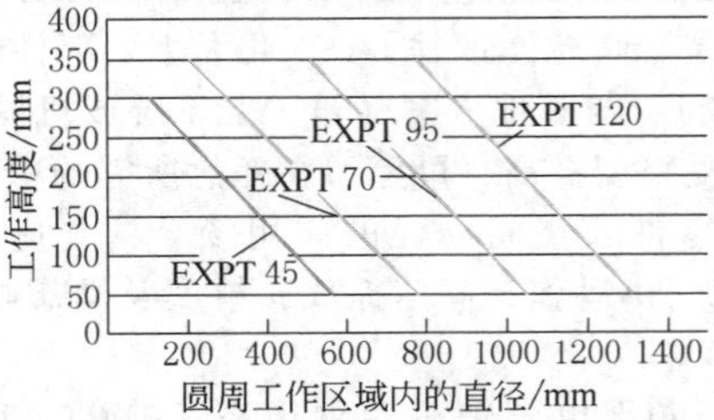

# 3 电 缸

电缸，也被称为电动滑台，或电轴，或电动执行器（上述称谓是气动行业内俗称，与电气自动化称呼不同）。它的分类与气驱动器一样，分有杆电缸，无杆电缸和旋转电缸。以下以 FESTO 公司的产品为例。

## 3.1 有杆电缸

有杆电缸 DNCE 是一款带活塞杆的直线型电缸，驱动动力源自步进马达或伺服马达，而马达控制器将通过马达来控制电缸的扭矩、速度、加速度、延迟、位置定位、分步的行进（在定位过程中改变速度）、止动等工序，并且可以可靠地从一种工作模式切换到另一种工作模式，包括状态显示等诸多功能。

**表 23-11-7　　有杆电缸工作原理和技术参数**

**工作原理**

步进马达或伺服马达的动力能通过输入轴 9 使丝杆 5 作旋转运动，作为丝杆旋转运动副的螺母组件则是一个从旋转运动转化为直线运动的中转机构（由丝杆螺母 6、筒形筒套 7、滑键 4 等组成），聚碳酸酯材质的筒形筒套 7 内镶嵌钢制螺母 6，其外部则镶嵌同材质的滑键 4，滑键紧贴缸筒 2 的开口滑槽面，当丝杆作旋转运作时，筒形套筒在滑键的引导下沿着缸筒开口槽作直线运动，同时带动活塞杆一起作直线运动，见图 a

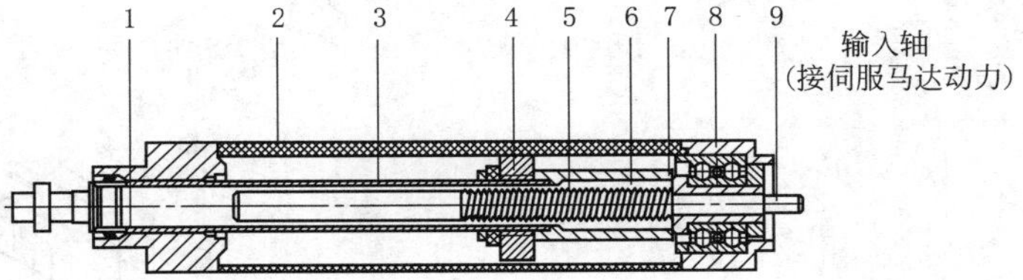


| 件号 | 名称 | 材料 |
|---|---|---|
| 1 | 轴承端盖 | 压铸铝、喷漆 |
| 2 | 缸筒 | 精制铝合金、顺滑阳极氧化 |
| 3 | 活塞杆 | 高质合金不锈钢 |
| 4 | 滑键 | 聚碳酸酯 |
| 5 | 丝杆 | 钢 |
| 6 | 丝杆螺母、用于滑动丝杆 LS | 钢 |
|  | 丝杆螺母、用于滚珠丝杆 BS |  |
| 7 | 筒形筒套 | 聚碳酸酯 |
| 8 | 端盖 | 压铸铝，喷漆 |
| 9 | 输入轴 | 钢 |

(a)

**连接方式**

有两种连接驱动轴的方式：一种是平行连接方式，另一种是轴向连接方式，见图 b。有杆电缸 DNCE 与 ISO 15552 标准的 DNC 气缸所有机械连接都是共用的，除了电缸在长度尺寸上与气缸不相同之外（电缸活塞杆头部的螺纹理论节点到电缸后端盖长度不一样）。电缸所有的机械接口尺寸都与有杆气缸相同，例如：电缸的活塞杆头部螺纹及螺纹长度，电缸前端盖、颈部直径和颈部长度，电缸端盖上四个连接用的螺钉孔（四个螺钉中心距尺寸及内螺纹尺寸与 ISO 15552 标准的气缸完全一致）。有杆电缸所有配套的机械连接件均采用气缸的连接件（见图 b），并且电缸外形型材与气缸型材也是相同的。由于有杆电缸 DNCE 与气缸连接界面相同，因此，可极方便地与气动模块化系统进行置换或添加

续表

**连接方式**

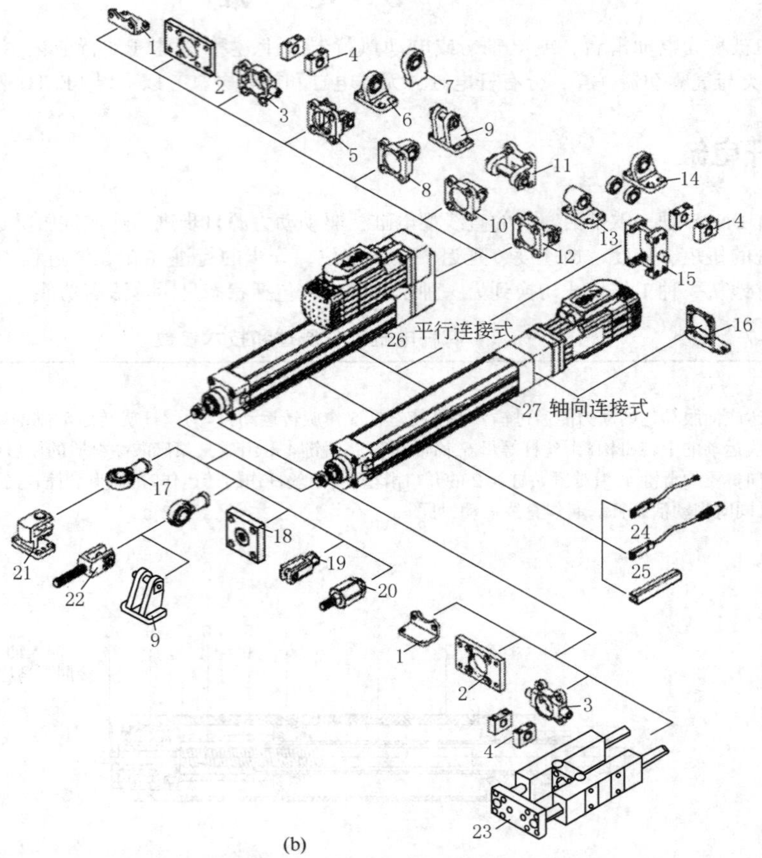

(b)

**主要技术参数**

有杆电缸规格有 32、40、63 三种。有杆电缸传动结构形式有滑动丝杆(LS)、滚珠丝杆(BS)。滑动丝杆电缸具有自行制动功能,结构紧凑,常用于低速进给的场合;滚珠丝杆电缸用于高速进给且高速运行的场合。重复精度是 0.02mm

型号意义:

DNCE - 32 - 300 - BS -"3"P - Q

- DNCE——直线电缸
- 32——规格
- 300——行程
- BS——滚珠丝杆
- "3"P——螺距
- Q——方形活塞杆

DNCE - 63 - 100 - LS -"4"P - Q

- DNCE——直线电缸
- 63——规格
- 100——行程
- LS——滑动丝杆
- "4"P——螺距
- Q——方形活塞杆

续表

| | 规格 | 32 | | | 40 | | | 63 | | |
|---|---|---|---|---|---|---|---|---|---|---|
| 主要技术参数 | 丝杆 | LS-"1,5" | BS-"3" | BS-"10" | LS-"2,5" | BS-"5" | BS-"12,7" | LS-"4" | BS-"10" | BS-"20" |
| | 工作行程/mm | 100~400 | | | 100~600 | | | 100~800 | | |
| | 有效负载值(水平)/kg | 30 | 30 | 36 | 60 | 50 | 80 | 100 | 240 | 160 |
| | 有效负载值(垂直)/kg | 15 | 15 | 18 | 30 | 25 | 40 | 50 | 120 | 80 |
| | 最大进给力 $f_x$/N | 300 | 300 | 350 | 600 | 525 | 800 | 1000 | 2500 | 1625 |
| | 空载驱动扭矩/N·m (带轴向安装组件) | 0.08 | 0.08 | 0.08 | 0.12 | 0.12 | 0.12 | 0.3 | 0.2 | 0.2 |
| | 空载驱动扭矩/N·m 带平行安装组件 | 0.13 | 0.13 | 0.13 | 0.22 | 0.22 | 0.22 | 0.6 | 0.5 | 0.5 |
| | 最大速度/$m \cdot s^{-1}$ | 0.06 | 0.15 | 0.5 | 0.07 | 0.25 | 0.64 | 0.07 | 0.5 | 1.0 |
| | 最大加速度/$m \cdot s^{-2}$ | 1 | 6 | 6 | 1 | 6 | 6 | 1 | 6 | 6 |
| | 重复精度/mm | ±0.07 | ±0.02 | ±0.02 | ±0.07 | ±0.02 | ±0.02 | ±0.07 | ±0.02 | ±0.02 |
| | DNCE 许用力和扭矩 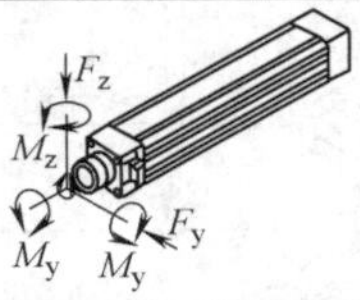  | | | | | | | | | |
| | 最大许用力 $F_z$/N | 105 | | | 250 | | | 310 | | |
| | 最大许用扭矩 $M_x$/N·m | 1 | | | 1 | | | 1.5 | | |
| | 最大许用扭矩 $M_y$/N·m | 8 | | | 20 | | | 27 | | |
| | 最大许用扭矩 $M_z$/N·m | 8 | | | 20 | | | 27 | | |

## 3.2 无杆电缸

**表 23-11-8　　无杆电缸原理和结构**

| 类型 | 原理和结构 |
|---|---|
| 滑块移动的电缸(缸体固定) | 常见的驱动方式都以缸体二端端盖固定后,电缸上的滑块作滑动移动。滑块有标准滑块、加长型滑块及附加滑块(此时缸体上有两个滑块,常用于固定长度较长的被固定物或两根平行驱动轴)。如采用加长型滑块及附加滑块时,需注意其缸体行程与标准行程是不一样的。常见电缸有齿形带传动和丝杆传动两种类型,导向机构有基本型(不带导向导轨)、带循环滚珠轴承导执及带滚轴导轨<br>步进马达或伺服马达的安装位置,根据需要,可安装在电缸的左侧或右侧,驱动轴位置方向也可根据需要置于前侧或后侧,以 DGE 电缸为例,见图 a |

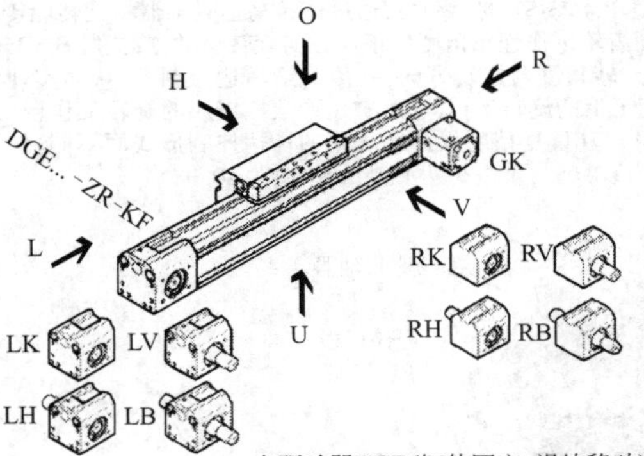


O—顶部
U—底部
R—右侧
L—左侧
V—前端
H—后端

电驱动器DGE(缸体固定、滑块移动)

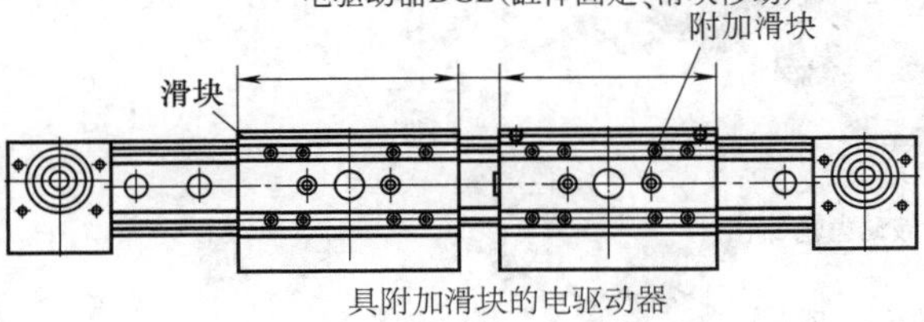


具附加滑块的电驱动器

(a)

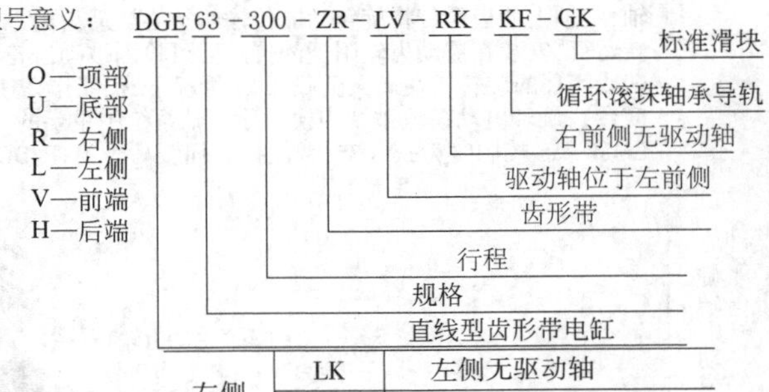


| | | |
|---|---|---|
| 左侧驱动轴 | LK | 左侧无驱动轴 |
| | LV | 驱动轴位于左前侧 |
| | LH | 驱动轴位于左后侧 |
| 右侧驱动轴 | RK | 右侧无驱动器 |
| | RV | 驱动轴位于右前侧 |
| | RH | 驱动轴位于右后侧 |

续表

| 类型 | 原理和结构 |
|---|---|
| 缸体移动的电缸 | 缸体移动的电缸在模块化多轴系统是重要的一员，当马达、减速齿轮箱和驱动头都被固定安装时，极大地减少了移动的负载，此时只有电缸筒型材和负载一起被移动，由于重量大幅度减轻后，其动态性好，尤其在行程长、速度高的工况条件下，特别适合垂直操作。FESTO 公司把缸体运动的电缸称为悬臂轴 DGEA(见图 b)<br>在模块化多轴系统中，马达驱动器的安装位置被设计六种状态，马达驱动轴在前面的有三种形式：一种是马达与缸筒型材呈 90°方式(WV)安装的(见图 d)，另外两种是马达与缸筒型材呈平行方式安装的(见图 c)，马达驱动轴朝左侧方向的为 GVL，而马达驱动轴朝右侧方向为 GVR(见图 e)。同理，马达驱动轴在后侧面安装也是三种形式 |

型号意义： DGEA-25-800-ZR-GVL

- GVL：马达驱动轴朝左侧方向
- ZR：方形带
- 800：行程
- 25：规格
- DGEA：悬臂轴

| | 驱动头 |
|---|---|
| WH | 驱动轴在后侧 |
| WV | 驱动轴在前侧 |
| GVL | 集成直角减速机/马达位于左前侧 |
| GVR | 集成直角减速机/马达位于右前侧 |
| GHL | 集成直角减速机/马达位于左后侧 |
| GHR | 集成直角减速机/马达位于右后侧 |

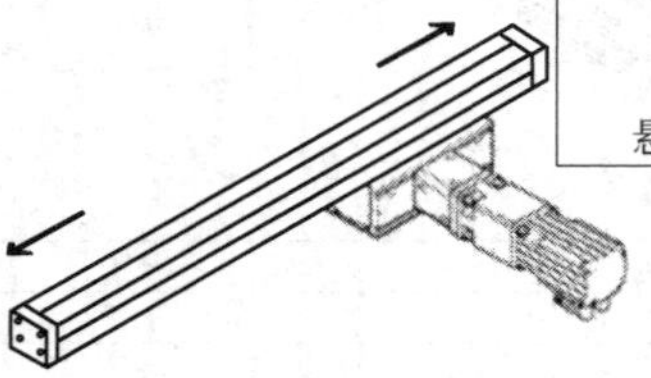

(b)基本型DGEA电驱动器

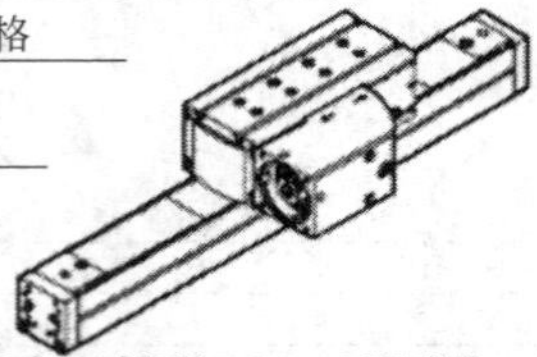

(c)带直角减机的DGEA电驱动器

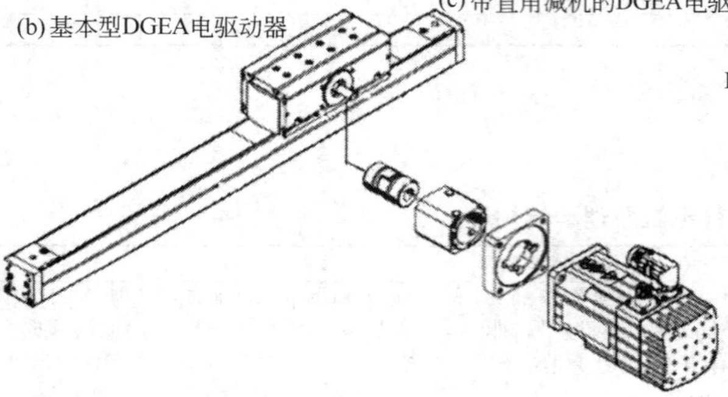

(d) 基本型DGEA电驱动器

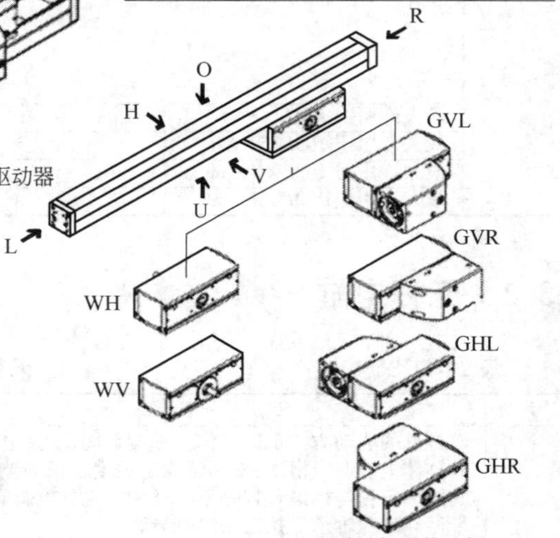


(e) 驱动轴位置的选择

| 类型 | 原理和结构 |
|---|---|
| 旋转电动模块 | 旋转电动模块 ERMB 亦称旋转电缸、电动滑台，需配置伺服马达 EMMS-AS 或步进马达 EMMS-ST。旋转电动模块 ERMB 的工作原理见图 f、g，伺服马达 EMMS-AS 或步进马达 EMMS-ST 的驱动力，通过连接马达联轴器将旋转能传递给主轴，主轴上的齿形带将旋转动能传输给空心被动齿轮，被动齿轮可作任意角度的正反方向旋转运动，或能胜任>360°的旋转运行，安装在被动齿轮附近的传感器可检测被动齿轮的旋转角度及旋转方向，并传输给马达控制器，从而实现步进旋转或闭环的旋转。在最大负载 15kg 情况下，仍能作高速而平滑的旋转运行，亦可被用作数控机床的旋转工作台(或作分度台)，旋转电动模块被视为模块化多轴系统中重要的一员。其重复精度根据所采用的马达控制形式而不同：伺服马达 EMMS-AS 控制时为±0.03°，智能控制伺服马达 MTR-DCI 为±0.05°，步进马达 EMMS-ST 时为±0.08° |

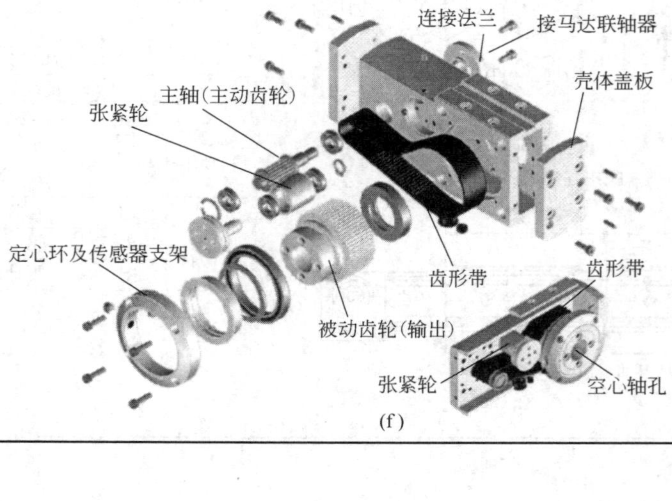


(f)

续表

| 类型 | 原理和结构 |
| --- | --- |
| 旋转电动模块 | 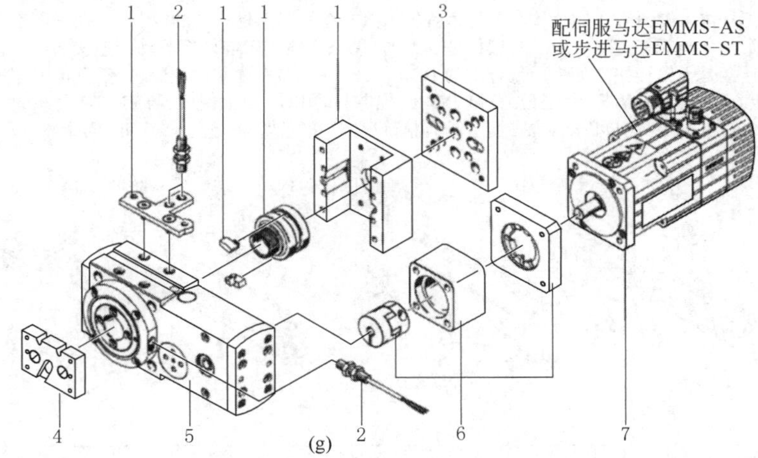<br><br>(g)<br>1—凸转、传感器托架；2—用于信号或安全检查用；3—旋转模块与驱动之间连接界面（旋转模块可增加带传感或不带传感的驱动器）；4—旋转模块与抓取之间的连接板；5—使其无限制及灵活旋转角度；6—用于轴向电机安装（包括联轴器、联轴器外壳、连接法兰板）；7—电机配用轴（带或不带刹车，根据需要马达可转90°） |

## 3.3 电缸产品

表 23-11-9　　电缸产品

| 类型 | 结构原理及技术参数 |
| --- | --- |
| 齿形带无杆电缸 | 齿形带无杆的电缸需由伺服马达 EMMS-AS 或步进马达 EMMS-ST 作动力驱动。工作原理见图 a，伺服马达 EMMS-AS 或步进马达 EMMS-ST 的驱动力，通过接马达联轴器将旋转能传递给主动轮 8，啮合于动力轴齿轮（主动轮）与返回滑轮齿轮上的齿形带将带动齿条部件 4 作往复移动，与齿条部件 4 连接的移动滑块随之也作往复的运动。齿形带无杆的电缸重复精度为±0.1mm<br>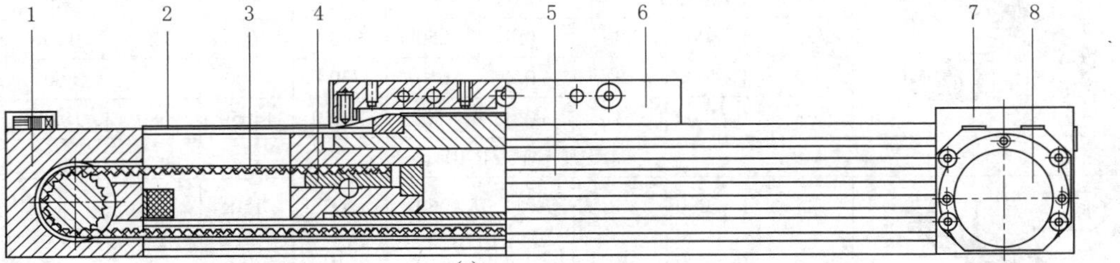<br><br>(a)<br>1—返回滑轮；<br>2—滑块与缸体间密封条；<br>3—齿形带（聚氯丁烯，带玻璃纤维绳和尼龙涂层）；<br>4—齿条部件（含内套、销钉、支承摩擦付）；<br>5—型材外壳；<br>6—移动滑块组件；<br>7—驱动器外壳；<br>8—主动轮（接马达动力）<br>齿形带无杆电缸 DGE-ZR 结构紧凑，具有六种不同的规格（规格为 8、12、18、25、40、63），有不带导轨（DGE-ZR）、带循环滚珠轴承导轨（DGE-ZR-KF）、带滚轴导轨（DGE-ZR-RF）及带重载导轨（DGE-ZR-HD）四种类型。齿形带无杆电缸比丝杆型电缸的速度更快，最大速度 10m/s，但精度不如丝杆电缸高（齿带型为±0.1mm，丝杆型为±0.02mm）<br>齿形带电缸的工作行程比丝杆型电缸长（齿带型最大行程为 5000mm，丝杆型最大行程为 2000mm）。齿形带无杆电缸的滑块可选择：加长滑块、双滑块、防尘结构。模块化结构还表现在马达组件以及相应的附件安装友好性上。开放式接口表现在：可把马达驱动机构选择性地安装在电缸的前端盖（左端 L 表示）、后端盖（右端 R 表示），如左端盖无电驱动马达用 LK 表示，右端盖无电驱动马达用 RK 表示，马达也可选择在正对面、背后面及正、后面都有传送轴的三种方式（V 表示正对面有传送轴，H 表示背后面有传送轴，B 表示正、后面都有传送轴） |

续表

| 类型 | 结构原理及技术参数 |
| --- | --- |
| 齿形带无杆电缸 | 齿形带无杆电缸 DGE-ZR 的缸体与无杆型气缸 DGPL 在外形上是一样的，型材外壳三面都呈沟槽状，每一面上的两条沟槽中心距尺寸与无杆型气缸 DGPL 型材是一致的（两条沟槽用于与外部驱动器连接之用），因此，齿形带无杆电缸与无杆气缸的连接是无缝连接。如果原设计中的 DGPL 无杆气缸需有中间停顿位置、任意位置停顿的要求，或有更高精度要求，在生产流水线上，只需拆下无杆型气缸 DGPL，把电驱动 DGE 换上便可，与 FESTO 公司的模块化多轴系统完全兼容<br>齿形带无杆电缸还具有可靠、灵活，而且具有精确度高、扭矩大、无磨损、噪声低、低摩擦以及良好的润滑效果等特点 |

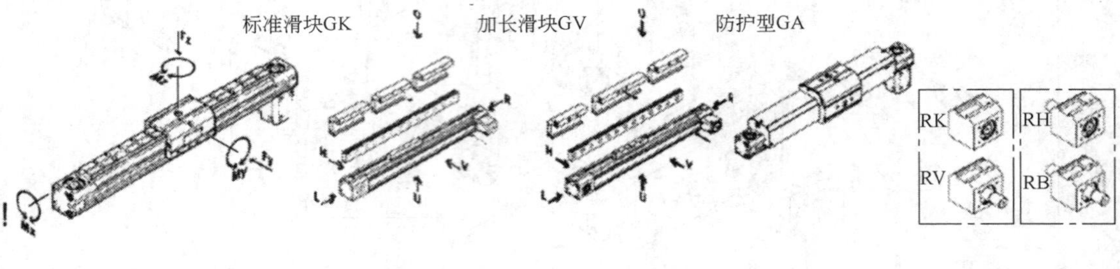


| 型式 | 规格/mm | 工作行程/mm | 速度/m·s$^{-1}$ | 重复精度/mm | 进给力/N | 力和力矩 $F_y$/N | $F_z$/N | $M_x$/N·m | $M_y$/N·m | $M_z$/N·m |
| --- | --- | --- | --- | --- | --- | --- | --- | --- | --- | --- |
| 基本型 ZR，不带导轨 | | | | | | | | | | |
| 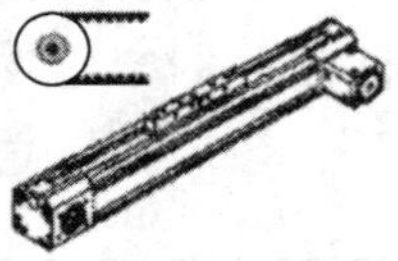 | 8 | 1～650 | 1 | ±0.08 | 15 | — | 38 | 0.15 | 2 | 0.3 |
| | 12 | 1～1000 | 1.5 | ±0.08 | 30 | — | 59 | 0.3 | 4 | 0.5 |
| | 18 | 1～1000 | 2 | ±0.08 | 60 | — | 120 | 0.5 | 11 | 1 |
| | 25 | 1～3000 | 5 | ±0.1 | 260 | — | 330 | 1 | 20 | 3 |
| | 40 | 1～4000 | 5 | ±0.1 | 610 | — | 800 | 4 | 60 | 8 |
| | 63 | 1～4500 | 5 | ±0.1 | 1500 | — | 1600 | 8 | 120 | 24 |
| 带循环滚珠轴承导轨 ZR-KF | | | | | | | | | | |
| 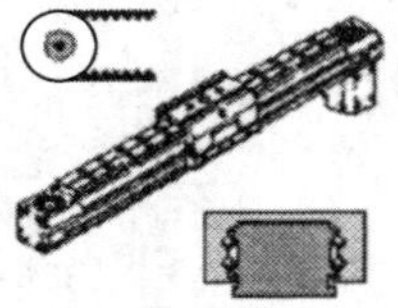 | 8 | 1～650 | 1 | ±0.08 | 15 | 255 | 255 | 1 | 3.5 | 3.5 |
| | 12 | 1～1000 | 1.5 | ±0.08 | 30 | 565 | 565 | 3 | 9 | 9 |
| | 18 | 1～1000 | 2 | ±0.08 | 60 | 930 | 930 | 7 | 45 | 45 |
| | 25 | 1～3000 | 3 | ±0.1 | 260 | 3080 | 3080 | 45 | 170 | 170 |
| | 40 | 1～4000 | 3 | ±0.1 | 610 | 7300 | 7300 | 170 | 660 | 660 |
| | 63 | 1～4500 | 3 | ±0.1 | 1500 | 14050 | 14050 | 580 | 1820 | 1820 |
| 带滚轴导轨 ZR-RF | | | | | | | | | | |
| 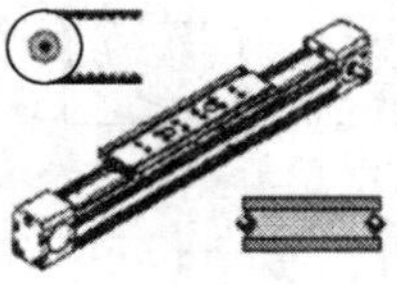 | 25 | 1～5000 | 10 | ±0.1 | 260 | 260 | 150 | 7 | 30 | 30 |
| | 40 | 1～5000 | 10 | ±0.1 | 610 | 610 | 300 | 18 | 120 | 180 |
| | 63 | 1～5000 | 10 | ±0.1 | 1500 | 1500 | 600 | 65 | 340 | 600 |
| 带重载导轨 ZR-HD | | | | | | | | | | |
| 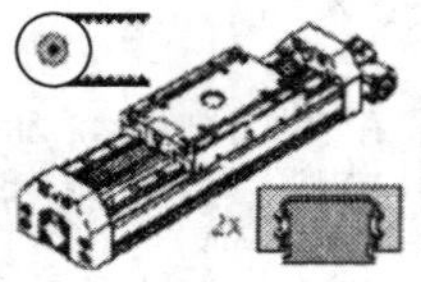 | 18 | 1～1000 | 3 | ±0.08 | 60 | 1820 | 1820 | 70 | 115 | 112 |
| | 25 | 1～1000 | 3 | ±0.1 | 260 | 5400 | 5600 | 260 | 415 | 400 |
| | 40 | 1～1000 | 3 | ±0.1 | 610 | 5400 | 5600 | 375 | 560 | 540 |

| 类型 | 结构原理及技术参数 |
| --- | --- |
| 丝杆式无杆电缸 | 丝杆式无杆电缸 DGE-SP 需配伺服马达 EMMS-AS 或步进马达 EMMS-ST 作动力驱动。工作原理见图 b，伺服马达 EMMS-AS 或步进马达 EMMS-ST 的驱动力，通过马达联轴器将旋转动能传递给丝杆，通过丝杆旋转运动副的移动滑块组件将旋转运动转化为直线运动（滑块组件内滑块沿缸筒的开口槽作直线移动）。丝杆式无杆电缸重复精度为±0.02mm |

续表

| 类型 | 结构原理及技术参数 |
|---|---|
| 丝杆无杆电缸 | 见下 |

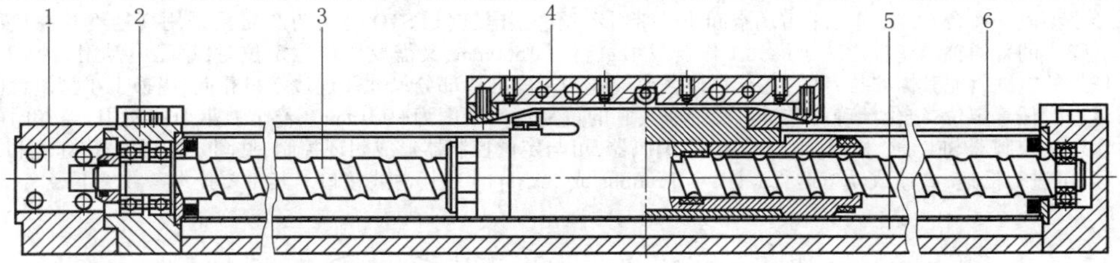


(b)

1 — 连接外套(内部是联轴器位置，接马达输入轴)；
2 — 左端盖(内含轴承座，通过联接外套与马达输入轴相联)；
3 — 丝杆；
4 — 移动滑块组件；
5 — 型材外壳；
6 — 滑块与缸体间密封条(耐腐蚀钢)

丝杆式无杆电缸 DGE-SP，结构紧凑，具有四种不同的规格(规格为 12、25、40、63)，有不带导轨(DGE-SP)，带循环滚珠轴承寻轨(DGE-SP-KF)及带重载导轨(DGE-SP-HD)三种类型。丝杆式驱动的滑块可选择：加长滑块、双滑块、防尘结构。马达组件以及相应的附件安装在电缸的右端盖轴心线上

丝杆式无杆电缸 DGE-SP 的缸体与无杆型气缸 DGPL 在外形上是一样的，型材外壳三面都呈沟槽状，每一面上的两条沟槽中心距尺寸与无杆型气缸 DGPL 型材是一致的，因此，丝杆式电缸与无杆气缸的连接是无缝连接。如果原设计的气驱动需增加有中间停顿位置要求或有更高精度的任意位置要求，在生产流水线上，只需拆下无杆型气缸 DGPL，把电驱动换上便可，与 FESTO 公司的模块化多轴系统完全兼容

丝杆式无杆电缸还具有可靠、灵活，具有很高的进给力和极佳的重复精度，比齿形带无杆电缸精度更高，通常对精度要求特别高的都选用丝杆式无杆电缸，丝杆式无杆电缸的最大行程为 2000mm，但运动速度不如齿型带式无杆电缸快。技术参数见下表

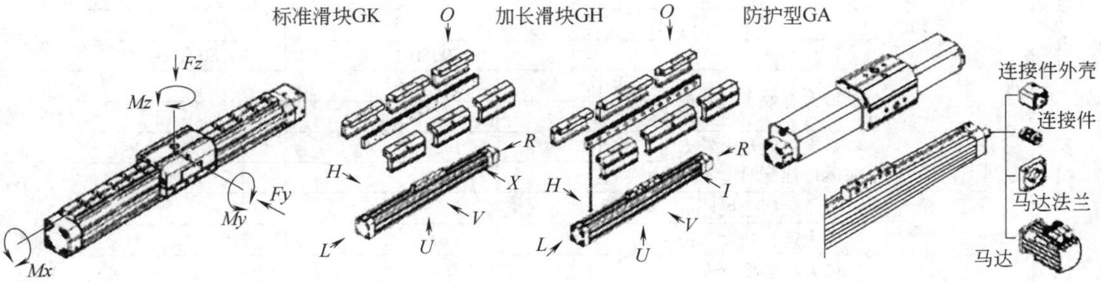


| 型式 | 规格/mm | 工作行程/mm | 速度/m·s⁻¹ | 重复精度/mm | 进给力/N | 力和力矩 $F_y$/N | $F_z$/N | $M_x$/N·m | $M_y$/N·m | $M_z$/N·m |
|---|---|---|---|---|---|---|---|---|---|---|
| 基本型 SP，不带导轨 | | | | | | | | | | |
| 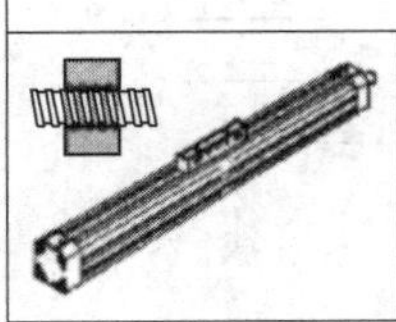 | 18 | 100~500 | 0.2 | ±0.02 | 140 | — | 1.8 | 0.5 | 0.8 | 0.8 |
| | 25 | 100~1000 | 0.5 | ±0.02 | 250 | — | 2 | 1 | 1.5 | 1.5 |
| | 40 | 200~1500 | 1 | ±0.02 | 600 | — | 15 | 4 | 4 | 4 |
| | 63 | 300~2000 | 1.2 | ±0.02 | 1600 | — | 106 | 8 | 18 | 18 |
| 带循环滚珠轴承导轨 SP-KF | | | | | | | | | | |
| 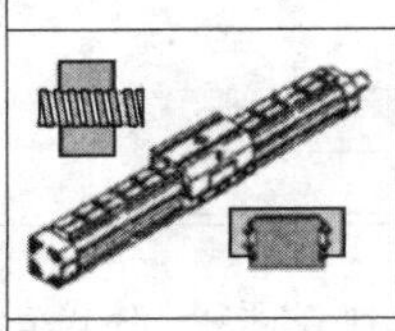 | 18 | 100~500 | 0.2 | ±0.02 | 140 | 930 | 930 | 7 | 45 | 45 |
| | 25 | 100~1000 | 0.5 | ±0.02 | 250 | 3080 | 3080 | 45 | 170 | 170 |
| | 40 | 140~1500 | 1 | ±0.02 | 600 | 7300 | 7300 | 170 | 660 | 660 |
| | 63 | 150~2000 | 1.2 | ±0.02 | 1600 | 14050 | 14050 | 580 | 1820 | 1820 |
| 带重载导轨 SP-HD | | | | | | | | | | |
| 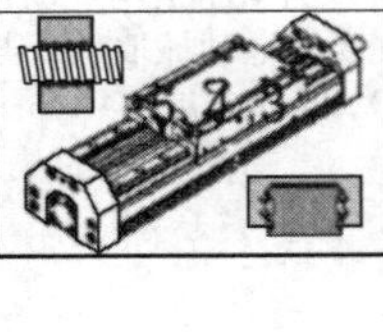 | 18 | 100~400 | 0.2 | ±0.02 | 140 | 1820 | 1820 | 70 | 115 | 112 |
| | 25 | 100~900 | 0.5 | ±0.02 | 250 | 5400 | 5600 | 260 | 415 | 400 |
| | 40 | 200~1500 | 1 | ±0.02 | 600 | 5400 | 5600 | 375 | 560 | 540 |

续表

| 类型 | 结构原理及技术参数 |
|---|---|
| 小型电动滑台 | 见下文 |

**小型电动滑台**

小型电动滑台 SLTE 是一个占用空间小的带滑动丝杆型电缸（FESTO 公司的产品），采用高精度和高负载导向能力及低噪声的普通轴承丝杆。对于最大工作负载 4kg、行程 1500mm、又需要作任意定位时，小型电动滑台 SLTE 是一个十分理想的电缸。尤其需要推荐的，它与小型滑台气缸 SLT 的缸体部分尺寸及连接接口相同，当换上小型滑台电缸 SLTE 后，可进行任意定位，定位精确可靠，定位时间短，它的重复定位精度为±0.1mm。若作为驱动器使用，与专门的直流型的位置定位控制器 SFC-DC 相配，十分经济，带编码器，可与定位控制器形成闭环控制，见图 c 可对位置、速度和加速度自由编程，可进行低速、高速或动态运行，具 I/O、Profibus 或 CANopen 现场总线接口。其主要技术参数见下表

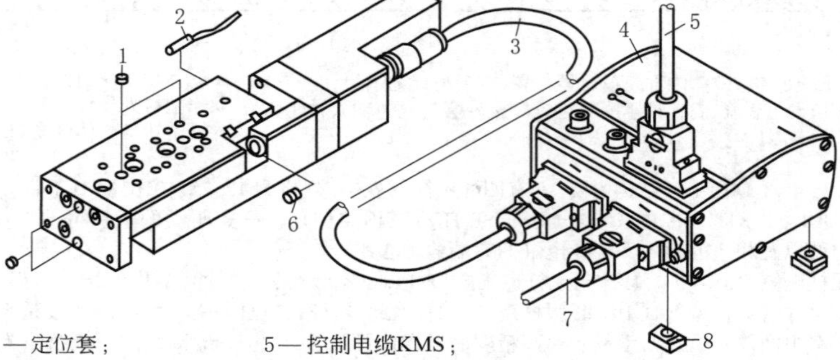


1—定位套；　5—控制电缆KMS；
2—接近开关；　6—缓冲垫(包括在供货范围内)；
3—马达电缆KMTR；　7—电源电缆KPWR；
4—马达控制器SFC-DC；　8—定位支撑件MUP

| 规格 | | 10 | 16 |
|---|---|---|---|
| 行程/mm | | 50,80 | 50,80,100,150 |
| 最大有效负载/kg | 水平 | 1.5 | 4 |
| | 垂直 | 0.5 | 2 |
| 最大有效负载(最大运行速度时)/kg | 水平 | 1.5 | 4 |
| | 垂直 | 0.35 | 0.7 |
| 最小运行速度/mm·s$^{-1}$ | | 2 | |
| 最大运行速度/mm·s$^{-1}$ | | 170 | 210 |
| 最大加速度/mm·s$^{-2}$ | | 2.5 | |
| 重复精度/mm | | ±0.1 | |
| 丝杆螺距/mm | | 5 | 7.5 |
| 额定工作电压/VDC | | 24 | |
| 输出功率/W | | 4.5 | 18 |
| 编码器系统分辨率/(脉冲/转) | | 512 | 1000 |
| 找零模式 | | 与壳体金属直接接触 | |
| 材料 | | 马达壳体、壳体、滑块：精制铝合金<br>导轨：回火钢<br>丝杆：高质合金钢 | |
| 工作条件 | 环境温度/℃ | 0~40 | |
| | 防护等级 | IP40 | |
| | 快速瞬变 | 符合 EN61000-4-4 标准 | |
| | 认证 | C-Tick | |

**直线型电缸**

直线型电缸 HME 是集成了直线型交流电机、位移传感器、导向装置和电子元件的电动抓取轴，它采用一体式结构，具有更好的灵活性、精确性和动态性。重复定位精度高达±0.015mm，最大负载可达 25kg，最大行程为 40mm，与气动抓取轴 HMP 具有相同的机械接口，因此可以方便地应用于模块化多轴系统，是模块化多轴系统中重要的电动抓取轴。与它专用相配的位置定位控制器 SFC-LAC，可进行位置、速度和加速度的自由编程，见图 d。具有 I/O、Profibus 或 CANopen 现场总线接口。其主要技术参数参见下表

续表

| 类型 | 结构原理及技术参数 |
|---|---|
| 直线型电缸 | |

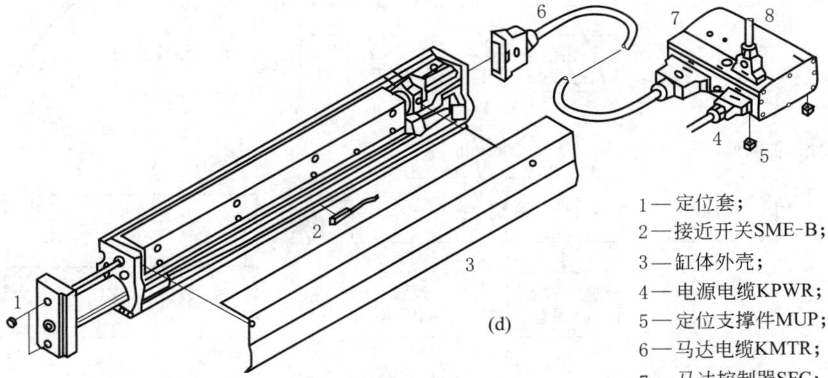


1—定位套；
2—接近开关SME-B；
3—缸体外壳；
4—电源电缆KPWR；
5—定位支撑件MUP；
6—马达电缆KMTR；
7—马达控制器SFC；
8—控制电缆KES

接近开关包括在直线型电缸的供货范围内，
交付时已经安装完毕并经过调节

| 规　格 | 16 | | | 25 | | | |
|---|---|---|---|---|---|---|---|
| 行程/mm | 100 | 200 | 320 | 100 | 200 | 320 | 400 |
| 最大有效负载/kg | 10 | 8 | 4 | 25 | 25 | 22 | 19 |
| 最大速度/$mm\cdot s^{-1}$ | 3 | | | | | | |
| 重复精度/mm | ±0.015 | | | | | | |
| 峰值进给力/N | 248 | 179 | 179 | 257 | 257 | 257 | 257 |
| 持续进给力/N | 42 | 42 | 45 | 57 | 73 | 69 | 74 |
| 中间电路电压/VDC | 48 | | | | | | |
| 输出功率/W | 127 | 127 | 134 | 171 | 221 | 209 | 223 |
| 安装位置 | 水平 | | | | | | |
| 材料 | 壳体、连接板:精制铝合金,阳极氧化<br>导筒:涂层轧钢<br>驱动杆:高质合金不锈钢 | | | | | | |

# 4　步进电机与伺服电机

从驱动器控制模式来分开环控制（步进电机）与闭形控制模式（伺服电机）。

开环控制是指系统的输出端与输入端之间不存在反馈，如图 23-11-1 所示，外部传感器并非来自马达实际测量值，也就是控制系统的输出量不会对系统的控制产生任何影响，这样的系统称开环控制系统。

闭环控制系统是基于反馈原理建立的自动控制系统。所谓反馈原理，就是根据系统输出变化的信息来进行控制，即通过比较系统行为（输出）与期望行为之间的偏差，并消除偏差以获得预期的系统性能。在反馈控制系统中，既存在由输入到输出的信号前向通路，也包含从输出端到输入端的信号反馈通路，两者组成一个闭合的回路。因此，反馈控制系统又称为闭环控制系统。

开环控制系统的优点是结构简单，比较经济。缺点是无法消除干扰所带来的误差。闭环控制具有一系列优点。在反馈控制系统中，不管出于什么原因（外部扰动或系统内部变化），只要被控制量偏离规定值，就会产生相应的控制作用去消除偏差。因此，它具有抑制干扰的能力，对元件特性变化不敏感，并能改善系统的响应特性。但反馈回路的引入增加了系统的复杂性，而且增益选择不当时会引起系统的不稳定。为提高控制精度，在扰动变量可以测量时，也常同时采用按扰动的控制（即前馈控制）作为反馈控制的补充而构成复合控制系统。

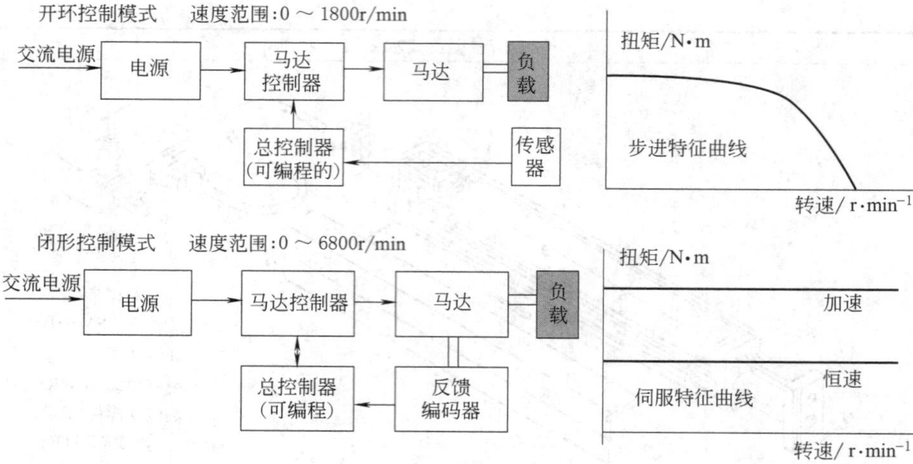


图 23-11-1

**表 23-11-10　　FESTO 公司步进电机和伺服电机原理和技术参数**

<table>
<tr><td>步进电机EMMS-ST</td><td>步进电机的工作原理还是电磁铁的作用原理,见图 a,如以反应式步进电机的基本结构为例,步进电机由三相绕组的定子及具有许多齿面的转子所组成,当某相定子通电励磁后(A 相),它便吸引最邻近的转子,转子上齿与该相定子磁极上的齿对齐,于是转子便转动一个角度,俗称走一步,换 B 相得电时,转子又转动一个角度,如此每相不停地轮换通电,转子不停地转动。电机运行的方向与通电的相序有关,改变通电的相序,电机的运动方向也就改变。电机的转速与相序切换的频率有关,相序切换得越快,电机的转速也越快。步进电机受外部步进电机控制器(也被称步进驱动器)或 PLC 的控制,步进电机控制器负责对脉冲进行分配及功率放大,去控制步进电机每一项线圈的得电与否,因此,步进电动是将电脉冲信号转换成角位移或线位移的执行机构。在非超载的情况下,电机的转速、停止的位置只取决于脉冲信号的频率和脉冲数,脉冲数越多,电机转动的角度越大,脉冲频率越高,电机的转速也越快,但不能超过最高频率,否则,电机的力矩迅速减小,电机不转。当处于连续步进运动时,其旋转转速与输入脉冲的频率保持严格的对应关系,不受电压波动和负载变化的影响。由于它能直接接受数字量的控制,所以特别适宜采用微机进行控制

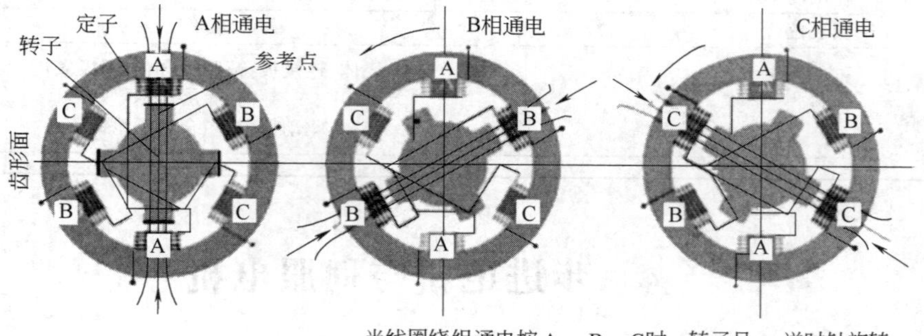


当线圈绕组通电按 A → B →C时，转子呈一逆时针旋转

(a)

FESTO 公司 EMMS-ST 步进电机的额定电压为 48VDC,额定电流 1.8~9A(视规格而言),步进角为 1.8+5%,保持扭矩 0.5~9.3N·m(视规格而言),编码器工作电压 5VDC,每一转脉冲数为 500r/min,通讯驱动程序 RS422 协议,可选择是否需配用减速机(EMGA-SST),选择带制动装置(代号 B)或不带制动装置,选择带编码器或不带编码器,如选择带编码器的 EMMS-ST 步进电机,可用于简便伺服闭环控制,它与步进电机控制系统连接可参见图 23-11-2</td></tr>
<tr><td>伺服电机EMMS-AS</td><td>伺服电机的工作原理:伺服电机是由定子、转子、编码器三大部分组成。定子上绕有三相绕组,通入三相电流后,定子产生一个旋转磁场,与普通的电机原理一样,交流伺服电机的转子也是一个永磁体,当定子产生旋转的磁场作用时,转子和磁场同步旋转。伺服电机的编码器套在电机的旋轴上,当转子转动时,它也跟着一起转动,光电传感器检测到光电脉冲信号,反馈到伺服电机控制器(也被称为伺服驱动器)的位置模块去进行 PID(设定值、当前值与输出值的比较调节)调节,当外部上位机的设定脉冲值与编码器反馈的零脉冲比较时,PID 调节后的输出值最大,通过电流最大,伺服电机转速最快。当编码器反馈的脉冲越多时,PID 调节后的输出值也越来越小,电流也越来越少,转速也越来越慢。当编码器反馈的脉冲达到上位机设定脉冲值时,PID 调节后的输出值为零,输出电流也为零,于是,伺服电机停止旋转,达到设定的位置,形成闭环位置控制。所谓的伺服电机实际上指的是一个系统(伺服系统),是由电机控制器(驱动器)、电机、编码器(反馈元件)这 4 个要素构成的</td></tr>
</table>

第 23 篇

续表

**伺服电机EMMS-AS**

工作流程(原理)如下:

a. 由上位机或外部控制器(PLC)向电机控制器发出一个目标指令(速度,位移值等);

b. 电机控制器根据此指令产生必要的驱动电流值,驱使电机旋转;

c. 装在电机轴上的编码器检测出电机的实际旋转状态(速度、位移等),并将其输入(反馈)到电机控制器里;

d. 电机控制器将编码器反馈的速度值或位移值与早先电机控制器给出的目标(速度值或位移值)进行比较(加减运算)后,改变调整驱动电流的大小,进而使得电机的旋转状态(速度、位移等)达到控制器的目标要求。这就构成一个所谓的闭环系统或者说伺服系统

FESTO 公司 EMMS-AS 伺服电机额定电压为 360~565V AC(视规格而言),额定电流为 0.6~7.4A、峰值电流为 3.3~20A(视规格而言),额定输出功率为 222~4827W、额定扭矩 0.2~20.05N·m(视规格而言),额定转速 10300~2000r/min、最大转速 11180~2210r/min(视规格不同)。可选数字式单转绝对位移编码器或数字式多转绝对位移编码器,选择带制动装置(代号 B)或不带制动装置,及是否需配用减速机(EMGA-SAS)

**智能伺服电机单元MTR-DCI**

MTR-DCI 智能伺服电机单元是一个集成了减速机、动力电子元件及控制器于一体的智能电机单元,可实现全闭环工作。结构紧凑,可直接安装在 FESTO 公司的高速抓放单元 HSP-AE、有杆电缸 DNCE、无杆定位轴 DMES 产品上,外观图见图 b,技术参数见下表

其扭矩在 0.17~12.3N·m,该产品集成了控制器,在控制箱内可以腾出很大空间,具有三种不同的减速比,可选 G7(7:1),G14(14:1)或 G22(22:1),无需再另配变速箱。使用 MTR-DCI 智能伺服电机单元,只需电源,现场总线接口或多针插头,这就意味着不需要控制器和冗长的电缆线,免去了电机电缆,改善了电磁兼容性,可通过其 LCD 读出并完成整个调试流程,通过 PC 上的 FCT(FESTO 公司配置工具)中的友好菜单实现对所有参数的持续监控状态。它的主要操作界面、通信协议、传动比、扭矩、速度见图 b。它与伺服电机控制系统连接见图 c

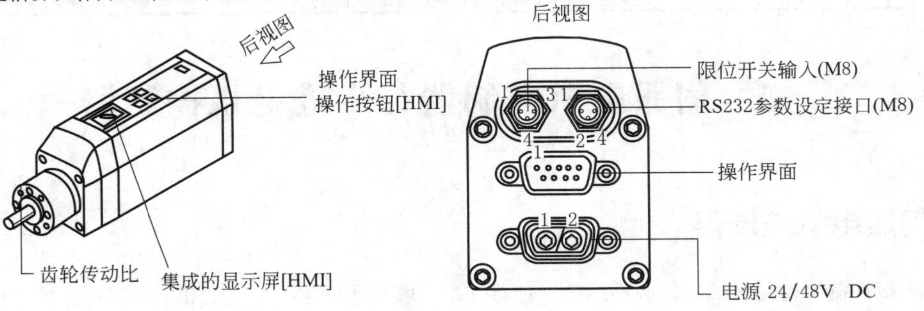


(b)

| 型号 | 齿轮技术参数传动比 $i$ | 扭矩/N·m | 速度/$r\cdot min^{-1}$ |
|---|---|---|---|
| MTR-DCI-32 | 6.75 | 0.17 | 481 |
| MTR-DCI-32 | 13.73 | 0.33 | 237 |
| MTR-DCI-42 | 6.75 | 0.59 | 451 |
| MTR-DCI-42 | 13.73 | 1.13 | 222 |
| MTR-DCI-52 | 6.75 | 1.6 | 444 |
| MTR-DCI-52 | 13.73 | 3.0 | 218 |
| MTR-DCI-62 | 6.75 | 4.3 | 502 |
| MTR-DCI-62 | 13.73 | 8.2 | 247 |
| MTR-DCI-62 | 22.20 | 12.3 | 156 |

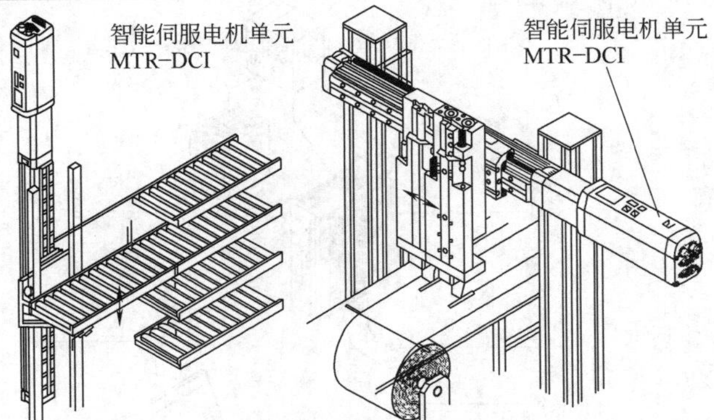


传送带上下分类的调节　需精确位置调的切割 如纸张金属薄膜

(c)

**步进电机和伺服电机的区别 — 步进电机主要特性**

(1)旋转的角度和输入的脉冲成正比,因此用开环回路控制即可达成高精确角度及高精度定位的要求

(2)启动、停止、正反转的应答性良好,控制容易

(3)每一步级的角度误差小,而且没有累积误差

(4)在可控制的范围内,转速和脉冲的频率成正比,所以变速范围非常广

(5)静止时,步进电机有很高的保持转矩(holding torque),可保持在停止的位置,不需使用刹车器也不会自由转动

(6)在超低速时,有很高的转矩。另外,步进电机在低速场合的应用,其转速不超过 100r/min(对于 0.9°/步时,即每秒钟脉冲数不超过为 6666PPS),最好在 1000~3000PPS(0.9°)区间使用,可通过减速装置使其在此区间工作,此时电机工作效率高,噪声低。当电机在 600PPS(0.9°)以下工作,应采用小电流、大电感、低电压来驱动

续表

| | | |
|---|---|---|
| 步进电机和伺服电机的区别 | 步进电机主要特性 | (7)可靠性高,不需保养,整个系统的价格低廉<br>(8)在某一频率容易产生振动或共振现象<br>(9)步进电机最好不使用整步状态,整步状态时振动大,可选用细分驱动模式<br>(10)步进电机过载时可能失步,当在较高速或大惯量负载时,一般不在工作速度启动,而采用逐渐升频提速,这样可使电机不失步,同时还可以减少噪声,可以提高停止的定位精度<br>(11)高精度时,应通过机械减速提高电机速度,或采用高细分数的驱动器来解决<br>(12)在精度不是需要特别高的场合就可以使用步进电机,步进电机可以发挥其结构简单、可靠性高和成本低的特点。使用恰当的时候,甚至可以和直流伺服电动机性能相媲美 |
| | 伺服电机主要特性 | (1)伺服电机是一个闭环系统,转速较高,重复精度较高<br>(2)伺服电机的启动、停止特性非常好<br>(3)伺服电机堵转时会发热,但通常都有过热保护<br>(4)伺服电机控制器软件允许用户改变参数,因此可以调整使之符合某段路径的速度和负载 |
| | 区别 | (1)伺服电机是多用在闭环控制,步进电机大多数用在开环系统中。速度响应性能也不同,步进电机运行速度通常在1500r/min以下,伺服电机可高速运行达3000r/min以上。特别要注意,步进电机不能高速启动<br>(2)控制精度不同,步进电机有步距角限制,也就是精度不如伺服电机<br>(3)低频特性不同,矩频特性不同<br>(4)过载能力不同,对于步进电机而言,一般不具有过载能力,转动惯量大的负载应选择大规格的步进电机 |

# 5　伺服电机控制器与步进电机控制器

## 5.1　伺服电机控制器

伺服电机控制器是用来控制伺服马达的一种器件，一般是通过位置、速度和力矩三种方式对伺服马达进行控制，实现高精度的传动系统定位。伺服控制器是伺服系统的核心，它的精度决定了伺服控制系统的整体精度。伺服控制器直接连接电缸与上位机（如PC机），构成速度、位移控制闭环，见图23-11-2伺服电机系统示意图。FESTO公司的CMMS-AS伺服控制器采用数字式绝对值轴编码器，可检单转和多转两种类型，可判别正、反转。绝对零位代码可用于停电位置记忆。通过其内部集成的位置控制器（位置控制模块）可用作位置、速度或扭矩的控制。伺服电机控制器符合CE及EN61800-5-2标准，同时也符合“意外自动保护”DINISO13849-1标准，面板上有RS232和CANOpen接口（也通过插口可选择profibus、DeviceNet）。技术参数参见表23-11-11。

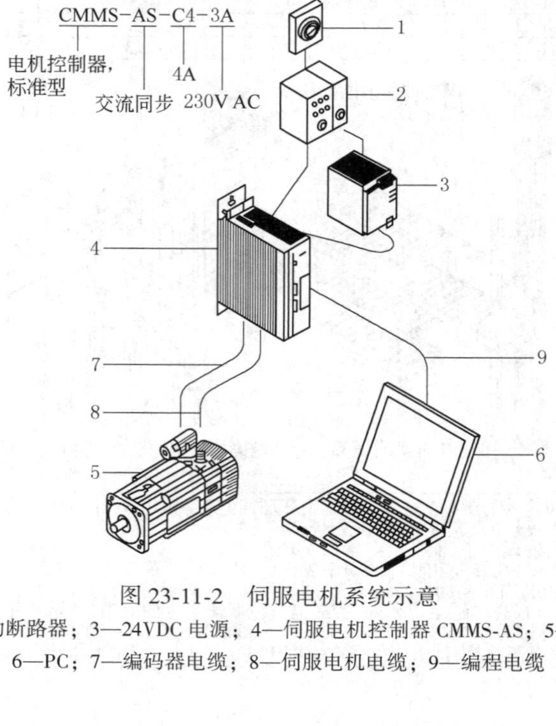


图23-11-2　伺服电机系统示意

1—主机开关；2—自动断路器；3—24VDC电源；4—伺服电机控制器CMMS-AS；5—伺服电机EMMS-AS；6—PC；7—编码器电缆；8—伺服电机电缆；9—编程电缆

表 23-11-11　　**FESTO 公司 CMMS-AS 伺服控制器技术参数**

| 类别 | 项目 | 子项 | I/O | CANopen | Profibus DP | DeviceNet |
|---|---|---|---|---|---|---|
| 主要技术参数 | 旋转位置发生器 | | 编码器 | | | |
| | 参数设置接口 | | RS232(9600~115000Bits/s) | | | |
| | 编码器输入接口 | | 设定点位置值作为编码器信号 | | | |
| | | | EnDat V2. 2 | | | |
| | 编码器输出接口 | | 在速度控制模式下,通过编码器信号实现实际值反馈 | | | |
| | | | 设定点设置,用于下游从站驱动器 | | | |
| | | | 分辨率 4096ppr | | | |
| | 集成制动电阻/Ω | | 230 | | | |
| | 制动电阻脉冲功率/kV · A | | 0. 7 | | | |
| | 模拟量输出的工作电压范围/V | | 0~10 | | | |
| | 模拟量输入的工作电压范围/V | | ±10 | | | |
| | 模拟量输出的数量 | | 1 | | | |
| | 模拟量输入的数量 | | 1 | | | |
| | 电源滤波器 | | 集成 | | | |
| 电气参数(负载电源) | 输入电压范围/V AC | | 95~255 | | | |
| | 最大额定输入电流/A | | 5 | | | |
| | 额定输出功率/V · A | | 600 | | | |
| | 峰值输出功率/V · A | | 1200 | | | |
| | 逻辑电源 | | | | | |
| | 额定电压/V DC | | 24±20% | | | |
| | 额定电流/A | | 4~5 | | | |
| 现场总线接口 | | | I/O | CANopen | Profibus DP | DeviceNet |
| | 逻辑输入的工作电压范围/V | | 12~30 | — | | |
| | 数字量逻辑输入的数量 | | 14 | — | | |
| | 数字量逻辑输入的特性 | | 自由可配制 | — | | |
| | 数字量逻辑输出的数量 | | 5 | | | |
| | 数字量逻辑输出的特性 | | 一些情况下自由可配置 | | | |
| | 过程耦合 | | 用于 63 条位置记录 | | | |
| | 通信协议 | | — | DS301,FHPP | DP-VO/FHPP | FHPP |
| | | | — | DS301,DSP402 | Step7 功能模块 | |
| | 最大现场总线传输速率/Mbps | | — | 1 | 12 | 0. 5 |
| | 接口 | 集成 | ■ | ■ | — | — |
| | | 可选 | — | — | ■ | ■ |
| 工作条件 | 环境温度/℃ | | 0~50 | | | |
| | 防护等级 | | IP20 | | | |
| | STO/SSI | | 符合 EN61800-5-2 标准 | | | |
| | 安全功能 | | 意外启动保护,符合 DINENISO13849-1 标准,类别 3,性能等级 d | | | |

## 5. 2　步进电机控制器

步进电机是用来控制转动角度、方向或者转动圈数的执行器件。步进电机控制器通过上位机（或 PC 机）控制后，接受编码指令，人机对话，并把指令变化成具体脉冲个数传输给步进电机（或驱动器）的中枢性器件。如图 23-11-3 所示步进电机系统示意图，编码器在这里检测电机转动角度、方向，反馈给控制器的一个检测元件。

步进电机控制器 CMMS-ST 既可开闭控制、模拟量、I/O 或现场总线接口，可通过 FCT 软件进行配置。当选带编码器的步进电机时，可作为创新轻型伺服（闭环步进），是一种经济型伺服解决方案，以防失步。详细技术参数参见表 23-11-12。

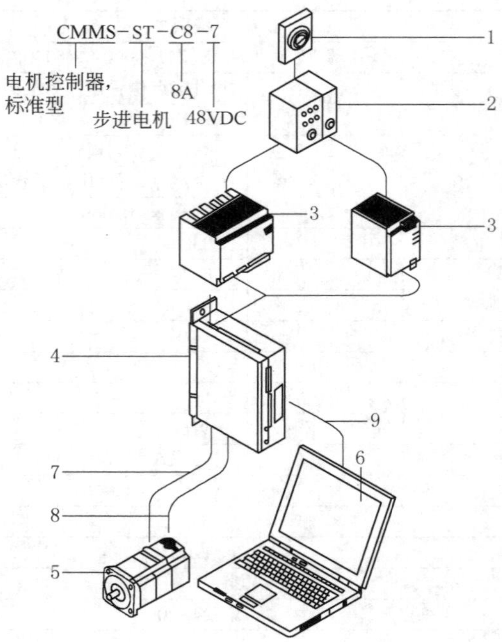


图 23-11-3

1—主机开关；2—自动断路器；3—24VDC 电源；4—步进电机控制器 CMMS-ST；5—步进电机 EMMS-ST；6—PC；7—步进电机电缆；8—编码器电缆；9—编程电缆

**表 23-11-12　　　步进电机控制器 CMMS-ST 技术参数**

| | | |
|---|---|---|
| 主要技术参数 | 马达控制 | 正弦电流抑制 |
| | 旋转位置发生器 | 编码器 |
| | 参数设置接口 | RS232(9600~115000 Bits/s) |
| | 编码器输入接口 | 用作速度/位置设置,用于同步模式中的从站驱动器 |
| | | RS422 |
| | 编码器输出接口 | 设定点设置,用于下游从站驱动器 |
| | 集成制动电阻 /Ω | 17 |
| | 制动电阻脉冲功率/kV · A | 0. 5 |
| | 设定点输入电阻/kΩ | 20 |
| | 模拟量输出的工作电压范围/V | ±10 |
| | 模拟量输入的工作电压范围/V | ±10 |
| | 模拟量输出数量 | 1 |
| | 模拟量输入数量 | 1 |
| | 电源滤波器 | 集成 |
| 电气参数(负载电源) | 额定电压/V DC | 24~48 |
| | 额定电流/A | 8 |
| | 峰值电流/A | 12 |
| | 逻辑电源 | |
| | 额定电压/V DC | 24±20% |
| | 额定电流/A | 0. 3 |

| | | | I/O | CANopen | Profibus DP | DeviceNet |
|---|---|---|---|---|---|---|
| 现场总线接口 | 通信协议 | | — | DS301,FHPP | DP-VO/FHPP | FHPP |
| | | | — | DS301,DSP402 | Step7 功能模块 | |
| | 最大现场总线传输速率[Mbps] | | — | 1 | 12 | 0. 5 |
| | 接口 | 集成 | ■ | ■ | — | — |
| | | 可选 | — | — | ■ | ■ |

| | | |
|---|---|---|
| 工作条件 | 环境温度/℃ | 0~+50 |
| | 防护等级 | IP20 |
| | ST0/SS1 | 带外部电路时,符合 EN61800-5-2 标准 |
| | 安全功能 | 意外启动保护,符合 DINENISO 13849-1 标准,类别 3,性能等级 d,带外部电路 |

## 5.3 电机控制器

作为定位控制器的 SFC-DC 电机控制器，是 FESTO 公司为多轴模块化系统而研发的，经常用于小型滑台式电缸 SLTE。电机控制器 SFC-DC 额定电流为 3A，额定输出功率为 75W，内置编码器，具过载电流或电压护功能，可带（用 H2 表示）或不带控制面板（用 H0 表示），有 I/O 或现场总线接口，I/O 接口用于 31 条位置记录和找零位，现场总线可用于 Profibus、CANopen 和 DevicNet。可采用 FESTO 公司的 FCT 软件进行配置，其组成系统可参见表 23-11-9 图 c。

## 5.4 电机控制器

作为定位控制器的 SFC-LAC 电机控制器，是 FESTO 公司为多轴模块化系统而研发的，经常用于直线型电缸 HME。电机控制器 SFC-LAC 额定电流为 10A，额定输出功率为 480W，内置编码器，具过载电流或电压护功能，可带（用 H2 表示）或不带控制面板（用 H0 表示），带编码器，有 I/O 或现场总线接口，I/O 接口用于 31 条位置记录和找零位，现场总线可用于 Profibus、CANopen 和 DevicNet。可采用 FESTO 公司的 FCT 软件进行配置，其组成系统可参见表 23-11-9 图 d。

# 6 气驱动与和电驱动的模块化连接

常见多轴模块化系统中有气缸和电缸，气缸和电缸之间的连接要简单、方便、牢固。气动元件制造商生产电缸的优势是电缸外壳型材尺寸与气驱动型材相同，因此原先已设计的对气驱动器相互连接的方案，几乎不做改动就可直接应用到与电缸相互的连接（包括气缸与电缸、电缸与电缸）。有四种连接法：直接用螺钉、定位套连接法：直接用螺钉与沟槽螺母的连接法：用燕尾槽与夹紧单元连接法；补充一块连接板（连接板上设定位孔或带燕尾增结构）方法。

## 6.1 气驱动和电驱动的模块化连接方法

**表 23-11-13**　　　　**气驱动和电驱动的模块化连接方法**

| | |
|---|---|
| 直接用螺钉和定位套安装驱动器 | 通过连接板的连接可参见图 a，扁平型直线驱动器 SLG 与小型滑台气缸 SLT，由连接板、定位套及定位销通过螺钉连接起来<br>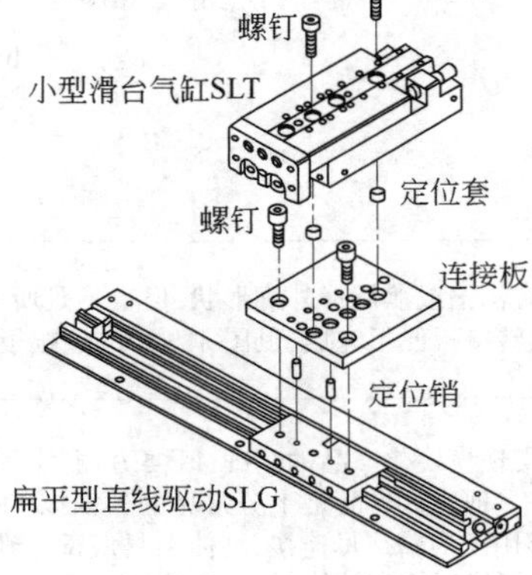<br>(a) |

第23篇

续表

**直接用螺钉和沟槽螺母的连接**

通过沟槽螺母、连接板把两个无杆气缸(或无杆电缸)呈90°角连接起来,见图b。利用驱动器外壳型材的沟槽(水平方向),用螺钉和沟槽螺母将水平方向驱动器与转接板连成一体,利用垂直方向驱动器滑台上的沟槽,用螺钉和沟槽螺母将垂直方向驱动器滑台与转接板连成一体。于是,垂直方向的无杆气缸在动力源作用下,推动滑台做上下垂直驱动,即带动水平轴一起作垂直方向的运动

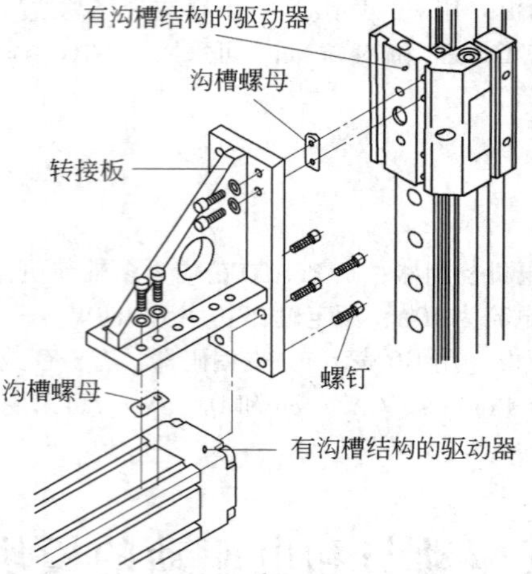


(b)

**燕尾槽连接**

燕尾槽连接(也称V形连接)是模块化气驱动器或电驱动器的最主要连接方式之一,这类连接方便、可靠,连接牢度十分理想,以FESTO公司HMSV燕尾槽安装件为例,HMSV燕尾槽安装件含有夹紧单元、连接板、定位套、定位销及螺钉,视不同的驱动器安装结构会有所不同,如图c所示。一些设有燕尾槽结构的驱动器,可直接利用夹紧单元连接,一些无燕尾槽结构的驱动器,可预先用一块带燕尾槽结构的连接板与驱动器连接后,再由夹紧单元连接两个驱动器,见图d

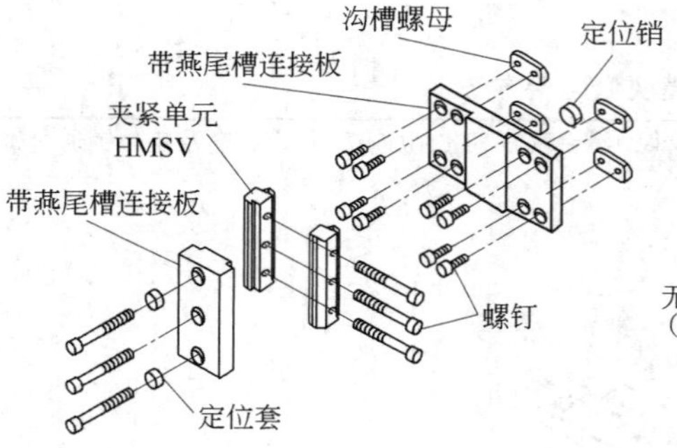


(c)

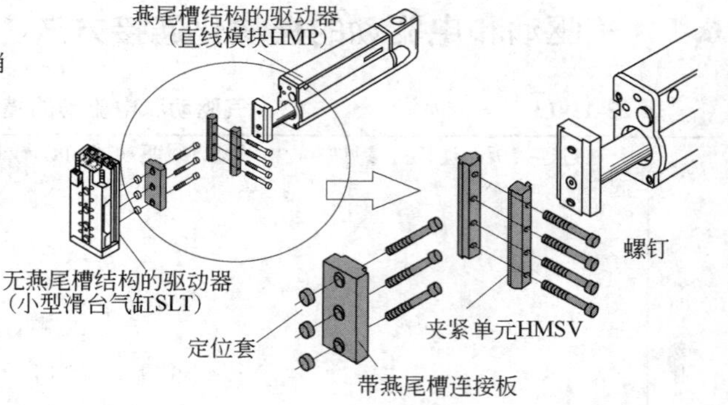


(d)

**增添辅助连接板**

尽管在一些驱动器的外壳型材上有沟槽或燕尾形外廓形状,但也不是所有气驱动器(或电驱动)器上都可以用直接连接方式完成连接,此时增添连接板或转接板便可完成,见图a、b中的连接板和转接板,图c、d中的带燕尾槽连接板

**具有多种连接界面的驱动器**

模块化驱动器之间的相互连接是实现模块化产品的基础,既要方便、牢固、又要具有与各种驱动器之间都能友好连接的公共界面,因此在一个驱动器上有多种连接界面是十分常见的。如以FESTO公司HMP直接模块(或HME直线型电缸)为例,在缸体侧面型材有沟槽,可用于沟槽螺母连接,缸体型材底部呈燕尾槽形轮廓结构,便于通过燕尾槽夹紧单元使其连接,其活塞杆前端法兰也呈燕尾槽形轮廓结构,便于在前法兰上连接其他驱动器,如下表所示。有许多驱动器外壳型材带燕尾槽形底座或有沟槽构造,如无杆气缸DGPL、电驱动DGE

续表

| | | | | | |
|---|---|---|---|---|---|
| 具有多种连接界面的驱动器 | 安装方式 | | 燕尾槽安装<br>使用连接组件HAVB<br> | 直接安装<br>使用螺钉和沟槽螺母MST<br> | 直接安装<br>使用螺钉和定位套ZBH<br> |
| | 安装表面 | 在基本型材的侧面 | 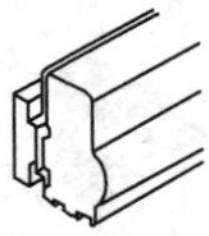 | 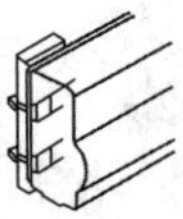 | |
| | | 在基本型材的下面 | 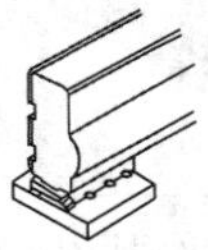 | 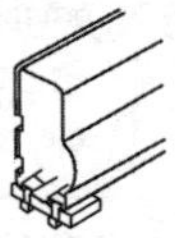 | 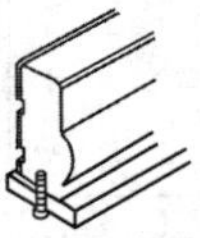 |
| | | 在连接板上 | 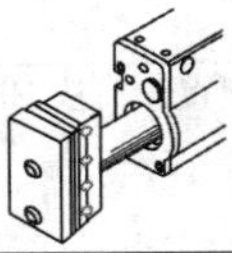 | 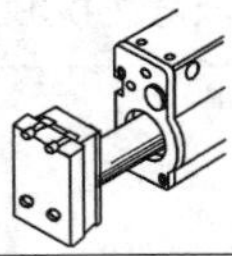 | 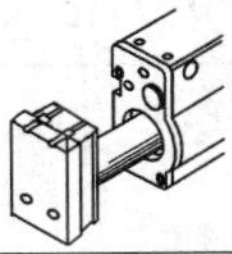 |

## 6.2 各种气/电驱动器相互连接图

**表 23-11-14** 各种气/电驱动器相互连接图

| | | | | |
|---|---|---|---|---|
| 无杆气缸DGPL或无杆电缸DGE与其他气/电驱动器的连接 | 下表是无杆气缸 DGPL(无杆电缸 DGE)与无杆气缸 DGPL、内置无杆气缸载重导轨 DC…HD、直线模块 HMP、轻型直线模块 HMPL、小型滑台气缸 SLT、导向驱动器 DFM、双活塞气缸 DPZ、电缸 DGE 及摆动直线驱动器 DSL 之间的连接 | | | |
| | 无杆气缸 DGPL、电驱动 DGE | 无杆气缸 DGPL | 内置无杆气缸载重导轨 | 直线模块 HMP |
| | 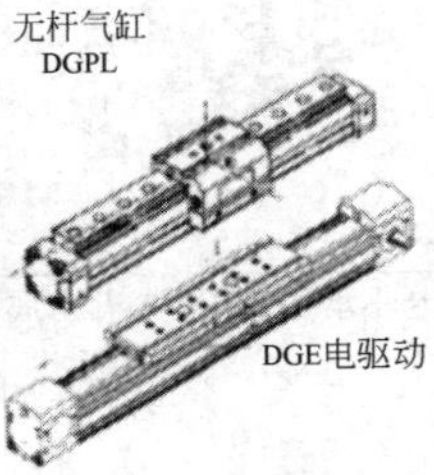 | 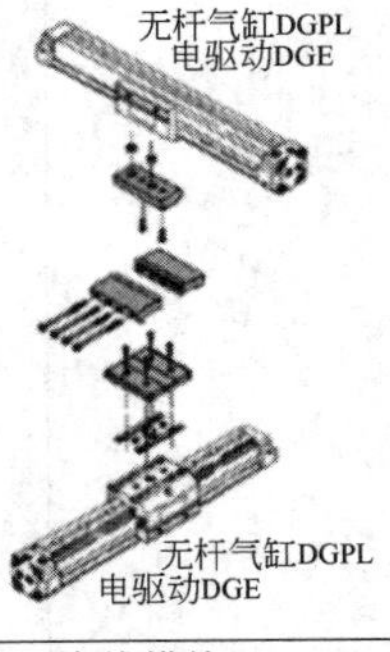 | 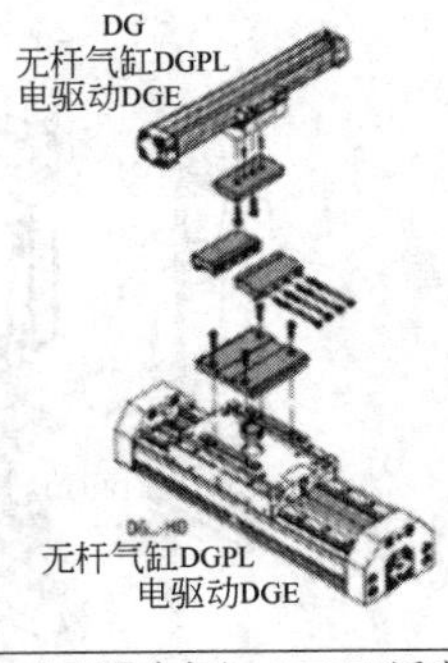 | 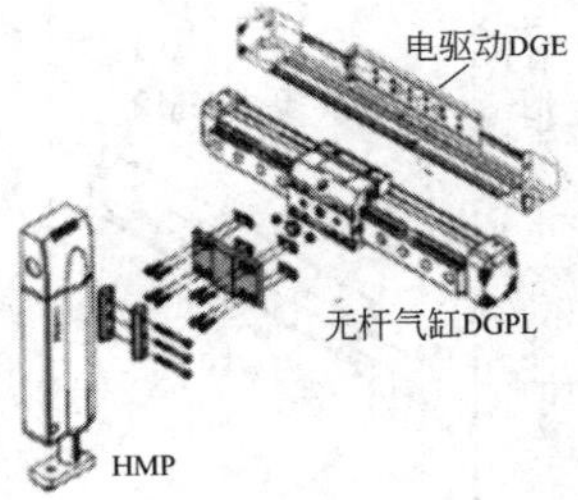 |
| | | 轻型直线模块 HMPL | 小型滑台气缸 SLT(双活塞) | 导向驱动器 DFM |
| | | 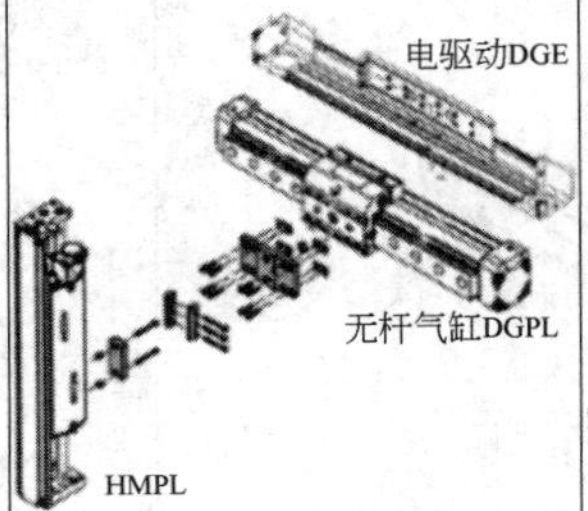 | 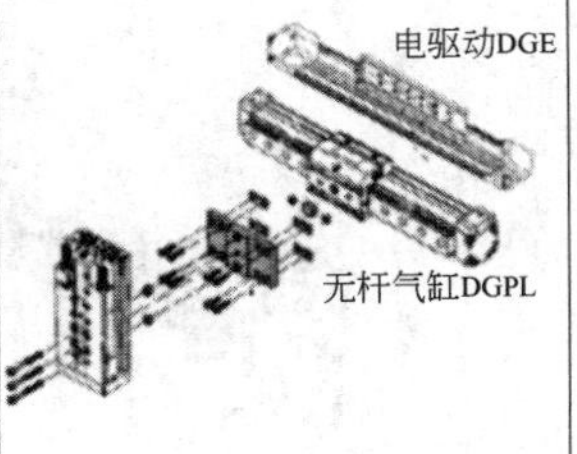 | 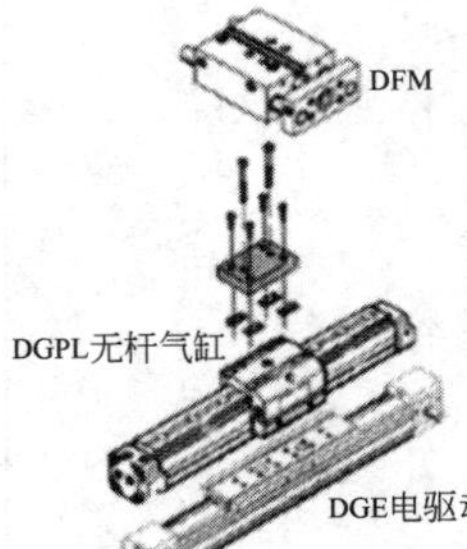 |

续表

<table>
<tr><td rowspan="2">无杆气缸DGPL或无杆电缸DGE与其他气/电驱动器的连接</td><td rowspan="2"></td><td>双活塞气缸 DPZ</td><td>电驱动 DGE(丝杆驱动型)</td><td>摆动直线驱动器 DSL</td></tr>
<tr><td>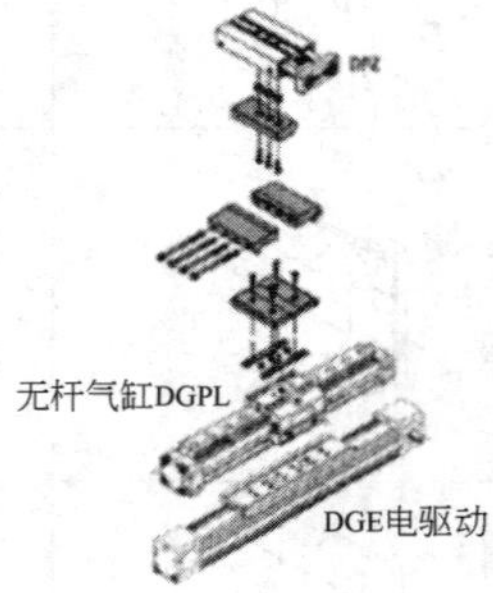
</td><td>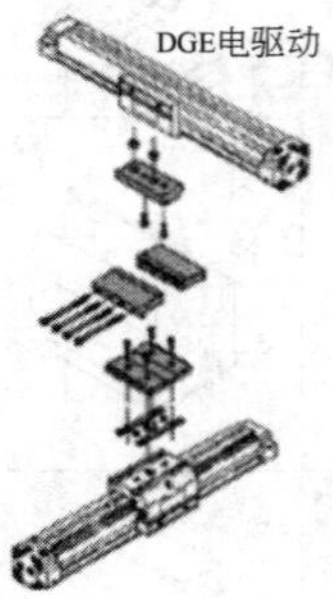
</td><td>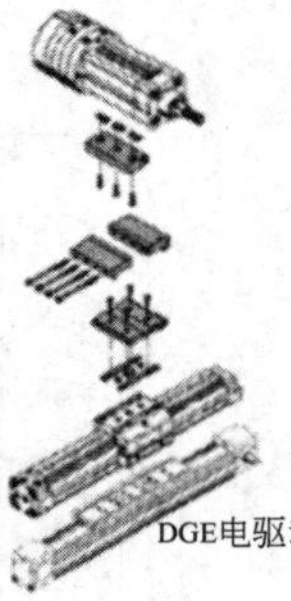
</td></tr>
</table>

<table>
<tr><td rowspan="7">直线模块与其他气/电驱动器的连接</td><td colspan="4">下表是直线模块 HMP 与直线模块 HMP、轻型直线模块 HMPL、小型滑台气缸 SLT、旋转气缸 DRQD、内置无杆气缸载重导轨 DG……HD、摆动直线驱动器 DSL 及电缸 DGE 之间的连接</td></tr>
<tr><td rowspan="6">直线模块 HMP<br></td><td>直线模块 HMP</td><td>轻型直线模块 HMPL</td><td>小型滑台气缸 SLT(双活塞)</td></tr>
<tr><td>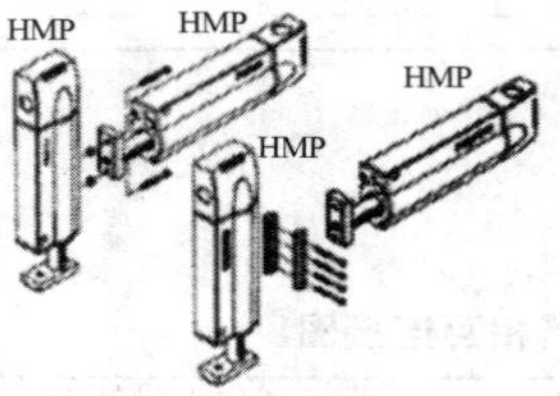
</td><td>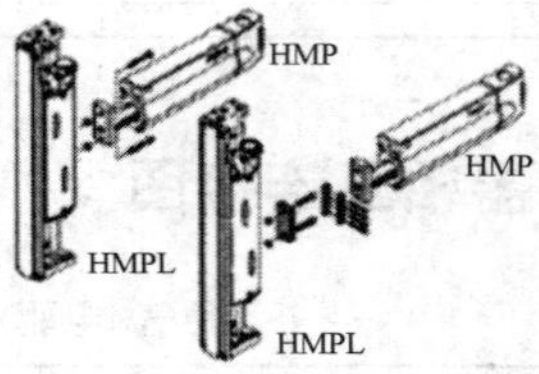
</td><td>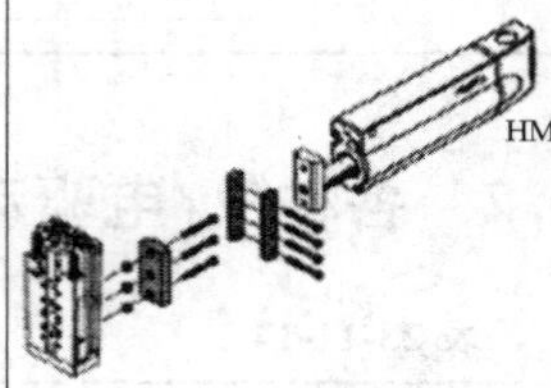
</td></tr>
<tr><td colspan="2">旋转气缸 DRQD</td><td>内置无杆气缸载重导轨 DG…HD</td></tr>
<tr><td colspan="2">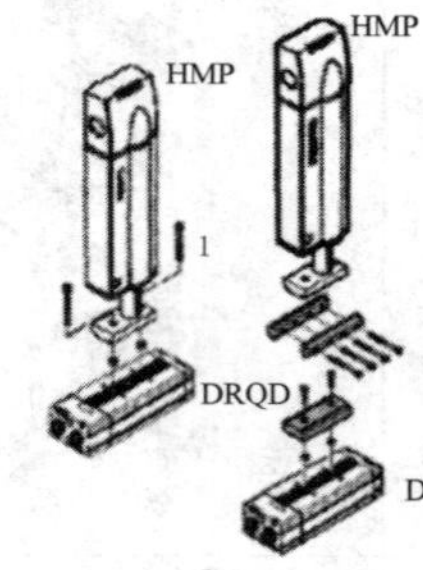
</td><td>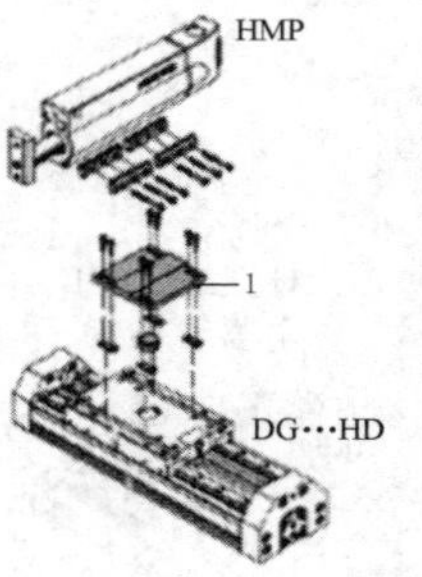
</td></tr>
<tr><td colspan="2">摆动直线驱动器 DSL</td><td>电驱动 DGE(丝杆驱动型)</td></tr>
<tr><td colspan="2">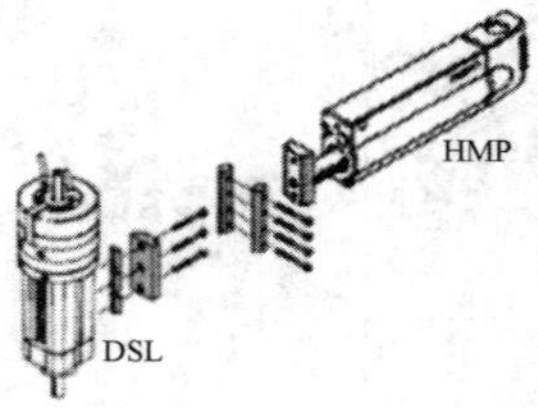
</td><td>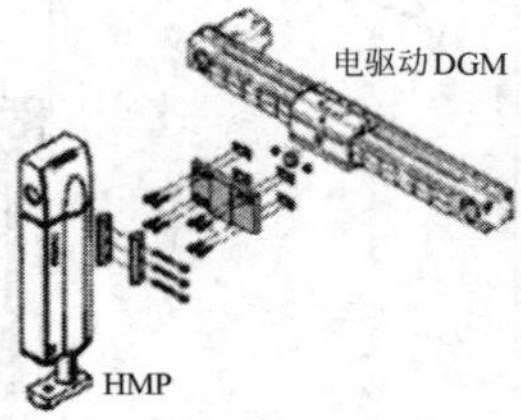
</td></tr>
</table>

续表

| | | | | |
|---|---|---|---|---|
| 扁平型直线驱动器与其他气/电驱动器的连接 | 下表是扁平型直线驱动器 SLG 与小型滑台气缸 SLT、扁平小型滑台气缸 SLF 之间的连接 | | | |
| | 扁平型直线驱动器 | SLT 小型滑台气缸(双活塞) | SLF 扁平小型滑台气缸 | |
| | 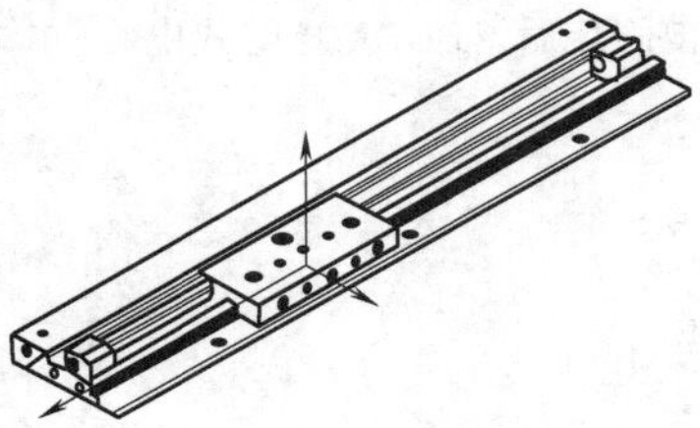 | 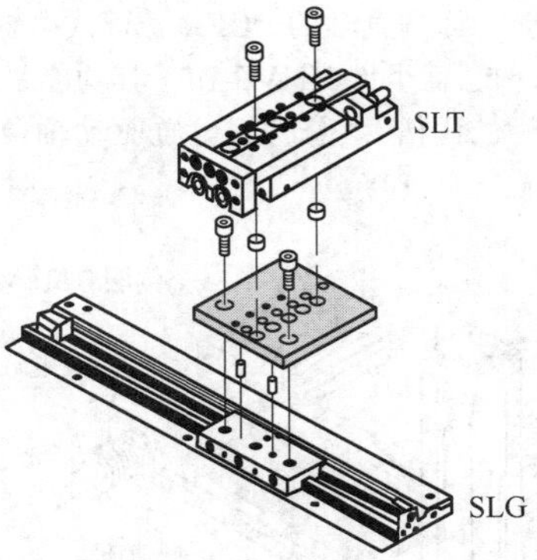 | 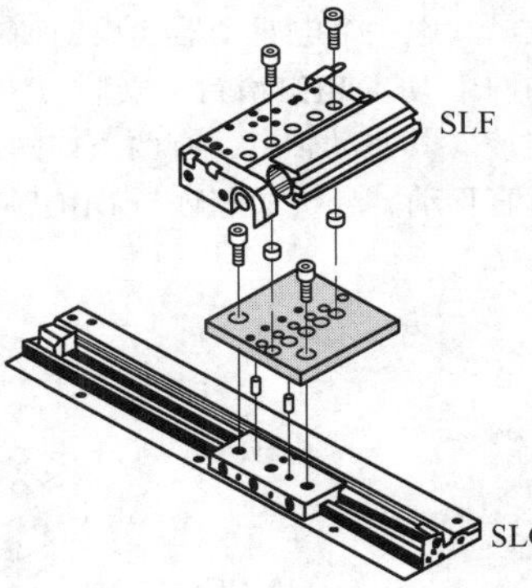 | |
| 旋转气缸 DRQD 与其他气/电驱动器的连接 | 下表是旋转气缸 DRQD、直线模块 HMP、轻型直线模块 HMPL 及小型滑台气缸 SLT 之间的连接 | | | |
| | 旋转气缸 DRQD | 直线模块 HMP | 轻型直线模块 HMPL | SLT 小型滑台气缸(双活塞) |
| | 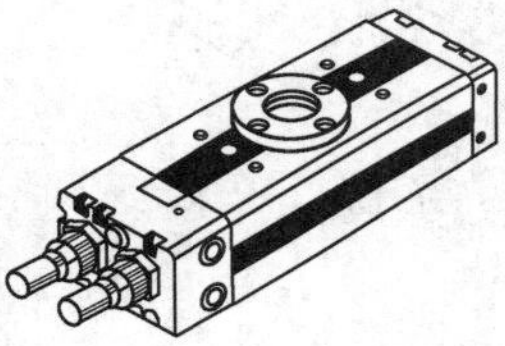 | 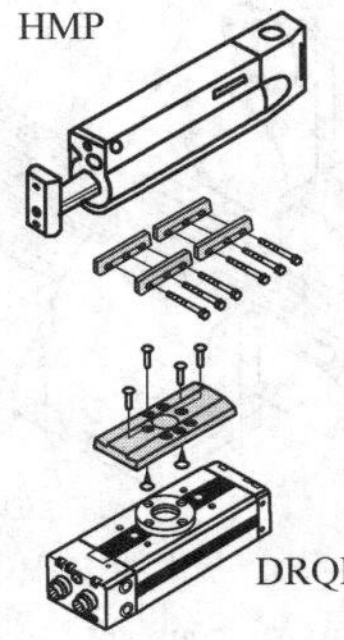 | 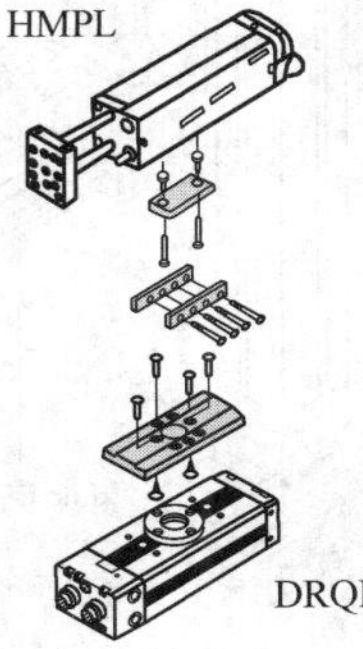 | 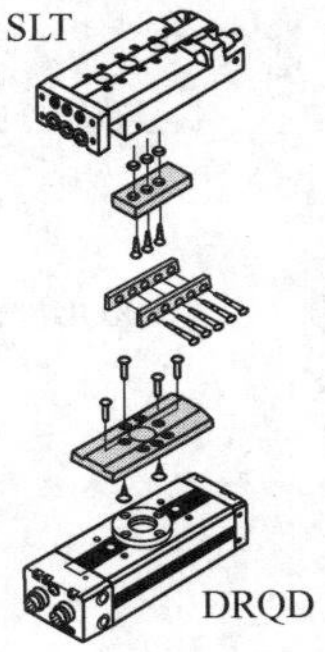 |
| 小型滑台气缸 SLT 与其他气/电驱动器的连接 | 下表是小型滑台气缸 SLT 与小型滑台气缸 SLT、旋转气缸 DRQD 之间的连接 | | | |
| | SLT 小型滑台气缸(双活塞) | SLT 小型滑台气缸(双活塞) | 旋转气缸 DRQD | |
| | 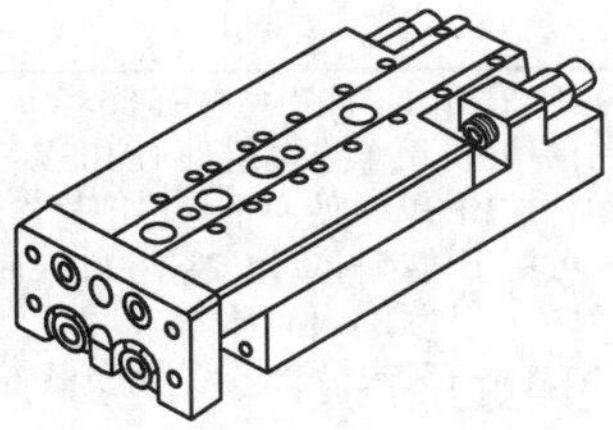 | 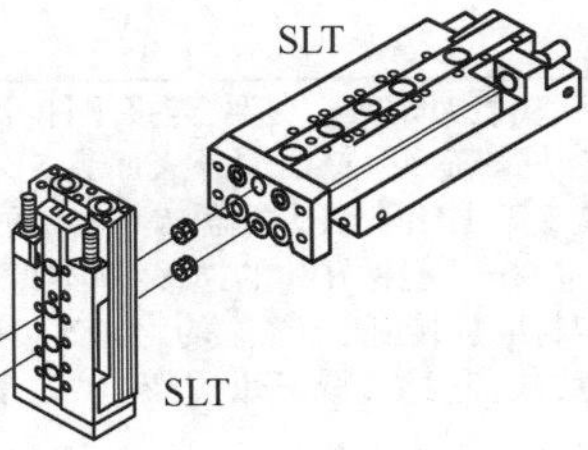 | 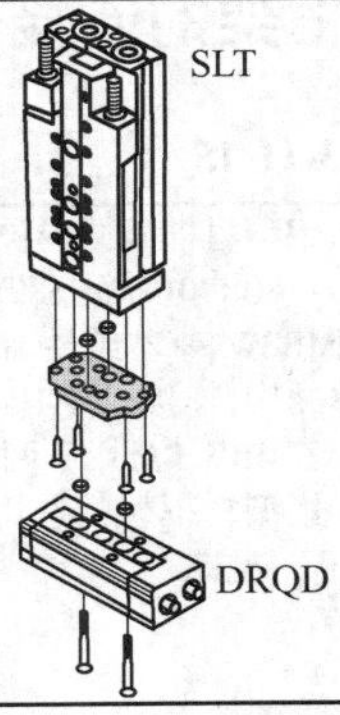 | |

# 7　模块化多轴系统的连接

## 7.1　多轴模块化系统的连接图（双轴平面门架图）

图 23-11-4 为双轴平面门架图，表示一个平面门架的基本框架，在高度为零的状况（$Z$ 轴），根据抓取工件

的高度（即 DGEA 悬臂式电驱动的行程）、负载等综合因素，可选择立柱框架材料、尺寸或规格。立柱框架可通过框架连接组件 HMBSV 与两边电驱动器连接起来。该多轴模块化系统 *X* 轴两个 DGE 电缸，通过连接轴 KSK 形成同步功能，通过左右一对双轴支撑组件 HMVS-DL 与其滑台连接，完成 *X* 轴方向运动；而 *Y* 轴上的两个 DGE 电缸，其中一个电驱动器起被动轴功能，为垂直轴的 DGEA 悬臂式电缸在高速、长行程运动中起稳固作用。*Y* 轴上的两个 DGE 电缸滑台上安装一块双轴悬臂组件 HMVD-DI，其功能是与 *Z* 轴方向的 DGEA 悬臂式电缸驱动轴台面连接（其驱动轴台面有两条作固定用的沟槽）。悬臂式电缸驱动轴台面被固定后，DGEA 悬臂式电缸缸体作上下垂直移动，悬臂式电缸与 DRQD 旋转气缸连接。

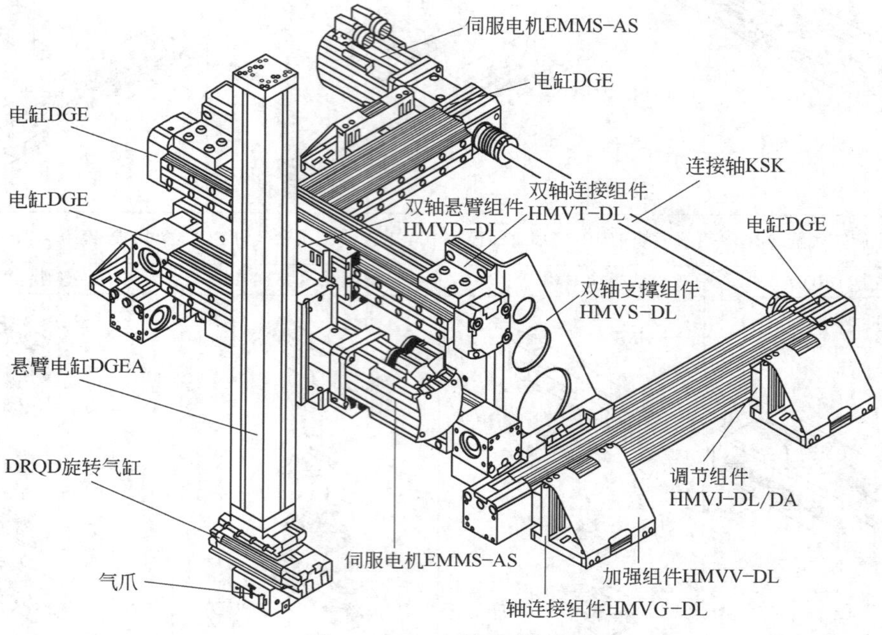


图 23-11-4　双轴平面门架

## 7.2　框架的连接

**表 23-11-15**

| | |
|---|---|
| 铝型材框架连接件 | 铝型材框架结构包含型材 HMBS、端盖 HMBSA、支架、连接组件等。FESTO 公司所采用的主体铝型材有 80×80（HMBS80/80）、80×40（HMBS80/40）两种规格，见图 a。型材四周外表面具 8 号规格螺母的沟槽，可用于连接组件 HMBSV、连接组件 HMBSW、基本组件 HMBF-DB、安装支架 HMBWS 及端盖 HMBSA，见图 b。连接组件 HMBSV 可使两个立柱型材连成一个整体结构；连接组件 HMBSW 可用于呈 90°两型材互相的连接；基本组件 HMBF-DB 可用于将型材直接安装在底平面；安装支架 HMBWS 可用于两种不同结构型材的连接（图中竖立的为 FESTOHMBS80/80 型材一根为 Bosch 型材）<br>铝型材框架的选用根据其载重负载和门架（或三维门架）尺寸来核定，规格 6、规格 15、规格 25 分别为负载 6kg、15kg、25kg，见图 c |

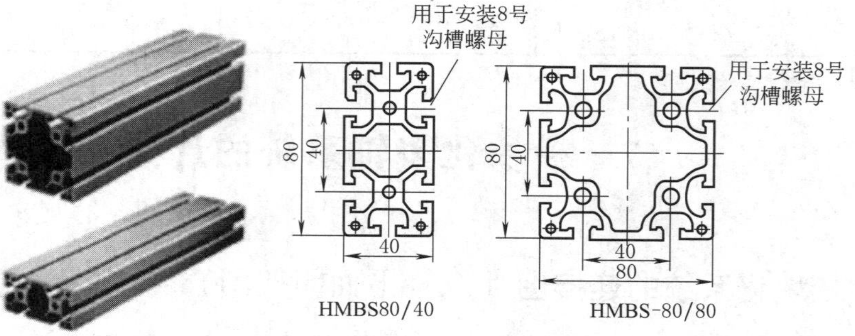


(a)

续表

**铝型材框架连接件**

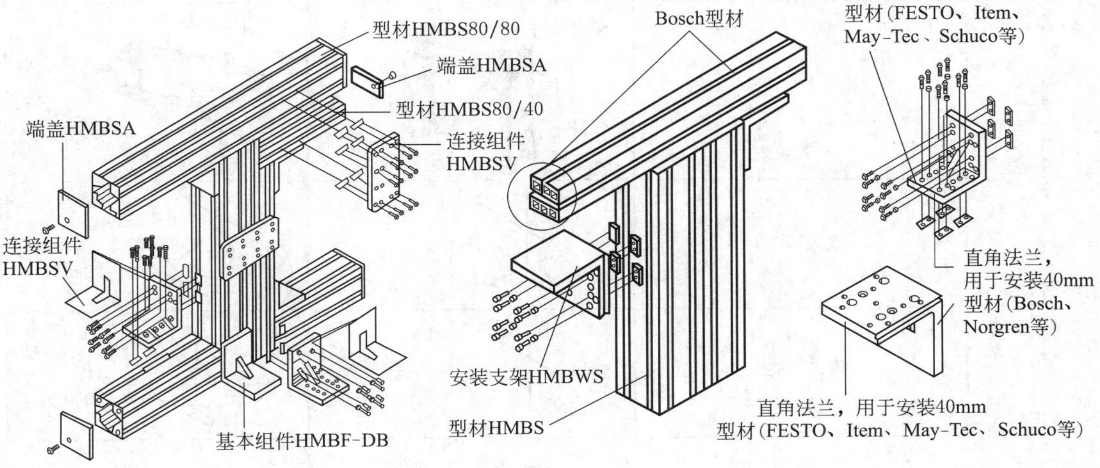


(b)

| 有效负载 | 标准尺寸 | |
|---|---|---|
| 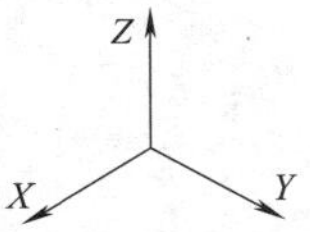 | 直线门架<br>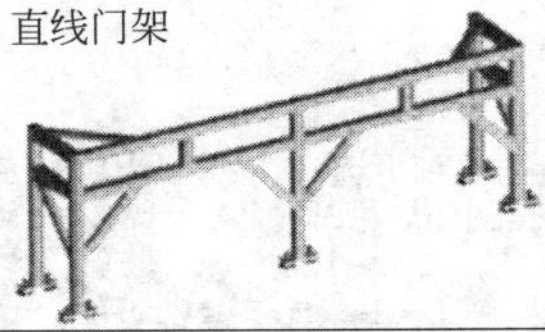 | 三维门架<br>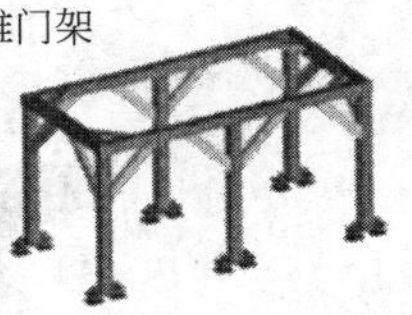 |
| 最大6kg | 0～4000<br>0～2000 | 0～1500<br>0～1000<br>0～3000 |
| 最大15kg | 0～5000<br>0～1000 | 0～1500<br>0～2000<br>0～3000 |
| 最大25kg | 0～6000<br>0～1000 | 0～1500<br>0～2000<br>0～3000 |

(c)

**金属型材框架**

较重的负载或跨度可采用金属型材作框架。该金属型材为中空结构钢材，符合 EN 10210 或 EN 10219 标准。三维门架最大负载在 25kg 情况下，长 5m，宽 2m，高 2. 5m

金属型材作框架的选用根据其载重负载和门架（或三维门架）尺寸来核定，规格 15、规格 25、规格 50 分别为负载 15kg、25kg、50kg，见图 d

圆环形吊耳可根据整台机械重心来调正位置后焊接。框架较长时可增加加强支撑，模块化系统的电缸可通过经机加工后的金属平板连接（机加工金属板与框架焊接），见钢结构框架加强安装图 e

续表

金属型材框架

| 有效负载 | 标准尺寸 | |
|---|---|---|
| 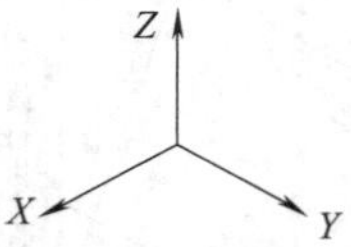 | 直线门架<br> | 三维门架<br> |
| 最大15kg | 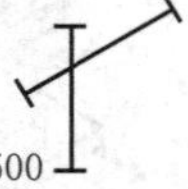 | 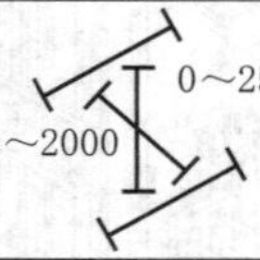 |
| 最大25kg | 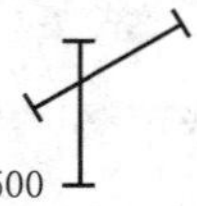 | 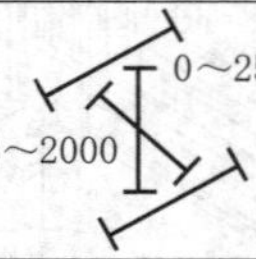 |
| 最大50kg | 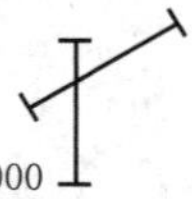 | 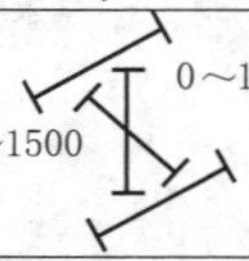 |

(d)

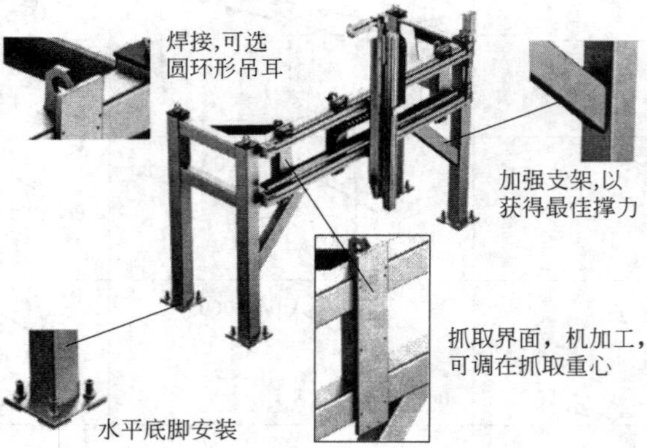


(e)



## 7.3 连接组件

**表 23-11-16**

| | |
|---|---|
| 轴连接组件 HMVG-DL | 这是最基本安装元件,用于连接驱动轴,见图 a,通过轴连接组件可安装到底座(框架机构)上;也可在(*X-Y*)门架应用中安装侧向驱动轴,见图 b |

续表

**轴连接组件HMVG-DL**

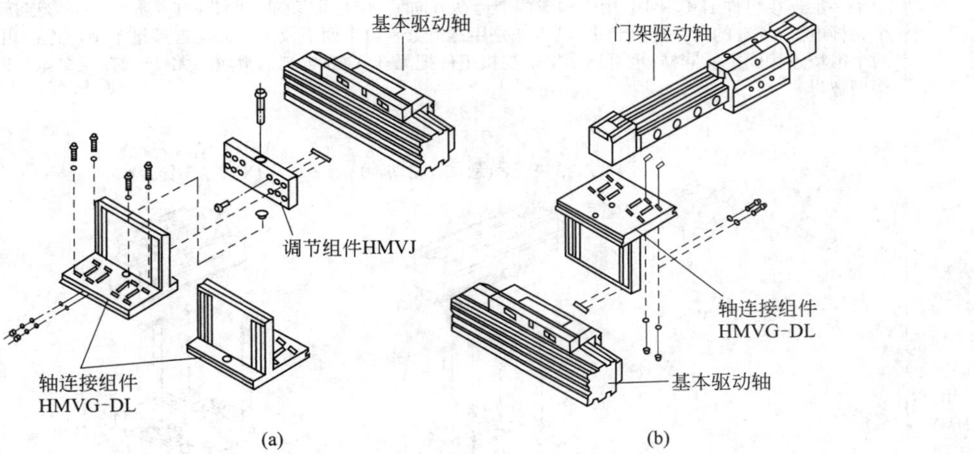

(a) (b)

**调节组件HMVJ-DL/DA**

尽管无杆电缸/气缸型材外廓三面有沟槽，但无杆电缸/气缸有一个带导向平台侧面的外廓尺寸超出其连接平面（无杆电缸外廓尺寸位置线），此时，只有通过附加调节组件 HMVJ-DL/DA 后才能把无杆电缸/气缸与轴连接组件连接起来。调节组件 HMVJ-DL/DA 用于调正无杆气缸/电缸与轴连接组件之间能正常连接安装，见图 c

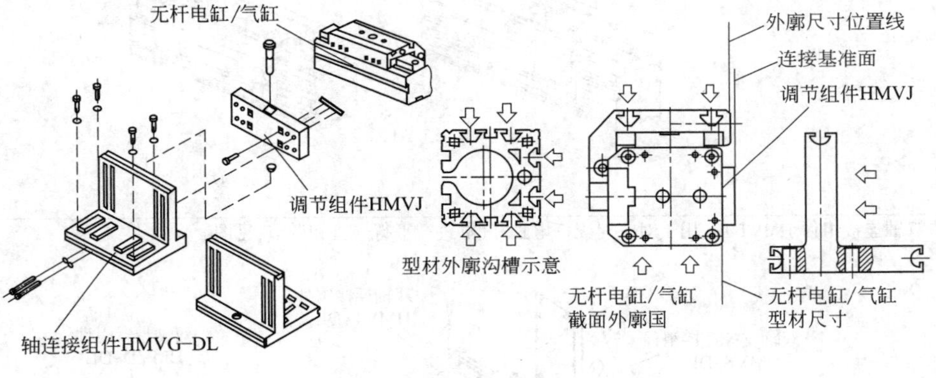

(c)

**加强组件HMVV-DL**

加强组件 HMVV-DL，用于加强轴连接组件的强度，该加强组件是 4mm（不含铜和聚四氟乙烯材质）的钢板制造，两边呈 45°翻边，通过八个螺钉和四条条形沟槽螺母，把加强组件 HMVV-DL 与轴连接组件 HMVG-DL 组成起来，见图 d

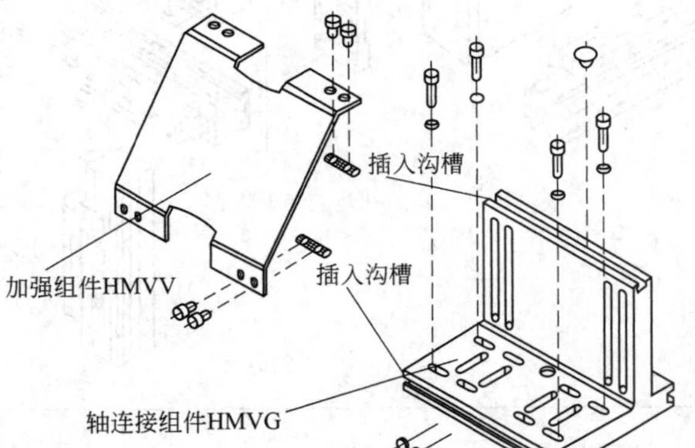

(d)

<table>
<tr>
<td>十字形连接组件HMVK-DL</td>
<td>十字形连接组件 HMVK-DL 用于构建两个运动方向呈 90°的驱动轴，见图 e、f。通过十字形连接组件 HMVK-DL，使两个无杆电缸/气缸的滑块连接起来，其方法是用螺钉分别由上而下及由下而上地穿过十字形连接组件 HMVK-DL，使上下两个滑块连接固定。同样，也可通过十字形连接组件把无杆气缸/电缸的滑块与无杆电缸/气缸型材的沟槽连接（配以条形沟槽螺母）<br>
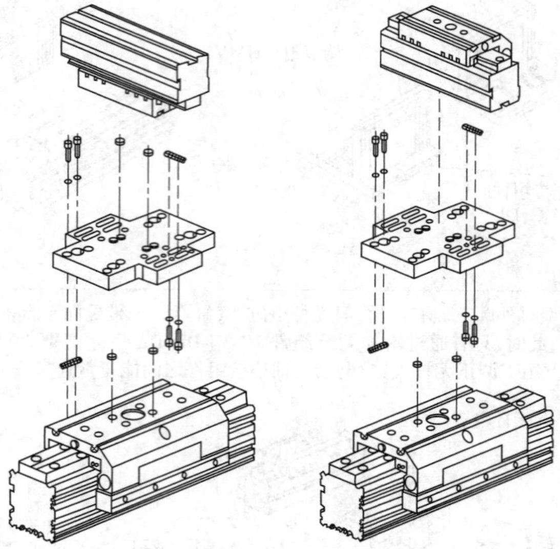
<br>
(e) (f)</td>
</tr>
<tr>
<td>双轴连接组件HMVT-DL</td>
<td>双轴连接组件 HMVT-DL 用于对一对无杆电缸/气缸进行平行连接和调节，见图 g<br>
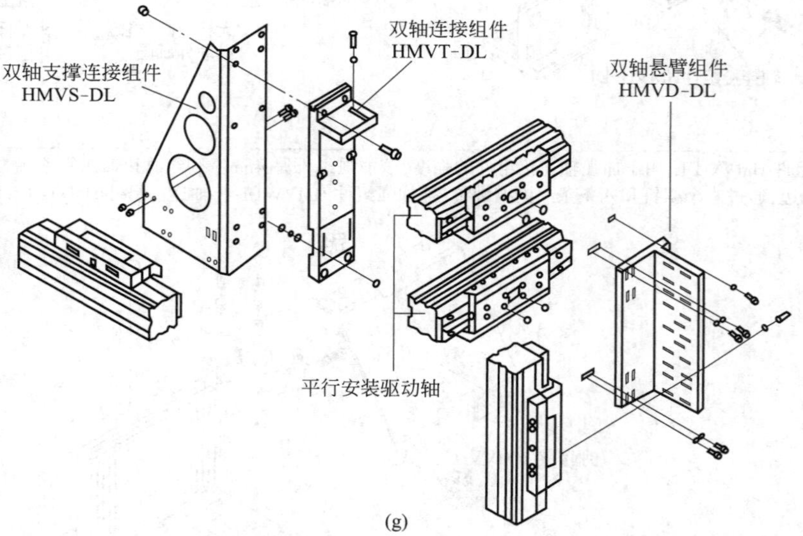
<br>
(g)</td>
</tr>
<tr>
<td>双轴支撑组件HMVS-DL</td>
<td>双轴支撑组件 HMVS-DL 用于构建双驱动轴门架，该组件与双轴连接组件一起构建一对平行安装轴。整个装置安装在平面门架的基本驱动轴上。安装见图 g</td>
</tr>
</table>

续表

<table>
<tr><td>双轴悬臂组件HMVD-DL</td><td>
通过双轴悬臂组件 HMVD-DL，把一个用于悬臂操作驱动轴安装在一个平行驱动轴的(双轴)滑块上，当平行驱动轴的滑块做轴向移动时，侧向安装的悬臂驱动轴跟着一起移动。安装见图 h

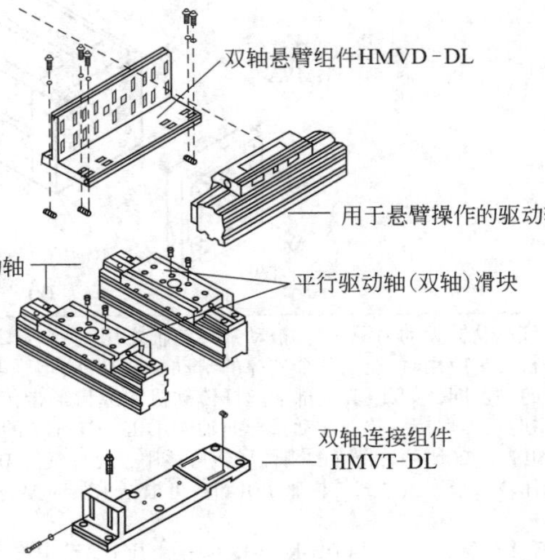


(h)
</td></tr>
<tr><td>悬臂安装组件HMVC-DL</td><td>
悬臂安装组件有平板型 HMVC-DA 与角尺寸型 HMVC-DL 两种

平板型悬臂安装组件 HMVC-DA 是通过该组件将垂直的驱动轴安装在水平排列的悬臂式电缸 DGEA 的最前侧(即悬臂式电缸 DGEA 不能做后退移动)，实际上，该平板型 HMVC-DA 是连接垂直驱动轴 DGGE(或无杆气缸 DGPL/无杆电缸 DGE)水平方向上的单个悬臂电缸 DGEA，见图 i

角尺型悬臂安装组件 HMVC-DL 是通过该组件将垂直的驱动轴安装在水平排列的无杆电缸 DGE 或无杆气缸 DGPL 的最前侧(即无杆电缸 DGE/无杆气缸 DGPL 留有充裕后退的行程)，见图 j

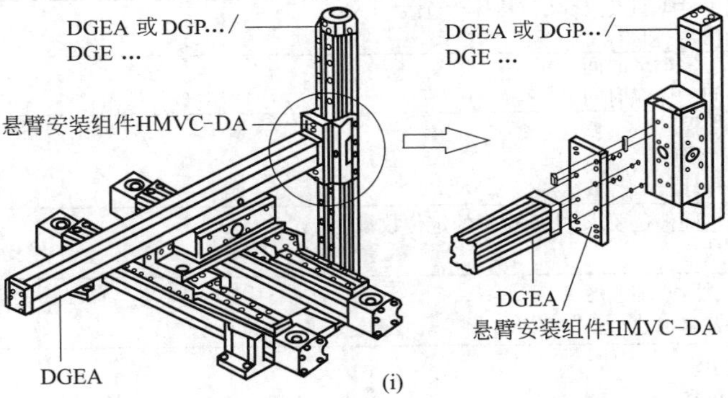


(i)

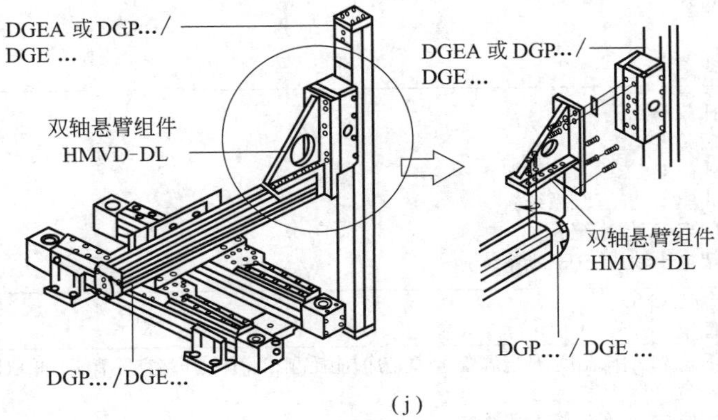


(j)
</td></tr>
</table>

第23篇

续表

<table>
<tr><td>驱动器转接组件HMVA</td><td>把驱动器转接组件 HMVL 安装在驱动器顶端面,实质上使驱动器顶端面增加了一个燕尾槽,可很容易将抓取系列中的气爪、调节单元、摆动驱动器、小型驱动轴安装在悬臂式驱动轴的前侧。连接见图 k<br>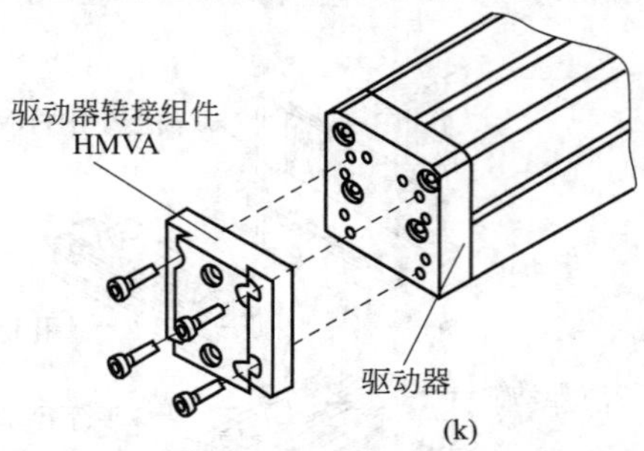(k)</td></tr>
<tr><td>被动式导向轴FDG</td><td>被动式导向轴是指该驱动器无动力源,仅作被动式导向轴之用,换而言之,该驱动器无气源做功,驱动轴内部无活塞,只是在两个驱动器平行安装应用时,充当一个支撑的滑动导轨功能,增强驱动器的负载承受能力和扭矩,见图 23-11-4。对于电驱动被动式导向轴也同样如此,其内部无丝杆传动机构或齿形带传动机构装置,仅与驱动轴 DGE 平行安装。选用被动驱动轴,应与主驱动器保持一致。被动式导向轴 FDG-KF-GL/GV 的规格从 18~63,最大行程可达 5100mm,负载能力为 14050N,最大扭矩为 1820N·m,精确的刚性导轨可适用于无杆气缸 DGPL-KF、无杆电缸 DGE-KF(无杆气缸的型材与电驱动 DGE 型材相似)。采用被动式导向轴 FDG 时,可根据主驱动类别选择被动轴:齿形带式被动轴 ZR、丝杆式被动轴 SP、气动无杆气缸 P<br>需要说明的是:DGC 无杆气缸不适用 FDG-KF-GK/GV,由于气驱动中的无杆气缸 DGC 型与 DGPL 型的型材外廓不同(指沟槽形状及位置尺寸),所以,DGC 无杆气缸如需选择被动导向轴,仅只能选择 DGC-FA$\varphi 8$、$\varphi 12$ 两种规格</td></tr>
<tr><td>连接轴KSK</td><td>连接轴 KSK 用于连接两个平行的 DGE-25/40/63-…-ZR 驱动轴,不仅用于力矩的抗扭转传动,也可使第二根轴作同步滑动,参见图 23-11-4</td></tr>
</table>

## 7.4 多轴模块化驱动系统的选用原则

表 23-11-17

| | |
|---|---|
| 从工件重量考虑 | • 根据工件重量及尺寸(包括移动负载、工件)<br>• 转动惯量、扭矩 |
| 从循环时间考虑 | • 每个工序循环时间<br>• 工序间的停顿时间 |
| 从行程考虑(工作空间) | • $X$ 轴行程<br>• $Y$ 轴行程<br>• $Z$ 轴的行程 |
| 从位置考虑 | • 有否中间停位要求,中间位置的定位数量、精度<br>• 重复精度 |
| 从速度考虑 | • 高速、低速、加速度<br>• 是否要求恒速 |
| 从运动方向考虑 | • 直线运动<br>• 旋转运动<br>• 抓取<br>• 对同步要求 |
| 从运动空间轨迹考虑 | • 高速抓放单元<br>• 二维门架<br>• 直线式门架(二维直线门架)<br>• 悬臂式驱动轴(三维系统)<br>• 三维门架(三维系统)<br>• 三角架电子轴系统(三维系统) |
| 从框架结构考虑 | • 铝合金框架<br>• 金属框架 |
| 其他要求 | • 还有环境,如工作、温度、环境温变、空气洁净、能耗(电能消耗、压缩空气节能)、采取何种控制技术、真空、阀岛等<br>• 使用寿命<br>• 维修方便与否,对维修人员要求 |

# 第12章 气动系统

## 1 气动基本回路

### 1.1 换向回路

表 23-12-1

| | | | | |
|---|---|---|---|---|
| 单作用气缸控制回路 | 气缸活塞杆运动的一个方向靠压缩空气驱动，另一个方向则靠其他外力，如重力、弹簧力等驱动。回路简单，可选用简单结构的二位三通阀来控制 | | | |
| | 常断二位三通电磁阀控制回路 | 常通二位三通电磁阀控制回路 | 三位三通电磁阀控制回路 | 两个二位二通电磁阀代替一个二位三通阀的控制回路 |
| | 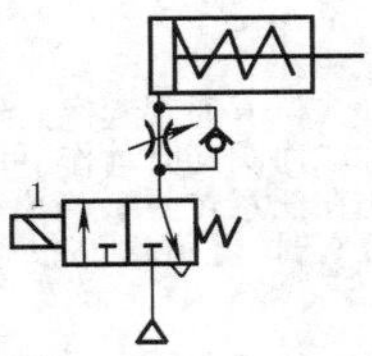 | 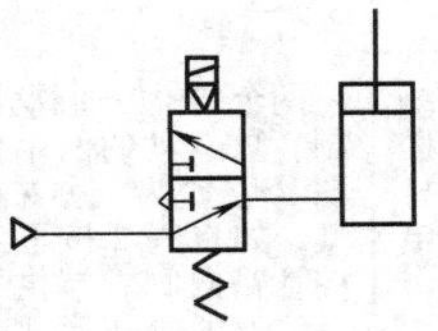 | 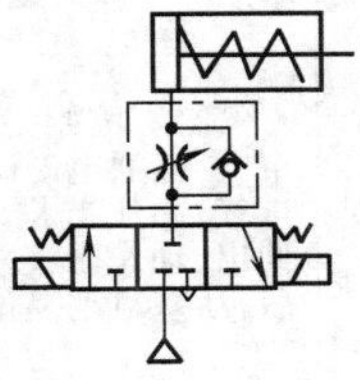 | 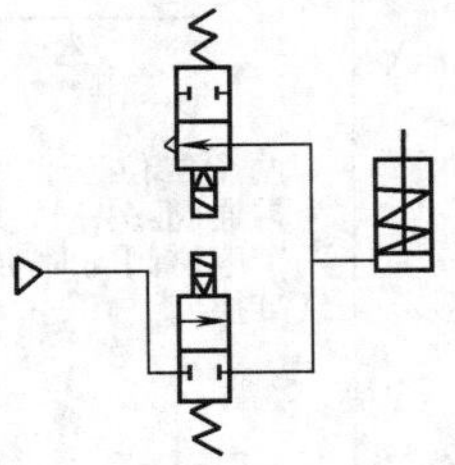 |
| | 通电时活塞杆伸出，断电时靠弹簧力返回 | 断电时活塞杆上升，通电时靠外力返回 | 控制气缸的换向阀带有全封闭型中间位置，可使气缸活塞停止在任意位置，但定位精度不高 | 两个二位二通阀同时通电换向，可使活塞杆伸出。断电后，靠外力返回 |
| 双作用气缸控制回路 | 气缸活塞杆伸出或缩回两个方向的运动都靠压缩空气驱动，通常选用二位五通阀来控制 | | | |
| | 采用单电控二位五通阀的控制回路 | 双电控阀控制回路 | 中间封闭型三位五通阀控制回路 | 中间排气型三位五通阀控制回路 |
| | 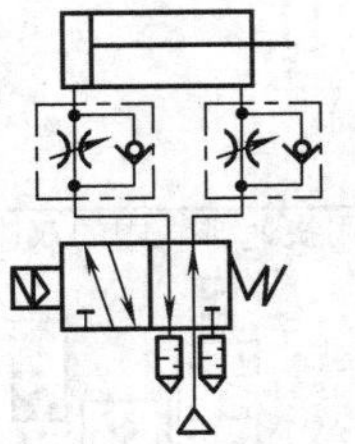 | 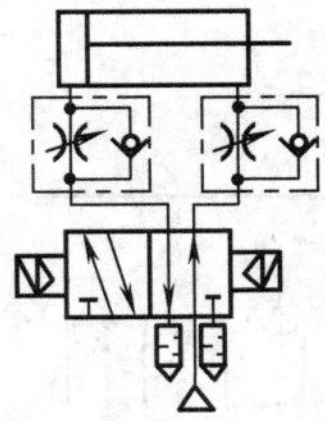 | 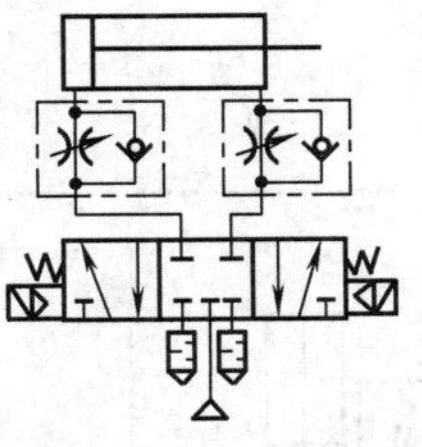 | 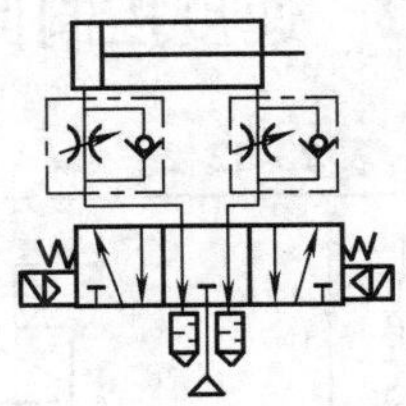 |
| | 通电时活塞杆伸出，断电时活塞杆返回 | 采用双电控电磁阀，换向电信号可为短脉冲信号，因此电磁铁发热少，并具有断电保持功能 | 左侧电磁铁通电时，活塞杆伸出。右侧电磁铁通电时，活塞杆缩回。左、右两侧电磁铁同时断电时，活塞可停止在任意位置，但定位精度不高 | 当电磁阀处于中间位置时活塞杆处于自由状态，可由其他机构驱动 |

续表

| | | | | |
|---|---|---|---|---|
| 双作用气缸控制回路 | 中间加压型三位阀控制回路 | | 电磁远程控制回路 | 双气控阀控制回路 |
| | 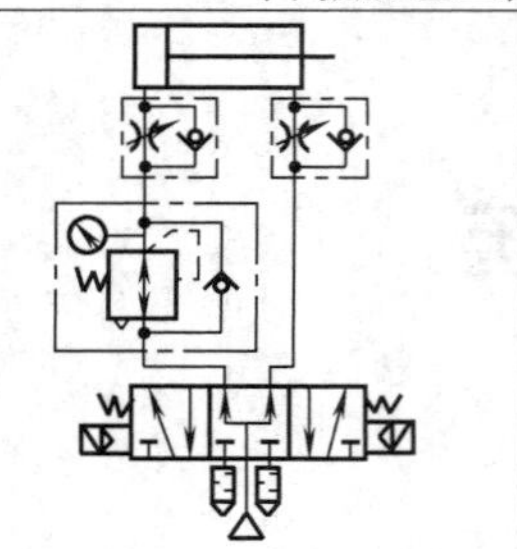 | 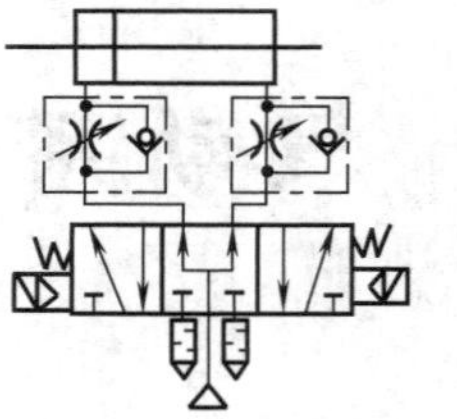 | 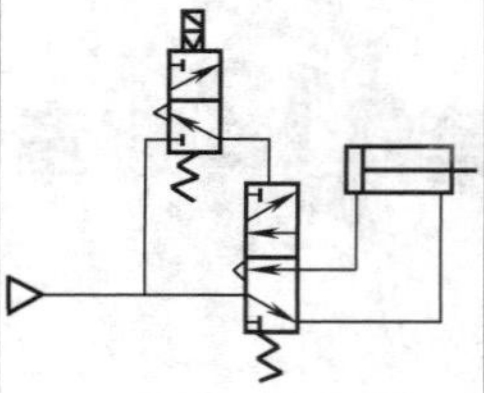 | 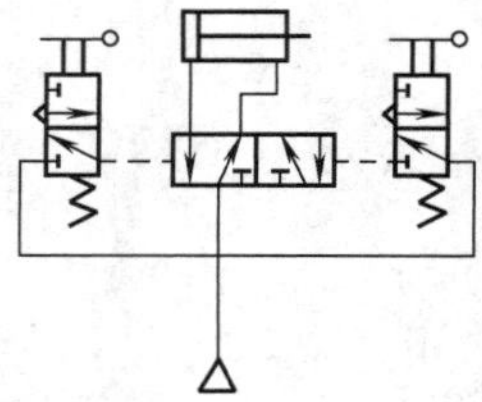 |
| | 当左、右两侧电磁铁同时断电时，活塞可停止在任意位置，但定位精度不高。采用一个压力控制阀，调节无杆腔的压力，使得在活塞双向加压时，保持力的平衡 | 采用带有双活塞杆的气缸，使活塞两端受压面积相等，当双向加压时，也可保持力的平衡 | 采用二位五通气控阀作为主控阀，其先导控制压力用一个二位三通电磁阀进行远程控制。该回路可应用于有防爆等要求的特殊场合 | 主控阀为双气控二位五通阀，用两个二位三通阀作为主控阀的先导阀，可进行遥控操作 |
| | 以上两种回路，均可使活塞停止在任意位置 | | | |
| | 采用两个二位三通阀的控制回路 | 采用一个二位三通阀的差动回路 | 带有自保回路的气动控制回路 | 二位四(五)通阀和二位二通阀串接的控制回路 |
| | 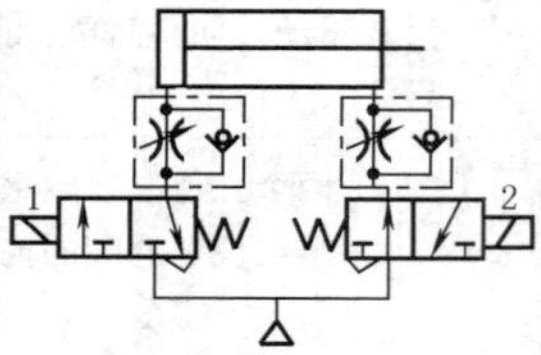 | 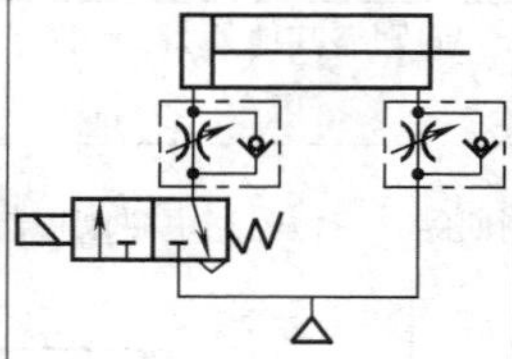 | 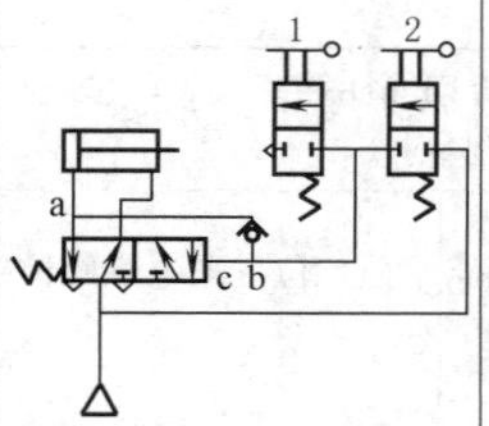 | 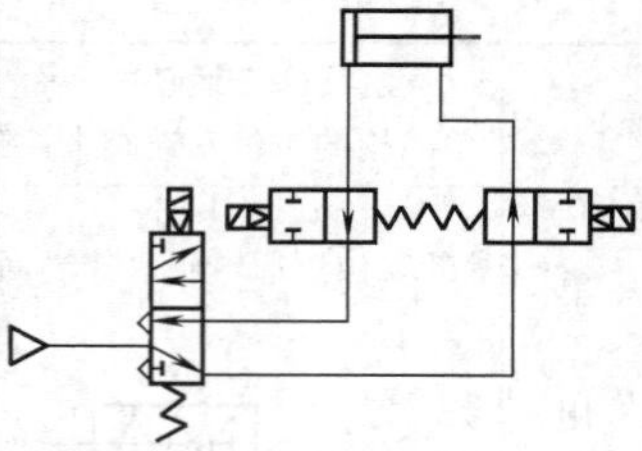 |
| | 两个二位三通阀中，一个为常通阀，另一个为常断阀，两个电磁阀同时动作可实现气缸换向 | 气缸右腔始终充满压缩空气，接通电磁阀后，左腔进气，靠压差推动活塞杆伸出，动作比较平稳，断电后，活塞自动复位 | 两个二位二通阀分别控制气缸运动的两个方向。图示位置为气缸右腔进气。如将阀2按下，由气控管路向阀右端供气，使二位五通阀切换，则气缸左腔进气，右腔排气，同时自保回路a、b、c也从阀的右端增加压气，以防中途气阀2失灵，阀芯被弹簧弹回，自动换向，造成误动作(即自保作用)。再将阀2复位，按下阀1，二位五通阀右端压气排出，则阀芯靠弹簧复位，进行切换，开始下一次循环 | 二位五通阀起换向作用，两个二位二通阀同时动作，可保证活塞停止在任意位置。当没有合适的三位阀时，可用此回路代替 |

## 1.2 速度控制回路

表 23-12-2

| | | | |
|---|---|---|---|
| 单作用气缸的速度控制回路 | | | 利用快速排气阀的双速驱动回路 |
| | 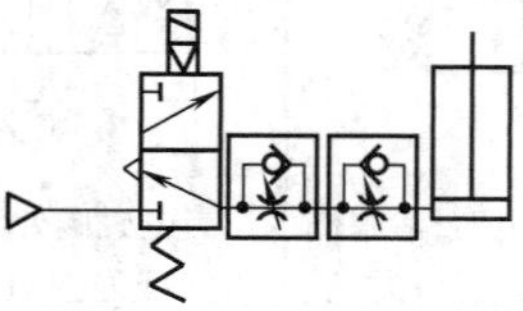 | 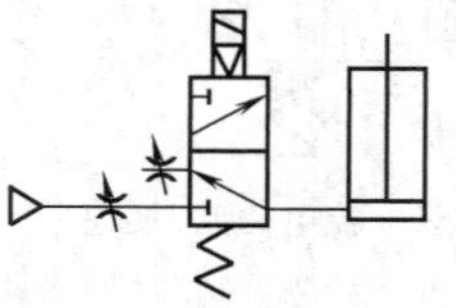 | 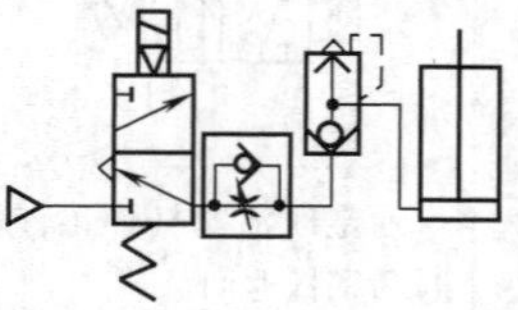 |
| | 采用两个速度控制阀串联，用进气节流和排气节流分别控制活塞两个方向运动的速度 | 直接将节流阀安装在换向阀的进气口与排气口，可分别控制活塞两个方向运动的速度 | 为快速返回回路。活塞伸出时为进气节流速度控制，返回时空气通过快速排气阀直接排至大气中，实现快速返回 |

续表

<table>
<tr><td rowspan="1">单作用气缸的速度控制回路</td><td colspan="3">利用多功能阀的双速驱动回路<br>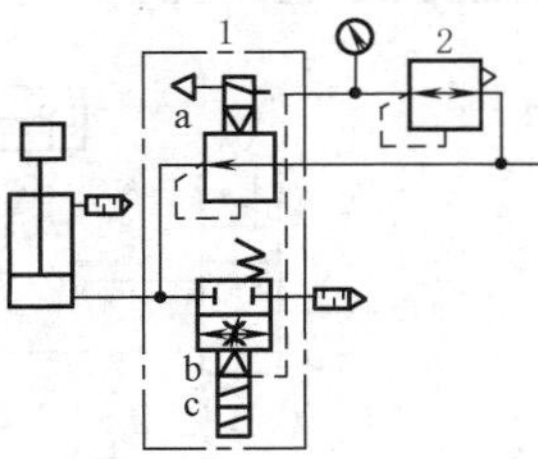<br>多功能阀 1(SMC 产品 VEX5 系列)具有调压、调速和换向三种功能。当多功能阀 1 的电磁铁 a、b、c 都不通电时,多功能阀 1 可输出由小型减压阀设定的压力气体,驱动气缸前进;当电磁铁 a 断电,b 通电时,进行高速排气;当电磁铁 c 通电时,进行节流排气</td></tr>
<tr><td rowspan="2">双作用气缸的速度控制回路</td><td>采用单向节流阀的速度控制回路<br>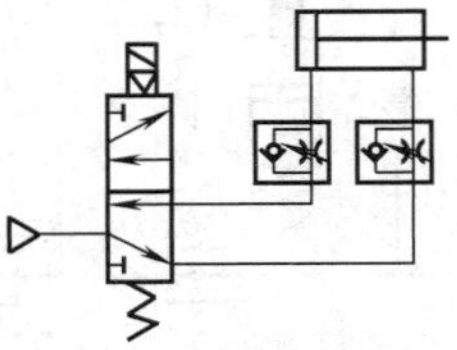<br>在气缸两个气口分别安装一个单向节流阀,活塞两个方向的运动分别通过每个单向节流阀调节。常采用排气节流型单向节流阀</td><td>采用排气节流阀的速度控制回路<br>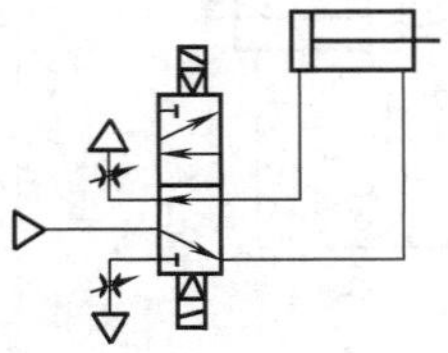<br>采用二位四通(五通)阀,在阀的两个排气口分别安装节流阀,实现排气节流速度控制,方法比较简单</td><td>快速返回回路<br>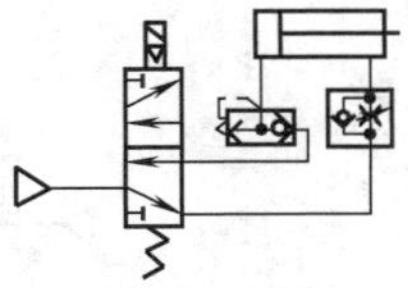<br>活塞杆伸出时,利用单向节流阀调节速度,返回时通过快速排气阀排气,实现快速返回</td></tr>
<tr><td>高速动作回路<br>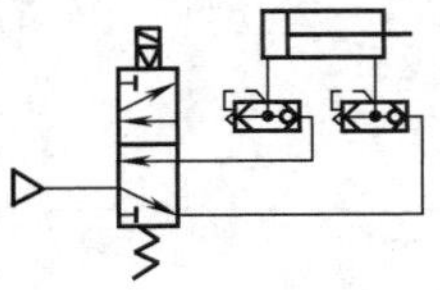<br>在气缸的进(排)气口附近两个管路中均装有快速排气阀,使气缸活塞运动加速</td><td>中间变速回路<br>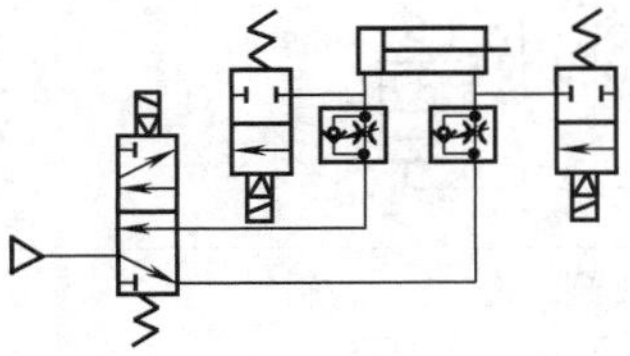<br>用两个二位二通阀与速度控制阀并联,可以控制活塞在运动中任意位置发出信号,使背压腔气体通过二位二通阀直接排出到大气中,改变气缸的运动速度</td><td>利用电/气比例节流阀的速度控制回路<br>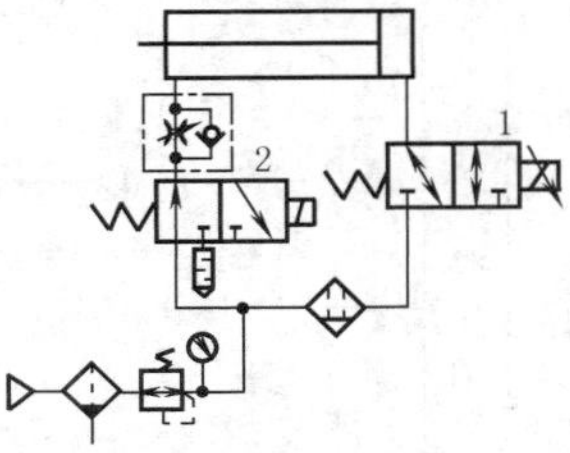<br>可实现气缸的无级调速。当三通电磁阀 2 通电时,给电气比例节流阀 1 输入电信号,使气缸前进。当三通电磁阀 2 断电时,利用电信号设定电气比例阀 1 的节流阀开度,使气缸以设定的速度后退。阀 1 和阀 2 应同时动作,以防止气缸启动“冲出”</td></tr>
</table>

## 1.3 压力、力矩与力控制回路

表 23-12-3

<table>
<tr><td rowspan="3">压力控制回路</td><td colspan="2">气动系统中,压力控制不仅是维持系统正常工作所必需的,而且也关系到系统总的经济性、安全性及可靠性。作为压力控制方法,可分为一次压力(气源压力)控制、二次压力(系统工作压力)控制、双压驱动、多级压力控制、增压控制等</td></tr>
<tr><td>一次压力控制回路</td><td>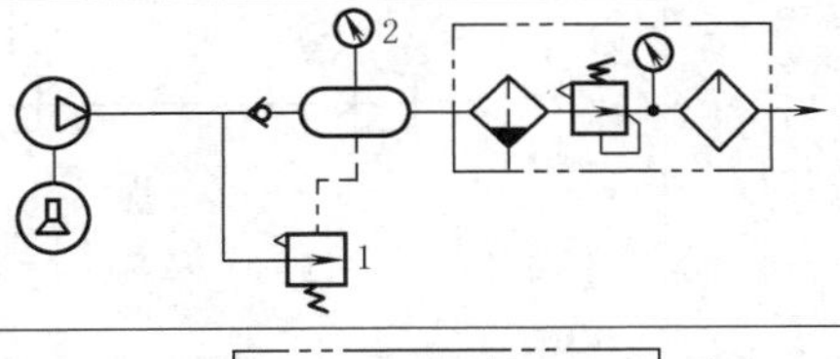<br>控制气罐使其压力不超过规定压力。常采用外控制式溢流阀 1 来控制,也可用带电触点的压力表 2 代替溢流阀 1 来控制压缩机电机的动、停,从而使气罐内压力保持在规定范围内。采用安全阀结构简单,工作可靠,但无功耗气量大;而后者对电机及其控制有要求</td></tr>
<tr><td>二次压力控制回路</td><td>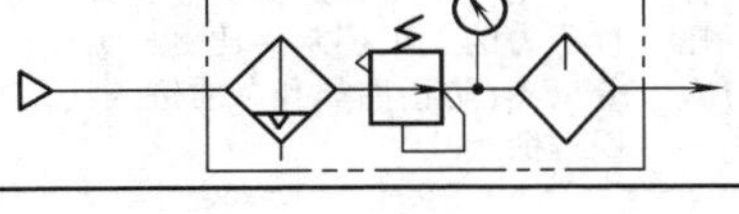<br>利用气动三联件中的溢流式减压阀控制气动系统的工作压力</td></tr>
</table>

第 23 篇

续表

| | | | |
|---|---|---|---|
| 压力控制回路 | 采用差压操作,可以减少空气消耗量,并减少冲击 | | |
| | 差压回路 | 采用单向减压阀的差压回路<br>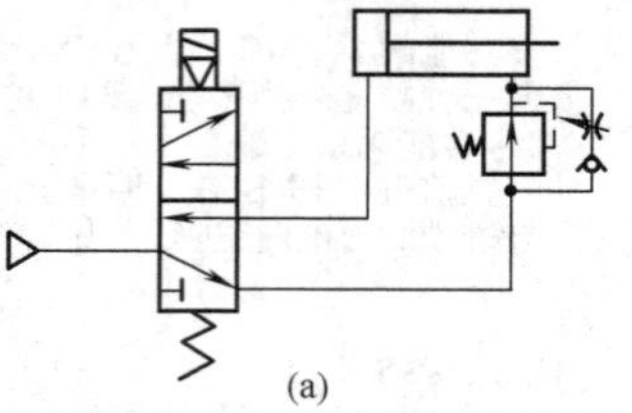<br>(a)<br>当活塞杆伸出时为高压,返回时空气通过减压阀减压 | 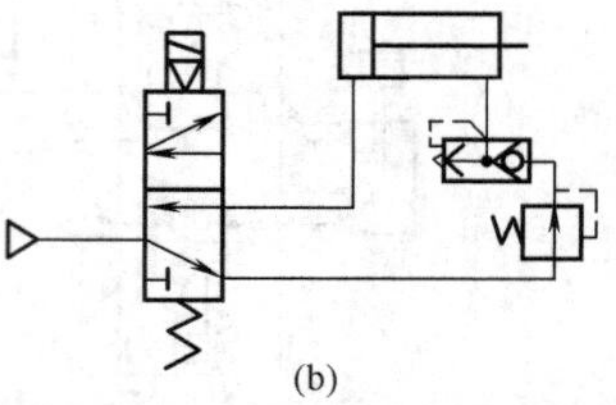<br>(b)<br>与图 a 原理一样,只是用快速排气阀代替单向节流阀 |
| | | 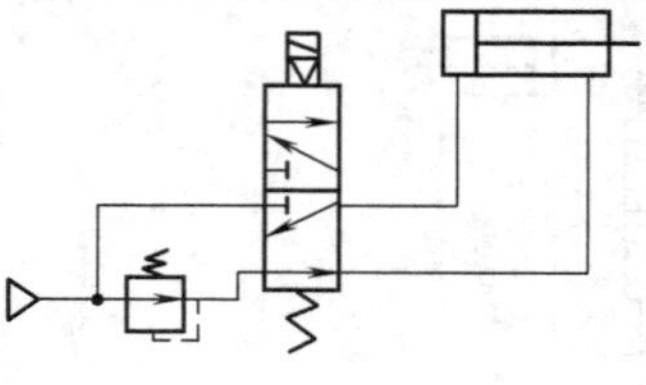<br>(c)<br>与图 a 比较,只是减压阀安装在换向阀之前,减压阀的工作要求较高,而省去单向节流阀 | 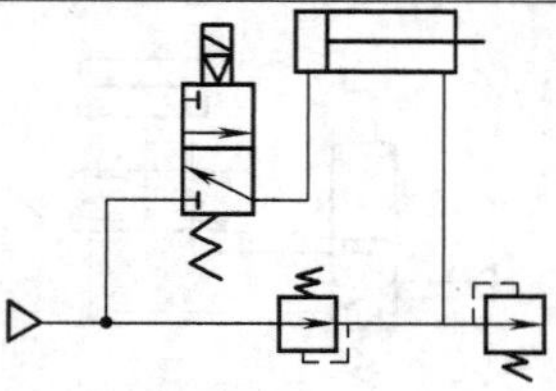<br>(d)<br>气缸活塞一端通过减压阀供给一定的压力,另外安装卸荷阀做排气用 |
| | 限压回路 | 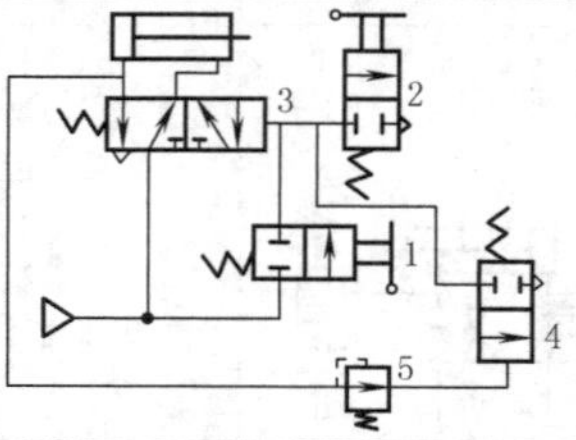 | 启动按钮 1 作用后,活塞开始伸出,挡块遇行程阀 2 后,换向阀 3 使活塞返回。但如果在前进中遇到大的阻碍,气缸左腔压力增高,顺序阀 5 动作,打开二位二通阀 4 排气,活塞自动返回 |
| | | 高、低压转换回路<br>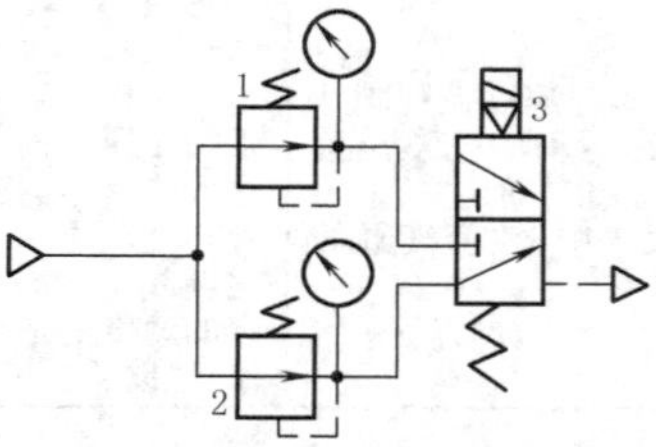 | 气源经过调压阀 1 与 2 可调至两种不同的压力,通过换向阀 3 可得两种不同的压力输出 |
| | 多级压力控制回路 | 采用远程调压阀的多级压力控制回路<br>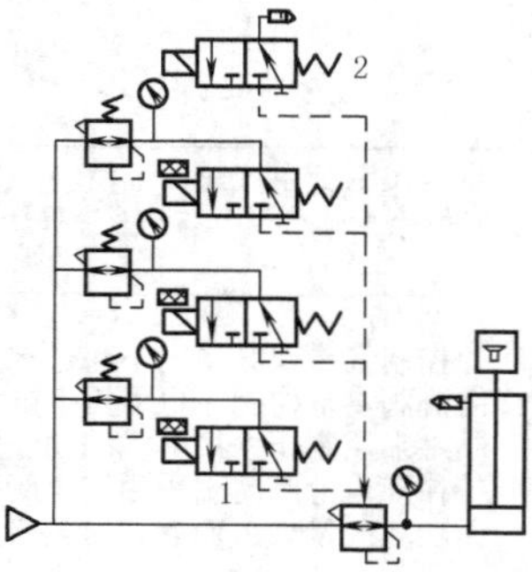<br>远程调压阀的先导压力通过三通电磁阀 1 的切换来控制,可根据需要设定低、中、高三种先导压力。在进行压力切换时,必须用电磁阀 2 先将先导压力泄压,然后再选择新的先导压力 | 采用比例调压阀的无级压力控制回路<br>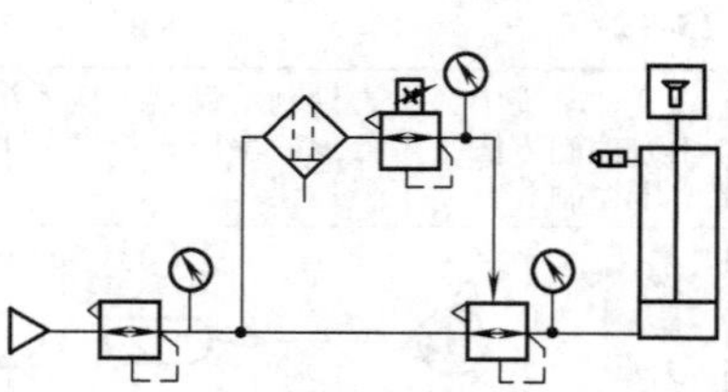<br>采用一个小型的比例压力阀作为先导压力控制阀可实现压力的无级控制。比例压力阀的入口应使用一个微雾分离器,防止油雾和杂质进入比例阀,影响阀的性能和使用寿命 |

续表

<table>
<tr><td rowspan="6">压力控制回路</td><td rowspan="4">增压回路</td><td colspan="4">使用增压阀的增压回路</td></tr>
<tr><td colspan="2">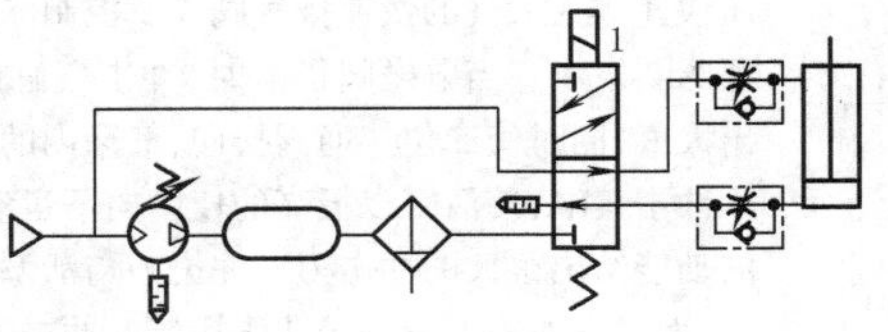<br>当二位五通电磁阀 1 通电时，气缸实现增压驱动；当电磁阀 1 断电时，气缸在正常压力作用下返回</td><td colspan="2">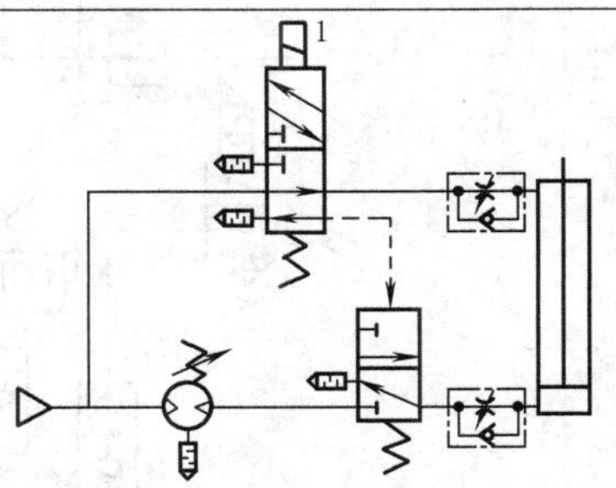<br>当二位五通电磁阀 1 通电时，利用气控信号使主换向阀切换，进行增压驱动；电磁阀 1 断电时，气缸在正常压力作用下返回</td></tr>
<tr><td>使用气/液增压缸的增压回路</td><td colspan="2">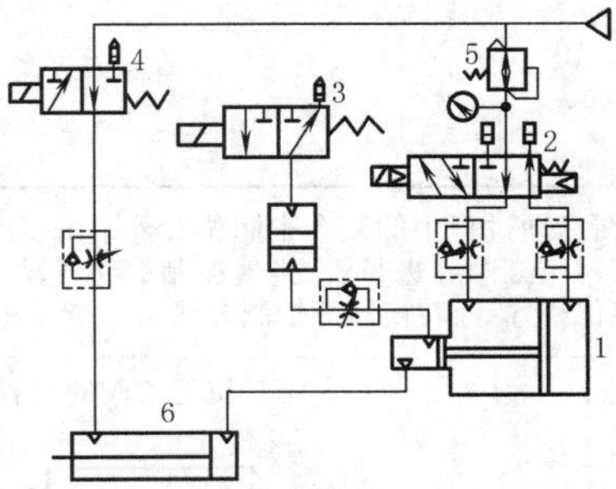</td><td>当三通电磁阀 3、4 通电时，气/液缸 6 在与气压相同的油压作用下伸出；当需要大输出力时，则使五通电磁阀 2 通电，让气/液增压缸 1 动作，实现气/液缸的增压驱动。让五通电磁阀 2 和三通电磁阀 3、4 断电时，则可使气/液缸返回。气/液增压缸 1 的输出可通过减压阀 5 进行设定</td></tr>
<tr><td>串联气缸增力回路</td><td colspan="2">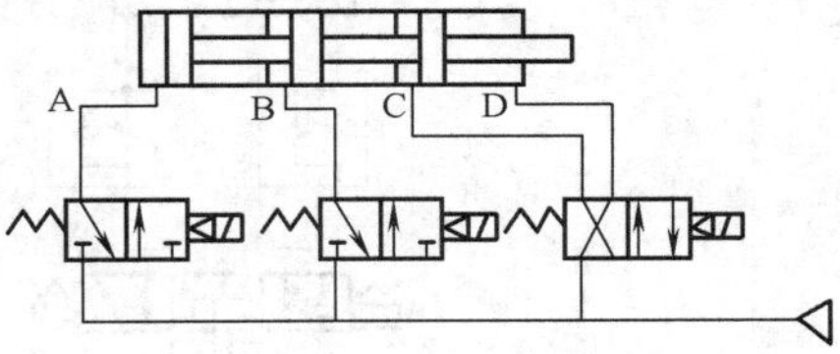</td><td>三段活塞缸串联，工作行程时，电磁换向阀通电，A、B、C 进气，使活塞杆增力推出。复位时，电磁阀断电，气缸右端口 D 进气，把杆拉回</td></tr>
<tr><td colspan="2">压力控制顺序回路</td><td colspan="2">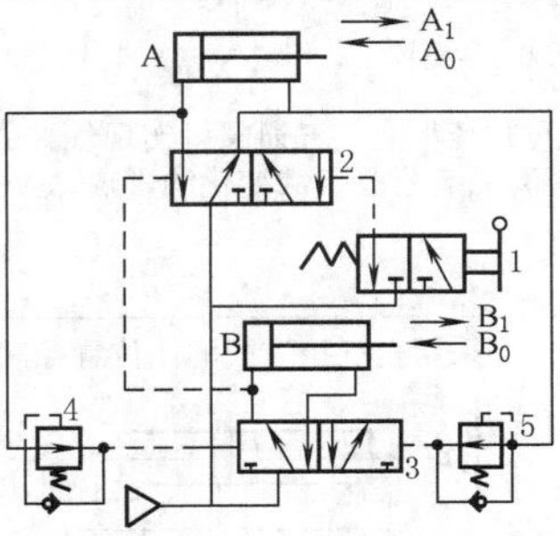</td><td>为完成 $A_1$、$B_1$、$A_0$、$B_0$ 顺序动作的回路，启动按钮 1 动作后，换向阀 2 换向，A 缸活塞杆伸出完成 $A_1$ 动作；A 缸左腔压力增高，顺序阀 4 动作，推动阀 3 换向，B 缸活塞杆伸出完成 $B_1$ 动作，同时使阀 2 换向完成 $A_0$ 动作；最后 A 缸右腔压力增高，顺序阀 5 动作，使阀 3 换向完成 $B_0$ 动作。此处顺序阀 4 及 5 调整至一定压力后动作</td></tr>
<tr><td colspan="5"></td></tr>
<tr><td rowspan="2">力矩控制回路</td><td colspan="5">气马达是产生力矩的气动执行元件。叶片式气马达是依靠叶片使转子高速旋转，经齿轮减速而输出力矩，借助于速度控制改变离心力而控制力矩，其回路就是一般的速度控制回路。活塞式气马达和摆动马达则是通过改变压力来控制扭矩的。下面介绍活塞式气马达的力矩控制回路</td></tr>
<tr><td>气马达的力矩控制回路</td><td colspan="2">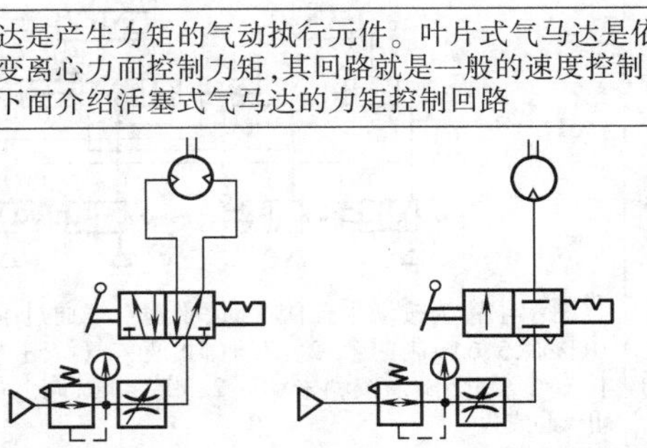<br>活塞式气马达经马达内装的分配器向大气排气，转速一高则排气受节流而力矩下降。力矩控制一般通过控制供气压力实现</td><td>摆动马达的力矩控制回路</td><td>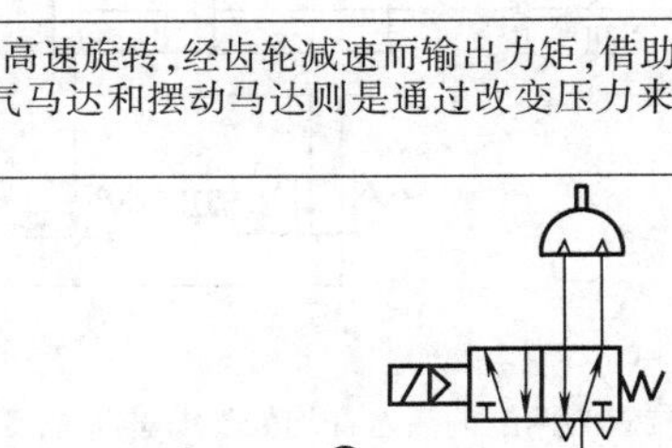<br>应该注意的是，若在停止过程中负载具有较大的惯性力矩，则摆动马达还必须使用挡块定位</td></tr>
</table>

续表

| | | | |
|---|---|---|---|
| 力控制回路 | 冲击气缸的典型力控制回路 | 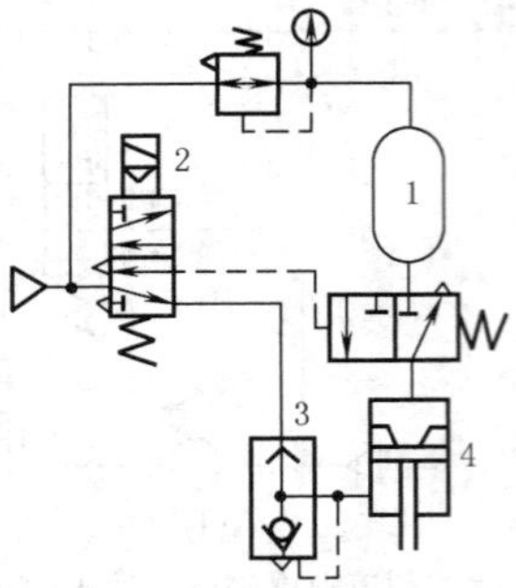 | 该回路由冲击气缸4、快速供给气压的气罐1、把气缸背压快速排入大气的快速排气阀3及控制气缸换向的二位五通阀2组成。当电磁阀得电时，冲击气缸的排气侧快速排出大气，同时使二位三通阀换向，气罐内的压缩空气直接流入冲击气缸，使活塞以极高的速度向下运动，该活塞所具有的动能给出很大的冲击力。冲击力与活塞的速度平方成正比，而活塞的速度取决于从气罐流入冲击气缸的空气流量。为此，调节速度必须调节气罐的压力 |

## 1.4 位置控制回路

**表 23-12-4**

| | |
|---|---|
| 气缸通常只能保持在伸出和缩回两个位置。如果要求气缸在运动过程中的某个中间位置停下来，则要求气动系统具有位置控制功能。由于气体具有压缩性，因此只利用三位五通电磁阀对气缸两腔进行给、排气控制的纯气动方法，难以得到高精度的位置控制。对于定位精度要求较高的场合，应采用机械辅助定位或气/液转换器等控制方法 | |
| 利用外部挡块的定位方法<br>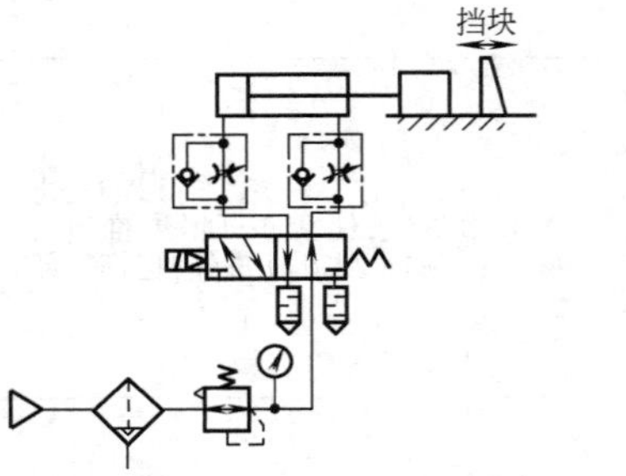<br>在定位点设置机械挡块，是使气缸在行程中间定位的最可靠方法，定位精度取决于机械挡块的设置精度。这种方法的缺点是定位点的调整比较困难，挡块与气缸之间应考虑缓冲的问题 | 采用三位五通阀的位置控制回路<br>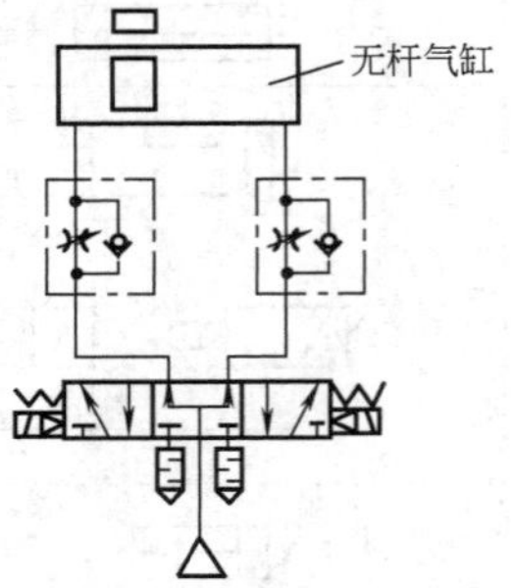<br>采用中位加压型三位五通阀可实现气缸的位置控制，但位置控制精度不高，容易受负载变化的影响 |
| 使用串联气缸的三位置控制回路<br>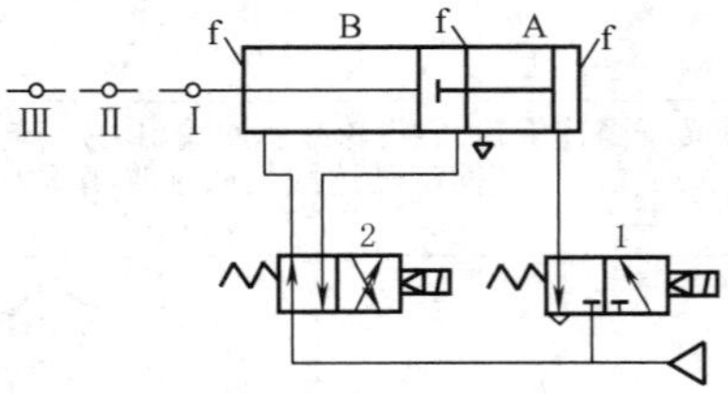<br>图示位置为两缸的活塞杆均处于缩进状态，当阀2如图示位置，而阀1通电换向时，A缸活塞杆向左推动B缸活塞杆，其行程为Ⅰ—Ⅱ。反之，当阀1如图示状态而阀2通电切换时，缸B活塞杆杆端由位置Ⅱ继续前进到Ⅲ(因缸B行程为Ⅰ—Ⅲ)。此外，可在两缸端盖上f处与活塞杆平行安装调节螺钉，以相应地控制行程位置，使缸B活塞杆端可停留在Ⅰ—Ⅱ、Ⅱ—Ⅲ之间的所需位置 | 采用全气控方式的四位置控制回路<br>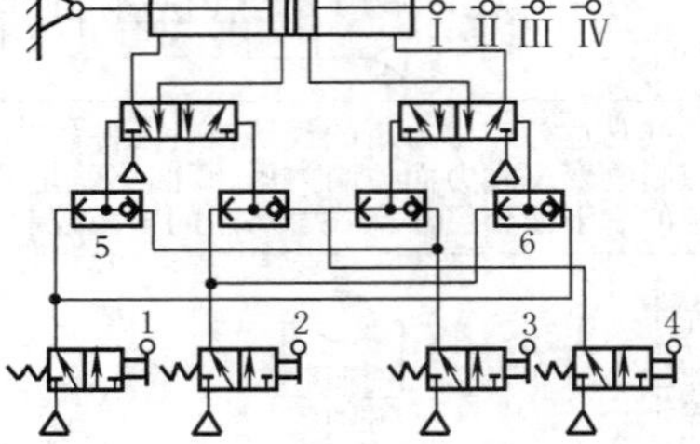<br>图示位置为按动手控阀1时，压缩空气通过手控阀1，分两路由梭阀5、6控制两个二位五通阀，使主气源进入多位缸而得到位置Ⅰ。此外，当按动手动阀2、3或4时，同上可相应得到位置Ⅱ、Ⅲ或Ⅳ |

续表

| 利用制动气缸的位置控制回路 | |
|---|---|
| 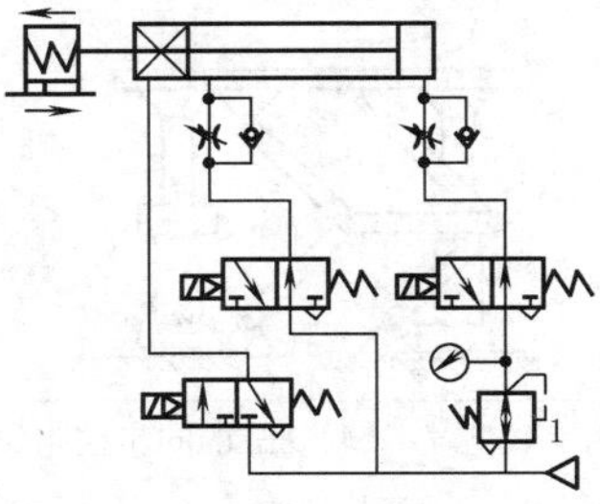 | 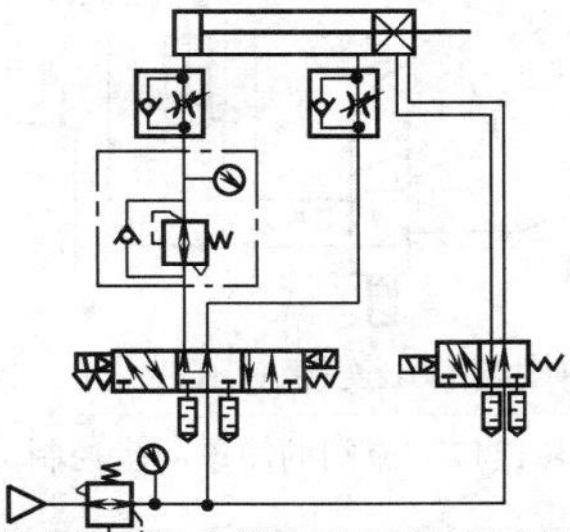 |
| 如果制动装置为气压制动型,气源压力应在 0.1MPa 以上;如果为弹簧+气压制动型,气源压力应在 0.35MPa 以上。气缸制动后,活塞两侧应处于力平衡状态,防止制动解除时活塞杆飞出,为此设置了减压阀 1。解除制动信号应超前于气缸的往复信号或同时出现 | 制动装置为双作用型,即卡紧和松开都通过气压来驱动。采用中位加压型三位五通阀控制气缸的伸出与缩回 |
| **带垂直负载的制动气缸位置控制回路** | |
| 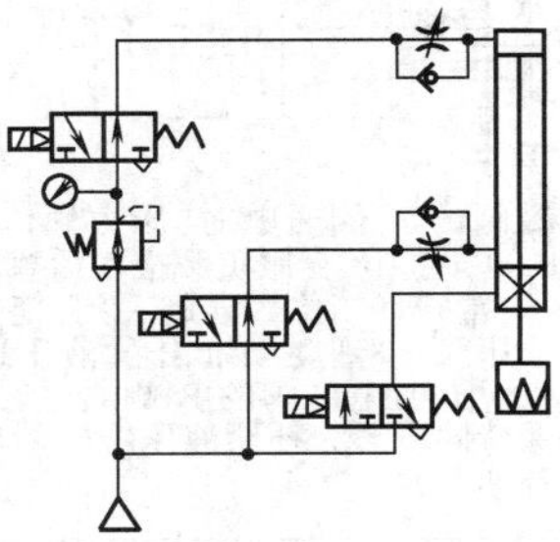 | 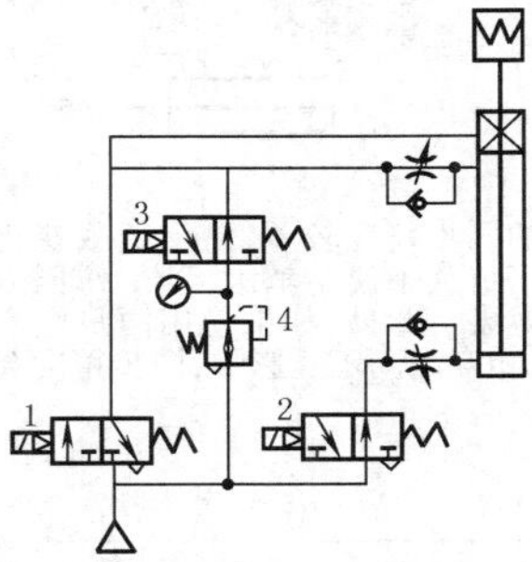 |
| 带垂直负载时,为防止突然断气时工件掉下,应采用弹簧+气压制动型或弹簧制动型制动装置 | 垂直负载向上时,为了使制动后活塞两侧处于力平衡状态,减压阀 4 应设置在气缸有杆腔侧 |
| **使用气/液转换器的位置控制回路** | |
| 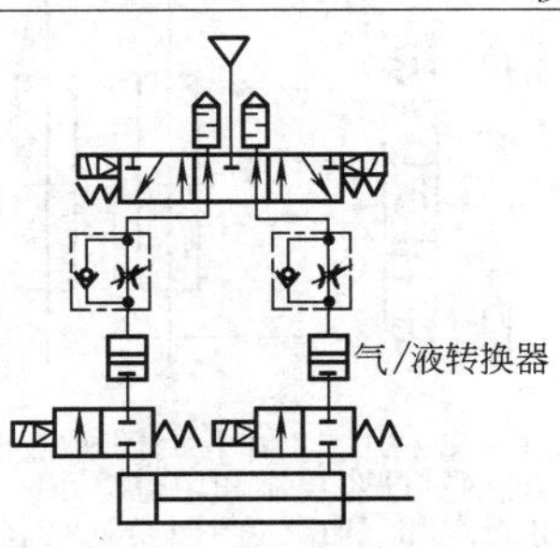  | 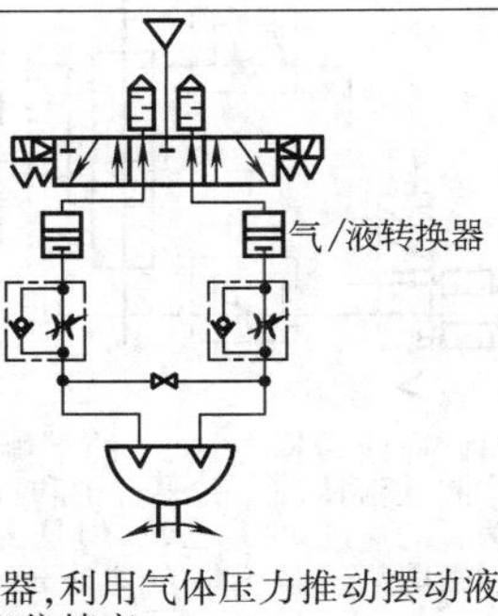  |
| 通过气/液转换器,利用气体压力推动液压缸运动,可以获得较高的定位精度,但在一定程度上要牺牲运动速度 | 通过气/液转换器,利用气体压力推动摆动液压缸运动,可以获得较高的中间定位精度 |

# 2 典型应用回路

## 2.1 同步回路

**表 23-12-5**

同步控制是指驱动两个或多个执行元件时,使它们在运动过程中位置保持同步。同步控制实际是速度控制的一种特例。当各执行机构的负载发生变动时,为了实现同步,通常采用以下方法:

(1)使用机械连接使各执行机构同步动作

(2)使流入和流出执行机构的流量保持一定

(3)测量执行机构的实际运动速度,并对流入和流出执行机构的流量进行连续控制

续表

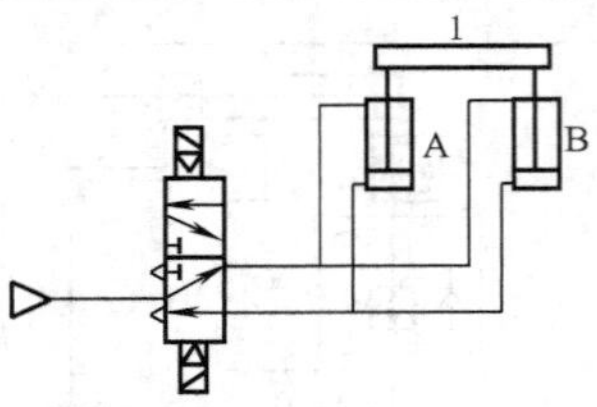


采用刚性零件 1 连接，使 A、B 两缸同步运动

使用连杆机构的同步控制回路

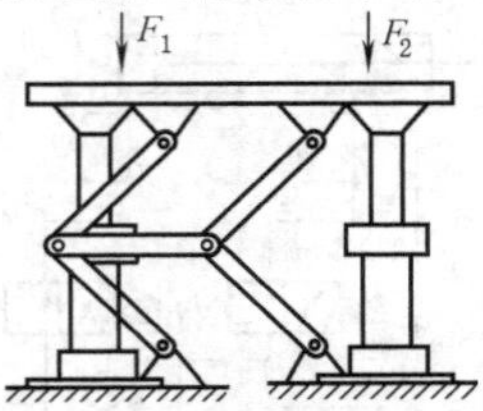


利用出口节流阀的简单同步控制回路

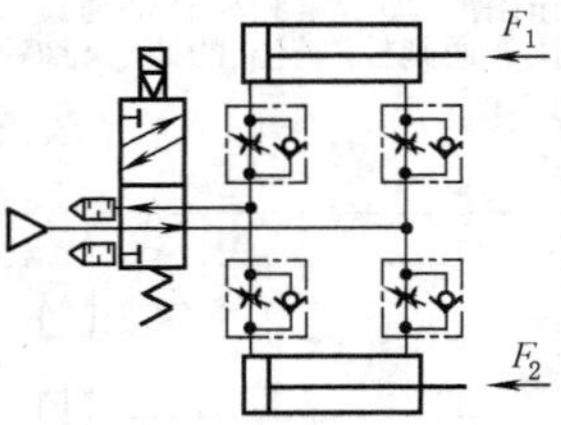


这种同步回路的同步精度较差，易受负载变化的影响，如果气缸的缸径相对于负载来说足够大，若工作压力足够高，可以取得一定的同步效果。此外，如果使用两只电磁阀，使两只气缸的给排气独立，相互之间不受影响，同步精度会好些

使用串联型气/液联动缸的同步控制回路

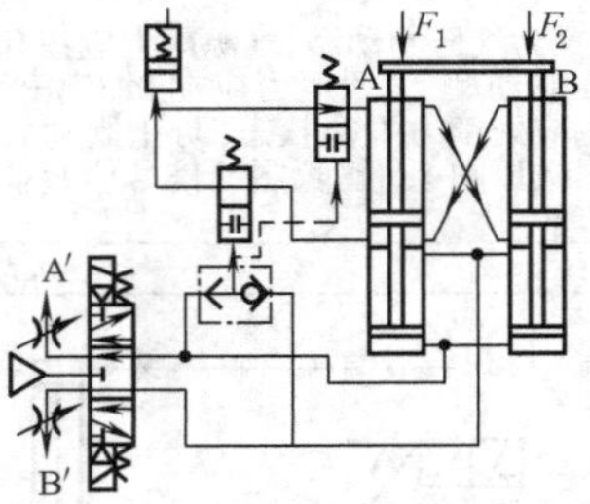


当三位五通电磁阀的 A′侧通电时，压力气体经过管路流入气/液联动缸 A、B 的气缸中，克服负载推动活塞上升。此时，在先导压力的作用下，常开型二位二通阀关闭，使气/液联动缸 A 的液压缸上腔的油压入气/液联动缸 B 的液压缸下腔，从而使它们同步上升。三位五通电磁阀的 B′侧通电时，可使气/液联动缸向下的运动保持同步。为补偿液压缸的漏油可设贮油缸，在不工作时进行补油

使用气/液转换缸的同步控制回路(1)

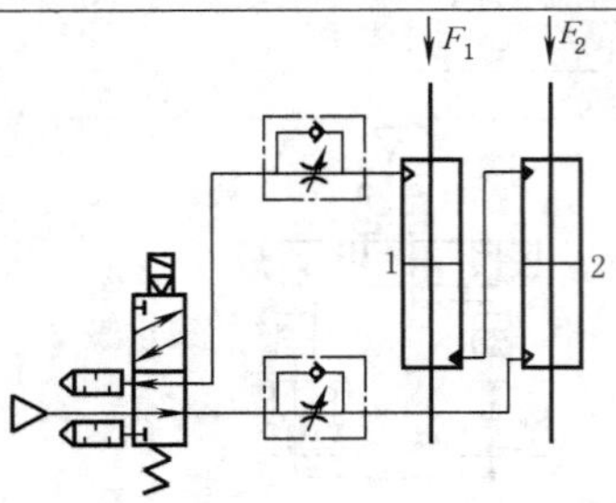


使用两只双出杆气/液转换缸，缸 1 的下侧和缸 2 的上侧通过配管连接，其中封入液压油。如果缸 1 和缸 2 的活塞及活塞杆面积相等，则两者的速度可以一致。但是，如果气/液转换缸有内泄漏和外泄漏，因为油量不能自动补充，所以两缸的位置会产生累积误差

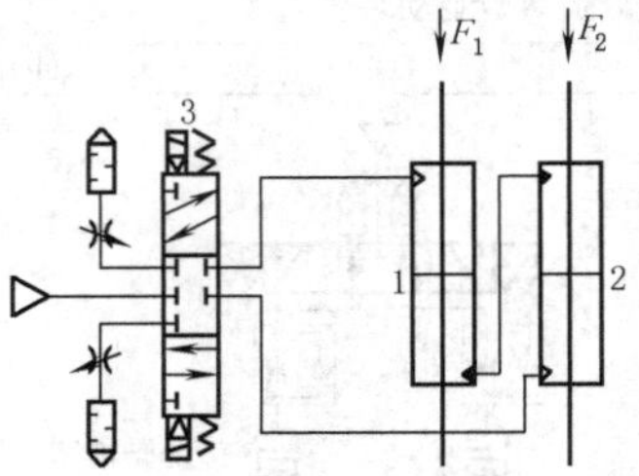


气/液转换缸 1 和 2 利用具有中位封闭机能的三位五通电磁阀 3 驱动，可实现两缸同步控制和中位停止。该回路中，调速阀不是设置在电磁阀和气缸之间，而是连接在电磁阀的排气口，这样可以改善中间停止精度

闭环同步控制方法

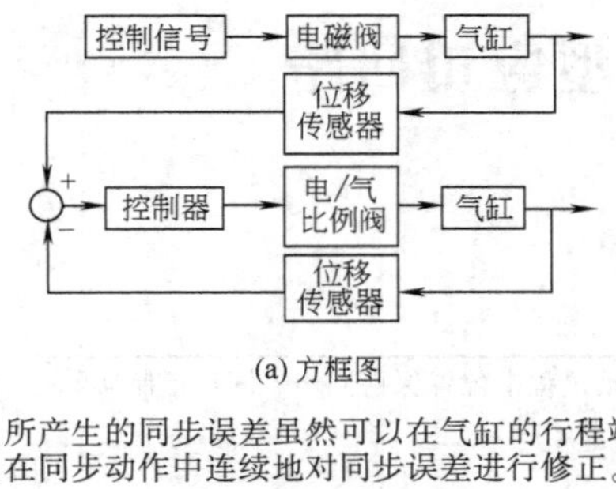


(a) 方框图

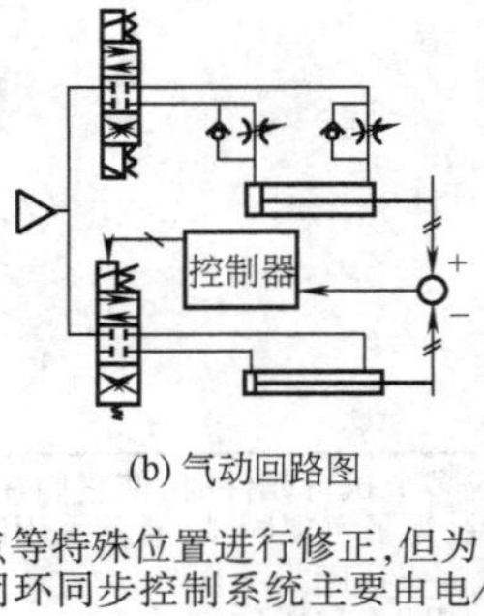


(b) 气动回路图

在开环同步控制方法中，所产生的同步误差虽然可以在气缸的行程端点等特殊位置进行修正，但为了实现高精度的同步控制，应采用闭环同步控制方法，在同步动作中连续地对同步误差进行修正。闭环同步控制系统主要由电/气比例阀、位移传感器、同步控制器等组成

## 2.2 延时回路

表 23-12-6

| | |
|---|---|
| 延时给气回路<br>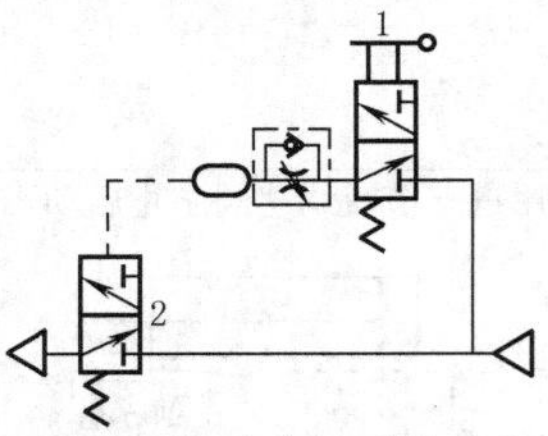<br>按钮 1 必须按下一段时间后，阀 2 才能动作 | 延时排气回路<br>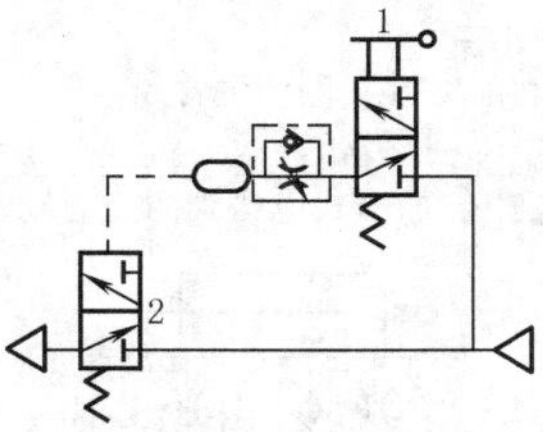<br>当按钮 1 松开一段时间后，阀 2 才切断 |
| 延时返回回路<br>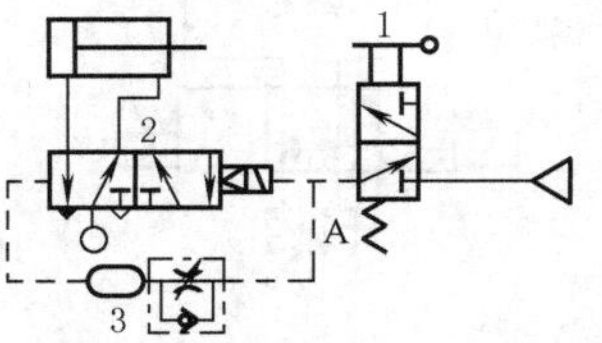 | 当手动阀 1 按下后，阀 2 立即切换至右边工作。活塞杆伸出，同时压缩空气经管路 A 流向气室 3，待气室 3 中的压力增高后，差压阀 2 又换向，活塞杆收回。延时长短根据需要选用不同大小气室及调节进气快慢而定 |

## 2.3 自动往复回路

表 23-12-7

| | | |
|---|---|---|
| 一次自动往复回路 | 加压控制回路<br>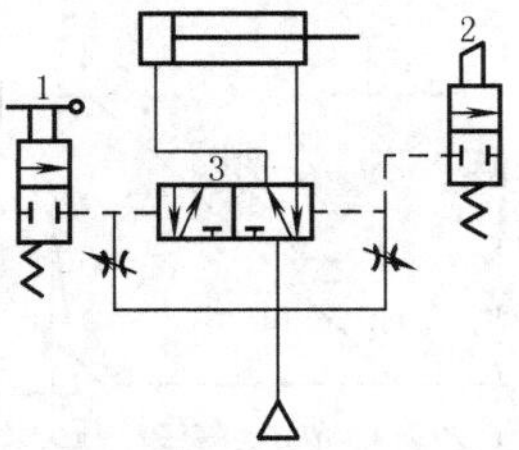<br>手动阀 1 动作后，换向阀左端压力下降，右端压力大于左端，使阀 3 换向。活塞杆伸出至压下行程阀 2，阀 3 右端压力下降，又使换向阀 3 切换，活塞杆收回，完成一次往复 | 卸压控制回路<br>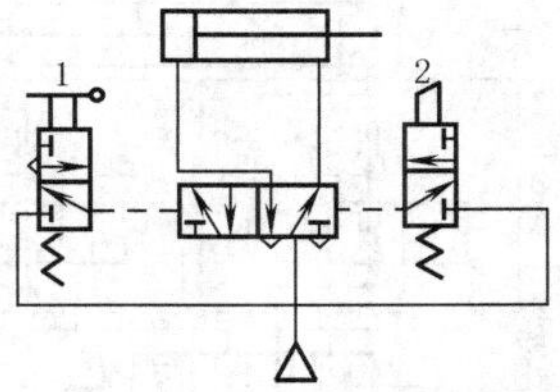<br>手动阀 1 动作后，换向阀换向，活塞杆伸出。当撞块压下行程阀 2 后，接通压缩空气使换向阀换向，活塞杆缩回，一次行程完毕 |
| 连续自动往复回路 | 利用行程阀的自动往复回路<br>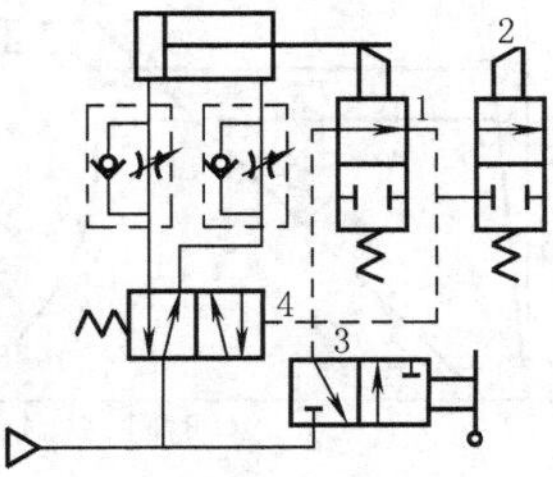<br>当启动阀 3 后，压缩空气通过行程阀 1 使阀 4 换向，活塞杆伸出。当压住行程阀 2 后，换向阀 4 在弹簧作用下换向，使活塞杆返回。这样使活塞进行连续自动往复运动，一直到关闭阀 3 后，运动停止 | 利用时间控制的连续自动往复回路<br>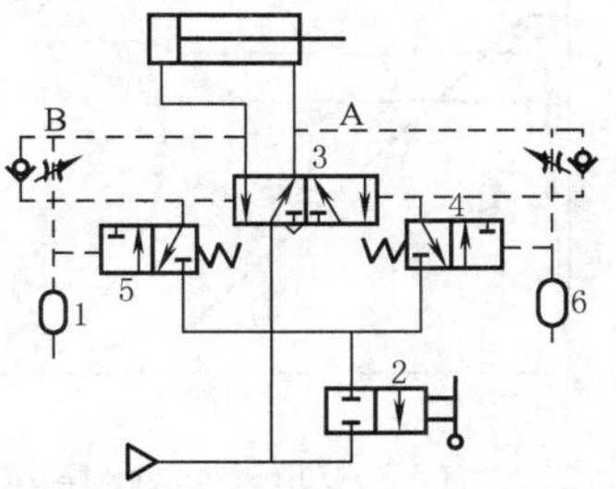<br>当换向阀 3 处于图中所示位置时，压缩空气沿管路 A 经节流阀向气室 6 充气，过一段时间后，气室 6 内压力增高，切换二位三通阀 4，压缩空气通过阀 4 使阀 3 换向，活塞杆伸出；同时压缩空气经管路 B 及节流阀又向气室 1 充气，待压力增高后切换阀 5，从而使阀 3 换向。这样活塞杆进行连续自动往复运动。手动阀 2 为启动、停止用 |

## 2.4 防止启动飞出回路

**表 23-12-8**

气缸在启动时，如果排气侧没有背压，活塞杆将以很快的速度冲出，若操作人员不注意，有可能发生伤害事故。避免这种情况发生的方法有两种：

(1)在气缸启动前使排气侧产生背压

(2)采用进气节流调速方法

采用中位加压式电磁阀防止启动飞出

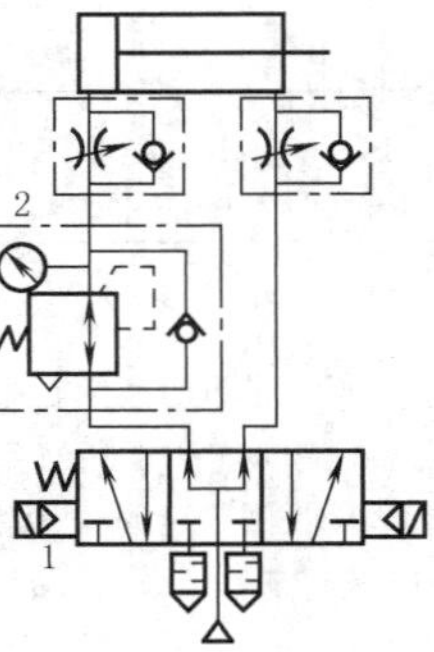


采用具有中间加压机能的三位五通电磁阀 1 在气缸启动前使排气侧产生背压。当气缸为单活塞杆气缸时，由于气缸有杆腔和无杆腔的压力作用面积不同，因此考虑电磁阀处于中位时，使气缸两侧的压力保持平衡

采用进气节流调速阀防止启动飞出

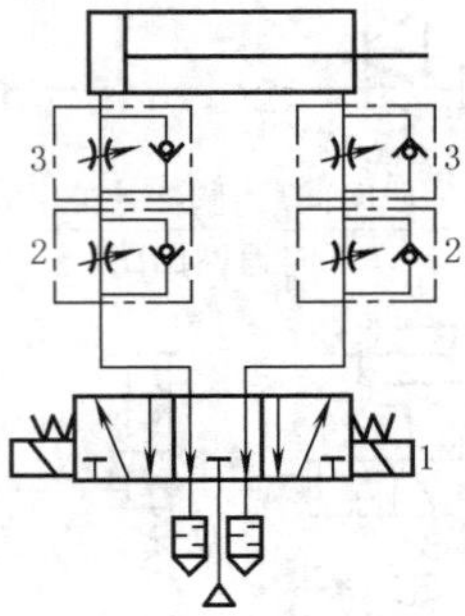


当三位五通电磁阀断电时，气缸两腔都卸压；启动时，利用调速阀 3 的进气节流调速防止启动飞出。由于进气节流调速的调速性能较差，因此在气缸的出口侧还串联了一个排气节流调速阀 2，用来改善启动后的调速特性。需要注意进气节流调速阀 3 和排气节流调速阀 2 的安装顺序，进气节流调速阀 3 应靠近气缸

利用 SSC 阀防止启动飞出（排气节流控制）

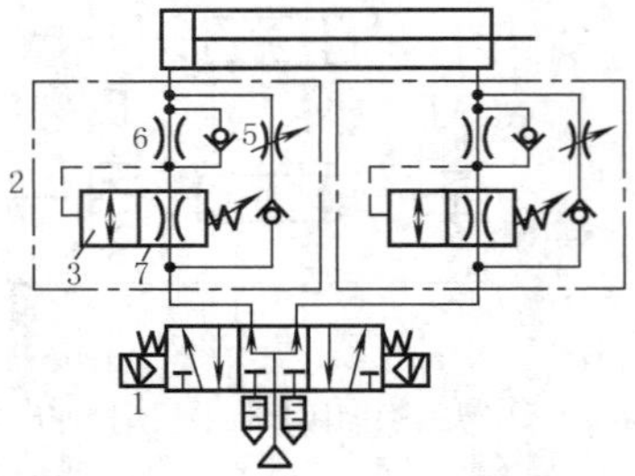


(a) 回路图

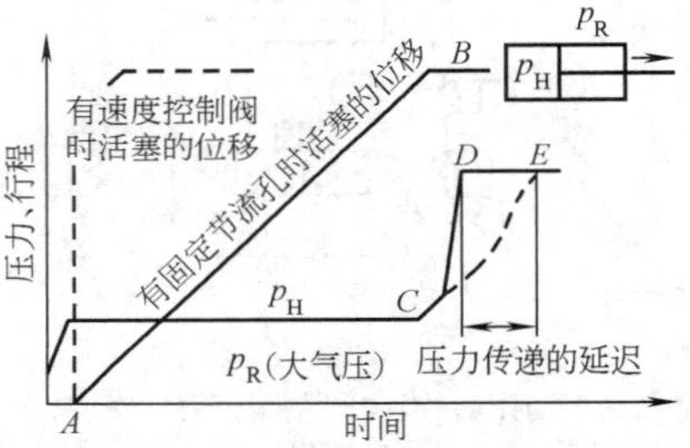


(b) 初期动作时的工作行程

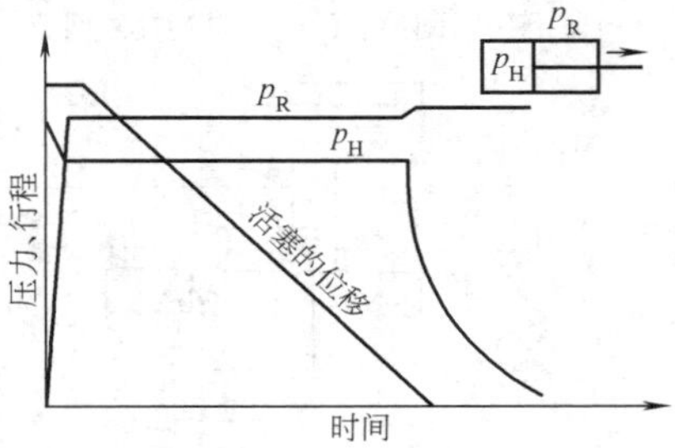


(c) 通常动作时的返回行程

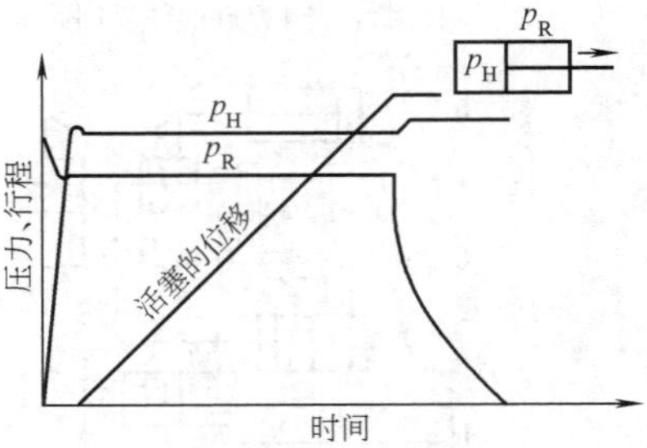


(d) 通常动作时的工作行程

当换向阀由中间位置切换到左位时，有压气体经 SSC 阀的固定节流孔 7 和 6 充入无杆腔，压力 $p_H$ 逐渐上升，有杆腔仍维持为大气压力。当 $p_H$ 升至一定值，活塞便开始做低速右移，从图中的 $A$ 位置移至行程末端 $B$，$p_H$ 压力上升。当 $p_H$ 大于急速供气阀 3 的设定压力时，阀切换至全开，并打开单向阀 5，急速向无杆腔供气，$p_H$ 由 $C$ 点压力急速升至 $D$ 点压力（气源压力）。$CE$ 虚线表示只用进气节流的情况。当初期动作已使 $p_H$ 变成气源压力后，换向阀再切换至左位和右位，气缸的动作、压力 $p_H$、$p_R$ 和速度的变化，便与用一般排气节流式速度控制阀时的特性相同了

## 2.5 防止落下回路

表 23-12-9

| 利用制动气缸的防止落下回路 | 利用端点锁定气缸的防止落下回路 |
| --- | --- |
| 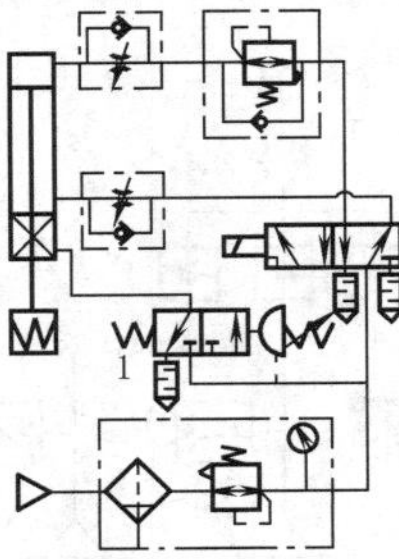 | 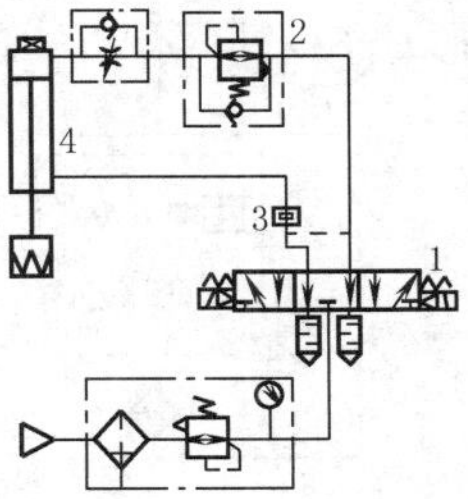 |
| 利用三通锁定阀 1 的调压弹簧可以设定一个安全压力。当气源压力正常,即高于所设定的安全压力时,三通锁定阀 1 在气源压力的作用下切换,使制动气缸的制动机构松开。当气源压力低于所设定的安全压力时,三通锁定阀 1 在复位弹簧的作用下复位,使其出口和排气口相通,制动机构锁紧,从而防止气缸落下。为了提高制动机构的响应速度,三通锁定阀 1 应尽可能靠近制动机构的气控口 | 利用单向减压阀 2 调节负载平衡压力。在上端点使五通电磁阀 1 断电,控制端点锁定气缸 4 的锁定机构,可防止气缸落下。此外,当气缸在行程中间,由于非正常情况使五通电磁阀断电时,利用气控单向阀 3 使气缸在行程中间停止。该回路使用控制阀较少,回路较简单 |

## 2.6 缓冲回路

表 23-12-10

| 采用溢流阀的缓冲回路 | 采用缓冲阀的缓冲回路 |
| --- | --- |
| 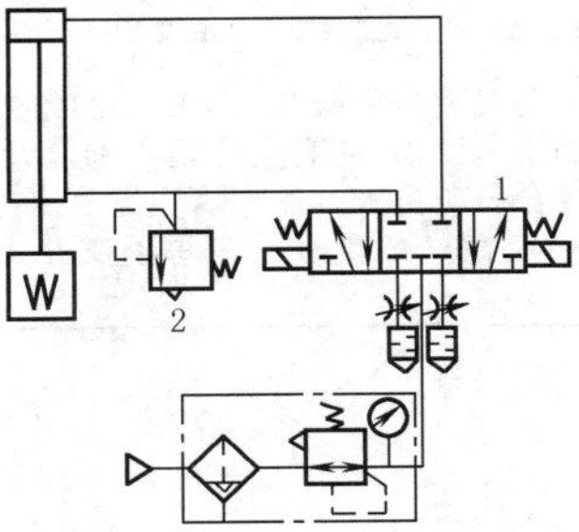 | 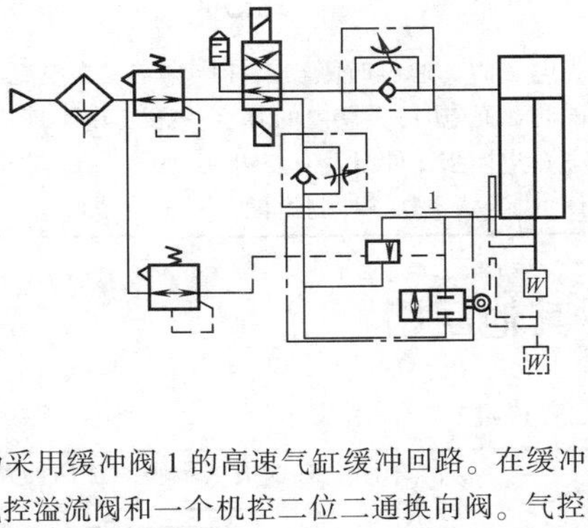 |
| 该回路采用具有中位封闭机能的三位五通电磁阀 1 控制气缸的动作,电磁阀 1 和气缸有杆腔之间设置有一个溢流阀 2。当气缸快接近停止位置时,使电磁阀 1 断电。由于电磁阀的中位封闭机能,背压侧的气体只能通过溢流阀 2 流出,从而在有杆腔形成一个由溢流阀所调定的背压,起到缓冲作用。该回路的缓冲效果较好,但停止位置的控制较困难,最好能和气缸内藏的缓冲机构并用 | 该回路为采用缓冲阀 1 的高速气缸缓冲回路。在缓冲阀 1 中内藏一个气控溢流阀和一个机控二位二通换向阀。气控溢流阀的开启压力,即气缸排气侧的缓冲压力,由一个小型减压阀设定。在气缸进入缓冲行程之前,有杆腔气体经机控换向阀流出。气缸进入缓冲行程时,连接在活塞杆前端的机构使机控换向阀切换,排气侧气体只能经溢流阀流出,并形成缓冲背压。使用该回路时,通常不需气缸内藏缓冲机构 |

## 2.7 真空回路

**表 23-12-11**

| 根据真空是由真空发生器产生还是由真空泵产生,真空控制回路分为两大类 | | |
|---|---|---|
| 利用真空发生器构成的真空吸盘控制回路 | 利用真空发生器组件构成的真空回路<br>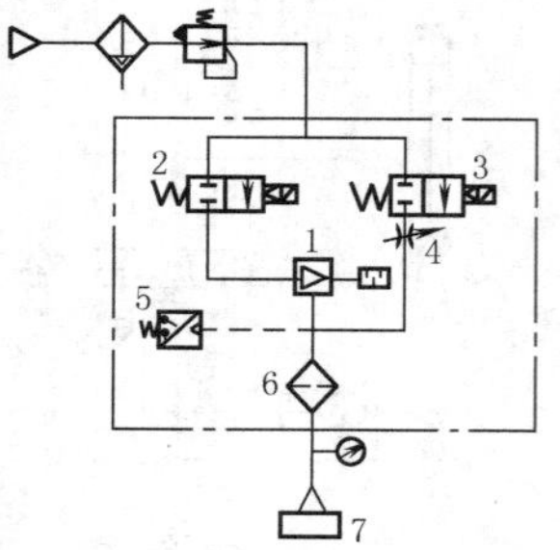<br>由真空供给阀 2、真空破坏阀 3、节流阀 4、真空开关 5、真空过滤器 6 和真空发生器 1 构成真空吸盘控制回路。当需要产生真空时,电磁阀 2 通电;当需要破坏真空时,电磁阀 2 断电,电磁阀 3 通电。上述真空控制元件可组合成一体,成为一个真空发生器组件 | 用一个真空发生器带多个真空吸盘的回路<br>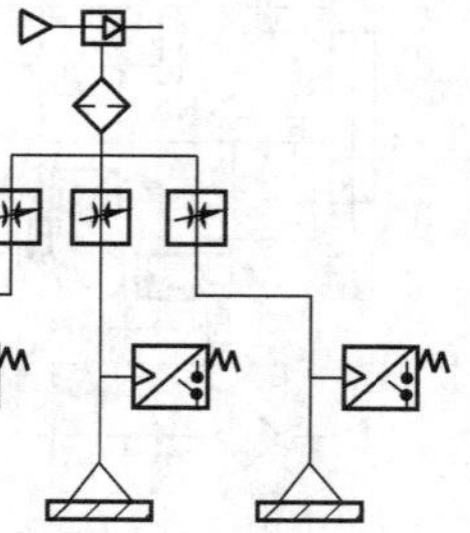<br>一个真空发生器带一个吸盘最理想。若带多个吸盘,其中一个吸盘有泄漏,会减少其他吸盘的吸力。为克服此缺点,可将每个吸盘都配上真空压力开关。一个吸盘泄漏导致真空度不合要求时,便不能起吊工件。另外,每个吸盘与真空发生器之间的节流阀也能减少由于一个吸盘的泄漏对其他吸盘的影响 |
| 利用真空泵构成的真空吸盘控制回路 | 利用真空控制单元构成的真空吸盘控制回路<br>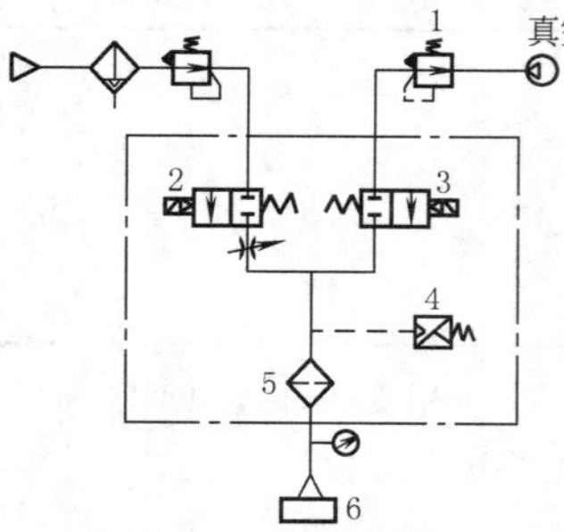<br>当电磁阀 3 通电时吸盘被抽成真空。当电磁阀 3 断电、电磁阀 2 通电时,吸盘内的真空状态被破坏,将工件放下。上述真空控制元件以及真空开关、吸入过滤器等可组合成一体,成为一个真空控制组件 | 用一个真空泵控制多个真空吸盘的回路<br>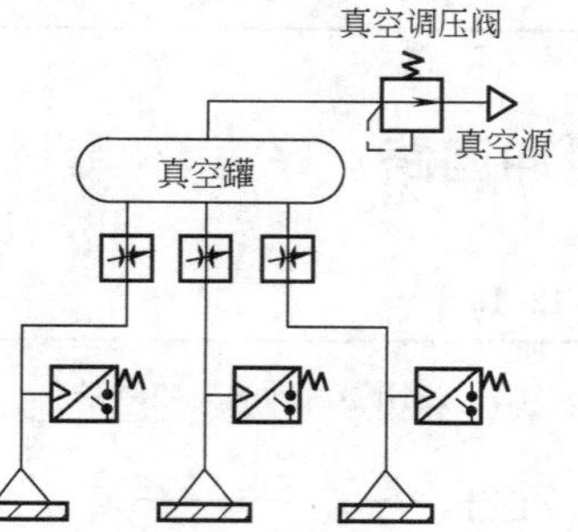<br>若真空管路上要安装多个吸盘,其中一个吸盘有泄漏,会引起真空压力源的压力变动,使真空度达不到设计要求,特别对小孔口吸着的场合影响更大。使用真空罐和真空调压阀可提高真空压力的稳定性。必要时可在每条支路上安装真空切换阀 |

## 2.8 其他回路

**表 23-12-12**

| | | |
|---|---|---|
| 终端瞬时加压回路 | 采用 SSC 阀的终端瞬时加压回路<br>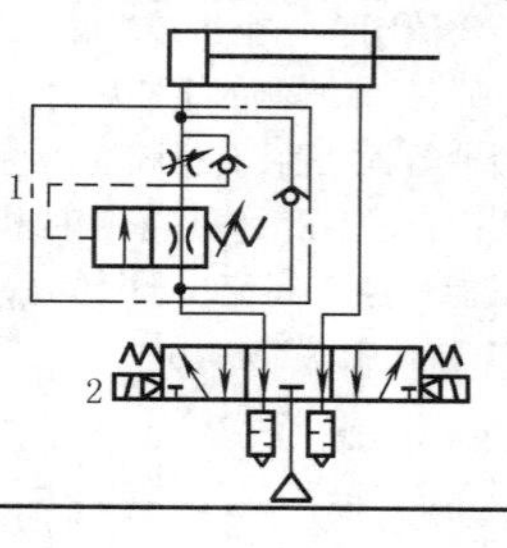 | 该回路使用中间排气型三位五通电磁阀 2,在气缸开始动作前,放出气缸有杆腔内的空气。当换向阀通电使气缸伸出时,由于有杆腔内没有背压,因此通过 SSC 阀 1 以进气节流调速方式和很低的工作压力驱动气缸。气缸接触到工件时,气缸内的压力升高,当压力高到一定值时,SSC 阀 1 内的二位二通阀切换,入口气体不经过节流口而直接进入气缸,以系统压力给气缸瞬时加压。如果气缸为垂直驱动,还应考虑防止落下机构 |

第 23 篇

续表

| | | |
|---|---|---|
| 节能回路 | 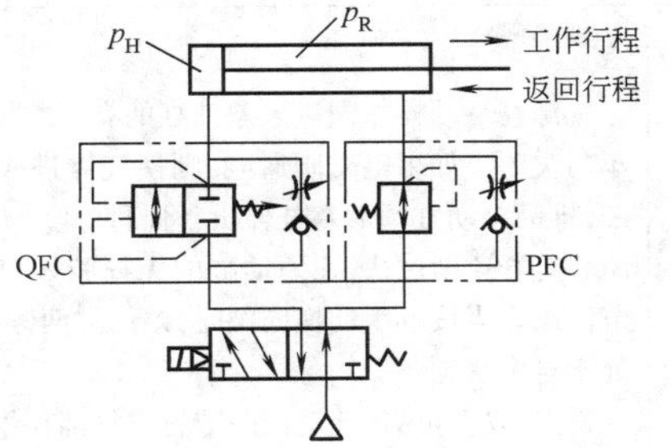<br>在换向阀与气缸之间，无杆侧设置了具有快排机能的速度控制阀（SMC 公司 QFC 系列），有杆侧设置了具有调压机能的速度控制阀（PFC 系列）。在气缸正常返回时，有杆侧压力只需 0.2MPa，便能保证气缸平稳运动。这种回路节省用气量25%，运转成本和设备成本将大幅度减少，故 PFC 和 QFC 阀也称为系统节气阀 | 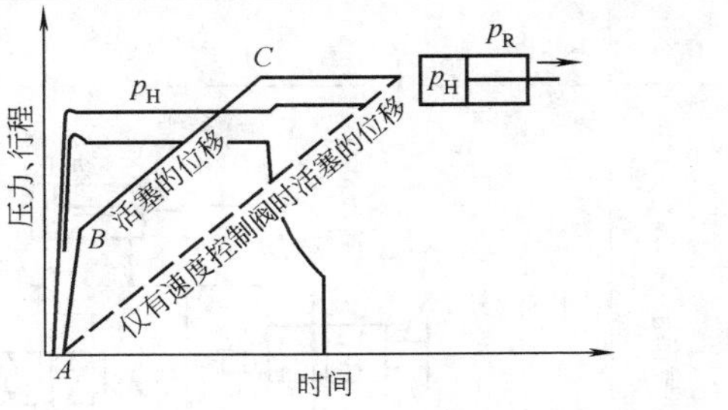<br>(a)<br>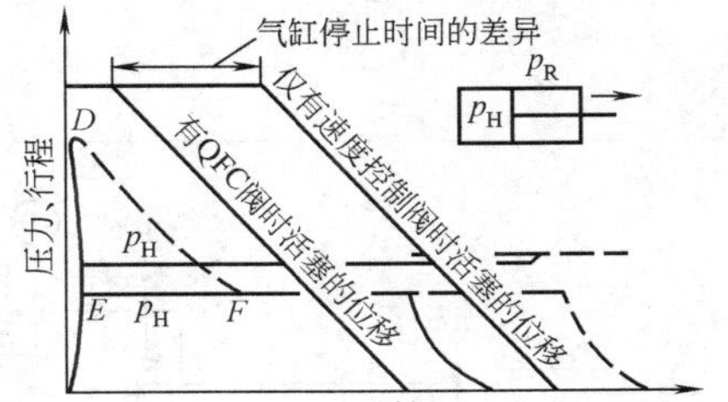<br>(b) |
| 逻辑回路 | “与”门回路<br>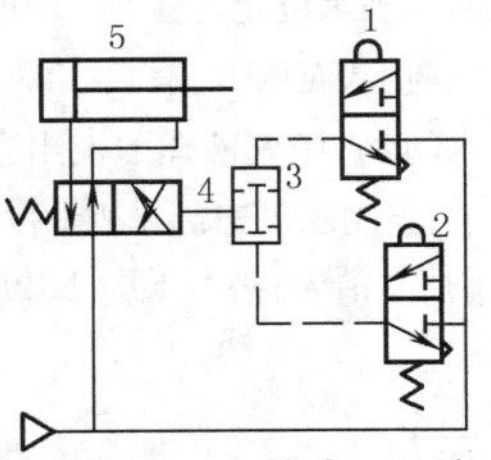<br>只有当行程阀 1 和行程阀 2 同时压下时，“与”门阀 3 才能输出先导压力气体，驱动换向阀 4 切换 | “或”门回路<br>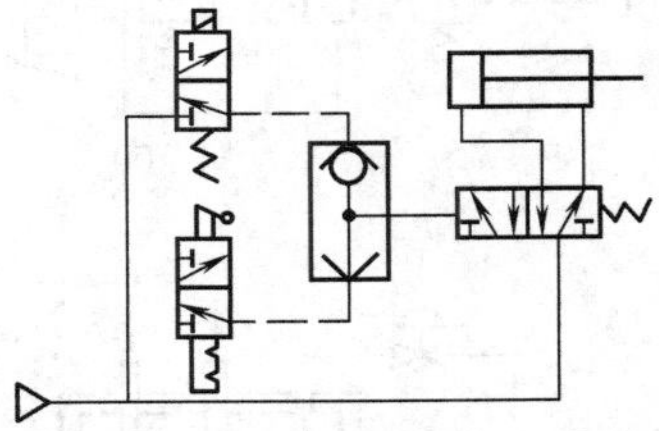<br>当手动阀或电磁阀其中一个阀动作时，先导压力气体通过梭阀使二位五通气控阀切换，驱动气缸伸出。该回路用来进行手动和自动切换控制 |

## 2.9 应用举例

表 23-12-13

| 例 | 系统图 | 说明 |
|---|---|---|
| 压力机气路系统 | 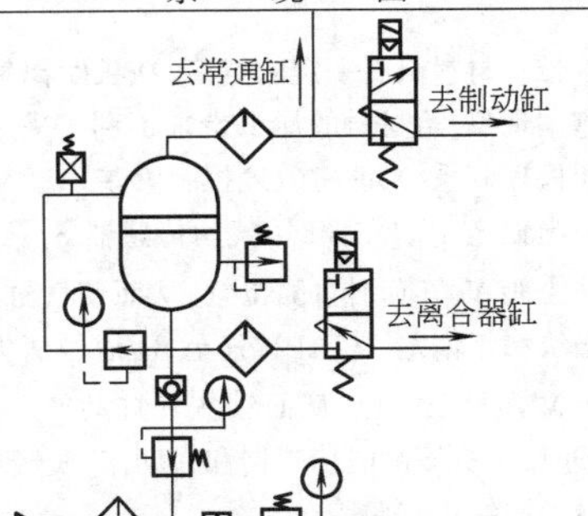 | 气源经过过滤器后分成两路，一路用来控制气垫缸，另一路经过一个减压阀后再分成两个支路，分别控制离合器缸和制动缸。上述三路气体的压力分别通过三个减压阀来调节。为了保证压力稳定，三路气体还分别采用了两个压力罐进行稳压。为了防止压力罐中的压力过高出现危险，压力罐上还安装了一个溢流阀泄压。气垫缸无杆腔始终有压力作用，制动缸和离合器缸采用二位三通阀控制<br>特点：压力稳定，安全可靠 |

续表

| 例 | 系　统　图 | 说　明 |
|---|---|---|
| 车门开关控制系统 | 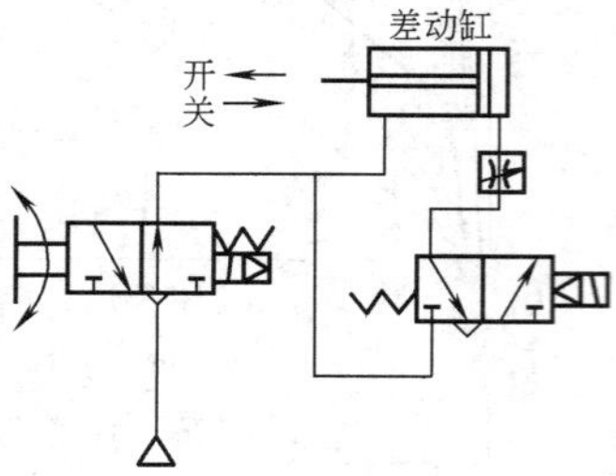 | 气源经手动操作阀进入差动缸的有杆腔，使活塞杆缩回，车门关闭。如果电磁阀通电，则使气体进入差动缸的无杆腔，推动差动缸的活塞杆伸出，将门打开。为了防止车门关闭和打开速度过快，在差动缸的无杆腔入口处安装了一个节流阀。当按下手动换向阀时，差动缸两侧都通大气，车门处于自由状态<br>特点：安全可靠，差动回路节省空气消耗量 |
| 液面自动控制装置气动系统图 | 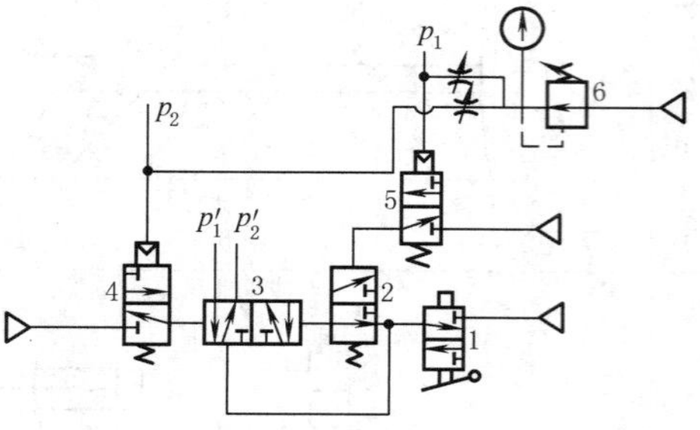<br>(a)<br>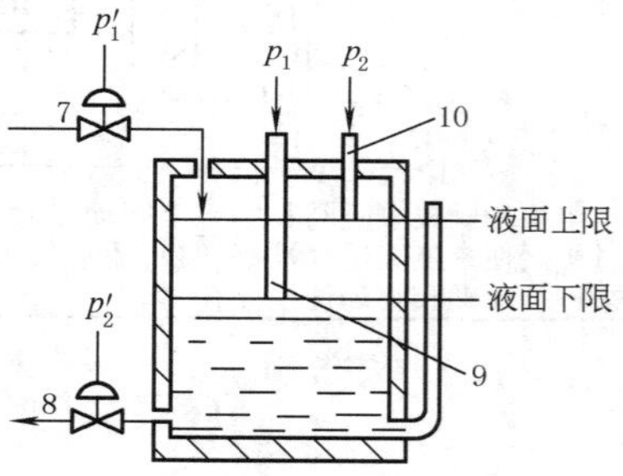<br>(b) | 该装置用于使容器中的液体保持在一定高度范围内。打开阀1，经阀2使主阀3换向，输出压力 $p'_1$，打开注水阀7，对容器加水。当水位低于液面下限时，下限检测传感器9产生 $p_1$ 信号，经先导阀5放大后关闭阀2，使阀3右侧卸压，为换向做准备，此时仍保持记忆状态，使阀7继续向容器内注水。当水位超过液面上限时，产生 $p_2$ 信号，打开阀4使阀3换向，从而压力 $p'_1$消失，即关闭阀7而产生压力 $p'_2$，打开放水阀8。随着液体的流出，液面下降，$p_2$ 信号消失，阀4复位，但阀3仍记忆在放水位置，直到液面下降至下限以下，$p_1$ 信号消失，阀5、阀2复位，使阀3换向，再重复上述过程<br>特点：<br>(1)由于使用空气介质来检测液面高度，故能适应恶劣的工作环境<br>(2)液面位置精度较低<br>(3)液面变化速度极慢时，动作不太稳定<br>(4)成本低，维修简便 |
| 带材移动中气动纠偏控制系统 | 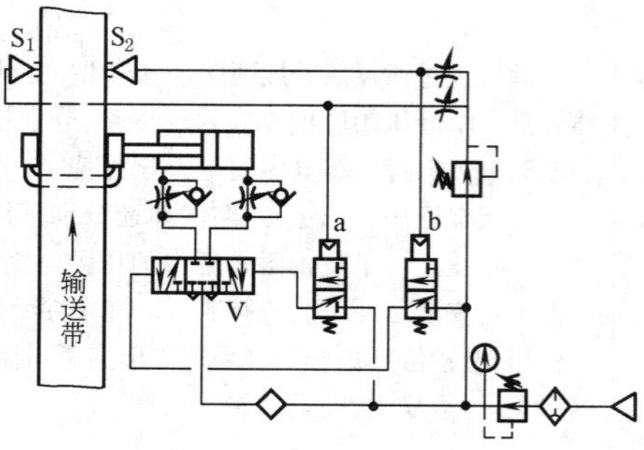 | 带状材料只有一定的宽度，在长距离输送时很容易产生跑偏现象，给材料的加工带来不利。采用如图所示的气动纠偏控制系统，能有效地控制偏差<br>当输送带向左偏时，气动传感器 $S_1$ 发出信号，打开阀a使主阀V切换到右侧位置，从而使气缸向右运动，带动输送块纠正偏差。气缸右移至 $S_1$ 信号消失，阀a复位，使主阀V恢复至中位，从而锁住气缸动作。同样，输送带向右偏时，负责该侧的传感器和阀动作，使气缸带动输送带向左运动而纠正右偏差<br>特点：<br>(1)系统的纠偏检测采用了空气喷嘴式传感器，比用电子方法检测成本低得多<br>(2)适用于灰尘多，温度、湿度高等恶劣环境 |

续表

| 例 | 系统图 | 说明 |
| --- | --- | --- |
| 尺寸自动分选机气动系统 | 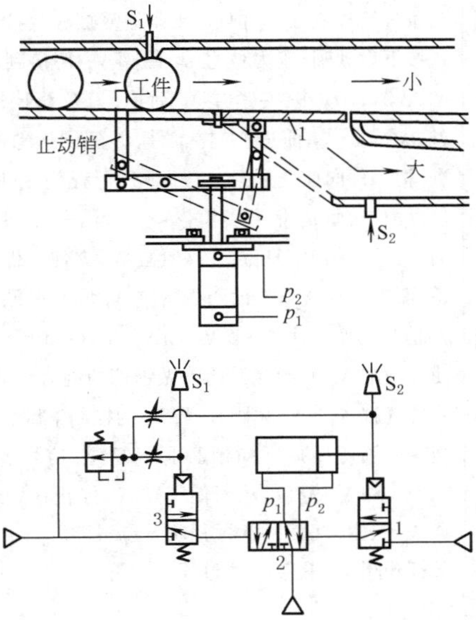 | 为了高效地区分出不同尺寸的工件，常采用自动分选机。如图所示，当工件通过通道时，尺寸大到某一范围内的工件通过空气喷嘴传感器 $S_1$ 时产生信号，经阀 1 使主阀 2 切换至左位，使气缸的活塞杆做缩回运动，一方面打开门使该工件流入下通道，另一方面使止动销上升，防止后面工件继续流过去而产生误动作。当落入下通道的工件经过传感器 $S_2$ 时发出复位信号，经阀 3 使主阀 2 复位，以使气缸伸出，门关闭，止动销退下，工件继续流动<br>尺寸小的工件通过 $S_1$ 时，则不产生信号。设计该装置时应注意工件的运动速度和从传感器到阀之间气管的长度，以防止响应跟不上。实验证明当气管内径为 3mm，长度为 3m，空气压力为 0.03MPa 时，信号传递的时间为 0.01s<br>特点：<br>(1)结构简单，成本低<br>(2)适用于不需要用空气测微计来测工件的一般精度的场合 |
| 气动振动装置气动系统 | 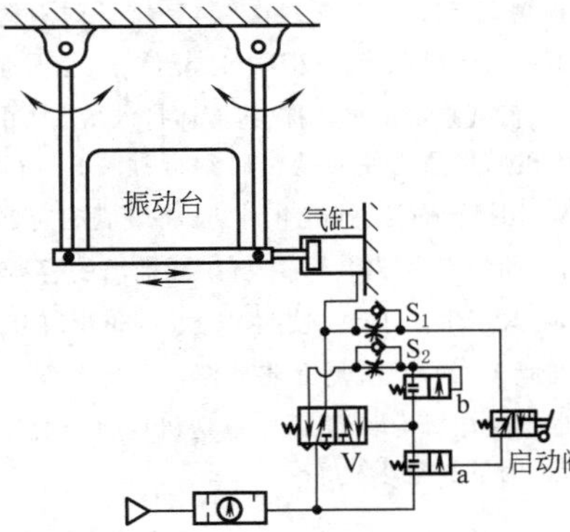 | 打开启动阀，流过单向节流阀 $S_1$ 的压缩空气打开阀 a，使压缩空气进入主阀 V 的右侧，使之换向，气缸向右运动。此时从主阀 V 流出的压缩空气的一部分流过单向节流阀 $S_2$，因而阀 b 打开，而阀 a 此时的控制信号因主阀 V 换向而排入大气中，所以阀 a 复位关闭，主阀 V 的控制信号经阀 b 排向大气中，从而主阀 V 复位，气缸向左运动。同时从主阀 V 流出的压缩空气一部分又经单向节流阀 $S_1$ 打开阀 a，而阀 b 因信号消失而关闭，从而又使主阀 V 换向，气缸向右运动。如此循环运动，形成振动回路。调节单向节流阀 $S_1$ 和 $S_2$ 可调节振动频率<br>特点：<br>(1)该装置的振动频率为每秒一个往复(1Hz)<br>(2)在振动回路中，各换向阀尽量采用膜片式阀以提高响应<br>(3)可用于恶劣环境，不会发生电磁振荡引起的故障<br>(4)振动装置的输出力可调 |

续表

| 例 | 系统图 | 说明 |
| --- | --- | --- |
| 自动定尺切断机气动系统(轧钢、制管) | 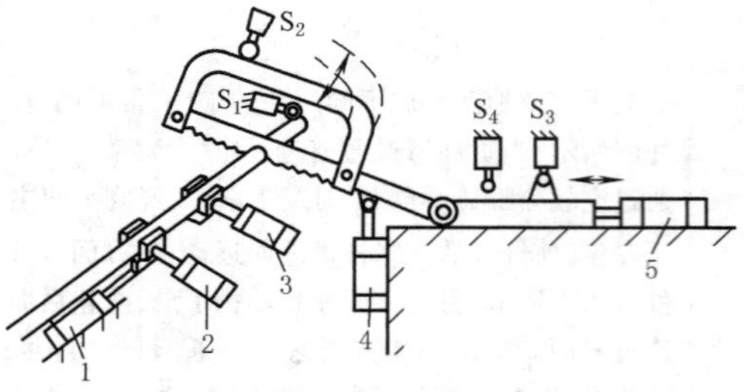<br>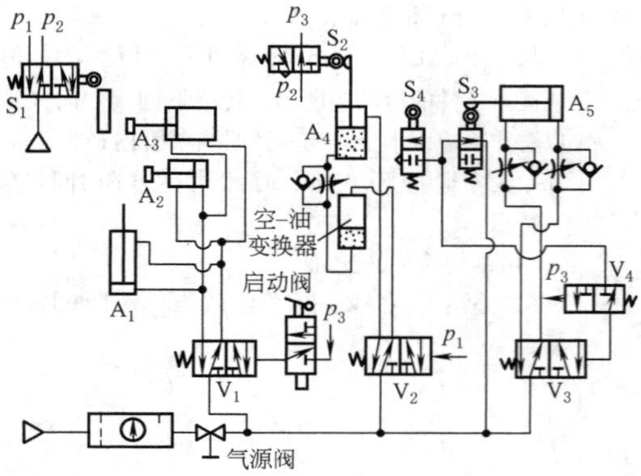 | 如图所示,打开气源阀,压缩空气流入各气缸,各缸初始状态为:送料缸 $A_1$ 后退,夹持缸 $A_2$ 后退,夹紧缸 $A_3$ 前进;锯条进给气液缸 $A_4$ 前进,锯条往复缸 $A_5$ 后退<br>按下启动阀,压力信号 $p_3$ 使阀 $V_1$ 切换到右位,使气缸 $A_1$、$A_2$、$A_3$ 动作,夹紧缸 $A_3$ 后退,为夹紧下一段工件做准备,夹持缸 $A_2$ 前进,夹住工件,并随同送料缸 $A_1$ 一起前进,把工件向前送进,待工件碰到行程阀 $S_1$ 时换向,使 $p_2$ 信号消失,而 $p_1$ 信号发生。$p_2$ 信号消失,也使 $p_3$ 信号随之消失,于是阀 $V_1$ 复位,使夹紧缸 $A_3$ 夹住工件,为切断做准备,而夹持缸 $A_2$ 松开,与送料缸 $A_1$ 同时退回到初始位置,$p_1$ 信号的产生使阀 $V_2$、$V_3$ 和 $V_4$ 相继换向。阀 $V_2$ 的换向使气液缸 $A_4$ 开始缓慢向下做锯切的进给运动,阀 $V_3$ 的换向使气缸 $A_5$ 在行程阀 $S_3$ 与 $S_4$ 的控制下做往复锯切运动。当工件锯切后掉下,行程阀 $S_1$ 复位,信号 $p_1$ 消失,使阀 $V_2$、$V_3$ 和 $V_4$ 复位,从而使气缸 $A_5$ 停止在后退位置上,气缸 $A_4$ 向上,直至压下行程阀 $S_2$ 后停止。阀 $S_2$ 的信号 $p_3$ 又打开阀 $V_1$,重复上述过程<br>特点:<br>(1)使用了全气控气动系统,使结构简单、有效<br>(2)锯条的进给运动采用了气液缸,进给速度最低可达1mm/s,而不产生爬行 |
| 液体自动定量灌装机气动系统 | 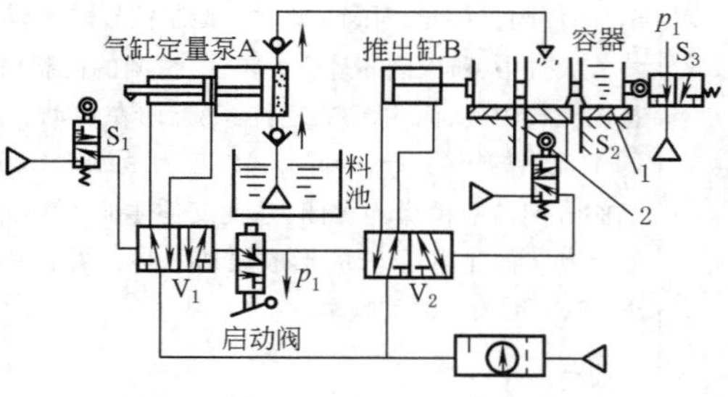<br>全气控液体定量灌装系统<br>(在一些饮料生产线上) | 如图所示,打开启动阀,使阀 $V_1$ 换至右位,因而气缸定量泵A向左移动,吸入定量液体。当泵A移至左端碰到行程阀 $S_1$ 时,阀 $V_1$ 发生复位信号(此时下料工作台上灌装好的容器已取走,行程阀 $S_3$ 复位,$p_1$ 信号消失),阀 $V_1$ 复位,使气缸定量泵右移,将液体打入待灌装的容器中。当灌装的液体重力使灌装台碰到行程阀 $S_2$ 时产生信号,使阀 $V_2$ 切换至右位,气缸B前进,将装满的容器推入下料工作台,而将空容器推入灌装台,被推出的容器碰到行程阀 $S_3$ 时,又产生 $p_1$ 信号,使阀 $V_2$ 换向,推出缸B后退至原位,同时阀 $V_1$ 换向,重复上述动作。下料工作台上灌装好的容器被输送机构取走,而由输送机构将空容器运至上料工作台,为下次循环做好准备<br>特点:<br>(1)使用气缸定量泵能快速地提供大量液体,效率高<br>(2)空气能防火,故系统运行安全<br>(3)结构简单,维修简便 |

第23篇

# 3 气动系统的常用控制方法及设计

## 3.1 气动顺序控制系统

### 3.1.1 顺序控制的定义

顺序控制系统是工业生产领域，尤其是气动装置中广泛应用的一种控制系统。按照预先确定的顺序或条件，控制动作逐渐进行的系统叫做顺序控制系统。即在一个顺序控制系统中，下一步执行什么动作是预先确定好的。前一步的动作执行结束后，马上或经过一定的时间间隔再执行下一步动作，或者根据控制结果选择下一步应执行的动作。

图 23-12-1 列出了顺序控制系统几种动作进行方式的例子。其中图 a 的动作是按 A、B、C、D 的顺序朝一个方向进行的单往复程序；图 b 的动作是 A、B、C 完成后，返回去重复执行一遍 C 动作，然后再执行 D 动作的多往复程序；图 c 为 A、B 动作执行完成后，根据条件执行 C、D 或 C′、D′的分支程序例子。

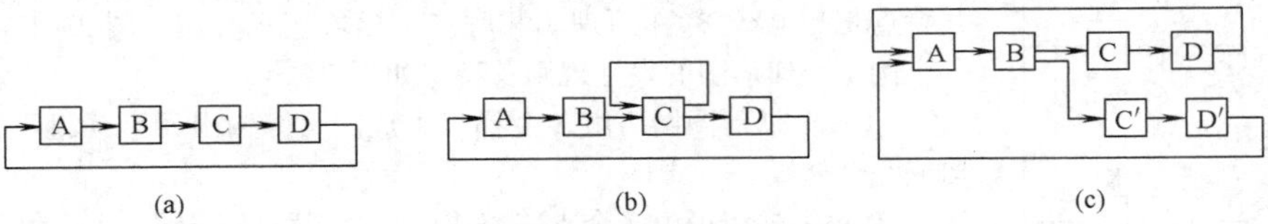


图 23-12-1 动作进行方式举例

### 3.1.2 顺序控制系统的组成

一个典型的气动顺序控制系统主要由 6 部分组成，如图 23-12-2 所示。

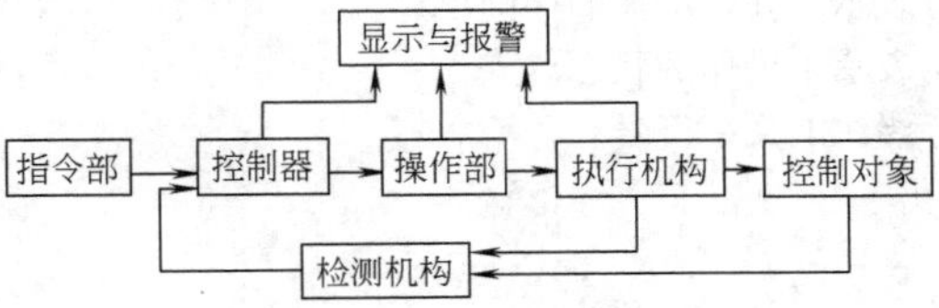


图 23-12-2 气动顺序控制系统的组成

① 指令部 这是顺序控制系统的人机接口部分，该部分使用各种按钮开关、选择开关来进行装置的启动、运行模式的选择等操作。

② 控制器 这是顺序控制系统的核心部分。它接受输入控制信号，并对输入信号进行处理，产生完成各种控制作用的输出控制信号。控制器使用的元件有继电器、IC、定时器、计数器、可编程控制器等。

③ 操作部 接受控制器的微小信号，并将其转换成具有一定压力和流量的气动信号，驱动后面的执行机构动作。常用的元件有电磁换向阀、机械换向阀、气控换向阀和各类压力、流量控制阀等。

④ 执行机构 将操作部的输出转换成各种机械动作。常用的元件有气缸、摆缸、气马达等。

⑤ 检测机构 检测执行机构、控制对象的实际工作情况，并将测量信号送回控制器。常用的元件有行程开关、接近开关、压力开关、流量开关等。

⑥ 显示与报警 监视系统的运行情况，出现故障时发出故障报警。常用的元件有压力表、显示面板、报警灯等。

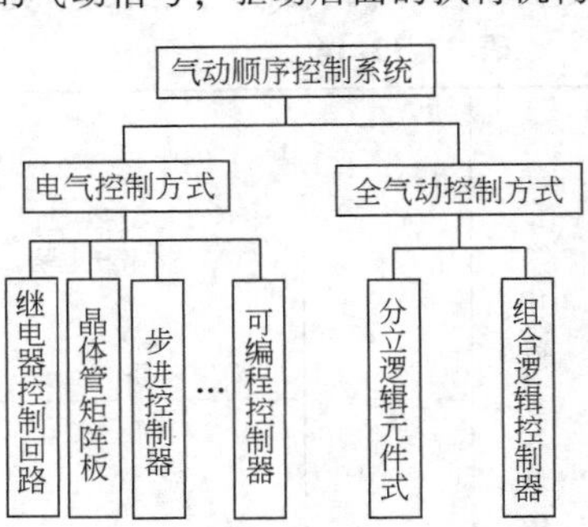


图 23-12-3 顺序控制器的种类

### 3.1.3 顺序控制器的种类

顺序控制系统对控制器提出的基本功能要求是：

① 禁止约束功能，即动作次序是一定的，互相制约，不得随意变动；

② 记忆功能，即要记住过去的动作，后面的动作由前面的动作情况而定。

根据控制信号的种类以及所使用的控制元件，在工业生产领域应用的气动顺序控制系统中，控制器可分为如图 23-12-3 所示的几种控制方式。

全气动控制方式是一种从控制到操作全部采用气动元件来实现的一种控制方式。使用的气动元件主要有中继阀、梭阀、延时阀、主换向阀等。由于系统构成较复杂，目前仅限于在要求防爆等特殊场合使用。

目前常用的控制器都为电气控制方式，其中又以继电器控制回路和可编程控制器应用最普及。

## 3.2 继电器控制系统

### 3.2.1 概述

用继电器、行程开关、转换开关等有触点低压电器构成的电器控制系统，称为继电器控制系统或触点控制系统。继电器控制系统的特点是动作状态一目了然，但系统接线比较复杂，变更控制过程以及扩展比较困难，灵活通用性较差，主要适合于小规模的气动顺序控制系统。

继电器控制电路中使用的主要元件为继电器。继电器有很多种，如电磁继电器、时间继电器、干簧继电器和热继电器等。时间继电器的结构与电磁继电器类似，只是使用各种办法使线圈中的电流变化减慢，使衔铁在线圈通电或断电的瞬间不能立即吸合或不能立即释放，以达到使衔铁动作延时的目的。

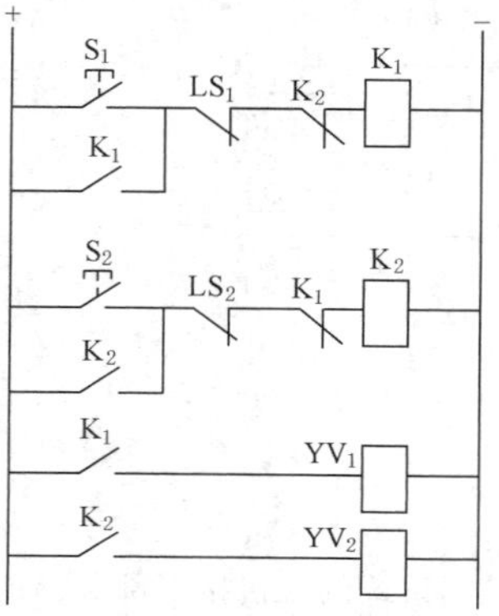

图 23-12-4 梯形图举例

梯形图是利用电器元件符号进行顺序控制系统设计的最常用的一种方法。其特点是与电/气操作原理图相呼应，形象直观实用。图 23-12-4 为梯形图的一个例子。梯形图的设计规则及特点如下。

① 一个梯形图网络由多个梯级组成，每个输出元素（继电器线圈等）可构成一个梯级。

② 每个梯级可由多个支路组成，每个支路最右边的元素通常是输出元素。

③ 梯形图从上至下按行绘制，两侧的竖线类似电器控制图的电源线，称为母线。

④ 每一行从左至右，左侧总是安排输入触点，并且把并联触点多的支路靠近左端。

⑤ 各元件均用图形符号表示，并按动作顺序画出。

⑥ 各元件的图形符号均表示未操作的状态。

⑦ 在元件的图形符号旁要注上文字符号。

⑧ 没有必要将端头和接线关系忠实地表示出来。

### 3.2.2 常用继电器控制电路

在气动顺序控制系统中，利用上述电器元件构成的控制电路是多种多样的。但不管系统多么复杂，其电路都是由一些基本的控制电路组成（见表 23-12-14）。

**表 23-12-14** 基本的控制电路

| | | |
|---|---|---|
| 串联/并联电路 | 串联电路<br>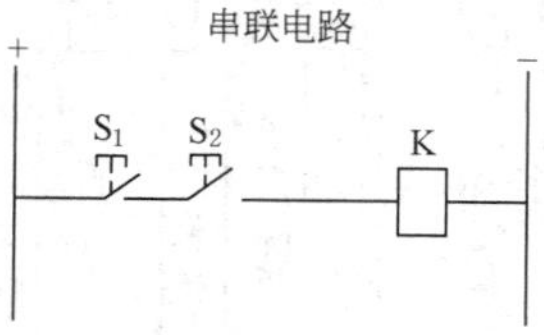<br>串联电路也就是逻辑“与”电路。例如一台设备为了防止误操作,保证生产安全,安装了两个启动按钮。只有操作者将两个启动按钮同时按下时,设备才能开始运行。上述功能可用串联电路来实现 | 并联电路<br>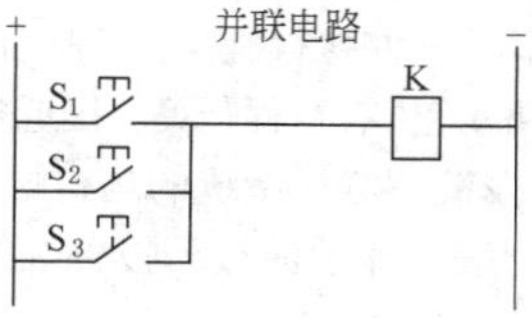<br>并联电路也称为逻辑“或”电路。例如一条自动化生产线上有多个操作者同时作业。为了确保安全,要求只要其中任何一个操作者按下停止开关,生产线即应停止运行。上述功能可由并联电路来实现 |

续表

<table>
<tr>
<td rowspan="1">自保持电路</td>
<td>停止优先自保持电路<br>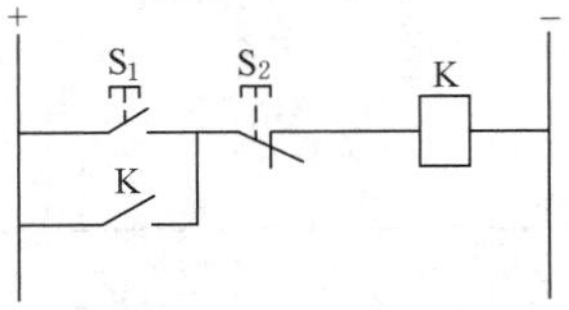<br>自保持电路也称为记忆电路。按钮 $S_1$ 按一下即放开，是一个短信号。但当将继电器 K 的常开触点 K 和开关 $S_1$ 并联后，即使松开按钮 $S_1$，继电器 K 也将通过常开触点 K 继续保持得电状态，使继电器 K 获得记忆。图中的 $S_2$ 是用来解除自保持的按钮，并且因为当 $S_1$ 和 $S_2$ 同时按下时，$S_2$ 先切断电路，$S_1$ 按下是无效的，因此，这种电路也称为停止优先自保持电路</td>
<td>启动优先自保持电路<br>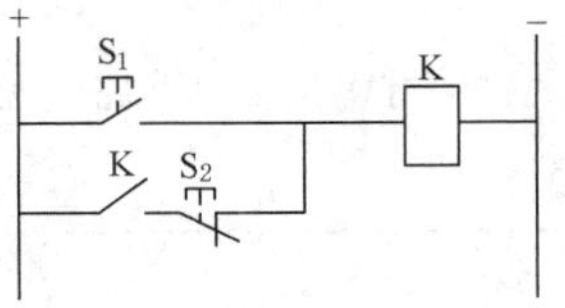<br>在这种电路中，当 $S_1$ 和 $S_2$ 同时按下时，$S_1$ 使继电器 K 动作，$S_2$ 无效，这种电路也称为启动优先自保持电路</td>
</tr>
<tr>
<td rowspan="2">延时电路</td>
<td colspan="2">随着自动化设备的功能和工序越来越复杂，各工序之间需要按一定时间紧密配合，各工序时间要求可在一定范围内调节，这需要利用延时电路来实现。延时控制分为两种，即延时闭合和延时断开</td>
</tr>
<tr>
<td>延时闭合电路<br>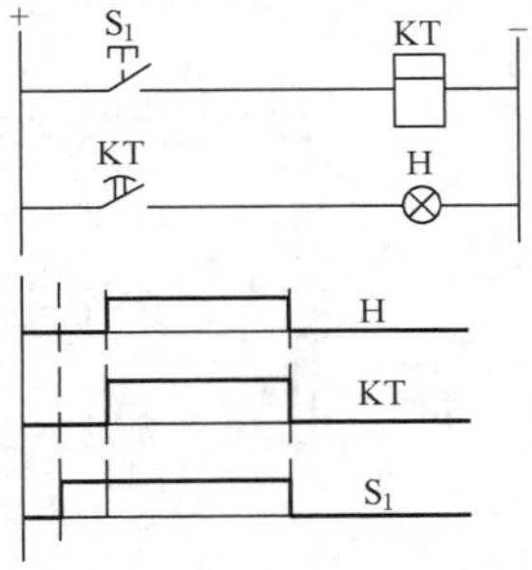<br>当按下启动开关 $S_1$ 后，时间继电器 KT 开始计数，经过设定的时间后，时间继电器触点接通，电灯 H 亮。放开 $S_1$，时间继电器触点 KT 立刻断开，电灯 H 熄灭</td>
<td>延时断开电路<br>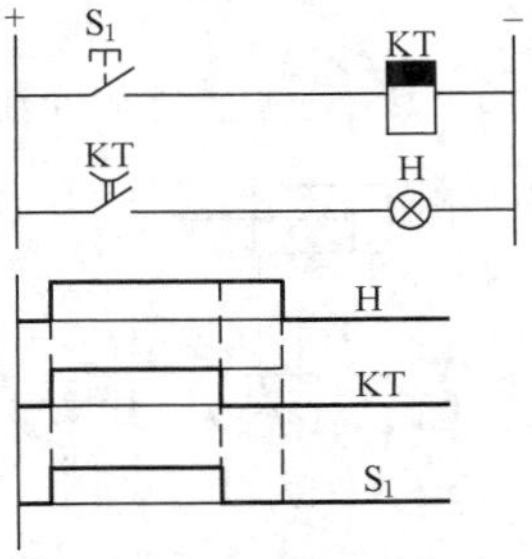<br>当按下启动按钮 $S_1$ 时，时间继电器触点 KT 也同时接通，电灯 H 亮。当放开 $S_1$ 时，时间继电器开始计数，到规定时间后，时间继电器触点 KT 才断开，电灯 H 熄灭</td>
</tr>
<tr>
<td>联锁电路</td>
<td>当设备中存在相互矛盾动作（如电机的正转与反转，气缸的伸出与缩回）时，为了防止同时输入相互矛盾的动作信号，使电路短路或线圈烧坏，控制电路应具有联锁的功能（即电机正转时不能使反转接触器动作，气缸伸出时不能使控制气缸缩回的电磁铁通电）。图中，将继电器 $K_1$ 的常闭触点加到行 3 上，将继电器 $K_2$ 的常闭触点加到行 1 上，这样就保证了继电器 $K_1$ 被励磁时继电器 $K_2$ 不会被励磁，反之，$K_2$ 被励磁时 $K_1$ 不会被励磁</td>
<td>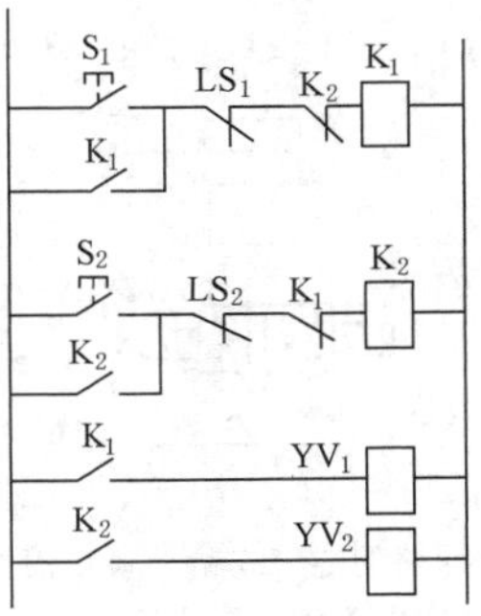</td>
</tr>
</table>

### 3.2.3　典型的继电器控制气动回路

采用继电器控制的气动系统设计时，应将电气控制梯形图和气动回路图分开画，两张图上的文字符号应一致。

（1）单气缸的继电器控制回路（见表 23-12-15）

**表 23-12-15**

| | | |
|---|---|---|
| 操作回路 | 双手操作(串联)回路<br>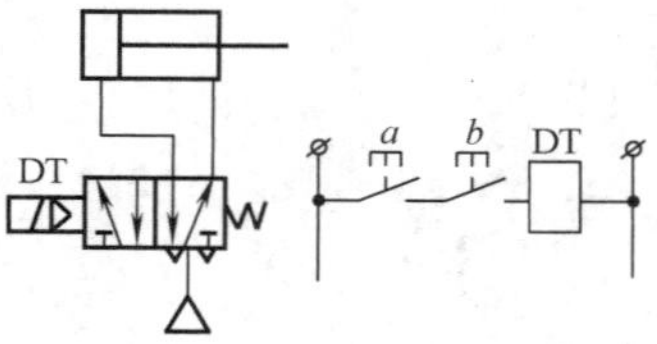<br><br>采用串联电路和单电控电磁阀构成双手同时操作回路，可确保安全 | “两地”操作(并联)回路<br>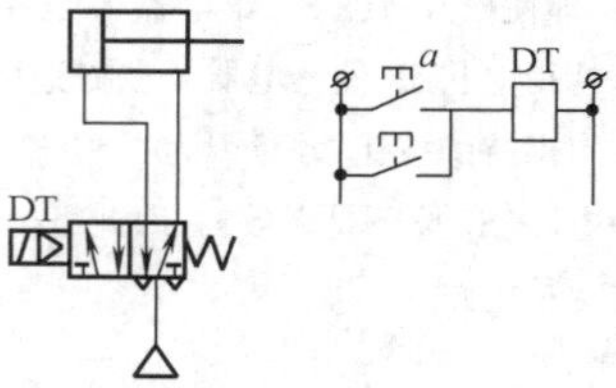<br><br>采用并联电路和电磁阀构成“两地”操作回路，两个按钮只要其中之一按下，气缸就伸出。此回路也可用于手动和自动等 |
| | 具有互锁的“两地”单独操作回路<br>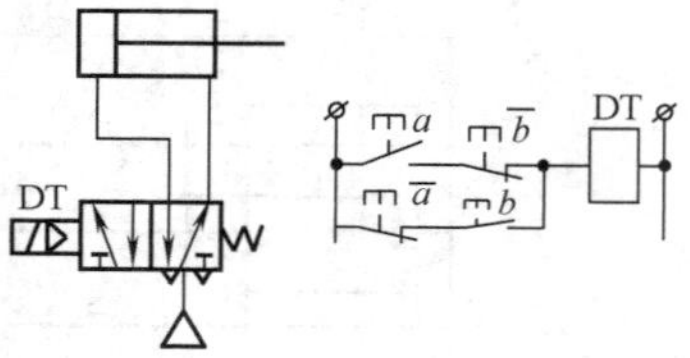<br><br>两个按钮只有其中之一按下气缸才伸出，而同时不按下或同时按下时气缸不动作 | 带有记忆的单独操作回路<br>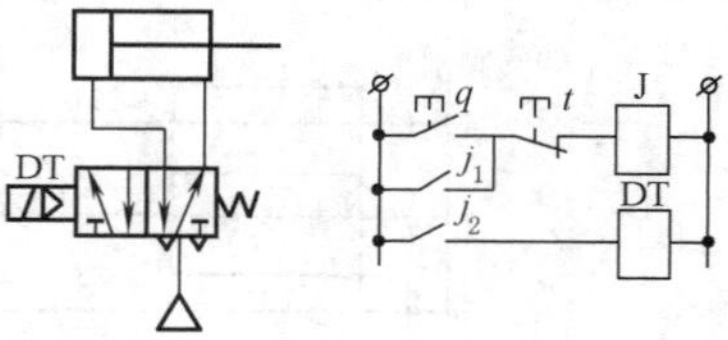<br><br>采用保持电路分别实现气缸伸出、缩回的单独操作回路。该回路在电气-气动控制系统中很常用，其中启动信号 $q$、停止信号 $t$ 也可以是行程开关或外部继电器，以及它们的组合等 |
| | 采用双电控电磁阀的单独操作回路<br>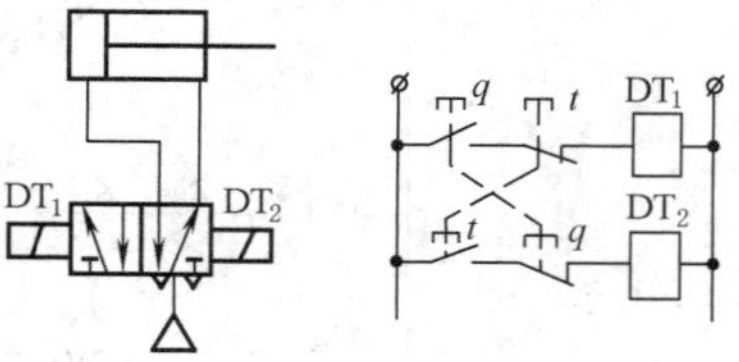<br><br>该回路的电气线路必须互锁，特别是采用直动式电磁阀时，否则电磁阀容易烧坏 | 单按钮操作回路<br>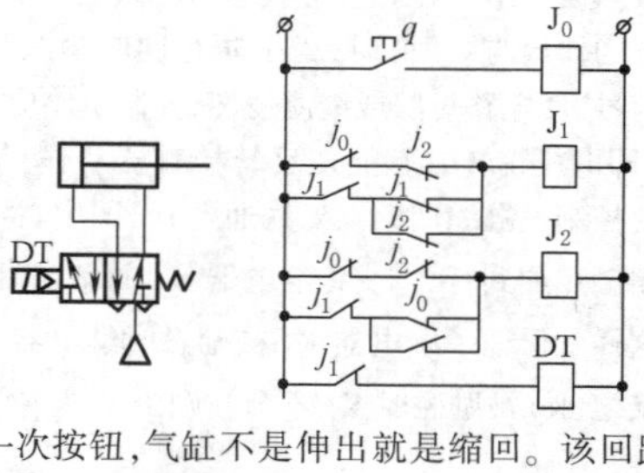<br><br>每按一次按钮，气缸不是伸出就是缩回。该回路实际是一位二进制记数回路 |

续表

<table>
<tr>
<td rowspan="3">往复回路</td>
<td>采用行程开关的单往复回路<br>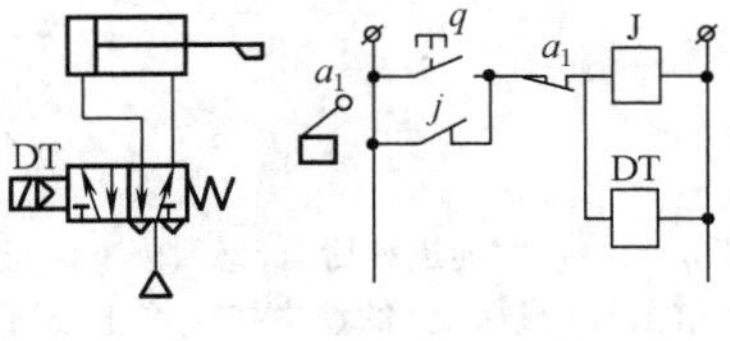<br>当按钮按下时，电磁阀换向，气缸伸出。当气缸碰到行程开关时，使电磁阀掉电，气缸缩回</td>
<td>采用压力开关的单往复回路<br>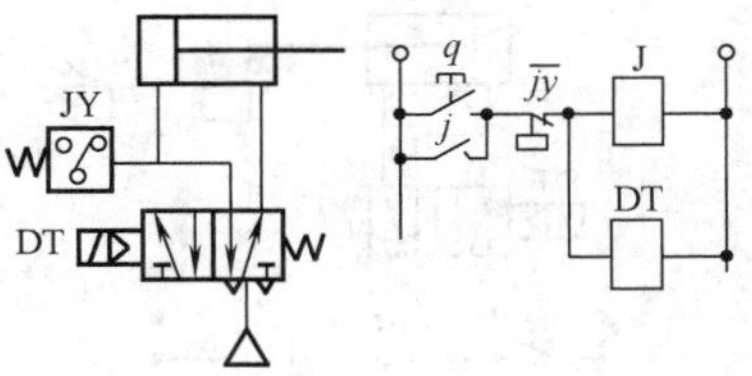<br>当按钮按下时，电磁阀换向，气缸伸出。当气缸碰到工件，无杆腔的压力上升到压力继电器 JY 的设定值时，压力继电器动作，使电磁阀掉电，气缸缩回</td>
</tr>
<tr>
<td>时间控制式单往复回路<br>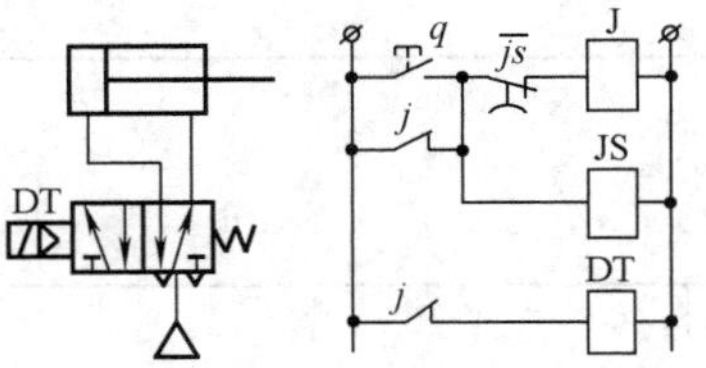<br>当按钮按下时，电磁阀得电，气缸伸出。同时延时继电器开始计时，当延时时间到时，使电磁阀掉电，气缸缩回</td>
<td>延时返回的单往复回路<br>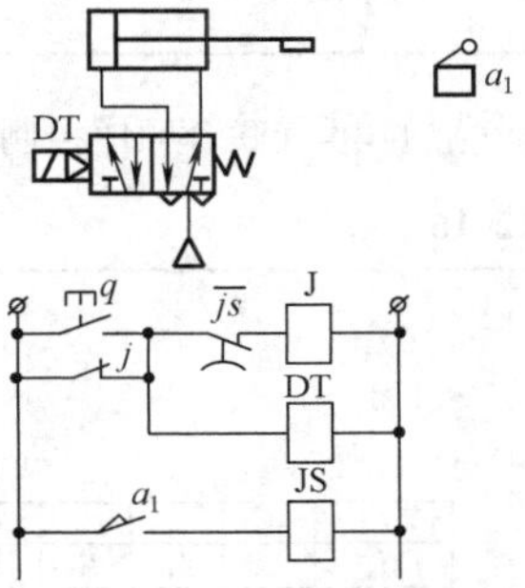<br>该回路可实现气缸伸出至行程端点后停留一定时间后返回</td>
</tr>
<tr>
<td>位置控制式二次往复回路<br>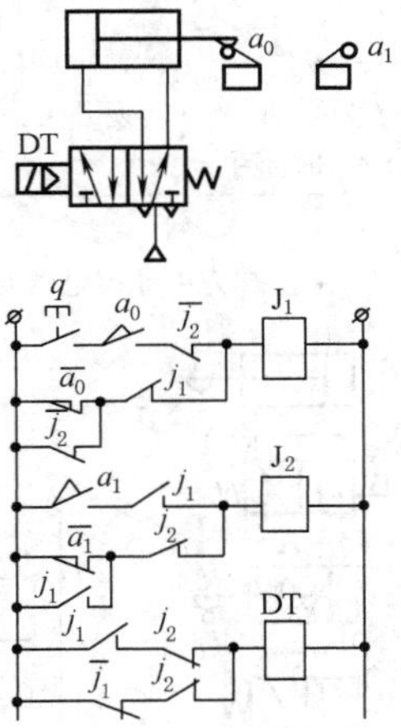<br>按一次按钮 $q$，气缸连续往复两次后在原位置停止</td>
<td>采用双电控电磁阀的连续往复回路<br>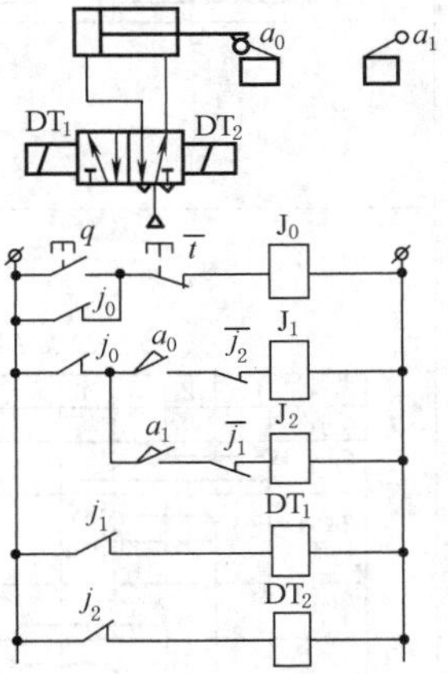<br>按下启动按钮 $q$，气缸连续前进和后退，直到按下停止按钮 $t$，气缸停止动作。如果在气缸前进（或后退）的途中按下停止按钮 $t$，气缸则在前进（或后退）终端位置停止。为了增加行程开关的触点以进行联锁，和减少行程开关的电流负载以延长使用寿命，在电气线路中增加了继电器 $J_1$ 和 $J_2$</td>
</tr>
</table>

续表

| | |
|---|---|
| 往复回路 | 采用单电控电磁阀的连续往复回路<br><br>按下启动按钮 $q$，气缸连续前进和后退，直到按下停止按钮 $t$，气缸停止动作。如果在气缸前进（或后退）的途中按下停止按钮 $t$，气缸则在缩回位置停止。为了增加行程开关的触点以进行联锁，和减少行程开关的电流负载以延长使用寿命，在电气线路中增加了继电器 $J_0$ 和 $J_1$ |

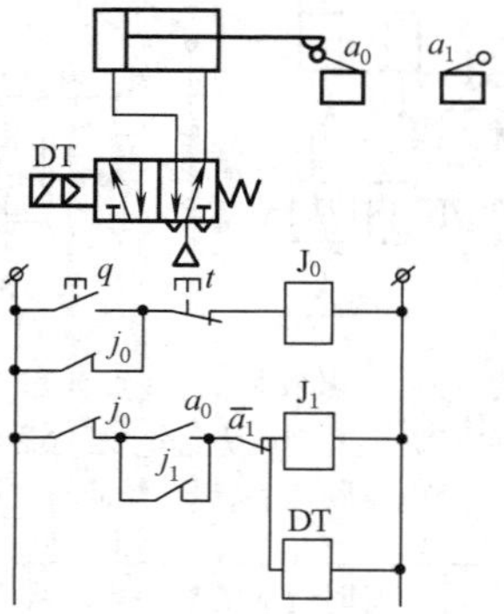

（2）多气缸的电-气联合顺序控制回路（见表 23-12-16）

**表 23-12-16**

**程序 $A_1A_0B_1B_0$ 的电气控制回路**

X-D线图

| 节拍 | 1 | 2 | 3 | 4 | 双控执行信号 | 单控执行信号 |
|---|---|---|---|---|---|---|
| 动作 | $A_1$ | $A_0$ | $B_1$ | $B_0$ | | |
| $b_0(A_1)$ $A_1$ | | | | | $A_1^*=qb_0K^{b_1}_{a_1}$ | $qb_0K^{b_1}_{a_1}$ |
| $a_1(A_0)$ $A_0$ | | | | | $A_0^*=a_1$ | |
| $a_0(B_1)$ $B_1$ | | | | | $B_1^*=a_0K^{a_1}_{b_1}$ | $a_0K^{a_1}_{b_1}$ |
| $b_1(B_0)$ $B_0$ | | | | | $B_0^*=b_1$ | |

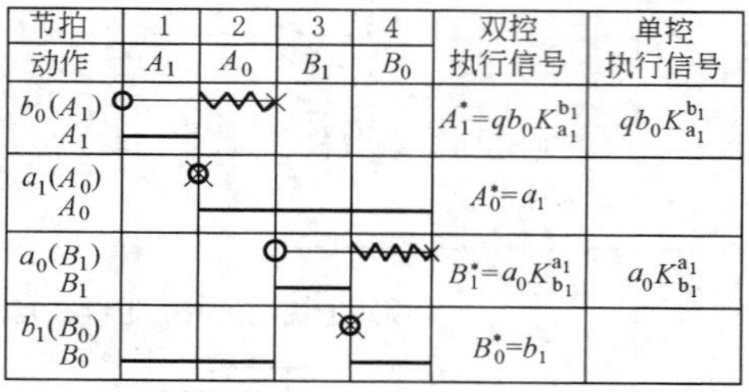

电-气控制回路

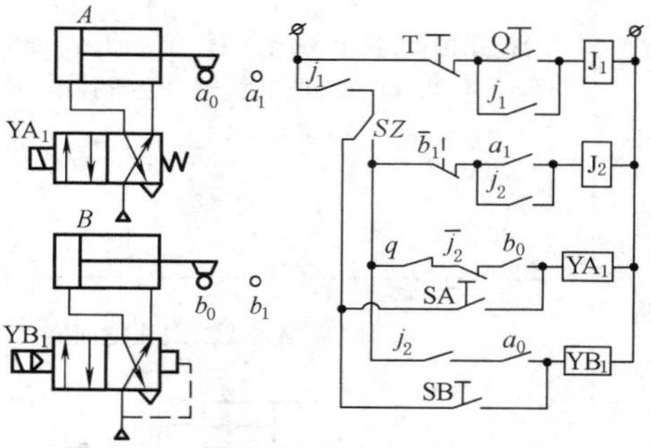

SZ 为手动/自动转换开关，S 是手动位置，Z 是自动位置，SA、SB 是手动开关

**程序 $A_1B_1C_0$ $B_0A_0C_1$ 的电-气联合控制回路**

X-D线图

| 节拍 | 1 | 2 | 3 | 4 | 5 | 6 | 执行信号 | |
|---|---|---|---|---|---|---|---|---|
| 动作 | $A_1$ | $B_1$ | $C_0$ | $B_0$ | $A_0$ | $C_1$ | 双控 | 单控 |
| $c_1(A_1)$ $A_1$ | | | | | | | $c_1^*(A_1)=qc_1$ | $c_1^*(A_1)=K^{ac_1}_{b}$ |
| $a_1(B_1)$ $B_1$ | | | | | | | $c_1a_1$<br>$a_1^*(B_1)=K^{c_1}_{c_0}$<br>$a_1\bar{c}_0$ | $a_1^*(B_1)=a_1\bar{c}_0$ |
| $b_1(C_0)$ $C_0$ | | | | | | | $b_1^*(C_0)=b_1$ | $b_1^*(C_0)=K^{b_1}_{a_1}$ |
| $c_0(B_0)$ $B_0$ | | | | | | | $c_0^*(B_0)=c_0$ | |
| $b_0(A_0)$ $A_0$ | | | | | | | $b_0c_0$<br>$b_0^*(A_0)=K^{c_0}_{c_1}$<br>$b_0\bar{c}_1$ | |
| $a_0(C_1)$ $C_1$ | | | | | | | $a_0^*(C_1)=a_0$ | |
| $c_1a_1$ | | | | | | | | |
| $b_0c_0$ | | | | | | | | |

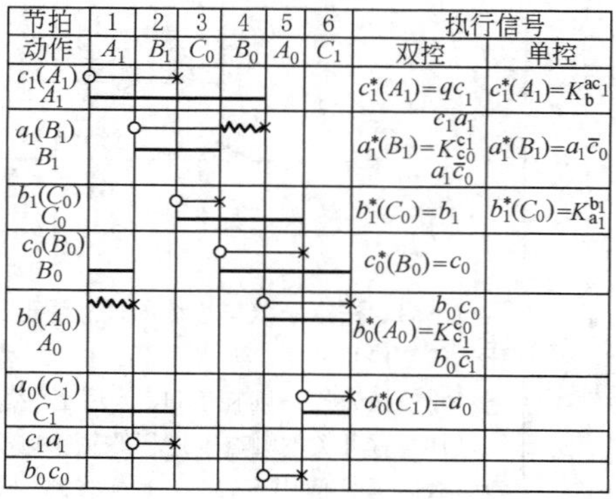

主控阀为单电控电磁阀的电-气控制回路

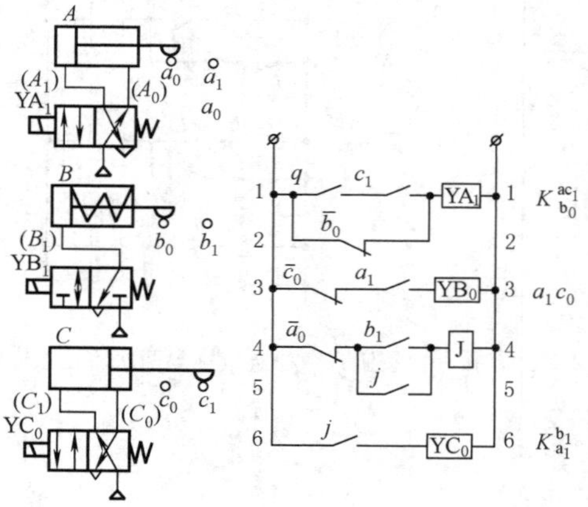

续表

程序 $A_1B_1C_0$ $B_0A_0C_1$ 的电-气联合控制回路

X-D线图

| 节拍 | 1 | 2 | 3 | 4 | 5 | 6 | 执行信号 | |
|---|---|---|---|---|---|---|---|---|
| 动作 | $A_1$ | $B_1$ | $C_0$ | $B_0$ | $A_0$ | $C_1$ | 双控 | 单控 |
| $c_1(A_1)$ $A_1$ | | | | | | | $c_1^*(A_1)=qc_1$ | $c_1^*(A_1)=K_{b}^{ac1}$ |
| $a_1(B_1)$ $B_1$ | | | | | | | $c_1a_1$ $a_1^*(B_1)=K_{c0}^{c1}$ $a_1\overline{c}_0$ | $a_1^*(B_1)=a_1\overline{c}_0$ |
| $b_1(C_0)$ $C_0$ | | | | | | | $b_1^*(C_0)=b_1$ | $b_1^*(C_0)=K_{a1}^{b1}$ |
| $c_0(B_0)$ $B_0$ | | | | | | | $c_0^*(B_0)=c_0$ | |
| $b_0(A_0)$ $A_0$ | | | | | | | $b_0c_0$ $b_0^*(A_0)=K_{\overline{c}_1}^{c0}$ $b_0\overline{c}_1$ | |
| $a_0(C_1)$ $C_1$ | | | | | | | $a_0^*(C_1)=a_0$ | |
| $c_1a_1$ | | | | | | | | |
| $b_0c_0$ | | | | | | | | |

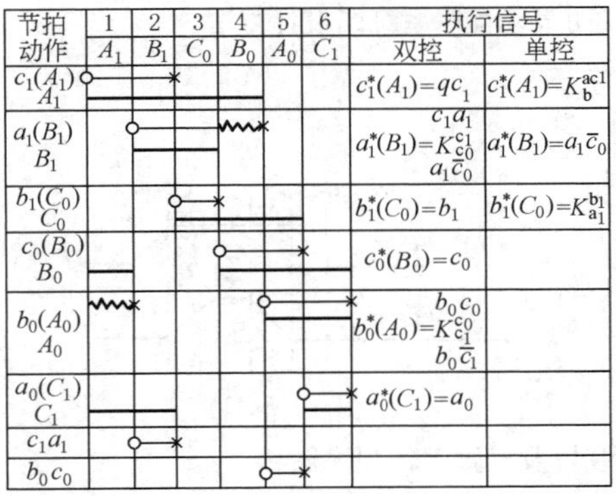

主控阀为双电控电磁阀的电-气控制回路

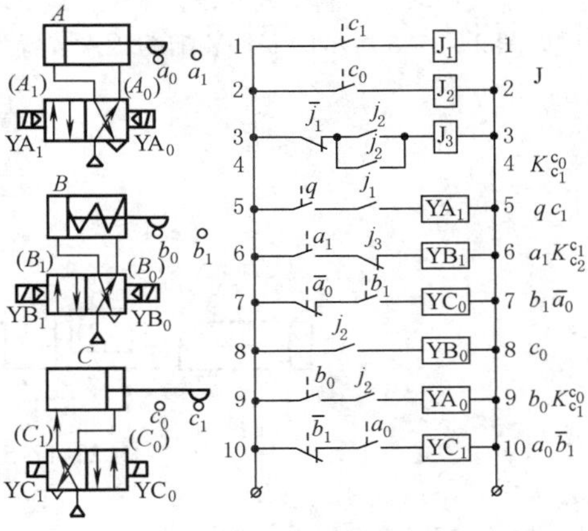

程序 $A_1B_1C_1$（延时 $t$）$C_0B_0A_0$ 的电-气联合控制回路

X-D线图

| 节拍 | 1 | 2 | 3 | 4 | 5 | 6 | 7 | 主控信号 | 电磁阀控制信号 |
|---|---|---|---|---|---|---|---|---|---|
| 动作 | $A_1$ | $B_1$ | $C_1$ | $JS_1$ | $JS_0$ $C_0$ | $B_0$ | $A_0$ | | |
| $a_0(A_1)$ $A_1$ | | | | | | | | $A_1^*=\overline{j}g$ | $DTA1=\overline{j}j_0$ |
| $a_1(B_1)$ $B_1$ | | | | | | | | $B_1^*=a_1\overline{j}$ | $DTB_1=a_1\overline{c_0j}$ |
| $b_1(C_1)$ $C_1$ | | | | | | | | $C_1^*=b_1\overline{j}$ | $DTC_1=b_1\overline{j}$ |
| $c_1(JS)$ $JS$ | | | | | | | | $JS=c_1$ | $JS=c_1$ |
| $js(C_0)$ $c_0$ | | | | | | | | $C_0^*=j$ | |
| $c_0(B_0)$ $B_0$ | | | | | | | | $B_0^*=c_0j$ | |
| $b_0(A_0)$ $A_0$ | | | | | | | | $A_0^*=b_0j$ | $DTA0=b_0j$ |
| $J$ | | | | | | | | $S=ja$ $R=a_0$ | $j=(js+j)\overline{a}_0$ $J_0=(q+j_0)\overline{j}$ |

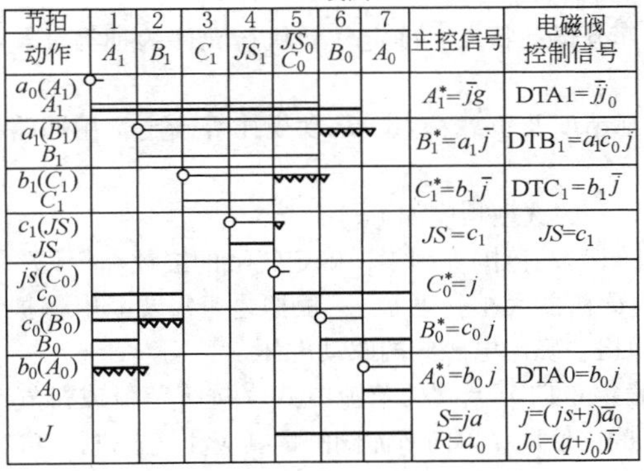

电-气控制回路

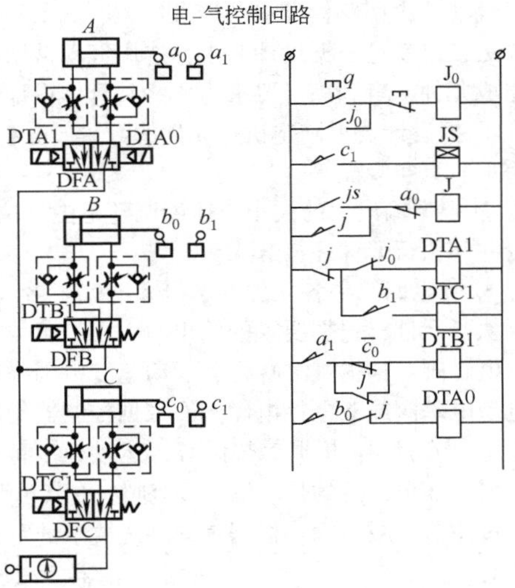

程序 $\left[A_1B_1B_0B_1\begin{pmatrix}A_0\\B_0\end{pmatrix}\right]$ 的双缸多往复电-气联合控制回路

X-D线图

| 节拍 | 1 | 2 | 3 | 4 | 5 | 主控信号 | 电磁阀控制信号 |
|---|---|---|---|---|---|---|---|
| 动作 | $A_1$ | $B_1$ | $B_0$ | $B_1$ | $\begin{pmatrix}A_0\\B_0\end{pmatrix}$ | | |
| $a_0b_0(A_1)$ $A_1$ | | | | | | $A_1^*=\overline{j}_2g$ | $DTA1=\overline{j}_4j_0$ |
| $a_1$ $b_0(B_0)$ $B_1$ | | | | | | $B_1^*=a_1\overline{j}_1\overline{j}_2+j_1j_2$ | $J_0=(q+j_0)\overline{t}$ $DTB1=j_3$ |
| $b_1(B_0)$ $B_0$ | | | | | | $B_0^*=j_1j_2+j_1j_2$ | $j_5=b_1$ |
| $b_2(A_0)$ $A_0$ | | | | | | $A_0^*=b_1\overline{j}_1j_2$ | |
| $J_1$ | | | | | | $S_1=b_1j_2$ $R_1=b_1j_2$ | $J_1=\overline{j}_5j_1+\overline{j}_2(j_3+j_1)$ |
| $J_2$ | | | | | | $S_2=b_0j_1$ $R_2=a_0b_0$ | $J_2=(b_0\overline{j}_1+\overline{j}_2)(\overline{a}_0+\overline{b}_0)$ |
| $J_3$ | | | | | | | $J_3=a_1\overline{j}_1\overline{j}_2+j_1j_2$ |
| $J_4$ | | | | | | | $J_4=j_5\overline{j}_1j_2$ |

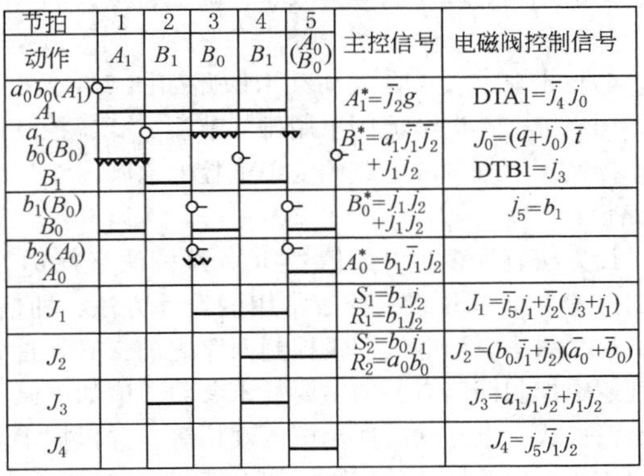

电-气控制回路

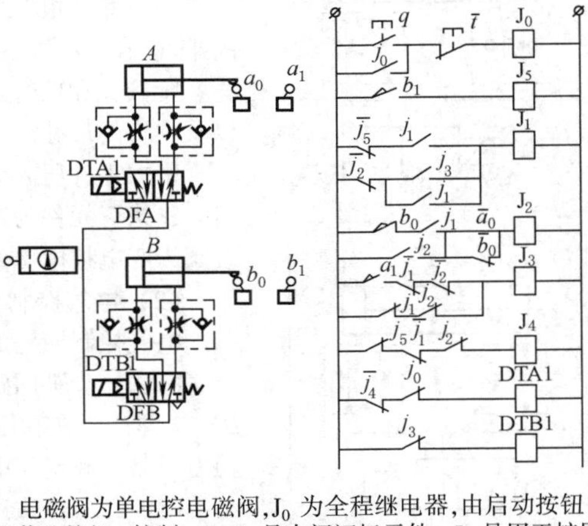

电磁阀为单电控电磁阀，$J_0$ 为全程继电器，由启动按钮 $q$ 和停止按钮 $t$ 控制。$J_1$ $J_2$ 是中间记忆元件。$J_5$ 是用于扩展行程开关 $b_1$ 的触点（假定行程开关只有一对常开-常闭触点）。为了满足电磁阀 DFA 的零位要求，引进了 $J_4$ 继电器，继电器 $J_1$ 的触点最多，应选用至少有四常开二常闭的型号

## 3.2.4　气动程序控制系统的设计方法

对于气动顺序控制系统的设计来说，设计者要解决两个回路的设计：气动动力回路和电气逻辑控制回路。下面以如图 23-12-5 所示的零件装配的压入装置为例，说明气动程序系统的设计方法。

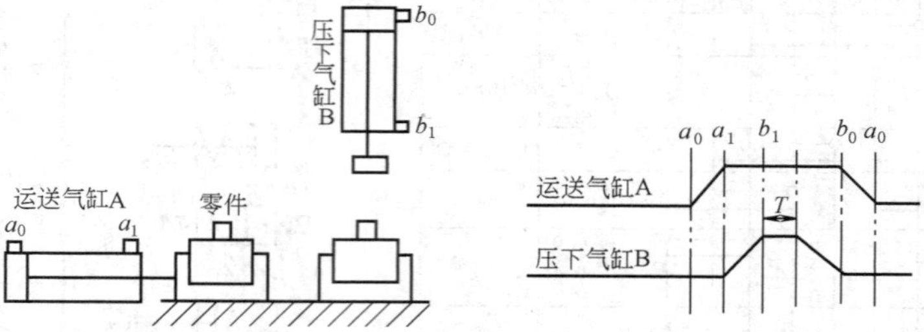

图 23-12-5　压入装置及气缸动作顺序图

（1）气动动力回路的设计

气动动力回路设计主要涉及压力、流量和换向三类气动基本控制回路以及气动元件的选取等。设计方法多用经验法，也就是根据设计要求，选用气动常用回路组合，然后分析是否满足要求，如果不能满足要求，则需另选回路或元件，直到满足要求为止。其具体设计步骤可归纳如下。

① 据设计要求确定执行元件的数量，分析机械部分运动特点，确定气动执行元件的种类（气缸、摆缸、气动手爪、真空吸盘等）。

② 根据输出力的大小、速度调整范围、位置控制精度及负载特点、运动规律等确定常用回路，将这些回路综合并和执行元件连接起来。

③ 确定回路中各元件的型号和电气规格。气动元件的选型顺序如下。

执行元件：根据要求的输出力大小、负载率、工件运动范围等因素，确定气缸的缸径和行程。

电磁阀：根据气缸缸径、运动速度范围，确定电磁阀的大小（通径）；根据是否需要断电保护，确定是采用单电控电磁阀或双电控电磁阀；根据控制器的电气规格，确定电磁阀的驱动电压。

单向节流阀：根据气缸缸径、运动速度范围，确定单向节流阀的节流方式（进气节流或排气节流）和大小（型号）。需要注意的是，单向节流阀应在其可调节区间内使用，单向节流阀的螺纹应和气缸进排气口的螺纹一致。

过滤器、减压阀：根据气动系统要求的空气洁净度，确定过滤器的过滤精度；根据气动系统的最大耗气量，确定过滤器、减压阀的大小（型号）。如果执行元件要求的压力不一样，则需要增加分支管路，在分支管路上分别安装减压阀。减压阀应安装在过滤器之后。

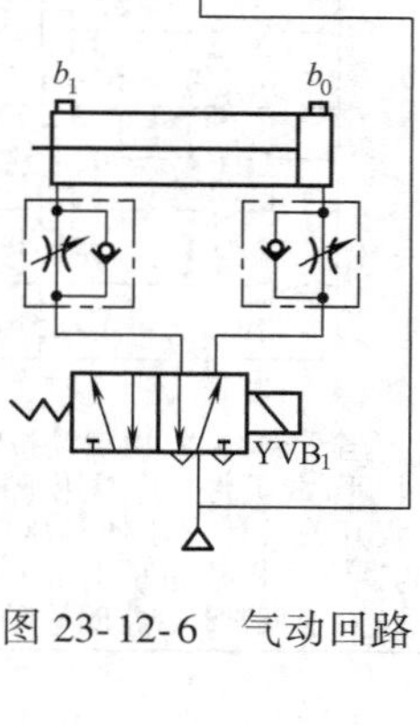

图 23-12-6　气动回路

消声器：根据要求的消声效果确定消声器的型号，消声器的接口螺纹应和电磁阀排气口的螺纹相一致。

管接头和软管：根据电磁阀、减压阀等的大小，确定管接头的大小和接口螺纹以及软管的尺寸。

根据零件压入装置的技术要求，设计气动动力回路如图 23-12-6 所示。在该回路中，执行元件为双作用气缸，单向节流阀采用排气节流方式，控制运送气缸的电磁阀为双电控电磁阀，控制压下气缸的电磁阀为单电控电磁阀。

（2）电气控制回路设计

电气控制回路的设计方法有许多种，如信号-动作线图法（简称 *X-D* 线图法）、卡诺图法、步进回路图法等。这里介绍一种较常用的设计方法，即信号-动作（*X-D*）线图法。在利用 *X-D* 线图法设计电气逻辑控制回路之前，必须首先设计好气动动力回路，确定与电气逻辑控制回路有关的主要技术参数，诸如电磁阀为双电控还是单电控，二位式还是三位式，电磁铁的使用电压规格等，并根据工艺要求按顺序列出各个气缸的必要动作，画出气缸的动作顺序图，编制工作程序。

采用 *X-D* 线图法进行气动顺序控制系统的设计步骤可归纳如下：编制工作程序；绘制 *X-D* 线图；消除障碍信号；求取气缸主控信号逻辑表达式；绘制继电器控

制电路梯形图。

① 编制工作程序。首先按顺序列出各个必要的动作：

a. 将工件放在运送台上（人工）；

b. 按钮开关按下时，运送气缸伸出（$A_1$）；

c. 运送台到达行程末端时，压下气缸下降，将零件压入（$B_1$）；

d. 在零件压入状态保持 $T$ 秒（延时 $T$ 秒）；

e. 压入结束后，压下气缸上升（$B_0$）；

f. 压下气缸到达最高处后，运送气缸后退（$A_0$）。

将两个气缸的顺序动作用顺序图表示出来则如图 23-12-5b 所示。顺序图中横轴表示时间，纵轴表示动作（气缸的伸缩行程）。此外，箭头表示根据主令信号决定下一步的执行动作。

工作程序的表示方法为：用大写字母 A、B、C…表示气缸；用下标 1、0 表示气缸的两个运动方向，其中下标 1 表示气缸伸出，0 表示气缸缩回。如 $A_1$ 表示气缸 A 伸出，$B_0$ 表示气缸 B 缩回。

经过分析可得双缸回路的程序为［$A_1B_1$（延时 $T$）$B_0A_0$］，如果将延时也算作一个动作节拍，则该程序共有五个顺序动作。

② 绘制 $X$-$D$ 线图。步骤如下。

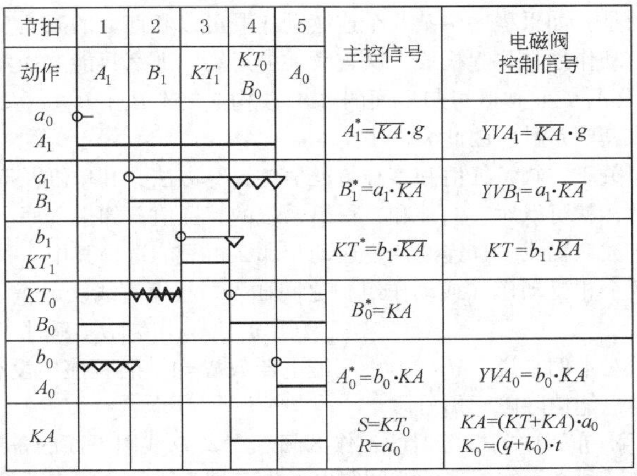

节拍 1 2 3 4 5
动作 $A_1$ $B_1$ $KT_1$ $KT_0$ $B_0$ $A_0$
主控信号
电磁阀控制信号
$a_0$ $A_1$
$A_1^*=\overline{KA}\cdot g$
$YVA_1=\overline{KA}\cdot g$
$a_1$ $B_1$
$B_1^*=a_1\cdot\overline{KA}$
$YVB_1=a_1\cdot\overline{KA}$
$b_1$ $KT_1$
$KT^*=b_1\cdot\overline{KA}$
$KT=b_1\cdot\overline{KA}$
$KT_0$ $B_0$
$B_0^*=KA$
$b_0$ $A_0$
$A_0^*=b_0\cdot KA$
$YVA_0=b_0\cdot KA$
$KA$
$S=KT_0$
$R=a_0$
$KA=(KT+KA)\cdot a_0$
$K_0=(q+k_0)\cdot t$


图 23-12-7 ［$A_1B_1$（延时 $T$）$B_0A_0$］程序的 $X$-$D$ 线图

a. 画方格图（见图 23-12-7）。根据动作顺序，在方格图第一行从左至右填入动作顺序号（也称节拍号），在第二行内填入相应的气缸动作。以下各行用来填写各气缸的动作区间和主令切换信号区间。如果有 $i$ 只气缸，则应有（$2i+j$）行，其中 $j$ 行为备用行，用来布置中间继电器的工作区间。对于一般的顺序控制系统，$j$ 取 1~2 行；对于复杂的多往复系统可多留几行。在每一行的最左一栏中，上下分别写上主令切换信号和该主令信号所要控制的动作。例如，对本例来说，在第一行的上下分别写上 $a_0$ 和 $A_1$，第二行写上 $a_1$ 和 $B_1$，……应该说明，填写主令信号及其相应动作的次序可以不按照动作顺序。$X$-$D$ 线图右边一栏为"主控信号"栏，用来填写各个气缸控制信号的逻辑表达式。控制信号 $A_1^*$ 表示在图 23-12-7 中，时间继电器 $KT$ 用于实现延时 $T$，$KT_1$ 表示得电状态，$KT_0$ 表示失电状态。$KA$ 为中间继电器。

b. 画动作区间线（简称 $D$ 线）。用粗实线画出各个气缸的动作区间。画法如下：以纵横动作的大写字母相同，下标也相同的方格左端纵线为起点，以纵横动作的大写字母相同但下标相反的方格的左端纵线为终点，从左至右用粗实线连线。如 $A_1$ 动作从第一节拍开始至第四节拍终止，$B_1$ 动作线从第二节拍开始至第三节拍终止。同理可画出全部动作区间线。应说明的是，顺序动作是尾首相连的循环，因此最后一个节拍的右端纵线与第一节拍的左端纵线实际是一根线。

c. 画主令信号状态线（简称 $X$ 线）。用细实线画出主令信号的状态线，为了区别于动作状态线，起点用小圆圈"∘"表示。$a_1$ 信号状态线的起点在动作 $A_1$ 的右端纵线上，终点在 $A_0$ 的左端纵线上，但略为滞后一点。$a_0$ 信号状态线的起点在 $A_0$ 动作的右端纵线上，终点在 $A_1$ 动作的左端纵线上，但略为滞后一点。按照这一原则，可画出所有主令信号的状态线。为了清楚起见，程序的第一个动作的主令信号状态线画在第一节拍的左端纵线上。对于本例，$a_0$ 信号状态线的起点在 $A_1$ 动作的左端纵线上，而不画在 $A_0$ 动作的右端纵线上。

③ 消除障碍信号。

a. 判别障碍信号。所谓障碍信号是指在同一时刻，电磁阀的两个控制侧同时存在控制信号，妨碍电磁阀按预定程序换向。因此，为了使系统正常动作，就必须找出障碍信号，并设法消除它。用 $X$-$D$ 图确定障碍信号的方法是，在同一行中凡存在信号线而无对应动作线的信号段即为障碍段，存在障碍段的信号为障碍信号。障碍段在 $X$-$D$ 线图中用"VVV"标出。例如，$a_1$ 信号线在第 4 节拍为障碍段，故 $a_1$ 便是障碍信号。

b. 布置中间记忆继电器。引入中间记忆继电器是为了消除障碍信号的障碍段。所需中间继电器的数量 $N$ 取决于顺序系统的特征值 $M$：

$$N=\mathrm{INT}[(M+1)/2]$$

式中，INT 表示对运算结果取整的函数。对于单往复顺序系统来说，特征值 $M$ 为 $M=m_1+m_2+m_3+\cdots+m_{i-1}$。对于多往复顺序系统来说，特征值 $M=m_1+m_2+m_3+\cdots+m_i$。其中，$i$ 为气缸的数量，$m_1$ 为单缸特征值，$m_2$ 为双缸特征值，$m_3$ 为三缸特征值，余类推。

所谓单缸特征值是指程序中单个气缸连续往复运动的次数。例如在本例程序［$A_1B_1$（延时 $T$）$B_0A_0$］中，有（$B_1B_0$），还有尾首动作（$A_0A_1$）也是连续往复运动，因此 $m_1=2$。

双缸特征值是指某两个气缸在一段程序中连续完成一次往复运动的次数。例如程序［$A_1B_1A_0B_0B_1B_0$］中，就有（$A_1B_1A_0B_0$）或（$B_0A_1B_1A_0$）的一段程序，这表明 A、B 两缸在该程序中连续完成一次往复运动。需要说明的是，如果程序中某几个连续动作既可以和前面的某几个动作划在一起构成一次连续往复运动，又可与后面某几个动作划在一起构成一次连续往复运动，那么只能选择其中一种划分方法，不能同时都取。因此，在上述程序中，（$A_1B_1A_0$）既可与后面的（$B_0$）构成（$A_1B_1A_0B_0$），又可与前面的（$B_0$）一起构成（$B_0A_1B_1A_0$），我们只能选取其中一种，因此 $m_2=1$。

关于三缸特征值和多缸特征值的计算方法，和单缸及双缸特征值的计算方法类似。在确定了所有单项特征值之后，就可以对它们求和，得出系统的特征值。如果程序中某个气缸的两个动作既可构成单缸连续往复运动，又可组成双缸或多缸连续往复运动，那么也只能选择其中一种划分方法。为了清楚起见，在程序中有连续往复运动的两个相反动作（或动作组）之间插入一根短直线表示 $M\neq0$。对于本例的程序可表示为：

$$[A_1B_1(\text{延时 }T)B_0A_0|]$$

对本例来说，$M=2$，中间继电器数 $N=1$。若程序中没有连续往复运动，即 $M=0$，则控制回路不引入中间继电器也能消除障碍信号段。

c. 布置中间继电器的工作区间。在 $X$-$D$ 线图下面的备用行内用细直线布置中间继电器的工作区间，有细直线的区间表示继电器的线圈得电，没有细直线的区间表示继电器的线圈失电。为了能正确地消除障碍信号，布置中间继电器的工作区间时必须遵守下列规定：(a) 连续往复运动的两个动作（或动作组）之间的分界线必须是中间继电器的切换线，即置位信号或复位信号的起点必须在该线上；(b) 对于 $N>2$ 的程序，中间继电器的切换顺序要按图 23-12-8 所示的方式布置。这样可保证至少有一个节拍重叠，主控信号的逻辑运算简单，回路工作可靠。

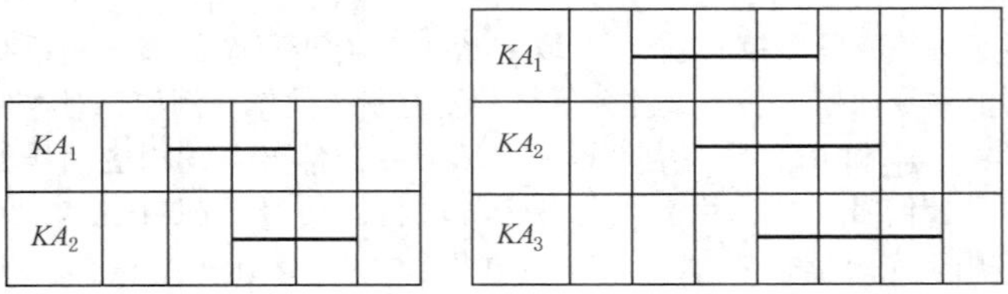

(a) $N=2$　　(b) $N=3$

图 23-12-8　中间继电器布置方法

d. 求取中间继电器的逻辑函数。首先应找出中间继电器的主令信号。由 $X$-$D$ 图不难看出，凡信号线的起点（小圆圈）在中间继电器的切换线上，则它一定是中间继电器置位信号 $S$ 或复位信号 $R$ 的主令信号。在得出中间继电器的主令信号后，还必须确定其主令信号是否存在障碍段。和气缸的主令信号类似，若 $S$ 的主令信号有部分线段出现在中间继电器的非工作区段，或 $R$ 的主令信号有部分线段出现在中间继电器的工作区段，则这部分线段对中间继电器 $KA$ 来说都是障碍段。如果 $S$、$R$ 的主令信号存在障碍段，则必须消除，方法和消除气缸主令信号的障碍段一样。



对本例来说，$S$、$R$ 的主令信号均不存在障碍，所以其逻辑表达式为

$$S=KT_0;\ R=a_0$$

④ 求取气缸主控信号逻辑表达式。$X$-$D$ 线图中气缸的主令信号可分为无障碍主令信号和有障碍主令信号两种。

a. 对无障碍主令信号来说，可以被直接用来控制电磁阀，因此电磁阀的主控信号就是该主令信号。对于本例，无障碍主令信号有

$$A_1^*=a_0g$$

式中，$g$ 为启动/停止信号，该信号写入程序的第一个动作中。在引入中间继电器的回路中，某些动作的主令信号又作为中间继电器的 $S$、$R$ 的主令信号。在本例中，$a_0$ 既是动作 $A_1$ 的主令信号，又是 $R$ 的主令信号。在设计回路时，为了使回路具有联锁性，即确保中间继电器切换后气缸才能动作，动作 $A_1$ 的主令信号可以用中间继电器的输出 $\overline{KA}$ 代替原来的主令信号 $a_0$。但应该注意中间继电器的输出 $\overline{KA}$ 比动作 $A_1$ 的持续区间短，即没有障碍

段。因此对于本例有 $A_1^* = \overline{KA} \cdot g$。

b. 对有障碍主令信号来说，必须采用逻辑运算等方法消除掉主令信号的障碍段。常用的方法有逻辑“与”消障法，即通过将有障碍主令信号与一个称为制约信号的信号进行“与”运算，使运算后的结果不存在障碍段。能消除有主令信号障碍段的制约信号应满足以下条件，即在主令信号的起点（小圆圈）处，制约信号必须有线，而主令信号的障碍段内，制约信号必须没有线。制约信号一般选择其他动作的主令信号或将它们进行逻辑运算（如取反相）后的信号。如果回路中引入了中间继电器，则制约信号通常采用中间继电器的输出。

对于本例，动作 $B_1$、$KT$、$B_0$ 和 $A_0$ 的主令信号都是有障碍主令信号。对于动作 $B_1$ 的主令信号 $a_1$ 来说，由图 23-12-7 可知，与 $a_1$ 起点纵线相交的信号有 $b_0$ 和 $\overline{KA}$，但只 $\overline{KA}$ 在 $a_1$ 的障碍段内没有线，因此可作为制约信号。为了可靠起见，采用中间继电器的输出 $\overline{KA}$ 作为制约信号。因此有

$$B_1^* = a_1 \cdot \overline{KA}$$

同理，可写出其余的主控信号

$$KT^* = b_1 \cdot \overline{KA};\ B_0^* = KA;\ A_0^* = b_0 \cdot KA$$

得出气缸的主控信号之后，就可以进一步得出电磁阀及中间继电器控制信号的逻辑表达式如下

$$YVA_1 = \overline{KA} \cdot g;\ YVA_0 = b_0 \cdot KA;\ YVB_1 = a_1 \cdot \overline{KA};$$

$$KT = b_1 \cdot \overline{KA}; KA = (KT + KA) \cdot a_0$$

⑤ 绘制继电器控制回路的梯形图。在求得电磁阀的控制信号的逻辑表达式后，即可以画出继电器控制回路的梯形图。对于本例，梯形图如图 23-12-9a 所示。在图 23-12-9 中，启动/停止信号用全程继电器 $K_0$ 来实现，$K_0$ 用启动按钮 $q$ 和停止按钮 $t$ 来控制，并且采用了如表 23-12-14 所示的停止优先自保持电路。应该指出的是，在实际应用中，通常采用一个电磁阀线圈用一个继电器控制的回路，如图 23-12-9b 所示。

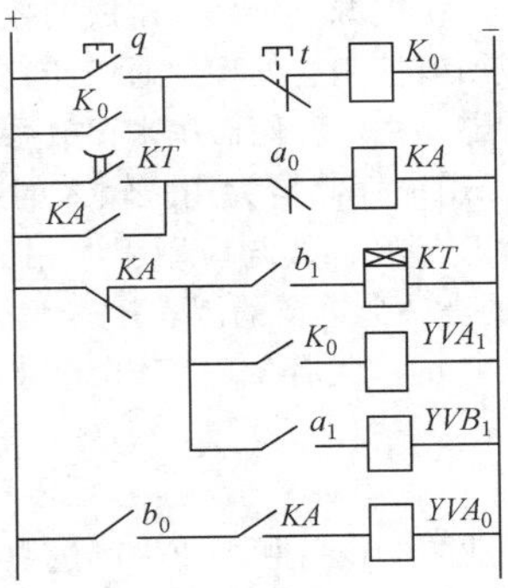


(a)

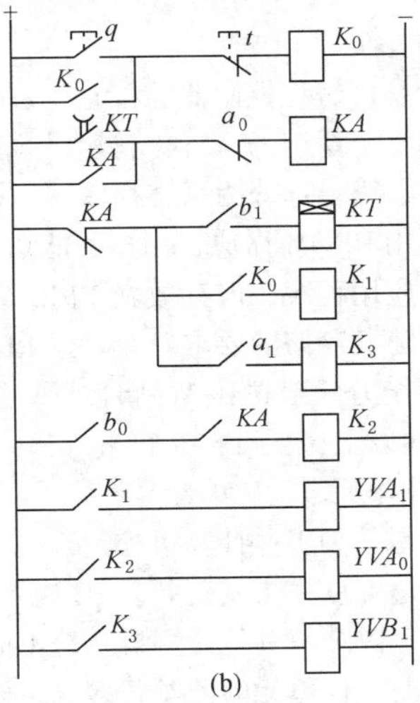


(b)

图 23-12-9 程序［$A_1B_1$(延时 $T$)$B_0A_0$］的电器控制回路

## 3.3 可编程控制器的应用

随着工业自动化的飞速发展，各种生产设备装置的功能越来越强，自动化程度越来越高，控制系统越来越复杂，因此，人们对控制系统提出了更灵活通用、易于维护、可靠经济等要求，固定接线式的继电器已不能适应这种要求，于是可编程控制器（PLC）应运而生。

由于可编程控制器的显著优点，因此在短时间内，其应用就迅速扩展到工业的各个领域。并且，随着应用领域的不断扩大，可编程控制器自身也经历了很大的发展变化，其硬件和软件得到了不断改进和提高，使得可编程序控制器的性能越来越好，功能越来越强。

### 3.3.1 可编程控制器的组成

可编程控制器（PLC）是微机技术和继电器常规控制概念相结合的产物，是一种以微处理器为核心的用作数字控制的特殊计算机。其硬件配置与一般微机装置类似，主要由中央处理单元（CPU）、存储器、输入/输出接口电路、编程单元、电源及其他一些电路组成。其基本构成如图 23-12-10 所示。

PLC 在结构上可分为两种：一种为固定式，一种为模块式，如图 23-12-11 所示。固定式通常为微型或小型 PLC，其 CPU、输入/输出接口和电源等做成一体，输入/输出点数是固定的（图 23-12-11a）。模块式则将 CPU、电源、输入输出接口分别做成各种模块，使用时根据需要配置，所选用的模块安装在框架中（图 23-12-11b）。装有 CPU 模块的框架称之为基本框架，其他为扩充框架。每个框架可插放的模块数一般为 3~10 块，可扩展的框架数一般为 2~5 个基架，基本框架与扩展框架之间的距离不宜太大，一般为 10cm 左右。一些中型及大型可编程控制器系统具有远程 I/O 单元，可以联网应用，主站与从站之间的通信连接多用光纤电缆来完成。

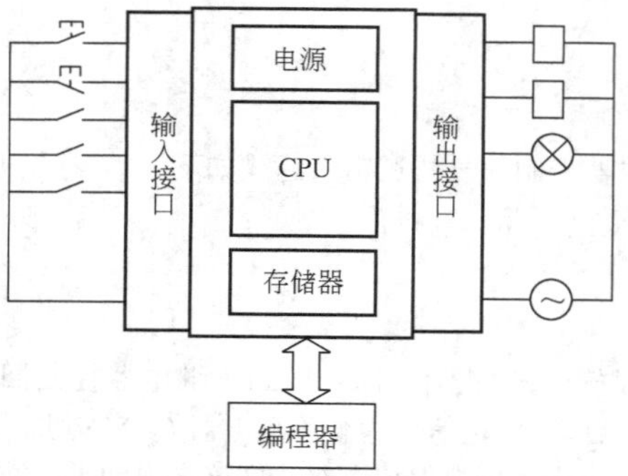


图 23-12-10　PLC 硬件基本配置示意图

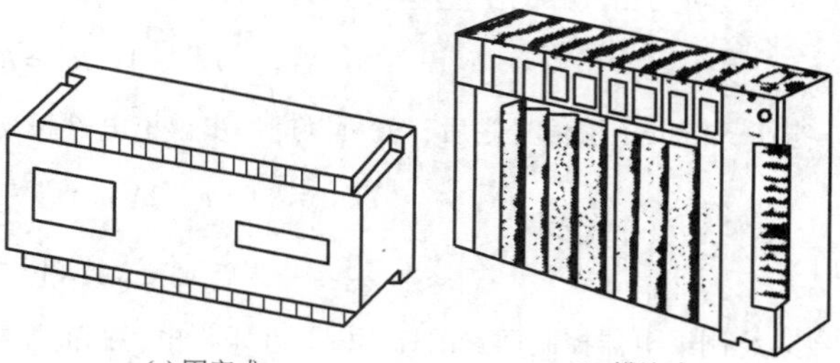

(a) 固定式　(b) 模块式

图 23-12-11　PLC 外观

（1）中央处理单元（CPU）

中央处理单元是可编程控制器的核心，是由处理器、存储器、系统电源三个部件组成的控制单元。处理器的主要功能在于控制整个系统的运行，它解释并执行系统程序，完成所有控制、处理、通信和其他功能。PLC 的存储器包括两大部分，第一部分为系统存储器，第二部分为用户存储器。系统存储器用来存放系统监控程序和系统数据表，由制造厂用 PROM 做成，用户不能访问修改其中的内容。用户存储器为用户输入的应用程序和应用数据表提供存储区，应用程序一般存放在 EPROM 存储器中，数据表存储区存放与应用程序相关的数据，用 RAM 进行存储，以适应随机存储的要求。在考虑 PLC 应用时，存储容量是一个重要的因素。一般小型 PLC（少于 64 个 I/O 点）的存储能力低于 6kB，存储容量一般不可扩充。中型 PLC 的最大存储能力约 50kB，而大型 PLC 的存储能力大都在 50kB 以上，且可扩充容量。

（2）输入/输出单元（I/O 单元）

可编程控制器是一种工业计算机控制系统，它的控制对象是工业生产设备和工业生产过程，PLC 与其控制对象之间的联系是通过 I/O 模板实现的。PC 输入输出信号的种类分为数字信号和模拟信号。按电气性能分，有交流信号和直流信号。PLC 与其他计算机系统不同之处就在于通过大量的各种模板与工业生产过程、各种外设及其他系统相连。PLC 的 I/O 单元的种类很多，主要有：数字量输入模板、数字量输出模板、模拟量输入模板、模拟量输出模板、智能 I/O 模板、特殊 I/O 模板、通信 I/O 模板等。

虽然 PLC 的种类繁多，各种类型 PLC 特性也不一样，但其 I/O 接口模板的工作原理和功能基本一样。

### 3.3.2 可编程控制器工作原理

（1）巡回扫描原理

PLC 的基本工作原理是建立在计算机工作原理基础上的，即在硬件的支持下，通过执行反映控制要求的用户程序来实现现场控制任务。但是，PLC 主要是用于顺序控制，这种控制是通过各种变量的逻辑组合来完成的，即控制的实现是有关逻辑关系的实现，因此，如果单纯像计算机那样，把用户程序从头到尾顺序执行一遍，并不能完全体现控制要求，而必须采取对整个程序巡回执行的工作方式，即巡回扫描方式。实际上，PLC 可看成是在系统软件支持下的一种扫描设备，它一直在周而复始地循环扫描并执行由系统软件规定好的任务。用户程序只是整个扫描周期的一个组成部分，用户程序不运行时，PLC 也在扫描，只不过在一个周期中删除了用户程序和输入输出服务这两部分任务。典型 PLC 的扫描过程如图 23-12-12 所示。

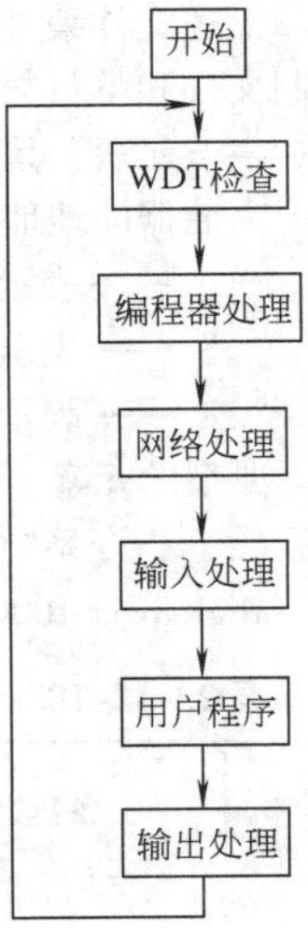


图 23-12-12　PLC的扫描过程

（2）I/O 管理

各种 I/O 模板的管理一般采用流行的存储映像方式，即每个 I/O 点都对应内存的一个位（bit），具有字节属性的 I/O 则对应内存中的一个字。CPU 在处理用户程序时，使用的输入值不是直接从实际输入点读取的，运算结果也不是直接送到实际输出点，而是在内存中设置了两个暂存区，即一个输入暂存区，一个输出暂存区。在输入服务扫描过程中，CPU 把实际输入点的状态读入到输入状态暂存区。在输出服务扫描过程中，CPU 把输出状态暂存区的值传送到实际输出点。

由于设置了输入输出状态暂存区，用户程序具有以下特点：

① 在同一扫描周期内，某个输入点的状态对整个用户程序是一致的，不会造成运算结果的混乱；

② 在用户程序中，只应对输出赋值一次，如果多次，则最后一次有效；

③ 在同一扫描周期内，输出值保留在输出状态暂存区，因此，输出点的值在用户程序中也可当成逻辑运算的条件使用；

④ I/O 映像区的建立，使系统变为一个数字采样控制系统，只要采样周期 $T$ 足够小，采样频率足够高，就可以认为这样的采样系统符合实际系统的工作状态；

⑤ 由于输入信息是从现场瞬时采集来的，输出信息又是在程序执行后瞬时输出去控制外设，因此可以认为实际上恢复了系统控制作用的并行性；

⑥ 周期性输入输出操作给要求快速响应的闭环控制及中断控制的实现带来了一定的困难。

（3）中断输入处理

在 PLC 中，中断处理的概念和思路与一般微机系统基本是一样的，即当有中断申请信号输入后，系统中断正在执行的程序而转向执行相关的中断子程序；多个中断之间有优先级排队，系统可由程序设定允许中断或禁止中断等。此外，PLC 中断还有以下特殊之处：

① 中断响应是在系统巡回扫描的各个阶段，不限于用户程序执行阶段；

② PLC 与一般微机系统不一样，中断查询不是在每条指令执行后进行，而是在相应程序块结束后进行；

③ 用户程序是巡回扫描反复执行的，而中断程序却只在中断申请后被执行一次，因此，要多运行几次中断子程序，则必须多进行几次中断申请；

④ 中断源的信息是通过输入点进入系统的，PLC 扫描输入点是按顺序进行的，因此，根据它们占用输入点的编号的顺序就自动进行优先级的排队；

⑤ 多中断源有优先顺序但无嵌套关系。

### 3.3.3　可编程控制器常用编程指令

虽然不同厂家生产的可编程控制器的硬件结构和指令系统各不相同，但基本思想和编程方法是类似的。下面以 A-B 公司的微型可编程控制器 Micrologix 1000 为例，介绍基本的编程指令和编程方法。

（1）存储器构成及编址方法

由前所述，存储器中存储的文件分为程序文件和数据文件两大类。程序文件包括系统程序和用户程序，数据文件则包括输入/输出映像表（或称为缓冲区）、位数据文件（类似于内部继电器触点和线圈）、计时器/计数器数据文件等。为了编址的目的，每个文件均由一个字母（标识符）及一个文件号来表示，如表 23-12-17 所示。

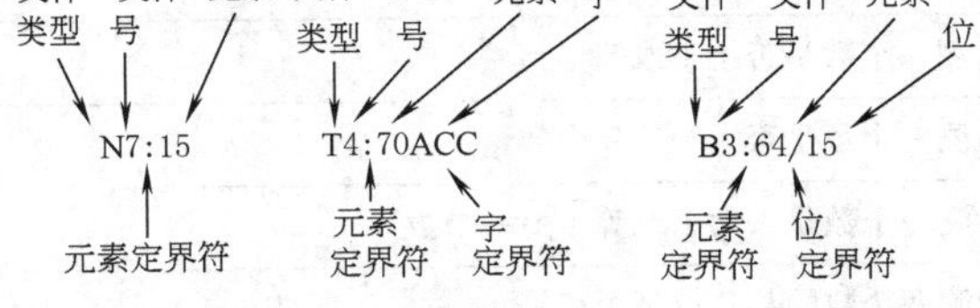


(a) 元素地址　(b) 字地址　(c) 位地址

图 23-12-13　地址的表示方法

**表 23-12-17　数据文件的类型及标识**

| 文件类型 | 标识符 | 文件编号 | 文件类型 | 标识符 | 文件编号 |
|---|---|---|---|---|---|
| 输出文件 | O | 0 | 计时器文件 | T | 4 |
| 输入文件 | I | 1 | 计数器文件 | C | 5 |
| 状态文件 | S | 2 | 控制字文件 | R | 6 |
| 位文件 | B | 3 | 整数文件 | N | 7 |

上述文件编号为已经定义好的缺省编号，此外，用户可根据需要定义其他的位文件、计时器/计数器文件、控制文件和整数文件，文件编号可从 10~255。一个数据文件可含有多个元素。对计时器/计数器文件来说，元素为 3 字节元素，其他数据文件的元素则为单字节元素。

存储器的地址是由定界符分隔开的字母、数字、符号组成。定界符有三种，分别为：

“:”——表示后面的数字或符号为元素；

“。”——表示后面的数字或符号为字节；

“/”——表示后面的数字或符号为位。

典型的元素、字及位的地址表示方法如图 23-12-13 所示。

（2）指令系统

Micrologix 1000 采用梯形图和语句两种指令形式。表 23-12-18 列出了其指令系统。

**表 23-12-18　　Micrologix 1000 指令系统**

| 序号 | 名　称 | 助记符 | 图形符号 | 意　义 |
|---|---|---|---|---|
| | | | | 继电器逻辑控制指令 |
| 1 | 检查是否闭合 | XIC | ┤├ | 检查某一位是否闭合,类似于继电器常开触点 |
| 2 | 检查是否断开 | XIO | ┤/├ | 检查某一位是否断开,类似于继电器常闭触点 |
| 3 | 输出激励 | OTE | —( )— | 使某一位的状态为 ON 或 OFF,类似于继电器线圈 |
| 4 | 输出锁存<br>输出解锁 | OTL<br>OTU | —(L)—<br>—(U)— | OTL 使某一位的状态为 ON,该位的状态保持为 ON,直到使用一条 OUT 指令使其复位 |
| | | | | 计时器/计数器指令 |
| 5 | 通延时计时器 | TON | | 利用 TON 指令,在预置时间内计时完成,可以去控制输出的接通或断开 |
| 6 | 断延时计时器 | TOF | | 利用 TOF 指令,在预置时间间隔阶梯变成假时,去控制输出的接通或断开 |
| 7 | 保持型计时器 | RTO | | 在预置时间内计时器工作以后,RTO 指令控制输出使能与否 |
| 8 | 加计数器 | CTU | | 每一次阶梯由假变真,CTU 指令以 1 个单位增加累加值 |
| 9 | 减计数器 | CTD | | 每一次阶梯由假变真,CTD 指令以 1 个单位把累加值减少 1 |
| 10 | 高速计数器 | HSC | | 高速计数,累加值为真时控制输出的接通或断开 |
| 11 | 复位指令 | RES | | 使计时器和计数器复位 |
| | | | | 比较指令 |
| 12 | 等于 | EQU | | 检测两个数是否相等 |
| 13 | 不等于 | NEQ | | 检测一个数是否不等于另一个数 |
| 14 | 小于 | LES | | 检测一个数是否小于另一个数 |
| 15 | 小于等于 | LEQ | | 检测一个数是否小于或等于另一个数 |
| 16 | 大于 | GRT | | 检测一个数是否大于另一个数 |
| 17 | 大于等于 | GRQ | | 检测一个数是否大于或等于另一个数 |
| 18 | 屏蔽等于 | MEQ | | 检测两个数的某几位是否相等 |
| 19 | 范围检测 | LIM | | 检测一个数是否在由另外的两个数所确定的范围内 |

续表

| 序号 | 名　称 | 助记符 | 图形符号 | 意　义 |
|---|---|---|---|---|
| 运算指令 | | | | |
| 20 | 加法 | ADD | | 将源A和源B两个数相加，并将结果存入目的地址内 |
| 21 | 减法 | SUB | | 将源A减去源B，并将结果存入目的地址内 |
| 22 | 乘法 | MUL | | 将源A乘以源B，并将结果存入目的地址内 |
| 23 | 除法 | DIV | | 将源A除以源B，并将结果存入目的地址和算术寄存器内 |
| 24 | 双除法 | DDV | | 将算术寄存器中的内容除以源，并将结果存入目的地址和算术寄存器中 |
| 25 | 清零 | CLR | | 将一个字的所有位全部清零 |
| 26 | 平方根 | SQR | | 将源进行平方根运算，并将整数结果存入目的地址内 |
| 27 | 数据定标 | SCL | | 将源乘以一个比例系数，加上一个偏移值，并将结果存入目的地址中 |
| 程序流程控制指令 | | | | |
| 28 | 转移到标号<br>标号 | JMP<br>LBL | | 向前或向后跳转到标号指令 |
| 29 | 跳转到子程序<br>子程序<br>从子程序返回 | JSR<br>SBR<br>RET | | 跳转到指定的子程序并返回 |
| 30 | 主控继电器 | MCR | | 使一段梯形图程序有效或无效 |
| 31 | 暂停 | TND | | 使程序暂停执行 |
| 32 | 带屏蔽立即输入 | IIM | | 立即进行输入操作并将输入结果进行屏蔽处理 |
| 33 | 带屏蔽立即输出 | IOM | | 将输出结果进行屏蔽处理并立即进行输出操作 |

### 3.3.4　控制系统设计步骤

控制系统的设计步骤可大致归纳如下。

（1）系统分析

对控制系统的工艺要求和机械动作进行分析，对控制对象要求进行粗估，如有多少开关量输入，多少开关量输出，功率要求为多少，模拟量输入输出点数为多少；有无特殊控制功能要求，如高速计数器等。在此基础上确定总的控制方案：是采用继电器控制线路还是采用PLC作为控制器。

（2）选择机型

当选定用可编程控制器的控制方案后，接下来就要选择可编程控制器的机型。目前，可编程控制器的生产厂家很多，同一厂家也有许多系列产品，例如美国A-B公司生产的可编程控制器就有微型可编程控制器Micrologix 1000系列、小型可编程控制器SLC500系列、大中型可编程控制器PLC5系列等，而每一个系列中又有许多不同规格的产品，这就要求用户在分析控制系统类型的基础上，根据需要选择最适合自己要求的产品。

（3）I/O地址分配

所谓输入输出定义就是对所有的输入输出设备进行编号，也就是赋予传感器、开关、按钮等输入设备和继电器、接触器、电磁阀等被控设备一个确定的PLC能够识别的内部地址编号，这个编号对后面的程序编制、程序调试和修改都是重要依据，也是现场接线的依据。

（4）编写程序

根据工艺要求、机械动作，利用卡诺图法或信号-动作线图法求取基本逻辑函数，或根据经验和技巧，来确定各种控制动作的逻辑关系、计数关系、互锁关系等，绘制梯形图。

梯形图画出来之后，通过编程器将梯形图输入可编程控制器 CPU。

（5）程序调试

检查所编写的程序是否全部输入、是否正确，对错误之处进行编辑、修改。然后，将 PLC 从编辑状态拨至监控状态，监视程序的运行情况。如果程序不能满足所希望的工艺要求，就要进一步修改程序，直到完全满足工艺要求为止。在程序调试完毕之后，还应把程序存储起来，以防丢失或破坏。

### 3.3.5 控制系统设计举例

首先以图 23-12-5 所示的系统为例说明可编程序控制器的控制程序设计方法。

（1）系统分析

本系统控制器的输入信号有：气缸行程开关输入信号 4 个，启动/停止按钮输入信号 2 个，即共有 6 个输入信号。控制器的输出为两只气缸的 3 个电磁铁的控制信号。此外，需要内部定时器一个。

（2）选择可编程控制器

对于这类小型气动顺序控制系统，采用微型固定式可编程控制器就足以满足控制要求。本例选取 A-B 公司的 I/O 点数为 16 的微型可编程控制器 Micrologix 1000 系列。其中，输入点数为 10 点，输出点数为 6 点。

（3）输入/输出分配

输入分配见表 23-12-19，输出分配见表 23-12-20。

**表 23-12-19　　输入分配**

| 输入信号 | 行程开关 | | | | 按钮 | |
|---|---|---|---|---|---|---|
| 符　号 | $a_0$ | $a_1$ | $b_0$ | $b_1$ | $q$ | $t$ |
| 连接端子号 | 1 | 2 | 3 | 4 | 5 | 6 |
| 内部地址 | I1/1 | I1/2 | I1/3 | I1/4 | I1/5 | I1/6 |

**表 23-12-20　　输出分配**

| 输出信号 | 电磁铁 | | |
|---|---|---|---|
| 符　号 | $YVA_0$ | $YVA_1$ | $YVB_0$ |
| 连接端子号 | 1 | 2 | 3 |
| 内部地址 | 0/1 | 0/2 | 0/3 |

(4)编写程序

如图 23-12-14 所示,该程序采用梯形图编程语言,这种编程语言为广大电气技术人员所熟知,每个阶梯的意义见程序右说明。

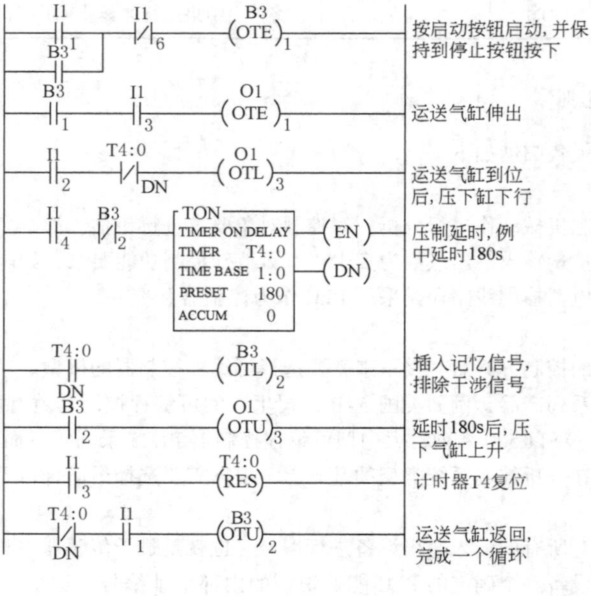


图 23-12-14　可编程序控制器梯形图

# 第13章 气动相关技术标准及资料

## 1 气动相关技术标准

表 23-13-1

| | 标准号 | 标准名称 |
|---|---|---|
| 气动的国家标准 | GB/T 786.1—2009 | 流体传动系统及元件图形符号和回路图 |
| | GB/T 7932—2003 | 气动系统　通用技术条件 |
| | GB/T 7940.1—2008 | 气动　五气口气动方向控制阀　第1部分:不带电气接头的安装面 |
| | GB/T 7940.2—2008 | 气动　五气口气动方向控制阀　第2部分:带可选电气接头的安装面 |
| | GB/T 7940.3—2001 | 气动　五气口气动方向控制阀　第3部分:功能识别编码体系 |
| | GB/T 8102—2008 | 缸内径8~25mm的单杆气缸安装尺寸 |
| | GB/T 14038—2008 | 气动连接　气口和螺柱端 |
| | GB/T 14513—1993(2001) | 气动元件流量特性的测定 |
| | GB/T 14514—2013 | 气动管接头试验方法 |
| | GB/T 17446—2012 | 流体传动系统及元件　术语 |
| | GB/T 20081.1—2006 | 气动减压阀和过滤减压阀　第1部分:商务文件中应包含的主要特性和产品标识要求 |
| | GB/T 20081.2—2006 | 气动减压阀和过滤减压阀　第2部分:评定商务文件中应包含的主要特性和产品标识要求 |
| 气动的行业标准 | JB/T 5923—2013 | 气动　气缸技术条件 |
| | JB/T 5967—2007 | 气动元件及系统用空气介质质量等级 |
| | JB/T 6377—1992 | 气动气口连接螺纹　型式和尺寸 |
| | JB/T 6378—2008 | 气动换向阀　技术条件 |
| | JB/T 6379—2007 | 缸内径32~320mm的可拆式单杆气缸　安装尺寸 |
| | JB/T 6656—1993 | 气缸用密封圈安装沟槽型式、尺寸和公差 |
| | JB/T 6657—1993(2001) | 气缸用密封圈尺寸系列和公差 |
| | JB/T 6658—2007 | 气动用O形橡胶密封圈沟槽尺寸和公差 |

续表

| | 标 准 号 | 标 准 名 称 |
|---|---|---|
| 气动的行业标准 | JB/T 6659—2007 | 气动用O形橡胶密封圈尺寸系列和公差 |
| | JB/T 6660—1993 | 气动用橡胶密封圈　通用技术条件 |
| | JB/T 7056—2008 | 气动管接头　通用技术条件 |
| | JB/T 7057—2008 | 调速式气动管接头　技术条件 |
| | JB/T 7058—1993 | 快换式气动管接头　技术条件 |
| | JB/T 7373—2008 | 齿轮齿条摆动气缸 |
| | JB/T 7374—1994 | 气动空气过滤器　技术条件 |
| | JB/T 7375—2013 | 气动油雾器　技术条件 |
| | JB/T 7377—2007 | 缸内径32~250mm整体式单杆气缸安装尺寸 |
| | JB/T 8884—2013 | 气动元件产品型号编制方法 |
| | JB/T 10606—2006 | 气动流量控制阀 |
| ISO气动标准 | ISO 1219-1:2006 | Fluid power systems and components—Graphic symbols and circuit diagrams—Part 1:Graphic symbols<br>流体传动系统和元件—图形符号和回路图—第1部分:图形符号 |
| | ISO 1219-2:1995 | Fluid power systems and components—Graphic symbols and circuit diagrams—Part 2:Circuit diagrams<br>流体传动系统和元件—图形符号和回路图—第2部分:回路图 |
| | ISO 2944:2000 | Fluid power systems and components—Nominal pressures<br>流体传动系统和元件—公称压力 |
| | ISO 3320:1987(1998) | Fluid power systems and components—Cylinder bores and piston rod diameters—Metric series<br>流体传动系统和元件—缸内径和活塞杆直径—米制系列 |
| | ISO 3321:1975 | Fluid power systems and components—Cylinder bores and piston rod diameters—Inch series<br>流体传动系统和元件—缸内径和活塞杆直径—英制系列 |
| | ISO 3322:1985 | Fluid power systems and components—Cylinders—Nominal pressures<br>流体传动系统和元件—缸—公称压力 |
| | ISO 3601-1:2002 | Fluid power systems—O-rings—Part 1:Inside diameters, cross-sections, tolerances and size identification code<br>流体传动系统—O形圈—第1部分:内径、断面、公差和规格标注代号 |
| | ISO 3601-3:1987 | Fluid systems—Sealing devices—O-rings—Part 3:Quality acceptance criteria<br>流体系统—密封装置—O形圈—第3部分:质量验收准则 |
| | ISO 3601-5:2002 | Fluid power systems—O-rings—Part 5:Suitability of elastomeric materials for industrial applications<br>流体传动系统—O形圈—第5部分:工业用合成橡胶材料的适用性 |
| | ISO 3939:1977(2002) | Fluid power systems and components—Multiple lip packing sets—Methods for measuring stack heights<br>流体传动系统和元件—多层唇形密封组件—测量叠合高度的方法 |
| | ISO 4393:1978 | Fluid power systems and components—Cylinders—Basic series of piston strokes<br>流体传动系统和元件—缸—活塞行程基本系列 |
| | ISO 4394-1:1980(1999) | Fluid power systems and components—Cylinder barrels—Part 1:Requirements for steel tubes with specially finished bores<br>流体传动系统和元件—缸筒—第1部分:对有特殊精加工内孔钢管的要求 |
| | ISO 4395:1978(1999) | Fluid power systems and components—Cylinders—Piston rod thread dimensions and types<br>流体传动系统和元件—缸—活塞杆螺纹尺寸和型式 |
| | ISO 4397:1993(2000) | Fluid power systems and components—Connectors and associated components—Nominal outside diameters of tubes and nominal inside diameters of hoses<br>流体传动系统和元件—管接头及其相关元件—标称的硬管外径和软管内径 |

续表

| | 标准号 | 标准名称 |
|---|---|---|
| ISO气动标准 | ISO 4399:1995 | Fluid power systems and components—Connectors and associated components—Nominal pressures<br>流体传动系统和元件—管接头及其相关元件—公称压力 |
| | ISO 4400:1994(1999) | Fluid power systems and components—Three-pin electrical plug connectors with earth contact—Characteristics and requirements<br>流体传动系统和元件—带接地触点的三脚电插头—特性和要求 |
| | ISO 5596:1999 | Hydraulic fluid power—Gas-loaded accumulators with separator—Ranges of pressures and volumes and characteristic quantities<br>液压传动—隔离式充气蓄能器—压力和容积范围及特征量 |
| | ISO 5598:1985 | Fluid power systems and components—Vocabulary<br>流体传动系统和元件—术语集 |
| | ISO 5599-1:2001 | Pneumatic fluid power—Five-port directional control valves—Part 1: Mounting interface surfaces without electrical connector<br>气压传动—五气口方向控制阀—第1部分:不带电插头的安装面 |
| | ISO 5599-2:2001 | Pneumatic fluid power—Five-port directional control valves—Part 2: Mounting interface surfaces with optional electrical connector<br>气压传动—五气口方向控制阀—第2部分:带可选电插头的安装面 |
| | ISO 5599-3:1990(2000) | Pneumatic fluid power—Five-port directional control valves—Part 3:Code system for communication of valve functions<br>气压传动—五气口方向控制阀—第3部分:表示阀功能的标注方法 |
| | ISO 5782-1:1997(2002) | Pneumatic fluid power—Compressed-air filters—Part 1:Main characteristics to be included in suppliers' literature and product marking requirements<br>气压传动—压缩空气过滤器—第1部分:商务文件和具体要求中应包含的主要特性 |
| | ISO 5782-2:1997(2002) | Pneumatic fluid power—Compressed-air filters—Part 2: Test methods to determine the main characteristics to be included in supplier's literature<br>气压传动—压缩空气过滤器—第2部分:商务文件中应包含主要特性检验的试验方法 |
| | ISO 5784-1:1988(1999) | Fluid power systems and components—Fluid logic circuits—Part 1: Symbols for binary logic and related functions<br>流体传动系统和元件—流体逻辑回路—第1部分:二进制逻辑及相关功能的符号 |
| | ISO 5784-2:1989(1999) | Fluid power systems and components—Fluid logic circuits—Part 2: Symbols for supply and exhausts as related to logic symbols<br>流体传动系统和元件—流体逻辑回路—第2部分:与逻辑符号相关的供气和排气符号 |
| | ISO 5784-3:1989(1999) | Fluid power systems and components—Fluid logic circuits—Part 3: Symbols for logic sequencers and related functions<br>流体传动系统和元件—流体逻辑回路—第3部分:逻辑顺序器及相关功能的符号 |
| | ISO 6099:2001 | Fluid power systems and components—Cylinders—Identification code for mounting dimensions and mounting types<br>流体传动系统和元件—缸—安装尺寸和安装型式的标注代号 |
| | ISO 6149-1:2006 | Connections for fluid power and general use—Ports and stud ends with ISO 261 metric threads and O-ring sealing—Part 1:Ports with truncated housing for O-ring seal<br>用于流体传动和一般用途的管接头—管 ISO 261 米制螺纹和 O 形圈密封的油口和螺柱端—第1部分:带 O 形密封圈用锪孔沟槽的油口 |
| | ISO 6149-2:1993 | Connections for fluid power and general use—Ports and stud ends with ISO 261 threads and O-ring sealing—Part 2:Heavy-duty(S series) stud ends—Dimensions,design,test methods and requirements<br>用于流体传动和一般用途的管接头—管 ISO 261 螺纹和 O 形圈密封的油口和螺柱端—第2部分:重型(S 系列)螺柱端—尺寸、型式、试验方法和技术要求 |

续表

| | 标准号 | 标准名称 |
|---|---|---|
| ISO气动标准 | ISO 6149-3:1993 | Connections for fluid power and general use—Ports and stud ends with ISO 261 threads and O-ring sealing—Part 3:Light-duty(L series) stud ends—Dimensions,design,test methods and requirements<br>用于流体传动和一般用途的管接头—带 ISO 261 螺纹和 O 形圈密封的油口和螺柱端—第 3 部分:轻型(L 系列)螺柱端—尺寸、型式、试验方法和技术要求 |
| | ISO 6149-4:2006 | Connections for fluid power and general use—Ports and stud ends with ISO 261 threads and O-ring sealing—Part 4:Dimensions,design,test methods and requirements for external hex and internal hex port plugs<br>用于流体传动和一般用途的管接头—带 ISO 261 螺纹和 O 形圈密封的油口和螺柱端—第 4 部分:外六角和内六角油口螺塞尺寸、型式、试验方法和技术要求 |
| | ISO 6150:1988 | Pneumatic fluid power—Cylindrical quick-action couplings for maximum working pressures of 10 bar, 16 bar and 25 bar (1MPa, 1.6MPa, and 2.5MPa)—Plug connecting dimensions,specifications application guidelines and testing<br>气压传动—最高工作压力 10bar、16bar 和 25bar(1MPa、1.6MPa 和 2.5MPa)圆柱形快换接头—插头连接尺寸、技术要求、应用指南和试验 |
| | ISO 6195:2002 | Fluid power systems and components—Cylinder-rod wiper-ring housings in reciprocating applications—Dimensions and tolerances<br>流体传动系统和元件—往复运动用缸活塞杆防尘圈沟槽—尺寸和公差 |
| | ISO 6301-1:1997(2002) | Pneumatic fluid power—Compressed-air lubricators—Part 1:Main characteristics to be included in supplier's literature and product-marking requirements<br>气压传动—压缩空气油雾器—第 1 部分:供应商文件和产品标志要求中应包含的主要特性 |
| | ISO 6301-2:2006 | Pneumatic fluid power—Compressed-air lubricators—Part 2:Test methods to determine the main characteristics to be included in supplier's literature<br>气压传动—压缩空气油雾器—第 2 部分:测定供应商文件中包含的主要特性的试验方法 |
| | ISO 6358:1989(1999) | Pneumatic fluid power—Components using compressible fluids—Determination of flow-rate characteristics<br>气压传动—可压缩流体元件—流量特性的测定 |
| | ISO 6430:1992(2002) | Pneumatic fluid power—Single rod cylinders,1000kPa(10bar) series,with integral mountings,bores from 32mm to 250mm—Mounting dimensions<br>气压传动—单杆缸,1000kPa(10bar)系列,整体式安装,缸内径 32~250mm—安装尺寸 |
| | ISO 6432:1985 | Pneumatic fluid power—Single rod cylinders,10 bar(1000kPa) series—Bores from 8mm to 25mm—Mounting dimensions<br>气压传动—单杆缸,10bar(1000kPa)系列,缸内径 8~25mm—安装尺寸 |
| | ISO 6537:1982 | Pneumatic fluid power systems—Cylinder barrels—Requirements for non-ferrous metallic tubes<br>气压传动系统—缸筒—对有色金属管的要求 |
| | ISO 6952:1994(1999) | Fluid power systems and components—Two-pin electrical plug connectors with earth contact—Characteristics and requirements<br>流体传动系统和元件—带接地触点的两脚电插头—特性和要求 |
| | ISO 6953-1:2000 Cor. 1:2006 | Pneumatic fluid power—Compressed air pressure regulators and filter-regulators—Part 1:Main characteristics to be included in literature from suppliers and product-marking requirements<br>气压传动—压缩空气调压阀和带过滤器的调压阀—第 1 部分:商务文件中包含的主要特性及产品标识要求 |
| | ISO 6953-2:2000 | Pneumatic fluid power—Compressed air pressure regulators and filter-regulators—Part 2:Test methods to determine the main characteristics to be included in literature from suppliers<br>气压传动—压缩空气调压阀和带过滤器的调压阀—第 2 部分:评定商务文件中包含的主要特性的试验方法 |

续表

| | 标准号 | 标准名称 |
|---|---|---|
| ISO气动标准 | ISO 7180:1986(1997) | Pneumatic fluid power—Cylinders—Bore and port thread sizes<br>气压传动—缸—缸内径和气口螺纹规格 |
| | ISO 8139:1991(1997) | Pneumatic fluid power—Cylinders, 1000kPa (10bar) series—Rod end spherical eyes—Mounting dimensions<br>气压传动—缸,1000kPa(10bar)系列—杆端球面耳环—安装尺寸 |
| | ISO 8140:1991(1997) | Pneumatic fluid power—Cylinders, 1000kPa (10bar) series—Rod end clevis—Mounting dimensions<br>气压传动—缸,1000kPa(10bar)系列—杆端环叉—安装尺寸 |
| | ISO 8778:2003 | Pneumatic fluid power—Standard reference atmosphere<br>气压传动—标准参考大气 |
| | ISO 10099:2001(2006) | Pneumatic fluid power—Cylinders—Final examination an acceptance criteria<br>气压传动—缸—出厂检验和验收规范 |
| | ISO 11727:1999 | Pneumatic fluid power—Identification of ports and control mechanisms of control valves and other components<br>气压传动—控制阀和其他元件的气口、控制机构的标注 |
| | ISO 12238:2001 | Pneumatic fluid power—Directional control valves Measurement of shifting time<br>气压传动—方向控制阀—切换时间的测量 |
| | ISO 14743:2004 | Pneumatic fluid power—Push-in connectors for thermoplastic tubes<br>气压传动—适用于热塑性塑料管的插入式管接头 |
| | ISO 15217:2000 | Fluid power systems and components—16mm square electrical connector with earth contact—Characteristics and requirements<br>流体传动系统和元件—带接地点的16mm方形电插头—特性和要求 |
| | ISO 15218:2003 | Pneumatic fluid power—3/2 solenoid valves—Mounting interface surfaces<br>气压传动—二位三通电磁阀—安装面 |
| | ISO 15407-1:2000 | Pneumatic fluid power—Five-port directional control valves, sizes 18mm and 26mm—Part 1: Mounting interface surfaces without electrical connector<br>气压传动—五气口方向控制阀,18mm和26mm规格—第1部分:不带电插头的安装面 |
| | ISO 15407-2:2003 | Pneumatic fluid power—Five-port directional control valves, sizes 18mm and 26mm—Part 2: Mounting interface surfaces with optional electrical connector<br>气压传动—五气口方向控制阀,18mm和26mm规格—第2部分:带可选择电插头的安装面 |
| | ISO 15552:2004 | Pneumatic fluid power—Cylinders with detachable mountings, 1000kPa (10bar) series, bores from 32mm to 320mm—Basic, mounting and accessories dimensions<br>气压传动—可分离安装的,1000kPa(10bar)系列,缸内径32~320mm的气缸—基本尺寸、安装尺寸和附件尺寸 |
| | ISO 16030:2001(2006)<br>Amd. 1:2005 | Pneumatic fluid power—Connections—Ports and stud ends<br>气压传动—连接件—气口和螺柱端 |
| | ISO/TR 16806:2003 | Pneumatic fluid power—Cylinders—Load capacity of pneumatic slides and their presentation method<br>气压传动—缸—气动滑块的承载能力及其表示方法 |
| | ISO 17082:2004 | Pneumatic fluid power—Valves—Data to be included in commercial literature<br>气压传动—阀—商务文件中应包含的资料 |
| | ISO 20401:2005 | Pneumatic fluid power systems—Directional control valves—Specification of pin assignment for electrical roud connectors of diameters 8mm and 12mm<br>气动系统—方向控制阀—直径8mm和12mm圆形电插头的管脚分配规范 |
| | ISO 21287:2004 | Pneumatic fluid power—Cylinders—Compact cylinders, 1000kPa(10bar) series, bores from 20mm to 100mm<br>气压传动—缸—紧凑型,1000kPa(10bar)系列,缸径20~100mm的紧凑型气缸 |

# 2 IP防护等级

**表 23-13-2**

**概述**

符合 DIN EN 60529 标准

带壳体的防护等级通过标准化的测试方法来表示。IP 代码用于对这类防护等级的分类。IP 代码由字母 IP 和一个两位数组成

第 1 个数字的含义:表示人员的保护。它规定了外壳的范围,以免人与危险部件接触。此外,外壳防止了人或人携带的物体进入。另外,该数字还表示对固体异物进入设备的防护程度

第 2 个数字的含义:表示设备的保护。针对由于水进入外壳而对设备造成的有害影响,它对外壳的防护等级做了评定

注意:食品加工行业通常使用防护等级为 IP 65(防尘和防水管喷水)或 IP67(防尘和能短时间浸水)的元件。采用 IP65 还是 IP67 取决于特定的应用场合,因为每种防护等级有其完全不同的测试标准。IP67 不一定比 IP65 好。因此,符合 IP67 的元件并不能自动满足 IP65 的标准

**IP代码的意义**

IP 6 5

| 代码字母 | |
|---|---|
| IP | 国际防护 |

| 代码编号 1 | 说明 | 定义 |
|---|---|---|
| 0 | 无防护 | — |
| 1 | 防止异物进入,50mm 或更大 | 直径为 50mm 的被测物体不得穿透外壳 |
| 2 | 防止异物进入,12.5mm 或更大 | 直径为 12.5mm 的被测物体不得穿透外壳 |
| 3 | 防止异物进入,2.5mm 或更大 | 直径为 2.5mm 的被测物体完全不能进入 |
| 4 | 防止异物进入,1.0mm 或更大 | 直径为 1mm 的被测物体完全不能进入 |
| 5 | 防止灰尘堆积 | 虽然不能完全阻止灰尘的进入,但灰尘进入量应不足以影响设备的良好运行或安全性 |
| 6 | 防止灰尘进入 | 灰尘不得进入 |

| 代码编号 2 | 说明 | 定义 |
|---|---|---|
| 0 | 无防护 | — |
| 1 | 防护水滴 | 不允许垂直落水滴对设备有危害作用 |
| 2 | 防护水滴 | 不允许斜向(偏离垂直方向不大于 15°)滴下的水滴对设备有任何危害作用 |
| 3 | 防护喷溅水 | 不允许斜向(偏离垂直方向不大于 60°)滴下的水滴对设备有任何危害作用 |
| 4 | 防护飞溅水 | 不允许从任何角度向外壳飞溅的水流对设备有任何危害作用 |
| 5 | 防护水流喷射 | 不允许从任何角度向外壳喷射的水流对设备有任何危害作用 |
| 6 | 防护强水流喷射 | 不允许从任何角度对准外壳喷射的水流对设备有任何危害作用 |
| 7 | 防护短时间浸入水中 | 在标准压力和时间条件下,外壳即使只是短时期内浸入水中,也不允许水流对设备造成任何危害作用 |
| 8 | 防护长期浸入水中 | 如果外壳长时间浸入水中,不允许水流对设备造成任何危害作用<br>制造商和用户之间的作用条件必须一致,该使用条件必须比代码 7 更严格 |
| 9 | 防护高压清洗和蒸汽喷射清洗的水流 | 不允许高压下从任何角度直接喷射到外壳上的水流对设备有任何危害作用 |

# 3 关于净化车间及相关受控环境空气等级标准及说明

表 23-13-3

| | |
|---|---|
| 概述 | 净化车间技术(cleanroom)是为适应实验研究与产品加工的精密化、微型化、高纯度、高质量和高可靠性等方面要求而诞生的一门新兴技术。20 世纪 60 年代中期,净化车间技术在美国如雨后春笋般在各种工业部门涌现。它不仅用于军事工业,也在电子、光学、微型轴承、微型电机、感光胶片、超纯化学试剂等工业部门得到推广,对当时科学技术和工业的发展起了很大的促进作用。70 年代初,净化车间技术的建设重点开始转向医疗、制药、食品及生化等行业。除美国外,其他工业先进国家,如日本、德国、英国、法国、瑞士、前苏联、荷兰等也都十分重视并先后大力发展了净化车间技术。从 80 年代中期以来,对微电子行业而言,1976 年所颁发的美国联邦标准 209B 所规定的最高洁净级别——100 级(≥0. 5μm,≤100pc. /cu. ft)已不能满足需要,1M 位的 DRAM(动态存储芯片)的线宽仅为 1μm,要求环境级别为 10 级(0. 5μm)。事实上,从 70 年代末,为配合微电子技术的发展,更高级别的净化车间技术已在美、日陆续建成,相应的检测仪器——激光粒子计数器、凝聚核粒子计数器(CNC)也应运而生。总结这个时期的经验,为适应技术进步的需要,于 1987 年颁发了美国联邦标准 209C,将洁净等级从原有的 100~100000 四个等级扩展为 1~100000 六个级别,并将鉴定级别界限的粒径从 0. 5~5μm 扩展至 0. 1~5μm。90 年代初以来,净化车间技术在我国制药工厂贯彻实施 GMP 法的过程中得到了普及,全国几千家制药厂以及生产药用原材料、包装材料等非药企业,陆续进行了技术改造<br>微粒及微粒的散发在许多工业及应用领域起着很重要的作用,而目前尚无有关净化车间的通用标准。一些常用的有关空气洁净度的标准有<br>(1)ISO-14644-1(净化车间及相关受控环境空气等级标准)<br>(2)US FED STD 209 E(美国联邦标准"空气微粒含量的等级")<br>(3)VDI 2083-…(德国标准)<br>(4)Gost-R 50766(俄罗斯标准)<br>(5)JIS-B-9920(日本标准)<br>(6)BS 5295(英国标准)<br>(7)AS-1386(澳大利亚标准)<br>(8)AFNOR X44101(法国标准)<br>迄今,对于气动元件及运行设备是否适合于洁净室还没有世界统一的标准。因此,德国出台了的一个德国工程师协会的标准,使产品有一个参照,从而确定该产品是否在这方面合格 |

ISO-14644-1

密度限制/微粒 · $m^{-3}$

| ISO 等级 | | 0.1μm | 0.2μm | 0.3μm | 0.5μm | 1μm | 5μm |
|---|---|---|---|---|---|---|---|
| ISO Class 1 | > | 10 | 2 | — | — | — | — |
| ISO Class 2 | > | 100 | 24 | 10 | 4 | — | — |
| ISO Class 3 | > | 1000 | 237 | 102 | 35 | 8 | — |
| ISO Class 4 | > | 10000 | 2370 | 1020 | 352 | 83 | 3 |
| ISO Class 5 | > | 100000 | 23700 | 10200 | 3520 | 832 | 29 |
| ISO Class 6 | > | 1000000 | 237000 | 102000 | 35200 | 8320 | 293 |
| ISO Class 7 | > | — | — | — | 352000 | 83200 | 2930 |
| ISO Class 8 | > | — | — | — | 3520000 | 832000 | 29300 |
| ISO Class 9 | > | — | — | — | 35200000 | 8320000 | 293000 |

| | |
|---|---|
| FED-STD-209E(美国联邦标准) | 1988 年颁布的 FED-STD-209D<br>1992 年颁布的美国联邦标准 FED-STD-209E 将洁净等级从英制改为米制,洁净度等级分为 M1~M7 七个级别(见下表)。与 FED-STD-209D 相比,最高级别又向上延伸了半个级别(FED-STD-209D 的 1 级空气中≥0. 5μm,尘粒≥35. 3pc. /$m^3$,而 FED-STD-209E 在颗粒的数量上,要求更严,M1 级≥0. 5μm 尘粒,≥10pc. /$m^3$)<br>需要注意的是,美国总服务局(GSA-U. S. General Services Administration),也就是批准美国联邦标准供联邦政府各机构使用的权威单位,于 2001 年发布公告,废止 FED-STD-209E,等同采用 ISO-14644 相关标准 |

续表

**FED-STD-209E（美国联邦标准）**

| 等级名称 | | 空气为例含量极限/微粒 · $ft^{-3}$ | | | | |
|---|---|---|---|---|---|---|
| 公制 | 英制 | 0.1μm | 0.2μm | 0.3μm | 0.5μm | 5μm |
| M1 | | 9.91 | 2.14 | 0.875 | 0.283 | — |
| M1.5 | 1 | 35 | 7.5 | 3 | 1 | — |
| M2 | | 99.1 | 21.4 | 8.75 | 2.83 | — |
| M2.5 | 10 | 350 | 75 | 30 | 10 | — |
| M3 | | 991 | 214 | 87.5 | 28.3 | — |
| M3.5 | 100 | — | 750 | 300 | 100 | — |
| M4 | | — | 2140 | 875 | 283 | — |
| M4.5 | 1000 | — | — | — | 1000 | 7 |
| M5 | | — | — | — | 2830 | 17.5 |
| M5.5 | 10000 | — | — | — | 10000 | 70 |
| M6 | | — | — | — | 28300 | 175 |
| M6.5 | 100000 | — | — | — | 100000 | 700 |
| M7 | | — | — | — | 283000 | 1750 |

**JIS-B-9920（日本标准）及美日洁净度级别换算**

| 粒径/μm | Class1 | Class2 | Class3 | Class4 | Class5 | Class6 | Class7 | Class8 |
|---|---|---|---|---|---|---|---|---|
| 0.1 | 101 | 102 | 103 | 104 | 105 | 106 | 107 | 108 |
| 0.2 | 2 | 24 | 236 | 2360 | 23600 | — | — | — |
| 0.3 | 1 | 10 | 101 | 1010 | 10100 | 101000 | 1010000 | 10100000 |
| 0.5 | — | — | 35 | 350 | 3500 | 35000 | 350000 | 3500000 |
| 5 | — | — | — | — | 29 | 290 | 2900 | 29000 |

日本 JIS-B-9920 以 0.1μm 微粒为计数标准。日本标准的表示法是以 Class 1、Class 2、Class 3、…、Class 8 表示，即最好的等级为 Class 1，最差则为 Class 8，上表为日本 JIS 9920—1989 标准规定的粒子上限数（个/$m^3$）。其 Class 1、Class 2、…的数目以 0.1μm 粒子为基准

美日洁净度级别换算见下表

| 日本 | 级别 3 | 级别 4 | 级别 5 | 级别 6 | 级别 7 | 级别 8 |
|---|---|---|---|---|---|---|
| 美国 | Class1 | Class10 | Class100 | Class1000 | Class10000 | Class100000 |

**制定此标准的原因**

如今，一些电子半导体、生物医药等工业领域的产品，结构越来越小，对生产环境的洁净度要求越来越高。因此，对质量标准要求也越来越趋于严格。如 1970 年生产的 1kB 容量的 DRAM，其结构尺寸为 10μm，而 2000 年生产的 256MB 容量的 DRAM，其结构尺寸为 0.25μm。在这种情况下，落下一颗微粒，就会导致动态存储芯片故障

香烟燃烧所产生的烟雾中含有尼古丁和焦油，看似烟雾，其实它是由 0.5μm 的微粒所组成的。一支烟就能使空气中的微粒含量骤增到每立方英尺 40000 个。因此使用净化车间以及相关干净的环境是十分必需的。其中包括操作人员必须穿戴无菌服或洁净车间的专用工作服。用于净化车间的气动元件及被加工的材料、车间环境等的空气等级采用 0.01μm

**微电子、光子、医药等行业对空气中微粒的要求**

| 行业领域及相关产品 | 轻工机械 | PCB 生产 | 清漆工艺 | 注射器 | 医药生产技术 | 小型继电器 | 微型系统技术 | 光学元件 | 微电子 |
|---|---|---|---|---|---|---|---|---|---|
| 临界微粒尺寸/μm | 1~100 | 5~50 | 5~10 | 5~20 | 5~10 | 0.5~25 | 0.5~5 | 0.3~20 | 0.03~0.5 |

续表

| | | | |
|---|---|---|---|
| | 空气中微粒形成的主要原因是空气的流动方向、工件的堆放、车间的换气模式、压缩空气的质量等级、气动元件的泄漏以及振动、碰撞等因素 | | |
| 执行此标准的有关方法和措施 | 空气的流动方向 | (1)在非常关键的区域，如在特殊无尘室区域，气流应先吹关键的气动元件，再流向次关键位置 | 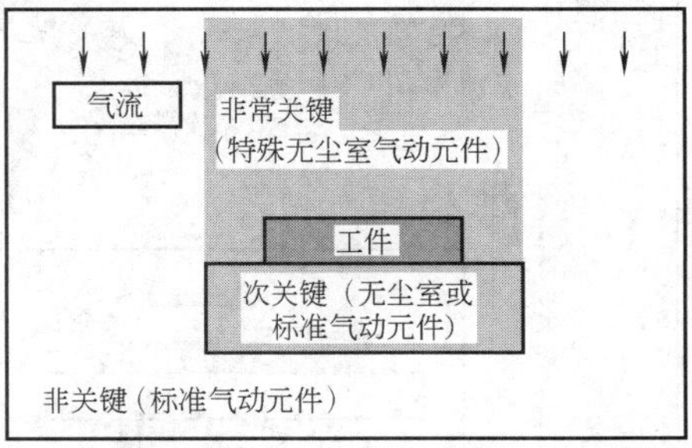<br>(a) |
| | | (2)为了避免周围空气不断相互交换，应尽量采用纵向（垂直方向）的层流流动 | 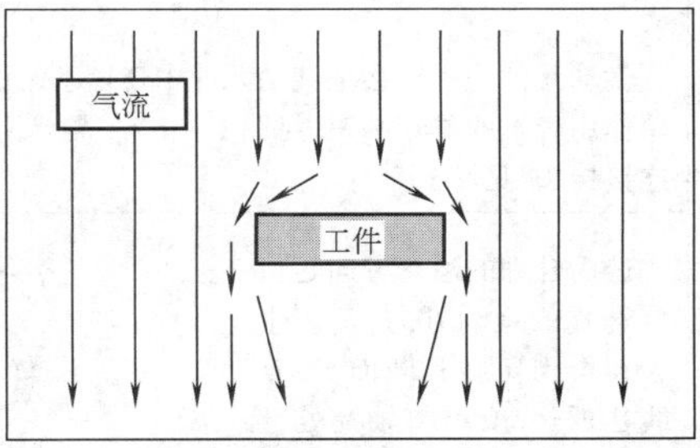<br>注：欲避免任何空气微尘的堆积及其他交叉污染，工件周围的空气应不断地交换。如果可能，应尽量使用纵向层流气流<br>(b) |
| | | (3)在电子行业净化车间，层流气流不应先经过气动元件，否则，气动元件空气中的未过滤净的灰尘油脂会吹到工件上（半导体晶体产品或线路板） | 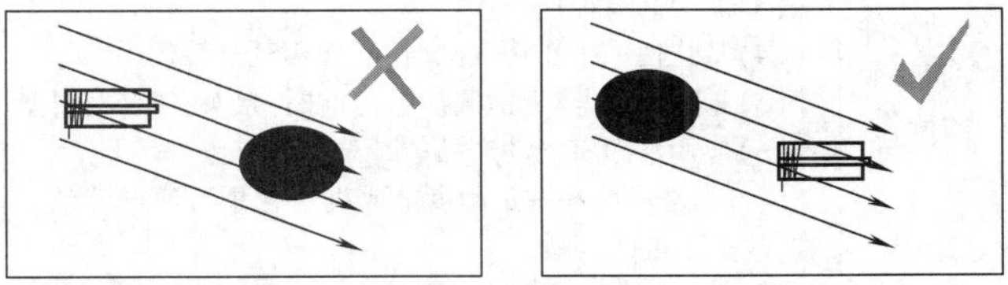<br>注：紊流度小于5的气流称为层流，紊流度是气流速度分布的标准偏差除以气流平均速度<br>(c) |
| | | (4)如气动元件和产品在同一水平位置时，层流气流应按图d所示方式 | 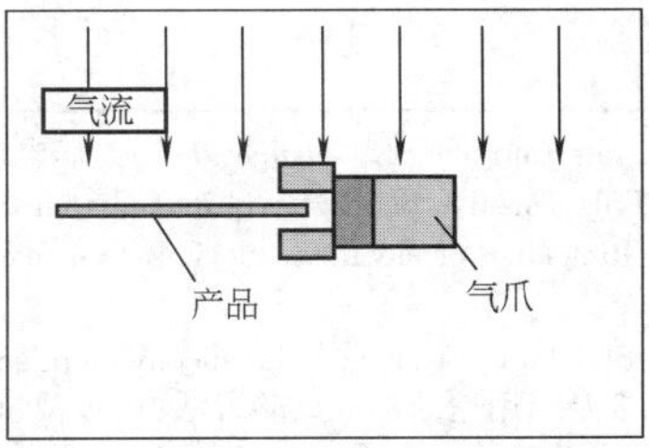<br>(d) |

续表

<table>
<tr>
<td rowspan="3">执行此标准的有关方法和措施</td>
<td>气动元件的泄漏</td>
<td>
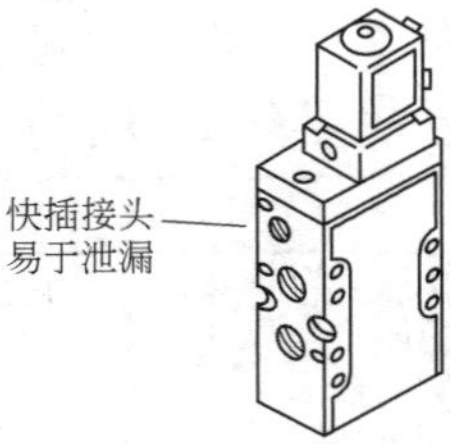

(e)
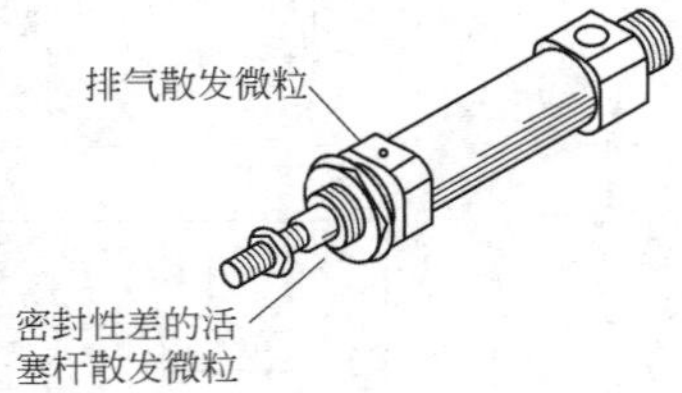

(f)
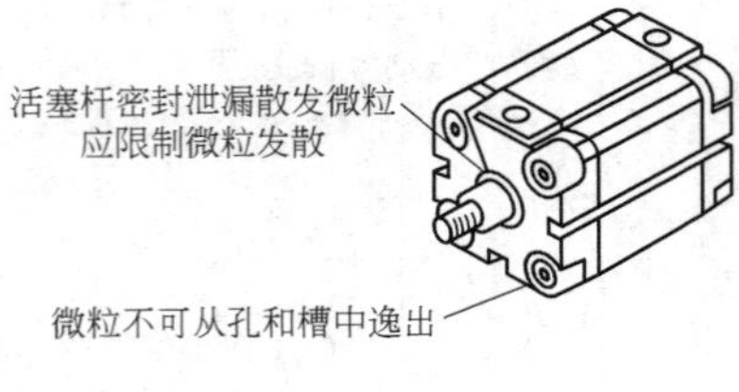

(g)
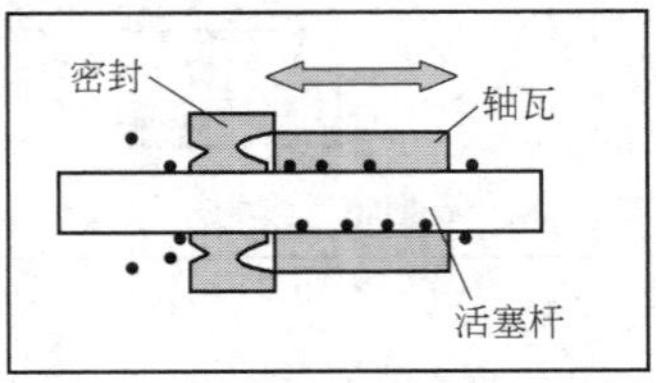

如果活塞杆泄漏，微粒会从气缸中吹出
(h)
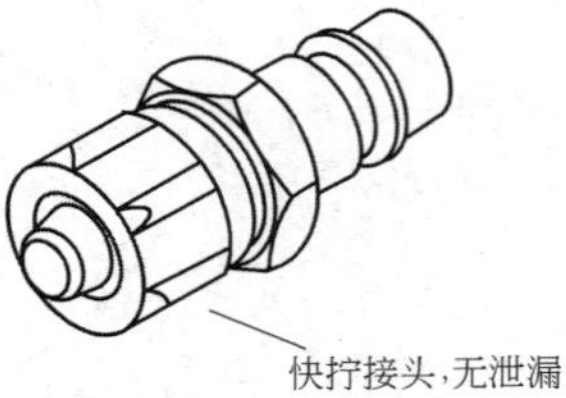

(i)
<br>
气动元件的排气会把气动元件中遗留下来的灰尘、油雾颗粒带到周围环境，如：阀（见图 e）、气缸（特别对单作用气缸的排气端口，见图 f、g、h）。需要说明的是快拧接头因完全无泄漏情况，非常适应净化车间里的连接接头，见图 i
</td>
</tr>
<tr>
<td>选用合理的运动方向</td>
<td>
选用合理的运动方向是指旋转式的运动方向，其灰尘颗粒会保留在其断面，而直线往返运动，可将轴瓦处磨损的微小颗粒带出到外面，见图 j
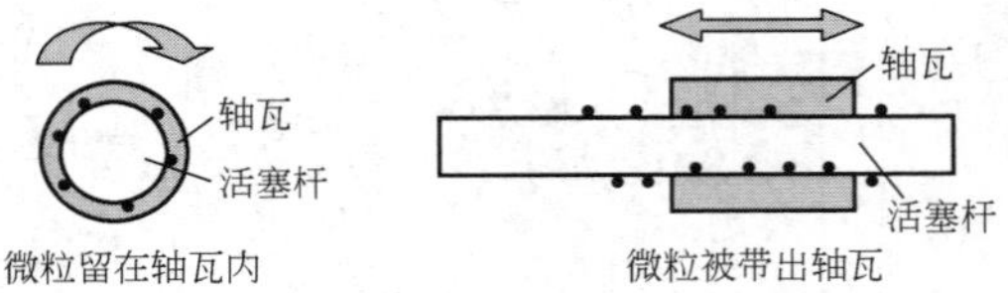

(j)
</td>
</tr>
<tr>
<td>气动元件方面采取的措施</td>
<td>
(1)正确放置工作原料<br>
(2)高度换气<br>
(3)避免高度冲撞<br>
(4)禁止使用单作用气缸(用双作用气缸替代)<br>
(5)采用低泄漏/无泄漏产品(如快拧接头、组合密封垫圈，对气缸活塞杆出口加护罩，并用真空抽吸)<br>
(6)应用洁净室气动产品<br>
设备的洁净度在一定程度上取决于它是否便于清洁。传感器插槽、安装孔及其他槽和孔使清洁非常困难，甚至不可能清洁
</td>
</tr>
</table>

# 4　关于静电的标准及说明

**表 23-13-4**

<table>
<tr>
<td>静电的标准</td>
<td>
EN 100 015-1：Protection of ESD sensitive devices 静电敏感器件的防护<br>
NESS 099/ 56：ESD sensitive package requirements for components 静电放电敏感元件的包装要求<br>
IEC 61340-5-1：Protection of electronic devices from electrostatic phenomena 电子设备防静电现象的保护<br>
IEC 61340-4-1：Standard test methods for specific applications. Electrostatic behavior of floor coverings and installed floors. 对于专门用途的标准试验方法，地板覆盖物和已装修地板的抗电性<br>
对于气动元件和系统抗静电方面，还没有标准的测试方法。静电的标志见图 a<br>
气动系统在正常工作环境内的静电抗电保护标准需参照 EN 100 015-1
</td>
<td>

ESD<br>
(a)
</td>
</tr>
</table>

续表

**什么是静电**

当你去摸一个物体时(该物体没有接入任何电源线路),你会像触电一样被振一下,这是因为该物体有静电

**产生静电的原因**

所有的材料都是由原子组成的,原子是由核子(质子和中子)及围绕在其周围轨迹运动的电子所组成(见图 b)。原子带正电荷,电子带负电荷。当原子和电子数量相等时,原子表现为中性(见图 c)。通常质子和中子在核的内部位置是固定的,电子处在周围的轨道上。当一些电子吸得不够牢时,会从一个原子移到另一个原子上去,电子的移动破坏了原子和电子的平衡,使得有的原子带正电,有的原子带负电,这就产生了电流(见图 d)

电子从一个物体移到另一个物体就是电荷分离。电荷分离意味着正电荷与负电荷之间的不平衡。这种不平衡就产生了静电。塑料、布料、干燥空气、玻璃是非导体,金属、潮湿空气为导体

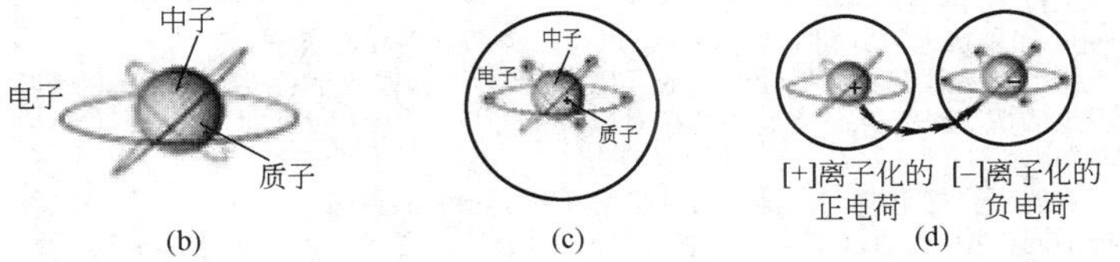


(b) (c) (d)

**静电产生的条件及危害**

摩擦两个物体(两个物体必须是由不同材质且必须是由绝缘材料组成)

摩擦越厉害,移动到另一个物体上的电子就越多,累积的电荷也就越高

**气动回路中的静电**

空气中有多种不同的分子,而气管、阀、接头中始终有空气的流动。空气流动时,空气中的分子摩擦气管、阀内腔等。摩擦产生的电子从空气中转移到气管或阀上,结果产生了电荷分离。气流分子带负电荷最多可累积几千伏,这就是静电放电(ESD)(见图 e)

每个静电电荷产生一个静电磁场。如果电磁场超过一定程度,周围空气就会变得离子化。含离子化的空气会导电,静电会迅速被放电至地面并发出闪光。这一闪光或火花可能会损坏芯片、电子设备或在某些危险环境中引起爆炸(见图 f)

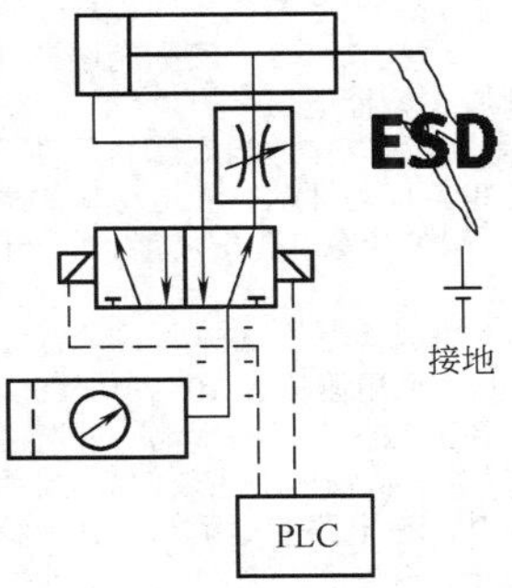


(e)

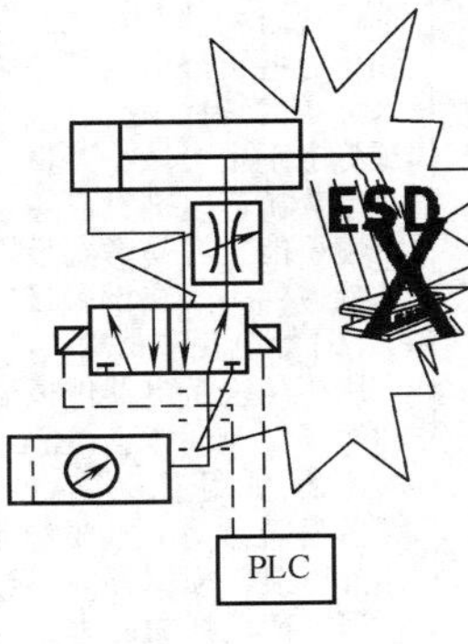


(f)

**不同材料产生的静电及其测量方法**

静电等级根据材料及相关质地、环境中空气相对湿度和接触程度不同,可产生不同的静电压,最多可产生 3 万伏静电(见下表)。对于未接地的 ESD 1 级敏感设备,即使仅放 10V 的电,也能损坏设备。根据相关资料,早期在未认识静电产生的危害之前,接近 50%的气动元件的损坏是由静电引起的

| 产生静电的方式 | 10%~25%空气相对湿度能产生的最高的静电/V | 65%~90%空气相对湿度能产生的最高的静电/V |
|---|---|---|
| 从地毯上走过 | 35000 | 1500 |
| 从工作台上拿起尼龙袋 | 20000 | 1200 |
| 聚氨酯泡沫做成的椅子 | 18000 | 1500 |
| 从乙烯基瓷砖上走过 | 12000 | 250 |
| 工作台边的工人 | 6000 | 100 |

用户对抗静电产品的需求:希望改善产品质量;希望有一个安全的工作环境;希望在 EX 保护区域内保证安全措施;希望自己生产的机器能用在抗静电特性的生产车间;希望保证产品的质量,符合 ISO 9000

测量静电电荷量的仪器有电荷量表,测量静电电位可用静电电压表。测量材料特性有许多测量静电的仪表,如高阻计、电荷量表等

测量塑料、橡胶、防静电地板(面)、地毯等材料的防静电性能时,通常用电阻、电阻率、体积电阻率、表面电阻率、电荷(或电压)半衰期、静电电容、介电常数等,其中最常用、最可靠的是电阻及电阻率

续表

| | |
|---|---|
| 防止静电的措施 | (1)排除不必要的会产生静电电荷的因素<br>• 移走已知会产生电荷的不必要的材料<br>• 采用抗静电的材料,表面的电阻应小于 $10^6\Omega$<br>(2)接地<br>• 只适用于导体<br>• 将所有的导体结合在一起,统一接地<br>• 静电接地意味着导体材料与地面相接触,电阻应小于 $10^6\Omega$ 或者放电常量应小于 $10^{-2}$s<br>(3)屏蔽<br>• 防止敏感的设备放电或者与放电的物体相接触<br>• 通过法拉第笼实现屏蔽<br>(4)中和(如果接地方式对非导体无效,可通过离子化中和方式)<br>• 非导体中和是放在相反极性电荷的环境下,这种中和方式是有一个带离子的介质,该介质能交替产生正负电荷<br>• 最理想的情况是能提高空气中的相对湿度<br>(5)抗静电材料<br>能够有效地阻止静电荷在自身及与其接触材料上积累的材料<br>有三种不同类型:①通过抗静电剂表面处理;②合成时混入抗静电剂在表面形成抗静电膜的材料;③本身就有抗静电性的材料<br>绝缘材料与其他材料相接触会产生静电,这是因为物体接触时,会发生电荷(电子或分子离子)的迁移,抗静电材料能够让这种电荷的迁移最小化。由于摩擦起电取决于相互作用的两种物质或物体,所以单独说某种材料是抗静电的并不准确。准确的说法应该是,该种材料对另一种材料来讲是抗静电的。这里所指其他材料既有绝缘材料(如印刷线路板 PWB、环氧树脂基材),也有导电材料(如 PWB 上的铜带)。它们在某些过程及取放过程中都可能带电<br>大多数制造厂商指的抗静电材料是对生产过程中的多数材料特性具有抗静电性能的材料,因此才被称为抗静电材料<br>常用的抗静电剂能够减少许多材料的静电,因此应用广泛。它们一般是溶剂或载体溶液混入抗静电表面活性剂,如由季铵化合物、胺类、乙二醇、月桂酸氨基化合物等制成。使用抗静电剂能够在材料之间形成一层主导材料表面特性的薄膜。这些抗静电剂都是表面活性剂,其减少摩擦电压的机理还不得而知。然而,研究发现,这些表面活性剂都具有吸收水分子的特性,它们能够促使材料表面吸收水分。实际应用同样也是,抗静电剂的效果受环境湿度的影响很大。此外,抗静电剂也可减少摩擦力,有利于减少摩擦电压<br>因为抗静电剂具有一定的导电性能,所以在适当湿度的条件下,它们能够通过耗散来泄放静电。在实际当中,后一种特性可能更容易得到重视,因而它也就成为评估抗静电材料的最主要的指标。但还需要强调的是,抗静电材料更重要的功能应当是其在没有接地的状态下减少静电产生的功能,而不是导电性<br>(6)静电耗散材料<br>用于减缓带电器件模型(CDM)下快速放电的材料。不同的行业对其表面电阻有不同规定,如按照静电协会(ESDA)和电子工业联合会(EIA)的定义,其表面电阻率在 $10^5\sim10^{12}\Omega$/sq 之间。静电耗散材料具有相似的体积电阻或用导电材料覆盖,如用于工作台的台垫等。耗散材料在接触带电器件时,能够使放电的电流得到限制。除表面电阻率之外,静电耗散材料另一个重要特性是其将静电荷从物体上泄放的能力,而描述这一特性的技术指标是静电衰减率。按照孤立导体静电衰减模型,静电衰减周期与其泄放电路的电阻与电容乘积($RC$)成指数关系<br>研究静电泄放能力,典型的假设是,在特定的时间内,如 2s 内,将静电电压衰减到一个特定的百分比,如 1%。对一个盛放 PWB 的周转箱来说,其电容大约为 50pF<br>此外,对静电耗散材料来说,相对湿度也是重要的因素,在静电衰减测试当中要予以控制和记录<br>(7)导静电材料<br>按照定义,是指表面电阻率小于 $10^2\Omega$/sq 的材料,它们通常被用于同电位器件间分流连接,在某些时候,它们还被用于区域的静电场屏蔽<br>抗静电材料可以将导静电材料或静电耗散材料上的静电转移到自身的表面。它通常用于分流目的,将器件的引脚连接到一起以保证引脚之间的电位相同。要想达到分流的目的,须保证两点:第一,在快速放电中保持等电位,这一限制与材料的电感有关;第二,分流必须让器件引脚闭合。许多静电放电,特别是带电器件模型(CDM)下的放电,放电的时间只有 1ns,如果分流用物体距离器件几英寸远,此时器件引脚上的 ESD 会在电流流过分流导电材料形成的等电位连接之前就损伤了器件<br>在对这三种材料的理解上容易有一些误区,比如,许多材料既是抗静电材料又是静电耗散材料,很多时候导电材料与一些绝缘材料也会产生静电,但这些材料不能视为抗静电材料<br>要清楚材料的区别,懂得它们在什么情况下应用,对于实施和保持有效的 ESD 控制体系非常关键,同时也是正确评价防静电材料供应商产品有效性的关键因素。这些材料特性不能对正常的生产过程造成影响。此外,耐磨损性、热稳定性、污染的影响以及其他很多特性也应当成为评价材料特性时需要考虑的因素 |
| 小结 | 为了确保产品质量,必须要防止静电。迄今还没有一种可靠的技术能够消除静电放电所造成的损坏。有的日本公司开发了静电消除器,在接收到外置传感器信号后,向放电物体持续发射出带相反极性的离子,以此消除静电。标准的管子和接头是产生静电的最主要的根源。在 ESD 保护区域内,必须要使用防静电材料做的气动元件,主要是针对气管和接头<br>所以在空气流动过程中的阀、气管、接头和气缸必须是抗静电材料做成的,这个是强制规定的。金属制成的气缸和阀可通过电缆接地。在气源处理单元内,凡气流流过的部件都由金属制成 |

# 5　关于防爆的标准及说明

## 5.1　目前的标准

表 23-13-5

| | |
|---|---|
| 目前的标准 | 中国标准:GB 3836.1～GB 3836.15(爆炸性环境)<br>国际电工委员会 IEC:一个国际性的标准化组织,由所有的国家电工技术委员会 IEC 组成。制定了 IEC 60079:1995<br>欧洲电工标准化委员会(CENELEC):1973 年是由两个早期的机构[欧洲电工标准协调委员会共同市场小组(CENELCOM)和欧洲电工标准协调委员会(CENEL)]合并而成。制定了 ATEX 94/9/EC 和 ATEX 1999/92/EC 指令 |
| 中国的防爆标准(等同于 IEC 60079—10:1995 标准) | GB 3836.1—2010　爆炸性环境　第 1 部分:设备通用要求<br>GB 3836.2—2010　爆炸性环境　第 2 部分:由隔爆型“d”保护的设备<br>GB 3836.3—2010　爆炸性环境　第 3 部分:由增安型“e”保护的设备<br>GB 3836.4—2010　爆炸性环境　第 4 部分:由本质安全型“i”保护的设备<br>GB 3836.5—2004　爆炸性气体环境用电气设备　第 5 部分:正压型“Pn”<br>GB 3836.6—2004　爆炸性气体环境用电气设备　第 6 部分:充油型“o”<br>GB 3836.7—2004　爆炸性气体环境用电气设备　第 7 部分:充砂型“q”<br>GB 3836.9—2006　爆炸性气体环境用电气设备　第 9 部分:浇封型“m”<br>GB 3836.11—2008　爆炸性环境　第 11 部分:最大试验安全间隙测定方法<br>GB 3836.12—2008　爆炸性环境　第 12 部分:气体或蒸汽混合物按照其最大试验安全间隙和最小点燃电流的分级<br>GB 3836.13—2013　爆炸性环境　第 13 部分:设备的修理、检修、修复和改造<br>GB 3836.14—2014　爆炸性环境　第 14 部分:场所分类　爆炸性气体环境<br>GB 3836.15—2000　爆炸性气体环境用电气设备　第 15 部分:危险场所电气安装(煤矿除外) |

## 5.2　关于“爆炸性气体环境用电气设备第 1 部分:通用要求”简介

表 23-13-6

| | |
|---|---|
| 爆炸性气体环境用电气设备分类 | Ⅰ类:煤矿用电气设备<br>Ⅱ类:除煤矿外的其他爆炸性气体环境用电气设备<br>用于煤矿的电气设备,其爆炸性气体环境除了甲烷外,可能还含有其他成分的爆炸性气体时,应按照Ⅰ类和Ⅱ类相应气体的要求进行制造和检验。该电气设备应有相应标志,例如 Exd Ⅰ/Ⅱ BT3 或 Exd Ⅰ/Ⅱ($NH_3$)<br>Ⅱ类电气设备可以按爆炸性气体的特性进一步分类<br>Ⅱ类隔爆型“d”和本质安全型“i”电气设备又分为ⅡA,ⅡB 和ⅡC 类<br>这种分类对于隔爆型电气设备按最大试验安全间隙(MESG)、对于本质安全型电气设备按最小引燃电流(MIC)划分<br>标志ⅡB 的设备可适用于ⅡA 设备的使用条件,标志ⅡC 的设备可适用于ⅡA 及ⅡB 设备的使用条件<br>所有防爆型式的Ⅱ类电气设备分为 T1～T6 组,最高表面温度有关的标志见下表 |
| 防爆型式的符号 | 电气设备可以按某一特定的爆炸性气体进行检验,在该情况下,电气设备应取得相应的证书和标志<br>标志牌(铭牌)必须包括下列各项:<br>(1)制造厂名称或注册商标<br>(2)制造厂所规定的产品名称及型号<br>(3)符号 Ex,它表明这些电气设备符合文件 1.2 所述的某一种或几种防爆型式的规定<br>(4)所应用的各种防爆型式的符号如下 |

续表

| | |
|---|---|
| 防爆型式的符号 | 充油型 o：全部或部分部件浸在油内，使设备不能点燃油面以上的或外壳以外的爆炸性混合物的电气设备<br>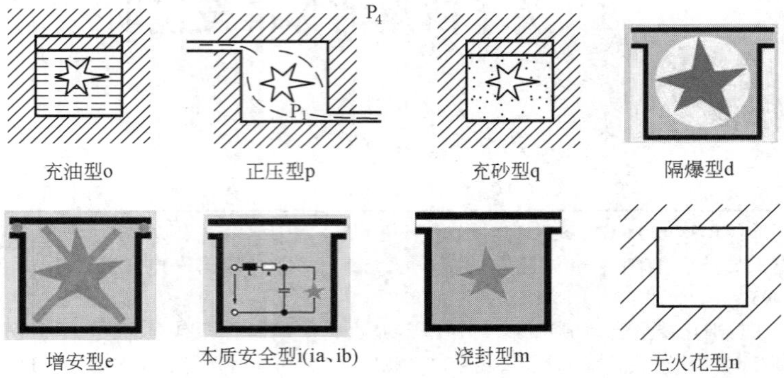<br> |
| | 正压型 p：保持内部保护气体的压力高于周围爆炸性环境的压力，阻止外部混合物进入外壳 |
| | 充砂型 q：外壳内充填砂粒材料，使之在规定的使用条件下，壳内产生的电弧、传播的火焰、外壳壁或砂粒材料表面的过热均不能点燃周围爆炸性混合物的电气设备 |
| | 隔爆型 d：电气设备的一种防爆型式，这种电气设备外壳极其坚固，能够承受通过任何接合面或结构间隙渗透到其内部的可燃性混合物在内部爆炸而不损坏，也不会引起外部爆炸性环境（由一种或多种气体或蒸气形成）点燃<br>注：隔爆外壳的防爆型式通常称为隔爆型，用字母“d”表示 |
| | 增安型 e：对在正常运行条件下不会产生电弧或火花的电气设备进一步采取措施，提高其安全程度，防止电气设备产生危险温度、电弧和火花的防爆型式<br>注：（1）这种防爆型式用 e 表示<br>（2）该定义不包括在正常运行情况下产生火花或电弧的设备 |
| | 本质安全型 i（ia、ib）：在本标准规定条件（包括正常工作和规定的故障条件）下产生的任何电火花或任何热效应均不能点燃规定的爆炸性气体环境的电路 |
| | 浇封型 m：防爆型式的一种。将可能产生点燃爆炸性混合物的电弧、火花或高温物质浇封在浇封剂中，使其不能点燃周围的爆炸性混合物<br>（1）浇封型电气设备 m：整台电气设备或其中部分浇封在浇封剂中，使其在正常运行和认可的过载或故障下不能点燃周围的爆炸性混合物<br>（2）浇封型部件 m：部件采取了浇封防爆措施，与采用该部件的防爆电气设备组合后才可在爆炸性环境中使用而不能单独使用<br>（3）浇封剂：用来浇封的材料，包括热固性的、热塑性的、室温固化的，含有或不含有填充剂或添加剂的物质，如环氧树脂 |
| | 气密型 h：具有气密外壳的电气设备。用熔化、挤压或胶黏的方法进行密封的外壳。这种外壳能防止壳外部气体进入壳内 |
| | 无火花型 n：在正常运行条件下，不会点燃周围爆炸性混合物，且一般不会发生有点燃作用的故障的电气设备。无火花型电气设备的正常运行，是指设备在电气、机械上符合设计技术规范要求，并在制造厂规定的限度内使用<br>电气设备正常运行时：<br>（1）不应产生电弧或火花<br>注：滑动触头在正常运行时，被认为是产生火花的<br>（2）不应产生超过电气设备相应温度组别最高温度的热表面或灼热点<br>注：对无火花型 n 见文件中第 1 章注 1。不符合本标准和文件中 1.2 专用标准的电气设备，如经检验单位认可，可在产品上标示符号 s 作为特殊型 |
| 电气设备的类别符号 | Ⅰ（煤矿用电气设备）<br>Ⅱ或ⅡA，ⅡB，ⅡC（除煤矿外，其他爆炸性气体环境用电气设备）<br>如果电气设备只允许使用在某一特定的气体中，则在符号Ⅱ后面写上气体的化学符号或名称<br>Ⅱ类设备的温度组别或最高表面温度（℃），或者两者并有时应注意：当这两个符号都用时，温度组别放在后面，并用括号括上。例如：T1 或 350℃，或者 350℃（T1）<br>最高表面温度超过 450℃的Ⅱ类电气设备，应标出温度数值。例如：600℃<br>用于特殊气体的Ⅱ类电气设备，不必标出相应温度。在符合文件中 5.2 规定时，标记上应包括 Ta 或 Tamb 和环境温度范围或符号 X |

续表

**最高表面温度**

对于Ⅰ类电气设备,其最高表面温度应按文件中23.2的要求规定

最高表面温度不应超过:

(1)150℃,当电气设备表面可能堆积煤尘时

(2)450℃,当电气设备表面不会堆积或采取措施(例如密封防尘或通风)可以防止堆积煤尘时

电气设备的实际最高表面温度应在铭牌上标示出来,或在防爆合格证号之后加符号"X"。当用户选用Ⅰ类电气设备时,如果温度超过150℃的设备表面上可能堆积煤尘时,则应考虑煤尘的影响及其着火温度。Ⅱ类电气设备应按照文件之27.2之第6款的规定,作出温度标志,优先按下表标出温度组别,或标出实际最高表面温度。必要时给出其限定使用的气体名称

| 温度组别 | T1 | T2 | T3 | T4 | T5 | T6 |
|---|---|---|---|---|---|---|
| 最高表面温度/℃ | 450 | 300 | 200 | 135 | 100 | 85 |

**环境温度**

电气设备应设计在环境温度为-20~+40℃下使用,在此时不需附加标志

若环境温度超出上述范围应视为特殊情况,制造厂应将环境温度范围在资料中给出,并在铭牌上标出符号Ta或Tamb和特殊环境温度范围;或按文件中27.2之第9款的规定在防爆合格证编号后加符号"X"(详见下表)

使用环境温度和附加标记

| 电气设备 | 使用环境温度/℃ | 附加标记 |
|---|---|---|
| 正常情况 | 最高+40<br>最低-20 | 无 |
| 特殊情况 | 制造厂需在资料中给出并标在证书上 | $T_a$ 或 $T_{amb}$ 附加规定范围,例如"-30℃,$T_a$+40℃"或符号"X" |

最高表面温度和引燃温度:最高表面温度应低于爆炸性气体环境的引燃温度。某些结构元件,其总表面积不大于$10cm^2$时,其最高表面温度相对于实测引燃温度对于Ⅱ类或Ⅰ类电气设备具有下列安全裕度时,该元件的最高表面温度允许超过电气设备上标志的组别温度

(1) T1、T2、T3组电气设备为50℃

(2) T4、T5、T6组和Ⅰ类电气设备为25℃

这个安全裕度应依据类似结构元件的经验,或通过电气设备在相应的爆炸性混合物中进行试验来保证

**气体和蒸气按MESG和MIC分级**

对"隔爆型"电气设备而言,气体和蒸气的分级是以最大试验安全间隙(MESG)为基础,在一个间隙长度为25mm的试验容器内完成的。测定MESG的标准方法是使用IEC 79-1A文件规定的试验容器。而要使用其他方法,如只在一个容积为8L的球形容器内,在间隙附近点火进行测定,只有当有新规定时才予以修改

极限值为:

(1)A级MESG大于0.9mm

(2)B级MESG 0.5~0.9mm

(3)C级MESG小于0.5mm

对于本质安全型电气设备,气体和蒸气的分级是以它们的最小点燃电流(MIC)与实验室用甲烷的最小点燃电流之比为基础确定的。测定MIC比值的标准方法,必须是采用IEC 79-3规定的"本质安全电路的火花试验装置",要用其他仪器测定,只有当有新的规定时才予以变更

极限值为:

(1)A级MIC比值大于0.8

(2)B级MIC比值0.45~0.8

(3)C级MIC比值小于0.45

续表

| | |
|---|---|
| 气体和蒸气按MESG和MIC分级 | 大多数气体和蒸气，在两种测定中只进行一种即可列入合适的级别。下列情况下只需进行一种测定即可<br>(1)A 级 MESG 大于 0.9mm 或 MIC 比值大于 0.9<br>(2)B 级 MESG 在 0.55～0.9mm 之间或 MIC 比值在 0.5～0.8 之间<br>(3)C 级 MESG 小于 0.5 mm 或 MIC 比值小于 0.45<br>在下列情况下既要测定 MESG，也要测定 MIC 比值<br>(1)在只测定 MIC 比值时，其值在 0.8～0.9 之间。要做出分级，就有必要再测定 MESG<br>(2)当只测定 MIC 比值时，其值在 0.45～0.5 之间，要做出分级，就有必要再测定 MESG<br>(3)当测定 MESG 时，其值在 0.5～0.55mm 之间。要做出分级，就有必要再测定 MIC 比值<br>同一系列的物质中某一气体或蒸气，可以从该系列分子量较小的另一物质的测定结果中，初步推算出这种气体或蒸气属于哪一级 |
| | 表 23-13-7 中的气体和蒸气就是根据这个基本规则编制的<br>各种气体或蒸气附带的字母意义如下<br>a：MESG 值分级<br>b：MIC 比值分级<br>c：既测定 MESG，也测定 MIC 比值<br>d：化学结构相似性分级(初步分级)<br>注：(1)按体积计，含 15%及以下氢气的所有甲烷混合物都应列入“工业用甲烷”<br>(2)为了使一氧化碳和空气混合物在标准环境温度下达到饱和，一氧化碳可以含有足够的湿度。未列入表中的气体可按照 MIC 和 MESG 分类，但需注意其特殊性能(例如按照 MIC 和 MESG 列入ⅡC 类，但它的爆炸压力超过氢气和甲烷，应列在ⅡC 之外)<br>(3)表中列出了温度组别的参考资料。为便于设计、制造和检验，本标准在表中增加相应气体的温度组别(见表 23-13-7) |
| 防爆产品履行的检验程序 | A1 各单位按本标准及文件中 1.2 防爆型式专用标准试制的电气设备，均需送国家授权的质量监督检验部门按相应标准的规定进行检验。对已取得“防爆合格证”的产品，其他厂生产时，仍需重新履行检验程序<br>A2 检验工作包括技术文件审查和样机检验两项内容<br>A3 技术文件审查须送下列资料：<br>(1)产品标准(或技术条件)<br>(2)与防爆性能有关的产品图样(须签字完整，并装订成册)<br>以上资料各一式两份，审查合格后由检验部门盖章，一份存检验部门，一份存送检单位<br>(3)按文件中 23.2 规定检验单位认为确保电气设备安全性必要的其他资料<br>A4 样机检验须送下列样机及资料<br>(1)提供符合合格图样的完整样机，其数量应满足试验的需要，检验部门认为必要时，有权留存样机<br>(2)产品使用维护说明书一式两份，审查合格后由检验部门盖章，一份存检验部门，一份存送检单位<br>(3)提供检验需要的零部件和必要的拆卸工具<br>(4)有关试验报告<br>以上试验报告和记录各一份<br>(5)有关的工厂产品质量保证文件资料<br>A5 样机检验合格后，由检验部门发给“防爆合格证”，有效期为五年<br>A6 取得“防爆合格证”后的产品，当进行局部更改且涉及相应标准的有关规定时，需将更改的技术文件和有关说明一式两份送原检验部门重新检验，若更改内容不涉及相应标准的有关规定时，应将更改的技术文件和说明送原检验部门备案<br>A7 采用新结构、新材料、新技术制造的电气设备，经检验合格后，发给“工业试验许可证”。取得“工业试验许可证”的产品，需经工业试验(按规定的时间、地点和台数进行)。由原检验部门根据所提供的工业试验报告、本标准和专用标准的有关规定，发给“防爆合格证”后，方可投入生产<br>A8 对于既适用于Ⅰ类又适用于Ⅱ类的电气设备，需分别按Ⅰ类和Ⅱ类要求检验合格，取得防爆合格证<br>A9 检验部门有权对已发给“防爆合格证”的产品进行复查，如发现与原检验的产品质量不符且影响防爆性能时，应向制造单位提出意见，必要时撤销原发的“防爆合格证”<br>注：检验部门在“防爆合格证”有效期内至少应对获证产品进行一次复查，包括对制造单位产品质量保证条件核查 |

**表 23-13-7** **气体和蒸气的分级**

| 气体、蒸气名称 | 分子式 | 分级方法 | 温度组别 |
| --- | --- | --- | --- |
| A 级 | | | |
| 1 烃 | | | |
| 烷类 | | | |
| 甲烷 | $CH_4$ | c | T1 |
| 乙烷 | $C_2H_6$ | c | |
| 丙烷 | $C_3H_8$ | c | T1 |
| 丁烷 | $C_4H_{10}$ | c | T2 |
| 戊烷 | $C_5H_{12}$ | c | T3 |
| 己烷 | $C_6H_{14}$ | c | T3 |
| 庚烷 | $C_7H_{16}$ | c | T3 |
| 辛烷 | $C_8H_{18}$ | a | T3 |
| 壬烷 | $C_9H_{20}$ | d | T3 |
| 癸烷 | $C_{10}H_{22}$ | a | T3 |
| 环丁烷 | $CH_2(CH_2)_2CH_2$ | d | — |
| 环戊烷 | $CH_2(CH_2)_3CH_2$ | a | T2 |
| 环己烷 | $CH_2(CH_2)_4CH_2$ | c | T3 |
| 环庚烷 | $CH_2(CH_2)_5CH_2$ | d | — |
| 甲基环丁烷 | $CH_3CH(CH_2)_2CH_2$ | d | — |
| 甲基环戊烷 | $CH_3CH(CH_2)_3CH_2$ | d | T2 |
| 甲基环己烷 | $CH_3CH(CH_2)_4CH_2$ | d | T3 |
| 乙基环丁烷 | $C_2H_5CH(CH_2)_2CH_2$ | d | T3 |
| 乙基环戊烷 | $C_2H_5CH(CH_2)_3CH_2$ | d | T3 |
| 乙基环己烷 | $C_2H_5CH(CH_2)_4CH_2$ | d | T3 |
| 十氢化萘(萘烷) | $CH_2(CH_2)_3CHCH(CH_2)_3CH_2$ | d | T3 |
| 烯类 | | | |
| 丙烯 | $CH_3CH{=}CH_2$ | a | T2 |
| 芳香烃类 | | | |
| 苯乙烯 | $C_6H_5CH{=}CH_2$ | b | T1 |
| 甲基苯乙烯 | $C_6H_5C(CH_3){=}CH_2$ | a | T1 |
| 苯类 | | | |
| 苯 | $C_6H_6$ | c | T1 |
| 甲苯 | $C_6H_5CH_3$ | d | T1 |
| 二甲苯 | $C_6H_4(CH_3)_2$ | a | T1 |
| 乙苯 | $C_6H_5C_2H_5$ | d | T2 |
| 三甲苯 | $C_6H_3(CH_3)_3$ | d | T1 |
| 萘 | $C_{10}H_8$ | d | T1 |
| 异丙基苯 | $C_6H_5CH(CH_3)_2$ | d | T2 |
| 甲基异丙基苯 | $(CH_3)_2CHC_6H_4CH_3$ | d | T2 |
| 烃混合物 | | | |
| 甲烷(工业用) | | a(推算) | T1 |
| 松节油 | | d | T3 |
| 石脑油 | | d | T3 |
| 煤焦油石脑油 | | d | T3 |
| 石油(包括汽油) | | d | T3 |
| 溶剂石油或洗净石油 | | d | T3 |
| 燃料油 | | d | T3 |
| 煤油 | | d | T3 |
| 柴油 | | d | T3 |
| 动力苯 | | a | T1 |
| 2 含氧化合物(包括醚) | | | |
| 一氧化碳 | $CO$ | c | T1 |
| 二丙醚 | $(C_3H_7)_2O$ | a | — |
| 醇类和酚类 | | | |
| 甲醇 | $CH_3OH$ | c | T2 |
| 乙醇 | $C_2H_5OH$ | c | T2 |
| 丙醇 | $C_3H_7OH$ | c | T2 |
| 丁醇 | $C_4H_9OH$ | a | T2 |
| 戊醇 | $C_5H_{11}OH$ | a | T3 |
| 己醇 | $C_6H_{13}OH$ | a | T3 |
| 庚醇 | $C_7H_{15}OH$ | | — |
| 辛醇 | $C_8H_{17}OH$ | d | — |
| 壬醇 | $C_9H_{19}OH$ | d | — |
| 环己醇 | $CH_2(CH_2)_4CHOH$ | d | T3 |
| 甲基环己醇 | $CH_3CH(CH_2)_4CHOH$ | d | T3 |
| 酚 | $C_6H_5OH$ | d | T1 |
| 甲酚 | $CH_3C_6H_4OH$ | d | T1 |
| 4-羟基-4-甲基戊酮(双丙酮醇) | $(CH_3)_2C(OH)CH_2COCH_3$ | d | T1 |
| 醛类 | | | |
| 乙醛 | $CH_3CHO$ | a | T4 |
| 聚乙醛 | $(CH_3CHO)_n$ | d | — |
| 酮类 | | | |
| 丙酮 | $(CH_3)_2CO$ | c | T1 |
| 丁酮(乙基甲基酮) | $C_2H_5COCH_3$ | c | T1 |
| 戊-2-酮(甲基丙基甲酮) | $C_3H_7COCH_3$ | a | T1 |
| 己-2-酮(甲基丁基甲酮) | $C_4H_9COCH_3$ | a | T1 |
| 戊基甲基酮 | $C_5H_{11}COCH_3$ | d | — |
| 戊-2,4-二酮(戊间二酮) | $CH_3COCH_2COCH_3$ | a | T2 |
| 环己酮 | $CH_2(CH_2)_4CO$ | a | T2 |
| 酯类 | | | |
| 甲酸甲酯 | $HCOOCH_3$ | a | T2 |
| 甲酸乙酯 | $HCOOC_2H_5$ | a | T2 |

续表

| 气体、蒸气名称 | 分子式 | 分级方法 | 温度组别 | 气体、蒸气名称 | 分子式 | 分级方法 | 温度组别 |
|---|---|---|---|---|---|---|---|
| A级 | | | | | | | |
| 醋酸甲酯 | $CH_3COOCH_3$ | c | T1 | 4 含硫化合物 | | | |
| 醋酸乙酯 | $CH_3COOC_2H_5$ | a | T2 | 乙硫醇 | $C_2H_5SH$ | c | T3 |
| 醋酸丙酯 | $CH_3COOC_3H_7$ | a | T2 | 丙硫醇-1 | $C_3H_7SH$ | a(推算) | — |
| 醋酸丁酯 | $CH_3COOC_4H_9$ | c | T2 | 噻吩 | $CH=CHCH=CHS$ | a | T2 |
| 醋酸戊酯 | $CH_3COOC_5H_{11}$ | d | T2 | 四氢噻吩 | $CH_2(CH_2)_2CH_2S$ | a | T3 |
| 甲基丙烯酸甲酯 | $CH_2=C(CH_3)COOCH_3$ | a | T2 | 5 含氮化合物 | | | |
| 甲基丙烯酸乙酯 | $CH_2=C(CH_3)COOC_2H_5$ | d | — | 氨 | $NH_3$ | a | T1 |
| 醋酸乙烯酯 | $CH_3COOCH=CH_2$ | a | T2 | 氰甲烷 | $CH_3CN$ | a | T1 |
| 乙酰基乙酸乙酯 | $CH_3COCH_2COOC_2H_5$ | a | T2 | 亚硝酸乙酯 | $CH_3CH_2ONO$ | a | T6 |
| 酸类 | | | | 硝基甲烷 | $CH_3NO_2$ | d | T2 |
| 醋酸 | $CH_3COOH$ | b | T1 | 硝基乙烷 | $C_2H_5NO_2$ | d | T2 |
| 3 含卤化合物 | | | | 胺类 | | | |
| 无氧化合物 | | | | 甲胺 | $CH_3NH_2$ | a | T2 |
| 氯甲烷 | $CH_3Cl$ | a | T1 | 二甲胺 | $(CH_3)_2NH$ | a | T2 |
| 氯乙烷 | $C_2H_5Cl$ | d | T1 | 三甲胺 | $(CH_3)_3N$ | a | T4 |
| 溴乙烷 | $C_2H_5Br$ | d | T1 | 二乙胺 | $(C_2H_5)_2NH$ | d | T2 |
| 1-氯丙烷 | $C_3H_7Cl$ | a | T1 | 三乙胺 | $(C_2H_5)_3N$ | d | T1 |
| 氯丁烷 | $C_4H_9Cl$ | a | T3 | 正丙胺 | $C_3H_7NH_2$ | d | T2 |
| 溴丁烷 | $C_4H_9Br$ | d | T3 | 正丁胺 | $C_4H_9NH_2$ | c | T2 |
| 二氯乙烷 | $C_2H_4Cl_2$ | a | T2 | 环己胺 | $CH_2(CH_2)_4CHNH_2$ | d | T3 |
| 二氯丙烷 | $C_3H_6Cl_2$ | d | T1 | 2-氨基乙醇(乙醇胺) | $NH_2CH_2CH_2OH$ | d | — |
| 氯苯 | $C_6H_5Cl$ | d | T1 | 2-二乙胺基乙醇 | $(C_2H_5)_2NCH_2CH_2OH$ | d | — |
| 苄基氯 | $C_6H_5CH_2Cl$ | b | T1 | 二氨基乙烷 | $NH_2CH_2CH_2NH_2$ | a | T2 |
| 二氯苯 | $C_6H_4Cl_2$ | d | T1 | 苯胺 | $C_6H_5NH_2$ | | T1 |
| 烯丙基氯 | $CH_2=CHCH_2Cl$ | d | T2 | NN-二甲基苯胺 | $C_6H_5N(CH_3)_2$ | d | T2 |
| 二氯乙烯 | $CHCl=CHCl$ | a | T1 | 苯胺基丙烷 | $C_6H_5CH_2CH(NH_2)CH_3$ | d | — |
| 氯乙烯 | $CH_2=CHCl$ | c | T2 | 甲苯胺 | $CH_3C_6H_4NH_2$ | d | T1 |
| d.d.d.-三氟甲苯 | $C_6H_5CF_3$ | a | T1 | 氮(杂)苯 | $C_5H_5N$ | d | T1 |
| 二氯甲烷 | $CH_2Cl_2$ | d | T1 | | | | |
| 含氧化合物 | | | | | | | |
| 乙酰氯 | $CH_3COCl$ | d | T3 | | | | |
| 氯乙醇 | $CH_2ClCH_2OH$ | d | T2 | | | | |
| B级 | | | | | | | |
| 1 烃类 | | | | 1,4-二氧杂环己烷 | $CH_2CH_2OCH_2CH_2O$ | a | T2 |
| 丙炔(甲基乙炔) | $CH_3C=CH$ | b | T1 | 1,3,5-三氧杂环己烷 | $CH_2OCH_2OCH_2O$ | b | T2 |
| 乙烯 | $C_2H_4$ | c | T2 | 羟基醋酸丁酯 | $HOCH_2COOC_4H_9$ | a | — |
| 环丙烷 | $CH_2CH_2CH_2$ | b | T1 | 甲氢化呋喃甲醇 | $CH_2CH_2CH_2OCHCH_2OH$ | d | T3 |
| 丁二烯-1,3 | $CH_2=CH—CH=CH_2$ | c | T2 | 丙烯酸甲酯 | $CH_2=CHCOOCH_3$ | a | T2 |
| 2 含氮化合物 | | | | 丙烯酸乙酯 | $CH_2=CHCOOC_2H_5$ | a | T2 |
| 丙烯腈 | $CH_2=CHCN$ | c | T1 | 呋喃 | $CH=CHCH=CHO$ | a | T2 |
| 异丙基硝酸盐 | $(CH_3)_2CHONO_2$ | b | — | 丁烯醛 | $CH_3CH=CHCHO$ | a | T3 |
| 氰化氢 | $HCN$ | | T1 | 丙烯醛 | $CH_2=CHCHO$ | a(推算) | T3 |
| 3 含氧化合物 | | | | 四氢呋喃 | $CH_2(CH_2)_2CH_2O$ | a | T3 |
| 二甲醚 | $(CH_3)_2O$ | c | T3 | 4 混合物 | | | |
| 乙基甲基醚 | $CH_3OC_2H_5$ | d | T4 | 焦炉煤气 | | | |
| 二乙醚 | $(C_2H_5)_2O$ | c | T4 | 5 含卤化合物 | | | |
| 二丁醚 | $(C_4H_9)_2O$ | c | T4 | 四氟乙烯 | $C_2F_4$ | a | T4 |
| 环氧乙烷 | $CH_2CH_2O$ | c | T2 | 1-氯-2,3 环氧丙烷 | $OCH_2CHCH_2Cl$ | a | T2 |
| 1,2-环氧丙烷 | $CH_3CHCH_2O$ | c | T2 | 6 含硫化合物 | | | |
| 1,3-二恶戊烷 | $CH_2CH_3OCH_2O$ | d | — | 乙硫醇 | $C_2H_5SH$ | a | T3 |
| C级 | | | | | | | |
| 氢 | $H_2$ | c | T1 | 二硫化碳 | $CS_2$ | c | T5 |
| 乙炔 | $C_2H_2$ | c | T2 | | | | |

## 5.3 关于“爆炸性环境　第14部分：场所分类　爆炸性气体环境”简介

### 5.3.1 “危险场所分类”中的几个主题

“GB 3836.14—2014 爆炸性环境　第14部分：场所分类　爆炸性气体环境”该标准对爆炸性气体环境、危险场所/非危险场所、区域、释放源、释放等级、释放速率、通风、爆炸极限、气体或蒸气的相对密度、可燃性物质、可燃性液体、可燃性气体或蒸气、可燃性薄雾、闪点、沸点、蒸气压力、爆炸性气体环境的点燃温度等都做了规定和阐述。

### 5.3.2 正确划分爆炸性环境的三个区域

尤其是对安全原理和场所分类做了非常详尽的规定。

场所分类是对可能出现爆炸性气体环境的场所进行分析和分类的一种方法，以便正确选择和安装危险场所中的电气设备，达到安全使用的目的，并把气体的级别和温度组别考虑进去。

在使用可燃性物质的许多实际场所，要保证爆炸性气体环境永不出现是困难的，确保设备永不成为点燃源也是困难的。因此，在出现爆炸性气体环境的可能性很高的场所，应采用安全性能高的电气设备。相反，如果降低爆炸性气体环境出现的可能性，则可以使用安全性能较低的设备。

几乎不可能通过对工厂或工厂布置的简单检查来确定工厂中哪些部分能符合三个区域的规定（0区、1区或2区）。对此，需要一个更详细的方法，这涉及对出现爆炸性气体环境的基本概率的分析。第一步是按0区、1区和2区的定义来确定产生爆炸性气体环境的可能性。一旦确定了可能释放的频率和持续时间（释放等级）、释放速度、浓度、速率、通风和其他影响区域类型和范围的因素，对确定周围场所可能存在的爆炸性气体环境就有了可靠的根据。因此，该方法要求更详细地考虑含有可燃性物质并且可能成为释放源的每台加工设备的情况。

特别是应通过设计或适当的操作方法，将0区或1区场所在数量上或范围上减至最小，换句话说，工厂和其设备安装场所大部分应该为2区或非危险场所。对不可避免的有可燃性物质释放的场所，应限制其加工设备为2级释放源，如果做不到（即1级或连续等级释放源无法避免的场所），则应尽量限制释放量和释放速度。在进行场所分类时，这些原则应优先给予考虑。必要时，加工设备的设计、运行和设置都应保证即使在异常运行条件下释放到大气中的可燃性物质的数量被减至最小，以便缩小危险场所的范围。

一旦对工厂进行了分类并且做了必要的记录，很重要的是在未与负责场所分类的人员协商时，不允许对设备或操作程序进行修改。未经许可擅自进行场所分类无效。必须保证影响场所分类的所有加工设备在维修中和重新装配后都进行认真检查，重新投入运行之前，保证涉及安全性的原设计的完整性。

## 5.4 ATEX94/9/EC 指令和 ATEX1999/92/EC 指令

表 23-13-8

| | |
|---|---|
| ATEX 防爆概述 | ATEX 防爆标准是以法语“Atmosphere Explosible”命名的<br>20世纪初，在欧洲工业国家煤矿电气化或多或少有所发展。为了避免灾难性的甲烷爆炸事故，不同的国家当局，针对煤矿用电气设备结构和试验订立了规程和技术规范。每个国家都有自己的规程，常常相互差异很大。随着技术的发展和罗马条约的签订，欧共体成员国已经感觉到为了便于促进商业贸易，需要协调他们的国家规程。直至1968年，欧共体成员国把此任务提交欧洲电工标准协调委员会。TC31技术委员会依据不同国家的标准和规程开始了这项工作。随着成员国的增多，1973年建立了欧洲电工标准化委员会（CENELEC）。1977年CENELEC采用了EN50014系列7个潜在爆炸性环境用标准。继1975年欧洲委员会颁布了《有关潜在爆炸性危险环境用电气设备》（76/117/EEC）成员国法律趋于一致的指令之后，1979年颁布了《有关潜在爆炸性危险环境用电气设备使用确定保护类型》（79/196/EEC）的成员国法律趋于一致的指令，指令采用这些标准作为协调标准。该指令还规定了特殊的欧洲标志Ex。之后又发布了一些与地面和矿井潜在爆炸性环境用电气设备相关的指令及其修订文件。这些指令仅与电气设备有关<br>1994年，欧洲委员会采用了“潜在爆炸环境用的设备及保护系统”（94/9/EC）指令及ATEX 1999/92/EC 指令 |

续表

**ATEX 94/9/EC 指令（用于设备制造厂商）**

用于设备制造厂商的防爆标志见图 a

(a)

覆盖了矿井及非矿井设备，与以前的指令不同，它包括了机械设备及电气设备，把潜在爆炸危险环境扩展到空气中的粉尘及可燃性气体、可燃性蒸气与薄雾。该指令是通常称之为 ATEX 100A 的“新方法”指令，即现行的 ATEX 防爆指令。它规定了拟用于潜在爆炸性环境的设备要应用的技术要求——基本健康与安全要求和设备在其使用范围内投放到欧洲市场前必须采用的合格评定程序

该指令适用的设备范围特别大，大致上包括固定的海上平台、石化厂、面粉磨坊以及其他可能存在潜在爆炸性环境的场所适用的设备。这个指令规定了雇主的职责而不是制造商的责任

ATEX94/9/EC 指令有三个前提条件

(1)设备一定自身带有点燃源（如火源、热的表面、机械产生的火花、电火花、等电位电流、静电、闪电、电磁波、离子辐射、超声等）

(2)预期被用于潜在爆炸性环境（气体、粉尘、空气混合物）

(3)正常的大气条件下

该指令也适用于安全使用必需的部件，以及在适用范围内直接对设备安全使用有利的安全装置。这些装置可以在潜在爆炸性环境外部

ATEX94/9/EC 指令根据安装设备的保护水平将设备划分为三个类别，详见下表

1 类——非常高的防护水平

2 类——高防护水平

3 类——正常的防护水平

如果设备被用于 0、1 或 2 区，则类目数字后跟一字母 G（气体、蒸气/薄雾）

| 0 区 | 1 区 | 2 区 |
|---|---|---|
| 1G 类设备 | 2G 类设备 | 3G 类设备 |

如果设备被用于 20、21 或 22 区，则类目数字后跟一字母 D（粉尘）

| 20 区 | 21 区 | 22 区 |
|---|---|---|
| 1D 类设备 | 2D 类设备 | 3D 类设备 |

这些要求为公民提供了一个很高水平的保护，并且由“协调标准”给出技术实施方法。该指令的主要目的是对所生产的用于潜在爆炸性环境的设备，通过协调技术标准和法规以促进其在整个欧洲联盟自由流通。该指令从 1996 年开始使用，并且从 2003 年 7 月 1 日强制施行

**ATEX 1999/92/EC 指令（用于潜在爆炸性环境应用的雇主）**

用于使用工厂（对于工厂雇主来要求）的防爆环境的防爆标志见图 b

(b)

与 ATEX 94/9/EC 指令并行，是一个涉及改进处于潜在爆炸性危险环境的工人健康和安全保护的最低要求（1999/92/EC）指令。基于潜在的危险和欧洲法规的要求，ATEX1999/92/EC（也称作 ATEX137）规定了改进处于潜在爆炸性危险环境的工人健康和安全保护的最低要求。这个指令规定了雇主的职责而不是制造商的责任

这意味着基于所涉及的危险的评估，雇主承担大量的职责

(1)预防工作场所形成爆炸性环境或避免引燃爆炸性环境

(2)对爆炸性环境和引燃源的可能性进行危险评估

(3)依据爆炸性环境出现的频度和时间给工作场所分区

(4)在入口处给区域用符号标识（Ex 符号）

(5)建立并维护一个防爆文档

(6)根据拟使用的危险区域选择符合 ATEX94/9/EC 指令要求的设备。ATEX1999/92/EC 规定：设备组类别分为Ⅰ与Ⅱ，Ⅰ类用于地下采矿，此要求非常高，而我们目前划到的设备组类别是指非采矿应用领域，见表 a。对于非采矿领域中的设备组类别Ⅱ中划分三个气体或粉尘等区域场所。0 区场所只能用 1 类设备；1 区场所只能用 1 类和 2 类设备；2 区场所只能用 1、2 和 3 类设备（见表 b）

CE 标志是强制性标志，符合 ATEX 指令的所有条款的产品必须贴附 CE 标志。因此，防爆产品贴附了 CE 标志是其符合 ATEX 指令的基本要求及已实施指令规定的合格评定程序的特殊证明。此外，成员国必须采取适当措施保护 CE 标志

表 a　设备分组

| 设备组 | 设备种类 | 应用领域 |
|---|---|---|
| Ⅰ | M1<br>M2 | 地下采矿 |
| Ⅱ | | 所有非采矿应用领域 |

续表

ATEX 1999/92/EC指令（用于潜在爆炸性环境应用的雇主）

表b 设备分组

| 区气体 | 区粉尘 | 定　义 | 设备组 | 设备种类 | 应用领域 |
| --- | --- | --- | --- | --- | --- |
| 0 | 20 | 爆炸性气体环境连续出现或长时间存在的场所 | Ⅱ | 1G<br>1D | 气体、薄雾、蒸气<br>粉尘 |
| 1 | 21 | 在正常运行时，可能出现爆炸性气体环境的场所 | Ⅱ | 2G<br>2D | 气体、薄雾、蒸气<br>粉尘 |
| 2 | 22 | 在正常运行时，不可能出现爆炸性气体环境的场所，如出现也是偶尔发生并且仅是短时间存在的场所 | Ⅱ | 3G<br>3D | 气体、薄雾、蒸气<br>粉尘 |

ATEX对防爆产品型号的说明

用于机械设备的防爆产品型号的说明

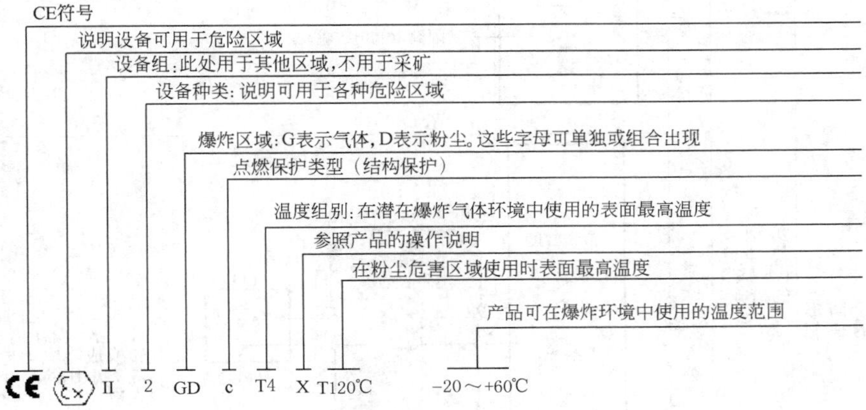


用于电子设备的防爆产品型号的说明

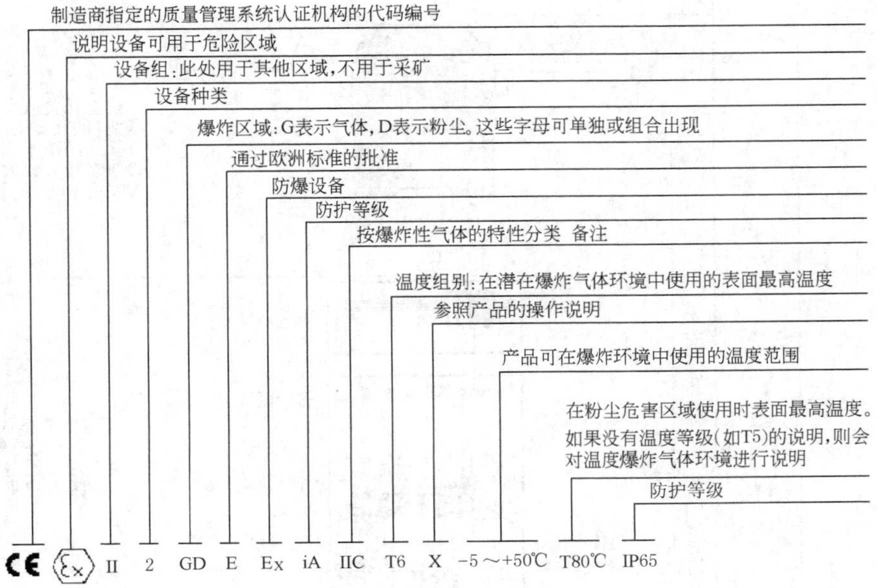

续表

<table>
<tr><td rowspan="6">关于防爆应用的措施举例</td><td rowspan="2">控制易燃物品</td><td colspan="3">为了防止防爆产生的条件,应该控制易燃物品(如气体、粉尘、氧气)的燃点</td></tr>
<tr><td>(1)点燃源(电气因素)<br>·火花或电弧,如拔出线圈插头时产生<br>·电的补偿电流<br>·电磁线圈热表面</td><td>(2)点燃源(机械因素)<br>·摩擦和压缩损失造成的热表面<br>·绝热压缩<br>·静电放电<br>·撞击产生的机械火花</td><td>(3)其他点燃源<br>·打开火源或火焰(如焊接设备、烟草、吸烟)<br>·热表面(如热的运转的轴承或刹车)<br>·自燃反应(放热反应)<br>·自燃材料<br>·超声<br>·闪电、打雷</td></tr>
<tr><td rowspan="3">对本安型安装理念(1区)的措施</td><td>对本安型1区防爆安装措施</td><td>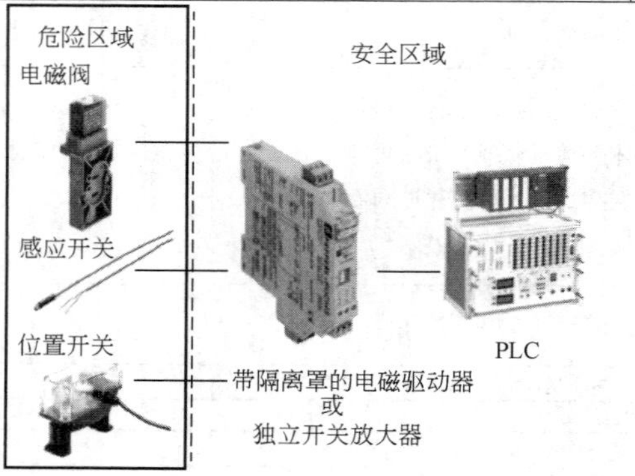

(c)</td><td>在危险区域内,用控制箱把电磁阀、感应开关、位置开关隔离(见图c),通过安全区域内独立开关放大器(倍加福),将PLC的信号电流转换成能驱动电磁阀感应开关、位置开关隔离工作的最小电流,防止在危险区域的大电流产生火花</td></tr>
<tr><td>本质安全型a类</td><td>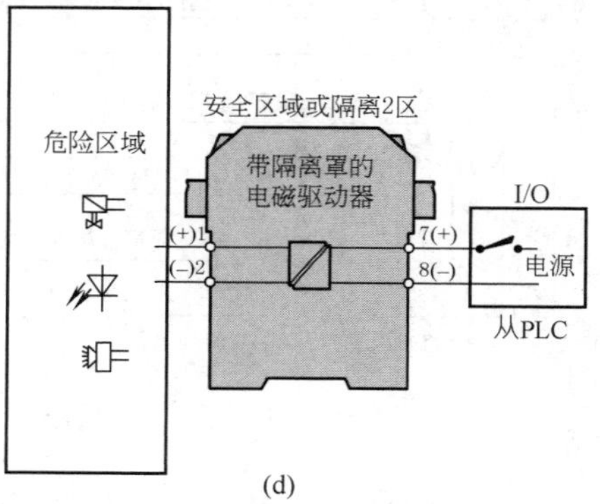

(d)</td><td>采用电磁线圈为本安型<br>仅提供本安型电路<br>在危险区域内,用控制箱把电磁阀、发光二极管等(见图d),通过安全区域内独立开关放大器(倍加福),将PLC的信号电流转换成能驱动电磁阀感应开关、位置开关隔离工作的最小电流,防止在危险区域的大电流产生火花</td></tr>
<tr><td></td><td>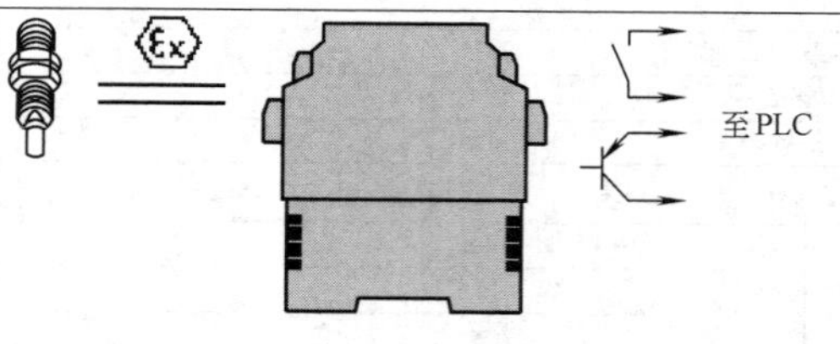

(e)</td><td>独立开关放大器,将本安型接近开关(防爆型)的传感信号放大后传至PLC(见图e)。用防爆本安型的传感器接到安全区域的独立开关放大器将传感器的小电流信号放大给PLC</td></tr>
<tr><td>对本安型安装理念(1区)的措施</td><td>本安型安装理念(2区)的措施</td><td>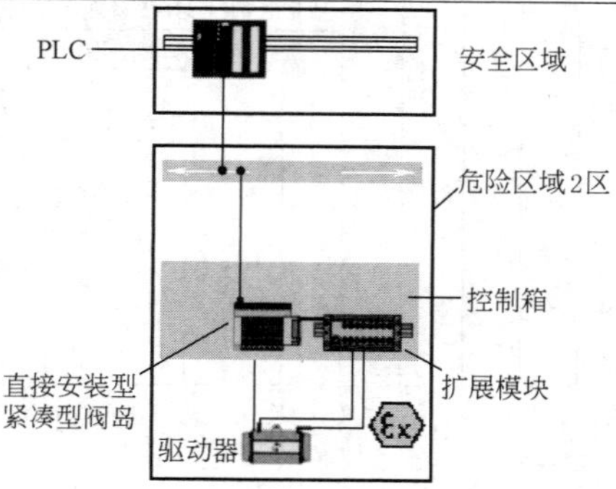

(f)</td><td>当紧凑型阀岛安装在危险区域2区时,紧凑型阀岛与扩展模块均安装在控制箱内。通过气管/传感信号与危险区域2区内的驱动器相连(见图f)</td></tr>
</table>

续表

<table>
<tr><td rowspan="5">关于防爆应用的措施举例</td><td rowspan="3">未来发展趋势</td><td colspan="2">今后技术进步会产生两种模式：一种是紧凑型阀岛（本安型防爆）装在控制箱内；另一种则是紧凑型阀岛（本安型防爆）装在控制箱外</td></tr>
<tr><td>装在控制箱内（本安型安装理念1区）</td><td>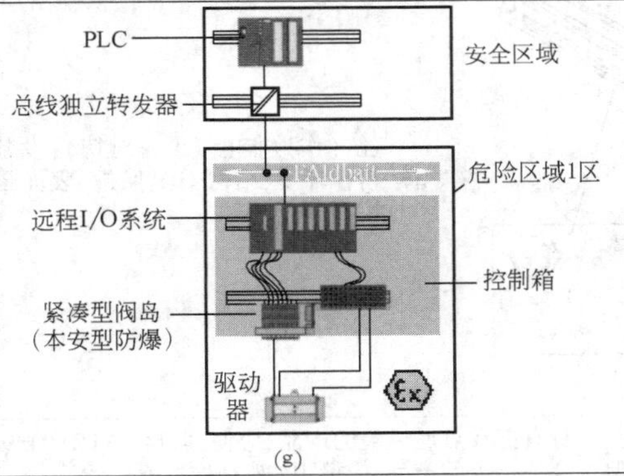

(g)<br>紧凑型阀岛安装在危险区域 1 区时的情况<br>当紧凑型阀岛安装在控制箱内时，阀岛的气接口安装在控制箱边缘外，与危险区域 1 区内的驱动器相连。控制箱内带远程 I/O 系统及接线板</td></tr>
<tr><td>装在控制箱外（本安型安装理念1区）</td><td>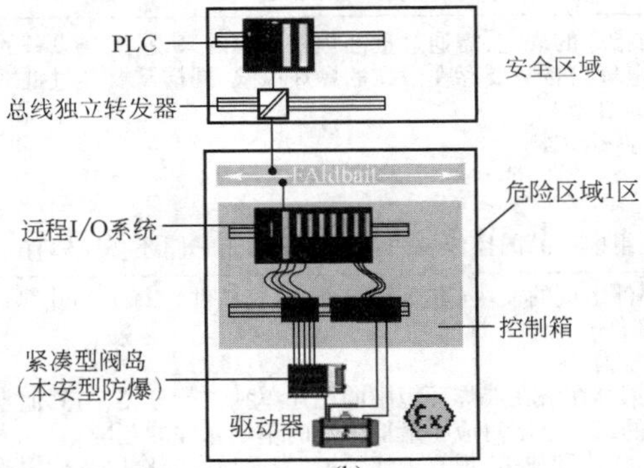

(h)<br>紧凑型阀岛安装在危险区域 1 区时的情况<br>随着技术的发展，紧凑型阀岛可安装在控制箱外，与上一个应用相比，阀岛可能会直接安装在危险区域 1 区</td></tr>
<tr><td rowspan="2">气动元件中电气件的防爆等级、机械零部件的防爆等级</td><td>阀岛的防爆等级</td><td>带独立插座（IC）的 CPV 阀岛<br>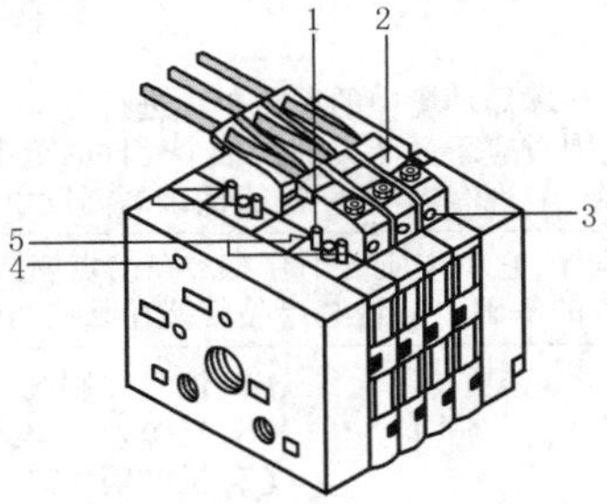

(i)<br>1—预安装连接插座，用于每个先导电磁线圈；2—说明标签（用于每个连接插座）；3—黄色 LED，用于每个先导电磁线圈（对应每个连接插座）的信号状态显示；4—接地端；5—舌簧片，用于先导电磁线圈 14<br><br>详细技术资料<br>Ex II2GExibIIC T5 −5℃≤$T_a$≤+50℃<br>最大环境温度<br>+50℃：· R20＝920Ω · Ui＝32V · Li＝0.253A · Pi＝0.76W · Lmin≥0.016A<br>+40℃：· R20＝920Ω · Ui＝36V · Li＝0.310A · Pi＝0.93W · Lmin≥0.016A</td></tr>
<tr><td>电磁阀的防爆等级</td><td>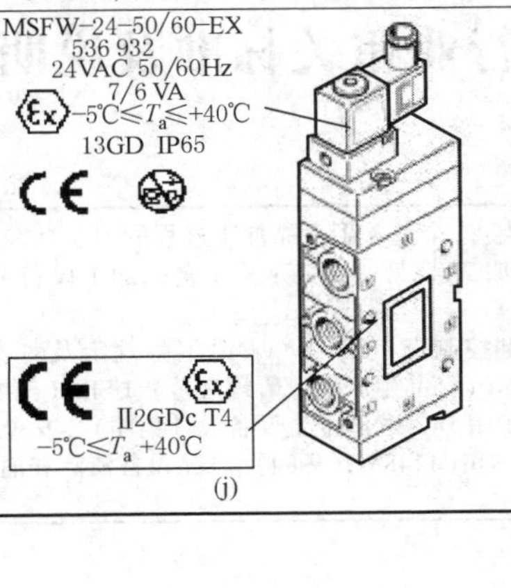

(j)<br>电磁阀的防爆等级分电磁线圈部分（按电子设备）防爆等级与阀体部分（按机械设备）防爆等级，见图 j<br>电磁线圈部分（作为电气设备来对待）：设备组 Ⅱ，设备种类 3，可在−5～+40℃范围使用，可用于气体、粉尘环境，无火花本安型，防护等级为 IP65。表面最高温度为 130℃。特殊用途参照说明书<br>阀体部分（作为非电气设备对待）：设备组 Ⅱ，设备种类 2，可用于气体环境，结构安全保护，表面最高温度为 135℃，可在−20～+60℃范围使用</td></tr>
</table>

续表

<table>
<tr><td>关于防爆应用的措施举例</td><td>气动元件中的电气防爆等级、机械零部件的防爆等级</td><td>气缸的防爆等级(按机械设备)</td><td>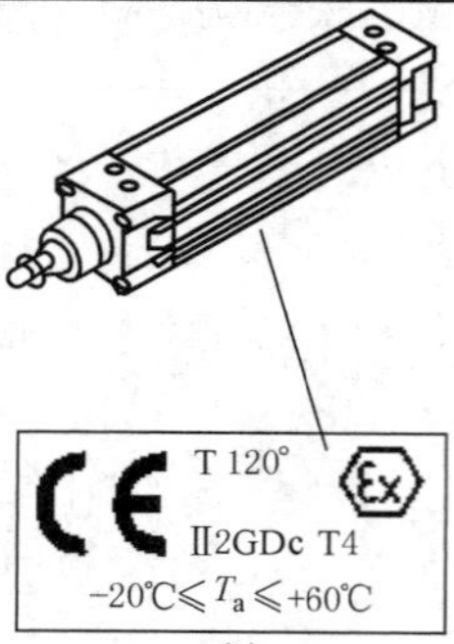(k)<br>气缸(作为非电气设备对待):设备组Ⅱ,设备种类2,可用于气体、粉尘环境,结构安全保护,表面最高温度为135℃,可在-20~+60℃范围使用</td></tr>
<tr><td rowspan="5">气动产品的防爆分类要求</td><td colspan="3">公司对用于潜在爆炸环境中、本身有潜在点燃风险的产品,应使其符合ATEX94/9/EC指令,并不意味着公司所有的产品都受该指令的约束,但符合该指令的产品,应标识CE符号</td></tr>
<tr><td rowspan="3">需经过批准程序的产品</td><td colspan="2">电气设备根据以前指令的规定,需通过批准程序。总的来说,此类设备的唯一变化就在于等级牌<br>新的指令规定,非电气设备只要存在潜在的爆炸风险,同样需要经过批准程序。这包括:<br>(1)带活塞杆的气动驱动器<br>(2)无活塞杆的气动驱动器<br>(3)气动阀<br>(4)液压缓冲器<br>必须提供上述产品组中产品的操作说明和符合证明。它们还必须标有CE符号和已经防爆的ID号</td></tr>
<tr><td colspan="2">电磁阀是由两个部件组成的模块(非电气部件、电气部件),每个部件都必须强制经过批准<br>(1)阀体(非电气部件)<br>(2)电磁线圈(电气部件)<br>(3)每个部件都根据其在潜在爆炸环境中的用途单独进行分类,与其他零部件无关<br>(4)模块批准应用的结果范围对应于最低类别的单个元件的范围<br>(5)这与设备种类、气体和粉尘、现有爆炸环境、表面最高温度以及适用的爆炸划分有关</td></tr>
<tr><td colspan="2">气缸是由两个或两个以上部件组成的模块,同样,每个部件也都必须强制经过批准<br>(1)气缸<br>(2)辅件,如传感器<br>(3)每个部件都根据其在潜在爆炸环境中的用途单独进行分类,与其他部件无关<br>(4)模块批准应用的结果范围对应于最低类别的单个元件的范围<br>(5)这与设备种类、气体和粉尘、现有爆炸环境、表面最高温度以及适用的爆炸划分有关</td></tr>
<tr><td>不需经过批准程序的产品</td><td colspan="2">以下产品组不需经过批准程序,它们本质上不存在潜在的点燃源。只要遵守制造商的说明(如气管和接头等气源处理元件在防静电的基础上),这些产品就能在某些防爆区域使用<br>(1)气动辅件<br>(2)气管<br>(3)接头<br>(4)气动底座<br>(5)流量控制阀和截止阀<br>(6)气源处理单元中的非电气部件<br>(7)机械辅件<br>(8)非电气设备,如气缸、阀,如果在各自应用中不存在爆炸风险</td></tr>
</table>



# 6 食品包装行业相关标准及说明

表 23-13-9

| | |
|---|---|
| HACCP食品行业标准简介 | 对于食品行业卫生标准,将分为两个大类:一个是关于食品加工过程的卫生标准,从原材料(有些需冷藏)到产品加工过程、灌装、包装、堆垛、运输等整个加工链;另一大类是关于食品加工设备标准,从机器的设计指导思想、设计原理着手<br>从加工过程看有:HACCP(危害分析关键控制点)、LMHV[食品卫生规定及对食品包装规定的修改(德国标准)]、FDA(美国联邦食品与药品监管)、GMP(药品生产质量管理规范)、USDA(美国农业部)<br>从加工机器设计(设备)看有:3-A标准、EHEDG(欧洲卫生设备设计集团)、89/392/EG、DIN 11483-1(1983)(乳品设备清洁和消毒,考虑对不锈钢的影响)、DIN 11483-2(1984)(乳品设备清洁和消毒,考虑对密封材料的影响) |

续表

<table>
<tr><td>HACCP<br>食品行业标准简介</td><td colspan="2">HACCP是一个识别特定危害以及预防性措施的质量控制体系，目的是将有缺陷的生产、产品和服务的危害降到最低。由于它是一个以食品、安全为基础的预防性体系，首先要预防潜在危害食品安全问题的出现，通过评估产品或加工过程中的风险来确定可能控制这些风险所需要的必要步骤（生物：细菌、沙门氏菌；化学：清洁剂、润滑油；物理：金属、玻璃、其他材料特性危害），并分析、确定对关键控制点采取的措施，确保食品整个加工安全、卫生、可靠<br>HACCP的理念来自93/43/EWG，最初开发是在美国，由Pillsbury公司与美国航空航天局合作参与，它包含着在太空中对所有食品消费的每一步检查体系，100%安全卫生，制造过程的每一方面都经过深思熟虑<br>在1985年由美国国家科学院推荐这个系统，使得成为全世界以及FAO（食品农业组织）、WHO（世界卫生组织）在食品法典中的引用法律<br>在1993年，欧洲规则93/43EG（欧盟指导方针）规定1993年7月14日在食品生产中使用该系统<br>如今，HACCP广泛应用在食品行业中，不仅仅针对大量操作人员，并且不应该是复杂、难解的程序，它对该工业领域所有元件都是适合的，包括小型以及大型的、不受约束的或已规定安全食品的公司<br>HACCP标准有五个基本思想：<br>（1）进行危害分析；<br>（2）确定可能产生危害性的控制点；<br>（3）确定控制点中哪些是必须控制的关键点；<br>（4）确定关键点的控制体系，监视追踪，考虑对最糟糕情况下的纠正及措施；<br>（5）存档、论证，确认HACCP运转良好</td></tr>
<tr><td rowspan="2">食品加工设备设计的卫生要求</td><td>食品及包装工业的不同卫生区域的划分</td><td>食品/包装行业一般可分食品区（与食品相触）、飞溅区及非食品区（见图a）<br>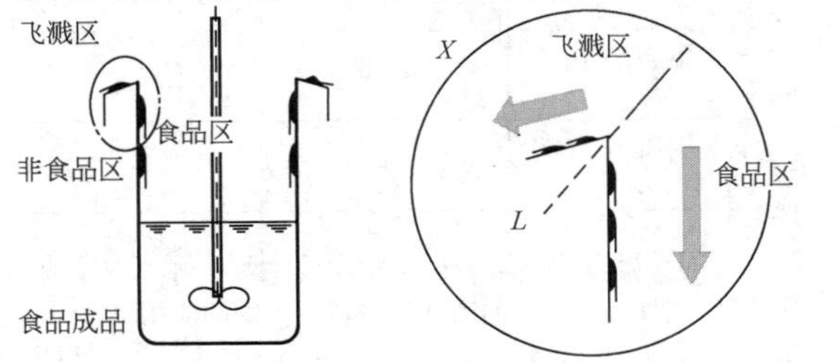<br>(a)</td></tr>
<tr><td>设备设计的卫生要求</td><td>表面要求：<br>对于食品区（与食品相触）、飞溅区表面粗糙度 $R_a \leqslant 0.8\mu m$，可清洗的，抗破裂、表面不能有缺陷，决不允许出现粗糙的表面<br>在食品有可能接触到连接螺栓时，禁止螺纹裸露在外，宜用沉头内六角、沉头螺钉及在连接件外部的沉头内六角。因为这些凹进去的或螺栓开槽的地方都可能堆积流动的食品、灰尘及污垢。通常采用的如加密封件的外六角、盖型螺母或螺钉便于清洗。更为理想的是在食品流动方向上，找不到螺纹连接的痕迹（从机器部件内部往外连接）<br>可接受的螺栓连接方式与不可接受的螺栓连接方式见图b<br>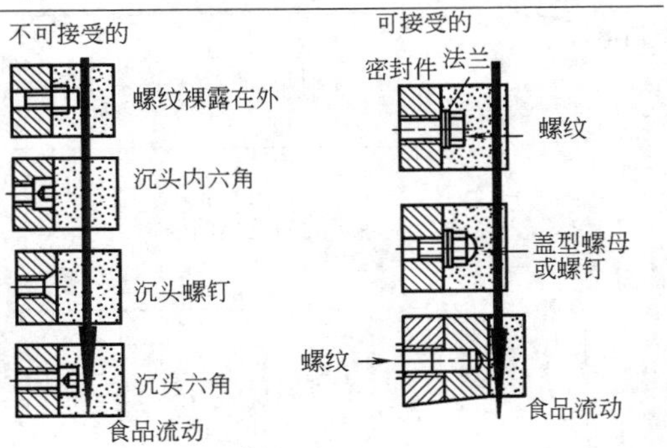<br>(b)<br>可接受的翻边（死区）与不可接受的翻边（敞开区）见图c。为了防止灰尘、污垢的堆积，便于冲洗，翻边应按可接受的适合的解决方案。对某些特殊的翻边，可两边加盖<br>可接受的弯边（半径）与不可接受的弯边（半径）见图d。为了便于冲洗、防止灰尘、污垢的堆积，弯曲半径至少≥3mm。对焊接部分不能有焊渣粘在表面<br>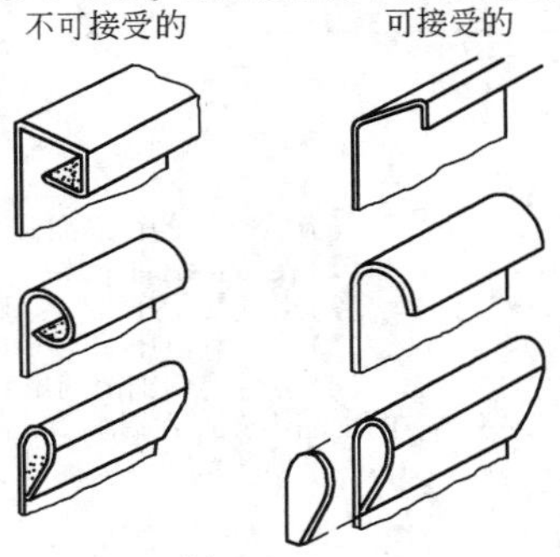<br>(c)<br>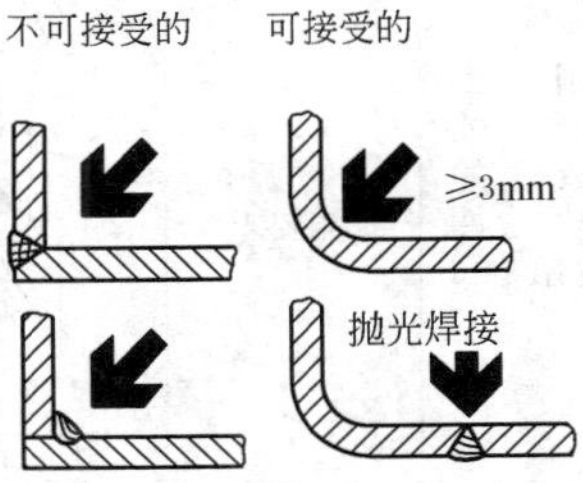<br>(d)</td></tr>
</table>

续表

| | | |
|---|---|---|
| 食品加工设备设计的卫生要求 | 设备设计的卫生要求 | 材料要求：<br>(1)耐腐蚀<br>(2)机械稳定性<br>(3)表面不起变化<br>(4)符合食用品卫生安全条件，允许与食品接触的材料有<br>·禁止使用的材料：锌、石墨、镉、锑、铜、黄铜、青铜、含苯、甲醛成分的塑料和柔软剂<br>·完全适合的材料：AISI304（美国标准）、AISI316、AISI304L、由 FDA/BGVV 认可的塑料<br>·有限的使用：阳极氧化铝、铜和钢的涂镍、涂铬<br>小结：对于食品/包装机器设计有两个主要的设计规则，一个是完整的开放（敞开）式设计；另一个是全防护的封闭设计。同时应极力避免弯曲半径小于 3mm，螺纹暴露在外或螺纹未拧紧，污垢残留，死角清洗，表面粗糙，裂口/裂缝及部件、气动元件的不易清洗 |

清洗与消毒

清洗、消毒四个主要因素为：温度因素、时间因素、清洗剂与消毒剂类型（碱性、酸性、氧化剂、表面活性剂）和它的浓度因素、被清洗设备的特性因素

清洗剂与消毒剂对各类食物的类型见表 a

表 a　清洗剂与消毒剂对食物的类型

| 食物 | 碱性 | 酸性 | 氧化剂 | 表面活化剂 |
|---|---|---|---|---|
| 蛋白质 | +++ | + | * | + |
| 脂肪 | + | — | * | +++ |
| 分子重量较轻的碳水化合物 | +++ | +++ | ◦ | ◦ |
| 分子重量较重的碳水化合物 | + | + | ++ | * |
| 肽 | — | +++ | ◦ | ◦ |

+++非常好；++好；+合适；* 特殊情况下可用；—不合适；◦不可用

（1）清洗剂：选择 pH1～14 的清洗剂以适应不同的应用场合，见表 b

表 b　清洗剂的不同应用场合

| | 汉高 | 利华 | 凯驰 |
|---|---|---|---|
| 肉制品加工 | P3-topax12<br>P3-topax19<br>P3-topax36<br>…… | Oxyschaum<br>Proklin<br>GHW4<br>…… | RM31<br>RM56<br>RM57<br>…… |
| 奶制品及奶酪 | P3-topax12<br>P3-topax19<br>P3-topax36<br>…… | Spektak EL<br>Divomil ES<br>Divosan<br>…… | RM31<br>RM56<br>RM57<br>…… |
| 饮料行业 | P3-topax12<br>P3-topax19<br>P3-topax36<br>…… | Dicolube RS 148<br>SU 156<br>Divosan forte<br>…… | RM25<br>RM31<br>RM56<br>…… |

（2）清洗方法：湿洗、干洗、高压清洗、蒸汽清洗、在专门场地进行清洗、用特殊气体进行清洗

通常的清洗过程是：清洗准备工作→初步清洗→用水进行预清洗→正式清洗→经过一段时间→冲洗→控制→消毒→经过一段时间→冲洗

（3）整个设备进行清洗

（4）清洁剂及消毒物质的应用范围

用于食品行业的易清洗的气动元件（气缸、阀岛等）

气源的清洁要求

(e)

气流吹合格的产品要求如下：

（1）食品要绝对干燥

（2）空气要干净、清洁，直接接触食品

（3）必须避免压缩空气对食品产生的任何影响

（4）不会受到细菌的影响，因为在绝大多数情况下，细菌对干燥的食品不会产生影响

续表

<table>
<tr>
<td rowspan="2">用于食品行业的易清洗的气动元件(气缸、阀岛等)</td>
<td>包装过程中的要求</td>
<td>
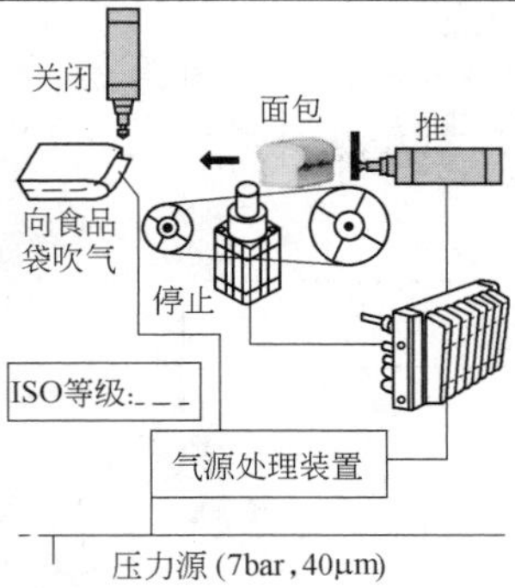

(f)

如对面包的包装要求如下:<br>
(1)对象:面包<br>
(2)空气接触食品袋(食品袋必须在面包装入前吹开)<br>
(3)必须确保面包不会被气缸推开时损坏<br>
(4)空气要干净、清洁,直接接触食品
</td>
</tr>
<tr>
<td>对气动元件的要求</td>
<td>
①HACCP食品卫生标准体系对气动元件在食品加工设备的应用上产生了重大影响,将更多的重心引向清洁型设计,避免微生物如细菌、酶的危害(见图h);避免化学酸碱射气管产生龟裂(见图i)

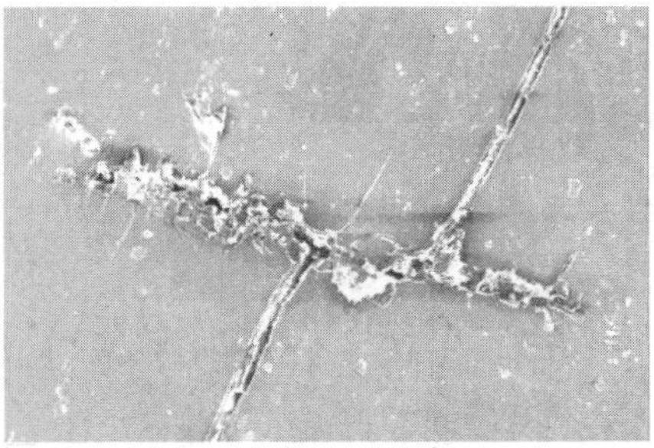
PU材质气管受到微生物(细菌)、酶的损坏

(g)

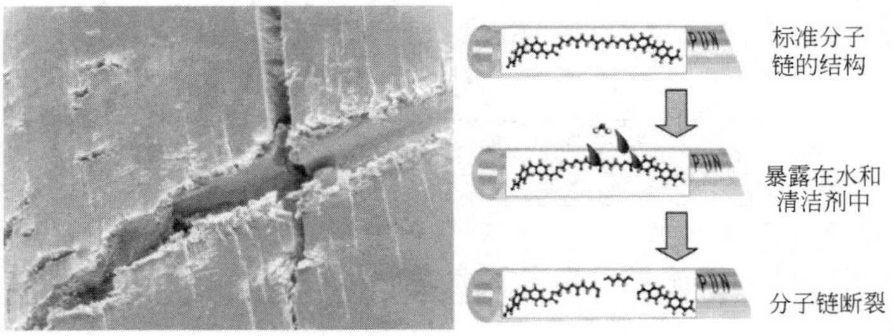

(h)

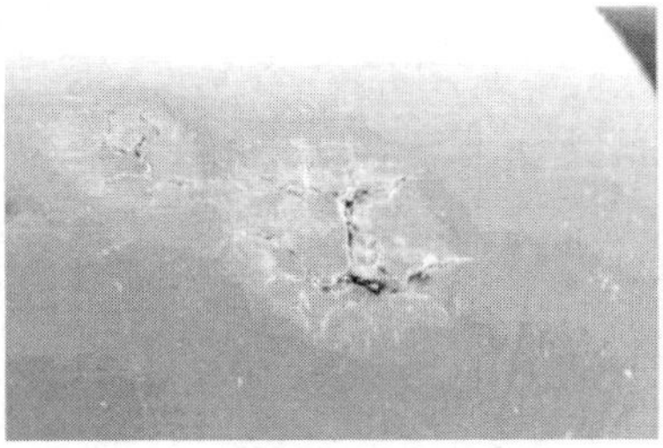
标准气管与酸碱(化学物质、清洁剂)产生反应

(i)

标准气管受到太阳、紫外线灯(通常用于如酿酒与奶制品中消灭细菌)照射,发生损坏

(j)
</td>
</tr>
</table>

续表

<table>
<tr><td>用于食品行业的易清洗的气动元件(气缸、阀岛等)</td><td>对气动元件的要求</td><td>②采用易清洗的气动元件(气缸、阀岛等)<br>采用的气动元件是专门设计的(外形光滑易清洗,或采用不锈钢、耐腐蚀的材质)。在一些食品行业,如肉类、酸奶、奶酪、牛奶等饮料行业每天需清洗,不能让物质遗留下,否则将会发酵产生细菌,因此采用易清洗产品是必需的<br>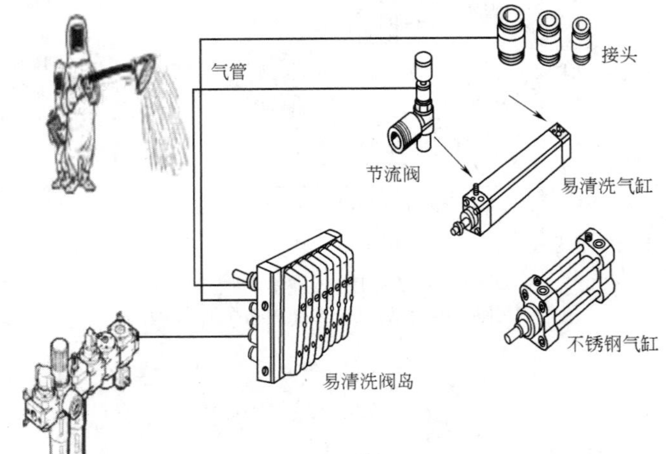<br>(k)</td></tr>
</table>

# 7 用于电子显像管及喷漆行业的不含铜及聚四氟乙烯的产品

表 23-13-10

<table>
<tr><td>不含铜及聚四氟乙烯概述</td><td colspan="2">在电子显像管行业和汽车喷漆车间中,严禁使用含铜、特氟龙(聚四氟乙烯)及硅的气动产品。因为含铜的材质会影响显像管颜色的反射,使显像管屏幕出现黑点。含特氟龙及卤素的材料会缩短阴极管的寿命。含硅的物质减少玻璃的静摩擦力,使得显像管的涂层不牢,寿命不长<br>气动中"不含铜及聚四氟乙烯"元件的标准如下:<br>Festo 公司与 Philips 公司联合制定了"不含铜及聚四氟乙烯"元件的标准,如 Festo 940076-2 标准(针对铜含量的产品的标准);940076-3 标准(针对特氟龙含量的产品的标准);以及不含油漆湿润缺陷的物质 942010 标准。这里所说的不含铜,并不是指完全不含铜,而是说该材料的离子不应该处于自由状态,避免生产中受到影响(对于铝质气缸而言,当它运行了 500 万公里之后,它的表面离子处于自由活动的状态,表面的涂层已经磨损)</td></tr>
<tr><td rowspan="8">对于不含铜及聚四氟乙烯元件的措施</td><td colspan="2">不含铜及聚四氟乙烯的气动元件</td></tr>
<tr><td>种　　类</td><td>措　　施</td></tr>
<tr><td>运动的、动态受压的零部件,如轴承和密封件</td><td rowspan="4">零部件表面必须不含铜<br>例:如果是由 CuZn 制成的,则表面要镀镍或镀锌。铝可以进行阳极氧化处理或钢进行镀锌</td></tr>
<tr><td>很少被驱动的零部件,如带螺纹的插口和调节螺钉</td></tr>
<tr><td>气流通过的零部件</td></tr>
<tr><td>可能和外部有接触的零部件或看得到的零部件</td></tr>
<tr><td>静态元件,如轴承盖、密封件</td><td>如果不进行表面处理,则最多含铜量不能超过 5.5%</td></tr>
<tr><td colspan="2">注:含氟、氯、溴、碘的复合物,如 PTFE,既不能以复合物的形式,也不能作为填料来使用,在正常使用中会释放出这些物质,含氟的橡胶不能用</td></tr>
</table>

续表

<table>
<tr><td rowspan="14">不含PWIS的气动产品</td><td colspan="4">PWIS，PW表示油漆湿润、I表示缺陷、S表示物质。含油漆湿润缺陷的物质如硅、脂肪、油、蜡等，在喷漆的加工过程中会影响喷涂的质量，使被喷材料表面出现凹痕，已加工完的表面需返工，或整个喷漆系统受到污染。对汽车行业喷漆操作设备而言，不准含有油漆湿润的缺陷物质，因为这将影响油漆的质量。人的眼睛不可能看出该物质或元件中含有油漆湿润缺陷物质的含量。所以德国大众汽车公司开发了测试标准PV 3.10.7。不含油漆湿润缺陷物质的润滑剂牌号及供应商见下表<br>关于不含PWIS的气动产品，应在气动元件产品中予以注明，如气管不含PWIS<br>不含油漆湿润缺陷的物质的润滑剂</td></tr>
<tr><td>商　标</td><td>供应商/生产商</td><td>商　标</td><td>供应商/生产商</td></tr>
<tr><td>Beacon2</td><td>Esso</td><td>G-Rapid Plus</td><td>Dow Corning</td></tr>
<tr><td>Mobiltemo SHC100</td><td>Mobil Oil</td><td>Energrease HTG 2 2）</td><td>BP</td></tr>
<tr><td>Molykote BR 2+</td><td>Dow Corning</td><td>Molykote DX</td><td>Dow Corning</td></tr>
<tr><td>F2</td><td>Fuchs</td><td>Molub-Alloy 823FM-2</td><td>Tribol</td></tr>
<tr><td>Centoplex 2EP</td><td>K10ber</td><td>Staburags NBU 12</td><td>K1über</td></tr>
<tr><td>GLG 11 Uni Getr Fett</td><td>Chemie Technik</td><td>Urelbyn 2</td><td>Rainer</td></tr>
<tr><td>Syncogel SSC-3-001</td><td>Synco(USA)</td><td>Retinax A</td><td>Shell</td></tr>
<tr><td>Molykote A</td><td>Dow Corning</td><td>Isoflex NB 5051</td><td>K1über</td></tr>
<tr><td>Longterm W 2</td><td>Bei Dow Corning</td><td>Costrac AK 301</td><td>K1über</td></tr>
<tr><td>Castrol Impervia T</td><td>Castrol</td><td>Isoflex NBU 15</td><td>K1über</td></tr>
<tr><td>Tri-Flon</td><td>Festo-Holland</td><td>PAS 2144</td><td>Faigle</td></tr>
<tr><td>Limolard</td><td>Festo-Ungam</td><td>Syntheso GLEP 1</td><td>K1über</td></tr>
</table>

# 8　气缸行程误差表

**表 23-13-11**　　mm

| | 活塞直径 | 行程长度 | 行程长度许用的偏差 |
|---|---|---|---|
| ISO 6432 | 8、10、12、16、20、25 | ≤500 | +1.5 |
| ISO 6431（旧标准） | 32、40、50 | ≤500 | +2 |
| | | >500～1250 | +3.2 |
| | 63、80、100 | ≤500 | +2.5 |
| | | >500～1250 | +4 |
| | 125、160、200、250、320 | ≤500 | +4 |
| | | >500～1250 | +5 |

注：如果规格超过表格中所注明的规格，则制造厂商和用户需达成协议。

# 9　美国、欧洲、日本、德国对“阀开关时间测试”的比较

**表 23-13-12**

| 标　准 | ANSI T3.21.8—1990 | CETOP RP 111P（以前是欧洲气动液压气动委员会RP 82P） | JIS B 8374—1981 | Festo以前的测试标准RL970032（1995年及之前） | Festo现在的测试标准FN970032（ISO/WD12238）（1995年之后） |
|---|---|---|---|---|---|
| 国家及源自于 | 美国 | 国际 | 日本 | 德国 Festo | 德国 Festo |
| 测试压力/bar | 6.9 | 最大工作压力，根据ISO 2944 | 5.0 | 6.0 | 6.0 |
| 对“开”的定义 | 达到测试压力的90% | 达到测试压力的50% | 压力开始上升时 | 达到测试压力的90% | 达到测试压力的10% |
| 对“关”的定义 | 下降到测试压力的10% | 下降到测试压力的50% | 压力开始下降时 | 下降到测试压力的10% | 下降到测试压力的90% |

# 10　流量转换表

标准额定流量 $Q_n$ 是指转换成标准状态（1.013bar，0℃时）下的额定流量，单位为 L/min。

所谓的额定流量，是指上游绝对压力为 7bar、下游绝对压力为 6bar、介质温度为 20℃（已转换成标准状态）时测得的样机的入口流量。

标准额定流量可以转换成美国常用的 $K_v$ 和 $C_v$ 流量系数。见表 23-13-13。

**表 23-13-13**

| $Q_n$/L·min$^{-1}$ | $C_v$ | $K_v$ | $Q_n$/L·min$^{-1}$ | $C_v$ | $K_v$ | $Q_n$/L·min$^{-1}$ | $C_v$ | $K_v$ |
|---|---|---|---|---|---|---|---|---|
| 10 | 0.010 | 0.009 | 10 | 0.01 | 0.009 | 11 | 0.011 | 0.01 |
| 20 | 0.020 | 0.018 | 20 | 0.02 | 0.018 | 22 | 0.022 | 0.02 |
| 30 | 0.030 | 0.027 | 30 | 0.03 | 0.027 | 33 | 0.034 | 0.03 |
| 40 | 0.041 | 0.036 | 39 | 0.04 | 0.036 | 44 | 0.045 | 0.04 |
| 50 | 0.051 | 0.045 | 49 | 0.05 | 0.045 | 55 | 0.056 | 0.05 |
| 60 | 0.061 | 0.055 | 59 | 0.06 | 0.054 | 66 | 0.067 | 0.06 |
| 70 | 0.071 | 0.064 | 69 | 0.07 | 0.062 | 77 | 0.078 | 0.07 |
| 80 | 0.081 | 0.073 | 79 | 0.08 | 0.071 | 88 | 0.090 | 0.08 |
| 90 | 0.091 | 0.082 | 89 | 0.09 | 0.080 | 99 | 0.101 | 0.09 |
| 100 | 0.102 | 0.091 | 98 | 0.10 | 0.089 | 110 | 0.112 | 0.10 |
| 200 | 0.203 | 0.182 | 197 | 0.20 | 0.179 | 220 | 0.224 | 0.20 |
| 300 | 0.305 | 0.273 | 295 | 0.30 | 0.268 | 330 | 0.336 | 0.30 |
| 400 | 0.407 | 0.364 | 394 | 0.40 | 0.357 | 440 | 0.448 | 0.40 |
| 500 | 0.508 | 0.455 | 492 | 0.50 | 0.446 | 550 | 0.560 | 0.50 |
| 600 | 0.610 | 0.545 | 590 | 0.60 | 0.536 | 660 | 0.672 | 0.60 |
| 700 | 0.711 | 0.636 | 689 | 0.70 | 0.625 | 770 | 0.784 | 0.70 |
| 800 | 0.813 | 0.727 | 787 | 0.80 | 0.714 | 880 | 0.896 | 0.80 |
| 900 | 0.915 | 0.818 | 886 | 0.90 | 0.804 | 990 | 1.008 | 0.90 |
| 1000 | 1.016 | 0.909 | 984 | 1.00 | 0.893 | 1100 | 1.120 | 1.00 |
| 2000 | 2.033 | 1.818 | 1968 | 2.00 | 1.786 | 2200 | 2.240 | 2.00 |
| 3000 | 3.049 | 2.727 | 2952 | 3.00 | 2.679 | 3300 | 3.360 | 3.00 |
| 4000 | 4.065 | 3.636 | 3936 | 4.00 | 3.571 | 4400 | 4.480 | 4.00 |
| 5000 | 5.081 | 4.545 | 4920 | 5.00 | 4.464 | 5500 | 5.600 | 5.00 |
| 6000 | 6.098 | 5.455 | 5904 | 6.00 | 5.357 | 6600 | 6.720 | 6.00 |
| 7000 | 7.114 | 6.364 | 6888 | 7.00 | 6.250 | 7700 | 7.840 | 7.00 |
| 8000 | 8.130 | 7.273 | 7872 | 8.00 | 7.143 | 8800 | 8.960 | 8.00 |
| 9000 | 9.146 | 8.182 | 8856 | 9.00 | 8.036 | 9900 | 10.080 | 9.00 |
| 10000 | 10.163 | 9.091 | 9840 | 10.00 | 8.929 | 11000 | 11.200 | 10.00 |
| 20000 | 20.325 | 18.182 | 19680 | 20.00 | 17.857 | 22000 | 22.400 | 20.00 |
| 30000 | 30.488 | 27.273 | 29520 | 30.00 | 26.786 | 33000 | 33.600 | 30.00 |

# 第14章　气动系统的维护及故障处理

## 1　维护保养

表 23-14-1　　维护管理的考虑方法

| | | | |
|---|---|---|---|
| 维护的中心任务 | 保证气动系统清洁干燥的压缩空气；保证气动系统的气密性；保证油雾润滑元件得到必要的润滑；保证气动系统及元件得到规定的工作条件（如使用压力、电压等），以保证气动执行机构按预定的要求进行工作<br>维护工作可以分为日常性的维护工作及定期的维护工作。前者是指每天必须进行的维护工作，后者可以是每周、每月或每季度进行的维护工作。维护工作应有记录，以利于今后的故障诊断与处理 | | |
| 维护管理的考虑方法 | 维护管理时首先应充分了解元件的功能、性能、构造<br>在购入元件设备时，首先应根据厂家的样本等对元件的性能、功能进行调查。样本上所表示的元件性能一般是根据厂家的试验条件而测试得到的，厂家的试验条件与用户的实际使用条件一般是不同的，因此，不应忽视两者之间的不同对产品性能的影响<br>在选用元件的时候，必须考虑下述事项：<br>（1）理解决定元件型号而进行的实验条件及其理论基础，尽可能根据确实的数据来掌握元件的性能<br>（2）调查、研究各种实际使用条件对气动元件使用场合、性能的影响<br>（3）从前面所述的（1）及（2）中，了解在最恶劣的使用条件下，元件性能上有无裕度 | | |
| 气动元件选定注意事项 | 选定元件 | 检查项目 | 摘　　要 |
| | 气动系统全体 | 使用温度范围<br>流量（ANR）/L·min$^{-1}$<br>压力 | 标准 5～50℃<br><br>一般 0.4～0.6MPa |
| | 过滤器 | 最大流量（ANR）/L·min$^{-1}$<br>供给压力<br>滤过度<br>排水方式<br>外壳类型 | <br>一般 1.0MPa<br>一般 5μm、10μm、40～70μm<br>手动还是自动<br>一般耐压外壳、耐有机溶剂外壳、金属外壳 |
| | 减压阀 | 压力调整范围<br>流量（ANR）/L·min$^{-1}$ | 一般 0.1～0.8MPa（压力变动 0.05MPa 程度） |
| | 油雾器 | 流量范围<br>给油距离<br>补油间隔（油槽大小）<br>外壳种类 | 无流量传感器<br>油雾（约 5m 以内），微雾（约 10m 以内）<br>通常按 10m$^3$ 空气对应 1mL 油计算<br>一般耐压外壳、耐有机溶剂外壳、金属外壳 |
| | 电磁阀 | 控制方法<br>流量（有效截面积、$C_V$ 值）（ANR）/L·min$^{-1}$<br>动作方式<br>电压<br>给油式或无给油式 | 单电磁铁、双电磁铁、两通、三通、四通、五通阀、两位式、三位式、直动式、先导式、交流直流、电压大小、频率等 |
| | 气缸 | 安装方式<br>输出力大小<br>有无缓冲<br>要不要防尘套<br>使用温度<br>给油、无给油 | 脚座式、耳轴式、法兰式<br>使用压力、气缸内径<br>速度 100mm 以上，行程 100mm 以上时使用，一般 50～500mm/s<br>有无粉尘<br>一般 5～60℃，耐热型 60～120℃ |

表 23-14-2　　维护检修原则和项目

| | |
|---|---|
| 维修前注意事项 | （1）在元件的维护检修中，必须事前搞清楚元件在停止、运转时的正常状态及不正常状态的现象。仅从数据资料及相关人员的说明等获得的知识还不够，除此之外，应在实际操作中获取经验，这是非常重要的<br>（2）气动系统中各类元件的使用寿命差别较大，像换向阀、气缸等有相对滑动部件的元件，其使用寿命较短。而 |

续表

<table>
<tr><td colspan="2">维修前注意事项</td><td colspan="3">许多辅助元件,由于可动部件少,相对寿命就长些。各种过滤器的使用寿命,主要取决于滤芯寿命,这与气源处理后空气的质量关系很大<br>(3)像急停开关这种不经常动作的阀,要保证其动作可靠性,就必须定期进行维护,因此,气动系统的维护周期,只能根据系统的使用频度、气动装置的重要性和日常维护、定期维护的状况来确定,一般是每年大修一次<br>(4)维修之前,应根据产品样本和使用说明书预先了解该元件的作用、工作原理和内部零件的运动状况。必要时,应参考维修手册<br>(5)根据故障的类型,在拆卸之前,对哪一部分问题较多应有所估计<br>(6)维修时,对日常工作中经常出问题的地方要彻底解决<br>(7)对重要部位的元件、经常出问题的元件和接近其使用寿命的元件,宜按原样换成一个新元件<br>(8)新元件通气口的保护塞,在使用时才应取下来<br>(9)许多元件内仅仅是少量零件损伤,如密封圈、弹簧等,为了节省经费,可只更换这些零件<br>(10)必须制定一套适当的制度,使元件或装置一直保持在最好的状态。尽量减少故障的发生,在故障发生时能尽快尽好地得到迅速处理</td></tr>
<tr><td colspan="2">维修保养原则</td><td colspan="3">(1)理解元件的原理、构造、性能、特征<br>(2)检查元件的使用条件是否合适<br>(3)事先掌握元件的使用方法及其注意事项<br>(4)事先掌握元件的寿命及其相关的使用条件<br>(5)事先了解故障易发的场所、发现故障的方法和预防方法<br>(6)准备好管理手册,定期进行检修,预防故障发生<br>(7)做好能正确、迅速修理并且费用最低的备件</td></tr>
<tr><td rowspan="9">元件定期检修项目</td><td>日常维护</td><td colspan="3">在设备开始运转及结束时,应养成排水的习惯。在气罐、竖管的最下端及配管端部、过滤器等需要排污的地方必须进行排水</td></tr>
<tr><td>每周一次的维护</td><td colspan="3">日常检修由操作工进行,而每周的检修最好由专责检修人员进行。此时的重点是补充油雾器的油量及检查有无漏气<br>空气泄漏是由于部件之间的磨损及部件变质而引起的,是元件开始损坏的初期阶段,此时应进行元件修理的准备计划,及时做好元件修理的准备工作,防止故障的突然发生</td></tr>
<tr><td rowspan="6">三个月到一年的定期维修</td><td>装　置</td><td>维 护 内 容</td><td>说　　明</td></tr>
<tr><td>过滤器</td><td>杯内有无污物<br>滤芯是否堵塞<br>自动排水器能否正常动作</td><td rowspan="5">表中所列为各种元件的定期检修内容,随着装置的重要性及使用频度的不同,详细的检修时间及项目也不同,应综合考虑各种情况后,决定定期检修的时间</td></tr>
<tr><td>减压阀</td><td>调压功能正常否,压力表有无窜动现象</td></tr>
<tr><td>油雾器</td><td>油杯内有无杂质等污物,油滴是否正常</td></tr>
<tr><td>电磁阀</td><td>电磁阀电磁铁处有无振动噪声<br>排气口是否有漏气<br>手动操作是否正常</td></tr>
<tr><td>气缸</td><td>活塞杆出杆处有无漏气<br>活塞杆有无伤痕<br>运动是否平稳</td></tr>
<tr><td>大修</td><td colspan="3">一般来说,一年到两年间大修。在清洗元件时,必须使用优质的煤油,清洗后上润滑油(黄油或透平油)后组装。用汽油、柴油等有机溶剂进行清洗时,对由橡胶材料及塑料构成的部件有损坏,应尽量不要使用</td></tr>
</table>

## 2　维护工作内容

**表 23-14-3**

<table>
<tr><td colspan="2">日常性维护工作</td><td colspan="4">日常维护工作的主要任务是冷凝水排放、检查润滑油和空压机系统的管理。冷凝水排放涉及整个气动系统,从空压机、后冷却器、气罐、管道系统及空气过滤器、干燥机和自动排水器等。在作业结束时,应将各处冷凝水排放掉,以防夜间温度低于零度,导致冷凝水结冰。由于夜间管道内温度下降,会进一步析出冷凝水,故气动装置在每天运转前,也应将冷凝水排出,注意查看自动排水器是否工作正常,水杯内不应存水过量<br>在气动装置运转时,应检查油雾器的滴油量是否符合要求,油色是否正常,即油中不应混入灰尘和水分等<br>空压机系统的日常管理工作是:是否向后冷却器供给了冷却水(指水冷式);空压机有否异常声音和异常发热,润滑油位是否正常</td></tr>
<tr><td rowspan="12">定期的维护工作</td><td rowspan="12">每周的维护工作</td><td colspan="4">每周维护工作的主要内容是漏气检查和油雾器管理。漏气检查应在白天车间休息的空闲时间或下班后进行。这时气动装置已停止工作,车间内噪声小,但管道内还有一定的空气压力,根据漏气的声音便可知何处存在泄漏。泄漏的原因见下表。严重泄漏处必须立即处理,如软管破裂、连接处严重松动等。其他泄漏应做好记录</td></tr>
<tr><td>泄 漏 部 位</td><td>泄 漏 原 因</td><td>泄 漏 部 位</td><td>泄 漏 原 因</td></tr>
<tr><td>管子连接部位</td><td>连接部位松动</td><td rowspan="2">减压阀的溢流孔</td><td rowspan="2">灰尘嵌入溢流阀座,阀杆动作不良,膜片破裂。但恒量排气式减压阀有微漏是正常的</td></tr>
<tr><td>管接头连接部位</td><td>接头松动</td></tr>
<tr><td>软管</td><td>软管破裂或被拉脱</td><td>油雾器调节针阀</td><td>针阀阀座损伤,针阀未紧固</td></tr>
<tr><td>空气过滤器的排水阀</td><td>灰尘嵌入</td><td>换向阀阀体</td><td>密封不良,螺钉松动,压铸件不合格</td></tr>
<tr><td>空气过滤器的水杯</td><td>水杯龟裂</td><td rowspan="2">换向阀排气口</td><td rowspan="2">密封不良,弹簧折断或损伤,灰尘嵌入,气缸的活塞密封圈密封不良,气压不足</td></tr>
<tr><td>减压阀阀体</td><td>紧固螺钉松动</td></tr>
<tr><td>油雾器器体</td><td>密封垫不良</td><td rowspan="2">安全阀出口侧</td><td rowspan="2">压力调整不符合要求,弹簧折断,灰尘嵌入,密封圈损坏</td></tr>
<tr><td>油雾器油杯</td><td>油杯龟裂</td></tr>
<tr><td>快排阀漏气</td><td>密封圈损坏,灰尘嵌入</td><td>气缸本体</td><td>密封圈磨损,螺钉松动,活塞杆损伤</td></tr>
<tr><td colspan="4">油雾器最好选用一周补油一次的规格。补油时要注意油量减少情况。若耗油量太少,应重新调整滴油量。调整后的油量仍少或不滴油,应检查油雾器进出口是否装反,油道是否堵塞,所选油雾器的规格是否合适</td></tr>
</table>

第 23 篇

续表

<table>
<tr>
<td rowspan="3">定期的维护工作</td>
<td rowspan="3">每月或每季的维护工作</td>
<td>每月或每季度的维护工作应比每日每周的工作更仔细，但仍只限于外部能检查的范围。其主要内容是仔细检查各处泄漏情况，紧固松动的螺钉和管接头，检查换向阀排出空气的质量，检查各调节部分的灵活性，检查各指示仪表的正确性，检查电磁换向阀切换动作的可靠性，检查气缸活塞杆的质量以及一切从外部能够检查的内容</td>
</tr>
<tr>
<td>
<table>
<tr><th>元　件</th><th>维 护 内 容</th><th>元　件</th><th>维 护 内 容</th></tr>
<tr><td>自动排水器</td><td>能否自动排水，手动操作装置能否正常动作</td><td rowspan="3">气缸</td><td rowspan="3">查气缸运动是否平稳，速度及循环周期有否明显变化，气缸安装架有否松动和异常变形，活塞杆连接有无松动，活塞杆部位有无漏气，活塞杆表面有无锈蚀、划伤和偏磨</td></tr>
<tr><td>过滤器</td><td>过滤器两侧压差是否超过允许压降</td></tr>
<tr><td rowspan="2">减压阀</td><td rowspan="2">旋转手柄，压力可否调节。当系统压力为零时，观察压力表的指针能否回零</td></tr>
<tr><td>空压机</td><td>入口过滤网眼有否堵塞</td></tr>
<tr><td>换向阀的排气口</td><td>查油雾喷出量，查有无冷凝水排出，查有无漏气</td><td>压力表</td><td>观察各处压力表指示值是否在规定范围内</td></tr>
<tr><td>电磁阀</td><td>查电磁线圈的温升，查阀的切换动作是否正常</td><td>安全阀</td><td>使压力高于设定压力，观察安全阀能否溢流</td></tr>
<tr><td>速度控制阀</td><td>调节节流阀开度，查能否对气缸进行速度控制或对其他元件进行流量控制</td><td>压力开关</td><td>在最高和最低的设定压力，观察压力开关能否正常接通与断开</td></tr>
</table>
</td>
</tr>
<tr>
<td>检查漏气时应采用在各检查点涂肥皂液等办法，因其显示漏气的效果比听声音更灵敏。检查换向阀排出空气的质量时应注意如下几个方面：一是了解排气阀中所含润滑油量是否适度，其方法是将一张清洁的白纸放在换向阀的排气口附近，阀在工作三至四个循环后，若白纸上只有很轻的斑点，表明润滑良好；二是了解排气中是否含有冷凝水；三是了解不该排气的排气口是否有漏气。少量漏气预示着元件的早期损伤（间隙密封阀存在微漏是正常的）。若润滑不良，应考虑油雾器的安装位置是否合适，所选规格是否恰当，滴油量调节是否合理，管理方法是否符合要求。如有冷凝水排出，应考虑过滤器的位置是否合适，各类除水元件设计和选用是否合理，冷凝水管理是否符合要求。泄漏的主要原因是阀内或缸内的密封不良、复位弹簧生锈或折断、气压不足等所致。间隙密封阀的泄漏较大时，可能是阀芯、阀套磨损所致<br>像安全阀、紧急开关阀等，平时很少使用，定期检查时，必须确认它们的动作可靠性<br>让电磁换向阀反复切换，从切换声音可判断阀的工作是否正常。对交流电磁阀，如有蜂鸣声，应考虑动铁芯与静铁芯没有完全吸合，吸合面有灰尘，分磁环脱落或损坏等原因<br>气缸活塞杆常露在外面。观察活塞杆是否被划伤、腐蚀和存在偏磨。根据有无漏气，可判断活塞杆与端盖内的导向套、密封圈的接触情况，压缩空气的处理质量，气缸是否存在横向载荷等</td>
</tr>
</table>

# 3　故障诊断与对策

**表 23-14-4**

<table>
<tr><td rowspan="4">故障种类</td><td colspan="2">故障发生的时期不同，故障的内容和原因也不同</td></tr>
<tr><td>初期故障</td><td>在调试阶段和开始运转的两三个月内发生的故障称为初期故障。其产生的原因如下：<br>(1)元件加工、装配不良。如元件内孔的研磨不符合要求，零件毛刺未清除干净，不清洁安装，零件装错、装反，装配时对中不良，紧固螺钉拧紧力矩不恰当，零件材质不符合要求，外购零件（如密封圈、弹簧）质量差等<br>(2)设计错误。设计元件时对元件的材料选用不当，加工工艺要求不合理等。对元件的特点、性能和功能了解不够，造成回路设计时元件选用不当。设计的空气处理系统不能满足气动元件和系统的要求，回路设计出现错误<br>(3)安装不符合要求。安装时，元件及管道内吹洗不干净，使灰尘、密封材料碎片等杂质混入，造成气动系统故障，安装气缸时存在偏载。管道的固定、防振动等没有采取有效措施<br>(4)维护管理不善，如未及时排放冷凝水，未及时给油雾器补油等</td></tr>
<tr><td>突发故障</td><td>系统在稳定运行期间突然发生的故障。例如，油杯和水杯都是用聚碳酸酯材料制成的，如它们在有机溶剂的雾气中工作，就有可能突然破裂；空气或管路中，残留的杂质混入元件内部，突然使相对运动件卡死；弹簧突然折断、软管突然破裂、电磁阀线圈突然烧毁；突然停电造成回路误动作等<br>有些突发故障是有先兆的。如排出的空气中出现杂质和水分，表明过滤器已失效，应及时查明原因，予以排除，不要酿成突发故障。但有些突发故障是无法预测的，只有采取安全措施加以防范，或准备一些易损元件，以备及时更换失效元件</td></tr>
<tr><td>老化故障</td><td>个别或少数元件达到使用寿命后发生的故障称为老化故障。参照系统中各元件的生产日期、开始使用日期、使用的频度以及已经出现的某些征兆，如反常声音、泄漏越来越大、气缸运行不平稳等，大致预测老化故障的发生期限是可能的</td></tr>
</table>

第23篇

续表

<table>
<tr><td rowspan="4">故障诊断方法</td><td>经验法</td><td colspan="2">主要依靠实际经验，并借助简单的仪表，诊断故障发生的部位，找出故障原因的方法，称为经验法。经验法可按中医诊断病人的四字“望闻问切”进行<br>（1）望：如看执行元件的运动速度有无异常变化；各测压点的压力表显示的压力是否符合要求，有无大的波动；润滑油的质量和滴油量是否符合要求；冷凝水能否正常排出；换向阀排气口排出空气是否干净；电磁阀的指示灯显示是否正常；紧固螺钉及管接头有无松动；管道有无扭曲和压扁；有无明显振动存在；加工质量有无变化等<br>（2）闻：包括耳闻和鼻闻，如气缸及换向阀换向时有无异常声音；系统停止工作但尚未泄压时，各处有无漏气，漏气声音及其大小及其每天的变化状况；电磁线圈和密封圈有无过热而发出特殊气味等<br>（3）问：即查阅气动系统的技术档案，了解系统的工作程序、运行要求及主要技术参数；查阅产品样本，了解每个元件的作用、结构、功能和性能；查阅维护检查记录，了解日常维护保养工作情况；访问现场操作人员，了解设备运行情况，了解故障发生前的征兆及故障发生时的状况，了解曾经出现过的故障及其排除方法<br>（4）切：如触摸相对运动件外部的温度，电磁线圈处的温升等，触摸 2s 感到烫手，应查明原因；气缸、管道等处有无振动感，气缸有无爬行感，各接头处及元件处手感有无漏气等<br>经验法简单易行，但由于每个人的感觉、实际经验和判断能力的差异，诊断故障会存在一定的局限性</td></tr>
<tr><td rowspan="3">推理分析法</td><td colspan="2">利用逻辑推理、步步逼近，寻找出故障的真实原因的方法称为推理分析法</td></tr>
<tr><td>推理步骤</td><td>从故障的症状找到故障发生的真正原因，可按下面三步进行：<br>（1）从故障的症状，推理出可能导致故障的常见原因<br>（2）从故障的本质原因，推理出可能导致故障的常见原因<br>（3）从各种可能的常见原因中，推理出故障的真实原因<br>如阀控气缸不动作的故障，其本质原因是气缸内气压不足或阻力太大，以致气缸不能推动负载运动。气缸、电磁换向阀、管路系统和控制线路都可能出现故障，造成气压不足，而某一方面的故障又有可能是由于不同的原因引起的。逐级进行故障原因推理，画出故障分析方框图。又故障的本质原因逐级推理出来的众多可能的故障常见原因是依靠推理及经验累积起来的。怎样从众多可能的常见故障原因中找出一个或几个故障的真实原因呢？下面介绍一些推理分析方法</td></tr>
<tr><td>推理方法</td><td>推理的原则是：由简到繁、由易到难、由表及里地逐一进行分析，排除掉不可能的和非主要的故障原因；故障发生前曾调整或更换过的元件先查；优先查故障概率高的常见原因<br>（1）仪表分析法，利用监测仪器仪表，如压力表、差压计、电压表、温度计、电秒表及其他电子仪器等，检查系统中元件的参数是否符合要求<br>（2）部分停止法，即暂时停止气动系统某部分的工作，观察对故障征兆的影响<br>（3）试探反证法，即试探性地改变气动系统中的部分工作条件，观察对故障征兆的影响。如阀控气缸不动作时，除去气缸的外负载，察看气缸能否正常动作，便可反证是否是由于负载过大造成气缸不动作<br>（4）比较法，即用标准的或合格的元件代替系统中相同的元件，通过工作状况的对比，来判断被更换的元件是否失效</td></tr>
<tr><td>故障诊断实例</td><td colspan="3">为了从各种常见的故障原因中推理出故障的真实原因，可根据上述推理原则和推理方法查找故障的真实原因<br>要快速准确地找到故障的真实原因，还可以画出故障诊断逻辑推理框图，以便于推理<br>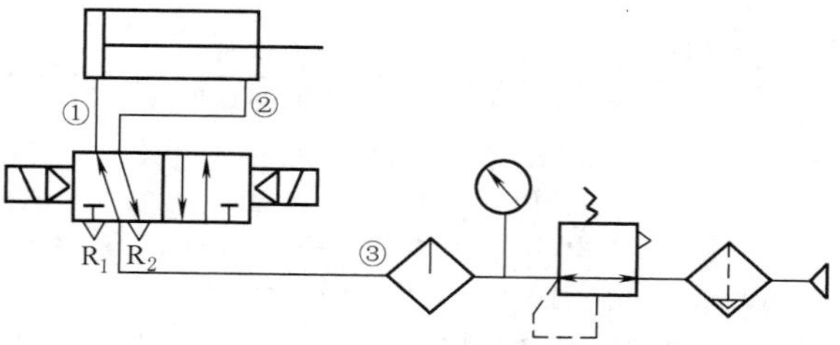<br><br>阀控气缸不动作的故障诊断图<br>（1）首先察看气缸和电磁阀的漏气情况，这是很容易判断的。气缸漏气大，应查明气缸漏气的原因。电磁阀漏气，包括不应排气的排气口漏气。若排气口漏气大，应查明是气缸漏气还是电磁阀漏气。如图所示回路，当气缸活塞杆已全部伸出时，$R_2$ 孔仍漏气，可卸下管道②，若气缸口漏气大，则是气缸漏气，反之为电磁阀漏气。漏气排除后，气缸动作正常，则故障真正原因即是漏气所致。若漏气排除后，气缸动作仍不正常，则漏气不是故障的真正原因，应进一步诊断<br>（2）若缸和阀都不漏气或漏气很少，应先判断电磁阀能否换向。可根据阀芯换向时的声音或电磁阀的换向指示灯来判断。若电磁换向阀不能换向，可使用试探反证法，操作电磁先导阀的手动按钮来判断是电磁先导阀故障还是主阀故障。若主阀能换向，及气缸动作了，则必是电磁先导阀故障。若主阀仍不能切换，便是主阀故障。然后进一步查明电磁先导阀或主阀的故障原因<br>（3）若电磁换向阀能切换，但气缸不动作，则应查明有压输出口是否没有气压或气压不足。可使用试探反证法，当电磁阀换向时活塞杆不动作，可卸下图中的连接管①。若阀的输出口排气充分，则必为气缸故障。若排气不足或不排气，可初步排除是气缸故障，进一步查明气路是否堵塞或供压不足。可检查减压阀上的压力表，看压力是否正常。若压力正常，再检查管路③各处有无严重泄漏或管道被扭曲、压扁等现象。若不存在上述问题，则必是主阀阀芯被卡死。若查明是气路堵塞或供压不足，即减压阀无输出压或输出压力太低，则进一步查明原因<br>（4）电磁阀输出压力正常，气缸却不动作，可使用部分停止法，卸去气缸外负载。若气缸动作恢复正常，则应查明负载过大的原因。若气缸仍不动作或动作不正常，则进一步查明是否摩擦力过大</td></tr>
</table>

# 4 常见故障及其对策

表 23-14-5　　气路、空气过滤器、减压阀、油雾器等的故障及对策

| 现象 | 故障原因 | 对策 |
|---|---|---|
| (1)气路没有气压 | 气动回路中的开关阀、速度控制阀等未打开 | 予以开启 |
| | 换向阀未换向 | 查明原因后排除 |
| | 管路扭曲、压扁 | 纠正或更换管路 |
| | 滤芯堵塞或冻结 | 更换滤芯 |
| | 介质或环境温度太低，造成管路冻结 | 及时清除冷凝水，增设除水设备 |
| (2)供气不足 | 耗气量太大，空压机输出流量不足 | 选用输出流量更大的空压机 |
| | 空压机活塞环磨损 | 更换零件。在适当部位装单向阀，维持执行元件内压力，以保证安全 |
| | 漏气严重 | 更换损坏的密封件或软管。紧固管接头及螺钉 |
| | 减压阀输出压力低 | 调节减压阀至使用压力 |
| | 速度控制阀开度太小 | 将速度控制阀打开到合适开度 |
| | 管路细长或管接头选用不当，压力损失大 | 重新设计管路，加粗管径，选用流通能力大的管接头及气阀 |
| | 各支路流量匹配不合理 | 改善各支路流量匹配性能。采用环形管道供气 |
| (3)异常高压 | 因外部振动冲击产生了冲击压力 | 在适当部位安装安全阀或压力继电器 |
| | 减压阀破坏 | 更换 |
| (4)油泥过多 | 压缩机油选用不当 | 选用高温下不易氧化的润滑油 |
| | 压缩机的给油量不当 | 给油量过多，在排出阀上滞留时间长，助长碳化；给油量过少，造成活塞烧伤等。应注意给油量适当 |
| | 空压机连续运行时间过长 | 温度高，机油易碳化。应选用大流量空压机，实现不连续运转。气路中加油雾分离器，清除油泥 |
| | 压缩机运动件动作不良 | 当排出阀动作不良时，温度上升，机油易碳化。气路中加油雾分离 |
| (5)空气过滤器　漏气 | 密封不良 | 更换密封件 |
| | 排水阀、自动排水器失灵 | 修理或更换 |
| 压力降太大 | 通过流量太大 | 选更大规格过滤器 |
| | 滤芯堵塞 | 更换或清洗 |
| | 滤芯过滤精度过高 | 选合适过滤器 |
| 水杯破裂 | 在有机溶剂中使用 | 选用金属杯 |
| | 空压机输出某种焦油 | 更换空压机润滑油，使用金属杯 |

| 现象 | 故障原因 | 对策 |
|---|---|---|
| (5)空气过滤器　从输出端流出冷凝水 | 未及时排放冷凝水 | 每天排水或安装自动排水器 |
| | 自动排水器有故障 | 修理或更换 |
| | 超过使用流量范围 | 在允许的流量范围内使用 |
| 输出端出现异物 | 滤芯破损 | 更换滤芯 |
| | 滤芯密封不严 | 更换滤芯密封垫 |
| | 错用有机溶剂清洗滤芯 | 改用清洁热水或煤油清洗 |
| (6)减压阀　阀体漏气 | 密封件损伤 | 更换 |
| | 紧固螺钉受力不均 | 均匀紧固 |
| 输出压力波动大于10% | 减压阀通径或进出口配管通径选小了，当输出流量变动大时，输出压力波动大 | 根据最大输出流量选用减压阀通径 |
| | 输入气量供应不足 | 查明原因 |
| | 进气阀芯导向不良 | 更换 |
| 溢流口总是漏气 | 进出口方向接反了 | 改正 |
| | 输出侧压力意外升高 | 查输出侧回路 |
| | 膜片破裂，溢流阀座有损伤 | 更换 |
| 压力调不高 | 膜片撕裂 | 更换 |
| | 弹簧断裂 | 更换 |
| 压力调不低输出压力升高 | 阀座处有异物、有伤痕，阀芯上密封垫剥离 | 更换 |
| | 阀杆变形 | 更换 |
| | 复位弹簧损坏 | 更换 |
| 不能溢流 | 溢流孔堵塞 | 更换 |
| | 溢流孔座橡胶太软 | 更换 |
| (7)油雾器　不滴油或滴油量太少 | 油雾器装反了 | 改正 |
| | 油道堵塞，节流阀未开启或开度不够 | 修理或更换。调节节流阀开度 |
| | 通过油量小，压差不足以形成油滴 | 更换合适规格的油雾器 |
| | 气通道堵塞，油杯上腔未加压 | 修理或更换 |
| | 油黏度太大 | 换油 |
| | 气流短时间间隙流动，来不及滴油 | 使用强制给油方式 |
| 耗油过多 | 节流阀开度太大 | 调至合理开度 |
| | 节流阀失效 | 更换 |
| 油杯破损 | 在有机溶剂的环境中使用 | 选用金属杯 |
| | 空压机输出某种焦油 | 换空压机润滑油，使用金属杯 |
| 漏气 | 油杯或观察窗破损 | 更换 |
| | 密封不良 | 更换 |

**表 23-14-6　　气缸、气液联用缸和摆动气缸故障及对策**

| 现　象 | 故障原因 | 对　策 |
|---|---|---|
| (1)外泄漏 活塞杆处 | 导向套、杆密封圈磨损，活塞杆偏磨 | 更换。改善润滑状况。使用导轨 |
| | 活塞杆有伤痕、腐蚀 | 更换。及时清除冷凝水 |
| | 活塞杆与导向套间有杂质 | 除去杂质。安装防尘圈 |
| (1)外泄漏 缸体与端盖处缓冲阀处 | 密封圈损坏 | 更换 |
| | 固定螺钉松动 | 紧固 |
| | 密封圈损坏 | 更换 |
| 内泄漏（即活塞两侧窜气） | 活塞密封圈损坏 | 更换 |
| | 活塞配合面有缺陷 | 更换 |
| | 杂质挤入密封面 | 除去杂质 |
| | 活塞被卡住 | 重新安装，消除活塞杆的偏载 |
| (2)气缸不动作 | 漏气严重 | 见本表(1) |
| | 没有气压或供压不足 | 见表 23-14-5 之(1)、(2) |
| | 外负载太大 | 提高使用压力，加大缸径 |
| | 有横向负载 | 使用导轨消除 |
| | 安装不同轴 | 保证导向装置的滑动面与气缸轴线平行 |
| | 活塞杆或缸筒锈蚀、损伤而卡住 | 更换并检查排污装置及润滑状况 |
| | 混入冷凝水、灰尘、油泥，使运动阻力增大 | 检查气源处理系统是否符合要求 |
| | 润滑不良 | 检查给油量、油雾器规格和安装位置 |
| (3)气缸偶而不动作 | 混入灰尘造成气缸卡住 | 注意防尘 |
| | 电磁换向阀未换向 | 见表 23-14-7 之(4)、(5) |
| (4)气缸动作不平稳 | 外负载变动大 | 提高使用压力或增大缸径 |
| | 气压不足 | 见表 23-14-5 之(2) |
| | 空气中含有杂质 | 检查气源处理系统是否符合要求 |
| | 润滑不良 | 检查油雾器是否正常工作 |
| (5)气缸爬行 | 使用最低使用压力 | 提高使用压力 |
| | 气缸内泄漏大 | 见本表(1) |
| | 回路中耗气量变化大 | 增设气罐 |
| | 负载太大 | 增大缸径 |
| (6)气缸走走停停 | 限位开关失控 | 更换 |
| | 继电器节点寿命已到 | 更换 |
| | 接线不良 | 检查并拧紧接线螺钉 |
| | 电插头接触不良 | 插紧或更换 |
| | 电磁阀换向动作不良 | 更换 |
| | 气液缸的油中混入空气 | 除去油中空气 |
| (7)气缸动作速度过快 | 没有速度控制阀 | 增设 |
| | 速度控制阀尺寸不合适 | 速度控制阀有一定流量控制范围，用大通径阀调节微流量是困难的 |
| | 回路设计不合适 | 对低速控制，应使用气液阻尼缸，或利用气液转换器来控制油缸作低速运动 |
| (8)气缸动作速度过慢 | 气压不足 | 提高压力 |
| | 负载过大 | 提高使用压力或增大缸径 |
| | 速度控制阀开度太小 | 调整速度控制阀的开度 |
| | 供气量不足 | 查明气源至气缸之间哪个元件节流太大，将其换成更大通径的元件或使用快排阀让气缸迅速排气 |
| | 气缸摩擦力增大 | 改善润滑条件 |
| | 缸筒或活塞密封圈损伤 | 更换 |

续表

| 现　象 | 故障原因 | 对　　策 |
|---|---|---|
| (9)气缸不能实现低速运动 | 速度控制阀的节流阀不良 | 阀针与阀座不吻合,不能将流量调至很小,更换 |
| | 速度控制阀的通径太大 | 通径大的速度控制阀调节小流量困难,更换通径小的阀 |
| | 缸径太小 | 更换较大缸径的气缸 |
| (10)气缸行程终端存在冲击现象 | 无缓冲措施 | 增设合适的缓冲措施 |
| | 缓冲密封圈密封性能差 | 更换 |
| | 缓冲节流阀松动 | 调整好后锁定 |
| | 缓冲节流阀损伤 | 更换 |
| | 缓冲能力不足 | 重新设计缓冲机构 |
| | 活塞密封圈损伤,形不成很高背压 | 更换活塞密封圈 |
| (11)端盖损伤 | 气缸缓冲能力不足 | 加外部油压缓冲器或缓冲回路 |
| (12)活塞杆折断 | 活塞杆受到冲击载荷 | 应避免 |
| | 缸速太快 | 设缓冲装置 |
| | 轴销摆动缸的摆动面与负载摆动面不一致,摆动缸的摆动角过大 | 重新安装和设计 |
| | 负载大,摆动速度快 | 重新设计 |
| (13)每天首次启动或长时间停止工作后,气动装置动作不正常 | 因密封圈始动摩擦力大于动摩擦力,造成回路中部分气阀、气缸及负载滑动部分的动作不正常 | 注意气源净化,及时排除油污及水分,改善润滑条件 |
| (14)气缸处于中止状态仍有缓动 | 气缸存在内漏或外漏 | 更换密封圈或气缸,使用中止式三位阀 |
| | 由于负载过大,使用中止式三位阀仍不行 | 改用气液联用缸或锁紧气缸 |
| | 气液联用缸的油中混入了空气 | 除去油中空气 |
| (15)气液联用缸内产生气泡 | 气液转换器、气液联用缸及油路存在漏油,造成气液转换器内油量不足 | 解决漏油,补足漏油 |
| | 气液转换器中的油面移动速度太快,油从电磁磁气阀溢出 | 合理选择气液转换器的容量 |
| | 开始加油时气泡未彻底排出 | 使气液联用缸走慢行程以彻底排除气泡 |
| | 油路中节流最大处出现气蚀 | 防止节流过大 |
| | 油中未加消泡剂 | 加消泡剂 |
| (16)气液联用缸速度调节不灵 | 流量阀内混入杂质,使流量调节失灵 | 清洗 |
| | 换向阀动作失灵 | 见表23-14-7之(4) |
| | 漏油 | 检查油路并修理 |
| | 气液联用缸内有气泡 | 见本表(15) |
| (17)摆动气缸轴损坏或齿轮损坏 | 惯性能量过大 | 减小摆动速度,减轻负载,设外部缓冲,加大缸径 |
| | 轴上承受异常的负载力 | 设外部轴承 |
| | 外部缓冲机构安装位置不合适 | 安装在摆动起点和终点的范围内 |
| (18)摆动气缸动作终了回跳 | 负载过大 | 设外部缓冲 |
| | 压力不足 | 增大压力 |
| | 摆动速度过快 | 设外部缓冲,调节调速阀 |
| (19)摆动气缸振动(带呼吸的动作) | 超出摆动时间范围 | 调整摆动时间 |
| | 运动部位的异常摩擦 | 修理更换 |
| | 内泄增加 | 更换密封件 |
| | 使用压力不足 | 增大使用压力 |

表 23-14-7　　磁性开关、阀类故障原因及对策

| 现象 | | 故障原因 | 对策 |
|---|---|---|---|
| (1)磁性开关故障 | 开关不能闭合或有时不闭合 | 电源故障 | 查电源 |
| | | 接线不良 | 查接线部位 |
| | | 开关安装位置发生偏移 | 移至正确位置 |
| | | 气缸周围有强磁场 | |
| | | 两气缸平行使用，两缸筒间距小于40mm | 加隔磁板，将强磁场或两平行气缸隔开 |
| | | 缸内温度太高（高于70℃） | 降温 |
| | | 开关受到过大冲击，开关灵敏度降低 | 更换 |
| | | 开关部位温度高于70℃ | 降温 |
| | | 开关内瞬时通过了大电流，而断线 | 更换 |
| | 开关不能断开或有时不能断开 | 电压高于200V AC，负载容量高于AC2.5V·A，DC2.5W，使舌簧触点粘接 | 更换 |
| | | 开关受过大冲击，触点粘接 | 更换 |
| | | 气缸周围有强磁场，或两平行缸的缸筒间距小于40mm | 加隔磁板 |
| | 开关闭合的时间推迟 | 缓冲能力太强 | 调节缓冲阀 |
| (2)换向阀主阀漏气 | 从主阀排气口漏气 | 气缸活塞密封圈损伤 | 更换 |
| | | 异物卡入滑动部位，换向不到位 | 清洗 |
| | | 气压不足造成密封不良 | 提高压力 |
| | | 气压过高，使密封件变形太大 | 使用正常压力 |
| | | 润滑不良，换向不到位 | 改善润滑 |
| | | 密封件损伤 | 更换 |
| | | 滤芯阀套磨损 | 更换 |
| | 阀体漏气 | 密封垫损伤 | 更换 |
| | | 阀体压铸件不合格 | 更换 |
| (3)电磁先导阀的排气口漏气 | | 异物卡住动铁芯，换向不到位 | 清洗 |
| | | 动铁芯锈蚀，换向不到位 | 注意排除冷凝水 |
| | | 弹簧锈蚀 | |
| | | 电压太低，动铁芯吸合不到位 | 提高电压 |
| (4)换向阀的主阀不换向或换向不到位 | | 压力低于最低使用压力 | 找出压力低的原因 |
| | | 接错管口 | 更正 |
| | | 控制信号是短脉冲信号 | 找出原因，更正或使用延时阀，将短脉冲信号变成长脉冲信号 |
| | | 润滑不良，滑动阻力大 | 改善润滑条件 |
| | | 异物或油泥侵入滑动部位 | 清洗查气源处理系统 |
| | | 弹簧损伤 | 更换 |
| | | 密封件损伤 | 更换 |
| | | 阀芯与阀套损伤 | 更换 |
| (5)电磁先导阀不换向 | 无电信号 | 电源未接通 | 接通 |
| | | 接线断了 | 接好 |
| | | 电气线路的继电器故障 | 排除 |
| | 动铁芯不动作（无声）或动作时间过长 | 电压太低，吸力不够 | 提高电压 |
| | | 异物卡住动铁芯 | 清洗，查气源处理状况是否符合要求 |
| | | 动铁芯被油泥粘连 | |
| | | 动铁芯锈蚀 | |
| | | 环境温度过低 | |
| | 动铁芯不能复位 | 弹簧被腐蚀而折断 | 查气源处理状况是否符合要求 |
| | | 异物卡住动铁芯 | 清理异物 |
| | | 动铁芯被油泥粘连 | 清理油泥 |
| | 线圈烧毁（有过热预兆） | 环境温度过高（包括日晒） | 改用高温线圈 |
| | | 工作频率过高 | 改用高频阀 |
| | | 交流线圈的动铁芯被卡住 | 清洗，改善气源质量 |
| | | 接错电源或接线头 | 改正 |
| | | 瞬时电压过高，击穿线圈的绝缘材料，造成短路 | 将电磁线圈电路与电源电路隔离，设计过压保护电路 |
| | | 电压过低，吸力减少，交流电磁线圈通过的电流过大 | 使用电压不得比额定电压低15%以上 |
| | | 继电器触点接触不良 | 更换触点 |
| | | 直动双电控阀，两个电磁铁同时通电 | 应设互锁电路避免同时通电 |
| | | 直流线圈铁芯剩磁大 | 更换铁芯材料 |
| (6)交流电磁阀振动 | | 电磁铁的吸合面不平，有异物或生锈 | 修平，清除异物，除锈 |
| | | 分磁环损坏 | 更换静铁芯 |
| | | 使用电压过低，吸力不够 | 提高电压 |
| | | 固定电磁铁的螺栓松动 | 紧固，加防松垫圈 |

**表 23-14-8　　排气口、消声器、密封圈和油压缓冲器的故障和对策**

| 现　象 | 故障原因 | 对　策 |
|---|---|---|
| (1)排气口和消声器有冷凝水排出 | 忘记排放各处的冷凝水 | 坚持每天排放各处冷凝水，确认自动排水器能正常工作 |
| | 后冷却器能力不足 | 加大冷却水量。重新选型，提高后冷却器的冷却能力 |
| | 空压机进气口处于潮湿处或淋入雨水 | 将空压机安置在低温、温度小的地方，避免雨水淋入 |
| | 缺少除水设备 | 气路中增设必要的除水设备，如后冷却器、干燥器，过滤器 |
| | 除水设备太靠近空压机 | 为保证大量水分呈液态，以便清除，除水设备应远离空压机 |
| | 压缩机油不当 | 使用了低黏度油，则冷凝水多。应选用合适的压缩机油 |
| | 环境温度低于干燥器的露点 | 提高环境温度或重新选择干燥器 |
| | 瞬时耗气量太大 | 节流处温度下降太大，水分冷凝成冰，对此应提高除水装置的能力 |
| (2)排气口和消声器有灰尘排出 | 从空压机入口和排气口混入灰尘等 | 在空压机吸气口装过滤器。在排气口装消声器或排气洁净器。灰尘多的环境中元件应加保护罩 |
| | 系统内部产生锈屑、金属末和密封材料粉末 | 元件及配管应使用不生锈、耐腐蚀的材料。保证良好的润滑条件 |
| | 安装维修时混入灰尘等 | 安装维修时应防止混入铁屑、灰尘和密封材料碎片等。安装完应用压缩空气充分吹洗干净 |
| (3)排气口和消声器有油雾喷出 | 油雾器离气缸太远，油雾到达不了气缸，待阀换向油雾便排出 | 油雾器尽量靠近需润滑的元件。提高油雾器的安装位置。选用微雾型油雾器 |
| | 油雾器的规格、品种选用不当，油雾送不到气缸 | 选用与气量相适应的油雾器规格 |

| 现　象 | | 故障原因 | 对　策 |
|---|---|---|---|
| (3)排气口和消声器有油雾喷出 | | 一个油雾器供应两个以上气缸，由于缸径大小、配管长短不一，油雾很难均等输入各气缸，待阀换向，多出油雾便排出 | 改用一个油雾器只供应一个气缸。使用油箱加压的遥控式油雾器供油雾 |
| (4)密封圈损坏 | 挤出 | 压力过高 | 避免高压 |
| | | 间隙过大 | 重新设计 |
| | | 沟槽不合适 | 重新设计 |
| | | 放入的状态不良 | 重新装配 |
| | 老化 | 温度过高 | 更换密封圈材质 |
| | | 低温硬化 | 更换密封圈材质 |
| | | 自然老化 | 更换 |
| | 扭转 | 有横向载荷 | 消除横向载荷 |
| | 表面损伤 | 摩擦损耗 | 查空气质量、密封圈质量、表面加工精度 |
| | | 润滑不良 | 查明原因，改善润滑条件 |
| | 膨胀 | 与润滑油不相容 | 换润滑油或更换密封圈材质 |
| | 损坏、粘着、变形 | 压力过高 | 检查使用条件、安装尺寸和安装方法、密封圈材质 |
| | | 润滑不良 | |
| | | 安装不良 | |
| (5)吸收冲击不充分。活塞杆有反冲或限位器上有相当强的冲击 | | 内部加入油量不足 | 从活塞补入指定油 |
| | | 混入空气 | |
| | | 实际能量大于计算能量 | 再按说明书重新验算 |
| | | 可调式缓冲器的吸收能量大小与刻度指示不符 | 调节到正确位置 |
| | | 活塞密封破损 | 更换 |
| (6)不能吸收冲击。如在行程途中停止，冲击物弹回 | | 实际负载与计算负载差别太大 | 按说明书重新验算 |
| | | 油中混入杂质，缸内表面有伤痕，正常机能不能发挥 | 与厂商联系 |
| | | 可调式缓冲器的吸收能量大小与刻度指示不符 | 调节到正确位置 |
| (7)活塞杆完全不能复位 | | 活塞杆上受到偏载，杆被弯曲 | 更换活塞杆组件 |
| | | 复位弹簧破损 | 更换 |
| | | 外部贮能器的配管故障 | 查损坏的密封处 |
| (8)漏油 | | 杆密封破损 | 更换 |
| | | O形圈破损 | |

# 参 考 文 献

[1] 林慧国，林钢，马跃华主编. 世界钢号手册（袖珍）. 第2版. 北京：机械工业出版社，1997.
[2] 朱中平，薛剑峰主编. 世界有色金属牌号手册. 北京：中国物资出版社，1999.
[3] 机械工业部洛阳轴承研究所. 最新国内外轴承代号对照手册. 北京：机械工业出版社，1998.
[4] 汪德涛编. 润滑技术手册. 北京：机械工业出版社，1998.
[5] 成大先主编. 机械设计手册. 第三版. 第4卷. 北京：化学工业出版社，1994.
[6] 气动工程手册编委会编. 气动工程手册. 北京：国防工业出版社，1995.
[7] 路甬祥主编. 液压与气动技术手册. 北京：机械工业出版社，2003.
[8] 陆鑫盛，周洪编著. 气动自动化系统的优化设计. 上海：上海科学技术文献出版社，2000.
[9] 郑洪生主编. 气压传动及控制（修订本）. 北京. 机械工业出版社，1998.
[10] 全国液压气动标准化技术委员会. 中国机械工业标准汇编液压与气动卷（上、下）. 北京：中国标准出版社，1999.
[11] 张利平主编. 液压气动系统设计手册. 北京：机械工业出版社，1997.
[12] SMC（中国）有限公司. 现代实用气动技术. 北京. 机械工业出版社，2007.
[13] 吴振顺编. 气压传动与控制. 哈尔滨：哈尔滨工业大学出版社，1995.

优瑞纳斯
URANUS
智能液压 让构想成为现实
高速、高压旋转接头
最高工作压力40MPa，最高转速1000/m
活塞杆锁紧器
锁紧力大于液压缸推力
内置位移传感器伺服液压缸
最长行程20m
螺旋摆动缸
摆角可大于360度
电动液压缸
同步分配器液压缸
同步精度接近于0
微型中型重型摆动液压缸
最大输出扭矩140万Nm 摆角可大于360度
轧机AGC伺服液压缸
最大轧制力8000吨
船体对接三维运动船台小车
钻机推移装置
卷筒涨缩缸
双作用多级缸高精度伺服同步升降系统
大中小型液压站及液压动力包
结晶器高寿命液体
静压轴承高频振动伺服液压缸
定制各种产品试验台液压驱动系统
天津优瑞纳斯液压机械有限公司
地址：天津市西青经济开发区兴华二支路20号
电话：022-83989131 传真：022-83989138 邮编：300385
公司网址：www.uranushc.com 邮箱：uranus@uranushc.com
www.uranushc.com

HANDBOOK OF MECHANICAL DESIGN

# 《机械设计手册》第六版卷目